国家出版基金项目
NATIONAL PUBLICATION FOUNDATION

# A Dictionary of Seed Plant Names

## Vol. 4 Chinese Index

# 种子植物名称

## 卷4 中文名称索引

尚衍重　编著

中国林业出版社

**图书在版编目(CIP)数据**

种子植物名称. 卷4,中文名称索引/尚衍重编著.
—北京:中国林业出版社,2012.6

ISBN 978-7-5038-6660-9

Ⅰ.①种… Ⅱ.①尚… Ⅲ.①种子植物-专有名称-索引
Ⅳ.①Q949.4-61

中国版本图书馆CIP数据核字(2012)第139616号

**中国林业出版社·自然保护图书出版中心**

出 版 人:金 旻

策划编辑:温 晋

责任编辑:刘家玲 温 晋 周军见 李 敏

---

**出版** 中国林业出版社(100009 北京市西城区刘海胡同7号)

网址 http://lycb.forestry.gov.cn

E-mail wildlife_cfph@163.com 电话 010-83225836

**发行** 中国林业出版社

营销电话:(010)83284650 83227566

**印刷** 北京中科印刷有限公司

**版次** 2012年6月第1版

**印次** 2012年6月第1次

**开本** 889mm×1194mm 1/16

**印张** 70.75

**字数** 4646千字

**印数** 1~2000册

**定价** 436.00元

# A


阿安菊属 **64515**
阿巴豆属 **45**
阿巴果 165796
阿巴菊 **68**
阿巴菊属 **67**
阿巴拉契亚刺槐 **334977**
阿巴拉契亚松香草 **364327**
阿巴木 **18934**
阿巴木属 **18933**
阿巴契法鲁格木 162556
阿巴乔飞蓬 **150415**
阿巴特 70
阿巴特补骨脂 **319117**
阿巴特柴龙树 **29582**
阿巴特美登木 **246797**
阿巴特木 **70**
阿巴特木属 **69**
阿巴特欧石南 **148966**
阿巴特属 69
阿坝当归 **24298**,192236
阿坝蒿 **35085**
阿坝龙胆 **173183**
阿坝毛茛 **325976**
阿坝卫矛 157950
阿坝野豌豆 408467
阿柏麻 **28902**,390414
阿柏麻科 **28904**
阿柏麻属 **28900**
阿拜赤竹 **347243**
阿拜粗冠萝藦 **279512**
阿拜腐生草 390097
阿拜兰属 **265**
阿拜水玉杯 **390097**
阿拜天南星 **33236**
阿宝林苓菊 **214029**
阿保林西风芹 **361457**
阿贝蜡菊 **189094**
阿贝莱德苔草 **223840**
阿孛属 29759
阿比尔卵果蓟 **321075**
阿比拉春黄菊 **26740**
阿比拉景天 **356951**
阿比尼西亚文珠兰 **111154**
阿比尼亚扇椰子 57117
阿比西尼亚阿斯皮而菊 **39734**
阿比西尼亚暗毛黄耆 **42035**
阿比西尼亚白酒草 **103404**
阿比西尼亚斑鸠菊 **406787**
阿比西尼亚膀胱豆 **100150**
阿比西尼亚穇 **143551**
阿比西尼亚草胡椒 **290287**
阿比西尼亚刺桐 **154620**
阿比西尼亚锉玄参 **21768**
阿比西尼亚大戟 **158386**
阿比西尼亚大沙叶 **286074**
阿比西尼亚单头鼠麴木 **240870**
阿比西尼亚地杨梅 **238564**
阿比西尼亚滇竹 **278646**
阿比西尼亚吊灯花 **83977**
阿比西尼亚丁香蓼 **238151**
阿比西尼亚钉头果 **178976**
阿比西尼亚毒夹竹桃 4955
阿比西尼亚独活 **192229**
阿比西尼亚杜楝 **400555**
阿比西尼亚短丝花 **221355**
阿比西尼亚鹅绒藤 **117336**
阿比西尼亚鹅掌柴 **350647**
阿比西尼亚番薯 **207550**
阿比西尼亚费利菊 **163122**
阿比西尼亚风轮菜 **96961**
阿比西尼亚凤仙花 **204759**
阿比西尼亚腐臭草 **199762**
阿比西尼亚感应草 **54533**
阿比西尼亚谷精草 **151209**
阿比西尼亚海桐 **301209**
阿比西尼亚蒿 **35092**
阿比西尼亚黑黍草 **248477**
阿比西尼亚红瓜 **97782**
阿比西尼亚红果大戟 **154806**
阿比西尼亚厚壳树 **141620**
阿比西尼亚葫芦 **219822**
阿比西尼亚花葵 **223351**
阿比西尼亚黄皮 **94170**
阿比西尼亚彗星花 **100874**
阿比西尼亚加那利参 **70972**
阿比西尼亚尖药木 **4955**
阿比西尼亚芥菜 59348
阿比西尼亚堇菜 **409627**
阿比西尼亚凯吕斯草 **79823**
阿比西尼亚榼藤子 **145859**
阿比西尼亚蓝花参 **412571**
阿比西尼亚蓝星花 **33609**
阿比西尼亚蓝雪花 **83642**
阿比西尼亚老鸦嘴 **390693**
阿比西尼亚勒非草 **224020**
阿比西尼亚肋瓣花 **13730**
阿比西尼亚疗伤绒毛花 **28201**
阿比西尼亚裂苞浮黍 **268951**
阿比西尼亚林仙翁 **401321**
阿比西尼亚芦荟 **16543**
阿比西尼亚罗勒 **268526**
阿比西尼亚马拉巴草 **242807**
阿比西尼亚马唐 **130408**
阿比西尼亚毛瓣瘦片菊 **182035**
阿比西尼亚毛地黄 **130346**
阿比西尼亚毛发草 **111130**
阿比西尼亚毛茛 **325513**
阿比西尼亚毛连菜 **298551**
阿比西尼亚没药 **101287**
阿比西尼亚梅蓝 **248823**
阿比西尼亚美冠兰 **156523**
阿比西尼亚密穗花 **322081**
阿比西尼亚密穗木 322081
阿比西尼亚绵毛菊 **293409**
阿比西尼亚膜苞菊 **211393**
阿比西尼亚魔芋 **20038**
阿比西尼亚墨药菊 **248575**
阿比西尼亚母草 **231474**
阿比西尼亚木莓 **136834**
阿比西尼亚南山藤 **137780**
阿比西尼亚拟拉氏芸香 **327118**
阿比西尼亚拟鸭舌癀舅 **370737**
阿比西尼亚鸟卵豆 **28739**
阿比西尼亚牛筋果 **185932**
阿比西尼亚欧石南 **150163**
阿比西尼亚坡油甘 **366637**
阿比西尼亚婆婆纳 **406970**
阿比西尼亚漆姑草 **342222**
阿比西尼亚千金藤 **375829**
阿比西尼亚前胡 **292763**
阿比西尼亚蔷薇 **336318**
阿比西尼亚乔木异形芹 **193866**
阿比西尼亚鞘芽莎 **99438**
阿比西尼亚茄 **367380**
阿比西尼亚球百合 **62335**
阿比西尼亚球囊苔草 **371220**
阿比西尼亚染色凤仙花 **205385**
阿比西尼亚柔刺瓜 114231
阿比西尼亚柔花 **8903**
阿比西尼亚软荚豆 **386412**
阿比西尼亚三叶薯蓣 **131567**
阿比西尼亚山慈姑 **207493**
阿比西尼亚山芫荽 **107748**
阿比西尼亚肾叶旋花 **265200**
阿比西尼亚施莱萝藦 **351942**
阿比西尼亚石竹 **127576**
阿比西尼亚柿树 **132032**
阿比西尼亚薯蓣 **131453**,131567
阿比西尼亚水蓑衣 **200590**
阿比西尼亚水蕹 **29644**
阿比西尼亚素馨 **211716**
阿比西尼亚酸蔹藤 **20215**
阿比西尼亚酸模 **339886**
阿比西尼亚塔韦豆 **385156**
阿比西尼亚苔草 **74145**
阿比西尼亚唐菖蒲 **175993**
阿比西尼亚天芥菜 **190541**
阿比西尼亚田皂角 **9490**
阿比西尼亚甜舌草 **232458**
阿比西尼亚菟丝子 **114948**
阿比西尼亚瓦氏茜 **404834**
阿比西尼亚豌豆 **301077**
阿比西尼亚五鼻萝藦 **289774**
阿比西尼亚勿忘草 **260743**
阿比西尼亚仙人笔 **216648**
阿比西尼亚小麦 **398836**
阿比西尼亚小芝麻菜 **154076**
阿比西尼亚心叶海甘蓝 **108592**
阿比西尼亚绣球防风 **227539**
阿比西尼亚须芒草 **22477**
阿比西尼亚絮菊 **165908**
阿比西尼亚玄参 **187175**
阿比西尼亚玄参属 **187173**
阿比西尼亚旋瓣菊 **412255**
阿比西尼亚烟堇 **168965**
阿比西尼亚盐肤木 **332619**
阿比西尼亚燕麦 **45366**
阿比西尼亚羊耳蒜 **232073**
阿比西尼亚羊茅 **163779**
阿比西尼亚一点红 **144886**
阿比西尼亚异木患 **16044**
阿比西尼亚异形芹 **193857**
阿比西尼亚油芦子 **97275**
阿比西尼亚羽衣草 **13953**
阿比西尼亚远志 **307892**
阿比西尼亚杂色豆 **47686**
阿比西尼亚枣 **418145**
阿比西尼亚泽菊 **91109**
阿比西尼亚獐牙菜 **380107**
阿比西尼亚治疝草 **192927**
阿比西尼亚钟萼草 **231256**
阿比西尼亚皱稃草 **141756**
阿比西尼亚砖子苗 **245373**
阿冰 221538
阿波瓜 **641**
阿波瓜属 **639**
阿波哈斯水芹 **269293**
阿波禾 **30867**
阿波禾属 **30866**
阿波黄眼草属 647
阿波林灰毛豆 **386259**
阿波林灰叶 386259
阿波罗冷杉 **308**
阿波树萝卜 **10286**
阿波崖豆藤 **254597**
阿波兹伍德狗蔷薇 336420
阿波兹伍德犬蔷薇 **336420**
阿伯茨伍德金露梅 **312574**
阿伯刺头菊 **108219**
阿伯德尔半边莲 **234278**
阿伯德尔黑蒴 **14290**

阿伯德尔黄耆 **42034**
阿伯德尔黄眼草 **415991**
阿伯德尔山厚喙荠 **274077**
阿伯德尔岩生银豆 **32894**
阿伯哈斯 **349045**
阿伯哈斯报春 **314086**
阿伯哈斯柴胡 **63554**
阿伯哈斯车叶草 **39302**
阿伯哈斯毛莨 **325504**
阿伯哈斯米努草 **255437**
阿伯哈斯芍药 **280146**
阿伯哈斯矢车菊 **80895**
阿伯哈斯铁筷子 **190928**
阿伯哈斯药水苏 **53295**
阿伯哈斯羽衣草 **13952**
阿伯康酢浆草 **277645**
阿伯康大地豆 **199326**
阿伯康豇豆 **408868**
阿伯康木蓝 **206282**
阿伯康膨颈椰 **120002**
阿伯康山黄菊 **25489**
阿伯康远志 **308263**
阿伯斯龙船花 **211035**
阿伯斯南洋参 **310171**
阿伯斯三角车 **334575**
阿伯斯山柑 **334791**
阿伯特彩花 **2213**
阿伯特黄金石南 **149018**
阿伯特帚石南 **67461**
阿伯秀 299046
阿伯伊翻白草 **312748**
阿伯伊桦 **53353**
阿伯伊苔草 **73724**
阿伯伊蝇子草 **363967**
阿勃黄耆 **41908**
阿勃勒 78300
阿勃簕 78300
阿勃参 78300
阿勃天料木 **197634**
阿博特莱登卫矛 **239301**
阿布哈兹蓟 **91707**
阿布九节 **319393**
阿布塔草 832
阿布塔草属 822
阿布藤属 822
阿草娃 187625
阿查拉属 45952
阿达 6990
阿达·雅米 93327
阿达兰 **6990**
阿达兰属 **6988**
阿达马先蒿 **286975**
阿达梅斯谷精草 **151212**
阿达梅斯莱德苔草 **223841**
阿达姆白粉藤 **92588**
阿达姆番红花 **111481**
阿达姆格伦无患子 **176928**
阿达姆红柱树 **78654**
阿达姆鸡头薯 **152859**
阿达姆棘豆 **278686**
阿达姆龙血树 **137333**
阿达姆摩斯马钱 **259335**
阿达姆丝花茜 **360670**
阿达姆斯蒿 35095
阿达姆小十字爵床 **111781**
阿达前胡 **292765**
阿达属 6988
阿达子美登木 182768
阿代尔假杜鹃 **48087**
阿代尔茄 **366917**
阿代纳沃森花 **413329**
阿丹松多穗兰 **310311**
阿丹藤属 7220
阿当山槟榔 **299651**
阿当松鱼木 **110206**
阿道夫肖翅子藤 **196502**
阿道夫玉凤花 **183398**
阿道夫芋兰 **265368**
阿道米尼兰 **83**
阿道米尼兰属 **82**
阿得扎尔委陵菜 **312333**
阿德尔大戟属 7053
阿德拉姆肋瓣花 **13732**
阿德蜡烛木 **121121**
阿德莱德露子花 **123828**
阿登哈曼斯枇杷叶荚蒾 **408090**
阿登芸香 **7128**
阿登芸香属 **7113**
阿迪科克矮型日本五叶松 **300131**
阿迪森铁线莲 **94703**
阿地枸骨叶冬青 **203566**
阿地兰属 **6997**
阿地露兜树 **280977**
阿地芦荟 **16551**
阿地蜥蜞菊 **413495**
阿地曲叶龙掌 **186345**
阿地水鬼蕉 **200908**
阿地细蘼草 **417001**
阿地细茎葱 **15023**
阿蒂番荔枝 **25832**
阿丁枫 18192,18197
阿丁枫科 18209
阿丁枫属 18190
阿东尼斯毛茛 **325537**
阿洞钝棱豆木 19029
阿墩粗子芹 393841
阿墩藁本 229346
阿墩沙参 **7601**,7673
阿墩小檗 **51944**
阿墩子虎耳草 **349085**
阿墩子龙胆 **173272**
阿墩子马先蒿 **287023**
阿墩紫堇 **105630**
阿顿果 **44819**
阿顿果属 **44815**
阿顿小檗 51944
阿多斑鸠菊 **406049**
阿多鹅参 **116457**
阿多红瓜 **97783**
阿多柯特葵 **217945**
阿多路非木属 8316
阿多朴 **80570**
阿多千里光 **359992**
阿多茄 **366918**
阿多三芒草 **33736**
阿多鼠李 **8318**
阿多鼠李属 **8316**
阿多甜舌草 **232460**
阿多星亚麻 **41662**
阿儿七 132685
阿尔巴尼亚百合 **229794**
阿尔巴蓍 **3919**
阿尔巴斯韭 15026
阿尔班白头翁 **321656**
阿尔班布里滕参 **211467**
阿尔班蜡菊 **189112**
阿尔班罗马风信子 **50744**
阿尔班山葱 **15030**
阿尔班施纳风信子 **352065**
阿尔邦大戟 **158410**
阿尔邦点地梅 **23119**
阿尔邦番樱桃 **156127**
阿尔邦虎眼万年青 **274500**
阿尔邦黄耆 **41944**
阿尔邦棘豆 **278691**
阿尔邦老鹳草 **174453**
阿尔邦棱叶 **332355**
阿尔邦密枝玉 **252362**
阿尔邦婆婆纳 **406978**
阿尔邦千里光 **358216**
阿尔邦舟蕊秋水仙 **22332**
阿尔棒叶金莲木 **328408**
阿尔保夫矢车菊 **80917**
阿尔卑斯车轴草 **396818**
阿尔卑斯齿缘草 **153487**
阿尔卑斯斗篷草 **13958**
阿尔卑斯飞蓬 **150450**
阿尔卑斯风铃草 **69886**
阿尔卑斯割花野牡丹 **27490**
阿尔卑斯蒿 **36437**
阿尔卑斯黄芩 355355
阿尔卑斯联药花 **380778**
阿尔卑斯三叶草 396818
阿尔卑斯山葱 **15493**
阿尔卑斯山毒豆 218757
阿尔卑斯托齐列当 **393569**
阿尔卑斯委陵菜 312472
阿尔卑斯熊果 31314
阿尔卑斯熊葡萄 31314
阿尔卑斯玄参属 393568
阿尔卑斯岩豆 28179
阿尔贝加利椰子 **49406**
阿尔波特狼毒 **375183**
阿尔伯迪新西兰朱蕉 **104340**
阿尔伯特刺头菊 **108225**
阿尔伯特黄耆 **41945**
阿尔伯特蓝白云杉 **298287**
阿尔伯特马兜铃吊灯花 **83997**
阿尔伯特马先蒿 **286985**
阿尔伯特木 13432
阿尔伯特木属 13426
阿尔伯特沙穗 **148469**
阿尔勃葱 **15036**
阿尔叉 213902
阿尔达布拉灰毛豆 **386254**
阿尔丹风铃草 **69883**
阿尔登哈蒙欧洲卫矛 **157431**
阿尔登哈蒙紫花海棠 **243546**
阿尔登哈姆十大功劳 **242459**
阿尔登海姆小檗 **51289**
阿尔丁豆属 **14262**
阿尔丁美国冬青 **204115**
阿尔短梗景天 **8418**
阿尔法斑茎福禄考 **295283**
阿尔法大戟 **17611**
阿尔法大戟属 **17610**
阿尔芬属 18228
阿尔芬竹属 18228
阿尔高酢浆草 **277670**
阿尔高露子花 **123830**
阿尔高日中花 **220471**
阿尔高肖鸢尾 **258385**
阿尔高尤利菊 **160753**
阿尔禾属 **18228**
阿尔花 **18234**
阿尔花属 **18233**
阿尔及尔大翅蓟 **271672**
阿尔及尔夹竹桃 **265329**
阿尔及尔芒柄花 **271294**
阿尔及利亚桉 **155474**
阿尔及利亚白芷 **192359**
阿尔及利亚百金花 **81488**
阿尔及利亚百里香 **391066**
阿尔及利亚柏木 **114679**
阿尔及利亚补血草 **230548**
阿尔及利亚柴胡 **63566**
阿尔及利亚常春藤 **187197**
阿尔及利亚顶冰花 **169381**
阿尔及利亚飞廉 **73289**
阿尔及利亚蒿 **35112**
阿尔及利亚虎眼万年青 **274503**
阿尔及利亚黄耆 **41955**
阿尔及利亚金盏花 **66475**
阿尔及利亚荆芥 **264863**
阿尔及利亚橘 **93429**
阿尔及利亚老鼠芋 **33589**
阿尔及利亚冷杉 **435**

阿尔及利亚柳穿鱼 **231174**
阿尔及利亚毛茛 **326280**
阿尔及利亚山黧豆 **222751**
阿尔及利亚舌唇兰 **302246**
阿尔及利亚矢车菊 **81036**
阿尔及利亚鼠尾草 **344844**
阿尔及利亚双苞风信子 **199552**
阿尔及利亚水苏 **373338**
阿尔及利亚酸模 **339910**
阿尔及利亚香科 **388043**
阿尔及利亚烟堇 **169012**
阿尔及利亚羊茅 **163795**
阿尔及利亚淫羊藿 **147033**
阿尔及利亚鸢尾 **208863**,208914
阿尔及利亚针翦草 **376971**
阿尔及利亚猪毛菜 **344438**
阿尔加咖啡属 **32476**
阿尔金风毛菊 **348108**
阿尔金碱蓬 **379496**
阿尔金蒲公英 **384439**
阿尔金山碱茅 **321231**
阿尔金山赖草 **228340**
阿尔金山早熟禾 **305369**
阿尔菊 **13905**
阿尔菊属 **13904**
阿尔卡黄芪 42009
阿尔卡拉脉苞菊 **216608**
阿尔卡雷大风子 **199741**
阿尔考云杉 **298225**
阿尔克苏斯小檗 **51290**
阿尔兰 **34819**
阿尔兰属 **34818**
阿尔马斯田花菊 **11532**
阿尔玛豆属 **16269**
阿尔芒萝藦 **185796**
阿尔芒萝藦属 **185795**
阿尔芒欧石南 **149029**
阿尔芒十字爵床 **111699**
阿尔芒铁青树 **185792**
阿尔芒铁青树属 **185790**
阿尔芒异籽葫芦 **25644**
阿尔奈苔草 73767
阿尔派桉树 155558
阿尔派岑树 155558
阿尔朋鲁亨八仙花 **199957**
阿尔婆婆纳 **13728**
阿尔婆婆纳属 **13727**
阿尔奇·格雷汉姆达尔利石南 **148943**
阿尔森百里香 **391084**
阿尔山乌头 **5697**
阿尔善醉马草 4142
阿尔斯顿青锁龙 **108807**
阿尔塔登那春石南 **149148**
阿尔塔迪纳苏格兰欧石南 **149209**
阿尔塔马哈大头茶 **179734**
阿尔泰白头翁 321665
阿尔泰百里香 **203080**
阿尔泰报春 314770
阿尔泰贝母 **168476**
阿尔泰鼻花 **329508**
阿尔泰补血草 **230513**
阿尔泰茶藨子 **333894**
阿尔泰柴胡 **63695**
阿尔泰虫实 **104752**
阿尔泰葱 **15042**
阿尔泰醋栗 333894
阿尔泰翠雀花 **124026**
阿尔泰大黄 **329312**
阿尔泰大戟 **158420**
阿尔泰地蔷薇 **85647**
阿尔泰顶冰花 **169383**
阿尔泰斗篷草 **13960**
阿尔泰独尾草 **148533**
阿尔泰多榔菊 **136339**
阿尔泰鹅观草 **335200**
阿尔泰方枝柏 213873
阿尔泰飞蓬 **150457**
阿尔泰风铃草 **69891**
阿尔泰风毛菊 **348441**
阿尔泰狗娃花 **193918**
阿尔泰旱禾 **148375**
阿尔泰蒿 **35113**
阿尔泰鹤虱 **221765**
阿尔泰黄鹌菜 **416394**
阿尔泰黄堇 106453
阿尔泰黄耆 **41967**,41942
阿尔泰黄芩 **355357**
阿尔泰黄罂粟 **282666**,282525
阿尔泰棘豆 **278701**
阿尔泰蓟 **92052**
阿尔泰假报春 **105489**
阿尔泰假狼毒 **375209**
阿尔泰碱茅 **321226**
阿尔泰金莲花 **399491**
阿尔泰金银花 235699
阿尔泰堇菜 **409682**
阿尔泰锦鸡儿 **72178**
阿尔泰菊蒿 **383714**
阿尔泰蓝盆花 **350111**
阿尔泰藜芦 **405604**
阿尔泰苓菊 **214034**
阿尔泰柳穿鱼 **230888**
阿尔泰鹿蹄草 **322810**
阿尔泰马先蒿 **286991**
阿尔泰毛茛 **325563**
阿尔泰牡丹草 **182632**
阿尔泰扭藿香 **236271**
阿尔泰披碱草 **144431**,335200
阿尔泰婆罗门参 **394260**
阿尔泰蒲公英 **384438**
阿尔泰落草 **217421**,217494
阿尔泰忍冬 **235699**
阿尔泰乳菀 **169763**
阿尔泰瑞香 **122365**
阿尔泰山楂 **109522**
阿尔泰芍药 **280152**,280154
阿尔泰蓍 **3966**
阿尔泰苔草 **73662**
阿尔泰糖芥 **154452**,154451
阿尔泰葶苈 **136918**
阿尔泰兔唇花 **220053**,220059
阿尔泰橐吾 **228977**
阿尔泰莴苣 **219210**
阿尔泰乌头 **5031**,5581
阿尔泰香草 **347469**
阿尔泰香叶蒿 **36174**
阿尔泰小米草 **160131**
阿尔泰新牡丹 182632
阿尔泰玄参 **355045**
阿尔泰亚麻 **231864**
阿尔泰羊茅 **163802**
阿尔泰野青茅 **65269**
阿尔泰野豌豆 **408466**
阿尔泰银莲花 **23701**
阿尔泰罂粟 282666
阿尔泰蝇子草 **363169**
阿尔泰羽衣草 **14111**
阿尔泰郁金香 **400116**
阿尔泰圆柏 213873
阿尔泰藏荠 **187362**
阿尔泰早熟禾 **305316**
阿尔泰针茅 376910
阿尔泰紫菀 193918
阿尔套鹤虱 221629
阿尔特温番红花 **111487**
阿尔特温黄耆 **42022**
阿尔特温黄芩 **355382**
阿尔特温毛蕊花 **405661**
阿尔特温染料木 **172914**
阿尔特温山柳菊 **195472**
阿尔特温庭荠 **18334**
阿尔特温蝇子草 **363217**
阿尔葶苈 **136940**
阿尔托娜八仙花 **199958**
阿尔托娜绣球 199958
阿尔韦斯草 18224
阿尔韦斯草属 18223
阿尔芸香属 **16274**
阿尔中亚南星 **145015**
阿法艾纳香 **55684**
阿芳 17628
阿芳属 17623
阿房宫 **400786**
阿芬禾属 18228
阿冯苋属 **45768**
阿佛罗汉松属 9991
阿夫大戟属 **263012**
阿夫山茱萸 10000
阿夫山茱萸属 9998
阿夫氏蔷薇 **336411**
阿夫萸 **10000**
阿夫萸属 **9998**
阿弗桃榄 **313326**
阿芙大戟 **263013**
阿芙罗狄蒂木槿 **195271**
阿芙蓉 282717
阿芙若蝴蝶兰 293582
阿芙泽尔爱地草 **174356**
阿芙泽尔斑叶兰 **179574**
阿芙泽尔代德苏木 **129733**
阿芙泽尔多角夹竹桃 **304156**
阿芙泽尔番樱桃 **156124**
阿芙泽尔费吉漆 **163113**
阿芙泽尔谷精草 **151215**
阿芙泽尔谷木 **249893**
阿芙泽尔核果木 **138576**
阿芙泽尔黑远志 **44796**
阿芙泽尔红柱树 **78656**
阿芙泽尔黄檀 **121611**
阿芙泽尔鸡头薯 **152862**
阿芙泽尔鲫鱼藤 **356262**
阿芙泽尔假叶柄草 **86189**
阿芙泽尔金莲木 **268134**
阿芙泽尔蜡烛木 **121109**
阿芙泽尔马钱 378639
阿芙泽尔膜苞豆 **201244**
阿芙泽尔拟阿尔加咖啡 **32490**
阿芙泽尔三角车 **334568**
阿芙泽尔神秘果 **381973**
阿芙泽尔石豆兰 **62538**
阿芙泽尔黍 **281306**
阿芙泽尔双袋兰 **134259**
阿芙泽尔藤黄 **171049**
阿芙泽尔弯管花 **86194**
阿芙泽尔网纹芋 **83714**
阿芙泽尔小花茜 **285995**
阿芙泽尔小舌菊 **253453**
阿芙泽尔小野牡丹 **248792**
阿芙泽尔兄弟草 **21284**
阿芙泽尔亚麻藤 **199139**
阿芙泽尔鱼骨木 **71318**
阿芙泽尔玉叶金花 **260378**
阿福花 **39438**
阿福花车前 **301886**
阿福花科 **39433**
阿福花属 **39435**,39449
阿福花状球百合 **62343**
阿福木 **32399**
阿福木属 **32398**
阿富汗阿魏 163683
阿富汗白花丹属 62325
阿富汗白花芥 **119938**
阿富汗白花芥属 **119937**
阿富汗齿毛芥 **315248**
阿富汗丁香 **382122**
阿富汗顶冰花 **169376**

阿富汗杜鹃 **330039**,330443
阿富汗风铃草 **69874**
阿富汗藁本 **229286**
阿富汗革叶荠 **378289**
阿富汗黄耆 **41923**
阿富汗假糖芥 **328539**
阿富汗锦鸡儿 **72316**
阿富汗菊属 **346294**
阿富汗类菊蒿 **383688**
阿富汗栎 **323691**
阿富汗蓼 **308715**
阿富汗毛茛 **325551**
阿富汗绵毛菊 **293429**
阿富汗膜翅花 **127994**
阿富汗石头花属 **121039**
阿富汗丝叶芹属 **179338**
阿富汗斯图阿魏 **376496**
阿富汗松 **299828**
阿富汗苔草 **75900**
阿富汗糖芥 **154521**
阿富汗桃 **20887**
阿富汗头梗芹 **82404**
阿富汗小檗 **51282**
阿富汗肖念珠芥 **393128**
阿富汗新加永茜 **263876**
阿富汗羊茅 **163787**
阿富汗杨 **311204**
阿富汗翼首花 **320423**
阿富汗鹰嘴豆 **90832**
阿富汗早熟禾 **305287**
阿富汗帚菊 **292060**
阿富汗棕属 262234
阿盖尔桉 155529
阿盖紫葳属 **32541**
阿戈大戟 **158406**
阿根八 41795
阿根木 18055
阿根藤属 10214
阿根廷矮菊属 **24280**
阿根廷菠萝 **686**
阿根廷菠萝属 **683**
阿根廷草属 **327511**
阿根廷川苔草 **413930**
阿根廷川苔草属 **413929**
阿根廷刺木 **180001**
阿根廷大花马齿苋 **311895**
阿根廷大蒜芥 **259333**
阿根廷大蒜芥属 **259332**
阿根廷豆 **2065**
阿根廷豆属 **2064**
阿根廷独行菜 **225305**
阿根廷杜鹃 330789
阿根廷番樱桃 **156306**
阿根廷凤梨 **412377**
阿根廷凤梨属 **412376**
阿根廷旱金莲属 **241912**
阿根廷核桃 212590
阿根廷黑核桃 **212590**
阿根廷角果帚灯草 **83425**
阿根廷金虎尾属 **170783**
阿根廷菊 **135344**
阿根廷菊属 **135342**
阿根廷蜡棕 **107087**
阿根廷蜡棕属 **107086**
阿根廷兰属 **268407**
阿根廷李 **316204**
阿根廷罗汉松 306511
阿根廷马鞭草 **264542**
阿根廷马鞭草属 **264541**
阿根廷马齿苋属 **415266**
阿根廷马兜铃 **34107**
阿根廷毛床菊 **395683**
阿根廷牧豆树 **315550**
阿根廷牛奶菜 **245794**
阿根廷泡桐 285960
阿根廷婆婆纳 **59691**
阿根廷婆婆纳属 **59690**
阿根廷槭果木 **47608**
阿根廷千金子 **225990**
阿根廷乳草 **259043**
阿根廷伞芹属 267002
阿根廷山柑 **43745**
阿根廷山柑属 **43744**
阿根廷商陆 **298103**
阿根廷苏木属 375566
阿根廷酸模 **340008**
阿根廷天蓝草 **361613**
阿根廷豚鼻花 365803
阿根廷腺果藤 **300965**
阿根廷小檗 **51871**
阿根廷熊掌 **402837**
阿根廷熊掌属 **402836**
阿根廷絮菊 **165913**
阿根廷玄参属 59690
阿根廷雪柱 94565
阿根廷洋椿 **80023**
阿根廷野烟树 367364
阿根廷银胶菊 285076
阿根廷银毛柱 94565
阿根廷玉凤花 **183391**
阿根廷月见草 **269468**
阿根廷针茅属 **19312**
阿根廷真穗草 **160992**
阿根廷紫草 **211207**
阿根廷紫草属 **211206**
阿贡千里光 358292
阿古合欢 13475
阿古济天芥菜 190562
阿顾斯氏兜兰 **282778**
阿圭拉里春黄菊 **26820**
阿龟笹 362131
阿哈特野荞麦木 **152566**
阿哈特指甲草 **284736**
阿含玉 **198493**
阿合奇杨 **311421**
阿赫顿崖豆藤 **254598**
阿赫顿珍珠茅 **353999**
阿赫勒木槿 **194706**
阿猴木通花藤 94708
阿猴舞草 126601
阿猴仙人草 94708
阿霍栎 **323624**
阿霍檀香 **34411**
阿霍檀香属 **34410**
阿霍岩雏菊 **291298**
阿及艾 35167
阿加蕉 260199
阿加鹃 **10387**
阿加鹃属 **10384**
阿加罂粟 **282499**
阿江榄仁 386462
阿江榄仁树 386462
阿娇 **102408**
阿聚尔短丝花 **221362**
阿卡白鼓钉 **307643**
阿卡车前 **301840**
阿卡番樱桃 **156120**
阿卡果属 **2750**
阿卡卡葱 15025
阿卡卡里兰 1020
阿卡卡里兰属 1018
阿卡拉木属 **2753**
阿卡兰 1020
阿卡兰德卡特兰 79527
阿卡兰属 1018
阿卡马肉豆 **239534**
阿卡平荚木 239534
阿卡锡 1165,1168
阿卡祖贝大戟 **158452**
阿卡祖贝丹氏梧桐 **135776**
阿卡祖贝风兰 **24708**
阿卡祖贝火畦茜 **322957**
阿卡祖贝栓皮豆 **259823**
阿卡祖贝鸭嘴花 **214328**
阿开木 **55596**,114581
阿开木属 **55592**
阿考克欧石南 **148996**
阿柯兰德卡特兰 **79527**
阿科布诺东京樱花 316932
阿科布诺日本樱花 **316932**
阿科科可利果 **96660**
阿科科软骨瓣 **88822**
阿科科绳草 **327964**
阿科柿 **132036**
阿科苔草 **73586**
阿可虎耳草 **349067**
阿克胡椒 **300324**
阿克黄耆 **41928**
阿克列合欢 **13475**
阿克尼茄 4942
阿克尼茄属 4941
阿克尼茄树 **4942**
阿克尼茄树属 **4941**
阿克萨糖芥 **154367**
阿克塞蒿 **35100**
阿克赛钦雪灵芝 **31738**
阿克斯大沙叶 **286082**
阿克斯耳草 **115524**
阿克斯露兜树 **280971**
阿克斯三冠野牡丹 **398689**
阿克斯乌桑巴拉大戟 **113089**
阿克苏黄芪 41935
阿克苏黄耆 **41935**
阿克苏黄蓍 41935
阿克苏柳 **344069**
阿克苏牛皮消 **117542**
阿克陶齿缘草 **153476**
阿克陶翠雀花 **124015**
阿克西姆砖子苗 **245426**
阿肯米努草 **255440**
阿肯女娄菜 **248246**
阿肯色斑鸠菊 **406114**
阿肯色草 **230263**
阿肯色草属 **230262**
阿肯色钓钟柳 **289321**
阿肯色惰雏菊 29106
阿肯色栎 **323669**
阿肯色蔷薇 **336361**
阿肯色蛇鞭菊 **228452**
阿肯色丝兰 **416552**
阿肯色苔草 **73765**
阿肯山柳菊 **195447**
阿夸平刺痒藤 **394120**
阿宽蕉 **260237**
阿拉巴马翠雀花 **124016**
阿拉巴马杜鹃 **330053**
阿拉巴马风箱果 **297852**
阿拉巴马勾儿茶 52466
阿拉巴马蔷薇 **336284**
阿拉巴马铁线莲 **95318**
阿拉伯澳非萝藦 **326725**
阿拉伯巴氏锦葵 **286589**
阿拉伯白花菜 **95623**
阿拉伯斑鸠菊 **406107**
阿拉伯报春 **315087**
阿拉伯闭鞘姜 **107226**
阿拉伯扁莩沿阶草 **272123**
阿拉伯补骨脂 319139
阿拉伯茶 79395
阿拉伯茶属 79387
阿拉伯长嘴芥 **135396**
阿拉伯长嘴芥属 **135395**
阿拉伯柽柳 **383563**
阿拉伯臭裂籽茜 **103868**
阿拉伯刺唇紫草 **140994**
阿拉伯锉玄参 **21767**
阿拉伯大翅蓟 **271674**
阿拉伯大戟 **158462**

阿拉伯大片刺莲花 **216518**
阿拉伯叠叶风信子 **249748**
阿拉伯法蒺藜 **162200**
阿拉伯飞廉 **73293**
阿拉伯高粱 369652
阿拉伯枸杞 **239005**
阿拉伯灌丛奥氏草 **277335**
阿拉伯海罂粟 **176725**
阿拉伯胡卢巴 **397189**
阿拉伯虎海葱 274513
阿拉伯虎眼万年青 **274513**
阿拉伯互叶半日花 **168917**
阿拉伯黄背草 389361
阿拉伯黄芩 **355379**
阿拉伯灰毛豆 **385950**
阿拉伯胶金合欢 1427
阿拉伯胶树 **1572**,1427
阿拉伯芥 **136796**
阿拉伯芥属 **136794**
阿拉伯金合欢 **1427**
阿拉伯卷耳 **82668**
阿拉伯咖啡 98857
阿拉伯阔苞菊 **305074**
阿拉伯辣木 **258936**
阿拉伯老鹳草 **174471**
阿拉伯类豆瓣菜 **262636**
阿拉伯类雀稗 **285378**
阿拉伯劣玄参 **28263**
阿拉伯麻黄 **146163**
阿拉伯没药 **101488**,101428
阿拉伯密钟木 **192652**
阿拉伯棉 **179928**,179900
阿拉伯木蓝 **205664**
阿拉伯木犀草 **327812**
阿拉伯苜蓿 247246
阿拉伯拟芸香 **185676**
阿拉伯牛角花 **237491**
阿拉伯婆婆纳 **407287**
阿拉伯茄 **367013**
阿拉伯球花木 **177025**
阿拉伯全能花 **280879**
阿拉伯乳香树 57516
阿拉伯软荚豆 **386411**
阿拉伯软紫草 **34606**
阿拉伯赛德旋花 **356417**
阿拉伯山芥 **274023**
阿拉伯山芥属 **274022**
阿拉伯手玄参 **244750**
阿拉伯鼠尾粟 **372732**
阿拉伯栓果菊 **222966**
阿拉伯水锦树 **413772**
阿拉伯雾冰藜 **48759**
阿拉伯雾水葛 **313454**
阿拉伯喜阳花 **190308**
阿拉伯相思树 1427
阿拉伯香雪球 **235067**
阿拉伯小芝麻菜 **154078**
阿拉伯绣球防风 **227613**
阿拉伯岩芥菜 **9787**
阿拉伯银豆 **32782**
阿拉伯蝇子草 **363205**
阿拉伯尤利菊 **160758**
阿拉伯羽冠鼠麹木 **228405**
阿拉伯蚤草 **321515**
阿拉伯窄叶栓果菊 **222912**
阿拉伯胀萼马鞭草 **86086**
阿拉伯指甲草 **284739**
阿拉糙苏 **295052**
阿拉豆属 **13397**,21305
阿拉尔甘草 **177875**
阿拉尔沙拐枣 **67000**
阿拉尔沙穗 **148470**
阿拉尔猪毛菜 **344448**
阿拉拂子茅 **65266**
阿拉戈婆婆纳 **30579**
阿拉戈婆婆纳属 **30578**
阿拉赫兹荆芥 **264862**
阿拉桦 **53318**
阿拉棘豆 **278690**
阿拉卡兰属 **30488**
阿拉克西针茅 **376701**
阿拉克香荼菜 209631
阿拉库得彩果棕 **203502**
阿拉库得鬣蜥棕 203502
阿拉兰 **30489**
阿拉兰属 **13261**
阿拉里蒿 **35144**
阿拉里兔苣 **220137**
阿拉罗马风信子 **50745**
阿拉曼白花菜 **95612**
阿拉曼兰 **13340**
阿拉曼兰属 **13339**
阿拉米达蓟 **92337**
阿拉莫斯狭花柱 **375519**
阿拉善滨藜 **44303**
阿拉善葱 15297
阿拉善单刺 104910
阿拉善单刺花 104910
阿拉善单刺蓬 **104910**
阿拉善点地梅 **23117**
阿拉善独行菜 **225289**
阿拉善鹅观草 **144157**
阿拉善风毛菊 **348112**
阿拉善黄鹌菜 **416393**
阿拉善黄芪 41941
阿拉善黄耆 **41941**
阿拉善黄芩 **355349**
阿拉善黄蓍 41941
阿拉善碱蓬 **379589**
阿拉善锦鸡儿 72333
阿拉善韭 **15297**
阿拉善马先蒿 **286980**
阿拉善苜蓿 **247244**
阿拉善南芥 30162
阿拉善脓疮草 282478
阿拉善女蒿 **196690**
阿拉善茜草 **337931**
阿拉善沙拐枣 **66993**
阿拉善凸脉苔草 **75049**
阿拉善小花脓疮草 **282479**
阿拉善亚菊 13023
阿拉善杨 **311207**
阿拉树 **34902**,99158
阿拉树属 **34900**
阿拉丝叶芹 **350361**
阿拉斯加扁柏 85301
阿拉斯加滨藜 **44431**
阿拉斯加虫实 **104818**
阿拉斯加灯心草 **212850**
阿拉斯加蝶须 **26414**
阿拉斯加繁缕 **374728**
阿拉斯加飞蓬 **150944**
阿拉斯加蓼 **309194**
阿拉斯加柳 **343409**
阿拉斯加蒲公英 **384426**
阿拉斯加山金车 **34780**
阿拉斯加罂粟 **282677**
阿拉斯千日红 **179245**
阿拉泰阴山荠 **416324**,72776,97971
阿拉套百蕊草 **389597**
阿拉套大戟 **158409**
阿拉套番红花 111483
阿拉套繁缕 **374729**
阿拉套鹤虱 **221629**
阿拉套黄芪 41942
阿拉套黄耆 **41942**,41935
阿拉套棘豆 **279097**
阿拉套蓟 **92110**
阿拉套锦鸡儿 **72267**
阿拉套柳 **342969**
阿拉套麻花头 **360985**
阿拉套马先蒿 **286984**
阿拉套婆婆纳 317907
阿拉套蒲公英 **384427**
阿拉套山柳菊 **195448**
阿拉套穗花 **317907**
阿拉套乌头 5019
阿拉套羊茅 **163791**
阿拉套早熟禾 **305291**
阿拉图百里香 **391064**
阿拉维默桔梗 **414440**
阿拉伊葶苈 **136903**
阿来果属 30569
阿来堇菜 **409672**
阿来紫堇 **105587**
阿莱薄荷 **250288**
阿莱葱 **15039**
阿莱大戟 **158408**
阿莱顶冰花 **169380**
阿莱鹅观草 **144156**
阿莱干尼刺槐 **334969**
阿莱格罗帚石南 **67460**
阿莱黄耆 **41953**
阿莱堇菜 **409655**
阿莱克赛葱 **15040**
阿莱蒲公英 **384425**
阿莱蔷薇 **336347**
阿莱矢车菊 **80918**
阿莱西风芹 **361462**
阿莱岩黄耆 **187760**
阿莱偃麦草 **144629**
阿赖彩花 **2214**
阿赖翅鹤虱 **225089**
阿赖刺头菊 **108223**
阿赖葱 **15027**
阿赖黄耆 **41937**
阿赖假苦菜 **38346**
阿赖碱草 **24238**
阿赖锦鸡儿 **72175**
阿赖毛茛 **325555**
阿赖山黄芪 43004
阿赖山黄耆 **43004**
阿赖矢车菊 **80913**
阿赖鼠尾草 **344843**
阿赖以礼草 **215902**
阿赖樱 **83143**
阿兰 **2**
阿兰花楸 **369493**
阿兰属 **1**
阿兰藤黄属 **14885**
阿朗米努草 **255593**
阿勒勃 78300
阿勒曼毛茛 325560
阿勒颇大戟 **158414**
阿勒颇松 299964
阿勒泰贝母 168476
阿勒泰灯心草 **212819**
阿勒泰黄芪 41942
阿勒泰蒲公英 384438
阿勒泰橐吾 228977
阿勒泰以礼草 **144159**,215903
阿勒泰泽芹 365870
阿勒伊紫花海棠 **243547**
阿雷 93486
阿雷斑鸠菊 **406065**
阿雷补血草 **230512**
阿雷丹氏梧桐 **135768**
阿雷风兰 **24695**
阿雷谷木 **249898**
阿雷海岸桐 **181729**
阿雷卷瓣兰 **62546**
阿雷魁帕属 32357
阿雷良木豆 **19228**
阿雷诺罗木犀 **266690**
阿雷乌口树 **384914**
阿雷细毛留菊 **198937**
阿蕾 93486

阿蕾檬　93558
阿蕾茜　**14379**
阿蕾茜属　**14378**
阿莉藤　18529
阿莉藤属　18491
阿莉西亚帚石南　**67459**
阿黎　78300
阿黎树　158456
阿里昂花属　14970
阿里灯心草　**212862**
阿里胡颓子　142207
阿里黄精　**308506**,308616
阿里美　91351
阿里皮特花楞　**168042**
阿里匍枝福禄考　**295322**
阿里桑那缬草　**404228**
阿里桑属　14848,61096
阿里森栎叶绣球　**200065**
阿里山菝葜　366238
阿里山白银草　128923
阿里山斑叶兰　**179577**
阿里山北五味子　351012
阿里山草胡椒　290389
阿里山茶　69705
阿里山茶梅　69705
阿里山赤车使者　288762
阿里山当药　380117
阿里山倒地蜈蚣　**392882**,
392895
阿里山灯心草　213507
阿里山冬青　**203575**
阿里山豆兰　62985
阿里山杜鹃　**331565**,331926
阿里山莪白兰　267927
阿里山鹅耳枥　**77314**
阿里山繁缕　**374757**
阿里山根节兰　65886
阿里山鬼督邮　12676
阿里山鬼督鄆　**12689**
阿里山红淡　8247
阿里山环蕊木　138641
阿里山黄鳝藤　**52403**
阿里山黄檀　**121621**
阿里山灰木　**381115**,381272
阿里山蓟　**91753**
阿里山假宝铎花　**134405**
阿里山剪股颖　**12000**
阿里山菊　**124772**
阿里山连蕊茶　69705
阿里山柳　343400
阿里山龙胆　**173260**
阿里山鹿蹄草　322779
阿里山落新妇　**41827**
阿里山毛连菜　**298606**
阿里山毛蕊茶　69705
阿里山猕猴桃　**6527**,6530
阿里山南星　**33264**
阿里山楠　240707
阿里山楠木　240707
阿里山女贞　**229587**
阿里山荠　**72689**
阿里山千金榆　77314
阿里山青棉花　299115
阿里山清风藤　**341575**
阿里山球子草　**288639**,288656
阿里山全唇兰　**261470**
阿里山忍冬　235633
阿里山榕　165623
阿里山锐叶柃木　160535
阿里山瑞香　122377
阿里山三斗柯　285264
阿里山三斗石栎　**285264**
阿里山山樱　316874
阿里山十大功劳　**242608**
阿里山石豆兰　**62986**
阿里山石楠　**331926**
阿里山疏花苔　73755
阿里山鼠尾草　**345076**
阿里山水晶兰　86390
阿里山溲疏　**126950**
阿里山宿柱苔　**74380**
阿里山苔草　**73755**,75418
阿里山天胡荽　200364,200366
阿里山土茯苓　194120
阿里山尾尖叶柃　160535
阿里山五味子　**351012**
阿里山线柱兰　**417754**,417774,
417779
阿里山小檗　51811,51926,51940
阿里山小花鼠刺　210407
阿里山悬钩子　**339208**
阿里山羊耳蒜　**232322**
阿里山杨桐　8247
阿里山野木瓜　**374417**
阿里山茵芋　**365919**,365974
阿里山樱花　**316874**
阿里山油菊　124772
阿里山榆　**401642**
阿里山雨伞仔　31613
阿里山雨伞子　31613
阿里山玉竹　308498
阿里山鸢尾兰　**267927**
阿里山月桃　**17717**,17753
阿里山獐牙菜　**380117**
阿里山珍珠莲　**165004**,165623
阿里山指柱兰　86725
阿里山紫花鼠尾草　345076
阿里山紫金牛　31613
阿里山紫参　345076
阿里山紫缘花鼠尾草　345076
阿里杉　82542
阿里斯·维克德赤松　**299891**
阿里钟萼草　231265
阿丽花属　274171
阿丽娜玉凤花　**183405**
阿丽丝栎叶绣球　**200064**
阿利龙胆属　**33231**
阿利猫儿菊　**202390**
阿利莫来檬　93558
阿利茜属　**14644**
阿利藤　18529
阿利棕　**33199**
阿利棕属　**33197**
阿联金合欢　1427
阿廖尼野芥　**364558**
阿列布　270099
阿列黄芩　**355354**
阿列克楞　1067
阿列蓍　**3920**
阿林尼亚科　270483
阿林莎草属　**14707**
阿留申蒿　**35111**
阿留申卷耳　**82642**
阿留申雀麦　**60620**
阿留申松毛翠　**297016**
阿留申夏枯草　**316136**
阿留夏枯草　316136
阿鲁巴栀子　**171310**
阿鲁沙刺橘　**405490**
阿鲁沙马唐　**130443**
阿鲁沙猪屎豆　**111912**
阿鲁氏毛茛　**325560**
阿鲁斯蒿　**35098**
阿鲁斯蜡菊　**189163**
阿鲁斯蓼　**308802**
阿鲁藤　**30862**
阿鲁藤属　**30860**
阿吕独行菜　**225290**
阿吕鹿藿　**333142**
阿吕绣球防风　**227548**
阿葎属　4103
阿伦阿达兰　**6989**
阿伦阿斯草　**39832**
阿伦刺橘　**405484**
阿伦独蕊　**412138**
阿伦短盖豆　**58702**
阿伦多茄　**366952**
阿伦合丝莓　**347672**
阿伦花　**14934**
阿伦花属　**14933**
阿伦鸡脚参　**275634**
阿伦吉灌玄参　**175552**
阿伦林荫银莲花　**23926**
阿伦鳞盖草　**374597**
阿伦毛茛　**325561**
阿伦蒙蒿子　**21849**
阿伦木槿　**194707**
阿伦拟托福木　**393382**
阿伦球腺草　**370931**
阿伦全缘轮叶　**94259**
阿伦三萼木　**395170**
阿伦氏乌头　**5101**
阿伦铁苋菜　**1776**
阿伦苇椰　**174343**
阿伦希尔茜　**196248**
阿伦雪茜　**87739**
阿伦野荞麦　**151810**
阿伦鹦鹉刺　**319076**
阿伦玉兔兰　**137878**
阿伦猪屎豆　**112483**
阿罗汉草　361877,361935
阿洛马先蒿　**286986**
阿麻拉树　28997
阿麻利士鸦胆子　**61202**
阿马大戟　18576
阿马大戟属　18575
阿马迪榕　**164627**
阿马基山杜鹃　**330071**
阿马拉合欢　13484
阿马木　**18576**
阿马木属　**18575**
阿马尼斑鸠菊　**406072**
阿马尼大沙叶　**286087**
阿马尼丹氏梧桐　**135769**
阿马尼盾盘木　**301551**
阿马尼鹅参　**116460**
阿马尼非洲豆蔻　**9877**
阿马尼豪特茜　**217676**
阿马尼厚皮树　**221136**
阿马尼朗加兰　**325469**
阿马尼拟风兰　**24662**
阿马尼柿　**132042**
阿马尼沃内野牡丹　**413198**
阿马尼仙人笔　**216652**
阿马尼欣珀合欢　**13668**
阿马斯鼠尾草　**344846**
阿玛草属　**18611**
阿玛拉异罗汉松　**316083**
阿玛早熟禾　**305299**
阿买瑞木　21010
阿买瑞木属　21003
阿迈兰　**267891**
阿迈兰属　**267890**
阿迈茜属　**18545**
阿麦斯钗子股　**238304**
阿麦纤毛草　144239
阿曼假杜鹃　**48095**
阿曼老鹳草　**174727**
阿曼老鸦嘴　**390708**
阿曼木属　18575
阿曼铁榄　**362962**
阿曼岩黄耆　**187775**
阿蔓属　15910
阿蔓苋　15912
阿蔓苋属　15910
阿芒多兰属　**34575**
阿梅糙苏　**295178**
阿梅兰属　19413

阿梅治疝草 **192958**
阿美尼亚麝香兰 260295
阿米 19672
阿米·巴林金钱半日花 **188758**
阿米糙果芹 393940
阿米粗果芹 393940
阿米豆 **19477**
阿米豆属 **19476**
阿米非洲水玉簪 **10081**
阿米寄生属 **20869**
阿米芹 **19672**
阿米芹科 **19681**
阿米芹属 **19659**
阿米沙地马鞭草 690
阿米沙马鞭 **690**
阿米属 19659
阿米斯肋枝兰 **304905**
阿米斯万带兰 197254
阿密茴 19672
阿莫弯籽木属 19982
阿姆波鹤顶兰 **293488**
阿姆贡 **11638**
阿姆贡苔 73673
阿姆贡苔草 **73673**
阿姆爵床 **19103**
阿姆爵床属 **19102**
阿姆兰 **20177**
阿姆兰属 **20175**
阿姆斯特丹风信子 **199584**
阿姆斯特朗苏铁 **115797**
阿穆达尔刺头菊 **108361**
阿穆达尔红砂柳 **327221**
阿穆达尔蓼 **309500**
阿穆达尔鸦葱 **354911**
阿穆尔苍术 **44193**
阿穆尔独活 24291
阿穆尔椴 391661
阿穆尔风箱果 297837
阿穆尔荚蒾 **407677**
阿穆尔假报春 **105490**
阿穆尔堇菜 **409687**
阿穆尔开展蝇子草 **363874**
阿穆尔看麦娘 **17501**
阿穆尔拉拉藤 **170191**
阿穆尔列当 **274952**
阿穆尔耧斗菜 **29998**
阿穆尔芒 394943
阿穆尔南芥 **30185**
阿穆尔女贞 **229435**,229562
阿穆尔披碱草 **144239**
阿穆尔葡萄 411540
阿穆尔千里光 **358253**
阿穆尔沙参 **7599**
阿穆尔莎草 **118491**
阿穆尔矢车菊 **81300**
阿穆尔疏花卷耳 **82956**
阿穆尔苔草 74394
阿穆尔唐松草 **388416**
阿穆尔糖芥 **154380**
阿穆尔委陵菜 **312659**
阿穆尔蚊子草 166110
阿穆尔小檗 51301
阿穆尔小花溲疏 126841
阿穆尔罂粟 282622
阿穆尔珍珠梅 **369264**
阿内塔帚石南 **67462**
阿纳代尔虎耳草 **349058**
阿纳代尔花楸 **369317**
阿纳代尔棘豆 **278706**
阿纳代尔剪股颖 **11998**
阿纳代尔柳 **343015**
阿纳代尔蒲公英 **384442**
阿纳代尔委陵菜 **312350**
阿纳拉大戟 **158441**
阿纳拉番樱桃 **156128**
阿纳拉干若翠 **415447**
阿纳拉拉瓦大戟 **158439**
阿纳拉拉瓦金叶树 **90017**
阿纳拉马岛寄生 **46690**
阿纳拉马鹅绒藤 **117371**
阿纳拉马火畦茜 **322955**
阿纳拉马三萼木 **395175**
阿纳拉迈尔节茎兰 **269204**
阿纳拉柿 **132044**
阿纳拉韦尔节茎兰 **269205**
阿纳姆苏铁 **115799**
阿纳芘属 34600
阿纳托里春黄菊 **26744**
阿纳托里黑麦 **356235**
阿纳托里蓟 **91738**
阿纳托里柳叶菜 **146611**
阿纳托里伞花菊 **161224**
阿纳托里石头花 **183171**
阿纳托里鹰嘴豆 **90800**
阿妮塔黄芩 **355377**
阿尼茶 91282
阿尼菊属 34655
阿诺草属 26182
阿诺德枫杨 320371
阿诺德红鞑靼忍冬 **236148**
阿诺德花楸 **369291**
阿诺德惠特爵床 **413948**
阿诺德间型金缕梅 **185094**
阿诺德九节 **319418**
阿诺德巨人间型连翘 **167436**
阿诺德疱茜 **319953**
阿诺德山楂 **109536**
阿诺德羊角拗 **378365**
阿诺德预言杂种金缕梅 185094
阿诺尔德菘蓝 **209174**
阿诺尔德细线茜 **225741**
阿诺古夷苏木 **181765**
阿诺菊 34816
阿诺菊属 34815
阿诺木属 **26148**
阿诺匹斯属 26186
阿诺属 26148
阿诺特白前 **409408**
阿诺特豹皮花 **373732**
阿诺特润肺草 **58819**
阿诺特土人参 **383296**
阿诺特小金梅草 **202811**
阿诺梯花椒 417176
阿诺早熟禾 **305293**
阿帕椴属 28953
阿帕葫芦 **28950**
阿帕葫芦属 **28949**
阿帕爵床 **28927**
阿帕爵床属 **28925**
阿帕拉契科拉偶雏菊 **56701**
阿泡蓟 **91745**
阿沛悬钩子 **339023**
阿披拉草 **28972**
阿披拉草属 **28969**
阿皮卡 168391
阿平顿木槿 **195329**
阿平顿前胡 **293058**
阿平鼠尾草 344853
阿婆钱 297013
阿婆伞 193900
阿普环翅芹 392869
阿普雷荆芥 **264871**
阿普里豆属 29962
阿普鲁特野茼蒿 **108738**
阿普牛至 **274199**
阿齐苔草 **73751**
阿奇山茶 **30940**
阿奇山茶属 **30939**
阿奇藤 **31019**
阿奇藤属 **31017**
阿切尔比桢桐 **95935**
阿丘芸香 **4232**
阿丘芸香属 **4231**
阿瑞奥普兰 5952
阿瑞奥普兰属 5947
阿瑞尔属 208366
阿瑞盖利属 31715
阿瑞合萼兰 **5952**
阿萨克百脉根 **237502**
阿萨克相思 **1063**
阿萨密椰子属 130057
阿萨姆茶 69644
阿萨姆稠李 223106,316489
阿萨姆葱 **15680**,15375
阿萨姆刚竹 **297200**
阿萨姆橘 **93327**
阿萨姆兰属 **205593**
阿萨姆蓼 **308804**
阿萨姆密叶十大功劳 **242623**
阿萨姆囊唇兰属 **238333**
阿萨姆柠檬 **93552**
阿萨姆算盘子 177105
阿萨姆天胡荽 200308
阿萨躯 36920
阿塞蓼 **308803**
阿塞茜 **38300**
阿塞茜属 **38299**
阿瑟·孟席斯居间十大功劳 **242464**
阿森花大戟 **158418**
阿沙巴得蒲公英 **384452**
阿沙巴得酸模 **339944**
阿山黄堇 **106193**,106453
阿山婆罗门参 394260
阿山苔草 **73725**
阿山紫堇 106453
阿善堤胡椒 **300401**
阿舌森裂舌萝藦 **351493**
阿舍森爱地草 **174357**
阿舍森番樱桃 **156138**
阿舍森铁青树 **269648**
阿舍森弯萼兰 **120731**
阿舍森夏至草 **245731**
阿舍森旋花 **102949**
阿舍森远志 **307931**
阿舍逊斑鸠菊 **406116**
阿申斑鸠菊 405917
阿申冠须菊 **405917**
阿什刺柏 **213620**
阿什顿大戟 **38306**
阿什顿大戟属 **38305**
阿什木兰 **241979**
阿氏白鹃梅 161743
阿氏杯冠藤 **117357**
阿氏糙蕊阿福花 **393715**
阿氏草胡椒 **290298**
阿氏长生草 **358019**
阿氏车叶草 **39305**
阿氏刺橘 **405483**
阿氏翠凤草 **301101**
阿氏大戟 **158440**
阿氏斗篷草 **13957**
阿氏独活 **192234**
阿氏独尾草 **148532**
阿氏杜鹃 **330023**
阿氏繁缕 **374730**
阿氏芳香木 **38389**
阿氏飞蓬 **150441**
阿氏风铃草 **69882**
阿氏凤仙花 **204785**
阿氏拂子茅 **65267**
阿氏狗娃花 **193916**
阿氏蒿 35095
阿氏虎耳草 **349055**
阿氏花凤梨 **391972**
阿氏花楸 **369302**
阿氏还阳参 **110726**
阿氏棘豆 **278722**

阿氏金丝桃 **201738**
阿氏菊 **21**
阿氏菊蒿 **383700**
阿氏菊属 **20**
阿氏卷耳 **82644**
阿氏苦瓜掌 **140019**
阿氏里奇山柑 **334790**
阿氏列当 **274956**
阿氏露子花 **123825**
阿氏卵紫玉盘 **403552**
阿氏罗顿豆 **237222**
阿氏落新妇 **41789**
阿氏马钱 **378639**
阿氏毛顶兰 **385704**
阿氏毛茛 **325553**
阿氏毛托菊 **23406**
阿氏绵毛菊 **293411**
阿氏木属 **45952**
阿氏落草 **217419**
阿氏雀苣 **350506**
阿氏瑞香 **122363**
阿氏塞拉玄参 **357406**
阿氏沙地喜阳花 **190278**
阿氏莎草属 **528**
阿氏山罗花 **248156**
阿氏狮足草 **224626**
阿氏黍 **14569**
阿氏黍属 **14568**
阿氏苔 73767
阿氏苔草 **73577**
阿氏糖芥 **154369**
阿氏天门冬 **38907**
阿氏铁兰 391972
阿氏葶苈 **136905**
阿氏驼曲草 **119808**
阿氏尾球木 **402475**
阿氏委陵菜 **312344**
阿氏希尔德木 **196207**
阿氏仙客来 **115937**
阿氏香芸木 **10560**
阿氏小米草 **160130**
阿氏旋花 102926
阿氏鸦葱 **354800**
阿氏盐肤木 **332454**
阿氏野荞麦木 **151794**
阿氏泽泻 **41881**
阿氏泽泻属 **41880**
阿氏樟 91265
阿氏鹧鸪草 **148810**
阿氏舟叶花 **340551**
阿氏猪毛菜 **344428**
阿氏紫草 **20837**
阿氏紫草属 **20827**
阿氏紫玉盘 **403417**
阿舒百里香 **391085**
阿输陀树 165553
阿霜瓜属 18008
阿司吹禾 43317
阿司吹禾属 43316
阿司禾 **43317**
阿司禾属 **43316**
阿思多罗 165553
阿斯别斯特 **307929**
阿斯别斯特番杏 **12929**
阿斯布风毛菊 **348156**
阿斯草属 **39828**
阿斯坎球花木 **177034**
阿斯科特秋海棠 **49634**
阿斯罗榈属 4949
阿斯米小檗 51335
阿斯木 18047
阿斯木属 18027
阿斯皮菊属 **39732**
阿斯塔芥 **39868**
阿斯塔芥属 **39867**
阿斯特拉哈菱 **394423**
阿斯特拉哈女娄菜 **248284**
阿斯特拉哈苔草 **73779**
阿斯特拉罕还阳参 **110738**
阿斯特拉罕委陵菜 **312401**
阿斯图里水仙 **262354**
阿苏尔蒙兹蓝蓟 **77994**
阿苏决明 **78210**
阿他利属 44801
阿塔葱莲 **417608**
阿塔金壳果 **89817**
阿塔科番薯 **207608**
阿塔科老鹳嘴 **390716**
阿塔科麻疯树 **212108**
阿塔科远志 **307933**
阿塔玛斯扣葱莲 417608
阿塔木属 **43737**
阿塔尼柚 **93753**
阿特迪草 **35083**
阿特迪草属 **35082**
阿特拉斯黄连木 300977
阿特罗臭草 **248960**
阿特罗拉拉藤 **170236**
阿特罗驴喜豆 **355058**
阿特罗驴喜豆山黧豆 **222687**
阿特罗绵枣儿 **352884**
阿特罗岩黄蓍 **187789**
阿特漆树属 **44812**
阿特伍德野荞麦 **152520**
阿滕尾叶崖豆藤 **254870**
阿洼早熟禾 **305357**
阿瓦豆 65146
阿瓦尔豆 **186236**
阿瓦尔豆属 **186235**
阿瓦尔栎 **323998**
阿瓦尔龙舌兰 **10866**
阿瓦尔野荞麦 **152120**
阿瓦拉星果棕 **43379**
阿瓦芫荽 154316
阿韦拉扁担杆 **180688**
阿韦拉胡桃 **212622**
阿韦马氏夹竹桃 **246054**
阿韦树 **186240**
阿韦树属 **186239**
阿韦羽衣草 13966
阿魏 **163580**,163612,163709,163711
阿魏前胡 **292852**
阿魏属 **163574**
阿魏状藁本 **229323**
阿文雪兰地 362097
阿乌棒毛萼 **400767**
阿武隈白前 **409509**
阿武隈蓟 **91708**
阿武隈双曲蓼 **54763**
阿武隈蟹甲草 **283782**
阿西翅鳞莎 **108214**
阿西灰毛豆 **385954**
阿西棘豆 **278724**
阿西蕉 260266
阿西娜茄 **43947**
阿西娜茄属 **43945**
阿西无患子属 **44060**
阿希刺柏 213620
阿希蕉 **260266**
阿希兰蓟 **91880**
阿希木兰 241979
阿仙药 1120,401757
阿仙药树 1120
阿谢尔百蕊草 **389609**
阿谢尔蜡菊 **189144**
阿谢尔裂口花 **379843**
阿谢尔龙王角 **198971**
阿谢尔芦荟 **16601**
阿谢尔泡叶番杏 **138142**
阿谢尔肉锥花 **102068**
阿谢尔生石花 **233628**
阿谢尔十二卷 **186541**
阿谢尔舟叶花 **340565**
阿修罗 **199049**
阿牙潘泽兰 **158049**
阿雅风毛菊 **348111**
阿亚德拟阿福花 **39457**
阿亚希百里香 **391090**
阿亚希芒柄花 **271373**
阿亚希蝇子草 **363229**
阿胭 134776
阿延梧桐 **45870**
阿延梧桐属 **45868**
阿扬蓼 **308717**
阿扬神血宁 308717
阿扬湾柴胡 **63558**
阿扬湾桦 **53317**
阿扬湾棘豆 **278689**
阿扬湾缬草 **404217**
阿驿 164763
阿英赖草 **228339**
阿右风毛菊 **348416**
阿右苔草 **74246**
阿于菜 **186233**
阿于菜属 **186232**
阿虞 163618,163709,163711
阿玉 198745
阿玉山伴兰 **193587**,417702
阿玉碎米荠 **72676**,72721
阿玉线柱兰 417702
阿育魏 393940
阿育魏实 393940
阿郁 243862
阿月浑子 **301005**
阿赞白头翁 **321655**
阿驵 164763,165541
阿曾大戟 **159543**
阿扎金叶树 **90022**
阿扎仙客来 **115932**
阿扎蝇子草 **363225**
阿摺紫堇 **105918**
阿珍蝎尾蕉 **190039**
阿只草 308403
阿仲茶保 349082
阿州巴豆 **112832**
阿州春美草 **94294**
阿州桦 53549
阿州向日葵 **189032**
阿朱马老鸦嘴 **390698**
哀兰 **290118**
哀兰属 **290113**
哀劳山毛茛 **325554**
哀氏马先蒿 **287185**
埃阿拉大戟 **401225**
埃阿拉钩枝藤 **22054**
埃阿拉黄檀 **121671**
埃阿拉九节 **319515**
埃阿拉香料藤 **391868**
埃北拉拉藤 **170273**
埃贝九节 **319516**
埃宾格尔披碱草 **144295**
埃伯生石花 **233566**
埃博洛瓦厚皮树 **221153**
埃博洛瓦拟飞龙掌血 **392586**
埃博洛瓦秋海棠 **49797**
埃博洛瓦三角车 **334615**
埃博洛瓦血桐 **240254**
埃博洛瓦紫金牛 **31434**
埃城荷花玉兰 242137
埃得纳小檗 **51280**
埃德毒马草 **362783**
埃德尔苔草 **75575**
埃德加安德森锦熟黄杨 **64349**
埃德加杜鹃 330612
埃德紫露草 **394018**
埃顿日中花 **251048**
埃恩阿斯皮菊 **39764**

埃恩橙菀 **320672**
埃恩狗肝菜 **129254**
埃恩枸杞 **239041**
埃恩密钟木 **192573**
埃恩千里光 **358786**
埃恩皱果菊 **327764**
埃尔刺花蓼 **89056**
埃尔梗山楂 **109918**
埃尔贡暗毛黄耆 **42039**
埃尔贡白花丹 **305188**
埃尔贡扁棒兰 **302767**
埃尔贡车轴草 **396889**
埃尔贡斗篷草 **14015**
埃尔贡独活 **192261**
埃尔贡风车子 **100400**
埃尔贡鬼针草 **53896**
埃尔贡红蕾花 **416940**
埃尔贡芦荟 **16793**
埃尔贡美冠兰 **156876**
埃尔贡木千里光 **125726**
埃尔贡欧石南 **150164**
埃尔贡前胡 **292844**
埃尔贡全毛兰 **197526**
埃尔贡山梗菜 **234415**
埃尔贡圣诞果 **88038**
埃尔贡苔草 **74440**
埃尔贡小芝麻菜 **154090**
埃尔贡悬钩子 **338442**
埃尔贡鸭跖草 **101006**
埃尔贡羊茅 **163942**
埃尔贡尤利菊 **160789**
埃尔科野荞麦 **152007**
埃尔莫草 **143905**
埃尔莫草属 **143904**
埃尔默飞蓬 **150615**
埃尔默千里光 **358797**
埃尔千里光 **358821**
埃尔时钟花 **148131**
埃尔时钟花属 **148129**
埃尔斯克法道格茜 **161949**
埃尔斯克老鸦嘴 **390758**
埃尔斯克崖豆藤 **254685**
埃尔斯绣球菊 **106846**
埃尔唐百里香 **391179**
埃尔塘碱蓬 **379519**
埃尔威斯狭管石蒜 **375605**
埃尔伍德美国花柏 85277
埃尔西骨籽菊 **276602**
埃尔西良毛芸香 **155836**
埃尔西毛瑞香 **218986**
埃尔西穆拉远志 **259979**
埃尔西奈纳茜 **263543**
埃尔西欧石南 **149386**
埃尔西青锁龙 **108989**
埃尔西亚波籽玄参 **396770**
埃尔西亚长庚花 **193263**
埃尔西亚塞拉玄参 **357499**
埃尔西亚外卷鼠麹木 **22188**
埃尔西亚沃森花 **413344**
埃尔西亚肖鸢尾 **258472**
埃尔西亚硬皮鸢尾 **172590**
埃尔西亚永菊 **43843**
埃尔西亚紫绒草 **399481**
埃尔紫堇 **105860**
埃耳威氏独尾草 **148541**
埃夫花属 **161507**
埃夫拉尔斑鸠菊 **406314**
埃夫拉尔闭花木 **94510**
埃夫拉尔碧波 **54373**
埃夫拉尔扁担杆 **180770**
埃夫拉尔带梗革瓣花 **329255**
埃夫拉尔邓博木 **123678**
埃夫拉尔鹅掌柴 **350691**
埃夫拉尔风兰 **24841**
埃夫拉尔红柱树 **78668**
埃夫拉尔九节 **319537**
埃夫拉尔马唐 **130542**
埃夫拉尔腺瓣古柯 **263077**
埃夫兰 **161514**
埃夫兰属 **161513**
埃弗曼飞蓬 **150627**
埃弗曼针垫菊 **84494**
埃弗莎属 **161282**
埃格草 141569
埃格草属 141568
埃格兰 **141573**
埃格兰属 **141570**
埃格林布瑟苏木 **64120**
埃格林刺橘 **405500**
埃格林大风子 **122888**
埃格林三指兰 **396633**
埃格林石竹 **127948**
埃格林玉凤花 **184127**
埃格莎草 **141576**
埃格莎草属 **141575**
埃格十二卷 **186406**
埃格西非橘 **8795**
埃赫郁金香 **400154**
埃及白酒草 **103407**
埃及半日花 **188584**
埃及匕果芥 **129759**
埃及薄荷 **250402**
埃及稗 **143515**
埃及车轴草 396817
埃及大翅蓟 **271670**
埃及槲果 **46768**
埃及画眉草 **147475**
埃及环翅芹 **392867**
埃及基氏婆婆纳 **216243**
埃及假虎刺 76894
埃及假蓬 103407
埃及碱蓬 **379490**
埃及姜饼棕 **202321**
埃及姜果棕 202321
埃及角茴香 **201598**
埃及金合欢 **1680**
埃及金丝桃 **201719**
埃及锦葵 **243740**
埃及巨茴香芥 **162814**
埃及莨菪 201388
埃及柳 **342967**
埃及牛舌草 **21915**
埃及牛至 **274227**
埃及千里光 **358203**
埃及雀麦 **60617**
埃及榕 165726
埃及沙生芥 **148224**
埃及砂仁 **19858**
埃及山柑 **71684**
埃及蓍草 **3916**
埃及十字叶 **113111**
埃及石头花 **183241**
埃及矢车菊 **80908**
埃及鼠尾草 **344832**
埃及水苏 **373094**
埃及水苋菜 19566
埃及睡莲 267698
埃及酸模 **339908**
埃及塔韦豆 **385157**
埃及天芥菜 **190543**
埃及天仙子 **201385**
埃及田菁 **361357**,361430
埃及甜根子草 **341913**
埃及菟丝子 **114951**
埃及驼蹄瓣 **418586**
埃及无花果 **165726**
埃及相思树 1427
埃及香茶菜 **303132**
埃及血橙 **93769**
埃及蝇子草 **363154**
埃及鱼黄草 **250751**
埃及羽扇豆 **238492**,238444
埃及郁金香 **400113**
埃及猪屎豆 **111865**
埃季沃 51581
埃杰顿风兰 **24826**
埃杰顿围裙花 **262307**
埃凯特赪桐 **96051**
埃凯特红柱树 **78665**
埃凯特尖叶木 **402620**
埃凯特金壳果 **121152**
埃凯特乌口树 **384939**
埃可豆属 5827
埃克棒毛萼 **400812**
埃克琥珀树 **27840**
埃克剪股颖 **12083**
埃克金壳果属 **161693**
埃克楝 **145963**
埃克楝属 **141859**
埃克曼刺芹 **154315**
埃克曼野牡丹 **141891**
埃克曼野牡丹属 **141889**
埃克曼紫葳 **141887**
埃克曼紫葳属 **141886**
埃克木 **161692**
埃克木属 **161691**
埃克塞尔非洲长腺豆 **7489**
埃克塞尔风车子 **100459**
埃克塞尔谷木 **249956**
埃克塞尔花篱 **27095**
埃克塞尔画眉草 **147665**
埃克塞尔假杜鹃 **48164**
埃克塞尔九节 **319538**
埃克塞尔老鹳草 **174601**
埃克塞尔裂花桑寄生 **295841**
埃克塞尔鹿藿 **333229**
埃克塞尔木槿 **194864**
埃克塞尔木蓝 **205965**
埃克塞尔南非青葙 **192778**
埃克塞尔牛奶菜 **245802**
埃克塞尔萨比斯茜 **341625**
埃克塞尔三指兰 **396634**
埃克塞尔山黄菊 **25522**
埃克塞尔崖藤 **13453**
埃克塞尔盐肤木 **332488**
埃克塞尔羊蹄甲 **49083**
埃克塞尔异荣耀木 **134704**
埃克塞尔远志 **308047**
埃克塞尔猪屎豆 **112130**
埃克塞尼艾斯卡罗 155131
埃克塞尼南美鼠刺 **155131**
埃克赛特光榆 401514
埃克赛特山榆 **401514**
埃拉温百里香 **391181**
埃兰梧桐 **193080**
埃兰梧桐属 **193079**
埃郎氏枪弹木 255312
埃勒大戟 **158820**
埃勒虎尾兰 **346075**
埃勒菊属 141578
埃勒玉牛角 **139144**
埃雷米特百里香 **391182**
埃雷米特蝇子草 **363442**
埃蕾 81523
埃蕾百金花 81517
埃蕾属 81485
埃里奥特木槿 **194851**
埃里奥特苔草 **74441**
埃里密穗花 **322106**
埃里斯木槿 **194856**
埃里温刺头菊 **108280**
埃里温荆芥 **264917**
埃里温毛蕊花 **405699**
埃里温矢车菊 **81063**
埃利奥特刺子莞 **333554**
埃利奥特灯心草 **213090**
埃利奥特黄花稔 **362539**
埃利奥特黄眼草 **416054**

埃利奥特卷舌菊 380871
埃利奥特三萼木 395230
埃利奥特一枝黄花 368207
埃利奥特珍珠茅 354055
埃利巴豆 112886
埃利半轭草 191776
埃利翅盘麻 320529
埃利大戟 158824
埃利大青 96054
埃利大沙叶 286201
埃利盾舌萝藦 39621
埃利番樱桃 156210
埃利非洲豆蔻 9897
埃利风车子 100659
埃利风兰 24831
埃利狗肝菜 129256
埃利鬼针草 53900
埃利鸡头薯 152911
埃利剪股颖 12087
埃利九节 319520
埃利兰属 154266
埃利老鸦嘴 390757
埃利类沟酸浆 255162
埃利迈特柳穿鱼 230960
埃利迈特蔷薇 336546
埃利迈特瓦莲 337298
埃利魔芋 20073
埃利姆菲利木 296201
埃利姆集带花 381761
埃利姆欧石南 149383
埃利姆银齿树 227276
埃利木 143748
埃利木瓣树 415779
埃利木蓝 205938
埃利木属 143746
埃利纽敦豆 265900
埃利坡油甘 366661
埃利茜属 153403
埃利枪刀药 202544
埃利砂仁 9897
埃利石豆兰 62709
埃利柿 132141
埃利鼠茅 412421
埃利唐菖蒲 176180
埃利藤黄 171096
埃利肖鸢尾 258471
埃利须芒草 22704
埃利鸭嘴花 214465
埃利亚叶下珠 296552
埃利异荣耀木 134738
埃利玉凤花 183602
埃利越橘 403820
埃利紫草属 143829
埃伦·维尔姆特欧丁香 382340
埃伦巴氏锦葵 286615
埃伦白粉藤 92702
埃伦扁担杆 180982
埃伦泊格十大功劳 242519
埃伦大戟 158823
埃伦吊灯花 84085
埃伦丁金合欢 1203
埃伦斗篷草 14017
埃伦独脚金 377997
埃伦多坦草 136492
埃伦枸杞 239042
埃伦茴香芥 162824
埃伦睑子菊 55460
埃伦金合欢 1194
埃伦兰属 143841
埃伦蓝刺头 140701
埃伦龙血树 137386
埃伦罗勒 268491
埃伦麻疯树 212132
埃伦米努草 255467
埃伦木犀草 327844
埃伦破布木 104180
埃伦千里光 358794
埃伦蒴莲 7242
埃伦酸模 340039
埃伦羊蹄甲 49073
埃伦蝇子草 363156
埃伦鱼黄草 250778
埃伦猪毛菜 344431
埃洛木千里光 125729
埃玛紫堇 105858
埃梅木属 143909
埃蒙德山黧豆 222714
埃米大戟 158826
埃米大青 96055
埃米尔夫人八仙花 199972
埃米尔马瓟儿 417461
埃米尔小檗 51588
埃米菲利木 296202
埃米琥珀树 27842
埃米黄檀 121674
埃米火石花 175153
埃米剪股颖 12091
埃米拿司竹 262764
埃米蒲桃 382531
埃米千里光 358802
埃米铁青树 269656
埃米香茶菜 303281
埃米亚麻 231899
埃米远志 308033
埃米猪屎豆 112114
埃敏加那利参 70977
埃明臂形草 58086
埃明长须兰 56901
埃明格尼瑞香 178601
埃明堇菜 409956
埃明九节 319526
埃明壳莎 77206
埃明裂花桑寄生 295838
埃明没药 101372
埃明密穗花 322107
埃明树葡萄 120067
埃明双距兰 133766
埃明香茶菜 303280
埃明小花短冠草 369233
埃明旋覆花 207103
埃明鸭嘴花 214466
埃明羊角拗 378389
埃明忧花 241620
埃明獐牙菜 380198
埃莫藤 145041
埃莫藤属 145039
埃默风车子 100449
埃默寄生 144860
埃默寄生属 144858
埃默里白峰掌 181454
埃默里苔草 74452
埃默里岩雏菊 291309
埃默庭菖蒲 365729
埃牟茶藨 334025
埃牟茶藨子 333962
埃姆兰 144852
埃姆兰属 144851
埃姆斯兰属 19383
埃内斯特紫露草 394019
埃纳藜 141835
埃纳藜属 141833
埃农绒毛花 28168
埃诺芥 192025
埃诺芥属 192023
埃奇沃斯凤仙花 204918
埃奇沃斯枸杞 239039
埃奇沃斯茴香芥 162833
埃奇沃斯金合欢 1192
埃奇沃斯狼紫草 266602
埃奇沃斯小檗 51581
埃奇沃斯玄参 355109
埃奇沃斯玉凤花 183593
埃奇紫堇 105581
埃若禾属 12776
埃塞长被片风信子 137929
埃塞俄比亚贝尔茜 53062
埃塞俄比亚茶 79395
埃塞俄比亚匙木 261860
埃塞俄比亚大沙叶 286081
埃塞俄比亚丹氏梧桐 135763
埃塞俄比亚多球茜 310253
埃塞俄比亚多穗兰 310314
埃塞俄比亚费利菊 163128
埃塞俄比亚凤琴豆 218000
埃塞俄比亚高粱 369592
埃塞俄比亚狗牙根 117853
埃塞俄比亚谷精草 151213
埃塞俄比亚管唇姜 365257
埃塞俄比亚虎尾兰 346051
埃塞俄比亚琥珀树 27806
埃塞俄比亚画眉草 147478
埃塞俄比亚黄花茅 27931
埃塞俄比亚黄连木 300976
埃塞俄比亚剪股颖 12182
埃塞俄比亚浆果莲花 217079
埃塞俄比亚金丝桃 201722
埃塞俄比亚警惕豆 249715
埃塞俄比亚柯索树 184565
埃塞俄比亚苦草 404565
埃塞俄比亚冷水花 298872
埃塞俄比亚列当 274932
埃塞俄比亚裂冠花 86121
埃塞俄比亚裂口花 379835
埃塞俄比亚鳞果草 4457
埃塞俄比亚牻牛儿苗 153717
埃塞俄比亚木瓣树 415762
埃塞俄比亚木菊 129370
埃塞俄比亚鸟足兰 347699
埃塞俄比亚破布木 104148
埃塞俄比亚千里光 360003
埃塞俄比亚三芒草 33741
埃塞俄比亚鼠尾草 344836
埃塞俄比亚水锦树 413773
埃塞俄比亚水苏 373095
埃塞俄比亚粟麦草 230116
埃塞俄比亚苔草 73611
埃塞俄比亚肖玉凤花 258316
埃塞俄比亚悬钩子 338093
埃塞俄比亚鸭跖草 100896
埃塞俄比亚鸭嘴花 214448
埃塞俄比亚亚麻 231860
埃塞俄比亚忧花 241574
埃塞俄比亚玉凤花 183400
埃塞俄比亚帚鼠麴 377198
埃塞俄比亚猪屎豆 111970
埃塞俄比亚壮花寄生 148834
埃塞尔金朝鲜花楸 369364
埃塞尔金日本花楸 369364
埃塞尖药木 4955
埃塞破布木 104148
埃塞山柰 215005
埃塞逐草属 161837
埃绍春美草 94315
埃绍毛茛 325800
埃绍氏繁缕 374878
埃舍里奇二室蕊 128274
埃舍里奇吉树豆 175774
埃氏阿魏 163576
埃氏氨草 136258
埃氏巴豆 112886
埃氏百蕊草 389678
埃氏半边莲 234439
埃氏棒棰树 279685
埃氏报春 270731
埃氏杯毛莎草 115646
埃氏贝母 168398
埃氏蔡斯吊兰 65100
埃氏篇柊 354605

埃氏叉序草 **209892**
埃氏刺橘 **405502**
埃氏粗根 279685
埃氏酢浆草 **277816**
埃氏大戟 **158817**
埃氏吊兰属 **139963**
埃氏独行菜 **225359**
埃氏杜鹃 **330612**,143866
埃氏杜鹃属 143860
埃氏菲奇莎 **164525**
埃氏狒狒花 **46049**
埃氏费利菊 **163129**
埃氏芙兰草 **168843**
埃氏海葱 **402350**
埃氏红光树 **216809**
埃氏胡颓子 141981
埃氏琥珀树 **27900**
埃氏画眉草 **147655**
埃氏黄花茅 **27938**
埃氏假刺葵 **318120**
埃氏剪股颖 **12088**
埃氏剑苇莎 **352324**
埃氏金美韭 **405646**
埃氏堇菜 **409950**
埃氏锯花禾 **315203**
埃氏蜡菊 **189315**
埃氏蓝花参 **412665**
埃氏棱果桔梗 **315285**
埃氏藜芦 **405590**
埃氏露子花 **123868**
埃氏芦荟 **16789**
埃氏乱子草 **259654**
埃氏麻 **143886**
埃氏麻属 **143882**
埃氏马先蒿 **287018**
埃氏芒 **255842**
埃氏毛莞 **418820**
埃氏梅西尔桔梗 **250579**
埃氏木蓝 **205964**
埃氏南非禾 **289971**
埃氏欧石南 **149379**
埃氏秋海棠 **49801**
埃氏塞拉玄参 **357494**
埃氏山芫荽 **107772**
埃氏狮足草 **224630**
埃氏饰球花 **53183**
埃氏黍 **281588**
埃氏蒴莲 **7291**
埃氏嵩草 **217157**
埃氏苔草 **74430**
埃氏唐菖蒲 **176176**
埃氏天鹅绒球 **244013**
埃氏天门冬 **39008**
埃氏铁苋菜 **1841**
埃氏驼曲草 **119824**
埃氏鸵鸟木 **378574**
埃氏委陵菜 **312510**
埃氏纹桔梗 **180129**
埃氏向日葵 **188962**
埃氏小金梅草 **202843**
埃氏小叶番杏 **169968**
埃氏肖裂蕊紫草 **141041**
埃氏熊菊 **402775**
埃氏鸭跖草 **101000**
埃氏异果菊 **131165**
埃氏罂粟 **141590**
埃氏罂粟属 **141588**
埃氏蝇子草 **363437**
埃氏园花 **27571**
埃氏猪笼草 **264835**
埃氏紫堇 105863
埃氏紫玉盘 **403464**
埃丝特·里德大滨菊 **227470**
埃斯列当属 **155233**
埃斯米拉达仙客来 **115966**
埃斯塔德无味金丝桃 **201938**
埃斯泰欧石南 **149412**
埃斯特矮缕子 **85836**
埃斯特宝锭草 **175505**
埃斯特糙蕊阿福花 **393742**
埃斯特草地山龙眼 **283555**
埃斯特短片帚灯草 **142949**
埃斯特芳香木 **38537**
埃斯特菲奇莎 **164528**
埃斯特费利菊 **163195**
埃斯特蝴蝶玉 **148575**
埃斯特虎眼万年青 **274603**
埃斯特琥珀树 **27846**
埃斯特金毛菀 **89877**
埃斯特可利果 **96715**
埃斯特雷亚秋海棠 **49820**
埃斯特立金花 **218863**
埃斯特良毛芸香 **155838**
埃斯特露子花 **123872**
埃斯特罗顿豆 **237297**
埃斯特麻雀木 **285562**
埃斯特矛口树 **235593**
埃斯特南非帚灯草 **38360**
埃斯特鸟娇花 **210776**
埃斯特球百合 **62380**
埃斯特日中花 **220544**
埃斯特塞拉玄参 **357503**
埃斯特瘦鳞帚灯草 **209431**
埃斯特双距花 **128054**
埃斯特双距兰 **133775**
埃斯特双盛豆 **20762**
埃斯特特曼木 **392489**
埃斯特喜阳花 **190332**
埃斯特香芸木 **10617**
埃斯特亚麻 **231901**
埃斯特硬皮鸢尾 **172593**
埃斯特舟叶花 **340671**
埃斯特猪毛菜 **344528**
埃斯野荞麦 **152050**
埃索木属 161835
埃塔棕属 **161053**
埃特纳桂樱 **316505**
埃特纳华丽木瓜 **84586**
埃特纳景天 **356476**
埃特纳染料木 **172901**
埃特榕 **165170**
埃滕哈赫琥珀树 **27903**
埃滕哈赫蓝花参 **412909**
埃滕哈赫露子花 **123983**
埃滕哈赫蔓舌草 **243269**
埃滕哈赫唐菖蒲 **176615**
埃滕哈赫舟叶花 **340950**
埃滕哈赫砖子苗 **245575**
埃托利亚堇菜 **409653**
埃托沙猪毛菜 **344529**
埃娃管唇姜 **365261**
埃万翠雀花 **124275**
埃望鼠尾草 345019
埃威氏柽柳 **383484**
埃威氏委陵菜 **312530**
埃文齿叶鼠麴木 **290084**
埃文大戟 **158503**
埃文短丝花 **221361**
埃文斯春桃玉 **131311**
埃文斯大戟 **158867**
埃文斯狗牙根 **117880**
埃文斯合欢 **13645**
埃文斯虎耳兰 **350319**
埃文斯灰毛豆 **386285**
埃文斯火炬花 **216962**
埃文斯荆芥叶草 **224609**
埃文斯蜡菊 **189334**
埃文斯罗顿豆 **237298**
埃文斯木荚豆 **415683**
埃文斯木蓝 **205963**
埃文斯扭果花 **377792**
埃文斯欧石南 **149417**
埃文斯黍 **282096**
埃文斯唐菖蒲 **176453**
埃文斯尤利菊 **160795**,160751
埃文斯昼花 **262169**
埃文网球花 **184357**
埃沃兰 **161490**
埃希首氏藜芦 405590
埃兹茜 **141858**
埃兹茜属 **141857**
埃佐芹 **161869**
埃佐芹属 **161868**
挨刀树 360481
癌草 **345187**,260090
矮阿尔泰葶苈 **136925**
矮八角金盘 **162882**
矮八爪金龙 31371
矮巴豆 **112912**
矮巴特西非南星 **28777**
矮菝葜 **366480**
矮把蕉 260250
矮白菜 52533
矮白酒草 **103541**
矮白欧洲红豆杉 **385308**
矮白神圣亚麻 346251
矮白珠树 **172139**
矮百合属 **85504**
矮百蕊草 **389833**
矮柏木 **114749**,213775
矮蚌花 394076
矮报春 **314689**
矮鲍尔欧洲山松 **300091**
矮北极桦 **53531**,53530
矮北极金千里光 279899
矮北美云杉 **298404**
矮荸荠 **143289**
矮扁担杆 **180825**
矮扁鞘飘拂草 **166226**
矮扁莎 **322329**
矮扁桃 **20931**
矮扁叶柳杉 **113695**
矮藨草 396020
矮滨蒿 **35972**
矮薄苞芹 304817
矮补血草 **230643**
矮菜豆 **294030**,294057
矮菜棕 **341421**
矮糙绿顶菊 **160676**
矮糙苏 **295180**
矮草沙蚕 **398082**
矮草原花 **366817**
矮草原花属 **366816**
矮层菀 **306555**
矮叉臀草 **129555**
矮茶 31408,31477
矮茶藨 334240
矮茶藨子 **334240**
矮茶风 31477,31630
矮茶荷 31477
矮茶子 31477,31571
矮长梗秦艽 **174064**
矮常花雪球荚蒾 **408029**
矮赪桐 96449
矮齿韭 **15134**
矮齿缘草 **153461**
矮赤箭莎 **352351**
矮赤杨 16348
矮赤竹 **347206**
矮重楼 **284371**
矮船兰属 **85119**
矮垂头菊 **110403**
矮慈姑 **342396**
矮刺苞果 **2613**
矮刺葵 **295468**
矮刺李 **76914**
矮刺苏 **85731**
矮刺苏属 **85730**

矮刺桐 **154670**,154648
矮葱 **15176**,15064
矮楤木 **30684**
矮丛杜鹃 **331124**,331477
矮丛对叶赪桐 **337446**
矮丛风毛菊 **348291**
矮丛光蒿 **35399**
矮丛蒿 **35230**
矮丛花楸 369499
矮丛苔草 **74849**,73996
矮丛昙花 **147290**
矮丛小金雀 173000
矮粗距翠雀花 **124299**
矮酢浆草 **278044**
矮醋栗 **334038**
矮簇补血草 **230580**
矮翠雀花 **124536**
矮大黄 **329361**,329380
矮大戟 **158631**
矮大蒜芥 270462
矮大叶火烧兰 147160
矮大叶珊瑚树 407980
矮大叶藻 **418396**,418389
矮大叶藻属 **262278**
矮大柱苔草 **75269**
矮灯心草 **213292**
矮地茶 31477
矮地瓜儿苗 239224
矮地瓜苗 239222
矮地黄 167286
矮地蔷薇 85660
矮地榆 **345845**
矮点地梅 23144
矮点柱花 **85817**
矮点柱花属 **85816**
矮甸百金花 81530
矮顶冰花 **169490**
矮顶香 204504
矮东方云杉 **298393**
矮冬青 **203987**,204114
矮毒瓜 **215732**
矮毒马草 **362859**
矮独蒜兰 304267
矮独行菜 **225440**
矮独叶 94130
矮独叶属 94129
矮杜鹃 330160,330695
矮杜香 223911
矮杜英 **142365**
矮短叶水蜈蚣 **218490**
矮短紫金牛 **31552**
矮盾果金虎尾 **39506**
矮朵朵 31518
矮鹅观草 **144337**
矮鳄梨 **291540**
矮儿胖 232252
矮耳冠草海桐 **122103**
矮二蕊紫苏 **99845**
矮二尾兰 412388
矮法国蔷薇 **336595**
矮法兰绒花 **168217**
矮番石榴 **318745**
矮飞蓬 **150591**
矮飞燕草 102833
矮非洲紫菀 **19335**
矮粉条儿菜 **14514**
矮粉郁金香 **400216**
矮佛里蒙特 168217
矮福瑟吉拉木 167540
矮干大头苏铁 **145236**
矮杆鲤鱼胆 173378
矮秆苔草 **75381**
矮高河菜 **247776**
矮高山栎 324199
矮高原芥 **89259**,126162
矮根节兰 **66040**,65879
矮枸杞 **239101**
矮瓜 367370
矮冠桦 53530
矮冠须菊 **405957**
矮灌锦熟黄杨 64356
矮灌蓝莓 403716
矮灌茜 **322430**
矮灌茜属 **322429**
矮灌蔷薇 **85141**
矮灌蔷薇属 **85140**
矮桄榔 32336
矮鬼针草 177285,177325
矮国王椰子 **327110**
矮果蔷薇 **85509**
矮果蔷薇属 **85508**
矮哈维列当 **186076**
矮孩儿菜 **340356**
矮海氏柴胡 **63683**
矮寒芥 **153665**
矮寒芥属 **153664**
矮汉博百合 **229866**
矮蒿 **35483**,35788
矮蒿荷木 **197153**
矮荷子 239640,239645
矮黑三棱 **370088**
矮红 159159
矮红杜鹃 331953
矮红花七叶树 **9722**
矮红鳞扁莎 **322346**
矮红心凤梨 **60550**
矮红药禾 **154611**
矮红子 107486,107490
矮后毛锦葵 **267198**
矮厚缘野牡丹 **279605**
矮狐尾藻 **261350**
矮胡椒 **394855**
矮胡椒属 **394853**
矮胡麻草 **81736**
矮虎耳草 **349189**
矮花柏 **85359**
矮花刺藜 **139690**
矮花风兰 **24770**
矮花叶万年青 **130102**
矮华北乌头 5302
矮华南远志 **308082**
矮桦 **53594**,53587
矮桦木 53587
矮还阳参 110916
矮黄北美香柏 **390588**
矮黄芥 **258968**
矮黄芥属 **258964**
矮黄堇 **106345**
矮黄芦木 **51302**
矮黄栌 **107314**
矮黄千头柏 302722
矮黄日本扁柏 **85322**
矮黄杨叶小檗 **51405**,51406
矮黄杨远志 307983
矮灰朝鲜崖柏 **390580**
矮灰毛豆 **386252**
矮茴香 **167142**
矮桧 213864,213934
矮喙果层菀 **210979**
矮火炬花 **216999**
矮火炬松 **300266**
矮火绒草 **224913**
矮火焰兰 327688
矮鸡冠刺桐 **154648**
矮鸡头薯 **153019**
矮基扭桔梗 **123787**
矮棘豆 **278897**
矮假龙胆 **174147**
矮假水晶兰 **86386**
矮假水青冈 266884
矮尖瓣芹 **6206**
矮碱茅 **321298**
矮箭竹 **162671**
矮姜饼木 **284254**
矮姜花 **187424**
矮交让木 **122695**
矮胶枞 291
矮蕉属 145823
矮角蒿 205575
矮角盘兰 **192835**
矮角蕊莓 **83636**
矮脚白风 333745
矮脚白花蛇利草 187555,187565
矮脚草 31477
矮脚茶 31477
矮脚盾地雷 260250
矮脚枫 231403
矮脚甘松 87881
矮脚荷 239594
矮脚锦鸡儿 **72195**
矮脚苦蒿 103436
矮脚龙胆 173767
矮脚罗伞 31604,31630
矮脚埔梨 248748
矮脚三郎 31477,31630
矮脚桐 95978
矮脚香蕉 260250
矮脚樟 31477,97919,231298
矮脚樟菜 31477
矮脚猪 112871
矮脚子 377973
矮接骨木 **345594**
矮金柏 **302722**
矮金北美乔柏 390654
矮金北美香柏 **390609**
矮金疮草 **13166**
矮金灌菊 **90497**
矮金莲花 **399507**,399524
矮金茅 310722
矮金日本扁柏 85322
矮金银花 236144
矮金钟茼麻 **922**
矮筋骨草 **13072**,13166
矮堇菜 **410474**
矮堇郁金香 **400217**
矮锦鸡儿 **72322**
矮茎报春 314229
矮茎灯心草 213313
矮茎斗篷草 **14057**
矮茎鹅不食草 31968
矮茎华千里光 365069
矮茎囊瓣芹 320229
矮茎萨巴尔榈 341421
矮茎沙巴榈 341421
矮荆豆 **401396**
矮景天 **356845**,329886
矮韭 **15064**,15486
矮菊 261069
矮菊苣 **90898**
矮菊木属 **20811**
矮菊属 261060
矮菊头桔梗 **211661**
矮爵床 **337244**
矮卡德藤 **79373**
矮卡文迪什芭蕉 **260201**
矮糠 268438
矮空心泡 **338962**
矮苦竹 **304040**,347279
矮夸拉木 **323536**
矮拉菲豆 **325133**
矮蜡菊 **189237**
矮兰 85930
矮蓝刺头 **140722**,140753
矮蓝欧洲赤松 **300230**
矮蓝星花 **33677**
矮榄仁树 **386617**
矮郎伞 31477
矮狼杷草 **54168**

矮狼尾草 **289213**
矮莨菪 201401,316956
矮乐子 177170
矮雷竹 **362146**
矮棱子芹 **304826**
矮冷水花 **299006**
矮冷水麻 299006,299010
矮藜 **87087**
矮栎 **323873**
矮栗 78807
矮凉伞子 31371
矮两歧飘拂草 **166251**
矮蓼 **309198**
矮列当 **275148**
矮林报春 314328
矮林子 261601
矮零子 261601
矮柳 **343506**,343476
矮柳穿鱼 230927
矮柳杉 **113701**
矮柳叶菜 **146650**,146805
矮龙葵 367432
矮龙血树 **137512**
矮漏斗花 **130232**
矮露兜树 **281114**
矮芦荟 16894
矮芦莉草 **339736**
矮驴蹄草 **68206**
矮榈属 85665
矮缕子 **85835**
矮缕子属 **85833**
矮绿日本扁柏 **85324**
矮绿属 85412
矮卵叶三脉紫菀 **39943**
矮卵叶野荞麦 **152355**
矮轮生冬青 **204377**
矮罗顿豆 **237405**
矮裸柱草 **182816**
矮落地生根 **215238**
矮落芒草 300717
矮落新妇 **41796**
矮麻花头 **361125**
矮麻黄 **146215**,146183
矮马岛芸香 **210504**
矮马先蒿 **287284**
矮芒 **255892**
矮芒毛苣苔 **9441**
矮毛茛 **326273**,326259
矮毛肋野牡丹 **299184**
矮毛鳞野牡丹 **84911**
矮毛小米草 **160142**
矮毛异囊菊 **194271**
矮毛子草 **153265**
矮莓系 305275
矮梅尔芥 **245164**
矮梅里野牡丹 **250674**
矮美国梓 **79246**
矮蒙松草 **258149**
矮密朝鲜冷杉 **400**
矮明尼苏达雪白山梅花 **294573**
矮磨石草 **14465**
矮魔芋 **20120**
矮茉莉 211956,379474
矮茉莉点地梅 23144
矮茉莉荛花 375187
矮墨西哥橘 **88697**
矮牡丹 **280307**,280212
矮木蓝 **206590**
矮穆拉远志 **259957**
矮南非浆果莲花 **217090**
矮能加棕 **263551**
矮拟球花木 **177062**
矮黏冠草 **261069**
矮黏一枝黄花 **368404**
矮鸟娇花 **210887**
矮鸟足兰 **347882**
矮女蒿 **196704**
矮欧石南 **149782**
矮欧夏至草 **245754**
矮欧洲杞柳 **343941**
矮欧洲山松 **300095**
矮帕里金菊木 **150369**
矮胖灯心草 **213323**
矮胖儿 232252
矮泡泡果 **38333**
矮盆枭 **175173**
矮蓬属 **85457**
矮披碱草 144337
矮皮氏菊 **300846**
矮皮氏菊属 **300845**
矮飘拂草 **166418**
矮萍蓬 267320
矮匍匐柳 **343995**
矮匍菊 **204677**
矮匍菊属 **204676**
矮蒲葵 **234182**
矮朴 **80723**
矮普林木 **305002**
矮桤木 **16348**
矮漆藤 **332788**
矮杞树 123371
矮杞树属 123367
矮落草 **217489**
矮千斤拔 **166889**
矮千屈菜 **240059**
矮牵牛 207921,292745,292754
矮牵牛属 292741
矮前胡 **292950**
矮蔷薇 **336804**
矮鞘蕨 **99392**
矮芹属 85711
矮青蒿 35481
矮青苦竹 **304016**
矮青木 **326999**,327069
矮青木属 326995
矮琼棕 **90622**
矮秋海棠 **49937**
矮球萼蝇子草 **363319**
矮球果木 **210237**
矮球兰 **198826**
矮球柳杉 **113697**
矮球日本柳杉 113706
矮球穗扁莎 **322253**
矮球形北美香柏 **390606**
矮球子草 **288658**,288646
矮曲唇兰 **282414**
矮全唇兰 **261476**
矮人芥属 **244308**
矮人陀 183124
矮忍冬贝克斯 47654
矮日本山樱桃 **83235**
矮日本小檗 **52247**
矮蓉城竹 **297246**
矮榕 **165523**
矮肉茜属 **346932**
矮瑞香 375198
矮箬竹 **206819**
矮塞尔维亚云杉 **298389**
矮赛德尔大戟 **357370**
矮三兰 **394950**
矮伞芹 **85697**
矮伞芹属 **85696**
矮沙冬青 19778
矮沙蒿 **35377**
矮沙栎 **324153**
矮沙蓼 **309180**
矮砂仁 **19931**
矮莎草 **119461**
矮山茶 31477
矮山地虎耳草 **349660**
矮山胡枝子 **226712**
矮山姜 **17743**
矮山兰 **274057**
矮山黧豆 **222727**
矮山栎 **324199**
矮山麦冬 232630
矮山芹 **273986**
矮山芹属 **273984**
矮山月桂 215387
矮山芝麻 **190108**
矮扇叶芥 **126162**,89259
矮舌瓣 **177364**
矮蛇菊 **392781**
矮神麻菊 **346251**
矮生白面子树 **369358**
矮生北美红杉 **360566**
矮生北美乔松 300218
矮生薄子木 **226506**
矮生草海桐 **350332**
矮生长蒴苣苔草 **129937**
矮生重瓣向日葵 **188911**
矮生鞑靼补血草 **230790**
矮生大萼委陵菜 **312468**
矮生大戟 160019
矮生代茶冬青 **204392**
矮生地中海紫柳 343941
矮生滇丁香 238106
矮生豆列当 **244636**
矮生独蒜兰 304267
矮生杜鹃 **331556**
矮生短筒倒挂金钟 **168769**
矮生多花荷包花 **66266**
矮生多裂委陵菜 **312802**
矮生多叶紫菀 **41223**
矮生二裂委陵菜 **312417**
矮生粉花绣线菊 **371955**
矮生伽蓝菜 215102
矮生甘青青兰 **137674**
矮生高山茶藨子 **333909**
矮生光滑冬青 203848
矮生广玉兰 **242141**
矮生黑云杉 298351
矮生红景天 **329886**
矮生胡枝子 **226812**
矮生虎耳草 **349685**,349240
矮生花旗松 318582
矮生黄鹌菜 **416415**
矮生黄杨 **64376**
矮生加拿大铁杉 399869
矮生荚蒾叶风箱果 **297846**
矮生假龙头花 **297987**
矮生假山毛榉 **266884**
矮生金黄侧柏 302722
矮生蕨叶蒿 **36226**
矮生空心泡 338962
矮生梾木 **105166**
矮生蓝大果柏木 **114728**
矮生蕾丽兰 **219689**
矮生肋瓣花 **13799**
矮生黎巴嫩雪松 **80102**
矮生鳞叶赫柏木 **186956**
矮生瘤瓣兰 **270838**
矮生柳叶菜 **146749**
矮生罗汉柏 **390681**
矮生落地生根 215102
矮生马醉木 31038
矮生猫儿刺 **204163**
矮生毛柱山梅花 294551
矮生美国白皮松 **299787**
矮生美国扁柏 **85291**
矮生密枝卫矛 **157286**
矮生木麻黄 **79177**
矮生南天竹 **262197**
矮生欧洲刺柏 **213712**
矮生欧洲红豆杉 **385316**
矮生欧洲荚蒾 **407993**
矮生欧洲卫矛 **157448**,157434
矮生欧洲绣球 407993

矮生欧洲云杉 **298199**
矮生铺地柏 **213866**
矮生染料木 **173000**
矮生忍冬 **235953**
矮生日本扁柏 **85323**
矮生日本柳杉 **113700**
矮生三柱韭 **15503**
矮生石榴 321771
矮生树锦鸡儿 **72182**
矮生嵩草 **217195**
矮生苔草 **75930**
矮生糖果木 **99469**
矮生万带兰 404661
矮生威根麻 **414099**
矮生维甘木 414099
矮生污生境 103807
矮生无刺美国皂荚 **176910**
矮生西洋接骨木 **345640**
矮生喜马拉雅紫菀 **41372**
矮生狭叶红千层 **67279**
矮生仙人掌 **272898**
矮生香科 388161
矮生香科科 **388161**
矮生象腿蕉 **145847**
矮生小檗 **51911**
矮生绣线梅 **263150**
矮生悬钩子 **338264**
矮生雪白山梅花 **294576**
矮生栒子 **107416**
矮生延胡索 **105994**
矮生岩蔷薇 **93198**
矮生沿阶草 **272091**
矮生野决明 **389555**
矮生野扇花 346733
矮生以礼草 **215906**
矮生异味树 **103807**
矮生银桦 **180589**
矮生羽叶花 **4990**
矮生郁金香 **400177**
矮生圆柏 **341719**
矮生纸莎草 **119348**
矮生柊树 **276319**
矮生钟 **167459**
矮生紫背金盘 13148
矮生紫杉 385361
矮绳草 **328142**
矮施瓦兰 **352779**
矮狮花 337077
矮蓍草 **3997**
矮十大功劳 **242622**
矮石斛 **125013**
矮石榴 321771
矮石龙尾 **230317**
矮石竹 **127735**
矮柿 **132096**
矮瘦片菊 **182080**
矮黍 281733
矮鼠李 **328835**,328603
矮鼠麹草 **178444**
矮树八爪龙 **346733**,346732
矮刷柱草 **21783**
矮双距花 **128079**
矮双籽藤 130065
矮双籽棕 **130065**
矮水鬼蕉 **200951**
矮水龙 238191
矮水蜈蚣 218490
矮水仙 **262445**
矮水竹叶 **260116**
矮松 **300167**,300163,300296
矮松菊 293088
矮松菊属 293087
矮溲疏 127061
矮素馨 211863
矮粟葵 67128
矮酸脚杆 **247597**
矮酸模 **340071**
矮穗花薄荷 **187184**
矮塔柏 **302730**
矮塔北美香柏 390597
矮苔 74842,76456
矮苔草 **76456**,74849
矮探春 **211863**
矮汤姆逊杜鹃 330351
矮唐棣 **19264**
矮糖芥 **154534**,154466
矮桃 **239594**
矮桃草 239640,239645
矮桃花心木 380526
矮天名精 **77166**
矮天山赖草 **228393**
矮天仙子 201401
矮铁青树 **269674**
矮铁扫帚 **205754**
矮葶点地梅 23219
矮葶苈 **137013**
矮葶缺裂报春 **314483**
矮桐 95978,96398
矮桐子 95978,96449
矮童子 95978
矮头莎草 **118620**
矮秃秃 259881
矮兔耳草 **220176**
矮菟葵 **148111**
矮豚草 **19184**
矮陀 346743
矮陀陀 31371,122431,259875,259881,259898,414143,414162
矮瓦莱斯落草 **217579**
矮豌豆 **301082**
矮万代兰 **404661**
矮王河岸黑桦 **53538**
矮威尔逊旋花 **414436**
矮卫矛 **157740**
矮文竹 **39150**
矮倭竹 362146
矮屋顶棕 **390462**
矮无芒药 **172256**
矮无舌沙紫菀 **227125**
矮五星花 **85576**
矮五星花属 **85575**
矮西宣兰 **92507**
矮希尔曼野荞麦木 **152130**
矮菥蓂 **390258**
矮觿茅 **131020**
矮喜山葶苈 **137160**
矮细辛 37626
矮细叶非洲紫菀 **19345**
矮细叶韭 **15815**
矮仙人掌 **273027**
矮线柏 **85356**
矮线花大戟 **158891**
矮线叶假面花 **17485**
矮香科 **388069**
矮香薷 **144085**,144086
矮香豌豆 222727,222860
矮香脂冷杉 **291**
矮向日葵 **189038**
矮橡树 **324039**
矮小阿舌森裂舌萝藦 **351495**
矮小哀氏马先蒿 **287187**
矮小爱染草 **12509**
矮小安吉草 **24552**
矮小澳洲鸢尾 **285795**
矮小菝葜 **366536**
矮小白苞筋骨草 **13135**
矮小白玉树 **139825**
矮小白云杉 **298291**
矮小白珠 **172124**
矮小百蕊草 **389732**
矮小斑虎耳草 **349828**
矮小斑鸠菊 **406428**
矮小半日花 **188719**
矮小棒毛萼 **400792**
矮小苞叶芋 **370345**
矮小杯柱玄参 **110197**
矮小杯子菊 **290258**
矮小荸荠 **143233**
矮小臂形草 **58130**
矮小滨藜 **44625**
矮小冰草 **11838**
矮小布罗地 **60505**
矮小菜豆 **294058**
矮小草沙蚕 **398103**
矮小柴胡 **63852**,63792
矮小长被片风信子 **137969**
矮小长果婆婆纳 407080
矮小车前 **302142**
矮小车轴草 **396929**
矮小刺桐 **154709**
矮小葱 **15644**
矮小翠雀花 **124180**
矮小大沙叶 **286373**
矮小大托叶鸡头薯 **152974**
矮小大王马先蒿 **287607**
矮小稻槎菜 **221792**
矮小地中海画眉草 **147522**
矮小吊兰 **88614**
矮小独蒜兰 **304267**
矮小杜鹃 **331584**,330351
矮小多坦草 **136550**
矮小耳草 **187637**
矮小二色香青 **21529**
矮小菲奇莎 **164578**
矮小分枝列当 **275187**
矮小风车子 **100653**
矮小风兰 **24889**
矮小风毛菊 **348698**
矮小凤卵草 **296893**
矮小凤仙花 **205164**
矮小拂子茅 **65434**
矮小干裂番杏 **6293**
矮小谷精草 **151438**
矮小瓜多禾 **181483**
矮小孩儿参 **318507**
矮小海神菜 **265506**
矮小寒金菊 **199221**
矮小蒿 **36131**
矮小黑蒴 **14339**
矮小黑云杉 **298351**
矮小厚喙菊 **138769**
矮小厚皮树 **221181**
矮小厚柱头木 **279845**
矮小湖瓜草 **232411**
矮小虎耳草 **349791**
矮小花椒 **417245**
矮小花篱 **27310**
矮小华东椴 **391741**
矮小画眉草 **147929**
矮小桦 53530,53594
矮小还阳参 **110916**
矮小黄鹌菜 416496
矮小黄管 **356150**
矮小黄芩 **355661**
矮小灰毛豆 **386195**
矮小火鹤花 **28126**
矮小火绒草 **224912**
矮小鸡冠花 **80399**
矮小鸡头薯 **152947**
矮小假狗肝菜 **317628**
矮小豇豆 **409021**
矮小金光菊 **339582**
矮小金菊 **90179**
矮小金莲木 **268247**
矮小金丝桃 202029
矮小金字塔挪威槭 **3439**
矮小锦绦花 **78639**
矮小近缘多穗兰 **310316**

矮小警惕豆 **249728**
矮小九节 **319788**
矮小菊苣 **90910**
矮小卷瓣兰 **63015**
矮小卷耳 **82977**
矮小可拉木 **99235**
矮小克拉布爵床 **108515**
矮小苦竹 **304086**
矮小蜡菊 **189590**
矮小辣木 **258954**
矮小莱德苔草 **223866**
矮小蓝花参 **412764**
矮小蓝蓟 **141194**
矮小蓝钟花 115365
矮小狼头草 287607
矮小老鹳草 **174751**
矮小勒珀蒺藜 **335681**
矮小肋瓣花 **13835**
矮小里奇山柑 **334833**
矮小栗 78807
矮小苓菊 **214033**
矮小刘氏草 **228293**
矮小柳叶箬 **209117**
矮小龙船花 **211132**
矮小漏芦 **329225**
矮小露兜树 **281115**
矮小芦荟 **16894**
矮小乱狒狒花 **46091**
矮小萝芙木 **327038**
矮小马齿苋树 **311962**
矮小马利筋 **38026**
矮小马森风信子 **246157**
矮小马先蒿 287548
矮小猫尾花 **62492**
矮小猫眼草 **90439**
矮小猫爪苋 **93095**
矮小毛子草 **153239**
矮小梅花草 **284548**
矮小米草 **160250**,160286
矮小母草 **231550**
矮小南非仙茅 **371699**
矮小南鹃 **291372**
矮小囊颖草 **341979**
矮小拟陀螺树 **378342**
矮小鸟足兰 **347795**
矮小扭果花 **377802**
矮小欧石南 **149954**
矮小飘拂草 **166324**
矮小平铺圆柏 **213796**
矮小蒲葵 234182
矮小普氏马先蒿 **287548**
矮小浅紫圣诞果 **88082**
矮小青海马先蒿 287548
矮小秋海棠 **49826**
矮小忍冬 **235859**
矮小日本粗榧 **82532**
矮小肉果兰 **120763**
矮小润肺草 **58906**
矮小三针草 **398362**
矮小三指兰 **396623**
矮小山黄菊 **25546**
矮小山黧豆 **222825**
矮小山柳菊 **195659**
矮小山麦冬 **232630**
矮小蛇舌草 **269779**
矮小十二卷 **186634**
矮小矢车菊 **81227**
矮小瘦鳞帚灯草 **209444**
矮小鼠李 **328788**
矮小鼠尾草 **345334**
矮小树葡萄 **120097**
矮小栓果菊 **222958**
矮小双距兰 **133909**
矮小双柱莎草 **129023**
矮小丝瓣芹 **6217**,364894
矮小四川香青 **21708**
矮小四数莎草 **387687**
矮小唐菖蒲 **176394**
矮小糖芥 **154471**
矮小桃 **316645**
矮小天芥菜 **190753**
矮小天轮柱属 **322419**
矮小天仙果 164925,164947
矮小天竺葵 **288383**
矮小田皂角 **9618**
矮小葶苈 **137197**
矮小同瓣花 **223069**
矮小土麦冬 232630
矮小洼瓣花 **234238**
矮小维默桔梗 **414448**
矮小倭竹 **362142**
矮小无距凤仙花 **205122**
矮小无舌黄菀 **209574**
矮小仙花 **395824**
矮小肖木菊 **240783**
矮小肖荣耀木 **194298**
矮小肖鸢尾 **258585**
矮小缬草 **404235**
矮小兄弟草 **21296**
矮小雄戟 **253045**
矮小熊菊 **402807**
矮小绣线菊 **371937**
矮小絮菊 **166014**
矮小悬钩子 **338868**
矮小旋叶菊 **276438**
矮小勋章花 **172337**
矮小鸦葱 **354873**
矮小亚欧唐松草 **388573**
矮小延龄草 **397594**
矮小岩须 78639
矮小沿沟草 **100001**,79214
矮小沿阶草 **272060**
矮小盐肤木 **332792**
矮小羊胡子草 **152763**
矮小野丁香 **226126**
矮小野古草 **37422**
矮小一枝黄花 **368262**
矮小银杯玉 **129594**
矮小银豆 **32821**
矮小罂粟 **282573**
矮小蝇子草 **363948**
矮小忧花 **241669**
矮小油芦子 **97342**
矮小疣石蒜 **378536**
矮小玉凤花 **183710**
矮小郁金香 **400201**
矮小鸢尾 **208781**
矮小远志 **308461**
矮小月见草 **269493**
矮小云南沙棘 **196758**
矮小沼兰 **243051**
矮小直玄参 **29939**
矮小指甲草 **284849**
矮小舟叶花 **340806**
矮小珠峰火绒草 **224856**
矮小猪屎豆 **112412**
矮小砖色红光树 **216844**
矮小紫波 **28510**
矮小紫荆 **83806**
矮小紫露草 **394083**
矮肖地阳桃 **253975**
矮肖木菊 **240787**
矮楔形大戟 **158714**
矮蝎尾蕉 **190018**
矮欣珀飞廉 **73481**
矮新风轮 **65538**
矮星果凤梨 **311785**
矮星宿菜 **239803**
矮形大果榆 401556
矮形光巾草 256161
矮形黄榆 401556
矮型长茎囊瓣芹 320229
矮型黄芪 43082
矮型黄耆 **43082**
矮型南天竹 **262195**
矮性赤玉鸡冠花 80396
矮性升藤 238469
矮荇菜 **267817**
矮熊菊 **402795**
矮绣球 **199991**,199956
矮萱草 **191314**
矮雪轮 363882
矮栒子 107416
矮鸦葱 **354935**,354956
矮鸭舌草 394047
矮鸭嘴花 **214379**
矮牙买加蕉 **190061**
矮雅葱 354956
矮亚菊 **13040**
矮延龄草 **397584**
矮岩黄芪 187912
矮岩黄耆 187912
矮岩蔷薇 **93169**
矮盐肤木 **332915**
矮盐千屈叶 184965
矮眼子菜 **312188**
矮焰花苋 **294326**
矮雁皮 414150
矮羊茅 **163871**
矮羊须草 **73996**
矮杨梅 **261195**
矮药鸢尾 **361638**
矮药鸢尾属 **361637**
矮椰子属 85420
矮野牡丹属 **253533**
矮野青茅 **127317**
矮野黍 **151684**
矮野芝麻 **220389**
矮叶梗玄参 **297122**
矮异型莎草 **118745**
矮异籽菊 **194140**
矮银枞 **274**
矮银灌戟 **32972**
矮罂粟 **71080**
矮罂粟葵 **67128**
矮罂粟属 **71079**
矮樱龙 **417695**
矮樱龙属 **417693**
矮樱桃 **83289**,316735
矮蝇子草 **363796**
矮硬皮鸢尾 **172645**
矮优越虎耳草 **349289**
矮疣球 **275437**
矮疣球属 **275436**
矮疣属 275436
矮玉山龙胆 **173872**
矮鸢尾 208657,208698,208874
矮越橘 **403768**,403754,404051
矮云梅花草 **284584**
矮芸香 **341075**
矮早熟禾 **305911**
矮泽米 **417017**
矮泽芹 **85718**
矮泽芹属 **85711**,85696
矮窄叶番荔枝 **25902**
矮獐牙菜 **380222**
矮樟 231298
矮胀萼马鞭草 **86099**
矮针垫菊 **85167**
矮针垫菊属 **85166**
矮针蔺 **396020**
矮直瓣苣苔 **22166**
矮踯躅 85414
矮踯躅属 85412
矮株龙葵 **367432**
矮株密花香薷 **144003**
矮竹 **297352**
矮柱兰 **389128**

矮柱兰属 **389122**
矮壮杜鹃 331182
矮壮西班牙冷杉 **444**
矮锥日本扁柏 **85325**
矮紫苞鸢尾 **208801**
矮紫背金盘 **13148**
矮紫金牛 **31471**
矮紫堇 **106186**,105971
矮紫露草 **394033**
矮紫南天竹 **262196**
矮紫日本小檗 52226
矮紫杉 **385361**,385370
矮紫穗槐 **20023**
矮紫玉盘 **403441**
矮棕 85671
矮棕属 85665
矮棕竹 **329184**
蔼和含笑 **252810**
艾 **35167**,35634,36097,36474
艾贝尔·查特纳夫人欧丁香 **382343**
艾比湖沙拐枣 **67022**
艾伯蒂尼亚良毛芸香 **155828**
艾伯蒂尼亚青锁龙 **108876**
艾伯蛇目菊 **346301**
艾伯特草 **13443**
艾伯特草属 **13438**
艾伯特木 **13432**
艾伯特木属 **13426**
艾伯特王子松 349018
艾伯特王子松属 349016
艾布拉姆柏 **114650**
艾菜 89481
艾草 191666,224989
艾道木 **141828**
艾道木属 **141826**
艾德·胡尔姆加州鼠李 **328631**
艾登缘毛欧石南 **149199**
艾迪的钻石华西蔷薇 **336778**
艾迪斯·卡维尔欧丁香 **382339**
艾冬花 400675
艾多里多卡特兰 **79549**
艾尔薄花兰 **127938**
艾尔大戟 **158415**
艾尔密头帚鼠麹 **252407**
艾尔欧石南 **148997**
艾尔斯斑鸠菊 **406321**
艾尔斯叉序草 **209894**
艾尔斯大戟 **158875**
艾尔斯大沙叶 **286208**
艾尔斯杜楝 **400568**
艾尔斯盾舌萝藦 **39623**
艾尔斯干若翠 **415465**
艾尔斯黑草 **61782**
艾尔斯霍草 **197991**
艾尔斯假杜鹃 **48165**
艾尔斯马唐 **130545**
艾尔斯美冠兰 **156696**
艾尔斯木蓝 **205967**
艾尔斯拟离药草 **375329**
艾尔斯扭果花 **377711**
艾尔斯前胡 **292849**
艾尔斯瘦片菊 **182050**
艾尔斯银豆 **32807**
艾尔星果棕 **43374**
艾粉 55693
艾夫斯四脉菊 **387367**
艾福斯紫薇 **219936**
艾格尼斯扶桑 **195151**
艾格藻属 141568
艾蒿 35167,35430,35528,35968,36474
艾蒿属 35084
艾蒿益母草 224983,224989
艾胶树 177149
艾胶算盘子 **177149**
艾角青 154169,382743
艾堇 **348043**,381916
艾堇守宫木 348043,381916
艾堇属 177096,381914
艾茎守宫木 348043,381916
艾精 124857
艾菊 207151,322724,383712,383874
艾菊千里光 **360185**
艾菊属 383690
艾菊叶大蒜芥 **365630**
艾菊叶蒿菀 **240458**
艾菊叶剑药菊 240458
艾菊叶山楂 **110077**
艾菊叶蓍 **4054**
艾菊叶时钟花 **396513**
艾克毒鼠子 **128661**
艾克勒风兰 **24827**
艾克勒魔芋 **20072**
艾克鹿藿 **333221**
艾克茄 **367138**
艾克黍 **281589**
艾克纹蕊茜 **341297**
艾克叶金合欢 **1315**
艾口藤 374420
艾兰吉斯兰属 9091
艾勒卡氏楝 64508
艾勒南美楝 **64508**
艾雷拟芸香 **185621**
艾里爵床属 **144613**
艾丽萨斗篷草 **14016**
艾丽丝飞蓬 **150443**
艾利盖尼李 316204
艾利萨猪屎豆 **112107**
艾利丝·哈丁的纪念品欧丁香 **382362**
艾利斯苏格兰欧石南 **149208**
艾林欧石南 **149979**
艾琳·麦克穆伦扶桑 **195159**
艾琳兰属 **208334**
艾麻 **221552**
艾麻草 221538
艾麻属 **221529**
艾麻叶秋海棠 **49996**
艾马斯疗伤绒毛花 **28202**
艾马斯双碟荠 **54706**
艾马斯烟堇 **169133**
艾梅谷木 **249906**
艾梅合欢 **13497**
艾梅核果木 **138587**
艾梅吉尔苏木 **175630**
艾梅三角车 **334585**
艾梅旋瓣菊 **412256**
艾梅蚤草 **321527**
艾米·帕斯克威尔八仙花 **199959**
艾米·斯科特欧丁香 **382331**
艾米瓦氏茜 **404800**
艾米万格茜 404800
艾纳香 **55693**
艾纳香斑鸠菊 **406152**
艾纳香属 **55669**
艾脑香 55693
艾欧斯子孙球 **327267**
艾佩雷特番红花 **111542**
艾蓬 35167
艾齐森小檗 **51288**
艾奇鸢尾 **208435**
艾茜 **12899**
艾茜属 **12898**
艾绒 35167
艾森豆属 161861
艾什列当属 **155316**
艾什玄参属 155316
艾氏报春 314351
艾氏齿瓣兰 **269068**
艾氏大叶木兰 **242194**
艾氏斗篷草 **14064**
艾氏豆属 161294
艾氏风兰 **24832**
艾氏胡椒 **300340**
艾氏姬孔雀 **134229**
艾氏肉唇兰 116518
艾氏双重仙人掌 134229
艾氏天鹅兰 **116518**
艾氏天芥菜 **190610**
艾属 35084
艾斯卡罗 155133
艾斯卡罗属 155130
艾斯莫斯广玉兰 **242137**
艾松早熟禾 **305290**
艾塔树 **155331**
艾塔树属 **155329**
艾陶氏白蓬草 388539
艾桐 134146
艾维兰奇雪白山梅花 **294566**
艾维鲁杂种紫杉 **385388**
艾维丝穗木 **171547**
艾维椭圆卡尔亚木 171547
艾文汜日本樱花 **316933**
艾沃沙树 19732
艾泻属 238510
艾叶 35167,35634,35794,36097,36474
艾叶黄芩 355699
艾叶火绒草 **224802**
艾叶芹 **418368**
艾叶芹属 **418362**
艾叶三七 183097
艾叶酸蔹藤 20220
艾椅 285981
艾鹰爪根 24336,292982
艾油 417139
艾兹豆属 8072
艾子 36474,417139
艾宗状虎耳草 349052
爱白郁金香 **400214**
爱波 **147405**
爱波属 **147404**
爱波斯提夫兰属 147404
爱春花 148087
爱春花属 148053
爱达荷蝶须 **26579**
爱达荷飞蓬 **150481**
爱达荷还阳参 **110747**
爱达荷荠 **203398**
爱达荷荠属 **203397**
爱达荷苔草 **74865**
爱达荷庭菖蒲 **365760**
爱达荷线叶膜冠菊 **201174**
爱达花属 **6994**
爱达兰 6990
爱达兰属 **203396**,6988
爱达天蓝绣球 **295289**
爱大利松 **299927**
爱岛叉鳞瑞香 **129546**
爱岛多穗兰 **310624**
爱岛花椒 **417350**
爱岛九节 **319874**
爱岛楼梯草 **142876**
爱岛露兜树 **281153**
爱岛拟风兰 **24683**
爱岛欧石南 **150145**
爱岛萨比斯茜 **341682**
爱岛三冠野牡丹 **398714**
爱岛三指兰 **396674**
爱岛石豆兰 **63132**
爱岛双袋兰 **134357**
爱岛司徒兰 **377318**
爱岛玉叶金花 **260502**
爱德华·哈定夫人欧丁香 **382355**

爱德华倒卵叶康达木 **101738**
爱德华裂花桑寄生 **295837**
爱德华铃短尖叶白珠树 172120
爱德华铃锐尖白珠树 **172120**
爱德华杧果 **244402**
爱德华七世血红茶藨子 **334194**
爱德华肉锥花 **102513**
爱德华兹繁缕 **374873**
爱德华兹风车子 **100442**
爱德华兹蜡菊 **189316**
爱德华兹扭果花 **377657**
爱德华兹泡叶番杏 **138166**
爱德华兹日中花 **220537**
爱德华兹水牛角 **72464**
爱迪草 **141485**
爱迪草属 **141484**
爱地草 **174366**
爱地草萨比斯茜 **341632**
爱地草属 **174355**
爱冬叶属 87480
爱尔康太拉 93403
爱尔康太拉橙 **93403**
爱尔克河红血红茶藨子 **334192**
爱尔兰常春藤 **187276**
爱尔兰橙红斯图亚特石南 148958,148959
爱尔兰橙斯图尔特欧石南 **148959**
爱尔兰刺柏 **213709**
爱尔兰大戟 **159058**
爱尔兰黄昏欧石南 **149401**
爱尔兰暮色地中海石南 149401
爱尔兰柠檬图尔特欧石南 **148958**
爱尔兰欧石南 **149398**
爱尔兰欧洲垂枝红豆杉 **385324**
爱尔兰欧洲刺柏 213709
爱尔兰无心菜 **31816**
爱尔兰帚石南 **67482**
爱尔西·普勒帚石南 **67473**
爱尔脂麻掌 **171730**
爱夫花 **210496**
爱夫花属 **210495**
爱夫莲 **141560**
爱夫莲属 **141559**
爱国草 381035
爱花属 10284,93120
爱槐属 **141533**
爱韭 232640,272090
爱克勒郁金香 400247
爱克丽芸木 **67668**
爱兰属 21162
爱里古夷苏木 **181773**
爱里兰属 154266
爱里西娜兰 **154267**
爱里西娜兰属 **154266**
爱丽草 67560
爱丽花豆 12884,12885
爱丽花豆属 12883
爱丽萨百里香 **391178**
爱丽萨葶苈 **136988**
爱丽塞娜兰 **143818**
爱丽塞娜兰属 **143809**
爱丽丝仙人掌 **272870**
爱丽喜林芋 **294813**
爱利葱 **151094**
爱利葱属 **151093**
爱利林地苋 **319019**
爱利丝斑唇兰 **180091**
爱伦堡茨藻 **262071**
爱伦堡单刺蓬 **104912**
爱伦堡虎尾兰 **346074**
爱伦堡灰毛豆 **386361**
爱伦堡假木贼 **21036**
爱伦堡毛束草 **395743**
爱伦堡没药树 101391
爱伦堡朴 **80631**
爱伦藜属 **8848**
爱玛苣苔属 **144712**
爱妹秋海棠 **49809**
爱蒙灰白苔草 **73627**
爱母草 224989
爱奇秋水仙 **99295**
爱琴盾菜 **164448**
爱染草 **12494**
爱染草属 **12491**
爱沙苜蓿 396930
爱绍氏葶苈 **136993**
爱舍苦木 **9414**
爱舍苦木属 **9412**
爱神孤挺花 **18866**
爱神箭 79276
爱神木 261739
爱神木属 261726
爱神茼蒿 **89403**
爱石芹 **292590**
爱石芹属 **292589**
爱氏长瓣秋水仙 **250633**
爱氏齿瓣兰 **269067**
爱氏繁缕 374951
爱氏麻黄 **146124**
爱氏马先蒿 **287184**
爱氏毛冠雏菊 **84928**
爱氏蛇菰 **46821**
爱氏十二卷 **186409**
爱氏天竺葵 **288216**
爱氏驼蹄瓣 **418638**
爱绥草 372247
爱斯基摩烟管荚蒾 **408203**
爱塔北美香柏 **390597**
爱特石蒜 **141855**
爱特石蒜属 **141854**
爱特史迪斯属 10971
爱乌德花柏 **85277**
爱须毕班克木 **47629**
爱须福红苘麻 **915**
爱伊山柳菊 **195577**
爱蚁兰 **261495**
爱蚁兰属 **261494**
爱玉子 **165518**
碍角竹 297215
安·斯帕克斯春石南 149149
安巴卡大戟 **158423**
安巴卡厚皮树 **221137**
安巴卡葫芦树 **111102**
安巴卡鹿藿 **333144**
安巴卡莴苣 **219211**
安巴拉沃露兜树 **280975**
安巴姆隐萼豆 **113779**
安巴萨毛束草 **395717**
安巴托脓花豆 **322505**
安邦斑鸠菊 **406076**
安邦丹氏梧桐 **135770**
安邦豆腐柴 **313597**
安邦节茎兰 **269202**
安邦露兜树 **280976**
安邦三芒草 **33755**
安邦维吉豆 **409175**
安倍菊 **18970**
安倍那鞘蕊花 99515
安倍那山黄麻 **394628**
安倍那石斛 **124985**
安比刺槐 **334948**
安波菊属 18946
安勃鞘蕊花 **99515**
安博棒棰树 **279672**
安博滨藜 **44309**
安博九节 **319409**
安博科豪特茜 **217665**
安博蜡菊 **189125**
安博肋瓣花 **13737**
安博梅蓝 **248828**
安博塞拉玄参 **357417**
安博沙椰 **264307**
安博沙椰属 **264278**
安博双稃草 **132727**
安博托叶齿豆 **56739**
安博羊角拗 **378364**
安布尔斑鸠菊 **406075**
安布罗齐小檗 51559
安布洛狗牙花 **382796**
安布洛膨舌兰 **171798**
安布洛茄 **367219**
安布文贝大戟 **158425**
安布文贝鹅绒藤 **117360**
安布文贝格尼木 **201648**
安布文贝木槿 **194711**
安布西特拉丹氏梧桐 **135771**
安布西特拉金果椰 **139307**
安布西特拉蜡菊 **189126**
安布西特拉千里光 **358239**
安布西特拉青篱竹 **37135**
安布西特拉黍 **281319**
安布西特拉异籽葫芦 **25640**
安布西特拉玉凤花 **183411**
安产树 21805
安产树属 21804
安达棘豆 **278707**
安达曼澄广花 **275327**
安达曼狗骨柴 **133183**
安达曼血桐 240229
安达曼紫檀 **320288**
安达帕斑鸠菊 **406085**
安达帕刺核藤 **322520**
安达帕丹氏梧桐 **135773**
安达帕黄檀 **121618**
安达帕金果椰 **139308**
安达帕拟白桐树 **94103**
安达帕千里光 **358256**
安达树 212380
安达乌木 **132292**
安大略卷舌菊 **380939**
安大略黏一枝黄花 **368405**
安大略乔松 **300215**
安大略山楂 **109871**
安大略紫菀 380939
安岛胡椒 **300332**
安道尔平铺圆柏 **213786**
安道尔平枝圆柏 213786
安得罗黄耆 **41982**
安得罗索夫黄芩 **355368**
安得蒲公英 **384443**
安得生枸杞 **239003**
安德朗斑鸠菊 **406092**
安德里欧克斯十大功劳 **242475**
安德列美国尖叶扁柏 **85376**
安德烈·德·马尔蒂斯紫薇 **219935**
安德烈小檗 **51310**
安德林吉特拉山白酒草 **103415**
安德林吉特拉山鹅绒藤 **117372**
安德林吉特拉山风兰 **24704**
安德林吉特拉山含羞草 **254987**
安德林吉特拉山老鹳草 **174458**
安德林吉特拉山露兜树 **280978**
安德林吉特拉山卢梭野牡丹 **337789**
安德林吉特拉山芦荟 **16575**
安德林吉特拉山马唐 **130430**
安德林吉特拉山木蓝 **205645**
安德林吉特拉山南非禾 **289935**
安德林吉特拉山欧石南 **149008**
安德林吉特拉山黍 **281329**
安德林吉特拉山双花草 **128567**
安德林吉特拉山双距兰 **133696**
安德林吉特拉山唐菖蒲 **176019**
安德林吉特拉山西澳兰 **118153**
安德林吉特拉山细毛留菊

198938
安德林吉特拉山羊耳蒜 232077
安德林吉特拉山异籽葫芦
25642
安德林吉特拉山鱼骨木 71320
安德林吉特拉山远志 307912
安德林吉特拉山猪屎豆 111889
安德鲁兰加白酒草 103416
安德鲁兰加秋海棠 49615
安德鲁兰加弯管花 86196
安德鲁龙胆 173222
安德鲁斯蓟 91740
安德鲁斯七筋姑 97090
安德鲁斯七筋菇 97090
安德伦黄芩 355369
安德罗番薯 207586
安德罗合欢 13486
安德罗卡普山榄 72122
安德罗鹿藿 333146
安德罗石竹 127591
安德罗矢车菊 80930
安德罗索夫刺头菊 108231
安德罗索夫苓菊 214037
安德罗索夫沙拐枣 66996
安德罗银背藤 32609
安德罗猪屎豆 111890
安德森赫柏木 186931
安德森鳞花草 225138
安德森毛茛 325574
安德森铁线莲 95299
安德氏蔷薇 336356
安德伍德延龄草 397626
安德西风芹 361464
安德逊氏美花莲 184257
安的列斯黄花稔 362500
安的列斯金叶树 90019
安迪尔豆属 22211
安迪拉豆 22212
安迪拉豆属 22211
安地斯蜡椰子属 84326
安地庭荠 18329
安第斯楚氏竹 90630
安第斯大风子 299711
安第斯大风子属 299710
安第斯杜鹃属 357989
安第斯凤梨属 321936
安第斯菰 106894
安第斯菰属 106893
安第斯桔梗 329735
安第斯桔梗属 329733
安第斯爵床 255764
安第斯爵床属 255763
安第斯兰属 18085
安第斯鳞梗杉 316084
安第斯茜 101749
安第斯茜属 101746
安第斯山贝氏木 50648
安第斯山豆 29964
安第斯山豆属 29962
安第斯山麻黄 146135
安第斯山茉莉芹 273977
安第斯山秋海棠 49614
安第斯山悬钩子 338475
安第斯石蒜 225981
安第斯石蒜属 225980
安第斯薯 401412
安第斯小檗 51309
安第斯异罗汉松 316084
安蒂糙苏 295057
安蒂葱 15067
安蒂毒马草 362729
安蒂哈利木 184778
安蒂黄耆 41993
安蒂假匹菊 329813
安蒂块茎菊 212084
安蒂兰 28428
安蒂兰属 28426
安蒂乐母丽 335885
安蒂柳 343849
安蒂诺里尤利菊 160757
安蒂欧瑞香 390999
安蒂天芥菜 190555
安蒂庭荠 18330
安蒂香科 388001
安蒂肖针茅 241007
安东奥里木 277470
安东百蕊草 389603
安东苞茅 201462
安东臂形草 58056
安东扁蒴藤 315353
安东柴胡 63563
安东翠雀花 124044
安东大沙叶 286089
安东吊兰 88534
安东钝棱豆 19027
安东谷精草 151226
安东鬼针草 53770
安东哈维列当 186049
安东海神菜 265454
安东黑草 61733
安东花篱 26967
安东灰毛豆 385941
安东鸡头薯 317674
安东假鸡头薯 317674
安东剑叶黑草 61779
安东金合欢 1047
安东狸藻 403104
安东芦荟 16573
安东毛托菊 23451
安东毛子草 153118
安东密钟木 192515
安东母草 231480
安东木槿 194712
安东尼·戴维斯帚石南 67464
安东尼·沃特尔粉花绣线菊
371946
安东尼水粉花绣线菊 371946
安东尼小檗 51316
安东尼亚二行芥 133234
安东尼亚苔草 73712
安东牛奶木 255266
安东球柱草 63209
安东日中花 220477
安东水苏 373108
安东丝花茜 360671
安东唐菖蒲 176152
安东莴苣 219214
安东香茶菜 303143
安东玄参 355148
安东鸭舌癀舅 370740
安东鸭嘴花 214323
安东止泻萝藦 416187
安杜哈赫尔盾蕊樟 39704
安杜哈赫尔凤仙花 204771
安杜哈赫尔蜡菊 189130
安杜哈赫尔芦荟 16572
安杜哈赫尔马岛莬 241486
安杜哈赫尔石豆兰 62558
安杜哈赫尔西澳兰 118152
安杜扭果花 377658
安杜千里光 358259
安多无心菜 31740
安福槭 3594
安哥拉阿米芹 9871
安哥拉阿斯皮菊 39743
安哥拉澳非萝藦 326724
安哥拉巴豆 112836
安哥拉巴戟天 258872
安哥拉白酒草 103578
安哥拉百蕊草 389604
安哥拉半边莲 234302
安哥拉苞叶兰 58376
安哥拉豹皮花 373976
安哥拉鲍姆玄参 49289
安哥拉荸荠 143046
安哥拉扁担杆 180676
安哥拉布里滕参 211472
安哥拉糙苏 295056
安哥拉草 50993
安哥拉草属 50992
安哥拉叉鳞瑞香 129528
安哥拉川苔草 24564
安哥拉川苔草属 24563
安哥拉刺蒴麻 399194
安哥拉刺痒藤 394122
安哥拉刺子莞 333483
安哥拉大风子 67705
安哥拉大沙叶 286090
安哥拉戴星草 370960
安哥拉单兜 257631
安哥拉单列木 257928
安哥拉单裂萼玄参 187016
安哥拉德罗豆 138087
安哥拉地胆草 143454
安哥拉吊灯树 216325
安哥拉豆腐柴 313598
安哥拉毒鼠子 128598
安哥拉独脚金 377971
安哥拉独行菜 225294
安哥拉杜楝 400561
安哥拉短冠草 369187
安哥拉断节莎 393187
安哥拉多萼木 310682
安哥拉多肋菊 304415
安哥拉鹅参 116461
安哥拉风车子 100325
安哥拉凤仙花 205011
安哥拉芙兰草 168821
安哥拉腐臭草 199767
安哥拉伽蓝菜 215091
安哥拉甘蓝树 115192
安哥拉割鸡芒 202706
安哥拉钩毛菊 201690
安哥拉钩藤 401739
安哥拉狗肝菜 129225
安哥拉瓜 114244
安哥拉海葱 402322
安哥拉海神菜 265455
安哥拉海神木 315718
安哥拉禾 60610
安哥拉禾属 60609
安哥拉合瓣花 381832
安哥拉合鳞瑞香 381623
安哥拉黑草 61735
安哥拉红豆树 10053
安哥拉红果大戟 154809
安哥拉红花红千层 67254
安哥拉厚壳树 141604
安哥拉厚皮树 221139
安哥拉胡麻 361297
安哥拉槲果 46773
安哥拉花刺苋 81648
安哥拉花椒 417257
安哥拉画眉草 147493
安哥拉黄扁担杆 180854
安哥拉黄鸠菊 134789
安哥拉黄麻 104062
安哥拉鸡头薯 152866
安哥拉基裂风信子 351361
安哥拉假马鞭 373491
安哥拉尖刺联苞菊 52648
安哥拉见血飞 252743
安哥拉健三芒草 347174
安哥拉杰寄生 175097
安哥拉菊属 28761
安哥拉卷胚 98104
安哥拉决明 78224
安哥拉卡洛木 67705

安哥拉卡柿 **155922**
安哥拉科豪特茜 **217666**
安哥拉可利果 **96790**
安哥拉苦瓜 **256783**
安哥拉宽肋瘦片菊 **57603**
安哥拉蓝星花 **33616**
安哥拉劳德草 **237796**
安哥拉老鸦嘴 **390710**
安哥拉勒菲草 **224028**
安哥拉肋瓣花 **13833**
安哥拉类崖椒 162179
安哥拉冷水花 **298852**
安哥拉立金花 **218828**
安哥拉丽冠菊 **68038**
安哥拉丽钟角 **385148**
安哥拉裂花桑寄生 **295856**
安哥拉裂舌萝藦 **351490**
安哥拉龙王角 **199083**
安哥拉露兜树 **280980**
安哥拉芦荟 **16579**
安哥拉罗顿豆 **237232**
安哥拉萝藦 **12549**
安哥拉萝藦属 **12548**
安哥拉马瓟儿 **417453**
安哥拉马钱 **378643**
安哥拉马唐 **130431**
安哥拉马缨丹 **221235**
安哥拉毛柱南星 **379117**
安哥拉没药 **101308**
安哥拉美冠兰 **156548**
安哥拉美木豆 **290870**
安哥拉虻眼草 **136210**
安哥拉密花 **321967**
安哥拉密穗花 **322083**
安哥拉密穗木 322083
安哥拉缅茄 **10127**
安哥拉魔芋 **20041**
安哥拉母草 **231481**
安哥拉木槿 **194713**
安哥拉木蓝 **206400**
安哥拉内雄楝 **145950**
安哥拉南非青葙 **192770**
安哥拉南非锡生藤 **28707**
安哥拉牛奶木 **255267**
安哥拉帕洛梯 315718
安哥拉普梭木 **319322**
安哥拉秋海棠 **49616**
安哥拉球冠萝藦 **371106**
安哥拉雀翀珠 **77650**
安哥拉雀翀珠属 **77649**
安哥拉热非羊蹄甲 **401003**
安哥拉柔花 **8909**
安哥拉塞拉玄参 **357418**
安哥拉赛德旋花 **356438**
安哥拉三翅菊 **398162**
安哥拉三萼木 **395177**
安哥拉砂石蒜 **19702**
安哥拉莎草 **118497**
安哥拉山黄菊属 **73231**
安哥拉舌冠萝藦 **177391**
安哥拉蛇舌草 **269720**
安哥拉肾苞草 **294064**
安哥拉圣诞果 **88025**
安哥拉施瓦兰 **352778**
安哥拉十二卷 **186258**
安哥拉十字爵床 **111697**
安哥拉石竹 **127593**
安哥拉栓果菊 **222910**
安哥拉双柱紫草 99361
安哥拉水蓑衣 **200595**
安哥拉素馨 **211729**
安哥拉酸蔹藤 **20219**
安哥拉苔草 **73692**
安哥拉糖蜜草 **249275**
安哥拉藤 **127454**
安哥拉藤属 **127453**
安哥拉田皂角 **9496**
安哥拉土密树 **60219**
安哥拉团花茜 **10516**
安哥拉围裙花 **262324**
安哥拉沃内野牡丹 **413224**
安哥拉五鼻萝藦 **289775**
安哥拉细线茜 **225740**
安哥拉纤冠藤 **179303**
安哥拉腺羊蹄甲 **7567**
安哥拉香瓜 **114120**
安哥拉小丽草 **98449**
安哥拉肖木蓝 **253222**
安哥拉肖荣耀木 **194285**
安哥拉肖水竹叶 **23490**
安哥拉肖鸢尾 **258390**
安哥拉楔果金虎尾 **371366**
安哥拉旋刺草 **173154**
安哥拉血桐 **240231**
安哥拉盐肤木 **332470**
安哥拉野牡丹 **68242**
安哥拉叶下珠 **296473**
安哥拉异灰毛豆 **321140**
安哥拉异柱马鞭草 **315408**
安哥拉翼茎菊 **172412**
安哥拉樱桃橘 **93271**
安哥拉迎春花 **211930**
安哥拉忧花 **241577**
安哥拉尤卡柿 **155958**
安哥拉尤克勒木 155958
安哥拉羽毛苋 **263236**
安哥拉玉叶金花 **260381**
安哥拉远志 **307913**
安哥拉杂色豆 **47689**
安哥拉摘亚苏木 **127377**
安哥拉胀萼马鞭草 **86068**
安哥拉沼泽泻 **230331**
安哥拉皱果木蓝 **206483**
安哥拉猪毛菜 **344442**
安哥拉准鞋木 **209533**
安哥拉紫檀 **320278**
安哥拉紫玉盘 **403421**
安歌木属 **24642**
安格林阿魏 **163579**
安格雀麦 **60628**
安勾桉属 24603
安古兰 25137
安古兰属 25134
安古茄 **366940**
安古斯塔树 115169
安古苔草 76641
安顾兰 **25137**
安顾兰属 **25134**,24687
安贵玉蕊 108195
安旱草 294882
安旱草属 294877
安旱苋 **294882**
安旱苋属 **294877**
安和赤竹 **347254**
安黄杞 **14589**
安黄杞属 **14588**
安徽百合 **229727**
安徽报春 **314344**
安徽贝母 **168344**
安徽楤木 **30768**
安徽翠雀花 **124038**
安徽稻槎菜 **221811**
安徽杜鹃 **331177**,330097
安徽鹅掌草 **23818**
安徽繁缕 **374743**,256456
安徽凤仙花 **204775**
安徽黄精 **308503**
安徽黄芩 **355375**
安徽金粟兰 **88266**
安徽景天 **356542**
安徽苦草 **404537**
安徽牧根草 **43571**
安徽槭 **2791**
安徽荛花 **414133**
安徽山黧豆 **222679**
安徽石蒜 **239256**
安徽碎米荠 **72684**
安徽苔草 74130
安徽铁线莲 **94816**
安徽五针松 299939
安徽小檗 **51314**,51454
安徽旋蒴苣苔 **56053**
安徽银莲花 23681,23818
安徽罂粟莲花 **23681**
安徽羽叶报春 **314637**
安徽郁金香 **400117**
安徽紫薇 **219911**
安吉草属 **24547**
安吉金竹 **297385**
安吉利姜饼木 **284211**
安吉利那·布尔德特欧洲李 **316383**
安吉水胖竹 297448
安加拉苔 73690
安江香柚 **93580**
安杰莉卡芦荟 **16576**
安杰利卡肉锥花 **102059**
安卡拉大戟 **158451**
安卡拉番樱桃 **156130**
安卡拉谷木 **249901**
安卡拉鲫鱼藤 **356264**
安卡拉类雀稗 **285377**
安卡拉双袋兰 **134261**
安卡拉特拉茶豆 **85192**
安卡拉特拉车轴草 **396826**
安卡拉特拉丹氏梧桐 **135775**
安卡拉特拉火炬花 **216933**
安卡拉特拉马唐 **130432**
安卡拉特拉木蓝 **205658**
安卡拉特拉莎草 **118502**
安卡拉特拉石豆兰 **62563**
安卡拉特拉鸭嘴花 **214327**
安卡拉特拉远志 **307914**
安卡拉特拉早熟禾 **305333**
安卡拉特拉猪屎豆 **111897**
安卡兰伯纳旋花 **56846**
安卡兰草胡椒 **290292**
安卡兰刺桐 **154625**
安卡兰大戟 **158450**
安卡兰大梧 **196221**
安卡兰茎花豆 **118052**
安卡兰蒟蒻薯 **382909**
安卡兰咖啡 **98856**
安卡兰卡普山榄 **72123**
安卡兰拉夫山榄 **218743**
安卡兰魔芋 **20045**
安卡兰普拉克大戟 **305149**
安卡兰秋海棠 **49620**
安卡兰小土人参 **383279**
安卡兰异决明 **360415**
安卡兰鱼骨木 **71321**
安卡纳树 **21884**
安卡纳树属 **21880**
安凯济纳金果椰 **139311**
安凯济纳莎草 **118501**
安凯济纳石豆兰 **62562**
安凯济纳酸脚杆 **247534**
安凯济纳猪屎豆 **111895**
安克葱 **22118**
安克葱属 **22117**
安兰属 **25183**
安乐菜 311890
安乐美国扁柏 **85296**
安榴 321764
安龙花 **139494**
安龙花属 **139433**
安龙花状鸭嘴花 **214828**
安龙景天 **357253**

安龙瘤果茶 **68906**
安龙石楠 **295621**
安龙腺萼木 **260611**
安龙香科 388000
安龙香科科 **388000**
安龙油果樟 **381790**
安吕草 35282,36232
安蒙草属 **19754**
安木万斯树 **217862**
安木万斯树属 **217861**
安纳大黄栀子 **337484**
安纳枸杞 **239002**
安纳士树 25773
安纳士树属 25771
安纳托尔红门兰 **273324**
安娜·玛利亚欧洲常春藤 **187226**
安娜·玛利亚洋常春藤 187226
安娜·阿姆霍夫胶希丁香 **382181**
安娜酢浆草 **277678**
安娜风铃草 **69896**
安娜桦 **53352**
安娜苓菊 **214038**
安娜尤利菊 **160754**
安乃姆橙 **93430**
安乃姆大翼橙 **93560**,93430
安南草 108736
安南建兰 116916
安南漆 332869
安南漆树 **332869**
安南山核桃 77935
安南子 376137,376184
安妮玛丽帚石南 **67463**
安尼·鲁塞尔布克伍德荚蒾 **407653**
安尼巴木属 25196
安尼姐帚石南 **67501**
安尼兰属 **28847**
安尼木属 **25816**
安尼樟属 **25196**
安宁木姜子 **233843**
安宁苔草 **73707**
安宁小檗 **51686**
安宁猪屎豆 **111898**
安诺本贝尔茜 **53064**
安诺本大沙叶 **286091**
安诺本红柱树 **78658**
安诺本美登木 **246802**
安诺本囊大戟 **389061**
安诺本努西木 **267365**
安诺本秋海棠 **49621**
安诺本铁苋菜 **1787**
安诺本崖椒 **162043**
安诺树 25928
安欧石南 **149007**
安欧郁金香 400252
安潘斑鸠菊 **406079**
安平拉拉藤 **170476**
安平飘拂草 **166315**
安坪十大功劳 **242524**
安齐朗鹅绒藤 **117375**
安齐朗秋海棠 **49625**
安齐朗铁青树 **269647**
安钦吉魔芋 **20046**
安钦吉拟大豆 **272361**
安钦吉秋海棠 **49624**
安钦吉鸭嘴花 **214331**
安塞尔鸭嘴花 **214329**
安塞里番红花 **111484**
安塞丽亚兰 26274
安塞丽亚兰属 26273
安山草 **203011**
安山草科 **203012**
安山草属 **203010**
安省蜀葵 13934
安石榴 321764
安石榴科 321777
安石榴属 321763
安士泽兰 **158210**
安氏桉 **155480**
安氏杓兰 **120293**
安氏菠萝球 **107007**
安氏长阶花 186931
安氏齿蕊小檗 **269171**
安氏翠凤草 **301102**
安氏翠雀花 **124033**
安氏飞蓬 **150459**
安氏高山参 **273991**
安氏寡舌菊 **256928**
安氏还阳参 **110991**
安氏蓟 **91739**
安氏假狼毒 **375210**
安氏金雀花 **121005**
安氏金丝桃 **201764**
安氏柳 **343017**
安氏龙胆 **173222**
安氏芦荟 **16587**
安氏美洲簇花草 **49317**
安氏南非帚灯草 **67908**
安氏秋海棠 **49613**
安氏曲足兰 **120706**
安氏山冠菊 **274125**
安氏山芫荽 **107751**
安氏舌唇兰 **302251**
安氏石竹 **127592**
安氏鼠尾草 **344849**
安氏蜀葵 **13916**
安氏双饰萝藦 **134971**
安氏酸模 **340142**
安氏图兰猪毛菜 **400425**
安氏兔唇花 **220055**
安氏枸子 **107344**
安氏隐柱 113508
安氏榆 **401448**
安氏玉凤花 **183412**
安氏赞德菊 **417035**
安氏泽米 **417004**
安氏窄黄花 **375795**
安氏猪毛菜 **344441**
安氏紫露草 394088
安氏紫菀 **40055**
安顺木姜子 **233956**
安顺润楠 **240566**
安斯草属 **25787**
安斯帕克春花欧石南 **149149**
安苏杏 34477
安索苘麻 **846**
安索乌头 5039
安塔诺斯矢车鸡菊花 **81551**
安胎黄 208882
安胎药 54548
安泰肖荣耀木 **194286**
安坦德鲁千里光 **358266**
安坦德罗白粉藤 **92606**
安坦德罗黄鸠菊 **134792**
安坦德罗蜡菊 **189138**
安坦德罗唐菖蒲 **176024**
安陶石头花 **183172**
安田刺子莞 **333715**
安通吉尔盾蕊樟 **39705**
安通吉尔番樱桃 **156132**
安通吉尔格雷野牡丹 **180359**
安通吉尔卡普山榄 **72124**
安通吉尔拟马岛无患子 **392229**
安通吉尔秋海棠 **49623**
安通吉尔石豆兰 **62564**
安通吉尔香茶菜 **303149**
安通吉尔叶节木 **296827**
安图地杨梅 **238676**
安图光亮紫檀 **320304**
安图内思斑鸠菊 **406105**
安图内思荸荠 **143048**
安图内思刺蒴麻 **399200**
安图内思多肋菊 **304417**
安图内思谷精草 **151231**
安图内思合欢 **13491**
安图内思假杜鹃 **48097**
安图内思豇豆 **408846**
安图内思金合欢 **1052**
安图内思卡柿 **155924**
安图内思联苞菊 **196935**
安图内思镰扁豆 **135411**
安图内思没药 **101310**
安图内思美冠兰 **156554**
安图内思木菊 **129382**
安图内思木蓝 **205661**
安图内思肖翅子藤 **196509**
安图内思异木患 **16050**
安图内思鹰爪花 **34997**
安图内思远志 **307915**
安图内思猪屎豆 **111903**
安图玉簪 **198601**
安托刺头菊 **108234**
安托黄耆 **41994**
安托克小檗 **51317**
安托万·毕希纳夫人欧丁香 **382344**
安托小檗 51318
安柁拉属 226315
安维尔菊 **28820**
安维尔菊属 **28815**
安维菊属 28815
安汶蝴蝶兰 293581
安汶胶木 **280438**
安汶香茶菜 303139
安汶羽棕 **32331**
安息香 **379312**,379374,379471
安息香科 **379296**
安息香猕猴桃 **6705**
安息香属 **379300**
安息香树 379312
安悉香 379471
安小檗 **51315**
安匣木属 **310752**
安泽翠雀花 **124243**
安政柑 **93470**
安住谷精草 **151378**
安族芦荟 **16586**
安祖花 28119
安祖花属 28071
桉 155722
桉木 155644
桉属 **155468**
桉树 155589
桉树属 155468
桉叶槭 2950
桉叶藤 **113823**
桉叶藤属 **113820**
桉叶悬钩子 **338366**
桉叶银齿树 **227281**
桉状槭 **2950**
氨草 **136259**
氨草属 **136257**
庵耳椆 233236
庵耳石栎 **233236**
庵蒿 35733
庵芦 35733
庵闾 **35733**,36474
庵闾草 35733
庵闾蒿 35733
庵闾子 35733
庵罗果 **144836**,244397,296554
庵罗果属 **144834**
庵罗迦果 296554
庵摩勒 296554
庵摩簕 296554
庵摩罗迦果 296554

庵摩落迦果 296554
鹌子嘴 153914,175006
鞍菜豆 **409049**
鞍唇沼兰 **110648**
鞍豆 **357852**
鞍豆属 **357851**
鞍果木属 **146309**
鞍花兰属 **146305**
鞍菊属 357844
鞍马山越橘 **403875**
鞍马苇 186152
鞍蕊花 **146304**
鞍蕊花属 **146302**
鞍山柳 **343677**
鞍形柱瓣兰 **146477**
鞍须芒草 **22982**
鞍叶羊蹄甲 **49022**
鞍状乱子草 **259715**
闇牛 **263744**
岸边披硷草 **390077**
岸边披硷草属 **390076**
岸刺柏 **213739**
岸黑桦 53536
岸生半柱花 360701
岸生杜鹃 **331657**
岸田堇菜 **409780**
岸田南星 **33381**
安蒂科斯蒂卷舌菊 **380838**
案板菜 312090
案板芽 312090
暗巴豆 **113026**
暗斑柽柳桃金娘 **260975**
暗斑假金雀儿 **85401**
暗斑肖鸢尾 **258401**
暗瓣谷精草 **151382**
暗苞粉苞菊 **88794**
暗苞粉苞苣 88794
暗苞风毛菊 **348770**
暗草 226742
暗刺大戟 **158492**
暗单叶南星 **33418**
暗淡白花丹 **305199**
暗淡百蕊草 **389904**
暗淡扁担杆 **181002**
暗淡刺果椰 **156116**
暗淡风铃草 **70343**
暗淡鸡蛋茄 **344375**
暗淡苦玄参 **239485**
暗淡蓝蓟 **141327**
暗淡栎 **324478**
暗淡疗伤绒毛花 **28207**
暗淡牡荆 **411478**
暗淡木蓝 **206691**
暗淡欧石南 **150169**
暗淡蒲桃 **382605**
暗淡乳秃小檗 **52005**
暗淡沙拐枣 **67084**
暗淡莎草 **119715**
暗淡天竺葵 **288568**
暗淡网球花 **184466**
暗淡西澳兰 **118281**
暗淡肖鸭嘴花 **8149**
暗淡肖鸢尾 **258552**
暗淡由基松棕 156116
暗淡窄叶羊胡子草 **152740**
暗淡猪屎豆 **112765**
暗点对粉菊 **280424**
暗飞廉 **73310**
暗粉红欧石南 **148968**
暗沟半日花 **188602**
暗沟哈利木 **184780**
暗沟美蟹甲 **34802**
暗沟十万错 **43604**
暗沟薰衣草 **223261**
暗沟泽菊 **91123**
暗冠萝藦属 **293390**
暗冠毛矢车菊 **81276**
暗冠群花寄生 **11074**
暗鬼木 60064
暗果春蓼 **309587**
暗果蓼 309587
暗褐斑竹芋 245026
暗褐贝母兰 **98657**
暗褐扁莎 **322285**
暗褐冠顶兰 **6192**
暗褐红点草 **223792**
暗褐空船兰 **9136**
暗褐马唐 **130447**
暗褐飘拂草 **166329**
暗褐苔草 **73814**
暗黑玉 **264342**
暗红巴氏锦葵 **286586**
暗红巴氏槿 286586
暗红扁莎 **322191**
暗红茶藨子 334003
暗红刺蔷薇 **336315**
暗红二乔玉兰 **242297**
暗红葛缕子 **77774**
暗红果栒子 107607
暗红红花红千层 **67256**
暗红红鸡蛋花 **305230**
暗红花路边青 175400
暗红火棘 322454
暗红火筒树 223929
暗红檵木 **237192**
暗红胶皮枫香树 **232567**
暗红女王扫帚叶澳洲茶 **226485**
暗红欧洲水青冈 162404
暗红帕沃木 286586
暗红石斛 **125086**
暗红鼠尾草 **344867**
暗红双齿裂舌萝藦 **351508**
暗红双距兰 **133703**
暗红苏格兰欧石南 **149211**
暗红尾萼兰 246105
暗红舞花姜 **176986**
暗红小檗 **51287**
暗红小凤梨 **113378**
暗红小七叶树 **9721**
暗红栒子 **107607**
暗红野凤仙花 **205370**
暗红异籽葫芦 **25645**
暗红印度胶榕 164926
暗红猪屎豆 **111918**
暗红紫晶报春 **315078**
暗花大戟 **158495**
暗花灯心草 212875
暗花金挖耳 **77190**
暗花篱 **27225**
暗花鳃兰 **246716**
暗花石豆兰 **62947**
暗花异柱菊 **225888**
暗花泽兰 **158322**
暗黄薄叶兰 238742
暗黄公主兰 **238742**
暗黄杭子梢 **70809**
暗黄花属 **54257**
暗黄耆 **42689**
暗黄鸢尾 **208578**
暗黄猪屎豆 **112161**
暗堇壶花无患子 **90721**
暗堇色柴胡 **63570**
暗堇色孔斯豆 **218376**
暗堇色宽肋瘦片菊 **57605**
暗堇色水蕹 **29649**
暗堇色香茶菜 **303155**
暗景天 **356556**
暗蓝花醉鱼草 61963
暗亮蓟 **92165**
暗鳞木属 248497
暗鳞矢车菊 **81275**
暗鳞苔草 **73821**
暗绿巴拿马草 **77039**
暗绿蔗草 **353231**
暗绿杜鹃 330162
暗绿蒿 **35185**
暗绿红果大戟 **154811**
暗绿藜 **86955**
暗绿柳叶菜 **146805**
暗绿挪威槭 **3443**
暗绿莎草 **118534**
暗绿山柰 **214997**
暗绿玉簪 **198637**
暗绿杂种紫杉 **385386**
暗绿紫堇 **106146**
暗罗 **307531**
暗罗属 **307484**
暗脉扁莎 **322190**
暗脉欧石南 **149042**
暗脉苔草 **73831**
暗毛柽柳桃金娘 **260974**
暗毛还阳参 **110739**
暗毛双距兰 **133701**
暗毛紫黄耆 **42033**
暗昧马先蒿 **287465**
暗昧苔草 **75566**
暗昧岩黄耆 **188028**
暗泡紫金牛 **31358**
暗骑士蓝蒁 **77996**
暗窃衣 **392995**
暗色巴特菊 **48579**
暗色菝葜 **366419**
暗色臭裂籽茜 **103869**
暗色刺酸浆 **85692**
暗色大戟 **158481**
暗色大沙叶 **286400**
暗色盾盘木 **301563**
暗色芳香木 **38687**
暗色肺草 **321641**
暗色风车子 **100786**
暗色虎尾兰 **346147**
暗色虎眼万年青 **274745**
暗色假杜鹃 **48275**
暗色假狼紫草 **266623**
暗色阔苞菊 **305137**
暗色蜡菊 **189624**
暗色老鹳草 **174811**
暗色柳穿鱼 **231156**
暗色木蓝 **206563**
暗色南非帚灯草 **67920**
暗色泡叶番杏 **138212**
暗色婆婆纳 **407262**
暗色漆籽藤 **218801**
暗色山柳菊 **195980**
暗色苔草 **75616**
暗色铁筷子 **190942**
暗色蝇子草 **363267**
暗色帚石南 67472
暗色紫草 321641
暗色紫罗兰 **246562**
暗山公 319810
暗山谷 319810
暗山香 319810
暗山楂 **109879**
暗蛇小叶金合欢 **1213**
暗麝 211990
暗穗早熟禾 **306094**
暗苔 73602
暗苔草 **73602**
暗唐菖蒲 **176035**
暗头灯心草 **213374**
暗头海滨三肋果 **397973**
暗香 307489
暗消 34348
暗消藤 377856
暗血红黑蒴 **14300**
暗血红球茎砖子苗 **245366**
暗血红石竹 **127685**

暗血红苏格兰欧石南 **149212**
暗血红圆叶石豆兰 **62697**
暗血红脂花萝藦 **298134**
暗叶杜鹃 **330083**
暗叶蓝刺头 **140760**
暗叶柳 343776
暗叶润楠 **240642**
暗叶铁筷子 190944
暗掌属 **305265**
暗枝金合欢 **1278**
暗钟花 **70233**
暗柱茅膏菜 **138268**
暗柱蕊紫金牛 **379186**
暗籽拟漆姑草 **370614**
暗紫贝母 **168605**
暗紫葶苈 **143052**
暗紫布里滕参 **211477**
暗紫刺蕊草 **306959**
暗紫酢浆草 **277749**
暗紫脆蒴报春 **314197**
暗紫大字草 **349207**
暗紫蝶唇兰 **319370**
暗紫杜鹃 **330161**
暗紫杜斯豆 **139109**
暗紫发草 **126031**
暗紫号角毛兰 **396135**
暗紫红窗兰 **113740**
暗紫花爪唇兰 **179290**
暗紫黄耆 **42032**
暗紫荚蒾叶风箱果 **297848**
暗紫堇菜 **409706**
暗紫块茎苣苔 **364739**
暗紫老鹳草 **174485**
暗紫老虎兰 **373683**
暗紫里德利苣苔 **334472**
暗紫两色金鸡菊 **104602**
暗紫裂舌萝藦 **351497**
暗紫苓菊 **214045**
暗紫耧斗菜 **30001**
暗紫芦莉草 **339663**
暗紫鹿藿 **333154**
暗紫罗马风信子 **50746**
暗紫马拉巴草 155023
暗紫马泰木 **246250**
暗紫马先蒿 **287021**
暗紫毛顶兰 **385706**
暗紫毛囊草 **298014**
暗紫囊鳞莎草 **38234**
暗紫拟辛酸木 **138008**
暗紫欧石南 **149041**
暗紫欧洲常春藤 **187228**
暗紫欧洲卫矛 **157441**
暗紫欧洲小檗 **52331**
暗紫苹果萝藦 **249267**
暗紫匍匐筋骨草 **13175**
暗紫千里光 **358323**
暗紫鞘蕊花 **99523**
暗紫三裂半夏 **299729**
暗紫山楂 **109542**
暗紫柿 **132054**
暗紫鼠尾 344866
暗紫鼠尾草 **344866**
暗紫唐菖蒲 **176036**
暗紫卫矛 157327
暗紫沃尔禾 **404160**
暗紫喜阳葱 **367759**
暗紫香蕉瓜 **362417**
暗紫小刺爵床 **184240**
暗紫星唇兰 **375221**
暗紫旋柱兰 **258989**
暗紫薰衣草 **223253**
暗紫栒子 **107352**
暗紫羊耳蒜 **232085**
暗紫洋常春藤 187228
暗紫异尖荚豆 **263361**
暗紫窄冠爵床 **375755**
暗紫猪果列当 **201342**
暗紫柱瓣兰 **146383**
暗棕色热非夹竹桃 **13283**
暗棕苔草 **76422**
暗棕蝇子草 **363476**
暗棕越橘 **403836**
黯淡白柳 **342978**
昂布尔斑鸠菊 **406077**
昂布尔刺核藤 **322519**
昂布尔单脉青葙 **220207**
昂布尔风兰 **24700**
昂布尔福谢山榄 **162957**
昂布尔格雷野牡丹 **180356**
昂布尔金叶树 **90016**
昂布尔卷瓣兰 **62551**
昂布尔芦荟 **16567**
昂布尔木犀 **266691**
昂布尔木犀榄 **270060**
昂布尔气花兰 **9196**
昂布尔三萼木 **395173**
昂布尔酸脚杆 **247531**
昂布尔朱米兰 **212697**
昂德草 **145473**
昂德草属 **145471**
昂德加维景天 **356536**
昂德加维蔷薇 **336355**
昂可茶科 271119
昂可茶属 271117
昂拉尔圆叶舌茅 **402227**
昂里克多穗兰 **310430**
昂里克金果椰 **139350**
昂里克日中花 **220577**
昂里克石豆兰 **62774**
昂里克温曼木 **413688**
昂里克西澳兰 **118208**
昂里克仙女木 **138452**
昂里克羊耳蒜 **232187**
昂里克猪毛菜 **344563**
昂斯莱九节 **319574**
昂斯莱榄 **263922**
昂斯莱榄属 **263921**
昂斯莱马先蒿 **287275**
昂斯莱猪屎豆 **112211**
昂天莲 **675**
昂天莲属 **672**
昂天巷子 276090
昂天盅 276135
昂头风毛菊 **348798**
凹半边莲 **394698**
凹半边莲属 **394697**
凹瓣大叶报春 314630
凹瓣虎耳草 **349669**
凹瓣芥 **334452**
凹瓣芥属 **334451**
凹瓣苣苔 **22159**
凹瓣空船兰 **9116**
凹瓣梅花草 **284575**
凹瓣球兰 **198870**
凹瓣石竹 **15965**
凹瓣石竹属 **15962**
凹苞耳叶马蓝 **290928**
凹苞马蓝 290928
凹齿玉蜀黍 **417416**
凹唇槽舌兰 **197269**
凹唇姜 **56537**
凹唇姜属 **56532**
凹唇兰属 98560
凹唇马先蒿 287128
凹唇鸟巢兰 **264718**
凹唇软叶兰 110648
凹唇石仙桃 **295520**
凹唇羊耳蒜 **232200**,232139
凹唇沼兰 **110641**
凹雌椰属 48014
凹地鞘蕨 **99374**
凹点榄叶菊 270197
凹点树紫菀 **270197**
凹顶木棉 **98813**
凹顶木棉属 **98812**
凹顶越橘 **403821**
凹额马先蒿 287128
凹萼兰 **335168**
凹萼兰属 **335161**
凹萼木鳖 **256884**
凹萼清风藤 **341501**
凹萼杨桐 **8268**
凹芳香木 **38492**
凹沟委陵菜 **312518**
凹果豆蔻 **98539**
凹果豆蔻属 **98532**
凹果马鞭草属 **98528**
凹果水马齿 **67388**
凹红豆 274388
凹花寄生 **47897**
凹花寄生属 **47895**
凹基及树 77067
凹尖紫麻 **273915**
凹裂毛麝香 **7991**
凹龙骨角 **192433**
凹露子花 **123852**
凹脉菝葜 **366417**
凹脉丁公藤 154237
凹脉杜茎山 **241752**
凹脉鹅掌柴 **350774**
凹脉扶芳藤 **157505**
凹脉核果树 **145396**
凹脉核果树属 **145395**
凹脉红淡比 **96586**
凹脉厚皮香 **386700**
凹脉槐 369002
凹脉金花茶 **69147**
凹脉柃 **160501**
凹脉萝藦 **145079**
凹脉萝藦属 **145078**
凹脉马兜铃 **34212**
凹脉苹婆 **376125**
凹脉茄 **98767**
凹脉茄属 **98766**
凹脉球兰 198850
凹脉肉叶荚蒾 **407746**
凹脉苔草 **75333**
凹脉桃叶珊瑚 **44891**
凹脉铁苋菜 **1834**
凹脉卫矛 **364412**
凹脉卫矛穆拉远志 **259981**
凹脉卫矛属 **364411**
凹脉新木姜子 **264058**
凹脉绣线菊 371897
凹脉异裂菊 **194010**
凹脉越橘 **403861**
凹脉芸香属 **145088**
凹脉紫金牛 **31374**
凹穆拉远志 **259963**
凹欧石南 **149349**
凹泡叶番杏 **138158**
凹朴皮 232603
凹绒菊 **235259**
凹肉锥花 **102139**
凹乳芹 **408244**
凹乳芹属 **408238**
凹舌兰 **98586**,98593
凹舌兰属 **98560**
凹舌掌裂兰 **121428**
凹双盛豆 **20753**
凹天竺葵 **288125**
凹头花椒 417139
凹头柃木 160458
凹头蕈芝 114325
凹头苋 18670,18765
凹头苋菜 **18765**
凹托菊 **233802**
凹托菊属 **233800**

凹鮀鸟木 **378570**
凹箨绿竹 **47207**
凹希尔曼野荞麦木 **152134**
凹陷安龙花 **139449**
凹陷拜卧豆 **227043**
凹陷滨藜 **44566**
凹陷长被片风信子 **137923**
凹陷酢浆草 **277798**
凹陷大青 **96066**
凹陷带梗革瓣花 **329254**
凹陷单桔梗 **257790**
凹陷繁缕 **374833**
凹陷枸杞 **239034**
凹陷荷莲豆草 **138481**
凹陷厚萼杜鹃 **364466**
凹陷湖畔苔草 75110
凹陷积雪草 **81611**
凹陷假匹菊 **329810**
凹陷尖苞木 146071
凹陷姜饼棕 **202274**
凹陷蓝花参 **412654**
凹陷冷水花 **298905**
凹陷鳞叶灌 **388736**
凹陷马森风信子 **246143**
凹陷毛异囊菊 **194266**
凹陷美蟹甲 **34810**
凹陷密钟木 **192563**
凹陷眠雏菊 **414977**
凹陷魔芋 **20093**
凹陷木蓝 **205899**
凹陷穆拉远志 **259971**
凹陷欧石南 **149418**
凹陷青锁龙 **108967**
凹陷雀儿豆 **87236**
凹陷日中花 **251382**
凹陷肉锥花 **102168**
凹陷赛金莲木 **70727**
凹陷矢车菊 81033
凹陷鼠李 **328688**
凹陷双碟荠 **54658**
凹陷苔草 **74292**
凹陷凸镜苔草 **75110**
凹陷崖豆藤 **254726**
凹陷盐角草 **342856**
凹陷翼首花 **320429**
凹陷蝇子草 **363406**
凹陷珍珠茅 **354068**
凹陷舟叶花 **340643**
凹陷猪屎豆 **112072**
凹陷紫堇 **105721**
凹腺干汗草 259323
凹香芸木 **10592**
凹玄参 **145279**
凹玄参属 **145278**
凹亚麻 **231984**
凹叶白刺 **266362**
凹叶稗豆 **265997**
凹叶大苞景天 **356533**
凹叶第伦桃 **130924**
凹叶丁公藤 154237
凹叶冬青 **203616**
凹叶斗篷草 **14149**
凹叶豆 **280648**
凹叶豆属 **280647**
凹叶杜鹃 **330516**,330366
凹叶榧 393061
凹叶佛甲草 356702
凹叶佛甲花 356702
凹叶枸骨 203616
凹叶瓜馥木 **166685**
凹叶红豆 **274388**,274404
凹叶厚朴 **242234**,198699
凹叶黄皮 94188
凹叶黄芪 42976
凹叶黄耆 **42976**
凹叶假沙梨 295704
凹叶旌节花 **373568**
凹叶景天 **356702**
凹叶柃木 160458
凹叶木兰 416717
凹叶木蓝 **205945**
凹叶女贞 **229599**
凹叶清风藤 341501
凹叶球兰 **198850**,198877
凹叶雀梅藤 **342177**
凹叶荛花 414250
凹叶忍冬 **236064**
凹叶瑞香 **122594**
凹叶山蚂蝗 **126296**
凹叶铁仔 **261610**
凹叶小檗 **51586**
凹叶岩桃 403821
凹叶野百合 112615
凹叶野苋菜 18670,18765
凹叶玉兰 **416717**
凹叶越橘 403821
凹叶紫菀 **41148**
凹银齿树 **227248**
凹照波 **52552**
凹指甲草 **284830**
凹舟叶花 **340721**
凹猪屎豆 **112237**,112615
凹籽远志 **308428**
凹子 243862
凹子豆 138970
凹子黄堇 **106235**
敖德萨锤茎 **224640**
蔜 374968
鳌休 284367
鳌瓣花 **280688**
鳌瓣花属 **280687**
拗山皮 180700
袄维斯波蓟 **91981**
傲大贴梗海棠 **84582**
傲慢木 **385812**
傲慢木属 **385811**
傲斯特野荞麦 **152345**
奥昂蒂 275298
奥昂蒂属 275295
奥巴百里香 **391184**
奥巴迪合欢 **13632**
奥巴迪裸实 **182749**
奥巴黄耆 **42816**
奥班大沙叶 **286385**
奥班毒鼠子 **128767**
奥班多穗兰 **310527**
奥班二裂萼 **134095**
奥班番樱桃 **156315**
奥班仿花苏木 **27769**
奥班凤仙花 **205044**
奥班狗肝菜 **129300**
奥班核果木 **138669**
奥班卷瓣堇 **14948**
奥班马钱树 **27612**
奥班三萼木 **395300**
奥班沙扎尔茜 **86337**
奥班扇舌兰 **329653**
奥班十字爵床 **111746**
奥班杂色豆 **47791**
奥班紫玉盘 **403542**
奥贝沙 159485
奥贝仙人掌 **272798**
奥比昂舟瓣梧桐 **350468**
奥比尼亚棕属 273241
奥比亚德灰毛豆 **386207**
奥比亚德麻疯树 **212190**
奥比亚德内蕊草 **145435**
奥比亚德莎草 **119288**
奥比亚德肖木蓝 **253254**
奥比亚德肖水竹叶 **23579**
奥别特敌克里桑草 128989
奥别特蓝姜 128989
奥别特鸳鸯鸭跖草 **128989**
奥波齿叶乌桕 **362173**
奥伯迈尔百簕花 **55387**
奥伯迈尔半轭草 **191796**
奥伯特洛梅续断 **235488**
奥伯胭脂仙人掌 **266638**
奥布巴豆 **112841**
奥布伽蓝菜 **215093**
奥布核果木 **138585**
奥布诨甘欧 **171010**
奥布决明 **78235**
奥布雷豆 **44865**
奥布雷豆属 **44864**
奥布膜苞豆 **201245**
奥布南洋参 **310174**
奥布纽敦豆 **265893**
奥布榕 **164908**
奥布神秘果 **381975**
奥布石豆兰 **62569**
奥布铁线子 **244528**
奥布瓮萼豆 **68115**
奥布雄花大戟 **27922**
奥布摘亚苏木 **127378**
奥岑日中花 **220630**
奥茨大戟 **159482**
奥茨单裂萼玄参 **187055**
奥茨风车子 **100708**
奥茨欧石南 **149800**
奥茨唐菖蒲 **176410**
奥达尔椰子 **44811**
奥达尔椰子属 44801
奥达椰子属 44801
奥道拉姆海杧果 **83700**
奥德草 **269197**
奥德草属 **269195**
奥德大戟属 **270053**
奥德赛草属 269195
奥德野荞麦 **152342**
奥迪苦木 **269190**
奥迪苦木属 **269187**
奥地金千里光 **279931**
奥地利薄荷 **250326**
奥地利春黄菊 **26751**
奥地利大蒜芥 **365406**
奥地利多榔菊 **136344**
奥地利焯菜 **336182**
奥地利蒿 35188
奥地利黑松 300117
奥地利黄耆 **42048**
奥地利金雀花 **120928**
奥地利棱子芹 **304765**
奥地利芒柄花 **271337**
奥地利婆婆纳 **407018**
奥地利前胡 **292779**
奥地利青兰 **137555**
奥地利山芥 **329732**
奥地利山芥属 **329731**
奥地利栓皮槭 **2843**
奥地利松 300117
奥地利缬草 **404365**
奥地利鸦葱 354813
奥地利亚麻 **231872**
奥地利远志 **307905**
奥地紫菀 **40966**
奥丁鳞叶树 **44970**
奥丁鳞叶树属 **44969**
奥顿杯漆 **396350**
奥顿茎花豆 **118101**
奥顿龙血树 **137461**
奥顿沙扎尔茜 **86342**
奥多豆属 **268871**
奥多旋花 **268923**
奥多旋花属 **268922**
奥恩金田菊 **222617**
奥尔巴尼白酒草 **103508**
奥尔本蓝盆花 **350089**

奥尔比亚红门兰 **273560**
奥尔比亚苔草 **75587**
奥尔比亚野豌豆 **408517**
奥尔长药兰 **360625**
奥尔德玄参 **355204**
奥尔毒马草 **362857**
奥尔二列姜 **134858**
奥尔法豆属 275413
奥尔嘎马先蒿 **287481**
奥尔嘎葶苈 **137152**
奥尔嘎蝇子草 **363843**
奥尔嘎猪毛菜 **344647**
奥尔噶飞蓬 **150829**
奥尔干美鼠刺 **155145**
奥尔甘岩雏菊 **291302**
奥尔甘月见草 **269478**
奥尔格黄耆 **42817**
奥尔加奥氏草 **277345**
奥尔加科尔草 **217897**
奥尔加蓝盆花 **350208**
奥尔加婆婆纳 **407258**
奥尔加千里光 **359619**
奥尔雷草属 **274286**
奥尔梅克竹 **270510**
奥尔梅克竹属 **270509**
奥尔木 **270515**
奥尔木属 **270514**
奥尔尼苔草 **74723**
奥尔欧洲隐柱芥 **199488**
奥尔桑 **270513**
奥尔桑属 **270511**
奥尔鼠李 **44972**
奥尔鼠李属 **44971**
奥尔睡菜属 **274454**
奥尔斯顿阿冯苋 **45777**
奥尔斯顿恩氏草 **145549**
奥尔斯顿丽杯花 **198037**
奥尔特婆婆纳 **407260**
奥尔特矢车菊 **81253**
奥尔逊尼亚秋海棠 50123
奥尔羽冠鼠麹草 **6735**
奥非芦荟 **17099**
奥菲利亚蔷薇 **336295**
奥费斯龙胆 **253879**
奥费斯龙胆属 **253878**
奥费斯木 **275416**
奥费斯木属 **275415**
奥夫纳针茅 **376858**
奥夫钦尼科夫刺头菊 **108360**
奥弗莱特扁莎 **322311**
奥弗莱特多肋菊 **304447**
奥弗莱特树葡萄 **120167**
奥弗涅爵床 **45719**
奥弗涅爵床属 **45718**
奥格登眼子菜 **312204**
奥格栎 **324248**
奥格手玄参 **244754**
奥根豆 **277462**
奥根豆属 **277459**
奥古大岩桐寄生 **384195**
奥古良脉山榄 **263996**
奥古斯丁白花菜 **95627**
奥古斯丁苔草 **73824**
奥古苔草 73826
奥国鸦葱 354813
奥果韦番樱桃 **156317**
奥果韦吉尔苏木 **175648**
奥果韦金叶树 **90081**
奥果韦天料木 **197707**
奥禾 **270553**
奥禾属 **270550**
奥槐花属 269612
奥霍特翠雀花 **124424**
奥吉尔维春美草 **94341**
奥吉尔维蝇子草 **364153**
奥吉拉斑鸠菊 **406642**
奥吉拉美冠兰 **156895**
奥吉拉扇舌兰 **329654**
奥吉拉西澳兰 **118241**
奥吉拉香荚兰 **405012**
奥吉拉玉凤花 **183918**
奥杰沙柽柳 **383477**
奥京山蚂蝗 **126490**
奥卡风梨属 268103
奥卡万戈奥佐漆 **279315**
奥卡万戈扁莎 **322310**
奥卡万戈水蓑衣 **200633**
奥凯尔三萼木 **395303**
奥尻苔草 **73565**
奥尻虾脊兰 **66034**
奥考奎约猪毛菜 **344646**
奥科特布罗地 **60511**
奥科特木根菊 **415853**
奥可梯木 268706,268724
奥可梯木属 268688
奥克橄榄属 44883
奥克兰蝶花百合 **67632**
奥克兰杜鹃 330794
奥克兰槐 **368985**
奥克兰柱帽兰 **412929**
奥克兰柱帽兰属 **412927**
奥克雷茜 268322
奥克罗木 268352
奥克斯眼子菜 **312195**
奥克特刺花蓼 **89090**
奥克特毛菀木 **186886**
奥克特针垫菊 **84505**
奥克郁金香 **400120**
奥寇梯罗 167562
奥寇梯罗属 167556
奥寇梯木属 268688
奥库尖花茜 **278233**
奥库特白粉藤 **92864**
奥拉华库小檗 **51343**
奥拉蓝花参 **412780**
奥拉毛 173913
奥拉斯白芷 **192360**
奥拉斯柳穿鱼 **231051**
奥拉斯芒柄花 **271336**
奥拉斯毛茛 **325623**
奥拉斯牧根草 **43587**
奥拉斯千里光 **360097**
奥拉斯山毛茛 **326099**
奥拉斯香科科 **388186**
奥拉斯岩堇 **340426**
奥拉斯羊茅 **163897**
奥拉斯紫波 **28441**
奥拉蝇子草 **363425**
奥兰棒芒草 **106938**
奥兰贝母 **168463**
奥兰达山龙眼 **197339**
奥兰达山龙眼属 **197338**
奥兰多荷兰菊 **40934**
奥兰鹅绒藤 **117639**
奥兰蒿 **36022**
奥兰劣参 **255988**
奥兰毛蕊花 **405741**
奥兰恰野荞麦 **152672**
奥兰矢车菊 **81256**
奥兰苔草 **74350**
奥兰特破布木 **104155**
奥兰无心菜 **31751**
奥兰岩堇 **340403**
奥兰针禾 377008
奥兰针蔺草 **377008**
奥兰治疝草 **193004**
奥兰棕属 273120
奥勒花篱 **27256**
奥勒菊木属 270184
奥勒苦斑鸠菊 **406184**
奥勒露子花 **123934**
奥勒群花寄生 **11112**
奥勒小舌菊 **253472**
奥雷同桤木 16429
奥雷叶沙漠玫瑰 7350
奥雷叶沙漠蔷薇 **7350**
奥李 83238
奥里爱坦彩花 **2217**
奥里弗暗罗 **307519**
奥里弗白粉藤 **92870**
奥里弗苞芽树 **209003**
奥里弗杯漆 **396351**
奥里弗槽柱花 **61288**
奥里弗蟾蜍草 **62261**
奥里弗刺芹 **154333**
奥里弗多蕊石蒜 **175344**
奥里弗芳香木 **38686**
奥里弗格尼瑞香 **178660**
奥里弗虎眼万年青 **274719**
奥里弗还阳参 **110928**
奥里弗绢蒿 **360862**
奥里弗镰扁豆 **135566**
奥里弗毛瑞香 **219007**
奥里弗密钟木 **192666**
奥里弗母草 **231556**
奥里弗欧石南 **149811**
奥里弗赛金莲木 **70741**
奥里弗三角车 **334667**
奥里弗山黄菊 **25508**
奥里弗石莲花 **139972**
奥里弗天门冬 **39129**
奥里弗天芹菜 **190684**
奥里弗铁线莲 **95419**
奥里弗五层龙 **342698**
奥里弗蝇子草 **363340**
奥里弗远志 **308239**
奥里根海棠 **243622**
奥里根荷包牡丹 128298
奥里克芸香属 **274181**
奥里木 70750
奥里木属 70712,277463
奥里氏苔草 **75601**
奥里维尔二行芥 **133293**
奥里维尔法蒺藜 **162270**
奥里维尔凤仙花 **205195**
奥里维尔袖珍南星 **53704**
奥利草 **270504**
奥利草属 **270503**
奥利多菲北美香柏 **390614**
奥利兰 **274295**
奥利兰属 **274294**
奥利漏芦 **329205**
奥利维尔·德·塞雷斯欧丁香 **382356**
奥蓼 402194
奥列兰属 **274160**
奥列氏柳 **343802**
奥林帕斯楼斗菜 30060
奥林匹克风铃草 **70069**
奥林匹克拂子茅 **65449**
奥林匹克楼斗菜 **30087**
奥林匹克毛蕊花 **405740**
奥林匹克山柳菊 **195819**
奥林匹克水苏 373166
奥林匹克铁筷子 **190946**
奥林匹克葶苈 **137154**
奥林匹克玄参 **355207**
奥林匹斯山丽菀 **155818**
奥林匹亚桧柏 **213653**
奥林匹亚金丝桃 **202060**
奥林荠 **45191**
奥林荠属 **45190**
奥龙金鱼草 28631
奥卢碱蓬 **379577**
奥卢孔达扁担杆 **180902**
奥卢孔达藜 **87110**
奥鲁格草属 270550
奥伦道夫挪威云杉 **298204**

奥罗拉加扶桑 **195152**
奥罗诺苔草 **75626**
奥马哈克画眉草 **147853**
奥马哈克叶下珠 **296696**
奥马金雀儿 120984
奥马金雀花 **120984**
奥马里大戟 **159498**
奥马里木蓝 **206327**
奥马鲁鲁猪毛菜 **344648**
奥马同金雀花 **385682**
奥玛山柳菊 **195820**
奥曼玄参 **270585**
奥曼玄参属 **270584**
奥蒙娑罗双 **362189**
奥米茜属 **270598**
奥米萨木蓝 **206328**
奥米萨润肺草 **58912**
奥米萨细莞 **210043**
奥米萨肖木蓝 **253242**
奥米圆叶桉 **155664**
奥莫兰 **270605**
奥莫兰属 **270604**
奥莫勒斑鸠菊 **406424**
奥莫勒九节 **319590**
奥莫勒茜 **197955**
奥莫勒茜属 **197954**
奥内达加鸡树条荚蒾 **408100**
奥奈达荚蒾 **407789**
奥尼牛至 274231
奥尼维蝎尾蕉 **190063**
奥农多加鸡树条荚蒾 408100
奥努芥属 271874
奥帕草 **272732**
奥帕草属 **272730**
奥契瑟苏木属 64119
奥切翅蓼 **320795**
奥切尔单刺蓬 **104911**
奥切尔飞蓬 **150483**
奥切尔金须茅 **90111**
奥切尔密环草 **322040**
奥切尔匹菊 **322654**
奥切尔前胡 **292778**
奥切尔莎草 **118535**
奥切尔水牛角 **72416**
奥切尔天芥菜 **190563**
奥切尔赭腺木犀草 **268304**
奥切木犀草 **327816**
奥切鸢尾 **208704**
奥芮德木 327416
奥润榈属 273120
奥萨茜 **276071**
奥萨茜属 **276070**
奥萨野牡丹属 **276488**
奥塞奇橙 240828
奥塞奇木 240828
奥赛花 **198702**
奥赛花属 **198701**
奥赛里苔草属 **276227**
奥赛苓菊 **214046**
奥沙茨草属 **276194**
奥沙葱 **15555**
奥绍漆 **268296**
奥绍漆属 **268295**
奥绍特草 **268299**
奥绍特草属 **268297**
奥什翅果草 **334554**
奥什鹅观草 **335453**
奥什蒲公英 **384721**
奥氏菝葜 366573
奥氏报春 **314756**
奥氏鼻花 **329549**
奥氏波斯石蒜 **401821**
奥氏糙苏 **295162**
奥氏草 **277339**
奥氏草属 277326
奥氏草钟 **141510**
奥氏长柱琉璃草 **231249**
奥氏垂冠木棉 **79519**
奥氏刺头菊 **108351**
奥氏葱 **15094**
奥氏大戟 **158499**
奥氏大沙叶 **286390**
奥氏丹尼尔苏木 **122162**
奥氏点地梅 **23247**
奥氏独活 192334
奥氏独尾草 **148552**
奥氏独行菜 **225300**
奥氏杜鹃 330165,331391
奥氏盾形草 **288820**
奥氏番红花 **111570**
奥氏飞蓬 **150827**
奥氏风铃草 **69911**
奥氏凤仙花 205326
奥氏棍棒蓟 **91884**
奥氏海葱 **402410**
奥氏虎皮楠 **122683**,122713
奥氏黄檀 121784
奥氏假香芥 **317562**
奥氏角蒿 **205574**
奥氏荆芥 **265018**
奥氏苣苔 **107113**
奥氏苣苔属 **107111**
奥氏聚果指甲木 **371114**
奥氏看麦娘 **17513**
奥氏兰 **270506**
奥氏兰属 **270505**
奥氏蓝盆花 **350214**
奥氏老鹳草 **174793**
奥氏蓼 **308814**,162509
奥氏苓菊 **214141**
奥氏柳 **343803**
奥氏龙胆 **173695**,173679
奥氏罗马风信子 **50747**
奥氏落萼旋花 **68347**
奥氏马先蒿 **287483**
奥氏牛舌草 **21924**
奥氏女娄菜 **248390**
奥氏匹菊 **322718**
奥氏漆树 **156517**
奥氏漆树属 **156516**
奥氏千里光 **359634**
奥氏秋海棠 **50123**
奥氏热美紫草 **341817**
奥氏忍冬 **236000**
奥氏赛金莲木 **70740**
奥氏三蕊细叶草 **246762**
奥氏山柳菊 **195827**
奥氏山蚂蝗 200736
奥氏山莓草 **362354**
奥氏鼠刺 210402
奥氏苔 76230
奥氏汤姆菊 **392722**
奥氏天芥菜 **190683**
奥氏葶苈 **136943**
奥氏土密树 **60166**
奥氏豌豆 **301060**
奥氏萎花 **245041**
奥氏西非苏木 122162
奥氏西金茜 **362432**
奥氏香芥 **94239**
奥氏肖草瑞香 **125771**
奥氏玄参 **355206**
奥氏旋花 **103168**
奥氏岩黄耆 **188034**
奥氏银莲花 **23972**
奥氏蝇子草 **363227**
奥氏玉凤花 **183921**
奥氏郁金香 **400202**
奥氏鸢尾 **208454**
奥氏獐牙菜 **380123**
奥氏针果芹 **350407**
奥氏针茅 **376862**
奥氏珍珠梅 **369274**
奥氏芝麻芥 **154067**
奥氏直花玄参 **275466**
奥氏栉花芋 **113947**
奥氏猪毛菜 **344461**
奥氏紫菀 193977
奥氏棕属 273241
奥斯本木 **276190**
奥斯本木属 **276189**
奥斯酢浆草 **277692**
奥斯大海米菊 181321
奥斯飞凤玉 **214914**
奥斯格罗菊 **181321**
奥斯红宽叶山月桂 **215400**
奥斯卡·斯科夫小银莲花 **24134**
奥斯蓝刺头 **140762**
奥斯马斯顿小檗 **51990**
奥斯青锁龙 **108840**
奥斯特格劳肯冬花欧石南 **149546**
奥斯特罗夫斯基糙苏 **295167**
奥斯特属 276743
奥斯滕蝇子草 **363854**
奥斯廷希尔德木 **196208**
奥斯小米草 **160237**
奥斯悬钩子 **338931**
奥苏蓝木槿 **195286**
奥塔尔芦荟 **17110**
奥塔特竹属 276920
奥塔维扁爵床 **292219**
奥塔维短丝花 **221440**
奥塔维灰毛豆 **385984**
奥塔维芦莉草 **339775**
奥塔维天竺葵 **288401**
奥塔维翼茎菊 **172455**
奥太橘 **93680**
奥太利蔷薇 336563
奥特番红花 **111492**
奥特菊 **276929**
奥特菊属 **276928**
奥特拉菊 **45340**
奥特兰属 269552
奥特利豆属 **277423**
奥特山榄 **45334**
奥特山榄属 **45331**
奥图草 277428,277430
奥图草属 277426
奥托草 **277425**
奥托草属 **277424**
奥托多穗兰 **310534**
奥托肉豆蔻 **261453**
奥托斯特草属 277326
奥托蓁特草 277339
奥托蓁特草属 277326
奥瓦比五层龙 **342700**
奥瓦胶藤 **220915**
奥瓦蒲桃 382642
奥瓦锡生藤 **92554**
奥维棘豆 **279059**
奥维木 **277624**
奥维木属 **277621**
奥维斯波苔草 **67615**
奥沃贝格密穗草 **376610**
奥沃贝格唐菖蒲 **176424**
奥西尔瓦拉拉藤 **170527**
奥西紫露草 394053
奥绣线菊 371894
奥亚贝母 **168499**
奥杨 197625,270563
奥杨属 197619
奥也姆落柱木 **300827**
奥也姆驼峰楝 **181571**
奥也姆崖豆藤 **254795**
奥也姆异木患 **16124**
奥运圣火蒂罗花 **385741**

奥运圣火极美泰洛帕 385741
奥扎克翠雀花 **124404**
奥扎克歧缬草 **404459**
奥扎克鼠尾粟 **372791**
奥扎克延龄草 **397633**
奥扎克紫露草 **394056**
奥扎农苋 **18786**
奥兆萨菊属 279341
奥佐漆属 **279272**
澳柏属 67405
澳棒枝豆 **222886**
澳棒枝豆属 **222885**
澳北大戟属 **134515**
澳北羊蹄甲 **49038**
澳扁豆 **45270**
澳扁豆木属 302848
澳扁豆属 **45269**
澳菖蒲 **132840**
澳菖蒲属 **132837**
澳大利亚白粉藤 92607
澳大利亚贝壳杉 10494
澳大利亚滨藜 44641
澳大利亚冰草属 45214
澳大利亚布沙芸香 **57808**
澳大利亚翠凤草 **301105**
澳大利亚大戟 **158501**
澳大利亚迪布木 **138755**
澳大利亚斗篷花 **395034**
澳大利亚方坦大戟 **167225**
澳大利亚核果木 **138586**
澳大利亚槐 **369019**
澳大利亚假金雀花 **77052**
澳大利亚金合欢 **1327**
澳大利亚金丝桃 **201767**
澳大利亚决明 **78237**
澳大利亚罗汉松 **306424**
澳大利亚茅膏菜 **138266**
澳大利亚米仔兰 **11288**
澳大利亚披碱草 **144453**
澳大利亚飘拂草 **166467**
澳大利亚蒲葵 234166
澳大利亚茄 **110582**
澳大利亚茄属 **110581**
澳大利亚球兰 198825
澳大利亚雀麦 **60632**
澳大利亚石斛 **124966**
澳大利亚维太菊 412023
澳大利亚橡子木 **46893**
澳大利亚野黍 **151662**
澳大利亚圆币草 **367764**
澳大利亚朱蕉 104366
澳大利亚紫草 **105464**
澳大利亚紫草属 **105463**
澳大利亚醉鱼草 **61984**
澳灯草 **239315**
澳灯草科 **239317**
澳灯草属 **239314**
澳吊钟属 105387
澳东北山龙眼 **247857**
澳东北山龙眼属 **247856**
澳东北芸香 **60541**
澳东北芸香属 **60539**
澳东金合欢 **1096**
澳东羊蹄甲 **49061**
澳豆属 **218699**
澳番荔枝科 160332
澳非补骨脂 **319227**
澳非长被片风信子 **137904**
澳非短丝花 **221445**
澳非凤仙花 **205201**
澳非海葱属 **57042**
澳非红金梅草 **332190**
澳非厚叶银豆 **32867**
澳非胡麻 **197608**
澳非胡麻属 **197607**
澳非灰毛木蓝 **206412**
澳非尖药木 **4963**
澳非绢毛苋 **360721**
澳非科豪特茜 **217688**
澳非拉塞拉玄参 **357427**
澳非亮鹿藿 **333341**
澳非流苏虎眼万年青 **274613**
澳非芦苇 **295937**
澳非鹿藿 **333378**
澳非卵形千里光 **359640**
澳非罗顿豆 **237353**
澳非萝藦属 **326722**
澳非麻属 **127190**
澳非马蹄莲 **417105**
澳非毛果扁担杆 **180843**
澳非毛花木蓝 **206156**
澳非密头帚鼠麴 **252417**
澳非密叶鼠鞭草 **199684**
澳非木蓝 **206673**
澳非穆拉远志 **259948**
澳非欧石南 **150150**
澳非泡叶番杏 **138219**
澳非千里光 **358208**
澳非染料木 **173062**
澳非色罗山龙眼 **361161**
澳非绳草 **328202**
澳非十数樟 **413170**
澳非属 **306180**
澳非水牛角属 **45211**
澳非松菊树 **377259**
澳非天竺葵 **288539**
澳非微肋菊 **167579**
澳非无刺百簕花 **55354**
澳非五叶木蓝 **206461**
澳非细莞 **209997**
澳非细叶千里光 **359308**
澳非仙人笔 **216653**
澳非小黄管 **356081**
澳非小麦秆菊 **381685**
澳非小叶蓝花参 **412756**
澳非肖观音兰 **399159**
澳非心叶榕 **164844**
澳非玄参属 **10479**
澳非洋狗尾草 **118313**
澳非纸质欧石南 **149187**
澳非钟基麻 **98218**
澳非舟蕊秋水仙 **22339**
澳非舟叶花 **60093**
澳非舟叶花属 **60091**
澳盖茜 **143732**
澳盖茜属 **143728**
澳钩豆 **150388**
澳钩豆属 **150387**
澳狗骨柴属 **396799**
澳古茨藻 **262096**
澳光明豆 **220755**
澳光明豆属 **220754**
澳旱芥 **185811**
澳旱芥属 **185810**
澳禾草属 388906
澳禾属 **96657**
澳火兰属 **322944**
澳姬苗属 **296431**
澳韭兰科 57397
澳菊木属 **49560**
澳橘檬 253285
澳橘檬属 253284
澳可第罗科 167563
澳可第罗属 167556
澳苦豆属 **123266**
澳昆兰属 **103669**
澳蜡花属 **85852**
澳兰 **303109**
澳兰属 **303108**
澳藜 **354436**
澳藜科 139694
澳藜属 **354435**,139677
澳丽花 **66374**
澳丽花科 **66375**
澳丽花属 **66373**
澳蛎花 **276793**
澳蛎花属 **276791**
澳龙骨豆属 **210338**
澳龙眼 **371359**
澳龙眼属 **371358**
澳麦草属 **45214**
澳矛果豆 **45308**
澳矛果豆属 **45305**
澳门苔草 **76305**
澳迷迭香 **413914**
澳迷迭香属 **413911**
澳母草属 **191341**
澳木患 **107180**
澳木患属 **107179**
澳南草 **267081**
澳南草属 **267080**
澳南平原班克木 **47651**
澳南紫草 **144714**
澳南紫草属 **144713**
澳楠 **160330**
澳楠科 **160332**
澳楠属 **160328**
澳桤木属 **4770**
澳奇禾 **388909**
澳奇禾属 **388906**
澳千层属 **292510**
澳前胡 **45303**
澳前胡属 **45302**
澳茄 **138744**
澳茄属 **138739**
澳楸 **123261**
澳楸科 **123264**
澳楸属 **123260**
澳三芒草 **20697**
澳三芒草属 **20696**
澳沙檬属 148261
澳山油柑 6237
澳山月桂属 **26182**
澳杉属 **246011**
澳石胡荽 **81689**
澳石南科 146065
澳束草属 **162862**
澳双芒草 **133141**
澳双芒草属 **133140**
澳梧桐属 58334
澳西南吊兰 **13396**
澳西南吊兰属 **13395**
澳西南龙眼 **4588**
澳西南龙眼属 **4587**
澳西南异木麻黄 **15949**
澳西桃金娘属 **148167**
澳苋属 **270593**
澳香兰属 **177813**
澳小南芥属 30099
澳泻根属 **45227**
澳新旋花属 **310011**
澳羊茅 **45279**
澳羊茅属 **45277**
澳杨 **197625**,197622,270563
澳杨属 **197619**
澳异芒草 **25604**
澳异芒草属 **25603**
澳隐黍 **94583**
澳隐黍属 **94581**
澳远志 **144839**
澳远志科 **144843**
澳远志属 **144838**
澳樟科 203437
澳樟属 203438
澳针茅 **45310**
澳针茅属 **45309**
澳栀子属 **221997**
澳指檬 253285

澳中草 **401359**
澳中草属 **401357**
澳洲埃氏兰属 **150398**
澳洲桉 **155487**,155672
澳洲菝葜 **366246**
澳洲白桉 **155588**
澳洲白果槲寄生 **410962**
澳洲白花菜 **29702**
澳洲白花菜属 **29701**
澳洲白蜡桉 **155585**
澳洲白色金合欢 1165
澳洲柏属 **67405**
澳洲半边莲 **234841**
澳洲棒头草 **310103**
澳洲荸荠 **143354**
澳洲闭药桂 **374570**
澳洲扁芒草属 **45268**
澳洲滨藜 **44661**
澳洲滨茜 **48867**
澳洲槟榔 **31678**
澳洲柄果木 **255945**
澳洲草海桐 **27926**
澳洲草海桐属 **27925**
澳洲箣竹 **47189**
澳洲茶 226460
澳洲茶属 226450
澳洲常春木属 **250945**
澳洲车前 **301888**
澳洲葱叶兰 **254231**
澳洲丛苔草 **74489**
澳洲大果漆 357879
澳洲大戟 **20480**
澳洲大戟属 **20479**
澳洲大麻 **71210**
澳洲大沙叶 **286104**
澳洲大叶桉 **155492**
澳洲大叶榕 **165274**
澳洲大泽米 **241449**
澳洲单蕊麻 **45205**
澳洲单蕊麻属 **45201**
澳洲吊片果属 **47029**
澳洲豆树 **409324**
澳洲豆树属 **409321**
澳洲杜鹃 **331123**
澳洲短伞芹属 **58668**
澳洲对叶兰 **232894**
澳洲鹅掌柴 350648
澳洲萼角花 **2736**
澳洲番荔枝 160330
澳洲番荔枝科 160332
澳洲番荔枝属 160328
澳洲防己 224052
澳洲防己属 224051
澳洲费利菊 **163142**
澳洲粉花乐母丽 **336031**
澳洲锋芒草 **394378**
澳洲弗尔夹竹桃 **167409**
澳洲福木 **142434**
澳洲盖裂桂 **414328**
澳洲盖裂桂属 **414326**
澳洲盖氏刺鳞草 **169628**
澳洲沟萼桃金娘 **68399**
澳洲冠毛锦葵 **111301**
澳洲灌木豆属 **377393**
澳洲桄榔 **32332**
澳洲海人树 **64924**
澳洲海人树属 **64923**
澳洲海桐花属 **45137**
澳洲禾 **45249**
澳洲禾属 **45248**
澳洲核桃 240209
澳洲黑桐 266678
澳洲黑檀 1384
澳洲红豆杉 **45318**
澳洲红豆杉科 **45316**
澳洲红豆杉属 **45317**
澳洲猴欢喜 **366039**
澳洲猴面包树 **7028**
澳洲胡桃 145320,240209,240210
澳洲胡桃属 240207
澳洲虎尾草 **88416**
澳洲虎尾草属 45248
澳洲画眉草 **147773**
澳洲环蕊木 **413138**
澳洲环蕊木属 **413137**
澳洲黄桉 **155661**
澳洲黄花小二仙草 **397495**
澳洲黄花小二仙草属 **397494**
澳洲黄胶木 415174
澳洲黄乳桑 **290680**
澳洲灰白苔草 **73632**
澳洲灰绿芥 **76831**
澳洲灰绿芥属 **76830**
澳洲回欢草 **21082**
澳洲火把树 **413711**
澳洲火把树属 **413710**
澳洲鸡骨常山 **18036**
澳洲吉努斯图 182835
澳洲假刚毛草 **317533**
澳洲假刚毛草属 **317532**
澳洲假岗松属 **18216**
澳洲假海桐 **414641**
澳洲假海桐属 **414640**
澳洲假酸豆木 **132989**
澳洲假伊巴特萝藦 **317315**
澳洲坚果 **240210**,240209
澳洲坚果属 **240207**
澳洲菅 **389315**
澳洲樫木 **139648**
澳洲剪股颖 **12360**
澳洲建兰 116802
澳洲接骨木 **345569**
澳洲节唇兰属 **295587**
澳洲芥 **86356**
澳洲芥属 **86355**
澳洲金合欢 **1169**,1159,1380
澳洲金锦香 **276081**
澳洲金盘芥 **238527**
澳洲堇菜 **410058**
澳洲韭兰属 **247203**
澳洲菊属 4186
澳洲决明 **78250**
澳洲铠兰 **105528**
澳洲苦槛蓝属 **131318**
澳洲苦马豆属 **380065**
澳洲兰属 **173169**
澳洲蓝花参 **412876**
澳洲蓝蒲桃 **382636**
澳洲栎 324114
澳洲栗 79075,240209
澳洲栗籽豆 79075
澳洲莲叶桐 **192910**
澳洲裂缘兰属 **294136**
澳洲林仙 138056
澳洲林仙属 **385088**
澳洲鳞叶树属 **43558**
澳洲鳞籽莎 **225574**
澳洲罗汉松 306424
澳洲罗汉松属 **252208**
澳洲裸孔木 **182835**
澳洲芒石南属 **11259**
澳洲牻牛儿苗 **153796**
澳洲毛茛 **325577**
澳洲茅膏菜 **138288**
澳洲美丽豆 **211578**
澳洲美丽豆属 **211577**
澳洲棉 **179882**
澳洲缅树 165274
澳洲名材豆 **377399**
澳洲墨西哥茜 **129845**
澳洲木槿 **194919**
澳洲木槿属 **18250**
澳洲木兰 **242342**
澳洲木蓝 **205704**
澳洲木麻黄 **79164**
澳洲木犀榄 270155
澳洲南蛇藤纹蕊茜 **341285**
澳洲南洋杉 30835
澳洲南洋杉属 **342917**
澳洲潘神草 **146026**
澳洲瓶子树属 58334
澳洲蒲葵 **234166**
澳洲蒲桃 **382481**
澳洲朴 **80708**
澳洲普兰木 301790
澳洲槭 **2796**
澳洲千金子 **225993**
澳洲茄 **367289**,138744
澳洲青锁龙 **109059**
澳洲球百合 **62356**
澳洲球豆属 **371128**
澳洲球金娘 **371044**
澳洲球金娘属 **371043**
澳洲球兰 **198825**
澳洲曲足芥 **350383**
澳洲曲足芥属 **350382**
澳洲鹊肾树 **377539**
澳洲热美龙胆 **380649**
澳洲榕 165274
澳洲肉珊瑚 **347002**
澳洲肉托果 **357879**
澳洲瑞香 **34653**
澳洲瑞香属 **34652**
澳洲三星果 398684
澳洲沙漠木属 **65636**
澳洲山橙 249650
澳洲山菅兰 **12439**
澳洲山菅兰属 **12438**
澳洲山姜 **17654**
澳洲山龙眼 **322050**
澳洲山龙眼属 **322049**,47626
澳洲山珊瑚 170034
澳洲山珊瑚兰 **170034**
澳洲山芫荽 **107755**
澳洲杉 **44047**
澳洲杉科 **44044**
澳洲杉属 **44046**
澳洲神药茱萸 **247695**
澳洲湿雀麦 **20549**
澳洲石豆兰属 **77136**
澳洲石斛 **125015**
澳洲石榴花属 **87304**
澳洲石南 61949
澳洲石南属 61948
澳洲石梓 **178036**
澳洲水龙骨豆属 **64097**
澳洲水麦冬 **397166**
澳洲睡莲 **271128**
澳洲睡莲属 **271127**
澳洲丝藤 **259587**
澳洲苏铁 115852,241449
澳洲穗苋树 **86039**
澳洲穗雄大戟 **373488**
澳洲缩苞木属 **282950**
澳洲苔草 **73833**
澳洲檀香 **155795**
澳洲檀香属 **155790**
澳洲桃金娘 **39871**
澳洲桃金娘属 **39869**,352467
澳洲藤黄 **171140**
澳洲天麻 **171951**
澳洲甜桂 187411
澳洲铁扫帚属 **161047**
澳洲铁线莲 **95121**
澳洲桐 58337
澳洲土沉香 **161652**
澳洲弯穗草 **283256**

澳洲弯穗草属 **283254**
澳洲万头菊属 **329299**
澳洲微果层菀 **207460**
澳洲微花蔷薇 **29021**
澳洲尾药菊 **402676**
澳洲尾药菊属 **402674**
澳洲无冠紫绒草 **378974**
澳洲无叶兰属 **313502**
澳洲五加 **43550**
澳洲五加属 **43549**
澳洲勿忘草 **260765**
澳洲雾冰藜 **45224**
澳洲雾冰藜属 **45222**
澳洲细叶金合欢 1168
澳洲虾兰属 **108648**
澳洲狭瓣芥 **375625**
澳洲狭唇兰 **346691**
澳洲狭花木属 **360695**
澳洲狭喙兰 **375682**
澳洲苋脊被苋 **281219**
澳洲苋属 **321102**
澳洲苋状光柱苋 **218674**
澳洲香树 415174
澳洲小雄戟 **253040**
澳洲小柚 253285
澳洲肖鸢尾 **258403**
澳洲辛酸木属 **45272**
澳洲星花木 **68760**
澳洲星花木属 **228421**
澳洲熊耳菊 **117125**
澳洲熊耳菊属 **117124**
澳洲悬钩子 **338169**
澳洲鸭脚木 350648
澳洲牙刷树 **344801**
澳洲崖豆藤 **254768**
澳洲崖角藤 **328995**
澳洲亚麻 **231919**
澳洲烟草 **266058**
澳洲延命草 **303748**
澳洲野生稻 **275912**
澳洲异决明 **360459**
澳洲异雀麦 20549
澳洲异种 203439
澳洲异种科 203437
澳洲异种属 203438
澳洲银桦 **180621**
澳洲银桦树 **73530**
澳洲银桦树属 **73529**
澳洲隐萼椰子 218792
澳洲鹦鹉嘴 **96637**
澳洲柚木 **385530**
澳洲鱼骨木属 **161292**
澳洲鱼藤 125998
澳洲玉蕊 **301790**
澳洲玉蕊属 **301787**
澳洲鸢尾 **285800**
澳洲鸢尾属 **285788**
澳洲圆锥花番樱桃 382481
澳洲月桂 145320
澳洲鹧鸪草 **148820**
澳洲指橘属 253284
澳洲指蕊大戟 **121442**
澳洲朱蕉 104366
澳洲猪屎豆 **112047**
澳洲紫薇 **219912**
澳洲紫珠 **66741**
澳洲钻花兰属 **263286**
澳帚草 **198209**
澳帚草科 **198211**
澳帚草属 **198208**
澳茱萸 **288995**
澳茱萸科 **288998**
澳茱萸属 **288994**
澳竹属 **259785**
澳棕属 198804


## B


八百棒 5483
八百锤 176222
八百力 113039
八百屋防风 176923
八百崽 38960
八瓣糙果茶 69015
八瓣果 **133647**
八瓣果科 **133649**
八瓣果属 **133646**
八瓣橘 177170
八瓣梅 107161
八瓣秋海棠 **50120**
八瓣铁线莲 **95057**
八宝 **200784**,200802
八宝草 200784
八宝茶 **157809**,56063,201743
八宝属 **200775**
八宝树 **138722**
八宝树科 **138727**
八宝树属 **138721**
八宝镇心丹 272073
八本条 369279
八步紧 86755
八部越橘 **404066**
八草一枝黄花 **368520**
八齿鸭舌癀舅 **370815**
八翅果属 222020
八重铺地半日花 **188766**
八重山黄瑞木 **8278**
八重山浆果苣苔 **120509**
八重山柃 **160628**
八重山乳豆 **169658**
八重山珊瑚 765
八重山溲疏 **127125**
八重山细辛 **37760**
八重山椰子属 181915
八重山野海棠 **59888**
八重山玉叶金花 **260475**
八重山苎麻 **56356**
八重山紫檀 320340
八大锤 402267
八大龙王 **160064**
八大木 12538
八大王 392559
八代 93873
八代赤箭 171913
八代蜜柑 **93873**
八代天麻 **171913**
八担杏 20890
八地龙 144752
八多酸 50131
八轭白仙石 **268851**
八幡草 58019,288848
八幡草属 **58015**
八幡平蓟 **92003**
八翻龙 379471
八粉兰属 389122
八风薄雪火绒草 **224873**
八风蓟 **92010**
八风獐牙菜 **380381**
八封癀 140872
八盖香茶 **303548**
八哥草 141374
八股牛 129629
八股绳 78645
八瓜金 77999
八瓜筋 95065
八卦草 402245
八卦拦路虎 402245
八卦牛 20408
八卦藤 347078
八卦仙桃 407275
八卦掌 **135691**
八圭牛 129629
八果木 **268818**
八果木属 **268817**
八蒿 10414
八花密头帚鼠麹 **252453**
八花佩肖木 **288027**
八花鼠茅 **412474**
八秽麻 355201
八家妙 382484
八甲田刺子莞 **333478**
八甲田山冷杉 **414**
八甲田苔草 **74733**
八尖素馨 **211937**
八角 **204603**,91282,204526,204533
八角兵盘七 139623
八角菜 143682
八角草 266060
八角茶 143682,203660
八角柴 13353
八角刺 203660,204162,395146
八角大茴 204603
八角带 233970
八角枫 **13353**,13376
八角枫科 **13343**
八角枫属 **13345**
八角花 **283629**,42074
八角黄皮 **94173**
八角灰菜 87048
八角茴 204544,204603
八角茴香 204603
八角茴香巴克木 **46335**
八角茴香属 204474
八角寄生 241316
八角将军 13353
八角金盘 **162879**,13353,59200,139608,139623,139628,139629
八角金盘属 **162876**
八角镜 139629
八角科 **204471**
八角苦梓 252817
八角簕 2697
八角莲 **139629**,139607,139618,139623,306636
八角莲属 **139606**,306609
八角菱 394522
八角麻 **56343**,56260
八角楠 171563,240570
八角盘 139623,139629
八角七 139623
八角荠 **268769**
八角荠属 **268768**
八角鞘花 241317
八角鞘花寄生 241317
八角属 **204474**
八角亭 292374
八角王 13353
八角乌 1000,139628,139629,162616,229049,400675
八角梧桐 13353,96398
八角仙人掌 244135
八角香 204603,231385,283787
八角香兰 252885

八角叶 143682
八角叶山茶 **69194**
八角樟 **91338**
八角珠 204603
八角仔 204484
八金刚草 201942
八筋条 13353,13376
八肋木 157793
八棱海棠 243657
八棱麻 56312,208853,345586,348403
八棱马 56206
八棱茜 **268862**
八棱茜属 **268860**
八棱柿 132264
八楞风 219996
八楞橘 177170
八楞麻 56312,320513,348403
八楞马 56312
八楞木 320513,348403
八厘麻 331257
八里花 140732
八里坤棘豆 **278735**
八里麻 140732,331257,345586
八里石竹 127788
八里庄杨 311192
八莲麻 344910
八裂可拉木 **99247**
八裂梧桐属 **268811**
八鳞瑞香属 **268797**
八瘤菱 **394522**
八龙补血草 **230608**
八麻 334435
八脉臭黄荆 **313705**
八脉鸡屎树 **222245**
八脉苔草 74323
八芒大戟 **159492**
八面风 138888,219996,239720,348403,348617
八面竹 297203
八木 157601
八木氏铃子香 **86838**
八木条 369265
八千代 **356994**
八千代锦 186546
八蕊赤宝花 **390018**
八蕊单室茱萸 **246215**
八蕊杜鹃 **331386**
八蕊粉卷耳 **256468**
八蕊花 **372898**
八蕊花属 **372889**
八蕊金锦香 **276134**
八蕊可利果 **96727**
八蕊毛柱 **396455**
八蕊曲药金莲木 **238542**
八蕊商陆 298116
八蕊树科 283252
八蕊水苋菜 **19608**
八蕊西番莲 285702
八蕊眼子菜 **312200**
八伞柴胡 63596
八山子 138943
八十缺 219996
八手 162879
八束蓟 **92499**
八束早熟禾 **306156**
八树 157285,157874,380514
八树称木 261122
八数大黄栀子 **337522**
八数木属 268817
八朔蜜柑 **93482**
八宿黄耆 **42070**
八宿棘豆 **278736**
八宿雪灵芝 **31770**
八头把子 279185
八团兰属 **268822**
八王草 255886
八夏噶 407079
八仙草 65869,170193,170199,170208,170218,170224,294114,351081,388410
八仙过海 **113546**
八仙花 96078,199956,407939,407942
八仙花科 200160
八仙花属 199787
八仙蜡莲绣球 200108
八仙马桑绣球 **199818**
八仙柔毛绣球 200134
八仙伞形绣球 **200128**
八仙绣球 199986
八腺木属 **97241**
八香 49886
八香木 **268747**
八香木属 **268745**
八雄兰属 **268752**
八雄蕊柽柳 **383564**
八雄蕊卷耳 **82945**
八雄蕊李堪木 **228677**
八药水筛 **55926**
八叶瓜 374391
八叶兰 88546
八月白 39928,299395,363467
八月春 49886
八月瓜 **197232**,13225,197213,197223,197247,197249,365009,374420
八月瓜属 **197206**
八月瓜藤 13238,13240
八月果 197213
八月黄 361794
八月角豆 409086
八月兰 116829
八月栌 13225,13238,197223,197232
八月美栀子 **171254**
八月泡 338097,339270
八月霜 39928
八月楂 13238
八月楂属 197206
八月扎 13225
八月札 13238,13240,197213,197223,197232
八月炸 13225,13238,13240
八月炸藤 13225
八月竹 **87616**
八岳莓 **338573**
八岳云杉 298323
八丈岛斑叶兰 179625
八丈岛冬青 **203715**
八丈岛何首乌 **162538**
八丈岛胡颓子 **142007**
八丈岛蓟 **92002**
八丈岛落新妇 **41813**
八丈岛牛膝 **4274**
八丈岛泡花树 **249395**
八丈岛舌唇兰 **302409**
八丈岛苔草 **74724**
八丈岛小米草 **160168**
八丈岛小舌唇兰 **302242**
八丈岛羊耳蒜 **232168**
八丈岛竹茎兰 **399651**
八丈金丝桃 **201907**
八丈芒 **255838**,255886
八丈南星 **33343**
八丈桑 259097
八芝兰竹 47402
八爪根 31408
八爪金 31408,31412
八爪金龙 31371,31396,31408,239683,346732
八爪龙 31371,31408
八籽大戟 **268858**
八籽大戟属 **268857**
八字草 126465,126651
八字蓼 309494,309644
巴巴蒂芦荟 **16616**
巴巴蒂毛瓣瘦片菊 **182039**
巴巴多斯圆柏 213623
巴巴洛沙洋红小檗 **51430**
巴巴塔戈蓝刺头 **140658**
巴巴塔戈牧根草 **43574**
巴巴塔戈糖芥 **154396**
巴巴塔戈岩黄耆 **187793**
巴巴叶 161607,243862
巴柏木 213815
巴北木 **63911**
巴北木属 **63909**
巴北苏木属 **48841**
巴贝尔纺锤菊 **44120**
巴贝酸藤子 **144721**
巴比白粉藤 **92625**
巴比翠雀花 **124054**
巴比耳托指甲草 **385630**
巴比瘤蕊紫金牛 **271025**
巴比龙多穗兰 **310332**
巴比伦菟丝子 **114973**
巴比绵毛菊 **293415**
巴比氏肋枝兰 **304906**
巴比香科 **388010**
巴比小檗 **51346**
巴波翅柱兰 **320873**
巴波兰属 48006
巴伯顿奥佐漆 **279276**
巴伯顿大沙叶 **286113**
巴伯顿鹿藿 **333158**
巴伯顿欧石南 **149182**
巴伯顿千里光 **358373**
巴伯顿玉凤花 **183436**
巴伯还阳参 **110992**
巴博芸香 **57459**
巴博芸香属 **57458**
巴布澳洲玉蕊 **301792**
巴布尔风铃草 **69914**
巴布尔新风轮菜 **65583**
巴布尔野豌豆 **408515**
巴布林仙属 **61586**
巴布亚桉 106814
巴布亚葫芦属 **283038**
巴布亚寄生 **283037**
巴布亚寄生属 **283036**
巴布亚夹竹桃 **283042**
巴布亚夹竹桃属 **283041**
巴布亚金刀木 301792
巴布亚兰 **283024**
巴布亚兰属 **283023**
巴布亚萝藦 **283040**
巴布亚萝藦属 **283039**
巴布亚落檐 **351153**
巴布亚木属 **283026**
巴布亚茜草属 **407522**
巴布亚檀香 **346218**
巴布亚五桠果木 **130921**
巴布亚香草 **239690**
巴查大棱柱 395649
巴茨列当属 **48601**
巴茨玄参属 48601
巴达飞蓬 **150489**
巴达胡卢巴 **397198**
巴达婆罗门参 **394262**
巴达山荆芥 **264879**
巴达杏 20890
巴达针茅 **376709**
巴代凤仙花 **204798**
巴丹艾麻 125546,221534
巴丹蔓露兜 168251
巴丹咬人狗 **221534**,125546
巴旦杏 20890

巴旦杏属 20885
巴当省藤 **65757**
巴得栓扁柄草 **220282**
巴得栓黄芩 **355389**
巴德阿魏 **163582**
巴德布留芹 **63471**
巴德刺头菊 **108241**
巴德蒿 **35193**
巴德红砂柳 **327199**
巴德木蓼 **44250**
巴迪远志属 **46396**
巴地虎 12635
巴地软紫草 **34602**
巴地天门冬 **38941**
巴地香 175203
巴地鹰嘴豆 **90804**
巴蒂葫芦草 **87697**
巴蒂兰属 **263624**
巴蒂老鸦嘴 **390723**
巴蒂木千里光 **125721**
巴蒂山羊豆 **169923**
巴蒂肖五星花 **283589**
巴蒂野生稻 **275913**
巴东北爵床 **114357**
巴东北爵床属 **114356**
巴东吊灯花 **84082**
巴东独活 24306
巴东风毛菊 **348369**
巴东瓜 **248226**
巴东瓜属 **248225**
巴东过路黄 **239776**
巴东豪猪刺 51802
巴东胡颓子 **141979**
巴东黄鹌菜 416432
巴东荚蒾 **407882**
巴东爵床 **128860**
巴东爵床属 **128859**
巴东栎 **323875**
巴东柳 343356
巴东猕猴桃 **6709**
巴东木莲 **244464**
巴东蔷薇 336620
巴东忍冬 235633
巴东十大功劳 242494
巴东乌头 **5287**
巴东小檗 51711,52302
巴东岩白菜 394838
巴东羊角芹 **8822**
巴东叶底珠 167068
巴东紫堇 **105970**
巴东醉鱼草 **61968**
巴都菊属 46941
巴豆 **113039**
巴豆大戟 **158706**
巴豆科 **113066**
巴豆南 243395
巴豆属 **112829**
巴豆藤 **108700**
巴豆藤属 **108698**
巴豆叶安息香 **379330**
巴豆叶东瀛珊瑚 **44916**
巴顿列当 **64198**
巴顿列当属 **64194**
巴顿龙胆属 **48585**
巴顿玄参属 64194
巴顿早熟禾 **305394**
巴恩贝腺叶绿顶菊 **193131**
巴恩比兔烟花 **127933**
巴恩木 **48439**
巴恩木属 **48438**
巴而谢驴臭草 **271739**
巴尔巴拉润肺草 **58824**
巴尔巴拉苔草 **73851**
巴尔巴拉异果菊 **131153**
巴尔伯塞拉玄参 **357428**
巴尔博萨毒鼠子 **128610**
巴尔博萨假榆橘 **320085**
巴尔博萨金莲木 **268152**
巴尔博萨木槿 **194735**
巴尔博萨树葡萄 **120022**
巴尔糙嘴芥 **393966**
巴尔葱 **15107**
巴尔粗冠萝藦 **279513**
巴尔得蝇子草 **363233**
巴尔德报春 **314147**
巴尔德翅果草 **334542**
巴尔德楚藤蓼 162509
巴尔德蒿 **35196**
巴尔德棘豆 **278734**
巴尔德碱草 **24241**
巴尔德拉蒂牛角草 **273137**
巴尔德苓菊 **214048**
巴尔德驴臭草 **271737**
巴尔德毛茛 **325636**
巴尔德披碱草 **144191**
巴尔德沙穗 **148473**
巴尔德鼠李 **328618**
巴尔德鼠尾草 **344890**
巴尔德蜀葵 **13917**
巴尔德蝟菊 **270228**
巴尔德绣线菊 **371818**
巴尔德鸦葱 **354823**
巴尔德岩黄耆 **187795**
巴尔德鸢尾 **208457**
巴尔多角夹竹桃 **304157**
巴尔多银莲花 **23715**
巴尔番薯 **207618**
巴尔翡若翠属 **47905**
巴尔粉红美国紫菀 **40915**
巴尔弗氏松 299813
巴尔干报春 **314419**
巴尔干点地梅 **23189**
巴尔干豆 **292737**
巴尔干豆属 **292736**
巴尔干虎耳草 349306
巴尔干苣苔 **184225**,325226
巴尔干苣苔属 **184222**
巴尔干蓝禾 361621
巴尔干蓝盆花 **350216**
巴尔干老鼠簕 **2664**
巴尔干槭 **3013**
巴尔干瑞香 **122389**
巴尔干薯蓣 **131475**
巴尔干松 **299968**,300144
巴尔干天蓝草 **361621**
巴尔古津蒿 **35197**
巴尔果属 **46916**
巴尔哈什假木贼 **21032**
巴尔哈什驼蹄瓣 **418604**
巴尔哈什蝇子草 **363232**
巴尔罕兔唇花 **220056**
巴尔花凤梨 **391977**
巴尔花楸 **369349**
巴尔凯拉半边莲 **234311**
巴尔凯拉长被片风信子 **137902**
巴尔凯拉多蕊石蒜 **175320**
巴尔凯拉乐母丽 **335895**
巴尔凯拉穆拉远志 **259942**
巴尔凯拉泡叶番杏 **138147**
巴尔凯拉网球花 **184358**
巴尔凯拉肖鸢尾 **258407**
巴尔凯拉银齿树 **227237**
巴尔凯拉硬皮鸢尾 **172569**
巴尔康杜鹃 330204
巴尔里克贝母 168591
巴尔里克托里贝母 168591
巴尔柳 **343093**
巴尔鲁克贝母 **168354**
巴尔萝藦 **48037**
巴尔萝藦属 **48036**
巴尔马泰萝藦 246268
巴尔马特莱萝藦 **246268**
巴尔麦棕榈 341422
巴尔米木属 47037
巴尔姆木属 47037
巴尔木 **47038**
巴尔木属 **47037**
巴尔热非夹竹桃 **13269**
巴尔绒毛花 **28151**
巴尔山茶属 47149
巴尔肾果獐耳细辛 **48445**
巴尔氏婆婆纳 **407023**
巴尔水麦冬 **397145**
巴尔四腺木姜子 **387002**
巴尔铁兰 391977
巴尔鸭跖草 **100900**
巴耳弗氏松 299813
巴伐利亚龙胆 **173287**
巴佛他树 286264
巴福芸香 **46955**
巴福芸香属 **46954**
巴嘎紫堇 **106437**
巴柑檬 93408
巴港平铺圆柏 **213787**
巴格大沙叶 **286110**
巴格虎耳草 **349751**
巴格肖澳非萝藦 **326726**
巴格肖伴帕爵床 **60298**
巴格肖尺冠萝藦 **374167**
巴格肖狗肝菜 **129228**
巴格肖槲寄生 **410982**
巴格肖假杜鹃 **48105**
巴格肖九节 **319424**
巴格肖宽肋瘦片菊 **57608**
巴格肖类沟酸浆 **255158**
巴格肖牛奶木 **255273**
巴格肖赛德旋花 **356418**
巴格肖三萼木 **395185**
巴格肖纹蕊茜 **341272**
巴格肖鸭嘴花 **214348**
巴根草 117859
巴圭马钱木 28728
巴圭马钱木属 28726
巴哈马加勒比松 **299837**
巴哈马加簕比松 299837
巴哈马绒毛槐 **369137**,369134
巴哈曼卷舌菊 **380995**
巴杭轴榈 **228754**
巴豪婆婆纳 407022
巴核桃 212595
巴基米非洲鸢尾 **27677**
巴基青牛胆 **392244**
巴基山马茶 **280374**
巴基山马茶属 **280372**
巴基斯坦八宝 **200792**
巴基斯坦长筒补血草 **319998**
巴基斯坦柽柳 **383567**
巴基斯坦刺黄花稔 **362665**
巴基斯坦垫报春 **131423**
巴基斯坦勾儿茶 **52447**
巴基斯坦黄花稔 **362598**
巴基斯坦蛔蒿 35753
巴基斯坦乱子草 **259653**
巴基斯坦茼麻 **966**
巴基斯坦嗜盐草 **184927**
巴基斯坦水柏枝 **261266**
巴基斯坦喜峰芹 **105476**
巴基斯坦盐美人 184927
巴吉 258905
巴吉天 258905
巴棘 258905
巴戟 158632,258905
巴戟属 258871
巴戟天 **258905**,258923
巴戟天属 **258871**
巴戟天叶维达茜 **408742**
巴戟天叶腺果藤 **300959**
巴加莫约虎尾兰 **346056**

巴加莫约茄 **366961**
巴椒 417180,417330
巴金生豆 284479
巴荆木属 284477
巴卡尔凤凰木 **123803**
巴卡利黄芪 42059
巴卡利黄耆 **42059**
巴卡林车轴草 **396838**
巴卡林十字爵床 **111701**
巴卡林腺花山柑 **64877**
巴卡亚袖珍椰子 **85438**
巴卡亚椰子 85438
巴开尔芦荟 **16621**
巴凯尔鼠尾草 **344899**
巴凯尔乌头 **5050**
巴考婆婆纳属 **46348**
巴科南星属 **46742**
巴克柏木 **114662**
巴克侧柏 **302724**
巴克豆 284479
巴克豆属 284477
巴克尔唐菖蒲 **176081**
巴克花 48075
巴克花属 48074
巴克拉芦荟 **17303**
巴克兰 **48040**
巴克兰德居间十大功劳 242465
巴克兰间型十大功劳 **242465**
巴克兰属 **48039**
巴克勒欧丁香 382344
巴克利吊灯花 **83983**
巴克利短丝花 **221364**
巴克利冠须菊 **405919**
巴克利日中花 **251119**
巴克利栓皮豆 **259824**
巴克利天竺葵 **288104**
巴克利一枝黄花 **368002**
巴克利猪果列当 **201343**
巴克利紫露草 **394004**
巴克曼杯毛莎草 **115645**
巴克曼长庚花 **193237**
巴克曼刺橘 **405491**
巴克曼谷木 **249907**
巴克曼灌木帚灯草 **388775**
巴克曼灰毛豆 **385964**
巴克曼蜡菊 **189181**
巴克曼立金花 218840
巴克曼罗顿豆 **237243**
巴克曼美登木 **182659**
巴克曼欧石南 **149037**
巴克曼山柑 **46323**
巴克曼山柑属 **46322**
巴克曼鸵鸟木 **378567**
巴克曼沃森花 **413323**
巴克木 **46336**
巴克木蓝 206350
巴克木属 **46333**
巴克秋海棠 **49647**
巴克斯保姆苔草 **73977**
巴克素馨 **211745**
巴克苔草 **73846**
巴克天芥菜 **190573**
巴克伟桐属 48041
巴克猪屎豆 **111932**
巴克棕 **48043**
巴克棕属 **48041**
巴库利亚小米草 **160136**
巴库早熟禾 **305395**
巴拉巴栗 279387
巴拉草 **58128**
巴拉柴胡 **63573**
巴拉次薯蓣 **131777**
巴拉大戟属 **46745**
巴拉德凤仙花 204798
巴拉德肉锥花 **102296**
巴拉德水牛角 **72421**
巴拉德相思子 **741**
巴拉德异囊菊 **194264**
巴拉圭茶 204135
巴拉圭长豆属 135391
巴拉圭冬青 **204135**
巴拉圭豆 **52577**,19229
巴拉圭豆属 **52576**
巴拉圭光柱泽兰 **217109**
巴拉圭红丝线 **238975**
巴拉圭虎尾草 **88325**
巴拉圭锦葵属 **57186**
巴拉圭菊 258211
巴拉圭刻瓣草 180269
巴拉圭良木豆 **19229**
巴拉圭马齿苋 **311818**
巴拉圭毛果芸香 **299172**
巴拉圭蒙塔菊 **258211**
巴拉圭茄 **367549**
巴拉圭山菊木 258211
巴拉圭绶草 **407626**
巴拉圭绶草属 **407624**
巴拉圭酸模 **340176**
巴拉圭野牡丹 **60361**
巴拉圭野牡丹属 **60360**
巴拉圭种棉木 **46248**
巴拉卡桐属 46743
巴拉卡椰子 **46744**
巴拉卡椰子属 **46743**
巴拉卡棕 46744
巴拉卡棕属 46743
巴拉克黄耆 **42055**
巴拉兰 **48411**
巴拉兰属 **48409**
巴拉蓼 **308866**
巴拉萝芙木 **327049**
巴拉婆婆纳 **407024**
巴拉萨拂子茅 **65295**
巴拉斯翠雀花 124454
巴拉苏奥比尼亚棕 273243
巴拉苏奥氏棕 273243
巴拉索兰属 **59254**
巴拉天芥菜 **190575**
巴拉小冠花 **105274**
巴拉猪毛菜 **344466**
巴拉子 217615
巴莱扁担杆 **180690**
巴莱大戟 **158506**
巴莱景天 **356563**
巴莱千里光 **358363**
巴莱水苏 **373152**
巴莱唐菖蒲 **176041**
巴莱小地榆 **345863**
巴莱獐牙菜 **380404**
巴兰德小檗 **51345**
巴兰格橙 **93708**
巴兰海葱 **274526**
巴兰玫瑰树 **268353**
巴兰女娄菜 **248291**
巴兰萨翠雀花 **124051**
巴兰萨胡卢巴 **397199**
巴兰萨金雀花 **120933**
巴兰萨金盏花 **66468**
巴兰萨梨 **323107**
巴兰萨洛氏禾 **337272**
巴兰萨牛舌苣 **191016**
巴兰萨屈曲花 **203186**
巴兰萨狮齿草 **224658**
巴兰萨矢车菊 **80956**
巴兰萨鼠尾草 **344889**
巴兰萨洋狗尾草 **118311**
巴兰萨远志 **307945**
巴兰萨针茅 **376711**
巴兰山柳菊 **195483**
巴兰氏木犀草 327817
巴兰水苏 **373151**
巴兰五鼻萝藦 **289777**
巴兰细辛 **37569**
巴兰野豌豆 **408304**
巴郎栎 **323657**
巴郎柳 **344133**
巴郎木属 47045
巴郎山杓兰 **120419**
巴郎山当归 24305
巴郎山虎耳草 **349095**
巴郎山栎 323657
巴郎山毛茛 **325635**
巴郎山葶苈 **136946**
巴狼山当归 **24305**
巴朗杜鹃 **330197**
巴朗木 **47046**
巴朗木属 **47045**
巴勒摩三叶草 **397000**
巴勒摩旋子草 **98073**
巴勒鸟足兰 **347790**
巴勒斯坦甘草 177905
巴勒斯坦黄连木 **301003**
巴勒斯坦鸢尾 **208742**,208452
巴勒特菊 **48499**
巴勒特菊属 **48498**
巴雷艾 **35198**
巴雷刺芹 **154290**
巴雷酢浆草 **277695**
巴雷金鱼草 **28582**
巴雷鼠尾草 **344894**
巴雷芸苔 **59302**
巴雷仔榄树 **199415**
巴厘禾科 **284126**
巴厘禾属 **284107**
巴梨子 165623
巴黎露珠草 91557
巴黎猪殃殃 **170536**
巴里阿里芍药 280168
巴里黄檀 **121631**
巴里锦 **17165**
巴里坤毛茛 **325637**
巴里鼠尾草 **344893**
巴里玉 **233511**
巴丽孤菀 **393415**
巴丽丽穗凤梨 **412341**
巴利阿里金丝桃 **201771**
巴利大戟 **158507**
巴利格尼瑞香 **178576**
巴利古龙橙 **93406**
巴利老鹳草 **174491**
巴利肋瓣花 **13746**
巴利龙舌兰 **10919**
巴利芦莉草 **339676**
巴利罗切小檗 **51347**
巴利毛茛 **325647**
巴利欧石南 **149071**
巴利千里光 **358379**
巴利塞拉玄参 **357430**
巴荔子 165623
巴栗 79043
巴蓼草 368552
巴料草属 284969
巴列尔婆婆纳 **407025**
巴林薯蓣 **131780**
巴玲省藤 **65646**
巴陵石竹 **127788**
巴柳 **343356**
巴龙斑鸠菊 **406138**
巴龙瓣鞘花 **99498**
巴龙赪桐 **95955**
巴龙簇花 **120876**
巴龙丹氏梧桐 **135784**
巴龙风兰 **24729**
巴龙格雷野牡丹 **180362**
巴龙黄檀 **121632**
巴龙黄眼草 **416010**
巴龙金果椰 **139314**
巴龙金合欢 **1073**

巴龙萝藦属 **48464**
巴龙马岛新豆 **263919**
巴龙鸟足兰 **347710**
巴龙欧石南 **149067**
巴龙秋海棠 **49650**
巴龙莎草 **118555**
巴龙石豆兰 **62577**
巴龙柿 **132062**
巴龙酸脚杆 **247538**
巴龙西澳兰 **118158**
巴龙鸭嘴花 **214352**
巴龙银背藤 **32613**
巴龙隐药萝藦 **68570**
巴龙珍珠茅 **354016**
巴隆白前 **117397**
巴隆补血草 230608
巴隆蜡菊 **189185**
巴隆木 **48460**
巴隆木属 **48459**
巴隆蒲桃 **382486**
巴隆千里光 **358374**
巴隆野荞麦木 **152477**
巴隆忧花 **241587**
巴娄塔属 46989
巴卢没药 **101316**
巴伦西亚小冠花 **105317**
巴伦肖鸢尾 **258405**
巴罗策蒲桃 **382552**
巴罗策三萼木 **395245**
巴洛草属 46989
巴毛 264897
巴茅 255873,255886
巴茅根 394943
巴茅果 255849
巴门达斑鸠菊 **406135**
巴门达贝尔茜 **53088**
巴门达谷精草 **151244**
巴门达可拉木 **99161**
巴门达蒲桃 **382551**
巴门达猪屎豆 **111931**
巴莫崖豆藤 254663
巴姆葫芦 **47159**
巴姆葫芦属 **47157**
巴木 157285
巴拿马巴豆 **112983**
巴拿马巴戟 **258909**
巴拿马蓖叶兰 **128401**
巴拿马草 **77043**
巴拿马草科 **115989**
巴拿马草属 **77038**
巴拿马迪西亚兰 128401
巴拿马狗花竹竿 **200686**
巴拿马管梗苣苔 **367855**
巴拿马哈根吊兰 **184562**
巴拿马禾 **240857**
巴拿马禾属 **240856**
巴拿马红豆 **274425**
巴拿马花烛 **28079**
巴拿马霍克斯茄 **186250**
巴拿马兰属 **98128**
巴拿马郎德木 **336105**
巴拿马肋枝兰属 **337899**
巴拿马冷水花 **298943**
巴拿马栗 279387
巴拿马栗属 279380
巴拿马瘤瓣兰 **417532**
巴拿马瘤瓣兰属 **417531**
巴拿马瘤唇兰 **270833**
巴拿马马蹄果 **316028**
巴拿马毛兰属 **261848**
巴拿马苹婆 376075
巴拿马茜 **258190**
巴拿马茜属 **258189**
巴拿马桑寄生 **280706**
巴拿马桑寄生属 **280705**
巴拿马四囊榄 **387131**
巴拿马铁线子 244530
巴拿马头九节 **81954**
巴拿马吐根 81954
巴拿马狭瓣花 **375425**
巴拿马橡胶桑 **79110**
巴拿马橡胶树 79110
巴拿马羊大戟 **71578**
巴拿马茱萸 **311674**
巴拿马茱萸属 **311673**
巴拿马籽漆 **70482**
巴拿马紫心苏木 **288873**
巴纳比蓟 **91793**
巴纳德大戟 **158515**
巴纳德菲利木 **296166**
巴纳德木槿 **194736**
巴纳德南非鳞叶树 **326927**
巴纳德肖鸢尾 **258409**
巴纳德舟叶花 **340574**
巴纳尔木 **47565**
巴纳尔木属 **47560**
巴纳特蓝刺头 **140660**
巴纳特蝇子草 **363222**
巴奈鸢尾 **208459**
巴南檀香属 207381
巴南野牡丹 **68823**
巴南野牡丹属 **68821**
巴南鸢尾 **215823**
巴南鸢尾属 **215822**
巴尼金虎尾属 47607
巴尼姆多坦草 **136432**
巴涅斯种棉木 **46268**
巴诺拉烟堇 **169011**
巴帕椰属 **79490**
巴佩岛樱桃 243526
巴佩道樱桃 243526
巴坡菝葜 **366252**
巴坡青冈 **116063**
巴婆 38338
巴婆果属 38322
巴婆属 38322
巴茜草属 **280481**
巴且 260208,418002
巴人草 269613
巴仁 113039
巴瑞石蝴蝶 292552
巴塞尔明尼马缨丹 **221243**
巴塞卢斯椰子属 48014
巴桑库苏酸藤子 **144722**
巴瑟苏木属 64119
巴沙木 268344
巴山安息香 **379310**
巴山赤竹 206772
巴山重楼 **284296**
巴山榧树 **393058**
巴山过路黄 **239680**
巴山虎 331257,367241,367733
巴山虎豆 259559
巴山花椒 417345
巴山冷杉 **356**
巴山木竹 **48711**,37176
巴山木竹属 **48706**
巴山槭 **3370**
巴山青篱竹 **37176**
巴山箬竹 **206772**
巴山水青冈 **162396**
巴山松 **299972**
巴山铁线莲 **95214**
巴山橐吾 229033
巴山卫矛 **157774**
巴山细辛 **37570**
巴舍椰子属 48751
巴什基里亚百里香 **391098**
巴氏桉 **155494**
巴氏奥里克芸香 **274182**
巴氏斑纹漆木 43473
巴氏棒锤树 279673
巴氏苞茅 **201465**
巴氏报春 **314156**
巴氏荸荠 **143063**
巴氏闭荚藤 **246177**
巴氏薄叶兰 238734
巴氏草胡椒 **290414**
巴氏车轴草 **396976**
巴氏大花溲疏 126846
巴氏大戟 **158508**
巴氏德雷灯心草 **213055**
巴氏豆属 **46736**
巴氏杜鹃 330198
巴氏鹅掌柴 **350663**
巴氏佛塔树 47632
巴氏隔距兰 94459
巴氏公主兰 **238734**
巴氏赫柏木 **186934**
巴氏红景天 269606
巴氏花烛 **28087**
巴氏姬凤梨 **113370**
巴氏加杨 **311148**
巴氏金灌菊 **90490**
巴氏锦葵 **286585**
巴氏锦葵属 **286580**
巴氏槿 286585,286634
巴氏槿属 286580
巴氏菊 48577
巴氏菊属 48576
巴氏卡瓦大戟 **79759**
巴氏葵 **48795**
巴氏葵属 **48793**
巴氏蜡菊 **189186**
巴氏兰属 **48829**
巴氏雷内姜 **327722**
巴氏擂鼓艻 **244904**
巴氏丽钟角 **385149**
巴氏裂叶铁线莲 **95204**
巴氏龙竹 **125501**
巴氏萝藦 **46343**
巴氏萝藦属 **46340**
巴氏米草 **370158**
巴氏木犀草 **327817**
巴氏拟囊唇兰 **342012**
巴氏牛舌草 **21928**
巴氏婆婆纳 **407022**
巴氏葡萄兰 **4649**
巴氏千里光 **359959**
巴氏薯蓣 **131477**
巴氏丝兰 **416575**
巴氏溲疏 **126846**
巴氏铁榴 323695
巴氏铁线莲 95204
巴氏微花蔷薇 **29022**
巴氏乌头 **5139**
巴氏吴茱萸 161311
巴氏霞草 183229
巴氏肖竹芋 **66160**
巴氏星漆木 **43473**
巴氏玄参 **48563**
巴氏玄参属 **48562**,47553
巴氏悬钩子 **338175**
巴氏烟堇 **169013**
巴氏杨 311218
巴氏洋椿 **80017**
巴氏腋花马先蒿 **287027**
巴氏展唇兰 **267215**
巴氏朱蕉 **104351**
巴菽 113039
巴蜀报春 **314919**
巴蜀四照花 **124942**
巴霜刚子 113039
巴斯福特橙枝柳 344047
巴斯福特红枝柳 **344047**
巴斯克兰属 **48748**
巴斯兰 **405139**
巴斯兰属 **405138**

巴斯柳 **343094**
巴斯木 **48573**
巴斯木属 **48570**
巴斯鼠李 **48857**
巴斯鼠李属 **48855**
巴斯香芸木 **10574**
巴苏托阿福花 **393721**
巴苏托剑苇莎 **352314**
巴苏托南非禾 **289952**
巴苏托双距兰 **133712**
巴索拉兰 333102
巴索兰属 48564
巴塔鹅观草 215905
巴塔哥尼亚车前 **302122**
巴塔哥尼亚大戟 **370485**
巴塔哥尼亚大戟属 **370484**
巴塔哥尼亚芥 **396463**
巴塔哥尼亚芥属 **396462**,87420
巴塔林刺头菊 **108242**
巴塔林氏翠雀花 **124056**
巴塔林偃麦草 **144635**
巴塔林以礼草 **215905**
巴塔林郁金香 **400125**
巴塔以礼草 215905
巴泰凯谷木 **249911**
巴泰凯索林漆 **369753**
巴泰凯田皂角 **9500**
巴坦巴拉蓼 **308867**
巴坦补血草 **230532**
巴坦蟾蜍草 **62248**
巴坦德弗草 **127140**
巴坦茴芹 **299361**
巴坦基氏婆婆纳 **216244**
巴坦加粗叶木 **222100**
巴坦加卷瓣堇 **14945**
巴坦加雷内姜 **327721**
巴坦加裂花桑寄生 **295826**
巴坦加茄 **366969**
巴坦加琼楠 **50477**
巴坦加苔草 **223843**
巴坦加细爪梧桐 **226258**
巴坦加肖九节 **319426**
巴坦加紫金牛 **31363**
巴坦距药草 **81765**
巴坦乐母丽 **335896**
巴坦牻牛儿苗 **153732**
巴坦毛蕊花 **405664**
巴坦眉兰 **272411**
巴坦木犀草 **327818**
巴坦掌根兰 **121367**
巴唐杂色豆 **47800**
巴塘白前 **117398**
巴塘报春 **314155**
巴塘翠雀花 **124057**
巴塘杜鹃 331514
巴塘风毛菊 **348495**
巴塘红景天 **329968**
巴塘黄芪 42068
巴塘黄耆 **42068**
巴塘莨草 **36616**
巴塘景天 **356782**
巴塘老鹳草 **174488**,174868
巴塘六道木 **92**
巴塘马先蒿 **287033**
巴塘三芒草 **33771**
巴塘微孔草 **254341**
巴塘香青 **21524**
巴塘小檗 **51348**
巴塘栒子 **107511**
巴塘蝇子草 **363237**
巴塘莠竹 **253983**
巴塘紫菀 **40123**
巴特白粉藤 **92626**
巴特半聚果 **138875**
巴特扁担杆 **180691**
巴特大梧 **196222**
巴特单花杉 **257106**
巴特毒鼠子 **128612**
巴特毒鱼草 **392183**
巴特独脚金 **377980**
巴特杜茎大戟 **241856**
巴特杜鹃 **48894**
巴特杜鹃属 **48892**
巴特多坦草 **136437**
巴特二室蕊 **128272**
巴特钩枝藤 **22052**
巴特鬼针草 **53789**
巴特红瓜 **97785**
巴特红柱树 **78659**
巴特厚皮树 **221140**
巴特湖瓜草 **232389**
巴特画眉草 **147525**
巴特黄眼草 **416011**
巴特嘉赐木 **78105**
巴特浆果鸭跖草 **280501**
巴特菊属 **48578**
巴特拉姆花凤梨 **391978**
巴特拉姆铁兰 391978
巴特兰克爵床 **221122**
巴特兰属 **263620**,48829
巴特勒小檗 **52229**
巴特里因野牡丹 **229675**
巴特丽唇夹竹桃 **66953**
巴特芦荟 **16629**
巴特马钱 **378656**
巴特曼凹萼兰 **335162**
巴特帽柱茜 **256239**
巴特美冠兰 **156568**
巴特木蓝 **205713**
巴特尼尔粉被灯台报春 **314864**
巴特拟辛酸木 **138009**
巴特飘拂草 **166196**
巴特榕 **164668**
巴特肾苞草 **294065**
巴特石龙尾 **230281**
巴特柿 **132063**
巴特沃思野荞麦 **151887**
巴特西番莲属 **48540**
巴特西非夹竹桃 **275581**
巴特西非南星 **28774**
巴特血桐 **240237**
巴特崖豆藤 **254619**
巴特羊角拗 **378368**
巴特异荣耀木 **134561**
巴特指腺金壳果 **121143**
巴滕多头玄参 **307586**
巴滕肋瓣花 **13745**
巴滕双距花 **128034**
巴提嘉赐木 **78106**
巴提青棕 321163
巴天酸模 **340178**
巴围狗牙花 **154142**
巴围假檬果 77957
巴围檬果樟 **77957**
巴委三苏木 **256548**
巴乌莱斑鸠菊 **406136**
巴乌莱菊三七 **183063**
巴乌莱虻眼草 **136211**
巴乌莱莎草 **118554**
巴乌莱野茼蒿 **108728**
巴西阿拉树 **34906**
巴西阿斯草 **39835**
巴西阿西娜茄 **43948**
巴西爱尔兰属 **31011**
巴西安迪尔豆 **22212**
巴西安迪拉豆 22212
巴西奥氏棕 273243
巴西巴豆属 **59170**
巴西巴考婆婆纳 **46356**
巴西白茅 **205482**
巴西白鸟兰属 **238233**
巴西白泡花树 **249367**
巴西半柱麻 **191681**
巴西饱食木 61058
巴西饱食桑 **61058**
巴西被禾 **293947**
巴西本氏兰 **51075**
巴西彼罗卡巴 299172
巴西闭鞘姜 **107244**
巴西闭眼大戟 **272507**
巴西闭药桂 **374571**
巴西波状吐根 334320
巴西补血草 **230551**
巴西布雷德茜 **59062**
巴西布里锦葵 **60349**
巴西采木 **184515**
巴西苍耳 **414997**
巴西草胡椒 **405991**
巴西草胡椒属 **405989**
巴西草属 **166051**
巴西筣竹 **148241**
巴西筣竹属 **148240**
巴西长刺棕 398826
巴西巢凤梨属 **141500**
巴西柽柳桃金娘 **260978**
巴西柽柳桃金娘属 **14615**
巴西橙桑 **240811**
巴西川苔草 **110580**
巴西川苔草属 **110578**
巴西垂药野牡丹 **79292**
巴西刺爵床 **313515**
巴西刺爵床属 **313514**
巴西刺梨 **302907**
巴西刺梨属 **302904**
巴西刺鞘棕 398826
巴西刺球果 **218076**
巴西刺桐 **154656**,154647,154721
巴西酢浆草 **277706**
巴西翠凤草 **301111**
巴西达维木 **123287**
巴西大风子 **28990**
巴西大风子属 **28989**
巴西大戟 **14612**
巴西大戟属 **14611**
巴西大叶锦葵 **13257**
巴西大叶锦葵属 **13256**
巴西戴克茜 **123512**
巴西丹氏梧桐 **135785**
巴西单性紫葳属 **194186**
巴西单叶豆 **185788**
巴西单叶豆属 **185787**
巴西等柱菊 **210302**
巴西丁香蓼 **238162**
巴西丁香树 **78263**,360429
巴西豆 **9849**
巴西豆属 **9847**
巴西多碎片芥 **310149**
巴西多坦草 **136451**
巴西耳壶豆 **292180**
巴西耳壶豆属 **292179**
巴西番荔枝 **25841**,25866
巴西番石榴 **318734**,318744
巴西番樱桃 **156148**
巴西番樱桃属 **317307**
巴西菲利大戟 **294899**
巴西菲利大戟属 **294898**
巴西翡若翠 **262284**
巴西翡若翠属 **262283**
巴西凤梨 **31717**
巴西凤仙花 **204804**
巴西福神草 107244
巴西伽蓝菜 **215107**
巴西盖裂果 **256085**
巴西甘蜜树 **263054**
巴西高山参 **274009**
巴西高原桂 **241187**
巴西高原桂属 **241186**

巴西革叶小檗 **51498**
巴西格兰杰金壳果 **180187**
巴西格维木草 **179977**
巴西狗尾草 **361712**
巴西菰 **222663**
巴西菰属 **222662**
巴西瓜 **365099**
巴西瓜属 **365097**
巴西管蕊堇 **286771**
巴西果 **53057**
巴西果科 223762
巴西果属 **53055**,223764
巴西哈根吊兰 **184560**
巴西海岛棉 **179885**
巴西海特木 **188318**
巴西含羞草 **255053**
巴西禾属 **18212**
巴西合冠菊 **380820**
巴西核果木 **138588**
巴西黑黄檀 **121770**
巴西黑牙木 **263097**
巴西红果 156385
巴西红厚壳 **67855**
巴西红花 **77690**
巴西红心木 **300622**
巴西后鳞萝藦 **252490**
巴西厚壳桂 **113434**,113473
巴西胡椒 300425
巴西胡椒木 350995
巴西胡桐 67855
巴西花烛 **28102**
巴西环花属 **374717**
巴西黄檀 **121663**
巴西榥榥木 321151
巴西榥榥木属 321144
巴西霍特芸香 **198541**
巴西鸡蛋花 **305241**
巴西寄生兰 **99289**
巴西寄生兰属 **99288**
巴西夹竹桃属 54744
巴西假马齿苋 46356
巴西坚果 53057
巴西坚果属 53055
巴西箭毒藤 **114804**
巴西金蝶兰属 **250193**
巴西金山葵属 48003
巴西金丝桃 **201783**
巴西金英 **390539**
巴西金蛹茄 **45161**
巴西堇石蒜属 **79981**
巴西菊 **148183**
巴西菊属 **148182**
巴西苣苔属 **86288**
巴西聚雄花 11393
巴西聚雄柚 **11393**
巴西爵床 214768
巴西爵床属 **214206**
巴西军刀豆木 **240487**
巴西咖啡 **98942**
巴西卡林玉蕊 76833
巴西坎多豆 **71126**
巴西坎多豆属 **71125**
巴西柯桠豆 22212
巴西可可 285930
巴西克豆属 **95594**
巴西盔豆 **108673**
巴西盔豆属 **108671**
巴西拉坦尼 218076
巴西蜡棕 103736,103737
巴西蜡棕属 103731
巴西兰坡垒 **198133**
巴西兰属 **59174**
巴西蓝花楹 **211228**,211230
巴西老虎兰属 **383002**
巴西簕竹属 148240
巴西离瓣花科 127445
巴西藜 48762
巴西栗属 53055
巴西栗子 53057
巴西莲子草 **18097**
巴西亮泽兰 **45253**
巴西亮泽兰属 **45250**
巴西捩姜花属 107221
巴西裂叶罂粟 **335636**
巴西林榈属 48751
巴西瘤瓣兰属 **24230**
巴西龙胆属 **336141**
巴西龙头木 **76833**
巴西榈属 44801,246675
巴西绿心樟 **268689**
巴西伦内凤梨 **336114**
巴西轮果大风子 **77610**
巴西轮果大风子属 **218305**
巴西萝藦 **20604**
巴西萝藦属 **20602**
巴西裸柱花 **17581**
巴西马鞭草 **405819**
巴西马鞭木 **405910**
巴西马鞭木属 **405909**
巴西马齿苋 **311861**
巴西马兜铃 **34130**
巴西马雄茜 **240531**
巴西马缨丹 **221237**
巴西买麻藤 **178552**
巴西蔓炎花 **244364**
巴西猫儿菊 **202394**
巴西毛花柽柳桃金娘 **261000**
巴西棉 **179893**
巴西茉莉 **325214**
巴西茉莉属 **325213**
巴西墨苜蓿 **334320**
巴西牡荆 **411341**
巴西木 65002,98942
巴西木科 **192066**
巴西木棉 **12467**,179885
巴西木棉属 **12466**
巴西木属 **192060**
巴西木薯 **244512**
巴西南部罗汉松 306449
巴西南美漆 **233792**
巴西南星 **418304**
巴西南星属 **418303**
巴西南洋杉 30831
巴西囊苞木 **266653**
巴西囊萼花 **344820**
巴西囊萼花属 **344819**
巴西囊桂 **241401**
巴西囊桂属 **241400**
巴西囊果堇 **21892**
巴西囊鳞莎草 **38215**
巴西尼布茜 **263006**
巴西尼克樟 263054
巴西拟破斧木 **350976**
巴西牛筋树 **399623**
巴西牛奶木 255312
巴西帕洛豆 **280643**
巴西疱茜 **319955**
巴西婆婆纳 **407044**
巴西葡萄叶秋海棠 **49790**
巴西蒲桃 156148,156169
巴西蒲桃属 156118
巴西朴 **80591**
巴西普拉顿藤黄 **302622**
巴西槭叶秋海棠 **50122**
巴西气花兰 **9198**
巴西千里光 **358432**
巴西千屈菜 **110577**
巴西千屈菜属 **110576**
巴西茜草 **44991**
巴西茜草属 **44990**,373655
巴西茜属 280481
巴西蔷薇属 **44086**
巴西乔安木 **212380**
巴西青兰 **115326**
巴西青兰属 **115325**
巴西青毛柱 **299254**
巴西秋海棠 **49676**,49729
巴西球心樟 **12760**
巴西雀稗 **81797**
巴西雀稗属 **81796**
巴西热美紫草 **341815**
巴西人参 293120
巴西人参属 293118
巴西肉豆蔻 **261409**,261452
巴西肉盘科 290895
巴西肉山榄 **346599**
巴西乳萼麻属 **394407**
巴西乳香 301002,350995
巴西瑞氏木 **329271**
巴西三角车 **334672**
巴西三角果 **397296**
巴西三棱黄眼草 **651**
巴西涩树 **378960**
巴西莎草 **118447**
巴西山柑属 **252211**
巴西蛇草属 **272032**
巴西蛇木属 **46547**
巴西参 **294603**
巴西参属 **294602**
巴西石豆兰 **62578**
巴西石蒜属 **392515**
巴西黍属 **270983**
巴西鼠李属 20472
巴西双袋兰 **134268**
巴西双冠钝柱菊 **197390**
巴西四柱木 **387885**
巴西苏枋木 65002
巴西苏克蕾禾 **379678**
巴西苏木 **64975**
巴西素馨 **211825**
巴西蒜科 405351
巴西蒜属 405320
巴西索瑞香 **169206**
巴西塔木 **351732**
巴西苔草 **79102**
巴西苔草属 **79101**
巴西昙花 **147295**
巴西桃花心木 **380532**
巴西桃金娘 **2754**
巴西桃金娘属 **91491**
巴西藤翅果属 **77094**
巴西天鹅兰属 **59182**
巴西铁木 65002
巴西铁青树 **114938**,29851
巴西铁青树属 **114937**
巴西铁树 137401
巴西图里无患子 **393222**
巴西土地库买伦 376557
巴西土丁桂 **161439**
巴西吐根 81948
巴西托克茜 **392542**
巴西外盖茜属 **141400**
巴西蜗牛兰 **98086**
巴西无冠萝藦属 **255404**
巴西芜萍 **414656**
巴西西澳兰 **118159**
巴西锡生藤 **92573**
巴西狭喙兰属 **239498**
巴西仙人球属 **334861**
巴西苋 293120
巴西苋属 **223756**,293118
巴西线叶肋泽兰 **317458**
巴西腺龙胆 **7559**
巴西腺龙胆属 **7557**
巴西腺托囊萼花 **323419**
巴西香材树 **59039**
巴西香材树属 **59038**
巴西香无患子 **285930**

巴西象耳豆属 **55102**
巴西橡胶树 194453
巴西橡皮树 194453
巴西小可爱花 **85865**
巴西小鳞山榄 **253781**
巴西小叶鸭嘴花 **214768**
巴西肖乳香 **350997**
巴西星漆木 **43477**
巴西星蕊大戟 **6914**
巴西玄参 **193695**
巴西玄参木 **19378**
巴西玄参木属 **19377**
巴西玄参属 **193694**
巴西雪香兰 **187493**
巴西鳕苏木 **258377**
巴西血树 184515
巴西血苏木 184515
巴西鸭嘴花 **214410**
巴西鸭嘴花属 **342448**
巴西亚兰 59270
巴西亚兰属 59265
巴西岩禾 **340453**
巴西岩禾属 **340451**
巴西岩园芥 **124719**
巴西岩园芥属 **124718**
巴西羊耳蒜 **232095**
巴西洋椿 80030
巴西药喇叭 **208035**
巴西野古草 **37360**
巴西野牡丹 **50460**
巴西野牡丹属 **50459**
巴西野黍 **151667**
巴西叶下珠 **296503**
巴西叶柱榆木 **297536**
巴西腋花兰 **241552**
巴西腋花兰属 **241551**
巴西一点红 **144895**
巴西银灌戟 **32968**
巴西缨冠萝藦 **166151**
巴西樱桃 156148
巴西鹦鹉刺 **319080**
巴西油桃木 **77943**
巴西油椰属 273241
巴西油椰子 **273243**
巴西玉凤花 **183439**
巴西鸢尾 **380673**,264161
巴西鸢尾属 **380672**,264158
巴西云实 **65002**,64975
巴西芸香木 **161191**
巴西芸香木属 **161190**
巴西芸香属 **357871**
巴西枣 **20473**
巴西枣属 **20472**
巴西枣树 **418166**
巴西窄叶独蕊 **412161**
巴西樟 **21842**
巴西樟属 **21840**
巴西掌属 **59090**
巴西沼生雀稗 **327517**
巴西枝刺远志 **2166**
巴西脂菊木 **303040**
巴西指蕊大戟 **121443**
巴西舟瓣花 **117132**
巴西朱米兰 **212702**
巴西朱缨花 **66689**
巴西柱 **59168**
巴西柱蕊紫金牛 **379187**
巴西柱属 **59167**
巴西紫草 **45346**
巴西紫草属 **45345**
巴西紫茉莉 **22279**
巴西紫茉莉属 **22278**
巴西紫檀 **180479**
巴西紫檀属 **180478**
巴西紫葳 **185415**
巴西紫葳属 **185413**
巴西紫心苏木 **288868**
巴西棕 44807
巴西棕榈 **246733**
巴西棕榈属 246731
巴西棕属 33197,44801
巴锡藜 48762
巴锡藜属 48753
巴夏榈属 59095
巴肖拉枸橼 93550
巴谢黄檀 **121633**
巴新埃梅木 **143910**
巴新南洋含笑 143910
巴亚安龙花 **139440**
巴亚扁果菊 145201
巴亚大戟 **160094**
巴亚恩氏菊 **145201**
巴亚尔沼兰 **243006**
巴亚木蓝 **205717**
巴亚薯蓣 **131480**
巴岩草 239967
巴岩姜 313197,313206
巴岩香 300427,300504,300548,313197
巴椰榄属 286754
巴耶尔棒毛萼 **400768**
巴耶尔大戟 **158520**
巴耶尔回欢草 **21086**
巴耶尔龙王角 **198976**
巴耶尔毛子草 **153132**
巴耶尔南非萝藦 **323497**
巴耶尔十二卷 **186311**
巴耶尔天门冬 **38943**
巴耶尔脂麻掌 **171633**
巴伊锦葵 **46708**
巴伊锦葵属 **46706**
巴伊亚画眉草 **147519**
巴因榄属 286754
巴因那木属 286754
巴永白瑟木 **46626**
巴永斑鸠菊 **406126**
巴永扁担杆 **180689**
巴永铁苋菜 **1902**
巴掌草 282883
巴掌叶 362672
巴中南星 **172382**
巴中南星属 **172381**
叭哒杏 20890
扒草 140360
扒地蜈蚣 **400954**
扒毒散 131501
扒骨风 224989
扒拉文公 221144
扒菱 394426
扒墙虎 393657
扒山虎 66648,146054
扒岩枫 187307
岜楞秋海棠 49647
芭 361794
芭芭拉马歇尔菊 **245887**
芭豆 301279
芭菲兰属 282764
芭蕉 **260208**
芭蕉红 260217
芭蕉蕉 260359
芭蕉科 **260284**
芭蕉扇 208524
芭蕉属 **260198**
芭蕉树 260208
芭蕉头 260208
芭蕉香清 83736,83740
芭蕉杨 233847
芭蕉芋 71169
芭苴 260208
芭拉扣属 245886
芭莱大花唐棣 **19261**
芭蕾女灰老鹳草 **174543**
芭芒 255886
芭茅 341837
芭茅草 73842
芭茅黄金芒 255886
芭萸 366284
芭茜 48552
芭实 99134
疤痕伴帕爵床 **60300**
疤痕大戟 **158389**
疤痕番薯 **207694**
疤痕千里光 **358552**
疤痕鸵鸟木 **378568**
笆芒 255886
笆茅 255886
拔 79850
拔地麻 404225,404316
拔疗草 410416
拔毒草 224110,299017
拔毒散 54158,301230,301266,351080,362478,362672
拔尔撒谟属 261549
拔谷 366284
拔火 200784
拔拉蒿 35466
拔兰抓属 280433
拔绿 409025
拔萝卜 375187
拔麻 369010
拔马瘟 274277
拔脓草 362490,362494
拔脓膏 313483
拔脓消 362617
拔血红 239640,239645,288762
拔仔 318742
拔子 318742
拔子弹草 115738
拔子盖子 77146
菝菇 250370
菝葜 **366284**,366262
菝葜科 **366141**
菝葜木科 238723
菝葜青牛胆 **392275**
菝葜属 **366230**
菝葜藤 334773
菝葜藤属 329671,334771
菝葜叶栝楼 **396273**
菝葜叶薯蓣 **131847**
菝葜叶铁线莲 **95315**,95096
菝苔 250370
把把柴 107668
把把叶 243862
把儿英 384681
把关河苏铁 **115800**
把蒿 10414
把手天门 125548
把岩香 364935
把柱草 **374695**
把柱草属 **374694**
把子草 144086
把子花属 **374691**
坝齿花 72342
坝王湖瓜草 **232390**
坝王栎 **323703**
坝王新木姜子 **264028**
坝王远志 **307948**
坝芎 229309
坝治瓜馥木 **166660**
坝竹 **137861**
霸贝菜 296679
霸地杜鹃 330638
霸天伞 229
霸天王 39238
霸王 **347066**,272856
霸王鞭 **159739**,158456,159363,159457,200713,345108,405788
霸王草 23850,412750

霸王花 200713
霸王金橘 **167490**
霸王栎 323703
霸王岭木兰 **241994**
霸王七 205249,205369
霸王属 **347063**,418585
霸王树 272856,347066
霸王引 366284
霸王棕 **54739**
霸王棕属 **54738**
掰蓝 59541
白阿尔芸香 **16276**
白阿飞 409975
白阿冯苋 **45769**
白阿福花 39454
白阿福花属 **212393**
白矮茶 59823
白矮野牡丹 **253536**
白矮罂粟 **71081**
白艾 **36044**,35167,35622,35634,35732,111826,224893,358395
白艾蒿 35185,36286
白艾花 147084
白艾斯卡罗 155134
白安龙花 **139436**
白桉 **155472**
白暗红秋海棠 49602
白暗消 245852
白奥勒菊木 270185
白澳斯红花红千层 **67261**
白八宝 **200793**
白八角莲 139608,139621
白八爪 31408
白巴豆 **227821**
白巴豆属 **227820**
白巴西蜡棕 **103732**
白芭蕉 71181
白菝葜 131531,366438
白白菜 384714
白百合 229765,230058
白百簕花 227773
白百簕花属 227771
白百里香叶杜鹃 **331804**
白百脉根 **237478**
白柏 85310
白斑矮小十二卷 **186635**
白斑凹唇姜 **56533**
白斑垂叶榕 164697
白斑粗肋草 **11339**
白斑大叶堇 **410712**
白斑黛粉叶 **130139**,130135
白斑风车子 **100319**
白斑合果芋 **381863**
白斑红报春 **314254**
白斑虎尾兰 **346160**
白斑花菊 **4860**
白斑皇后侷匐污生境 103799
白斑皇后侷匐异味树 **103799**
白斑金瓜 182580
白斑鸠窝 218347
白斑亮丝草 **11333**,11334
白斑罗汉柏 390682
白斑马达加斯加延命草 **303479**
白斑墨苜蓿 **334316**
白斑南洋参 **310178**
白斑欧亚活血丹 **176825**
白斑欧洲常春藤 **187249**
白斑杞柳 **343531**
白斑千里光 **358222**
白斑日本活血丹 **176828**
白斑日本卫矛 **157625**
白斑瑞香属 **293790**
白斑深山二叶兰 **232947**
白斑十二卷 **186812**
白斑矢竹 **318313**
白斑水杉 **252541**
白斑水鸭脚 **49849**
白斑万年青 **130097**
白斑王瓜 390190
白斑西洋接骨木 **345632**
白斑细辛 **37559**,37674
白斑香蜂花 **249506**
白斑箱根草 **184657**
白斑秀美山茶 **69169**
白斑哑蕉 130139
白斑洋常春藤 187249
白斑叶八角金盘 162883
白斑叶北美香柏 **390592**
白斑叶常春藤 **187324**
白斑叶大海芋 **16513**
白斑叶肺草 **321647**
白斑叶欧洲水青冈 **162401**
白斑叶欧洲卫矛 **157433**
白斑叶栓皮槭 **2838**
白斑叶溲疏 **127083**
白斑叶竹芋 245015
白斑叶紫花野芝麻 **220406**
白斑异细辛 **194320**
白半枫 125639
白半枫荷 125604,125639
白瓣独蒜兰 **304251**
白瓣黑片葵 **215678**
白瓣黑片葵属 **215677**
白瓣虎耳草 **349276**
白瓣蕊豆 121882
白瓣猪毛菜 **344437**
白瓣紫花地丁 **410779**
白傍儿子 299724
白棒兰 **178963**
白棒莲 227814
白棒莲属 227813
白棒头 239967
白苞斑鸠菊 **406061**
白苞刺芹 **154314**
白苞葱莲 **417607**
白苞灯台莲 **33506**
白苞灯心草 **213221**
白苞蒿 **35770**,35560
白苞火鹤花 **28122**
白苞疆南星 **36969**
白苞金绒草 **189090**
白苞金绒草属 **189089**
白苞筋骨草 **13133**
白苞菊属 **203349**
白苞棱子芹 **304755**
白苞犁头尖 401160
白苞缕梅 284968
白苞缕梅属 284966
白苞裸蒴 **182849**
白苞南星 **33289**
白苞芹 **266975**
白苞芹属 **266974**
白苞鼠麴木 **68062**
白苞鼠麴木属 **68061**
白苞猩猩草 **159046**
白苞勋章花 **172304**
白苞一品红 159676
白苞紫露草 **394021**
白苞紫绒草蜡菊 **189140**
白苞紫绒草属 **141489**
白宝 198769
白宝石长阶花 **186937**
白豹球 **244164**
白豹丸 244164
白暴牙郎 248765
白爆牙郎 248765
白杯苣 **68446**
白北非水仙 **262448**
白北海道威灵仙 **407496**
白贝母 **168454**
白背 270234
白背艾 381944
白背安尼樟 **25201**
白背安息香 379471
白背奥佐漆 **279290**
白背菠萝 **301106**
白背草 182126,411464
白背绸 32602
白背绸缎 32638
白背大丁草 175199
白背丹参 345002
白背单列木 **257949**
白背杜鹃 **331099**,332157,332159
白背椴 391836
白背鹅掌柴 **350716**
白背风 9419,138888,301294,411464
白背风毛菊 **348160**
白背枫 **61975**,320836
白背麸杨 **332646**
白背蒿 144086
白背厚壳桂 **113467**
白背湖北银莲花 23853
白背花楸 369322
白背黄花稔 **362617**
白背黄肉楠 **6780**,234048
白背火石花 **175199**
白背九节 **319597**
白背宽萼豆 **302928**
白背蜡瓣花 106663
白背蜡菊 **189441**
白背李堪木 **228671**
白背利堪蔷薇 228671
白背栎 116187
白背柳 **343087**
白背楼梯草 **142688**
白背芦荟番杏 **17435**
白背马兜铃 34135
白背美洲茶 79944
白背猕猴桃 **6633**
白背木 217,243320
白背木耳 411464
白背木姜子 234048
白背楠 **295364**
白背娘 243320,243424
白背牛尾菜 **366486**
白背爬藤榕 **165628**
白背蒲儿根 **365062**
白背桤叶树 **96540**
白背千里光 365062
白背茄 **367224**
白背青 365052
白背青荚叶 191184
白背清风藤 341498
白背忍冬 **235862**
白背瑞木 **106663**
白背三七 183066,183082
白背山柳 96540
白背十大功劳 **242559**
白背石栎 233174
白背鼠麹草 178237
白背树 231298
白背树葡萄 **120100**
白背水苏 **373252**
白背丝绸 32602
白背酸藤 144752
白背算盘子 **177191**
白背藤 32602,32657
白背藤属 243315
白背铁箍散 351054
白背桐 243320,243420
白背透骨消 172086
白背土三七 183082
白背兔儿风 **12698**,12695
白背苇谷草 **289569**
白背委陵菜 **312671**

白背乌蔹莓 416529
白背五蕊柳 **343859**
白背小报春 **314489**
白背小檗 **51424**
白背小舌紫菀 **40003**
白背绣球 **199904**
白背崖爬藤 387785
白背亚飞廉 14599
白背羊角拗 **378412**
白背杨 311208,411464
白背野扁豆 **138972**
白背野木瓜 374402
白背叶 **243320**,32602,231424,231427,411362
白背叶楤木 **30613**,30634
白背叶鹅掌柴 350716
白背叶栎 **324021**
白背叶欧石南 **149709**
白背叶葡萄 **411596**
白背叶下花 12698
白背叶悬钩子 338628
白背叶玉簪 **198617**
白背叶醉鱼草 62019
白背玉山竹 **416778**
白背越橘 403841
白背樟 264034
白背子草 215174
白背紫刺卫矛 157282
白背紫菀 **40599**,40002
白背紫薇 219914
白背紫珠 **66900**
白背钻地风 **351801**
白倍子 167096
白被大戟 **159241**
白被芦荟 **16564**
白被叶下珠 **296639**
白本格拉欧石南 **149074**
白荜薢 131607,194120,366243,366438,366447,366518
白碧照水梅 **34466**
白篦子孙球 **327253**
白避霜花 300955
白臂形草 **58118**
白边八角金盘 **162884**
白边白芨 **55577**
白边布里滕参 **211470**
白边橙菀 **320704**
白边赤竹 347324
白边翠雀花 **124023**
白边大戟 **158411**
白边蝶须 **26460**
白边兜兰 **282918**
白边富贵竹 137487
白边割脉苣 **178010**
白边枸骨叶冬青 **203565**
白边红瑞木 **104921**
白边假杜鹃 **48093**
白边胶榕 164927
白边锦带花 413600
白边兰 **116779**
白边乐母丽 **335880**
白边棱子芹 **304754**
白边龙舌兰 **10782**
白边露草 **29856**
白边露花 29856
白边毛氏苔草 **75423**
白边欧洲栗 **78812**
白边欧洲山梅花 **294431**
白边欧洲山茱萸 **105118**
白边蒲苇 **105460**
白边日本马醉木 **298749**
白边塞拉玄参 **357413**
白边山茶 **69186**
白边十二卷 **186540**
白边矢车菊 **81193**
白边疏刺五加 **2502**
白边水仙 **262349**
白边速生蒿荷木 **197155**
白边尾唇羊耳蒜 **232207**
白边细莞 **210026**
白边橡皮树 **164927**
白边小檗 **51907**
白边肖竹芋 **66164**
白边星苞蓼 **362997**
白边沿阶草 **272053**
白边盐肤木 **332463**
白边叶紫萼 198592
白边银芦 105460
白边栀子 **171307**
白边直玄参 **29906**
白边舟蕊秋水仙 **22333**
白边猪笼草 **264831**
白萹蓄 142152,218347
白扁豆 218721
白稨豆 218721
白变坡垒 **198153**
白杓兰 **120320**
白藨 167632
白滨藜 **44333**
白槟 31680
白槟榔 31680
白冰球 63087
白冰血红茶藨子 **334200**
白柄黛粉叶 **130137**
白柄亮丝草 **11334**
白柄哑蕉 130137
白波 **162908**
白波状蚤草 **321610**
白薄荷 10414
白补药 345365,345369
白哺鸡竹 **297263**
白布果 381163
白布荆 411464
白布莉斯属 64385
白材臭椿 **12560**
白彩欧洲小檗 **52329**
白彩秋海棠 **49603**
白菜 **59600**,59595,59603
白菜果 284319
白菜型油菜 59358
白菜仔 409898
白残花 336783,336792
白苍蒿 35770
白苍术 16295
白草 **289096**,20408,57567,367120,367322
白草地帚石南 **67508**
白草根 289096
白草果 19927,187432,187468
白草蒿 **35600**
白草莓 167632
白草木犀 249203
白草仔 178237
白侧耳 284525,284539,284628
白侧耳根 182849,239582
白岑 117640
白梣 167897
白叉枝蝇子草 **363673**
白茶 104175,260483,260484
白茶木 270066,270094,270172
白茶树 **217760**
白茶树属 **217758**
白楂子 110014
白柴 226106,233880
白柴果 **50511**
白柴胡 **63560**,363467
白柴蒲树 323881
白茝 24325,24326
白蝉 171330
白蝉花 171330
白蟾 **171330**,171253
白蟾花 171253
白昌 298093
白菖 5793,298093
白菖蒲 5793
白菖蒲莲 417612
白长瓣秋水仙 **250631**
白长春花 **79419**
白长梗紫花堇菜 **409977**
白长阶花 186929
白长柔毛黄耆 **41950**
白长尾鸢尾 **208795**
白常山 129033,260403,260472,260483
白常山草 129033
白车 382599
白车木 382570
白车前草 277369
白车轴草 **397043**
白沉沙 406817
白沉香 204217
白陈艾 35167
白城杨 311192
白痴头婆 415046
白齿唇兰 **25967**
白齿鳞草 **222647**
白齿脉菊 **271938**
白齿十字爵床 **111733**
白齿苔草 **76620**
白赤木 328760
白炽灯蔓生蜡菊 **189660**
白炽灯细叶海桐 **301403**
白翅单室爵床 **257991**
白翅哈克 184616
白翅哈克木 **184616**
白翅菊属 **227980**
白翅鹿藿属 **227985**
白翅银桦 **180614**
白翅缘毛欧石南 **149202**
白虫草 373222
白重瓣麦李 316425
白重瓣欧洲芍药 **280254**
白重瓣欧洲樱草 **315102**
白重瓣秋水仙 **99298**
白重楼 284378,335760
白虫豆 **65154**
白丑 208016
白丑牛 208016
白川 300464
白穿叶异檐花 **397760**
白吹风 207377
白垂花百合 **229805**
白垂筒花 120570
白春 132260
白椿 90605,392841
白唇杓兰 **120332**
白唇槽舌兰 197269
白唇瘤瓣兰 **270819**
白唇米尔顿兰 **254927**
白磁炉 **10887**
白雌雄草 191387
白刺 **266381**,143642,266367,266377,418175
白刺棒棕 **46382**
白刺刺头菊 **108329**
白刺大统领 389206
白刺萼 **2111**
白刺黑王丸 103747
白刺花 **369159**,368994
白刺花属 **216172**
白刺槐 **368994**,200728
白刺尖 143642
白刺金合欢 **1353**
白刺金琥 **140128**
白刺金鲈 140128
白刺锦鸡儿 **72271**
白刺菊 **351125**
白刺菊属 **351124**

白刺康氏掌 **102822**
白刺科 **266383**
白刺梨果 106350
白刺藜 **87105**
白刺林草 **2333**
白刺瘤玉 389218
白刺龙爪球 **103747**
白刺龙爪玉 103747
白刺梅 336408
白刺魔神球 **284675**
白刺魔神丸 284675
白刺泡 338886
白刺泡泡刺 266380
白刺属 **266355**
白刺树 **167559**
白刺藤 143694
白刺细毛留菊 **198943**
白刺仙人杖 **267607**
白刺苋 18822
白刺叶 **2558**
白刺玉 **389218**
白枞 272,427
白葱 15032
白葱叶兰 **254227**
白粗糙蜡菊 **189166**
白粗糠仔 **66780**
白酢浆草 **278095**
白簇毛鸟足兰 **347806**
白达玛脂树 405154
白达木 234033,264090
白大凤 84854,93952
白大凤属 84852,93951
白大根兰 **116976**
白大花杓兰 **120397**
白大花棘豆 **279001**
白大花千斤藤 **208197**
白大花猪牙花 **154916**
白大老鸦酸 309564
白大寿 44218
白带草 72749,72802,146724,394093
白带丹 150616
白带山 260483
白戴克茜 **123511**
白单花岩扇 **362271**
白单桔梗 **257780**
白单脉山柳菊 **195454**
白单毛野牡丹 **257517**
白单叶蔓荆 **411431**
白当归 239608
白党 98403,98423
白党参 98309
白道木秋海棠 **49654**
白灯笼 96083,96200
白灯心 213036
白滴水珠 299722
白底丝绸 32602,32638
白地草 217361
白地胆 375836,375848
白地瓜 98292,98293,280722,280756
白地黄瓜 409898
白地菊 122410
白地栗 110502,342400,342424
白地牛 117610
白地茜 81687
白地苈 217361
白地榆 312627,312862,345881,345894,370503
白地紫菀 175147
白帝城 **163455**
白棣棠 332284
白棣棠花 **216090**
白蒂黄瓜 410030
白蒂梅 261212
白点伴兰 193592,332344
白点秤 203578,360935
白点锦鸡尾 186644
白点兰 **390498**
白点兰属 **390486**
白垫飞蓬 **150590**
白垫菊 **255814**
白垫菊属 **255813**
白貂属 273809
白貂柱 273823
白吊粟 243320
白调羹 13091,178218
白跌打 66620,70635
白蝶长筒莲 **107852**
白蝶花 172201,286836
白蝶花属 286829
白蝶兰 286836
白蝶兰属 **286829**
白蝶藤 260483
白丁草属 **290663**
白丁花 360926,360933
白丁香 **382227**,382225,382277,382368
白疗芋 87995
白顶顶 81687
白顶二乔玉兰 **242293**
白顶飞蓬 150464
白顶蜂鸟花 **240755**
白顶姜黄 114878
白顶菊属 360702
白顶早熟禾 **305278**
白东枫 183082
白东瓜 50998
白冬虫草 373222
白冬瓜 50998
白冬青 204114
白都拉 398024
白都宗 113577
白兜荷包牡丹 128294
白豆 177750,206240,294056,409092
白豆瓣菜 392371
白豆瓣草 392371
白豆花 331427
白豆蔻 **19870**,17681,19836
白豆杉 **318539**
白豆杉属 **318538**
白毒鼠子 **128596**
白独活 192270
白杜 157345,157559,157699
白杜鹃 331284
白杜鹃花 331284
白杜伞 **46417**
白杜伞属 **46416**
白杜仲 245845,402194
白肚 411764
白肚槁 233849
白断肠草 106068,106350
白椴 391661,391727
白对叶肾 157473
白盾杜鹃 331099
白盾欧石南 **149665**
白盾蕊南星 **288805**
白多布尼草 123106
白多花蓼 **340510**
白多穗兰 **310356**
白多叶酢浆草 **278016**
白俄罗斯婆罗门参 **394263**
白峨眉豆 218721
白蛾藤 30862
白蛾藤属 30860
白蛾圆锥绣球 **200050**
白垩百里香 **391161**
白垩鼻花 **329520**
白垩春黄菊 **26770**
白垩二行芥 **133256**
白垩胡卢巴 **397212**
白垩茴芹 **299563**
白垩棘豆 **278801**
白垩假木贼 **21035**
白垩久苓草 **214067**
白垩蓼 **309017**
白垩苜蓿 **247271**
白垩婆罗门参 **394274**
白垩茜草 **337948**
白垩色石斛 **125083**
白垩神香草 **203083**
白垩糖芥 **154438**
白垩玄参 **355091**
白垩羊茅 **163876**
白垩远志 **308010**
白萼 198639,369010
白萼赪桐 96387
白萼重楼 **216465**
白萼重楼属 **216464**
白萼吊灯花 **83985**
白萼毒鼠子 **128728**
白萼独叶苣苔 **257750**
白萼多穗兰 **310484**
白萼法拉茜 **162585**
白萼苦斑鸠菊 **406182**
白萼马醉木 **298729**
白萼毛莨属 **218339**
白萼猕猴桃 **6514**
白萼茉莉 211721
白萼青兰 **137603**
白萼树 138986
白萼树属 138985
白萼双齿千屈菜 **133377**
白萼四翼木 **387602**
白萼素馨 **211721**
白萼委陵菜 **312408**
白萼细辛 **37668**
白萼叶木 **68416**
白萼叶下珠 **296637**
白萼一串蓝 **345024**
白萼玉叶金花 260418
白萼圆叶叶下珠 **296749**
白儿松 298358
白耳菜 **284539**
白耳草 176839,239582
白耳夹竹桃 **227904**
白耳夹竹桃属 **227903**
白耳雪花丹 305175
白二行芥 **133268**
白发龙舌兰 **10953**
白发仙人掌 **272846**
白法拉茜 **162572**
白番红花 **111483**
白番苋 183082,387221
白番杏 387221
白凡木 204217
白矾 381341
白饭草 308965
白饭豆 294056
白饭公 333745
白饭果 347993,347994
白饭花 195269
白饭木 347993
白饭树 **167096**,167092
白饭树属 **167067**
白饭藤 308965
白防己 34375
白飞蛾藤 131243
白飞凤玉 **214912**
白飞廉 **73288**
白非洲楝 **216196**
白菲利木 **296145**
白粉 401602
白粉白叶树 **227924**
白粉柏 114714
白粉补血草 **230719**
白粉达德利 138835

白粉非洲豆蔻 **9930**
白粉非洲砂仁 9930
白粉海神木 **315928**
白粉黑草 **61843**
白粉虎眼万年青 **274741**
白粉花凤梨 **392036**
白粉花无心菜 **32182**
白粉花绣线菊 **371957**
白粉碱蓬 **379585**
白粉金果椰 **139305**
白粉金合欢 1165
白粉壳杜鹃 **332051**
白粉芦荟 **17191**
白粉麦瓶草 **363381**
白粉毛柯 233309,233395
白粉木蓝 **206436**
白粉木犀草 **327912**
白粉南非萝藦 **323526**
白粉拟扁芒草 **122333**
白粉牛蹄豆属 283728
白粉坡垒 **198145**
白粉茄 **367520**
白粉青荚叶 **191184**
白粉山柳菊 **195887**
白粉柿 **132361**
白粉塔里亚 388385
白粉藤 **92920**,92777,92791
白粉藤冬青 **203640**
白粉藤属 **92586**,20214
白粉藤叶槭 2896
白粉铁兰 392036
白粉围涎树 **301154**
白粉狭花柱 375530
白粉仙女杯 **138835**
白粉小叶番杏 **169996**
白粉叶报春 314591
白粉叶万年青 130128
白粉异燕麦 **190186**
白粉玉簪 **198591**
白粉圆叶报春 **314591**
白风草 389638
白风轮菜 227654
白风珠 122040
白枫 3127,3665
白峰 181452
白峰掌 **181453**
白峰掌属 **181450**
白蜂斗菜 292374
白蜂斗叶 292374
白凤菜 **183084**,183082
白凤菜属 183051
白凤豆 71050
白凤花 307656
白凤兰 183559
白弗州银莲花 **24114**
白扶桑 **195150**
白芙蓉酢浆草 **278139**
白茯苓藤 366307
白符公 192484
白福斯麻 **167383**
白福斯特郁金香 **400160**
白福王草 **313787**
白斧冠花 **356385**
白附子 5144,33411,401156,401161
白覆轮龙舌 10874
白盖豆 **228133**
白盖豆属 **228132**
白干参 280741
白甘遂 284367
白杆根 203540
白杆参 280741
白杆子砂蒿 36307
白刚毛厚柱头木 **279824**
白刚毛黄雪光 **267036**
白高恩兰 **180008**
白高山婆婆纳 **406980**
白疙针 239011
白鸽草 161418
白鸽玉 **211352**
白鸽玉属 **211350**
白格 13525,13649
白隔山消 174992,175003
白给 55575
白根 20408,55575
白根草 373262,373346
白根刺棕 **113291**
白根独活 **24432**,24433
白根葵 **176723**
白根葵科 **176721**
白根葵属 **176722**
白根铅口玄参 **288666**
白根山牵牛 **390823**
白根五加 143628
白根小苦荬 **210535**
白根药 134425,373274
白根子 374841
白根子草 294895
白根紫锤草 313570
白梗花叶万年青 **130130**
白梗九节 **319640**
白梗山柳菊 **195452**
白梗通 9560
白梗斜核草 **237967**
白功草 284401
白宫殿 **317689**
白宫球 **327294**
白宫丸 327294
白钩簕藤 338737
白钩藤 **401779**
白狗肠 70507,390787
白狗大山茄 **367488**
白狗冬青 203993
白狗山冬青 **203993**
白狗牙 154163
白狗牙花 **154163**
白姑娘属 297624
白菇茶 20327
白古苏花 125582
白古月 300464
白骨城 **385878**
白骨刺苋 18822
白骨风 66864
白骨枫 66864
白骨浪 45746
白骨木 71348,211105,384936
白骨壤 45746
白骨山芥菜 336211
白骨松 299830
白骨藤 18516,66643
白骨沿藤 96140
白骨走马 395538
白鼓丁 307656,384473,384681
白鼓丁属 307642
白鼓钉 **307656**,158200,384430,384714
白鼓钉属 **307642**
白故纸 275403
白故子 275403
白瓜 50998,114201,114245,396175
白挂梨 323114
白关门草 226742
白观音扇 191387
白冠黑药菊属 **89338**
白冠黄鹌菜 **416465**
白冠毛耳藤菊 **199248**
白冠毛蓟 92037
白冠毛莱氏菊 **223490**
白冠西番莲 **285624**
白管风铃草 **70128**
白管欧石南 **149668**
白贯草 301871,301952
白罐梨 323114
白光萼青兰 **137553**
白光花龙胆 **232685**
白光淋菊 **276197**
白光龙 **171738**
白光秃蚊子草 **166083**
白光悬钩子 **338232**
白光紫松果菊 **140086**
白龟花龙胆 **86777**
白鬼针草 **54096**
白贵凤卵 **304345**
白贵子 401556
白桂 263754
白桂花 336558
白桂梨 323114
白桂木 **36922**,36939
白桂皮 **71132**
白桂皮科 **71138**
白桂皮美洲土楠 **228689**
白桂皮属 **71129**
白桂竹 **297224**
白国王椰子 **327102**
白果 83736,175813
白果阿斯草 **39831**
白果白棠子树 **66769**
白果白珠 **172097**
白果百两金 **31410**
白果朝鲜紫珠 **66825**
白果臭山槐 369379
白果川滇小檗 51782
白果枞 427
白果德纳姆卫矛 **125806**
白果顶毛石南 **6380**
白果毒鼠子 **128716**
白果独活 **192297**
白果笃斯越橘 **404028**
白果多花泡花树 **249415**
白果佛甲草 356877
白果扶芳藤 **157495**
白果沟果茜 **18597**
白果构树 **61108**
白果瓜属 **249760**
白果光滑冬青 **203849**
白果海州常山 **96399**
白果黑无芒药 **172250**
白果槲寄生 **410960**,410969
白果花 **249872**
白果花楸 369379
白果花属 **249871**
白果华白珠 **172153**
白果鸡屎树 222115
白果接骨木 **345623**
白果堇菜 410403
白果景天 **356877**
白果类叶升麻 **6433**
白果柃木 **160506**
白果驴臭草 **271788**
白果落霜红 **204248**
白果毛紫珠 **66874**
白果美洲槲寄生 **125678**
白果美洲桑寄生 **295581**
白果木 274440
白果南天竹 **262200**
白果纽敦豆 **265909**
白果欧洲卫矛 **157439**
白果欧洲小檗 **52328**
白果平滑山油柑 **6241**
白果婆罗门参 **394338**
白果葡萄 79850
白果蒲桃 **382470**
白果普拉茜 **313580**
白果七 397847
白果青木 **44923**
白果青牛胆 **392272**
白果全叶香茵芋 **365956**

白果日本女贞 **229493**
白果日本紫珠 **66809**
白果锐尖白珠树 **172116**
白果萨比斯茜 **341653**
白果三萼木 **395270**
白果桑 **259070**
白果山桐子 **203423**
白果蛇莓 **138797**
白果麝香紫菀 41434
白果参 **227782**
白果参属 **227781**
白果树 175813
白果树萝卜 **10327**
白果松 299830
白果藤 197213
白果望峰玉 **242885**
白果五味子 **351023**
白果溪畔委陵菜 **312937**
白果细脉莎草 **107219**
白果腺毛白珠树 **172053**
白果香楠 **14928**
白果香楠属 14927
白果香茵芋 **365937**,365931
白果悬铃花 **243945**
白果茵芋 **365931**
白果越橘 **403887**
白果朱砂根 **31400**
白果紫草 233760
白果紫金牛 **31479**
白果棕属 **390451**
白哈登藤 **185759**
白哈氏风信子 **186147**
白海葱 **352962**
白海芙蓉 **230817**
白海榄雌 **45742**
白海苔草 **75696**
白海棠 **243704**,84556,110014
白海仙花 **413577**
白含笑 252809
白寒果 17695
白汉洛凤仙 204795
白汉洛凤仙花 **204795**
白旱莲 141374
白蒿 **35612**,35167,35185,35282,35505,35634,35723,35779,35816,36177,36232,36241,36286,36354,36454,36460,36474,78023,224823,360879
白蒿茶 116747
白蒿古花 4014
白蒿枝 224110
白蒿子 36153,36474
白毫花 174906
白合花风信子 **123106**
白合欢 13586,227430
白合毛菊 **170922**
白合头茜 **170981**
白何首乌 117390
白河车 98343,284367,335760
白河块根老鹳草 **174561**
白河柳 **342947**,344296
白核桃 212599
白荷 10414,125604
白荷包豆 **293986**
白褐美冠兰 **156534**
白鹤草 198639,243420,259323
白鹤花 155858,198639
白鹤花属 155857
白鹤脚 172831
白鹤兰 66101
白鹤灵芝 **329471**
白鹤灵芝草 329471
白鹤灵芝属 **329454**
白鹤参 **302386**,325002
白鹤树 243320,364704
白鹤藤 **32602**,32638
白鹤藤属 32600
白鹤仙 198639,198652
白鹤芋 **370340**,370345
白鹤芋属 370332
白亨德里克塞欧石南 **149537**
白红菜 183082,387221
白红多穗兰 **310548**
白红凤仙花 **205205**
白红花 **77685**
白红花春花香豌豆 222861
白红花绿绒蒿 **247172**
白红雷内姜 **327719**
白红山属 354287
白红西澳兰 **118148**
白红狭叶锥果玉 **101811**
白红小赤竹 **347354**
白红月桂 **382732**
白虹 354327
白虹山 **354311**
白虹山属 354287
白喉崩 402194
白喉草 13091
白喉杜鹃 331944
白喉乌头 **5359**
白厚敦菊 **277004**
白厚壳桂 **113480**
白厚壳树 **141601**
白厚皮桉 **155473**
白胡 415046
白胡椒 241808,274277,300464
白胡麻 361317
白胡桃 212599
白胡枝子 226989
白胡子花 62149
白胡子狼毒 12663,12669
白壶子 62019
白葫芦 363467
白蝴蝶 **381868**,208876,260483,260484,361384,361385
白蝴蝶花 **208642**
白蝴蝶兰 293578,293582
白虎草 56382,56392
白虎木 18059
白虎下须 48689
白花 50998
白花阿比西尼亚水蓑 **29645**
白花阿尔泰贝母 **168477**
白花矮溲疏 127064
白花矮陀陀 259881
白花矮野牡丹 **253543**
白花矮野芝麻 **220390**
白花艾 35770
白花安德鲁斯蓟 **91742**
白花安第斯兰 **18087**
白花安徽贝母 168344
白花桉 155585
白花岸生杜鹃 **331658**
白花凹萼兰 **335163**
白花八角 **204575**,204598
白花八雄兰 **268753**
白花白点兰 **390488**
白花白酒草 103516
白花白玲玉 **310017**
白花白山小报春 **314285**
白花白头翁 **321673**,175203
白花白英 **367323**
白花百合 **229789**,229765
白花百里香叶杜鹃 **331805**
白花百蕊草 **389759**
白花百子莲 **10246**
白花败酱 **285880**
白花败酱草 285880
白花斑叶兰 179694
白花半轭草 **191768**
白花瓣苇石南 67457
白花宝盖草 **220356**
白花报岁兰 **116777**,117042
白花杯冠藤 **117561**
白花北海道葱 **15721**
白花北海道风毛菊 **348716**
白花北海道龙胆 **174111**
白花北海道小报春 **314281**
白花北美水茄 367015
白花贝母 **168451**,168344,168614
白花贝母兰 **98686**
白花本岛杜鹃 **330954**
白花本州风铃草 **70242**
白花本州苦荬 **210594**
白花本州马先蒿 **287460**
白花比氏堇菜 **409747**
白花笔龙胆 **174096**
白花扁葶沿阶草 **272125**
白花滨蓟 **92187**
白花波斯丁香 382242
白花波状补血草 **230763**
白花伯格蓟 **91826**
白花薄叶兰 238736
白花薄叶荠苨 7801
白花薄叶沙参 **7801**
白花补血草 **230788**
白花不老树 **46611**
白花不老树属 **46610**
白花布袋兰 **68539**
白花布里滕参 **211468**
白花布鲁尼木 61321
白花彩叶凤梨 **264407**
白花菜 **182915**,87776,95759,135258,220359,299395,366934,367416
白花菜单头爵床 **257254**
白花菜科 **95604**,71671
白花菜棵 230544
白花菜属 **95606**
白花菜猪屎豆 **112023**
白花残雪柱 **258340**
白花草 11199,23323,73207,82044,141374,182915,183559,220126,227572,227657,247025,289096,299376
白花草木犀 **249203**,249232
白花草芍药 **280242**
白花草属 227537
白花草野氏堇菜 **410155**
白花查米森风铃草 **69957**
白花茶 66879,69411,69652,187625,211812,241781
白花茶匙红 227654
白花柴 392371
白花长白棘豆 **278713**
白花长白山龙胆 **173541**
白花长瓣梅花草 **284562**
白花长瓣铁线莲 **95101**
白花长萼瞿麦 **127863**
白花长庚花 **193288**
白花长梗铃子香 **86819**
白花长梗秦艽 **174063**
白花长管香茶菜 **209750**
白花长距根节兰 65867
白花长距堇菜 **410503**
白花长距虾脊兰 **65867**,65863
白花长毛蓼 **291825**
白花长生草 **358051**
白花长叶茅膏菜 **138296**
白花长叶须边岩扇 **351454**
白花朝鲜杜鹃 **332105**
白花朝鲜蚊子草 **166095**
白花车叶草 **39373**
白花柽柳 383431
白花齿萼挖耳草 **403379**
白花齿叶溲疏 **126892**

白花齿缘草 **153475**
白花赤宝花 **389995**
白花赤石扁蕾 **174237**
白花茺蔚 225005
白花重瓣麦李 **83210**
白花重瓣玫瑰 336905
白花重瓣木槿 **195270**
白花重瓣平滑山楂 **109793**
白花重瓣溲疏 **127078**
白花重瓣洋丁香 **382369**
白花重瓣帚石南 **67457**
白花重唇石斛 **125185**
白花重楼 **284361**
白花臭草 11199
白花臭茉莉 96273
白花臭牡丹 96273
白花除虫菊 322660
白花川滇米口袋 **181640**
白花穿心莲 22403
白花垂丝海棠 **243710**
白花春黄菊 **26759**,26836,85526
白花刺 368994
白花刺穿心莲 22403
白花刺儿菜 **92385**
白花刺莲花 **234252**
白花刺蓼 **291954**
白花刺蔷薇 **336324**
白花刺参 **258862**
白花刺天茄 **367243**
白花刺天竺葵 **288210**
白花刺桐 **154735**
白花刺头菊 **108226**
白花刺续断 2111,258862
白花葱 **15426**,15899
白花丛生黄芪 42215
白花丛生黄耆 **42215**
白花丛生龙胆 **173975**
白花粗糙龙胆 **173853**
白花粗毛芳香木 **38584**
白花粗毛堇菜 **410065**
白花粗毛迎红杜鹃 **331297**
白花酢浆草 **277648**,277878
白花簇叶兰 **135064**
白花翠凤草 **301100**
白花翠雀 **124239**
白花达呼里风铃草 **70062**
白花达乌里黄耆 **42259**
白花鞑靼忍冬 **236147**
白花打碗花 **68689**
白花大苞苣苔 **25753**
白花大苞兰 **379776**
白花大苞鞘石斛 **125413**
白花大丁草 **224112**
白花大角捕虫堇 **299765**
白花大武杜鹃 **331937**
白花大小蓟 **91817**
白花大野豌豆 **408553**
白花大叶堇 **410713**
白花戴尔豆 **121877**
白花丹 **305202**,200038,235790,239720,302217,327069,381341
白花丹科 **305165**
白花丹黏腺果 **101261**
白花丹参 **345215**,345214
白花丹氏梧桐 **135893**
白花丹属 **305167**
白花丹叶斑鸠菊 **406685**
白花丹叶烟草 266051
白花单瓣玫瑰 336902
白花单瓣木槿 **195298**
白花单裂苣苔 **257841**
白花单叶山堇 **409945**
白花蛋不老 370512
白花倒提壶 **117910**
白花灯笼 **96083**
白花灯心草百合 352149
白花地蚕 **373223**
白花地胆草 **143474**
白花地丁 **410360**,174877,409938
白花地椒 **391348**
白花地纽菜 373223
白花地穗姜 **174420**
白花地桃花 402248
白花地榆 **345820**,345911
白花棣棠花 **216086**
白花滇紫草 **271730**
白花点地梅 **23202**
白花吊钟花 145710
白花蝶豆 **97204**,97190
白花丁癸草 **418322**
白花丁香 **382225**,382368
白花东北长柄山蚂蝗 **126532**
白花东北棘豆 **278993**
白花东北堇菜 **410202**
白花东北老鹳草 **174584**
白花东北夏枯草 316100
白花东俄洛报春 315052
白花东方野豌豆 **408436**
白花东国三叶踯躅 **332090**
白花兜被兰 **264766**
白花兜兰 **282817**,282882
白花豆 **204730**
白花豆兰 63044
白花豆属 **204729**
白花独蒜 417612
白花独蒜兰 **304209**
白花杜鹃 **330057**,331239
白花杜鹃花 331284
白花短柄山茶 **69210**
白花短梗挖耳草 **403135**
白花短穗黄芩 **355393**
白花对叶返顾马先蒿 **287590**
白花钝齿堇菜 **410313**
白花钝叶杜鹃 **331371**
白花多花梾木 **105026**
白花多花紫藤 414555
白花多节花 **304507**
白花多色鼠尾草 **345068**
白花多叶蚊子草 **166098**
白花多叶岩雏菊 **291331**
白花朵 379336
白花鹅掌柴 **350731**
白花耳苞鸭跖草 **100931**
白花耳唇兰 **277240**
白花耳钩草 409898
白花耳叶假龙胆 **174119**
白花耳状蚊子草 **166077**
白花法氏报春 **314372**
白花法氏缬草 **404263**
白花番茉莉 **61315**
白花番薯 **207940**
白花反折马先蒿 **287578**
白花返顾马先蒿 **287596**
白花芳香堇菜 **409751**
白花非牛舌草 **21934**
白花非洲豆蔻 **9874**
白花非洲兰 **320949**
白花非洲砂仁 9874
白花费利菊 **163130**
白花粉红舟蕊秋水仙 **22385**
白花粉花绣线菊 **371975**
白花丰岁兰 117051
白花风不动 319833
白花风车草 96974
白花风兰 **24823**
白花风铃草 **70126**,70107
白花风轮菜 **96974**
白花风信子 **199598**
白花风筝果 **196826**
白花蜂斗菜 **292344**,292374
白花凤蝶兰 **282931**
白花凤凰堇菜 **410668**
白花凤凰木 **123809**
白花凤兰 24823
白花凤仙花 **205087**,205449
白花伏地杜鹃 **87681**
白花附地菜 **397446**,397426
白花甘蓝 **59533**,59526
白花甘青黄芪 43126
白花甘青黄耆 **43126**
白花甘肃马先蒿 **287303**
白花甘西鼠尾草 **345328**
白花杆 294540
白花刚毛喉毛花 **100281**
白花岡田蓟 **92267**
白花高河菜 **247779**
白花高山瞿麦 **127856**
白花高山日本蓝盆花 **350184**
白花高山夏枯草 **316124**
白花戈壁贝母 168438
白花葛藤 **321444**
白花根 158200
白花庚申草 **299755**
白花弓茎悬钩子 **338417**
白花公主兰 **238736**
白花狗娃花 **193941**
白花谷地蓟 **92374**
白花谷蓼 **91580**
白花瓜叶乌头 **5259**
白花寡叶蓟 **92270**
白花冠唇花 **254243**
白花冠鳞菊 **306223**
白花冠鳞菊属 **306222**
白花灌木状钓钟柳 **289342**
白花光萼荷 **8573**
白花光滑柳叶菜 **146607**
白花光荣马先蒿 **287240**
白花光掌根兰 **121361**
白花光子克拉脐果草 **270702**
白花广布野豌豆 **408358**
白花鬼灯笼 95984,96083
白花鬼点灯 384988
白花鬼针 54048
白花鬼针草 **54059**
白花棍儿茶 312634
白花果 386696
白花过路黄 **239676**
白花哈尼姜 **185272**
白花海滨山黧豆 **222737**
白花海岛伪泥胡菜 **361025**
白花海寿花 **310996**
白花蚶壳草 410730
白花含笑 **252927**
白花韩信草 **355495**
白花汉珀锦葵 **185214**
白花杭子梢 **70783**
白花蒿 35674,35770
白花禾叶小蝶兰 **310892**
白花合欢 **13526**,13586
白花合景天 **318390**
白花河岸小头紫菀 **40851**
白花赫柏木 **186929**
白花鹤顶兰 **293487**
白花鹤虱 **221699**,221700
白花鹤望兰 377563
白花黑柄菊 **248141**
白花黑草 **61731**
白花黑环罂粟 **282660**
白花黑龙江野豌豆 **408276**
白花黑蒴 **14292**
白花红车轴草 **397020**
白花红唇鹤顶兰 **293508**
白花红笠 **45881**
白花红莓苔子 **278378**
白花红门兰 310948
白花红杉花 **208320**

白花喉凸苣苔　**184226**
白花猴面蝴蝶草　**4074**
白花后鳞萝藦　**252489**
白花狐地黄　**151103**
白花胡颓子　**142142**
白花胡枝子　**226706**
白花壶瓶　363467
白花湖北玉兰　**242320**
白花葫芦　**219827**
白花虎耳草　**349940**
白花虎眼万年青　**274810**
白花虎掌草　24024
白花瓠果　**290557**
白花花凤梨　**391969**
白花花锚　**184693**
白花花叶丁香　**382242**
白花华丽龙胆　173901
白花华山黄芪　42475
白花华山黄耆　**42475**
白花华水苏　**373174**
白花槐　**368959**
白花还阳参　**110725**
白花黄吊钟花　**145679**
白花黄兰　**82087**
白花黄芪　42391,42612
白花黄耆　42391,42612
白花黄芩　**355388**,355570
白花黄檀　**121614**
白花灰毛豆　**385934**
白花灰毛槐　**369152**,368959
白花灰毛槐树　369152
白花灰楸　**79251**
白花灰叶　385985
白花回欢草　**21075**
白花藿香　**10415**
白花藿香蓟　11199
白花鸡蛋花　**305216**
白花鸡矢藤　377856
白花鸡屎藤　400914
白花姬孔雀　**134228**
白花基特茜　**215769**
白花极矮谷精草　**151395**
白花极美杜鹃　**330059**
白花棘豆　**278693**
白花戟叶堇菜　**409723**
白花寄生　355324
白花蓟　**92067**
白花蓟罂粟　**32415**,32441
白花加贺山蓟　**92088**
白花加拿大紫荆　**83758**
白花加藤白前　**409481**
白花夹竹桃　**265328**,265327
白花假糙苏　**283607**
白花假杜鹃　**48141**
白花假福王草　**219522**
白花假金雀儿　120909
白花假景天　318390
白花假连翘　**139068**
白花假面花　**17477**
白花假秦艽　**295065**
白花假沼泽老鹳草　**175033**
白花间型欧石南　**149589**
白花剪秋罗　363673
白花碱菀　**41434**
白花箭　299376
白花箭头巢菜　**408289**
白花箭状风毛菊　**348753**
白花姜　158070
白花姜味草　**253693**
白花角叶仙客来　**115954**
白花节节草　18147
白花结　294509
白花芥蓝　**59284**
白花金疮小草　**13093**
白花金唇兰　261470,261474
白花金菊木　**150307**
白花金莲花　**399490**
白花金露花　139068
白花金露梅　**312606**
白花金雀花　**120909**
白花金丝岩陀　305202
白花金线莲　269026
白花金腰　**90321**
白花金盏苣苔　**210186**
白花堇菜　**410165**,410269,410360,410770
白花堇兰　**207412**,379776
白花锦带花　**413592**
白花近无柄穗花　**317969**
白花茎草　**167734**
白花荆条　**411365**
白花景天　200793,318390
白花九股牛　305202
白花九里明　55783
白花九州黄芩　**355545**
白花九州山杜鹃　**331011**
白花韭　**15899**
白花酒红杜鹃　**330332**
白花居间鼠尾草　**345184**
白花桔梗　**302755**
白花桔梗兰　127507
白花菊　**124821**
白花菊木属　**227890**
白花矩卵形堇菜　**410331**
白花具柄羽叶穗花　**317942**
白花具齿南非仙茅　**371705**
白花具腺双距花　**128059**
白花瞿麦　**127853**,363467
白花卷瓣兰　**62824**
白花卷唇兰　62824
白花绢毛日本棘豆　**278913**
白花爵床　**214734**
白花卡德兰　**64927**
白花卡拉迪兰　65203
白花卡罗来纳水茄　**367015**
白花开山老鹳草　**174902**
白花勘察加手参　**264009**
白花考来木　**105390**
白花可可　**389400**
白花克劳凯奥　105248
白花蔻木　**410917**
白花苦灯笼　**384988**,133187
白花苦苣苔草　**101682**
白花苦林盘　96140
白花库页齿缘草　**153492**
白花块根落葵　**401413**
白花宽卵叶长柄山蚂蝗　**126527**
白花宽沼泽兰　**230347**
白花宽爪野豌豆　**408457**
白花扩展杜鹃　**330579**
白花拉吉茜　**220267**
白花蜡梅　87521
白花赖因报春　**314886**
白花兰　310948
白花蓝花丹　**305173**
白花蓝箭菊　**79278**
白花狼尾草　**289021**
白花榔　379471
白花榔树　379471
白花老鹳草　**174454**
白花老虎兰　**373689**
白花雷公根　299395
白花肋瓣花　**13813**
白花类北葱　**15710**
白花类华丽龙胆　**173901**
白花梨果寄生　**355324**
白花篱囊木棉　**295950**
白花藜芦　**405571**
白花礼文马先蒿　**287083**
白花立金花　**218883**
白花丽花秋水仙　**99346**
白花荔枝草　**345311**
白花连翘　210
白花连翘属　209
白花莲　158161,327069,348087
白花莲花白　59533
白花楝　**248896**
白花两色乌头　**5024**
白花蓼　**309015**
白花蓼草　239594
白花列当　**275011**,274934
白花裂苞芹　**352689**
白花裂叶筋骨草　**13115**
白花裂缘兰　**65203**
白花鳞盖草　**374596**
白花鳞叶龙胆　**173918**
白花鳞叶树　**61321**
白花铃铛刺　**184840**
白花铃子香　**86807**
白花琉球杜鹃　**331760**
白花柳穿鱼　**231184**
白花柳兰　**85550**
白花柳叶箬　**209030**
白花柳叶绣线菊　**371795**
白花柳叶野豌豆　**408677**
白花龙　**379336**,379327
白花龙船花　**211105**
白花龙胆　**232676**,173198,173978
白花龙面花　**263378**
白花龙舌兰　169245
白花笼　379336
白花耧斗菜　**30049**
白花露蕊乌头　**5238**
白花卢氏雪光花　**87767**
白花芦荟　**16561**
白花鹿角兰　**310801**,310797
白花鹿蹄草　**322817**,322872
白花驴蹄草　**68186**,68181
白花驴喜豆　**271167**
白花绿绒蒿　**247106**
白花绿叶胡枝子　**226722**
白花卵叶杜鹃　**330280**
白花卵叶山罗花　**248205**
白花轮叶马先蒿　**287805**
白花轮叶沙参　**7857**
白花萝卜乌头　**5450**
白花萝藦　**252515**
白花落葵　48689
白花马葱　**15468**
白花马岛香茶菜　**71620**
白花马耳茜　**196799**
白花马棘　**206447**
白花马卡野牡丹　**240217**
白花马兰　**40739**
白花马蔺　**208665**
白花马氏蓼　**291834**
白花马缨丹　**221286**
白花麦特杜鹃　**331230**
白花满山红　**331204**
白花曼陀罗　61235,123065
白花曼陀罗木　**61236**
白花牻牛儿苗　**153919**
白花毛瓣毛蕊花　**405670**
白花毛地黄　**130386**
白花毛果风铃草　**70118**
白花毛果香茶菜　**209848**
白花毛建草　**137648**
白花毛口野牡丹　**85007**
白花毛美丽胡枝子　**226804**
白花毛蕊茶　69341
白花毛蕊山茶　**69341**
白花毛蕊神宫杜鹃　**331725**
白花毛桃　406817
白花毛绣球　**199898**
白花毛鸭绿报春　**314522**
白花毛野豌豆　**408542**
白花毛叶香茶菜　**209715**

白花毛轴莎草 **119379**
白花茅膏菜 **138303**
白花茅莓 **338989**
白花玫瑰 336902
白花梅花草 **284613**
白花梅蓝 **248827**
白花梅里野牡丹 **250670**
白花美国薄荷 **257162**
白花美丽百合 **230037**
白花美丽胡枝子 **226800**
白花美丽宽萼木 **215592**
白花美人蕉 71179
白花美洲婆婆纳 **406984**
白花蒙百里香 **391287**
白花蒙塔菊 **258203**
白花迷迭香 **337181**
白花迷延胡索 **105596**
白花米口袋 **181694**,181640
白花密穗草 **376604**
白花密钟木 **192630**
白花绵枣儿 352969
白花免足杜鹃 **331040**
白花缅栀 305213
白花明石蝇子草 **363159**
白花墨西哥野牡丹 **193751**
白花蘼苓草 258862
白花木 331280,379449,379471,381372
白花木芙蓉 **195041**
白花木槿 195270
白花木龙葵 **367651**
白花木曼陀罗 61235
白花木通 **13231**,94748
白花木犀 **276294**
白花木香薷 **144097**
白花牧野杜鹃 **331188**
白花牧野氏龙胆 **173622**
白花苜蓿 397043
白花穆伦兰 **256476**
白花内斯特紫葳 **265636**
白花内折香茶菜 **209704**
白花纳韦凤梨 **262930**
白花南方日本腹水草 **407466**
白花南美刺莲花 **65129**
白花南美肉豆蔻 410917
白花南美鼠刺 **155140**
白花南盘龙参 **372252**
白花南山茶 **69616**
白花尼泊尔鸢尾 **208518**
白花拟莞 **352211**
白花拟万代兰 **404754**
白花黏拟漆姑 **370644**
白花鸟娇花 **210830**
白花鸟仔豆 218721
白花牛角瓜 **68095**
白花牛皮杜鹃 **330184**
白花牛皮消 117734
白花牛至 **274200**
白花女娄菜 **248271**,363451
白花欧丁香 **382368**
白花欧瑞香 **122448**
白花欧石南 **149661**
白花欧洲百合 **229924**,229925
白花欧洲筋骨草 **13105**
白花螃蜞草 141374
白花螃蜞菊 141374
白花泡桐 **285960**
白花泡叶菊 **138139**
白花蓬子菜 **170757**
白花匹菊 **322751**
白花平滑多叶斑叶兰 **179612**
白花婆婆纳 **407233**
白花婆婆针 54054
白花珀菊 **18954**
白花匍茎通泉草 **247009**
白花葡萄风信子 **260294**
白花蒲公英 **384628**,384505,384681,384760
白花朴只藤 144793
白花七叶树 336509
白花槭叶蚊子草 **166119**
白花奇妙荷包牡丹 **128312**
白花鳍蓟 **270236**
白花麒麟吐珠 **279766**
白花气花兰 **9195**
白花千岛忍冬 **235722**
白花千岛小蝶兰 310867
白花千岛小红门兰 **310867**
白花千岛獐牙菜 **380377**
白花千里光 39928
白花牵牛 25316
白花前胡 **24337**,276745,292982
白花荨麻叶龙头草 **247741**
白花茜堇菜 **410407**
白花蔷薇 **336689**
白花巧玲花 **382263**
白花茄 **366932**
白花青锁龙 **108959**
白花秋假龙胆 **174109**
白花秋牡丹 23853
白花秋水仙 **99300**
白花秋英 **107164**
白花楸 **369322**
白花球百合 **62336**
白花球蕊五味子 **351100**
白花曲花 **120566**
白花全唇兰 261470
白花全叶青兰 137602
白花全缘叶青兰 **137602**
白花荛花 **414123**,414271
白花热非瓜 **160370**
白花热非夹竹桃 **13268**
白花热美椴 **28955**
白花忍冬 **235650**
白花日本白前 **117532**
白花日本百合 **229874**
白花日本报春 **314511**
白花日本大萼杜鹃 **331175**
白花日本腹水草 **407463**
白花日本后蕊苣苔 **272599**
白花日本胡枝子 226974
白花日本黄槿 **194912**
白花日本棘豆 **278911**
白花日本蓟 **92228**
白花日本筋骨草 **13127**
白花日本蓝盆花 **350176**
白花日本龙胆 **173663**
白花日本轮叶沙参 **7864**
白花日本米团花 **228004**
白花日本木瓜 **84559**
白花日本脐果草 **270697**
白花日本前胡 24340
白花日本三花龙胆 **174008**
白花日本山罗花 **248202**
白花日本山紫苏 **259306**
白花日本狮子草 **129273**
白花日本石竹 **127740**
白花日本双蝴蝶 **398276**
白花日本铁色箭 **239275**
白花日本小苦荬 **210536**
白花日本绣线菊 371957,371975
白花日本野豌豆 **408509**
白花日本羽叶菊 **359588**
白花日本紫草 **22039**
白花日本紫珠 **66810**
白花日本醉鱼草 **62102**
白花日光杜鹃 **331464**
白花日光山罗花 **248182**
白花绒安菊 **183040**
白花绒毛锦带花 **413625**
白花绒毛马鞭草 **405890**
白花绒子树 **324602**
白花柔毛打碗花 **68707**
白花柔毛野豌豆 **408694**
白花肉舌兰 **346800**
白花蕊叶藤 **376555**
白花锐叶牵牛 **207892**
白花瑞香 **122538**,122484
白花弱小金梅草 **202939**
白花萨乌尔翠雀花 **124576**
白花鳃兰 **246706**
白花赛靛 **47871**
白花三瓣木 **397864**
白花三宝木 **397368**
白花三冠野牡丹 **398690**
白花三角车 **334571**
白花三叶草 **396953**,397043
白花三叶杜鹃 331624
白花三月花葵 **223396**
白花散血草 409898
白花沙地马鞭草 700
白花沙马鞭 **700**
白花沙米逊马先蒿 **287077**
白花沙参 **7831**
白花沙滩黄芩 **355779**
白花沙乌尔翠雀花 124576
白花砂贝母 168438
白花砂珍棘豆 **279116**
白花山菠菜 **316100**
白花山薄荷 78012
白花山茶 **69198**
白花山丁香 **382295**
白花山梗菜 **234767**
白花山韭 **15735**
白花山柳菊 **195451**
白花山罗花 **248196**
白花山蚂蝗 **126334**
白花山柰 **214999**
白花山丘堇菜 **410656**
白花山桃 **20910**
白花山羊豆 **169936**
白花山野豌豆 **408264**
白花山樱 316854
白花山油柑 **6235**
白花山月桂 **215392**
白花山踯躅 **330967**
白花稍粗獐牙菜 **380171**
白花芍药 **280147**
白花苕菜 408423
白花舌头草 24024
白花蛇根草 272282
白花蛇舌草 **187565**,375018
白花射干 208524,208640
白花参 286836
白花神香草 **203099**
白花神血宁 309015
白花肾叶打碗花 **68739**
白花升麻 124291
白花省沽油 **374093**
白花圣诞果 **88024**
白花虱母头 415046
白花狮子耳 **224588**
白花十万错 **43599**
白花十雄扩展杜鹃 **330582**
白花十字草 187565
白花什锦丁香 **382133**
白花石蚕 388012,388179
白花石豆兰 **63044**,62982
白花石斛 **125033**,125104,125221,125288
白花石芥菜 72858
白花石莲花 **139975**
白花石南 331230
白花石生蝇子草 **364106**
白花石蒜 111171
白花石竹 **127656**
白花疏展香茶菜 **209658**
白花舒安莲 **352149**

白花鼠尾草 **345110**,345076,345167
白花树 113,237191,249560,379331,379471
白花树兰 146396
白花树萝卜 **10334**
白花树状杜鹃 **330062**
白花双耳萼 **20815**
白花双蝴蝶 **398291**
白花双葵 **362703**
白花水八角 **180308**
白花水金凤 **205176**
白花水龙 238152
白花水苏 **373102**
白花水仙 **262432**
白花水竹草 394021
白花睡莲 267723
白花丝路蓟 **91771**
白花斯氏穗花 **317953**
白花四川鹅绒藤 117713
白花四国龙胆 **173897**
白花四国紫珠 **66928**
白花松村报春 **314375**
白花松蒿 **296069**
白花松潘黄芪 43114
白花松潘黄耆 **43114**
白花松潘乌头 **5613**
白花松香草 **364256**
白花溲疏 126904,127078
白花素馨茄 **367266**
白花宿萼果 **105248**
白花酸脚杆 **247530**
白花酸藤果 144793
白花酸藤子 **144793**
白花碎米荠 **72858**
白花索林漆 **369752**
白花塔莲 **409232**
白花塔纳葳 **383882**
白花塔仔草 227654
白花踏郎岩黄芪 187968
白花踏郎岩黄蓍 **187968**
白花台东红门兰 **273656**
白花台东兰 273656
白花台湾倒提壶 **117964**
白花昙花 71181
白花糖果木 131966
白花糖芥 **154494**
白花藤 66617,80193,80295,95358,102933,131254,207884,208067,211996,305202,393616,393640,393657,414584
白花藤萝 **414584**,414577
白花藤子 285105
白花天芥菜 **190547**
白花天麻 **171930**,171928
白花田草 71273
白花田野丝毛飞廉 **73340**
白花田中氏风毛菊 **348843**
白花甜茅 **177561**
白花甜蜜蜜 137596
白花铁富豆 385985
白花铁兰 391969
白花铁色箭 **239272**
白花庭菖蒲 365686
白花庭园鸭跖草 **100971**
白花通贝里胡枝子 **226974**
白花通泉草 **246990**
白花通氏飞蓬 **151009**
白花蓪花梗 200
白花茼蒿 **89406**,227533
白花桐 285960
白花铜皮石斛 125417
白花头嘴菊 **82412**
白花土荆芥 274237
白花土佐报春 **315052**
白花土佐杜鹃 **331986**
白花兔耳草 **220169**
白花菟葵 **148102**
白花团垫黄芪 42018
白花团垫黄耆 **42018**
白花托里贝母 168614
白花托马斯野荞麦 **152519**
白花歪头菜 **408653**
白花弯管花 **86195**
白花弯蕊芥 **238023**,72778
白花万代兰 404627
白花万带兰 404627,404629,404635
白花网球花 **184347**
白花网纹杜鹃 **331624**
白花威尔掌 **414294**
白花尾 35136
白花尾叶香茶菜 **209667**
白花委陵菜 **312337**,312946
白花萎草 **245068**
白花倭毛茛 **325821**
白花乌板紫 404019
白花乌口树 384988
白花乌头 **5358**
白花无柄荆芥 **265065**
白花无柄马先蒿 **287013**
白花无梗茄 **366907**
白花无距兰 **3813**,169906
白花无毛通氏飞蓬 **151011**
白花无毛莺树 **235814**
白花无柱兰 **19513**
白花五裂杜鹃 **330534**
白花西伯利亚杜鹃 **330513**
白花西伯利亚箭头蓼 **291941**
白花西伯利亚鸢尾 **208830**
白花西部四国香茶菜 **209833**
白花西南鸢尾 **208475**
白花西氏蓟 **92391**
白花溪荪 **208807**
白花锡兰琉璃草 **118040**
白花细叶白头翁 **321717**
白花细叶野豌豆 **408632**
白花虾疳花 **86483**
白花虾夷筋骨草 **13192**
白花虾夷老鹳草 **175024**
白花狭唇兰 **346712**
白花狭刀豆 **71056**
白花狭管香雪兰 168191
白花狭叶母草 **404703**
白花下延当归 24340
白花夏枯 220126
白花夏枯草 **316148**,137596,220126,316116
白花夏天无 **105812**
白花仙灯 67555
白花仙人球 **141024**
白花纤裂马先蒿 **287755**
白花苋 **9396**
白花苋属 **9361**
白花线蓼 **291757**
白花线柱兰 **417774**,417700
白花腺萼紫葳 **250106**
白花腺托囊萼花 **323418**
白花香草 11199
白花香茶菜 **209860**
白花香芙蓉 **81221**
白花香薷 **143975**,144093
白花香雪兰 **168157**,168188
白花小白芨 **55566**
白花小红门兰 **310948**
白花小蓟 **92079**,92066
白花小龙胆 173918
白花小囊芸香 **253395**
白花小石豆兰 63139
白花小头猫儿菊 **202427**
白花小土人参 **383278**
白花小野老鹳草 **174780**
白花小叶杜鹃 **331453**
白花小叶韩信草 **355511**
白花小叶蓝丁香 382295
白花小芝麻菜 **154106**
白花肖长苞杨梅 **101659**
白花肖梵天花 **402248**
白花肖头蕊兰 82086
白花肖鸢尾 **258384**
白花蝎子草 200784
白花斜果挖耳草 **403258**
白花斜茎黄耆 **41918**
白花缬草 **404317**
白花谢三娘 305202
白花蟹甲草 283787
白花信浓景天 **356848**
白花兴安白头翁 **321677**
白花兴安百里香 **391168**
白花兴安杜鹃 **330497**
白花星毛米团花 **228012**
白花猩猩冠柱 **34968**
白花荇菜 267802,267819
白花须边岩扇 **351452**
白花悬钩子 **338737**
白花雪叶风毛菊 **348207**
白花血红茶藨子 **334198**
白花血红六出花 **18070**
白花薰衣草 **223252**
白花鸭绿报春 **314516**
白花鸭跖草 **100916**,129691
白花崖豆藤 **254755**
白花崖爬藤 387745
白花崖藤 **387745**
白花亚麻荠 **68840**
白花亚洲滨紫草 **250896**
白花烟管蓟 **92297**
白花延龄草 **397544**,397574
白花岩高兰 **145071**
白花岩黄耆 **188018**
白花岩梅 **127922**
白花岩青兰 137647,137648
白花岩藤 387745
白花岩陀 305202
白花盐苁蓉 **93076**
白花盐豆木 184840
白花羊耳蒜 **232075**
白花羊牯枣 226977
白花羊蹄甲 **48993**,49247,49248
白花洋吊钟 **215263**
白花洋泡 61975
白花洋蔷薇 **336478**
白花洋石竹 **400356**
白花洋紫荆 **49248**,49247
白花药 239594
白花药用肺草 **321644**
白花野车轴草 **396829**
白花野大豆 **177781**
白花野甘蓝 **59526**
白花野火球 **396959**
白花野蓟 **92168**
白花野菊 **89541**,89536
白花野牡丹 **248734**
白花野三叶草 396829
白花野豌豆 **408465**,408350
白花野芝麻 220359
白花叶 **311657**,138331,311659
白花叶长被片风信子 **137893**
白花叶属 **311654**
白花叶下珠 **296636**
白花叶翼萼藤 **311607**
白花叶银白槭 **3533**
白花一点红 **144941**
白花一枝蒿 4062
白花一枝香 175203
白花伊巴特萝藦 **203170**
白花夷地黄 **351958**
白花异药莓 **131079**

白花异叶苣苔 **414007**
白花益母 220126
白花益母草 **224991**,220126,220346,220359,224989,224996,225005,225006,282478
白花茵陈 274237
白花淫羊藿 **147077**
白花银背藤 **32657**
白花银齿树 **227230**
白花银钮 **140271**
白花银叶茄 **367140**
白花罂粟 **282505**,282722
白花樱蓼 **291729**
白花鹰爪豆 370204
白花迎红杜鹃 **331290**
白花迎山红 331284
白花蝇子草 363477,363673
白花映山红 **331841**,331284
白花硬瓣苏木 **354446**
白花硬尖神香草 **203085**,203084
白花硬毛水苏 **373400**
白花油麻藤 **259486**
白花鱼藤 **125940**
白花榆叶悬钩子 **339423**
白花羽扇豆 **238420**,238421
白花雨久花 **257573**
白花玉钱香 230759
白花玉山山萝卜 **350186**
白花玉山石竹 **127803**
白花玉竹石南 **257997**
白花裕民贝母 **168644**
白花鸢尾 **208876**,208524
白花园圃锦带花 **413609**
白花圆苞山罗花 **248178**
白花圆齿鼠尾草 **345182**
白花圆菱叶山蚂蝗 **126528**
白花圆叶风铃草 **70273**
白花圆叶筋骨草 **13155**
白花圆叶苦荬菜 **210674**
白花远志 307927
白花月见草 269504
白花越橘 **403711**
白花云间杜鹃 **389573**
白花蘩菜 **225006**
白花藏芥 **293366**
白花藏象牙参 **337110**
白花早花仙客来 **115943**
白花皂药 305202
白花窄叶庭菖蒲 **365686**
白花展 16295
白花展枝沙参 **7640**
白花张口杜鹃 **330170**
白花獐牙菜 **380111**
白花沼地兰 **143441**
白花沼迷迭香 **22451**
白花沼委陵菜 100259
白花照水莲 348087
白花浙江泡果荠 196312
白花浙江山茶 **68981**
白花珍珠菜 239710
白花珍珠草 23323
白花支撑 **92417**
白花枝子花 **137596**
白花直立延龄草 **397557**
白花掷爵床 **139858**
白花智利钟花 221342
白花中甸鸢尾 **208867**
白花中国野菰 **8768**
白花中南胡麻草 **81720**
白花猪母菜 46362
白花猪牙花 **154928**
白花蛛毛苣苔 **283117**,283120
白花筑波筋骨草 **13194**
白花筑紫蓟 **91863**
白花爪腺金虎尾 **188357**
白花转子莲 **95218**
白花装饰沙参 **7725**
白花锥托棕鼠麹 **341162**
白花仔 18147,227654,299395,305202,307656
白花仔草 158070,176821,367651
白花子 5144
白花子宫草 365906
白花子孙球 **327251**
白花梓树 79260
白花紫瓣花 **400076**
白花紫苞鸢尾 **208798**
白花紫背金盘 **13147**
白花紫丁香 382227
白花紫萼女娄菜 364103
白花紫蓟 **92333**
白花紫金牛 **31522**
白花紫堇 **106287**
白花紫荆 **83771**,49248
白花紫露草 394021
白花紫茉莉 255711
白花紫色野芝麻 **220417**
白花紫苏 99573
白花紫藤 **414577**
白花紫菀 **41086**
白花紫葳 **227777**
白花紫葳属 **227776**
白花紫勲生石花 **233585**
白花紫云英 **43054**
白花总苞绣球 **199914**
白花醉鱼草 61968,61975
白华 389333
白华芨 70507
白铧头草 410498
白桦 **53572**,53483,53549
白桦白酒草 103509
白桦地宝兰 **174304**
白槐 369037
白还魂 59844
白还阳参 **110723**
白环报春 315117
白环花 **346315**
白环花属 **346314**
白环菊 **227824**
白环菊属 **227822**
白环藤 252514
白环异枝竹 **252534**,4613
白幻阁 **157169**
白皇油杉 114540,114546
白黄杜鹃 330195
白黄果 403819
白黄花属 **270352**
白黄脚 348087
白黄克拉布爵床 **108506**
白黄柿 **132041**
白晃 220494
白晃丸 395653
白灰火绒草 224770
白灰毛豆 **385985**
白辉淡色银莲花 **23728**
白辉光滑银莲花 23728
白喙刺子莞 **333495**
白喙蕊兰 **333730**
白活麻 402847,402916,402958
白火丹草 385903
白火石蒜 **322937**
白火炭 167096
白火焰树 **370355**
白霍尔木 **198463**
白藿香 355634
白芨 **55575**,61971
白芨黄精 **308580**,308529
白芨梢 61971
白芨属 **55559**
白芨药 87978
白鸡 55575
白鸡刺藤 121703
白鸡蛋 253628
白鸡蛋花 **305213**,305221
白鸡儿 55575
白鸡骨头树 266918
白鸡角刺 82022,92384
白鸡金 133185
白鸡槿 157732
白鸡烂树 145714
白鸡毛 257542
白鸡婆捎 78012
白鸡婆梢 78037
白鸡矢藤 280121
白鸡屎藤 280106
白鸡腿 298094
白鸡腿堇菜 **409631**
白鸡娃 55575
白鸡油 **167978**,29005,167982,167994
白鸡油舅 167994
白鸡爪草 312502
白鸡肫 157748
白积梢 61971
白基牛七 4259
白基山柳菊 **195486**
白箕柳 343529,343610
白箕稍 61971
白及 55563,55572,55575,308529,308572,308613,308641
白及黄精 308529,308572,308641
白及属 55559
白及子 55575
白棘 266367,280555
白棘豆 278940
白棘枝 232467
白蒺藜 44646,395146
白蒺藜药 206005
白蓟 **91904**
白夹竹茹 297373
白家香 12563
白蛱蝶天蓝绣球 **295308**
白尖草 255886
白尖桦 **53575**
白尖锦鸡尾 **186354**
白尖日本花柏 **85351**
白尖榕 **164875**
白尖苔草 73814
白尖肖鸢尾 **258383**
白尖雅葱 **354901**
白尖子 13353
白坚木 **39700**
白坚木属 **39693**
白间花谷精草 **250983**
白兼果 **364777**,365326
白兼果属 **46555**
白剪股颖 **11995**
白剪秋罗 363673
白睑菊 **227773**
白睑菊属 **227771**
白碱蓬 **379491**
白剑仙人球 244182
白剑鸭嘴花 **214588**
白剑叶玉 **240518**
白剑玉 **242893**
白健秆 **156482**
白箭毒藤 **114803**
白箭叶卷舌菊 **381007**
白箭竹 **162746**
白姜 131607,418010
白姜饼木 **284192**
白姜花 187432
白浆草 137795
白浆罐 20408
白浆果苋 **123569**
白浆柳 344211

白浆藤 113577,137795
白豇豆 **409087**
白胶木 231322
白胶墙 231559
白胶藤 402194
白胶香 232557
白角蒿 **35105**
白角堇菜 **409859**
白角玉凤花 **183782**
白脚笱 418080
白脚桐 389941
白脚桐棉 **389941**
白脚威灵 406828
白脚威灵仙 406828
白脚蜈蚣 288605
白接骨 **43682**
白接骨丹 363467
白接骨连 23779
白接骨木 **345563**
白接骨属 **43679**
白节簕竹 **47243**
白节簕竹 47243
白节藕 348087
白节赛爵床 **67827**
白结香 **141467**
白睫毛莲花掌 **9054**
白解藤 34139
白芥 **364545**,59284
白芥属 **364544**
白芥子 59438
白金番红花 **111502**
白金古榄 34139,34367
白金果榄 34372
白金合欢 **1148**
白金花属 81485
白金鸡纳 91059
白金鸡纳树 91059
白金箭 233882
白金兰 **82052**
白金芦 105456
白金雀儿 120909
白金三角草 279744
白金三角咪 279744
白金藤 147339
白金条 13353
白金叶树 **90015**
白金银花 211812
白金子风 66913
白筋骨草 **13053**,375136
白筋树 231313
白筋条 13353
白堇菜 **409661**
白堇色合萼山柑 **390043**
白锦带花 **413604**
白锦条 13376
白锦玉 **264353**
白茎 369010
白茎残雪柱 **258338**
白茎茶藨 334043
白茎茶藨子 **334043**
白茎狗肝菜 **129223**
白茎红花 **77726**
白茎黄耆 **41948**
白茎九节 **319399**
白茎绢蒿 **360879**
白茎蓝刺头 **140654**
白茎蓝花参 **412580**
白茎藜 **87121**
白茎苓菊 **214032**
白茎马利筋 **37822**
白茎牻牛儿苗 **153869**
白茎鼠尾草 **344841**
白茎唐松草 **388552**
白茎莴苣 **219590**
白茎响铃豆 **111878**
白茎鸦葱 354813
白茎雅葱 354801
白茎盐生草 **184950**
白茎眼子菜 **312232**
白茎月见草 **269398**
白茎紫罗兰 **246439**
白茎紫茉莉 **255676**
白荆树 167940
白井安息香 **379450**
白景天 200793,356503
白镜子 331239
白鸠 **102554**
白鸠球 **244168**
白鸠丸 244168
白九股牛 30707
白九前 250761
白韭 **15120**
白韭兰 **376351**
白酒草 **103509**
白酒草属 **103402**
白酒草旋覆花 **207087**
白酒棵 103509
白酒香 103509
白臼 346379
白桕 346379
白桔朝 348087
白桔梗 302753
白菊 **357164**,357162,357163
白菊花 124785,124826
白菊木 **178749**
白菊木属 **178748**
白菊一点红 **144897**
白蒟蒻 20132
白巨花紫草 **241145**
白苣 219485
白距花 81744
白距九节 **319638**
白距药草 **81744**
白距紫堇 **106281**
白聚球 **140866**
白聚丸 140866
白鹃梅 **161749**
白鹃梅属 **161741**
白卷须酢浆草 **277886**
白绢草 **394075**
白绢毛格尼瑞香 **178570**
白绢毛灰毛豆 **386173**
白绢丸 244234
白绢仙人球 59163,59164
白卡拉库扶桑 **195175**
白卡林玉蕊 76836
白卡山槟榔 **299654**
白卡雅楝 216196
白开口箭 88276
白凯氏兰 **215792**
白考卡花 **79676**
白栲 1035,78877
白柯 233174
白柯伦兰 **217594**
白壳杨 **311171**
白可拉 99240
白克拉脐果草 **270700**
白克马 379331
白克木 161607
白克木属 61920
白克氏山楂 109552
白刻针 368994
白肯尼亚豇豆 **412942**
白孔葡萄风信子 **260318**
白恐龙 **273812**
白口赤宝花 **390010**
白口合丝莓 **347679**
白口莲 205962
白口杞莓 **316988**
白口仙客来 **115971**
白口异药莓 **131084**
白扣子 379327
白蔻 17769,19836,19870
白苦爹 285880
白苦葛 321459
白苦柱 309298,309312
白宽萼苏 **47016**
白宽肋万年青 11343
白宽叶伞花香茶菜 **209858**
白拉拉藤 **170186**
白拉拉秧 94704
白拉瓦野牡丹 **223413**
白喇叭茶 223905
白喇叭杜鹃 **331914**
白腊滑草 234363
白腊金 13353
白腊树 167940
白腊锁 179178
白腊叶荛花 414208
白腊叶四翼木 **387595**
白腊棕 103732
白蜡安迪尔豆 **22214**
白蜡甘蓝皮豆 22214
白蜡尖果苏木 5983
白蜡槭 3218
白蜡石 **233637**
白蜡属 167893
白蜡树 **167940**,167931,168086,229529
白蜡树桉 155585
白蜡树果 229450
白蜡树科 **167888**
白蜡树属 **167893**
白蜡叶 203648
白蜡叶风车藤 196831
白蜡叶风筝果 **196831**
白蜡叶枫杨 **320356**
白蜡叶蜡烛木 **121117**
白蜡叶洛马木 **235407**
白蜡叶洛美塔 235407
白蜡叶皿盘无患子 **223624**
白蜡叶南洋参 **310198**
白蜡叶荛花 **414208**
白辣薄荷 **250429**
白辣菜子 364545
白辣蓼 309199,309298,309624
白辣蓼草 91575
白来叶 165841
白莱菊属 46578
白莱氏菊 46580
白莱氏菊属 46578
白癞鸡婆 298094
白兰 **252809**,318210
白兰瓜 **114197**,114189
白兰花 **241969**,252809
白兰克爵床 **221121**
白兰属 318209
白兰香 204217
白兰香草 **78013**
白蓝翠雀 124018
白蓝翠雀花 **124018**
白蓝地花 70822
白蓝蒂可花 **115461**
白蓝钝柱菊属 **398328**
白蓝钩粉草 **317248**
白蓝花参 **412579**
白蓝龙胆 **173697**
白蓝密穗花 **322134**
白榄 70989
白郎花 391797
白郎苔 73945
白狼葱 15220
白狼毒 124646,158895,375187
白狼乌头 **5049**
白莨菪 **201372**
白琅玉 **140614**,182410
白榔皮 376210
白浪马醉木 **298748**

白老碗 410730
白老鸦草 375136
白老鸦肠 375136
白老鸦嘴 **390707**
白乐天 **267052**
白乐翁 **155303**
白竻 143694,309564
白竻花 143694
白竻薳 143694
白勒花 143694
白簕 **143694**
白簕花 143694
白簕树 143642
白肋斑叶兰 179708
白肋粗肋草 11361
白肋翻唇兰 **193592**
白肋角唇兰 193592
白肋亮丝草 **11343**
白肋菱兰 **332344**
白肋龙舌兰 **10881**
白肋万年青 **130107**,11343
白肋线柱兰 **417738**
白肋肖竹芋 **66178**
白肋朱顶兰 **18897**
白棱子芹 304755
白冷杉 **317**
白梨 **323114**,138624,323268
白梨柴龙树 29587
白梨么 138679
白犁头草 **409656**,410052
白犁头尖 410360
白黎豆 259559
白藜 86901
白藜芦 405571
白李堪木 **228664**
白里蒿 35207
白里金梅 312571,312818
白里松 299830
白里苔草 73892
白里香 407358
白鳢肠 141374
白立金花 **218827**
白丽人大花夏枯草 **316107**
白丽丸 234923
白丽翁 **45245**
白丽翁属 **45241**
白利堪蔷薇 228664
白苙 55575
白栎 **323881**,78920,233174,323625
白栎蔀 323881
白栗 78920,323881
白栗色布里滕参 **211469**
白栗色牛角草 **273134**
白连翘 210
白莲草属 388397
白莲蒿 **36177**,35560
白莲毫 36177
白莲蕉花 71181
白莲藕 348087
白莲蔷薇 **228023**
白莲蔷薇属 **228022**
白莲菀 **274273**
白莲菀属 **274272**
白莲玉 **405061**
白莲玉属 **405059**
白莲子 18670
白莲座蜡菊 **189115**
白敛 20408
白脸蒿 36354
白蔹 **20408**,117637,117640,295215
白蔹属 20280
白凉子 374103
白粱米 361794
白粱粟 361794
白亮达尔利石南 **148954**
白亮独活 **192249**
白亮广防风 25468
白亮花叶芋 **65219**
白亮金剑草 **25468**
白亮杨 311259
白亮越橘 **403759**
白列当 **274934**
白列金氏草属 61441
白裂叶罂粟 **335649**
白林兰 **227846**
白林兰属 **227845**
白林属 382991
白林树 243320
白鳞安第斯兰 **18086**
白鳞滨藜 **44383**
白鳞彩叶凤梨 **264419**
白鳞刺子莞 **333480**
白鳞酢浆草 **277932**
白鳞丹氏梧桐 **135766**
白鳞黄小麦秆菊 **381665**
白鳞连柱菊 **28431**
白鳞木姜子 **233979**,233840
白鳞莎草 **119262**
白鳞苔草 **73622**,75792
白鳞野梅柳 **343739**
白鳞泽兰 **158198**
白灵山红山茶 **68935**
白灵仙 95396
白岭冠 389224
白玲玉属 **310016**
白铃木 417592
白铃木属 417590
白铃子 265418,265442,299720
白绫 244047
白绫丸 244047
白菱 96147
白领合果含笑 **241991**
白令海酸模 **339952**
白令芥 **52637**
白令芥属 **52636**
白流星花 **135166**
白琉璃菊 **377289**
白柳 **342973**,343668
白柳安 **283902**,362188
白龙 80260
白龙苍 282478
白龙昌菜 282478,282479
白龙穿彩 282478,282482
白龙船花 **211190**,96258
白龙串彩 282478
白龙疮 282478
白龙胆 **173193**,222028
白龙藁本 **229354**
白龙骨 43682,142844,257542
白龙皮 171918
白龙七 134425
白龙球 **244037**
白龙藤 414584
白龙头 215343,320515
白龙头木 **76836**
白龙丸 244037
白龙仙人球 **244237**
白龙香荼菜 **324851**
白龙须 8012,13102,13353,117473,117523,117734,134425,134452,338292,370407,387432,400888,400945,400987,406772
白露红 351266
白露玉 **263738**
白卢韦尔椰 **237908**
白鲈 182412
白鲁斯特茜 **341030**
白鹿藿 **333140**
白鹿角海棠 **43321**
白鹿寿草 322801
白鹿蹄草 322817
白路边花 **413589**
白路边青 **175393**
白路得威蒿 **35839**
白路箕 257542
白鹭 **244000**
白鹭花叶芋 65219
白榈属 390451
白缕梅 **284968**
白缕梅属 **284966**
白绿本州老鹳草 **175030**
白绿葱叶兰 **254228**
白绿含羞草属 **227793**
白绿豪曼草 **186168**
白绿环带草 **28808**
白绿黄鸠菊 **134806**
白绿鳞山柳菊 **195531**
白绿绵枣儿 **353061**
白绿飘拂草 **166173**
白绿莎草 **119308**
白绿山蟹甲 **258295**
白绿苔草 76375
白绿天竺葵 **288393**
白绿葶苈 **137150**
白绿肖鸢尾 **258592**
白绿叶 142242
白绿叶胡颓子 **142242**
白鸾凤玉 **43524**
白略糙石豆兰 **63070**
白罗杉 38960
白萝卜 **326620**,326616
白裸玉 **182410**
白落葵 48689
白落霜红 **204240**
白落尾木 **300834**
白麻 **29506**,934,1000,56229
白麻栎 324532
白麻属 **306168**
白麻树 80596
白麻藤 245831
白麻子 80596
白马鞍藤 207884
白马鞭 26624,226742,405872
白马鞭草 **405903**
白马刺 91872
白马吊灯花 **84176**
白马兜铃 **34289**
白马杜鹃 330879
白马尔塞野牡丹 **245129**
白马分宗 70605
白马分鬃 317036
白马骨 **360935**,107486,360933
白马骨属 360923
白马芥 **46614**
白马芥属 **46613**
白马兰 39928,150464,373346
白马蓝 373262
白马里梢 360935
白马利花 **245271**
白马利筋 **38157**,37822
白马连鞍 113577
白马荛花 414137
白马肉 312797
白马桑 199800,199817,413613
白马山粗子芹 **393869**
白马山虎耳草 **349093**
白马山荛花 **414137**
白马鼠尾草 **344888**
白马胎 31455,308050,333745
白马苔草 **73847**
白马蹄莲 **417097**
白马薇 117385
白马尾 117385,117734
白马小檗 51944
白马银花 330879

白马岳黄耆 **43042**
白马岳火绒草 **224882**
白马岳蓟 **92239**
白马岳蒲公英 **384435**
白马岳葶苈 **137236**
白马岳蟹甲草 **283785**
白马朱蕉 **104377**
白蚂蝗七 273843
白蚂蚁花 **276132**
白麦根 7853
白脉安息香 379471
白脉八丈岛斑叶兰 **179627**
白脉巴豆 **112937**
白脉伯萨木 **53009**
白脉刺墨药菊 **248603**
白脉大戟 **159243**
白脉黛粉叶 **130136**
白脉番薯 **207571**
白脉风车子 **100588**
白脉格雷野牡丹 **180355**
白脉火筒树 223923
白脉鸡蛋花 **305217**
白脉绞股蓝 **183015**
白脉九节 **319781**
白脉韭 15560
白脉爵床 244282
白脉犁头尖 **401149**
白脉李榄 **231761**
白脉鹿蹄草 322779
白脉马瓞儿 **417497**
白脉马兜铃 **34243**
白脉瑞香 122426
白脉莎草 **118470**
白脉山葱 **15560**
白脉双袋兰 **134313**
白脉菘蓝 **209209**
白脉哑蕉 130136
白脉野靛棵 **244282**
白脉异燕麦 **190131**
白脉银网叶 **166710**
白脉芋兰 **265384**
白脉舟瓣梧桐 **350469**
白脉竹芋 **245022**
白曼陀罗 123065
白蔓草虫豆 **65157**
白芒柄花 **271291**
白芒草 178062
白芒龙 183378
白芒南非帚灯草 **38354**
白芒下盘帚灯草 **202462**
白盲荚 226739
白蟒肉 98343
白猫耳 178062
白毛百里香 **391253**
白毛瓣柄泽兰 **395874**
白毛棒毛萼 **400781**
白毛臂形草 **58113**
白毛草 129832,161418,346448,375726
白毛茶 **69652**,69456
白毛柴 66779
白毛长叶紫珠 **66843**
白毛虫豆 65154
白毛臭牡丹 95984,96268
白毛串 13091
白毛垂花蓼 309472
白毛刺参 258862
白毛酢浆草 **278033**
白毛大将军 234372
白毛大岩桐 **364746**
白毛地胆草 143474
白毛杜鹃 **332053**
白毛椴 **391704**,391727
白毛椴树 391704
白毛多花蒿 **35970**
白毛番薯 **207781**
白毛繁缕 **375045**
白毛粉钟杜鹃 **330199**
白毛风兰 390490
白毛风铃草 **70057**,69962
白毛风毛菊 **348462**
白毛茛 200175
白毛茛科 200171
白毛茛属 200173
白毛钩球 244132
白毛姑 110502
白毛光萼荷 **8551**
白毛果棕鼠麴 **93938**
白毛蒿 35185,35816,36232
白毛蒿花 226793
白毛核木 **380736**
白毛红山茶 **68898**
白毛花 346448
白毛花金莲木 **55130**
白毛花旗杆 **136191**
白毛花旗竿 136191
白毛花前胡 **292983**
白毛花楸 **369301**
白毛华丽杜鹃 **330662**
白毛环毛草 **116442**
白毛黄荆 **411363**,411362
白毛黄穗棘豆 **279048**
白毛灰毛豆 **385935**
白毛火把花 **100048**
白毛火石花 **175186**
白毛鸡矢藤 **280091**
白毛吉内斯大戟 **159010**
白毛棘豆 **278694**
白毛寄生 **385239**
白毛蓟 **91725**
白毛假糙苏 **283605**
白毛将 161418
白毛金露梅 **289717**
白毛金杖球 **108694**
白毛筋骨草 13146
白毛堇菜 **409810**,410770
白毛锦鸡儿 **72273**
白毛茎虎耳草 **349654**
白毛荆 411362
白毛旌节花 **373564**
白毛巨草竹 175589
白毛巨竹 **175589**
白毛卷瓣兰 **62541**
白毛绢蒿 **360852**
白毛柯 233307
白毛苦 11199
白毛苦瓜 **256854**
白毛莱氏菊 **223495**
白毛雷波槭 **3098**
白毛莲 161418
白毛莲座草 140009
白毛柳 **343594**,344167
白毛龙 **299244**
白毛鹿茸草 257542
白毛卵 6588
白毛马蓝 **320130**
白毛芒柄花 **271437**
白毛毛兰 **148622**
白毛毛蕊茶 68968
白毛磨芋 **20121**,20088
白毛魔芋 20088
白毛南山茶 69616
白毛炮仗花 100048
白毛七 88289,88292,134425
白毛桤叶树 **96538**
白毛千里光 **359340**,283839
白毛枪刀药 **202507**
白毛球 **244270**
白毛球属 **244269**
白毛日本对叶兰 **232921**
白毛蕊茶 **68968**
白毛蕊花 **405789**,405729
白毛塞内加尔蓼 **291950**
白毛三齿萝藦 **396726**
白毛三联穗草 **398615**
白毛砂纸桑 80005
白毛山柳菊 **195859**
白毛山梅花 294471
白毛参 297878
白毛石栎 233307
白毛矢车菊 **81024**
白毛树 243320
白毛树葡萄 **120130**
白毛水苏 **373103**
白毛四叶石南 150132
白毛四照花 **124930**
白毛算盘子 **177103**
白毛桃 6553,6588
白毛藤 34275,117610,238950,367322
白毛天胡荽 **200261**
白毛铁线莲 **94709**
白毛驼绒藜 **218132**
白毛委陵菜 **312727**,312467
白毛乌蔹莓 **79833**
白毛乌头 **5663**
白毛细辛 37706
白毛夏枯草 13091,13133,13146
白毛仙人掌 **272950**
白毛小金梅草 **202895**
白毛小委陵菜 312969
白毛小叶金露梅 **312858**
白毛小叶栒子 **107557**,107558
白毛悬钩子 **338617**
白毛雪兔子 348487
白毛栒子 **107726**
白毛岩蔷薇 93124
白毛羊胡子草 **152791**
白毛野丁香 **226128**,226084
白毛叶地丁草 409834
白毛叶地丁子 409834
白毛叶岩蔷薇 93124
白毛蚁栖树 **80005**
白毛异囊菊 **194275**
白毛银露梅 **312636**
白毛玉凤花 **183786**
白毛毡 31518
白毛掌 **272981**
白毛皱叶委陵菜 **312355**
白毛柱帚鼠麴 **395882**
白毛砖子苗 **245341**
白毛子楝树 **123444**
白毛子孙球 **327252**
白毛紫云菜 320130
白毛紫珠 **66761**,66733
白茅 **205497**,205473,205506,205517
白茅草 205497
白茅茶 241781
白茅膏菜 **138265**
白茅根 205497,205517
白茅管 205473
白茅花 8760
白茅属 **205470**
白茅一枝黄花 **367945**
白茅针 205506
白冇骨消 203044,203062
白卯段花 104690
白茂树 127093
白帽顶 243320,243420
白玫瑰 **336902**
白眉 175203
白眉草 175203
白眉豆 218721
白眉塔 **288990**
白眉玉 **102444**
白眉竹 47408
白莓 227948,403724

白梅 34448,260483
白梅草 270705
白梅豆 218721
白梅花 34448
白美登木 **246800**
白美顶花 **156012**
白美人 **244233**,244232
白美人加州猪牙花 **154905**
白门 381148
白梦翁 **273819**
白米 167096
白米尔顿兰 254927
白米蒿 35770
白米孔丹 253005
白米茹粮 131630
白米氏野牡丹 **253005**
白绵毛花笠球 **413676**
白绵毛荆芥 **264980**
白绵毛蜡菊 **189114**
白绵毛兰 125571
白绵绒兰 **125571**
白绵条 13353
白绵叶菊 **152823**
白绵子树 369389
白棉儿 414193
白棉胡 50087
白棉纱 94740
白缅花 252809
白面 126727
白面柴 381791
白面柴属 312013
白面杜鹃 **332157**,332159
白面风 34275,138888,243320
白面槁 113441,233849
白面割鸡藤 32602
白面根 7853
白面姑 348087
白面虎 243320
白面花 127121,195269
白面戟 243320
白面将军 138888
白面麻 258923
白面猫子骨 138888
白面水鸡 32602,32638,32657,92791
白面筒 243320
白面羽扇豆 **238439**
白面苎麻 **56110**
白面子树 369322
白苗 361794
白妙 **108921**,272997
白妙菊 358395
白妙石斛 **125104**
白皿柱兰 **223638**
白膜鳞矢车菊 **81172**
白膜叶 243320
白摩尔荷威棕 198806
白磨盘草 **935**
白魔 175496
白魔芋 **20040**
白茉莉 211918
白莫顿苣苔 **264208**
白莫格肖鸢尾 **258576**
白墨兰 **117051**
白母鸡 298093
白牡丹 32602
白木 **5877**,77358,179535,253627,346390,379417
白木桉 **155624**
白木草 100233,228011
白木姜 66743
白木浆果 144802
白木麻黄 **79156**
白木曼陀罗 61235
白木属 **5876**
白木树 114690
白木苏花 125582
白木田菁 **361385**
白木通 **13240**,94740,94748,94853,95127,95272
白木乌桕 **346390**
白木犀草 **327795**
白木香 **336378**,29983,97933,204217,375904
白木猪毛菜 344452
白目豆 409092
白幕 117385,367322
白穆拉远志 **259929**
白内蕊草 **145423**
白奶奶 117751
白奶雪草 66779
白南非仙茅 **371685**
白南美鼠刺 **155134**
白南天竹 **262190**,262200
白南星 33266,33289,33295,33325,33330,33349,33397
白南泽兰 **45274**
白楠 **295388**,192484
白楠木 240669
白尼苔草 73892
白拟阿福花 **39454**
白黏草 179438
白鸟 244104
白鸟儿头 55575
白鸟兰属 **307859**
白鸟球 **163432**
白鸟银毛球 **244104**
白柠条 72258
白牛蒡 348256
白牛胆 138888
白牛胆根 138888
白牛公 37352
白牛筋 129026
白牛皮消 **117576**
白牛七 4259
白牛槭 3129
白牛藤 32657
白牛尾七 329327
白牛膝 4273,9396,114060,115704,115731,291138
白牛膝草 4273
白扭果花 **377656**
白农省藤 **65649**
白奴花 52929,127921
白弩箭药 **5088**
白女娄菜 **248248**,363673
白暖条 407954
白诺金合欢 **1105**
白糯消 307923
白欧薄荷 250429
白欧洲水毛茛 **325589**
白派珀兰 **300564**
白盘果菊 313787
白盘菊 **253018**
白盘菊属 **253015**
白脬 167634
白袍花 62110
白匏仔 243320,243420
白匏子 243371,243420
白泡 167629
白泡草 360700
白泡儿 167632
白泡果 167096
白泡花树 249357
白泡树 243320
白泡桐 311584
白蓬草 219996
白蓬草属 388397
白蓬菊 **16188**
白蓬菊属 **16187**
白蓬紫堇 106405
白披肩血红茶藨子 **334193**
白皮 46198,157913,157943,354627
白皮桉 **155554**,155772
白皮巴尔干松 299968,300036
白皮半枫荷 125639
白皮椆 233174
白皮刺毛松 299799
白皮单头爵床 **257272**
白皮冬青 204217
白皮椴 391781
白皮鹅耳枥 **77335**
白皮法道格茜 **161973**
白皮槁 240562
白皮金莲木 **268212**
白皮锦鸡儿 **72270**
白皮菊 **123233**
白皮菊属 **123232**
白皮柯 **233174**
白皮科林比亚 106822
白皮栎 323630,323881,323942
白皮两面针 417216
白皮柳 **343890**,343574,343668
白皮芦莉草 **339755**
白皮美洲茶 **79952**
白皮欧石南 **149664**
白皮槭 **3100**
白皮芪 42704
白皮青杨 311257
白皮伞房花桉 **106822**
白皮沙拐枣 **67043**
白皮鼠尾草 **345168**
白皮树 18207,302676,302684
白皮丝藤 **259589**
白皮松 **299830**
白皮素馨 **211979**
白皮蒜 15698
白皮唐竹 **364790**
白皮糖槭 **3564**
白皮藤 211979
白皮乌口树 **384936**
白皮消 62110
白皮绣球 **199932**
白皮悬钩子 **338741**
白皮杨 **311257**
白皮银合欢 227430
白皮榆 401490
白皮云杉 **298233**
白片果远志 **77573**
白片山柳菊 **195812**
白漂莲 312502
白平头一枝黄花 368324
白苹 200228
白萍 200228
白婆婆丁 384681
白婆婆纳 317912
白破布木 **104151**
白破斧木 **350979**
白铺地锦 161418
白菩提 356944
白葡萄 6588,92724
白葡萄风信子 **260302**
白葡萄亮红果茶藨子 **334226**
白蒲草 167632
白蒲公英 **384430**
白朴 **80571**
白朴树 243320
白埔姜 61975,127049,127114,411430
白埔姜属 61953
白七 396604
白七筋姑 **97096**
白七筋菇 97096
白漆柴 240707
白芪 117640
白其春 13649
白奇木属 63930

白旗兜兰 **282898**
白蕲 24475
白杞柳 343529
白气草 345274
白荚 366338
白千层 **248104**,248114,275403
白千层科 **248130**
白千层属 **248072**
白千里光 **356503**,381944
白千日菊 4860
白千针万线草 135060
白杆 **298358**
白杆云杉 298358,298449
白牵牛 208016
白前 **117486**,117385,117692,364094,364181
白前属 **409394**,117334
白钱草 94814
白茜草 170743
白羌活 192249
白枪杆 **168022**
白腔柱草 119793
白墙络 157473
白蔷薇 **336343**
白翘摇 408423
白鞘花篱 **26957**
白鞘蕊花 **99513**
白鞘葳 **99367**
白鞘仙人掌 **273088**
白茄 367370
白青蒿 36232
白青锁龙 **108791**
白青乌心 384988
白清明花 237191
白蜻蜓 95984
白苘麻 **843**
白箐檀木 301305
白琼楠 50511
白秋铜盘 133185
白楸 **243420**,79250,243320
白楸叶 243320
白球大沙叶 **286111**
白球花 284464,284473
白球花属 284444
白球蜡菊 **189520**
白球内蕊草 **145432**
白球腺草 **370930**
白球小花勿忘草 **260894**
白曲管花 120570
白曲管桔梗 **365148**
白屈菜 **86755**
白屈菜红鸡蛋花 **305229**
白屈菜属 **86733**
白屈菜天竺葵 **288149**
白屈菜叶假还阳参 **110605**
白屈菜叶罂粟 **282527**
白屈菜状荷包花 **66261**
白屈菜状紫堇 106473
白屈菜紫堇 **105735**
白泉通贝里胡枝子 **226972**
白劝须 20327
白雀花 120909
白雀珊瑚属 287846
白髯玉 **244190**
白染艮 35132,35308
白人参 70396
白韧金合欢 **1351**
白韧相思树 1351
白日本双蝴蝶 **398282**
白绒草 **227654**
白绒覆盆子 338295
白绒毛丹氏梧桐 **135767**
白绒毛山蚂蝗 **126584**
白绒毛猪屎豆 **111908**
白绒绣球 **200029**,199891
白绒悬钩子 338295,338617,338886
白绒玉属 **105371**
白榕 164688,164875,165830
白柔毛杭子梢 **70862**
白柔毛香茶菜 **209621**
白柔软龙舌兰 **10905**
白肉 243371
白肉白匏子 243320
白肉榕 **165830**,164875,165847
白肉珊瑚 **347006**
白肉树 165830
白肉柚 **93593**
白薷 **338338**
白乳草 159069
白乳木 346390
白桵 315177,365003
白蕊巴戟 **258884**
白蕊木莲 **244421**
白蕊五味子 351100
白瑞凤玉 **43531**
白瑞香 **122567**,122377,122532
白睿山堇 **409943**
白塞木 268344
白赛靛 **47856**
白三百棒 37585,37706,410275,410710,417216
白三肋果梧桐 **181783**
白三七 280793,280814,294123,329879,329975
白三叶 397043
白三叶草 397043
白伞花香茶菜 **209852**
白伞鹿藿 **333292**
白伞山柳菊 **195744**
白桑 259067,259085
白色安龙花 **139437**
白色白鼠麹 **405305**
白色宝巾 **57860**
白色车前 **301841**
白色大果萝藦 **279423**
白色大花折叶兰 **366787**
白色倒壶花 22446
白色邓伯花 390702
白色多花青锁龙 **109178**
白色多花紫藤 **414555**
白色二弯苣苔草 **129722**
白色附地菜 **397426**
白色海棠 243707
白色核果茶 **322565**
白色黄耆 **42847**
白色科奇阿斯皮菊 **39784**
白色刻叶紫堇 **106006**
白色喇叭鸢尾 413339
白色立鹤花 390760
白色栎 323625
白色驴喜豆 **271203**
白色毛花猕猴桃 **6589**
白色美国山梗菜 **234777**
白色美花风毛菊 **348691**
白色密花沃森花 **413339**
白色木 328760
白色木犀草 327795
白色女娄菜剪秋罗 **363757**
白色平滑莎草 **119074**
白色铺地半日花 **188762**
白色秋海棠 **49887**
白色染料木 **172903**
白色山金车 **34704**
白色山野豌豆 **408263**
白色溲疏 **126861**
白色小精灵紫薇 **219944**
白色新木姜子 **264044**
白色新娘红鸡蛋花 **305228**
白色岩蔷薇 93137
白色翼叶山牵牛 **390702**
白色蝇子草 363673
白色展唇兰 **267214**
白色直立山牵牛 **390760**
白瑟木属 **46617**
白沙 165766
白沙虫药 209822
白沙地马鞭草 688,700
白沙葛 35207
白沙蒿 36307,78023
白沙黄檀 **121789**
白沙马鞭 **688**
白沙普塔菊 85990
白沙参 7830,7850
白沙檀 121789
白沙药 287586
白沙针 276870
白沙竹 **364867**
白砂蒿 36307
白莎蒿 **35207**
白山艾 257542
白山薄荷 **321953**
白山柴胡 63764
白山车前 **301997**
白山地榆 **345850**
白山独活 24293
白山番薯 97947
白山防风 292942
白山柑 6249
白山蒿 **35779**
白山环藤 214972
白山鸡骨 125604
白山蓟 270234
白山宽叶鸢尾 **208681**
白山老鹳草 **174487**
白山蓼 **309479**
白山柳菊 **195450**
白山龙 379327
白山龙胆 173540
白山耧斗菜 **30043**
白山麻柳 244893
白山毛莨 **326168**
白山毛榉 162375
白山柰 **215022**
白山前胡 **292942**
白山茄 187544
白山芹 98784
白山伞花香茶菜 **209855**
白山神血宁 309479
白山石防风 **293041**
白山苔 223901,223909
白山苔草 **74235**,74004
白山线裂老鹳草 **174920**
白山香 **203038**
白山小报春 **314284**
白山羊 298989
白山药 131529,131772
白山罂粟 282683
白山樱桃 **83302**
白山早熟禾 **305572**
白杉 299799
白杉笠 257542
白珊瑚 214308
白珊瑚秋海棠 49602
白膻 129629
白闪 94552,94567
白闪柱 **94567**
白扇椰子 **154574**
白扇椰子属 **154571**
白商陆 44719
白裳 **155301**
白芍 117640,122567,280213,280223
白芍药 280213
白苕 131772
白绍球 **273823**
白绍丸 273823
白舌春黄菊 **26862**

白舌短葶飞蓬　**150514**
白舌飞蓬　**150754**
白舌辐枝菊　**21249**
白舌骨　348087
白舌菊　**246665**
白舌菊属　**246661**
白舌千里光　**359337**
白舌叶花　**177435**
白舌紫菀　**40105**
白蛇根　158043
白蛇麻　402916
白射干　208524
白参　7830,7850,131580
白深山堇菜　**410548**
白神麻菊　**346250**
白神球　**244082**
白神圣亚麻　346250
白神丸　244082
白肾索豆　**265178**
白升龙　**299260**
白升麻　**371981**,39928,124176,158161,285819,285841,295216
白生麻　345274
白省藤　**65800**
白盛球　**140843**
白盛丸　140843
白石　198769
白石梨　198769
白石莲花　**139999**
白石楝　135215
白石榴　**321765**
白石木　198769
白石南锦绦花　**78637**
白石南毛紫菀　**40376**
白石南岩须　78637
白石坡草　**332349**
白石参　117640
白石薯　284160,313483
白石松　17621
白石笋　107271,232252
白石头　368649
白石头花　**183167**
白石枣　198767,198769
白矢车菊　**80915**
白氏凤仙花　**204806**
白氏胡卢巴　**397200**
白氏胡枝子　226721
白氏马先蒿　**287491**
白氏木　**46591**
白氏木属　**46590**
白氏葡萄瓮　**120019**
白氏山楂　**109552**
白氏矢车菊　**80965**
白氏罂粟　**282520**
白饰冠鸢尾　**208504**
白柿　132466
白首乌　**117412**,117390,117640,117751
白寿乐　358561
白淑气花　13934
白疏花花葱　**307202**
白疏毛假杜鹃　**48092**
白疏毛润肺草　**58814**
白舒尔花　**352677**
白黍　281916
白鼠麹　**405308**
白鼠麹属　**405304**
白蜀葵　13934,203239
白薯　131607,207623
白薯莨　**131630**
白薯榔　131630
白薯浪郎　131630
白薯藤　92791,92920
白薯蔃　131630
白术　**44218**,44205,157800,280147
白树　**379800**,106793,248125,379347
白树沟瓣　**177991**
白树沟瓣木　177991
白树菊　**301591**
白树菊属　**301586**
白树葡萄　**120032**
白树属　**379792**,172754
白树蝇兰　**138415**
白树油　248125
白树仔　171145,243395,379794
白树仔属　**172754**
白树紫藤　**56736**
白树紫菀　**270185**
白双盛豆　**20746**
白霜草属　**81859**
白霜翠雀花　**124232**
白霜梅　34448
白霜丝叶芹　**350366**
白霜叶　**366845**
白霜叶属　**366844**
白水草　393242
白水草属　252333
白水罐　20408
白水鬼蕉　**200923**
白水花　239566
白水鸡　348087
白水锦　195269
白水毛茛　48933
白水木　393242
白水脐疳药　388410
白水藤　**290056**
白水藤属　**290055**
白水蜈蚣　**218462**
白水仙　**262433**
白水苎麻　273903
白睡莲　**267648**
白丝　10800
白丝草　87776,257542,290968
白丝草科　**87773**
白丝草属　**87775**
白丝红山茶　68896
白丝栗　79004
白丝毛红山茶　**68896**,69552
白丝绒　13635
白丝瑞　53218
白丝瑞属　53213
白丝藤　137795
白丝郁金　114868,114871,114875,114878,114880
白斯松　300144
白四棱锋　21682
白四门　191388
白四蟹甲　**387076**
白松　388,396,427,85310,165830,299785,299799,299830,300054,300211,306506
白松柏　298375
白松林刺花蓼　**89133**
白菘　59595
白溲疏　**126839**
白苏　290940
白苏杆　359980
白算盘子　**177100**
白随子　159222
白碎米花　**331873**
白穗赪桐　**96177**
白穗椆　233161
白穗刺子莞　333480
白穗地杨梅　**238668**
白穗蛤蟆花　2690
白穗花　**370490**
白穗花属　**370488**
白穗柯　**233161**
白穗柳杉　**113686**
白穗麻　56343
白穗茅　**87751**
白穗茅属　**87749**
白穗欧石南　**148994**
白穗飘拂草　**166477**
白穗石栎　233161
白穗双束鱼藤　**10211**
白穗水蜈蚣　**218579**
白穗苔草　75792
白穗须芒草　**22790**
白穗紫堇　**106543**
白梭梭　**185072**
白梭梭树　185072
白琐琐　185072
白塔奇苏木　**382963**
白塔韦豆　**385158**
白苔　73622
白苔草　**73628**,73622
白檀　**85165**,121714,132466,234961,346210,381137,381341
白檀木　346210,381372
白檀山矾　381137,381341
白檀属　**85163**
白檀树　121714
白檀香　243437,346210
白檀柱属　85163
白檀子　157793
白棠　323110
白棠属　155296
白棠子树　**65670**,66743,66779,66873
白糖果木　**99459**
白桃　20935
白桃花　172201
白桃花桉　**155470**
白桃花心木　216196
白桃扇　272980,272981
白桃树　157345
白桃叶　243320
白藤　**131243**,65706,65730,65778,65800,66617,121514,212019,400987,414584
白藤豆属　**227895**
白藤菊属　**254452**
白藤梨　6588
白藤属　65637,121486
白藤竹　**47239**
白蹄果　316031
白蹄果属　316018
白天葵　183317
白天龙　**299240**
白天门冬　**38921**
白天女扇　**392412**
白天球　**243998**
白天天秧　20408
白天丸　243998
白天仙子　201372
白天竹　262189
白天竺葵　**288062**
白天子　**340860**
白田七草　183097
白甜车轴草　249203
白甜蜜蜜　137596
白甜舌草　**232467**
白条车前　**301872**
白条大披针苔草　**75051**
白条根茎绒毛草　**197307**
白条果芥　**284971**
白条寒竹　**87582**
白条花　367632
白条火鹤花　**28121**
白条琉球矢竹　**304055**
白条龙　379336
白条纹龙胆　**173307**
白条纹水塔花　**54458**
白贴苞灯心草　**213548**
白铁门杉　**4907**

白铁皮桉　155624
白庭菖蒲　**365680**
白庭藤　**205877**
白通草　387432
白桐　**285966**,285981,320828
白桐树　**94068**
白桐树热非时钟花　**374059**
白桐树属　**94051**
白桐子　243424
白童女　96257
白筒立金花　**218853**
白筒纳金花　218853
白头菜　129068
白头草　178062,321672
白头葱　15428
白头大戟　**159240**
白头风　178218
白头风毛菊　**348406**
白头公　190094,260483,260484,321672
白头公公　94964
白头谷精草　**151218**
白头蒿　21525,36232
白头蒿子　368962
白头禾叶兰　**12451**
白头湖瓜草　**232382**
白头火炬花　**216987**
白头蓟　**92130**
白头假鼠麴草　**317747**
白头将军　351741
白头金足草　**178856**
白头韭　**15428**
白头菊　**96645**
白头菊属　**96643**
白头毛　257542
白头妹　161418,161422
白头南莎草　**119273**
白头娘草　260922
白头婆　**158161**
白头山苔草　**75737**
白头杉　82507,82545
白头升麻　406772
白头树　**171564**
白头树属　171561
白头水蜈蚣　**218593**
白头天胡荽　**200321**
白头翁　**321672**,13091,13146,21596,24028,24090,82211,158070,158200,175147,175203,178061,178218,257542,312450,312502,312627,313087,321659,321665,321667,321676,321703,321714,321716
白头翁白酒草　**103574**
白头翁属　**321653**
白头翁状银莲花　321721
白头苋　**228123**
白头苋属　**228122**
白头蟹甲草　**283839**
白头药　175222
白头异果苣　**193796**
白头银合欢　227430
白头帚鼠麴　**377228**
白头皱果蛇莓　**138794**
白头走马仔　187544
白透骨消　**176813**
白土黄麻　**104064**
白土黄耆　**42002**
白土蓟　**91749**
白土假杜鹃　**48101**
白土尖腺芸香　**4803**
白土苓　194120,366338
白土密钟木　**192518**
白土日中花　**220482**
白土肉穗果　**48882**
白土色穗木　**129142**
白土水苏　**373121**
白土仙灯　**67563**
白土旋花　**102931**
白土异果千里光　**56610**
白土蝇子草　**363210**
白土子　226989
白兔儿尾苗　**317912**
白兔耳　139993
白兔耳石莲花　**139993**
白兔藿　117597
白兔烟花　**127930**
白菟丝子　**114953**
白豚草　**19163**
白脱奶特木　212599
白驼峰楝　181552
白驼曲草　**119793**
白驼蹄瓣　**418588**
白弯花芥　**156427**
白湾地笋　239215
白湾笋草　239215
白菀　41342,400467
白碗杜鹃　**331861**
白万年蒿　36193
白王球　**244182**
白王丸　244182
白网斑叶兰　179625
白网箭芋　37027
白网脉斑叶兰　**179625**
白网脉种子棕　129684
白网实棕　**129684**
白网田代氏堇菜　**410642**
白网纹草　166710
白网叶　166710
白微　117734
白薇　**117385**,117339,117473,117523,117537,134467,175203,400987
白尾　117385,117734
白尾白花苋　**9382**
白尾刁　348087
白尾笋　134467
白委陵菜　312337,312818
白味莲　183002,191943
白文殊兰属　227818
白纹白脉莎草　**118471**
白纹草　88537
白纹钝叶草　375775
白纹合果芋　**381869**
白纹蓝刺头　**140735**
白纹莲　**263274**
白纹龙血树　**137374**
白纹绿锦草　393999
白纹苘麻　**927**
白纹竹　**304007**
白翁老乐柱　**155305**
白翁球　244085
白翁玉　**264348**
白窝儿七　242691
白乌　5100
白乌龙　**413476**
白乌头　5247
白无刺藤　**300956**
白无暇达尔利石南　**148955**
白无须菝葜　**329674**
白芜荑　401556
白梧桐　166627
白蜈蚣　357123
白五加　2495
白五加皮　143650
白五棱茜　**289518**
白五味子　**204532**,351056
白五星花　**289837**
白物　280741
白西班牙水仙　**262474**
白西番莲　**285704**
白西方蓟　**92253**
白希木属　292142
白蜥蜴兰　**348013**
白细管香雪兰　**168191**
白细花长距虾脊兰　**66008**
白细辛　37585,37638,37722,49576,117643
白虾　**140855**
白虾蟆　375833
白狭瓣芥　**375624**
白狭蕊藤　**375588**
白夏枯草　13091
白夏至草　245770
白仙草　41442,135258
白仙丹花　**211148**
白仙茅　114838,258863
白仙女兰　**263828**
白仙人扇　**215097**
白仙石属　**268845**
白仙玉　**246595**
白仙玉属　**246590**
白荟　295215
白鲜　**129629**,129618
白鲜科　**129611**
白鲜牛至　274210
白鲜皮　129629
白鲜属　**129615**
白藓　129629
白苋　**18655**,18848
白苋木属　**87795**
白线草　46362,209755
白线菊　**227220**
白线菊属　**227219**
白线开唇兰　269033
白线毛冠菀　**289422**
白线十字爵床　**111696**
白线薯　**375831**
白相思　13649
白相思子　227430
白香菜　250439
白香草木犀　249203,249232
白香柴　330092
白香唇兰　**276449**
白香菊　111826
白香科　**387997**
白香楠　14928
白香楠属　**14927**
白香薷　**144105**,143965
白香石竹　**127598**
白香仙客来　**115946**
白香雪兰　**168188**
白香樟　240723
白象球　**327259**
白象丸　327259
白象牙参　**337082**,337114
白橡果　240562
白消木　8199
白小花风轮菜　**97030**
白小花凤仙花　**205213**
白小花蓼　**309465**
白小花千岛獐牙菜　**380380**
白小黄　329324
白小黄管　**356039**
白小堇菜　**410104**
白小米菜　224110
白小娘　243320
白小伞虎耳草　**350009**
白小舌菊　**253455**
白小叶山月桂　**215403**
白小叶线叶粟草　**293924**
白小伊藤氏蝇子草　**363626**
白肖香荚兰　**405041**
白校欓　78877,78878,78904,116100
白校力　233323
白楔　48885

白楔科 48812
白楔属 48880
白斜子 **368526**,244185
白斜子属 **368524**
白泻根 **61471**
白蟹甲 **307119**
白蟹甲属 **307118**
白心彩叶凤梨 **264416**
白心卷舌菊 **380872**
白心龙舌兰 **10794**
白心木 239392
白心皮 72342
白心球花报春 **314134**
白心血红茶藨子 **334196**
白心紫花野芝麻 **220402**
白辛树 **320886**
白辛树属 **320878**
白新木姜子 264090
白星 **244192**
白星花属 **227818**
白星龙 171767
白星龙属 171607
白星罗勒 **268427**
白星千年木 **137410**
白星山 **244230**
白星藤属 **227741**
白星五星花 **289840**
白星柱 **228137**
白星柱属 **228134**
白猩红爵床 **238766**
白杏花 329068
白雄穗苔草 75792
白休籽 401165
白修参 280741
白绣球 **244077**,244001
白绣丸 244077
白须菜 284539
白须草 284539
白须公 158070,366364,366486,366548
白序黄芪 42612
白序黄耆 **42612**
白序楼梯草 **142714**
白序拟九节 **169336**
白序山柳菊 **195742**
白序橐吾 **228984**
白序远志 **308160**
白絮风毛菊 348344
白玄参 295064
白悬子苣苔 **110557**
白雪 244047
白雪百合 **229844**
白雪草 298885
白雪粗肋草 **11344**
白雪黛粉叶 **130126**
白雪丹 305202,360935
白雪兜舌兰 282882
白雪杜鹃 330040
白雪光花 **87763**
白雪光叶子花 **57862**
白雪果木 **87662**
白雪花 305202
白雪花丹 305175
白雪火绒草 **224914**
白雪莲座草 139987
白雪亮丝草 11344
白雪树 407989
白雪小舌紫菀 **40010**
白雪叶 **32505**
白雪叶属 **32502**
白雪淫羊藿 147077
白雪银鳞紫菀 **40077**
白血红砖子苗 **245336**
白血藤 66643,95226,137802
白勋章花 172304
白薰球 **234937**
白薰丸 234937
白薰玉 **233572**
白鸭跖草 **100913**
白芽蒿 11587
白芽松 300281
白雅兰 **10197**
白亚得里亚海无花果 **164769**
白亚麻 **231862**
白烟堇 **169030**
白胭脂花 255711
白延龄草 **397542**
白岩菖蒲 **392607**
白岩花 **18565**
白岩花属 **18564**
白岩蔷薇 93124
白岩莴苣 **299688**
白岩芋 299722
白岩帚兰 **104421**
白沿阶草 272086
白颜树 **175920**
白颜树属 **175912**
白眼竹 **37240**
白艳山红 331284
白燕麦草 **34921**
白羊草 **57567**
白羊草属 57545
白羊耳 138888
白羊球 **243999**
白羊桃 265327
白羊丸 243999
白羊鲜 129629
白羊须草 41342
白阳帽菊 **85990**
白杨 311208,311281,311292,311530,311537
白杨柳 311482
白杨树 311193,311281,311400,311459,311461
白杨叶瓶木 376102
白洋茶山茶 **69157**
白洋漆药 91575
白洋参 70396,295064
白洋桃 6588
白药 5170,117640,280182,302753,375833,396210
白药百合 **227814**
白药百合属 **227813**
白药番薯 **207942**
白药根 254797
白药谷精草 **151268**
白药牛奶菜 245814
白药欧石南 **149662**
白药脂 375833
白药子 131655,131706,131772,308523,320912,375833,375870
白药紫波 **28479**
白椰槁 295410
白野草莓 **167654**
白野葱 **15032**
白野槁树 **233930**
白野棉花 402269
白野豌豆 **408254**
白野紫苏 209809
白叶 55796,411464
白叶安息香 379471
白叶百脉根 **237675**
白叶报春 **314573**
白叶滨藜 **44504**
白叶不翻 175147
白叶茶藨 334044
白叶茶藨子 **334044**
白叶柴 231298
白叶刺 142132
白叶大血藤 214979
白叶钓樟 231355
白叶跌打 183122
白叶短梗景天 **8460**
白叶芳香木 **38641**
白叶飞蓬 **150756**
白叶风毛菊 **348488**
白叶枫 231355
白叶覆草 **297509**
白叶藁本 **229331**
白叶瓜馥木 **166659**
白叶蒿 **35816**
白叶黑面神 **60070**
白叶厚壳桂 113467
白叶花 62054,70785
白叶花柴 70785
白叶花楸 **369375**
白叶黄胶菊 **318699**
白叶黄荆 411362
白叶火草 381928,381944
白叶金花 **260479**
白叶金露梅 289717
白叶荆芥 **264981**
白叶菊 138888
白叶蜡菊 189458
白叶冷杉 496
白叶莲 348087
白叶柳穿鱼 **230886**
白叶莓 **338628**
白叶绵叶菊 **152819**
白叶木姜子 **233841**
白叶欧蟹甲 **8040**
白叶瓶子草 **347152**
白叶千里光 **358221**
白叶山莓草 **362352**
白叶杉 **114546**,114540
白叶矢车菊 **81173**
白叶鼠尾草 **345169**
白叶树属 **227916**
白叶糖胶 18052
白叶藤 **113612**,113577,260415
白叶藤属 **113566**
白叶天竺葵 **288335**
白叶万年青 130121
白叶委陵菜 **312721**,312408
白叶西西里山柑 **71859**
白叶香茶菜 **209742**
白叶向日葵 **188972**
白叶小檗 51424
白叶悬钩子 338628
白叶岩蔷薇 **93124**
白叶椰属 368611
白叶野茉莉 379471
白叶柚 93598
白叶莸 78008
白叶羽扇豆 **238460**
白叶玉叶金花 **260447**,260415
白叶圆苞亮泽兰 **111669**
白叶皂帽花 126727
白叶猪毛菜 **344608**
白叶砖色红光树 **216846**
白叶仔 234048,243320,243420
白叶子 62114,231300,243420,260483,260484,273908
白叶子树 66738,231298
白夜合 13586,13611
白夜合树 13595
白腋花玉兰 **241987**
白伊瓦菊 **227766**
白伊瓦菊属 **227763**
白伊予山菊 **89547**
白伊泽茜草 **209473**
白衣草 187686
白蚁树 141470,159975
白异药莓 **131078**
白异钟花 197895
白益母 225009
白益母草 220359,282478
白因加豆 **206922**

白茵陈　35282,36232
白银　204217
白银城　157170
白银钩花　**256223**
白银龙　358925
白银芦　105456
白银木　204217
白银珊瑚　**159242**
白银树　204217
白银菀　**266997**
白银香　204217,346210
白银杏　204001
白银叶花　**32727**
白英　**367322**
白英古　346210
白英石　346210
白缨　13611
白罂粟　**282722**
白鹰嘴豆　**90802**
白颖寸草　**74407**
白颖苔草　74407
白映山红　330524,331284
白永菊　**43816**
白油果　212127
白油麻　361317
白油树　248114
白柚　**93469**
白疣仙人球　244015
白有骨消　203062
白余粮　366338
白鱼号　61975
白鱼列当　**227998**
白鱼列当属　**227997**
白鱼鳅串　333475
白鱼尾　61975
白鱼玄参属　227997
白鱼眼　167096
白榆　401489,401593,401602
白羽黛粉叶　**130128**
白羽扇豆　**238421**
白禹　401161
白玉百合　**230041**
白玉草　**364200**,364193
白玉大油芒　**372402**,372447
白玉带子　336675
白玉黛粉叶　**130084**
白玉冠　57955
白玉花　195269
白玉兰　252809,252841,252907,416694
白玉帘　417612
白玉瓯　171330
白玉山蔷薇　**336365**
白玉树属　**139785**
白玉堂　**336787**
白玉棠　336783
白玉兔　**244081**
白玉熊果　**31144**
白玉簪　105449,198639
白玉簪花　198639
白玉簪科　105447
白玉簪属　105448
白玉纸　275403
白芋　99910,99919
白鸢尾　208744,208932
白元参　295064,345002
白圆锥大青　**96258**
白缘薜荔　**165517**
白缘边玉凤兰　291221
白缘翠雀花　**124129**
白缘合果芋　**381870**
白缘卷叶常春藤　187282
白缘卷叶欧洲常春藤　**187282**
白缘龙舌兰　**10799**
白缘毛硕竹　175589
白缘毛肖水竹叶　**23624**
白缘蒲公英　**384749**
白缘石豆兰　62541
白缘叶锦带花　413622
白橼　78877,78932
白远志　**307898**
白月见草　**269504**
白月菊　**292122**
白月雪树　158070
白云百蕊草　**389829**
白云般若　**43528**
白云草　135264
白云大叶醉鱼草　**62034**
白云豆　294056
白云佛州四照花　**105033**
白云阁　**245252**,58303
白云阁属　**245248**
白云瓜　250862
白云花　192345
白云角　**279486**,375526
白云锦　**273826**
白云裂叶罂粟　**335871**
白云耧斗菜叶唐松草　388424
白云木　379414
白云欧洲唐松草　**388424**
白云球　**244047**
白云杉　298286
白云参　345002
白云石长生草　**358034**
白云矢竹　**318290**
白云丸　244047
白云雾苔草　75547
白云罂粟　**282720**
白云玉簪　198609
白芸苔　223912
白芸香　161350
白凿簕　129136
白枣　418169
白皂根　**183174**
白皂树　157345
白皂药　305202
白泽　159172
白泽兰　**158031**
白泽云杉　**298430**
白泽紫珠　**66728**
白栴檀　346210
白章陆　298093
白樟　91330
白樟科　71138
白樟属　71129
白樟树　157345
白杖木　228001
白杖木属　227999
白招曲　178237
白折耳　182849,284628
白鹧鸪花　395488
白针垫菊　**84484**
白针球　**389206**
白珍珠风信子　**199597**
白枝滨藜　**44501**
白枝橙菀　**320703**
白枝椆　116050
白枝刺远志　**2164**
白枝冬青　**203977**
白枝杜鹃　**330476**
白枝端花　**397684**
白枝风铃草　**70127**
白枝黄芪　**42613**
白枝柯　**233289**
白枝蜡菊　**189518**
白枝勒珀蒺藜　**335673**
白枝李榄　**87713**
白枝流苏树　**87698**
白枝密集罗顿豆　**237280**
白枝木蓝　**206177**
白枝欧石南　**149663**
白枝泡　338886
白枝青冈　**116050**
白枝香科　**388131**
白枝玄参　**355170**
白枝旋覆菊　**207275**
白枝鸭嘴花　**214585**
白枝羊蹄甲　**49257**
白枝银桦　**180613**
白枝猪毛菜　**344453**
白枝猪屎豆　**112333**
白栀子　**171243**
白脂麻　361317
白直立延龄草　**397558**
白直生刀豆　**71052**
白纸肉　275403
白纸扇　260415,260418,260483,260484
白芷　**24325**,24326,24327,24419,163686,192303,192348
白芷胡　207151,207165
白芷三七　280771
白芷属　192227
白指甲花　226843
白智利钟花　221342
白钟草　**227803**
白钟草属　**227802**
白钟杜鹃　332016
白钟花　**115351**
白种乳草　159027
白轴石豆兰　**62659**
白轴椰属　218789
白轴棕　**218792**
白轴棕属　**218789**
白帚菊木　**260532**
白朱缨花　**66682**
白珠谷精草　**151416**
白珠木　172099
白珠树　**172100**,172099,172142
白珠树属　**172047**
白珠树状地桂　146524
白珠树状藤地莓　**146524**
白珠藤　319833
白猪栗　78920
白猪毛菜　**344436**
白猪母菜　231559
白猪母草　231559
白猪母络　415046
白猪屎豆　112491
白猪牙花　**154896**
白猪仔菜　284160
白竹　125500,162746
白竹芋　**66171**
白竹仔菜　100990,260110
白竹仔草　100990
白苎麻　56229
白柱瓣兰　**146379**
白柱菠萝球　**107072**
白柱万代兰　**404627**
白锥　78932
白锥药花　**101689**
白锥柱草　**102785**
白仔　296667,296695,296734
白仔菜药　183082
白籽婆婆纳　**228127**
白籽婆婆纳属　**228125**
白籽树　**374589**
白籽树科　**374590**
白籽树属　**374588**
白籽苋　18752
白籽苋菜　**18763**
白籽舟叶花　**340758**
白子菜　**183082**
白子草　134425
白子宫草　**365906**
白子木　241808
白子木属　228029
白子树属　374588

白梓木草 **233787**
白紫背堇菜 **410750**
白紫草 28548
白紫凤仙花 **204765**
白紫花地丁 **410783**
白紫花棘豆 **279187**
白紫花堇菜 **410044**
白紫茉莉 **255674**
白紫千里光 **358223**
白紫芹菊 **34956**
白紫水蜈蚣 **218467**
白紫苏 290940
白紫菀 **40753**,229241
白紫盏花 **171574**
白棕 416607
白棕榈属 390451
白总管 417161,417340
白走马胎 12635
白钻石花 **212477**
百般娇 282685
百倍 4273
百本 42493,42699,42704,369010
百步草 5144,5335
百步穿杨 317036
百步还魂 182848
百步还阳 143573,183082
百步还阳丹 264765
百步还原 401156
百步回阳 **159833**
百步藤 313197
百部 **375343**,39014,375351,375355
百部草 124237
百部袋 375351
百部根 375355
百部还魂 182848
百部科 **375359**,337822
百部伸筋 366486
百部属 **375336**
百蔀 375355
百菜子 389638
百草王 219996
百尺杵 280741
百齿卫矛 **157360**
百虫仓 332509,332775,332791
百刺藤 252754
百代兰属 38187
百代藤 49046
百荡草 117385
百朵仙人球 **182431**
百蜚 346448
百根草 94740,368073
百合 **229765**,198699,229754,229758,229872,229900,230009,230038,230058,242234
百合草 229754
百合花杜鹃 **331107**
百合花扶桑 **195179**
百合花篱 **27195**
百合花美人蕉 **71190**
百合花木槿 **194971**
百合科 **229700**
百合莲 73157
百合木属 111145
百合肉锥花 **102496**
百合三七 416508
百合属 **229717**
百合水仙属 18060
百合蒜 229872
百合犀属 **232656**
百合蝎尾蕉 **190046**
百合叶羊耳蒜 **232225**
百合竹 137478
百合状吉莉花 **175691**
百花草 307656,359980
百花蒿 **376651**
百花蒿属 **376650**
百花蓝花参 **412829**
百花山柴胡 **63596**
百花山鹅观草 **335550**
百花山花楸 369484
百花山葡萄 **411564**
百花子 167300
百华花楸 369484
百华山花楸 369484
百黄花 **90792**
百黄花科豪特茜 **217684**
百黄花属 **90790**
百芨 55575
百济参 280741
百夹竹 297244
百家橘 177170
百荚橘 177170
百煎草 239640,239645
百脚蜈蚣 187222,187307,187318,288605
百节 308816
百节草 308816
百节芒 172832
百节藕 284401,348087
百节藤 378675
百结树 141470
百解 203578
百解茶 203578
百解马兜铃 34372
百解暑 97933
百解薯 34139,34372,97933,207988
百解藤 34139,116019,116031
百解头 34176
百解药 162523,308613,308616
百介树 203540
百金 81502
百金花 **81523**,81495,81502
百金花属 **81485**
百金属 81485
百巨藤 147349
百咳草 166897
百克爬草 46362
百辣晕 418010
百劳舌 383009
百簕花属 **55257**
百簕花叶吊兰 **88539**
百里柳 **343083**
百里香 **391284**,391167,391347,391365,391397
百里香阿登芸香 **7142**
百里香杜鹃 331975
百里香风铃草 **70356**
百里香格雷野牡丹 **180448**
百里香琥珀树 **27910**
百里香鸡脚参 **275793**
百里香姜味草 **253731**
百里香节节菜 **337401**
百里香轮果石南 **399425**
百里香木蓝 **206668**
百里香穆拉远志 **260060**
百里香婆婆纳 **407369**
百里香青兰 137677
百里香鼠李 **328855**
百里香属 **391061**
百里香菟丝子 **115008**
百里香线叶粟草 **293932**
百里香香科 **388292**
百里香香芸木 **10715**
百里香新塔花 **418138**
百里香鸭舌癀舅 **370856**
百里香叶安龙花 **139492**
百里香叶白千层 **248123**
百里香叶半日花 **188856**
百里香叶瓣鳞花 **167822**
百里香叶车轮果 399425
百里香叶倒挂金钟 168788
百里香叶地锦苗 **85792**
百里香叶吊灯花 **195224**
百里香叶杜鹃 **331801**,331305,331975
百里香叶伏地杜 87678
百里香叶虎耳草 **349888**
百里香叶茴芹 **299564**
百里香叶姜味草 **253717**
百里香叶可利果 **96839**
百里香叶克拉布爵床 **108521**
百里香叶蜡菊 **189772**
百里香叶蓼 **309889**
百里香叶柳 **344094**
百里香叶罗勒 **268623**
百里香叶马桑 **104709**
百里香叶密头火绒草 **303047**
百里香叶穆拉远志 **260073**
百里香叶平口花 **302645**
百里香叶婆婆纳 407358
百里香叶千屈菜 **240090**
百里香叶三瓣花 **288694**
百里香叶圣诞果 **88087**
百里香叶四室木 **387927**
百里香叶庭荠 **18467**
百里香叶细毛欧石南 **149555**
百里香叶香科 **388277**
百里香叶香芸木 **10732**
百里香叶小冠花 **105316**
百里香叶鸭嘴花 **214849**
百里香叶野荞麦木 **152524**
百里香叶银齿树 **227400**
百里香叶远志 **308357**
百里香叶蚤缀 32212
百里香叶钟萼草 **231282**
百里香猪殃殃 **170609**
百里香状互叶半日花 **168950**
百里馨 382477
百笠 55575
百两金 **31408**,31502,34162,159222,280286,367632
百了草 165429
百裂风毛菊 **348194**
百灵草 **245826**
百灵山红山茶 69552
百禄省藤 **65648**
百路通六月寒 299395
百脉根 **237539**,105808,237554
百脉根属 **237476**
百脉根枣 418177
百木通 94865
百幕大圆柏 **213623**
百慕达酢浆草 278008
百慕大百合 **229902**
百慕大福木 **142458**
百慕大桧 213623
百慕大蓝眼草 365747
百慕大箬棕 **341405**
百慕大萨巴尔榈 341405,341406
百慕大庭菖蒲 **365700**,365747
百慕大雪果木 **87666**
百奶 375343,375351,375355
百能葳 55067
百能葳属 55066
百年青 346731
百年桐 406018
百鸟不落 30590,30604
百鸟不宿 64990
百鸟不停 64990
百坡山苔草 **73848**
百球藨草 **353767**
百球荆三棱 353767
百日白 179236
百日草 418043
百日草属 418035

百日柴 232557
百日红 64369,80381,96147,179236,211067,219933,219966
百日菊 **418043**
百日菊属 **418035**
百日粮 361794
百日青 **306506**,306457,306502
百日晒 260110
百乳草 389638
百蕊草 **389638**
百蕊草格尼瑞香 **178721**
百蕊草积雪草 **81630**
百蕊草蓝花参 **412880**
百蕊草木蓝 **206663**
百蕊草千屈菜 **240089**
百蕊草属 **389592**
百蕊草玄参 **355256**
百蕊草亚麻 **231994**
百蕊鳞叶灌 **388741**
百蕊木 **187125**
百蕊木属 **187124**
百色大青 313709
百色豆腐柴 **313709**
百色猴欢喜 **366044**
百色黄精 **308591**
百色楼梯草 **142615**
百色螺序草 **371744**
百色木 268344
百山祖冷杉 **293**
百山祖六角 **204538**
百山祖玉山竹 **416752**
百苕 131772
百蛇基 97947
百寿唇柱苣苔草 **87823**
百寿柑 93672
百思特灰色石南 **149214**
百宿蕉 147349
百岁兰 **413748**
百岁兰科 **413750**
百岁兰属 **413741**
百穗藨草 **353878**
百条根 41441,94814,368073,375343,375351,375355
百万灯 **105438**
百尾笋 134467
百味参 14519,14520,14529
百喜草 **285469**
百香果 285637
百香菊 **391059**
百香菊属 **391056**
百眼藤 **258910**
百样花 319771,319898
百药煎 1120,332509,332775,332791
百药绵 42699,42704
百叶百合 **229947**
百叶草 207151
百叶花 70785
百叶蔷薇 336474
百叶枝金合欢 **1282**
百应草 341064
百鸢科 385522
百丈光 85972
百症藤 417081
百枝 131531,346448
百枝莲 196458
百株筱 209059
百株莜 209059
百珠筱属 209028
百珠子草 81687
百子爆 66789
百子莲 **10245**
百子莲科 **10242**
百子莲属 **10244**
百子树 318742
百子痰梗 410979
百足草 148251,148254,197772,287853,313206,329000
百足藤 **313206**,147349
百足柱 **378488**
百足柱属 **378487**
柏 114690,114753,302721
柏柏尔烟堇 **169019**
柏刺 302721
柏大戟 **158730**
柏赫柏木 **186946**
柏花 383090
柏寄生 355317,410960
柏科 **114645**
柏拉兰 59259
柏拉兰属 59254
柏拉木 **55147**
柏拉木属 **55135**
柏拉参属 59187
柏簕儿茶 129136
柏簕树 129136
柏簕树属 129127
柏雷木属 **61424**
柏蕾荠属 59727
柏林红大岩桐 **364755**
柏林杨 311144
柏脉根 237539
柏木 **114690**
柏木陆均松 **121094**
柏木属 114649
柏木树 114690
柏那参 59207
柏那参属 59187
柏那特泽泻属 64011
柏青树 114690
柏氏八仙花 199846
柏氏白前 117412
柏氏蝴蝶兰 293626
柏氏参 59200
柏氏参属 59187
柏氏小槐花 126389
柏属 **114649**
柏树 114690,213634,302721
柏树欧洲云杉 **298196**
柏斯蒙茶藨 **333923**
柏松 396
柏菀 **225542**
柏菀属 **225541**
柏香 213943
柏香树 114690
柏叶虎耳草 **349514**
柏叶相思树 **1321**
柏槙 213943
柏枝草 253637
柏枝花 **161897**
柏枝花属 **161896**
柏枝新蜡菊 **279353**
柏状长阶花 186946
柏状外果木 **161712**
柏子茶 52402
柏子兰 288605
柏子三七 340463
柏子藤 52402
摆衣耳柱 157547
摆竹 **206898**
摆子草 285834
摆子药 111879,129033
败毒菜 340089
败毒草 240068,249232
败毒莲 240068
败花 122438
败火草 211863
败酱 **285859**,259772,285880,368675
败酱草 210548,283388,285859,285880,368649,368675,390213
败酱耳草 **187538**
败酱科 404392
败酱属 **285814**
败酱叶菊芹 **148164**
败蕊谷精草 **336112**
败蕊谷精草属 **336110**
败蕊霉草 **362042**
败蕊霉草属 **362041**
败蕊无距花 **167298**
败育阿氏莎草 **530**
败育刺痒藤 **394116**
败育菊 **148802**
败育菊属 **148801**
败育酸模 **339881**
拜比栎 **323582**
拜勃苔草 **73859**
拜德勒银桦 **180573**
拜恩裂柱莲 **351889**
拜尔大戟属 **53669**
拜尔顶冰花 **169389**
拜尔欧石南 **149069**
拜尔葶苈 **136949**
拜杆菜 278602
拜卡尔飞蓬 **150490**
拜卡尔桦 **53357**
拜卡尔金腰 **90337**
拜卡尔拉拉藤 **170239**
拜卡尔葶苈 **136945**
拜卡尔岩黄耆 **187794**
拜卡尔羊茅 **163836**
拜克东京莎草 **119701**
拜克鬼针草 247882
拜克黄耆 **42071**
拜克羊茅 **163839**
拜列盐蓬 **184811**
拜尼山柳菊 **195482**
拜平摘亚苏木 127379
拜赛山柳菊 **195487**
拜氏杜鹃 **330221**
拜氏花凤梨 **391980**
拜氏景天 **356562**
拜氏菊属 **46481**
拜氏茜属 **50734**
拜氏铁兰 391980
拜氏驼舌草 **179369**
拜氏仙灯 67566
拜氏野牡丹属 53130
拜氏郁金香 **400130**
拜斯亮叶芹 **363124**
拜斯菘蓝 **209175**
拜苏尼纳刺槐 **334979**
拜孙棘豆 **278733**
拜孙苓菊 **214047**
拜孙苓菊沙穗 **148472**
拜卧豆属 **227027**
拜占庭秋水仙 99313
拜占庭唐菖蒲 176122
拜占庭雪花莲 **169727**
稗 **140367**
稗䅟 140423
稗草 140367
稗豆 126389
稗荩 **371090**
稗荩属 **371087**
稗柿 132219
稗属 **140351**
稗苔草 **76773**
稗子 140367,140423
扳山虎 66648
班巴里树葡萄 **120107**
班巴里珍珠茅 **354015**
班比斑鸠菊 **406134**
班布里藤黄 **171062**
班草 328345
班达落新妇 **41834**
班代日本柳杉 **113688**
班代穗花 **317959**

班戈毛茛　**325638**
班根　328345
班公柳　**343092**
班果藤属　377121
班加拉五层龙　**342592**
班加利桉　155505
班蕉草　309208
班卡青梅　**405163**
班卡油楠　405163
班克胡椒　**300348**
班克木属　47626
班克蔷薇　336366
班克斯蕉　**260207**
班克斯蓝花参　**412595**
班克斯欧石南　**149056**
班克斯藤露兜　**168240**
班克斯驼曲草　**119917**
班克斯纸苞帚灯草　**372996**
班克斯朱蕉　**104344**
班克松　299818
班老菝葜　**366250**
班玛贝母　168391
班玛翠雀花　**124632**
班玛杜鹃　**330201**
班玛蒿　**35194**
班尼斯道利梅　**316566**
班倪属　63443
班入凤凰竹　47350
班氏大果龙胆　**240953**
班氏毒鼠子　**128608**
班氏金合欢　**1071**
班氏欧石南　**149058**
班氏椰子属　51163
班韦百蕊草　**389615**
班韦黑草　**61742**
班韦金壳果　**241928**
班韦金叶树　**90023**
班韦鸭舌癀舅　**370752**
班韦杂色豆　**47707**
班乌大岩桐寄生　**384019**
班杖根　328345
班秩克椰子　51164
班秩克椰子属　51163
班子藤　165515
般倒甑　328345
般荷　250370
般若　**43526**
斑桉　106809
斑斑木蓝　206342
斑瓣虎耳草　**349972**
斑被兜被兰　264764
斑杓兰　120357
斑驳敌克里桑草　128990
斑驳火穗木　**269097**
斑驳堇菜　**410738**
斑驳蓝姜　**128990**
斑驳马兜铃　**34239**
斑驳芹　**142515**
斑驳芹属　**142511**
斑驳鸳鸯鸭跖草　**128990**
斑草　190651,328345
斑蝉姜　**418004**
斑赤瓟　**390161**
斑唇贝母兰　**98662**,98728
斑唇红门兰　169907
斑唇卷瓣兰　**62984**
斑唇卷唇兰　62984
斑唇盔花兰　**169907**
斑唇兰属　**180090**
斑唇马先蒿　287372
斑唇肉唇兰　116521
斑唇珊瑚兰　**103990**
斑唇石斛　125058
斑唇天鹅兰　**116521**
斑葱　**15340**
斑刀箭　285880
斑地寄生　169565
斑地锦　**159286**
斑点矮小乱狒狒花　**46094**
斑点爱染草　**12507**
斑点安哥拉魔芋　**20042**
斑点桉　155711
斑点凹萼兰　**335166**
斑点奥利兰　**274297**
斑点澳豆　**218702**
斑点巴迪远志　**46403**
斑点巴戟　**258913**
斑点白果瓜　**249853**
斑点百簕花　**55370**
斑点百脉根　**237681**
斑点半轭草　**191806**
斑点包果菊　**366092**
斑点杯子菊　**290263**
斑点毕斯特罗木　64448
斑点闭鞘姜　**107253**
斑点萹蓄　**291840**
斑点捕虫堇　**299756**
斑点布袋兰　79541
斑点布朗兰　**61183**
斑点叉序草　**209928**
斑点长穗竹　**385582**
斑点车前　**301877**
斑点橙菀　**320727**
斑点齿瓣兰　**269077**
斑点赤宝花　**390024**
斑点赤竹　**347242**
斑点楮头红　346956
斑点春黄菊　**26860**
斑点刺瓜藤　283920
斑点刺橘　**405538**
斑点刺子莞　**333665**
斑点楤木鼠李　**30813**
斑点酢浆草　**278036**
斑点簇生李　**316414**
斑点大柄虎皮楠　**122701**
斑点大果仙灯　**67602**
斑点大戟　**159682**
斑点大岩桐　**364750**
斑点大叶白花菜　**95730**
斑点大叶避霜花　**300948**
斑点大叶冬青　**203964**
斑点大字草　**349211**
斑点丹氏梧桐　**135957**
斑点单叶兰　**257760**
斑点灯心草　**213406**
斑点迪波兰　**133399**
斑点地锦苗　**85770**
斑点东方铁筷子　**190952**
斑点兜舌兰　282806
斑点独蒜兰　304278
斑点杜鹃　331176
斑点杜鹃花　331480
斑点短瓣兰　**257711**
斑点对折紫金牛　**218714**
斑点多穗兰　**310496**
斑点萼叶茜　**68390**
斑点二翅豆　**133633**
斑点二唇花　**212530**
斑点非洲长腺豆　**7505**
斑点非洲豆蔻　**9923**
斑点非洲砂仁　9923
斑点非洲野牡丹　**68253**
斑点费尔南兰　**163389**
斑点粉蝶花　263504
斑点凤卵草　**304367**
斑点凤仙花　**205112**
斑点佛甲草　**356885**
斑点附加百合　**315526**
斑点腹花苣苔　**171606**
斑点格雷野牡丹　**180382**
斑点根特紫金牛　**174255**
斑点狗肝菜　**129283**
斑点谷精草　**151359**
斑点管梗苣苔　**367857**
斑点灌木帚灯草　**388827**
斑点光果荚蒾　**407916**
斑点果苔草　**75279**
斑点海勒兰　**143848**
斑点海神木　**315934**
斑点亨伯特楝　**199269**
斑点亨里特野牡丹　**192054**
斑点红花　364360
斑点红门兰　**273524**
斑点红色立金花　**218937**
斑点胡萝卜　**123184**
斑点壶花无患子　**90754**
斑点湖北卫矛　**157589**
斑点湖瓜草　**232403**
斑点葫芦草　**353974**
斑点葫芦草属　**353969**
斑点蝴蝶兰　**293618**
斑点虎耳草　**349691**
斑点虎眼万年青　**274685**
斑点花葵　**223387**
斑点华贵草　**53136**
斑点环唇兰　**305044**
斑点黄花鹤顶兰　**293495**
斑点黄皮　94207
斑点黄耆　**42599**
斑点黄芩　**355465**
斑点黄延龄草　**397580**
斑点灰毛豆　**386255**
斑点姬坐禅草　**381080**
斑点吉莉花　**175701**
斑点吉莉花属　**241476**
斑点加尔西顿百合　**229807**
斑点假橙粉苣　**266828**
斑点假刺瓜藤　**283920**
斑点假杜鹃　**48246**
斑点假马齿苋　**46369**
斑点假山槟榔　**318133**
斑点尖花茜　**278260**
斑点尖腺芸香　**4826**
斑点节茎兰　**269222**
斑点金黄蓟　**354655**
斑点金黄雄黄兰　**111460**
斑点金丝桃　**202118**
斑点堇菜　**410193**
斑点九节　**319784**
斑点空船兰　**9174**
斑点苦苣菜　**368750**
斑点块茎苣苔　364750
斑点宽叶苔草　**76266**
斑点宽叶香蒲　**401113**
斑点蓝花参　**412743**
斑点朗格花　**221036**
斑点老鹳草　**174717**
斑点乐母丽　**335991**
斑点勒珀蒺藜　**335676**
斑点雷内姜　**327740**
斑点雷氏兰　**328221**
斑点丽冠菊　**68046**
斑点利帕木　**341218**
斑点蓼花木　**308487**
斑点林地拉拉藤　**170317**
斑点瘤瓣兰　**270828**
斑点龙胆　**173494**
斑点龙王角　**199004**
斑点龙须兰　**79343**
斑点龙血树　**137507**
斑点芦荟　**17002**
斑点鲁谢麻　**337666**
斑点轮叶菊　**161172**
斑点罗顿豆　**237356**
斑点罗勒　**268483**
斑点马薄荷　**257188**
斑点马泰木　**246265**
斑点芒柄花　**271635**

斑点牻牛儿苗 **153807**
斑点毛瓣亚麻 **187082**
斑点毛头菊 **151604**
斑点矛果豆 **235567**
斑点梅笠草 87488
斑点霉草 **352867**
斑点美登木 **182761**
斑点美国薄荷 **257183**
斑点美丽兜兰 282914
斑点美山姜 **17675**
斑点美鼠刺 **155146**
斑点米勒菊 **254590**
斑点庙铃苣苔 **366718**
斑点皿盘无患子 **223626**
斑点魔杖花 **370000**
斑点木兰藤 **45219**
斑点苜蓿 247246
斑点南非桔梗 **335601**
斑点南非蜜茶 **116338**
斑点南锦葵 **267212**
斑点囊舌兰 **342008**
斑点尼泊尔肉穗草 **346956**
斑点尼索尔豆 **266347**
斑点拟库潘树 **114590**
斑点拟沿沟草 **100015**
斑点鸟娇花 210843
斑点牛角草 **273176**
斑点欧亚槭 **3476**
斑点泡叶番杏 **138201**
斑点匹菊 **322731**
斑点苹婆 **376118**
斑点葡萄 **411658**
斑点歧伞獐牙菜 380182
斑点千岛獐牙菜 **380378**
斑点枪刀药 **202579**
斑点腔柱草 **119864**
斑点鞘蕊花 **99635**
斑点青锁龙 **109290**
斑点秋水仙 **99351**
斑点曲足兰 **120715**
斑点日本白前 **117535**
斑点绒萼木 **64448**
斑点润肺草 **58925**
斑点萨拉茄 **346512**
斑点萨维大戟 **349002**
斑点塞拉玄参 **357644**
斑点鳃兰 **246720**
斑点沙木 148367
斑点莎草 **119156**
斑点山槟榔 **299667**
斑点山柳菊 **195781**
斑点山楂 **109970**
斑点蛇鞭菊 **228506**
斑点深山堇菜 **410551**
斑点十二卷 **186518**
斑点十万错 **43628**
斑点石荠苎 259323
斑点石竹 **127731**
斑点史密森兰 **366727**
斑点鼠尾兰 **260957**
斑点双角萝藦 **135047**
斑点双距花 **128072**
斑点双距兰 **133841**
斑点双泡豆 **132702**
斑点双穗水塔花 **54445**
斑点水石衣 **200206**
斑点睡莲 **267711**
斑点四数莎草 **387675**
斑点四翼木 **387619**
斑点苏木 **65056**
斑点苔 75279
斑点苔草 **75931**,75279
斑点唐菖蒲 **176344**
斑点天竺葵 **288457**
斑点田菁 **361420**
斑点铁筷子 **190938**
斑点铁苋菜 **1966**
斑点万寿竹 **134450**
斑点威瑟茄 **414618**
斑点维斯花 **411156**
斑点卫矛 157589
斑点沃伦紫金牛 **413065**
斑点乌口树 **385017**
斑点无冠鼠麹木 **184336**
斑点喜冬草 **87488**
斑点细辛 **37723**
斑点细叶芹 **84749**
斑点细柱柳 **343449**
斑点香茶 **303605**
斑点香豆 133633
斑点香蜂草 257184
斑点小药玄参 **253062**
斑点小籽风信子 **143763**
斑点肖毛毡苣苔 **17954**
斑点笑鸢尾 **172728**
斑点泻根 **61530**
斑点熊菊 **402805**
斑点悬子苣苔 **110560**
斑点旋柱兰 **258998**
斑点眼子菜 **312235**
斑点羊蹄甲 49094
斑点野荞麦 **152250**
斑点野生稻 **275955**
斑点叶葡萄 411658
斑点异尖荚豆 **263367**
斑点异籽葫芦 **25669**
斑点印度田菁 **361431**
斑点硬鸢尾 **334510**
斑点油芦子 **97359**
斑点玉牛角 **139159**
斑点芋兰 **265424**
斑点圆叶薄荷 **250440**
斑点月桃 17749
斑点杂色豆 **47808**
斑点泽兰 **158263**
斑点展唇兰 **267218**
斑点獐牙菜 **380265**
斑点珍珠菜 **239804**
斑点脂花萝藦 **298170**
斑点脂麻掌 **171702**
斑点蜘蛛抱蛋 39571
斑点指脊兰 **121436**
斑点中芒菊 **81787**
斑点肿根 273531
斑点舟萼兰 **350483**
斑点朱米兰 **212736**
斑点爪哇亮丝草 **11342**
斑点缀星花 **271144**
斑萼溲疏 **126936**
斑非砂仁 9923
斑风藤 252514
斑稃碱茅 **321369**
斑根 328345
斑沟酸浆 255210
斑骨相思 158070
斑光掌根兰 **121363**
斑果厚壳桂 **113468**
斑果黄芪 42072
斑果黄耆 **42072**
斑果菊 **161802**
斑果菊属 **161801**
斑果藤 **377125**
斑果藤科 **377120**
斑果藤属 **377121**
斑果远志 **308303**
斑蒿 **36122**
斑喉马兜铃 **34177**
斑花败酱 **285849**
斑花杓兰 120357
斑花长萼兰 **59274**
斑花酢浆草 **278097**
斑花大叶白花菜 **95729**
斑花杜鹃 331975
斑花沟酸浆 **255210**
斑花蝴蝶兰 293618
斑花黄堇 **105753**
斑花菊属 **4858**
斑花兰 120310
斑花六出花 18074
斑花龙胆 174029
斑花母草 **231577**
斑花青牛胆 390175
斑花苘麻 **987**
斑花沙漠木 **148367**
斑花细瓣兰属 **371681**
斑花异色仙灯 **67643**
斑花紫堇 **105731**
斑假金雀花 **77060**
斑胶藤 **400922**
斑蕉草 309116,309199
斑金丝桃 202006
斑茎大黄 **329354**
斑茎福禄考 **295282**
斑茎黄精 308635
斑茎蔓龙胆 **110321**
斑茎泽兰 **158219**
斑鸠 247366,247425
斑鸠鼻 126465
斑鸠草 277747
斑鸠都丽菊 **155387**
斑鸠饭 280097
斑鸠花 43053,161350,227009
斑鸠蓟 **92472**
斑鸠菊 **406311**,406817
斑鸠菊白酒草 **103638**
斑鸠菊科 **406949**
斑鸠菊属 **406040**
斑鸠菊无舌黄菀 **209579**
斑鸠菊旋覆花 **207249**
斑鸠菊状旋覆花 207247
斑鸠蜡菊 **189552**
斑鸠米 66748
斑鸠木 406817
斑鸠球 **287905**
斑鸠食子 165035
斑鸠瘦片菊属 **406952**
斑鸠树 165099
斑鸠酸 277747
斑鸠台 308816
斑鸠藤 402201
斑鸠窝 126465,159092,159286,201942,237539
斑鸠叶豆腐柴 313717
斑鸠占 313635,313717
斑鸠站 313673
斑鸠柘 407769
斑鸠子 313673
斑鸠钻 66914
斑糠菊 202424
斑壳玉山竹 **416795**
斑克翅柱兰 **320872**
斑苦瓜 **256864**
斑苦竹 **304065**,37271
斑块百合 **229861**
斑兰 **371679**
斑兰属 **371678**
斑鳞杜鹃 331250
斑鳞割鸡芒 **202732**
斑龙胆 **173776**
斑龙芋 **348036**
斑龙芋属 **348022**
斑龙紫 328345
斑麻 158200
斑马北美乔柏 **390658**
斑马菠萝 8554
斑马凤梨 8554
斑马海芋 **16535**
斑马椒草 **290458**

斑马爵床　29130
斑马芦荟　**17420**
斑马热美爵床　29127
斑马水葱　**352279**
斑马水塔花　**54467**
斑玛杜鹃　330201
斑毛耳稃草　**171518**
斑茅　**341837**
斑茅胆草　260113
斑棉　**179923**
斑膜芹　**201157**
斑膜芹属　**201155**,199646
斑囊果苔　74997
斑坭竹　47267
斑皮桉　106809
斑皮柴　231298
斑皮鲫鱼藤　**356268**
斑皮科林比亚　106809
斑皮伞房花桉　**106809**
斑雀麦　61016
斑蘘荷　**418003**
斑榕　**165521**,165828
斑沙漠木　148367
斑山楂　109970
斑舌兰　**117081**
斑舌美乐兰　**39273**
斑实菊　**374637**
斑实菊属　**374636**
斑矢车菊　**81184**
斑氏凤梨属　412337
斑水飞雉　364360
斑藤黄　**171172**
斑天章　**8464**
斑筒花　239547
斑箨茶竿竹　318332
斑箨茶秆竹　**318332**
斑箨大节竹　**206892**
斑箨酸竹　**4614**,270446
斑纹贝母　**168568**
斑纹变叶木　98190
斑纹滨藜　**44362**
斑纹梣叶槭　3232
斑纹长瓣梅花草　**284564**
斑纹车前　**302114**
斑纹大吊兰　**88567**
斑纹蝴蝶兰　**293649**
斑纹华贵草　53138
斑纹还阳参　**111096**
斑纹锦竹草　**67144**
斑纹口红花　**9458**
斑纹老鹳草　**174997**
斑纹芦荟　17383
斑纹鹿蹄草　322779,322815
斑纹瓶子草　**347148**
斑纹漆属　43472
斑纹珊瑚菠萝　8563
斑纹珊瑚凤梨　**8563**
斑纹矢车菊　**81405**
斑纹薯蓣　**131908**
斑纹尾萼光萼荷　**8553**
斑纹乌木　**132244**
斑纹纤毛仙灯　**67598**
斑纹星钟花　199091
斑纹鸭跖草　67144
斑纹赭爵床　**88990**
斑纹皱叶天竺葵　**288180**
斑纹爪唇兰　**179293**
斑仙女木　**138462**
斑腺画眉草　**147925**
斑心吊兰　88556
斑心高丛玉簪　**198609**
斑心巨麻　**169246**
斑心叶黄花稔　**362524**
斑绣球　382718
斑药芹　101852
斑野黍　**151695**
斑叶矮孔雀木　**135082**
斑叶桉　**155711**
斑叶岸刺柏　**213745**
斑叶八角金盘　162883
斑叶白果　175827
斑叶白花败酱　**285882**
斑叶白酒草　**103632**
斑叶败酱　285882
斑叶宝铎草　**134468**
斑叶本都山杜鹃　**331522**
斑叶荸荠　**143405**
斑叶变蕊木　**259385**
斑叶杓兰　**120411**
斑叶伯氏禾　**50726**
斑叶梣　**168077**
斑叶稠李　**280028**
斑叶垂椒草　**290429**
斑叶垂榕　164697
斑叶垂叶榕　**164697**
斑叶唇柱苣苔　**87950**
斑叶刺苣　354655
斑叶鞑靼红瑞木　**104932**
斑叶大胡椒　241211
斑叶大戟　**159603**
斑叶大叶避霜花　300948
斑叶单穗果子蔓　**182178**
斑叶灯台树　105003
斑叶滴水珠　299719
斑叶地锦　159286
斑叶地中海绵毛荚蒾　**408173**
斑叶棣棠花　**216089**
斑叶吊灯花　**84297**
斑叶豆瓣绿　**290380**
斑叶杜鹃　**331585**
斑叶杜鹃兰　**110516**
斑叶短筒倒挂金钟　**168771**
斑叶耳突鸭脚木　**350657**
斑叶番樱桃状海桐　**301262**
斑叶粉臭六月雪　**360929**
斑叶风车草　**118478**
斑叶凤梨属　21472
斑叶凤尾丝兰　**416609**
斑叶扶芳藤　**157494**
斑叶伽蓝菜　215206
斑叶高良姜　**17711**
斑叶根茎绒毛草　**197308**
斑叶光叶子花　**57863**
斑叶海桐　**301414**
斑叶鹤顶兰　**293548**,293494
斑叶黑茶藨子　**334121**
斑叶红点草　**223819**
斑叶红凤梨　21475
斑叶红雀珊瑚　287855
斑叶红缘莲花掌　**9048**
斑叶厚叶海桐　**301246**
斑叶胡颓子　**142157**
斑叶黄花沟酸浆　**255219**
斑叶吉灌玄参　**175557**
斑叶假杜鹃　**48310**
斑叶胶榕　164940
斑叶金丝桃　**202006**
斑叶金星　182184
斑叶堇菜　**410721**
斑叶锦香草　**296411**
斑叶凯尔新西兰圣诞树　**252620**
斑叶凯克污生境　103790
斑叶宽叶染料木　103801
斑叶拉尔夫海桐　**301382**
斑叶辣薄荷　**250421**
斑叶辣根　**34591**
斑叶兰　**179694**,179610,179679,179685,282867,282883,293494
斑叶兰属　**179571**
斑叶兰羊耳蒜　**232176**
斑叶离蕊茶　**69685**
斑叶亮丝草　**11355**
斑叶蓼　**309654**
斑叶列当　**275244**
斑叶六月雪　**360934**
斑叶龙舌兰　**10892**
斑叶娄氏海芋　**16511**
斑叶露兜　281169
斑叶露兜树　**281168**,281169
斑叶芦荟　17136
斑叶络石　393659
斑叶马齿苋　311957
斑叶马齿苋树　**311957**
斑叶马醉木　**298747**
斑叶蔓荆　**411476**
斑叶芒　**255891**
斑叶猫儿菊　202424
斑叶毛脉络石　**393666**
斑叶美顶花　**156032**
斑叶美丽赫柏木　**186975**
斑叶美洲肥皂荚　**182528**
斑叶密枝锦带花　**413622**
斑叶绵毛荚蒾　**407910**
斑叶绵枣儿　223819
斑叶南蛇藤　80285
斑叶囊兰　**37800**
斑叶拟九节　**169366**
斑叶拟辛酸木　**138024**
斑叶牛角草　**273205**
斑叶女贞　**229590**
斑叶挪威槭　**3456**
斑叶欧亚槭　**3468**
斑叶欧洲鹅耳枥　**77261**
斑叶欧洲光叶榆　**401473**
斑叶欧洲花楸　**369347**
斑叶欧洲七叶树　**9704**
斑叶萍蓬草　**267333**
斑叶匍匐污生境　103802
斑叶匍匐异味树　**103802**
斑叶葡萄　**411982**
斑叶蒲公英　**384848**
斑叶桤木　16440
斑叶青木　**44920**,44919
斑叶秋海棠　49863
斑叶球兰　**198831**,198830
斑叶雀舌花　**171378**
斑叶日本裸菀　**182351**
斑叶日本女贞　**229489**
斑叶绒桐草　366719
斑叶榕乳树　164940
斑叶三匹箭　**33358**
斑叶山柳菊　**195780**
斑叶山麻兰　**295599**
斑叶珊瑚　**44888**
斑叶树　281169
斑叶树薯　244508
斑叶刷盒木　**236464**
斑叶水虎尾　139584
斑叶素馨　**281226**
斑叶太阳星　**182161**
斑叶通脱木　**387433**
斑叶万年青　11355
斑叶网纹杜鹃　**331629**
斑叶梧桐　**166628**
斑叶西洋山梅花　294431
斑叶锡兰群蕊竹　**268121**
斑叶细辛　**37753**
斑叶细叶海桐　**301408**
斑叶细枝龙血树　**137390**
斑叶腺头葳　**7371**
斑叶香花凤梨　**392010**
斑叶香桃木　**261742**
斑叶香铁兰　392010
斑叶橡皮树　**164940**
斑叶小花彩云木　**381482**
斑叶小花希纳德木　381482
斑叶小蜡　**229620**
斑叶小麦秆菊　**381687**

斑叶小叶金鱼花 100123
斑叶肖竹芋 66215
斑叶新西兰卡瓦胡椒 **241211**
斑叶锈叶榕 **165587**
斑叶旋果蚊子草 **166128**
斑叶延胡索 **106366**
斑叶羊茅 164393
斑叶野木瓜 **374423**
斑叶野豌豆 **408671**
斑叶异药花 **167310**
斑叶异株五加 **143679**
斑叶银杏 **175827**
斑叶印度胶榕 164940
斑叶印度橡胶树 164940
斑叶樱 280028
斑叶盈江南星 33358
斑叶鱼鳔槐 **100155**
斑叶玉凤花 183619
斑叶玉凤兰 291221
斑叶蜘蛛抱蛋 **39536**
斑叶指柱兰 **86690**,86725
斑叶智利酒果 **34397**
斑叶柊树 276320
斑叶朱砂根 31502
斑叶竹节秋海棠 49632,50051
斑叶竹芋 **245015**,66215
斑叶紫花赫柏木 **186928**
斑叶紫花堇菜 **410037**
斑叶紫金牛 31502
斑鱼烈 154252
斑缘露兜 281169
斑枣子 35136
斑楂 142152
斑杖 33295,33325,33496,328345
斑杖根 328345
斑沼草 **63442**
斑沼草属 **63440**
斑真青秆竹茹 297373
斑疹钟花树 **382718**
斑支核果茶 **322594**
斑芝花 56802
斑芝棉 56802
斑芝树 56802
斑枝红山茶 **69668**
斑枝毛蕊茶 **69531**
斑枝卫矛 157777
斑种草 **57678**
斑种草属 **57675**
斑珠科 218347
斑竹 **297221**,206898,297215
斑竹甑 285880
斑庄 328345
斑庄根 328345
斑籽 46970
斑籽麻黄 **146244**
斑籽木 **46970**
斑籽木属 **46962**
斑籽属 46962
斑籽乌桕 **346370**
斑子麻黄 146244
斑紫叶 **180278**
搬倒甑 83650,158161,158200
瘢痧藤 187581
阪姜 19901
坂场李 **316188**
坂口假卫矛 **254304**
坂口苔草 **73570**
板贝 168491,168586
板党 98417
板凳草属 279743
板凳果 **279744**,279747
板凳果科 **279762**
板凳果属 **279743**
板花草 **299591**
板花草属 **299590**
板蕉 260208
板蓝 **47845**
板蓝根 47845,209232,414809
板蓝属 **47842**
板蓝香 280974
板栗 **78802**
板栗寄生 385234
板栗属 78766
板朴 198698
板参 72342
板薯 131501,131630
板香 213883
板香树 302684
板枝 401094
板砖 131476
板砖薯蓣 **131476**
版纳粗叶木 **222262**
版纳凤仙花 **204801**
版纳蝴蝶兰 **293620**
版纳黄檀 121684
版纳姜 **418028**
版纳龙船花 **211147**
版纳毛兰 61448
版纳南星 **33275**
版纳青梅 **405184**
版纳蛇根草 **272215**
版纳省藤 **65746**
版纳柿 **132477**
版纳素馨 **211746**
版纳藤黄 **171222**
版纳甜龙竹 **125479**
版纳西番莲 **285720**
版纳野独活 **254549**
版纳玉凤花 **183855**
半白贝克菊 **52775**
半白钝齿堇菜 **410314**
半伴木 407930
半棒状翠雀花 **124573**
半抱钉头果 **179118**
半抱茎风毛菊 **348774**
半抱茎婆婆纳 **407352**
半抱茎葶苈 **137253**
半抱茎勿忘草 **260875**
半抱茎紫菀 **41226**
半被车叶草 **39404**
半被木属 **191334**
半被肉锥花 **102600**
半闭兰 **94419**
半闭兰属 **94418**
半蔽薯蓣 **131615**
半边菜 73029
半边草 285686
半边蝶 284522
半边风 **285689**,18192,49744,285635,288740
半边枫 94191,125604,253628
半边枫荷 320836
半边红花 143967
半边花 234363
半边花属 68063
半边黄 111724
半边黄属 111693
半边菊 234363
半边兰 232252
半边莲 **234363**,33349,33397,33505,33509,49974,50131,234766,356696,356916
半边莲科 234890
半边莲蓝花参 **412831**
半边莲千里光 **359373**
半边莲属 **234275**
半边莲状藜芦 405604
半边莲状虻眼草 **136215**
半边脸 333086
半边龙 117986
半边罗汉竹 **87624**
半边锣 85974
半边旗 234363,234884
半边钱 81570,89207,173842,345978
半边日 413613
半边伞 142694,265395,335147,335153
半边山 142694,288762,288769,406992,407430
半边苏 100238,143974
半边香 144086
半边月 81570,413613
半边珠 1790
半边座 298986
半波臂形草 **58168**
半草绳柄草 **79298**
半侧蔓龙胆 **110307**
半侧膜秋海棠 **50297**
半层莲 302549
半插花属 **191486**
半常绿白杜 157353
半常绿白杜树 157353
半常绿丝棉木 157353
半常绿卫矛 **157353**
半池莲 176839,239582
半齿蓝花楹 211244
半齿柃 **160600**
半齿血红茶木 **221528**
半齿舟叶花 **340900**
半翅鹤虱 **221741**
半翅野荞麦 **152136**
半重瓣矮桃 **239595**
半重瓣白蔷薇 **336344**
半重瓣鹅掌草 **23821**
半重瓣克美莲 **68801**
半重瓣苔草 **76222**
半春莲 302549
半春子 141999,142152,142214
半带菊 **191705**
半带菊属 **191697**
半岛刺树 **167561**
半岛梨 **323195**
半岛玉 **163462**
半道茜 **191458**
半道茜属 **191456**
半凋萎绢蒿 **360874**
半轭草属 **191765**
半耳箬竹 **206803**
半丰草属 57289
半枫荷 **357969**,125604,125639,261885,320836
半枫荷属 **357968**
半枫樟 347413
半覆瓦十大功劳 **242644**,242637
半高野帚 292077
半个脸 142596
半梗灌 **191571**
半梗灌属 **191569**
半钩蕨草 **353799**
半钩细莞 **210009**
半冠毛灰毛菊 **31285**
半冠毛肖蓝盆花 **365898**
半管马先蒿 **286998**
半灌黄耆 **42436**
半灌木南芥 30270
半灌木千斤拔 **166865**,166897
半灌木旋花 **103368**
半灌木状无心菜 **32264**
半光百里香 **391364**
半光半日花 **188764**
半光灰毛豆 **386303**
半光芒柄花 **271612**
半光牛膝菊 **170144**
半光山莓草 **362372**
半光少花银豆 **32871**
半光委陵菜 **312967**

半光野豌豆 **408610**
半含春 142152
半荷包紫堇 **105969**
半荷枫 125604
半花藤 **288967**
半花藤属 **288962**
半花透骨草 **191340**
半花透骨草属 **191338**
半环苜蓿 **247304**
半环天竺葵 **288280**
半荒漠绢蒿 **360837**
半混合柴胡 **63826**
半脊鹅观草 **335495**
半脊莲 302549
半脊荠 **191527**
半脊荠属 **191525**
半戟弯果萝藦 **70540**
半架牛 113577
半架牛属 113566
半箭形翅子树 **320848**
半箭鱼黄草 **250824**
半浆果滨藜 **44641**
半节观音 285719
半节烂 33319
半节叶 285719
半截 285719
半截烂 33473,284378
半截叶 285635,285719
半锯齿泽兰 **158312**
半聚果 **138880**
半聚果属 **138874**
半颗珠 264752
半拉子 77276
半兰姜 **191562**
半兰姜属 **191561**
半立悬钩子 **338878**
半莲座杯苋 **115745**
半两节芥 **191444**
半两节芥属 **191443**
半裂酢浆草 **278077**
半裂风铃草 **70299**
半裂花假杜鹃 **48166**
半裂荆芥 **264923**
半裂马先蒿 **287207**
半裂旗唇兰 **407606**
半裂肉苁蓉 **93058**
半裂莎草 **118886**
半裂山黧豆 **222718**
半裂苔草 **74544**
半裂橐吾 **229129**
半裂网萼木 **172862**
半裂委陵菜 **312968**
半裂叶东南非萝藦 **144883**
半裂叶天竺葵 **288230**
半裂柱破布木 **104182**
半露卫矛 157569
半露西南卫矛 **157569**
半轮棒头草 **310129**
半轮生剪股颖 **12297**
半裸飞廉 **73486**
半裸风铃草 **70298**
半裸鹤虱 221742
半裸茎黄堇 **106283**
半裸落草 **217562**
半裸羽状针禾 **377014**
半裸远志 **308346**
半裸猪毛菜 **344704**
半裸纵沟玉牛角 **139188**
半脉冰草 144459
半蔓白薇 117734
半毛车轴草 **397074**
半毛翠雀 **124572**
半毛菊 **113214**
半毛菊属 **113205**
半毛菊状旋瓣菊 **412261**
半毛萝藦 **191623**
半毛萝藦属 **191622**
半毛鼠尾草 **345382**
半毛状大戟 **159811**
半面花 355391
半面穗 **290690**
半面穗属 **290689**
半木质豪曼草 **186212**
半年红 265327
半牛尾藤 407850
半扭卷马先蒿 **287669**
半畔花 234363
半畔莲 234363
半皮桉 **155605**
半片佛手掌 **77434**
半片花 234363
半片菱叶藤 **332311**
半片木蓝 **205906**
半片小黄管 **356073**
半匍匐岩石南 **67470**
半琴叶风毛菊 **348776**
半球齿缘草 **153458**
半球短梗景天 **8448**
半球湖瓜草 **232400**
半球虎耳草 **349437**
半球火炬姜 **265965**
半球莲 122034
半球牧根草 **298061**
半球欧石南 **150212**
半球欧洲刺柏 **213719**
半球泡叶番杏 **138231**
半球蔷薇 **336618**
半球青锁龙 **109060**
半球小叶番杏 **169978**
半球形囊鳞莎草 **38224**
半球形舟叶花 **340901**
半球圆柏 **341765**
半球砖子苗 **245439**
半髯毛翠雀 124572
半稔子 165791
半日花 **188846**,188757
半日花科 **93046**
半日花属 **188583**,93120
半日花叶姜味草 **253669**
半日花叶绣球防风 **227608**
半茸 35167
半三裂莎草 **119554**
半三裂天竺葵 **288509**
半舌兰 **252227**
半舌兰属 **252226**
半伸卫矛 **157877**
半授花科 184524
半蜀黍 **191643**
半蜀黍属 **191642**
半双蕊伯纳旋花 **56863**
半蒴苣苔 191387
半蒴苣苔属 **191347**
半撕裂刺头菊 **108403**
半四蕊白花菜 **95788**
半宿萼茶 69684
半天钓 43721
半天花 37888
半天雷 226742
半天雪 78731
半天云 78731
半透明百蕊草 **389901**
半透明凤仙花 **205395**
半透明果苔草 **76221**
半透明金合欢 **1666**
半透明蜡菊 **189865**
半透明三指兰 **396676**
半透明山柳菊 **196013**
半透明十二卷 **186584**
半秃连蕊茶 **69673**
半秃毛蕊茶 69673
半脱落三萼木 **395339**
半卫花 **191581**
半卫花属 **191580**
半卧狗娃花 **193982**
半梧桐 320836
半下延刺头菊 **108402**
半夏 **299724**,33272,33276,
33278,33325,33335,33411,
33464,33574,57434,299721,
401152,401156,401160,401170
半夏精 33295,33325
半夏属 **299717**
半夏子 299721
半向花 355391
半小球三花龙胆 **174012**
半楔形坡垒 **198192**
半心形金千里光 **279941**
半雄花属 **357886**
半雪千里光 **360021**
半血莲 347078
半夜花 227739
半夜兰 126717
半腋生卫矛 **357917**
半腋生卫矛属 **357915**
半翼千斤拔 166880
半隐白斑十二卷 **186813**
半颖黍 277431
半颖黍属 277426
半硬刺杜鹃 **331791**
半羽假还阳参 110616
半育䅟 **143547**
半育花属 **191466**
半圆黄芪 43033
半圆黄耆 **43033**
半圆金沙槭 3378
半圆叶杜鹃 **331971**
半圆叶金江槭 **3378**
半圆叶金沙槭 3378
半圆柱形可利果 **96837**
半月钉头果 **179119**
半月斗篷草 **14139**
半月形鸢尾兰 **267968**
半支莲 78025,129243,311852,
344957,355391,355641,
356702,356884,357123
半枝连 356884
半枝莲 **355391**,159222,311915,
355641,357123
半钟铁线莲 **95304**
半柱虎眼万年青 **274776**
半柱花 360700
半柱花属 191486
半柱麻 **191680**
半柱麻属 **191679**
半柱毛兰 **148656**,148658
半柱水竹叶 **260112**
半柱状舌叶花 **177496**
半锥莓 **338507**
半锥肾苞草 **294089**
半子 299724
半座苣苔 252387
伴孔旋花属 **252521**
伴兰 193592
伴兰属 193581
伴侣鼠尾草 **344984**
伴侣四数莎草 **387650**
伴帕爵床属 **60295**
伴蛇莲 309014
伴生苔草 **76296**
拌倒甑 83650,158161
拌根草 130489
绊肠草 278842
绊根草 117859
绊根草属 117852
绊脚刺 338317
绊脚丝 223909
绊藤香 34139
绊足花 **10769**

绊足花属　**10764**,10384
瓣白鼓钉　**307668**
瓣苞芹　**184327**
瓣苞芹属　**184326**
瓣翅子藤　**235218**
瓣酢浆草　**277874**
瓣萼杜鹃　**330329**
瓣萼中脉梧桐　**390311**
瓣繁缕　375071
瓣根草　124237,124245
瓣瓜　182575
瓣裂果科　61291
瓣裂鹿角藤　88902
瓣鳞花　**167813**
瓣鳞花芳香木　**38555**
瓣鳞花科　**167827**
瓣鳞花属　**167765**
瓣鳞花猪毛菜　**344541**
瓣美冠兰　**156543**
瓣鞘花属　**99497**
瓣芩　355387
瓣蕊豆　**292281**
瓣蕊豆属　**292279**
瓣蕊果　**169264**
瓣蕊果属　**169262**
瓣蕊花　**196358**
瓣蕊花科　**196359**
瓣蕊花属　**196357**,169848
瓣蕊唐松草　**388614**
瓣铁线莲　44226
瓣铁线莲属　44222
瓣驼曲草　**119843**
瓣柱豆　**292305**
瓣柱豆属　**292304**
瓣柱戟属　**292294**
瓣状百簕花　**55396**
瓣状蝶须　**26428**
瓣状盒子草　6907
瓣子芄　5055
邦邦老虎藤　165515
邦布塞特白藤菊　**254453**
邦布塞特半边莲　**234308**
邦布塞特冷水花　**298871**
邦布塞特扭果花　**377664**
邦布塞特树葡萄　**120020**
邦布塞特双盖玄参　**129341**
邦布塞特酸藤子　**144720**
邦布塞特文殊兰　**111173**
邦布鸭舌癀舅　**370751**
邦德芦荟　**16680**
邦德穆拉远志　**259945**
邦德欧石南　**149494**
邦德猪屎豆　**111959**
邦迪埃勒补血草　**230765**
邦地野荞麦　**151872**
邦戈密团木蓝　**205825**
邦戈木蓝　**205733**
邦戈水车前　**277375**
邦戈玉凤花　**183457**
邦戈猪屎豆　**111960**
邦加草属　56941
邦加大戟　**158559**
邦加德柳叶菜　**146635**
邦加轭观音兰　**418804**
邦加谷精草　**151252**
邦加红果大戟　**154814**
邦卡杯萼木　**115630**
邦卡野长蒲　**390377**
邦克岛海桐　**17815**
邦克盾盘木　**301554**
邦克多穗兰　**310333**
邦克风兰　**24728**
邦克甘蓝树　**115195**
邦克鹿角柱　**140220**
邦克松　299818
邦兰梳齿菊　**286881**
邦尼特蓝蓟　**141121**
邦普花葱　**57008**
邦普花葱属　**57006**
邦奇矮蓬　**85459**
邦奇凹瓣石竹　**15963**
邦奇并核果　**283174**
邦奇补血草　**230556**
邦奇柽柳　**383466**
邦奇刺芹　**154298**
邦奇大戟　**158585**
邦奇斗篷草　**13986**
邦奇独尾草　**148537**
邦奇还阳参　**110762**
邦奇锦鸡儿　**72199**
邦奇驴喜豆　**271184**
邦奇密花小檗　**51542**
邦奇涩荠　**243175**
邦奇委陵菜　**312431**
邦奇肖翅果草　**54425**
邦奇鸦葱　**354828**
邦奇蝇子草　363265
邦乔木属　**63435**
邦氏巴豆　**112845**
邦氏白酒草　**103432**
邦氏多肋菊　**304421**
邦氏番薯　**207615**
邦氏费利菊　**163145**
邦氏哈尔特婆婆纳　**185991**
邦氏黑草　**61741**
邦氏假牧豆树　**318167**
邦氏宽肋瘦片菊　**57609**
邦氏蜡菊　**189184**
邦氏蜡烛木　**121110**
邦氏落萼旋花　**68343**
邦氏密毛大戟　**321997**
邦氏婆婆纳属　**47553**
邦氏山黄菊　**25497**
邦氏细爪梧桐　**226257**
邦氏小金梅草　**202814**
邦氏一点红　**144893**
邦氏紫金牛　**31361**
邦藤黄　**171068**
邦铁桐属　61040
邦廷大岩桐寄生　**384042**
邦廷可拉木　**99172**
邦廷狭蕊爵床　**375413**
邦驼峰楝　**181550**
邦韦大沙叶　**286112**
邦韦尔木蓝　**205710**
邦韦尔石龙尾　**230280**
邦韦肖九节　**319425**
邦雪香兰　**187492**
帮子毒乌　320435
浜菜　108627
浜防风　176923
浜菊　89646
浜梨　404051
浜藜叶　**184989**
浜藜叶科　**184987**
浜藜叶属　**184988**
浜千鸟　**102529**
浜茼蒿　**89646**
榜花薯　131630
榜薯　131630
膀膀子　165515
膀胱菜　**318612**
膀胱菜属　**318610**
膀胱春钟　**270537**
膀胱酢浆豆　**202381**
膀胱豆　**100173**
膀胱豆白花菜　**95652**
膀胱豆灌木查豆　**84458**
膀胱豆柳　**343234**
膀胱豆属　**100149**
膀胱多柱树　**77942**
膀胱萼柿　**132352**
膀胱果　374103
膀胱果黄耆　**42206**
膀胱蒿　**35117**
膀胱花樱　**83144**
膀胱还阳参　**111073**
膀胱黄耆　**41979**
膀胱喙芥　**297939**
膀胱喙芥属　**297938**
膀胱棘豆　**278798**
膀胱假狼紫草　**266629**
膀胱芥　**407550**
膀胱芥属　**407549**
膀胱兰　**120840**
膀胱兰属　**120839**
膀胱麦瓶草　364193
膀胱七　147149
膀胱三蕊柳　**344212**
膀胱水苏　**373258**
膀胱田菁　**177432**
膀胱田菁属　**177430**
膀胱挖耳草　**403214**
膀胱野荞麦　**152160**
膀胱叶球花木　**177031**
膀胱蝇子草　**363571**
膀胱状钉头果　179096
膀胱状婆婆纳　**406987**
蚌巢草　179488
蚌花　394076
蚌壳草　1790,81570,166897,392895
蚌壳刺　43721
蚌壳花椒　417216
蚌壳椒　417216
蚌壳树　**364704**,364707
蚌壳树属　364703
蚌壳叶　394076
蚌兰　394076
蚌兰花　394076
蚌兰叶　394076
蚌竹　125500
傍墙花　70507
傍雪开　173811
棒棒草　318507
棒棒木　80596,382277
棒棒树　80596
棒孛荠　**143089**
棒臂形草　**58073**
棒柄花　**94406**
棒柄花属　**94404**
棒草　177893,177915,177947
棒齿鹅绒藤　**117508**
棒椆　233238
棒棰　280741
棒棰树属　**279666**
棒槌　280741
棒槌草　220126,316127
棒槌草属　88316
棒槌瓜属　263567
棒槌幌子　79732
棒槌树　279685
棒锤　280741
棒锤草　88421
棒锤草属　88316
棒锤瓜　**263568**,417081
棒锤瓜属　**263567**
棒锤树属　279666
棒锤玉莲　180266
棒吊灯花　**84043**
棒杜鹃　330501
棒萼桉　**155531**
棒萼赤楠　382672
棒萼欧石南　**149245**
棒萼茜　**178972**
棒萼茜属　**178971**
棒萼香芸木　**10589**
棒萼蛛毛苣苔　**283113**

棒儿松 213896
棒凤仙 204858
棒凤仙花 **204858**
棒梗瓜 **114141**
棒梗露子花 **123851**
棒梗水青冈 **162387**
棒瓜属 179153
棒棍椰子属 201356
棒果黄花稔 **362628**
棒果芥 **376316**,273971
棒果芥属 **376314**
棒果科 106943
棒果马蓝 **320113**
棒果木 **106945**
棒果木科 **106943**
棒果木属 **106944**
棒果荠属 376314
棒果秋海棠 **50033**
棒果榕 **165711**
棒果森林榕 **165366**
棒果属 106944
棒果树科 **332382**
棒果树属 **332384**
棒果香 **46807**
棒果香属 **46804**
棒果雪胆 **191940**
棒果芽槭属 332375
棒果止泻萝藦 **416216**
棒红 66445
棒红花 179178
棒花阿利茜 **14646**
棒花博罗茜 **57248**
棒花赤楠 382512
棒花伽蓝菜 **215278**
棒花列当 **104326**
棒花列当属 **104325**
棒花芦荟 **16715**
棒花落地生根 215278
棒花蒲桃 **382512**
棒花参 104326
棒花参属 104325
棒花属 106896
棒花羊蹄甲 **49179**
棒花棕属 332434
棒甲稃竹 **144708**
棒角风兰 **24791**
棒角美冠兰 **156626**
棒角双距兰 **133740**
棒节石斛 **125140**
棒茎 116621
棒茎草属 **328387**
棒菊属 **405078**
棒距八蕊花 **372890**
棒距凤仙花 **204855**
棒距根节兰 65906
棒距舌唇兰 **302500**
棒距无柱兰 **19503**
棒距虾脊兰 **65906**
棒距玉凤花 **183839**
棒兰 238322
棒兰属 **178962**
棒梨子 295747
棒鳞蓟 **92348**
棒芒草属 **106924**
棒毛萼 **400766**
棒毛萼属 **400765**
棒毛费利菊 **163168**
棒毛芙兰草 **168838**
棒毛芥 196282
棒毛芥属 98048
棒毛马唐 **130616**
棒毛泡果荠 196282
棒毛荠属 **98048**
棒毛仙灯 **67570**
棒木科 328395
棒念珠掌 **186152**
棒茼麻属 **106889**
棒蕊虎耳草 **349186**
棒蕊萝藦 **104405**
棒蕊萝藦属 **104403**
棒蕊蜘蛛抱蛋 **39526**
棒伞芹属 **328432**
棒莎草 **118630**
棒石斛 125383
棒室吊兰 **106981**
棒室吊兰属 **106979**
棒丝花 179178
棒丝黄精 **308517**
棒松 213896
棒穗束花凤梨 **392002**
棒穗水蜈蚣 218518
棒穗苔草 **75096**
棒头桉 **155594**
棒头斑鸠菊 406320
棒头草 **310109**
棒头草属 **310102**
棒头果 295747
棒头花 316127
棒头南星 **33292**
棒尾凤仙 **204856**
棒尾凤仙花 204856
棒尾隐药萝藦 **68572**
棒腺虎耳草 **349199**
棒形辐枝菊 **21276**
棒序柯 233357
棒药桃金娘 **106913**
棒药桃金娘属 **106912**
棒椰属 332375
棒叶澳洲桃金娘 **39870**
棒叶钗子股 238324
棒叶酢浆草 **277732**
棒叶短梗景天 **8427**
棒叶伽蓝菜 **215129**
棒叶厚敦菊 **277031**
棒叶蝴蝶兰 283599
棒叶虎尾兰 346070
棒叶花 **163328**
棒叶花属 163326
棒叶节节木 **36823**
棒叶金莲木属 **328400**
棒叶景天 **106941**
棒叶景天属 **106940**
棒叶龙须玉 **212500**
棒叶落地生根 215129
棒叶拟蝶兰 **283599**
棒叶球百合 **62441**
棒叶万代兰 **404676**,282934
棒叶万带兰 282934,404676
棒叶沿阶草 **272068**
棒叶玉兰 282934
棒叶鸢尾兰 **267936**
棒叶指甲兰 **9315**
棒玉树属 **340984**
棒玉簪 198639
棒柱杜鹃 **330468**
棒柱鲫鱼藤 **356271**
棒柱槲属 **332434**
棒柱头花 220126
棒柱头玉凤花 **184028**
棒柱醉鱼草 **179212**
棒柱醉鱼草属 **179210**
棒状埃格兰 **141571**
棒状沟管兰 **367798**
棒状回环菊 21276
棒状金合欢 **1485**
棒状距柱兰 **81917**
棒状羚角芥 **145168**
棒状马吉兰 **245244**
棒状梅花草 **284579**
棒状蒙蒿子 **21854**
棒状木 **328398**
棒状木科 **328395**
棒状木属 **328397**
棒状南美刺莲花 **65131**
棒状帕拉托芥 **284488**
棒状曲花 **120546**
棒状全缘轮叶 **94263**
棒状染料木 **172941**
棒状榕 165711
棒状苏木 **104319**
棒状苏木属 **104308**
棒状索包草 **366773**
棒状线莴苣 **375989**
棒状一枝黄花 **368438**
棒状翼萼茶 **41700**
棒状翼茎草 **320400**
棒状蝇子草 **363326**
棒状皱叶景天 **8430**
棒状柱瓣兰 **146398**
棒籽花属 **328460**
棒籽金腰 **90445**
棒籽木槿 **195136**
棒子木 80596
棒子树 80596
棒子头 320426,320435
棓子 332509,332775,332791
蒡 7853
蒡箕茶 231298
蒡通 395146
蒡翁菜 31051
包巴氏巢菜 **408325**
包包菜 59520,59532
包被爱地草 **174383**
包被安龙花 **139506**
包被百里香 **391077**
包被豹皮花 **373913**
包被滨藜 **44690**
包被布雷默茜 **59916**
包被叉鳞瑞香 **129548**
包被叉序草 **209938**
包被车叶草 **39419**
包被毒鱼草 **392218**
包被杜茎山 **241848**
包被干若翠 **415493**
包被格雷野牡丹 **180454**
包被哈维列当 **186098**
包被海神木 **315968**
包被红光树 **216874**
包被虎眼万年青 **274839**
包被黄巢菜 **408471**
包被黄胶菊 **318723**
包被蓟 **92083**
包被荆芥叶草 **224566**
包被卷瓣兰 **63172**
包被蜡菊 **189612**
包被利帕豆 **232069**
包被莲花掌 **9079**
包被瘤子草 **263244**
包被马岛苣苔 **198760**
包被毛柱帚鼠麹 **395956**
包被梅氏大戟 **248021**
包被美洲茶 **79980**
包被米努草 **255605**
包被密穗草 **376616**
包被密钟木 **192738**
包被欧石南 **150233**
包被破布木 **104268**
包被千里光 **360311**
包被青锁龙 **109491**
包被三冠野牡丹 **398732**
包被三芒草 **34069**
包被十字爵床 **111777**
包被鼠麹草 **178492**
包被兔尾草 **220255**
包被香茶 **303750**
包被小地榆 **345871**
包被小花葵 **188949**
包被小麦秆菊 **381688**

包被悬钩子 **339446**
包被异籽葫芦 **25688**
包被永菊 **43931**
包被玉牛角 **139137**
包被掌根兰 **121427**
包蔽木 253385
包菜 59532
包疮叶 **241775**
包唇马先蒿 287185
包大宁属 11542
包德尖腺芸香 **4807**
包迪凤仙花 **204823**
包儿米 417417
包尔长庚花 **193239**
包尔恩蝇子草 **363255**
包饭果藤 242975
包袱草 73207,73208
包袱花 302753
包袱莲 139612
包袱七 139612
包公藤 **154264**,154252,154260
包谷 417417
包谷陀子 397836
包果菊 **366095**
包果菊属 **366091**
包果柯 233148
包果石栎 233148
包槲柯 **233148**
包金豆 58006
包金莲 340141
包列罗舞 **344384**
包铃子 297645
包罗剪定 61263
包洛格大戟 **47042**
包洛格大戟属 **47041**
包麦米 417417
包米 417417
包蜜 36920
包泡天 339270
包奇斑鸠菊 **406139**
包奇鸡头薯 **152871**
包奇菊三七 **183065**
包奇仙丹花 **211047**
包鞘隐子草 **94609**
包柔氏大戟 **158560**
包沙小甘菊 **71086**
包石栎 233148
包氏霸王 418732
包氏春黄菊 **26753**
包氏兜兰 **282919**
包氏凤仙花 **204797**
包氏黎可斯帕 228038
包氏瘤瓣兰 **270796**
包氏马褂兰 295876
包氏毛萼勒塔木 **328244**
包氏木 **57938**
包氏木蓝 205709
包氏木属 **57937**
包氏落草 **217520**
包氏山柳菊 **195868**
包氏鼬蕊兰 **169866**
包氏针垫花 **228038**
包粟 417417
包头杆子 413613
包头黄芪 42066
包头黄耆 **42066**
包头棘豆 **278843**,278842
包团草 220359,227574
包箨箭竹 318350
包箨矢竹 318350
包心白菜 59600
包心菜 59532
包芽树属 208982
包兹刺头菊 **108245**
包兹蒿 **35218**
包兹苓菊 **214054**
包子树 13353
苞 93579
苞瓣菊属 19690
苞杯花科 **346823**
苞杯花属 **346812**
苞萼木属 370351
苞萼玄参属 **111651**
苞饭花 219970
苞粉菊属 88759
苞谷 417417
苞谷树 416717
苞护豆 **296130**
苞护豆属 **296129**
苞花草科 **212425**
苞花草属 **212415**
苞花赪桐 95968
苞花大青 **95968**
苞花寄生 144595
苞花寄生属 144593
苞花蔓 174366
苞花蔓属 174355
苞花葶苈 137049
苞花油麻藤 259487
苞颈草 68713
苞爵床属 **138994**
苞壳菊 381809
苞藜 **47681**
苞藜属 **47680**
苞鳞风毛菊 348499
苞鳞蟹甲草 **283858**
苞芦 417417
苞毛杯漆 **396306**
苞毛莨 **326372**
苞茅 **201470**
苞茅属 **201454**
苞米 417417
苞片安歌木 **24645**
苞片白千层 248077
苞片草地山龙眼 **283547**
苞片大戟 **158752**
苞片大青 95968
苞片德氏凤梨 **126824**
苞片丁癸草 **418326**
苞片斗花 **196391**
苞片鹅掌柴 **350669**
苞片红厚壳 **67854**
苞片虎耳草 **349113**
苞片蜡菊 **189201**
苞片龙血树 **137363**
苞片马铃果 **412090**
苞片欧石南 **149103**
苞片坡垒 **198137**
苞片田皂角 **9507**
苞片无舌黄菀 **209565**
苞片显脉拉拉藤 **170446**
苞片烟堇 **169022**
苞片羊角拗 **378370**
苞片一点红 **144931**
苞片异药莓 **131081**
苞片折叠腺荚果 **7395**
苞片指裂罗顿豆 **237333**
苞片竹蕉 137363
苞蔷薇 336405
苞舌兰 **370402**
苞舌兰属 **370393**
苞穗草科 21788
苞苔草 **76437**
苞香蒲 401094,401129
苞序大青 313605
苞序豆腐柴 **313605**
苞序葶苈 **137065**
苞芽报春 **314423**
苞芽粉报春 314423
苞芽树科 **209011**
苞芽树属 **208982**
苞叶 329311
苞叶阿尔泰葶苈 **136923**
苞叶赤爬 390165
苞叶大黄 **329311**
苞叶杜鹃 **330251**,389577
苞叶飞蓬 **150970**
苞叶风毛菊 348596
苞叶风毛菊 348596
苞叶寡头鼠麹木 **327642**
苞叶红凤梨 21475
苞叶蓟 **92473**
苞叶荚蒾 **407709**
苞叶姜 **322762**
苞叶姜属 **322761**
苞叶景天 356530
苞叶兰属 **58373**
苞叶龙胆 **173588**,173614
苞叶马兜铃 **34141**
苞叶木 **86318**
苞叶木蓝 **205739**
苞叶木属 **86313**
苞叶千里光 **358717**
苞叶乳苣 **259752**
苞叶山梗菜 234489
苞叶鼠尾草 **345402**
苞叶藤 **55605**
苞叶藤属 **55604**
苞叶香茶菜 **209779**
苞叶雪莲 **348596**
苞叶雪莲花 348596
苞叶延胡索 **105663**
苞叶野豌豆 **408321**
苞叶芋 **370336**
苞叶芋属 **370332**
苞叶云间杜鹃 **389577**
苞叶猪屎豆 **111968**
苞罂粟 **282522**
苞鸢尾 **208470**
苞越橘 403738
苞芸香 **370308**
苞芸香属 **370306**
苞状长脚兰 **90713**
苞子草 **389318**,389333
胞果珊瑚木 **350970**
胞果珊瑚木属 **350969**
胞果珊瑚属 350969
胞堪蒂桐属 297899
胞叶草 361868
煲稗子藤 242975
雹瓜 396170
雹葵 326616
宝贝 168586
宝贝草 102613
宝草 **186370**,186368
宝船朱砂根 **31397**
宝槌 **102499**
宝槌石 **32712**
宝槌玉 32712
宝翠生石花 **233498**
宝翠玉 233498
宝刀 109264
宝岛杓兰 **120446**
宝岛大戟 159159
宝岛芙乐兰 295958
宝岛美冠兰 **156660**
宝岛舌唇兰 **302406**
宝岛宿柱苔 **75150**,73774,74596,75149
宝岛宿柱苔草 **74596**
宝岛碎米荠 **72809**
宝岛套叶兰 **196460**
宝岛铁线莲 **94916**
宝岛喜普鞋兰 120446
宝岛香荚兰 **405031**
宝岛羊耳蒜 **232153**,232164
宝岛盂兰 223636
宝岛芋蓝 156572

宝岛鸢尾兰 **267982**
宝典纳丽花 **265259**
宝鼎香 114871
宝锭草 **175496**
宝锭草属 **175494**
宝锭属 175494
宝豆 378761
宝铎草 **134467**,134423
宝铎草属 134417
宝铎花属 134417
宝幡花 219933
宝芳 306493
宝盖草 **220355**
宝冠木 61157
宝冠木属 61154
宝贵青 **267046**
宝贵椰子 198808
宝华 243253
宝华鹅耳枥 **77353**
宝华木兰 416727
宝华山苔草 **73849**
宝华玉兰 **416727**
宝辉玉 **259726**
宝辉玉属 **259725**
宝鸡狼尾草 289150
宝剑草 383009,409975,410360,410412,410770
宝剑叶 335142
宝巾 57857
宝巾花 57857
宝巾属 57852
宝金刚 266918
宝克柳 **343113**
宝蔻 17702
宝来柑 93860
宝丽兰 **56689**
宝丽兰属 **56688**
宝莲灯 247589
宝莲花 247589
宝绿 177465
宝卵球 182456
宝卵玉 **182456**
宝轮玉 **159617**
宝罗·米克尔逊一品红 **159678**
宝罗红钝裂叶山楂 109792
宝皮鞋 141470
宝瓶美国薄荷 **257163**
宝容木属 57257
宝山 327283
宝山属 327250
宝石冠 **236246**
宝石冠属 **236245**
宝石光 **257405**
宝石广口风铃草 **69946**
宝石红双距花 **128033**
宝石开唇兰 **25976**
宝石兰 **108654**
宝石兰属 **108650**,240860,379768
宝石苹果 243659
宝石山茶 **69182**
宝树 113721,274401
宝塔菜 373122,373439
宝塔草 78012,107894,202146
宝塔子 126717
宝通兰 **61091**
宝通兰属 **61087**
宝透草 **186385**
宝卧龙 **185915**
宝仙 294413
宝小槌 **254468**
宝心草 202146
宝兴矮柳 **343690**
宝兴百合 **229835**
宝兴报春 **314676**
宝兴藨寄生 **176798**
宝兴糙苏 **295169**
宝兴侧金盏花 8353
宝兴茶藨 334104
宝兴茶藨子 **334104**
宝兴车前紫草 364964
宝兴翅萼过路黄 **239800**
宝兴翠雀花 **124588**
宝兴吊灯花 **84196**
宝兴杜鹃 **331283**
宝兴鹅耳枥 77401
宝兴冠唇花 **254259**
宝兴过路黄 **239557**
宝兴黄堇 **106450**,106168
宝兴黄芪 42269
宝兴黄耆 **42269**
宝兴堇菜 410275
宝兴景天 **357003**
宝兴梾木 **380501**
宝兴老鹳草 **174746**
宝兴棱子芹 **304768**,304785
宝兴列当 **275145**
宝兴柳 **343723**
宝兴龙胆 **173284**
宝兴马兜铃 **34276**
宝兴马先蒿 287436
宝兴毛茛 **326394**
宝兴梅花草 **284551**
宝兴木姜子 **234003**
宝兴石莲 **364927**
宝兴鼠尾 345288
宝兴鼠尾草 **345288**
宝兴苔草 **75430**
宝兴藤 **54527**
宝兴葶苈 **137124**
宝兴卫矛 **157729**,157374,157899
宝兴五加 **143577**
宝兴悬钩子 **338938**
宝兴栒子 107576
宝兴野青茅 **127275**
宝兴淫羊藿 **146977**
宝兴越橘 **403912**
宝兴掌叶报春 **314462**
宝玉 **284680**
宝玉草 **392406**
宝玉草属 **392405**
宝玉草状毛子草 **153290**
宝玉属 284655
宝珠 107053
宝珠草 **134504**,138796
宝珠茶 69156
宝珠山茶 69156
宝子草 389333
饱饭花 239391,403880
饱食木属 61053
饱食桑属 **61053**
饱竹子 **37293**
保当归 228250
保德氏苔草 **73903**
保尔番薯 **208056**
保尔假杜鹃 **48281**
保尔金合欢 **1459**
保尔咖啡 **98980**
保尔没药 **101496**
保尔木槿 **195088**
保尔三芒草 **33962**
保尔森千里光 **359696**
保尔森酸模 **340194**
保尔森无心菜 **32124**
保尔鸭舌癀舅 **370819**
保尔砖子苗 **245348**
保加利亚蜜腺韭 **263087**
保加利亚青茅 **132732**
保靖淫羊藿 **146963**
保康报春 **314693**
保康动蕊花 **216462**
保康牡丹 **280144**
保科参 7673
保勒耐格苘麻 **916**
保罗·斯利奥欧丁香 **382357**
保罗贝尔茜 **53103**
保罗秋海棠 **50146**
保罗山柳菊 **195492**
保罗特斯曼苏木 **386788**
保罗细叶芹 **84730**
保罗杂色豆 **47797**
保麦 198376
保曼秋海棠 **49652**
保普蓝刺头 **140764**
保普六棱菊 **220030**
保普莎草 **119345**
保山翠雀花 **124174**
保山吊石苣苔 **239984**
保山冬青 203844
保山附片 5424
保山兰 **116795**
保山乌头 **5424**
保山银背藤 **32611**
保氏牡丹 280186
保亭藨草 **353310**
保亭叉柱花 **374490**
保亭槌果藤 71919
保亭冬青 **203980**
保亭杜茎山 241755
保亭耳草 **187513**
保亭哥纳香 **179411**
保亭花 **413759**
保亭花属 **413758**
保亭黄肉楠 **6807**
保亭黄瑞木 **8239**
保亭金线兰 **26004**
保亭蒲桃 382490
保亭琼楠 **50475**
保亭秋海棠 **50336**
保亭榕 165800
保亭鳝藤 **25940**
保亭柿 **132359**
保亭树参 **125627**
保亭梭罗 **327359**
保亭卫矛 **157806**
保亭新木姜子 **264056**
保亭羊耳蒜 **232096**
保亭杨桐 8239
保亭紫金牛 **31362**
保韦尔斯厚敦菊 **277108**
保韦尔斯宽肋瘦片菊 **57654**
保韦尔斯异荣耀木 **134682**
保牙参 7830,7850
堡豪红花槭 **3510**
堡垒草 **79100**
堡垒草属 **79098**
堡树 **79081**
堡树属 **79080**
报春 314936
报春百合 **229999**
报春半插花 191498
报春贝母兰 **98723**
报春长蒴苣苔草 **129967**
报春刺玫 336872
报春酢浆草 **278023**
报春地胆 368897
报春独脚金 **378031**
报春飞蓬 **150888**
报春蜂斗草 **368897**
报春格雷野牡丹 **180418**
报春红景天 **329926**
报春厚敦菊 **277122**
报春花 **314613**,314758,314975,315099,331839
报春花杜鹃 331539
报春花科 **315138**
报春花龙胆 **173737**

报春花牻牛儿苗 **153901**
报春花欧丁香 **382359**
报春花属 **314083**
报春花小黄管 **356146**
报春花蝇子草 **363922**
报春黄石斛 125317
报春假滨紫草 **318006**
报春景天 329926
报春苣苔 **315148**
报春苣苔属 **315146**
报春空船兰 **9171**
报春兰 116829
报春老鸦嘴 **390855**
报春芦莉草 **339790**
报春绿花欧石南 **150244**
报春绿绒蒿 **247164**
报春茜 **226243**
报春茜属 **226237**
报春蔷薇 336872
报春石斛 **125317**
报春石南属 **371546**
报春属 314083
报春唐菖蒲 176151
报春葶苈 **137194**
报春香茶 **303595**
报春叶大戟 **159627**
报春叶堇菜 **410442**,410360
报春叶扭果花 **377797**
报岁蝴蝶兰 293582
报岁兰 117042
报穗蝴蝶兰 293578
抱草 **249110**
抱持十大功劳 **242473**
抱冬电 46968
抱萼獐牙菜 380140
抱秆黄竹 **47182**
抱瓜 367775
抱鸡竹 **416810**
抱茎安息香 379338
抱茎菝葜 **366491**
抱茎白点兰 **390489**
抱茎白花丹 **305170**
抱茎白前 117364
抱茎布里滕参 **211471**
抱茎柴胡 **63711**
抱茎车前 **301855**
抱茎柽柳 **383430**
抱茎葱 **15057**
抱茎独行菜 **225428**
抱茎短蕊茶 **68903**
抱茎非芥 **181706**
抱茎非洲马钱树 **27579**
抱茎风兰 **24701**
抱茎风毛菊 **348200**
抱茎凤仙花 **204770**
抱茎甘蓝花 **79693**
抱茎狗舌草 385916
抱茎海神木 **315716**
抱茎黑三棱 **370027**
抱茎虎耳草 **349259**
抱茎花闭木 27579
抱茎黄精 **308502**
抱茎金光菊 **339518**
抱茎景天 **356528**
抱茎菊三七 **183053**
抱茎卷瓣兰 62555
抱茎卷耳 **82968**
抱茎苦荬菜 210548,283400
抱茎宽肋瘦片菊 **57630**
抱茎拉菲豆 **325081**
抱茎籁箫 21596
抱茎藾萧 21596
抱茎蓝刺头 **140656**
抱茎蓼 **308769**
抱茎柳叶菜 **146595**
抱茎龙船花 **211038**
抱茎芦荟 **17142**
抱茎鹿药 **242684**
抱茎马瓟儿 367775
抱茎毛茛 **325570**
抱茎毛蕊花 **405747**
抱茎膜稃草 **200827**
抱茎茉莉 **76807**
抱茎茉莉属 **76806**
抱茎牧根草 **43570**
抱茎南非桔梗 **335576**
抱茎南芥 **30182**
抱茎扭柄花 **377905**
抱茎扭萼寄生 **304980**
抱茎千里光 **358246**
抱茎箐姑草 **375137**
抱茎拳参 308769
抱茎三翅菊 **398159**
抱茎三对节 96340
抱茎三萼木 **395174**
抱茎三角车 **334631**
抱茎山柳菊 **195459**
抱茎山萝过路黄 **239733**
抱茎石龙尾 **230289**
抱茎树葡萄 **120016**
抱茎天芥菜 **190550**
抱茎铁线莲 95191
抱茎葶苈 **136929**
抱茎韦斯菊 **414925**
抱茎无柱兰 19500
抱茎喜阳花 **190271**
抱茎细莴苣 **375711**
抱茎香茶菜 **303142**
抱茎小苦荬 **210548**
抱茎小钻花兰 **4503**
抱茎肖荣耀木 **194284**
抱茎鸭跖草 **100920**
抱茎盐千屈菜 **184963**
抱茎眼子菜 312220
抱茎叶 220355
抱茎叶白花龙 **379338**
抱茎叶卷耳 82968
抱茎叶扭柄花 377930
抱茎叶无柱兰 **19500**
抱茎叶状鸭跖草 **101021**
抱茎银豆 **32777**
抱茎油点草 **396610**
抱茎有柄柴胡 **63779**
抱茎鸢尾 **208865**
抱茎獐牙菜 **380212**
抱茎掷爵床 **139859**
抱茎朱米兰 **212698**
抱茎总状鹿药 **242700**
抱茎醉鱼草 **62010**
抱君子 141999
抱鳞宿柱苔 76591,76593
抱龙 112931
抱母鸡 298093,375836
抱石越橘 **403920**
抱树 417563
抱树兰属 125693
抱头毛白杨 **311535**
抱子甘蓝 **59539**
豹斑白点兰 **390521**
豹斑百合 **229978**
豹斑齿瓣兰 **269081**
豹斑酢浆草 **278002**
豹斑红珊瑚 327692
豹斑兰 **26274**
豹斑兰十万错 **43602**
豹斑兰属 **26273**
豹斑马岛兰 **116762**
豹斑石豆兰 **62648**
豹斑睡莲 **267629**
豹斑唐菖蒲 **176433**
豹斑竹芋 **66161**
豹耳秋海棠 49669
豹狗花 331257
豹节 143642
豹木 **65008**,166980
豹皮花 **373947**
豹皮花大戟 **159876**
豹皮花科 **374033**
豹皮花兰 **180097**
豹皮花龙王角 **199071**
豹皮花千里光 **360102**
豹皮花属 **373719**
豹皮花仙人笔 **216709**
豹皮黄肉楠 234048
豹皮巨盘木 **166980**
豹皮榆 401581
豹皮樟 **233880**
豹髯玉 **103758**
豹舌草 **284076**
豹舌草属 **284075**
豹头 **264359**,263747
豹纹白脉竹芋 245027
豹纹菠萝 8567
豹纹兜舌兰 **282912**
豹纹凤梨 **8567**
豹纹光萼荷 **8598**
豹纹蝴蝶兰 **293608**
豹纹虎耳草 **349749**
豹纹兰 374460
豹纹兰属 374457
豹纹丽穗凤梨 **412355**
豹纹魔星花 273206
豹纹肾药兰 327693
豹纹掌唇兰 **374460**
豹纹竹芋 245022,245026,
245027
豹牙兰 248732
豹牙郎 248765,248778
豹牙郎木 248732
豹药藤 **117443**
豹之子 **167703**
豹爪玉 **45233**
豹子 167703
豹子花 **266570**
豹子花属 **266548**
豹子眼睛果 31396
豹子眼睛花 229,233,989
豹子药 224110
鲍勃刺头菊 **108243**
鲍勃棘豆 **278746**
鲍勃苓菊 **214053**
鲍勃驴喜豆 **271182**
鲍勃罗夫婆婆纳 **407041**
鲍勃山柳菊 **195489**
鲍勃细叶芹 **84729**
鲍勃蝇子草 **363252**
鲍达乳香树 **57509**
鲍代葱 **15122**
鲍德豆 **48969**
鲍德豆属 **48967**
鲍德南特荚蒾 **407648**
鲍德扭果花 **377665**
鲍德双盛豆 **20748**
鲍德温葶荠 **143062**
鲍德温茨藻 **262020**
鲍德温黄眼草 **416006**
鲍德温龙船花 **211045**
鲍德温毛杯漆 **396301**
鲍德温拟劳德草 **237852**
鲍迪豆 57970
鲍迪豆属 57968
鲍迪柳 **342925**
鲍迪木 **57969**
鲍迪木属 **57968**
鲍厄尔滨藜 **44617**
鲍恩刺头菊 **108244**
鲍尔桉 **155493**
鲍尔长庚花 **193238**

鲍尔葱 **15128**
鲍尔大戟 **158561**
鲍尔独行菜 **225308**
鲍尔飞廉 **73316**
鲍尔飞蓬 **150886**
鲍尔风毛菊 **348667**
鲍尔黄鼠麹 **14681**
鲍尔蓟 **91809**
鲍尔蓼 **308924**
鲍尔耧斗菜 **30083**
鲍尔芦荟 **16622**
鲍尔毛蕊花 **405663**
鲍尔木槿 **195277**
鲍尔拟芸香 **185625**
鲍尔秋海棠 **49669**
鲍尔沙拐枣 **67002**
鲍尔山油柑 **6237**
鲍尔石豆兰 **62574**
鲍尔双距兰 **133713**
鲍尔斯草 **58001**
鲍尔斯草属 **57998**
鲍尔斯绵毛菊 **293419**
鲍尔斯欧洲山梅花 **294428**
鲍尔斯属 57998
鲍尔温斑鸠菊 **406130**
鲍尔温刺子莞 **333487**
鲍尔温莎草 **118673**
鲍尔温珍珠茅 **354014**
鲍尔温指甲草 **284778**
鲍尔线柱兰 **417707**
鲍尔烟堇 **169008**
鲍尔岩黄耆 **187801**
鲍尔银桦 **180572**
鲍尔隐花草 **113312**
鲍尔印度禾 **53682**
鲍尔芋兰 **265374**
鲍尔郁金香 **400135**
鲍伐茜属 57948
鲍格镰稃草 **185829**
鲍金龙 **244014**
鲍克吊灯花 **84018**
鲍克吊兰 **88540**
鲍克厚柱头木 **279826**
鲍克蓝花参 **412600**
鲍克立金花 **218843**
鲍克鹿藿 **333159**
鲍克伞花粟草 **202239**
鲍克天竺葵 **288114**
鲍克羊耳蒜 **232109**
鲍克羊蹄甲 **49021**
鲍克远志 **307955**
鲍兰德荸荠 **143066**
鲍兰德灯心草 **212907**
鲍兰德山柳菊 **195490**
鲍兰德向日葵 **188929**
鲍兰德星腺菊 218454
鲍兰德异囊菊 **194247**
鲍兰苔草 **73895**
鲍雷木属 **57903**
鲍里斯冷杉 **298**
鲍里羊茅 **163845**
鲍利蝇子草 **363256**
鲍利止泻萝藦 **416193**
鲍林莱德苔草 **223845**
鲍鲁赫柏木 **186935**
鲍曼半边莲 **234312**
鲍曼独脚金 **377978**
鲍曼魔芋 **20053**
鲍曼欧洲七叶树 **9702**
鲍曼普谢茜 **313242**
鲍曼砂石蒜 **19703**
鲍曼五层龙 **342593**
鲍曼紫玉盘 **403427**
鲍姆阿斯皮菊 **39750**
鲍姆赪桐 **95957**
鲍姆刺桐 **154629**
鲍姆吊球草 **203041**
鲍姆飞蓬 **150493**
鲍姆非洲长腺豆 **7480**
鲍姆风车子 **100707**
鲍姆箍瓜 **399438**
鲍姆古巴香脂树 **103692**
鲍姆鬼针草 **53790**
鲍姆海神菜 **265459**
鲍姆海神木 **315737**
鲍姆黑草 **61743**
鲍姆胡麻 **361304**
鲍姆基花莲 **48653**
鲍姆肋毛菊 **285195**
鲍姆裂花桑寄生 **295827**
鲍姆琉璃繁缕 **21354**
鲍姆鹿藿 **333160**
鲍姆麻疯树 **212110**
鲍姆马利筋 **37842**
鲍姆毛束草 **395727**
鲍姆木蓝 **205715**
鲍姆婆婆纳 **407028**
鲍姆普梭木 **319285**
鲍姆鞘蕊花 **99526**
鲍姆全柱草 **197504**
鲍姆三蕊细叶草 **246763**
鲍姆莎属 **49281**
鲍姆圣诞果 **88032**
鲍姆天门冬 **38942**
鲍姆田皂角 **9501**
鲍姆甜舌草 **232469**
鲍姆文殊兰 **111174**
鲍姆小黄管 **356044**
鲍姆玄参属 **49288**
鲍姆鸭嘴花 **214354**
鲍姆一点红 **144896**
鲍姆远志 **307947**
鲍姆猪屎豆 **111937**
鲍氏棒花棕 332436
鲍氏棒柱桐 **332436**
鲍氏草胡椒 **290309**
鲍氏车轴草 **396845**
鲍氏大沙叶 **286122**
鲍氏粉苞菊 **88765**
鲍氏合欢 **13502**
鲍氏花叶万年青 130097
鲍氏槐属 58005
鲍氏黄耆 41962
鲍氏金千里光 **279890**
鲍氏冷杉 **299**
鲍氏蓼 **308913**
鲍氏木 **48977**
鲍氏木科 **48979**
鲍氏木属 **48975**
鲍氏南星 **56543**
鲍氏南星属 **56542**
鲍氏蒲公英 **384474**
鲍氏山马菜 **280924**
鲍氏山马茶 280924
鲍氏鼠芹 **90926**
鲍氏菟丝子 **114978**
鲍氏委陵菜 **312427**
鲍氏文殊兰 111250
鲍氏小春美草 **94381**
鲍氏心叶薄荷 **250469**
鲍氏烟堇 **169112**
鲍氏蝇子草 **363553**
鲍氏珍珠茅 **354026**
鲍氏朱蕉 **104345**
鲍苏栎属 311983
鲍他马兜铃 **34126**
鲍威尔虎尾兰 **346132**
鲍威尔疗齿草 **268976**
鲍威尔斯白西伯番红花 **111598**
鲍威尔文殊兰 **111250**
鲍威尔苋 **18804**
鲍威欧石南 **149070**
鲍温草 **57967**
鲍温草属 **57965**
鲍耶尔属 48975
鲍伊酢浆草 **277703**
鲍伊芳香木 **38445**
鲍伊开唇兰 **25964**
鲍伊栎 **323716**
鲍伊毛子草 **153135**
鲍伊美非补骨脂 **276957**
鲍伊南非针叶豆 **223548**
鲍伊欧石南 **149098**
鲍伊双盛豆 **20749**
鲍伊猩红叶藤 **337706**
鲍伊鸭嘴花 **214704**
鲍伊紫菀 **40151**
暴臭蛇 161418
暴马丁香 **382277**,382276
暴马子 382277
暴牙郎 248765,278602
爆卜草 297711
爆肚拿 13238
爆肚叶 248727
爆格蚤 229529
爆荚豆 289438
爆裂鬼针草 **54070**
爆牙郎 414193
爆仗草 144975
爆仗花 331877,341020
爆仗花杜鹃 **331877**
爆仗竹 341020
爆仗竹属 341016
爆杖花 331877
爆竹 229529
爆竹草 297712
爆竹柴 66743
爆竹花 371161
爆竹柳 **343396**
爆竹消 375870
爆竹子 66789
卑钵罗树 165553
卑共 365974
卑利牛斯紫菀 **41133**
卑南雀麦 **60889**
卑南山柳菊 195860
卑山共 365974
卑山竹 365974
卑士麦棕属 54738
卑斯麦榈属 54738
卑斯麦棕属 54738
卑相 146155,146183,146192,146253
卑盐 146155,146183,146192,146253
杯桉 155543
杯苞菊属 **310021**
杯柄铁线莲 **94859**
杯翅鹤虱 221647
杯刺鹤虱 **221647**
杯大戟 **158721**
杯斗滇石栎 **233309**
杯豆 **115687**
杯豆属 **115686**
杯萼葱臭木 139642
杯萼杜鹃 **331503**,330568
杯萼海桑 **368913**
杯萼黄芪 42251
杯萼黄耆 **42251**
杯萼樫木 **139642**
杯萼两色杜鹃 **330568**
杯萼毛蕊茶 **69025**
杯萼木属 **115629**
杯萼忍冬 **235868**
杯萼沙扎尔茜 **86330**
杯萼树属 115629
杯萼藤属 115629
杯萼蝇子草 **363392**

杯凤梨属 264406
杯盖花 **355965**
杯盖花科 **355966**
杯盖花属 **355964**
杯梗树萝卜 **10358**
杯冠菊 **115669**
杯冠菊属 **115668**
杯冠萝藦 **355968**
杯冠萝藦属 **355967**
杯冠木 **115692**
杯冠木属 **115690**
杯冠秦岭藤 **54523**
杯冠瘦片菊 **260350**
杯冠瘦片菊属 **260349**
杯冠鼠麴草 **264790**
杯冠鼠麴草属 **264788**
杯果 233365
杯果尖苞木属 115649
杯禾属 115678
杯花百蕊草 **389633**
杯花繁缕 **374783**
杯花风车子 **100380**
杯花金丝桃 201775
杯花韭 **15222**
杯花苣苔 **125888**
杯花苣苔属 **125887**
杯花漏斗花 **130193**
杯花属 278661
杯花菟丝子 **114961**
杯花西番莲 **410914**
杯花西番莲属 **410913**
杯花玉蕊属 **110124**
杯花蜘蛛抱蛋 **39528**
杯茎蛇菰 **46878**,46812
杯菊 **115641**
杯菊属 **115639**
杯苣属 **68444**
杯距无患子 **355956**
杯距无患子属 **355955**
杯距梧桐 **108116**
杯距梧桐属 **108115**
杯口榕 **164863**
杯莲花 **355902**
杯莲花属 **355900**
杯裂香属 **108097**
杯鳞苔草 **75841**,76593
杯菱金腰 **90408**
杯毛杜鹃 330680
杯毛莎草属 **115644**
杯楣 233365
杯囊桔梗属 **110153**
杯鞘茜 **355916**
杯鞘茜属 **355915**
杯鞘石斛 **125169**
杯蕊草属 107835
杯蕊杜鹃属 **355923**
杯蕊爵床 **182971**
杯蕊爵床属 **182970**
杯蕊属 107835
杯蕊桃金娘 **115695**
杯蕊桃金娘属 **115693**
杯桑 **355978**
杯桑属 **355976**
杯蛇床 **115684**
杯蛇床属 **115683**
杯柿 **132118**
杯首木 **355912**
杯首木属 **355910**
杯鼠尾毛茛 **260934**
杯穗茜 **355962**
杯穗茜属 **355961**
杯头联苞菊 **115180**
杯头联苞菊属 115179
杯头木属 355910
杯苋 **115738**
杯苋戴星草 **370994**
杯苋属 **115697**
杯苋帚鼠麴 **377213**
杯苋状林地苋 **319015**
杯腺大戟 **159800**
杯形花属 103731
杯形苜蓿 **247407**
杯药草 **107836**
杯药草属 **107835**
杯药野牡丹 **313125**
杯药野牡丹属 **313124**
杯叶花 **115675**
杯叶花属 **115674**
杯叶菊属 310021
杯叶秋海棠 285635
杯叶忍冬 **235771**
杯叶沙漠美洲茶 **79933**
杯叶石竹属 115674
杯叶西番莲 **285635**
杯鸢花 **118397**
杯鸢花属 **118393**
杯轴花科 257424,293091
杯轴花属 257422
杯柱楝 **355971**
杯柱楝属 **355969**
杯柱头裂舌萝藦 **351653**
杯柱玄参属 **110175**
杯状白玉树 **139790**
杯状宝草 **186368**
杯状博氏欧石南 **149092**
杯状葱 **15217**
杯状风铃草 **70085**
杯状灌丛马先蒿 **287759**
杯状花绿绒蒿 **247183**
杯状画眉草 **147904**
杯状楞 78874
杯状毛连菜 **298576**
杯状木瓣树 **415775**
杯状欧石南 **149321**
杯状秋海棠 **50169**
杯状球锥柱寄生 **177009**
杯状日中花 **220519**
杯状润肺草 **58848**
杯状司徒兰 **377307**
杯状菟丝子 114961
杯状弯管花 **86206**
杯状兄弟草 **21297**
杯状银叶花 **32705**
杯状舟叶花 **340632**
杯籽茜属 **110134**
杯籽属 110134
杯子草 276090
杯子菊属 **290222**
杯子蜡菊 **189655**
杯子藤 **68371**
杯子藤属 **68370**
碑边救生 296380
北艾 **36474**,35167,36544
北澳茜草 **81**
北澳茜草属 **79**
北澳黍 **36588**
北澳黍属 **36587**
北澳水禾 **200588**
北澳水禾属 **200587**
北澳椰属 77137
北澳棕属 77137
北白头翁 321659
北白芷 **24500**
北贝 168467
北碚猴欢喜 366062
北碚槭 **3392**
北碚榕 **164682**
北碚紫金牛 **31364**
北秘鲁石蒜 **321219**
北秘鲁石蒜属 **321218**
北滨藜 **44430**
北捕虫堇 **299757**
北部澳茄 **138740**
北部高山红花杜鹃 331350
北部红栎 **324158**
北部假龙胆 **174117**
北部金千里光 **279917**
北部蒲公英 **384738**
北部山楂 **109531**
北部舌唇兰 **302256**
北部唐松草 **388712**
北部湾桂木 36947
北部湾榉 417565
北部湾卫矛 **157928**
北部星花木 **68759**
北部岩荠 **97996**
北菜栾藤 250831
北苍术 44208
北侧金盏花 **8381**
北插天赤箭 171948
北插天山粉蝶兰 302481
北插天山舌唇兰 **302481**
北插天天麻 **171948**
北柴胡 **63594**
北常山 52049
北车前 **302103**
北齿缘草 **153430**
北重楼 **284406**,309374
北臭草 **249064**
北除虫菊 **322649**
北川南星 **33447**
北刺蕊草 **307003**
北葱 **15709**,15289
北村蓟 **91808**
北村堇菜 **410143**
北村山姜 **17640**
北村氏风毛菊 **348434**
北村氏淫羊藿 **146981**
北村小穗蓟 **92201**
北村绣球 **200090**
北村紫菀 **41444**
北大黄 329372
北岛海桐 301381
北岛黄杨 **64312**
北岛新火绒草 **227837**
北地风毛菊 348270
北点地梅 **23294**
北斗阁 **395658**
北豆根 250228
北鹅耳枥 77411
北鹅观草 335230
北范库弗草 404615
北方矮毛茛 **325964**
北方澳非萝藦 **326729**
北方报春 **314177**
北方荸荠 **143343**
北方鼻花 **329512**
北方萹蓄 **308823**
北方蝉玄参 **3910**
北方长苔草 **74587**
北方橙粉苣 **253916**
北方赤杨 **16416**
北方赤竹 **347297**
北方刺橘 **405493**
北方粗糙飞蓬 **150989**
北方大戟 **159816**
北方大麦 **198265**
北方大舌唇兰 **302361**
北方倒提壶 **117926**
北方灯心草 212822,213400
北方点地梅 23294
北方独行菜 225333
北方杜里莎草 **138920**
北方对叶兰 **232897**
北方鹅观草 **335230**
北方二型花 **128490**
北方发草 **126035**
北方繁缕 **374767**

北方飞廉 **73296**
北方飞蓬 **150508**
北方菲奇莎 **164501**
北方风琴豆 **218011**
北方拂子茅 65490
北方腐花木 **346464**
北方盖果漆 **271954**
北方干序木 **89180**
北方甘蓝树 **115193**
北方高大玉凤花 **183571**
北方枸杞 **239023**
北方灌木山柳菊 **195491**
北方鬼针草 **53947**
北方含羞草 **254999**
北方蒿 **35211**
北方合花兰 **381592**
北方核果菊 **89397**
北方黑三棱 **370070**,370071
北方红醋栗 334179
北方红景天 **329845**
北方红栎 320278
北方红门兰 169896
北方红囊无患子 **154992**
北方厚叶堇菜 **409864**
北方花葱 **307195**
北方华箬竹 **347200**
北方还阳参 **110785**
北方黄眼草 416110
北方灰株苔草 **76070**
北方茴芹 **299369**
北方火焰草 **79134**
北方稷 **281394**
北方荚蒾 **407888**
北方尖刀玉 **216185**
北方剪股颖 **12196**
北方碱茅 **321249**
北方箭竹属 **57202**
北方金丝桃 **201781**
北方堇菜 **410560**
北方菊 **124775**
北方菊蒿 **383876**
北方卷舌菊 **380842**
北方勘察加蓟 **92094**
北方筷子芥 30205
北方宽萼苏 **46993**
北方盔花兰 **169896**
北方扩展杜鹃 **330580**
北方拉拉藤 **170246**
北方老鹳草 174583
北方梨瓣五加 **29290**
北方两节荠 **108595**
北方列当 **274968**
北方裂口花 **380002**
北方裂叶金光菊 **339578**
北方琉璃草 **118031**
北方柳 **343116**
北方柳叶菜 **146636**
北方龙胆 **173888**,174066
北方露珠草 **91506**
北方裸荚蒾 **407971**
北方麻栎 323611
北方马兰 215356
北方毛茛 **325960**
北方毛花海桐 **86403**
北方毛蕊木 **100226**
北方梅鲁凤仙花 **205136**
北方牧豆树 **315574**
北方南美纳茜菜 **209492**
北方鸟巢兰 264665
北方扭果花 **377728**
北方瓶木 **58337**
北方婆罗门参 394349
北方婆婆纳 **407357**
北方漆姑草 **342272**
北方荨麻 402938
北方青木 **44932**
北方忍冬 **235670**
北方日本莠竹 **254022**
北方日中花 **220492**
北方肉锥花 **102333**
北方三翅菊 **398203**
北方沙参 **7609**
北方山核桃 **77885**
北方山金车 **34735**
北方山柳菊 **195964**
北方山芎 **101822**
北方蛇鞭菊 **228446**
北方蓍 **3939**
北方十大功劳 **242495**
北方石龙尾 **230282**
北方梳状萝藦 **286856**
北方双唇婆婆纳 **101920**
北方四翼苏木 **387577**
北方苔 73875
北方糖槭 **3577**
北方天芹菜 **190695**
北方甜金千里光 **279935**
北方甜茅 **177576**
北方庭菖蒲 **365801**
北方庭荠 **18403**
北方葶苈 **136951**
北方茼蒿 **89709**
北方土连翘 **201090**
北方兔耳草 **220161**
北方围裙花 **262322**
北方乌头 **5563**,5057
北方芜萍 **414654**
北方下垂忍冬 **235758**
北方腺蓍 **4026**
北方香灌菊 **228553**
北方缬草 **404349**
北方新斯科大戟 **264496**
北方星毛树 **268782**
北方悬钩子 **338399**
北方雪层杜鹃 **331348**
北方雅致苔草 **74164**
北方岩黄耆 **187802**
北方岩生蚤缀 **32245**
北方眼子菜 **312267**
北方野稻茭 **418098**
北方野棘豆 **278766**
北方野青茅 **127199**
北方叶下珠 **296501**
北方异红胶木 **398674**
北方蝇子草 **364069**
北方远志 **308355**
北方泽泻 **14788**
北方獐牙菜 **380184**
北方沼地堇菜 **410297**
北方沼毛茛 **326351**
北方沼泽千里光 **358590**
北方栀子 **171379**
北方朱巧花 **417410**
北方猪毛菜 **344450**
北方梓木 79260
北方紫菀 **40147**
北方紫玉盘 **403511**
北防风 346448
北防风属 346447
北飞蓬 150419
北飞矢车菊 **81035**
北非阿魏 **163672**
北非棒果芥 **104397**
北非棒果芥属 **104396**
北非茶藨子 **334152**
北非车轴草 **396910**
北非大戟 **158657**
北非多年硬萼花 **353995**
北非非芥 **181716**
北非风草 **405429**
北非风铃草 **70098**
北非高山早熟禾 **305305**
北非旱芥 **148373**
北非旱芥属 **148372**
北非还阳参 **111078**
北非茴香叶黑种草 **266232**
北非莱豌豆 **387245**
北非芥 **325056**
北非芥属 **325054**
北非麦瓶草 **363930**
北非木犀草 **327925**
北非平卧芥 **260140**
北非平卧芥属 **260137**
北非蒲公英 **384458**
北非染料木 **172979**
北非砂籽芥 **19791**
北非砂籽芥属 **19790**
北非山达树 386942
北非山柳菊 **195460**
北非山羊草 **8676**
北非石竹 **127760**
北非鼠李 **328771**
北非水仙 **262447**
北非维西美 405429
北非委陵菜 **312340**
北非乌头 **5677**
北非无茎报春 **314088**
北非西风芹 **361596**
北非旋花 **103234**
北非雪松 **80080**
北非偃麦草 **144655**
北非掌根兰 **121372**
北非棕属 247220
北风 346448
北风草 227654
北风箭竹属 57202
北风毛菊 **348270**
北风藤 367322
北风头上一枝香 259323
北蜂斗菜 **145351**
北蜂斗菜属 **145350**
北蜂斗叶属 145350
北附地菜 **397459**,397462
北高加索苓菊 **214064**
北高加索拟芸香 **185633**
北高加索蒲公英 **384499**
北高加索矢车菊 **81006**
北高山大戟 **158417**
北藁本 229344
北哥灌 **268091**
北哥灌属 **268089**
北瓜 114288,114292,114305
北拐枣 198769
北海当归 **24290**
北海道白前 **409551**
北海道报春 **315136**
北海道荸荠 **143421**
北海道滨紫草 **250906**
北海道草本威灵仙 **407488**
北海道柴胡 **63766**
北海道齿缘草 **153493**
北海道垂丝卫矛 **157767**
北海道茨藻 **262116**
北海道葱 **15720**,15843
北海道粗齿绣球 **200102**
北海道大果无心菜 **32057**
北海道地杨梅 **238684**
北海道杜香 **223906**
北海道椴 **391768**
北海道翻白草 **312751**
北海道繁缕 **375020**
北海道风毛菊 **348715**
北海道虎耳草 **349122**
北海道花葱 **307250**
北海道还阳参 **110841**
北海道黄芩 **355856**
北海道黄檀 **121718**
北海道蓟 **92501**

北海道金丝桃 **202230**
北海道菊 **124804**
北海道老鹳草 **175015**
北海道连菜 **298596**
北海道龙胆 **174110**
北海道马先蒿 **287837**
北海道荨麻 **402996**
北海道茜草 **337970**
北海道瑞香 **122471**
北海道沙米逊马先蒿 **287078**
北海道山地穗花 **317961**
北海道山地獐牙菜 **380383**
北海道山罗花 **248213**
北海道松毛翠 **297021**
北海道菘蓝 **209238**
北海道碎米荠 **73044**
北海道唐松草 **388722**
北海道铁杉 **399895**
北海道茼蒿 **89428**
北海道威灵仙 **407493**
北海道小报春 **314280**
北海道小米草 **160218**
北海道小头紫菀 **40854**
北海道小野老鹳草 **174781**
北海道缬草 **404264**
北海道萱草 **191319**
北海道玄参 **355129**
北海道悬钩子 **338583**
北海道银莲花 **24128**
北海道蚰蜒蓍 **4009**
北海道云杉 298307
北海道早熟禾 **305944**
北海道榛 **106743**
北汉山杜鹃 **332145**
北褐穗莎草莎草 **118931**
北鹤虱 77146
北红门兰 273614
北红升麻 **41806**
北黄花菜 **191304**
北黄芪 42532
北黄耆 **42532**
北喙芒菊 **418831**
北喙芒菊属 **418830**
北火烧兰 **147255**
北鸡儿肠 215339
北极百里香 **391080**
北极报春 **314125**
北极除虫菊 322649
北极春美草 **94299**
北极翠雀花 **124073**
北极灯心草 **212844**
北极地杨梅 **238571**
北极点地梅 **23122**
北极短角蒲公英 **384480**
北极发草 **126029**
北极繁缕 **374751**
北极飞蓬 **150698**
北极果 **31314**
北极果属 **31311**
北极海滨芥 **65173**
北极海石竹 **34502**
北极蒿 **35153**
北极红景天 **329839**
北极花 **231679**,231680
北极花科 **231707**
北极花密钟木 **192636**
北极花属 **231676**
北极火焰草 **79117**
北极棘豆 **278716**,279170
北极剪秋罗 410950
北极卷耳 **82673**
北极筷子芥 **30434**
北极辣根 **97977**
北极狸藻 **403353**
北极藜芦 **405616**
北极林奈草 231680
北极林奈花 **231680**
北极柳 **343045**
北极柳叶菜 **146623**
北极龙胆 **173251**
北极驴蹄草 **68160**
北极毛蕊花 **405659**
北极米努草 **255442**
北极黏石竹 **410950**
北极匍匐柳 **344000**
北极蒲公英 **384448**
北极七瓣莲 **396789**
北极千里光 358287
北极球 **155228**
北极雀麦 **60631**
北极酸模 **339937**
北极甜茅 **304697**
北极甜茅属 **304695**
北极葶苈 **136969**
北极茼蒿 **89424**
北极槖吾 **228986**
北极丸 107076
北极无心菜 **31742**,32103
北极悬钩子 338142
北极岩高兰 **145058**
北极岩黄耆 **187779**
北极羽扇豆 **238431**
北极鸢尾 208819
北极圆叶风铃草 **70275**
北极早熟禾 305362
北极紫堇 **105624**
北纪伊莎草 **118432**
北寄生 410992
北加里曼丹娑罗双 **362204**
北加州熊果 **31123**
北见金丝桃 **201970**
北江杜鹃 331103
北江荛花 **414220**
北江十大功劳 **242532**,242637
北疆茶藨 334095
北疆茶藨子 **334095**
北疆大戟 **158915**
北疆粉苞菊 88784
北疆风铃草 **70054**
北疆剪股颖 **12403**
北疆芥属 89223
北疆锦鸡儿 **72200**
北疆韭 **15361**
北疆龙胆 173677
北疆婆罗门参 **394334**
北疆秦艽 **173677**
北疆雀麦 60968
北疆山蓊菜 **161146**
北疆苔草 **73740**
北疆头花草 133461
北疆头序花 133461
北疆缬草 **404379**
北疆鸦葱 **354877**
北堇菜 410770
北锦葵 **243801**
北京菝葜 366583
北京柴胡 **63597**
北京丁香 **382278**
北京槲栎 **323647**
北京虎耳草 349895
北京花楸 **369379**
北京假报春 105501
北京金银花 235766
北京堇菜 **410395**
北京锦鸡儿 **72310**
北京景天 **357011**
北京麻花头 361015
北京柠檬 93631
北京前胡 **292792**
北京忍冬 **235766**
北京水毛茛 **48929**
北京小檗 **51355**
北京栒子 **107619**
北京延胡索 **105920**
北京杨 **311143**
北京隐子草 **94605**
北京元胡 105720
北荆芥属 **351742**
北景天 294123
北韭 **15432**
北桔梗 **302751**
北蓝芙兰草 **168823**
北莨菪 201377
北邻斑花紫堇 **105732**
北岭黄堇 **105869**
北陵鸢尾 **208913**
北刘寄奴 365296
北流圆唇苣苔 **183317**
北陆风毛菊 **348578**
北陆浮萍 **224362**
北陆盂兰 **223645**
北路蛇头党 98285
北马兜铃 **34154**
北马先蒿 287326
北毛茛 **325656**
北美矮蒿 **35147**
北美白桦 53549
北美白杨 311292
北美白云杉 **298286**
北美百合 **259722**
北美百合属 **259719**
北美百金花 **81490**
北美百脉根属 **198563**
北美扁果草 **210260**
北美杓兰 **120348**
北美藨草 **353228**
北美补骨脂属 **340386**
北美糙山柳菊 **195948**
北美草本威灵仙 407434
北美草莓 **167594**
北美侧柏 390587
北美侧冠菊 **304628**
北美车前 **302209**
北美扯根菜 290138
北美稠李 **316918**
北美垂枝云杉 298265
北美刺芹 **154355**
北美翠柏 228639
北美大齿槭 **3000**
北美大果黄杉 318579
北美大西洋沿岸薯蓣 131896
北美灯台树 104947
北美灯心草 **213438**
北美地笋 **239189**
北美靛蓝 47880
北美靛蓝属 47854
北美毒芹 **90921**
北美独行菜 **225475**
北美杜鹃 330331
北美短叶松 **299818**
北美鹅耳枥 77263
北美鹅掌楸 **232609**
北美二针松 300296
北美番瓜树属 211631
北美繁缕 **375067**
北美芳香蟹甲草 **64731**
北美飞蓬 **150925**
北美肥皂荚 182527
北美粉风车 **14992**
北美粉条儿菜 14486
北美风轮菜 **96964**
北美枫香树 232565
北美佛手 257169
北美伏地杜鹃 **87678**
北美拂子茅 **65438**
北美福木犀 **167322**
北美甘草 **177922**
北美高莴苣 **219229**

北美鬼臼 306636
北美海氏草 196199
北美蔊菜 **336279**
北美蒿菀 **240463**
北美和尚菜 **7429**
北美荷包藤 8302
北美黑刺仙人掌 **272797**
北美黑柳 343767
北美红枫 3505
北美红花金丝桃 **394832**
北美红花七叶树 9720
北美红桦 **53437**
北美红杉 **360565**
北美红杉科 **360573**
北美红杉属 **360561**
北美花葱 **2198**
北美花葱属 **2197**
北美华鬘草 128297
北美黄花七叶树 **9692**
北美黄连 200175
北美黄连属 200173
北美黄栌 107315
北美黄杉 318580
北美灰栎 **323982**
北美灰毛柳 **343142**
北美吉莉花属 **222661**
北美荚蒾 **407675**
北美假升麻 **37089**
北美间腺兰 **250976**
北美剑药菊 240463
北美箭竹属 37127
北美节藜 36794
北美杰勒草 **175093**
北美金缕梅 185141
北美金丝桃 **202207**
北美堇菜 **409798**
北美景天 **357224**
北美菊属 **27460**
北美巨杉 360576
北美距瓣豆 **81878**
北美兰 **19380**,67883
北美兰属 **19379**
北美蓝卷木 **396437**
北美冷杉 **384**
北美藜芦 **236324**
北美藜芦科 **236329**
北美藜芦属 **236322**
北美丽针茅 **376891**
北美栎 **323684**
北美栗 **78804**
北美蓼 **308698**,61378
北美蓼属 61371
北美流苏树 **87736**
北美流苏苔草 **74200**
北美龙常草 **128013**
北美龙胆 **173739**
北美鹿蹄草 **322922**
北美路边青 **175429**
北美绿飞蓬 **150594**
北美萝藦属 **3786**
北美落叶松 **221904**
北美马兰 56706
北美马兰属 56700
北美马栗 9694
北美毛杓兰 120432
北美毛唇兰 **67883**
北美毛唇兰属 **67882**
北美毛茛 **325651**
北美毛花铁线莲 **95071**
北美毛连菜 **298635**
北美矛鞘鸢尾 **68495**
北美美苦草 341471
北美米面翁 **61931**
北美密花酸模 **340016**
北美密头苔草 **76464**
北美墨西哥芸香 **123488**
北美母草 **231514**
北美木姜子属 401670
北美木藜芦 **228159**
北美南部靛蓝 47859
北美南蛇藤 80309
北美扭柄花 **377942**
北美偶雏菊 **56706**
北美瓶刷树属 **167537**
北美萍蓬草 **267291**
北美婆婆纳 **263873**
北美婆婆纳属 **263872**
北美朴 80698
北美普氏百合 **303956**
北美普氏百合属 **303955**
北美七瓣莲 **396782**
北美槭 **3698**,3000
北美前胡 **235420**
北美前胡属 **235414**
北美墙草 **284148**
北美蔷薇 336462
北美乔柏 **390645**
北美乔松 **300211**
北美茄 **324643**
北美茄属 **324641**
北美芹 **321001**
北美芹属 **320998**
北美楸树 79260
北美球茎湿地兰 32373
北美雀麦 **60704**
北美柔毛堇菜 **410466**
北美肉珊瑚 **347008**
北美肉穗果 **48881**
北美肉质腐生草 390098
北美乳茄 367357
北美软毛蒲公英 **242932**
北美莎草 **118570**
北美山慈姑 154899
北美山地独行菜 **225415**
北美山地路边青 **175436**
北美山地毛茛 **325559**
北美山地云杉 298273
北美山梗菜 **234547**
北美山胡椒 231306
北美山金车 **34748**
北美山毛榉 162375
北美山茱萸 105023
北美山茱萸花 104949
北美舌唇兰 **302263**
北美蛇鞭菊 **228439**
北美蛇藤 **100078**
北美圣草 **151771**
北美湿地兰属 32371
北美十二花 135165
北美鼠刺 **210421**
北美鼠李 **328838**
北美鼠麴草 **178155**
北美水八角 **180319**
北美水堇 **198679**
北美水茄 **367014**
北美水青冈 162375
北美水苏 **373253**
北美水玉杯 **390098**
北美丝兰 **416659**
北美四数金丝桃 **38291**
北美苏合香 232565
北美碎米荠 **72708**
北美穗灌 **373056**
北美穗灌属 **373054**
北美苔草 **73633**
北美檀梨 323072
北美唐松草 **388459**
北美桃儿七 306636
北美桃儿七属 306609
北美甜茅 **177597**
北美铁线莲 **95426**
北美庭菖蒲 **365794**
北美透骨草 **295984**
北美土圞儿 **29298**
北美委陵菜 **312860**
北美文殊兰 111158
北美乌蔹莓 92768
北美无距兰 **29365**
北美无距兰属 **29359**
北美舞草 126280
北美西部铁线莲 **94807**
北美西部圆柏 **213834**
北美西南大齿槭 **3001**
北美希拉里禾 **196199**
北美细辛 **37561**
北美鲜黄连 212299
北美苋 **18668**
北美香柏 **390587**,390645
北美香根芹 **276466**
北美向日葵 **189063**
北美小花八角 **204570**
北美小花杓兰 **120312**
北美小花毛茛 **325506**
北美小莱克荠 **227018**
北美小利顿百合 **234147**
北美小米草 **160133**
北美小叶蝶须 **26536**
北美小银莲花 **24133**
北美新黄连 212299
北美绣线菊 **372141**
北美玄参 **355184**
北美悬钩子 338225
北美悬钩子属 **48876**
北美鸭儿芹 113872
北美鸭跖草 **101193**
北美鸭嘴花 **214320**
北美崖柏 390587
北美亚麻属 **252376**
北美烟草 **266038**
北美延胡索 **105631**
北美岩菖蒲 **392608**
北美岩高兰 **145061**
北美岩芥 **138563**
北美岩芥属 **138561**
北美岩梅 127916
北美盐节木 **36794**
北美偃麦草 144675
北美焰花苋 **294328**
北美羊胡子草 **152798**
北美杨 311292
北美野韭 15831
北美野青茅 **127245**
北美野黍 **151661**
北美野银莲花 **23882**
北美夜来香属 **68502**
北美一枝黄花 **368208**,368013
北美银指甲草 **284774**
北美银钟花 184731
北美罂粟 **31084**
北美罂粟属 **31081**
北美樱 83274
北美油松 300181
北美羽扇豆 **238449**
北美圆柏 **213984**
北美圆叶堇菜 **410509**
北美圆叶葡萄 **411723**
北美月见草 **387581**
北美月见草属 **387579**
北美越橘 **403957**
北美云杉 **298401**,298435
北美早熟禾 **305314**
北美窄叶苔草 **74312**
北美毡柳 **342970**
北美沼兰 **243011**
北美钟花韭 **15147**
北美洲卷舌菊 **380951**
北美洲松 300296
北美珠芽乌头 **5085**

北美紫草 **233776**
北美紫草属 **271853**
北美紫堇 **105775**
北美紫露草 **394053**
北美紫茉莉 **255675**
北美紫菀 **41387**
北美紫葳属 **136884**
北美紫珠 66733
北密毛柳 **343592**
北缅卵叶马先蒿 287500
北茉莉 255711
北牡蒿 **35467**
北苜蓿 **247260**
北欧垂头菊 110419
北欧灯心草 212852
北欧独行菜 **225413**
北欧花楸 369339
北欧葶苈 **136960**
北票胡枝子 **226754**
北票山楂 **109553**
北票元宝槭 **3717**
北平花楸树 369379
北荠 53047
北荠属 53045
北千里光 **358769**
北芩 355387
北秦苔草 74371
北青兰 137551
北清香藤 211884
北桑寄生 **237077**,236704
北沙柳 **343914**
北沙参 176923
北沙参属 176921
北莎草 **119258**
北山豆根 250228
北山蓟 **91934**
北山菊 **197423**
北山菊属 **197421**
北山莴苣 219513,219806
北山小苦荬 **210530**
北升麻 91008
北石南属 **31037**
北石竹 127682
北水苦荬 **406992**,407430
北水毛花 **352223**
北丝石竹 183185
北酸脚杆 **247623**
北苔草 **75570**
北天门冬 **38948**,39155
北条参 176923
北葶苈 225295
北橐吾 229179
北温带獐牙菜 380302
北莴苣 259772
北乌头 **5335**
北五加皮 291082
北五味 351021
北五味子 351016,351021,351063,351089
北细辛 **37638**,37636
北香花芥 **193444**
北蟹钓草 398528
北兴安苔草 **73904**
北熊苔草 **73742**
北萱草 **191278**
北玄参 **355067**,355201
北悬钩子 **338142**
北亚草 **391512**
北亚草属 **391509**
北亚稠李 **280004**
北亚蒿 35779
北亚列当 **275018**
北亚山楂 **109685**
北亚蝇子草 **364202**
北延叶珍珠菜 **239851**
北芫花 414150
北燕麦 **45581**
北野菊 124806,124817
北野豌豆 **408563**
北异燕麦 190132
北阴苔草 **75282**
北茵陈 36232,274237
北印杜鹃 330235
北印度龙胆 **173339**
北鱼黄草 **250831**
北缘白柳安 **362223**
北岳蒿 **35737**
北越重寄生 293196
北越钩藤 401762
北越马先蒿 287510
北越苹婆 **376198**
北越秋海棠 **49648**
北越水杨梅 **8193**
北越苔草 **76492**
北越苎麻 **56191**
北越紫堇 **105639**
北芸香 **185635**
北芸香草 185635
北栽秧花 **202106**
北沼苔草 **75281**
北支豆梨 323110
北枳椇 **198769**
北仲 182683
北爪哇染木树 **346474**
北紫堇 **106441**,106453
北紫菀 41342
贝安扭果花 **377666**
贝奥尼金叶帚石南 67465
贝奥尼银叶帚石南 67466
贝贝沃内野牡丹 **413199**
贝波栎 **323704**
贝才草 **317415**
贝才草属 **317414**
贝才茜属 **53280**
贝茨巴戟天 **258875**
贝茨贝尔茜 **53066**
贝茨波鲁兰 **56747**
贝茨大沙叶 **286115**
贝茨多坦草 **136546**
贝茨非洲阔瓣豆 **160911**
贝茨狗肝菜 **129229**
贝茨假萨比斯茜 **318252**
贝茨锦葵 **48845**
贝茨锦葵属 **48843**
贝茨良脉山榄 **263994**
贝茨龙船花 **211046**
贝茨密穗花 **322085**
贝茨摩斯马钱 **259339**
贝茨囊大戟 **389062**
贝茨肉果荨麻 **402283**
贝茨神秘果 **381976**
贝茨松菊树 **377257**
贝茨苏木属 48841
贝茨酸渣树 **72636**
贝茨特非瓜 **385653**
贝茨谢尔茜 **362101**
贝茨亚麻藤 **199143**
贝茨玉凤花 **183438**
贝茨脂麻掌 **171624**
贝德拉山梗菜 **234496**
贝蒂黄芪 42086
贝蒂黄耆 **42086**
贝蒂棕属 64159
贝迭尔南芥 **30478**
贝多丽穗凤梨 **412362**
贝多罗 106999
贝恩斯百簕花 **55268**
贝恩斯斑鸠菊 **406127**
贝恩斯短丝花 **221363**
贝恩斯狒狒花 **46034**
贝恩斯黑蒴 **14303**
贝恩斯厚敦菊 **277014**
贝恩斯美冠兰 **156905**
贝恩斯木蓝 **205707**
贝恩斯珊瑚果 **103889**
贝恩斯星粟草 **176943**
贝尔河飞蓬 **151044**
贝尔决明 78239
贝尔卡凤梨 **79514**
贝尔良种春石南 **149150**
贝尔木棉 **52940**
贝尔木棉属 **52939**
贝尔茜属 **53058**
贝尔热芳香木 **38731**
贝尔热骨籽菊 **276679**
贝尔热猫尾花 **62497**
贝尔维斯大岩桐寄生 **384023**
贝尔之苗锐尖白珠树 **172117**
贝法莱索林漆 **369754**
贝非属 47685
贝父 168391,168523,168563,168605
贝格带梗革瓣花 **329251**
贝格多坦草 **136445**
贝格尔豹皮花 **373977**
贝格尔大戟 **158529**
贝格尔仙人掌 272812
贝格尔杂色豆 **47695**
贝格虎眼万年青 **274648**
贝格琥珀树 **27823**
贝格画眉草 **147531**
贝格尖刺联苞菊 **52657**
贝格金叶树 **90025**
贝格欧石南 **149077**
贝格千里光 **358385**
贝格黍 **281381**
贝格双距花 **128037**
贝格铁榄 **362915**
贝格西非橘 **8792**
贝格枭丝藤 329251
贝梗恩格勒豆 **145613**
贝哈拉大戟 **158523**
贝哈拉玉凤花 **183441**
贝哈利槐 **368967**
贝吉诺特联苞菊 **196939**
贝吉诺特梅蓝 **248831**
贝加尔芥 **57246**
贝加尔芥属 **57245**
贝加尔鼠茅 **259636**
贝加尔鼠麹草 **178090**
贝加尔苔草 74187
贝加尔唐松草 **388432**,388513
贝加尔乌头 **5048**
贝加尔栒子 107531
贝加尔亚麻 231940
贝加尔野豌豆 **408566**
贝加尔针茅 376710
贝加利椰子 **49407**
贝加利椰子属 **49405**
贝加毛橙 93408
贝加蜜柑 93408
贝加莫橙 **93408**
贝加野豌豆 408302
贝卡尔暗毛黄耆 **42036**
贝卡尔白粉藤 **92628**
贝卡尔百蕊草 **389616**
贝卡尔半边莲 **234413**
贝卡尔北美毛茛 **325648**
贝卡尔翅苹婆 **320989**
贝卡尔刺蒴麻 **399205**
贝卡尔大地豆 **199316**
贝卡尔大沙叶 **286117**
贝卡尔豆腐柴 **313603**
贝卡尔多穗兰 **310337**
贝卡尔多坦草 **136485**
贝卡尔非洲长腺豆 **7481**
贝卡尔凤仙花 **204812**
贝卡尔沟果椴 **22033**

贝卡尔海葱 **402331**
贝卡尔黑草 **61745**
贝卡尔火炬花 **216937**
贝卡尔鸡头薯 **152890**
贝卡尔假萨比斯茜 **318249**
贝卡尔豇豆 **408851**
贝卡尔金丝桃 **201777**
贝卡尔阔苞菊 **305079**
贝卡尔老鹳草 **174492**
贝卡尔老鸦嘴 **390727**
贝卡尔肋瓣花 **13748**
贝卡尔里因野牡丹 **229676**
贝卡尔龙血树 **137344**
贝卡尔罗勒 **268500**
贝卡尔毛束草 **395729**
贝卡尔茅膏菜 **138269**
贝卡尔魔芋 **20054**
贝卡尔木槿 **194743**
贝卡尔诺曼茜 **266681**
贝卡尔欧石南 **149616**
贝卡尔苹婆 **376081**
贝卡尔脐果山榄 **270640**
贝卡尔茄 **366974**
贝卡尔秋海棠 **49656**
贝卡尔曲蕊卫矛 **70772**
贝卡尔肉果荨麻 **402285**
贝卡尔三萼木 **395189**
贝卡尔三联穗草 **398587**
贝卡尔神秘果 **381977**
贝卡尔石豆兰 **62642**
贝卡尔水蓑衣 **200600**
贝卡尔蒴莲 **7229**
贝卡尔苔草 **73865**
贝卡尔天门冬 **38946**
贝卡尔田皂角 **9528**
贝卡尔铁榄 **362917**
贝卡尔铁线子 **244529**
贝卡尔香料藤 **391881**
贝卡尔小花茜 **285996**
贝卡尔肖九节 **401940**
贝卡尔肖鸢尾 **258702**
贝卡尔鸭舌癀舅 **370753**
贝卡尔鸭跖草 **100944**
贝卡尔鸭嘴花 **214358**
贝卡尔崖豆藤 **254620**
贝卡尔羊角拗 **378369**
贝卡尔叶下珠 **296493**
贝卡尔硬衣爵床 **354371**
贝卡尔玉凤花 **183443**
贝卡尔杂色豆 **47694**
贝卡尔珍珠茅 **354018**
贝卡尔猪屎豆 **111946**
贝卡林决明 **78241**
贝凯百脉根 **237507**
贝凯花椒 **417175**
贝凯假萨比斯茜 **318253**
贝凯忧花 **241588**
贝凯猪屎豆 **111938**
贝壳草 166897
贝壳风车子 **100408**
贝壳蝴蝶兰 **293593**
贝壳花 **256761**
贝壳花属 **256758**
贝壳杉 **10496**
贝壳杉属 **10492**
贝壳叶荸荠 **143092**
贝克桉 **155490**
贝克白酒草 **103430**
贝克斑鸠菊 **406129**
贝克翠雀花 **124050**
贝克斗篷草 **13977**
贝克短盖豆 **58708**
贝克尔飞廉 **73317**
贝克番薯 **207614**
贝克凤梨属 **46685**
贝克谷木 **249908**
贝克观音兰 **399048**
贝克红被花 **332194**
贝克厚壳树 **141608**
贝克还阳参 **110745**
贝克黄耆 **42060**
贝克黄檀 **121626**
贝克金田菊 **222592**
贝克菊属 52642
贝克卡普山榄 **72126**
贝克蜡菊 **189182**
贝克蓝星花 **33621**
贝克露兜树 **280988**
贝克曼侧柏 **302725**
贝克毛子草 **153127**
贝克蜜茱萸 **249129**
贝克膜苞豆 **201246**
贝克拟紫玉盘 **403640**
贝克欧石南 **149055**
贝克佩耶茜 **286759**
贝克枪刀药 **202511**
贝克青葙 **80387**
贝克莎 **49558**
贝克莎属 **49557**
贝克斯属 47626
贝克斯特班克木 **47632**
贝克斯特贝克斯 47632
贝克斯银桦 **180570**
贝克弯花芥 **156429**
贝克喜盐草 **184969**
贝克显药尖泽兰 **45864**
贝克枭丝藤 **329239**
贝克熊果 **31108**
贝克绣球防风 **227555**
贝克栒子 107356
贝克鸭嘴花 **214349**
贝克盐藻 184969
贝克野荞麦 **151835**
贝克异被风信子 **132518**
贝克鸢尾 **208456**
贝克远志 **307944**
贝克杂色穗草 **306743**
贝克纸花菊 **318977**
贝克智利藤 **51266**
贝克猪屎豆 **111929**
贝克紫菀 **40112**
贝拉尔车前 **301890**
贝拉尔肖蒿草 **97768**
贝拉金莲木 **268153**
贝拉聚花草 **167016**
贝拉瓦美冠兰 **156571**
贝拉瓦牡荆 **411206**
贝拉维腺叶藤 **376525**
贝莱指腺金壳果 **121144**
贝朗热矢车菊 **80959**
贝勒·德·南希欧丁香 **382333**
贝勒大戟 **158524**
贝勒血桐 **240238**
贝勒叶下珠 **296491**
贝雷桉 **155489**
贝雷克桉 155501
贝雷尼塞驼蹄瓣 **418605**
贝蕾杜鹃 330194
贝蕾红瑞木 104963
贝蕾紧凑三裂叶荚蒾 **408189**
贝里土连翘 **201058**
贝利澳洲柏 **67410**
贝利红瑞木 **104963**
贝利花凤梨 **391976**
贝利尖腺芸香 **4805**
贝利菊属 46578
贝利毛茎草 **219042**
贝利美丽柏 67410
贝利氏金合欢 1069
贝利氏相思树 **1069**
贝利丝兰 **416560**
贝利斯爱迪草 **141486**
贝利斯豹皮花 **373838**
贝利斯颤毛萝藦 **399568**
贝利斯大戟 **158521**
贝利斯日中花 **220487**
贝利斯十二卷 **186263**
贝利斯脂麻掌 **171626**
贝利铁兰 391976
贝利兔菊木 **236496**
贝利锡金小檗 52153
贝利相思树 1069
贝利野荞麦 **151848**
贝粱 361794
贝林厄姆斑鸠菊 **406142**
贝林柳叶菜 **146629**
贝隆草属 46610
贝隆苣苔 **50851**
贝隆苣苔属 **50850**
贝伦桉 **155488**
贝伦登肖鸢尾 **258412**
贝伦特玄参属 **52493**
贝洛夫斯基糖芥 154521
贝洛夫糖芥 154521
贝麻 334435
贝马拉哈大戟 **158525**
贝马拉哈凤仙花 **204810**
贝马拉哈鲫鱼藤 **356265**
贝马拉哈木蓝 **205718**
贝马里武臂形草 **58059**
贝马里武丹氏梧桐 **135786**
贝马里武风兰 **24733**
贝马里武柿 **132066**
贝母 168391,168491,168523,168563,168586,168605,401150
贝母科 **168658**
贝母兰 **98634**,98633,98651,98711,98728
贝母兰属 **98601**
贝母兰状石斛 **125069**
贝母山剪股颖 **12011**
贝母属 **168332**
贝姆扁担杆 **180705**
贝姆短盖豆 **58709**
贝姆费利菊 **163153**
贝姆黄檀 **121636**
贝姆假杜鹃 **48112**
贝姆热非南星 **21896**
贝姆沙漠蔷薇 **7335**
贝姆珊瑚果 **103891**
贝姆瓦松 **275384**
贝姆叶下珠 **296498**
贝姆异叶木 **25563**
贝姆猪屎豆 **111958**
贝木 392088
贝木属 392086
贝内特多穗兰 **310336**
贝内特加拿大铁杉 **399869**
贝内特勒珀兰 **335691**
贝内野牡丹 **50991**
贝内野牡丹属 **50989**
贝纳迪尔刺蒴麻 **399235**
贝纳迪尔金合欢 **1295**
贝纳迪尔考卡花 **79681**
贝纳迪尔梅蓝 **248845**
贝纳迪尔茄 **366971**
贝纳迪尔栓果菊 **222917**
贝纳迪尔天芥菜 **190576**
贝纳迪尔肖水竹叶 **23494**
贝纳迪尔硬皮豆 **241441**
贝纳迪尔猪屎豆 **111941**
贝尼宽管瑞香 **110164**
贝尼老鸦嘴 **390725**
贝尼尼肖水竹叶 **23495**
贝尼茄 **366973**
贝尼三角车 **334590**
贝尼纹蕊茜 **341274**
贝宁针柱茱萸 **329127**

贝齐尔斑鸠菊 **406147**
贝齐尔灰毛豆 **385968**
贝齐尔茴芹 **299362**
贝齐尔鸡头薯 **152874**
贝齐尔芦荟 **16639**
贝齐尔欧石南 **149081**
贝齐尔枪刀药 **202513**
贝齐尔弯管花 **86198**
贝齐尔西澳兰 **118160**
贝齐里瓠果 **290546**
贝齐里蜡菊 **189194**
贝齐里牡荆 **411207**
贝齐里亚麻 **231878**
贝齐里异籽葫芦 **25646**
贝奇毛茛 **325499**
贝茜花 49576
贝瑟千里光 **358393**
贝舌苔 75161
贝氏百脉根 **237509**
贝氏冰片香木 138549
贝氏杜鹃 **49585**
贝氏杜鹃属 **49582**
贝氏枸杞 **239016**
贝氏果子蔓 **182165**
贝氏木属 **50646**
贝氏坡垒 **198134**
贝氏婆罗香 **138549**
贝氏普亚凤梨 **321938**
贝氏三芒草 **33772**
贝氏矢车菊 **80964**
贝氏太平洋棕 **315379**
贝氏盐藻 184969
贝氏隐棒花 **113528**
贝思乐苣苔科 **53210**
贝思乐苣苔属 **53205**
贝斯威克尖刀玉 **216184**
贝塔夫莎草 **118561**
贝塔棕 **49331**
贝塔棕属 **49330**
贝特拉姆杜茎大戟 **241858**
贝特莲子草 **18125**
贝特曼野荞麦 **151856**
贝梯大戟属 **53143**
贝田南星 **33437**
贝西花 49576
贝西樱桃 83157
贝细工 415386
贝细工属 19690
贝亚利属 50646
贝叶石南属 227962
贝叶属 106984
贝叶越橘 **403777**
贝叶棕 **106999**
贝叶棕属 **106984**,57116
贝柘丽木 53188
贝柘丽木属 53170
贝专费利菊 **163147**
贝专海柱豆 **14828**
贝专假杜鹃 **48107**
贝专类两极孔草 **265724**
贝专联苞菊 **196938**
贝专黍 **281377**
贝专鼠尾粟 **372610**
贝专天门冬 **38944**
备后拉拉藤 **170571**
备后苔草 **75394**
备中赤竹 **347199**
备中蓟 **91799**
备中荚蒾 **407732**
备中苔草 **73884**
背白风铃草 **70086**
背崩楼梯草 **142617**
背扁黄芪 42208
背扁黄耆 **42208**
背草 413550
背翅当归 276768
背翅独活 276768
背翅菊属 **267140**
背翅芹属 267147
背刺野牡丹 **272584**
背刺野牡丹属 **272583**
背带藤 411614
背洪子 198769
背花草 239773,239861
背花疮 299001
背花寄生 **266773**
背花寄生属 **266770**
背寄生 **267185**
背寄生属 **267184**
背角芥 **267071**
背角芥属 **267069**
背孔杜鹃 **267138**
背孔杜鹃属 **267137**
背肋卫矛 **157416**
背棱丽穗凤梨 **412343**
背棱石斛 **125030**
背棱芸苔 **59348**
背棱脂麻掌 **171646**
背裂桔梗 **28980**
背裂桔梗属 **28979**
背鳞山龙眼 **272582**
背鳞山龙眼属 **272581**
背毛刺头菊 **108305**
背毛风车子 **100403**
背毛红草 12630
背毛扩展杜鹃 **330578**
背毛杏 **34440**
背毛樱 34440
背毛竹 **37305**
背面白 175147
背铺委陵菜 313039
背绒杜鹃 **330902**
背蛇生 **34363**,34219
背痛药 245831
背网子 5574
背腺菊 **293846**
背腺菊属 **293845**
背阳草 79732
背药红景天 **329884**
背银亚麻藤 **199162**
倍莱金叶帚石南 **67465**
倍莱银叶帚石南 **67466**
倍蕊苔 **132903**
倍蕊苔属 **132902**
倍蕊田繁缕 **52617**
倍树 332509
倍苔草 **132894**
倍苔草属 **132893**
倍柱木 **304197**
倍柱木属 **304192**
倍子 332775
倍子柴 332509
倍子树 332775,332791
被包红柴胡 **63820**
被苞仙丹花 **211051**
被背杜鹃 331808
被单草 375136
被吊兰 **88641**
被萼苣苔属 88164
被萼榈属 68614
被粉菝葜 **366535**
被粉滨藜 **44395**
被粉风铃草 **70021**
被粉鸡矢藤 **280076**
被粉南洋参 **310191**
被粉前胡 **292851**
被粉鼠尾草 **345026**
被粉腺花山柑 **64884**
被粉肖蓝盆花 **365895**
被粉蝎尾蕉 **190016**
被粉旋花 **103041**
被粉紫罗兰 **246455**
被覆金合欢 **1689**
被覆秋海棠 **50393**
被覆香茅 **117225**
被盖大狼毒 159159
被告惹 107486
被禾属 **293944**
被居维叶茜草 **115292**
被毛刺蕊草 **307010**
被毛龙胆 174084
被毛腺柄山矾 **381096**,381095
被蕊榈属 68635
被蕊藤 **88140**
被蕊藤属 **88139**
被腺杜鹃 330026
被子裸实 **246810**,182768
被子美登木 **182768**
被子天芥菜 190552
棏多 57122
蓓雷太 **93694**
蓓蕾花 336901
棑 332509
奔龙 192442
奔马草 344910,345214,345485
奔猪觅 192830
奔子栏虎耳草 **349097**
奔子栏乌头 **5062**
本·考南黑茶藨子 **334119**
本·罗蒙德黑茶藨子 **334120**
本巴木 345709
本把木 345709
本白水仙花 262433
本袋戟 **290569**
本岛杜鹃 **330953**
本岛石南 330953
本迪格蜡花木 **153336**
本地广柑 93649
本地老鸦草 407275
本地早 **93732**,93748
本地早橘 93732,93748
本都百合 229996
本都独活 **192342**
本都山杜鹃 331520
本都山蒿 36088
本格草属 63440
本格拉埃克楝 **141861**
本格拉奥佐漆 **279277**
本格拉拜卧豆 **227034**
本格拉斑鸠菊 **406143**
本格拉扁担杆 **180694**
本格拉刺蒴麻 **399204**
本格拉毒鱼草 **392184**
本格拉多坦草 **136442**
本格拉壶茎麻 **361285**
本格拉虎眼万年青 **274531**
本格拉花篱 **26991**
本格拉画眉草 **147528**
本格拉黄杨 **64241**
本格拉火炬花 **216936**
本格拉鸡头薯 **152872**
本格拉假杜鹃 **48109**
本格拉假穗草 **146032**
本格拉蜡菊 **189190**
本格拉勒菲草 **224023**
本格拉毛瓣瘦片菊 **182040**
本格拉木槿 **194742**
本格拉木蓝 **205719**
本格拉欧石南 **149073**
本格拉蒲桃 **382488**
本格拉青葙 **80389**
本格拉热非草豆 **317237**
本格拉热非鹿藿 **145004**
本格拉三萼木 **395246**
本格拉唐菖蒲 **176045**
本格拉天门冬 **38945**
本格拉田皂角 **9504**
本格拉铁苋菜 **1798**

本格拉西南非茜草 **20492**
本格拉细线茜 **225744**
本格拉腺花山柑 **64879**
本格拉楔柱豆 **371539**
本格拉叶下珠 **296492**
本格拉异荣耀木 **134562**
本格拉油芦子 **97293**
本格拉猪屎豆 **111943**
本吉氏独尾草 148537
本兰 **51172**
本兰属 **51171**
本勒木 51039
本勒苏铁属 51059
本簕木 51039
本内苏铁属 **51059**
本纳凤仙花 **205187**
本纳间花谷精草 **250986**
本纳远志 **307950**
本尼特蜡菊 **189192**
本诺柴胡 **63578**
本诺大戟 **158527**
本诺十字爵床 **111702**
本诺掷爵床 **139863**
本瑟柏木 114664
本瑟姆桉 **155496**
本瑟姆柏木 **114664**
本瑟姆茶藨子 **333922**
本瑟姆刺痒藤 **394128**
本瑟姆大戟 **158528**
本瑟姆蜂鸟花 **240751**
本瑟姆谷精草 **151247**
本瑟姆红蕾花 **416925**
本瑟姆花凤梨 **391979**
本瑟姆棘头花 **2135**
本瑟姆见血飞 **252744**
本瑟姆姜味草 **253636**
本瑟姆疆紫草 **241388**
本瑟姆金合欢 **1077**
本瑟姆蜡菊 **189193**
本瑟姆欧石南 **149075**
本瑟姆球心樟 **12759**
本瑟姆热非夹竹桃 **13270**
本瑟姆软紫草 **34603**
本瑟姆铁兰 391979
本瑟姆仙灯 **67566**
本森草 **51067**
本森草属 **51066**
本森氏石斛 **125014**
本山金线 394088
本山金线连 394088
本氏光果 **232707**
本氏寄生 **51153**
本氏寄生属 **51152**
本氏金合欢 1077
本氏兰属 **51071**
本氏狸藻 **403117**
本氏蓼 308922
本氏柳叶箬 209048
本氏龙胆 **173860**
本氏密蕊榄 **321950**
本氏木蓝 205752
本氏婆婆纳 **51010**
本氏婆婆纳属 **51007**
本氏茄 **51151**
本氏茄属 **51150**
本氏青兰 **137565**
本氏雀麦 **60643**
本氏珊瑚兰 **103979**
本氏笋兰 **390918**
本氏希拉里禾 **196197**
本氏玄参属 51007
本氏针茅 **376723**
本氏茱萸属 **51123**
本氏猪殃殃 170289
本氏棕属 51163
本索茜 **51235**
本索茜属 **51234**
本特木 **51169**
本特木属 **51168**
本特朱砂莲 **290091**
本田鹅观草 335350
本田火绒草 **224881**
本田结缕草 **418425**
本田欧亚旋覆花 **207051**
本田披碱草 **144334**
本田氏罗汉柏 **390684**
本田旋覆花 207051
本田鸭嘴草 209259
本田紫菀 **41516**
本亭琪亚棕 51164
本亭琪亚棕属 51163
本雾岛 331370
本叶藤 22067
本兆葶苈 **143305**
本州白蜡 **168109**,168106
本州白前 **409508**
本州报春 **314696**
本州柴胡 **63764**
本州刺柏 **213728**
本州刺楸 215442
本州大百合 **73161**
本州灯心草 **213322**
本州地杨梅 **238664**
本州风铃草 **70241**
本州风毛菊 **348564**
本州福王草 **313783**
本州胡枝子 **226852**
本州虎耳草 **349697**
本州花葱 **307207**
本州金莲花 **399509**
本州金丝桃 **201971**
本州堇菜 410081
本州景天 **356778**
本州苦荬 **210592**
本州宽果蒲公英 **384742**
本州老鹳草 **175029**
本州栎 **323591**
本州龙牙草 **11566**
本州楼梯草 **142759**
本州驴蹄草叶路边青 **175392**
本州马先蒿 **287459**
本州美花草 **66709**
本州拟莞 **352193**
本州舌唇兰 **302357**
本州鼠李 328684
本州苔草 **73768**
本州葶苈 **137143**
本州筒距舌唇兰 **302538**
本州乌头 **5275**
本州无心菜 **31744**
本州细辛 **37659**
本州蟹甲草 **283849**
本州羊茅 **164139**
本州樱桃 **83267**
本州鱼鳞松 **298303**
本州云杉 298303
本州獐耳细辛 **192140**
本州猪殃殃 **170707**
本州紫菀 **40519**
畚箕草 375884
畚箕斗 131840
笨白杨 311530
笨重大戟 **159620**
笨重虾疳花 **86578**
崩补叶 253385
崩疮草 29430
崩疮药 55147,144086
崩大碗 81570
崩口碗 81570
崩松 213896
迸榆 401556
蹦蹦子 205259
逼迫树 172831
逼迫子 60230
逼死蛇 203066
逼血雷 34364
鼻豆 301070
荸 71218
荸艾 **290478**
荸艾地锦苗 **85780**
荸艾冷水花 299010
荸艾琉璃繁缕 **21409**
荸艾属 **290476**
荸艾叶金丝桃 **202085**
荸艾远志 **308257**
荸艾蚤缀 **32126**
荸荠 **143122**,143123,143391
荸荠草 322342
荸荠谷精草 **151321**
荸荠莲 176222
荸荠属 **143019**
鼻虫窝树 382538
鼻果漆 **329603**
鼻果漆属 **329601**
鼻花 **329527**
鼻花科 **329498**
鼻花属 **329504**
鼻喙马先蒿 **287541**
鼻马先蒿 **287455**
鼻朴子 52418
鼻涕果 88691,347965,347968,
347993,347994
鼻涕楠 240707
鼻涕团 109650
鼻乌头 **5451**
鼻血草 249494
鼻血刺 79595
鼻血雷 34364
鼻血连 34364
鼻血莲 34364
鼻烟盒树 **270924**
鼻烟盒树属 **270883**
鼻烟树 270924
鼻药红木 **329503**
鼻药红木属 **329502**
鼻叶草 **329579**
鼻叶草属 **329578**
鼻叶花属 329578
鼻斫草 100961
鼻子果 88691
匕果芥 **326833**
匕果芥属 **326812**,129758
匕首果哈克木 **184630**
匕首形果哈克 184630
匕首形哈克 184630
比奥科鸭嘴花 **214367**
比奥莱特飞蓬 **150500**
比奥莱特假鼠麹草 **317733**
比巴小檗 **51780**
比伯蓍 **3937**
比伯史坦氏蚤缀 31848
比布蛇鞭菊 **228497**
比得牡荆 **292512**
比得牡荆属 **292511**
比得维尔甜柏 **228636**
比得维尔香松 228636
比德阿冯苋 **45780**
比迪木 **78608**
比迪木属 78602
比恩塞拉玄参 **357431**
比尔巴豆 **112844**
比尔菝葜 **366259**
比尔贝亚属 54439
比尔见亚 54454
比尔决明 **78206**
比尔纳泽泻 64014
比尔纳泽泻属 64011
比尔帚石南 **67480**

比佛瑞纳兰 **54246**
比佛瑞纳兰属 **54243**
比夫利安冠须菊 **405920**
比格诺藤属 54292
比棍林皮棕 **138534**
比海蝎尾蕉 **189995**
比基马老鸦嘴 **390729**
比加飞椰子属 298830
比加飞棕 298836
比加飞棕属 298830
比卡苣苔属 56365
比凯野牡丹 **61944**
比凯野牡丹属 **61943**
比克顿舟舌兰 **224349**
比克曼十二卷 **186554**
比克内尔老鹳草 **174495**
比克茜属 **54379**
比蔻木 **53741**
比蔻木属 **53740**
比拉底白刺 **266356**
比拉碟兰属 **54432**
比拉尔绣线菊 371834
比莱昂特鸢尾 **208463**
比勒尔擂鼓芳 **244926**
比勒尔拟九节 **169320**
比勒陀利亚半轭草 **191804**
比勒陀利亚吊灯花 **84061**
比勒陀利亚假杜鹃 **48294**
比勒陀利亚金莲木 **268239**
比勒陀利亚九顶草 **145777**
比勒陀利亚芦荟 **17187**
比勒陀利亚水茫草 **230847**
比勒陀利亚唐菖蒲 **176458**
比勒陀利亚肖木菊 **240791**
比立山矢车菊 **81272**
比丽巴属 335825
比利牛斯百合 **230015**
比利牛斯贝母 **168543**
比利牛斯侧金盏花 **8377**
比利牛斯长瓣秋水仙 **250643**
比利牛斯点地梅 **23258**
比利牛斯黑松 **300112**
比利牛斯虎眼万年青 **274748**
比利牛斯金雀花 **120995**
比利牛斯老鹳草 **174856**
比利牛斯栎 **324319**
比利牛斯柳穿鱼 **231088**
比利牛斯耧斗菜 **30070**
比利牛斯路边青 **175441**
比利牛斯拟阿福花 **39455**
比利牛斯秋水仙 250643
比利牛斯忍冬 **236051**
比利牛斯石竹 **127806**
比利牛斯酸模 **339899**
比利牛斯庭荠 **18462**
比利牛斯缬草 **404337**
比利牛斯栒子 **107392**
比利牛斯罂粟 **282674**
比利牛斯远志 **308434**
比利时荷兰榆 **401523**
比利时小姐八仙花 **199976**
比利亚老鼠簕 **2719**
比林顿龙胆 **173296**
比略纳克冠须菊 **405972**
比蒙藤 49359
比蒙藤属 49355
比目连理花 17733
比目沈香 231298
比尼矢车菊 **81452**
比诺兰 **54511**
比诺兰属 **54508**
比诺特秋海棠 **49659**
比平迪闭花木 **94502**
比平迪赪桐 **95962**
比平迪大戟 **241859**
比平迪吊兰 **88560**
比平迪二列花 **284933**
比平迪风车子 **100354**
比平迪凤仙花 **205009**
比平迪核果木 **138590**
比平迪缅茄 **10116**
比平迪柿 **132072**
比平迪弯管花 **86199**
比平迪乌口树 **384923**
比平迪五层龙 **342695**
比平迪小翅卫矛 **141915**
比平迪崖豆藤 **254623**
比平迪摘亚苏木 **127379**
比平迪紫玉盘 **403429**
比奇荚蒾 407732
比奇洛飞蓬 **150499**
比塞钓樟 231306
比塞特堇菜 **409746**
比氏刺桐 **154632**
比氏凤梨属 301099
比氏蒿 **35206**
比氏密藏花 **156062**
比氏鼬蕊兰 **169867**
比顺特松 **299945**
比斯尔堇菜 **409745**
比斯根花椒 **417179**
比斯根可拉木 **99171**
比斯根紫金牛 **31375**
比斯马克秋海棠 **49662**
比斯马克鸢尾 **208464**
比斯马棕 54739
比斯马棕属 54738
比斯小檗 **51353**
比特闭花木 **94501**
比特金果椰 **139316**
比特雷野荞麦 **152435**
比特莫白蜡树 **167927**
比特纳蔗草 **353266**
比特纳赪桐 **95976**
比特纳刺蒴麻 **399211**
比特纳丹氏梧桐 **135794**
比特纳孩儿草 **340340**
比特纳豪曼草 **186170**
比特纳红瓜 **97786**
比特纳厚皮树 **221141**
比特纳柯特葵 **217949**
比特纳柳叶箬 **209045**
比特纳龙血树 **137349**
比特纳芦荟 **16667**
比特纳鹿藿 **333167**
比特纳美冠兰 **156596**
比特纳软荚豆 **386407**
比特纳莎草 **118594**
比特纳十万错 **43607**
比特纳肖荣耀木 **194288**
比特纳心被爵床 **88171**
比特纳盐肤木 **332496**
比特纳玉凤花 **183473**
比特纳杂色豆 **47701**
比特纳珍珠茅 **354032**
比通茶藨 333922
比瓦苦草 **404556**
比维木 **54845**
比维木属 **54843**
比温苔草 **73885**
比沃纳大戟 **158543**
比乌科勒克雪白山梅花 **294567**
比乌木 293092
比乌木属 293091
比乌西克尔橘 93695
比希纳木属 **61886**
比谢拟白星海芋 **34877**
比亚斑鸠菊 **406148**
比亚卷耳 **82738**
比亚诺大戟 **158531**
比亚诺合瓣花 **381833**
比亚诺老鸦嘴 **390728**
比亚诺镰扁豆 **135426**
比亚诺鸭跖草 **100945**
比亚诺一点红 **144898**
比亚诺玉凤花 **184124**
比耶硬皮豆 **241414**
比尤库荚蒾 408151
比赞番红花 **111507**
比赞燕麦 **45424**
比扎纳垂叶榕 **164704**
比扎水苏 **373156**
比子草 200745
彼岸花 198590,239266
彼岸樱 83334
彼得·斯巴克斯帚石南 **67494**
彼得阿林莎草 **14711**
彼得苞舌兰 **370400**
彼得宝锭 175530
彼得吊灯花 **84203**
彼得豆 **292438**
彼得豆属 **292434**
彼得法道格茜 **162010**
彼得费拉属 292621
彼得伽蓝菜 **215224**
彼得合欢 **13644**
彼得黄眼草 **416130**
彼得九节 **319753**
彼得苦瓜 **256861**
彼得裂籽茜 **103875**
彼得马齿苋 **311913**
彼得毛子草 **153254**
彼得木 **292448**
彼得木属 **292447**
彼得破布木 **104229**
彼得鞘苔草 **76658**
彼得森蝇子草 **363886**
彼得黍 **282062**
彼得水蜈蚣 **218605**
彼得斯白花菜 **95616**
彼得斯斑鸠菊 **406675**
彼得斯蜡菊 **189479**
彼得斯老鸦嘴 **390852**
彼得斯美冠兰 **156930**
彼得斯绵枣儿 **353022**
彼得斯牡荆 **411405**
彼得斯鞘蕊花 **99674**
彼得斯榕 **165454**
彼得斯瘦片菊 **182076**
彼得斯天门冬 **39142**
彼得斯通宁榕 **165756**
彼得斯弯穗夹竹桃 **22144**
彼得斯鸭跖草 **101118**
彼得斯延药睡莲 **267727**
彼得斯羊角拗 **378435**
彼得斯异决明 **360473**
彼得斯玉蕊 **292466**
彼得斯玉蕊属 **292462**
彼得雾水葛 **313468**
彼得肖水竹叶 **23590**
彼得逊芳香木 **38713**
彼得鱼骨木 **71460**
彼尔滋补血草 230712
彼瑟白背黄花稔 **362646**
彼瑟大果萝藦 **279454**
彼苋 **286960**
彼苋属 **286959**
彼子 393061
柀 114539,393077
柀木 114539
柀子 393061
秕梗猫儿菊 **202388**
秕冠菊 **4420**
秕冠菊属 **4418**
秕花囊鳞莎草 **38233**
秕壳草 **224002**,223987,223992
秕鳞八角莲 139607
俾路支小檗 **51344**

俾氏桐属 54738
俾斯麦椰子 54739
俾斯麦棕 54739
笔菜 308529,308572,308641
笔草 **318150**
笔草属 318147
笔豆属 379237
笔竿竹 **318297**
笔管菜 198745,308529,308572,308613,308641
笔管草 354801
笔管榕 **165717**,165841,165844
笔管石南 **107129**
笔管石南属 **107128**
笔管树 165721,165841,165844
笔花豆 379245
笔花豆属 **379237**
笔花莓属 **275445**
笔栗 165307
笔龙胆 **174095**
笔罗泡花 249449
笔罗子 **249449**
笔毛草 306832
笔茅草 306834
笔树 295773
笔头花 336901
笔头蛇菰 46829
笔尾草 306832
笔须草 306832
笔须藤 313229
笔杨 311400
笔直黄芪 43098
笔直黄耆 **43098**
笔直苔草 **76399**
笔竹 **318353**
笔柱菊属 **180217**
笔状百蕊草 **389815**
笔状千里光 **359714**
笔仔草 306832,306834
笔子草 306832
币苞蜡菊 **189155**
秘鲁巴豆 **112930**
秘鲁巴氏兰属 **48747**
秘鲁百日草 418058
秘鲁闭鞘姜 **257610**
秘鲁闭鞘姜属 **257609**
秘鲁茶茱萸 **60352**
秘鲁茶茱萸属 **60350**
秘鲁长刺小檗 **51332**
秘鲁翅冠兰 **347102**
秘鲁翅冠兰属 **347101**
秘鲁冲天柱 **83890**
秘鲁刺莲花 **415841**
秘鲁刺莲花属 **415840**
秘鲁刺球果 **218085**
秘鲁葱 **395564**
秘鲁葱属 **395563**
秘鲁蛋黄果 238111
秘鲁丁香蓼 **238208**
秘鲁轭瓣兰属 **22209**
秘鲁番荔枝 **216604**,25836
秘鲁番荔枝属 **216603**
秘鲁番茄 **239163**
秘鲁古柯 **155114**,155067
秘鲁光柱泽兰 **217106**
秘鲁合欢属 206918
秘鲁黑牙木 **263096**
秘鲁胡萝卜 **34914**
秘鲁胡萝卜属 **34909**
秘鲁假石南 161897
秘鲁胶树 261554,261561
秘鲁接骨木 **345655**
秘鲁菊 **171045**
秘鲁菊属 **171043**
秘鲁苣苔属 **357335**
秘鲁具柄叶小檗 **52048**
秘鲁爵床 **275339**
秘鲁爵床属 **275338**
秘鲁可可 285935
秘鲁苦藏 297711
秘鲁阔叶小檗 **51833**
秘鲁拉坦尼 218085
秘鲁兰 **191635**
秘鲁兰属 **191634**
秘鲁榄仁树 **386594**
秘鲁莲座芥 **79230**
秘鲁莲座芥属 **79229**
秘鲁瘤蕊百合 **271014**
秘鲁柳叶菜 **191465**
秘鲁柳叶菜属 **191464**
秘鲁芦莉草 **339689**
秘鲁绿心樟 **268731**
秘鲁毛柱 **396456**
秘鲁霉草 **399368**
秘鲁霉草属 **399366**
秘鲁美洲三角兰 **397319**
秘鲁绵枣儿 **353001**
秘鲁木棉 **360553**
秘鲁木棉属 **360552**
秘鲁南美槐 **261554**
秘鲁南星 **166043**
秘鲁南星属 **166042**
秘鲁炮弹果 **108196**
秘鲁皮奎菊 300841
秘鲁皮氏菊 **300841**
秘鲁千花 88216
秘鲁千里光 **359824**
秘鲁千屈菜 **237900**
秘鲁千屈菜属 **237899**
秘鲁茜 **294914**
秘鲁茜属 **294913**
秘鲁茄 **367494**
秘鲁青皮木 **352442**
秘鲁雀稗 **285495**
秘鲁赛葵 **243900**
秘鲁山茱萸 **105156**
秘鲁石南茄 161897
秘鲁石蒜 **283521**
秘鲁石蒜属 **283520**
秘鲁水东哥 **347976**
秘鲁水卢禾 **238560**
秘鲁水蜈蚣 **218604**
秘鲁水仙 88216
秘鲁四柱木 **387887**
秘鲁酸浆 **297658**
秘鲁碎米荠 **121278**
秘鲁碎米荠属 **121277**
秘鲁藤黄属 **323480**
秘鲁筒萼木 **99815**
秘鲁豚草 **19178**
秘鲁托瓦草 **393369**
秘鲁托瓦草属 **393368**
秘鲁围涎树 **301149**
秘鲁五蟹甲 **289401**
秘鲁喜湿兰 **413109**
秘鲁喜湿兰属 **413108**
秘鲁仙人球 **140880**
秘鲁仙人掌 **13253**
秘鲁仙人掌属 **13252**
秘鲁苋属 **186924**
秘鲁腺花马鞭草 **176693**
秘鲁香胶 261554
秘鲁香胶树 261554
秘鲁香树 261554,261561
秘鲁香无患子 **285935**
秘鲁橡胶树 **194455**
秘鲁小檗 **52022**
秘鲁肖乳香 **350991**
秘鲁玄参 **375385**
秘鲁玄参属 **375384**
秘鲁岩马齿苋 **65855**
秘鲁岩生小檗 **52132**
秘鲁野黍 **151688**
秘鲁夜香树 **84423**
秘鲁蜘蛛兰 200945
秘鲁棕 **210358**
秘鲁棕属 **210357**,253744
币叶柳叶菜 **146801**
必儿药 187598
必尔褒奇属 54439
必火丹 206445
必提珠 99124
毕拔 300446,300504
毕拔子 300504
毕钵罗 165553
毕钵罗树 165553
毕伯史坦氏卷耳 **82739**
毕伯氏巢菜 **408313**
毕伯氏剪股颖 **12015**
毕伯氏卷耳 82739
毕伯氏柳穿鱼 **230910**
毕伯氏驴喜豆 **271181**
毕伯氏米努草 **255446**
毕伯氏山柳菊 **195488**
毕伯氏郁金香 **400131**
毕伯蚤缀 31848
毕博敬 300504
毕澄茄 233882,233996
毕当茄 156385
毕豆 301070
毕尔剪股颖 **12013**
毕节鹅耳枥 77373
毕节小檗 51690
毕节异叶苣苔 **413998**
毕克奈尔苔草 **73869**
毕克苔草 **73971**
毕拉尔南芥 **30199**
毕楞加 338250
毕禄山蓼 **309598**
毕禄山鼠李 **328826**
毕禄山苎麻 **56258**
毕奈藤属 50637
毕尼氏雀麦 60643
毕茄 233882,300377
毕茄子 233882
毕若拉属 53154
毕石牛 34364
毕氏百合 **230014**
毕氏半日花 **188605**
毕氏薄鳞菊 **86048**
毕氏茶藨子 **333924**
毕氏长蕊琉璃草 **367809**
毕氏车叶草 **39321**
毕氏臭金灌菊 **90522**
毕氏刺芹 **154291**
毕氏葱 **15117**
毕氏冬青 **204044**
毕氏杜鹃 330211
毕氏风琴豆 **217974**
毕氏高卡利 79627
毕氏蒿菀 **240386**
毕氏灰菀 **130269**
毕氏蓟 **91796**
毕氏尖膜菊 **201307**
毕氏剑叶玉 **240520**
毕氏金鸡菊 **104453**
毕氏金菊木 **150338**
毕氏荆芥 **264881**
毕氏卷耳 **82732**
毕氏蓼 **308890**
毕氏流苏亮籽 **111817**
毕氏龙胆 **173293**
毕氏膜质菊 201307
毕氏诺林兰 **266485**
毕氏披碱草 **144343**
毕氏瓶木 **58338**
毕氏千里光 **358398**
毕氏秋水仙 **99307**

毕氏雀麦 **60646**
毕氏沙地马鞭草 695
毕氏沙马鞭 **695**
毕氏芍药 **280164**
毕氏矢车菊 **80968**
毕氏铁线莲 **94769**
毕氏香泽兰 **89295**
毕氏小檗 **51409**
毕氏小苦荬 **210522**
毕氏小窃衣 **79627**
毕氏小叶海桐 **301358**
毕氏新塔花 **418120**
毕氏绣线菊 **371834**
毕氏鸦葱 **354825**
毕氏烟草 **266039**
毕氏盐角草 **342852**
毕氏种棉木 **46213**
毕氏紫茉莉 **255679**
毕斯金露梅 **312575**
闭苞买麻藤 **178529**
闭被木 **94580**
闭被木属 **94579**
闭豆藤 246176
闭豆藤属 246175
闭萼多球茜 **310258**
闭干花菊 415334
闭果鹤虱 221713
闭果薯蓣 **325187**
闭果薯蓣属 **325185**
闭旱花 **415334**
闭合白仙石 **268850**
闭合石豆兰 **62953**
闭合柿 **132330**
闭合玉凤花 **183915**
闭花 94539
闭花八粉兰 389128
闭花耳草 **187560**
闭花马钱属 27578
闭花木 **94539**
闭花木属 **94498**
闭花属 94498
闭花兔儿风 **12622**
闭花泽赫小黄管 **356191**
闭花紫云菜 **378172**
闭荚藤 **246176**
闭荚藤属 **246175**
闭距兰 **94416**
闭距兰属 **94415**
闭壳草 **94490**
闭壳草属 **94488**
闭壳椆 233162
闭壳骨 **61656**
闭壳骨属 **61653**
闭壳石栎 233162
闭口兰属 94425
闭口五星花 **289797**
闭盔木 **94654**
闭盔木属 **94642**
闭鳞番荔枝 94654
闭鳞番荔枝属 94642
闭脉斑果藤 **377124**
闭门草 226742
闭茜 **260699**
闭茜属 **260695**
闭鞘胡子草 **152744**
闭鞘姜 **107271**
闭鞘姜科 **107189**
闭鞘姜属 **107221**
闭丝兰 **97122**
闭丝兰属 **97119**
闭穗草 **94249**
闭穗草属 **94248**
闭眼大戟属 **272506**
闭燕麦 **45433**
闭药桂属 **374568**
闭鱼花 62110
闭籽花科 374590
闭籽花属 374588
庇古猪屎豆 **112509**
苾茾 143391
荜拔 300446,300504
荜拔梨 300446
荜茇 **300446**
荜菝子 300446
荜勃 300446
荜澄茄 **300377**,300495
荜芨 300446
荜蔻 17702
荜菎 339994
敝子 415046
萆蒿 80381
萆麻 334435
萆麻子 334435
萆芜 56206
萆薢 131531,131607,131840,366438,366447
蓖苞花属 95828
蓖齿补血草 **230707**
蓖齿十二卷 **186598**
蓖齿黍 **282049**
蓖齿形蓟 **92381**
蓖齿叶欧石南 **149861**
蓖麻 **334435**
蓖麻果木 **334404**
蓖麻果木科 **334399**
蓖麻果木属 **334403**
蓖麻果庭院椴 **370141**
蓖麻属 **334432**
蓖麻树 **334413**
蓖麻树属 **334410**
蓖麻叶刺楸 215442
蓖麻叶可拉木 **99257**
蓖麻叶秋海棠 **50243**
蓖麻叶五加 **334431**,215442
蓖麻叶五加属 **334428**
蓖麻子 334435
蓖萁草 296801
蓖叶兰属 **128397**
辟萼 165515
辟汗草 249232
辟火 200784
辟荔络石藤 165515
辟荔榕 165515
辟荔藤 165515
辟蛇雷 34364
弊草 **200829**
碧波 **54363**
碧波豆属 **54367**
碧波属 **54362**
碧彩柱 **52572**
碧彩柱属 **52571**
碧蝉花 **101123**,100961
碧蝉蛇 100961
碧蟾蜍 100961
碧赐生石花 **233677**
碧赐玉 233677
碧冬茄 **292745**
碧冬茄赪桐 **96270**
碧冬茄属 **292741**
碧管玉 32696
碧光环 **257403**
碧光环属 **257395**
碧果草 395736,395764
碧果草属 395708
碧江杜鹃 **330227**
碧江虎耳草 **349102**
碧江黄堇 **105650**
碧江姜花 **187422**
碧江亮毛杜鹃 **331244**
碧江楼梯草 **142620**
碧江碎米荠 **72699**
碧江苔草 **73876**
碧江头蕊兰 **82033**
碧江卫矛 **157770**
碧江乌头 **5642**
碧江小芹 **364894**
碧鲛 **175509**
碧久子 198769
碧口柳 **343107**
碧雷鼓属 415508
碧铃 32691
碧琉璃鸾凤玉 **43512**
碧龙玉 **233666**
碧绿米仔兰 **11305**
碧罗豹子花 **266552**
碧罗灯心草 **213470**
碧罗马先蒿 287782
碧柰藤 **50638**
碧柰藤属 **50637**
碧盘 **182485**
碧石雷 382912
碧塔 **375521**
碧桃 **20942**,20935
碧天玉 **102159**
碧血雷 34364
碧岩玉 **182447**
碧玉 **175506**,102398
碧玉草 213036,213066
碧玉冠 **17182**
碧玉兰 **116967**
碧玉莲 **59704**
碧玉莲属 **59702**
碧玉属 **26293**
碧竹草 100961
碧竹子 100961
篦形马先蒿 **287505**
蔽果金腰 **90319**
蔽花线柱兰 417774
壁梅 198827
壁生拉拉藤 **170507**
壁生藜 87096
壁虱菜 198745
壁虱草 56392
壁虱胡麻 232001
壁石虎 165515
篦苞风毛菊 **348635**
篦齿报春 **314787**
篦齿常绿千里光 160853
篦齿刺乳突球 244229
篦齿杜鹃 **331455**
篦齿蒿 264249
篦齿虎耳草 **350010**
篦齿蓟 **92293**
篦齿假毛地黄 45174
篦齿类毛地黄 **45174**
篦齿罗勒 **268501**
篦齿婆婆纳 **407271**
篦齿槭 **3379**
篦齿茄 **367486**
篦齿雀麦 **60883**
篦齿鼠尾粟 **372800**
篦齿苏铁 **115874**
篦齿无舌沙紫菀 **227130**
篦齿小檗 **52020**
篦齿眼子菜 **378991**
篦大戟 **113988**
篦大戟属 **113987**
篦箕柴 157285
篦菱 **394523**
篦毛齿缘草 **153501**
篦茅 **113998**
篦茅属 **113994**
篦梳风 157285
篦穗冰草 **11821**
篦形山槟榔 **299671**
篦叶锦绦花 **78641**
篦叶苏铁 115874
篦叶岩须 78641

篦叶紫葳 **296981**
篦叶紫葳属 **296980**
篦藻 404555
篦状暗色柳穿鱼 **231159**
篦状白酒草 **103559**
篦状鼻花 **329552**
篦状齿缘草 **153502**
篦状茨藻 **262100**
篦状第岭芹 **391907**
篦状多蕊石蒜 **175345**
篦状风兰 **24990**
篦状干若翠 **415477**
篦状红花 **77735**
篦状宽肋瘦片菊 **57655**
篦状类滨菊 **227461**
篦状马岛外套花 **351720**
篦状蜜花 **248946**
篦状蒲公英 **384734**
篦状沙穗 **148500**
篦状神麻菊 **346264**
篦状石竹 **127627**
篦状黍 **282048**
篦状鼠尾粟 **372799**
篦状碎米荠 **72925**
篦状天芹菜 **190693**
篦状驼曲草 **119873**
篦状喜阳花 **190405**
篦状勋章花 **172328**
篦状野豌豆 **408536**
篦状隐萼异花豆 **29052**
篦状永菊 **43895**
篦状尤利菊 **160850**
篦状玉凤花 183945
篦状芋兰 **265413**
篦状帚叶联苞菊 **114456**
篦子草 78366,85232
篦子粗榧 82542
篦子蒿 264249
篦子木 157285
篦子三尖杉 **82542**
篦子杉 393058
篦子王 67864
薜 24475
薜荔 **165515**,165002
薜荔络石藤 165515
薜若 322458
薜若属 322448
避风草 21596
避火蕉 115884
避火树 115884
避难所葱莲 **417627**
避日花属 296108
避蛇虫 78012
避蛇灵 34364
避蛇参 208445
避蛇生 **34272**,34219,239266
避蛇药 34363
避霜花 300944
避霜花科 300967
避霜花属 300941
避邪翁 161373
避血雷 131522
臂兰 **58219**
臂兰属 **58217**
臂绿乳 **155462**
臂绿乳属 **155461**
臂形草 **58088**,58185
臂形草属 **58052**
臂形铁线莲 **94773**
襞果桐属 321128
襞果椰属 321128
襞蕊桐 **321114**
襞蕊桐属 **321111**
襞实桐属 321128
襞籽椰属 321161
边 418169
边草 108075
边柴 232557
边垂黄耆 **42305**
边陲黄芪 42494
边陲黄耆 **42494**
边地兔儿风 **12621**
边耳草 174366
边荷枫 125604
边花紫金牛属 **172489**
边荚鱼藤 **125986**
边界滇紫草 **271790**
边境枸子 **107539**
边兰 78025
边脉树萝卜 **10335**
边脉隐萼异花豆 **29048**
边膜獐牙菜 380271
边茄 **367361**.
边沁南蛇藤 257504
边沁石斑木 295637
边雀麦 60840
边塞黄芪 42009
边塞黄耆 **42009**
边塞锦鸡儿 **72193**
边生大地豆 **199368**
边生芳香木 **38656**
边生千里光 **359440**
边生青锁龙 **109252**
边生五味子 351054
边氏杜鹃 330210
边氏水珍珠菜 139585
边天蒿 240765
边亭克桐属 51163
边向花黄芪 42733
边向花黄耆 **42733**
边血草 308816
边沿荚蒾 **408147**
边叶鸟娇花 **210847**
边圆瓶草 8427
边缘桉 **155644**
边缘补血草 **230662**
边缘哈克 184620
边缘哈克木 **184620**
边缘胡椒 **300453**
边缘决明 78377
边缘可利果 **96777**
边枝花 143974
编条金合欢属 **404073**
编织葱 **15820**
编织夹竹桃属 **303051**
编织酒椰 **326648**
编织看麦娘 **17573**
编织绵枣儿 **353087**
编织三芒草 **34056**
编织莎草 **119693**
编织藤属 303096
编织肖鸢尾 **258670**
编织须芒草 **23053**
编织棕属 202256
编竹 308816
萹豆 218721
萹蔓 308816
萹蓄 **308816**,308863,309199,309602,309792
萹蓄草 308816
萹蓄属 **291651**
萹蓄酸模 **340195**
萹竹 50669,308816,309199
萹竹竹 308816
萹茿 308816
蝙蝠草 **89209**,89202,283857,283866,309116,309208
蝙蝠草属 **89201**
蝙蝠刺 31051
蝙蝠刺桐 **154740**
蝙蝠豆 65153
蝙蝠豆属 44824
蝙蝠葛 **250228**
蝙蝠葛属 **250218**
蝙蝠花 382912
蝙蝠蓼 309116
蝙蝠拟莞 **352173**
蝙蝠树葡萄 **120155**
蝙蝠藤 134037,250228,285157
蝙蝠蟹甲草 283880
鞭草 191228
鞭打绣球 **191574**,191575,265944
鞭打绣球属 **191573**
鞭蝶须 **26408**
鞭花鼻烟盒树 **270900**
鞭花鸭跖草 **280508**
鞭兰属 **246196**
鞭龙 190105
鞭毛玉凤兰 291211
鞭茜木 **246227**
鞭茜木属 **246226**
鞭人柏木 114664
鞭伞芹 **246201**
鞭伞芹属 **246200**
鞭伞莎草 **118477**
鞭藤 166797
鞭藤科 166801
鞭藤属 166795
鞭乌头 **5198**
鞭形喙柱兰 **88860**
鞭形康多兰 88860
鞭形鼠尾掌 **29716**
鞭须阔蕊兰 **291211**
鞭檐犁头尖 **401160**
鞭叶多穗凤梨 **30570**
鞭叶凤梨属 30569
鞭叶兰属 **355882**
鞭叶南非草 **25796**
鞭叶色罗山龙眼 **361187**
鞭枣胡子 345881
鞭枝北美香柏 390601
鞭枝虎耳草 **349572**,349934
鞭枝碎米荠 **72960**
鞭枝缬草 **404270**
鞭枝蚁棕 **217921**
鞭竹 297375
鞭柱唐松草 **388672**
鞭柱鸢尾属 **246203**
鞭状长被片风信子 **137934**
鞭状对叶藤 **250161**
鞭状鬼针草 **53910**
鞭状虎耳草 **349319**
鞭状姬孔雀 **134230**
鞭状金合欢 **1227**
鞭状蜡菊 **189344**
鞭状露兜树 **281027**
鞭状毛子草 **153188**
鞭状染料木 **172972**
鞭状山柳菊 **195594**
鞭状酸脚杆 **247563**
鞭状天门冬 **39021**
鞭状纤细委陵菜 **312648**
鞭状油麻藤 **259511**
鞭状玉凤花 **183625**
鞭子松 299836
扁白粉藤 **92894**
扁白花菜 **57447**
扁柏 85310,85338,114680,114690,302721,385405
扁柏属 **85263**
扁瓣 308816
扁棒兰属 **302759**
扁扁草 140367
扁柄菝葜 **366523**
扁柄草 **220286**
扁柄草属 **220281**
扁柄黄堇 106170

扁柄芒毛苣苔 **9473**
扁柄卫矛 157797
扁柄沿阶草 **272069**
扁薄 219843
扁补骨脂 **319180**
扁菜 15843
扁糙果茶 **69400**
扁草 125279,143530,404555
扁草子 269613
扁齿兰属 **292249**
扁翅无心菜 **31822**
扁刺峨眉蔷薇 **336828**
扁刺锦鸡儿 **72191**
扁刺爵床 **370287**
扁刺爵床属 **370286**
扁刺栲 **79004**
扁刺蔷薇 **336981**
扁刺锥 79004
扁刺子莞 **333525**
扁葱 15621
扁酢浆草 **277741**
扁带兰 383060
扁带叶兰 383060
扁担杆 **180700**
扁担杆巴氏锦葵 **286631**
扁担杆科 **181028**
扁担杆木槿 **194908**
扁担杆茄 **367189**
扁担杆属 **180665**
扁担杆西番莲 **284924**
扁担杆子 180700
扁担杆子属 180665
扁担格子 180703
扁担果 52418
扁担蒿 30387
扁担胡子 315176,365002
扁担木 180703
扁担七 288646
扁担酸 411590
扁担藤 **387837**,20297,52418,411890
扁担藤属 387740
扁担叶 111167,111171,208640
扁担竹 **47440**,47433
扁灯心草 213008
扁帝王花 **82304**
扁吊瓜 216324
扁豆 **218721**,224473
扁豆花 218721
扁豆黄芪 42482
扁豆黄耆 **42482**
扁豆荚大豆 **177714**
扁豆木 **302850**
扁豆木属 **302848**
扁豆属 **218715**,135399
扁豆檀香 **270615**
扁豆檀香属 **270613**
扁豆针垫花 **228103**
扁豆状罗顿豆 **237341**
扁豆子 218721,247452
扁毒 5052,5057
扁鹅掌柴 350726
扁菲奇莎 **164529**
扁费利菊 **163197**
扁佛荐草 **126747**
扁杆灯心草 213045
扁杆荆三棱 **56648**
扁柑 **93718**
扁秆藨草 **353707**
扁秆画眉草 **147894**
扁秆荆三棱 353707
扁秆苔草 **75827**
扁秆燕麦 **45466**
扁秆早熟禾 **305875**
扁秆帚灯草 **79226**
扁秆帚灯草属 **79225**
扁根带叶兰 **383060**
扁根蝴蝶兰 293639
扁根兰 **302902**
扁根兰属 **302901**
扁梗古柯 **299596**
扁梗古柯属 **299595**
扁梗黄花忍冬 235733
扁骨风 387837
扁骨木 295773
扁光淋菊 **276200**
扁果 386678
扁果草 **210256**
扁果草属 **210251**
扁果草状美花草 **66710**
扁果冬青 203829
扁果高卡利 79664
扁果勾儿茶 **52410**
扁果红山茶 **69002**
扁果绞股蓝 **183004**
扁果金娘 **197808**
扁果金娘属 **197807**
扁果菊 **238335**
扁果菊属 **238334**,145187
扁果麻栎 **323617**
扁果毛茛 **326286**
扁果木姜子 **233888**
扁果木蓼 44273
扁果楠 240675
扁果茜 **301549**
扁果茜属 **301548**
扁果青冈 **116072**
扁果秋海棠 **50167**
扁果榕 **165126**
扁果润楠 **240675**
扁果石南 **301816**
扁果石南属 **301813**
扁果树 **215374**
扁果树科 **215375**
扁果树属 **215373**
扁果苔 76648
扁果苔草 **76648**,74068,74069
扁果唐松草 **388511**
扁果藤 **366749**,405446,405447
扁果藤属 **366748**
扁果铁青树属 **292240**
扁果小窃衣 **79664**
扁果新樟 **263755**
扁果崖豆藤 254725
扁果椰属 225037
扁合草 294895
扁核木 **315177**,315179,365003
扁核木属 **315171**
扁花茎鸢尾兰 267978
扁花冷水花 299046
扁黄草 125279
扁桧 302721
扁基荸荠 **143145**
扁基针蔺 143145
扁寄生 411048
扁姜饼棕 **202267**
扁角风兰 **25000**
扁角格菱 **394530**
扁角菊属 **409243**
扁金钗 125279
扁金铜 272987
扁茎荸荠 **143096**
扁茎藨草 353707
扁茎灯心草 **213008**,213138
扁茎风兰 **24784**
扁茎黄芪 42208
扁茎黄耆 **42131**
扁茎马兜铃 **34151**
扁茎莎草 **119388**
扁茎丝叶眼子菜 **312110**
扁茎苔草 **75829**
扁茎崖爬藤 387837
扁茎眼子菜 **312075**,312110
扁茎羊耳蒜 **232083**
扁茎帚灯草 **302695**
扁茎帚灯草属 **302690**
扁桔属 199119
扁爵床属 **292189**
扁阔叶十大功劳 **242491**
扁蓝星花 **33631**
扁蕾 **174205**,174208,174225
扁蕾属 **174204**
扁棱玉 **184894**
扁棱玉属 **184892**
扁栗 78999
扁镰扁豆 **135446**
扁龙 145899
扁芦荟 **16723**
扁萝卜 59575
扁麻 289713
扁马齿苋 **311842**
扁马利筋 **37865**
扁马唐 **130505**
扁脉醉鱼草 **62108**
扁蔓 308816
扁芒草 **122286**
扁芒草属 **122180**
扁芒草状发草 **126070**
扁芒菊 **413021**
扁芒菊属 **413007**
扁毛菊 **14919**
扁毛菊属 14908
扁毛紫菀 **40178**
扁木蓝 **205817**
扁南星 **33459**
扁囊苔草 **74187**
扁扭果花 **377689**
扁欧石南 **149424**
扁盘鹅掌柴 **350726**
扁盘木犀草属 **197779**
扁泡叶番杏 **138243**
扁片海桐 **301370**
扁平荸荠 **143095**
扁平糙蕊阿福花 **393784**
扁平兜状天竺葵 **288187**
扁平多绒菊 **71568**
扁平花凤梨 **391991**
扁平火炬花 **217041**
扁平橘 93448
扁平卷瓣兰 **62655**
扁平可利果 **96682**
扁平乐母丽 **336062**
扁平蕾丽兰 **219670**
扁平镰扁豆 **135445**
扁平马岛寄生 **46692**
扁平马利筋 **37882**
扁平马唐 **130504**
扁平美冠兰 **157043**
扁平米尔顿兰 **254926**
扁平枪刀药 **202534**
扁平青锁龙 **109444**
扁平润肺草 **58950**
扁平莎草 **119658**
扁平苔草 **74160**
扁平天芥菜 **190558**
扁平天竺葵 **288538**
扁平铁兰 391991
扁平驼蹄瓣 **418596**
扁平沃森花 **413413**
扁平喜阳花 **190467**
扁平香芸木 **10730**
扁平异赤箭莎 **147377**
扁平珍珠茅 **354062**
扁平舟叶花 **340610**
扁平猪屎豆 **112732**
扁平柱瓣兰 **146377**
扁蒲 219851
扁蒲扇 208524

扁枪刀药 **202546**
扁鞘飘拂草 **166223**
扁鞘早熟禾 305436
扁青锁龙 **108853**
扁球沟宝山 **327260**
扁球小叶鹿藿 **333345**
扁球形崖豆藤 **254783**
扁球羊耳蒜 **232151**
扁球圆盘玉 **134118**
扁染料木 **172957**
扁沙针 276878
扁莎 **322378**
扁莎属 **322179**
扁山柑 **71740**
扁山芥 **47954**
扁山蚂蝗 **126398**
扁石蒜 **301547**
扁石蒜属 **301544**
扁矢车菊 **81033**
扁水马齿 **67347**
扁蒴果属 315352
扁蒴苣苔草 **79442**
扁蒴苣苔属 **79441**
扁蒴藤 **315361**
扁蒴藤属 **315352**
扁丝八月瓜 **197239**
扁丝卫矛属 **364424**
扁松 85310
扁宿草 179438
扁宿豆 247452
扁穗 61442
扁穗草 **55892**,61442
扁穗草属 **55889**,61441
扁穗重寄生 **293191**
扁穗牛鞭草 **191228**
扁穗雀麦 **60661**,61008
扁穗莎草 **118642**
扁穗属 61441
扁穗苔草 **75830**
扁穗莞属 55889
扁苔草 73743
扁桃 **20890**,244407,244410
扁桃斑鸠菊 **406083**
扁桃大戟 **158433**
扁桃风吹楠 198508
扁桃梨 **323086**
扁桃杧果 **244407**
扁桃属 20885
扁桃亚塔棕 **44802**
扁桃叶大戟 158433
扁桃叶根 5057
扁桃叶金鸡纳 91059
扁桃叶李 **316210**
扁桃叶卫矛 **157318**
扁桃状斑鸠菊 406083
扁特 5052,5057
扁藤 245852,387837
扁葶沿阶草 **272122**
扁葶鸢尾兰 **267978**
扁头大戟 **159594**
扁头翁 83769
扁沃内野牡丹 **413205**
扁西葫芦 **114301**
扁仙人掌 273103
扁形鸢尾 208939
扁序重寄生 293191
扁序黄芪 42211
扁序黄耆 **42211**
扁畜 308816
扁蓄 308816
扁蓿豆 247452
扁叶槟榔属 57116
扁叶刺芹 **154337**
扁叶宫美兰 178896
扁叶柳杉 **113696**
扁叶日本柳杉 113696
扁叶珊瑚盘 103944
扁叶香果兰 **405017**
扁叶小人兰 **178896**
扁叶芋属 197785
扁叶轴木 284479
扁叶轴木属 284477
扁樱桃 156385
扁鱼腩 78120
扁榆 401556
扁圆果山荆子 **243563**
扁圆柳 **343780**
扁圆石蝴蝶 **292573**
扁圆算盘子 177161
扁圆头仙人球 197762
扁远志 **308000**
扁簪草 342396
扁早熟禾 305875
扁皂角 70822
扁枝豆属 77050
扁枝槲寄生 **410979**
扁枝寄生 410979
扁枝瘤蕊紫金牛 **271089**
扁枝守宫木 **348060**
扁枝越橘 **403872**,403868
扁枝越橘属 **199119**
扁蜘蛛兰 383060
扁轴草 **402105**
扁轴草属 **402104**
扁轴豆属 284477
扁轴花椒 417329
扁轴木 **284479**
扁轴木属 **284477**
扁猪牙 308816
扁猪芽 308816
扁竹 **47205**,50669,125439,208498,208640,208875,308816
扁竹根 208498,208640
扁竹花 197772,208875
扁竹兰 **208498**,37115,50669,70635,208939,392604
扁竹蓼 308816
扁竹参 392604
扁竹头 50669
扁竹牙 308816
扁竹叶 208875
扁竹鸢尾 208939
扁竹枝属 70593
扁苋 308816
扁筑 50669
扁爪刺莲花 **292272**
扁爪刺莲花属 **292269**
扁子岛海桐 **302947**
扁子岛海桐属 **302946**
扁子木属 258298
扁紫波 **28449**
扁紫玲玉 **224252**
扁足茜 **301578**
扁足茜属 **301577**
匾桃 20890
褊苣 210540,210567
藊豆 218721
弁庆 **140126**
弁庆柱 77077
便婆菊 99124
便牵牛 31051
便士花 238371
便士花属 238369
便特 5052
变白百里香 **391312**
变白东北老鹳草 **174585**
变白多穗兰 **310317**
变白高山勿忘草 **260756**
变白黄耆 **41946**
变白火炬花 **216927**
变白警惕豆 **249721**
变白路得威蒿 **35840**
变白马利筋 **37821**,37822
变白沙参 7674
变白山黧豆 **222829**
变白小檗 **51528**
变白硬直异细辛 **194369**
变白鸢尾 **208440**
变白直立水蜈蚣 **218535**
变白紫花地丁 **410772**
变白紫双袋兰 **134343**
变苍白长庚花 **193307**
变苍白橙菀 **320720**
变苍白串铃花 **260326**
变苍白酢浆草 **277999**
变苍白芳香木 **38698**
变苍白谷精草 **151423**
变苍白黑草 **61836**
变苍白红光树 **216872**
变苍白蜡菊 **189639**
变苍白老鹳草 **174796**
变苍白鳞花草 **225199**
变苍白龙骨角 **192451**
变苍白毛枝木 **332421**
变苍白密头帚鼠麹 **252463**
变苍白南非禾 **290003**
变苍白南非萝藦 **323516**
变苍白鸟足兰 **347860**
变苍白欧石南 **149827**
变苍白青锁龙 **109234**
变苍白莎草 **119596**
变苍白石豆兰 **62975**
变苍白五层龙 **342701**
变苍白香芸木 **10682**
变苍白小叶番杏 **169989**
变苍白肖矛果豆 **294617**
变苍白肖缬草 **163057**
变苍白崖豆藤 **254798**
变苍白舟叶花 **340821**
变苍白柱卫矛 **29571**
变刺小檗 **51941**
变淡红斑鸠菊 **406765**
变淡红芳香木 **38772**
变淡红基特茜 **215780**
变淡红欧石南 **150000**
变淡红小花茜 **286023**
变地锦 200261
变豆菜 **345948**,345957
变豆菜科 **346017**
变豆菜毛茛 **326213**
变豆菜属 **345940**
变豆菜叶 **346020**
变豆菜叶属 **346019**
变豆叶草 346020
变豆叶草属 346019
变萼耳喙马先蒿 **287444**
变粉绿桉 155587
变粉绿小檗 **51669**
变粉熊耳草 **11210**
变根紫堇 **106087**
变冠黄堇 **106479**
变光长裂赛靛 **47862**
变光杜鹃 **330300**
变光刚毛葶苈 **137232**
变光灰薄荷 **307281**
变光金氏无心菜 **31887**
变光软毛黄杨 64325
变光星蕊大戟 **6918**
变蒿 **35343**,36111
变黑奥佐漆 **279309**
变黑巴氏锦葵 **286665**
变黑百蕊草 **389800**
变黑本氏兰 **51111**
变黑扁莎 **322302**
变黑风车子 **100658**
变黑格雷野牡丹 **180409**
变黑黑草 **61830**
变黑黄胶菊 **318709**

变黑黄耆 **41951**
变黑黄芩 **355622**
变黑角雄兰 **83375**
变黑金雀儿 120983
变黑居维叶茜草 **115299**
变黑龙葵 **367414**
变黑裸露莎草 **118729**
变黑美非补骨脂 **276976**
变黑木蓝 **206300**
变黑南非青葙 **192785**
变黑女娄菜 363810
变黑蒲桃 **382626**
变黑塞拉玄参 **357609**
变黑三指兰 **396658**
变黑山柳菊 **195810**
变黑蛇根草 **272266**
变黑柿 **132318**
变黑双距兰 **133833**
变黑水苏 **373318**
变黑苔草 **75511**
变黑无心菜 **32100**
变黑小檗 **51963**
变黑小鳞灰毛豆 **386143**
变黑小瓦氏茜 **404901**
变黑野丁香 226104
变黑银豆 **32861**
变黑蝇子草 **363810**
变黑玉簪 198637
变黑猪屎豆 **112460**
变黑紫荆 **83796**
变红百合 **230025**
变红补血草 **230741**
变红叉序草 **209929**
变红车轴草 **396892**
变红葱 **15266**
变红大戟 **159448**
变红盾舌萝藦 **39622**
变红风毛菊 348305
变红格尼瑞香 **178692**
变红花椒 **417326**
变红华盛顿百合 **230072**
变红黄檀 **121676**
变红黄眼草 **416058**
变红鸡矢藤 **280100**
变红金合欢 **1544**
变红景天 **357107**
变红九节 **81987**
变红蜡菊 **189333**
变红类娃儿藤 **400990**
变红瘤子菊 **297574**
变红马利花 **245272**
变红密头帚鼠麹 **252434**
变红木瓣树 **415814**
变红南芥 **30255**
变红鸟娇花 **210775**
变红扭果花 **377709**
变红女娄菜 **248317**
变红坡油甘 **366663**
变红千里光 **358822**
变红曲花 **120553**
变红日本落叶松 **221897**
变红三冠野牡丹 **398723**
变红山梗菜 **234732**
变红蛇根草 **272298**
变红双距兰 **133770**
变红娃儿藤 **400884**
变红卫矛 **157845**
变红沃内野牡丹 **413204**
变红旋花 **103037**
变红野荞麦 **152110**
变红银齿树 **227290**
变红硬皮鸢尾 **172592**
变红远志 **308045**
变红鹧鸪花 **395533**
变红栀子 **171281**
变红猪毛菜 **344688**
变化胡颓子 141941
变化黄精 **308527**
变化卷舌菊 **380887**
变化蜜柑 **93703**
变化丝瓣芹 6207
变化罂粟 **282530**
变幻十二卷 **186778**
变黄葱 **15442**
变黄杜鹃 331159
变黄楼梯草 **142895**
变黄珊瑚藤 **28419**
变黄鸢尾 **208698**
变灰黄麻 **104075**
变灰绿叉毛蓬 **292721**
变裂风毛菊 **348914**
变绿杜鹃 **332070**
变绿狼尾草 **289018**
变绿苔草 **76697**
变绿小檗 **52313**
变绿异燕麦 **190163**
变裸毛茛 **325769**
变雀麦 **60680**
变蕊木属 **259379**
变色桉 155562
变色白粉藤 92777
变色白前 **117734**
变色白薇 117385
变色波华丽 57960
变色草海桐 179562
变色春黄熊菊 **402755**
变色唇柱苣苔草 **87986**
变色簇序草 **108669**
变色大戟 **160050**
变色戴尔豆 **121896**
变色倒挂金钟 **168738**
变色滇紫草 **271729**
变色东亚细辛 **38319**
变色杜鹃 **331838**
变色番红花 **111634**
变色甘泉豆 **89139**
变色古登桐 **179562**
变色哈维列当 **186097**
变色寒丁子 **57960**
变色红花除虫菊 **383733**
变色灰薄荷 **307286**
变色火豌豆 89139
变色锦鸡儿 **72374**
变色景天 **357277**
变色矩卵形堇菜 **410334**
变色苦槚 **364386**
变色苦荬 **210686**
变色苦荬菜 210686
变色蜡菊 **189890**
变色蓝蓟 **141334**
变色列当 **275251**
变色柳 344240
变色龙面花 **263465**
变色露子花 **123989**
变色鹿藿 **333448**
变色络石 **393659**
变色马兜铃 **34367**
变色马蓝 **320141**
变色马先蒿 **287793**
变色曼陀罗木 **61245**
变色芒 **255896**
变色米草 **370184**
变色密花豆 **370413**
变色茉莉 61316
变色木兰 **242217**
变色纳金花 218901
变色纳丽花 **265302**
变色拟沿沟草 **100016**
变色鸟娇花 **210951**
变色苹婆 **376207**
变色蒲公英 **384847**
变色牵牛 207891
变色琼楠 **50626**
变色秋海棠 **50392**
变色雀麦 **61016**
变色榕 **165819**
变色山槟榔 **299659**
变色蛇目菊 **346306**
变色石竹 127682
变色黍 **369716**
变色双距兰 **133983**
变色斯莫尔氏越橘 **404007**
变色唐菖蒲 **176629**
变色勿忘草 **260791**
变色仙人球 **244010**
变色仙人掌 **273095**
变色小檗 **51482**
变色小冠花 105324
变色小苦荬 210540
变色肖鸢尾 **258708**
变色玄参 **355264**
变色血红杜鹃 **331741**
变色崖豆藤 **254878**
变色羊茅 164393
变色野荞麦 **152610**
变色淫羊藿 147072
变色玉兰 242217
变色鸢尾 **208924**
变色越橘 **404047**
变色早熟禾 **306131**
变色舟叶花 **340970**
变色猪屎豆 **112788**
变色锥 **79014**,79067
变色紫背堇菜 **410753**
变色紫堇 **106586**
变色紫玉盘 **403596**
变穗小檗 51915
变态广叶黄精 308527
变秃安息香 379321
变秃蜡瓣花 106678
变尾叶石月 374413
变细薄子木 **226453**
变形红孩儿 50135
变形谬氏马先蒿 287444
变形网球花 **184380**
变形藕草 293750
变叶薜荔 165734
变叶波思豆 **57494**
变叶翅子树 **320845**
变叶垂头菊 **110467**
变叶刺芹 **154352**
变叶大翼豆 **241262**
变叶风毛菊 **348547**
变叶扶芳藤 **157517**
变叶海棠 **243722**,243723
变叶蔊菜 **336215**
变叶旱金莲 **399603**
变叶黑三棱 370062
变叶胡椒 **300461**
变叶花凤梨 **392055**
变叶华南五针松 **300010**
变叶姬旋花 250794
变叶棘豆 278816
变叶景天 356512
变叶菊属 **415286**
变叶绢毛委陵菜 **312975**
变叶藜 86892,86893
变叶立牵牛 208104
变叶芦竹 37469
变叶裸实 182683
变叶洛马木 235412
变叶洛美塔 235412
变叶马瓟儿 367775
变叶蔓绿绒 **294849**
变叶美登木 **182683**
变叶缅榕 164940
变叶木 **98190**
变叶木属 **98177**

变叶葡萄 **411849**
变叶牵牛 208104
变叶秋海棠 50392
变叶榕 **165828**,165819
变叶三裂碱毛茛 **184724**
变叶山蚂蝗 126396
变叶珊瑚花 212160
变叶芍药 280154
变叶鼠李 **328750**
变叶树参 **125639**
变叶树薯 **244508**
变叶铁兰 392055
变叶铁苋 1889
变叶铁苋菜 **1889**
变叶尾萼光萼荷 8553
变叶肖竹芋 **66172**
变叶新木姜子 **264016**
变叶悬钩子 338281,339268
变叶亚菊 13044
变叶燕麦草 **34936**
变叶银龙 287855
变异巴氏锦葵 **286605**
变异白酒草 **103631**
变异百里香 **391157**
变异百蕊草 **389643**
变异车前 **301905**
变异酢浆草 **277735**
变异大戟 158672
变异顶冰花 **169400**
变异二行芥 **133323**
变异芳香木 **38487**
变异红门兰 **273374**
变异胡萝卜 **123145**
变异黄花铁线莲 95032
变异黄芪 43214
变异黄耆 **43214**
变异灰叶 **386351**
变异基氏婆婆纳 **216257**
变异莲座半日花 **399944**
变异马齿苋 **311830**
变异麦瓶草 **364195**
变异牻牛儿苗 **153712**
变异密花豆 370424
变异穆拉远志 **259961**
变异牛角草 **273195**
变异葡萄风信子 **260307**
变异秋海棠 **50387**
变异日中花 **220622**
变异榕 165819
变异十万错 **43674**
变异饰球花 **53179**
变异黍 **281495**
变异藤山柳 **95557**
变异铁线莲 **94851**
变异纤细菲奇莎 **164537**
变异腺点毛托菊 **23428**
变异香茅 **117155**
变异小冠花 105324
变异斜叶榕 165762
变异岩地青锁龙 **109350**
变异羊茅 **164393**
变异紫波 **28524**
变异紫羊茅 **164253**
变颖鹅观草 **335541**
变硬斗篷草 **14129**
变竹 **297288**
变紫白前 **409395**
变紫海神菜 **265505**
变紫厚敦菊 **277124**
变紫日本白前 **117538**
变紫虾疳花 **86582**
遍地红 4870,262249,371645
遍地黄 239582
遍地姜 134467
遍地金 165759,201845,202217
遍地金钱 176839,239582
遍地金钱草 81570
遍地锦 200366
遍地爬 23850
遍地青 200366
遍地生根 183023
遍地香 81570,176824,176839,239582
遍山红 85875,278602
遍生百金花 81495
遍生欧石南 **149005**
辫花茜 **111394**
辫花茜属 **111393**
辫子草 126465
辫子草属 **265991**
辫子七 5574
辫紫菀 41342
杓补骨脂 **319261**
杓菜 53249,53257
杓唇石斛 **125264**
杓儿菜 77149,77155
杓葫芦 **219847**
杓喙芥 **77639**
杓喙芥属 **77636**
杓兰 **120310**,120396
杓兰科 **120284**
杓兰属 **120287**
杓球柱草 **63372**
杓形菥蓂 **390223**
杓羊耳蒜 **232358**
彪蚌法 234759
彪纹菠萝 71152
标杆花 176222
标竿花 111464
标记格尼瑞香 **178629**
标记虎耳草 349906
标记日中花 **220585**
标志欧石南 **149587**
标志绳草 **328074**
标竹 87607
标准报春 315082
标准报春花 315082
标准加拿大百合 **229783**
标准前胡 **293054**
标准肉桂 91446
猋藨 352284
藨荂 352284
藨 338985
藨草 **353899**,352284
藨草彩花 **2286**
藨草科 **353154**
藨草拟莞 **352262**
藨草属 **353179**
藨草歪果帚灯草 **71251**
藨草状百蕊草 **389867**
藨草状苔草 **76185**
藨寄生 **176799**,8760
藨寄生属 **176792**,8756
藨叶发汗藤 95289
藨叶猕猴桃 6694
藨叶莎 **297175**
藨叶莎属 **297173**
藨状猕猴桃 6694
藨子 338281
表腺琼楠 **50612**
鳔刺草 120797
鳔冠草属 120794
鳔冠花 **120797**,120799
鳔冠花属 **120794**
鳔果芥 **100202**
鳔果芥属 **100201**
鳔鱼梅属 297833
鳔紫堇属 **120805**
憋肚草 205580
鳖儿搀 366284
鳖血青蒿 35308
鳖血银柴胡 374841
别比萨拉比亚蒲公英 384467
别重阳木属 54618
别克托夫牻牛儿苗 **153733**
别南根 414193
别仙踪 117643
瘪谷茴香 24213
瘪竹 297373
宾崩子 165515
宾川花楸 **369474**
宾川堇菜 **409743**
宾川木蓝 205888
宾川溲疏 126856
宾川铁线莲 **95236**
宾川卫矛 **157794**
宾川乌头 **5169**
宾岛大戟 159159
宾格澳非萝藦 **326728**
宾克莱木 299703
宾克莱木属 299701
宾门 31680
宾门药饯 31680
宾纳补血草 **230555**
宾尼小檗 51351
宾森万代兰 **404625**
宾森万带兰 404625
宾树属 **106896**
宾夕法尼亚槭 3393
宾扎多坦草 **136486**
宾州白蜡树 168057
宾州虎耳草 **349771**
宾州蓼 **309542**
宾州毛茛 **326217**
宾州槭 3393
宾州墙草 **284174**
宾州山楂 **109923**
宾州碎米荠 **72927**
宾州苔草 **75744**
宾州悬钩子 **338843**
宾州杨梅 261202
宾州樱 83274
宾州蝇子草 **363301**
滨艾 **35517**
滨斑鸠菊 406566
滨瓣庆属 250883
滨菜 108627
滨草 **228369**,19766
滨草属 19765
滨樗 379813
滨川獐牙菜 **380132**
滨刺草 371724
滨刺草属 371723
滨打碗花 68737
滨大戟 158490
滨当归 **24372**
滨刀豆 71055,71072
滨豆 224473
滨发草 **126088**
滨繁缕 374731
滨防风 176923
滨防风属 176921
滨飞蓬 **150665**
滨覆瓣梾木 181264
滨狗娃花 **193942**,193925
滨海艾里爵床 **144621**
滨海傲慢木属 **390070**
滨海白前 **409477**
滨海白绒草 **227572**
滨海百合 **229921**
滨海百金花 **81509**
滨海百蕊草 **389766**
滨海斑鸠菊 **406566**
滨海半日花 **188749**
滨海棒状苏木 **104323**
滨海贝克菊 **52730**
滨海闭鞘姜 **107251**
滨海扁担杆 **180898**

滨海薰草 353587
滨海布里滕参 **211515**
滨海茶藨 333987
滨海茶藨子 **333987**
滨海长被片风信子 **137958**
滨海长药兰 **360621**
滨海翅荚豌豆 **387250**
滨海春黄菊 **26816**
滨海刺芹 154327
滨海葱 **15464**,352960
滨海单花杉 **257135**
滨海单蕊龙胆 **145666**
滨海当归 **24392**
滨海灯心草 **213226**
滨海短丝花 **221425**
滨海盾蕊樟 **39715**
滨海多荚草 **307749**
滨海菲利木 **296249**
滨海风兰 **24925**
滨海甘菊 **124822**
滨海孤独菊 **148434**
滨海好望角天门冬 **38958**
滨海核果木 **138649**
滨海红蕾花 **416956**
滨海胡芦巴 **397250**
滨海胡萝卜 **123193**
滨海胡颓子 **142078**
滨海壶状花 **7198**
滨海槲寄生 **411049**
滨海琥珀树 **27871**
滨海花盏 **61400**
滨海黄顶菊 166816
滨海黄檀 **121745**
滨海茴香 **201613**
滨海鸡桑 **259100**
滨海基花莲 **48667**
滨海棘豆 **278971**
滨海坚果粟草 **7533**
滨海剪股颖 12323
滨海金鸡菊 **104545**
滨海金田菊 **222613**
滨海堇菜 **410183**
滨海景天 **356896**
滨海菊 **8639**
滨海菊属 **8637**
滨海绢蒿 35868
滨海咖啡 **98956**
滨海苦瓜 **256841**
滨海苦苣菜 **368754**
滨海阔苞菊 **305108**
滨海蜡菊 **189524**
滨海勒珀蒺藜 **335677**
滨海莲子草 **18114**
滨海莲座蛇舌草 **269972**
滨海疗齿草 **268970**
滨海蓼 **309343**
滨海裂籽茜 **103871**
滨海芦荟 **16984**
滨海马岛茜草 **342824**
滨海马岛翼蓼 **278440**
滨海芒柄花 **271599**
滨海矛材 **136248**
滨海美冠兰 **156823**
滨海密毛大戟 **322008**
滨海密钟木 **192637**
滨海绵叶菊 **152832**
滨海牡蒿 **35831**
滨海牡荆 **411322**
滨海木蓝 **206183**
滨海木麻黄 **79170**,79157
滨海苜蓿 **247378**
滨海南非萝藦 **323494**
滨海欧石南 **149738**
滨海帕里翠雀花 **124467**
滨海平原蓟 **92347**
滨海平柱菊 **384887**
滨海葡萄风信子 **260321**
滨海桤木 **16404**
滨海槭 **3627**
滨海千里光 **359364**
滨海前胡 **292892**
滨海茄 **367306**
滨海热带龙胆 145666
滨海肉角藜 **346765**
滨海三齿积雪草 **81634**
滨海三冠野牡丹 **398711**
滨海山柑 **334820**
滨海山金车 359811
滨海山黧豆 **222760**
滨海山柳菊 **195752**
滨海绳柄草 **79305**
滨海蓍 **3974**
滨海十字叶 **113120**
滨海石竹 **127887**
滨海矢车菊 **81179**
滨海黍 **281849**
滨海双碟荠 **54700**
滨海穗花 **317935**
滨海苔草 **73893**,76740
滨海线叶补血草 **230666**
滨海小檗 **51869**
滨海小绿苔草 **76709**
滨海小米草 **160284**
滨海小叶番杏 **169965**
滨海小芝麻菜 **154111**
滨海肖蓝盆花 **365891**
滨海萱草 **191292**
滨海勋章花 **172316**
滨海鸭跖草 **101012**
滨海雅各菊 **211299**
滨海腋生菲利木 **296160**
滨海异木患 **16155**
滨海异籽葫芦 **25668**
滨海淫羊藿 **147070**
滨海银莲花 **23877**
滨海蝇子草 **363693**
滨海玉凤花 **183805**
滨海早熟禾 **305883**
滨海獐牙菜 **380236**
滨海珍珠菜 **239727**
滨海珍珠草 239727
滨海舟蕊秋水仙 **22365**
滨海猪油果 **289484**
滨海砖子苗 **245478**
滨海紫瓣花 **400062**
滨蒿 36232
滨槐 274343
滨槐属 274337
滨蓟 **92186**
滨剪刀股 88977
滨豇豆 **408957**
滨节藜属 185021
滨芥 225360
滨芥属 105338
滨菊 **227533**
滨菊蒿属 **57383**
滨菊木 **233818**
滨菊木属 **233817**
滨菊属 **227467**
滨菊叶灰菀 **130277**
滨菊叶千里光 **359312**
滨瞿麦 127739
滨苦荬 88977
滨莱菔 **326579**,326629
滨蓝刺头 **140746**
滨篱菊科 **78614**
滨篱菊属 **78602**
滨藜 **44575**
滨藜分药花 291430
滨藜科 **44701**
滨藜属 **44298**
滨藜驼蹄瓣 **418599**
滨藜叶斑鸠菊 **406639**
滨藜叶分药花 **291430**
滨藜叶枸杞 **239055**
滨藜叶哈利木 **184787**
滨藜叶裂口花 **379925**
滨藜叶龙葵 367416
滨藜叶千里光 **359013**
滨藜叶属 184988
滨藜叶蟹甲草 34802
滨藜叶星毛菊 **247085**
滨藜叶岩雏菊 **291321**
滨柃 **160458**
滨麦 **228349**,228369
滨麦瓶草 364146
滨麦属 144144,228337
滨牡荆 411322
滨木患 **37522**
滨木患属 **37521**
滨木蓝 206183
滨木属 6466
滨木犀榄 **270066**
滨排草 239727
滨茜属 **48866**
滨忍冬 **235639**
滨榕 **165734**
滨沙菊 **414709**
滨沙菊属 **414703**
滨蛇床 **97711**
滨莴苣 387221
滨苋属 361654
滨旋花 68737
滨旋花属 68671
滨鸦葱 354904
滨盐肤木 **332513**
滨野蔷薇 336406
滨玉蕊 **48510**
滨枣 **280559**
滨枣属 100058
滨紫草 **250894**,250888
滨紫草属 **250883**
缤纷决明 78336
槟蒟 31680
槟榔 **31680**
槟榔椆 116064,233113
槟榔膏 401757
槟榔果 336675
槟榔花 116038
槟榔蒟 300354
槟榔柯 **233113**
槟榔科 31698,280608
槟榔葵 31013
槟榔蒌 300354
槟榔青 **372478**
槟榔青冈 **116064**
槟榔青属 **372459**
槟榔仁 312627
槟榔圣诞椰 **405256**
槟榔石栎 233113
槟榔属 **31677**
槟榔星属 31702
槟榔衣 31680
槟榔玉 31680
槟榔芋 **99914**,99910
槟榔竹 295459
槟榔子 31680
槟榔钻 347078
槟楠 31680
槟树 232557
槟玉 31680
冰草 **11696**
冰草属 **11628**
冰草状圆叶舌茅 **402219**
冰川茶藨 333991
冰川茶藨子 **333991**
冰川翠雀花 **124230**
冰川飞蓬 **150662**

冰川蒿 **35534**
冰川棘豆 **278848**
冰川景天 **357154**
冰川蓼 **309143**
冰川葶苈 136999
冰川雪白山梅花 294576
冰川雪兔子 **348334**
冰大海 200390
冰岛蓼 **217648**
冰岛蓼属 **217640**
冰岛葡萄 **411752**
冰岛罂粟 282536,282617
冰冻草 141374
冰防风 **285749**
冰防风属 **285748**
冰粉 265944
冰粉树 165515,165623,355317,385192
冰粉子 165515,165623
冰河棘豆 **279064**
冰河毛茛 **325898**
冰河欧洲常春藤 **187241**
冰河苔草 **74652**
冰河葶苈 **136999**
冰河雪兔子 348334
冰河洋常春藤 187241
冰红花 309494
冰喉尉 250370
冰花 251265
冰花果 251357
冰棘豆 278848
冰金大花金鸡菊 **104505**
冰郎花 8331
冰梨子 370402
冰里花 8331
冰凉花 8331
冰了花 8331
冰岭 **86521**
冰凌草 209811
冰溜花 8331
冰片艾 55693
冰片草 55693
冰片树 91392
冰片香属 138547
冰片叶 55693
冰淇淋音加 **206928**
冰球子 55575,274058,304218,304313
冰蒴 211990
冰山倒挂金钟 **168755**
冰山石竹 **127790**
冰山维林图柏 414060
冰山维氏柏 **414060**
冰生溲疏 126946
冰石竹 **127725**
冰台 35167,36474
冰糖草 354660
冰糖橘 93729
冰委陵菜 312630
冰雪百里香 **391193**
冰雪刺芹 **154318**
冰雪葱 **15319**
冰雪顶冰花 **169434**
冰雪峨参 **28027**
冰雪蜂斗菜 **292367**
冰雪公主春石南 **149156**
冰雪虎耳草 **349386**
冰雪看麦娘 **17534**
冰雪拉拉藤 **170394**
冰雪蜡菊 **189394**
冰雪蓼 309143
冰雪柳叶菜 **146708**
冰雪毛子草 **153197**
冰雪五部芒 **289549**
冰叶日中花 **251265**
冰沼草 350861
冰沼草科 350864
冰沼草属 350859
兵豆 **224473**
兵豆属 **224471**
槟榔 31680
苪 233078
柄瓣木 392371
柄苞黄堇 **105921**
柄扁桃 20933
柄翅果 **64026**
柄翅果属 **64024**
柄唇风兰 **25001**
柄唇兰 **306538**
柄唇兰属 **306534**
柄萼大戟 **306344**
柄萼大戟属 **306343**
柄果白蓬草 388620
柄果椆 233300
柄果高山唐松草 **388410**
柄果海桐 **301372**
柄果胡椒 **300459**
柄果槲寄生 **411065**
柄果花椒 417340
柄果角果藻 **417060**
柄果九节 **319763**
柄果决明 **78453**
柄果柯 **233300**
柄果两歧飘拂草 **166259**
柄果毛茛 **326240**
柄果木 **255954**,3893
柄果木科 3894
柄果木蓝 **206409**
柄果木属 **255943**,3892
柄果群蕊椴 **405135**
柄果石栎 233300
柄果蒿草 **217174**
柄果苔草 **75842**,76384
柄果唐松草 388620
柄果洮河柳 **344183**
柄果崖爬藤 **387776**
柄果猪屎豆 **112540**
柄果苎麻 **56360**
柄果紫檀 **320320**
柄花草属 **26913**
柄花胡椒 **31310**
柄花胡椒属 **31309**
柄花菊 **306322**
柄花菊属 **306320**
柄花茜草 **338017**
柄花雀梅藤 342176,342198
柄花天胡荽 **200346**
柄花围涎树 **301152**
柄花银叶风香 **187134**
柄荚锦鸡儿 **72356**
柄裂果属 306546
柄鳞菊属 **306564**
柄落葵 **393294**
柄落葵属 **393293**
柄脉山扁豆 78461
柄毛凤仙花 **204841**
柄矛光萼荷 **402839**
柄矛光萼荷属 **402838**
柄木 415693
柄囊苔草 **76385**,76354
柄前胡 **292975**
柄蕊木 **255960**
柄蕊木属 **255959**
柄蕊苔草 **75843**
柄生哈克 184625
柄生哈克木 **184625**
柄生海神木 **315918**
柄生帕洛梯 315918
柄穗荆芥 **265027**
柄穗赖草 **228371**
柄苔草 **75403**
柄洮河柳 344183
柄膝木 218422
柄腺层菀 **368608**
柄腺层菀属 **368607**
柄腺假杜鹃 **48355**
柄腺菊 **163562**
柄腺菊属 **163561**
柄腺山扁豆 **78461**
柄腺修泽兰属 139508
柄芽银钩花 **256227**
柄眼柯 233261
柄叶白粉藤 **92889**
柄叶半轭草 **191802**
柄叶刺痒藤 **394189**
柄叶大戟 **159563**
柄叶多脉鹿藿 **333339**
柄叶飞蓬 **150859**
柄叶费利菊 **163260**
柄叶狗尾草 **361861**
柄叶厚敦菊 **277113**
柄叶槲寄生 **411092**
柄叶灰毛菊 **31264**
柄叶基氏婆婆纳 **216284**
柄叶吉尔格异荣耀木 **134622**
柄叶金莲花叶猪屎豆 **112296**
柄叶开口箭 70635
柄叶蓝蓟 **141252**
柄叶狼尾草 **289201**
柄叶藜 **87125**
柄叶镰扁豆 **135573**
柄叶毛穗茜 **396422**
柄叶绵头菊属 **9755**
柄叶莫利木 **256566**
柄叶木蓝 **206391**
柄叶拟扁芒草 **122331**
柄叶欧石南 **149884**
柄叶千里光 **359727**
柄叶茜草 **338014**
柄叶柔花 **8971**
柄叶山梗菜 **234691**
柄叶山柳菊 **195849**
柄叶石豆兰 **63094**
柄叶疏毛瓦帕大戟 **401273**
柄叶双盖玄参 **129343**
柄叶藤山柳 95536
柄叶头花草 **82164**
柄叶万物相 **400796**
柄叶无患子 **151734**
柄叶西澳兰 **118248**
柄叶希尔梧桐 **196338**
柄叶香茶 **303575**
柄叶雪木千里光 **125720**
柄叶鸭嘴花 **214703**
柄叶羊耳蒜 **232284**
柄叶银豆 **32873**
柄叶蚤草 **321592**
柄叶褶瓣树 **321152**
柄叶猪屎豆 **112524**
柄叶竹根七 70635
柄莠竹 **254041**
柄泽兰 **183285**
柄泽兰属 **183281**
柄柱芥属 **182991**
柄状苔草 **75724**
柄棕榈属 255968
炳继树 91282
饼草 7982
饼木 83736
饼泡树 165515
饼树 379800
饼树属 379792
饼柚 **93499**
饼汁树 249463
并齿小苦荬 **210524**
并核草属 283171
并核果属 **283171**
并毛马兜铃 **34168**

并头草 355391,355449,355733
并头黄芩 **355733**
并朱北桐属 283407
病草 35167
病柑子 324677
波白茶梅 **69605**
波瓣兜兰 **282845**
波瓣杜鹃 **331773**,331427
波瓣纳丽花 **265272**
波瓣唐菖蒲 **176620**
波瓣延龄草 **397627**
波陂雀麦 **60892**
波别白鼓钉 **307691**
波别杯苋 **115736**
波别多棒茜 **304175**
波别多齿茜 **259793**
波别多穗兰 **310546**
波别法道格茜 **161986**
波别番樱桃 **156336**
波别非洲合蕊草 **224530**
波别画眉草 **147903**
波别狸藻 **403286**
波别鳞花草 **225204**
波别木蓝 **206408**
波别拟劳德草 **237862**
波别肉序茜 **346678**
波别神秘果 **381995**
波别树葡萄 **120182**
波别水蓑衣 **200640**
波别铁线子 **244586**
波别肖荣耀木 **194296**
波别远志 **307943**
波别摘亚苏木 **127419**
波柄玉山竹 **416767**
波波丁 384681
波波夫风兰 **25004**
波波夫亮叶芹 **363126**
波波夫马先蒿 **287533**
波波夫石头花 **183234**
波波夫蝇子草 **363912**
波波诺秋海棠 **50180**
波伯乌檀 **262827**
波城婆罗门参 **394326**
波齿马先蒿 **287121**
波齿糖芥 **154500**
波齿香茶菜 **324879**
波齿叶糖芥 154500
波翅豆蔻 **19901**
波茨露子花 **123951**
波茨仙人掌 **273022**
波岛麻 **252565**
波岛麻属 **252564**
波岛漆属 313251
波岛斜柱棕 **97074**
波的尼亚小米草 **160141**
波蒂百蕊草 **389823**
波蒂罗顿豆 **237399**
波蒂亚棕属 64159
波东兰属 61087
波多茶 **293092**
波多茶属 **293091**
波多尔金雀花 **120989**
波多尔斯克百里香 **391326**
波多尔斯克飞蓬 **150878**
波多尔远志 **308271**
波多尔早熟禾 **305847**
波多黎哥王椰 337875
波多黎哥王棕 **337875**
波多黎哥银扇葵 **97884**
波多黎哥银棕 97884
波多黎各格鲁棕 **6133**
波多黎各玉兰 **242313**
波多朱缨花 66682
波萼守宫木 **348062**
波恩纪念苘麻 **930**
波儿草 53038
波儿草属 53034
波尔安息香 **379433**
波尔繁缕 **375061**
波尔风毛菊 **348654**
波尔蒿蒿 **36086**
波尔禾 **307020**
波尔禾属 **307019**
波尔曼草 **307176**
波尔曼草属 **307174**
波尔婆婆纳 **407295**
波尔珊瑚花 214410
波尔苔草 **307023**
波尔苔草属 **307021**
波尔特拂子茅 **65462**
波尔瓦日本花柏 **85347**
波尔相思树 **1089**
波耳多树 293092
波伐早熟禾 **305296**
波哥达偏唇菊 **301635**
波哥达树苣苔 **217741**
波哥大刺蒴麻 **399206**
波哥大红雾花 217741
波哥秋海棠 **50171**
波格巴豆 **112992**
波格白鼓钉 **307692**
波格斑鸠菊 **406691**
波格鼻烟盒树 **270919**
波格扁丝卫矛 **364437**
波格桢桐 **96282**
波格虫蕊大戟 **113082**
波格单花杉 **257145**
波格海神木 **315922**
波格合瓣花 **381846**
波格黑草 **61841**
波格红果大戟 **154846**
波格花椒 **417314**
波格姜饼木 **284258**
波格宽萼豆 **302931**
波格栗豆藤 **11042**
波格龙血树 **137473**
波格马唐 **130711**
波格牡荆 **411412**
波格木属 **306782**
波格拟三角车 **17999**
波格鞘蕊花 **99681**
波格茄 **367514**
波格赛金莲木 **70759**
波格三室竹芋 **203005**
波格沙扎尔茜 **86347**
波格山柑 **71827**
波格肾苞草 **294074**
波格蒴莲 **7294**
波格酸蔹藤 **20248**
波格索林漆 **369795**
波格文殊兰 **111247**
波格五星花 **289798**
波格锡叶藤 **386893**
波格肖木菊 **240790**
波格旋覆花 **207199**
波格血桐 **240307**
波格鸭嘴花 **214717**
波格油麻藤 **259555**
波格远志 **308272**
波格摘亚苏木 **127420**
波格针柱茱萸 **329139**
波格紫玉盘 **403559**
波沟山小檗 **52230**
波瓜公 367775
波光龙 **182477**
波华丽属 57948
波克斯九节 **319761**
波库汉山茶 **69161**
波拉菊属 **307303**
波拉克扭果花 **377700**
波拉克山槟榔 **299672**
波拉克省藤 **65764**
波拉里杏桃 **316211**
波莱尔裂口花 **379984**
波莱法蒺藜 **162275**
波莱葶苈 **137189**
波兰 15 号杨 **311156**
波兰草木犀 **249240**
波兰蓟 **92309**
波兰金灌菊 **90491**
波兰落叶松 **221929**
波兰落草 **217522**
波兰小麦 **398939**
波兰小麦属 **123628**
波蓝迪红千层 **67289**
波浪竹竿 **66203**
波棱菜 371713
波棱滇芎 **297959**
波棱瓜 **193062**
波棱瓜属 **193057**
波里番红花 **111505**
波利尼西亚橄榄 **70999**
波利西谷椰属 98549
波利亚草 370847
波蓼 **309919**
波裂叶刺儿瓜 **56658**
波卢宁小檗 **52051**
波鲁兰属 **56746**
波路 **162950**
波伦风铃草 **69921**
波罗的海斗篷草 **14093**
波罗的海常春藤 187229
波罗的海灯心草 **212852**
波罗的海红门兰 **273333**
波罗的海龙胆 **173283**
波罗的海欧洲常春藤 **187229**
波罗的海勿忘草 **260815**
波罗的海蒲公英 **384466**
波罗果 164661
波罗花 205557,205568,232595,416607
波罗花属 205546
波罗栎 **323814**
波罗蜜 **36920**
波罗蜜科 **36899**
波罗蜜属 **36902**
波罗蜜树 36920
波罗氏耧斗菜 **30003**
波罗氏苔草 **73942**
波罗树 38960,203961,232595,323814
波罗筒 240765
波罗托苞爵床 **139014**
波罗托荆芥叶草 **224565**
波罗托悬钩子 **339091**
波罗叶 323814
波罗罂子 248748
波罗子 345310
波曼山榄 **301780**
波毛岩蔷薇 **93227**
波梅尔红花 **77741**
波梅尔蜡菊 **189734**
波梅尔罗马风信子 **50768**
波梅尔矢车菊 **81286**
波梅尔斯托草 **377285**
波梅尔无心菜 **32147**
波梅尔小冠花 **105289**
波梅尔缬草 **404464**
波梅尔岩堇 **340406**
波梅尔蝇子草 **363906**
波梅尔蚤草 **321623**
波米圆叶樱桃 **316531**
波密百蕊草 **389619**
波密斑叶兰 **179584**
波密杓兰 **120387**
波密脆蒴报春 **314173**
波密翠雀花 **124505**
波密地杨梅 **238580**

波密点地梅 **23254**
波密钓樟 **231412**
波密杜鹃 **331519**
波密风毛菊 **348169**
波密蒿 **36359**
波密虎耳草 **349443**
波密桦 **53366**
波密黄耆 **42090**
波密卷瓣兰 **62590**
波密卷唇兰 62590
波密镰叶报春 314361
波密镰叶雪山报春 **314361**
波密裂瓜 351761
波密柳 **343907**
波密龙胆 **173300**
波密马先蒿 **287050**
波密十大功劳 242597
波密溲疏 **126850**
波密苔草 **75854**
波密乌头 **5494**
波密无心菜 **31774**
波密小檗 **51691**
波密早熟禾 **305405**
波密紫堇 **106291**
波莫纳瓣鳞花 **167812**
波莫纳橙菀 **320726**
波姆雷槭 **2806**
波内兰属 310856
波那利月见草 **269453**
波纳兰属 **310856**
波纳佩椆 **310843**
波纳佩椆属 **310841**
波盘 338516
波旁鳄梨 291505
波旁漆属 **313251**
波旁蔷薇 **336403**
波旁月季 336403
波佩诺夫西番莲 **285693**
波普斑鸠菊 **406702**
波普黄眼草 **416134**
波普拉夫斯基拂子茅 **65461**
波普木菊 **129435**
波普钟穗花 **293172**
波漆 **57848**
波漆属 **57846**
波奇大沙叶 **286415**
波奇多穗兰 **310547**
波奇咖啡 **98985**
波瑞氏浆果苣苔 **120507**
波瑞氏弯蕊苣苔 120507
波萨瓜 **311968**
波萨瓜属 **311967**
波申雀麦 **60882**
波士顿蛇葡萄 **20455**
波士槭 **2807**
波氏阿魏 **163650**
波氏桉 **155504**
波氏白蜡树 **168070**
波氏百合 **229993**
波氏薄叶兰 238748
波氏车叶草 **39396**
波氏葱 **15620**
波氏顶冰花 **169483**
波氏飞蓬 **150883**
波氏风铃草 **70228**
波氏格尼瑞香 **178673**
波氏公主兰 **238748**
波氏鹤虱 **221724**
波氏红果大戟 **154847**
波氏胡卢巴 **397271**
波氏虎耳草 **349038**
波氏还羊参 110756
波氏还阳参 110756
波氏黄耆 **42918**
波氏黄芩 **355694**
波氏桔梗 **311040**
波氏桔梗属 **311037**
波氏卡特兰 **79530**
波氏库得拉草 **218281**
波氏蕾丽兰 **219688**
波氏狸藻 **403130**
波氏亮蛇床 **357814**
波氏苓菊 **214154**
波氏柳 **343118**
波氏柳穿鱼 **231081**
波氏路边青 **175389**
波氏萝卜 **311789**
波氏萝卜属 **311788**
波氏落叶松 221930
波氏马先蒿 **287535**
波氏绵毛菊 **293420**
波氏明囊旋花 **199644**
波氏木蓝 206421
波氏木犀草 **327800**
波氏南芥 **30401**
波氏拟芸香 **185662**
波氏钮子瓜 **417456**
波氏蒲公英 **384752**
波氏沙穗 **148502**
波氏石楠 295630
波氏鼠茅 **412428**
波氏鼠尾草 **345104**
波氏水塔花 **54455**
波氏苔草 **76466**
波氏天门冬 **39154**
波氏乌头 **5495**
波氏吴萸 161375
波氏吴茱萸 **161375**
波氏狭腔芹 **375554**
波氏小檗 52049
波氏栒子 **107624**
波氏岩菀 **218248**
波氏盐肤木 332775
波氏盐角草 **342887**
波氏叶下珠 **296502**
波氏鸢尾 **208764**
波氏直壁菊 **291452**
波氏中亚紫菀木 **41750**
波世兰 383324
波鼠尾草 **345006**
波丝草 262249
波丝兰 383324
波丝婆婆纳 407275
波丝水苦荬 407275
波思豆属 **57489**
波斯阿魏 **163695**
波斯奥氏草 **277346**
波斯贝母 **168514**
波斯布留芹 **63508**
波斯菜 371713
波斯臭草 249066
波斯刺唇紫草 **141007**
波斯刺参 **258867**
波斯葱 **15188**,15509
波斯翠雀花 **124500**
波斯地毯海氏百日草 **418048**
波斯地毯小百日草 418048
波斯丁香 382241
波斯独行菜 **225429**
波斯繁缕 **375049**
波斯风信子 **17782**
波斯风信子属 **17781**
波斯拂子茅 **65454**
波斯甘露树 14631
波斯橄榄 70989
波斯革叶荠 **378298**
波斯果 295461
波斯蒿 36072
波斯鹤虱 335119
波斯黑种草 **266240**
波斯红花 **77737**
波斯红砂柳 **327224**
波斯胡尔蔷薇 **199243**
波斯花楸 **369481**
波斯黄异味蔷薇 **336567**
波斯火烧兰 **147203**
波斯假叶树 **340997**
波斯金盏花 **66453**
波斯荆芥 **265024**
波斯九顶草 **145776**
波斯菊 104598,107161
波斯菊属 107158
波斯蓝刺头 **140765**
波斯蓝盆花 **350222**
波斯柳 **343867**
波斯李果鹤虱 **335119**
波斯骆驼刺 14631
波斯麦 **192029**
波斯麦属 **192027**
波斯毛茛 325614
波斯尼亚松 299968
波斯尼鸢尾 **208468**
波斯欧夏至草 **245758**
波斯皮希尔鸡矢藤 **280093**
波斯婆婆纳 407287
波斯茜属 226569
波斯蔷薇 **336849**
波斯茄 **367493**
波斯苘麻 **974**
波斯伞芹 **332431**
波斯伞芹属 **332430**
波斯山羊豆 **169939**
波斯石蒜 **401825**
波斯石蒜属 **401817**
波斯鼠李 **328821**,328838
波斯鼠茅 **412479**
波斯水苦荬 407287
波斯水苏 **373373**
波斯嵩草 **217247**
波斯梭梭 185072
波斯唐松草 **388685**
波斯糖芥 **154522**
波斯特草 **312007**
波斯特草属 **312006**
波斯特福特白日本报春 **314510**
波斯甜苣 **187734**
波斯庭荠 **18458**
波斯橐吾 **229132**
波斯瓦莲 **337305**
波斯线果芥 **102814**
波斯线嘴苣 **376057**
波斯香花芥 **193429**
波斯小麦 **398869**
波斯新塔花 **418132**
波斯星萝卜 **43420**
波斯悬钩子 **339039**
波斯旋花 **103188**
波斯银缕梅 284961
波斯银砂槐 **19736**
波斯罂粟 **282662**
波斯鹰嘴豆 **90826**
波斯鸢尾 **208755**
波斯枣 295461
波斯皂荚 78300
波斯毡毛槭 **3737**
波斯针果芹 **350428**
波斯珍珠郁金香 **400215**
波斯猪屎豆 **112519**
波斯紫堇 **106268**
波苏茜属 **311983**
波苏茜栀子 **171371**
波索草 **313493**
波索草属 **313492**
波塔宁阿魏 **163701**
波塔宁蒲公英 **384754**
波太伯格积雪草 **81620**
波太伯格穆拉远志 **260042**
波太伯格远志 **308279**

波特草 **311804**
波特草属 **311802**
波特达尔利石南 **148948**
波特藁本 **229374**
波特蒿 **36090**
波特金千里光 **279937**
波特卷舌菊 **380957**
波特兰大戟 **159623**
波特兰木属 **311813**
波特蓝木属 311813
波特麒麟掌 **290719**
波特氏紫背竹芋 **378306**
波特野荞麦 **152599**
波提亚属 311780
波头 **162922**
波威尔逊蕉 **190058**
波温苏铁 **57974**
波温苏铁属 **57972**
波温铁 57974
波温铁科 **57975**
波温铁属 57972
波纹花烛 **28136**
波纹类苦木 **323554**
波纹柳 **344148**
波希米亚顶冰花 **169390**
波希米亚何首乌 **162508**
波希米亚聚合草 **381027**
波希米亚老鹳草 **174503**
波希米亚首乌 **162515**
波希米亚王冠扶桑 **195157**
波喜荡 **311971**
波喜荡草 311971
波喜荡草科 **311977**
波喜荡草属 **311969**
波喜荡科 311977
波喜荡属 311969
波形发草 126074
波亚拉拉藤 **170566**
波亚千里光 **359777**
波叶长花天芥菜 **190668**
波叶椆 116184
波叶大黄 **329386**,329331,329342,329372
波叶大戟 **160028**
波叶斗篷草 **14002**
波叶杜鹃 **330849**
波叶短喉木 **58477**
波叶梵天花 **402271**
波叶桄榔 **32348**
波叶哈诺苦木 323554
波叶海菜花 **277365**
波叶海桐 **301432**,301433
波叶红点草 **223821**
波叶红果树 **377452**
波叶花椒 **417366**
波叶花篱 **27418**
波叶灰毛菊 **31303**
波叶卷耳 **83071**
波叶卷舌菊 **381006**
波叶苦木 323554
波叶栝楼 **396171**
波叶肋翅苋 **304703**
波叶立金花 **218953**
波叶栎 **116184**
波叶龙船花 **211198**
波叶毛蕊花 **405774**
波叶美洲茶 **79928**
波叶木巴戟 **258927**
波叶木姜子 264108
波叶南星 **33547**
波叶葡萄 **411875**
波叶青牛胆 **392252**
波叶忍冬 235781
波叶软毛蒲公英 **242937**
波叶莎草 **117324**
波叶莎草属 **117320**
波叶山马茶 **382850**
波叶山蚂蝗 126603
波叶山桃草 **172210**
波叶山杨 **311558**
波叶十大功劳 **242469**
波叶松果菊 **140088**
波叶土密树 **60198**
波叶文殊兰 **111223**
波叶狭果树 375512
波叶仙客来 **115974**
波叶新木姜子 **264108**
波叶鸭跖菜 101185
波叶鸭跖草 101185
波叶亚高青锁龙 **108819**
波叶延龄草 397627
波叶野棉花 402267
波叶异木患 **16059**
波叶玉簪 **198651**
波叶郁金香 **400247**
波叶中脉梧桐 **390320**
波叶锥 **79063**
波叶锥茅 **391443**
波叶紫金牛 31351,31604
波叶醉鱼草 **62137**
波伊图刺槐 **334951**
波踊 162936
波疣凤卵草 **304381**
波缘艾纳香 55768
波缘安歌木 **24655**
波缘报春 **314990**
波缘赤车 **288771**
波缘楤木 **30788**
波缘大参 **241179**
波缘冬青 203670
波缘兜舌兰 282845
波缘耳冠草海桐 **122114**
波缘二色香青 **21530**
波缘风毛菊 **348893**
波缘凤仙花 **205421**
波缘观音莲 **16523**
波缘蓟 **92461**
波缘冷水花 **298888**
波缘龙舌兰 **10836**
波缘马来茜 **377533**
波缘青紫苏 290952
波缘榕 **165807**
波缘乳苣 219589
波缘水竹叶 **260123**
波缘仙客来 115974
波缘香青 21530
波缘熊保兰 **352480**
波缘鸭跖草 **101185**
波缘叶小米空木 **375818**
波缘芋 16523
波缘珍珠菜 **239888**,239854
波缘中华槭 **3626**
波缘紫苏 290952
波枕 **175512**
波皱球根鸦葱 354835
波状八角金盘 **162887**
波状斑鸠菊 **406905**
波状棒果树 **332408**
波状北美大齿槭 **3002**
波状薄苞杯花 **226223**
波状补血草 **230761**
波状长冠田基黄 **266143**
波状常春藤藜 **87043**
波状橙菀 **320749**
波状翅盘麻 **320542**
波状刺核藤 **322559**
波状大齿槭 3002
波状吊兰 **88640**
波状多穗兰 **310634**
波状多坦草 **136645**
波状福雷铃木 **168268**
波状甘草 **177946**
波状观音兰 **399138**
波状海桐 **301433**
波状花盏 **61413**
波状黄细心 **56431**
波状假鼠麴草 **317774**
波状尖药芸香 **278164**
波状金丝桃 **202202**
波状决明 **78515**
波状蜡菊 **189880**
波状蕾丽兰 **219697**
波状骡耳兰 395617
波状毛距兰 **395617**
波状毛子草 **153297**
波状黏肋菊 **245093**
波状鸟娇花 **210920**
波状牛舌草 **21986**
波状扭萼寄生 **304991**
波状挪威槭 **3444**
波状秋海棠 **50382**
波状雀舌水仙 **274869**
波状莎草 **119732**
波状山蚂蝗 200747
波状索林漆 **369810**
波状天门冬 **39247**
波状天竺葵 **288571**
波状吐根 334338
波状吐根属 334310
波状驼曲草 **119914**
波状万带兰 404754
波状西西里风信子 **86061**
波状仙影掌 **83896**
波状鸦葱 **354973**
波状盐肤木 **332926**
波状叶山马蝗 126603
波状异味狒狒花 **46124**
波状翼茎草 **320398**
波状疣石蒜 **378544**
波状蚤草 **321608**
波状藻百年 **161588**
波状詹姆斯野荞麦木 **152176**
波状舟蕊秋水仙 **22391**
波状猪殃殃 **170721**
波籽玄参 **396773**
波籽玄参属 **396769**
玻尔维亚茶藨子 **333926**
玻国猪牙花 154902
玻璃菜 59532
玻璃草 298974,299061
玻璃翠 **205346**,205444
玻璃罐 248748
玻璃虎爪 **186780**
玻璃菊 **199668**
玻璃菊属 **199664**
玻璃苣属 57095
玻璃莲 186370
玻璃芹属 **199646**
玻璃生菜 **219490**
玻利尼西亚厚壳桂 **113452**
玻利秋海棠 49664
玻利维亚安第斯山豆 **29963**
玻利维亚笔花莓 **275446**
玻利维亚鞭柱鸢尾 **246204**
玻利维亚藨叶莎 **297176**
玻利维亚玻璃菊 **199665**
玻利维亚布枯兰 **61905**
玻利维亚槽柱花 **61284**
玻利维亚侧穗莎 **304865**
玻利维亚叉柱旋花 **129574**
玻利维亚赤宝花 **389998**
玻利维亚大刺爵床 **377496**
玻利维亚倒挂金钟 **168741**
玻利维亚盾果金虎尾 **39502**
玻利维亚盾柱兰 **39650**
玻利维亚多花蓼 **340511**
玻利维亚恩德桂 **145334**
玻利维亚耳颖草 **276903**

玻利维亚繁花亮泽兰 **54734**
玻利维亚盖氏刺鳞草 **169629**
玻利维亚沟果紫草 **286907**
玻利维亚古朗瓜 **181982**
玻利维亚光柱泽兰 **217107**
玻利维亚桂叶莓 **131375**
玻利维亚哈根吊兰 **184559**
玻利维亚禾属 **175285**
玻利维亚合丝莓 **347674**
玻利维亚核桃 212591
玻利维亚黑核桃 **212591**
玻利维亚喙芒菊 **279256**
玻利维亚火石蒜 **322939**
玻利维亚基管鸢尾 **73105**
玻利维亚蒺藜属 **211213**
玻利维亚假牛筋树 **317862**
玻利维亚假伊巴特萝藦 **317316**
玻利维亚节芒草 **36840**
玻利维亚锦绣玉 **284658**
玻利维亚九冠鸢尾 **145753**
玻利维亚菊 **409318**,19110
玻利维亚菊属 **409317**,19109
玻利维亚爵床 **382997**
玻利维亚爵床属 **382996**
玻利维亚军刀豆 **240485**
玻利维亚柯伦兰 **217595**
玻利维亚喇叭藤 244324
玻利维亚狼菊木 **239284**
玻利维亚类虾衣花 **137809**
玻利维亚裂蕊萝藦 **351203**
玻利维亚裂蕊树 **219174**
玻利维亚裂柱远志 **320625**
玻利维亚六带兰 **194490**
玻利维亚萝藦属 **167241**
玻利维亚马泰木 **246251**
玻利维亚马修斯芥 **246282**
玻利维亚芒刺果 **1742**
玻利维亚梅里野牡丹 **250665**
玻利维亚美洲盖裂桂 **256657**
玻利维亚美洲野牡丹 **180054**
玻利维亚密叶小檗 **51546**
玻利维亚莫亚卫矛 **259447**
玻利维亚默尔椴 **256648**
玻利维亚南美刺莲花 **65130**
玻利维亚拟巴尔翡若翠 **47920**
玻利维亚彭内尔芥 **289000**
玻利维亚飘香藤 244324
玻利维亚朴 **80613**
玻利维亚茜 **413896**
玻利维亚茜属 **413895**
玻利维亚轻木 **268343**
玻利维亚秋海棠 **49664**
玻利维亚曲管桔梗 **365154**
玻利维亚全缘轮叶 **94260**
玻利维亚绒安菊 **183041**
玻利维亚三角果 **397295**
玻利维亚黍 **281392**
玻利维亚双齿千屈菜 **133369**
玻利维亚双钱荠 **110547**
玻利维亚四翼木 **387588**
玻利维亚托考野牡丹 **392518**
玻利维亚脱皮藤 **825**
玻利维亚文藤 **244324**
玻利维亚五角木 **313962**
玻利维亚希尔茜 **196249**
玻利维亚仙人掌 **272897**
玻利维亚仙人掌属 **91464**
玻利维亚线柱头萝藦 **256070**
玻利维亚腺瓣落苞菊 **111378**
玻利维亚小檗 **51367**
玻利维亚肖蒙蒂苋 **258307**
玻利维亚楔点鸢尾 **371514**
玻利维亚雪草 **266312**
玻利维亚异籽藤 **26133**
玻利维亚翼兰 **320164**
玻利维亚翼鳞野牡丹 **320582**
玻利维亚窄冠爵床 **375756**
玻利维亚杖漆 **391450**
玻利维亚猪牙花 **154902**
玻轮冠属 **182609**
玻玛莉属 56755
玻油甘 366698
剥桉 155557
剥果木 253385
剥落金合欢 **1216**
剥落天门冬 **39007**
剥皮桉 155557
剥皮刺 328883
剥皮倒挂金钟 **168746**
剥皮枫 233880
剥皮树 328587
钵儿草 37622,239582
钵子草 **185268**
钵子草科 **185270**
钵子草属 **185267**
饽饽花 13934
菠 207590
菠菠菜 178062
菠菜 **371713**
菠菜属 **371710**
菠菜酸模 340178
菠棱 371713
菠棱菜 371713
菠薐 371713
菠薐菜 371713
菠薐菜属 371710
菠薐属 371710
菠里克果 71762
菠蓤菜 371713
菠萝 21479,323944
菠萝草 178237
菠萝花 205571
菠萝科 60557
菠萝兰 156015
菠萝麻 10787,10940
菠萝蜜属 36902
菠萝球 **107054**
菠萝球属 **107004**
菠萝砂 19899
菠萝属 21472,60544
菠萝树 233246
菠萝絮菊 **165928**
菠萝叶 166655
菠锡岗属 57911
菠叶柃 160527
播瓜叶 381341
播娘蒿 **126127**,365503
播娘蒿千里光 **360072**
播娘蒿属 **126112**,365386
播娘蒿叶芥 **327345**
播娘蒿叶芥属 **327344**
播丝草 312478
播穴 198518
播穴黑 198523
播种唐菖蒲 176281
伯查德莲花掌 **9032**
伯查德蚤草 **321528**
伯德桉 **155509**
伯德金李属 304192
伯蒂卡百里香 **391096**
伯蒂卡菜蓟 **117768**
伯蒂卡车轴草 **397024**
伯蒂卡葱 **15099**
伯蒂卡颠茄 **44707**
伯蒂卡海葱 **274525**
伯蒂卡花篱 **26987**
伯蒂卡金雀花 **120914**
伯蒂卡荆豆 **401377**
伯蒂卡景天 **356794**
伯蒂卡拉拉藤 **170238**
伯蒂卡芒柄花 **271338**
伯蒂卡千屈菜 **240034**
伯蒂卡沙刺花 **235168**
伯蒂卡双碟荠 **54650**
伯蒂卡香科 **388008**
伯蒂卡鸦葱 **354821**
伯蒂卡羊茅 **164193**
伯蒂卡远志 **307939**
伯顿酢浆草 **277712**
伯顿凤仙花 **204830**
伯顿露子花 **123844**
伯顿南非蜜茶 **116317**
伯顿千里光 **358460**
伯顿天竺葵 **288122**
伯顿舟叶花 **340592**
伯恩兰 **64022**
伯恩兰属 **64021**
伯尔狗尾草 **361686**
伯尔克婆婆纳 **56377**
伯尔克婆婆纳属 **56376**
伯夫龙欧洲赤松 **300226**
伯格草 52592
伯格草属 52587
伯格大戟 **158590**
伯格吊灯花 **84028**
伯格番苦木 **216494**
伯格蓟 **91825**
伯格曼小檗 51360
伯格茜 **52584**
伯格茜属 **52583**
伯格肉锥花 **102108**
伯格树葡萄 **120029**
伯格天竺葵 **288120**
伯格仙花 **395794**
伯公果 21195
伯寒氏虎耳草 349139
伯衡槭 3297
伯吉斯豆 **63921**
伯吉斯豆属 **63919**
伯吉斯可利果 **96677**
伯吉斯帚蟹甲 **225563**
伯杰氏费利菊 **163151**
伯杰小檗 **51359**
伯金肖蒟蒻薯 **382911**
伯金肖琉璃草 **117925**
伯克阿福花 **393731**
伯克阿氏莎草 **536**
伯克暗毛黄耆 **42037**
伯克百蕊草 **389629**
伯克布里滕参 **211483**
伯克匙木 **261861**
伯克酢浆草 **277710**
伯克豆 **63934**
伯克豆属 **63930**
伯克费利菊 **163159**
伯克鸡头薯 **152882**
伯克金田菊 **222590**
伯克兰属 **49549**
伯克茅膏菜 **138272**
伯克密钟木 **192534**
伯克拟薰草 **353172**
伯克球柱草 **63223**
伯克榕 **164727**
伯克塞拉玄参 **357439**
伯克三芒草 **33833**
伯克莎 **56090**
伯克莎属 **56088**
伯克斯顿春黄菊 **26901**
伯克苏木 63931
伯克苏木属 63930
伯克通宁榕 **165750**
伯克象根豆 **143479**
伯克小蓝豆 **205599**
伯克辛酸木 **138012**
伯克舟蕊秋水仙 **22337**
伯克猪屎豆 **111980**
伯拉克平桉 **155510**
伯拉木 55147

伯拉木属　55135
伯拉氏柱瓣兰　**146388**
伯兰得瓜　**59114**
伯兰得瓜属　**59113**
伯兰藜　**86958**
伯兰麻疯树　**212111**
伯兰氏菊　**52829**
伯兰氏菊属　52823
伯兰鼠麹草　**178093**
伯兰泽兰　**158052**
伯乐秋海棠　50004
伯乐树　**59966**
伯乐树科　**59968**
伯乐树属　**59965**
伯乐小檗　51303
伯里兹薯蓣　**131483**
伯力木　60035
伯利兹代弗山榄木　132657
伯利兹黄檀　121830
伯林灯心草　**212898**
伯林发草　**126034**
伯罗那槭　**3397**
伯明翰杂种石楠　**295613**
伯明剪股颖　**12148**,12115
伯明兹雪果木　**87665**
伯内特热非茜　**384318**
伯纳德百合　**27190**
伯纳德荸荠　**143065**
伯纳德金菊木　**150337**
伯纳德堇菜　**409715**
伯纳德一枝黄花　**367984**
伯纳薯蓣　**131486**
伯纳旋花老鸦嘴　**390731**
伯纳旋花属　**56843**
伯纳旋花亚麻藤　**199145**
伯南大戟　**56878**
伯南大戟属　**56877**
伯尼尔薄苞杯花　**226206**
伯尼尔草胡椒　**290303**
伯尼尔谷木　**249914**
伯尼尔金果椰　**139317**
伯尼尔链荚木　**274341**
伯尼尔蒲桃　**382489**
伯尼尔鞘蕊　**99370**
伯尼尔秋海棠　**49657**
伯尼尔色穗木　**129132**
伯尼尔柿　**132069**
伯尼尔叶节木　**296829**
伯尼尔叶下珠　**296494**
伯尼尔猪屎豆　**111948**
伯努斯特小檗　**51357**
伯努瓦大戟　**51064**
伯努瓦大戟属　**51062**
伯诺百脉根　**237508**
伯奇尔蝇子草　**363269**
伯切尔百蕊草　**389628**
伯切尔车轴草　**396849**
伯切尔迟缓单蕊麻　**138075**
伯切尔大蒜芥　**365420**
伯切尔德弗草　**127141**
伯切尔灯心草豆　**197111**
伯切尔芳香木　**38448**
伯切尔菲利木　**296171**
伯切尔格尼瑞香　**178579**
伯切尔画眉草　**147558**
伯切尔灰毛豆　**385980**
伯切尔尖果茜　**77121**
伯切尔尖腺芸香　**4809**
伯切尔良毛芸香　**155830**
伯切尔鹿藿　**333258**
伯切尔罗顿豆　**237256**
伯切尔罗勒　**268452**
伯切尔麻雀木　**285551**
伯切尔毛瑞香　**218978**
伯切尔毛蕊　**418817**
伯切尔梅蓝　**248834**
伯切尔密钟木　**192533**
伯切尔木蓝　**205756**
伯切尔南非桔梗　**335613**
伯切尔欧石南　**149114**
伯切尔千里光　**358458**
伯切尔茄　**366998**
伯切尔全毛兰　**197520**
伯切尔润肺草　**58833**
伯切尔塞拉玄参　**357438**
伯切尔山芫荽　**107762**
伯切尔生石花　**233588**
伯切尔绳草　**327987**
伯切尔石竹　**127622**
伯切尔饰球花　**53177**
伯切尔手玄参　**244759**
伯切尔鼠尾草　**344919**
伯切尔薯蓣　**131509**
伯切尔苔草　**73974**
伯切尔天门冬　**38954**
伯切尔香豆木　**306245**
伯切尔小边萝藦　**253551**
伯切尔小黄管　**356140**
伯切尔小金盏　**270291**
伯切尔肖观音兰　**399151**
伯切尔盐肤木　**332497**
伯切尔银齿树　**227240**
伯切尔硬皮鸢尾　**172579**
伯切尔舟蕊秋水仙　**22336**
伯萨马　52961
伯萨马属　52960
伯萨木　**52961**
伯萨木属　**52960**
伯舌虎耳草　**349139**
伯舍尔总苞鼠尾草　**345106**
伯舍罂粟　282506
伯氏巢凤梨　**266152**
伯氏刺桐　**154631**
伯氏禾　**50724**
伯氏禾属　**50722**
伯氏灰莉　**162345**
伯氏寄生　**52629**
伯氏寄生属　**52628**
伯氏荚蒾　407652
伯氏金合欢　**1080**
伯氏蓝菊　163151
伯氏芦苇　**295896**
伯氏马先蒿　**287511**
伯氏球柱草　**63219**
伯氏瑞香　**122393**
伯氏特斯曼苏木　**386781**
伯氏梯牧草　**294968**
伯氏狭唇兰　**346692**
伯氏玄参　**50717**
伯氏玄参属　**50710**
伯氏猪屎豆　**111949**
伯叟氏百脉根　237509
伯特·戴维罗森木　**327132**
伯特·戴维榕　**164728**
伯特白花菜　**95642**
伯特扁担杆　**180711**
伯特刺桐　**154635**
伯特大沙叶　**286134**
伯特－戴维木槿　**194764**
伯特－戴维茄　**367562**
伯特番薯　**207899**
伯特非洲莎草　**352318**
伯特谷精草　**151258**
伯特骨籽菊　**276575**
伯特厚敦菊　**277021**
伯特厚柱头木　**279827**
伯特金合欢　**1101**
伯特卷序牡丹　**91098**
伯特克来豆　**108558**
伯特马吉兰　**245242**
伯特眉兰　**272412**
伯特木蓝　**205761**
伯特南非草　**25790**
伯特扭果花　**377676**
伯特山梗菜　**234414**
伯特石豆兰　**62606**
伯特藤　**64105**
伯特藤属　**64104**
伯特田皂角　**9514**
伯特乌口树　**384930**
伯特伍尔秋水仙　**414863**
伯特小花耳梗茜　**277209**
伯特崖豆藤　**254784**
伯特鱼骨木　**71331**
伯特玉凤花　**183477**
伯特杂色豆　**47703**
伯特猪屎豆　**111983**
伯伊勒菊　46580
伯伊斯天竺葵　**288123**
孛艾大戟　159557
孛艾类大戟　159557
孛孛地丁　384473,384681
孛孛丁　384473,384681
孛孛丁菜　384473,384681
孛孛栎　323635
孛落树　323942
驳骨草　**172832**,319837,319898
驳骨草属　**172812**
驳骨丹　61975,172832
驳骨丹属　172812
驳骨九节　**319771**
驳骨兰　346527
驳骨树　79161
驳骨松　79161
驳骨藤　178555
驳骨王　172831
驳骨消　112871,172832,176839
驳骨醉鱼草　61975
驳节茶　346527
驳节莲树　346532
驳马　346210
泊尔竹　**291466**
泊尔竹属　**291464**
泊夫蓝　111589
狛骨消　203066
勃勃回　240765
勃固崖豆藤　**254800**
勃拉兰属　58238
勃拉蔷薇　336870
勃朗蔷薇　336408
勃勒回　240765
勃梨　300446
勃莉脱水晶兰　**258008**
勃逻回　240765
勃洛筒　240765
勃落树　323942
勃麻黄　146238
勃生木姜子　**233974**
勃氏臭草　249075
勃氏谷精草　151253
勃氏棘豆　279089
勃氏碱茅　**321370**
勃氏麻黄　146238
勃氏甜龙竹　**125469**
勃氏橐吾　229151
勃氏针茅　376887
勃藤子　269649
钹儿草　37571,176839
钹耳草　176839
舶茴香　204603
舶梨榕　165527
舶上茴香　204603
博爱居间十大功劳　**242466**
博奥臂形草　**58064**
博奥画眉草　**147546**
博奥曲芒草　**237974**
博奥肖鸢尾　**258421**
博巴鸢尾黄眼草　**416015**

博巴鸢尾属 **55943**
博白大果油茶 69015
博白油茶 69015,69644
博达尔可拉木 **99163**
博达尔球柱草 **63218**
博德金芳香木 **38444**
博德金费利菊 **163201**
博德金哈维列当 **186052**
博德金厚兰 **279393**
博德金龙面花 **263388**
博德金密头帚鼠麹 **252411**
博德金欧石南 **149087**
博德金双袋兰 **134271**
博德金双距兰 **133718**
博德金香芸木 **10581**
博德兰特荚蒾 407648
博德银雪白山梅花 **294569**
博迪尼埃十大功劳 242494
博递奇亚木 57969
博递奇亚木属 57968
博多盾状毛茛 **326211**
博恩花篱 **27001**
博恩苦苣菜 **368670**
博恩列当 **57243**
博恩列当属 **57241**
博恩米勒絮菊 **165922**
博恩婆婆纳 407011
博恩栓果菊 **222919**
博尔巴什藜 **86971**
博尔巴什石竹 **127616**
博尔德斯风铃草 **69922**
博尔顿长须兰 **56895**
博尔柳穿鱼 **230918**
博尔纳黄牛木 **110242**
博尔纳丘陵野牡丹 **268377**
博尔翁毛茶 **28565**
博弗德小檗 **51352**
博福特齿舌叶 **377338**
博福特舟叶花 **340575**
博格达乳菀 **169769**
博格多葱 15704
博格多山棘豆 **278747**
博格纳毛柱南星 **379121**
博格纳秋海棠 **49663**
博格纳水蕹 **29655**
博格纳鸭跖草 **280503**
博根藤 80211
博古什棘豆 **278748**
博节藤 178549
博凯欧石南 **149089**
博考尼 56025
博考尼属 56023
博科勒单花杉 **257108**
博科铁木豆 **56034**
博科铁木豆属 **56031**
博克尼木 56027
博克尼属 56023
博拉菊 **56615**
博拉菊属 **56614**
博莱尔千里光 **359778**
博兰白酒草 **103440**
博兰百簕花 **55272**
博兰杯柱玄参 **110178**
博兰德葱 **15125**
博兰德蒿 **35269**
博兰伽蓝菜 **215103**
博兰黑果菊 **44025**
博兰假杜鹃 **48116**
博兰芦莉草 **339679**
博兰毛瓣瘦片菊 **182041**
博兰没药 **101323**
博兰密钟木 **192528**
博兰木槿 **194753**
博兰木蓝 **205735**
博兰木属 307049
博兰十字爵床 **111725**
博兰双冠芹 **133028**
博兰唐菖蒲 **176063**
博兰天竺葵 **288113**
博兰乌口树 **384924**
博兰小金梅草 **202819**
博兰忧花 **241590**
博兰掷爵床 **139865**
博兰猪屎豆 **111963**
博乐贝母 168506
博乐黄耆 **42903**
博乐乳苣 **259749**
博勒爱染草 **12492**
博勒补血草 **230547**
博勒毒马草 **362748**
博勒回 240765
博勒姜味草 **253689**
博勒千里光 **358421**
博勒悬钩子 **338193**
博勒旋瓣菊 **412258**
博勒鸭嘴花 **214371**
博雷尔水蓑衣 **200601**
博里鬼针草 **53806**
博里花属 57194
博里鸡头薯 317677
博里假鸡头薯 **317677**
博利斑鸠菊 **406133**
博利虫果金虎尾 **5897**
博利刺痒藤 **394127**
博利吊灯花 **84004**
博利伽蓝菜 **215094**
博利红门兰 **273343**
博利虎尾兰 **346057**
博利还阳参 **110748**
博利可拉木 **99164**
博利苦瓜掌 **140020**
博利曲花 **120592**
博利蒴莲 **7228**
博利猪屎豆 **111930**
博龙香木 **57277**
博龙香木科 **57279**
博龙香木属 **57257**
博隆博鸭嘴花 **214375**
博卢斯半轭草 **191769**
博卢斯杯子菊 **290228**
博卢斯草地山龙眼 **283546**
博卢斯叉序草 **209881**
博卢斯橙菀 **320648**
博卢斯齿舌叶 **377339**
博卢斯大戟 **158558**
博卢斯斗篷草 **13983**
博卢斯短柄草 **58574**
博卢斯番薯 **207643**
博卢斯菲利木 **296168**
博卢斯骨籽菊 **276572**
博卢斯冠顶兰 **6178**
博卢斯哈维列当 **186053**
博卢斯灰毛菊 **31195**
博卢斯假杜鹃 **48114**
博卢斯可利果 **96673**
博卢斯蓝花参 **412599**
博卢斯里奥萝藦 **334745**
博卢斯立金花 **218841**
博卢斯瘤萼寄生 **270950**
博卢斯瘤子菊 **297572**
博卢斯罗顿豆 **237248**
博卢斯美非补骨脂 **276956**
博卢斯母草 **231490**
博卢斯穆拉远志 **259944**
博卢斯南非蜜茶 **116313**
博卢斯扭果花 **377670**
博卢斯欧石南 **149090**
博卢斯平果菊 **196469**
博卢斯肉锥花 **102093**
博卢斯塞拉玄参 **357434**
博卢斯色罗山龙眼 **361168**
博卢斯绳草 **327983**
博卢斯石竹 **127615**
博卢斯双袋兰 **134272**
博卢斯双距兰 **133719**
博卢斯水马齿 **67344**
博卢斯水苏 **373158**
博卢斯四数莎草 **387638**
博卢斯驼曲草 **119803**
博卢斯威尔帚灯草 **414354**
博卢斯无梗石蒜 **29561**
博卢斯肖鸢尾 **258420**
博卢斯绣球菊 **106858**
博卢斯鸭嘴花 **214376**
博卢斯盐肤木 **332492**
博卢斯硬皮鸢尾 **172574**
博卢斯尤利菊 **160761**
博卢斯舟叶花 **340580**
博鲁姆南星 **379122**
博鲁姆三芒草 **34017**
博鲁斯南非禾 **289953**
博路都树 293092
博路多树 293092
博罗红豆 **274380**
博罗雷白花菜 **95632**
博罗雷树葡萄 **120024**
博罗茜 **57250**
博罗茜属 **57247**
博洛绢蒿 360820
博洛塔绢蒿 **360820**
博落 391524
博落回 **240765**
博落回阿诺草 26185
博落回属 **240763**
博落回腺阿诺 26185
博落筒 240765
博米波状补血草 **230764**
博米利纹蕊茜 **341277**
博米螯毛果 **97515**
博莫柳叶箬 **209044**
博纳吊灯花 **84015**
博纳钩藤 **401748**
博纳里茄 **366991**
博纳里球葵 **370940**
博纳利刀豆 **71039**
博纳唐菖蒲 **176062**
博南芸香属 **56960**
博楠查苔草 **73898**
博宁杜鹃 330233
博努豇豆 **408850**
博日羊茅 **163844**
博如藤 211695
博塞尔木蓝 **205736**
博塞尔枪刀药 **202516**
博塞尔希尔梧桐 **196327**
博塞尔玉凤花 **183461**
博瑟白粉藤 **92632**
博瑟杯冠藤 **117407**
博瑟大戟 **158562**
博瑟弓果黍 **120626**
博瑟豇豆 **408852**
博瑟金果椰 **139319**
博瑟露子花 **123837**
博瑟芦荟 **16647**
博瑟欧石南 **149094**
博瑟坡梯草 **290171**
博瑟秋海棠 **49667**
博瑟塞里瓜 **362055**
博瑟山醋李 **180552**
博瑟双袋兰 **134274**
博瑟小土人参 **383281**
博瑟蓍菜 **267804**
博瑟异决明 **360428**
博瑟异籽葫芦 **25649**
博瑟鱼骨木 **71329**
博瑟猪屎豆 **111965**
博什木棉 **57423**
博什木棉属 **57420**

博士美人蕉　**71174**
博氏橄榄木　**70993**
博氏卡特兰　79530
博氏拟漆姑草　**370615**
博氏欧石南　**149091**
博氏十二卷　**186321**
博氏碎米荠　**72701**
博氏罂粟属　56023
博氏月世界　**147423**
博丝库普帚石南　**67469**
博斯大沙叶　**286536**
博斯克耳草　**187521**
博斯克黍　**281398**
博斯钱小檗　51941
博斯托克蒙蒂苋　**258240**
博泰尔疣石蒜　**378548**
博特　**62589**
博特大戟　**158555**
博特芦荟　**16643**
博特千里光　**358417**
博特无患子　**57788**
博特无患子属　**57787**
博瓦尔绣球防风　**227679**
博韦艾纳香　**55698**
博韦白花苋　**9377**
博韦百里香　**391107**
博韦糙苏　**295069**
博韦柽柳　**383459**
博韦拉拉藤　**170770**
博韦列当　**274970**
博韦牻牛儿苗　**153742**
博韦南非蜜茶　**116314**
博韦三尖刺芹　**154342**
博韦舌蕊萝藦　**177338**
博韦天仙子　**201379**
博韦香科　**388016**
博韦岩黄耆　**187803**
博维金合欢　**1074**
博维芦荟　**16649**
博西埃尔小檗　51366
博亚盾盘木　**301555**
博延野牡丹　**58012**
博延野牡丹属　**58011**
博耶尔阿斯皮菊　**39752**
博耶尔斑鸠菊　**406154**
博耶尔杯冠藤　**117406**
博耶尔扁蒴藤　**315357**
博耶尔薄苞杯花　**226207**
博耶尔毒鼠子　**128619**
博耶尔鹅掌柴　**350668**
博耶尔格尼瑞香　**178577**
博耶尔黄檀　**121640**
博耶尔火石花　**175130**
博耶尔鸡矢藤　**280068**
博耶尔鸡头薯　**152876**
博耶尔阔苞菊　**305080**
博耶尔拉夫山榄　**218745**
博耶尔蜡菊　**189197**
博耶尔牡荆　**411212**
博耶尔木槿　**194750**
博耶尔欧石南　**149088**
博耶尔枪刀药　**202515**
博耶尔唐菖蒲　**176059**
博耶尔团花茜　**10515**
博耶尔弯管花　**86200**
博耶尔温曼木　**413685**
博耶尔苋菜　**19562**
博耶尔香茶　**303169**
博耶尔小黄管　**356047**
博耶尔小束豆　**226187**
博耶尔鸭嘴花　**214374**
博耶尔叶节木　**296831**
博耶尔异籽葫芦　**25648**
博伊补血草　**230546**
博伊蜡菊　**189196**
博伊纳大戟　**158552**
博伊纳古柯　**155057**
博伊纳谷木　**249917**
博伊纳合欢　**13501**
博伊纳画眉草　**147544**
博伊纳节茎兰　**269207**
博伊纳木蓝　**205729**
博伊纳木犀　**266693**
博伊纳扭果花　**377669**
博伊纳山黄菊　**25498**
博伊纳西澳兰　**118162**
博伊纳鱼骨木　**71328**
博伊文半边莲　**234326**
博伊文伯纳旋花　**56847**
博伊文赪桐　**95965**
博伊文大戟　**158556**
博伊文单脉青葙　**220208**
博伊文凤凰木　**123804**
博伊文古柯　**155058**
博伊文红鞘紫葳　**330000**
博伊文槲寄生　**410985**
博伊文瓠果　**290547**
博伊文黄梁木　**59937**
博伊文灰毛豆　**385970**
博伊文茴香芥　**162853**
博伊文假虎刺　**76869**
博伊文金叶树　**90027**
博伊文九节　**319436**
博伊文咖啡　**98867**
博伊文苦瓜　**256789**
博伊文拉夫山榄　**218744**
博伊文榄仁树　**386481**
博伊文瘤蕊紫金牛　**271026**
博伊文没药　**101368**
博伊文南洋参　**310180**
博伊文诺罗木犀　**266694**
博伊文坡梯草　**290170**
博伊文曲足南星　**179277**
博伊文三萼木　**395192**
博伊文柿　**132075**
博伊文铁苋菜　**1804**
博伊文铁线子　**244531**
博伊文锡叶藤　**386861**
博伊文腺龙胆　**382945**
博伊文小土人参　**383280**
博伊文硬衣爵床　**354372**
博伊文羽叶楸　**376262**
博伊文玉凤花　**183451**
博伊文珍珠茅　**354024**
博伊野牡丹　**307052**
博伊野牡丹属　**307051**
渤海滨南牡蒿　**35469**
渤生楼梯草　**142618**
葧脐　143122,143391
葧荠　143391
鹁鸪梢　226739
鹁鸪酸　277747
鹁鸪英　384473,384681,384714
猼且　418002
薄瓣节节菜　**337378**,337389
薄瓣石笔木　322620
薄瓣袖珍椰子　**85427**
薄瓣悬钩子　**338305**
薄苞杯花属　**226203**
薄苞风毛菊　**348486**
薄被杜鹃　330644
薄壁箭竹　**162758**
薄饼仙人掌　**272826**
薄草属　**226549**
薄菖蒲　5821
薄翅菊属　417823
薄翅猪毛菜　**344662**
薄唇粉蝶兰　302519
薄唇隐柱兰　**113857**
薄茨藻　**262110**
薄刺蔷薇　**336541**
薄单叶铁线莲　**94990**
薄斗青冈　**116206**
薄萼橙粉苣　**253929**
薄萼海桐　**301318**
薄萼假糙苏　**283636**
薄萼坡油甘　366654
薄稃草　**226230**
薄稃草属　**226229**
薄革叶常山　**274282**
薄革叶冬青　**204283**
薄果草　**122742**
薄果草属　**122741**
薄果猴欢喜　**366062**
薄果芥　198485
薄果芥属　201135
薄果荠　**198485**
薄果荠属　**198479**,201135
薄果森林榕　**165362**
薄果帚灯草属　**225917**
薄蒿　35373
薄核冬青　**204331**
薄核藤　**262787**
薄核藤属　**262786**
薄荷　**250370**,10414,147084,250331,259281,264897,274237,290940
薄荷桉　**155675**
薄荷百里香　**391346**
薄荷包掌　140872
薄荷草　250370
薄荷科　**250476**
薄荷木　**315602**
薄荷木属　**315595**
薄荷属　**250287**
薄荷树　268438
薄荷穗属　**255421**
薄荷天竺葵　288550
薄荷叶　250443
薄荷叶风轮菜　**97027**
薄花兰属　**127936**
薄化妆　356999
薄黄姬菖蒲　248722
薄喙金绒草属　226377
薄荚羊蹄甲　**49064**
薄苛　250370
薄壳红山茶　**69695**
薄壳山核桃　**77902**
薄壳紫金龙　**128304**
薄盔禾　**226070**
薄盔禾属　**226069**
薄棱仙人球　140582
薄棱玉属　**375484**
薄鳞菊　**86049**
薄鳞菊属　**86046**
薄鳞萝藦　**370320**
薄鳞萝藦属　**370319**
薄罗　323814
薄毛粗叶榕　**165117**
薄毛旱麦瓶草　**363607**
薄毛茸荚红豆　**274423**
薄毛委陵菜　**312676**
薄皮　85268
薄皮豆属　**226144**
薄皮杜鹃　**331934**
薄皮果松　299926
薄皮红豆　**339630**
薄皮红豆属　**339629**
薄皮酒饼簕　**43727**
薄皮木　**226106**
薄皮木属　226075
薄皮南非甜瓜　**114226**
薄皮鼠麹草　**178339**
薄皮松萝　85268
薄片变豆菜　**345978**
薄片椆　116130
薄片杜鹃　**331965**
薄片海桐　**301410**

薄片毛绣球 **199899**
薄片青冈 **116130**
薄鞘椆属 201433
薄鞘椰 **201434**
薄鞘椰属 **201433**
薄鞘隐子草 **94594**
薄蒴草 **226621**
薄蒴草属 **226615**
薄穗草属 255421
薄托菊 **225916**
薄托菊属 **225913**
薄托楼梯草 **142874**
薄托木姜子 **234089**
薄箨茶竿竹 318287
薄箨茶秆竹 **318287**
薄腺杜鹃 331094
薄旋叶香青 **21552**
薄雪草 224872,224893
薄雪草属 224767
薄雪火绒草 **224872**
薄叶阿福花 39493
薄叶艾纳香 **55763**,55687
薄叶桉 155470
薄叶八角 **204599**
薄叶菝葜 366583
薄叶白粉藤 **92989**
薄叶白薇 117717
薄叶柏拉木 **55182**
薄叶篦子杉 82521
薄叶滨藜 **44621**
薄叶滨紫草 **250900**
薄叶糙苏 295108
薄叶长柄报春 **314569**
薄叶翅膜菊 **14594**
薄叶椆 233387
薄叶唇柱苣苔 87853
薄叶唇柱苣苔草 **87979**
薄叶大理糙苏 **295108**
薄叶滇榄仁 **386542**
薄叶冬青 **203975**,203829,381104
薄叶杜茎山 **241799**
薄叶杜鹃 331097,331964
薄叶短喉木 **58476**
薄叶堆心菊 **188437**
薄叶鄂报春 **314729**
薄叶粉报春 **314635**
薄叶风藤 300338,300510
薄叶风筝果 **196835**
薄叶夫兰氏榄仁 386542
薄叶高卡利 79651
薄叶高山栎 324073
薄叶藁本 229404
薄叶管花杜鹃 331964
薄叶鬼针草 **53982**
薄叶海桐 301398
薄叶黑钩叶 226318
薄叶红果接骨木 345665
薄叶红厚壳 **67864**
薄叶猴耳环 301164
薄叶猴欢喜 366047
薄叶胡桐 67864
薄叶胡颓子 **142207**
薄叶虎皮楠 122700
薄叶黄芩 355387,355711,355712
薄叶灰木 **381193**,381310
薄叶鸡蛋参 **98294**
薄叶鸡屎树 **222232**
薄叶棘豆 **278958**
薄叶蓟 **92438**
薄叶嘉赐木 78137
薄叶嘉赐树 78137
薄叶假柴龙树 **266808**
薄叶假耳草 262960
薄叶见风红 231587
薄叶交让木 122700
薄叶椒草 **290412**
薄叶脚骨脆 **78137**
薄叶金花茶 **69704**
薄叶金午时花 362590
薄叶景天 **356876**
薄叶卷毛梾木 380513
薄叶栲 79038
薄叶柯 **233387**
薄叶苦槛蓝 **260723**
薄叶栝楼 **396287**
薄叶辣椒 **72079**
薄叶兰属 **226539**,238732
薄叶蓝刺头 **140824**
薄叶蓝果树 **267857**
薄叶柃 **160527**
薄叶柃木 160527
薄叶柳 343321
薄叶柳叶菜 146937
薄叶龙船花 **211088**
薄叶楼梯草 **142873**
薄叶驴蹄草 68201
薄叶麻花头 **361079**
薄叶马蓝 85946
薄叶马银花 **331097**
薄叶买麻藤 **178564**
薄叶美花草 **66701**
薄叶猕猴桃 **6653**
薄叶密花艾纳香 **55724**
薄叶膜冠菊 **201196**
薄叶木莲 **244472**
薄叶纳莫盘木 263499
薄叶南蛇藤 **80210**
薄叶楠 295383,295384
薄叶囊瓣芹 **320226**
薄叶拟阿福花 **39493**
薄叶牛皮消 **117717**,117408
薄叶欧洲接骨木 **345665**
薄叶爬藤榕 165626
薄叶爬崖香 418076
薄叶匍茎榕 **165626**
薄叶桤木 **16464**
薄叶桤叶树 **96483**
薄叶槭 **3674**
薄叶荠苨 7798
薄叶芹菜 116384
薄叶青冈 **116189**
薄叶秋海棠 49993
薄叶球兰 **198875**
薄叶雀舌木 **226318**
薄叶忍冬 **235717**
薄叶润楠 **240615**
薄叶森林榕 **165364**
薄叶沙参 **7798**
薄叶山橙 **249680**
薄叶山矾 **381104**
薄叶山柑 **71899**
薄叶山梅花 **294556**
薄叶山楂 243645
薄叶少子果 **64066**
薄叶十大功劳 **242651**
薄叶石笔木 **400732**
薄叶石栎 233387
薄叶鼠李 **328760**
薄叶水锦树 413774
薄叶松 **300276**
薄叶穗香荼菜 209798
薄叶天蓝绣球 **295255**
薄叶天名精 **77169**
薄叶铁线莲 **94957**
薄叶通泉草 **246980**
薄叶兔儿风 **12682**
薄叶万寿竹 134405
薄叶围涎树 **301164**
薄叶委陵菜 **312455**
薄叶乌口树 **384950**
薄叶乌头 **5193**
薄叶无心菜 32154
薄叶喜树 **70577**
薄叶细辛 37585,37722
薄叶苋 **18829**
薄叶香茶菜 209798
薄叶香青 21552
薄叶向日葵 188953
薄叶小檗 **51926**,51363,51811,52193
薄叶小窃衣 **79651**
薄叶新耳草 **262960**
薄叶旋叶香青 **21544**
薄叶血藤 259545
薄叶蕈树 **18206**
薄叶崖豆藤 **254808**
薄叶烟木 **102746**
薄叶羊蹄甲 **49105**,49237
薄叶野丁香 **226138**
薄叶野葡萄 92989
薄叶野山药 131645
薄叶野桐 243372
薄叶叶穗香茶菜 209798
薄叶油芦子 **97307**
薄叶玉凤花 **183431**
薄叶玉心花 384950
薄叶鸢尾 **208687**
薄叶越橘 **403904**
薄叶燥原荠 **321098**
薄叶桢楠 240615
薄叶蜘蛛抱蛋 **39520**,39534
薄叶朱砂杜鹃 **331964**
薄叶猪屎豆 **112290**,112509
薄叶锥 **79038**
薄叶棕竹 **329189**
薄缘芥 **86053**
薄缘芥属 **86052**
薄云 84263
薄钟花 **226062**
薄钟花属 **226058**
薄竹 **351850**
薄竹属 **225910**
薄柱草 **265361**
薄柱草属 **265353**
薄子木 **226460**
薄子木橙菀 **320702**
薄子木科 **226446**
薄子木属 **226450**
欂罗树 323814
簸箕柳 **344161**,344121
簸箕墙 144778
簸赭子 261601
擘蓝 **59541**
檗木 52322,294231,294238,294240,320301
餔林盐 332509
卜地蜈蚣 384473,384681
卜地香 175417
卜公英 384473,384681
卜古雀 367518
卜荷 250370
卜芥 16495
卜可 250370
卜力查得棕属 315376
卜罗草 288749
卜氏草属 321220
卜氏谷精草 151257
卜子草 297703
补崩蒲桃 **382496**
补草根 115340
补刀藤 411568
补肺参 69979
补骨鸱 114427
补骨灵 108587
补骨脂 **114427**
补骨脂车轴草 **397018**

补骨脂芳香木 **38737**
补骨脂木蓝 **206450**
补骨脂属 **319116**
补锅树 60230
补脑根 60230
补氏绣线菊 371836
补血草 **230759**,98292,200754,230544,230631
补血草黑果菊 **44029**
补血草科 **230484**
补血草属 **230508**
补血草叶牧根草 **298063**
补血丹 176815
补血王 165515
补药 202767
补阴丹 142044,142045,142152
捕虫草 138329,138331,264846,299737
捕虫堇 **299759**,299737
捕虫堇菜属 299736
捕虫堇科 **299766**
捕虫堇属 **299736**
捕虫瞿麦 363214
捕虫木属 336149
捕虫纸草科 64384
捕虫纸草属 64385
捕斗蛇草 239215,239222
捕猴果 **223771**
捕鸟蔷薇 **44964**
捕鸟蔷薇属 **44960**
捕蛇草 138331
捕蝇草 138295,138329
捕蝇草科 **131398**,82490
捕蝇草属 **131397**,82560
捕蝇草沃恩木蓝 **405201**
捕蝇杜鹃 330280
捕蝇幌 **336155**
捕蝇幌科 **336161**
捕蝇幌属 **336149**
捕蝇瓶子草 **188555**
捕蝇瓶子草属 **188554**
捕蝇荠 **260577**
捕蝇荠属 **260569**
捕鱼草 57296
不出林 31477
不穿叶布氏龙胆 **54895**
不纯绳草 **328010**
不待劳 31389
不丹报春 315121
不丹垂头菊 **110350**
不丹单花荠 **287950**
不丹杜鹃 **330794**,331002,331859
不丹红景天 329848
不丹厚喙菊 **138765**
不丹槐 **368976**
不丹黄芪 42074
不丹黄耆 42074
不丹柳 **343102**
不丹龙胆 **173322**
不丹松 **299819**
不丹嵩草 **217250**
不丹葶苈 **136950**
不丹小檗 51684
不丹小花小檗 **51920**
不丹蝇子草 **363569**
不丹紫堇 **105831**,106059
不丹醉鱼草 **62115**
不等鼻叶草 **329582**
不等边金合欢 **1303**
不等扁担杆 **180828**
不等齿黄胶菊 **318696**
不等齿龙舌兰 **10872**
不等齿千里光 **359103**
不等翅假榆橘 **320083**
不等刺大戟 **159125**
不等刺麻疯树 **212159**
不等酢浆草 **277903**
不等帝王花 **82339**
不等毒鼠子 **128699**
不等恩氏寄生 **145584**
不等拂子茅 **65300**
不等梗赪桐 **96133**
不等核果木 **138633**
不等基特茜 **215768**
不等拉菲豆 **325120**
不等丽唇夹竹桃 **66956**
不等裂马先蒿 **287289**
不等裂西澳兰 **118155**
不等露子花 **123894**
不等毛束草 **395758**
不等美冠兰 **156754**
不等欧石南 **149570**
不等浅灰热非茜 **384321**
不等鞘狗尾草 **197275**
不等曲花 **120562**
不等日中花 **220584**
不等黍 **281748**
不等四边金果椰 **139426**
不等微翼枝小檗 51683
不等围涎树 **301139**
不等叶白鼓钉 **307681**
不等叶塞拉玄参 **357551**
不等叶鸭嘴花 **214536**
不等硬皮鸢尾 **172617**
不等玉凤花 **183722**
不凋草 258905
不凋花 230761
不凋木 276550
不定闭鞘姜 **107235**
不定木蓝 **205643**
不定十大功劳 **242562**
不定卫矛 **157593**
不对称百簕花 **55353**
不对称当归 **24376**
不对称蓝星花 **33659**
不对称欧石南 **149600**
不对称榕 164885
不对称远志 **308120**
不凡杜鹃 **330932**
不凡悬钩子 **338838**
不换金 280771
不洁苔草 **74869**
不结球白菜 59595
不惊茶 411362
不可摸 125548
不老草 57437,158161
不老药 118133
不离膜芥属 **4192**
不脸草 259323
不列思多棕属 313952
不裂果香草 **239633**
不裂山牛蒡 **382078**
不留 403687
不留行 403687
不鲁纳轮叶菊 **161173**
不碌果 171145
不路尼亚科 61360
不美阴湿小檗 51744
不明显秋海棠 50118
不怕日草 54042
不齐安吉草 **24548**
不齐齿黄芩 **355521**
不齐红孩儿秋海棠 **50135**
不齐积雪草 **81588**
不齐假鹤虱 **184302**
不齐罗顿豆 **237287**
不齐罗勒 **268442**
不齐热非南星 **21898**
不齐舌叶花 **177451**
不齐十月绶草 **372236**
不齐水蓑衣 **200609**
不齐柱瓣兰 **146407**
不求人 33349
不全重楼 **284339**
不全飞蓬 **150771**
不全南非银豆 **307260**
不全日本栗 **78780**
不实雀麦 **60985**
不实矢车菊 **81402**
不实燕麦 **45586**
不实早熟禾 306027
不食草 81687
不死草 15886,135059,232640,263867,272090
不死鸟 **16657**,102510
不死树 165307
不死药 272090
不死叶 272090
不似黄眼草 **416050**
不似鸡脚参 **275670**
不似裂舌萝藦 **351543**
不似欧石南 **149359**
不似蒲公英 **384526**
不似千里光 **358739**
不似双距花 **128051**
不显翠雀花 **124304**
不显龙胆 **173531**
不显秋海棠 **50118**,50119
不显无心菜 **31959**
不显鸦葱 354878
不显蚤缀 31959
不显著凤仙花 **205029**
不香母菊 397964
不详异囊菊 **194236**
不祥飞蓬 **150932**
不雅乌桑巴拉鹿藿 **333440**
不育春黄菊 **26886**
不育豆瓣菜 **262746**
不育蔊菜 **336169**
不育红 **209872**
不育木绣球 **407940**
不育苔草 **76368**
不育委陵菜 **313025**
不育总苞绣球 **199917**
不悦画眉草 **147734**
不悦毛茛 **325972**
不整谷精草 **151334**
不整向日葵 **188921**
不知春 121714,231355
不知奈 384681
布阿尔空船兰 **9103**
布埃兰 **62230**
布埃兰属 **62228**
布包木 253385
布贝沙拐枣 **67003**
布比林仙属 61586
布波林仙属 61586
布布榕 **164721**
布布省藤 **65653**
布菜 35674
布查南小檗 **51396**
布查早熟禾 305417
布昌福木 142436
布昌假橄榄 142436
布昌美登木 182667
布昌南美登木 182667
布楚属 10557
布达尔碱茅 **321326**
布达姜饼木 284272
布袋口 1790
布袋兰 **68538**,68544,79546
布袋兰毛茛 **325762**
布袋兰属 **68531**,79526
布袋莲 141808
布袋莲属 141805
布袋球 **140884**
布袋丸 140884

布袋竹 297203
布迪腺荚果 **7388**
布迪椰子 64161
布迪椰子属 64159
布地锦 388303
布帝亚椰子 64161
布帝亚椰子属 64159
布蒂克母草 **231491**
布蒂克猪屎豆 **111966**
布东戈非洲水玉簪 **10088**
布敦玉蕊 **48511**
布顿大麦草 **198264**
布顿欧石南 **149097**
布恩白头翁 **321663**
布恩曼道氏福禄考 **295263**
布尔阿氏莎草 **539**
布尔播娘蒿 **126114**
布尔补血草 **230550**
布尔布留芹 **63472**
布尔长庚花 **193258**
布尔楚黄耆 **42124**
布尔刺毛爵床 **84776**
布尔独行菜 **225442**
布尔飞廉 **73322**
布尔非洲豇豆 **277316**
布尔嘎尔百里香 **391112**
布尔黄耆 **42092**
布尔基利省藤 **65654**
布尔加拉拉藤 **170274**
布尔加梨 **323113**
布尔胶菀木 **101281**
布尔津黄耆 **42123**
布尔津柳 **343130**
布尔津苔草 73959
布尔卡黄耆 **42121**
布尔可利果 **96676**
布尔克金合欢 **1099**
布尔苦苣菜 **368671**
布尔芦荟 **16668**
布尔曼白花菜 **95641**
布尔曼大戟 **158592**
布尔曼格尼瑞香 **178580**
布尔曼假塞拉玄参 **318405**
布尔曼鳞籽莎 **225570**
布尔曼牻牛儿苗 **346644**
布尔曼山香 **203043**
布尔曼四数莎草 **387643**
布尔曼相思树 **1088**
布尔南非帚灯草 **67910**
布尔拟漆姑 **370617**
布尔奇北美圆柏 **213987**
布尔茜 **64103**
布尔茜属 **64102**
布尔青柳 343130
布尔热大戟 **158563**
布尔热飞廉 **73321**
布尔热蝇子草 **363260**
布尔热锥足芹 **102721**
布尔珊瑚参 **53221**
布尔水苏 **373164**
布尔羊角芹 **8820**
布尔翼茎菊 **172422**
布尔芸香 **63938**
布尔芸香属 **63937**
布法罗叉子圆柏 **213904**
布法罗车轴草 **397041**
布夫大岩桐寄生 **384045**
布干山杜鹃 **331530**
布干维尔苏铁 **115804**
布港南芥 **30429**
布戈纹蕊茜 **341278**
布格楝 **263639**
布格楝属 **263638**
布格木 **50438**
布格木属 **50437**
布格烟木 **102742**
布根海秘 61918
布根海秘属 61917
布根海密属 61917
布狗尾 402118,402119
布谷鸟剪秋罗 **363461**
布瓜 238261
布哈扁桃 **20889**
布哈尔奥氏草 **277329**
布哈尔百里香 **391111**
布哈尔薰草 **353265**
布哈尔糙苏 **295077**
布哈尔草莓 **167600**
布哈尔翠雀花 **124079**
布哈尔合景天 **318391**
布哈尔黑种草 **266224**
布哈尔黄耆 **42118**
布哈尔锦葵 **243758**
布哈尔荆芥 **264892**
布哈尔景天 **356589**
布哈尔梨 **323115**
布哈尔蓼 309015
布哈尔木犀草 **327823**
布哈尔南芥 **30211**
布哈尔拟芸香 **185629**
布哈尔珀菊 **18951**
布哈尔涩荠 **243184**
布哈尔石头花 **183177**
布哈尔苔草 **73969**
布哈尔天芥菜 **190581**
布哈尔天门冬 **38953**
布哈尔菟丝子 **114982**
布哈尔驼蹄瓣 **418608**
布哈尔岩黄耆 **187810**
布哈尔银莲花 **23736**
布哈尔蝇子草 **363264**
布哈尔早熟禾 **305417**
布哈尔猪毛菜 **344476**
布哈尔紫堇 **105669**
布哈尔紫罗兰 **246446**
布哈拉独尾草 **148536**
布哈拉蓼 162509
布哈拉绵枣儿 **352889**
布哈拉首乌 **162512**
布哈拉鸢尾 **208473**
布河黄芪 42119
布河黄耆 **42119**
布赫斑鸠菊 **406172**
布赫瓣鳞花 **167767**
布赫棒毛萼 **400769**
布赫糙被萝藦 **393794**
布赫叉鳞瑞香 **129530**
布赫等丝夹竹桃 **210207**
布赫番樱桃 **156149**
布赫甘草 **177883**
布赫哈维列当 **186054**
布赫蓟 **91824**
布赫宽带芹 **302997**
布赫立金花 **218844**
布赫苓菊 **214056**
布赫芦荟 **16666**
布赫毛子草 **153146**
布赫纳百簕花 **55276**
布赫纳赪桐 **95975**
布赫纳大沙叶 **286133**
布赫纳大岩桐寄生 **384040**
布赫纳短冠草 **369189**
布赫纳鬼针草 **53810**
布赫纳豇豆 **408893**
布赫纳牡荆 **411217**
布赫纳柔花 **8914**
布赫纳山竹子 **171073**
布赫纳手玄参 **244757**
布赫纳肖木蓝 **253227**
布赫纳鸭舌癀舅 **370756**
布赫纳异叶木 **25565**
布赫纳指腺金壳果 **121145**
布赫盘花千里光 **366878**
布赫婆婆纳 **407045**
布赫茄 **366995**
布赫山柑 **62321**
布赫山柑属 **62320**
布赫疏松莎草 **119097**
布赫栓翅芹 **313518**
布赫丝叶芹 **350363**
布赫四齿芥 **386948**
布赫塔尔大戟 **158581**
布赫弯管花 **86201**
布赫无梗柱卫矛 **29572**
布赫西澳兰 **118171**
布赫肖鼠尾草 **352559**
布赫肖鸭嘴花 **8085**
布赫薰衣草 **223268**
布赫脂苏木 **315254**
布赫紫波 **28447**
布吉氏黄耆 **42120**
布加尔黄芩 **355395**
布荆 411362,411420
布惊 411362,411420
布喀利鸢尾 208473
布卡马斑鸠菊 **406795**
布卡姆黑草 **61751**
布凯彩包花 **345475**
布凯红月桂 **382739**
布凯塔普木 **384393**
布坎南阿氏莎草 **538**
布坎南白叶藤 113577
布坎南苞叶兰 **58380**
布坎南扁棒兰 **302764**
布坎南单花杉 **257109**
布坎南多坦草 **136462**
布坎南福木 **142436**
布坎南谷精草 **151255**
布坎南茴芹 **299368**
布坎南火炬花 **216942**
布坎南鸡脚参 **275652**
布坎南鸡头薯 **152879**
布坎南胶藤 **220825**
布坎南蜡菊 **189211**
布坎南肋瓣花 **13755**
布坎南芦荟 **16665**
布坎南鹿藿 **333166**
布坎南马岛翼蓼 **278406**
布坎南美登木 **182667**
布坎南牡荆 **411215**
布坎南木蓝 **205750**
布坎南拟离药草 **375327**
布坎南鸟足兰 **347733**
布坎南扭果花 **377674**
布坎南纽敦豆 **265895**
布坎南全毛兰 **197519**
布坎南润肺草 **58832**
布坎南山竹子 **171072**
布坎南薯蓣 **131496**
布坎南树葡萄 **120027**
布坎南双冠芹 **133029**
布坎南水蜈蚣 **218496**
布坎南天门冬 **38952**
布坎南沃内野牡丹 **413223**
布坎南无梗石蒜 **29562**
布坎南西澳兰 **118170**
布坎南香茶 **303179**
布坎南小金梅草 **202803**
布坎南鸭跖草 **100950**
布坎南异木患 **16061**
布科巴鼻烟盒树 **270889**
布科巴番樱桃 **156150**
布科巴九节 **319452**
布科巴芦荟 **16669**
布科巴赛金莲木 **70716**
布科巴肖赪桐 **337422**
布科科金叶树 **90028**
布克豆 63931,63934

布克豆属 63930
布克兰属 **61636**
布克榄 **63908**
布克榄属 **63907**
布克勒欧丁香 **382352**
布克利纡管雪白山梅花 **294571**
布克柳 344240
布克木属 **57985**
布克山黄菊 **25509**
布克斯顿华莱士老鹳草 **175004**
布克伍德荚蒾 **407652**
布枯兰属 **61904**
布枯属 10557,131938
布拉班特杨 **311256**
布拉班特银毛椴 **391837**
布拉柴维尔斑鸠菊 **406165**
布拉柴维尔蒲桃 **382495**
布拉柴维尔鞘蕊花 **99531**
布拉柴维尔黍 **281407**
布拉柴维尔小鞋木豆 **253160**
布拉大戟属 **63878**
布拉得秋海棠 **49675**
布拉德福豆梨 **323117**
布拉德美国薄荷 **257158**
布拉格荚蒾 **407659**
布拉加海葱 **402333**
布拉克澳矛果豆 **45306**
布拉克达姆大戟 **158566**
布拉克达姆舟叶花 **340582**
布拉克毛鳞大风子 **122885**
布拉克玫瑰树 **55214**
布拉克玫瑰树属 **55208**
布拉兰 **58240**
布拉兰属 **58238**
布拉瘤药树 289493
布拉瑟尔美木豆 **290871**
布拉十二卷 **186318**
布拉斯多穗兰 **310343**
布拉斯九节 **319442**
布拉斯蜡菊 **189202**
布拉斯木蓝 **205741**
布拉斯山柑 **71702**
布拉斯苔草 **73910**
布拉斯油芦子 **97295**
布拉梭属 59810
布拉索椰属 59680
布拉塔粉花绣线菊 **371947**
布拉沃兰 **59715**
布拉沃兰属 **59714**
布拉沃仙人掌 **59718**
布拉沃仙人掌属 **59717**
布拉伍桧柏 **213637**
布拉异荣耀木 **134566**
布拉泽风铃草 **69925**
布拉泽假报春 **105491**
布拉泽米努草 **255449**
布拉扎惠特爵床 **413949**
布拉扎马唐 **130468**
布拉扎西番莲 **284920**
布拉扎肖九节 **401950**
布拉扎异荣耀木 **134564**
布莱恩觥玉 **354288**
布莱克轮菀 **268683**
布莱克舟瓣梧桐 **350456**
布莱省藤 **65773**
布莱鼠李 **54883**
布莱鼠李属 **54882**
布莱谢百里香 **391103**
布赖恩伞形花小檗 **52290**
布赖斯老鹳草 **174508**
布兰德瓜 59114
布兰德瓜属 59113
布兰德山大戟 **159394**
布兰德山短梗景天 **8501**
布兰德山厚敦菊 **277019**
布兰德山芦莉草 **339682**
布兰德山生石花 **233532**
布兰迪栎 **323717**
布兰迪斯小檗 **51381**
布兰福德欧石南 **149085**
布兰尖膜菊 **201309**
布兰科非芥 **181715**
布兰科鼠尾草 **345160**
布兰膜质菊 201309
布兰奇女爵士雪白山梅花 **294572**
布兰山楂 **109775**
布兰太尔牛奶木 **255279**
布兰太尔塞拉玄参 **357433**
布兰特伍德阔叶风铃草 70108
布兰特伍德神钟花 **70108**
布兰悬钩子 **339160**
布兰野荞麦 **151866**
布郎兰 **61191**
布郎兰属 **61169**
布朗奥氏草 **277343**
布朗澳非萝藦 **326730**
布朗铲穗兰 **232997**
布朗带毛叶舌草 **418314**
布朗蝶花百合 **67567**
布朗短被帚灯草 **29542**
布朗椴属 **61194**
布朗多坦草 **136461**
布朗非洲弯萼兰 **197899**
布朗河指橘 **253292**
布朗画眉草 147553
布朗黄顶菊 **166817**
布朗黄檀 **121644**
布朗假杜鹃 **48124**
布朗间型红豆杉 385385
布朗锦鸡尾 **186432**
布朗可利果 **96675**
布朗克来豆 **108560**
布朗克林蓝花绿绒蒿 **247102**
布朗蜡菊 **189206**
布朗尼亚椰属 61040
布朗欧石南 **149107**
布朗忍冬 **235684**
布朗日中花 **220494**
布朗肉锥花 **102190**
布朗色罗山龙眼 **361170**
布朗山柳菊 **195494**
布朗山石斛 **125055**
布朗芍药 **280166**
布朗氏刺子莞 **333675**
布朗氏莞 333675
布朗薯蓣 **131495**
布朗斯塔树 **372977**
布朗斯岩黄耆 **187809**
布朗四棱菊 **18913**
布朗苔 73945,73952
布朗泰纳萝藦 **385824**
布朗特丁香 **382175**
布朗藤 194157
布朗藤属 194155
布朗西澳兰 **118172**
布朗虾疳花 **86504**
布朗新塔花 **418121**
布朗旋覆菊 **207272**
布朗止泻萝藦 **416195**
布朗柱果菊 **18239**
布朗紫堇 **105705**
布劳德维尔胡桃 **212637**
布劳顿兰属 61087
布劳恩艾纳香 **55699**
布劳恩杯苋 **115703**
布劳恩补血草 **230554**
布劳恩糙柊叶 **393896**
布劳恩齿舌叶 **377340**
布劳恩大戟 **158568**
布劳恩毒鼠子 **128621**
布劳恩多球茜 **310255**
布劳恩非洲萼豆 **25166**
布劳恩钩喙兰 **22093**
布劳恩狗尾草 **361717**
布劳恩虎尾兰 **346061**
布劳恩画眉草 **147549**
布劳恩基腺西番莲 **284919**
布劳恩金莲木 **268157**
布劳恩龙血树 **137348**
布劳恩鹿藿 **333163**
布劳恩鸟花兰 **269538**
布劳恩苘麻 **867**
布劳恩球锥柱寄生 **177007**
布劳恩肉果荨麻 **402303**
布劳恩烧麻 402303
布劳恩树葡萄 **120025**
布劳恩西澳兰 **118166**
布劳恩叶下珠 **296504**
布劳内尤利菊 **160766**
布劳森金钟花 **167472**
布劳氏金雀花 **120942**
布勒德阿娇西洋梨 **323136**
布勒德木属 59822
布勒德藤 **59851**,59855
布勒尔福鲁万奇欧洲李 **316384**
布勒斯美丽柏 67427
布勒泰尔鼻烟盒树 **270887**
布勒泰尔扁蒴藤 **315358**
布勒泰尔带梗革瓣花 **329252**
布勒泰尔膜苞豆 **201248**
布勒泰尔三萼木 **395194**
布勒泰尔三角车 **334595**
布勒泰尔杂色豆 **47699**
布勒伊斯大戟 **158579**
布勒伊斯多蕊石蒜 **175323**
布勒伊斯毛子草 **153145**
布勒伊斯球百合 **62355**
布雷德草 **59116**
布雷德草属 **59115**
布雷德胡椒 **300365**
布雷德茜属 **59061**
布雷豆 **59918**
布雷豆属 **59917**
布雷恩荸荠 **143067**
布雷恩碧波 **54369**
布雷恩画眉草 **147548**
布雷恩吉尔苏木 **175634**
布雷恩三芒草 **33780**
布雷默蓝花参 **412604**
布雷默鳞籽莎 **225569**
布雷默茜属 **59900**
布雷姆硬皮鸢尾 **172576**
布雷木属 **59820**
布雷那茜 59932
布雷那茜属 59930
布雷纳德氏山楂 **109561**
布雷南丁香蓼 **238164**
布雷南拉拉藤 **170283**
布雷南里因野牡丹 **229677**
布雷南美冠兰 **156590**
布雷南神秘果 **381978**
布雷南肖水竹叶 **23507**
布雷南盐肤木 **332495**
布雷南紫檀 **320280**
布雷斯木 **263687**
布雷斯木属 **263686**
布藜属 63405
布里奥特肉红七叶树 **9681**
布里巴豆 **112846**
布里布氏茜 **59922**
布里顿荸荠 **143069**
布里顿胡枝子 **226720**
布里顿兰 **311021**
布里顿芦莉草 **339697**
布里顿诺林兰 **266490**
布里多尼羊茅 **163810**
布里多坦草 **136487**

布里仿花苏木 **27749**
布里夫姜味草 **253645**
布里甘蓝树 **115199**
布里格斯鹅掌牵牛 **207874**
布里锦葵 **60348**
布里锦葵属 **60347**
布里九节 **319448**
布里桔梗 **60292**
布里桔梗属 **60291**
布里凯大戟 **158576**
布里凯毒马草 **362750**
布里凯假匹菊 **329809**
布里凯苦苣菜 **368676**
布里凯南洋参 **310181**
布里康杏 **34430**
布里兰 **60247**
布里兰属 **60246**
布里兰特瓜叶菊 **290822**
布里裂花桑寄生 **295828**
布里棉 **179895**
布里木槿 **194762**
布里奇斯美韭 **398781**
布里奇斯蝇子草 **363262**
布里脐果山榄 **270643**
布里茄 **366994**
布里热非豆 **212661**
布里树葡萄 **120026**
布里斯托尔小檗 **51393**
布里塔山柳菊 **195496**
布里滕白绒玉 **105374**
布里滕斑鸠菊 **406167**
布里滕多蕊石蒜 **175322**
布里滕虎眼万年青 **274541**
布里滕千里光 **358442**
布里滕参属 **211463**
布里滕肖鸢尾 **258426**
布里滕远志 **307963**
布里滕舟叶花 **340590**
布里瓦帕大戟 **401221**
布里无患子 **60243**
布里无患子属 **60238**
布里细爪梧桐 **226259**
布里雅特苔草 **73975**
布里亚美冠兰 **156585**
布里亚特凤仙花 **204829**
布里亚特假杜鹃 **48122**
布里亚特梅莱爵床 **249547**
布里亚特楔柱豆 **371521**
布里野荞麦 **151867**
布里泽凹叶小檗 **51587**
布丽灰岩远志 **307970**
布利阿诺木 **26154**
布利安木 61432
布利安木属 61430
布利奥特夫人枸骨叶冬青 **203558**
布利草落冠菊 **14451**
布利查德神钟花 **70110**
布利杜鹃 61432
布利杜鹃属 61430
布利木属 55208
布粒氏兰桉 **155502**
布列氏野樱桃 316436
布列亚山还阳参 **110763**
布列亚山紫菀 **41224**
布烈氏黄芩 355683
布林氏兜兰 **282795**
布林银毛球 **244107**
布留克 59507
布留芹 **63485**
布留芹属 **63467**
布留芹状锥足芹 **102722**
布龙异翅藤属 **61046**
布隆迪百簕花 **55277**
布隆迪长冠田基黄 **266088**
布隆迪都丽菊 **155363**
布隆迪鬼针草 **53811**
布隆迪厚壳桂 **113432**
布隆迪豇豆 **409089**
布隆迪螺叶瘦片菊 **127177**
布隆迪美冠兰 **156599**
布隆迪扭果花 **377677**
布隆迪山黄菊 **25501**
布隆迪丝花茜 **360675**
布隆迪仙丹花 **211058**
布隆迪玉凤花 **183424**
布隆兰属 **60562**
布卢粗柱山榄 **279786**
布卢默飞蓬 **150504**
布卢默金菊木 **150311**
布卢默毛茛 **326160**
布卢姆筛藤 107120
布鲁草属 **61047**
布鲁地中海松 299964
布鲁杜鹃 **61223**,330265
布鲁杜鹃属 **61221**
布鲁尔百簕花 **55275**
布鲁尔百蕊草 **389627**
布鲁尔刺花蓼 **89061**
布鲁尔大滨藜 **44495**
布鲁尔飞蓬 **150516**
布鲁尔蓟 **91918**
布鲁尔金千里光 **279892**
布鲁尔丽菀 **155803**
布鲁尔氏云杉 **298265**
布鲁尔岩马齿苋 **65833**
布鲁尔异株荨麻 **402891**
布鲁凤梨 **59989**
布鲁凤梨属 **59988**
布鲁克桉 **155508**
布鲁克杜鹃 **330261**
布鲁克塞伯舌虎耳草 **349140**
布鲁毛蕊芸香 **153329**
布鲁米特灰毛豆 **385978**
布鲁米特驼曲草 **119806**
布鲁墨省藤 **65650**
布鲁姆芦荟 **16661**
布鲁内利车轴草 **397075**
布鲁内利大戟 **158578**
布鲁纳泽兰 **158221**
布鲁尼科 61360
布鲁尼木属 61320
布鲁尼杂种紫杉 385385
布鲁诺虎耳草 349134
布鲁诺溲疏 **127108**
布鲁塞尔花边圆锥绣球 **200039**
布鲁氏猪殃殃 **170282**
布鲁斯斑鸠菊 **406169**
布鲁斯刺桐 **154634**
布鲁斯大沙叶 **286131**
布鲁斯皇后春番红花 **111630**
布鲁斯火炬花 **216941**
布鲁斯润肺草 **58830**
布鲁斯肖九节 **319449**
布鲁索内百里香 **391109**
布鲁索内半日花 **188608**
布鲁索内加那利豆 **136742**
布鲁索内柳穿鱼 **230890**
布鲁索内木茼蒿 **32556**
布鲁索内拟芸香 **185626**
布鲁索内欧瑞香 **391027**
布鲁索内涩荠 **243180**
布鲁索内鼠尾草 **344917**
布鲁索内水仙 **262360**
布鲁天门冬 **38956**
布鲁文殊兰 **111179**
布鲁溪百合 **262132**
布鲁祖尼二乔玉兰 **242296**
布路凯管花柱 **94558**
布吕内尔大沙叶 **286132**
布吕内尔胶藤 **220824**
布吕内尔可拉木 **99170**
布吕内尔鞋木 **52857**
布吕特萝藦杯冠藤 **117402**
布吕特萝藦属 **55901**
布吕特毛茛 **325664**
布吕特水马齿 **67345**
布吕耶法蒺藜 **162210**
布伦欧石南 **149086**
布伦石斛 **125022**
布伦斯维克雀稗 **285468**
布伦羊角拗 **378372**
布罗地 60436
布罗地花韭 **60436**
布罗地石蒜 60436
布罗地属 60431
布罗沟繁缕 **142564**
布罗特 315937
布罗特罗栎 **323722**
布罗特属 315702
布罗特蝇子草 **363263**
布罗鸢尾 208466
布罗宗二乔玉兰 242296
布洛布尔提斑鸠菊 **406175**
布洛大戟属 **55660**
布洛短梗风信子 **79470**
布洛番红花 **111506**
布洛凤梨 **60420**
布洛凤梨属 **60416**
布洛赫曼翠雀花 **124465**
布洛赫曼飞蓬 **150503**
布洛赫曼千里光 **358408**
布洛华丽 61131
布洛华丽属 61118
布洛杰特斑鸠菊 **406151**
布洛克风琴豆 **217977**
布洛克海神菜 **265474**
布洛克金合欢 **1098**
布洛克雷公藤 398322
布洛克芦荟 **16672**
布洛克美草 **184259**
布洛克蛇舌草 **269741**
布洛克黍 **281421**
布洛克天芥菜 **190582**
布洛克田皂角 **9512**
布洛美属 60544
布马无患子属 **63414**
布玛尔达粉花绣线菊 **371948**
布玛利木属 63417
布满轮环藤 **116011**
布梅榄叶小檗 **51399**
布美氏巴拿马草 **77044**
布那天胡荽 **200264**
布奈木 **63408**
布奈木属 **63405**
布尼芹 63485
布尼芹属 63467
布诺美丽亚属 60544
布诺木棉 **56776**
布齐亚椰子属 64159
布奇海葱 **402336**
布奇苣苔 **61916**
布奇苣苔属 **61915**
布切尔木 **63904**
布切尔木属 **63903**
布切木属 **61679**
布荣黑 193939
布蕊金属 60416
布瑞氏肋枝兰 **304907**
布若地属 60431
布塞荆芥 **264893**
布塞毛茛 **325665**
布赛大戟 **158582**
布赛驴喜豆 **271183**
布赛山柳菊 **195497**
布瑟阿斯皮菊 **39755**
布瑟斑点非洲长腺豆 **7506**
布瑟大戟 **158594**

布瑟短盖豆 **58713**
布瑟番薯 **207928**
布瑟海漆 **161645**
布瑟海因斯茜 **188282**
布瑟含羞草 **255001**
布瑟壶茎麻 **361286**
布瑟金合欢 **1102**
布瑟拉拉藤 **170298**
布瑟芦荟 **16675**
布瑟毛子草 **153148**
布瑟美冠兰 **156600**
布瑟木蓝 **205762**
布瑟内雄楝 **145952**
布瑟茄 **367000**
布瑟苘麻 **868**
布瑟三角车 **334597**
布瑟柿 **132078**
布瑟苏木属 **64119**
布瑟铁苋菜 **1808**
布瑟五层龙 **342599**
布瑟五星花 **289790**
布瑟锡叶藤 **386862**
布瑟细线茜 **225749**
布瑟肖大岩桐寄生 **270498**
布瑟肖矛果豆 **294608**
布瑟旋花 **102968**
布瑟崖豆藤 **254634**
布瑟异木患 **16062**
布瑟异荣耀木 **134569**
布瑟忧花 **241594**
布瑟玉凤花 **183478**
布瑟杂色豆 **47774**
布沙芸香属 **57806**
布舍小檗 **52285**
布施毛茛属 **64111**
布什百里香 **391113**
布什北美香柏 **390590**
布什翠雀花 **124081**
布什大戟 **158593**
布什芙兰草 **168828**
布什黑钩叶 **22234**
布什黄芩 **355396**
布什蓟 **91827**
布什荆芥 **264894**
布什藜 **86962**
布什曼大头苏铁 **145243**
布什毛茛 **325686**
布什米努草 **255450**
布什千里光 **358461**
布什山柳菊 **195501**
布什松果菊 **140080**
布什苔草 **73976**
布什庭荠 **18342**
布什罂粟葵 **67126**
布士曼美登木 **246820**
布氏桉 **155501**
布氏白扇椰子 **154573**
布氏斑鸠菊 **406170**
布氏半日花 **188609**
布氏膀胱豆 **100169**
布氏萹蓄 **291707**
布氏箣竹 **47214**
布氏长阶花 186938
布氏赪桐 95972
布氏稠李 280016
布氏刺花蓼 **89057**
布氏刺莲花属 **55851**
布氏刺头菊 **108247**
布氏大戟 **158577**
布氏斗篷草 **13987**
布氏杜鹃 330235
布氏多节花 **304509**
布氏鹅观草 **335246**
布氏鳄梨 **291500**
布氏非洲凌霄 **306705**
布氏拂子茅 **65301**
布氏哥伦比亚茜 **326917**
布氏钩藤 **401749**
布氏寒原荠 **29165**
布氏合丝鸢尾 **197830**
布氏核果木 **138591**
布氏虎眼万年青 **274537**
布氏花凤梨 **391985**
布氏花楸 **369351**
布氏黄耆 **42116**
布氏鸡骨常山 18033
布氏蒺藜草 **80811**
布氏假香材树 **216222**
布氏金丝桃 **201786**
布氏菊属 60095
布氏兰 **55864**
布氏兰属 **55863**,60562
布氏蓝蓟 **141123**
布氏榄仁树 **386488**
布氏蕾丽兰 **219672**
布氏离被鸢尾 **130294**
布氏蓼 **308907**
布氏裂叶番杏 **86146**
布氏瘤玉 389226
布氏龙胆 **173305**
布氏龙胆属 **54891**
布氏耧斗菜 **30005**
布氏榈属 315376
布氏落腺豆 **300615**
布氏马达加斯加菊 **29553**
布氏蔓龙胆 **110296**
布氏茅香 27967
布氏美头菊 **67533**
布氏米尔顿兰 **254925**
布氏木大戟 **55859**
布氏木大戟属 **55857**
布氏木槿 **194755**
布氏木属 **59012**
布氏南非蜘蛛兰 **48565**
布氏拟芸香 **185631**
布氏纽敦豆 **265896**
布氏落草 **217431**
布氏茜属 **59921**
布氏蔷薇 **336409**
布氏群黄玉 **354671**
布氏忍冬 **235690**
布氏乳籽菊 **389155**
布氏三果片葱 **15832**
布氏森林赪桐 **96347**
布氏沙蛇床 **19786**
布氏筛藤 **107120**
布氏十字豆 **374442**
布氏石斛 **125020**
布氏石竹 **127621**
布氏栓果菊 **222920**
布氏菘蓝 **209179**
布氏宿柱苔 **76740**,76737
布氏酸模 **339960**
布氏唢呐草 **256013**
布氏铁兰 391985
布氏兔唇花 **220059**
布氏微花兰 **374702**
布氏尾球木 **402481**
布氏无患子 **55641**
布氏无患子属 **55640**
布氏细辛 **37571**
布氏星刺 **327563**
布氏旋柱兰 **258991**
布氏血草 **55109**
布氏血草属 **55108**
布氏燕麦 **45417**
布氏野牡丹科 **55082**
布氏野牡丹属 **55079**
布氏尤伯球 **401333**
布氏羽扇豆 **238437**
布氏鸢尾 208474
布氏月华玉 **287882**
布氏赞德菊 **417036**
布氏绉子棕 **321163**
布氏猪笼草 **264834**
布氏柱瓣兰 **146386**
布氏紫堇 105680
布思附属物兰 **315613**
布斯卡密柳叶菜 **69819**
布斯通桉 **155547**
布斯亚麻藤 **199147**
布塔古草胡椒 **290341**
布塔古小花茜 **286018**
布塔托曼木 **390295**
布塔耶大托叶金壳果 **241927**
布塔耶黑草 **61752**
布塔耶九节 **319454**
布塔耶露兜树 **280994**
布塔耶毛叶灰毛豆 **386020**
布塔耶肖木蓝 **253228**
布塔耶直药萝藦 **275474**
布特比伦及勒兹西洋梨 **323143**
布特福王草 **313801**
布特苔草 **74278**
布特一枝黄花 **367968**
布提棕属 64159
布田菝草 338985
布托老鹳草 **174510**
布瓦大戟 **158554**
布瓦堇菜 **409755**
布瓦芒柄花 **271511**
布瓦氏草 56563
布瓦氏草属 56560
布瓦西厄当归 **24307**
布瓦西耶百蕊草 **389618**
布瓦西耶瓣鳞花 **167766**
布瓦西耶杯冠藤 **117405**
布瓦西耶柴胡 **63582**
布瓦西耶刺无心菜 **32161**
布瓦西耶大戟 **158553**
布瓦西耶豆瓣菜 **262653**
布瓦西耶独行菜 **225303**
布瓦西耶花楸 **369350**
布瓦西耶金盏花 **66469**
布瓦西耶蜡菊 **189195**
布瓦西耶蓝蓟 **141120**
布瓦西耶梨 **323112**
布瓦西耶芒柄花 **271510**
布瓦西耶黏腺果 **101235**
布瓦西耶女娄菜 **248294**
布瓦西耶蔷薇 **336402**
布瓦西耶沙穗 **148474**
布瓦西耶石竹 **127876**
布瓦西耶矢车菊 **80970**
布瓦西耶水苏 **373157**
布瓦西耶菘蓝 **209176**
布瓦西耶梯牧草 **294972**
布瓦西耶拖鞋兰 **295876**
布瓦西耶小檗 **51366**
布瓦西耶鸭跖草 **100947**
布瓦西耶野豌豆 **408326**
布瓦西耶郁金香 **400114**
布瓦西耶鸢尾 **208467**
布瓦西耶远志 **307953**
布瓦西耶治疝草 **192935**
布瓦芸苔 **59309**
布纹球 **159485**
布西栎 **323583**
布西破布木 104159
布希达属 61907
布谢草属 **57809**
布谢利帕豆 **232041**
布谢欧石南 **149096**
布谢茄 **57842**
布谢茄属 **57840**
布伊隐蔽肉锥花 **102561**
布英 414193
布鱼草 226742

布渣　253385
布渣叶　253385,378386
布渣叶属　253361
布兹九节　**319780**
步步登高　418043
步步登高花　383103
步步高　418043
步步高属　418035
步步楷　126958
步登高　418043
步散　71348
步散属　71313
步氏热非黏木　**216568**
步行者树锦鸡儿　**72183**
步曾槭　3024


## C


猜帕薯蓣　**131518**
采尔茄　**401205**
采尔茄属　**401203**
采木　**184518**
采木属　**184513**
采木树　56971
采尼斯风铃草　**69950**
采氏母菊　**246411**
采阳子　272090
彩斑颚唇兰　246718
彩斑秋海棠　50067
彩斑鳃兰　**246718**
彩斑桑勒草　368887
彩斑桑簕草　368887,368895
彩瓣纳丽花　**265283**
彩包花　345474
彩包鼠尾草　**345478**,345474
彩苞花属　**18908**
彩苞金绒草　**320461**
彩苞金绒草属　**320460**
彩边墨兰　**117058**
彩巢菜　408540
彩萼钟花　70164
彩帆　**86610**
彩钩球　**244220**
彩钩丸　244220
彩光胡颓子　**141983**
彩果椰属　203501
彩果棕属　**203501**
彩虹　**228156**
彩虹百合　**229871**
彩虹大叶木藜芦　228164
彩虹花　**136394**
彩虹花属　**136391**
彩虹加拿大唐棣　**19253**
彩虹金菊木　**150344**
彩虹菊　136394
彩虹木属　209017
彩虹山　**354307**
彩虹水竹草　**393991**
彩虹铁树　**137448**
彩虹仙人柱　**140313**
彩虹竹芋　66200
彩花　2211
彩花草科　77759
彩花草属　77755
彩花菰属　89217
彩花檵木　**237194**
彩花马兜铃　34246
彩花扭柄科　18080
彩花七叶树　**9716**
彩花茄　292745
彩花属　**2208**
彩花竹叶吊钟　**56756**
彩华阁　183380
彩华柱　**183380**
彩黄耆　**41956**
彩煌柱　183372
彩绘亮丝草　11355
彩颈椰　**48752**
彩颈椰属　**48751**
彩丽蛇菰　**46876**
彩鳞菊　**89301**
彩鳞菊属　**89300**
彩龙　**340687**
彩脉风藤　300473
彩脉胡椒　300473
彩木　102926,184518
彩木属　184513
彩片菊　**350856**
彩片菊属　**350855**
彩秋七叶树　**9676**
彩雀　102833
彩雀花　**230911**
彩髯玉　**275410**
彩髯玉属　275405
彩日葵属　207456
彩色春水仙　**62526**
彩色大戟　**158672**
彩色杜茎山　**241820**
彩色飞蓬　**151056**
彩色哈罗皮图木　318625
彩色回回苏　**290953**
彩色假狼紫草　**266628**
彩色剑叶莎　**49284**
彩色巨大龙舌兰　**10874**
彩色卷瓣兰　**62998**
彩色鹿蹄草　**322869**
彩色美乐兰　**39276**
彩色美洲接骨木　**345647**
彩色猕猴桃　**6584**
彩色木犀草　327879
彩色拟芸香　**185685**
彩色青木　**44941**
彩色日本胡枝子　**226853**
彩色萨瓦捷堇菜　**409619**
彩色水荠菜　**267813**
彩色溲疏　**127087**
彩色天人菊　**169608**
彩色突厥蔷薇　**336517**
彩色梧桐　155000
彩色勿忘草　**260909**
彩色小瀑布南非山梗菜　**234451**
彩色肖竹芋　**66191**
彩色玉蜀黍　**417429**
彩色云实　**65078**
彩色紫苏　99711,290952
彩色紫叶　180278
彩石竹　**127715**
彩鼠麹　**32469**
彩鼠麹属　**32468**
彩苏　99711
彩穗木属　**334352**
彩魏　163651
彩纹白沿阶草　**272088**
彩纹凤梨属　182149
彩纹海棠　50067
彩纹绿锦草　**393999**
彩纹秋英　**107162**
彩纹五角枫　**3160**
彩纹小叶金鱼花　**100123**
彩纹肖竹芋　**66193**
彩翁锦　**273827**
彩舞柱　**57409**
彩绣玉　**284667**
彩旋花　103340
彩炎　82355
彩炎花　**82355**
彩眼花　370009
彩叶爱染草　**12496**
彩叶扁桃　**20904**
彩叶草　99711
彩叶草属　99506
彩叶粗肋　11355
彩叶吊兰　**88556**
彩叶多花梾木　**105032**
彩叶凤梨　**264409**
彩叶凤梨属　**264406**
彩叶扶芳藤　**157509**
彩叶哈克木　**184650**
彩叶假林仙　**318625**
彩叶尖花拂子茅　**65262**
彩叶锦带花　**413600**
彩叶芦竹　**37469**
彩叶绿萝　**353132**
彩叶木　180278
彩叶木芙蓉　**195044**
彩叶木属　180270
彩叶欧洲常春藤　**187238**
彩叶爬山虎　285110
彩叶平卧福禄考　**295242**
彩叶球兰　**198829**
彩叶铁苋　**2019**
彩叶万年青　**130135**
彩叶苋　**18837**
彩叶橡皮树　**164931**
彩叶洋紫苏　99711
彩叶虉草　293710
彩叶印度橡胶树　164934
彩叶芋　**65228**
彩叶芋属　65214
彩叶朱蕉　104370
彩叶紫菀　**41480**
彩叶棕属　222625
彩云　249590
彩云兜兰　**282922**
彩云阁　158456
彩云木属　**381475**
彩云球　**249590**
菜　86901
菜伯　15289
菜虫药　80141,398322
菜地狗肝菜　**129302**
菜豆　**294056**,294006,294010,409092,409096
菜豆青　291161
菜豆属　**293966**
菜豆树　**325002**
菜豆树属　**324993**
菜耳　415046
菜甫筋　189931
菜瓜　**114201**,238261
菜瓜香　231568
菜花　59529
菜蓟　**117787**,92268
菜蓟刺菊　**77000**
菜蓟刺头菊　**108262**
菜蓟漏芦　**329212**
菜蓟属　**117765**
菜椒　72075
菜菊三七　**183072**
菜壳蒜　16326,16400
菜栾藤　250781
菜栾藤属　250749
菜木香　**135730**
菜氏金鸡纳树　91090

菜树菊 **218818**
菜树菊属 **218816**
菜苔 **59556**,59603
菜藤 123559
菜头 **326619**,326616
菜头肾 85951
菜王椰 337883
菜王棕 **337883**
菜伪 198745
菜乌头 23817
菜芽 59438
菜药 80141
菜椰属 161053
菜椰子属 161053
菜萸寄生科 148325
菜萸寄生属 148329
菜园葱 **15540**
菜园花椒 **417288**
菜折 59541
菜籽灵 146724
菜子 59493,59595,59603
菜子灵 146724
菜子木 66789
菜子泡 338292
菜子七 72858,73029,200758,200760
菜棕 **341422**
菜棕科 **341432**
菜棕属 **341401**,161053
蔡板草 268614
蔡达草 200366
蔡格氏金雀花 **121031**
蔡赫风车子 100867
蔡赫钩果草 185851,185852
蔡赫瓜 **114270**
蔡赫唐菖蒲 **176672**
蔡克瘦弱茱萸 **225863**
蔡克铁线子 **244534**
蔡木 347413
蔡南非群花寄生 **11110**
蔡山榄 **399826**
蔡山榄属 **399825**
蔡氏杜鹃 332009
蔡氏短梗景天 **8433**
蔡氏鹅耳枥 77400
蔡氏蒺藜 **395158**
蔡氏金丝桃 **202180**
蔡氏柃 160620
蔡氏六驳 6821
蔡氏马先蒿 **287782**
蔡氏木莓 **136869**
蔡氏千屈菜 **240088**
蔡氏山柳菊 **196102**
蔡氏水苏 **373189**
蔡氏乌头 5642
蔡氏崖爬藤 **387863**
蔡氏郁金香 **400254**
蔡氏圆盘玉 **134121**
蔡斯单花杉 **257113**
蔡斯吊兰属 **65091**
蔡斯蜡菊 **189238**
蔡斯美登木 **246824**
蔡斯三萼木 **395207**
蔡斯天料木 **197658**
蔡斯藨草 **293728**
残波欧洲刺柏 **213715**
残波四角菊 **387266**
残飞坠 384473,384681
残槁蕴 233928
残还阳参 **110956**
残缺羊蹄甲 **49167**
残雪 150027
残雪欧石南 **150027**
残雪照水梅 **34461**
残雪柱 **258337**
残雪柱属 **258336**
残余延龄草 **397603**
残猪草 308816
残竹草 308816
蚕豆 **408393**
蚕豆木蓝 **206719**
蚕豆七 159833,329975
蚕豆属 **161870**,408251
蚕豆叶酢浆草 **277834**
蚕豆叶槐 368994
蚕豆叶天竺葵 **288581**
蚕茧草 309262
蚕茧蓼 **309262**
蚕莓 138796
蚕羌 267154
蚕头当归 24475
蚕仔叶树 259097
蚕子 373092
穇 **143522**,140423
穇草 140360
穇毛肋茅 **395991**
穇属 **143512**
穇穗莎草 **118798**
穇子 140423,143522
穇子草 143530
仓田杜鹃 **331022**
仓田天南星 **33385**
沧波河杜鹃 330370
沧江糙苏 **295055**
沧江海棠 **243661**
沧江火把花 **100035**
沧江锦鸡儿 **72266**
沧江蜡瓣花 **106637**,106643
沧江南星 **33283**
沧江鼠尾 345208
沧江新樟 **263764**
沧江蝇子草 **363769**
沧浪山小檗 **52396**
沧源薄托木姜子 **234090**
沧源赤瓟 **390179**
沧源木姜子 **233857**,234090
沧源山茶 69428
沧源树萝卜 **10318**
苍白阿普雷荆芥 **264872**
苍白阿氏莎草 **602**
苍白阿魏 **163692**
苍白埃及槲果 **46770**
苍白安瓜 **25152**
苍白奥佐漆 **279316**
苍白巴厘禾 **284118**
苍白菝葜 366544
苍白百里香 **391313**
苍白百蕊草 **389807**
苍白拜卧豆 **227037**
苍白瓣鳞花 **167810**
苍白棒毛仙灯 **67573**
苍白北美毛唇兰 **67887**
苍白藨草 **353686**
苍白布里滕参 **211526**
苍白布罗地 **60512**
苍白长莎草 **119133**
苍白车轴草 **396998**
苍白秤钩风 **132931**
苍白齿蕊小檗 **269177**
苍白虫实 **104825**
苍白春美草 **94317**
苍白雌足芥 **389289**
苍白刺桐 **154700**
苍白刺子莞 **333652**
苍白葱 **15565**
苍白葱叶兰 **254233**
苍白酢浆草 **277905**
苍白翠雀花 **124286**
苍白单花景天 **257086**
苍白灯心草 **213351**,213401
苍白地杨梅 **238677**
苍白顶片草 **6367**
苍白东方野豌豆 **408442**
苍白东南亚野牡丹 **24194**
苍白斗篷草 **14023**
苍白毒鼠子 **128774**
苍白杜鹃 **331434**,330686,332030
苍白杜兰德麻 **139052**
苍白多花蓼 **340522**
苍白多腺鞘冠帚鼠麹 **144689**
苍白多叶苔草 **75446**
苍白繁缕 **375033**
苍白繁叶苔草 **74586**
苍白飞蓬 **150841**
苍白菲奇莎 **164567**
苍白风铃草 **70204**
苍白凤仙花 **205204**
苍白盖裂果 **256095**
苍白盖氏刺鳞草 **169631**
苍白高粱 **369684**
苍白高葶苣 **11445**
苍白哥伦比亚乌头 **5137**
苍白革颖草 **371497**
苍白格尼瑞香 **178665**
苍白沟萼茜 **45025**
苍白观音兰 **399109**
苍白光滑珍珠茅 **354100**
苍白过路黄 239660
苍白海特木 **188337**
苍白黑面神 **60065**
苍白红果大戟 **154840**
苍白红门兰 273564
苍白花白酒草 **103552**
苍白花扁棒兰 **302768**
苍白花茶藨 **334145**
苍白花芳香木 **38699**
苍白花火炬花 **217010**
苍白花藿香 **10412**
苍白花姬 **313913**
苍白花空船兰 **9165**
苍白花蓝花参 **412783**
苍白花类九节 **181417**
苍白花列当 **275074**
苍白花曼氏欧石南 **149733**
苍白花欧石南 **149828**
苍白花石豆兰 **62977**
苍白花石竹 **127789**
苍白花肖水竹叶 **23591**
苍白花紫堇 **106242**
苍白花座球 **249589**
苍白画眉草 **147855**
苍白黄芩 **355655**
苍白黄肉菊 **193214**
苍白灰毛豆 **386219**
苍白火焰草 **79130**
苍白藿香 **10411**
苍白鸡脚参 **275739**
苍白季氏卫矛 **418066**
苍白假狼紫草 **266618**
苍白尖花茜 **278236**
苍白碱茅 **321345**
苍白金毛蕨 **151711**
苍白金丝桃 **201842**
苍白茎猪屎豆 **112494**
苍白荆芥 **265019**
苍白景天 **356961**
苍白可拉木 **99249**
苍白空船兰 **9164**
苍白蜡菊 **189640**
苍白辣薄荷 **250422**
苍白类滨菊 **227460**
苍白类绢毛苋 **360753**
苍白狸藻 **403268**
苍白藜 **87120**
苍白裂壳草 **351352**
苍白龙胆 **173457**
苍白龙骨状百蕊草 **389635**

苍白龙面花 **263445**
苍白龙舌兰 **10839**
苍白漏斗花 **130219**
苍白露子花 **123939**
苍白鹿草 **329422**
苍白吕策豆 **238256**
苍白罗顿豆 **237386**
苍白马比戟 **240194**
苍白马岛茜草 **342830**
苍白芒刺果 **1756**
苍白毛齿萝藦 **55505**
苍白毛莨 **325700**
苍白毛连菜 **298555**
苍白毛蕊木 **100227**
苍白毛柱 299253
苍白梅里野牡丹 **250675**
苍白美国薄荷 **257180**
苍白美洲茶 **79962**
苍白门泽草 **250483**
苍白蒙蒿子 **21859**
苍白孟席斯翠雀花 **124380**
苍白南非禾 **290004**
苍白南非黄眼草 **416027**
苍白南非银豆 **307261**
苍白囊颖草 **341986**
苍白黏蜡菊 **189853**
苍白扭果花 **377783**
苍白帕尔什翠雀花 **124459**
苍白泡叶番杏 **138214**
苍白坡梯草 **290160**
苍白蔷薇 **336298**
苍白鞘芽莎 **99442**
苍白青锁龙 **108792**
苍白曲管桔梗 **365179**
苍白全饰爵床 **197410**
苍白日照飘拂草 **166405**
苍白萨比斯茜 **341602**
苍白三萼木 **395314**
苍白三联穗草 **398629**
苍白三叶草 396998
苍白莎草 **119341**
苍白山黧豆 **222799**
苍白山柳菊 **195834**
苍白山柰 **215026**
苍白山羊菊 11445
苍白省藤 **65758**
苍白十大功劳 **242610**
苍白石南状翼柱管萼木 **379055**
苍白矢车菊 **81261**
苍白柿 **132345**
苍白鼠茅 **412475**
苍白鼠尾草 **345284**
苍白鼠尾粟 **372697**
苍白蜀葵 **18174**
苍白双柱杜鹃 **134824**
苍白水竹草 **394057**
苍白丝兰 **416630**
苍白丝头花 **138438**
苍白四翼木 **387614**
苍白松果菊 **140074**
苍白酸模 **340167**
苍白穗双距兰 **133870**
苍白唐菖蒲 **176427**
苍白甜茅 **177643**
苍白铁线莲 **95412**
苍白庭菖蒲 **365792**
苍白庭荠 **18344**
苍白通氏老鹳草 174967
苍白头蕊兰 82038
苍白托里硷茅 **393101**
苍白危地马拉茱萸 **277440**
苍白乌口树 **385003**
苍白乌奴龙胆 **174033**
苍白梧桐 **166622**
苍白细爪梧桐 **226273**
苍白狭团兰 **375483**
苍白腺瓣落苞菊 **111383**
苍白香豌豆 **222787**
苍白象牙参 **337114**
苍白小檗 51997
苍白小鬼兰 **224429**
苍白小瓠果 **290536**
苍白小花虎耳草 **253082**
苍白小堇菜 **410190**
苍白小朱兰 **306880**
苍白肖鸢尾 **258597**
苍白星香菊 **123651**
苍白旋刺草 **173160**
苍白鸭跖草 **101111**
苍白芽冠紫金牛 **284042**
苍白亚麻 **231941**
苍白岩黄耆 **188038**
苍白盐肤木 **332757**
苍白耶格斑鸠菊 **406451**
苍白叶肾苞草 **294073**
苍白叶无舌黄菀 **209563**
苍白罂粟葵 **67125**
苍白优雅一枝黄花 **368423**
苍白有刺萼 2100
苍白玉 **354295**
苍白远志 **308243**
苍白月见草 **269479**
苍白云杉 298286
苍白指腺金壳果 **121166**
苍白中日老鹳草 **174967**
苍白昼花 **262167**
苍白朱兰 **306871**
苍白紫堇 **105937**
苍白紫露草 361984,394057
苍白紫竹梅 **361984**
苍背木莲 **244442**
苍刺头 415046
苍耳 **415046**,415057
苍耳蒺藜 415046
苍耳七 284525,284539,284591,284628
苍耳属 **414990**
苍耳药 415046
苍耳叶刺蕊草 **307013**
苍耳叶狗核桃 399312
苍耳子 415046,415057
苍告 10414
苍灰半日花 **188613**
苍椒 417290
苍角殿 **57984**
苍角殿属 **57977**
苍菊属 **280578**
苍蓝槵木 30613,30634
苍浪子 415046
苍龙玉 264340
苍绿绢蒿 **360830**
苍落 323751
苍山白珠 **172061**
苍山贝母 63971
苍山糙苏 **295102**
苍山长梗柳 **343630**
苍山杜鹃 **331483**,330546,330590
苍山发秆苔草 **74030**
苍山凤仙花 **205408**
苍山虎耳草 **350004**
苍山黄堇 **105816**
苍山韭菜 15886
苍山肋柱花 **235447**
苍山棱子芹 304862
苍山冷杉 **333**
苍山马先蒿 **287783**
苍山蔓龙胆 **110336**
苍山毛莨 **325696**
苍山木蓝 **206044**
苍山南星 **33290**
苍山橐吾 **229234**
苍山乌头 **5142**
苍山香茶菜 **209639**
苍山香青 **21561**
苍山象牙参 **337073**
苍山野韭 15886
苍山越橘 **403795**
苍山紫地榆 174702
苍山紫堇 105640,105816
苍山醉鱼草 62059
苍术 **44208**
苍术红花 **77688**
苍术纳瓦草 **262919**
苍术属 **44192**,44114
苍苔草 **75672**
苍桐子 166627
苍梧蛇根草 **272286**
苍叶瓜馥木 **166680**
苍叶红豆 **274435**
苍叶蒲公英 **384563**
苍叶守宫木 **348050**
苍蝇草 138331,202217,206044,296522,337253
苍蝇翅 159971,337253
苍蝇花 230544,363467
苍蝇架 230544
苍蝇王 138336
苍蝇网 138331
苍蝇翼 226742,418335
苍蝇翼草 418335
苍云龙 **273824**
苍子 415046
苍子棵 415046
藏花忍冬 236161
藏蕊花科 **167197**
藏蕊花属 **167182**
藏蕊兰 **113394**
藏蕊兰属 **113393**
藏掖花 **97599**
藏掖花属 **97581**
藏珠草 1790
糙瓣兰属 **393893**
糙瓣鸟足兰 **347938**
糙瓣玉凤花 **184144**
糙苞塞拉玄参 **357666**
糙被萝藦属 **393791**
糙被千里光 **360233**
糙边扁蕾 174227
糙边独活 **192390**
糙边肋瓣花 **13857**
糙边螺序草 **371779**
糙边舟蕊秋水仙 **22386**
糙柄菝葜 **366605**
糙草 **39299**
糙草属 **39298**
糙茶藨 334033
糙虫实 **104847**
糙臭草 **249083**
糙刺车叶草 **39345**
糙刺苔 75451
糙刺苔草 **75451**
糙葱 **15707**
糙大戟 **159875**
糙灯心草 **213471**
糙点栝楼 **396183**
糙冬剪股颖 **12140**
糙独根 334338
糙独根属 334310
糙独活 **192348**
糙萼沙参 7768
糙萼石沙参 **7769**
糙耳唐竹 **364812**
糙二毛药 **128464**
糙稃大麦草 **198270**,198373
糙稃花鳞草 **144169**
糙伏点地梅 23305
糙伏毛白花菜 **95800**

糙伏毛百脉根 **237760**
糙伏毛冰草 **11888**
糙伏毛叉序草 **209935**
糙伏毛虫蕊大戟 **113085**
糙伏毛酢浆草 **278110**
糙伏毛点地梅 **23305**
糙伏毛二毛药 **128466**
糙伏毛番薯 **208080**
糙伏毛非洲紫菀 **19339**
糙伏毛菲利木 **296320**
糙伏毛风琴豆 **218007**
糙伏毛壶花无患子 **90761**
糙伏毛虎眼万年青 **274792**
糙伏毛灰毛豆 **386320**
糙伏毛蓟 **92412**
糙伏毛金毛菀 **89908**
糙伏毛可利果 **96853**
糙伏毛蓝刺头 **140812**
糙伏毛两节荠 **108638**
糙伏毛裂蕊紫草 **235049**
糙伏毛罗顿豆 **237439**
糙伏毛牻牛儿苗 **153917**
糙伏毛木蓝 **206643**
糙伏毛欧石南 **150095**
糙伏毛青锁龙 **109422**
糙伏毛曲芒草 **237980**
糙伏毛莎草 **119624**
糙伏毛树葡萄 **120231**
糙伏毛苔草 **76410**
糙伏毛糖芥 **154551**
糙伏毛庭荠 **18479**
糙伏毛香茶 **303700**
糙伏毛小芝麻菜 **154124**
糙伏毛肖麻疯树 **304533**
糙伏毛鸭嘴花 **214830**
糙伏毛异荣耀木 **134648**
糙伏燕麦 **45602**
糙梗楼梯草 **142681**
糙梗露子花 **123965**
糙梗铁苋菜 **1945**
糙谷精草 **151464**
糙冠帚鼠麹 **200408**
糙冠帚鼠麹属 **200407**
糙鬼针草 **54129**
糙果茶 **69084**
糙果大戟 **158768**
糙果独活 **192389**
糙果附加百合 **315531**
糙果槲寄生 **411117**
糙果金合欢 **1665**
糙果柯 **233396**
糙果拉拉藤 170694
糙果链荚木 **274365**
糙果驴臭草 **271838**
糙果毛茛 326440
糙果片三芒草 **34016**
糙果婆罗门参 **394352**
糙果芹 **393951**,393940
糙果芹属 **393937**
糙果三萼木 **395352**
糙果菘蓝 **209240**
糙果万寿竹 **134502**
糙果亚麻 **354444**
糙果亚麻属 **354443**
糙果伊独活 **12751**
糙果蜘蛛抱蛋 **39562**
糙果紫堇 **106541**
糙海甘蓝 **108598**
糙海神木 **315951**
糙红景天 329853
糙花画眉草 **148013**
糙花箭竹 **162745**
糙花欧石南 **150151**
糙花青篱竹 270446
糙花少穗竹 **270446**
糙花鼠尾粟 **372825**
糙花羊茅 **164307**
糙花蝇子草 **364017**
糙画眉草 **147664**
糙黄耆 **42023**
糙黄芩 **355774**
糙灰毛菊 **31189**
糙喙苔草 **76167**
糙脊草 **236253**
糙脊草属 **236252**
糙荚棘豆 **279028**
糙假毛地黄 **10139**
糙尖苔草 **76162**
糙芥 **39297**
糙芥属 **39296**,39298
糙茎菝葜 **366493**,366243
糙茎百合 229905
糙茎刺蒴麻 **399338**
糙茎丛林白珠 **172071**
糙茎大戟 **158479**
糙茎假毛地黄 **10144**
糙茎卷舌菊 **380973**
糙茎密钟木 **192701**
糙茎莎草 **119541**
糙茎麝香百合 229905
糙茎无柱兰 **19521**
糙茎一枝黄花 **368373**
糙茎盂兰 **223669**
糙茎早熟禾 **305951**
糙景天 329853
糙聚合草 **381026**
糙绢毛格尼瑞香 **178697**
糙蜡菊 **189749**
糙鳞飞廉 **73401**
糙鳞苔草 **76335**
糙瘤赖特野荞麦木 **152675**
糙柳叶箬 **209123**
糙芦莉草 **339816**
糙麻 **29511**
糙麻树 **108453**
糙麻树属 **108452**
糙脉单头爵床 **257292**
糙脉梵天花 402249
糙脉虎眼万年青 **274768**
糙脉绮丽苔草 **76202**
糙脉苔草 **76165**
糙芒苔草 **76528**
糙毛阿尔泰狗娃花 **193922**
糙毛半脊荠 191530
糙毛棒头草 **310112**
糙毛报春 **314172**
糙毛糙苏 **295201**
糙毛翅膜菊 **14595**
糙毛刺叶 376565
糙毛袋鼠花 263329
糙毛点地梅 23305
糙毛杜鹃 **331992**
糙毛鹅观草 **335341**
糙毛番樱桃 **156363**
糙毛飞蓬 **150980**
糙毛风毛菊 **348768**
糙毛凤仙花 **205303**
糙毛覆盆子 **338600**
糙毛狗娃花 193922
糙毛黑柄菊 **248148**
糙毛黄鹌菜 **416466**
糙毛火筒树 **223959**
糙毛假地豆 **126395**
糙毛假牛鞭草 **283659**
糙毛菊属 **81769**
糙毛苣 **298675**
糙毛苣属 **298674**
糙毛蓝刺头 **140786**
糙毛老鹳草 174656,174935
糙毛蓼 **309831**
糙毛龙胆 **173710**,173531
糙毛猕猴桃 **6704**,6605
糙毛囊苔草 **74813**
糙毛榕 **164864**
糙毛蕊叶藤 **376565**
糙毛少穗竹 270446
糙毛水东哥 **347990**
糙毛松果菊 **140068**
糙毛铁线莲 **95074**
糙毛五加 143642
糙毛羊茅 **164266**
糙毛野丁香 **226104**
糙毛野青茅 **127205**
糙毛以礼草 **215922**
糙毛异囊菊 **194273**
糙毛月见草 **269510**
糙毛帚枝鼠李 **328894**
糙莓 338917
糙密钟木 **192700**
糙木蓝 **205791**
糙囊苔草 **74600**
糙黏蓟 **91955**
糙皮桦 **53635**
糙皮树 29005
糙皮瓮梗桉 **24607**
糙朴 **80575**
糙千里光 **359539**
糙鞘葳 **99390**
糙茄 **367584**
糙青锁龙 **109361**
糙雀麦 **56563**,60918,60977
糙雀麦属 **56560**
糙蕊阿福花 **393720**
糙蕊阿福花属 **393713**
糙蕊紫草 **393960**
糙蕊紫草属 **393959**
糙三芒草 **34015**
糙涩荠 **243235**
糙蛇鞭菊 **228518**
糙鼠尾草 **345364**
糙双角草 **131351**
糙水车前 **277410**
糙水苏 **373427**
糙松雪 **186305**
糙苏 **295215**,295216
糙苏斑鸠菊 **406679**
糙苏赪桐 **96277**
糙苏毛蕊花 **405736**
糙苏沙穗 **148501**
糙苏山柳菊 **195853**
糙苏鼠尾草 **345301**
糙苏属 **295049**
糙苏鸭嘴花 **214707**
糙蒜 **15828**
糙苔草 **73775**
糙葶北葱 **15717**
糙葶韭 **15065**
糙韦斯菊 **350298**
糙韦斯菊属 **350297**
糙伪针茅 318202
糙尾苔草 **74177**
糙虾疳花 **86599**
糙须禾属 **393906**
糙须芒草 407585
糙旋覆花 207038
糙野青茅 **127292**
糙叶桉 **155599**
糙叶白绒草 **227660**
糙叶百蕊草 **389612**
糙叶败酱 285834,285855
糙叶斑鸠菊 **406119**
糙叶苞爵床 **139021**
糙叶北葱 15717
糙叶扁担杆 **180947**
糙叶叉柱花 374476
糙叶长节耳草 **187694**
糙叶赤车使者 288769
糙叶刺头菊 **108428**

糙叶楤木 **30751**
糙叶大果萝藦 **279414**
糙叶大沙叶 **286452**
糙叶大头橐吾 **229068**
糙叶地丁 289568,289569
糙叶吊灯花 **84238**
糙叶杜鹃 **331756**
糙叶短片帚灯草 **142937**
糙叶耳药花 **248780**,276914
糙叶防城杜鹃 **330684**
糙叶菲利木 **296330**
糙叶狒狒花 **46127**
糙叶丰花草 **57296**,370744
糙叶丰花草属 57289
糙叶含羞草 **255111**
糙叶褐茎牵牛 **207804**
糙叶黑莎草 **169550**
糙叶红头菊 **154779**
糙叶厚壳树 **141715**
糙叶花椒 **417200**
糙叶花葶苔草 **76172**
糙叶黄芪 43012
糙叶黄耆 **43012**
糙叶黄眼草 **416147**
糙叶火炭母 **308973**
糙叶火焰花 **295028**
糙叶基花莲 **48680**
糙叶吉利花 **175707**
糙叶尖鸠菊 **4640**
糙叶金鸡纳 **91057**
糙叶金锦香 276914
糙叶金锦香属 276911
糙叶康复力 381026
糙叶梾木 **104959**
糙叶蓝花参 **412593**
糙叶狼尾草 **289249**
糙叶肋瓣花 **13877**
糙叶栎 323621
糙叶蓼 **309751**,309298
糙叶苓菊 **214044**
糙叶芦荟 **16609**
糙叶绿顶菊 **160677**
糙叶落芒草 **275998**
糙叶马利筋 **37886**
糙叶毛梗翠雀花 **124205**
糙叶美人樱 **405885**
糙叶猕猴桃 **6695**
糙叶木蓝 **206679**
糙叶木蓼 **44256**
糙叶蓬子菜 170765
糙叶奇果菊 **15936**
糙叶千里光 **358312**
糙叶苘麻 **851**
糙叶秋海棠 **49635**
糙叶榕 **164650**,164671,165166,165796
糙叶赛菊 190525
糙叶山蓝 **291180**
糙叶山茱萸 **105017**
糙叶矢车菊 **80907**
糙叶梳状萝藦 **286855**
糙叶鼠尾草 **345363**,344918
糙叶树 **29005**
糙叶树属 **29004**
糙叶水竹叶 332374
糙叶水苎麻 **56212**
糙叶松香草 **364307**
糙叶酸模 339987
糙叶苔草 **76163**
糙叶唐松草 **388657**
糙叶糖芥 **154390**
糙叶藤五加 **2439**,143632
糙叶天冬 39238
糙叶铁梗报春 **314978**
糙叶弯鳞无患子 **70542**
糙叶污生境 103787
糙叶五加 **143610**,2412
糙叶五叶参 289662
糙叶下珠 **296486**
糙叶纤枝香青 **21578**
糙叶咸虾花 406119
糙叶香青 21578
糙叶香芸木 **10571**
糙叶向日葵 **188997**
糙叶小钩耳草 187694
糙叶小舌紫菀 **40012**
糙叶旋覆花 **207071**
糙叶岩败酱 **285855**
糙叶野丁香 **226129**
糙叶一枝黄花 **368304**,368373
糙叶异味树 **103787**
糙叶银莲花 **24054**
糙叶蝇子草 **364133**
糙叶羽叶参 **289662**
糙叶玉叶金花 **260491**
糙叶月菊 **292124**
糙叶早熟禾 **305374**
糙叶窄头橐吾 **229206**
糙叶指腺金壳果 **121169**
糙叶苎麻 56212
糙叶紫菀 **41137**
糙一枝黄花 **368435**
糙隐子草 **94632**
糙缨苣 **392679**
糙缨苣属 **392669**
糙颖剪股颖 **12356**
糙榆 401512
糙羽川木香 **135738**
糙羽木香 135738
糙羽叶参 289662
糙早熟禾 **305917**
糙泽兰 **225273**
糙泽兰属 **225272**
糙枝补血草 **230802**
糙枝金丝桃 **202147**
糙枝润楠 **240664**
糙枝溲疏 126843
糙枝榆 **401509**
糙柊叶属 **393894**
糙舟叶花 **340801**
糙猪殃殃 **170228**
糙柱杜鹃 331224
糙柱菊 258366
糙柱菊属 258360
糙柱苣苔 **393963**
糙柱苣苔属 **393962**
糙柱南边杜鹃 **331224**
糙柱南美墨菊 **258366**
糙柱拟九节 **169367**
糙柱莎 **393969**
糙柱莎属 **393968**
糙柱映山红 **331842**
糙籽臭矢菜 **307141**
糙籽光果苔草 **76562**
糙籽金腰 **90465**
糙籽栝楼 **396260**
糙籽人字果 **128942**
糙籽伞花粟草 **202243**
糙籽苔草 **76087**
糙籽细莞 **210106**
糙籽鸭跖草 **101174**
糙籽焰花苋 **294331**
糙籽隐棱芹 **29088**
糙嘴芥 **393967**
糙嘴芥属 **393964**
曹公爪 198767,198769
曹氏蒿 **36357**
曹槠 78927
槽秆荸荠 143217
槽秆针蔺 143217
槽果扁莎 **322371**
槽果莎草 322371
槽茎凤仙花 **205344**
槽茎杭子梢 **70898**
槽茎锥花 **179206**
槽裂木 292038
槽裂木属 **292037**,216191
槽鳞贝母 168605
槽鳞扁莎 **322271**
槽楼星 203578
槽舌兰 **197265**
槽舌兰属 **197253**
槽纹红豆 **274438**
槽柱花科 **61291**
槽柱花属 **61283**
草艾 35167
草八仙花属 73119
草巴山药 131601
草拔子 144086
草菝葜 366364,366548
草霸王 418721
草白蒿 35600
草白蔹 20284
草白薮 20284
草白前 117692
草柏枝 296072
草半夏 202812
草蚌含珠 1790
草苞蛇眼草 348663
草苞鼠麹草属 **306701**
草贝 56659
草贝母 207497
草本拜卧豆 **227057**
草本贝克菊 **52714**
草本扁担杆 **180807**
草本长春花 409335
草本赪桐 **337432**
草本大戟 **159038**
草本东南亚苣苔 **215066**
草本独蕊 **412151**
草本反背红 359598
草本风车子 **100514**
草本骨籽菊 **276620**
草本加那利豆 **136746**
草本坚果番杏 **387177**
草本蜡菊 **189426**
草本灵仙 407485
草本蔓长春花 409335
草本女萎 94995
草本鞘蕊花 **99599**
草本秋海棠 **49917**
草本荣耀木 **391570**
草本三对节 **96341**
草本三股筋 299017
草本三角枫 345941
草本蛇舌草 **269835**
草本水杨梅 175378
草本四腺木姜子 **387013**
草本酸木瓜 265944
草本弯管花 **86243**
草本威灵仙 **407485**,407434
草本威灵仙属 407449
草本五星花 **289819**
草本象牙红 289324
草本叶上花 279744
草本一点红 **144923**
草本一品红 158727,159046
草本猪屎豆 **112167**
草本紫茎泽兰 **11164**
草鳖甲 367370
草菠萝 21479
草檗 **326508**
草檗科 **326509**
草檗属 **326507**
草补药 115365
草菜 207590
草场蝇子草 **363899**
草车前 **302183**,302103,302107

草沉香 161630
草臭黄荆 322423
草春条 62134
草茨藻 **262040**
草苁蓉 **57437**,93075,275010
草苁蓉属 **57429**
草丛雀稗 **285494**
草丛苔草 **74435**
草寸香 102867
草大戟 226977
草大青 209229,209232
草地白珠 **172134**
草地白紫菀 **40239**
草地百蕊草 **389805**
草地滨藜 **44554**,44576
草地大麦 **198337**
草地蝶须 **26331**
草地短柄草 **58608**
草地防风 **388895**
草地防风属 **388893**
草地风毛菊 **348129**
草地狗舌草 385903
草地鹤虱 **221725**
草地黑麦草 164219
草地虎耳草 **349801**,349419
草地黄芪 42417
草地黄芩 355484
草地蓟 **91916**
草地碱蓬 **379503**
草地韭 **15393**
草地辣根 **34594**
草地老鹳草 **174832**
草地亮叶芹 363128
草地柳 **343909**
草地乱子草 **259651**
草地牻牛儿苗 **153890**
草地毛茛 **325987**
草地母菊 **246407**
草地婆罗门参 394333
草地赛靛 **47861**
草地山龙眼属 **283543**
草地山罗花 **248193**
草地矢车菊 **80893**
草地酸浆 **297727**
草地铁线莲 94705
草地庭菖蒲 **365715**
草地委陵菜 **312391**
草地乌头 **5466**
草地燕麦 **45548**
草地异燕麦 45548
草地越橘 **403968**
草地早熟禾 **305855**
草地种棉木 **46260**
草地柱丝兰 **263311**
草地棕属 **253744**
草甸阿魏 **163644**
草甸白头翁 23998
草甸顶冰花 **169485**
草甸风毛菊 348858
草甸藁本 **229346**
草甸红门兰 **273504**
草甸还阳参 **110957**
草甸黄堇 **106286**
草甸箭叶蓼 **309801**
草甸老鹳草 **174836**,174832
草甸龙胆 **173734**
草甸绿绒蒿 **247161**
草甸马先蒿 287640
草甸欧防风 **285740**
草甸排草 239755
草甸蒲公英 384763
草甸千里光 **359158**
草甸矢车菊 **81290**
草甸鼠尾草 345321
草甸碎米荠 **72934**
草甸雪兔子 **348858**
草甸鸦葱 **354917**
草甸羊茅 **164219**
草甸蚤缀 **32073**
草冻柴 313692
草茈茗 131501
草茈薯 131501
草豆 408648
草豆蔻 **17702**,17685,17774
草独活 30798
草杜鹃 311852
草杜仲 312408
草防风 354930
草稃羊茅 **164364**
草芙蓉 **195083**,195032
草甘菊 71090
草甘遂 284358,284367
草甘蔗 341909
草谷子 90108
草骨黄 55736
草瓜茹 279732
草光菊属 326957
草桂花 226320
草果 **19927**,17702,19839,187468
草果暗消 152943
草果仁 19927
草果山悬钩子 **339504**
草果药 **187468**
草果子 19927
草粿草 252242
草海桐 **350344**,350331
草海桐科 **179563**
草海桐属 **350323**,179556
草蒿 35132,35308,35373,35411,35859,80381
草蒿子 35132
草合欢 126187
草合欢属 126168
草河车 284358,284367,284382,308893,309466
草红花 77748
草红藤 362300
草胡椒 **290401**
草胡椒科 **290465**
草胡椒秋海棠 **50155**
草胡椒属 **290286**
草胡椒司徒兰 **377315**
草斛 232139
草槐 368962
草黄 201853
草黄白珠 **172156**
草黄滇白药子 131655
草黄花乌头 5602
草黄花紫堇 106482
草黄蓟 **92411**
草黄堇 **106482**
草黄蜡菊 **189829**
草黄狼尾草 **289279**
草黄连 **103841**,380140,388428,388432,388465,388513,388636
草黄欧石南 **150090**
草黄苔草 **76387**
草黄乌头 **5602**
草黄夜花干番杏 **33122**
草黄异籽葫芦 **25683**
草黄枝大青 313747
草黄枝豆腐柴 **313747**
草黄砖子苗 **245553**
草茴香 167156
草基黄 **84343**
草基黄属 **84342**
草蒺藜 43053
草寄生 8767
草夹竹桃 295267,295288
草夹竹桃属 29465
草见血 309711
草姜 37115,50669
草金铃 208016
草金沙 289568
草金杉 289568,289569
草茎虎耳草 **349949**
草茎算盘七 377941
草决明 **78512**,80381,360463,360493
草叩 17702
草扣 17702
草蔻 17702,17774,19836
草兰 116829,116880
草朗 96140
草里金钗 238188
草里银钗 238152
草连翘 320917
草亮 177141
草灵仙 138897,407485
草灵芝 78645,335251,392604
草柳 **343476**
草龙 238178,238188
草龙刍 213066
草龙胆 173625,173811,173814,173847,174004,380324
草龙牙 11549,11572
草龙珠 411979
草芦 293709
草芦属 293705
草闾菇 158397
草绿虫果金虎尾 **5930**
草绿凤卵草 **296891**
草绿光淋菊 **276219**
草绿蒿 **36094**
草绿虎眼万年青 **274739**
草绿金合欢 **1493**
草绿九节 319850
草绿露子花 **123952**
草绿三角车 **334676**
草绿色美洲茶 **79940**
草椤 9683
草落冠菊 **14452**
草落冠菊属 **14450**
草麻 334435
草麻黄 **146253**,362083
草马兜铃 34149
草马桑 104706
草马蹄香 37590
草没药属 **261576**
草莓 **167597**,167614,167632,167653,213066
草莓车轴草 **396905**
草莓番石榴 **318737**
草莓凤仙花 **204964**
草莓虎耳草 349936
草莓花杜鹃 **330736**
草莓科 **167677**
草莓内贝树 **262987**
草莓三叶草 396905
草莓鼠尾草 345039
草莓属 **167592**
草莓树 **30888**
草莓树科 **30875**
草莓树属 **30877**
草莓树状越桔 **403727**
草莓树状越橘 **403714**
草莓状林石草 **413031**
草莓状马先蒿 **287221**
草莓状鼠尾草 **345039**
草绵 179900
草棉 **179900**
草棉属 179865
草棉叶麻疯树 212144
草茉莉 255711
草牡丹 94995
草木角 **140320**
草木槿 **194973**

草木棉　37888
草木犀　**249232**,327896
草木犀黄芪　42696
草木犀南非针叶豆　**223575**
草木犀属　**249197**
草木犀远志　**308186**
草木樨　249232
草木樨属　249197
草木樨状黄芪　42696
草木樨状黄耆　**42696**
草木樨状紫云英　42696
草木之王　403738
草蝇黄　308123
草耙菊　**129526**
草耙菊属　**129525**
草蓬　35167,35634
草皮子　117859
草片　387432
草坡大青　313745
草坡豆腐柴　**313745**
草坡旋花　**103310**
草菩提　99124
草葡萄　20284
草蒲黄　401094,401129
草球　140891
草裙榈属　418297
草如意　81570
草瑞香　**128026**
草瑞香属　**128023**
草三棱　370102
草三七　135264,209753
草色大沙叶　**286255**
草色琥珀树　**27854**
草色金足草　**178868**
草色香茶　**303369**
草色小檗　**51677**
草沙蚕　**398068**
草沙蚕属　**398064**
草山杭子梢　**70794**
草山剪股颖　**12147**
草山绿花斑叶兰　179709
草山木蓝　206044
草山芹　**276764**
草珊瑚　**346527**
草珊瑚属　**346525**
草芍药　**280241**,280147,280155,280213
草摄　198745
草石蚕　373125,373439
草石斛　**125075**
草石椒　308946,308953
草实子　165518
草蜀黍　369677
草树　**216415**,415180
草树胶科　415182
草树胶属　415172
草树科　**216416**
草树属　**216414**,415172
草丝兰属　**193224**
草丝竹　**416748**
草素　116880
草檀　389638
草糖　389355
草藤　408262,408352,408571
草藤乌　365193
草天葵　188908
草田菁　**361390**
草条　387432
草头　247425
草头香　119503
草莞　213066
草威灵　138897
草乌　5046,5100,5106,5108,5177,5247,5251,5314,5335,5362,5424,5438,5469,5585,5605,5612,5667
草乌喙　24013
草乌桕　**346412**
草乌头　5335
草乌头草　124644
草梧桐　**413143**,413149
草梧桐属　413142
草蓆　213066
草香附　212834
草香豌豆　222832
草鞋板　198827,269613
草鞋刺　92066
草鞋底　125453,143464
草鞋根　143464
草鞋密　262552
草鞋木　**240268**
草鞋坪　53801
草鞋叶　240268
草绣球　**73136**
草绣球属　**73119**
草续断　213066
草血结　309507
草血竭　**309507**,159092,159286
草血藤　20284
草芽　401107
草崖藤　**387746**
草岩连　388406
草盐角　342859
草杨梅　338985
草杨梅子　338985
草椰　**68636**
草椰属　**68635**
草野南蛇藤　80221
草野青杨梅　261122
草野氏冬青　203952
草野氏堇菜　**410154**
草野氏柳　343587
草野氏槠　**78967**
草野氏锥栗　78932
草野柿　**132245**
草野锥果　78967
草叶茶藨　333950
草叶兜兰　282797
草叶独行菜　225369
草叶风毛菊　348663
草叶藤　285105
草一品红　158727,159046
草茵陈　365296
草莺斑纹肖鸢尾　**258513**
草莺短冠草　**369208**
草莺黄细心　**56442**
草莺芦荟　**16952**
草莺文殊兰　**111203**
草莺肖鸢尾　**258512**
草莺叶下珠　**296595**
草莺异荣耀木　**134631**
草莺猪屎豆　**112194**
草鱼目　99124
草禹余粮　366338
草玉兰　102867
草玉玲　208016
草玉铃　102867
草玉铃属　102856
草玉梅　**24024**,23796,407485
草原白猪牙花　**154932**
草原百簕花　**55400**
草原百里香　**391381**
草原百脉根　**237733**
草原斑鸠菊　**406714**
草原糙苏　**295172**
草原茶豆　**85248**
草原车轴草　**396854**
草原葱　**15765**
草原翠雀花　**124677**
草原大戟　**159884**
草原大马利筋　**37964**
草原当归　**24429**
草原地榆　345321
草原丁癸草　**418348**
草原钉头果　**179097**
草原顶冰花　**169504**
草原杜鹃　**331944**
草原短冠帚黄花　**20486**
草原断草　**379660**
草原矾根　**194433**
草原稿婆罗门参　394333
草原革颖草　**371493**
草原狗舌草　**385915**
草原鬼针草　**54130**
草原海神木　**315925**
草原蒿　**36319**
草原合叶子　**166123**
草原胡枝子　**226815**
草原黄芪　42009,42260
草原黄耆　**42260**,42009
草原火蝇子草　**364084**
草原蓟　**92313**
草原金千里光　**279936**
草原堇菜　**410392**
草原锦鸡儿　**72320**
草原景天　357084
草原绢蒿　**360872**
草原看麦娘　17553
草原克美莲　**68790**
草原老鹳草　174832
草原老鸦嘴　**390854**
草原乐母丽　**336020**
草原镰扁豆　**135579**
草原蓼　**309691**,291663
草原龙胆　**161027**
草原龙胆属　**161026**
草原毛茛　**326234**
草原毛龙胆　**173763**
草原米草　**370173**
草原木蓝　**206424**
草原苜蓿　**247291**
草原女真芥　63446
草原蟛蜞菊　**413548**
草原婆罗门参　**394348**
草原蒲公英　**384756**
草原前胡　**293022**
草原蔷薇　**336942**,336363
草原三毛草　398518
草原沙参　**7792**
草原莎草　**119139**
草原山柳菊　**195879**,195506
草原石防风　292780,293022
草原石头花　**183185**
草原石竹　**127795**
草原矢车菊　**80979**
草原绶草　**372229**
草原瘦鳞帚灯草　**209449**
草原鼠尾草　**345321**
草原丝石竹　**183251**,183185
草原松果菊　**326960**
草原松果菊属　**326957**
草原酸浆　**297683**
草原酸模　**339884**
草原碎米荠　72934
草原苔草　**75867**,75176
草原葶苈　98764
草原网茅　370173
草原委陵菜　312497
草原舞女扶桑　**195161**
草原勿忘草　**260890**
草原霞草　183185,183191
草原仙人掌　**273079**
草原香茶　**303594**
草原雪莲　**348669**
草原岩风　**228601**
草原羊茅　**163863**
草原野荞麦　**152480**
草原银莲花　**23998**

草原樱桃 83202
草原鸢尾 **348991**
草原鸢尾属 **348990**
草原远志 **308281**
草原月见草 **269491**
草原杂雀麦 **350631**
草原早熟禾 306139
草原之火垂枝针垫花 **228055**
草原之星 279681
草原朱顶红 **196448**
草原砖子苗 **245508**
草远志 308403
草云母 64990
草云实 65039
草芸香 185635
草泽兰 239215,239222
草泽泻 **14734**
草枝 387432
草质长春花 409335
草质刺桐 154668
草质卷 **186472**
草质千金藤 **375860**
草质涩树 **378962**
草钟丰花草 **57320**
草钟乳 15843
草钟属 **141508**
草茱萸 **85581**
草茱萸马先蒿 287513
草茱萸属 **85579**
草珠儿 99124
草珠黄芪 42145
草珠黄耆 **42145**
草珠兰 346527
草珠子 99124
草竹叶 134425
草状繁缕 374897
草仔薯 152943
草子花 90108
草紫阳花 73136
草紫阳花属 73119
册亨秋海棠 **49708**
册亨榕 **164787**
册亨润楠 **240702**
册亨四照花 **124946**
侧白山柳菊 **195863**
侧柏 **302721**,213634
侧柏科 **302716**
侧柏属 **302718**,390567
侧柏树 213702
侧边百蕊草 **389819**
侧扁黄芪 42357
侧扁黄耆 **42357**
侧扁莎属 322179
侧长柱无心菜 **32038**
侧钝叶草 **375774**
侧耳根 198745
侧梗天竺葵 **288326**
侧冠菊属 **304627**
侧冠萝藦 **304879**
侧冠萝藦属 **304876**
侧果鹰爪花 **35046**
侧蒿 **35397**
侧厚壳桂 **113482**
侧花奥萨野牡丹 **276505**
侧花闭鞘姜 **107247**
侧花布袋兰 79577
侧花布施毛茛 **64113**
侧花草属 256441
侧花柴胡 **63703**
侧花赤宝花 **390008**
侧花臭草 249090
侧花大黄栀子 **337504**
侧花大戟 **159221**
侧花兜被兰 **264783**
侧花杜鹃 **331063**
侧花椴 **304581**
侧花椴属 **304580**
侧花沟果紫草 **286912**
侧花谷木 **249991**
侧花哈氏椴 **186116**
侧花亨里特野牡丹 **192048**
侧花红景天 329926
侧花槐 369116
侧花槐树 369116
侧花黄耆 **43030**
侧花黄芩 **355563**
侧花荚蒾 **407914**
侧花姜 **304587**
侧花姜属 **304585**
侧花景天 329926
侧花卡特兰 **79577**
侧花狸藻 **403229**
侧花芦荟 **17262**
侧花鹿含 275486
侧花鹿含草属 275480
侧花鹿含属 275480
侧花麦灵鸡 256444
侧花毛茛 **48924**
侧花木蓝 **206522**,206057
侧花木藜芦 **228166**
侧花苜蓿 **247470**
侧花内丝木 **145388**
侧花南非草 **25804**
侧花拟莞 **352209**
侧花欧石南 **149640**
侧花漆籽藤 **218803**
侧花枪刀药 **202612**
侧花三盾草 **394975**
侧花沙蓬 **11613**
侧花山柳菊 **195725**
侧花水拟莞 352276
侧花乌头 **5561**
侧花香茶 **303664**
侧花香茶菜 **209824**
侧花徐长卿 117606
侧花栒子 **107622**
侧花一枝黄花 **368202**
侧花蝇子草 **364038**
侧花尤利菊 **160817**
侧花油点草 **396617**
侧花茱萸 **304612**
侧花茱萸属 **304611**
侧花柱蕊紫金牛 **379190**
侧金盏 229,13934
侧金盏花 **8331**
侧金盏花属 **8324**
侧茎垂头菊 229143
侧茎橐吾 **229143**
侧鹿蹄草 275486
侧脉九节 **319760**
侧芒禾属 **304591**
侧毛齿稃草 **351183**
侧膜秋海棠 **50119**
侧胚椰 **16202**
侧胚椰属 **16201**
侧肉锥花 **102365**
侧蕊肋柱花 **235438**
侧蕊属 235431
侧生 233078
侧生独脚金 **378018**
侧生多枝蓝花参 **412830**
侧生菲奇莎 **164546**
侧生钩枝藤 **22051**
侧生豪华菠萝 **324580**
侧生花远志 **308145**
侧生假杜鹃 **48227**
侧生鳞果草 **4468**
侧生南非禾 **289992**
侧生欧石南 **149639**
侧生山柳菊 **195724**
侧生十二卷 **186497**
侧生苔草 **75075**
侧生香茶 **303511**
侧生肖九节 **401996**
侧生须芒草 **22793**
侧穗凤仙花 **205069**
侧穗姜 **417981**
侧穗莎属 **304863**
侧头格尼瑞香 **178672**
侧苋 154958
侧序长柄山蚂蝗 **200727**
侧序碱茅 **321228**
侧序山蚂蝗 200727
侧序隐茎木 293190
侧崖柏 213883
侧叶慈姑 **342414**
侧鱼胆 211918
侧柱头小黄管 **356143**
侧子 5100,5193
莿 5100
莿子 5100
策恩川苔草 **417451**
策恩川苔草属 **417450**
策恩德叉花苔草 **129504**
策尔龙胆 **417569**
策尔龙胆属 **417568**
策勒蒲公英 **384777**
策勒鼠耳芥 **30138**
策勒亚菊 **13025**
策尼斑鸠菊 **406946**
策尼老鸦嘴 **390902**
策尼鹿藿 **333462**
策尼唐松草 **388726**
策尼香茶 **303775**
策尼小金梅草 **202857**
策希树葡萄 **120266**
策希崖豆藤 **254885**
簕楠竹 47445
簕咸 354627
簕血 354627
簕芋属 222038
簕柊 **354598**
簕柊属 **354596**
簕竹 **47213**,47445
簕竹科 **47543**
簕竹属 **47174**
簕仔 354627
岑菜 198745
岑草 198745
岑克尔阿芙大戟 **263014**
岑克尔八裂梧桐 **268816**
岑克尔半花藤 **288969**
岑克尔贝尔茜 **53125**
岑克尔闭花木 **94543**
岑克尔波鲁兰 **56753**
岑克尔虫蕊大戟 **113087**
岑克尔大瓣苏木 175658
岑克尔单兜 **257662**
岑克尔豆 **417577**
岑克尔豆属 **417575**
岑克尔毒鼠子 **128850**
岑克尔杜楝 **400619**
岑克尔短盖豆 **58803**
岑克尔多角夹竹桃 **304165**
岑克尔多坦草 **136694**
岑克尔番荔枝 **25907**
岑克尔番樱桃 **156397**
岑克尔非洲野牡丹 **68273**
岑克尔凤仙花 **205108**
岑克尔感应草 **54563**
岑克尔谷木 **250103**
岑克尔红柱树 **78709**
岑克尔厚壳树 **141624**
岑克尔厚皮树 **221219**
岑克尔吉尔苏木 **175658**
岑克尔假马兜铃 **283752**
岑克尔金壳果 **241950**
岑克尔肋瓣花 **13890**

岑克尔离兜 **210153**
岑克尔栗豆藤 **11068**
岑克尔楝 **187151**
岑克尔马钱 **378956**
岑克尔毛柱南星 **379151**
岑克尔密毛大戟 **322027**
岑克尔魔芋 **20154**
岑克尔牡荆 **411502**
岑克尔木槿 **195361**
岑克尔木蓝 **206755**
岑克尔木莓 **136867**
岑克尔拟三角车 **18006**
岑克尔拟紫玉盘 **403657**
岑克尔茜树 **12528**
岑克尔琼楠 **50635**
岑克尔秋海棠 **50429**
岑克尔赛金莲木 **70760**
岑克尔三角车 **334715**
岑克尔三室竹芋 **203008**
岑克尔山蚂蝗 **126678**
岑克尔神秘果 **382002**
岑克尔柿 **132479**
岑克尔双冠大戟 **129009**
岑克尔丝管花 **29845**
岑克尔穗花茱萸 **373033**
岑克尔索林漆 **369814**
岑克尔铁荚果 **276833**
岑克尔铁线子 **244608**
岑克尔陀螺树 **378336**
岑克尔娃儿藤 **400988**
岑克尔弯管花 **86255**
岑克尔肖翅子藤 **196615**
岑克尔肖紫玉盘 **403616**
岑克尔谢尔茜 **362116**
岑克尔鸭跖草 **101199**
岑克尔异耳爵床 **25722**
岑克尔异木患 **16169**
岑克尔羽叶楸 **376300**
岑克尔玉叶金花 **260509**
岑克尔摘亚苏木 **127432**
岑克尔舟瓣梧桐 **350478**
岑克尔紫金牛 **31646**
岑克尔紫檀 **320343**
梣 167931,167940,168076,243551
梣白鲜 129618
梣果藤 121703
梣木 168086
梣皮 167940
梣属 167893
梣叶斑纹漆木 43475
梣叶豆属 5980
梣叶枫杨 320356
梣叶槭 **3218**
梣叶槭属 **263129**
梣叶星漆木 **43475**
梣叶悬钩子 **338433**,338435
层苞鼠麹草 **130149**
层苞鼠麹草属 **130148**
层叠碧冬茄 **292747**
层叠飞蓬 **150538**
层叠丽菀 **155815**
层叠蓼 **308951**
层冠单毛菊 **225531**
层冠单毛菊属 **225530**
层孔银叶树 192491
层绒菊 **362061**
层绒菊属 **362060**
层菀木属 **387331**
层菀属 **306549**
层云 249580
层云球 **249580**
叉白粉藤 **92719**
叉瓣虾脊兰 **65931**
叉瓣玉凤兰 **183818**,183937
叉苞苏铁 **115892**
叉苞乌头 **5152**
叉长毛蓼 **291828**
叉齿苔草 **74685**
叉唇钗子股 **238322**
叉唇对叶兰 **264673**
叉唇角盘兰 **192851**
叉唇科雷兰 **94547**
叉唇石斛 **125373**
叉唇万代兰 **404633**
叉唇无喙兰 **197448**
叉唇虾脊兰 **65974**
叉刺番瓜树 **116573**
叉刺番瓜树属 **116572**
叉刺菊 **163310**
叉刺菊属 **163309**
叉刺子莞 **333547**
叉刺棕属 113290
叉酢浆草 **277860**
叉盾椴 **129579**
叉盾椴属 **129578**
叉繁缕 374836
叉分百簕花 **55328**
叉分大戟 **158928**
叉分吊灯花 **84102**
叉分厚敦菊 **277054**
叉分节茎兰 **269212**
叉分金果椰 **139346**
叉分蓼 **309056**
叉分罗顿豆 **237309**
叉分润肺草 **58872**
叉分神血宁 309056
叉分睡莲 **267678**
叉分驼蹄瓣 **418653**
叉分须芒草 **22672**
叉分羊蹄甲 **49071**
叉风 24502
叉福来木 **162987**
叉干棕属 202256
叉杆榈属 202256
叉隔莓 **260605**
叉隔莓属 **260604**
叉梗报春 **314318**
叉梗顶冰花 **169409**
叉梗茅膏菜 **138350**
叉冠瘦片菊 **259456**
叉冠瘦片菊属 **259455**
叉果菊属 129525
叉果商陆 292490
叉果商陆属 292488
叉蒿 **35520**
叉黑柄菊 **248140**
叉花草 **130317**,130318
叉花草属 **130315**
叉花苔草属 **129500**
叉花土三七 183082
叉灰白苔草 **74007**
叉喙兰 **401796**
叉喙兰属 **401795**
叉活活 228326
叉脊天麻 **171952**
叉茎棕属 202256
叉菊委陵菜 313054
叉开爱染草 **12495**
叉开白鼓钉 **307662**
叉开百蕊草 **389669**
叉开棒芒草 **106934**
叉开豹皮花 **373793**
叉开糙蕊阿福花 **393738**
叉开橙菀 **320670**
叉开刺头菊 **108271**
叉开丹氏梧桐 **135830**
叉开单头爵床 **257260**
叉开地杨梅 **238611**
叉开短丝花 **221383**
叉开芳香木 **38517**
叉开非洲独行菜 **225285**
叉开风仙 204911
叉开凤仙花 **204911**
叉开狗肝菜 **129253**
叉开寡毛菊 **270300**
叉开海滨草 **115254**
叉开海神木 **315721**
叉开合欢 **13532**
叉开红蕾花 **416939**
叉开厚敦菊 **277046**
叉开厚壳树 **141622**
叉开画眉草 **147640**
叉开还阳参 **110792**
叉开黄鸠菊 **134794**
叉开碱草 **24247**
叉开巨茴香芥 **162822**
叉开卷瓣兰 **62690**
叉开苦苣菜 **368702**
叉开勒珀蒺藜 **335664**
叉开瘤蕊紫金牛 **271040**
叉开芦荟 **16782**
叉开鹿藿 **333219**
叉开罗顿豆 **237290**
叉开魔星兰 **163518**
叉开牡荆 **411255**
叉开穆拉远志 **259974**
叉开奈纳茜 **263541**
叉开诺罗木犀 **266703**
叉开乳菀 **169775**
叉开塞拉玄参 **357488**
叉开三叶草 **397087**
叉开沙地水苏 **373113**
叉开莎草 **119614**
叉开双星山龙眼 **128134**
叉开水芹 **269315**
叉开酸脚杆 **247552**
叉开酸模 **340216**
叉开天门冬 **38994**
叉开西南非茜草 **20493**
叉开腺花山柑 **64882**
叉开香科 **388070**
叉开香芸木 **10608**
叉开小花茜 **286004**
叉开旋花 **103025**
叉开盐肤木 **332568**
叉开异耳爵床 **25702**
叉开硬皮鸢尾 **172588**
叉开藻百年 **161545**
叉开舟叶花 **340654**
叉开紫云菜 130318
叉兰属 **167332**
叉蓝盘 260711
叉丽冠菊 **68039**
叉裂毛莨 **325884**
叉鳞瑞香属 **129527**
叉绿顶菊 **160660**
叉萝藦 **115689**
叉萝藦属 **115688**
叉脉寄生藤 **125784**
叉毛草科 102782
叉毛草属 102784
叉毛灌属 **301537**
叉毛菊 **365322**
叉毛菊属 **365321**
叉毛蓬 **292726**
叉毛蓬属 **292714**
叉毛蛇头荠 **133415**
叉毛瘦片菊属 **196258**
叉毛岩荠 **97989**,416335
叉毛阴山荠 **416335**,97989
叉木槿 **194889**
叉拟九节 **169330**
叉婆子 53797
叉歧繁缕 **374836**
叉茄 **367168**
叉蕊薯蓣 **131529**
叉三芒草 **33768**

叉三指兰 **396641**
叉伞花野荞麦木 **152583**
叉色罗山龙眼 **361192**
叉舌垂头菊 **110465**
叉双距兰 **133786**
叉穗伞树属 **129560**
叉苔草属 **129506**
叉头 54158
叉头草 320513
叉头野荞麦 **152580**
叉臀草属 **129550**
叉尾菊属 **287992**
叉须崖爬藤 **387785**
叉序草 **209886**
叉序草属 **209876**
叉序花属 209876
叉序楼梯草 **142619**
叉序獐牙菜 **380188**
叉药野牡丹 **129522**
叉药野牡丹属 **129521**
叉叶草 **177495**
叉叶柴胡 **63619**
叉叶大戟 **158929**
叉叶金果椰 **139345**
叉叶蜡菊 **189649**
叉叶蓝 **123659**
叉叶蓝属 **123654**
叉叶木 111101
叉叶秋海棠 **49776**
叉叶树 111101,111104,200848
叉叶苏铁 **115854**
叉叶委陵菜 312412
叉叶椰 **6827**
叉叶椰属 **6826**
叉叶舟叶花 **340829**
叉枝百蕊草 **389727**
叉枝斑鸠菊 406284
叉枝蔗草 **353375**
叉枝滨藜 **161807**
叉枝滨藜属 **161804**
叉枝补血草科 **8628**
叉枝补血草属 **8630**
叉枝毒根斑鸠菊 **406284**
叉枝繁缕 374836
叉枝风兰 **24815**
叉枝凤兰 24815
叉枝蒿 **35400**
叉枝虎耳草 **349255**
叉枝黄鹌菜 **416489**
叉枝鸡菊花 **182318**
叉枝菊 **14860**
叉枝菊属 **14857**
叉枝榄仁树 **386521**
叉枝老鹳草 **174570**
叉枝蓼 **309906**,309056
叉枝鳞果草 370892
叉枝鳞籽草 **370892**
叉枝柳 **343314**
叉枝龙胆 **173407**
叉枝毛连菜 298583
叉枝牛角兰 **83654**
叉枝神血宁 309906
叉枝水繁缕属 **230180**
叉枝唐松草 **388656**,388680
叉枝莸 **280465**
叉枝莸属 **280464**
叉枝西风芹 **361595**
叉枝楔梗禾 **371502**
叉枝鸦葱 **354906**,354846
叉枝雅葱 354906
叉枝蝇子草 **363671**
叉枝莸 78002
叉枝玉 **263220**
叉枝玉属 **263217**
叉枝猿尾木 **373497**
叉枝远志 **308065**
叉枝芸香 341059
叉指叶梧楼 396247
叉痔草 285635
叉帚状裂稃草 **351312**
叉柱虎皮楠 **122676**
叉柱花 **374476**
叉柱花属 **374468**
叉柱金腰 **90438**
叉柱兰 **86672**
叉柱兰属 **86667**
叉柱柳 **343318**
叉柱榕 **164907**
叉柱五加 143588
叉柱旋花 **129576**
叉柱旋花属 **129573**
叉柱岩菖蒲 **392604**
叉状槭 **2941**
叉状竹节水松 **64499**
叉状紫菀 **40489**
叉仔草 285417
叉子芹 24291,24340,121045
叉子圆柏 **213902**
叉子棕属 **93985**
叉足兰属 **416513**
杈杈叶 3497
杈叶槭 **3497**
杈枝风兰 24815
杈枝凤兰 24815
插天山羊耳蒜 **232334**
插田藨 338292
插田泡 **338292**
插柚紫属 231729
查布美玉蕊 223778
查尔斯・诺尔丁早花丁香 **382173**
查尔斯・苏查特夫人欧丁香 **382345**
查尔斯・朱莉欧丁香 **382335**
查尔斯・拉蒙特鲍德南特荚蒾 **407649**
查尔斯大戟 **158641**
查尔斯兜兰 282802
查尔斯顿金菊木 **150314**
查尔斯顿无心菜 **31826**
查尔斯假杜鹃 **48225**
查尔斯拉菲尔滇藏木兰 242012
查尔斯老鹳草 **174530**
查尔斯王子铁线莲 **95450**
查菲菠萝球 **107012**
查拉角金煌柱 **183370**
查拉扭果花 **377713**
查拉西亚大戟 158640
查里十世欧丁香 **382334**
查里香科 **388046**
查理斯・图尔特欧石南 **148957**
查隆蓝花楹 **211232**
查伦裂花桑寄生 **295836**
查米森风铃草 **69956**
查米森豚草 **19152**
查纳尔特毛核木 **380741**
查诺马乔里细叶海桐 **301405**
查普曼斑鸠菊 **406216**
查普曼草地防风 **388898**
查普曼慈姑 **342339**
查普曼刺子莞 **333517**
查普曼酢浆草 **277726**
查普曼大沙叶 **286154**
查普曼杜鹃 **330365**
查普曼格尼瑞香 **178585**
查普曼冠须菊 **405926**
查普曼黄眼草 **416034**
查普曼火畦茜 **322961**
查普曼金光菊 **339548**
查普曼卷舌菊 **380848**
查普曼栎 **323750**
查普曼鹿藿 **333179**
查普曼疱茜 **319978**
查普曼舌唇兰 **302273**
查普曼蛇鞭菊 **228450**
查普曼柿 **132034**
查普曼苔草 **74092**
查普曼悬钩子 **338244**
查普曼一枝黄花 **368291**
查普曼早熟禾 **305440**
查氏楼斗菜 **30016**
查氏早熟禾 **305436**
查氏珠芽百合 **229767**
查塔姆奥勒菊木 270214
查塔姆赫柏木 **186943**
查塔姆树紫菀 **270214**
查塔姆勿忘草 **260735**
查塔姆勿忘草属 **260734**
查特重瓣蜀葵 **13935**
查特卡尔水苏 **373472**
查条 3732
茶 **69634**,203660
茶藨大黄 **329391**
茶藨胡椒 **300498**
茶藨叶风箱果 **297851**
茶藨叶牛果藤 20444
茶藨叶悬钩子 **338071**
茶藨子 **334048**,333970,334117,334201,334250
茶藨子科 181339
茶藨子属 **333893**
茶藨子天竺葵 **288273**
茶匙黄 **410736**,8760,409898
茶冬青 204341
茶豆 218721
茶豆属 **85187**
茶麸 69411
茶竿竹 318283
茶秆竹 **318283**
茶秆竹属 **318277**
茶槁楠 **295367**
茶罐花 276098
茶果 31477
茶果冬青 204341
茶海棠 243630
茶核桃 212652
茶花 69156
茶花常山 77141
茶花常山属 77140
茶花杜鹃 **330302**,331683
茶花儿 78449,360483
茶花叶杜鹃 331683
茶荚蒾 **408127**
茶胶树 6811
茶金条 195269
茶菊花 124826
茶科 389046
茶苦荬 **407029**
茶辣 161373
茶辣树 161382
茶兰 88301
茶兰属 24687
茶梨 **25773**,69015
茶梨属 **25771**
茶莲木 252869
茶菱 **394560**
茶菱角属 394559
茶菱科 **394563**
茶菱属 **394559**
茶马椰子属 85420
茶梅 **69594**,69613
茶梅椰属 85842
茶縻花 336896
茶縻花蔷薇 336896
茶木 145512
茶七 6414,91024
茶绒 36340
茶绒杜鹃 **331705**,331700

茶绒蒿 36354
茶茹 333900
茶色扁果苔 74610
茶色杜鹃 **330742**
茶色苔草 **74610**
茶色豌豆 **301064**
茶色卫矛 **157917**
茶山虫 319771,384917
茶属 68877
茶树 69634,300980
茶檀 121826
茶藤 **249670**
茶条 2984,2986,217626
茶条果 381291
茶条木 **123766**
茶条木属 **123765**
茶条槭 **2984**,2986
茶条树 113
茶碗樱 **316809**
茶喂 198745
茶香木 248108
茶绣玉 **284660**
茶丫藤 121629
茶药藤 **211697**
茶叶 69644
茶叶包 34154
茶叶冬青 204184
茶叶核子木 **291488**
茶叶花 235878
茶叶花属 **393695**,29465
茶叶灰木 **381156**
茶叶柳 **343484**
茶叶牛奶子 165426
茶叶雀梅藤 **342162**
茶叶山矾 **381437**
茶叶树萝卜 **10297**
茶叶藤 362306
茶叶卫矛 **157921**,157917
茶叶卫矛属 **389054**
茶叶小野牡丹 **248803**
茶油树 69411
茶萸 417139
茶枝柑 **93719**
茶茱萸 **203299**
茶茱萸科 **203303**
茶茱萸属 **203287**,179441
茶柱 **183379**,375534
茶子木 69411
茶子树 69411
搽耳草 349936
搽散 253627
槎木 211022
槎牙 342400
察恩红豆 **274443**
察恩假藜 **87204**
察恩琼楠 **50634**
察恩氏果子蔓 **182184**
察尔兰属 **416885**
察格罗风信子 **416874**
察格罗风信子属 **416873**
察拉塔纳纳丹氏梧桐 **136018**
察拉塔纳纳短毛鸡菊花 **270272**
察拉塔纳纳多穗兰 **310630**
察拉塔纳纳鹅绒藤 **117726**
察拉塔纳纳二毛药 **128469**
察拉塔纳纳槲寄生 **411121**
察拉塔纳纳黄胶菊 **318719**
察拉塔纳纳黄梁木 **59960**
察拉塔纳纳黄檀 **121846**
察拉塔纳纳剪股颖 **12401**
察拉塔纳纳琉璃草 **118024**
察拉塔纳纳琉璃繁缕 **21431**
察拉塔纳纳露兜树 **281159**
察拉塔纳纳马岛雄蕊草 **22307**
察拉塔纳纳蜜茱萸 **249169**
察拉塔纳纳拿司竹 **262770**
察拉塔纳纳扭果花 **377830**
察拉塔纳纳千里光 **360255**
察拉塔纳纳秋海棠 **50376**
察拉塔纳纳黍 **282329**
察拉塔纳纳树葡萄 **120244**
察拉塔纳纳小瓠果 **290541**
察拉塔纳纳鱼骨木 **71519**
察拉塔纳纳玉凤花 **184153**
察拉塔纳田皂角 **9658**
察郎马先蒿 287784
察里杜鹃 **332016**
察寮竹 117643
察龙无心菜 **31859**
察嫩灰毛豆 **386059**
察日脆蒴报春 **315060**
察斯特洛厚皮树 **221218**
察瓦龙翠雀花 **124134**
察瓦龙杜鹃 **330865**
察瓦龙马先蒿 **287784**
察瓦龙忍冬 **236179**
察瓦龙舌唇兰 **302274**
察瓦龙唐松草 **388702**
察瓦龙乌头 **5114**
察瓦龙小檗 **52281**
察瓦龙叶下珠 **296632**
察瓦龙紫菀 **41439**
察雅黄芪 42169
察雅黄耆 **42169**
察隅矮柳 **344307**
察隅遍地金 **201969**
察隅翠雀花 **124123**
察隅大王马先蒿 **287609**
察隅滇紫草 **271849**
察隅点地梅 **23347**
察隅杜鹃 **331487**
察隅杭子梢 70784
察隅蒿 **36567**
察隅厚喙菊 **138781**
察隅虎耳草 **350050**
察隅花楸 **369572**
察隅黄芪 43288
察隅黄耆 **43288**
察隅箭竹 **162768**
察隅冷杉 **309**
察隅马先蒿 **287842**
察隅女贞 **229603**
察隅婆婆纳 **407076**
察隅槭 **3692**
察隅荨麻 **403048**
察隅雀儿豆 **87244**
察隅润楠 **240567**
察隅蛇根草 **272185**
察隅十大功劳 **242503**
察隅唐松草 **388446**
察隅乌头 **5116**
察隅小檗 **52397**
察隅羊茅 **163862**
察隅野豌豆 **408303**
察隅阴山荠 **416371**
察隅蝇子草 **364226**
察隅獐牙菜 **380419**
察隅紫堇 **106557**
察隅紫菀 **41523**
檫木 **347413**,161356
檫木属 **347402**
檫木香千里光 **358756**
檫木香属 **136766**
檫皮桂 91388
檫树 161335,161356,347413
檫树属 347402
檫子漆 393479
镲钹花 13934
岔河凤仙 **205115**
岔子菜 110952,110979
差把嘎蒿 35595
差不嘎蒿 35595
差风 24502
钗子股 **238318**,238312,238322
钗子股属 **238301**
犲羽 395146
柴草 63594,63813
柴达木臭草 **249028**,249015
柴达木风毛菊 348509
柴达木黄芪 42170
柴达木黄耆 **42170**
柴达木桧 213871
柴达木赖草 **228377**
柴达木沙拐枣 **67087**
柴达木圆柏 213871
柴达木猪毛菜 **344777**
柴党 98380,98381,98413
柴党参 70396,98380
柴骨皮 61935
柴桂 **91432**,91265,91316,91449,263759
柴禾 142082
柴厚朴 244471,350680
柴忽拉 324100
柴胡 40000,63594
柴胡大戟 **158587**,159888
柴胡红景天 **329848**,329841
柴胡金丝桃 **201785**
柴胡景天 329848
柴胡科尔草 **217896**
柴胡苦苣菜 **368679**
柴胡链荚豆 18259
柴胡属 **63553**
柴胡叶垂头菊 **110355**
柴胡叶链荚豆 **18259**
柴胡叶山柳菊 **195499**
柴胡蝇子草 **363268**
柴胡状斑膜芹 199647
柴胡状玻璃芹 **199647**
柴胡状大戟 **159295**,159888
柴胡状千里光 **358454**
柴胡状山柳菊 **195500**
柴桦 **53444**
柴桦条子 53444
柴黄姜 131734,131736
柴姜黄 **131736**
柴徽藤 66643
柴荆芥 144096
柴科诺斯基小檗 52282
柴拉芹属 **417640**
柴龙木 29587
柴龙属 29581
柴龙树 **29587**
柴龙树属 **29581**
柴米米花 336783
柴木通 95127,95226
柴朴 198698
柴漆 393485
柴氏小檗 **52282**
柴氏樱桃 83137
柴首 **63593**
柴树 91316,323944,324100
柴桫椤 86207
柴桫椤属 86192
柴田槭 **3150**
柴续断 **295202**
柴油树 364707
柴油苏 144023
柴樟 91432
柴指甲 223454
柴苎麻 273903
豺狗刺 366284
豺狗舌 31518,248778
豺皮榆 401581
豺皮樟 233880
豺羽 395146
豺帚 329973
蟾帽蕉 338719

孱弱马先蒿 **287291**
禅比罗棕属 85842
禅真 114994
缠百合 370407
缠柄花 **329987**
缠柄花属 **329986**
缠豆藤 114994
缠结萹蓄 **309258**
缠结补血草 **230646**
缠结岑克尔豆 **417581**
缠结长被片风信子 **137946**
缠结大戟 **159559**
缠结短叶水蜈蚣 **218481**
缠结芳香木 **38598**
缠结枸杞 **239062**
缠结黑苔草 **75509**
缠结羯布罗香 133566
缠结蜡菊 **189453**
缠结栎 **324056**
缠结龙脑香 **133566**
缠结罗顿豆 **237392**
缠结木蓝 **206121**
缠结囊蕊紫草 **120852**
缠结欧石南 **149596**
缠结千里光 **359141**
缠结忍冬 **235866**
缠结软毛蒲公英 **242958**
缠结塞拉玄参 **357625**
缠结绳草 **328130**
缠结石头花 **183210**
缠结柿 **132213**
缠结双距兰 **133888**
缠结双盛豆 **20779**
缠结天门冬 **39043**
缠结鸭舌癀舅 **370795**
缠结忧花 **241650**
缠结舟叶花 **340731**
缠结朱米兰 **212722**
缠结猪毛菜 **344581**
缠结猪屎豆 **112807**
缠结砖子苗 **245451**
缠结子孙球 **327290**
缠龙子 114994
缠扭大戟 **159986**
缠扭狒狒花 **46155**
缠扭狗牙花 **382759**
缠扭坚果番杏 **387168**
缠扭角果藻 **417047**
缠扭欧石南 **149361**
缠扭球百合 **62455**
缠绕白毛乌头 **5665**
缠绕百簕花 **55429**
缠绕蔡斯吊兰 **65098**
缠绕草属 **16174**
缠绕虫豆 65153
缠绕刺痒藤 **394230**
缠绕大戟 **158674**
缠绕党参 **98403**
缠绕吊灯花 **84302**
缠绕非洲耳茜 **277281**
缠绕风铃草 **70364**
缠绕含羞草 **255139**
缠绕红叶藤 **337769**
缠绕黄胶菊 **318724**
缠绕黄檀 **121856**
缠绕金鱼草 **28598**
缠绕丽韭 **128886**
缠绕裂盖海马齿 **416899**
缠绕猫爪藤 54303
缠绕米面蓊 **61942**
缠绕欧石南 **149876**
缠绕忍冬 236022
缠绕乳豆 **169666**
缠绕天剑 68701
缠绕天门冬 **39255**
缠绕驼曲草 **119916**
缠绕挖耳草 **403321**
缠绕五层龙 **342750**
缠绕小舌菊 **253479**
缠绕旋花 **103386**
缠绕猪屎豆 **112255**
缠丝蔓 114994
缠藤 235878
缠条子 83340
缠头花椒 268438
缠枝牡丹 **68678**
缠竹黄 398266
缠竹消 400945
蝉金须茅 90125
蝉兰 116905
蝉玄参属 **3906**
蝉翼豆 320607
蝉翼木 356367
蝉翼藤 **356367**
蝉翼藤属 **356361**
蝉子树 177170
潺菜 48689
潺槁木 233928
潺槁木姜 233928
潺槁木姜子 **233928**
潺槁树 233928
潺果 233928
潺茄 219
潺树 233928
蟾蜍草 60288,301871,301952
蟾蜍草属 **62244**
蟾蜍厚 274428
蟾蜍兰 77146
蟾蜍色爪唇兰 **179291**
蟾蜍石豆兰 **62604**
蟾蜍薯 375904
蟾蜍水鳖 200230
蟾蜍藤 66643,283284
蟾芥属 **296011**
产棒大戟 **158655**
产后草 11587,31380,308123
产后茶 187598,239967
产后姜 17743
产胶阿登芸香 **7132**
产胶刺苞菊 **77002**
产胶大戟 **159013**
产胶恩氏菊 **145198**
产胶盖果漆 **271957**
产胶红柱树 **78674**
产胶画眉草 **147706**
产胶胶藤 **220862**
产胶苦苣菜 **368725**
产胶前胡 **292874**
产胶莳莲 **7258**
产胶狭花柱 **375524**
产胶星刺豆 **41885**
产胶野胡萝卜 **123149**
产胶尤伯球 **401334**
产香毒马草 **362881**
产油甘蜜树 **263058**
产油油棕 142264
铲瓣景天 **356971**
铲鸡藤 116019
铲穗兰属 **232987**
铲叶垂头菊 **110458**
颤扁莎 **322374**
颤丹氏梧桐 **136014**
颤动兄弟草 **21299**
颤画眉草 **148016**
颤喙马先蒿 **287743**
颤落芒草 **300755**
颤毛萝藦属 **399565**
颤毛牛角草 **273209**
颤榕 **165774**
颤鼠尾粟 **372862**
颤苔草 **76655**
颤线柄苔草 **74539**
颤杨 311547
颤早熟禾 **306087**
昌本 5821
昌波小檗 **52274**
昌都点地梅 **23129**
昌都鹅观草 **335193**
昌都蒿 **36029**
昌都黄芪 42172
昌都黄耆 **42172**
昌都棘豆 **279108**
昌都堇菜 410001
昌都锦鸡儿 **72204**
昌都韭 **15183**
昌都马先蒿 **287672**
昌都披碱草 **144300**
昌都无心菜 **31813**
昌都羊茅 **163861**
昌都杨 **311452**
昌都紫堇 **105725**
昌感海棠 49703
昌感秋海棠 **49703**
昌化鹅耳枥 **77401**
昌化拉拉藤 **170517**
昌化枥 77401
昌化泡果荠 **196275**
昌化槭 **2884**
昌化稀花槭 2884
昌江厚壳树 **141614**
昌江拟石斛 **278636**
昌江石斛 278636
昌江蛛毛苣苔 **283112**
昌陆 298093
昌宁茶 **68978**
昌宁兰 **116805**
昌宁槭 3019
昌宁苔草 **75336**
昌平毛茛 **325716**
昌文 23670
昌羊 5821
昌阳 5793,5803,5821
昌支 23670
菖根跌打 254752
菖兰 176222
菖蒲 **5793**,5803,5821
菖蒲科 **5771**
菖蒲兰 168183
菖蒲莲 417612,417613
菖蒲莲属 417606
菖蒲球兰 **198895**,198897
菖蒲属 **5788**
菖蒲桶虎耳草 **349169**
菖蒲桶崖豆藤 **254645**
菖蒲鸢尾 **4534**
菖藤 13238
长矮小树葡萄 **120098**
长安金柑 167493
长安苔草 **74802**
长把马先蒿 **287376**
长白菜 59600
长白糙苏 **295128**
长白侧柏 390579
长白茶藨 334055
长白茶藨子 **334055**
长白柴胡 **63693**
长白长果落叶松 221919
长白长距兰 302404
长白赤松 300222
长白楤木 30618
长白簇毛槭 **2799**
长白灯心草 **213272**
长白蜂斗菜 **292394**
长白蜂斗叶 292394
长白高山芹 **98784**
长白狗舌草 **385913**
长白旱麦瓶草 **363615**
长白红景天 **329836**

长白虎耳草 **349529**
长白棘豆 **278710**
长白假水晶兰 258069
长白金莲花 **399510**
长白景天 329836
长白卷耳 **82728**
长白老鹳草 **174563**,174487
长白柳 **343904**,343780
长白鹿蹄草 **322921**
长白落叶松 221919
长白落叶松毛基变型 221919
长白落叶松中果变型 221919
长白米努草 **255516**
长白拟水晶兰 258069
长白婆婆纳 **407387**,407388
长白蔷薇 **336660**
长白忍冬 **236076**
长白瑞香 **122481**,122486
长白沙参 **7739**
长白山报春 **314370**,314366
长白山风毛菊 **348854**
长白山蒿 35221
长白山黄堇 **105726**
长白山堇菜 410520
长白山老鹳草 174487
长白山柳叶野豌豆 **408678**
长白山龙胆 **173540**
长白山鹿蹄草 322921
长白山蚂蚱草 363615
长白山碎米荠 **72694**
长白山橐吾 **229065**
长白山羊茅 **164334**
长白山罂粟 **282683**
长白舌唇兰 302290
长白松 **300222**,300223
长白苔草 75737
长白乌头 **5649**
长白香蒲 **401102**
长白蟹甲草 **283860**
长白岩菖蒲 **392603**
长白岩黄芪 188166
长白岩黄耆 188166
长白鱼鳞松 298316
长白鱼鳞云杉 **298316**
长白鸢尾 **208706**
长白中甸冷杉 364
长白苎麻 56343
长百蕊草 **389674**
长瓣阿斯草 **39840**
长瓣爱丽塞娜兰 **143815**
长瓣巴西木 **192061**
长瓣鼻烟盒树 **270892**
长瓣编织夹竹桃 **303068**
长瓣扁担杆 **180855**
长瓣杓兰 **120382**
长瓣槟榔属 181295
长瓣钗子股 **238311**
长瓣长药兰 **360619**
长瓣慈姑 342409,342421
长瓣大风子 270892
长瓣德氏凤梨 **126829**
长瓣兜兰 **282814**
长瓣斗篷花 **395032**
长瓣毒鼠子 128726
长瓣短野牡丹 **58557**
长瓣短柱茶 **69109**
长瓣多花虎耳草 **349486**
长瓣耳草 **187620**
长瓣繁果茜 **304151**
长瓣繁缕 **374780**
长瓣风车子 **100438**
长瓣高河菜 **247774**
长瓣谷精草 **151355**
长瓣谷木 **250000**
长瓣光兰 282814
长瓣黑种草 **171483**
长瓣黑种草属 **171480**
长瓣虎耳草 **349566**,349809
长瓣黄金梢 **55138**
长瓣茴香砂仁 **155404**
长瓣角盘兰 **192868**
长瓣金花树 55138
长瓣金莲花 **399519**
长瓣金丝桃 202217
长瓣嘴签 **179951**
长瓣亮泽兰属 **376501**
长瓣刘氏草 **228286**
长瓣芦苇 **295919**,295888
长瓣马铃苣苔 **273840**
长瓣马蹄荷 **161606**
长瓣矛籽兰 **235512**
长瓣梅花草 **284561**
长瓣囊果草 **56944**
长瓣囊果草属 **56941**
长瓣欧洲慈姑 **342409**
长瓣坡梯草 **290188**
长瓣腔柱草 **119863**
长瓣鞘状托叶风琴豆 **217992**
长瓣秋水仙 **250641**
长瓣秋水仙属 **250627**
长瓣瑞香 **122507**,122367
长瓣山生水苏 **373106**
长瓣舌唇兰 **302509**
长瓣水鬼蕉 **200942**
长瓣丝兰 **416556**
长瓣穗花报春 **314441**
长瓣铁线莲 **95100**
长瓣拖鞋兰 **295880**
长瓣歪子杜鹃 **304604**
长瓣小裂兰 **351476**
长瓣小叶槐 **369068**
长瓣萱草 191291
长瓣羊耳蒜 **232232**
长瓣银钩花 **256229**
长瓣银露梅 **312635**
长瓣银帽花 **322495**
长瓣银帽花属 **322494**
长瓣蝇子草 **363703**
长瓣玉 **78066**
长瓣玉属 **78065**
长瓣鸢尾 **208692**
长瓣云南金莲花 **399554**
长瓣杂色豆 **47766**
长瓣蜘蛛抱蛋 **39555**
长瓣竹芋 **100885**
长瓣竹芋属 **100883**
长棒柄花 **94408**
长棒头草 **310108**
长棒猪屎豆 **112348**
长苞凹舌兰 **98593**,98586
长苞菝葜 **366433**
长苞白舌紫菀 **40108**
长苞白珠 **172108**
长苞斑鸠菊 **406529**
长苞斑叶兰 **179682**,179623
长苞菠萝 **392027**
长苞菜木香 135730
长苞菖蒲 **5820**
长苞刺蕊草 **306966**
长苞葱 **15439**
长苞丛生玻璃掌 **186802**
长苞粗子芹 297963
长苞大叶报春 **314608**
长苞黛粉叶 **130138**
长苞灯心草 **213223**
长苞东俄洛黄芪 43171
长苞东俄洛黄耆 **43171**
长苞毒芹 **90933**
长苞椴 **391849**
长苞莪白兰 267966
长苞萼状欧石南 **149130**
长苞粉蝶兰 **302393**,302502
长苞粉条儿菜 **14507**
长苞高山栎 **323907**
长苞谷精草 **151288**
长苞谷精珠 151288
长苞海葱 **274679**
长苞合瓣花 **381841**
长苞壶花无患子 **90740**
长苞虎掌藤 **208081**
长苞花凤梨 **392026**,392027
长苞还阳参 **110961**
长苞黄花棘豆 **279054**,279056
长苞黄精 **308532**
长苞黄毛棘豆 279052
长苞黄色棘豆 279052
长苞黄莎草 **118603**
长苞黄穗棘豆 **279052**
长苞鸡屎树 **222296**
长苞棘豆 **278974**
长苞尖药兰 **132669**
长苞节茎兰 **269218**
长苞荆芥 **264985**
长苞宽穗马先蒿 287157
长苞蓝 **387136**,85944
长苞蓝靛果 **235694**
长苞蓝属 **387133**
长苞冷杉 **379**
长苞狸尾豆 **402137**,402141
长苞立金花 **218884**
长苞良毛芸香 **155845**
长苞列当 **275213**
长苞林地石竹 **127877**
长苞楼梯草 **142723**
长苞芦荟 **16986**
长苞螺序草 **371765**
长苞马比戟 **240186**
长苞马蓝 85944,387136
长苞毛兰 299624
长苞美冠兰 **156589**
长苞美丽马醉木 298722
长苞木槿 **195302**
长苞木犀 **276351**
长苞拟洋椿 **80054**
长苞片菝葜 366433
长苞片苞爵床 **139010**
长苞片丹氏梧桐 **135897**
长苞片鸟足兰 **347810**
长苞片小檗 51378
长苞飘拂草 **166384**
长苞苹兰 **299624**
长苞婆罗门参 **394294**
长苞荠苎 **259313**
长苞球子草 **288649**
长苞人唇兰 **3782**
长苞绒毛山蚂蝗 **126664**
长苞肉锥花 **102337**
长苞三轮草 **119320**
长苞山芹 **276767**
长苞升麻 **91016**
长苞十大功劳 **242583**
长苞石豆兰 62672
长苞石竹 **127670**
长苞柿 **132260**
长苞四翼木 **387603**
长苞唐菖蒲 **176325**
长苞特雷桔梗 **394620**
长苞铁兰 392026
长苞铁杉 **399914**
长苞头蕊兰 **82058**
长苞无柱兰 **19508**
长苞线形欧石南 **149439**
长苞腺萼木 **260615**
长苞香蒲 **401105**
长苞小檗 **51378**
长苞肖观音兰 **399160**
长苞绣球防风 **227565**
长苞萱草 **191311**

长苞血见愁 **388305**
长苞哑蕉 130138
长苞沿阶草 **272105**
长苞羊耳蒜 **232196**
长苞杨梅 **101667**
长苞杨梅属 **101664**
长苞异味狒狒花 **46123**
长苞芋 16508
长苞鸢尾兰 **267966**
长苞中甸冷杉 **364**
长苞砖子苗 **245463**
长苞紫堇 **106091**
长苞紫茎 **376449**
长苞紫珠 **66839**
长宝绿 **177472**
长被片风信子属 **137891**
长被山榄属 **124723**
长篦齿类滨菊 **227459**
长臂卷瓣兰 **62861**
长臂卷唇兰 62861
长鞭红景天 **329873**
长鞭省藤 65694
长鞭藤 **65694**
长冰草 144643
长柄矮生枸子 **107420**
长柄艾纳香 **55784**
长柄奥佐漆 **279301**
长柄巴柳 **343357**
长柄菝葜 **366435**
长柄白瑟木 **46648**
长柄棒果树 **332394**
长柄豹皮花 **373881**
长柄贝母兰 **98690**
长柄本箭木 51046
长柄扁桃 20933
长柄叉叶苏铁 **115846**
长柄茶壶卢 219844
长柄茶葫芦 219843
长柄车前 **301909**
长柄赤车 **288740**
长柄翅果 **64031**
长柄臭黄荆 313717
长柄臭牡丹 96263
长柄垂头菊 **110427**
长柄刺果卫矛 **157270**
长柄翠柏 67529
长柄大花漆 393456
长柄大戟 **158927**
长柄丹氏梧桐 **135902**
长柄淡黄马先蒿 287388
长柄当归 24394,24395
长柄德罗豆 **138098**
长柄灯台树 21857
长柄地不容 **375886**
长柄地锦 **285108**
长柄滇杨 311587
长柄垫柳 **343136**
长柄冬青 **203770**
长柄豆蔻 **19879**
长柄杜鹃 **331134**
长柄杜若 **307339**
长柄杜英 **142371**
长柄椴 391753
长柄对萼猕猴桃 **6719**
长柄鹅耳枥 77306
长柄鹅掌柴 **350795**
长柄二型花 **128547**
长柄粉条儿菜 **14523**
长柄凤仙花 **205098**
长柄福王草 313848
长柄瓜馥木 **166676**
长柄果飘拂草 **166389**
长柄过路黄 **239631**
长柄孩儿草 **340355**
长柄海岛越橘 **404061**
长柄海南核果木 **138625**
长柄含笑 **252905**
长柄合耳菊 **381941**
长柄合果芋 381861
长柄核果木 138625,138634
长柄鹤顶兰 82088
长柄黑果小檗 **51337**
长柄红皮柳 **343953**
长柄喉毛花 100276
长柄厚喙菊 **138779**
长柄厚皮香 **386715**
长柄胡椒 **300524**
长柄胡颓子 **141978**
长柄壶卢 219844
长柄葫芦 219843
长柄槲寄生 **411051**
长柄花草 **26924**
长柄花唐松草 388627
长柄槐 **369058**
长柄黄堇 **105756**
长柄黄精 308590
长柄黄藤 **121512**
长柄鸡头薯 **152969**
长柄棘豆 **279080**
长柄荚 **247205**
长柄荚属 **247204**,296129
长柄假福王草 **283683**
长柄假鸡头薯 **317678**
长柄假山柑 **334798**
长柄箭竹 416826
长柄交让木 122700
长柄椒 72073
长柄角果藻 417060
长柄芥 **241249**
长柄芥属 **241248**
长柄锦鸡儿 **72343**
长柄锦香草 **296375**
长柄旌节花 **373581**
长柄菊 396697
长柄菊蒿 **383793**
长柄菊属 396695
长柄聚伞翼 117327
长柄聚散翼 **117327**
长柄兰 **116966**
长柄蓝钟花 **115374**
长柄浪草 29660
长柄冷水花 **298857**,298961,298989
长柄冷水麻 298854,298857
长柄梨 **323157**
长柄栎 **324127**
长柄恋岩花 **140063**
长柄亮叶山香圆 **400544**
长柄裂瓜 **351769**
长柄瘤瓣兰 **270823**
长柄柳 **343332**
长柄柳叶菜 **146859**
长柄龙血树 **137514**
长柄楼梯草 **142725**
长柄露兜树 **281069**
长柄马兜铃 **34251**
长柄马兰 **215353**
长柄马先蒿 **287375**
长柄毛茛 326103
长柄毛秋海棠 50336
长柄米口袋 **181665**
长柄莫桑比克田皂角 **9586**
长柄木槿 194837
长柄南京椴 **391776**
长柄楠 295367
长柄牛奶藤 245826
长柄牛栓藤 **101878**
长柄女贞 **229526**
长柄爬藤榕 165627
长柄披针状扭柄花 **377923**
长柄婆婆纳 **407215**
长柄破布木 **104208**
长柄匍茎榕 **165627**
长柄七叶树 **9678**
长柄槭 **3116**
长柄奇花柳 **343059**
长柄歧伞花 **116710**
长柄千金藤 375886
长柄千年木 137342,137514
长柄浅黄马先蒿 **287388**
长柄鞘蕊花 **99675**
长柄青杨 311268
长柄琼楠 **50552**
长柄秋海棠 **50316**
长柄全缘石楠 **295708**
长柄热香木 **215503**
长柄润楠 **240581**
长柄山茶 **69308**,69307
长柄山桂花 **51046**
长柄山姜 **17713**
长柄山龙眼 **189940**
长柄山蚂蝗 **200739**
长柄山蚂蝗属 **200724**
长柄山毛榉 162386
长柄山杨 **311288**
长柄山油柑 6251
长柄珊瑚苣苔草 **103966**
长柄十大功劳 **242584**
长柄石笔木 322620
长柄石柑 **313198**
长柄石栎 233300
长柄鼠李 **328768**
长柄双花木 **134012**,134010
长柄水锦树 **413797**
长柄水蕹 29660
长柄丝花苣苔 **263326**
长柄四川清风藤 **341562**
长柄梭罗 **327366**
长柄梭罗木 327366
长柄台湾堇菜 **409995**
长柄苔草 75202
长柄太平山冬青 **204301**
长柄唐松草 **388627**
长柄藤榕 **165262**
长柄铁苋 **1916**
长柄通泉草 **246982**
长柄兔儿风 **12718**
长柄菟葵 **148109**
长柄万果木 **261300**
长柄卫矛 **157415**,177998
长柄乌口树 **384984**
长柄乌头 **5377**
长柄五层龙 **342680**
长柄五味子 **351068**
长柄虾脊兰 **65870**
长柄苋 **412233**
长柄苋属 **412231**
长柄线尾榕 **164982**
长柄香茶菜 **303458**
长柄象牙参 **337081**
长柄小芹 **364886**
长柄新风轮菜 **65590**
长柄熊巴掌 296375
长柄绣球 199946
长柄绣球花 199946
长柄雪山报春 **314596**
长柄岩黄芪 187992
长柄岩黄耆 **187992**
长柄羊耳兰 232364
长柄羊蹄甲 **49160**
长柄椰 **17950**
长柄椰属 **17949**
长柄野扁豆 **138974**
长柄野荞 162333
长柄野荞麦 **162333**
长柄野扇花 346737
长柄椅杨 311572
长柄异木患 **16111**

长柄异药花　**167308**
长柄淫羊藿　146987
长柄银叶树　**192484**
长柄油丹　**17809**
长柄鸢尾　**208613**
长柄月之宴　**327326**
长柄云南梅花草　**284643**
长柄杂色豆　**47768**
长柄杂色杜鹃　**330610**
长柄獐牙菜　**380307**
长柄樟　**91365**
长柄轴榈　**228748**
长柄竹蕉　**137342**,137514
长柄竹叶榕　**165691**
长柄紫果槭　**2904**
长柄紫珠　**66851**
长波叶大黄　**329411**
长波叶山蚂蝗　**126603**
长波状叶山蚂蝗　126603
长不老　298093
长侧瓣大花杓兰　**120407**
长侧枝灯心草　**212841**
长车前　**302056**
长柽柳　383479
长城球　**400459**
长城丸　400459
长齿百里香　**391172**
长齿豹皮花　**373877**
长齿大距野牡丹　**240982**
长齿东俄洛黄芪　43169
长齿多穗灰毛豆　**386243**
长齿多叶香茶菜　**209803**
长齿灌木查豆　**84469**
长齿合景天　**318398**
长齿湖苔草　**75037**
长齿黄芪　43169
长齿黄耆　**42632**,43169
长齿居内马鞭草　**213585**
长齿列当　**275006**
长齿虻眼草　**136216**
长齿木蓝　**205918**
长齿牛角草　**273170**
长齿青兰　**137598**
长齿肉黄菊　**162930**
长齿溲疏　127095
长齿兔唇花　**220078**
长齿歪头菜　408516
长齿沃恩木蓝　**405204**
长齿乌头　**5373**
长齿狭荚黄芪　43086
长齿狭荚黄耆　**43086**
长齿野豌豆　**408467**
长齿叶冬青　**203690**
长齿叶四川溲疏　**127095**
长齿蝇子草　**363700**
长齿蔗茅　**341876**
长齿猪屎豆　**112349**
长豉草　403687
长翅槭　**3114**
长翅秋海棠　**50024**
长翅绣球　**199943**
长虫包谷　33288
长虫苞米　33245,33260
长虫草　234363
长虫莲　287405
长虫魔芋　33574
长虫七　228568
长虫山大戟　160074
长串茶藨　334072
长串茶藨子　334072
长春　79418,211821
长春草　66395,327525
长春兜舌兰　**282848**
长春花　**79418**,66395,79419,336485
长春花属　**79410**,409325
长春菊　8331,66395
长春蒲公英　**384592**,384719
长春七　228568,228587,228603
长春藤　285157
长春油麻藤　259566
长唇对叶兰　**232930**,264676
长唇冠状鸟足兰　**347756**
长唇蓝兰　**193159**
长唇枪刀药　**202574**
长唇筒冠花　**365196**
长唇羊耳蒜　**232278**
长唇圆锥苞叶兰　**58384**
长刺白龙球　**244039**
长刺滨海菊　**8640**
长刺茶藨子　**333900**,333903
长刺楤木　**30759**
长刺大戟　**159266**
长刺法蒺藜　**162260**
长刺钩萼　267079
长刺钩萼草　**267079**
长刺棘豆　279172
长刺堇菜　**409934**
长刺李　333903
长刺驴喜豆　**271228**
长刺木莓　**136848**
长刺牛毛毡　**143026**
长刺鳍蓟　270234
长刺山柑　**71760**
长刺四蟹甲　**387085**
长刺酸模　**340293**,340116
长刺特喜无患子　**311997**
长刺天门冬　39165
长刺卫矛　**157966**
长刺小檗　**51877**
长刺盐肤木　**332696**
长刺腋花四蟹甲　**387074**
长刺猪毛菜　**344658**
长刺猪屎豆　**112090**
长刺锥　**78981**,78924
长刺棕　398825
长刺棕属　398824
长葱　**15244**
长粗毛杜鹃　**330477**
长大叶马兜铃　**34224**
长袋兜舌兰　282887
长刀佛手掌　**77430**
长刀日中花　77430
长刀形青锁龙　**108778**
长岛赤竹　**347310**
长岛苦竹　**304071**
长岛苎麻　**56222**
长地榆　345894
长点地梅　**23163**
长冬草　95007
长冬草铁线莲　**95007**
长豆　409086
长多穗鸟娇花　**210884**
长萼巴尔番薯　**207620**
长萼半日花　**188727**
长萼半蒴苣苔　**191370**
长萼苞爵床　**139011**
长萼报春　314872
长萼糙苏　**295135**
长萼赤爮　**390160**
长萼粗叶木　**222219**,222110,222113
长萼大沙叶　**286195**
长萼滇南杜鹃　**330818**
长萼吊石苣苔　**239956**,191397
长萼杜鹃　**331128**,330591
长萼盖裂果　**256092**
长萼冠唇花　**254254**
长萼核果茶　**322628**
长萼褐毛溲疏　**127042**
长萼黑蒴　**14310**
长萼厚皮香　**411162**
长萼厚皮香属　**411160**
长萼琥珀树　**27872**
长萼黄芪　42629
长萼黄耆　**42629**
长萼黄眼草　**416102**
长萼鸡眼草　**218345**
长萼基扭桔梗　**123789**
长萼棘豆　**279069**
长萼堇菜　**410100**
长萼景天　**357302**
长萼九节　**319523**
长萼距兰　**144123**
长萼瞿麦　**127756**
长萼宽叶景天　**356761**
长萼栝楼　**396213**
长萼兰　**59270**
长萼兰花蕉　**273270**
长萼兰属　**59265**
长萼蓝花参　**412738**
长萼老鸦嘴　**390827**
长萼类沟酸浆　**255168**
长萼连蕊茶　**69297**
长萼镰形勒古桔梗　**224065**
长萼亮蛇床　**357806**
长萼裂果葫芦　**351393**
长萼裂黄芪　42634
长萼裂黄耆　**42634**
长萼鳞花草　**225188**
长萼龙胆　**173409**
长萼鹿角藤　**88897**
长萼鹿蹄草　**322849**
长萼罗伞树　**31582**
长萼马先蒿　**287366**
长萼马醉木　**298797**
长萼蔓延香草　**239886**
长萼芒毛苣苔　**9453**,9478
长萼毛茛　**29098**
长萼毛茛属　**29095**
长萼毛果悬钩子　**339123**
长萼毛蕊茶　69297
长萼美冠兰　**156832**
长萼蒙古堇菜　**410270**
长萼密花硬皮豆　**241423**
长萼棉　**179912**
长萼木半夏　**142110**
长萼木槿　**194977**
长萼木通　**30926**
长萼木通属　**30925**
长萼泡囊草　**297879**
长萼青锁龙　**108884**
长萼染木树　**346486**
长萼塞拉玄参　**357572**
长萼鳃兰　**246714**
长萼三角车　**334653**
长萼三叶木通　**13241**
长萼山梗菜　**234614**,234761
长萼蛇根草　**272252**
长萼石笔木　**400703**,322628
长萼石豆兰　**62864**
长萼石莲　**364916**
长萼石竹　**127749**,127668,127756
长萼树参　**125638**
长萼双饰萝藦　**134978**
长萼棠叶悬钩子　**338785**
长萼铁梗报春　**314979**
长萼铁线莲　**95350**
长萼托考野牡丹　**392528**
长萼弯喙欧石南　**149319**
长萼乌墨　**382524**
长萼西南山梗菜　**234761**
长萼细罗伞　**31605**
长萼狭叶山梗菜　**234381**
长萼香草　**239681**
长萼小连翘　**201862**
长萼肖木蓝　**253238**

长萼悬钩子 338785
长萼亚麻 **231895**
长萼野百合 111987
长萼野海棠 **59857**
长萼野烟 **234613**
长萼异荣耀木 **134663**
长萼越橘 **403787**
长萼掌叶悬钩子 **339031**
长萼照波 **52560**
长萼周毛茜 **20599**
长萼轴榈 **228747**
长萼朱斯茜 **212494**
长萼猪屎豆 **111987**
长萼紫金牛 **31432**
长耳灯心草 **212878**
长耳杜鹃 330188
长耳合果芋 381856
长耳膜稃草 **200834**
长耳南星 **33272**
长耳苘麻 **853**
长耳香茅 **117145**
长耳玉山竹 **416787**
长方子栝楼 396184
长飞燕草 **102843**
长菲谷精草 **151371**
长狒狒花 **46078**
长粉叶小檗 **52074**
长佛焰苞省藤 **65726**
长稃草地早熟禾 **305869**
长稃剪股颖 **12211**
长稃伪针草 318194
长稃伪针茅 **318194**
长稃西伯利亚剪股颖 **12337**
长稃异燕麦 **190183**
长稃早熟禾 **305492**
长附属物蒲公英 **384744**
长腹茜 **135385**
长腹茜属 **135384**
长盖萝藦 **135675**
长盖萝藦属 **135674**
长杆兰 37115
长杆擂鼓艻 **244909**
长杆苔草 74998
长刚毛斑鸠菊 **406266**
长刚毛轭瓣兰 **418575**
长刚毛狗尾草 **361815**
长刚毛蓝刺头 **140739**
长刚毛龙胆 **174215**
长刚毛南非禾 **289970**
长刚毛山柳菊 **195764**
长刚毛省藤 **65725**
长刚毛鼠茅 **412456**
长刚毛塔氏木 **385413**
长刚毛塔韦豆 **385165**
长刚毛糖蜜草 **249298**
长刚毛无心菜 **32035**
长刚毛异荣耀木 **134664**
长隔木 **185169**
长隔木属 **185164**
长根大戟 **159514**
长根风铃草 **70145**
长根金不换 375904
长根茎天门冬 **38995**
长根菊属 **135397**
长根老鹳草 **174572**
长根两栖蓼 **308750**
长根马先蒿 **287175**
长根酸模 340279
长根肖水竹叶 **23557**
长根柱瓣兰 **146470**
长庚花鸟娇花 **210864**
长庚花属 **193232**
长庚花硬皮鸢尾 **172607**
长梗阿尔芸香 **16281**
长梗阿萨克百脉根 **237503**
长梗阿舌森裂舌萝藦 **351494**
长梗矮缕子 **85838**
长梗奥米茜 **270601**
长梗奥佐漆 **279302**
长梗巴布亚木 **283031**
长梗巴豆 **112944**
长梗霸王 418722
长梗白花蛇舌草 **187523**
长梗白酒草 **103525**
长梗白珠 **172068**
长梗百蕊草 **389639**
长梗柏那参 59214
长梗斑鸠菊 **406530**
长梗半边莲 234447
长梗半枫荷 **357979**
长梗棒毛萼 **400782**
长梗报春 **314595**
长梗杯冠藤 **117574**
长梗杯籽茜 **110147**
长梗秘鲁藤黄 **323482**
长梗扁果苔 74610,74611
长梗扁蒴藤 **315363**
长梗扁桃 **20933**
长梗变光杜鹃 **330301**
长梗滨藜 **44513**
长梗并核果 **283188**
长梗波格木 **306787**
长梗波籽玄参 **396776**
长梗布坎南多坦草 **136463**
长梗布留芹 **63502**
长梗草莓番石榴 318737
长梗茶 **69307**
长梗茶色苔草 **74611**
长梗蝉翼藤 **356368**
长梗颤毛萝藦 **399575**
长梗长寿城 **82612**
长梗常春木 **250877**,250876
长梗朝鲜柳 **343577**
长梗柽柳桃金娘 **261007**
长梗匙叶五加 **143652**
长梗齿蕊小檗 **269175**
长梗齿叶冬青 **203692**
长梗齿缘草 **153477**
长梗赤车 **288744**
长梗雌足芥 **389285**
长梗刺果卫矛 **157272**,157270
长梗葱 15513
长梗粗榧 82523,82524
长梗粗根鼠麹木 **100294**
长梗粗叶木 **222218**,222132
长梗翠雀花 **124354**
长梗大果冬青 204004
长梗大花德罗豆 **138102**
长梗大花漆 **393456**
长梗大花卫矛 **157549**
长梗大青 **96263**
长梗丹氏梧桐 **135901**
长梗单芒菊 **294401**
长梗弹裂碎米荠 **72838**
长梗倒卵沙扎尔茜 **86339**
长梗德普茜 **125897**
长梗迪塔芸香 **139116**
长梗吊石苣苔 **239955**
长梗冬青 **204004**,203770,204138
长梗豆腐柴 **313675**
长梗独叶苣苔 **257754**
长梗杜茎大戟 **241877**
长梗杜鹃 331134
长梗盾蕊樟 **39716**
长梗鹅掌柴 **350734**
长梗芳香木 **38650**
长梗风轮菜 **97014**
长梗风毛菊 **348272**
长梗风信子属 **235603**
长梗凤仙花 205098
长梗福谢山榄 **162961**
长梗附地菜 **397428**,397433
长梗刚毛五加 **2496**
长梗格雷野牡丹 **180397**
长梗勾儿茶 **52438**
长梗沟瓣 177998
长梗沟瓣木 **177998**
长梗沟繁缕 **142556**
长梗狗肝菜 **129282**
长梗过路黄 **239722**,239620
长梗海神木 **315770**
长梗海特木 **188325**
长梗汉珀锦葵 **185216**
长梗杭子梢 **70838**
长梗好望角灰毛豆 **385992**
长梗浩氏豆 198765
长梗合被韭 **15513**
长梗黑果冬青 **203584**
长梗红瓜 **97811**
长梗红果山胡椒 **231335**
长梗喉毛花 **100276**
长梗厚皮香 **386713**
长梗蝴蝶兰 293633
长梗虎克小檗 **51734**
长梗花兰 **241235**
长梗花兰属 **241234**
长梗花蜈蚣 392948
长梗花柱草属 **167398**
长梗槐 **369161**
长梗黄花忍冬 235734
长梗黄花稔 **362521**
长梗黄堇 **106099**
长梗黄精 **308590**,308540
长梗黄芪 42637
长梗黄耆 **42637**
长梗黄瑞木 **8218**
长梗灰毛豆 **386155**
长梗灰叶铁线莲 95430
长梗霍夫豆 **198765**
长梗鸡脚参 **275713**
长梗鸡头薯 **152967**
长梗棘豆 **278975**,278973
长梗荚蒾 **407927**
长梗假杜鹃 **48234**
长梗假鸡头薯 **317681**
长梗假剑木 **318637**
长梗剑叶蛇舌草 **269874**
长梗绞股蓝 **183013**
长梗结香 **141474**,141472
长梗金花忍冬 **235734**
长梗金腰 **90336**
长梗金叶树 **90067**
长梗堇菜 **410018**
长梗旌节花 373581
长梗九重皮 **134211**
长梗韭 15513
长梗聚药桂 **387891**
长梗咖啡籽沙扎尔茜 **86329**
长梗开口箭 **70618**
长梗颏瓣花 272394
长梗克拉布爵床 **108513**
长梗苦草 **404554**
长梗宽肋瘦片菊 **57639**
长梗蓝果树 **267878**
长梗老鸦嘴 **390825**
长梗乐母丽 **335983**
长梗勒菲草 **224030**
长梗肋瓣花 **13816**
长梗类花刺苋 **81668**
长梗藜芦 **405624**
长梗利奥风信子 **225035**
长梗镰扁豆 **135532**
长梗梁王茶 **266922**
长梗两头毛 **205551**
长梗蓼 **308939**
长梗裂口花 **379949**
长梗铃子香 **86818**

长梗瘤蕊紫金牛 **271063**
长梗柳 **343628**,343332
长梗龙船花 **211124**
长梗龙胆 174062
长梗楼梯草 **142724**
长梗漏斗苣苔草 **129814**
长梗露兜树 **281068**
长梗卢萨瓜 **341095**
长梗庐山芙蓉 **195090**
长梗罗伞 **59214**
长梗螺序草 **371766**
长梗马泰木 **246259**
长梗马先蒿 **287374**
长梗满天星 18128
长梗杧果 **244404**
长梗毛茛 **326207**
长梗毛叶石楠 **313318**
长梗毛枝绣线菊 **372003**
长梗毛子草 **153225**,205551
长梗眉瓣花 **272394**
长梗梅里野牡丹 **250672**
长梗美登木 246857
长梗美韭 **398813**
长梗美洲盖裂桂 **256668**
长梗美洲槲寄生 **125679**
长梗蒙松草 **258131**
长梗米蒿 **35529**
长梗密花卫矛 **157388**
长梗密集欧石南 **149248**
长梗密脉木 **261332**
长梗牡荆 **411327**
长梗木果大风子 **415936**
长梗木姜子 233912
长梗木蓝 **206368**,206057
长梗木莲 **244452**
长梗南非禾 **289993**
长梗南非针叶豆 **223572**
长梗南五味子 214972
长梗南星 **33400**
长梗楠 240634
长梗诺罗木犀 **266711**
长梗欧石南 **149691**
长梗欧亚唐松草 388584
长梗帕洛梯 315770
长梗排草 239722
长梗盘花麻 **223686**,223679
长梗泡叶番杏 **138198**
长梗偏穗草 **326562**
长梗婆婆纳 **407195**
长梗蒲公英 **384642**
长梗普瓦豆 **307094**
长梗槭 **3147**
长梗气花兰 **9223**
长梗千里光 **359458**,358848
长梗茜草 **337983**
长梗鞘蕊花 **99631**
长梗秦艽 **174062**
长梗苘麻 **956**
长梗秋海棠 **50030**
长梗球心樟 **12764**
长梗曲管桔梗 **365170**
长梗拳参 **309159**
长梗雀儿豆 **87234**
长梗群花寄生 **11103**
长梗染料木 **172998**
长梗绒毛润楠 **240712**
长梗柔冠菊 **236393**
长梗瑞香 **122580**
长梗润楠 **240628**
长梗萨比斯茜 **341656**
长梗塞拉玄参 **357574**
长梗赛菊芋 **190521**
长梗三宝木 **397373**
长梗沙参 7687
长梗山茶 69307
长梗山矾 **381310**
长梗山黄菊 **25538**
长梗山柳菊 **195758**
长梗山麦冬 **232629**
长梗山土瓜 **250803**
长梗蛇根草 **272245**
长梗肾叶山蚂蝗 **126575**
长梗十齿花 **132609**
长梗十字爵床 **111735**
长梗石柑 **313200**
长梗石蝴蝶 **292565**
长梗石莲花 **139995**
长梗时钟花 **396507**
长梗守宫木 **348054**
长梗梳齿菊 **286896**
长梗梳状萝藦 **286863**
长梗鼠李 **328851**
长梗树萝卜 **10349**
长梗水锦树 413797
长梗四照花 **124938**
长梗溲疏 **127121**
长梗苏昆茜 **379709**
长梗碎米荠 **72867**
长梗梭果革瓣花 **59816**
长梗索林漆 **369778**
长梗台湾杨桐 **8227**
长梗苔草 **74675**,74611
长梗坦噶尼喀九节 **319868**
长梗唐松草 **388554**
长梗天胡荽 **200350**,200274
长梗天门冬 **39067**
长梗庭菖蒲 **365776**
长梗通贝里落新妇 **41864**
长梗同钟花 **197896**
长梗桐棉 **389938**
长梗铜钱树 280549
长梗兔儿伞 **381815**
长梗驼蹄瓣 **418722**
长梗娃儿藤 **400891**
长梗挖耳草 **403232**
长梗微孔草 **254352**
长梗尾药菊 381941
长梗委陵菜 312862
长梗卫矛 **157420**,157415,157874
长梗纹蕊茜 **341325**
长梗乌口树 **385026**
长梗乌头 **5376**
长梗无毛谷精草 **224229**
长梗无心菜 **32033**
长梗五层龙 **342678**
长梗五异茜 **289588**
长梗喜光花 **6474**
长梗细麦瓶草 363510
长梗细蝇子草 **363510**,363941
长梗纤花耳草 **187682**
长梗线柱苣苔 **333744**
长梗香茶菜 **303459**
长梗小金梅草 **202898**
长梗肖杜楝 **400624**
长梗肖槿 **389949**,389938
长梗肖卫矛 **161467**
长梗新木姜子 **264071**
长梗星粟草 **176955**
长梗绣球藤 **95136**
长梗玄参 **355116**
长梗悬钩子 **338763**
长梗悬蕊棺 **110486**
长梗血桐 **240284**
长梗崖豆藤 **66636**
长梗崖爬藤 **387803**
长梗亚麻荠 68850
长梗亚麻藤 **199163**
长梗亚欧唐松草 **388584**
长梗延龄草 **397592**
长梗岩黄树 **415156**
长梗岩堇 **340425**
长梗岩须 78645
长梗沿阶草 **272108**
长梗盐肤木 **332692**
长梗焰花苋 **294327**
长梗羊耳蒜 232197
长梗羊茅 **164062**
长梗杨桐 8218
长梗野茉莉 **379390**
长梗野桐 **243334**
长梗一点红 **144946**
长梗荫生秋海棠 **50291**
长梗蝇子草 **363941**
长梗尤利菊 **160826**
长梗羽叶参 **289657**
长梗玉簪 **198633**
长梗郁李 **83241**
长梗泽赫山榄 **417843**
长梗泽菊 **91184**
长梗窄叶番荔枝 **25901**
长梗獐牙菜 **380256**
长梗浙江木蓝 **206351**
长梗蜘蛛抱蛋 **39554**
长梗舟瓣梧桐 **350463**
长梗舟蕊秋水仙 **22366**
长梗皱叶沟瓣木 **178002**
长梗猪屎豆 **112598**
长梗紫波 **28484**
长梗紫花堇菜 **409976**
长梗紫露草 **394040**
长梗紫麻 **273916**
长梗紫菀 **40326**
长梗紫苎麻 273916
长梗棕红悬钩子 **339220**
长钩刺蒴麻 **399296**
长钩球属 **185155**
长谷河柏 **85331**
长冠德凯纳鹅绒藤 **117441**
长冠菊属 373606
长冠苣苔 **328443**
长冠苣苔属 **328439**
长冠亮泽兰 **90877**
长冠亮泽兰属 **90876**
长冠米努草 **255504**
长冠女娄菜 **363202**
长冠乔宾萝藦 **212385**
长冠鼠尾 345315
长冠鼠尾草 **345315**
长冠田基黄属 **266075**
长冠菀属 133203
长冠夏枯草 316097
长冠越橘 **403850**
长冠紫堇 **106056**
长管澳非萝藦 **326764**
长管白斑瑞香 **293798**
长管蝙蝠草 **89204**
长管滨紫 393261
长管伯纳旋花 **56855**
长管长庚花 **193291**
长管垂花报春 **314944**
长管大青 **96139**
长管大沙叶 **286077**
长管东南亚母草 **354595**
长管杜鹃 **332031**
长管短尖狒狒花 **46086**
长管萼黄芪 42619
长管萼黄耆 **42619**
长管法拉茜 **162586**
长管番红花 111566
长管番薯 **207963**
长管红山茶 **69311**
长管虎耳兰 **350314**
长管虎尾兰 **346118**
长管花鸢尾 **382411**
长管黄芪 42619
长管黄芩 **355578**,355592
长管活血丹 176813

长管霍德毒鼠子 **128692**
长管鸡矢藤 **280102**
长管基管鸢尾 **73106**
长管吉莉花 **175675**
长管假茉莉 96139
长管假牡丹 96139
长管角胡麻属 **108657**
长管荆芥 **264986**
长管九节 **319652**
长管菊属 **89186**
长管辣木 **258944**
长管乐母丽 **335989**
长管梨形尖花茜 **278240**
长管立金花 **218885**
长管连蕊茶 **69057**
长管马先蒿 **287176**,287405
长管毛蕊茶 69057
长管鸟娇花 **210838**
长管女贞 229467
长管偏管豆 **301714**
长管牵牛 208289
长管枪刀药 **202576**
长管瑞香 **122509**
长管三萼木 **395274**
长管三雄仙茅 **285992**
长管山茶 **47152**
长管山茶属 **47149**
长管蒴莲 **7241**
长管四数玄参 **387712**
长管素馨 **211896**
长管歪头花 **61131**
长管维默桔梗 **414446**
长管文殊兰 **111220**
长管纹蕊茜 **341326**
长管五星花 **289854**
长管五异茜 **289590**
长管西番莲 **285615**
长管香茶 **303645**
长管香茶菜 **209748**
长管小边萝藦 **253568**
长管星牵牛 **43351**
长管萱草 **191286**,191289
长管亚灌木虎尾兰 **346152**
长管鸢尾 **208525**
长管鸢尾属 221353
长管缘毛多蕊石蒜 **175327**
长管越南茜 338055
长管栀子属 **107136**
长管帚状欧石南 **149429**
长管锥口茜 **102769**
长光花龙胆 **232686**
长光叶蔷薇 336692
长果安息香 **85969**
长果安息香属 **85968**
长果八角枫 **13363**
长果巴豆 **112918**
长果霸王 **418680**
长果百脉根 **237677**
长果报春 **61450**
长果报春属 **61449**
长果抱茎葶苈 **136933**
长果杯柱玄参 **110190**
长果比克茜 **54383**
长果柄常春木 250876,250877
长果柄滇杨 **311587**
长果柄黄芪 42327
长果柄黄耆 **42327**
长果柄青杨 **311268**
长果柄山蚂蝗 **200732**
长果柄椅杨 **311572**
长果茶藨 334220
长果茶藨子 **334220**
长果长白落叶松 221919
长果车前 301878
长果秤锤树 85969
长果齿瓣碎米荠 **72737**
长果赤松 300222
长果刺玫蔷薇 **336520**
长果丛菔 **368550**,368552
长果酢浆草 **277661**
长果醋栗 334220
长果大头茶 **179763**
长果大籽雪胆 191944
长果德拉五加 **123760**
长果盾蕊樟 **39709**
长果多穗兰 **310489**
长果桴栎 **324388**
长果桄榔 **32339**
长果桂 91429
长果海桐 **301324**,301362
长果蔊菜 **336212**
长果红淡比 **96607**,96605
长果红瓜 **97810**
长果厚壳桂 113438
长果花楸 **369571**
长果黄鹌菜 **416475**
长果黄麻 104103
长果黄耆 **41957**
长果积雪草 **81589**
长果姜 **364247**
长果姜属 **364245**
长果胶藤 313229
长果金柑 **167509**,167506
长果金花小檗 52371
长果金绒草 **265613**
长果金绒草属 **265608**
长果茎黄芪 42327
长果颈黄芪 42327
长果颈黄耆 **42549**
长果栝楼 **396208**
长果辣椒 **72077**
长果棱子芹 **304819**
长果连蕊茶 **69298**
长果良腺山柑 **155421**
长果柳穿鱼 **230951**
长果绿绒蒿 **247119**
长果罗锅底 **191944**
长果落新妇 **41825**
长果马岛甜桂 **383646**
长果满天香 301279
长果猕猴桃 **6657**
长果母草 **231540**,231479
长果木姜子 **234011**,233830
长果木棉 **56795**
长果木犀 **276353**
长果牧根草 **43579**
长果念珠芥 **264620**
长果瓯柑 93806
长果婆婆纳 **407079**
长果蔷薇 336320
长果青冈 **116139**
长果琼楠 **50551**
长果秋海棠 **50026**
长果日本白蜡树 168003
长果桑 259156
长果砂仁 **19843**
长果山慈姑 **207498**
长果山慈菇 207498
长果山桐子 **203427**
长果升麻 369895
长果省藤 65736
长果石栎 233113
长果鼠麹草 **88852**
长果鼠麹草属 **88851**
长果双花芳香木 **38443**
长果水苦荬 **407003**
长果水麦冬 397165
长果苔草 **74372**
长果糖芥 154498
长果藤 9418,9419
长果葶苈 **137095**
长果土楠 **145317**
长果驼蹄瓣 **418643**,418680
长果微孔草 **254376**
长果西北蔷薇 **336521**
长果小叶海桐 **301362**
长果小芝麻菜 **154122**
长果肖水竹叶 **23555**
长果悬钩子 **338333**,338334
长果雪胆 **191937**
长果鸭跖草 **101073**
长果杨桐 96605,96607
长果野决明 **389520**
长果蝇子草 **363395**
长果鱼藤 **125971**
长果月见草 **269464**
长果月橘 260173
长果皂荚 **176889**
长果栀子 **171335**
长果止睡茜 **286067**
长果猪屎豆 **112307**
长果子树 78300
长蒿 35088
长合欢 **13603**
长核果茶 **322605**
长红柱花欧石南 **149389**
长胡椒 **300384**
长虎眼万年青 **274592**
长护颖野生稻 **275935**
长瓠 219843,219851
长花阿利茜 **14653**
长花埃克曼紫葳 **141888**
长花埃斯列当 **155238**
长花安歌木 **24648**
长花桉 **155627**
长花暗罗 307509
长花奥莫勒茜 **197956**
长花巴茨列当 **48619**
长花巴厘禾 **284113**
长花百里香 **391258**
长花百蕊草 **389768**
长花柏索奎利亚 311995
长花斑叶兰 179580
长花宝石冠 **236249**
长花比拉碟兰 **54436**
长花臂形草 **58120**
长花柄兰 416382
长花柄兰属 416378
长花柄掌叶树 59214
长花波苏茜 **311995**
长花彩花 **2255**
长花叉序草 **209911**
长花茶藨子 **334071**
长花长稃早熟禾 **305494**
长花长果柄黄芪 42331
长花长果柄黄耆 **42331**
长花虫刺爵床 **193043**
长花串铃花 **260311**
长花刺唇紫草 **141005**
长花刺桐 **154639**
长花大刺爵床 **377498**
长花大管夹竹桃 **241312**
长花大黄栀子 **337507**
长花大沙叶 **286194**
长花大岩桐寄生 **384156**
长花大油芒 **372415**
长花单干木瓜 **405119**
长花党参 **98420**
长花滇紫草 **271782**,233731
长花豆蔻 **19846**
长花短冠爵床 **58977**
长花短柱兰 **58808**
长花多籽橘 **304335**
长花恩氏寄生 **145589**
长花番红花 **111552**
长花狒狒花 **46079**
长花福雷铃木 **168264**
长花伽蓝菜 **215198**

长花尬梨 170166
长花格林茜 **180486**
长花梗白蓬草 388554
长花梗杯籽茜 **110143**
长花梗黄花稔 **362576**
长花梗黄麻 **104094**
长花梗蓟 **92161**
长花梗茎花豆 **118089**
长花梗丽穗凤梨 **412361**
长花梗木蓝 **206193**
长花梗石莲花 **140012**
长花梗瘦片菊 **182065**
长花梗驼曲草 **119862**
长花梗委陵菜 **312736**
长花梗无心菜 **32032**
长花沟酸浆 **255217**
长花古朗瓜 **181985**
长花管舌爵床 **365282**
长花光节黍 **197953**
长花海神木 **315860**
长花海因兹茜 **196400**
长花红蕊樟 **332271**
长花猴面蝴蝶草 **4082**
长花厚壳树 **141662**
长花胡麻草 **81722**
长花虎尾兰 **346112**
长花环毛草 **116443**
长花黄鹌菜 **416450**
长花黄猄草 **85947**
长花黄耆 **42633**
长花灰薄荷 **307284**
长花火焰树 **370372**
长花吉莉花 **175693**
长花吉斯欧石南 **149528**
长花蓟 **92160**
长花加利芸香 **170166**
长花尖苞木 **146072**
长花尖药木 4961
长花间断灰毛豆 **386115**
长花剪股颖 **12134**
长花角蕊莓 **83633**
长花结缕草 **418450**
长花金灌菊 **90493**
长花金盏藤 **366870**
长花茎顶冰花 **169459**
长花茎非洲豆蔻 **9917**
长花茎非洲砂仁 9917
长花茎花篱 **26962**
长花茎茅膏菜 **138309**
长花茎千里光 **359386**
长花九头狮子草 **291177**,291138
长花具芒车叶草 **39310**
长花距花 **81758**
长花卡德藤 **79370**
长花康戈尔斑鸠菊 **406258**
长花拉穆列当 **220445**
长花蓝桔梗 **115447**
长花蓝钟花 **115385**
长花雷曼草 **244370**
长花类蓝星花 **33728**
长花李榄 **231763**,87716
长花镰花番荔枝 **137821**
长花链珠藤 **18519**
长花良托茜 **155992**
长花蓼 291835
长花流苏树 **87716**
长花柳 **343619**
长花龙血树 **137337**
长花鹿角海棠 **43332**
长花绿珊瑚 389768
长花罗顿豆 **237348**
长花罗杰麻 **335745**
长花罗斯曼木 337507
长花络石 **393635**,393626
长花马兜铃 **34260**
长花马唐 **130635**
长花马先蒿 **287368**,287372
长花麦瓶草 **363701**
长花芒毛苣苔 **9434**
长花毛茛 **326369**
长花毛核木 **380743**
长花母草 231568
长花木巴戟 **258897**
长花木兰 **241974**
长花南非补血草 **10035**
长花南非帚灯草 **38362**
长花牛鞭草 **191247**
长花扭果花 **377757**
长花帕洛梯 315860
长花葡萄风信子 **260303**
长花蒲桃 **382601**
长花千里光 **359377**
长花茜树 **325362**
长花腔柱草 **119858**
长花秋英爵床 **107134**
长花全毛兰 **197544**
长花雀麦 **60767**
长花荛花 414143,414162
长花热美爵床 **172552**
长花忍冬 **235926**
长花乳突球 **244133**
长花软紫草 **34629**
长花塞拉玄参 **357573**
长花桑寄生 **236838**
长花砂仁 19846
长花蛇根草 272216
长花石豆兰 **62863**
长花柿 **132262**
长花舒巴特萝藦 **352655**
长花鼠尾草 **345008**
长花栓籽掌 **294274**
长花水茫草 **230841**
长花水牛角 **72527**
长花丝枝参 **263294**
长花思口莲 **145262**
长花特喜无患子 **311996**
长花藤海桐 54436
长花天芥菜 **190667**
长花天门冬 **39066**
长花天竺葵 **288340**
长花铁线莲 **95286**
长花同瓣花 **210318**
长花托克茜 **392547**
长花陀旋花 **400436**
长花万寿竹 **134494**
长花微白欧石南 **148990**
长花纹柱瓜 **341260**
长花乌蔹莓 **79869**
长花无苞花 **4779**
长花五星花 **289851**
长花伍尔秋水仙 **414879**
长花希尔茜 **196250**
长花喜光花 6469
长花细齿欧石南 **149347**
长花细辛 **37672**
长花仙人笔 **216679**
长花线口瑞香 **231811**
长花腺萼木 **260632**
长花腺龙胆 **382950**
长花香荼菜 **303457**
长花小雄蕊龙胆 **383980**
长花小牙草 **125873**
长花肖菝葜 **194122**
长花肖疗齿草 **241380**
长花肖鸢尾 **258545**
长花序柄对参 **130026**
长花序马钱 **378708**
长花烟草 **266048**,266035
长花延胡索 106414
长花羊茅 **163909**
长花药葵 **18169**
长花野丁香 **226089**
长花野青茅 **127260**
长花伊帕克木 146072
长花隐子草 **94614**
长花蝇子草 **363706**
长花羽叶楸 **376280**
长花圆叶茜 **116305**
长花月见草 **269463**
长花月囊木犀 **250266**
长花蚤缀 32031
长花枝杜若 **307337**
长花轴耳草 **187570**
长花轴细辛 37653
长花帚菊 **292072**,292055
长花皱稃草 **141761**
长花猪屎豆 **112089**
长花柱白蓬草 388555
长花柱杜鹃 331136
长花柱红棕子 **380456**
长花柱虎耳草 **349493**
长花柱芥 **141830**
长花柱芥属 **141829**
长花柱芦荟 **16991**
长花柱矛果豆 **235546**
长花柱牛舌草 **21980**
长花柱山矾 381423
长花紫茉莉 **255727**
长花紫云英 85947
长花鬃萼豆 **84842**
长画眉草 **147553**,147656
长黄毛山牵牛 390816
长喙 **202788**
长喙白芥 **364560**
长喙苞叶芋 **370342**
长喙慈姑 **342375**
长喙刺核藤 **322544**
长喙葱 15704
长喙大丁草 **175178**
长喙灯心草 212875
长喙短梗玉盘 **399376**
长喙凤仙花 **205099**
长喙红点草 **223808**
长喙厚朴 **198700**
长喙黄芪 43266
长喙黄耆 **43266**
长喙棘豆 **278979**,279020
长喙简序花 **185724**
长喙胶果木 **81932**
长喙韭 **15704**
长喙科 **202786**
长喙苦荬菜 **210645**
长喙兰 **399820**
长喙兰属 **399819**
长喙柳 **343095**
长喙马先蒿 **287404**,287324
长喙牻牛儿苗 **153738**,153883
长喙毛茛 **326045**,326417
长喙毛茛泽泻 **325270**
长喙毛蕊花 **405728**
长喙木兰 198700
长喙木兰属 **232591**
长喙软兰 **185317**
长喙沙米逊马先蒿 **287081**
长喙属 **202787**
长喙双鳞萝藦 **133018**
长喙碎米荠 **72869**
长喙唐松草 **388559**
长喙提琴芥 **377622**
长喙提琴芥属 **377621**
长喙田菁 **361426**
长喙弯花芥 **156434**
长喙乌头 **5225**
长喙吴萸 161389
长喙吴茱萸 **161389**
长喙西氏榛 **106781**
长喙岩地狮齿草 **224732**
长喙玉凤花 **183816**

长喙藻属 388357
长喙芝麻菜 **154024**
长喙诸葛芥 **258812**
长喙猪屎豆 **112353**
长喙紫茎 **376484**,376469
长基金果椰 **139315**
长戟橐吾 **229098**
长戟叶蓼 **309356**
长荚豆 409086
长荚二行芥 **133263**
长荚果黄麻 **104128**
长荚红豆 274386
长荚黄芪 42654
长荚黄耆 **42655**
长荚巨茴香芥 **162835**
长荚南芥 **30475**
长荚沙生芥 **148225**
长荚山绿豆 126679
长荚山蚂蝗 126679
长荚相思树 **1199**
长荚小穆尔芥 **260081**
长荚油麻藤 259533,259535
长假杜鹃 **48237**
长假马兜铃 **283744**
长尖葱 **15437**
长尖丹氏梧桐 **135899**
长尖邓博木 **123695**
长尖地阳桃属 **304521**
长尖豆腐柴 **313674**
长尖杜鹃 **331129**
长尖鹅观草 **335404**
长尖谷木 **249999**
长尖连蕊茶 **69303**,69035
长尖露兜树 **281067**
长尖芒毛苣苔 **9418**
长尖毛蕊茶 69035
长尖木蓝 **206192**
长尖穆拉远志 **260010**
长尖荨麻 **949**
长尖莎草 **118679**
长尖薯蓣 **131688**
长尖苔草 **75196**
长尖突紫堇 **106328**
长尖叶蔷薇 **336692**
长尖郁金香 400112
长肩毛玉山竹 **416821**
长箭叶蓼 **291775**
长江溲疏 **127088**
长豇豆 **409096**
长角桉 **155626**
长角巴龙萝藦 **48470**
长角菠萝球 **107030**
长角草 146724
长角刺蒴麻 **399270**
长角大戟 **158785**,159841
长角倒距兰 **21170**
长角迪萨兰 133829
长角豆 **83527**
长角豆属 **83523**
长角豆苏木 83527
长角盾柱兰 **39654**
长角芳香木 **38733**
长角凤仙花 **205097**,204913
长角黑柄菊 **248142**
长角红门兰 **273520**
长角胡麻 **315434**
长角胡麻属 **315430**
长角混乱凤仙花 **204868**
长角良毛芸香 **155846**
长角菱 **394484**
长角柳穿鱼 **230952**
长角马岛茜草 **342833**
长角马先蒿 287116
长角蒲公英 **384773**
长角全毛兰 **197543**
长角肉叶荠 **59770**
长角山芝麻 190100
长角蛇根草 **272243**
长角石斛 125237
长角双距兰 **133829**
长角糖芥 **154498**
长角条果芥 **285030**
长角凸额马先蒿 **287116**
长角狭花柱 **375526**
长角线果兜铃 **390415**
长角香芸木 **10655**
长角蝇子草 **363699**
长角骤尖楼梯草 **142641**
长脚兰 181305,320448
长脚兰属 90711,320446
长脚羊耳兰 232364
长脚羊耳蒜 **232142**,232122
长阶花 186967
长阶花属 186925
长节糙叶耳草 187694
长节耳草 **187691**
长节槲寄生 **411050**
长节箣竹 **162706**
长节润肺草 **58886**
长节香竹 **87640**
长节珠 **283492**
长节珠属 **283489**
长节竹 47330
长睫毛忍冬 **235739**
长金柑 167506
长金丝桃 201848
长茎百里香 **391257**
长茎贝母兰 **98645**
长茎草地山龙眼 **283558**
长茎柴胡 **63707**,63713
长茎赤车 **288763**
长茎葱 **15177**
长茎粗筒苣苔 **60272**
长茎飞蓬 **150616**
长茎风兰 **24927**
长茎凤尾参 287367
长茎干若翠 **415470**
长茎藁本 **229405**
长茎鹤顶兰 **293534**
长茎红景天 329897
长茎还羊参 110798
长茎还阳参 110798
长茎黄耆 **42631**
长茎火焰兰 **327686**
长茎金耳环 **37671**
长茎堇菜 410017
长茎景天 200793
长茎老鹳草 **174551**
长茎冷水花 **298961**
长茎林地石竹 **127878**
长茎马先蒿 **287367**
长茎芒毛苣苔 **9454**
长茎毛茛 **326263**,325556
长茎囊瓣芹 **320227**
长茎婆罗门参 **394284**
长茎杞莓 **316989**
长茎山柳菊 **195763**
长茎麝香紫菀 **41435**
长茎双子苏铁 **131441**
长茎苔草 **76237**
长茎唐松草 388555
长茎天竺葵 **288338**
长茎兔耳兰 **117027**
长茎韦斯菊 **414940**
长茎无心菜 **32030**
长茎西劳兰 **415706**
长茎虾脊兰 82088
长茎小黄管 **356109**
长茎勋章花 **172357**
长茎鸦葱 **354853**
长茎雅谷火绒草 **224863**
长茎沿阶草 **272064**
长茎羊耳蒜 **232364**
长茎野荞麦木 **152040**
长茎蚤缀 32030
长颈倒挂金钟 168789
长颈独蒜兰 **304214**
长颈海葱 **274680**
长颈槐 **369155**
长颈坚果苔 76027
长颈鸟足兰 **347813**
长颈瓶欧石南 **149632**
长颈瓶膨距兰 **297862**
长颈瓶鞘蕊花 **99617**
长颈兽花鸢尾 **389485**
长颈苔草 **76027**
长颈檀香 **20821**
长颈檀香科 **20819**
长颈檀香属 **20820**
长颈唐菖蒲 **176321**
长颈文殊兰 111230
长颈鸢尾 **208838**
长久球 **389226**
长久丸 389226
长居维叶茜草 **115294**
长嘴红藤 121504
长嘴黄藤 **121504**
长嘴毛茛 326417
长距薄花兰 **127955**
长距捕虫堇 **299740**
长距垂果乌头 **5481**
长距翠雀花 **124634**
长距大理翠雀花 **124619**
长距飞燕草 124127
长距粉蝶兰 302395
长距风兰 **25063**
长距凤兰 25063
长距凤仙花 **204913**
长距根节兰 66086
长距瓜叶乌头 **5253**
长距堇菜 **410502**
长距阔蕊兰 183637
长距兰 **302264**,302377
长距兰属 302241
长距狸藻 **403188**
长距柳穿鱼 **231031**
长距耧斗菜 **30047**
长距绿花玉凤花 **184187**
长距美冠兰 **156651**
长距鸟足兰 347842
长距蜻蛉兰 302395
长距曲花紫堇 106436
长距忍冬 **235708**
长距舌唇兰 **302395**
长距舌喙兰 **191607**
长距石斛 **125237**,125044
长距双距兰 **133802**
长距天目山凤仙花 **205383**
长距挖耳草 403132,403299
长距无冠紫堇 **105844**
长距无柱兰 **19506**
长距膝瓣乌头 **5222**
长距虾脊兰 **66086**
长距鸭头兰 183540
长距鸭嘴花 **214603**
长距淫羊藿 146995
长距玉凤花 **183540**,183637
长距元胡 **106414**
长距紫堇 **106092**
长绢毛唐菖蒲 **176537**
长蕨叶无患子 **166062**
长卡灰铁苋 **2016**
长壳玉果 261424
长库页苔草 **76121**
长宽苞棘豆 **278955**
长盔乌头 5374
长辣椒 72070,72077
长榄叶冉布檀 **14371**

长狸藻 **403287**
长镰杜鹃 331129
长裂贝尔茜 **53093**
长裂慈姑 **342374**,342409
长裂刺子莞 **333687**
长裂带舌兰 **196379**
长裂繁缕 **374965**
长裂风琴豆 **217988**
长裂葛罗槭 **3006**
长裂果驼蹄瓣 **418696**
长裂胡颓子 **142060**
长裂花桑寄生 **295850**
长裂黄鹌菜 **416432**
长裂黄吊钟花 **145683**
长裂堇菜 **410184**
长裂苦苣菜 **368675**
长裂篱天 68692,68724
长裂驴臭草 **271795**
长裂毛莨 **326043**
长裂片马茴香 **196738**
长裂片迷果芹 **371241**
长裂片弯管花 **86229**
长裂千里光 **359381**
长裂茜属 **135364**
长裂腔柱草 **119861**
长裂太行菊 **272586**
长裂藤黄 **171125**
长裂乌头 **5375**
长裂旋花 **68724**,68692
长裂叶慈姑 342421
长裂叶独活 **192310**
长裂鸢尾兰 **267925**
长鳞贝母兰 **98711**
长鳞刺头菊 **108273**
长鳞毒椰 **273122**
长鳞杜鹃 **331125**
长鳞红景天 **329877**
长鳞马岛翼蓼 **278401**
长鳞苔草 **76490**
长鳞芽杜鹃 **331132**,331839
长鳞叶蓝花参 **412739**
长流苏龙胆 **173489**
长瘤大戟 **159261**
长瘤蕊百合 **271012**
长柳叶山莴苣 219492
长龙骨黄芪 42664
长龙骨黄耆 **42664**
长龙鳞草 **186760**
长绿虎耳草 **349054**
长绿苦木 **298513**
长绿苦树 298513
长绿栎树属 147353
长卵苞翠雀花 **124196**
长卵叶杜鹃 331421
长卵叶马银花 **331421**
长罗汉松 306425
长脉清风藤 **341530**
长蔓通泉草 **247004**
长芒稗 **140356**
长芒棒头草 **310125**
长芒苞叶苔草 **74709**
长芒草 **377519**,376723
长芒草沙蚕 **398091**
长芒草属 **377517**
长芒大穗鹅观草 **335186**
长芒杜英 **142273**,142381
长芒短颖草 **58450**
长芒鹅观草 **335291**
长芒茇茇草 **4145**
长芒锦香草 **296393**
长芒菊 **111667**
长芒菊属 **111666**
长芒看麦娘 **17541**
长芒鳞苔草 73763
长芒沫花禾 **27798**
长芒欧石南 **149676**
长芒披碱草 **144293**
长芒瘦鳞帚灯草 **209440**
长芒嵩草 **217214**
长芒台湾鹅观草 **335314**
长芒苔草 **74676**,73764,74259
长芒猥草 **203129**
长芒肖鸢尾 **258544**
长芒鸭嘴草 **209271**
长芒羊茅 **164058**
长芒野稗 140356
长芒紫菀刺花蓼 **89099**
长猫瓜 396170
长毛阿拉伯指甲草 **284746**
长毛八角枫 13369
长毛八芝兰竹 47403
长毛巴氏锦葵 **286653**
长毛白鸟兰 307860
长毛瓣鳞花 **167792**
长毛苞垂柳 **343076**
长毛荸荠 **143101**
长毛笔花豆 **379249**
长毛薄叶兰 238739
长毛草 150464
长毛侧金盏花 8389
长毛茶蘪 333931
长毛茶藨子 **333931**
长毛长蒴苣苔草 **129989**
长毛长叶雀舌 226329
长毛齿缘草 **153555**
长毛赤瓟 **390190**
长毛臭牡丹 96434
长毛唇柱苣苔草 **87989**
长毛刺林草 **2345**
长毛刺柃 160552
长毛刺棕榈 **2551**
长毛翠雀花 **124676**,124311
长毛大戟 **160053**
长毛大头茶 179761
长毛戴尔豆 **121908**
长毛地杨梅 **238681**
长毛点地梅 23213,23326
长毛垫状驼绒藜 **218127**
长毛蝶花百合 **67593**
长毛东方蓼 **308961**
长毛杜鹃 **331991**
长毛鹅花兰 **307860**
长毛繁缕 375060
长毛风车子 **100598**,100702
长毛风毛菊 **348370**
长毛拂子茅 **65413**
长毛福禄考 **295310**
长毛高原芥 **89231**,126151
长毛梗虎耳草 **349285**
长毛公主兰 **238739**
长毛果琥珀树 **27915**
长毛韩信草 **355504**
长毛豪曼草 **186224**
长毛黑柄菊 **248143**
长毛黑足菊 248143
长毛红光树 **216878**
长毛红山茶 **69745**,69513
长毛红紫珠 **66917**
长毛虎耳草 **349864**,349073
长毛虎眼万年青 **274604**
长毛花栗豆藤 **11065**
长毛花芦荟 **17351**
长毛花荛花 414162
长毛华北绣线菊 **371920**
长毛华南远志 **308083**
长毛黄葵 **217**
长毛黄芪 42747
长毛黄瑞木 8231
长毛灰叶 **386358**
长毛火把花 100045
长毛荚黄芪 42747
长毛荚黄耆 **42747**
长毛假龙脑香 **133560**
长毛胶藤 **221002**
长毛筋骨草 **13086**
长毛锦绦花 **78649**
长毛茎树葡萄 **120256**
长毛军刀豆 **240505**
长毛康定毛莨 **325776**
长毛莱泰斯图木瓣树 **415796**
长毛蓝刺头 140689
长毛狼尾草 289303
长毛蓼 **291822**
长毛裂苞芹 **352690**
长毛柃 **160577**,160446
长毛螺旋草 399296
长毛落芒草 **276022**
长毛落柱木 **300824**
长毛买兰坡草 248143
长毛美洲桑寄生 **295586**
长毛猕猴桃 **6562**
长毛米钮草 255490
长毛米努草 **255490**
长毛米筛竹 **47403**
长毛蜜花 **248948**
长毛木瓣树 **415827**
长毛木防己 **97949**
长毛楠 **295362**
长毛苹婆 376210
长毛婆婆纳 317921
长毛槭 **3740**
长毛箐姑草 375060
长毛秋海棠 **49747**,50394
长毛雀舌木 **226329**
长毛群花寄生 **11135**
长毛染料木 173030
长毛三脉紫菀 **39984**
长毛沙地马鞭草 714
长毛沙马鞭 **714**
长毛山矾 **381187**
长毛山柳菊 **195760**,196081
长毛山楂 109937
长毛扇叶芥 **126151**,89231
长毛圣地红景天 **329946**
长毛十字爵床 **111734**
长毛石笔木 322628
长毛水东哥 **347966**
长毛四川冬青 **204315**
长毛松 300305
长毛穗花 **317921**
长毛糖蜜草 **249334**
长毛藤状火把花 **100045**
长毛条纹乳豆 **169656**
长毛铁线莲 **95417**,94761
长毛葶苈 **136981**
长毛驼绒藜 218127
长毛橐吾 **229245**
长毛弯月杜鹃 **331217**
长毛委陵菜 **312735**
长毛细辛 **37706**
长毛香科 388181
长毛香科科 **388181**
长毛香薷 **144077**
长毛象鼻马先蒿 287620
长毛小芒虎耳草 **349073**
长毛小舌紫菀 **40011**
长毛熊果 **31140**
长毛修泽兰 **134547**
长毛修泽兰属 **134546**
长毛绣线菊 **372001**
长毛玄参 **355156**
长毛雪胆 **191904**
长毛鸭跖草 115587
长毛雅葱 354950
长毛亚麻 **232011**
长毛岩栖水苏 **373425**
长毛岩须 78649
长毛盐肤木 **332683**

长毛羊胡子草 **152755**
长毛杨桐 **8231**
长毛野草香 **144001**
长毛野丁香 **226113**
长毛野青茅 **127322**
长毛一枝黄花 368373
长毛益母草 **225022**
长毛银滨藜 **44320**
长毛银莲花 **23773**
长毛玉山竹 **416788**
长毛远志 **308457**
长毛月见草 **269522**
长毛赞比西大戟 **160105**
长毛柱 155300
长毛锥花 **179180**
长毛籽远志 308457
长毛子房杜鹃 330675
长毛紫金牛 **31629**
长毛紫茉莉 **255718**
长毛紫绒草橙菀 **320705**
长毛紫绒草蜡菊 **189527**
长毛紫绒草属 **238079**
长毛紫珠 **66897**
长毛醉魂藤 **194169**
长帽隔距兰 **94451**
长眉红豆 274379
长门赤竹 **347224**
长密花穗苔草 **75213**
长绵毛点地梅 **23211**
长绵毛乳突球 244134
长绵毛絮菊 **165988**
长命草 266060,311890
长命苋 311890
长亩金腰 **90413**
长木杜鹃 **331358**
长囊毛兰 **148763**
长囊苔草 **74758**
长年兰 85974
长年兰属 85973
长年木蓝 205793
长黏盘舌唇兰 **302399**
长盘堆心菊 **188435**
长盘兰属 240901
长披针叶银齿树 **227394**
长匍匐茎苔草 **73797**
长匍匐枝扁莎 **322284**
长匍匐枝苔草 **74886**
长匍茎胡颓子 142188
长匍茎球根苣苔 **371166**
长匍茎黍 282200
长匍茎庭菖蒲 **365797**
长匍通泉草 **247020**
长歧伞花 **116712**
长脐红豆 **274379**
长崎胡颓子 **142117**
长崎景天 **356957**
长前胡 **293053**,24336,292982
长鞘茶竿竹 318319
长鞘茶秆竹 **318319**
长鞘垂头菊 **110356**
长鞘当归 **24313**
长鞘独活 24313
长鞘拟九节 **169338**
长鞘石豆兰 **62866**
长鞘眼子菜 **312250**
长鞘玉山竹 **416791**
长鞘早熟禾 **306123**
长鞘朱米兰 **212726**
长鞘菹草 **378990**,312250
长琴叶球兰 **198883**
长青草 279757
长青九龙盘 65869
长秋海棠 **50027**
长全叶香茵芋 **365957**
长雀花 120941
长髯毛秋海棠 **50025**
长绒毛委陵菜 **313103**
长绒猕猴桃 **6651**
长柔毛阿登芸香 **7161**
长柔毛阿拉豆 **13405**
长柔毛爱染草 **12512**
长柔毛安息香 **379350**
长柔毛奥佐漆 **279299**
长柔毛百里香 **391394**
长柔毛百脉根 **237752**
长柔毛半日花 **188868**
长柔毛扁担杆 **181017**
长柔毛瓣子草 **266019**
长柔毛兵豆 **224489**
长柔毛薄苞杯花 **226224**
长柔毛长筒莲 **107854**
长柔毛橙菀 **320754**
长柔毛刺桂豆 **68478**
长柔毛刺蕊草 **307011**
长柔毛翠雀 **124264**
长柔毛大戟 **158659**
长柔毛大沙叶 **286546**
长柔毛大柱芸香 **241373**
长柔毛点地梅 23326
长柔毛蝶须 **26616**
长柔毛顶冰花 **169524**
长柔毛毒马草 **362883**
长柔毛杜茎大戟 **241893**
长柔毛多蕊石蒜 **175357**
长柔毛多穗兰 **310640**
长柔毛二毛药 **128471**
长柔毛矾根 **194439**
长柔毛繁缕 **375060**
长柔毛芳香木 **38867**
长柔毛菲利木 **296339**
长柔毛狒狒花 **46167**
长柔毛干若翠 **415497**
长柔毛枸杞 **239131**
长柔毛哈利木 **184804**
长柔毛海神菜 **265469**
长柔毛合宜草 **130860**
长柔毛荷马芹 **192767**
长柔毛红毛菀 **323018**
长柔毛画眉草 **147959**
长柔毛黄华 389558
长柔毛黄芩 **355840**
长柔毛黄檀 **121854**
长柔毛茴芹 **299576**
长柔毛极光球 **153357**
长柔毛蓟 **92085**
长柔毛假杜鹃 **48385**
长柔毛睑子菊 **55470**
长柔毛金茅 **156505**
长柔毛筋骨草 **13088**
长柔毛拉拉藤 **170651**
长柔毛蓝钟花 **115358**
长柔毛狼尾草 **289303**
长柔毛肋瓣花 **13882**
长柔毛链荚豆 **18297**
长柔毛鳞花草 **225232**
长柔毛瘤蕊百合 **271017**
长柔毛瘤子菊 **297585**
长柔毛龙胆 **174059**
长柔毛鹿藿 **333449**
长柔毛罗顿豆 **237459**
长柔毛马先蒿 **287814**
长柔毛芒柄花 **271640**
长柔毛毛莨 **326494**
长柔毛毛子草 **153300**
长柔毛牡荆 **411488**
长柔毛木犀草 **327926**
长柔毛南非鳞叶树 **326943**
长柔毛拟三角车 **18005**
长柔毛拟芸香 **185688**
长柔毛欧石南 **150236**
长柔毛披碱草 **144522**
长柔毛秋海棠 **50340**,50394
长柔毛全毛兰 **197585**
长柔毛雀麦 **61019**
长柔毛肉柊叶 **346880**
长柔毛乳菀 **169805**
长柔毛瑞香 **219021**
长柔毛润肺草 **58956**
长柔毛塞拉玄参 **357716**
长柔毛色罗山龙眼 **361228**
长柔毛石斛 125373
长柔毛柿 **132463**
长柔毛鼠茅 **412495**
长柔毛薯蓣 131896
长柔毛双袋兰 **134364**
长柔毛双盛豆 **20790**
长柔毛糖槭 **3576**
长柔毛铁苋菜 **1854**
长柔毛童颜草 **11143**
长柔毛委陵菜 **312653**
长柔毛西澳兰 **118288**
长柔毛西伯尔金合欢 **1600**
长柔毛小金梅草 **202987**
长柔毛小葵子 **181904**
长柔毛肖鸢尾 **258710**
长柔毛星香菊 **123645**
长柔毛绣球防风 **227674**
长柔毛绣球菊 **106868**
长柔毛鸭茅 **121272**
长柔毛崖藤 **13463**
长柔毛亚麻藤 **199187**
长柔毛岩雏菊 **291338**
长柔毛岩蔷薇 **93219**
长柔毛野豌豆 **408693**
长柔毛异赤箭莎 **147383**
长柔毛翼荚豆 **68139**
长柔毛银莲花 **24111**
长柔毛隐药萝藦 **68579**
长柔毛疣石蒜 **378546**
长柔毛玉凤花 **184185**
长柔毛云兰参 **84617**
长柔毛早越橘 **403938**
长柔毛针柱茱萸 **329132**
长柔毛纸花菊 **318984**
长柔毛栉茅 **113972**
长柔毛舟蕊秋水仙 **22392**
长柔毛皱稃草 **141795**
长柔毛猪毛菜 **344773**
长柔毛猪屎豆 **112797**
长柔毛苎麻 **56353**
长肉芽草 279029
长肉锥花 **102342**
长软毛百簕花 **55295**
长软毛菲奇莎 **164516**
长软毛胡萝卜 **123167**
长软毛金果椰 **139334**
长软毛金合欢 **1656**
长软毛列当 **275033**
长软毛芒柄花 **271371**
长软毛牻牛儿苗 **153794**
长软毛毛枝梅 **395674**
长软毛南山藤 **137786**
长软毛三花禾 **395567**
长软毛沙拐枣 **67015**
长软毛十二卷 **186366**
长软毛石竹 **127693**
长软毛树葡萄 **120042**
长软毛细叶芹 **84739**
长软毛银豆 **32801**
长软毛紫盏花 **171581**
长蕊斑种草 **28548**
长蕊斑种草属 **28547**
长蕊草属 **85976**
长蕊灯心草 **213233**
长蕊地榆 **345894**
长蕊杜鹃 **331882**
长蕊含笑 **252912**
长蕊红景天 **329958**

长蕊红山茶　**69305**
长蕊鸡脚参　**275781**
长蕊金腰　**90324**
长蕊景天　329958
长蕊琉璃草　**367811**
长蕊琉璃草列当　**275212**
长蕊琉璃草属　**367804**
长蕊柳　**343631**
长蕊木姜子　**233984**
长蕊木兰　**14231**
长蕊木兰属　**14230**
长蕊木通　30926
长蕊木通属　30925
长蕊青兰　**163089**
长蕊青兰属　**163086**
长蕊石头花　**183222**
长蕊鼠尾草　**345292**
长蕊薯蓣　**131773**
长蕊丝石竹　183222
长蕊甜菜树　85934
长蕊万寿竹　**134447**,134420
长蕊五味子　**351034**
长蕊小檗　51437
长蕊绣线菊　**372012**
长蕊玄参　**135677**
长蕊玄参属　**135676**
长蕊淫羊藿　**146983**
长蕊越橘　**404012**
长蕊掌属　**382991**
长蕊珍珠菜　**239720**
长蕊紫葳　**135297**
长蕊紫葳属　**135296**
长三角蔓绿绒　**294845**
长三角鹰爪草　**186697**
长伞梗荚蒾　**407928**
长伞红柴胡　**63815**
长沙刚竹　**297478**
长沙青皮竹　**47487**
长莎草　**119125**
长痧藤　34162
长山核桃　77902
长山柳菊　**195765**
长山羊草　8688
长山药　131772
长舌阿姆兰　**20176**
长舌茶竿竹　318328
长舌茶秆竹　**318328**,4613
长舌臭草　**249036**
长舌垂头菊　**110444**
长舌大果萝藦　**279467**
长舌非洲豆蔻　**9915**
长舌非洲砂仁　9915
长舌姜　**417999**
长舌巨竹　**175605**
长舌落芒草　**300705**
长舌马先蒿　**287174**
长舌茅香　**196122**
长舌千里光　**358284**
长舌砂仁　**19882**
长舌蓍属　**320035**
长舌双叶兰　232930
长舌酸竹　**4613**
长舌香竹　**87639**
长舌野青茅　**127208**
长舌叶花　**177469**
长舌针茅　**376845**
长射当归　**24396**
长射线葱　**15438**
长射线骨籽菊　**276660**
长射线球柱草　**63300**
长射线山柳菊　**195762**
长射线小舌菊　**253468**
长麝香报春　**104739**
长深根　114060
长生　124785
长生草　**358062**,15886,24306,135059
长生草科　**358007**
长生草莲花掌　**9022**
长生草属　**358015**
长生点地梅　**23292**
长生果　30498
长生虎耳草　**349885**
长生花　179236
长生景天　**357144**,294114
长生韭　15843
长生木　172832
长生瓦莲　**337314**
长盛球　**140872**
长盛丸　140872
长实金柑　167506
长室茜属　**135356**
长寿菜　311890
长寿城属　**82608**
长寿花　**215102**,262410
长寿金柑　167511
长寿金橘　167506
长寿菊　50825
长寿橘　167511
长寿兰　116863,117022
长寿松　**300040**
长寿仙人柳　383469
长疏毛剪股颖　**12010**
长鼠尾草　345214
长鼠尾粟　372666
长双距花　**128069**
长双展枝大沙叶　**286330**
长蒴杜鹃　**331166**,331884
长蒴黄麻　**104103**
长蒴苣苔　87820,129887
长蒴苣苔属　**129868**
长蒴卷耳　**82813**
长蒴母草　**231479**
长蒴蚬木　**161624**
长蒴苋　**352627**
长蒴苋属　**352626**
长蒴圆叶报春　**314422**
长丝管萼木　**344786**
长丝管萼木属　**344785**
长丝景天　**356570**
长丝塞拉玄参　**357489**
长丝沿阶草　**272067**
长松　46430
长苏石斛　**125021**
长穗阿氏莎草　**581**
长穗八宝　**200781**
长穗巴豆　112952
长穗白鼓钉　**307707**
长穗百簕花　**55369**
长穗稗　341960
长穗柄苔草　**75202**
长穗草　**370303**
长穗草地山龙眼　**283566**
长穗草属　**370302**
长穗侧茎苔草　76171
长穗茶藨　334072
长穗钗子股　**238313**
长穗柴桦　**53448**
长穗长庚花　**193340**
长穗肠须草　**146004**
长穗柽柳　**383479**
长穗赤箭莎　**352357**
长穗虫实　**104771**
长穗大黄　329358
长穗大理柳　**343274**
长穗地榆　345894
长穗吊兰　**88552**
长穗短种脐草　**396710**
长穗对叶柳　**344063**
长穗鹅耳枥　77290
长穗芳香木　**38801**
长穗风车子　**100599**
长穗腐草　**182624**
长穗腹水草　**407472**,407498
长穗高秆莎草　**118846**
长穗高山栎　**324129**
长穗狗尾草　**361943**
长穗黑草　**61815**
长穗胡椒　**300383**
长穗花　**379481**
长穗花属　**379480**
长穗画眉草　**147582**
长穗桦　**53394**
长穗槐蓝　206445
长穗鸡骨柴　**144027**
长穗棘豆　**278983**
长穗鲫鱼草　147746
长穗剪股颖　**12096**
长穗碱茅　**321403**
长穗姜花　187468
长穗嘴签　**179952**
长穗决明　360431
长穗爵床　**135673**
长穗爵床属　**135672**
长穗开口箭　**400404**
长穗苦竹　37271
长穗阔蕊兰　**291240**
长穗蜡瓣花　**106694**,106682
长穗冷水花　**667**
长穗冷水花属　**666**
长穗狸猫尾草　402119
长穗狸尾草　402118
长穗亮碱蓬　**379601**
长穗柳　**343979**
长穗鹿藿　**333457**
长穗罗顿豆　**237432**
长穗马蓝　**358001**
长穗马蓝属　**357999**
长穗马先蒿　**287177**
长穗猫尾草　402119
长穗猫尾豆　**402119**
长穗毛茛　**326383**
长穗美非补骨脂　**276990**
长穗美冠兰　**157022**
长穗美汉花　247728
长穗密花小檗　**51544**
长穗木　**373511**,373507
长穗木蓝　206445
长穗内雄楝　**145979**
长穗南非桔梗　**335612**
长穗南梨　263172
长穗糯米香　358001
长穗飘拂草　**166386**
长穗荠苎　**259314**
长穗枪刀药　**202575**
长穗三角车　**334651**
长穗三芒草　**33914**
长穗三毛草　**398453**
长穗散绒菊　**203477**
长穗桑　**259202**
长穗沙粟草　**317054**
长穗省藤　65761
长穗十字爵床　**111736**
长穗兽花鸢尾　**389489**
长穗鼠妇草　**147783**
长穗鼠尾粟　**372845**
长穗束柊叶　**293203**
长穗水蓼　**309214**
长穗水苏　**373294**
长穗松　300269
长穗宿柱苔　74374
长穗苔草　**74374**,75213
长穗甜茅　**177660**
长穗条纹亚麻　**231975**
长穗铁苋　1894
长穗兔儿风　**12648**
长穗莴苣　**219402**
长穗伍尔秋水仙　**414896**

长穗腺背蓝 **7106**
长穗小檗 51524
长穗小草 **253277**
长穗肖蝴蝶草 **110688**
长穗蟹甲草 **283841**
长穗亚麻藤 **199181**
长穗岩风 **228578**
长穗盐角草 **342858**
长穗偃麦草 **144643**
长穗羊耳蒜 232153,232197
长穗叶香茶 **303680**
长穗银砂槐 **19735**
长穗忧花 **241615**
长穗玉凤花 291240
长穗玉凤兰 **183813**
长穗月桃 17666
长穗越橘 **403819**
长穗早熟禾 **305752**
长穗泽生藤 **65761**
长穗珍珠菜 **239580**
长穗竹 **385581**
长穗竹属 **385579**
长穗苎麻 **56195**
长穗紫金牛 **31560**
长穗紫云菜 358001
长穗棕属 59095
长穗醉鱼草 62114
长孙 284401
长塔蒲公英 384643
长苔草 **74442**
长泰砂仁 19930
长藤杠柳 291063
长条杜鹃 331839
长莛菊 **315506**
长莛菊属 **315504**
长葶报春 **314599**
长葶彩花 **2256**
长葶茯苓菊 214167
长葶苓菊 **214167**
长葶沿阶草 272085
长葶鸢尾 **208519**
长筒滨紫草 **250888**
长筒补血草 **320001**
长筒补血草属 **319996**
长筒倒挂金钟 168748
长筒干花菊 415326
长筒旱花 **415326**
长筒亨氏女贞 229467
长筒虎耳兰 **350317**
长筒花 4082
长筒花属 4070
长筒荚蒾 408151
长筒瞿麦 127756
长筒丽叶女贞 **229467**
长筒莲属 **107840**
长筒琉璃草属 367804
长筒漏斗苣苔草 **129817**
长筒马先蒿 287372
长筒石蒜 **239264**
长筒微孔草 **254353**
长筒沃森花 **413347**
长筒兴山蜡树 229467
长筒鸢尾 221377
长头玻璃菊 **199666**
长头栘 **168018**
长头风毛菊 **348411**
长头金合欢 **1182**
长头罗顿豆 **237347**
长头三齿稃草 **397769**
长头矢车菊 **81183**
长头悬钩子 **338334**
长头银莲花 **23776**
长突耳草 187615
长突尖紫堇 **106317**
长突仙人掌 **244134**
长腿苔草 **74790**
长托菝葜 **366332**
长托菊 **385564**
长托菊属 **385563**
长托叶多坦草 **136519**
长托叶堇菜 410514
长托叶裂枝茜 **351138**
长托叶柳 **344151**
长托叶马岛茜草 **342825**
长托叶石生堇菜 **410514**
长托叶驼蹄瓣 **418698**
长椭圆鹅耳枥 77353
长椭圆桧 **213833**
长椭圆金缕梅 **185133**
长椭圆雪白苣苔 **266308**
长椭圆叶冰片香木 138554
长椭圆叶鹧仔草 320515
长椭圆叶荚蒾 **407936**
长椭圆叶亮丝草 **11354**
长椭圆叶纤皮玉蕊 **108170**
长弯茄 367370
长网萼木 **172861**
长尾半枫荷 **357974**
长尾波 162932
长尾柽柳桃金娘 **261006**
长尾粗叶木 **222085**,222174
长尾单室茱萸 **246213**
长尾当归 24393
长尾钓樟 **231449**
长尾冬青 **203988**
长尾多齿山茶 **69515**
长尾多坦草 **136602**
长尾恩德桂 **145340**
长尾耳草 187548,187598
长尾红山茶 **69301**,69515
长尾红叶藤 **337702**
长尾花属 379480
长尾黄芪 41957
长尾黄蓍 41957
长尾鸡屎树 222174
长尾尖铁线莲 **94695**
长尾尖叶槠 78877
长尾尖槠 78877
长尾菊属 **375386**
长尾栲 **78977**,78877
长尾柯 78877
长尾可疑糖蜜草 **249273**
长尾朗加兰 **325472**
长尾柳穿鱼 **231037**
长尾马钱 **378788**
长尾毛蕊茶 **68970**
长尾毛樱桃 83279
长尾毛柱樱桃 **83279**
长尾毛柱郁李 83279
长尾木犀 **276274**
长尾鸟足兰 **347811**
长尾婆婆纳 317927
长尾槭 **2874**
长尾青冈 **116202**
长尾日本鹅耳枥 **77268**
长尾三峡槭 **3752**
长尾四蕊槭 **3680**
长尾天南星 33301
长尾纹蕊茜 **341324**
长尾乌饭 **403891**
长尾细瓣兰 **246112**
长尾秀丽槭 **2945**
长尾野牡丹 **135698**
长尾野牡丹属 **135696**
长尾叶当归 **24393**
长尾叶接骨木 **345653**
长尾叶蓼 309624
长尾叶天南星 33295
长尾叶越橘 **403816**,403814
长尾异荣耀木 **134662**
长尾鸢尾 **208793**
长尾越橘 403814
长尾窄裂槭 **2788**
长尾窄叶柃 **160605**
长尾爪哇大豆 **264243**
长细刺珍珠茅 **354147**
长仙人笔 **216665**
长纤毛喜山葶苈 **137170**
长纤秋海棠 50232
长线叶小檗 **51865**
长线异冠菊 **15994**
长腺贝母 **168608**
长腺灰白毛莓 **339365**
长腺姜 **417998**
长腺小米草 **160169**
长腺樱 **316334**
长腺樱桃 **83197**
长小苞黄芪 42063
长小苞黄蓍 **42063**
长小苞鱼藤 126003
长小穗莎草 **118756**
长小叶厚皮树 **221176**
长小叶蒺藜 **311694**
长小叶蒺藜属 **311693**
长小叶栗豆藤 **11016**
长小叶十大功劳 242608
长小叶水芹 **269338**
长小叶铁线莲 **95153**
长楔形神秘果 **381990**
长楔形异木患 **16110**
长行天南星 **33295**
长形肉豆蔻 **261408**
长雄蕊海神菜 **265458**
长雄蕊木蓝 **206199**
长雄蕊日中花 **220600**
长雄蕊秀管爵床 **160973**
长雄蕊野生稻 **275936**
长雄苔草 **76171**
长袖秋海棠 **50059**
长须果 351383,382912
长须阔蕊兰 **291197**
长须兰属 **56893**
长须兰玉凤花 **183455**
长须芦荟 16605
长须木蓝 **206189**
长须南星 33295
长序巴豆 **112947**
长序白珠 **172109**
长序贝尔茜 **53094**
长序变豆菜 **345955**
长序茶藨 334072
长序茶藨子 **334072**
长序车轴草 **396980**
长序重寄生 **293196**
长序臭黄荆 **313631**
长序大叶杨 **311372**
长序当归 **24395**
长序杜鹃 **331520**
长序多花紫藤 **414556**
长序翻唇兰 **193602**
长序甘草 177916
长序梗贺得木 198518
长序梗秦岭藤 **54524**
长序勾儿茶 **52439**
长序管萼山豆根 **155905**
长序厚壳桂 **113470**
长序虎皮楠 **122698**
长序华野豌豆 **408341**
长序黄芪 42637
长序黄蓍 **42636**,42637
长序灰毛豆 **386199**
长序金绒草 **391616**
长序金绒草属 **391615**
长序荆 411402
长序决明 **78373**
长序狼尾草 **289150**
长序肋枝兰 **304920**
长序冷水花 **298971**

长序链珠藤 **18527**
长序龙船花 **211111**
长序龙舌兰 **10942**
长序落萼旋花 **68357**
长序莓 **338246**
长序美登木 **246938**
长序美丽乌头 **5512**
长序母草 **231541**
长序牡荆 **411402**
长序木蓝 **206196**,206101
长序木通 **13219**
长序南蛇藤 **80341**
长序槭 3116
长序球冠远志 **308080**
长序润楠 **240632**
长序三宝木 **397364**
长序三色万带兰 **404681**
长序砂仁 **19852**
长序山芝麻 **190100**
长序首冠藤 **49059**
长序鼠麹草属 **178513**
长序水麻 **123339**
长序四鞋木 **386824**
长序维吉豆 **409181**
长序乌头 **5167**
长序缬草 **404272**
长序蟹甲草 **325183**
长序蟹甲草属 **325182**
长序崖豆树 254752
长序崖豆藤 254752
长序羊角藤 **258894**
长序杨 **311438**
长序野靛棵 **244292**
长序野古草 **37410**
长序野青茅 **127195**
长序一点红 **144947**
长序榆 **401504**
长序远志 **308168**
长序云南漆 **393498**
长序猪屎豆 **112355**
长序苎麻 **56131**
长旋类孩儿草 **252530**
长血草 277747
长芽绣线菊 **372000**
长岩菖蒲 392603
长岩芥菜 **9797**
长檐苣苔 **135372**
长檐苣苔属 **135371**
长偃麦草 **144662**
长眼天 **272526**
长眼子菜 312232
长阳十大功劳 242638
长阳铁杉 **399888**
长药八宝 **200802**,200807
长药重楼 284374
长药袋鼠爪 **25220**
长药杜鹃 **330501**
长药隔重楼 **284374**,284402
长药花 4968
长药花属 4954
长药芥 **373711**
长药芥属 **373707**
长药景天 200802
长药兰 **360591**
长药兰属 **360582**
长药裂叶铁线莲 **95207**
长药沿阶草 **272120**
长药藻百年 **161546**
长药蜘蛛抱蛋 **39530**
长野荞麦草 309796
长叶阿尔芸香 **16280**
长叶阿迈茜 **18550**
长叶埃弗莎 **161286**
长叶矮锦鸡儿 **72324**
长叶艾纳香 55796
长叶桉 **155628**
长叶暗罗 **307509**
长叶奥赛里苔草 **276229**
长叶奥佐漆 **279305**
长叶澳非萝藦 **326763**
长叶澳新旋花 **310013**
长叶澳洲鸢尾 **285793**
长叶八仙花 199945
长叶菝葜 **366418**
长叶白斑瑞香 **293797**
长叶白蜡树 **167923**
长叶白桐树 **94073**
长叶百簕花 **55368**
长叶百蕊草 **389769**,389768
长叶斑叶兰 **179582**
长叶半枫荷 357974
长叶棒兰 **178967**
长叶苞叶兰 **58393**
长叶宝草 **186412**
长叶抱石越橘 **403921**
长叶北美萝藦 **3794**
长叶被禾 **293952**
长叶比拉碟兰 54436
长叶变叶木 **98193**,98190
长叶柄斑克木 **47658**
长叶柄当归 **24394**
长叶柄非洲豆蔻 **9916**
长叶柄非洲砂仁 9916
长叶柄花烛 **28107**
长叶柄猕猴桃 **6570**
长叶柄无心菜 **32034**
长叶柄野扇花 **346737**
长叶柄异木患 **16112**
长叶并头草 **355572**
长叶薄荷 250385
长叶捕虫堇 **299750**
长叶布枯 10716
长叶布氏菊 **60133**
长叶糙苏 **295136**
长叶草石蚕 373321
长叶叉柱旋花 **129575**
长叶叉足兰 **416517**
长叶茶 69634,69654
长叶钗子股 **238330**
长叶柴胡 **63722**
长叶长春花 **79413**
长叶车前 **302034**
长叶车前草 302034
长叶车叶草 **39343**
长叶橙蒄 **320740**
长叶赤宝花 **390011**
长叶赤瓟 **390159**
长叶赤杨叶 16304
长叶翅膜菊 **14597**
长叶翅柱兰 **320875**
长叶虫豆 **65153**
长叶虫果金虎尾 **5917**
长叶臭茉莉 96183
长叶川滇杜鹃 331988
长叶川西荚蒾 **407775**
长叶垂桉草 399296
长叶垂绒菊 **114417**
长叶慈姑 **342310**
长叶雌足芥 **389284**
长叶刺葵 295459
长叶刺莲花 **87330**
长叶刺莲花属 **87329**
长叶刺参 **258853**
长叶刺头菊 **108274**
长叶刺续断 258853
长叶葱莲 **417624**
长叶粗花野牡丹 **279403**
长叶粗糠树 66784
长叶粗肋草 **11350**
长叶粗筒苣苔 **60273**
长叶粗叶木 222208
长叶脆兰 2046
长叶村上胡颓子 **142115**
长叶大苞山蚂蝗 **126302**
长叶大萼警惕豆 **249732**
长叶大戟 **158787**
长叶大节茜 **241036**
长叶大蓼 95065
长叶大青 **96183**
长叶大头苏铁 **145238**
长叶丹参 345172
长叶丹氏梧桐 **135900**
长叶党参 **98362**
长叶德拉蒙德芸香 **138390**
长叶德普茜 **125896**
长叶灯心草 **213251**
长叶地榆 **345895**,345894
长叶点地梅 **23219**
长叶点柱花 **235386**
长叶吊灯花 **84154**,84079
长叶吊兰 **88593**
长叶丁香蓼 **238183**
长叶顶叶菊 **335031**
长叶冬青 203777,203844,203969,204025,204050
长叶冬青卫矛 **157631**
长叶冻绿 **328665**
长叶毒夹竹桃 4961
长叶杜虹花 **66784**
长叶杜茎山 **241797**,241774
长叶杜鹃兰 **383170**,383132
长叶杜香 **223908**
长叶度量草 **256205**
长叶短盖豆 **58750**
长叶短丝花 **221446**
长叶钝菊 **351934**
长叶钝菊属 **351930**
长叶多榔菊 **136360**
长叶多脉川苔草 **310099**
长叶多穗兰 **310389**
长叶多穗蓼 **309618**
长叶多穗神血宁 309618
长叶恩德桂 **145341**
长叶耳草 **187617**
长叶二郎箭 **296123**
长叶二裂委陵菜 **312418**
长叶二歧草 **404134**
长叶二色香青 **21527**
长叶二柱苔 76130
长叶二柱苔草 **76130**
长叶番石榴 **318752**
长叶繁缕 **374944**
长叶芳香木 **38649**
长叶飞蓬 **150570**
长叶非洲白花菜 **57444**
长叶非洲苏铁 145238
长叶非洲铁 145238
长叶榧 393074
长叶榧树 **393074**
长叶肺草 **321636**
长叶费尔南兰 **163388**
长叶粉背青冈 **116181**
长叶风毛菊 348500,348706
长叶枹栎 **324200**
长叶福禄考 **295281**
长叶高山柏 **213950**
长叶哥纳香 **179409**
长叶格雷野牡丹 **180396**
长叶格脉树 **268333**
长叶隔距兰 **94444**
长叶根节兰 **66011**,65915
长叶沟果茜 **18598**
长叶钩叶藤 **303089**
长叶钩子木 **337291**
长叶枸骨 **203844**
长叶瓜多竹 **181476**
长叶瓜楝 181557
长叶冠花树 **68584**

长叶冠毛榕 **165034**
长叶冠须菊 **405953**
长叶管蕊堇 **286774**
长叶光花龙胆 **232687**
长叶贵州石楠 **295644**
长叶桂樱 **223100**
长叶海神木 **315864**
长叶海特木 **188324**
长叶海州常山 **96400**
长叶含笑 **252907**
长叶寒菀 **80367**
长叶杭子梢 70838
长叶蒿 **35835**
长叶豪猪刺 51802
长叶号角野牡丹 **344397**
长叶浩氏豆 198764
长叶禾叶兰 **12452**
长叶合瓣莲 **48024**
长叶荷贝亚树 198764
长叶赫尔芥 **188368**
长叶赫利芸香 **190216**
长叶黑三棱 **370075**
长叶黑药菊 **259866**
长叶红沙 327230
长叶红砂 327230
长叶红砂柳 **327230**
长叶红头菊 **154772**
长叶猴欢喜 **366037**
长叶厚壳树 141662
长叶胡颓子 **141947**
长叶胡枝子 **226880**,226736
长叶蝴蝶草 392884,392897
长叶虎耳草 **349562**
长叶虎耳兰 **350310**
长叶花烛 **28140**
长叶黄果木 **243987**
长叶黄精 308529
长叶黄芪 42302
长叶黄耆 **42302**
长叶黄肉楠 6762
长叶黄杨 **64276**,64284,64371
长叶灰白大沙叶 **286492**
长叶茴香砂仁 155402
长叶惠特爵床 **413958**
长叶火绒草 **224899**
长叶火焰草 **79128**
长叶霍夫豆 **198764**
长叶积雪草 **81612**
长叶极窄芒柄花 **271307**
长叶寄生藤 125793
长叶佳囊芸香 **294868**
长叶家榆 401602
长叶荚蒾 407906
长叶假槟榔青 **318480**
长叶假糙苏 **283630**
长叶假狗肝菜 **317629**
长叶假虎杖 309618
长叶假万代兰 2046
长叶假万寿竹 134410
长叶假叶树 **340994**
长叶假夜香树 **266839**
长叶尖蔷薇 336692
长叶尖药木 4961
长叶尖柱紫绒草 **50849**
长叶剪股颖戟 **12436**
长叶碱毛茛 **184711**
长叶豇豆 **408945**,408950
长叶角果铁 **83684**
长叶角铁 83684
长叶节节木 **36824**
长叶金柑 **167515**,167513
长叶金橘 **167513**
长叶金毛菀 **89885**
长叶金丝桃 **202052**
长叶菊蒿 **383748**
长叶卷耳 **82913**
长叶卷舌菊 **380926**
长叶君迁子 **132265**
长叶坎棕 85435
长叶科豪特茜 **217705**
长叶可利果 **96776**
长叶孔雀松 113721
长叶宽木 **160719**
长叶昆栏树 **399435**
长叶阔苞菊 **305109**,305092
长叶蜡花木 **153333**
长叶蜡菊 **189526**
长叶蜡莲绣球 199945,200108
长叶兰 **116847**,116827,116851
长叶蓝刺头 **140738**
长叶蓝果树 267865
长叶蓝花草 **115562**
长叶蓝花参 **412736**
长叶蓝蓟 **141213**
长叶老鼠簕 **2691**,2664
长叶老鸦嘴 **390826**
长叶雷内姜 **327738**
长叶肋瓣花 **13815**
长叶肋柱花 **235452**
长叶冷杉 **439**
长叶狸藻 **403239**
长叶犁避 291775
长叶藜 **87038**
长叶立方花 **115769**
长叶栎 **324121**,233152
长叶栗豆藤 11016
长叶炼荚豆 18259
长叶链荚豆 **18268**,18259
长叶裂颖茅 **132791**
长叶鬣刺 371725
长叶鳞花草 **225187**
长叶琉璃苣 **57100**
长叶瘤瓣兰 **270822**
长叶柳 **343622**,343668,343881
长叶柳杉 113721
长叶龙船花 **211136**
长叶龙舌兰 **10966**
长叶龙头草 **247729**
长叶龙须兰 **79341**
长叶龙牙草 **11586**
长叶漏芦 **329219**
长叶露兜草 280987
长叶露兜树 **280987**
长叶芦莉草 339731
长叶鲁斯特茜 **341034**
长叶鹿蹄草 **322820**
长叶绿柴 328550,328665
长叶绿柴属 328544
长叶绿绒蒿 **247143**
长叶李叶苏木 **200847**
长叶轮钟草 **70403**
长叶罗浮槭 **2953**
长叶罗汉松 **306439**
长叶螺序草 **371774**
长叶落冠毛泽兰 **123354**
长叶麻黄 **146262**
长叶马兜铃 **34139**
长叶马府树 241516
长叶马褂兰 295879
长叶马莱戟 **245173**
长叶马利筋 **37997**
长叶马米苹果 243987
长叶迈纳木 **246789**
长叶曼密苹果 243987
长叶蔓绿绒 **294793**
长叶毛杯漆 **396342**
长叶毛发草 **111132**
长叶毛茛 **325571**,326034
长叶毛花忍冬 **236194**
长叶毛口萝藦 **219110**
长叶毛鳞菊 **84957**
长叶毛蕊花 **405727**
长叶毛穗茜 **396419**
长叶毛头菊 **151587**
长叶茅膏菜 **138295**,138307
长叶梅里野牡丹 **250671**
长叶梅索草 **252268**
长叶美丽莱勃特 220309
长叶美丽兰伯特木 **220309**
长叶美洲苦木 **298498**
长叶猕猴桃 **6625**
长叶米尔豆 **255780**
长叶米利根草 **254889**
长叶密花藤 **321980**
长叶墨脱楼梯草 **142738**
长叶牡荆 **411219**
长叶木姜子 6762,233899
长叶木槿 **194857**
长叶木兰 **242244**
长叶木蓝 **205948**
长叶木麻黄 79165
长叶木犀 **276365**,276370
长叶穆塔卜远志 **259438**
长叶南非蜜茶 **116337**
长叶南非少花山龙眼 **370257**
长叶南美川苔草 **29276**
长叶南美金虎尾 **4854**
长叶南美鹿藿 **333430**
长叶南木犀 **266783**
长叶南烛 239398
长叶楠 295367
长叶拟赤杨 16304
长叶拟马莱戟 **245185**
长叶拟瓦氏茜 **404927**
长叶黏巴草 269613
长叶黏胶欧石南 **150251**
长叶牛齿兰 **29821**
长叶牛奶树 164992
长叶牛乳树 164992
长叶牛尾菜 366486
长叶牛膝 4304
长叶纽子果 **31640**
长叶女蒿 **196695**
长叶女贞 **229444**
长叶欧石南 **149677**
长叶帕克海神菜 **265498**
长叶排钱树 **297012**
长叶排香 239705
长叶泡泡果 **38328**
长叶泡桐 285958
长叶彭内尔芥 **289003**
长叶蓬子菜 **170751**
长叶披碱草 **144379**
长叶平顶金莲木 **294398**
长叶瓶干树 279681
长叶婆婆纳 317927
长叶槭 **2997**,2775,3105
长叶棋子豆 **116587**
长叶杞莓 **316990**
长叶千斤拔 **166895**
长叶荨麻 402848
长叶茜草 **337952**,337910
长叶腔柱草 **119859**
长叶鞘冠帚鼠麹 **144691**
长叶青冈 **116137**
长叶青木 **44924**
长叶蜻蜓兰 302307
长叶秋海棠 **50029**
长叶秋水仙 **99333**
长叶球百合 **62409**
长叶球兰 **198868**,198847
长叶全缘轮叶 **94269**
长叶雀稗 **285460**,285507
长叶雀舌 226328
长叶染木树 **346487**
长叶热非黏木 **216583**
长叶日本对叶兰 **232922**
长叶日本松毛翠 **297031**

长叶绒安菊 **183045**
长叶绒子树 **324606**
长叶荣耀木 **391574**
长叶榕 **164877**
长叶柔毛钻地风 **351817**
长叶肉覆花 **230111**
长叶肉黄菊 **162932**
长叶软费利菊 **163284**
长叶润肺草 **58892**
长叶润楠 **240625**,240604,240615
长叶洒金榕 98193
长叶三角车 **334650**
长叶三罩锦葵 **398011**
长叶伞花寄生藤 **125793**
长叶沙茅 **65633**
长叶沙漠木 **148366**
长叶沙木 148366
长叶沙参 7744,7789,7853
长叶莎草 **119118**,118679
长叶山茶 **68963**
长叶山地早熟禾 **305795**
长叶山菅 **127511**
长叶山金车 **34738**
长叶山橘 **167498**
长叶山兰 **274037**
长叶山小橘 **177838**
长叶山芎 **101830**
长叶山芝麻 190100
长叶杉 298436
长叶珊瑚 **44912**
长叶舌唇兰 **302307**
长叶蛇头鸢尾 **192901**
长叶蛇王藤 **285675**,285708
长叶施拉茜 **352546**
长叶十二卷 **186513**
长叶十数樟 **413172**
长叶世界爷 360565
长叶世界爷属 360561
长叶手玄参 **244742**
长叶疏花槭 **3091**
长叶鼠妇草 **147781**
长叶鼠芳草 **371725**
长叶鼠李 **328690**,328665
长叶鼠麹草 178220
长叶数珠根 122034
长叶数珠树 122034
长叶双伯莎 **54614**
长叶双距兰 **133830**
长叶双凸菊 **334499**
长叶水柏枝 **261281**
长叶水麻 **123330**
长叶水毛茛 **48922**
长叶水苏 373321
长叶水苋菜 **19575**
长叶丝头花 **138432**
长叶斯胡木 **352732**
长叶四尖蔷薇 **387144**
长叶四棱草 **352062**,352060
长叶松 **300128**,300186
长叶溲疏 **126992**
长叶苏铁 145238
长叶酸浆 **297694**
长叶酸脚杆 **247583**
长叶酸模 **340109**
长叶酸藤果 144759
长叶酸藤子 **144759**
长叶穗花 **317926**
长叶苔草 **74768**
长叶太平花 294510
长叶泰树 **385573**
长叶檀香 **346213**
长叶藤长苗 **68702**
长叶天料木 **197696**
长叶天名精 **77177**
长叶天竺葵 **288342**
长叶田穗戟 12436
长叶铁牛入石 165624
长叶铁青树 **269668**
长叶铁扫帚 226736
长叶铁色 **138651**
长叶铁线莲 95350
长叶头蕊兰 82060
长叶兔儿风 12661
长叶托恩草 **390403**
长叶托福木 **393374**
长叶托南德扁芒草 **390333**
长叶拖鞋兰 **295879**
长叶驼峰楝 **181557**
长叶鸵鸟木 **378592**
长叶橐吾 **229097**
长叶娃儿藤 **400921**
长叶瓦莲 **337297**
长叶瓦帕大戟 **401263**
长叶弯管花 **86208**
长叶微孔草 **254373**
长叶尾稃草 **402525**
长叶尾隔堇 **20725**
长叶尾药紫绒草 **238087**
长叶卫矛 **157656**
长叶蝟菊 **270240**
长叶文殊兰 **111217**,111180
长叶蚊子草 166132
长叶莴苣 **219306**
长叶乌口树 **384983**,385047
长叶乌苏里风毛菊 **348911**
长叶无孔兰 **5786**
长叶无鳞草 **14428**
长叶无尾果 100139
长叶五角木 **313968**
长叶五敛子 45724
长叶五味子 **351066**
长叶五星花属 **135388**
长叶五针苣苔 **289761**
长叶雾冰藜 **48776**
长叶西番莲 **285702**
长叶西金茜 **362429**
长叶西米尔茜 **364420**
长叶喜林芋 **294820**
长叶细辛 37653
长叶狭翅兰 **375668**
长叶狭喙兰 **375693**
长叶狭舌兰 **375577**
长叶下田菊 **8008**
长叶咸鱼头 94073
长叶蚬壳花椒 **417219**
长叶陷孔木 **266499**
长叶腺萼木 **260634**
长叶腺花山柑 **64894**
长叶腺龙胆 **382951**
长叶相思 1358
长叶相思树 **1358**
长叶香草 **239705**
长叶香茶菜 **209861**
长叶香芸木 **10716**
长叶向日葵 **188995**
长叶小菠萝 113380,113381
长叶小檗 **51959**,51331,51363,52313,52320
长叶小兜草 **253355**
长叶小凤梨 113380
长叶小果柿 **132455**
长叶小金梅草 **202897**
长叶肖尖瓣花 **351869**
长叶肖乳香 **350989**
长叶肖燕麦草 **317208**
长叶肖鸢尾 **258546**
长叶辛果漆 197336
长叶新豆腐柴 **264582**
长叶新泽仙 **264162**
长叶兴果 **199405**
长叶雄穗茜 **373039**
长叶熊掌草 **8487**
长叶休氏茜草 **198709**
长叶绣球 **199945**
长叶绣球防风 **227629**
长叶袖珍南星 **53700**
长叶袖珍椰子 **85435**
长叶锈毛莓 **339166**
长叶须边岩扇 **351455**
长叶悬钩子 **338336**
长叶悬铃花 **243946**
长叶悬丝参 **35076**
长叶穴果木 **98811**
长叶雪莲 **348500**
长叶雪衣鼠麹木 **87786**
长叶鸭舌癀 370847
长叶亚麻藤 **199175**
长叶烟木 **102743**
长叶岩马桑 44912
长叶沿阶草 **272107**
长叶盐蓬 **184818**
长叶眼子菜 **312166**
长叶艳阳花 **115786**
长叶羊耳蒜 232139
长叶羊茅 **164059**
长叶羊桃 45724
长叶杨 **311575**
长叶洋茜草 **338008**
长叶椰子属 246731
长叶野荞麦 **152240**
长叶野扇花 **346736**
长叶野桐 **243355**
长叶一点红 **144945**
长叶异被风信子 **132557**
长叶异黄花稔 **16204**
长叶异荣耀木 **134727**
长叶异燕麦 **190168**
长叶异药莓 **131085**
长叶茵芋 **365938**
长叶银背藤 **32629**
长叶银豆 **32839**
长叶银桦 **180586**
长叶银槭 **3535**
长叶印度辛果漆 **197336**
长叶鹰苏铁 145238
长叶硬皮鸢尾 **172631**
长叶尤利菊 **160824**
长叶羽裂蒿 **35775**
长叶羽扇豆 **238462**
长叶玉凤花 **183812**
长叶玉兰 242244
长叶玉竹 308616
长叶远志 **308170**
长叶越橘 **403755**
长叶越南油茶 69148
长叶云杉 **298436**
长叶藏沙玉 **317028**
长叶早熟禾 **305675**,305795
长叶蚤草 **321529**
长叶蚤缀 **32031**
长叶燥原禾 **134511**
长叶泽泻 342310
长叶榨木 415891
长叶窄籽南星 **375736**
长叶樟脑橙菀 **320655**
长叶脂麻掌 **171693**
长叶蜘蛛兰 59273
长叶种棱粟米草 **256728**
长叶皱苞椰 **333842**
长叶皱稃草 **141762**
长叶皱果爿果棕 333842
长叶猪笼草 **264837**
长叶猪毛菜 **344615**
长叶猪屎豆 112307
长叶猪牙花 **154948**
长叶竹柏 **306429**
长叶竹根七 **134410**

长叶竹节兰 **29813**,29821
长叶苎麻 **56254**,56195,56206,56357,56360
长叶柱瓣兰 **146437**
长叶紫茎 **376461**
长叶紫荆木 **241516**,241514
长叶紫菊 **267167**
长叶紫露草 **394039**
长叶紫茉莉 **255729**
长叶紫穗槐 **20017**
长叶紫菀 **40325**
长叶紫珠 **66840**,66829,66853,66856
长叶足柱兰 **125533**
长叶柞木 **415891**
长一枝黄花 **368091**
长异燕麦 **190169**
长翼凤仙花 **205096**
长翼棘豆 **278973**
长翼兰 295878
长翼兰属 295875
长虉草 **293735**
长樱草 314337
长颖鹅观草 **335409**
长颖石竹 **127758**
长颖黍 **281855**
长颖天壳草 **98464**
长颖五部芒 **289551**
长颖沿沟草 **79203**
长颖燕麦 **45495**
长颖羊茅 **164061**
长颖以礼草 **215904**
长颖早熟禾 **305677**,305846,306004
长颖针茅 **376694**
长颖栉茅 **113962**
长颖皱稃草 **141763**
长颖状燕麦 45495
长硬毛棘豆 **278881**
长硬毛胶草 181118
长硬毛胶菀 **181118**
长硬皮豆 241440
长硬皮豆属 241408
长疣八卦掌 135689
长疣球属 **135686**
长疣仙人球 **135688**
长羽裂萝卜 **326622**
长羽叶萝卜 326622
长羽针茅 376814
长羽状针茅 **376844**
长玉叶金花 **260410**
长圆瓣梅花草 **284553**
长圆闭鞘姜 **107261**
长圆粗叶木 **222243**
长圆吊石苣苔 **239964**
长圆盾酸模 **340213**
长圆盾形车轴草 **397072**
长圆盾形秋海棠 **50338**
长圆多椰菊 136362
长圆佛甲草 356703
长圆果冬青 **204103**
长圆果花叶海棠 **243724**
长圆果菘蓝 **209217**
长圆果臀果木 **322404**
长圆果小檗 51978
长圆红景天 **329875**
长圆黄芩 **355627**
长圆桧柏 **213652**
长圆荚蒾 **407972**
长圆筋骨草 **13150**
长圆旌节花 373550
长圆裂叶铁线莲 **95210**
长圆楼梯草 **142761**
长圆绿心樟 **268718**
长圆鞘箭竹 **162724**
长圆青荚叶 191197
长圆树萝卜 10348
长圆头露兜树 **281088**
长圆团叶杜鹃 **331403**
长圆臀果木 322404
长圆微孔草 **254356**
长圆悬钩子 **338901**
长圆叶艾纳香 **55796**
长圆叶班克木 **47655**
长圆叶斑叶兰 **179664**
长圆叶波罗蜜 **36917**
长圆叶常绿千里光 160751
长圆叶唇柱苣苔草 **87931**
长圆叶达尔文木 **122783**
长圆叶大戟 **159029**,159841
长圆叶冬青 **204000**
长圆叶兜被兰 **264777**
长圆叶毒山柳菊 **196083**
长圆叶杜鹃 **331366**,331403
长圆叶杜英 **142364**
长圆叶椴 391789
长圆叶多椰菊 **136362**
长圆叶风毛菊 **348595**
长圆叶豪猪刺 51802
长圆叶褐毛紫菀 **40496**
长圆叶黑桦 53400
长圆叶虎耳草 **350028**
长圆叶虎皮楠 **122710**
长圆叶尖药木 **4965**
长圆叶浆果苣苔 **120505**
长圆叶旌节花 373550
长圆叶梾木 **380474**
长圆叶类饱食桑 **61052**
长圆叶柳 **343315**
长圆叶马醉木 **298788**
长圆叶南美楝 **64510**
长圆叶南美洲楝 64510
长圆叶朴 **80697**
长圆叶荨麻 **402961**
长圆叶青荚叶 **191197**
长圆叶曲蕊花 120505
长圆叶忍冬 **235996**
长圆叶山黑豆 **138939**
长圆叶山蚂蝗 126485
长圆叶神麻菊 **346262**
长圆叶树萝卜 **10348**
长圆叶水苏 373321,373439
长圆叶酸藤子 144773
长圆叶透骨草 **295999**,295986
长圆叶小檗 **51978**
长圆叶新木姜子 **264074**
长圆叶淫羊藿 **147051**
长圆叶尤利菊 **160751**
长圆叶蜘蛛抱蛋 **39566**
长圆叶紫茉莉 **255736**
长圆叶紫菀 40496
长圆叶醉魂藤 194162
长圆苎麻 **56244**
长圆锥花 **179198**
长缘毛球花木青锁龙 **109042**
长缘毛无鳞草 **14413**
长缘毛细刚毛青锁龙 **109399**
长皂荚 176901
长折叶风琴豆 **218002**
长枝奥兰棕 273123
长枝刺头菊 **108272**
长枝大戟 **159284**
长枝钓钟柳 **289369**
长枝毒椰 **273123**
长枝杜鹃 **331606**
长枝繁缕 374841
长枝附地菜 **397429**
长枝节节木 **36822**
长枝龙胆 173728
长枝木蓼 44284
长枝山竹 **299666**
长枝蛇菰 **46820**
长枝松 **300148**
长枝天门冬 **39065**
长枝乌头 **5378**
长枝细秆穗莎草 **119676**
长枝熊果 **31143**
长枝竹 **47250**,125453
长枝仔竹 47250
长枝紫玉盘 **403510**
长舟马先蒿 **287173**
长轴白点兰 **390527**
长轴德罗豆 **138100**
长轴冬青 **204147**,204138
长轴杜鹃 331136,331606
长轴耳草 187570
长轴鹤顶兰 82088
长轴卷瓣兰 **62707**
长轴榼藤子 **145869**
长轴青龙藤 **54521**
长轴唐古特延胡索 **106507**
长珠柄景天 **356898**
长珠景天 356898
长竹叶 236284
长柱阿斯草 **39839**
长柱白花菜 **95664**
长柱豹药藤 117573
长柱贝加尔唐松草 **388435**
长柱贝母 168563
长柱边花紫金牛 **172493**
长柱扁蕾 **174219**
长柱滨紫草 **250912**
长柱布坎南茴芹 **299370**
长柱草 **296091**
长柱草属 **296086**
长柱长白婆婆纳 **407388**
长柱车前 301900
长柱重楼 **284329**
长柱垂头菊 **110454**
长柱唇柱苣苔草 **87907**
长柱刺果泽泻 **140548**
长柱刺蕊草 **306980**
长柱刺子莞 **333549**
长柱葱 **15245**
长柱大槌茜 **241329**
长柱大沙叶 **286333**
长柱灯心草 **213400**
长柱独花报春 **270738**
长柱杜鹃 **331136**,330404,331928,331990
长柱对折紫金牛 **218711**
长柱多蕊石蒜 **175338**
长柱飞蓬 **150597**
长柱风铃草 **69959**
长柱灌木猪屎豆 **112802**
长柱含笑 **252913**
长柱核果茶 **322620**
长柱红棕子 380456
长柱红砂 327212
长柱虎皮楠 **122715**
长柱虎尾兰 **346114**
长柱花 296091
长柱花属 113110
长柱黄海棠 **201751**
长柱黄花稔 **362694**
长柱黄堇 **106108**
长柱灰被杜鹃 **330872**
长柱蓟 **92162**
长柱假杜鹃 **48238**
长柱节节菜 **337366**
长柱睫萼杜鹃 **330404**
长柱金花茶 69411
长柱金丝桃 **201995**,201743
长柱韭 **15440**
长柱巨茴香芥 **162836**
长柱开口箭 **400395**
长柱开口箭属 **400379**
长柱科豪特茜 **217691**

长柱勒伊斯藤 **341175**
长柱柃 **160533**
长柱琉璃草 **231252**
长柱琉璃草属 **231243**
长柱柳 **343342**
长柱柳叶菜 **146634**
长柱龙胆 **173604**
长柱漏斗花 **130213**
长柱露兜树 **281070**
长柱鹿药 **242695**
长柱驴蹄草 **68200**
长柱罗马风信子 **50762**
长柱马先蒿 **287714**
长柱麦瓶草 363718
长柱茅膏菜 **138321**
长柱魔芋 20153
长柱南赤道菊 **266664**
长柱拟萨拉卫矛 **342767**
长柱黏拟漆姑 **370645**
长柱欧石南 **149697**
长柱排钱树 297010
长柱泡果荠 **196279**
长柱七属 400379
长柱千碎荠 **87421**
长柱秋海棠 **50031**
长柱日中花 **251633**
长柱绒安菊 **183046**
长柱瑞香 **122410**
长柱沙参 **7816**
长柱沙扎尔茜 **86334**
长柱山丹 **139030**
长柱山丹属 **139029**
长柱十大功劳 **242517**
长柱石莲 **364925**
长柱鼠尾草 **345177**
长柱溲疏 **127106**
长柱算盘子 **177146**
长柱碎米荠 **72870**
长柱苔 74540
长柱唐松草 **388555**,388552
长柱天料木 **197697**
长柱铁线子 **244563**
长柱庭荠 **18414**
长柱头苔草 **76501**
长柱头猪毛菜 **344522**
长柱菟丝子 **115006**
长柱乌头 **5165**
长柱无心菜 **32036**
长柱香根芹 **276472**
长柱小檗 **51845**
长柱小花肉叶长柄芥 **349010**
长柱肖鸢尾 **258549**
长柱绣球 **200119**
长柱玄参 **355250**
长柱崖豆藤 **254684**
长柱异药莓 **131086**
长柱银桦 **180616**
长柱蝇子草 **363718**
长柱蚤缀 32036
长柱皂柳 **344262**
长柱直枝杜鹃 **331415**
长柱猪毛菜 **344731**
长柱紫茎 **376469**
长柱紫绒草 **117122**
长柱紫绒草属 **117121**
长爪红花锦鸡儿 **72336**
长爪厚唇兰 **146547**
长爪鸡头薯 **152970**
长爪锦鸡儿 72336
长爪梅花草 **284536**
长爪石斛 **125044**,125221
长锥果玉 **101807**
长锥蒲公英 **384643**
长锥序荛花 **414212**
长籽大头苏铁 **145239**
长籽柳叶菜 **146849**
长籽马钱 **378948**
长籽木犀 **276356**
长籽山榄木 **59976**
长籽山榄属 **59974**
长籽苏铁 145239
长鬃蓼 **309345**
长总苞柴胡 **63727**
长总苞莎草 **119120**
长总苞小花蓝盆花 **350211**
长总梗翠雀花 **124355**
长总梗木蓝 **206194**,206351
长总花暗毛黄耆 **42040**
长足风车子 **100439**
长足兰 320448,320451
长足兰属 **90711**
长足绿苞南星 **88653**
长足坡梯草 **290181**
长足山梗菜 **234434**
长足石豆兰 **62985**
长足石仙桃 **295528**
长足香荼菜 **303261**
长足鸭嘴花 **214459**
长钻叶紫菀 **41322**
长嘴桉 **155636**
长嘴峨参 **28029**
长嘴毛茛 **326417**
长嘴蒲公英 384643
长嘴苔草 **75189**
长嘴葶苈 **137094**
肠果金合欢 **1202**
肠须草 **146002**
肠须草属 **145999**
常桉 **155545**
常春 211863
常春白粉藤 92768
常春二乔 **242298**
常春黄素馨 211863
常春菊 58477
常春菊属 58468
常春黎豆 259566
常春木 **250876**
常春木属 **250873**
常春蓍草 3917
常春藤 **187307**,165515,187222,187306,187318,187325,285157
常春藤扁担杆 **180734**
常春藤格雷野牡丹 **180383**
常春藤基花莲 **48660**
常春藤科 **187345**
常春藤苦瓜 **256802**
常春藤藜 **87041**
常春藤列当 **275086**
常春藤千里光 **359030**
常春藤属 **187195**
常春藤维默桔梗 **414444**
常春藤卫矛 **187392**
常春藤卫矛属 **187391**
常春藤叶打碗花 68686
常春藤叶风铃草 **70050**
常春藤叶厚敦菊 **277061**
常春藤叶虎耳草 **349435**,349229
常春藤叶堇菜 410058
常春藤叶蓝花参 **412698**
常春藤叶毛茛 **325923**
常春藤叶婆婆纳 **407144**
常春藤叶酸浆 **297677**
常春藤叶天剑 68686
常春藤叶葶苈 **137014**
常春藤叶香泽兰 **89297**
常春藤鱼黄草 **250768**
常春藤胀萼马鞭草 **86079**
常春藤状虎耳草 **349434**
常春藤状蓝花参 **412697**
常春卫矛 **157576**
常春油麻藤 **259566**
常棣 83238
常宫草 390553
常红鸡爪槭 3309
常花巴氏锦葵 **286697**
常花巴氏槿 286697
常花刺槐 **334983**
常花大戟 **159812**
常花豆 366834
常花豆属 366832
常花法国欧石南 **149363**
常花帕沃木 286697
常花秋海棠 50298
常花山踯躅 **330979**
常花石竹 **127793**
常花薯蓣 **131838**
常花糖芥 **154538**
常黄连 301694
常见虎尾兰 **346084**
常蓼 298093
常绿柏 114753
常绿糙毛杜鹃 **331088**
常绿茶 322801
常绿赤杨 **16396**
常绿重阳木 54620
常绿臭椿 **12570**
常绿滇榆 401552
常绿蝶须 **26605**
常绿毒漆藤 332850
常绿杜鹃 331088
常绿蜂室花 203239
常绿钩吻 **172781**
常绿钩吻藤 172781
常绿桂檬 223014
常绿禾叶繁缕 **374903**
常绿胡椒 **300506**
常绿胡蔓藤 172781
常绿荚蒾 **408123**
常绿假水青冈 266867
常绿芥树 **364542**
常绿堇菜 **410558**
常绿蓝果越橘 **403914**
常绿榔榆 **401583**,401588
常绿类月桂 223014
常绿棱枝树科 48979,114567
常绿棱枝树属 48975
常绿黧豆 259566
常绿栎 **324515**
常绿马兜铃 **34324**
常绿莫顿 259055
常绿莫顿草 **259055**
常绿欧瑞香 **391021**
常绿葡萄 **411600**
常绿桤木 **16315**
常绿槭 **3588**
常绿漆 **332850**
常绿千里光属 160744
常绿蔷薇 **336925**
常绿屈曲花 203239
常绿榕 165658
常绿山龙眼 189941
常绿蛇根草 37616
常绿双碟荠 **54711**
常绿四照花科 171558
常绿四照花属 171545
常绿溲疏 127049
常绿唐菖蒲 **176536**
常绿天仙果 165828
常绿葶苈 **136902**
常绿卫矛 **157962**
常绿萱草 **191298**,191287
常绿悬钩子 **338656**
常绿延龄草 **397591**
常绿淫羊藿 **147054**
常绿樱 223131
常绿油麻藤 259566
常绿榆 **401552**
常绿越橘 **403794**

常绿枝科 48979
常绿智利桂 **223014**
常绿锥栗 **79019**
常绿紫堇 **106430**
常年青 39928
常宁柳 **343205**
常青粗肋草 **11362**
常青冬青 204114
常青钩吻 172781
常青荚蒾 **407884**
常青屈曲花 **203239**
常青藤 52435
常青异燕麦 190196
常青紫波 **28459**
常沙 209844
常山 **129033**,127049,131734,143998,200157,274277,295215
常山胡柚 **93425**
常山属 **129030**,274276
常山树 199853
常湿地棕榈 **4951**
常湿地棕榈属 4949
常思 415046
常思菜 415046,415057
常尾蒿 **36428**
常枲 415046,415057
常夏 127674
常夏石竹 **127674**
常子 414813
嫦娥奔月 67736
嫦娥仙人柱 357748
玚花 260173,381423
超苞箭竹 **162734**
超长柄茶 69309
超长梗茶 **69309**
超凡鲜菊 **326515**
超凡子 243675
超红立金花 **218922**
超级大 272090
超级大叶杜鹃 330668
超级杜鹃 330668
超级苔草 **76451**
超尖连蕊茶 **69477**
巢菜 408571
巢菜属 408251
巢菜叶帚菊木 **260554**
巢凤梨 **266155**,266154
巢凤梨属 **266148**
巢腺山牵牛 390816
巢鹰爪 186269
巢状酢浆草 **277981**
巢状欧石南 **149791**
巢状气花兰 **9228**
巢状矢车菊 **81235**
巢状蜡菊 **270241**
朝川胡颓子 **141943**
朝芳苔草 **74091**
朝蓟 117787
朝筒 275403
朝开暮落花 195269
朝日 272898
朝日谷精草 **151428**
朝日金丝桃 **201741**
朝日球 244210
朝日丸 244210
朝圣蔷薇 **336304**
朝天刺 122040
朝天凤仙花 **205206**
朝天膏药 375870
朝天罐 **276135**,276090,276098
朝天罐属 276072
朝天恒 5055
朝天椒 **72073**,72074
朝天锦绦花 **78640**
朝天委陵菜 **313039**
朝天瓮子 276098
朝天岩须 78640
朝天羊茅 163817
朝天一枝香 175203
朝天一炷香 12635,110502,368073
朝天子 64993,195269
朝筒 275403
朝雾 **244154**
朝雾阁 **375530**
朝雾阁属 224335
朝鲜艾 **35171**,35816
朝鲜艾蒿 35171
朝鲜白花瑞香 **122540**
朝鲜白头翁 **321667**
朝鲜白鲜 129618
朝鲜白芷 24291
朝鲜百合 229723
朝鲜百合属 **386428**
朝鲜柏 390579
朝鲜萹蓄 **291746**
朝鲜苍术 **44202**
朝鲜车前 **301908**
朝鲜赤杨 **16393**
朝鲜垂柳 **343918**
朝鲜大黄 **329320**
朝鲜当归 **24386**,24291,24358
朝鲜地瓜儿苗 **239238**,239194
朝鲜地榆 **345851**
朝鲜丁香 **382224**
朝鲜顶冰花 169460
朝鲜冬青 **203539**
朝鲜独活 276748
朝鲜杜鹃 **332104**
朝鲜杜鹃花 332104
朝鲜短尾铁线莲 **94775**
朝鲜拂子茅 **65363**
朝鲜附地菜 **397422**,397462
朝鲜红雷荚蒾 **407729**
朝鲜红门兰 **273583**
朝鲜胡桃 212636
朝鲜胡枝子 **226956**
朝鲜花楸 **369362**
朝鲜华千里光 365060
朝鲜槐 **240114**,334995
朝鲜黄连 301694
朝鲜黄杨 **64374**
朝鲜茴芹 **299448**
朝鲜蓟 76990,117787
朝鲜荚蒾 **407905**
朝鲜碱茅 **321236**
朝鲜接骨木 **345592**
朝鲜金钟花 167473
朝鲜堇菜 **409665**,410326
朝鲜荆芥 **264967**
朝鲜韭 **15690**
朝鲜桔梗 **185226**
朝鲜桔梗属 **185225**
朝鲜卷丹 **230063**
朝鲜卷耳 **83007**
朝鲜蜡瓣花 **106636**
朝鲜梾木 **380444**
朝鲜狼牙刺 **369054**
朝鲜老鹳草 **174682**
朝鲜冷杉 **398**
朝鲜连翘 **167473**
朝鲜莲座梅 94601
朝鲜蓼 **309284**
朝鲜蓼叶堇菜 410758
朝鲜柳 **343574**,89160
朝鲜柳属 89159
朝鲜六道木 **117**
朝鲜龙常草 **128022**
朝鲜龙胆 **174029**
朝鲜龙牙草 11546
朝鲜龙芽草 11572
朝鲜裸菀 40664
朝鲜落新妇 **41822**
朝鲜落叶松 221919
朝鲜麦瓶草 363641
朝鲜芒 **255835**
朝鲜毛连菜 **298625**
朝鲜木姜子 **233876**
朝鲜南星 **33260**
朝鲜牛奶子 **142230**
朝鲜蓬子菜 **170747**
朝鲜婆婆纳 317947
朝鲜蒲儿根 **365060**
朝鲜蒲公英 **384505**
朝鲜朴 80664
朝鲜歧阜苔草 **74646**
朝鲜千金榆 **77283**
朝鲜羌活 276748
朝鲜墙草 **284162**
朝鲜青茅 94591
朝鲜人参 280741
朝鲜瑞香 **122486**
朝鲜伞 230065
朝鲜山矾 **381158**
朝鲜山麦冬 **232628**
朝鲜山茱萸 **105147**
朝鲜参 280741
朝鲜鼠李 **328752**
朝鲜树参 **125626**
朝鲜双唇兰 **133011**
朝鲜双唇兰属 **133009**
朝鲜松 300006
朝鲜溲疏 **126875**
朝鲜穗花 **317947**
朝鲜苔草 **74121**,74309,76515
朝鲜泰特拉 161323
朝鲜唐松草 **388463**
朝鲜天南星 33260
朝鲜条子 407905
朝鲜铁色箭 **239276**
朝鲜铁苋菜 **1909**
朝鲜铁线莲 **95061**,94775
朝鲜庭藤 206140
朝鲜茼蒿 89723
朝鲜猥草 **203126**
朝鲜蚊子草 **166093**
朝鲜乌头 **5331**
朝鲜五角枫 3273
朝鲜五角槭 **3273**
朝鲜细辛 37729
朝鲜小檗 **51824**
朝鲜小叶黄杨 **64301**
朝鲜缬草 404316
朝鲜兴安毛连菜 298625
朝鲜荇菜 **267821**
朝鲜萱草 **191268**
朝鲜悬钩子 338292
朝鲜崖柏 **390579**
朝鲜岩风 **228572**
朝鲜岩蔷薇 **289463**
朝鲜岩蔷薇属 **289462**
朝鲜岩扇属 52503
朝鲜羊耳蒜 **232205**
朝鲜羊茅 **164131**
朝鲜杨 311368
朝鲜野豌豆 **408342**
朝鲜一枝黄花 368297
朝鲜淫羊藿 **147013**
朝鲜银莲花 **23756**
朝鲜蝇子草 **363641**
朝鲜鸢尾 **208737**
朝鲜越橘 **403878**
朝鲜早熟禾 **306059**
朝鲜蚤缀 **31991**
朝鲜皂荚 **176885**
朝鲜针茅 **376754**
朝鲜直芒草 **4130**
朝鲜苎麻 **56300**

朝鲜紫椴 **391664**
朝鲜紫茎 **376446**
朝鲜紫菀 **40664**
朝鲜紫珠 **66824**
朝鲜前胡 **292821**
朝颜属 32600
朝颜烟草 344383
朝阳草 172779
朝阳丁香 382224
朝阳花 188908,325002,385903,385916
朝阳芨芨草 **4148**
朝阳青茅 94601
朝阳隐子草 **94601**
潮安杜鹃 **330363**
潮风草 **117339**
潮木 154971
潮湿狗舌草 **359078**
潮湿兰 **116977**
潮湿披碱草 **144336**
潮汐山小叶黄杨 **64296**
潮州柑 93734
潮州山矾 **381311**,381272
炒川芎 229309
炒丹参 345214
炒刀豆 71050
炒防风 346448
炒蒺藜 395146
炒寄生 355317
炒米柴 135215,261601
炒面花 137613
车茶草 301871,301952
车串串 301871,301952
车轱辘菜 301871,301952,302019
车角竹 47445
车苦菜 14760
车里马钱 378833
车里银背藤 **32620**
车梁木 380514
车轮菜 301871,301879,301952,302068
车轮草 1000,301871
车轮果属 399422
车轮花 81020
车轮菊 169575
车轮梅 329068
车轮梅属 329056
车轮棠 107370
车轮芋 99903
车蓬藤 22067
车前 **301871**,301952,302068
车前苞萼玄参 **111660**
车前杯柱玄参 **110196**
车前草 301871,301879,301952,302068
车前草科 301821
车前草属 301832
车前草叶报春 314988
车前柴胡 **63784**
车前多榔菊 136366
车前厚敦菊 **277119**
车前堇菜 **410430**
车前菊 **357850**
车前菊属 **357844**
车前科 **301821**
车前蜡菊 **189670**
车前兰属 **301826**
车前蓝蓟 **141258**
车前鳞花草 **225203**
车前婆罗门参 **394325**
车前属 **301832**
车前树 378648
车前兔儿风 **12705**
车前尾稃草 **402544**
车前虾脊兰 **66031**
车前苋 **318144**
车前苋属 **318143**
车前叶报春 **314983**
车前叶长蕊琉璃草 **367822**
车前叶垂头菊 **110384**
车前叶蝶须 **26551**
车前叶红头菊 **154778**
车前叶黄腺香青 **21521**
车前叶毛茛 **325689**
车前叶莎草 **119386**
车前叶山慈姑 154909,154926
车前叶香青 21521
车前叶肖木菊 **240789**
车前叶眼子菜 **312073**
车前状臂形草 **58139**
车前状多榔菊 **136366**
车前状九节 **319759**
车前状美冠兰 **156936**
车前状美蟹甲 **34808**
车前状排草香 **25388**
车前状千里光 **359763**
车前子 301868
车前紫草 **364966**
车前紫草属 **364961**
车桑仔 135215
车桑子 **135215**
车桑子科 **135239**
车桑子属 **135192**
车桑子叶柯 233181
车桑子叶群花寄生 **11084**
车山丹 229934
车闩仔 135215
车索藤 79862
车藤 393625
车筒竹 **47445**
车头梨 323116
车下李 83238
车叶草 39383,170477,170524
车叶草柴胡 **63564**
车叶草琥珀树 **27822**
车叶草金丝桃 **201759**
车叶草科 **39422**
车叶草属 **39300**
车叶草状疗喉草 **393607**
车叶葎 **170224**
车叶藤 22067
车辕木 382570
车轴草 **170524**,200190
车轴草木蓝 **206687**
车轴草属 **396806**
车轴草叶碎米荠 **73019**
车子蔓 102933
车子野芫荽 124039
扯根菜 **290134**,239594
扯根菜科 **290129**
扯根菜属 **290133**
扯根草科 290129
扯丝皮 156041
彻丽·特平艳芽石南 **148961**
彻瑙特湖北小檗 **51644**
彻翁苔草 **75280**
尘尾藻 262040
沉果胡椒 **300420**
沉匏 142044,142045
沉茄 233882
沉沙木 243327
沉水沟繁缕 **142575**
沉水谷精草 **151512**
沉水海菜花 **277386**
沉水节节菜 **337399**
沉水金鱼藻 83578
沉水石苔草 **349031**
沉水香 29983
沉水樟 **91378**
沉香 **29973**,29983
沉香科 **29988**
沉香属 **29972**
辰沙草 307927
辰砂草 307927,308123,308359,308363
陈艾 35167,35794
陈刺波 338985
陈莲 282907
陈龙茄 367528
陈谋薰草 **352170**
陈谋卫矛 **157364**
陈谋野古草 **37363**,37400
陈木 90616
陈木瓜 84573
陈木属 90615
陈纳德小檗 **51445**
陈茄子 234045
陈萨姆楠 **295366**
陈痧草 373139
陈伤子 138329,138331
陈氏薰草 353310
陈氏钓樟 231322
陈氏独蒜兰 **304227**
陈氏鹅耳枥 77274
陈氏鹅观草 **335256**
陈氏红山茶 **68995**,69552
陈氏荚蒾 407752
陈氏螺序草 **371749**
陈氏披碱草 **144235**
陈氏山龙眼 189937
陈氏溲疏 **126868**
陈氏苔草 **74094**
陈氏乌头 **5117**
陈氏紫荆 83779
陈香薷 144093
陈香圆 93603,93869
陈知白 162542
茙藩 23670
晨光芒 **255888**
晨花火焰兰 **327692**
称杆红 386696
称杆血 386696
称筋散 114060
桭 166627
桭皮 166627
桭子 166627
柽 365,383469
柽桧 213896
柽柳 **383469**,383591
柽柳花含羞草 **255026**
柽柳科 **383397**
柽柳琼楠 **50568**
柽柳属 **383412**
柽柳桃金娘属 **260965**
柽柳叶美国花柏 **85298**
柽柳叶沙地柏 **213909**
柽柳叶猪毛菜 **344735**
赪凤梨属 264406
赪乱珠 233078
赪蛇珠 233078
赪桐 **96147**,96257
赪桐属 **95934**
撑篙竹 **47408**
成道树 391760
成对翅荚豌豆 **387243**
成对木蓝 **205826**
成对拟马岛无患子 **392232**
成对水蕹 **29689**
成凤秋海棠 **50292**
成凤山茶 69338
成凤山木荷 350932
成凤山悬钩子 **338935**
成凤叶下珠 296573
成梗鹦鹉刺 **319081**
成康黄耆 **42175**
成熟日中花 **220610**
成熟山楂 **109837**

成双邓博木 **123718**
成双含羞草 **255101**
成双吉尔苏木 **175657**
成双南洋参 **310188**
成双氏阿开木 **55598**
成双斜杯木 **301707**
成县马先蒿 **287088**
呈茄子 233882
承德八宝 **200791**
承德东爪草 **391939**
承德勿忘草 **260769**
承露 48689
承夜 159092,159286
承载台苏格兰欧石南 **149232**
诚君珍珠树 403770
城边天竺葵 **288534**
城步长柄槭 **3117**
城步冬青 **203620**
城口报春 **314359**
城口茶藨 333969
城口当归 **24342**
城口东俄芹 **392797**
城口冬青 **203621**,203798
城口独活 **192262**
城口风毛菊 **348320**
城口附地菜 **397393**
城口藁本 229403
城口黄栌 **107308**
城口茴芹 **299411**
城口金盏苣苔 **210179**
城口景天 **356577**
城口卷瓣兰 **62632**
城口卷唇兰 62632
城口马兜铃 **34339**
城口马蓝 **320121**
城口梅花草 **284516**
城口猕猴桃 **6552**
城口盆距兰 **171844**
城口婆婆纳 **407120**
城口桤叶树 **96501**
城口蔷薇 **336484**
城口荛花 **414172**
城口赛楠 **266791**
城口山柳 96501
城口山梅花 **294551**
城口十大功劳 242637
城口石楠 **295649**
城口苔草 **75227**
城口天南星 33330
城口细辛 **37596**
城口虾脊兰 **66057**
城口小檗 **51518**
城口樟 91409
城口紫堇 106511
城市水杨梅 175454
城弯苔草 **75191**
乘鞍蓟 **92242**
乘鞍悬钩子 **338895**
程邦子 165515
程香仔树 **235213**
澄川苔草 **73573**
澄耳草 349936
澄广花 **275325**
澄广花属 **275319**
澄江狗牙花 **154147**,382743
澄迈飘拂草 **166215**
澄迈秋海棠 **49717**
澄茄 233882,300377
澄茄子 233882
澄青生石花 **233539**
澄青玉 233539
橙 **93765**,93332,93515
橙桉 **155491**
橙瓣虎耳草 **349489**
橙宝球 **327313**
橙宝丸 327313
橙刺蜡菊 **189252**
橙蝶球 **327299**
橙蝶丸 327299
橙萼花 **198580**
橙萼花属 **198578**
橙粉苣属 **253909**
橙冠轴槟榔 **31697**
橙果黄蓍 **42988**
橙果假醉鱼草 105242
橙果五层龙 **342591**
橙黑蒴 **14301**
橙红报春 314139
橙红布袋兰 79528
橙红大戟 **159476**
橙红灯台报春 **314139**
橙红飞蓬 150484
橙红红千层 67253
橙红槲寄生 **410995**
橙红惠特爵床 **413964**
橙红蜡菊 **189740**
橙红龙船花 **211068**
橙红鲁特亚木 341165
橙红马缨丹 **221252**
橙红茑萝 **323459**
橙红苘麻 **876**
橙红球 **234922**
橙红扇舌兰 **329663**
橙红蛇目菊 **346305**
橙红蛇纹菊 346305
橙红鼠尾草 **345360**
橙红丸 234922
橙红沃森花 **413382**
橙红蟹爪 **418534**
橙红珠芽百合 **229771**
橙花糙苏 **295111**
橙花豆 89136
橙花豆属 89134
橙花钝柱菊 **111294**
橙花钝柱菊属 **111293**
橙花飞蓬 **150484**
橙花加拿大百合 **229784**
橙花菊三七 **183056**
橙花开口箭 **70596**
橙花连柱菊 **203499**
橙花连柱菊属 **203498**
橙花曼陀罗 61231
橙花蔓舌草 **243253**
橙花破布木 **104251**
橙花秋海棠 **49751**
橙花球兰 **198862**
橙花瑞香 **122378**
橙花山柳菊 **195478**
橙花水竹叶 **260091**
橙花倭毛茛 **325822**
橙花仙灯 **67646**
橙花鸭跖草 **100929**
橙花羊蹄甲 49094
橙花淫羊藿 **146957**
橙花郁金香 **400129**
橙花针垫花 **228117**
橙花珠芽百合 **229769**
橙花子孙球 **327287**
橙黄棒叶花 **163329**
橙黄布里滕参 **211479**
橙黄葱莲 **417616**
橙黄单药爵床 **29123**
橙黄地宝兰 **174302**
橙黄杜鹃 **330422**
橙黄短檐苣苔 **394673**
橙黄芳香木 **38435**
橙黄飞蓬 150484
橙黄非洲菊 175129
橙黄公主杂种金莲花 **399489**
橙黄沟酸浆 255192
橙黄胡卢巴 **397195**
橙黄虎耳草 **349086**
橙黄花黄芪 42284
橙黄花黄耆 **42284**
橙黄姜花 **187421**
橙黄卡特兰 **79528**
橙黄肋柱花 **235462**
橙黄冷杉欧石南 **148969**
橙黄轮生冬青 **204381**
橙黄马铃苣苔 **273836**
橙黄美冠兰 **156559**
橙黄朴 80664
橙黄千日红 **179224**
橙黄茄 **366956**
橙黄热美爵床 29123
橙黄日中花 **220485**,220483
橙黄榕 **164655**
橙黄瑞香 122378
橙黄水仙 262405
橙黄唐菖蒲 **176039**
橙黄仙人掌 **272976**
橙黄香水月季 **336814**
橙黄蝎尾蕉 **189991**
橙黄鸦葱 **354966**
橙黄罂粟 282536,282617
橙黄鹰爪花 **34998**
橙黄玉凤花 **184025**
橙黄鸢尾兰 **267950**
橙黄珠芽百合 229769
橙黄足柱兰 **125527**
橙菊木 **97578**
橙菊木属 **97577**
橙栏 240325
橙栏面头果 240325
橙美人黄杨叶忍冬 **235986**
橙鞘椰 **258724**
橙鞘椰属 **258723**
橙茄 **377951**
橙茄属 **377950**
橙桑 **240828**
橙桑属 **240806**
橙色奥佐漆 **279275**
橙色翅盘麻 **320527**
橙色串心花 **211340**
橙色单药花 111724
橙色邓伯花 390703
橙色多穗兰 **310331**
橙色花坛阿氏糖芥 **154370**
橙色假萼爵床 **317480**
橙色铺地半日花 **188761**
橙色普梭木 **319283**
橙色忍冬 **235738**
橙色手玄参 **244855**
橙色鼠尾草 **344834**
橙色藤黄 171076
橙色线叶粟草 **293901**
橙色肖赪桐 **337420**
橙色翼叶山牵牛 **390703**
橙舌飞蓬 150484
橙舌狗舌草 **385917**
橙舌千里光 358510,385917
橙胜利蔷薇 **336297**
橙盛球 **234914**
橙盛丸 234914
橙饰球 **2313**
橙饰球属 **2311**
橙饰丸 2313
橙藤 197213
橙田菁 **361422**
橙桐 240325
橙头蜡菊 **189250**
橙菀厚敦菊 **277123**
橙菀属 **320636**
橙王天蓝绣球 **295304**
橙王线叶小檗 **51864**
橙味百里香 **391152**
橙香达氏木 122780
橙香木属 **17597**

橙香鼠尾草 **345396**
橙星 **182158**
橙星海氏百日草 **418047**
橙星小百日草 418047
橙绣玉 **284701**
橙萱 **191287**,191263
橙艳球 **234930**
橙艳丸 234930
橙叶千里光 358510,385917
橙映球 **234959**
橙映丸 234959
橙羽菊 **18924**
橙羽菊属 **18923**
橙枣椰 295487
橙枝柳 344046
橙子 93515
秤锤树 **364959**
秤锤树属 **364951**
秤杆菜 278602
秤杆草 158070,158161,158200,191359
秤杆根 203578
秤杆木 160954,328562,386696
秤杆七 335142
秤杆蛇药 191387
秤杆升麻 158200,285880,407485
秤杆树 **241824**,143628,403738
秤根薯 131592
秤钩风 **132929**,132931
秤钩风属 **132928**
秤砣草 254238,302404
秤砣根 351081
秤砣果 249560
秤砣梨 6543,6693
秤砣子 417492
秤星木 203540,203578
秤星蛇 80221
秤星树 168086,203578
吃力伽 44218
吃力秀 18055
吃木姜 234003
蚩龙属 88022
蚩休 284367
鸱脚莎 36647
痴头猛 415046
痴头婆 399212,402245,402267,415046
黐花 260415
黐头婆 399312,402267
池柏 385264
池杉 **385264**
池上马蹄香 **37649**
池上苔草 **76367**
池上小赤竹 **347349**
池树 165057
池塘堇菜 **410401**
池塘挪威槭 **3438**
迟鼻花 329510
迟番红花 **111594**
迟花矮柳 **343810**
迟花干番杏 **33156**
迟花兰 **89312**
迟花兰属 **89311**
迟花柳 **343807**
迟花山柳菊 **196026**
迟花狭叶玉簪 **198627**
迟花异被风信子 **132575**
迟花玉簪 **198648**
迟花郁金香 **400183**,400240
迟花鸢尾 **208817**
迟花足孩儿草 **306666**
迟缓单蕊麻 **138074**
迟缓泡叶番杏 **138247**
迟黄眼草 **416153**
迟芒柄花 **271577**
迟生泽兰 158314
迟熟李 83311
迟熟萝蒂 234234
迟熟小滨菊 **227455**,227526
迟香漆 **332483**
迟小花葵 **188948**
迟叶杨 311163
迟樱桃 83311
迟泽兰 **158314**
迟舟叶花 **340935**
迟紫菀 380947
茌 191629
茌葙 351021
匙瓣刺花蓼 **89089**
匙瓣山梗菜 **234782**
匙瓣虾脊兰 **66072**
匙苞翠雀花 **124608**
匙苞黄堇 **106465**
匙苞姜 **417972**
匙苞乌头 **5592**
匙苞紫堇 106465
匙唇兰 **352303**
匙唇兰属 **352298**,68531
匙唇陆宾兰 335039
匙萼柏拉木 **55143**
匙萼管萼茜 **68457**
匙萼金丝桃 **202204**
匙萼卷瓣兰 **63096**
匙萼龙胆 **173931**
匙萼木 **280138**
匙萼木属 **280135**
匙萼紫葳 **370314**
匙萼紫葳属 **370313**
匙羹藤 **182384**
匙羹藤属 **182361**
匙冠吊灯花 **84124**
匙光弯花婆婆纳 **70648**
匙果南星 **370316**
匙果南星属 **370315**
匙花兰属 **97963**
匙花藤黄属 97959
匙木 114566
匙木属 **261859**,114563
匙荠 **63446**
匙荠属 **63443**
匙蕊大戟 **370327**
匙蕊大戟属 **370326**
匙蕊豆 **370325**
匙蕊豆属 **370324**
匙树兰 **384389**
匙树兰属 **384388**
匙头菜 409834
匙形巴蒂兰 **263632**
匙形斑鸠菊 **406821**
匙形扁担杆 **180974**
匙形补血草 **230772**
匙形布谢草 **57837**
匙形草地山龙眼 **283564**
匙形车前 **302189**
匙形刺痒藤 **394214**
匙形大沙叶 **286478**
匙形戴星草 **371023**
匙形萼状绵毛菊 **293421**
匙形海神菜 **265529**
匙形琥珀树 **27899**
匙形还阳参 **111024**
匙形灰毛齿缘草 **153436**
匙形加那利香雪球 **235075**
匙形可利果 **96851**
匙形类沟酸浆 **255176**
匙形离瓣寄生 **190858**
匙形绿洲茜 **410852**
匙形没药 **101555**
匙形蒙蒂苋 **258274**
匙形绵荠 **219039**
匙形绵荠属 **219038**
匙形麒麟掌 **290721**
匙形青锁龙 **109412**
匙形三翅菊 **398225**
匙形山楂 **110054**
匙形舌冠萝藦 **177399**
匙形舌柱草 **177409**
匙形省藤 **65794**
匙形双距兰 **133943**
匙形水苏 **373444**
匙形酸模 **340266**
匙形同萼树 **84376**
匙形乌头 5592
匙形西澳兰 **118271**
匙形小闭荚藤 **246186**
匙形小黄管 **356174**
匙形肖木蓝 **253248**
匙形肖杨梅 **258759**
匙形叶序大风子 **296913**
匙形异籽葫芦 **25682**
匙形永菊 **43912**
匙形针垫花 **228108**
匙形朱米兰 **212742**
匙叶矮柳 **343031**
匙叶艾 35674
匙叶八角 **204591**
匙叶巴塘紫菀 **40124**
匙叶白千层 **248116**
匙叶草 **222872**,230544,230759
匙叶草属 **222871**,179368,230508
匙叶齿缘草 **153536**
匙叶翅籽荠 **170173**
匙叶垂头菊 **110460**
匙叶单被藜 **257689**
匙叶德兰士瓦栀子 **171425**
匙叶点地梅 23204
匙叶度量草 **256219**
匙叶肥皂草 **346419**
匙叶风毛菊 **348218**
匙叶凤仙花 **205328**
匙叶伽蓝菜 **215174**
匙叶甘松 262497
匙叶孤菀 **393421**
匙叶虎耳草 **349920**,349190
匙叶花烛 **28133**
匙叶黄杨 **64254**,64243
匙叶矶松 230759
匙叶景天 **357162**
匙叶康达木 **101741**
匙叶蓝钟花 **115387**
匙叶栎 **323842**
匙叶莲花掌 **9068**
匙叶莲子草 **18124**
匙叶柳 **344129**
匙叶龙胆 **173913**
匙叶芦荟番杏 **17457**
匙叶芦莉草 **339814**
匙叶螺序草 **371780**
匙叶裸盆花 138299
匙叶麻疯树 **212223**
匙叶毛花 84811
匙叶毛药菊 **84811**
匙叶茅膏菜 **138354**,138299
匙叶密头菊 **321994**
匙叶南非青葙 **192796**
匙叶南亚槲寄生 **175798**
匙叶囊大戟 **389079**
匙叶囊鳞莎草 **38235**
匙叶拟胡麻 **361278**
匙叶拟老鼠簕 **2583**
匙叶齐蕊木 **385179**
匙叶千里光 **360085**
匙叶千屈菜 **240065**
匙叶球兰 **198891**
匙叶染木树 **346494**
匙叶荛花 **414159**

匙叶日本女贞 **229514**
匙叶绒毛蓼 152346
匙叶山金车 **34771**
匙叶山柳菊 **195983**
匙叶山龙眼 **171485**
匙叶山龙眼属 **171484**
匙叶石头花 **183249**
匙叶鼠李 **328862**
匙叶鼠麴草 **178342**
匙叶双瓣川犀草 **270336**
匙叶粟米草 **256696**
匙叶天人菊 **169609**
匙叶铁线莲 **95324**
匙叶兔菊木 **236502**
匙叶团扇荠 170173
匙叶微孔草 **254367**
匙叶无心菜 **32234**
匙叶五加 **143650**,143677
匙叶小报春 **314832**
匙叶小檗 **52306**
匙叶肖鸢尾 **258655**,258650
匙叶新喀山龙眼 **49371**
匙叶絮菊 **166025**
匙叶悬崖金菊木 **150319**
匙叶雪山报春 **314581**
匙叶眼子菜 312171
匙叶野荞麦 **152470**
匙叶翼首花 **320435**
匙叶银莲花 **24091**
匙叶藻百年 **161578**
匙叶栀子 **171245**,171425
匙叶猪屎豆 **112681**
匙叶紫菀 **41289**
匙芋叶属 370332
匙状苞叶芋 **370337**
匙状薄雪火绒草 **224883**
匙状春绮春 **153968**
匙状脆弱刺花蓼 **89060**
匙状大戟 **159856**
匙状寒菀 **80373**
匙状寄树兰 335039
匙状金光菊 **339544**
匙状荆芥 **265053**
匙状田繁缕 **52618**
匙状眼子菜 **312266**
尺八豇 409096
尺冠萝藦属 **374137**
齿阿米 19672
齿白花菜 **95791**
齿瓣八仙花 **200009**
齿瓣报春 314792
齿瓣兜兰 **282910**
齿瓣风铃草 **70201**
齿瓣凤仙花 **205189**
齿瓣凤眼蓝 **141807**
齿瓣虎耳草 **349344**
齿瓣黄堇 **106112**
齿瓣开口箭 **70607**
齿瓣兰属 **269055**
齿瓣兰香草 78012
齿瓣秋海棠 **50300**
齿瓣舌唇兰 **302477**
齿瓣石豆兰 **62852**
齿瓣石斛 **125112**
齿瓣碎米荠 **72735**
齿瓣仙客来 **115961**
齿瓣延胡索 **106564**
齿瓣淫羊藿 147034
齿瓣蝇子草 **363405**,363564
齿瓣玉凤花 **183919**
齿瓣鸢尾兰 **267949**
齿瓣帚灯草 **84816**
齿瓣帚灯草属 **84815**
齿瓣紫堇 **105614**
齿苞矮柳 **343029**
齿苞风毛菊 **348604**
齿苞凤仙花 **205125**
齿苞黄堇 **106607**,105991
齿苞筋骨草 **13136**
齿苞蓼 **382452**
齿苞蓼属 **382451**
齿苞秋海棠 **49772**
齿苞越橘 **403826**
齿背马兜铃 34158
齿被韭 **15902**
齿被马兜铃 34158
齿鼻烟盒树 **270895**
齿边露兜树 **281126**
齿布氏木 **59016**
齿翅菊 **123241**
齿翅菊属 **123240**
齿翅蓼 162525
齿翅千里光 **358711**
齿翅首乌 **162525**
齿翅岩黄芪 187852
齿翅岩黄耆 **187852**
齿唇丹参 345454
齿唇兰 **269033**
齿唇兰属 **269006**
齿唇铃子香 **86825**
齿唇马先蒿 **287466**
齿唇台钱草 **380045**
齿唇羊耳蒜 **232114**,232188
齿唇野丹参 **345454**
齿唇叶玄参 **86370**
齿唇鸢尾兰 **267988**
齿唇沼兰 **110650**
齿脆兰 **2033**
齿大戟 **158756**
齿蝶须 **26561**
齿兜藜属 281173
齿多花十二卷 **186437**
齿萼报春 **314748**
齿萼布里滕参 **211493**
齿萼唇柱苣苔草 **87987**
齿萼棣棠花 **216096**
齿萼杜鹃 **330554**
齿萼番薯 **208262**
齿萼凤仙花 **204903**
齿萼狸藻 **403269**
齿萼列当 **275208**
齿萼薯 **207791**
齿萼挖耳草 **403377**
齿萼委陵菜 **313002**
齿萼悬钩子 **338223**
齿萼舟叶花 **340817**
齿萼紫花苣苔 **238035**
齿耳华千里光 365040
齿耳蒲儿根 **365040**
齿飞蓬 **150458**
齿稃草 **351163**
齿稃草属 **351162**
齿稃类皱稃草 **215604**
齿根珊瑚兰 **104009**
齿梗大戟 **255958**
齿梗大戟属 **255957**
齿梗木属 315235
齿瓜 **269167**
齿瓜属 **269166**
齿冠草属 261060
齿冠春黄菊 **26840**
齿冠红花紫堇 **106089**
齿冠金钩如意草 **105678**
齿冠菊属 261060
齿冠萝藦 **269148**
齿冠萝藦属 **269147**
齿冠瘦片菊 **270746**
齿冠瘦片菊属 **270745**
齿冠须菊 **405930**
齿冠皱波黄堇 105763
齿冠紫堇 **106110**,105678
齿果 123371
齿果草 **344347**,344351
齿果草属 **344345**
齿果大黄 **329325**
齿果酸模 **340019**,329325
齿果藤 **269004**
齿果藤属 **269003**
齿果兴安落叶松 221866
齿黑药菊 **14250**
齿黑药菊属 **14249**
齿红花 **77704**
齿花龙面花 **263399**
齿花丝爵床属 269094
齿花卫矛 **27651**
齿花卫矛属 **27650**
齿黄胡卢巴 397216
齿喙兰 **269129**
齿喙兰属 **269127**
齿假杜鹃 **48390**
齿金栗 **89973**
齿茎水蜡烛 **139584**
齿九节 **319502**
齿菊木属 **86641**
齿卷苞胶草 181178
齿卷苞胶菀 **181178**
齿卡尔珀图 77483
齿孔黄花苔草 **74125**
齿孔特羽叶楸 **376279**
齿口百合 **269158**
齿口百合属 **269157**
齿宽蕊大戟 **302821**
齿棱合被韭 **15373**
齿棱茎合被韭 15373
齿棱茎小蒜 15373
齿栎 **323592**
齿栗 78790
齿裂垂叶蒿 **35492**
齿裂大戟 **158758**
齿裂华千里光 365047
齿裂华西蒿 **36018**
齿裂苣叶报春 314990
齿裂榄 **64081**
齿裂毛茛 **326094**,326093
齿裂片芳香木 **38685**
齿裂蒲儿根 **365042**
齿裂槭 **2770**
齿裂千里光 365047
齿裂西山委陵菜 **313001**
齿鳞草 **222645**
齿鳞草属 **222641**
齿鳞大戟 **158642**
齿鳞寡叶蓟 **92345**
齿鳞蓟 **92264**
齿鳞肋泽兰 **60103**
齿鳞肉珊瑚 **347030**
齿鳞鼠麴草 **304666**
齿鳞鼠麴草属 **304664**
齿柳穿鱼 **231061**
齿脉菊 **271939**
齿脉菊属 **271937**
齿毛芥 **315249**
齿毛芥属 **315246**
齿毛卫矛 **157293**
齿毛洋地黄 130355
齿囊夹竹桃 **124715**
齿囊夹竹桃属 **124714**
齿扭瓣时钟花 **377900**
齿披碱草 **144411**
齿片鹭兰 183559
齿片坡参 **184038**
齿片无柱兰 **19540**
齿片玉凤花 **183624**,183559
齿鞘袖 86521
齿缺冬青 203614
齿蕊 320863
齿蕊科 320864
齿蕊属 320862

齿蕊小檗属 **269169**
齿莎草 **118723**
齿山梗菜 **234765**
齿山柳菊 **195583**
齿舌兰 269066
齿舌兰属 224347,269055
齿舌美冠兰 **156896**
齿舌叶 **377358**
齿舌叶属 **377331**
齿舌玉 **275602**
齿舌玉属 **275601**
齿黍 **282228**
齿丝山韭 **15523**
齿丝庭荠 18407
齿天竺葵 **288513**
齿突羊耳蒜 **232312**
齿托 300944
齿托草 **377074**
齿托草属 **377071**
齿托菊 **269052**
齿托菊属 **269051**
齿托紫地榆 **174702**
齿舞岛筋骨草 **13184**
齿虾海藻 **297186**
齿仙人笔 **216687**
齿腺大戟 **260678**
齿腺大戟属 **260677**
齿腺木属 **268929**
齿腺树葡萄 **120161**
齿香芸木 **10604**
齿小米草 160286
齿小芜萍 **414681**
齿小罂粟 **247091**
齿斜唇卫矛 **86362**
齿熊菊 **402771**
齿牙半枝莲 288605
齿芫荽 **88195**
齿芫荽属 **88193**
齿药萝藦 **268937**
齿药萝藦属 **268934**
齿叶阿丁枫 18201
齿叶阿芙泽尔小舌菊 **253454**
齿叶阿氏木 **45953**
齿叶矮冷水花 **299010**
齿叶矮冷水麻 299010
齿叶安息香 **379449**
齿叶白背黄花稔 **362642**
齿叶白刺 266365
齿叶白鹃梅 **161755**
齿叶班克木 **47639**
齿叶半蒴苣苔 **191353**
齿叶半柱花 191501
齿叶报春 314941
齿叶贝克斯 47639
齿叶臂形草 **58173**
齿叶扁核木 **315178**
齿叶波温苏铁 **57973**
齿叶补骨脂 **319171**
齿叶草 268999
齿叶草木犀 **249245**
齿叶梣 **168014**
齿叶赪桐 96339
齿叶赤爮 **390123**
齿叶翅茎草 415621
齿叶大戟 **159830**
齿叶叨里木 393109
齿叶倒挂金钟 **168784**,168745
齿叶灯台报春 **314941**
齿叶地不容 **375838**
齿叶叼里木 393109
齿叶吊石苣苔 **239981**
齿叶吊钟花 145720
齿叶东北南星 **33253**
齿叶冬青 **203670**,204114,204239
齿叶杜英 **142308**
齿叶二药藻 **184942**
齿叶发汗藤 95077
齿叶费菜 **294125**
齿叶费利菊 **163175**
齿叶风毛菊 **348409**,348141
齿叶凤仙花 **205190**
齿叶瓜儿豆 **115321**
齿叶孩儿参 **318514**
齿叶蒿 **36277**
齿叶荷树 350921
齿叶红淡比 **96605**
齿叶红景天 **329951**
齿叶虎耳草 **349474**
齿叶花旗杆 136163
齿叶黄花柳 344118
齿叶黄皮 **94185**
齿叶黄杞 **145520**
齿叶黄钟木 **382724**
齿叶灰毛菊 **185355**
齿叶灰毛菊属 **185350**
齿叶吉莉花 **175689**
齿叶急怒棕榈 **12773**
齿叶加州鼠李 **328639**
齿叶荚蒾 **407778**
齿叶假乌桕 **376641**
齿叶箭药千里光 **5955**
齿叶金光菊 **339614**
齿叶荆芥 **264910**
齿叶景天 **356972**,294125
齿叶酒果 **34400**
齿叶卡尔珀图 77483
齿叶柯 233269
齿叶科西嘉常春藤 **187208**
齿叶筷子芥 30435
齿叶蓝花参 **412648**
齿叶烂泥树 393109
齿叶肋泽兰 **60115**
齿叶莲铁 57973
齿叶莲子草 18147
齿叶鳞花草 **225158**
齿叶流星花 **135159**
齿叶柳 **343180**,344096
齿叶六道木 167
齿叶落新妇 **41832**
齿叶猫尾木 **135332**
齿叶毛瓣斑鸠菊 **122854**
齿叶毛漆树 **332901**
齿叶毛蕊花 **405696**
齿叶矛木 318067
齿叶美登木 **246930**
齿叶美洲茶 **79924**
齿叶美洲椵 **391656**
齿叶木犀 **276290**
齿叶南芥 **30435**
齿叶南星 33509
齿叶泥花草 231496
齿叶欧石南 **150037**
齿叶枇杷 **151173**
齿叶蒲儿根 **365056**
齿叶桤木 **16440**,16445
齿叶荨麻 **402949**
齿叶茜属 **199759**
齿叶鞘柄木 **393109**
齿叶青牛胆 392253
齿叶忍冬 **236097**
齿叶柔毛紫茎 **376492**
齿叶乳香树 **57539**
齿叶赛金莲木 **70748**
齿叶赛莨菪 25443
齿叶三翅菊 **398176**
齿叶山黄菊 **25510**
齿叶山柳菊 **195966**
齿叶山杨 **311474**
齿叶蓍 **3914**
齿叶石斑木 329062
齿叶石灰花楸 369390
齿叶石苣苔 239982
齿叶石竹 **127825**
齿叶鼠麹木属 **290082**
齿叶水蜡烛 139584
齿叶水苏 **373334**
齿叶睡莲 **267698**
齿叶丝果菊 **360704**
齿叶溲疏 **126891**
齿叶桃叶石楠 295758
齿叶甜叶菊 **376417**
齿叶铁线莲 **95295**,95077
齿叶铁仔 261650
齿叶驼曲草 **119818**
齿叶橐吾 **229016**
齿叶腕带花 **77483**
齿叶维默桔梗 **414442**
齿叶蚊母树 134943
齿叶乌桕 **362176**
齿叶乌桕属 **362172**
齿叶西番莲 **285701**
齿叶西藏白珠 172175
齿叶菥蓂 **390272**
齿叶腺盾大戟 **7587**
齿叶肖念珠芥 **393137**
齿叶蟹甲木 **58225**
齿叶蟹甲木属 **58224**
齿叶星星松香草 **364261**
齿叶锈毛石斑木 **329062**
齿叶玄参 **355098**
齿叶悬子苣苔 **110564**
齿叶旋覆花 321535
齿叶旋叶菊 **276436**
齿叶癣豆 **319355**
齿叶薰衣草 **223284**
齿叶蕈树 18201
齿叶羊苣 **29786**
齿叶羊苣属 **29785**
齿叶椰属 203501
齿叶野豌豆 **408612**
齿叶蚁木 382724
齿叶玉山千里光 **359568**
齿叶中国黄花柳 **344118**
齿叶竹节树 72400
齿叶紫苞东北天南星 **33246**
齿叶紫沙参 **7731**
齿翼千里光 **359615**
齿翼橐吾 229063
齿玉凤兰 183559
齿玉蜀黍 **417423**
齿圆佛甲草 356704
齿缘报春 **314621**
齿缘柄泽兰 **101948**
齿缘柄泽兰属 **101947**
齿缘草 153518
齿缘草属 **153420**
齿缘吊钟花 **145720**
齿缘红门兰 310885
齿缘苦枥木 **167996**
齿缘苦荬菜 **210605**,210527
齿缘石山苣苔 **292538**
齿缘西藏白珠 **172175**
齿缘小红门兰 **310885**
齿缘叶类苦荬菜 283388
齿缘叶裂苦荬菜 283388
齿缘叶莴苣 210527
齿缘玉属 **269114**
齿缘紫苞天南星 33246
齿缘紫绒草 **225593**
齿缘紫绒草属 **225591**
齿缘钻地风 351802
齿褶龙胆 **173419**
齿柱肖鸢尾 **258644**
齿爪齿唇兰 **269040**
齿爪叠鞘兰 269040
齿爪翻唇兰 269040
齿状鞭打绣球 **191575**

齿状金眼菊 **409155**
齿状决明 **78266**
齿状栎 **324404**
齿状苓菊 **214170**
齿状漏芦 **329231**
齿状洛马龙眼 235405
齿状麻花头 **361126**
齿状毛枝漆 **101603**
齿状铺散虎尾草 **88340**
齿状千里光 **360033**
齿状维格菊 409155
齿状伪果藤 135711
齿状须小檗 51331
齿状薰衣草 223284
齿状岩黄芪 187853
齿状岩黄耆 187853
齿状蕴水藤 **135711**
齿子菊属 **269133**
赤桉 **155517**,155644
赤桉树 155517
赤柏木 385355
赤柏松 385355
赤包 390128
赤苞珊瑚菠萝 8572
赤苞珊瑚凤梨 **8572**
赤雹 390128,396170
赤雹属 390107
赤雹子 390128
赤宝花属 **389991**
赤壁草 123545
赤壁草属 123543
赤壁木 **123545**
赤壁木属 **123543**
赤壁藤 123545
赤壁藤属 123543
赤薜荔 308974
赤瓟 **390128**
赤瓟儿属 390107
赤瓟属 **390107**
赤膊花 8760
赤膊麦 198376
赤才 **151783**
赤才属 **151782**
赤材 151783
赤苍藤 **154958**
赤苍藤科 **154952**
赤苍藤属 **154956**
赤车 **288762**
赤车冷水花 **299000**
赤车使者 142694,142844,288762
赤车使者属 288705
赤车属 **288705**
赤车状楼梯草 **142788**
赤柽 383469
赤柽柳 383469
赤城 **163458**
赤橙鸡爪槭 **3321**
赤椆 116150,116167
赤唇石豆兰 **62536**
赤刺海胆 140883
赤刺幻乐 317688
赤丹皮 280182
赤丹参 344910,345214
赤道贝尔茜 **53061**
赤道菊 **9087**
赤道菊属 **9086**
赤道普谢茜 **313240**
赤道乳秃小檗 **52004**
赤道山榄属 **393972**
赤道西非山榄属 223734
赤地胆 162509
赤地利 162309,308965,308974
赤地榆 174567,174615,174935,345881,345894
赤点红淡 8235
赤点黄瑞木 **8235**
赤点石斛 **125339**
赤豆 **408839**,409085
赤杜榆 417563
赤椴 391760
赤萼杜鹃 330640
赤芳郎 248778
赤非红树 **306777**
赤非红树属 **306776**
赤非夹竹桃 **298492**
赤非夹竹桃多果树 **304137**
赤非夹竹桃属 **298486**
赤非山榄 **223739**
赤非山榄属 223734
赤峰苍术 **44198**
赤峰杨 311192,311386
赤凤 **163464**,163477
赤干鸡爪槭 **3328**
赤缟龙角 72467
赤葛 20335,79850
赤根菜 371713
赤根驱虫草 **371616**
赤瓜木 109933
赤鬼玉 **103769**
赤果 322465,393061
赤果鱼木 110233
赤过 171155
赤褐斑鸠菊 **406768**
赤褐豹皮花 **373969**
赤褐边唐菖蒲 **176514**
赤褐欧洲榛 **106710**
赤红莲 276098
赤花棒棰树 **279673**
赤花粗根 279673
赤花金铃 32750
赤花藤 305185
赤花团扇 **272812**
赤花虾 140230,140231
赤黄柑 **93328**
赤回 377540
赤火绳 152693
赤棘 418175
赤箭 171918
赤箭莎 **352382**
赤箭莎属 **352348**
赤箭属 171905
赤箭嵩草 **217274**
赤箭芝 171918
赤箭脂 171918
赤脚草 239594,239640,239645
赤脚马兰 215343
赤节 131531
赤槿 195149,195269
赤茎威灵仙 94814
赤茎羊耳菊 **138899**
赤胫散 **309716**,309711
赤栲 **78865**,78966
赤柯 16345,116098,116150
赤柯寄生 385211,410979,411048
赤兰 382499,382535,382548,382671
赤兰营 382671
赤黎 78932
赤藜 86901
赤李子 83238
赤丽球 **234955**
赤丽丸 234955
赤利麻 208875
赤栎 324344
赤莲属 154895
赤敛 162542
赤蔹 20408
赤粱粟 361794
赤岭球 **389214**
赤岭丸 389214
赤苓叶 345586
赤柳 383469
赤龙丸 163456
赤龙仙人球 **163483**
赤罗 323116
赤麻 **56317**,56318,56343,123332
赤麻子 402869
赤脉秋海棠 49903
赤毛杜鹃 **331689**
赤毛海胆 140883
赤毛檬果樟 **77967**
赤玫瑰 336901
赤木 54620,65060,139661
赤木草 97719
赤木通 20335
赤目草 97719
赤目狮子 107021
赤南 61672
赤楠 **382499**,250041
赤楠蒲桃 382499
赤楠属 382465
赤楠叶红豆 274389
赤爬儿 390164
赤瓟儿 390164
赤皮 116098,198698,379457
赤皮椆 116098
赤皮杜仔 233389
赤皮杠 233238
赤皮青冈 **116098**
赤坡 414193
赤泼藤 79850
赤朴 198699,242234
赤芹 105846
赤榕 165721,165844
赤色毛花兰 148684
赤色苘麻 **928**
赤沙藤 347078
赤山蚂蝗 **126588**
赤珊瑚 123141
赤芍 117637,280147,280155,280182,280204,280213,280214,280241
赤芍幌子 79732
赤芍药 280213
赤参 344910,345214
赤石扁蕾 **174236**
赤首乌 162542
赤黍 281916
赤术 44208
赤水凤仙花 **204849**
赤水红山茶 **68901**
赤水黄芩 **355408**
赤水楼梯草 **142853**
赤水秋海棠 **49715**
赤水忍冬 **236182**
赤水箬竹 **206774**
赤水鼠耳芥 270461
赤水蕈树 **18202**
赤水野海棠 **59839**
赤松 **299890**,177170
赤苏 290940
赤孙施 277747
赤檀 320301,320327
赤棠 323110
赤藤 121514
赤天箭 171918
赤头球 **244206**
赤头丸 244206
赤丸团扇 272951
赤网 114994
赤虾米 281916
赤夏 93326
赤线属 9785
赤小豆 **409085**,765,294039,408839

赤校 78865,78955,78966,79035
赤校欑 78933
赤须 213036,213066
赤须草 213066
赤血 177165
赤血树 320301
赤血仔 **177194**,177141,379457
赤血子 177100
赤牙郎 248732
赤牙木 381095
赤芽槲 243320,243371
赤芽楸 243320,243371
赤芫 122438
赤眼 337253
赤眼老母草 337253
赤眼玉 389205
赤阳玉 **233466**
赤阳子 322465
赤杨 **16386**,16345,16458,383469
赤杨属 16309
赤杨树 16362,16466
赤杨叶 **16295**
赤杨叶梨 **32988**
赤杨叶梨属 **32985**
赤杨叶栎 **323649**
赤杨叶属 **16291**
赤杨叶唐棣 19241
赤药 162516
赤药子 66853,162516
赤叶柴 154971
赤叶刺臭椿 **12589**
赤叶龙舌兰 **10931**
赤叶木 154971
赤叶山绿豆 126588
赤缨藤菊 **92519**
赤映玉 **102427**
赤玉树 31477
赤芝 233078
赤枝山葡萄 20327
赤轴椰子 120782
赤珠 399998
赤竹 **347241**,47516
赤竹属 **347191**
赤竹子 58006
赤椎 385407
赤仔尾 379457
赤昨工 392829,392847
翅阿斯草 **39830**
翅瓣黄堇 **106331**
翅瓣紫堇 106331
翅孢属 320852
翅苞蓼 **320856**
翅苞蓼属 **320855**
翅苞楼梯草 **142601**
翅鼻花 **329506**
翅柄车前 **302024**
翅柄唇柱苣苔草 **87948**
翅柄杜鹃 **330708**
翅柄鹅不食草 **146099**
翅柄合耳菊 **381921**
翅柄旌节花 373540
翅柄蓼 **309807**
翅柄马兰 320108
翅柄马蓝 **320108**
翅柄马蓝属 **320103**
翅柄泡果荠 196299
翅柄千里光 **383227**,381921
翅柄千里光属 **383226**
翅柄球菊 146099
翅柄拳参 309807
翅柄鼠尾草 **344840**
翅柄兔儿风 12669
翅柄橐吾 **228975**
翅柄尾药菊 381921
翅柄岩报春 **314324**
翅柄岩荠 **97971**,72776,416324
翅柄紫茎 **376467**
翅博龙香木 **57258**
翅草胡椒 **290289**
翅齿豆属 320544
翅翅球 140872
翅春藤 **320480**
翅春藤属 **320479**
翅雌豆 **320575**
翅雌豆属 **320574**
翅刺峨眉蔷薇 336828
翅德卡寄生 **123378**
翅灯心草 212816
翅豆 319114
翅豆藤属 370411
翅对折紫金牛 **218710**
翅多坦草 **136422**
翅多籽橘 **304334**
翅萼过路黄 **239799**
翅萼吉灌玄参 **175555**
翅萼节节菜 **337381**
翅萼龙胆 **173192**
翅萼木 120488
翅萼木科 120490
翅萼木属 120485
翅萼杞莓 **316999**
翅萼石斛 **125037**
翅萼使君子属 **68425**
翅萼树 **120488**
翅萼树科 **120490**
翅萼树欧石南 **149326**
翅萼树属 **120485**
翅萼肖蝴蝶草 **110662**
翅萼指甲草属 320155
翅萼猪屎豆 **112579**
翅耳崖椒 417330
翅风毛菊 348116
翅福王草 **313785**
翅盖彩花 **2276**
翅藁本 **229291**
翅梗艾麻 **221531**
翅梗盒果藤 **67754**
翅梗九节 **319398**
翅梗山梗菜 **234706**
翅梗石斛 **125396**
翅梗素馨 **211969**
翅梗泰树 **385575**
翅梗崖爬藤 387743
翅弓兰 **120613**
翅狗根草 **118144**
翅谷精草 **151555**
翅冠黄堇 106052
翅冠兰 **320860**
翅冠兰属 **320858**
翅光花龙胆 **232675**
翅龟花龙胆 **86776**
翅果澳藜属 **46016**
翅果霸王 418740
翅果杯冠藤 **117356**
翅果藏蕊花 **167192**
翅果草 **334555**
翅果草属 **334540**
翅果侧花姜 **304589**
翅果柴胡 **63559**
翅果长柱琉璃草 **231253**
翅果刺桐 **154726**
翅果大戟 **159667**
翅果耳草 **187649**
翅果非洲蔻木 **374376**
翅果谷木 **250049**
翅果槐 **369070**,402144
翅果加涅豆 **169540**
翅果假吐金菊 **368534**
翅果椒属 320065
翅果菊 **320515**
翅果菊属 **320508**
翅果可利果 **96820**
翅果苦瓜 **256863**
翅果苦参 369070
翅果连翘属 209
翅果蓼 **283708**
翅果蓼属 **283707**
翅果裂柱远志 **320631**
翅果羚角芥 **145175**
翅果麻 **218444**
翅果麻属 **218443**
翅果没药 **101510**
翅果茉莉属 **357770**
翅果木兰 **242261**
翅果南杞莓 **389394**
翅果南星 **222028**
翅果南星属 **222020**
翅果蓬 **54208**
翅果蓬属 **54206**
翅果片椴 **89211**
翅果片椴属 **89210**
翅果苹婆 320987,376070
翅果匍匐黑药菊 **294856**
翅果荠属 21804
翅果茜 **263871**
翅果茜属 **263870**
翅果沙芥 321488
翅果山芫荽 **107808**
翅果珊瑚属 357353
翅果商陆 **357354**
翅果商陆属 **357353**
翅果施氏婆婆纳 **352794**
翅果属 222020
翅果双雄苏木 **20661**
翅果斯托木 374376
翅果菘蓝属 **345711**
翅果粟麦草 **230151**
翅果唐松草 388428
翅果藤 **261388**,204642
翅果藤属 **261387**
翅果天芥菜 **190712**
翅果田基黄 **180185**
翅果田基黄属 **180184**
翅果卫矛 **157894**
翅果烟堇 **134128**
翅果烟堇属 **134126**
翅果野牡丹 **320551**
翅果野牡丹属 **320550**
翅果油树 **142082**
翅果紫草 **320079**
翅果紫草属 **320078**
翅果紫金牛 **681**
翅果紫金牛属 **680**
翅果棕 **347439**
翅果棕属 **347438**
翅盒果藤 67754
翅盒柱兰 **389104**
翅鹤虱 221695,225093
翅鹤虱属 **225088**
翅胡麻 **361296**
翅黄茄 **367316**
翅黄钟花 **385464**
翅吉灌玄参 **175551**
翅加永茜 **320548**
翅加永茜属 **320547**
翅荚百脉根 **237771**
翅荚决明 **360409**
翅荚木 **417574**
翅荚木属 **417573**
翅荚豌豆 **387241**,237771
翅荚豌豆属 **387239**
翅荚香槐 **94030**
翅假舌唇兰 **302563**
翅假丝苇 **318220**
翅假仙人棒 318220
翅碱蓬 379598
翅角蕊莓 **83629**

翅角油芦子 **97354**
翅金合欢 **1669**
翅金雀花 **179458**
翅金雀花属 **179456**
翅茎白粉藤 **92747**
翅茎半边莲 **234527**
翅茎半蒴苣苔 **191392**
翅茎草 **287458**,320917,320918
翅茎草属 **320914**
翅茎赤车 **288716**
翅茎灯心草 **212816**
翅茎吊兰 **88545**
翅茎吊石苣苔 **239982**
翅茎耳冠草海桐 **122094**
翅茎风毛菊 **348192**,348113
翅茎蜂斗草 **368870**
翅茎格雷野牡丹 **180419**
翅茎尖子木 **278610**
翅茎绞股蓝 **183003**
翅茎菊属 320389
翅茎冷水花 **299058**
翅茎马兜铃 **34137**
翅茎没药 **101301**
翅茎囊萼花 **120514**
翅茎茜草 **338020**
翅茎髯药草 **365012**
翅茎矢车菊 **81296**
翅茎苔草 **75920**
翅茎五味子 351054
翅茎西番莲 **285611**
翅茎香青 21682
翅茎小金雀 173051
翅茎玄参 **355261**
翅茎异荣耀木 **134697**
翅茎异形木 **16016**,278610
翅距兰 **303945**
翅凯氏兰 **215791**
翅块蚁茜 **261483**
翅蓝星花 **33612**
翅老鸦嘴 **390881**
翅肋芹属 320975
翅棱楼梯草 **142603**
翅棱芹 **320976**
翅棱芹属 **320975**
翅离瓣寄生 **190859**
翅礼裙莓 **357990**
翅蓼属 320794
翅鳞刺头菊 **108380**
翅鳞莎 **108215**
翅鳞莎属 **108213**
翅鳞须芒草 **22923**
翅柃 **160419**
翅龙脑香 **133553**
翅驴菊木 **271713**
翅罗汉松 **306398**
翅马岛西番莲 **123618**
翅脉水芹 **269294**
翅没药 **101300**
翅梅农芥 **250273**
翅膜菊 **14596**
翅膜菊属 **14593**
翅墨西哥桑 136422
翅南杞莓 **389390**
翅囊苔草 75252
翅拟蜘蛛兰 **254194**
翅纽氏马钱 **265656**
翅欧香叶芹 **252661**
翅盘麻属 **320525**
翅苹婆 **320987**
翅苹婆属 **320985**
翅琼楠 **50468**
翅球 140872
翅染料木 **173051**
翅柔冠菊 **236384**
翅蕊芥 **320984**
翅蕊芥属 **320982**
翅舌兰属 **13418**
翅蛇床 **320806**
翅蛇床属 **320802**
翅蛇藤属 **320401**
翅实藤 **341227**
翅实藤属 **341223**
翅双齿千屈菜 **133366**
翅双唇婆婆纳 **101918**
翅双钝角芥 **128348**
翅水蜈蚣 **218460**
翅四尖蔷薇 **387143**
翅苔草 **73621**
翅田菁 **361443**
翅莛菊 **179728**
翅莛菊属 **179727**
翅托榕 **165447**
翅托叶野百合 111874
翅托叶猪屎豆 **111874**
翅威瑟茄 **414613**
翅卫矛 157793
翅梧桐 **320504**
翅梧桐属 **320503**
翅五层龙 **342584**
翅显龙胆 **313929**
翅小鳞独行菜 **253520**
翅形沙拐枣 **66994**
翅修泽兰 **17468**
翅须距桔梗 **81869**
翅序火筒树 **223931**
翅雅龙胆 **208958**
翅盐蓬属 185057
翅野木瓜 **374396**
翅叶埃克楝 **141874**
翅叶菲奇莎 **164570**
翅叶分蕊草 **88940**
翅叶风兰 **25012**
翅叶槐 360409
翅叶罗伞 **59199**
翅叶木 **285917**
翅叶木属 **285916**
翅叶牛奶菜 **245816**
翅叶塞拉玄参 **357640**
翅叶掌叶树 59199
翅由花苣苔 **24205**
翅玉凤花 **183407**
翅玉蕊科 **48524**
翅枝大戟 **159666**
翅枝谷木 **250050**
翅枝黄榆 401556
翅枝马蓝 **320106**
翅枝醉鱼草 **61967**
翅舟叶花 **340555**
翅柱杜鹃兰 **110506**
翅柱兰 **320877**
翅柱兰属 **320871**
翅籽草海桐属 **405294**
翅籽长柄芥 **241250**
翅籽繁缕 **375066**
翅籽芥 **320921**
翅籽芥属 **320920**
翅籽库塔茜 108468
翅籽南美茜 **108468**
翅籽荠属 **170170**
翅籽卫矛属 **200699**
翅籽月见草属 **90690**
翅子瓜 **417081**
翅子瓜科 **417088**
翅子瓜属 **417077**
翅子罗汉果 **365333**
翅子木 320828
翅子南美刺莲花 **55855**
翅子苹婆 376070
翅子树 **320828**,320840,320843
翅子树属 **320827**
翅子藤 **235224**
翅子藤科 **196616**
翅子藤属 **235202**
翅子桐属 320985
翅子掌属 **320258**
翅足斑鸠菊 **406725**
翅足德罗豆 **138109**
翅足兰 **320448**
翅足兰属 **320446**
翅足翼茎菊 **172413**
翅足远志 **308285**
翅足猪屎豆 **112580**
充半夏 401156
充满日中花 **220645**
冲菜 59438
冲倒山 94899
冲诺杜鹃 332018
冲绳草胡椒 **290397**
冲绳冬青 **204071**
冲绳海芋 **16489**
冲绳虎刺 **122078**
冲绳花椒 **417335**
冲绳马齿苋 **311889**
冲绳木犀 **276338**
冲绳山茶 **69370**
冲绳山姜 **17641**
冲绳石斛 125291
冲绳柿 **132139**
冲绳兔儿风 **12678**
冲绳细辛 **37698**
冲绳虾脊兰 **65865**
冲绳野海棠 **59863**
冲绳紫珠 **66884**
冲松贝 168605
冲天白 138888
冲天柏 114680
冲天草 352278,352289
冲天阁 159140
冲天果 254725
冲天泡 277747,388303
冲天七 335760
冲天柱 **83862**
冲天子 9852,66643,254725,254796
茺蔚 224989,225009
虫草 383009
虫蝉 308613,308616
虫虫草 406992,407430
重瓣矮石榴 **321770**
重瓣白背叶欧石南 **149712**
重瓣白扁桃 **316403**
重瓣白海棠 243704
重瓣白花杜鹃 **331286**
重瓣白花石榴 321769
重瓣白麦李 **316425**
重瓣白玫瑰 **336905**
重瓣白梅 **316565**
重瓣白木香 **336367**
重瓣白屈菜 **86756**
重瓣白石榴 **321769**
重瓣白桃 **316641**
重瓣白甜杏 316403
重瓣半边莲 **234366**
重瓣变异牻牛儿苗 **153713**
重瓣滨麦瓶草 **364148**
重瓣草甸碎米荠 **72935**
重瓣长毛银莲花 **23775**
重瓣橙红石榴 **321766**
重瓣齿叶溲疏 **126894**
重瓣稠李 **316614**
重瓣臭六月雪 **360927**
重瓣臭茉莉 **96009**
重瓣垂丝海棠 **243624**
重瓣酢浆草 **277751**
重瓣大花延龄草 **397571**
重瓣大吴风草 **162622**
重瓣大岩桐 364754
重瓣棣棠 216088

重瓣棣棠花　**216088**
重瓣丁香水仙　**262411**
重瓣东北堇菜　**410215**
重瓣短柄山茶　**69213**
重瓣短果杜鹃　**330242**
重瓣多花紫藤　**414558**
重瓣额敏贝母　168469
重瓣法国蔷薇　**336588**
重瓣法国水仙　**262458**
重瓣粉海棠　243707
重瓣粉莲　**263275**
重瓣弗吉尼亚蔷薇　**336308**
重瓣芙蓉　**195091**
重瓣高加索南芥　**30215**
重瓣高毛茛　**325519**
重瓣狗牙花　**382774**,154162,154163
重瓣冠状山辣椒　**382765**
重瓣光叶蔷薇　**337017**
重瓣广东蔷薇　**336670**
重瓣河原单花岩扇　**362274**
重瓣黑刺李　**316820**
重瓣红海棠　243707
重瓣红石榴　321776
重瓣花荆豆　401389
重瓣花栀花　171308
重瓣黄刺玫　337029
重瓣黄金鸡菊　**104506**
重瓣黄木香　**336368**
重瓣黄水仙　**262442**
重瓣黄栀花　**171263**,171253
重瓣蕺菜　**198747**
重瓣加拿大紫荆　**83767**
重瓣加州蔷薇　**336414**
重瓣夹竹桃　**265335**
重瓣尖尾樱桃　**316247**
重瓣金光菊　**339575**,339581
重瓣金莲花　399494
重瓣金樱子　**336674**
重瓣近畿樱　**83232**
重瓣荆豆　**401389**
重瓣卷丹　**230061**
重瓣颗粒虎耳草　**349420**
重瓣空心泡　**339195**
重瓣苦莓　**338824**
重瓣宽钟风铃草　**70332**
重瓣李叶绣线菊　**372051**
重瓣丽毛茛　**325731**
重瓣铃兰　**102868**
重瓣龙胆属　**139036**
重瓣路边青　**175382**
重瓣麻球　371874
重瓣麻叶绣球　371874
重瓣麻叶绣线菊　**371874**,371871
重瓣马凯石南　149712
重瓣曼陀罗　123065
重瓣毛茛　**325983**
重瓣玫瑰扁桃　**316405**
重瓣玫瑰甜杏　316405
重瓣美莓　**339286**
重瓣茉莉花　**211991**
重瓣木芙蓉　**195042**
重瓣牧野杜鹃　**331190**
重瓣牛皮杜鹃　**330185**
重瓣努特卡蔷薇　**336811**
重瓣女娄菜剪秋罗　**363758**
重瓣欧丁香　**382371**
重瓣欧石南　**149918**
重瓣欧亚旋覆花　**207052**
重瓣欧洲慈姑　**342401**
重瓣欧洲山芥　**47967**
重瓣欧洲山梅花　**294429**
重瓣欧洲甜樱桃　316247
重瓣欧洲蚊子草　**166133**
重瓣苹果蔷薇　**336861**
重瓣匍枝毛茛　**326290**
重瓣茜堇菜　**410408**
重瓣蔷薇　339195
重瓣秋水仙　**99305**
重瓣日本当药　**380237**
重瓣日本六道木　**179**
重瓣日本路边青　**175419**
重瓣日本蛇根草　**272222**
重瓣日本委陵菜　**313015**
重瓣日中花　**220644**
重瓣柔毛打碗花　**68706**
重瓣三裂悬钩子　**339395**
重瓣缫丝花　**336891**
重瓣山老鹳草　**174903**
重瓣山莓　**338284**
重瓣山杏　**34472**
重瓣山踯躅　**330971**
重瓣胜氏仿杜鹃　**250517**
重瓣什锦丁香　**382136**
重瓣石榴　**321776**
重瓣水仙　**262469**
重瓣水杨梅　175382
重瓣溲疏　**127074**
重瓣随氏路边青　**363064**
重瓣天香百合　**229731**
重瓣铁色箭　**239273**
重瓣铁线莲　**94914**
重瓣通氏老鹳草　174968
重瓣托里贝母　168591
重瓣倭毛茛　**325824**
重瓣乌头叶毛茛　**325517**
重瓣五味子　**351077**
重瓣西洋接骨木　**345641**
重瓣香雪山梅花　**294492**
重瓣向日葵　188908
重瓣小果蔷薇　**336510**
重瓣小花悬钩子　**338971**
重瓣小萱草　**191275**
重瓣小叶雪球荚蒾　**408044**
重瓣新疆贝母　168624
重瓣绣球　**199912**
重瓣须川氏山金车　**34782**
重瓣萱草　**191291**
重瓣悬铃花　243951
重瓣旋覆花　207052
重瓣旋果蚊子草　**166127**
重瓣雪白山梅花　**294588**
重瓣雪花莲　**169720**
重瓣血根草　**345808**
重瓣血红茶藨子　**334195**
重瓣洋金花　**123066**
重瓣洋石竹　**400357**
重瓣野山楂　**109652**
重瓣一点红　**144890**
重瓣伊犁贝母　168506
重瓣衣阿华海棠　**243637**
重瓣异味蔷薇　**336568**
重瓣鹰爪豆　**370203**
重瓣榆叶梅　**316884**
重瓣玉簪　**198642**
重瓣圆锥丝石竹　**183227**,183228
重瓣月季石榴　**321775**
重瓣栀子　171330
重瓣栀子花　171330
重瓣中日老鹳草　**174968**
重瓣朱槿　**195180**,195149,243929
重瓣紫草地老鹳草　**174835**
重瓣紫草原老鹳草　174835
重瓣紫玫瑰　**336730**
重瓣自由钟　**130384**
重瓣总苞绣球　**199916**
重波茴芹　**299364**
重齿当归　**24306**
重齿风毛菊　**348425**
重齿胡卢巴　**397226**
重齿卵果蔷薇　**336621**
重齿猫尾草　382054
重齿毛当归　24306
重齿毛茛　**326229**
重齿美洲玄参　**382054**
重齿南水青冈　266874
重齿泡花树　**249378**
重齿槭　**2942**,3137
重齿蔷薇　**336535**
重齿秋海棠　**49954**
重齿沙参　7674
重齿陕西蔷薇　**336608**
重齿碎米荠　**72882**
重齿桃叶石楠　295758
重齿铁线子　244530
重齿委陵菜　**312998**
重齿小赤麻　56195
重齿小叶碎米荠　**72898**
重齿玄参　**355100**
重齿叶山楂　109636
重唇石斛　**125183**
重叠花凤梨　**391995**
重叠铁兰　391995
重耳风　175203
重冠紫菀　**40315**
重寄生　**293192**
重寄生属　**293187**
重桨杜鹃　330094
重锯齿角瓦拉木　212530
重楼　284319,284325,284347,284358,284367,284382,284402,284412,308529,308572,308641,308893
重楼草　284358
重楼金线　284358,284367
重楼科　397533
重楼排草　88282,239770
重楼属　**284289**
重楼一枝箭　284367,284382
重螺状卷瓣兰　**62644**
重迈　229872
重毛禾　**395837**
重毛禾属　**395835**
重皮　198698,198699,242234
重皮冲　8013
重庆苣　283693
重庆山茶　**68993**
重三出黄堇　**106553**
重三出毛茛　**326480**
重扇　67150
重扇属　393987
重生凤卵草　**296896**
重穗排草　**239558**
重穗珍珠菜　239558
重塔芦荟　**17175**
重台　159172,284358,284367,284382,355201
重台草　170743,284367
重套杜鹃　**330590**
重头马先蒿　**287165**
重香木属　**48472**
重香属　48472
重箱　229872
重燕麦　**45546**
重阳草　11199
重阳柳　26624
重阳木　**54620**,54623
重阳木科　**54632**
重阳木属　**54618**
重药　198745
重叶莲　66718
重叶梅　34448
重羽菊　**132862**
重羽菊属　**132860**
重羽紫菀　**40138**
重圆齿香薷　**143980**
重泽　159172

虫刺爵床属 **193041**
虫豆 **65147**,65153,65156
虫豆草 206582
虫豆柴 206582
虫豆属 **44824**,65143
虫梗扁担杆 **180890**
虫梗龙船花 **211134**
虫冠鹅绒藤 **117621**
虫果金虎尾属 **5893**
虫寄生 238318
虫见死草 62134
虫胶巴豆 **112926**
虫胶油桐 **14543**
虫茎蛇舌草 **269913**
虫茎远志 **308217**
虫蜡树 229601
虫兰 **146029**
虫兰属 **146028**
虫莲 287072,345845
虫蒌 284378
虫鸟花 331839
虫蕊大戟属 **113068**
虫实 104786
虫实附地菜 **397402**
虫实属 **104750**
虫屎 243395,248500
虫屎属 248497
虫屎野桐 **243395**
虫穗假稻 **223991**
虫笋 297367,297373
虫头鳞花草 **225196**
虫蚊菜 85107
虫狭花柱 **375522**
虫牙药 209844
虫药 369241
虫叶多鳞菊 **66360**
虫蚁菜 85107
虫蚁麻 85107
虫蚁麻属 85106
虫瘿橡 323769
虫泽兰属 **395685**
虫状芳香木 **38864**
虫状红砂柳 **327232**
虫状碱蓬 **379619**
虫状仙人笔 **216715**
虫籽菊 **104424**
虫籽菊属 **104423**
虫子菊属 104423
崇安鼠尾草 **344967**
崇明穗花香科科 **388120**
崇阳眼子菜 **312071**
宠儿柿 **132226**
铳子藤 52418
抽刀红 407769
抽葫芦 219843,219848
抽花 211990
抽筋草 114060,260922,375136,
398273
抽筋藤 58966
抽茎还阳参 **111030**
抽茎拳参 309839
抽麻苔 77777
抽脓拔 409898
抽脓草 409911
抽皮簕 392559
抽葶赪桐 96370
抽葶大青 **96370**
抽葶党参 **98414**
抽葶藁本 **229383**
抽葶还阳参 110920
抽葶野荞麦 162333
抽葶锥花 **179202**
抽筒竹 **172750**
抽须红 96147
抽芽紫珠 **66901**
抽展茶竿竹 318339
抽展茶秆竹 **318339**
仇人不见面 46863,208445
绸春花 336485,336488
绸缎根 32638
绸缎木 **16252**,49135,49187
绸缎木属 **16251**
绸缎木叶 32602
绸缎藤 **49135**,32602
绸缎叶 32602
绸叶菊属 **219795**
菗 187806
菗蒢 187806
椆 116100,233228
椆钩栎 233148
椆寄生 236646
椆柯 233343
椆壳栎 233246
椆栎柿寄生 410979
椆栗 78955
椆木 233246
椆琼楠 **50601**
椆属 116044,233099
椆树 116100,233228,379457
椆树寄生 125667
椆树桑寄生 **236646**
椆叶桑寄生 236646
畴芬钻地风 351782
稠梨子 280007
稠李 **280003**,280007
稠李属 **279998**
稠李叶涩果 34869
稠李叶越橘 **403951**
稠毛草 **385115**
稠毛草属 **385114**
稠密白云杉 **298289**
稠密斑鸠菊 **406252**
稠密垂枝柏 **341757**
稠密粉花溲疏 **127067**
稠密花毛兰 **148667**
稠密花省藤 **65668**
稠密可利果 **96697**
稠密欧洲荚蒾 407991
稠子 116139
稠子花 127852
丑短梗景天 **8453**
丑角兰属 **369178**
丑柳 **343524**
丑牛子 208016
丑莱子 161373
丑藤 **20181**
丑藤属 **20178**
臭阿魏 **163731**,163618,163711
臭艾 35674,103446,224989,
285859,341064
臭艾花 224989
臭八宝 95978
臭八角 351056
臭八脉木 313705
臭巴洛草 47013
臭白花菜 **95687**
臭柏 **213774**,213902
臭鼻孔 198745
臭滨芥 105340
臭滨藜 **44644**
臭博耶尔鸡矢藤 **280069**
臭菜 65039,154019,182915,
198745,287978
臭菜藤 1308,1381
臭草 **249085**,5793,11199,
56382,56392,64990,77146,
95978,96999,105639,117162,
117185,139678,143962,
147084,198745,203066,
221238,225009,259284,
268523,287978,290968,
318947,341064,345310,
345586,373324,404269,404316
臭草科 **249114**
臭草属 **248949**,318945
臭草皱稃草 **141764**
臭草子 64990
臭茶 313692
臭茶藨 **334006**
臭柴 72256
臭菖 5793,5821
臭菖蒲 5793
臭长冠田基黄 **266097**
臭常山 **274277**,66833,313692
臭常山属 **274276**
臭橙 93414,93579
臭匙羹藤 182366
臭冲柴 96028
臭虫草 **16222**,56382,390213
臭虫草属 **104863**
臭垂桉草 **399334**,399212
臭春黄菊 **26768**
臭椿 **12559**,12564
臭椿科 **12557**
臭椿皮 12559,301291
臭椿属 **12558**
臭椿叶核桃 212626
臭椿叶胡桃 212626
臭刺 143694
臭刺芹 154316
臭枞 427
臭翠雀花 **124218**
臭大青 **96078**,209232
臭党 98403
臭党参 **98316**,98373
臭灯桐 95978
臭点菜 34406
臭豆腐干 313673
臭豆角 182915
臭豆蔻 **19850**
臭毒瓜 **215707**
臭独活 192312
臭多坦草 **136496**
臭儿参 308659
臭耳子 280003
臭饭团 214959
臭饭团藤 214959
臭榧 385407
臭风子 191666
臭枫 95978
臭枫草 95978
臭枫根 95978,96078
臭芙蓉 95978,96398,341064,
383090
臭甘草 **177892**
臭甘菊 26768
臭橄榄芹 **142501**
臭葛缕子 **77806**
臭根 96028,276455
臭根草 345586
臭根葱莲属 400050
臭根花 221238
臭根菊 **79804**
臭根菊属 **79803**
臭根皮 129629
臭根属 276450
臭根子 285859
臭根子草 **57548**
臭根子草属 57545
臭狗粪 182915
臭狗肝菜 **129257**
臭狗藤 280097
臭狗药 404285
臭古朵 287978
臭骨草 167299
臭骨头 129629
臭骨籽菊 **276579**
臭瓜 114278

臭瓜旦　34154
臭瓜蛋　34154
臭瓜篓　34154
臭罐罐　34154,34162
臭蒿　**35598**,35119,35132,35282,35733,36232,137613,139678,269309
臭蒿子　36286,209822
臭哄哄　129629
臭红豆　**21445**
臭红豆属　**21442**
臭红豆叶腺荚果　**7382**
臭红柳　261250,261262,261284
臭后毛锦葵　**267194**
臭厚壳桂　**113476**
臭狐树　313692
臭胡桃树　212621
臭葫芦　34154
臭花菜　182915
臭花根　221238
臭花椒　54196,80260,417161,417340
臭化杆　204053
臭桦　53336,53389,53400,53572,53635
臭槐　240128,240129,291082
臭黄根　96180
臭黄蒿　35132
臭黄金　345586
臭黄堇　**105907**
臭黄荆　**313673**,260483,313692,313717,380486
臭黄荆属　313593
臭黄皮　94191
臭黄藤　172832
臭灰菜　139693
臭桧　213774
臭秽　224989
臭秽草　147084
臭鸡矢藤　**280078**
臭鸡屎藤　280097
臭积草　198745
臭基特茜　**215764**
臭棘豆　**278780**
臭蕺　198745
臭加皮　291082
臭荚蒾　**407844**
臭假柴龙树　266805
臭假耳草　262966
臭假莸　**317509**
臭椒　417340
臭脚把子草　141374
臭脚跟　285834
臭脚桠　141374
臭节草　56382,318947
臭节草属　56380,318945
臭芥　154019
臭金凤　221238
臭金灌菊　**90502**
臭金果椰　**139389**
臭金合欢　**1541**
臭茎子　280106
臭荆芥　143974,144096
臭菊花　383090,383103
臭橘　310850
臭橘属　397876
臭梼　78970
臭空仔　166880
臭苦瓜　**256822**
臭苦蓢　96140
臭苦菌　96140
臭宽萼苏　**47017**
臭拉秧子　34162
臭腊菜　182915
臭腊梅　87525
臭蜡菊　**189351**
臭蜡梅　87521
臭蜡树　161336
臭辣树　161330,161336,161356
臭辣吴萸　161330
臭辣吴茱萸　**161330**
臭辣子　161373,298516
臭辣子树　161373
臭兰香　137613
臭勒珀蒺藜　**335666**
臭肋瓣花　**13787**
臭棱子芹　**304793**
臭冷风　221238
臭冷杉　**427**
臭藜　**87200**
臭藜藿　139678
臭李子　280003,280007,328680,328713,328816,328882
臭联胆　313692
臭楝　**139670**
臭楝属　139637
臭凉喉茶　187525
臭粱子　313692
臭列当　**275059**
臭裂口花　**379910**
臭裂籽茜　**103867**
臭灵丹　198745,219996,220032
臭灵丹属　219990
臭铃铛　34154,34162
臭六月雪　**360926**
臭娄　300504
臭垆草　11199
臭绿钟参　98289
臭罗勒　**268526**
臭萝卜　154019
臭麻木　94191
臭马比木　266805
臭毛里塔尼亚大戟　**159322**
臭毛漆树　393479,393488
臭冒草　167299
臭苗　274277
臭魔芋　**20057**,20125
臭茉莉　**96010**,96009,96011,96180,96273,96449
臭牡丹　**95978**,96009,96011,96078,96180,96449,198745,221238,287978
臭牡丹根　280155,280213
臭牡丹属　95934
臭牡丹树　96398
臭牡丹藤　96387
臭木　235578,274399
臭苜蓿　249212,249232
臭娘子　313692,313702,313740
臭娘子属　313593
臭尿姜　114884
臭尿楠　240604
臭尿青　96028
臭柠檬　190651
臭牛角草　**273196**
臭泡泡果　**38327**
臭泡子　161373
臭蓬　**135050**
臭蓬属　**135049**
臭鹏木　367146
臭皮　301279,301291,301292
臭皮橘　93677
臭皮树　94191
臭皮藤　280070,280106
臭枇杷　330452,367146
臭平桐　94068
臭苹婆　376110
臭婆根　96028
臭婆娘　54196
臭蒲　5793
臭漆　**332481**,260164
臭杞　310850
臭荠　**105340**
臭荠车前　**301910**
臭荠独行菜　**225335**
臭荠藜　**86995**
臭荠苓菊　**214066**
臭荠属　**105338**
臭荠薰衣草　**223277**
臭荠叶山梗菜　**234388**
臭荠叶旋覆菊　**207273**
臭茜　**321909**
臭茜欧瑞香　**391018**
臭茜属　**321901**
臭羌　24389
臭蔷薇　336563
臭荞麦　198745
臭青蒿　35132
臭青仔　361430
臭全能花　**280887**
臭榕子　301413
臭润肺草　**58869**
臭桑　**283757**
臭桑属　**283756**
臭沙藤　103862
臭沙子　56382
臭山胡椒　233882
臭山橘　177170
臭山羊　274277
臭山羊属　274276
臭杉　82507
臭参　98286,98413
臭矢菜　34406
臭矢菜属　**307132**
臭矢茉莉　96009,96140
臭屎瓜　256804
臭屎花　221238,367146
臭屎姜　114875
臭屎茉莉　96009
臭屎楠　6762,240625,240726
臭树　95978,220032,313717
臭树柳　320377
臭水牛角　**72483**
臭水仙　**262440**
臭松　427,158456
臭菘　**381073**
臭菘属　**381070**
臭苏　7853,147084,259292,268438,290940
臭苏麻　144099
臭苏铁　115852
臭苏头　147084
臭酸藤子　**144737**
臭檀　161323
臭檀吴萸　161323
臭檀吴茱萸　**161323**
臭唐松草　388510
臭藤　280097
臭藤子　97934,280097
臭嚏根草　190936
臭条子　380474
臭铁筷子　190936
臭铁榄　**362940**
臭桐　96398
臭桐柴　96398,274399
臭桐子树　161330
臭头苦苣　416437
臭威灵　348197
臭味红豆　21445
臭味还阳参　**110808**
臭味假柴龙树　**266805**
臭味牻牛儿苗　**153799**
臭味木属　103782
臭味铁筷子　**190936**
臭味万代兰　**404641**
臭味万带兰　404641
臭味新耳草　**262966**
臭莴苣　219609

臭乌桂　91397
臭吴茱萸　161330
臭芜荑　401556
臭梧　96398
臭梧桐　79257,95978,96009,96200,96398,212127,311389
臭五加　291082
臭五异茜　**289586**
臭苋　139678
臭腺菊　**276240**
臭腺菊属　**276238**
臭香椿　1381
臭香麻　143974
臭香茹　144002
臭香薷　144086
臭香芸木　**10623**
臭新紫玉盘　**264797**
臭腥草　198745
臭腥公　96028
臭腥藤　280097
臭杏　139678
臭烟　367146
臭延龄草　**397564**
臭沿藤　96140
臭药　274277,404285,408056
臭野芝麻　306990
臭叶草　313718
臭叶树　96028
臭叶万带兰　404641
臭叶子　220032,407833
臭银齿树　**227284**
臭樱　**241502**
臭樱属　**241498**
臭尤利菊　**160882**
臭油果　231324,231448
臭油果树　233882
臭油戟　142501
臭油林　161356
臭油桐　212127
臭柚　93579
臭莸　**78007**
臭鱼木　313692
臭鱼木属　313593
臭越橘　**403828**
臭藏红花属　111455
臭蚤草　**321570**
臭蚤草属　321509
臭樟　91287,91330,91378,91392,91397,91449,240723
臭樟木　91449,243372,243399
臭樟树　204001,240628
臭樟子　233882
臭枳柴　231355
臭质草　198745
臭钟花　**374041**
臭朱桐　96009
臭株巢　198745
臭猪巢　198745
臭子　91482
出浆藤　245826
出莙莛儿　53249
出奶木　241519
出蕊汉史草　185247
出蕊木姜子　**233894**
出蕊四轮香　**185247**
出蕊狭管石蒜　**375609**
出蕊狭管蒜　375609
出莎　119503
出山彪　331257
出山虎　174366,177141,417282
出水水菜花　**277389**
出隧　418095
出现山茶　**69164**
出芽草　125235
出云山秋海棠　**49719**
初岛齿唇兰　**269025**
初岛大戟　**159844**
初岛阔蕊兰　**291229**
初岛柳　**342929**
初岛沙参　**7660**
初岛氏宿柱苔　**76025**
初岛氏苔草　**76602**
初岛氏柱苔　76025
初岛溲疏　**126967**
初岛细辛　**37632**
初岛悬钩子　**338500**
初岛早熟禾　**305858**
初岛苎麻　**56166**
初粉强萼小檗　**52299**
初姬球　**167698**
初姬球属　**167689**
初姬丸　167698
初鲛　**175527**
初梦丸　244214
初泡石蒜　**315501**
初泡石蒜属　**315497**
初霜　180269
初雁　244268
初阳金鸡菊　**104504**
初音　**102423**
初鹰　359712
初阵球　**140581**
初阵丸　140581
樗　12559
樗属　12558
樗树　12559
樗树科　364387
樗树属　12558
樗叶胡桃　212626
樗叶花椒　417139
刍雷草　390553
刍雷草属　390551
除虫菊　**322660**,104531,322649,322658,322665
除虫菊属　322640
除虫菊叶李氏芹　228714
除虫菊叶利希草　**228714**
除毒草　365296
除风草　138482
除骨风　166693
除辛　172779
除油子　161373
除州鹤虱　77156
厨师帽考来木　**105392**
滁菊　124785
滁州夏枯草　316127
蒢　187806
锄花　195269
锄叶菊属　326946
蒭雷草　**390553**
蒭雷草属　**390551**
雏百合属　68789
雏鸠　**102692**,102554
雏菊　**50825**,381035
雏菊花榆叶黑莓　339420
雏菊花榆叶悬钩子　**339420**
雏菊属　**50808**
雏菊叶报春　314165
雏菊叶补血草　**230543**
雏菊叶光籽芥　**224210**
雏菊叶龙胆　173831
雏菊状寒菀　**80368**
雏菊状蜡菊　189188
雏兰属　19498,273317
雏鹭球　**287902**
雏茅　361850
雏鸟　102692
雏田苔草　**74851**
杵桦　53379
杵榆　53379
杵榆桦　53379
储油子　161373
楮　61103,61107
楮李　328680
楮桑　61107
楮属　61096
楮树　61101,61103,61107
楮桃　61107
楮桃树　61107
楮头红　346950
楚　411374
楚蘅　37622,307324
楚葵　105846,269326
楚塞德无刺美国皂荚　**176915**
楚氏库竹属　90629
楚氏竹臂形草　**58071**
楚氏竹属　**90629**
楚菘　326616
楚雄安息香　**379400**
楚雄蝶兰　**293590**,293648
楚雄附地菜　**397394**
楚雄金丝桃　**201884**
楚雄景天　**356622**
楚雄野扁豆　138979
楚雄野茉莉　379400
楚伊犁西风芹　**361589**
楚子　226698
处姑　110502
处女报春　315098
处女睡莲　**267638**
处女折叶兰　**366794**
触角吊灯花　**84183**
触角南非萝藦　**323507**
触角玉凤花　**184121**
触毛猪笼草　**264854**
触丝薯蓣　131872
触须阔蕊兰　**291274**
触须兰　291216
触须兰属　**261772**
触须兰炸果鼠李　**190226**
触须兰状多穗兰　**310521**
触须玉凤花　291274
啜脓膏　179488,313483
啜脓兰　229
川八角　204513
川八角莲　**139628**,139610,139623
川白苞芹　**266976**
川白桦　53572
川白牛膝　291161
川白前　117443
川白芍　280213
川白薇　117523
川白药　280213
川白芷　24326
川百合　**229829**
川北脆蒴报春　**314470**
川北杜鹃　**330878**
川北钩距黄堇　**106306**
川北虎耳草　349063
川北黄鹌菜　416465
川北苣叶报春　314470
川北鹿蹄草　322801
川北沙参　**7813**
川北细辛　**37597**
川北野丁香　**226076**
川贝母　168563,168605
川鼻龙　95042
川草薢　366338,366447
川边秋海棠　**49793**
川边委陵菜　**312646**
川藨寄生　**176796**,89219
川布　159841
川草花　191284
川梣　**168097**
川茶　69644
川陈皮　93649
川诚花楸　**369296**

川赤瓟　**390122**
川赤芍　280155
川椆　233207
川枞　356
川旦　133454，220346
川淡画眉草　147842
川党参　**98417**
川岛报春　**314531**
川岛棘豆　**278924**
川岛氏南星　**33377**
川滇白头翁　321691
川滇百合　**230001**
川滇斑叶兰　**179722**
川滇变豆菜　**345941**
川滇柴胡　**63588**
川滇长尾槭　**2879**
川滇翅茎草　**320919**
川滇叠鞘兰　**85451**
川滇杜鹃　**331987**
川滇繁缕　374832
川滇风毛菊　**348932**
川滇凤仙花　204935
川滇高山栎　323657
川滇藁本　**229387**，229380
川滇海棠　243665
川滇虎耳草　**349789**
川滇花楸　**369558**，369490
川滇还羊参　110979
川滇荚蒾　**407841**
川滇剪股颖　12171
川滇角盘兰　192876
川滇金丝桃　**201883**
川滇景天　**356753**，329875
川滇蜡树　229454
川滇冷杉　**369**
川滇连蕊茶　**69722**
川滇柳　**343984**
川滇马兜铃　**34144**
川滇马铃苣苔　**273863**
川滇猫乳　**328549**
川滇毛茛　**326250**
川滇米口袋　**181638**
川滇茉莉　211884
川滇木兰　279251
川滇木莲　244433
川滇女蒿　**196693**
川滇盘果菊　267173
川滇桤木　**16340**
川滇千里光　**358381**
川滇茜草　**337953**
川滇蔷薇　**336965**
川滇雀儿豆　**87257**
川滇瑞香　122431
川滇三股筋香　231444
川滇三角枫　3374
川滇山栎　323920
川滇山莳菜　**161133**
川滇十大功劳　242620，242638
川滇鼠李　**328707**
川滇蒿草　217139
川滇苔草　**76179**
川滇铁线莲　**94841**
川滇土大黄　340075
川滇橐吾　**229095**
川滇委陵菜　**312533**
川滇无患子　**346333**
川滇细辛　**37610**
川滇香薷　**144091**
川滇象牙参　**337115**
川滇小檗　**51782**
川滇缬草　**404339**
川滇绣线菊　**372079**
川滇雪胆　**191907**
川滇雪兔子　**348331**
川滇羊蹄甲　**49056**，49064
川滇野丁香　226113
川滇淫羊藿　146977
川滇玉凤花　**184211**，183839
川钓樟　**231427**
川东报春　314863
川东贝母　**168579**
川东粗叶报春　314359
川东大钟花　**247846**
川东灯台报春　**314615**
川东风毛菊　**348309**
川东姜　**417966**
川东龙胆　**173254**
川东蔷薇　**336550**
川东苔草　**74487**
川东亚忍冬　236010
川东獐牙菜　**380175**
川东紫堇　**105563**
川独活　24306，30659
川杜若　307333
川杜仲　156041
川断　133454
川莪术　114878
川鄂八宝　**200782**
川鄂菝葜　**366511**
川鄂茶藨　333982
川鄂粗筒苣苔　**60283**
川鄂党参　**98331**
川鄂滇池海棠　**243733**
川鄂冬青　203833
川鄂鹅耳枥　**77303**
川鄂凤仙花　**204945**
川鄂华千里光　365044
川鄂黄堇　**106604**
川鄂黄皮　**94197**
川鄂茴芹　**299427**
川鄂坚桦　53436
川鄂金丝桃　**202220**
川鄂景天　200782
川鄂连蕊茶　**69573**
川鄂菱叶钓樟　**231447**
川鄂柳　**343366**
川鄂美穗草　**407459**
川鄂米口袋　**181667**
川鄂囊瓣芹　**320238**
川鄂爬山虎　285110
川鄂葡萄　412004
川鄂蒲儿根　**365044**
川鄂山茱萸　**104994**
川鄂丝栗　78952
川鄂唐松草　**388610**
川鄂橐吾　**229250**
川鄂蚊母树　134922
川鄂乌头　**5268**
川鄂小檗　**51711**
川鄂蟹甲草　**283880**
川鄂新樟　**263761**
川鄂淫羊藿　**146991**
川鄂獐耳细辛　**192132**
川鄂紫堇　106604
川鄂紫菀　**40880**
川萼楝木　380510
川方竹　87616
川方竹属　273737
川防风　229296，292833，361580
川风　344347
川佛手　93604
川麸杨　**332969**
川甘贝母　**168372**
川甘翠雀花　**124593**
川甘风毛菊　**348103**
川甘火绒草　**224820**
川甘韭　**15223**
川甘毛鳞菊　**84973**
川甘美花草　**66706**
川甘蒲公英　**384646**
川甘槭　**3761**
川甘亚菊　**13022**
川谷　99124，99134
川故子　114427
川归　24475
川贵栝楼　396257
川桂　**91449**，91372
川桂皮　91372
川含笑　**252975**
川红柳　343465
川花楸　369352
川黄柏　294251
川黄檗　**294238**
川黄花稔　362672
川黄堇菜　410622
川黄芩　355363，355484
川黄瑞木　**8209**
川茴香　**204515**，204590，351056
川蓟　**92304**
川甲草　134029，295518
川假露珠草　239904
川尖叶杜鹃　330286
川姜　418010
川椒　417180，417330，417340
川金钱草　239582
川筋龙　328345
川锦纹　329372
川槿　195269
川橘　93649，93733
川军　329366，329372，329401
川康长尾槭　2879
川康棱子芹　**304847**
川康南梨　263143
川康槭　3090
川康绣线梅　**263143**
川康栒子　107339
川柯　**233207**
川苦　248925
川狼毒　158895，375187
川梨　**323251**
川连　103828
川楝　**248925**，386473
川楝实　248925
川楝树　248925
川楝子　248925
川蓼　309199，309494
川柃　**160469**
川柳　**343512**
川龙胆　173814
川麻黄　146215
川麦冬　272090
川蔓藻　**340476**
川蔓藻科　**340502**
川蔓藻属　**340470**
川芒　**255913**，127486
川莓　**339259**
川明党　90601
川明参　**90601**
川明参属　**90600**
川木瓜　84573
川木通　94741，94748，94964，95127
川木香　**135739**
川木香属　**135721**
川南报春　314342
川南地不容　**375846**
川南杜鹃　**331864**
川南风毛菊　**348653**
川南蒿　**36148**
川南柳　**344278**
川南马兜铃　**34112**，34238
川南槭　**3115**
川南山蚂蝗　**126340**
川南星　33565
川南野丁香　**226097**，226090
川牛膝　**115731**，115704，115749
川牛膝属　115697
川泡桐　**285959**，285966

川破石 240813
川朴 198698,198699,242234
川槭 3648
川黔安龙花 **139458**
川黔翠雀花 124507
川黔大青 **96014**
川黔冬青 203901
川黔鹅耳枥 77290
川黔黄鹌菜 **416473**
川黔尖叶柃 **160417**
川黔千金榆 **77290**
川黔忍冬 **236128**
川黔润楠 **240572**
川黔山梅花 294550
川黔石栎 233207
川黔悬钩子 339468
川黔鸭脚木 350667
川黔紫薇 **219920**
川羌活 267152
川强瞿 229811
川青黄芪 42877
川青黄耆 **42877**
川青锦鸡儿 **72362**,72227
川青毛茛 **325722**
川楸 79250
川人参 70396
川三蕊柳 **344220**
川桑 **259183**
川山橙 **249665**
川山梅花 294551
川山七 128318
川陕遍地金 **202169**
川陕翠雀花 **124278**
川陕鹅耳枥 **77291**
川陕风毛菊 **348491**
川陕花椒 **417298**
川陕金莲花 **399497**
川陕梾木 **380459**
川陕十大功劳 242597
川上当归 **24457**
川上鹅耳枥 77314
川上钩藤 401761
川上黄耆 **42546**
川上柯 233269
川上日本安息香 **379381**
川上山姜 **17703**
川上氏艾 35732
川上氏杜鹃 330993
川上氏短柄草 **58592**
川上氏狗舌草 **385902**
川上氏灰木 **381256**
川上氏金银花 235897
川上氏堇菜 **409997**,409995
川上氏木姜子 233920
川上氏爬崖香 300432
川上氏槭 **3032**,3031
川上氏忍冬 235897
川上氏肉苁蓉 57434
川上氏山胡椒 231355
川上氏石栎 233269
川上氏苔 73641
川上氏小檗 51811
川上氏鸭舌疝 **50940**
川上氏月桃 17659,17703
川上氏槠 78966
川上土沉香 161666
川上悬钩子 338664
川芍药 **280155**
川射干 208875
川参 258863,369010
川石栎 233207
川柿 **132423**
川蜀葵 289684
川溲疏 **127093**
川素馨 **212052**
川苔草 **93971**,93975,306695
川苔草科 **306688**
川苔草属 **306694**,93968
川田橙 **93404**
川尾尖叶柃 160417
川纹 329372
川乌 5100,5193
川乌头 5100
川西八角 204515
川西白刺花 **368995**
川西报春 314256
川西北苔草 **74454**
川西楤木 30794,289672
川西翠雀花 **124644**,124507
川西淡黄杜鹃 **330704**
川西当归 **24476**
川西滇紫草 **271803**
川西吊石苣苔 **239991**
川西丁香 **382139**
川西兜被兰 **264764**
川西杜鹃 **331828**,330155
川西对叶兰 **264739**
川西钝齿花楸 **369413**
川西鹅观草 **335544**
川西风毛菊 **348280**
川西凤仙花 **204779**
川西藁本 229387
川西过路黄 **239802**
川西合耳菊 **381954**
川西红景天 **329863**
川西虎耳草 **349252**
川西黄鹌菜 **416467**
川西黄堇 105950
川西黄芪 42228
川西黄耆 **42228**
川西火绒草 **224961**
川西荚蒾 **407774**
川西假稠李 241507
川西尖叶杜鹃 330286
川西剪股颖 **12137**
川西金灯藤 **115052**
川西锦鸡儿 **72225**
川西荆芥 **265100**
川西景天 **357088**
川西阔瓣蜡瓣花 **106671**
川西阔蕊兰 **291252**
川西兰 **117038**
川西蓝钟花 **115348**
川西老鹳草 **174784**
川西栎 **323936**
川西柳叶菜 **146695**
川西龙胆 **174072**
川西绿绒蒿 **247128**
川西马兜铃 **34227**
川西马铃苣苔 **273852**
川西毛冠菊 **262229**
川西梅笠草 87490
川西木蓝 **205902**
川西南虎耳草 **349957**
川西婆婆纳 **407398**
川西蒲公英 **384497**
川西千里光 381954
川西前胡 293053
川西蔷薇 **336952**
川西秦艽 **173392**
川西荛花 122437
川西忍冬 **236216**
川西柔毛悬钩子 **338493**
川西瑞香 **122437**
川西沙参 **7832**
川西山梅花 294551
川西十大功劳 242620
川西素馨 212052
川西縫瓣报春 **315080**
川西藤山柳 **95495**
川西尾药菊 381954
川西无心菜 31849
川西吴萸 161311
川西吴茱萸 161311
川西喜冬草 **87490**
川西腺毛蒿 **36016**
川西小檗 **52258**
川西小黄菊 **322748**
川西蟹甲草 **283870**
川西雪莲 348703
川西岩黄芪 187985
川西岩黄耆 **187985**
川西岩居马先蒿 **287651**
川西淫羊藿 **146987**
川西银莲花 **23999**
川西樱 83350
川西樱桃 **83350**
川西云杉 **298248**
川西獐牙菜 **380285**
川西紫堇 **106599**
川犀草 **270343**
川犀草属 **270326**
川膝 115731
川下 14760
川香草 **239904**
川香薷 274237
川缬草 **404351**
川芎 **229309**,101837,229371,229390
川芎藁本 **229391**,229309
川芎藭 229309
川芎属 101820
川续断 **133454**,220346
川续断科 **133444**
川续断属 **133451**
川玄参 355148
川雪菱 **394551**
川血乌 403481
川杨 **311514**
川杨桐 8209
川野丁香 **226141**
川野青茅 **127239**
川邑柳 **342933**
川郁金 **114878**
川越绣球 **199926**
川云实 64983
川藏大花小米草 **160191**
川藏点地梅 23216
川藏短腺小米草 **160255**
川藏风毛菊 **348817**
川藏蒿 **36361**
川藏蒲公英 **384652**,384664
川藏沙参 **7685**
川藏蛇菰 **46823**
川藏苔草 76538
川藏铁线莲 **94857**
川藏香茶菜 **209794**
川藏小米草 160255
川藏枸子 **107651**
川藏野青茅 **127285**
川藏皱叶报春 314903
川藻 **121979**
川藻属 **121978**
川泽泻 14760
川掌莲 234098
川榛 **106740**
川中剪股颖 **12391**
川中南星 **33565**
川竹 **304098**
川竹属 303994
川子 272090
川紫荆 83769
川紫菀 41380
川紫薇属 **274171**
穿壁风 300408
穿肠草 199392
穿肠瓜 114189
穿地草 34275

穿地筋 34275
穿地龙 23670,131462,131734
穿耳菝葜 366518
穿耳草 234398
穿根藤 319833
穿骨虫 258923
穿骨风 66853
穿骨枫 66853
穿骨七 23701
穿果亚麻 **97102**
穿果亚麻属 **97101**
穿过山 411568
穿花针 260164
穿花针属 260158
穿尖龙 347078
穿孔芳香木 **38711**
穿孔亥氏草 184324
穿孔芥 **142922**
穿孔芥属 **142921**
穿孔球穗草 **184324**
穿孔三肋果 **397976**
穿孔树葡萄 **120179**
穿孔苔草 **74590**
穿孔藤 20867
穿孔小连翘 **201859**
穿孔紫波 **28502**
穿林臭草 249104
穿龙骨 131734
穿龙薯蓣 **131734**
穿破石 110251,240813,240829,240842,405447
穿钱草 71279
穿墙草 176839,239582,266060
穿墙风 132931,221238
穿鞘菝葜 **366518**,366491
穿鞘花 **19493**
穿鞘花属 **19490**
穿山鞭 407503
穿山骨 131734
穿山老鼠 20408
穿山龙 80130,80193,80260,116019,131462,131734,131736,417081
穿山龙属 263567
穿山七 128318
穿山鼠 20408
穿山薯蓣 131734
穿山藤 94740
穿石甲 317036
穿石藤 34212
穿线草 232106
穿线蛇 138482
穿心草 **71279**,202146,338032
穿心草属 **71270**
穿心箭 202146
穿心莲 **22407**,5574,71279
穿心莲牛扁 5574
穿心莲属 **22400**
穿心莲乌头 5574
穿心柃 **160420**
穿心龙 97934
穿心排草 404316
穿心藤 **20867**
穿心莛蘼 397836
穿心莛子藨 **397836**
穿阳剑 213066
穿叶菝葜 366518
穿叶布氏龙胆 **54896**
穿叶柴胡 63571
穿叶多肋菊 **304450**
穿叶厚敦菊 **277112**
穿叶灰毛菊 **31263**
穿叶卷耳 82968
穿叶蓼 309564
穿叶拟长阶花 **283372**
穿叶拟辛酸木 **138027**
穿叶芹 **366744**
穿叶忍冬 236089
穿叶山柳菊 **195846**
穿叶松香草 364301
穿叶莛子藨 **397844**
穿叶细钟花 **403672**
穿叶线果芥 **102812**
穿叶盐千屈菜 **184964**
穿叶眼子菜 **312220**
穿叶异檐花 **397759**
穿叶泽泻 14725
穿叶醉鱼草 **62140**
穿鱼草 8199
穿鱼草属 245332
穿鱼串 8199,226742
穿鱼柳 **343987**,8192
穿鱼藤 380486
传代糖槭 **3553**
传法玉 **233490**
传送带山茶 **69180**
传统河岸黑桦 **53537**
船板草 179438
船苞翠雀花 **124401**
船长滇山茶 **69555**
船唇兰 **374519**,133145,404754
船唇兰属 **374507**
船家树 306493
船箭竹 **162640**
船盔乌头 **5452**
船形果科 156072
船形果属 156058
船形兰属 9091
船形婆婆纳 **407096**
船形乌头 5452
船竹 **125497**,162640
船状白绒玉 **105376**
船状苞茅 **201487**
船状扁爵床 **292198**
船状芳香木 **38507**
船状虎耳草 **349229**
船状苦瓜 **256814**
船状马兜铃 **34281**
船状马利筋 **38027**
船状千里光 **359559**
船状青锁龙 **108948**
船状山梗菜 **234395**
船状水苏 **373187**
船仔草 114819
船子草 114819
荈 69634
喘咳木 31446
串白鸡 65921
串白珠 **155460**
串白珠属 **155457**
串鼻龙 **95072**,94953,94969,95042
串鼻藤 49046
串串子 142022
串地蜈蚣 187544
串盖杜鹃属 **57773**
串骨莲 202146
串果常山 **274280**
串果念珠藤 **18522**
串果藤 **364947**
串果藤属 **364945**
串花马蓝 **320111**
串黄皮 91482
串筋花 123061
串铃 205227
串铃草 **295150**
串铃花 260295
串铃花属 260293
串皮猫药 345315
串钱草 71279,138482,239755,297013
串钱景天 **109266**
串钱柳 67302
串绒花 **152682**
串绒花属 **152679**
串山龙 131734
串石藤 34375
串树 280548
串穗苔草 **75625**
串桃 212595
串心花 **211349**
串雄茜 **57714**
串雄茜属 **57713**
串杨 311349
串叶松香草 **364301**
串鱼草 147509,147875,226742,407453
串鱼木 8199
串枝莲 68713,128318
串珠 126717
串珠草 **356944**
串珠杜鹃 **330880**
串珠藁本 **229363**
串珠沟酸浆 **255221**
串珠虎刺 122067
串珠黄芩 355615
串珠芥 264609
串珠芥属 264603
串珠酒饼叶 126717
串珠老鹳草 **174972**
串珠链荚豆 **18270**
串珠毛冷水花 **298983**
串珠榕 165841
串珠石斛 **125128**
串珠水牛角 **72541**
串珠胀囊苔草 **76683**
串珠中脉春黄菊 **26832**
串珠砖子苗 **245483**
串珠状立金花 **218898**
串珠状美冠兰 **156869**
串珠状木蓝 **206442**
串珠状司徒兰 **377312**
串珠状天竺葵 **288370**
串珠子 18516
钏路紫堇 **106051**
钏女贞 **229643**
钏苔草 **76131**
疮草 204239
窗草 **391415**
窗草属 **391414**
窗格芹 **29326**
窗孔百簕花 **55321**
窗孔短片帚灯草 **142954**
窗孔龟背芋 258175
窗孔龟背竹 **258175**
窗孔扭果花 **377718**
窗孔粟麦草 **230133**
窗孔唐菖蒲 **176194**
窗孔肖鸢尾 **258478**
窗孔椰 **327540**
窗孔椰属 **327538**
窗孔椰子 327540
窗孔紫波 **28463**
窗兰属 **113738**
窗梅 **329695**
窗玉 163329
窗玉属 **163326**
窗之梅 329695
创高草 255886
创伤草 66762
创伤坡垒 **198185**
创伤窃衣 **392989**
吹风草 365296
吹风散 91287,187495,214967,214974,231298,364986,364989
吹风藤 95113
吹风亭 70507
吹鼓清 228321

吹火根 143464
吹火筒 240769,371964
吹鸡秆 37414
吹牡丹 23854
吹木叶 160503
吹上 10943
吹树 **413775**
吹筒管 319810
吹筒树 319810
吹雪之松 21136
吹雪柱 **94566**
吹雪柱属 94551
吹血草 234363
吹云草 344347
垂桉草 **399202**,399312
垂桉草属 399190
垂白芥 **364601**
垂白柳 **342985**
垂柏 114690
垂瓣郁李 316485
垂柴胡 **63668**
垂臭草 249054
垂串兰属 125526
垂酢浆草 278008
垂大戟 **158753**
垂钉石南 **379276**
垂钉石南格尼瑞香 **178716**
垂钉石南属 **379273**
垂俯杜鹃 330046,331458
垂甘菊 **401344**
垂甘菊属 **401343**
垂梗繁缕 375071
垂钩杜鹃 **332037**
垂瓜果 249843
垂冠木棉 **79520**
垂冠木棉属 **79518**
垂管花 407573
垂管花属 407572
垂果齿缘草 **153505**
垂果大蒜芥 **365482**
垂果荚蒾 408127
垂果堇菜 410396
垂果买麻藤 178557
垂果南芥 **30387**
垂果南芥菜 30387
垂果山蚂蝗 **126621**
垂果四棱荠 **178830**
垂果蒜芥 365482
垂果苔草 **75988**
垂果藤属 **139935**
垂果乌头 **5480**
垂果小檗 **51975**
垂果亚麻 **231940**
垂红喇叭忍冬 235685
垂花巴豆 **112985**
垂花百合 **229803**
垂花百子莲 **10263**
垂花报春 **314399**,314713,314715
垂花菠萝 54454
垂花布勒德木 59846,59864
垂花齿瓣兰 **269082**
垂花翅柱兰 **320876**
垂花葱 **15173**
垂花达尔文木 **122784**
垂花大青 **96264**
垂花发汗藤 95286
垂花飞廉 73430
垂花凤梨 54454,167531
垂花福氏凤梨 **167531**
垂花甘草 **177929**
垂花根节兰 65887
垂花狗牙花 **382825**
垂花海葱 **274708**
垂花红千层 67302
垂花胡枝子 **226916**
垂花花凤梨 **392000**
垂花火烧兰 **147204**
垂花火穗木 **269099**
垂花畸花茜 **28856**
垂花棘豆 **279041**
垂花假山萝 **185900**
垂花剑兰 **116857**
垂花浆果苣苔 **120506**
垂花堇菜 **410600**
垂花科 294625
垂花兰 **116809**
垂花肋枝兰 **304917**
垂花肋柱花 **235467**
垂花立金花 **218907**
垂花栎 **324275**
垂花铃子香 57504
垂花瘤瓣兰 269082
垂花龙胆 **173670**
垂花龙须兰 **79335**
垂花芦荟 **17137**
垂花榈属 6128
垂花美冠兰 **156926**
垂花美人蕉 **71189**
垂花密脉木 **261328**
垂花木槿 **195097**
垂花牛奶木 **255362**
垂花欧石南 **149867**
垂花佩松木 **292032**
垂花蓬莱葛 **171456**
垂花皮索尼亚 292032
垂花茄 **367490**
垂花青兰 **137617**
垂花全缘叶绿绒蒿 **247140**
垂花山姜 **17751**
垂花蛇根草 **272267**
垂花石豆兰 **62842**
垂花树萝卜 **10347**
垂花树莓 30888
垂花水塔花 **54454**
垂花丝兰 **416593**
垂花穗花报春 314228
垂花穗状报春 **314228**
垂花铁兰 392000
垂花弯蕊苣苔 120506
垂花委陵菜 **312876**
垂花乌头 **5459**
垂花无心菜 **31909**
垂花腺萼木 **260640**
垂花香草 **239758**
垂花香薷 144076
垂花绣球防风 **227671**
垂花序普拉特小檗 52062
垂花悬铃花 **243951**
垂花银莲花 **23937**,23685
垂花罂粟莲花 **23685**
垂花楹属 100205
垂花鸢尾 130225
垂花脂麻掌 **171727**
垂花舟瓣花 **117133**
垂花蛛毛苣苔 **283122**
垂椒草 **290428**
垂锦竹草 67152
垂茎芙乐兰 295953
垂茎馥兰 **295953**
垂茎牛角兰 **83655**
垂茎三脉紫菀 **39983**
垂茎异黄精 **194047**
垂景天 **201447**
垂景天属 **201446**
垂蕾树 370136
垂蕾树属 370130
垂蕾郁金香 **400203**
垂蓼 309116,309644
垂裂蒲葵 234175
垂裂棕 **57115**
垂裂棕属 **57114**
垂林顿草 **231854**
垂铃儿 403672
垂铃儿属 403665
垂柳 **343070**
垂柳相思 1553
垂柳竹 **47352**
垂麻 **139932**
垂麻属 **139931**
垂蔓夏堇 **392906**
垂茉莉 **96439**
垂木蓝 **205889**
垂盆草 **357123**
垂片芥 **79500**
垂片芥属 **79499**
垂桤木 16433
垂蔷薇 336348
垂茄 **367092**
垂青树 301413
垂绒菊属 **114411**
垂榕 164688
垂乳欧石南 **149727**,149709
垂生百合 229797
垂水 408571
垂丝白果 175824
垂丝柏 **302731**,114690
垂丝斑鸠菊 **406330**
垂丝丁香 **382192**,382190
垂丝海棠 **243623**
垂丝黄精 **308540**
垂丝柳 343070,383469
垂丝毛叶石楠 **295815**
垂丝石楠 **295712**
垂丝卫矛 **157761**,157360
垂丝紫荆 **83807**
垂酸木 **88921**
垂酸木属 **88920**
垂穗草 **57924**
垂穗草属 57922
垂穗臭草 **249054**
垂穗鹅观草 **335451**,144432
垂穗粉花地榆 345917
垂穗高粱草 369601
垂穗画眉草 **147685**
垂穗芥 **265670**
垂穗芥属 **265669**
垂穗金刀木 **48517**
垂穗赖草 **228375**
垂穗披碱草 **144414**
垂穗飘拂草 **166421**
垂穗荛花 414224
垂穗三白草 348085
垂穗莎草 **119282**
垂穗苔 73907
垂穗苔草 73907,74199,74327
垂筒花 **120536**
垂头丑角兰 **369179**
垂头大丽花 **121556**
垂头地宝兰 174305
垂头飞廉 73430
垂头黑面神 **60056**
垂头虎耳草 **349695**
垂头菊 110345,110451,229055
垂头菊属 **110343**
垂头马先蒿 287072
垂头毛菊木 **262997**
垂头毛菊木属 **262996**
垂头坡垒 **198139**
垂头蒲公英 **384700**
垂头千里光 **358765**
垂头橐吾 **229009**
垂头万代兰 399700
垂头苇谷草 **289564**
垂头雪莲 **348936**
垂头延龄草 397547
垂文殊兰 111169
垂笑君子兰 **97223**

垂序假槟榔 31015
垂序姜花 **187458**
垂序兰 **363053**
垂序兰属 **363051**
垂序马蓝 85944,387136
垂序木蓝 **206373**
垂序商陆 **298094**
垂序水锦树 413809
垂序卫矛 **157695**
垂序香茅 **117230**
垂序崖豆藤 **254801**
垂序珍珠茅 **354175**
垂杨柳 343070
垂药野牡丹 **79293**
垂药野牡丹属 **79291**
垂叶桉 **155737**
垂叶斑叶兰 **179672**
垂叶酢浆草 **278005**
垂叶大沙叶 **286148**
垂叶蒿 **35491**
垂叶黄扁柏 85306
垂叶黄精 **308528**
垂叶尖叶柳 **342963**
垂叶龙血树 **137362**
垂叶罗汉松 **306436**
垂叶箐 **394933**
垂叶榕 **164688**
垂叶树芦荟 **17178**
垂叶香龙血树 137403
垂叶椰属 332375
垂叶银桦 **180630**
垂叶玉兰 416610
垂叶竹蕉 137362
垂叶棕榈 393809
垂衣香薷 144076
垂樱 **83188**
垂榆 53379
垂羽椰属 332375
垂郁金香 400203
垂枝桉 **155716**
垂枝白点兰 **390522**
垂枝白杜 **157352**
垂枝白冷杉 **327**
垂枝白千层 **248122**
垂枝白桃 **20944**
垂枝柏 **213883**,114690,213673
垂枝北非雪松 **80084**
垂枝北美乔松 **300216**
垂枝彼岸樱 **316838**
垂枝扁桃 20901
垂枝侧柏 **302738**
垂枝昌化鹅耳枥 **77402**
垂枝柽柳 **383530**
垂枝池杉 **385254**
垂枝赤桉 **155521**
垂枝赤松 **299895**
垂枝稠李 **316613**
垂枝垂丝海棠 **243625**
垂枝大黄 **329399**
垂枝大叶樱桃 83337
垂枝大叶早樱 **83337**,316838
垂枝代茶冬青 **204393**
垂枝多花梾木 **105028**
垂枝宫部氏柳 **343704**
垂枝海棠果 **243669**
垂枝蒿荷木 **197158**
垂枝赫柏木 **186981**
垂枝黑果樱桃 **316789**
垂枝红破斧木 **350975**
垂枝红千层 **67302**
垂枝胡枝子 **226702**
垂枝花槙 67302
垂枝桦 **53563**
垂枝黄扁柏 **85306**
垂枝黄花柳 **343153**
垂枝黄榧 323695
垂枝黄栌 **107311**
垂枝灰木 381354
垂枝桧 213673
垂枝加罗林铁杉 399875
垂枝加拿大铁杉 **399873**
垂枝尖尾樱桃 **316246**
垂枝金色柳 **342993**
垂枝榉 **417560**
垂枝巨杉 **360577**
垂枝卡罗林铁杉 **399875**
垂枝苦槛蓝 **260716**
垂枝苦竹 **304003**
垂枝蓝北非雪松 **80082**
垂枝榔榆 **401587**
垂枝雷恩柳 **343992**
垂枝李 **316636**
垂枝连香树 **83737**
垂枝莲 23785
垂枝柳叶梨 **323282**
垂枝落叶松 **221928**,385273
垂枝落羽杉 **385273**
垂枝麦利奇木 249174
垂枝毛赤杨 **16371**
垂枝玫瑰红大叶早樱 **316836**
垂枝梅 **316573**
垂枝美国扁柏 **85294**
垂枝美国花柏 85286
垂枝美洲椴 **391647**
垂枝蜜花堇 **249174**
垂枝莫氏山马菜 **280947**
垂枝木藜芦 **228162**
垂枝努特卡扁柏 85306
垂枝欧洲白蜡 **167965**
垂枝欧洲刺柏 **213713**
垂枝欧洲椴 **391711**
垂枝欧洲鹅耳枥 **77258**
垂枝欧洲红豆杉 **385319**
垂枝欧洲花楸 **369344**
垂枝欧洲栎 **324339**
垂枝欧洲女贞 **229665**
垂枝欧洲山杨 **311539**
垂枝欧洲水青冈 **162413**
垂枝欧洲云杉 **298206**
垂枝欧洲榛 **106706**
垂枝帕罗特木 284962
垂枝泡花树 **249388**
垂枝朴 **80740**,80765
垂枝桤木 **16433**
垂枝祁连圆柏 **341751**
垂枝杞柳 **343532**
垂枝铅笔柏 **341778**
垂枝青杨 **311269**
垂枝秋海棠 **49877**,50012
垂枝日本安息香 **379383**
垂枝日本花柏 **85357**
垂枝日本金缕梅 **185111**
垂枝日本冷杉 **366**
垂枝日本栗 **78781**
垂枝日本连香树 **83744**
垂枝日本落叶松 **221895**
垂枝榕 164661,164688
垂枝柔松 **299943**
垂枝软壳甜扁桃 **20901**
垂枝瑞士五针松 **299845**
垂枝塞尔维亚云杉 **298390**
垂枝桑 **259068**
垂枝山荆子 **243569**
垂枝山杨 **311286**
垂枝山樱花 **83250**
垂枝山樱桃 **83303**
垂枝山榆 **401516**
垂枝疏花鹅耳枥 **77325**
垂枝树萝卜 289750
垂枝双盾 132605
垂枝双盾木 132605
垂枝水锦树 **413809**
垂枝丝棉木 157352
垂枝四川早熟禾 **306052**
垂枝四蕊朴 **80765**
垂枝松 **300048**,300140,300148
垂枝苏格兰金链花 **218758**
垂枝檀香 346212
垂枝晚叶柳 **344092**
垂枝卫矛 157695
垂枝蚊母树 **134948**
垂枝无忧树 **346501**
垂枝西班牙冷杉 **449**
垂枝细柱柳 **343448**
垂枝相思树 **1465**
垂枝香柏 **213854**
垂枝小檗 **51531**
垂枝小蜡 **229619**
垂枝小叶杨 **311502**
垂枝肖乳香 **350982**
垂枝杏 20908
垂枝匈牙利丁香 **382186**
垂枝雪松 **80089**
垂枝羊乳莓 **129842**
垂枝夜香树 **84422**
垂枝异木麻黄 15953
垂枝银白槭 **3534**
垂枝银白杨 **311210**
垂枝银枞 **275**
垂枝银缕梅 **284962**
垂枝银毛椴 **391816**
垂枝银杏 **175824**
垂枝樱花 83337
垂枝樱李 316299
垂枝樱桃李 **316299**
垂枝榆 **401608**
垂枝圆柏 **213673**,213883
垂枝圆冠木 **11399**
垂枝云杉 298258
垂枝早熟禾 **305472**,306052
垂枝针垫花 **228048**
垂枝紫荆 83807
垂直可利果 **96805**
垂珠 308529,308572,308641
垂珠花 **379331**
垂籽树 **113982**
垂籽树科 **113986**
垂籽树属 **113981**,113778
垂子买麻藤 **178557**
垂子树属 113981
垂紫竹 **297370**
垂嘴苔草 74389
棰菜 44915
棰子 106736
槌果草属 **185996**
槌果马兜铃 34348
槌果藤 71762,71935
槌果藤属 71676
槌果五加 **376622**
槌果五加属 **376620**
槌金杖球 **108693**
槌楝属 **243284**
槌蕊桃金娘 **243291**
槌蕊桃金娘属 **243290**
槌药大戟 **371588**
槌药大戟属 **371587**
槌叶兰属 **376623**
槌柱兰 **371592**
槌柱兰属 **371591**
槌柱算盘子 **177192**
槌状苔草 **76372**
槌状香芸木 **10725**
槌籽莓 **371594**
槌籽莓属 **371593**
锤果马瓞儿 **417517**
锤花豆 **12884**
锤花豆属 **12883**
锤喙兰 **371590**

锤喙兰属 **371589**
锤茎属 224625
锤头姜 417969
锤籽草属 **12876**
杶 392841
春阿斯皮菊 **39803**
春岸落基山圆柏 **213929**
春白头翁 24109
春鼻花 329527
春不见 208445
春不老 31437,31471
春材白春花欧石南 **149169**
春菜 59603
春菜树 392841
春草 117385,117734,204544
春侧金盏花 **8387**
春巢菜 408571
春池草 **400024**
春池草属 **400023**
春赤箭 171936
春大爪草 **370604**
春斗篷草 **14030**
春堆心菊 **188441**
春番红花 **111625**
春番薯 **208284**
春凤兰 **116774**
春凤球 **140863**
春凤丸 140863
春福寿草 8387
春高楼 **140279**
春高山米努草 255598
春阁欧丁香 **382336**
春根藤 18529,92741,92747,92907,319833,366548,371759
春光柑 **93764**,93640
春光血红茶藨子 **334197**
春桂 381423
春海棠 49886
春花 329068,416686,416694,416721
春花长瓣秋水仙 **250645**
春花脆蒴报春 **314474**
春花独蒜兰 **304272**
春花胡枝子 **226777**
春花苦梓 252817
春花绵枣儿 **353099**
春花木 329068
春花欧石南 **149147**
春花秋水仙 **99352**,62525
春花山芥 **47963**
春花绶草 **372277**
春花属 329056
春花望春玉兰 **241999**
春花香豌豆 222860
春花小竹 297359
春花鸢尾 **208922**
春花子 408009
春花紫堇 **106589**
春踝菀 **207395**
春黄菊 **26900**,85526
春黄菊科 **26729**
春黄菊槌牛儿苗 **153723**
春黄菊属 **26738**
春黄菊田基黄 **180166**
春黄菊叶马先蒿 **287009**
春黄菊叶千里光 **358272**
春黄菊状熊菊 402754
春黄鳞托菊 190796
春黄铺地半日花 **188763**
春黄芪 43012,43154
春黄耆 43012,43154
春黄熊菊 **402754**
春黄尤利菊 **160756**
春黄子孙球 **327268**
春辉瓜叶菊 **290824**
春火把帚石南 **67505**
春鸡脚参 **275801**
春季花束地中海绵毛荚蒾 **408172**
春尖 392841
春剑 **117086**
春节节菜 **337343**
春金缕梅 **185138**
春筋藤 137799
春驹 **159641**
春菊 89481
春葵 243862
春蜡菊 **189889**
春兰 **116880**,116829,117042
春兰属 **139742**
春朗球 **244169**
春朗丸 244169
春雷 **140144**
春莲花 326616
春莲秋柳 22407
春莲夏柳 22407
春疗齿草 **268991**
春蓼 **309570**
春铃子 12559
春柳 383469
春龙胆 **174049**
春楼 **163451**
春芦荟 **17221**
春路边青 **175457**
春麻子 166627
春杧果 171123
春茅 27969
春茅属 27930
春梅 34448
春美草大戟 **158656**
春美草属 **94292**
春美冠兰 **157083**
春美韭 207489
春美苋 **153690**
春美苋属 **153688**,94292
春蒙蒂苋 **258277**
春米努草 **255598**
春木白春石南 149169
春南芥 **30480**
春牛头 298093
春丕谷羊茅 **163864**
春丕虎耳草 **349179**
春丕黄堇 **105914**
春丕马先蒿 **287095**
春婆婆纳 407432
春七 280771
春槭 **3347**
春脐果草 **270723**
春绮春 **153964**
春千里光 **360306**
春俏菊 89628
春琴玉 **175530**
春秋之壶 **182489**
春日乳白蜜蒙花 **62135**
春日中花 **220714**
春荣间型连翘 **167443**
春榕莨 **164479**
春乳白帚石南 **67504**
春塞拉玄参 **357713**
春三脉紫菀 **39980**
春砂仁 19930
春山茶 **69740**
春芍药 **280332**
春石斛 125279
春石南 149147
春侍玉 **102668**
春寿菊 **41202**
春鼠鞭草 **199709**
春树林通贝里胡枝子 **226971**
春水马齿 **67401**,67376
春水仙 **62525**
春水仙科 **62514**
春水仙属 **62518**
春水玉竹 **308643**
春粟草 **254542**
春塔形欧石南 **149962**
春苔草 **76673**
春唐菖蒲 **176640**
春桃玉属 **131306**
春天黄芩 **355836**
春天加拿大唐棣 **19254**
春天麻 **171936**
春甜树 392841
春葶苈 153964
春湾豆 408839,409085
春委陵菜 **312812**
春无舌沙紫菀 **227136**
春勿忘草 **260905**
春霞 **150099**,244201
春仙客来 **115942**
春香豌豆 **222860**
春小檗 **52307**
春星 244113
春星花 **207489**
春星花属 **207487**
春星球 **244113**
春星丸 244113
春玄参 **355265**
春悬钩子 **339445**
春雪花水仙 227875
春雪片莲 227875
春雪芋 **147351**,197799
春亚麻 **232010**
春艳鸡爪槭 **3333**
春阳树 392841
春一枝黄花 **368475**
春衣 **299262**
春意玉 **86587**
春榆 **401490**
春羽 294839
春羽毛菊 **190796**
春雨 102613
春雨玉 **389224**
春郁金香 111625
春郁香 111625
春鸢尾 208922
春云实 **65077**
春再来属 94132
春蚤缀 255598
春泽兰 **158362**
春之歌佛州四照花 **105031**
春钟属 **270533**
春猪殃殃 **170737**
春仔花 **336488**
春紫蜡瓣花 **106676**
春紫绒草 **43996**
春紫菀 150862
椿 392841
椿樗 392841
椿颠 392841
椿豆 **80049**
椿豆属 **80048**
椿根 258882
椿根白皮 301291
椿姬 **102324**
椿麻 1000
椿木 350945,392841
椿年杜鹃 **330399**,330397
椿属 80015,392822
椿树 12559,392841
椿芽木 392841
椿芽树 392841
椿叶花椒 **417139**
椿云子 165828
楯 392841
橁 392841
纯白报春 315098
纯白薄花兰 **127944**

纯白布里滕参　**211485**
纯白草地山龙眼　**283548**
纯白长庚花　**193252**
纯白重瓣木槿　195270
纯白刺头菊　**108252**
纯白刺子莞　**333500**
纯白酢酱草　**278150**
纯白达德利　138833
纯白毒马草　**362761**
纯白杜鹃　**332094**
纯白多穗兰　**310643**
纯白番红花　**111510**
纯白芳香木　**38458**
纯白狒狒花　**46170**
纯白谷木　**249925**
纯白广口风铃草　**69944**
纯白合头鼠麴木　**381700**
纯白黑草　**61754**
纯白虎眼万年青　**274549**
纯白花美冠兰　**156615**
纯白花西堇菜　**410404**
纯白花樱桃　**316936**
纯白灰毛菊　**31200**
纯白假塞拉玄参　**318407**
纯白尖腺芸香　**4810**
纯白块茎菊　**212082**
纯白蜡菊　**189175**
纯白莲花掌　**9080**
纯白鳞叶树　**61323**
纯白鹿藿　**333174**
纯白马醉木　**298742**
纯白毛建草　**137698**
纯白美非补骨脂　**276960**
纯白木蓝　**205770**
纯白鸟足兰　**347735**
纯白扭果花　**377681**
纯白诺罗木犀　**266697**
纯白千腺菊　**87374**
纯白日中花　**220498**
纯白三指兰　**396685**
纯白色罗山龙眼　**361172**
纯白睡莲　267664
纯白斯氏穗花　**317954**
纯白唐菖蒲　**176103**
纯白天竺葵　**288131**
纯白仙女杯　**138833**
纯白香荚蒾　**407838**
纯白岩黄耆　**187815**
纯白银豆　**32794**
纯白忧花　**241601**
纯白尤利菊　**160904**
纯绯玉　**182469**
纯红杜鹃　**331866**
纯红拱手花篮　**195217**
纯花野荞麦木　**152609**
纯黄杜鹃　**331161**,330396
纯黄秋海棠　**50040**
纯洁风信子　**199590**
纯洁千里光　**359835**
纯洁雪白山梅花　294588
纯净雪白山梅花　**294582**
纯色万代兰　**404669**
纯色万带兰　404669,404680
纯阳草　158456
纯阳瓜　238261
纯阳子　322465,403832
纯银制品银毛椴　**391839**
纯幽子　161373
唇瓣半日花　**399960**
唇瓣沙穗　**148492**
唇苞椰属　174341
唇柄姜　**418022**
唇豆　**155867**
唇豆属　**155866**
唇萼薄荷　**250432**
唇萼苣苔　**398386**
唇萼苣苔属　**398385**
唇凤梨属　264406
唇冠芒毛苣苔　**9439**
唇果夹竹桃属　**87423**
唇花翠雀花　**124127**
唇花忍冬　**236131**
唇兰　**216549**
唇兰属　**216546**
唇毛草　**201644**
唇毛草属　**201642**
唇凸姜花　**187431**
唇香草　418126
唇香草属　418119
唇形科　**220323**,**218697**
唇叶玄参　**86371**
唇叶玄参属　**86369**
唇柱苣苔　**87966**,130071
唇柱苣苔属　**87815**
唇状罗勒　**268554**
唇状曲花　**120564**
唇状沙穗　**148493**
莼　59148
莼菜　**59148**
莼菜科　64503,200450
莼菜属　**59144**
莼科　64503
莼兰　199946
莼兰绣球　**199946**
莼属　59144
莼菹　418002
淳安小檗　**51467**
淳三七　363403
蓴菜　59148
戳戳苗　345586
戳玛　312360
戳皮树　313754
戳树　345660,345708
绰菜　250502
绰斯甲乌头　**5134**
绰斯乌头　5134
茈　233731
茈碧花　267767
茈草　34615,233731
茈菇　342400
茈菰　342400
茈胡　63594,63813
茈菀　41342
茈葳花　70507
茨　395146
茨柏　326431
茨藩　23670
茨根榈属　2550
茨姑　342400
茨菇　342400,342424
茨菇草　372427
茨菇七　401156
茨菇秦岭藤　**54529**
茨菇叶苦菜　210547
茨菰　257570
茨菰叶苦菜　210547
茨芥　92066
茨开藁本　229329
茨开棱子芹　**304835**
茨开乌头　**5589**
茨口马先蒿　**287785**
茨梨　336885
茨姆　393261
茨楸　215442
茨仁堡冬番红花　**111532**
茨实　160637
茨氏蒲公英　**384841**
茨瓦特伯格蜡菊　**189909**
茨瓦特伯格欧石南　**150284**
茨瓦特伯格绳草　**328217**
茨瓦特伯格香芸木　**10746**
茨藻　262067
茨藻科　**262013**
茨藻属　**262015**
茨竹　47190
慈葱　15170
慈恩胡颓子　**142013**
慈姑　**342424**,143122,222042,257570,342400
慈姑草　342421
慈姑苗　342421
慈姑属　**342308**
慈姑叶黄肉芋　415201
慈姑叶细辛　37653,37713
慈菇　342400
慈菇属　342308
慈菰　342400
慈果子　342421
慈晃锦　**86506**
慈竹　**47264**
慈竹属　**264510**,125461
辞春月见草　**269527**
雌丁香　382477
雌喙兰　**333096**
雌喙兰属　**333095**
雌兰　116832
雌玫瑰安尼樟　**25199**
雌日芝　130489
雌雄草　243437
雌雄麻黄　**146159**
雌雄树　96147
雌足芥　**389290**
雌足芥属　**389272**
賨　395146
此楫草　204799
次糙冬青　204290
次高山冬青　204356
次日黎明山茶　**69190**
次生地　327435
刺　281916
刺奥萨野牡丹　**276495**
刺八角金盘　**162878**
刺巴根　208117
刺百簕花　**55404**
刺柏　**213775**,213634,213841,213896,399879
刺柏美洲桑寄生　**295580**
刺柏属　**213606**
刺柏树　213775
刺柏野荞麦　**151931**
刺柏叶格尼瑞香　**178632**
刺柏叶穆拉远志　**260000**
刺柏叶香芸木　**10645**
刺柏圆冠木　**11400**
刺柏状单脉百蕊草　**389652**
刺柏状芳香木　**38606**
刺柏状互叶半日花　**168937**
刺柏状节节菜　**337356**
刺柏状可利果　**96758**
刺柏状密头帚鼠麴　**252445**
刺柏状欧石南　**149610**
刺柏状千里光　**359196**
刺柏状染料木　**173115**
刺柏状苔草　**74968**
刺柏状糖果木　**99465**
刺柏状天门冬　**39046**
刺瓣叉毛菊　**193783**
刺瓣叉毛菊属　**193780**
刺瓣绿绒蒿　**247178**
刺瓣瘦片菊　**207386**
刺瓣瘦片菊属　**207384**
刺瓣掌　**2537**
刺瓣掌属　**2536**
刺棒南星　**33318**
刺棒头　143682
刺棒棕　**46376**
刺棒棕属　**46374**
刺包头　30604,30685,143682

刺苞斑鸠菊 **406828**
刺苞菜蓟 **117770**
刺苞粉苞苣 **88784**
刺苞果 **2609**
刺苞果属 **2608**
刺苞花 2684
刺苞花属 2332
刺苞蓟 **92019**
刺苞假杜鹃 **48219**
刺苞菊 **76994**,2609
刺苞菊属 **76988**,2206,2608
刺苞菊叶尖刺联苞菊 **52669**
刺苞菊状贝克菊 **52739**
刺苞菊状刺芹 **154304**
刺苞菊状尖刺联苞菊 **52670**
刺苞菊状帚叶联苞菊 **114443**
刺苞菊状紫莲菊 **302666**
刺苞老鼠簕 **2690**
刺苞蓼 **81905**
刺苞蓼属 **81900**
刺苞木属 76988
刺苞南蛇藤 **80189**
刺苞茄 **366967**
刺苞术属 76988
刺苞苔草 **73634**
刺苞雾水葛 **313478**
刺杯苋 **115716**
刺贝隆苣苔 **50852**
刺被爵床属 **88149**
刺被尾稃草 **402514**
刺被苋 2150
刺被苋属 **267884**,2148
刺鼻万寿菊 **383095**
刺鼻烟盒树 **270897**
刺萆薢 366332,366438
刺扁爵床 **292231**
刺滨藜 **44624**
刺槟榔 336885
刺柄白扇椰子 **154572**
刺柄蔓绿绒 294850
刺柄南星 **33266**
刺柄偏瓣花 **301664**
刺柄蔷薇 336944
刺柄雀儿豆 **87263**
刺柄苏铁 115833
刺柄喜林芋 **294850**
刺菠 338516
刺薄荷 **2320**
刺薄荷属 **2317**
刺檗 52225,52322
刺补血草 **230615**
刺彩花 **2229**
刺菜 82022,92384
刺菜花 196057
刺菜蓟 117770
刺菜芽 82022
刺菜椰属 270997
刺苍 417173
刺苍耳 **415053**
刺草 403028
刺草属 **140099**
刺簕竹 **47448**
刺茶 182800,338317
刺茶藨 333900,333961
刺茶藨子 **333961**
刺茶裸实 **182800**
刺茶美登木 182800
刺长柄花草 **26935**
刺车轴草 **396885**
刺齿糙苏 **295198**
刺齿唇柱苣苔 **87974**
刺齿刺红珠 **51557**
刺齿刺红珠小檗 51557
刺齿大戟 **159863**
刺齿凤仙花 **205052**
刺齿核果木 **138694**
刺齿胶草 181132
刺齿胶菀 **181132**
刺齿栎 324050
刺齿亮盘无患子 **218785**
刺齿柳 **344135**
刺齿马先蒿 **287016**
刺齿木蓝 **205788**
刺齿泥花菜 231496
刺齿泥花草 **231496**
刺齿十大功劳 **242636**
刺齿莴苣 **219533**
刺齿小檗 51327,51393,52265
刺齿枝子花 **137627**
刺翅楝 **320798**
刺翅楝属 **320797**
刺臭椿 **12588**
刺樗 12588
刺穿心莲 22401
刺椿木 417273,417278
刺椿头 30604
刺唇紫草属 **140991**
刺茨菇 222042
刺刺菜 92384
刺刺草 18822
刺刺牙 82022
刺刺竹 87603
刺楤 30628
刺楤木 30760
刺楤属 30587
刺醋李 333929
刺打草 73337
刺大戟 **158720**
刺欓 417173
刺刀草属 4742
刺倒树 417173
刺滇紫草 271756
刺颠茄 367706
刺垫棘豆 **278864**
刺丁茄 367735
刺钉 240842
刺冻绿 342198
刺斗石栎 233192
刺豆蔻 **19818**
刺杜密 60167,60189
刺盾叶秋海棠 **50304**
刺萼 2111
刺萼粉枝莓 **338188**
刺萼寒莓 **339015**,339014
刺萼红花悬钩子 **338638**
刺萼假糙苏 **283649**
刺萼假杜鹃 **48354**
刺萼锦鸡儿 72257
刺萼兰 **140911**
刺萼兰属 **140910**
刺萼秋海棠 **49799**
刺萼三棱柱 **413885**
刺萼三棱柱属 **413883**
刺萼沙穗 **148467**
刺萼参 **140520**
刺萼参属 **140517**
刺萼属 **2109**
刺萼秀丽莓 **338122**
刺萼悬钩子 **338101**,338079
刺萼野牡丹 **81840**
刺萼野牡丹属 **81839**
刺萼掌属 **2096**
刺萼柱属 **2137**
刺恩科木 270897
刺儿菜 **92384**,82022,82024,92145
刺儿菜属 **82017**
刺儿草 82022,92384,135134
刺儿瓜 **56657**
刺儿鬼 53797
刺儿蓟 82022
刺儿棵 415046
刺儿李 333929
刺儿苗 415046
刺儿思 247131
刺儿松 298358,298449
刺耳蓝 139959
刺耳南 139959
刺二色鼠麴木 **337151**
刺番荔枝 25868
刺番茄 367682
刺番樱桃 **329166**
刺番樱桃属 **329164**
刺芳香木 **38381**
刺纺锤菊 **44129**
刺飞廉 73281,73337
刺费利菊 **163188**
刺风树 417273
刺枫树 215442
刺稃大麦草 198272
刺稃拂子茅 **65420**
刺稃野大麦 **198272**
刺芙蓉 **195257**
刺福王草 **313799**
刺富氏锦葵 **168810**
刺盖 73337
刺盖草 91814,92066
刺干菊 26746
刺干椰属 6128
刺柑 **140516**
刺柑属 **140515**
刺秆菜 82022,92384
刺橄榄 336675
刺疙瘩 270247
刺格 240813,245220,276313
刺格仔 114325
刺根白皮 215442
刺根橺属 2550,113290
刺梗百簕花 **55425**
刺梗假杜鹃 **48086**
刺梗尖刺联苞菊 **52643**
刺梗蔷薇 **336944**
刺梗芹 **140644**
刺梗芹属 **140640**
刺梗天南星 33266
刺梗异果鹤虱 **193739**
刺骨苣 **303966**
刺骨苣属 **303961**
刺瓜 **140527**,114245,117433,117503
刺瓜米草 366480
刺瓜属 **140526**
刺瓜藤 **362461**,283919
刺瓜藤属 **362460**
刺瓜叶菊 **290819**
刺拐棒 143657,143665
刺冠耳喙马先蒿 **287443**
刺冠菊 **68081**,80957
刺冠菊属 **68079**,375263
刺冠爵床属 **2628**
刺冠亮泽兰 **19110**
刺冠亮泽兰属 **19109**
刺冠谬氏马先蒿 287443
刺冠藤 **140975**
刺冠藤属 **140974**
刺冠枣 418216
刺灌莲属 **140976**
刺灌木科 333754
刺灌木属 333751
刺灌鼠李 **216033**
刺灌鼠李属 **216032**
刺灌属 2639
刺灌卫矛 **2641**
刺灌卫矛属 **2639**
刺广布泽苔草 **66342**
刺桂 68475
刺桂豆 **68475**
刺桂豆属 **68469**

刺桂属 68469
刺果白花黄檀 **121615**
刺果茶藨 333929,334089
刺果茶藨子 **333929**
刺果大戟 84854
刺果毒漆藤 **393471**
刺果峨参 **28030**
刺果番荔枝 **25868**
刺果番杏 **395053**
刺果番杏属 **395052**
刺果肥牛树 **82239**
刺果粉藜 44646
刺果甘草 **177932**
刺果骨籽菊 **276557**
刺果含羞草 **254980**
刺果鹤虱 221751
刺果狐尾藻 **261376**
刺果槲寄生 **411017**
刺果坚果番杏 **387157**
刺果蕉 **2126**
刺果蕉属 **2125**
刺果菊属 320508
刺果蓝蓟 **141090**
刺果冷水花 **299049**
刺果藜属 **140830**,48753
刺果苓菊 **214060**
刺果蔓茶藨 333929
刺果毛茛 **326108**
刺果南苜蓿 **247435**
刺果片单花酸模 **340262**
刺果婆罗门参 **394259**
刺果蒲公英 **384781**
刺果荠 268769
刺果荠属 268768
刺果芹 **400473**
刺果芹属 **400471**
刺果山黄皮 **325325**
刺果树 **84854**
刺果树科 332382,371178
刺果树葡萄 **120064**
刺果树属 **84852**,332384
刺果四尖蔷薇 **387142**
刺果松 **299795**
刺果苏木 64971,64983
刺果藤 **64466**,287989
刺果藤杜仲 157269
刺果藤科 **64474**
刺果藤属 **64454**
刺果藤仲 157269,157276
刺果薇属 1739
刺果卫矛 **157269**,157418,157888,157966
刺果细爪梧桐 **226262**
刺果仙人掌 **273052**
刺果血桐 **240286**,240233
刺果羊蹄 340023
刺果椰属 **156113**
刺果野桐 **243382**
刺果叶下珠 **296571**,296521,296801
刺果圆筒仙人掌 **116654**
刺果泽兰 **186161**
刺果泽兰属 **186159**
刺果泽泻属 **140536**
刺果珍珠茅 **354232**
刺果蜘蛛抱蛋 **39576**
刺果猪殃殃 **170352**,170199
刺果紫玉盘 **403438**
刺过江 222042
刺海棠 49911,243690
刺海桐 301352
刺海枣属 2550
刺含羞草 255098
刺号角毛兰 **396139**
刺合欢 1572
刺核藤 **322562**
刺核藤属 **322517**
刺荷叶 160637
刺黑草 **61780**
刺黑珠 **52131**,51284
刺黑竹 **87603**
刺红花 **77749**,77748,336783
刺红珠 **51555**
刺湖瓜草 **232397**
刺葫芦 338281
刺蝴蝶木 **71764**
刺虎 122040
刺虎耳草 **349117**
刺鯱玉 **263745**
刺花 336783
刺花棒 143657
刺花草 **184265**
刺花草属 **184264**
刺花椴 **151096**
刺花椴属 **151095**
刺花凤梨 **140972**
刺花凤梨属 **140970**
刺花椒 **417134**,417340
刺花莲子草 **18135**
刺花蓼 **89112**
刺花蓼属 **89051**
刺花木蓝 **206576**
刺花悬钩子 **338079**
刺槐 **334976**
刺槐科 **335015**
刺槐属 **334946**
刺黄柏 **242542**,51301,51314,51717,52049,52169,52225,242487,242517,242522,242538,242543,242563
刺黄檗 51301,51470,51524,51717,52169
刺黄檗树 52322
刺黄果 **76873**,25934
刺黄果属 76854
刺黄花 **20689**,52052
刺黄花稔 **362662**
刺黄花属 **20687**
刺黄连 **242543**,51284,51336,51360,51374,51437,51454,51757,52062,52131,52169,52313,52320,52371,242487,242508,242512,242534,242559,242563,242638,338317
刺黄莲 51614
刺黄皮 51524
刺黄耆 **42315**
刺黄芩 51284,51454,52052,52371,242487,242522,242542,242638
刺黄藤 **287989**
刺黄卫矛 **157280**
刺桧 **213841**
刺喙兰 **140904**
刺喙兰属 **140903**
刺喙苔草 **74599**
刺矶松 2211,2227,305163
刺矶松属 2208
刺蒺藜 **395085**,395146
刺蒺藜草 80821
刺戟草 129776
刺戟草科 129781
刺戟草属 129772
刺戟科 129781
刺戟木科 **129781**
刺戟木属 **129772**
刺戟属 129772
刺蓟 **91939**,92066,92167,92384
刺蓟菜 82022,92066,92384
刺蓟草 **91814**
刺蓟罂粟 **32435**
刺荚木蓝 **206311**
刺甲盖 140712
刺假滨紫草 **318002**
刺假杜鹃 **48311**
刺尖荆芥 **265032**
刺尖锯齿小檗 51331
刺尖前胡 **292843**
刺尖石防风 292843
刺尖头草 82022,92384
刺椒 **417199**,417139,417340
刺角菜 82022,92384
刺脚骨脆 **78096**
刺秸子 92066
刺金刚 159739
刺金刚纂属 140612
刺金合欢 1297
刺金雀 151078
刺金雀属 151077
刺金筒球 **244065**
刺金须茅 **90120**,90125
刺金腰 **90356**
刺金鱼藻 **83558**
刺槿 195257
刺茛草 **36623**
刺茎楤木 30632
刺茎鹤虱 **221672**
刺茎莴苣 219497
刺茎椰子属 6128
刺茎鱼黄草 **250799**
刺茎棕属 6128
刺菊木 **48420**
刺菊木属 **48414**
刺菊属 76988
刺橘属 **405482**
刺橘子 92066
刺苣 354651
刺苣属 354648
刺绢毛苋 **360733**
刺卡洛大风子 270897
刺栲 **78955**,78933
刺壳椆 233192
刺壳花椒 **417221**
刺壳椒 417221
刺壳柯 **233192**
刺壳石栎 233192
刺可利果 **96822**
刺孔雀椰子属 12771
刺孔叶沟瓣 **178005**
刺苦草 **404562**
刺苦豆 **123271**
刺块蚁茜 **261485**
刺葵 **295465**,295453,295475
刺葵属 **295451**
刺辣树 417271
刺蓝刺头 **140790**
刺榄属 **415234**
刺郎子 336675
刺榔 191629
刺榔果 76962
刺老包 30590,30604
刺老苞 30604
刺老鼠簕 **2711**
刺老鸦 30634
刺梨 272891,333929,336675,336885,336930
刺梨子 336675
刺犁头 309564
刺篱木 **166773**,166786
刺篱木科 **166793**
刺篱木属 **166761**
刺藜 **139681**
刺藜科 **139694**
刺藜属 **139677**
刺藜头 309564
刺李 316819,333900,333929
刺李山榄科 **63428**
刺李山榄属 **63417**

刺栗 78920
刺栗子 336615
刺莲花科 **234254**
刺莲花属 **234251**
刺莲藕 160637
刺莲蓬 160637
刺莲蓬实 160637
刺联苞菊 **52691**
刺链菊 **2173**
刺链菊属 **2172**
刺良毛芸香 **155848**
刺凉子 280548
刺蓼 **309772**
刺蓼树属 **306653**
刺裂蕊紫草 **234998**
刺林草 2325
刺林草属 **2332**,2322
刺鳞草 **81814**
刺鳞草科 **81811**
刺鳞草属 **81812**
刺鳞果草 370893
刺鳞蓝雪花 **83649**
刺鳞莎草 **118548**
刺鳞籽草 **370893**
刺柃 160551
刺凌德草 **334544**
刺菱 394459,394460,394496
刺溜溜 52049
刺榴 79595
刺柳 141932
刺龙柏 30604
刺龙包 30604
刺龙袍 30604
刺龙桐 59197
刺龙王角 **199002**
刺龙牙 30634
刺龙柱 **224336**
刺露兜树 **281017**
刺芦荟 **16804**
刺绿皮 328707
刺萝卜 82022,92066,92384
刺裸实 182683
刺麻树 **268016**
刺麻树属 **268012**
刺马槟榔 71762
刺马甲子 **280544**,280559
刺马利筋 **37906**
刺马钱 **378865**
刺脉茅根 **291397**
刺蔓柱 **224522**
刺蔓柱属 **224521**
刺芒柄花 271347
刺芒杜鹃 331894
刺芒刚竹 **297198**
刺芒龙胆 **173261**
刺芒野古草 **37429**
刺毛白叶莓 **339294**
刺毛白珠 **172165**
刺毛白珠树 172165
刺毛柏拉木 **55175**
刺毛斑鸠菊 **140524**
刺毛斑鸠菊属 **140522**
刺毛臂形草 **58186**
刺毛糙苏 **295191**
刺毛茶藨 **334033**
刺毛刺棒棕 **46378**
刺毛大戟 **159835**
刺毛大血藤 **347079**
刺毛杜鹃 **330358**
刺毛番薯 **208181**
刺毛风铃草 **70305**
刺毛腹无患子 **151735**
刺毛甘草 **177885**
刺毛红孩儿 50134
刺毛红孩儿秋海棠 **50134**
刺毛还阳参 **111017**
刺毛黄堇 **106469**,105630
刺毛碱蓬 **379489**
刺毛金银花 235852
刺毛景天 **357180**
刺毛爵床属 **84774**
刺毛榄仁树 **386560**
刺毛黧豆 **259558**
刺毛亮泽兰 **263931**
刺毛亮泽兰属 **263929**
刺毛柳叶箬 **209071**,209129
刺毛麻疯树 **212228**
刺毛猕猴桃 **6567**
刺毛母草 **231575**
刺毛蔷薇 **336551**,336944
刺毛秋海棠 50067
刺毛忍冬 235852
刺毛山樱花 83322
刺毛石莲花 **140009**
刺毛黍属 361993
刺毛树葡萄 **120226**
刺毛苔草 **76240**
刺毛藤 31571
刺毛天胡荽 **200364**
刺毛头菊 **151620**
刺毛头黍 **361994**
刺毛头黍属 **361993**
刺毛团扇 273061
刺毛微果草属 **362013**
刺毛尾稃草 **402564**
刺毛委陵菜 313029
刺毛瓮梗桉 **24605**
刺毛细管马先蒿 **287256**
刺毛悬钩子 **338859**,339294
刺毛叶草 **225800**
刺毛叶草属 **225799**,141444
刺毛叶小檗 **52142**
刺毛异边大戟 **159124**
刺毛异形木 **16030**,16008
刺毛淫羊藿 **147059**
刺毛樱桃 **83322**
刺毛缘苔草 **75786**
刺毛月光花 **67753**,208181
刺毛越橘 **404023**
刺毛掌 272846
刺毛子草 **153182**
刺锚草 99361
刺锚草属 99358
刺玫 336522
刺玫果 336522,336738
刺玫花 336901
刺玫蔷薇 336522
刺莓 **339347**,339194
刺莓果 336522
刺梅花 336783
刺美洲茶 **79972**
刺米通 392559
刺密花石栎 **233177**
刺茉莉 **45974**
刺茉莉科 344816
刺茉莉属 **45971**
刺墨药菊 **248602**
刺蘼苓草 258845,258849,258859
刺木 133647,237191
刺木棒 143657
刺木花 237191
刺木槿 195257
刺木科 133649
刺木蓝 **206456**
刺木蓼 **44276**
刺木莓 **136862**
刺木属 **179996**,133646
刺木通 154626,154734
刺苜蓿 **247282**
刺纳什木 **262602**
刺南蛇藤 80189
刺楠竹 47445
刺囊苔草 **75567**
刺拟毛瑞榈 **246676**
刺柠檬石竹 **127577**
刺牛草属 222671
刺欧石南 **150076**
刺欧洲刺柏 **213707**
刺藕 222042
刺盘子 280555
刺泡 338628
刺泡儿 338281
刺泡花 338719
刺蓬 344496,344635,344743
刺蓬花 159363
刺片豆 **81819**
刺片豆属 **81817**
刺瓶椰 **171902**
刺瓶椰属 **171901**
刺葡萄 **411646**,411849,411890
刺朴 **80653**
刺歧缬草 **404421**
刺茜树 325281
刺蔷薇 **336320**
刺鞘棕属 398824
刺茄 **180027**,366910,367011,367241,367682,367733,367735
刺茄属 **180026**
刺茄子 366910
刺芹 **154316**
刺芹刺头菊 **108281**
刺芹菊 **154275**
刺芹菊属 **154273**
刺芹矢车菊 **81064**
刺芹属 **154276**
刺芹叶蓝刺头 **140702**
刺青冈 324436
刺琼梅 **252707**
刺楸 **215442**,417139
刺楸属 **215420**
刺楸树 215442,280552
刺球 140872,177950
刺球果科 **218086**
刺球果属 **218074**
刺球花 1219
刺球花蓟属 140652
刺球苜蓿 247425
刺球桑 **2620**
刺球桑属 **2616**
刺全能花 **280882**
刺群花寄生 **11118**
刺髯秋海棠 **50321**
刺热美椴 **28958**
刺人参 272706
刺人参属 272704
刺肉被藜 **328535**
刺蕊草 **306978**,306964
刺蕊草刺痒藤 **394193**
刺蕊草属 **306956**
刺蕊黄乳桑 **290678**
刺蕊锦香草 **296412**
刺三翅菊 **398227**
刺三加 143694,417290,417292
刺三甲 143694
刺三尖草 **395022**
刺三叶花椒 **417360**
刺桑 **377540**,240813,377542
刺桑椹 338292
刺桑属 **385289**
刺杀草 82022,92384
刺沙拐枣 **67024**
刺沙蓬 **344743**
刺沙蓬猪毛菜 344743
刺沙枣 **141937**
刺沙针 **2638**
刺沙针属 **2635**
刺莎 **140907**

刺莎草 **118784**
刺莎属 **140906**
刺山柑 **71871**,71762
刺山菊头桔梗 **211676**
刺山榄 415239
刺山楼子 **61674**
刺山楂 109598,109790
刺杉 114539
刺扇叶棕 228766
刺舌瓣 **177365**
刺舌非洲豆蔻 **9938**
刺舌兰属 **50902**
刺舌砂仁 9938
刺参 **272706**,247177,258840,258849,258859,258862,258863
刺参科 258870
刺参靡苓草 258862
刺参属 **272704**,2109,258831
刺十二卷 **186633**
刺石爵床 **183154**
刺石爵床属 **183153**
刺石榴 336825,336888,367528
刺石棕 **59096**
刺实紫葳 97471
刺矢车菊 **81319**
刺柿 336405
刺鼠李 **134021**,328691
刺鼠李属 **134020**
刺鼠茜属 **11518**
刺鼠尾草 **345403**
刺鼠尾粟 **372811**
刺薯蓣 **131836**,131577,131579
刺树椿 30604
刺树科 **167563**
刺树属 **167556**
刺栓果菊 **222992**
刺双泡豆 **132695**
刺水蓑衣 **200661**
刺水塔花 **54449**
刺蒴麻 **399312**
刺蒴麻刺痒藤 **394222**
刺蒴麻属 **399190**
刺丝菝葜 **366364**,366363
刺丝草 **2324**
刺丝草属 **2322**
刺丝瓜 **238271**
刺丝苇属 **2590**
刺丝叶菊 **391036**
刺松 213634,213775
刺搜山虎 417330
刺苏铁 83685
刺酸浆 297627,309564
刺酸浆属 **85681**,297624
刺酸模 **340116**
刺碎米荠 **2119**
刺碎米荠属 **2118**
刺穗稗 **140483**
刺穗凤梨属 2623
刺穗爵床属 **373013**
刺穗藜 139681
刺梭罗 366480
刺苔草 **74423**
刺檀香 76962
刺桃 **20967**
刺藤 **292443**,13525,65033,300944
刺藤果 197232
刺藤棘子 336675
刺藤科 **292444**
刺藤属 **292439**
刺藤乌 143694
刺藤子 **342180**,342198
刺梯牧草 **294976**
刺天果 367735
刺天南星 33295
刺天茄 **367733**,366910,367241
刺天竺葵 **288209**
刺田菁 **361367**
刺甜舌草 **2305**
刺甜舌草属 **2303**
刺铁苋菜 **1840**
刺铁线莲 **94877**
刺庭荠 **18474**
刺通 154734
刺通草 **394757**,394760
刺通草属 **394755**
刺桐 **154734**,215442
刺桐属 **154617**
刺桐树 154626
刺头 140712,336675
刺头草 309564
刺头草属 82113
刺头花 2134
刺头花属 2133
刺头火绒草 140712
刺头菊属 **108217**,2133
刺头婆 402245
刺头琴菀 **153708**
刺头山柳菊 **195575**
刺突补血草 **230760**
刺瓦拉木 **405289**
刺菀 **88254**
刺菀属 **88253**
刺韦氏凤梨 **414638**
刺尾果锦葵 **402486**
刺苇椰子属 174341
刺卫矛 157321,157332,157407
刺猬草属 **140646**
刺猬棘豆 278899
刺猬欧石南 **149406**
刺猬染料木 **172985**
刺猬卫矛 **157332**
刺猬仙人掌 272880
刺猬香瓜 **114147**
刺猬掌属 140842
刺猬紫檀 320293
刺蝟菊 **270246**
刺翁属 273809
刺翁头仙人柱 **273822**
刺翁柱属 **273809**
刺莴苣 **219534**
刺污生境 103797
刺无心菜 **32160**
刺五加 **143657**,2412,143610,143628,143642,143694,215442
刺五加属 143575
刺五甲 143596,143642
刺五泡藤 338698,339485
刺西米椰子 252634
刺仙茅 258863
刺仙人球 **107058**
刺纤叶草 **278569**
刺纤叶草属 **278568**
刺蚬壳花椒 **417218**
刺苋 **18822**
刺苋菜 18670,18822
刺腺柄豆 **7917**
刺相思树 **1060**
刺香 306964
刺香芸木 **10699**
刺小檗 51454
刺星蕊大戟 **6917**
刺须芒草 **22929**
刺序木蓝 **206636**
刺序石头花 **183250**
刺续断 **258859**
刺续断科 **258870**
刺续断属 **258831**,2109
刺悬钩子 339130
刺旋花 **103338**
刺靴兰 **273315**
刺雪属 2208
刺血红 48241
刺血桐 **240255**
刺鸭脚 59207
刺鸭脚木 59207
刺亚麻 **231949**
刺芫荽 154316
刺芫荽属 154276
刺岩黄芪 187849,187912
刺岩黄耆 **187849**,187912
刺盐肤木 417273
刺焰花苋 **294333**
刺杨 371860
刺杨柏 213775
刺洋狗尾草 **118319**
刺痒黧豆 259558
刺痒马唐 **130721**
刺痒藤 97504
刺痒藤属 **394114**
刺痒楔果金虎尾 **371372**
刺椰属 2550
刺椰子属 2550
刺叶 **2565**
刺叶白千层 **248119**
刺叶白云杉 **298290**
刺叶彼得费拉 292626
刺叶笔草 318150
刺叶柄黄芪 **42827**
刺叶柄黄耆 **42828**
刺叶柄棘豆 278680
刺叶伯格曼小檗 51361
刺叶彩花 **2211**
刺叶稠李 223131
刺叶刺苞菊 **76989**
刺叶楤木 30759
刺叶大头苏铁 **145224**
刺叶点地梅 **23300**
刺叶钓钟柳 **289331**
刺叶冬青 **203590**,203765,203901,203902
刺叶芳香木 **38384**
刺叶非洲铁 145224
刺叶福雷毛蕊花 **405702**
刺叶刚毛丝叶菊 **391049**
刺叶高山栎 324436
刺叶沟瓣 177995
刺叶桂樱 **223131**,316824
刺叶花椒 417292
刺叶黄褥花 243523
刺叶矶松 179380
刺叶蓟 76989
刺叶假金发草 **318156**,318150
刺叶金茅 318150
刺叶锦鸡儿 **72170**
刺叶可利果 **96659**
刺叶蜡烛果 **284493**
刺叶栎 **324436**
刺叶柳 **343101**,343476
刺叶龙骨小檗 **51428**
刺叶露子花 **123953**
刺叶桐属 12771
刺叶罗汉松 **306397**
刺叶美登木 **246803**
刺叶南蛇藤 80189
刺叶拟老鼠簕 **2575**
刺叶欧洲云杉 **298197**
刺叶茜 **296354**
刺叶茜属 **296353**
刺叶雀苣 **350505**
刺叶肉穗芳香木 **38439**
刺叶桑 259165
刺叶山栎 324436
刺叶珊瑚冬青 **203653**
刺叶十大功劳 242597
刺叶石龙眼 **292626**
刺叶石楠 **295754**
刺叶石竹 2565

刺叶石竹属 2555
刺叶鼠尾粟 **372739**
刺叶属 **2555**
刺叶树科 415182
刺叶树属 415172
刺叶苏铁 115888
刺叶苔草 **73597**
刺叶藤属 376554
刺叶铁线莲 94877
刺叶瓦松 275396
刺叶苇草 318150
刺叶卫矛 177985,177995
刺叶小檗 **52033**,52149
刺叶修泽兰 **48531**
刺叶修泽兰属 **48528**
刺叶雅坎木 **211378**
刺叶椰子属 12771
刺叶野樱 223131,316824
刺叶银桦 **180564**
刺叶樱 **316824**,223131
刺叶鹰嘴豆 **90798**
刺叶蝇子草 **138717**
刺叶蝇子草属 **138715**
刺叶硬齿小檗 **51361**
刺叶玉兰 416607
刺叶獐毛 8879
刺叶獐茅 **8879**
刺叶轴榈 **228762**
刺叶紫葳 **377142**
刺叶紫葳属 **377141**
刺叶棕属 12771
刺衣黍属 **140592**
刺蚁棕 **217920**
刺异味树 **103797**
刺异叶花椒 **417292**
刺翼豆 **2587**
刺翼豆属 **2586**
刺翼果属 **140896**
刺银叶大蓼 94877
刺罂粟 32429
刺罂粟属 32411,379219
刺鹰嘴豆 **90827**
刺尤利菊 **160841**
刺油杉树 82541
刺鱼骨木 71387
刺鱼尾椰属 12771
刺榆 **191629**
刺榆属 **191626**
刺榆针子 191629
刺榆子 336675
刺芋 **222042**
刺芋属 **222038**
刺缘毛连菜 **298584**
刺缘雀舌兰 **139260**
刺远志 **308393**
刺云实 **65068**,65002
刺凿 415869
刺枣 418169
刺皂角 64990
刺沼地窄叶苔草 **76509**
刺针草 53797,53801,54042,98223
刺针草属 98220
刺针木蓼 44271
刺针松 300168
刺针苏铁 115888
刺榛 **106733**
刺枝菝葜 **366392**
刺枝棒室吊兰 **106980**
刺枝豆 **161295**
刺枝豆属 **161294**
刺枝杜鹃 **330210**
刺枝钝柱菊属 **316068**
刺枝芳香木 **38383**
刺枝菊 **2161**
刺枝菊属 **2159**
刺枝木 **217399**
刺枝木科 **217400**
刺枝木蓝 **205613**
刺枝木属 **217398**
刺枝南非针叶豆 **223544**
刺枝桑 **313248**
刺枝桑属 **313247**
刺枝树科 217400
刺枝鸦葱 **354798**
刺枝野丁香 **226114**
刺柊 276313,354598
刺柊属 354596
刺种荇菜 267818
刺种莕菜 **267818**
刺轴拜卧豆 **227028**
刺轴含羞草 255089
刺轴榈 **228766**
刺轴榈属 228729
刺株小苦荬 **210520**
刺珠 71699
刺猪苓 366338
刺竹 47213,47445,87634
刺竹叶花椒 417161
刺竹子 **87597**,87603
刺柱菊 **2634**
刺柱菊属 **2633**
刺柱露兜树 **280970**
刺状假叶柄草属 297132
刺状开唇兰 **26005**
刺状破布木 **104249**
刺状日中花 **220676**
刺锥 78947,78955
刺锥栗 78955
刺缀 **390942**
刺缀属 **390941**
刺仔 79595
刺仔花 159363
刺仔木 182683
刺鬃柄稷 **281370**
刺鬃稷 281370
刺籽日本脐果草 **270698**
刺籽鱼木 **110224**
刺子 79595,166773,336675
刺子凤梨 **56891**
刺子凤梨属 **56888**
刺子花 159363
刺子肋瓣花 **13775**
刺子拟漆姑 **370627**
刺子树 231301
刺子莞 **333672**
刺子莞莎草 **119492**
刺子莞属 **333477**
刺子鸭跖草 **100998**
刺子鹰嘴豆 **90809**
刺子鱼木 110224
刺紫木蓝 **206458**
刺紫沙玉 **32352**
刺紫檀 320293
刺棕榈属 **2550**
刺棕属 2550
刺足鳞果藤 **270942**
刺柞 415869
莿包头 143682
莿葱 143682
莿冬属 354596
莿瓜 114245
莿江某 417139
莿兰棵子 336675
莿藜头 309564
莿球 1219
莿球花 1219
莿竹 47213
莿竹属 47174
莿子树 231301
赐米草 362617,362622
赐紫樱桃 411979
从化柃 **160546**
从化山姜 **17658**
苁草 308397
苁蓉 57437,93054,93075
枞 365,299799
枞树 300054
枞松 300054
枞叶菊 **293088**
枞叶菊属 **293087**
葱 **15289**,15868
葱白藜芦 405618
葱草 **313545**,387432,416127
葱草属 **313544**
葱臭芥属 14953
葱臭木 139644
葱臭木属 139637
葱刺兰 **311771**
葱刺兰属 **311770**
葱芥 **14964**
葱芥欧蟹甲 **8038**
葱芥属 **14953**
葱芥叶风铃草 **69885**
葱芥叶堇菜 **409680**
葱科 **14951**
葱葵 405618
葱兰 **311769**,417612
葱兰属 **311768**,417606
葱莲 **417612**
葱莲科 **417600**
葱莲属 **417606**
葱岭蒲公英 **384769**
葱岭苔草 **73620**
葱岭小蒜芥 **253962**
葱岭羊茅 **163807**
葱皮忍冬 **235781**
葱苒 405618
葱属 **15018**
葱菼 405618
葱头 15165
葱味阿魏 **163578**
葱味木 198907
葱味木属 198906
葱味腺头葳 **7369**
葱叶兰 **254238**
葱叶兰属 **254226**
葱状灯心草 **212820**,213014
葱状蜡菊 **189119**
葱状丝叶芹 **350362**
葱状苔草 **73636**
葱状紫瓣花 **400055**
楤 143682
楤木 **30604**,30590,30634,30760
楤木白粉藤 **92610**
楤木刺橘 **405488**
楤木鼠李 **30814**
楤木鼠李属 **30812**
楤木属 **30587**
楤木子 30634
楤叶悬钩子 **338967**
丛蕨草 **353272**
丛簇小楯 254467
丛簇棕榈 **393806**
丛菔 **368571**
丛菔属 **368546**
丛蒿 35230
丛花百日青 **306427**
丛花报春 **314820**
丛花格木 **154969**
丛花桂 113441
丛花厚壳桂 **113441**
丛花荚蒾 407869
丛花南蛇藤 80295,80296
丛花韧葵木 **48801**
丛花塞罗双 **283897**
丛花山矾 **381366**
丛花银叶树 **192489**

丛花柞木 **415881**
丛茎滇紫草 **271844**
丛茎耳稃草 **171490**
丛茎毛兰 **148642**
丛卷毛半轭草 **191779**
丛卷毛菲利木 **296292**
丛卷毛画眉草 **147681**
丛卷毛黄花稔 **362543**
丛卷毛荆芥 **264924**
丛卷毛南洋参 **310197**
丛卷毛十二卷 **186435**
丛卷毛水苏 **373208**
丛卷毛小金梅草 **202859**
丛卷毛帚叶联苞菊 **114449**
丛立槟榔 31696
丛立槟榔子 31696
丛立刺桐属 4949
丛立刺椰子属 286038
丛立刺棕 **286039**
丛立刺棕榈属 286038
丛立刺棕属 **286038**
丛立孔雀椰子 78047
丛立鳞菊 **123845**
丛立马唐 **130627**
丛立仙人球 **244073**
丛立仙人掌 **272805**
丛丽 82366
丛丽花 **82366**
丛林白珠 **172069**
丛林布罗地 **60486**
丛林草属 **352040**
丛林茶藨子 **334082**
丛林楤木 30707
丛林滇紫草 **271752**,242397
丛林杜若 307337
丛林飞蓬 **150833**
丛林兰 **138507**
丛林兰属 **138505**
丛林丽匍匐筋骨草 **13176**
丛林诺林兰 **266492**
丛林爬山虎 **285127**
丛林泡花树 249385
丛林茜 **17787**
丛林茜属 **17786**
丛林忍冬 **235873**
丛林素馨 **211806**
丛林小檗 **51577**
丛林野荞麦 **151978**
丛林银莲花 **23925**
丛林蝇子草 **363219**
丛林胀萼紫草 **242397**
丛林珍珠菜 239750
丛林猪胶树 **97263**
丛榈 85671
丛榈属 85665
丛毛阿弗桃榄 **313328**
丛毛矮柳 **343385**
丛毛糙苏 **295101**
丛毛垂叶榕 **164701**
丛毛垂枝榕 164701
丛毛吊兰 88553
丛毛独尾草 **148540**
丛毛菲利木 **296216**
丛毛梗山柳菊 **195599**
丛毛黄芩 **355416**
丛毛鸡脚参 **275662**
丛毛鹿角藤 **88892**
丛毛马先蒿 **287099**
丛毛毛蕊花 **405665**
丛毛葡萄风信子 **260308**
丛毛榕 165033,165037
丛毛石栗 **14545**
丛毛双钝角芥 **128352**
丛毛弯花 70498
丛毛弯蕊豆 **70498**
丛毛腺叶单列木 **257925**
丛毛肖毛蕊花 **80518**
丛毛星牵牛 **43354**
丛毛岩报春 **315065**
丛毛羊胡子草 **152753**
丛毛叶黄耆 **42372**
丛毛远志 **307998**
丛生桉 **155579**,155621
丛生豹皮花 **373751**
丛生北美香柏 **390591**
丛生变豆菜 **345971**
丛生槟榔属 200180
丛生冰草 **11659**
丛生玻璃掌 **186801**
丛生刺葵 **295458**
丛生刺头菊 **108249**
丛生大叶藻 **418382**
丛生德思凤 126141
丛生帝王花 **82294**
丛生钉柱委陵菜 **312957**
丛生东爪草 **109463**
丛生短片帚灯草 **142941**
丛生耳稃草 171490
丛生发草 126039
丛生法道格茜 **161939**
丛生返顾马先蒿 **287595**
丛生芳香木 **38450**
丛生肥皂草 **346420**
丛生费利菊 **163160**
丛生风铃草 69942
丛生风毛菊 **348181**
丛生福禄考 **295254**,295324
丛生高原芥 **89256**,126160
丛生孩儿草 **340341**
丛生海神木 **315743**
丛生蒿 **35479**
丛生红毛苋 **323039**
丛生花菱草 **155171**
丛生花珍珠菜 239597
丛生画眉草 **147560**
丛生黄堇 **105685**
丛生黄芪 42216
丛生黄耆 **42216**
丛生火绒草 **224809**
丛生积雪草 **81577**
丛生棘豆 **278760**,278762
丛生假桃金娘 **294106**
丛生碱蓬 **379502**
丛生角果帚灯草 **83426**
丛生堇菜 **410439**
丛生景天 **356601**
丛生科豪特茜 **217672**
丛生克拉斯茜 **218183**
丛生蓝耳草 **115536**
丛生莲花掌 **9033**
丛生琉璃菊 **79284**
丛生龙胆 **173974**,174041
丛生驴蹄草 **68167**
丛生美尖柏 85377
丛生虻眼草 **136212**
丛生密环草 **322041**
丛生绵叶菊 **152802**
丛生牡荆 **411220**
丛生欧石南 **149118**
丛生匍茎山柳菊 **299220**
丛生球距兰 **253319**
丛生曲芒草 **237975**
丛生日本柳杉 **113689**
丛生日中花 **220495**
丛生榕 165541
丛生伞花粟草 **202240**
丛生扇叶芥 **126160**,89256
丛生蛇舌草 **269777**
丛生十大功劳 **242617**
丛生石竹 **127626**
丛生瘦鳞帚灯草 **209425**
丛生树萝卜 **10371**
丛生四脉菊 **387351**
丛生菱叶委陵菜 **312471**
丛生苔草 **73986**,73987
丛生天竺葵 **288124**
丛生微小蓝蓟 **141193**
丛生维玛木 413706
丛生无茎尖膜菊 **201299**
丛生勿忘草 260772
丛生仙人笔 **216658**
丛生腺毛卷耳 **82764**
丛生香茶 **303187**
丛生小金梅草 **202821**
丛生小叶委陵菜 **312767**,312775
丛生小鹰芹 **45982**
丛生绣线菊 **371853**
丛生锈红欧石南 **150002**
丛生勋章花 **172285**
丛生鸦葱 **354829**
丛生亚麻 **231903**
丛生岩芥菜 **9789**
丛生羊耳蒜 **232117**
丛生杨桐 **8217**
丛生叶梗玄参 **297097**
丛生叶下珠 **296509**
丛生一点红 **144900**
丛生一枝黄花 **368123**
丛生隐子草 **94587**
丛生蝇子草 **363278**
丛生月见草 **269417**
丛生越橘 **403754**
丛生胀萼马鞭草 **86071**
丛生脂麻掌 **171635**
丛生蜘蛛抱蛋 **39523**
丛生猪屎豆 **112716**
丛生紫杉 **385359**
丛生棕榈 4951
丛苔 73987
丛苔草 **73987**
丛叶垂头菊 110461
丛叶蓼 162509
丛叶楠 264041
丛叶玉凤花 **184141**
丛云球 **249594**
丛枝楤木 30707
丛枝杜鹃 **330273**,331301
丛枝扶芳藤 **157511**
丛枝桦 53444
丛枝黄耆 **42388**
丛枝角蒿 **205585**
丛枝蓼 **309624**
丛枝柳杉 **113713**
丛枝木属 104420
丛枝囊瓣芹 **320209**
丛枝水杉 252540
丛枝苏木 **200723**
丛枝苏木属 **200722**
丛枝土当归 30707
丛枝竹节蓼 **259591**
丛株雪兔子 **348871**
丛竹 47264
粗矮黑心金光菊 **339560**
粗矮黑心菊 339560
粗艾麻 **221564**
粗百簕花 **55339**
粗败酱 **285860**
粗稗 **140451**
粗瓣石竹 **127697**
粗荸荠 **143109**
粗臂形草 **58097**
粗边螺序草 371779
粗柄菝葜 366605
粗柄大沙叶 **286178**
粗柄独尾草 **148544**
粗柄杜鹃 **331427**
粗柄杜若 307322
粗柄含笑 252858

粗柄花属 **279654**
粗柄金花忍冬 **235733**
粗柄类叶升麻 6433
粗柄栎 **323793**
粗柄木莲 244430
粗柄楠 **295354**
粗柄槭 **3694**
粗柄山茶 69019
粗柄扇椰子属 103731
粗柄石豆兰 **62723**,62665
粗柄铁线莲 **94867**
粗柄野木瓜 **374394**
粗柄油点草 396604,396611
粗柄有芒鸭嘴草 **209266**
粗柄玉山竹 **416766**
粗柄泽兰 **241246**
粗柄泽兰属 **241245**
粗脖婆罗门参 394334
粗糙阿帕椴 **28956**
粗糙阿氏莎草 **618**
粗糙阿斯皮菊 **39802**
粗糙桉 **155736**
粗糙菝葜 **366429**
粗糙百簕花 **55264**
粗糙百蕊草 **389859**
粗糙拜卧豆 **227068**
粗糙苞茅 **201562**
粗糙北方青木 **44933**
粗糙贝母兰 **98609**
粗糙蓖叶兰 **128400**
粗糙扁莎 **322299**
粗糙波斯臭草 **249070**
粗糙补血草 **230523**
粗糙布雷默茜 **59901**
粗糙布留芹 **63509**
粗糙布氏菊 **60137**
粗糙布瓦氏草 56563
粗糙糙蕊阿福花 **393782**
粗糙草莓 **167631**
粗糙叉毛蓬 **292727**
粗糙车前 **302181**
粗糙橙菀 **320734**
粗糙齿稃草 **351184**
粗糙赤车使者 288769
粗糙刺芹 **140642**
粗糙刺猬草 **140647**
粗糙葱 **15199**
粗糙丛林白珠 **172070**
粗糙达乌里芯芭 **116748**
粗糙大果萝藦 **279463**
粗糙大戟 **159747**
粗糙带药禾 **383035**
粗糙单桔梗 **257804**
粗糙当归 24463
粗糙迪西亚兰 128400
粗糙地笋 **239193**
粗糙吊兰 **88623**
粗糙豆瓣菜 **262652**
粗糙独活 **192238**,192348
粗糙独脚金 **377975**
粗糙杜鹃 330665
粗糙短尾菊 **207530**
粗糙短野牡丹 **58554**
粗糙盾齿花 **288861**
粗糙盾果荠 **97438**
粗糙多穗兰 **310330**
粗糙多坦草 **136617**
粗糙多疣可利果 **96870**
粗糙俄勒冈异囊菊 **194237**
粗糙鹅观草 **335489**
粗糙恩氏菊 **145199**
粗糙耳梗茜 **277217**
粗糙耳冠菊 **277288**
粗糙二毛药 **128436**
粗糙法蒺藜 **162278**
粗糙芳香木 **38925**
粗糙非洲紫菀 **19340**
粗糙费利菊 **163245**
粗糙风毛菊 **348811**
粗糙风琴豆 **218003**
粗糙凤仙花 **205304**
粗糙福王草 **313796**
粗糙腹禾 **171815**
粗糙刚直蓝蓟 **141316**
粗糙割鸡芒 **202740**
粗糙格雷玄参 **180042**
粗糙格尼瑞香 **178694**
粗糙钩毛耳草 187694
粗糙狗尾草 **361701**
粗糙骨籽菊 **276565**
粗糙鬼针草 **53782**
粗糙海神菜 **265457**
粗糙海神木 **315733**
粗糙海棠 **243693**
粗糙禾叶金菀 **301501**
粗糙鹤虱 **221755**
粗糙黑地十二卷 **186469**
粗糙黑钩叶 **22228**
粗糙黑蒴 **14299**
粗糙红景天 **329853**
粗糙红秋海棠 **50260**
粗糙蝴蝶玉 **148566**
粗糙虎耳草 **349078**
粗糙画眉草 **147505**
粗糙还阳参 **110737**,110752
粗糙黄瓜 **114127**
粗糙黄堇 **106407**
粗糙黄麻 **104101**
粗糙黄芩 **355378**
粗糙灰毛菊 **31187**
粗糙姬大蒜芥 **365372**
粗糙积雪草 **81624**
粗糙棘豆 **278723**
粗糙蓟 **92358**
粗糙加洛茜 **170804**
粗糙假琉璃草 **283269**
粗糙假木贼 **21054**
粗糙尖果茜 **77125**
粗糙金莲木 **268266**
粗糙金美韭 **398799**
粗糙金鱼藻 **83569**
粗糙荆豆 **401378**
粗糙九顶草 **145781**
粗糙居内马鞭草 **213584**
粗糙卡柿 **155925**
粗糙科豪特茜 **217668**
粗糙宽萼豆 **302934**
粗糙拉拉藤 **170614**
粗糙拉塞拉玄参 **357426**
粗糙蜡菊 **189165**
粗糙蓝耳草 **115586**
粗糙蓝蓟 **141112**
粗糙蓝桔梗 **115442**
粗糙老鸦嘴 **390762**
粗糙肋梗千屈菜 **304673**
粗糙类链荚木 **274330**
粗糙链荚木 **274354**
粗糙两节荠 **108633**
粗糙蓼 309298
粗糙鳞花草 **225215**
粗糙龙胆 **173852**,173847
粗糙龙骨角 **192430**
粗糙龙舌兰 **10935**
粗糙龙血树 **137492**
粗糙楼梯草 288769
粗糙芦莉草 **339672**
粗糙路边青 **175423**
粗糙落舌蕉 351147
粗糙落檐 **351147**
粗糙麻黄 **146143**
粗糙马瓞儿 **417508**
粗糙马卡野牡丹 **240218**
粗糙马利筋 **37837**
粗糙脉刺草 **265694**
粗糙杧果 244390
粗糙毛赤杨 **16375**
粗糙毛茛 326108
粗糙毛囊草 **298022**
粗糙毛菀木 **186887**
粗糙茅根 **291417**
粗糙梅蓝 **248867**
粗糙密头帚鼠麹 **252451**
粗糙密钟木 **192521**
粗糙膜冠菊 **201195**
粗糙摩根婆婆纳 **258786**
粗糙墨药菊 **248609**
粗糙木蓝 **205685**
粗糙木犀草 **327890**
粗糙木犀榄 **270115**
粗糙内贝树 **262985**
粗糙内华达羊茅 **164104**
粗糙南非禾 **289946**
粗糙南非青葙 **192794**
粗糙南非帚灯草 **67909**
粗糙南美刺莲花 **55853**
粗糙南美桔梗 **64004**
粗糙囊苔草 **73776**
粗糙拟豹皮花 **374048**
粗糙拟山黄麻 **283976**
粗糙拟莞 **352237**
粗糙帕福斯兰 **282767**
粗糙帕里金菊木 **150366**
粗糙排草香 **25392**
粗糙泡叶番杏 **138143**
粗糙蓬子菜 **170765**
粗糙蟛蜞菊 **413554**
粗糙披碱草 **144452**
粗糙蒲公英 **384687**,384493,384714
粗糙荠苎 259323
粗糙千金子 **226027**
粗糙千里光 **358313**
粗糙蔷薇 **336900**
粗糙鞘葳 **99368**
粗糙茄 **366954**
粗糙芹 393940
粗糙青锁龙 **109179**
粗糙秋海棠 **50098**,50260,50277
粗糙球柱草 **63280**
粗糙曲管桔梗 **365150**
粗糙全毛兰 **197515**
粗糙雀麦 60918
粗糙热非时钟花 **374062**
粗糙日中花 **220668**
粗糙绒菀木 **335127**
粗糙榕 164967,165438,165636
粗糙肉锥花 **102072**
粗糙赛菊芋 **190525**
粗糙三指兰 **396656**
粗糙色罗山龙眼 **361177**
粗糙沙刺花 **235181**
粗糙沙拐枣 **67080**
粗糙莎草 **119165**
粗糙山柳菊 **195477**
粗糙山蚂蝗 **126254**
粗糙山楂 **110021**
粗糙伤痕木蓝 **206694**
粗糙蛇鞭菊 **228534**
粗糙绳草 **328159**
粗糙省藤 **65776**
粗糙狮齿草 **224652**
粗糙十二卷 43432
粗糙矢车菊 **80939**,81356
粗糙柿 **132385**
粗糙鼠尾草 **344864**
粗糙鼠尾粟 **372625**
粗糙水车前 **277404**
粗糙水苏 **373126**

粗糙四角青锁龙 **109457**
粗糙四脉菊 **387380**
粗糙松 **300187**,300098
粗糙苔草 **75382**
粗糙唐菖蒲 **176513**
粗糙糖芥 **154445**
粗糙特林芹 **397736**
粗糙天门冬 **39157**
粗糙天竺葵 **288503**
粗糙甜菊木 **49385**
粗糙甜舌草 **232524**
粗糙条果芥 **284973**
粗糙葶苈 **137227**
粗糙头花草 **82170**
粗糙土连翘 **201084**
粗糙弯花芥 **156428**
粗糙尾稃草 **402557**
粗糙雾冰藜 **48777**
粗糙西风芹 **361580**
粗糙西印度茜 **179540**
粗糙希尔曼野荞麦木 **152127**
粗糙溪水苔草 **74594**
粗糙喜林芋 **294795**
粗糙喜马拉雅筱竹 **196344**
粗糙细辛 **37568**
粗糙虾疳花 **86598**
粗糙下田菊 **8007**
粗糙香茶 **303653**
粗糙香芸木 **10713**
粗糙小地榆 **345866**
粗糙小黄管 **356163**
粗糙小葵子 **181897**
粗糙小苓菊 **214203**
粗糙小雄蕊龙胆 **383981**
粗糙肖阿魏 **163763**
粗糙肖黑蒴 **248713**
粗糙肖鸢尾 **258400**
粗糙泻根 **61476**
粗糙星刺菊 **81831**
粗糙绣球菊 **106864**
粗糙旋覆花 **207038**
粗糙勋章花 **172297**
粗糙鸭跖草 **100928**
粗糙亚麻 **231889**
粗糙羊茅 **164304**
粗糙野棉花 402250
粗糙野桐 **243398**
粗糙叶当归 276766
粗糙叶杜鹃 **330665**
粗糙叶下珠 **296487**
粗糙叶羊茅 163850
粗糙一枝黄花 **368372**
粗糙异燕麦 **190192**
粗糙翼果苣 **201429**
粗糙翼茎菊 **172418**
粗糙印度田菁 **361435**
粗糙硬皮鸢尾 **172567**
粗糙永菊 **43907**
粗糙忧花 **241625**
粗糙圆叶泽兰 **158294**
粗糙远志 **308338**
粗糙月囊木犀 **250267**
粗糙蚤草 **321599**
粗糙泽菊 **91122**
粗糙泽兰 **158259**
粗糙针茅 **376913**
粗糙针叶芹 **4748**
粗糙止泻萝藦 **416191**
粗糙舟叶花 **340572**
粗糙帚状喜阳花 **190443**
粗糙紫草 **233777**
粗糙紫花鼠麹木 **21866**
粗糙紫堇 106407
粗糙紫露草 **394082**
粗糙紫云英 43012
粗朝鲜韭 **15692**
粗齿澳非萝藦 **326773**
粗齿赪桐 **96438**
粗齿川越绣球 **199927**
粗齿唇柱苣苔草 **87913**
粗齿刺蒴麻 **399244**
粗齿脆蒴报春 **314240**
粗齿大茨藻 **262080**
粗齿大参 **241177**,241164
粗齿灯台莲 33509
粗齿桂樱 **316686**
粗齿黄芩 **355462**
粗齿假人参 **318067**
粗齿堇菜 **410708**
粗齿冷水花 **299046**
粗齿两色槭 **2802**
粗齿柃 160503
粗齿楼梯草 **142670**
粗齿没药 **101547**
粗齿蒙古栎 **324190**,324173
粗齿猕猴桃 **6626**
粗齿南星 **33508**
粗齿荠苎 259292
粗齿赛莨菪 25443
粗齿山羊草 **8680**
粗齿鼠刺 210402
粗齿水东哥 **347957**
粗齿溲疏 **126886**
粗齿梭罗 **327376**
粗齿天名精 **77189**
粗齿铁线莲 **94964**,94741
粗齿兔儿风 **12647**
粗齿委陵菜 **312904**
粗齿无瓣悬钩子 **338137**
粗齿西方铁线莲 **95171**
粗齿西南水苏 **373276**
粗齿香茶菜 **209692**
粗齿小檗 **51950**
粗齿绣球 **200085**
粗齿野桐 243355
粗齿紫晶报春 **314747**
粗春黄菊 **26747**
粗刺菠萝球 **107063**
粗刺苊草 **36678**
粗刺龙王角 **198972**
粗刺曼陀罗 **123054**
粗刺蔷薇 336413
粗刺三光球 140236
粗刺小檗 **51996**
粗大雀麦 **60739**
粗大沙叶 **286249**
粗单药爵床 29127
粗地中海芥 **196955**
粗独活 192348
粗多齿茜 **259788**
粗萼芳香木 **38501**
粗萼欧石南 **149287**
粗二裂玄参 **134066**
粗飞蓬 **150934**
粗菲利木 **296256**
粗棐 82499
粗榧 **82545**,82499,82523,82524
粗榧科 82493
粗榧杉 82545
粗榧属 82496
粗榧子 82545
粗风兰 **24795**
粗伏毛刺蕊草 **307006**
粗干景天 329973
粗秆雀稗 **285536**
粗秆莎草 **118902**
粗秆针茅 **376757**
粗根宝铎草 **134472**
粗根薄花兰 **127964**
粗根补血草 **82408**
粗根补血草属 **82407**
粗根大戟 **159601**
粗根凤眼蓝 **141806**
粗根芙兰草 **168869**
粗根红蕾花 **416973**
粗根虎耳草 **349682**
粗根琥珀树 **27879**
粗根茎莎草 **119619**,119718
粗根韭 **15273**
粗根蓝耳草 **115576**
粗根老鹳草 **174559**
粗根镰扁豆 **135569**
粗根龙胆 **173314**
粗根露子花 **123936**
粗根麻疯树 **212192**
粗根马莲 208897
粗根马蔺 208897
粗根南芥 **30380**
粗根千里光 **358634**
粗根荨麻 **402958**
粗根三齿萝藦 **396728**
粗根莎草 **119335**
粗根鼠耳芥 113150
粗根鼠麹木 **100295**
粗根鼠麹木属 **100293**
粗根属 279666
粗根树 115239
粗根苔草 **75660**
粗根弯唇兰 **70672**
粗根细辛 **37745**
粗根仙人掌 **272972**
粗根异叶芥 **256062**
粗根鸢尾 **208897**
粗根紫金牛 **31394**
粗梗埃斯列当 **155236**
粗梗百蕊草 **389654**
粗梗闭眼大戟 **272508**
粗梗柄泽兰 **183286**
粗梗稠李 **280036**
粗梗粗叶木 **222103**
粗梗酢浆草 **277778**
粗梗大戟 **158701**
粗梗邓博木 **123672**
粗梗垫菊 **728**
粗梗东方铁线莲 **95186**
粗梗鹅绒藤 **117437**
粗梗番薯 **207725**
粗梗感应草 **54537**
粗梗古朗瓜 **181991**
粗梗旱芹 **29322**
粗梗胡椒 **300449**
粗梗黄堇 **106224**
粗梗金被藤黄 **89856**
粗梗苊草 **36710**
粗梗九节 **319677**
粗梗距苞藤 **369900**
粗梗距药菊 **406965**
粗梗连蕊茶 **69019**
粗梗裂舌萝藦 **351537**
粗梗芦荟 **16740**
粗梗木莲 **244430**
粗梗琼楠 **50493**
粗梗莎草 **118665**
粗梗水蜈蚣 **218516**
粗梗糖芥 **154530**
粗梗桃叶珊瑚 **44948**
粗梗天竺葵 **288176**
粗梗苋 **18692**
粗梗小土人参 **383287**
粗梗芽冠紫金牛 **284022**
粗梗针药野牡丹 **4763**
粗梗柱蕊紫金牛 **379191**
粗梗紫金牛 **31392**,31465
粗梗紫堇 106224
粗狗尾草 **361787**
粗冠吊灯花 **84195**
粗冠萝藦属 **279511**
粗冠毛果芸香 **299174**

粗冠青锁龙 **109105**
粗管狗牙花 **382821**
粗管马先蒿 **287346**
粗果阿魏 **163690**
粗果白蓬草 388469
粗果粉绿藤 **279557**
粗果哈克 184600
粗果哈克木 **184600**
粗果红光树 **216870**
粗果花边毛莨 **326062**
粗果黄檀 **121787**
粗果金合欢 1665
粗果可拉木 **99248**
粗果罗顿豆 **237385**
粗果木槿 **195076**
粗果芹 393940
粗果芹属 393937
粗果锐裂乌头 **5324**
粗果斯图尔曼猪屎豆 **112715**
粗果塔利木 **383367**
粗果唐松草 **388469**
粗果糖芥 **154477**
粗果庭荠 **18370**
粗果乌头 5324
粗厚沉香 **29975**
粗厚山羊草 **8671**
粗花赤宝花 **390020**
粗花大戟 **159515**
粗花番荔枝 **25843**
粗花非洲水玉簪 **10085**
粗花弗罗木 **168698**
粗花梗铁苋菜 **1951**
粗花吉尔苏木 **175649**
粗花茎鸢尾兰 267954
粗花热非茜 **384344**
粗花三角果 **397297**
粗花树葡萄 **120169**
粗花土连翘 **201081**
粗花乌头 **5150**
粗花野牡丹属 **279397**
粗画眉草 **147735**
粗黄草 125109
粗黄肉芋 **415199**
粗喙虫实 **104770**
粗喙毒瓜 **215701**
粗喙菊 **279740**
粗喙菊属 **279738**
粗喙马先蒿 **287120**
粗喙婆罗门参 **394278**
粗喙秋海棠 **49744**,50029
粗喙珍珠茅 **354183**
粗基马岛翼蓼 **278447**
粗棘豆 **278800**
粗荚缅茄 **10124**
粗假杜鹃 **48139**
粗角宾树 **106908**
粗角迪萨兰 133754
粗角堇菜 **409868**
粗角楼梯草 **142773**
粗角马铃果 **412111**
粗角双距兰 **133754**
粗角朱米兰 **212732**
粗节二毛药 **128444**
粗节非洲野牡丹 **68246**
粗节箭竹 **162665**
粗节诺罗木犀 **266699**
粗节石斛 **125077**
粗节筱竹 **388762**
粗金果椰 **139395**
粗筋草属 11329
粗茎爱染草 **12500**
粗茎霸王 **418769**,418695
粗茎贝母 **168385**
粗茎布里滕参 **211492**
粗茎单花景天 **257090**
粗茎鹅绒藤 **117741**
粗茎返顾马先蒿 **287586**
粗茎凤梨属 321936
粗茎凤仙花 **204876**
粗茎根叶漆姑草 **342261**
粗茎光花龙胆 **232681**
粗茎光托泽兰 **181612**
粗茎海神菜 **265462**
粗茎蒿 **36147**
粗茎鹤顶兰 293534
粗茎红景天 **329973**
粗茎蓟 **91898**
粗茎蓝钟花 **115373**
粗茎棱子芹 **304858**
粗茎裂花桑寄生 **295834**
粗茎龙胆 173355
粗茎绿顶菊 **160667**
粗茎罗锅底 390144
粗茎牻牛儿苗 **346648**
粗茎毛兰 299603
粗茎毛田皂角 **9520**
粗茎莓系 306098
粗茎木 **279505**
粗茎木属 **279504**
粗茎鸟足兰 **347754**
粗茎佩里木 **291287**
粗茎苹兰 **299603**
粗茎茄 367400
粗茎秦艽 **173355**
粗茎麝香百合 **229905**
粗茎双袋兰 **134289**
粗茎水蜡烛 **139552**
粗茎蒜 **15774**
粗茎糖芥 **154435**
粗茎天竺葵 **288175**
粗茎驼蹄瓣 **418695**
粗茎橐吾 **229041**
粗茎文殊兰 **111187**
粗茎乌头 **5148**
粗茎线嘴苣 **376054**
粗茎肖凤卵草 **350524**
粗茎鸭跖草 **100981**
粗茎崖角藤 **328996**,329002
粗茎鱼藤 125997
粗茎早熟禾 306098
粗茎紫金龙 **128319**
粗茎紫金牛 **31422**
粗茎紫堇 **106422**
粗颈假还阳参 **110610**
粗颈紫堇 **105761**
粗距翠雀花 **124441**
粗距大理翠雀花 **124622**
粗距堇菜 **409866**
粗距兰 **279643**
粗距兰属 **279641**
粗距蓝翠雀花 **124085**
粗距毛翠雀花 **124648**
粗距舌喙兰 **191597**
粗距双距花 **128083**
粗距狭序翠雀花 **124700**
粗距玉凤花 **183483**
粗距紫堇 **105864**
粗锯齿荠苎 259284
粗咖啡 98886
粗糠草 66789
粗糠柴 **243427**,66779,249449
粗糠花 359980
粗糠壳 56125
粗糠树 **141629**,108585
粗糠树属 141592
粗糠藤 94740,94741,95405
粗糠仔 66779
粗壳椰 80580
粗壳藤 92616
粗肋草 11348
粗肋草属 11329
粗肋蔓绿绒 **294799**
粗棱矮泽芹 **85716**
粗裂豆属 **393872**
粗裂风毛菊 **348360**
粗裂宽距翠雀花 **124060**
粗裂欧洲常春藤 **187256**
粗裂洋常春藤 187256
粗鳞艾纳香 **55829**
粗鳞百簕花 **55426**
粗鳞百蕊草 **389883**
粗鳞彩花 **2288**
粗鳞大柱芸香 **241372**
粗鳞二裂玄参 **134074**
粗鳞飞廉 **73497**
粗鳞菲利木 **296285**
粗鳞芙兰草 **168888**
粗鳞干若翠 **415491**
粗鳞格尼瑞香 **178711**
粗鳞黄蓍 **43079**
粗鳞鸡头薯 **153057**
粗鳞蓟罂粟 **32453**
粗鳞蓝花参 **412873**
粗鳞镰穗草 **306826**
粗鳞亮红苋 **66546**
粗鳞疗齿草 **268988**
粗鳞米努草 **255453**
粗鳞木菊 **129460**
粗鳞穆拉远志 **260064**
粗鳞纳瓦草 **262921**
粗鳞南非桔梗 **335614**
粗鳞黏腺果 **101269**
粗鳞欧石南 **150080**
粗鳞千金子 **226030**
粗鳞雀麦 **56572**
粗鳞日本花柏 **85354**
粗鳞山梗菜 **234498**
粗鳞山柳菊 **195984**
粗鳞少叶欧石南 **149856**
粗鳞饰球花 **53192**
粗鳞柿 **132411**
粗鳞天门冬 **39212**
粗鳞天仙子 **201403**
粗鳞西风芹 **361578**
粗鳞夏侧金盏花 **8327**
粗鳞仙人笔 **216708**
粗鳞寻叶联苞菊 **114462**
粗鳞猪毛菜 **344725**
粗鳞紫纹鼠麴木 **269270**
粗柳叶三指红光树 **216906**
粗龙骨角 **192434**
粗露子花 **123858**
粗绿圆柏 **213660**
粗麻黄 **146230**
粗脉奥佐漆 **279280**
粗脉棒果树 **332392**
粗脉吊兰 **88562**
粗脉冬青 **204215**
粗脉杜鹃 330441
粗脉法拉茜 **162598**
粗脉桂 **91444**
粗脉花烛 **28091**
粗脉画眉草 **147608**
粗脉可利果 **96688**
粗脉拉瓦野牡丹 **223414**
粗脉马利筋 **37879**
粗脉木槿 **194819**
粗脉榕 **165419**
粗脉塞斯茄 **361631**
粗脉石仙桃 **295532**
粗脉手参 182235
粗脉双饰萝藦 **134974**
粗脉斯胡木 **352729**
粗脉苔草 **76090**
粗脉弯刺钝柱菊 **53168**
粗脉五角木 **313971**
粗脉叶下珠 **296528**
粗脉蝇子草 **363861**

粗脉早熟禾 **305454**
粗脉紫金牛 **31391**
粗芒野古草 **37427**
粗毛阿尔泰狗娃花 **193920**
粗毛阿氏莎草 **565**
粗毛奥萨野牡丹 **276503**
粗毛澳非萝藦 **326751**
粗毛百脉根 **237641**
粗毛百蕊草 **389720**
粗毛柏那参 59219
粗毛斑鸠菊 **406410**
粗毛半边莲 **234394**
粗毛半日花 **188713**
粗毛杯柱玄参 **110185**
粗毛背翅菊 **267144**
粗毛扁担杆 **180813**
粗毛冰川茶藨 333993
粗毛布鲁草 **61048**
粗毛糙蕊阿福花 **393751**
粗毛糙苏 295201
粗毛长梗鸡头薯 **152968**
粗毛车前 **301940**
粗毛车叶草 **39362**
粗毛柽柳 383517
粗毛赪桐 **337427**
粗毛橙菀 **320694**
粗毛刺果藤 **64471**
粗毛刺蒴麻 **399352**
粗毛刺丝草 **2325**
粗毛楤木 **30755**
粗毛酢浆草 **277888**
粗毛大戟 **159068**
粗毛大节茜 **241034**
粗毛大沙叶 **286258**
粗毛大蒜芥 **365490**
粗毛单毛野牡丹 **257530**
粗毛低矮网球花 **184394**
粗毛地胆草 **143469**
粗毛点地梅 **23342**
粗毛钓钟柳 **289353**
粗毛东南亚野牡丹 **24191**
粗毛冬青 **204279**
粗毛兜舌兰 282787
粗毛毒马草 **362776**
粗毛毒山柳菊 196086
粗毛杜鹃 **330805**,330776
粗毛杜鲁茜 139095
粗毛杜氏茜 **139095**
粗毛短尖柳 **343728**
粗毛萼肖九节 **401981**
粗毛耳草 **187625**
粗毛耳冠菊 **277295**
粗毛二毛药 **128451**
粗毛法尔特爵床 **166048**
粗毛饭包草 **100942**
粗毛芳香木 **38583**
粗毛费迪茜 **163359**
粗毛费利菊 **163217**
粗毛风铃草 **70297**
粗毛芙兰草 **168853**
粗毛钙生南非禾 **289958**
粗毛盖果漆 **271959**
粗毛盖茜 **271946**
粗毛干膜质熊菊 **402812**
粗毛甘草 **177877**
粗毛藁本 229335
粗毛格雷野牡丹 **180386**
粗毛格尼瑞香 **178698**
粗毛狗肝菜 **129265**
粗毛狗娃花 193920
粗毛狗牙根 **117871**
粗毛枸杞 **239058**
粗毛骨籽菊 **276622**
粗毛光膜鞘茜 **201026**
粗毛海南远志 **308096**
粗毛合萌 **9499**
粗毛核果茶 **322585**
粗毛黑蒴 **14317**
粗毛红毛菀 **323026**
粗毛红山茶 **69627**
粗毛蝴蝶草 392886
粗毛琥珀树 **27847**
粗毛互卷黄精 **308500**
粗毛花糙蕊阿福花 **393752**
粗毛花纹蕊茜 **341309**
粗毛花柱瘤瓣兰 **270805**
粗毛黄堇 105630,105864,
106407
粗毛黄精 **308556**,308500
粗毛黄乐母丽 **335950**
粗毛黄芪 43013
粗毛黄耆 **43013**
粗毛黄瑞木 **8237**
粗毛灰毛豆 **385991**
粗毛灰毛菊 **31234**
粗毛火炬花 **216975**
粗毛火炭母 308969
粗毛鸡屎树 **222187**
粗毛棘豆 **278828**
粗毛加那利豆 **136748**
粗毛坚果番杏 **387179**
粗毛箭竹 **162755**
粗毛降龙草 191383
粗毛胶藤 **220868**
粗毛金雀花 **120962**
粗毛堇菜 **410064**
粗毛锦鸡儿 **72215**
粗毛茎茄 **367213**
粗毛景天 **356793**
粗毛卡尔蒺藜 **215382**
粗毛卡竹桃 **77665**
粗毛可利果 **96748**
粗毛克拉布爵床 **108510**
粗毛苦瓜掌 **140031**
粗毛蜡菊 **189290**
粗毛老鸦嘴 **390798**
粗毛乐母丽 335962
粗毛类秋海棠 **380643**
粗毛利帕豆 **232051**
粗毛利帕木 **341216**
粗毛林地兰 **138529**
粗毛柃木 160606
粗毛流苏苔草 **74287**
粗毛瘤蕊紫金牛 **271054**
粗毛鹿藿 **333264**
粗毛罗顿豆 **237327**
粗毛罗伞 **59219**
粗毛洛马山龙眼 235408
粗毛麻疯树 **212152**
粗毛马岛茜草 **342823**
粗毛马来茜 **377527**
粗毛马唐 **130521**
粗毛马先蒿 **287280**
粗毛芒毛苣苔 **9468**
粗毛毛鳞菊 **84962**
粗毛迷迭香叶毛盘花 **181355**
粗毛猕猴桃 **6605**
粗毛牡荆 **411295**
粗毛木槿 **194922**
粗毛木蓝 **206087**
粗毛穆拉远志 **259995**
粗毛南蛇藤 **80327**
粗毛牛舌草 **21979**
粗毛牛膝 4259,4304
粗毛牛膝菊 **170146**
粗毛扭瓣花 **235408**
粗毛扭果花 **377734**
粗毛皮尔逊豆 **286792**
粗毛普氏马先蒿 **287546**
粗毛枪刀药 **202561**
粗毛鞘蕨 **99382**
粗毛青海马先蒿 287546
粗毛秋海棠 **49925**
粗毛雀舌木 **226321**
粗毛染料木 **172978**
粗毛热美椴 **28959**
粗毛忍冬 235852
粗毛日本鸡屎树 **222181**,222173
粗毛肉果草 **220795**
粗毛润肺草 **58831**
粗毛塞拉玄参 **357539**
粗毛三距时钟花 **396503**
粗毛三芒草 **33823**
粗毛三室竹芋 **203004**
粗毛色罗山龙眼 **361196**
粗毛山柳菊 **196086**,196081
粗毛山月桂 **215394**
粗毛蛇舌草 **269721**
粗毛狮齿草 **224679**
粗毛石笔木 322585
粗毛疏果山蚂蝗 **126376**
粗毛舒曼木 **352711**
粗毛薯藤 **207862**
粗毛水锦树 **413832**
粗毛四室木 **387921**
粗毛苔草 **74814**
粗毛唐菖蒲 **176252**
粗毛藤 **97504**
粗毛藤山柳 **95550**
粗毛藤属 **97499**
粗毛天芥菜 **190645**
粗毛天竺葵 **288295**
粗毛铁线莲 **95009**
粗毛葶苈 **137032**
粗毛通贝里拉拉藤 **170665**
粗毛兔仔菜 **210679**,210549
粗毛鸵鸟木 **378586**
粗毛弯花芥 **156433**
粗毛网纹杜鹃 331626
粗毛微花藤 **207359**
粗毛无翅秋海棠 **49595**
粗毛夏枯草 220126
粗毛仙花 **395808**
粗毛纤毛草 335267
粗毛香茶 **303376**
粗毛香豆木 **306263**
粗毛香瓜 **114168**
粗毛香芸木 **10635**
粗毛小红钟藤 **134870**
粗毛小花欧石南 **149841**
粗毛小米菊 170146
粗毛肖缬草 **163058**
粗毛新牡丹 **263821**
粗毛绣球 200076
粗毛悬钩子 338864
粗毛鸭跖草 **280510**
粗毛鸭嘴草 **209261**
粗毛羊蹄甲 **49122**
粗毛杨桐 8237
粗毛野桐 **243368**
粗毛叶柄杜鹃 330874
粗毛叶景天 **356660**
粗毛叶茄 367072
粗毛异荣耀木 **134677**
粗毛淫羊藿 **146960**
粗毛迎红杜鹃 **331296**
粗毛硬衣爵床 **354378**
粗毛永菊 **43859**
粗毛油芦子 **97317**
粗毛鱼骨木 **71384**
粗毛玉凤花 **183694**
粗毛玉叶金花 **260426**,260461
粗毛月直藤 **275558**
粗毛掌叶树 59219
粗毛杖漆 **391451**
粗毛指腺金壳果 **121156**
粗毛锥莫尼亚 138529
粗毛紫草 **233744**

粗毛紫菀 193939
粗茅属 354400
粗面十二卷 **186702**
粗南非浆果莲花 **217089**
粗柠檬 93505
粗泡叶番杏 **138159**
粗皮桉 **155689**,155557
粗皮栎 324532
粗皮落叶松 221917
粗皮青冈 324532
粗皮山核桃 **77920**
粗皮树 328587
粗皮西伯利亚剪股颖 **12328**
粗皮愈疮木 **181506**
粗千里光 **359113**
粗球果葶苈 **137005**
粗雀麦 60739
粗日本花柏 **85364**
粗日本三花龙胆 **174009**
粗茸扁担杆 **180815**
粗蕊叉臀草 **129556**
粗蕊大戟 **279819**
粗蕊大戟属 **279817**
粗蕊花 **279615**
粗蕊花属 **279613**
粗蕊假杜鹃 **48143**
粗蕊美洲盖裂桂 **256677**
粗蕊膜萼花 **400343**
粗蕊茜属 **182981**
粗蕊苔草 **75658**
粗三角青锁龙 **108913**
粗三叶草 **397068**
粗色罗山龙眼 **361199**
粗沙黄耆 **42990**
粗山羊草 8671
粗舌大果萝藦 **279453**
粗舌多穗兰 **310536**
粗舌双齿裂舌萝藦 **351512**
粗水仙 **262463**
粗水苋菜 **19577**
粗丝木 **178923**
粗丝木属 **178916**,279613,375372
粗四数莎草 **387653**
粗穗大节竹 **206884**
粗穗海蓝肉穗棕 **283464**
粗穗胡椒 **300537**
粗穗花利堪蔷薇 228681
粗穗柯 233196,233233
粗穗赖草 **228359**
粗穗瘤蕊紫金牛 **271083**
粗穗龙竹 **125500**
粗穗绿苋 18810
粗穗马唐 130592
粗穗球子草 **288650**
粗穗蛇菰 **46818**,46826
粗穗绳草 **328119**
粗穗石栎 **233196**,233233
粗穗鼠尾草 **345282**
粗穗苔草 **75662**
粗穗托考野牡丹 **392534**
粗穗尾花兰 **402671**
粗穗五月茶 **28374**
粗穗盐角草 **342880**
粗穗苎麻 **56247**
粗塔利木 **383369**
粗糖果 144773
粗天竺葵 **288307**
粗田皂角 9499
粗条穗苔草 **75489**
粗莛报春 314766
粗莛菊 **48577**
粗莛菊属 **48576**
粗葶报春 **314097**
粗茼蒿 **89499**
粗桐 141629
粗筒唇柱苣苔草 **87845**
粗筒苣苔 **60269**
粗筒苣苔属 **60251**
粗筒兔耳草 **220181**
粗头永菊 **43889**
粗凸头湖瓜草 **232395**
粗网盐肤木 **332631**
粗微小蓝星花 **33690**
粗尾格雷野牡丹 **180371**
粗尾空船兰 **9160**
粗纹九节 **319733**
粗无梗药紫金牛 **46408**
粗细辛 **37602**
粗线阿魏 **163700**
粗线大戟 **160066**
粗线芥 **279611**
粗线芥属 **279610**
粗线群花寄生 **11137**
粗线塔花 **54466**
粗线鸭嘴花 **214429**
粗线叶球百合 **62467**
粗线远志 **308451**
粗线昼花 **262180**
粗香荼菜 **303234**
粗雄花属 **379270**
粗序重寄生 **293190**
粗序南星 **33311**
粗鸭跖草 **101037**
粗芽鹅掌柴 350726,350804
粗药鹅绒藤 **117434**
粗野马先蒿 **287648**,287145
粗叶斑鸠菊 **406885**
粗叶扁担杆 **180954**
粗叶地桃花 **402250**
粗叶耳草 **187697**
粗叶梵天花 402250
粗叶丰花草 57296
粗叶拉拉藤 170218
粗叶狼尾草 **289289**
粗叶猕猴桃 **6618**
粗叶木 **222115**
粗叶木蒲桃 382595
粗叶木属 **222081**
粗叶蒲桃 **382595**
粗叶千里光 **360234**
粗叶榕 **165111**,165671
粗叶鼠李 328868
粗叶树 29005,222115
粗叶水锦树 **413817**
粗叶溲疏 126904
粗叶悬钩子 **338097**
粗叶蝇子草 **364020**
粗硬毛斑叶兰 **179634**
粗硬毛柽柳 383517
粗硬毛黑草 **61795**
粗硬毛胡枝子 **226837**
粗硬毛洛马木 235408
粗硬毛洛美塔 235408
粗硬毛山柳菊 **195652**
粗硬毛山蚂蝗 **126400**
粗硬毛乌木 132198
粗疣田皂角 **9574**
粗沼拉拉藤 **170440**
粗折柄茶 **185964**
粗枝桉 155473
粗枝澳洲柏 **67433**
粗枝斑鸠菊 **406656**
粗枝大戟 **159512**
粗枝冬青 **204213**
粗枝杜鹃 **330205**
粗枝鹅绒藤 **117641**
粗枝红景天 **329916**
粗枝箭竹 **162726**
粗枝芥 **279502**
粗枝芥属 **279501**
粗枝金丝桃 202147
粗枝锦鸡儿 **72211**
粗枝龙草树 **137734**
粗枝麻黄 **146232**
粗枝马岛茜草 **342832**
粗枝麦利安木 248944
粗枝米仔兰 19958
粗枝牡荆 **411392**
粗枝木楝 19958
粗枝木麻黄 **79165**
粗枝诺罗木犀 **266700**
粗枝蒲葵 **234163**
粗枝青杨 311426
粗枝球锥柱寄生 **177018**
粗枝润楠 240664,240665
粗枝藤黄 **171159**
粗枝天门冬 **38973**
粗枝腺柃 **160477**
粗枝小檗 **51523**
粗枝绣球 **200070**
粗枝崖摩 19958
粗枝崖摩楝 **19958**
粗枝玉山竹 **416806**
粗枝帚鼠麹 **377234**
粗枝猪毛菜 **344499**
粗指芦荟 **17112**
粗轴 396604
粗轴盾柱木 **288886**
粗轴坡垒 **198142**
粗轴荛花 **414230**
粗轴石豆兰 **62974**
粗轴双翼苏木 288886
粗轴油点草 396604,396611
粗帚欧洲红豆杉 **385313**
粗朱米兰 **212733**
粗柱灯心草 **213031**
粗柱杜鹃 **330469**
粗柱兰 **279813**
粗柱兰属 **279811**
粗柱脐果山榄 **270658**
粗柱茜 **279874**
粗柱茜属 **279873**
粗柱山榄 **279807**
粗柱山榄属 **279777**
粗柱水蜈蚣 **218601**
粗柱苔草 **75664**
粗柱银莲花 **24031**
粗柱鸢尾 **91495**
粗柱鸢尾属 **91492**
粗壮埃氏酢浆草 **277818**
粗壮安哥拉蓝星花 **33619**
粗壮奥萨野牡丹 **276512**
粗壮奥佐漆 **279333**
粗壮澳柏 67433
粗壮白鼓钉 **307702**
粗壮白蓝钩粉草 **317249**
粗壮鲍姆海神木 **315738**
粗壮贝克菊 **52770**
粗壮荸荠 **143330**
粗壮秘鲁藤黄 **323484**
粗壮扁担杆 **180942**
粗壮藨草 **353759**
粗壮柄鳞菊 **306575**
粗壮博巴鸢尾 **55969**
粗壮侧穗莎 **304874**
粗壮叉臀草 **129558**
粗壮长柔毛阿登芸香 **7166**
粗壮柽柳桃金娘 **261028**
粗壮赪桐 **96305**
粗壮刺蓟罂粟 **32436**
粗壮刺片豆 **81821**
粗壮粗毛油芦子 **97318**
粗壮翠雀 **124257**
粗壮翠雀花 **124557**
粗壮大果萝藦 **279461**
粗壮大戟 **159725**
粗壮大沙叶 **286436**

粗壮大头斑鸠菊 **227154**
粗壮单花荠 **287959**
粗壮单裂萼玄参 **187067**
粗壮单头爵床 **257288**
粗壮单头鼠麴草 **254912**
粗壮党参 **98384**
粗壮倒距兰 **21173**
粗壮灯心草 **213029**
粗壮点地梅 23266
粗壮迭叶楼梯草 **142826**
粗壮丁香 **382282**
粗壮杜楝 **400602**
粗壮杜英 **142410**
粗壮短梗景天 **8493**
粗壮盾柱兰 **39655**
粗壮多花荆芥 **265061**
粗壮鹅观草 **335281**
粗壮法拉茜 **162600**
粗壮非洲狗牙根 **117876**
粗壮费尔南兰 **163390**
粗壮分枝肖观音兰 **399172**
粗壮风车草 **97023**
粗壮风车子 **100754**
粗壮风兰 **24910**
粗壮风轮菜 **97045**
粗壮凤仙花 **205287**
粗壮腹水草 **407480**
粗壮盖伊柳叶菜 **172270**
粗壮高山谷精草 **151452**
粗壮高山露珠草 **91520**
粗壮高原香薷 **144019**
粗壮革叶荠 **378299**
粗壮格尼瑞香 **178690**
粗壮冠唇花 **254265**
粗壮管药野牡丹 **365131**
粗壮光鼠尾草 **345052**
粗壮国王椰子 **327112**
粗壮海棠 **243685**
粗壮海缀 **198013**
粗壮豪夫曼野荞麦 **152147**
粗壮厚被山龙眼 **399361**
粗壮胡蒜 **15728**
粗壮虎尾草 **88400**
粗壮虎尾兰 **346138**
粗壮花篱 **27429**
粗壮花叶万年青 **130117**
粗壮画眉草 **147745**
粗壮荒漠猪屎豆 **112075**
粗壮黄芪 42493
粗壮黄耆 42493
粗壮黄帚菊 **185401**
粗壮茴芹 **299434**
粗壮火筒树 **223954**
粗壮鸡脚参 **275755**
粗壮鸡头薯 **153035**
粗壮棘豆 **279129**
粗壮假舌唇兰 **302573**
粗壮尖叶醉蝶花 **95750**
粗壮坚果番杏 **387207**
粗壮姜饼木 284269
粗壮胶藤 **220952**
粗壮角萼翠雀花 **124120**
粗壮角果铁 **83688**
粗壮睫毛珍珠菜 **239590**
粗壮羯布罗香 138556
粗壮金果椰 **139413**
粗壮金合欢 **1535**
粗壮筋骨草 **13180**
粗壮景天 **356703**
粗壮具柄三芒草 **34041**
粗壮聚花草 **167039**
粗壮绢毛秀菊木 **157189**
粗壮君子兰 **97224**
粗壮可利果 **96829**
粗壮克斯金壳果 **217964**
粗壮块茎藨草 **56652**
粗壮拉瓦野牡丹 **223418**
粗壮蓝耳草 **115583**
粗壮蓝花参 **412848**
粗壮狼尾草 **289232**
粗壮老鹳草 **174882**
粗壮棱果龙胆 **265820**
粗壮栎 **324342**
粗壮镰扁豆 **135603**
粗壮裂蕊树 **219180**
粗壮裂舌萝藦 **351645**
粗壮林仙苣苔 **262294**
粗壮苓菊 **214163**
粗壮龙胆 173822
粗壮龙王角 **199011**
粗壮漏斗花 **130234**
粗壮露子花 **123899**
粗壮裸芹 **182597**
粗壮马岛翼蓼 **278450**
粗壮马蹄果 **316029**
粗壮毛果甘青乌头 **5624**
粗壮毛笠莎草 **119321**
粗壮毛秋海棠 **50331**
粗壮毛菀木 **186889**
粗壮帽萼葫芦 **299146**
粗壮梅农芥 **250278**
粗壮美花莲 184255
粗壮美丽囊萼花 **67324**
粗壮美丽水蜈蚣 **218617**
粗壮蒙氏藤黄 **258326**
粗壮密绒草 **253786**
粗壮魔力棕 **258775**
粗壮牧场蓟 **92365**
粗壮拟芸香 **185665**
粗壮鸟娇花 **210905**
粗壮鸟足兰 **347892**
粗壮扭萼寄生 **304988**
粗壮女娄菜 363451
粗壮女贞 **229601**
粗壮欧石南 **149785**
粗壮排草香 **25390**
粗壮披针形油芦子 **97330**
粗壮平枝栒子 **107488**
粗壮婆罗香 **138556**
粗壮漆籽藤 **218802**
粗壮气花兰 **9242**
粗壮强刺球 163472
粗壮秦艽 **173822**
粗壮琼楠 **50599**
粗壮秋海棠 **50246**
粗壮曲瓣梾木 **380468**
粗壮全柱草 **197507**
粗壮群腺芸香 **304551**
粗壮日本龙胆 **173665**
粗壮日本山紫苏 **259305**
粗壮肉果荨麻 **402302**
粗壮润楠 **240689**
粗壮萨瓦捷风毛菊 **348571**
粗壮山蚂蝗 **126247**
粗壮山香圆 **400542**
粗壮烧麻 402302
粗壮稍粗獐牙菜 **380170**
粗壮少花鸡头薯 **152997**
粗壮蛇含委陵菜 **312694**
粗壮省藤 **65699**
粗壮石冬青 **294223**
粗壮石头花 **183240**
粗壮手玄参 **244859**
粗壮疏花红门兰 **273515**
粗壮鼠尾黄 **340373**
粗壮鼠尾粟 **372821**
粗壮双距兰 **133920**
粗壮水毛花 **352229**
粗壮水蜈蚣 **218621**
粗壮四角青锁龙 **109456**
粗壮四室果 **413735**
粗壮四数莎草 **387688**
粗壮嵩草 **217263**
粗壮苏本兰 **366767**
粗壮粛草 **144483**
粗壮酸藤子 **144797**
粗壮娑罗双 362220
粗壮唐松草 **388644**
粗壮铁线莲 **95368**
粗壮兔苣 **220143**
粗壮弯穗黍 **377957**
粗壮卫矛 **157312**
粗壮文竹 **39151**
粗壮无苞花 **4782**
粗壮无茎荠 287959
粗壮无茎西瓦菊 **193377**
粗壮伍得欧石南 **150276**
粗壮伍尔秋水仙 **414895**
粗壮细刺大戟 **159946**
粗壮虾疳花 **86594**
粗壮狭瓣芥 **375628**
粗壮纤毛仙灯 **67599**
粗壮线叶密钟木 **192586**
粗壮香芸木 **10704**
粗壮小褐鳞木 **43471**
粗壮小金梅草 **202953**
粗壮小蓼 **308686**
粗壮小野芝麻 **170022**
粗壮小鸢尾 **208769**
粗壮肖鸢尾 **258637**
粗壮绣球 200070,200071
粗壮绣线菊 **372071**
粗壮岩黄芪 188052
粗壮岩黄耆 **188052**
粗壮椰 **240739**
粗壮椰属 **240738**
粗壮野荞麦 **152433**
粗壮野青茅 **127209**
粗壮异色仙灯 **67640**
粗壮银豆 **32887**
粗壮银莲花 **24030**
粗壮鹰爪花 **35053**
粗壮玉凤花 **183911**
粗壮远志 **308310**
粗壮窄叶芳香木 **38409**
粗壮獐牙菜 **380230**
粗壮珍珠菜 **239823**
粗壮舟叶花 **340874**
粗壮帚菊 **292069**
粗壮帚状水牛角 **72554**
粗壮皱颖草 **333825**
粗壮猪果列当 **201348**
粗壮苎麻 **56302**
粗壮锥柱草 **102794**
粗壮紫罗兰 **246544**
粗壮紫菀 **41159**
粗壮紫莴苣 **239334**
粗状澳洲玉蕊 **301794**
粗状灯心草 213031
粗状金刀木 301794
粗籽白花菜 **95807**
粗子草 393856
粗子芹 393951
粗子芹属 393818
粗紫草 **233750**
粗棕竹 **329188**
粗足布留芹 **63505**
粗足大戟 **159513**
粗足盖果漆 **271962**
粗足蒲公英 **384724**
粗足润肺草 **58914**
粗足塞拉玄参 **357619**
粗足石豆兰 **62973**
粗足树葡萄 **120170**
粗足小芝麻菜 **154118**
粗醉魂藤 **37604**
促成盖茜 **271943**
酢甲 66643

酢浆草 **277747**
酢浆草花木槿 **195075**
酢浆草科 **277643**
酢浆草木蓝 **206338**
酢浆草属 **277644**
酢浆草天竺葵 **288410**
酢浆车轴草 **397108**
酢浆豆 **202384**
酢浆豆属 **202378**
酢橘 93814
醋刺柳 196757
醋酢草 277747
醋甲藤 66643
醋浆 297643,297645
醋啾啾 277747
醋栗 333929,334084,334201
醋栗桉 **155516**
醋栗科 **181339**
醋栗葡萄 **411924**
醋栗属 **90779**
醋栗叶茶藨子 **333941**
醋栗叶密钟木 **192606**
醋林子 295691
醋柳 196757,196766,308739,309792
醋柳果 196757
醋母草 277747
醋三棱 370102
醋酸果 88691
簇白珠属 133385
簇百金花 81530
簇苞芹 **304751**
簇苞芹属 **304750**
簇刺棒棰树 **279690**
簇刺粗根 279690
簇刺小檗 **51271**
簇梗金花水蜈蚣 **218505**
簇梗橐吾 **229225**
簇花 **120880**
簇花巴豆 **113070**
簇花斑叶蓼 **309658**
簇花草科 120872
簇花草属 120875
簇花茶藨 333970,333972
簇花茶藨子 **333970**
簇花唇柱苣苔草 **87857**
簇花大戟 **158621**
簇花灯心草 **212832**
簇花红菊木 **342807**
簇花红菊木属 **342806**
簇花科 **120872**
簇花蜡梅 **87513**
簇花龙胆 173378
簇花毛盘鼠李 **222411**
簇花猕猴桃 **6594**
簇花欧石南 **149730**
簇花蓬 **394099**
簇花蓬属 **394098**
簇花蒲桃 **382538**
簇花芹 **369256**
簇花芹属 **369254**
簇花清风藤 **341504**
簇花球子草 **288656**
簇花瑞香 **122429**
簇花色罗山龙眼 **361185**
簇花沙棘 **196747**
簇花蛇根草 **272206**
簇花属 **120875**
簇花粟米草 176955
簇花羊蹄甲 **49099**
簇花异合欢 **283887**
簇花獐牙菜 **380208**
簇花紫金牛 **31369**
簇花醉鱼草 **61994**
簇黄花 **87351**
簇黄花属 **87350**
簇黄菊 **79269**
簇黄菊属 **79268**
簇芥 **322061**
簇芥属 **322060**
簇茎大戟 **158884**
簇茎石竹 **127809**
簇菊木属 **257200**
簇卡铁斯属 177226
簇蜡花 245803
簇藜 **87004**
簇蓼 309624
簇毛白粉藤 **92657**
簇毛补血草 **230583**
簇毛䅟 **143526**
簇毛层菀属 **412022**
簇毛茶豆 **85199**
簇毛酢浆草 **277740**
簇毛单裂萼玄参 **187023**
簇毛东方野豌豆 **408439**
簇毛毒马草 **362767**
簇毛杜鹃 **332091**
簇毛椴 391786
簇毛菲利木 **296181**
簇毛风车子 **100407**
簇毛湖瓜草 **232393**
簇毛花欧石南 **149453**
簇毛豇豆 **408867**
簇毛蜡菊 **189167**
簇毛柳 **343655**
簇毛麻雀木 **285556**
簇毛麦 **122963**
簇毛麦属 **122958**
簇毛密钟木 **192545**
簇毛蜜花 **248937**
簇毛木蓝 **205813**
簇毛牛舌苣 **191017**
簇毛欧石南 **149452**
簇毛槭 **2797**,2798
簇毛枪刀药 **202533**
簇毛热非草豆 **317238**
簇毛塞拉玄参 **357458**
簇毛伞叶秋海棠 **50381**
簇毛沙拐枣 **67065**
簇毛山梗菜 **234383**
簇毛山柳菊 **195544**
簇毛双距兰 **133745**
簇毛水苏 **373181**
簇毛庭菖蒲 **365793**
簇毛无鳞草 **14404**
簇毛香茶 **303227**
簇毛崖豆藤 **254658**
簇毛亚龙木 **16258**
簇毛猪屎豆 **112032**
簇毛紫金牛 **31384**
簇蕊金花茶 69068
簇生矮野牡丹 **253540**
簇生奥萨野牡丹 **276496**
簇生白苞紫绒草 **141494**
簇生白鳞滨藜 **44386**
簇生百蕊草 **389630**
簇生斑鸠菊 **406325**
簇生半带菊 **191719**
簇生棒毛萼 **400770**
簇生豹皮花 **373803**
簇生北美香柏 390591
簇生贝尔茜 **53078**
簇生博巴鸢尾 **55949**
簇生布氏木 **59017**
簇生层菀木 **387333**
簇生茶碗樱 **316810**
簇生柴胡 **63611**
簇生橙菀 **320679**
簇生慈姑 **342335**
簇生刺鞘棕 398825
簇生刺头菊 **108285**
簇生刺痒藤 **394150**
簇生刺子莞 **333563**
簇生达尔文木 **122781**
簇生大戟 **158885**
簇生大青 **96069**
簇生吊兰 **88568**
簇生冬青叶十大功劳 **242480**
簇生独行菜 **225363**
簇生短茄 **58233**
簇生耳冠草海桐 **122099**
簇生芳香木 **38543**
簇生纺锤菊 **44123**
簇生风铃草 **69927**
簇生凤梨属 162859
簇生钩子棕 **270998**
簇生骨苞帚鼠麹 **219099**
簇生黑花茄 **248219**
簇生红珠小檗 51313
簇生胡卢巴 **397225**
簇生虎耳草 **349145**
簇生花菱草 155171
簇生黄麻 **104083**
簇生鸡头薯 **152921**
簇生极地早熟禾 **305364**
簇生假毛地黄 **10142**
簇生碱草 **24248**
簇生碱茅 **321275**
簇生碱蓬 **379507**
簇生胶竹桃 **283368**
簇生椒 **72074**
簇生金果椰 **139343**
簇生金丝桃 **201875**
簇生金蛹茄 **45162**
簇生景天 **357112**
簇生卷耳 **82758**,82818,82826
簇生决明 **78284**
簇生卡布木 **64529**
簇生卡德藤 **79367**
簇生可利果 **96719**
簇生蓝花参 **412674**
簇生老鸦嘴 **390764**
簇生李 **316413**
簇生利帕木 **341215**
簇生莲座菀 **216178**
簇生列当 **275050**
簇生鳞花草 **225157**
簇生六柱兜铃 195506
簇生露兜树 **281022**
簇生驴蹄草 68167
簇生罗什紫草 **335101**
簇生麻黄 **146157**
簇生马岛兰 **116756**
簇生马拉葵 **242871**
簇生马利旋花 **245300**
簇生毛莎草 **396010**
簇生美丽溲疏 **126922**
簇生美穗绣球防风 **227564**
簇生美洲盖裂桂 **256661**
簇生密苏里一枝黄花 **368242**
簇生南非针叶豆 **223561**
簇生囊种草 390968
簇生牛鞭草 **191232**
簇生牛舌草 **21937**
簇生牛膝 **4285**
簇生女娄菜 363399
簇生匍地梅 **277595**
簇生漆姑草 **342238**
簇生千日红 **179226**
簇生蔷薇 **336856**
簇生青锁龙 **109010**
簇生球柱草 **63266**
簇生热非瓜 **160367**
簇生榕茛 **164473**
簇生柔子草 390968
簇生软锦葵 **242917**
簇生三扇棕 **398825**
簇生山柳菊 **195506**

簇生山香 **203051**
簇生疏花卷耳 **82959**
簇生鼠鞭草 **199694**
簇生鼠茅 **412422**
簇生双蝴蝶 **398269**
簇生酸脚杆 **247561**
簇生酸模 **340047**
簇生苔草 **74225**
簇生特喜无患子 **311988**
簇生天门冬 **39012**
簇生天竺葵 **288222**
簇生铁线子 **244548**
簇生驼蹄瓣 **418647**
簇生瓦索茄 **405145**
簇生委陵菜 **313087**
簇生无心菜 **32322**
簇生西非丝藤 **382429**
簇生西风芹 **361488**
簇生西南非鸢尾 **415293**
簇生喜泉卷耳 **82826**
簇生下田菊 **8010**
簇生腺口花 **8032**
簇生腺托囊萼花 **323420**
簇生小檗 **51313**
簇生小花豆 **226155**
簇生小勿忘草 260772
簇生小香材树 **257427**
簇生星香菊 **123641**
簇生鸭嘴草 **209309**
簇生羊茅 **164197**
簇生野荞麦 **151888**
簇生野苔草 **75860**
簇生银莲花 **23815**
簇生隐蕊桃金娘 **113837**
簇生蝇子草 **363281**
簇生越橘 **403765**
簇生针叶粟草 **379690**
簇穗苔草 **74490**
簇穗鸭嘴草 **209352**
簇序草 **108668**
簇序草属 **108667**
簇序润楠 **240583**
簇叶大沙叶 **286209**
簇叶红皮木 8032
簇叶兰属 **135063**
簇叶榈属 295008
簇叶楠 264041
簇叶千里光 **263258**
簇叶千里光属 **263257**
簇叶新木姜子 **264041**
簇叶沿阶草 **272153**
簇叶椰属 **295008**
簇叶野荞麦木 **152485**
簇叶竹芋 **43692**
簇叶竹芋属 **43690**
簇羽棕属 381806
簇泽兰 **326989**
簇泽兰属 **326988**
簇枝补血草 **230575**
簇枝雪莲 **348659**
簇柱大沙叶 **286162**
簇棕属 381806
汆头藴草 372300
窜地香 176839
窜心蛇 200652
催眠红门兰 273545
催眠睡茄 414601
催乳藤 **194162**
催生草 353057,372427
催生药 248727
催生子 99124
催吐白前 **117743**
催吐白薇 117743
催吐冬青 204391
催吐鲫鱼藤 **356303**
催吐萝芙木 **327080**
催吐鹧鸪花 **395488**
脆桉 155642
脆奥萨野牡丹 **276499**
脆巴豆 **112893**
脆白粉藤 **92717**
脆白霜草 **81863**
脆百蕊草 **389698**
脆棒毛萼 **400776**
脆布里滕参 **211501**
脆刺木 **307050**
脆刺木属 **307049**
脆酢浆草 **277858**
脆达奈茜 **122129**
脆单室卫矛 **246685**
脆萼状欧石南 **149129**
脆繁缕 **374812**
脆骨风 352438
脆果茜 **97850**
脆果茜属 **97849**
脆果山姜 **17681**
脆黑钩叶 **22251**
脆藿草 **197992**
脆金丝桃 **201885**
脆菊 415386
脆菊木属 145187
脆距苞藤 **369902**
脆苦苣菜 **368713**
脆兰 2046
脆兰花属 2032
脆兰属 **2032**
脆勒伊斯藤 **341174**
脆礼裙莓 **357991**
脆螺旋银齿树 **227386**
脆麻黄 **146168**
脆毛子草 **153195**
脆疱茜 **319958**
脆皮树 327382
脆茜属 **317061**
脆惬意肉锥花 **102288**
脆青牛胆 **392254**
脆青锁龙 **109003**
脆球百合 **62389**
脆弱刺花蓼 **89058**
脆弱风铃草 **70047**
脆弱凤仙花 **205030**
脆弱纳托尔米努草 **255545**
脆弱野荞麦 **152052**
脆山杜莓 **273718**
脆舌姜 **417984**
脆舌砂仁 **19851**
脆绳草 **328044**
脆矢车菊 **81071**
脆水卢禾 **238557**
脆粟米草 **256700**
脆委陵菜 **312549**
脆香茶菜 **303321**
脆叶龙胆 **88849**
脆叶龙胆属 **88846**
脆叶苋 **18694**
脆翼鳞野牡丹 **320584**
脆银刺球 **244086**
脆鱼骨木 **71371**
脆远志 **308061**
脆早熟禾 **305539**
脆枝耳稃草 **171499**
脆枝柳 343396
脆轴黑麦 **356248**
脆轴偃麦草 **144654**
翠柏 **67529**,213948
翠柏属 **67526**
翠宝草 186801
翠黛 **102234**
翠蛋胚科 46766
翠蛋胚属 46767
翠滴玉 **175531**
翠蝶花 **234447**,234363
翠娥眉 100961,100990
翠蛾 **233667**
翠峰堇菜 **410315**
翠凤草属 **301099**
翠凤草状束花凤梨 **162861**
翠管草 352278,352289
翠光玉 **102510**
翠蝴蝶 100961,100990
翠花卷瓣兰 62984
翠花树 160502
翠晃冠 **182423**
翠锦口红花 **9479**
翠锦竹芋 **66167**
翠茎冷水花 **298935**
翠菊 **67314**
翠菊属 **67312**
翠兰花 314271,314952
翠蓝报春 314952
翠蓝草 314952
翠蓝茶 371836,371897,371928
翠蓝高山桧 **213946**
翠蓝木 391577
翠蓝绣线菊 **371928**
翠丽苔草 **76318**
翠玲珑 67152
翠铃 **175524**
翠翎草 323465
翠芦莉 339684
翠绿费利菊 **163279**
翠绿合果芋 **381866**
翠绿花边鸡爪槭 **3312**
翠绿榔榆 **401588**
翠绿龙舌兰 **10806**
翠绿芦荟 **16600**
翠绿蝎尾蕉 **190044**
翠卵 **102385**
翠梅草 407503
翠鉾 **52563**
翠南报春 314952
翠屏草 299005
翠雀 102833,124018,124237
翠雀儿 124039
翠雀花 **124237**
翠雀花堇菜 **409892**
翠雀花科 **124005**
翠雀花属 **124008**
翠雀花叶毛茛 **325764**
翠雀花叶千里光 **358694**
翠雀花叶蟹甲草 **283804**
翠雀花叶雅各菊 **211294**
翠雀菊 **300605**
翠雀菊属 **300604**
翠雀染料木 **172951**
翠雀属 124008
翠雀虾疳花 **86520**
翠雀肖短冠草 **283936**
翠雀叶蟹甲草 **283806**
翠雀状紫堇 105823
翠珊瑚树 **358621**
翠树 248895
翠星 **102628**
翠烟玉 **263741**
翠炎 82365
翠炎花 **82365**
翠叶菊 **358925**
翠叶芦荟 **16624**
翠玉斑叶兰 179631
翠玉合果芋 **381862**
翠云 249603
翠帐 **404945**
翠枝柽柳 **383516**
翠珠花 **393883**
翠珠花属 **393882**
翠竹 **347279**
翠子菜 191350
村葱慈姑 116967

村井赤竹 **347347**
村井蓟 **91737**
村上胡颓子 **142114**
村松拂子茅 **65257**
村松黄芩 **355616**
村松羊茅 **164286**
存雄椰子属 272756
存柱唢呐草 **256038**
寸八节 11572,39557
寸草 **74406**
寸草苔 74406
寸冬 272090
寸冬欧蒿 106141
寸干 50669
寸干老鸦扁 50669
寸骨七 239582
寸节七 409895,410498
寸金草 **97017**,201942,375000,375041
寸金丹 48689,239582
寸金黄 138331
寸金藤 54519
寸麦冬 272090
寸蓉 93054
寸蒿 144053
寸芸 93054
搓鼻草 4259
撮斗撮金珠 1790
撮斗里装珍珠 1790
撮斗珍珠 1790
矬木枝 30634
矬紫堇 **106179**
蒫 72038
厝箕藤 52418
厝莲 275363
措莫豹皮花 **373846**
锉刀花 186422
锉刀花属 186251
锉根兰 **329595**
锉根兰属 **329594**
锉果藤 **97495**
锉果藤属 **97494**
锉玄参属 **21763**
锉叶马先蒿 287617
锉籽旋花 **103227**
锉紫葳 **354566**
锉紫葳属 **354565**
错立野古草 **37406**
错乱补骨脂 **319196**
错乱蓟 **92305**
错乱欧石南 **149033**
错乱苔草 **74888**
错乱天仙子 **201383**
错乱仙人笔 **216675**
错那垂头菊 **110366**
错那翠雀花 **124139**
错那多榔菊 **136350**
错那繁缕 **374827**
错那凤仙花 **204883**
错那蒿 **35355**
错那虎耳草 **349090**
错那黄耆 **42212**
错那箭竹 **162696**
错那景天 **357256**
错那忍冬 **236178**
错那乌头 **5218**
错那小檗 51683,51684
错那雪兔子 **348347**
错那獐牙菜 **380164**
错枝冬青 **203923**
错枝榄仁 **386540**
错综杜鹃 330935


## D


搭壁蕉 147349
搭壁藤 165515
搭袋藤 49004,49046
搭绿皮 328883
搭棚藤 **311655**
搭肉刺 64983,398684
搭山獐牙菜 **380391**
达代拟蚊母树 134907
达德利·内维尔金庭荠 **45194**
达德利灯心草 **213060**
达德利美韭 **398787**
达德利属 138829
达地还阳参 110788
达地绵毛菊 **293423**
达蒂菊属 **121462**
达蒂斯卡麻 123028
达儿马提亚车轴草 **396876**
达尔阿登芸香 **7127**
达尔班德茄 **367071**
达尔富尔针禾 377000
达尔富尔针翦草 **377000**
达尔管萼木 **288936**
达尔苣苔 **121606**
达尔苣苔属 **121605**
达尔利谷达尔利石南 148945
达尔利石南 **148942**
达尔罗顿豆 **237273**
达尔萝藦属 **121980**
达尔马老鹳草 **174565**
达尔马特番红花 **111529**
达尔马特柳穿鱼 **230978**
达尔马提黑松 **300113**
达尔马提亚染料木 **172928**
达尔迈远志 308016
达尔齐尔独脚金 **377993**
达尔齐尔多穗兰 **310385**
达尔齐尔黄檀 **121662**
达尔齐尔没药 **101359**
达尔齐尔乳香 **57519**
达尔齐尔水牛角 **72450**
达尔齐尔天料木 **197662**
达尔齐尔田菁 **361377**
达尔齐尔肖地阳桃 **253976**
达尔齐尔玉凤花 **183537**
达尔双盛豆 **20756**
达尔瓦斯白前 **409431**
达尔瓦斯薄荷 **250354**
达尔瓦斯刺头菊 **108263**
达尔瓦斯葱 **15224**
达尔瓦斯大黄 **329323**
达尔瓦斯沟子芹 **45065**
达尔瓦斯黄芩 **355424**
达尔瓦斯苓菊 **214072**
达尔瓦斯驴喜豆 **271201**
达尔瓦斯莫杰菊 **256426**
达尔瓦斯女蒿 **196692**
达尔瓦斯狮足草 **224629**
达尔瓦斯葶苈 **136976**
达尔瓦斯驼蹄瓣 **418626**
达尔瓦斯香青 **21560**
达尔瓦斯紫堇 **105803**
达尔文澳洲桉 155761
达尔文菊 **122800**
达尔文菊属 **122799**
达尔文兰 **122798**
达尔文兰属 **122797**
达尔文龙须兰 **79337**
达尔文木属 **122779**
达尔文属 122779
达尔文小檗 **51520**
达耳马氏远志 **308016**
达风藤 291061
达荷姆埃克楝 **141865**
达荷姆刺果藤 **64461**
达荷姆蜡烛木 **121113**
达荷姆娃儿藤 **400880**
达赫斯坦薄荷 **250352**
达赫斯坦大蒜芥 **365442**
达赫斯坦斗篷草 **14004**
达赫斯坦风铃草 **69982**
达赫斯坦蒿 **35362**
达赫斯坦黄芩 **355422**
达赫斯坦茴芹 **299390**
达赫斯坦蓟 **91902**
达赫斯坦假狼紫草 **266600**
达赫斯坦荆芥 **264906**
达赫斯坦柳 **343266**
达赫斯坦驴喜豆 **271200**
达赫斯坦马先蒿 **287139**
达赫斯坦苜蓿 **247275**
达赫斯坦匹菊 **322675**
达赫斯坦婆罗门参 **394276**
达赫斯坦婆婆纳 **407099**
达赫斯坦矢车菊 **81023**
达赫斯坦鼠尾草 **344996**
达赫斯坦庭荠 **18369**
达赫斯坦小米草 **160147**
达赫斯坦肖阿魏 **163750**
达赫斯坦缬草 **404247**
达赫斯坦新麦草 **317077**
达赫斯坦岩黄耆 **187848**
达赫斯坦针茅 **376758**
达赫斯坦猪毛菜 **344506**
达赫斯坦紫罗兰 **246450**
达宏冬青 **203611**
达呼尔白头翁 321676
达呼尔胡枝子 226751
达呼尔虎耳草 **349234**
达呼尔柳 **343268**
达呼尔蔷薇 336522
达呼里地椒 391167
达呼里风铃草 **70061**
达呼里胡枝子 226751
达呼里黄芪 42258
达呼里柳叶菜 **146680**
达呼里水柏枝 **261254**
达呼里水柽柳 261254
达呼里旋花 **103013**
达呼里早熟禾 **305383**
达黄 33331
达吉金合欢 **1188**
达吉斯坦百里香 **391166**
达吉斯坦半日花 **188652**
达吉斯坦蓝刺头 **140692**
达吉斯坦蝇子草 **363397**
达贾锦香草 **296378**
达凯香脂苏木 **103701**
达克花属 138812
达克木 **138823**
达克木属 **138822**
达克山芫荽 **107771**
达来大戟 **121946**
达来大戟属 **121944**
达赖杜鹃 **331142**
达赖蒿 35364
达勒木千里光 **125725**
达雷代尔欧石南 **148945**
达里 331239
达连黄芩 **355423**
达林木 **122756**

达林木属 **122754**
达林野荞麦 **151941**
达仑柃 160616
达仑木 384988
达伦木 384988
达伦野牡丹 **121949**
达伦野牡丹属 **121948**
达罗野荞麦 **151977**
达麻科 123033
达麻属 123027
达马尔大戟 **158735**
达马尔假杜鹃 **48147**
达马尔梅蓝 **248842**
达马尔密钟木 **192555**
达马尔木蓝 **205866**
达马尔茄 **367069**
达马尔针禾 376980
达马尔针蔺草 **376980**
达马尔猪屎豆 **112061**
达马薯蓣 383675
达马薯蓣属 383674
达玛巢菜 **408370**
达玛瑙椰子 **245704**
达玛筱竹 **196347**
达玛脂树 405154
达玛脂树属 405153
达曼苦瓜掌 **140027**
达默牛角草 **273155**
达默田菁 **361379**
达默异木患 **16078**
达木兰 97218
达奈茜 **122132**
达奈茜属 **122127**
达尼斑马热美爵床 29129
达尼单药爵床 **29129**
达尼木 **121531**
达尼木属 **121530**
达扭 371240
达氏兜兰 **282810**
达氏豆属 **121569**
达氏果子蔓 **182166**
达氏算盘子 177117
达氏苔草 **74258**
达氏尾籽菊 **402662**
达氏异燕麦 190146
达泰长被片风信子 **137925**
达泰欧石南 **149373**
达特红女小檗 **52233**
达特金荚蒾叶风箱果 **297843**
达特美白大叶醉鱼草 **62022**
达特姆尔大叶醉鱼草 **62023**
达提斯加属 123027
达瓦戴星草 **371039**
达瓦木蓝 **205873**
达瓦斯鸢尾 **208516**
达瓦甜舌草 **232486**
达瓦云实 **64989**
达旺小檗 **51397**
达维艾利盖尼李 316205
达维木属 **123272**
达维氏阿根廷李 **316205**
达沃赤车 288767
达沃杜鹃 **330517**
达乌刺芹 **154350**
达乌尔点地梅 **23314**
达乌尔繁缕 **374821**
达乌尔康珀兰 **101635**
达乌里杜鹃 330495
达乌里风毛菊 **348243**
达乌里胡枝子 226751
达乌里黄芪 42258
达乌里黄耆 **42258**
达乌里卷耳 **82786**
达乌里龙胆 173373
达乌里落叶松 221866
达乌里落叶松兴安变种 221866
达乌里蔷薇 336522
达乌里秦艽 **173373**
达乌里水柏枝 261254
达乌里芯芭 **116747**
达乌里羊茅 **163885**
达乌槭 **2999**
达西卡堇菜 **409877**
达西婆婆纳 **122747**
达西婆婆纳属 **122744**
达香蒲 **401103**,401120
达椰克金欧洲水青冈 **162407**
达椰克欧洲水青冈 **162409**
达子香 330495
沓菜 14760
迖 302068
笪竹花 100990
答黎竹 47445
答肉刺 64973
瘩背草 410108
鞑靼阿魏 **163729**
鞑靼滨藜 **44668**
鞑靼补血草 **230787**
鞑靼彩花 **2292**
鞑靼葱 **15804**
鞑靼大黄 329406
鞑靼狗娃花 **193983**
鞑靼海甘蓝 **108641**
鞑靼黄芪 42893
鞑靼棘豆 **279200**
鞑靼菊 322748
鞑靼梾木 **105207**
鞑靼蓼 162335
鞑靼麦 162335
鞑靼麦瓶草 **364100**
鞑靼牻牛儿苗 **153920**
鞑靼拟莞 **352231**
鞑靼槭 **3656**
鞑靼茜草 **338033**
鞑靼荞 162335
鞑靼忍冬 **236146**
鞑靼乳苣 259772
鞑靼桑 **259193**,259092
鞑靼驼舌草 **179384**
鞑靼益母草 **225015**
鞑靼蝇毒草 **82151**
鞑靼紫罗兰 **246556**
鞑新菊 322748
鞑子香 330495,330511
打卜草 297703,297711
打卜子 366934
打不死 61572,198843,200790,200816,229377,294125,298888,329879,356702,356884,366447,373635,392274
打虫果 144821
打毒根 40124
打毒金 227739
打额泡 297703,297711,297712
打风草 41441
打狗耳 117486,117692
打古子 138336
打鼓藤 34375,166693
打鼓子 159222
打瓜花 195326
打瓜苗 195326
打官司草 301871,301952
打火草 21643
打箭风毛菊 **348850**
打箭菊 322748
打箭炉杜鹃 331939
打箭炉虎耳草 **349981**
打箭炉龙胆 **173959**
打箭炉蔷薇 **336986**
打箭马先蒿 **287746**
打箭苔草 **76496**
打结花 141470
打砍不死 311852
打烂碗花 201773
打冷冷 346333
打锣锤 326340,375274
打麻刺 401156
打米花 131254
打拍草 297645
打盆打碗 158857
打屁藤 280106
打破碗 336817
打破碗花 68686,123065,378386
打破碗花花 **23850**,68713
打破碗碗 378386
打破碗碗花 24116
打破碗子藤 6907
打扑草 297645
打枪果 315177,315179,365003
打枪子 328760
打色眼树 233899
打蛇棒 33325
打食草 389638
打水水花 154424
打死还阳 289015
打铁树 **261629**,261648
打头泡 297711
打碗花 **68686**,68676,68692,68701,68713,68724,102933,158857,158895,195269,208120
打碗花属 **68671**
打碗科 158857
打碗棵 158857
打蚊艾 55693
打夏 278780
打印果 357878
打印果属 357877
打油果 80273,315177,315179,365003
打蛀母 274379
打子 167092
打字草 201761
大阿米 19664
大阿米芹 **19664**
大阿魏 **163590**
大矮陀 18055
大艾 35167,55693
大艾属 55669
大安水蓑衣 **200641**
大桉 **155598**,155558
大暗消 **34182**,113577
大奥寇梯罗 167558
大奥托滇山茶 **69562**
大澳洲茄 367289
大澳洲杉 **44050**
大八宝 **200789**
大八幡草 **58023**
大八角 **204553**,204603
大八裂梧桐 **268813**
大八仙花 **199986**,200017
大巴巴叶 320828,320835,320839
大巴豆 66624
大巴戟 258905
大菝葜 366332
大霸尖山酢浆草 **277659**
大霸山兰 **274035**
大掰角牛 245814
大白艾 178218
大白苞竹芋属 **186162**
大白槟 31680
大白爬仔 243371
大白菜 59600
大白刺 **266365**
大白刺豆 **162449**
大白刺豆属 **162447**
大白地榆 345911
大白顶草 359632

大白杜鹃 330524
大白饭果 241775
大白蒿 36286
大白花 49248,330524
大白花矮牵牛 292751
大白花地榆 **345911**
大白花杜鹃 **330524**
大白花小蔓长春花 **409342**
大白花银莲花 **24021**
大白芨 110502,114819,293537
大白及 293537
大白楷 245852
大白莲 **263273**
大白柳 **343680**
大白茅 **205506**
大白茅香 21586
大白七 364181
大白前 400934
大白球 **389220**
大白瑟木 **46649**
大白山茶 **68894**
大白芍 280213
大白石枣 243722
大白苏格兰欧石南 **149206**
大白藤 **65682**
大白头翁 **321681**
大白丸 389220
大白纹龙血 137368
大白纹竹蕉 **137368**
大白杨 311415
大白洋参 287181
大白药 **245814**,245810
大白叶冷杉 414
大白叶仔 192494
大白叶子 192494
大白叶子火草 381944
大白芸豆 294010
大百步还阳 329001
大百部 **375355**,375349
大百合 **73159**,73157
大百合属 **73154**
大百解薯 34238
大百簕花 **55337**
大败毒 368073
大败酱 285852
大班克木 **47644**
大斑花败酱 **285852**
大斑鸠米 66879
大斑鸠食子 165099
大斑叶兰 179580,179679,179694
大阪抚子 127667
大坂山杜鹃 331561
大板山黄芪 42257
大板山黄耆 **42257**
大板山蚤缀 **32272**,32066
大半边莲 49744,234766
大半夏 **299723**,33319,33335,33349,33397,33473
大半药 34276
大瓣阿尔芸香 **16282**
大瓣伯奇尔蝇子草 **363273**
大瓣蟾蜍草 **62253**
大瓣雌足芥 **389286**
大瓣翠雀花 **124365**
大瓣格尼瑞香 **178645**
大瓣虎耳草 **349418**
大瓣假杜鹃 **48178**
大瓣尖腺芸香 **4825**
大瓣韭 **15447**
大瓣良盖萝藦 **161007**
大瓣萝藦 **241189**
大瓣萝藦属 **241188**
大瓣毛茛 **326235**
大瓣密叶花 **322055**
大瓣穆拉远志 **260014**
大瓣南美毛茛 **218094**
大瓣贫雄大戟 **286043**
大瓣芹 **357912**
大瓣芹属 **357905**
大瓣热美椴 **28961**
大瓣润肺草 **58894**
大瓣双毛藤 **134526**
大瓣溲疏 **126859**
大瓣苏木 175636
大瓣苏木属 **241063**,175629
大瓣塔奇苏木 **382976**
大瓣田基麻 **200422**
大瓣铁线莲 95100
大瓣委陵菜 **312740**
大瓣绣球 **200019**
大瓣硬瓣苏木 **354449**
大瓣紫花山莓草 **362370**
大棒补血草 **230673**
大包药 299017
大苞矮泽芹 **85719**
大苞白山茶 **69108**,69147
大苞半蒴苣苔 **191372**
大苞闭鞘姜 **107255**
大苞滨藜 **44349**
大苞补血草 **405142**
大苞补血草属 **405140**
大苞彩花 2221
大苞茶 **69104**,69108
大苞柴胡 **63622**
大苞长柄山蚂蝗 **200748**
大苞赤瓟 **390119**
大苞粗毛黄瑞木 **8238**
大苞粗毛杨桐 8238
大苞地地藕 101112
大苞点地梅 **23227**
大苞杜若 **307329**
大苞短毛唇柱苣苔草 **87831**
大苞短丝花 **221428**
大苞钝柱菊 **228199**
大苞钝柱菊属 **228198**
大苞多穗兰 **310498**
大苞耳草 **187524**
大苞纺锤菊 **44182**
大苞风箱树 **59932**
大苞风箱树属 **59930**
大苞凤仙花 **204796**
大苞合欢 **13567**
大苞红景天 **329837**
大苞黄精 **308600**
大苞黄瑞木 8238
大苞黄檀 **121699**
大苞灰毛豆 **386088**
大苞鸡菊花 **260581**
大苞鸡菊花属 **260580**
大苞寄生 **392715**
大苞寄生属 **392710**
大苞姜 322762
大苞姜属 **79726**
大苞筋骨草 13133
大苞堇 **188354**
大苞堇属 **188353**
大苞荆芥 264890
大苞景天 **356530**,356985
大苞九头狮子草 **291154**
大苞嘴签 179947,179949
大苞苣苔 **25754**
大苞苣苔属 **25751**
大苞卷瓣兰 **62879**
大苞栝楼 396262,396280
大苞蜡菊 **189406**
大苞兰 **379784**
大苞兰属 **379768**
大苞蓝 **387135**
大苞棱子芹 **304822**
大苞裂叶报春 314555
大苞鳞果草 **4480**
大苞鳞果藤 **270943**
大苞柳 **343927**
大苞漏斗苣苔草 **129795**
大苞萝藦 **241295**
大苞萝藦属 **241294**
大苞马来茜 **377524**
大苞马蓝 387135
大苞茉莉 **99752**
大苞茉莉属 **99751**
大苞木荷 **350916**
大苞木蓝 205739
大苞牛奶菜 **245828**
大苞片田皂角 **9509**
大苞片肖水竹叶 **23530**
大苞偏穗花 **215816**
大苞千斤拔 166897
大苞鞘花 **144595**
大苞鞘花属 **144593**
大苞鞘石斛 **125412**
大苞芹 **241001**,129196
大苞芹属 **240999**,129195
大苞琼楠 **50529**
大苞秋海棠 **49915**
大苞润楠 **240594**
大苞桑 **252233**
大苞桑寄生 392715
大苞桑属 **252231**
大苞山茶 69108
大苞山黑豆 **138934**
大苞山蚂蝗 **126301**
大苞蛇根草 **272209**
大苞石豆兰 **62672**
大苞石竹 **127733**
大苞石竹属 **217755**
大苞水竹草 **23503**
大苞水竹叶 **260090**
大苞塔花 **347547**
大苞唐菖蒲 **176343**
大苞藤黄 **171069**
大苞天芥菜 **190673**
大苞弯果紫堇 **105796**
大苞乌头 **5525**
大苞香茶菜 **303351**
大苞小檗 **51678**
大苞萱草 **191309**
大苞悬钩子 **339469**
大苞旋覆花 **207170**
大苞雪莲花 348392
大苞血桐 **240239**
大苞鸭跖草 **101083**,101112
大苞延胡索 **106431**
大苞盐节木属 **36770**
大苞羊耳蒜 **232171**
大苞叶千斤拔 166897
大苞叶猪屎豆 111968
大苞鸢尾 **208476**
大苞越橘 **403910**
大苞泽菊 **91162**
大苞中亚滨藜 **44348**
大苞猪屎豆 **112195**
大宝草 186368
大宝石南 **121066**
大宝石南属 **121060**
大报春 **372969**
大报春属 **372966**
大豹斑兰 **26280**
大豹皮花 **373821**
大暴牙郎 248753
大北美瓶刷树 **167541**
大贝 168586
大贝才茜 **53285**
大贝尔茜 **53083**
大贝卡尔苔草 **73866**
大贝母 56659,168586
大贝母兰 183801
大被单草 114060

大被管萼茜 **68455**
大被画眉草 **147789**
大被爵床属 **247867**
大被芦莉草 **339765**
大被魔星兰 **163541**
大被木 **247931**
大被木属 **247930**
大本山梗菜 **234749**,234715,234759
大本山菁 402118
大本山芹菜 24326
大本氏兰 **51105**
大本水芹菜 326365
大本盐酸草 278147
大本羊角豆 78512
大崩沙 296380
大鼻凤仙花 **205166**
大鼻花 329527
大笔杆草 228326
大荜茇 300354,300495
大荜茇 300354
大萆薢 131840
大薜荔 235878
大边大蒜芥 **365570**
大萹蓄 308816
大鞭柱鸢尾 **246208**
大扁茎帚灯草 **302697**
大扁老鸦芋头 33295,33325
大扁盘木犀草 **197782**
大扁平球沟宝山 **327305**
大扁雀麦 60661,61008
大扁枝豆 77051
大扁竹兰 208939
大藨草 **6874**
大藨草属 **6873**
大别山贝母 168344
大别山丹参 344995
大别山冬青 **203745**
大别山柳 **343264**
大别山马兜铃 **34160**
大别山山核桃 **77892**
大别山石楠 **295664**
大别山鼠尾草 **344995**
大别山松 299939
大别山五针松 **299939**
大别山细辛 **37607**
大别山野古草 **37407**
大别苔草 **74252**
大别五针松 299939
大滨菊 **227512**
大滨藜 **44490**
大柄暗罗 **307510**
大柄刺柏 **213822**
大柄冬青 **204008**
大柄鹅观草 **335419**
大柄虎皮楠 122700
大柄灰叶 **386169**
大柄萎 300504
大柄披碱草 **144385**
大柄舟梧桐 **350446**
大波斯菊 107161
大波斯菊属 107158
大波缘兜舌兰 **282849**
大脖梗子 41872
大脖子药 333086
大驳骨 172831,214308,223150
大驳骨草 **172831**,200312
大驳骨丹 172831,214308
大驳骨消 172831,214308
大驳节 172831
大薄荷 10414
大薄叶兰 238743
大薄竹 **47404**
大补血草 230672
大不死鸟 **256268**
大布莱达欧楂 **252306**
大布里滕参 **211514**
大布留芹 **63503**
大部参 191173
大菜 **326628**
大糙籽臭矢菜 **307143**
大草地西班牙石南 149048
大草花 23850
大草蔻 17702,17774
大草沙蚕 **398099**
大草丝兰 **193228**
大草乌 5046,5075,5100,5219,5335,5605,5635,5667
大草原金千里光 **279954**
大草竹 175611
大簕竹 47213,47445
大叉叶草 **177490**
大茶根 172779,260413
大茶藤 172779
大茶药 172779
大茶叶 172779,201743
大茶叶藤 172779
大察日报春 **315061**
大柴胡 39966,40000,63707,144023
大菖蒲 5793
大长瓣竹芋 **100884**
大长春花 409335
大长萼兰 **59273**
大长筒花 4078
大长叶桉 155628
大长叶宝草 **186415**
大长疣仙人球 135689
大肠风 300357,300359
大肠藤 66643
大常花糖芥 **154539**
大常山 96339,294540
大厂茶 **69686**
大巢菜 **108534**,408278,408284,408407,408571
大巢菜属 **108525**
大巢豆 408284
大巢叶 408284
大朝阳 325002
大车前 **302068**,301871,302014
大车前草 302068
大车藤 94953
大车轴草 397096
大橙杜鹃 **330493**
大匙博巴鸢尾 **55962**
大齿阿登芸香 **7146**
大齿奥勒菊木 270198
大齿伴帕爵床 **60304**
大齿瓣兰 **269069**
大齿长蒴苣苔草 **129907**
大齿齿舌叶 **377345**
大齿唇柱苣苔草 **87888**
大齿大戟 **158983**
大齿当归 276748
大齿滇巴豆 113062
大齿斗篷草 **14043**
大齿独活 276748
大齿谷木 **250007**
大齿骨籽菊 **276614**
大齿观音莲 16494
大齿冠毛锦葵 **111307**
大齿红丝线 **238968**
大齿黄胶菊 **318692**
大齿黄芩 **355591**
大齿积雪草 **81615**
大齿棘豆 **278985**
大齿榄叶菊 270198
大齿离药草 **375304**
大齿芦荟 **16866**
大齿马铃苣苔 **273869**
大齿槭 **3142**
大齿苘麻 **953**
大齿山柳菊 **195637**
大齿山芹 **276748**
大齿蛇根草 **272250**
大齿蛇葡萄 20360
大齿树紫菀 **270198**
大齿双齿千屈菜 **133378**
大齿糖槭 3000
大齿铁苋菜 **1880**
大齿铁线莲 94969
大齿兔唇花 **220079**
大齿驼曲草 **119879**
大齿橐吾 **229103**
大齿微腺亮泽兰 **272391**
大齿香茶菜 **303353**
大齿小米草 **160206**
大齿新卡大戟 **56038**
大齿盐肤木 **332628**
大齿杨 **311335**
大齿玉 **329585**
大齿云南巴豆 **113062**
大翅霸王 418702
大翅刺头菊 **108335**
大翅大戟 **158979**
大翅盾菜 **164449**
大翅二室金虎尾 **128268**
大翅凤仙花 **205110**
大翅鬼针草 **53995**
大翅果老虎刺 320603
大翅蒺藜 **395108**
大翅蓟 **271666**
大翅蓟贝克菊 **52740**
大翅蓟刺苞菊 **77011**
大翅蓟刺头菊 **108353**
大翅蓟飞廉 **73449**
大翅蓟属 **271663**
大翅加维兰 **172236**
大翅夹竹桃 **320150**
大翅夹竹桃属 **320149**
大翅假木贼 **21050**
大翅坚果番杏 **387184**
大翅榄仁树 **386574**
大翅老虎刺 **320603**
大翅马斯木 **246022**
大翅齐拉芥 **417942**
大翅秋海棠 **50072**
大翅三盾草 **394978**
大翅色木槭 **3191**
大翅托考野牡丹 **392529**
大翅驼蹄瓣 **418702**
大翅卫矛 157705
大翅细柱苋 **130334**
大翅小黄管 **356114**
大翅叶节木 **296839**
大翅翼兰 **320165**
大翅翼缬草 **14699**
大翅远志 **308179**
大翅芸薹叶补血草 **230553**
大翅猪毛菜 344743
大翅子树 **320835**
大重楼 16512,284293,284382
大虫耳 413842
大虫芋 16495,16512
大虫杖 328345
大臭草 **249105**,345586
大臭椿 **12578**
大刍草 155878
大川乌 5100
大穿鱼草 380486
大串连果 60225
大疮花 313197
大疮药 239597
大槌茜属 **241326**
大春根 178555
大春根药 375355
大春美草 **94371**
大椿 262189

大唇大果萝藦 **279448**
大唇鸡脚参 **275715**
大唇卡特兰 79546
大唇狸藻 **403240**
大唇鳞花草 **225191**
大唇马先蒿 **287419**,287619
大唇拟鼻花马先蒿 **287619**
大唇香科 388127
大唇香科科 **388127**
大唇血见愁 **388306**
大唇羊耳蒜 232145
大茨藻 **262067**
大慈姑 **342381**
大刺棒棕 46379
大刺茶藨 333900,333903
大刺茶藨子 **333903**,333900
大刺刺菜 92066
大刺大翅蓟 **271694**
大刺儿菜 **82024**,91953,92066,92384
大刺芳香木 **38818**
大刺盖 91814,92066
大刺骨籽菊 **276706**
大刺黄连 52039
大刺吉尔伯特芦荟 **16842**
大刺蓟 **92035**
大刺角牙 92066
大刺爵床属 **377495**
大刺康氏掌 **102826**
大刺葵 295477
大刺蓝刺头 **140791**
大刺龙舌兰 **10890**
大刺麻栗 78944
大刺密花小檗 **51543**
大刺蒲公英 384609
大刺茄 **367338**
大刺芹 **154317**
大刺十二卷 **186433**
大刺十字爵床 **111763**
大刺石竹 **127763**
大刺树 **167558**
大刺头草 82139
大刺小檗 **51895**
大刺肖鸢尾 **258559**
大刺芫荽 154317
大刺鹰苏铁 145224
大刺鹰嘴豆 **90819**
大刺皂荚 176901
大刺紫堇 **106124**
大葱 **15452**,15289
大葱花皮 235781
大葱皮木 235781
大丛鹅观草 **335417**,144383
大丛披碱草 **144383**,335417
大粗糙十二卷 **186284**
大粗根鸢尾 **208898**
大酢浆草 **277877**
大簇补血草 **230581**
大打不死 200784
大大黄 329366
大戴尔木蓝 **205932**
大丹 96147
大丹叶 319810
大单苞菊 **257705**
大单花田皂角 **9660**
大单头鼠麴草 **254910**
大当归 **24358**
大当门根 38960
大刀豆 71042,71050
大刀岚 **140579**
大刀药 66915,138888
大岛金丝桃 **202228**
大岛柃 **160571**
大岛氏铁大乌 388609
大岛唐松草 **388609**
大灯心草 143122
大等舌兰 **209559**
大邓伯花 390787
大邓博木 **123699**
大荻 372428
大荻属 372398
大地丁草 362617
大地豆属 **199311**
大地风消 31477
大地锦 159069,159102
大地锦草 159102
大地杨梅 **238616**
大地棕 114819
大地棕属 256572
大棣山芙蓉 194936
大蒂罗花 **385736**
大颠茄 367706,367735
大点地梅 23227
大靛 209232
大吊兰 **88565**,88546,295518
大吊竹 **249612**
大钓鱼竿 80141
大蝶花豆属 **241253**
大丁草 **224110**,112383,384681
大丁草属 **224106**,175107
大丁黄 66779,114325,157675,224110,295142
大丁癀 240842
大丁癀卫矛 157784
大丁茄 367735
大丁茄子 367334
大丁香 112383
大丁字荚蒾 407727
大疔癀 61572,154971
大顶叶碎米荠 **72980**
大碇 **163448**
大东俄芹 **392787**
大东假还阳参 **110621**
大东土沉香 **161656**
大洞果 376137,376184
大斗石栎 **233231**
大斗柚 **93591**
大豆 **177750**,408393
大豆豉叶 350716
大豆腐柴 **313686**
大豆花 222707
大豆荚 135646
大豆蔻 **198471**,17713,17774
大豆蔻属 **198470**
大豆属 **177689**
大豆铁线莲 **94950**
大豆菟丝子 114972
大豆叶菝葜 366348
大独花岩扇 **362276**
大独活 **192303**,24358
大独脚金 **378024**
大独蒜兰 304218
大独叶草 229085
大独占春 **116826**
大杜若 **307322**
大杜英 142326
大肚瓜 396210,396257
大肚脐 171145
大渡茶秆竹 **318336**
大渡求米草 272625,272632
大渡氏枫寄生 236646
大渡氏牡丹藤 94708
大渡乌头 **5208**
大短梗景天 **8480**
大短片帚灯草 **142963**
大椴 391788
大堆桑 **369819**
大对节生 245814,261388
大对经草 202104
大对叶草 202146
大对月草 120371,397836
大盾柱兰 **39653**
大多刺虾 **140292**
大多花十二卷 **186438**
大多节草 **307840**
大多球茜 **310262**
大朵林 301230
大朵令箭荷花 **147289**
大俄火把 12616
大俄罗斯欧楂 **252308**
大莪白兰 267950
大莪术 114865
大鹅肠 375000
大鹅肠菜 114060,114066,375151
大鹅肠草 375136
大鹅儿肠 260922,375028,375041
大鹅观草 **335336**
大蛾蝶花 **351346**
大蛾阁 **299270**
大恶鸡 92066
大恶鸡婆 92066
大萼八仙花 200019
大萼斑鸠菊 **406361**
大萼报春 315083
大萼伯兰藜 **86964**
大萼彩叶凤梨 **264420**
大萼草黄堇 **106483**
大萼赪桐 **96192**
大萼赤瓟 **390134**
大萼翅籽草海桐 **405298**
大萼重楼 **284376**
大萼虫果金虎尾 **5919**
大萼臭牡丹 **95979**
大萼慈姑 342383
大萼刺芹 **154326**
大萼葱刺兰 **311772**
大萼粗毛杨桐 8238
大萼粗叶木 **222227**
大萼粗壮赪桐 **96308**
大萼翠雀花 **124346**
大萼大花小檗 51943
大萼大沙叶 **286338**
大萼党参 **98280**,98365
大萼杜鹃 **331212**,330590
大萼短冠草 **369211**
大萼多花蓼 **340517**
大萼法拉茜 **162588**
大萼番薯 **207975**
大萼方腺景天 **357195**
大萼芳香木 **38648**
大萼凤梨属 8544
大萼凤仙花 **204993**
大萼腹花苣苔 **171605**
大萼格雷野牡丹 **180402**
大萼格利森茜 **176804**
大萼沟果茜 **18595**
大萼瓜属 **21491**
大萼冠唇花 **254256**
大萼哈利木 **184781**
大萼鹤虱 **335115**
大萼亨里特野牡丹 **192049**
大萼红淡 8232
大萼红豆 274428
大萼红蕊樟 **332272**
大萼厚柱头木 **279840**
大萼虎耳草 **349579**
大萼黄瑞木 **8232**
大萼基毛兰 **116360**
大萼假杜鹃 **48175**
大萼假鹰爪 **126725**
大萼姜 **63887**
大萼姜属 **63886**
大萼金莲木 **268216**
大萼金丝桃 **202004**,201787
大萼堇菜 410017
大萼锦葵 **240945**

大萼锦葵属 **240938**
大萼警惕豆 **249731**
大萼九节 **319664**
大萼葵 **80872**
大萼葵属 **80871**,389928
大萼蓝钟花 **115386**
大萼类木棉 **56769**
大萼丽唇夹竹桃 **66955**
大萼连蕊茶 **69331**
大萼莲座半日花 **399962**
大萼两广黄瑞木 8232
大萼铃子香 **86815**
大萼琉璃草 **117995**
大萼龙骨角 **192432**
大萼鹿藿 **333311**
大萼鹿角菜 88897
大萼鹿角藤 88897
大萼路边青 4994
大萼罗顿豆 **237355**
大萼马比戟 **240187**
大萼马先蒿 287562
大萼毛蕊茶 **68921**
大萼莓系早熟禾 305686
大萼美果使君子 **67950**
大萼米饭花 239387
大萼米饭树 239387
大萼皿花茜 **294370**
大萼木荷 **350927**
大萼木姜子 **233849**
大萼木蓝 **206208**
大萼木莓 **136851**
大萼楠 **295382**
大萼黏胶欧石南 **150252**
大萼啮瓣景天 **356659**
大萼欧石南 **149717**
大萼泡叶番杏 **138200**
大萼破布木 **104193**
大萼杞莓 **316991**
大萼清明花 49363
大萼热非丁香蓼 **238224**
大萼日本通泉草 247025
大萼日中花 **220604**
大萼润肺草 **58898**
大萼山矾 381423
大萼山柳菊 **195772**
大萼山土瓜 **208295**
大萼舌蕊萝藦 **177349**
大萼圣亚麻诞果 **88064**
大萼柿 **132297**
大萼鼠尾草 **344925**
大萼霜柱花 215816
大萼水塔花 **54452**
大萼溲疏 **126856**
大萼铁线莲 95100
大萼庭荠 **18413**
大萼通泉草 **247028**
大萼兔耳草 **220164**
大萼委陵菜 **312467**
大萼沃尔克凤仙花 **205441**
大萼五部芒 **289552**
大萼锡生藤 **92546**
大萼细辛 **37681**
大萼线叶密钟木 **192584**
大萼香茶菜 **209767**
大萼小檗 **51897**
大萼小瘤果茶 **69448**
大萼小鹿藿 **333326**
大萼小米草 **160205**
大萼新野桐 **263680**
大萼星果棕 **43375**
大萼旋花 376536
大萼旋花属 376524
大萼烟堇 **169086**
大萼燕麦 **45505**
大萼杨桐 8232
大萼淫羊藿 **147023**
大萼莺树 **235815**
大萼羽叶花 **4994**
大萼杂色豆 **47770**
大萼早熟禾 **305686**
大萼獐牙菜 **380262**
大萼珍珠花 **239387**
大萼直萼木 **68442**
大萼中脉梧桐 **390307**
大萼朱斯茜 **212495**
大萼猪屎豆 **112371**
大萼紫堇 **106123**
大颚花 403670
大鳄梨 **291570**
大恩德桂 **145338**
大耳稃草 **171504**
大耳兰 **247908**
大耳兰属 **247907**
大耳南星 33272
大耳坭竹 **47331**
大耳山柳菊 **195783**
大耳叶风毛菊 **348506**
大耳竹 47493
大二郎箭 **296125**,296121
大二型腺毛 **64387**
大发 376137,376184
大发表 70904
大发汗 66617,344957,414584
大发汗藤 94853,94859,414584
大发散 367146,406662
大发药 31455
大番薯 207981
大番叶 231324
大番樱桃 **156235**
大繁缕 **375041**,375002
大反曲三叶草 **397052**
大饭团 214967
大饭团藤 214959
大方八 378836,378948
大方油栝楼 **396178**
大芳香木 **38608**
大防己 **241041**,179308
大防己属 **241040**
大妨竹 304032
大飞酸 389978
大飞天蜈蚣 287989
大飞燕草 124301
大飞扬 49022,159069
大飞扬草 159069
大飞羊 159069
大非洲兰 **320951**
大菲利木 **296344**
大肥根 117908
大肥牛 183082
大狒狒花 **46168**
大肺金草 322801,322815
大肺筋草 322801,322815,345978
大肺经草 345978
大分角大戟 **88933**
大粉斑枪刀药 **202596**
大粉苞苣 **88787**
大粉红绣线菊 371971
大粉珠花 **43310**
大风艾 55693,406667
大风草 40988,96009
大风顶玉山竹 **416768**
大风寒草 78039
大风茅 117153
大风沙藤 214967
大风藤 204615,214979,285157,300427,364986,364989,411735
大风藤棵 94830
大风消 346738,346743
大风信子兰 **34898**
大风雪木茼蒿 **32564**
大风药 66853
大风叶 55693,66864,96180
大风柱 279492
大风子 182962,199744
大风子科 166793,216369
大风子属 **199740**
大枫草 55693
大枫木 3462
大枫子 182962,199744
大峰拂子茅 **65436**
大峰悬钩子 **338066**
大锋芒草 **394384**
大蜂窝流苏树 **87706**
大凤角 **158665**
大凤龙 **263698**
大凤龙属 **263695**
大凤卵草 **304360**
大凤头黍 **6108**
大凤仙花 **204992**
大凤玉 **43497**
大佛肚竹 **47520**
大稃拂子茅 **65419**
大稃射皮芹 **6832**
大芙乐兰 295960
大芙蓉 383090
大拂子茅 **65354**,65419
大浮萍 301025
大幅棕 32333
大福球 **244188**
大福丸 244188
大附子 16495
大副冠水鬼蕉 **200943**
大腹 31680
大腹槟榔 **31683**,31680
大腹毛 31680
大腹皮 31680
大腹绒 31680
大腹子 31680,31683
大馥兰 **295960**
大盖赪桐 **96196**
大盖尔布朗兰 **61178**
大盖瓜 **18013**
大盖瓜属 **18008**
大盖假杜鹃 **48245**
大盖锦葵 **247966**
大盖锦葵属 **247964**
大盖球子草 **288646**
大甘巴豆 **217852**
大甘草 258910
大杆 17656
大疳根 233928
大疳药 388406
大赣树 285960
大岗茶 **141597**,141595
大高丛玉簪 **198612**
大高良姜 17677
大割鸡芒 **202716**
大格罗兰 **177314**
大葛藤 321441,321444
大蛤腺瘤兰 **7570**
大根 326616
大根阿斯皮菊 **39787**
大根白妙 **108922**
大根补血草 **230674**
大根糙缨苣 **392687**
大根槽舌兰 **197254**
大根车前 **302064**
大根匙叶草 230674
大根唇柱苣苔草 **87915**
大根雌足芥 **389287**
大根酢浆草 **277959**
大根大戟 **159285**
大根大岩桐 **364747**
大根大叶草 **181951**
大根费利菊 **163237**
大根感应草 **54545**
大根瓜属 **247924**

大根蒿 **35860**
大根红瓜 **97814**
大根后毛锦葵 **267197**
大根鸡头薯 **152893**
大根假白榄 212174
大根金眼菊 **409160**
大根碁莛菜 **53262**
大根块茎苣苔 364747
大根兰 **116975**
大根老鹳草 **174715**
大根狸藻 **403385**
大根莲子草 **18116**
大根蓼 **309428**
大根驴臭草 **271800**
大根麻疯树 **212174**
大根磨石草 **14467**
大根乃拉草 181951
大根牛皮消 117412
大根蒲公英 **384666**
大根千里光 **359645**
大根球距兰 **253334**
大根润肺草 **58895**
大根莎草 **119153**
大根山樱 **83130**
大根属 247924
大根睡布袋 **175270**
大根甜菜 **53231**
大根五裂层菀 **255624**
大根肖水竹叶 **23561**
大根银豆 **32849**
大根芸苔 **59395**
大更药 360463
大梗柳 **343652**
大梗萝藦 **241185**
大梗萝藦属 **241183**
大梗曲管桔梗 **365173**
大弓花鼠麹草 **393434**
大公爵 **233664**
大公主兰 **238743**
大宫葱 15170
大勾儿茶 **52461**
大沟果茜 **18600**
大沟九节 **319524**
大沟吐根 319524
大钩丁 401770
大钩藤叶 320828,320835,320839
大钩叶藤 **303088**
大狗脚迹 24024
大狗尾草 **361775**,289015,361743,361750
大狗响铃 112269
大构树 61107
大孤挺花 196446
大箍瓜 **399451**
大古榆 **197452**
大骨风 55693,214308
大骨节草 172831,214308
大骨皮 61107
大骨碎 214308
大鼓藤 165515
大瓜 114288
大瓜槌草 342259
大瓜蒌 396284
大关长穗兔儿风 **12650**
大关杜鹃 **330162**
大关杜英 142311
大关凤仙花 **204888**
大关柳 **343267**
大关山南星 **33280**,33295
大关杨 311192
大观赏苘麻 **924**
大冠曲管桔梗 **365174**
大冠菟丝子 **115010**
大冠药苣苔 **105257**
大冠远志 308363
大管 253627
大管葱莲 **417625**
大管大黄栀子 **337511**
大管番薯 **207976**
大管后毛锦葵 **267196**
大管花寄生 241315
大管花属 241313
大管花葳 **240920**
大管花葳属 **240919**
大管黄芩 **355592**
大管夹竹桃 **241311**
大管夹竹桃属 **241306**
大管假杜鹃 **48253**
大管姜味草 **253696**
大管距花 **81760**
大管裂花桑寄生 **295852**
大管裂口花 **379957**
大管芦荟 **17001**
大管马氏夹竹桃 **246066**
大管马先蒿 **287405**
大管鼠尾草 **345190**
大管勿忘草 **260830**
大管羊蹄甲 **49163**
大管蝇子草 **363716**
大管鸢尾 **208701**
大管远管木 **385748**
大管仔榄树 **199427**
大灌木悬钩子 **338928**
大光萼荷 **8564**
大光花龙胆 **232683**
大光淋菊 **276213**
大广草 282162
大鬼莲 408734
大贵青玉 **159344**
大桂 91302
大果 16164
大果阿拉豆 21307
大果阿魏 **163658**
大果安歌木 **24649**
大果安息香 **379403**,379325,379411
大果桉 **155634**
大果奥德大戟 **270056**
大果巴豆 **112959**
大果巴戟 **258885**
大果巴料草 285004
大果菝葜 **366452**
大果白阿福花 **212395**
大果白刺 266365,266367
大果百蕊草 **389777**,389743
大果柏 114723
大果柏木 **114723**
大果报春 **314630**
大果贝壳杉 **10505**
大果贝母 **168465**
大果笔花豆 **379250**
大果蓖麻果庭院椵 **370147**
大果扁担杆 **180864**
大果扁穗草 **55895**
大果扁桃 **316404**
大果博巴鸢尾 **55961**
大果薄子木 **226464**
大果藏蕊花 **167189**
大果草莓 167597
大果草木犀 **249223**
大果禅比罗棕 85843
大果蟾蜍草 **62252**
大果长被片风信子 **137955**
大果长管栀子 **107141**
大果车前 **302062**
大果柽柳 **383587**
大果齿叶溲疏 **126893**
大果赤瓟 **390167**
大果翅苹婆 **320991**
大果翅籽荠 **170171**
大果虫实 **104803**
大果椆 116186
大果臭椿 **12563**,12559
大果樗树 12563
大果串铃花 **260320**
大果垂丝卫矛 **157765**
大果刺柏 **213843**
大果刺桧 213843
大果刺篱木 **166786**
大果刺子莞 **333631**
大果粗叶榕 **165121**
大果达维木 **123281**
大果大萼烟堇 **169089**
大果大黄 **329353**
大果大黄栀子 **337510**
大果大戟 **160074**
大果大头茶 179763
大果单苞藤 **148457**
大果单列大戟 **257919**
大果单裂苣苔 **257842**
大果单头鼠麹草 **254909**
大果德钦杨 **311343**
大果迪奥豆 131323
大果地杨梅 **238691**
大果点地梅 23227
大果顶须桐 **6265**
大果东北杏 **34445**
大果冬青 **204001**
大果毒鼠子 **128735**
大果杜鹃 **330763**,331361,331855
大果杜英 **142316**,142385
大果钝叶栒子 **107477**
大果多夫草 **136819**
大果番樱桃 **156281**
大果芳香木 **38654**
大果房县槭 **2974**
大果飞蛾藤 **311659**
大果粉苞苣 **88788**
大果风车玉蕊 **100304**
大果风车子 **100867**
大果风信子 **198032**
大果风信子属 **198031**
大果佛掌榕 165121
大果甘肃马先蒿 287306
大果高河菜 **247786**
大果哥伦比亚野牡丹 **199198**
大果格拉紫金牛 180087
大果勾儿茶 **52425**
大果沟子荠 383990
大果狗牙花 **154180**
大果瓜馥木 **166681**
大果瓜栗 279387
大果圭奥无患子 **181863**
大果桂花 **276359**
大果哈克 184595
大果哈克木 **184595**
大果海滨蒺藜 **184775**
大果海福木 **167276**
大果海桐 301454
大果汉珀锦葵 **185217**
大果合瓣樟 **91458**
大果合声木 **380700**
大果核果茶 **322617**
大果核子木 **291484**
大果褐叶榕 **165510**
大果赫柏木 **186962**
大果红苞木 332209
大果红被花 **332199**
大果红翅槭 2955
大果红花荷 **332209**
大果红景天 **329907**
大果红雀珊瑚 **287850**
大果红山茶 **69336**,69618
大果红杉 **221933**
大果红心木 21307
大果红心椰 **85843**

大果厚壳桂 113445
大果厚皮香 **386703**
大果花旗松 318579
大果花楸 **369457**
大果滑轮芥 **399421**
大果槐 **369060**
大果黄果冷杉 347
大果黄梁木 **59947**
大果黄耆 **42652**
大果黄杉 **318579**
大果黄杨 **64279**
大果积雪草 **81613**
大果吉来芸香 **172732**
大果极光球 **153356**
大果棘豆 **278984**
大果几内亚蒲桃 **382556**
大果计时草 285694
大果檵木 **237197**
大果夹竹桃 49356
大果荚髓苏木 **126803**
大果假虎刺 **76926**,25943
大果假金鸡纳 **219654**
大果假马兜铃 **283740**
大果假水晶兰 **86390**
大果假卫矛 254310
大果胶枞 290
大果角鳞果棕 **295502**
大果绞股蓝 **183001**
大果金果小檗 52281
大果金栗 **89972**
大果旌节花 **373565**
大果酒饼簕 **43726**
大果救荒野豌豆 **408576**
大果嘴彭 137799
大果嘴签 **179948**
大果榉 **417563**,417558
大果锯伞芹 **315229**
大果聚雄花 11394
大果聚雄柚 **11394**
大果咖啡 **98941**
大果卡普龙大戟 **71590**
大果凯木 **215673**
大果柯拉豆 **21307**
大果克劳凯奥 105241
大果空喙苔草 **333098**
大果苦苣菜 **368749**
大果苦楝 248925
大果拉瓦野牡丹 **223415**
大果蜡瓣花 106659
大果蓝桔梗 **115449**
大果勒珀蒺藜 **335675**
大果棱果芥 **382104**
大果冷水花 **298965**,299062
大果离子芥 89008
大果栎 **324141**
大果栗豆藤 **11019**
大果链珠藤 18527
大果梁子菜 **148157**
大果亮红果茶藨子 **334224**
大果辽杏 34445
大果裂柱远志 **320630**
大果鳞斑荚蒾 408075
大果柃 **160445**
大果领春木 **160345**
大果留萼木 **54875**
大果琉璃草 **117956**
大果瘤蕊紫金牛 **271065**
大果龙胆属 **240948**
大果龙面花 **263437**
大果龙须兰 **79342**
大果绿心樟 **268715**
大果罗顿豆 **237354**
大果罗浮槭 **2955**
大果萝芙木 **327030**
大果萝藦属 **279411**
大果裸实 **182735**
大果落新妇 **41826**
大果麻栎 **323618**
大果马兜铃 **34262**
大果马拉瓜 **245002**
大果马泰木 **246260**
大果马蹄荷 **161610**
大果马蹄莲 **417098**
大果麦克无患子 **240892**
大果麦珠子 **17617**
大果毛茛 **326067**
大果毛冠菊 **262225**
大果毛蒿豆 278366
大果毛金壳果 **196979**
大果毛蕊花 **405731**
大果梅农芥 **250276**
大果美登木 **246875**
大果美洲茶 **79954**
大果美洲苦木 **298499**
大果蒙古栎 **324195**
大果米努草 **255514**
大果米槠 **78916**
大果密花独行菜 **225342**
大果绵果芹 **64788**
大果缅甸漆木 **248533**
大果膜枣草 **201208**
大果魔力棕 **258773**
大果墨苜蓿 **334329**
大果木姜子 **233970**
大果木莲 **244444**
大果木莓 **136852**
大果木棉 279387
大果木棉树 279387
大果木五加 125598
大果木犀 **276371**
大果木犀榄 **270073**
大果穆拉远志 **260012**
大果纳塔尔盐肤木 **332729**
大果奈纳茜 **263537**
大果南非草 **25806**
大果南美刺莲花 **65135**
大果南山茶 **69618**
大果楠 **295379**
大果囊苞木 **266656**
大果囊苔草 **75284**
大果能加棕 **263550**
大果拟库潘树 **114588**
大果拟马岛无患子 **392235**
大果拟水晶兰 86390
大果黏粟麦草 **230170**
大果鸟花楸 **369345**
大果牛奶木 **108150**
大果牛奶子 **142218**
大果女贞 **229451**
大果欧亚槭 **3471**
大果欧洲刺柏 **213731**
大果欧洲稻槎菜 **221788**
大果欧洲山茱萸 **105116**
大果爬藤榕 165622
大果泡泡刺 266365
大果泡桐 285960
大果篷果茱萸 **88179**
大果萍柴 **134939**,134938
大果匍地梅 **277596**
大果匍匐十大功劳 **242627**
大果普通麦瓶草 **364198**
大果七叶树 **9688**
大果漆树属 357877
大果茜属 **167522**
大果蔷薇 337012
大果茄 **367344**,367367
大果亲族苔草 **74642**
大果青冈 **116186**
大果青皮木 352440
大果青杆 298376
大果秋海棠 **50046**,285694
大果全缘椴 **138748**
大果全缘轮叶 **94270**
大果泉茱萸 **298084**
大果热带椴 138748
大果人面子 **137718**
大果忍冬 **235846**
大果日中花 **220603**
大果榕 **165297**,164656,164661
大果芮德木 327418
大果箬棕 **341410**
大果塞檀香 **84351**
大果三被藤 **396534**
大果三角果 **397300**
大果沙地马鞭草 703
大果沙拐枣 **67046**
大果沙马鞭 **703**
大果沙枣 142085
大果沙扎尔茜 **86336**
大果莎草 **119149**
大果山扁豆 **78239**
大果山茶 **69218**
大果山杜英 142373
大果山核桃 **77895**
大果山胡椒 **231415**
大果山龙眼 189949
大果山龙眼属 **266949**
大果山香圆 **400539**,400517
大果山楂 109936,110030
大果山茱萸属 **240965**
大果珊瑚冬青 **203654**
大果珊瑚藤 **28423**
大果上叶 98653,98686
大果蛇根草 **272304**
大果蛇藤 **100071**
大果参 133077
大果省沽油 **374103**
大果石冬青 **294222**
大果石山花椒 417254
大果石棕 298051
大果柿 132279
大果树萝卜 **10337**
大果树葡萄 **120134**
大果树参 **125598**
大果栓翅芹 **313525**
大果双被豆 **131323**
大果双列灯心草 **134833**
大果双泡豆 **132697**
大果水马齿 67364
大果水榕 94574
大果水翁 **94574**
大果水栒子 **107585**
大果水竹叶 **260107**
大果四合木 **387114**
大果四数花 **387301**
大果四翼木 **387605**
大果松 **299876**
大果菘蓝 **209214**
大果苏铁 **115853**
大果宿萼果 **105241**
大果酸浆 **297699**
大果碎米荠 **72874**
大果唐松草 **388557**
大果桃金娘 **332220**
大果藤黄 **171164**
大果藤榕 164656
大果甜菜 **53230**
大果甜杏 316404
大果铁刀木 78316
大果铁杉 **399889**,399916
大果铁杉属 **193510**
大果葶苈 **137100**
大果铜锣桂 113441
大果秃瓣杜英 **142323**
大果菟丝子 **115077**
大果团扇荠 170171
大果臀果木 **322401**
大果驼蹄瓣 **418712**

大果外翅菊 **86013**
大果外倾驼蹄瓣 **418630**
大果豌豆 **301080**
大果微花藤 **207356**
大果微毛小盘木 **253423**
大果维堡豆 **414030**
大果维拉木 **409259**
大果尾果锦葵 **402488**
大果委陵菜 **313061**
大果委内瑞拉金莲木 **7206**
大果卫矛 **157732**
大果污生境 103792
大果无柄棱果桔梗 **315310**
大果无心菜 **32054**,255514
大果五加 133077
大果五加参属 133076
大果五加属 133076
大果五角木 **313970**
大果五月茶 **28372**
大果西畴崖爬藤 **387854**
大果西番莲 285694
大果西风芹 **361460**
大果希尔茜 **196251**
大果仙灯 **67601**
大果纤梗山胡椒 **231361**
大果纤细马先蒿 **287247**
大果显腺紫金牛 **180087**
大果线莴苣 **375968**
大果线叶水马齿 **67364**
大果腺萼木 **260636**
大果腺托囊萼花 **323426**
大果香茶藨 **334128**
大果香樟 91408
大果香脂冷杉 **290**
大果小檗 **51613**
大果小豆蔻 **143503**
大果小瓦氏茜 **404912**
大果小叶枫 16164
大果小叶栒子 **107558**
大果肖阿魏 **163757**
大果肖肯棕 85843
大果肖鸢尾 **258557**
大果辛果漆 **138044**
大果兴安落叶松 221866
大果星蕊大戟 **6921**
大果星钟花 199033
大果熊果 **31116**
大果绣球 **199953**
大果须川氏女贞 **229656**
大果玄参 **355179**
大果雪胆 **191939**
大果栒子 **107541**,107396,
107558
大果鸦胆子 **61209**,61211
大果崖爬藤 **387808**
大果崖藤 **13457**
大果亚麻藤 **199164**
大果烟堇 **169084**
大果杨桐 **96617**
大果野丁香 226141
大果野独活 **254556**
大果野豌豆 **408478**
大果夷地黄 **351963**
大果异果鹤虱 **193742**
大果异味树 **103792**
大果瘿椒树 **384373**
大果油麻藤 **259535**
大果油朴 80709
大果鱼黄草 **250804**
大果俞藤 **416526**
大果萸叶五加 **170906**
大果榆 **401556**
大果玉心花 385055
大果圆柏 **213972**
大果月见草 269464
大果越橘 **403894**
大果云杉 **298376**
大果藏红卫矛 **78573**
大果枣 **418183**
大果樟 91380
大果鹧鸪花 **395509**
大果栀子 171408
大果直立黑三棱 **370057**
大果直叶榈 **44809**
大果中脉梧桐 **390308**
大果猪屎豆 **112372**
大果竹柏 306493
大果柱芦荟 **16998**
大果子蔓 **182169**
大果紫瓣花 **400079**
大果紫檀 320306
大果紫薇 **219958**
大果紫朱草 **14839**
大果棕 315390
大果棕属 315389
大果钻地风 **351814**
大过路黄 202070,239582,
239786
大过山龙 328997,406817
大哈氏椴 **241054**
大哈氏椴属 **241053**
大孩儿草 **340349**
大海 376137,376184
大海葱 **402366**
大海杜鹃 332009
大海藁本 **229315**
大海虎耳草 **349233**
大海黄堇 **105870**
大海榄 376184
大海蓼 **309393**
大海马齿 **361668**
大海马先蒿 **287738**
大海杧果 **83695**
大海米菊 181319
大海米菊属 181317
大海绵基苔草 **76378**
大海拳参 309393
大海蛇藤 **100059**
大海神菜 **265489**
大海苔草 **74649**
大海棠 49744
大海缀 **198012**
大海子 376137,376184
大憨毒 328997
大含羞草 **255089**
大寒草 365055
大寒药 34227,34288,48140,
299376
大韩信草 355494
大汗淋草 201743
大旱菜 148153
大蒿 35185
大号刺波 338205
大号狗卵 59823
大号黄山掌 413613
大号鸡角过 214959
大号角公 338250
大号犁头树 382535
大号牛奶仔 164947
大号牛奶子 164671
大号疟草 117986
大号乳仔草 159069
大号一枝香 115595
大禾子 403738
大合肋菊 **301745**
大合龙眼 **381600**
大和当归 24282
大和红 70822
大和锦 **140005**,244196
大和七 329860
大河坝黑药草 **335432**
大河坝以礼草 215944
大河口杜鹃 **331305**
大河茼麻 **957**
大核果 171145
大核果树 313338
大核台湾冬青 **203822**
大核桃 **212620**
大贺山冬青 204306
大褐虎耳草 349135
大鹤望兰 **377563**
大黑附子 16512
大黑根 138898
大黑骨头 211891,393642
大黑蒿 55722
大黑节草 187558
大黑理肺散 295216
大黑麻芋 197791
大黑牛 5046
大黑山野山茶 **69688**
大黑黍 281916
大黑头草 144076
大黑洋参 138898
大黑药 138898,220032
大黑药以礼草 **215944**
大黑叶樟 91330
大横纹 90062
大红草 55796
大红茶 141595
大红橙 **93767**
大红椿树 392841
大红豆 274391,274424
大红粉 309848
大红柑 93719
大红红景天 329930
大红花 77748,95978,162509,
195149,195180
大红花点地梅 23111,23133
大红花五味子 **351052**
大红花远志 406662
大红黄泡 338354,339080
大红金鱼花 100115
大红金鱼藤 **100115**
大红鲸鱼花 100115
大红橘 93446,93837
大红栎 **323780**,323769
大红柳 **343198**
大红芒毛苣苔 9475
大红毛丹 **265138**
大红毛七 **79731**
大红毛叶 320835,320839
大红毛帚灯草 **330014**
大红梅 **34452**
大红门兰 **273537**
大红牡丹花 195149
大红鸟 399601
大红袍 **93720**,6553,49886,
70822,93738,95978,96078,
126471,179488,214950,
214972,239591,239594,
261601,335147,335153,
336405,338374,345214,417180
大红泡 **338374**
大红七 329860
大红麒麟花 159368
大红蔷薇 **336918**
大红青菜 359253
大红秋海棠 49729
大红蕊樟 **332269**
大红山茶 **69158**
大红参 297878
大红丝龙眼木 **274259**
大红藤 370418
大红铁海棠 **159368**
大红心 177192
大红星 **182154**
大红绣球 221238
大红药 162509

大红英　248778
大红罂粟　**282515**,282522
大红子　109650
大虹　**185157**,163447
大喉夹竹桃　**241193**
大喉夹竹桃属　**241192**
大猴面包树　**7027**
大胡椒　**313178**,241210,300540
大胡椒属　**313172**,241208
大胡椒树　91277
大胡麻　232001
大胡枝子　226751
大葫芦　219844
大葫芦叶　393110
大槲树　323630
大虎耳草　90351,90380,90405,349627
大虎眼万年青　**274687**
大互生木蓝　**205638**
大互头天南星　**33346**
大花　382477
大花阿利茜　**14654**
大花矮牵牛　**292748**
大花矮生荷包花　**66264**
大花矮野牡丹　**253542**
大花艾纳香　**55712**,55769
大花安歌木　**24647**
大花安顾兰　**25136**
大花安息香　**379357**
大花安匝木　**310763**
大花桉叶藤　113823
大花暗罗　307524
大花奥尔雷草　**274288**
大花澳光明豆　**220756**
大花澳洲球豆　**371130**
大花八角　**204550**
大花八角枫　13370
大花巴拉圭虎尾草　**88326**
大花巴纳尔木　**47564**
大花巴茜草　**280484**
大花巴索拉兰　**59259**
大花巴西茜　280484
大花巴西土丁桂　**161440**
大花菝葜　**366453**
大花霸王　418732
大花白　69948,391628
大花白背牛尾菜　**366487**
大花白风铃草　**69948**
大花白鼓钉　**307670**
大花白虎皮花　**391628**
大花白芨　**55579**
大花白鹃梅　**161748**
大花白藜芦　405598
大花白木香　**336577**
大花白前　**117580**
大花白屈菜　**86761**
大花白瑞香　**122573**
大花百合　**229816**
大花百脉根　**237679**
大花百日菊　**418046**
大花百喜草　**285470**
大花拜卧豆　**227062**
大花斑叶兰　**179644**,179580
大花半边莲　234885
大花半日花　**188683**
大花半雄花　**357888**
大花半育花　**191473**
大花棒果芥　**376320**
大花棒毛萼　**400777**
大花苞杯花　**346818**
大花苞爵床　**139006**
大花苞叶兰　**58403**
大花贝母　**168416**
大花比克茜　**54382**
大花闭茜　**260696**
大花闭鞘姜　**107252**
大花扁棒兰　**302774**
大花扁担杆　**180802**
大花扁蕾　**174218**
大花扁莎　**322287**
大花扁石蒜　**301545**
大花杓兰　**120396**
大花波斯菊　104509
大花波特兰木　**311815**
大花伯克兰　**49553**
大花博什木棉　**57424**
大花薄荷木　**315608**
大花薄叶铁线莲　**94960**
大花薄子木　**226457**
大花捕虫堇　**299744**
大花布袋兰　**79557**
大花布里滕参　**211505**
大花布洛华丽　61126
大花布氏菊　**60126**
大花布氏龙胆　**54893**
大花彩花　**2300**
大花蔡氏蒺藜　**395159**
大花糙伏毛风琴豆　**218008**
大花糙苏　**295144**
大花草　**325062**
大花草海桐　179558
大花草科　**325065**,120872
大花草属　**325061**,120875
大花侧穗莎　**304871**
大花叉鳞瑞香　**129533**
大花叉序草　**209900**
大花叉柱花　**374493**
大花叉柱兰　**86683**
大花钗子股　**238315**
大花长白山报春　**314373**
大花长被片风信子　**137954**
大花长庚花　**193276**
大花长梗黄堇　105716
大花长管栀子　**107139**
大花长阶花　186961
大花长舌蓍　**320045**
大花长生草　**358044**
大花长筒莲　**107952**
大花长叶毛茛　**326035**
大花长叶溲疏　**127000**
大花长叶微孔草　**254375**
大花巢菜　**408419**
大花车轴草　**396893**
大花柽柳桃金娘　**260997**
大花赤楠　**382585**
大花翅瓣黄堇　**106334**
大花翅柄泡果荠　**196271**
大花重瓣向日葵　**188909**
大花重瓣栀子花　171330
大花虫豆　**65150**
大花臭草　**249015**
大花川梨　**323252**
大花川西景天　**357090**
大花垂铃儿　403670
大花春美草　**94344**
大花刺瓜　**117598**
大花刺果泽泻　**140544**
大花刺核藤　**322534**
大花刺橘　**405513**
大花刺苣　354650
大花刺李　76926
大花刺参　258863
大花刺续断　**258863**
大花刺叶　**2561**
大花葱　15445
大花葱莲　417608
大花酢浆草　**277702**
大花醋栗　**334080**
大花簇花　**120885**
大花脆蒴报春　**314468**
大花翠雀　124237
大花翠雀花　**124378**
大花大果萝藦　**279434**
大花大黄栀子　**337515**
大花大溲疏　**127009**
大花大头斑鸠菊　**227147**
大花大序雪胆　**191946**
大花大油芒　**372429**
大花大足兰　**45349**
大花带唇兰　**383157**
大花丹氏梧桐　**135906**
大花单兜　**257642**
大花单花橘　**257102**
大花单花木姜子　135137
大花单列大戟　**257916**
大花单裂苣苔　**257840**
大花单头爵床　**257268**
大花淡黄三毛草　**398464**
大花党参　**98381**
大花倒地铃　**73201**
大花倒挂金钟　**168765**
大花稻槎菜　**221791**
大花德罗豆　**138101**
大花灯心草　212929
大花等瓣两极孔草　**181052**
大花邓博木　**123696**
大花邓兰　383151
大花迪拉果细线茜　**225750**
大花迪普劳　**133013**
大花地宝兰　**174300**
大花地不容　**375887**
大花地蔷薇　**85652**
大花地榆　345894
大花第伦桃　130927
大花滇川角蒿　205571
大花滇丁香　**238101**
大花滇黄堇　**106614**
大花点地梅　**23222**,23166
大花电灯花　**97754**
大花吊灯花　**84161**
大花吊桶兰　**105521**
大花钓钟柳　**289349**
大花丁花　**401077**
大花丁香　382477
大花丁香蓼　**238172**
大花东北堇菜　**410214**
大花东非大风子　**66144**
大花东南亚野牡丹　**24192**
大花兜被兰　**264762**
大花豆兰　63185
大花毒马草　**362799**
大花毒肖鸢尾　**258705**
大花独活　**192268**
大花独脚金　**378025**
大花独蕊　**412156**
大花独蒜兰　**304257**
大花杜鹃　**331109**,331182,331213
大花杜斯豆　**139111**
大花短丝花　**221412**
大花短枝菊　**58357**
大花短柱茶　**69236**
大花对叶兰　**264752**
大花盾鳞木犀　**184538**
大花盾舌萝藦　**39630**
大花多榔菊　**136356**
大花多球茜　**310261**
大花多蕊石蒜　**175329**
大花多叶螺花树　**6399**
大花多枝黄芪　42896
大花多枝黄耆　**42896**
大花鳄嘴花　**96905**
大花耳颖草　**276904**
大花二歧草　**404131**
大花二色桉　**155620**
大花法道格茜　**162003**
大花法国蔷薇　**336582**
大花番茉莉　**61303**,61297

大花番薯 **207971**
大花繁缕 374832
大花芳香木 **38575**
大花飞蛾藤 396761
大花飞廉 **73397**
大花飞蓬 **150674**
大花飞燕草 124237
大花非洲防己 **212093**
大花非洲蒜树 **10078**
大花菲奇莎 **164538**
大花菲廷紫金牛 **166702**
大花费菜 **357169**
大花粉花溲疏 **127068**
大花粉条儿菜 **14513**
大花风车藤 100495
大花风吹楠 **198511**
大花风轮菜 **96972**
大花风毛菊 **348355**
大花蜂鸟花 **240756**
大花凤凰椰 **376403**
大花凤梨 **392014**
大花凤卵草 **304372**
大花凤眼蓝 **141810**
大花凤眼莲 141810
大花拂子茅 **65358**
大花福禄草 **32229**
大花附地菜 **397454**
大花傅氏唐松草 388711
大花伽蓝菜 **215164**
大花甘巴豆 **217854**
大花甘青微孔草 **254362**
大花甘松 262497
大花甘松香 262497
大花甘肃紫堇 **105739**
大花杆腺木 **328378**
大花杠柳 **291089**
大花皋月杜鹃 **330919**
大花高葶苣 **11454**
大花高原韭 **15376**
大花哥纳香 **179412**
大花革叶远志 307984
大花格雷野牡丹 **180399**
大花格罗大戟 **181312**
大花钩刺乳突球 244241
大花钩刺苋 **321797**
大花钩豆 **193078**
大花钩豆属 **193075**
大花钩枝藤 **22056**
大花狗肝菜 **129260**
大花狗娃花 **193968**
大花狗牙花 **382789**
大花孤菀 **393402**
大花古登木 179558
大花古登桐 **179558**
大花古朗瓜 **181986**
大花谷地欧石南 **149593**
大花谷木 **250006**
大花骨籽菊 **276617**
大花冠花树 **68582**
大花冠毛锦葵 **111308**
大花管蕊堇 **286772**
大花光被苋 **247076**
大花鬼针草 **53799**
大花哈氏椴 **186115**
大花海葱 **402369**
大花海甘蓝 **108613**
大花海勒兰 **143846**
大花海罂粟 **176739**
大花蒿 **35859**,35857,35914
大花禾叶兰 **12448**
大花合蕊樟 **382449**
大花荷包花 **66265**
大花荷包牡丹 203357
大花颌兰 **174266**
大花赫柏木 **186961**
大花赫顿兰 **199527**
大花鹤顶兰 **293545**
大花鹤虱 **221700**
大花黑心金光菊 **339559**
大花黑心菊 339559
大花红 **391629**
大花红斑凤仙花 **205295**
大花红淡比 **96604**
大花红瓜 **97800**
大花红景天 **329860**
大花红毛菀 **323014**
大花红南美鼠刺 155141
大花红山茶 **69333**
大花红腺尖鸠菊 **49448**
大花猴面蝴蝶草 **4078**
大花胡卢巴 **397236**
大花胡麻草 **81727**
大花胡颓子 **142074**
大花虎耳草 **349934**
大花虎皮花 **391624**
大花虎尾兰 **346089**
大花护卫豆 **14559**
大花花闭木 27591
大花花椒 **417261**
大花花篱 **27217**
大花花锚 **184697**
大花花楸 **369450**
大花花盏 **61394**
大花花烛 **28085**
大花华蟹甲草 364521
大花还亮草 **124042**
大花环翅芹 **392870**
大花黄鹌菜 **416443**
大花黄蝉 14874
大花黄花蒿 **35134**
大花黄槐 78301
大花黄堇 105750
大花黄精 **308592**
大花黄韭兰 **376352**
大花黄牡丹 **280222**
大花黄耆 **42692**,42662
大花黄芩 **355589**,355387
大花黄桃木 **415125**
大花黄杨 **64259**
大花黄栀花 **171256**,171253
大花灰毛豆 **386090**
大花灰木 **381299**
大花茴香砂仁 **155400**
大花会泽紫堇 **106127**,106315
大花活血丹 **176844**
大花火红苣 **323001**
大花藿香蓟 11206
大花鸡脚参 **275689**
大花鸡肉参 **205571**
大花姬孔雀 **134231**
大花吉尔苏木 **175638**
大花吉莉花 **175685**
大花棘豆 **278862**
大花蒺藜 **395082**
大花蓟罂粟 **32423**
大花鲫鱼藤 **356292**
大花加州金田菊 **222593**
大花夹竹桃叶树萝卜 **10346**
大花荚蒾 **407876**
大花假虎刺 76926
大花假金雀花 **77057**
大花假毛地黄 45169
大花假肉豆蔻 257642
大花假肉叶芥 **59799**
大花假水龙骨 **179164**
大花假丝苇 **318222**
大花假五数草 **318084**
大花假仙人棒 318222
大花尖连蕊茶 69035
大花尖膜菊 **201314**
大花尖药木 **4961**
大花尖柱鼠麹草 **412936**
大花樫木 **139669**
大花剪秋罗 363472
大花剑叶蛇舌草 **269873**
大花箭根薯 **382913**
大花胶壁籽 **99858**
大花胶草 181115
大花胶藤 **220897**,113823
大花胶菀 **181115**
大花椒 417180,417216,417330,
417340
大花角蒿 205568
大花角茴香 **201609**
大花角雄兰 **83380**
大花金光菊 **339552**
大花金黄蓟 **354650**
大花金鸡菊 **104509**
大花金莲木 **268149**
大花金钮扣 **371655**
大花金钱豹 **70396**
大花金雀儿 **120958**
大花金丝桃 201773,202104
大花金挖耳 **77178**
大花金腺鸡头薯 **152892**
大花金银花 235935
大花金盏藤 **366866**
大花堇菜 **410016**
大花堇叶芥 **264165**
大花锦鸡儿 **72241**
大花京黄芩 **355671**
大花茎乐母丽 **335959**
大花荆芥 **265048**
大花景天 **356913**
大花九重皮 **134210**
大花韭 **15446**
大花巨紫堇 106121
大花距药花 **81710**
大花聚合草 **381031**
大花聚伞欧石南 **149325**
大花卷瓣兰 **62761**
大花卷丹 **229888**
大花卷耳 82819
大花卷绢 358044
大花卷舌菊 **380900**
大花君子兰 97218
大花卡尔蒺藜 **215381**
大花凯拉梧桐 **216055**
大花凯木 **215670**
大花铠兰 **105527**
大花坎波木 **70492**
大花康氏掌 **102823**
大花科豪特茜 **217696**
大花科林花 **99836**
大花科努草 105232
大花可可 **389405**
大花克来豆 **108565**
大花克勒木 **95854**
大花克卢格苣苔 **216737**
大花克鲁茜 **113167**
大花孔雀花 34198
大花苦油楝 72638
大花宽刺蔷薇 **336859**
大花宽耳藤 **244691**
大花宽叶风铃草 **70120**
大花葵 **243850**
大花昆士兰使君子 **122177**
大花阔蕊兰 **291200**
大花蜡菊 **189407**
大花蓝 69943
大花蓝风铃草 **69943**
大花蓝花参 **412695**
大花蓝箭菊 **79277**
大花蓝苣 79277
大花蓝盆花 **350272**,350265
大花蓝岩参 84958
大花老鹳草 **174721**,174583,
174653,174832

大花老虎兰 **373691**
大花老鸦嘴 390787
大花老鸦嘴 390787
大花雷尔苣苔 **327591**
大花蕾丽兰 **219681**
大花肋柱花 **235454**
大花类毛地黄 **45169**
大花类钻花兰 **4509**
大花擂鼓艻 **244921**
大花离被鸢尾 **130296**
大花离子芥 89008
大花李榄 87728
大花里奇山柑 **334822**
大花丽刺爵床 **65198**
大花丽豆 **67780**
大花利顿百合 **234134**
大花利氏鸢尾 **228629**
大花栎 324140
大花连萼粟草 **98478**
大花连蕊茶 **69035**
大花帘子藤 **313227**
大花辽宁堇菜 **410500**
大花蓼 **291835**
大花列当 **275133**
大花裂瓜 **351770**
大花裂口花 **379921**
大花裂柱莲 **351886**
大花苓菊 **214124**
大花柃 **160541**
大花流苏树 **87728**
大花瘤瓣兰 **270827**
大花柳穿鱼 **230987**,230976
大花柳叶菜 **146763**,146937
大花六道木 **135**
大花六脊兰 **194521**
大花龙胆 **173951**,173486
大花龙面花 **263421**
大花龙脑香 **133563**
大花龙牙草 11552
大花龙钟角 **199021**
大花耧斗菜 **30038**
大花漏斗花 **130206**
大花芦莉草 **339761**
大花鹿藿 **333303**
大花鹿蹄草 **322830**
大花绿绒蒿 **247126**
大花卵形黄花茅 **27996**
大花卵叶半边莲 **234885**
大花轮果大风子 **77611**
大花罗布麻 29506
大花罗勒 **268515**
大花罗氏马先蒿 **287641**
大花罗斯兰 **337212**
大花洛赞裂蕊树 **238062**
大花落新妇 41812
大花马薄荷 257169
大花马齿苋 **311852**
大花马兜铃 **34198**
大花马尔塞野牡丹 **245130**
大花马耳茜 **196801**
大花马尼尔豆 **244613**
大花马氏桤木 **16329**
大花马蹄豆 **48992**
大花马先蒿 287259,287641
大花马歇尔菊 **245891**
大花玛当娜夹竹桃 **265332**
大花迈纳木 **246787**
大花曼陀罗 **61242**,61231
大花蔓龙胆 **110295**
大花芒毛苣苔 **9462**
大花猫爪苋 **93089**
大花毛蒿蓄 **291915**
大花毛齿萝藦 **55501**
大花毛地黄 **130365**
大花毛茛 **326053**
大花毛花柱 395642
大花毛建草 137591
大花毛鳞菊 **84958**
大花毛蕊花 **405796**
大花毛蕊老鹳草 **174593**
大花毛瑞香 **218998**
大花毛丝莓 **288689**
大花毛头菊 **151583**
大花毛枝梅 **395678**
大花茅根 **291416**
大花没药 **101402**
大花莓状委陵菜 312758
大花梅里野牡丹 **250673**
大花梅氏大戟 **248011**
大花美冠兰 **156844**
大花美韭 **398789**
大花美爵床 **265247**
大花美乐兰 **39274**
大花美丽番红花 **111606**
大花美丽胡枝子 **226801**
大花美丽石斛 **125153**
大花美人蕉 **71173**
大花美洲三角兰 **397317**
大花虻眼草 **136218**
大花蒙塔菊 **258201**
大花蒙坦木 258201
大花猕猴桃 **6623**
大花米尔豆 **255779**
大花米尔顿兰 **254929**
大花米兰 11294
大花米努草 **255513**
大花米仔兰 11294
大花密刺蔷薇 **336971**
大花密毛大戟 **322012**
大花密钟木 **192602**
大花绵叶菊 **152815**
大花绵籽夹竹桃 **372525**
大花膜质菊 201314
大花魔星花 **373827**
大花魔杖花 **369990**
大花墨蓝花 **105232**
大花墨苜蓿 **334323**
大花蘼苓草 258863
大花母草 **231527**
大花母菊 **246315**
大花牡丹 280222
大花木巴戟 **258898**
大花木豆 65150
大花木荷 **350914**
大花木荚苏木 **146110**
大花木姜子 135137
大花木槿 **195296**
大花木兰 242135
大花木蓝 **206207**,206744
大花木麒麟 **290707**
大花木通 95463
大花穆里野牡丹 **259424**
大花耐寒苣苔 4078
大花南非草 **25798**
大花南非针叶豆 **223563**
大花南芥 **30198**
大花南马尾黄连 388481
大花南美翼舌兰 **320554**
大花南山藤 **137791**
大花囊苞花 398025
大花囊萼花 **120513**
大花囊兰 120396
大花囊子草 **245906**
大花泥花草 **231485**
大花拟阿福花 **39473**
大花拟格林茜 **180496**
大花拟耧斗菜 283721
大花拟球兰 **177221**
大花拟舌喙兰 **177383**
大花拟伊斯鸢尾 **208625**
大花黏腺果 **101247**
大花鸟巢兰 **264700**,264752
大花鸟爪堇菜 **410386**
大花茑萝 **323462**
大花牛姆瓜 197229
大花牛眼菊 **63531**
大花扭果花 **377808**
大花女蒿 **196703**
大花女娄菜 363519
大花欧石南 **149517**
大花帕福斯兰 **282766**
大花帕里紫堇 **106037**
大花排草 **239663**
大花盘足茄 **134171**
大花佩尔羊蹄甲 **49201**
大花佩肖木 **288025**
大花盆距兰 **171832**
大花枇杷 **151142**
大花片梗爵床 **146349**
大花偏肿欧石南 **150215**
大花平萼桃金娘 **197736**
大花平口花 **302636**
大花婆婆纳 **407142**,407151
大花铺地半日花 **188768**
大花匍匐糖蜜草 **249324**
大花蒲公英 **384654**
大花普罗椴 **315450**
大花桤叶树 96492
大花漆 **393455**
大花杞莓 **316987**
大花气花兰 **9216**
大花荠 **72051**
大花荨草 **217494**
大花千斤藤 **208196**
大花千里光 **359461**,358240
大花牵牛 208016
大花乔木绣球 **199808**
大花茄 **367749**
大花秦艽 **173617**
大花琴木 **93244**
大花青蒿 35311
大花青兰 **137591**
大花青锁龙 **108957**
大花青藤 **204625**
大花清明花 49359
大花苘麻 **899**
大花秋海棠 49886
大花秋英 **107165**
大花楸子 **243670**
大花球柄兰 383157
大花球黄菊 **270991**
大花球心樟 **12762**
大花曲管桔梗 **365171**
大花全毛兰 **197532**
大花雀儿豆 **87248**
大花雀麦 **60737**
大花热美两型豆 **99954**
大花热美龙胆 **380651**
大花热美桃金娘 **68633**
大花热木豆 **61158**
大花忍冬 **235935**
大花忍冬叶桑寄生 **385216**
大花葱 **307229**
大花日本齿叶南芥 **30444**
大花日本娃儿藤 **117706**
大花日中花 **39278**
大花日中花属 **39277**
大花榕叶可拉木 **99191**
大花肉舌兰 **346802**
大花软枝黄蝉 **14874**
大花软紫草 **34622**
大花瑞香 **122510**
大花润肺草 **58871**
大花润楠 **240636**
大花鳃兰 **246723**
大花三翅藤 **396761**
大花三肋果梧桐 **181786**
大花三数木 **397665**

大花三叶胡麻 **361344**
大花扫帚叶澳洲茶 **226499**
大花涩荠 **243191**
大花森林银莲花 **24072**
大花沙参 **7659**
大花山白竹 **347326**
大花山姜 **17772**
大花山芥 **47944**
大花山菊木 258201
大花山兰 **274052**
大花山黧豆 **222724**
大花山柳菊 **195770**,195700
大花山罗花 **248188**
大花山蚂蝗 **126371**
大花山梅花 **294463**
大花山牵牛 **390787**
大花山桃草 **172202**
大花山萮菜 **161127**
大花山楂 **109818**
大花珊瑚藤 **28420**
大花舌唇兰 **302343**
大花舌叶花 **177457**
大花蛇鞭柱 **357745**,83874
大花蛇根草 **272249**
大花深红龙胆 **173834**
大花神香草 **203092**
大花肾苞草 **294071**
大花十蕊萝藦 **123405**
大花十字苣苔 **374447**
大花石斛 **125366**
大花石蝴蝶 **292557**
大花石上莲 **273871**
大花石竹 **127611**,127635
大花史蒂茜 **376396**
大花矢车菊 81183
大花柿 **132229**
大花螯毛果 **97544**
大花疏花鸳鸯茉莉 61313
大花疏毛玉凤花 **183970**
大花舒巴特萝藦 **352654**
大花鼠李 **328718**
大花鼠尾草 **345064**
大花树萝卜 **10331**,10346
大花刷柱草 **21782**
大花双翅盾 **133603**
大花双重仙人掌 134231
大花双袋兰 **134263**
大花双参 **398025**
大花双叶兰 232930
大花水八角 **180314**
大花水东哥 **347981**
大花水茫草 **230838**
大花水苏 **373298**
大花水蓑衣 **200629**,200628
大花水田白 **256163**
大花睡布袋 **175268**
大花睡莲 **267771**
大花蒴莲 **7289**
大花丝花树 **360666**
大花丝柱玉盘 **145658**
大花司徒兰 **377310**
大花斯胡木 **352731**
大花四棱豆 **319103**
大花四喜牡丹 95132
大花四照花 105023
大花嵩草 **217216**
大花溲疏 **126956**
大花素方花 **211947**
大花素馨花 211848
大花酸渣树 **72638**
大花随氏路边青 **363061**
大花穗三毛 398547
大花梭萼梧桐 **399405**
大花塔奇苏木 **382973**
大花台湾唐松草 **388711**
大花泰勒木 **400815**
大花泰洛帕 385736
大花檀属 135136
大花唐菖蒲 **176236**,176314
大花唐棣 **19260**
大花唐松草 **388526**
大花糖芥 **154462**
大花桃叶风铃草 **70218**
大花桃叶珊瑚 **44909**
大花特喜无患子 **311991**
大花藤 **326801**,375237
大花藤诃子 **100495**
大花藤属 **326798**
大花天人菊 **169586**
大花天仙子 **201382**
大花天竺葵 **288264**,288206
大花田菁 **361402**,361384
大花田青 361384
大花田皂角 **9583**
大花铁筷子 **190937**
大花铁线莲 **94966**,94865,95216,95217
大花葶苈 **136967**
大花通泉草 **247005**
大花桐棉 **389936**
大花筒冠花 365193
大花头蕊兰 **82038**
大花头状风琴豆 **217979**
大花秃叶党参 **98313**
大花土圞儿 **29306**
大花土人参 **383304**
大花兔唇花 **220066**
大花兔苣 **220139**
大花菟丝子 **115123**
大花托福木 **393373**
大花驼蹄瓣 **418732**
大花娃儿藤 **400889**
大花瓦松 **275365**
大花歪头花 **61126**
大花弯鳞无患子 **70543**
大花弯蕊芥 238015
大花万代兰 **404629**
大花万带兰 404629,404635
大花万寿竹 **134452**
大花威拉灰毛豆 **386106**
大花威灵仙 **94865**,94910
大花微花兰 **374707**
大花韦氏酸藤子 **144826**
大花尾萼蔷薇 336472
大花尾叶蔷薇 **336472**
大花委陵菜 **312739**,312740
大花卫矛 **157547**
大花文策尔芸香 **413866**
大花文殊兰 **111198**
大花文心兰 **270791**,269069
大花莴苣 84958
大花沃内野牡丹 **413214**
大花乌口树 **384954**
大花乌头 **5236**
大花无瓣蝇子草 **363196**
大花无刺安迪拉豆 **22219**
大花无心菜 **32053**
大花无叶兰 **29215**
大花无柱兰 **19526**
大花五角木 **313966**
大花五棱花 **289507**
大花五味子 **351044**
大花五桠果 130927
大花西伯利亚早熟禾 305601
大花菥蓂 **390241**
大花犀角 **139184**,373827
大花喜光花 **6475**
大花喜寒菊 **319940**
大花喜泉卷耳 **82819**
大花细梗溲疏 **126948**
大花细仙人球 327274
大花细辛 **37674**,37680,194320
大花细叶地榆 **345923**
大花细蝇子草 **363512**
大花虾 **140274**
大花狭喙兰 **375694**
大花狭蕊爵床 **375415**
大花夏枯草 **316104**,316097
大花仙人球 140891
大花仙人掌 **83874**,273014
大花咸丰草 54059
大花线茎猪屎豆 **112144**
大花线柱兰 **417745**
大花线柱头萝藦 **256072**
大花腺托囊萼花 **323423**
大花腺叶莓 **107208**
大花相思 **1043**
大花香草 **347588**,65581,239663
大花香茶 **303643**
大花香花藤 **10227**
大花香蔷薇 336817
大花香水花 **55114**
大花香水月季 **336817**
大花香雪兰 **168171**
大花向日葵 **295342**
大花象牙参 **337086**
大花小檗 **51882**,51943
大花小齿石竹 **127828**
大花小米草 **160190**
大花小木通 **94751**
大花小籽金牛 **383964**
大花肖蓝盆花 **365890**
大花肖散血丹 **227932**
大花笑鸢尾 **172725**
大花楔颖草 **29458**
大花蝎尾菊 **217605**
大花鞋木 **52874**
大花泻瓜 **79813**
大花心萼薯 **25328**,207791
大花心仙人掌 272970
大花新风轮菜 **65581**
大花星果凤梨 **311782**
大花星银菊 **32961**
大花熊耳菊 31294
大花绣球藤 **95132**,95136
大花绣线梅 **263151**
大花锈毛旋覆花 **207143**
大花续断 133463
大花萱草 191309
大花玄参 **355097**
大花悬钩子 **339470**
大花悬铃果 **207344**
大花悬铃花 **243944**
大花旋覆花 **207131**,207046
大花旋蒴苣苔 **56050**
大花雪胆 **191941**
大花雪花莲 **169713**
大花亚尔茄 **211431**
大花亚麻 231907,231908
大花亚麻藤 **199160**
大花烟草 **266036**,266035
大花延龄草 **397570**
大花岩黄芪 187918
大花岩黄蓍 **187918**
大花岩芥菜 **9798**
大花岩马齿苋 **65843**
大花岩参 84968
大花沿阶草 **272114**
大花盐蓬 **184819**
大花燕麦 **45503**
大花羊耳蒜 **232139**,232253
大花羊角拗 **378399**
大花羊蹄甲 **49112**
大花洋地黄 130365
大花药决明 **78374**
大花药水苏 **53301**
大花药用神香草 **203100**
大花野古草 **37378**

大花野茉莉 379357
大花野青茅 **127271**
大花野黍 **151677**
大花野桃 **216362**
大花野豌豆 **408327**
大花叶梗玄参 **297115**
大花叶下珠 **296645**
大花腋花黄芩 355386
大花伊奥奇罗木 207344
大花伊犁黄芪 42517
大花伊犁黄耆 **42517**
大花异果菊 **131150**
大花异芒草 **130876**
大花异囊菊 **194215**
大花异荣耀木 **134632**
大花异色溲疏 **126914**
大花异色弯管花 **86211**
大花异细辛 **194353**
大花益母草 **224996**
大花意大利瑞香 **122584**
大花意大利铁线莲 **95451**
大花翼鳞野牡丹 **320585**
大花茵垫黄芪 42686
大花茵垫黄耆 **42686**
大花淫羊藿 **146995**,147013
大花银包菊 **19692**
大花银杯玉 **129593**
大花银背蓟 **220784**
大花银齿树 **227297**
大花银剑草 32961
大花银莲花 **24061**,24071
大花蚓果芥 **264615**
大花隐果野牡丹 **7068**
大花隐腺瑞香 **113329**
大花隐药萝藦 **68575**
大花缨柱红树 **111835**
大花樱草 **314953**
大花鹦鹉刺 **319083**
大花鹰爪花 **35032**
大花鹰嘴豆 **90820**
大花蝇子草 **363519**
大花映山红 **331843**
大花硬刺柱 **247650**
大花硬点山柑 **376339**
大花硬皮鸢尾 **172605**
大花硬丝木棉 **354462**
大花忧花 **241662**
大花油点草 **396594**
大花鼬瓣花 **170076**
大花榆叶梧桐 **181617**
大花羽叶花 **4993**
大花玉凤花 **183731**,183828
大花玉兰 416721
大花玉叶金花 **260422**
大花玉簪 **198640**
大花鸢尾 **208670**,208587
大花圆锥八仙花 200055
大花圆锥绣球 **200055**
大花缘毛夹竹桃 **18937**
大花月光掌 83874
大花月见草 **269445**
大花月眼芥 **250208**
大花云兰参 **84600**
大花云南冠唇花 **254248**
大花云南桤叶树 **96492**
大花杂蕊草 **381741**
大花杂种杜鹃 330917
大花錾菜 224996
大花蚤缀 **31934**
大花藻百年 **161559**
大花皂百合 **88473**
大花皂荚 **176891**
大花扎农银豆 **32938**
大花摘亚苏木 **127406**
大花窄药花 **375444**
大花窄叶黄芪 42276
大花窄翼黄芪 42276
大花窄翼黄耆 **42276**
大花粘胶花 99858
大花展枝胡枝子 **226913**
大花盏 **61398**
大花张开天竺葵 **288426**
大花沼迷迭香 **22457**
大花沼泽风铃草 **69900**
大花折叶兰 **366786**
大花鹧鸪花 **395511**
大花珍珠菜 **239893**
大花珍珠梅 369288
大花正玉蕊 **223769**
大花栀子 **171333**,171253,171256,171330
大花蜘蛛抱蛋 **39578**
大花指纹瓣凤梨 **413875**
大花中华绣线菊 **371886**
大花中脉小蓝豆 **205603**
大花钟萼草 **231259**
大花舟瓣梧桐 **350464**
大花帚菊木 **260538**
大花皱鳞菊 **333780**
大花皱籽草 **341249**
大花朱纳单兜 **257647**
大花朱纳假肉豆蔻 257647
大花珠芽百合 **229770**
大花猪胶树 **97261**
大花猪屎豆 **112370**
大花猪牙花 **154915**
大花竹叶蒲桃 **382620**
大花烛 **28094**
大花柱葫芦 **91473**
大花转子莲 **95217**
大花准喀尔黄芩 355765
大花紫堇 **106121**
大花紫茎 376466
大花紫玲玉 **224272**
大花紫菀 **40836**,380900
大花紫薇 **219966**
大花紫莴苣 **239329**
大花紫玉盘 **403481**
大花鬃萼豆 **84843**
大花钻喙兰 **333729**
大花醉魂藤 **194160**
大花醉鱼草 **62000**
大华丽仙灯 **67644**
大华柃 160541
大华美山 **273802**
大铧头草 409895,410498
大化石花 **275890**
大画眉草 **147593**
大桦口草 84956
大淮通 95127
大还魂 61572,172831,202146,203066,214308,215110,215160,283115,375833
大还魂草 54539,215110
大环翅芹 **392875**
大环花兰 **361256**
大黄 229022,240765,329366,329372,329386,340019
大黄檗 **51639**,51614
大黄草 747,55693,55796,124963,125003,125005,125048,125082,125109,125112,125135,125233,125279
大黄菖蒲 **208773**
大黄构 122484
大黄瓜香 396611
大黄桂 252841
大黄花 4870,116747,207046
大黄花夹竹桃 **389983**
大黄花堇菜 **410279**
大黄花鼠尾草 **345030**
大黄花属 116745
大黄花虾脊兰 **66068**
大黄锦带 **241047**
大黄锦带属 **241046**
大黄菊 202400
大黄连 **103837**,51452,52069,242517,242583
大黄连刺 52069
大黄柳 **343975**
大黄芒柄花 271464
大黄牡丹 **280189**
大黄芩 **355461**,355804,355805
大黄瑞木 **8233**
大黄鳝藤 52418,52461
大黄十大功劳 242517
大黄属 **329306**
大黄水仙 **262444**
大黄睡莲 **267645**
大黄酸模 **340114**
大黄炭 329372
大黄藤 **121497**,164458
大黄头树 414193
大黄橐吾 **229022**
大黄心草 201743
大黄眼草 **416045**
大黄药 **144076**
大黄叶 367146
大黄鸢尾 **208736**,208773
大黄栀子 **171393**,337515
大黄栀子属 **337482**
大灰毛滨藜 **44340**
大灰条 44646
大回心草 314217
大茴 204544,204603
大茴芹 **299466**,299467
大茴香 **167145**,167156,204603,264897,299046
大喙扁棒兰 **302777**
大喙多枝玄参 **355224**
大喙棘豆 **279002**
大喙豇豆 **408953**
大喙菊 **241274**
大喙菊属 **241270**
大喙兰 **346809**
大喙兰属 **346807**
大喙球距兰 **253333**
大喙蕊兰 333729
大喙省藤 **65730**
大喙外蕊莎草 **161740**
大喙玉凤花 **183838**
大慧星兰 24823
大慧星兰属 24687
大活 24306,24325,192270,192312,192388
大活血 214972,347078,370422
大活血丹 337993
大火草 **24090**,21596,175147,175148
大火畦茜 **322965**
大鸡肠草 114066
大鸡苦蔓 172779
大姬凤梨 **113380**
大姬牛角 **374021**
大基荸荠 **143178**
大基利曼菟丝子 **115060**
大吉阿属 382941
大吉利花 175682
大吉岭滇藏木兰 **242013**
大吉岭红密穗蓼 **291659**
大极殿 272938
大蕺 72038,390213
大戟 **159540**,158857,159027
大戟百蕊草 **389685**
大戟刺被爵床 **88151**
大戟阁 **158428**
大戟解毒树 240268
大戟科 **160110**

大戟乳脂树　159710
大戟属　**158385**
大戟树脂树　159710
大戟状厚敦菊　**277050**
大季花　305226
大蓟　73337,82024,91872,91953,92066,92167,92384,270239
大蓟草　92066
大蓟根　140716
大蓟菊属　271663
大蓟罂粟　32423
大髻婆　96009
大加尔加尔　**93557**
大加皮　350680
大荚黄耆　**42654**
大荚藤　9852
大荚藤属　413975
大甲草　158906,352284
大假杜鹃　**48179**
大假菰　**418103**
大假金雀花　77057
大假黍包叶　**134147**
大尖果鸢尾　**208508**
大尖果圆筒仙人掌　**116641**
大尖虎尾兰　**346088**
大尖囊蝴蝶兰　**293598**
大尖囊兰　293598
大菅　**253627**,389333
大碱茅　**321287**
大见小米草　**160185**
大见血飞　252745
大剑兰　116781,117008
大剑形博巴鸢尾　**55952**
大剑叶木　137512,307322
大箭　14725
大箭根　209844
大箭叶　**309036**
大箭叶蓼　**309742**
大箭竹　**364641**
大姜饼木　**284215**
大姜豆　239967
大姜花　**187456**
大将军　96147,158895,211067,234372,234759,375187
大将军草　321672
大降龙草　191356
大艽　173355,173373,173615,173932
大胶草　181161
大胶藤　**220901**,64466
大胶菀　**181161**
大椒　72070,417180,417330
大鲛　**175539**
大蕉　**260253**
大角扁棒兰　**302775**
大角宾树　**106906**
大角捕虫堇　**299764**
大角布郎兰　**61182**
大角大戟　**158981**
大角飞蓬　**150445**
大角果藻　**417051**
大角金合欢　**1263**
大角龙面花　**263438**
大角穆拉远志　**260013**
大角藤　243437
大角玉　**140573**
大角玉凤花　**183774**
大角止睡茜　**286059**
大脚黄耆　**42658**
大脚迹　325981
大脚筒　**299625**
大脚筒兰　299625
大接骨　56206,56312,135098,214308,309494,328345,363090,393110
大接骨草　172831,187558,187666,214308
大接骨丹　20297,20335,187558,345708,393108,393109,393110
大接骨天蓼　309494
大接筋藤　392274
大节奥图草　277430
大节冰草　**144413**
大节赤竹　**347247**
大节刚竹　**297336**
大节花豆　**36768**
大节节草　**100995**
大节木槿　**194984**
大节茜　**241035**
大节茜属　**241031**
大节藤　178549,178555
大节倭竹　**362147**
大节肿　265327
大节竹　**206877**
大节竹属　**206868**
大洁根菊　**11382**
大芥　59438,59575
大界叶掌　**186507**
大金　308077
大金贝母　**168389**
大金不换　111915,308081
大金草　308081
大金刀　129033,158161
大金鹅耳枥　77291
大金刚藤　121670,200748
大金刚藤黄檀　**121670**
大金光菊　**339585**
大金花椒　417301
大金鸡菊　104531
大金鸡纳　**91089**
大金鸡纳树　91089
大金菊木　**150308**
大金扣　367682
大金梾木　**380446**
大金毛茛　**326257**
大金牛　308081
大金牛草　308081
大金盘　379228
大金盆　379228
大金钱草　81570,176839,239582,402153
大金雀　201743
大金丝桃　**202010**
大金线吊葫芦　98293,280722,280756
大金香炉　248732,248765
大金星虎耳草　**349929**
大金腰带　122484
大金银花　235742,235798,235935,235941,236104,236180
大金英　336675
大金樱　336675
大金盏花　66445
大金钟　276098,276135
大金紫堇　**105802**
大津绘　**233620**
大筋草　176844
大筋骨草　13142,176844
大锦兰　25928,25933
大锦龙花　99836
大茎薄叶兰　238746
大茎公主兰　**238746**
大荆　411464
大荆芥叶草　**224574**
大菁　47845,206626
大菁兰　116829
大精血　201743
大精元　201743
大井蔗草　**56637**
大井错乱苔草　**74891**
大井拉拉藤　**170444**
大井女贞　**229652**
大井飘拂草　**166367**
大井氏扁果苔　**74069**,74068
大井氏灯心草　213341
大井氏海州常山　96249
大井氏蔷薇　**336701**
大井氏莎草　**119316**
大井氏水莞　352200
大井氏香茶菜　**209614**
大井蚊子草　**166124**
大井羊茅　**164153**
大颈龙胆　**173614**
大景天　**356928**
大九股牛　30798,135098
大九荚　135646
大九节铃　20220,79837
大九龙盘　39532
大九子　31051
大久桦　**53402**
大久舌唇兰　**302458**
大久苔草　**74369**
大韭菜　15843
大酒饼子　166693
大救驾　81687,85875,122438,122444,183082,229016,229035,392559,404285,404316
大居寒　92066
大菊　127852
大菊蘧麦　127852
大橘　**93679**
大苣苔　377727
大距翠雀花　**124364**
大距花黍　**203317**
大距堇菜　**410192**
大距考姆兰　**101629**
大距空船兰　**9151**
大距天竺葵　**288263**
大距仙人掌　**272970**
大距野牡丹属　**240977**
大聚首花　82139
大卷耳　**82918**
大决明　78316
大咖啡　98914,98941,283994
大喀贝尔爵床　**215314**
大卡红树　83946
大开门　55687
大凯木　**215669**
大看麦娘　**17553**,17512
大糠草　12118
大棵　94191
大榼藤子　**145900**
大壳蒲公英　**384565**
大可拉木　**99198**
大克鲁斯木　97262
大克美莲　**68803**
大孔微孔草　**254337**
大口唇　66648,218721
大口袋花　120396,140732,375274
大口爵床　**247900**
大口爵床属　**247899**
大口林仙苣苔　**262292**
大口洛氏花葱　**337140**
大口曲管桔梗　**365175**
大枯树　18055
大苦　131501
大苦草　**404546**,380131,380319,404536,404555
大苦酊　203961
大苦葛　366910
大苦果　367735
大苦枥　167931
大苦溜溜　367632
大苦木　91482
大苦茄　367735
大苦参　405567

大苦薯 131630
大苦藤 245852
大块茎延胡索 105721
大块瓦 37626
大宽刺爵床 **294364**
大宽萼苣苔 **283128**
大宽萼木 **215590**
大宽叶野荞麦 **152209**
大魁伟玉 **159082**
大喇叭杜鹃 **330666**
大喇叭花 123065,123077
大剌可可椰子属 6128
大蜡烛木 **121116**
大辣根 225398
大辣辣 225398,225403
大赖草 **228379**
大赖鸡毛子 117956
大赖毛七 117956
大赖毛子 117956
大兰 **247898**,127654,127852
大兰花参 135060
大兰青 308081
大兰属 **247897**
大蓝 47845,206669,209229
大蓝布麻 259486
大蓝草 373507
大蓝刺头 **140816**
大蓝靛 414809
大蓝耳草 **115532**
大蓝壶花 260308
大蓝花鼠尾草 **344887**
大蓝蓟 **141177**
大蓝麦氏草 256605
大蓝青 206669,308081
大蓝星花 **33655**
大蓝鸢尾 **208588**
大榄 313471
大烂花 234091
大郎伞 31371
大狼巴草 53913
大狼把草 54158
大狼毒 **159159**
大狼菊木 **239285**
大狼杷草 **53913**
大朗伞 325002
大朗绣球 200122
大老鹳草 **174720**
大老虎草 283796
大老鼠耳 **52426**
大老鸦酸 277776
大乐母丽 **335992**
大竻麻竹 47445
大竻坛 338097
大勒潭 339360,339361
大雷公子 408127
大雷内姜 **327739**
大类芦 **265916**
大棱远离猪屎豆 **112086**
大棱柱 **395646**,395645
大棱柱属 395630
大冷杉 384,453
大冷水麻 298971
大梨 323346
大狸藻 **403246**
大里力灰木 **381091**
大理白前 **117473**
大理白芷 192403
大理百合 **230048**
大理报春 **315030**
大理杓兰 **120336**
大理糙苏 **295105**
大理茶 **69691**
大理重楼 **284310**
大理垂头菊 **110380**
大理翠雀花 **124618**
大理大将军 234816
大理独花报春 **270729**
大理独蒜兰 **304206**
大理杜鹃 **331921**
大理凤仙 **205355**
大理凤仙花 205355
大理胡颓子 **142203**
大理花 121561
大理花椒 417294
大理剪股颖 **12365**
大理金丝桃 **201827**
大理景天 329873
大理菊 121561
大理铠兰 **105533**
大理雷公藤 **398316**
大理冷杉 333
大理藜芦 **405638**
大理栎 **323778**
大理蓼 **309839**
大理柳 **343273**
大理龙胆 **173956**
大理鹿蹄草 **322826**
大理罗汉松 **306433**
大理马先蒿 **287741**
大理木蓝 205709
大理木香 135730
大理南星 **33310**
大理婆婆纳 **407127**
大理茜草 **338041**,337989
大理青兰 **137671**
大理秋海棠 **50354**
大理拳参 309839
大理人参果 312862
大理瑞香 **122432**
大理山梗菜 **234816**
大理珊瑚苣苔草 **103972**
大理生石花 233481
大理石草 215206
大理石黛粉叶 **130120**
大理石豆 **245686**
大理石豆属 **245685**
大理石毒马草 **362833**
大理石番薯 **207985**
大理石光萼荷 **8574**
大理石鬼针草 **53905**
大理石蝴蝶 **292556**
大理石鳞蜡菊 **189547**
大理石龙舌兰 **10898**
大理石麻疯树 **212178**
大理石毛盘鼠李 **222420**
大理石山黧豆 **222774**
大理石生石花 **233601**
大理石状豪华菠萝 **324582**
大理石状华贵草 **53138**
大理柿 **132061**
大理水苏 **373456**
大理素馨 211996
大理苔草 **76083**
大理天门冬 **39225**
大理土千年健 403834
大理委陵菜 **313024**
大理卫矛 **157907**,157318
大理乌蔹莓 **79842**
大理无心菜 **31849**
大理细莴苣 **375714**
大理腺萼杜鹃 330198
大理腺蕊杜鹃 330198
大理香荼菜 **324890**
大理象牙参 **337084**
大理小檗 **52214**
大理蟹甲草 **283872**
大理续断 **133466**
大理雪兔子 **348249**
大理鸭头兰 183794
大理岩参 **90856**
大理鱼藤 **125970**
大理玉竹 308632
大理鸢尾 **208495**
大理珍珠菜 **239874**
大理紫堇 106500
大理紫堇草 106500
大理醉鱼草 **62178**
大力草 205580,355494
大力黄 138888,166880,166888,240813
大力牛 66648,152888
大力参 280741
大力薯 66648
大力丸 166684
大力王 73337,131630,138888,144778,166684,172832,226742,243437
大力子 31051
大丽杯角 **198043**
大丽海桐 **301251**
大丽花 **121561**
大丽花鹿角柱 **140293**
大丽花属 **121539**
大丽花叶属 **121568**
大丽菊 **121541**
大丽藤属 **195396**
大丽子藤 **137803**
大栎 **323590**
大荔 233078
大栗 78802
大粒车前 301871
大粒咖啡 98941
大粒菟丝子 115050
大粒豌豆 **301081**
大连果 46198
大连钱草 239582
大连鼠李 **328679**
大连水苦荬 **407002**
大莲 301025
大莲藕 66648
大莲蓬 391632
大莲座蓟 **91996**
大镰叶槲寄生 **411054**
大楝树 45907
大良姜 17677
大凉伞 31396
大凉藤 187510,187581,260483,260484
大凉药 117008
大亮腺大戟 **7593**
大蓼 309494,318947
大料 204603
大列当 **275192**,275128
大裂白前 **117581**
大裂床兰 **130998**
大裂秋海棠 **50049**
大裂五柳豆 **289438**
大裂五桠木 289438
大裂五山柳苏木 289438
大裂细齿欧石南 **149346**
大裂叶萝白树 189972
大林地苋 **319033**
大鳞粗毛异荣耀木 **134678**
大鳞杜鹃 **330887**
大鳞短叶水蜈蚣 **218482**
大鳞风毛菊 **348505**
大鳞盖草 **374600**
大鳞高岭蒲公英 **384868**
大鳞红景天 **329908**
大鳞韭 **15472**
大鳞栎 **324146**
大鳞萝藦 **383934**
大鳞萝藦属 **383927**
大鳞蒙塔菊 **258204**
大鳞片栎 324146
大鳞蒲公英 **384653**
大鳞三生草 **202250**
大鳞山柳菊 **195777**

大鳞山踯躅 **331170**
大鳞苏铁 **225623**
大鳞塔布尔山栎 324146
大鳞菟丝子 **115068**
大鳞腺瓣柄泽兰 **395878**
大鳞肖楠 67529
大鳞状山柳菊 **195774**
大苓菊 **214128**
大凌风草 **60379**
大零核 6553
大流尿草 106432
大琉璃草 **117971**,117965
大琉璃紫草 **83923**
大瘤瓣兰 **270790**,269069
大瘤蕊紫金牛 **271067**
大柳安 **362203**
大柳叶栒子 **107674**
大龙骨果芥 **399660**
大龙骨野豌豆 **408484**
大龙冠 **140152**,140291
大龙角 **72530**
大龙舌兰 **10891**
大龙血树 **137339**
大龙叶 342251
大娄氏海芋 **16510**
大楼梯草 142694
大卢氏雪光花 **87768**
大芦 295916
大芦柴 295888
大芦荟 16598,17381
大芦水 23670
大芦藤 387837
大芦子 300354
大鲁福苣苔 **339847**
大陆长柄卫矛 177988
大陆沟瓣 177988
大陆沟瓣木 **177988**
大陆狗牙花 **154152**,382766
大陆均松 121095
大陆棉 179906
大路通 407769
大驴菊木 **271719**
大驴喜豆 **271229**
大绿 328816
大绿柄桑 **88506**
大绿藤 92724,285130
大绿叶 183082
大绿洲茜 **410850**
大绿竹 **47302**
大绿子 328680
大卵叶虎刺 **122067**
大卵锥 **271923**
大乱子草 259671
大伦藤 80260
大轮姬芙蓉 **243947**
大轮月桃 17772
大轮柱 83874
大轮柱属 357735
大罗顿豆 **237323**
大罗口绣线菊 372094
大罗伞 31396,31435,31578,31639,96339,319810
大罗伞树 **31462**
大罗湾草 **281863**
大罗网草 281863
大萝卜 159631
大络石 **393677**
大落芒草 **276011**
大落腺豆 **300626**
大落新妇 **41812**
大麻 **71218**,229,56229,104072,158070,232001,334435
大麻草 348731
大麻丹氏梧桐 **135800**
大麻疙瘩 300357,300554
大麻槿 **194779**
大麻科 **71202**
大麻梅蓝 **248835**
大麻漆 289636
大麻雀米 66789
大麻属 **71209**
大麻树 190105
大麻酸杆 49722
大麻酸汤杆 49722,50087
大麻藤果 79847
大麻条 273903
大麻香 138888
大麻药 33473,128318,135637,135646
大麻药属 135399
大麻药蜀葵 18160
大麻叶 273903
大麻叶巴豆 **112874**
大麻叶罗布麻 29473
大麻叶蜀葵 **18160**
大麻叶乌头 **5099**
大麻叶泽兰 **158062**
大麻芋 16495,16512
大麻芋子 33319,33397
大麻竹 125477
大麻子 334435
大麻子花 123065
大马鞭草 125005,125135,125176
大马菜 294114
大马齿苋 **311854**
大马蒂豆 **245966**
大马兜铃 **34271**
大马蒿 287163
大马拉瓜 **245003**
大马来茜 **377529**
大马兰 208771
大马利筋 38135
大马蓼 309298,309468
大马铃 112491
大马铃银杏 **175816**
大马茄子 336636,336872
大马桑 80141
大马桑叶 243372,243399
大马士革宽萼苏 **46995**
大马士革蔷薇 336514
大马蹄 162616
大马蹄草 81570,176821,200312
大马蹄豆 245966
大马蹄香 162616,229085
大马尾连 388477
大马先蒿 **287260**
大马雄茜 **240533**
大马逊头蕊兰 82038
大马缨子花 386585
大玛瑙滇山茶 **69557**
大蚂拐菜 191387
大迈尔斯葱 **254404**
大麦 **198376**,45566
大麦包 338281
大麦草 11696
大麦冬 33397,232623,232631,232640,272153
大麦狼尾草 **289125**
大麦劳德草 **237826**
大麦莓 338292
大麦奶 142152
大麦牛 403687
大麦泡 338281
大麦披碱草属 198258
大麦片 403687
大麦荠菜 243164
大麦前果 142152
大麦氏草 **256605**
大麦属 **198260**
大麦新麦草 317083
大麦状茅根 291403
大麦状雀麦 60745
大脉马唐 **130637**
大蛮婆草 56195
大曼森梧桐 **244715**
大蔓茶藨 333972
大蔓长春花 409335
大蔓绿绒 **294809**
大蔓樱草 **363882**
大芒鹅观草 144306
大芒披碱草 **144326**
大芒婆罗门参 **394311**
大芒三毛燕麦 **398405**
大莽子 398317
大猫舌 145024
大猫眼草 158895,375187
大毛草 63216
大毛地黄 **130348**
大毛豆 66617
大毛鹅观草 **335415**
大毛茛 **325916**
大毛孤柳 **344259**
大毛古朗瓜 **181988**
大毛冠雏菊 **84924**
大毛果柃 **160545**
大毛果一枝黄花 **368485**
大毛红花 320828,320835,320839
大毛红叶 320828
大毛蓝刺头 **140742**
大毛蓼 309494
大毛毛花 13621
大毛七 177123
大毛青冈 249388
大毛蕊花 405788
大毛山柳菊 **195771**
大毛蛇 59844
大毛苔草 **75265**
大毛糖蜜草 **249300**
大毛桐子 243327
大毛香茶 **303163**
大毛兄弟草 **21293**
大毛秀才 399998
大毛药 11572,55693
大毛野牡丹 **241057**
大毛野牡丹属 **241056**
大毛野茼蒿 **108751**
大毛叶 273903,367146,405788
大毛叶木莲 **244455**,244431
大毛叶楠 231380
大毛叶子红绳 99965
大毛柱南星 **379130**
大毛籽黄山桂 308457
大茅根 369689
大茅香 138888
大茅香艾 21586
大冇 165089
大冇榕 165658
大冇树 154734,165390,165658,240325,347996
大帽山耳草 **187517**
大玫瑰悬钩子 338305
大莓系 305567
大莓叶委陵菜 **312552**
大梅核银杏 **175817**
大梅花树 402245
大梅花钻 214967
大美古茜 **141921**
大美冠兰 **156842**
大美花莲 184252
大美丽囊萼花 **67321**
大美丽桐 414114
大美人黑松 **300283**
大美洲接骨木 **345646**
大蒙花 62019
大蜢脚 309564
大蜢腿 309564

大迷马桩棵 402245
大米草 **370157**
大米草属 370155
大米草状独脚金 **377999**
大米花 122438
大米仔花 381341
大米仔兰 **11294**
大密 341837
大密草 147084
大密绒菊 **269700**
大密穗莎草 **119020**,119018
大密穗砖子苗 **245378**
大密钟木 **192641**
大蜜花 **248944**
大棉豆 **294006**
大苗山茶 **69690**
大苗山合耳菊 **381933**
大苗山胡椒 **300381**
大苗山柯 **233169**
大苗山榕 164891
大苗山尾药菊 381933
大苗山羊蹄甲 **49063**
大篾草 147084
大明常山 **129032**
大明假卫矛 254330
大明橘 **261655**,261648
大明橘属 261598
大明兰 **117045**
大明山方竹 **87558**
大明山青冈 **116078**
大明山榕 **164891**
大明山舌唇兰 **302299**
大明山锥 **78918**
大明石斛 125365
大明松 **300270**
大明野靛棵 **244286**
大明竹 **304032**
大明竹属 303994
大明紫茎 **376472**
大膜瓣豆 **201131**
大膜鳞山柳菊 **195773**
大魔芋 **20112**,20125
大魔杖花 **369996**
大茉莉 211848
大墨西哥龙舌兰 169245
大母猪藤 79878
大牡丹 203357
大牡丹藤 95201
大拇花 348294,348392,348465
大拇指汤姆细叶海桐 **301407**
大木半夏 **142100**
大木钩 347956
大木瓜 164661
大木花 348294,348392,348465
大木蓟 **92078**
大木姜 233996
大木姜子 91287
大木菊 **124837**,406272
大木漆 393479,393491
大木通 94748,94830,94859,94899,94964,94969,197232,350716,387432
大木竹 47530
大苜蓿菟丝子 **115047**
大穆维尼莎草 **119241**
大内生石花 **233617**
大内消 34276
大内玉 233617
大纳马兰肉锥花 **102589**
大纳言 **102486**
大奶浆草 159069
大奶藤 180215
大奶汁藤 198843
大南非禾 **289934**
大南蛇 80260
大南苏 329000
大南洋杉 30846
大楠木 231385
大囊唇兰 **342030**
大囊大戟 **159291**
大囊马兜铃 **34186**
大脑袋花 375274
大脑头 328883
大闹杨花 123065
大拟鼻花马先蒿 287617,287619
大拟笑布袋 **130289**
大黏药 233,313471
大黏叶 313471
大鸟巢翅孢 320853
大牛昂 64993
大牛鞭草 191227
大牛顿苞茅 **201539**
大牛毛毡 166164
大牛膝 115731,364094,364181
大牛喳口 92066
大牛子 31051
大扭果花 **377727**
大纽子花 **404518**
大钮扣草 131361
大钮扣草属 131335
大钮子七 209617
大糯叶 56206,56312
大欧石南 **149720**
大欧洲龙牙草 **11553**
大排钱树 297012
大盘弯管花 **86231**
大炮冷水花 **299070**
大炮马先蒿 **287744**
大炮山杜鹃 **331331**
大炮山虎耳草 **349726**
大炮山景天 **356707**
大炮叶 172779
大炮仗星 **182155**
大泡火绳 99965
大泡通 350680,350716
大泡叶栒子 107366,107549
大蓬蒿 36286,358292
大蟛蜞菊 413506
大披碱草 **144329**
大披针苔草 **75048**
大披针叶胡颓子 **142045**
大皮消 **168067**
大皮子药 301279
大匹菊 **322709**
大匹药 20868
大屁股草 143530
大片刺莲花 **216519**
大片刺莲花属 **216515**
大漂浮细莞 **210003**
大漂科 **301027**
大藻 **301025**
大藻属 **301021**
大平蒲公英 **384718**
大平丝芋 197791
大平头树 138722
大坪风毛菊 **348197**
大坪子大青 313757
大坪子豆腐柴 **313757**
大坪子黄芩 **355791**
大坪子苔草 **76487**
大苹果苗苹果 **243594**
大萍 301025
大萍属 301021
大萍叶 301025
大婆罗门参 **394312**,394281
大婆婆纳 317909
大婆针 146724,365296
大破皮刺 338097
大蒲葵 234191
大蒲桃 156235
大蒲藻 301025
大埔秤星树 **203580**
大埔杜鹃 **331916**
大埔槭 **3652**
大埔紫菀 **40637**
大普亚 **321941**
大七叶莲 400377
大漆王叶 161382
大漆籽藤 **218800**
大畦畔飘拂草 166199
大棋子豆 **116595**
大旗瓣凤仙花 **205111**
大鳍菊属 271663
大麒麟叶 **147343**
大杞莓 **307826**
大杞莓属 **307825**
大荠 72038,390213
大千里光 356928
大千年健 **197791**
大千生 265944
大牵牛花 208016
大前胡 **292867**
大荨麻 175877,402886,402960
大钱麻 175877
大茜草 337987,338017,338028
大茜果 172890
大腔侧花蝇子草 **364039**
大乔宾萝藦 **212384**
大桥蛇根草 **272207**
大桥苔草 **73792**
大翘 167456
大翘子 167456
大鞘施图肯草 **378994**
大鞘眼子菜 **312285**
大茄 **367173**
大芹 24475
大琴丝竹 **264512**
大琴叶榕 165426
大青 **96028**,47845,206626,209217,209229,209232,250610,291138,390787
大青草 1790,67828,178861,200652
大青风 233295
大青冈 233246
大青蒿 36454
大青兰 116829
大青篱竹 **37191**
大青龙 328997,329000
大青木 96028
大青木香 34238
大青山安息香 379471
大青山风铃草 **70060**
大青山黄芪 42263
大青山黄耆 **42263**
大青山棘豆 **278805**
大青山嵩草 **217152**
大青蛇 328997,329000
大青属 95934,209167
大青薯 **131485**
大青树 164626,165135
大青藤 204614,408074
大青五里香 200790
大青香茅 **117151**
大青杨 **311562**,311368
大青叶 142733,165111,299115,309893,414809
大青叶胆 380160
大青榆 80664,401542
大青竹标 328997
大蜻蜓凤梨 8582
大蜻蜓光萼荷 **8582**
大擎天蛾兰 136321
大琼 416688
大秋枫 54620
大秋海棠 285694
大秋水仙 **99304**
大酋长 **385881**

大球 244115
大球滇西北小檗 51841
大球果胶枫 290
大球兰 **198873**
大球莎草 **118965**
大球油麻藤 **259533**
大曲药金莲木 **238541**
大全叶山芹 **276755**
大全缘轮叶 **94265**
大全缘千里光 **359120**
大荃麻 175877
大拳头 179488
大雀麦 **60834**
大群波 **52565**
大冉布檀 **14367**
大桡竹 125519
大热美蔻 **209018**
大热美茜 **108460**
大人血七 379228
大忍冬 **236205**,235846
大日本栗 **78779**
大日本楼梯草 **142697**
大绒马唐 **130640**,130666
大绒毛蓼 152086
大榕 165841
大柔毛打碗花 **68708**
大肉半边莲 234884
大肉姜 418010
大肉实树 **346980**
大蒿 144077
大乳草 159069
大乳突苔草 **75691**
大乳汁草 159069
大软骨草 **219776**
大软筋藤 20868,329000
大蕊奥萨野牡丹 **276506**
大蕊地榆 **345858**
大蕊金腰 **90406**
大蕊梅廷茄 **252652**
大蕊萍 301025
大蕊腺瓣修泽兰 **191039**
大蕊新风轮 **65591**
大蕊野牡丹属 279476
大蕊玉凤花 **183827**
大锐果鸢尾 **208590**
大润楠 240605
大萨默茜 **368601**
大鳃兰 **246713**
大赛格多 402203
大三步跳 299721
大三萼兰 **210336**
大三方草 75769
大三棱黄眼草 **653**
大三七 294114
大三叶升麻 **91023**
大三翼风毛菊 **348878**
大伞草属 **242792**
大伞花楼梯草 142694
大伞芹 **241297**
大伞芹属 **241296**
大伞山柳菊 **195769**
大散血 34185,239591
大骚羊 274277
大扫把茶 143965
大扫把粟 77400
大涩拉秧 199392
大涩沙 386897
大瀒疙瘩 41812
大沙叶 **286095**,29761,286264
大沙叶龙船花 **211150**
大沙叶属 **286073**
大沙叶乌口树 **385008**
大沙苑 42208
大沙枣 141936
大纱药兰 **68518**
大砂仁 **19884**,19899
大莎草 **118967**,114818
大莎药 55153
大痧药 34176
大山橙 249670
大山地鸡头薯 **152983**
大山豆 97195
大山对叶兰 264746
大山矾 381217
大山伽罗木 **385364**
大山胡椒 231403,234051
大山花 235941,236066
大山黄刺 52156
大山冷水花 **298946**
大山黧豆 **222707**
大山柳菊 **195921**
大山龙眼 **189933**
大山落苏 59823
大山麻 190094
大山马先蒿 **287737**
大山马醉木 **298737**
大山梅花 **294499**
大山皮 179745
大山枇杷 164992,165099
大山七 339887
大山双叶兰 264746
大山斯氏穗花 **317956**
大山宿柱苔 73930
大山苔草 **74257**
大山藤 249670
大山土豆 360493
大山香青 **21583**
大山小米草 **160182**
大山玄参 355148
大山羊 274277
大山药 131529
大山樱 83301
大山樱花 83301
大山枣 109760
大山芝麻 190106
大山紫苏 **259302**
大扇舌兰 **329649**
大扇叶观音兰 **399077**
大少花拜卧豆 **227072**
大少花苔草 **76312**
大舌阿比西尼亚一点红 **144887**
大舌春黄菊 **26815**
大舌花 229109
大舌蜡棕 **103736**
大舌兰属 **20824**
大舌毛头菊 **151589**
大舌千里光 **359415**
大舌山芫荽 **107784**
大舌苔草 **74705**
大舌小花苔草 **75699**
大蛇 272849
大蛇鞭菊 **228519**
大蛇床 **241299**
大蛇菰属 332409
大蛇目菊 104531
大蛇葡萄 **20419**
大蛇翁 329000
大蛇药 94576,193900,313753
大赦婆树 164964,165023
大伸筋 39532,351054,351069,366486,366548
大伸筋草 366548
大参 **241164**,33245,33260
大参属 **241160**
大身甘橙 **93678**
大深山堇菜 410073
大肾果獐耳细辛 **48447**
大升麻 55722,285819,285880
大生地 327435
大绳树属 152683
大虱子草 394390
大蓍草 **3973**
大十大功劳 **242586**
大十二卷 186546
大十锦芦荟 **17376**
大石芥花 **125852**
大石榴 164661
大石楠树 231398
大石仙桃 198827
大石枣 243642
大实桐属 235151
大实肉豆蔻 261412
大实水栒子 107585
大莳萝蒿 35119
大矢车菊 **81356**,303082
大使欧丁香 **382330**
大室 126127,137133,225295
大适 126127,137133,225295
大筮波 **162942**
大收旧花 13934,68676
大首伞 403970
大叔敬花 13934
大菽 177750
大疏毛仙茅 **114841**
大疏头鼠麹草 **301186**
大舒筋活血 91333,95271
大舒曼木 **352713**
大熟钱 13934
大黍 **281887**
大鼠茅 259671
大鼠曲舅 178265
大鼠麹草 178218
大蜀季 13934
大薯 **131459**,131458,131645,131772
大束柊叶 **293204**
大树矮陀陀 18055
大树茶 **68911**
大树葱 238324,238329
大树跌打 145417
大树杜鹃 **331558**
大树甘草 351741
大树果 382675
大树将军 18055
大树椒 161309
大树理肺散 18055
大树林楠 240551
大树芦荟 **16617**
大树皮 168067,401449,401552,401581
大树三台 94406
大树献钮子 417488
大树小黑牛 320426
大树杨梅 261155
大树药 240645
大树紫珠 66738
大甩头 117008
大双袋兰 **134273**
大双剑 **86510**
大水庇 56260
大水边麻 298967
大水晶花烛 28108
大水窟红兰 310948
大水窟红门兰 **273495**
大水麻 56195,123322
大水茫草 **230843**
大水牛草 178218
大水萍 141808
大水酸模 340082
大水田七 382912
大水莞 352289
大水仙 **262415**
大水竹叶 332374
大水苎麻 221557
大睡莲 **267687**
大顺筋藤 366486
大丝葵 **413307**
大丝兰 416581

大司蒙古属 126688
大四块瓦 88282,88292,239776
大四片芸香 **386981**
大松身 392274
大菘蓝 **209213**
大搜山虎 25439
大溲疏 127005
大苏南 366871
大苏铁 **417006**,241463
大苏铁属 145217,241448,417002
大苏子 233
大肃草 **335517**
大素馨 281225
大素馨花 211918
大素药 274277
大粟草属 294960
大粟米草属 294960
大酸溜溜 277648
大酸梅草 277878
大酸米草 237539,239594
大酸米子草 277878
大酸模 **340082**
大酸藤 374396
大酸味草 277776
大蒜 15698,15726
大蒜阿魏 163578
大蒜果树 139665
大蒜芥 **365398**,30387,365585
大蒜芥独行菜 **225458**
大蒜芥属 **365386**
大蒜芥土著荠 **29355**
大蒜芥叶密钟木 **192710**
大蒜芥叶千里光 **360053**
大蒜头果 139665
大碎草 308969
大碎米草 308969
大碎米荠 **72895**
大穗阿氏莎草 **584**
大穗巴豆 **112952**
大穗百蕊草 **389776**
大穗拜卧豆 **227063**
大穗半柱麻 **191682**
大穗苞茅 **201513**
大穗杯花 **385720**
大穗荸荠 **143195**
大穗扁莎 **322289**
大穗伯克兰 **49555**
大穗草胡椒 **290379**
大穗茶藨子 **334079**
大穗肠须草 **146005**
大穗稠 **233313**
大穗刺子莞 **333625**
大穗大苞盐节木 **36784**
大穗大岩桐 **364748**
大穗大柊叶 **247912**
大穗带药椰 **383030**
大穗毒马草 **362830**
大穗短片帚灯草 **142964**
大穗短序竹 **99284**
大穗盾蕊樟 **39713**
大穗鹅耳枥 **77420**
大穗鹅观草 335184
大穗耳稃草 **171511**
大穗发草 **126064**
大穗防臭木 17602
大穗粉兰 **98494**
大穗狗尾草 **361825**
大穗瓜多竹 **181477**
大穗过江藤 **17602**
大穗壶花无患子 **90742**
大穗花 **317909**
大穗画眉草 147593
大穗画眉草属 **247932**
大穗喙苔草 **76029**
大穗蓟 **92178**
大穗假龙爪茅 **354426**
大穗剪股颖 **12019**
大穗结缕草 **418431**
大穗茎花无患子 **255930**
大穗看麦娘 **17548**
大穗康斯大戟 **101701**
大穗块茎蘼草 **56639**
大穗块茎苣苔 364748
大穗蓝花参 **412742**
大穗林莎 **263531**
大穗瘤蕊紫金牛 **271068**
大穗柳 **343653**
大穗罗马风信子 **50764**
大穗落芒草 **300716**
大穗买麻藤 **178547**
大穗芒柄花 **271448**
大穗茅根 291416
大穗美洲槲寄生 **125680**
大穗密钟木 **192642**
大穗墨西哥野牡丹 **193748**
大穗拟九节 **169342**
大穗牛筋树 **399625**
大穗贫雄大戟 **286044**
大穗球根看麦娘 **17517**
大穗球柱草 **63303**
大穗雀麦 **60797**
大穗日本结缕草 **418427**
大穗日本苔 73641,74383
大穗绒子树 **324609**
大穗赛佛棕 **119965**
大穗三角果 **397301**
大穗三棱黄眼草 **654**
大穗莎草 **119302**
大穗石菖蒲 **5800**
大穗石栎 233313
大穗薯蓣 **131693**
大穗双沟木 **219637**
大穗双距兰 **133839**
大穗四分爵床 **387315**
大穗苏木 **373076**
大穗苏木属 **373074**
大穗塔奇苏木 **382977**
大穗苔草 **75274**
大穗铁荸荠 **118832**
大穗铁苋菜 **1918**
大穗细柄茅 **321023**
大穗狭翅兰 **375669**
大穗腺萼木 **260637**
大穗相思 **1370**
大穗小瓜多禾 **181486**
大穗肖薯蓣 **386802**
大穗玄参 **355178**
大穗鸭嘴草 **209337**
大穗崖豆藤 **254762**
大穗燕麦 **45507**
大穗伊丽莎白豆 **143826**
大穗异燕麦 **190145**
大穗银灌戟 **32976**
大穗莠竹 **254002**
大穗早熟禾 **306010**
大穗獐茅 **8872**
大穗钟萼草 **231265**
大穗皱颖草 **333820**
大穗紫藤 **414571**
大桫罗椰子 228741
大蓑衣藤 94964
大塔花 345310
大泰竹 **391458**
大唐菖蒲 **176314**
大唐柑 **93803**
大唐蜜柑 93803
大唐松草 **388564**,388609
大桃桐 46379
大藤 **65813**,299115
大藤菜 80295
大藤菊 406311
大藤铃儿草 128323
大藤藴子 254796
大藤紫金龙 128323
大天胡荽 129196
大天芥菜 **190640**
大天葵 **357920**
大天蓝草 **361618**
大天落星 33245
大天蓬草舅 **413550**
大天人菊 169575
大天王 141717,301279
大田边黄 202070
大田梗草 **200483**
大田基 201853
大田基黄 239640,239645
大田野假龙胆 **174133**
大田皂角 **9663**
大甜茅 **177630**,177629
大甜枣 418173
大条 355387
大条请木香 34276
大铁椆树 116130
大铁刀苏木 78316
大铁兰 392014
大铁马鞭 308816
大铁扫把 166865,166897,206240
大葶苈 **137102**
大通报春 **314385**
大通草 350680,387432
大通翠雀花 **124545**
大通风毛菊 348425
大通虎耳草 349808,349976
大通黄芪 42268
大通黄耆 **42268**
大通筋 366395
大通龙胆 173778
大通毛茛 **325775**
大通塔 350680,350716,387432
大同虎耳草 349808
大铜钱菜 200274,200312
大铜钱草 176813
大铜钱七 220355
大铜钱叶蓼 **309127**
大铜钱叶神血宁 309127
大童颜草 **11142**
大统领 **389205**
大筒兔耳草 **220186**
大头艾纳香 **55783**
大头芭蕉 260208
大头白千层 **248107**
大头斑鸠菊 **227143**
大头斑鸠菊属 **227139**
大头贝克菊 **52729**
大头变蒿 36114
大头柄泽兰 **70588**
大头柄泽兰属 **70586**
大头菜 **59455**,59461,59507,59532,59575
大头苍术 44218
大头茶 **179745**
大头茶属 **179729**
大头长尾菊 **375388**
大头长序鼠麹草 **178518**
大头陈 7985
大头赤箭莎 **352403**
大头串铃草 **295152**
大头春黄菊 **26814**
大头刺头菊 **108334**
大头葱 15048,15165
大头党参 98286,98381,98422
大头灯心草 **213275**
大头典竹 **125443**,125482
大头点竹 125443
大头顶叶菊 **335032**
大头芳香木 **38467**

大头飞廉 **73398**
大头风毛菊 **348163**
大头蒿 36286,36553
大头禾叶兰 **12453**
大头花 220126,316127
大头华蟹甲 **364521**
大头画眉草 **147718**
大头黄鹌菜 416493
大头黄花蒿 35134
大头混合蜡菊 **189570**
大头蓟 **92179**
大头姜 187449
大头疆紫草 **241390**
大头孔叶菊 **311723**
大头宽肋瘦片菊 **57625**
大头蜡菊 **189558**
大头榄 61263
大头狼毒 297882
大头狼菊木 **239287**
大头莲座半日花 **399961**
大头凉菊 **405409**
大头鳞叶树 **61334**
大头苓菊 **214125**
大头菱 394426
大头曼木菊 **129420**
大头芒柄花 **271357**
大头毛梗斑鸠菊 **406495**
大头毛鳞菊 **84969**
大头毛香 224893
大头毛泽兰 **187001**
大头茅草 169561
大头木蓝 **206232**
大头蒲公英 **384484**
大头千里光 **359413**,359461
大头羌 267152,267154
大头青蒿 **35311**
大头绒安菊 **183048**
大头柔毛蒿 **36114**
大头塞拉玄参 **357529**
大头三裂叶绢蒿 **360846**
大头山姜 **17753**
大头山柳菊 **195786**
大头山蚂蝗 **126290**
大头蛇舌草 **269761**
大头参 33245,33295
大头丝雏菊 **263207**
大头苏铁 145225,417006
大头苏铁属 **145217**
大头蒜 15048,15698
大头蒜叶婆罗门参 **394329**
大头苔草 **75259**
大头甜竹 125443
大头兔儿风 **12675**
大头兔烟花 **127932**
大头橐吾 **229066**
大头菀 **41720**
大头菀属 **41718**
大头威拉多肋菊 **304437**
大头韦伯柱 **413474**
大头委陵菜 312467
大头魏氏仙人柱 413474
大头紊蒿 **141900**
大头翁 23850,24090,375274
大头五裂层菀 **255623**
大头线叶膜冠菊 **201176**
大头新火绒草 **227836**
大头续断 **133463**
大头悬崖金菊木 **150318**
大头岩雏菊 **291322**
大头叶莴苣 219221
大头叶无尾果 **100136**
大头疑惑砖子苗 **245411**
大头永菊 **43857**
大头蚰蜒蓍 **4008**
大头羽裂艾里爵床 **144618**
大头羽裂刺头菊 **108333**
大头羽裂独行菜 **225411**
大头羽裂非洲合蕊草 **224528**
大头羽裂风铃草 **70143**
大头羽裂风毛菊 **348504**
大头羽裂厚敦菊 **277083**
大头羽裂蓼 **309355**
大头羽裂羚角芥 **145172**
大头羽裂漏芦 **329222**
大头羽裂蒲公英 **384649**
大头羽裂千里光 **359405**
大头羽裂榕 **165267**
大头羽裂山柳菊 **195768**
大头羽裂双碟荠 **54697**
大头羽裂酸海棠 **200978**
大头羽裂驼曲草 **119853**
大头羽裂鸦嘴玉 **95842**
大头羽裂泽菊 **91187**
大头芋 20071
大头月菊 **292132**
大头泽菊 **91190**
大头折瓣瘦片菊 **216412**
大头针垫菊 **84504**
大头猪屎豆 **112008**
大头竹 125443
大头紫菀 **39911**
大透骨草 403816,403818
大透骨消 172074
大土黄连 242563
大土拉苗 68701
大土连翘 201080
大土密树 **60185**
大吐金菊 146098
大菟葵 **247863**
大菟葵属 **247862**
大菟丝子 **115070**,115031,115050
大团扇 **272867**
大退癀 56382
大退七 319810
大屯杜鹃 330617,331132,331839
大屯尖叶槭 **3060**,3031,3058
大屯满山红 331132,331839
大屯求米草 **272612**,272630
大屯山杜鹃 331305
大屯山飘拂草 166499
大屯细辛 **37738**,37674
大屯延命草 **324747**,209625
大托叶菝葜 366518
大托叶齿豆 **56742**
大托叶刺蒴麻 **399246**
大托叶大地豆 **199351**
大托叶耳草 187647
大托叶圭奥无患子 **181861**
大托叶合欢属 239533
大托叶核果木 **138656**
大托叶黄芪 43094
大托叶黄耆 **43094**
大托叶鸡头薯 **152973**
大托叶吉尔苏木 **175639**
大托叶棘豆 278810
大托叶金壳果属 **241925**
大托叶咖啡 **98961**
大托叶老鹳草 **174638**
大托叶冷水花 **298851**
大托叶镰扁豆 **135492**
大托叶邻刺大戟 **34094**
大托叶龙牙草 11546
大托叶芒柄花 **271406**
大托叶密钟木 **192604**
大托叶莫卢基特茜 **215773**
大托叶拟九节 **169343**
大托叶热非豆 **212666**
大托叶山榄 **89303**
大托叶山榄属 **89302**
大托叶山黧豆 **222819**
大托叶鼠尾草密钟木 **192696**
大托叶树葡萄 **120083**
大托叶松村氏花楸 **369455**
大托叶田皂角 **9552**
大托叶瓦帕大戟 **401247**
大托叶委陵菜 **313027**
大托叶纹蕊茜 **341328**
大托叶血桐 **240289**
大托叶雅致鹿藿 **333224**
大托叶云实 **64971**,64983
大托叶猪屎豆 **112197**,112682
大托帚菊 **241020**
大托帚菊属 **241016**
大驼峰楝 **181555**
大橐吾 229016
大挖耳草 77156
大瓦块 37626
大外海千里光 **360237**
大弯钓钟柳 **289351**
大弯管花 **86217**
大湾角菱 394426
大豌豆 222707
大宛桃 20914
大莞草 353878
大碗花 68686,321672
大碗子 99124
大万朵兰 404747
大万寿菊 **383098**,383090
大王 329372
大王艾伯特木 **13436**
大王桉 155719
大王刺 51766
大王黛粉叶 **130093**
大王杜鹃 **331635**
大王阁 **375534**,183379
大王根 172779
大王观音莲 16532
大王桂 **122124**
大王桂属 **122121**
大王海芋 **16532**
大王桦 **53520**
大王兰 **155434**
大王兰属 **155432**
大王马先蒿 **287605**
大王秋海棠 **50232**
大王松 **299807**,300128
大王团扇 **273035**
大王托 234098
大王万年青 130093
大王椰 337885
大王椰属 337873
大王椰子 337885
大王椰子属 337873
大王叶 367146
大王羽扇豆 **238484**
大王紫心向日葵 **188927**
大网梢 350344
大威灵仙 346527
大围山杓兰 **120339**
大围山楼梯草 **142644**
大围山苹婆 **376122**
大围山坡垒 **198143**
大围山秋海棠 **49763**
大围山野栀子 **337491**
大维逊李 123261
大维逊李科 123264
大维逊李属 123260
大维兹竹属 123258
大伪果藤 135712
大伪针茅 **318202**
大伪针茅属 318193
大尾邓博木 **123697**
大尾鹅观草 **335416**
大尾居维叶茜草 **115295**
大尾乱子草 **259678**
大尾马氏龙脑香 **245715**

大尾鼠茅 **412470**
大尾纹蕊茜 **341329**
大尾崖豆藤 **254764**
大尾摇 **190651**
大尾玉凤花 **183834**
大委陵菜 **312834**
大卫·麦克林托克缘毛欧石南 **149198**
大卫报春 314295
大卫茶藨 333950
大卫梁王茶 266913
大卫马先蒿 287145
大卫梅花草 **284522**
大卫槭 2920
大卫蔷薇 336519
大卫氏落新妇 41806
大卫氏马先蒿 **287145**
大卫香蒲 401120
大卫绣球 199865
大文殊兰 **111200**
大文字 267605
大乌泡 **339080**,338292,339259
大乌头 **5413**
大乌药 5106
大无苞刺莲花 **28869**
大无梗接骨木 **345687**
大无花果 164661
大无花果毛茛 **325828**
大吴风草 **162616**,158161,229066
大吴风草属 **162612**
大吴茱萸 **161369**
大芜荑 401556
大梧 **196225**
大梧属 **196220**
大五唇兰 **136321**
大五加皮 350680
大五托 234098
大五月五 191903
大五爪金龙 387798,387868
大武八角 **204501**,204583,204598
大武斑叶兰 **179600**
大武杜鹃 **331936**
大武金腰 **90375**
大武柯 233241,285227
大武猫儿眼睛草 90375
大武牛尾菜 366548
大武山斑叶兰 179694
大武山木姜子 **233975**
大武山新木姜子 **264043**
大武山紫菀 40637
大武宿柱苔 **76571**
大武碎雪草 160151,160286
大武铁杉 **399882**
大武新木姜子 264043
大武蜘蛛抱蛋 **39529**
大西班牙刺苞菊 **77004**
大西番果 285694
大西番莲 **285694**
大西非南星 **28782**
大西坑水玉簪 **63967**
大西洋阿魏 **163581**
大西洋安蒙草 **19755**
大西洋百里香 **391089**
大西洋柏木 **114660**
大西洋膀胱豆 **100166**
大西洋布留芹 **63470**
大西洋柴胡 **63565**
大西洋长生草 **358023**
大西洋车前 **302191**
大西洋春黄菊 **26842**
大西洋刺苞菊 **76992**
大西洋刺葵 **295454**
大西洋刺芹 **154289**
大西洋单花景天 **257072**
大西洋地杨梅 **238576**
大西洋斗篷草 **13975**
大西洋多榔菊 **136368**
大西洋风兰 **24724**
大西洋斧冠花 **356379**
大西洋葛缕子 **77773**
大西洋光叶羊角芍药 **280233**
大西洋哈利木 **184779**
大西洋海石竹 **34503**
大西洋蔊菜 **336165**
大西洋蔊菜属 **336164**
大西洋蒿 **35181**
大西洋黄连木 **300977**
大西洋黄耆 **42291**
大西洋假匹菊 **329807**
大西洋剪股颖 **12006**
大西洋荆芥 **264873**
大西洋卷耳 **82721**
大西洋克来豆 **108554**
大西洋克美莲 **68806**
大西洋拉拉藤 **170234**
大西洋老鹳草 **174482**
大西洋柳穿鱼 **230903**
大西洋柳叶菜 **146625**
大西洋龙胆 **173269**
大西洋马蹄豆 **196623**
大西洋芒柄花 **271334**
大西洋牻牛儿苗 **153729**
大西洋毛地黄 **130349**
大西洋毛蕊花 **405662**
大西洋毛托菊 **23410**
大西洋眉兰 **272405**
大西洋魔南景天 257072
大西洋拟鸦葱 **354982**
大西洋牛蒡 **31048**
大西洋牛舌草 **21923**
大西洋欧夏至草 **245732**
大西洋蒲公英 **384459**
大西洋屈曲花 **203185**
大西洋山柑 **71695**
大西洋矢车菊 **80971**
大西洋双碟荠 **54637**
大西洋水仙 **262355**
大西洋酸模 **339945**
大西洋碎米荠 **72936**
大西洋苔草 **73784**
大西洋鸵萼豆 **68114**
大西洋勿忘草 **260764**
大西洋菥蓂 **390215**
大西洋细叶芹 **84727**
大西洋新风轮菜 **96967**
大西洋絮菊 **165991**
大西洋雪松 80080
大西洋薰衣草 **223316**
大西洋栒子 **107470**
大西洋鸭茅 **121229**
大西洋烟堇 **169005**
大西洋岩蔷薇 **93171**
大西洋燕麦 **45388**
大西洋羊茅 **163829**
大西洋叶庭荠 **18335**
大西洋罂粟 **282519**
大西洋鹰嘴豆 **90803**
大西洋蝇子草 **363223**
大西洋针茅 **376706**
大西洋指甲草 **284789**
大犀角 373821
大溪菝葜 **366291**,366284
大溪荠宁 **275542**
大喜马拉雅虎耳草 **349135**
大喜阳葱 **367760**
大喜阳花 **190380**
大细梗胡枝子 **226684**
大细钟花 **403670**
大峡谷仙人掌 **272808**
大狭花曲花 **120603**
大狭叶蒿 36162
大仙茅 65871,66022,114819
大仙女木 **138451**
大仙人球 140126
大仙桃草 406992,407430
大纤细钝柱菊 **280691**
大弦月城 **359037**
大咸酸甜草 277776
大苋菜 298093
大线毛 66022
大线山柳菊 **195779**
大腺布里滕参 **211517**
大腺叉鳞瑞香 **129532**
大腺尖腺芸香 **4824**
大腺芥 247852
大腺芥属 247850
大腺兰 **240902**
大腺兰属 **240901**
大腺瘤兰 **7571**
大腺马斯木 **246021**
大腺美非补骨脂 **276974**
大腺相思 **1367**
大腺肖鼻叶草 **287946**
大腺星全菊 **197380**
大腺远志 **308178**
大香附子 245376,245556
大香果 231448,264072
大香果兰 405027
大香花棵 144062
大香花木果 144062
大香桧 213943
大香荚兰 **405027**
大香兰麻木棵 144062
大香炉 276090
大香秋海棠 49898
大香薷 143965
大香树 204544
大香藤 121703,166693
大香叶 231324
大香叶树 **231327**,113438,231385
大香叶子树 231324
大香芝麻棵 144062
大香籽 264039
大祥冠 **107053**
大祥竹篙草 167040
大响铃 112269
大响铃草 389339
大响铃豆 112138
大向日葵 **188968**
大象树 64080
大象牙参 **337101**,337086
大消藤 406817
大小蓟 **91816**,92384
大小雄戟 **253044**
大小叶非洲长腺豆 **7490**
大小叶非洲楝 **216203**
大小叶谷木 **250008**
大小叶金雀豆 **21792**
大小叶田皂角 **9573**
大肖草瑞香 **125770**
大肖辛酸木 **327951**
大蝎子草 **175877**
大鞋木豆属 240931
大鞋木属 **240931**
大蟹钓 34930
大蟹钓属 34920
大心虎耳草 **349620**
大心舌兰 **104280**
大心莴仔菜 219488
大心叶岩蔷薇 **93195**
大心翼果 **73188**
大新木姜 264039
大新秋海棠 **49765**
大兴安岭乌头 **5155**
大星牵牛 **208253**

大星芹 **43309**
大星芹属 **43306**
大星宿草 24116
大形贝克斯 47644
大形虎刺 122040,122067
大型宝剑 272891
大型红毛羊胡子草 **152777**
大型黄皮 94187
大型罗勒 268438
大型史密斯苞茅 **201572**
大型四照花 **124914**
大型万宝 **358872**
大型香港四照花 **105061**
大幸球 **244137**
大幸丸 244137
大雄尼阿里苞茅 **201541**
大雄蕊灯心草 **213248**
大雄苔草 **75273**
大绣球 407939
大绣球防风 **227606**
大绣球藤 95132
大绣线菊 371971
大须边岩扇 **351457**
大须芒草 **22676**
大须药藤 **375238**
大序艾麻 221552
大序非洲长腺豆 **7498**
大序风毛菊 **348328**
大序隔距兰 **94458**
大序假卫矛 **254330**
大序剪股颖 **12179**
大序拟长柄芥 **241241**
大序雀麦 **60980**
大序日本紫珠 66824
大序三对节 **96342**
大序蛇莲 **191965**
大序苔草 **75862**
大序小花豆 **226168**
大序悬钩子 **338486**
大序雪胆 191965
大序野古草 **37367**
大序早熟禾 **305699**
大序锥头麻 **307043**
大序醉鱼草 **62114**
大蓄片 308816
大萱草 191284
大玄参 355201
大旋覆花 207132
大雪风毛菊 **348717**
大雪花莲 **169710**
大雪兰 **116984**,116826
大雪山苔草 **76349**
大雪山无心菜 **32102**
大雪兔子 348465
大雪钟 169710
大鳕苏木 **258374**
大血草 345561,345586
大血吉 123337
大血藤 **347078**,66624,145899,214967,214972,259512,259516,259535,259578,285144,351054,351103,370422,387819,411568
大血藤科 **347083**
大血藤属 **347077**
大血通 347078
大薰衣草 **223299**
大鸭巴芹 24340
大鸭草 337253
大鸭公藤 52416,52427
大鸭脚板 113879
大鸭头兰 183731
大鸭跖草 **101036**,100995,101112
大鸭嘴花 **214620**
大芽博巴鸢尾 **55959**
大芽杜鹃 **330756**
大芽南蛇藤 **80193**
大芽卫矛 157800
大崖棕 393809
大亚伞序木蓝 **206609**
大亚洲络石 **393623**
大烟 282717
大烟斗柯 233158
大烟斗石栎 **233158**
大烟锅草 77178
大烟花 282717
大烟堇 **169114**
大芫荽 154316
大岩七 329327
大岩酸 49971
大岩藤 329001
大岩桐 364754
大岩桐寄生属 **384005**
大岩桐属 **364737**
大沿阶草 **272080**
大眼蓝 112491
大眼树莲 **134038**
大眼桐 12559
大眼星木 7190
大眼竹 **47266**
大燕麦 **45508**
大羊不吃草 106432
大羊不食草 56382
大羊古骚 147084
大羊胡臊 147084
大羊角 238318
大羊角菜 360463
大羊角扭蘼 378386
大羊角瓢 117523
大羊角树 331894
大羊茅 **163993**
大羊奶藤 375238
大羊蹄 340151
大阳花 153914
大杨桐 8233
大洋胡椒属 241208
大洋蓬 **279884**
大洋蓬属 **279883**
大洋算盘 177141
大洋藤 260413
大洋洲滨藜 **44542**
大洋洲刺葵属 119988
大洋洲菊芹 **148163**
大洋洲香椿 **392826**
大样驳骨草 200312
大样颠茄 367295
大样干鱼草 146724
大样尖尾枫 66853
大样酒饼藤 166659
大样苦斋 285826
大样雷公根 200390
大样荔枝藤 370415
大样满天星 64243
大样弄岗茶 **69293**
大样十月泡 94995
大样夜合草 9560
大样益母草 224989
大姚短柱茶 69692
大姚黄芩 **355807**
大姚箭竹 **162710**
大姚老鹳草 **174536**
大药 302753
大药灯心草 **213249**
大药鹅观草 **335413**
大药谷精草 **151503**
大药关节棒芒草 **106927**
大药旱雀麦 **25287**
大药剪股颖 **12002**,12000
大药碱茅 **321332**
大药卡克草 **64771**
大药赖草 **228363**,228344
大药囊蕊紫草 **120854**
大药雀麦 **60894**
大药树 28248
大药蒴莲 **7230**
大药玄参 **240918**
大药玄参属 **240916**
大药罂粟 **282603**
大药鹦鹉刺 **319086**
大药早熟禾 **305683**
大药窄颖赖草 **228344**
大药獐牙菜 **380387**
大药子 280756
大野古草 **37368**
大野胡萝卜 **123154**
大野牡丹 **248753**,43462,48552
大野牡丹属 43457
大野芹 24358
大野山野豌豆 **408266**
大野豌豆 **408407**
大野芋 **99919**
大叶阿尔丁豆 **14266**
大叶阿里山繁缕 **374758**
大叶阿迈茜 **18548**
大叶阿瑞奥普兰 5951
大叶矮金莲花 **399508**
大叶矮枸子 **107419**
大叶矮野牡丹 **253544**
大叶艾 35167,381944
大叶艾纳香 55769,55780
大叶安歌木 **24650**
大叶安息香 **379358**
大叶桉 **155722**
大叶桉树 155722
大叶暗冠萝藦 **293391**
大叶暗红栒子 **107608**
大叶奥萨野牡丹 **276501**
大叶奥佐漆 **279303**
大叶澳光明豆 **220757**
大叶澳山月桂 **26185**
大叶澳洲茶 **226498**
大叶巴布亚木 **283029**
大叶巴布亚茜草 **407524**
大叶巴茨列当 **48620**
大叶巴克豆 284473
大叶巴纳尔木 **47567**
大叶巴西木 **192062**
大叶巴楂子 142152
大叶芭蕉 260208
大叶菝葜 **366444**
大叶坝艾 144021
大叶霸王 418701
大叶白苞菊 **203352**
大叶白背花楸 369327
大叶白矾 381148
大叶白粉藤 **92918**
大叶白花菜 **95728**
大叶白花鬼点火 95984
大叶白芨 183553
大叶白蜡 168086
大叶白蜡树 **167908**,167897,168086
大叶白麻 29506,80664
大叶白马骨 113
大叶白脉竹芋 245026
大叶白赛靛 **47857**
大叶白树沟瓣 177992
大叶白树沟瓣木 **177992**
大叶白藤 113577
大叶白头菊 **96646**
大叶白头翁 21596
大叶白辛树 320886
大叶白颜树 175920
大叶白杨 311265
大叶白叶藤 **113598**,113577
大叶白纸扇 **260415**
大叶百部 375343

大叶百两金 **31412**
大叶斑鸠菊 **406931**
大叶斑鸠米 66743
大叶斑叶兰 **179647**
大叶板 233339
大叶半边莲 299395
大叶半轭草 **191791**
大叶半枫荷 320836
大叶半夏 401156
大叶半支莲 355494
大叶伴帕爵床 **60331**
大叶棒果树 **332398**
大叶苞舌兰 **370397**
大叶苞芽树 **208994**
大叶宝兴报春 **314295**
大叶堡树 **79083**
大叶报春 **314605**
大叶贝壳杉 **10500**
大叶逼迫子 60167,60189
大叶鼻烟盒树 **270935**
大叶比克茜 **54384**
大叶闭花木 **94522**
大叶闭眼大戟 **272509**
大叶避霜花 81933
大叶扁担杆 **180918**
大叶扁担杆子 180768
大叶变叶木 98190
大叶杓兰 **120349**
大叶滨紫草 **250911**
大叶柄山柳菊 **195778**
大叶波拉菊 **307309**
大叶波漆 **57847**
大叶播娘蒿 365398
大叶驳骨草 172831
大叶驳骨兰 214308
大叶薄荷 10414
大叶薄叶兰 238747
大叶薄子木 **226466**
大叶补血草 **230672**,230631
大叶捕鱼木 180768
大叶布里滕参 **211518**
大叶菜蓟 117770
大叶糙苏 **295142**,295215
大叶草 **181952**,181951,363090
大叶草格雷野牡丹 **180381**
大叶草科 **181960**
大叶草属 **181946**
大叶草藤 408551
大叶侧穗莎 **304869**
大叶梣 168086
大叶茶 69644,69651,203660,203961
大叶柴 68308
大叶柴胡 **63728**
大叶柴龙树 **29598**
大叶菖蒲 5793
大叶长被山榄 **124725**
大叶长距兰 302280
大叶长毛香科科 **388182**
大叶长舌蓍 **320049**
大叶长穗渐麻藤 **199183**
大叶车前 302068
大叶匙羹藤 **182392**,182374
大叶赤车 **288745**
大叶赤榕 **164783**,165698
大叶赤竹 **347250**
大叶重楼 284293
大叶椆 116120,233233,233312
大叶稠李 223150
大叶臭花椒 **417278**,417273
大叶臭椒 417278
大叶川滇蔷薇 **336967**
大叶川柃 **160471**
大叶垂序木蓝 **206379**
大叶垂籽树 **113983**
大叶锤籽草 **12878**
大叶春 18289
大叶唇柱苣苔草 **87914**
大叶慈 125473,125474
大叶慈竹 **125473**
大叶刺果泽泻 **140549**
大叶刺核藤 **322535**
大叶刺黄柏 242638
大叶刺橘 **405524**
大叶刺篱木 **166788**
大叶刺头菊 **108297**
大叶葱 417139
大叶葱芥 275869
大叶楤木 **30599**
大叶粗角楼梯草 **142774**
大叶粗糠树 66864
大叶粗叶木 **222283**
大叶酢浆草 277776
大叶达维木 **123276**
大叶大瓣苏木 **241113**
大叶大刺爵床 **377499**
大叶大豆 **177747**
大叶大果龙胆 **240957**
大叶大戟 **158432**
大叶大青 94068,313667
大叶大蒜芥 **365586**
大叶黛粉叶 130111
大叶丹比亚木 136031
大叶丹参 344834
大叶丹氏梧桐 **135772**,136031
大叶单列大戟 **257918**
大叶当归 **24406**
大叶党参 **98276**
大叶刀掀草 13091
大叶刀嫩草 13091
大叶岛海桐 **17817**
大叶岛麻 **294600**
大叶倒卵奥佐漆 **279314**
大叶德钦杨 **311344**
大叶灯盘无患子 **238925**
大叶邓博木 **123683**
大叶地不容 **375845**
大叶地耳 100571
大叶地穗姜 **174421**
大叶点地梅 **23231**
大叶吊兰 **88594**,88546
大叶钓樟 **231461**,231334,231385,231429
大叶丁香 382477
大叶丁香罗勒 **268521**
大叶顶须桐 **6266**
大叶东京鱼藤 **126006**
大叶冬青 **203961**,203660,204217
大叶冬青卫矛 **157617**
大叶豆腐柴 **313641**,313667
大叶毒鼠子 **128684**
大叶独活 **192334**,24406
大叶独蕊 **412154**
大叶杜茎山 **241800**
大叶杜鹃 **330680**,330205,330283,330789,331341,331851
大叶杜楝 **400585**
大叶杜纳尔茄 **138962**
大叶杜英 **142287**,142306,142412
大叶杜仲 347965,347968,347969
大叶杜仔 233122
大叶度量草 256212
大叶短梗玉盘 **399377**
大叶椴 **391788**,391760,391817
大叶堆桑 **369820**
大叶对口莲 202146
大叶盾蕊樟 **39718**
大叶多榔菊 **136361**
大叶多肋菊 **304445**
大叶多球茜 **310271**
大叶多裔草 **310706**
大叶鹅绒藤 **117497**
大叶鹅掌柴 **350737**,350732
大叶恩德桂 **145342**
大叶耳挖草 355629
大叶耳状胡椒 **300345**
大叶二裂萼 **134088**
大叶二毛药 **128448**
大叶法拉茜 **162582**
大叶繁果茜 **304152**
大叶繁缕 **374832**
大叶方氏柃 160471
大叶方竹 **87560**
大叶防风 202151,348256
大叶仿花苏木 **27766**
大叶纺锤菊 **44169**
大叶飞蓬 **150421**
大叶非洲楝 **216202**
大叶非洲青牛胆 **303031**
大叶非洲野牡丹 **68247**
大叶非洲紫罗兰 **342494**
大叶风吹楠 **198514**
大叶风毛菊 348355
大叶风沙藤 214967
大叶风藤 **300428**
大叶枫 232557
大叶枫寄生 385211
大叶枫寄生属 355287
大叶凤仙花 **205109**,204776
大叶佛来明豆 166880
大叶枹 78936
大叶福禄桐 310237
大叶福瑟吉拉木 167541
大叶福王草 313849
大叶斧丹 **45799**
大叶附地菜 **397430**
大叶复毛胡椒 **300362**
大叶富贵竹 137342,137514
大叶腹水草 **407481**
大叶覆盆子 339024
大叶干序木 **89181**
大叶甘草 **177926**
大叶高加索菊 **79684**
大叶高山桦 53405
大叶高山栎 324156
大叶高山木姜子 **233866**
大叶高羊族草 **8774**
大叶槁 50543
大叶哥纳香 **179415**
大叶格雷野牡丹 **180400**
大叶隔距兰 **94461**
大叶隔蒴苘 **414526**
大叶公主兰 **238747**
大叶勾儿茶 **52429**
大叶沟果茜 **18599**
大叶钩栗 79043
大叶钩藤 **401770**,401773
大叶狗尾草 **361828**
大叶狗牙花 **382775**
大叶姑婆芋 16495
大叶菰 418095
大叶古朗瓜 **181987**
大叶谷精草 151487
大叶谷木 **249972**
大叶瓜馥木 **166669**
大叶瓜木 **13378**
大叶瓜泰木 181585
大叶关门草 126465
大叶观音草 **291152**,291151
大叶观音莲 16508
大叶管花兜铃 **210329**
大叶光板力刚 94899
大叶广东山葡萄 **20329**
大叶鬼针草 **53996**
大叶桂 **91341**

大叶桂樱 **223150**,223117
大叶过路黄 **239642**
大叶过山龙 214967
大叶海棠花 **277390**
大叶海特木 **188327**
大叶海桐 **301255**,301253
大叶海桐花 301416
大叶寒兰 **116933**
大叶寒莓 338205
大叶韩信草 355494
大叶杭子梢 **70818**
大叶蒿子 35136
大叶合萼兰 **5951**
大叶合萼山柑 **390048**
大叶合果芋 **381859**
大叶合欢 **116610**,13595
大叶合龙眼 **381601**
大叶合丝莓 **347676**
大叶赫普苣苔 **192161**
大叶黑果细爪梧桐 **226269**
大叶黑炮弹果 **145131**
大叶亨里特野牡丹 **192046**
大叶红淡 8255
大叶红淡比 96598
大叶红点草 **223805**
大叶红光树 **216851**
大叶红果大戟 **154828**
大叶红河鹅掌柴 **350711**
大叶红花倒水莲 96147
大叶红景天 **329910**
大叶红雀珊瑚 **287848**
大叶红伞芹 **332244**
大叶厚敦菊 **277085**
大叶厚壳桂 **113474**
大叶厚壳树 141629
大叶厚朴 198700,242193
大叶厚柱头木 286747
大叶胡椒 300345
大叶胡颓子 **142075**
大叶胡枝子 **226764**
大叶壶花无患子 **90743**
大叶槲寄生 236646
大叶槲寄生属 236507
大叶蝴蝶兰 293643
大叶虎刺 122040,122064,122067
大叶虎耳草 **349444**
大叶虎皮楠 **122705**,122730
大叶虎尾兰 **346100**
大叶虎榛子 276849
大叶花 242030
大叶花椒 417216
大叶花叶万年青 **130111**
大叶华北绣线菊 **371916**
大叶化肉藤 393545
大叶桦 **53464**
大叶桦叶绣线菊 **371824**
大叶环花兰 **361255**
大叶黄 202070,202204
大叶黄柏 294233
大叶黄花猛 243893
大叶黄梁木 263983
大叶黄龙缠树 302549
大叶黄芩 **355600**
大叶黄瑞木 **8255**
大叶黄藤 **121513**,398317
大叶黄杨 **64284**,157601,157617
大叶灰菜 87048
大叶灰木 381143,381217
大叶活血 59823
大叶活血丹 345214
大叶火烧兰 **147176**
大叶火筒树 **223946**,223943
大叶火焰草 **356685**
大叶霍特芸香 **198542**
大叶藿香 97043
大叶矶松 230631
大叶鸡菊花 **182323**,406931
大叶鸡纳树 **91086**
大叶鸡屎树 **222163**,222090,222115
大叶鸡爪茶 **338510**
大叶鸡爪槭 **3323**
大叶及已 88282
大叶寄树兰 **335039**
大叶蓟状风毛菊 **348188**
大叶檵木 **237198**
大叶假百合 **266901**
大叶假刺桑 **377542**
大叶假萼爵床 **317482**
大叶假含羞草 **78369**,78366
大叶假鹤虱 **184308**
大叶假蕺菜 **24181**
大叶假节豆 **317219**
大叶假苜蓿 **112397**
大叶假牛筋树 **317865**
大叶假牛栓藤 **317573**
大叶假山毛榉 **266862**
大叶假山毛榉属 **304407**
大叶假韶子 **283533**
大叶假卫矛 **254310**
大叶假小龙南星 **317653**
大叶假鹰爪 **126721**
大叶坚果繁缕 **304560**
大叶姜饼木 **284244**
大叶浆木 134929
大叶胶子堇 **177209**
大叶角茼麻 **848**
大叶接骨木 345708
大叶接骨藤 211926
大叶节花豆 **36767**
大叶芥菜 59438
大叶金不换 308081
大叶金顶杜鹃 **330673**
大叶金花茶 **69060**,69059,69480
大叶金鸡菊 **104542**
大叶金鸡纳树 91090
大叶金锦香 276130
大叶金莲花 399508
大叶金缕梅 **185127**
大叶金牛 **308149**
大叶金屏连蕊茶 **69725**
大叶金钱 176839
大叶金钱草 81570,176824,176839,239582
大叶金石榴 248269,363451
大叶金丝杜仲 **157405**
大叶金丝桃 **202102**,201743
大叶金丝卫矛 157405
大叶金锁匙 116010
大叶金腰 **90405**
大叶金银花 235860
大叶金足草 320125
大叶堇 **410710**
大叶堇菜 **409895**
大叶槿 194850
大叶近光滑小檗 52201
大叶京老藤 66641
大叶茎花豆 **118096**
大叶茎花无患子 **255931**
大叶荆芥 **264977**
大叶景天 329910
大叶九重吹 165370
大叶九重树 165370
大叶九节 **319606**
大叶九里香 **260170**
大叶韭 15351
大叶韭菜 15351
大叶菊蒿 **383794**
大叶榉 **417552**
大叶榉树 417552
大叶蒟 **300435**
大叶苣荬菜 368649
大叶聚石斛 **125226**
大叶卷瓣兰 **62555**
大叶卷唇兰 62555
大叶决明 **360434**
大叶军刀豆 **240495**
大叶咖啡 **98886**,98914
大叶卡雅楝 216202
大叶凯木 **215671**
大叶考特草 **108145**
大叶栲 78987
大叶栲栗 233269
大叶栲皮树 **1347**
大叶柯 **233312**,233269
大叶科努草 105233
大叶可拉木 **99228**
大叶可乐树 **99240**
大叶可利果 **96741**
大叶空船兰 **9154**
大叶空树 **99056**
大叶空序茜 **246095**
大叶空竹 **82446**
大叶苦椆 233339
大叶苦柯 **233339**
大叶苦石栎 233339
大叶苦槠 78966
大叶苦锥 233339
大叶宽带芸香 **302806**
大叶宽萼苣苔 **283131**
大叶宽肋瘦片菊 **57601**
大叶昆氏红光树 **216839**
大叶蜡莲绣球 200114
大叶蜡梅 87525
大叶蜡树 229529
大叶蜡烛木 **121125**
大叶辣椒草 291138
大叶辣樟树 91270
大叶来檬 **93558**
大叶兰花 100940
大叶兰花草 100940
大叶蓝刺头 **140744**
大叶蓝翠雀花 **124086**
大叶蓝梅 153430
大叶蓝珠草 **61366**
大叶狼豆柴 206661
大叶老鼠刺 210397
大叶老鼠七 200754
大叶老鼠竹 200108
大叶蓍 172779
大叶类鲫鱼藤 **356347**
大叶类越橘 79791
大叶棱柱木 **179535**
大叶冷水花 **298967**
大叶藜 87048
大叶藜芦 405618
大叶李堪木 **228674**
大叶理肺药 178749
大叶鲤鱼泻子 66789
大叶利堪蔷薇 228674
大叶枥柴 323630
大叶栎 **323979**,78936,323814
大叶栗豆藤 **11021**
大叶连香树 **83743**
大叶莲 240765
大叶莲花掌 **9076**
大叶链荚木 **274351**
大叶楝树 139655
大叶良箭 241808
大叶两列栒子 **107599**
大叶两型萼杜鹃 **133392**
大叶亮龙骨豆 **94163**
大叶亮腺大戟 **7592**
大叶亮叶茜 **376665**
大叶亮泽兰 **111365**
大叶寮刁竹 37115
大叶蓼 309360

大叶裂蕊核果树　**351216**
大叶林地兰　**138524**
大叶鳞花木　**225670**
大叶柃　160471
大叶刘寄奴　202104
大叶琉璃草　**117913**
大叶瘤果漆　**270966**
大叶瘤蕊紫金牛　**271066**
大叶柳　**343656**,82107,320377
大叶柳穿鱼　**231036**
大叶柳叶枸子　107674
大叶龙胆　173615
大叶龙胆草　187581
大叶龙角　**199743**
大叶楼梯草　142694
大叶露兜树　**281071**
大叶鲁谢麻　**337665**
大叶鹿藿　**333254**
大叶鹿角藤　**88893**,88902
大叶路边青　**175426**
大叶驴菊木　**271721**
大叶绿顶菊　**160670**
大叶绿萝　353127
大叶绿眼菊　**52831**
大叶罗布麻　29506
大叶罗汉松　306457,306526
大叶萝芙木　**327031**,327022,327074
大叶锣　**129832**
大叶螺序草　**371745**
大叶洛尔紫金牛　**235276**
大叶洛佩拉　337678
大叶洛佩龙眼　**337678**
大叶落瓣油茶　**69238**
大叶落地生根　**61568**,215133,215150
大叶麻　273903
大叶麻疯树　**212186**
大叶麻木　101220
大叶马岛小金虎尾　**254064**
大叶马兜铃　**34219**,34154,34238,250228
大叶马尔塞野牡丹　**245131**
大叶马蓝　**320125**
大叶马利埃木　**245667**
大叶马料　77278
大叶马料梢　226764
大叶马松子　402245
大叶马蹄香　**37680**
大叶马尾黄连　388495
大叶马尾连　388495
大叶麦冬　232631,232640,272090
大叶馒头果　177192
大叶满天星　286264
大叶曼氏浆果鸭跖草　**280516**
大叶蔓绿绒　**294811**
大叶猫爪簕　417282
大叶毛刺茄　367295
大叶毛茛　**325915**,209769,326375
大叶毛将军　65670
大叶毛狼　91038
大叶毛鞘木棉　**153362**
大叶毛麝香　**7987**
大叶毛鼠麴　178218
大叶毛泽兰　**187002**
大叶毛楂　243629
大叶毛折柄茶　376490
大叶毛枝簕　417282
大叶帽柱木　**256120**
大叶帽子　204388
大叶没药　**101452**
大叶莓　338942
大叶梅花草　**284571**
大叶美登木　**182713**
大叶美洲椴　**391652**
大叶美洲盖裂桂　**256669**
大叶美洲槲寄生　**125677**
大叶美洲苦木　**298497**
大叶美洲朴　**80700**
大叶美洲野牡丹　**180055**
大叶蒙松草　**258120**
大叶米粞草　32212
大叶密脉木　**261325**
大叶密毛大戟　**322013**
大叶密毛鸡屎树　222090
大叶密叶花　**322056**
大叶密钟木　**192603**
大叶蜜茱萸　**249151**
大叶绵籽夹竹桃　**372526**
大叶缅茄　**10121**
大叶面豆果　177192
大叶皿花茜　**294369**
大叶膜杯草　**201041**
大叶膜杯卫矛　**114361**
大叶茉莉果　**283994**
大叶莫龙木　**256735**
大叶墨蓝花　**105233**
大叶默尔椴　**256650**
大叶母草　**231543**
大叶牡荆　**411283**
大叶木姜子　233866
大叶木槿　**194986**
大叶木兰　**242193**,198700,232598,244431,244455
大叶木蓝　**206233**
大叶木藜芦　228162
大叶木莲　**244431**,244455
大叶木莲红　413813
大叶木麒麟　**290708**
大叶木通　94748,95463
大叶木犀　276370
大叶拿身草　**126424**
大叶内折香茶菜　**209706**
大叶耐寒栒子　**107456**
大叶南华杜鹃　**331837**
大叶南蛇藤　80221
大叶南苏　**329009**
大叶南五味　214959
大叶南洋杉　**30835**
大叶南洋参　**310172**
大叶楠　240599,240604,240605,240615,266792
大叶囊大戟　**389067**
大叶尼克木　**263026**
大叶拟风兰　**24676**
大叶拟曼塔茜　**317984**
大叶拟球兰　**177223**
大叶拟绒安菊　**283365**
大叶拟瑞香　**122739**
大叶拟野茉莉　283994
大叶拟芸香圆　185658
大叶黏掌寄生　**211008**
大叶念珠藤　18532
大叶鸟足兰　**347817**
大叶牛防风　**192306**
大叶牛果藤　20420
大叶牛奶菜　**245821**
大叶牛奶子　164671,164947,165671
大叶牛尾连　324998
大叶牛尾林　324998
大叶牛膝　**4308**
大叶牛心菜　201743
大叶牛心茶　201743
大叶纽敦豆　**265903**
大叶女蒿　**196712**
大叶女贞　229529
大叶欧石南　**149718**
大叶爬山虎　**285168**,285117
大叶排草　239642
大叶盘果菊　313849
大叶泡　311371
大叶泡花树　**249403**
大叶泡囊草　**297880**
大叶泡叶栒子　**107366**
大叶佩肖木　**288024**
大叶皮尔逊豆　**286789**
大叶皮雷禾　**300871**
大叶漂　338205
大叶平舟大戟　**316054**
大叶苹婆　**376127**,376138
大叶屏边连蕊茶　69725
大叶萍　301025
大叶萍蓬草　**267296**
大叶婆　187581
大叶婆罗刺　**57230**
大叶菩提　**356522**
大叶葡萄　**411930**
大叶葡萄风信子　**260314**
大叶蒲公英　**384655**
大叶蒲葵　**234191**
大叶蒲桃　382610
大叶朴　**80664**
大叶朴树　80709
大叶七星剑　368073
大叶七叶树　**9715**
大叶桤寄生　236646
大叶桤木树　96505
大叶桤叶树　96505
大叶槭　**3127**,3736
大叶漆　**393461**
大叶奇瓦瓦槐　**369032**
大叶棋子豆　**116603**
大叶千斤拔　166880
大叶千里光　**359419**,92522
大叶千里光属　92513
大叶千岁蘽　**411696**
大叶茜草　**338028**
大叶枪刀药　**202558**
大叶蔷薇　**336725**,336320
大叶芹　192312,299365
大叶芹属　**372941**
大叶秦艽　173615
大叶青　96028,126389,165111,372247
大叶青冈　**116120**,116100,323942
大叶青蒿　35957
大叶青花　178218
大叶青荚叶　**191149**
大叶青蓝木　274393
大叶青木香　34112
大叶青榨槭　**2923**
大叶清香桂　346749
大叶苘麻　**900**
大叶筇竹　**87574**
大叶琼楠　**50531**
大叶秋海棠　**50071**,50232
大叶秋水仙　**99330**
大叶球百合　**62413**
大叶球花豆　**284464**
大叶球兰　**198871**
大叶球子草　**288645**,288646
大叶曲管桔梗　**365172**
大叶屈头鸡　382912
大叶泉茱萸　**298085**
大叶雀稗　**285461**
大叶雀榕　164783
大叶冉布檀　**14366**
大叶荛花　**414206**
大叶热非黏木　**216585**
大叶热非时钟花　**374066**
大叶热美蔻　**209021**
大叶日本金缕梅　**185120**
大叶日本槭　**3050**
大叶日本水青冈　**162370**

大叶日本卫矛 157617
大叶绒安菊 **183047**
大叶绒果芹 **151748**
大叶绒兰 148705
大叶绒子树 **324608**
大叶榕 **165698**,164626,164783,165274,165658,165841,165844
大叶榕乳树 165274
大叶榕树 165841,165844
大叶榕藤 9419
大叶肉半边莲 234885
大叶肉托果 **357881**
大叶瑞氏木 **329275**
大叶润楠 **240605**,266792
大叶弱唇兰 **318921**
大叶箬棕 **341406**
大叶塞内大戟 **360378**
大叶塞斯茄 **361634**
大叶赛爵床 **67819**
大叶三被藤 **396535**
大叶三萼木 **395280**
大叶三七 **280793**
大叶伞房花桉 **106802**
大叶伞形绣球 199794
大叶桑 **259083**
大叶桑寄生 385211
大叶沙罗 28996
大叶沙滩子 308965
大叶沙扎尔茜 **86344**
大叶山扁豆 **85228**,78366,78369,78408
大叶山布惊树 313705
大叶山茨菇 37653
大叶山矾 381143,381217
大叶山桂 91276
大叶山桂花 **51049**
大叶山合欢 **13611**
大叶山胡萝卜 392992
大叶山橿 231429
大叶山芥碎米荠 **72792**
大叶山榄 280440
大叶山榄属 280437
大叶山楝 **28996**
大叶山柳 96505
大叶山柳菊 **195638**
大叶山绿豆 126359
大叶山蚂蝗 **126359**
大叶山毛榉 162375
大叶山莓草 362361
大叶山梅花 **294544**,294549
大叶山柰 **215019**
大叶山枇杷 130922
大叶山天萝 412004
大叶山楂叶槭 **2912**
大叶山芝麻 190106
大叶山茱萸 **105107**
大叶山竹子 171221
大叶山总管 34238
大叶珊瑚苣苔草 **103955**
大叶伤筋草 81570
大叶芍药 **280227**
大叶舌唇兰 **302401**
大叶蛇根草 **272288**
大叶蛇簕 339162
大叶蛇泡竻 338097
大叶蛇葡萄 **20420**
大叶蛇总管 209784,209826,328345
大叶舍夫豆 **350816**
大叶伸筋 366486
大叶十万错 **43640**
大叶十月泡 95022
大叶石斑木 **329097**
大叶石宝茶藤 **157944**
大叶石冬青 **294221**
大叶石斛 **125245**
大叶石蝴蝶 **292558**
大叶石灰树 **369359**
大叶石椒 56382
大叶石栎 **233269**,233240,233312
大叶石龙尾 **230322**
大叶石楠 **295731**
大叶石榕 9419
大叶石上莲 **273842**
大叶石蒜 97218
大叶石头花 **183223**
大叶石仙桃 198827,198847
大叶石岩枫 **243440**
大叶食柱 274379
大叶螫毛果 **97545**
大叶瘦弱茱萸 **225860**
大叶鼠刺 **210397**
大叶鼠李 **328719**
大叶鼠尾草 **345065**
大叶薯蓣 **131610**
大叶树兰 **11308**,11291
大叶树萝卜 **10332**,403729
大叶双沟木 **219636**
大叶双冠紫葳 **20655**
大叶双距花 **128071**
大叶双泡豆 **132698**
大叶双扇梅 **129496**
大叶双肾草 183794
大叶双眼龙 113039
大叶水甘草 **20851**
大叶水化香 116240
大叶水尖 73052
大叶水锦树 **413813**
大叶水榕 **165057**,177141
大叶水苏 **373300**
大叶水桐子 145024
大叶水杨梅 82107
大叶水指甲 205319
大叶水竹叶 260095
大叶蒴藋 345708
大叶四瓣崖摩 19971
大叶四瓣崖摩楝 **19971**
大叶四带芹 **387899**
大叶四雄大戟 **387476**
大叶四翼木 **387606**
大叶四照花 124914
大叶四柱木 **387886**
大叶松 **299931**
大叶溲疏 **126972**,127049
大叶素馨 **211739**
大叶酸脚杆 **247587**
大叶酸藤 144759
大叶酸藤子 **144812**
大叶算盘子 177149
大叶髓菊木 **212340**
大叶岁蒿 411696
大叶碎米荠 **72876**
大叶索林漆 **369780**
大叶索亚花 **369924**
大叶塔利木 **383363**
大叶唐菖蒲 **176015**
大叶唐松草 388495
大叶糖胶树 **18046**
大叶桃花心木 **380527**
大叶特喜无患子 **311998**
大叶藤 **392223**
大叶藤黄 **171221**
大叶藤山柳 **95515**
大叶藤属 **392222**
大叶藤芋 353127
大叶天胡荽 **200265**
大叶天南星 33505,33509
大叶天竺桂 91351
大叶田繁缕 **52597**
大叶田基黄 239645
大叶田皂角 **9578**
大叶甜果子 52416
大叶条纹十二卷 **186431**
大叶铁苋 **2017**
大叶铁线莲 **94995**
大叶通草 191173
大叶茼蒿 **89599**
大叶桐子 233295
大叶铜色树 **327660**
大叶土常山 96339,200108
大叶土密树 **60182**,60189
大叶土木香 **207132**
大叶兔儿伞 283812,283860
大叶兔耳风 348197
大叶兔尾草 402132
大叶团扇豆 238457
大叶臀果木 **322402**
大叶托考野牡丹 **392524**
大叶托克茜 **392548**
大叶脱冠落苞菊 **300779**
大叶陀螺树 **378325**
大叶驼舌草 **179372**
大叶驼蹄瓣 **418701**
大叶橐吾 **229104**
大叶弯管花 **86232**
大叶万年青 11348,39532
大叶威瑟茄 **414617**
大叶维吉豆 **409182**
大叶维拉木 **409257**
大叶尾隔堇 **20720**
大叶卫矛 157678
大叶蚊母树 **134937**
大叶乌蔹莓 79878
大叶乌面槁 113455
大叶乌梢 226764
大叶乌鸦果 **403834**
大叶乌竹 125482
大叶无梗接骨木 **345683**
大叶吴茱萸 161350
大叶五瓣草 200301
大叶五加 143642
大叶五加皮 387432
大叶五角木 **313972**
大叶五棱茜 **289520**
大叶五柳豆 **289439**
大叶五桤木 289439
大叶五山柳苏木 289439
大叶五室柃 **160590**
大叶五星藤 **122351**
大叶五爪龙 199392
大叶西班牙栎 **324011**
大叶西尔豆 **380633**
大叶西风芹 **361537**
大叶西南臀果木 **322414**
大叶希尔茜 **196252**
大叶喜光花 **6470**
大叶细裂槭 **3638**
大叶细辛 37653,37680
大叶仙茅 **114819**
大叶咸虾花 406667
大叶腺冠夹竹桃 **375278**
大叶相思 **1067**
大叶相思树 1067
大叶香茶菜 **209688**,209769
大叶香港四照花 124914
大叶香根 **47143**
大叶香荚兰 **404995**
大叶香胶大戟 **20993**
大叶香料藤 **391886**
大叶香荠 225475
大叶香荠菜 336193
大叶香薷 97043,144021,259284
大叶香豌豆 408551
大叶香芝麻 144021
大叶响叶杨 **311200**,311371
大叶橡 324532
大叶小檗 **51614**,51301,52049

大叶小冠花 **105292**
大叶小花鼠刺 210407
大叶小黄管 **356113**
大叶小蓼 **308679**
大叶小泉氏蒿 **35746**
大叶小雀花 **70867**
大叶小舌紫菀 **40009**
大叶小野珠兰 **375820**
大叶小爪漆 **253749**
大叶小籽金牛 **383968**
大叶肖柽柳桃金娘 **261051**
大叶肖赪桐 **337419**
大叶肖蒲桃 **4883**
大叶校力 78966
大叶校栗 233269
大叶蟹甲草 **283812**
大叶新木姜 264069
大叶新木姜子 **264069**
大叶星蕊大戟 **6919**
大叶星宿菜 239864
大叶芎藭 24355
大叶熊巴掌 **296396**
大叶绣球 199956
大叶绣线菊 371877
大叶锈毛莓 **339165**
大叶须川氏槭 **3722**
大叶须芒草 **22806**
大叶悬钩子 **338779**
大叶枸子 107674
大叶鸦胆子 **61210**
大叶鸦雀饭 66743
大叶鸦鹊饭 66743
大叶鸭公青 274411
大叶鸭跖草 **101169**,101112
大叶芽冠紫金牛 **284032**
大叶崖翠木 **286747**
大叶崖豆藤 **254760**
大叶崖椒 **417262**
大叶崖角藤 **329007**,329001
大叶崖藤 387853
大叶亚麻藤 **199165**
大叶亚婆巢 187581
大叶胭脂 36939
大叶芫荽 154316
大叶岩榕 **164611**
大叶岩参 **90851**
大叶岩益 20348
大叶沿阶草 **272103**,272073
大叶眼子菜 **312044**
大叶艳苞莓 **79791**
大叶羊耳蒜 232220
大叶羊角 331911
大叶羊茅 **164065**
大叶杨 **311371**,311281,311530
大叶杨柳 311584
大叶杨桐 8255
大叶洋茱萸 **417871**
大叶瑶山越橘 **404064**
大叶耶格尔无患子 **211409**
大叶野百合 112792
大叶野丁香 **226111**
大叶野独活 **254560**
大叶野海棠 296396
大叶野绿豆 333456
大叶野茉莉 379358
大叶野扇花 346745
大叶野豌豆 **408479**,408551,408571
大叶野烟子 202146
大叶野樱 223150
大叶野樱桃 322402
大叶野芋头 16512
大叶叶覆草 **297517**
大叶叶节木 **296838**
大叶叶仙人掌 290708
大叶一枝黄花 **368226**
大叶一枝箭 12663,12669
大叶夷地黄 **351964**
大叶蚁会膏 177141
大叶异耳爵床 **25707**
大叶异木患 **16060**
大叶异籽藤 **26136**
大叶银背藤 **32668**
大叶银豆 **32846**
大叶银钩花 **256230**
大叶银花 236180
大叶银灰杨 **311262**
大叶银杏 **175834**
大叶银叶树 192484
大叶隐棒花 **113535**
大叶隐果野牡丹 **7069**
大叶樱 223131,223150
大叶鹦鹉刺 **319084**
大叶鹰爪花 **35029**
大叶硬蕊花 **181585**
大叶优秀小檗 51437
大叶尤加利 155722
大叶油戟 **142492**
大叶鱼骨木 **71498**
大叶鱼藤 **10210**
大叶榆 **401563**,401542,401549,417552
大叶羽扇豆 **238457**
大叶玉凤花 **183830**
大叶玉兰 232598
大叶玉山悬钩子 **338219**,339188
大叶玉叶金花 **260454**
大叶缘毛夹竹桃 **18940**
大叶橼 233240
大叶月季 336725
大叶月实藤 **77978**
大叶越橘 **403964**,404003,404060
大叶云实 **65033**
大叶芸香 **185658**
大叶芸香草 185658
大叶杂古 256235
大叶杂色豆 **47782**
大叶早樱 **83328**,83334
大叶蚤缀 **32058**
大叶藻 **418392**
大叶藻科 **418405**
大叶藻属 **418377**
大叶藻叶眼子菜 312075
大叶藻状眼子菜 **312299**
大叶窄瓣绣球 **199794**
大叶毡毛枸子 **107616**
大叶章 **65473**,65471
大叶樟 91270,91282,91341,91392,264034,264039
大叶沼迷迭香 **22449**
大叶折叶兰 **366789**
大叶鹧鸪花 **395492**
大叶针垫花 **228045**
大叶针叶芹 4747
大叶珍珠菜 **239864**
大叶支撑异囊菊 **194208**
大叶直芒草 **275613**,4130
大叶指蕊大戟 **121446**
大叶中华青荚叶 191149
大叶种阜草 **256450**
大叶仲燃促 347965
大叶轴花木 **153397**
大叶皱壁无患子 **333788**
大叶株标 331257
大叶珠仔草 **187639**
大叶珠子草 187514
大叶猪食 333745
大叶猪殃殃 **170340**
大叶猪油果 **289480**
大叶槠 79043
大叶槠栗 78936
大叶竹柏 **306488**,306526
大叶竹柏松 306506
大叶竹节树 **72395**
大叶竹叶草 **272632**,272625
大叶竹仔 101112
大叶竹仔菜 101112
大叶苎麻 **56160**,56195,56206
大叶锥 **78987**,78936
大叶锥花草 **391432**
大叶锥栗 79043
大叶锥莫尼亚 138524
大叶子 **41872**
大叶子属 **41870**
大叶子树 91449
大叶紫金牛 31454,31455,31462
大叶紫堇 **106511**,409895
大叶紫楠 295403
大叶紫苏 144021,254261
大叶紫穗槐 **20015**
大叶紫菀 **40817**
大叶紫薇 219966
大叶紫玉盘 403521
大叶紫珠 **66864**,66904
大叶棕属 106984,245703
大叶总花柿 **155969**
大叶足唇兰 **287863**
大叶足蕊南星 **306305**
大叶钻骨风 214959
大叶钻天杨 311237
大叶醉鱼草 **62019**
大叶佐勒铁豆 **418262**
大叶柞 323814
大夜关门 49103
大夜明 360463
大腋花黄芩 **355386**
大一箭球 333672
大一面绿 129832
大一面锣 129832
大一扫光 295986
大一支箭 110920
大一枝蒿 205580
大一枝箭 12616,239257,302439
大蚁棕 **217922**
大弋豆 71050
大异刺爵床 **25258**
大异蒿 **360884**
大异脉野牡丹 **16034**
大邑杜鹃 **330518**
大翼瓣鸢尾 **208837**
大翼橙 **93559**,93523
大翼豆 **241263**
大翼豆属 **241258**
大翼花 **241257**
大翼花属 **241256**
大翼黄芪 42657
大翼黄耆 **42657**
大翼卫矛 157705
大银合欢 227430
大银花 235860,235941
大银莲花碎米荠 **72681**
大银鳞草 60379
大银龙 287853
大银扇葵 **97885**
大樱 316536
大鹰不扑 30628
大颖草 **335333**,215937
大颖毛肋茅 **395992**
大颖飘拂草 **166404**
大颖热非野黍 **151682**
大颖三芒草 376989
大颖野生稻 **275928**
大颖以礼草 **215913**
大颖早熟禾 **305693**
大颖针禾 **376989**
大颖紫花针茅 376897
大硬萼软紫草 **34610**

大庸鹅耳枥 **77285**
大庸箬竹 **206777**
大庸酸竹 **4596**
大庸苔草 **74263**
大油茶 69262
大油麻藤 259512
大油芒 **372428**,372427
大油芒属 **372398**
大柚 **93705**
大疣球 **244259**
大疣丸 244259
大疣仙人球 **107057**
大有色斑鸠菊 **406247**
大有树 154734
大又红扫帚叶澳洲茶 **226484**
大鱼鳔花 198646,198652
大鱼鳅串 39966,333475
大鱼藤 125994
大鱼藤树 **125994**
大隅油点草 **396608**
大屿八角 **204475**
大羽阿氏莎草 **583**
大羽鬼针草 54081
大羽千里光 **409285**
大羽千里光属 **409284**
大羽叶鬼针草 **54081**
大羽针茅 **376814**
大羽状刺子莞 **333632**
大雨豆属 241289
大雨树属 **241289**
大玉凤花 **183832**
大玉簪 198646
大玉竹 134403,308593
大鸢尾 **208587**
大鸳鸯番茉莉 61297
大鸳鸯茉莉 **61297**
大园缬草 404331
大圆榧 393061
大圆茄 367370
大圆叶报春 **314909**
大圆叶胡椒 313178
大圆叶毛茛 **326049**
大圆叶舌唇兰 **302472**
大圆叶舌茅 **402225**
大远志 **308181**,308359
大院冷杉 **331**
大月见草 **269446**
大月菊 **292127**
大云锦杜鹃 **330676**
大云实 65034
大云药 177141
大芸 93054
大晕草 340151
大晕药 340141
大蕴水藤 **135712**
大杂草 261364
大杂色豆 **47781**
大早熟禾 **305323**,305567,305699
大枣 418169,418173
大皂荚 176901
大皂角 176901
大燥原禾 **134509**
大泽兰 101955,158070,158118
大泽米属 241448
大贼仔 66879
大札 224989,225009
大摘亚苏木 **127390**
大窄籽南星 **375737**
大粘柒子 117956
大樟叶越橘 **403817**
大沼生飞廉 **73523**
大蔗茅 **148877**
大针茅 **376795**
大针苔草 **76626**
大针叶芹 **4747**
大珍珠草 186589
大砧草 337916
大榛 **106757**
大正球 **244223**
大枝挂苦树 200071
大枝挂绣球 199910
大枝芦荟 **17000**
大枝芩 355387
大枝深裂芳香木 **38694**
大枝绣球 **200071**,200070
大织冠 **264388**
大织冠属 **264386**
大蜘蛛兰 87463
大蜘蛛兰属 87456
大直萼木 **68443**
大柊叶属 **247909**
大钟杜鹃 **331660**
大钟花 **247844**
大钟花属 **247843**,276795
大种巴地香 12635
大种半边莲 234628,234766
大种笔须藤 402194
大种橙 **93563**
大种鹅肠菜 114060
大种鹅儿肠 114060,375000,375041
大种黑骨头 171440
大种假荛竹 253992
大种马鞭草 373507
大种毛葫芦 285639
大种崖豆藤 66641
大众耳草 **187545**
大皱稃草 **141796**
大皱果大戟 **321157**
大皱果片棕 **321130**
大朱蕉 **104339**
大朱米兰 **212728**
大株粗茎红景天 **329974**
大株低矮九节 **319595**
大株光亮九节 **319658**
大株鬼灯檠 329897,329973,329974
大株红景天 329897,329973,329974
大株画眉草 **147797**
大株美洲母草 **231515**
大株浅堇色异萼爵床 **25629**
大株小黄管 **356094**
大株易变谷精草 **151391**
大珠芽百合 229770
大猪耳朵草 302068
大猪哥 333102
大猪笼草 **264845**
大猪屎豆 **111915**
大猪屎青 111915
大竹 47445,125519
大竹柏兰 **116944**
大竹草蓼 **309813**
大竹草野荞麦 **152478**
大竹叶菜 101112
大竹叶草 272625,272676
大柱百合 **241349**
大柱百合属 **241348**
大柱百蕊草 **389775**
大柱宝容木 57267
大柱大戟 **159333**
大柱飞廉 **73495**
大柱杭子梢 **70850**
大柱戟 **247902**
大柱戟属 **247901**
大柱锦葵 **241338**
大柱锦葵属 **241337**
大柱兰属 **247949**
大柱琉璃草 **231248**
大柱霉草 **352873**
大柱苔草 **75268**
大柱唐松草 **388562**
大柱藤 **247968**
大柱藤属 **247967**
大柱铁苋菜 **1772**
大柱通贝里喜阳花 **190472**
大柱头 **75275**
大柱头白珠 291366
大柱头白珠树 **172110**
大柱头大黄栀子 **337521**
大柱头冬青 **204013**
大柱头虎耳草 **349580**,349069,349623
大柱头鲫鱼藤 **356308**
大柱头露子花 **123922**
大柱头南鹃 **291366**
大柱头日中花 **220605**
大柱头树 194080
大柱头树科 194073
大柱头远志 **308180**
大柱头芸香 **247941**
大柱头芸香属 **247940**
大柱香波龙 57267
大柱玉凤花 **183833**
大柱芸香属 **241357**
大爪草 **370522**
大爪草属 **370521**
大砖子苗 **245474**
大转心莲 285694
大锥剪股颖 **12192**
大锥香茶菜 **209774**
大锥序飞蛾藤 396761
大锥早熟禾 **305723**
大籽安息香 379325,379411
大籽蓖麻 **334443**
大籽刺茄 **180029**
大籽当药 380264
大籽吊兰 **88595**
大籽榧树 **393075**
大籽蒿 **36286**
大籽厚敦菊 **277086**
大籽黄檀 **121740**
大籽灰毛菊 **31245**
大籽姜饼棕 **202284**
大籽筋骨草 **13137**
大籽苦瓜 **256845**
大籽藜 **87080**
大籽买麻藤 **178566**,178555,178557
大籽猕猴桃 **6659**
大籽千里光 **359422**
大籽日本榧树 **393080**
大籽桑给巴尔榕 **165617**
大籽山柑 **71793**
大籽山香圆 **400528**
大籽山楂 **109823**
大籽水茫草 **230830**
大籽苏铁 115852
大籽铁苋菜 **1829**
大籽托考野牡丹 **392530**
大籽微小喜阳花 **190422**
大籽乌拉尔麦瓶草 **364154**
大籽无距杜英 **3804**
大籽五层龙 **342686**
大籽喜阳花 **190381**
大籽细叶芹 **84748**
大籽雪胆 191943
大籽鳕苏木 **258376**
大籽鸭跖草 **101084**
大籽岩荠 **98013**
大籽野豌豆 **408483**
大籽鱼黄草 **250833**
大籽鱼木 **110234**
大籽獐牙菜 **380264**
大籽舟蕊秋水仙 **22359**
大子春绮春 **153975**
大子红花栝楼 **396265**

大子栝楼　396284
大子买麻藤　178557
大子苏铁　**115852**
大子五层龙　342686
大子蝇子草　**364080**
大子种阜草　256456
大紫背浮萍　267825
大紫草　233700,233731,271814
大紫丁香　382224
大紫杜鹃　**331397**
大紫红景天　329935
大紫花菠萝　391967
大紫花春番红花　**111629**
大紫花凤梨　**391967**
大紫花千里光　**358996**
大紫花针茅　**376897**
大紫茎　**376457**
大紫参　297878
大紫石蒲　208575
大紫苏　290940
大紫菀　380900
大紫薇　219913
大紫叶　**180271**
大紫云菜　**378152**
大字草　**349204**
大字杜鹃　**331768**
大字虎耳草　**349499**
大字香　331768
大总苞报春　314503
大总管　34238
大足白粉藤　**92822**
大足赤宝花　**390021**
大足唇兰　**287864**
大足丹氏梧桐　**135907**
大足弹丝瓜　**142542**
大足多穗兰　**310495**
大足格雷野牡丹　**180401**
大足沟繁缕　**142571**
大足假狼紫草　**266609**
大足碱茅　**321334**
大足豇豆　**408961**
大足兰　**45348**
大足兰属　**45347**
大足亮泽兰　**111364**
大足马利筋　**38006**
大足木花菊　**415674**
大足扭果花　**377760**
大足熊菊　**402789**
大足泽赫针禾　**377044**
大足砖子苗　**245471**
大钻　214959,214974
大钻骨风　214967
大嘴粗筒苣苔　**60276**
大嘴乌头　**5403**
呆白菜　52533,394838
呆白菜属　394835
傣柿　**132235**
傣酸秆　**309371**
代半夏　401175
代茶冬青　**204391**
代代　93368
代代花　**93368**
代代酸橙　**93333**,93368
代德苏木属　**129731**
代儿茶　129136
代儿茶属　129127
代尔欧石南　148942
代弗山榄属　132654
代褐茜草　337989
代拉氏冬青　203754
代马前胡　**124739**
代马前胡属　**124738**
代姆纳特锉玄参　**21771**
代姆纳特黄芩　**355639**
代姆纳特假匹菊　**329814**
代姆纳特毛蕊花　**405692**
代姆纳特香科　**388068**
代姆纳特羽裂毛蕊花　**405750**
代呐科茄　**367093**
代氏堇菜　**409880**
代苏虎耳草　**349246**
代苏乌头　**5160**
代亭金合欢　**1387**
代亚龙胆　**123615**
代亚龙胆属　**123613**
岱岭柳　**343269**
岱普椰子属　139300
岱山蔷薇　**336513**
带瓣葱　**15797**
带瓣花　383052
带唇兰　**383132**
带唇兰属　**383119**
带刺禾属　**383069**
带刺马鞭　175868
带毒散　394093
带粉棱子芹　**304798**
带根兰　**383072**
带根兰属　**383071**
带梗革瓣花属　**329250**
带冠萝藦　**196383**
带冠萝藦属　**196382**
带哈克　184618
带哈克木　**184618**
带褐茜草　337989,338041
带花龙胆　**418311**
带花龙胆属　**418310**
带黄扁莎　322233
带角飞燕草　124138
带角卫矛　**157361**
带菊　370118
带菊属　370113
带岭当归　**24334**
带岭苔草　**74256**
带岭乌头　**5066**
带脉蜡菊　**189594**
带脉远志　**294952**
带脉远志属　**294950**
带毛叶舌草　**418315**
带毛叶舌草属　**418313**
带皮玉凤花　**184115**
带鞘箭竹　**162660**,162661
带蕊萝藦　**383181**
带蕊萝藦属　**383180**
带蕊藤黄　**237206**
带蕊藤黄属　**237205**
带莎草　**119777**
带舌兰　**196376**
带舌兰属　**196372**
带藤苦楝　73207
带纹凤梨　**21477**
带血独叶一枝枪　85974
带药禾　**383040**
带药禾属　**383034**
带药椰属　**383027**
带叶报春　**315099**,314936
带叶车前　301858
带叶慈姑　**342358**
带叶大果卫矛　157732
带叶东谷芹　392800
带叶兜兰　**282839**
带叶风毛菊　**348501**
带叶谷精草　**151516**
带叶海桐　**301292**
带叶花属　**418410**
带叶九节　**319585**
带叶卷瓣兰　**63117**
带叶卷唇兰　63117
带叶兰　**383064**
带叶兰属　**383054**
带叶蒲桃　382583
带叶全能花　280896
带叶石楠　**295728**
带叶眼子菜　**312265**
带叶银桦　**180651**
带叶蜘蛛抱蛋　**39538**
带状长被片风信子　**137931**
带状盾舌萝藦　**39624**
带状芳香木　**38542**
带状虎尾兰　**346079**
带状扭果花　**377717**
带状枪刀药　**202624**
带状双距兰　**133780**
带状四数莎草　**387661**
带状鸵鸟木　**378579**
带子孔　404555
带紫獐牙菜　380159
待宵草　**269509**
待宵仙人柱　**2147**
待霄草　269404,269432,269475
待霄草属　269394
玳玳花　93368
玳玳橘　93368
袋苞椰子属　244495
袋唇兰　**200771**
袋唇兰属　**200770**
袋萼黄芪　42994
袋萼黄耆　**42994**
袋果草　**290573**
袋果草属　**290572**
袋花忍冬　**236078**
袋戟科　**290584**
袋戟属　**290568**
袋兰属　**64397**
袋舌兰　**38206**
袋舌兰属　**38205**
袋鼠刺　**1272**
袋鼠花属　263320
袋鼠李　**113199**
袋鼠李属　**113198**
袋鼠爪　**25218**
袋鼠爪属　**25216**
袋苔草　**76653**
袋形马兜铃　**34318**
袋熊果属　**161031**
袋叶科　341933
袋叶茜　**64435**
袋叶茜属　**64433**
袋状黄耆　**43209**
袋状兰　399976
袋状石斛　125087
袋状唐菖蒲　**176517**
戴顿荸荠　**143116**
戴顿单穗草　**257620**
戴顿吊灯花　**84062**
戴顿谷精草　**151292**
戴顿离兜　**210138**
戴顿木蓝　**205886**
戴顿雀稗　**285420**
戴顿三萼木　**395217**
戴顿田皂角　**9524**
戴顿猪屎豆　**112069**
戴尔澳非萝藦　**326741**
戴尔补血草　**230614**
戴尔查梾　**323805**
戴尔刺桐　**154652**
戴尔葱　**15236**
戴尔大泽米　**241452**
戴尔吊兰　**88564**
戴尔豆马钱　**378697**
戴尔豆木蓝　**205863**
戴尔豆属　**121871**
戴尔芬夹竹桃　**265331**
戴尔伽蓝菜　**215136**
戴尔金合欢　**1190**
戴尔金丝桃　**201836**
戴尔卡利垂枝桦　**53564**
戴尔棱叶　**332358**
戴尔棱子芹　**304785**

戴尔露子花 **123864**
戴尔芦荟 **16786**
戴尔马野豌豆 **408376**
戴尔毛子草 **153179**
戴尔木蓝 **205930**
戴尔皮埃尔番薯 **207749**
戴尔皮埃尔观音兰 **399099**
戴尔皮埃尔鞘蕊花 **99560**
戴尔皮埃尔茄 **367091**
戴尔皮埃尔唐菖蒲 **176163**
戴尔润肺草 **58857**
戴尔省沽油 **121972**
戴尔省沽油属 **121970**
戴尔楔瓣花 **371407**
戴尔尤利菊 **160788**
戴康茜 **123491**
戴康茜属 **123490**
戴克拜卧豆 **227045**
戴克兰 **139247**
戴克兰属 **139246**
戴克槭 **2933**
戴克茜属 **123510**
戴克十二卷 **186394**
戴克小麦秆菊 **381669**
戴伦虾疳花 **86523**
戴毛子 **305046**
戴毛子科 **305048**
戴毛子属 **305045**
戴尼尔刺橘 **405497**
戴尼斯大戟 **158755**
戴尼斯合柱草 **381712**
戴尼亚单药爵床 29129
戴普司桐属 139300
戴奇山柳菊 **195559**
戴糁 42699,42704
戴椹 42493,42699,42704,
207046,207151,369010
戴氏闭鞘姜 **107231**
戴氏滨藜 **44645**
戴氏囱兰 **113741**
戴氏大戟 **158738**
戴氏凤仙花 **204889**
戴氏伽蓝菜 **215133**,61568
戴氏拉拉藤 **170346**
戴氏李叶苏木 **200845**
戴氏马钱 **378704**
戴氏坡垒 **198147**
戴氏落草 **217462**
戴氏石斑木 **329060**
戴氏石豆兰 **62678**
戴氏头花草 **82133**
戴氏万代兰 **404634**
戴氏蚤缀 31849
戴斯泰尔拉拉藤 **170347**
戴斯泰尔擂鼓芳 **244908**
戴斯泰尔羊耳蒜 **232132**
戴维·马克林缝毛欧石南
149198
戴维酢浆草 **277786**
戴维大戟 **158740**
戴维尔峨参 **28045**
戴维花椒 **417207**
戴维槐 368994
戴维豇豆 **409115**
戴维露子花 **123859**
戴维扭果花 **377702**
戴维奇舌萝藦 **255755**
戴维森春美草 **94346**
戴维森野荞麦 **151979**
戴维山黄菊 **25515**
戴维十二卷 **186499**
戴维斯大戟 **158739**
戴维斯飞蓬 **150576**
戴维斯灰毛豆 **386360**
戴维斯蓟 **92050**
戴维斯柳 **343284**
戴维斯鹿角柱 **140238**
戴维斯扭果花 **377701**
戴维斯软毛蒲公英 **242951**
戴维斯氏秋海棠 **49762**
戴维斯苔草 **74261**
戴维斯细瓣兰 **246106**
戴维斯香茶 **303243**
戴维斯藨草 **293733**
戴维斯圆筒仙人掌 **116653**
戴维秀菊木 **157185**
戴维银荆树 **1164**
戴维鸢尾 **127161**
戴维鸢尾属 **127160**
戴维皱籽草 **341247**
戴维兹竹 **123259**
戴维兹竹属 **123258**
戴星草 151257,370958,370989
戴星草属 **370956**
戴云山冬青 203811
戴云山杜鹃 331203
戴云山荚蒾 **408163**
戴云山苔草 74675
黛安娜红雷荚蒾 **407730**
黛安娜间型金缕梅 185096
黛安娜木槿 **195279**
黛安娜香豌豆 **222793**
黛安杂种金缕梅 **185096**
黛粉美花报春 **314202**
黛粉雪山报春 314202
黛粉叶 **130113**
黛粉叶属 130083
黛荷乳突球 **244051**
黛蓝平卧婆婆纳 **407301**
黛丝疣球 **244244**
黛西子孙球 **327265**
黛玉花 **88216**
黛玉花属 **88215**
丹巴杜鹃 **330505**
丹巴黄堇 **105950**
丹巴黄毛槭 **2978**
丹巴栒子 **107473**
丹比亚木属 135753
丹草 **187582**
丹春 407837
丹迪百合 **122137**
丹迪百合属 **122136**
丹顶草 **3820**
丹顶草属 **3818**
丹顶鹤蒜 15752
丹顶丸 244123
丹东蒲公英 **384514**
丹东玄参 **355148**
丹枫 3479
丹佛家系匍匐十大功劳 **242626**
丹佛鸢尾 **208514**
丹古爵床 **122140**
丹古爵床属 **122139**
丹古木 **122142**
丹古木属 **122141**
丹桂 276291,276292,276294
丹花 77748
丹花蓼 **309921**
丹黄芪 42262
丹黄耆 42262
丹基茶 **122172**
丹基茶属 **122171**
丹吉尔灯心草 **213529**
丹吉尔海石竹 **34567**
丹吉尔红花 **77692**
丹吉尔胡萝卜 **123222**
丹吉尔还阳参 **111061**
丹吉尔柳穿鱼 **231149**
丹吉尔欧非风信子 **393975**
丹吉尔漆姑草 **370719**
丹吉尔山黧豆 **222847**,222724
丹吉尔狮齿草 **224744**
丹吉尔鼠尾草 **345433**
丹吉尔水仙 **262472**
丹吉尔鸢尾 **208899**
丹丽球 **234908**
丹丽丸 234908
丹荔 233078
丹麦黄芪 42262
丹麦黄耆 **42262**
丹麦山毛榉 162400
丹麦石竹 **127634**
丹麦岩荠 **97981**
丹柰 243675
丹尼尔苏木属 **122151**
丹尼木 **125823**
丹尼木属 **125822**
丹尼森凤仙花 **204896**
丹尼森木槿 **194830**
丹尼氏车叶草 **39342**
丹尼斯桐棉 **389931**
丹尼苏木属 122151
丹尼星 **182153**
丹皮 280223,280286
丹若 321764
丹参 **345214**,344910,345002,
345086,345143,345315,
345327,345485,355669
丹参花马先蒿 **287655**
丹氏马兜铃 **34230**
丹氏肉唇兰 **116520**
丹氏梯翅蓬 **96890**
丹氏天鹅兰 116520
丹氏梧桐属 **135753**
丹树 384371
丹田霖雨 258905
丹吾罗 **25943**
丹西橘 93837
丹霞梧桐 **166617**
丹馨二乔 **242299**
丹阳香 239640
丹药良 177141
丹药头 309494
丹叶 49626
丹羽太郎 279484
丹泽山鹅绒藤 **117423**
丹寨茶 69039
丹寨秃茶 **69039**
丹招树 16304
丹芝 233078
单瓣白木香 336378
单瓣白桃 **20937**
单瓣臭茉莉 **96273**
单瓣滇山茶 69552
单瓣豆属 **257721**
单瓣扶桑 195149
单瓣狗牙花 154162
单瓣合柱补血草 **230499**
单瓣黄刺玫 **337036**,337034
单瓣黄木香 **336372**
单瓣李叶绣线菊 **372062**
单瓣六裂木 **194539**
单瓣木香花 336378
单瓣缫丝花 **336888**,336885
单瓣鼠鞭草 **199699**
单瓣桃 20937
单瓣佤尔秋水仙 **414890**
单瓣笑靥花 372062
单瓣绣线菊 372050
单瓣雪白山梅花 **294581**
单瓣远志 **308196**
单瓣月季花 **336496**
单瓣月月红 336496
单苞刺莲花 **262599**
单苞刺莲花属 **262598**
单苞菊属 **257698**
单苞藤属 **148449**,216060
单苞肖鸢尾 **258694**

单苞鸢尾 **208445**
单苞鸢尾属 **272039**
单苞竹 **257603**
单杯腐草 **185737**
单杯腐草属 **185736**
单杯罗勒 **268569**
单背叶 375136
单被花 **148323**
单被花属 **148321**
单被藜 **257687**
单被藜属 **257683**
单被蒲公英 384683
单被槭 **3639**
单槟榔青属 **185706**
单兵救主 71679
单侧长被片风信子 **137992**
单侧春黄菊 **26881**
单侧酢浆草 **277893**
单侧灯心草 **213445**
单侧芳香木 **38789**
单侧菲利木 **296232**
单侧菲奇莎 **164585**
单侧狒狒花 **46133**
单侧虎眼万年青 **274774**
单侧花 **275486**
单侧花属 **275480**
单侧卷瓣兰 **63112**
单侧鹿藿 **333399**
单侧南非桔梗 **335611**
单侧南芥 **30432**
单侧全毛兰 **197571**
单侧山梗菜 **234386**
单侧生欧石南 **150196**
单侧生枪刀药 **202639**
单侧绳草 **328167**
单侧四齿芥 **386957**
单侧葶苈 **137257**
单侧维默桔梗 **414449**
单侧勿忘草 **260874**
单侧细线茜 **225762**
单侧叶斑鸠菊 **406801**
单侧叶沼泽海神木 **315913**
单侧叶针垫花 **228107**
单齿单桔梗 **257816**
单齿鹅耳枥 **77393**,77302
单齿蓝花参 **412915**
单齿石楠 **295792**
单齿玄参 **355181**
单齿樱花 83177
单齿舟叶花 **340957**
单翅菊 **257824**
单翅菊属 **257821**
单翅维堡豆 **414037**
单翅猪毛菜 **344635**
单唇贝母兰 **98688**
单唇假面花 **17486**
单唇马鞭草 **257554**
单唇马鞭草属 **257548**
单唇无叶兰 **29220**,365029
单雌蕊蛔蒿 **35944**
单雌棕 **351007**
单雌棕属 **351006**
单刺大戟 **159385**
单刺花属 104909
单刺苦槠 **78904**,78877
单刺狼尾草 **289196**
单刺蓬 **104914**
单刺蓬属 **104909**
单刺属 104909
单刺仙人掌 **272987**
单刺熊足芹 **31099**
单刺槠 **79030**
单刺锥栗 79030
单打槌 218571
单带山芎 **101837**
单刀根 239527
单顶叶瘤唇兰 270842,270843
单兜花细辛 **37687**
单兜属 **257630**
单独球 **244054**
单独丸 244054
单对热非豆 **212674**
单对印茄 **207019**
单朵垂花报春 **314540**
单萼兰 **257876**
单萼兰属 **257874**
单耳柃 **160625**
单耳密花豆 **370423**
单粉照水梅 **34465**
单稃蔺 **143217**
单干窗孔椰 **327543**
单干夹竹桃 **185691**
单干夹竹桃属 **185690**
单干来哈特棕 327543
单干鳞果棕属 246671
单干木瓜 **405122**
单干木瓜属 **405111**
单杆芦荟 **16592**
单刚毛狼尾草 **289297**
单格藤黄属 **185373**
单根木 154169,382743
单梗苞椰 **413854**
单梗苞椰属 **413853**
单臌刺花蓼 **89127**
单冠钝柱菊 **227752**
单冠钝柱菊属 **227751**
单冠菊属 185417
单冠毛菊 **185482**,185554
单冠毛菊属 **185417**
单果阿芳 17628
单果椆 233350
单果刺子莞 **333693**
单果谷木 **249997**
单果瓜馥木 **166678**
单果鹤虱 **221708**
单果红丝线 **238977**
单果柯 **233350**
单果栎 324041
单果牛栓藤 **101884**
单果石栎 233350
单果树科 29153
单果狭叶谷木 **249990**
单果香芸木 **10737**
单果眼子菜 **312036**
单核冬青 203844
单核枸子 107533
单花阿登芸香 **7158**
单花阿利茜 **14659**
单花埃利茜 **153411**
单花安顾兰 **25139**
单花巴豆 112965
单花百合 **230042**
单花百簕花 **55447**
单花斑鸠菊 **406596**
单花报春 **314108**
单花荸荠 **143218**
单花秘鲁闭鞘姜 **257611**
单花扁核木 315177,365003
单花遍地金 202217
单花布罗地 **60526**
单花糙苏 295222
单花草属 365819
单花茶藨 334162
单花柴胡 **63847**
单花长被片风信子 **138000**
单花长序鼠麹草 **178521**
单花车轴草 **397126**
单花柽柳桃金娘 **261014**
单花赤宝花 **390031**
单花赤芍 **280328**
单花臭草 249106
单花唇柱苣苔草 **87929**
单花脆蒴报春 **314229**
单花翠雀花 **124100**,124099
单花大翅蓟 **271668**
单花大沙叶 **286533**
单花灯心草 **213371**
单花迪萨兰 133975
单花地笋 **239246**
单花地杨梅 238678
单花点地梅虎耳草 **349062**
单花吊钟花 145709
单花蝶花百合 **67605**
单花顶孔五桠果 **6373**
单花杜鹃 **332039**
单花多毛兰 **396483**
单花耳草 **187695**,187677
单花二列皱稃草 **141783**
单花番荔枝属 **257104**
单花番茉莉 **61316**
单花芳香木 **38804**
单花飞蓬 **151036**
单花非洲豆蔻 **9937**
单花非洲木菊 **58512**
单花非洲砂仁 9948
单花绯红欧石南 **149250**
单花风铃草 **70351**
单花风琴豆 **218013**
单花蜂巢茜 **97857**
单花凤蝶兰 **282935**
单花凤仙花 **205422**
单花辐枝菊 **21261**
单花管花鸢尾 **382417**
单花光叶蔷薇 **337016**
单花海车前 234150
单花海桐 **301342**
单花豪曼草 **186221**
单花禾叶兰 **12462**
单花合柱蔷薇 **337004**
单花红果大戟 **154859**
单花红毛菀 **323055**
单花红丝线 **238957**
单花厚叶兰 **279633**
单花胡卢巴 **397254**
单花黄花刺 51548
单花黄花稔 362569
单花黄芪 42742
单花黄耆 **42742**
单花灰叶 **386347**
单花火绳树 **152697**
单花鸡头薯 **153083**
单花极窄芒柄花 **271311**
单花鲫鱼藤 **356336**
单花姜味草 **253703**
单花胶藤 **221000**
单花芥 287957
单花芥属 287948
单花金莲木 **268225**
单花金美韭 **398800**
单花金丝桃 202217
单花金腰 **90468**
单花金杖球 **108695**
单花堇菜 **410704**
单花近缘棒叶金莲木 **328405**
单花景天 **356635**
单花景天属 **257069**
单花九节 **319572**
单花韭 **15486**
单花菊蒿 **383871**
单花橘 **257101**
单花橘属 **257100**
单花聚花草 **167045**
单花拉拉藤 **170376**
单花莱勃特 220312
单花莱温芥 **223542**
单花兰伯特木 **220312**
单花老鹳草 **174645**,174923
单花类见血封喉 **28261**

单花镰扁豆 241440
单花亮毛菊 376549
单花列当 **275234**
单花鳞叶灌 **388742**
单花领苞风信子 **276948**
单花六道木 200
单花龙胆 **173946**
单花龙须玉 **212504**
单花露子花 **123926**
单花芦莉草 **339768**
单花鹿茸草 **257541**
单花鹿蹄草 257374
单花鹿蹄草属 257371
单花乱子草 **259713**
单花落苞菊 **114020**
单花落苞菊属 **114018**
单花马蔺 208917
单花马森风信子 **246160**
单花麦瓶草 **364146**
单花脉叶兰 265412,265440
单花牻牛儿苗 174645
单花猫儿菊 **202444**
单花毛瑞香 **219020**
单花毛柱铁线莲 **95119**
单花帽苞薯藤 **208093**
单花美登木 **182797**
单花美冠兰 **156868**
单花米口袋 391539
单花米努草 **255597**
单花绵枣儿 **352972**
单花牡荆 **411482**
单花木姜子 **135137**
单花木姜子属 **135136**
单花木蓝 **206268**
单花苜蓿 **247391**
单花南非秋水仙 **46459**
单花南美针茅 **4499**
单花尼索尔豆 **266348**
单花拟豹皮花 **374055**
单花脓花豆 **322507**
单花欧石南 **149768**
单花蓬 **394109**
单花蓬属 **394107**
单花蟛蜞菊 413549
单花皮尔逊豆 **286805**
单花七筋姑 **97098**
单花七筋菇 97098
单花荠 **287957**
单花荠属 **287948**
单花千金子 **226033**
单花蔷薇 **336996**
单花茄 **367394**
单花秋海棠 50181
单花球百合 **62463**
单花曲唇兰 **282418**
单花全能花 **280915**
单花忍冬 **236130**
单花日本景天 **356846**
单花日本小檗 **52251**
单花日中花 **220707**
单花三滴葱 **398663**
单花三棱黄眼草 **659**
单花沙穗 **148515**
单花砂仁 9937
单花莎草 **118909**
单花山矾 **381395**,381339
单花山胡椒 **210429**
单花山胡椒属 **210427**
单花山楂 **110098**
单花山竹子 **171157**
单花杉属 257104
单花蛇舌草 **269908**
单花石斛 **125398**
单花石榴兰 **247659**
单花石梓 **178043**
单花矢车菊 **81443**,375274
单花瘦鳞帚灯草 **209443**
单花舒尔花 **352678**
单花鼠尾粟 **372866**
单花双距兰 **133975**
单花水蜈蚣 **218650**
单花水油甘 296675
单花斯迪菊 **376549**
单花溲疏 **127118**
单花酸模 **340259**
单花梭萼梧桐 **399408**
单花塔花 **347596**
单花苔 75980
单花苔草 **75980**
单花田基麻 **200429**
单花田皂角 **9659**
单花兔儿风 **12741**
单花托福木 **393377**
单花橐吾 229065
单花外来风信子 **310747**
单花委陵菜 **313091**
单花文殊兰 **111273**
单花纹蕊茜 **341334**
单花乌口树 **385041**
单花无梗斑鸠菊 **225263**
单花无尾果 **100141**
单花无柱兰 **19520**
单花五部芒 **289559**
单花西澳兰 **118285**
单花锡金铁线莲 **95301**
单花锡杖花 257374,258044
单花虾子花 **414720**
单花仙灯 **67634**
单花苋 **310157**
单花苋属 **310156**
单花腺瓣落苞菊 **111387**
单花腺瘤兰 **7574**
单花小报春 **314123**
单花小檗 **52292**,51424
单花小果虎耳草 **349643**
单花小金梅草 **202914**
单花小利顿百合 **234150**
单花肖禾叶兰 **306178**
单花谢尔茜 **362119**
单花新麦草 **317083**
单花悬钩子 **338357**,339130
单花雪莲 **348895**
单花勋章花 **172347**
单花勋章菊 172348
单花栒子 **107715**
单花岩扇 **362270**
单花盐角草 **342890**
单花盐鼠麹 **24545**
单花盐穗木属 **194144**
单花洋吊钟 **215281**
单花野豌豆 **408493**
单花叶下珠 **296675**
单花银豆 **32927**
单花隐蕊茜 **28988**
单花罂粟 **282614**
单花樱草 **315072**,315101
单花硬皮鸢尾 **172642**
单花莸 **78025**
单花莠竹 **254027**
单花郁金香 **400248**
单花鸢尾 **208917**
单花原沼兰 **243142**
单花早熟禾 **305761**
单花獐牙菜 **380395**
单花沼兰 243142
单花针茅属 **262614**
单花针药野牡丹 **4767**
单花帚菊 **292083**
单花昼夜紫瓣花 **400053**
单花猪屎豆 **112675**
单花猪殃殃 **170722**
单花柱山楂 109857
单花紫金龙 **128326**
单花紫玲玉 **224270**
单花紫纹鼠麹木 **269272**
单环花 **257616**
单环花属 **257615**
单环豚草 **19176**
单环小膜菊 **201013**
单荚亚菊 13032
单角豹皮花 **374008**
单角大戟 **160029**
单角果马蹄豆 **196675**
单角胡麻 315434
单角胡麻属 **203259**,315430
单角榄仁树 **386583**
单角茜 **257871**
单角茜属 **257870**
单角无脉兰 **5851**
单节荚假木豆 125577
单节假木豆 **125577**
单茎鼻花 **329509**
单茎滇紫草 **271827**
单茎芙兰草 **168885**
单茎合毛菊 **170930**
单茎丽穗凤梨 **412369**
单茎球序蒿 **371151**
单茎山柳菊 **195971**
单茎矢车菊 **81380**
单茎黍 **281682**
单茎算盘草 377941
单茎算盘七 377941
单茎碎米荠 **72989**
单茎梭子芹 **304846**
单茎万年青 11362
单茎星芒鼠麹草 **178235**
单茎玄参 **355047**
单茎悬钩子 **339273**
单茎旋覆花 207219
单茎椰 **181917**
单茎椰属 **181915**
单茎野荞麦 **151800**
单茎藻百年 **161534**
单茎詹姆斯野荞麦 **152175**
单茎猪屎豆 **112779**
单茎棕属 181915
单桔梗属 **257777**
单爵床 **214807**,337261
单壳谷精草 **151387**
单孔菊 **257614**
单孔菊属 **257612**
单孔偏穗草 **258001**
单孔偏穗草属 **258000**
单孔药香 **257769**
单孔药香属 **257767**
单孔紫金牛 **257776**
单孔紫金牛属 **257774**
单口爵床 **148344**
单口爵床属 **148341**
单棱芦荟 **17053**
单棱美冠兰 **156872**
单棱苔草 **75408**
单粒小麦 398924
单链豆属 185695
单列大戟属 **257913**
单列萼薄荷 250331
单列骨苞菊 **354342**
单列花 **376516**
单列花属 **376515**
单列脉 **376518**
单列脉属 **376517**
单列木 **257927**
单列木科 **257902**
单列木属 **257921**
单列雀麦 60977
单裂萼玄参属 **187013**
单裂橄榄属 **185404**
单裂苣苔属 **257837**

单裂玉叶金花 **260494**
单鳞苞荸荠 143217,143397
单鳞荸荠 **143397**
单鳞马唐 **130672**
单瘤酸模 **340123**
单瘤皱叶酸模 **340003**
单脉阿魏 **163600**
单脉百蕊草 **389651**
单脉草胡椒 **290321**
单脉刺毛爵床 **84777**
单脉大黄 **329413**
单脉萼欧石南 **149286**
单脉二药藻 184943
单脉菲利木 **296186**
单脉割鸡芒 **202710**
单脉红菊木属 **138906**
单脉红毛虎耳草 **349863**
单脉虎耳草 **350021**,349154
单脉虎眼万年青 **274578**
单脉黄胶菊 **318726**
单脉黄胶菊属 **318725**
单脉假足萝藦 **283673**
单脉金钮扣 **371650**
单脉卡普山榄 **72127**
单脉拉夫山榄 **218747**
单脉蜡菊 **189881**
单脉蓝花参 **412640**
单脉琉璃草 **118003**
单脉买麻藤 **178530**
单脉木蓝 **205842**
单脉拟大豆 **272377**
单脉齐拉芥 **417941**
单脉歧缬草 **404410**
单脉青葙属 **220206**
单脉榕 **165709**
单脉双齿千屈菜 **133380**
单脉双稃草 **226009**
单脉沃氏赛金莲木 **70757**
单脉细莞 **209981**
单脉小金梅草 **202829**
单脉芽茜 **153680**
单脉延叶菊 **265973**
单脉羊茅 **163874**
单脉舟叶花 **340623**
单芒刺花蓼 **89125**
单芒菊 **294402**
单芒菊属 **294400**
单芒山羊草 **8738**
单芒银须草 **12855**
单毛安匝木 **310773**
单毛布吕耶法蒺藜 **162212**
单毛刺蒴麻 **399197**
单毛金绒草 **180345**
单毛金绒草属 **180344**
单毛菊 **224131**
单毛菊属 **224130**
单毛毛连菜 **298590**
单毛桤叶树 **96469**
单毛山柳 96469
单毛铁木 **276809**
单毛野牡丹 **257529**
单毛野牡丹属 **257515**
单面虎 417216
单面针 417216
单囊齿唇兰 269026
单囊婆婆纳 **257720**
单囊婆婆纳属 **257718**
单囊玄参属 257718
单拟薄叶委陵菜 **312500**
单年紫罗兰 **246482**
单宁桉 155485
单泡毛柱帚鼠麹 **395927**
单片花 13934
单片莲 234363
单片芽 234363
单漆 **185694**
单漆属 **185693**
单千里光 **360283**
单浅裂没药 **101585**
单腔无患子属 **185376**
单球芹 **185705**
单球芹属 **185703**
单蕊败酱 285841
单蕊草 **91239**
单蕊草属 **91235**
单蕊叉毛蓬 **292724**
单蕊车前 **57875**
单蕊车前属 **57873**
单蕊独鳞草 **29147**
单蕊拂子茅 **65325**
单蕊古柯 **155093**
单蕊冠毛草 **375806**
单蕊黄芪 42740
单蕊黄耆 **42740**
单蕊菊属 148182
单蕊蜡菊 **189575**
单蕊莱德苔草 **223861**
单蕊莲豆草属 **83839**
单蕊龙胆属 **145660**
单蕊麻 **138077**
单蕊麻属 **138068**
单蕊猫爪苋 **93091**
单蕊矛口树 **235594**
单蕊鸟足兰 **347832**
单蕊蓬 **269572**
单蕊蓬属 **269571**
单蕊五异茜 **289592**
单蕊苋 **257608**
单蕊苋属 **257607**
单蕊血桐 **240296**
单蕊异雄蕊 **373585**
单伞长柄报春 **314471**
单伞大戟 **159390**
单伞芹 **185700**
单伞芹属 **185699**
单色百合 229830
单色薄叶兰 **226541**
单色杜鹃 331933
单色蝴蝶草 **392895**
单色堇菜 **410272**
单色立金花 **218951**
单色龙胆 **173644**
单色美丽锦带花 **413582**
单色欧石南 **150193**
单色小花犀角 **139140**
单色星蕊大戟 **6916**
单色翼萼 392895
单色苎麻 56240
单膻臭 299376
单梢瓜 417470
单肾草 183962,191598
单生槟榔属 181915
单生桔梗 **401851**
单生桔梗属 **401850**
单生莓 339273
单生偏穗草 **310833**
单生偏穗草属 **310832**
单生匍茎草 **257360**
单生匍茎草属 **257358**
单生球花豆 **284471**
单生水晶掌 **186689**
单生黼茅 **131031**
单式省藤 **65790**
单室番木瓜 **211632**
单室番木瓜属 **211631**
单室光药花 **146518**
单室光药花属 **146517**
单室尖花茜 **278269**
单室爵床属 **257987**
单室木科 313222
单室木属 313219
单室土密树 **60169**
单室土密树属 **263895**
单室卫矛属 **246679**
单室茱萸 **246218**
单室茱萸科 **246223**
单室茱萸属 **246209**
单守根 166888
单鼠麹草 **178487**
单树菊 **386765**
单树菊属 **386764**
单丝辉葱 15722
单丝辉韭 **15722**
单丝蚤草 **321616**
单穗薰草 **353750**
单穗草 **128574**
单穗草属 **257618**
单穗肠须草 **146007**,146006
单穗大节竹 **206899**
单穗拂子茅 65325
单穗割鸡芒 **202745**
单穗果子蔓 **182177**
单穗旱莠竹 **209403**
单穗号角野牡丹 **344398**
单穗湖瓜草 **232409**
单穗金果椰 **139386**
单穗赖草 **228380**
单穗擂鼓艻 **244946**
单穗龙血树 **137453**
单穗马唐 **130669**
单穗木蓝 **206273**
单穗桤叶树 **96526**
单穗鞘蕊 **367898**
单穗芹 **185709**
单穗芹属 **185707**
单穗雀麦 **61008**
单穗日本马醉木 **298750**
单穗山柳 96526
单穗升麻 **91038**,91040
单穗瘦鳞帚灯草 **209462**
单穗束尾草 **293219**
单穗水葱 **352222**
单穗水蜈蚣 **218571**
单穗苔 74023
单穗苔草 **75407**,75495
单穗铁苋菜 **1931**
单穗筱竹 **388764**
单穗新麦草 317083
单穗鸭嘴花 **214511**
单穗延命草 **303510**
单穗鱼尾葵 **78048**
单穗棕 **231801**,231803
单穗棕属 231799
单体红山茶 **69739**
单体红叶藤 **337737**
单体连蕊茶 **69373**
单体蕊黄芪 42740
单体蕊黄耆 42740
单体蕊紫茎 376457
单体雄蕊刺痒藤 **394185**
单体雄蕊乐母丽 **335999**
单体雄蕊拟芸香 **185653**
单体雄蕊欧石南 **149767**
单体雄蕊羊蹄甲 49173
单体雄蕊玉凤花 **183878**
单体雄蕊鹧鸪花 **395514**
单条草 239566
单葶草石斛 **125320**
单葶石斛 125320
单头巴西菊 **26637**
单头巴西菊属 **26636**
单头杯子菊 **290256**
单头薰草 **353626**
单头布氏菊 **60139**
单头糙苏 **295222**
单头层菀属 **291026**
单头车前蝶须 **26596**
单头车前叶蝶须 **26556**

单头粗花野牡丹 **279404**
单头大头斑鸠菊 **227151**
单头狄安娜茜 **238095**
单头滇紫草 271847
单头蝶须 **26474**
单头多花帚灯草 **4733**
单头多叶卵菀 **271914**
单头峨眉紫菀 **41471**
单头费利菊 **163243**
单头红脂菊 **311767**
单头华千里光 365055
单头黄安菊 **54730**
单头黄安菊属 **54729**
单头火绒草 **224909**
单头金菊木 **150378**
单头金绒草 **210982**
单头金绒草属 **210980**
单头金菀 **276188**
单头金菀属 **276187**
单头爵床属 **257241**
单头宽肋瘦片菊 **57648**
单头蜡菊 **189176**
单头丽花球 **234915**
单头苓菊 **214134**
单头绿眼菊 **52832**
单头毛菊木 **160726**
单头毛菊木属 **160725**
单头南美萼角花 57040
单头尼泊尔香青 **21645**
单头牛眼萼角花 **57040**
单头帕里金菊木 **150371**
单头匹菊 **322734**
单头蒲儿根 **365055**
单头千里光 **359014**,365055
单头乳苣 **259760**
单头三翅菊 **398205**
单头三脉香青 21645
单头莎草 **119220**
单头麝香萼角花 **259243**
单头鼠麹草属 **254906**
单头鼠麹木属 **240869**
单头双冠钝柱菊 **197391**
单头台湾黏冠草 **261078**
单头橐吾 229065
单头莴苣 259760
单头无心菜 **32097**
单头香青 21645
单头雅灯心草 **213017**
单头亚菊 **13032**
单头隐果莎草 **68624**
单头蚤草 **321583**
单头帚菊 **292061**
单头紫菀 41441
单纹黄眼草 **416176**
单纹西风芹 **361496**
单窝虎耳草 **349960**
单线叶旋覆花 **207166**
单腺苣苔 **351370**
单腺苣苔属 **351369**
单腺兰 **256941**
单腺兰大戟 **159386**
单腺兰属 **256934**
单腺山牵牛 **390696**
单腺西澳兰 **118231**
单腺异型柳 **343313**
单小叶代德苏木 **129741**
单小叶虎眼万年青 **274835**
单小叶拟大豆 **272378**
单小叶石豆兰 **63162**
单小叶泰树 **385576**
单小叶网球花 **184468**
单小叶肖鸢尾 **258695**
单小叶玉凤花 **184172**
单心桂 **415953**
单心桂属 **415951**
单心木兰 **123585**
单心木兰科 **123587**
单心木兰属 **123584**
单心依兰属 252769
单行苔草 **74360**
单型绣球 211551
单型绣球属 211550
单型悬钩子 **339432**
单性滨藜 **30947**
单性滨藜属 **30946**
单性剑苇莎 **352325**
单性毛茛属 **185083**
单性木兰 **216744**
单性木兰属 **216742**
单性荨麻 402886
单性蕊鸟娇花 **210855**
单性商陆 **257605**
单性商陆属 **257604**
单性树马齿苋属 82608
单性粟草 **176982**
单性粟草属 **176981**
单性苔草 **76644**
单性小穗草 **257099**
单性小穗草属 **257098**
单性紫菀 **194188**
单性紫菀属 **194187**
单雄蕊鸟娇花 **210856**
单序波缘大参 **241182**
单序草 **310720**
单序草属 **310713**
单序林华鼠尾草 **345094**
单序山蚂蝗 **126660**
单序五叶参 **289655**
单序椰属 264236
单序莠竹 **254032**
单序鱼尾葵 78048
单眼大戟 **159491**
单眼黄芩 **355630**
单眼鸟足兰 **347791**
单眼欧石南 **149808**
单眼双距兰 **133869**
单眼天竺葵 **288392**
单眼旋花 **103161**
单药败酱 285841
单药花 29127
单药花属 29121
单药爵床 **29127**
单药爵床属 **29121**
单叶白花菜 **95734**
单叶白芒柄花 **271292**
单叶百脉根 **237781**
单叶本氏兰 **51110**
单叶槟榔青 **372469**
单叶波罗花 **205561**
单叶波罗子 344947
单叶补骨脂 **319208**
单叶草 **376506**
单叶草属 **376504**
单叶常春木 250877
单叶朝鲜天南星 **33404**
单叶臭荠 **225360**
单叶刺槐 **334986**
单叶刺橘 **405548**
单叶葱 **15490**
单叶粗子芹 393859
单叶酢浆草 **277969**
单叶翠雀花 **124668**
单叶丹参 **345219**
单叶单链豆 185697
单叶灯心草 **213560**
单叶地黄连 **259898**,259900
单叶蝶花百合 **67606**
单叶豆 **143868**
单叶豆属 **143867**
单叶多穗兰 **310517**
单叶鹅掌柴 **350748**
单叶割舌树 **413126**
单叶灌丛蒴莲 **7247**
单叶光滑玄参 **355158**
单叶哈登豆 185760
单叶海葱 **274695**
单叶蒿 **35945**
单叶合萼山柑 **390050**
单叶红豆 **274437**
单叶红门兰 310914
单叶红枝崖爬藤 **387770**
单叶厚唇兰 **146536**
单叶虎眼万年青 **274838**
单叶花 **257756**
单叶花属 **257755**
单叶化香树 **302679**
单叶槐 **369146**
单叶还魂草 358504
单叶黄芪 42319
单叶黄耆 **42319**
单叶黄水枝 **391525**
单叶灰毛豆 **386188**
单叶棘豆 **279022**
单叶棘茅 **145101**
单叶加纳籽 **181085**
单叶假地豆 126588
单叶碱草 119162
单叶姜 143511
单叶豇豆 **408978**
单叶绞股蓝 **183029**
单叶酒饼簕 **43731**
单叶菊 **198224**
单叶菊属 **198222**
单叶可利果 **96781**
单叶兰 **257759**
单叶兰属 **257758**
单叶乐母丽 **336077**
单叶蕾丽兰 **219687**
单叶肋瓣花 **13832**
单叶离柱五加 **143593**
单叶里奇山柑 **334837**
单叶立金花 **218954**
单叶镰扁豆 **135623**
单叶裂榄 **64086**
单叶邻刺大戟 **34095**
单叶瘤果芹 **393859**
单叶六带兰 **194493**
单叶鹿藿 **333406**
单叶鹿蹄草 **322857**
单叶绿绒蒿 **247180**
单叶罗顿豆 **237371**
单叶罗伞 **59241**
单叶落新妇 **41851**
单叶马蹄果 **316034**
单叶蔓荆 **411430**,411464
单叶毛茛 **326093**
单叶没药 **101552**
单叶梅花草 **284556**
单叶美洲三角兰 **397318**
单叶蜜茱萸 **249170**
单叶木蓝 **206556**,206181
单叶拿身草 **126679**
单叶南非仙茅 **371698**
单叶南星 **33416**
单叶拟豆蔻 **143511**
单叶鸟足兰 **347834**
单叶扭果花 **377773**
单叶攀缘墨药菊 **248614**
单叶泡花树 **249452**
单叶佩兰 158161
单叶蓬虆 **338518**
单叶千里光 358504
单叶蔷薇 336849
单叶青杞 **367609**
单叶球百合 **62424**
单叶曲唇兰 282413
单叶全毛兰 **197582**
单叶柔冠田基黄 **193852**

单叶乳籽菊 **389172**
单叶软叶兰 243084
单叶山槟榔 **299675**
单叶山堇 **409946**
单叶升麻 49576
单叶省藤 **65791**
单叶蓍 3914,4005
单叶石仙桃 **295527**
单叶石枣 62799
单叶手参 264775
单叶鼠耳豆 **143007**
单叶鼠尾草 344947
单叶属 216398
单叶树葡萄 **120224**
单叶水仙 **262386**
单叶四棱豆 **319109**
单叶松 300079
单叶酸蔹藤 20257
单叶苔草 **76642**
单叶泰树 **385574**
单叶藤橘 **283509**
单叶藤橘属 **283508**
单叶铁线莲 **94989**
单叶万灵木 413702
单叶维玛木 413702
单叶尾瓣舌唇兰 **302414**
单叶委陵菜 **312567**
单叶萎草 **245073**
单叶温曼木 **413702**
单叶乌柑 43721
单叶吴萸 161378
单叶吴茱萸 **161378**
单叶西风芹 **361539**
单叶细辛 **37642**
单叶下珠 296809
单叶仙灯 67606
单叶小檗 51424
单叶小唇兰 **263776**
单叶小鹿藿 **333333**
单叶邪蒿 297943
单叶缬草 **404232**
单叶悬钩子 339273
单叶血盆草 344947
单叶血藤 347078
单叶崖爬藤 **387812**
单叶岩黄耆 **188012**
单叶岩珠 62832
单叶一枝花 139612
单叶异木患 **16133**
单叶淫羊藿 **147061**
单叶银叶树 **192498**
单叶鱼木 **110232**
单叶玉山竹 **416801**
单叶芸香 185635,185637,185643
单叶芸香草 185643
单叶芸香属 185615
单叶摘亚苏木 **127430**
单叶猪屎豆 **112429**
单叶紫堇 **106114**
单叶棕 41649,139390
单叶棕属 41647
单一百蕊草 **389874**
单一棒毛萼 **400801**
单一盖尔头花草 **82138**
单一格尼瑞香 **178703**
单一金果椰 **139420**
单一蓝星花 **33700**
单一乐母丽 **336050**
单一裂舌萝藦 **351658**
单一芦莉草 **339811**
单一内维尔草 **265854**
单一千里光 **360050**
单一塞拉玄参 **357673**
单一绳草 **328173**
单一伍得萝藦 **414725**
单一肖嵩草 **97775**
单一银齿树 **227380**
单一玉凤花 **184067**
单一园花 **27575**
单一舟叶花 **340905**
单衣球 **244227**
单衣丸 244227
单翼草 **393929**
单翼草属 **393928**
单翼豆 **257830**
单翼豆属 **257829**
单颖马唐 **130522**
单颖鼠尾粟 **372868**
单羽矮伞芹 **85701**
单羽火筒树 **223925**,223931
单羽三芒草 **34065**
单羽丝瓣芹 **6216**
单羽苏铁 **115900**
单羽针禾 377036
单羽针蔺草 **377036**
单芸香 185635
单针松 **300079**
单支党 98417
单卮 400377
单枝白蓬草 388667
单枝白叶 39532
单枝稗 **140436**
单枝稻花 299315
单枝稻花木 **299315**
单枝灯心草 **213388**
单枝海石竹 **34564**
单枝黑三棱 370096
单枝卷舌菊 **380986**
单枝劳德草 **237838**
单枝落地 362617
单枝树荫苔草 **75104**
单枝玉山竹 **416819**
单枝芋兰 **265437**
单枝竹 **56955**
单枝竹属 **257595**,56951
单殖菊 **193489**
单殖菊属 **193488**
单指马唐 **130670**
单柊叶 **257748**
单柊叶属 **257747**
单州漏芦 140732,140786
单珠木兰科 196359
单珠木兰属 196357
单珠血草属 **130887**
单竹 **47230**
单竹属 **231642**
单柱大戟 **159391**
单柱花 **198215**
单柱花科 **198217**
单柱花属 **198214**
单柱南非帚灯草 **67926**
单柱山柳 96469
单柱山楂 **109857**
单柱头狼尾草 **289172**
单柱菟丝子 **115080**
单籽巴豆 **112965**
单籽葱 **15491**
单籽大刺爵床 **377500**
单籽芳香木 **38666**
单籽红山茶 69416
单籽红枝崖爬藤 **387772**
单籽犁头尖 **401154**
单籽麻黄 **146219**
单籽猫爪苋 **93092**
单籽南蛇藤 257504
单籽柿 **132446**
单籽苏木 **373631**
单籽苏木属 **373630**
单籽铁苋菜 **1930**
单籽喜阳花 **190391**
单籽小果博落回 **240770**
单籽崖爬藤 387769,387772
单籽焰子木 **110495**
单籽银背藤 **32640**
单籽油茶 **69416**
单籽油麻藤 **259542**
单籽圆柏 213827
单籽猪屎豆 **112153**
单籽紫铆 64148
单子蒿 **35946**
单子红豆 **274416**
单子桧 213827
单子麻黄 146219
单子蒲桃 **156335**
单子山楂 109857
单子柿 132446
单子无心菜 **32084**
单子小金雀 173015
单子盐葡萄木 **185017**
单子圆柏 213827
单子蚤缀 32084
单子砖子苗 **245484**
单子紫铆 64148
单足夹竹桃 **66960**
单座苣苔 **252387**
单座苣苔属 **252386**
担杆树 121714
担棍子 107729
担水桶 264846
箪竹 47230
箪竹属 231642
胆八树属 142269
胆草 13163,173625,173814,173847,174004,398273
胆黄草 146937
胆木 262822,298516
胆天南星 **33279**
胆振蓟 **91700**
旦不老 370512
旦仔椆 233300
但陶雀麦 60692
弹刀子菜 247039
弹刀子菜花 247039
弹弓藤 65778
弹裂碎米荠 **72829**
弹毛白花苋 **9379**
弹帽桉 **155738**
弹丝瓜 **142541**
弹丝瓜属 **142540**
弹丸桉 155696
弹性扁担杆 **180767**
弹性多穗兰 **310394**
弹性卡斯桑 79110
弹性美胶树 79110
弹性木波罗 36914
弹性坡梯草 **290183**
弹性榕 **164943**
弹药良 177141
淡白大翅蓟 **271679**
淡白飞蓬 **150840**
淡白浮 198698
淡白蝴蝶兰 293625
淡白虎耳草 349736
淡白棘豆 **278768**
淡白姜花 **187445**
淡白南芥 30220
淡白瓶刷树 67282
淡白色羊茅 **164189**
淡白盐肤木 **332462**
淡边卡普山榄 **72143**
淡边马氏夹竹桃 **246081**
淡春 102087
淡椿 160954
淡粉报春 **315043**
淡甘菊 397964
淡褐刺仙人掌 273038
淡褐蝴蝶兰 **293605**

淡褐乐母丽 **336014**
淡褐露子花 **123979**
淡褐密钟木 **192725**
淡褐舟叶花 **340938**
淡黑黧豆 259545
淡黑色兜兰 **282881**
淡红彩花 **2232**
淡红大戟 **159740**
淡红袋鼠爪 **25222**
淡红顶冰花 **169416**
淡红豆 **117276**
淡红豆属 **117275**
淡红杜鹃 **331647**
淡红芳香木 **38536**
淡红佛甲草 200784
淡红佛手掌 **77439**
淡红花槭 **3524**
淡红荚蒾 **407820**
淡红蓝花参 **412851**
淡红柳 344046
淡红鹿藿 **333392**
淡红脉算盘子 177183
淡红蔓桐花 **246654**
淡红美登木 **182772**
淡红穆拉远志 **260051**
淡红南烛 **403746**
淡红拟芸香 **185638**
淡红泡盛落新妇 **41818**
淡红茜树 **12537**
淡红苘麻 **885**
淡红热非夹竹桃 **13281**
淡红忍冬 **235633**
淡红松叶菊 77439
淡红素馨 **212013**
淡红穗鳞果草 **4466**
淡红苔草 **74466**
淡红唐菖蒲 **176512**
淡红唐松草 **388650**
淡红头囊鳞莎草 **38221**
淡红乌饭树 403746
淡红线叶粟草 **293928**
淡红香青 **21570**
淡红岩白菜 **52521**
淡红罂粟 **282546**
淡虎掌 24024
淡花补血草 **230607**
淡花当药 380184
淡花地杨梅 **238675**
淡花黄堇 106546
淡花紫堇 **106546**
淡黄 382359
淡黄白背花楸 369326
淡黄白车轴草 **396990**
淡黄白毒马草 **362846**
淡黄白恩氏寄生 **145593**
淡黄白蒺藜 **395120**
淡黄白金鱼草 **28623**
淡黄白唐菖蒲 **176412**
淡黄白野豌豆 **408513**
淡黄百合 230043
淡黄宝石迷迭香叶圣麻 346272
淡黄杓兰 120352
淡黄车轴草 **396989**
淡黄刺篱木 **166769**
淡黄酢浆草 **277951**
淡黄脆茜 **317064**
淡黄大戟 **158588**
淡黄大青 313629
淡黄颠茄 44712
淡黄豆腐柴 **313629**
淡黄杜鹃 **330706**,330704
淡黄多穗兰 **310492**
淡黄二毛药 **128455**
淡黄凤仙花 204852
淡黄管花兰 **106876**
淡黄合满花 **197862**
淡黄荷包牡丹 **128307**
淡黄褐播娘蒿 **126116**
淡黄褐番薯 **208028**
淡黄褐风兰 **24975**
淡黄褐鬼针草 **54029**
淡黄褐假葶爵床 **317483**
淡黄褐金合欢 **1448**
淡黄褐蔓舌草 **243265**
淡黄褐囊鳞莎草 **38246**
淡黄褐黍 **281651**
淡黄褐索林漆 **369792**
淡黄褐网脉夹竹桃 **129669**
淡黄褐新木姜子 **264048**
淡黄褐岩堇 **340443**
淡黄褐盐肤木 **332742**
淡黄褐羊耳蒜 **232260**
淡黄褐叶长阶花 186964
淡黄红点草 **223811**
淡黄红光树 **216854**
淡黄花百合 **230043**
淡黄花兜被兰 **264772**
淡黄花杜鹃 330706
淡黄花黄堇 106546
淡黄花鸡嘴嘴 **278742**
淡黄花蒲公英 384681
淡黄花石斛 **125240**
淡黄花鼠尾草 **345178**
淡黄画眉草 **147787**
淡黄黄鸠菊 **134811**
淡黄黄芩 **355583**
淡黄棘豆 **279055**
淡黄蓟罂粟 **32440**
淡黄荚蒾 **407929**,407930
淡黄金花茶 **69071**
淡黄堇菜 **410607**
淡黄韭 **15531**
淡黄卡特兰 **79563**
淡黄蜡菊 **189843**
淡黄离蕊茶 69071
淡黄列当 **275214**
淡黄芦荟 **16995**
淡黄鹿藿 **333299**
淡黄绿凤仙花 **204852**
淡黄马先蒿 287386
淡黄毛杜鹃 330041
淡黄米尔顿兰 **254931**
淡黄密头帚鼠麹 **252447**
淡黄墨西哥无耳葵 **26210**
淡黄木犀 **276297**
淡黄木犀草 **327879**
淡黄牛舌草 **21957**
淡黄蓬子菜 **170760**
淡黄芪 42294
淡黄茄 **367463**
淡黄肉锥花 **102349**
淡黄三毛草 **398460**
淡黄三叶草 396989
淡黄莎草 **118890**
淡黄山蚂蝗 **126487**
淡黄鼠李 **328699**
淡黄丝叶雀稗 **285525**
淡黄苔草 **74568**
淡黄天竺葵 **288350**
淡黄庭荠 **18411**
淡黄葶苈 **137099**
淡黄尾萼兰 **246121**
淡黄乌头 **5199**,5480
淡黄香茶菜 **209671**,209669
淡黄香青 **21568**
淡黄香薷 **144053**
淡黄小百合 229956
淡黄小丛生龙胆 **173979**
淡黄小槐花 **269615**
淡黄岩黄芪 187875
淡黄岩黄耆 187875
淡黄焰爵床 295028
淡黄羊角拗 **378422**
淡黄鸢尾 **208774**
淡黄月季 **336623**
淡黄獐牙菜 **380326**
淡黄针禾 377001
淡黄针蔺草 **377001**
淡黄猪殃殃 **170523**
淡黄紫罗兰 **246457**
淡灰椴 **391840**
淡灰洋地黄 **130370**
淡蓝巴克拉芦荟 **17304**
淡蓝白粉藤 **92641**
淡蓝断肠草 105892
淡蓝画眉草 **147559**
淡蓝棘豆 **278963**
淡蓝坚果番杏 **387160**
淡蓝姜黄 114875
淡蓝豇豆 **408960**
淡蓝韭 **15143**
淡蓝龙舌百合 **36834**
淡蓝肖赪桐 **337456**
淡蓝叶叶下珠 **296508**
淡绿北美乔柏 **390657**
淡绿拉拉藤 **170315**
淡绿文藤 **244322**
淡绿羊耳蒜 232215,232364
淡绿叶卫矛 **157769**
淡婆婆 96028
淡芩 355387
淡肉果 266060
淡乳 159975
淡色阿瓦尔豆 **186238**
淡色红门兰 **273564**
淡色黄花茅 28001
淡色假卫矛 **254317**
淡色卵叶苔草 **76551**
淡色马尾连 388449
淡色苔草 **74884**
淡色小檗 **51997**
淡色银莲花 **23724**
淡色暂花兰 **166964**
淡舌红花除虫菊 **383732**
淡水梨 323268
淡味当药 380184
淡味獐牙菜 380184
淡香菖 208744
淡雪 **102087**
淡野樗 **78907**
淡云 139988
淡赭金露梅 **312586**
淡枝沙拐枣 67043
淡钟杜鹃 **331044**
淡竹 **297285**,297373
淡竹花 134467
淡竹米 236284
淡竹皮茹 297373
淡竹茹 297373
淡竹属 297188
淡竹叶 **236284**,100940,100961,236287
淡竹叶菜 100961
淡竹叶属 **236281**
淡紫巴豆 112999
淡紫百合 229754
淡紫翠雀花 **124272**
淡紫高山夏枯草 **316125**
淡紫赫耳克长阶花 **186958**
淡紫花凤梨 **392020**
淡紫花黄芪 42957
淡紫花黄耆 **42957**
淡紫花牡荆 411189
淡紫花绣球藤 **95135**
淡紫金莲花 **399518**
淡紫金鱼草 **28584**
淡紫荆芥 **265107**
淡紫毛巴豆 **112999**

淡紫色日本轮叶沙参 **7869**
淡紫色文殊兰 **111251**
淡紫松果菊 140074
淡紫铁兰 392020
淡紫铜锤玉带草 **313570**
淡紫叶白车轴草 397044
淡紫玉兰 **242059**
淡紫猪牙花 **154940**
萏 195040
蛋白豆 409085
蛋白石槭 3107
蛋不老 370512
蛋果崖豆藤 66641
蛋黄草 77149
蛋黄果 **238117**
蛋黄果属 **238110**
蛋黄花 305226
蛋黄榄属 **411171**
蛋黄色列当 **275257**
蛋黄色鹿角兰 **310800**
蛋黄色千里光 **360322**
蛋黄色山柳菊 **196090**
蛋黄色糖芥 **154562**
蛋黄色野茼蒿 **108770**
蛋黄色柱瓣兰 **146503**
蛋吉 329372
蛋树 171221
当道 301871,301952,302068
当遁 350776
当发榄 184025
当归 **24475**,24424,30619,113879,339887
当归菜 183066,183097
当归草 202146
当归科 **24512**
当归属 **24281**
当归藤 **144778**
当归叶藁本 **229292**
当归状棱子芹 **304833**
当毫温 406931
当吉丹氏梧桐 **135817**
当吉鹅绒藤 **117439**
当吉风兰 **24806**
当吉腐草 **182623**
当吉格尼瑞香 **178593**
当吉欧石南 **149327**
当吉蒲桃 **382528**
当吉柿 **132119**
当吉小爪漆 **253747**
当吉斜杯木 **301700**
当吉羊耳蒜 **232131**
当梨 332221
当陆 298093
当麻阁 **240514**
当年见 328997
当年枯 31322
当年枯属 31311
当雄黄耆 **42261**
当芽 275720
当药 339887,380184,380319,380367
当药龙胆 173198
当药属 21329,380105
挡蛇剑 113039
党楠挡凹 394757
党参 **98395**,98365,98373,98380,98401,98414,98417,98423
党参属 **98273**
欓子 417139
宕昌翠雀花 **124036**
档 161373
刀巴豆 71050
刀把豆 71050
刀把木 **91408**
刀坝豆 71050
刀瓣 **15898**
刀柄 414813
刀疮药 137795
刀刺球 **234949**
刀豆 **71050**,71042
刀豆角 71050
刀豆三七 200754
刀豆属 **71036**
刀豆子 71050
刀斧伤 319810
刀根飘拂草 **166513**
刀瓜山树 242534
刀果鞍叶羊蹄甲 **49023**
刀果马鞍叶 49023
刀灰树 381272,381372
刀尖茶 157285
刀剪药 308893
刀箭药 308893
刀近树 161330
刀口伤皮 4062
刀口药 4062,11572,12663,12669,33325,33574,37888,51301,52049,107549,137796,157684,239720,283763,339714
刀囊豆属 **415603**
刀培豆 71050
刀片多穗兰 **310374**
刀芡实 160637
刀枪木 319810
刀枪药 308893
刀鞘豆 71050
刀伤草 **210640**,210543
刀伤木 319810
刀伤药 327069,402245
刀头黄 13586,13611
刀侠豆 71050
刀仙影掌属 240511
刀挟豆 71050
刀形风兰 **24800**
刀形嘉赐木 **78119**
刀形马利筋 **37887**
刀形青锁龙 **108940**
刀形深紫青锁龙 **108834**
刀形玉凤花 **183532**
刀烟木 237191
刀胭木 237191
刀叶槲寄生 411065
刀叶楼梯草 **142690**
刀叶石斛 **125384**
刀叶相思树 **1156**
刀愈药 137795
刀皂 176901
刀状黑黄檀 **121661**
刀状相思树 1156
叨里木 393109,393110
叨里木属 393106
岛瓜 **114191**
岛海桐 **17814**,301433
岛海桐花 301433
岛海桐科 **17819**
岛海桐属 **17813**
岛蒿 **36381**,35980
岛虎刺 **387487**
岛虎刺属 **387484**
岛槐 **240131**,240124,240130
岛蓟 91816
岛芥属 **265563**
岛桔梗 **265562**
岛桔梗属 **265561**
岛蜡菊 **79153**
岛蜡菊属 **79152**
岛榄 **265592**
岛榄属 **265591**
岛栎 **324489**
岛麻 **294601**
岛麻属 **294599**
岛榕 **165847**
岛山龙胆 **273989**
岛山龙胆属 **273988**
岛生北海道风毛菊 **348719**
岛生材科 **265572**
岛生材属 **265573**
岛生椴 **391733**
岛生扶桑 **194938**
岛生狗牙花 **382826**
岛生花菱草 **155191**
岛生昆士兰贝壳杉 **10508**
岛生绿心樟 **268709**
岛生毛茛 **325720**
岛生木犀 **276336**
岛生蒲桃 **382530**
岛生软毛蒲公英 **242963**
岛生商陆 **298113**
岛生委陵菜 **312480**
岛生熊果 **31120**
岛鼠李 **265547**
岛鼠李属 **265546**
岛松 **299986**
岛藤菊 **265541**
岛藤菊属 **265540**
岛田鸡儿肠 215366
岛田马兜铃 34332
岛田氏鸡儿肠 215366
岛田氏蓬莱葛 **171462**,171455
岛田氏三裂槭 3731
岛田氏台湾榕 164995
岛田氏天仙果 164995
岛田氏月桃 17754
岛田氏泽兰 158318
岛屿桉 **155755**
岛屿葱莲 **417621**
岛屿莪白兰 **267951**,267958
岛屿苔草 **75359**
岛屿小叶牡丹藤 95201
岛樟科 130145
岛樟属 130146
岛紫草 **265560**
岛紫草属 **265559**
倒拔千金 12635
倒苞羊耳蒜 232261
倒胞草 392895
倒插花 252513
倒匙苞齿叶六道木 **169**
倒齿大蒜芥 **365606**
倒齿党参 **98406**
倒齿风毛菊 **348709**
倒齿骨籽菊 **276708**
倒齿还阳参 **110990**
倒齿栎 **324354**
倒齿双距花 **128098**
倒齿条果芥 **285018**
倒齿形鼠尾草 **345357**
倒齿紫罗兰 **246545**
倒赤伞 12663
倒触伞 338292,339194
倒垂非洲兰 **320948**
倒垂非洲面包桑 **394606**
倒垂风兰 **390524**,390522
倒垂柳 343070
倒垂密头帚鼠麹 **252444**
倒垂南非萝藦 **323509**
倒垂挪威云杉 **298200**
倒刺草 4259,4263,295986
倒刺狗尾草 **361930**
倒刺蒺藜草 **80850**
倒刺菊属 **21181**
倒刺林 309796
倒打草 135134
倒胆草 392884
倒地拶 106438,388536
倒地拱 375904
倒地莲 173378

倒地铃 **73207**,73208
倒地铃属 **73194**
倒地龙 407503
倒地梅 413149
倒地掐 388536
倒地蜈蚣 231483,392895
倒地蜈蚣属 392880
倒吊白虹山 354333
倒吊笔 **414813**
倒吊笔属 **414794**
倒吊草 410992
倒吊风藤 401761
倒吊花 12744
倒吊黄 308050
倒吊黄花 308050
倒吊金钟 66648
倒吊蜡烛 414813
倒吊兰 **155012**,117008,133145
倒吊兰属 **155011**,133143
倒吊莲 **352000**,215174,308050
倒吊仙人鞭 29715
倒吊钟叶素馨 **211837**
倒钓笔 378386
倒斗篷草 **14024**
倒毒散 159027,339130
倒绯茶 934
倒盖菊 77156
倒杆章 184085,291202
倒刚毛头花草 **82168**
倒根草 308893,309478
倒根蓼 **309478**
倒根拳参 309478
倒根野苏 209717
倒梗草 4259
倒钩草 4259
倒钩茶 342179
倒钩刺 64990,121645,143694,338317,366573
倒钩刺花 336783
倒钩风 401778
倒钩鹤虱 **221682**,153553
倒钩簕 336509
倒钩琉璃草 **117970**
倒钩芹 24433
倒钩蓊 336509
倒钩藤 1466,320607
倒挂草 4259
倒挂茶 243437
倒挂刺 64990,336896,401761,401770,401773,401779,401781
倒挂金钩 111464,243437,336675,401761,401765,401766,401770,401773,401779,401781
倒挂金钟 **168750**,70507,78025,168767
倒挂金钟法道格茜 **161954**
倒挂金钟花杜鹃 330740
倒挂金钟秋海棠 **49845**
倒挂金钟属 **168735**
倒挂金钟叶十万错 **43623**
倒挂兰 88553
倒挂牛 64993,143579
倒挂山余瓜 390190
倒挂山芝麻 112667
倒挂树萝卜 **10353**
倒挂藤 243437,243439
倒挂仙人鞭 29715
倒挂紫金钩 309564
倒罐草 248732,276098
倒罐子 276098,276135
倒果木半夏 142105
倒壶花 22445
倒壶花属 22418
倒花草 337253
倒尖山柳菊 195797
倒接果 171086
倒金钩 309564
倒距兰 **21176**
倒距兰属 **21162**
倒距西澳兰 **118150**
倒扣草 4259,172203,295986
倒扣簕 4259,4304
倒扣藤 373507
倒葵 188908
倒困蛇 373507
倒拉锯 189918
倒老嫩 142624,298986
倒勒草 4259
倒鳞秋海棠 **50227**
倒柳 343070
倒卵阿布藤 829
倒卵埃利茜 **153408**
倒卵安歌木 **24651**
倒卵奥佐漆 **279312**
倒卵巴西大戟 **14613**
倒卵白背绣球 **199907**
倒卵半育花 **191475**
倒卵瓣虎耳草 **349559**
倒卵瓣梅花草 **284621**
倒卵长穗散绒菊 **203481**
倒卵刺薄荷 **2321**
倒卵刺五蕊簇叶木 **329448**
倒卵大叶山桂花 **51048**
倒卵单头层菀 **291030**
倒卵毒籽山榄 **46608**
倒卵独蕊 **412158**
倒卵杜纳尔茄 **138963**
倒卵盾形碧光环 **257415**
倒卵多花蓼 **340519**
倒卵飞蓬 **150824**
倒卵风车子 **100666**
倒卵刚毛丁癸草 **418356**
倒卵钩喙兰 **22094**
倒卵鬼针草 **54027**
倒卵果黄榆 401556
倒卵果木半夏 **142105**
倒卵果省藤 **65748**
倒卵果紫堇 105869
倒卵红淡比 96615
倒卵红柱树 **78693**
倒卵厚皮树 **221185**
倒卵壶状花 **7202**
倒卵槲寄生 **411073**
倒卵黄檀 **121777**
倒卵几内亚蒲桃 **382557**
倒卵睑子菊 **55467**
倒卵箭花藤 **168321**
倒卵胶木 **280447**
倒卵角叶杂色豆 **47779**
倒卵金菊木 **150357**
倒卵橘香木 **247520**
倒卵－矩圆树葡萄 **120160**
倒卵可利果 **96794**
倒卵宽蕊大戟 **302822**
倒卵蜡花木 **153335**
倒卵蜡莲绣球 200108
倒卵蓝花参 **412773**
倒卵裂足豆 **306580**
倒卵鳞苔草 **75564**
倒卵瘤果茶 69402
倒卵瘤果漆 **270967**
倒卵罗勒 **268576**
倒卵洛佩龙眼 **337679**
倒卵马岛甜桂 **383649**
倒卵毛顶兰 **385713**
倒卵毛萼爵床 **395574**
倒卵没药 **101485**
倒卵美洲盖裂桂 **256673**
倒卵蒙宁草 257481
倒卵莫恩远志 **257481**
倒卵墨矛果豆 **414334**
倒卵牡荆 **411384**
倒卵穆拉远志 **260025**
倒卵纳塔尔盐肤木 **332730**
倒卵纳塔尔尤卡柿 **155961**
倒卵南非针叶豆 **223581**
倒卵尼克木 **263028**
倒卵拟阿韦树 **186245**
倒卵拟九节 **169348**
倒卵潘树 **280838**
倒卵盘花南星 **27647**
倒卵疱茜 **319973**
倒卵平柱菊 **384889**
倒卵蒲公英 **384703**
倒卵千里光 **359606**
倒卵青锁龙 **109223**
倒卵清风藤 341531
倒卵秋茄树 **215511**
倒卵球距兰 **253339**
倒卵曲管桔梗 **365177**
倒卵全叶香茵芋 **365958**
倒卵肉被藜 **328533**
倒卵肉片萝藦 **346830**
倒卵肉锥花 **102446**
倒卵涩树 **378967**
倒卵沙粟草 **317050**
倒卵沙扎尔茜 **86338**
倒卵山地榄 **346229**
倒卵山楪子 **61673**
倒卵手玄参 **244833**
倒卵栓皮豆 **259840**
倒卵双饰萝藦 **134984**
倒卵四分爵床 **387317**
倒卵四棱豆 **319110**
倒卵四片芸香 **386983**
倒卵四翼木 **387612**
倒卵粟麦草 **230147**
倒卵穗花茱萸 **373031**
倒卵塔花 **347607**
倒卵铁线子 **244583**
倒卵透鞘花 **62283**
倒卵托福木 **393376**
倒卵托考野牡丹 **392532**
倒卵脱皮藤 **829**
倒卵腺冠夹竹桃 **375280**
倒卵小兜草 **253356**
倒卵小核果树 **199307**
倒卵小红钟藤 **134872**
倒卵肖尔桃金娘 **352471**
倒卵肖千金藤 **290854**
倒卵形巴西木 **192064**
倒卵形大节茜 **241038**
倒卵形等蕊山榄 **210202**
倒卵形基特茜 **215775**
倒卵形拟舌喙兰 **177386**
倒卵形软紫草 **34633**
倒卵形铁榄 **362969**
倒卵形兔苣 **220140**
倒卵形榆橘卫矛 **320102**
倒卵形折舌爵床 **321205**
倒卵形珍珠菜 **239760**
倒卵野木瓜 374425
倒卵叶百合 229765
倒卵叶报春 **314917**
倒卵叶柽柳桃金娘 **261017**
倒卵叶臭多坦草 **136498**
倒卵叶大叶柳 **343657**
倒卵叶丹氏梧桐 **135941**
倒卵叶冬青 **204025**
倒卵叶短柄紫珠 **66759**
倒卵叶钝果寄生 **385204**
倒卵叶鹅耳枥 **77356**
倒卵叶鹅绒藤 **117632**
倒卵叶番泻 78436
倒卵叶番泻树 **78436**
倒卵叶风毛菊 **348756**
倒卵叶红淡比 **96615**

倒卵叶胡颓子 **142124**,142214
倒卵叶黄花稔 **362495**
倒卵叶黄肉楠 **6804**
倒卵叶荚蒾 **407976**
倒卵叶金千里光 **279930**
倒卵叶旌节花 **373554**
倒卵叶景天 **356945**
倒卵叶九节 **319722**
倒卵叶决明 **360461**
倒卵叶军刀豆 **240498**
倒卵叶康达木 **101737**
倒卵叶裂缘花 **362251**
倒卵叶瘤果茶 **69402**
倒卵叶六驳 6804
倒卵叶六叶野木瓜 **374413**
倒卵叶龙常草 **128021**
倒卵叶马岛茜草 **342828**
倒卵叶马歇尔菊 **245893**
倒卵叶茅膏菜 **138322**
倒卵叶梅花草 **284586**
倒卵叶猕猴桃 **6675**
倒卵叶绵叶菊 **152821**
倒卵叶闽粤石楠 **295638**
倒卵叶木莲 **244461**
倒卵叶那藤 374413
倒卵叶南烛 **403745**
倒卵叶楠 240658
倒卵叶女贞 **229557**
倒卵叶枇杷 **151166**
倒卵叶青冈 **116164**
倒卵叶清风藤 **341531**
倒卵叶荛花 **414250**
倒卵叶忍冬 **235830**
倒卵叶瑞香 **122454**
倒卵叶润楠 **240658**
倒卵叶三花兔儿风 **12738**
倒卵叶山柑 **71897**
倒卵叶山桂花 **51035**
倒卵叶山龙眼 **189943**,189948
倒卵叶山油柑 **6248**
倒卵叶山柚子 **272571**
倒卵叶石栎 **233335**,233330
倒卵叶石楠 **295721**
倒卵叶鼠李 **328620**
倒卵叶树萝卜 **10351**
倒卵叶算盘子 **177162**
倒卵叶庭荠 **18450**
倒卵叶兔儿风 **12731**,12730
倒卵叶卫矛 **157750**
倒卵叶乌饭树 403745
倒卵叶无舌紫菀 46227
倒卵叶五加 **2451**,143579
倒卵叶西果蔷薇 **193496**
倒卵叶西氏荚蒾 **408134**
倒卵叶席氏荚蒾 408134
倒卵叶腺萼木 **260641**
倒卵叶绣球 **200031**
倒卵叶绣线菊 **371939**
倒卵叶芽冠紫金牛 **284039**
倒卵叶岩梅 **127919**
倒卵叶野木瓜 **374425**
倒卵叶叶琼楠 **50577**
倒卵叶蚁栖树 **80007**
倒卵叶蝇子草 **363831**
倒卵叶鱼骨木 **71349**
倒卵叶种棉木 **46227**
倒卵叶猪屎豆 **112492**
倒卵叶紫麻 **273912**
倒卵叶紫阳花 200031
倒卵异尖荚豆 **263363**
倒卵异药莓 **131088**
倒卵翼茎菊 **172442**
倒卵鹦鹉刺 **319089**
倒卵鱼木 **110226**
倒卵胀萼马鞭草 **86095**
倒卵子弹木 255356
倒卵足唇兰 **287866**
倒捋草 4259
倒毛丛菔 **368578**
倒毛蓼 **309420**
倒毛神血宁 309420
倒矛杜鹃 **331365**
倒莓子 338993
倒黏子 332221
倒盘龙 338698,338703
倒披针补血草 **230695**
倒披针恩格勒山榄 **145626**
倒披针桦叶绣线菊 **371826**
倒披针芒毛苣苔 **9448**
倒披针没药 **101483**
倒披针诺罗木犀 **266716**
倒披针形八鳞瑞香 **268809**
倒披针形橙菀 **320716**
倒披针形达尔萝藦 **121982**
倒披针形多穗兰 **310528**
倒披针形凤仙花 **205363**
倒披针形格雷野牡丹 **180411**
倒披针形九节 **319721**
倒披针形麻疯树 **212191**
倒披针形青锁龙 **109219**
倒披针形三角车 **334664**
倒披针形香茶 **303537**
倒披针叶巴西革叶小檗 **51499**
倒披针叶虫实 **104797**
倒披针叶粉枝柳 **344025**
倒披针叶风毛菊 **348562**
倒披针叶谷柳 **344188**
倒披针叶红景天 **329976**
倒披针叶还阳参 **110985**
倒披针叶筋骨草 13095
倒披针叶柯 233329
倒披针叶萝芙木 **327072**
倒披针叶南蛇藤 80252
倒披针叶蒲公英 384473
倒披针叶蒲桃 **382629**
倒披针叶山矾 381218
倒披针叶珊瑚 **44913**
倒披针叶疏花小檗 **51837**
倒披针叶小檗 52062
倒披针叶蝇子草 **363829**
倒千里光 **359885**
倒稔子 **171136**
倒三角谷精草 **151418**
倒三角积雪草 **81618**
倒僧帽百簕花 **55388**
倒山黑豆 294123
倒生草 289096
倒生根 338292,338886,339080,339259,339360
倒生莲 308772
倒生木 165307
倒生树 165307
倒手香 99515
倒水莲 276135,298093,339360,339361,388607
倒藤王不留 248748
倒提壶 **117908**,77149,77183,117956,124711,367632
倒提壶属 117900
倒团蛇 373507
倒吞吞 4259
倒仙 229900
倒向菲利木 **296301**
倒向蜡菊 **189706**
倒向莎草 **119487**
倒向帚菊木 **260552**
倒心形翠雀花 **124418**
倒心形芙兰草 **168866**
倒心形厚皮树 **221184**
倒心形尖角灰毛豆 **386218**
倒心形警惕豆 **249735**
倒心形可利果 **96792**
倒心形榄仁树 **386592**
倒心形柳叶菜 **146804**
倒心形芒柄花 **271649**
倒心形摩斯马钱 **259342**
倒心形木蓝 **206316**
倒心形肉锥花 **102431**
倒心形维堡豆 **414039**
倒心形希尔德木 **196212**
倒心形苋 **18782**
倒心形鸭嘴花 **214663**
倒心叶翠雀花 **124421**
倒心叶盾翅果 39687
倒心叶盾翅藤 **39687**
倒心叶景天 **356970**
倒心叶珊瑚 **44944**
倒心叶野木瓜 **374424**
倒岩提 232252
倒阳菜 238261
倒缨木 **216232**
倒缨木属 **216228**
倒榆 401608
倒羽叶风毛菊 **348742**
倒圆锥斑鸠菊 **406637**
倒圆锥碧光环 **257404**
倒圆锥大戟 **159483**
倒圆锥蜡菊 **189611**
倒圆锥木菊 **129428**
倒圆锥欧石南 **149802**
倒圆锥日中花 **220627**
倒圆锥小金梅草 **202926**
倒栽槐 369038
倒栽柳 343070,343673
倒扎草 354801
倒扎花 354801
倒扎龙 339130,339475
倒扎泡 339475
倒置卷瓣兰 **63033**
倒置矢车菊 **81328**
倒置托叶齿豆 **56744**
倒置香科科 **388251**
倒竹伞 338354
倒竹散 134420,134423,134425,134467
倒爪草 135134
倒爪刺 320607
倒转菲利木 **296302**
倒锥花龙胆 **173674**
倒锥星全菊 **197381**
倒钻形筒叶玉 **116628**
捣花 309494
到老嫩 142694,298967,299017
到手香 306964
盗庚 207046,207151
盗偷草 **43614**,43610
道地杜 273912
道孚长冠紫堇 **106057**
道孚杜鹃 **331754**,330517
道孚虎耳草 **349575**
道孚景天 **356768**
道孚龙胆 **173209**
道孚无心菜 **31847**
道孚香茶菜 **209653**
道孚小檗 **51527**
道孚蝇子草 **363400**
道浮蔷薇 **336527**
道格拉斯橙粉苣 **253921**
道格拉斯春钟 **270536**
道格拉斯刺花蓼 **89074**
道格拉斯葱 **15247**
道格拉斯光槭 **2993**
道格拉斯蒿 **35404**
道格拉斯蓟 **91917**
道格拉斯金鸡菊 **104480**
道格拉斯堇菜 **409937**
道格拉斯卷舌菊 **380993**
道格拉斯库西葶苈 **115160**

道格拉斯蓝眼草 **365726**
道格拉斯栎 **323845**
道格拉斯蓼 **309063**
道格拉斯米努草 **255463**
道格拉斯平铺圆柏 **213793**
道格拉斯平枝圆柏 213793
道格拉斯千里光 **358882**
道格拉斯山楂 **109684**
道格拉斯氏布罗地 **60456**
道格拉斯松 **299920**
道格拉斯苔草 **74385**
道格拉斯绣线菊 **371902**
道格拉斯野荞麦 **152006**
道格拉斯蝇子草 **363419**
道格拉斯鸢尾 **208528**
道格拉斯针垫菊 **84488**
道灌草 403687
道京苦竹 **304072**
道拉基 302753
道乐赛老师匍匐丝石竹 **183239**
道明秋海棠 **49788**
道明山黧豆 **222713**
道明虾脊兰 **65863**
道奇山楂 **109680**
道人面子 **137715**
道人头 415046,415057
道森河垂枝红千层 **67304**
道森氏黑玛兰 **184476**
道生草 308816
道氏白花丹 **305180**
道氏白前 **409433**
道氏垂枝欧洲红豆杉 **385305**
道氏单列木 **257933**
道氏飞瀑草 **93972**
道氏福禄考 **295262**
道氏瓜属 **136892**
道氏葶菜 **336192**
道氏蒿 35404
道氏虎尾兰 **346072**
道氏姜味草 **253652**
道氏金灌菊 **90492**
道氏金欧洲红豆杉 **385306**
道氏酒神菊 **46221**
道氏雷公藤 **398312**
道氏龙胆 **173410**
道氏芦荟 **16751**
道氏马先蒿 **287140**
道氏欧洲红豆杉 **385307**
道氏苹婆 **376100**
道氏千里光 **358757**
道氏茄 **367116**
道氏山梗菜 **234437**
道氏碎米荠 **72740**
道氏唢呐草 **256018**
道氏塔花 **347528**
道氏苔草 93972
道氏特斯曼苏木 **386783**
道氏铁线子 **244542**
道氏血桐 **240249**
道氏玉叶金花 **260398**
道斯切里印度胶榕 164934
道斯芹属 **136150**
道维克欧洲山毛榉 162409
道维克紫欧洲山毛榉 **162408**
道卫卡特兰 79534
道西兰 136785
道西兰属 136784
道县野橘 **93437**
道耶瓜属 136892
道真润楠 **240575**
道爪草 135134
稻 **275958**
稻稗 140462
稻草石蒜 **239281**
稻槎菜 **221784**
稻槎菜千里光 **359270**
稻槎菜属 **221780**
稻槎草 221784
稻城垂头菊 **110374**
稻城翠雀花 124298
稻城海棠 **243588**
稻城虎耳草 **349235**
稻城龙胆 **173377**
稻城马先蒿 **287141**
稻城毛子草 **205549**
稻城木蓝 **205868**
稻城南星 **33308**
稻城千里光 **358677**
稻城葶苈 **136974**
稻城小檗 **51519**
稻城绣线菊 **371896**
稻翅菊 **327772**
稻翅菊属 **327771**
稻花 299307
稻花木属 **299303**
稻花属 299303
稻科 **275987**
稻李氏禾 223992
稻米 275966
稻米草 **370182**
稻属 **275909**
稻田稗 **140462**
稻田荸荠 **143300**
稻田草木犀 **249242**
稻田膜苞蔺 143300
稻田酸模 **339883**
稻田仰卧秆水葱 **352276**
稻田仰卧秆藨草 352276
稻形珍珠茅 **354199**
稻叶麦瓶草 363516
稻叶日本景天 **356844**
稻状凤头黍 **6110**
稻状李氏禾 223992
稻状游草 223992
得卡瑞花椒 **417208**
得克马树 385508
得克萨斯梣 **168119**
得克萨斯毒漆藤 **393474**
得克萨斯亨奇茄 **199447**
得克萨斯槐 **369116**
得克萨斯黄连木 **301004**
得克萨斯栎 **324479**
得克萨斯破布木 104159
得克萨斯七叶树 **9677**
得克萨斯日本女贞 **229488**
得克萨斯山楂 **110086**
得克萨斯蛇藤 100078
得克萨斯柿 **132431**
得克萨斯杨 **311567**
得克萨斯野咖啡 100078
得兰士瓦紫檀 320278
得乐小檗 51943
得帕尔溲疏 **127100**
得荣蔷薇 **336529**
得荣小檗 **51547**
得胜杜鹃 **330597**
得斯蒙德桉 **155559**
得威指腺金壳果 **121149**
得意旦 241841
得州安息香 **379469**
得州巴豆 **113037**
得州白花蓟罂粟 **32416**
得州白叶树 **227926**
得州百金花 **81543**
得州斑鸠菊 **406872**
得州棒菊 **405079**
得州堡树 **79086**
得州草莓树 **30894**
得州梣叶槭 **3230**
得州刺球果 **218081**
得州灯心草 **213524**
得州短冠帚黄花 **20485**
得州对粉菊 **280425**
得州孤菀 **393423**
得州古堆菊 **182113**
得州海马齿 **361676**
得州红栎 **323725**
得州虎耳草 **349989**
得州槐 **368958**
得州黄芩 **355785**
得州黄帚菊 **185400**
得州蓟 **92442**
得州尖膜菊 **201333**
得州金光菊 **339621**
得州金菊木 **150355**
得州金千里光 **279955**
得州锯齿龙 122910
得州卷舌菊 **380865**
得州雷曼草 **244371**
得州楝 **248909**
得州蓼 **309827**
得州柳穿鱼 267349
得州六脊兰 **194527**
得州龙血树 **137505**
得州鹿角柱 **140225**
得州绿眼菊 **52837**
得州麻疯树 **212234**
得州马缨丹 **221313**
得州牻牛儿苗 **153921**
得州毛百合 **122910**
得州眠雏菊 **414985**
得州棉毛苋 **168694**
得州膜质菊 201333
得州纳氏婆婆纳 **267349**
得州苹果仙人掌 **272876**
得州破布木 **104159**
得州千里光 **358250**
得州乔杜鹃 30894
得州乔鹃 30894
得州蛇藤 100078
得州肾豆 161864
得州肾豆木 **161864**
得州梳齿菊 **286878**
得州黍 **282304**
得州丝叶菊 **391051**
得州四角菊 **387267**
得州苔草 **76537**
得州唐松草 **388690**
得州田繁缕 **52620**
得州甜叶菊 **376411**
得州铁木 **276805**
得州尾稃草 **402567**
得州苇茎百合 **352125**
得州西雏菊 **43302**
得州细小花紫堇 **106151**
得州仙人掌 **272825**
得州陷孔木 **266509**
得州向日葵 189034
得州星点木 137505
得州血苋 **208353**
得州亚麻 **231924**
得州羊蹄甲 **49161**
得州杨 **311294**
得州银毛球 **244202**
得州银叶凤香 **187137**
得州羽扇豆 **238488**
得州早熟禾 **305356**
得州泽兰库恩菊 **60123**
得州紫荆 **83764**
得州紫茉莉 **255749**
得州紫穗槐 **20029**
得州紫莴苣 **239340**
德・奇・奥布雷扶桑 **195158**
德阿矢车菊 **81047**
德班龙爪茅 **121288**
德宝豆蔻 **19928**
德保冬青 **203750**
德保黄精 308572

德保秋海棠 **49766**
德保苏铁 **115819**
德本博德兰特荚蒾 **407650**
德比尔玉凤花 **183542**
德博拉细叶海桐 **301399**
德布雷狗牙花 **382771**
德昌偏翅唐松草 **388479**
德昌杉木 **114555**
德昌香薷 143974
德昌野芭蕉 **260219**
德昌玉山竹 **416763**
德达松 300264
德岛酸橘 93814
德德莱因樟 **91322**
德丁香 **382141**
德恩哈特堇菜 **409662**
德恩哈特梅蓝 **248843**
德尔菲苞杯花 **346814**
德尔芬薄苞杯花 **226210**
德尔芬藏蕊花 **167187**
德尔芬大戟 **158751**
德尔芬谷木 **249940**
德尔芬黄檀 **121666**
德尔芬金叶树 **90040**
德尔芬卡普山榄 **72128**
德尔芬蛇鞘紫葳 **272035**
德尔芬树葡萄 **120058**
德尔芬异籽葫芦 **25659**
德尔芬云实 **64995**
德尔梣 1165
德尔塔群花寄生 **11080**
德夫雷斑鸠菊 **406282**
德夫雷大戟 **322003**
德夫雷耳梗茜 **277204**
德夫雷宽管瑞香 **110165**
德夫雷蜡菊 **189302**
德夫雷纽敦豆 **265898**
德夫雷三囊梧桐 **247959**
德夫雷穗花茱萸 **373028**
德夫雷五层龙 **342622**
德夫雷猪油果 **289477**
德夫雷紫金牛 **31427**
德弗草属 **127136**
德弗莱尔木槿 **194829**
德弗莱尔木蓝 **205882**
德弗莱尔千里光 **358689**
德弗莱尔猪屎豆 **112068**
德干木姜子 **233887**
德格碱茅 **321245**
德格金莲花 **399536**
德格梅花草 **284524**
德格紫堇 **105815**
德根矢车菊 **81329**
德国常春藤 123750
德国倒提壶 117968
德国毒马草 **362801**
德国伽蓝菜 **215151**
德国狗尾草 **361795**
德国槐 334976
德国金雀花 **120997**
德国琉璃草 **117968**
德国龙胆 **173473**
德国葡萄属 **34574**
德国蒲苇 105456
德国染料木 **172976**
德国忍冬 **236022**
德国绒毛草 197306
德国水苏 **373224**
德国无舌沙紫菀 **227101**
德国絮菊 166038
德国旋覆花 **207117**
德国野燕麦 45602
德国鸢尾 **208583**
德国珍珠倒挂金钟 **168753**
德宏茶 **69646**
德宏冬青 **203753**
德怀尔德曼扁丝卫矛 **364427**
德怀尔德曼密穗花 **322105**
德怀尔德曼茄 **367098**
德怀尔德曼五层龙 **342633**
德怀尔德曼硬皮豆 **241424**
德怀尔德曼猪屎豆 **112076**
德怀尔斗篷草 **14008**
德怀尔三芒草 **33828**
德怀尔苏木 **386785**
德基叉柱兰 **86677**
德基指柱兰 86677
德吉米尔还阳参 **110793**
德吉米尔龙胆 **173408**
德金奥佐漆 **279281**
德金斑鸠菊 **406415**
德金刺蒴麻 **399221**
德金大戟 **158749**
德金格尼瑞香 **178597**
德金古柯 **155073**
德金海神木 **315781**
德金假毛柱大戟 **317811**
德金豇豆 **409100**
德金鹿藿 **333208**
德金牡荆 **411286**
德金酸蔹藤 **20227**
德金叶下珠 **296531**
德金异被风信子 **132529**
德浚凤仙花 **205459**
德浚小檗 **52390**
德浚野丁香 **226143**
德卡寄生 **123379**
德卡寄生属 **123377**
德卡里阿拉豆 **13399**
德卡里斑鸠菊 **406276**
德卡里刺橘 **405498**
德卡里大戟 **158742**
德卡里大青 **96033**
德卡里单脉青葙 **220209**
德卡里豆腐柴 **313623**
德卡里鹅绒藤 **117442**
德卡里二毛药 **128445**
德卡里风兰 **24809**
德卡里盖果漆 **271956**
德卡里格雷野牡丹 **180372**
德卡里格尼瑞香 **178595**
德卡里狗肝菜 **129251**
德卡里厚壳树 **141625**
德卡里槲寄生 **411011**
德卡里黄胶菊 **318684**
德卡里黄梁木 **59943**
德卡里灰毛豆 **386023**
德卡里假杜鹃 **48149**
德卡里节茎兰 **269209**
德卡里筋骨草 **13090**
德卡里九节 **319498**
德卡里空船兰 **9121**
德卡里蜡菊 **189291**
德卡里芦荟 **17328**
德卡里芦莉草 **339705**
德卡里蜜茱萸 **249135**
德卡里诺罗木犀 **266702**
德卡里佩耶茜 **286762**
德卡里千里光 **358685**
德卡里枪刀药 **202540**
德卡里秋海棠 **49768**
德卡里沙葫芦 **415510**
德卡里蛇鞘紫葳 **272034**
德卡里石豆兰 **62679**
德卡里矢车鸡菊花 **81554**
德卡里柿 **132124**
德卡里黍 **281539**
德卡里酸脚杆 **247551**
德卡里唐菖蒲 **176159**
德卡里土连翘 **201061**
德卡里弯果萝藦 **70534**
德卡里梧桐 **135819**
德卡里五星花 **289803**
德卡里香茶 **303246**
德卡里香荚兰 **404988**
德卡里鸭嘴花 **214444**
德卡里一点红 **144907**
德卡里鱼骨木 **71345**
德卡里玉凤花 **183546**
德卡里猪屎豆 **112065**
德卡利木 123426
德卡利木属 123425
德卡瑞甜桂 **123429**
德卡瑞甜桂属 **123428**
德卡竹 **123438**
德卡竹属 **123437**
德凯纳鹅绒藤 **117440**
德凯纳蓟 **141150**
德凯纳假杜鹃 **48148**
德凯纳金丝桃 **201828**
德凯纳牛角草 **273149**
德凯纳十二卷 **186523**
德凯纳香科 **388066**
德凯纳紫波 **28454**
德凯逊欧丁香 **382338**
德坎多尔小檗 51529
德康刺痒藤 **394146**
德康大地豆 **199324**
德康大戟 **158769**
德康假杜鹃 **48153**
德康密穗花 **322104**
德康忧花 **241613**
德康杂色豆 **47809**
德康猪屎豆 **112073**
德科斯鹅绒藤 **117444**
德可拉印度胶榕 164933
德克尔蓼 123556
德克尔蓼属 123555
德肯半边莲 **234412**
德肯双距兰 **133788**
德拉多坦草 **136490**
德拉科海神木 **315784**
德拉科可利果 **96707**
德拉科蓝被风信子 **250920**
德拉科蜜兰 **105543**
德拉科欧石南 **149364**
德拉科双距兰 **133761**
德拉科肖鸢尾 **258465**
德拉科盐肤木 **332572**
德拉科羊茅 **163910**
德拉肯斯费利菊 **163182**
德拉肯斯观音兰 **399073**
德拉肯斯蜡菊 **189309**
德拉肯斯蓝盆花 **350145**
德拉肯斯老鹳草 **174573**
德拉肯斯麻雀木 **285559**
德拉肯斯欧石南 **149366**
德拉肯斯鞘柄茅 **99995**
德拉肯斯糖蜜草 **249286**
德拉肯斯肖皱籽草 **250935**
德拉丽杯花 **198065**
德拉蒙德澳洲柏 **67416**
德拉蒙德百簕花 **55308**
德拉蒙德北美夜来香 **68504**
德拉蒙德扁担杆 **180672**
德拉蒙德刺橘 **405499**
德拉蒙德葱 **15254**
德拉蒙德葱莲 **417617**
德拉蒙德大戟 **158802**
德拉蒙德灯心草 **213056**
德拉蒙德恩氏寄生 **145578**
德拉蒙德高粱 **369606**
德拉蒙德光囊苔草 **224232**
德拉蒙德海神菜 **265467**
德拉蒙德湖瓜草 **232396**
德拉蒙德黄眼草 **416051**
德拉蒙德蓟 **91920**
德拉蒙德假滨紫草 **318001**

德拉蒙德间型松毛翠 297028
德拉蒙德金合欢 1187
德拉蒙德金丝桃 201835
德拉蒙德卷舌菊 380863
德拉蒙德柳穿鱼 231096
德拉蒙德美登木 182684
德拉蒙德米努草 255465
德拉蒙德眠雏菊 414987
德拉蒙德棉毛苋 168686
德拉蒙德南芥 30252
德拉蒙德挪威槭 3430
德拉蒙德瓶子草 347149
德拉蒙德伞花菊 161253
德拉蒙德莎草 118775
德拉蒙德田菁 361378
德拉蒙德铁线莲 94887
德拉蒙德兔烟花 127935
德拉蒙德乌口树 384937
德拉蒙德无患子 346336
德拉蒙德无舌黄菀 209572
德拉蒙德细梗松毛翠 297028
德拉蒙德仙女木 138450
德拉蒙德一点紫 144994
德拉蒙德一枝黄花 368080
德拉蒙德银莲花 23800
德拉蒙德蝇子草 363427
德拉蒙德羽冠鼠麴草 6734
德拉蒙德芸香 138388
德拉蒙德芸香属 138386
德拉蒙德指甲草 284836
德拉蒙德猪毛菜 344523
德拉蒙德紫菀 40330
德拉米尔假杜鹃 48151
德拉米尔假短冠草 318460
德拉米尔老鸦嘴 390754
德拉米尔星牵牛 43346
德拉维落草 217462
德拉五加 123759
德拉五加属 123757
德来奇补血草 230609
德莱尼金菊 90188
德莱斯特落刺菊 244725
德兰臭草 249104
德兰士瓦安龙花 139501
德兰士瓦巴氏锦葵 286707
德兰士瓦白花苋 9402
德兰士瓦百簕花 55441
德兰士瓦百蕊草 389902
德兰士瓦半轭草 191815
德兰士瓦苞爵床 139022
德兰士瓦苞叶兰 58385
德兰士瓦赪桐 96395
德兰士瓦大果萝藦 279471
德兰士瓦大戟 159991
德兰士瓦吊兰 88636
德兰士瓦独行菜 225470
德兰士瓦多穗兰 310625
德兰士瓦番薯 208245
德兰士瓦非洲木菊 58510
德兰士瓦费利菊 163169
德兰士瓦福木 142473
德兰士瓦盖尔平木 170822
德兰士瓦甘蓝树 115242
德兰士瓦狗肝菜 129330
德兰士瓦狗牙根 117886
德兰士瓦谷精草 151526
德兰士瓦红囊无患子 154993
德兰士瓦厚壳桂 113488
德兰士瓦茴芹 299567
德兰士瓦鸡头薯 153078
德兰士瓦假杜鹃 48373
德兰士瓦假海马齿 394908
德兰士瓦浆果莲花 217086
德兰士瓦金莲木 268145
德兰士瓦卡尔平木 170822
德兰士瓦蜡菊 189643
德兰士瓦蓝花参 412651
德兰士瓦蓝盆花 350263
德兰士瓦肋瓣花 13878
德兰士瓦镰扁豆 135648
德兰士瓦裂唇兰 351412
德兰士瓦龙王角 199079
德兰士瓦龙血树 137518
德兰士瓦梅蓝 248889
德兰士瓦蒙松草 258158
德兰士瓦密钟木 192729
德兰士瓦墨子玄参 248562
德兰士瓦木槿 195009
德兰士瓦纳丽花 265297
德兰士瓦南非钩麻 185848
德兰士瓦牛奶木 255392
德兰士瓦青锁龙 109102
德兰士瓦曲花 120607
德兰士瓦群花寄生 11131
德兰士瓦三萼木 395200
德兰士瓦三芒草 34058
德兰士瓦圣诞果 88077
德兰士瓦石竹 127890
德兰士瓦鼠尾草 345345
德兰士瓦树葡萄 120036
德兰士瓦双距兰 133887
德兰士瓦素馨 212017
德兰士瓦粟麦草 230164
德兰士瓦天门冬 39235
德兰士瓦天竺葵 288554
德兰士瓦田菁 361448
德兰士瓦驼曲草 119910
德兰士瓦沃森花 413415
德兰士瓦香茶 303728
德兰士瓦肖鸢尾 258563
德兰士瓦悬钩子 339388
德兰士瓦盐肤木 332897
德兰士瓦一点红 144985
德兰士瓦异形芹 193886
德兰士瓦银豆 32921
德兰士瓦尤利菊 160895
德兰士瓦玉凤花 184146
德兰士瓦远志 308413
德兰士瓦胀萼马鞭草 86089
德兰士瓦赭爵床 88991
德兰士瓦珍珠茅 354265
德兰士瓦栀子 171424
德兰士瓦直玄参 29949
德兰士瓦舟蕊秋水仙 22369
德兰士瓦昼花 262176
德兰士瓦紫瓣花 400093
德兰斯菲尔德单苞藤 148453
德兰斯菲尔德国王椰子 327104
德兰斯菲尔德金果椰 139340
德朗花球玉 139833
德劳鹅观草 335295
德雷巴氏锦葵 286613
德雷斑鸠菊 406288
德雷半边莲 234438
德雷苞萼玄参 111655
德雷荸荠 143120
德雷蔡斯吊兰 65099
德雷糙伏毛菲利木 296322
德雷草 137758
德雷草地山龙眼 283554
德雷草属 137755
德雷长被片风信子 137924
德雷翅蛇藤 320402
德雷川犀草 270339
德雷葱 15251
德雷酢浆草 277812
德雷大戟 158801
德雷大柱芸香 241361
德雷单裂萼玄参 187033
德雷灯心草 213054
德雷狒狒花 46048
德雷费利菊 163183
德雷格尼瑞香 178600
德雷谷精草 151296
德雷骨籽菊 276597
德雷虎眼万年青 274594
德雷琥珀树 27839
德雷黄花茅 27937
德雷黄花稔 362538
德雷灰毛豆 386046
德雷灰毛菊 31216
德雷鸡头薯 152910
德雷积雪草 81632
德雷剪股颖 12081
德雷剑苇莎 352337
德雷可利果 96708
德雷苦苣菜 368703
德雷拉拉藤 170506
德雷蜡菊 189310
德雷莱丁大戟 159229
德雷老鹳草 174574
德雷老鸦嘴 390755
德雷丽杯花 198049
德雷联苞菊 52690
德雷鳞籽莎 225573
德雷马岛翼蓼 278415
德雷马利筋 37903
德雷毛子草 153177
德雷密头帚鼠麴 252431
德雷蜜花 248938
德雷木蓝 205924
德雷南非桔梗 335587
德雷南非鳞叶树 326928
德雷南非雀麦 84836
德雷欧石南 149367
德雷帕农川蔓藻 340474
德雷攀缘墨药菊 248612
德雷飘拂草 166299
德雷珀麻 137765
德雷珀麻属 137764
德雷千里光 358764
德雷前胡 292840
德雷青锁龙 109224
德雷秋水仙 263818
德雷秋水仙属 263817
德雷日中花 220531
德雷柔冠菊 236391
德雷塞拉玄参 357491
德雷山蚂蝗 126320
德雷饰球花 53182
德雷手玄参 244785
德雷黍 281584
德雷薯蓣 131560
德雷水苏 373194
德雷斯金菊 90231
德雷斯塔树 372981
德雷酸模 340033
德雷特百里香 391174
德雷驼蹄瓣 418635
德雷莴苣 219308
德雷喜阳花 190323
德雷相思树 1092
德雷香芸木 10610
德雷小麦秆菊 381668
德雷小叶番杏 169967
德雷肖水竹叶 23519
德雷熊菊 402774
德雷秀菊木 157186
德雷旋覆菊 207274
德雷盐肤木 332573
德雷异赤箭莎 147378
德雷异果菊 131163
德雷异木患 16077
德雷翼毛草 396067
德雷银齿树 227273
德雷尤利菊 160787
德雷油芦子 97303
德雷玉凤花 183588

德雷针蓟草 **376982**
德雷针茅 **376764**
德雷珍珠茅 **354075**
德雷舟蕊秋水仙 **22345**
德雷砖子苗 **245405**
德雷壮花寄生 **148835**
德雷紫瓣花 **400068**
德里白前 **117351**
德里蒙达兰 138517
德里蒙达兰属 138515
德里野牡丹 **137885**
德里野牡丹属 **137884**
德利安德尔银桦 **180591**
德利尔美洲茶 **79923**
德利格特桉 **155558**
德利兰 49343
德利勒旱雀麦 **25286**
德利龙血树 137367
德利木 49343
德令哈黄耆 **41913**
德隆氏香果兰 404989
德隆氏香荚兰 **404989**
德卢斯特管花鸢尾 **382405**
德卢斯特十二卷 **186319**
德卢斯特手玄参 **244781**
德鲁阿尔风兰 **24819**
德鲁阿尔辣木 **258940**
德鲁灰毛豆 **386295**
德鲁里兜兰 **282816**
德鲁美丽柏 67416
德鲁斯奥氏老鹳草 **174442**
德律阿斯兰 **138420**
德律阿斯兰属 **138419**
德罗博夫鹤虱 **221659**
德罗博夫鼠尾草 **345013**
德罗糙苏 **295098**
德罗葱 **15253**
德罗大戟 **138066**
德罗大戟属 **138065**
德罗豆属 **138086**
德罗岩黄耆 **187858**
德洛尔百脉根 **237542**
德洛尔硬萼花 **353991**
德马丁倒吊笔 **414803**
德米古夷苏木 **181771**
德米斯属 138051
德姆纳特虎耳草 **349242**
德穆风车子 100429
德纳里飞蓬 **150587**
德纳姆梅蓝 **248844**
德纳姆卫矛 **125807**
德纳姆卫矛属 **125802**
德尼茨苔草 **74368**
德尼森万代兰 **404635**
德尼森万带兰 404635
德普茜 **125894**
德普茜属 **125893**
德普树苣苔 **217742**
德普圆柏 213826
德普紫葳 **125892**
德普紫葳属 **125891**
德钦百蕊草 **389672**
德钦柏 **213621**
德钦长花灯心草 **213231**
德钦齿缘草 **153446**
德钦大叶香茶菜 209690
德钦灯心草 **213184**,213231
德钦滇紫草 **271847**
德钦杜鹃 **331307**
德钦鹅耳枥 **77397**
德钦凤仙花 **204899**
德钦黑弹朴 **80597**
德钦红景天 **329842**
德钦虎耳草 **349245**
德钦花佩菊 161886
德钦画眉草 **147631**
德钦黄耆 **43117**
德钦茴芹 **299446**
德钦箭竹 **162757**
德钦景天 **357294**,364934
德钦龙胆 173272
德钦马先蒿 **287162**
德钦梅花草 **284528**
德钦蔷薇 **336528**
德钦荛花 **414266**
德钦桑 259167
德钦石豆兰 **62963**
德钦石莲 **364934**
德钦碎米荠 **72827**
德钦苔草 **74295**
德钦乌头 **5462**
德钦无心菜 **31759**
德钦五加 2522
德钦香茶菜 **209690**
德钦香青 **21588**
德钦小檗 **51495**
德钦杨 **311340**
德钦蝇子草 **364092**
德钦侏儒马先蒿 **287571**
德钦紫菀 **41351**
德荣杭子梢 70792
德森西雅棕 380560
德参属 **123427**
德氏百里香 **391177**
德氏斑鸠菊 **406283**
德氏北美夜来香 **68505**
德氏贝母 168391
德氏薄叶兰 238741
德氏刺续断 **2117**
德氏兜兰 282811
德氏独蒜兰 304218
德氏风车子 **100429**
德氏凤凰木 **123806**
德氏凤兰 116822
德氏凤梨属 **126823**
德氏福来木 **162985**
德氏公主兰 **238741**
德氏金山葵 **380560**
德氏老鹳草 174567
德氏莲座草 139986
德氏龙胆 **173383**
德氏曼萨比斯茜 **341616**
德氏内雄楝 **145962**
德氏黏枝刺槐 **334949**
德氏蛇葡萄 20335
德氏石莲花 **139986**
德氏矢车菊 **81026**
德氏手参 182262
德氏菘蓝 **209189**
德氏藤 123750
德氏藤属 123746
德氏铁线莲 94874
德氏土圞儿 29303
德氏乌头 5160
德氏梧桐 **135820**
德氏腺叶单列木 **257924**
德氏肖弓果藤 **292106**
德氏鸭脚木 350680
德氏羊蹄甲 49064
德氏银石 **32707**
德氏油杉 216120
德氏鼬蕊兰 **169870**
德氏月华玉 **287891**
德氏月见草 269432
德氏紫菀 380863
德思凤 126141
德思凤属 126140
德斯迪蒙娜齿叶橐吾 **229017**
德斯鹅绒藤 **117449**
德斯二室蕊 **128276**
德斯芦荟 **16764**
德斯曼三芒草 **33827**
德斯琼楠 **50499**
德斯赛金莲木 **70723**
德斯树葡萄 **120060**
德斯仙人笔 **216664**
德泰豆属 126797
德特橙粉苣 **253928**
德瓦豆 **127168**
德瓦豆属 **127167**
德瓦夹竹桃 **127171**
德瓦夹竹桃属 **127170**
德威尔桉 **155572**
德韦巴特西番莲 **48544**
德韦白粉藤 **92686**
德韦伴帕爵床 **60302**
德韦杯籽茜 **110140**
德韦贝尔茜 **53107**
德韦闭鞘姜 **107232**
德韦毒鼠子 **128648**
德韦多肋菊 **304428**
德韦多球茜 **310283**
德韦番樱桃 **156198**
德韦红果大戟 **154817**
德韦鲫鱼藤 **356274**
德韦胶藤 **220841**
德韦雷内姜 **327730**
德韦离兜 **210139**
德韦裂托叶椴 **126769**
德韦尼索桐 **265578**
德韦皮埃尔禾 **321414**
德韦破布木 **104174**
德韦鞘蕊花 **99562**
德韦萨比斯茜 **341613**
德韦山柰 **215003**
德韦天料木 **197665**
德韦纹蕊茜 **341295**
德韦五层龙 **342623**
德韦小花茜 **286003**
德韦肖九节 **401962**
德韦肖囊大戟 **115663**
德韦远志 **308021**
德韦杂色豆 **47725**
德韦舟瓣梧桐 **350459**
德维尔川苔草 **127165**
德维尔川苔草属 **127164**
德维尔德扁莎 **322205**
德维尔德毒鼠子 **128651**
德维尔德秋海棠 **49773**
德维尔德细爪梧桐 **226261**
德维尔德叶下珠 **296534**
德维尔德杂色豆 **47727**
德温三芒草 **33829**
德温特番苦木 **216496**
德温特卡柿 **155935**
德温特黍 **281556**
德温特蝇子草 **363407**
德文郡老虎兰 **373687**
德务淫羊藿 **146979**
德因茜属 **188275**
德鸢尾 208583
德渊灯心草 **213530**
德渊堇菜 **410664**
德之岛虾脊兰 **66095**
的确景天 200807
扽肠草 68713
灯草 213036,213066
灯草旱禾 **415383**
灯草旱禾属 **415382**
灯草禾属 176782
灯草心 213066
灯称花 203578
灯秤花 203578
灯秤仔 203578
灯吊子 142071
灯儿草 338028
灯果秋海棠 **49995**
灯花草 7789

灯花树 203578
灯黄 66779
灯寄生 **220450**
灯寄生属 **220449**
灯架 18052
灯架虎耳草 **349150**,349577
灯架树 18055
灯苣苔 **220448**
灯苣苔属 **220447**
灯笼百合 **345783**
灯笼百合属 **345782**
灯笼菜 308613,308616
灯笼草 **97043**,30042,73207,79732,96083,139681,159841,220355,224989,227654,239398,262249,297643,297645,297650,297703,297711,297712,316097,316127,320129,356530,363090,363368,367416,384681,387785,407275,407287
灯笼草属 215086,297640
灯笼大秦艽 295216
灯笼吊钟花 **145693**
灯笼儿 297645
灯笼果 **297711**,297645,297703,334084,336675
灯笼花 **10322**,997,7789,43053,70054,70234,88289,97017,120349,145693,195216,195326,217613,227654,297645,320129,398134
灯笼槐 100153
灯笼椒 **72075**,72081
灯笼棵 220126
灯笼木 126720
灯笼泡 297650,297703,297711
灯笼泡草 297712
灯笼婆婆纳 407287
灯笼树 **267621**,145693,217613,240250
灯笼树属 **267620**
灯笼丝 83545
灯笼酸浆 297650
灯笼藤属 73194
灯笼头 316097
灯笼细辛 **37651**
灯笼紫葳 139936
灯笼紫葳属 139935
灯马鞭 220455
灯马鞭草 **220455**
灯马鞭属 220453
灯盘无患子属 **238921**
灯蒲 142152
灯伞花 230009
灯竖朽 143464
灯索 11619
灯塔极美泰洛帕 **385740**
灯台 202146
灯台报春 314266,314843
灯台草 12647,12648,12676,118491,129243,159027,159540,239773,283763,356696
灯台大苞报春 314266
灯台大戟 **158604**
灯台虎耳草 349150
灯台兰花 187691
灯台莲 **33509**,33505
灯台木 18055,57695
灯台七 284358,284367
灯台树 **57695**,18055
灯台树属 **57693**
灯台兔儿风 **12676**
灯台叶 18055
灯台越橘 **403751**
灯头菊 **238934**
灯头菊属 **238933**
灯心 213036,213066
灯心草 **213066**,56637,200827,200840,213005,213036,213447,213448,352200,396025
灯心草百合属 352147
灯心草冰草 144654
灯心草长庚花 **193282**
灯心草吊灯花 **84134**
灯心草豆属 **197109**
灯心草鹅绒藤 **117541**
灯心草粉苞苣 **88776**
灯心草骨籽菊 **276635**
灯心草禾 **176783**
灯心草禾属 **176782**
灯心草鹤望兰 **377562**
灯心草胡枝子 226860
灯心草花篱 **27165**
灯心草花蔺 **64181**
灯心草黄莎草 **89808**
灯心草豇豆 **408925**
灯心草金菊木 **150345**
灯心草科 **212752**
灯心草蓝花参 **412714**
灯心草狸藻 **403225**
灯心草两节荠 **108618**
灯心草两节荠属 352132
灯心草蓼 **309271**
灯心草劣玄参 **28273**
灯心草瘤子菊 **297575**
灯心草裸茎日中花 **318865**
灯心草蔓桐花 **246655**
灯心草芒 **255856**
灯心草拟莞 **352199**
灯心草千里光 **359195**
灯心草千屈菜 **240053**
灯心草三芒草 **33894**
灯心草沙拐枣 **67035**
灯心草石竹 **127782**
灯心草手玄参 **244809**
灯心草属 **212797**
灯心草树葡萄 **120105**
灯心草水蕹 **29670**
灯心草水仙 262410
灯心草松穗茜 **244677**
灯心草甜茅 **177574**
灯心草弯花婆婆纳 **70653**
灯心草喜阳花 **190359**
灯心草小冠花 **105288**
灯心草小花鸢尾 **253109**
灯心草肖鸢尾 **258534**
灯心草型画眉草 147602
灯心草悬钩子 **338660**
灯心草野麦 317081
灯心草叶百蕊草 **389748**
灯心草叶匙唇兰 **352306**
灯心草叶虎眼万年青 **274658**
灯心草叶蓝星花 **33662**
灯心草叶肋瓣花 **13804**
灯心草叶立金花 **218875**
灯心草叶美冠兰 **156785**
灯心草叶南非禾 **289990**
灯心草叶兽花鸢尾 **389481**
灯心草叶唐菖蒲 **176287**
灯心草叶甜根子草 **341916**
灯心草叶银桦 **180608**
灯心草一点红 **144935**
灯心草硬皮鸢尾 **172623**
灯心草永菊 **43865**
灯心草忧花 **241653**
灯心草鸢尾 **208643**
灯心草月囊木犀 **250265**
灯心草蚤缀 **31967**,183222
灯心草针茅 **376809**
灯心草直玄参 **29920**
灯心草状百蕊草 **389746**
灯心草状德弗草 **127147**
灯心草状短片帚灯草 **142967**
灯心草状芙兰草 **168883**
灯心草状狗尾草 **118333**
灯心草状球柱草 **63293**
灯心草状偃麦草 **144673**
灯心柴胡 **63776**
灯心炭 213036
灯芯糙苏 **295137**
灯芯草 213036,213066
灯芯草叶羊茅 **163816**
灯油藤 **80273**
灯盏菜 81570
灯盏草 150513
灯盏红花 331839
灯盏花 150513,150616,195269,204799
灯盏七 12647,120363
灯盏窝 1790
灯盏细辛 150513,215343
灯仔花 195216
登比树葡萄 **120059**
登顿莎草 **118724**
登赫赫 298874
登龙 **273094**,340954
登龙舟叶花 **340954**
登欧梅罗 378675
登仙玉 **246594**
登相子 11619,266367
登亚严 289569
登阳球 **198495**
登阳丸 198495
登云球 **140886**
登云丸 140886
登云鞋 283789,364522
等凹三色马先蒿 **287775**
等瓣棘豆 **278957**
等瓣两极孔草属 **181049**
等瓣舟叶花 **340823**
等苞蓟 **91964**
等苞泽兰 **180477**
等苞泽兰属 **180476**
等苞紫菀 **40589**
等被岩苋 **208337**
等被岩苋属 **208336**
等齿鼠尾草 **344833**
等齿委陵菜 **312997**
等唇兰属 209557
等唇玄参 **355040**
等萼百簕花 **55261**
等萼佛甲草 **357238**
等萼卷瓣兰 **63175**
等萼卷唇兰 63175
等萼小檗 **52009**
等高苔草 **73608**
等梗报春 **314533**
等谷木 **249891**
等花草 **209162**
等花草属 **209158**
等距狼尾草 **289260**
等裂角茴香 **201599**
等裂毛地黄 **210231**
等裂毛地黄属 **210229**
等裂双距兰 **133690**
等裂异籽葫芦 **25639**
等鳞蕉草属 209945
等脉黍 **281303**
等毛短舌紫菀 **41197**
等囊鸭嘴花 **214311**
等髯马先蒿 287181
等蕊山榄 **210196**
等蕊山榄属 **210194**
等舌多穗兰 **310450**
等舌兰属 **209557**
等肾苞草 **294063**
等丝夹竹桃属 **210206**

等穗苔草 75131
等叶花葶乌头 **5552**
等叶桧 **213809**
等叶栝楼 396197
等颖草 **385057**
等颖草属 **385056**
等颖落芒草 **300702**
等颖三芒草 **33751**
等颖早熟禾 **305927**
等柱菊属 **210300**
等柱绣球防风 **227545**
邓波虎耳草 **349281**
邓伯花 **390699**
邓伯花属 390692
邓博木 **123666**
邓博木属 **123661**
邓川景天 **357160**
邓恩桉 **155570**
邓恩蝶花百合 **67581**
邓恩栎 **323857**
邓恩扭果花 **377706**
邓嘎 19888
邓格西兰属 **138984**
邓肯菠萝球 **107020**
邓木址 407019
邓氏草 122286
邓氏草属 122180
邓氏胡颓子 142207
邓氏栝楼 396183
邓氏马先蒿 **287181**,287145
邓氏山楂 **109551**
邓斯兰 **138993**
邓斯兰属 **138992**
邓向观 295808
凳板风 18055
低矮阿根廷小檗 **51872**
低矮莱蓟 **117782**
低矮柴胡 **63763**
低矮长庚花 **193278**
低矮臭草 **249018**
低矮翠雀花 **124399**
低矮大戟 **159095**
低矮大沙叶 **286425**
低矮短梗景天 **8452**
低矮二色鼠麹木 **337148**
低矮芳香木 **38588**
低矮菲利木 **296229**
低矮风兰 **24993**
低矮伽蓝菜 **215172**
低矮干若翠 **415468**
低矮格尼瑞香 **178625**
低矮黑草 **61798**
低矮厚敦菊 **277065**
低矮厚皮树 **221170**
低矮华北乌头 5302
低矮黄耆 **42171**
低矮黄砖子苗 **245429**
低矮灰毛豆 **386108**
低矮假杜鹃 **48197**
低矮假塞拉玄参 **318412**
低矮九节 **319593**
低矮具边阿登芸香 **7140**
低矮咖啡 **98921**
低矮可拉木 **99208**
低矮蜡菊 **189691**
低矮棱角拉菲豆 **325084**
低矮苓菊 **214098**
低矮龙王角 **199012**
低矮驴喜豆 **271218**
低矮绿日本扁柏 **85327**
低矮马齿苋 **311866**
低矮马利筋 **37965**
低矮毛连菜 **298616**
低矮毛托菊 **23431**
低矮美顶花 **156025**
低矮密头帚鼠麹 **252440**
低矮母草 **231530**
低矮拟鹅参 **116451**
低矮千里光 **359315**
低矮蔷薇 **336879**
低矮秋海棠 **50099**
低矮球柱草 **63289**
低矮日本扁柏 **85326**
低矮桑德尔草 **368860**
低矮沙拐枣 **67032**
低矮山麦冬 **232644**
低矮树葡萄 **120192**
低矮双距花 **128062**
低矮苔草 **74842**
低矮天门冬 **39040**
低矮通泉草 **246985**
低矮头花草 **82142**
低矮托尔纳草 **393025**
低矮网球花 **184393**
低矮威尔帚灯草 **414366**
低矮维堡豆 **414033**
低矮沃森花 **413350**
低矮香芸木 **10640**
低矮肖蒿草 **97771**
低矮肖杨梅 **258744**
低矮旋花 **103086**
低矮亚麻圣诞果 **88065**
低矮烟草 **266046**
低矮叶下珠 **296499**
低矮异荣耀木 **134639**
低矮银豆 **32879**
低矮银莲花 **24044**
低矮硬皮鸢尾 **172611**
低矮永菊 **43860**
低矮早熟禾 **305599**
低矮獐牙菜 **380323**
低矮猪屎豆 **112231**
低车叶草 **39410**
低垂猫尾花 **62493**
低垂欧洲红豆杉 **385317**
低垂球百合 **62429**
低垂石豆兰 **62944**
低垂苔草 **74720**
低垂庭菖蒲 **365722**
低丛棕榈属 85665
低地榈属 174341
低地榈状彩果棕 **203508**
低地榈状鬣蜥棕 203508
低地羊耳蒜 **232164**
低地鸢尾 **208632**
低花忍冬 236226
低花葱 **307222**
低盔大渡乌头 **5212**
低盔膝瓣乌头 **5220**
低毛莨 **325953**
低蕊紫草 **262977**
低蕊紫草属 **262976**
低山早熟禾 **306139**
低滩苦荬菜 210623
低头地杨梅 238697
低温花状报春 **314993**
低小东俄洛紫菀 **41381**
低药兰 **85139**
低药兰属 **85136**
低鸢尾 **383954**
低鸢尾属 **383951**
低枝白千层 **248094**
低株鹅观草 **335364**
低株披碱草 **144347**
滴翠玉 **102449**
滴打稀 367632
滴胆芝 103846
滴滴花 103941
滴滴金 200366,207046,207151,375812
滴金卵 105594
滴露 373439
滴落乌 141374
滴水不干 138329,138331
滴水参 401161
滴水芋 16512,99919
滴水珠 179685,179694,299719
滴锡藤 134047
滴锡眼树莲 **134047**
滴血根 413563
狄安娜茜属 **238091**
狄克凤梨属 139254
狄克兰属 129191
狄克氏花属 139254
狄克属 139254
狄克亚属 139254
狄氏豆 263807
狄氏豆属 263806
狄氏黄胆木 262804
狄氏木科 389444
狄氏落草 **217461**
狄氏梅子 107424
狄薇豆 64982
狄小豆 360493
迪奥豆 131326
迪奥豆属 131319
迪奥戈木 **131379**
迪奥戈木属 **131378**
迪奥斯玛 131972
迪奥斯玛属 131938
迪波兰属 **133395**
迪布巴豆 **112883**
迪布芭蕉 **260222**
迪布苞茅 **201494**
迪布蓝耳草 **115546**
迪布美冠兰 **156673**
迪布木属 **138753**
迪布赛金莲木 **70725**
迪迪兰 392347
迪迪兰属 **129768**
迪迪耶大戟 **158772**
迪迪耶风兰 **24814**
迪恩桉 **155555**
迪恩线萵苣 **375967**
迪恩玄参属 **131300**
迪尔拜女士风信子 **199591**
迪尔夫人苏格兰欧石南 **149228**
迪尔克西番莲 **130908**
迪尔克西番莲属 **130907**
迪尔士小檗 51563
迪尔斯白尖锦鸡尾 **186355**
迪尔斯草 **130157**
迪尔斯草属 **130153**
迪尔斯槲寄生 **411015**
迪尔斯花 **130151**
迪尔斯花属 **130150**
迪尔斯尖苞亮泽兰 **33721**
迪尔斯箭花藤 **168308**
迪尔斯驴喜豆 **271204**
迪尔斯毛子草 **153172**
迪尔斯南非仙茅 **371692**
迪尔斯山芫荽 **107769**
迪尔斯双距花 **128048**
迪尔斯香料藤 **391866**
迪尔斯香芸木 **10606**
迪尔斯鹰爪花 **35009**
迪法斯木属 **132639**
迪富尔矢车菊 **81330**
迪古尔木茼蒿 **32551**
迪金斯苔草 **74309**
迪卡兰 **129192**
迪卡兰属 **129191**
迪克罗草 **138827**
迪克罗草属 **138826**
迪克森欧洲光叶榆 **401469**
迪库氏茶藨 333957
迪库氏茶藨子 **333957**
迪库铁苋菜 **1836**

迪拉果白叶藤 **113583**
迪拉果长被片风信子 **137922**
迪拉果盾舌萝藦 **39619**
迪拉果古柯 **155074**
迪拉果花椒 **417209**
迪拉果黄花假杜鹃 **48296**
迪拉果灰毛豆 **386263**
迪拉果鲫鱼藤 **356273**
迪拉果假杜鹃 **48150**
迪拉果马岛翼蓼 **278412**
迪拉果木蓝 **205887**
迪拉果普瑞木 **315237**
迪拉果茄 **367088**
迪拉果三萼木 **395218**
迪拉果韦尔金合欢 **1703**
迪拉果细线茜 **225748**
迪拉果崖藤 **13452**
迪拉果叶下珠 **296532**
迪劳兰 130946
迪劳兰属 130945
迪勒山蚂蝗 **126508**
迪里菊属 135049
迪龙刺蒴麻 **399226**
迪龙大戟 **158775**
迪龙黑草 **61774**
迪龙平口花 **302630**
迪龙千里光 **358728**
迪伦婆婆纳 **407114**
迪茂刺头菊 **108267**
迪米番樱桃 **156197**
迪米劳德草 **237811**
迪米栎 **323585**
迪米苓菊 **214073**
迪米三冠野牡丹 **398696**
迪米矢车菊 **81038**
迪米纹蕊茜 **341294**
迪姆马鞭草 **405835**
迪姆属 123307
迪耐仙人球 268086
迪尼虎耳草 **349254**
迪诺卫矛 **157288**
迪帕光瓣牛栓藤 **212455**
迪帕可拉木 **99188**
迪帕纽敦豆 **265899**
迪帕萨比斯茜 **341621**
迪帕赛金莲木 **70724**
迪帕山麻杆 **14185**
迪帕树葡萄 **120062**
迪佩里冠瓣 **236415**
迪皮豆 **139044**
迪皮豆属 **139043**
迪普劳属 **133012**
迪普木 **392345**
迪普木属 **392342**
迪庆乌头 **5162**
迪萨兰 133763
迪萨兰属 133684
迪塞利耶蓟 **91926**
迪塞利耶列当 **275043**
迪塞利耶毛托菊 **23452**
迪塞利耶矢车菊 **81053**
迪塞利耶香科 **388072**
迪氏豆 **263807**
迪氏豆属 **263806**
迪氏赫柏木 **186948**
迪氏荆 **1166**
迪氏马兜铃 **34169**
迪氏木 **130165**
迪氏木科 126142
迪氏木属 **130164**,126140
迪氏歧缬草 **404419**
迪氏肉序 346667
迪氏肉序茜草 **346667**
迪氏乌檀 **262804**
迪氏香茅 **117160**
迪氏香豌豆 222710
迪氏羊蹄甲 49064
迪塔芸香 **139117**
迪塔芸香属 **139115**
迪特尔寡头鼠麹木 **327610**
迪特尔蓝花参 **412659**
迪特姜 **130310**
迪特姜属 **130304**
迪特秋海棠 **49780**
迪特网脉鸢尾 **208790**
迪瓦尔萝藦 **139196**
迪瓦尔萝藦属 **139195**
迪瓦武当木兰 **242317**
迪韦里耶二行芥 **133260**
迪维大戟 **139243**
迪维大戟属 **139241**
迪维尼奥百簕花 **55310**
迪维尼奥斑鸠菊 **406292**
迪维尼奥大地豆 **199335**
迪维尼奥短冠草 **369200**
迪维尼奥多肋菊 **304429**
迪维尼奥法鲁龙胆 **162787**
迪维尼奥番薯 **207770**
迪维尼奥蜡菊 **189313**
迪维尼奥土密树 **60177**
迪维尼奥一点红 **144911**
迪维尼奥猪屎豆 **112101**
迪西亚兰属 128397
迪谢纳天门冬 **38999**
迪谢纳崖豆藤 **254676**
迪谢纳忧花 **241616**
迪扎绵枣儿 **352895**
敌克冬 **123526**
敌克冬属 **123525**
敌克里桑草属 128987
荻 **394943**,21682,21731,
226698,255873
荻草 255873
荻蒿 35430
荻葵 13934
荻粱 369600,369720
荻芦竹 37467
荻芦竹属 37450
荻氏酢浆草 **277803**
荻属 **394926**,255827
荻蔗 369700
荻棕属 139300
笛吹 242719
笛螺木 285960
笛撒兰属 133684
笛形水蜈蚣 **218638**
氐冬 400675
底圩茶 **69046**
底线果 191574
底线参 84211
底珍 164763
底珍树 164763
菧苨 7798,7853
地奥马叶蜡菊 189307
地奥属 131938
地八角 **42074**
地巴豆 299724
地巴麻 414193
地白 396203
地白菜 52539,150464,409898
地白草 217361,409898
地白子 105730
地百合属 191046
地柏 309420
地柏草 85232
地柏灵 229454
地柏枝 **105730**
地板檀 392345
地板藤 165759
地瓣草 159092,159286
地宝兰 **174305**
地宝兰属 **174299**
地被灌木豆 **321730**
地被海神木 **315930**
地被帕洛梯 315930
地被普尔特木 321730
地鼻椒 201942
地萹蓄 308816
地萹竹 50669
地扁竹 50669
地槟榔 312627
地饼 58858
地菠萝 21479
地不过 309564
地不荣 375836
地不容 **375848**,375831,375836,
375861,375880,375899,375908
地菜 72038
地菜子 217361
地蚕 **373222**,373122,373439
地蚕子 239215
地草 11587
地草果 112383,152888,152943,
191574,410416
地茶 31477,31571,31630
地朝阳 77183,150513
地茨菇 299724
地慈姑 299724
地糍粑 191903
地葱 77146
地打果树 31454
地大戟 **159947**
地胆 **368895**,368874,368887,
375836,392248,392269
地胆草 **143464**,13063,143460,
173625,173814,173847,
174004,298527
地胆草属 **143453**
地胆苣苔 56069
地胆属 368869
地胆头 143464,301871,301952
地胆旋蒴苣苔 **56069**
地胆紫 165759
地弹花 200274
地蛋 367696,392269
地灯笼 326616
地地菜 72038
地地藕 **101085**,100961
地吊 308659
地丁 59864,105563,105680,
173606,181687,181693,
181695,224110,278740,
308359,384681,410108,
410412,410770
地丁草 **105680**,92066,308109,
377973,384681,410108,410770
地丁花 384681
地丁香 34275,92066
地丁叶麻花头 361079
地丁子 409834
地丁紫堇 105680
地疔 92066
地顶草 150513
地冻风 11572
地洞风 11587
地豆 30498
地豆豆 339240
地耳草 **201942**,201761,201845,
394811
地风 351802
地风消 308123
地风子 312565,312571
地枫 204504
地枫皮 **204504**
地蜂 312652
地蜂草 **174414**
地蜂草科 **174411**
地蜂草属 **174413**

地蜂子 309507,312478,312565,312571
地夫 217361
地夫子 183503
地肤 **217361**,217373
地肤苗 217361
地肤属 **217324**
地芙蓉 195040,375836
地芙蓉花 195040
地茯苓 366338
地茯苓藤 366466
地浮萍 81570,313564
地辅 239021
地附子 217361
地甘 209646
地甘草 245852
地柑 **313204**
地柑子 31371,259898,259900
地疳 209646
地膏草 362490,362494
地膏消 362617
地膏药 178061,362617
地糕草 119503
地根草 224110
地埂鼠尾 345365
地埂鼠尾草 **345365**
地沟草 119503
地狗胆 48140
地构菜 370515
地构叶 **370515**,104046
地构叶属 **370511**
地牯牛 220126,373439
地牯牛草 373439
地骨 239011,239021,369010
地骨皮 96029
地骨子 239011
地瓜 165398,165759,207623,239215,250796,279732,396210,396257
地瓜儿 239215,373439
地瓜儿苗 239215,239222
地瓜儿苗属 239184
地瓜瓜 117722
地瓜果 165759
地瓜瓢 117721
地瓜榕 165759
地瓜藤 165759
地管 205473
地管马先蒿 **287235**
地管子 308613,312627
地贯草 119503
地贵草 272299
地桂 **85414**
地桂属 **85412**,146522
地滚子 183082
地锅巴 107549
地锅粑 107549
地果 **165759**,373439,404027
地果草 **174285**,410416
地果草属 **174284**
地果非洲豆蔻 **9901**
地果芥 **174298**
地果芥属 **174297**
地果莲木科 130145
地果硬皮豆 **241427**
地海椒 **31002**,277878,297635
地海椒属 **30998**,297624
地核桃 284628,409834
地黑蜂 309507,309954
地红豆 191574
地红花 138354,248748
地红参 191574
地红消 31477
地红子 107490
地胡草 367416
地胡椒 **146098**,23323,32212,81687,129068,129070,138331,191574,239720,299376,326365,370512,381341,397451
地胡苓 366338
地葫草 367416
地葫芦 117412,275810
地虎皮 56063
地花 202767
地花吊兰 **88576**
地花黄芪 42067
地花黄耆 **42067**
地花椒 179438,391365
地花生 138482,308012,401167
地花细辛 **37626**
地华 217361
地槐 369010
地槐菜 296801
地环 239222
地环秧 239215,239222
地环子 239222
地黄 **327435**,98343
地黄草 37115
地黄瓜 390164,410030,410360,410422,410730
地黄花草 239673
地黄姜 131917
地黄科 **327457**
地黄连 **259895**,12695,86755,105730,259881,345988,363265
地黄连属 **259874**
地黄莲 **264318**
地黄莲属 **264316**
地黄木 381341
地黄蒲 34219
地黄芪 42177
地黄耆 42177
地黄参 131917
地黄属 **327429**
地黄叶报春 **314169**
地黄叶马先蒿 **287812**
地藿香 274237
地吉桃 248748
地寄生 **169565**
地寄生属 **169564**
地菅 205506
地鉴 380286
地姜 **174293**,391284
地姜属 **174291**
地豇豆 336193,336211
地椒 **391347**,11549,11572,175417,175420,203080,391284,391351,391356,391365
地椒草 175420,391365
地椒花 391284
地椒属 391061
地椒叶 391284
地角儿苗 278740,279216
地角花 391284
地脚稔 248748
地节 239011,239021,308613,308616
地节根 205506
地金瓜 177170
地金莲 260359,401156,401167
地筋 194020,205473,205506,226789
地锦 **285157**,138793,138796,159092,159286,285117,311921
地锦草 **159092**
地锦苗 **106432**,105836,106004,106473,106500
地锦苗大戟 **158638**
地锦苗属 **85738**
地锦槭 3154
地锦属 **285097**
地锦苋 179227
地噤 159092,159286,285157
地精 93054,162542,280741
地精草 375136
地久姜 119503
地久丸 242884
地韭菜 260107,260110
地韭姜 119503
地菊 55754
地坎风 187544
地扣子 313564
地枯萝 326616
地骷髅 326616
地苦胆 56659,143464,367775,375833,392248,392269
地苦参 377856
地葵 217361,415046,415057
地喇叭 239222
地腊香 203080
地藾根 119503
地兰 **174277**,342251,353057
地兰花 218347,260110
地兰属 **174275**
地兰子 248748
地蓝 295028
地蓝根 206684
地蓝花 260110
地郎果 165759
地郎伞 327069
地老鼠 79850
地雷 23817,94989
地雷公 299724
地梨 143391
地里爬 237191
地荔枝 46859
地栗 118822,143122
地栗梗 143122
地栗子 29304
地连枝 377973
地莲 178062
地莲花 260359,418013
地莲芝 377973
地联 159092,159286
地蓼 308816
地料梢 205880
地灵 229454
地灵苋 123559
地灵苋属 123558
地灵香 112871
地苓苋 123559
地苓苋属 123558
地菱 395146
地菱儿 395146
地溜秧 239222
地瘤 239222
地六溜秧 239215
地龙菜 91023
地龙胆 13091,13146
地龙骨 131734
地楼 396210
地罗草 191359
地罗盘 11587
地罗珠 78012
地罗子 239222
地萝卜 92066,279732,298093
地螺丝 55575
地落艾 224989
地麻黄 256719
地麻筋 187544
地麻棉 414224
地马菜 311890
地马蜂 309507
地马桑 159092,159286,201921,202220,328623,345586
地马庄 362490
地马桩 383009
地麦 217361

地麦草 217361
地麦冬 272090
地麦子 277776
地脉 217361
地蔓菁 59575
地毛 119503,143029
地毛球 118133
地莓 138796,338205
地莓子 339483
地美夜来香 **290744**
地美紫荆萝藦 290744
地门冬 38960
地米菜 72038
地米花 72038
地蜜柑 93732
地绵绵 170021
地棉根 240813,414193,414220
地棉花 122438,214133,402267
地棉麻 414224
地棉麻树 414193
地棉皮 414193,414244
地面 127852
地面草 217361
地苗 338516
地母 146724,373439
地母草 224989
地母怀胎草 146724,146834
地母金莲 260359
地木耳 165759
地木回 239640,239645
地南瓜 177170
地南蛇 80260
地拈 248727
地茶 248748
地牛七 239222
地扭子 18147
地纽子 18147,313564
地钮 373439
地钮菜 373482
地钮子 313562
地藕 66648,117640,239215,239222,307324,348087,418002
地盘茶 126465
地盘松 **300306**
地抛子 167653
地泡子 367416
地盆草 **355430**
地蓬草 159092,159286
地皮棘豆 **279072**
地皮胶 283763,339714
地皮蓼 309001
地皮消 **283763**,339714
地皮消属 283760
地枇杷 143464,165759,239967,248748,283137
地枇杷果 165759
地瓢 167641
地瓢儿 167653
地平线美国皂荚 176913
地铺 239011,239021
地葡萄 248748,309564
地蒲根 248748
地七风 309508
地钱草 23323,81570,176839,200366
地钱儿 176824,176839,239582
地蔷薇 **85651**
地蔷薇属 **85646**
地茄 248732,248748
地茄子 248748,313564
地茄子草 313564
地芹属 85711
地青干 157360
地青杠 31477
地青梅 116938
地球半夏 33276
地区草 312450
地曲 209646
地人参 191284,239222
地稔 **248748**
地稔藤 248748
地蕊 373439
地扫子 217361
地涩涩 407358
地沙 63964
地杉树 256719
地梢瓜 **117721**
地梢瓜属 **332259**
地梢花 117721
地麝香 229049
地参 7798,23670,239215,373321,373439
地椹 326340
地生姜 253637
地生珊瑚果 **103904**
地石蚕 239222
地石榴 60078,165759,248748,276544,313564,389638
地石榴花 165759
地莳草 308123
地水麻 85107,299033
地松 342251
地松茶 7985
地菘 77146
地苏麻 355494
地苏木 337916,337925
地髓 327435
地穗姜 **174418**
地穗姜属 **174415**
地笋 **239215**,239222
地笋属 **239184**
地笋子 239215,239222
地桫椤树 107424
地梭罗 247366
地潭花 260110
地檀香 **172074**,34375,144086
地毯菠萝球 **107067**
地毯草 **45827**
地毯草属 **45820**
地毯杜鹃 331933
地毯小叶委陵菜 **312775**
地棠 216085
地棠草 81570
地棠果 165759
地桃花 **402245**
地桃花属 402238
地藤草 308123
地通花 56382
地桐子 256804
地网 207590
地文 299724
地莴笋 234379
地乌 23817
地乌龟 375836,375848,375899
地梧桐 96398
地蜈蚣 11572,39532,39557,165759,187544,239582,309507,356884,392895
地蜈蚣草 187544
地五加 79850,128927,312690
地五甲 312690
地五龙 312690
地五泡藤 338641
地五爪 312690
地细辛 81570,129070
地虾 308893
地下暗罗 **307502**
地下茶 231568
地下车轴草 **397106**
地下大戟 **159107**
地下狒狒花 **46066**
地下豇豆 **409069**
地下毛柱南星 **379134**
地下明珠 138329,138331,138336
地下苜蓿 **247316**
地下牛角草 **273198**
地下肉锥花 **102633**
地下三叶草 397106
地下珍珠 138329,138331
地仙草 11572
地仙公 239011,239021
地仙苗 239011,239021
地仙桃 232197,233700,233786
地仙桃属 62294
地仙圆 24475
地苋菜 129068
地线果 191574
地香根 747
地响铃 112138
地消散 313483
地心 5793
地新 229390
地星 200301,299724
地星菊 **22028**
地星菊属 **22027**
地星宿 200366
地旋花 **415299**
地旋花属 **415297**
地血 34615,233731,393269
地血香 214967
地熏 63594,63813
地熏叶 78227
地芫荽 81687
地岩风 **228577**
地羊鹊 237539
地羊膻 129629
地羊鲜 129629
地阳桃 **356201**
地阳桃属 **356196**
地杨梅 **238583**,31396,31408,81687,138796,218480,238600
地杨梅蓼 **309354**
地杨梅莎草 **119143**
地杨梅属 **238563**
地杨梅苔草 **75243**
地杨梅小金梅草 **202804**
地杨梅砖子苗 **245467**
地杨桃 356201
地杨桃属 356196
地衣 302068
地饮根 165759
地樱子 248748
地涌金莲 **260359**,381073,381082,417093
地涌金莲属 **260356**
地涌莲 260359
地油甘 78366
地油根 70822
地油花 70822
地油子 299010
地榆 **345881**,187806,345310,345894,345917,345921
地榆金千里光 **279947**
地榆科 **345935**
地榆属 **345816**
地榆炭 345881
地榆委陵菜 **312955**
地园花 216085
地藏桦 **53460**
地枣 353057
地枣儿 353057
地蚤 220359
地皂角 42074
地毡草 138354
地粘儿 392886
地鹧鸪 299724
地珍珠 138331,296809

地芝 50998
地栀子 274277
地蜘蛛 312478,312565,312571
地中海白菜 **59651**
地中海白松 299964
地中海柏木 **114753**
地中海半毛菊 **113208**
地中海棒头草 310121
地中海鼻花 **329542**
地中海滨藜 44446
地中海薄荷 **250387**
地中海糙苏 **295115**
地中海长瓣秋水仙 **250647**
地中海车轴草 **397112**
地中海刺柏 213841
地中海刺芹 **154293**
地中海葱 15567
地中海冬青 203545
地中海豆 **36960**
地中海豆属 **36956**
地中海发草 **290795**
地中海发草属 **290793**
地中海番红花 **111539**
地中海风信子 **199605**
地中海甘蓝 **59370**
地中海柑 **93446**
地中海红橘 93446
地中海画眉草 **147520**
地中海环翅芹 **392869**
地中海蓟 97599
地中海芥 **196952**
地中海芥属 **196950**
地中海金丝桃 **201816**
地中海锦葵 **243797**
地中海菊 **19656**,97599
地中海菊属 **19649**
地中海梾木 105111
地中海蓝钟花 353001
地中海蓼属 **61649**
地中海芦竹 **37494**
地中海芒柄花 **271362**
地中海米努草 **255522**
地中海绵毛荚蒾 **408167**
地中海绵枣儿 353001
地中海南星 **19208**
地中海南星属 **19207**
地中海女贞 229662
地中海欧石南 149398
地中海朴 80577
地中海球蜡菊 **189263**
地中海瑞香 **122418**
地中海三叶草 396934
地中海石南 149398
地中海水鳖 200230
地中海松 **299964**,299827
地中海唐菖蒲 176281
地中海仙客来 115953
地中海肖鸢尾 **258567**
地中海蝎尾豆 354761
地中海旋花 **102914**
地中海羊茅 **163868**
地中海远志 **308221**
地中海杂雀麦 **350619**
地中海针茅 **376728**
地中海紫荆 83809
地中海紫柳 343937
地珠 397622
地珠半夏 299724
地竹 236284
地筋 194020
地棕 65895,114838
弟兄叶 78227
帝冠 **268086**
帝冠属 **268085**
帝国蓝大叶醉鱼草 **62024**
帝锦 159204
帝龙冠 **103741**
帝摩 304197
帝蒲葵属 212401
帝秋 5335
帝释山槭 **3413**
帝王刺头菊 **108374**
帝王杜鹃 **330914**
帝王番红花 111542
帝王花 **82320**
帝王花属 **82276**,315702
帝王锦 16894
帝王露兜树 **281108**
帝王魔星花 373821
帝王鸟足兰 **347879**
帝王欧洲桤木 16355
帝王秋海棠 **50190**
帝王球兰 **198849**
帝王矢车菊 **81116**
帝王犀角 **373908**
帝王燕子花 **208673**
帝王椰属 44801
帝王朱蕉 **104352**
帝王棕 **337884**
帝汶岛白桉 155472
帝汶黑箣竹 **47317**
帝汶决明 **78506**
帝汶爵床 **348969**
帝汶爵床属 **348968**
帝汶深紫巨竹 **175595**
帝汶鸭嘴草 **209372**
帝汶异木患 16155
帝玉 304372
埊松 77146
递豹球 **264335**
第第菜 97043
第果兰 **391587**
第果兰属 **391586**
第吉那早熟禾 **305484**
第克报春 314312
第岭芹 **391904**
第岭芹属 **391903**
第苓芹属 391903
第伦丝属 391966
第伦斯属 391966
第伦桃 130919
第伦桃科 130928
第伦桃属 130913,386853
第聂伯百里香 **391106**
第聂伯金雀花 **120943**
第聂伯婆罗门参 **394264**
第聂伯千里光 **358424**
第聂伯千屈菜 **254389**
第聂伯前胡 **292787**
第聂伯矢车菊 **80978**
第聂伯芯芭 **116746**
第氏马先蒿 **287166**
第氏鸢尾 **208521**
第姻金光菊 **339541**
菂 263272
菂薂 263272
棣 83238
棣慕华凤仙花 **204901**
棣棠 216085
棣棠花 **216085**,263178
棣棠花属 **216084**
棣棠升麻 37053,37085
棣棠属 216084
蒂巴蒂风车子 **100822**
蒂巴特厚皮树 **221210**
蒂巴特类九节 **181436**
蒂达 380159
蒂耳西艾 36383
蒂格兰 **385417**
蒂格兰属 **385416**
蒂格雷白酒草 **103621**
蒂格雷密钟木 **192726**
蒂格雷针茅 **376944**
蒂格纳斑鸠菊 **406879**
蒂格肖赪桐 **337462**
蒂基花 **392360**
蒂基花属 **392356**
蒂可花科 **385522**
蒂可花属 **385520**
蒂克芸香 **391591**
蒂克芸香属 **391589**
蒂立菊 385616
蒂立菊属 385614
蒂罗花 **385738**
蒂罗花属 **385734**
蒂马兰 **41323**
蒂牡丹属 391566
蒂姆野荞麦 **152526**
蒂内菥蓂 **390250**
蒂南草属 392132
蒂塞硬皮豆 **241428**
蒂舍尔假杜鹃 **48372**
蒂舍尔獐牙菜 **380388**
蒂施簕小檗 52258
蒂氏灯心草 **213528**
蒂氏割花野牡丹 **27492**
蒂氏蒿 **36383**,35816
蒂氏门泽草 **250490**
蒂氏山榄 **391608**
蒂氏山榄属 **391606**
蒂氏鼠鞭草 **199708**
蒂鼠鞭草 199708
蒂斯朗金壳果 **241934**
蒂斯朗特扁丝卫矛 **364443**
蒂斯朗特刺蕊草 **307007**
蒂斯朗特大戟 **159978**
蒂斯朗特单花杉 **257149**
蒂斯朗特德罗豆 **138122**
蒂斯朗特吊灯花 **84064**
蒂斯朗特番樱桃 **156379**
蒂斯朗特鸡头薯 **153075**
蒂斯朗特假高粱 **369587**
蒂斯朗特豇豆 **409076**
蒂斯朗特劳德草 **237845**
蒂斯朗特李氏禾 **224006**
蒂斯朗特鳞果草 **4486**
蒂斯朗特鳞花草 **225228**
蒂斯朗特马唐 **130804**
蒂斯朗特美冠兰 **157057**
蒂斯朗特木槿 **195323**
蒂斯朗特南莎草 **119275**
蒂斯朗特枪刀药 **202623**
蒂斯朗特琼楠 **50617**
蒂斯朗特树葡萄 **120242**
蒂斯朗特水蜈蚣 **218639**
蒂斯朗特水玉簪 **63997**
蒂斯朗特蒴莲 **7316**
蒂斯朗特香荚兰 **405032**
蒂斯朗特肖木蓝 **253252**
蒂斯朗特玉凤花 **184139**
蒂斯朗特远志 **308410**
蒂斯朗特珍珠茅 **354263**
蒂斯肖蓝盆花 **365899**
蒂松木 **392383**
蒂松木属 **392382**
蒂特曼木属 **392486**
蒂亚萨莱露兜树 **281154**
滇阿魏 163644
滇艾 36564
滇巴豆 113061
滇白花菜 95835
滇白前 117373,363665,364094,364181
滇白药子 131548,131655,131754
滇白芷 192348
滇白珠 **172107**,172099
滇白珠树 172099

滇百部 39014,39075
滇百合 **229742**
滇柏 114680,167201
滇半夏 299721
滇北长果杜鹃 330645
滇北翠雀花 124171,124711
滇北杜英 **142290**
滇北红山茶 **68941**,69552
滇北藜芦 **405637**
滇北蒲公英 **384822**
滇北球花报春 **314308**
滇北沙参 **7646**
滇北山蕲菜 345978
滇北铁线莲 **95044**,95043
滇北乌头 **5290**
滇北缬草 404232
滇北悬钩子 **338194**
滇北亚菊 **13003**
滇北直瓣苣苔 **22168**
滇边大黄 **329324**
滇边景天 356703
滇边南蛇藤 **80207**
滇边蒲桃 **382536**
滇边蔷薇 **336573**
滇藨草 **353794**
滇鳔冠花 **120799**
滇波罗蜜 **36928**
滇菜豆树 **325007**
滇糙叶树 **29009**
滇草蔻 17649
滇草乌 5667
滇柴胡 63873
滇常山 **96449**
滇车 381934
滇车前 301879
滇赪桐 96449
滇池海棠 **243732**
滇赤才 **225678**
滇赤才属 **29031**
滇赤材属 29031
滇赤杨 16340
滇赤杨叶 **16293**
滇翅梗五味子 351056
滇重楼 284382
滇椆 116109
滇川白蓬草 388505
滇川唇柱苣苔草 **87866**
滇川翠雀花 **124171**
滇川风毛菊 **348394**
滇川凤仙 **204935**
滇川还阳参 110979
滇川灰毛豆 **386266**
滇川角蒿 205568,205571
滇川牛扁 5680
滇川沙参 7620
滇川山罗花 **248171**
滇川唐松草 **388505**
滇川铁线莲 **95058**
滇川秃疮花 129564
滇川乌头 **5680**
滇川银莲花 **23782**
滇川醉鱼草 **62059**
滇刺黄柏 242517,242597
滇刺黄连 242517
滇刺榄 **415241**
滇刺枣 **418184**
滇刺榛 106733
滇大萼虎耳草 349499
滇大黄 329418
滇大蓟 91872
滇大油芒 **372411**
滇大字草 349499
滇丹参 345214,345485
滇地黄连 259881
滇丁香 **238106**
滇丁香属 **238100**
滇东杜根藤 **67834**
滇东杜鹃 330018
滇东蒿 **36030**
滇东合耳菊 **381934**
滇东假卫矛 **254297**
滇东龙胆 **173423**
滇东马先蒿 **287319**
滇东南凤仙 **205000**
滇东南凤仙花 205000
滇东南冷水花 **298998**
滇东千里光 381934
滇东清风藤 341579
滇东瑞香 122426
滇东鼠李 **328854**
滇东天麻 171918
滇东绣线梅 263165
滇东中华绣线梅 **263165**
滇东紫金牛 31360
滇东紫堇 106126
滇冬青 204413
滇豆根 49576
滇毒鼠子 128675
滇独活 192249,192270,192345
滇独蒜兰 304313
滇杜根藤 **67837**
滇短萼齿木 **59004**
滇短口树 59004
滇峨参 **28066**
滇莪白兰 267935
滇鹅耳枥 77350
滇繁缕 375136
滇防己 364989
滇榧子 393090
滇粉绿藤 **279562**
滇风毛菊 **348524**
滇麸杨 **332883**
滇福建柏 167201
滇橄榄 296554,296783
滇杠柳 291061
滇高良姜 332989
滇藁本 229314,247716
滇钩吻 308523,308635
滇古菜 368649
滇谷精草 151470
滇谷木 **250044**
滇观音草 **291187**
滇光叶桂木 36937
滇贵冬青 **203761**
滇桂 157547
滇桂安息香 379471
滇桂大青 313611
滇桂豆腐柴 **313611**
滇桂枫杨 320384
滇桂合欢 13526
滇桂花 276405
滇桂假卫矛 254319
滇桂阔蕊兰 **291254**
滇桂楼梯草 **142800**
滇桂木莲 **244439**
滇桂蛇根草 272299
滇桂石斛 **125170**
滇桂兔儿风 12648
滇桂喜鹊苣苔 **274473**
滇桂小蜡 **229622**
滇桂血桐 240278
滇桂崖豆藤 **66617**
滇桂野茉莉 379471
滇桂胀荚合欢 **283442**
滇桂蛛毛苣苔 283110
滇海水仙花 **314849**
滇杭子梢 **70914**
滇合欢 13526,13621
滇红萆薢 366447
滇红椿 **392835**
滇红杜鹃 331703
滇红毛杜鹃 **331703**
滇红皮 379457
滇红丝线 **238984**
滇厚朴 141618,141629
滇虎榛 **276849**
滇花佩菊 **161884**
滇淮木通 95077
滇黄堇 **106613**
滇黄精 **308572**
滇黄栎 116079
滇黄芩 355363,355387,405567
滇黄芩属 405564
滇灰木 **381465**
滇茴芹 299586
滇鸡骨常山 18059
滇鸡矢藤 280121
滇吉祥草 327525
滇假木荷 108587
滇假水石梓 365087
滇假蚊母 134915
滇假蚊母树 **134915**
滇假夜来香 137802
滇尖子木 **278613**
滇姜花 **187484**
滇姜三七 322762
滇结香 **141472**
滇金合欢 1711
滇金石斛 **166955**
滇金丝桃 **201829**
滇堇菜 410789
滇槿属 218443
滇荆芥 249494
滇荆芥属 249491
滇旌节花 373578
滇九节 319914
滇韭 **15453**
滇苣苦菜 368771
滇瞿麦 363509,363516
滇康丽豆 87257
滇栲 **78922**
滇苦菜 **298583**,368649,368771
滇苦苣菜 368771
滇苦荬菜 368635,368771
滇拉拉藤 **170779**
滇蜡瓣花 106695
滇兰 **185256**
滇兰属 **185254**
滇榄 **71023**,346232
滇榄仁 **386537**
滇榄属 346225
滇榄树 270155
滇老鹳草 **174676**
滇梨 **323265**
滇蓼 **5744**
滇列当 **275262**
滇灵枝草 **329456**
滇柃 160630
滇龙胆 173814
滇龙胆草 **173814**
滇龙眼 **131064**
滇绿豆 **294059**
滇葎草 **199394**
滇麻花头 **361052**
滇麻花头属 **31009**
滇马蹄果 **316035**
滇毛臭椿 **12573**
滇毛冠四蕊草 **292486**
滇毛脉杜鹃 331576
滇美花崖豆藤 254819
滇缅八角 204556
滇缅斑鸠菊 **406662**
滇缅茶 **69153**
滇缅党参 **98288**
滇缅冬青 **204398**
滇缅杜鹃 **330440**,330650
滇缅隔距兰 94483
滇缅古柯 155088

滇缅厚朴 198700
滇缅花楸 **369535**
滇缅荚蒾 **407717**
滇缅旌节花 **373537**
滇缅离蕊茶 **69757**
滇缅七叶树 **9710**,9678
滇缅秋海棠 **50247**
滇缅榕 **165211**
滇缅省藤 **65678**
滇缅铁线莲 **94690**
滇缅崖豆藤 **66628**
滇磨芋 20153
滇魔芋 **20153**
滇牡丹 **280182**
滇牡荆 **411498**
滇木瓜 123766,250796
滇木瓜属 123765
滇木荷 350932
滇木花生 241519
滇木姜子 **234053**
滇木兰 **244478**
滇木蓝 **205888**
滇木犀榄 270155
滇南矮柱兰 **389127**
滇南艾 **35192**
滇南艾蒿 35192
滇南安息香 **379311**
滇南八角 **204564**,204558
滇南白蝶兰 **286832**
滇南报春 **314459**
滇南糙果芹 393949
滇南草乌 **5046**
滇南茶 **68929**
滇南赤车 **288752**
滇南翅子瓜 **417082**
滇南椆 233340
滇南粗叶木 **222097**
滇南脆蒴报春 **315117**
滇南大叶千里光 92522
滇南带唇兰 **383159**
滇南冬青 **203864**
滇南豆腐柴 313611
滇南杜鹃 **330817**
滇南杜英 **142285**
滇南椴 **391771**
滇南翻唇兰 **193586**
滇南风吹楠 **198523**,198514
滇南凤仙花 **204915**,204792
滇南芙蓉 **194729**
滇南冠唇花 **254262**
滇南桂 **91271**
滇南杭子梢 **70882**,70794,70819
滇南合耳菊 **381924**
滇南红果树 **377466**
滇南红厚壳 **67866**
滇南红花荷 332207
滇南红壳桂 67866
滇南胡椒 **300512**
滇南虎头兰 **117102**
滇南黄瑞木 **8277**
滇南黄檀 **121721**
滇南黄杨 **64239**
滇南寄生 355302
滇南尖叶木 **402646**
滇南脚骨脆 78133
滇南金合欢 **1651**
滇南金丝桃 **201768**
滇南九节 **319576**
滇南开唇兰 **25966**
滇南柯 **233340**,233402
滇南狸尾豆 **402130**
滇南离蕊茶 **69428**
滇南连蕊茶 **69032**
滇南镰扁豆 **135508**
滇南柃 **160428**
滇南螺序草 **371769**
滇南马兜铃 **34295**,34238
滇南马钱 378833
滇南芒毛苣苔 **9425**
滇南毛柄杜鹃 **332049**
滇南毛兰 299648
滇南毛蕊山茶 **69344**
滇南美登木 **246812**
滇南魔芋 20153
滇南木瓜红 327415
滇南木姜子 233990
滇南鸟足兰 **347792**
滇南盆距兰 **171880**
滇南苹兰 **299648**
滇南坡垒 **198131**
滇南蒲桃 **382484**
滇南千里光 **359061**,92522
滇南青冈 **116060**
滇南青紫葛 **92620**
滇南榕 164964
滇南山矾 **381240**
滇南山姜 17686
滇南山蚂蝗 **126462**,200730
滇南山梅花 **294465**
滇南山牵牛 **390770**
滇南山杨 **311461**
滇南蛇根草 **272182**
滇南蛇藤 80273
滇南省藤 **65706**
滇南尸臭树 346482
滇南十大功劳 242553
滇南石豆兰 **63012**
滇南石栎 233286,233340
滇南蒴莲 **7293**
滇南松 300298
滇南苏铁 **115820**
滇南素馨 212018
滇南唐松草 **388725**
滇南天门冬 **39223**
滇南铁线莲 **94930**
滇南尾药菊 381924
滇南乌口树 **385016**
滇南乌头 5046
滇南吴茱萸叶五加 **2393**
滇南溪桫 88121
滇南新乌檀 **264226**
滇南兴山荚蒾 408058
滇南星 **33273**,33574
滇南星粟草 **176948**
滇南雪胆 **191909**
滇南崖豆藤 **254616**
滇南羊耳菊 **138901**
滇南羊耳蒜 **232329**
滇南羊蹄甲 **49136**
滇南杨 311461
滇南杨桐 8277
滇南异木患 **16065**
滇南玉凤花 **183848**
滇南芋兰 **265410**
滇南鸢尾兰 **267929**
滇南栀子 171330
滇南紫珠 66773
滇楠 240723,295386
滇牛舌草 28548
滇牛舌草属 28547
滇飘拂草 **166565**
滇匍茎榕 **165622**
滇朴 80764
滇七 280771
滇桤木 16340
滇千斤拔 166905
滇前胡 101839,293080,357794
滇前胡属 357780
滇黔地黄连 **259881**
滇黔杜鹃 **330645**
滇黔杭子梢 **70802**
滇黔黄檀 **121859**
滇黔金腰 **90344**
滇黔楼梯草 **142613**
滇黔蒲儿根 **365036**
滇黔山梗菜 234442
滇黔石蝴蝶 **292568**
滇黔野桐 243392
滇黔苎麻 **56297**
滇黔紫花苣苔 **238034**
滇茜草 338044
滇茜树 **12544**
滇羌活 151747,304839
滇羌活属 **320496**,151746
滇芹 **247716**
滇芹属 **247711**
滇青冈 **116109**
滇青栎 116109
滇琼楠 **50633**
滇琼崖爬藤 387780
滇楸 79250
滇拳参 309807
滇雀稗 285421
滇蕊木 **217877**
滇芮德木 327417
滇瑞香 **122431**
滇润楠 **240723**
滇三七 280771
滇桑 259178
滇沙针 **276899**
滇山茶 **69552**
滇山慈菇属 207492
滇山刺 418184
滇石栎 233174
滇石莲 364935
滇石仙桃 295545
滇石梓 178025
滇鼠刺 **210423**
滇蜀豹子花 **266556**
滇蜀无心菜 **31856**
滇蜀无柱兰 **19533**
滇蜀玉凤花 **183433**
滇薯 **131547**
滇水葱 **352261**
滇水金凤 **205416**
滇水丝梨 134915
滇四角柃 **160576**
滇素馨 **212019**
滇酸脚杆 **247640**
滇苔草 76789
滇泰石蝴蝶 **292562**
滇铁榄 **365087**
滇桐 **108590**
滇桐属 **108588**
滇秃疮花 **129564**
滇土瓜 250796
滇臀果木 **322398**
滇瓦花 356953
滇瓦松 356953
滇王孙 284402
滇尾药菊 381934
滇五味 351095
滇五味子 351056,351095
滇西八角 **204556**
滇西百蕊草 **389839**
滇西斑鸠菊 **406338**
滇西豹子花 **266555**
滇西北点地梅 **23156**
滇西北凤仙花 **205076**
滇西北虎耳草 **349247**
滇西北黄芪 42063
滇西北小檗 **51634**
滇西北悬钩子 **339389**
滇西北枸子 **107422**
滇西北羊茅 **163990**
滇西北紫菀 **40639**
滇西贝母兰 **98622**
滇西槽舌兰 **197266**

滇西粗叶木 **222313**
滇西倒提壶 117912
滇西滇紫草 271847
滇西吊石苣苔 **239941**
滇西东俄芹 **392795**
滇西冬青 **203824**
滇西独蒜兰 **304205**
滇西杜鹃 **330650**,331779
滇西耳草 **187563**
滇西风毛菊 348617
滇西凤仙花 **204963**
滇西鬼灯檠 **335143**
滇西海桐 **301302**
滇西红花荷 332206
滇西厚壳树 141617
滇西胡椒 **300522**
滇西蝴蝶兰 **293635**
滇西黄鸠菊 **134796**
滇西灰绿黄堇 **105573**
滇西堇菜 **410663**,410760
滇西蓝果树 267863
滇西离瓣寄生 190856
滇西琉璃草 **117912**
滇西龙胆 **173472**
滇西绿绒蒿 **247138**
滇西猫眼草 90364
滇西木姜子 **233912**
滇西木蓝 **205921**
滇西囊瓣芹 **320255**
滇西蒲桃 **382655**
滇西前胡 **292829**
滇西青冈 **116136**
滇西苘麻 **896**
滇西全边小檗 51730
滇西忍冬 **235687**
滇西山柳 96487
滇西山莓草 **362378**
滇西山楂 **109881**
滇西舌唇兰 **302511**
滇西蛇皮果 **342578**
滇西黍 **281791**
滇西水锦树 **413819**
滇西苔草 **75427**
滇西桃叶杜鹃 **330085**
滇西委陵菜 **312494**
滇西卫矛 **157771**
滇西乌头 **5094**
滇西小檗 **52178**,51533
滇西悬钩子 339389
滇西栒子 107422
滇西沿阶草 **272160**
滇西野古草 **37409**
滇西蝇子草 363769
滇西泽芹 **365844**
滇西紫金龙 **121204**
滇西紫堇 **106596**,105678
滇西紫树 267863
滇细辛 37610
滇细叶芹属 84721
滇香薷 143965,274237
滇香樟 91330
滇象牙参 337102,337115
滇小檗 **52391**
滇小勾儿茶 52484
滇小蓟 92145
滇小叶葎 **170223**
滇新樟 **263754**
滇星穗草 **6872**
滇莓 297946,297947
滇莓属 **297942**,101820
滇绣球 200157
滇绣球花 199865
滇悬钩子 339502
滇雪花 **32528**
滇鸦跖花 278469
滇鸭子草 312085,312090
滇崖爬藤 387871
滇岩白菜 52533
滇岩黄芪 187984
滇岩黄耆 **187984**,402130
滇羊耳蒜 232360
滇羊茅 164401
滇杨 **311584**
滇杨梅 261195
滇野靛棵 **244298**
滇野山茶 69494
滇野豌豆 408611
滇叶轮木 276787
滇一笼鸡 **182137**
滇一匹绸 32651
滇异燕麦 **190213**
滇茵陈 35863
滇银柴 **29762**,29780
滇银柴胡 63850
滇隐脉杜鹃 331180
滇印杜英 **142412**
滇樱桃 83165
滇榆 401552
滇羽叶菊 **263517**
滇羽叶千里光 263517
滇粤安兰 383179
滇粤鹅耳枥 77274
滇粤山胡椒 **231392**
滇粤石栎 233153
滇越杜英 **142373**
滇越海桐 **301338**
滇越猴欢喜 **366064**
滇越金线兰 **25969**
滇越南菜 348050
滇越省藤 **65760**
滇越水锦树 **413777**
滇越五月茶 **28319**
滇藏斑叶兰 **179689**
滇藏遍地金 **201999**
滇藏粗子芹 393865
滇藏醋栗 333962
滇藏点地梅 **23174**
滇藏钓樟 **231405**
滇藏冬青 **204216**
滇藏杜鹃 **331953**
滇藏杜英 **142292**
滇藏钝果寄生 **385238**
滇藏方枝柏 **213807**
滇藏海桐 **301344**
滇藏虎耳草 **349239**,349618
滇藏梾木 380465
滇藏冷地卫矛 **157526**
滇藏梨果寄生 **355290**
滇藏柳叶菜 **146937**,146870
滇藏毛鳞菊 **84959**
滇藏茅瓜 367775
滇藏牡丹 280182
滇藏木姜子 **233990**
滇藏木兰 416688
滇藏槭 **3748**
滇藏荨麻 **402960**
滇藏榕 165361
滇藏舌唇兰 **302259**
滇藏无心菜 **32096**
滇藏无柱兰 19508
滇藏五味子 **351071**,351100
滇藏细叶芹 **84722**
滇藏细叶芹属 **84721**
滇藏续断 **133488**
滇藏悬钩子 **338550**
滇藏叶下珠 **296521**
滇藏隐脉杜鹃 **331180**
滇藏玉兰 **416688**
滇藏掌叶报春 **314432**
滇藏紫麻 **273906**
滇藏紫菀 41439
滇枣 418164
滇枣刺 418184
滇皂荚 176883
滇獐牙菜 380113,380418
滇蔗茅 **148913**
滇针蔺 **143424**
滇桢楠 240723
滇榛 **106786**
滇中茶藨 334211
滇中茶藨子 **334211**
滇中狗肝菜 **129310**
滇中堇菜 **410790**,410789
滇中绣线菊 **372081**
滇珠子木 296462
滇竹 **175598**,175608,175611
滇竹根七 308651
滇竹属 175588,278645
滇锥 78920
滇锥栗 78920
滇紫草 **271814**,28548,233731
滇紫草蓝蓟 **141244**
滇紫草山柳菊 **195822**
滇紫草属 **271727**,28547
滇紫地榆 175037
滇紫花地丁 355641
滇紫金牛 **31644**
滇紫荆木 241519
滇紫参 **170357**,338044
滇紫菀 229049
滇紫云英 320143
滇醉鱼草 62206
颠倒菜 210540
颠倒豆 **226427**
颠倒豆属 **226425**
颠棘 38960
颠勒 38960
颠茄 **44708**,367733,367735
颠茄草 44708
颠茄科 **44716**
颠茄属 **44704**
颠茄树 367706
颠茄子 367735
巅枞树 298258
癫婆花 96257
癫茄 367370
癫蛴草 77146
典丽 82387
典丽花 **82387**
典型锡生藤 **92563**
点斑小花一叶兰 **39561**
点草 325697
点秤根 203578
点秤星 203578
点地梅 **23323**,23133,314845
点地梅草 23323
点地梅齿缘草 **153426**
点地梅黑草 **61734**
点地梅虎耳草 **349060**
点地梅科 **23106**
点地梅蓝花参 **412582**
点地梅石头花 **183173**
点地梅手玄参 **244745**
点地梅属 **23107**
点地梅野荞麦 **151838**
点地梅蚤缀 31741
点地梅指甲草 **284763**
点地梅状彩花 **2215**
点地梅状吉莉花 **175672**
点地梅状金丝桃 201732
点地梅状老牛筋 **31741**
点地梅紫波 **28438**
点红门兰 **273602**
点花黄精 **308635**
点椒 417180,417330
点囊苔草 **76080**
点乳冷水花 **298923**
点头波斯风信子 **17783**

点头草　147222
点头凤梨属　**101914**
点头虎耳草　349162
点头菊　110353,110384
点头马利筋　**38036**
点头飘拂草　166421
点头莎草　**119284**
点头沿沟草　**79207**
点纹寄生藤　**125791**
点纹疆南星　**37015**
点纹芦荟　**16605**
点纹十二卷　186534
点腺柄泽兰　**412026**
点腺柄泽兰属　**412025**
点腺过路黄　**239667**
点腺菊　**385586**
点腺菊属　**385584**
点腺亮泽兰属　**46404**
点腺菀属　**234205**
点叶艾　35527
点叶冬青　**204190**
点叶杜鹃　331348
点叶粉叶小檗　52069
点叶荚蒾　408074
点叶九节　**319849**
点叶菊属　311715
点叶落地梅　**239806**
点叶绵枣儿　223819
点叶琼楠　**50597**
点叶秋海棠　**49607**
点叶柿　**132364**
点叶苔草　**74752**
点叶熊果　31134
点叶鹰爪花　**35048**
点叶蜘蛛抱蛋　**39535**
点柱花科　**235391**
点柱花属　**235385**
蕇蒿　126127,225295
电白省藤　**65669**
电灯花　**97757**,307197,307215
电灯花钓钟柳　**289332**
电灯花科　**97759**
电灯花属　**97752**
电杆杨　311414
电光芋属　351146
电树　125553
电藤　132931
电信草　98159
电珠石南　**315244**
电珠石南属　**315243**
甸杜　85414
甸杜属　85412
甸果　404027
甸虎　278366
甸生桦　**53470**
甸状南鹃　291370
店铺蝎尾蕉　**190060**
垫报春属　**131418**
垫风毛菊　**348696**
垫菊属　**727**
垫蓼　**309650**
垫柳　343119
垫卵叶野荞麦　**152365**
垫盘卫矛　**157814**
垫漆　**332787**
垫芹　**56620**
垫芹属　**56618**
垫鼠麹　**256359**
垫鼠麹属　**256356**
垫头鼠麹草　**178366**
垫菀　**282974**
垫菀属　**282972**
垫型蒿　**35912**
垫状报春　**314861**
垫状春美草　**94357**
垫状大戟　**159681**
垫状单头鼠麹木　**240878**
垫状点地梅　**23313**
垫状蝶须　**26583**
垫状繁缕　374831
垫状风铃草　**70187**
垫状风毛菊　**348697**
垫状虎耳草　**349819**
垫状灰毛菊　**139285**
垫状灰毛菊属　**139284**
垫状棘豆　**279104**
垫状金露梅　**312613**
垫状锦鸡儿　72362
垫状锦绦花　**78642**
垫状棱子芹　**304805**
垫状麻黄　**146241**
垫状女蒿　**196701**
垫状忍冬　**236002**
垫状山岭麻黄　**146184**
垫状山莓草　**362367**
垫状条果芥　**285014**
垫状驼绒藜　**218124**
垫状熊果　**31118**
垫状雪灵芝　**32155**
垫状烟堇　**113410**
垫状烟堇属　**113409**
垫状岩须　78642
垫状偃卧繁缕　**374831**
垫状迎春　**211932**
垫状蝇子草　**363399**
垫状舟叶花　**340853**
垫状紫绒草　**161517**
垫状紫绒草属　**161516**
垫子小叶黄杨　**64288**
垫紫草　**87747**
垫紫草属　**87746**
淀粉葡萄风信子　**260324**
淀粉玉蜀黍　**417414**
淀花　47845
殿春客　280213
靛　47845,206626,206669,
209229,209232,309893
靛花　47845
靛蓝穗花报春　**315115**
靛沫　47845
靛沫花　47845
靛青　209229,209232
靛青花草　100961
碉竹　238318
刁了棒　94068,356367
刁铃　34154
刁竹　117643
凋落山柑　**71866**
凋萎阿冯苋　**45784**
凋萎花篱　**27425**
凋萎外卷鼠麹木　**22190**
凋叶箭竹　**162691**
凋叶菊　**29196**
凋叶菊属　**29194**
凋缨菊　**68833**
凋缨菊属　**68830**
雕菰　418095
雕苽　418080
雕果茶属　322564
雕核樱　83275
雕核樱桃　**83275**
雕胡　418080
雕胡来　418095
雕刻大戟　**159799**
雕刻格雷野牡丹　**180437**
雕刻金莲木　**268199**
雕刻巨兰　**180125**
雕刻孔颖草　**57560**
雕刻榄仁树　**386532**
雕刻无鳞草　**14412**
雕刻小花茜　**286008**
雕刻肖紫玉盘　**403611**
雕刻皱茜　**341126**
雕琼　211990
雕饰冷水花　**299041**
雕饰瘤蕊紫金牛　**271098**
雕饰肉锥花　**102189**
雕纹杜鹃　**330931**
吊白叶　407769
吊柏　114690
吊篦竹　**125511**
吊菜子　367370
吊灯扶桑　195216
吊灯芙蓉　195216
吊灯芙桑　195216
吊灯花　**195216**,84040,84134,
84287,84305
吊灯花假马兜铃　**283734**
吊灯花属　**83975**
吊灯笼　142071,301294,301367
吊灯树　**216324**
吊灯树属　**216313**
吊灯子　142071
吊吊草　275363
吊吊果　307923,351056
吊吊黄　144076,307923,308050
吊东根藤　353127
吊风根　401761,401770,401773,
401779,401781
吊干麻　80141
吊杆风　407503
吊杆麻　80141
吊杆泡　338281
吊杆青筋　407472
吊瓜　114245,114300,114302,
216324,396170
吊瓜树　216324
吊挂篮子　34154
吊花　125279
吊花兰　116880
吊黄　308050
吊金龟　375861,375899
吊金钱　**84305**
吊金钱属　83975
吊兰　**88553**,88546,117008,
125033,125138,125233,
125257,125279,197254,
217906,263867,356457
吊兰花　124996,125033,125138,
125233,125279
吊兰科　**26944**
吊兰属　**88527**
吊兰子　117008
吊鳞苦梓　252927
吊柳　343070
吊罗果　144759
吊罗裸实　182791
吊罗美登木　182791
吊罗坭竹　**47240**
吊罗山萝芙木　**327068**
吊罗山美登木　**182791**
吊罗山青冈　**116211**
吊罗薯蓣　**131768**
吊马墩　166888
吊马桩　166888
吊马鬃　119503
吊攀子　165623
吊爿果科　155155
吊皮椤　78966
吊皮锥　78966
吊气还魂　283115
吊墙花　70507
吊茄子　68713
吊球草　**203062**
吊裙草　**112615**
吊山花椒　351056
吊山桃　**356324**
吊石苣苔　**239967**

吊石苣苔属 **239926**
吊丝草 71608
吊丝单竹 **47505**
吊丝球竹 **125441**,125443
吊丝榕 164688
吊丝云香草 **117169**
吊丝竹 **125495**,125482
吊粟 243320
吊藤 401761,401770,401773,401779,401781
吊藤钩 401761,401770,401773,401779,401781
吊桶兰 **105522**
吊桶兰属 **105518**
吊头藤 353127
吊线风 407503
吊血丹 288762
吊岩风 285117
吊硬套哑槽榄 125109
吊鱼杆 355748
吊中仔藤 142071
吊中子藤 142011
吊钟百子莲 10251
吊钟草 365296
吊钟鬼兰 130043
吊钟海棠 168750
吊钟花 **145714**,70234,195149,389978
吊钟花属 **145673**
吊钟黄 55768
吊钟苣苔 **347105**,256146
吊钟苣苔属 **347103**,256142
吊钟柳属 289314
吊钟茉莉 **50682**
吊钟茉莉属 **50681**
吊钟山矾 **381354**,381423
吊钟藤 194467
吊钟藤属 194459
吊钟王 332205
吊钟叶素馨 211837
吊珠花科 268794
吊珠花属 268779
吊竹 47427,238312
吊竹菜 394093
吊竹草 394021,394093
吊竹兰属 393987
吊竹梅 394093
吊竹梅属 393987
吊子金银花 236104
吊子银花 236104
钓萼属 267077
钓浮草 168750
钓杆柴 263161
钓竿柴 263158
钓竿藤 407503
钓钩藤 401761,401770,401773,401779,401781
钓兰 88546,88553
钓藤 401761,401770,401773,401779,401781
钓鱼草 407503
钓鱼慈 47264
钓鱼杆 355748,407453
钓鱼竿 117643,263161,407453,407470,407472,407498,407503
钓鱼钩树 145693
钓鱼竹 297373
钓鱼竹茹 297373
钓樟 231334,231429,231433,234061,240707
钓樟属 231297
钓钟花 **70255**
钓钟柳 **289371**
钓钟柳鼠尾草 **345299**
钓钟柳属 **289314**
钓竹 137844
调羹草 333475,355494
调羹花 198699,242234
调羹树 **189972**
调羹树属 189966
调经草 157601,231568,239594
调料九里香 **260168**
调色板匍匐污生境 103800
调色板匍匐异味树 **103800**
掉毛草 398317
掉皮榆 401581
藋 345586
跌打草 43610
跌打豆 208264
跌打将军 67864
跌打接骨菜 77999
跌打老 234098
跌打散 299005
跌打鼠 239683
跌打王 32657,203901,313717
跌破笏 415891
跌水草 201942
跌死猫树 325002
跌掌随 71387
迭尔教授冬花欧石南 **149547**
迭裂长蒴苣苔草 **129955**
迭裂翠雀花 **124406**
迭裂黄堇 **105804**
迭罗汉 **109488**
迭罗黄 207151
迭茅草 37379
迭鞘兰属 85448
迭鞘石斛 125005
迭穗莎草 **119016**
迭叶草 **394047**
迭叶点地梅 **23324**
迭叶楼梯草 **142823**
叠果豆 402144
叠基青牛胆 392269
叠裂银莲花 **23858**
叠鳞苏铁属 **241448**
叠片羊蹄甲 **49185**
叠钱草 126329,297008,297013
叠鞘兰 **85455**
叠鞘兰属 **85448**
叠鞘石斛 **125005**
叠穗莎草 119016
叠叶草 **67150**
叠叶风信子属 **249746**
叠叶岗松 **46434**
叠叶景天 **356628**
叠叶景天属 337292
叠叶鸢尾 **208638**,208869
叠珠树 **13202**
叠珠树科 **13204**
叠珠树属 **13201**
碟苞椰属 **385527**
碟碟草 127507
碟斗青冈 **116082**
碟果虫实 **104829**
碟花百合 266573
碟花茶藨子 334166
碟花杜鹃 330018
碟花金丝桃 **201717**
碟花开口箭 **70624**
碟环慈竹 **125502**
碟环竹 **20206**
碟腺棋子豆 **116599**
碟叶宽萼苏 **46990**
碟叶青冈 116082
碟柱蜘蛛抱蛋 **39517**
碟状甜菜 **53235**
碟状肖鼠尾草 **352558**
蝶翅南山茶 **69559**
蝶翅藤属 **319389**
蝶唇兰 **319369**
蝶唇兰属 **319367**
蝶豆 **97203**
蝶豆木蓝 **205800**
蝶豆属 **97184**
蝶萼绣球 **199928**,199817
蝶花 65055
蝶花百合 **67586**
蝶花百合属 67554
蝶花杜鹃 **330018**
蝶花荚蒾 **407878**
蝶花金丝桃 201717
蝶花施氏婆婆纳 **352792**
蝶花无柱兰 **19523**
蝶花羊蹄甲 49173
蝶兰 293582,293648
蝶兰属 293577
蝶眉兰 **272444**
蝶盆豪氏省藤 **65671**
蝶荠 319375
蝶荠属 **319374**
蝶蕊凤仙花 **205258**
蝶藤 49046
蝶托楼梯草 **142778**
蝶形倒距兰 **21174**
蝶形番薯 **208057**
蝶形红门兰 **273569**
蝶形花堇菜 **410351**
蝶形花科 **282926**
蝶形酸模 **340173**
蝶形天竺葵 **288416**
蝶形西澳兰 **118243**
蝶形香茶 **303558**
蝶形远志 **308248**
蝶须 **26385**
蝶须菊属 26299
蝶须属 **26299**
蝶羽玉 **102550**
蝶竹 **297365**
丁拔 200790
丁丁黄 231334
丁父 13238,300548
丁公寄 300548
丁公藤 **154252**,154260,154262,207371,300548
丁公藤科 **154231**
丁公藤属 **154233**
丁癸草 **418335**,418331
丁癸草属 **418320**
丁癸草叶下珠 **296823**
丁癸木蓝 **206762**
丁贵草 418335
丁花 **401075**
丁花属 **401074**
丁黄草 295142
丁季李 132371
丁克白粉藤 **92689**
丁克闭鞘姜 **107233**
丁克多坦草 **136484**
丁克番樱桃 **156200**
丁克伽蓝菜 **215134**
丁克古夷苏木 **181772**
丁克合欢 **13529**
丁克核果木 **138604**
丁克红柱树 **78663**
丁克壶花无患子 **90729**
丁克蝴蝶草 **392901**
丁克花椒 **417214**
丁克库卡芋 **114379**
丁克拉千金藤 **375841**
丁克兰属 **131264**
丁克镰扁豆 **135455**
丁克马钱 **378705**
丁克密花 **321970**
丁克牡荆 **411253**
丁克拟九节 **169326**
丁克茄 **367104**
丁克琼楠 **50500**

丁克球锥柱寄生 **177010**
丁克黍 **281574**
丁克鼠尾粟 **372654**
丁克蒴莲 **7240**
丁克素馨 **211793**
丁克酸渣树 **72637**
丁克网纹芋 **83718**
丁克瓮萼豆木 **68120**
丁克锡叶藤 **386856**
丁克香料藤 **391867**
丁克星毛树 **268783**
丁克崖豆藤 **254670**
丁克亚麻藤 **199153**
丁克叶下珠 **296537**
丁克玉凤花 **183578**
丁克指腺金壳果 **121151**
丁克紫葳 **131270**
丁克紫葳属 **131269**
丁克紫玉盘 **403458**
丁历 126127,137133,225295
丁萝卜 320513
丁络石 393621
丁毛菊 **79148**
丁毛菊属 **79147**
丁木 145024
丁木树 215442
丁年藤 13225
丁皮树 215442
丁茜 **394401**
丁茜属 **394400**
丁茄 367706,367735
丁茄子 367733
丁三七 203357
丁氏萨比斯茜 **341617**
丁特阿冯苋 **45770**
丁特刺痒藤 **394147**
丁特大蒜芥 **365421**
丁特吊灯花 **84073**
丁特风车子 **100724**
丁特冠果商陆 **236316**
丁特海神菜 **265464**
丁特华美豆 **123532**
丁特画眉草 **147637**
丁特假杜鹃 **48157**
丁特节节菜 **337337**
丁特肋瓣花 **13773**
丁特梨形盐肤木 **332794**
丁特芦荟 **16774**
丁特裸茎日中花 **318842**
丁特马缨丹 **221265**
丁特毛头菊 **151572**
丁特没药 **101363**
丁特木槿 **194834**
丁特拟扁芒草 **122323**
丁特茄 **367105**
丁特茼麻 **879**
丁特雀舌水仙 **274859**
丁特润肺草 **58853**
丁特塞拉玄参 **357483**
丁特石竹 **127781**
丁特水苏 **373192**
丁特四室果 **413732**
丁特粟麦草 **230132**
丁特田菁 **361413**
丁特雾冰藜 **48764**
丁特苋 **18704**
丁特香茶 **303256**
丁特小金梅草 **202838**
丁特叶下珠 **296538**
丁特异果鸭嘴花 **214525**
丁特针蓟草 **376981**
丁特针叶豆 **223560**
丁特治疝草 **192951**
丁特致木菊 **129396**
丁特猪毛菜 **344518**
丁特猪屎豆 **112083**
丁桐 154734,215442
丁桐树 215442
丁翁 13225,13238
丁香 **382276**,132089,238106,382220,382477
丁香半日花 **188851**
丁香柴 121703
丁香杜鹃 **330687**
丁香桂 **129718**
丁香桂属 **129717**
丁香花 122438,238106,382220,382329,407837
丁香花属 382114
丁香科 **382392**
丁香蓼 **238211**,238167
丁香蓼属 **238150**
丁香罗勒 **268518**,268438
丁香罗簕 268518
丁香萝卜 123164
丁香美韭 **398808**
丁香牡丹 95978
丁香皮树属 129717
丁香蒲桃 **382477**
丁香茄 **208264**
丁香忍冬 236073
丁香色白千层 **248090**
丁香色凤仙 205090
丁香色凤仙花 **205090**
丁香柿 132089,132264,132371
丁香属 **382114**
丁香树 382477
丁香水仙 **262410**
丁香藤 121703
丁香叶 255711
丁香叶斑鸠菊 **406857**
丁香叶狗肝菜 **129328**
丁香叶火畦茜 **322971**
丁香叶千里光 **360174**
丁香叶忍冬 **235995**
丁香叶异翅藤 **194068**
丁香叶掷爵床 **139896**
丁香紫绣球 **199971**
丁药 241817
丁竹草 231961
丁状果片亚塔棕 **44808**
丁子 382477
丁子蓼 238211
丁子香 **156284**,382477
丁子香属 **211443**
丁字草 200790
丁字根 175454
丁字黄心羌 61103
丁字绳草 **328208**
丁字弯花欧石南 **149315**
丁字樱 83145
丁座草 **57434**
丁座草属 **415667**
疔拔 183082
疔苍草 415046
疔疮草 355494,407503,415046
疔疮树 231324
疔疮药 138796,143464
疔毒草 170743,170751,231961,409914
疔毒豆 401161
疔药 23779
钉巴篼 366284
钉钯七 312090
钉板刺 417282
钉地根 166888
钉地黄 381341
钉地金钱 138273
钉地蜈蚣 392895
钉根藜 166888
钉木树 8199
钉茄 367733
钉蕊 **23374**
钉蕊科 **23370**
钉蕊属 **23373**
钉桐 154734
钉头果 **179032**
钉头果属 **178974**
钉枝榆 191629
钉柱委陵菜 **312956**
顶凹黄鹌菜 416396
顶冰花 **169460**,8331,169420
顶冰花属 **169375**
顶点荷兰菊 **40927**
顶峰虎耳草 **349143**
顶钩斑鸠菊 **406399**
顶钩大被爵床 **247868**
顶钩大戟 **159021**
顶钩单头鼠麹木 **240876**
顶钩凤仙花 **204999**
顶钩九节 **319571**
顶钩老鸦嘴 **390795**
顶钩裂舌萝藦 **351584**
顶钩驴喜豆 **271214**
顶钩美非补骨脂 **276970**
顶钩米努草 **255488**
顶钩蒲公英 **384570**
顶钩莎 **401804**
顶钩十二卷 **186465**
顶钩弯萼兰 **120738**
顶钩香豆木 **306262**
顶钩新窄药花 **264556**
顶钩兄弟草 **21289**
顶钩异木患 **16094**
顶钩针垫花 **228074**
顶钩舟叶花 **340708**
顶钩紫波 **28468**
顶冠黄堇 **105562**
顶冠夹竹桃属 **376007**
顶光参 280799
顶棍草 218480
顶果木 5983
顶果木属 5980
顶果树 5983
顶果树属 5980
顶果苏木 5983
顶果苏木属 5980
顶花艾麻 221538
顶花板凳果 **279757**
顶花半边莲 **234821**
顶花报春 314109
顶花杜茎山 **241743**
顶花莪术 **114882**
顶花耳草 **187685**
顶花胡椒 **300529**
顶花科 146065
顶花兰 **6285**
顶花兰属 **6284**
顶花老鹳草 **174959**
顶花木巴戟 **258895**
顶花欧石南 **150129**
顶花麒麟掌属 **324596**
顶花球属 107004,337134
顶花绒毛花 **28195**
顶花石南 150127
顶花螫麻 221538
顶花属 146067
顶花酸脚杆 **247537**
顶花仙人球 107016,107055
顶花鸭舌癀舅 **370855**
顶喙凤仙花 **204865**
顶戟黄鹌菜 416431
顶孔五桠果属 **6370**
顶鳞菊 **225540**
顶鳞菊属 **225538**
顶桐属 106984
顶芒山羊草 **8670**
顶芒野青茅 **127279**

顶毛栝楼 396279
顶毛石南属 **6375**
顶毛鼠毛菊 **146567**
顶片草 **6364**
顶片草属 **6358**
顶蕊黄杨 **64379**
顶蕊三角咪 279744,279757
顶深裂南星 **33535**
顶生桉 **155757**
顶生谷木 **249888**
顶生金合欢 **1646**
顶生金花茶 **69492**
顶生卡普山榄 **72138**
顶生木蓝 **206655**
顶生南洋参 **310241**
顶生茄 **367666**
顶生肉角藜 **346777**
顶生腺花山柑 **64910**
顶生小花欧石南 **149844**
顶生盐草 **134841**
顶生朱蕉 **104367**
顶饰三冠野牡丹 **398695**
顶束毛椆属 6128
顶刷南星 33450
顶穗茜 **5977**
顶穗茜属 **5976**
顶天草属 396695
顶天刺 30788
顶头草 385067
顶头花 6039
顶头花属 5989
顶头马兰 385067
顶头马兰属 385065
顶头马蓝 385067
顶头马蓝属 385065
顶头茜 **315534**
顶头茜属 **315533**
顶头肉 261424
顶腺虎耳草 **349412**
顶心风 71279
顶须桐 **6264**
顶须桐属 **6263**
顶序马桑 **104706**
顶序琼楠 **50527**
顶序石蜈蚣 **355751**
顶序鼠麴草 **307574**
顶序鼠麴草属 **307572**
顶序锥花 **179209**
顶叶鹅掌柴 **350775**
顶叶菊属 **335026**
顶叶冷水花 **298864**
顶叶芦荟 **17324**
顶叶千里光 **385604**
顶叶千里光属 **385603**
顶叶苔草 **73587**
顶羽菊 **6278**
顶羽菊属 **6272**
顶羽鼠麴草 **82198**
顶羽鼠麴草属 **82197**
顶珠草 23323,191574
鼎盖草 81570
鼎湖椆 116081
鼎湖唇柱苣苔草 **87865**
鼎湖钓樟 231322
鼎湖杜鹃 **331980**
鼎湖耳草 **187568**
鼎湖合欢 116610,283445
鼎湖后蕊苣苔 **272594**
鼎湖青冈 **116081**
鼎湖山胡椒 **231322**
鼎湖少穗竹 **270444**
鼎湖铁线莲 **95380**
鼎湖细辛 **37679**
鼎湖血桐 **240320**
鼎湖鱼藤 **10207**
鼎湖紫珠 **66939**
鼎足瓜 114300,114302
蒴藋 401094
定安榕 **164910**
定安润楠 **240577**
定春 132260,256235
定番兔儿风 **12620**
定风草 171918,280793
定海根 34162
定结灯心草 **212995**
定结桂花 **276285**
定结黄芪 42296
定结黄耆 **42296**
定结毛茛 **325783**
定结溲疏 **126851**
定经草 **404696**,187555,187565,231479,231483,231568,239640,239645,404704
定木香 49576
定日贝母 168563
定日黄芪 43159
定日黄耆 **43159**
定心草 34185
定心藤 **244985**
定心藤属 **244984**
飣坐真人 233078
碇龙王 **163474**
丢了棒 54620,94068,356367
东安红山茶 **69735**
东安玉山竹 **416769**
东盎格鲁榆 **401500**
东澳兰 **28284**
东澳兰属 **28281**
东澳楝 **381965**
东澳楝属 **381964**
东澳木 **726**
东澳木科 **722**
东澳木属 **724**
东澳石蒜属 **68031**
东澳苏铁 225624
东澳棕 **77138**
东澳棕属 **77137**
东巴楝 **64090**
东巴楝属 **64089**
东坝子黄芪 43195
东坝子黄耆 **43195**
东拜亚裂花桑寄生 **295835**
东北 81523
东北白桦 **53581**,53572
东北百合 **229834**
东北贝母 **168387**
东北鼻花 **329539**
东北扁果草 **210281**
东北扁核木 **315176**,365002
东北扁莎 **118737**
东北杓兰 **120289**
东北藨草 353750
东北薄荷 **250443**
东北苍耳 415031
东北茶藨 334084
东北茶藨子 **334084**
东北长柄山蚂蝗 **126501**
东北长梗鼠李 **328853**
东北长鞘当归 **24315**
东北长尾槭 3732
东北齿缘草 **153479**
东北赤杨 16401
东北重楼 **284348**
东北臭草 **249012**
东北刺柏 **341781**
东北刺人参 272706
东北酢浆草 277648
东北醋栗 334084
东北大戟 158857
东北点地梅 **23170**
东北短柄草 **58596**
东北峨参 **28019**,28030,28044
东北繁缕 374794
东北风毛菊 **348510**
东北凤仙花 **204969**
东北拂子茅 **65384**
东北覆盆子 338588
东北甘草 177947
东北高翠雀 124325
东北高翠雀花 **124325**
东北茖葱 **15874**
东北鹤虱 221685,221711
东北黑皮油松 300251
东北黑三棱 **370078**
东北黑松 300247
东北黑榆 **401496**,401489
东北红豆杉 **385355**
东北虎耳草 349607
东北花楸 **369486**
东北桦 53572
东北茴芹 299555
东北蛔蒿 **360832**
东北棘豆 **278990**,279114
东北假水晶兰 258069
东北碱茅 **321335**
东北接骨木 **345624**
东北金挖耳 **77191**,77190
东北金鱼藻 **83568**
东北堇菜 **410201**
东北锦鸡儿 **72279**
东北看麦娘 **17543**,17512
东北苦菜 210686
东北拉拉藤 **170474**,170574
东北狼毒 158895
东北老鹳草 **174583**
东北雷公藤 **398318**
东北李 **316900**
东北连翘 **167450**
东北蓼 **309373**
东北裂叶荆芥 265001
东北菱 **394489**,394485
东北柳叶菜 **146663**,146606
东北龙常草 128019
东北龙胆 173625,173860
东北马先蒿 287411
东北满山红 330495
东北迷果芹 371240
东北牡蒿 **35865**
东北木蓼 **44269**
东北木通 34268
东北南星 **33245**
东北鸟巢兰 **264711**
东北牛防风 192278,192312
东北婆婆纳 **407013**,317949
东北蒲公英 **384719**,384681
东北桤木 **16401**,16362
东北槭 **3129**
东北千里光 **358241**,358240
东北蕤核 **365002**,315176
东北瑞香 **122586**
东北三肋果 **397986**
东北山矾 **381386**
东北山荆子 243649
东北山黧豆 **222852**
东北山蚂蝗 **126453**,200740
东北山梅花 **294536**
东北杉木 388
东北舌唇兰 **302290**
东北蛇莓委陵菜 **312449**
东北蛇葡萄 **20348**
东北石蚕 388298
东北石竹 **127588**
东北鼠李 328853,328904
东北鼠麴草 **178278**
东北水马齿 **67382**
东北丝裂蒿 **35095**
东北溲疏 **126841**
东北酸模 **340281**

东北穗花 **317949**
东北苔草 **75298**
东北天葵 210281
东北天南星 33245
东北甜茅 177672
东北铁线莲 94814,95366
东北透骨草 408262
东北土当归 **30618**
东北委陵菜 312659
东北卫矛 **157848**
东北猬草 **203136**
东北乌头 5294
东北细辛 37638
东北细叶沼柳 **344036**
东北夏枯草 316097
东北小檗 51301,52049
东北小花溲疏 126841
东北小米草 **160134**
东北小叶茶藨 334167
东北小叶茶藨子 **334167**
东北缬草 404316
东北杏 **34443**
东北熊疏 229063
东北绣线梅 **263183**
东北玄参 **355182**
东北鸦葱 **354897**
东北雅葱 354897
东北亚冠毛草 **282953**
东北亚冠毛草属 **282951**
东北亚菊 **13007**
东北亚山茱萸 **105055**
东北亚卫矛 **157797**
东北延胡索 105594,106564
东北岩高兰 **145069**,145073
东北眼子菜 **312173**
东北燕尾风毛菊 348141
东北羊角芹 **8811**
东北杨 **311330**
东北异燕麦 **190206**
东北茵陈蒿 36232
东北淫羊藿 147013
东北玉簪 **198600**
东北鸢尾 208543,208706
东北元胡 106564
东北越桔柳 343747
东北越橘柳 **343747**
东北獐牙菜 **380269**,380302
东北针枝蓼 44269
东北珍珠梅 369279
东北猪殃殃 **170574**
东北苎麻 56318
东贝母 168587
东滨海当归 **24384**
东部白钓钟柳 **289366**
东部白栎 323625
东部百蕊草 **389806**
东部糙苔草 **76160**
东部叉柱兰 **86719**
东部蝉翼藤 **356366**
东部独子果 156068
东部非洲金叶树 **90013**
东部红栎 320278
东部科林花 **99840**
东部林苔草 **73887**
东部密藏花 **156068**
东部髯毛南非禾 **289951**
东部鼠鞭草 **199681**
东部苏铁 **115868**
东部甜茅 **177655**
东部西雏菊 **43297**
东部线柱兰 **417804**,86719
东部杨 311292
东部银卷舌菊 **380854**
东部尤克里费 156068
东部油杉寄生 **30917**
东部窄叶苔草 **73675**
东部樟 91287
东部之光山茶 **69173**
东菜王棕 **337877**
东苍术 44205
东川粗筒苣苔 **60277**
东川淡黄马先蒿 **287390**
东川当归 **24344**
东川灯心草 **213052**
东川短檐苣苔 **394676**
东川风毛菊 **348267**
东川凤仙 204822
东川凤仙花 **204822**
东川蒿 35863
东川虎耳草 **349274**
东川花佩菊 161884
东川画眉草 147793
东川黄鹌菜 416454
东川茴芹 **299401**
东川假千里光 **283876**
东川拉拉藤 170702
东川马先蒿 287410
东川毛鳞菊 **84954**
东川磨芋 20109
东川魔芋 **20109**
东川囊瓣芹 **320230**
东川七叶树 **9725**
东川石蝴蝶 **292566**
东川鼠尾草 **345192**
东川乌头 5223
东川小檗 **51571**,51903
东川芎 229371
东川杨柳 311584
东川萤蔺 353794
东川早熟禾 **305712**,305698
东川紫堇 **105830**
东川紫云菜 182126
东葱 **15715**
东当归 **24282**
东党 98395
东党参 98417
东毒茴 204533,204575,204583
东俄洛百蕊草 389899
东俄洛报春 **315050**
东俄洛风毛菊 **348617**
东俄洛凤仙花 **205394**
东俄洛黄芪 43164
东俄洛黄耆 **43164**
东俄洛棱子芹 304754
东俄洛龙胆 **173992**
东俄洛马先蒿 **287763**
东俄洛南星 **33516**
东俄洛沙蒿 **35392**
东俄洛橐吾 **229230**
东俄洛乌头 **5633**
东俄洛紫菀 **41380**
东俄芹属 **392782**
东方阿尔伯特木 13435
东方阿魏 **163688**
东方艾伯特木 **13435**
东方白粉藤 **92611**
东方白杨 311292
东方百合 **229973**
东方百子莲 **10271**
东方半日花 **188773**
东方膀胱豆 100187
东方鲍德豆 **48971**
东方杯状欧石南 **149322**
东方北美前胡 **99047**
东方贝母 **168503**
东方鼻花 **329550**
东方匕果芥 **326835**
东方比亚诺镰扁豆 **135427**
东方闭花木 **94507**
东方扁担杆西番莲 **284925**
东方藨草 **353676**
东方冰草 148415
东方兵豆 **224487**
东方伯努瓦大戟 **51063**
东方博巴鸢尾 **55964**
东方博里花 57196
东方苍耳 **415037**
东方糙蕊紫草 **393961**
东方草莓 **167641**
东方茶藨 334132
东方茶藨子 **334132**
东方长管鸢尾 **208526**
东方虫果金虎尾 **5927**
东方虫实 **104819**
东方茨藻 **262098**
东方刺桐 154734
东方刺头菊 **108357**
东方葱 **15554**
东方粗毛异荣耀木 **134679**
东方醋栗 334132
东方簇花 **120887**
东方翠雀花 **102838**
东方大花棘豆 **279000**
东方大黄 **329368**
东方大戟 **159503**
东方大蒜芥 **365568**
东方德兰士瓦番薯 **208246**
东方短梗景天 **8463**
东方多角夹竹桃 **304161**
东方多节花 **304512**
东方多榔菊 **136364**
东方多脉川苔草 **310100**
东方鹅耳枥 77359
东方鹅绒委陵菜 **312371**
东方耳托指甲草 **385638**
东方发白 170035
东方法蒺藜 **162272**
东方飞蓬 **150834**
东方非洲豆蔻 **9927**
东方非洲砂仁 9927
东方非洲野牡丹 **68256**
东方菲利木 **296289**
东方肥皂草 **346436**
东方分离牛角草 **273192**
东方分蕊莎草 **89049**
东方风毛菊 348845
东方枫香 232562
东方福木 **142461**
东方腹禾 **171814**
东方刚果鹿藿 **333198**
东方钩喙荠 **57196**
东方狗牙花 **154190**
东方古柯 **155088**
东方瓜馥木 **166692**
东方馆肋蓼 **309858**
东方海甘蓝 **108628**
东方旱麦草 **148415**
东方蒿 **36028**
东方褐毛日本槭 **3249**
东方黑种草 **266236**
东方红叶藤 **337744**
东方狐尾草 **45533**
东方狐尾藻 **261355**
东方胡麻花 **191065**
东方胡桃 **212643**
东方槲寄生 411082
东方花盏 **61407**
东方黄花稔 **362594**
东方黄芩 **355638**
东方黄檀 **121785**
东方惠特爵床 **413960**
东方极黏木蓝 **206728**
东方蒺藜 **395155**
东方荚蒾 **408015**
东方假花大戟 **317202**
东方浆果鸭跖草 **280522**
东方疆南星 **37022**
东方金草 **89861**

东方筋骨草 **13153**
东方堇菜 **410326**
东方聚合草 **381037**
东方聚伞树葡萄 **120052**
东方蕨麻 312371
东方克格兰 **215801**
东方库卡芋 **114393**
东方拉兹草 **329263**
东方蜡菊 **189628**
东方蓝刺头 **140761**
东方蓝珠草 **61368**
东方狼尾草 **289185**
东方狼紫草 **21965**
东方类九节 **181416**
东方丽唇夹竹桃 **66961**
东方蓼 **308960**,309494
东方列当 **275155**
东方裂叶悬钩子 **338946**
东方苓菊 **214142**
东方琉璃苣 **57103**
东方龙胆 **173864**
东方绿白 161680
东方绿顶菊 **160683**
东方裸盆花 **216772**
东方马薄荷 **257187**
东方马拉巴草 **242818**
东方麦芦荟 **17018**
东方脉指光膜鞘茜 **201032**
东方毛茛 **326156**
东方毛花积雪草 **81592**
东方毛花薯蓣 **131625**
东方毛脉光膜鞘茜 **201030**
东方毛鞘兰 **396474**
东方毛蕊花 **405681**
东方美人蕉 **71186**
东方美味补血草 **230600**
东方眠雏菊 **414988**
东方木 145320
东方木犀草 **327898**
东方南杞莓 **389393**
东方南蛇藤风车子 **100386**
东方拟芦荟 **235475**
东方鸟娇花 **210865**
东方欧石南 **149817**
东方泡囊草 **297881**
东方佩氏木 **291458**
东方苹果 **243662**
东方婆罗门参 394321
东方婆婆纳 **407264**
东方普里鹧鸪花 **395523**
东方普罗木 **315457**
东方桤木 **16431**
东方槭 **3294**
东方杞莓 **316997**
东方荠 **72054**
东方青冈 **116083**
东方琼楠 **50621**
东方秋水仙 **99313**
东方雀苣 **350507**
东方热非大风子 **355017**
东方热非夹竹桃 **13302**
东方柔软疣石蒜 **378542**
东方肉穗草 **346938**
东方肉穗野牡丹 **346955**,346938
东方蕊叶藤 **376561**
东方瑞兹亚 329263
东方萨比斯茜 **341665**
东方三白草 348087
东方三萼木 **395307**
东方三裂毛茛 **325939**
东方三蕊沟繁缕 **142578**
东方沙枣 **141936**
东方山尖子 **283820**
东方山萝卜 **350213**
东方山毛榉 162395
东方山水仙 **262382**
东方山羊草 **8662**
东方山羊豆 **169940**
东方山楂 **109788**
东方扇舌兰 **329655**
东方蛇床 **97725**
东方蛇葡萄 **20430**
东方施图芥 **378979**
东方石蚕 **388172**
东方石竹 127787
东方矢车菊 **81257**
东方鼠茅 **235299**
东方鼠茅属 **235297**
东方鼠麹草 **178330**
东方水甘草 329263
东方水莛 **19037**
东方水锦树 **413837**
东方水麻 **123332**
东方水青冈 **162395**
东方斯来草 **366031**
东方宿 340089
东方酸模 **340164**
东方苔草 **76619**
东方唐松草 **388608**
东方陶萨木 393307
东方藤竹 131283
东方天山泽芹 **53161**
东方天仙子 **201394**
东方甜茅 177626
东方铁筷子 **190949**
东方铁线莲 **95179**
东方头蕊兰 **82043**
东方图森木 **393307**
东方兔苣 **220141**
东方外翅菊 **86014**
东方维斯木 **411150**
东方委陵菜 **312841**
东方乌檀 262823
东方乌头 **5168**
东方屋脊黄耆 **43141**
东方无须藤属 **198574**
东方五被花 **289430**
东方五层龙 **342699**
东方希尔德番薯 **207859**
东方仙花 **395821**
东方线果芥 **102811**
东方香科 388172
东方香蒲 401129
东方小檗 **51981**
东方小冠花 **105300**
东方小瓠果 **290534**
东方小萝卜 326835
东方小麦 **398985**
东方小叶海桐 **301357**
东方肖黄耆 **153948**
东方肖榄 **302604**
东方肖毛蕊花 **80542**
东方斜蕊夹竹桃 **97133**
东方斜紫草 **301626**
东方鞋木 **52896**
东方欣兹翼茎菊 **172470**
东方星刺 **327567**
东方星萝卜 **43419**
东方星毛树 **268786**
东方星苔草 **75959**
东方玄参 **355208**
东方悬钩子 **338929**
东方旋覆花 **207193**
东方雪莲花 348845
东方鸭舌癀舅尖果茜 **77128**
东方崖柏 302721
东方崖豆藤 **254793**
东方亚麻藤 **199170**
东方岩蔷薇猪屎豆 **112020**
东方岩生庭荠 **18465**
东方眼子菜 **312035**
东方羊胡子草 **152769**,152765
东方羊茅 **163827**
东方洋地黄 **130381**
东方药水苏 **53307**
东方野菰 **8763**
东方野芥 **364563**
东方野决明 **389536**
东方野扇花 **346738**
东方野豌豆 **408435**
东方叶覆草 **297522**
东方银齿树 **227333**
东方银叶花 **32734**
东方罂粟 **282649**,282647
东方硬萼花 **353993**
东方鼬瓣花 **170072**
东方鱼鳔槐 **100187**
东方羽绒狼尾草 **289251**
东方鸢尾 **208740**,208526,208806
东方远志猪屎豆 **112552**
东方云杉 **298391**
东方早熟禾 **265144**
东方早熟禾属 **265140**
东方泽泻 **14754**
东方摘亚苏木 **127413**
东方针茅 **376859**
东方钟倒挂金钟 **168762**
东方舟叶花 **340818**
东方皱茜 **341142**
东方猪毛菜 **344652**
东方猪屎豆 **112482**
东方紫金花 **31657**
东方紫金牛 **31437**
东方紫朱草 **14840**
东防风 346448
东非阿氏莎草 **532**
东非大风子 **66143**
东非大风子属 **66142**
东非凤仙 **205171**
东非黑黄檀 121750
东非胡麻 **286921**
东非胡麻属 **286919**
东非假蛇尾草 **193993**
东非决明 **78485**
东非兰 **328503**
东非兰属 **328502**
东非芦荟 **17163**
东非绿苞草 **88428**
东非绿苞草属 **88427**
东非绿心樟 **268734**
东非罗汉松 306435,306490
东非罗勒 **268550**
东非萝藦 **215492**
东非萝藦属 **215491**
东非麻疯树 **212103**
东非没药 **101457**
东非蒙松草 **258140**
东非密花树 **326550**
东非木槿 **194698**
东非木犀榄 270129
东非拟崖椒 **162179**
东非榕 **165065**
东非沙针 **276878**
东非山扁豆 78485
东非双花草 **306924**
东非双花草属 **306923**
东非桃花心木 216211
东非鸭跖草 **47033**
东非鸭跖草属 **47032**
东非崖豆树 **254851**
东非油橄榄 **270129**
东非云实 **379005**
东非云实属 379004
东非早熟禾 **84944**
东非早熟禾属 **84942**
东非泽泻属 **64011**
东非柱形猪屎豆 **112053**

东风 220126
东风菜 **135264**
东风菜属 **135253**
东风草 **55781**,55711,55783,367370
东风凤尾葵 139427
东风金果椰 **139427**
东风桔 43721
东风橘 43721
东风球 **244042**
东风丸 244042
东风兰 116815
东夫飞蓬 **151012**
东弗里斯兰森林鼠尾草 **345249**
东根 23670
东沟柳 **343327**
东谷黄堇 106539
东谷芹属 392782
东瓜 50998
东国三叶踯躅 **332089**
东海村茅膏菜 **138361**
东好望角舟蕊秋水仙 **22374**
东疆红景天 **329965**
东京白花地丁 **410368**
东京闭花木 94541
东京柄果木 **255955**
东京粗丝木 178921
东京杜鹃 **332144**
东京盾柱木 **288901**
东京枫杨 320384
东京沟瓣 **178007**
东京钩藤 401762
东京瓜馥木 **166690**
东京槐 369141
东京槐属 **82486**
东京堇菜 **409622**
东京拉拉藤 **170575**
东京龙脑香 **133577**
东京魔芋 **20146**
东京木 154971
东京南蛇藤 80336
东京蒲葵 **234196**
东京莎草 **119700**
东京山胡椒 231454
东京蛇王藤 **285708**
东京四照花 **105063**
东京素馨 **212040**
东京桃叶卫矛 157570
东京桐 **127130**
东京桐属 **127129**
东京卫矛 157928
东京小苞爵床 **113754**
东京银背藤 **32651**
东京樱花 **83365**,316933,316934
东京油楠 **364715**
东京鱼藤 **126005**
东京樟 91440
东京猪殃殃 **170342**
东京紫玉盘 **403585**
东境术 44218
东久橐吾 **229229**
东菊 **40334**,41380,150513
东葵 243771
东拉王棕 **337874**
东莨菪 **354691**
东莨菪属 25438,354678
东里海委陵菜 **313081**
东陵八仙花 199846
东陵草 19491
东陵冷杉 427
东陵山柳 **343886**
东陵苔草 76484
东陵绣球 **199846**
东洛显著小檗 **51771**
东麦瓶草 **363852**
东美人 180269
东南半边莲 234628
东南部樟 91287
东南菜 99936
东南长蒴苣苔 **129910**
东南杜鹃 330854
东南堆心菊 **188432**
东南非萝藦属 **144882**
东南佛甲草 356512
东南荚蒾 407852
东南金粟兰 88295
东南景天 **356512**
东南菊 83644
东南栲 78963
东南蓝刺头 140716
东南美国蜡梅 68310
东南南蛇藤 **80285**
东南爬山虎 **285100**,416526
东南疱茜 **319954**
东南飘拂草 **166435**
东南葡萄 **411613**
东南茜草 **337912**
东南山茶 **69056**
东南山梗菜 234628
东南蛇根草 **272254**,186858
东南神香草 **203097**
东南石栎 233241
东南五味子 **351055**
东南夏蜡梅 **68310**
东南悬钩子 **339413**
东南亚大戟 **345748**
东南亚大戟属 **345747**
东南亚杠柳 **385608**
东南亚杠柳属 **385607**
东南亚红光树 **216795**
东南亚灰莉 **162344**
东南亚鸡屎树 **222257**
东南亚假龙脑香 **133556**
东南亚姜属 **212367**
东南亚苣苔 **215065**
东南亚苣苔属 **215064**
东南亚兰 **284106**
东南亚兰属 **284105**
东南亚马鞭 **291385**
东南亚马鞭属 **291384**
东南亚猫尾木 **135310**
东南亚霉草 **23402**
东南亚霉草属 **23401**
东南亚母草 **354594**
东南亚拟巴戟天 **258932**
东南亚葡萄 **2725**
东南亚葡萄属 **2724**
东南亚茜 **415245**
东南亚茜属 **415243**
东南亚山榄属 **286754**
东南亚苏木 **380684**
东南亚苏木属 **380683**
东南亚野牡丹属 **24185**
东南亚异形木 **16017**
东南亚银叶树 **192488**
东南亚鹰爪花 35013
东南亚紫金牛 **31382**
东南野桐 **243384**
东南锥 78963
东南紫金牛 31599
东欧山楂 **109660**
东欧旋覆花 **207190**
东泡囊草 297881
东埔油芒 **139917**
东蘠 266367
东蘠子 11619
东芩 355387
东沙参 176923
东山黄芪 42699
东氏银莲花 **24100**
东鼠李 **328684**
东丝儿 105658,106465
东丝勒 105658,106170
东天红 **329712**
东天山黄芪 42091
东天山黄耆 **42091**
东莞润楠 **240634**
东旺虎耳草 **349275**
东喜马萝藦 **394752**
东喜马萝藦属 **394751**
东线藤 290843
东香蒲 401129
东兴粗筒苣苔 **60262**
东兴黄竹 **47235**
东兴金花茶 **69149**
东兴润楠 **240713**
东兴山龙眼 **189925**,189913
东兴竹 47235
东亚八角 204598
东亚地杨梅 **238660**
东亚耳草 **187612**
东亚孤柳 **344256**
东亚黑三棱 370061
东亚兰 **116910**
东亚脉叶兰 265373
东亚魔芋 **20098**,20136
东亚囊瓣芹 **320241**
东亚女贞 **229561**
东亚茜 **310811**
东亚茜属 **310810**
东亚忍冬 **236007**
东亚舌唇兰 **302549**
东亚市藜 **87187**
东亚唐棣 **19248**
东亚唐松草 **388583**
东亚文殊兰 111167
东亚五味子 351034
东亚细穗草胡椒 290376
东亚细辛属 **38307**
东亚仙女木 **138460**
东亚羊茅 **164056**
东亚褶唇兰 399634
东亚栉齿蒿 **35895**
东亚紫茉莉 278287
东阳贝母 **168587**
东阳火草 277747
东阳青皮竹 **297484**
东洋桂花 161647
东洋参 280741,383324
东洋丸 244168
东野菰 8763
东义紫堇 **105567**
东印度缎 88663
东印度酒瓶椰子 **201359**
东印度玫瑰木 121730
东印度柠檬草 117171
东印度须芒草 57567
东印青梅 **405164**
东印沙木 88663
东瀛杜鹃 **331341**
东瀛鹅观草 **335423**
东瀛珊瑚 44915
东瀛珊瑚木 44915
东瀛四照花 124923,124925
东瀛绣线菊 **372029**
东莠竹 254005
东云 139974
东藏杜鹃 331457
东至景天 **356679**
东智利棕 **48005**
东智利棕属 **48003**
东竹 **347361**
东竹属 347334
东爪草 **391923**
东爪草属 **391918**
东紫堇 **105682**
东紫苏 **143967**
冬白花欧石南 **149565**

冬白术 44218
冬百里香 **391217**
冬菠 338698
冬薄荷属 347446
冬不凋草 335760
冬不雕草 335760
冬不落叶 231355
冬茶藨 333950
冬茶梅 69133
冬赤箭 171949
冬虫草 114838,373222,373274
冬虫夏草 373222
冬葱 15170,15289
冬地梅 96009
冬豆子 177750
冬儿沙星 272090
冬番红花 **111531**
冬风菜 108736
冬凤兰 **116815**
冬瓜 **50998**,114292,114300
冬瓜木 16295,249560
冬瓜属 **50994**
冬瓜树 16421,76813
冬瓜杨 **311444**
冬寒菜 243771,243862
冬寒苋菜 243771
冬红 **197368**
冬红短柱茶 **69133**
冬红果 408123
冬红花 197368
冬红花属 197361
冬红轮生冬青 **204380**
冬红山茶 69133
冬红属 **197361**
冬花 292404,400675
冬花大吴风草 **162615**
冬花火焰兰 **327693**
冬花牡丹 **280304**
冬花欧石南 **149544**
冬花秋海棠 **49921**
冬花樱 **316536**
冬黄轮生冬青 **204379**
冬季榉 162375
冬季锐尖白珠树 **172123**
冬季阳光居间十大功劳 **242467**
冬剪股颖 **12139**
冬金盏花 **66427**
冬菊花 126935
冬均子 324677
冬葵 **243771**,1000,243862
冬葵菜 243840,243862
冬葵花 77181
冬葵苗 243862
冬葵子 934,243840
冬兰条 408118
冬里麻 123322,123332
冬凌草 **324864**,209811
冬绿北美香柏 **390625**
冬绿茶 243629
冬绿鹿蹄草 322830
冬绿马钱 378948
冬绿树 172099,172135
冬栾条 408118
冬麻 345496
冬麻豆 **345496**
冬麻豆属 **345495**
冬芒果 244396
冬杧果 **244396**
冬美春花欧石南 **149172**
冬美人桂香忍冬 **236050**
冬美人欧洲红瑞木 **105173**
冬美人小叶黄杨 **64297**
冬木科 414486
冬牛 338698
冬牛至 **274218**
冬彭 171918
冬枇杷 165759
冬葡萄 **411575**
冬七 280771
冬蔷薇山茶 **68879**
冬青 **203625**,19777,204138,229472,229529,229558,355317,385192,385234,410960,410992,410994,414216,415869
冬青百簕花 **55352**
冬青草 299395
冬青柴 204217
冬青刺芹 **154285**
冬青丹氏梧桐 **135778**
冬青沟瓣 177985
冬青沟瓣木 **177985**
冬青果 380461
冬青科 **29968**
冬青栎 324027
冬青美登木 **246861**
冬青木 203625,229485
冬青榕 **165141**
冬青属 **203527**
冬青树 229529
冬青条 410992
冬青卫矛 **157601**
冬青叶 172074
冬青叶奥勒菊木 270195
冬青叶百簕花 **55351**
冬青叶班克木 **47646**
冬青叶波思豆 **57490**
冬青叶茶 69144
冬青叶刺芹 **154321**
冬青叶冻绿 **328668**
冬青叶杜鹃 **331546**
冬青叶短尾菊 **207520**
冬青叶非洲木菊 **58500**
冬青叶福木 **142431**
冬青叶桂花 **276327**,276313
冬青叶桂樱 **223096**
冬青叶红花 **77714**
冬青叶红鼠李 **328674**
冬青叶火豌豆 89136
冬青叶假杜鹃 **48200**
冬青叶尖荚豆 **278495**
冬青叶金虎尾 243523
冬青叶可利果 **96750**
冬青叶李 **316452**
冬青叶栎 324039
冬青叶瘤果茶 **69144**
冬青叶洛马木 235409
冬青叶洛美塔 235409
冬青叶美登木 **246859**
冬青叶米尔贝 255776
冬青叶米尔豆 **255776**
冬青叶木犀榄 276313
冬青叶扭瓣花 **235409**
冬青叶千里光 **359098**
冬青叶秋海棠 **49753**
冬青叶软骨草 **219775**
冬青叶三角车 **334630**
冬青叶莎草 **118875**
冬青叶山茶 69144
冬青叶山矾 381390
冬青叶十大功劳 **242478**
冬青叶鼠刺 **210384**
冬青叶鼠李 **328734**,328668
冬青叶树紫菀 **270195**
冬青叶丝头花 **138440**
冬青叶四仁大戟 **386965**
冬青叶桃仁 **316692**
冬青叶兔唇花 **220069**
冬青叶豚草 **19169**
冬青叶小檗 **51755**,242478
冬青叶小裂缘花 **351441**
冬青叶杨 **311354**
冬青叶叶节木 **296835**
冬青叶银桦 **180605**
冬青叶硬衣爵床 **354380**
冬青叶帚菊木 **260541**
冬青油树 172100
冬青仔 204217
冬青子 229601
冬青紫叶 **180277**
冬泉菊 **339851**
冬泉菊属 **339849**
冬日中花 **220579**
冬山茶 69133
冬珊瑚 367522,367528
冬术 44218
冬树 276313
冬司 106170
冬苏 250370
冬穗爵床 **385698**
冬穗爵床属 **385696**
冬笋竹 **364674**,364812
冬太阳春石南 **149174**
冬桃 **142278**,20935,142311,330182
冬天短尖叶白珠树 172123
冬天番樱桃 **156246**
冬天麻 **171949**
冬甜瓜 **114211**
冬菟葵 148104
冬伍尔秋水仙 **414884**
冬苋菜 243862
冬香草 **347597**
冬肖鸢尾 **258519**
冬叶 296049,296052
冬叶七 351383
冬叶树 154734
冬樱花 316536
冬扎公 338205
冬至小檗 **51394**
冬竹 **162699**
冬竹子 171155
冬子菜 326629
冬紫罗兰 **246484**
苳叶科 245039
董郎 289015
董氏百合 **229720**
董氏萱草 191318
董睡 30788
董仔 255849
董棕 32343,78056
动地虎 117859
动蕊花 **216458**
动蕊花属 **216454**
冻葱 15170
冻地银莲花 **24038**
冻骨风 244985
冻结红景天 329877
冻绿 **328883**,328665,328680,328713,328868,328900
冻绿柴 328680,328883
冻绿刺 328713
冻绿皮 328680
冻绿鼠李 328883
冻绿树 328665,328739,328883
冻米柴 360935
冻木刺 328883
冻木树 328883
冻青 355317,385192,385234,410992
冻青树 203625,229529,415869
冻青叶 240723
冻椰属 64159
冻原白蒿 **36325**
冻原白蒿属 36576
冻原繁缕 **374926**
冻原狗舌草 **385922**
冻原金丝桃 **201742**

冻原柳 **344229**
冻原柳叶菜 **146928**
冻原蒲公英 **384837**
冻原千里光 **360265**
冻原生柳叶菜 **146929**
冻原苔草 **76289**
冻子椰子 64161
冻子椰子属 64159
栋古拉木槿 **194843**
栋克蛇鞭柱 **357740**
洞川黄芪 43196
洞川黄耆 **43196**
洞果冬青 204092
洞果漆属 **28748**
洞里仙 105810
洞皮树 328713
洞生蜘蛛抱蛋 **39525**
洞柿 132339
洞庭草 62110
洞庭红 93737
洞庭皇银杏 **175818**
洞头水苎麻 **56208**
洞叶羽扇豆 **238489**
硐龙络 160503
都安槭 **3760**
都安秋海棠 **50337**
都草 237539
都昌箬竹 **206776**
都蝶 126720
都锦 264121
都拉 208939,398024
都拉参 398024
都拉鸢尾 208498
都辣 247116
都兰黄芪 42198
都兰黄耆 **42198**
都劳九 96116
都丽菊 **155365**
都丽菊属 **155354**
都丽菊状宽肋瘦片菊 **57619**
都梁香 158118
都淋藤 34162
都罗木 171918
都念子 61935,171136
都鸟 **102512**,244254
都鸟球 **244254**
都咸树 21195
都咸子 21195
都支杜鹃 **331811**
兜瓣萝蒂 234224
兜被兰 **264779**,264765
兜被兰属 **264757**
兜唇带叶兰 **383066**
兜唇马先蒿 287218
兜唇石斛 **124996**
兜冠黄芩 355449
兜尖卷叶杜鹃 **331676**
兜兰 282788,282883
兜兰属 **282768**,22320
兜类婆草 10414
兜藜 **281175**
兜藜属 **281173**
兜铃 34154,275403
兜铃根 34162
兜娄婆香 10414,302684
兜栌 302684
兜蓬莱 146054
兜鞘垂头菊 **110370**
兜蕊兰 **22323**
兜蕊兰属 **22320**
兜舌兰 **282844**
兜舌兰属 282768
兜丸 43493
兜叶杜鹃 331675
兜状多穗兰 **310372**
兜状哈克 184599
兜状哈克木 **184599**
兜状荷包牡丹 **128294**
兜状瘤瓣兰 **270804**
兜状挪威槭 **3429**
兜状青藤 **204657**
兜状秋海棠 **49755**
兜状天竺葵 **288184**
兜状崖摩楝 **19957**
斗达草 135134
斗达草属 135132
斗登风 154971
斗登凤 154971
斗冠菊 **171468**
斗冠菊属 **171467**
斗花亮籽 **405266**
斗花亮籽属 **405265**
斗花属 **196385**
斗笠花 239547
斗莲 13934
斗铃 34154
斗鹿 104103
斗牛儿苗 153914
斗牛角 **159791**
斗牛士倒挂金钟 **168761**
斗蓬菰 **88198**
斗篷草 14065,146054
斗篷草科 14174
斗篷草属 13951
斗篷菰属 **88197**
斗篷果榕 **164801**
斗篷花 13934
斗篷花属 **395031**
斗篷菊属 **280142**
斗篷麻疯树 **88191**
斗篷麻疯树属 **88190**
斗篷木 **88188**
斗篷木属 **88187**
斗篷叶糙蕊阿福花 **393734**
斗篷状牻牛儿苗 153903
斗球 407939
斗省草 282814
斗霜红 203422
斗雪红 336485
斗雪开 122532
斗叶马先蒿 **287135**
斗柚 **93754**,93579
斗鱼草 **6146**
斗鱼草属 **6145**
斗竹 **270450**
陡坡草 **355028**
陡坡草属 **355027**
陡生杜鹃 **330523**
陡崖杏叶柯 233106
豆板黄杨 64369
豆瓣菜 **262722**,179438,290439,311890,356702,357123
豆瓣菜属 **262645**
豆瓣草 179438,290439,356702,356884
豆瓣柴 261601
豆瓣打不死 290439
豆瓣还阳 200784,294114,356736
豆瓣黄杨 64369
豆瓣兰 **117035**
豆瓣鹿含 106062
豆瓣鹿衔草 290439
豆瓣绿 **290439**,54520,198885,290305,290395
豆瓣绿属 290286
豆瓣七 142717,142719,290305,329879,356916
豆瓣如意 290439
豆瓣如意草 290439
豆瓣树 157761
豆瓣香 276283
豆瓣香树 **276897**
豆瓣子菜 357123
豆包还阳 294114
豆菜 **319112**,408648
豆茶决明 **78429**
豆豉菜 285859,404285
豆豉草 208640,208806,285859,285880,404285
豆豉杆 59223
豆豉果 381341
豆豉姜 233882,234045
豆豉叶 208640,208875,350716,406662
豆搭子 407850
豆豆苗 226751,247457,408262
豆腐菜 48689
豆腐草 313692
豆腐柴 **313692**
豆腐柴赪桐 **96286**
豆腐柴属 **313593**
豆腐柴叶八角枫 13381
豆腐果 **61671**
豆腐花 154163
豆腐木 125611,313692
豆腐头 122700
豆腐渣果 189941
豆腐渣树 145505,145510,145520,406311
豆干草 309564
豆杆沙 209774
豆根木蓝 206140
豆姑娘 297643
豆果榕 165468
豆荈 17702
豆花牻牛儿苗 288133
豆花牛筋脖 188016
豆槐 369037
豆寄生 114994
豆荚 226721
豆角 294056,409086,409096
豆角柴 70799
豆角蛤蜊 117751
豆角黄瓜 396151
豆角木 325002
豆角树 325002
豆角消 296373
豆金柑 167499
豆金娘 322465
豆科 **224085**,**161875**
豆口烧 176839
豆叩 17702,261424
豆蔻 **19839**,17681,17702,19870,187468,261424
豆蔻花 19870,261424
豆蔻萨比斯茜 **341588**
豆蔻属 **19817**
豆蔻天竺葵 288396
豆兰属 62530
豆篮子 403687
豆梨 **323116**
豆列当 **244639**
豆列当属 **244635**
豆麻 221604,231942
豆马黄 114994
豆蔓藤属 134027
豆苗菜 408648
豆木属 **352485**
豆皮香 88276
豆麒麟 **106958**
豆稔 332221
豆稔干 332221
豆蓉 65146
豆生花属 299285
豆薯 **279732**
豆薯属 **279728**
豆藤 66641,414576

豆豌豌 408502
豆碗碗 408262
豆型霸王 418641
豆须子 114994
豆叶霸王 418641
豆叶百步还阳 135646
豆叶菜 408648
豆叶柴 226698
豆叶杜鹃 331944
豆叶九里香 **260164**
豆叶狼毒 329975
豆叶木通 95405
豆叶穆提菊 260554
豆叶七 329975,379228
豆叶参 314342
豆应仇罗 308616
豆樱 **83224**
豆月老 8344
豆渣菜 53797,53801,54048,54158,285859,285880
豆渣草 54048,54158,285859,285880
豆渣树 16293,16295
豆子 197213
豆子草 269613
豆棕 **390455**
豆棕属 390451
窦比属 135753
毒八角 204569,204575
毒白花丹 **305198**
毒斑鸠菊 **406824**
毒扁豆 **298009**,360463
毒扁豆属 **298004**
毒赪桐 **96394**
毒大风子 **199757**
毒大戟 **159607**
毒大沙叶 **286543**
毒大蒜芥 317344
毒当归 **24503**
毒吊兰 **88627**
毒豆 **218761**,292737
毒豆木属 **171969**
毒豆属 **218754**
毒豆树 218761
毒豆叶白花菜 **95718**
毒根 172779
毒根斑鸠菊 **406272**,406086,406102
毒根鸡菊花 **182317**
毒公 5335
毒狗药 117640,327069
毒瓜 **132957**,61552
毒瓜属 **215692**,132954
毒果忍冬 235970
毒果椰属 273120
毒红豆 765
毒胡萝卜 **388870**
毒胡萝卜糙苏 **295207**
毒胡萝卜蜡菊 **189858**
毒胡萝卜属 **388868**
毒胡萝菔属 101845
毒胡桃 378948
毒虎眼万年青 **274812**
毒黄檀 **121803**
毒灰毛豆 **386338**
毒戟木 9844
毒戟属 9843
毒夹竹桃 4963
毒夹竹桃属 4954
毒尖药木 **4981**
毒箭对叶藤 **250169**
毒箭凤仙花 **205033**
毒箭木 28248,161657
毒箭藤 **88816**
毒解草 292374
毒空木 104696
毒芦荟 **17378**
毒马草 **362838**
毒马草属 **362728**
毒马利筋 **38121**
毒马钱 **378781**,378914
毒麦 **235373**
毒麦画眉草 **147482**
毒麦属 235300
毒毛扁豆属 298004
毒毛麻雀豆 259493
毒毛旋花属 378363
毒毛旋花子 378417
毒牛芹 **278559**
毒牛芹属 **278556**
毒欧芹 9832
毒漆 **199612**,332959,393470
毒漆属 **199610**,393441
毒漆树 **252595**
毒漆树属 **252593**
毒漆藤 **393470**
毒棋盘花 **417928**
毒茄参 244346
毒茄参属 244340
毒芹 **90932**,90936
毒芹属 **90918**
毒蛆草 295984,295986
毒蛆草属 295978
毒犬藤属 **118352**
毒人参 365872
毒人参属 365835
毒莎草 **119607**
毒山柳草 196081
毒山柳菊 **196081**
毒蛇上树 313197
毒蛇药 34363
毒参 **101852**
毒参属 **101845**
毒柿木 **132435**
毒鼠豆属 **176969**
毒鼠子 **128675**
毒鼠子科 **128588**
毒鼠子属 **128589**
毒树 125548
毒蒴莲 **7321**
毒苏草 345340
毒台湾醉鱼草 **62016**
毒藤 254854
毒网球花 **184465**
毒莴苣 **219609**
毒细叶芹 84768
毒肖鸢尾 **258700**
毒盐肤木 **332959**
毒羊树 **9844**
毒羊树科 **9842**
毒羊树属 **9843**
毒羊叶 108587
毒药草 405618
毒药树 108578,366016
毒药树科 366019
毒药树属 366015
毒椰属 **273120**
毒叶下珠 296556
毒鹰木属 9843
毒蝇草 295986
毒蝇花 **19471**
毒蝇花属 **19468**
毒鱼 122438
毒鱼草 62110,405788
毒鱼草属 **392175**
毒鱼大戟 **159592**
毒鱼豆 300937
毒鱼豆属 **300932**
毒鱼割舌树 **413127**
毒鱼胡椒 **300482**
毒鱼藤 62110,126007,254796,254797,414193
毒鱼子 113039
毒芋头 16512
毒樟 **88431**
毒樟属 **88429**
毒籽山榄 **46607**
毒籽山榄属 **46597**
独把铁 115865
独白草 5335
独败家子 299721
独苞藤 **216062**
独苞藤属 **216060**,148449
独勃门多拉科 394685
独裁者山茶 **69187**
独采芝 171918
独刺大戟 **160030**
独丁子 317036
独钉子 317036
独定子 128323,317036
独桓 217626
独独草 217361
独儿七 5556
独根 42699,42704
独根菜 336211
独根草 **274156**,275010,275177
独根草属 **274155**
独根木 154169,382743
独梗芹 24340
独公英 **384819**
独菇 304313
独荷草 139629
独荷莲 139629
独虎龙 71679,71798
独花报春 **270741**
独花报春属 **270726**
独花臭草 **249106**
独花刺菊木 **168912**
独花刺菊木属 **168911**
独花杜鹃 330830,331270
独花芳香木 **38858**
独花非洲豆蔻 **9948**
独花黄精 **308560**
独花兰 **85974**
独花兰属 **85973**
独花六道木 200
独花露子花 **123985**
独花蒲公英 110798,110979
独花山牛蒡 375274
独花乌头 **5203**,5490
独花小金梅草 **202983**
独花蕈树 **18199**
独花岩扇 362270
独花盐角草 **342898**
独花腋生豆属 301630
独花硬皮鸢尾 **172704**
独滑 24306
独黄 131501
独活 **192270**,24306,24325,24336,24419,24433,30619,30659,192312,192345,192381,192388
独活毛囊草 **298019**
独活属 **192227**,30587
独活叶马吉草 **242388**
独活叶紫堇 **105974**
独椒 369490
独角风 67864
独角虎 205580
独角莲 **401161**,33295,33325,33349,33397,33473,33512,139623,139629,162616,284319,284358,284367,284378,284382,299719,299721,401156
独角莲属 401148
独角茅草 354801
独角丝茅 114838

独角乌桕 375840
独角仙茅 114838
独角芋 65218
独脚蟾蜍 20338,375904
独脚当归 408247
独脚柑 377973
独脚黄茅 114838
独脚金 **377973**,312571
独脚金属 **377969**
独脚莲 **284340**,16495,16512,33325,33349,139623,139628,139629,162616,212202,232197,265395,284367,299721,335151,401161
独脚莲属 401148
独脚求 78012
独脚球 78012
独脚伞 312571
独脚丝茅 114838
独脚蒜头 239257
独脚天葵 265395
独脚铁 115865
独脚委陵菜 312571
独脚乌桕 375896
独脚乌桕 92791,92920,375833,375899
独脚仙茅 114838,202812
独脚一枝箭 234379
独脚樟 347413
独筋猪尾 67864
独茎野荞麦 **151816**
独乐球属 378312
独乐玉 378313
独立花 257374
独立金蛋 312571
独立一枝花 284367
独丽花 **257374**
独丽花属 **257371**
独鳞薦草属 209945
独鳞草 **29145**
独鳞草属 **29144**
独鳞荛花 **414222**
独龙 131630
独龙菝葜 **366477**
独龙糙苏 **295103**
独龙重楼 **284316**
独龙冬青 **204412**
独龙杜鹃 **331001**,331934
独龙鹅掌柴 **350804**
独龙凤仙花 **205359**
独龙黄芪 42312
独龙黄耆 **42312**
独龙箭竹 **162744**
独龙江黄耆 42312
独龙江空竹 **82448**
独龙江舌唇兰 **302522**
独龙江石豆兰 **62698**
独龙江雪胆 **191916**
独龙江玉山竹 **416773**,416774
独龙江紫堇 **105837**
独龙藜芦 405637
独龙柃 **160616**
独龙楼梯草 **142652**
独龙鹿药 **242681**
独龙马先蒿 **287180**
独龙木荷 **350942**
独龙木姜子 **234077**
独龙南星 **33317**
独龙槭 **3655**
独龙青冈 **116084**
独龙蛇根草 **272200**
独龙十大功劳 **242650**,242637
独龙石栎 **233183**
独龙薯蓣 **131490**
独龙树萝卜 **10304**
独龙乌头 **5625**
独龙虾脊兰 **65940**
独龙小檗 **52216**
独龙绣球 **200122**
独龙悬钩子 **339355**
独龙崖角藤 **328998**
独龙羊耳蒜 **232348**
独龙羽叶参 **289658**
独龙珍珠茅 **354076**
独龙珠 299719
独龙钻山 284296
独鹿角姜 317036
独毛 114838
独毛金绒草 **170053**
独毛金绒草属 **170052**
独茅 114838
独苗一枝立 152943
独木根 9560
独木牛 146812
独牛 **49914**
独牛角 108583
独皮叶 99910
独蕊草 **199736**
独蕊草科 **199737**
独蕊草属 **199734**
独蕊科 **412164**
独蕊属 **412135**
独山瓜馥木 **166654**
独山金足草 **178865**
独山石楠 **295800**
独山唐竹 **364787**
独山香草 **239625**
独山绣线菊 **371876**
独舌橐吾 **229164**
独肾草 133042,192851
独椹 42699,42704,369010
独蒜 15698,239257,239266,417613
独蒜兰 **304218**
独蒜兰属 **304204**
独穗飘拂草 **166411**,166428
独穗苔草 75974
独特尖被郁金香 **400209**
独头蒜 15698
独尾草 **148539**
独尾草属 **148531**
独尾属 148531
独行菜 **225295**,225450,225475
独行菜属 **225279**
独行根 34162
独行虎 410770
独行木香 34162
独行千里 **71679**,71798,113039,259281,259282
独行散 265078
独眼野荞麦 **152567**,151924
独焰草 **348983**
独焰草属 **348982**
独焰豆 **348986**
独焰豆属 **348984**
独焰禾 **148212**
独焰禾属 **148211**
独摇 19292,171918,311530
独摇草 24306,88289
独摇芝 171918
独药树科 366019
独叶八角草 91024
独叶白芨 304313
独叶半夏 33335
独叶草 **216399**,37638,37722
独叶草科 **216403**
独叶草属 **216398**
独叶葱 **15857**
独叶果 379784
独叶红豆 **185697**
独叶红豆属 **185695**
独叶苣苔属 **257749**
独叶莲 265395
独叶木蓝 **206181**
独叶埔姜 61975
独叶埔羌 61975
独叶芹 353057
独叶山兰 274036,274040
独叶台 187468
独叶缬草 **404352**
独叶一枝花 19512,20132,139616,139623,139629,191602,284358,284367,299719
独叶一枝花属 191582
独叶一枝枪 19512,33295,33349,353057
独叶一枝香 175203
独叶淫羊藿 **147042**
独一味 **220336**,34364
独一味属 **220335**
独占春 **116823**,116916
独占缸 360493
独占缸子 360493
独帚 217361
独竹草 19493
独籽繁缕 **375000**
独籽小檗 **51933**
独子繁缕 375000
独子果 156061,156064,297795
独子果科 **297796**,156072
独子果属 **297791**,156058
独子藤 **257504**
独子藤属 **257503**
独足莲 16495,162616
独足绿茅 114838
独足伞 33349
独足升麻 209702
笃耨香 301002
笃耨香黄连 301002
笃乳香 301002
笃乳香树 **301002**
笃乳香状松香草 **364317**
笃斯 404027
笃斯越橘 **404027**
堵喇 5442
赌博赖 165828
妒妇 355387
杜 323110
杜邦草属 **139037**
杜表 256804
杜滨木 138722
杜滨木属 138721
杜勃山柳菊 **195571**
杜赤豆 409085
杜春花 416707
杜大黄 298093
杜当归 30619
杜蒂小檗 **51579**
杜东 232557
杜顿刺薄荷 **2319**
杜恩杜鹃 330854
杜恩圆棒玉 **134396**
杜盖木属 138874
杜根藤 **67828**,67821,200652
杜根藤属 **67816**
杜古番荔枝 138880
杜古番荔枝属 138874
杜瓜 367775,396170,396210,396257
杜杭 122438
杜恒山 241781
杜衡 **37622**,37571,37680
杜衡葵 37622
杜蘅 37571,37622,307324
杜蘅科 37543
杜红花 77748
杜宏山 241808
杜虹花 **66779**

杜蒺藜 395146
杜寄生 355317
杜茎大戟属 **241855**
杜茎山 **241781**
杜茎山科 **241852**
杜茎山属 **241734**
杜茎鼠李 **241896**
杜茎鼠李属 **241895**
杜鹃 **331839**,330546
杜鹃刺林草 **2334**
杜鹃红山茶 68933
杜鹃花 330917,331839
杜鹃花科 **150286**
杜鹃花属 **330017**
杜鹃黄耆 **42981**
杜鹃寄生 385221
杜鹃兰 **110502**
杜鹃兰属 **110500**,383119
杜鹃柳 344265
杜鹃桑寄生 385221
杜鹃属 330017
杜鹃铁仔 **261644**
杜鹃叶柳 **344006**
杜鹃叶榕 **165270**
杜鹃叶山茶 **68933**
杜鹃叶鼠李 **328841**
杜克繁锦豁裂花 **86126**
杜克南美金虎尾 **4852**
杜克樟桂 **268701**
杜夸三齿萝藦 **396717**
杜葵 37622
杜拉木 **136811**
杜拉木属 **136810**
杜拉南非帚灯草 **67912**
杜兰 125033,125138,125233,125257,198698
杜兰德麻 **139053**
杜兰德麻属 **139049**
杜兰多羊茅 **164194**
杜兰戈松 **299924**
杜兰格蒂南草 392133
杜兰果松 299924
杜朗碧波 **54372**
杜朗多葱 **15755**
杜朗多旋花 **103030**
杜朗水苏 **373197**
杜朗铁青树 **269684**
杜朗猪屎豆 **112100**
杜姥草 60777
杜梨 **323110**,323116,323259
杜里奥补血草 **230612**
杜里奥角茴香 **201604**
杜里奥落刺菊 **244726**
杜里奥乳刺菊 **169671**
杜里奥水苏 **373199**
杜里奥絮菊 **165939**
杜里莎草 **138919**
杜里莎草属 **138918**
杜莲 307324
杜楝 **400598**
杜楝属 **400554**
杜灵茜属 **139096**
杜灵仙 94814
杜灵霄 70507
杜凌霄 70512
杜鲁茜属 139094
杜绿竹 **125459**
杜洛布里小檗 **51578**
杜麻 334435
杜马茶豆 **85204**
杜玛蔷薇 **336410**
杜迈龙舌兰 **10946**
杜曼草属 **138925**
杜梅格拟漆姑 **370626**
杜梅格香科 **388071**
杜美特黑云杉 **298350**
杜蒙 308893
杜默豹皮花 **373795**
杜默变苍白柱卫矛 **29573**
杜母草 127852
杜木 323751
杜纳尔茄属 **138954**
杜纳加尔白背叶欧石南 **149710**
杜纳香属 **136204**
杜牛膝 4273,4304,77146,178861
杜浓 402194
杜珀米仔兰 **11286**
杜荣 255886
杜若 **307324**,17695,307333
杜若属 **307312**
杜森奥里木 **277499**
杜森草胡椒 **290330**
杜森大青 **96049**
杜森番樱桃 **156209**
杜森九节 **319513**
杜森秋海棠 **50215**
杜森五层龙 **342626**
杜森叶下珠 **296550**
杜什茄 138742
杜氏白粉藤 **92698**
杜氏百合 229835
杜氏报春 314327
杜氏翅茎草 320917
杜氏单瓣豆 **257725**
杜氏灯心草 213507
杜氏鹅耳枥 77411
杜氏凤仙花 **204917**
杜氏高粱 369707
杜氏湖瓜草 232396
杜氏花凤梨 **391999**
杜氏决明 **78272**
杜氏兰属 388317
杜氏蓝刺头 **140698**
杜氏狸藻 **403160**
杜氏栎 **323859**
杜氏马兜铃 **34264**
杜氏马先蒿 **287179**
杜氏牡荆 **411260**
杜氏婆罗门参 **394280**
杜氏朴 **80628**
杜氏千里光 381934
杜氏茜属 **139094**
杜氏矢车菊 **81052**
杜氏薯蓣 **131562**
杜氏素馨 211806
杜氏铁兰 391999
杜氏新绿柱 375521
杜氏油芒 372411
杜氏猪屎豆 **112095**
杜薯 313483
杜斯豆属 **139108**
杜斯花烛 **28096**
杜松 **213896**,213702,216142
杜松豆 328243
杜松豆属 328232
杜松石南 115651
杜松石南属 115649
杜松相思树 1321
杜松叶海石竹 **34522**
杜松叶欧亚圆柏 **213906**
杜棠 323110
杜藤 132929
杜瓦蟾蜍草 **62247**
杜瓦尔卡扁莎 **322214**
杜网草 81687
杜威苔草 **74297**
杜西豆属 139108
杜细辛 37622
杜香 **223901**,223912
杜香果 **223884**
杜香果科 **223881**
杜香果属 **223882**,46916
杜香属 **223888**
杜香叶奥兆萨菊 279348
杜香叶海桐 **301315**
杜香叶山桃花心木 **83819**
杜香叶新蜡菊 **279348**
杜芎 229309
杜芫 122438
杜伊风毛菊 **348142**
杜银花 236180
杜英 **142303**,142396
杜英科 **142267**
杜英属 **142269**
杜圆竹茹 297373
杜张氏百里香 **391176**
杜仲 **156041**,157601
杜仲科 **156042**
杜仲属 **156040**
杜仲藤 **402194**,157560,157745,402192
杜仲藤属 **283065**
杜仔 233122
肚蹲草 389638
肚拉 398024
肚里屏风 35167
肚脐草 128964
肚脐柑 93718
肚子银花 235633
度量草 **256214**
度量草科 371622
度量草属 **256198**
度芸 255886
渡边齿叶冬青 **203704**
渡边大戟 **160076**
渡边荚蒾 **408045**
渡边涧边草 **288850**
渡边金丝桃 **202216**
渡边平铺杜鹃 **235288**
渡边苔草 **75762**
渡边万年青 **335764**,335760
渡岛富士山冷杉 **498**
渡口榄仁 **386523**
蠹心宝 355317,385192
端 355201
端红菠萝 264426
端红凤梨 264426
端红仙人球 **244123**
端浆实 297645
端午艾 36097
端午花 13934
端阳 328345
端阳莓 338292
端元荸荠 **143054**
端元朴 **80660**
端元苔草 **74764**
端元小赤竹 **347342**
短瓣爱染草 **12493**
短瓣斑鸠菊 **99959**
短瓣斑鸠菊属 **99958**
短瓣大蒜芥 **365487**
短瓣斗篷花 **395033**
短瓣豆木 **352493**
短瓣繁缕 **374777**
短瓣非洲长腺豆 **7483**
短瓣风车子 **100723**
短瓣蝴蝶玉 **148568**
短瓣虎耳草 **349059**
短瓣花 **58966**
短瓣花属 **58965**
短瓣黄耆 **42102**
短瓣金莲花 **399515**
短瓣卷耳 **82742**
短瓣开口箭 70607
短瓣兰 **257709**
短瓣兰属 **257708**
短瓣良腺山柑 **155420**

短瓣龙骨豆 **94162**
短瓣露子花 **123838**
短瓣马蹄豆 **196628**
短瓣梅花草 **284563**
短瓣美冠兰 **156870**
短瓣绵毛繁缕 **375090**
短瓣穆拉远志 **259947**
短瓣拟球兰 **177220**
短瓣拟舌喙兰 **177380**
短瓣鸟足兰 **347720**
短瓣女娄菜 364072
短瓣欧石南 **149101**
短瓣七叶一枝花 **284366**
短瓣槭 **2808**
短瓣漆姑草 **342237**
短瓣青锁龙 **109251**
短瓣球药隔七叶一枝花 **284322**
短瓣全毛兰 **197518**
短瓣瑞香 122431
短瓣三角车 **334593**
短瓣蓍 **4014**
短瓣石豆兰 **62598**
短瓣石头花 **183176**
短瓣石竹 58966
短瓣石竹属 58965
短瓣双距兰 **133723**
短瓣藤 58966
短瓣藤属 58965
短瓣天竺葵 **288115**
短瓣头花草 **82126**
短瓣委陵菜 **312428**
短瓣乌头 **5082**
短瓣香花藤 **10235**,10234
短瓣雪灵芝 31777
短瓣异色仙灯 **67636**
短瓣鹰爪花 **35002**
短瓣蝇子草 **363261**
短瓣玉盘属 **143872**
短棒蒲桃 **382487**
短棒茜 **332379**
短棒茜属 **332378**
短棒石斛 **125036**
短苞巴氏锦葵 **286596**
短苞白点兰 **390495**
短苞百蕊草 **389625**
短苞斑叶兰 179580,179586
短苞柄香薷 **143976**
短苞叉毛蓬 292725
短苞大理苔草 76081
短苞灯盘无患子 **238922**
短苞灯心草 **212915**
短苞点囊苔草 **76081**
短苞反枝苋 **18811**
短苞风毛菊 **348173**
短苞花篱 **27298**
短苞黄金柴胡 63572
短苞火烧兰 **147110**
短苞金黄柴胡 **63572**
短苞毛榛 **106737**
短苞木槿 **195300**
短苞南星 **33286**
短苞棋盘花 **417884**
短苞秋海棠 **49679**
短苞忍冬 **236086**
短苞苔草 **75720**,76081
短苞贫萼豆 **68116**
短苞象牙参 **337071**
短苞小檗 **52147**
短苞岩黄芪 188057
短苞岩黄耆 **188057**
短苞盐蓬 **184815**
短苞叶莎草 **118571**
短苞异籽葫芦 **25650**
短苞舟叶花 **340583**
短杯素馨 **211759**
短被澳藜 **337825**
短被澳藜属 **337824**
短被菊属 58485
短被寻灯草 **29544**
短被寻灯草属 **29541**
短笔蓝刺头 **140674**
短柄阿魏 **163637**
短柄菝葜 366311
短柄白鹃梅 161743
短柄白瑞香 **122572**
短柄白珠 **172060**
短柄柏拉木 **55142**
短柄斑龙芋 **348025**
短柄半边莲 **234360**
短柄本氏木 51025
短柄扁担杆 **180707**
短柄波罗花 205568
短柄彩果棕 **203504**
短柄糙果茶 69552
短柄草 **58619**
短柄草属 **58572**
短柄赤瓟 **390178**
短柄稠李 280009
短柄川榛 106750
短柄川中南星 **33566**
短柄垂子买麻藤 **178558**
短柄刺果泽泻 **140542**
短柄丛菔 **368554**,368552
短柄单花莸 **78026**
短柄吊球草 **203042**
短柄吊石苣苔 **239983**
短柄吊钟花 **145727**
短柄杜鹃 **330256**,330234,330358
短柄椴 **391799**
短柄盾叶木 **240242**
短柄鹅观草 **335240**
短柄粉条儿菜 **14527**
短柄粉叶柿 **132177**
短柄粉叶小檗 52069
短柄凤仙花 **204828**
短柄枹栎 **323944**
短柄俯垂吊钟花 145727
短柄腐婢 313673
短柄富士冬青 204299
短柄贵州榛 **106750**
短柄海恩斯小檗 **51697**
短柄含笑 252820
短柄红茎黄芩 **355862**
短柄红景天 **329846**
短柄红山茶 **68949**,69207,69552
短柄胡椒 **300515**
短柄虎耳草 **349107**
短柄花馒头果 177114
短柄黄脉莓 **339486**
短柄鸡眼藤 **258878**
短柄鸡爪茶 338177
短柄荚蒾 **407710**
短柄剪股颖 **12020**,12219
短柄箭竹 **162647**
短柄金丝桃 **202107**,202173
短柄锦香草 **296399**
短柄卷耳 **82750**
短柄苦梓含笑 **252820**
短柄雷诺木 334684
短柄梨果寄生 **355299**
短柄栎 324041
短柄莲桂 **123603**
短柄蓼 309466
短柄鬣蜥棕 203504
短柄橉木 280009
短柄龙胆 **173929**
短柄轮叶戟 **222386**
短柄马银花 330358
短柄毛锦香草 296399
短柄密榴木 254559
短柄木藜芦 **228183**
短柄木犀 **276270**
短柄木犀榄 **270068**
短柄南星 **33285**
短柄鸥蔓 400862
短柄披碱草 **144209**
短柄苹婆 **376088**
短柄桤叶树 **96476**
短柄全缘冬青 **203914**
短柄忍冬 **236014**,235929
短柄榕 165721
短柄三宝木 **397372**
短柄三角车 **334684**,334651
短柄山茶 **69207**
短柄山桂花 **51025**
短柄山绿豆 200727
短柄珊瑚苣苔 **103968**
短柄石楠 **295645**
短柄树萝卜 **10289**
短柄丝瓣芹 **6200**
短柄苔草 75724
短柄太平山冬青 **204299**
短柄田皂角 **9550**
短柄铁苋菜 **1876**
短柄铁仔 **261651**
短柄铜钱树 **280552**
短柄筒距兰 **392351**
短柄娃儿藤 **400862**
短柄微翼枝小檗 **52208**
短柄尾叶樱 83193
短柄乌蔹莓 **79837**
短柄乌头 **5069**
短柄五层龙 **342598**
短柄五加 **143579**
短柄舞子草 283616
短柄喜光花 **6481**
短柄细叶连蕊茶 **69445**
短柄腺萼木 **260616**
短柄香冬青 203810
短柄香苦草 203042
短柄小檗 **51374**
短柄小连翘 **202093**
短柄绣球 199932
短柄悬钩子 **338204**
短柄旋花豆 **98066**
短柄雪胆 **191913**
短柄雅洁小檗 **51484**
短柄岩白菜 **52541**
短柄野海棠 **59880**
短柄野桐 **243352**
短柄野芝麻 **220346**
短柄椅杨 **311569**
短柄樱桃 280009
短柄鹰爪枫 **197225**
短柄月月红 **31444**
短柄云南楤木 **30778**
短柄直唇姜 **310830**
短柄籽漆 **70477**
短柄紫花报春 315115
短柄紫花苣苔 **238033**
短柄紫金牛 **31602**
短柄紫玉盘 **403431**
短柄紫珠 **66755**
短布拉兰 **58241**
短叉毛蓬 **292715**
短长蕊琉璃草 **367810**
短匙苇椰 **174345**
短齿阿玛草 **18615**
短齿埃斯列当 **155234**
短齿白毛假糙苏 **283606**
短齿糙苏 **295075**
短齿葱 **15133**
短齿单瘤酸模 **340124**
短齿斗篷草 **13984**
短齿对叶兰 **232901**
短齿黄耆 **42112**
短齿假糙苏 **283627**

短齿渐尖楼梯草 **142597**
短齿韭 **15235**,15779
短齿镰扁豆 **135435**
短齿列当 **274973**,275102
短齿楼梯草 **142624**
短齿木蓝 **205743**
短齿千里光 **358436**
短齿曲管桔梗 **365156**
短齿山黧豆 **222691**
短齿蛇根草 **272184**
短齿石豆兰 **62763**
短齿小兜草 **253352**
短齿叶覆草 **297512**
短齿周毛茜 **20596**
短齿紫藤 **414550**
短翅安徽槭 **2792**
短翅虫果金虎尾 **5918**
短翅刺头菊 **108246**
短翅耳舌兰 **277253**
短翅黄杞 145510
短翅镰扁豆 **135432**
短翅密毛紫绒草 **222455**
短翅墨西哥白松 299809
短翅青皮槭 **2861**
短翅秋海棠 **50254**
短翅四翼木 **387589**
短翅卫矛 **157832**,157797
短翅小花豆 **226146**
短翅柱兰 **320874**
短重瓣金莲花 **399516**
短唇安顾兰 **25135**
短唇兜兰 **282793**
短唇姜 **262242**
短唇姜属 **262241**
短唇列当 **275044**,275128
短唇马先蒿 **287060**
短唇鸟巢兰 **264663**
短唇鼠尾草 **344916**
短唇乌头 **5081**
短刺阿拉伯法蒺藜 **162201**
短刺白王球 **244183**
短刺变豆菜 **345989**
短刺刺果卫矛 157696
短刺多仔球 140860
短刺鹅脚板 345989
短刺萼掌 **2099**
短刺鹤虱 **221638**
短刺虎刺 **122034**
短刺鯱玉 **354291**
短刺花苜蓿 **247382**
短刺假杜鹃 **48118**
短刺金琥 **140130**
短刺金煌柱 **183374**
短刺锦鸡儿 **72197**
短刺栲 78924
短刺米槠 78880
短刺南苜蓿 **247426**
短刺秦椒 **417302**
短刺秦岭小檗 51470
短刺青龙球 **244247**
短刺青龙丸 244247
短刺秋海棠 **49682**
短刺球 **140860**
短刺兔唇花 **220057**,220068
短刺五蕊簇叶木 **329445**
短刺西南荸草 **361751**
短刺仙人球 244016
短刺小檗 **51372**
短刺野蔷薇 336788
短刺针蔺 **143068**
短刺槠 79027
短刺锥 **78924**
短刺锥栗 78932
短粗毛水甘草 **20852**
短促京黄芩 **355674**
短大戟 **158574**
短大叶藻 **418389**
短刀凤仙花 205317
短灯心草蚤缀 **31968**
短独行菜 **225311**
短鹅观草 144337
短萼阿比西尼亚绣球防风 **227541**
短萼斑鸠菊 **406156**
短萼长蒴苣苔草 **129906**
短萼齿棘豆 **279167**
短萼齿木 **59006**
短萼齿木属 **59002**
短萼翠雀花 **124075**
短萼大沙叶 **286125**
短萼豆 98156
短萼独脚金 **377985**
短萼盾花榄 **355886**
短萼多花蓼 **340512**
短萼鹅参 **116464**
短萼番薯 **207900**
短萼仿杜鹃 **250521**
短萼飞蛾藤 131245
短萼蜂斗草 **368872**
短萼谷精草 **151551**
短萼海桐 **301230**
短萼核果茶 **322566**
短萼鹤虱 **221748**
短萼黄连 **103830**
短萼黄芪 42096
短萼黄耆 **42096**
短萼灰毛豆 385985
短萼灰叶 385985
短萼鸡眼草 218345
短萼兰 **59011**
短萼兰属 **59010**
短萼刘氏草 **228259**
短萼露子花 **123839**
短萼卢太爵床 **237903**
短萼没药 **101324**
短萼木蓝 **205742**
短萼南非银豆 **307256**
短萼曲管桔梗 **365155**
短萼忍冬 **235683**
短萼山豆根 **155904**
短萼山梗菜 234760
短萼溲疏 127106
短萼素馨 **211760**
短萼天料木 **197647**
短萼西非豆 **69831**
短萼西南山梗菜 **234760**
短萼腺萼木 **260617**
短萼新塔花 **418122**
短萼亚顶柱 **304887**
短萼羊蹄甲 **49029**
短萼野丁香 **226077**
短萼叶覆草 **297511**
短萼仪花 **239526**
短萼云南双盾木 **132606**
短萼云雾杜鹃 **330353**
短萼折柄茶 376454
短萼轴榈 **228732**
短萼紫锤草 **234331**
短萼紫茎 **376480**
短耳苣荬菜 368635
短耳石豆兰 **62665**
短耳鸢尾兰 **267947**
短风兰 **24746**
短佛焰省藤 **65652**
短辐水芹 **269300**
短盖糙苏 **295071**
短盖豆属 **58701**
短盖吉尔苏木 **175633**
短干桉 155688
短刚毛刺子莞 **333493**
短刚毛地胆草 **143468**
短刚毛落花草 **275427**
短刚毛纹柱瓜 **341256**
短刚毛细脉莎草 **107218**
短刚针蔺 **143348**
短格瓣豆 94162
短隔鼠尾 344915
短隔鼠尾草 **344915**
短隔娑罗双 **362192**
短根兰 **8517**
短根兰属 **8516**
短梗阿拉豆 **13398**
短梗埃斯列当 **155235**
短梗艾纳香 **55700**
短梗澳旱芥 **185812**
短梗八角 204569
短梗菝葜 **366566**
短梗百蕊草 389680
短梗稗 **140354**
短梗棒籽花 **328461**
短梗苞茅 **201489**
短梗背翅菊 **267142**
短梗鼻烟盒树 **270888**
短梗长萼越橘 **403788**
短梗齿蕊小檗 **269173**
短梗齿缘草 **153452**
短梗重楼 284402
短梗稠李 **280009**
短梗刺蒴麻 **399210**
短梗刺痒藤 **394131**
短梗刺叶修泽兰 **48529**
短梗大风子 270888
短梗大参 **241176**
短梗单兜 **257633**
短梗地不容 **375832**
短梗丁癸草 **418327**
短梗冬青 **203600**
短梗杜鹃 **330247**
短梗盾果金虎尾 **39503**
短梗钝果寄生 **385246**
短梗耳冠菊 **277290**
短梗番薯 **207734**
短梗非洲坛罐花 **177279**
短梗风信子 **79471**
短梗风信子属 **79468**
短梗佛荐草 **126744**
短梗附地菜 **397386**,397418
短梗沟酸浆 **255196**
短梗钩果列当 **328923**
短梗枸杞 **239018**
短梗冠须菊 **405924**
短梗海葱 **402335**
短梗海罂粟 176734
短梗含笑 **252830**
短梗鹤虱 **221760**
短梗黑蒴 **248696**
短梗厚壁荠 **279704**
短梗胡枝子 **226746**
短梗湖北卫矛 **157588**
短梗蝴蝶兰 293617
短梗花灰莞 **130279**
短梗华南梠叶树 **96497**
短梗环蕊木 **183347**
短梗黄耆 **42114**,42978
短梗幌伞枫 **193898**
短梗棘豆 **278755**
短梗鲫鱼藤 **356270**
短梗假肉豆蔻 257633
短梗尖药芸香 **278162**
短梗剑叶蛇舌草 **269872**
短梗箭头唐松草 **388669**
短梗箭竹 **162649**
短梗锦绦花 **78623**
短梗景天属 **8417**
短梗九州细辛 **37658**
短梗卷瓣兰 **62646**
短梗卷耳 82750
短梗咖啡 **98869**

短梗凯木　**215665**
短梗考特草　**108143**
短梗可拉木　**99168**
短梗苦木　**327319**
短梗苦木属　**327318**
短梗块茎堇菜　**410696**
短梗拉拉藤　**170284**
短梗蓝堇　169183
短梗榄仁树　**386486**
短梗类鹰爪　**126708**
短梗莲座半日花　**399943**
短梗亮叶冬青　**204389**
短梗列当　**274971**
短梗琉璃繁缕　**21356**
短梗柳叶菜　**146870**
短梗楼梯草　**142628**
短梗罗汉伞　193898
短梗罗金大戟　**335134**
短梗罗伞　**59210**
短梗落叶黄安菊　**364691**
短梗麻叶冠唇花　**254273**
短梗马耳茜　**196800**
短梗马莱戟　**245170**
短梗马利筋　**37849**
短梗马尼尔豆　**244611**
短梗马蹄金　**128957**
短梗毛子草　**153140**
短梗蒙蒿子　**21853**
短梗米努草　**255512**
短梗莫利木　**256564**
短梗墨脱乌头　**5173**
短梗母草　**231492**
短梗木巴戟　**258911**
短梗木荷　**350909**
短梗木槿　**194760**
短梗木犀草　**327822**
短梗穆里野牡丹　**259418**
短梗南芥　**30222**
短梗南美葫芦　**68422**
短梗南蛇藤　**80295**
短梗南星　**194054**
短梗南星属　**194053**
短梗拟九节　**169323**
短梗念珠芥　**264607**
短梗蓬虆　**338521**
短梗匍匐劳雷仙草　**223028**
短梗普格乌头　**5509**
短梗七花菊　**192174**
短梗槭　**2810**
短梗千岛小蝶兰　310868
短梗千岛小红门兰　**310868**
短梗千金藤　375832
短梗鞘柄报春　**315077**
短梗青江藤　**80204**
短梗忍冬　**235817**,235669
短梗肉豆蔻　**261431**
短梗肉口兰　**347045**
短梗瑞氏木　**329272**
短梗萨比斯茜　**341600**
短梗三滴葱　**398659**
短梗三花莸　**78040**
短梗三尖茄　**394851**
短梗涩荠　**243195**
短梗森林薯蓣　**131864**
短梗山兰　**274036**
短梗山茱萸　**104966**
短梗山竹子　**171070**
短梗神秘果　**381979**
短梗施拉茜　**352542**
短梗石笔木　**400726**
短梗石龙尾　**230328**
短梗石枣子　**157857**
短梗矢车菊　**80980**
短梗思口莲　**145261**
短梗四棱荠　**178819**
短梗嵩草　**217147**
短梗酸藤子　**144810**
短梗太平山冬青　204299
短梗藤　58858
短梗藤属　58813
短梗藤五加　**2438**
短梗天门冬　**39075**
短梗天南星　**33527**
短梗田菁　**361369**
短梗铁线莲　**94788**
短梗同蕊草　333734
短梗土丁桂　**161447**
短梗挖耳草　**403132**
短梗瓦帕大戟　**401220**
短梗微脉冬青　**204372**
短梗尾叶欧李　83193
短梗尾叶樱桃　**83193**
短梗乌饭　403748
短梗吴茱萸叶五加　2391
短梗五加　143665
短梗五枝苏木　**211365**
短梗线柱苣苔　**333734**
短梗香茶　**303178**
短梗小檗　**52187**
短梗新木姜子　**264030**
短梗星毛杜鹃　**330156**
短梗星蕊大戟　**6912**
短梗荇菜　**267805**
短梗悬钩子　**338309**
短梗悬铃花　**243938**
短梗鸭嘴花　**214386**
短梗芽冠紫金牛　**284019**
短梗烟堇　**169183**
短梗岩须　78623
短梗焰子木　**110492**
短梗野菰　**8757**
短梗银莲花　**23734**
短梗鹦鹉刺　**319079**
短梗蝇子草　**363578**
短梗忧花　**241591**
短梗尤利菊　**160765**
短梗雨久花　**257566**
短梗玉盘属　**399373**
短梗月见草　**269416**
短梗越被藤　**201673**
短梗越橘　**403748**
短梗窄籽南星　**375730**
短梗浙江铃子香　**86811**
短梗舟叶花　**340588**
短梗帚状驼曲草　**119798**
短梗紫花鼠麹木　**21869**
短梗紫藤　**414551**,414550
短梗紫菀　**40168**
短钩刺蔷薇　**337003**
短钩鯱玉　**354289**
短钩毛山蚂蝗　126663
短钩玉属　22017
短狗肝菜　**129231**
短菰　**418082**
短冠豹药藤　**117411**
短冠本氏寄生　**253127**
短冠草　**369241**
短冠草属　**369185**
短冠垂头菊　110352
短冠刺蕊草　**306963**
短冠东风菜　**135258**
短冠孤泽兰　**267905**
短冠孤泽兰属　**267903**
短冠管唇姜　**365258**
短冠花属　369185
短冠鲫鱼藤　**356269**
短冠菊属　5963
短冠爵床属　**58969**
短冠榄仁树　**386484**
短冠马岛金虎尾　**294631**
短冠毛钩毛菊　**201691**
短冠毛蕊菊　**299279**
短冠毛田皂角　**9522**
短冠毛尤利菊　**160764**
短冠歧缬草　**404400**
短冠鼠尾　344914
短冠鼠尾草　**344914**
短冠亚菊　**12993**
短冠帚黄花属　**20483**
短管安第斯桔梗　**329734**
短管笔花莓　**275447**
短管长阶花　**186936**
短管大槌茜　**241327**
短管大管夹竹桃　**241310**
短管大沙叶　**286127**
短管杜鹃　**330248**
短管戈斯乌口树　**384949**
短管黄毛牡荆　**411487**
短管假杜鹃　**48120**
短管渐光五星花　**289816**
短管梨形尖花茜　**278239**
短管良冠石蒜　**161012**
短管龙胆　**173894**
短管罗氏锦葵　**335021**
短管鸟娇花　**210716**
短管诺罗木犀　**266695**
短管清明花　49356
短管曲花　**120543**
短管忍冬　**235864**
短管瑞香　**122392**
短管森林赪桐　**96346**
短管山豆根　155904
短管水蓑衣　**200602**
短管唐菖蒲　**176078**
短管兔耳草　220163
短管乌口树　**384928**
短管肖鸢尾　**258425**
短管硬皮鸢尾　**172577**
短管榛　**106714**
短果白花菜　**95633**
短果白藤豆　**227896**
短果百脉根　**237725**
短果滨海小芝麻菜　**154112**
短果茨藻　**262077**
短果雌足芥　**389277**
短果葱芥　**14958**
短果大蒜芥　**365414**,365530
短果灯心草　**212911**,213143
短果杜鹃　**330240**,330210,
331385
短果钝果寄生　385246
短果多钩黄耆　**42473**
短果峨马杜鹃　**331385**
短果二行芥　**133330**
短果芳香木　**38447**
短果凤凰木　**123805**
短果干番杏　**33055**
短果勾儿茶　**52407**
短果钩足豆　**4892**
短果光花草　**373664**
短果含羞草木蓝　**206258**
短果焯菜　**336185**
短果胡椒　**300369**
短果胡卢巴　**397203**
短果黄耆　**42097**
短果茴芹　**299365**
短果积雪草　**81575**
短果棘豆　**278750**
短果韭　**15131**
短果卷耳　**82852**
短果军刀豆　**240486**
短果凯斯紫堇　**105704**
短果空船兰　**9104**
短果蓝花参　**412602**
短果柳叶菜　**146638**
短果马先蒿　287499
短果芒柄花　**271643**
短果犏牛儿苗　**153743**

短果蒙蒿子 **21852**
短果木果芥 **21910**
短果南芥 **30207**
短果泥花草 231531
短果念珠芥 **264604**
短果帕拉托芥 **284487**
短果潘氏马先蒿 **287499**
短果彭内尔芥 **289001**
短果肉叶荠 59758
短果升麻 **91002**
短果石笔木 **400689**
短果鼠麹木属 25724
短果菘蓝 **209177**
短果穗序木蓝 **206574**
短果苔草 75567
短果糖芥 **154409**
短果葶苈 **136954**
短果土佐报春 **315054**
短果驼蹄瓣 **418644**
短果喜阳花 **190284**
短果小柱芥 **254084**
短果新疆大蒜芥 **365530**
短果羊角芹 299365
短果羊蹄甲 49022
短果伊西茜 **209484**
短果油杉 **216151**
短果羽状播娘蒿 **126121**
短果针果芹 **350426**
短果直立麻黄 **146137**
短果猪屎豆 **111967**
短果紫波 **28445**
短果足蕊南星 **306302**
短黑三棱 370088
短喉木属 **58468**
短虎耳草 **349482**,349936
短互叶油芦子 **97288**
短花安第斯茜 **101748**
短花白苞筋骨草 **13134**
短花白鹤灵芝 **329457**
短花白瑟木 **46646**
短花百蕊草 **389620**
短花贝尔茜 **53071**
短花笔花莓 **275448**
短花滨紫草 **250898**
短花布里滕参 **211482**
短花糙苏 **295076**
短花长筒莲 **107864**
短花臭草 **248962**
短花杜鹃 **330237**,330240
短花杜纳尔茄 **138960**
短花杜英 142378
短花鹅参 **116465**
短花恩氏寄生 **145602**
短花法拉茜 **162575**
短花粉红沙地马鞭草 713
短花粉红沙马鞭 **713**
短花丰塔纳灯心草 **213118**
短花盖裂果 **256086**
短花梗黄芪 42470
短花梗黄耆 **42470**
短花梗柳 **343848**
短花梗藤麻 **315486**
短花古朗瓜 **181983**
短花光花龙胆 **232679**
短花海因兹茜 **196398**
短花合丝莓 **347675**
短花黑塞石蒜 **193549**
短花红月桂 **382741**
短花壶花柱 **157165**
短花葫芦 **219825**
短花黄剑草 **77756**
短花火炬花 **216939**
短花霍克斯茄 **186248**
短花基丝景天 **301049**
短花锦鸡儿 **72194**
短花茎贝母兰 **98617**
短花茎带叶兰 **383057**
短花茎芦荟 **16660**
短花茎毛子草 **153144**
短花茎蒲公英 **384483**
短花茎小檗 **51388**
短花九节 **319438**
短花聚伞厚壳树 **141621**
短花凯克婆婆纳 **215687**
短花孔雀属 **139934**
短花拉穆列当 **220443**
短花拉齐爵床 **327165**
短花类南鹃 **291375**
短花两型萼杜鹃 **133389**
短花裂叶苜蓿 **247340**
短花罗顿豆 **237250**
短花螺状卷瓣兰 **62643**
短花落萼旋花 **68352**
短花马先蒿 **287058**
短花芒柄花 **271644**
短花秘花草 **113355**
短花莫哈维婆婆纳 **256525**
短花莫哈维千里光 **359498**
短花母草 231496
短花扭果花 **377672**
短花欧石南 150052
短花盘沙参 **7613**
短花普卢欧石南 **149920**
短花杞莓 **316981**
短花曲花 **120544**
短花柔花 **8913**
短花乳突球 244266
短花锐利欧石南 **148976**
短花润肺草 **58926**
短花石竹 **127617**
短花鼠尾草 **344913**
短花水金京 **413785**
短花丝冠葱 **23380**
短花素馨 **211764**
短花台湾水锦树 413785
短花特喜无患子 **311986**
短花瓦索茄 **405144**
短花无距杜英 **3802**
短花西印度茜 **179542**
短花细柄茅 **321014**
短花仙人笔 **216656**
短花腺毛欧石南 **149495**
短花鸭舌癀舅 **370755**
短花野荞麦 **151864**
短花伊西茜 **209483**
短花夷地黄 **351961**
短花银桦 **180592**
短花硬芒草 **354495**
短花硬芒草属 **354494**
短花月见草 **269415**
短花张口木 **86282**
短花针茅 **376720**
短花珍珠菜 **239563**
短花枝子花 **137563**
短花帚菊木 **260533**
短花猪屎豆 **111975**
短花柱婆婆纳 **406981**
短花柱小百合 229752
短花柱银桦 **180576**
短槐 369107
短灰南非银豆 **307257**
短喙苞叶芋 **370335**
短喙扁棒兰 **302763**
短喙赤桉 **155519**
短喙慈姑 **342319**
短喙刺子莞 **333492**
短喙灯心草 **213191**
短喙吊灯花 **84022**
短喙盾柱兰 **39651**
短喙粉苞菊 **88766**
短喙粉苞苣 88766
短喙凤仙花 **205288**
短喙狐尾藻 **261346**
短喙黄堇 105666
短喙芥 **59380**
短喙锦葵牻牛儿苗 **153843**
短喙菊 **367848**
短喙菊属 **367845**
短喙冷水花 **299036**
短喙牻牛儿苗 153923
短喙毛茛 **326078**
短喙蒙松草 **258106**
短喙婆罗门参 **394265**
短喙蒲公英 **384482**
短喙亲族苔草 **74643**
短喙天竺葵 **288116**
短喙莴苣 **219238**
短喙小绿苔草 **76702**
短喙小芝麻菜 **154081**
短脊木 **58530**
短脊木属 **58529**
短荚二行芥 **133241**
短荚豇豆 409092
短荚柠条 **72260**
短荚赛糖芥 382107
短荚羊蹄甲 49022
短荚皂角 176897
短假木贼 **21033**
短尖奥佐漆 **279306**
短尖斑鸠菊 **406603**
短尖棒尾凤仙 **204857**
短尖棒尾凤仙花 204857
短尖毕氏灰菀 **130271**
短尖滨藜 **44531**
短尖补血草 **230686**
短尖彩花 **2266**
短尖橙菀 **320714**
短尖灯心草 212808
短尖杜鹃 **330930**
短尖短尾菊 **207523**
短尖菲奇莎 **164561**
短尖狒狒花 **46085**
短尖粉刀玉 **155322**
短尖风车子 **100642**
短尖藁本 **229365**
短尖管萼木 **288944**
短尖厚敦菊 **277090**
短尖厚棱芹 229365
短尖胡萝卜 **123200**
短尖蝴蝶草 **392921**
短尖虎耳草 **349036**
短尖黄堇 106170
短尖假杜鹃 **48264**
短尖景天 **356569**
短尖具边阿登芸香 **7141**
短尖看麦娘 **17547**
短尖拉拉藤 170180
短尖藜 **87092**
短尖柳 **343726**
短尖楼梯草 **142626**
短尖罗顿豆 **237373**
短尖马利筋 **37848**
短尖脉苞菊 **216615**
短尖毛齿萝藦 **55504**
短尖木棉 **56777**
短尖南非针叶豆 **223578**
短尖拟莞 **352236**
短尖欧石南 **149773**
短尖飘拂草 **166393**
短尖歧缬草 **404452**
短尖千金子 **226016**
短尖千里光 **359522**
短尖球果荠 **265552**
短尖球柱草 **63314**
短尖忍冬 **235973**,235935,235938
短尖软骨瓣 **88836**
短尖塞拉玄参 **357596**

短尖沙粟草 **317046**
短尖蛇鞭菊 **228509**
短尖栓果菊 **222956**
短尖苔草 **73930**
短尖天门冬 **39099**
短尖头枸子 **107579**
短尖维堡豆 **414038**
短尖伍得萝藦 **414723**
短尖西风芹 361542
短尖小甘菊 **71097**
短尖小麦秆菊 **381679**
短尖邪蒿 **361542**
短尖旋瓣菊 **412272**
短尖岩堇 **340428**
短尖叶白珠树 172115
短尖叶小檗 **51942**
短尖圆叶舌茅 **402229**
短尖枣 **418190**
短尖鹧鸪草 **148817**
短尖紫波 **28493**
短尖紫玉盘 **403535**
短睑子菊 **55458**
短剑 77441
短剑仙人柱属 **240511**
短剑叶欧石南 **150049**
短健大戟 158632
短箭叶蓼 **308918**
短豇豆 **409092**
短角赤车 **288714**
短角刺蒴麻 **399207**
短角大戟 **158573**
短角吊灯花 **84020**
短角萼翠雀花 **124117**
短角凤兰 **24748**
短角焯菜 **336167**
短角合龙眼 **381597**
短角黄麻 **104069**
短角克里布兰 **111119**
短角苦瓜 **256798**
短角冷水麻 298869
短角柳穿鱼 **230920**
短角毛榛 106779
短角穆拉远志 **259946**
短角拟莞 **352168**
短角拟蜘蛛兰 **254195**
短角蒲公英 **384475**
短角蔷薇 336418
短角雀麦 **83468**
短角雀首兰 **274478**
短角湿生冷水花 **298869**
短角双距兰 **133720**
短角雾冰藜 48790
短角西澳兰 **118169**
短角西氏榛 **106779**
短角虾脊兰 65895
短角淫羊藿 146966
短角猪屎豆 **111969**
短脚白花蛇舌草 187565
短脚蔷薇 **336418**
短脚三郎 31630
短节百里香 **391264**
短节大戟 **158571**
短节方竹 **87553**
短节苦竹 **304012**
短节泰山竹 47520
短睫毛拂子茅 **65299**
短截黄连木 **300998**
短茎半蒴苣苔 **191384**
短茎棒棰树 **279675**
短茎鞭柱鸢尾 **246206**
短茎槽舌兰 38191
短茎柴胡 **63792**
短茎长庚花 **193246**
短茎长蒴苣苔草 **129924**
短茎粗根 279675
短茎单花景天 **257073**
短茎灯心草 **213372**
短茎兜舌兰 282827
短茎毒马草 **362749**
短茎独活 30930
短茎对叶兰 **264662**
短茎峨眉梅花草 **284533**
短茎萼脊兰 **356459**
短茎飞蓬 150513
短茎粉报春 **314255**
短茎蜂斗草 368872
短茎凤梨属 301099
短茎高山唐松草 **388412**
短茎隔距兰 **94459**
短茎古当归 **30930**
短茎虎耳草 **349115**
短茎花凤梨 **391982**
短茎黄芪 42676
短茎黄耆 **42676**
短茎火烧兰 **147160**
短茎棘豆 **278754**
短茎尖花茜 **278200**
短茎节仙人掌 **273002**
短茎金果椰 **139320**
短茎九节 **319444**
短茎康定筋骨草 **13070**
短茎赖特野荞麦 **152674**
短茎老鹳草 **174945**
短茎罗顿豆 **237253**
短茎马先蒿 287018
短茎囊瓣芹 **320229**
短茎欧石南 **149104**
短茎蔷薇 **58318**
短茎蔷薇科 **58315**
短茎蔷薇属 **58317**
短茎秋海棠 **50311**,49898
短茎热美茜 **108458**
短茎三距时钟花 **396499**
短茎三歧龙胆 **174002**
短茎绳黄麻 104060
短茎石竹 **127620**
短茎宿柱苔 **73913**
短茎唐菖蒲 **176621**
短茎甜麻 **104060**
短茎铁兰 391982
短茎葶苈 **137134**
短茎委陵菜 **312430**
短茎细脉莎草 **107216**
短茎细莞 **209960**
短茎线叶粟草 **293902**
短茎香茶 **303174**
短茎小黄管 **356050**
短茎鸭嘴花 **214385**
短茎岩黄芪 188099
短茎岩黄耆 **188099**
短茎焰花苋 **294321**
短茎野荞麦 **151869**
短茎异药花 **167291**
短茎淫羊藿 **146965**
短茎隐果莎草 **68623**
短茎鹰爪草 **186652**
短茎硬皮豆 **241416**
短茎鸢尾 **208471**
短茎朱砂根 31371
短茎紫金牛 31371
短茎紫菀 **40170**
短茎棕属 59095
短颈东北菱 394489
短颈石锤南星 **33362**
短颈苔 73912
短颈苔草 **73912**
短颈紫波 **28446**
短九刺仙人柱 **140249**
短菊 78012
短蒟 **300460**
短距苞叶兰 **58389**
短距槽舌兰 **197258**
短距草野氏堇菜 **410156**
短距叉柱兰 **86669**
短距翠雀花 **124219**
短距粉蝶兰 302265
短距风兰 **263868**
短距凤兰 263868
短距凤仙花 **204825**,205143
短距红门兰 310864
短距黄花堇菜 409729
短距黄堇 409729
短距黄芪 42095
短距黄耆 **42095**
短距柳穿鱼 **231094**
短距龙面花 **263389**
短距耧斗菜 **30004**
短距鸟足兰 **347841**
短距牛扁 5075
短距欧石南 **149100**
短距三指兰 **396629**
短距舌唇兰 **302265**
短距舌喙兰 **191612**
短距手参 **182235**
短距双碟荠 **54651**
短距四轭野牡丹 **387952**
短距乌头 **5075**,5079
短距西澳兰 **118168**
短距香茶菜 **209635**
短距小红门兰 **310864**
短距淫羊藿 **146954**
短距玉凤花 **183799**
短距窄瓣鸟足兰 **347917**
短距沼兰 **243085**
短距指甲兰 9286
短距朱米兰 **212703**
短绢毛波罗蜜 **36942**
短绢毛桂木 36942
短口木属 59002
短口树 59006
短苦木属 **18217**
短盔马先蒿 **287054**
短葵叶报春 **314906**
短兰克爵床 **221124**
短蓝花参 **412601**
短镰荚苜蓿 247251
短裂扁莎 **322363**
短裂春黄熊菊 **402759**
短裂刺参 **272708**
短裂丛生科豪特茜 **217675**
短裂斗篷草 **13985**
短裂对叶赪桐 **337437**
短裂藁本 229296
短裂光茎大黄 **329336**
短裂黄耆 **42100**
短裂胶藤 **220823**
短裂苣草 **36621**
短裂苦苣菜 **368673**,368842
短裂阔蕊兰 **291238**
短裂棱果桔梗 **315274**
短裂马鲁木 **243507**
短裂马鲁梯木 243507
短裂麦仙翁 **11941**
短裂毛茛 **325658**
短裂拟豹皮花 **374046**
短裂拟风兰 **24663**
短裂牛奶菜 **245788**
短裂柔冠菊 **236398**
短裂乳白芳香木 **38616**
短裂树葡萄 **120217**
短裂双蝴蝶 **398256**
短裂溲疏 **126853**
短裂细梗欧石南 **149658**
短裂蟹甲草 **283805**
短裂亚菊 **12994**
短裂异籽葫芦 **25651**
短裂羽叶枝子花 **137560**
短裂玉凤花 **183463**

短裂玉叶金花 **260390**
短裂芋兰 156572
短裂蛛网水牛角 **72411**
短鳞刺苞菊 **76995**
短鳞杜鹃 330255
短鳞芙兰草 **168824**
短鳞花草 **225144**
短鳞金菊木 **150312**
短鳞蓝花参 **412606**
短鳞藜属 **58514**
短鳞木贼属 58514
短鳞绮丽苔草 **76200**
短鳞苔草 **73826**
短鳞芽杜鹃 **330255**
短鳞油杉 **216144**
短流苏毛子草 **153137**
短龙骨黄芪 42853
短龙骨黄耆 **42853**
短龙鳞草 **186758**
短榈属 262234
短轮球 **234910**
短轮丸 234910
短马利筋 **37846**
短脉杜鹃 **330254**
短脉合丝韭 **53217**
短芒稗 **140388**
短芒草 33783
短芒簇毛麦 **122959**
短芒大麦 **198267**
短芒大麦草 198267
短芒短柄草 58604
短芒鹅观草 **335235**,335360
短芒拂子茅 **65362**
短芒光穗披碱草 335235
短芒芨芨草 **4118**
短芒金猫尾 **262550**
短芒荩草 **36618**
短芒菊 **328299**
短芒菊属 **328297**
短芒毛盘草 **335225**
短芒欧石南 **149031**
短芒披碱草 **144546**
短芒落草 217487
短芒山地雀麦 **60842**
短芒苔草 **73911**,75720
短芒紊草 **144259**
短芒纤毛草 **335270**
短芒小颖羊茅 **164200**
短芒异燕麦 **190140**
短毛阿拉伯指甲草 **284742**
短毛暗紫布里滕参 **211478**
短毛白芷 192278,192312
短毛百里香 **391164**
短毛斑鸠菊 **406160**
短毛瓣隐药萝藦 **68576**
短毛瓣柱戟 **292296**
短毛苞茅 **201493**
短毛构兰 120314
短毛薄子木 226476
短毛草胡椒 **290310**
短毛草属 **58248**
短毛茶藨 334162
短毛柽柳 383526
短毛齿玉凤花 **183997**
短毛唇柱苣苔草 **87830**
短毛鞑靼拟莞 **352232**
短毛大萼大沙叶 **286340**
短毛大戟 **159671**
短毛单序草 **310722**
短毛独活 **192312**,192278
短毛椴 **391689**
短毛萼越橘 403973
短毛恩氏凤仙花 **204929**
短毛凤凰木 **123815**
短毛佛掌榕 165113
短毛芙兰草 **168825**
短毛秆赤竹 **347276**
短毛秆画眉草 **147920**
短毛梗假杜鹃 **48348**
短毛狗尾草 **361947**
短毛花独脚金 **378032**
短毛花黑草 **61805**
短毛花基花莲 **48676**
短毛花枪刀药 **202601**
短毛花水苋菜 **19616**
短毛花肖鸢尾 **258618**
短毛花叶梗玄参 **297121**
短毛花远志 **308286**
短毛黄花假杜鹃 **48298**
短毛黄耆 **42105**,42978
短毛鸡菊花属 **270267**
短毛畸形黄耆 **42978**
短毛加州鼠李 **328637**
短毛豇豆 **408836**
短毛金线草 **26626**,26624
短毛金鱼花 **100117**
短毛堇菜 **409843**
短毛锦香草 **296373**
短毛荩草 **36648**
短毛九节 **319446**
短毛菊属 58669
短毛卷耳 **83075**
短毛卷绢 **212541**
短毛康达木 **101742**
短毛孔岩草 **218359**
短毛块状盘花千里光 **366892**
短毛蓝钟花 **115418**
短毛蓼 309644
短毛裂苞香科科 **388300**
短毛裂叶堇菜 **409928**
短毛琉璃草 **117966**
短毛柳叶菜 **146932**
短毛楼梯草 **142847**,142758
短毛驴臭草 **271742**
短毛芒 **255829**,127469
短毛毛果棕鼠麹 **93940**
短毛美冠兰 279858
短毛密钟木 **192529**
短毛牡荆 **411417**
短毛牛蹄麻 49148
短毛纽扣花 **194667**
短毛欧石南 **149949**
短毛披针形油芦子 **97333**
短毛偏僻杜鹃欧石南 **149396**
短毛槭 **3481**
短毛麒麟 290722
短毛麒麟掌 **290722**
短毛千里光 **359834**
短毛蔷薇 **336631**
短毛球 140860
短毛三裂八角枫 **13379**
短毛三叶法道格茜 **162008**
短毛山里红 109967
短毛山柳菊 **195495**
短毛山小橘 **177850**
短毛山楂 **109967**
短毛瘦片菊属 **58994**
短毛双曲蓼 **54818**
短毛双药芒 **127469**
短毛四棱白粉藤 **92912**
短毛唐菖蒲 **176471**
短毛田菁 **361418**
短毛铁线莲 **95264**
短毛头花猪屎豆 **112384**
短毛托叶楼梯草 **142758**
短毛梧桐 155000
短毛五加 **2406**
短毛细叶刺子莞 **333561**
短毛仙人球 140860
短毛线叶紫茉莉 **255726**
短毛香果兰 404982
短毛香荚兰 **404982**
短毛香芸木 **10695**
短毛小凌风草 **253174**
短毛小米草 **160186**
短毛小叶杨 **311483**
短毛鞋木 **52909**
短毛熊巴掌 296373
短毛鸭嘴花 **214387**
短毛牙买加马齿苋 **311862**
短毛岩白菜 **52538**
短毛野青茅 **127200**,65274,127197
短毛叶赤竹 **347318**
短毛叶赖草 **228386**
短毛叶头过路黄 **239787**
短毛异刺爵床 **25260**
短毛异荣耀木 **134726**
短毛异籽葫芦 **25674**
短毛翼齿豆 **320546**
短毛玉叶金花 **260455**
短毛月见草 **269525**
短毛樟桂 268724
短毛止泻木 197199
短毛钟花垂头菊 **110360**
短毛锥花 **179208**
短毛紫荆 **83774**
短毛紫菀 **40160**
短毛总苞苞茅 **201521**
短帽大喙兰 **346808**
短密花香薷 144003
短命地胆草 **64482**
短命地胆草属 **64481**
短命黑钩叶 **22246**
短命黍 **281597**
短命薯 **207779**
短命喜阳花 **190331**
短命肖木蓝 **253232**
短命肖水竹叶 **23523**
短命猪屎豆 **112117**
短尼亚萨木蓝 **206313**
短鸟足兰 **347730**
短鸟足状瘤蕊紫金牛 **271028**
短牛毛苔草 **73933**
短扭大戟 **158575**
短泡叶番杏 **138151**
短泡叶菊 **138152**
短片藁本 **229296**
短片帚灯草属 **142933**
短旗瓣黄耆 **42115**
短千里光 **358438**
短枪刀药 **202517**
短鞘东俄芹 **392798**
短鞘箭竹 162724
短鞘头柱 **99433**
短鞘托叶萹蓄 **291705**
短茄属 **58228**
短球荚蒾 407706
短髯毛百蕊草 **389624**
短髯毛针茅 **376713**
短绒槐 **369149**,368975
短绒栎 324539
短绒毛阿拉伯大戟 **159784**
短绒毛奥佐漆 **279298**
短绒毛澳非萝藦 **326784**
短绒毛半轭草 **191812**
短绒毛瓣鳞花 **167806**
短绒毛苞叶兰 **58431**
短绒毛闭花木 **94516**
短绒毛扁担杆 **181009**
短绒毛伯纳旋花 **56868**
短绒毛彩花 **2299**
短绒毛长筒莲 **108079**
短绒毛刺桐 **154739**
短绒毛刺子莞 **333491**
短绒毛大青 **96427**
短绒毛大柊叶 **247914**
短绒毛丹氏梧桐 **135976**

短绒毛德罗豆　**138125**
短绒毛豆腐柴　**313762**
短绒毛短冠爵床　**58972**
短绒毛盾苞藤　**265796**
短绒毛峨参　**28061**
短绒毛菲利木　**296338**
短绒毛伽蓝菜　**215286**
短绒毛钩刺苋　**321804**
短绒毛厚皮树　**221213**
短绒毛黄麻　**104137**
短绒毛箭花藤　**168324**
短绒毛锦葵　**243817**
短绒毛九节　**319411**
短绒毛卷瓣兰　**63169**
短绒毛勘察加蓟　**92090**
短绒毛克拉布爵床　**108523**
短绒毛库地苏木　**113178**
短绒毛蓝蓟　**141333**
短绒毛类沟酸浆　**255180**
短绒毛露子花　**123987**
短绒毛鹿藿　**333442**
短绒毛麻疯树　**212241**
短绒毛马利筋　**38158**
短绒毛马唐　**130817**
短绒毛矛果豆　**235576**
短绒毛梅蓝　**248890**
短绒毛密钟木　**192734**
短绒毛木蓝　**206713**
短绒毛南非禾　**290042**
短绒毛南芥　**30407**
短绒毛拟大豆　**272370**
短绒毛拟崖椒　**162185**
短绒毛绮春　**153961**
短绒毛蔷薇　**336991**
短绒毛青锁龙　**109389**
短绒毛苘麻　**1007**
短绒毛热非夹竹桃　**13315**
短绒毛三角车　**334645**
短绒毛蛇鞘紫葳　**272037**
短绒毛鼠李　**328773**
短绒毛唐菖蒲　**176634**
短绒毛纹蕊茜　**341308**
短绒毛五星花　**289834**
短绒毛香豆木　**306293**
短绒毛香青　**21722**
短绒毛小瓠果　**290542**
短绒毛小花豆　**226183**
短绒毛心被旋花　**73153**
短绒毛绣球防风　**227673**
短绒毛悬钩子　**338626**
短绒毛旋丝卫矛　**190125**
短绒毛鸭跖草　**101189**
短绒毛异籽葫芦　**25687**
短绒毛银豆　**32931**
短绒毛鹰爪花　**35069**
短绒毛蝇毒草　**82186**
短绒毛玉凤花　**184182**
短绒毛圆锥绣球　**200053**
短绒水竹草　394075
短绒野大豆　**177792**
短柔毛阿拉伯大戟　**159782**
短柔毛白盾欧石南　**149667**
短柔毛百蕊草　**389830**
短柔毛伴帕爵床　**60321**
短柔毛苞叶兰　**58415**
短柔毛臂形草　**58150**
短柔毛扁担杆　**180933**
短柔毛扁莎　**322328**
短柔毛薄果荠　**201151**
短柔毛巢菜　**408559**
短柔毛赤竹　**347275**
短柔毛刺蒴麻　**399216**
短柔毛大沙叶　**286182**
短柔毛丹氏梧桐　**135955**
短柔毛多裂花纹槭　**3407**
短柔毛多球茜　**310274**
短柔毛多穗兰　**310559**
短柔毛多头玄参　**307624**
短柔毛鹅观草　**335472**
短柔毛法道格茜　**162017**
短柔毛非洲豆蔻　**9953**
短柔毛菲利木　**296287**
短柔毛狒狒花　**46108**
短柔毛凤仙花　**205051**,205260
短柔毛芙兰草　**168872**
短柔毛干若翠　**415462**
短柔毛黑蒴　**14338**
短柔毛横卧苔草　**74920**
短柔毛红果大戟　**154849**
短柔毛厚皮树　**221183**
短柔毛蝴蝶草　**392934**
短柔毛黄鼠狼花　**170073**
短柔毛蓟　**91821**
短柔毛睑子菊　**55468**
短柔毛豇豆　**409095**
短柔毛金丝桃　**202116**
短柔毛景天　**357052**
短柔毛九节　**319588**
短柔毛菊　**5965**
短柔毛菊属　**5963**
短柔毛巨盘木　**166982**
短柔毛卡迪豆　**64940**
短柔毛卡尔茜　**77221**
短柔毛卡普龙大戟　**71586**
短柔毛可利果　**96814**
短柔毛老鼠簕　**2706**
短柔毛勒珀蒺藜　**335680**
短柔毛良盖萝藦　**161002**
短柔毛裂枝茜　**351142**
短柔毛龙面花　**263452**
短柔毛芦荟　**17198**
短柔毛卵叶女贞　**229579**
短柔毛毛子草　**153264**
短柔毛没药　**101561**
短柔毛美登木　**182760**
短柔毛膜枣草　**201212**
短柔毛莫斯田皂角　**9590**
短柔毛南非蜜茶　**116343**
短柔毛拟离药草　**375328**
短柔毛欧石南　**149947**
短柔毛盘桐树　**134142**
短柔毛青锁龙　**109287**
短柔毛热非时钟花　**374061**
短柔毛肉锥花　**102540**
短柔毛三萼木　**395305**
短柔毛色穗木　**129146**
短柔毛沙葫芦　**415512**
短柔毛砂仁　9953
短柔毛山矾　**381325**
短柔毛山梗菜　**234708**
短柔毛山黧豆　**222730**
短柔毛蛇葡萄　**20306**
短柔毛施莱闭花木　**94538**
短柔毛施韦大沙叶　**286460**
短柔毛十二卷　**186627**
短柔毛矢车菊　**81299**
短柔毛瘦片菊　**182079**
短柔毛水苏　**373386**
短柔毛斯氏穗花　**317962**
短柔毛四数莎草　**387685**
短柔毛梯玄参　**385547**
短柔毛天门冬　**39159**
短柔毛田皂角　**9543**
短柔毛铁苋菜　**1935**
短柔毛托勒金合欢　**1659**
短柔毛网球花　**184442**
短柔毛萎缩大戟　**158766**
短柔毛纹蕊茜　**341350**
短柔毛喜阳花　**190419**
短柔毛细线茜　**225745**
短柔毛仙人掌　**273025**
短柔毛香茶　**303604**
短柔毛香芸木　**10693**
短柔毛象根豆　**143495**
短柔毛小冠花　**105303**
短柔毛小托叶堇菜　**409768**
短柔毛肖毛蕊花　**80547**
短柔毛鞋木　**52872**
短柔毛泻下土密树　**60175**
短柔毛星云盐肤木　**332733**
短柔毛旋覆花　**207084**
短柔毛鸭舌癀舅　**370828**
短柔毛盐肤木　**332779**
短柔毛药云实　**65006**
短柔毛异点九节　**319584**
短柔毛异形芹　**193883**
短柔毛银齿树　**227352**
短柔毛隐萼豆　**113797**
短柔毛永菊　**43898**
短柔毛忧花　**241724**
短柔毛油芦子　**97355**
短柔毛疣石蒜　**378535**
短柔毛鱼骨木　**71373**
短柔毛越橘　**403859**
短柔毛枣　**418199**
短柔毛针禾　377024
短柔毛针翦草　**377024**
短柔毛直玄参　**29913**
短柔毛指甲草　**284781**
短柔毛砖子苗　**245515**
短柔毛紫心苏木　**288872**
短肉锥花　**102096**
短蕊八月瓜　**197219**
短蕊百蕊草　**389622**
短蕊鞭柱鸢尾　**246205**
短蕊茶　**68943**
短蕊车前紫草　**364964**
短蕊刺五加　**2471**
短蕊大青　**95967**
短蕊杜鹃　**331240**
短蕊椴属　**58571**
短蕊红山茶　**68945**,69552
短蕊花　219205
短蕊花科　219202
短蕊花属　219204
短蕊槐　**368979**
短蕊姜花　**187479**
短蕊景天　**357326**
短蕊龙胆　**173608**
短蕊茉莉　95967
短蕊内卷叶石蒜　**156056**
短蕊千斤藤　375831
短蕊千金藤　375831
短蕊青藤　**204613**
短蕊日中花　**220493**
短蕊山莓草　**362359**
短蕊石蒜　**239258**
短蕊驼曲草　**119804**
短蕊万寿竹　**134420**
短蕊香草　**239561**
短蕊肖鸢尾　**258422**
短蕊修泽兰属　**58284**
短蕊玉凤花　**183462**
短蕊越橘　**403735**
短蕊折扇草　**412522**
短蕊柱异唇兰　**87460**
短萨比斯茜　**341598**
短三芒草　**33783**
短伞大叶柴胡　**63735**
短砂仁　19931
短莎草　**118585**
短山茱萸　114918
短山茱萸属　114915
短舌大节竹　**206874**
短舌刚竹　297203
短舌黄头菊　**375945**
短舌黄头菊属　**375944**
短舌菊　**58041**

短舌菊蒿 322724
短舌菊属 **58038**
短舌裸冠菀 **318767**
短舌美洲三角兰 **397316**
短舌绵子菊 **222528**
短舌匹菊 **322724**
短舌蒲公英 **384477**
短舌砂禾 **19773**
短舌少穗竹 **270447**
短舌苔草 **73703**
短舌野青茅 **127268**,127217
短舌早熟禾 **305412**
短舌紫菀 **41196**
短生碱茅 **321237**
短绳草 **327984**
短石豆兰 **62593**
短鼠茅 **412406**
短刷木 218389
短双袋兰 **134275**
短水松 318539
短水苏 **373159**
短蒴圆叶报春 **314223**
短丝花篱 **27013**
短丝花兽花鸢尾 **389482**
短丝花属 **221353**
短丝花唐菖蒲 **176302**
短丝筋骨草 **13058**
短丝木蓝 **205737**
短丝木犀 **276396**
短丝扭果花 **377671**
短丝铁青树 **58543**
短丝铁青树属 **58539**
短丝郁金香 **400136**
短四角菱 **394537**
短穗奥萨野牡丹 **276491**
短穗白珠 **172126**
短穗拜卧豆 **227036**
短穗斑叶兰 **179653**,179631
短穗棒兰 **178965**
短穗臂形草 **58068**
短穗柄苔草 **75203**
短穗草胡椒 **290328**
短穗草珊瑚 **346529**
短穗草属 58299
短穗叉柱花 **374473**
短穗茶藨子 **333927**
短穗钗子股 **238327**
短穗长被片风信子 **137905**
短穗长梗风信子 **235605**
短穗柽柳 **383535**
短穗刺果椰 **156114**
短穗刺蕊草 **306965**
短穗刺衣黍 **140593**
短穗戴星草 **371038**
短穗德氏凤梨 **126826**
短穗邓博木 **123669**
短穗吊兰 **88541**
短穗杜英 **142294**
短穗多花筋骨草 **13144**
短穗多花蓼 **340513**
短穗多毛巴豆 **112995**
短穗多毛兰 **396469**
短穗多枝扁莎 **322319**
短穗鹅耳枥 77335
短穗狒狒花 **46037**
短穗分枝列当 **275188**
短穗狗肝菜 **129232**
短穗红柳 383535
短穗虎眼万年青 **274538**
短穗花钗子股 238309
短穗花山矾 **381182**,381148
短穗花属 58299
短穗花序刺蕊草 306962
短穗华南石栎 **233211**
短穗画眉草 **147614**
短穗黄芩 **355392**
短穗黄檀 **121641**
短穗黄藤 **121489**
短穗喙状罗顿豆 **237419**
短穗火炬花 **216938**
短穗鸡头薯 **152878**
短穗尖耳野牡丹 **4737**
短穗金合欢 **1091**
短穗旌节花 **373531**
短穗看麦娘 **17515**
短穗柯 **233121**
短穗栗寄生 295576
短穗柳叶箬 **209060**
短穗芦荟 **16654**
短穗洛佩龙眼 **337677**
短穗马先蒿 **287055**
短穗脉刺草 **265677**
短穗杧草 **293722**
短穗毛舌兰 **395868**
短穗毛穗马鞭草 **219105**
短穗美洲寄生 **295576**
短穗密毛大戟 **321999**
短穗木蓝 **205738**
短穗南非木姜子 387003
短穗泥椆 233211
短穗泥柯 233211
短穗扭萼凤梨 **377649**
短穗葡萄 **411933**
短穗桤叶树 **96478**
短穗青锁龙 **108858**
短穗青葙 **80391**
短穗全缘轮叶 **94261**
短穗雀首兰 **274479**
短穗肉柊叶 **346867**
短穗三尖草 **395020**
短穗山姜 **17741**
短穗山羊草 **8728**
短穗蛇菰 **46812**
短穗省藤 **65684**
短穗十字爵床 **111726**
短穗石豆兰 **62594**
短穗石栎 233121
短穗石龙刍 **225666**
短穗水苏 **373160**
短穗四腺木姜子 **387003**
短穗苔草 **73907**
短穗天料木 **197646**
短穗铁苋菜 1806
短穗兔耳草 **220162**
短穗无饰豆 **5828**
短穗五数野牡丹 **290202**
短穗西澳兰 **118165**
短穗狭翅兰 **375661**
短穗腺萼木 **260614**
短穗小檗 **51376**,51553
短穗小花小蓼 **308684**
短穗小雀瓜 **115991**
短穗肖五蕊寄生 **269282**
短穗绣线菊 **371850**
短穗鸭嘴花 **214388**
短穗异地榆 **50980**
短穗异果黄堇 **105977**
短穗由基松棕 156114
短穗鱼尾葵 **78047**
短穗杂色豆 **47698**
短穗竹 **58698**
短穗竹茎兰 **399641**
短穗竹属 **58697**
短穗紫藤 **414546**
短缩早熟禾 305275
短藤竹 131284
短天门冬 **38949**
短条桉 155555
短葶报春 **314184**,314397
短葶北点地梅 **23296**
短葶飞蓬 **150513**
短葶黄堇 **106319**
短葶箭报春 **314397**
短葶韭 15507
短葶卷瓣兰 **62597**
短葶肉叶荠 **59780**
短葶山葱 **15507**
短葶山麦冬 232631
短葶石豆兰 **62845**
短葶苔草 **73937**
短葶无距花 **167292**
短葶仙茅 **114818**
短葶小点地梅 **23183**
短筒倒挂金钟 **168767**
短筒等梗报春 **314534**
短筒独花报春 270728
短筒沟宝山 **327282**
短筒孤顶花 196452
短筒喉凸苣苔 184224
短筒黄精 **308498**
短筒荚蒾 **407712**
短筒苣苔 **56367**,56370
短筒苣苔属 **56365**
短筒水锦树 **413776**
短筒穗花报春 **314261**
短筒兔耳草 **220163**
短筒沃森花 **413326**
短筒獐牙菜 **380165**
短筒朱顶红 **196452**,196453
短筒紫苞鸢尾 **208799**
短头百蕊草 **389632**
短头唇柱苣苔 **87829**
短头灯心草 **212912**
短头飞蓬 **150510**
短头菲利木 **296169**
短头风毛菊 **348172**
短头花猪屎豆 112384
短头马蓝 **378103**
短头蒲公英 **384476**
短头山柳菊 **195493**
短头一点红 **144899**
短头翼茎菊 **172420**
短托叶崖豆藤 **254683**
短箨茶秆竹 **318292**
短尾大麦 **198278**
短尾单毛野牡丹 **257520**
短尾灯心草 **212924**
短尾杜鹃 **330253**
短尾鹅耳枥 77335
短尾二毛药 **128438**
短尾好望角双袋兰 **134278**
短尾菊属 **207515**
短尾柯 233122,233238
短尾克来豆 **108556**
短尾楼梯草 **142643**
短尾膜苞豆 **201247**
短尾木通 94778
短尾铁线莲 **94778**
短尾尾稃草 **402503**
短尾细辛 **37584**
短尾叶柃 160535
短尾叶石栎 233122,233241
短尾隐药萝藦 **68571**
短尾越橘 **403760**
短卫矛 157816
短细柄海恩斯小檗 51697
短细轴荛花 **414225**
短线冠莲 **256065**
短线黑金盏 **266673**
短线木蓝 **205744**
短线扭果花 **377673**
短线三肋果 **397952**
短线紫菀 **40154**
短腺黄堇 **106314**
短腺小米草 **160254**
短香茶 **303177**
短香味兰 **261534**
短小檗 **51392**

短小刺假杜鹃 **48284**
短小梗润肺草 **58829**
短小米草 **160145**
短小青海马先蒿 287548
短小忍冬 **235822**
短小蛇根草 **272282**
短小铁青树 **21221**
短小铁青树属 **21219**
短小叶金雀豆 **21790**
短小舟叶花 **340633**
短肖木蓝 **253226**
短星火绒草 **224806**
短星菊 **58265**
短星菊属 **58261**
短星毛青冈 **116066**
短形光巾草 256161
短雄蕊美花莲 **184252**
短须金毛燕 **151706**
短须毛七星莲 **409901**
短序柄胡椒 300474
短序长白地杨梅 **238672**
短序唇柱苣苔草 **87850**
短序刺蕊草 **306962**
短序楤木 30680
短序脆兰 **2042**
短序大野豌豆 **408555**
短序蒂施簕小檗 **52259**
短序吊灯花 **84040**
短序杜茎山 **241748**
短序鹅掌柴 **350667**
短序隔距兰 **94470**
短序杭子梢 **70792**
短序黑三棱 **370066**
短序厚壳桂 **113433**
短序胡枝子 226746
短序花科 123033
短序花山矾 381148
短序花属 58299
短序棘豆 **279190**
短序荚蒾 **407706**
短序栝楼 **396155**
短序蓝叶藤 **245855**
短序雷内姜 **327723**
短序栗豆藤 **10980**
短序柳 **343128**
短序龙眼独活 30680
短序落葵薯 **26268**
短序楠 **295350**
短序蒲桃 **382493**
短序鞘花 **241321**
短序琼楠 **50481**
短序润楠 **240562**
短序山梅花 **294413**
短序十大功劳 **242499**
短序石豆兰 **62601**
短序松江柳 **344164**
短序算珠豆 **402151**
短序太平花 294413
短序铁苋菜 1806
短序歪头菜 **408296**
短序香蒲 **401109**
短序小檗 **52095**
短序小叶杜茎山 241748
短序小叶杨 **311492**
短序绣线梅 **263146**
短序鸭跖草 **280504**
短序野笠苔草 **74399**
短序野木瓜 **374387**
短序野豌豆 **408252**
短序阴山荠 **416351**
短序鱼尾葵 78047
短序越橘 **403736**
短序樟 **91279**
短序桢楠 240562
短序蜘蛛兰 **30529**
短序止睡茜 **286051**
短序竹 **99282**
短序竹属 **99281**
短序醉鱼草 **61987**
短芽鳞杜鹃 330255
短芽舟叶花 **340586**
短雅葱 354956
短檐金盏苣苔 **210182**
短檐苣苔 **394675**
短檐苣苔属 **394672**
短檐南星 **33284**
短燕麦 **45402**
短杨梅冬青 **203615**
短样泡刺藤 338808
短药鼻烟盒树 **270886**
短药大麦 **198266**
短药地胆 368902
短药花篱 **27011**
短药碱茅 321296
短药金钟报春 **215640**
短药考夫报春花 215640
短药肋柱花 **235433**
短药蒲桃 **382491**,382544
短药千里光 **358427**
短药沿阶草 **272055**
短药羊茅 163847
短药野木瓜 **374420**,374384
短药野生稻 **275915**
短药异燕麦 **190184**
短药针蔺草 **376975**
短野牡丹属 **58549**
短叶阿登芸香 **7117**
短叶阿根廷菠萝 **684**
短叶阿斯草 **39834**
短叶阿斯皮菊 **39798**
短叶矮野牡丹 **253538**
短叶澳迷迭香 **413912**
短叶澳西桃金娘 **148170**
短叶白斑人参果 312715
短叶白冷杉 **323**
短叶白楠 **295389**
短叶白千层 248099
短叶百蕊草 **389623**
短叶拜尔大戟 **53670**
短叶半育花 **191468**
短叶棒头草 **310104**
短叶扁穗草 **55893**
短叶变淡红蓝花参 **412852**
短叶柄草胡椒 **290312**
短叶柄苋 **18706**
短叶薄花兰 **127941**
短叶布枯 10575
短叶布留芹 **63473**
短叶草 **215489**
短叶草瑞香 128028
短叶草属 **215488**
短叶叉毛蓬 **292716**
短叶茶豆 **85195**
短叶长瓣丝兰 **416558**
短叶长庚花 **193247**
短叶长毛蓼 **291827**
短叶长序鼠麴草 **178514**
短叶车前 **301891**
短叶柽柳桃金娘 **260979**
短叶齿瓣兰 **269058**
短叶赤车 **288715**
短叶赤箭莎 **352353**
短叶赤松 299890
短叶臭茜 **321902**
短叶丛菔 368566
短叶粗毛阿氏莎草 **566**
短叶大花青锁龙 **108958**
短叶大戟 **158564**
短叶大头斑鸠菊 **227144**
短叶大油芒 **372436**
短叶单毛野牡丹 **257521**
短叶淡黄马先蒿 287387
短叶德氏凤梨 **126825**
短叶灯心草 **212914**
短叶帝王花 **82314**
短叶滇紫草 271812
短叶冬青 **203595**
短叶兜舌兰 **282906**
短叶堆心菊 **188412**
短叶多花假金目菊 **190254**
短叶多鳞菊 **66354**
短叶萼叶茜 **68386**
短叶耳舌兰 **277254**
短叶二柱苔 73877
短叶番樱桃 **156133**
短叶菲利木 **296170**
短叶菲奇莎 **164503**
短叶费利菊 **163156**
短叶粉叶小檗 **52071**
短叶风信子 **260299**
短叶弗尔夹竹桃 **167410**
短叶盖茜 **271944**
短叶岗松 **46431**,46425
短叶高林金合欢 **1450**
短叶高耸芦荟 **16811**
短叶藁本 229296
短叶钩喙兰 **22086**
短叶狗肝菜 **129226**
短叶灌丛锉玄参 **21770**
短叶果松 299926
短叶海葱 **402334**
短叶寒金菊 **199212**
短叶蒿 35456,36327,360822
短叶合欢 **13507**
短叶核果茶 **322579**
短叶赫柏木 **186970**
短叶红豆杉 **385342**
短叶红千层 **67252**
短叶胡枝子 **226899**
短叶虎耳草 **349106**
短叶虎头兰 117102
短叶虎尾兰 **346163**
短叶花葵 **223359**
短叶花旗松 **318583**
短叶黄花茅 **27936**
短叶黄耆 **42113**
短叶黄秦艽 **405568**
短叶黄杉 **318564**
短叶黄眼草 **416016**
短叶黄脂木 **415179**
短叶桧 **213624**
短叶蓟 **91820**
短叶假糙苏 **283612**
短叶假格兰马草 **79463**
短叶假花大戟 **317200**
短叶假毛兰 **317293**
短叶假木贼 **21034**
短叶假五数草 **318082**
短叶假夜香树 **266836**
短叶剑叶玉 **240521**
短叶箭叶蓼 308918
短叶江西小檗 **51796**
短叶茳芏 **119162**
短叶金茅 **156447**
短叶金锁匙 **190739**
短叶锦鸡儿 **72196**
短叶荆芥 **264891**
短叶景天 **356585**
短叶绢蒿 **360822**
短叶决明 **78366**,78408
短叶可利果 **96674**
短叶孔雀杉 113687
短叶拉拉藤 **170281**
短叶蜡菊 **189205**
短叶蓝花参 **412603**
短叶肋泽兰 **60106**
短叶冷杉 **440**
短叶亮绿苔草 **74541**

短叶裂稃草 351266
短叶柳杉 **113687**
短叶柳叶菜 **146639**,146641
短叶六带兰 **194491**
短叶龙骨角 **192431**
短叶龙舌兰 10797
短叶芦荟 **16656**,17381
短叶罗汉松 **306529**,306469
短叶罗斯特草 **337265**
短叶马蹄金 **128958**
短叶马尾松 299972,300247
短叶毛赫德木 185972
短叶毛花海桐 **86404**
短叶毛头菊 **151569**
短叶毛头苋 **122973**
短叶毛折柄茶 **185972**
短叶茅膏菜 **138271**
短叶梅西尔桔梗 **250577**
短叶密头帚鼠麹 **252413**
短叶魔星兰 **163514**
短叶穆拉远志 **259977**
短叶楠 295389
短叶囊髓香 **252601**
短叶欧石南 **149106**
短叶平滑小檗 51856
短叶瓶果莎 **219875**
短叶浅黄马先蒿 **287387**
短叶秦岭藤 **54530**
短叶青木 **44921**
短叶青锁龙 **108860**
短叶琼楠 **50480**
短叶曲芒发草 **126078**
短叶雀舌兰 **139256**
短叶肉翼无患子 **346926**
短叶塞拉玄参 **357436**
短叶三指兰 **396630**
短叶桑给巴尔虫果金虎尾 **5944**
短叶莎草 218480
短叶山扁豆 **78408**
短叶少花葵 **66149**
短叶舌唇兰 **302268**
短叶省藤 **65675**
短叶石楠 **295642**
短叶黍 **281408**
短叶蜀黍 351266
短叶水车前 **277376**
短叶水马齿 **67396**
短叶水石榕 **142329**
短叶水蜈蚣 **218480**
短叶丝兰 **416563**
短叶丝兰属 97119
短叶四数莎草 **387639**
短叶松 299818,299925,300247
短叶苏木 **64976**
短叶穗花杉 **19358**
短叶穗雄大戟 **373487**
短叶苔草 75293
短叶泰森菲利木 **296336**
短叶唐菖蒲 **176067**
短叶糖芥 **154411**
短叶藤山柳 **95517**
短叶天壳草 **98462**
短叶天门冬 **38950**
短叶田皂角 **9510**
短叶图里无患子 **393221**
短叶土杉 306469
短叶托克茜 **392543**
短叶脱皮藤 **826**
短叶驼曲草 **119805**
短叶弯柄苔草 **75293**
短叶维斯特灵 413912
短叶瓮萼豆 **68117**
短叶无须菝葜 **329675**
短叶勿忘草 **260770**
短叶喜马拉雅冷杉 **481**
短叶细脉莎草 **107217**
短叶虾脊兰 **65883**
短叶下垂斑叶兰 **179673**
短叶线叶粟草 **293906**
短叶香茶菜 **209637**
短叶香科 **388021**
短叶小檗 **51384**
短叶小黄管 **356048**
短叶小囊兰 **253884**
短叶肖鼠李 **328573**
短叶肖杨梅 **258735**
短叶肖鸢尾 **258423**
短叶雪松 **80085**
短叶亚顶柱 **304888**
短叶岩须 78623
短叶焰花苋 **294322**
短叶羊茅 **163847**
短叶一枝黄花 **368001**
短叶翼茎菊 **172421**
短叶银杯玉 **129592**
短叶远志 **307956**
短叶杂分果鼠李 **399750**
短叶燥原禾 **134507**
短叶针禾 376977
短叶针蔺草 **376977**
短叶脂麻掌 **171634**
短叶直立西瓦菊 **193380**
短叶中华石楠 **295631**
短叶中亚紫菀木 41750
短叶种棉木 **46214**
短叶舟叶花 **340587**
短叶帚菀木 **307560**
短叶皱稃草 **141741**
短叶朱米兰 **212704**
短叶猪毛菜 **344475**
短叶紫晶报春 **314119**
短叶紫露草 **394003**
短叶紫杉 385342
短衣菊属 58485
短翼膀胱豆 **100168**
短翼黄芪 42110
短翼黄耆 **42110**
短翼金虎尾属 **58646**
短翼米口袋 181665
短翼首花 **320428**
短翼岩黄芪 187806
短翼岩黄耆 **187806**
短隐足兰 **113761**
短缨垂头菊 **110352**
短缨合耳菊 **381926**
短缨尾药菊 381926
短颖棒毛马唐 **130617**
短颖臂形草 **58066**,58168
短颖草 **58452**
短颖草属 **58447**
短颖鹅观草 **335238**
短颖马唐 **130656**,130768,130783
短颖披碱草 **144210**
短颖膝曲鼠茅 **412426**
短颖楔颖草 **29450**
短硬毛棘豆 **278882**
短硬毛三叶草 **396926**
短尤利菊 **160763**
短羽裂高河菜 **247780**
短羽状骨籽菊 **276673**
短羽状维吉豆 **409176**
短鸢尾 208874
短圆箭叶堇菜 409725
短圆头葱 **15754**
短圆锥花序小檗 51284
短圆锥九节 **319445**
短早熟禾 **305275**
短獐牙菜 **380397**
短针狗尾草 **85606**
短针狗尾草属 **85603**
短枝臂兰 **58218**
短枝车轴草 **397109**
短枝发草 **126042**
短枝黄金竹 **351849**
短枝菊 **58356**
短枝菊属 **58355**
短枝鳞花兰属 **288956**
短枝六道木 **123**
短枝木蓝 **205747**
短枝木麻黄 79161
短枝雀麦 **60768**
短枝三角车 **334596**
短枝莎簕竹 351849
短枝山甘蓝椰 **313954**
短枝香草 **239555**
短枝鱼藤 **125944**
短枝浙江铃子香 86811
短枝栀子 **171268**
短枝竹属 172736
短种脐草属 **396702**
短舟萼兰 **350481**
短轴臭黄堇 **105908**,105665
短轴红山茶 **68946**,69552
短轴黄堇 **105665**
短轴坚唇兰 **376230**
短轴茎花豆 **118057**
短轴旌节花 373531
短轴喃果苏木 118057
短轴雀麦 **60649**
短轴山梅花 294474
短轴省藤 **65663**
短轴嵩草 **217254**,217307
短轴莠竹 **254012**
短柱八角 **204488**
短柱白花菜 **95637**
短柱百合 229752
短柱豹药藤 **117573**
短柱贝母 168655
短柱草 **211603**
短柱草科 **211599**
短柱草属 **211602**
短柱侧金盏花 **8353**
短柱茶 68953
短柱长庚花 **193248**
短柱长梗风信子 **235606**
短柱朝鲜柳 **343576**
短柱齿唇兰 **269012**
短柱葱 **15135**
短柱大槌茜 **241328**
短柱丹氏梧桐 **135792**
短柱灯心草 **212917**
短柱滇刺果 415242
短柱滇刺榄 **415242**
短柱杜鹃 **330257**,330237,330841
短柱对叶兰 **264705**
短柱多果树 **304130**
短柱福寿草 8353
短柱弓果藤 **393546**
短柱桂樱 **223158**
短柱荷包果 415242
短柱鹤虱 **221698**
短柱胡颓子 **141980**
短柱黄海棠 **201745**
短柱黄精石南 **232697**
短柱黄皮 **94175**,94174
短柱茴芹 **299366**
短柱蓟 **91822**
短柱浆果莲花 **217073**
短柱金丝桃 **201925**,201743
短柱克诺通草 217073
短柱蜡瓣花 **106630**
短柱兰 **58806**
短柱兰属 **58804**
短柱狼毒大戟 **159520**,158895
短柱勒菲草 **224024**
短柱柃 **160432**

短柱流苏白花菜 **95673**
短柱鹿蹄草 **322853**
短柱络石 **393630**
短柱马达加斯加毒鼠子 **128740**
短柱梅花草 **284511**
短柱美果使君子 **67949**
短柱扭果花 **377712**
短柱杞李参 125594
短柱杞李葠 125594
短柱忍冬 **235795**
短柱山茶 68953
短柱树参 **125594**
短柱水繁缕 **246701**
短柱水繁缕属 **246700**
短柱苔草 76622
短柱糖芥 **154413**
短柱田基麻 **200413**
短柱铁线莲 **94799**
短柱头盖裂果 **256084**
短柱头列当 **58989**
短柱头列当属 **58988**
短柱头菟丝子 **115124**
短柱菟丝子 **114980**
短柱西方毛茛 **326138**
短柱西方岩菖蒲 **392616**
短柱细辛 **37572**
短柱小百合 **229752**
短柱肖菝葜 **194129**,194132
短柱肖菥蓂 **77468**
短柱肖鸢尾 **258424**
短柱亚麻 **231881**,231941
短柱盐蓬 **184675**
短柱盐蓬属 **184674**
短柱异片芹 **25735**
短柱银莲花 **23735**
短柱油茶 **68953**
短柱珍珠菜 **239635**
短柱猪毛菜 **344609**
短爪黄堇 **105832**
短锥果葶苈 **137072**
短锥花树萝卜 **10329**
短锥花小檗 **52062**
短锥香茶菜 **324732**
短锥序荛花 414216
短锥玉山竹 **416755**
短籽飞蓬 **150511**
短籽沟繁缕 **142563**
短籽黄耆 **42104**
短紫穗槐 20023
短总花拟大豆 **272362**
短总花黏鹿藿 **333455**
短总序荛花 **414148**
短总状花序小檗 **51373**
短足阿达兰 **6991**
短足白花菜 **95639**
短足拜卧豆 **227035**
短足糙蕊阿福花 **393727**
短足鹅观草 **335233**
短足含羞草 **255096**
短足兰 **58567**
短足兰属 **58565**
短足千里光 **358430**
短足石豆兰 **63100**
短足酸模 **339956**
短足仙丹花 **211053**
短足肖九节 **401947**
短足新卡大戟 **56037**
短足尤利菊 **160762**
短足针囊葫芦 **326659**
短嘴老鹳草 174755,174918
段报春 314624
段户苔草 **73548**
段菊 78012
断草属 **379655**
断肠草
断肠草科 235251
断肠草属 172778
断肠花 **49356**,49886
断肠叶 66617,414584
断根草 56382
断骨藤 144773
断脚蜈蚣 277878
断节果 126485
断节莎 **393194**,393205
断节莎属 **393185**
断节参 117747
断琴球 **244251**
断琴丸 244251
断穗狗尾草 **361700**
断穗爵床属 371553
断苔 74366
断序臭黄荆 313664
断血流 96970,97043
断眼子菜 312155
缎带垂枝木藜芦 **228164**
缎带岩雏菊 **291299**
缎胡桃 232565
缎花 **238371**,238379
缎花属 **238369**
缎叶喜林芋 **294810**
缎子花 383103
缎子菊 383103
缎子绿豆树 244486
葮 195149,195269
椴 195149,195269,391760,
391843
椴科 391860
椴木 391760
椴皮树 391689
椴属 391646
椴树 **391843**,391661,391725,
391760,391773,391795
椴树科 **391860**
椴树属 **391646**
椴树叶嘴签 **179959**
椴杨 311349
椴叶白粉藤 **93002**
椴叶白鹤藤 376536
椴叶扁担杆 **180995**
椴叶丹比亚木 136009
椴叶丹氏梧桐 **136009**
椴叶叨里木 393110
椴叶独活 **192388**
椴叶黑桦 53400
椴叶花楸 **369308**
椴叶烂泥树 393110
椴叶木槿 **195321**
椴叶槭 2939
椴叶牵牛 376536
椴叶榕 **165760**
椴叶乳桑 **46516**
椴叶桑 **259195**
椴叶山麻杆 **14216**
椴叶石刁柏 38950
椴叶鼠尾草 **345432**
椴叶藤山柳 **95552**
椴叶西番莲 **285706**
椴叶缬草 **404370**
椴叶旋花 **326852**
椴叶旋花属 **326850**
椴叶野桐 **243453**
椴叶苎麻 **56338**
堆花小檗 51284
堆积薰草 **210088**
堆积单头鼠麹木 **240880**
堆积吊灯花 **84019**
堆积芳香木 **38496**
堆积风兰 **25069**
堆积贵风卵 **304348**
堆积剪股颖 **12160**
堆积拉拉藤 **170324**
堆积鹿藿 **333414**
堆积千里光 **360073**
堆积山芫荽 **107819**
堆积舌唇兰 **302541**
堆积石斛 **125098**
堆积西澳兰 **118269**
堆拉翠雀花 **124692**
堆拉乌头 **5620**
堆龙贝母 168563
堆桑属 **369816**
堆山花 356877
堆头刺头菊 **108405**
堆头蓟 **92403**
堆莴苣 283695
堆心蓟 **92012**
堆心菊 **188402**,188406,188410
堆心菊科 **188386**
堆心菊属 **188393**
堆心韦斯菊 **414935**
堆叶蒲公英 **384501**
对瓣木犀 276284
对比苏格兰欧石南 **149218**
对叉草 54048,124039,124043
对叉疔药 285635
对称白瑟木 **46672**
对称花裂蕊紫草 **235039**
对称假狼紫草 **266599**
对称卷瓣堇 **14949**
对称裂花桑寄生 **295862**
对称罗马风信子 **50780**
对称泡叶番杏 **138259**
对称乌口树 **385051**
对称叶白叶树 **227927**
对称叶猪毛菜 **344779**
对刺藤 **355879**
对刺藤属 **355868**
对岛西氏槭 **3609**
对岛席氏槭 3609
对对草 146937,201845,202146,
202217
对对花 78012
对对参 183402,183540,183553,
183559,347842,347844,
398024,398025
对萼兰 **418787**
对萼兰属 **418786**
对萼猕猴桃 **6717**
对耳舌唇兰 **302325**
对粉菊属 **280413**
对瓜 **418790**
对瓜属 **418788**
对花对叶排草 239559
对花二歧草 **404141**
对花格尼瑞香 **178611**
对花黑草 **61787**
对花花凤梨 **392012**
对花拉拉藤 **170390**
对花芒柄花 **271659**
对花莎草 **118934**
对花蛇舌草 **269822**
对花唐菖蒲 **176419**
对花铁兰 392012
对花舟叶花 **340694**
对花猪毛菜 **344545**
对角刺 342198
对角菊 **241481**
对角菊属 **241479**
对节白 234766
对节白蜡 167991
对节菜 4273
对节草 4259,4273
对节刺 **198238**,342185,342189,
342198
对节刺属 **198237**,342155
对节兰 83644
对节莲 117643
对节木 168022,342185,342189,

407802
对节皮 301006
对节参 117640,117747
对节生 96339
对节树 66913
对节叶 320108
对节叶属 320103
对节子 407696
对结刺 342185
对结子 342185
对经草 201743,202146,403687
对经坐 202146
对茎毛兰 **148750**
对开田皂角 **9527**
对开细辛 **37612**
对开银豆 **32804**
对口蘼 338281
对口剪 97093
对莲 202146
对鳞柏 **134199**
对鳞柏科 **134200**
对鳞柏属 **134198**
对轮虎耳草 349966
对轮叶虎耳草 **349966**
对马苔草 **76612**
对面花 **290653**,79595
对面花属 **290651**
对面芳 79595
对芹 24314
对蕊山榄属 **177528**
对参属 **130023**
对肾参 183559
对生长筒莲 **107894**
对生穿心草 **71271**
对生大戟 **158748**
对生寡头鼠麹木 **327609**
对生黄花叶 239664
对生龙凤木 287854
对生马钱 378699
对生毛头菊 **151571**
对生琼楠 **50582**
对生榕 **165399**
对生蛇根草 **272269**
对生纹蕊茜 **341293**
对生叶白千层 248090
对生叶叉毛蓬 **292725**
对生叶虎耳草 **349379**,349719
对生叶球花豆 **284468**
对生獐牙菜 **380177**
对生猪毛菜 **344508**
对时接骨草 308145
对双碟荠 **54659**
对双菊 **131002**
对双菊属 **131001**
对穗草 171509
对穗草属 171486
对心光藤菊 **64518**
对雪丹 122532
对雪开 122532
对牙草 240068
对雁苔草 **75592**
对叶白翅菊 **227982**
对叶白珠 172131
对叶白珠树 **172131**
对叶百部 375355
对叶杯子菊 **182572**
对叶杯子菊属 **182571**
对叶贝克菊 **52788**
对叶贝梯大戟 **53145**
对叶扁角菊 **409250**
对叶杓兰 **120341**
对叶菜 248269
对叶糙毛榕 **164865**
对叶草 117606,201942,202146,
202217,248269,264705,295516
对叶草绣球 **73124**
对叶长筒莲 **107975**
对叶车前 **301864**
对叶车叶草 **39382**
对叶赪桐 **337435**
对叶橙菀 **320718**
对叶齿缘草 **153509**
对叶寸节草 187544
对叶大戟 **159853**
对叶戴星草 **371008**
对叶豆 360409
对叶杜鹃 235283
对叶杜鹃属 235279
对叶杜属 57846
对叶多节草属 **266385**
对叶二翅豆 **133632**
对叶二色鼠麹木 **337150**
对叶返顾马先蒿 **287589**
对叶费利菊 **163172**
对叶凤尾参 287367
对叶凤仙花 **205199**
对叶格尼瑞香 **178661**
对叶果 98633,98686,98728
对叶核果木 **138672**
对叶红景天 **329962**
对叶红线草 239591
对叶虎耳草 **349200**,349719
对叶花 **304340**,199800
对叶花属 **304336**
对叶黄精 **308625**
对叶黄芪 43207
对叶黄耆 **43207**
对叶黄杞 **145526**
对叶黄蕊桃金娘 **415207**
对叶尖药木 **4968**
对叶接骨草 291138,308392
对叶接骨丹 274237
对叶金钮扣 **371669**
对叶金钱草 176839
对叶金绒草 **184338**
对叶金绒草属 **184337**
对叶金丝桃 **202217**
对叶金腰子 **90423**
对叶景天 **87318**,200784,
200788,356562
对叶景天属 **87315**
对叶韭 **15872**
对叶菊属 418035
对叶可拉木 **99264**
对叶孔岩草 **218357**
对叶蜡菊 **223447**
对叶蜡菊属 **223445**
对叶兰 **264727**,83644
对叶兰属 **232890**
对叶兰羊耳蒜 **232227**
对叶冷水花 **298863**
对叶藜 **44517**
对叶莲 37888,117643,240068
对叶林 84211,398273
对叶凌霄莓 **124760**
对叶刘氏草 **228291**
对叶柳 **344062**
对叶楼梯草 **142840**
对叶马泰木 **246264**
对叶木 313679
对叶牧野氏泽兰 **158232**
对叶拟尖膜菊 **298480**
对叶努西木 **267390**
对叶欧石南 **149393**
对叶蓬属 175904
对叶七 317036
对叶脐景天 **401702**
对叶千日菊 **4868**
对叶茜草 **338030**
对叶榕 **165125**,164864,164865
对叶瑞香 **212293**
对叶瑞香属 **212292**
对叶塞拉玄参 **357616**
对叶三翅菊 **398211**
对叶三角车 **334668**
对叶散花 407802
对叶沙漠木 **148369**
对叶山葱 **15435**
对叶山黄麻属 238057
对叶蛇藤 **100073**
对叶肾 157473,393657
对叶瘦片菊 **182074**
对叶鼠麹草 **90599**
对叶鼠麹草斑鸠菊 **406225**
对叶鼠麹草属 **90597**
对叶薯蓣 **131747**
对叶双袋兰 **134330**
对叶双冠苣 **218206**
对叶双盛豆 **20776**
对叶斯达无患子 **373598**
对叶四块瓦 88284,88297
对叶四片芸香 **386984**
对叶四丸大戟 **387978**
对叶藤菊 **141893**
对叶藤菊属 **141892**
对叶藤科 **250171**,45221
对叶藤属 **250158**,45218
对叶藤状斑鸠菊 **394721**
对叶天使菊 **24531**
对叶天竺葵 **288398**
对叶铁线莲 **95468**
对叶无距杜英 **3806**
对叶腺萼菊 **68289**
对叶香豆 133632
对叶香豌豆 **222694**
对叶延胡索 105663,106066
对叶盐蓬 **175907**
对叶盐蓬属 **175904**
对叶眼子菜 **181286**
对叶眼子菜属 **181285**
对叶羊耳蒜 **232266**
对叶野桐 **243409**,243382
对叶逸香木 **131983**
对叶榆 **238058**
对叶榆属 **238057**
对叶元胡 106066
对叶针翦草 **376986**
对叶珠头菊 **209552**
对叶猪毛菜 **344430**
对叶紫堇 **105859**,106066
对叶紫绒草 **114023**
对叶紫绒草属 **114022**
对叶紫菀 **336119**
对叶紫菀属 **336118**
对月草 117643,201743,201853,
202146,202151,225005
对月刺草 339024
对月花 199817
对月莲 117643,202146
对月参 70396
对掌树 185263
对掌树属 185262
对折布氏菊 **60130**
对折龙胆 **173346**
对折婆罗门参 **394273**
对折紫金牛属 **218708**
对枝菜 **93235**
对枝菜属 **93232**
对枝决明 **78246**
对枝婆婆纳 **407043**
对嘴蘼 338281
对嘴泡 338281,338407
对坐草 202146,239582
对坐叶 187694
对座草 239582
对座神仙 231559
对座叶 187694
敦达黑草 **61775**

敦达三萼木 **395226**
敦达斯桉 **155569**
敦化乌头 **5171**
敦六山姜 17770
敦盛草 120396,120461
蹲鸱 99910
蹲倒驴 143530
盾苞菰 **191132**
盾苞菰科 **191099**
盾苞菰属 **191131**
盾苞果 265794
盾苞果属 265783
盾苞藤 **265794**
盾苞藤属 **265783**
盾柄兰 **311735**
盾柄兰属 **311733**
盾菜 **164446**
盾菜属 **164445**
盾草 **391410**
盾草属 **391409**
盾齿花属 **288859**
盾翅果 39676
盾翅果属 39666
盾翅藤 **39676**,39687
盾翅藤属 **39666**
盾葱 **15856**
盾豆木 **288837**
盾豆木属 **288836**
盾萼番荔枝 **288834**
盾萼番荔枝属 **288832**
盾萼凤仙花 **205307**
盾萼茜 **391413**
盾萼茜属 **391412**
盾萼紫堇 **106267**
盾儿花 302796
盾梗核果木 **138678**
盾梗千里光 **359711**
盾梗云实 **65052**
盾鬼臼 306636
盾果草 **391421**
盾果草属 **391419**
盾果金虎尾属 **39498**
盾果荠属 **97432**
盾核藤 39608
盾核藤属 39607
盾花蝴蝶兰 **293641**
盾花榄 **355887**
盾花榄属 **355885**
盾基冷水花 **298942**
盾荚豆 **301575**
盾荚豆属 **301573**
盾锦葵属 **288793**
盾鳞风车子 **100728**,100729
盾鳞狸藻 **403295**
盾鳞木犀 **184539**
盾鳞木犀属 **184537**
盾萝藦属 **39656**
盾脉芥属 **265761**
盾盘木属 **301550**
盾片蛇菰 **332411**
盾片蛇菰属 **332409**
盾蕊厚壳桂属 39703
盾蕊南星 **288808**
盾蕊南星属 **288800**
盾蕊芋属 288800
盾蕊樟属 **39703**
盾舌核果树 **342116**
盾舌核果树属 **342115**
盾舌萝藦属 **39611**
盾头木 **50962**
盾头木科 **50963**
盾头木属 **50961**
盾形碧光环 **257414**
盾形草 391421
盾形草属 **288818**
盾血桐 **240303**
盾药草 **288813**
盾药草属 **288810**
盾叶 **288844**
盾叶桉 **106816**
盾叶白蓬草 388536
盾叶半夏 **299722**
盾叶粗筒苣苔 **60275**
盾叶佛肚苣苔 60275
盾叶观音莲 **16533**
盾叶鬼臼 **306636**
盾叶金莲花 **399605**
盾叶苣苔 **252507**
盾叶苣苔属 **252506**
盾叶冷水花 **299001**
盾叶莲 **200455**
盾叶莲科 **200450**
盾叶莲属 **200453**
盾叶轮环藤 **116030**
盾叶毛茛 **39663**
盾叶毛茛属 **39661**
盾叶茅膏菜 **138336**,138328,138329
盾叶莓 **339024**
盾叶霉草 **288907**
盾叶霉草属 **288906**
盾叶木 **240227**
盾叶秋海棠 **50153**,49703
盾叶石蝴蝶 252507
盾叶属 **288840**
盾叶薯蓣 **131917**
盾叶唐松草 **388536**
盾叶天竺葵 **288430**
盾叶铁线莲 **95316**,95096
盾叶庭荠 **18457**
盾叶蟹甲草 **283856**
盾叶悬崖苣苔 252507
盾叶野桐 243327
盾叶蚁栖树 **80009**
盾叶云南金莲花 **399555**
盾叶轴榈 **228756**
盾叶蛛毛苣苔 **283124**
盾竹桃属 **288830**
盾柱 **304898**
盾柱豆 288897
盾柱兰属 **39647**
盾柱木 **288897**
盾柱木属 **288882**,304892
盾柱属 **304892**
盾柱卫矛 304898
盾柱卫矛属 304892
盾柱芸香 **288921**
盾柱芸香属 **288918**
盾状扁柄草 **220285**
盾状草胡椒 **290402**
盾状大胡椒 **313177**
盾状格雷野牡丹 **180415**
盾状胡椒 **300477**
盾状黄檀 **121790**
盾状黄桐 **145420**
盾状角果藻 **417071**
盾状金腰 **90426**
盾状榄仁树 **386636**
盾状冷水花 299001
盾状粒菊 **316965**
盾状马利筋 **38057**
盾状毛茛 **326210**
盾状美登木 **246926**
盾状木蓝 **206371**
盾状苜蓿 **247469**
盾状欧石南 **149865**
盾状青锁龙 **109254**
盾状秋海棠 **50295**
盾状砂纸桑 80009
盾状酸模 **340254**
盾状糖芥 **154440**
盾状天竺葵 288430
盾状庭荠 **18466**
盾状鸭嘴花 **214798**
盾状洋狗尾草 **118339**
盾状野桐 **243426**
盾状硬果藤 **329435**
盾状鱼黄草 **250812**
盾状猪屎豆 **112512**
盾籽龙眼 **301580**
盾籽龙眼属 **301579**
盾籽木属 39693
盾籽茜属 **342125**
盾足兰属 **288909**
盾座苣苔 **147429**
盾座苣苔属 **147427**
钝阿登芸香 **7145**
钝巴厘禾 **284116**
钝白花杜鹃 **331284**
钝白叶藤 **113606**
钝拜卧豆 **227069**
钝半日花 **188870**
钝半育花 **191476**
钝瓣顶冰花 **169431**
钝瓣假杜鹃 **48273**
钝瓣景天 **356974**
钝瓣萝藦 **19063**
钝瓣萝藦属 **19060**
钝瓣墨西哥豆 **14447**
钝瓣小芹 **364882**
钝苞大丁草 175222
钝苞多坦草 **136662**
钝苞火石花 **175222**
钝苞雪莲 **348557**
钝苞一枝黄花 **368297**
钝背草 **19045**
钝背草属 **19042**
钝被片葱 **15783**
钝扁爵床 **292232**
钝波木犀草 **327924**
钝车前菊 **357849**
钝柽柳桃金娘 **261018**
钝齿唇铃子香 **86831**
钝齿唇柱苣苔 **87828**
钝齿唇柱苣苔草 **87933**
钝齿酢浆草 **277673**
钝齿冬青 203670
钝齿红紫珠 **66915**
钝齿后蕊苣苔 **272597**
钝齿花楸 **369410**
钝齿华西龙头草 **247724**
钝齿尖叶桂樱 **223136**
钝齿堇菜 **410312**
钝齿冷水花 **299003**
钝齿柃 **160448**
钝齿铃子香 86831
钝齿龙头草 247724
钝齿龙芽草 11572
钝齿楼梯草 **142763**
钝齿美顶花 **156015**
钝齿墨西哥龙舌兰 **169252**
钝齿木荷 **350912**
钝齿青荚叶 **191146**
钝齿饶平悬钩子 **339155**
钝齿石斛 **125397**
钝齿石莲花 **139985**
钝齿鼠李 328665
钝齿四川碎米荠 72829
钝齿铁线莲 **94741**
钝齿仙人指 352000
钝齿小米草 **160132**,160210,160286
钝齿絮菊 **166037**
钝齿悬钩子 339155
钝齿薰衣草 223284
钝齿蝇子草 **363834**
钝齿云南冠唇花 **254247**
钝齿紫珠 66915

钝翅楞 168068
钝翅槭 **3599**
钝翅象蜡树 **167992**,168068
钝唇石豆兰 **62951**
钝酢浆草 **277988**
钝大翅翼缬草 **14700**
钝大戟 **159488**
钝刀木 376266
钝地榆 **345880**
钝钉头果 **179096**
钝斗篷草 **14098**
钝萼百簕花 **55390**
钝萼唇柱苣苔草 **87910**
钝萼酢浆草 **277674**
钝萼繁缕 **374740**,374913
钝萼附地菜 **397452**
钝萼甘青铁线莲 **95348**
钝萼怀特番薯 **208302**
钝萼景天 **356871**
钝萼卷瓣兰 **62729**
钝萼爵床 244279
钝萼苦瓜 **256856**
钝萼琉璃草 **118007**
钝萼木 **19048**
钝萼木属 **19046**
钝萼铁线莲 **95226**
钝萼野靛棵 **244279**
钝萼硬衣爵床 **354385**
钝耳蔷薇 **336353**
钝芳香木 **38683**
钝粉白菊 **341455**
钝稃野大麦 **198365**
钝伽蓝菜 **215219**
钝盖赤桉 **155520**
钝格尼瑞香 **178659**
钝孤独菊 **148436**
钝冠菊 **19056**
钝冠菊属 **19055**
钝灌木帚灯草 **388816**
钝果寄生 **385242**
钝果寄生属 **385186**
钝果菊 **19050**
钝果菊属 **19049**
钝果木犀草 **327810**
钝果桑寄生属 385186
钝果水马齿 **67373**
钝果翼萼茶 **41692**
钝号角树 80006
钝后毛锦葵 **267200**
钝花稗 **140459**
钝花灯心草 **213332**,213487
钝花短毛草 **58254**
钝花加州野荞麦木 **152061**
钝花兰 **19010**
钝花兰属 **19009**
钝花萝芙木 **327045**
钝花落草 **217500**
钝花莎草 **119298**
钝花紫金牛 **19018**
钝花紫金牛属 **19017**
钝化斗篷草 **14048**
钝画眉草 **147848**
钝喙苔草 **73668**
钝基草 **392095**,4159
钝基草属 **392091**
钝基芨芨草 **4159**
钝脊眼子菜 **312203**
钝尖苞花草 **212420**
钝尖春池草 **400026**
钝尖大戟 **159413**
钝尖单萼兰 **257877**
钝尖多毛兰 **396478**
钝尖二列春池草 **273706**
钝尖附药蓬 **266435**
钝尖骨籽菊 **276659**
钝尖亨里特野牡丹 **192050**
钝尖黄精石南 **232701**
钝尖假杜鹃 **48265**
钝尖角杯铃兰 **179395**
钝尖柯克九节 **319615**
钝尖冷水花 **299027**
钝尖密钟木 **192658**
钝尖十字爵床 **111739**
钝尖四翼木 **387609**
钝尖苔草 **75431**
钝尖甜甘豆 **290778**
钝尖温美无患子 **390083**
钝尖五角木 **313974**
钝尖腺芸香 **4833**
钝尖枸子 107679
钝角刺蒴麻 **399284**
钝角毛花柱 **395645**
钝角三峡槭 **3753**
钝金缕梅 185118
钝金毛菀 **89892**
钝菊 **139105**
钝菊木 **198919**
钝菊木属 **198918**
钝菊属 **139104**
钝决明 **78481**
钝可拉木 **99246**
钝蜡菊 **189614**
钝蓝桔梗 **115451**
钝棱豆 **19029**
钝棱豆属 **19026**
钝栎 **324240**
钝亮叶崖豆藤 **254779**
钝裂巴氏锦葵 **286713**
钝裂宫布马先蒿 **287317**
钝裂蒿 **36012**
钝裂红门兰 **273323**
钝裂厚敦菊 **277096**
钝裂火炬花 **217046**
钝裂科豪特茜 **217714**
钝裂苦苣菜 **368770**
钝裂栝楼 **396232**,396210
钝裂蓝翠雀花 **124087**
钝裂木槿 **195063**
钝裂拟球花木 **177061**
钝裂矢车菊 **81247**
钝裂双盛豆 **20775**
钝裂溲疏 **127030**
钝裂天胡荽 **200361**
钝裂叶山楂 109790
钝裂银莲花 **23939**
钝鳞斑鸠菊 **406074**
钝鳞菊 **19053**
钝鳞矢车菊 **80926**
钝鳞苔草 **75473**,73826
钝露子花 **123933**
钝马岛茜草 **342829**
钝毛菊 19056
钝毛菊属 19055
钝毛平叶山龙眼 **407593**
钝欧石南 **149806**
钝胚山马茶 **382733**
钝破布木 **104223**
钝歧缬草 **404396**
钝青锁龙 **109225**
钝肉胡椒 **346961**
钝肉锥花 **102454**
钝乳香树 300998
钝三角针蔺 **143256**
钝沙拐枣 **67053**
钝沙粟草 **317051**
钝山薄荷 **321958**
钝石豆兰 **62948**
钝手玄参 **244834**
钝鼠茅 **412473**
钝鼠尾草 **345268**
钝双距兰 **133865**
钝睡茄 **414599**
钝丝头花 **138436**
钝司徒兰 **377317**
钝酸薮藤 **20245**
钝天仙子 **201388**
钝头冬青 **204344**
钝头杜鹃 **330686**
钝头黄芪 **42705**
钝头椒草 290395
钝头落芒草 300722
钝头牛膝 4263
钝头槭 **3270**
钝头腺柳 **343131**
钝头崖爬藤 **387830**
钝菟丝子 **115090**
钝网脉无患子 **129662**
钝线萼九节 **319647**
钝小香桃木 **261698**
钝楔齿瓣虎耳草 **349354**
钝斜唇卫矛 **86360**
钝形斗篷草 **14099**
钝形假杜鹃 **48272**
钝形小金梅草 **202930**
钝形玄参 **355203**
钝鸭嘴花 **214665**
钝盐肤木 **332741**
钝阳子 322465
钝药野木瓜 374420,374425
钝叶矮野牡丹 **253545**
钝叶爱地草 **174382**
钝叶白鹤灵芝 **329476**
钝叶白芷 192331
钝叶宝草 **186379**
钝叶报春 **314741**
钝叶萹蓄 **291879**
钝叶扁柏 85310
钝叶扁担杆 **180938**
钝叶扁松 85310
钝叶彩鼠麹 **32470**
钝叶草 **375770**,375774
钝叶草属 **375764**
钝叶长管栀子 **107142**
钝叶超颜 32638
钝叶朝颜 **32645**,32623,32638
钝叶车轴草 **396882**
钝叶齿缘草 **153463**
钝叶翅子树 **320844**
钝叶臭黄荆 **313702**
钝叶川梨 **323255**
钝叶刺李山榄木 **63426**
钝叶大果漆 357880
钝叶大黄 **329365**
钝叶大戟 **159489**
钝叶单侧花 **275482**
钝叶刀豆 **71066**
钝叶冬青 203670,263499
钝叶豆瓣绿 290395
钝叶独活 **192331**
钝叶独行菜 **225425**
钝叶杜鹃 **331370**,330082
钝叶杜楝 **400592**
钝叶短枝菊 **58358**
钝叶短柱茶 **69406**
钝叶对折紫金牛 **218712**
钝叶多脉番薯 **208278**
钝叶多籽藜 **87132**
钝叶峨眉黄芩 355635
钝叶鹅绒藤 **117634**
钝叶法拉茜 **162594**
钝叶芳香木 **38684**
钝叶非洲翅子藤 **235204**
钝叶菲利木 **296268**
钝叶榧树 393061
钝叶风筝果 **196844**
钝叶拂子茅 **65448**
钝叶福王草 **313848**
钝叶甘松菀 **262484**

钝叶冠盖藤 123545
钝叶桂 **91276**,113455
钝叶哈根木 **184761**
钝叶哈维列当 **186072**
钝叶海乳草 **176776**
钝叶海神木 **315907**
钝叶号角树 80007
钝叶核果木 **138670**
钝叶赫德木 376463
钝叶黑面神 **60078**
钝叶红淡 8228
钝叶厚壳桂 **113455**
钝叶厚壳树 **141681**
钝叶胡颓子 **142127**
钝叶华贵黄芪 42802
钝叶华贵黄耆 **42802**
钝叶黄精 **308612**
钝叶黄耆 **42811**
钝叶黄芩 **355628**
钝叶黄檀 **121779**
钝叶黄杨 **64333**
钝叶鸡蛋花 **305221**
钝叶棘豆 **278989**
钝叶假马齿苋 **46371**
钝叶假鼠麹草 **317761**
钝叶假蚊母树 **134913**
钝叶假五数草 **318085**
钝叶假鹰爪 **126726**
钝叶尖苞木 **146074**
钝叶椒草 290395
钝叶角果藻 **417052**
钝叶羯布罗香 133573
钝叶金合欢 **1381**
钝叶景天 **356973**
钝叶九节 **319724**
钝叶韭 15603
钝叶橘红悬钩子 **338167**
钝叶聚雄花 11395
钝叶聚雄柚 **11395**
钝叶决明 **78474**,360461,360493
钝叶康达木 **101739**
钝叶库尔特龙胆 **114912**
钝叶宽苞韭 **15603**
钝叶拉拉藤 **170190**,170342,170575
钝叶蜡菊 **189124**
钝叶蓝花楹 **211240**
钝叶类雀稗 **285383**
钝叶栎 **324244**
钝叶蓼 **291666**
钝叶柃 **160564**,160448
钝叶柳叶菜 146639
钝叶龙脑香 **133573**,362213
钝叶龙眼 **131063**
钝叶楼梯草 **142764**
钝叶鹿藿 **333441**
钝叶麻雀木 **285586**
钝叶马尔汉木 135322
钝叶马拉巴草 **242817**
钝叶马利筋 **37827**
钝叶麦克野牡丹 **247216**
钝叶麦珠子 **17619**
钝叶猫尾木 **135322**
钝叶毛果榕 **165779**
钝叶毛兰 299600
钝叶美登木 **246890**
钝叶美登卫矛 246890
钝叶美药夹竹桃 **38352**
钝叶蒙宁草 257482
钝叶猕猴桃 **6578**
钝叶密花树 261629
钝叶莫恩远志 **257482**
钝叶木荷 350935
钝叶木姜子 **234095**
钝叶木通 **13234**
钝叶内蕊草 **145436**
钝叶拟芸香 **185655**
钝叶牛奶木 **255358**
钝叶牛膝 4263
钝叶女贞 229558
钝叶帕洛梯 315907
钝叶泡花树 249390
钝叶皮拉茜 **322492**
钝叶苹兰 **299600**
钝叶蒲桃 **382508**
钝叶千金子 **226020**
钝叶千里光 **359608**
钝叶枪刀药 **202589**
钝叶蔷薇 **336940**,336419
钝叶鞘蕨 **99394**
钝叶秦椒 **417307**
钝叶青锁龙 **109181**
钝叶秋海棠 49954
钝叶热非茜 **384343**
钝叶榕 **164874**
钝叶肉托果 **357880**
钝叶三尖草 **395025**
钝叶山扁豆 360461
钝叶山鸡椒 **233885**
钝叶山罗花 **248203**
钝叶山芝麻 **190107**
钝叶杉 298358
钝叶舌唇兰 **302455**
钝叶石笔木 **400709**
钝叶石莲 **364922**
钝叶石头花 **183231**
钝叶鼠麹草 **178318**
钝叶鼠尾草 **345267**
钝叶树棉 **179878**
钝叶水车前 **277405**
钝叶水蜡树 229558,229565
钝叶水丝梨 134913
钝叶水苏 **373325**
钝叶斯温顿漆 **380548**
钝叶素馨 **211936**
钝叶酸模 **340151**,329365
钝叶算盘七 377930
钝叶碎米荠 **72840**
钝叶娑罗双 **362213**
钝叶台湾杨桐 **8228**
钝叶檀香 **346217**
钝叶铁青树 **269675**
钝叶庭荠 **18451**
钝叶土牛膝 **4263**
钝叶瓦松 **275379**
钝叶微毛紫堇 105967
钝叶乌里希风轮菜 **97050**
钝叶无苞风信子 **315587**
钝叶无梗斑鸠菊 **225257**
钝叶五风藤 **197215**
钝叶五匹青 **320250**
钝叶西果蔷薇 **193497**
钝叶腺柳 **343187**
钝叶肖朱顶红 **296103**
钝叶楔柱豆 **371534**
钝叶新几内亚漆 **160382**
钝叶新木姜子 **264075**
钝叶绣球绣线菊 **371844**
钝叶旋覆花 **207189**
钝叶栒子 **107474**,107549
钝叶芽冠紫金牛 **284040**
钝叶崖爬藤 387825
钝叶亚麻藤 **199169**
钝叶岩蔷薇 **93188**
钝叶沿阶草 **272054**
钝叶眼子菜 **312199**
钝叶杨桐 8228
钝叶伊帕克木 146074
钝叶异决明 360461
钝叶异色金缕梅 **185118**
钝叶异型花繁缕 **374861**
钝叶异药莓 **131089**
钝叶异叶木 **25575**
钝叶翼茎菊 **172453**
钝叶银桦 **180624**
钝叶缨子草 314741
钝叶蝇子草 **363835**
钝叶鱼木 **110233**
钝叶玉凤花 302455
钝叶玉簪 **198599**
钝叶云南碎米荠 **73049**
钝叶枣 **418196**
钝叶樟 91276
钝叶沼泽泻 **230333**
钝叶折柄茶 376463
钝叶镇江白前 **117710**
钝叶脂麻掌 **171721**
钝叶直立楔柱豆 **371525**
钝叶猪毛菜 **344564**
钝叶猪殃殃 **170520**
钝叶蛛毛苣苔 283124
钝叶紫金牛 31540
钝叶紫茎 **376463**
钝叶菹草 **378983**
钝蚁栖树树 **80006**
钝颖落芒草 **300722**
钝油芦子 **97358**
钝鱼黄草 **250809**
钝圆齿碎米荠 **72879**
钝圆杜鹃 **331027**
钝圆缘毛小檗 **51469**
钝獐牙菜 380291
钝针垫花 **228086**
钝针禾 377006
钝针蒴草 **377006**
钝针蔺 **143239**
钝舟叶花 **340813**
钝朱斯茜 **212497**
钝柱菊属 262608
钝柱千里光 **143010**
钝柱千里光属 **143009**
钝柱紫绒草属 **87296**
钝状马兜铃 **34293**
钝状黍 281995
钝子菊 **19072**
钝子菊属 **19070**
钝子萝藦 **19076**
钝子萝藦属 **19074**
顿河冰草 **11892**
顿河大戟 159770
顿河红豆草 **271273**
顿河婆罗门参 **394350**
顿涅茨山婆罗门参 **394279**
顿翁红千层 **67272**
多巴哥刺棒棕 **46377**
多斑豹子花 **266567**
多斑丁癸草 **418352**
多斑杜鹃 **331002**
多斑立方花 **115773**
多斑生石花 **233493**
多斑水棘针柳穿鱼 **230891**
多斑细瓣兰 **246117**
多斑小籽金牛 **383971**
多斑鸢尾 **208556**
多斑紫金牛 31511
多斑紫纹鼠麹木 **269264**
多瓣糙果茶 **69516**
多瓣核果茶 **283713**
多瓣核果茶属 **283710**
多瓣厚皮香 **386726**
多瓣蝴蝶玉 **148595**
多瓣驴蹄草 **68213**
多瓣轮环藤 **116031**
多瓣木 138460,138461
多瓣木属 138445
多瓣萍蓬草 **267318**
多瓣秋海棠 **50178**
多瓣日本樱桃 **83149**

多瓣山茶 **69203**,69480
多瓣粟草 **104034**
多瓣粟草属 **104033**
多瓣小檗 **52056**
多瓣鸦跖花 278472
多瓣樟 **304483**
多瓣樟属 **304482**
多棒大戟 **159406**
多棒茜属 **304173**
多苞桉 **155701**
多苞斑种草 **57683**
多苞半轭草 **191770**
多苞糙果茶 **69375**
多苞糙苏 295074,295132
多苞佛罗里达四照花 **105036**
多苞藁本 **229342**
多苞瓜馥木 **166652**
多苞哈氏风信子 **186150**
多苞红山茶 69613
多苞厚叶草 **279636**
多苞荆芥 **264998**
多苞冷水花 **298878**
多苞马鞭草 **405817**
多苞毛麝香 **7977**
多苞木荷 **350931**
多苞南洋参 **310225**
多苞欧夏至草 **245751**
多苞片阿马大戟 18576
多苞片棒叶金莲木 **328412**
多苞片叉序草 **209882**
多苞片翠雀花 **124074**
多苞片大鞋木 **240932**
多苞片大鞋木豆 240932
多苞片盾盘木 **301556**
多苞片菲利木 **296142**
多苞片光亮蓟 **92164**
多苞片蓟 **91815**
多苞片剑苇莎 **352315**
多苞片浆果鸭跖草 **280505**
多苞片金莲木 **268156**
多苞片壳莎 **77202**
多苞片马松子 **249629**
多苞片马先蒿 **287056**
多苞片苔草 **76213**
多苞片套茜 **291006**
多苞片雾水葛 **313419**
多苞片绣球防风 **227561**
多苞片鸦葱 **354826**
多苞片玉凤花 **183467**
多苞片芸香 341052
多苞片指甲草 **284816**
多苞千里光 **359529**
多苞蔷薇 **336781**
多苞萨比斯茜 **341662**
多苞藤春 **17631**
多苞天竺葵 **288372**
多苞兔儿风 **12685**
多苞纤冠藤 **179307**
多苞鞋木 240932
多苞鸭跖草 **100949**
多苞鸭跖草属 310248
多苞鸭嘴花 **214640**
多苞洋狗尾草 **118341**
多苞芸香 **341052**
多杯茜 **304177**
多杯茜属 **304176**
多贝梧桐 135795
多贝梧桐属 135753
多倍苞茅 **201534**
多倍互叶草绣球 **73123**
多倍山矾 381291
多被野牡丹属 **304168**
多被腋花玉兰 **241988**
多被银莲花 **24013**
多被玉凤花 **183979**
多边乳突球 244193
多变报春 **315079**
多变扁果红山茶 **69004**
多变柴胡 **63610**
多变车前草 **302090**
多变大丽花 121561
多变淡黄金花茶 **69073**
多变地杨梅 **238610**
多变杜鹃 **331779**
多变杜鹃兰 110506
多变鹅观草 **335562**
多变钩粉草 **317289**
多变花 315937
多变花楸 **369336**
多变花属 315702
多变假盖果草 **318186**
多变金花茶 68927
多变堇菜 **409686**
多变考来木 **105395**
多变柯 **233411**
多变立金花 **218901**
多变麦瓶草 **363360**
多变黏十二卷 **186838**
多变日中花 **220712**
多变软毛蒲公英 **242957**
多变韶子 **265137**
多变石栎 233411
多变水马齿 67389
多变丝瓣芹 **6207**
多变溲疏 **126833**
多变藤山柳 **95559**
多变外来山羊草 **8717**
多变西南山茶 **69503**
多变小冠花 105324
多变新木姜子 264016
多变悬钩子 **338857**
多变早熟禾 **306141**
多变猪殃殃 **170510**
多槟榔 135098
多布尼草属 123105
多彩稠李 **316611**
多彩贴梗海棠 **84577**
多彩玉 **264358**
多彩帚石南 67491
多叉繁缕 374944
多叉鼠麹草 **178297**
多叉远志 **308204**
多产芦荟 16817
多产莎草 **118872**
多长叶宝草 **186416**
多齿长尾槭 **2878**
多齿齿舌叶 **377361**
多齿锉果藤 **97496**
多齿吊石苣苔 **239940**
多齿钝齿冬青 203698
多齿多穗兰 **310529**
多齿红山茶 **69432**,69513
多齿虎眼万年青 **274736**
多齿黄芩 **355690**
多齿霍赫草 **197140**
多齿渐尖楼梯草 142597
多齿列当 **275242**
多齿龙芽草 11572
多齿楼梯草 142717,142719
多齿马先蒿 **287528**
多齿猕猴桃 **6630**
多齿拟库潘树 **114589**
多齿千里光 **359785**
多齿茜属 **259786**
多齿山茶 **69513**
多齿十大功劳 **242620**
多齿十字爵床 **111740**
多齿微柱麻 **85108**
多齿悬钩子 **339088**
多齿雪白委陵菜 **312821**
多齿叶报春 314941
多齿尤利菊 **160858**
多齿针垫花 **228094**
多齿紫珠 **66767**
多齿总梗委陵菜 **312873**
多翅鞘蕨 **99391**
多翅石豆兰 **63003**
多翅异果菊 **131188**
多雌蕊假毛柱大戟 **317813**
多刺埃及槲果 **46769**
多刺菝葜 **366581**
多刺百簕花 **55322**
多刺百蕊草 **389726**
多刺贝克菊 **52787**
多刺荸荠 **143230**
多刺苍菊 **280585**
多刺赪桐 **95936**
多刺绸叶菊 **219801**
多刺茨藻 **262052**
多刺刺桂豆 **68471**
多刺刺玫蔷薇 336526,336736
多刺刺头菊 **108383**
多刺刺痒藤 **394198**
多刺楤木 **30760**
多刺大戟 **159608**
多刺大叶蔷薇 336320
多刺戴尔豆 **121904**
多刺迪氏木 126141
多刺冬青 203545,204114
多刺豆 **53690**
多刺豆属 **53688**
多刺芳香木 **38544**
多刺飞廉 **73421**
多刺甘草 **177874**
多刺高卢蓟 **92207**
多刺枸杞 **239059**
多刺海石竹 **34515**
多刺含羞草 **255076**
多刺花椒 417278
多刺黄耆 **42014**
多刺黄水茄 **367236**
多刺火焰草 **79125**
多刺鸡藤 **65799**
多刺棘豆 278899
多刺蓟 **92074**
多刺蓟罂粟 **32419**,32444
多刺假杜鹃 **48195**
多刺金合欢 **1588**
多刺锦鸡儿 **72348**,72346
多刺拉加菊 219801
多刺拉拉藤 **170567**
多刺蜡菊 **189436**
多刺蓝刺头 **140766**
多刺蓝蓟 **141191**
多刺榄仁树 **386644**
多刺勒珀蒺藜 **335670**
多刺联苞菊 **52692**
多刺量天尺 **200712**
多刺裂蕊紫草 **235016**
多刺龙须菜 **39133**
多刺露兜树 **281040**
多刺芦荟 **17069**
多刺绿绒蒿 **247131**
多刺麻疯树 **212227**
多刺马钱 **378888**
多刺曼陀罗 123054
多刺芒柄花 **271418**
多刺毛兰 **148676**
多刺没药 **101422**
多刺美登木 **182756**,182723
多刺摩天柱 **279490**
多刺木果澳藜 **148353**
多刺木蓝 **206577**
多刺穆拉远志 **259996**
多刺南非禾 **289985**
多刺囊花 64064
多刺囊鳞莎草 **38249**
多刺拟老鼠簕 **2581**

多刺披碱草 **144340**
多刺婆婆纳 **70661**
多刺茜草 **337967**
多刺蔷薇 **336802**,336851,336892
多刺茄 **367401**
多刺染料木 **172983**
多刺山刺玫 **336526**
多刺山黄皮 **162194**
多刺山楂 109790
多刺十字爵床 **111722**
多刺矢车菊 **81068**
多刺四蟹甲 **387084**
多刺天门冬 **39221**,39104
多刺田菁 361367
多刺瓦氏茜 **404871**
多刺万格茜 404871
多刺乌头 **5188**
多刺无心菜 **31731**
多刺希尔曼野荞麦木 **152133**
多刺虾 **140291**
多刺仙人掌 140861,273014
多刺线球草 **353985**
多刺线球草属 **353984**
多刺腺叶绿顶菊 **193129**
多刺相思树 1490
多刺香茶 **303385**
多刺小边萝藦 **253577**
多刺小檗 **52175**,51533
多刺小瓠果 **290528**
多刺熊足芹 **31098**
多刺续断 **133474**
多刺癣豆 **319359**
多刺岩黄耆 **188123**
多刺盐肤木 **332643**
多刺羊蹄甲 **49194**
多刺洋槐 176903
多刺银桦 **180587**
多刺油麻藤 **259506**
多刺鱼骨木 **71501**
多刺远志 **259988**
多刺月光花 208264
多刺云实 65068
多刺芸香 **326987**
多刺芸香属 **326986**
多刺直立悬钩子 **339296**
多刺猪屎豆 **112224**
多刺子孙球 **327302**
多刺紫菀 **41297**
多带草 **310674**
多带草属 **310673**
多德草 135134
多德草属 135132
多德番樱桃 **156205**
多德菲利木 **296200**
多德金黄莎草 **89807**
多德欧石南 **149362**
多德青锁龙 **108976**
多德色罗山龙眼 **361182**
多德森假石萝藦 **317852**
多德森兰 **135245**
多德森兰属 **135243**
多德山梗菜 **234431**
多德绳草 **328021**
多德斯塔树 **372980**
多德肖观音兰 **399154**
多德异燕麦 **190147**
多德皱稃草 **141778**
多点美非补骨脂 **276981**
多点异叶木 **25574**
多都星箱草 **41578**
多对贝克菊 **52735**
多对钝叶蔷薇 **336941**
多对飞廉 **73418**
多对盖果漆 **271961**
多对厚皮树 **221180**
多对花楸 **369467**
多对黄檀 **121765**
多对灰毛豆 **386193**
多对离根无患子 **29735**
多对没药 **101473**
多对木蓝 **206280**
多对偏管豆 **301715**
多对铁刀苏木 360457
多对委陵菜 **312808**
多对蚊子草 166097
多对西康花楸 **369491**
多对香脂苏木 **103718**
多对小叶委陵菜 **312395**
多钝齿冬青 **203698**
多钝花紫金牛 **19019**
多轭草 **310750**
多轭草属 **310749**
多萼白头翁 **321674**
多萼草 **218157**,404615
多萼草属 **218155**,404610
多萼茶 **69384**
多萼核果茶 **322590**
多萼红山茶 69613
多萼居维叶茜草 **115286**
多萼木属 **310681**
多萼秦岭小檗 **51471**
多萼蛇舌草 **269752**
多萼矢车菊 **80984**
多萼希尔德木 **196215**
多萼小檗 51471
多萼缘毛小檗 51471
多儿母 38960
多尔顿甲壳菊 **262883**
多尔顿苦苣菜 **368698**
多尔顿裂蕊紫草 **234995**
多尔顿肉珊瑚 **347009**
多尔顿硬皮豆 **241420**
多尔斯藤属 136417
多耳兰 **310071**
多耳兰属 **310070**
多发唐松草 388697
多分枝芳香木 **38752**
多分枝还阳参 **110975**
多分枝黄芩 **355710**
多分枝可利果 **96823**
多分枝柳穿鱼 231091
多分枝芦荟 **16770**
多分枝润肺草 **58929**
多分枝山蚂蝗 **126571**
多分枝省藤 **65777**
多分枝石竹 127808
多分枝逸香木 **131994**
多芬本氏兰 **51082**
多芬草 **123231**
多芬草属 **123230**
多芬大青 **96032**
多芬风兰 **24808**
多芬茎花豆 **118067**
多芬瘤蕊紫金牛 **271037**
多芬露兜树 **281012**
多芬喃果苏木 118067
多芬小土人参 **383282**
多粉报春 **314862**
多粉糙缨苣 **392681**
多粉密钟木 **192686**
多风兰 **24963**
多夫草属 **136812**
多伏茎堇菜 **410281**
多辐溲疏 127019
多辐线光叶溲疏 127019
多辐线溲疏 127019
多秆鹅观草 **335436**
多秆画眉草 **147823**
多秆久苓草 **214036**
多秆缘毛草 **144422**
多刚毛长被片风信子 **137966**
多刚毛带药椰 **383032**
多刚毛地胆草 **143462**
多刚毛韭芥 **181720**
多刚毛格雷野牡丹 **180423**
多刚毛花凤梨 **392042**
多刚毛假山槟榔 **318134**
多刚毛金莲木 **268207**
多刚毛肋毛泽兰 **141851**
多刚毛木蓝 **205696**
多刚毛欧石南 **150045**
多刚毛塞拉玄参 **357672**
多刚毛矢车菊 **81377**
多刚毛苏氏爵床 **379687**
多刚毛苔草 **76239**
多刚毛铁兰 392042
多刚毛兔唇花 **220092**
多刚毛小蔷薇 **336543**
多刚毛须芒草 **272622**
多哥翅鳞须芒草 **22924**
多哥翅子藤 **235207**
多哥吊灯花 **83979**,84190
多哥吊兰 **88588**
多哥番樱桃 **156381**
多哥谷精草 **151523**
多哥鸡头薯 **152939**
多哥胶藤 **220987**
多哥金锦香 **276176**
多哥咖啡 **99015**
多哥劳德草 **237846**
多哥老鸦嘴 **390888**
多哥裂舌萝藦 **351673**
多哥露兜树 **281155**
多哥芦莉草 **339825**
多哥毛子草 **153291**
多哥润肺草 **58954**
多哥薯蓣 **131876**
多哥双袋兰 **134359**
多哥酸藤子 **144816**
多哥瓦帕大戟 **401284**
多哥五层龙 **342735**
多哥野茼蒿 **108767**
多革叶兔耳草 **220157**
多格瓜属 **307817**
多根葱 15615
多根丹参 **345238**
多根兰 **116991**
多根兰属 **310153**
多根蓝耳草 **115581**
多根量天尺 **200711**
多根裂稃草 **351304**
多根毛茛 **326245**
多根拟大豆 **272372**
多根蒲包花 **66285**
多根蒜 15615
多根乌头 **5314**,5335
多根珍珠茅 **354200**
多梗白莱氏菊 46586
多梗苞椰 **246128**
多梗苞椰属 **246126**
多梗贝利菊 46580
多梗黑三棱 **370084**
多梗花立金花 **218926**
多沟杜英 **142350**
多沟乐母丽 **336004**
多沟楼梯草 **142751**
多钩黄耆 **42461**
多钩仙人球 140881
多骨 19836,19870
多刮刀花盏 **61411**
多冠吉粟草 **175947**
多冠萝藦 **310660**
多冠萝藦属 **310659**
多冠柿 **132357**
多冠翁柱 **82209**
多管藁本 **229367**
多管花属 **206860**

多果安尼木 **25827**
多果八角金盘 162895
多果滨藜 **44609**
多果翅荚豌豆 **387256**
多果重阳木 54623
多果川康绣线梅 **263145**
多果大戟 **159613**
多果丁香蓼 **238210**
多果毒鼠子 **128671**
多果独行菜 **225417**
多果多荚草 **307745**
多果恩南番荔枝 145152
多果工布乌头 **5328**
多果海桐 **301376**
多果含羞草 **255092**
多果花榄仁树 **386610**
多果茴香砂仁 **155406**
多果桧 213859
多果鸡爪草 **66224**
多果嘴签 **179955**
多果榄仁 386585
多果榄仁树 386585
多果栎 **324258**
多果露兜树 **281085**
多果马瓞儿 **417505**
多果马蹄豆 **196653**
多果美洲盖裂桂 **256679**
多果猕猴桃 6648
多果木瓣树 **415809**
多果槭 **3461**
多果伞房花桉 **106818**
多果省藤 **65814**,65682
多果使君子 **324674**
多果树 **304136**
多果树属 **304125**
多果丝叶芹 **350375**
多果唐松草 **388620**
多果葶苈 **137241**
多果弯穗草 **131222**
多果乌桕 **346401**
多果乌头 **5492**
多果新木姜子 **264087**
多果绣线梅 263145
多果雪胆 **191962**,191957
多果烟斗柯 **233156**
多果野牡丹属 **163299**
多果依南木 **145152**
多果银莲花 **24039**
多果硬萼花 **353996**
多核冬青 **204179**,204358
多核鹅掌柴 **350670**
多核果 **322633**
多核果属 **322632**
多痕唇柱苣苔 **87839**
多痕唇柱苣苔草 **87925**
多痕密花树 **261617**
多花阿登芸香 **7144**
多花阿兰藤黄 **14886**
多花阿诺木 **26150**
多花埃莫藤 **145042**
多花安瓜 **25148**
多花安匝木 **310768**
多花桉 **155700**
多花奥萨野牡丹 **276509**
多花八角莲 139607
多花巴北苏木 **48842**
多花巴厘禾 **284114**
多花巴龙萝藦 **48471**
多花巴氏锦葵 **286663**
多花巴氏槿 286663
多花白粉藤 **92895**
多花白蜡 167975
多花白蜡树 167975
多花白瑟木 **46656**
多花白树 **379804**
多花白水仙 **262435**
多花白头树 **171563**
多花白仙玉 **246602**
多花百脉根 **237630**
多花百日草 418058
多花百日菊 **418058**
多花百子莲 **10250**
多花败酱 285839
多花斑鸠菊 **406611**
多花半日花 **188804**
多花苞杯花 **346821**
多花苞叶芋 370338
多花报春 **314085**
多花杯冠藤 **117656**
多花北美兰 67885
多花北美毛唇兰 **67885**
多花贝母兰 **98753**
多花闭茜 **260698**
多花臂兰 **58221**
多花扁担杆 **180889**
多花扁蒴藤 **315369**
多花扁轴木 **284481**
多花滨茜 **48869**
多花冰草 **11700**
多花波华丽 57956
多花薄苞杯花 **226216**
多花布袋兰 79530
多花布雷木 **59821**
多花布里滕参 **211524**
多花布罗地 **60508**
多花菜豆 293985
多花䅟 **143539**
多花草沙蚕 **398107**
多花草钟 **141509**
多花箣竹 47347
多花梣 **167975**
多花叉序草 **209896**
多花茶藨 334114
多花茶藨子 **334114**
多花蝉玄参 **3911**
多花长光叶蔷薇 336693
多花长尖叶蔷薇 **336693**
多花长舌蓍 **320054**
多花长须兰 **56912**
多花长序鼠麹草 **178519**
多花长叶布氏菊 **60134**
多花长叶尖蔷薇 336693
多花长叶相思树 **1359**
多花长柱灯心草 **213402**
多花车前菊 **357848**
多花车轴草 **396939**
多花柽柳 **383519**
多花柽柳桃金娘 **261015**
多花赪桐 **96220**,96076
多花澄广花 **275328**
多花橙黄鹰爪花 **34999**
多花赤宝花 **390012**
多花翅籽卫矛 **200700**
多花雏鸠 **102693**
多花垂药野牡丹 **79294**
多花唇柱苣苔草 **87863**
多花刺瓜藤 **362469**
多花刺果茶藨 334089
多花刺头菊 108372
多花刺子莞 **333660**
多花丛菔 **368556**
多花粗裂豆 **393873**
多花粗筒苣苔 **60274**
多花酢浆草 **277849**,277776
多花脆兰 **2046**
多花脆茜 **317065**
多花大果龙胆 **240960**
多花大黄连刺 **51440**
多花大戟 **159612**,159615
多花大姜饼木 **284217**
多花大沙叶 **286418**
多花大穗鹅观草 **335190**
多花大穗披碱草 335190
多花大腺兰 **240904**
多花大岩桐 **364749**
多花戴尔豆 **121895**
多花单孔紫金牛 **257775**
多花单脉青葙 **220214**
多花单毛野牡丹 **257535**
多花德普茜 **125895**
多花灯心草 **213382**,213297
多花等蕊山榄 **210204**
多花地宝兰 **174320**
多花地杨梅 **238647**
多花滇南蛇藤 80273,80274
多花吊灯花 **84181**
多花丁公藤 **154249**
多花丁花 **401079**
多花东南亚野牡丹 **24190**
多花冬青 204034
多花毒鼠子 **128670**
多花独蕊 **412149**
多花杜鹃 **330335**,330714,331500
多花杜楝 **400569**
多花杜英 **142317**
多花短盖豆 **58729**
多花短野牡丹 **58555**
多花短柱兰 **58811**
多花盾翅藤 **39675**
多花多榔菊 **136365**
多花多球茜 **310273**
多花鄂西鼠尾草 **345206**
多花萼叶木 **68418**
多花恩德桂 **145343**
多花发草 **126095**
多花法拉茜 **162590**
多花番樱桃 **156302**
多花繁缕 **375018**
多花芳香木 **38551**
多花仿杜鹃 **250520**
多花飞尼亚苣苔 **294906**
多花非洲豆蔻 **9929**
多花非洲砂仁 9929
多花肥肉草 **167312**
多花狒狒花 **46088**
多花费菜 **294120**
多花费尔干阿魏 **163374**
多花粉毒藤 **88813**
多花粉花溲疏 **127069**
多花粉叶栒子 **107463**,107682
多花风车藤 196843
多花风车子 **100714**
多花风兰 **24962**
多花风轮菜 **97039**
多花风筝果 **196843**
多花凤凰木 **123808**
多花凤仙花 **205238**
多花佛焰苞杂色豆 **47822**
多花芙兰草 **168863**
多花福克萝藦 **167135**
多花附地菜 **397409**
多花伽蓝菜 215102
多花高恩兰 **180012**
多花歌德木 **178799**
多花格里斯兰竹 **180549**
多花格尼瑞香 **178674**
多花格兹田菁 **361383**
多花勾儿茶 **52418**
多花钩藤 **401753**
多花钩足豆 **4898**
多花孤菀 **393398**
多花古朗瓜 **181989**
多花谷木 **249962**
多花谷树 88813
多花瓜馥木 **166684**
多花瓜叶菊 **290828**
多花冠毛锦葵 **111312**

多花桂叶莓　**131376**
多花过江藤　**232503**
多花哈利木　**184790**
多花哈氏椴　**186114**
多花哈氏欧石南　**149186**
多花海杧果　**83696**
多花海神菜　**265502**
多花海棠　**243617**,243615
多花海桐　**301266**
多花含笑　**252872**
多花寒丁子　**57956**
多花杭子梢　**70866**
多花蒿　**35968**
多花好望角番樱桃　**156160**
多花合丝莓　**347684**
多花核果木　**138682**
多花核果树　**199300**
多花荷包花　**66267**
多花黑花茄　**248220**
多花黑伦草　**190967**
多花黑麦草　**235315**
多花黑鳗藤　245803
多花亨里特野牡丹　**192051**
多花红景天　329905
多花红木属　**258358**
多花红升麻　41844
多花胡颓子　142088
多花胡枝子　**226793**,70866
多花槲寄生　**411064**
多花虎耳草　**349597**,349484
多花互生叶荛花　**414126**
多花华莱士木　**413055**
多花槐蓝　205639
多花黄精　**308529**,308593,308607
多花黄牛木　110256
多花黄芪　42374,42855
多花黄耆　**42374**,42855
多花黄檀　**121794**
多花黄杨叶栒子　**107377**
多花灰栒子　107583
多花茴芹　299585
多花茴香砂仁　**155405**
多花喙状鸡头薯　**153030**
多花火炬花　**216998**
多花霍尔木　**198468**
多花鸡蛋花　**305220**
多花基特茜　**215774**
多花棘豆　**278831**
多花棘枝　232503
多花蓟罂粟　**32449**
多花假弹树　199300
多花假海马齿　**394895**
多花假鹤虱　**184305**
多花假金目菊　**190253**
多花假毛兰　**317294**
多花假舌唇兰　**302568**
多花假丝叶菊　**351915**
多花假紫荆　**83747**
多花尖被郁金香　**400211**
多花尖泽兰　**307549**
多花尖泽兰属　**307548**
多花剪股颖　**12212**,12201
多花碱茅　**321341**,321285
多花剑叶莎　**240479**
多花姜饼木　**284252**
多花浆果鸭跖草　**280520**
多花角蒿　205568
多花金被藤黄　**89855**
多花金合欢　1528
多花金莲木　268261
多花金雀儿　**120979**
多花金叶树　**90061**
多花筋骨草　**13143**
多花堇菜　**410464**,409714
多花锦绣玉　**284692**
多花荆芥　**265060**
多花景天　294120
多花景天三七　294114
多花净果婆婆纳　**342538**
多花韭　**15487**
多花韭葱　**15622**
多花酒神菊　46247
多花巨兰　**180120**,180125
多花距药姜　**79752**
多花爵床　**310010**
多花爵床属　**310009**
多花军刀豆　**240488**
多花卡茜　**215070**
多花凯勒瑞香　**215831**
多花栲　1528
多花克拉莎　**93925**
多花克勒草　**95856**
多花克利奥豆　**95597**
多花空树　**99055**
多花孔扭果花　**377719**
多花孔药大戟　**311664**
多花蔻木　**410924**
多花苦瓜　**256853**
多花苦香木　**364374**
多花块茎苣苔　364749
多花阔变豆　**302862**
多花拉菲豆　**325137**
多花蜡瓣花　106659
多花蜡菊　**189567**
多花莱勃特　220311
多花梾木　**380494**,105023
多花兰　**116863**
多花兰伯特木　**220311**
多花蓝刺头　**140706**
多花蓝果树　**267867**
多花蓝花参　**412803**
多花蓝剑草　**415580**
多花劳氏石蒜　**326978**
多花老鹳草　**174829**
多花勒氏木　**226671**
多花雷尔苣苔　**327593**
多花雷内姜　**327743**
多花类花纹木　**56019**
多花类虾衣花　**137811**
多花离盖桔梗　**240004**
多花离药草　**375299**
多花里奥萝藦　**334741**
多花理查森尖膜菊　**201326**
多花理查森膜质菊　201326
多花立方花　**115772**
多花丽江紫菀　**40756**
多花丽韭　**128879**
多花丽柱萝藦　**68053**
多花莲座钝柱菊　**290727**
多花亮泽兰　**28434**
多花亮泽兰属　**28433**
多花蓼　162542
多花蓼树属　**340507**
多花列当　**275143**
多花裂苞火把树　**351736**
多花裂果红　**260689**
多花裂口花　**379986**
多花苓菊　**214138**
多花六道木　**125**
多花龙胆　**173936**
多花龙舌草　**53199**
多花龙舌兰　**10909**
多花龙牙草　**11571**
多花露子花　**123928**
多花芦莉草　**339725**
多花鲁道兰　**339644**
多花路州列当　**275125**
多花驴臭草　**271816**
多花绿洲茜　**410854**
多花罗顿豆　**237230**
多花螺棱球　**327501**
多花洛氏马钱　**235248**
多花落芒草　**300730**
多花落新妇　**41844**
多花麻花头　**361104**
多花马鞍树　**240124**
多花马达加斯加菊　**29555**
多花马兜铃　**34277**
多花马利筋　**38024**
多花马先蒿　**287216**
多花马雄茜　**240532**
多花马醉木　**298721**
多花麦克野牡丹　**247215**
多花麦瓶草　**363781**
多花脉刺草　**265691**
多花芒罗草　**259869**
多花毛瓣柄泽兰　**395875**
多花毛唇兰　**151648**
多花毛茛　**326242**,326073
多花毛管木　**222512**
多花毛兰　**148683**
多花毛叶灯油藤　80274
多花毛叶南蛇藤　80273
多花美登木　**246842**
多花美古茜　**141924**
多花美头菊　**67538**
多花美洲单毛野牡丹　**257681**
多花美洲盖裂桂　**256662**
多花美洲槲寄生　**125687**
多花美洲苦木　**298501**
多花蒙蒿子　**21856**
多花蒙塔菊　**258198**
多花猕猴桃　6648
多花米尔豆　**255777**
多花米口袋　181693,181695
多花密穗小檗　51525
多花密钟木　**192657**
多花蜜茱萸　**249140**
多花绵毛莨　**326073**
多花庙铃苣苔　**366717**
多花摩根婆婆纳　**258788**
多花莫里森山柑　**258974**
多花墨西哥菊　290727
多花木兰　416710
多花木蓝　**205639**,206240
多花木玄参　**27473**
多花木玄参属　**27472**
多花穆里野牡丹　**259423**
多花南美肉豆蔻　410924
多花南山藤　**137789**
多花南蛇藤　**80274**,80206
多花尼索尔豆　**266341**
多花拟格林茜　**180497**
多花牛皮消　117467
多花扭萼凤梨　**377650**
多花扭果花　**377793**
多花努西木　**267378**
多花努伊特斯木　267409
多花欧石南　**149776**
多花帕沃木　286663
多花潘考夫无患子　**280865**
多花泡花树　**249414**
多花泡叶栒子　**107364**
多花佩迪木　**286948**
多花佩肖木　**288021**
多花蓬莱葛　171455
多花婆婆纳　**406968**
多花蒲桃　**382651**
多花气花兰　**9236**
多花千瓣葵　**188954**
多花千里光　**359772**
多花千里木　**125655**
多花千针苋　**6166**
多花牵牛　**207797**
多花前胡　**292977**
多花茜草　**338043**
多花蔷薇　**336783**,336380

多花鞘蕊花 **99682**
多花茄 **367163**
多花青篱竹 **37252**
多花青蛇藤 **291060**
多花青锁龙 **109177**
多花青葙 220214
多花清风藤 **341560**
多花琼楠 **50565**
多花秋海棠 **50313**
多花秋水仙 **99331**
多花球 **182466**
多花球心樟 **12766**
多花全缘椵 **138749**
多花染料木 **173017**
多花热带椵 138749
多花热非夹竹桃 **13300**
多花热美金壳果 **4693**
多花日本小檗 **52249**
多花日中花 **220646**
多花绒子树 **324610**
多花柔花 **8957**
多花柔毛莨 326073
多花肉片萝藦 **346829**
多花瑞氏木 **329273**
多花塞考木 **356356**
多花塞拉玄参 **357598**
多花塞里瓜 **362058**
多花塞内大戟 **360379**
多花三角瓣花 **315334**
多花三角果 **397298**
多花三棱子菊 **397356**
多花三芒蕊 **398058**
多花三罩锦葵 **398012**
多花涩树 **378964**
多花森林薯蓣 **131865**
多花沙漠蔷薇 **7340**
多花沙粟草 **317049**
多花山矾 **381381**
多花山柑 **71809**,71749
多花山姜 **17740**
多花山壳骨 **317275**
多花山柳菊 **195799**
多花山麻杆 **14187**
多花山蚂蝗 126471
多花山柰 **215029**
多花山香 **203055**
多花山楂 **109864**
多花山猪菜 250760
多花山竹子 **171145**
多花杉叶杜 132829
多花珊瑚苣苔草 **103964**
多花扇舌兰 **329659**
多花芍药 **280197**
多花少穗竹 270443
多花深裂柱贝母 **168446**
多花肾豆 161863
多花肾豆木 **161863**
多花绳草 **328106**
多花圣诞果 **88044**
多花施米茜 **352053**
多花蓍 **3996**
多花十二卷 **186436**
多花石豆兰 **62737**
多花石龙尾 **230312**
多花石竹 **127712**
多花史库菊 351915
多花舒巴特萝藦 **352656**
多花黍 **282087**
多花鼠鞭草 **199696**
多花鼠尾粟 **372777**
多花薯蓣 **131726**,131588
多花双齿千屈菜 **133374**
多花双耳萼 **20818**
多花双泡豆 **132696**
多花水茴草 **345729**
多花水锦树 **413834**
多花水仙 262457
多花水苋 19602
多花水苋菜 **19602**
多花水星草 **193686**
多花丝灯心草 **213297**
多花丝梗楼梯草 **142664**
多花丝鞘杜英 **360765**
多花丝藤 **259595**
多花丝头花 **138439**
多花斯温顿漆 **380543**
多花溲疏 **127013**,127036,127094
多花素馨 **211963**
多花酸唇草 **4670**
多花酸藤子 **144764**
多花碎米荠 **72903**
多花缩苞木 **113340**
多花塔韦豆 **385161**
多花苔草 74982
多花泰勒木 **400814**
多花檀香 **346214**
多花唐菖蒲 **176206**
多花糖槭 **3562**
多花特纳花 389398
多花特喜无患子 **311999**
多花藤露兜 **168248**
多花藤山柳 **95492**
多花天门冬 **39100**
多花田繁缕 **52614**
多花田基麻 **200416**
多花田皂角 **9581**
多花铁线莲 **95045**,95298
多花托尼婆婆纳 **392769**
多花驼峰楝 **181568**
多花娃儿藤 **400888**
多花万寿菊 **383101**
多花网球花 **184352**
多花微花蔷薇 **29024**
多花微孔草 **254344**
多花尾花兰 **402670**
多花乌头 **5490**,5203
多花五月茶 **28358**
多花锡金铁线莲 95298
多花细瓣兰 **246108**
多花细毛留菊 **198947**
多花细爪梧桐 **226271**
多花纤皮玉蕊 **108169**
多花纤细豇豆 **408903**
多花腺瓣落苞菊 **111379**
多花腺托囊萼花 **323429**
多花腺叶藤 **376533**
多花相思 1528
多花相思树 **1490**
多花香草 **196161**
多花香茶菜 **324845**
多花香芸木 **10622**
多花向日葵 **189006**
多花小棒豆 **106920**
多花小苞爵床 **113751**
多花小檗 **52052**
多花小垫柳 **344095**
多花小红点草 **223827**
多花小花茜 **286021**
多花小绵石菊 **318803**
多花小囊芸香 **253396**
多花小药玄参 **253060**
多花肖翅子藤 **196567**
多花肖薯蓣 **386806**
多花肖香荚兰 **405043**
多花肖鸢尾 **258612**
多花笑鸢尾 **172726**
多花楔翅藤 **371418**
多花谢弗茜 **362064**
多花谢勒水仙 **350824**
多花蟹甲草 **283813**
多花心叶钝柱菊 **213601**
多花星唇兰 **375223**
多花星蕊大戟 **6922**
多花修泽兰 **301755**
多花修泽兰属 **301754**
多花须柱草 **306801**
多花萱草 **191313**
多花玄参 **355218**
多花悬铃花 **243948**
多花栒子 107583
多花鸭嘴花 **214718**
多花芽冠紫金牛 **284037**
多花崖豆藤 **254729**
多花崖爬藤 **387753**
多花亚菊 **13011**
多花烟草 **266032**
多花延胡索 **106453**
多花岩黄树 **415158**
多花沿阶草 **272152**
多花偃麦草 **144665**
多花偃卧繁缕 **374830**
多花羊耳蒜 232364
多花羊茅 **164262**
多花羊蹄甲 **49045**
多花杨梅 **261189**
多花洋地黄 **130359**
多花野牡丹 **248727**
多花野荞麦 **152296**
多花野黍 **151683**
多花野桐 **243358**
多花野豌豆 408352
多花叶覆草 **297524**
多花叶节木 **296840**
多花叶下珠 **296715**
多花一本芒 93925
多花异翅藤 **194066**
多花异萼堇 **352786**
多花异隔蒴苘 **16245**
多花异芒草 **144152**
多花异荣耀木 **134676**
多花异蕊苏木 **131071**
多花异翼果 194066
多花翼萼茶 **41699**
多花翼荚豆 **68137**
多花翼兰 **320166**
多花淫羊藿 **147027**
多花银背藤 **32641**
多花银钩花 **256233**
多花银鳞草 **60384**
多花隐瓣火把树 **12895**
多花隐果薯蓣 **147265**
多花缨柱红树 **111836**
多花樱桃 **316943**,83370
多花鹰爪花 **35034**
多花鹰嘴豆 **90814**
多花硬椵 289410
多花油柑 **296667**,296695,296734
多花疣猪殃殃 **170739**
多花盂兰 **223656**
多花鱼藤 **125962**
多花玉 182466
多花玉兰 **416710**
多花玉竹 **308616**
多花郁金香 **400133**
多花圆叶紫檀 **320324**
多花圆锥绣球 **200040**
多花远志 **308203**,308416
多花云南樱桃 **83370**,316943
多花杂色豆 **47708**
多花早熟禾 **305535**
多花泽兰 **158038**
多花胀果树参 **125615**,125617
多花折扇草 **412528**
多花针花茜 **354642**
多花之字剑叶莎 **240477**
多花直果草 **397906**

多花直穗小檗 **51525**
多花止泻木 **197187**
多花指甲兰 **9310**
多花钟萼草 **231277**
多花种棉木 **46247**
多花帚灯草 **4732**
多花帚灯草属 **4731**
多花帚粉菊 **388732**
多花猪屎豆 **112546**
多花猪牙花 **154938**
多花柱瓣兰 **146460**
多花柱茜 **27470**
多花柱茜属 **27469**
多花爪腺金虎尾 **188360**
多花砖子苗 **245520**
多花锥花草 **391431**
多花锥蕊紫金牛 **101679**
多花仔榄树 **199429**
多花紫茉莉 **255732**
多花紫树 267867
多花紫藤 **414554**
多花紫薇 **219924**
多花紫羊茅 **164260**
多花醉鱼草 62127
多黄花苏木 **103662**
多极兔儿风 12720
多棘天门冬 **39104**,39221
多脊草 **310008**
多脊草属 **310007**
多脊黑三棱 **370086**
多加秋海棠 **50177**
多痂虎耳草 **350026**
多荚草 **307748**
多荚草属 **307724**
多荚条果芥 **285021**
多浆凤梨 139263
多浆山楂 **110065**
多角凤仙 205239
多角凤仙花 **205239**
多角果属 **307777**
多角胡卢巴 **397265**
多角夹竹桃属 **304155**
多角秋海棠 **50095**
多角三生草 **202245**
多角叶群花寄生 **11116**
多脚草 285157
多揭罗 239640
多节艾里爵床 **144623**
多节白粉藤 **92859**
多节草 **307832**
多节草大戟 **159616**
多节草毛柱帚鼠麹 **395890**
多节草属 **307830**
多节叉鳞瑞香 **129539**
多节翅茶条槭 3587
多节刺痒藤 **394194**
多节大麦 **198276**
多节灯心草 **213487**
多节地杨梅 **238669**
多节菲利木 **296267**
多节菲奇莎 **164564**
多节弓果黍 **120628**
多节花篱 **27247**
多节花属 **304506**
多节卡普山榄 **72135**
多节蓝花参 **412768**
多节链荚豆 **18276**
多节裂稃草 **351298**
多节毛兰 299608
多节气花兰 **9226**
多节青兰 **137616**,137617
多节雀麦 **60891**
多节日中花 **318910**
多节乳菀 **169788**
多节三萼木 **395295**
多节沙拐枣 **67064**
多节绳草 **328109**
多节疏毛刺柱 **299264**
多节双稃草 **132728**
多节双距花 **128081**
多节丝粉藻 **117305**
多节塔韦豆 **385166**
多节坦桑尼亚茜草 **385800**
多节天门冬 **39117**
多节田皂角 **9598**
多节纹蕊茜 **341340**
多节鱺茅 **131021**
多节喜阳花 **190417**
多节细柄草 **71614**
多节细莞 **210042**
多节香科 **388155**
多节野古草 **37416**
多节野苋 **18673**
多节异颖草 **25268**
多节银杯玉 **129596**
多节尤利菊 **160845**
多节早熟禾 **305846**
多节猪毛菜 **344645**
多结色穗木 **129145**
多茎安龙花 **139477**
多茎桉 **155662**
多茎八宝 **200794**
多茎百蕊草 **389795**
多茎背腺菊 **293847**
多茎荸荠 **143229**
多茎鼻花 **329546**
多茎萹蓄 308863
多茎酢浆草 **277975**
多茎当归 **24416**
多茎耳梗茜 **277205**
多茎风铃草 **70225**
多茎佛甲草 356953
多茎盖茜 **271947**
多茎钩毛菊 **201697**
多茎合景天 **318399**
多茎黑草 **61826**
多茎黑麦 **356241**
多茎黑松 **300285**
多茎厚敦菊 **277091**
多茎花凤梨 **392030**
多茎还阳参 **110906**
多茎剪刀草 **97034**
多茎景天 **356953**
多茎宽带芹 **303008**
多茎蓝刺头 **140751**
多茎蓼 308816
多茎柳穿鱼 **231050**
多茎芦荟 **17405**
多茎马利筋 **38023**
多茎毛花 84808
多茎毛药菊 **84808**
多茎梅索草 **252270**
多茎米尔豆 **255782**
多茎绵叶菊 **152826**
多茎拟芸香 **185654**
多茎千里光 **359531**
多茎鞘冠菊 **89628**
多茎青兰 **137614**
多茎绒毛花 **28182**
多茎三雄兰 **369915**
多茎伞花菊 **161251**
多茎山柳菊 **195866**
多茎蛇床 **97721**
多茎蓍叶吉莉花 **175670**
多茎石竹 **127778**
多茎鼠麹草 **178355**
多茎鼠尾草 **345236**
多茎苔草 **75439**
多茎特林芹 **397735**
多茎天竺葵 **288373**
多茎田皂角 **9592**
多茎铁兰 392030
多茎兔烟花 **127934**
多茎委陵菜 **312795**,312728
多茎香青 **21581**
多茎絮菊 **166006**
多茎玄参 **355194**
多茎旋覆花 **207182**
多茎野豌豆 **408502**
多茎银莲花 **24033**
多茎银须草 **12795**
多茎獐牙菜 **380282**
多茎紫金牛 **31532**
多卷须栝楼 **396259**
多克龙 142311
多孔茨藻 **262035**
多孔龟背芋 258170
多孔龟背竹 **258170**
多孔画眉草 **147910**
多孔蕊茱萸 **310141**
多孔蕊茱萸属 **310140**
多孔神刀 109174
多榔菊 136375
多榔菊花千里光 **358217**
多榔菊属 **136333**
多榔木 **355031**
多榔木属 **355029**
多榔千里光 **358753**
多簕帕莫 198523
多雷姜饼棕 **202276**
多肋稻槎菜 221787
多肋稻槎菜属 221780
多肋菊属 **304411**
多肋桤叶树 **96508**
多肋鞘头柱 **99436**
多肋瘦片菊 **18932**
多肋瘦片菊属 **18931**
多肋头柱 99436
多棱被风信子 **45787**
多棱被风信子属 **45786**
多棱角报春叶大戟 **159628**
多棱角唐菖蒲 **176486**
多棱金煌柱 183376
多棱球 **140577**
多棱球属 **140566**,375484
多棱粟米草 256727
多棱油芦子 **97351**
多棱玉 140577
多犁木属 **307565**
多里多卡特兰 79549
多里亚千里光 **358750**
多利杜英 **142411**
多利琴木 **93247**
多粒球 **244195**
多粒丸 244195
多莲 332221
多莲座手玄参 **244847**
多列球花豆 **284466**
多列日中花 **220621**
多裂白头翁 **321708**
多裂布里滕参 **211523**
多裂草原银莲花 321708
多裂长距紫堇 **106093**
多裂齿瓣延胡索 **106569**
多裂翅果菊 **320518**
多裂刺藜 **139689**
多裂刺头菊 **108347**
多裂酢浆草 **277945**
多裂大丁草 **175123**
多裂大戟 **159407**
多裂大泽米 **241454**
多裂独活 **192254**,192255,192309
多裂杜鹃 **330877**
多裂番薯 **207547**
多裂繁花钝柱菊 **307460**
多裂稃草 **181074**
多裂稃草属 **181073**

多裂福王草 **313849**
多裂格兰马草 **57932**
多裂冠毛锦葵 **111311**
多裂荷青花 **200758**
多裂红花 **77731**
多裂花纹械 **3404**
多裂华北葡萄 411590
多裂黄鹌菜 **416472**
多裂黄檀 **121805**
多裂灰毛老鹳草 **174665**
多裂火炬树 **332919**
多裂芥 59438
多裂金果椰 **139401**
多裂金千里光 **279925**
多裂金盏苣苔 **210178**
多裂栝楼 **396226**
多裂乐母丽 **336003**
多裂离药草 **375309**
多裂藜 **87095**
多裂粒菊 **316964**
多裂苓菊 **214139**
多裂骆驼蓬 **287982**
多裂毛茛 **326104**
多裂毛子草 **153237**
多裂南星 **33423**
多裂婆婆纳 **407245**
多裂蒲公英 **384524**,384681
多裂千里光 **359536**
多裂日本杜鹃 **331263**
多裂日本羊踯躅 331263
多裂肉茎牻牛儿苗 346655
多裂石芥花 **125855**
多裂石龙芮 **326344**
多裂矢车菊 81049
多裂树葡萄 **120239**
多裂双距兰 **133852**
多裂水茄 **367035**
多裂酸蔹藤 **20243**
多裂碎米荠 **72904**
多裂苔草 **74274**
多裂天竺葵 **288441**
多裂铁苋菜 **1932**
多裂威德曼草 **414074**
多裂委陵菜 **312797**
多裂魏德曼草 414074
多裂乌头 **5493**
多裂无鳞草 **14426**
多裂五色菊 **58672**
多裂菥蓂 **390243**
多裂腺毛蝇子草 **363535**
多裂肖山芫荽 **304190**
多裂蟹甲草 **283803**
多裂续断 **133468**
多裂旋花 **103148**
多裂熏倒牛 **54197**
多裂薰衣草 **223308**,223312
多裂亚菊 **13041**
多裂叶常春藤 187306
多裂叶独活 192309
多裂叶短毛独活 192320
多裂叶芥 59438
多裂叶荆芥 **265001**
多裂叶水芹 **269368**
多裂银莲花 **23891**,23684,23906
多裂罂粟莲花 **23684**
多裂蝇子草 **363780**
多裂尤利菊 **160837**
多裂鱼黄草 **250777**
多裂玉凤兰 183983
多裂轴榈 **228758**
多裂紫堇 **106174**
多裂紫菊 **267173**
多裂紫藤 **414572**
多裂棕竹 **329186**
多林白粉藤 **92696**
多林普梭木 **319291**
多林铁线子 **244546**
多林紫玉盘 **403459**
多鳞草 **261319**
多鳞草属 **261316**
多鳞丹氏梧桐 **136004**
多鳞杜鹃 **331514**
多鳞短片帚灯草 **142993**
多鳞二毛药 **128465**
多鳞鬼针草 **54065**
多鳞哈维列当 **186087**
多鳞红光树 **216894**
多鳞菊属 **66350**
多鳞蜡菊 **189679**
多鳞鳞果草 **4484**
多鳞落苞菊 **141885**
多鳞落苞菊属 **141884**
多鳞帽蕊草 **256182**
多鳞木槿 **195243**
多鳞木属 **309982**
多鳞南非蜜茶 **116346**
多鳞赛金莲木 **70749**
多鳞三角车 **334688**
多鳞省藤 **65804**
多鳞柿 **132410**
多鳞藤属 261090
多鳞下盘帚灯草 **202486**
多鳞香荚兰 **405020**
多鳞香芸木 **10722**
多鳞兴安落叶松 221866,221919
多鳞椰子属 261090
多鳞猪屎豆 **112326**
多鳞棕 **261091**
多鳞棕属 **261090**
多瘤桉 **155646**
多瘤哈克 184607
多瘤哈克木 **184607**
多瘤蒿状大戟 **158790**
多瘤膨舌兰 **172012**
多瘤天门冬 **39101**
多伦棘豆 **278947**
多轮贝母 168614
多轮草 **226639**
多轮草属 **226633**
多轮菊 **414323**
多轮菊属 **414322**
多罗 57122
多罗百蕊草 **389675**
多罗大戟 **158786**
多罗高风毛菊 **348273**
多罗高棘豆 **278818**
多罗菊 135724
多罗米蒂布里滕参 **211495**
多罗米蒂短丝花 **221386**
多罗米蒂飞蓬 **150987**
多罗米蒂风铃草 **70004**
多罗米蒂红点草 **223800**
多罗米蒂假杜鹃 **48158**
多罗米蒂豇豆 **408880**
多罗米蒂罗勒 **268490**
多罗米蒂鼠尾草 **345010**
多罗米蒂唐菖蒲 **176170**
多罗米蒂香茶 **303262**
多罗米蒂叶梗玄参 **297106**
多罗米蒂脂麻掌 **171625**
多罗米蒂紫波 **28456**
多罗黍 **281582**
多罗特娅九节 **319512**
多罗特娅芦荟 **16783**
多罗特娅石竹 **127947**
多罗须芒草 **22616**
多萝西・威克弗马醉木 **298738**
多洛雷斯紫菀苣 **239332**
多麦梅尔芥 **245159**
多脉矮肉茜 **346934**
多脉安第斯兰 **18088**
多脉暗罗 **307521**
多脉白桦 **53584**
多脉白坚木 **39699**
多脉白樫木 284006
多脉白薇 **117387**
多脉报春 **314821**
多脉薄棱玉 **375494**
多脉草 **405132**
多脉草属 **405131**
多脉侧花木藜芦 **228173**
多脉叉序草 **209918**
多脉柴胡 **63761**
多脉车轴草 **396983**
多脉齿蕊小檗 **269176**
多脉齿叶灰毛菊 **185356**
多脉触须兰 **261842**
多脉川苔草属 **310095**
多脉葱臭木 139661
多脉大翅蓟 **271697**
多脉丹氏梧桐 **136026**
多脉单花矢车菊 **81444**
多脉灯盘无患子 **238927**
多脉冬青 **204177**
多脉斗篷草 **14164**
多脉毒马草 **362843**
多脉短梗玉盘 **399379**
多脉短筒苣苔 **56369**
多脉短野牡丹 **58560**
多脉鹅耳枥 **77369**
多脉鹅掌柴 **350749**
多脉番薯 **208277**
多脉繁果茜 **304154**
多脉芳香木 **38862**
多脉飞廉 **73426**
多脉非洲金叶树 **90012**
多脉菲利木 **296264**
多脉分枝拟阿福花 **39489**
多脉风车子 **100646**
多脉风藤 **300423**,300422
多脉凤仙花 **205240**
多脉弗尔夹竹桃 **167422**
多脉高粱 **369671**
多脉高山桦 **53410**
多脉格罗大戟 **181313**
多脉谷木 **250045**
多脉骨籽菊 **276631**
多脉瓜馥木 **166651**
多脉冠瓣 **236418**
多脉光膜鞘茜 **201028**
多脉贵州报春 **314551**
多脉桂花 **276386**,270075
多脉含笑 **252948**
多脉豪曼草 **186204**
多脉合欢草属 66692
多脉黑草 **61829**
多脉红皮柳 **343955**
多脉胡椒 **300518**
多脉胡椒叶榕 **165407**
多脉槲寄生 **411062**
多脉花篱 **27242**
多脉画眉草 **147841**
多脉黄芩 **355619**
多脉基特茜 **215786**
多脉寄生藤 **125789**
多脉假杜鹃 **48292**
多脉假牛筋树 **317866**
多脉樫木 **139661**
多脉姜饼木 **284265**
多脉豇豆 **408981**
多脉角雄兰 **83384**
多脉金合欢 **1679**
多脉金莲木 **268237**
多脉金茅 **156486**
多脉金钮扣 **371663**
多脉近缘棒叶金莲木 **328406**
多脉茛草 **36704**
多脉九节 **319701**

多脉聚花草 **167035**
多脉孔雄蕊香 **375368**
多脉蔻木 **410926**
多脉蓝蓟 **141240**
多脉老鸦嘴 **390894**
多脉肋泽兰 **60153**
多脉犁头尖 **401177**
多脉李堪木 **228685**
多脉立金花 **218905**
多脉利堪蔷薇 228685
多脉利帕木 **341220**
多脉镰扁豆 **135557**
多脉蓼 **309935**,308788
多脉裂果绵枣儿 **351389**
多脉柃 **160583**
多脉瘤蕊紫金牛 **271079**
多脉柳叶菜 **146860**
多脉楼梯草 **142801**
多脉鹿藿 **333337**
多脉罗顿豆 **237455**
多脉落柱木 **300826**
多脉猫乳 **328562**
多脉毛顶兰 **385714**
多脉毛冻绿 **328886**
多脉毛瑞香 **219006**
多脉梅蓝 **248875**
多脉美冠兰 **156883**
多脉木荷 **350938**
多脉木奶果 **46193**
多脉南非木姜子 **387025**
多脉南美肉豆蔻 410926
多脉南星 **33301**
多脉黏酸脚杆 **247636**
多脉欧石南 **149788**
多脉普洱茶 **68918**
多脉七叶树 **9724**
多脉千里光 **270052**
多脉千里光属 **270051**
多脉千里木 **125657**
多脉茜草 **338018**
多脉鞘蕊花 **99659**
多脉青冈 **116152**
多脉青冈栎 116152
多脉青葙 **80442**
多脉秋海棠 **50097**
多脉球兰 **198884**
多脉榕 **165479**
多脉软果栒子 **242909**
多脉润楠 **240650**
多脉萨比斯茜 **341687**
多脉塞拉玄参 **357710**
多脉塞斯茄 **361635**
多脉三翅菊 **398209**
多脉三角车 **334660**
多脉色罗山龙眼 **361207**
多脉色穗木 **129177**
多脉莎草 **118749**
多脉山柳菊 **196077**
多脉蛇舌草 **269914**
多脉十二卷 **186816**
多脉石头花 **304318**
多脉石头花属 **304317**
多脉石竹 **127779**
多脉手玄参 **244832**
多脉守宫木 **348071**
多脉黍 **281964**
多脉鼠李 **328848**,328886
多脉鼠尾粟 **372784**
多脉薯蓣 **131728**
多脉双距兰 **133980**
多脉双饰萝藦 **134981**
多脉水东哥 **347977**
多脉水蜈蚣 **218583**
多脉丝花茜 **360681**
多脉四分爵床 **387316**
多脉四照花 124942
多脉苏铁属 **131427**
多脉酸模 **340304**
多脉酸藤子 **144773**
多脉髓菊木 **212341**
多脉塔卡萝藦 **382901**
多脉塔利木 **383366**
多脉苔草 **75440**
多脉糖芥 **154510**
多脉腾越荚蒾 **408161**
多脉藤春 **17632**
多脉藤山柳 95559
多脉铁木 **276815**
多脉同金雀花 **385681**
多脉瓦帕大戟 **401253**
多脉温曼木 **413708**
多脉无梗斑鸠菊 **225259**
多脉五星花 **289864**
多脉西邦大戟 **362332**
多脉膝曲白芷 **24357**
多脉细莞 **210004**
多脉细线茜 **225769**
多脉香茅 **117224**
多脉小穗无患子 **142917**
多脉小钻叶草 **253030**
多脉肖观音兰 **399165**
多脉新风轮菜 **65602**
多脉信筒子 144773
多脉玄参 **355199**
多脉旋覆花 **207247**
多脉羊蹄甲 **49176**,49103
多脉洋地黄 **130375**
多脉叶羊蹄甲 49103
多脉叶药萝藦 **296439**
多脉伊西茜 **209489**
多脉异燕麦 190183
多脉异叶木 **25578**
多脉茵芋 **365971**
多脉银齿树 **227329**
多脉忧花 **241670**
多脉鱼骨木 **71437**
多脉榆 **401476**
多脉玉叶金花 **260465**
多脉早熟禾 **305852**
多脉针禾 377003
多脉针蒴草 **377003**
多脉枝寄生 **93963**
多脉紫金牛 **31535**,31391
多脉紫云菜 **378210**
多芒马鞭草 **405861**
多芒莠竹 **254043**
多毛奥萨野牡丹 **276511**
多毛巴蒂兰 **263628**
多毛巴豆 **222405**
多毛巴豆属 **222404**
多毛白花菜 **95766**
多毛白酒草 **103497**
多毛白鹃梅 **161756**
多毛白蜡树 **168011**
多毛百里香 **391245**
多毛板凳果 **279748**
多毛扁芒菊 **413011**
多毛并头黄芩 **355756**
多毛补血草 **230770**
多毛布玛利木 63422
多毛叉毛蓬 **292722**
多毛茶豆 **85246**
多毛齿瓣虎耳草 **349357**
多毛齿苔草 **74812**
多毛赤竹 347222,347238
多毛稠李 280007
多毛刺李山榄 **63422**
多毛大戟 **159581**
多毛大柱芸香 **241366**
多毛大锥香茶菜 **209776**
多毛丹氏梧桐 **135865**
多毛灯心草 **213496**
多毛地胆草 **143466**
多毛地杨梅 **238605**
多毛钓钟柳 **289356**
多毛东京龙脑香 **133580**
多毛兜舌兰 282839
多毛毒瓜 **215721**
多毛杜鹃 **331518**
多毛椴 **391686**,391738
多毛对叶野桐 **243412**
多毛多花黄芪 42376
多毛多花黄耆 **42376**
多毛多球茜 **310263**
多毛多穗兰 **310549**
多毛恩氏寄生 **145582**
多毛二行芥 **133281**
多毛芳香木 **38581**
多毛仿龙眼 **254963**
多毛菲利木 **296228**
多毛费利菊 **163218**
多毛凤仙花 **205225**
多毛高山芹 **98781**
多毛狗骨柴 133187
多毛瓜馥木 **166668**
多毛过路黄 **239584**
多毛合宜草 **130859**
多毛鹤首马先蒿 **287262**
多毛黑枣 132268
多毛红瓜 **97803**
多毛红砂柳 **327206**
多毛琥珀树 **27857**
多毛瓠果 **290553**
多毛黄芩 **355477**,355431
多毛黄丝叶菊 **391038**
多毛黄细心 **56428**
多毛黄杨 **64242**
多毛茴芹 **299430**
多毛棘豆 **279077**
多毛脊被苋 **281201**
多毛加州鼠李 **328635**
多毛假杜鹃 **48189**
多毛假水苏 **373070**
多毛假泽兰 **254435**
多毛箭花藤 **168317**
多毛姜 **417975**
多毛橿子栎 323695
多毛橿子树 323695
多毛金雀花 **120990**
多毛九节 **319614**
多毛决明 **78455**
多毛君迁子 **132268**
多毛可利果 **96749**
多毛宽萼豆 **302927**
多毛蜡菊 **189431**
多毛兰属 **396464**
多毛蓝花黄芩 **355442**
多毛乐母丽 **335967**
多毛李叶绣线菊 **372053**
多毛立金花 **218871**
多毛连翘叶黄芩 **355485**
多毛裂鞘椰 **61041**
多毛鳞斑鸠菊 **406700**
多毛鳞果草 **4463**
多毛鳞叶灌 **388739**
多毛铃子香 **86820**
多毛瘤耳夹竹桃 **270862**
多毛瘤蕊紫金牛 **271090**
多毛柳 **343494**
多毛露子花 **123890**
多毛鹿藿 **333266**
多毛罗勒 **268536**
多毛萝藦 **294361**
多毛萝藦属 **294360**
多毛马齿苋 311915
多毛马岛翼蓼 **278434**
多毛马衔山黄芪 42667
多毛马衔山黄耆 **42667**

多毛芒柄花 **271413**
多毛毛萼越橘 **403975**
多毛茅香 **196137**
多毛美非补骨脂 **276972**
多毛美莓 **339288**
多毛蒙塔菊 **258206**
多毛蒙坦木 258206
多毛奈纳茜 **263545**
多毛南星 **222323**
多毛南星属 **222321**
多毛欧瑞香 **391023**
多毛欧石南 **149917**
多毛爬山虎 **285166**
多毛泡叶番杏 **138182**
多毛螃蜞菊 **413526**
多毛披碱草 **144524**
多毛匹菊 **322701**
多毛平果菊 **196472**
多毛坡垒 **198174**,198140
多毛婆婆纳 407401
多毛破布木 **104230**
多毛破布叶 **253375**
多毛匍匐勿忘草 **260884**
多毛蒲公英 **384619**
多毛歧果芥 **116719**
多毛千岛赤竹 **347238**
多毛千里光 **359053**
多毛茜草树 **12533**
多毛蔷薇 **336630**,336993
多毛茄 **367215**
多毛青锁龙 **109066**
多毛青藤 **204616**
多毛琼花 407943
多毛秋海棠 **50179**
多毛曲管桔梗 **365181**
多毛雀麦 **60744**
多毛荛花 414244
多毛瑞香 **391009**
多毛润肺草 **58880**
多毛箬竹 **206789**
多毛萨比斯茜 **341647**
多毛三冠野牡丹 **398702**
多毛三生草 **202251**
多毛沙参 **7807**
多毛山柑 **71727**
多毛山合欢 **13612**
多毛山菊木 258206
多毛山柳菊 **195801**
多毛少穗竹 **270443**
多毛蛇鞭菊 **228480**
多毛蛇舌草 **269818**
多毛瘦片菊 **182078**
多毛瘦片菊属 **307872**
多毛鼠尾草 **345113**
多毛双齿裂舌萝藦 **351511**
多毛水毛茛 **48939**
多毛水毛花 **352235**
多毛四川婆婆纳 **407401**
多毛台湾黄芩 355442
多毛唐竹 **364672**
多毛天竺葵 **288293**
多毛铁线莲 **94761**
多毛葶苈 **137191**
多毛尾叶白珠 **172081**
多毛五裂层菀 **255625**
多毛西番莲 **285643**
多毛西风芹 **361480**
多毛锡生藤 **92539**
多毛细锥香茶菜 **209648**
多毛仙人球 **244124**
多毛香芸木 **10636**
多毛向日葵 **188980**
多毛小百蕊草 **389584**
多毛小花茜 **286006**
多毛小蜡 **229623**
多毛肖水竹叶 **23535**
多毛肖猪屎豆 **179364**
多毛邪蒿 361480
多毛兄弟草 **21294**
多毛绣球荚蒾 **407943**
多毛须蕊铁线莲 **95248**
多毛悬钩子 **338727**
多毛悬竹 **20197**
多毛鸭跖草 **101121**
多毛羊奶子 **142018**
多毛野豌豆 408527
多毛野樱桃 83281
多毛叶蓝花参 **412809**
多毛叶薯蓣 **131546**
多毛叶云实 64993
多毛异木患 **16096**
多毛异色黄芩 **355431**
多毛异燕麦 **190157**
多毛翼茎菊 **172428**
多毛罂粟 **282592**
多毛樱桃 **83281**
多毛蝇子草 **364169**
多毛尤利菊 **160859**
多毛羽扇豆 **238496**
多毛玉叶金花 **260461**
多毛越橘 **403854**,403853
多毛云实 64993
多毛早田氏赤竹 **347222**
多毛知风草 **147891**,147892
多毛皱波黄堇 105763
多毛皱茜 **341124**
多毛猪屎豆 **112217**
多毛苎麻 **56169**
多毛砖子苗 **245440**
多毛紫丹 **393255**
多毛紫苏 **290972**
多毛紫纹鼠麹木 **269258**
多梅草 **136043**
多梅草属 **136042**
多迷迭香叶紫绒草 **44007**
多米尼加槐 **368961**
多米尼加茜属 **99803**
多米尼加秋海棠 **49789**
多米特黑云杉 298350
多绵毛长隔木 **185168**
多绵毛毒瓜 **215722**
多绵毛短毛鸡菊花 **270268**
多绵毛多蕊石蒜 **175334**
多绵毛金果椰 **139364**
多绵毛蜡菊 **189496**
多绵毛老鹳草 **174696**
多绵毛勒泰木 **227173**
多绵毛毛子草 **153219**
多绵毛蒙松草 **258128**
多绵毛欧石南 **149637**
多绵毛青锁龙 **109104**
多绵毛球果木蓝 **206600**
多绵毛染料木 **172980**
多绵毛日本蓟 **92230**
多绵毛旋花 **103104**
多绵毛硬叶锡生藤 **92570**
多面果婆罗门参 394316
多面黑三棱 370090
多明草 **136045**
多明草属 **136044**
多明戈波特兰木 **311814**
多明戈兰 **136047**
多明各鼠麹草 **178169**
多明古巴茜 **114036**
多明画眉草 **147642**
多明手参木 **86632**
多明我兰属 **136046**
多明细叶九节 **319870**
多明虾脊兰 **65939**
多明香蒲 401105
多摩细辛 **37744**
多莫大戟 **136051**
多莫大戟属 **136050**
多囊毛叶下珠 **296620**
多囊苔草 75602
多瑙河大岩桐 **364757**
多尼斑鸠菊 **406287**
多尼非砂仁 9894
多尼非洲豆蔻 **9894**
多尼世纪西洋梨 **323142**
多尼斯钩藤 **401751**
多尼斯琼楠 **50505**
多尼斯穗花茱萸 **373029**
多年拜卧豆 **227074**
多年稻 **333130**
多年稻属 **333128**
多年黑麦草 235334
多年红 307927
多年落花生 **30496**
多年毛托菊 **23433**
多年千日红 **179244**
多年肉角藜 **346771**
多年生多节草 **307842**
多年生浮萍 **224399**
多年生花旗杆 **136184**
多年生花旗竿 136184
多年生菊头桔梗 211670
多年生苣苔花 **177523**
多年生山靛 **250614**
多年生山莴苣 **219444**
多年生甜菜 **53242**
多年生肖蝴蝶草 **110683**
多年生鸭舌癀舅 **370820**
多年生亚麻 231942
多年生盐节木 **36790**
多年生野黍 **151694**
多年生月见草 **269486**
多年生獐牙菜 380302
多年亚麻 231942
多年盐角草 346771
多年硬萼花 **353994**
多年獐牙菜 380302
多年指甲草 **105422**
多糯树 165125
多疱毒鱼草 **392217**
多疱风兰 **25107**
多疱水茫草 **230850**
多胚苏铁 **115863**
多皮孔酸藤子 **144822**
多歧楼梯草 **142796**
多歧泡沙参 **7790**
多歧沙参 **7884**
多歧苏铁 **115865**
多鞘球柱草 **63374**
多鞘石豆兰 **62931**
多鞘雪莲 **348656**
多鞘早熟禾 **305851**
多球斑鸠菊 **406699**
多球顶冰花 **169476**
多球果猪屎豆 **112684**
多球木蓝 **206418**
多球茜属 **310251**
多曲圆筒仙人掌 **116668**
多趣杜鹃 **331890**
多全裂老鹳草 **174749**
多全裂鱼黄草 **250808**
多髯毛剪股颖 **12261**
多绒菊属 **71566**
多肉棒棰树 **279692**
多肉大戟属 142488
多肉厚敦菊 **277026**
多肉瓶干树 279692
多肉千里光 **359811**
多乳头鸡蛋果 238115
多乳头银桦 **180655**
多乳秃小檗 52003
多乳突百蕊草 **389747**
多乳突大戟 **159304**

多乳突四棱荠 **178829**
多乳突苔草 **75692**
多乳突小叶番杏 **169990**
多蕊堡树 **79085**
多蕊重楼 **284357**
多蕊大戟属 **304404**
多蕊等蕊山榄 **210203**
多蕊杜鹃 **331510**,331882,332155
多蕊高河菜 **247790**
多蕊冠盖绣球 200059
多蕊光叶委陵菜 **312642**
多蕊果属 307538
多蕊海福木 **167277**
多蕊合头椴 **94109**
多蕊红果大戟 **154848**
多蕊红茴香 **204529**
多蕊姜饼木 **284259**
多蕊金丝桃 **201811**,201925
多蕊橘 **97421**
多蕊橘属 **97420**
多蕊巨茴香芥 **162856**
多蕊卡柿 **155966**
多蕊老鹳草 **258141**
多蕊老鹳草属 258096
多蕊肋梗千屈菜 **304674**
多蕊蓼树属 **380664**
多蕊领春木 **160347**
多蕊落新妇 **41840**
多蕊毛柱锦葵 **212692**
多蕊梅蓝 **248874**
多蕊木 **400377**
多蕊木姜子 **234015**
多蕊木属 **400376**
多蕊平萼桃金娘 **197737**
多蕊曲药金莲木 **238543**
多蕊商陆 298118
多蕊蛇菰 **46868**
多蕊石灰树 **304330**
多蕊石灰树属 **304329**
多蕊石蒜属 **175316**
多蕊属 400376
多蕊薯蓣 131772
多蕊藤属 400376
多蕊委陵菜 **312462**
多蕊萎花 **245050**
多蕊蚊母 **246606**
多蕊蚊母属 **246605**
多蕊无针苋 **273756**
多蕊无针苋属 **273754**
多蕊仙人球 43509
多蕊象牙椰属 19545
多蕊肖菝葜 **194124**
多蕊血桐 **240306**
多蕊崖摩 19959
多蕊崖摩楝 **19959**
多蕊椰 **307539**
多蕊椰属 **307538**
多蕊忧花 **241681**
多蕊樟 **91250**
多蕊樟属 **91249**
多瑞弗拉 136767
多瑞弗拉属 136766
多伞阿魏 **163610**
多伞北柴胡 **63595**
多伞赪桐 **96279**
多伞欧石南 **149777**
多伞山柳菊 **196069**
多色百脉根 **237555**
多色戴尔豆 **121906**
多色杜鹃 **330020**,331710
多色法国蔷薇 **336585**
多色列当 **274941**
多色芦荟 **17060**
多色美冠兰 **156878**
多色美丽冠香桃木 **236411**
多色苜蓿 **247424**
多色欧石南 **150225**
多色匍匐筋骨草 **13177**
多色青兰 **137615**
多色日本六道木 **178**
多色荣耀木 **391569**
多色鼠尾草 **345067**
多色薯蓣 **131724**
多色无苞寄生 **14456**
多色蝎尾蕉 **190040**
多色心舌兰 **104281**
多色燕麦 **45619**
多色叶哈克 184650
多色淫羊藿 **147072**
多色玉 **389215**
多色帚石南 **67491**
多色猪屎豆 **112549**
多沙澳柏 **67407**
多舌飞蓬 **150800**
多舌石豆兰 **62930**
多射线巴特多坦草 **136438**
多射线卷舌菊 **380837**
多射线前胡 **292976**
多射线溲疏 **127019**
多射线天竺葵 **288376**
多深裂素馨 **211914**
多胜属 135113
多石阿魏 **163654**
多氏柳叶菜 **146688**
多饰大戟 **159619**
多室八角金盘 **162895**
多室花 **224463**
多室花科 **224464**
多室花属 **224460**
多丝龙舌兰 **10908**
多碎片芥属 **310148**
多穗艾森豆 161863
多穗白藤 **65651**
多穗半育花 **191479**
多穗闭花木 **94532**
多穗彩花 **2272**
多穗菜豆 **294034**
多穗草 407453,407503
多穗车轴草 **397017**
多穗椆 233295
多穗刺衣黍 **140596**
多穗大腺兰 **240905**
多穗吊兰 **88611**
多穗多花蓼 **340523**
多穗多年拜卧豆 **227075**
多穗防臭木 17603
多穗菲奇莎 **164573**
多穗凤梨属 **30569**
多穗割鸡芒 **202733**
多穗狗花竹竿 **200687**
多穗灌木帚灯草 **388825**
多穗过江藤 **17603**
多穗狐尾藻 261364
多穗花凤梨 **392034**
多穗黄牛木 **110276**
多穗黄耆 **42891**
多穗灰毛豆 **386240**
多穗基扭桔梗 **123790**
多穗假虎杖 309616
多穗姜 **418016**
多穗姜饼木 **284266**
多穗金合欢 **1492**
多穗金粟兰 **88292**
多穗柯 **233348**,233295
多穗兰 **310365**
多穗兰属 **310309**
多穗蓝桔梗 **115450**
多穗老鼠簕 **2703**
多穗蓼 **309616**
多穗裂蕊树 **219178**
多穗罗得西亚灰毛豆 **386286**
多穗罗汉松 **306513**
多穗马蓝 320111
多穗马唐 **130714**
多穗鸟娇花 **210880**
多穗排草香 **25389**
多穗枪刀药 **202586**
多穗青葙 **80456**
多穗雀稗 **285476**
多穗塞拉玄参 **357599**
多穗涩树 **378968**
多穗莎草 **118755**
多穗山楝 28997
多穗山龙眼 **10427**
多穗山龙眼属 **10426**
多穗神血宁 309616
多穗省藤 **65772**
多穗石柯 233295,233348
多穗石栎 233348
多穗石龙尾 **230313**
多穗手玄参 **244828**
多穗鼠尾草 **345318**
多穗双唇婆婆纳 **101924**
多穗斯诺登草 **366756**
多穗四分爵床 **387318**
多穗缩箬 272625
多穗苔草 **74275**
多穗铁兰 392034
多穗仙台苔草 **76228**
多穗香 **377060**
多穗香茶菜 **324847**
多穗香属 **377057**
多穗小金梅草 **202944**
多穗肖鸢尾 **258613**
多穗崖摩楝 **19963**
多穗羊毛草 **151690**
多穗银桦 **180635**
多穗竹茎兰 **399653**
多穗苎麻 56294
多穗醉鱼草 **62143**
多太格鲁棕 **6137**
多态蔗草 **353926**
多态罗顿豆 **237454**
多态小芝麻菜 **154127**
多态岩黄耆 **188170**
多坦草属 **136417**
多体蕊黄檀 **121795**
多体椰 **412128**
多体椰属 **412127**
多条哈克 184622
多条哈克木 **184622**
多葶春美草 **94338**
多葶唇柱苣苔草 **87942**
多葶蒲公英 **384685**
多葶猪牙花 **154935**
多头阿氏莎草 **606**
多头菝葜 **366524**
多头百蕊草 **389821**
多头杯苋 **115737**
多头叉臀草 **129557**
多头赪桐 **96284**
多头刺头菊 **108372**
多头大戟 **159405**
多头灯笼草 97043
多头灯心草 **213383**
多头对叶鼠麴草 **90598**
多头繁叶软毛蒲公英 **242939**
多头芳香木 **38727**
多头纺锤菊 **44184**
多头飞蓬 **150795**
多头风轮菜 **97040**,97043
多头风毛菊 **348655**
多头格尼瑞香 **178675**
多头各格补血草 **230634**
多头海神菜 **265503**
多头含羞草 **255077**
多头合壳花 **170916**

多头花紫金牛　31563
多头还阳参　**111076**
多头黄毛球　**244201**
多头黄耆　**42760**
多头金绒草蜡菊　**189100**
多头金绒草属　**4358**
多头苦菜　210654
多头苦荬　210654
多头苦荬菜　210654
多头蜡菊　**189586**
多头蓝花参　**412804**
多头蓝星花　**33688**
多头苓菊　**214137**
多头罗顿豆　**237397**
多头麻花头　361104
多头黏肋菊　**245091**
多头千里光　**359545**
多头青锁龙　**109176**
多头日本瓦松　**275376**
多头绒毛花　**28183**
多头塞拉玄参　**357632**
多头三翅菊　**398216**
多头莎草　**119392**
多头施拉茜　**352547**
多头瘦片菊　**182077**
多头鼠麹草　**178358**,178297
多头鼠麹木　**375544**
多头鼠麹木属　**375542**
多头松霞　244202
多头苔草　75848
多头天竺葵　**288442**
多头委陵菜　**312796**
多头紊蒿　**141901**
多头莴苣　210654
多头乌头　5490
多头细茎橐吾　229091
多头线叶膜冠菊　**201181**
多头小金梅草　**202917**
多头星牵牛　**43358**
多头星绒草　**41568**
多头玄参属　**307579**
多头一点红　**144953**
多头杂分果鼠李　**399753**
多头帚鼠麹属　**134244**
多头茱萸属　**307769**
多头紫金牛　**31563**
多头紫菀　**41050**
多托叶哈勒茜　**184868**
多网杭子梢　**70877**
多尾草　**310729**
多尾草属　**310728**
多文蓝刺头　**140767**
多纹九节　**319765**
多纹酸蔹藤　**20244**
多纹小水莞　**352275**
多纹醉鱼草　**62171**
多细刺臂形草　**58127**
多细刺球柱草　**63315**
多细刺纸苞帚灯草　**373004**
多细叶没药　**101400**
多纤毛莠竹　**254033**
多线粉白菊　**341454**
多线水晶掌　**186686**
多腺巴纳尔木　**47563**
多腺闭壳骨　**61654**
多腺柽柳桃金娘　**260993**
多腺刺瓣瘦片菊　**207385**
多腺刺头菊　**108292**
多腺大花婆婆纳　**407152**
多腺大柱兰　**247953**
多腺丹氏梧桐　**135854**
多腺单干木瓜　**405116**
多腺单裂橄榄　**185407**
多腺独活　**192341**
多腺独叶苣苔　**257752**
多腺杜鹃　**330765**
多腺二色鼠麹木　**337147**
多腺繁花钝柱菊　**307458**
多腺非洲白花菜　**95614**
多腺橄榄大戟　**142487**
多腺格雷野牡丹　**180380**
多腺冠毛锦葵　**111305**
多腺号角野牡丹　**344396**
多腺厚壳树　**141645**
多腺画眉草　**147907**
多腺黄芩　**355689**
多腺菊　**56083**
多腺菊属　**56082**
多腺蕨叶梅属　**4100**
多腺阔鳞兰　**302846**
多腺柳　**343901**,343780
多腺鹿藿　**333247**
多腺驴菊木　**271718**
多腺马来茜　**377531**
多腺马缨丹　**221268**
多腺毛小米草　160148,160286
多腺密钟木　**192600**
多腺木蓝　**205692**
多腺扭果花　**377722**
多腺欧薄荷　**250389**
多腺欧石南　**149780**
多腺千里光　**359779**
多腺鞘冠帚鼠麹　**144687**
多腺茄　**367399**
多腺山柳菊　**195800**
多腺树毛大戟　**125778**
多腺树葡萄　**120063**
多腺四翼木　**387610**
多腺唐松草　388519
多腺桐　**243397**
多腺弯花芥　**156432**
多腺西澳兰　**118251**
多腺腺萼菊　**68285**
多腺小米草　**160148**,160286
多腺小叶蔷薇　**337023**
多腺小籽金牛　**383962**
多腺肖石南　**294709**
多腺肖羊菊　**34787**
多腺泻瓜　**79815**
多腺悬钩子　**339047**
多腺旋刺草　**173155**
多腺盐葡萄木　**185016**
多腺异隔蒴苘　**16246**
多腺异决明　**360455**
多腺银菀　**266998**
多腺硬衣爵床　**354376**
多腺油芦子　**97350**
多腺羽萼蔷薇　**336855**
多腺杂刺爵床　**307037**
多腺蜘蛛抱蛋　**39543**
多腺紫金牛　**31562**
多香果　299328
多香果属　299321
多香木　**310061**
多香木科　**310065**
多香木属　**310060**
多小苞板蓝　**47846**
多小齿千里光　**359533**
多小花非洲紫菀　**19327**
多小花合肋菊　**301743**
多小花鞘蕊花　**99657**
多小花蛇舌草　**269817**
多小花鼠尾粟　**372754**
多小花熊菊　**402818**
多小鳞蜡菊　**189509**
多小叶布里滕参　**211500**
多小叶大地豆　**199358**
多小叶单腔无患子　**185380**
多小叶虎耳草　**349339**
多小叶槐　**369069**
多小叶鸡肉参　**205572**
多小叶加州野荞麦木　**152058**
多小叶裸茎日中花　**318849**
多小叶没药　**101472**
多小叶升麻　**91013**
多小叶鼠尾草　**345130**
多小叶松塔掌　**43438**
多小叶索林漆　**369785**
多小叶野荞麦　**152438**
多小叶硬果漆　**354347**
多小枝百蕊草　**389796**
多谢草　**138811**
多谢草属　**138810**
多谢花　**138813**
多谢花属　**138812**
多谢兰　**138816**
多谢兰属　**138815**
多心吊兰　**88554**
多心芥　**304122**
多心芥属　**304121**
多心皮银莲花　**24117**
多心藤　**304488**
多心藤属　**304487**
多心卫矛属　**307578**
多新兰　**136785**
多新兰属　**136784**
多星韭　**15886**
多星芸香属　**307563**
多形贝梯大戟　**53147**
多形柴胡　**63786**
多形辐射苣　**6879**
多形箍瓜　**399458**
多形姬苗　256161
多形堇菜　**410432**
多形卷耳　**82973**
多形可利果　**96783**
多形栎　**324299**
多形槭　**3458**
多形铁苋菜　**1959**
多形西番莲　**285668**
多型彩果棕　**203511**
多型册亨榕　**164789**
多型簕竹　47413
多型车轴草　**397015**
多型刺橘　**405537**
多型大蒜芥　**365585**
多型飞蓬　**150881**
多型风铃草　**70226**
多型灌丛垂穗草　**289771**
多型海神木　**315734**
多型鬣蜥棕　203511
多型马兜铃　**34299**
多型马兰　**215347**,215349
多型帕洛梯　315734
多型沙参　**7781**
多型山槟榔　**299673**
多型石竹　**127794**
多型蒜芥　365585
多型小檗　**52054**
多型新西兰圣诞树　**252623**
多型叶马兜铃　34299
多型叶山柳菊　**195870**
多雄大戟　**307537**
多雄大戟属　**307536**
多雄二型雄蕊苏木　131072
多雄黄堇　**105827**,106035
多雄蕊吉粟草　**175946**
多雄蕊商陆　**298118**
多雄山龙胆　**173411**
多雄苔草　**75848**
多雄异蕊苏木　**131072**
多须草科　122953
多须公　158070
多序槽舌兰　197265
多序宽叶岩黄耆　**188049**
多序楼梯草　**142733**
多序宿柱苔　74224
多序岩黄芪　188047

多序岩黄耆 **188047**
多芽报春 314423
多药白花菜 **95765**
多药多蕊石蒜 **175347**
多药龙舌兰 **10924**
多药商陆 298118
多叶阿尔丁豆 **14268**
多叶阿尔泰狗娃花 193921
多叶阿魏 **163616**
多叶矮人芥 **244310**
多叶安瓜 **25154**
多叶奥列兰 **274162**
多叶白花菜 **95675**
多叶白蓬草 388513
多叶百合 **229994**
多叶百脉根 **237724**
多叶百蕊草 **389889**
多叶斑点轮叶菊 **161174**
多叶斑鸠菊 **406343**
多叶斑叶兰 **179610**
多叶半轭草 **191780**
多叶棒兰 **178966**
多叶苞叶兰 **58414**
多叶被片风信子 **137965**
多叶闭鞘姜 **107240**
多叶变白多穗兰 **310320**
多叶藨 338886
多叶波思豆 **57493**
多叶糙被萝藦 **393798**
多叶侧穗莎 **304867**
多叶层菀 **306552**
多叶层菀木 **387336**
多叶柴胡 **63787**
多叶车轴草 **397016**
多叶翅籽草海桐 **405295**
多叶重楼 284367
多叶垂序木蓝 **206381**
多叶刺黄柏 242597
多叶刺参 **258868**
多叶酢浆草 **278015**
多叶大戟 **159408**
多叶大头斑鸠菊 **227153**
多叶戴克茜 **123514**
多叶戴星草 **370977**
多叶单花景天 **257087**
多叶单花杉 **257122**
多叶单头爵床 **257264**
多叶当归 **24418**
多叶灯心草 213116
多叶等柱菊 **210303**
多叶点地梅 **23173**
多叶点腺菊 **385585**
多叶顶冰花 **169425**
多叶兜兰 **282879**
多叶杜鹃 **330208**
多叶短绒槐 369156
多叶短枝竹 172745
多叶盾柱兰 **39652**
多叶鹅观草 **335226**
多叶鹅掌柴 **350744**
多叶番红花 **111517**
多叶繁花钝柱菊 **307456**
多叶飞蓬 **150877**,150796
多叶非杨料 **175283**
多叶狒狒花 **46058**
多叶费利菊 **163223**
多叶粉条儿菜 **14487**
多叶凤梨属 275576
多叶弗尔夹竹桃 **167413**
多叶辐射苣 **6880**
多叶格尼瑞香 **178605**
多叶勾儿茶 **52450**
多叶狗娃花 193921
多叶孤独菊 **148431**
多叶瓜泰木 181588
多叶管药野牡丹 **365129**
多叶海葱 **274699**
多叶海神木 **315799**
多叶旱金莲 **399607**
多叶合欢 **13647**
多叶鹤首马先蒿 **287263**
多叶黑草 **61784**
多叶红头菊 **154767**
多叶猴耳环 **301150**
多叶虎耳草 **349736**
多叶虎眼万年青 **274738**
多叶花椒 **417277**
多叶花葱 **307220**
多叶槐 **369156**
多叶还阳参 **110809**
多叶黄芩 **355691**
多叶灰毛豆 **386238**
多叶鸡蛋参 **98302**
多叶基扭桔梗 **123785**
多叶棘豆 **279029**,278756,
278780
多叶假苞报春 **314847**
多叶节节菜 **337372**
多叶金合欢 **1281**
多叶金丝桃 **202099**
多叶锦鸡儿 **72311**
多叶井冈寒竹 172745
多叶井冈竹 **172745**
多叶九冠鸢尾 **145754**
多叶九节 **319766**
多叶韭 **15607**
多叶菊头桔梗 **211658**
多叶决明 **78454**
多叶拉拉藤 **170380**
多叶蜡菊 **189681**
多叶蓝花参 **412808**
多叶肋瓣花 **13848**
多叶类榼藤子 **145938**
多叶狸藻 **403186**
多叶藜 87016
多叶里斯草 257087
多叶立方花 **115767**
多叶立金花 **218900**
多叶亮叶芹 **363125**
多叶蓼 **309121**
多叶苓菊 **214087**
多叶鹿藿 **333240**
多叶驴臭草 **271817**
多叶卵菀 **271913**
多叶轮叶瘦片菊 **11183**
多叶罗顿豆 **237307**
多叶螺花树属 **6397**
多叶裸芹 **182595**
多叶麻黄 **146165**
多叶马齿苋 **311847**
多叶马尼尔豆 **244612**
多叶马唐 **130715**
多叶马先蒿 **287217**
多叶芒柄花 **271529**
多叶毛茛 **326244**
多叶毛菀 **418821**
多叶毛异囊菊 **194267**
多叶没药 **101385**
多叶美非补骨脂 **276980**
多叶美冠兰 **156712**
多叶米奇豆木 252993
多叶米切尔森豆 252993
多叶米氏豆 **252993**
多叶米氏田梗草 **254920**
多叶膜兰 **201223**
多叶魔星兰 **163523**
多叶墨子玄参 **248558**
多叶木菊 **129401**
多叶木通 13225
多叶穆拉远志 **260041**
多叶南莎草 **119274**
多叶尼索尔豆 **266345**
多叶拟芸香 **185643**
多叶鸟足兰 **347780**
多叶扭萼寄生 **304983**
多叶欧石南 **149460**
多叶膨头兰 **401057**
多叶瓶果莎 **219884**
多叶千里光 **359774**
多叶梫木 22445
多叶琼楠 **50512**
多叶秋海棠 **49844**
多叶曲足兰 **120714**
多叶雀稗 **285483**
多叶日中花 **220556**
多叶绒安菊 **183043**
多叶绒毛花 **28189**
多叶软锦葵 **242918**
多叶塞考木 **356357**
多叶塞拉玄参 **357602**
多叶色穗木 **129163**
多叶沙粟草 **317047**
多叶莎草 **119399**
多叶山梗菜 **234384**
多叶山金车 **34710**
多叶山柳菊 **195614**
多叶山芫荽 **107796**
多叶舌唇兰 **302304**
多叶蓍 3978
多叶螯毛果 **97556**
多叶黍 **282099**
多叶刷柱草 **21786**
多叶水穗草 **200548**
多叶水蜈蚣 **218611**
多叶四鞋木 **386827**
多叶碎米荠 **72888**
多叶塔奇苏木 **382980**
多叶苔 75849
多叶苔草 **75849**
多叶唐松草 **388513**
多叶天门冬 39120
多叶铁线莲 **95152**
多叶铁线子 **244550**
多叶葶苈 **137190**
多叶头花草 **82135**
多叶委陵菜 **312892**
多叶文殊兰 **111222**
多叶纹桔梗 **180130**
多叶蚊子草 **166097**
多叶无芒药 **172257**
多叶无心菜 **31901**
多叶五匹青 320250
多叶细红花 **77747**
多叶狭喙兰 **375689**
多叶腺瓣落苞菊 **111380**
多叶腺荚果 **7405**
多叶香茶菜 **324856**
多叶香果 261527
多叶小龙南星 **137710**
多叶小米草 **160227**
多叶小漆树 **393451**
多叶小绒菊木 **334384**
多叶小水蜈蚣 **218659**
多叶血红芳香木 **38782**
多叶岩雏菊 **291330**
多叶盐爪爪 215327
多叶眼子菜 **312117**
多叶羊耳蒜 **232163**
多叶药水苏 **53298**
多叶野豌豆 **408503**,408545
多叶叶梗玄参 **297118**
多叶银豆 **32877**
多叶银钩花 **256234**
多叶隐子草 **94619**
多叶蝇子草 **363913**
多叶瘿椒树 199104
多叶瘿椒树属 199102
多叶硬皮鸢尾 **172599**

多叶硬蕊花 181588
多叶油芦子 97349
多叶羽扇豆 238481
多叶郁李 83238,316485
多叶鸢尾 208569
多叶越南槐 369143
多叶芸苔 59388
多叶早熟禾 306004
多叶蚤茜 320015
多叶折瓣瘦片菊 216411
多叶浙江木蓝 206352
多叶珍珠茅 354095
多叶舟叶花 340685
多叶帚菊木 260549
多叶猪屎豆 112539
多叶蛛丝藜 253763
多叶竹桃木 139275
多叶砖子苗 245432
多叶紫堇 106280
多叶紫菀 41222
多叶鬃萼豆 84845
多伊尔豆蔻 136895
多伊尔豆蔻属 136894
多衣 135114
多衣果属 135113
多衣木属 135113
多异叶花椒 417291
多裔草 310703
多裔草属 310699
多裔黍属 310699
多翼千里光 358985
多颖画眉草 147900
多硬毛假糙苏 283620
多硬毛囊蕊紫草 120849
多油无患子 351968
多疣澳洲柏 67434
多疣滨藜 44688
多疣补骨脂 319264
多疣补血草 230807
多疣大戟 160008
多疣地榆 345932
多疣多节草 307844
多疣多蕊石蒜 175355
多疣鹅绒藤 117733
多疣番薯 208261
多疣芳香木 38854
多疣非洲豆蔻 9950
多疣菲利木 296333
多疣谷木 250075
多疣瓜 114234
多疣合欢 13691
多疣核果木 138709
多疣槲寄生 411122
多疣黄花小二仙草 179435
多疣鲫鱼藤 356334
多疣佳囊芸香 294869
多疣坚果番杏 387223
多疣聚花草 167044
多疣可利果 96869
多疣拉拉藤 170738
多疣蓝蓟 141330
多疣链荚木 274367
多疣马兜铃 34209
多疣毛子草 153295
多疣美冠兰 157067
多疣美丽柏 67434
多疣木蓝 206717
多疣南星 33339
多疣牛角草 273207
多疣诺罗木犀 266724
多疣秋水仙 70560
多疣肉质腐生草 390101
多疣肉锥花 102695
多疣三角车 334704
多疣三指兰 396684
多疣砂仁 9950
多疣山厚喙荠 274078
多疣绳草 328203
多疣柿 132459
多疣双唇兰 130047
多疣水牛角 72604
多疣水玉杯 390101
多疣天南星 33339
多疣卫矛 157952
多疣五层龙 342741
多疣西澳兰 118287
多疣仙花 395834
多疣仙人笔 216714
多疣香雪兰 168198
多疣缬草 404478
多疣泻根 61542
多疣野百合 112792
多疣逸香木 132004
多疣樱桃 83360
多疣蝇子草 364137
多疣硬皮豆 241443
多疣珍珠茅 354273
多疣猪毛菜 344749
多疣猪屎豆 112792
多疣柱瓣兰 146500
多羽叉叶苏铁 115861
多羽片哈巴山马先蒿 287273
多羽片欧氏马先蒿 287471
多育蒺藜 366518
多育半日花 188668
多育报春 314843
多育扁莎 322219
多育糙蕊阿福花 393775
多育重毛禾 395838
多育雏菊 50826
多育刺橘 405506
多育纺锤菊 44186
多育辐射桃金娘 6825
多育伽蓝菜 215234
多育葛缕子 77831
多育画眉草 147913
多育假金雀儿 85395
多育胶芹 176935
多育卷序牡丹 91099
多育蜡菊 189388
多育肋瓣花 13850
多育鳞花草 225159
多育罗顿豆 237401
多育洛梅续断 235491
多育落地生根 61575
多育毛子草 153263
多育密丛蓼 309685
多育膜苞豆 201252
多育膜萼花 292665
多育墨药菊 248593
多育南非少花山龙眼 370263
多育脐果草 270714
多育千里光 358951
多育青锁龙 108906
多育肉锥花 102638
多育莎草 119422
多育山楂 109700
多育天竺葵 288448
多育无心菜 31832
多育细莞 210056
多育小檗 52065
多育星宿菜 239796
多育絮菊 166013
多育悬钩子 338856
多育野荞麦 152499
多育疣石蒜 378534
多育脂麻掌 171736
多折翠雀花 124396
多折总苞绣球 199915
多针沼迷迭香 22450
多汁糙缨苣 392693
多汁橙菀 320741
多汁芳香阔苞菊 305116
多汁格雷野牡丹 180444
多汁加那利香雪球 235076
多汁芥树 364532
多汁九节 319861
多汁孔克檀香 218370
多汁阔苞菊 305140
多汁龙牙草 11591
多汁麻 265242
多汁麻属 265239
多汁球百合 62450
多汁双星番杏 20540
多汁肖水竹叶 23637
多汁盐肤木 332865
多汁逸香木 132006
多汁蝇子草 364086
多汁羽裂木茼蒿 32591
多汁杂色豆 47804
多枝阿尔泰狗娃花 193921
多枝阿福花 39328
多枝矮小絮菊 166015
多枝桉 155772
多枝白花菜 95773
多枝百蕊草 389838
多枝宝草 186381
多枝被苋 281211
多枝臂形草 58155
多枝扁爵床 292225
多枝扁莎 322317,119410
多枝扁莎草 119410
多枝布雷默茜 59913
多枝布里滕参 211534
多枝草海桐 350339
多枝草合欢 126187
多枝柴胡 63785
多枝常春藤 187306
多枝柽柳 383595
多枝赪桐 96297
多枝齿瓣兰 269084
多枝川滇柴胡 63590
多枝刺果泽兰 186160
多枝刺菊木属 90626
多枝刺头菊 108389
多枝刺痒藤 394200
多枝翠雀花 124376
多枝大戟 159698
多枝大柱芸香 241371
多枝单裂萼玄参 187063
多枝单穗升麻 91040
多枝淡黄马先蒿 287389
多枝滇紫草 271807
多枝吊灯花 84215
多枝东俄洛紫菀 41382
多枝冬青 204176
多枝杜鹃 331512,331348
多枝短梗景天 8514
多枝多穗兰 310566
多枝耳藤菊 199250
多枝返顾马先蒿 287601
多枝芳香木 38753
多枝非洲没药 101293
多枝菲奇莎 164581
多枝凤兰 25020
多枝风铃草 70210
多枝凤兰 25020
多枝凤仙花 205157
多枝盖裂果 256096
多枝盖伊须芒草 22678
多枝狗娃花 193921
多枝古施唢呐草 256021
多枝光萼荷 8589
多枝海神菜 265511
多枝寒菀 80370
多枝韩信草 355500
多枝合欢草 126187
多枝鹤虱 221726,221715

多枝黑三棱 370050
多枝厚敦菊 **277130**
多枝花茎草 **167737**
多枝花篱 **27320**
多枝画眉草 **147934**
多枝黄顶菊 **166824**
多枝黄芪 42893
多枝黄耆 **42893**,43228
多枝黄桃木 **415127**
多枝极窄芒柄花 **271310**
多枝棘豆 **279117**,278812,279025
多枝假杜鹃 **48319**
多枝假丝苇 **318223**
多枝尖被苋 **4443**
多枝金腰 **90442**
多枝金腰子 90442
多枝金鱼草 **28646**
多枝卷耳 **82996**
多枝科豪特茜 **217722**
多枝苦荬菜 **43702**
多枝苦荬菜属 **43701**
多枝蜡菊 **189678**
多枝莱德苔草 **223867**
多枝赖草 **228370**
多枝蓝蒂可花 **115475**
多枝蓝花参 **412806**
多枝蓝星花 **33691**
多枝蓼 309531
多枝裂口花 **379966**
多枝柳 **343906**
多枝柳穿鱼 **230927**
多枝柳叶菜 **146696**
多枝龙胆 **173652**
多枝楼梯草 **142812**,142796
多枝芦荟 **17215**
多枝乱子草 **259691**
多枝落芒草 **276039**
多枝马达加斯加香茶 **303480**
多枝马先蒿 **287574**
多枝梅花草 **284596**
多枝霉草 **352871**
多枝美非补骨脂 **276984**
多枝密花棘豆 **278812**
多枝木黄花 **247683**
多枝木黄花属 **247682**
多枝木蓝 **206465**,206466
多枝南非玄参 **191552**
多枝拟兰 **29791**
多枝拟漆姑 **370695**
多枝拟芸香 **185664**
多枝黏腺果 **101263**
多枝鸟娇花 **210828**
多枝欧亚旋覆花 **207065**
多枝排草 239707
多枝泡叶番杏 **138224**
多枝偏穗竹 **250746**
多枝婆婆纳 407164
多枝七节大戟 **159035**
多枝槭 **3493**
多枝鳍蓟 270234
多枝气花兰 **9239**
多枝千屈菜 240100
多枝浅黄马先蒿 **287389**
多枝青兰 **137635**
多枝苘麻 **981**
多枝雀麦 **60918**
多枝染料木 **173044**
多枝忍冬 **236053**
多枝柔弱野荞麦 **152511**
多枝瑞香 **122560**
多枝塞拉玄参 **357649**
多枝三芒草 **34006**
多枝三针草 **398364**
多枝桑 259085
多枝涩荠 **243229**
多枝沙金盏 **46586**
多枝沙参 7884
多枝山一笼鸡 **182134**
多枝杉叶藻 196819
多枝省藤 **65739**
多枝石竹 **127808**
多枝柿 **132368**
多枝手玄参 **244852**
多枝守宫木 **348061**
多枝双距花 **128090**
多枝水苏 **373307**
多枝昙花 147286
多枝唐菖蒲 **176491**
多枝唐松草 **388632**
多枝特林芹 **397737**
多枝藤 **94673**
多枝藤属 **94672**
多枝天芥菜 **190718**
多枝天门冬 **39169**
多枝天竺葵 **288471**
多枝条状山莴苣 **219602**
多枝通泉草 **247027**,247025
多枝头嘴菊 **82420**
多枝兔儿风 12717
多枝托雷碱蓬 **379610**
多枝菀 **182143**
多枝菀属 **182142**
多枝萎草 **245077**
多枝文竹 **38986**
多枝乌头 **5526**
多枝勿忘草 **260855**
多枝雾水葛 **313487**,313483
多枝喜阳花 **190424**
多枝香草 **239707**,239814
多枝香茶菜 **209806**
多枝香荚兰 **405022**
多枝香科科 **388249**
多枝香青 **21725**
多枝香薷 **143982**
多枝小檗 **51946**
多枝小冠花 **105305**
多枝小黄管 **356155**
多枝小室野荞麦 **152600**
多枝肖柳穿鱼 **262273**
多枝肖鸢尾 **258625**
多枝絮菊 **166021**
多枝玄参 **355223**
多枝旋覆花 **207156**,207065
多枝鸦葱 **354936**
多枝鸭跖草 **101134**
多枝银杯玉 **129598**
多枝银豆 **32881**
多枝隐子草 **94588**
多枝蝇子草 **363954**
多枝玉山竹 **416803**
多枝鸢尾 248722
多枝远志 **308291**
多枝杂蕊草 **381747**
多枝珍珠茅 **354215**
多枝帚灯草 **384873**
多枝帚灯草属 **384872**
多枝紫金牛 **31599**
多枝佐里菊 **418289**
多脂松 **300180**
多直脉榕 165402
多指南星 **33460**
多指全毛兰 **197560**
多指扇舌兰 **329660**
多栉芥 **307857**
多栉芥属 **307856**
多痣普氏卫矛 **321932**
多痣普特里开亚 321932
多痣普特木 321932
多钟欧石南 **149781**
多皱达维木 **123285**
多皱假木豆 **125579**
多皱链荚豆 18279
多皱蜀葵 **13940**
多皱委陵菜 **312784**
多皱纹果仰卧秆水葱 352275
多皱纹果仰卧秆藨草 **353848**
多皱香茶菜 209815
多珠小檗 **51949**
多柱茶 **69518**
多柱蝶荠 **319375**
多柱多裂银莲花 **23898**
多柱软毛红光树 **216830**
多柱树 **77946**
多柱树科 **77950**
多柱树属 **77940**
多柱无心菜 **32312**
多柱紫沙玉 **32354**
多仔钩球 244163
多仔婆 38960
多仔球 140872
多姿杜鹃 **330790**
多姿蓟 **91997**
多姿列当 **275078**
多姿鳃兰 **246728**
多籽白木犀草 **327799**
多籽车前 **302132**
多籽大风子 **199747**
多籽狄安娜茜 **238097**
多籽地灵苋 123569
多籽果科 393367
多籽橘属 **304332**
多籽藜 **87130**
多籽丽花球 **234942**
多籽领春木 160345
多籽芒柄花 **271530**
多籽木蓝 **206623**
多籽尼索尔豆 **266346**
多籽施拉茜 **352548**
多籽瘦鼠耳芥 **184848**
多籽树 **56996**
多籽树科 **56999**
多籽树属 **56991**
多籽水蓑衣 **200643**,191326
多籽蒜 **15278**
多籽乌口树 **385015**
多籽五层龙 **342705**
多籽星果泽泻 **121996**
多籽鸭儿芹 **113891**
多籽猪屎豆 **112553**
多子阿芳 342086
多子草 355858
多子红柳安 **362217**
多子浆果苋 123569
多子橘属 304332
多子科 56999
多子莲豆草 **300882**
多子莲豆草属 **300881**
多子南五味子 **214979**
多子芹 304787
多子黍 **281542**
多子薯蓣 **375603**
多子薯蓣属 **375602**
多子树属 56991
多子娑罗双 362217
多子无心菜 **32144**
多子仙人球 244198
多子野牡丹 **261118**
多子野牡丹属 **261117**
多总状花银桦 **180634**
多足邓博木 **123710**
多足雷内姜 **327744**
多足叶矢车菊 **81285**
咄脓膏 313483
苳 394500
夺命丹 407275
夺目杜鹃 **330148**,331636
夺皮香 122532

夺香花 122484,122532
朵朵花 345214
朵朵香 116880
朵花椒 **417273**
朵椒 417273
朵丽兰 136320
朵丽兰属 136312
躲雷草 33473
躲蛇生 34219,34227,34363
堕胎花 70507
惰雏菊 **29103**
惰雏菊属 **29099**


## E


俄地短种脐草 **396709**
俄东草 **241908**
俄东草属 **241907**
俄国大不种向日葵 **188912**
俄国矶松 320002
俄国落叶松 221944
俄国前胡 **293002**
俄亥俄斑点山楂 **109972**
俄亥俄睫毛草 **55523**
俄亥俄一枝黄花 **368294**
俄克拉何马李 **316434**
俄克拉何马苔草 **75585**
俄克拉何马北美兰 67886
俄克拉何马北美毛唇兰 **67886**
俄克拉何马紫荆 **83763**
俄勒冈白蜡树 168015
俄勒冈白栎 **323931**
俄勒冈枫 3127
俄勒冈葛缕子 **77825**
俄勒冈海棠 243622
俄勒冈荷包牡丹 **128298**
俄勒冈虎耳草 **349724**
俄勒冈景天 **356989**
俄勒冈蓝银莲花 **23975**
俄勒冈李 **269291**
俄勒冈李属 **269290**
俄勒冈栎 323931
俄勒冈绵石菊 **318808**
俄勒冈桤木 **16429**
俄勒冈蔷薇 **336311**
俄勒冈双葵 **362706**
俄勒冈丝果菊 **360710**
俄勒冈细辛 **37757**
俄勒冈香桃木 401672
俄勒冈异囊菊 **194234**
俄勒冈银莲花 **23976**
俄勒冈蝇子草 **363847**
俄勒冈州白蜡木 **168039**
俄勒冈猪牙花 **154936**
俄罗斯矮杏 20931
俄罗斯柏 **253164**
俄罗斯柏属 **253163**
俄罗斯贝母 **168556**
俄罗斯柴胡 **63804**
俄罗斯柽柳 **383440**,383595
俄罗斯春黄菊 **26874**
俄罗斯翠雀花 **124156**
俄罗斯大戟 **159733**
俄罗斯大蒜芥 **365644**
俄罗斯多刺猪毛菜 344743
俄罗斯枸杞 239106
俄罗斯黑蒲公英 **384462**
俄罗斯棘豆 **279138**
俄罗斯金雀花 **121000**
俄罗斯聚合草 **381042**
俄罗斯蓝刺头 **140779**
俄罗斯蓝蓟 **141290**
俄罗斯菱 **394539**
俄罗斯柳 **344037**
俄罗斯柳穿鱼 **231118**
俄罗斯龙蒿 **35407**
俄罗斯牻牛儿苗 **153907**
俄罗斯南方猪毛菜 **344463**
俄罗斯扭果 **264631**
俄罗斯婆罗门参 **394339**
俄罗斯奇异风毛菊 **348624**
俄罗斯前胡 293002
俄罗斯柔弱扁桃 **316859**
俄罗斯乳浆大戟 **158863**
俄罗斯乳菀 **169793**
俄罗斯桑 **259092**
俄罗斯矢车菊 81345
俄罗斯鼠麹草 **178389**
俄罗斯酸模 340116
俄罗斯苔 76096
俄罗斯苔草 **76096**
俄罗斯乌头 **5461**
俄罗斯鸢尾 208797,208801
俄罗斯猪毛菜 **344589**
俄罗斯猪殃殃 **170603**
俄罗斯紫罗兰天蓝绣球 **295305**
俄蛇床属 **253901**
俄氏布勒德木 59864
俄氏草 392424
俄氏草属 392423
俄氏簕柊 354621
俄氏莿冬 354621
俄氏钓樟 231385
俄氏虎皮楠 122713
俄氏柿 132335
俄氏鼠刺 210402
俄西门肺草 **381038**
俄州紫荆 **83780**
娥眉梅花草 284532
娥木 364704
娥孙紫檀 **320317**
峨边杜鹃 **330608**
峨边光叶水青冈 **162391**
峨边虾脊兰 **66123**
峨边小蜡 **229629**
峨边蜘蛛抱蛋 **39531**
峨角 **199076**
峨马杜鹃 **331384**
峨眉矮桦 **53628**
峨眉菝葜 **366326**
峨眉白前 117482
峨眉百合 **229837**
峨眉半蒴苣苔 **191377**
峨眉包槲柯 **233150**
峨眉报春 **314358**
峨眉槽舌兰 **197264**
峨眉春蕙 116853
峨眉翠蓝绣线菊 **371930**
峨眉翠雀花 **124428**
峨眉带唇兰 **383137**
峨眉当归 **24424**
峨眉点地梅 **23252**
峨眉吊石苣苔 **239960**
峨眉冬青 **204112**
峨眉豆 218721
峨眉杜鹃 331749
峨眉椴 **391797**
峨眉鹅耳枥 **77358**
峨眉繁缕 **375028**
峨眉飞蛾槭 **3266**
峨眉风铃草 **70202**
峨眉风轮菜 **97041**
峨眉凤仙花 **205197**
峨眉附地菜 **397447**
峨眉葛藤 **321457**
峨眉勾儿茶 **52446**
峨眉谷精草 **151301**
峨眉冠唇花 **254261**
峨眉光亮杜鹃 **331345**
峨眉过路黄 **239762**
峨眉海桐 **301352**
峨眉含笑 **252974**
峨眉蒿 **35463**
峨眉红山茶 **69423**,69338
峨眉红丝线 **238961**
峨眉猴欢喜 **366049**
峨眉厚喙菊 **138776**
峨眉胡椒 **300385**
峨眉桦 53628
峨眉黄精 **308624**
峨眉黄连 **103840**,103832
峨眉黄芩 **355634**
峨眉黄肉楠 **6806**
峨眉蕙兰 **116853**
峨眉火绒草 **224924**
峨眉蓟 **91962**
峨眉家连 103832
峨眉荚蒾 **407988**
峨眉假铁秆草 **317193**
峨眉尖舌苣苔 **333092**
峨眉姜 **418013**
峨眉姜花 **187442**
峨眉金黄报春 **315017**
峨眉金线兰 **25978**
峨眉金腰 **90381**
峨眉堇菜 **409954**,410017
峨眉韭 **15543**
峨眉苣叶报春 **314995**
峨眉开唇兰 25978
峨眉开口箭 **70604**
峨眉栲 79004
峨眉柯 **233329**
峨眉宽叶清风藤 341580
峨眉蜡瓣花 **106668**,106659
峨眉藜芦 **405626**
峨眉裂瓜 **351771**
峨眉柳 **343804**
峨眉龙胆 **173680**
峨眉楼梯草 **142767**
峨眉轮环藤 **116033**
峨眉螺序草 **371755**
峨眉马先蒿 **287485**
峨眉梅花草 **284532**
峨眉木荷 350949
峨眉木姜子 **234004**
峨眉木犀 **276381**
峨眉南五味子 **214975**
峨眉南星 **33441**
峨眉楠 **295394**
峨眉拟单性木兰 **283422**
峨眉牛皮消 **117482**
峨眉牛蹄细辛 **37611**
峨眉槭 **2946**
峨眉千里光 **358848**
峨眉茜草 **337987**
峨眉蔷薇 **336825**,336930
峨眉青荚叶 **191194**
峨眉青牛胆 **392270**
峨眉秋海棠 **49808**
峨眉球柄兰 383137
峨眉缺裂报春 **314472**
峨眉雀梅藤 **342182**
峨眉忍冬 **236106**
峨眉瑞香 **122424**
峨眉润楠 **240646**

峨眉箸竹 **206782**
峨眉沙参 70202
峨眉山胡椒 **231419**
峨眉山莓草 **362355**
峨眉蛇根草 **272191**
峨眉石蚕 388170
峨眉石凤丹 416508
峨眉手参 **182244**
峨眉鼠刺 **210403**
峨眉鼠尾草 **345274**
峨眉薯 **207775**
峨眉双蝴蝶 **398264**
峨眉水东哥 **347971**
峨眉四轮香 **185251**
峨眉溲疏 **127044**
峨眉碎米荠 **72812**
峨眉苔草 **75602**
峨眉唐松草 **388607**
峨眉桃叶珊瑚 **44898**
峨眉藤山柳 **95529**
峨眉通泉草 **247018**
峨眉头状四照花 **124893**
峨眉卫矛 **157755**
峨眉无尾果 **100144**
峨眉无心菜 **32114**
峨眉无柱兰 **19507**
峨眉五味子 351054
峨眉舞花姜 **176990**
峨眉细圆藤 **290845**
峨眉虾脊兰 **65943**
峨眉线柱苣苔 **333747**
峨眉香芙木 **352434**
峨眉香科 388170
峨眉香科科 **388170**
峨眉小檗 **51653**,51279
峨眉小红门兰 **310923**
峨眉秀丽槭 **2946**
峨眉续断 **133457**
峨眉悬钩子 **338384**
峨眉雪胆 **191921**
峨眉崖豆藤 **66640**
峨眉岩白菜 **52520**
峨眉岩下雪 383890
峨眉野连 103840
峨眉异药花 167300
峨眉异叶苣苔 **414009**
峨眉银叶杜鹃 **330141**
峨眉银叶委陵菜 **312719**
峨眉越橘 **403929**
峨眉泽兰 **158243**
峨眉獐牙菜 **380197**
峨眉珍珠树 403929
峨眉蜘蛛抱蛋 **39567**
峨眉直瓣苣苔 **22169**
峨眉竹根七 **134415**
峨眉竹茎兰 **399643**
峨眉锥栗 **78796**
峨眉紫锤草 **234467**
峨眉紫金牛 31378,31443
峨眉紫楠 **295408**
峨眉紫菀 **41470**
峨嵋包果柯 233150
峨嵋报春 314552
峨嵋贝母 168385
峨嵋钓樟 231419
峨嵋红门兰 310923
峨嵋虎皮楠 122717
峨嵋黄檗 294240
峨嵋黄皮树 294240
峨嵋姜花 187445
峨嵋楠 295408
峨嵋拟克林丽木 283422
峨嵋拟铁 210370
峨嵋泡花树 249482
峨嵋赛楠 266789
峨嵋三七 280771
峨嵋山胡椒 231424,231427
峨嵋山卫矛 157755
峨嵋十大功劳 242620
峨嵋四照花 124893
峨嵋小果润楠 240646
峨嵋异药花 167299
峨嵋獐耳细辛 192132
峨嵋紫菊 267180
峨屏草 **383890**
峨屏草属 **383887**
峨热巴山竹 37314
峨热竹 **37314**
峨三七 280793
峨山草乌 124039,124204,124428,124506,124507
峨山飞燕草 124506
峨山凤仙花 205197
峨山雪莲花 **314552**,314358,314994
峨参 **28044**,28030,373635
峨参茴芹 **299352**
峨参属 **28013**
峨参叶蒿 35463
峨参叶紫堇 **105620**
莪 205580
莪白兰属 267922
莪大夏 278780
莪蒿 205580,403687
莪利禾属 270550
莪萝属 275576
莪术 **114875**,114868,114880,114884
莪莲 114875,114884
莪羊菜 298093
莪正 388627
鹅巴掌 325718
鹅白毛兰 299641
鹅白苹兰 **299641**
鹅白前 117486,117692
鹅抱蛋 20408
鹅不食 32212,81687
鹅不食草 **146098**,32212,81687,187555,200261,200366
鹅不食草属 **146096**
鹅菜 368771
鹅草 166402,312079,368528
鹅草药 35674
鹅肠菜 **260922**,374968
鹅肠菜属 **260920**
鹅肠草 247025,260922
鹅肠繁缕 375007
鹅顿木千里光 **125743**
鹅儿菜 100961
鹅儿肠 114066,260922
鹅儿肠菜 374968
鹅儿花 5100
鹅儿伸筋 374968
鹅耳肠 260922
鹅耳枥 **77411**,77276,77379
鹅耳枥科 **77247**
鹅耳枥槭 **2868**
鹅耳枥秋海棠 **49699**
鹅耳枥属 **77252**
鹅耳枥铁木 276803
鹅耳枥叶扁担杆 **180720**
鹅耳枥叶花楸 **369354**
鹅耳枥叶柳 **343173**
鹅耳枥叶槭 2868
鹅耳枥叶铁木 276803
鹅耳枥叶肖麻疯树 **304532**
鹅耳枥叶榆 401468
鹅耳枥榆 401468
鹅耳七 364103
鹅公英 210623
鹅观草 144353,335255
鹅观草属 **335183**,11628
鹅管白前 117486,117692
鹅河菊 58671
鹅河菊属 58669
鹅黄报春 314256
鹅黄灯台报春 **314256**
鹅黄蝴蝶姜 **187435**
鹅黄唐菖蒲 176151
鹅馄饨 374968
鹅髻 140876
鹅件树 72393
鹅脚板 13353,113879,299395,326365,347413
鹅脚草 139678
鹅脚木 110227,110235
鹅銮鼻灯笼草 215149
鹅銮鼻决明 **78303**
鹅銮鼻蔓榕 **165444**
鹅銮鼻爬崖藤 165444
鹅銮鼻藤榕 **165317**,165444
鹅銮鼻铁线莲 **95361**,95368
鹅銮鼻野百合 112671
鹅蛮鼻大戟 **158935**
鹅毛白蝶花 286836
鹅毛通 127093
鹅毛玉凤花 **183559**
鹅毛玉凤兰 291234
鹅毛竹 **362123**
鹅毛竹属 **362121**
鹅莓 334250
鹅沫 334250
鹅婆娘 34275
鹅绒藤 **117425**,117640
鹅绒藤龙面花 **263401**
鹅绒藤萝藦 **385729**
鹅绒藤萝藦属 **385728**
鹅绒藤属 **117334**
鹅绒藤蒴莲 **7236**
鹅绒藤叶老鸦嘴 **390752**
鹅绒委陵菜 **312360**
鹅山木属 72391
鹅参属 **116455**
鹅肾木 72393
鹅食委陵菜 312360
鹅首马先蒿 **287089**,287000
鹅膝 4259
鹅羊菜 298093
鹅野荞麦 **152494**
鹅掌草 **23817**
鹅掌柴 **350706**
鹅掌柴属 **350646**
鹅掌风 264069
鹅掌枫 189976
鹅掌脚草 345978
鹅掌簕 143694,203660
鹅掌蘖 350654
鹅掌牵牛 207873
鹅掌楸 **232603**,232609
鹅掌楸科 **232601**
鹅掌楸属 **232602**
鹅掌参 192851
鹅掌藤 **350654**,350756
鹅整 388634
鹅仔不食草 81687
鹅仔菜 368771
鹅仔草 320515
鹅足板树 215442
鹅嘴花 122040
蛾蝶花 **351345**
蛾蝶花属 **351343**,344381
蛾脊兰属 200581
蛾药 224938
蛾子草 320513
额尔古纳苔草 **73750**
额尔古纳早熟禾 **305368**
额尔齐百里香 **391223**
额尔齐斯芹 **280491**

额尔齐斯芹前胡 **292965**
额尔齐斯芹属 **280490**
额河木蓼 **44264**
额河千里光 **358292**
额河杨 **311188**
额勒格火绒草 **224874**
额敏贝母 **168469**
额穆尔堇菜 409687
额水独活 24293
额水老鹳草 174583
厄德艾纳香 **55753**
厄德安龙花 **139459**
厄德刺蒴麻 **399253**
厄德黄檀 **121707**
厄德胶藤 **220864**
厄德鳞花草 **225171**
厄德木蓝 **206072**
厄德柿 **132196**
厄德睡莲 **267690**
厄德酸海棠 **200972**
厄德瓦帕大戟 **401234**
厄德围裙花 **262311**
厄德杂色豆 **47747**
厄尔巴双碟荠 **54685**
厄尔布尔鸢尾 **208520**
厄尔布鲁士蓟 **91943**
厄瓜多尔菝葜 **366331**
厄瓜多尔草胡椒 **290457**
厄瓜多尔大花小檗 **51679**
厄瓜多尔豆属 **141450**
厄瓜多尔椴 **41713**
厄瓜多尔椴属 **41712**
厄瓜多尔多花小檗 **51947**
厄瓜多尔核桃 **212613**
厄瓜多尔胶树 261554,261559
厄瓜多尔蜡棕 **84332**
厄瓜多尔兰 **327149**
厄瓜多尔兰属 **327148**
厄瓜多尔肋枝兰属 **141452**
厄瓜多尔吕兰属 **238249**
厄瓜多尔萝藦 **26143**
厄瓜多尔萝藦属 **26142**
厄瓜多尔秋海棠 **49800**
厄瓜多尔驱虫草属 **228801**
厄瓜多尔微红小檗 **51749**
厄瓜多尔细瓣兰属 **311810**
厄瓜多尔苋属 **59803**
厄瓜多尔肖竹芋 **66208**
厄瓜多尔亚塔棕 **44804**
厄瓜多尔岩生小檗 **52133**
厄瓜多尔腋花兰属 **255765**
厄瓜多尔柱瓣兰属 **383223**
厄芥 **161194**
厄芥属 **161192**
厄兰格奥氏草 **277332**
厄兰格斑鸠菊 **406306**
厄兰格半边莲 **234461**
厄兰格大戟 **158845**
厄兰格大沙叶 **286205**
厄兰格繁缕 **374877**
厄兰格茴芹 **299409**
厄兰格林仙翁 **401326**
厄兰格鹿藿 **333227**
厄兰格没药 **101377**
厄兰格密钟木 **192577**
厄兰格木槿 **194861**
厄兰格纽敦豆 **265901**
厄兰格千里光 **358817**
厄兰格赛德旋花 **356422**
厄兰格三盾草 **394968**
厄兰格天竺葵 **288220**
厄兰格香茶菜 **303288**
厄兰格悬钩子 **338360**
厄兰格忧花 **241622**
厄兰格远志 **308044**
厄兰格云实 **65075**
厄兰格猪屎豆 **111870**
厄兰格紫罗兰 **246454**
厄斯苣苔 **269558**
厄斯苣苔属 **269557**
厄斯兰属 **269552**
厄斯特兰 **269566**
厄斯特兰属 **269565**
厄委绿心樟 **268694**
厄辛山加州鼠李 **328638**
扼杀榕 **164904**
轭瓣兰属 **418573**
轭草 **417690**
轭草属 **417689**
轭观音兰属 **418803**
轭冠萝藦 **418797**
轭冠萝藦属 **418795**
轭冠续断 **418800**
轭冠续断属 **418798**
轭果豆属 **418537**
轭蕊桔梗 **417688**
轭蕊桔梗属 **417687**
轭头龙胆 **418802**
轭头龙胆属 **418801**
垩白柳穿鱼 **230939**
垩白岩黄耆 **187843**
垩白蝇毒草 **82131**
垩叶猕猴桃 **6667**
恶背火草 140712
恶边 131522
恶臭蒿 264249
恶臭树属 167182
恶臭异味菊 **139710**
恶鸡婆 92066
恶来杉 **414713**
恶来杉属 **414712**
恶魔楤 2928
恶牛皮消 117523
恶实 31051
恶味苘麻 **910**
饿老虎 23779
饿蚂蝗 **126471**,126603,333456
饿蚂蝗属 **135714**
饿蛆姆 269613
饿虱子 415046
饿死老公公 144975
鄂报春 **314717**
鄂北贝母 168344
鄂北荛花 **414232**
鄂毕发草 **126097**
鄂赤瓟 **390170**
鄂川姜 **417979**
鄂地黄 327448
鄂豆根 155903
鄂椴 391795
鄂鹅耳枥 77306
鄂尔多斯半日花 **188771**
鄂尔多斯蒿 36023
鄂尔多斯黄鹌菜 **416460**
鄂尔多斯黄芪 42178
鄂尔多斯黄耆 **42178**
鄂尔多斯韭 **15026**
鄂尔多斯小檗 51433
鄂贵橐吾 229250
鄂红丝线 **238954**
鄂霍次克百里香 **391307**
鄂霍次克点地梅 **23246**
鄂霍次克棘豆 **279042**
鄂霍次克飘拂草 **166268**
鄂柃 **160499**
鄂木斯克苔草 **75608**
鄂黔矛叶冬青 204047
鄂羌 267152
鄂羌活 267152
鄂托克黄芪 42831
鄂托克黄耆 **42831**
鄂托克青兰 **137609**
鄂橐吾 229250
鄂皖丹参 345289
鄂西苍术 **44194**
鄂西茶藨 333982
鄂西茶藨子 **333982**
鄂西粗榧 82545
鄂西粗筒苣苔 **60287**
鄂西粗叶报春 314342
鄂西大蓟 92019
鄂西独活 299512
鄂西杜鹃 **331533**
鄂西飞蛾槭 3264
鄂西凤仙花 **204939**
鄂西红豆 274401
鄂西红豆树 274401
鄂西喉毛花 **100272**
鄂西虎耳草 **350020**
鄂西花楸 **369569**
鄂西黄堇 **106435**
鄂西黄精 308523
鄂西堇菜 **409876**
鄂西卷耳 83108
鄂西蜡瓣花 **106649**
鄂西冷杉 356
鄂西鹿药 242688
鄂西马兜铃 **34240**
鄂西绵果悬钩子 **338724**
鄂西南星 **33510**
鄂西蒲儿根 **365068**
鄂西前胡 **292880**
鄂西茜树 **325341**
鄂西清风藤 **341492**
鄂西箬竹 **206839**
鄂西沙参 **7665**
鄂西十大功劳 **242512**
鄂西鼠李 **328880**
鄂西鼠尾草 **345205**
鄂西苔草 **75296**
鄂西天胡荽 **200392**
鄂西香草 **239798**
鄂西香茶菜 **209694**
鄂西小檗 52396
鄂西绣线菊 **372127**
鄂西玄参 **355135**
鄂西野茉莉 320886
鄂西阴山荠 **416330**
鄂西玉山竹 **416765**
鄂西云实 252754
鄂西獐牙菜 **380295**
鄂玄参 355116
鄂栒子 107686
鄂羊蹄甲 **49101**
萼包兰属 113738
萼被大戟 **68413**
萼被大戟属 **68412**
萼布里滕参 **211532**
萼齿金丝桃 202204
萼翅藤 **175369**
萼翅藤属 **175367**
萼椴属 **352525**
萼果庭荠 **18346**
萼果香薷 144003
萼红木 **68752**
萼红木属 **68751**
萼花风铃草 **69931**
萼花藜芦 **405583**
萼花钟风铃草 **70166**
萼基毛兰 **116359**
萼基毛兰属 **116357**
萼脊兰 **356457**
萼脊兰属 **356456**
萼角花 **68332**
萼角花科 **68333**
萼角花属 **68331**
萼角科 68333
萼角属 68331

萼距花 **114606**,114604
萼距花耳梗茜 **277192**
萼距花属 **114595**
萼距兰属 **144120**
萼美冠兰 **156542**
萼木属 **68378**
萼欧石南 **149450**
萼片黄藤 **121526**
萼山梗菜 **234717**
萼松鼠尾草 345023
萼叶耳梗茜 **277190**
萼叶木 **68417**
萼叶木属 **68415**
萼叶茜草 68416
萼叶茜属 **68383**
萼猪屎豆 **111990**
萼状矮樱龙 **417694**
萼状扁芒草 **122200**
萼状齿稃草 **351172**
萼状大戟 **159507**
萼状大青 **96062**
萼状毒豆木 **171971**
萼状风铃草 **69932**
萼状寡舌菊 **256929**
萼状寡头鼠麴木 **327601**
萼状哈利木 **184783**
萼状海蔷薇 184783
萼状黑蒴 **248697**
萼状胡麻 **361303**
萼状虎耳草 **349148**
萼状加拿大金丝桃 201787
萼状假狼紫草 **266596**
萼状坚果番杏 **387161**
萼状金丝桃 **201787**
萼状警惕豆 **249719**
萼状拉菲豆 **325093**
萼状蓝蓟 **141128**
萼状利帕豆 **232043**
萼状劣参 **255984**
萼状裂口花 **379868**
萼状鳞花草 **225145**
萼状龙胆 **173316**
萼状露子花 **123847**
萼状驴臭草 **271743**
萼状罗顿豆 **237258**
萼状裸盆花 **216762**
萼状毛蕊花 **405677**
萼状秘巴番荔枝 129213
萼状绵毛菊 **293418**
萼状穆拉远志 **259953**
萼状欧石南 **149128**
萼状泡叶番杏 **138153**
萼状平叶欧石南 **149915**
萼状坡梯草 **290172**
萼状铅口玄参 **288665**
萼状枪刀药 **202520**
萼状瘦片菊 **153582**
萼状双腺花 **129213**
萼状糖果木 **99463**
萼状细花肖缬草 **163049**
萼状香茶 **303194**
萼状小边萝藦 **253553**
萼状谢尔茜 **362106**
萼状玄参 **355071**
萼状鸭儿芹 **113870**
萼状岩地烟堇 **169158**
萼状岩风 **228570**
萼状银豆 **32792**
遏兰菜 339887
遏蓝菜 390213
遏蓝菜属 390202
颚唇兰属 246704
颚骨状轭瓣兰 **418579**
颚花属 403665
鳄嘴花属 96901
鳄梨 **291494**
鳄梨属 **291491**
鳄鱼柏 **213847**
鳄鱼木 232565
鳄嘴花 **96904**
鳄嘴花属 **96901**
恩贝格尔白芷 **192361**
恩贝格尔多坦草 **136494**
恩贝格尔风铃草 **70026**
恩贝格尔虎耳草 **349293**
恩贝格尔黄耆 **42463**
恩贝格尔黄鼠麴 **14684**
恩贝格尔假狼紫草 **266603**
恩贝格尔马兜铃 **34173**
恩贝格尔拟漆姑 **370629**
恩贝格尔落草 **217463**
恩贝格尔庭荠 **18379**
恩贝格尔土连翘 **201062**
恩贝格尔香科 **388074**
恩贝格尔偃麦草 **144646**
恩贝格尔针茅 **376827**
恩波利朝鲜花楸 **369363**
恩波利日本花楸 369363
恩代尔单头爵床 **257280**
恩代尔茄 **367407**
恩代尔天门冬 **39110**
恩代尔土密树 **60199**
恩代尔异被风信子 **132562**
恩得利美丽柏 67417
恩德桂属 **145330**
恩德列契银桦 **180593**
恩德美冠兰 **156685**
恩德培群花寄生 **11086**
恩德培萨比斯茜 **341624**
恩德茄 **367145**
恩德荨麻 **883**
恩德莎草 **118802**
恩德斯老鹳草 174581
恩德忧花 **241621**
恩登马钱 **378828**
恩底弥翁属 145478
恩东加毒鼠子 **128693**
恩东加可拉木 **99237**
恩东加琼楠 **50570**
恩东加秋海棠 **50103**
恩多罗白鹤灵芝 **329474**
恩多罗伽蓝菜 **215212**
恩多罗柔花 **8960**
恩多托伽蓝菜 **215213**
恩盖尔茄 **367412**
恩盖苦槛蓝 260718
恩戈罗都丽菊 **155375**
恩戈姆润肺草 **58909**
恩戈木 **271133**
恩戈木属 271132
恩戈尼亚鼻烟盒树 **270916**
恩戈尼亚闭花木 **94527**
恩戈尼亚膜苞豆 **201263**
恩戈尼亚索林漆 **369786**
恩戈尼亚异木患 **16121**
恩戈尼亚紫玉盘 **403539**
恩戈韦合瓣花 **381844**
恩戈伊千里光 **359585**
恩格尔澳非萝藦 **326743**
恩格尔曼葶荠 **143132**
恩格尔曼飞蓬 **150618**
恩格尔曼蓟 **91949**
恩格尔曼丽菀 **155807**
恩格尔曼蓼 **309086**
恩格尔曼卵菀 **271912**
恩格尔曼马鞭草 **405840**
恩格尔曼山楂 **109691**
恩格尔曼苔草 **74456**
恩格嘉赐木 **78116**
恩格箭花藤 **168310**
恩格勒奥佐漆 **279283**
恩格勒伯萨木 **52982**
恩格勒酢浆草 **277821**
恩格勒大戟 **158827**
恩格勒单列木 **257939**
恩格勒灯心草 **213092**
恩格勒豆属 **145612**
恩格勒风车子 **100450**
恩格勒瓜 **114152**
恩格勒鬼针草 **53901**
恩格勒槲寄生 **411019**
恩格勒花椒 **417225**
恩格勒黄芩 **355434**
恩格勒茴芹 **299456**
恩格勒鸡头薯 **152917**
恩格勒芥属 **145606**
恩格勒茎花豆 **118070**
恩格勒荆芥叶草 **224570**
恩格勒乐母丽 **335944**
恩格勒雷内姜 **327731**
恩格勒肋瓣花 **13777**
恩格勒冷水花 **299082**
恩格勒裂稃草 **351274**
恩格勒裂花桑寄生 **295839**
恩格勒龙王角 **199000**
恩格勒毛茎草 **219046**
恩格勒没药 **101375**
恩格勒梅蓝 **248849**
恩格勒梅氏大戟 **248010**
恩格勒密钟木 **192575**
恩格勒绵枣儿 **352896**
恩格勒木槿 **194858**
恩格勒喃果苏木 118070
恩格勒飘拂草 **166303**
恩格勒千里光 **358805**
恩格勒前胡 **292848**
恩格勒荨麻 **884**
恩格勒秋海棠 **49810**
恩格勒柔花 **8935**
恩格勒三角车 **334577**
恩格勒三芒草 **33844**
恩格勒山榄属 **145620**
恩格勒柿 **132144**
恩格勒鼠麴草 **178173**
恩格勒鼠尾粟 **372663**
恩格勒树葡萄 **120068**
恩格勒双距花 **128053**
恩格勒双距兰 **133767**
恩格勒丝花茜 **360672**
恩格勒酸脚杆 **247555**
恩格勒天竺葵 **288217**
恩格勒铁苋菜 **1844**
恩格勒小檗 **51592**
恩格勒旋覆花 **207104**
恩格勒鸭嘴花 **214467**
恩格勒盐肤木 **332583**
恩格勒叶苞糙毛菊 **8609**
恩格勒叶下珠 **296556**
恩格勒翼茎菊 **172436**
恩格勒蝇子草 **363440**
恩格勒柚木芸香 **385429**
恩格勒玉凤花 **183605**
恩格勒远志 **308036**
恩格勒摘亚苏木 **127387**
恩格勒獐牙菜 **380200**
恩格勒猪屎豆 **111869**
恩格曼氏云杉 298273
恩格莎草 **118803**
恩贡海神菜 **265480**
恩贡芦荟 **17075**
恩贡鱼骨木 **71438**
恩古鲁触须兰 **261820**
恩古鲁凤仙花 **205170**
恩古鲁裸实 **182746**
恩古鲁梅氏大戟 **248012**
恩古鲁树葡萄 **120142**
恩古涅大瓣苏木 175646
恩古涅谷木 **250027**

恩古涅吉尔苏木 **175646**
恩古涅马钱 **378829**
恩古涅瓮萼豆木 **68125**
恩古涅舟瓣梧桐 **350467**
恩圭尼泽菊 **91201**
恩海藻属 145642
恩加拉三萼木 **395293**
恩加姆翅盘麻 **320535**
恩加姆刺橘 **405531**
恩加姆壮花寄生 **148841**
恩加齐多疣五层龙 **342742**
恩坎德拉管舌爵床 **365286**
恩科木属 270883
恩洛克氏芍药 **280236**
恩南番荔枝 145138
恩南番荔枝属 145134
恩培野荞麦 **152579**
恩乔莱风车子 **100654**
恩乔莱金壳果 **121165**
恩塞勒灰毛豆 **386200**
恩施独活 24306
恩施金丝桃 **201852**
恩施小连翘 201852
恩施续断 **133471**
恩施枸子 107442
恩施淫羊藿 **146988**
恩氏澳洲柏 **67417**
恩氏扁爵床 **292202**
恩氏草属 **145546**
恩氏大黄栀子 **337493**
恩氏大戟 **158828**
恩氏代德苏木 **129735**
恩氏凤仙花 **204928**
恩氏谷木 **249952**
恩氏鯱玉 **354319**
恩氏黄芪 42327
恩氏黄耆 42327
恩氏寄生属 **145573**
恩氏蓟 **91950**
恩氏菊属 **145187**
恩氏老鹳草 **174581**
恩氏栎 **323874**
恩氏蔓舌草 **243256**
恩氏美丽柏 67417
恩氏米尔顿兰 **254930**
恩氏山毛榉 162372
恩氏松 299931
恩氏纤细金帽花 **371121**
恩氏夜香树 **84411**
恩氏鹰花寄生 **9742**
恩氏远志 **308037**
恩氏云杉 **298273**
恩氏紫菀 **40368**
恩斯通粉花倒挂金钟 **168777**
恩特肖荣耀木 **194293**
儿百合 134486
儿草 23670,122438,131645,131772
儿茶 **1120**,31680
儿茶钩藤 **401757**
儿兰 120461
儿针簕 43721
儿踵草 23670
栭栗 78823
鸸鹋罗汉松 **306423**
耳斑鸠菊 **406653**
耳瘢草 384473,384681
耳瓣棘豆 **278727**
耳瓣夹竹桃 **277304**
耳瓣夹竹桃属 **277301**
耳瓣女娄菜 **248287**
耳苞鸭跖草 **100930**
耳柄过路黄 **239765**
耳柄合耳菊 **381946**
耳柄华千里光 365047
耳柄假獐牙菜 239765
耳柄蒲儿根 **365047**
耳柄尾药菊 381946
耳柄紫堇 **105638**
耳草 **187510**
耳草长蒴苣苔 87881
耳草大戟 **159025**
耳草红芽大戟 **217096**
耳草属 **187497**
耳草同瓣花 **223057**
耳草维默桔梗 **414445**
耳草叶爵床 **337237**
耳齿蝇子草 **363859**
耳齿紫苏 **290947**,144039
耳翅豇豆 **277317**
耳翅豇豆属 **277315**
耳翅子藤 **235228**
耳雏菊 **376649**
耳雏菊属 **376648**
耳垂竹 **351847**
耳唇对叶兰 **264726**
耳唇兰 **277248**,277246
耳唇兰属 **277239**
耳唇鸟巢兰 **264747**
耳唇石豆兰 62571
耳刺玄参属 **276900**
耳珰菜 415046
耳珰草 415046
耳瓃草 415057
耳丁藤 305202
耳朵草 349936
耳朵红 349936
耳朵刷子 151257
耳萼茜 **277232**
耳萼茜属 **277231**
耳方晶斑鸠菊 **406026**
耳稃草 **171509**
耳稃草属 **171486**
耳盖草属 **277326**
耳梗茜属 **277184**
耳勾草 72038
耳钩草 238942,366976,410108
耳冠草海桐属 **122090**
耳冠菊属 **277285**
耳果芥 **277236**
耳果芥属 **277235**
耳果香 **132491**
耳果香属 **132490**
耳果血桐 **240233**
耳海荸荠 **143142**
耳壶石蒜属 **402213**
耳环草 100961,125257,231568,367518
耳环花 220729
耳喙马先蒿 **287442**
耳基柏拉木 **55140**
耳基豆蔻属 **277227**
耳基冷水花 **298870**
耳基楠属 277227
耳基水苋 19554
耳基水苋菜 **19554**
耳基叶杨桐 **8208**
耳荚相思树 1067
耳茎花豆 **118054**
耳菊 **261926**
耳菊属 **261913**
耳柯 233236
耳筷子芥 30189
耳莲 **197350**
耳莲属 **197349**
耳裂金鸡菊 **104444**
耳裂枝茜 **351131**
耳菱 394430
耳柳 **343063**
耳聋草 349936
耳片角盘兰 **192858**
耳瓢草 77156
耳雀麦叶 **60793**
耳入蜈蚣 332509
耳蕊花属 276911
耳韶 **277283**
耳韶属 **277282**
耳舌兰属 **277252**
耳实菊 **277325**
耳实菊属 **277323**
耳水苋 19554
耳藤菊属 **199245**
耳桐 166627
耳桐子 166627
耳托秋海棠 **49643**
耳托粟麦草 **230160**
耳托指甲草属 **385629**
耳托指甲草状木犀草 **327921**
耳挖草 201942,355391,355494
耳完桃 379374
耳乌口树 **384940**
耳响草 934
耳形长冠田基黄 **266083**
耳形斗花 **196390**
耳形狒狒花 **46033**
耳形风车子 **100346**
耳形伽蓝菜 **215217**
耳形沟萼茜 **45007**
耳形灰毛菊 **31192**
耳形金光菊 **339520**
耳形金合欢 1067
耳形宽肋瘦片菊 **57607**
耳形马岛翼蓼 **278405**
耳形马蓝 378091
耳形琼楠 **50473**
耳形三翅菊 **398167**
耳形三角车 **334692**
耳形三距时钟花 **396497**
耳形三肋果 **397951**
耳形水囊衣 **200598**
耳形丝花茜 **360674**
耳形损瓣藤 **217796**
耳形维吉豆 **409187**
耳形尾药菀 **315184**
耳形香茶菜 **303156**
耳形肖木菊 **240778**
耳形须芒草 **22529**
耳形旋覆花 **207041**
耳形旋花 **103316**
耳形崖豆藤 **254614**
耳烟草 **266049**
耳羊 87935
耳药花 **276914**
耳药花属 **276911**
耳药属 276911
耳叶菝葜 366491,366518
耳叶棒凤仙花 **204859**
耳叶报春 **314144**
耳叶补血草 **230700**
耳叶椆 233233
耳叶刺蕊草 306960
耳叶大戟 158857
耳叶豆 **297540**
耳叶豆属 **297537**
耳叶杜鹃 **330186**
耳叶番泻 78236
耳叶风车子 **100344**
耳叶风毛菊 **348552**
耳叶凤仙花 **204894**
耳叶哈克 184592
耳叶哈克木 **184592**
耳叶合耳菊 **381923**
耳叶黑柴胡 **63832**
耳叶厚敦菊 **277012**
耳叶鸡矢藤 **280070**
耳叶假龙胆 **174118**
耳叶决明 **78236**
耳叶爵床 **290919**

耳叶爵床属 **290917**
耳叶柯 **233233**
耳叶宽带芸香 **302804**
耳叶蓼 **309374**
耳叶柃 **160427**
耳叶龙船花 **211044**
耳叶马兜铃 **34348**
耳叶马兰 290919
耳叶马蓝 **378091**,290919
耳叶马蓝属 290917
耳叶猕猴桃 **6617**
耳叶南芥 **30189**
耳叶牛皮消 117390
耳叶排草 239556
耳叶偏穗草 **245008**
耳叶偏穗草属 **245007**
耳叶七 198652
耳叶千里光 **359768**,358554
耳叶青篱竹 **37145**
耳叶秋海棠 **49642**
耳叶拳参 309374
耳叶雀麦 **60624**
耳叶三七草 183056
耳叶散爵床 337237
耳叶石栎 233233
耳叶水苋 19554
耳叶兔儿伞 283792
耳叶尾药菊 381923
耳叶莴苣 **219221**
耳叶细莴苣 375711
耳叶苋属 **337166**
耳叶相思 1067
耳叶象牙参 **337067**
耳叶蟹甲草 **283792**
耳叶悬钩子 **338731**
耳叶鸭跖草 100930
耳叶蝇子草 **363228**
耳叶越橘 **403971**
耳叶珍珠菜 **239556**
耳叶蛛毛苣苔 **283109**
耳叶紫菀 **40095**
耳翼蟹甲草 **283853**
耳颖草属 **276902**
耳泽 14760
耳掌属 269703
耳褶龙胆 **173692**
耳状阿尔禾 **18230**
耳状爱伦藜 **8849**
耳状菝葜 **366245**
耳状白酒草 **103426**
耳状报春 314144
耳状报春花 314144
耳状北美萝藦 **3789**
耳状补血草 **230530**
耳状对叶兰 **232893**
耳状多节花 **304508**
耳状凤仙花 **204790**
耳状胡椒 **300344**
耳状虎耳草 **349089**
耳状假毛地黄 **10140**
耳状金合欢 1067
耳状卡福拉欧石南 **149120**
耳状考卡花 **79679**
耳状楼梯草 **142611**
耳状魔杖花 **369978**
耳状平顶金莲木 **294396**
耳状千里光 **358357**
耳状茄 **366957**
耳状人字果 **128924**
耳状日本娃儿藤 **117703**
耳状山柳菊 **195480**
耳状鼠尾草 **344881**
耳状双碟荠 **54638**
耳状水蜡烛 306960
耳状水蓑衣 **200597**
耳状天竺葵 **288099**
耳状蚊子草 **166076**
耳状鞋木 **52850**
耳状崖豆藤 **254693**
耳状雅各菊 **211292**
耳状岩黄耆 **187790**
耳状盐灌藜 **185049**
耳状羊茅 **163834**
耳状野荞麦 **152320**
耳状一枝黄花 **367980**
耳状圆叶舌茅 **402221**
耳状籽漆 **70476**
耳坠菜 367322,367416
耳坠草 **357111**
耳坠果 20335
耳坠子 366934,367416
耳子菊 277325
耳子菊属 277323
洱海连翘 202070,202204
洱海马先蒿 287694
洱南南星 **33553**
洱源百合 229835
洱源虎耳草 **349785**
洱源荩草 **36729**
洱源马铃苣苔 273851
洱源毛茛 326250
洱源米口袋 181638
洱源南蛇藤 **80191**
洱源囊瓣芹 **320231**,320217
洱源女娄菜 364181
洱源鼠尾草 **345155**
洱源碎米荠 **72732**
洱源土桔梗 363403
洱源橐吾 **229082**
洱源瓦草 363665
洱源小檗 51856
洱源异燕麦 190146
洱源蝇子草 **363665**
洱源紫堇 **106473**
二白花假糙苏 283608
二白杨 **311182**
二半决明 **78268**
二瓣白蜡树 167953
二瓣梣 167953
二包被杜鹃 330228
二苞黄精 **308567**
二苞鞘花 241316
二宝花 235742,235749,235860,235878
二宝花藤 235878
二槽点地梅 23129
二叉酢浆草 **277698**
二叉丹氏梧桐 **135824**
二叉豆 **129516**
二叉豆属 **129513**
二叉黄鹌菜 416396
二叉假虎刺 **76864**
二叉芥 **59598**
二叉梅花藻 48913
二叉破布木 **104183**
二叉蕊 **130863**
二叉蕊属 **130861**
二叉丝石竹 **183188**
二叉委陵菜 312412
二叉邪蒿 **361482**
二齿酢浆草 **277808**
二齿地阳桃 **356198**
二齿点地梅 **23128**
二齿骨籽菊 **276570**
二齿黄菊 166816
二齿黄蓉花 **121914**
二齿马先蒿 **287043**
二齿头九节 **81951**
二齿微花兰 **374701**
二齿香科 388012
二齿香科科 **388012**
二齿小檗 **51364**
二翅豆属 **133626**
二翅六道木 **147**,135,200
二翅山柑属 **133624**
二翅银钟花 184740
二重椴属 **132962**
二重法国蔷薇 **336586**
二重坚果番杏 **387205**
二重桔梗 **302754**
二重五加属 **132972**
二出茅膏菜 **138270**
二唇花 **212532**
二唇花属 **212529**
二唇苣苔 **128896**
二唇苣苔属 **128894**
二唇茜 **128892**
二唇茜属 **128891**
二刺藏掖花 **97618**
二刺茶藨 333955
二刺叶兔唇花 **220063**
二打不死 394093
二代草 406992,407430
二叠纪银莲花 **23722**
二对米里无患子 249126
二对茄 **366984**
二对蕊 **135078**
二对蕊属 **135074**
二峨苔草 **74459**
二萼丰花草 **57359**,370810
二萼喉毛花 **100270**
二奀麦 398839
二耳沼兰 **110638**
二分豆属 **128898**
二分果狐尾藻 **261344**
二分罗顿豆 **237283**
二沟槽小鞋木豆 **253159**
二沟香芸木 **10579**
二沟帚叶联苞菊 **114442**
二管独活 **192245**
二果片双距兰 **133716**
二号黄药 56382,56392
二核冬青 203765
二花 235742,235749,235860,235878
二花白花假糙苏 283608
二花瓣秋海棠 49783
二花笔花豆 379239
二花对叶兰 **264660**
二花凤仙花 **204817**
二花杆腺木 **328375**
二花蝴蝶草 **392891**
二花虎耳草 **349100**
二花棘豆 **278744**,278814
二花胶壁籽 **99854**
二花六道木 416841
二花莓 **338183**
二花米努草 **255447**
二花拟钩叶藤 **303099**
二花秋海棠 **49783**
二花水玉簪 **63956**
二花藤 235878
二花乌头 **5065**
二花西番莲 285620
二花绣球防风 **227558**
二花悬钩子 338183
二花秧 235878
二花英国山楂 **109858**
二花羽叶枝子花 **137558**
二花郁金香 **400132**
二花粘胶花 99854
二花珍珠茅 **354022**
二花柱柿 132132
二黄 114879
二回三出落新妇 **41793**
二回旋扭月见草 **269414**
二回旋月见草 269414
二回羽裂南丹参 **344911**

二回羽裂叶　180574
二回羽状变豆菜　**345942**
二脊盆距兰　**171829**
二脊沼兰　**110642**
二痂虎耳草　**349907**
二尖齿黄芪　42078
二尖齿黄耆　**42078**,42760
二角彩果棕　**203503**
二角大柄菱　**394486**
二角凤仙花　**204816**
二角鬣蜥棕　203503
二角菱　394436
二角马先蒿　**287042**
二角鸟足兰　**347715**
二角芹　276780
二角山羊草　**8663**
二角香芸木　**10577**
二阶氏多叶蓼　**309123**
二阶氏悬钩子　**338065**
二阶氏樱桃　**83266**
二阶苔草　**73564**
二阶五加　**143688**
二节翅属　**130866**
二节豆　**128372**
二节豆属　**128371**
二节假木豆　125576
二距花属　128029
二距猪笼草　**264833**
二郎草　81687
二郎戟　81687
二郎箭　12648,81687,173811,
173828,239556
二郎山报春　**314342**
二郎山翠雀花　**124206**
二郎山杜鹃　**330895**
二郎山蒿　**35472**
二棱桉　**155500**
二棱菝葜　**366237**
二棱半边莲　**234297**
二棱扁茎帚灯草　**302692**
二棱长筒补血草　**319997**
二棱大匙博巴鸢尾　**55963**
二棱大地豆　**199313**
二棱大麦　198288
二棱灯心草　**212838**
二棱吊兰　**88533**
二棱短丝花　**221356**
二棱菲奇莎　**164491**
二棱革花萝藦　**365658**
二棱槲寄生　**410974**
二棱蝴蝶玉　**148563**
二棱花凤梨　**391971**
二棱黄眼草　**415994**
二棱箭竹　**37136**
二棱蓝星花　**33615**
二棱裸穗南星　**182809**
二棱毛茎草　**219041**
二棱秋海棠　**49611**
二棱石斛　**124991**
二棱栓皮豆　**259820**
二棱菘蓝　**209171**
二棱铁兰　391971
二棱褶瓣树　**321147**
二粒小麦　**398890**
二连锦鸡儿　**72222**
二两八树　14213
二列岸边披硷草　**390078**
二列叉鳞瑞香　**129531**
二列春池草属　**273705**
二列酢浆草　**277809**
二列大麦　**198288**
二列毒椰　**273121**
二列短梗景天　**8505**
二列多穗兰　**310387**
二列非洲箭毒草　**57023**
二列非洲石蒜　57023
二列菲利木　**296198**
二列观音兰　**399070**
二列黑面神　**60057**
二列花　**284934**
二列花凤梨　**391997**
二列花光萼荷　**8557**
二列花尖萼荷　8557
二列花属　**284931**
二列姜　**134857**
二列姜属　**134856**
二列芥　133286
二列芥属　133226
二列九节　**319434**
二列酒实棕　**269376**
二列毛单头爵床　**257259**
二列密钟木　**192567**
二列木蓝　**205913**
二列披碱草　**144291**
二列茄　**367111**
二列芹　**134864**
二列芹属　**134863**
二列柔冠菊　**236389**
二列蕊　**134866**
二列蕊属　**134865**
二列山槟榔　**299660**
二列绳草　**328018**
二列省藤　**65673**
二列石豆兰　**62586**
二列苔草　74354
二列铁兰　391997
二列瓦理棕　**413093**
二列文殊兰　**111192**
二列细画眉草　147464
二列小堇棕　413093
二列星毛刺茄　367617
二列羊耳蒜属　**134859**
二列叶彼得费拉　292622
二列叶柃　**160453**
二列叶三毛草　**398457**
二列叶石龙眼　**292622**
二列叶五部芒　**289546**
二列叶虾脊兰　**65952**,**66074**
二列叶下珠　**296543**
二列叶真穗草　**160985**
二列蝇子草　**363414**
二列鸢尾兰　**267943**
二列脂麻掌　**171654**
二列皱稃草　**141782**
二列皱籽草　**341248**
二裂矮豚草　19150
二裂糙苏　**295068**
二裂叉叶蓝　**123655**
二裂唇莪白兰　267935
二裂翠雀花　**124182**
二裂大蒜芥　**365412**
二裂蝶唇兰　**319371**
二裂萼属　**134078**
二裂翻白草　312412
二裂风兰　**24738**
二裂福禄考　**295252**
二裂隔距兰　**94428**
二裂黄鼠狼花　170060
二裂棘豆　**278745**
二裂鲫鱼藤　**356267**
二裂金虎尾　**127349**
二裂金虎尾属　**127346**
二裂荆芥　**264882**
二裂空船兰　**9100**
二裂绿绒蒿　**247110**
二裂马先蒿　**287045**
二裂蜜兰　**105539**
二裂母草叶龙胆　**174036**
二裂片扇舌兰　**329639**
二裂片羊蹄甲　49067
二裂朴　**80579**
二裂牵牛　208067
二裂雀稗　**285400**
二裂莎草　**118563**
二裂深红龙胆　**173831**
二裂绳草　**327981**
二裂苔草　**75030**
二裂藤山柳　**95487**
二裂豚草　**19150**
二裂万灵木　413684
二裂委陵菜　**312412**
二裂温曼木　**413684**
二裂西印度茜　**179541**
二裂虾脊兰　**65891**
二裂香芸木　**10578**
二裂小裂兰　**351468**
二裂星毛刺茄　367617
二裂玄参属　**134055**
二裂叶委陵菜　312412
二裂叶银梅草　123655
二裂异叶木　**25568**
二裂隐果薯蓣　**147263**
二裂苎麻　56100
二鳞片灯心草　**212905**
二瘤叶科　131401
二轮七　23817
二脉百里香　**391101**
二脉补血草　**230545**
二脉九节　**319506**
二脉蓝桉　**155590**
二芒金发草　**306830**
二芒燕麦草　**34934**
二芒莠竹　**253985**
二毛药格雷野牡丹　**180373**
二毛药属　**128430**
二毛药异荣耀木　**134606**
二蜜腺臭椿　139640
二囊齿唇兰　**269010**,**269033**
二囊开唇兰　269033
二年生缎花　**238373**
二年生蒿　**35204**
二年生还阳参　**110752**
二年生膜冠菊　**201166**
二年生野豌豆　**408314**
二片一条枪　243084
二岐姜饼棕　**202275**
二岐纳麻　**262122**
二岐折叶兰　**366782**
二歧白鹤灵芝　**329464**
二歧白玉树　**139791**
二歧苞爵床　**139001**
二歧变红千里光　**358825**
二歧草　**404139**
二歧草科　**404157**
二歧草属　**404127**
二歧刺芹　**154309**
二歧刺头菊　**108265**
二歧酢浆草　**277800**
二歧灯心草　**213047**
二歧盾果荠　**97442**
二歧风铃草　**69991**
二歧狗牙花　**154161**
二歧海滨草　**115253**
二歧好望角拉菲豆　**325095**
二歧虎耳草　**349250**
二歧卷耳　**82789**
二歧可利果　**96703**
二歧蓝花参　**412658**
二歧蓝眼草　**365724**
二歧乐母丽　**335938**
二歧狸藻　**403155**
二歧蓼　**309051**
二歧瘤果芹　**393832**
二歧龙胆　**173402**
二歧芦荟　**16768**
二歧马先蒿　**287163**
二歧毛茛　**325773**
二歧毛连菜　298606

二歧蒙蒂苋 **258246**
二歧米努草 **255462**
二歧木槿 **194747**
二歧木薯 **244504**
二歧青锁龙 **108971**
二歧三芒草 **33830**
二歧山蚂蝗 **126307**
二歧斯托草 **377282**
二歧素馨 **211791**
二歧驼蹄瓣 **418632**
二歧微肋菊 **167580**
二歧线叶粟草 **293909**
二歧缬草 **404414**
二歧野黍 **281565**
二歧逸香木 **131962**
二歧银莲花 **23796**
二歧蝇子草 363409
二歧鸢尾 208524
二歧直梗栓果菊 **327467**
二歧指腺金壳果 **121150**
二歧紫茉莉 **255694**
二畦花 **134903**
二畦花属 **134902**
二浅裂美冠兰 **156581**
二乔木兰 416682
二乔玉兰 **416682**
二青杨 311182,311426
二轻草 23817
二球球花豆 284473
二球悬铃木 **302582**,302575
二人抬 42699,42704
二蕊孝艾 **290480**
二蕊荷莲豆 138482
二蕊红蕾花 **416937**
二蕊拟漆姑 **370624**
二蕊山蓼 278577
二蕊舌柱草 **177408**
二蕊嵩草 **217234**
二蕊苏木 64997
二蕊苔草 **74304**
二蕊天芥菜 **190604**
二蕊五月茶 28310
二蕊窄管爵床 **375722**
二蕊帚灯草 **160711**
二蕊帚灯草属 **160710**
二蕊紫苏 **99844**
二蕊紫苏属 **99843**
二色桉 **155499**,106796
二色凹花寄生 **47898**
二色巴厘禾 **284110**
二色白冠黑药菊 **89342**
二色棒茼麻 **106890**
二色苞茅 **201488**
二色闭鞘姜 **107228**
二色扁担杆 **180696**
二色波罗蜜 **36946**
二色菠萝蜜 36946
二色薄叶兰 **226540**
二色补血草 **230544**
二色布里滕参 **211481**
二色层菀木 **387332**
二色菖蒲鸢尾 4534
二色长庚花 **193241**
二色长钩球 **185156**
二色柽柳桃金娘 **260977**
二色匙叶草 230544
二色川西云杉 **298332**
二色唇柱苣苔草 **87826**
二色刺头菊 **108266**
二色粗齿绣球 **200093**
二色粗叶木 **222101**
二色大苞兰 **379773**
二色大戟 **158770**
二色戴尔豆 **121880**
二色单头层菀 **291028**
二色党参 **98281**
二色滇紫草 242396
二色杜鹃 **330187**
二色短瓣兰 **257710**
二色短梗景天 **8420**
二色盾柱兰 **39649**
二色多穗鸟娇花 **210881**
二色耳冠草海桐 **122092**
二色发草 **126071**
二色番薯 **207756**
二色芳香木 **38763**
二色狒狒花 **46149**
二色风铃草状茶 **69754**
二色风仙 204904
二色凤仙花 **204904**
二色覆瓦硬皮鸢尾 **172615**
二色高粱 369600
二色沟果茜 **18591**
二色谷精草 **151248**
二色瓜多禾 **181481**
二色管花鸢尾 **382403**
二色光叶仿杜鹃 **250519**
二色桂木 36946
二色果灰毛豆 **386034**
二色果锐裂人参 **280748**
二色海红豆 **7179**
二色海桐 **301225**
二色号角毛兰 **396136**
二色蝴蝶草 **392889**
二色花滇紫草 **271751**
二色花茄 **367099**
二色花藤 235878
二色黄耆 **42077**
二色灰薄荷 **307280**
二色喙柱兰 413260
二色矶松 230544
二色基扭桔梗 **123784**
二色棘豆 **278740**
二色鲫鱼藤 **356266**
二色加州猪牙花 **154904**
二色假落尾木 **266852**
二色假莸 **317508**
二色角雄兰 **83377**
二色金光菊 **339522**
二色金茅 **156496**
二色金石斛 **166957**
二色堇 106013
二色锦鸡儿 **72190**
二色旌节花 **373559**
二色距苞藤 **369899**
二色卷瓣兰 379773
二色卡特兰 **79529**
二色坎图木 **71546**
二色康多兰 413260
二色科林花 **99838**
二色可可树 **389403**
二色克拉荠 **94149**
二色刻叶紫堇 **106005**
二色蜡菊 **189303**
二色蓝箭菊 **79279**
二色蓝桔梗 **115443**
二色老鹳草 **174767**
二色老虎兰 **373685**
二色老鸦咀 390756
二色老鸦嘴 **390756**
二色勒伊斯藤 **341173**
二色棱子芹 **304769**
二色栎 **323707**
二色列当 274987
二色裂冠花 **86122**
二色林仙苣苔 **262291**
二色瘤子海桐 **271006**
二色柳 **342995**
二色龙须兰 **79332**
二色龙血树 **137346**
二色落毛禾 **300768**
二色马岛西番莲 **123619**
二色马先蒿 **287041**
二色麦穗凤梨 **252737**
二色芒冠斑鸠菊 **376656**
二色毛齿萝藦 **55497**
二色茅瓜桔梗 **367862**
二色猕猴桃 **6587**
二色米兰 11280
二色米仔兰 **11280**
二色密钟木 **192526**
二色蜜兰 **105538**
二色绵毛菊 **293417**
二色茉莉 **61304**
二色牡荆 **411208**
二色内风消 351016
二色内卷叶石蒜 **156055**
二色纳韦凤梨 **262933**
二色南星 **33337**
二色拟蒺藜 **395059**
二色黏胶花 **99853**
二色欧石南 **149082**
二色苹婆 **376082**
二色葡萄 **411578**
二色葡萄风信子 **260300**
二色蒲公英 384781
二色杞莓 **316980**
二色青木 **44931**
二色琼楠 50536
二色秋海棠 **49775**
二色球花豆 **284448**
二色曲管桔梗 **365153**
二色曲花 **120541**
二色群花寄生 **11081**
二色日本金缕梅 **185108**
二色日中花 **220488**
二色绒毛花 **28152**
二色肉珊瑚 **347003**
二色蕊苔草 **74308**
二色塞檀香 **84349**
二色赛靛 **47860**
二色三角果 **397294**
二色伞房花桉 **106796**
二色莎草 **118741**
二色山梗菜 **234425**
二色山蚂蝗 **126314**
二色山牵牛 390756
二色少花葵 **66148**
二色十肋芸香 **123480**
二色石斛 **125113**
二色石榴兰 **247654**
二色石蒜 **239267**
二色石头花 **183175**
二色矢车菊 **80967**
二色鼠麹木属 **337145**
二色鼠尾草 **345381**
二色双伯莎 **54613**
二色双角木 **127441**
二色双距花 **128038**
二色双距兰 **133760**
二色水蜈蚣 **218529**
二色四轭野牡丹 **387950**
二色四粉兰 **387322**
二色穗刺被爵床 **88150**
二色穗莎草 **118742**
二色穗属 129127
二色苔草 74307
二色坛花兰 **2072**
二色唐菖蒲 **176168**
二色糖芥 **154400**
二色陶施草 **385139**
二色天城山锦带花 **413584**
二色天竺葵 **288109**
二色筒距兰 **392348**
二色瓦氏茜 **404770**
二色外伸木蓝 **206420**
二色五蕊仿杜鹃 **250529**
二色五味子 **351016**

二色西班牙羽扇豆 **238455**
二色虾脊兰 **65930**
二色香青 **21525**
二色香芸木 **10576**
二色小檗 **51363**
二色小金合欢 **1725**
二色小蜡菊 **59034**
二色肖观音兰 **399150**
二色肖鼠李 **328572**
二色肖香荚兰 **405042**
二色肖朱顶红 **296100**
二色鸦葱 **354824**
二色芽冠紫金牛 **284018**
二色烟堇 **169020**
二色野荞麦木 **151860**
二色野豌豆 **408377**
二色叶多齿茜 **259790**
二色叶山黑豆 138929
二色叶十大功劳 242608
二色叶柿 **132129**
二色伊丽莎白豆 **143825**
二色异味蔷薇 **336565**
二色银灌戟 **32967**
二色隐果莎草 **68621**
二色硬皮鸢尾 **172571**
二色羽扇豆 **238436**,238448
二色玉凤花 **183444**
二色云杉 **298226**
二色藻百年 **161539**
二色粘胶花 99853
二色胀萼紫草 **242396**
二色沼兰 **243036**
二色蛰毛黄花稔 **362680**
二色珍珠茅 **354020**
二色枝端花 **397682**
二色脂麻掌 **171628**
二色指纹瓣凤梨 **413872**
二色治疝草 **192934**
二色种毛苣苔 **129184**
二色种毛苣苔属 **129181**
二色舟萼兰 **350480**
二色舟叶花 **340647**
二色帚菊 292052
二色朱蕉 **104373**
二色朱砂根 **31403**
二色猪笼箣 244055
二色柱瓣兰 **146406**
二色总苞番薯 **207897**
二舌斗篷草 **14009**
二深裂阿斯皮菊 **39751**
二深裂伽蓝菜 **215101**
二深裂群花寄生 **11075**
二深裂三芒草 **33774**
二深裂铁苋菜 **1802**
二深裂肖鸢尾 **258418**
二生豆 294056
二十蕊海神菜 **265476**
二十四风藤 116019
二十四节草 201761
二十四症 300408
二室刺橘 **405492**
二室地阳桃 **356200**
二室地杨桃 356200
二室金虎尾 **128266**
二室金虎尾属 **128264**
二室雀梅藤 **342200**
二室蕊丘陵野牡丹 **268378**
二室蕊属 **128271**
二室帚灯草 **394712**
二室帚灯草属 **394711**
二室柱 **128284**
二室柱属 **128283**
二束藤黄 **171067**
二数闭鞘姜 **131040**
二数闭鞘姜属 **131039**
二穗短柄草 **58578**
二穗合欢 283887
二穗水蕹 **29660**
二穗须芒草 **22606**
二头马兰 407503
二弯苣苔属 **129721**
二尾兰 **412388**
二尾兰属 **412385**
二无言 20408
二狭叶兜被兰 **264759**
二仙桃 232261
二腺拉加柳 **344021**
二腺异色柳 **343298**
二小翅树葡萄 **120147**
二小叶四鞋木 **386822**
二行芥 **133286**
二行芥非芥 **181717**
二行芥属 **133226**
二行绳草 **327980**
二形沟果紫草 **286909**
二形花属 131068
二形芥属 131132
二形鳞菊 **131121**
二形鳞菊属 **131120**
二形鳞苔草 **74327**
二形紫波 **28442**
二型百里香 **391171**
二型吊灯花 **84072**
二型蝶须 **26380**
二型短茄 **58232**
二型非芥 **181708**
二型格兰马草 **57925**
二型谷精草 **151295**
二型果属 133640
二型孩儿草 **340347**
二型花 **128505**
二型花属 **128477**
二型花郁金香 **400134**
二型花早熟禾 **305486**
二型黄胶菊 **318687**
二型洎柏 121090
二型裂缘兰 **65207**
二型柳叶箬 **209054**
二型陆均松 **121090**,184915
二型裸茎日中花 **318841**
二型马唐 **130592**
二型润肺草 **58851**
二型沙参 7605
二型山蚂蝗 **126260**
二型十二卷 **186543**
二型矢车菊 **81039**
二型苏木属 131068
二型腺鳞草 380385
二型腺毛科 **64384**
二型腺毛属 **64385**
二型雄蕊苏木 131069
二型雄蕊苏木属 131068
二型药属 131068
二型叶冬青 **203763**
二型叶凤仙花 **204908**
二型叶哈罗果松 **184915**,121090
二型叶棘豆 **278816**
二型叶金千里光 **279903**
二型叶景天 **356675**,329886
二型叶沙参 **7605**
二型叶银桦 **180588**
二型叶紫菀 **40309**
二型莠竹 **253987**
二雄脐戟 **270619**
二雄蕊丹氏梧桐 **135827**
二雄蕊苣苔属 **128144**
二雄蕊拟漆姑 370624
二药五月茶 28310
二药藻 **184943**
二药藻属 **184938**
二叶艾纳香 **55696**
二叶苞罂粟 379220
二叶布拉兰 **58242**
二叶草属 132677
二叶长距兰 302260
二叶赤宝花 **390001**
二叶大瓣苏木 **241070**
二叶丁癸草 **418331**,418335
二叶兜被兰 **264765**
二叶独蒜兰 **304302**
二叶多荚草 **307757**
二叶红门兰 169897
二叶红薯 208067
二叶虎眼万年青 **274586**
二叶黄杞 145526
二叶金罂粟 **379220**
二叶盔花兰 **169897**
二叶兰 **117028**,120341
二叶瘤瓣兰 **270798**
二叶鹭兰 183580
二叶葎 187565
二叶梅花草 284510
二叶绵枣儿 **352886**
二叶木蓝 **205908**
二叶鸟足兰 **347717**
二叶千里光 **358733**
二叶球百合 **62376**
二叶人字草 418335
二叶赛鞋木豆 **283098**
二叶莎草 **118564**
二叶舌唇兰 **302280**
二叶石豆兰 **63086**
二叶丝果菊 **360706**
二叶唢呐草 **256015**
二叶天竺葵 **288110**
二叶无柱兰 19503
二叶舞鹤草 242672
二叶鲜黄连 **212299**
二叶鲜黄连属 **212296**
二叶鲜新黄连 212299
二叶岩白菜 **52508**
二叶野豌豆 408648
二叶淫羊藿 **146980**
二叶隐萼豆 **113790**
二叶玉凤花 **183580**
二叶郁金香 **400156**
二叶獐牙菜 **380126**
二叶子厚朴 416688
二硬皮风兰 **24734**
二硬皮鸟足兰 **347712**
二硬体瘤瓣兰 **270797**
二羽裂榄 **64071**
二羽裂马鞭草 **405809**
二月杜鹃 331535
二月粉豆樱 **316455**
二月花 308123,416717,416721
二月兰属 275865
二月蓝 275876
二月瑞香 122515
二月旺 297878
二褶杜鹃 331742
二褶羊耳蒜 **232116**
二针边虫壳花椒 417217
二枝水毛茛 **48913**
二枝棕 414643
二枝棕属 414642
二肿胀体盆距兰 **171834**
二种子假木豆 125576
二种子椰子属 130057
二珠葫芦 13353
二柱草科 139943
二柱繁缕 **374764**
二柱钩叶 **184263**
二柱钩叶属 **184262**
二柱槭 **2939**
二柱双蝴蝶 **398268**
二柱苔草 **75178**
二柱异木麻黄 **15947**

二籽扁蒴藤 **315356**
二籽假海桐 **111297**
二籽假海桐属 **111296**
二籽李果鹤虱 **335110**
二籽山楂 **109671**
二籽苔 74342
二籽苔草 **74342**
二籽旋果草 335110
二籽针雀 52049
二子假木豆 **125576**
樲 418169


## F


发柄花 396128
发柄花科 396037
发柄花属 396126
发草 **126039**,126055
发草拂子茅 **65321**
发草属 **126025**
发秆嵩草 **217306**,217140,217279
发秆苔草 **74023**
发秆尾穗嵩草 **217140**
发梗刺子莞 **333532**
发梗拟劳德草 **237853**
发梗猪屎豆 **111994**
发汗草 218480,305334
发还阳参 110767
发黄白头翁 321707
发口菜 247725
发冷藤 **392281**,172779,392252
发芦荟 **16720**
发罗海 229085
发落海 192236
发泡独叶草 217088
发痧藤 406102,406272
发现者 **26913**
发芽海榄雌 45743
发痒黧豆 259558
发叶胡萝卜 **123140**
发园花 **27570**
发枝稷 **282316**
发状阿氏莎草 **540**
发状干若翠 **415451**
发状花凤梨 **391986**
发状黄眼草 **416029**
发状坚果粟草 **7525**
发状苦苣菜 **368683**
发状蓝花参 **412618**
发状裸盘菊 **182543**
发状木蓝 **205777**
发状南非禾 **289960**
发状鸟娇花 **210725**
发状欧石南 **149142**
发状绳草 **327989**
发状石头花 **183178**
发状薯蓣 **131514**
发状铁兰 391986
发状铜钱叶下珠 **296687**
发状线裂紫堇 **106078**
发状小距茜 **303942**
发状须芒草 **22560**
发状一点红 **144901**
发状远志 **307973**
发棕榈属 85665,329169
乏力草 147048
伐高尼属 162199
伐塞利阿花属 293151
法半夏 299724
法贝尔小檗 **51601**
法布里克短丝花 **221400**
法布木 **263863**
法布木属 **263861**
法车前 **301834**,301864
法车前草 301864
法道格茜属 **161930**
法登刺橘 **405504**
法登毒鼠子 **128663**
法登咖啡 **98917**
法登拟迪法斯木 **132649**
法登雾水葛 **313432**
法登鱼骨木 **71360**
法蒂玛黄耆 **42361**
法蒂玛疗伤绒毛花 **28204**
法蒂玛旋花 **103042**
法斗青冈 **116069**
法斗蛇根草 **272278**
法斗槠 116069
法尔大戟 **160035**
法尔格德覆盆子 **338559**
法尔格斯安息香 **379376**
法尔堇菜 **409974**
法尔马先蒿 **287223**
法尔特爵床 **166046**
法尔特爵床属 **166044**
法耳杜鹃 330687
法盖漆 **162358**
法盖漆属 **162357**
法国菠菜 44468,387221
法国柽柳 **383491**
法国大蒜芥 **365459**
法国冬青 407977,407980
法国甘蓝 **59407**
法国海岸松 300146
法国蒿 **36339**
法国花楸 **369447**
法国还阳参 **110929**
法国金雀儿 120926
法国金雀花 **120926**
法国菊 227533
法国蓝蓟属 **310988**
法国梨 **323292**
法国梨子酒红仙丹草 **211069**
法国李 316739
法国疗齿草 **268968**
法国柳穿鱼 **230895**
法国牛至 **274231**
法国欧石南 149565
法国千里光 **358932**
法国蔷薇 **336581**
法国山靛 250600
法国山柳菊 **195941**
法国山毛榉 162400
法国省沽油 **374099**
法国柿 **132049**
法国水仙 **262457**
法国酸模 **339965**
法国贴梗海棠 **84551**
法国梧桐 302592
法国梧桐科 302229
法国梧桐属 302574
法国小芝麻菜 **154091**
法国薰衣草 **223334**,223284
法国亚麻 **231996**
法红门兰 **273596**
法蒺藜属 **162199**
法杰斯十大功劳 242638
法凯洛亚属 161921
法康勒细辛 **192131**
法克昂小檗 **51610**
法克森玄参 **163018**
法克森玄参属 **163017**
法克森眼子菜 **312104**
法夸尔木 **162805**
法夸尔木属 **162804**
法拉第草 **162569**
法拉第草属 **162568**
法拉第范蜡菊 **189337**
法拉科露兜树 **281021**
法拉纳三萼木 **395233**
法拉茜属 **162570**
法拉肖地阳桃 **253977**
法兰德间型连翘 **167437**
法兰绒花 **168216**
法兰绒花属 **168215**
法兰西斯大戟 **158917**
法兰西斯膨舌兰 **172005**
法兰西斯秋海棠 **49854**
法兰西斯肉锥花 **102223**
法兰西斯香荚兰 **404994**
法兰西斯鸭嘴花 **214487**
法兰西斯沼兰 **243041**
法兰西斯朱米兰 **212714**
法勒白金露梅 **312578**
法勒氏葱 15223
法勒氏紫菀 40420
法雷尔小檗 51608
法利达大戟 **160039**
法利龙常草 128015
法利莠竹 **254005**
法鲁格木 162556
法鲁格木属 162554
法鲁龙胆属 **162779**
法伦大戟 **162444**
法伦大戟属 **162443**
法罗海 192236,192345
法落海 **192236**
法马特石蒜 **162565**
法马特石蒜属 **162564**
法默川苔草 **162776**
法默川苔草属 **162774**
法默石斛 **125131**
法宁萝藦 **162567**
法且利亚叶马先蒿 287513
法绒花 **6939**
法瑞报春 314385
法若禾属 293944
法塞利亚花属 293151
法色草 293192
法色草属 293187
法氏半脊荠 **191526**
法氏报春 **314387**
法氏杓兰 **120288**
法氏补血草 **230620**
法氏茶藨 333969
法氏刺子莞 **333568**
法氏大丽花 **121554**
法氏灯心草 **213110**
法氏冬青 **203798**
法氏杜鹃 331408
法氏短果杜鹃 **330241**
法氏鹅耳枥 **77295**
法氏风毛菊 **348313**
法氏拂子茅 **65343**
法氏狗尾草 **361743**
法氏海州常山 **96403**,96398
法氏狐尾藻 **261347**
法氏花椒 **417229**
法氏火绒草 **224833**
法氏蓟 **91966**
法氏姜属 **405050**
法氏金腰 **90358**
法氏京大戟 **159544**

法氏荆芥 **264920**
法氏卡尔亚木 171549
法氏柳叶菜 **146697**
法氏鹿蹄草 **322825**
法氏路边青 **175410**
法氏马先蒿 **287198**
法氏南紫薇 **219972**
法氏楤木 **16339**
法氏楸 79250
法氏日本齿叶南芥 **30441**
法氏箬竹 37176,48711
法氏山梅花 **294459**
法氏石斛 **125162**
法氏丝穗木 **171549**
法氏酸模 **340049**
法氏碎米荠 **72747**
法氏兔儿风 **12633**
法氏橐吾 **229034**
法氏王子 284319
法氏细辛 **37619**
法氏缬草 **404261**,404316
法氏辛夷 416686
法氏绣线菊 **371906**
法氏羊胡子草 **152792**
法氏罂粟 **282563**
法氏早熟禾 **305520**,305513
法氏皱叶酸模 **339995**
法氏竹 162752
法氏竹属 162635,388747
法氏紫菀 **40425**
法松 302582
法图萨烈臭玉蕊 **182028**
法瓦尔热翠雀花 **124215**
法瓦尔热鹅掌柴 **350692**
法瓦尔热水马齿 **67355**
法维尔杓兰 **120350**
法莴苣 **219497**
法西草 **415260**
法西草属 **415258**
法夏 33325
法亚杨梅 **261160**
法伊尔大戟 **159568**
法伊夫瓦氏茜 **404890**
帆船草 202146
番白草 312502
番白叶 312627
番豆 30498
番莪 215035
番莪蒁 215035
番葛 279732
番瓜 76813,114288,114292,114300,238258
番瓜树 76813
番瓜树科 76820
番瓜藤 114292
番龟树属 145992
番鬼刺 159363
番鬼榄 50536
番鬼茄 367735
番鬼子 318742
番桂 223454
番果 30498
番海棠 211067
番荷 250370
番荷菜 250370
番红报春 **314279**
番红花 **111589**
番红花观音兰 399062
番红花金千里光 **279898**
番红花属 **111480**
番红花卫矛属 **111475**
番红野荞麦 **151968**
番红鸢尾 **208659**
番厚壳树科 413740
番胡桃 197073
番蝴蝶 65055
番花 305226
番黄花 **111553**,111558
番鸡毛 159540
番姜 72100,72113
番降 121782
番椒 72070
番椒槁 264074
番蕉 115884
番芥蓝 59520
番芥属 18313
番金瓜 114295
番橘 93823
番苦木 **216491**
番苦木科 **216505**
番苦木属 **216490**
番梨 25898
番梨草 296121
番梨仔草 296121
番李子 239157
番荔枝 **25898**
番荔枝科 **25909**
番荔枝属 **25828**
番莲 94910
番龙草 114838
番龙眼 **310823**
番龙眼属 **310818**
番萝卜 123141
番麻 10787
番麦 369720,417417
番曼陀罗 **123083**,123077
番茉莉 **61295**,61304,305226
番茉莉属 **61293**
番牡丹 59520
番木鳖 256804,378836,378948
番木瓜 **76813**
番木瓜科 **76820**
番木瓜属 **76808**
番木瓜叶风兰 **24762**
番木瓜叶美冠兰 **156616**
番木属 179532
番南瓜 114288,114292,114295
番萍 301025
番蒲 114292
番羌 189073
番茄 **239157**
番茄属 **239154**
番茄状茄 **367318**
番稔 318742
番茹 207623
番瑞香 **290760**
番山丹 230058
番苕藤 207623
番石榴 **318742**
番石榴属 **318733**
番柿 239157
番黍 369720
番薯 **207623**
番薯属 **207546**
番薯藤 207623
番薯叶黄蓉花 **121925**
番薯叶假泽兰 **254419**
番薯蓣 207623
番藷 207623
番苏木 1219
番桃 318742
番桃木 261739
番桃木属 261726
番桃树 318742
番桃叶冬青 **204078**
番泻灰叶 **386306**
番泻决明属 **360404**
番泻属 360404
番泻叶 78227,414150
番杏 **387221**
番杏点地梅 23110
番杏虎耳草 349052
番杏科 **12911**,387226
番杏露子花 **123860**
番杏米努草 **255439**
番杏千里光 **358211**
番杏属 **12926**,387156
番杏叶虎耳草 **349052**
番芫茜 154316
番樱桃 382535
番樱桃桉 **155576**
番樱桃风铃草 **70019**
番樱桃咖啡 **98913**
番樱桃鳞花草 **225156**
番樱桃沙拐枣 **67025**
番樱桃属 **156118**
番樱桃叶薄子木 **226468**
番樱桃叶刺橘 **405503**
番樱桃叶假榆橘 **320091**
番樱桃叶马桑 104700
番樱桃叶远志 **308209**
番樱桃状海桐 **301261**
番芋 16495
番枣 295461
番张麻 320836
番茱萸科 **248522**
番茱萸属 **248505**
番仔刺 139062
番仔豆 301055
番仔环 301147
番仔林投 137337
番仔桃 389978
番仔藤 207659
番仔香草 94191
番子树 1145
番紫花 111625
翻白菜 312450
翻白草 **312502**,224110,312450,312457,312627,312745,312797,312862
翻白草属 312322
翻白柴 107668
翻白地榆 312627
翻白繁缕 **374858**
翻白柳 343516
翻白树 369389
翻白委陵菜 312502
翻白蚊子草 **166088**
翻白叶 224110,244893,312627,312652,312653,348256
翻白叶麻 244893
翻白叶树 **320836**
翻背白草 312627,313087
翻背红 344947
翻唇兰 332337
翻唇兰属 **193581**
翻唇兰玉凤花 **183690**
翻瓜 114292
翻魂草 56063,103941,201892
翻山虎 331839
翻天红 76169
翻天印 37680,37732,77156,159101,405614
翻天云 64990
翻胃木 129033
翻转红 308012
藩白花 312360
藩篇竹 308816
藩篱草 195269
藩篱花 195269
藩水篇 308816
凡哈椰 288039
凡哈椰属 288038
凡力 365333
凡尼兰属 404971
矾根属 **194411**
矾根叶布里滕参 **211507**
矾根叶虎耳草 **349433**

樊鸡木 168086
樊梨花 206140
蕃茶树 203648
蕃柑 93639
蕃瓜 114292
蕃荷菜 250370
蕃红花 111589
蕃花 305225
蕃菁 206626
蕃铃玉 **198501**
蕃南瓜 114288
蕃婆树 13649
蕃漆树 357881
蕃石榴 318742
蕃柿 239157
蕃郁金 215011
蕃仔刺 159363
蕃仔豆 408571
蕃仔花 305225
蕃姿树 223943
繁瓣花 228298
繁瓣花属 228256
繁昌黄芩 **355376**
繁刺仙人柱 **140236**
繁果茜属 **304149**
繁果小檗 51754
繁花艾斯卡罗 155135
繁花奥米茜 **270600**
繁花白粉藤 **92716**
繁花百金花 **81501**
繁花瓣鳞花 **167789**
繁花报春 **314405**
繁花杯冠藤 **117467**
繁花边花紫金牛 **172490**
繁花扁担杆 **180785**
繁花捕虫堇 **299763**
繁花侧花姜 **304588**
繁花柽柳 **383486**
繁花柽柳桃金娘 **260991**
繁花赪桐 **96283**
繁花赤宝花 **390005**
繁花串铃花 **260330**
繁花酢浆草 **277688**
繁花大沙叶 **286411**
繁花大岩桐 **364745**
繁花代尔草属 130162
繁花丹氏梧桐 **135844**
繁花单裂橄榄 **185406**
繁花单毛野牡丹 **257527**
繁花迪氏草 **130163**
繁花迪氏草属 **130162**
繁花吊灯花 **84101**
繁花吊兰 **88571**
繁花杜茎大戟 **241865**
繁花杜鹃 **330714**
繁花杜英 **142362**,142285
繁花椴 **391783**
繁花钝柱菊属 **307454**
繁花多穗兰 **310410**
繁花鹅掌柴 **350750**
繁花番樱桃 **156338**
繁花菲利木 **296217**
繁花费菜 **294115**
繁花分瓣桔梗 **127450**
繁花风兰 **24856**
繁花辐射海神菜 **265508**
繁花高山参 **273997**
繁花钩足豆 **4894**
繁花谷木 **250023**
繁花核果木 **138610**
繁花红点草 **223803**
繁花红叶藤 **337739**
繁花厚敦菊 **277052**
繁花胡椒 **304403**
繁花胡椒属 **304401**
繁花黄牛木 **110255**
繁花黄檀 **121680**
繁花基氏婆婆纳 **216269**
繁花假萨比斯茜 **318254**
繁花金露梅 **289709**
繁花金影鹿藿 **90307**
繁花锦鸡儿 **72283**
繁花锦葵牻牛儿苗 **153844**
繁花鹃属 **61430**
繁花卷耳 **82926**
繁花凯木 **215668**
繁花克拉豆 **110287**
繁花克拉斯茜 **218162**
繁花兰属 **48454**
繁花蓝花参 **412680**
繁花梨 **323170**
繁花两歧飘拂草 **166265**
繁花两性蓼树 **182599**
繁花亮泽兰 **54735**
繁花亮泽兰属 **54733**
繁花蓼 **309119**
繁花裂口花 **379909**
繁花裂托叶椴 **126770**
繁花龙舌草 **53198**
繁花露子花 **123873**
繁花落花草 **275428**
繁花马比戟 **240184**
繁花猫尾花 **62487**
繁花美洲盖裂桂 **256678**
繁花门泽草 **250487**
繁花猕猴桃 **6678**
繁花密钟木 **192591**
繁花鸣户 **109175**
繁花膜苞豆 **201253**
繁花茉莉属 22278
繁花墨西哥茜 **129847**
繁花墨西哥紫草 **28562**
繁花木蓝 **205991**
繁花穆拉远志 **260055**
繁花南非萝藦 **323515**
繁花南非针叶豆 **223579**
繁花南美鼠刺 **155135**
繁花南香桃木 **45295**
繁花牛奶菜 **245803**
繁花牛至 **274213**
繁花帕伦列当 **284095**
繁花潘考夫无患子 **280853**
繁花匍茎山柳菊 **299224**
繁花茜草 **337957**
繁花蔷薇 **336809**
繁花鞘蕊花 **99580**
繁花茄 **367515**
繁花窃衣 393004
繁花秋海棠 **50096**
繁花忍冬 **235794**
繁花润肺草 **58868**
繁花萨金特海棠 **243691**
繁花山柳菊 **195603**
繁花蛇鞘紫葳 **272036**
繁花伸展鹿藿 **333362**
繁花石冬青 **294220**
繁花石豆兰 **62929**
繁花石头花 **183199**
繁花薯豆 142362
繁花水石衣 **200202**
繁花丝头花 **138430**
繁花素馨 **211849**
繁花酸藤子 **144736**
繁花索亚花 **369921**
繁花塔奇苏木 **382970**
繁花桃金娘 **261046**
繁花桃金娘属 **261044**
繁花桃榄 **313384**
繁花特喜无患子 **311989**
繁花藤山柳 **95505**
繁花土连翘 **201067**
繁花鸵鸟木 **378581**
繁花沃内野牡丹 **413206**
繁花梧桐 **401816**
繁花梧桐属 **401815**
繁花锡兰桂 **198546**
繁花仙人掌 **273014**
繁花腺白珠 **386395**
繁花小檗 **51622**
繁花小褐鳞木 **43468**
繁花小花茜 **286005**
繁花孝顺竹 **47348**
繁花星香菊 **123642**
繁花须柱草 **306800**
繁花悬钩子 **338412**
繁花旋花 **103048**
繁花崖豆藤 **254739**
繁花异荣耀木 **134692**
繁花银齿树 **227283**
繁花鹦鹉豆 **130935**
繁花尤利菊 **160799**
繁花远志 **48450**
繁花远志属 **48449**
繁花杂色豆 **47776**
繁花枣 52418
繁花泽兰 **246611**
繁花泽兰属 **246610**
繁花指甲兰 **9301**
繁花指腺金壳果 **121154**
繁花舟叶花 **340684**
繁花猪屎豆 **112151**
繁花竹芋 **304400**
繁花竹芋属 **304398**
繁花紫藤 **414578**
繁锦豁裂花 **86125**
繁缕 **374968**
繁缕薄蒴草 226626
繁缕虎耳草 **349931**
繁缕景天 357174
繁缕科 **17824**
繁缕蜡菊 **189120**
繁缕青锁龙 **109250**
繁缕石头花 **183169**
繁缕石竹 **268302**
繁缕石竹属 **268301**
繁缕属 **374724**
繁缕星苞蓼 **362996**
繁缕亚麻 231961
繁缕叶薄蒴草 **226626**
繁缕叶多荚草 **307756**
繁缕叶沟繁缕 **142555**
繁缕叶景天 **357174**
繁缕叶柳叶菜 **146601**
繁缕叶墙草 **284133**
繁缕状龙胆 **173207**
繁缕状无心菜 **32235**
繁茂鸡头薯 **152905**
繁茂蓼 **309353**
繁茂南洋杉 **30854**
繁茂疱茜 **319966**
繁茂秋海棠 **50041**
繁茂十二卷 **186520**
繁茂旋覆花 **207173**
繁穗苋 18788
繁头千里光 **359773**
繁星虎耳草 349473
繁星花 289831
繁叶蔗草 **353713**
繁叶灯心草 **213116**
繁叶风毛菊 **348322**
繁叶火炬花 **216967**
繁叶乱子草 **259656**
繁叶马钱 **378731**
繁叶美非补骨脂 **276965**
繁叶木蓝 **205993**
繁叶软毛蒲公英 **242936**
繁叶苔草 **74584**
繁叶委陵菜 **312544**

繁叶西风芹 **361492**
繁叶蝇子草 **363902**
繁枝补血草 **230688**
繁枝补血草属 230506
繁枝兔叶菊 **220114**
繁枝无舌沙紫菀 **227132**
繁株芋 **282490**
繁株芋属 **282489**
繁柱西番莲属 **366099**
蘩 36241,36286
蘩蒌 374968
蘩露 48689
蘩母 36286
反白草 312502
反白树 369389
反瓣叉柱兰 **86728**
反瓣老鹳草 **174870**,174868
反瓣石斛 **125120**
反瓣虾脊兰 **66046**
反苞毛兰 299617
反苞苹兰 **299617**
反苞蒲公英 **384568**
反背红 344945,344947,345978,349627,359598
反背绿丸 359598
反背马蹄红 12631
反边杜鹃 **331968**
反常卷耳 **82664**
反唇兰 **366725**
反唇兰属 **366724**
反唇舌唇兰 **302300**
反刺苦槠 78927
反刺槠 **78868**,78927
反刺椎栗 78868
反萼虎耳草 **349841**
反萼银莲花 **24019**
反卷矮探春 211864
反卷豹皮花 **373964**
反卷荸荠 **143326**
反卷迪奥豆 131325
反卷二色云杉 **298230**
反卷根节兰 66037,66046
反卷胡颓子 **142181**
反卷金丝桃 202134
反卷丽穗凤梨 **412366**
反卷马蹄金 **128968**
反卷山薄荷 **321956**
反卷双被豆 **131325**
反卷细叶芹 84773
反毛老鹳草 **174937**
反面红 349627
反扭欧石南 **149985**
反皮索 372247
反曲瓣羊耳蒜 **232304**
反曲贝尔茜 **53110**
反曲叉尾菊 **288004**
反曲长阶花 **186971**
反曲翠凤草 **301113**
反曲高山漆姑草 **255564**
反曲钩喙兰 **22098**
反曲厚敦菊 **277135**
反曲花凤梨 **392039**
反曲九节 **319789**
反曲马先蒿 **287575**
反曲密穗花 **322142**
反曲南非桔梗 **335607**
反曲挪威云杉 298210
反曲三叶草 **397050**
反曲莎草 **119485**
反曲梭梭 **185073**
反曲天冬 39171
反曲铁兰 392039
反曲驼蹄瓣 **418747**
反曲叶巴豆 **113002**
反曲叶假塞拉玄参 **318421**
反曲叶疱茜 **319982**
反曲玉牛角 **139176**
反曲舟叶花 **340867**
反时生 159222
反向阿氏紫草 **20842**
反叶草 **145154**
反叶草属 **145153**
反叶红 355843
反折阿冯苋 **45779**
反折百簕花 **55408**
反折百蕊草 389844
反折棒叶金莲木 **328423**
反折豹皮花 **373958**
反折草地山龙眼 **283561**
反折赪桐 **337441**
反折刺橘 **405539**
反折刺蕊草 **306999**
反折刺头菊 **108391**
反折酢浆草 **278052**
反折刀囊豆 **415613**
反折吊灯花 **84222**
反折丁香 382180
反折杜茎大戟 **241883**
反折多穗兰 **310567**
反折鹅观草 **335480**
反折鹅参 **116499**
反折二分豆 **128913**
反折芳香木 **38760**
反折菲利木 **296300**
反折风琴豆 **217983**
反折钩喙兰 **22097**
反折果苔草 **76013**
反折红砂柳 **327225**
反折厚敦菊 **277134**
反折花龙胆 **173340**
反折回欢草 **21128**
反折火炬花 **217022**
反折假鹤虱 **184298**
反折金丝桃 **202129**
反折景天 **357114**
反折卷瓣兰 **62990**
反折可利果 **96824**
反折拉拉藤 **170586**
反折蜡菊 **189700**
反折老鹳草 **174441**
反折乐母丽 **336035**
反折肋瓣花 **13852**
反折狸藻 **403306**
反折黎可斯帕 228100
反折里奇山柑 **334836**
反折镰穗草 **306825**
反折鳞叶树蜡菊 **189210**
反折瘤蕊紫金牛 **271093**
反折柳穿鱼 **231093**
反折龙胆 **173804**
反折马先蒿 **287577**
反折毛翠雀花 **124555**
反折毛蕊花 **405704**
反折木萼列当 **415713**
反折木黄耆 **42969**
反折木蓼 **44273**,44259
反折南非禾 **290021**
反折南非葵 **25433**
反折拟阿福花 **39490**
反折披碱草 **144447**
反折日中花 **220658**
反折榕 **165546**
反折润肺草 **58930**
反折塞拉玄参 **357654**
反折三萼木 **395330**
反折色罗山龙眼 **361214**
反折莎草 **119476**
反折山梗菜 **234470**
反折矢车菊 **81324**
反折水仙 **262439**
反折松毛翠 **297023**
反折苔草 **76011**
反折唐菖蒲 176494
反折天门冬 **39170**
反折天竺葵 **288479**
反折伍尔秋水仙 **414894**
反折喜阳花 **190425**
反折香茶 **303614**
反折香茅 **117240**
反折小麦秆菊 **381681**
反折肖赪桐 **337452**
反折肖水竹叶 **23601**
反折肖鸢尾 **258628**
反折星芥 **99090**
反折悬钩子 **339158**
反折盐肤木 **332810**
反折逸香木 **131995**
反折翼荚豆 **68146**
反折银宝树 228100
反折远志 **308294**
反折针垫花 **228100**
反折帚鼠麹 **377241**
反折帚菀木 **307559**
反枝苋 **18810**
反转洁根菊 **11383**
返顾马先蒿 **287584**
返魂草 41342,266060,358500
返魂香 57539,115595
返魂烟 266060
泛红草 96981
泛能高山茶 69706
泛石子 299724
泛特西亚利桑那白蜡树 **168128**
饭巴铎 366284
饭巴团 351041
饭巴坨 366343
饭包菠 338516
饭包草 **100940**
饭包树 240250
饭包叶 350716
饭匙草 301871,301952
饭匙倩草 360463
饭豆 408839,409085,409086,409092
饭豆藤 68713
饭瓜 114288,114292
饭果藤 242975
饭豇豆 409092
饭箩楮 233409
饭麦 198376
饭米果 403814
饭锹头草 72038
饭沙子 131529
饭勺藤 182384
饭汤木 177845,413842
饭汤叶 66879
饭汤子 408127
饭藤 68713
饭藤子 68713,179488
饭田榕 **165140**
饭桐 203422
饭桐子 285960
饭筒树 403738
饭团根 366338
饭团簕 240813
饭团藤 214959,214974
饭消扭 338516
饭甑椆 116092
饭甑青冈 **116092**
饭沼草莓 **167622**
饭沼附地菜 **397420**
饭沼舌唇兰 **302370**
饭沼小米草 **160177**
饭沼紫菀 **40609**
范半夏 401175
范得堇菜 409979
范得天芥菜 **190628**
范德阿氏莎草 **628**

范德奥氏草 **277333**
范德百里香 **391186**
范德扁莎 **322379**
范德虫果金虎尾 **5942**
范德大地豆 **199344**
范德大戟 **160042**
范德大沙叶 **286541**
范德德罗豆 **138123**
范德吊灯花 **84296**
范德鸡头薯 **153086**
范德可拉木 **99274**
范德宽萼豆 **302936**
范德劳德草 **237848**
范德龙血树 **137524**
范德露子花 **123986**
范德罗勒 **268665**
范德马岛翼蓼 **278462**
范德牻牛儿苗 **346661**
范德美顶花 **156038**
范德木蓝 **206707**
范德拟紫玉盘 **403656**
范德泡叶番杏 **138255**
范德青葙 **80487**
范德三芒草 **347177**
范德二指兰 **396683**
范德树葡萄 **120253**
范德唐菖蒲 **176628**
范德瓦帕大戟 **401285**
范德弯管花 **86251**
范德沃森花 **413418**
范德乌檀 **262851**
范德须芒草 **23072**
范德旋果花 **377833**
范德血桐 **240333**
范德鸭跖草 **101188**
范德羊角拗 **378463**
范德叶下珠 **296804**
范德舟瓣梧桐 **350477**
范德舟叶花 **340962**
范德皱茜 **341158**
范德猪屎豆 **112786**
范登布兰德豪曼草 **186222**
范登布兰德罗勒 **268664**
范登布兰德树葡萄 **120252**
范登布兰德猪屎豆 **112785**
范登黑草 **61878**
范登树葡萄 **120251**
范登玉凤花 **184180**
范蒂伯根尖被郁金香 **400210**
范弗利特小檗 **52300**
范浩山马茶 382853
范霍特扶桑 **195173**
范库弗草属 404610
范鲁因芦荟 **17373**
范伦碧玉莲 **59710**
范伦花姬 **313921**
范罗三萼木 **395355**
范米尔德罗豆 **138124**
范米尔树葡萄 **120254**
范米尔一点红 **144989**
范米尔猪屎豆 **112787**
范尼革花萝藦 **365662**
范尼扭果花 **377715**
范尼双袋兰 **134296**
范尼银莲花 **23814**
范宁萝藦属 **162566**
范氏阿魏 **163608**
范氏报春 **314388**
范氏彩纹肖竹芋 **66196**
范氏刺头菊 **108286**
范氏大黄 **329329**
范氏冬青 203833
范氏繁缕 **374880**
范氏藁本 **229322**
范氏黑钩叶 **22249**
范氏红门兰 **273429**
范氏蓝刺头 **140705**
范氏蓝堇 169183
范氏苓菊 **214082**
范氏落芒草 **300712**
范氏木通 94953
范氏女娄菜 **248318**
范氏山马茶 **382853**
范氏石头花 **183197**
范氏栓翅芹 **313522**
范氏水芹 **269316**
范氏苔草 **74495**
范氏桃 **20913**
范氏田梗草 **200485**
范氏葶苈 **136994**
范氏委陵菜 **312535**
范氏绣线菊 372126
范氏岩黄耆 **187869**
范氏异燕麦 **190149**
范塔尼斯芋 **99911**
范塔鸢尾 **208920**
范梯齿缘草 153452
范梯沙穗 **148481**
范托尔欧丁香 **382341**
范沃克毡毛樾 3738
范肖白粉藤 **92710**
范肖百蕊草 **389689**
范肖苞爵床 **139003**
范肖刺橘 **405505**
范肖大戟 **158883**
范肖邓博木 **123679**
范肖多齿茜 **259792**
范肖法鲁龙胆 **162788**
范肖番薯 **207785**
范肖翡翠塔 **256985**
范肖凤仙花 **205012**
范肖黑果菊 **44027**
范肖红柱树 **78669**
范肖木蓝 **205973**
范肖针禾 377033
范肖针蒴草 **377033**
梵菜 **59436**,59603
梵净报春 **314363**
梵净华千里光 365049
梵净火绒草 **224832**
梵净蓟 **91963**
梵净冷杉 354
梵净蒲儿根 **365049**
梵净山菝葜 **366617**
梵净山点地梅 **23228**
梵净山杜鹃 **331310**
梵净山凤仙花 **204944**
梵净山冠唇花 **254274**
梵净山铠兰 **105525**
梵净山类芦 **265918**
梵净山冷杉 **354**
梵净山猕猴桃 **6592**
梵净山石斛 **125129**
梵净山柿 **132149**
梵净山乌头 **5184**
梵净山悬钩子 **338387**
梵净山玉山竹 **416764**
梵净山紫菀 **40419**
梵净石斛 125129
梵净小檗 **52383**
梵兰花 187532
梵尼兰属 404971
梵茜草 **337992**
梵天花 **402267**,402245
梵天花属 **402238**
方八 378948
方斑赤竹 **347314**
方苞澳洲柏 386942
方苞非洲柏 386942
方苞木麻黄 **79178**
方宾 213066
方草儿 355391
方唇羊耳蒜 **232175**
方鼎苣苔 **283434**
方鼎苣苔属 **283433**
方鼎木 **30988**
方鼎木属 **30987**
方鼎蛇根草 **272205**
方竿毛竹 297308
方秆毛竹 **297308**
方格皮桉 106822
方格双蝴蝶 **398259**
方格纹斑叶兰 **179707**
方格纹万代兰 **404679**
方格纹万带兰 404679
方格筱竹 **388763**
方格帚状苔草 **76211**
方梗草 239222
方梗金钱草 78025,176839
方梗泽兰 239215,239222
方骨苦草 345310,388303
方骨苦楝 53801
方果菊 **216422**
方果菊属 **216420**
方藿香 306964
方茎草 **226369**,250610
方茎草属 **226367**
方茎耳草 **187686**
方茎沟酸浆 **255237**
方茎黄堇 **105699**
方茎假卫矛 254329
方茎金丝桃 **202168**
方茎宽筋 92747
方茎宽筋藤 92747
方茎犁头草 355448
方茎青紫葛 **92910**
方茎蚤缀 **32277**
方茎针蔺 **143316**
方茎紫苏 209822
方晶斑鸠菊属 **406024**
方苦竹 87607
方块皮桉 106822
方溃 35132,35308,35411
方榄 **70992**,70989
方麻 56195,56260,56343
方脉箬竹 **206825**
方片砂仁 **19909**
方胜板 309564
方氏柴胡 **63665**
方氏唇柱苣苔草 **87856**
方氏冬青 203777
方氏鹅耳枥 77290
方氏花凤梨 **392011**
方氏柃 160469
方氏秋海棠 **49823**
方氏铁兰 392011
方氏乌头 **5369**,5183
方氏栒子 **107442**
方氏杨 **311320**
方氏淫羊藿 **146990**
方柿 132339
方坦大戟 **167226**
方坦大戟属 **167224**
方藤 92741,92747,92907,94740
方通 387432
方通草 387432
方图 302753
方箨苦竹 **304104**
方腺景天 **357194**
方香柏 341760
方楔柏属 386941
方形草 392948
方形杉 298449
方形叶水苏 373321
方杨 311320
方叶垂头菊 **110445**
方叶松 298449
方叶五月茶 **28331**

方叶子 217906
方枝菝葜 **366539**
方枝柏 **341760**
方枝㭴 168079
方枝钩藤 401777
方枝黄芩 **355426**
方枝桧 341760
方枝假卫矛 **254329**
方枝苦草 388303
方枝木犀榄 **270171**
方枝蒲桃 **382674**
方枝守宫木 **348059**
方枝树 **270468**
方枝树科 **270483**
方枝树属 **270463**
方舟木 **266439**
方舟木属 **266438**
方竹 **87607**
方竹蒲桃 382534
方竹属 **87547**
方籽栝楼 **396277**
芳草花 37888
芳春 358030
芳春球 **140844**
芳春丸 140844
芳堆心菊 **188401**
芳槁 264075
芳槁润楠 **240700**
芳槁桢楠 240700
芳果槁 113437
芳姬球 **234940**
芳姬丸 234940
芳明殿 244152
芳线柱兰 **417768**
芳香 24325,24326
芳香艾纳香 **55797**
芳香安息香 379417
芳香桉 155675
芳香凹脉芸香 **145089**
芳香奥里克芸香 **274188**
芳香澳茱萸 **288996**
芳香巴拿马草 **161396**
芳香巴拿马草属 **161395**
芳香巴索拉兰 **59257**
芳香白珠 172078
芳香白珠树 **172078**
芳香贝母兰 **98710**
芳香扁爵床 **292191**
芳香波罗蜜 **36940**
芳香薄花兰 **127950**
芳香薄叶兰 238733
芳香草 172099
芳香草科 39876
芳香草属 39874
芳香茶兰 24860
芳香长被片风信子 **137936**
芳香车叶草 **39366**
芳香匙唇兰 **352302**
芳香齿瓣兰 **269080**
芳香齿舌叶 **377367**
芳香垂冠木棉 **79521**
芳香垂花报春 314224
芳香春兰 **139744**
芳香刺橘 **405551**
芳香刺痒藤 **394162**
芳香酢浆草 **278111**
芳香达维木 **123288**
芳香大果萝藦 **279470**
芳香大沙叶 **286388**
芳香戴星草 **371029**
芳香独蒜兰 **304231**
芳香短尖紫玉盘 **403536**
芳香短柱茶 69109
芳香多脉苏铁 131441
芳香多穗兰 **310609**
芳香芳香木 **38831**
芳香菲利木 **296269**
芳香狒狒花 **46060**
芳香费利菊 **163256**
芳香粉兰 **98491**
芳香风吹楠 **198517**
芳香风兰 **24860**
芳香干若翠 **415492**
芳香格尼瑞香 **178717**
芳香公主兰 **238733**
芳香鬼针草 **54031**
芳香海岸桐 **181732**
芳香海神木 **315909**
芳香合欢 **13634**
芳香厚壳桂 **113429**,10550
芳香厚壳桂属 10547,113422
芳香胡椒 **300471**
芳香虎尾兰 **346082**
芳香虎眼万年青 **274793**
芳香花凤梨 **392009**
芳香黄锦带 **130255**
芳香茴芹 **299355**
芳香喙柱兰 **88856**
芳香棘豆 **279183**
芳香佳叶樟 **10550**
芳香假葱 **266960**
芳香假杜鹃 **48103**
芳香剪股颖 **12355**
芳香姜 **417965**
芳香锦带花 **413628**
芳香锦竹草 **67145**
芳香荆芥 **265017**
芳香坎波木 **70491**
芳香康多兰 88856
芳香阔苞菊 **305115**
芳香类叶升麻 **6432**
芳香棱子芹 **304762**,273937
芳香蓼 **309482**
芳香六道木 **152**
芳香龙船花 **211143**
芳香马兜铃 **34286**
芳香马拉巴草 **242823**
芳香马钱 **378841**
芳香马蹄莲 **417116**
芳香麦里山柚子 249181
芳香杧果 **244390**
芳香毛头菊 **151565**
芳香玫瑰红葱 **15667**
芳香密钟木 **192663**
芳香魔杖花 **369987**
芳香木 **38471**,196358
芳香木布里滕参 **211475**
芳香木橙菀 **320644**
芳香木科 **38373**,196359
芳香木蓝 **206602**
芳香木穆拉远志 **259937**
芳香木属 **38378**,196357
芳香木糖果木 **99462**
芳香木叶欧石南 **149036**
芳香木翼茎菊 **172416**
芳香木猪屎豆 **111914**
芳香木状穆拉远志 **259938**
芳香木状欧石南 **149038**
芳香木状染料木 **172915**
芳香鸟娇花 **210863**
芳香鸟足兰 **347855**
芳香欧石南 **149809**
芳香坡垒 198176
芳香鞘蕊花 **99663**
芳香球 244008
芳香曲花 **120580**
芳香屈曲花 **203229**
芳香全能花 **280893**
芳香忍冬 235876
芳香日中花 **220685**
芳香绒萼木 **64442**
芳香三盾草 **394986**
芳香山丘倒距兰 **21166**
芳香舌叶花 **177500**
芳香石豆兰 **62552**
芳香石龙尾 **230297**
芳香石竹 **127713**
芳香柿 **132417**
芳香手参 182261
芳香手玄参 **244794**
芳香双距花 **128057**
芳香双距兰 **133787**
芳香水蓑衣 **200632**
芳香水仙 **262429**
芳香坛花兰 **2076**
芳香天人菊 **169610**
芳香天竺葵 **288239**
芳香铁兰 392009
芳香托达罗草 **392554**
芳香外包菊 **328981**
芳香尾药菀 **315182**
芳香西金茜 **362427**
芳香喜阳花 **190457**
芳香细叶芹 **84726**
芳香仙客来 **115969**
芳香线柱兰 417768
芳香香蕉瓜 **362418**
芳香香料藤 **391889**
芳香小檗 **51633**
芳香肖鸢尾 **258490**
芳香辛酸木 **138052**
芳香悬钩子 **338917**
芳香崖豆藤 **254609**
芳香雅致立金花 **218862**
芳香洋椿 80030
芳香洋竹草 67145
芳香野牡丹 **229678**
芳香一枝黄花 **368290**
芳香银莲花碎米荠 **72682**
芳香鹰爪花 **35063**,35016
芳香鱼木 **110208**
芳香玉叶金花 **260460**
芳香月季 336813
芳香折叶兰 **366783**
芳香鹧鸪花 **395544**
芳香珍珠茅 **354250**
芳香中华石龙尾 230275
芳香舟叶花 **340924**
芳香柱瓣兰 **146381**
芳香紫罗兰 **246521**
芳香紫菀 **40948**
芳樟 **91295**,91287
芳枝蒿 35957
防城茶 **69067**,69077
防城杜鹃 **330682**
防城鳝藤 **25935**
防城紫金牛 **31491**
防虫草 402118,402119
防臭木 **187179**,232483
防臭木属 17597
防粉风党参 131655
防丰 346448
防风 **346448**,77784,293033,293071,361580
防风草 24502,147084
防风花野荞麦 **152137**
防风七 391524
防风属 **346447**,25466
防风炭 346448
防己 **364986**,34176,34203,97934,97947,364989,375896,375904
防己葛 250228
防己科 **250217**
防己马兜铃 34176
防己青藤 364986
防己属 **364985**
防己藤 250228

防己叶菝葜　**366460**
防葵　292892
防杞　375904
防痛树　62110
防羊　256797
房底珠科　148325
房花　231298
房木　198698,416686,416694,416707,416721
房山翠雀　**124244**
房山栎　**323899**
房山柳　344008
房山紫堇　**105868**
房图　302753
房县黄芪　42360
房县黄耆　**42360**
房县柳　**344008**
房县槭　**2972**
房县野青茅　**127246**
房心草　201743
房苑　292892,375904
鲂仔草　230759
仿杜鹃科　**250535**
仿杜鹃属　**250505**
仿花苏木属　**27746**
仿腊树　203814
仿栗　**366055**
仿龙眼　**254958**
仿龙眼属　**254953**
纺锤根蝇子草　**363798**
纺锤果茜属　**44102**
纺锤花竹　**44099**
纺锤花竹属　**44097**
纺锤金眼菊　**409156**
纺锤菊属　**44114**
纺锤菊小飞廉　**73240**
纺锤毛茛　**326030**
纺锤唐松草　**388517**
纺锤形吊灯花　**84104**
纺锤形蓝花参　**412881**
纺锤形绳草　**328050**
纺锤蝇子草　363798
纺锤棕　246028
纺缍百合　49340
纺线　238261
放棍行　345708
放筋藤　258923
放龙　**192452**
放屁藤　58006
放射孔哈特偏穗草　**218364**
放射欧芹　**292701**
放射松　300173
放射异叶贝克菊　**52716**
放射帚石南　**67490**
放香树　302684
放杖草　146966,146995,147013,147039,147048,147075
飞菜　106432,400849
飞插藤　49058
飞檫木　296734
飞岛金腰　**90388**
飞地豆　**265599**
飞地豆属　**265598**
飞碟瓜　**114311**
飞碟三色旋花　**103342**
飞蝶兰　270834
飞疔草　18147
飞蛾草　285635
飞蛾七　120346,120371,309711,388569
飞蛾槭　**3255**
飞蛾树　87977
飞蛾藤　**131254**,49063
飞蛾藤属　**131242**,311591
飞蛾叶　175813
飞蛾子树　2775,3255
飞凤兜舌兰　282857
飞凤花　81911
飞凤花属　81909
飞凤玉属　**214911**
飞鹤牡丹　**280297**
飞花羊　184025
飞黄玉兰　**242055**
飞火野　**257411**
飞机菜　108736,148153
飞机草　**89299**,148164,158070
飞机草属　89294
飞机藤　49067
飞柯冷清草　142658
飞来凤　147349
飞来鹤　117390,252514
飞来花　115050
飞来蓝　226436
飞来蓝属　226435
飞来参　383324
飞来藤　115050
飞雷子　17702
飞帘　73337
飞廉　**73430**,73281,73337
飞廉风毛菊　**348186**
飞廉蒿　73337
飞廉尖刺联苞菊　**52668**
飞廉科　**73237**
飞廉麻花头　361004
飞廉欧石南　**149145**
飞廉矢车菊　**80993**
飞廉鼠尾草　**344939**
飞廉属　**73278**
飞疗药　231546,231553
飞流紫堇　**105718**
飞龙　331370
飞龙接骨　92791
飞龙斩血　392559
飞龙掌血　**392559**
飞龙掌血科　**392582**
飞龙掌血属　**392556**
飞龙枳　**310852**
飞龙柱　**58321**
飞龙柱属　**58320**
飞尼亚苣苔属　**294905**
飞鸟球　**287904**
飞蓬　**150419**,103446,150422,150972
飞蓬费利菊　**163193**
飞蓬属　**150414**
飞瀑草　**93975**
飞瀑草属　**93968**
飞轻　73337
飞穰　93604
飞山虎　55768,219996
飞蛇子　296803
飞松　300305
飞天白鹤　411735
飞天驳　157675
飞天草　390506
飞天鹅　277878
飞天雷公　375884
飞天龙　65040,367416
飞天拢　61103
飞天蕊　207151
飞天台　210540
飞天藤　78731
飞天蜈蚣　3921,4062,20335,30604,30685,39532,87859,147349,197772,285157,288605,313206,322233
飞天香　285110
飞天子　71169,133598
飞田风毛菊　**348095**
飞头蛮　**158653**
飞蜈蚣　387871
飞锡草　89209
飞仙藤　**291061**
飞行玉　**329580**
飞燕草　**102833**,102842,106273,124039,124237,124302
飞燕草属　**102827**,124008
飞燕黄堇　**105823**
飞燕兰　270841
飞燕紫堇　105823
飞扬　159069
飞扬草　**159069**,86901,126588,159971
飞扬藤　49046,78731,113612,114972,166675
飞阳草　159069,296801
飞洋草　415299
飞羽木　**162556**
飞羽木属　**162554**
飞鸢果属　196821
飞鸢花烛　**28134**
飞云　**249586**
飞云阁　**279488**
飞云球　249586
飞针　12635
飞雉　73337,364360
非拔契科　50452
非常斑鸠菊　**406455**
非常秋海棠　**49804**
非常藤黄　**171054**
非豆兰　63044
非芥属　**181704**
非兰属　320930
非丽属　294761
非利女贞　294773
非美苏头菊　**89387**
非砂仁　9888
非砂仁属　9873
非生木属　297791
非桐科　297796
非楔花　**6963**
非楔花属　**6962**
非寻常省藤　**65796**
非杨料　**175282**
非杨料科　**175284**
非杨料属　**175281**
非洲阿米芹　**9872**
非洲阿米芹属　**9870**
非洲阿斯皮菊　**39735**
非洲矮草　**58352**
非洲矮草属　**58351**
非洲矮水蜈蚣　**218459**
非洲艾纳香　**55721**
非洲安尼木　**25819**
非洲安息香属　10075
非洲凹果马鞭草　**98529**
非洲凹脉芸香　**145092**
非洲巴茨列当　**48632**
非洲白粉藤　**92711**
非洲白蒿　**35102**
非洲白花菜　**95613**
非洲白花菜属　**57440**
非洲白花合欢　**13663**
非洲白接骨　**43680**
非洲白树　**379796**
非洲白叶藤　**113613**
非洲百子莲　10245
非洲柏　213863
非洲棒柱醉鱼草　**179214**
非洲棒状苏木　**104312**
非洲豹皮花　**373939**
非洲杯冠藤　**117354**
非洲杯子菊　**290248**
非洲闭鞘姜　**107223**
非洲蓖麻　**334441**
非洲蓖麻树　**334411**
非洲扁担杆　**180671**
非洲扁莎　**322212**

非洲扁轴木 **284480**
非洲别尔苦木 **298826**
非洲伯克豆 **63931**
非洲伯克林 284445
非洲布克豆 63931
非洲采木 **184519**
非洲䅟 **143523**
非洲藏蕊花 **167183**
非洲糙毛菊 **81772**
非洲糙苏鼠尾草 **345302**
非洲糙缨苣 **392697**
非洲糙嘴芥 **393965**
非洲叉花苔草 **129501**
非洲叉叶树 200848
非洲长角豆 **83526**
非洲长腺豆属 **7476**
非洲长药兰 **360639**
非洲车前 **301839**
非洲车轴草 **396811**
非洲柽柳 **383414**
非洲赪桐 **95938**
非洲橙桑 **240807**
非洲齿叶乌桕 **362177**
非洲赤瓟 **390108**
非洲赤瓟属 **253511**
非洲翅子藤 **235203**
非洲雏菊 31294
非洲刺翅楝 **320799**
非洲刺果树 **84853**
非洲刺果藤 **64460**
非洲刺果泽泻 **140537**
非洲刺葵 **295479**
非洲刺桐 **154622**,154620
非洲刺子莞 **333673**
非洲粗叶木 **222087**
非洲大花克来豆 **108568**
非洲大花水茫草 **230842**
非洲大黄栀子 **337489**
非洲大戟属 **44861**
非洲大狼尾草 **289159**
非洲大球石蒜 **115789**
非洲大球石蒜属 **115787**
非洲带毛叶舌草 **418316**
非洲戴星草 **370958**,371020
非洲丹氏梧桐 135795
非洲单格藤黄 **185375**
非洲单花针茅 **262618**
非洲单鼠麹草 **178489**
非洲单穗肠须草 **146008**
非洲单叶菊 **198223**
非洲淡黄三毛草 **398462**
非洲刀豆 **71038**
非洲岛生材 **265574**
非洲迪奥戈木 **131380**
非洲地杨梅 **238567**
非洲地榆 **345822**
非洲蒂氏山榄 **391607**
非洲滇苦菜 **368663**
非洲吊灯花 **83982**
非洲吊灯树 **216322**,216324
非洲吊瓜 216324
非洲吊兰 **88532**
非洲蝶须 **26362**
非洲丁香蓼 **238159**
非洲顶冰花 **169418**
非洲豆瓣菜 **262648**
非洲豆蔻 **19892**,9932
非洲豆蔻属 **9873**
非洲豆木 **352486**
非洲毒瓜 **215693**
非洲毒箭木 **28243**
非洲毒鼠子 **128688**
非洲毒鱼草 **392177**
非洲独行菜 **225283**
非洲杜楝 **400557**
非洲短绒毛短冠爵床 **58970**
非洲短舌菊 **58039**
非洲短叶水车前 **277377**
非洲短叶唐菖蒲 **176073**
非洲短叶脂麻掌 **171632**
非洲椴 89211
非洲椴属 89210
非洲对叶藤 **250168**
非洲盾柱 **304893**
非洲盾柱木 **288884**
非洲盾柱树 288884
非洲盾座苣苔 **147433**
非洲多花小花茜 **286016**
非洲多蕊石蒜 **175318**
非洲多坦草 **136420**
非洲萼豆属 **25165**
非洲耳茜属 **277259**
非洲耳茜状五异茜 **289610**
非洲耳托指甲草 **385634**
非洲二毛药 **128432**
非洲番瓜树 116573
非洲番瓜树属 116572
非洲番红花属 **10001**
非洲番荔枝 10020,194533
非洲番荔枝属 10019,194532
非洲番薯 **208241**
非洲反折珍珠茅 **354005**
非洲防己 **212095**
非洲防己属 **212091**
非洲分蕊菊 **351704**
非洲芬氏草 **166590**
非洲风车子 100770
非洲风铃草 **69875**
非洲风琴豆 **217973**
非洲凤仙花 205444
非洲伏康树 412079
非洲芙蓉 135795
非洲腐臭草 **199765**
非洲妇帽树 256116
非洲妇帽柱木 **256116**
非洲复苏草 **275302**
非洲富斯草 **168796**
非洲橄榄 **71021**
非洲藁本 **10030**
非洲藁本属 **10028**
非洲格伦无患子 **176929**
非洲格脉树 **268331**
非洲格木 **154964**
非洲葛缕子 **9997**
非洲葛缕子属 **9996**
非洲弓果黍 **120642**
非洲沟管兰 **367800**
非洲钩藤 **401738**
非洲狗尾草 **361902**
非洲狗牙根 **117875**
非洲枸杞 238999
非洲谷精草 **151214**
非洲冠毛无患子 **282958**
非洲冠毛无患子属 **282955**
非洲管花桔梗 **365184**
非洲海漆 **161637**
非洲海芋 **16488**
非洲海枣 295479
非洲旱金莲木 **348973**
非洲旱茅 **148395**
非洲禾 **10093**
非洲禾属 10091
非洲合被藤 **381719**
非洲合萼山柑 **390042**
非洲合耳菊 **45312**
非洲合耳菊属 **45311**
非洲合欢 **13476**
非洲合鳞瑞香 **381627**
非洲合蕊草 **224526**
非洲合蕊草属 **224525**
非洲合柱补血草属 **64484**
非洲黑麦 **356252**
非洲黑檀 121750,132117
非洲红 158700
非洲红垂枝针垫花 **228049**
非洲红豆属 10051
非洲红豆树 290876
非洲红豆树属 **10051**
非洲红果大戟 **154808**
非洲红头菊 **154773**
非洲红芽大戟 **10026**
非洲红芽大戟属 **10024**
非洲红月桂 **382731**
非洲厚壳桂 **202456**
非洲厚壳桂属 **202455**
非洲厚皮香 **386690**
非洲厚叶琼楠 **50492**
非洲虎尾草 **88352**
非洲虎尾草属 10091
非洲虎尾兰 **346094**
非洲互叶指甲草 **105414**
非洲花生 409069
非洲花子属 27804
非洲滑桃树 **10090**
非洲滑桃树属 **10089**
非洲画眉草 **147645**
非洲皇后大叶醉鱼草 **62020**
非洲黄瓜 **114116**
非洲黄果藤黄 **243981**
非洲黄麻 **104061**
非洲黄耆 **41959**
非洲黄鼠尾草 **344839**
非洲黄檀 **121750**
非洲黄杨 **267019**
非洲黄杨属 **267012**
非洲黄指玉 **383921**
非洲灰毛菊 **31294**
非洲桧 **213970**,213863
非洲火烧兰 **147109**
非洲鸡玄参 **362403**
非洲吉粟草 **175931**
非洲鲫鱼藤 **356261**
非洲加那利草 **392148**
非洲假繁缕 **389184**
非洲假岗松 **317353**
非洲假豇豆 **318615**
非洲假蓝盆花 **318371**
非洲假田穗戟 **317146**
非洲尖槐藤 **278617**
非洲间花谷精草 **250982**
非洲剪股颖 **12164**
非洲简明毒树属 4954
非洲见血封喉 **28252**,28243
非洲箭毒草 **57031**
非洲箭毒草属 **57021**
非洲箭毒木 28243
非洲角瓜 **114221**
非洲接骨木 **345595**
非洲金丝桃 **201727**
非洲金叶树 **90008**
非洲金盏花属 131147
非洲堇 342493
非洲堇属 342482
非洲茎花豆属 **59926**
非洲荆芥叶草 **224601**
非洲菊 **175172**,107161
非洲菊属 31176,175107
非洲聚花草 **167011**
非洲绢柱苋 **360775**
非洲决明 **78218**
非洲军刀豆 **240494**
非洲卡波克木 151562
非洲卡雅楝 216211
非洲榼藤子 **145860**
非洲口冠萝藦 **377380**
非洲口泽兰 **377326**
非洲蔻木属 **374370**
非洲苦木 **323543**

非洲苦香木 323543
非洲库卡芋 114375
非洲宽萼苏 46991
非洲宽叶细线茜 225768
非洲阔瓣豆 160913
非洲阔瓣豆属 160910
非洲拉梯爵床 341167
非洲腊肠树 78219
非洲辣椒 72100
非洲莱奥豆 224535
非洲莱文大戟 224010
非洲赖特菥蓂 7326
非洲兰属 320930
非洲蓝莲 267665
非洲蓝盆花 350088
非洲蓝星花 33611
非洲榄仁树 386652
非洲朗东木犀草 325463
非洲雷内姜 327718
非洲雷耶玄参 328306
非洲类芦莉草 339838
非洲类水黄皮 310966
非洲擂鼓芳 244898
非洲李 316203
非洲栎属 236334
非洲莲香 218830
非洲莲香属 218824
非洲镰扁豆属 7476
非洲镰稃草 185833
非洲楝 216214
非洲楝属 216194
非洲两型豆 20559
非洲烈味芸香 297179
非洲裂鞘茜 351462
非洲裂颖茅 132788
非洲鳞果草 4458
非洲凌霄 306706
非洲凌霄属 306704
非洲流苏舌草 108702
非洲流苏树 87696
非洲瘤蕊百合 271010
非洲六裂木 194542
非洲龙面花 263410
非洲龙血树 137463
非洲芦荟 16555
非洲鲁特亚木 341167
非洲桐 202268,246128
非洲桐属 246126
非洲绿钟草 88447
非洲罗汉松 306450
非洲罗汉松属 9991
非洲罗氏卫矛 335049
非洲萝藦属 215536
非洲螺穗戟 372350
非洲裸花大戟 182329
非洲裸花大戟属 182328
非洲落萼旋花 68342
非洲落日福禄考 295268
非洲落腺豆 300609
非洲落腺瘤豆 300655
非洲麻疯树 212105
非洲麻叶拟芸香 185651
非洲马鞭草 405873
非洲马齿苋 311891
非洲马利筋 179032
非洲马铃果 412079
非洲马龙戟 244987
非洲马鲁木 243509
非洲马鲁梯木 243509
非洲马钱树 27591
非洲马钱树属 27578
非洲马唐 130408
非洲脉刺草 265673
非洲莽吉柿 171129
非洲毛车叶草 39353
非洲毛茛 325552
非洲毛梗大戟 306927
非洲毛梗大戟属 306925
非洲毛冠木 396448
非洲毛花五星花 289875
非洲毛束草 395712
非洲毛头菊 151562
非洲毛药茶茱萸 222076
非洲毛轴革瓣花 277445
非洲帽柱木 256120
非洲没药 101290
非洲美还阳参 110967
非洲美丽罗顿豆 237404
非洲美丽双距兰 133905
非洲美人蕉 71163
非洲美味补血草 230599
非洲门花风信子 390929
非洲密花芳香木 38743
非洲密穗球花木 311980
非洲棉 179901
非洲缅茄 10107,10106
非洲面包桑 394605
非洲面包桑属 394601
非洲膜萼蓝雪花 139281
非洲茉莉 245803
非洲茉莉花 245803
非洲墨苜蓿 334314
非洲木瓣树 415763
非洲木荚豆 415680
非洲木菊 58489
非洲木菊属 58485
非洲木橘 9866
非洲木橘属 9861
非洲木蓝 206202
非洲木通 360409
非洲木犀榄 270100
非洲牧豆树 315548
非洲南非粟米草 307443
非洲囊萼 342004
非洲囊颖草 341938
非洲黏山柳菊 196089
非洲鸟椒 72088
非洲牛栓藤 101862
非洲扭瓣时钟花 377899
非洲欧菱 394504
非洲攀木 292454
非洲泡刺爵床 297619
非洲佩迪木 286937
非洲佩奇木 292418
非洲披碱草 144155
非洲皮埃尔木 298823
非洲皮氏木 292418
非洲平口花 302625
非洲平叶山龙眼 407591
非洲苹婆 376067
非洲瓶花蓬 219816
非洲破布木 104150
非洲朴 84786
非洲朴属 84782
非洲普拉克大戟 305148
非洲普里鹧鸪花 395522
非洲普罗野牡丹 313997
非洲普谢茜 313239
非洲槭 3288
非洲奇草 15970
非洲奇草属 15969
非洲奇异玉凤花 183875
非洲气花兰 9194
非洲千金子 53668
非洲千金子属 53667
非洲荨麻 130010
非洲荨麻属 130006
非洲浅波非芥 181714
非洲鞘蕊 367872
非洲茄 366921
非洲窃衣 392960
非洲琴叶榕 165426
非洲青牛胆 303030
非洲青牛胆属 303028
非洲青葙 80476
非洲秋葵 226
非洲求米草 272614
非洲球果猪屎豆 112683
非洲球花豆 284445
非洲球黄菊 270989
非洲群花寄生 11083
非洲绒毛花 120902
非洲润尼花 327718
非洲萨拉卫矛 342764
非洲三瓣果 395371
非洲三萼木 395169
非洲三冠卫矛 398743
非洲三花禾 10092
非洲三花禾属 10091
非洲三尖鳞茜草 394843
非洲三链蕊 396749
非洲三鳞莎草 10095
非洲三鳞莎草属 10094
非洲三蕊杯 278483
非洲三穗菲奇莎 164599
非洲三星果 398682
非洲三足豆 398052
非洲伞芹属 10059
非洲桑德尔木 368865
非洲桑属 2647
非洲色穗木 129141
非洲砂丘莎草 118453
非洲砂仁 9888,9894
非洲砂仁属 9873
非洲山地金丝桃 201736
非洲山地漆姑草 342225
非洲山地莎草 118455
非洲山地鸭嘴花 214313
非洲山地紫草 233694
非洲山瓜 114229
非洲山黄菊 25506
非洲山黄皮 325287
非洲山姜 327746
非洲山生阿氏莎草 551
非洲山生斑鸠菊 406352
非洲山生多坦草 136421
非洲山生飞廉 73285
非洲山生几内亚蒲桃 382550
非洲山生卷耳 82639
非洲山生苦苣菜 368629
非洲山生蓼 308716
非洲山生龙血树 137334
非洲山生鸟足兰 347700
非洲山生球柱草 63255
非洲山生曲芒发草 126077
非洲山生三翅菊 398155
非洲山生狭蕊爵床 375412
非洲山玄参 176925
非洲山玄参属 176924
非洲山羊豆 169921
非洲珊瑚木 320330
非洲扇棕 57117
非洲扇棕榈属 202256
非洲蛇菰 390341
非洲蛇菰属 390336
非洲施莱萝藦 351943
非洲施氏相思子 778
非洲十万错 43598
非洲十字豆 374444
非洲石蒜 239254
非洲石蒜属 57021
非洲柿 132087,132117
非洲适度无心菜 32078
非洲黍 281326
非洲鼠尾草 344838,344836
非洲鼠尾粟 372579
非洲双翅果 77565
非洲双唇兰 130038

非洲双冠芹 **133026**
非洲双花番薯 **208099**
非洲双距兰 **133726**
非洲双距野牡丹 **131410**
非洲双雄苏木 **20662**
非洲双翼豆 288884
非洲水柴胡 **10072**
非洲水柴胡属 **10071**
非洲水冠草 **32519**
非洲水茫草 **230829**
非洲水芹状寄生 **6492**
非洲水蓑衣 **200594**
非洲水玉簪属 **10079**
非洲睡莲 **267783**
非洲丝胶树 **169227**
非洲斯诺登草 **366755**
非洲苏铁属 145217
非洲粟麦草 **230123**
非洲酸蔹藤 **20218**
非洲蒜皮苏木 **354734**
非洲蒜树 **10076**
非洲蒜树属 **10075**
非洲碎米荠 **72675**
非洲索林漆 **369749**
非洲塔普木 **384391**
非洲塔氏豆 **383261**
非洲坛罐花 **177281**
非洲坛罐花属 **177278**
非洲糖棕 **57117**
非洲桃大风子 216354
非洲桃花心木 216214
非洲桃花心木属 216194
非洲桃榄属 **10060**
非洲特非瓜 **385651**
非洲特里桑 394605
非洲特斯曼苏木 **386778**
非洲藤黄 **171121**
非洲天料木 **197637**
非洲天麻 **171906**
非洲天门冬 **38916**,38983
非洲田穗戟 **12431**
非洲铁属 145217
非洲铁仔 261601
非洲庭院椴 **370136**
非洲通氏列当 **390908**
非洲图森木 **393308**
非洲土密树 60179
非洲吐根 **262541**
非洲菟丝子 **114952**
非洲臀果木 **322389**
非洲托恩草 **390406**
非洲托曼木 **390294**
非洲托叶茜 **377066**
非洲瓦拉木 **405285**
非洲弯萼兰属 **197898**
非洲弯鳞无患子 **70545**
非洲万根鼠茅 **413162**
非洲万氏寄生 **405058**
非洲威根麻 **414100**
非洲威森泻 **414087**
非洲微糙黄花稔 **362626**
非洲微花蔷薇 **29023**
非洲微花藤 **207355**
非洲微小拉拉藤 **170183**
非洲尾稃草 **402499**
非洲沃坎加树 412079
非洲乌木 **132117**
非洲无刺大戟 **158855**
非洲无患子属 **185374**
非洲无脊柯 **24232**
非洲梧桐 **398004**
非洲梧桐属 **398003**,99157
非洲勿忘草 21933
非洲西邦大戟 **362333**
非洲希尔德木 **196206**
非洲希克尔竹 **195366**
非洲希客竹 195366
非洲膝曲山羊草 **8675**
非洲喜阳花 **190269**
非洲细叶九节 **319636**
非洲细枝天门冬 **39060**
非洲狭叶蜡菊 **189134**
非洲仙客来 **115934**
非洲苋 **18781**
非洲苋属 321790
非洲线托叶锦葵 **360515**
非洲线柱兰 **417701**
非洲相思树 **1297**
非洲相思子 **766**
非洲香荚兰 **404973**
非洲香科科 **387993**
非洲香木 67697
非洲香木菊 **67697**
非洲香茹 **177286**
非洲香柿 **132064**
非洲香属 257921
非洲香芸灌 **388854**
非洲项圈大戟 **244658**
非洲橡胶树 1297
非洲小斑鸠菊 **406038**
非洲小斑鸠菊属 **406035**
非洲小檗 **51283**
非洲小花彩云木 **381481**
非洲小花画眉草 **147810**
非洲小花荆豆 **401399**
非洲小花鳞果草 **4470**
非洲小花希纳德木 381481
非洲小黄管 **356037**
非洲小丽草 **98448**
非洲小麦 **398853**
非洲小蒲公英 **384675**
非洲小莎草 **119445**
非洲小丝茎草 **252784**
非洲小叶番杏 **169956**
非洲小叶黄牛木 **110271**
非洲小叶娃儿藤 **400951**
非洲小翼轴草 **376235**
非洲肖杜楝 **400622**
非洲肖画眉草 **376513**
非洲肖千金藤 **290855**
非洲肖鸢尾 **258496**
非洲楔果金虎尾 **371368**
非洲斜蕊夹竹桃 **85182**
非洲斜蕊夹竹桃属 **85181**
非洲斜柱大戟 **301731**
非洲斜柱大戟属 **301730**
非洲星风兰 **25073**
非洲杏树 268331
非洲绣球菊 **106840**
非洲须芒草 **22483**,272614
非洲旋刺草 **173151**
非洲旋叶菊 **276433**
非洲旋翼果 **183301**
非洲鸭儿芹 **113869**
非洲鸭跖草 **100897**
非洲鸭嘴草 **209250**
非洲崖豆 254747
非洲崖角藤 **328991**
非洲亚高山莎草 **118452**
非洲亚麻 **231861**
非洲亚塔棕 **44803**
非洲烟草 **266034**
非洲烟叶草 **71658**
非洲岩芥菜 **9810**
非洲岩堇 **340389**
非洲羊角拗 378401
非洲羊茅 **163788**
非洲羊蹄甲 **49200**,49094
非洲野蒿 **35097**
非洲野牡丹属 **68241**
非洲野茄 **367044**
非洲野生稻 275926
非洲野桃 **216354**
非洲野橡胶树 169227
非洲叶饰木 **296970**
非洲夜来香 **385750**
非洲夜来香属 **290739**
非洲异翅藤 **194065**
非洲异木患 **16045**
非洲异茄 **366947**
非洲异柱马鞭草 **315406**
非洲翼核果 **405439**
非洲翼茎菊 **172406**
非洲银香菊 **346245**
非洲银叶树 **192501**
非洲樱桃橘属 93269
非洲鹰爪花 **317210**
非洲鹰爪花属 **317209**
非洲硬核木 **269574**
非洲硬皮豆 **241409**
非洲硬蕊花 **10020**
非洲硬蕊花属 **10019**
非洲忧花 **241578**
非洲油芦子 **97285**
非洲鱼骨木属 **9990**
非洲雨久花 **257565**
非洲玉凤花属 **14706**
非洲玉叶金花 **260451**
非洲鸢尾 210843
非洲鸢尾属 **27664**,210689
非洲圆柏 **213863**
非洲圆果树 183301
非洲缘膜菊 **329192**
非洲远志 **307897**
非洲约瑟芬胡麻 **212521**
非洲月囊木犀 **250262**
非洲赞哈木 **417039**
非洲窄翅菀 **145570**
非洲樟属 **10003**
非洲杖漆 **391449**
非洲沼泽勿忘草 **260745**
非洲沼泽泻 **230332**
非洲针茅 **376688**
非洲珍珠菜 **239545**
非洲栀 337489
非洲栀属 337482
非洲直立水蜈蚣 **218536**
非洲直立委陵菜 **312915**
非洲直枝草 **275508**
非洲止泻木 **197177**
非洲帚菀木 **307556**
非洲皱果芥 **341234**
非洲猪毛菜 **344435**
非洲猪屎豆 **112641**
非洲紫草 **10098**
非洲紫草属 **10097**
非洲紫金花 **31654**
非洲紫金牛属 **9956**
非洲紫苣苔 342493
非洲紫苣苔属 342482
非洲紫罗兰 **342493**
非洲紫罗兰属 **342482**
非洲紫雀花 **284651**
非洲紫檀 **320326**,320278,320330
非洲紫檀属 47685
非洲紫菀属 **19315**
非洲紫葳 **265879**
非洲紫葳属 **265877**
非洲棕 **57118**
非洲棕榈属 202256
非洲总苞草 **144699**
非洲醉鱼草 62118
绯苞草 158927
绯宝球 **327278**
绯宝丸 327278
绯宝玉 327278
绯冠菊 **358997**

绯冠龙 **389217**
绯果湖北花楸 **369422**
绯合欢 66669
绯红贝母 **168549**
绯红避日花 **296113**
绯红扁爵床 **292195**
绯红丑角兰 **369180**
绯红大戟 **158974**
绯红倒挂金钟 **168743**
绯红钓钟柳 **289329**
绯红钝瓣萝藦 **19062**
绯红繁星花 **289839**
绯红风信子兰 **34897**
绯红果子蔓 **182173**
绯红红千层 **67262**
绯红厚膜树 **163400**
绯红厚穗爵床 279768
绯红火焰兰 327685
绯红科豪特茜 **217685**
绯红可拉木 **99178**
绯红宽叶山月桂 215400
绯红栎 323780
绯红栗豆藤 **10984**
绯红柳 **342984**
绯红龙船花 211068
绯红路边青 **175400**
绯红罗景天 **335079**
绯红美人蕉 **71166**
绯红南五味 214959
绯红南五味子 **214959**
绯红欧石南 **149249**
绯红苹婆 **376095**
绯红蒲公英 **384772**
绯红茄 **367679**
绯红热木豆 **61157**
绯红日中花 **220504**
绯红绒毛花 **28156**
绯红鳃兰 **246708**
绯红赛葵 **243892**
绯红少果八角 **204586**
绯红石豇花烟草 **266055**
绯红石莲花 **139982**
绯红双距兰 **133730**
绯红锁阳 118133
绯红唐菖蒲 **176105**
绯红贴梗海棠 **84552**
绯红铁线莲 **94845**
绯红驼蹄瓣 **418615**
绯红王挪威槭 3428
绯红沃森花 **413334**
绯红西澳兰 **118177**
绯红西番莲 285632
绯红细瓣兰 **246105**
绯红仙人球 182425
绯红血草 **184527**
绯红血根草 184527
绯红烟堇 **169046**
绯红羊蹄甲 **49053**,49054
绯红异籽葫芦 **25654**
绯红银桦 **180581**
绯红鹰爪花 **35004**
绯红硬刺柱 **247649**
绯红月之宴 **327323**
绯红柱花 **144848**
绯花玉 **182425**
绯花柱 **161922**
绯花柱属 **161921**
绯丽丸 234901
绯丽罂粟 **282719**
绯栎 323780
绯牡丹 **182461**
绯荣蔷薇 **336305**
绯色马先蒿 **287037**
绯色一点红 144903
绯沙球 **234947**
绯沙丸 234947
绯盛丸 **234929**
绯桃 **20943**
绯提琴草莓 **167593**
绯桐 96147
绯筒球属 125817
绯鹹 244146
绯虾 **140231**
绯绣玉 **284693**
绯艳球 **234932**
绯艳丸 234932
绯衣昆仑花 260414
绯樱 83158
菲 326616
菲奥卡美丽胡桃 **212584**
菲奥里木槿 **166604**
菲奥里木槿属 **166601**
菲白竹 347214
菲布里小檗 **51617**
菲查伦木 **166715**
菲查伦木属 **166714**
菲岛垂桉草 399325
菲岛刺蒴麻 **399325**
菲岛第伦桃 130923
菲岛兜舌兰 282886
菲岛杜若 307337
菲岛番石榴 **318746**
菲岛佛来明豆 **166891**,166888
菲岛福木 **171201**
菲岛厚壳桂 113445
菲岛荔枝 **233083**
菲岛馒头果 177165
菲岛朴 80767
菲岛茜属 **313532**
菲岛茄 367706
菲岛山林投 **168251**
菲岛算盘子 177165
菲岛藤 243427
菲岛藤林投 168251
菲岛天胡荽 200263
菲岛柚木 **385532**
菲岛鱼尾葵 **78046**
菲岛玉叶金花 260478
菲岛指甲兰 **9297**
菲得尔金叶灰色石南 149220
菲迪南氏虎耳草 **349306**
菲而霍毒鼠子 **128845**
菲而霍苦瓜掌 **140056**
菲尔德苣苔 **165894**
菲尔德苣苔属 **165892**
菲尔豆属 166140
菲尔桔梗 **163108**
菲尔桔梗属 **163107**
菲尔软毛蒲公英 **242938**
菲黄竹 **347197**
菲加里苞茅 **201502**
菲加里苘麻 **888**
菲角匙丹 **83514**
菲卡木属 **164467**
菲拉尔肺草 **321651**
菲拉尔木 296833
菲拉尔木属 296826
菲勒群花寄生 **11090**
菲力桂海桐 301369
菲丽丸 234901
菲利百簕花 **55342**
菲利拜卧豆 **227077**
菲利斑鸠菊 **406678**
菲利大戟 **159569**
菲利钉头果 **179095**
菲利短尾菊 **207524**
菲利鹅绒藤 **117652**
菲利芳香木 **38710**
菲利厚壳树 **141689**
菲利虎尾兰 **346129**
菲利可利果 **96806**
菲利类香桃木 **261701**
菲利藜 **87126**
菲利梅蓝 **248873**
菲利密头帚鼠麹 **252456**
菲利木刀囊豆 **415611**
菲利木科 **296348**
菲利木鳞叶树 **326934**
菲利木色罗山龙眼 **361211**
菲利木属 **296138**
菲利木双盛豆 **20780**
菲利木斯塔树 **372987**
菲利木叶安匝木 **310769**
菲利木叶蜡菊 **189663**
菲利木舟叶花 **340840**
菲利木猪屎豆 **112527**
菲利木紫绒草 **44004**
菲利欧石南 **149898**
菲利普小檗 **52031**
菲利驼曲草 **119876**
菲利香芸木 **10688**
菲利鸭嘴花 **214706**
菲利叶木豆 **297553**
菲利银齿树 **227388**
菲利猪毛菜 **344667**
菲利猪屎豆 **112526**
菲利砖子苗 **245504**
菲律宾奥兰棕 273124
菲律宾奥莫兰 **270606**
菲律宾八角 204598
菲律宾白莲茶 141687
菲律宾白娑罗双 **362201**
菲律宾百合 **229988**
菲律宾苞舌兰 **370395**
菲律宾杯柱楝 **355972**
菲律宾贝壳杉 **10503**
菲律宾背寄生 **267186**
菲律宾荸荠 **143309**
菲律宾扁叶芋 **197795**,147346
菲律宾槟榔 **31686**
菲律宾箣竹 47213
菲律宾叉柱花 **374478**
菲律宾长裂茜 **135369**
菲律宾常山 **129041**
菲律宾大戟 **328290**
菲律宾大戟属 **328289**
菲律宾大叶藤 **392224**
菲律宾单花山胡椒 **210430**
菲律宾单室茱萸 **246220**
菲律宾倒缨木 **216230**
菲律宾第伦桃 130923
菲律宾兜兰 **282886**
菲律宾毒椰 **273124**
菲律宾耳草 **187645**
菲律宾风兰 **24996**
菲律宾浮萍 **224400**
菲律宾拱顶兰 **68785**
菲律宾谷精草 **151369**,151532
菲律宾冠瓣 **236419**
菲律宾哈哼花 374478
菲律宾禾叶兰 **12458**
菲律宾合欢 13475,13649
菲律宾红光树 **216833**
菲律宾厚壳桂 **113445**
菲律宾厚壳树 **141687**
菲律宾厚叶冬青 **204133**
菲律宾胡椒 300479
菲律宾胡颓子 **142210**
菲律宾蝴蝶兰 **293628**,293617
菲律宾虎皮楠 122682
菲律宾槐 **369098**
菲律宾黄苞舌兰 370395
菲律宾黄牛木 **110243**
菲律宾火筒树 **223952**
菲律宾假万带兰 404748
菲律宾胶木 **280448**
菲律宾金氏兰 **216439**
菲律宾堇菜 410412

菲律宾巨草竹 125465,175600
菲律宾巨竹 175600
菲律宾君迁子 **132266**
菲律宾肯基拉兰 216439
菲律宾空竹 **82449**
菲律宾宽木 **160717**
菲律宾兰 **345548**
菲律宾兰属 **345547**
菲律宾类眼树莲 **134051**
菲律宾立方花 **115776**
菲律宾莲桂 **123600**
菲律宾镰花番荔枝 **137822**
菲律宾留萼木 **54879**
菲律宾柳安 **362212**
菲律宾罗汉松 **306512**
菲律宾马盖麻 10816
菲律宾马蹄莲 **417086**
菲律宾馒头果 177165
菲律宾芒 **255841**
菲律宾杧果 **244388**
菲律宾毛兰 **148738**
菲律宾毛腺木 **395420**
菲律宾木姜子 **234033**
菲律宾木桔属 380538
菲律宾木橘 **380539**
菲律宾木橘属 **380538**
菲律宾南五味子 **214978**
菲律宾楠 91405
菲律宾尼克木 **263031**
菲律宾拟钝花紫金牛 **19015**
菲律宾拟格林茜 **180498**
菲律宾拟乌拉木 **178941**
菲律宾柠檬 93456
菲律宾爬兰属 **352666**
菲律宾坡垒 **198181**,198166
菲律宾蒲桃 **382529**
菲律宾朴 **80709**
菲律宾朴树 80709
菲律宾麒麟叶 **147346**
菲律宾千斤拔 166888
菲律宾茜 **56551**
菲律宾茜属 **56550**
菲律宾球籽竹 **371071**
菲律宾染木树 **346493**
菲律宾榕 **164630**
菲律宾肉豆蔻 **261457**
菲律宾桑寄生 355289
菲律宾山桂花 **241766**
菲律宾十大功劳 **242614**
菲律宾石梓 **178039**
菲律宾柿 132351
菲律宾薯蓣 **131691**
菲律宾水丝梨 **380599**
菲律宾四列叶 **346519**
菲律宾四片芸香 **386987**
菲律宾四雄五加 **387482**
菲律宾酸脚杆 **76852**
菲律宾酸脚杆属 **76851**
菲律宾酸橘 **93710**
菲律宾酸藤子 **144785**
菲律宾坛花兰 **2075**
菲律宾唐松草 **388618**
菲律宾铁青树 **269663**
菲律宾维拉木 **409260**
菲律宾乌木 132351
菲律宾无患子 **398762**,346351
菲律宾无患子属 **398761**
菲律宾五桠果 **130923**
菲律宾五月茶 **28393**
菲律宾线柱兰 **417776**
菲律宾香椿 392827
菲律宾香风子 **276412**
菲律宾小埃姆斯兰 **19416**
菲律宾小叶红光树 **216873**
菲律宾野桐 243427
菲律宾异翅香 **25613**
菲律宾油桐 **14549**
菲律宾柚木 219963
菲律宾鱼藤 **125981**
菲律宾玉叶金花 **260478**
菲律宾樟树 **91405**
菲律宾砖色红光树 **216847**
菲律宾子京 241520
菲律宾紫荆木 **241520**
菲律宾紫檀 **320340**
菲律宾紫薇 **219963**
菲莫斯木属 **297604**
菲内木 **166583**
菲内木属 **166579**
菲内石豆兰 **62730**
菲普斯毛子草 **153229**
菲普斯黍 **282071**
菲奇莎属 **164486**
菲奇星刺菊 **81826**
菲舍尔阿斯皮菊 **39768**
菲舍尔安龙花 **139452**
菲舍尔斑鸠菊 **406333**
菲舍尔车前 **301975**
菲舍尔大黄栀子 **337495**
菲舍尔大戟 **158894**
菲舍尔大青 **95999**
菲舍尔戴星草 **370975**
菲舍尔吊兰 **88569**
菲舍尔斗篷草 **14026**
菲舍尔杜邦草 **139038**
菲舍尔杜楝 **400567**
菲舍尔短梗景天 **8486**
菲舍尔多穗兰 **310407**
菲舍尔繁缕 **374884**
菲舍尔古柯 **155083**
菲舍尔鬼针草 **53908**
菲舍尔海葱 **402358**
菲舍尔红果大戟 **154818**
菲舍尔胡卢巴 **397227**
菲舍尔槲寄生 **411026**
菲舍尔虎尾兰 **346080**
菲舍尔虎眼万年青 **274614**
菲舍尔黄韭兰 **376354**
菲舍尔黄檀 **121679**
菲舍尔假牧豆树 **318170**
菲舍尔金合欢 **1225**
菲舍尔老鸦嘴 **390765**
菲舍尔乐母丽 **335948**
菲舍尔雷内姜 **327734**
菲舍尔瘤萼寄生 **270952**
菲舍尔龙胆 **173448**
菲舍尔龙血树 **137396**
菲舍尔罗勒 **268503**
菲舍尔萝藦属 **166634**
菲舍尔马齿苋 **311844**
菲舍尔魔芋 **20113**
菲舍尔牡荆 **411270**
菲舍尔木花菊 **415673**
菲舍尔苜蓿 **247292**
菲舍尔拟辛酸木 **138019**
菲舍尔佩迪木 **286940**
菲舍尔榕 **164984**
菲舍尔柿 **132157**
菲舍尔瘦片菊 **182083**
菲舍尔水车前 **277393**
菲舍尔酸模 **340055**
菲舍尔蒜皮苏木 **354733**
菲舍尔塔普木 **384395**
菲舍尔桃 **20916**
菲舍尔铁线子 **244549**
菲舍尔土密树 **60172**
菲舍尔香茶菜 **303308**
菲舍尔香科 **388078**
菲舍尔肖弓果藤 **292107**
菲舍尔叶下珠 **296563**
菲舍尔银豆 **32809**
菲舍尔柚木芸香 **385432**
菲舍尔远志 **308057**
菲舍尔泽米 **417005**
菲氏大苏铁 417005
菲氏凤仙花 **204951**
菲氏喙梗木 **333114**
菲氏鳞花草 **225161**
菲氏柳 343373
菲氏落柱木 **300816**
菲氏密钟木 **192588**
菲氏木槿 **194872**
菲氏青皮刺 **71854**
菲氏莎草 **118884**
菲氏小金梅草 **202854**
菲特木 166715
菲特木属 166714
菲廷紫金牛 **166705**
菲廷紫金牛属 **166701**
菲西兰属 **166642**
菲叶猕猴桃 **6572**
菲油果 163117
菲油果属 2750
菲茱萸科 114921
菲柞 **12484**
菲柞属 **12483**
肥菜 257583
肥垂兰 390531
肥达汗 350728
肥大金合欢 **1154**
肥大日中花 **251519**
肥大双星番杏 **20538**
肥儿草 40754,308081
肥根兰属 **288620**
肥根兰香茶 **303224**
肥梗须芒草 **22897**
肥冠棘豆 **279240**
肥合果 163117
肥合果属 163116
肥喉 77379
肥后苦草 **404557**
肥后苦竹 **304034**
肥后五加 **143613**
肥厚蔗草 **353705**
肥厚杜鹃 331180
肥厚芳香木 **38719**
肥厚菲奇莎 **164571**
肥厚风兰 **24998**
肥厚虎尾兰 **346130**
肥厚囊鳞莎草 **38231**
肥厚欧石南 **149912**
肥厚塞拉玄参 **357631**
肥厚山风毛菊 **348570**
肥厚十字爵床 **111749**
肥厚天竺葵 **288438**
肥厚委陵菜 **312473**
肥厚鸭嘴花 **214713**
肥厚舟叶花 **340843**
肥花欧石南 **150185**
肥滑蒲公英 384740
肥荚红豆 **274391**
肥茎石莲花 **139984**
肥蓝蓟 **141199**
肥力漆 287989
肥料向日葵 **189058**
肥马草 249085
肥马草属 248949
肥满报春 **314740**
肥美凤梨 **60553**
肥牛草 **87881**
肥牛木 **82240**
肥牛木属 **82238**
肥牛树 82240
肥牛树属 82238
肥奴奴草 298888
肥胖风兰 **24972**
肥胖毛茛 **326133**
肥胖木麻黄 **79176**

肥胖水仙 **262425**
肥披碱草 **144303**
肥前荚蒾 **407656**
肥肉草 **167300**,299024
肥肉草属 167289
肥天冬 38960
肥天属 279635
肥田草 408352,408571
肥羊草 8671
肥叶碱蓬 **379543**
肥叶千里光 **359755**
肥叶鼠尾草 **345305**
肥玉竹 308616
肥皂草 **346434**
肥皂草属 **346418**
肥皂豆 182526
肥皂花 346434
肥皂荚 **182526**
肥皂荚属 **182524**
肥皂树 182526,324624,346338
肥皂树属 324623
肥枝润楠 **240665**
肥知母 23670,87978
肥珠子 217626,346338
肥猪菜 18055,257583,298093,298888,363090
肥猪草 18055,62552,257583,284628,298960,301025,363080
肥猪豆 71055
肥猪苗 170142,363090,365066,385903
肥猪叶 18055
肥猪子 182526
腓尼基桧 **213849**
斐济八角枫 **13392**
斐济贝壳杉 **10509**
斐济大戟 **158859**
斐济椆 315386
斐济茜 **187400**
斐济茜属 **187399**
斐济椰属 264798
斐济椰子属 405253
斐济棕属 405253
斐丽黄水枝 391526
斐若翠属 405320
斐梭浦千屈菜 **240047**
斐梭浦叶虫实 104786
斐梭浦叶泽兰 158154
斐梭浦砧草 **170253**,170263
斐梭浦猪殃殃 **170423**
斐太赤竹 **347343**
斐太杜鹃 **330863**
斐太蓟 **92432**
斐太老鹳草 **175027**
棐 393077
棐子 393077
榧 393061,393077
榧巴豆 **113045**
榧麻黄 146260
榧实 393077
榧属 393047
榧树 **393061**
榧树科 **393093**
榧树属 **393047**
榧子 82507,82545,393061,393077
榧子草 147883
榧子木 385407
翡翠菠萝 8560
翡翠吊钟花 **145735**
翡翠凤梨 **8560**
翡翠海岸刺柏 **213742**
翡翠椒草 290382
翡翠景天 **356924**
翡翠鉾 **340659**
翡翠木 109229
翡翠木属 256966
翡翠葡萄 92640
翡翠塔属 **256966**
翡翠倭竹 **362137**
翡翠掌 **17293**
翡翠朱蕉 **104374**
翡翠珠 **359924**
翡若翠科 **405351**
翡若翠属 **405320**
沸水菊 179236
狒狒草 46148
狒狒草属 46022
狒狒花属 **46022**
肺草 **321650**,321639,321643
肺草属 **321633**
肺风草 14529,176839,200366,239582
肺红草 239967
肺花龙胆 173728
肺脚草 179685,179694
肺筋草 14529,14533,345978
肺筋草科 262567
肺筋草属 14471
肺经草 12661,40440,146966,147013,147039,147048,147075,345978
肺痨草 14529,35770,291161,373222
肺小草 284525
肺心草 12724,90405,284525
肺形草 12635,198745,338205,388303,398262
肺形草属 398251
肺炎草 198827
肺英草 150789
肺痈草 14529
肺痈藤 280106
费伯糙叶五加 **2414**,143612
费菜 **294114**,294123
费菜属 **294112**,356467
费城百合 **229984**
费城飞蓬 **150862**
费城黍 **282067**
费城酸浆 297712
费葱 15089
费德芥 **163103**
费德芥属 **163094**
费德勒金苏格兰欧石南 **149220**
费德十大功劳 **242528**
费的南多巴尔干苣苔 **184224**
费迪南德厚膜树 **163401**
费迪茜 **163362**
费迪茜属 **163358**
费丁必 350728
费厄白酒草 **103482**
费尔柴尔德木蓝 **206074**
费尔对叶兰 **232892**
费尔干阿魏 **163609**
费尔干阿魏属 **163373**
费尔干霸王 **418648**
费尔干百蕊草 **389691**
费尔干鼻花 **329525**
费尔干波斯石蒜 **401818**
费尔干补血草 **230623**
费尔干糙苏 **295099**
费尔干车叶草 **39346**
费尔干翅果草 **334545**
费尔干翅鹤虱 221675
费尔干刺头菊 **108287**
费尔干葱 **15277**
费尔干大戟 **158887**
费尔干合苞藜 **170860**
费尔干合花草 170860
费尔干合景天 **318395**
费尔干鹤虱 **221675**
费尔干棘豆 **278827**
费尔干假木贼 **21039**
费尔干绢蒿 **360831**
费尔干老鹳草 **174609**
费尔干李 **316416**
费尔干丽豆 **67779**
费尔干苓菊 **214083**
费尔干柳 **343378**
费尔干驴臭草 **271766**
费尔干驴喜豆 **271208**
费尔干落芒草 **300713**,276008
费尔干麻黄 **146160**
费尔干拟稻 **276008**
费尔干拟芸香 **185640**
费尔干女娄菜 **248319**
费尔干千里光 **358866**
费尔干雀儿豆 87271
费尔干沙拐枣 **67026**
费尔干神香草 **203087**
费尔干丝叶芹 **350365**
费尔干糖芥 **154450**
费尔干桃 20914
费尔干菟丝子 **115033**
费尔干无心菜 **31874**
费尔干小甘菊 **71091**
费尔干绣线菊 **371907**
费尔干鸦葱 **354858**
费尔干岩黄芪 187870
费尔干岩黄耆 **187870**
费尔干偃麦草 **144648**
费尔干郁金香 **400157**
费尔干猪毛菜 **344531**
费尔马先蒿 287514
费尔南草胡椒 **290340**
费尔南得秋海棠 **49828**
费尔南德刺花蓼 **89095**
费尔南德花篱 **27102**
费尔南多棒茜 **304174**
费尔南番樱桃 **156218**
费尔南伽蓝菜 **215145**
费尔南谷木 **249958**
费尔南核果木 **138609**
费尔南红瓜 **97798**
费尔南虎尾兰 **346113**
费尔南九节 **319541**
费尔南兰属 **163381**
费尔南美冠兰 **156701**
费尔南榕 **164802**
费尔南细爪梧桐 **226263**
费尔南小黄管 **356083**
费尔南薮叶藤 **131934**
费尔南远志 **308052**
费尔偏穗草 **294277**
费尔偏穗草属 **294276**
费尔氏马先蒿 **287514**
费尔特曼对叶兰 **232975**
费尔豌豆 **408398**
费格利木属 296108
费格森酢浆草 **277837**
费格森茜 **163377**
费格森茜属 **163375**
费格森曲花 **120555**
费格森日中花 **220552**
费格森舌叶花 **177453**
费格森天竺葵 **288223**
费格森沃森花 **413345**
费格森仙花 **395802**
费格森香雪兰 **168167**
费格森肖鸢尾 **258480**
费格森紫波 **28464**
费吉尼亚桧 **213979**
费吉漆 **163111**
费吉漆属 **163110**
费季索娃刺头菊 **108289**
费雷尔豌豆 **408402**
费雷胶藤 **220849**
费雷欧石南 **149432**

费雷茜属 **163366**
费雷藤黄 **171103**
费里菊属 163121
费里斯转轮亮红新西兰圣诞树 **252612**
费利菊属 **163121**
费利菊状黄胶菊 **318666**
费利菊状延叶菊 **265974**
费利奇翠凤草 **301108**
费利奇狼尾草 **289095**
费利奇柿 **132150**
费内尔茜属 **163410**
费内里沃金叶树 **90046**
费纳尔德木 **163379**
费纳尔德木属 **163378**
费纳罗利茶豆 **85213**
费纳罗利决明 **78297**
费纳罗利异荣耀木 **134617**
费纳罗利猪屎豆 **112137**
费沙立牛舌草 **21983**
费氏鼻花 **329524**
费氏补血草 **230625**
费氏彩花 **2234**
费氏葱 **15089**
费氏楤木 30664
费氏粗壮赪桐 **96306**
费氏大头苏铁 **145225**
费氏点地梅 **23167**
费氏杜鹃 330672
费氏对粉菊 **280417**
费氏非洲铁 145225
费氏凤梨 **163416**
费氏凤梨属 **163415**
费氏合景天 **318394**
费氏胡椒 **300390**
费氏金田菊 **222600**
费氏堇菜 **409979**
费氏蓝菊 163131
费氏龙胆 173617
费氏马兜铃 34227
费氏马先蒿 **287202**
费氏莫哈维无心菜 **32044**
费氏婆婆纳 **407121**
费氏蒲公英 **384551**
费氏瑞香 122431
费氏矢车菊 **81069**
费氏狭唇兰 **346698**
费氏小米草 **160155**
费氏玄参 **355117**
费氏羊茅 164395
费氏野豌豆 **408401**
费氏早熟禾 **305521**
费氏沼生蔊菜 **336251**
费氏指甲兰 **9288**
费氏竹 **297273**
费维瓜 **164431**
费维瓜属 **164430**
费许伦九节 **319893**
费许伦热非夹竹桃 **13317**
费许伦酸薮藤 **20260**
费许伦肖九节 **402072**
费伊卷瓣兰 **62724**
费约果 163117
费约果属 163116
痱痒草 142844
痱子草 209625,259281,259282,259284,259323
分瓣桔梗 **127452**
分瓣桔梗属 **127449**
分被芸香 **88942**
分被芸香属 **88941**
分叉当归 **24486**
分叉蓼 309056
分叉柳 **343405**
分叉露兜 **281163**,281031
分叉露兜树 **281031**
分叉木槿 195257
分叉山萝卜 **350159**
分叉仙影拳 **83864**
分叉小檗 **51567**
分叉鸢尾 **208580**
分葱 **15291**,15170
分带芹 **89043**
分带芹属 **89042**
分多枝柳穿鱼 **231090**
分萼龙胆 **88967**
分萼龙胆属 **88966**
分割续断 **133494**
分果草 **246643**
分果草科 **246645**
分果草属 **246642**
分果桃金娘 **88929**
分果桃金娘属 **88928**
分花紫草 **88923**
分花紫草属 **88922**
分角大戟 **88932**
分角大戟属 **88931**
分节毛莨 **325784**
分节青兰 137616
分界树 362197
分离百蕊草 **389871**
分离豹皮花 **373981**
分离草 171918
分离冠须菊 **405932**
分离假杜鹃 **48345**
分离木瓣树 **415778**
分离牛角草 **273191**
分离蓍 **3946**
分离紫波 **28455**
分裂秋海棠 50020
分蘖葱头 15167
分蘖堇菜 **410323**
分蘖瓦松 **275382**
分蕊草属 **88936**
分蕊尖苞木 **89031**
分蕊尖苞木属 **89030**
分蕊菊 **351705**
分蕊菊属 **351701**
分蕊鞘 **88963**
分蕊鞘属 **88962**
分蕊莎草 **89048**
分蕊莎草属 **89047**
分散车轴草 **396881**
分散三叶草 396881
分生洋葱 15166
分松子 379414
分苔 74360
分尾菊 **405099**
分尾菊属 **405093**
分药花 **291428**
分药花属 **291427**
分药菊 **143565**
分药菊属 **143562**
分叶芹 88289
分叶山莴苣 **219270**
分枝阿拉豆 **13404**
分枝百蕊草 **389840**
分枝半轭草 **191807**
分枝本州葶苈 **137144**
分枝冰草 **11841**
分枝补血草 **230732**
分枝长茎柴胡 **63717**
分枝柽柳 383595
分枝粗糙黄堇 **106410**
分枝大戟 **159395**
分枝大油芒 **372425**
分枝戴星草 **371014**
分枝灯心草 **213237**
分枝东方山尖子 **283822**
分枝短冠草 **369234**
分枝感应草 **54539**
分枝格雷野牡丹 **180424**
分枝沟秆草 **174407**
分枝沟秆草属 **174406**
分枝钩距黄堇 105957
分枝谷木 **250054**
分枝海神菜 **265510**
分枝蒿 **36135**
分枝蒿莞 **240451**
分枝胡卢巴 **397275**
分枝蝴蝶玉 **148600**
分枝虎耳草 349162
分枝茴芹 **299506**
分枝火绒草 224823
分枝火炭母 **308968**
分枝鸡头薯 **153024**
分枝蓝花参 **412835**
分枝狼尾草 **289226**
分枝蓼 309056
分枝列当 **274927**,275184
分枝芦荟 16768
分枝鹿藿 **333375**
分枝榈属 202256
分枝卵叶野荞麦 **152363**
分枝麻花头 **361004**
分枝马齿苋 **311924**
分枝芒柄花 **271550**
分枝毛子草 **153268**
分枝美冠兰 **156961**
分枝木槿 **195133**
分枝木蓝 **205694**
分枝牧根草 **43585**
分枝南非萝藦 **323529**
分枝拟扁芒草 **122336**
分枝欧亚旋覆花 **207053**
分枝珀菊 **18975**
分枝球百合 **62439**
分枝雀麦 60918
分枝日本野豌豆 **408511**
分枝锐裂乌头 **5325**
分枝三芒草 **33789**
分枝山柳菊 **195914**
分枝杉叶藻 **196819**
分枝鼠麹草 **178223**,178234
分枝双药芒 **127479**
分枝苔草 **75888**
分枝葶苈 **137202**
分枝驼曲草 **119881**
分枝鸵鸟木 **378605**
分枝肖观音兰 **399171**
分枝星芒鼠麹草 **178234**
分枝旋覆花 207053
分枝鸦葱 354846
分枝亚菊 **13027**
分枝烟堇 **169134**
分枝野荞麦 **152004**
分枝异籽葫芦 **25676**
分枝硬皮鸢尾 **172668**
分枝针禾 377026
分枝针蔺草 **377026**
分枝针茅 **376950**
分枝珍珠菜 **239814**,239707
分枝皱稃草 **141771**
分枝壮观鸭跖草 **101159**
分株赖草 228342
分柱兰 **389300**
分柱兰属 **389299**
分柱鼠刺 **89039**
分柱鼠刺属 **89038**
芬 266060
芬得乐小檗 **51612**
芬德勒孤菀 **393397**
芬德勒金千里光 **279908**
芬德勒卷舌菊 **380889**
芬德勒美洲茶 **79926**
芬德勒球葵 **370947**
芬德勒山柳菊 **195586**
芬德勒无心菜 **31875**

芬德勒小檗 51612
芬芳安息香 **379417**
芬芳凹萼兰 **335169**
芬芳蝶须 **26339**
芬芳茅香 **196155**
芬芳鸭嘴花 **214667**
芬芳逸香木 **131946**
芬芳蚤草 **321584**
芬克龙舌兰 **10857**
芬克米努草 **255471**
芬莱布隆兰 **60563**
芬莱布氏兰 60563
芬莱石斛 125140
芬兰山柳菊 **195707**
芬兰小米草 **160156**
芬兰云杉 **298282**
芬利森萝藦 **166595**
芬利森萝藦属 **166594**
芬奇琉维草 **228277**
芬切尔鹿藿 **333431**
芬史山龙眼 **166597**
芬史山龙眼属 **166596**
芬氏巴茜草 **280483**
芬氏巴西茜 280483
芬氏白蓬草 388499
芬氏北美夜来香 **68507**
芬氏草 **166593**
芬氏草属 **166587**
芬氏钓钟柳 **289340**
芬氏鳞冠菊 **225520**
芬氏软毛蒲公英 **242934**
芬氏酸浆 **297669**
芬氏唐松草 **388499**
芬土米亚树 169229
芬香茵芋 **365943**
汾草 177893,177947
汾河莎草 **119243**
粉 401593,401602
粉榆 401602
粉艾斯卡罗 155138
粉桉 155710
粉氨草 **136267**
粉芭蕉 260206,260253
粉菝葜 366343
粉白长庚花 **193234**
粉白车轴草 **397047**
粉白齿舌叶 **377336**
粉白大叶野豌豆 **408554**
粉白杜鹃 **330137**
粉白多花紫藤 **414562**
粉白葛藤 **321443**
粉白黑龙江野豌豆 **408280**
粉白菊属 **341449**
粉白蜡菊 **189716**
粉白罗顿豆 **237387**
粉白美洲茶 **79963**
粉白南非青葙 **192787**
粉白槭 2826
粉白日本崖豆 **414569**
粉白苏木 64979
粉白香荼菜 324722
粉白香青 **21675**
粉白鸦葱 **354957**
粉白羊蹄甲 **49212**
粉白罂粟 **282504**
粉白越橘 **403841**
粉白紫玲玉 **224245**
粉百簕花 **55403**
粉柏 **213948**
粉斑枪刀药 **202595**
粉瓣多花蔷薇 **336785**
粉瓣合声木 **380702**
粉瓣紫花堇菜 **410035**
粉苞花凤梨 **392057**
粉苞菊 **88796**
粉苞菊山莴苣 **219601**
粉苞菊属 **88759**
粉苞苣 88796,210539
粉苞苣属 88759
粉苞乳白香青 **21587**
粉苞鼠麹草 **352108**
粉苞鼠麹草属 **352107**
粉苞酸脚杆 **247589**
粉苞铁兰 392057
粉苞一口红 159679
粉宝石美丽飞蓬 **150976**
粉报春 **314366**
粉背安息香树 379471
粉背菝葜 **366395**
粉背杜鹃 331493
粉背多变杜鹃 **331782**
粉背鹅掌柴 **350725**
粉背刮金板 159845
粉背黄栌 **107310**
粉背金合欢 **1499**
粉背金茅 **156489**
粉背轮环藤 116019
粉背南蛇藤 **80211**
粉背青冈 116152
粉背琼楠 **50525**
粉背秋海棠 **50194**
粉背忍冬 235860
粉背石栎 233254
粉背薯蓣 **131531**
粉背溲疏 **126976**
粉背碎米花 **330848**
粉背小檗 **51607**
粉背楔叶绣线菊 **371862**
粉背绣球 **199881**
粉背羊蹄甲 49098
粉背野丁香 **226122**
粉背叶 369389
粉背叶椆 233254
粉背叶葡萄 **411745**
粉背叶人字果 **128935**
粉背叶溲疏 126976
粉背叶鸭脚木 350725
粉背叶毡毛槭 **3738**
粉背叶珠子木 **296453**
粉背羽叶参 **289645**
粉背钻地风 351806
粉被桉 **155707**
粉被报春 314863
粉被灯台报春 **314863**
粉被金合欢 1499
粉被山楂 109957
粉被苔草 **75882**
粉被小花锥花 **179201**
粉鼻花 **329554**
粉萆薢 131531,131607,131734,131877
粉滨海珍珠菜 **239728**
粉冰灰色石南 **149231**
粉柄大戟 159841
粉柄肖鸢尾 **258508**
粉草 177893,177915,177947,321672,348731
粉侧花木藜芦 **228172**
粉菖 5821
粉重瓣扁桃 316405
粉重瓣麦李 316427
粉垂枝柳 **344023**
粉春美草 **94297**
粉刺 64990
粉刺花蓼 **89086**
粉刺锦鸡儿 **72317**
粉簇雅致溲疏 126923
粉寸己 375904
粉单叶蔓荆 **411433**
粉单竹 **47232**
粉箪竹 47232
粉刀玉属 **155318**
粉点杜鹃 330893
粉点木 202595
粉蝶花 **263505**
粉蝶花属 **263501**
粉蝶兰属 302241
粉丁草 **401339**
粉丁草属 **401338**
粉豆 294056,409086
粉豆花 255711
粉毒藤 **88815**
粉毒藤属 **88810**
粉独活 **192347**
粉椴 **391795**,391725
粉对叶返顾马先蒿 **287591**
粉萼垂花报春 **314926**
粉萼米努草 **255566**
粉萼鼠尾草 345023
粉耳草 **187663**
粉防己 **375904**,375870
粉风车 **14976**
粉风车属 **14970**
粉甘草 177893,177915,177947
粉葛 321431,321441,321445,321466
粉葛藤 321441
粉光花 **87764**
粉光西洋参 280799
粉果杜鹃 **330897**
粉果锐尖南鹃 **291368**
粉果藤 **92819**
粉果小檗 **52068**
粉果兴安落叶松 221866
粉果叶 407769
粉果越橘 **403953**
粉孩儿 255711
粉红埃蕾 81495
粉红安哥拉海神木 **315723**
粉红桉 155733
粉红巴氏锦葵 **286682**
粉红巴西亮泽兰 **45252**
粉红白连翘 **211**
粉红百里香 **391360**
粉红斑合萼山柑 **390055**
粉红斑叶兰 **179691**
粉红苞菊 293275
粉红苞菊属 293274
粉红爆仗花 **331878**
粉红爆杖花 **330602**
粉红扁桃 **20903**
粉红变叶菊 **415289**
粉红杓兰 **120290**
粉红柄鳞菊 **306576**
粉红伯萨木 **52965**
粉红布袋兰 79566
粉红布枯兰 **61906**
粉红叉柱兰 **86692**
粉红茶梅 **69602**
粉红翅鸭嘴花 **214764**
粉红翅籽草海桐 **405302**
粉红重瓣木芙蓉 **195052**
粉红重瓣平滑山楂 **109795**
粉红槌蕊桃金娘 **243292**
粉红刺头菊 **108395**
粉红大刺爵床 **377502**
粉红丹比亚木 135795
粉红丹氏梧桐 **135795**
粉红单瓣玫瑰 336908
粉红倒挂金钟 **168783**
粉红滇藏杜鹃 **331961**
粉红动蕊花 **216455**
粉红杜鹃 **331408**
粉红短柱茶 **69532**
粉红钝叶短柱茶 **69408**
粉红多被野牡丹 **304171**
粉红多穗兰 **310573**
粉红二郎箭 296124

粉红肥根兰属 **67240**
粉红狒狒花 **46118**
粉红分蘖瓦松 **275383**
粉红凤卵草 **296897**
粉红伽蓝菜 **215245**
粉红公主锦带花 **413596**
粉红拱手花篮 **195219**
粉红谷木 **250057**
粉红过江藤 **296124**
粉红哈克 184596
粉红哈克木 **184596**
粉红海地兰 **324692**
粉红海棠 243704
粉红合果芋 **381865**
粉红亨勒茜 **192002**
粉红厚被菊 **279568**
粉红厚敦菊 **277138**
粉红厚壳树 **141695**
粉红蝴蝶兰 293600
粉红花白千层 **248108**
粉红花斑鸠菊 **406740**
粉红花滨飞蓬 **150666**
粉红花茶 **69641**
粉红花刺头菊 **108393**
粉红花丹氏梧桐 **135972**
粉红花鹿蹄草 **322843**
粉红花美国薄荷 257165
粉红花木槿 **195138**
粉红花木蓝 **206478**
粉红花南非吊金钟 **296109**
粉红花鸟足兰 **347888**
粉红花欧石南 **149988**
粉红花三托叶淫羊藿 **147069**
粉红花手玄参 **244854**
粉红花双距兰 **133917**
粉红花唐菖蒲 **176501**
粉红花瓦尔报春 **315114**
粉红花香芙蓉 **81223**
粉红花小麦秆菊 190819
粉红花栒子 **107656**
粉红花崖豆藤 **254823**
粉红花裕民贝母 **168647**
粉红鸡脚参 **275757**
粉红假马鞭 **373510**
粉红假鼠麹草 **317767**
粉红假双毛藤 **317645**
粉红尖唇石豆兰 **62969**
粉红坚果番杏 **387209**
粉红间刺兰 **252281**
粉红箭花藤 **168322**
粉红金银花 236073
粉红锦竹草 **67153**
粉红晶春石南 149165
粉红景天 **357087**
粉红韭莲 417630
粉红菊 **220660**
粉红考姆兰 **101628**
粉红孔雄蕊香 **375370**
粉红库塞木 **218390**
粉红阔苞菊 **305077**
粉红喇叭木 **382715**
粉红蜡菊 **189709**
粉红里顿爵床 **334854**
粉红瘤蕊紫金牛 **271095**
粉红卢氏雪光花 **87769**
粉红鲁斯特茜 **341037**
粉红罗顿豆 **237417**
粉红马岛外套花 **351722**
粉红马卡野牡丹 **240222**
粉红芒柄花 **271569**
粉红毛鸭嘴草 **209355**
粉红毛子草 **153272**
粉红梅里野牡丹 **250679**
粉红密头帚鼠麹 **252467**
粉红蜜茱萸 **249138**
粉红绵毛酢浆草 **277921**
粉红膜蕊紫金牛 **200852**
粉红莫顿苣苔 **264210**
粉红南非禾 **290023**
粉红拟阿福花 **39492**
粉红拟辛酸木 **138031**
粉红鸟花兰 **269549**
粉红欧石南 **150094**
粉红攀木 **292458**
粉红婆婆纳 **407315**
粉红瀑布柽柳 **383596**
粉红瀑布扫帚叶澳洲茶 **226493**
粉红瀑布远志叶薄子木 **226475**
粉红奇鸟菊 **256275**
粉红麒麟吐珠 **279770**
粉红球 **244213**
粉红曲花 **120588**
粉红肉被野牡丹 **110592**
粉红乳睡莲 **267634**
粉红箬棕 **341426**
粉红萨比斯茜 **341671**
粉红三花欧石南 **150161**
粉红三芒蕊 **398061**
粉红色罗山龙眼 **361215**
粉红沙地马鞭草 710
粉红沙马鞭 **710**
粉红山柑 **71739**
粉红山景杜鹃 331408
粉红山莓 **338282**
粉红山银钟花 **184747**
粉红圣诞果 **88076**
粉红湿生石南 372917
粉红柿 **132374**
粉红树形杜鹃 **330113**
粉红双距兰 **133922**
粉红水苏 **373414**
粉红四叶苣苔 **387468**
粉红溲疏 **127071**
粉红穗苞叶兰 **58418**
粉红穗石豆兰 **63041**
粉红塔利木 **383368**
粉红昙石南 **372917**
粉红唐菖蒲 **176509**
粉红糖果木 **99470**
粉红土楠 **145321**
粉红丸 **234936**
粉红蜗牛兰 **98090**
粉红无叶金雀花 **267183**
粉红五星花 **289832**
粉红西印度茜 **179549**
粉红菥蓂 **390259**
粉红喜荫花 **147385**
粉红细毛留菊 **198949**
粉红细叶芹 **84761**
粉红虾脊兰 **65923**
粉红仙人掌 **273036**
粉红显著欧石南 **149269**
粉红腺树葡萄 **120201**
粉红香茶菜 **324722**
粉红香水月季 **336816**
粉红小塞氏兰 **357377**
粉红小溲疏 **126834**
粉红肖蛇木 **251015**
粉红星大沙叶 **286438**
粉红星四叶石南 150136
粉红熊保兰 **352479**
粉红绣球 **199994**
粉红绣球藤 **95140**
粉红芽杜鹃 331870
粉红岩参 **90862**
粉红盐花蓬 **184672**
粉红杨梅 **261216**
粉红洋竹草 67153
粉红异齿蝇子草 **363539**
粉红异色仙灯 **67641**
粉红异籽葫芦 **25679**
粉红意大利半日花 **188595**
粉红银豆 **32889**
粉红银桦 **180631**
粉红羽毛菊 **190819**
粉红羽前虎杖 **328357**
粉红远志 **308313**
粉红越橘 403953
粉红珍珠菜 **239824**
粉红珍珠扫帚叶澳洲茶 **226494**
粉红舟蕊秋水仙 **22384**
粉红状芳香木 **38769**
粉红紫波 **28512**
粉红紫堇 **106395**
粉红紫荆 **83776**
粉红钻石圆锥绣球 **200046**
粉后风信子 **199595**
粉花安息香 **379439**
粉花八角 **204479**
粉花白木桉 **155625**
粉花膀胱果 374105
粉花宝容木 57275
粉花贝母 **168383**
粉花博龙香木 **57264**
粉花车叶草 **39409**
粉花赪桐 **96309**
粉花齿叶落新妇 **41833**
粉花重瓣麦李 **83212**
粉花春花香豌豆 **222861**
粉花春美草 **94355**
粉花唇柱苣苔草 **87955**
粉花粗糙龙胆 **173854**
粉花酢浆草 **277787**
粉花翠雀 **124240**
粉花倒挂金钟 168776
粉花倒卵叶岩梅 **127918**
粉花稻花木 **299314**
粉花地榆 **345888**
粉花蝶须 **26577**
粉花多叶蚊子草 **166106**
粉花二型叶紫菀 **40311**
粉花格里芦荟 **16869**
粉花光叶蔷薇 **336709**
粉花广东蔷薇 **336668**
粉花胡枝子 **226896**
粉花还阳参 **110854**
粉花茴芹 **299511**
粉花鸡蛋花 305213
粉花棘豆 **279130**
粉花芥属 **327242**
粉花决明 78425
粉花栝楼 **396276**
粉花乐母丽 **336030**
粉花裂叶筋骨草 **13116**
粉花凌霄 **281225**
粉花凌霄属 **281223**
粉花琉球杜鹃 **331762**
粉花马兜铃 **34357**
粉花麦李 **83211**
粉花猫爪苋 **93097**
粉花美国薄荷 **257165**
粉花墨西哥野牡丹 **193749**
粉花欧洲筋骨草 **13106**
粉花匍茎通泉草 **247011**
粉花秋海棠 **50251**
粉花秋水仙 **99347**
粉花软骨边越橘 **403838**
粉花瑞香 **122543**
粉花山扁豆 78425
粉花山黧豆 **222830**
粉花山羊豆 **169937**
粉花蛇根草 272290
粉花肾叶鹿蹄草 **322860**
粉花石斛 125233
粉花疏刺悬钩子 **339136**
粉花鼠麹木 **178053**
粉花溲疏 **127061**
粉花铁木桉 **155744**

粉花通贝里落新妇　**41853**
粉花猥实　217789
粉花蝟实　**217789**
粉花无心菜　**32181**
粉花锡叶藤　**386895**
粉花绣线菊　**371944**
粉花绣线梅　**263159**
粉花须川氏杜鹃　**332019**
粉花悬钩子　338267,339136
粉花雪灵芝　**32226**
粉花岩蔷薇　93212
粉花洋槐　334965
粉花野茉莉　379439
粉花野芝麻　220359
粉花异形木　**16029**
粉花蝇子草　**363982**
粉花玉叶金花　**260431**
粉花圆锥蔷薇　**336843**
粉花月见草　**269498**
粉花蚤缀　32181
粉花智利筒萼木　**99813**
粉花猪牙花　**154943**
粉桦　53572
粉环菊　89466
粉黄裂口花　**380000**
粉黄木槿　**194875**
粉黄南国玉　**267048**
粉回回苏　**290956**
粉姬木　**417592**
粉姬木属　**417590**
粉假狼紫草　**266624**
粉尖桤叶树　**96460**
粉蕉　260253
粉节草　308816
粉界叶掌　**186508**
粉金鸡菊　**104577**
粉堇色斑鸠菊　**406761**
粉茎报春　314634
粉茎相思树　**1502**
粉精灵威斯利白珠树　**172049**
粉景天　**356728**
粉景天青锁龙　**109283**
粉桔梗　302753
粉菊木　**199631**
粉菊木属　**199628**
粉巨人耀斑雪百合　**87760**
粉卷耳　**256470**
粉卷耳属　**256462**
粉壳杜鹃　**332050**
粉口儿茶　1120
粉口兰　**279859**
粉口兰属　**279852**
粉葵　286634
粉葵属　286580
粉蜡杜鹃　331928
粉兰属　**98490**
粉兰香草　**78014**
粉蓝木蓝　**206491**
粉蓝烟草　266043
粉榄仁树　**386615**
粉蕾木香　336875
粉蕾蔷薇　**336875**
粉藜　44400
粉丽花叶芋　**65221**
粉丽人大花夏枯草　**316106**
粉栎　**324304**
粉粒扁担杆　**180934**
粉粒赪桐　**96290**
粉粒鹿藿　**333371**
粉粒牻牛儿苗　**153902**
粉粒泡叶番杏　**138222**
粉粒天竺葵　**288456**
粉粒条裂牻牛儿苗　**153827**
粉粒肖叶柄花　**263726**
粉莲　180269
粉列当　**275196**
粉灵仙　94814
粉玲玉　**204753**
粉玲玉属　**204752**
粉龙血树　**137336**
粉鹿蹄草　322787
粉绿　31116
粉绿桉　**155587**
粉绿背白叶藤　**113594**
粉绿背绣线菊　**371960**
粉绿蓖叶兰　**128398**
粉绿萹蓄　**291747**
粉绿橙菀　**320690**
粉绿秤钩风　132931
粉绿垂果南芥　**30393**
粉绿刺十二卷　**186339**
粉绿迪西亚兰　128398
粉绿丁公藤　**154243**
粉绿凤仙花　**204985**
粉绿藁本　**229330**
粉绿狐尾藻　**261342**
粉绿虎皮楠　**122679**
粉绿花旗松　318585
粉绿黄牛木　**110282**
粉绿假风信子　**199546**
粉绿假山毛榉　**266871**
粉绿假水青冈　266871
粉绿芥　**59411**
粉绿决明　**78308**
粉绿可拉木　**99263**
粉绿离柱五加　**2383**
粉绿猕猴桃　6598
粉绿木姜子　**233926**
粉绿蒲公英　**384516**
粉绿忍冬　**235808**
粉绿润楠　240590
粉绿三小叶十大功劳　**242655**
粉绿山柳菊　**195626**
粉绿薯蓣　**131605**
粉绿蒿草　**217179**
粉绿藤　**279560**,230090
粉绿藤属　**279556**
粉绿铁线莲　**94946**
粉绿五味子　351041
粉绿西班牙冷杉　**443**
粉绿夏蜡梅　**68321**
粉绿小檗　**51668**
粉绿小冠花　105284
粉绿延胡索　105936
粉绿野丁香　226122
粉绿叶阿尔及利亚冷杉　**436**
粉绿叶阿米芹　**19665**
粉绿叶兜兰　**282824**
粉绿叶红果冷杉　**411**
粉绿叶美丽柏　**67418**
粉绿叶木蓝　**206021**
粉绿叶茄　**367178**
粉绿叶西班牙冷杉　443
粉绿叶壮丽冷杉　**454**
粉绿异裂苣苔　**317539**
粉绿益母草　224981
粉绿罂粟　282566
粉绿早熟禾　**305890**
粉绿猪殃殃　170289
粉绿竹　**297485**,297285
粉绿钻地风　**351806**
粉麻黄　**146211**
粉麻树　**175309**
粉麻树属　**175308**
粉麻竹　**125504**
粉脉毛柄堇菜　**410077**
粉毛耳草　**187628**
粉毛冠雏菊　**84933**
粉毛赖因报春　**314891**
粉毛乱子草　**259642**
粉毛猕猴桃　**6593**
粉毛素馨　212019
粉美国绒毛绣线菊　**372107**
粉美人蕉　**71179**
粉末茄　**367538**
粉末银合欢　**227432**
粉牡丹　280307
粉木　121683
粉南美鼠刺　**155138**
粉南星　33325
粉囊寄生　**20987**
粉囊寄生属　**20986**
粉鸟娇花　**210917**
粉鸟爪堇菜　**410385**
粉帕树　380474
粉帕叶　407769
粉攀缘绣球　**200079**
粉苹婆　**376108**
粉扑花　66686
粉落草　217473
粉日本本氏茱萸　**51141**
粉日本草莓　**167636**
粉绒姬凤梨　**113377**
粉绒小凤梨　113377
粉乳草　321672
粉蕊黄杨　279744,279757
粉蕊黄杨属　279743
粉蕊椰属　119963
粉色高山鹿蹄草　**322781**
粉色光泽兰　**166837**
粉色龟头花　**86793**
粉色黄肉芋　**415200**
粉色六出花　**18071**
粉色扭柱豆　**378506**
粉色铺地半日花　**188759**
粉色蒲公英　**384488**
粉色山梅花　**294525**
粉色水婆婆纳　**407064**
粉色西番莲　**285654**
粉色悬铃花　**243934**
粉沙参　85972
粉山芹　**276770**
粉闪春花欧石南　**149165**
粉舌鳞托菊　**329800**
粉省沽油　**374091**
粉疏刺悬钩子　339136
粉疏花斧氏蔷薇　**336832**
粉蜀葵　13934
粉薯　245014
粉溲疏　127061
粉酸竹　**4594**
粉苔草　**76056**
粉棠果　336692
粉糖果　336692
粉糖花　255711
粉藤　92918,92920
粉藤果　**92724**
粉藤属　92586
粉田子　411735
粉条菜属　14471
粉条儿菜　**14529**
粉条儿菜属　**14471**
粉条儿菜沃森花　**413317**
粉莛报春　314863
粉葶报春　**314634**
粉茼蒿　322665
粉桐叶　407769
粉团　408027
粉团花　199853,199956,200038,255711,408027
粉团荚蒾　408027
粉团蔷薇　336792
粉团团　407865
粉菀　**215862**
粉菀属　**215860**
粉莴苣属　259918
粉乌舅　20132
粉雾春花欧石南　**149164**

粉显脉拉拉藤 **170447**
粉香根 **47146**
粉香菊 **171034**
粉香菊属 **171033**
粉楔叶绣线菊 371862
粉蟹甲属 **283021**
粉心菠萝 264415
粉心果 347969
粉星沼泽欧石南 **150136**
粉雄椰属 119963
粉玄参 **355219**
粉鸦葱 **354941**
粉芽鳞卫矛 **157838**
粉亚麻 **231948**
粉叶澳洲柏 67414
粉叶报春 **314365**
粉叶草 **138838**
粉叶草属 138829
粉叶椆 233306
粉叶大头苏铁 **145229**
粉叶地锦 416529
粉叶黄花 167634
粉叶黄毛草莓 **167634**
粉叶荚蒾 407769
粉叶金花 **260432**
粉叶决明 **360489**,78308,360490
粉叶柯 **233306**
粉叶柳 **343597**
粉叶轮环藤 **116019**
粉叶麻疯树 **212203**
粉叶猕猴桃 **6615**
粉叶内风消 351041
粉叶内消散 351041
粉叶南芥 30437
粉叶楠 **295365**
粉叶爬山虎 416529
粉叶秋海棠 **50335**
粉叶群花寄生 **11117**
粉叶润楠 **240591**
粉叶山地铁杉 399919
粉叶山矾 381217
粉叶蛇葡萄 **20406**
粉叶柿 **132121**,132175,132216
粉叶鼠尾草 **345351**
粉叶栓皮槭 **2840**
粉叶苏木 64979
粉叶铁线莲 94946
粉叶五层龙 **342646**
粉叶下延甜柏 **228643**
粉叶下延香松 228643
粉叶小檗 **52069**,51827,52220
粉叶新木姜子 **264025**
粉叶绣线菊 **371887**
粉叶栒子 **107462**
粉叶鸭脚树 18052
粉叶沿阶草 **272066**
粉叶羊蹄甲 **49098**
粉叶洋吊钟 **215122**
粉叶野木瓜 **374402**
粉叶野桐 **243362**
粉叶罂粟 **282566**
粉叶鱼藤 **283284**
粉叶玉凤花 **183662**
粉叶玉簪 **198646**
粉叶云实 **64979**
粉叶肿荚豆 **27465**
粉叶朱蕉 **104384**
粉叶紫堇 **106068**
粉蝇子草 **363928**
粉榆 401519
粉玉树 **414740**
粉玉树属 **414739**
粉芋 **99913**
粉郁金香 **400219**
粉远志 **308284**
粉云红蝟实 217788
粉云花叶芋 **65222**
粉云蝟实 **217788**
粉晕无心菜 **31913**
粉晕蚤缀 31913
粉渣渣 131706
粉珍珠大叶醉鱼草 **62030**
粉珍珠风信子 **199593**
粉枝柳 **344022**
粉枝莓 338183
粉质花马兜铃 34357
粉质南芥 **30259**
粉质千里光 **358853**
粉质青木香 34357
粉钟安息香 **379377**
粉钟杜鹃 **330198**
粉轴椰属 313952
粉昼花 **262142**
粉昼花属 **262138**
粉珠花 43309
粉珠花属 43306
粉竹 **416774**,125500,416773
粉柱苔 75664
粉妆兜舌兰 **282899**
粉妆花 94138
粉粧花 94138
粉状报春 **314563**
粉状柔毛一枝黄花 **368330**
粉仔菜 86901
粉子菜 87158
粉子头 255711
粉紫矮杜鹃 330913
粉紫重瓣木槿 **195294**
粉紫杜鹃 **330913**,331997
粉紫露子花 **123962**
粉紫色棘豆 **279132**
奋起湖黄鳝藤 **52415**
奋起湖冷水花 **298919**
奋起湖冷水麻 298919
奋起湖水麻 298919
奋起湖野茉莉 379347
粪虫叶 92777,209755
粪触脚 159092,159286
粪斗草 1790
粪箕笃 **375884**
粪箕藤 243437,375884
粪脚草 159092,159286
粪水药 143998
粪甜瓜 114189
粪桶草 106350
丰桉 155564
丰本 15843
丰城鸡血藤 66624,66639,370422
丰城崖豆藤 **66639**
丰岛蓟 **92449**
丰岛苔草 **76568**
丰德韦斯风铃草 **70046**
丰都车前 **301972**
丰富酢浆草 **277746**
丰富光淋菊 **276202**
丰富密枝玉 **252364**
丰富欧石南 **149271**
丰富苔草 **73736**
丰富舟叶花 **340621**
丰果彩穗木 **334354**
丰果车桑子 **135208**
丰果利切木 334354
丰果美洲接骨木 **345581**
丰果紫珠 66789
丰后箣 362131
丰后溲疏 **126855**
丰花安匝木 **310764**
丰花桉 **155564**
丰花草 **370847**
丰花草属 **57289**,370736
丰花草状蛇舌草 **269735**
丰花长叶蜡花木 **153334**
丰花大青 **96076**
丰花杜鹃 332155
丰花杜英 **141919**
丰花番茉莉 **61312**
丰花风兰 **24967**
丰花谷木 **250043**
丰花紧凑番茉莉 **61311**
丰花堇菜 **409851**
丰花蓝蓟 **141255**
丰花纽扣花 **194670**
丰花苹婆 **376199**
丰花秋牡丹 **23851**
丰花山柳菊 **195604**
丰花山楂 **109743**
丰花小蜡 **229618**
丰花银桦 **180597**
丰花月季 **336641**
丰花舟叶花 **340800**
丰丽球 **140862**
丰丽丸 140862
丰芦 405618
丰满酢浆草 **277943**
丰满凤仙花 **205188**
丰满毛兰 **148726**
丰明殿 244152
丰明球 **244015**
丰明丸 244015
丰瑞花 294509
丰实箭竹 **162689**
丰岁兰 117042
丰塔纳布留芹 **63490**
丰塔纳葱 **15301**
丰塔纳灯心草 **213117**
丰塔纳多节草 **307835**
丰塔纳橄榄芹 **142503**
丰塔纳胡萝卜 **123148**
丰塔纳互叶半日花 **168933**
丰塔纳姜味草 **253657**
丰塔纳金雀花 **120950**
丰塔纳马兜铃 **34184**
丰塔纳驼蹄瓣 418636
丰塔纳治疝草 **192955**
丰塔茄 **367164**
丰特阿魏 **163617**
丰特长穗毛莨 **326385**
丰特互叶半日花 **168934**
丰特桦 **53568**
丰特黄耆 **42381**
丰特蓝刺头 **140707**
丰特水苏 **373213**
丰特小籽拟漆姑 **370682**
丰特玄参 **355119**
丰特远志 **308317**
丰特杂雀麦 **350624**
丰羊茅 **138565**
丰羊茅属 **138564**
丰叶棘豆 **279083**
丰予白前 **409467**
丰予宽肋瘦片菊 **57627**
丰云丸 244130
风箆草 166380,166402
风不动 134037,165002,165515,319833
风不动属 134027
风不动藤 319833
风草 176839,239582
风草剪股颖属 **219022**
风草属 **405426**
风车 94814
风车扁蒴藤 **315359**
风车草 **180269**,96972,97056,118476,118477,118478,131551,170289,225009
风车草属 **180265**
风车儿 131645

风车果 **100298**,315359
风车果属 **100297**
风车藤 **11077**,196824,204625
风车藤属 100309,196821
风车羊耳蒜 **232245**
风车玉蕊属 **100302**
风车子 **100321**,131645
风车子对叶藤 **250159**
风车子槲寄生 **410998**
风车子属 **100309**
风车子树 100702
风船葛 73207,73208
风吹不动 50148
风吹草 365296
风吹果 217613
风吹柳 155578
风吹楠 **198508**
风吹楠属 **198507**
风吹藤 179947
风吹箫 **228321**
风吹箫属 **228319**
风灯盏 176839
风蝶草属 95606
风兜柯 **233164**
风饭寄生 410979
风骨木 129033
风鼓 45725,382582
风瓜 182580
风光 247456
风光草 247456
风滚草 344743
风滚菊 181930
风滚菊属 181929
风滚尾属 **402494**
风果彩鼠麹 **23679**
风果彩鼠麹属 **23678**
风寒草 78039,239597
风寒豆 360463
风蒿 21533
风葫芦草 225009
风花菜 **336200**,336250
风花叶山黄菊 **25492**
风桦 53335,53389
风姜 17733,114875
风兰 263867,356457,390917
风兰属 **24687**,263865,390486
风雷神 10926
风栗 78802
风凌草苔草 **73940**
风铃草 **70164**
风铃草桉 **155522**
风铃草景天 **318392**
风铃草蓝花参 **412611**
风铃草乐母丽 **335914**
风铃草属 **69870**
风铃草状白瑟木 **46630**
风铃草状草丝兰 **193225**
风铃草状茶 **69753**
风铃草状长筒莲 **107877**
风铃草状大果萝藦 **279417**
风铃草状吊灯花 **84034**
风铃草状多蕊石蒜 **175325**
风铃草状虎眼万年青 **274547**
风铃草状花荵 **307198**
风铃草状灰毛菊 **31199**
风铃草状棘豆 **278763**
风铃草状菊三七 **183071**
风铃草状蜡菊 **189222**
风铃草状离兜 **210134**
风铃草状立金花 **218846**
风铃草状裂口花 **379870**
风铃草状李果鹤虱 **335108**
风铃草状落萼旋花 **68346**
风铃草状欧石南 **149136**
风铃草状润肺草 **58836**
风铃草状石蚕 **388025**
风铃草状酸脚杆 **247541**
风铃草状茼蒿 **89786**
风铃草状瓦氏茜 **404813**
风铃草状文殊兰 **111183**
风铃草状鸭嘴花 **214400**
风铃花 997
风铃花属 837
风铃木 **45989**,382718
风铃木属 **45988**,382704
风铃扭果花 **377680**
风铃玉 **272516**
风铃玉属 272510
风菱 394426,394436
风流寡妇郁金香 **400165**
风流树 122532
风流丸 244011
风龙 364986
风龙属 364985
风龙藤 364986,364989
风轮菜 **96970**,96981,97043
风轮菜安龙花 **139445**
风轮菜斑鸠菊 **406242**
风轮菜属 **96960**
风轮菜状狗肝菜 **129245**
风轮草 96970,97043,220126
风轮桐 **147356**
风轮桐属 **147353**
风轮新塔花 **418126**
风麻花 123065
风毛菊 **348403**,348426
风毛菊花 348403
风毛菊属 **348089**
风毛菊状千里光 **359974**
风茅 117153
风茅草 117153
风帽草属 66252
风帽羊耳兰 232252
风帽羊耳蒜 232145
风气草 8012
风气药 300408
风枪林 157285
风茄儿 123065
风茄花 123061,123065
风芹 293038
风琴豆属 **217971**
风琴玉 **272540**
风庆大青 313622
风庆豆腐柴 **313622**
风庆连蕊茶 **69069**
风庆小檗 51730
风肉 346448
风沙藤 214959,214972,351014
风湿草 83644,288762,363090
风湿木 327022
风湿药 20868
风台草 282162
风苔草 114838
风瘫药 313197
风藤 **300427**,92741,92747,92907,94740,165619,165624,165759,214967,285157,300338,300548,341498,393657,402201
风藤草 94830,95226,187307,341579
风葳木属 24172
风箱 82098
风箱草 **297933**
风箱草属 **297932**
风箱果 **297837**
风箱果属 **297833**
风箱灵子 7830
风箱茜 **175756**
风箱茜属 **175753**
风箱属 82091
风箱树 **82107**,82098
风箱树属 **82091**
风箱树菟丝子 **114993**
风响树 311193
风响杨 311193
风信子 **199583**
风信子葱 **15152**
风信子科 **199541**
风信子兰属 **34895**
风信子毛兰 **148699**
风信子美韭 **398794**
风信子属 **199565**
风信子状绵枣儿 **352915**
风信子状蚁播花 **321893**
风须草 405872
风血草 209755
风血木 226739
风雅唐菖蒲 **176531**
风药 239215,239222,244985,295773
风叶藤 92616
风羽针茅 **23667**
风羽针茅属 **23666**
风雨花 285639,417613
风月 **225696**
风展 220355
风盏 220355
风筝果 **196824**
风筝果属 **196821**
风筝子 104175
风肿草 230286
风竹 **304041**
风子玉 **201095**
风子玉属 **201093**
枫 232557
枫草儿 201942
枫饭树 407977
枫港柿 132454
枫荷 125604
枫荷桂 125604,347413
枫荷梨 125604
枫荷梨藤 187307
枫桦 53389
枫寄生 410979,411048
枫榔 204504
枫柳 320377
枫茅 **117273**,117218
枫木 3127
枫木寄生 241317,385208,411016
枫木鞘花 241317
枫鞘花 241317
枫茄花 123065,123077
枫茄香 21682
枫茄子 123065
枫树 232557,374102
枫树寄生 410979,411048
枫桃 **273975**
枫桃属 **273974**
枫藤 20335,285157
枫头棵 73337
枫香 232557,232565
枫香槲寄生 **411048**
枫香寄生 410979,411048
枫香科 232580
枫香木 232557
枫香属 232550
枫香树 **232557**
枫香树科 **232580**
枫香树属 **232550**
枫香细辛 50148
枫香叶槭 **3697**
枫桠树 160954
枫杨 **320377**,320358
枫杨柳 320358
枫杨属 **320346**
枫叶栎 **323595**

枫叶槭 3697
枫叶参属 250873
枫榆 32988
枫仔树 232557
枫子树 232557
封闭非洲兰 **320955**
封草 226742
封怀凤仙花 **204946**
封开地黄连 **259880**
封开杜鹃 331031
封开酒饼簕 **43725**
封开蒲葵 **234177**
封开忍冬 **235780**
封开钟萼草 **231258**
封口好 300504
封蜡棕 **120782**
封蜡棕属 **120779**
疯草 279156
疯狗薯 401160
疯姑娘 108587
疯马豆 278919
疯气树 125604
疯药 25442
峰芥 72910
峰峦鹅观草 **335247**
峰峦披碱草 **144211**
峰山赤竹 **347253**
葑 59575,339897
葑苁 59575
锋芒草 **394390**
锋芒草属 **394372**
蜂矮船兰 **85123**
蜂草 249494
蜂巢草 **227554**,227739
蜂巢菊 **46942**
蜂巢菊属 **46941**
蜂巢马兜铃 34187
蜂巢眉兰 **272494**
蜂巢茜属 **97852**
蜂出巢 **81911**
蜂出巢属 **81909**,198821
蜂刺爵床 **249534**
蜂刺爵床属 **249533**
蜂斗菜 **292374**,292404
蜂斗菜千里光 **359725**
蜂斗菜属 **292342**
蜂斗菜状蟹甲草 **283857**
蜂斗草 **368874**
蜂斗草属 **368869**
蜂斗花 400675
蜂斗叶 292374
蜂斗叶属 292342
蜂房金花小檗 **52372**
蜂房叶山胡椒 **231341**
蜂花眉兰 **272416**
蜂兰属 272395
蜂麻 175879
蜂蜜果 59127
蜂蜜花 203231
蜂蜜树 228001
蜂蜜树花 228001
蜂鸟花 **240760**
蜂鸟花属 **240750**
蜂鸟莓属 240750
蜂雀桤叶树 **96459**
蜂室花 **203231**,203184
蜂室花属 203181
蜂棠花 216085
蜂糖罐 59127,327435,336675,
345214
蜂糖花 59127
蜂窝草 96970,97043,227554,
227739,276090,276135
蜂窝葱 **15730**
蜂窝酢浆草 **277857**
蜂窝菊 13011,383090
蜂窝流苏树 **87705**
蜂窝露兜树 **280973**
蜂窝马兜铃 **34187**
蜂窝木姜子 **233914**
蜂窝欧洲山松 **300089**
蜂窝秋海棠 49607
蜂窝球百合 **62340**
蜂窝酸模 **340058**
蜂窝五层龙 **342588**
蜂窝小地榆 **345861**
蜂窝叶马兜铃 34187
蜂窝状阿氏莎草 **615**
蜂窝状厚壳树 **141697**
蜂窝子属 235246
蜂窝紫纹鼠麹木 **269256**
蜂箱草 **120477**
蜂箱草属 **120476**
蜂箱果 **120479**
蜂箱果属 **120478**
蜂腰变叶木 98194
蜂腰兰 **63389**
蜂腰兰属 **63388**
蜂衣仙子 233078
蜂玉凤花 **183719**
蜂子草 78039
蜂子花 239967,312571
蜂子芪 312571
蜂子王 202070,202204
冯克兰 **169225**
冯克兰属 **169223**
冯钦三宝木 **397360**
冯氏高山薄果荠 **198481**
冯氏青篱竹 37189
冯氏乌头 5539
冯氏藏芥 **293367**
冯氏槠 **116090**
逢春安息香 **379402**
逢春假卫矛 **254315**
逢濑赤竹 **347330**
逢人不见面 33349
逢人打 269613
逢霜红 203422
逢仙草 95978
缝裂丝花苣苔 **263322**
缝线海桐 **301367**
缝线麻 169245
缝线麻属 169242
缝籽木属 **172708**
凤城栎 **323904**
凤城卫矛 **157711**
凤雏玉 102487
凤丹 **280258**
凤党 98395
凤蝶柏 121933
凤蝶兰 **282934**
凤蝶兰属 **282929**
凤瓜 **182580**
凤冠球 **2101**
凤冠丸 2101
凤果 171136
凤花 147291
凤皇蛋 115884
凤凰草 50669,61935,329866,
388247
凤凰肠 31396
凤凰刺椰属 295437
凤凰蛋 115897
凤凰杜鹃 **331583**
凤凰短柄草 **58601**
凤凰花 **295429**,123811,173811
凤凰花草 360463
凤凰花属 **295426**
凤凰鸡 309507
凤凰豇豆 **409007**
凤凰堇菜 **410667**,409714
凤凰柳 343560,343562
凤凰毛 171842
凤凰木 **123811**
凤凰木属 **123801**
凤凰润楠 **240671**
凤凰沙参 **7844**
凤凰山珊瑚 **44901**
凤凰山石豆兰 **62725**
凤凰山苔草 **74496**
凤凰山楂 110003
凤凰十二卷 **186430**
凤凰宿柱苔草 **74824**
凤凰头花草 **82174**
凤凰窝 175417
凤凰翔 31396
凤凰椰属 **376400**,295437
凤凰玉 **43498**
凤凰蜘蛛抱蛋 **39539**
凤凰竹 47345,47347
凤凰竹属 47174
凤凰爪 369010
凤姜 418031
凤交尾 226742
凤颈草 405872
凤兰 116815,263867
凤兰属 54439,263865
凤梨 **21479**
凤梨阿卡果 **2751**
凤梨百合 **156022**
凤梨百合属 156011
凤梨草 296121
凤梨草莓 167597
凤梨科 **60557**
凤梨属 **21472**,60544
凤梨菀 **267234**
凤梨菀属 **267232**
凤梨子 162372
凤榴 163117
凤榴属 2750
凤卵 304340
凤卵草 304340
凤卵草露子花 **123967**
凤卵草属 **296868**
凤卵属 304336
凤卵玉属 304336
凤毛菊 348403
凤美柳 358271
凤美龙 358271
凤庆长蒴苣苔草 **129949**
凤庆冬青 **203807**
凤庆鸡血藤 214969
凤庆南五味子 **214969**
凤庆葡萄 **411668**
凤庆朴 **80636**
凤庆五味子 214969
凤山度量草 **256216**
凤山秋海棠 **49714**
凤头 182424
凤头百合属 156011
凤头黍 **6109**,263955
凤头黍属 **6099**
凤头仙人球 **182424**
凤尾 115884
凤尾柏 **85316**,85350,302734
凤尾草 178062,287324,289925,
329866
凤尾草属 289924
凤尾茶 143967,144037
凤尾花 71181
凤尾蕉 115812,115874,115884,
115897,295461
凤尾葵 **139321**
凤尾兰 395868,416607
凤尾芳 272856
凤尾笏 272856
凤尾连 103840
凤尾米筛花 375812

风尾七 180642,191312,329866
风尾日本扁柏 85316
风尾参 287276,287367,287605,287754,320976
风尾参属 320975
风尾蓍草 **3948**
风尾丝兰 **416607**
风尾松 115884,115897
风尾椰属 295437
风尾一枝蒿 191316
风尾竹 **47347**,47313,47345
风尾竹芋 **66205**
风尾棕 115884
风尾棕属 380553
风仙 204799
风仙草 204799
风仙花 **204799**
风仙花皋月杜鹃 **330918**
风仙花科 **47077**
风仙花属 **204756**
风仙透骨草 204799
风县柳 **342998**
风翔报春 **314985**
风绣玉 **284661**
风芽蒿 389638
风眼草 1790,12559,12564,345310
风眼果 376144
风眼花 141808
风眼兰 141808
风眼蓝 **141808**
风眼蓝属 **141805**
风眼莲 141808
风眼莲属 141805
风眼灵芝 101112
风眼前 301871,301952
风眼子 96398
风阳草 288762
风翼 50669,304367
风至赤竹 **347216**
风竹 **270435**,115884,172738
奉节贝母 168491
奉节杜英 **142315**
奉节鬼针草 **53903**
奉节细辛 **37695**
奉楠 91276,264046
佛贝氏樱草 314408
佛毕斯卡特兰 **79538**
佛得角杜鹃 **330830**
佛得角榕 **165724**
佛德角黄耆属 **306335**
佛堤豆 **298683**
佛堤豆属 **298680**
佛顶草 151257
佛顶果 25898
佛顶珠 23323,151257,191574,327525,396193,396238
佛豆 408393
佛杜树 212202
佛肚花 60259,212202
佛肚蕉 **145846**
佛肚苣苔属 60251
佛肚毛竹 **297310**
佛肚树 **212202**
佛肚苏铁 115810
佛肚天竺葵 **288140**
佛肚洋葵 288140
佛肚竹 **47508**,297203
佛尔西属 163415
佛耳 415046
佛耳草 176839,178062,198745,349936
佛柑 93604
佛光草 **345418**
佛海蕉草 352185
佛海拟芫 **352185**
佛海山柑 71750
佛海水葱 352185
佛甲草 **356884**,311852,356702,356841,357123
佛见笑 336783,339195
佛荐草属 **126743**
佛菊属 **12595**
佛葵 238957
佛来明豆 166897
佛来明豆属 166850
佛兰德木 166974
佛兰参 280799
佛劳利罗汉松 261976,306429
佛勒塞木麻黄 79164
佛里蒙德属 168215
佛里蒙特 168216
佛里蒙特属 168215
佛利碱茅 **321361**
佛罗里达八角 **204517**
佛罗里达白果棕 **390467**
佛罗里达稗 **140472**
佛罗里达瓣鳞花 **167814**
佛罗里达北美萝藦 **3791**
佛罗里达北美窄叶苔草 **74316**
佛罗里达茨藻 **262045**
佛罗里达刺子莞 **333573**
佛罗里达豆 **85985**
佛罗里达豆属 **85984**
佛罗里达榧树 **393089**
佛罗里达附属物兰 **315614**
佛罗里达葶菜 **336197**
佛罗里达红豆杉 **385375**
佛罗里达花凤梨 **392008**
佛罗里达环毛草 **116440**
佛罗里达黄顶菊 **166821**
佛罗里达黄眼草 **416047**
佛罗里达黄杨 105023
佛罗里达灰葡萄 **411618**
佛罗里达蓟 **92036**
佛罗里达尖膜菊 **201302**
佛罗里达金光菊 **339564**
佛罗里达金菊 **90198**
佛罗里达菊 **19783**
佛罗里达菊属 **19781**
佛罗里达卷舌菊 **380897**
佛罗里达康氏掌 **102821**
佛罗里达苦木 298500
佛罗里达库恩菊 **60120**
佛罗里达楝木 105023
佛罗里达肋泽兰 **60140**
佛罗里达裂叶金光菊 **339580**
佛罗里达柳 **343391**
佛罗里达绿眼菊 **52836**
佛罗里达美蟹甲 **34804**
佛罗里达棉毛苋 **168687**
佛罗里达膜质菊 201302
佛罗里达诺林兰 **266484**
佛罗里达普罗兰 **315511**
佛罗里达槭 **2966**,2797
佛罗里达雀稗 **285437**
佛罗里达染料木 **172973**
佛罗里达塞子木 **224276**
佛罗里达色罗里阿 361189
佛罗里达色罗山龙眼 **361189**
佛罗里达山梗菜 **234487**
佛罗里达山核桃 **77893**
佛罗里达绶草 **372206**
佛罗里达梳齿菊 **286887**
佛罗里达薯蓣 **131590**
佛罗里达双果雀稗 **20581**
佛罗里达水鬼蕉 **200919**
佛罗里达四照花 **105023**
佛罗里达苏铁 417006
佛罗里达酸模 **340056**
佛罗里达苔草 **74575**
佛罗里达糖槭 2797
佛罗里达铁兰 392008
佛罗里达托鞭菊 77228
佛罗里达王椰 337879
佛罗里达围柱兰 **145298**
佛罗里达莴苣 **219321**
佛罗里达细钟花 **403669**
佛罗里达苋 **18717**
佛罗里达香芸木 **10621**
佛罗里达向日葵 **188967**
佛罗里达小芜萍 **414684**
佛罗里达雅坎木 **211374**
佛罗里达眼子菜 **312115**
佛罗里达野黍 **151669**
佛罗里达银钟花 **184749**
佛罗里达油麻藤 **259573**
佛罗里达泽米 417006
佛罗里达栀子 **171255**
佛罗里达柱瓣兰 **146420**
佛罗里达柱丝兰 **263310**
佛罗伦萨茴香 **167164**
佛罗伦萨岩蔷薇 **93146**
佛罗伦萨鸢尾 208565
佛螺 67314
佛敏葱 **15300**
佛敏罗马风信子 **50759**
佛敏山柳菊 **195607**
佛摩斯银叶树 **192491**
佛欧里画眉草 **147670**
佛欧里马唐 **130547**
佛欧里碎米荠 **72746**
佛茄儿 123077
佛桑 195149
佛桑花 195269
佛山九里香 260169
佛氏扁芒草 **122227**
佛氏桦 **53441**
佛氏蜡菊 **189361**
佛氏马先蒿 **287222**
佛氏木兰 244439
佛氏木麻黄 79164
佛氏落草 **217469**
佛氏通泉草 246978
佛氏小苦竹 **304110**
佛氏栒子 107451
佛手 93408,93604
佛手柑 **93604**,93603
佛手根 17733
佛手瓜 **356352**
佛手瓜属 **356350**
佛手七 397622
佛手榕 165111
佛手参 182230,182235,182244,182262
佛手香柑 93604
佛手香橼 93604
佛手掌 **77441**,177469
佛手掌属 **77429**
佛手仔 157675
佛塔 **61167**
佛塔树属 **47626**
佛塔柱属 **46008**
佛特蒙悬钩子 **339443**
佛头 61167
佛头果 25898
佛头花 407989,408009
佛头日本栗 **78784**
佛西糖槭 **3551**
佛相花 219933
佛心草 202146
佛焰苞棒头草 **310122**
佛焰苞蔗草 353606
佛焰苞草 **370312**
佛焰苞草属 **370311**
佛焰苞葱 **15784**
佛焰苞顶冰花 **169503**
佛焰苞短片帚灯草 **142991**

佛焰苞狒狒花 **46135**
佛焰苞红蕾花 **416990**
佛焰苞节茎兰 **269237**
佛焰苞九顶草 **145785**
佛焰苞九节 **319845**
佛焰苞飘拂草 **166493**
佛焰苞尤利菊 **160874**
佛焰苞杂色豆 **47821**
佛焰龙胆 **173912**
佛焰猫尾木 135327
佛焰紫万年青 394076
佛爷伞 41872
佛爷指甲 388583
佛掌七 280793
佛掌榕 165111,165671
佛掌薯 131772
佛指 **175820**
佛指草 32696
佛指柑 175813
佛指花 112667
佛指甲 112667,175813,200784,356884,356953,357123
佛州八角 204517
佛州四照花 105023
佛州苏铁 417006
佛珠 216637
佛竹 47508
佛座 220355,237961
佛座草 220355
彿 204583
否筷科 167563
夫儿苗 68692,68724
夫儿妙 68676
夫兰氏榄仁 386537
夫立基矢车菊 **81277**
夫落哥椆属 295008
夫人生石花 **233651**
夫栘 19248
枎栘 19248,19292
枎栘木 19292
枎栘属 19240
肤木 332509
肤如 329366,329372,329401
肤杨树 332509
麸椴 **301530**
麸椴属 **301527**
麸杨 332509
稃苞黄鹌菜 416461
稃柄草 **139926**
稃柄草属 **139925**
稃莛 371090
稃莛属 371087
稃蜡菊 **189637**
稃薯蓣 **131751**
敷地两耳草 187544
敷粉瓣鳞花 167813
敷烟树 332509
敷药 367632
弗草属 404610
弗迪木属 168306
弗尔夹竹桃属 **167405**
弗尔南德斯槐 **369006**
弗吉拉小果松 **254091**
弗吉尼亚春美草 **94373**
弗吉尼亚蝶须 **26618**
弗吉尼亚堆心菊 **188442**
弗吉尼亚腹水草 **407507**
弗吉尼亚胡枝子 **227012**
弗吉尼亚虎耳草 **350032**
弗吉尼亚蓟 **92476**
弗吉尼亚金缕梅 185141
弗吉尼亚李氏禾 **224007**
弗吉尼亚栎 **324544**
弗吉尼亚烈味三叶草 **393363**
弗吉尼亚六柱兜铃 **194591**
弗吉尼亚龙胆 **268079**
弗吉尼亚龙胆属 268074
弗吉尼亚木兰 242341
弗吉尼亚蔷薇 **337007**
弗吉尼亚雀麦 **60867**
弗吉尼亚蛇葡萄 **20460**
弗吉尼亚鼠刺 210421
弗吉尼亚田皂角 **9665**
弗吉尼亚铁苋菜 **2008**
弗吉尼亚绣线菊 **372134**
弗吉尼亚延龄草 **397598**
弗吉尼亚盐角草 **342900**
弗吉尼亚羊胡子草 **152796**
弗吉尼亚野麦 **144528**
弗吉尼亚银莲花 24112
弗吉尼亚樱桃 316918
弗吉尼亚圆叶桦 **53630**
弗吉尼亚州柿 132466
弗吉尼亚紫茎 376452
弗吉特属 167537
弗拉奥蒿 **35493**
弗拉奥庭荠 **18383**
弗拉奥羽叶香菊 **93887**
弗拉芒蒿状大戟 **158789**
弗拉米尼木瓣树 **415781**
弗拉米尼茄 **367160**
弗拉米尼肉果荨麻 **402293**
弗拉明戈苏格兰欧石南 **149221**
弗拉纳根澳非萝藦 **326745**
弗拉纳根拜卧豆 **227051**
弗拉纳根斑鸠菊 **406335**
弗拉纳根簕柊 **354607**
弗拉纳根长筒莲 **107982**
弗拉纳根触须兰 **261795**
弗拉纳根大戟 **158902**
弗拉纳根吊灯花 **84097**
弗拉纳根盾舌萝藦 **39625**
弗拉纳根费利菊 **163205**
弗拉纳根凤仙花 **204957**
弗拉纳根格尼瑞香 **178604**
弗拉纳根管花鸢尾 **382407**
弗拉纳根红柱树 **78670**
弗拉纳根壳萼玄参 **177534**
弗拉纳根蜡菊 **189346**
弗拉纳根老鹳草 **174612**
弗拉纳根里奥萝藦 **334734**
弗拉纳根蜜兰 **105545**
弗拉纳根穆拉远志 **259991**
弗拉纳根欧石南 **149447**
弗拉纳根青锁龙 **109019**
弗拉纳根苘麻 **889**
弗拉纳根曲花 **120556**
弗拉纳根塞拉玄参 **357509**
弗拉纳根手玄参 **244790**
弗拉纳根唐菖蒲 **176199**
弗拉纳根娃儿藤 **400885**
弗拉纳根小金梅草 **202858**
弗拉纳根掷爵床 **139872**
弗拉氏木兰 242110
弗拉索老鹳草 **175000**
弗来歇氏柳叶菜 146700
弗莱彻美国花柏 85280
弗莱克百簕花 **55324**
弗莱克布里滕参 **211499**
弗莱克大戟 **158903**
弗莱克肋瓣花 **13786**
弗莱克镰穗草 **306822**
弗莱克龙面花 **263409**
弗莱克鹿藿 **333238**
弗莱克木槿 **194877**
弗莱克娃儿藤 **400886**
弗莱明凤仙花 **204959**
弗莱特飞蓬 **150637**
弗莱特金千里光 **279910**
弗兰茨基大戟 **158916**
弗兰格早熟禾 **306150**
弗兰克斯大戟 **158918**
弗兰克斯革花萝藦 **365663**
弗兰克斯润肺草 **58870**
弗兰克斯束尾草 **293212**
弗兰克斯油芦子 **97357**
弗兰克苔草 **74601**
弗兰木 **167833**
弗兰木属 **167832**
弗兰西氏柳叶菜 **146705**
弗郎鼠李 328701
弗朗刺头菊 **108290**
弗朗菊属 **167843**
弗朗卷瓣兰 **62743**
弗朗克·路德洛鸡肉参 **205569**
弗朗奇迪 107451
弗朗千里光 **358914**
弗朗西斯虎尾兰 **346083**
弗朗西斯科格尼瑞香 **178607**
弗朗西斯科尖刺联苞菊 **52704**
弗朗西斯科远志 **308062**
弗朗西斯蒲桃 **382537**
弗朗谢葶苈 **136996**
弗劳恩卫矛 **167885**
弗劳恩卫矛属 **167884**
弗劳克福雷铃木 **168277**
弗劳克拉菲豆 **325144**
弗劳克乐母丽 **336084**
弗劳克麦瓶草 **364191**
弗劳克欧石南 **150261**
弗劳克十二卷 **186842**
弗劳克双盛豆 **20794**
弗劳克外卷鼠麹木 **22191**
弗劳克肖鸢尾 **258716**
弗劳克脂麻掌 **171781**
弗勒丁风铃草 **70048**
弗勒丁黄耆 **42386**
弗勒里九节 **319545**
弗勒里鞘蕊野牡丹 **370296**
弗勒里神秘果 **381984**
弗勒里陀螺树 **378321**
弗勒木 **166941**
弗勒木属 **166940**
弗勒沼花属 166991
弗雷彻花柏 **85280**
弗雷翠雀花 **124222**
弗雷德·查普尔帚石南 **67477**
弗雷德里克露子花 **123875**
弗雷德里克鸟娇花 **210794**
弗雷德里克舟叶花 **340690**
弗雷德里库钉头果 **179030**
弗雷恩冰石竹 **127714**
弗雷黑德芦荟 **17407**
弗雷菊 **168237**
弗雷菊属 **168236**
弗雷蒙沟酸浆 **255201**
弗雷蒙金田菊 **222601**
弗雷蒙千里光 **358916**
弗雷蒙特野荞麦 **152328**
弗雷森千里光 **358919**
弗雷沙漠木 **148361**
弗雷山柳菊 **195608**
弗雷舌唇兰 **302331**
弗雷斯帝王花 **82325**
弗雷斯狒狒花 **46061**
弗雷斯乐母丽 **335964**
弗雷斯立金花 **218865**
弗雷斯露子花 **123874**
弗雷斯蔓舌草 **243258**
弗雷斯南非萝藦 **323501**
弗雷斯泡叶番杏 **138173**
弗雷斯日中花 **220558**
弗雷斯银叶花 **32715**
弗雷斯脂花萝藦 **298171**
弗雷斯舟叶花 **340689**
弗雷特堇菜 409989
弗雷菥蓂 **390233**
弗雷泽红花金丝桃 **394810**

弗雷泽木兰　242110
弗雷泽山柳菊　**195613**
弗雷泽石楠　**295612**
弗里堡秋海棠　**49855**
弗里德里西斑鸠菊　**406181**
弗里德里西闭鞘姜　**107222**
弗里德里西翅苹婆　**320986**
弗里德里西厚膜树　**163399**
弗里德里西美冠兰　**156717**
弗里德里西脐果山榄　**270638**
弗里德里西鞘蕊花　**99511**
弗里德里西榕　**164618**
弗里德里西三角车　**334567**
弗里德里西索林漆　**369748**
弗里德里西铁线子　**244524**
弗里德里西五层龙　**342582**
弗里德里西细爪梧桐　**226256**
弗里德里西獐牙菜　**380108**
弗里德利希肉锥花　**102226**
弗里登堡光淋菊　**276225**
弗里尔　168222
弗里尔属　168221
弗里卡特小檗　**51641**
弗里克大翅蓟　**271690**
弗里克蓟　**91984**
弗里库尔特杨　**311565**
弗里兰珊瑚兰　**104018**
弗里曼木兰　**241952**
弗里曼槭　**2976**
弗里芒木属　168215
弗里芒氏杨　**311324**
弗里蒙特枸杞　**239052**
弗里蒙特卡尔亚木　171552
弗里蒙特莱氏菊　**223483**
弗里蒙特十大功劳　**242536**
弗里蒙特杨　311324
弗里奇鬼针草　**53775**
弗里乳香树　**57521**
弗里沙漠木　**148362**
弗里石草　**350081**
弗里石草属　**350079**
弗里思凤仙花　**204965**
弗里思纳丽花　**265273**
弗里思肖鼻叶草　**287945**
弗里斯巴氏锦葵　**286621**
弗里斯斑鸠菊　**406342**
弗里斯苞叶兰　**58388**
弗里斯大戟　**158923**
弗里斯芙兰草　**168846**
弗里斯画眉草　**147689**
弗里斯还阳参　**110813**
弗里斯黄眼草　**416070**
弗里斯假稻　**223982**
弗里斯豇豆　**408887**
弗里斯可利果　**96863**
弗里斯苦瓜　**256823**
弗里斯老鸦嘴　**390773**
弗里斯芦荟　**16836**
弗里斯前胡　**292860**
弗里斯三角车　**334622**
弗里斯蛇舌草　**269820**
弗里斯十字爵床　**111715**
弗里斯唐松草　**388516**
弗里斯乌口树　**385010**
弗里斯锡生藤　**92529**
弗里斯小丽草　**98450**
弗里斯须芒草　**22667**
弗里斯悬钩子　**338441**
弗里斯雪木千里光　**125719**
弗里斯叶下珠　**296576**
弗里斯银豆　**32811**
弗里斯银莲花　**24087**
弗里斯忧花　**241631**
弗里斯鱼骨木　**71446**
弗里斯猪屎豆　**112158**
弗里斯砖子苗　**245344**
弗里斯紫瓣花　**400070**
弗里西属　412337
弗里野牡丹　**168666**
弗里野牡丹属　**168665**
弗里紫葳　**168286**
弗里紫葳属　**168285**
弗力希王大岩桐　**364758**
弗龙兰　**168714**
弗龙兰属　**168713**
弗罗番荔枝　**168704**
弗罗番荔枝属　**168702**
弗罗里达椴　**391715**
弗罗姆草　**168712**
弗罗姆草属　**168711**
弗罗姆尺冠萝藦　**374163**
弗罗姆风车子　**100470**
弗罗木属　**168697**
弗洛草　**168718**
弗洛草属　**168717**
弗洛德曼蓟　**91976**
弗洛朗蒂亚观音兰　**399082**
弗洛朗山芹　**276747**
弗洛雷凤仙花　**204962**
弗洛雷指腺金壳果　**121153**
弗洛山龙眼　**167061**
弗洛山龙眼属　**167060**
弗内德利森金露梅　**312579**
弗纳尔德刺子莞　**333569**
弗纳尔德苔草　**75340**
弗纳尔德鸢尾　**208557**
弗奇欧丁香　382349
弗瑞达·巴利达荷兰菊　**40929**
弗瑞德·斯托克间型松毛翠　**297029**
弗瑞氏黑三棱　**370068**
弗瑞氏眼子菜　**312123**
弗氏桉　**155583**
弗氏苞舌兰　370402
弗氏大泽米　**241460**
弗氏蝶须　**26413**
弗氏独蒜兰　304248
弗氏番红花　**111536**
弗氏番石榴　**318740**
弗氏风毛菊　**348327**
弗氏合欢　**13690**
弗氏黑杨　311324
弗氏加拿大葱　**15151**
弗氏碱茅　**321278**
弗氏胶枞　285
弗氏锦葵　**168733**
弗氏锦葵属　**168732**
弗氏克美莲　**68797**
弗氏老鹳草　**174622**
弗氏冷杉　**377**
弗氏流星花　**135160**
弗氏柳叶菜　**146700**
弗氏芦荟　**17032**
弗氏萝藦　**168222**
弗氏萝藦属　**168221**
弗氏木兰　**242110**
弗氏拟红门兰　**318212**
弗氏皮姆番杏　**294387**
弗氏棋盘花　**417899**
弗氏千里光　**358912**
弗氏鞘叶树　**181041**
弗氏肉叶芥　59738
弗氏丝穗木　**171552**
弗氏糖芥　**154456**
弗氏桃　**20919**
弗氏弯籽木　**98105**
弗氏腺萼菊　**68280**
弗氏香脂冷杉　**285**
弗氏小檗　**51640**
弗氏绣线菊　371915
弗氏癣豆　**319356**
弗氏鸦葱　**354859**
弗氏猪殃殃　**170535**
弗思风兰　**24852**
弗斯特克花柏　**85281**
弗州北美紫草　**271870**
弗州滨紫草　**250914**
弗州草莓　**167663**
弗州鹅耳枥　**77264**
弗州冠须菊　**405973**
弗州鹤虱　**221770**
弗州灰毛豆　**386365**,386358
弗州假鹤虱　**184320**
弗州克里菊　218213
弗州雷曼草　**244377**
弗州蓼　**309940**
弗州列当　**275255**
弗州鹿草　**329427**
弗州路边青　**175459**
弗州美地草　**247228**
弗州山薄荷　321964
弗州蛇鞭菊　**228505**
弗州双袋兰　**134365**
弗州双冠苣　**218213**
弗州酸浆　**297740**
弗州田梗草　**200488**
弗州银莲花　**24112**
弗州蝇子草　364175
弗州鸢尾　**208932**
弗州之火杜鹃　330190
伏垂银莲花　321667
伏地白珠　**172157**
伏地萹蓄　**308788**
伏地菜　397451
伏地草科　354570
伏地杜　87679
伏地杜鹃　**87679**,146523,331722
伏地杜鹃属　**87668**
伏地杜属　87668
伏地肤　217353
伏地筋骨草　13091
伏地老　175203
伏地蓼　308788
伏地柳杉　**113717**
伏地龙胆　173387
伏地蜈蚣草　375726
伏地延胡索　105810
伏丁　280213
伏尔夫毡毛槭　**3739**
伏尔加草木犀　**249263**
伏尔加侧金盏花　**8390**
伏尔加刺头菊　**108239**
伏尔加大戟　**160067**
伏尔加大蒜芥　**365649**
伏尔加黄耆　**43251**
伏尔加丽豆　**67789**
伏尔加婆罗门参　**394358**
伏尔加山柳菊　**196091**
伏尔加山楂　**110110**
伏尔加水苏　**373480**
伏尔加小麦　**399006**
伏尔加鸦跖花　278481
伏尔加蝇子草　**364216**
伏贡　280213
伏瓜　114292
伏花　40000,207151
伏黄芩　**355683**
伏茎紫堇　105810
伏康树　412079
伏康树属　412078
伏辣子　161373
伏兰　**248047**
伏兰属　**248046**
伏麻　56195
伏毛八角枫　**13355**
伏毛北乌头　**5338**
伏毛草乌头　5338
伏毛粗叶木　**222090**

伏毛杜鹃 **331896**
伏毛短柄乌头 5070
伏毛萼羽叶楸 **376291**
伏毛肥肉草 167299
伏毛鬼灯檠 **335149**
伏毛虎耳草 **349947**
伏毛黄芪 42358
伏毛黄耆 **42358**
伏毛金露梅 **312599**
伏毛棱喙毛茛 **326471**
伏毛蓼 **309644**
伏毛楼梯草 **142852**,142612
伏毛毛茛 **325989**
伏毛木里乌头 **5485**
伏毛南芥 **30298**
伏毛千日红 **179248**
伏毛山草莓 362341
伏毛山茶 **69214**
伏毛山豆根 **155892**
伏毛山莓草 **362341**
伏毛天芹菜 **190708**
伏毛铁棒棒 5200
伏毛铁棒槌 **5200**
伏毛铁棒锤 5200
伏毛突节老鹳草 **174685**
伏毛绣球藤 **95128**
伏毛绣线菊 **372095**
伏毛异药草 167299
伏毛异药花 167299
伏毛银莲花 **23906**
伏毛银露梅 **312638**
伏毛羽叶楸 376291
伏毛珍珠茅 **354003**
伏毛直序乌头 **5536**
伏毛苎麻 **56325**,56238
伏毛紫花小升麻 91024
伏牛花 52151,122040
伏牛花属 122027
伏牛山箭竹 **162693**
伏牛山山胡椒 **231348**
伏牛山石斛 125165
伏牛石斛 **125157**
伏牛玉兰 **242117**
伏牛紫荆 **83782**
伏荞 162312
伏茄子 123065
伏生矮茶藨 334245
伏生冰草 **11830**
伏生茶藨 334245
伏生茶藨子 **334245**
伏生大戟 159634
伏生棘豆 278894
伏生毛茛 326287
伏生石豆兰 **63032**
伏生紫堇 105810
伏尸卮子 171253
伏尸栀子 171253
伏石花 **332278**
伏石花属 **332277**
伏氏独活 **192395**
伏氏凤梨属 167529
伏氏蒴莲 **7323**
伏水茫草 230831
伏水碎米荠 72942
伏兔 73337
伏委陵菜 313039
伏卧白珠 172135
伏卧白珠树 172135
伏卧板凳果 **279754**
伏卧刺花蓼 **89100**
伏卧胡卢巴 **397272**
伏卧水芹 **269350**
伏枸子 107336
伏猪 73337
凫茈 143122,143391
凫茨 143122,143391
凫公英 384473,384681
凫葵 59148,267825
凫头 160637
扶芳树 157601
扶芳藤 **157473**,157515
扶郎花 175172
扶郎花属 175107
扶郎藤属 175107
扶老杖荚蒾 **408024**
扶留藤 300354
扶苗 68686
扶七秧子 68686
扶桑 195149
扶桑花 195149
扶绥榕 **165027**
扶田秧 102933
扶秧 68686
扶秧苗 102933
扶秧田 102933
扶摇棕属 407520
扶移山楂 **109538**
扶子苗 68686,68737
芙兰蕉草 **353429**
芙兰草 **168903**
芙兰草属 **168819**
芙乐兰属 295952
芙连树 332509
芙渠 263272
芙蕖 263272
芙蓉 111826,195040,263272
芙蓉酢浆草 **278137**
芙蓉柑 93649
芙蓉花 13578,195040,383090
芙蓉花树 13578
芙蓉菊 **111826**
芙蓉菊属 **111823**
芙蓉葵 **195032**
芙蓉麻 235,194779
芙蓉木槿 194936
芙蓉球 **244268**
芙蓉树 212127
芙蓉丸 244268
芙蓉仙人球 **234931**,234929
芣菜 200228
芣椒 161373
芣苢 301871,301952,302068
拂风草 227574
拂妻菊 **4245**
拂妻菊属 **4244**
拂尾藻 262040
拂尾藻属 262015
拂子茅 **65330**
拂子茅芨芨草 **4120**
拂子茅属 **65254**
拂子茅状针茅 **376725**
拂子藻 262040
服部苦竹 **304033**
服部氏二柱苔 74768
服部虾脊兰 **65975**
苻 367322
苻蘺 24325,24326
苻毛 31680
枹 323942
枹蓟 44218
枹栎 **323942**,324384
枹树 323942
枹丝栲 78874
枹丝锥 **78874**
茯 367120
茯苓菜 129068
茯苓草 312502
茯毛 31680
浮城 **377343**
浮雕傲大贴梗海棠 **84583**
浮雕山茶 **69179**
浮瓜叶 372300
浮海绵草 **275990**
浮海绵草属 **275989**
浮椒 300464
浮烂罗勒 198698
浮麦 398839
浮毛茛 **326114**
浮漂草 372300
浮瓢棵 117721
浮藻 224375
浮瓶子 70396
浮萍 **224375**,224385,301025,372300
浮萍草 224375,372300
浮萍果 109650
浮萍科 **224403**
浮萍参 70396
浮萍属 **224359**,372295
浮蓱 372300
浮蔷 257572
浮尸草 312728
浮石斛 295518
浮水酢浆草 **277979**
浮水凤眼蓝 **141811**
浮水莲花 141808
浮水菱 394500
浮水麦 398839
浮水牛鞭草 **191248**
浮水青锁龙 **109195**
浮水水茫草 **230846**
浮水碎米荠 **72942**
浮水文殊兰 **111231**
浮水细莞 **210039**
浮甜茅 **177599**
浮眼子菜 312190
浮燕麦 **28535**
浮燕麦属 **28533**
浮叶慈姑 **342385**
浮叶眼子菜 **312190**
浮游省藤 **65641**
浮游泽苔草 **66344**
浮胀草 122438
浮舟玉 **377360**
莩艾冷水花 299006
莩草 **361728**
匐地花菱草 155182
匐地蜈蚣 165759
匐根大戟 **159823**
匐根骆驼蓬 287982
匐茎木防己 **97938**,97933
匐芦利草 339792
匐行景天 357123
匐雪草 31767
匐枝蓼 309084
匐枝毛茛 326287
匐枝委陵菜 312540,312942
桴蓟 44218
桴苨 371090
桴栎 **324384**,323942
桴梭子 13225
桴楪子 13225
涪雷蒙铁线莲 **94918**
涪陵续断 **133475**
符扈 302753
符蔰 302753
菔根龙胆 **173657**
菔萩 249232
幅花苣苔属 388765
幅花属 235427
菖 68686
菖花 68713
菖藤茎 13225
菖旋花 68713
菖子根 68686,68713
菖蒩 418002
福埃针蓟草 **376984**
福宝山矾 381423

福贝扁担杆　**180787**
福裱　140874
福布斯柏木　**114703**
福布斯大岩桐寄生　**384090**
福布斯独脚金　**378000**
福布斯芳香木　**38552**
福布斯合欢　**13558**
福布斯灰毛豆　**386073**
福布斯梅蓝　**248852**
福布斯欧石南　**149467**
福布斯赛金盏　**31164**
福布斯色穗木　**129137**
福布斯双角胡麻　**128378**
福布斯塔花　**347535**
福布斯鸭嘴花　**214484**
福布斯猪屎豆　**112800**
福布荠菜　**267812**
福菜　257572
福川杜鹃　331571
福岛冬青　**204081**
福德光萼荷　**8561**
福德丽穗凤梨　**412351**
福德铃　34185
福德马兜铃　34185
福笛木　167300
福地属　167282
福地葶苈　**136995**
福鼎唐竹　**364679**
福尔艾纳香　**55842**
福尔安龙花　**139507**
福尔扁蒴藤　**315355**
福尔叉序草　**209940**
福尔长须兰　**56927**
福尔大戟　**159481**
福尔斗篷草　**14165**
福尔鹅掌柴　**350800**
福尔风车子　**100518**
福尔盖舟萼苣苔　**262898**
福尔谷精草　**151538**
福尔海神菜　**265535**
福尔虎尾兰　**346171**
福尔画眉草　**148041**
福尔贾里尼百簕花　**55325**
福尔假杜鹃　**48391**
福尔剪股颖　**12420**
福尔九节　**319618**
福尔卡特龙王角　**199089**
福尔克曼大戟　**160070**
福尔克曼毛子草　**153302**
福尔克曼小金梅草　**202989**
福尔克密毛紫绒草　**222462**
福尔克旋花属　**162495**
福尔克盐肤木　**332960**
福尔鳞毛楝　**225611**
福尔芦荟　**17404**
福尔萝芙木　**327078**
福尔密钟木　**192742**
福尔木槿　**195350**
福尔木蓝　**206733**
福尔内卷星牵牛　**43356**
福尔前胡　**293067**
福尔枪刀药　**202550**
福尔青锁龙　**109493**
福尔三翅菊　**398231**
福尔鼠尾草　**345037**
福尔铁苋菜　**2010**
福尔瓦氏茜　**404889**
福尔五层龙　**342641**
福尔小果大戟　**253303**
福尔缬草　**404387**
福尔绣球防风　**227733**
福尔悬钩子　**339467**
福尔亚麻　**232016**
福尔叶下珠　**296813**
福尔云实　**65080**
福尔獐牙菜　**380403**
福尔珍珠菜　**239897**
福尔猪毛菜　**344774**
福贡箭竹　**162663**
福贡龙竹　**125476**
福贡木兰　242279
福贡石楠　**295799**
福贡铁线莲　**95390**
福贡乌蔹莓　**79846**
福贡虾脊兰　**65955**
福贡小檗　51767
福贡绣线梅　**263148**
福贡崖爬藤　**387764**
福贡玉兰　**242279**
福桂花科　167563
福桂花属　167556
福果　233078
福海棒果芥　**376318**
福海葶苈　**136997**
福建柏　**167201**
福建柏属　**167200**
福建半枫荷　**357971**
福建报春　**314722**
福建贝母　168563
福建薄稃草　**130564**
福建茶　77067
福建茶竿竹　318284
福建茶秆竹　**318284**
福建大蒜芥　**365469**
福建冬青　**203835**
福建杜鹃　331795,331832
福建鹅毛竹　**362141**
福建鹅掌柴　**350695**
福建过路黄　**239651**
福建含笑　**252878**
福建红山茶　**69083**
福建红小麻　**221561**
福建胡颓子　**142132**
福建假稠李　**241499**
福建假卫矛　**254293**
福建堇菜　**410147**
福建锦绦花　**78629**
福建苦苣苔　273871
福建拉拉藤　**170511**
福建狸尾豆　**402141**
福建六道木　200
福建龙胆　**173380**
福建轮环藤　**116025**
福建马兜铃　**34188**
福建蔓龙胆　**110325**
福建木兰　**232597**
福建木蓝　**206562**
福建排草　239651
福建蔷薇　**336580**
福建青冈　**116077**
福建润楠　**240587**
福建赛卫矛　254293
福建山矾　**381210**
福建山桐子　**203424**
福建山樱花　83158
福建山樱桃　83158
福建山楂　**110079**
福建少穗竹　**270426**
福建石楠　**295686**
福建薯蓣　131597
福建酸竹　**4611**
福建通泉草　**246979**
福建倭竹　362140,362141
福建细辛　**37624**
福建小檗　**51642**
福建绣球　**199860**,199931
福建悬钩子　**338449**
福建岩须　78629
福建羊耳蒜　**232145**
福建野鸦椿　**160949**
福建樱桃　83158
福建知风草　**147673**
福建竹叶草　**272645**
福建紫薇　**219956**
福橘　**93733**,93446,93837
福凯瑞属　167556
福坎杜鹃　330680
福克　167124
福克刺桐　**154659**
福克兰属　169242
福克雷蜜柑　**93859**
福克萝藦　**167124**
福克萝藦属　**167122**
福克纳赪桐　**96070**
福克纳单花杉　**257119**
福克纳都丽菊　**155369**
福克纳灰毛豆　**386068**
福克纳节节菜　**337421**
福克纳木槿　**194867**
福克纳木蓝　**205976**
福克纳南山藤　**137788**
福克纳潘考夫无患子　**280859**
福克纳疱茜　**319957**
福克纳破布木　**104181**
福克纳榕　**164972**
福克纳天门冬　**39013**
福克纳小叶黄杨　**64289**
福克纳早熟禾　**305516**
福克氏千里光　359565
福克属　167122
福克斯矮种帚石南　**67476**
福拉尼山葶苈　136995
福拉瑟利红仙丹草　**211070**
福拉瑟木兰　242110
福来矮蜡菊　**189692**
福来顶片草　**6362**
福来藜　**168147**
福来藜属　**168143**
福来明黄耆　**42370**
福来木　**162999**
福来木属　**162980**
福来南非青葙　**192779**
福来氏金合欢　**1233**
福来玉　**233558**
福莱橙菀　**320685**
福莱胶枞　377
福莱球百合　**62388**
福莱斯花楸　**369395**
福莱诸葛芥　**258811**
福兰　**116822**,176260
福劳舌唇兰　**302329**
福勒蓼　**309129**
福勒森斑鸠菊　**406933**
福勒森法道格茜　**162020**
福勒森林地苋　**319056**
福勒森密钟木　**192743**
福勒森棉　**179935**
福勒森黍　**282380**
福勒森树葡萄　**120261**
福勒森旋花　**103385**
福勒森鱼骨木　**71532**
福勒森玉凤花　**184198**
福雷春黄菊　**26823**
福雷大戟　**158658**
福雷毒马草　**362787**
福雷尔柴胡　**63660**
福雷尔还阳参　**110804**
福雷尔山柳菊　**195585**
福雷黄耆　**42362**
福雷胶藤　**220856**
福雷铃木　**168262**
福雷铃木属　**168257**
福雷毛蕊花　**405701**
福雷斯特腋花杜鹃　**331597**
福雷腺荚果　**7404**
福雷香科　**388077**
福雷岩堇　**340396**
福雷兹埃克塞尼艾斯卡罗

155132
福雷兹埃克塞尼南美鼠刺 **155132**
福里埃红门兰 **273427**
福里安灯心草 **213111**
福里克山柳菊 **195609**
福利斯刺槐 **334981**
福利斯紫锦带花 **413594**
福禄草 **32151**
福禄考 295267
福禄考属 295239
福禄桐 310204
福禄桐属 310169
福罗尔大戟 **158908**
福罗风毛菊 348328
福罗山黧豆 **222719**
福罗郁金香 **400158**
福密纳桧柏 **213641**
福明百里香 **391188**
福明风铃草 **70045**
福明蜂斗菜 **292351**
福明棘豆 **278832**
福明蓟 **91978**
福明氏彩花 **2235**
福明氏麻菀 **231828**
福明鼠尾草 **345032**
福明水苏 **373212**
福明酸唇草 **4668**
福明鸢尾 **208572**
福摩沙胡颓子 141992
福木 171145,171197,171201
福木属 **142422**,171046
福木犀属 **167321**
福南草属 167733
福琼欧女贞雪柳 167233
福瑞苦苣菜 **368715**
福瑞奇丝花苣苔 **263324**
福塞石楠 295612
福赛斯蜡菊 **189362**
福赛斯瘤蕊紫金牛 **271048**
福赛斯石豆兰 **62741**
福赛斯水苏 **373214**
福赛斯香茶菜 **303320**
福桑 195149
福瑟吉拉木属 167537
福山氏飞蓬 150788,150789
福山氏猪殃殃 **170387**
福参 **24411**,276748,383324
福参当归 24411
福神草 107271
福氏赤杨叶 16295
福氏臭椿 12570
福氏地杨梅 **238619**
福氏冬青 203824
福氏杜鹃 330240
福氏凤梨属 **167529**
福氏红豆 274391
福氏虎耳草 349344
福氏姜花 **187448**
福氏景天 **356756**
福氏丽穗凤梨 412351
福氏连翘 **167432**
福氏蓼 162531
福氏瘤唇兰 **270811**
福氏罗勒 **268507**
福氏马先蒿 **287218**
福氏马醉木 298729
福氏檬果樟 **77960**
福氏木蓝 205995
福氏坡垒 **198151**
福氏羌活 267152
福氏茄 **367165**
福氏山竹子 **171217**
福氏十大功劳 242534
福氏蜀葵 **13920**
福氏桃 **20917**
福氏藤黄 **171104**
福氏细辛 37622
福氏雪花莲 **169711**
福氏眼子菜 **312031**
福氏野豌豆 **408399**
福氏芋兰 265395
福氏鸢尾 **208576**
福氏蚤缀 31908
福氏竹 **347214**
福氏紫菀 40988
福氏紫玉盘 **403468**
福寿草 8325,8331,8343,8381
福寿柑 93604
福寿玉 **233471**
福树 171197,171201
福斯伯格鹅掌柴 **350694**
福斯虎尾兰 **346081**
福斯卡尔小檗 **51630**
福斯科尔白霜草 **81862**
福斯科尔大戟 **158909**
福斯科尔地锦苗 **85747**
福斯科尔肖水竹叶 **23527**
福斯科尔鸭跖草 **101023**
福斯罗勒 **268508**
福斯麻 **167393**
福斯麻属 **167381**
福斯特彩花 **2233**
福斯特伽蓝菜 **215141**
福斯特灰毛菊 **31225**
福斯特姬凤梨 **113385**
福斯特孔雀花 **198799**
福斯特拉属 167398
福斯特芦荟 **16833**
福斯特马吉木 **242787**
福斯特马杰木 242787
福斯特欧石南 **149430**
福斯特三角车 **334620**
福斯特筒凤梨 **71151**
福斯特沃内野牡丹 **413207**
福斯特香茶菜 **303318**
福斯特岩雏菊 **291310**
福斯特郁金香 **400159**
福斯特鸢尾 **167533**
福斯特鸢尾属 **167532**
福特豆属 167282
福特木 167284
福特木属 167282
福特十大功劳 242532
福特塔花 **347538**
福特业平竹 **357942**
福庭大花铃兰 **102869**
福桐 **167729**
福桐属 **167728**
福王草 **313895**
福王草属 **313778**
福王草岩参 **90858**
福王草状山柳菊 **195880**
福希木属 167275
福谢山榄属 **162956**
福音玉 **233643**
福原紫堇 **105915**
福圆 131061
福州荚蒾 407930
福州金柑 167511
福州蜜橘 93837
福州槭 **3103**
福州杉 114539,114548
福州柿 **132090**
福州薯蓣 **131597**,131840
福州苎麻 **56142**
辐儿苗 68701
辐弗鲁桐属 6849
辐鬼针草 54081
辐花 **235428**
辐花侧蕊 235461
辐花杜鹃 **330194**
辐花佳乐菊 **217409**
辐花佳乐菊属 **217408**
辐花苣苔 **388766**
辐花苣苔属 **388765**
辐花美冠兰 **156948**
辐花属 **235427**
辐花蜘蛛抱蛋 **39577**
辐堪蒂桐属 6826
辐裂翠雀花 124063
辐裂宽距翠雀花 **124063**
辐球柏属 **6932**
辐瑞提桐属 6861
辐射阿舌森裂舌萝藦 **351496**
辐射安龙花 **139489**
辐射安维尔菊 **28819**
辐射百蕊草 **389837**
辐射北美乔松 **300218**
辐射荸荠 **143323**
辐射长庚花 **193324**
辐射唇叶玄参 **86374**
辐射刺芙蓉 **195132**
辐射刺头菊 **108388**
辐射大戟 **159696**
辐射大泽米 241465
辐射鹅绒藤 **117663**
辐射方枝树 **270474**
辐射芳香木 **38750**
辐射菲奇莎 **164580**
辐射凤仙花 **205273**
辐射沟鸭舌癀舅 **370833**
辐射海神菜 **265507**
辐射鹤顶兰 65866
辐射胡卢巴 **397274**
辐射虎耳草 **349838**
辐射虎尾草 **88396**
辐射花姬 **313917**
辐射黄钟花 70512
辐射回环菊 **21271**
辐射豇豆 **409027**
辐射苣属 **6876**
辐射苦瓜掌 **140043**
辐射宽带芹 **303005**
辐射狸藻 **403302**
辐射鳞果草 **4479**
辐射龙胆 **173802**
辐射驴喜豆 **271256**
辐射麻迪菊 241541
辐射马拉葵 **242874**
辐射马利筋 **38082**
辐射马缨丹 **221244**
辐射膜冠菊 **201193**
辐射苜蓿 **247441**
辐射欧石南 **149972**
辐射千日菊 **4875**
辐射芹属 6938
辐射染料木 **173039**
辐射沙穗 **148505**
辐射山芫荽 **107814**
辐射石豆兰 **63024**
辐射双孔芹 **54239**
辐射斯塔树 **372988**
辐射松 **300173**
辐射菘蓝 **209227**
辐射桃金娘 **6824**
辐射桃金娘属 **6823**
辐射天竺葵 **288467**
辐射细穗草 **226598**
辐射虾脊兰 **65866**
辐射小黄管 **356154**
辐射肖鸢尾 **258623**
辐射缬草 **404468**
辐射星草菊 **241541**
辐射星毛米团花 **228014**
辐射盐肤木 **332803**
辐射野茼蒿 **108758**
辐射叶鸡骨常山 **18030**

辐射银齿树 **227354**
辐射硬皮鸢尾 **172667**
辐射暂花兰 166966
辐射藻百年 **161573**
辐射沼菊 **146045**
辐射砖子苗 **245518**
辐射状白蝶花 286835
辐射状虎眼万年青 **274761**
辐射状柱瓣兰 **146469**
辐形根节兰 65866
辐叶鹅掌柴 **350648**
辐叶椰子属 6849
辐泽兰 **158019**
辐泽兰属 **158018**
辐枝菊属 **21230**
辐枝美国白松 300218
辐状肋柱花 **235461**
辐状水鬼蕉 **200952**
辐状围柱兰 **145294**
抚松乌头 **5217**
抚芎 **229307**,229309
斧柄锥 79045
斧翅沙芥 **321484**
斧丹属 **45797**
斧萼玉凤花 **183515**
斧冠花 **356387**
斧冠花属 **356377**
斧花苋属 288630
斧蕊爵床 **288610**
斧蕊爵床属 **288609**
斧氏蔷薇 **336829**
斧松 390680
斧头花 72342
斧突球属 **288615**
斧形芳香木 **38790**
斧形观音兰 **399128**
斧形卷瓣兰 **62693**
斧形拟凤兰 **24666**
斧形沙芥 321484
斧形山柳菊 **195570**
斧药属 45803
斧叶菊 **45808**
斧叶菊属 **45807**
斧叶兰属 **135293**
斧状山蚂蝗 **126319**
俯垂奥里木 **277544**
俯垂百蕊草 **389742**
俯垂班克木 **47654**
俯垂棒叶金莲木 **328418**
俯垂报春 314298
俯垂贝克斯 47654
俯垂车轴草 **396861**
俯垂臭草 249054
俯垂地锦苗 **85779**
俯垂吊钟花 **145689**
俯垂毒马草 **362844**
俯垂二色穗 129164
俯垂飞廉 73430
俯垂飞蓬 **150505**
俯垂粉报春 **314715**
俯垂福王草 **313809**
俯垂干若翠 **415475**
俯垂孤挺花 **18873**
俯垂灌木帚灯草 **388815**
俯垂鬼针草 53816
俯垂虎耳兰 **350318**
俯垂虎眼万年青 **274560**,274708
俯垂鸡头薯 **152989**
俯垂假轮叶 **264173**
俯垂假轮叶属 **264172**
俯垂焦油菊 **167055**
俯垂金合欢 **1130**
俯垂金毛菀 **89868**
俯垂壳萼玄参 **177538**
俯垂蓝花参 **412622**
俯垂黎可斯帕 228057
俯垂立金花 **218849**
俯垂琉璃草 **117929**
俯垂瘤籽大戟 **159574**
俯垂龙胆 173670
俯垂罗顿豆 **237378**
俯垂马先蒿 **287072**
俯垂麦瓶草 **363827**
俯垂毛子草 **153154**
俯垂美冠兰 **156755**
俯垂密脉木 261328
俯垂密钟木 **192539**
俯垂木犀草 **327875**
俯垂欧石南 **149183**
俯垂枪刀药 **202526**
俯垂青兰 137617
俯垂球花报春 314217
俯垂曲花 **120575**
俯垂全毛兰 **197522**
俯垂全缘轮叶 **94272**
俯垂日本安息香 **379375**
俯垂色穗木 **129164**
俯垂商陆 **298115**
俯垂鼠尾草 **345266**
俯垂薯蓣 **131741**
俯垂双距兰 **133736**
俯垂水塔花 54454
俯垂苔草 **74296**
俯垂尾药菀 **315190**
俯垂文殊兰 **111268**
俯垂乌拉木 277544
俯垂西澳兰 **118235**
俯垂细莞 **209968**
俯垂小檗 **51974**
俯垂肖九节 **402026**
俯垂薰衣草 **223315**
俯垂崖豆藤 **254781**
俯垂岩菖蒲 **392602**
俯垂野荞麦 **151904**
俯垂野荞麦木 **152384**
俯垂异赤箭莎 **147376**
俯垂胀萼马鞭草 **86072**
俯垂针垫花 **228057**
俯垂珍珠菜 **239757**
俯垂纸苞帚灯草 **372998**
俯垂锥花 **179197**
俯垂紫瓣花 **400084**
俯伏猪屎豆 **112562**
俯花绶草 372192
俯茎胼胝兰 293598
俯卧安龙花 **139491**
俯卧斑花菊 **4864**
俯卧串铃花 **260329**
俯卧大花六道木 **132**
俯卧大戟 **159709**
俯卧叠鞘兰 **85478**
俯卧叠鞘兰属 **85477**
俯卧鬼针草 **54060**
俯卧鸡头薯 **153006**
俯卧九节 **319799**
俯卧蓼 308816
俯卧柳穿鱼 **231140**
俯卧马唐 **130514**
俯卧欧石南 **149940**
俯卧千日菊 4864
俯卧日本粗榧 **82527**
俯卧山蚂蝗 **126406**
俯卧施旺花 **352768**
俯卧尾稃草 **58078**
俯卧仙人掌 **272853**
俯卧野荞麦 **152407**
俯卧竹 **47394**
俯仰假紫草 34609
俯仰爵床 214482,337256
俯仰马唐 **130537**
俯仰紫草 34609
俯竹 **47493**,47394
釜山鸢尾 **208650**
釜田仿杜鹃 **250515**
腐卑 313692
腐杯草科 390103
腐杯草属 390096
腐婢 313692,408839,409085
腐婢根 313692
腐婢属 313593
腐草 **182621**
腐草属 **182620**
腐肠 355387
腐臭草科 **199780**
腐臭草属 **199761**
腐花豆蔻 **19908**
腐花木属 **346463**
腐榕 165658
腐生齿唇兰 **269045**
腐生兰属 264650
腐指柱兰属 376576
腐蛛草科 **105447**
腐蛛草属 **105443**
父岛海桐 **301227**
父子草 11572,178237
付巴栀子 171333
付辣子 161373
付令夏橙 **93785**
付毛假地豆 126395
妇奶参 7893
妇人参 73029
妇指豆属 28143
负担 224989
负儿草 392668
负儿草属 392667
负载 **26913**
附垂黑柄菊 **248135**
附地菜 **397451**,117908
附地菜属 **397380**
附地草属 397380
附加百合属 **315523**
附尖红豆蔻 **17678**
附柳叶菜 146595
附盘萝藦 **315620**
附盘萝藦属 **315619**
附片蓟 **92396**
附片鼠尾草 **344854**
附生杜鹃 **330550**,330993
附生凤梨属 8544
附生格里塞林木 181267
附生花楸 **369383**
附生堇菜 **410483**
附生兰属 **125693**
附生美蒂花 247535
附生美丁花 **247535**
附生藤 **245134**
附生藤科 245135
附生藤属 **245133**
附生菟丝子 115008
附属物斑鸠菊 **406106**
附属物包被滨藜 **44691**
附属物变叶木 98194
附属物大果萝藦 **279413**
附属物大戟 **158461**
附属物鹅绒藤 **117378**
附属物风兰 **24715**
附属物芙兰草 **168822**
附属物格雷野牡丹 **180391**
附属物狗尾草 **361699**
附属物瓜叶菊 **290816**
附属物合瓣花 **381849**
附属物蜡菊 **189141**
附属物兰属 **315612**
附属物狸藻 **403106**
附属物鳞花草 **225142**
附属物毛子草 **153121**
附属物密钟木 **192580**
附属物纳丽花 **265258**

附属物苹婆 **376076**
附属物三角车 **334619**
附属物矢车菊 **80933**
附属物水蜈蚣 **218470**
附属物碎米荠 **72685**
附属物索马里大沙叶 **286222**
附属物唐菖蒲 **176030**
附属物天竺葵 **288085**
附属物菟丝子 **114959**
附属物藕草 **293707**
附属物藻百年 **161536**
附体浓绿黄肉芋 **415193**
附通子 13225
附尾桑属 14848
附物滨藜 **44643**
附物空船兰 **9095**
附心草 119196
附雄箭袋草 **144138**
附药蓬属 **266431**
附支 13225,13238
附着蜡菊 **189106**
附着异柱马鞭草 **315404**
附子 5100,5193,5442
阜康阿魏 **163618**
阜康黄耆 **42390**
阜莱氏马先蒿 **287213**
阜平侧金盏花 **8379**
阜平黄堇 **106602**
复瓣白石榴 321769
复瓣黄龙藤 351077
复杯角 **132949**
复杯角属 **132947**
复齿扁担杆 **180748**
复出穗砖子苗 **245585**
复萼飞蓬 150800
复二列花凤梨 **391996**
复二列铁兰 391996
复合瓣鳞花 **167803**
复合糙苏 **295090**
复合钩毛菊 **201692**
复合黄耆 **42210**
复合擂鼓艿 **244940**
复合萨比斯茜 **341609**
复花 207151
复花黄精 **308607**
复花楸叶 369377
复花鼠掌老鹳草 **174910**
复活草 **21805**
复活草属 **21804**
复活节春兰 **139743**
复活节岛椰子 **285364**
复活节岛椰子属 **285363**
复活节钟草 374916
复活节钟花 374916
复活刘氏草 228298
复老碗草 81570
复裂云南金莲花 399553
复芒菊 **167340**
复芒菊属 **167339**
复毛杜鹃 **331538**
复毛胡椒 **300361**
复盆子 338292
复伞房蔷薇 **336408**
复伞序蔷薇 336408
复伞银莲花 **24082**
复生草 392604
复生薯蓣 131534
复生药 66913
复实 114994
复苏草属 **275301**
复穗假卫矛 254324
复穗竹属 391457
复序假卫矛 **254324**
复序美花毛建草 **137693**
复序南梨 263178
复序飘拂草 **166199**
复序山梅花 **294421**
复序苔草 **74162**
复序橐吾 **229063**
复椰子属 235151
复叶唇柱苣苔草 **87940**
复叶丁香 382247
复叶栾树 217613
复叶披麻草 388406
复叶葡萄 411849
复叶槭 3218
复叶薯蓣 **131667**
复羽裂参 280722
复羽裂喜林芋 294796
复羽叶栾树 **217613**
复总花歪头菜 **408661**
赴鱼 113879
副本一粒红 401161
副戴普司榈属 139294
副萼半带菊 **191706**
副萼豆属 283161
副萼光萼荷 **8550**
副萼金叶子 85414
副萼岩菖蒲 **392601**
副萼翼核果 405441
副萼紫薇 **219914**
副冠风毛菊 **348232**
副山苍 231429
傅氏花楸 369389
傅氏千里光 359565
傅氏青兰 137584
傅氏唐松草 388710
傅氏玄参 **355122**
傅园榕 **165312**
富草小赤竹 **347365**
富尔草 **168793**
富尔草属 **168792**
富尔卡德酢浆草 **277856**
富尔卡德芳香木 **38554**
富尔卡德菲利木 **296194**
富尔卡德狒狒花 **46059**
富尔卡德佛手掌 **77443**
富尔卡德格尼瑞香 **178606**
富尔卡德积雪草 **81596**
富尔卡德蜡菊 **189363**
富尔卡德欧石南 **149496**
富尔卡德泡叶番杏 **138172**
富尔卡德绳草 **328043**
富尔卡德石竹 **127610**
富尔卡德鼠尾粟 **372683**
富尔卡德双盛豆 **20764**
富尔卡德松叶菊 77443
富尔卡德唐菖蒲 **176212**
富尔卡德天竺葵 **288237**
富尔卡德仙花 **395803**
富尔卡德小黄管 **356086**
富尔卡德绣球菊 **106841**
富尔卡德硬皮鸢尾 **172600**
富尔卡德舟叶花 **340688**
富尔南星 **169260**
富尔南星属 **169259**
富尔塞拉玄参 **357512**
富尔石豆兰 **63072**
富尔氏龙常草 128015
富尔四数莎草 **387666**
富尔芋兰 **265397**
富梗贝利菊 46586
富贵草 279757
富贵草属 279743
富贵豆 259489
富贵兰 263867
富贵蓍 **3998**
富贵王兰 **416536**
富贵竹 137478,137490
富贵子 376144
富鹤球 **244236**
富鹤丸 244236
富江五层龙 **342736**
富克乌头 **5216**
富库来蜜柑 **93460**
富莱切利花旗松 **318582**
富兰克林木 **167835**
富兰克林木属 **167834**
富兰克林水鬼蕉 **200928**
富兰克林无心菜 **31915**
富勒帝王花 **82330**
富勒花球玉 **139834**
富勒列当 **201346**
富勒泡叶番杏 **138174**
富勒肉锥花 **102228**
富勒山楂 **109723**
富勒生石花 233558
富勒悬钩子 **338450**
富雷茶 **168283**
富雷茶属 **168282**
富里卡小檗 51641
富里耶芦荟 **16834**
富里耶天门冬 **39025**
富丽豹皮花 373908
富丽鹿角柱 **140323**
富良美球 **209508**
富良美丸 209508
富鳞苔草 **74156**
富美球 **242892**
富美丸 242892
富苗秧 68686
富民荛花 **414176**
富民沙参 **7663**,7620
富民藤 310849
富民枳 **310849**
富纳黍 **281634**
富宁菝葜 **366334**
富宁白前 **117738**
富宁报春茜 **226239**
富宁赤车 **288724**
富宁杜英 **142312**
富宁附地菜 **397412**
富宁卷瓣兰 **62745**
富宁栎 **324409**
富宁链珠藤 18513
富宁朴 **80638**
富宁槭 **3297**
富宁秋海棠 50400
富宁苔草 **74614**
富宁藤 **284100**
富宁藤属 **284099**
富宁香草 **239641**
富宁崖爬藤 **387775**
富宁沿阶草 **272077**
富宁油果樟 **381792**
富荣花 195326
富赛拉 93502
富色凤卵草 **296898**
富色蝴蝶玉 **148603**
富色日中花 **220667**
富色紫波 **28513**
富山玄参 **355150**
富士冬青 204292
富士蒲公英 **384862**
富士山臭六月雪 **360928**
富士山兜被兰 **264769**
富士山杜鹃 330240
富士山金丝桃 **201865**
富士山锦带花 **413571**
富士山冷杉 **496**
富士山落新妇 **41861**
富士山蔷薇 **336578**
富士山天蓝绣球 **295296**
富士山铁线莲 **94818**
富士山绣线菊 **372102**
富士山羊耳蒜 **232169**
富士松 221894
富氏锦葵属 **168808**

富氏兰 **168807**
富氏兰属 **168806**
富氏莲 **168805**
富氏莲属 **168804**
富氏槭 2972
富斯草属 **168794**
富斯劳草 68686
富瓦姆波大戟 **158932**
富瓦姆波猪屎豆 **112721**
富亚德剪股颖 **11970**
富阳乌脯鸡竹 297366
富阳乌哺鸡竹 **297366**
富叶泽菊 **91156**
富叶紫堇 **106176**
富有风兰 **24817**
富有莎草 **118774**
富有鸭嘴花 **214457**
富有玉凤花 **183587**
富裕柿 **132220**
富源杜鹃 **330753**
富蕴茶藨 333984
富蕴茶藨子 **333984**
富蕴黄芪 **42672**
富柱苔草 **76413**
蕧 396210,396257
缚颖假蛇尾草 **256338**
腹唇凤仙花 **204975**
腹禾 **171818**
腹禾属 **171809**
腹花苣苔属 **171601**
腹兰 **405456**
腹兰属 **405455**
腹毛柳 **343286**
腹脐草 **171904**
腹脐草属 **171903**
腹水草 **407498**,234363,407453,407503
腹水草属 **407449**
腹水草藤 407503
腹水藤 285157
腹泻草 187544
蕧 207046,207151
蕧子 13225
覆瓣梾木 181267
覆瓣梾木属 181260
覆苞毛建草 **137600**
覆被寒金菊 **199225**
覆被仙人掌 **273097**
覆被悬垂卷耳 **82938**
覆被砖子苗 **245589**
覆盖斗篷草 **14097**
覆盖指甲草 **284903**
覆花 207151
覆裂云南金莲花 **399553**
覆鳞紫堇 **106610**
覆闾 35733
覆面玉 **209506**
覆盆 338250
覆盆花 **251194**
覆盆花属 251025
覆盆子 **338557**,338250,338292,338886
覆葐子 338292,338557
覆坡虎 165759
覆蕊白花百合 **229792**
覆山苍 231429
覆石花 **203001**
覆石花属 **202999**
覆瓦百蕊草 **389737**
覆瓦变白多穗兰 **310319**
覆瓦冰草 **11749**
覆瓦补骨脂 **319195**
覆瓦补血草 **230644**
覆瓦叉序草 **209905**
覆瓦长柔毛阿登芸香 **7163**
覆瓦粗雄花 **379271**
覆瓦酢浆草 **277900**
覆瓦灯心草 **213162**
覆瓦吊灯花 **84125**
覆瓦毒马草 **362808**
覆瓦繁缕 **374923**
覆瓦风琴豆 **217987**
覆瓦干花 379271
覆瓦格尼瑞香 **178627**
覆瓦骨苞帚鼠麹 **219100**
覆瓦骨籽菊 **276629**
覆瓦红景天 **329887**
覆瓦蓟 **92126**
覆瓦姜味草 **253675**
覆瓦金币花 **41602**
覆瓦栎 **324041**
覆瓦劣玄参 **28271**
覆瓦露子花 **123893**
覆瓦毛杯漆 **396330**
覆瓦米努草 **255497**
覆瓦南洋杉 30832
覆瓦欧石南 **149568**
覆瓦潘神草 **146025**
覆瓦丘头山龙眼 **369833**
覆瓦日中花 **220583**
覆瓦三色欧石南 **150159**
覆瓦石豆兰 **62790**
覆瓦石莲花 **139971**
覆瓦石头花 **183209**
覆瓦双盛豆 **20767**
覆瓦唐菖蒲 **176264**
覆瓦委陵菜 **312674**
覆瓦莴苣 **219363**
覆瓦香芸木 **10641**
覆瓦叶金果榄 392269
覆瓦叶食用苏铁 **131431**
覆瓦蝇子草 **363563**
覆瓦硬皮鸢尾 **172614**
覆瓦永菊 **43861**
覆瓦尤利菊 **160809**
覆瓦油芦子 **97320**
覆瓦舟叶花 **340720**
覆瓦状莎草 119016
覆瓦紫纹鼠麹木 **269259**
覆旋花属 238295
覆雪鹿角柱 **140276**
覆菹 418002
馥草 355201
馥芳艾纳香 **55687**
馥兰 295958
馥兰属 **295952**
馥郁滇丁香 **238102**
馥郁紫罗兰 **246460**

## G

伽蓝菜 **215110**,215183
伽蓝菜属 **215086**
伽罗木 **64069**,64072
伽南香 29973
伽楠香 29983
嘎迪石竹 **127684**
嘎尔葛缕子 **77809**
嘎尔黄鸠菊 **134797**
嘎嘎羊 23779
嘎格蓟 **91988**
嘎拉苹果 **243596**
嘎奈山柳菊 **195618**
嘎奈羊茅 **163976**
嘎奈早熟禾 **305544**
嘎瑞木属 171545
嘎氏戴尔豆 **121889**
嘎氏木犀榄 **270123**
嘎氏匹菊 **322685**
嘎氏茜草 **337963**
嘎氏新塔花 **418128**
嘎氏蝇子草 **363487**
嘎西蝇子草 **363486**
噶拉门特白鼓钉 **307701**
噶拉门特牻牛儿苗 **153801**
噶拉门特蒙松草 **258122**
噶拉门特绵毛菊 **293428**
噶拉门特直壁菊 **291451**
噶穆兔耳草 **220183**
噶雅凤球 **244174**
尬梨属 170164
改变欧石南 **149875**
改春球 **243996**
改春丸 243996
改良橙 **93770**
改则棘豆 **278840**
改则雪灵芝 **31922**
钙阿魏 **163626**
钙布留芹 **63496**
钙蒿 **35586**
钙景天 **356777**
钙沙穗 **148485**
钙生百里香 **391115**
钙生春黄菊 **26758**
钙生刺橘 **405494**
钙生鹅观草 **335251**
钙生芳香木 **38452**
钙生蓟 **91912**
钙生加涅豆 **169531**
钙生加永茜 **169618**
钙生嘉赐树 78153
钙生榄仁树 **386494**
钙生密头帚鼠麹 **252415**
钙生南非禾 **289957**
钙生牛舌草 **21931**
钙生欧石南 **149125**
钙生披碱草 **144215**
钙生雀舌水仙 **274858**
钙生水仙 **262379**
钙生唐菖蒲 **176094**
钙生外来风信子 **310734**
钙生五异茜 **289581**
钙生肖鸢尾 **258431**
钙生远志 **308352**
钙生珍珠茅 **354038**
钙生舟叶花 **340594**
钙生紫瓣花 **400057**
钙土棱子芹 **304779**
钙土山黄麻 **394634**
钙原小檗 **51413**
钙泽兰 **158014**
钙泽兰属 **158013**
钙竹桃 **66301**
钙竹桃属 **66300**
盖柏属 **374594**
盖雌棕属 68635
盖萼棕属 68614
盖尔澳非萝藦 **326746**
盖尔斑鸠菊 **406357**
盖尔比春黄菊 **26789**
盖尔比柳穿鱼 **230979**
盖尔比旋花 **103061**
盖尔布朗兰 **61177**
盖尔草 **169880**
盖尔草属 **169879**

盖尔翅蛇藤 **320404**
盖尔大果萝藦 **279429**
盖尔大沙叶 **286219**
盖尔倒卵罗勒 **268579**
盖尔吊兰 **88573**
盖尔斗篷草 **14032**
盖尔毒鱼草 **392196**
盖尔短片帚灯草 **142960**
盖尔菲利木 **296221**
盖尔福来木 **162989**
盖尔格尼瑞香 **178610**
盖尔沟颖草 **357363**
盖尔琥珀树 **27852**
盖尔华美豆 **123533**
盖尔黄蓉花 **121923**
盖尔灰毛豆 **386078**
盖尔火炬花 **216968**
盖尔火石花 **175157**
盖尔鸡头薯 **152928**
盖尔假杜鹃 **48169**
盖尔克九节 **319567**
盖尔克拉布爵床 **108509**
盖尔克老鸦嘴 **390792**
盖尔克绿粉藤 **92740**
盖尔克密钟木 **192607**
盖尔克木槿 **194909**
盖尔克柿 **132276**
盖尔克鸭嘴花 **214509**
盖尔蜡菊 **189381**
盖尔蓝花参 **412684**
盖尔蓝星花 **33650**
盖尔类孩儿草 **252529**
盖尔漏斗花 **130204**
盖尔露子花 **123877**
盖尔鹿藿 **333243**
盖尔罗顿豆 **237310**
盖尔麻雀木 **285571**
盖尔毛子草 **153228**
盖尔蒙松草 **258117**
盖尔密头帚鼠麹 **252438**
盖尔木菊 **129403**
盖尔木蓝 **206003**
盖尔南非禾 **289979**
盖尔扭果花 **377721**
盖尔欧石南 **149478**
盖尔平木属 **170820**
盖尔平柱菊 **384894**
盖尔茼麻 **895**
盖尔曲花 **120558**
盖尔日中花 **220562**
盖尔塞拉玄参 **357516**
盖尔三萼木 **395199**
盖尔三芒草 **33895**
盖尔绳草 **328051**
盖尔饰球花 **53184**
盖尔柿 **132167**
盖尔鼠尾草 **344882**
盖尔双齿裂舌萝藦 **351509**
盖尔双距兰 **133790**
盖尔水苏 **373315**
盖尔四数莎草 **387667**
盖尔泰国大翼橙 93561
盖尔头花草 **82137**
盖尔驼曲草 **119842**
盖尔鸵鸟木 **378583**
盖尔沃森花 **413348**
盖尔无鳞草 **14409**
盖尔勿忘草 **260796**
盖尔仙人笔 **216669**
盖尔小金梅草 **202860**
盖尔肖木蓝 **253233**
盖尔肖鸢尾 **258499**
盖尔旋花 **103058**
盖尔银齿树 **227287**
盖尔隐果联苞菊 **194090**
盖尔尤利菊 **160801**
盖尔玉凤花 **183650**
盖尔猪屎豆 **112436**
盖尔柱瓣兰 **146372**
盖尔紫瓣花 **400071**
盖风梨属 264406
盖格尔翠雀花 **124226**
盖果吊兰 **88542**
盖果沟瓣 177986
盖果沟瓣木 **177986**
盖果漆属 **271953**
盖喉兰 **366731**
盖喉兰属 **366730**
盖加尼马柚 **93693**
盖拉毛柱南星 **379135**
盖雷全果榄 **206988**
盖里大头苏铁 **145226**
盖里克大戟 **159011**
盖里克壶茎麻 **361288**
盖里克裂花桑寄生 **295844**
盖里克鱼黄草 **250787**
盖里矢车菊 **81238**
盖裂桂属 216221
盖裂果 **256104**
盖裂果属 **256082**
盖裂寄生科 224464
盖裂寄生属 224460
盖裂木 **383246**
盖裂木兰属 383236
盖裂木属 **383236**
盖茜钉头果 **179111**
盖茜蓝花参 **412853**
盖茜属 **271942**
盖氏百脉根 **237615**
盖氏刺鳞草属 **169627**
盖氏葱 **15312**
盖氏地锦苗 **85749**
盖氏虎尾草 88352
盖氏金合欢 **1241**
盖氏看麦娘 **17533**
盖氏早熟禾 **305543**
盖斯基埃风车子 **100483**
盖斯基埃红苏木 **46566**
盖斯基埃决明 **78306**
盖斯基埃木荚豆 **415685**
盖斯基埃脐果山榄 **270648**
盖特纳昙花 **147296**
盖特纳仙人指 **351999**
盖头花 23850
盖图拉霸王 418655
盖图拉白舌菊 **246663**
盖图拉驼蹄瓣 **418655**
盖图拉岩堇 **340398**
盖图拉猪毛菜 **344576**
盖托蒴莲 **7249**
盖屋椰子 198808
盖阳树 161607
盖耶尔生石花 **233529**
盖耶氏卷舌菊 **380910**
盖耶氏酸模 **340044**
盖耶氏泽泻 **14731**
盖耶芸香属 **172477**
盖伊白鼓钉 **307671**
盖伊滨菊 **227491**
盖伊翅盘麻 **320530**
盖伊假匹菊 **329812**
盖伊锦葵 **172245**
盖伊锦葵属 **172243**
盖伊柳叶菜属 **172267**
盖伊马唐 **130569**
盖伊仙蔓 **357901**
盖伊肖米努草 **329786**
盖伊须芒草 **22675**
盖伊异芒菊 **55069**
盖阴树 161607
盖泽飞蓬 **150652**
盖柱兰属 **374611**
干白 24475
干柏杉 114680,114775
干菜子 284160
干草 377973,378024
干草花 230716
干草原黄耆 **43150**
干臭草 341064
干滴落 275356,275363
干地车叶草 **39421**
干地丹尼尔苏木 **122160**
干地杜根藤 **67835**
干地绣线菊 **372086**
干吊鳖 275363
干葶忍冬 236189,236194
干番杏属 **33040**
干戈柱 198215
干戈柱科 198217
干戈柱属 198214
干沟飘拂草 166236
干谷黄芪 42007
干谷黄耆 **42007**
干果樗属 345501
干果马鞭草属 **415364**
干果木 **415520**
干果木属 **415519**
干果仙人球 267051
干汗草 259282,259284,259323
干黑马先蒿 287101
干花扁芒草 **305005**
干花扁芒草属 **305003**
干花豆 **167284**,167286
干花豆属 **167282**
干花恩格勒山榄 **145629**
干花菊 415317
干花菊欧石南 **150279**
干花菊属 415315
干花菊状刺苞菊 **77026**
干花菊状苓菊 **214199**
干花麻花头 **361144**
干花马铃果 **412093**
干花榕 **165823**
干花属 379270
干花树 346499
干花斜杯木 **301706**
干黄草 290134
干活草 230524
干鸡筋 146966,146995,147013,147039,147048,147075
干寄生 **125588**
干寄生属 **125587**
干姜 418010
干经 24475
干茎秋海棠 **49633**
干净杜鹃 **330559**
干韭 15450
干兰 263867
干酪鸡骨常山 **18033**
干藜 **87000**
干裂番杏 **6289**
干裂番杏属 **6286**
干密穗草属 415502
干膜莎草 **119542**
干膜蛇鞭菊 228519
干膜质橙菀 **320735**
干膜质蝶须 **26590**
干膜质狒狒花 **46130**
干膜质骨籽菊 **276695**
干膜质链荚豆 **18285**
干膜质鳞花草 **225216**
干膜质毛头菊 **151614**
干膜质石豆兰 **63074**
干膜质四数莎草 **387691**
干膜质小果大戟 **253302**
干膜质熊菊 **402811**
干膜质羊茅 **164308**
干膜质羽叶香菊 **93894**

干漆 393491,393492
干茄 142152
干热鸢尾 **208439**
干若翠属 **415444**
干生地 327435
干生茇茇草 **4143**
干生铃子香 **86836**
干生苔草 **73754**
干氏毛兰 148656
干穗苔草 **76261**
干苔草 **74480**
干檀香 276887
干葶苈 **415401**
干葶苈属 **415400**
干腺菊属 87371
干香柏 **114680**
干香柴 **234106**
干型两栖蓼 **308764**
干序木属 **89179**
干烟 328345
干岩矸 106537
干叶子刺栗 79016
干油菜 336193,336211
干鱼藤属 **415398**
干沼草 **262537**
干沼草属 **262532**
干蔗 341887,341909
干枝豆 **415389**
干枝豆属 **415388**
干枝脸子菊 **55471**
干枝柳 70819
干枝梅 34448
干仔树 280440
甘巴豆 **217855**
甘巴豆属 **217851**
甘白 24475
甘贝铁青树 **269658**
甘比莱属 108591
甘比婆婆纳 **170870**
甘比婆婆纳属 **170868**
甘比山榄属 170872
甘波早熟禾 **305541**
甘草 **177947**,177885,177893,177897,177901,177932,187625,295064
甘草属 **177873**
甘草叶紫堇 **105938**
甘草蚤缀 31971
甘草籽 177950
甘茶 **200017**,199792,199986,200108,200126
甘茶蔓 183023
甘储 207623
甘川灯心草 **213220**
甘川铁线莲 **94707**
甘川圆柏 213972
甘川紫菀 **41280**
甘达尔金合欢 **1239**
甘得 308081
甘德金千里光 **279912**
甘德唐菖蒲 176222
甘德圆筒仙人掌 **116659**
甘堤龙凤仙花 **205046**
甘冬 272090
甘豆 409092
甘肺草 321647
甘蘼 159172
甘葛 321431,321441,321466
甘葛藤 **321466**,321441
甘根 55575
甘古藤 411589,411590
甘瓜 114189
甘蒿 159172
甘瓠 219843,219851
甘吉叶下珠 **296577**
甘姜 231403
甘橿 231403,231429
甘蕉 260208,260250,260253
甘菊 **124806**,71090,71095,124785,124826
甘菊花 66445,124826
甘菊属 85510
甘菊叶蒿 **35323**
甘蓝 **59532**,59520,59541,59603,209229
甘蓝白粉藤 **92674**
甘蓝大戟 **158724**
甘蓝豆属 22211
甘蓝福禄桐 **310187**
甘蓝花 **79696**
甘蓝花属 **79692**
甘蓝皮豆 22218
甘蓝皮豆属 22211
甘蓝属 59278
甘蓝树 **115217**,115239
甘蓝树属 **115190**
甘蓝椰子 337883
甘蓝椰子属 161053
甘蓝棕 341422
甘榄 70989
甘露 260253
甘露桉 155642
甘露桦 168041
甘露柽柳 **383553**
甘露儿 373439
甘露梅 404051
甘露树 260208
甘露水 233078
甘露秧 239215,239222
甘露子 **373439**,239222,373125
甘洛阴山荠 **416336**
甘洛紫堇 **106421**
甘蒙柽柳 **383449**
甘蒙锦鸡儿 **72303**
甘蒙雀麦 **60796**
甘蜜树 **263063**
甘蜜树属 **263044**,88810
甘木荷 **350946**
甘木通 95096
甘南报春 **314348**
甘南贝母 168523
甘南杜鹃 **330755**
甘南红景天 **329876**
甘南灰栒子 **107332**
甘南景天 **357259**
甘南秦艽 **173467**
甘南小檗 **51775**
甘南异色溲疏 **126912**
甘南沼柳 **344035**
甘南紫堇 **106449**
甘欧属 **171007**
甘平十大功劳 **242538**
甘蒲 401094
甘青白刺 266381
甘青报春 **315033**
甘青侧金盏花 **8340**
甘青茶藨 **334231**
甘青大戟 159355
甘青丹参 345327
甘青风毛菊 348200
甘青蒿 **36365**
甘青虎耳草 349976
甘青黄芪 43125
甘青黄耆 **43125**
甘青剪股颖 **12136**
甘青锦鸡儿 72256,72358
甘青景天 357084
甘青老鹳草 **174841**,174855
甘青琉璃草 **117967**
甘青千里光 357084
甘青青兰 **137672**,137601
甘青赛莨菪 25457
甘青山莨菪 25457
甘青鼠李 **328868**
甘青唐松草 388627
甘青铁线莲 **95345**
甘青微孔草 **254361**
甘青卫矛 157809
甘青乌头 **5621**
甘青小蒿 **36110**
甘青悬钩子 **338453**
甘青雪莲花 348521
甘青鸢尾 208765
甘青针茅 **376887**
甘泉豆 **89136**
甘泉豆属 **89134**
甘榕木 327069
甘实大栒橡 93614
甘薯 **131577**,207623
甘薯属 207546
甘藷 207623
甘藷牵牛 207623
甘松 **262497**,404316
甘松属 **262494**
甘松苔草 **75477**
甘松菀属 **262481**
甘松香 262497
甘肃矮探春 **211865**
甘肃霸王 **418681**
甘肃白刺 266381
甘肃贝母 **168523**
甘肃糙苏 **295124**
甘肃柽柳 **383514**
甘肃臭草 **249075**
甘肃翠雀花 **124312**
甘肃大戟 **159171**
甘肃丹参 345327
甘肃丁香 382256
甘肃独活 **192275**
甘肃杜鹃 **331528**
甘肃多榔菊 **136355**
甘肃风毛菊 **348418**
甘肃枫杨 **320364**
甘肃高葶雪山报春 314758
甘肃海棠 243642
甘肃旱雀豆 **87271**
甘肃蒿 **35523**
甘肃鹤虱 **221678**
甘肃红景天 **329894**,329876
甘肃厚叶报春 314385
甘肃虎耳草 349976
甘肃槐树 **369095**
甘肃黄鹌菜 **416403**
甘肃黄精 308659
甘肃黄芪 42617
甘肃黄耆 **42617**
甘肃黄芩 **355713**
甘肃火棘 322459
甘肃棘豆 **278919**
甘肃荚蒾 **407900**
甘肃金银花 235702
甘肃锦鸡儿 **72256**
甘肃景天 **357015**,356753
甘肃琉璃草 117967
甘肃柳 **343368**
甘肃耧斗菜 **30065**
甘肃马先蒿 **287302**
甘肃麦冬 232627
甘肃梅花草 **284544**
甘肃米口袋 **181649**
甘肃木蓝 **206421**
甘肃南牡蒿 **35468**
甘肃泥胡菜 **191666**
甘肃念珠芥 264618
甘肃脓疮草 **282481**
甘肃槭 **3130**
甘肃荨麻 402889
甘肃青兰 137672

甘肃琼花 407900
甘肃雀儿豆 **87239**,87271
甘肃荛花 **414249**
甘肃忍冬 **235895**
甘肃瑞香 122614
甘肃沙拐枣 67010
甘肃山麦冬 **232627**,232630
甘肃山梅花 **294484**
甘肃山楂 **109781**
甘肃睡茄 414601
甘肃嵩草 **217198**
甘肃溲疏 126839
甘肃素馨 211865
甘肃苔草 **74973**
甘肃桃 **20921**
甘肃天门冬 **39048**
甘肃土当归 **30691**
甘肃土麦冬 232627
甘肃驼蹄瓣 418681
甘肃娃儿藤 **400937**
甘肃细圆齿火棘 **322459**
甘肃小檗 **51805**
甘肃小黄素馨 211865
甘肃蟹甲草 **283815**
甘肃萱草 **191300**
甘肃玄参 **355151**
甘肃悬钩子 **339231**
甘肃雪灵芝 **31971**
甘肃栒子 **107510**
甘肃丫蕊花 **416506**
甘肃羊茅 **164029**
甘肃杨 311182
甘肃野丁香 226127
甘肃野芝麻 **220407**
甘肃异株荨麻 **402889**
甘肃银莲花 **23711**
甘肃鸢尾 **208747**
甘肃蚤缀 31971
甘肃沼柳 344035
甘肃紫堇 **105738**
甘肃醉鱼草 **62149**
甘遂 **159172**,159841,375187,414150
甘棠 323110
甘藤属 254414
甘同 367696
甘西鼠尾 345327
甘西鼠尾草 **345327**
甘心蜈蚣 39532
甘新黄芪 42862
甘新念珠芥 **264618**
甘新青蒿 **36087**
甘野菊 124817
甘液 233078
甘藏毛茛 **325895**
甘藻 418389,418396
甘藻科 418405
甘藻属 418377
甘泽 159172
甘蔗 **341887**,341909
甘蔗孔颖草 **57589**
甘蔗属 **341829**
甘蔗须芒草 **22948**
甘竹 297373
甘竹茹 297373
甘仔蜜 239157
甘孜贝母 **168606**
甘孜翠雀花 **124314**
甘孜党 98285,98413
甘孜沙参 **7673**
甘子 93717
杆丛苣苔 **328446**
杆丛苣苔属 **328445**
杆杆梢 263161
杆红 386696
杆腺木属 **328374**
杆仔皮 350932
杆紫草属 **328380**
肝风草 417612
肝红 201874
肝火草 337253
肝色狸藻 **403235**
肝色柳穿鱼 **230989**
肝色苔草 **76426**
肝色温曼木 **413689**
肝炎草 187558,357123,380113,380115,380252,380418
肝炎药 184696
肝叶草属 192120
肝叶獐耳细辛 192134
柑 **93649**,93717,93806
柑橙 93765
柑毒草 172779
柑果子 **230468**
柑果子手玄参 **244840**
柑果子属 **230461**
柑橘 **93717**,93698
柑橘空船兰 **9114**
柑橘属 **93314**
柑仔密 362478
柑子 93530,93717,93719,93733,93806
柑子风 346737
柑子菌芋 313197
竿蔗 341887,341909
竿珠 99124
疳草 85232
疳积草 232423,234363,298888,308081,337253,340367,377973,389638
疳积散 144062
疳积药 209617,308816,320917
疳取草 **264946**,176839
疳肿药 232106
秆黄杜鹃 **331902**
秆叶苔草 **74892**
秆子草 **4619**
赶风柴 66853,66864,66879,94068
赶风茜 55768
赶风晒 66853
赶风帅 66853
赶风债 94068
赶风紫 66864
赶疯晒 66853
赶狗木 222305,298516
赶黄草 290134
赶麦黄 361794
赶山鞭 **201761**,39532,39557,39567,176839,202086,309841,355391
赶山虎 345586
赶山尖 414147
赶山艽 239967
赶条蛇 38960
感冒草 363090
感冒藤 393657
感米 99124,99134
感暑草 53801
感通寺茶 69691
感野青茅 127239
感应草 **54555**,255098
感应草属 **54532**
橄榄 **70989**,296554
橄榄阿魏 163686
橄榄坝杭子梢 70882
橄榄茶茱萸 **203295**
橄榄大戟 **142486**
橄榄大戟属 **142485**
橄榄佛手银杏 **175821**
橄榄果链珠藤 18527
橄榄科 **64088**
橄榄枯 172779
橄榄绿安尼木 **25825**
橄榄绿法道格茜 **161984**
橄榄绿非洲紫菀 **19348**
橄榄绿风车子 **100669**
橄榄绿－黑大沙叶 286389
橄榄绿红光树 **216845**
橄榄绿画眉草 **147851**
橄榄绿潘神草 **146027**
橄榄绿茄 **367469**
橄榄绿琼楠 **50581**
橄榄绿鼠尾粟 **372788**
橄榄绿细毛留菊 **198946**
橄榄绿仙花 **395820**
橄榄绿小金梅草 **202932**
橄榄绿银桦 **180626**
橄榄绿鹰爪草 **186647**
橄榄槭 **3275**
橄榄茄 **367467**
橄榄芹属 **142496**
橄榄山矾 **381119**
橄榄属 **70988**
橄榄形崖爬藤 **387834**
橄榄椰 **216006**
橄榄椰属 **216005**
橄榄叶杜鹃 332071
橄榄叶鲫鱼藤 **356307**
橄榄叶醉鱼草 **62157**
橄榄竹 **206880**,47318
橄榄子 31680
橄色苔草 75596
橄树 29780
橄棪 70989
擀杖花 13934
绀菊 41404
绀銮玉 **264376**
赣米 99124
赣闽华千里光 365062
赣闽千里光 365062
赣皖乌头 **5192**
赣珠 99124
冈·安德伍德石南 150133
冈本氏栝搂 **396234**
冈本氏栝楼 396238
冈本氏柳 343797
冈比亚鸭跖草 **101027**
冈伯尔报春 314422
冈底斯山蝇子草 **363771**
冈多疗伤绒毛花 **28206**
冈恩桉 **155602**
冈尼斯唐菖蒲 **176244**
冈山红雷荚蒾 **407731**
冈山日本金缕梅 **185114**
冈田半插花 **191496**
冈田葶苈 **137151**
冈羊栖菜属 346761
刚板栗 233295
刚刺杜鹃 **331808**
刚果阿氏莎草 **547**
刚果八鳞瑞香 **268799**
刚果苞叶兰 **58382**
刚果豹斑兰 **26278**
刚果杯花玉蕊 **110125**
刚果贝尔茜 **53118**
刚果草属 **268835**
刚果虫果金虎尾 **5903**
刚果虫蕊大戟 **113080**
刚果刺核藤 **322541**
刚果单花杉 **257114**
刚果单腔无患子 **185378**
刚果豆腐柴 **313612**
刚果毒鼠子 **128637**
刚果短冠草 **369195**
刚果莩豆 **25170**
刚果恩格勒山榄 **145621**
刚果法道格茜 **161992**

刚果番樱桃 **156185**
刚果非洲红豆树 10053
刚果风车子 **100411**
刚果凤仙花 **204869**
刚果钩毛菊 **201693**
刚果钩枝藤 **22053**
刚果谷精草 **151278**
刚果孩儿草 **340345**
刚果海马齿 **361655**
刚果黑草 **61761**
刚果红柱树 **78662**
刚果槲寄生 **411000**
刚果环杯夹竹桃 **116266**
刚果黄檀 **121657**
刚果火焰树 **370359**
刚果鸡骨常山 **18034**
刚果见血封喉 **28257**
刚果姜饼木 **284207**
刚果胶藤 **220835**
刚果金莲木 **268135**
刚果茎花豆 **118066**
刚果咖啡 **98896**,98886
刚果可拉木 **99179**
刚果蜡菊 **189264**
刚果莱德苔草 **223846**
刚果乐母丽 **335930**
刚果雷内姜 **327728**
刚果棱果龙胆 **265815**
刚果离兜 **210136**
刚果藜 **86994**
刚果裂稃草 **351267**
刚果龙血树 **137361**
刚果芦荟 **16729**
刚果芦莉草 **339698**
刚果鹿藿 **333197**
刚果绿花五层龙 **342748**
刚果萝芙木 **327043**
刚果马莱戟 **245171**
刚果马钱 **378691**
刚果马缨丹 **221309**
刚果买麻藤 **178525**
刚果美冠鹦鹉东非凤仙 **205172**
刚果密穗花 **322097**
刚果牡荆 **411238**
刚果木 121750
刚果木瓣树 **415774**
刚果木蓝 **205824**
刚果内雄楝 **145958**
刚果喃果苏木 118066
刚果拟紫玉盘 **403644**
刚果牛栓藤 **101863**
刚果欧丁香 **382337**
刚果皮埃尔禾 **321415**
刚果蒲桃 **382517**
刚果朴 **80593**
刚果千里光 **366887**
刚果茜树 **12527**
刚果茄 **367049**
刚果琼楠 **50489**
刚果热非豆 **212673**
刚果热非夹竹桃 **13278**
刚果萨比斯茜 **341610**
刚果三萼木 **395261**
刚果三链蕊 **396748**
刚果山榄属 **222035**
刚果神秘果 **381981**
刚果黍 **281501**
刚果鼠尾粟 **372636**
刚果树葡萄 **120038**
刚果四丸大戟 **387974**
刚果松 299795
刚果苏木属 179845
刚果梭果革瓣花 **59815**
刚果塔诺大戟 **383915**
刚果苔草 **74146**
刚果图森木 **393305**
刚果娃儿藤 **400872**
刚果网蕊茜 **129639**
刚果萎草 **245057**
刚果卫矛 **157384**
刚果沃内野牡丹 **413203**
刚果乌口树 **384935**
刚果五层龙 **342612**
刚果香脂苏木 **103698**
刚果小花豆 **226149**
刚果肖九节 **401956**
刚果鞋木 **52861**
刚果鸭脚树 18034
刚果鸭舌癀舅 **370764**
刚果亚麻藤 **199172**
刚果羊角拗 **378378**
刚果叶饰木 **296973**
刚果异萼豆 **317978**
刚果异萼豆属 **317977**
刚果异木患 **16067**
刚果异荣耀木 **134583**
刚果隐萼豆 **113784**
刚果鹰爪花 **35007**
刚果硬衣爵床 **354395**
刚果珍珠茅 **354063**
刚果止泻萝藦 **416202**
刚果止泻木 **197183**
刚果猪屎豆 **112152**
刚果仔榄树 **199418**
刚蒿 35505
刚桧 213896
刚健芦荟 **17089**
刚毛阿氏莎草 **616**
刚毛巴豆 **113021**
刚毛白簕 **143675**
刚毛白辛树 320886
刚毛百蕊草 **389831**
刚毛斑种菜 57680
刚毛半边莲 **234769**
刚毛贝克菊 **52776**
刚毛荸荠 **143404**,143217
刚毛萹蓄 **291960**
刚毛扁基荸荠 143146
刚毛扁爵床 **292230**
刚毛藨草 210080
刚毛藨草属 396003
刚毛冰草 **11871**
刚毛薄荷穗 **255431**
刚毛薄穗草 255431
刚毛彩花 **84915**
刚毛彩花属 **84912**
刚毛糙苏 **295192**
刚毛长梗欧石南 **149694**
刚毛车叶草 **39405**
刚毛柽柳 **383517**
刚毛赤飑 **390180**
刚毛茨藻 **262107**
刚毛刺苞菊 2612
刚毛刺毛爵床 **84780**
刚毛刺仙人柱属 362002
刚毛粗子芹 **393843**
刚毛酢浆草 **278082**
刚毛灯心草 **213446**
刚毛地砂草 **19714**
刚毛地檀香 **172077**
刚毛滇紫草 **271824**
刚毛丁癸草 **418355**
刚毛钉头果 **179037**
刚毛东南亚野牡丹 **24196**
刚毛杜鹃 **331809**
刚毛多蕊石蒜 **175350**
刚毛多穗兰 **310591**
刚毛萼刺蕊草 **306985**
刚毛发草 **126104**
刚毛番薯 **208178**
刚毛芳香木 **38796**
刚毛粉苞苣 **88760**
刚毛丰花草 **57321**
刚毛风兰 **25015**
刚毛凤仙花 **205315**
刚毛俯垂细莞 **209971**
刚毛腹水草 407505
刚毛干若翠 **415463**
刚毛秆针蔺 143404
刚毛格雷野牡丹 **180439**
刚毛格尼瑞香 **178700**
刚毛葛缕子 **77841**
刚毛弓果黍 **120627**
刚毛谷精草 **151486**
刚毛光萼荷 **8592**
刚毛鬼针草 **54119**
刚毛果科 218086
刚毛果属 218074
刚毛旱果 **148238**
刚毛禾 **84829**
刚毛禾属 **84828**
刚毛黑草 61795
刚毛红光树 **216903**
刚毛喉毛花 **100280**
刚毛厚缘野牡丹 **279606**
刚毛狐地黄 **151108**
刚毛壶花无患子 **90757**
刚毛虎耳草 **349725**
刚毛花葵 **223378**
刚毛花木蓝 **206544**
刚毛画眉草 **147573**
刚毛黄鹌菜 **416397**
刚毛黄酒草 **203117**
刚毛黄秋葵 233
刚毛黄蜀葵 **233**
刚毛黄檀 **121824**
刚毛灰毛菊 **31290**
刚毛火炭母 308969
刚毛棘豆 **279158**
刚毛蓟 91723
刚毛嘉陵花 **311114**
刚毛荚蒾 408127
刚毛假糙苏 **283621**
刚毛假狼紫草 **266625**
刚毛假木贼 **21059**
刚毛尖花茜 **278249**
刚毛尖子木 **278611**
刚毛剪股颖 **12073**
刚毛锦鸡尾 **186728**
刚毛锦香草 **296383**
刚毛菊属 **307788**
刚毛拉拉藤 **170624**
刚毛蜡菊 **189782**
刚毛蓝车叶草 **39317**
刚毛蓝刺头 140786
刚毛蓝卷木 **396440**
刚毛狼尾草 **289254**
刚毛朗格花 **221037**
刚毛肋瓣花 **13863**
刚毛类芦莉草 **339839**
刚毛蓼 **309789**
刚毛瘤蕊紫金牛 **271092**
刚毛楼梯草 **142836**
刚毛驴臭草 271824
刚毛麻疯树 **212215**
刚毛马唐 **130766**,130768
刚毛马银花 **331424**
刚毛毛茛 **325942**
刚毛毛叶腹水草 **407505**
刚毛密钟木 **192708**
刚毛绵果芹 **64792**
刚毛木蓝 **206545**,206081
刚毛牧地狼尾草 **289208**
刚毛南非禾 **290018**
刚毛南非葵 **25435**
刚毛南非少花山龙眼 **370268**
刚毛欧石南 **150042**
刚毛苹婆 **376186**

刚毛气花兰 **9246**
刚毛千金藤 375870
刚毛千里光 **358371**
刚毛前胡 **292990**
刚毛枪刀药 **202615**
刚毛鞘芽莎 **99445**
刚毛茄 **367613**
刚毛丘陵野牡丹 **268379**
刚毛秋海棠 **50303**
刚毛热非野牡丹 **20522**
刚毛忍冬 **235852**
刚毛绒毛草 **197321**
刚毛软紫草 **34625**
刚毛润肺草 **58941**
刚毛塞拉玄参 **357646**
刚毛鳃兰 **246726**
刚毛伞芹 **84951**
刚毛伞芹属 **84950**
刚毛色穗木 **129147**
刚毛涩荠 **243193**
刚毛沙拐枣 **67077**
刚毛莎草 **119576**
刚毛莎属 **115634**
刚毛山柳菊 **195574**
刚毛山蚂蝗 **126606**
刚毛山牵牛 390816
刚毛山鸢尾 **208823**
刚毛蛇葡萄 20340
刚毛蛇头荠 **133413**
刚毛狮齿草 **224668**
刚毛史密斯拟莞 **352269**
刚毛瘦鳞帚灯草 **209456**
刚毛树葡萄 **120222**
刚毛水蓼 **309212**
刚毛水苏 **373435**
刚毛丝叶菊 **391048**
刚毛溲疏 **127097**
刚毛苔草 **74157**
刚毛藤山柳 95543
刚毛天门冬 **39196**
刚毛天竺葵 **288514**
刚毛铁苋菜 1894
刚毛葶苈 **137231**
刚毛通贝里鸢尾 **208825**
刚毛头花草 **82167**
刚毛托鞭菊 **77233**
刚毛橐吾 **228974**
刚毛网脉夹竹桃 **129672**
刚毛委陵菜 **312399**
刚毛纹蕊茜 **341365**
刚毛莴苣 **219512**
刚毛乌头 **5565**
刚毛无鳞草 **14436**
刚毛无心菜 **32225**
刚毛五加 **2495**,143675
刚毛勿忘草 **260877**
刚毛喜阳花 **190423**
刚毛夏枯草 220126,316109
刚毛香茶菜 **209700**
刚毛小甘菊 **71101**
刚毛小果微孔草 **254364**
刚毛小金梅草 **202967**
刚毛小叶葎 **170221**
刚毛肖水竹叶 **23623**
刚毛肖五星花 **283593**
刚毛肖鸢尾 **258646**
刚毛肖皱籽草 **250942**
刚毛星果棕 **43378**
刚毛悬钩子 **339262**
刚毛薰衣草 **223329**
刚毛栒子 107520
刚毛亚麻 **231954**
刚毛岩风 **228598**
刚毛岩黄芪 188100
刚毛岩黄耆 **188100**
刚毛偃麦草 **144634**
刚毛药花 48552
刚毛药花属 48551
刚毛野蓼花 309831
刚毛叶大萼小檗 **51900**
刚毛叶落草 **217563**
刚毛叶肖阿魏 **163764**
刚毛异燕麦 **190138**
刚毛异叶木 **25582**
刚毛淫羊藿 **146956**
刚毛罂粟 **282713**
刚毛硬皮鸢尾 **172686**
刚毛鸢尾 208819,208823
刚毛鸢尾兰 **267991**
刚毛圆叶槲果 **46792**
刚毛远志 **308287**
刚毛早熟禾 **305966**
刚毛指甲草 **284898**
刚毛帚叶联苞菊 **114458**
刚毛皱稃草 **141781**
刚毛猪笼草 **264839**
刚毛蛛网卷 186728
刚毛紫地榆 **174656**
刚毛紫葳 **362006**
刚毛紫葳属 **362005**
刚毛紫云菜 320105
刚毛棕榈 43378
刚前 146966,146995,147013,147039,147048,147075
刚前胡 163584
刚松 **300181**
刚须草 **84947**
刚须草属 **84945**
刚药台 328345
刚叶长药兰 **360637**
刚叶千里光 **360124**
刚叶松 300181
刚硬金合欢 **1531**
刚莠竹 **253992**
刚直白花菜 **95799**
刚直百蕊草 **389884**
刚直拜卧豆 **227089**
刚直棒头草 **310131**
刚直布里滕参 **211538**
刚直茶豆 **85256**
刚直柽柳 **383617**
刚直橙菀 **320739**
刚直刺头菊 **108414**
刚直大蒜芥 **365621**
刚直盾舌萝藦 **39642**
刚直多穗兰 **310606**
刚直鹅绒藤 **117731**
刚直二分豆 **128917**
刚直费利菊 **163292**
刚直芙兰草 **168896**
刚直谷精草 **151510**
刚直贵青玉 **159345**
刚直蒿 **36444**
刚直黑草 **61866**
刚直黑麦 **356251**
刚直红花 **77745**
刚直花凤梨 **392046**
刚直画眉草 **148031**
刚直黄眼草 **416177**
刚直火炬花 **217038**
刚直剑苇莎 **352345**
刚直金毛菀 **89915**
刚直金丝桃 **202167**
刚直爵床 **266545**
刚直爵床属 **266539**
刚直可利果 **96852**
刚直梾木 **105201**
刚直蓝蓟 **141315**
刚直老鸦嘴 **390892**
刚直肋瓣花 **13869**
刚直瘤药花 **289494**
刚直龙舌兰 **10943**
刚直罗顿豆 **237438**
刚直马蹄莲 **417121**
刚直芒柄花 **271603**
刚直密钟木 **192717**
刚直木蓝 **206594**
刚直牧根草 **43589**
刚直拟球花木 **177063**
刚直鸟娇花 **210932**
刚直牛角草 **273203**
刚直欧石南 **150208**,150127
刚直泡叶番杏 **138241**
刚直泡叶菊 138241
刚直平口花 **302643**
刚直全柱草 **197508**
刚直群花寄生 **11134**
刚直肉锥花 **102621**
刚直赛金莲木 **70751**
刚直山柳菊 **195993**
刚直绳草 **328182**
刚直矢车菊 **81407**
刚直黍 **282263**
刚直双距花 **128103**
刚直双距兰 **133952**
刚直水竹叶 **260119**
刚直蒴莲 **7314**
刚直丝兰 **416664**
刚直苔草 **76408**
刚直铁兰 392046
刚直葶苈 **137287**
刚直沃森花 **413411**
刚直肖凤卵草 **350537**
刚直肖毛口草 **152842**
刚直肖鸢尾 **258665**
刚直肖皱籽草 **250944**
刚直薰衣草 **223340**
刚直翼茎菊 **172425**
刚直蝇子草 **364081**
刚直妪岳当归 **24498**
刚直直药萝藦 **275477**
刚直舟叶花 **340920**
刚直帚菀木 **307561**
刚直猪屎豆 **112783**
刚竹 **297469**,297215,297435,297486
刚竹属 **297188**
刚柱 **83912**
刚子 113039
岗巴肋柱花 **235451**
岗斑鸠菊 **40272**
岗边菊 40988
岗茶 160442
岗柴 **394929**
岗灯笼 96083
岗房海桐 **301237**
岗姬竹 362131
岗姬竹属 362121
岗菊 152888
岗柃 **160480**
岗柃花 332221
岗梅 203578
岗尼桉 155602
岗拈 332221
岗姅 52436
岗仁布齐黄芪 43137
岗仁布齐黄耆 **43137**
岗稔 332221
岗松 **46430**
岗松属 **46423**
岗桐 285981
岗油麻 190094
岗芝麻 190094
岗脂麻 190094
纲脉香脂苏木 **103722**
冈田蓟 **92266**
钢叉草 53797
钢灰野牡丹 **85103**

钢灰野牡丹属 **85102**
钢橘子 310850
钢琴木 121770
钢拳头 218480
钢藤 182384
钢铁头竹 297215,297435
港大沙叶 286264
港柯 **233241**,233260
港口老叶儿 295747
港口马兜铃 **34382**
港口木荷 350946
港口线柱兰 417752
港鹰爪 35018
港油麻藤 259493
港粤黄檀 121756
杠板归 **309564**,308974
杠板归属 **140194**
杠谷草 355387
杠谷树 276313
杠柳 **291082**
杠柳花萼状欧石南 **149131**
杠柳科 **291094**
杠柳属 **291031**
杠木 180768,324100
杠网草 81687
杠香藤 **243439**,243437
杠竹 **364797**
杠锥 79068
皋芦 **69651**
皋月 330917
皋月杜鹃 **330917**
羔桐 212127
高阿顿果 **44817**
高阿洼早熟禾 **305358**
高艾纳香 **55813**
高八幡草 **58020**
高八爪 31408,31412
高把蕉 260250
高白坚木 **39696**
高白蓬草 388621
高百蕊草 **389679**
高斑鸠菊 **406068**
高斑叶兰 **179679**
高半被木 **191337**
高棒兰 **178964**
高报春 **314333**
高杯喉毛花 **100285**
高杯花 266197
高贝叶棕 **106986**
高背蒲葵 **234164**
高本氏兰 **51083**
高扁爵床 **292201**
高扁鞘飘拂草 **166224**
高变豆菜 345952
高滨紫草 **250902**
高波罗花 **205547**
高博龙香木 **57272**
高捕虫堇 **299742**
高布留芹 **63487**
高草莓 **167614**
高草木犀 **249205**
高岑花楸 **369512**
高梣 167955
高查尔迪红瑞木 **104925**
高茶藨 333913
高茶藨子 **333913**
高茶风 31396
高长被片风信子 **137926**
高超马先蒿 **287540**
高橙桑 254493
高橙菀 **320673**
高赤箭 171918
高臭草 **244626**,248951
高臭草属 337544
高樗 **12567**
高刺果泽泻 **140539**
高葱 **15260**,15445
高丛玉簪 **198608**
高丛珍珠梅 **369265**
高翠雀 124194
高翠雀花 **124194**,124581
高大阿米芹 **19671**
高大阿塔木 **43738**
高大哀氏马先蒿 **287186**
高大艾纳香 **55731**
高大桉 **155612**
高大澳菊木 **49561**
高大白树 **379806**
高大百蕊草 **389824**
高大斑鸠菊 **406719**
高大棒果树 **332393**
高大苞芽树 **208988**
高大北美乔柏 **390650**
高大北美乔松 **300212**
高大本氏兰 **51117**
高大车前 **301854**
高大翅果菊 **320511**
高大刺桐 **154655**
高大翠雀花 **124209**
高大大戟 **158868**
高大杜鹃 **330667**
高大杜英 **142326**
高大多穗兰 **310403**
高大芳香木 **38538**
高大飞蓬 **150610**
高大非洲马钱树 **27618**
高大菲利木 **296211**
高大粉白菊 **341451**
高大风铃草 **69880**
高大甘欧 **171009**
高大岗松 **46439**
高大高葶苣 **11437**
高大沟酸浆 **255255**
高大钩毛菊 **201689**
高大古柯 **155080**
高大灌木豆 **321727**
高大豪曼草 **186205**
高大黑籽水蜈蚣 **218563**
高大红铁木 236336
高大厚壳桂 **113440**
高大胡椒 241210
高大胡枝子 **226965**
高大华丽美洲茶 **79931**
高大画眉草 **147911**
高大黄胶菊 **318668**
高大黄牛木 **110277**
高大黄檀 **121616**
高大灰叶梾木 **380493**
高大假水青冈 266881
高大假穗草 **146033**
高大菅 389333
高大豇豆 **409014**
高大金果椰 **139404**
高大金鸡菊 **104498**
高大决明 **78276**
高大苦树 298510
高大苦油楝 72650
高大蓝刺头 **140704**
高大榄仁树 **386613**
高大狼尾草 **289210**
高大冷杉 **453**
高大丽花 **121542**
高大利蒂木 **219726**
高大栗油果 53057
高大链合欢 **79475**
高大龙脑香 133553
高大芦荟 **17188**
高大鹿药 **242671**
高大驴喜豆 **271170**
高大罗汉松 306424
高大麻黄 **146128**
高大马岛芸香 **210500**
高大麦氏草 **256604**
高大曼陀罗 123065
高大米利奇木 254493
高大密花桑 **254493**
高大缅甸姜 **373593**
高大木犀 **352597**
高大内雄楝 **145964**
高大南洋杉 **30846**,30850
高大拟洋椿 **80056**
高大欧洲赤松 **300229**
高大欧洲水青冈 **162410**
高大婆婆纳 **407224**
高大槭 2783
高大脐果山榄 **270661**
高大蔷薇 **336289**
高大日本首乌 **162535**
高大塞拉玄参 **357637**
高大三棱栎 397327
高大沙拐枣 **67023**
高大沙棘 196766
高大山柳菊 **195881**
高大山龙眼 **189929**
高大山蚂蝗 **126363**
高大山牛蒡 **382073**
高大山羊草 **8688**
高大少将肉锥花 102087
高大十二卷 **186262**
高大石豆兰 **62895**
高大石竹 **127709**
高大手参 **182236**
高大手玄参 **244740**
高大黍 **282105**
高大鼠尾粟 **372629**
高大双距兰 **133901**
高大水东哥 **347958**
高大酸渣树 **72650**
高大蒜芥 **365457**
高大蒜楝木 **45907**
高大苔草 **75878**
高大唐松草 **388628**
高大桃榄 **313335**
高大天门冬 **38924**
高大兔耳草 **220195**
高大菟丝子 115037
高大万花木 **261105**
高大锡金柳叶菜 146881
高大喜阳花 **190327**
高大腺果藤 300955
高大香茅 **117236**
高大小芝麻菜 **154086**
高大星牵牛 **43359**
高大野豌豆 **408256**
高大叶长被片风信子 **137895**
高大一枝黄花 **367950**
高大银齿树 **227348**
高大油杉寄生 **30910**
高大鱼木 **110214**
高大羽花木 **407531**
高大玉凤花 **183611**
高大圆果吊兰 27190
高大越橘 **403780**
高大摘亚苏木 **127391**
高大脂麻掌 **171667**
高大朱顶红 **196449**
高大猪毛菜 **344676**
高大爪草 **370526**
高大砖子苗 **245526**
高大紫菀木 **41751**
高淡竹叶 **236287**
高稻花木 **299308**
高迪草属 172032
高地布袋兰 79558
高地草 **203017**
高地草属 **203015**
高地胆草 143474
高地短片帚灯草 **142935**

高地附地菜 397464
高地钩叶藤 **303091**
高地黄 **327434**
高地黄耆 **42512**
高地金菊 **90216**
高地栎 **324556**
高地棉 179906
高地欧石南 **149002**
高地省藤 **65742**
高地蒜 **15550**
高地笋 239205
高地卫矛 **203026**
高地卫矛属 **203025**
高地珠峰小檗 **51599**
高吊兰 **88546**
高丁木 **172029**
高丁木属 **172028**
高冬青 **203792**
高斗篷草 **14014**
高短冠草 **369202**
高墩草 262247
高墩草属 262243
高鹅掌柴 **350687**
高额马先蒿 **286992**
高恩兰属 **180007**
高恩南番荔枝 145136
高恩恰洛夫百蕊草 **389711**
高恩恰洛夫彩花 **2238**
高恩恰洛夫刺头菊 **108296**
高恩恰洛夫荆芥 **264936**
高恩恰洛夫矢车菊 **81091**
高恩恰洛夫鼠尾草 **345061**
高恩恰洛夫驼蹄瓣 **418668**
高尔白花菜 **95682**
高尔布婆婆纳 **407141**
高尔夫银毛球 **244126**
高尔海甘蓝 **108612**
高尔荆豆 401390
高耳冠草海桐 **122091**
高二裂委陵菜 312418
高二毛药 **128433**
高飞 19292
高飞燕草 124194
高风铃草 **70008**
高风毛菊 **348283**
高峰景天 329884
高峰飘拂草 **166379**
高峰山姜 **17766**
高峰乌头 **5030**
高峰小报春 **314650**
高凤凰木 **123807**
高拂子茅 **65324**
高甘肃小檗 51524
高秆莎草 **118841**
高秆苔草 **73658**
高秆野生稻 **275910**
高秆珍珠茅 **354254**,354255
高藁本 229319
高鸽兰 **291129**
高根 155067,192497,197685,199748
高根属 155051
高根柱椰属 366806
高钩毛菊 **201694**
高骨老虎刺 122040
高冠白前 **117667**
高冠黄堇 **106052**
高冠金雀花紫堇 **105799**
高冠尼泊尔黄堇 **105972**
高冠曲花紫堇 **105780**
高冠藤 278618
高冠藤属 7087,278614
高贵齿瓣兰 **269078**
高贵翠雀花 **124670**
高贵飞燕草 **102841**
高贵凤尾兰 **416608**
高贵凤仙 205174
高贵凤仙花 **205174**
高贵荷兰菊 **40935**
高贵火炬花 **217056**
高贵蓝蓟 **141164**
高贵龙胆 **173471**
高贵绿柄桑 **88508**
高贵绿心樟 **268722**
高贵马兜铃 34191
高贵茅膏菜 **138346**
高贵美顶花 **156034**
高贵美叶芋 **16527**
高贵米利奇木 254494
高贵密花桑 **254494**
高贵线柱兰 **417780**
高贵鸭嘴花 **214759**
高贵银桦 **180659**
高贵蝇子草 **363957**
高贵云南冬青 204417
高果果鸟 114060
高海葱 **402318**
高海神菜 **265465**
高寒露珠草 **91514**
高寒蒲公英 **384583**
高寒松 **299879**
高寒早熟禾 **305294**
高蔊菜 **336196**
高蒿 **36105**
高合欢 162473
高河菜 **247770**,247778
高河菜属 **247767**
高黑苦味果 **34866**
高红槿 **194850**
高红门兰 **273413**
高虎耳草 **349056**
高虎尾草 **88342**
高花草 **273727**
高花草属 **273726**
高花茎南非草 **25789**
高花茎色罗山龙眼 **361162**
高花属 266194
高画眉草 **147486**
高黄翅莎草 **118793**
高黄芪 42320
高黄耆 **42320**
高黄芩 **355359**
高灰毛豆 **386051**
高桧 213767
高蓟 **91730**
高加兰属 79607
高加利属 79614
高加拿大一枝黄花 **368035**
高加索阿魏 **163587**
高加索白鲜 **129628**
高加索百合 **229944**
高加索百里香 **391121**
高加索百脉根 **237526**
高加索贝才茜 **53282**
高加索贝母 **168364**
高加索薄荷 **250339**
高加索糙苏 **295084**
高加索草 **10436**
高加索草属 **10435**
高加索产还阳参 **110770**
高加索长瓣秋水仙 **250632**
高加索长根菊 **135398**
高加索长生草 **358028**
高加索常春藤 **187202**
高加索车叶草 **39323**
高加索车轴草 **396860**
高加索齿缘草 **153437**
高加索春黄菊 **26752**
高加索刺子莞 **333510**
高加索翠雀花 **124110**
高加索大花荆芥 **264939**
高加索颠茄 **44709**
高加索蝶须 **26363**
高加索斗篷草 **13990**
高加索杜鹃 **330334**
高加索椴 **391682**
高加索多榔菊 **136346**
高加索鹅耳枥 **77271**
高加索鹅观草 **335255**
高加索番红花 111612
高加索飞蓬 **150539**
高加索风铃草 **69949**
高加索枫杨 320356
高加索拂子茅 **65315**
高加索藁本 **229303**
高加索葛缕子 **77788**
高加索蒿 **35314**
高加索黑钩叶 **22243**
高加索虎耳草 **349159**
高加索花楸 **369357**
高加索花葱 **307214**
高加索桦 **53523**,53530
高加索还阳参 **110769**
高加索黄耆 **42159**
高加索黄杨 **64247**
高加索灰山柳菊 **195665**
高加索基氏婆婆纳 **216254**
高加索棘豆 **278773**
高加索蓟 **91852**
高加索假狼毒 **375211**
高加索金丝桃 **201797**
高加索荆芥 264939
高加索景天 **356606**
高加索菊属 **79683**
高加索榉 **417540**
高加索聚合草 381029
高加索孔颖草 **57551**
高加索筷子芥 30220
高加索蓝花楹 **211231**
高加索蓝盆花 **350119**
高加索冷杉 **429**
高加索梨 **323129**
高加索离子草 **89007**
高加索利奥风信子 **225031**
高加索栎 **324140**
高加索亮毛菊 **9768**
高加索疗齿草 **268960**
高加索列当 **275036**
高加索领苞风信子 **276947**
高加索柳 **343181**
高加索柳兰 **85554**
高加索龙胆 **173329**
高加索耧斗菜 **30060**
高加索驴臭草 **271745**
高加索轮锋菊 350119
高加索麻花头 **361010**
高加索马先蒿 **287068**
高加索毛茛 **325715**
高加索眉兰 **272422**
高加索米努草 **255455**
高加索绵枣儿 **352890**
高加索木蓼 **44257**
高加索苜蓿 **247298**
高加索纳茜菜 **262576**
高加索南芥 **30220**
高加索南芥菜 30220
高加索披碱草 **144234**
高加索婆婆纳 **407068**
高加索蒲公英 **384490**
高加索朴 **80607**
高加索歧缬草 **404403**
高加索落草 **217434**
高加索千里光 **358523**
高加索前胡 **292810**
高加索蔷薇 **337028**
高加索芹 **90710**
高加索芹属 **90709**
高加索染料木 **173089**

高加索忍冬 **235715**
高加索绒毛花 **28154**
高加索瑞香 **122407**
高加索三肋果 **397953**
高加索三叶草 **396928**
高加索沙棘 **196760**
高加索山柳菊 **195526**
高加索山罗花 **248164**
高加索山萝卜 350119
高加索山梅花 **294422**
高加索山萬苣 **219267**
高加索山羊豆 169940
高加索山楂 **109585**
高加索芍药 **280169**,280236
高加索生悬钩子 **338237**
高加索省沽油 374098
高加索狮齿草 **224662**
高加索鼠李 328735
高加索鼠麴草 **178114**
高加索薯蓣 **131515**
高加索水仙 **262391**
高加索菘蓝 **209183**
高加索索包草 **366772**
高加索苔 74068
高加索苔草 **74068**
高加索唐菖蒲 **176112**
高加索糖芥 **154422**
高加索嚏根草 **190932**
高加索葶苈 **137114**
高加索茼蒿 **89472**
高加索头蕊兰 **82036**
高加索橐吾 **229000**
高加索委陵菜 **312441**
高加索西门肺草 **381029**
高加索细叶芹 **84736**
高加索仙客来 **115981**
高加索仙女木 **138447**
高加索香草 **30573**
高加索香草属 **30572**
高加索小百里香 **391201**
高加索小米草 **160144**
高加索缬草 **404331**
高加索悬钩子 **338236**
高加索雪花莲 **169707**
高加索亚麻荠 **68844**
高加索岩黄芪 187823
高加索岩黄耆 **187823**
高加索野芝麻 **220367**
高加索腋花瑞香 **122382**
高加索银莲花 **23750**
高加索罂粟 **282526**
高加索鹰嘴豆 **90807**
高加索蝇子草 **363307**
高加索郁金香 **400140**
高加索鸢尾 **208481**
高加索远志 **307981**
高加索越橘 403728
高加索早花仙客来 **115944**
高加索早熟禾 **305433**
高加索榛 106724
高加索治疝草 **192940**
高加索轴藜 **45851**
高加索猪牙花 **154906**
高加索紫堇 **105719**
高尖膜菊 **201308**
高樫木 139644
高碱蓬 **379492**
高姜花 **187440**
高姜黄 **114865**
高脚杯状力夫藤 **334876**
高脚刺 417340
高脚地稔 248732
高脚瓜子草 308123
高脚豪猪脚 389518
高脚红缸 276135
高脚红罐 276135
高脚鸡眼 31435
高脚金鸡 31396
高脚老虎扭 339338
高脚凉茶 31408
高脚凉伞 31578
高脚龙牙豆 294056
高脚罗伞 31396,31578
高脚罗伞树 31578
高脚泡 338281
高脚蒲公英 320513
高脚稔 248732
高脚山落苏 248732
高脚山茄 59823
高脚鼠耳草 82758,82849
高脚酸味草 239594
高脚铜告碑 391524
高脚铜盘 31396
高脚细辛 347186
高脚香蕉 260250
高脚牙蕉 260250
高脚硬梗太阳草 226739
高脚猪猪豆 389518
高节节菜 **337339**
高节苔草 **76543**
高节沿阶草 272129
高节竹 **297400**
高金丝桃 201937
高堇菜 **409947**,410273
高锦葵 **243781**
高槿 194850
高茎滨藜 **44633**
高茎长柄通泉草 **246983**
高茎翠雀花 **124027**
高茎飞蓬 **150442**
高茎蒿 36241
高茎卷瓣兰 **62706**
高茎卷唇兰 62706
高茎绿绒蒿 **247191**
高茎毛兰 396479
高茎毛鞘兰 **396479**
高茎雀舌兰 **139255**
高茎山柳菊 **195456**
高茎葶苈 **136986**
高茎小雀舌兰 139255
高茎一枝黄花 368013
高茎紫堇 **105850**
高茎紫菀 **41080**
高井谷精草 **151519**
高咖啡 **98914**
高卡 155067
高卡科 155048
高卡利属 79614
高卡萨山萝卜 350119
高楷子 369279
高壳槲栎 323647
高梾木 **105019**
高蓝侧金盏花 **8345**,8363
高蓝刺头 140681
高劳德苔草 **74684**
高劳蒲公英 384564
高老鹳草 174595
高雷立花橘 **93648**
高黎贡斑叶兰 **179605**
高黎贡厚唇兰 **146540**
高黎贡柯 **233223**
高黎贡山凤仙花 **204847**
高黎贡山黄堇 **105637**
高黎贡山苔草 **74625**
高黎贡舌唇兰 **302347**
高黎贡苔草 **74678**
高藜 **87138**
高里双球芹 **352631**
高丽菜 59520,59532
高丽谷 18687
高丽果 167641
高丽胡枝子 218345
高丽花 209665
高丽槐 240114
高丽槐属 240112
高丽碱茅 **321241**
高丽参 280741,383324
高丽猬草 203126
高丽悬钩子 338292
高丽云杉 298323
高丽芝 418453
高镰扁豆 **135457**
高良姜 **17733**,17656,17674,17677,187438,308641
高良毛芸香 **155835**
高凉菜属 215086
高凉姜 17733
高粱 **369600**,369601,369720
高粱草 239660
高粱花 408016
高粱菊 202400
高粱木 54620
高粱泡 **338698**
高粱七 369600,369689,369720
高粱属 **369590**
高粱笋子 328345
高列当 **275128**
高林金合欢 **1449**
高岭斑叶兰 179610
高岭风毛菊 **348864**
高岭蒿 **35221**
高岭梅花 83277,316705
高岭蒲公英 **384867**
高岭樱 83267
高岭紫菀 40016
高琉璃菊 **377292**
高漏斗花 **130200**
高卢蓟 **92206**
高卢兰 **21161**
高卢兰属 **21160**
高芦荟 **16791**
高芦苇 **295890**
高驴蹄草 **68169**
高驴喜豆 **271211**
高罗荠菊 **214090**
高罗氏山柳菊 **195631**
高马比戟 **240183**
高马利筋 **37914**
高马先蒿 **287196**
高麦珠子 **17614**
高猫尾花 **62484**
高毛茛 **325518**
高毛鳞省藤 **65711**
高毛省藤 65711
高帽乌头 **5374**
高莓系 **305886**
高梅瓜泰木 181590
高梅缨瓣 **111805**
高梅硬蕊花 **181590**
高美冠兰 **156540**
高美果使君子 **67948**
高美木豆 **290876**
高孟哺鸡竹 **297192**
高密枝玉 **252365**
高绵石菊 **318806**
高棉漆 **177541**
高膜质菊 201308
高默麻疯树 **212137**
高母草 231521
高木槿 **195119**
高木蓝 **206427**
高木犀草 **327841**
高拟金莲草 **202650**
高黏飞蓬 **151065**
高牛尾菜 **366329**
高牛眼菊 **63542**
高欧洲樱草 **315106**
高攀五桠果 **300310**

高攀五桠果属 **300309**
高盘萝芙木 **326997**
高盆李 83165
高盆樱 83165
高盆樱桃 **83165**
高瓶椰子属 201356
高坡凤仙 205063
高坡凤仙花 **205063**
高坡四轮香 **185249**
高坡酸 239861
高婆罗门参 **394283**
高蒲公英 **384530**
高普尔特木 321727
高脐果山榄 **270647**
高崎球 **244060**
高荨麻 **402999**
高浅裂苋葵 **148108**
高墙桶柑 **93843**
高墙柚 93599
高跷椆属 366806
高跷椰 **366807**
高跷椰属 **366806**
高桥氏石斛 **125380**
高鞘南星 33276
高鞘苔草 **75370**
高鞘葳 **99366**
高青锁龙 **108984**
高弱粟兰 **130952**
高三距时钟花 **396501**
高伞木 352833
高桑橙 254493
高沙拐枣 **66995**
高沙棘 196766
高砂 244012
高砂百合 230029
高砂小米草 **160157**,160286
高砂悬钩子 **338864**
高砂羊茅 **164349**,164050
高砂早熟禾 **306058**
高山阿尼卡菊 34752
高山矮蒿 **35341**
高山艾 **36020**
高山桉 **155475**,155552
高山奥杨 197623
高山澳杨 **197623**
高山澳洲林仙 **385091**
高山八角 204598
高山八角枫 **13346**
高山白花杜鹃 **330385**
高山白蓬草 388404
高山白皮松 299786
高山白头翁 **321658**,321659
高山白珠 **172059**
高山白珠树 172059
高山百脉根 **237541**
高山百蕊草 **389600**
高山柏 **213943**
高山报春 314109
高山贝母 **168405**
高山贝母兰 **98746**
高山鼻花 **329507**
高山闭药桂 **374569**
高山杓兰 **120364**
高山藨草 **353693**
高山薄果荠 **198480**
高山薄荷木 **315597**
高山捕虫堇 **299737**
高山布郎兰 **61170**
高山布留芹 **63469**
高山糙苏 **295054**
高山草甸毛茛 **325803**
高山茶藨 333904
高山茶藨子 **333904**
高山茶梨 **25774**
高山茶树 25774
高山蝉玄参 **3907**
高山长春木 **250874**
高山长管菊 **89187**
高山长距堇菜 **410504**
高山长毛紫绒草 **238081**
高山车前 **301853**
高山车叶草 **39306**
高山车轴草 **396819**
高山柽柳桃金娘 **260971**
高山齿瓣虎耳草 **349346**
高山翅果南星 **222022**
高山臭草 **249100**
高山雏兰 19499,19536
高山春美草 **94334**
高山刺芹 **154280**
高山刺头菊 **108227**
高山枞 333
高山丛林白珠 **172072**
高山粗根老鹳草 **174560**
高山醋栗 333900
高山翠雀花 **124024**
高山大风子 **199742**
高山大黄 **329363**
高山大戟 **159888**,158417
高山大麦草 198373
高山带子 107486
高山单毛野牡丹 **257518**
高山淡色苔草 **74885**
高山当年枯 31314
高山当药 380391
高山党参 **98278**,98286
高山倒提壶 **117904**
高山稻槎菜 **221782**
高山稻花木 **299305**
高山灯台树 **380439**
高山灯心草 **212822**
高山地檀香 172080
高山地杨梅 **238673**
高山地榆 **345821**
高山点地梅 **23121**,23182
高山吊石苣苔 239967
高山钓钟柳 **289318**
高山蝶须 **26310**
高山顶冰花 **169451**
高山冬绿 **172089**
高山冬青 **203829**,204216
高山冻绿 **328888**
高山斗篷草 13959
高山豆 **391539**
高山豆属 **391535**
高山毒豆 218757
高山独蕊 **412139**
高山独子果 156067
高山笃斯 **404030**
高山杜根藤 **67832**
高山杜鹃 **331057**
高山短野牡丹 **58552**
高山短叶羊茅 **164152**
高山对叶兰 **264659**
高山多穗兰 **310322**
高山多姿蓟 **91998**
高山鹅观草 **335536**
高山发草 **126026**
高山番木瓜 **76815**
高山番薯 **207950**
高山翻白草 **312750**
高山芳香木 **38403**
高山飞蓬 **150454**
高山非洲豆蔻 **9876**
高山非洲砂仁 9876
高山菲利木 **296146**
高山肺筋草 14472
高山肺形草 **398266**
高山粉刀玉 **155319**
高山粉蝶兰 302439,302502
高山粉花绣线菊 **371945**
高山粉条儿菜 **14472**
高山风铃草 **69889**
高山风毛菊 **348121**
高山风箱果 **297841**
高山风信子兰 **34896**
高山凤仙花 **205184**
高山福瑟吉拉木 167541
高山附地菜 **397464**
高山腹水草 407468
高山岗松 **46433**
高山格拉紫金牛 180085
高山葛缕子 **77768**
高山蛤兰 **101708**
高山谷精草 **151219**
高山鬼灯檠 329944
高山鬼芒 255886
高山桂竹香 **86416**
高山哈克 184617
高山哈克木 **184617**
高山海石竹 **34494**
高山蒿 36298
高山合壳花 **170914**
高山红花酸模 **340192**
高山红景天 **329862**,329930,329944
高山红兰 310943
高山红毛菀 **323013**
高山红毛帚灯草 **330010**
高山红门兰 310873,310943
高山红千层 **67288**
高山厚棱芹 **279645**
高山厚叶堇菜 **409863**
高山虎耳草 **349458**
高山花椒 417282,417294
高山桦 **53405**
高山踝菀 **207394**
高山还阳参 **110727**
高山黄鹌菜 416471
高山黄花茅 **27971**
高山黄花苋 **224513**
高山黄花苋属 **224512**
高山黄华 389507
高山黄堇 105939
高山黄芪 41962
高山黄耆 **41962**
高山黄芩 **355355**
高山黄蓍 41962
高山黄杨 64338
高山黄野荞麦 **152068**
高山灰桉 **155552**
高山灰毛豆 **385939**
高山桧 213934,213943
高山火绒草 **224772**
高山鸡藤 65799
高山积雪 159313
高山棘豆 **278700**
高山寄生 **355300**
高山蓟 **91933**
高山鲫鱼藤 **356263**
高山荚蒾 408056
高山假橙粉苣 **266825**
高山假狼紫草 **266594**
高山假山毛榉 **266881**
高山碱茅 **321295**
高山箭竹 37131,162691
高山角茴香 **201600**
高山角盘兰 **192812**
高山芥属 98772
高山金光菊 **339515**
高山金合欢 **1037**
高山金钮扣 **371642**
高山金丝桃 **201729**
高山金挖耳 77172
高山金腰子 90371
高山筋骨草 **13149**
高山堇菜 **409681**
高山锦鸡儿 **72208**

高山景天 356988
高山警惕豆 **249716**
高山韭 **15744**
高山菊叶鱼眼草 **129077**
高山苣 **127570**,259757
高山苣属 **127567**
高山瞿麦 **127870**
高山卷瓣兰 **63047**
高山卷翅菊 **373608**
高山卷耳 **82646**,82834
高山绢蒿 **360866**
高山看麦娘 **17506**
高山栲 **78920**
高山栲树 78920
高山库页堇菜 **410520**
高山块根老鹳草 174560
高山腊椰子 84328
高山蜡瓣花 **106644**
高山辣根菜 287957
高山辣椒 291138
高山梾木 **380427**
高山兰 **53685**,310943
高山兰属 **53684**
高山蓝盆花 **350090**
高山老鹳草 174572
高山老牛筋 32071
高山雷内姜 **327720**
高山类滨菊 **227457**
高山类雕足芥 **389265**
高山类沟酸浆 **255154**
高山棱果桔梗 **315273**
高山棱子芹 **304803**
高山狸藻 **403102**
高山离缕鼠麴 **270579**
高山离子芥 **88997**
高山犁头尖 **401150**
高山黎可斯帕 228031
高山黎针垫花 **228031**
高山里白蓼 **309969**
高山栎 **324373**,323657,324322,324436
高山栗 78920
高山亮叶鼠李 **328724**
高山蓼 **291663**,308717,309106,309418
高山裂舌萝藦 **351487**
高山裂缘花 **362256**
高山鳞花兰属 **274014**
高山流星花 **135154**
高山琉璃草 **117905**
高山琉璃紫草 **83919**
高山柳 **343003**,343258,344173,344176
高山柳穿鱼 **230887**
高山柳菊 195882
高山柳叶菜 **146599**,146942
高山龙草树 **137735**
高山龙胆 **173198**,173872
高山耧斗菜 **29997**
高山露兜树 **280972**
高山露珠草 **91508**,91512
高山露子花 **123831**
高山陆均松 **121088**,184913
高山鹿蹄草 **322780**,322830
高山罗顿豆 **237229**
高山罗汉松 **306399**,306509
高山罗花 **248169**
高山罗曼芥 **335853**
高山罗伞 **59192**
高山萝蒂 234241
高山落芒草 **300707**
高山落叶松 **221913**
高山马先蒿 287288
高山麦克野牡丹 **247212**
高山麦瓶草 **363168**
高山芒 **255920**,255886
高山芒石南 **227970**
高山牻牛儿苗 **153903**
高山毛茛 325995
高山毛果一枝黄花 **368482**
高山毛兰 **148754**
高山毛连菜 298607
高山毛鳞野牡丹 **84909**
高山毛蕊花 **405658**
高山毛瑞香 **218973**
高山毛莎草 **396005**
高山茅香 **27963**
高山玫瑰杜鹃 **330695**
高山莓系 305303
高山梅 379327
高山梅花草 **284512**
高山美丽肖观音兰 **399169**
高山米努草 255506
高山秘花草 **113352**
高山密藏花 **156067**
高山绵果芹 **64778**
高山膜苞芹 **201098**
高山姆西草 **260371**
高山木姜子 **233865**
高山木蓝 **205635**
高山南非蜜茶 **116309**
高山南芥 **30164**
高山南美萼角花 57035
高山囊瓣芹 **320240**
高山鸟巢兰 **264695**
高山牛眼萼角花 **57035**
高山平叶山龙眼 **407590**
高山婆罗门参 394349
高山婆婆纳 **406979**,317924
高山破伞菊 381822
高山蒲公英 **384437**
高山普亚凤梨 **321937**
高山七叶一枝花 **284342**,284378
高山漆姑草 255506
高山漆姑草属 255435
高山杞莓 **316978**
高山羌活 267151
高山蔷薇 **336348**,336938
高山蔷薇杜鹃 332001
高山蔷薇景天 329862
高山鞘蕊花 **99514**
高山芹 **98786**
高山芹属 **98772**
高山芹叶荠 **366121**
高山青木香 348336
高山青锁龙 **109168**
高山秋水仙 **99296**
高山全叶山芹 **276754**
高山雀梅藤 **342193**
高山雀舌草 **375124**
高山忍冬 **235651**
高山日本蓝盆花 350183
高山日本苔 **73643**,73641
高山日东苔 76052
高山绒兰 148754
高山绒毛花 **28148**
高山榕 **164626**
高山肉叶荠 29169
高山瑞士羊茅 **164382**
高山瑞香 **122364**,122412
高山润肺草 **58815**
高山三重草 **397744**
高山三尖杉 **82511**
高山三毛草 **398440**,398442
高山三叶草 396819
高山沙参 **7662**,7702
高山山慈姑 400156
高山山芥 **47938**,72689,72749
高山山柳菊 **195860**,195692
高山山莓草 138411
高山珊瑚 155012
高山闪 **195455**
高山舌唇兰 302502
高山蛇舌草 **269714**
高山参属 **273990**
高山神血宁 **308730**
高山生棘豆 **278698**
高山生蒲公英 **384434**
高山生石花 **233460**
高山生蝇子草 **363167**
高山施利兰 **351986**
高山施图青草 378988
高山蓍 **3921**
高山蓍草 3921
高山石吊兰 239967
高山石斛 **125414**,125196
高山石莲 337297
高山石莲花 **139976**
高山石榴兰 **247652**
高山石竹 **127581**
高山矢车菊 **80921**
高山鼠李 **328604**
高山薯蓣 **131548**
高山双蝴蝶 398287,398295
高山水繁缕 **256900**
高山水繁缕属 **256899**
高山水锦树 **413825**
高山水芹 **269323**
高山水苏 **373107**
高山水杨梅 175433
高山丝瓣芹 **6197**
高山丝叶眼子菜 **378988**
高山四方麻 407458
高山似滨菊 227457
高山松 **299886**
高山松寄生 **30915**
高山嵩草 **217260**
高山酸唇草 **4662**
高山酸模 **339914**
高山碎米荠 72689,72749
高山碎雪草 160210,160286
高山穗序苔 73641,76051
高山穗序苔草 **76052**
高山缩苞木 **113337**
高山塔莲 **409233**
高山塔司马尼木 385091
高山苔 76571
高山苔草 **73652**,74885,75915
高山太平洋肉角藜 **346773**
高山唐松草 **388404**
高山藤绣球 199817
高山梯牧草 **294962**
高山天栌 31314
高山天名精 77172
高山天竺葵 **288066**
高山铁杉 **399916**
高山铁树 107516
高山铁线莲 **94714**,95304,95392
高山庭荠 **18433**
高山葶苈 **136911**
高山通泉草 **246965**
高山茼蒿 **89419**
高山头蕊兰 **82031**
高山兔儿伞 **381822**
高山橐吾 **229171**,229078
高山万带兰 399700
高山望 16295,142298,142340
高山维林图柏 61339
高山委陵菜 **312469**,312782
高山莴苣 90836
高山乌头 **5421**
高山无梗龙胆 **173185**
高山无茎芥 287957
高山无心菜 **32270**
高山无叶兰 **29213**
高山勿忘草 **260747**
高山勿忘草属 153420
高山西风芹 **361532**

高山菥蓂 **390208**
高山蟋蟀苔草 **74439**
高山虾脊兰 65871
高山夏枯草 **316102**,316123,316154
高山显腺紫金牛 **180085**
高山线叶粟草 **293900**
高山陷脉冬青 **203756**
高山腺果层菀 **219708**
高山腺蔷薇 **336995**
高山香草 4662,27963
高山香青 **21513**,21586
高山香芸木 **10567**
高山象牙参 **337066**,337097
高山小白樱 280016
高山小檗 **51389**,51811
高山小蝶兰 310943
高山小红门兰 **310943**
高山小苦荬 **210521**
高山小米草 **160231**,160210
高山小室野荞麦木 **152270**
高山小沿沟草 **100004**
高山肖鸢尾 **258386**
高山缬草 **404292**
高山新风轮菜 **65535**
高山新木姜子 264018
高山星花木 **68756**
高山熊果 31314
高山熊菊 **402747**
高山绣线菊 **371798**
高山玄参 **355142**
高山悬钩子 **338513**,339188
高山旋花豆 **98067**
高山雪花莲 **169706**
高山雪莲花 23785
高山雪铃花 367763
高山熏倒牛 **54198**
高山栒子 **107696**
高山丫蕊花 **416503**
高山亚麻 **231863**
高山延胡索 **105588**
高山岩黄芪 187769
高山岩黄耆 187769
高山岩荠 98020
高山岩参 **90836**
高山眼子菜 **312037**
高山羊不吃 105863,106092,106432
高山羊茅 **163817**,164152,164334
高山杨 311516
高山杨梅 **70943**
高山杨梅属 **70942**
高山野草莓 **167657**
高山野丁香 **226084**
高山野花草 388428
高山野决明 **389507**
高山野荞麦 **152370**
高山野豌豆 **408255**
高山野萸肉 408009
高山叶梗玄参 **297092**
高山叶山芹 276754
高山叶下珠 **296469**
高山一枝黄花 **368064**
高山异毛野牡丹 **194312**
高山异囊菊 **194241**
高山异色菊 197944
高山异药莓 **131080**
高山异叶虎耳草 349247
高山翼鳞野牡丹 **320581**
高山淫羊藿 **146961**
高山银桦 **180563**
高山银胶菊 **285073**
高山银莲花 23785
高山银穗草 **227952**
高山罂粟 **282506**,282683
高山蝇子草 **364134**
高山尤克里费 156067
高山油芦子 **97289**
高山柚 **93616**
高山羽衣草 **13959**
高山圆叶风铃草 **70274**
高山远志 **307903**
高山月桂 215402
高山越橘 403796,403905
高山早熟禾 **305303**,306056
高山蚤缀 **32071**
高山针垫菊 **84490**
高山针茅 **376690**
高山中亚山草 **285926**
高山钟花 367763
高山钟花属 367762
高山朱蕉 **104359**
高山猪殃殃 **170471**
高山竹林梢 377933
高山砖子苗 **245342**
高山状垫菊 **735**
高山锥 78920
高山紫花野菊 **124864**
高山紫堇 105939,106543
高山紫树 267859
高山紫菀 **40016**
高山紫珠 66873
高山总梗委陵菜 **312863**
高山醉鱼草 62203
高尚大白杜鹃 **330526**,330562
高尚杜鹃 **330562**
高舌茶秆竹 4613
高舌苦竹 **303997**
高升白茅 **205514**
高升春黄菊叶马先蒿 **287010**
高升藁本 **229319**
高升麻 **91009**
高升马先蒿 **287182**
高升铺散马先蒿 **287169**
高石头花 **183170**
高石竹 **127707**
高士佛豆兰 62536
高士佛莪白兰 **267961**,267927
高士佛风兰 **390507**,390518
高士佛风铃兰 390518
高士佛樫木 139655
高士佛馒头果 177148
高士佛上须兰 147323
高士佛羊耳蒜 232333
高士佛泽兰 **158139**
高士佛紫金牛 **31489**
高氏鼻花 **329528**
高氏柴胡 63692
高氏甘草 **177913**
高氏黄肉楠 6784
高氏锦葵 **243787**
高氏龙胆 **173549**,173965
高氏驴喜豆 **271209**
高氏马兜铃 **34233**,34187
高氏木犀 **276343**
高氏片果远志 **77578**
高氏婆罗门参 **394291**
高氏蒲公英 384564
高氏桤寄生 236788
高氏落草 **217474**
高氏球子草 **288644**
高氏桑寄生 236788
高氏沙参 **7657**
高氏苔草 **74974**
高氏条果芥 **284991**
高氏委陵菜 **312645**
高氏罂粟 **282567**
高氏紫挪威槭 **3434**
高鼠尾粟 **372658**
高树茶 69634
高水蜈蚣 **218533**
高水苋菜 **19583**
高丝兰 **416578**
高丝石竹 183170
高斯核果木 **138621**
高斯科柊树 **276316**
高斯椆属 172224
高斯片果远志 **77579**
高斯异形芹 **193877**
高斯椋 **172227**
高斯椋属 **172224**
高耸布根海密 61918
高耸金合欢 **1195**
高耸锦绣玉 **284689**
高耸芦荟 **16810**
高耸糖槭 **3555**
高耸银齿树 **227227**
高搜山 50669
高搜栽 50669
高穗报春花 **315089**
高穗花报春 315089
高塔柏 213767
高苔草 **74444**
高唐松草 388621
高甜茅 **177610**
高莛蓟 **401188**
高莛蓟属 **401186**
高莛苣属 **11408**
高葶脆蒴报春 **314446**
高葶点地梅 **23161**
高葶韭 **15525**
高葶苣属 11408
高葶雨久花 **257569**
高葶鸢尾 208519
高葶紫晶报春 **314536**
高头花草 **82166**
高头棘豆 **279025**
高头九节 **81962**
高土佛赤楠 382589
高土连翘 201080
高吐根 81962
高腿箭袋草 **144140**
高腿露兜树 **281036**
高腿香茶菜 **303350**
高豚草 19191
高驼曲草 **119825**
高驼舌草 **179373**
高弯曲野荞麦木 **151989**
高豌豆 **301074**
高王椰 337879
高王棕 **337879**
高网膜木 201080
高网膜籽 201080
高隈荛花 **414227**
高隈喜荫草 **352874**
高尾山栎 **323594**
高文紫堇 105943
高纹瓣花 **383053**
高莴苣 **219532**,210525,320511
高乌头 **5574**,5563
高五棱秆飘拂草 **166457**
高五星花 **289809**
高西澳兰 **118183**
高细辛 **37595**
高狭翅兰 **375663**
高霞草 183170
高仙人掌 **272938**
高香蜂花 **249505**
高香花芥 **193435**
高香科 **388076**
高香芸木 **10612**
高小雄 253041
高小雄戟 **253041**
高肖单口爵床 **285943**
高缬草 **404258**
高行李叶椰子 106986
高雄白花草 **227716**,227572

高雄茨藻 **262021**
高雄独脚金 378024
高雄钝果寄生 **385225**
高雄蓟 92066
高雄姜 417991
高雄金线莲 25986
高雄开唇兰 25986
高雄冷水麻 298858
高雄黧豆 **259516**
高雄柳 343797
高雄龙胆 **173548**
高雄木蓝 205876
高雄飘拂草 166444
高雄球柱草 63216
高雄榕 **165203**,164671
高雄蕊蜘蛛抱蛋 **39519**
高雄山姜 **17707**
高雄细辛 **37741**
高雄蟹甲草 283850
高雄叶下珠 **296779**
高雄油柑 296779
高雄朱槿 195257
高萱草 **191279**
高玄参 **355110**
高雪轮 **363214**
高雅湖小檗 **51654**
高雅紫堇 **106359**
高亚塔棕 **44805**
高烟草 **266062**
高盐地风毛菊 **348458**
高檐蒲桃 **382631**
高羊耳蒜 **232146**
高羊胡子草 **152739**
高羊茅 **163922**
高羊族草 **8773**
高野荞麦 **152033**
高野山细辛 **37657**
高野黍 **151693**
高野帚属 292040
高异苞棕 **194135**
高异燕麦 **190132**
高异籽葫芦 **25661**
高翼茎菊 **172427**
高油菜 59438
高油麻藤 **259480**
高玉凤花 **183989**
高御座 244258
高原澳洲兰 **173172**
高原百脉根 **237481**
高原斑鸠菊 **406067**
高原报春 314230
高原扁蕾 **174226**
高原苍耳 **415011**
高原齿喙兰 **269128**
高原慈姑 **342311**
高原丹参 345327
高原滇芎 **297964**
高原点地梅 **23346**,23204
高原毒参 **101849**
高原菲利木 **296147**
高原扶芳藤 **157507**
高原福禄草 31939
高原伽蓝菜 **215090**
高原甘蓝树 **115232**
高原蒿 **36562**
高原黄胶菊 **318667**
高原黄檀 **121860**
高原尖刀玉 **216183**
高原芥 **89229**
高原芥属 **89223**
高原金挖耳 77172
高原景天 **357049**,356772
高原韭 **15375**
高原卷丹 229829
高原绢蒿 **360836**
高原盔瓣花 **283250**
高原蜡菊 **189121**
高原犁头尖 **401158**
高原栎 **323926**
高原琉璃草 **117907**
高原露珠草 **91512**
高原露子花 **123832**
高原马蓝 **320119**
高原马蔺 208765
高原毛茛 **326422**
高原蜜兰 **105537**
高原木千里光 **125730**
高原牧场草 386918
高原牧场草属 386916
高原穆拉远志 **259932**
高原南非禾 **289933**
高原南非帚灯草 **38355**
高原南星 **33359**
高原欧石南 **149001**
高原披碱草 **144162**
高原皮内尔兰 **299714**
高原平瓣兰 **197802**
高原千金藤 375901
高原前胡 229296
高原荨麻 **402938**
高原茜草 **337923**,337912
高原蔷薇 **336352**
高原青锁龙 **108809**
高原三芒草 **33753**
高原三毛草 **398442**
高原山景天 357049
高原苕子 408377
高原舌唇兰 **302321**
高原蛇根草 272299
高原绳草 **327968**
高原鼠茅 **412404**
高原双距兰 **133693**
高原嵩草 **217258**
高原苔草 **73667**
高原唐松草 **388465**
高原天名精 **77172**
高原委陵菜 **312852**
高原香薷 **144014**
高原香芸木 **10568**
高原肖鸢尾 **258387**
高原星唇兰 **375220**
高原一枝黄花 **367949**
高原硬皮鸢尾 **172563**
高原鸢尾 **208496**,208765
高原早熟禾 **305300**,305303
高原蚤缀 32151
高原猪屎豆 **111884**
高原紫云菜 320119
高月见草 **269433**
高杂雀麦 **350629**
高泽兰 **158037**
高泽樱 **83131**
高獐牙菜 **380191**
高褶带唇兰 **383179**
高针茅 376795
高枝杜英 142310
高枝假木贼 **21037**
高枝小米草 **160241**
高知桉 **155615**
高知顶冰花 **169396**
高知虎眼万年青 **274666**
高知琉璃繁缕 **21381**
高志槭 **3250**
高志唢呐草 **256028**
高志樱 **83330**
高州山茶 **69092**
高州油茶 69092
高株鹅观草 **335202**,144165
高株狐茅 164219
高株赖草 **228342**
高株丽穗凤梨 **412364**
高株莓系 305315
高株披碱草 **144165**
高株山莴苣 320511,320520
高株早熟禾 **305315**
高猪殃殃 **170353**
高柱花科 203012
高柱柳叶菜 146840
高柱日中花 **220473**
高壮景天 329897
高紫鸡爪槭 **3335**
高紫绒草 **43992**
高足细辛 347186
皋芦 69651
膏链 393657
膏凉姜 17733
膏桐 212127
膏桐属 212098
膏药草 375884
杲 34448
缟瓣属 180265
缟蝴蝶兰 **293602**
缟花苘麻 **975**
缟花秋水仙 99351
缟芦荟 **17419**
缟马 199091
缟叶竹蕉 **137379**
缟竹 347214
槁本 229390
槁木姜 234098
槁琼楠 50471
槁树 234098
藁芨 229390,266975
藁板 229390
藁本 **229390**,229404,266975
藁本菜 229284
藁本属 **229283**
藁茇 229390
戈贝灰毛豆 **386082**
戈壁霸王 418667
戈壁贝母 168438
戈壁短舌菊 **58042**
戈壁蒿 35859,360835
戈壁画眉草 **147602**
戈壁绢蒿 **360858**
戈壁藜 **204435**
戈壁藜属 **204434**
戈壁青兰 137596
戈壁雀儿豆 87239,87271
戈壁沙拐枣 **67028**
戈壁沙蓬 344662
戈壁桃 **316695**
戈壁天冬 39032
戈壁天门冬 **39032**
戈壁驼蹄瓣 **418667**
戈壁以礼草 **215909**
戈壁阴山荠 **416372**
戈壁针茅 **376937**
戈壁猪毛菜 344662
戈波黄耆 **42428**
戈策吊兰 **88577**
戈策金合欢 **1258**
戈茨姜饼木 **284225**
戈丹彩花 **2236**
戈丹草属 **172032**
戈丹婆罗门参 **394287**
戈丹糖芥 **154458**
戈德曼裸茎日中花 **318853**
戈德曼泡叶番杏 **138179**
戈德曼鞘蕊 **367885**
戈德曼日中花 **220568**
戈德曼紫葳 **178766**
戈德曼紫葳属 **178765**
戈德米努草 **255483**
戈登山梅花 **294462**
戈登氏茶藨 334003
戈登氏茶藨子 **334003**
戈登野荞麦 **152098**

戈迪绍栗寄生 **217914**
戈迪绍绳草 **328055**
戈迪绍瘦鳞帚灯草 **209434**
戈鼎二歧草 **404152**
戈多黄胶菊 **318691**
戈多伊木 **178768**
戈多伊木属 **178767**
戈尔德大戟 **158967**
戈尔德假马兜铃 **283737**
戈尔德玄参 **355127**
戈尔豆 **178876**
戈尔豆属 **178875**
戈尔根山黧豆 **222722**
戈尔贡大戟 **158970**
戈尔加德二行芥 **133270**
戈尔加德栓果菊 **222944**
戈尔柳 343438
戈尔曼丽菀 **155814**
戈尔诺黄芪 43058
戈尔诺黄耆 **43058**
戈尔森蛇鞭菊 **228467**
戈法斑鸠菊 **406382**
戈法蜡菊 **189403**
戈方 65060
戈弗雷水鬼蕉 **200931**
戈弗雷泽兰 **158138**
戈捷薄苞杯花 **226213**
戈捷凤仙花 **204976**
戈捷黄檀 **121688**
戈捷隐药萝藦 **68574**
戈拉爵床属 **178811**
戈拉斯掌属 **155324**
戈拉沃内野牡丹 **413209**
戈雷蛇舌草 **269825**
戈雷猪屎豆 **112190**
戈林没药 **101398**
戈林天芥菜 **190637**
戈龙斑鸠菊 **406383**
戈龙多穗兰 **310419**
戈龙潘考夫无患子 **280854**
戈鲁威氏澳洲指橘 **253289**
戈罗斯小甘菊 **71092**
戈梅拉毒马草 **362793**
戈梅拉姜味草 **253727**
戈梅拉苦苣菜 **368721**
戈梅拉蓝蓟 **141317**
戈梅拉棱子菊 **179484**
戈梅拉莲花掌 **9044**
戈梅拉两节荠 **108611**
戈梅拉木茼蒿 **32557**
戈梅斯奥佐漆 **279286**
戈梅斯大戟 **158969**
戈梅斯远志 **308085**
戈姆戈法牛角草 **273157**
戈姆黄耆 **42424**
戈塞藤属 217918
戈氏金菊 **90205**
戈氏油芦子 **97312**
戈氏紫堇 105939
戈司维若果 365332
戈斯奥佐漆 **279287**
戈斯澳非萝藦 **326748**
戈斯巴豆 **112897**
戈斯巴氏锦葵 **286630**
戈斯白花菜 **95683**
戈斯白树 **379801**
戈斯白叶藤 **113591**
戈斯斑鸠菊 **406385**
戈斯苞茅 **201510**
戈斯荸荠 **143162**
戈斯扁担杆 **180800**
戈斯扁爵床 **292207**
戈斯波格木 **306784**
戈斯布瑟苏木 **64121**
戈斯刺橘 **405512**
戈斯刺蒴麻 **399243**
戈斯粗柱山榄 **279793**
戈斯大地豆 **199373**
戈斯大沙叶 **286238**
戈斯单列木 **257946**
戈斯德罗豆 **138092**
戈斯德瓦豆 **127169**
戈斯邓博木 **123682**
戈斯毒鱼草 **392197**
戈斯短盖豆 **58736**
戈斯多角果 **307780**
戈斯法道格茜 **161958**
戈斯风车子 **100494**
戈斯凤仙花 **204988**
戈斯钩毛菊 **201695**
戈斯古夷苏木 **181767**
戈斯海因斯茜 **188289**
戈斯黑草 **61790**
戈斯红柱树 **78673**
戈斯厚皮树 **221164**
戈斯还阳参 **110831**
戈斯黄檀 **121697**
戈斯黄眼草 **416073**
戈斯灰毛豆 **386085**
戈斯霍草 **197993**
戈斯鸡头薯 **152935**
戈斯基花莲 **48658**
戈斯假杜鹃 **48174**
戈斯箭袋草 **144139**
戈斯姜饼棕 **202278**
戈斯胶藤 **220861**
戈斯九节 **319563**
戈斯菊属 **179841**
戈斯聚花草 **167028**
戈斯决明 **78314**
戈斯库地苏木 **113176**
戈斯榄仁树 **386552**
戈斯老鸦嘴 **390784**
戈斯狸尾豆 **402124**
戈斯裂舌萝藦 **351578**
戈斯鳞花草 **225166**
戈斯柳叶箬 **209064**
戈斯露兜树 **281035**
戈斯芦荟 **16856**
戈斯鹿藿 **333253**
戈斯绿粉藤 **92730**
戈斯马钱 **378737**
戈斯木槿 **194897**
戈斯木蓝 **205864**
戈斯篷果茱萸 **88176**
戈斯蟛蜞菊 **413520**
戈斯千里光 **358984**
戈斯前胡 **292865**
戈斯茜草 **171000**
戈斯茜草属 **170999**
戈斯丘黏木 **268395**
戈斯秋海棠 **49880**
戈斯热非豆 **212663**
戈斯热非茜 **384333**
戈斯热非野牡丹 **20507**
戈斯三萼木 **395242**
戈斯三角车 **334627**
戈斯沙扎尔茜 **86331**
戈斯山柑 **334811**
戈斯水苏 **373230**
戈斯水蓑衣 **200614**
戈斯索林漆 **369765**
戈斯糖蜜草 **249291**
戈斯桃金娘属 **179840**
戈斯甜舌草 **232489**
戈斯铁青树 **269661**
戈斯铁苋 **1875**
戈斯头九节 **81967**
戈斯陀螺树 **378324**
戈斯瓦帕大戟 **401229**
戈斯瓦氏茜 **404922**
戈斯围裙花 **262310**
戈斯纹蕊茜 **341306**
戈斯乌口树 **384948**
戈斯香料藤 **391874**
戈斯小黄檀 **121865**
戈斯肖木菊 **240781**
戈斯新茜草 **263658**
戈斯旋覆花 **207127**
戈斯鸭嘴花 **214505**
戈斯崖豆藤 **254707**
戈斯亚麻藤 **199159**
戈斯盐肤木 **332623**
戈斯羊蹄甲 **49110**
戈斯叶下珠 **296592**
戈斯一点红 **144918**
戈斯异木患 **16090**
戈斯异荣耀木 **134629**
戈斯鹰爪花 **35014**
戈斯玉叶金花 **260421**
戈斯蓢叶藤 **131925**
戈斯远志 **308087**
戈斯杂色豆 **47742**
戈斯摘亚苏木 **127394**
戈斯直玄参 **29918**
戈斯直药萝藦 **275475**
戈斯止泻萝藦 **416218**
戈伟核果木 138621
戈温柏木 114698
戈亚斯苣苔 **180021**
戈亚斯苣苔属 **180020**
戈燕 136081
戈伊萝藦 **180025**
戈伊萝藦属 **180024**
戈制夏 299724
疙瘩白 59532
疙瘩菜 31051
疙瘩草 177947,227574
疙瘩皮树花 62134
疙瘩七 **280722**,30162,280756,280793,318515
疙瘩参 308893
疙瘩药 135264
疙瘩竹 **47533**
哥白尼棕属 **103731**
哥波 376156
哥春光 414193
哥哥啼草 100961
哥卡 19846
哥拉氏齿瓣兰 **269056**
哥兰属 **141555**
哥兰叶 80193
哥伦比亚安祖花 28084
哥伦比亚凹萼兰 **335165**
哥伦比亚白花菜属 50683
哥伦比亚百合 **229810**
哥伦比亚饱食桑 **61056**
哥伦比亚波拉菊 **307306**
哥伦比亚草 **107734**
哥伦比亚草属 **107733**
哥伦比亚臭根菊 **79811**
哥伦比亚垂序兰 **363052**
哥伦比亚葱 **15197**
哥伦比亚翠雀花 **124055**
哥伦比亚大戟 **296433**
哥伦比亚大戟属 **296432**
哥伦比亚蝶须 **26402**
哥伦比亚豆 **33031**
哥伦比亚豆属 **33030**
哥伦比亚二型花 **128480**
哥伦比亚繁瓣花 228262
哥伦比亚凤梨 **46687**
哥伦比亚凤梨属 **360560**
哥伦比亚管花兰 **27802**
哥伦比亚管花兰属 **27801**
哥伦比亚哈根吊兰 **184561**
哥伦比亚合果山茶 **381085**
哥伦比亚核桃 **212601**

哥伦比亚胡椒 300334
哥伦比亚胡桃 **14584**
哥伦比亚花烛 28084
哥伦比亚环花兰 **361254**
哥伦比亚棘豆 **278797**
哥伦比亚脊锦葵 **362711**
哥伦比亚夹竹桃 **324665**
哥伦比亚夹竹桃属 **324664**
哥伦比亚菊属 **263704**
哥伦比亚卡特兰 79555
哥伦比亚苦皮树 **386402**
哥伦比亚拉拉藤 **170697**
哥伦比亚蜡棕 **84331**
哥伦比亚兰 **115758**
哥伦比亚兰属 **115757**
哥伦比亚肋枝兰属 **391620**
哥伦比亚类莪利禾 **284719**
哥伦比亚刘氏草 **228262**
哥伦比亚琉维草 228262
哥伦比亚耧斗菜 **30021**
哥伦比亚鲁谢麻 **337662**
哥伦比亚伦德紫葳 **238390**
哥伦比亚伦内凤梨 **336115**
哥伦比亚马利旋花 **245297**
哥伦比亚买麻藤 **178554**
哥伦比亚毛丝莓 **288688**
哥伦比亚檬果樟 **77959**
哥伦比亚米努草 **255445**
哥伦比亚密集小檗 **51539**
哥伦比亚内卷鼠麹木 **237181**
哥伦比亚南星 **418306**
哥伦比亚南星属 **418305**
哥伦比亚拟托福木 **393384**
哥伦比亚拟永叶菊 **155289**
哥伦比亚茜 **326918**
哥伦比亚茜属 **326915**
哥伦比亚茄属 **131199**
哥伦比亚热美茶茱萸 **66229**
哥伦比亚乳突球 244036
哥伦比亚三角果属 **209479**
哥伦比亚山柑 **50684**
哥伦比亚山柑属 **50683**
哥伦比亚山菊 **393210**
哥伦比亚山菊属 **393209**
哥伦比亚山莎 **273764**
哥伦比亚山楂 **109621**
哥伦比亚石蒜 **155860**
哥伦比亚黍 **282104**
哥伦比亚鼠李属 **30821**
哥伦比亚鼠尾草 **344983**
哥伦比亚苏木 **275414**
哥伦比亚苏木属 **275413**
哥伦比亚苏铁属 **87349**
哥伦比亚塔奇苏木 **382967**
哥伦比亚苔草 **240338**
哥伦比亚苔草属 **240337**
哥伦比亚藤黄 **46929**
哥伦比亚藤黄属 **46928**
哥伦比亚天竺葵 **288155**
哥伦比亚铁杉 **399912**
哥伦比亚铁线莲 **94848**
哥伦比亚网脉小檗 **52113**
哥伦比亚乌头 **5136**
哥伦比亚五腺苣苔 **289473**
哥伦比亚西巴茜 **365107**
哥伦比亚西番莲 **285616**,285615
哥伦比亚西宣兰 **92505**
哥伦比亚仙人掌 **272831**
哥伦比亚小檗 **51480**
哥伦比亚小核果树 **199304**
哥伦比亚小脉芹 **253800**
哥伦比亚新豆腐柴 **264581**
哥伦比亚雅坎兰 **211381**
哥伦比亚岩马齿苋 **65839**
哥伦比亚野牡丹 **199197**
哥伦比亚野牡丹属 **199196**
哥伦比亚腋花兰属 **256298**
哥伦比亚银莲花 **23784**
哥伦比亚油椰子 **273246**
哥伦盾竹桃 **288831**
哥纳香 **179407**
哥纳香属 **179403**
哥培尔槐 368962
哥培尔槐属 **178770**
哥萨克欧夏至草 **245740**
哥氏石斛 **125166**
哥斯达黎加楚氏库竹 90631
哥斯达黎加楚氏竹 **90631**
哥斯达黎加大丽藤 **195397**
哥斯达黎加胡桃 **14585**
哥斯达黎加胡桃属 **14583**
哥斯达黎加坎棕 85423
哥斯达黎加兰 **179355**
哥斯达黎加兰属 **179354**
哥斯达黎加檬果樟 **77958**
哥斯达黎加山柑 **71826**
哥斯达黎加瓦利兰 **413244**
哥斯达黎加异冠藤属 **228799**
哥斯达黎加远志 **308007**
哥斯达黎加正玉蕊 **223767**
哥温兰属 180007
鸽蛋瓜 396170
鸽豆 65146
鸽花兰 **291126**
鸽花兰属 **291125**
鸽兰属 **291127**
鸽石斛 125087
鸽仔豆 **138970**
鸽子花 124237
鸽子山萝卜 **350125**
鸽子枕头 56206
割翅茜 **385808**
割翅茜属 **385807**
割花野牡丹属 **27475**
割鸡刀 354131,354141
割鸡芒 **202727**
割鸡芒属 **202702**
割鳞菊 **385806**
割鳞菊属 **385805**
割鳞苔草 **76503**
割脉苣 **178012**
割脉苣属 **178009**
割人藤 199392
割舌兰 10788
割舌罗 13353,13384
割舌树 **413129**
割舌树属 **413124**
割舍镰藤 411686
割手密 341912
割穗玉 **163426**
割田藨 338516,339360
割腺夹竹桃 **385792**
割腺夹竹桃属 **385791**
割叶雅克旋花 **211361**
割云罗 13353
歌德蓝菀 **40042**
歌德木 **178798**
歌德木属 **178797**
歌德松 299876
歌孤露泽 264318
歌姬球 **234952**
歌姬丸 234952
歌绿斑叶兰 **179700**
歌绿怀兰 179700
歌舞女郎金盏花 **66447**
歌仙草 207219
茖 15868
茖葱 **15868**,15874,263272
茖韭 15868
阁力 234091
革瓣花 **356010**
革瓣花科 **356005**
革瓣花属 **356008**
革瓣黄肉楠 145316
革瓣三蕊楠 145316
革苞风毛菊 **348230**
革苞菊 **400036**
革苞菊属 **400035**
革苞千里光 **358606**
革稃禾 **231239**
革稃禾属 **231238**
革根补骨脂 **319204**
革梗倒距兰 **21165**
革梗红门兰 **273380**
革梗卷瓣兰 **62662**
革梗鸟足兰 **347751**
革果黄耆 **41947**
革花萝藦属 **365657**
革花铁线莲 **95423**
革吉黄堇 **106165**
革金匙树 **64429**
革栎 **323865**
革鳞无患子 **365818**
革鳞无患子属 **365816**
革命菜 18128,108736,148153
革命草 18128
革木属 **133654**
革糅皮木 64429
革矢车菊 **81014**
革穗玄参 **125918**
革穗玄参属 **125917**
革茼蒿 **30865**
革茼蒿属 **30864**
革叶阿登芸香 **7123**
革叶百里香 **391158**
革叶报春 **314233**
革叶茶藨 333950
革叶茶藨子 **333950**
革叶车前 **301981**
革叶赤竹 **347291**
革叶垂头菊 **110368**,110347
革叶粗筒苣苔 **60278**
革叶粗叶木 **222171**,222298
革叶冬青 203642
革叶杜鹃 **330462**
革叶飞蓬 **150955**
革叶风毛菊 **348663**
革叶虎耳草 **349203**
革叶华蟹甲 **364518**
革叶茴芹 **299386**
革叶芥 378290
革叶芥属 378287
革叶金丝桃 201824
革叶九节 **319503**
革叶蓼 **309014**
革叶龙胆 **173882**
革叶楼梯草 **142633**
革叶马兜铃 **34323**
革叶猕猴桃 **6693**
革叶鸟足兰 **347749**
革叶欧石南 **150031**
革叶葡萄 **411636**
革叶蒲儿根 **365075**
革叶槭叶树 **96470**
革叶槭 **2905**,2908
革叶荠 **378290**
革叶荠属 **378287**
革叶千里光 **360057**
革叶茜草 **337932**
革叶清风藤 **341495**
革叶拳参 309014
革叶犬蔷薇 **336504**
革叶荛花 **414254**
革叶三花槭 **3713**
革叶山姜 **17660**
革叶山辣椒 327577
革叶山马茶 327577
革叶参 309014

革叶石斑木 329086
革叶鼠李 **328658**
革叶溲疏 **126876**
革叶算盘子 **177117**
革叶苔草 **73967**
革叶藤菊 **92518**
革叶铁榄 **365086**
革叶铁线莲 95398
革叶土楠 **145316**
革叶兔耳草 **220156**
革叶卫矛 **157678**
革叶乌头 **5145**
革叶五蕊花 **289335**
革叶腺萼木 **260620**
革叶小檗 **51500**
革叶亚利桑那白蜡树 **168131**
革叶盐肤木 **332838**
革叶羊角扭 249989
革叶淫羊藿 **147044**
革叶远志 **307983**
革颖草属 **371488**
革质安迪尔豆 **22213**
革质八月瓜 197223
革质菝葜 **366359**
革质白花苋 **9366**
革质百蕊草 **389648**
革质棒果树 **332389**
革质苞茅 **201483**
革质杯苋 **115707**
革质碧波 **54371**
革质扁担杆 **180743**
革质滨藜 **44359**
革质薄苞杯花 **226208**
革质长春花 **79411**
革质大戟 159526
革质带梗革瓣花 **329253**
革质单瓣豆 54371
革质灯心草 **213027**
革质吊灯花 **84157**
革质冬青 **204159**
革质毒扁豆 **298005**
革质杜鹃 330068
革质多鳞菊 **66355**
革质番石榴 **318738**
革质福来木 **162983**
革质甘蓝皮豆 22213
革质甘蜜树 **263050**
革质格尼瑞香 **178591**
革质光叶羊角芍药 **280234**
革质海桐 **301244**
革质豪曼草 **186176**
革质红被花 **332195**
革质红光树 **216876**
革质虎眼万年青 **274794**
革质基尔木 **216301**
革质尖刺联苞菊 **52678**
革质箭毒桑 **244998**
革质金果椰 **139331**
革质卡柿 **155929**
革质空船兰 **9118**
革质瘤蕊紫金牛 **271034**
革质龙鳞草 **186763**
革质露兜树 **281008**
革质裸茎日中花 **318837**
革质麻花头 **361021**
革质马基桑 244998
革质马奎桑 244998
革质马罗蔻木 **246637**
革质梅蓝 **248840**
革质绵毛红厚壳 67862
革质绵毛胡桐 **67862**
革质尼克樟 263050
革质佩耶茜 **286761**
革质皮埃尔禾 **321413**
革质坡垒 **198141**
革质千里光 **360132**
革质茄 **367638**
革质秋海棠 **49741**
革质曲毛菀 **242747**
革质热非大风子 **355004**
革质乳菀 **169772**
革质瑞香 **43782**
革质瑞香属 **43781**
革质三被藤 **396523**
革质三萼木 **395209**
革质沙拐枣 **67014**
革质山柑 **71873**
革质鼠李 **328656**
革质水蜈蚣 **218513**
革质唐松草 **388464**
革质头花草 **82130**
革质萎花 **245043**
革质五鼻萝藦 **289778**
革质西番莲 **285634**
革质西非白花菜 **61712**
革质纤皮玉蕊 **108165**
革质小花豆 **226150**
革质小伞大沙叶 **286495**
革质鞋木 **52862**
革质野扇花 **346728**
革质翼柄黄安菊 **270259**
革质银齿树 **227257**
革质油麻藤 **259498**
革质油楠 **364706**
革质针茜 **50912**
革质籽漆 **70478**
革质醉鱼草 **62005**
格瓣豆属 94160
格布棘豆 **278839**
格布勒一枝黄花 **368105**
格策毛枝梅 **395677**
格茨草 **263899**
格茨草属 **263898**
格茨大戟 **159438**
格茨蒴莲 **7254**
格葱 15868
格当虎耳草 **349372**
格恩榆 **401632**
格尔里杨 **311150**
格尔木黄芪 42419
格尔木黄耆 **42419**
格尔乌苏黄芪 42396
格尔乌苏黄耆 **42396**
格伏纳属 175468
格哥特帕洛梯 315803
格海碱茅 **321290**
格拉鼻花 **329529**
格拉伯鸢尾 **208599**
格拉倒挂金钟 **168749**
格拉毒马草 **362797**
格拉黄耆 **42441**
格拉荆芥 **264938**
格拉露子花 **123887**
格拉毛茛 **325914**
格拉姆白峰掌 **181455**
格拉姆木薯 **244510**
格拉姆银毛球 **244087**
格拉纳顶冰花 **169441**
格拉蓬英国薰衣草 **223292**
格拉槭 **2998**
格拉乔夫小檗 **51671**
格拉肉黄菊 **162921**
格拉肉质屈曲花 **203190**
格拉山楂 **109738**
格拉氏苔草 **74696**
格拉特柳 **343424**
格拉庭荠 **18387**
格拉维纳非芥 **181711**
格拉野牡丹 **54724**
格拉野牡丹属 **54723**
格拉云兰参 **84618**
格拉紫葳 **176788**
格拉紫葳属 **176785**
格来特火炬花 **216973**
格来特仙人笔 **216671**
格莱薄荷属 **176850**
格莱恩山柳菊 **195627**
格莱姆欧洲常春藤 **187242**
格莱姆洋常春藤 187242
格莱矢车菊 **81086**
格莱氏苔草 **74668**
格兰扁区异岗松 **390549**
格兰大风子 **180159**
格兰大风子属 **180158**
格兰道伊科腋花杜鹃 **331598**
格兰德飞蓬 **151002**
格兰德野荞麦 **152297**
格兰德蝇子草 **363891**
格兰德指甲草 **284826**
格兰鹅绒藤 **117496**
格兰蒿 **35576**
格兰杰金壳果属 **180186**
格兰利姆金尖叶龙袍木 **238338**
格兰马草 **57930**
格兰马草属 **57922**
格兰马禾 **168701**
格兰马禾属 **168700**
格兰牡荆 **411282**
格兰乔杜鹃 30883
格兰乔鹃 30883
格兰特彩云木 **381491**
格兰特叉序草 **209901**
格兰特大果萝藦 **279439**
格兰特大戟 **158989**
格兰特吊兰 **88544**
格兰特番薯 **207827**
格兰特费利菊 **163214**
格兰特鬼针草 **53931**
格兰特假杜鹃 **48180**
格兰特菊属 **180192**
格兰特决明 **78318**
格兰特露子花 **123886**
格兰特疱茜 **319960**
格兰特苘麻 **901**
格兰特唐菖蒲 **176240**
格兰特希尔德番薯 **207858**
格兰特小檗 **51680**
格兰特星牵牛 **43347**
格兰特忧花 **241639**
格兰特蚤草 **321562**
格兰维克卷耳 **82640**
格兰维克青锁龙 **109048**
格兰维克山梗菜 **234481**
格朗巴蒂兰 **263627**
格朗大戟 **158984**
格朗德对粉菊 **280421**
格朗东草 **176679**
格朗东草属 **176678**
格朗伽蓝菜 **215162**
格朗含羞草 **255038**
格朗瓠果 **290552**
格朗华美豆 **123534**
格朗鸡矢藤 **280080**
格朗蓝耳草 **115550**
格朗鳞花草 **225167**
格朗美冠兰 **156736**
格朗十字爵床 **111719**
格朗特红脂菊 **311764**
格朗羊蹄甲 **49111**
格劳绍居间薰衣草 **223294**
格劳氏列当 **275081**
格劳氏龙胆 **173491**
格劳鸦葱 **354864**
格勒纳高山玫瑰杜鹃 **330697**
格勒山柳菊 **195643**
格勒纤皮玉蕊 **108167**
格雷澳洲苦马豆 **380068**
格雷百合 **229855**

格雷草 **180540**
格雷草属 **180539**
格雷刺子莞 **333602**
格雷蒂基花 **392359**
格雷敦毛瑞香 **218999**
格雷敦天竺葵 **288271**
格雷盾蕊樟 **39711**
格雷厄姆白鼓钉 **307678**
格雷厄姆黄耆 **42440**
格雷厄姆树葡萄 **120082**
格雷厄姆土沉香 **161658**
格雷厄姆猪屎豆 **112193**
格雷菲利木 **296225**
格雷夫斯栎 **323978**
格雷弗斑鸠菊 **406393**
格雷弗赪桐 **96109**
格雷弗格尼木 **201651**
格雷弗灌木查豆 **84465**
格雷弗合欢 **13568**
格雷弗卡普山榄 **72130**
格雷弗阔苞菊 **305097**
格雷弗坡梯草 **290187**
格雷弗珊瑚果 **103913**
格雷弗柿 **132183**
格雷弗树葡萄 **120086**
格雷弗素馨 **211851**
格雷弗天门冬 **39036**
格雷弗小土人参 **383283**
格雷弗星裂籽 **351356**
格雷弗羊蹄甲 **49113**
格雷弗远志 **308091**
格雷弗猪屎豆 **112202**
格雷福塞姆绣线菊 **371788**
格雷戈尔杯苋 **115719**
格雷戈尔叉序草 **209902**
格雷戈尔多蕊石蒜 **175330**
格雷戈尔虎眼万年青 **274639**
格雷戈尔南非青葙 **192781**
格雷戈尔仙人笔 **216672**
格雷戈尔小金梅草 **202868**
格雷戈尔砖子苗 **245435**
格雷戈里·门德尔短尖虎耳草 **349037**
格雷戈里挪威云杉 298198
格雷格楞 **167981**
格雷格戴尔豆 **121890**
格雷格金合欢 **1264**
格雷格裂瓣雪轮 **363652**
格雷格莫顿 259053
格雷格山楂 **109742**
格雷格苋 **18733**
格雷格野荞麦 **152114**
格雷哈姆蓟 **91995**
格雷基松 299957
格雷蓟 **91999**
格雷角利欧洲云杉 **298198**
格雷芥 **180050**
格雷芥属 **180046**
格雷落叶花桑 **14850**
格雷木 181042
格雷木属 181040
格雷欧石南 **149523**
格雷芹 **180062**
格雷莎草 **118970**
格雷山醋李 **180553**
格雷山醋李属 **180551**
格雷氏金腰 **90370**
格雷斯氏豆 380068
格雷斯苔草 **74715**
格雷斯伍德粗齿绣球 **200087**
格雷四芒菊 **386933**
格雷苔草 **74711**
格雷豚草 **19168**
格雷维尔小檗 **51682**
格雷维总统欧丁香 **382358**
格雷腺叶绿顶菊 **193127**
格雷肖北美前胡 **99044**
格雷绣线菊 **371786**
格雷玄参属 **180040**
格雷野牡丹属 **180352**
格雷野荞麦 **152624**
格雷银莲花 **23833**
格雷蝇子草 **363521**
格雷鱼木 **110218**
格雷中美菊 **416910**
格里阿魏 **163624**
格里奥苔草 **74714**
格里刺头菊 **108298**
格里葱 **15336**
格里杜鹃属 **181203**
格里菲斯贝母兰 **98668**
格里菲斯十大功劳 242597
格里菲斯隐棒花 **113537**
格里菲斯鸢尾 **208602**
格里芬石蒜 **181062**
格里芬石蒜属 **181061**
格里丰杜茎大戟 **241872**
格里丰纽敦豆 **265904**
格里丰黍 **281676**
格里丰崖豆藤 **254714**
格里克郁金香 **400171**
格里夸棒头草 **310110**
格里夸裂口花 **379924**
格里夸毛头菊 **151575**
格里夸梅蓝 **248855**
格里夸鼠麹草 **178203**
格里夸小芝麻菜 **154092**
格里夸舟叶花 **340703**
格里夸猪屎豆 **112203**
格里芦荟 **16868**
格里姆治疝草 **192972**
格里牛栓藤 **101871**
格里塞林木属 181260
格里森柳 **343460**
格里氏列当 **275079**
格里氏南星 33338
格里斯兰竹 **180547**
格里斯兰竹属 **180546**
格里斯木 181267
格里斯木属 181260
格里苔草 **181065**
格里苔草属 **181063**
格里维 382358
格里鸦葱 **354863**
格里羊茅 **164000**
格里泽巴赫虎耳草 **349425**
格里泽巴赫列当 **275080**
格里泽巴赫小黄管 **356095**
格力贝母兰 98668
格力兜兰 **282829**
格利景天属 **180504**
格利宽耳藤 **244686**
格利塞迪木属 176969
格利森茜 **176803**
格利森茜属 **176802**
格利氏蓝刺头 140716
格林春池草 **400025**
格林翠雀花 **124236**
格林蝶花百合 **67588**
格林飞蓬 **150681**
格林高葶苣 **11459**
格林花楸 **369519**
格林蓟 **92049**
格林假杜鹃 **48181**
格林金灌菊 **90496**
格林金菊木 **150326**
格林金千里光 **279914**
格林堇菜 **410027**
格林景天 **356772**
格林桔梗属 **224049**
格林菊属 181092
格林距舌兰 **81806**
格林柯 **233151**
格林芦荟 **16870**
格林曼群瓣茱萸 **269244**
格林木 **181091**
格林木属 **181090**
格林纳达薄柱草 265358
格林诺林兰 **266497**
格林茜 **180484**
格林茜属 **180483**
格林曲叶龙掌 **186342**
格林山柳菊 **195639**
格林蛇鞭菊 **228466**
格林斯十字爵床 **111720**
格林威异荣耀木 **134670**
格林韦刺桐 **154666**
格林韦大戟 **159000**
格林韦大沙叶 **286248**
格林韦大托叶金壳果 **241930**
格林韦戴星草 **370983**
格林韦都丽菊 **155372**
格林韦茎花豆 **118079**
格林韦里因野牡丹 **229679**
格林韦马齿苋 **311855**
格林韦帽柱茜 **256240**
格林韦木槿 **194905**
格林韦喃果苏木 118079
格林韦黏腺果 **101248**
格林韦千里光 **358999**
格林韦柿 **132182**
格林韦树葡萄 **120085**
格林韦田菁 **361387**
格林韦肖长管山茶 **248816**
格林韦须芒草 **22693**
格林韦猪屎豆 **112201**
格林伍得兰 **180524**
格林伍得兰属 **180522**
格林野荞麦 **152498**
格林云杉 298298
格林锥 78966
格林紫茉莉 **255704**
格灵红花槭 **3512**
格陵兰虎耳草属 **56086**
格陵兰眼子菜 **312135**
格陵兰早熟禾 305551
格菱 **394526**,394500
格菱兰杜香 223901
格鲁矮香漆 **332478**
格鲁波夫库得拉草 **218277**
格鲁吉亚茜草 **337968**
格鲁维尔特荷兰榆 **401524**
格鲁棕属 **6128**
格伦多拉白紫薇 **219937**
格伦维尔天竺葵 **288270**
格伦无患子 **176930**
格伦无患子属 **176927**
格罗百里香 **391196**
格罗贝母 **168417**
格罗比兰 **181283**
格罗比兰属 **181282**
格罗春黄菊 **26794**
格罗大戟 **159007**
格罗大戟属 **181307**
格罗德曼小檗 51686
格罗斗篷草 **14044**
格罗独活 **192269**
格罗风铃草 **70074**
格罗葛缕子 **77812**
格罗海米亚菊 181319
格罗海米亚菊属 181317
格罗黄芩 **355463**
格罗假盾草 **288829**
格罗荆芥 **264940**
格罗菊 **181319**
格罗菊属 **181317**
格罗兰属 **177313**
格罗梨 **323185**

格罗苓菊 **214093**
格罗驴喜豆 **271212**
格罗蒲公英 **384567**
格罗歧果芥 **116717**
格罗屈曲花 **203191**
格罗塞大戟 **159006**
格罗蛇床 **97710**
格罗石竹 **127730**
格罗矢车菊 **81098**
格罗氏茴芹 **299423**
格罗氏匹菊 **322689**
格罗氏水苏 **373234**
格罗氏蝇子草 **363525**
格罗鼠尾草 **345071**
格罗斯蓝盆花 **350275**
格罗斯牛至 **274217**
格罗斯香科 **388099**
格罗斯蝇子草 **363562**
格罗菘蓝 **209195**
格罗塔伴帕爵床 **60305**
格罗苔草 **74718**
格罗特岑克尔豆 **417576**
格罗特葱 **15335**
格罗特风车子 **100515**
格罗特茄 **367192**
格罗特球花木 **177038**
格罗特异木患 **16092**
格罗特砖子苗 **245568**
格罗卫矛 **177510**
格罗卫矛属 **177509**
格罗小米草 **160167**
格罗玄参 **355133**
格罗野豌豆 **408420**
格罗鸢尾 **208604**
格洛韦尔黄檀 **121696**
格洛韦尔林地苋 **319025**
格麦氏匙叶草 230631
格麦氏大戟 **158965**
格麦氏毛莨 325901
格麦斯杂色豆 **47777**
格脉黄精 **308651**
格脉树 **268335**,243990
格脉树属 **268330**,243979,306736
格木 **154971**
格木属 **154962**
格尼迪木属 178567
格尼迪亚 178637
格尼鹿角柱 **140234**
格尼木 172890
格尼木大沙叶 **286230**
格尼木属 172888
格尼帕属 172888,201647
格尼帕树 172890
格尼茜草属 172888,201647
格尼茜属 **172888**
格尼瑞香百蕊草 **389708**
格尼瑞香菲利木 **296223**
格尼瑞香膜鳞菊 **201121**
格尼瑞香属 **178567**
格尼瑞香香芸木 **10632**
格尼瑞香猪屎豆 **112187**
格尼疏刺仙人柱 **140334**
格涅刺头菊 **108295**
格诺姆云杉 **298388**
格佩特龙胆 **178788**
格佩特龙胆属 **178780**
格蓬阿魏 163619
格热高尔黄耆 **42445**
格瑞杜鹃 330794
格瑞氏钩叶藤 **303090**
格瑞氏水蜡烛 **139562**
格瑞斯伍德匍卧木紫草 **233435**
格若氏肋枝兰 **304914**
格氏阿布藤 828
格氏斑鸠菊 **406381**
格氏滨藜 **44676**
格氏博什木棉 **57425**
格氏当归 98777
格氏灯心草 **213140**
格氏滇紫草 **271774**
格氏多贝梧桐 **135856**
格氏二行芥 **133272**
格氏非洲紫罗兰 **342495**
格氏肥皂草 **346426**
格氏风铃草 **70073**
格氏蜂斗菜 **292368**
格氏凤仙花 **204995**
格氏甘蔗 **341864**
格氏高山芹 **98777**
格氏钩藤 **401758**
格氏枸杞 **239053**
格氏灌木猪屎豆 **112801**
格氏海神木 **315803**
格氏猴面包树 7028
格氏花凤梨 **392013**
格氏化石花 **275889**
格氏还阳参 **110827**
格氏棘豆 **278855**
格氏假麻菀 **317842**
格氏尖药兰 **132670**
格氏姜饼木 **284227**
格氏菊蒿 **383760**
格氏卷舌菊 **380902**
格氏楞 78966
格氏柯特葵 **217952**
格氏空船兰 **9139**
格氏孔叶菊 **311717**
格氏筷子芥 **30277**
格氏宽叶葱 **15390**
格氏拉拉藤 **170410**
格氏榄仁树 **386553**
格氏肋毛菊 **285197**
格氏类麻菀 317842
格氏露冠树 98813
格氏裸茎日中花 **318851**
格氏麻花头 **361057**
格氏马兜铃 34200
格氏密穗花 **322109**
格氏莫顿草 **259053**
格氏南洋桑 **199207**
格氏南洋亚麻 **206866**
格氏黏冠草 **261068**
格氏牛舌草 **21940**
格氏坡垒 **198154**
格氏忍冬 **235818**
格氏软紫草 **34623**
格氏三肋果 **397960**
格氏山荷叶 **132682**
格氏石龙尾 **230302**
格氏矢车菊 **81083**
格氏蜀葵 **13921**
格氏斯温顿漆 **380545**
格氏梭梭 **185069**
格氏糖芥 **154464**
格氏梯牧草 **294979**
格氏铁兰 392013
格氏庭荠 **18385**
格氏头花草 **82141**
格氏凸额马先蒿 **287114**
格氏脱皮藤 **828**
格氏西尔豆 **380632**
格氏菥蓂 **390234**
格氏香材树属 **180475**
格氏香薷 **144035**
格氏小囊兰 **253885**
格氏肖木菊 **240782**
格氏缬草 **404271**
格氏续断 **133486**
格氏悬钩子 **338111**
格氏旋覆花 **207134**
格氏眼子菜 **312134**
格氏羊头卫矛 **34792**
格氏异形木 **16022**
格氏隐翼木 **113400**
格氏泽兰 **158136**,101958
格氏樟桂 **268706**
格氏栀子 **171299**
格氏钟萼草 **231261**
格氏猪毛菜 **344560**
格氏紫荆 **83788**
格氏紫菀 **40518**
格司叶下珠 **296579**
格斯齿舌叶 **377344**
格斯大沙叶 **286232**
格斯里刀囊豆 **415609**
格斯里菲利木 **296226**
格斯里灌木帚灯草 **388800**
格斯里光淋菊 **276211**
格斯里露子花 **123888**
格斯里木蓝 **206038**
格斯里穆拉远志 **259993**
格斯里鸟足兰 **347788**
格斯里欧石南 **149524**
格斯里曲花 **120559**
格斯里唐菖蒲 **176245**
格斯里逸香木 **131971**
格斯露子花 **123879**
格斯芦荟 **16840**
格斯牛角草 **273158**
格斯昼花 **262159**
格特豹皮花 **373820**
格万荆芥 **264937**
格维木草属 **179973**
格温里恩月桂荚蒾 **408169**
格纹阿氏紫草 **20843**
格纹贝母 **168531**
格纹糙苏 **295080**
格纹吊灯花 **84037**
格纹钉头果 **179001**
格纹多脉十二卷 **186818**
格纹番红花 **111508**
格纹纺锤菊 **44126**
格纹枪刀药 **202521**
格药柃 **160551**
格优纳属 175468
格杂树 305100
格咱乌头 **5228**
格兹凹陷崖豆藤 **254727**
格兹菝葜 **366349**
格兹百脉根 **237634**
格兹百蕊草 **389710**
格兹半边莲 **234510**
格兹扁担杆 **180798**
格兹扁丝卫矛 **364429**
格兹草胡椒 **290352**
格兹酢浆草 **277869**
格兹大果萝藦 **279431**
格兹大戟 **158966**
格兹多穗兰 **310418**
格兹多坦草 **136503**
格兹鹅掌柴 **350701**
格兹风车子 **100490**
格兹风琴豆 **217986**
格兹干若翠 **415466**
格兹格尼瑞香 **178618**
格兹海桐 **301288**
格兹红头菊 **154768**
格兹槲寄生 **411030**
格兹尖花茜 **278208**
格兹荆芥叶草 **224572**
格兹九节 **319560**
格兹蜡菊 **189402**
格兹蓝兰 **193152**
格兹蓝星花 **33653**
格兹冷水花 **298924**
格兹鹿藿 **333251**
格兹魔芋 **20082**

格兹扭果花 **377724**
格兹盘花千里光 **366883**
格兹破布木 **104191**
格兹茄 **367181**
格兹秋水仙 **414908**
格兹塞拉玄参 **357526**
格兹蛇舌草 **269839**
格兹双距兰 **133687**
格兹素馨 **211939**
格兹田菁 **361382**
格兹头花草 **82140**
格兹瓦帕大戟 **401240**
格兹香茶菜 **303345**
格兹香科 **388096**
格兹象根豆 **143483**
格兹小花豆 **226160**
格兹小金梅草 **202864**
格兹肖蝴蝶草 **110669**
格兹肖杨梅 **258756**
格兹野茼蒿 **108741**
格兹玉凤花 **183665**
格兹远志 **308084**
格兹栀子 **171407**
格兹紫罗兰 **342488**
格子巴氏锦葵 **286603**
格子日本柳杉 **113711**
格子珍珠茅 **354061**
葛 321441
葛菜 390213
葛刺子莞 **333575**
葛豆 71050
葛胆 321441
葛根 204616,321431,321441
葛根跌打 254752
葛根条 321441
葛瓜 279732
葛花 46841,321441,414576
葛花菜 46848
葛荆麻 180700
葛菌 46821,46829,46848
葛辣 345586
葛勒蔓 199382,199392
葛勒子 199392
葛勒子秧 199382,199392
葛雷凤梨属 180535
葛藟 411686
葛藟葡萄 **411686**
葛缕子 **77784**
葛缕子属 **77766**
葛葎草 199392
葛葎蔓 199382,199392
葛罗槭 **3004**
葛罗氏卷耳 **82859**
葛萝槭 3004
葛萝树 414576
葛麻姆 321453
葛麻茹 321441
葛麻藤 321441
葛人藤 199392
葛乳 46848
葛瑞金属 180535
葛氏草 171509
葛氏草属 171486
葛氏垂禾属 171809
葛饰球 **244180**
葛饰丸 244180
葛属 **321419**
葛薯 279732
葛斯垂禾属 171809
葛塔德木 181743
葛塔德木属 181728
葛藤 **321441**,32657,321431
葛藤属 321419
葛条 321441
葛蕈 46848
葛叶大黄 329311
葛枣 6682
葛枣猕猴桃 **6682**
葛枣子 6682
葛子 321441
蛤胆草 230286
蛤蒟 300504
蛤兰 **101710**
蛤兰属 **101706**
蛤荖 300504
蛤蒌 300446,300504
蛤蟆草 **298929**,57678,57683,230286,301871,301879,301952,312450,327435,345310,375884
蛤蟆儿 266377
蛤蟆花 **2695**
蛤蟆棵 405872
蛤蟆七 208875
蛤蟆树 104701
蛤蟆跳缺 208875
蛤蟆涎 381341
蛤蟆烟 266053
蛤蟆叶 301879
蛤蠏黄 308123
蛤树 290968
蛤叶 49046
蛤仔藤 116019,250792,290843
隔布草 305202
隔葱 15868
隔冬青 345310
隔河仙 16512
隔虎刺花 122040
隔花大戟 **121036**
隔花大戟属 **121035**
隔界竹 **416799**
隔距兰 **94465**
隔距兰属 **94425**
隔离假萨比斯茜 **318261**
隔离小野牡丹 **248802**
隔年红 346527
隔山队 159159
隔山牛皮消 117751
隔山锹 117390
隔山撬 117390,117751,137795
隔山香 **276745**
隔山消 **117751**,117390,137799,174615,174935,174992,417330
隔山消属 **362020**
隔蒴苘 **414527**
隔蒴苘属 **414522**
隔蓿蓂 **390263**
隔腺点巴豆 **112896**
隔夜抽 119503
隔夜合 277776
隔夜找娘 392252
隔子通 350680,350716
搿搿果 393625
搿合山 335142
镉黄半日花 **188638**
镉黄扁棒兰 **302765**
镉黄酢浆草 **277781**
镉黄灯心草百合 352151
镉黄轭观音兰 **418806**
镉黄冠须菊 **405929**
镉黄鬼针草 **53868**
镉黄红蕾花 **416935**
镉黄美韭 **398785**
镉黄绵叶菊 **152813**
镉黄泡叶番杏 **138160**
镉黄蒲公英 **384508**
镉黄狮齿草 **224666**
镉黄十字爵床 **111727**
镉黄舒安莲 **352151**
镉黄糖芥 **154439**
镉黄韦伯西菊 405929
镉黄线叶粟草 **293907**
镉绿欧石南 **149295**
个薄 414817
个卜汁 113577
个吉芸 32651
个旧娃儿藤 **400982**
个毛 347992
个溥 414817
个兴丁 134035
各格补血草 **230633**
各骆子藤 403481
各山葱 15868
给分球 155215
给客橙 167506
给血草科 184524
根岸南星 **33429**
根蘸草 353750
根伯茨魔芋 **20083**
根出红景天 **329861**
根刺鳞果棕属 246675
根刺椰子属 113290
根刺棕 **113293**
根刺棕属 **113290**
根大戟 **159717**
根单花寄生 **329743**
根单花寄生属 **329742**
根刀菜 53249
根风藤 67689
根根药 168022
根果秋海棠 **50237**
根花安瓜 **25156**
根花番樱桃 **156345**
根花茜 **27792**
根花茜属 **27791**
根花矢车菊 **81335**
根花属 10188
根花苔草 **75962**
根花瓦莲 **337308**
根花腺萼木 **260646**
根寄生科 199780
根节兰属 65862
根茎阿氏莎草 **610**
根茎冰草 **11793**
根茎层菀 **70517**
根茎层菀属 **70516**
根茎葱 **15660**
根茎大戟 **158718**
根茎都丽菊 **155380**
根茎兜兰 **282777**
根茎风兰 **25028**
根茎花茜属 **374682**
根茎金莲木 **268251**
根茎九节 **319801**
根茎苓菊 **214162**
根茎马先蒿 **287627**
根茎蔓龙胆 **110304**
根茎毛子草 **153271**
根茎囊鳞莎草 **38237**
根茎拟白星海芋 **34881**
根茎飘拂草 **166459**
根茎绒毛草 **197306**
根茎三齿稃 **381064**
根茎三齿稃属 **381062**
根茎水竹叶 **260099**
根茎嵩草 **217178**
根茎叶下珠 **296741**
根茎紫花堇菜 **410048**
根辣 351741
根马唐 130730
根纳尔兰 **173168**
根纳尔兰属 **173167**
根乃拉草属 181946
根榕 **165543**
根上子 62799
根生地 327435
根生花 **329722**
根生花属 **329721**

根室苔草 **75490**
根穗苔草 **75960**
根苔 75724
根特紫金牛属 **174251**
根廷茜 **174250**
根廷茜属 **174249**
根头菜 312450
根头黄耆 **42980**
根头蓟 **92349**
根头菊 368528
根头菊属 368527
根下红 345142,345310,345324
根叶长喙 **202789**
根叶飞燕草 124151
根叶漆姑草 **342259**
根用芥 59461
根枝猪屎豆 **112616**
根柱槟榔属 263549
根柱凤尾椰 **407521**
根柱凤尾椰属 **407520**
根柱椰属 97072
根爪兰属 121358
根锥椰属 172224
根足苔草 **76022**
跟人走 53797
艮毛丹 **391568**
莨 5335,266060
莨芳花 2684
莨力花 2695
莨密早熟禾 **305542**
更里倒座草 174676
更里山胡椒 **231374**
更纱寒兰 **116927**
更生 309796
更提湖北小檗 **51645**
庚大利 57847
庚申草 **299754**
庚中藤 398684
耕地糙苏 **295051**
耕地大戟 158407
耕地堇菜 409703
耕地婆婆纳 **406973**
羹大利 57847
耿马齿唇兰 **417735**
耿马密花豆 **370414**
耿马卫矛 **157649**
耿马香竹 87635
耿马小香竹 **87635**
耿马猪屎豆 **111880**
耿氏草属 **215866**
耿氏鹅观草 **144360**
耿氏拂子茅 65384
耿氏虎皮楠 122683,122712
耿氏假山毛榉 **266872**
耿氏假硬草 **318379**
耿氏假硬草属 318378
耿氏碱茅 354404
耿氏硬草 **354404**
耿子 5335
梗 **26913**,191629
梗苞黄堇 **105649**
梗草 302753
梗葱芥 14964
梗花阿芙泽尔谷木 **249895**
梗花艾麻 **221585**
梗花杯苋 **115741**
梗花杯子菊 **290259**
梗花贝尔茜 **53104**
梗花闭萼多球茜 **310259**
梗花扁担杆 **180914**
梗花滨藜 **44601**
梗花布里滕参 **211527**
梗花草胡椒 **290400**
梗花颤毛萝藦 **399574**
梗花长柔毛菲利木 **296340**
梗花车叶草 **39387**
梗花迟缓单蕊麻 **138076**
梗花尺冠萝藦 **374158**
梗花春黄菊 **26841**
梗花刺蒴麻 **399291**
梗花刺头菊 **108366**
梗花粗叶木 **222250**,222102
梗花大苞鸭跖草 **101113**
梗花戴星草 **371010**
梗花灯盘无患子 **238924**
梗花毒鼠子 **128781**
梗花盾盘木 **301565**
梗花多球茜 **310280**
梗花芳香木 **38704**
梗花非洲吉粟草 **175934**
梗花锋芒草 **394389**
梗花格雷野牡丹 **180414**
梗花格尼瑞香 **178668**
梗花冠瑞香 **375939**
梗花光亮榕 **165476**
梗花光淋菊 **276217**
梗花蒿 **36070**
梗花黑草 **61838**
梗花红光树 **216875**
梗花红蕾花 **416975**
梗花槲果 **46787**
梗花虎尾兰 **346127**
梗花华西龙头草 **247725**
梗花黄耆 **42863**
梗花灰毛豆 **386228**
梗花蓟 **92439**
梗花鲫鱼藤 **356310**
梗花假面花 **17484**
梗花假萨比斯茜 **318259**
梗花渐尖纹蕊茜 **341266**
梗花浆果鸭跖草 **280523**
梗花椒 **417346**
梗花茎花豆 **118104**
梗花九节 **319741**
梗花巨茴香芥 **162843**
梗花卡迪豆 **64939**
梗花可利果 **96804**
梗花拉菲豆 **325097**
梗花蜡菊 **189654**
梗花狼尾草 **289195**
梗花劳德草 **237832**
梗花棱果桔梗 **315302**
梗花丽杯角 **198067**
梗花菱叶常春藤 **187322**
梗花柳 **343845**
梗花柳穿鱼 **231072**
梗花六道木 123
梗花马先蒿 **287507**
梗花毛瑞香 **219009**
梗花毛头菊 **151599**
梗花没药 **101498**
梗花美登木 **246907**
梗花美丽蓝花参 **412821**
梗花密钟木 **192678**
梗花绵子菊 **222531**
梗花木蓝 **206369**
梗花拟芸香 **185657**
梗花黏腺果 **101258**
梗花牛膝 **4320**
梗花欧石南 **149333**
梗花盘桐树 **134141**
梗花婆婆纳 **407273**
梗花琼楠 **50588**
梗花雀梅藤 **342176**,342198
梗花塞拉玄参 **357623**
梗花赛德旋花 **356436**
梗花三萼木 **395321**
梗花三蕊沟繁缕 **142579**
梗花色罗山龙眼 **361210**
梗花山芫荽 **107805**
梗花绳草 **328128**
梗花圣诞果 **88079**
梗花苔草 **75734**
梗花娃儿藤 **400976**
梗花韦尔合欢 **13697**
梗花纹桔梗 **180131**
梗花小鹿藿 **333329**
梗花小米草 **160243**
梗花肖毛蕊花 **80544**
梗花肖水竹叶 **23589**
梗花新乌檀 **264221**
梗花星毛菊 **247087**
梗花雅芹 **11626**
梗花延叶菊 **265980**
梗花异果千里光 **56611**
梗花异鳞菊 **193829**
梗花异片萝藦 **25731**
梗花逸香木 **131990**
梗花银豆 **32872**
梗花尤利菊 **160854**
梗花油芦子 **97280**
梗花玉凤花 **183950**
梗花远志 **308255**
梗花针垫花 **228093**
梗花指裂罗顿豆 **237335**
梗节茎兰 **269228**
梗麻 175877,399296
梗皮棕 **255970**
梗皮棕属 **255968**
梗乳梗木 **169692**
梗蕊大戟 **29530**
梗蕊大戟属 **29529**
梗山楂 **109913**
梗穗小花鸡头薯 **152994**
梗通草 9560
梗头白酒草 **103572**
梗序磨芋 20139
梗序魔芋 **20139**
梗序婆婆纳 **407274**
梗椰 **306548**
梗椰属 **306546**
梗叶柳 **343899**
梗榆 191629
梗子 176881
工布报春 **314547**
工布杜鹃 **331016**
工布红景天 **329927**
工布千里光 **359237**
工布乌头 **5327**
工布小檗 **51823**
工东石楠 **295713**
工藤爵床属 218272
工藤氏塔花 **97006**,97044
工艺高粱 **369636**
弓背舌唇兰 **302297**
弓背树 195311
弓边谷木 **249903**
弓翅芹 **31328**
弓翅芹属 **31325**
弓大戟 **120653**
弓大戟属 **120652**
弓杆黑三棱 **370034**
弓管芸香 **393554**
弓管芸香属 **393552**
弓果漆 **120617**
弓果漆属 **120616**
弓果黍 **120631**
弓果黍属 **120624**
弓果藤 **393549**
弓果藤鲫鱼藤 **356332**
弓果藤属 **393525**
弓花鼠麹草 **393435**
弓花鼠麹草属 **393432**
弓喙苔草 **74051**
弓荚胡枝子 **226680**
弓荚绿叶胡枝子 **226679**
弓蕉 260253
弓角菱 **394421**

弓茎川百合 229831
弓茎莓 338413
弓茎小檗 **51395**
弓茎悬钩子 **338413**
弓距兰 **83437**
弓距兰属 **83436**
弓葵属 64159
弓兰属 **120612**
弓裂斗篷草 **13962**
弓鳞辐枝菊 **21262**
弓鳞菊属 **120657**
弓木 240828
弓绳草 **327973**
弓藤 65778
弓弦麻 346158
弓弦藤 **65779**
弓削瓢柑 **93874**
弓形地杨梅 **238572**
弓形黄耆 **41998**
弓形银齿树 **227232**
弓形圆苞山罗花 **248179**
弓腰老 309507
弓叶对节刺 **198243**
弓叶鼠耳芥 317344
弓枝茜 **93936**
弓枝茜属 **93935**
弓枝苋 **85899**
弓枝苋属 **85898**
弓竹属 **120622**
弓柱兰属 **363116**
弓柱紫草属 **393555**
弓嘴苔草 74051
公草 256719
公道老 345586,345708,345709
公道老树 345660,345708
公丁 382477
公丁香 382477
公儿草 344347
公防风 346448
公茯苓藤 366338
公公须 390128,396170
公黄珠子 266810
公鸡果 139784
公鸡花 195149
公鸡酸苔 49701
公鸡藤 390770
公鸡子 284382
公接骨丹 239773
公爵虾 **140319**
公爵樱桃 **83121**
公爵玉 **233658**
公老鼠藤 375870
公罗锅底 183023
公母 350706
公母草 218347,226742,231555
公母树 350706
公牛广玉兰 **242136**
公牛异木麻黄 **15951**
公麒麟 417216
公荠 137133
公苒 405618
公石榴 276098,276135
公孙橘 93639,167506
公孙树 175813
公孙锥 **79045**
公天锥 19827
公须花 71851
公羊头草 218571
公英 384681
公英叶风毛菊 348849
公鱼藤 198882,198885
公芋头草 218571
公园农场杂交种布克伍德荚蒾 **407654**
公园针禾 377010
公园针蒴草 **377010**
公栀子 301424
公主兰属 **238732**
公仔瓶 264846
公子球 **103759**
公子天麻 170035,170044
公子丸 103759
功劳小檗 242454
功劳叶 203660
供蒿 36177,36185
宫坂樱 **83126**
宫布马先蒿 **287316**
宫部火绒草 **224854**
宫部金丝桃 **202013**
宫部美花草 **66712**
宫部瑞香 **122519**
宫部氏飞蓬 **150781**
宫部氏火绒草 **224908**
宫部氏柳 **343702**
宫部氏槭 **3149**
宫部氏山黧豆 **222805**
宫部氏穗花 **317937**
宫部氏罂粟 **282612**
宫重萝卜 **326586**
宫粉茶 **69172**
宫粉梅 **34450**
宫粉仙人球 **244036**
宫粉悬铃花 **243930**
宫粉羊蹄甲 49247
宫粉紫荆 49247
宫古茄 **367392**
宫国忍冬 **235887**
宫户岛茼蒿 **89408**
宫花轭观音兰 **418810**
宫花沃森花 **413353**
宫咯什羊茅 **163998**
宫麻 299046
宫美兰属 178893
宫木括楼 **396224**
宫木栎 **324171**
宫木紫菀 **40867**
龚氏金茅 **156471**
巩留黄耆 **42434**
巩乃斯蝇子草 **363646**
拱垂酢浆草 **278048**
拱垂大戟 **159702**
拱垂狗尾草 **361683**
拱垂罗勒 **268606**
拱垂芒柄花 **271552**
拱垂猪屎豆 **112607**
拱单花杉 **257124**
拱丁香蓼 **238163**
拱顶金虎尾属 **68770**
拱顶爵床 **68782**
拱顶爵床属 **68781**
拱顶兰属 **68783**
拱根茎花茜 **374683**
拱虎眼万年青 **274520**
拱可利果 **96670**
拱龙柱 **185925**
拱猫尾木 **135305**
拱木蓝 **206670**
拱扭果花 **377659**
拱欧石南 **149020**
拱葡萄风信子 **260313**
拱山柳菊 **195467**
拱手花篮 195216
拱唐菖蒲 **176032**
拱网核果木 138581
拱网脉核果木 **138581**
拱形尺冠萝藦 **374144**
拱形翠雀花 **124046**
拱形乌头 **5043**
拱形羊蹄甲 49093
拱形钻花兰 **4513**
拱绣球防风 **227714**
拱腰老 309507
拱叶苦苣菜 **368820**
拱叶椰属 6861
拱羽叶楸 **376259**
拱珍珠茅 **354011**
拱枝白千层 **248085**
拱枝大戟 158604
拱枝鬼吹箫 228320
拱枝美丽溲疏 **126920**
拱枝绣线菊 **371814**
拱枝银桦 **180590**
拱猪屎豆 **111905**
栱子 198769
珙垌属 123244
珙桐 **123245**
珙桐科 **123253**,267881
珙桐属 **123244**
共生风车子 **100396**
共生苔草 **74144**
共药花 380775
共药花属 380769
贡巴拉小檗 **51637**
贡波千里光 359237
贡布红杉 **221901**
贡达尔老鸦嘴 **390783**
贡达尔远志 **308086**
贡嘎翠雀花 **124234**
贡嘎虎耳草 **349495**
贡嘎黄芪 42432
贡嘎黄耆 **42432**
贡嘎岭橐吾 **229079**
贡嘎山杜鹃 **330783**
贡嘎山虎耳草 **349410**
贡嘎山柳 **343436**
贡嘎苔草 **74679**
贡嘎乌头 **5367**
贡嘎无柱兰 **19511**
贡嘎杨 **311334**
贡噶翠雀花 **124298**
贡蒿 77784
贡甲 **6249**
贡甲属 **240852**
贡贾扭果花 **377725**
贡菊 124785
贡觉黄耆 **42906**
贡麻竹 82454
贡牛 77784
贡山八角 **204605**
贡山白芷 192276
贡山报春 314972
贡山贝母兰 **98664**
贡山波罗蜜 **36919**
贡山茶藨 334008
贡山茶藨子 **334008**
贡山长柄垫柳 **343138**
贡山臭参 98325
贡山党参 **98325**
贡山冬青 **203891**
贡山独活 **192276**
贡山杜鹃 **330785**
贡山杜英 **142295**
贡山鹅耳枥 **77421**,77420
贡山飞蓬 **150738**
贡山风吹箫 **228334**
贡山凤仙花 **204987**,205076
贡山海桐 301302
贡山蒿 **35573**
贡山红景天 269606
贡山猴欢喜 366078
贡山厚朴 198700
贡山虎耳草 **349503**,349411
贡山桦 **53466**
贡山黄耆 **42435**
贡山蓟 **91953**
贡山假升麻 **37079**
贡山剪股颖 12133
贡山箭竹 **162695**

贡山金腰 **90364**
贡山堇菜 410660
贡山九子不离母 135099
贡山九子母 **135099**
贡山卷瓣兰 **62756**
贡山卷唇兰 62756
贡山梨果寄生 **355306**
贡山藜芦 **405597**
贡山栎 **324079**
贡山梁王茶 **266916**,266913
贡山柃 **160482**
贡山柳 **343375**
贡山楼梯草 **142673**
贡山露珠草 **91507**
贡山鹿药 **242687**
贡山绿绒蒿 **247188**
贡山马蓝 **320124**
贡山马先蒿 **287243**,287839
贡山莓 338338
贡山梅花草 284536
贡山猕猴桃 **6680**
贡山木瓜红 **327413**
贡山木荷 **350941**
贡山木姜子 **233932**
贡山木兰 198700
贡山泡花树 **249479**
贡山盆距兰 **171856**
贡山蓬藟 338428
贡山蒲桃 **382545**
贡山朴 **80645**
贡山槭 **3065**
贡山秋海棠 **49895**
贡山球兰 **198864**
贡山润楠 **240592**
贡山三尖杉 **82539**
贡山桑 **259123**
贡山山胡椒 **231331**
贡山舌唇兰 **302345**
贡山蛇葡萄 **20359**
贡山苔草 **74680**
贡山葶苈 137013
贡山兔儿风 **12644**
贡山乌头 **5333**
贡山狭叶委陵菜 **313019**
贡山小檗 **51503**
贡山小芹 **364874**
贡山新木姜子 **264104**
贡山悬钩子 **338477**
贡山崖爬藤 **387874**
贡山异叶苣苔 **414002**
贡山玉叶金花 **260503**
贡山竹 **171017**
贡山竹属 **171016**
贡山紫晶报春 **314972**
贡氏玄参 **355128**
贡术 44218
贡檀兜 381341
勾办 387835
勾蚕贝 115589
勾刺槌果藤 71762
勾蛋贝 115589
勾丁 401761,401770,401773,401779,401781
勾多猛 226328
勾儿草 52418
勾儿茶 **52468**,13353,52418,52435,52436
勾儿茶杜茎鼠李 **241897**
勾儿茶属 **52400**
勾勾 401773
勾勾茶 52418,52436
勾华 154958
勾临链 203325
勾虽 350728
勾藤 401773
勾田 401773
勾荇 401773
勾樟 231355
勾妆枝 418010
沟瓣花属 177982
沟瓣木属 **177982**
沟瓣属 177982
沟宝山 **379717**
沟宝山属 **379715**
沟槽赤竹 **347308**
沟槽鹅观草 **335405**
沟槽披碱草 **144227**
沟槽山矾 **381422**
沟槽唐竹 **364817**
沟草木犀 **249251**
沟唇兰 **22042**
沟唇兰属 **22040**
沟大戟 **159729**
沟多穗兰 **310578**
沟萼千里光 **360165**
沟萼茜属 **45006**
沟萼柿 **132415**
沟萼桃金娘属 **68396**
沟繁缕 142574
沟繁缕虎耳草 **349290**
沟繁缕基氏婆婆纳 **216265**
沟繁缕景天 356696
沟繁缕科 **142552**
沟繁缕属 **142554**
沟稃草 **25343**
沟稃草属 **25331**
沟秆草 **139941**
沟秆草科 **139943**
沟秆草属 **139940**
沟格尼瑞香 **178689**
沟梗水牛角属 **116578**
沟谷刺 366284
沟管兰 **367799**
沟管兰属 **367795**
沟果椴 **22035**
沟果椴属 **22032**
沟果非砂仁 9880
沟果非洲豆蔻 **9880**
沟果灰毛菊 **31298**
沟果荆 1066
沟果苣苔 **100021**
沟果苣苔属 **100020**
沟果茜属 **18587**
沟果芹 **16539**,408244
沟果芹属 **16538**
沟果野牡丹 **45034**
沟果野牡丹属 **45032**
沟果紫草属 **286906**
沟核茶荚蒾 **408128**
沟厚 91424
沟厚皮树 **221187**
沟壶茎麻 **361290**
沟花古柯 **155113**
沟茴芹 **299517**
沟金山葵 **380554**
沟茎虎耳草 **349149**
沟辣木 **258955**
沟兰属 **185222**
沟芦荟 **17233**
沟麻疯树 **212208**
沟马唐 **130739**
沟囊苔草 **74001**
沟拟离药草 **375333**
沟皮石南 149138
沟荞麦 **309888**
沟渠棒头草 310109
沟乳香树 **57535**
沟山柑 **71855**
沟商陆 **298121**
沟柿 **132084**
沟树葡萄 **120198**
沟双角草 **131338**
沟稆草 **372659**
沟酸浆 **255246**
沟酸浆萼距花 **114612**
沟酸浆属 **255184**
沟纹三叶草 **397095**
沟香薷 345310
沟羊茅 164295
沟叶结缕草 **418432**
沟叶苏铁 **45059**
沟叶苏铁属 **45057**
沟叶苔草 **76219**
沟叶微花兰 **374703**
沟叶羊茅 **164144**,164295
沟叶椰子属 181295
沟叶棕 **181296**
沟叶棕属 **181295**
沟颖草 **357365**
沟颖草属 **357361**
沟玉凤花 **184033**
沟褶瓣树 **321154**
沟状哈克 184643
沟状哈克木 **184643**
沟状花凤梨 **392051**
沟状坡垒 **198196**
沟状铁兰 392051
沟籽大戟 **158963**
沟子米 99124
沟子荠 **383990**
沟子荠属 **383989**
沟子芹属 **45062**
沟子树 **30804**
沟子树科 **30802**
沟子树属 **30803**
钩 396170
钩芙 91864,92132,259772
钩瓣乌头 **5242**
钩苞大丁草 175147
钩苞扶郎花 175147
钩杯苋 **115751**
钩藨子 338945
钩柄狸尾草 402146
钩柄狸尾豆 **402146**
钩草 **22008**
钩草属 **22007**
钩齿接骨木 345708
钩齿鼠李 **328754**
钩齿溲疏 **126963**,126846
钩齿酸脚杆 **247635**
钩齿叶接骨木 345708
钩虫草 139678
钩唇兜兰 **282860**
钩刺扁豆 **218725**
钩刺菠萝球 **107060**
钩刺黄耆 **42967**
钩刺毛莨 **326483**
钩刺梅藤 342170
钩刺球 **244084**
钩刺球属 185155
钩刺雀梅藤 342170
钩刺山羊草 8732
钩刺蛇鞭柱 **357743**
钩刺藤 355879
钩刺雾冰藜 **48769**
钩刺仙人球 140862,185158
钩刺苋 **321799**
钩刺苋属 **321790**
钩刺叶飞蓬 **150702**
钩大青 **96421**
钩单裂萼玄参 **187043**
钩丁 401761,401770,401773,401779,401781
钩豆 386410
钩豆属 386403
钩短小铁青树 **21222**
钩萼 267078
钩萼草 **267078**

钩萼草属 **267077**
钩耳 401761,401770,401773,401779,401781
钩耳藤 68686
钩飞廉 **73357**
钩粉草 317267
钩粉草属 **317245**
钩梗石豆兰 **62936**
钩梗树 378648
钩股颖属 **22010**
钩果草 185846
钩果草属 185842
钩果金合欢 **1045**
钩果列当属 **328917**
钩果玄参属 328917
钩黑宽萼苏 **47015**
钩喙兰属 **22085**
钩喙荠属 **57194**
钩荚相思 1045
钩交刺 280549
钩脚藤子 336738
钩堇 **409648**
钩居维叶茜草 **115310**
钩距翠雀花 **124271**
钩距黄堇 **105957**
钩距挖耳草 **403401**
钩距虾脊兰 **65966**
钩栲 **79043**
钩栲栗 79043
钩蜡菊 **189416**
钩栗 78889,78933,78955,79035,79043
钩良树 212013
钩苓菊 **214095**
钩龙树 13586
钩麻属 185842
钩芒菊 **357841**
钩芒菊属 **357839**
钩毛桉 **155718**
钩毛草 **317226**,317256
钩毛草属 **215845**
钩毛刺头菊 **108294**
钩毛大丁草 175147
钩毛大戟 **158960**
钩毛丁癸草 **418337**
钩毛非洲紫草 **10099**
钩毛茛 **326281**
钩毛果属 215845
钩毛胡萝卜 **123180**
钩毛蓟 **92121**
钩毛荚山蚂蝗 126359
钩毛菊属 **201688**
钩毛毛茛 **326019**
钩毛茉莉 **56667**
钩毛茉莉属 **56665**
钩毛茜草 **338002**
钩毛榕 **165492**
钩毛黍属 **317222**
钩毛树 **47995**
钩毛树科 **47996**
钩毛树属 **47993**
钩毛塔韦豆 **385164**
钩毛娃儿藤 **400984**
钩毛叶 47995
钩毛叶科 47996
钩毛叶属 47993
钩毛子草 332374
钩毛子草属 332370
钩毛紫珠 **66895**
钩米德千屈菜 **254391**
钩木蓝 **206043**
钩牛膝属 321790
钩瓢 396170
钩婆藤 313229
钩破布木 **104264**
钩茄 **367704**
钩髯飞廉 **73516**
钩莎草 **118980**
钩莎属 **401803**
钩杉 **113705**
钩石斛 124963
钩实泡藤 338246
钩丝刺 338886
钩撕刺 338886
钩四齿芥 **386951**
钩藤 **401773**,49046,243437,401761,401765,401766,401770,401778,401779,401781
钩藤钩子 401773
钩藤属 **401737**,185842
钩藤托 305202
钩铁线莲 95396
钩突鸡爪草 **66225**
钩吻 172779
钩吻二型花 **128553**
钩吻科 172772
钩吻属 172778
钩西澳兰 **118284**
钩苋 **18686**
钩腺大戟 **159841**
钩形达尔文木 **122786**
钩形松 **299966**
钩序唇柱苣苔 **87880**
钩序西番莲 **22111**
钩序西番莲属 **22109**
钩药茶 **271118**
钩药茶科 **271119**
钩药茶属 **271117**
钩叶藤 **303092**,303094
钩叶藤属 **303087**
钩叶委陵菜 312351
钩叶棕属 **22075**,303087
钩羽裂芝麻芥 **154069**
钩玉凤花 **184168**
钩橼 93603
钩枝扶芳藤 **157493**
钩枝金合欢 **1046**
钩枝雀梅藤 **342170**
钩枝属 22048
钩枝藤 **22067**,35018
钩枝藤科 **22047**
钩枝藤属 **22048**
钩钟 145693
钩钟花 145693
钩轴状独蕊 **153390**
钩竹 **137844**
钩柱爵床 **22108**
钩柱毛茛 **326367**
钩柱唐松草 **388706**
钩柱玄参属 **22105**
钩砖子苗 **245438**
钩状刺果藜 48769
钩状含羞草 **255040**
钩状胡椒 **300327**
钩状胡卢巴 **397290**
钩状黄堇 105957
钩状黄耆 **41920**
钩状寄树兰 **335036**
钩状蓟 **91720**
钩状冷水花 299026
钩状马先蒿 **286976**
钩状密头帚鼠麴 **252404**
钩状膜果豆 **200993**
钩状皮姆番杏 **294392**
钩状雀梅藤 342170,342179
钩状日中花 **220467**
钩状石斛 **124963**
钩状嵩草 **217304**
钩状乌头 **5654**
钩状玉凤花 **184169**
钩状猪屎豆 112776
钩状紫堇 105957
钩锥 79043
钩子 337290
钩子花鲁斯木 **341006**
钩子木 **337290**
钩子木属 **337289**
钩子藤属 22048
钩子棕属 **270997**
钩足豆 **4901**
钩足豆属 **4888**
钩嘴马先蒿 287682
篝火 140332
篝火花属 121574
篝火辉煌帚石南 **67468**
狗巴子 144086
狗板栗 9683
狗半夏 401156
狗冰草 **144228**
狗肠草 95031
狗扯尾 11199,402250
狗臭药 404285
狗胆木 298516
狗蛋子 235798
狗底耳 239021
狗地芽 239021
狗豆蔓 95031
狗毒 117473
狗断肠 95031,262249
狗夺子 114060
狗屙黏 269613
狗儿草 409898
狗儿蔓 68686
狗儿释花 68713
狗儿弯藤 68713
狗儿完 68686
狗儿秧 68686,68701
狗耳草 208016
狗耳朵 365046
狗耳朵草 415046
狗耳苗 68686
狗耳丸 68686
狗粪棵 131840
狗干粮 243823
狗肝菜 **129243**,85952
狗肝菜枪刀药 **202542**
狗肝菜属 **129220**
狗肝菜鸭嘴花 **214447**
狗根草 **118146**
狗根草属 **118142**
狗狗木 406667
狗狗秧 68676,68692,68724
狗骨 146155,146192,146253
狗骨草 131840
狗骨柴 **133185**,133186
狗骨柴属 **133181**,395164
狗骨常山 200108
狗骨节 299017
狗骨竻 280555
狗骨簕 43721
狗骨木 315332,380520
狗骨树 253413
狗骨头 **31348**,131734,204162,250228,261648,290357,384936
狗骨头树 168022
狗骨消 187691
狗骨仔 133185
狗骨子 133185
狗果 36939
狗果树 36939
狗核树 180900
狗核桃 123065,123077
狗胡花 202021
狗胡椒 233996,239391
狗花椒 417137,417161,417170,417173,417340
狗花竹竽 **200684**
狗花竹竽属 **200682**

狗欢喜 366077
狗黄瓜 367775,417470
狗吉 43721
狗忌 239021
狗酱子树 233947
狗椒 417161,417282,417330
狗角莲 33331
狗角藤 196824
狗角藤属 196821
狗脚草 108585,108587
狗脚刺 52436,60064
狗脚骨 330358
狗脚迹 24024,79896,296522,402245,402267
狗脚跡 402267
狗脚蹄 350654,350799
狗脚血竭 174877
狗筋麦瓶草 364193
狗筋蔓 **114060**
狗筋蔓属 **114057**
狗筋蔓无心菜 **31842**
狗筋蝇子草 364193
狗颈树 414193,414224
狗景天 294124
狗橘 43721
狗橘刺 43721
狗橘属 43718
狗具木 253385
狗啃木 53510
狗狂叶 125550
狗蓝麻 243420
狗朗头 366338
狗老薯 366338
狗肋巴 407769
狗李 328883
狗栗 78889
狗笠耳 182848
狗铃草 112667
狗芦子 300537
狗卵草 407109
狗卵子 342724
狗卵子果 180773
狗裸藤 178555
狗麻 376130
狗毛草 231546
狗毛尾 361935
狗玫瑰 48977
狗檬树 381341
狗麋子 180700
狗母苏 203066
狗姆蛇 187307
狗奶木 164992
狗奶子 51301,52049,239011,239021,291082,327435
狗闹子 33574
狗尿蓝布裙 117908
狗尿蓝花 117908
狗泡草 360700
狗皮花属 373719
狗屁藤 280097,280108,280121
狗婆子树 165426
狗葡萄 20284,20348,250228,334084
狗葡萄秧 250228
狗杞子 367604
狗荠 137133
狗千里光 294124
狗蔷薇 336419
狗茄子 366910
狗青簕 203660
狗日巴花 317966
狗日草 209665
狗日花 177932
狗肉香 250439,250450,347186
狗肉香菜 250450
狗乳草 384681
狗乳花 35733
狗山靛 250614
狗山药 131734
狗舌草 **385903**,28548,41228,117908,282806
狗舌草属 **385884**,117900
狗舌果 60225
狗舌花 117908
狗舌藤 198827,386897
狗舌头 348129
狗舌头草 348129,385903
狗舌紫菀 **41228**
狗神芋 16495
狗绳子草 198745
狗虱 361317
狗屎 338886
狗屎刺 336509
狗屎豆 250228,360463,360493
狗屎瓜 367775
狗屎花 117908,117965
狗屎橘 283509
狗屎蓝花 117908
狗屎灵香 341064
狗屎萝卜 117908
狗屎木 104175,204217,381341
狗屎泡 339270
狗屎树 190094
狗屎藤 112927,182384
狗屎香 143998
狗柿子 132264
狗嗽 131501
狗嗽子 131501
狗粟子 204001
狗藤花 68701
狗天天 20408
狗贴耳 198745
狗头大黄 329372
狗头芙蓉 195305
狗头骨 264072
狗头椒 160954
狗头芥 59575
狗头泡 338097
狗头七 **183124**
狗头前胡 293071
狗头三七 183097,298093
狗头参 98343
狗头术 44218
狗哇花属 193914
狗娃花 **193939**
狗娃花属 **193914**
狗娃秧 68676,68692,68724
狗尾 361935
狗尾巴 134467,239594,361743
狗尾巴草 134423,143998,239594,261364,289015,403110
狗尾巴吊 308893
狗尾巴花 239594,309494
狗尾巴参 134423
狗尾巴树 14184,243372
狗尾巴香 144086
狗尾巴子 80381
狗尾半支 361935
狗尾草 **361935**,80381,143998,190651,289015,341960,361743,361753,361794,361847,361877
狗尾草属 **361680**
狗尾虫 190651
狗尾红 1894
狗尾花 80381,126389
狗尾画眉草 126741
狗尾鸡冠苋 80381
狗尾毛 361935
狗尾射 402118
狗尾射草 266759
狗尾升麻 388569
狗尾松 82507,82545
狗尾粟 361794
狗尾苋 80381
狗尾状车前 **301945**
狗尾子 361877
狗吻 172779
狗响铃 111879,112138
狗象藤 172779
狗信药 414193
狗腥草 198745
狗血花 330546
狗牙百合 154909
狗牙半支 356884,357123
狗牙半支莲 357123
狗牙半枝 288605
狗牙瓣 356702,356884,357026,357123
狗牙贝 234241
狗牙菜 356884
狗牙草 117859,357123,389844,405872
狗牙茶 110251
狗牙齿 357123
狗牙大青 **96059**
狗牙风 357174
狗牙根 **117859**,239021
狗牙根属 **117852**
狗牙花 **154162**,126717,154163,211963,235860
狗牙花属 **154139**,382727
狗牙还阳 364919
狗牙堇 **154909**
狗牙腊梅 87532
狗牙蜡梅 87532
狗牙木 110251,415891
狗牙蔷薇 336419
狗牙锥 78932
狗芽木 110251
狗腰藤 13225
狗咬癀 139678
狗咬药 239720
狗药 287853
狗蚁草 18289
狗引子花 267152,267154
狗英梅 87532
狗蝇蜡梅 **87532**
狗蝇梅 87525
狗芋头 299724
狗枣猕猴梨 6639
狗枣猕猴桃 **6639**
狗枣子 6639
狗蚤菜 374968
狗沾子 204001
狗指甲 275363
狗爪半夏 33295,33325,33349,33397,299721
狗爪草 231252
狗爪豆 259558,259559
狗爪花 236014
狗爪南星 33295,33335,33397,33476,33509
狗爪藤 199384
狗爪樟 240723
狗爪爪 69589
狗仔菜 406667
狗仔草 406618
狗仔花 406667
狗仔尾 289015
狗仔尾草 289015
狗子耳 198745,415046
狗子尾 289015
苟格 308529,308572,308641
苟起 239011,239021
苟起子 239011
枸 198769
枸鬈李 310850

枸地牙子 239011
枸骨 **203660**,198769,276313
枸骨刺 203660
枸骨冬青 203660
枸骨沟瓣 177995
枸骨沟瓣木 **177995**
枸骨猫儿刺 **203651**
枸骨卫矛 177995
枸骨叶 203961
枸骨叶冬青 **203545**
枸骨叶科 126142
枸骨叶秋海棠 **49598**
枸骨叶属 126140
枸骨叶卫矛 **157591**,177995
枸骨子 198769
枸棘 51452,239021
枸棘子 239021,310850
枸檵 239021
枸酱 300354
枸橘 310850
枸橘李 310850
枸橘属 310848
枸铃子 382548
枸拏儿 265327
枸那 265327
枸那卫 265327
枸那夷 265327
枸奶子 239021
枸杞 **239021**
枸杞菜 239011,239021
枸杞豆 239011
枸杞防臭木 17600
枸杞果 239011
枸杞鼠李 **328770**
枸杞属 **238996**
枸杞小檗 **51891**
枸杞旋花 **103120**
枸杞状安龙花 **139471**
枸杞状斑鸠菊 **406545**
枸杞状过江藤 **17600**
枸杞状康达木 **101735**
枸杞状阔苞菊 **305111**
枸杞状棱果桔梗 **315295**
枸杞状鼠尾草 **345186**
枸杞状娃儿藤 **400925**
枸杞状锡生藤 **92545**
枸杞状小檗 **51890**
枸杞子 239021
枸茄茄 239011
枸色子 122700
枸氏乌头 5326
枸树 320377
枸丝榆 401581
枸蹄子 239011
枸头橙 **93334**
枸土 167994
枸血子 122700
枸牙子 239021
枸橼 93603,93869
枸橼当归 276745
枸橼子 93603
枸子 198769
构 61107
构骨树 96501
构棘 **240813**
构柃子 382548
构泡 61107
构皮 122431
构皮麻 61103
构皮荛花 414162
构皮树 141472
构皮岩托 122431
构皮岩陀 122431
构桑 61102
构属 61096
构树 **61107**
构树属 **61096**
构树榆 401581
购 36241,36474
垢果山茶 69084
菇 394500
姑大 244432
姑朵花 321667,321676
姑姑丁 384681
姑姑英 384681
姑榔木 32343
姑妈菜 342310
姑娘菜 297643,297645
姑娘草 119503
姑娘花 255711,297643,297645
姑婆芋 **16518**,16495,16512
姑婆芋属 16484
姑氏凤梨 182172
姑氏凤梨属 182149
姑榆 401556
孤独飞蓬 **150540**
孤独菊属 **148427**
孤坟柴 154971
孤立飞蓬 **151033**
孤柳 **344255**
孤龙丸 103746
孤龙玉 **103746**
孤奴 415869
孤莛花属 **18862**
孤莛蓝 **414784**
孤莛蓝属 **414779**
孤挺花 **18865**,196443,196458
孤挺花属 196439
孤挺花状美顶花 **156016**
孤挺花状网球花 **184351**
孤挺郁金香 400201
孤桐 166627
孤菀属 **393387**
孤泽兰属 **197131**
鸪鹚饭 308965
菇腺忍冬 235860
菰 418080,418095
菰菜 418080,418095
菰根 418080
菰蒋草 418080
菰蒋节 418095
菰帽悬钩子 **339050**
菰手 418095
菰首 418095
菰属 **418079**
菰笋 418095
菰腺忍冬 235860
菰野山紫菀 **40663**
菰叶苔草 **76795**
蓇葖角桐草 191356
箍瓜属 **399436**
鹘孙头草 326340
古安白酒草 **103494**
古巴阿帕爵床 **28926**
古巴八角 **204496**
古巴巴迪远志 **46399**
古巴巴豆 **114032**
古巴巴豆属 **114031**
古巴白宽萼楷叶树 **321829**
古巴草属 **37797**
古巴齿托草 **377076**
古巴葱莲 **417630**
古巴达维木 **123286**
古巴大节茜 **241032**
古巴豆 **50440**
古巴豆属 **50439**
古巴对面花 **290652**
古巴对叶赪桐 **337438**
古巴多叶瘿椒树 199103
古巴佛堤豆 **298682**
古巴禾 **141895**
古巴禾属 **141894**
古巴核桃 **212617**
古巴亨里特野牡丹 **192043**
古巴后鳞萝藦 **252491**
古巴花 **114039**
古巴花属 **114037**
古巴花座球 **249593**
古巴槐 **369100**
古巴鸡蛋花 **305214**
古巴戟 122077
古巴角果茜 **83589**
古巴角果茜属 **83588**
古巴爵床 **22012**
古巴爵床属 **22011**
古巴宽萼楷叶树 **321828**
古巴喇叭木 **382720**
古巴类木棉 **56766**
古巴萝芙木 **327011**
古巴毛腺瑞香 **222049**
古巴玫冠豆 **187088**
古巴玫冠豆属 **187087**
古巴茉莉 **61309**
古巴莫巴豆 **256373**
古巴墨西哥龙舌兰 169249
古巴木槿 **194825**
古巴木棉 **258234**
古巴木棉属 **258233**
古巴南星 **22470**
古巴南星属 **22468**
古巴拟蕾丽兰 **219702**
古巴牛奶树 **255368**
古巴欧石南 **149303**
古巴苹婆 **376099**
古巴瓶果莎 **219878**
古巴瓶棕 **100029**
古巴茜 **114035**
古巴茜草 **363048**
古巴茜草属 **363047**
古巴茜属 **114034**
古巴苘麻 957
古巴球根牵牛 **161768**
古巴群腺芸香 **304545**
古巴柔毛草 **226580**
古巴柔毛草属 **226579**
古巴参木 **381608**
古巴参木属 **381607**
古巴施拉茜 **352544**
古巴施米茜 **352050**
古巴施特夹竹桃 **377590**
古巴石竹 **299777**
古巴石竹属 **299776**
古巴矢车菊 **81167**
古巴黍 **398378**
古巴黍属 **398377**
古巴鼠李 **135281**
古巴鼠李属 **135280**
古巴四翼木 **387593**
古巴松 **300125**,299836
古巴苏铁 **417014**
古巴铁线子 **244554**
古巴王棕 **337880**
古巴五加 **247890**
古巴五加属 **247889**
古巴仙人掌 **272847**
古巴腺椒树 **199103**
古巴香科 **388061**
古巴香脂树群花寄生 **11078**
古巴香脂树属 **103691**
古巴肖鼠李 **328574**
古巴雪果木 **87667**
古巴芽冠紫金牛 **284023**
古巴亚麻瑞香 **231789**
古巴羊大戟 **71584**
古巴野黍 **151671**
古巴伊西茜 **209485**
古巴银灌戟 **32969**
古巴隐果茜 **84430**

古巴隐果茜属 **84429**
古巴印茄树 **155272**
古巴印茄树属 **155271**
古巴芸香 **217393**
古巴芸香属 **217392**
古巴泽泻 **13468**
古巴泽泻属 **13467**
古巴茱萸 **277438**
古巴棕 **28241**
古巴棕属 **28240**
古邦澳非萝藦 **326756**
古邦玉凤花 **183758**
古抱 154734
古必林百里香 **391197**
古滨藜属 30946
古伯天章 8427
古城玫瑰树 **268357**
古城墨 141374
古城苔草 **75018**
古代稀 94133
古代稀属 94132
古当归 30932
古当归属 **30929**
古得落萼旋花 **68351**
古得曼野荞麦 **152586**
古德帝王花 **82331**
古德豆 **179567**
古德豆属 **179566**
古德里奇飞蓬 **150667**
古德里奇宽叶山月桂 **215398**
古德曼野荞麦 **152159**
古德南非桔梗 **335595**
古登木属 179556
古登桐属 **179556**
古蒂菊 182107
古蒂菊属 182092
古典生石花 **233513**
古典玉 233513
古丁 384681
古丁梣 **167980**
古丁柳 **343437**
古丁眠雏菊 **414983**
古冬非居塞 395146
古堆菊 182107
古堆菊属 **182092**
古多尔瑞香 **179555**
古多尔瑞香属 **179554**
古多欧石南 **149514**
古多特小檗 **51675**
古恩山柳菊 **195645**
古恩特蝇子草 **363528**
古尔德石斛 **125167**
古尔德显著小檗 **51769**
古尔蒂 250370
古尔马金合欢 **1262**
古尔扎斗篷草 **14040**
古柑 248748
古钩藤 **113577**
古古丁 384473,384681
古古椰子 98136
古河小赤竹 **347350**
古加 155067
古芥 241249
古芥属 241248
古今轮 116779
古柯 **155067**,155088
古柯大戟 **158853**
古柯科 **155048**
古柯属 **155051**
古拉德槭 2827
古拉柳 **343583**
古赖博落回 **240767**
古兰瓜属 **181978**
古老披碱草 **144170**
古老污生境 103795
古老野豌豆 **408295**
古老异味树 **103795**
古里矢车菊 **81102**
古利恰黄芪 42556
古利恰黄耆 **42556**
古林姜 **417986**
古林箐秋海棠 **49894**
古临无心菜 **32028**
古临无心菜属 **179724**
古蔺厚朴 244433
古蔺黄连 **103834**
古蔺雪胆 **191958**
古鲁比棕 181917
古鲁比棕属 181915
古鲁别榈属 181915
古路棕属 181915
古伦莫覆盆子 **338560**
古美腋花兰 304914
古绵草 363467
古木属 30957
古木通 30926
古木通属 30925
古纳兰 **181941**
古纳兰属 **181940**
古尼桔梗 **181937**
古尼桔梗属 **181936**
古牛草 316127
古纽子 366934
古钮菜 366934,367416
古蓬阿魏 **163619**
古钱窗草 402118
古钱树紫菀 **270204**
古钱叶奥勒菊木 270204
古森斯风车子 **100493**
古森斯木槿 **194896**
古森斯瓦帕大戟 **401228**
古森斯崖豆藤 **254706**
古森斯珍珠茅 **354104**
古山龙 **30899**
古山龙属 **30897**
古施八宝 **200777**
古施飞蓬 **151014**
古施狗舌草 **385898**
古施蓟 **91985**
古施唢呐草 **256020**
古施苔草 **73551**
古施瓦松 **275370**
古施樱 **83119**
古氏瓣鞘花 **99499**
古氏凤仙花 **204990**
古氏蕾丽兰 **219680**
古氏莲花掌 **9045**
古氏脉叶兰 265386
古氏南洋杉 **30839**
古氏铁线莲 94953
古氏苇梗茜 **71141**
古斯曼氏凤梨属 182149
古斯萨比斯茜 **341637**
古斯山柳菊 **195646**
古索内卷耳 **82794**
古索内欧瑞香 **391005**
古索内香科 **388100**
古特班克木 **47643**
古特贝克斯 47643
古藤 375870
古藤菊 **163030**
古藤菊属 **163029**
古铜色肉叶荠 **59759**
古歪藤 178555
古羊藤 377856
古羊藤属 377844
古夷苏木 **181770**
古夷苏木属 181764
古乙心 213036
古有子 361794
古榆属 197451
古月 300464
古沢虎皮楠 **122729**
古仔灯 61572
古兹曼属 182149
古子 361794
古宗金花小檗 **52373**
谷 61107
谷桉 **155745**
谷稗 140423
谷菜 367120,367322
谷茬细辛 117643
谷川米面蓊 **61936**
谷川桤木 **16384**
谷川文旦 **93476**
谷刺蓼 **34089**
谷刺蓼属 **34088**
谷地半聚果 **138882**
谷地滨藜 **44363**
谷地翠雀花 **124164**
谷地杜盖木 138882
谷地杜古番荔枝 138882
谷地芳香木 **38597**
谷地海葱 **402440**
谷地鹤虱 **221648**
谷地栎 **324114**
谷地蓼 **309338**
谷地欧石南 **149591**
谷地婆罗门参 **394343**
谷地葡萄 **411710**
谷地漆姑草 **370716**
谷地神血宁 309338
谷地唐菖蒲 **176533**
谷地铁苋菜 **1977**
谷地无心菜 **32210**
谷地烟堇 **169170**
谷地紫波 **28471**
谷豆属 179566
谷番红花 **111623**
谷茴 167156
谷茴香 167156
谷间灯 94567
谷浆树 61107
谷精 151257
谷精草 **151257**,151243,151268,151487,151532,166471
谷精草科 **151206**
谷精草属 **151208**
谷精只 151257
谷精珠 151257,151487
谷菊 **405383**
谷菊属 **405382**
谷栎 324114
谷栗麻 243327
谷粒菊属 113205
谷蓼 **91545**,91524,91557
谷蓼属 91499
谷柳 **344184**,343614
谷木 **249996**,61107
谷木番樱桃 **156291**
谷木科 **249882**
谷木马钱 **378808**
谷木属 **249886**
谷木沃内野牡丹 **413217**
谷木叶冬青 **204035**
谷皮柴 243320
谷皮树 61103,61107
谷皮树子 61107
谷皮藤 61102,61103
谷雀蛋 366910
谷桑 61107
谷沙树 61107
谷沙藤 242975
谷生茴芹 **299575**
谷树 61103,61107
谷树属 88810
谷穗补 409729
谷穗草 14529

谷穗花 176222
谷田拂子茅 **65258**
谷田蟹甲草 **283883**
谷田茵芋 **365949**
谷田鼬瓣花 **170075**
谷田越橘 **403917**
谷香 167156
谷星草 143298
谷莠子 361743,361935
谷园青冈栎 **116104**
谷园青刚栎 116100,116104
谷皱草 55149
谷子 361794
牯岭东俄芹 **392799**
牯岭鹅耳枥 77420
牯岭凤仙花 **204891**
牯岭勾儿茶 **52435**
牯岭藜芦 **405633**
牯岭山梅花 **294542**
牯岭蛇葡萄 **20356**
牯岭悬钩子 **338683**
牯岭野豌豆 **408449**
牯牛岭 316127
牯牛头 316127
骨苞菊属 354336
骨苞鼠麴草 **395442**
骨苞鼠麴草属 **395440**
骨苞帚鼠麴属 **219096**
骨苞紫绒草 **85600**
骨苞紫绒草属 **85599**
骨担草 72279,72340
骨风木 165426
骨风树 165426
骨风消 346527
骨冠斑鸠菊 **370118**
骨冠斑鸠菊属 **370113**
骨果猪屎豆 **112015**
骨红照水梅 **34462**
骨苣 **84795**
骨苣属 **84794**
骨兰 **276521**
骨兰属 **276520**
骨罗树 292038
骨美 117385,117734
骨皮树属 **276553**
骨氏椰子属 172224
骨碎补纳茜菜 262583
骨碎草 172832
骨痛药 132829
骨突菊属 209514
骨碗藤 180215
骨缘当归 **24314**,24313
骨缘囊瓣芹 **320211**
骨质报春 **314765**
骨质翠雀花 **124439**
骨质独活 **192338**
骨质风铃草 **70203**
骨质蓟 **92278**
骨质毛茛 **326164**
骨质矢车菊 **81258**
骨质葶苈 **137176**
骨质药水苏 **53308**
骨柱大戟 **88878**
骨柱大戟属 **88877**
骨籽菊属 **276556**
骨籽菊状厚敦菊 **277098**
骨籽圆柏 213840
骨子菊属 276556
蛊草 335350
蛊羊茅 **163955**
蛊早熟禾 **305518**
鹄壳 93515
鹄虱 77146
鹄头 160637
鹄泻 14760
鹄泽 14760
鼓槌菠萝 8585
鼓槌草 151257
鼓槌凤梨 **8585**
鼓槌蕉 260253
鼓槌石斛 **125058**
鼓槌竹 297203
鼓锤草 133454,412750
鼓丁草 129068,129070
鼓钉 384681
鼓钉刺 215442
鼓钉皮 417273
鼓儿藤 97947
鼓节竹 **47495**,47252
鼓桐 154734
鼓头灰 285834
鼓胀草 345310
鼓钟石斛 125058
鼓椎 92066
鼓子花 **68733**,68713,207151
鼓子花属 102903
臌萼马先蒿 **287517**
臌囊苔草 **76178**
臌胀草 159540
固氮豆属 417575
固活 172779
固沙草 **274254**
固沙草属 **274248**,19765
故椒树 274277
故纸 275403
故芷 296801
瓜剥木 253385
瓜疮草 256719
瓜棰草 342251
瓜槌草 61107,342251
瓜槌草属 342221
瓜达罗浦柏木 **114702**
瓜岛围涎树 **301138**
瓜地马拉草 398140
瓜多竹 **181474**
瓜多竹属 **181473**
瓜儿豆 **115316**,115323
瓜儿豆属 **115315**
瓜耳木 **277309**
瓜耳木属 **277306**
瓜馥木 **166675**
瓜馥木属 **166649**
瓜胶豆属 115315
瓜考假泽兰 **254434**
瓜科 114313
瓜拉坡蟹甲草 **283836**
瓜栗 **279387**,279381
瓜栗属 **279380**
瓜列当 274927
瓜龙 369720
瓜蒌 396210,396226,396247,396259
瓜楼 396210
瓜芦 69651
瓜缕藤 390138
瓜络木 189937
瓜米菜 396611
瓜米草 173828,308123
瓜米还阳 103941
瓜米细辛 308123
瓜木 **13376**
瓜皮草 342396
瓜仁草 234363
瓜生沙参 **7878**
瓜石斛 **125095**
瓜算盘子属 177096
瓜泰木属 181584
瓜瓦斯展枝石南 **148964**
瓜香草 11572
瓜亚纳茜 **242383**
瓜亚纳茜属 **242382**
瓜叶半日花 **188649**
瓜叶菊 **290821**,358395
瓜叶菊牧豆树 315553
瓜叶菊属 **290814**,91107
瓜叶葵 **188936**
瓜叶栝楼 **396166**
瓜叶莱姆五层龙 **342661**
瓜叶马兜铃 **34157**
瓜叶蔓桐花 **246653**
瓜叶牧豆树 315553
瓜叶槭 2910
瓜叶千里光 **358554**
瓜叶茄 **367205**
瓜叶秋海棠 **49756**
瓜叶乌头 **5247**
瓜叶向日葵 188936
瓜叶掌叶树 **59231**
瓜叶帚菊 **292057**
瓜只玉 356884
瓜仔草 256719
瓜子菜 239967,288605,311890
瓜子草 82849,187515,239967,257542,308109,308123,308359,357123,374731,390213
瓜子叉 3714
瓜子柴 382499
瓜子核 134032
瓜子黄杨 64369
瓜子金 **308123**,18529,76873,134032,134038,134040,308259,308359,308363
瓜子金属 134027
瓜子兰 355778
瓜子莲 62799,62985,308123,357123
瓜子鹿衔 290439
瓜子毛兰 396472
瓜子毛鞘兰 **396472**
瓜子木 382499
瓜子藤 18529,134032
瓜子细辛 290439
瓜子英 18529
瓜祖马属 181616
刮肠篦 297306
刮刀贝克菊 **52761**
刮刀扁担杆 **180935**
刮刀吊兰 **88616**
刮刀风铃草 **70251**
刮刀槲寄生 **411096**
刮刀花盏 **61410**
刮刀鳞翅草 **225086**
刮刀龙爪茅 **121306**
刮刀马达加斯加菊 **29558**
刮刀牛蒡 **31067**
刮刀鼠尾草 **345337**
刮刀叶天竺葵 **288470**
刮金板 159845,161630
刮金槭 161630
刮筋板 161630
苽 418080
苽菜 345881
苽蒋 418080
苽蒌 375833
苽米 418080
寡白花石豆兰 **62982**
寡瓣红山茶 **69463**,69552
寡柴胡 **63773**
寡齿可利果 **96800**
寡齿四雄五加 **387481**
寡齿仙人笔 **216689**
寡刺块蚁茜 **261488**
寡刺异果鹤虱 **193743**
寡大花番茉莉 **61313**
寡果棒伞芹 **328434**
寡果九节 **319728**
寡果榄仁树 **386556**

寡果露兜树 **281098**
寡果毛茛 **326146**
寡果毛柱南星 **379143**
寡果茜 **188352**
寡果茜属 **188351**
寡果舌叶花 **177480**
寡果苔草 **76306**
寡果肖玉盘木 **403634**
寡果鱼骨木 **71443**
寡果爪瓣玉盘 **327087**
寡花伴帕爵床 **60315**
寡花闭药桂 **374575**
寡花薄苞杯花 **226218**
寡花草属 **369955**
寡花长庚花 **193306**
寡花柽柳桃金娘 **261022**
寡花尺冠萝藦 **374157**
寡花丹氏梧桐 **135942**
寡花毒鼠子 **128771**
寡花二列九节 **319435**
寡花番樱桃 **156321**
寡花丰花草 **57349**
寡花光花草 **373668**
寡花鬼针草 **54033**
寡花合龙眼 **381602**
寡花尖花茜 **278234**
寡花金丝桃 **202059**
寡花空船兰 **9162**
寡花蓝花参 **412775**
寡花琉璃繁缕 **21408**
寡花鹿藿 **333354**
寡花木蓝 **206323**
寡花鸟足兰 **347856**
寡花欧石南 **149810**
寡花舌唇兰 **239532**
寡花施韦黄芩 **355731**
寡花水苏 **373340**
寡花司徒兰 **377314**
寡花斯迪菊 **376547**
寡花苔草 **75711**
寡花唐菖蒲 **176417**
寡花托考野牡丹 **392533**
寡花小黄管 **356136**
寡花鹰爪花 **35038**
寡花硬皮豆 **241433**
寡花泽兰 **50643**
寡花泽兰属 **50642**
寡花朱斯茜 **212498**
寡花紫金牛 **31543**
寡鸡蛋树 301372
寡节短柱茶 **69460**
寡兰 **270374**
寡兰属 **270373**
寡粒珍珠茅 **354174**
寡列带药椰 **383033**
寡裂马先蒿 **287749**
寡鳞伊朗菊 **208327**
寡流苏龙胆 **173620**
寡脉巴纳尔木 **47572**
寡脉扁担杆 **180901**
寡脉伯萨木 **53007**
寡脉苍白乌口树 **385004**
寡脉吊兰 **88609**
寡脉番木瓜 **198489**
寡脉番木瓜属 **198488**
寡脉分蕊草 **88939**
寡脉红山茶 **69421**,69552
寡脉三萼木 **395306**
寡脉苔草 75126
寡脉唐菖蒲 **176418**
寡脉异点九节 **319583**
寡脉越被藤 **201675**
寡毛糙蕊阿福花 **393769**
寡毛酢浆草 **277992**
寡毛斗篷草 **14100**
寡毛假臭草 **313582**
寡毛假臭草属 **313581**
寡毛菊 **270301**
寡毛菊属 **270297**
寡毛蜡菊 **189622**
寡毛兰属 **270303**
寡毛蓝花参 **412776**
寡毛毛果一枝黄花 368502
寡毛美洲盖裂桂 **256675**
寡毛薯蓣叶藤 **131927**
寡毛驼曲草 **119872**
寡毛一枝黄花 **368502**
寡蕊巴豆 **112978**
寡蕊扁担杆 **180900**
寡蕊单花杉 **257140**
寡蕊多坦草 **136571**
寡蕊干番杏 **33130**
寡蕊假鼠麹草 **317764**
寡蕊金虎尾 **255648**
寡蕊金虎尾属 **255647**
寡蕊空喙苔草 **333099**
寡蕊马泰木 **246263**
寡蕊南美金莲木 **144130**
寡蕊小果大戟 **253301**
寡蕊醉蝶花 **95745**
寡舌菊 **256930**
寡舌菊属 **256927**
寡穗大油芒 **372423**
寡穗画眉草 **147849**
寡穗芒 **255867**
寡穗茅 **234128**,234125
寡穗飘拂草 **166424**
寡穗球柱草 **63317**
寡穗三联穗草 **398628**
寡穗莎草 **119480**
寡穗早熟禾 **305820**
寡穗猪屎豆 **112477**
寡头矮蓬 **85460**
寡头风毛菊 **348665**
寡头菊蒿 **383810**
寡头蓝星花 **33681**
寡头罗顿豆 **237379**
寡头猫儿菊 **202431**
寡头拟马莱戟 **245186**
寡头黏肋菊 **245090**
寡头三脉紫菀 **39972**
寡头鼠麹草 **175789**
寡头鼠麹草属 **175788**
寡头鼠麹木属 **327595**
寡头苔草 **76307**
寡头肖猫儿菊 **194658**
寡头绣球防风 **227676**
寡头旋覆花 **207192**
寡头银钮扣 **344328**
寡头帚鼠麹 **301798**
寡头帚鼠麹属 **301796**
寡腺牻牛儿苗 **153720**
寡腺肾苞草 **294066**
寡小花千里光 **359688**
寡小花帚灯草属 375762
寡小叶猫尾木 **245618**
寡星小野牡丹 **248794**
寡叶百里香 **391323**
寡叶补骨脂 **319216**
寡叶酢浆草 **277991**
寡叶戴尔豆 **121883**
寡叶多蕊石蒜 **175343**
寡叶耳冠草海桐 **122107**
寡叶非洲萼豆 **25169**
寡叶黄檀 **121783**
寡叶蓟 **92269**
寡叶尖果白蜡树 **168046**
寡叶蜡瓣花 106669
寡叶肋瓣花 **13843**
寡叶裸茎紫堇 **105952**
寡叶美洲槲寄生 **125686**
寡叶木蓝 **206324**
寡叶前胡 **292968**
寡叶弱粟兰 **130954**
寡叶四室木 **387926**
寡叶田皂角 **9606**
寡叶外来风信子 **310744**
寡叶向日葵 **189061**
寡叶小棒豆 **106919**
寡叶云实 **65047**
寡颖帚灯草 **401182**
寡颖帚灯草属 **401181**
寡窄叶十二卷 **186267**
寡枝臂形草 **58134**
寡枝草 **270306**
寡枝草属 **270305**
寡枝大戟 **159497**
寡枝菊 **323576**
寡枝菊属 **323575**
寡枝尾稃草 **402536**
寡珠片梧桐 **264429**
寡珠片梧桐属 **264428**
寡籽耳托指甲草 **385637**
寡籽景天 **356985**
寡籽驴尾芥 **271876**
寡籽马瓟儿 **417496**
寡籽密钟木 **192665**
寡籽田菁 **361416**
寡籽卫矛 **157753**
寡籽猪屎豆 **112476**
挂臂青 200784
挂钩藤 401773
挂金灯 **297645**,68713,297643,297703
挂金灯酸浆 297645
挂金泡 297703
挂苦树 200148
挂苦绣球 **200148**
挂兰 88553
挂兰青 100961
挂廊边 80260
挂廊鞭 80260
挂裂榨 370512
挂香草 11572
褂子连 62799
拐棒参 412750
拐拐花 414150
拐拐细辛 88289
拐棍参 115595,412750
拐棍竹 **162742**,162752
拐棍竹属 162635
拐角七 23850
拐牛膝 4304,115731
拐芹 **24433**
拐芹当归 24433
拐三七 91024
拐枣 198767,198768,198769
拐枣七 91024,142694,200754,309711
拐枣属 198766
拐枣树 198769
拐轴鸦葱 **354846**
拐子七 200754
拐子芹 24433
拐子药 94989,293537
怪光丸 244072
怪禾木 **418544**
怪禾木属 **418543**
怪花兰 **259001**
怪花兰属 **259000**
怪基荸荠 **143285**
怪魔玉 **322990**
怪奇鸟 **256271**
怪奇玉 **133180**
怪奇玉属 **133177**
怪人铁塔 **209505**
怪神球 **244224**
怪神丸 244224

怪伟玉　159081
怪线叶紫茉莉　**255725**
怪银龙　287854
关白　**244033**
关白附　5144
关本谷精草　**151475**
关本苦荬菜　**210666**
关本紫菀　**41225**
关苍术　**44205**
关刀草　313197
关刀豆　71042,71050
关刀溪线柱兰　**417752**
关岛番荔枝　**181516**
关岛番荔枝属　**181515**
关帝柳　**344119**
关东大麻子花　123065
关东丁香　382268
关东槭　3129
关东巧玲花　**382268**
关东银莲花　24013
关防风　346448
关公须　**345142**,41342,345310,345324
关桂　91372,231427
关黄柏　294231
关节棒芒草　**106925**
关节二毛药　**128435**
关节集带花　**381755**
关节假木贼　**21031**
关节碱蓬　**379497**
关节九节　**319419**
关节空船兰　**9097**
关节裸茎日中花　**318825**
关节美冠兰　**156558**
关节木蓝　**205681**
关节前胡　**292775**
关节塞拉玄参　**357424**
关节蛇藤　**100060**
关节十字茜　**113133**
关节梳状萝藦　**286854**
关节天竺葵　**288092**
关节田皂角　**9629**
关节委陵菜　**312396**
关节仙人掌　**272796**
关节仙人柱属　36739
关节肖梭梭　**185193**
关节叶节木　**296828**
关节樱桃橘　**93272**
关节蝇子草　**363216**
关节柱属　**36739**
关门草　49103,78429,226742,296801
关木通　**34268**,34276
关木通属　210320
关山对叶兰　**264690**
关山红门兰　**273492**
关山兰　273492
关山岭柳　**343797**
关山千里光　**359243**
关山青木香　348419
关山双叶兰　**232925**
关山碎雪草　160250,160286
关山猪殃殃　**170453**
关氏鹅耳枥　**77386**
关雾凤仙花　**205361**
关腰草　400945
关爷须　345142
关羽须　345142
关远志　308403
观峰玉　203445
观光木　**399856**
观光木兰　399856
观光木属　**399855**
观光秋海棠　**50377**
观光虾脊兰　66106
观景楼百日草　418044
观景楼百日菊　**418044**
观赏芭蕉　**260256**,260217,260252
观赏蓖麻　334435
观赏凤梨属　60544
观赏瓜　**114310**
观赏胡椒　**300473**
观赏龙胆　**173741**
观赏芦荟　**17295**
观赏南瓜　114310
观赏苘麻　**913**
观赏蒜菜　53257
观赏獐牙菜　**380176**
观叶花烛　**28075**
观音柏树　213634
观音灿　96028
观音草　**291138**,86755,173847,202217,260093,313692,327525,337253
观音草属　**291134**
观音茶　133185,241808,312636,346527
观音茶藤　338177
观音柴　313692,346743
观音串　308050
观音刺　272856
观音倒座草　174567,174918
观音豆　65146
观音花　418002
观音姜　71181
观音兰　**399062**,111464
观音兰补血草　**230806**
观音兰狒狒花　**46156**
观音兰属　**399043**,111455
观音莲　11363,16495,16512,46841,201942,239518,367528
观音莲属　16484,239516
观音柳　261262,261284,383469
观音伞　381814
观音山金足草　**178849**
观音杉　385302,385405
观音树　241739
观音笋　239222
观音藤　125794,294010
观音苋　183066,183097
观音玉　**203445**
观音玉属　**203444**
观音掌　272856
观音竹　**47369**,47345,87581,127026,179679,193602,197772,297449,302439,329176
观音柱　**105440**
观音子　765
观音棕竹　329176,329184
观音棕竹属　329173
观音座莲　378116
官柴胡　30024
官桂　91449,231401,264101
官桂皮　91372
官巾红　8760
官兰　116829
官兰花　116829
官绿　409025
官前胡　292982
官榕木菩萨树　165307
冠瓣谷精草　**151281**
冠瓣属　**236414**
冠北美百合　**259721**
冠滨藜　**44361**
冠柄花草　**26921**
冠翅金虎尾属　**236438**
冠唇花　**254252**
冠唇花属　**254241**
冠唇菊　**375923**
冠唇菊属　**375922**
冠刺藜　**139686**
冠葱　**15210**
冠顶兰属　**6176**
冠豆藤属　211693,376022
冠额马先蒿　**287036**
冠萼花楸　**369371**
冠萼菟丝子　**115065**
冠萼线柱苣苔　**333742**
冠番樱桃　**156188**
冠芳　280213
冠辐射回环菊　**21272**
冠盖树　**68664**
冠盖树属　**68662**
冠盖藤　**299115**
冠盖藤属　**299109**
冠盖绣球　**199800**
冠果鼻烟盒树　**270913**
冠果草　**342347**
冠果草属　**236478**
冠果菊属　**105329**
冠果藜属　**236357**
冠果茜　**375926**
冠果茜属　**375925**
冠果忍冬　**236118**
冠果商陆　**236320**
冠果商陆科　**236310**
冠果商陆属　**236314**
冠果眼子菜　312083
冠果紫草　**375917**
冠果紫草属　**375916**
冠虎尾　**66611**
冠虎尾属　**66610**
冠花韭　**60447**
冠花树属　**68580**
冠花甜菜　**53228**
冠脊野荞麦　**152329**
冠稷　**281512**
冠节大戟　**159268**
冠金山葵　**380556**
冠口瑞香　**236471**
冠口瑞香属　**236469**
冠梨　323069
冠梨属　323066
冠鳞菊　**372962**
冠鳞菊属　**372961**
冠鳞水蜈蚣　**218628**
冠菱　**394480**
冠瘤蝇子草　**364096**
冠麻花头　361023
冠芒草　**282981**,145766
冠芒草属　**282979**,145756
冠毛斑鸠菊　**406926**
冠毛草　**375809**
冠毛草属　**375805**
冠毛匙荠　**63450**
冠毛丛林草　**352046**
冠毛蒿　**36055**
冠毛画眉草　**147862**
冠毛锦鸡儿　72249
冠毛锦葵属　**111298**
冠毛九顶草　**145774**
冠毛绵果芹　**64780**
冠毛榕　**165033**
冠毛山柑　**111316**
冠毛山柑属　**111315**
冠毛石豆兰　**62653**
冠毛矢车菊　**81266**
冠毛苔草　**74209**
冠毛田皂角　**9521**
冠毛突果菀　**182828**
冠毛肖皱籽草　**250939**
冠毛玉凤兰　183937
冠毛掌属　236423
冠膜菊　**201275**
冠膜菊属　**201273**
冠苜蓿　**247268**
冠奈纳茜　**263540**

冠千里光 **358607**
冠榕 164652,164853
冠蕊夹竹桃 **376016**
冠蕊夹竹桃属 **376015**
冠蕊木 375817
冠蕊木属 375811
冠瑞香属 **375931**
冠山槟榔 **299658**
冠舌唇兰 **302296**
冠深紫葱 **15085**
冠生臂形草 **58077**
冠生欧石南 **149304**
冠饰栓翅芹 **313527**
冠饰悬钩子 **338947**
冠饰针垫花 **228040**
冠丝萝藦 **105253**
冠丝萝藦属 **105252**
冠穗爵床 **236457**
冠穗爵床属 **236456**
冠香桃木属 **236403**
冠形杜鹃 331254
冠须菊属 **405911**
冠须属 405911
冠药金虎尾属 **236259**
冠药苣苔属 **105256**
冠药龙王角 **199032**
冠药欧石南 **149282**
冠叶曼德藤 244330
冠叶文藤 **244330**
冠针茅属 **283012**
冠枝沙扎尔茜 **86335**
冠枝酸脚杆 **247584**
冠诸香 252841
冠柱川苔草属 **236381**
冠柱婆婆纳 **407393**
冠柱无患子 **236468**
冠柱无患子属 **236467**
冠状巴氏锦葵 **286608**
冠状百合 229906
冠状糙被萝藦 **393795**
冠状车叶草 **39327**
冠状唇鸟足兰 **347755**
冠状慈姑 **342324**
冠状刺头菊 **108260**
冠状戴星草 **370969**
冠状番薯 **207720**
冠状狗牙花 154162
冠状鬼针草 **53858**
冠状果科 236445
冠状果属 236447
冠状鹤虱 **221649**
冠状蒺藜 **395084**
冠状锦葵 **243813**
冠状蒟蒻薯 **382914**
冠状可利果 **96691**
冠状莱德苔草 **223847**
冠状马岛芸香 **210503**
冠状马利筋 **37884**
冠状芒柄花 **271372**
冠状美冠兰 **156645**
冠状密钟木 **192552**
冠状南美刺莲花 **65132**
冠状欧石南 **149292**
冠状攀缘首乌 **309757**
冠状歧缬草 **404408**
冠状屈曲花 **203208**
冠状沙拐枣 **67017**
冠状莎草 **118668**
冠状山辣椒 **382763**
冠状铁苋菜 **1823**
冠状弯管花 **86205**
冠状旋覆花 230109
冠状岩黄耆 187842
冠状银莲花 **23767**
冠状鸢尾 208502
冠状远志 **308011**
冠状猪殃殃 **170330**
冠籽大戟 **159267**
冠籽蔓桐花 **246656**
冠籽藤 **236455**
冠籽藤属 **236453**
冠子藤属 236453
冠足毒鼠子 **376000**
冠足毒鼠子属 **375999**
馆肋赤竹 **347312**
馆肋丁香 **382281**
馆肋金丝桃 **202178**
馆肋蓼 **309857**
馆肋蒲公英 **384829**
馆肋山柳菊 **196027**
馆肋早熟禾 **306062**
馆山虎耳草 **349694**
馆山羊茅 **164182**
管瓣无患子 **88909**
管瓣无患子属 **88908**
管苞省藤 **65792**
管唇姜属 **365256**
管唇兰 **399976**
管唇兰属 **399974**
管顶冰花 **169421**
管杜鹃 **332029**
管萼安龙花 **139503**
管萼补血草 **148336**
管萼补血草属 **148334**
管萼草属 365192
管萼粗叶木 **222298**,222171
管萼科 288949
管萼兰 **45121**
管萼兰属 **45120**
管萼木科 **288949**
管萼木属 **288928**
管萼茜属 **68453**
管萼山豆根 **155903**
管萼野丁香 **226135**
管梗苣苔 **367856**
管梗苣苔属 **367854**
管钩果列当 **328933**
管花安龙花 **139495**
管花豹舌草 **284083**
管花补血草 **230808**
管花赪桐属 **365217**
管花椿 **80044**
管花葱 15749
管花葱莲 **417637**
管花酢浆草 **277895**
管花大岩桐 **364764**
管花党参 **98423**
管花蒂克芸香 **391592**
管花钓钟柳 **289381**
管花兜铃 **210331**
管花兜铃属 **210320**
管花杜鹃 **331003**
管花多枝勿忘草 **260857**
管花菲廷紫金牛 **166704**
管花狒狒花 **46162**
管花腹水草 **407502**
管花菰 **221046**
管花菰科 **221049**
管花菰属 **221039**
管花海桐 **301430**
管花胡颓子 **142212**
管花火石蒜 **322940**
管花寄生 241321
管花荚蒾 **408196**
管花尖花茜 **278267**
管花韭 **15749**
管花桔梗 **365185**
管花桔梗属 **365183**
管花块茎苣苔 364764
管花兰 **106882**,106883
管花兰属 **106871**
管花蕾丽兰 **219696**
管花里普旋瓣菊 **412266**
管花蓼树 **226200**
管花蓼树属 **226199**
管花琉璃草 **118025**
管花龙胆 173906
管花鹿药 **242688**
管花马兜铃 **34364**
管花马尔夹竹桃 **16004**
管花马耳茜 **196804**
管花马铃苣苔 **273886**
管花马先蒿 **287678**
管花茉莉 **327496**
管花茉莉属 **327495**
管花木 **252646**
管花木科 **252647**
管花木属 **252645**
管花木犀 **276283**
管花内卷叶石蒜 **156057**
管花楠属 25196
管花牛角草 **273190**
管花扭果花 **377822**
管花纽氏马钱 **265658**
管花婆婆纳 **407424**
管花茜 **382395**
管花茜属 **382394**
管花枪刀药 **202637**
管花茄 **399850**
管花茄属 **399849**
管花秦艽 **173906**
管花青皮木 352432
管花忍冬 **236197**
管花肉苁蓉 **93082**,93068
管花属 367804
管花薯 **208289**
管花树苣苔 **217750**
管花仙人柱 94566
管花腺龙胆 **382956**
管花星牵牛 **43361**
管花羊耳蒜 **232326**
管花洋椿 80044
管花野靛棵 **244297**
管花蝇子草 **364139**
管花鸢尾乐母丽 **336061**
管花鸢尾属 **382400**
管花柱属 **94551**
管花醉鱼草 **145044**
管花醉鱼草属 **145043**
管基紫金牛 **304203**
管基紫金牛属 **304202**
管甲草属 **365304**
管角果帚灯草 **83429**
管茎凤仙花 **205410**
管茎过路黄 **239638**
管茎驴蹄草 68196
管茎雪兔子 **348317**
管精 341837
管距大戟 **88906**
管距大戟属 **88905**
管距兰 **367842**
管距兰属 **367841**
管聚合草 **381040**
管兰香 **34135**,34318
管蓝花参 **412677**
管美国薄荷 257169
管南香 34238
管蒲桃属 **365249**
管鞘当归 **24439**
管鞘椰子属 365198
管人香 291046
管蕊杜鹃属 365209
管蕊风信子 **23363**
管蕊风信子属 **23362**
管蕊花属 367870
管蕊姜 **45134**
管蕊姜属 **45133**
管蕊堇属 **286770**

管蕊榄 **45079**
管蕊榄属 **45078**
管蕊莓 **365211**
管蕊莓属 **365209**
管蕊茜 **365214**
管蕊茜属 **365213**
管蕊山茶 **69733**
管蕊西番莲属 **23366**
管山柳菊 **196051**
管舌爵床属 **365278**
管饰爵床 **217940**
管饰爵床属 **217939**
管瘦竹竽 **209411**
管瘦竹竽属 **209410**
管丝葱 **15732**
管丝风信子 **20734**
管丝风信子属 **20733**
管丝韭 15732
管松浣草 38960
管腺大戟 **160013**
管香蜂草 257169
管肖鸢尾 **258484**
管形髯毛花 **306934**
管牙 55783
管芽 55814
管雅穗草 **148514**
管药野牡丹属 **365126**
管叶槽舌兰 **197260**
管叶草科 347166
管叶草属 347144
管叶伽蓝菜 215129
管叶牛角兰 **83657**
管叶玉凤花 **184155**
管玉凤花 **183666**
管鸢尾 **367853**
管鸢尾属 **367851**
管真花 8760
管智利杜鹃花 **400742**
管钟党参 **98284**
管仲 312627
管柱兰 **45132**
管柱兰属 **45130**
管柱茜 **379258**
管柱茜属 **379257**
管柱鸭跖草属 **365313**
管状阿福花 39463
管状巴特西番莲 **48545**
管状白阿福花 **212394**
管状报春花 314715
管状长花马先蒿 **287372**
管状长穗长庚花 **193341**
管状赪桐 **96415**
管状大岩桐 **364763**
管状滇紫草 **271767**
管状短片帚灯草 **142956**
管状多刺金合欢 **1589**
管状多球茜 **310284**
管状鹅参 **116509**
管状菲利木 **296334**
管状狒狒花 **46161**
管状虎眼万年青 **274820**
管状画眉草 **148025**
管状火穗木 **269102**
管状假石萝藦 **317850**
管状金锦香 **276177**
管状卡普龙大戟 **71585**
管状拉拉藤 **170378**
管状立金花 **218864**
管状罗勒 **268660**
管状拟阿福花 **39463**
管状牛角草 **273200**
管状诺罗木犀 **266723**
管状肉锥花 **102155**
管状水苏 **373474**
管状天芥菜 **190763**
管状小花鸢尾 **253120**
管状盂兰 **223652**
管籽芹属 **45126**
管子草科 347166
管子草属 347144
管子芹属 45126
贯菜子 179488
贯肠血藤 370422
贯筋 153914,175006
贯筋藤 **137796**
贯头尖 409804,410360,410721
贯线草 179488
贯芎 229309
贯叶桉 **155691**
贯叶草 **71281**
贯叶草属 71270
贯叶柴胡 63571
贯叶遏蓝菜 390249
贯叶繁缕 375137
贯叶芳香木 **38709**
贯叶过路黄 **239782**
贯叶黑柄菊 **248145**
贯叶加州刺花蓼 **259477**
贯叶金丝桃 **202086**
贯叶克劳拉草 **88248**
贯叶连翘 202086
贯叶蓼 309564
贯叶马兜铃 **34163**
贯叶佩兰 **158250**
贯叶忍冬 **236089**,236180
贯叶松香草 364301
贯叶泽兰 **158157**
贯叶紫菀 **41029**
贯月忍冬 236089
贯枣 418169
贯榨根 142152
鑵鑵草 412750
雚粱 369720
灌草菰 8760
灌刺蓼 162528
灌丛安吉草 **24549**
灌丛奥氏草 **277334**
灌丛霸王 418636
灌丛百脉根 **237599**
灌丛百蕊草 **389700**
灌丛拜卧豆 **227053**
灌丛报春 **314328**
灌丛北美香柏 **390598**
灌丛贝克菊 **52705**
灌丛布里滕参 **211502**
灌丛草属 146024
灌丛柴胡 63668
灌丛巢菜 **408381**
灌丛垂穗草 **289770**
灌丛垂穗草属 **289769**
灌丛春黄菊 **26781**
灌丛唇柱苣苔草 **87869**
灌丛刺唇紫草 **141001**
灌丛粗叶木 **222143**
灌丛锉玄参 **21769**
灌丛大戟 **158807**
灌丛刀囊豆 **415608**
灌丛钓钟柳 **289343**
灌丛杜鹃 **330603**
灌丛二裂玄参 **134069**
灌丛菲利木 **296219**
灌丛风车子 **100440**
灌丛狗肝菜 **129258**
灌丛寡头鼠麹木 **327613**
灌丛海神菜 **265471**
灌丛含羞草 **255025**
灌丛红花 **77707**
灌丛红毛帚灯草 **330013**
灌丛红砂柳 **327204**
灌丛黄芪 42313
灌丛黄耆 **42313**
灌丛鸡脚参 **275680**
灌丛尖腺芸香 **4816**
灌丛坚果番杏 **387172**
灌丛睑子菊 **55461**
灌丛碱蓬 **379528**
灌丛姜味草 **253662**
灌丛金菊 **90267**
灌丛金雀豆 **173140**
灌丛金雀豆属 **173139**
灌丛景天 **357040**
灌丛橘 **88698**
灌丛卷舌菊 **380866**
灌丛苦苣菜 **368717**
灌丛蓝花参 **412682**
灌丛蓝蓟 **141170**
灌丛棱果桔梗 **315288**
灌丛棱子菊 **179483**
灌丛两节荠 **108606**
灌丛柳 **343398**
灌丛龙面花 **263414**
灌丛芦荟 **16795**
灌丛罗勒 **268668**
灌丛马岛翼蓼 **278431**
灌丛马先蒿 **287758**
灌丛毛瓣瘦片菊 **182055**
灌丛毛色穗木 **129152**
灌丛木菊 **129402**
灌丛南非葵 **25424**
灌丛南非帚灯草 **67916**
灌丛尼文木 **266409**
灌丛黏腺果 **101246**
灌丛欧洲红豆杉 **385303**
灌丛泡花树 **249385**
灌丛千里光 **358780**
灌丛茜草 **337958**
灌丛蔷薇 336419
灌丛清风藤 **341551**
灌丛柔花 **8939**
灌丛润楠 **240579**
灌丛塞拉玄参 **357513**
灌丛三盾草 **394965**
灌丛山黄菊 **25523**
灌丛山羊豆 **169928**
灌丛瘦蓝蓟 **141323**
灌丛瘦片菊 **153595**
灌丛鼠尾草 **345014**
灌丛薯蓣 **131563**
灌丛蒴莲 **7246**
灌丛溲疏 **127059**
灌丛粟麦草 **230135**
灌丛塔花 **347539**
灌丛天竺葵 **288240**
灌丛条果芥 **284990**
灌丛铁苋菜 **1839**
灌丛突果菀 **182824**
灌丛驼蹄瓣 **418636**
灌丛锡生藤 **92525**
灌丛纤细紫菀 **40480**
灌丛小檗 51577
灌丛小叶番杏 **169973**
灌丛悬钩子 **339037**
灌丛亚龙木 **16259**
灌丛盐肤木 **332574**
灌丛野牡丹属 **405458**
灌丛野荞麦木 **152581**
灌丛野芝麻 **220375**
灌丛异果菊 **131169**
灌丛异荣耀木 **134620**
灌丛异叶铁杉 **399907**
灌丛翼首花 **320431**
灌丛蝇子草 **363431**,363169
灌丛樟 **91255**
灌丛帚灯草 **388788**
灌丛猪屎豆 **112097**
灌耳草 151257
灌灌黄 248765
灌柳 **343986**

灌木艾菊　12998
灌木桉　**155568**
灌木巴豆　**112894**
灌木白菊木　**178750**
灌木白叶树　**227919**
灌木鼻烟盒树　**270930**
灌木笔花豆　**379243**
灌木滨菊蒿　**57385**
灌木补血草　**230518**
灌木查豆属　**84457**
灌木柴胡　63668
灌木长冠田基黄　**266127**
灌木车前　**302170**
灌木刺果藤　**64464**
灌木戴尔豆　**121888**
灌木滇紫草　**271769**
灌木钓钟柳　**289323**
灌木丁香蓼　**238229**
灌木豆属　**321726**
灌木杜鹃属　**388862**
灌木短舌菊　58041
灌木恩氏菊　**145190**
灌木芳香木　**38429**
灌木费利菊　41752
灌木风车子　**100471**
灌木沟酸浆　**255192**
灌木骨籽菊　**276608**
灌木蒿　**35146**
灌木荷包花　**66273**
灌木黑刺李　**316822**
灌木黑籽相思子　**761**
灌木厚敦菊　**277053**
灌木厚皮树　**221159**
灌木黄葵　**243**
灌木黄檀　**121683**
灌木黄帚菊　**185398**
灌木灰毛菊　**31226**
灌木茴香芥　**162826**
灌木碱蓬　**379616**
灌木角胡麻　**197463**
灌木角胡麻属　**197462**
灌木芥树　**364531**
灌木金毛菀　**89871**
灌木金丝桃　**202160**
灌木金盏花　**66467**
灌木筋骨草　**13075**
灌木聚四花　**382442**
灌木爵床　**388846**
灌木爵床属　**388844**
灌木拉梯爵床　**341165**
灌木蜡菊　**189364**
灌木利蒂木　**219727**
灌木栎　**324509**
灌木亮毛菊　376548
灌木蓼　44260
灌木林核实　**231635**
灌木鳞果草　**4467**
灌木鳞花木　**225673**
灌木柳　**344065**,343041
灌木露子花　**123876**
灌木罗勒　**268510**,268518
灌木罗思萝藦　**337536**
灌木马克萨斯刺莲花　**301751**
灌木美非补骨脂　**276967**
灌木美罂粟　**56027**
灌木蒙塔菊　**258199**
灌木密钟木　**192592**
灌木木蓝　**205997**
灌木苜蓿　**247476**
灌木穆森苣苔　**259433**
灌木南烛　**239381**
灌木牛奶木　**255316**
灌木欧石南　**150140**
灌木排草香　**25395**
灌木平果菊　**196470**
灌木婆婆纳　**407129**
灌木蒲桃　382538
灌木槭　**3490**
灌木鞘柄黄安菊　**163560**
灌木茄　**367564**
灌木青兰　**137587**
灌木苘麻　**894**
灌木琼楠　**50517**
灌木秋海棠　**49857**
灌木日本荚蒾　**407899**
灌木赛德旋花　**356442**
灌木扫帚木　**104637**
灌木山菊　258199
灌木肾腺萝藦　**265152**
灌木石松花　**233438**
灌木矢车鸡菊花　**81555**
灌木鼠尾草　**345040**
灌木双碟荠　**54688**
灌木睡茄　**414593**
灌木斯迪菊　**376548**
灌木四数紫金牛　**387631**
灌木松菊树　**377260**
灌木菘蓝　**209193**
灌木素馨　211834
灌木酸模　**340059**
灌木唐棣　**19250**
灌木糖芥　**154552**
灌木田皂角　**9535**
灌木条果芥　284990
灌木铁苋菜　**1852**
灌木铁线莲　**94920**
灌木莴苣　**259919**
灌木莴苣属　**259918**
灌木无梗斑鸠菊　**225254**
灌木五瓣子楝树　**123448**
灌木五桠果　**130926**
灌木香茶菜　**303324**
灌木香科　388085
灌木香籽　**261538**
灌木小甘菊　**71096**
灌木星毛苋　**391601**
灌木型碱蓬　379514
灌木熊菊　**402781**
灌木绣球防风　**227715**
灌木须冠菊　**417825**
灌木玄参　**355125**
灌木悬钩子　**338447**
灌木旋花　**103053**
灌木鸭舌癀舅　**370857**
灌木鸭跖草　**101026**
灌木鸭嘴花　**214489**
灌木亚菊　**12998**
灌木亚麻　**231976**
灌木叶下珠　**296776**
灌木异决明　**360497**
灌木异形芹　**193868**
灌木翼首花　**320432**
灌木翼柱管萼木　**379056**
灌木银豆　**32812**
灌木罂粟属　**335869**
灌木樱　83202
灌木樱桃　**83202**
灌木月见草　**269438**
灌木云杉　298354
灌木藻百年　**161548**
灌木针垫菊　**84527**
灌木智利刺莲花　**199195**
灌木帚灯草　**388795**
灌木帚灯草属　**388768**
灌木猪毛菜　**344758**,344452
灌木猪屎豆　**112799**
灌木柱　**68523**
灌木柱属　**68522**
灌木状安龙花　**139454**
灌木状安匝木　310769
灌木状白酒草　**103490**
灌木状滨藜　**44405**
灌木状补血草　**230629**
灌木状布吕特萝藦　**55905**
灌木状柴胡　**63666**
灌木状长管角胡麻　**108660**
灌木状长寿城　**82610**
灌木状齿缘草　**153434**
灌木状春黄菊　**26787**
灌木状钓钟柳　**289341**
灌木状盾菜　**164450**
灌木状凤仙花　**204966**
灌木状格尼瑞香　**178609**
灌木状瓜馥木　**166658**
灌木状光柱泽兰　**217110**
灌木状红酸模　**339964**
灌木状虎尾兰　**346055**
灌木状基氏婆婆纳　**216245**
灌木状棘豆　**278837**
灌木状豇豆　**408890**
灌木状景天　**356759**
灌木状拉特木　219727
灌木状疗伤绒毛花　**28205**
灌木状裂蕊紫草　**235007**
灌木状罗顿豆　**237308**
灌木状麦瓶草　**364089**
灌木状芒柄花　**271395**
灌木状梅氏大戟　**248009**
灌木状琴木　**93241**
灌木状青锁龙　**109027**
灌木状山槟榔　**299661**
灌木状十字爵床　**111716**
灌木状黍　**281631**
灌木状土人参　**383316**
灌木状弯果紫草　**256753**
灌木状委陵菜　**312442**
灌木状香薷　144023
灌木状小百蕊草　**389583**
灌木状小甘菊　71096
灌木状翼茎菊　**172424**
灌木状翼毛草　**396078**
灌木状银胶菊　**285082**
灌木状隐萼豆　**113795**
灌木状远志　**308064**
灌木状猪毛菜　344452
灌木状柱果菊　**18241**
灌木紫丹　**393252**
灌木紫玲玉　**224257**
灌木紫罗兰　**246461**
灌木紫菀木　**41752**
灌伞芹　**388850**
灌伞芹属　**388849**
灌生大戟　**158806**
灌生千里光　**358779**
灌西柳　**343650**
灌县花楸　**369406**
灌县黄芪　43049
灌县黄耆　**43049**
灌县韭　**15339**
灌县槭　**3008**
灌县紫堇　**105886**
灌阳杜鹃　332025
灌枝匙叶草　230782
灌状垫菊　**736**
灌状观音草　**291148**,202538
灌状哈尔特婆婆纳　**185994**
灌状加那利香雪球　**235069**
灌状藜　**87023**
灌状买麻藤　178535
灌状毛蕊花　**405697**
灌状美罂粟　56027
灌状牛奶木　255316
灌状球黄菊　**270996**
灌状罂粟属　335869
灌状子弹木　255316
罐儿茶　365296
罐罐草　59842,248732,276090,412750

罐罐花 248269,276098
罐梨 323114
罐薯 131458
罐子草 276098,276135,365296
罐嘴菜 410730
光矮探春 **211869**
光矮野牡丹 **253541**
光安大略卷舌菊 **380941**
光氨草 **136261**
光巴特西非南星 **28776**
光巴西拟破斧木 **350977**
光菝葜 366338
光白菜 87855
光白花碎米荠 **72861**
光白山车前 **301998**
光白纹竹 **304010**
光白英 **367282**
光板 284539
光板猫叶草 356685
光板毛叶草 356685
光瓣车前 **302048**
光瓣地丁草 410770
光瓣兜兰 **282904**
光瓣芳香木 **38800**
光瓣谷精草 **151314**
光瓣堇菜 410412,410452,410770
光瓣亮泽兰属 **292433**
光瓣牛栓藤属 **212454**
光瓣威氏槲果 **46801**
光瓣新波鲁兰 **263665**
光苞刺头菊 **108323**
光苞独行菜 225403
光苞腹毛柳 **343287**
光苞蓟 91964
光苞柳 **344191**
光苞毛鳞菊 **84964**
光苞蒲公英 **384618**
光苞茜 **55120**
光苞茜属 **55119**
光苞双阔寄生 **132856**
光苞亚菊 **13015**
光苞紫菊 267177
光鲍迪豆 57969
光北美紫草 **271854**
光背杜鹃 331406
光背棱脂麻掌 **171639**
光背枇杷 331561
光被禾 **293949**
光被苋 **247077**
光被苋属 **247075**
光襞蕊桐 **321113**
光边草胡椒 **290351**
光边花紫金牛 **172492**
光扁豆 **408896**
光柄草 127477
光柄滇西北小檗 51634
光柄杜鹃 330617
光柄芒 127477
光柄毛茛 **325935**
光柄蕊木 **255962**
光柄筒冠花 **365197**
光柄绣球 **199879**
光柄野青茅 **127259**
光柄羽衣草 **14070**
光波华丽 57953
光波斯麦 **192028**
光博落回 **240766**
光彩凤梨 **220744**
光彩凤梨属 **220743**
光彩银叶花 **32753**
光彩照人红花红千层 **67260**
光彩柱 **94554**
光菜 53249,53257
光侧花木藜芦 **228167**
光叉序草 **209897**
光叉叶委陵菜 312418
光长裂茜 **135366**
光长叶酸浆 **297697**
光柽柳桃金娘 **260992**
光匙叶莲子草 **18123**
光齿托菊 **269053**
光赤宝花 **390007**
光赤瓟 390170
光翅粗壮坚果番杏 **387208**
光翅油麻藤 **259517**
光翅籽草海桐 **405296**
光翅子树 **320834**
光虫实 **104816**
光春蜜柑 **93640**
光慈姑 18569,234241,400178
光慈菇 207497,234241
光刺苞果菊 **2611**
光刺长突球 244135
光刺芳香木 **38816**
光刺果藤 **64465**
光刺乳秃球 **244135**
光刺兔唇花 **220077**
光刺痒藤 **394212**
光楤木 **30675**
光粗花野牡丹 **279402**
光粗叶木 **222146**
光大果龙胆 **240956**
光大节茜 **241033**
光大青 **96099**
光单列木 **257943**
光单头鼠麴草 **254908**
光岛蒲公英 **384605**
光邓博木 **123667**
光地中海菊 **19653**
光蒂松木 **392384**
光东俄洛黄芪 43167
光东俄洛黄耆 **43167**
光冬青 **203956**
光独叶苣苔 **257751**
光钝叶草 **375767**
光多汁麻 **265241**
光多枝忍冬 **236054**
光萼八蕊花 **372896**
光萼斑叶兰 **179631**
光萼报春 **314576**
光萼彩花 **2251**
光萼茶藨 333989
光萼茶藨子 **333989**
光萼赪桐 **96383**
光萼齿黄耆 **42614**
光萼稠李 **280018**
光萼唇柱苣苔 **87820**
光萼大沙叶 **286096**
光萼党参 **98352**
光萼繁缕 **374933**
光萼肥肉草 **167304**
光萼凤梨属 8544,414636
光萼谷精草 **151351**
光萼光花草 **373667**
光萼海棠 **243648**
光萼荷 **8554**,8558
光萼荷属 **8544**
光萼红果树 377438
光萼厚轴茶 **69017**
光萼虎耳草 **349292**
光萼花香茶菜 **209853**
光萼黄芪 42641
光萼黄耆 **42946**,42641
光萼灰栒子 **107330**
光萼荚蒾 **407857**
光萼蓝钟花 **115361**,115386
光萼马铃果 **412112**
光萼茅膏菜 **138329**
光萼玫瑰树 **268355**
光萼猕猴桃 **6598**
光萼女娄菜 363451
光萼巧玲花 **382265**
光萼鞘蕊花 **99530**
光萼青兰 **137551**
光萼三冠野牡丹 **398708**
光萼三芒草 **33910**
光萼沙参 7772
光萼山梅花 **294543**
光萼山银花 **235743**
光萼山楂 **109663**
光萼石花 **103946**
光萼石楠 **295811**
光萼石头花 **183179**
光萼水蜡树 **229563**
光萼松叶沙参 **7772**
光萼溲疏 **126933**
光萼塔奇苏木 **382974**
光萼藤山柳 **95489**
光萼铁线莲 **94852**
光萼筒黄芪 42615
光萼筒黄耆 **42615**
光萼小黄管 **356106**
光萼小蜡 **229626**
光萼小菱叶蓝钟花 **115398**
光萼心叶毛蕊茶 **69011**
光萼新耳草 **262961**
光萼血见愁 **388304**
光萼野百合 112757
光萼野丁香 **226092**
光萼硬瓣苏木 **354448**
光萼猪屎豆 **112757**
光萼紫金牛 **31546**
光矾根 **194422**
光繁花钝柱菊 **307457**
光房银叶杜鹃 **330143**
光非洲瓦拉木 **405287**
光肺筋草 14494
光风车草 **96979**
光风吹楠 **198510**
光风轮 96981,96999
光风轮菜 96981,96999
光蜂斗菜 **292375**
光稃稻 **275926**
光稃碱茅 **321328**
光稃落芒草 **300754**
光稃茅香 **27942**
光稃披碱草 **144512**
光稃雀麦 **60706**
光稃香草 27942
光稃羊茅 **164008**
光稃野燕麦 **45454**
光稃早熟禾 **305361**
光腹鬼灯檠 **335154**
光腹花苣苔 **171604**
光覆花 **408764**
光覆花属 **408762**
光盖裂果 **256090**
光杆琼 152839
光竿青皮竹 47482
光秆青皮竹 **47482**
光秆石竹 **297382**
光高粱 **369677**
光梗翠雀花 **124419**
光梗大欧石南 **149721**
光梗丹氏梧桐 **135853**
光梗仿杜鹃 **250510**
光梗风信子属 **45322**
光梗虎耳草 **350036**
光梗互叶半日花 **168938**
光梗蒺藜草 **80813**,80826
光梗假高粱 **369581**
光梗假帽莓 **339117**
光梗阔苞菊 **305123**
光梗露珠草 91546
光梗毛柱铁线莲 **95117**
光梗茅膏菜 **138292**
光梗墨脱乌头 **5174**

光梗欧石南 **149490**
光梗千里光 358848
光梗蔷薇 336550
光梗丝石竹 **183162**
光梗线叶膜冠菊 **201178**
光梗小檗 51634
光梗勋章花 **172302**
光梗鸭绿乌头 **5294**
光梗猪屎豆 **112173**
光沟萼桃金娘 **68402**
光钩堇 **409650**
光钩藤 401765
光钩足豆 **4895**
光狗棍 231334
光姑 18569
光菇 18569,98621
光箍瓜 **399465**
光骨刺 360935
光骨籽菊 **276612**
光瓜栗 **279382**
光冠蒲公英 **384460**
光冠忍冬 235633
光冠乌口树 385039
光冠银花 235860
光管纹蕊茜 **341323**
光光花 13934
光光叶 250228
光光榆 417558
光光喳 250228
光贵巴木 179991
光棍草 12647,12648,94483,352284
光棍茶 308403
光棍树 159975
光棍子 352284
光果巴豆 **112862**
光果巴郎柳 **344134**
光果白丁草 **290668**
光果白马鞭草 **405904**
光果白弩箭药 5432
光果膀胱芥 **407551**
光果北方庭荠 **18405**
光果贝加尔唐松草 **388433**
光果柄泽兰 **127357**
光果柄泽兰属 **127356**
光果彩鼠麹 **375631**
光果彩鼠麹属 **375630**
光果茶藨 334063
光果茶藨子 **334063**
光果赤车 **288741**
光果赤芍 **280325**
光果翅鹤虱 **225093**
光果臭红豆叶腺荚果 **7383**
光果川柳 343513
光果刺李 **333930**
光果丛菔 **368565**,368563
光果丛毛矮柳 **343386**
光果翠雀 **124250**
光果翠雀花 **124340**,124322
光果大瓣芹 **357911**
光果大戟 159851
光果杜鹃 331240
光果多枝黄芪 42894
光果多枝黄耆 **42894**
光果风毛菊 348817
光果凤尾蕉 115915
光果甘草 **177893**
光果高山茶藨 333903
光果高山醋栗 333903
光果孤独菊 **148432**
光果孤柳 **344257**
光果贵南柳 **343556**
光果海拉尔山棘豆 **278874**
光果海罂粟 **176743**
光果黑果菊 **44035**
光果黄花木 **300697**
光果黄堇 **409963**
光果黄榆 **401557**
光果灰毛菊 **31242**
光果灰叶柳 **344143**
光果棘豆 **278952**
光果蓟罂粟 **32431**
光果荚蒾 **407915**
光果江界柳 **343562**
光果姜 **418009**
光果金合欢 **1433**
光果金菊木 **150347**
光果金绒草 **87394**
光果金绒草属 87393
光果金樱子 **336678**
光果锦葵 **243793**
光果柯 **233328**
光果科 **232710**
光果苦瓜 **256840**
光果宽叶独行菜 **225403**
光果宽叶葶苈 **137136**
光果拉拉藤 **170205**
光果蓝花黄芪 42127
光果蓝花黄耆 **42127**
光果类花纹木 **56020**
光果亮泽兰 **402162**
光果亮泽兰属 **402161**
光果菱叶乌头 **5533**
光果龙葵 **366934**,367726
光果李果鹤虱 **335114**
光果麻疯树 **212217**
光果马蹄豆 **196661**
光果曼氏腺荚果 **7413**
光果毛翠雀花 **124649**
光果毛茛 **326021**
光果毛叶葶苈 **137085**
光果密叶翠雀花 **124322**
光果棉毛葶苈 **137296**
光果庙台槭 **3146**
光果木鳖 365332
光果南苜蓿 **247429**
光果南蛇藤 80285
光果黏粟麦草 **230169**
光果飘拂草 **166376**
光果婆婆纳 **407313**
光果匍匐南芥 **30264**
光果蒲公英 **384560**
光果歧缬草 **404434**
光果茄 **367499**
光果屈枝虫实 **104779**
光果日本栗 **78782**
光果柔毛杨 **311424**
光果肉稷芸香 **346837**
光果软毛虫实 **104836**
光果山茶 **69127**
光果山棘豆 278874
光果山蚂蝗 **126438**,126250
光果山油柑 **6245**
光果石龙刍 **225664**
光果石泉柳 **344105**
光果瘦片菊 **182062**
光果鼠麹草属 **224160**
光果属 **232706**
光果树萝卜 **10325**
光果栓皮槭 **2845**
光果双齿黄耆 **54718**
光果菘蓝 **209223**
光果苏铁 **115915**
光果苔草 **76561**
光果洮河柳 **344182**
光果特林芹 **397734**
光果天芥菜 **190602**
光果田麻 **104051**,104042
光果瓦帕大戟 **401245**
光果威灵仙 **94819**
光果微孔草 **254351**
光果卫矛 **157811**
光果乌柳 **343262**
光果梧桐杨 **311442**
光果五脉绿绒蒿 **247176**
光果西藏葶苈 **137270**
光果西藏微孔草 **254371**
光果锡叶藤 **386877**
光果细苞虫实 **104852**
光果线叶柳 **344275**
光果腺瓣落苞菊 **111381**
光果香缅树杜鹃 **332034**
光果橡胶金菊木 **150352**
光果小白撑 **5432**
光果小雀花 **70871**
光果蝎尾菊 **217603**
光果悬钩子 **338467**
光果鸦葱 **354919**
光果烟叶草 **71662**
光果药用大蒜芥 **365565**
光果野罂粟 **282633**
光果叶下珠 296802
光果一枝黄花 **368486**
光果伊犁葶苈 **137167**
光果伊宁葶苈 **137249**
光果翼核果 405447
光果翼核木 405447
光果银莲花 **23710**
光果罂粟 **282594**
光果尤利菊 **160822**
光果莸 **78037**
光果榆绿木 **26028**
光果羽叶花 **4991**
光果圆齿田麻 **104042**
光果珍珠茅 **354219**
光果砧草 **170262**
光果指蕊大戟 **121448**
光果舟果荠 **385134**
光果紫绒草属 **56827**
光哈钦森茜 **199512**
光海滨车前 **301895**
光海棠 243644
光海因兹茜 **196399**
光豪夫曼猪屎豆 **112221**
光号角毛兰 **396140**
光合欢 **13562**
光核桃 **20926**
光赫尔姆田葱 **190987**
光鹤虱 **221680**
光黑枣 132267
光红花 **77708**
光虹球 **140846**,244213
光虹丸 140846,244213
光喉草属 34600
光后毛锦葵 **267195**
光厚皮树 **221162**
光胡桐 **67863**
光花半育花 **191472**
光花豹皮花 **373911**
光花草属 **373662**
光花大苞兰 **379786**
光花大青 96028
光花鹅观草 **335399**
光花番红花 **111566**
光花梗虎耳草 **349114**
光花狗尾草 **361852**
光花寒丁子 **57954**
光花咖啡属 **318783**
光花龙胆属 **232673**
光花乱子草 **259666**
光花马氏夹竹桃 **246058**
光花芒颖鹅观草 **335217**
光花毛杖木 **332422**
光花牧根草 **43582**
光花欧石南 **149000**
光花佩耶茜 **286763**
光花披碱草 **144375**
光花热非夹竹桃 **13286**

光花苞 **307248**
光花施拉茜 **352545**
光花石斛属 **224158**
光花纹蕊茜 **341279**
光花羊角拗 **378448**
光花以礼草 **215939**
光花异燕麦 **190166**
光华鹅掌柴 **350808**
光滑阿魏 **163621**
光滑矮五星花 **85577**
光滑奥西尔瓦拉拉藤 **170528**
光滑菝葜 366338
光滑白叶树 **227922**
光滑斑鸠菊 **406370**
光滑瓣鳞花 **167802**
光滑苞爵床 **139005**
光滑贝尔茜 **53109**
光滑贝格欧石南 **149078**
光滑贝克菊 **52707**
光滑本氏兰 **51089**
光滑萹蓄 **291895**
光滑扁担杆 **180793**
光滑滨海小芝麻菜 **154113**
光滑滨藜 **44484**
光滑补骨脂 **319185**
光滑补血草 **230769**
光滑布瑟拉拉藤 **170299**
光滑彩花 **2219**
光滑长柔毛拉拉藤 **170652**
光滑车叶草 **39371**
光滑橙菀 **320688**
光滑赤竹 **347265**
光滑春榆 **401492**
光滑刺痒藤 **394154**
光滑酢浆草 **277865**
光滑簇花欧石南 **149180**
光滑大翅蓟贝克菊 **52741**
光滑大戟 **158948**
光滑大丽花 **121559**
光滑大沙叶 **286464**
光滑大托叶金壳果 **241929**
光滑大砧草 **337919**
光滑丹氏梧桐 **135852**
光滑钓钟柳 **289344**
光滑丁公藤 154243
光滑冬青 203847
光滑杜茎大戟 **241871**
光滑短瓣风车子 **100725**
光滑短冠爵床 **58976**
光滑盾舌萝藦 **39626**
光滑耳冠菊 **277294**
光滑法道格茜 **161956**
光滑芳香木 **38566**
光滑非洲夜来香 **290755**
光滑菲利木 **296222**
光滑菲奇莎 **164543**
光滑狒狒花 **46036**
光滑费利菊 **163222**
光滑凤仙花 **204977**
光滑高粱泡 **338703**
光滑高驼曲草 **119833**
光滑谷精草 **151476**
光滑冠状欧石南 **149293**
光滑灌木帚灯草 **388798**
光滑哈克 184611
光滑哈克木 **184611**
光滑海神木 **315806**
光滑海特木 **188326**
光滑核果木 **138619**
光滑红花 **77703**
光滑红柳 **343590**
光滑厚喙菊 **138768**
光滑厚壳桂 **113446**
光滑厚壳树 141655
光滑槲果 **46780**
光滑花佩菊 **161890**
光滑还阳参 **110993**
光滑黄皮 **94208**
光滑黄耆 **42642**
光滑灰菀 **130275**
光滑积雪草 **81598**
光滑吉尔伯特琼楠 **50522**
光滑蓟 **91699**
光滑假毛地黄 45167
光滑假毛柱大戟 **317812**
光滑间花谷精草 **250990**
光滑胶藤 **220859**
光滑金虎尾 **243526**
光滑堇菜 **409753**
光滑近心形掷爵床 **139895**
光滑九节 **319455**
光滑菊苣 **90904**
光滑巨商陆 **267240**
光滑卷舌菊 **380907**
光滑决明 **78352**
光滑可拉木 **99200**
光滑苦瓜 **256827**
光滑宽肋瘦片菊 **57622**
光滑宽叶胀萼马鞭草 **86088**
光滑阔苞菊 **305076**
光滑拉拉藤 **170393**
光滑蜡菊 **189168**
光滑兰状鸭嘴花 **214674**
光滑蓝刺头 **140711**
光滑蓝花楹 **211230**
光滑老鹳草 **174866**
光滑乐母丽 **336012**
光滑雷曼盐肤木 **332812**
光滑类毛地黄 **45167**
光滑类木棉 **56767**
光滑藜 **87177**
光滑利帕豆 **232052**
光滑栎 324087
光滑镰扁豆 **135485**
光滑良毛芸香 **155840**
光滑两节荠 **108625**
光滑裂口花 **379916**
光滑裂蕊紫草 **235019**
光滑鳞蕊藤 **225708**
光滑苓菊 **214052**
光滑瘤萼寄生 **270954**
光滑瘤耳夹竹桃 **270859**
光滑瘤蕊紫金牛 **271057**
光滑柳 **343855**
光滑柳叶菜 **146606**
光滑龙面花 **263417**
光滑鹿角海棠 **43323**
光滑绿肖囊大戟 **115664**
光滑罗顿豆 **237315**
光滑麻疯树 **212128**
光滑马络葵 **243478**
光滑蔓炎花 **244363**
光滑毛核木 **380738**
光滑玫瑰欧石南 **149997**
光滑米草 **370167**
光滑米口袋 **181670**
光滑密钟木 **192598**
光滑绵毛银齿树 **227308**
光滑莫哈韦木根菊 **415855**
光滑南非蜜茶 **116330**
光滑囊瓣芹 **320237**
光滑拟劳德草 **237858**
光滑欧石南 **149488**
光滑攀缘决明 **360471**
光滑匹菊 **322650**
光滑漆树 332608
光滑奇舌萝藦 **255756**
光滑千里光 **359254**
光滑青锁龙 **109031**
光滑秋海棠 **49874**,50202
光滑雀麦 **60766**
光滑冉布檀 **14374**
光滑日中花 **220490**
光滑肉锥花 **102092**
光滑萨比斯茜 **341615**
光滑萨拉卡棕 **342575**
光滑塞拉玄参 **357519**
光滑赛金莲木 **70729**
光滑山核木 77894
光滑山菊头桔梗 **211677**
光滑山柳菊 **195712**
光滑山楂 109790
光滑十字茜 **113134**
光滑柿 **132172**
光滑水东哥 **347960**
光滑水筛 **55924**
光滑松果菊 **140073**
光滑溲疏 126933
光滑苏丹香 **135090**
光滑粟麦草 **230118**
光滑索岛茜 **68449**
光滑苔草 **75039**
光滑天竺葵 **288321**
光滑天竺葵麻疯树 **212198**
光滑田野没药 **101331**
光滑田皂角 **9599**
光滑土库曼大戟 **158997**
光滑土连翘 **201068**
光滑团集刺橘 **405511**
光滑托特针垫花 **228113**
光滑驼曲草 **119846**
光滑瓦氏茜 **404808**
光滑威尔大戟 **160080**
光滑维吉豆 **409179**
光滑萎缩大戟 **158765**
光滑西巴茜 **365109**
光滑西班牙两节荠 **108616**
光滑西番莲 **285640**
光滑锡金小檗 52153
光滑细线茜 **225752**
光滑下盘帚灯草 **202475**
光滑仙人掌 **272937**
光滑鲜蕊藤 225708
光滑腺花山柑 **64888**
光滑香茶菜 **303452**
光滑香芸木 **10630**
光滑向日葵 **188991**
光滑小花豆 **226158**
光滑小苦荬 **210549**
光滑小托叶堇菜 **409774**
光滑肖长管山茶 **248815**
光滑肖珍珠菜 **374666**
光滑蝎尾黄耆 **43028**
光滑斜生象根豆 **143485**
光滑绣球防风 **227603**
光滑玄参 **355126**
光滑悬钩子 **339409**
光滑旋叶菊 **276437**
光滑旋翼果 **183303**
光滑薰陆香 **300992**
光滑鸭跖草 **101131**
光滑鸭嘴花 **214502**
光滑芽冠紫金牛 **284027**
光滑岩黄芪 188129
光滑岩黄耆 **188129**
光滑盐肤木 **332487**
光滑野荞麦 **152584**
光滑野山柑子 **272561**
光滑叶下珠 **296495**
光滑夜香树 **84415**
光滑腋花硬皮豆 **241411**
光滑异荣耀木 **134625**
光滑异燕麦 **190165**
光滑翼荚豆 **68138**
光滑银齿树 **227289**
光滑银合欢 **227424**
光滑银莲花 23724
光滑罂粟 **282585**

光滑羽毛蒺藜草 **80841**
光滑羽扇豆 **238485**
光滑玉凤花 **183766**
光滑玉牛角 **139158**
光滑芸苔 **59392**
光滑早熟禾 **305548**
光滑枣 **418200**
光滑樟脑橙菀 **320654**
光滑沼泽银齿树 **227406**
光滑针垫花 **228068**
光滑珍珠菜 **239809**
光滑珍珠茅 **354099**
光滑治疝草 **192964**
光滑掷爵床 **139874**
光滑种棉木 **46246**
光滑皱茜 **341122**
光滑猪果列当 **201347**
光滑猪毛菜 **344552**
光滑猪屎豆 **111956**
光滑锥口茜 **102772**
光滑锥足芹 **102726**
光滑紫菀 **40672**
光滑钻形沟萼茜 **45028**
光桦叶绣线菊 **371830**
光还阳参 **110820**
光环球 **244167**
光环丸 244167
光黄鹌菜 416493
光黄花苔草 **74124**
光灰楸 79250
光辉仙人球 **244053**
光辉柱 267041
光火绳树 152687
光火筒树 **223924**
光鸡腿堇菜 **409633**
光棘豆 278958
光脊鹅观草 **335402**
光脊荩草 **36643**
光脊披碱草 **144376**
光加拿大苍耳 **415063**
光加那利芥 **284726**
光荚含羞草 **254997**
光荚莛 407685
光假水石梓 301776
光假奓包叶 **134145**
光碱蓬 **379544**
光箭叶野荞麦 **151938**
光姜饼木 **284223**
光角蓝刺头 **140734**
光脚杜鹃 **331081**,330617
光节黍 **197952**
光节黍属 **197951**
光洁荛花 414181
光巾草 256154
光巾草属 256147
光金田菊 **222602**
光金鱼藤 **100114**
光茎拜卧豆 **227054**
光茎翠雀花 **124229**
光茎大黄 **329335**
光茎单齿单桔梗 **257818**
光茎斗篷草 **14038**
光茎短距翠雀花 **124221**
光茎钝叶楼梯草 **142765**
光茎飞蓬 **103449**
光茎胡椒 **300358**
光茎虎耳草 **349385**
光茎黄杨叶小檗 **51406**
光茎蓝钟花 **115363**
光茎老鹳草 **174847**
光茎列当 **275073**
光茎路边青 **175380**
光茎美洲盖裂桂 **256663**
光茎门泽草 **250485**
光茎蒙自猕猴桃 **6629**
光茎猕猴桃 **6696**,6629
光茎茜草 338043
光茎日本毛连菜 **298593**
光茎赛靛 **47867**
光茎山柳菊 **195745**
光茎手玄参 **244741**
光茎鼠尾草 **345055**
光茎栓果菊 **222909**
光茎水杨梅 175380
光茎碎米荠 **72862**
光茎鸵鸟木 **378615**
光茎乌头 **5342**
光茎小檗 51928
光茎肖水竹叶 **23553**
光九重葛 57857
光橘 93530
光卷耳 **82845**
光决明 78301
光爵床 209897
光君迁子 **132267**
光卡德藤 **79369**
光卡竹桃 **77664**
光科若木 **99154**
光壳南瓜 **114295**
光克拉莎 **93918**
光克卢格苣苔 **216736**
光孔颖草 **57553**
光苦大戟 **8413**
光苦竹茹 297373
光库页白芷 **24456**
光块蚁茜 **261486**
光筷子芥 **30278**,400644
光阔桦叶绣线菊 **371829**
光蜡树 **167982**
光蓝桔梗 **115445**
光蓝五棱花 **289508**
光蓝钟花 **115379**
光榔 78056
光类巴西果 **223781**
光棱水蜈蚣 **218552**
光棱皱波黄堇 **105764**,105763
光梨 323253
光梨瓣五加 **29291**
光离药草 **375301**
光莲菊 **413893**
光莲菊属 **413889**
光亮阿顿果 **44823**
光亮桉 155668
光亮暗色柳穿鱼 **231157**
光亮奥佐漆 **279311**
光亮澳豆 **218701**
光亮澳非萝藦 **326765**
光亮巴纳尔木 **47570**
光亮巴西木 **192063**
光亮百里香 **391303**
光亮棒果树 **332397**
光亮鲍迪豆 57969
光亮荸荠 **143237**
光亮扁担杆 **180892**
光亮扁果石南 **301814**
光亮扁爵床 **292215**
光亮扁莎 **322307**
光亮滨菊木 **233819**
光亮滨藜 **44537**
光亮伯萨木 **52999**
光亮薄子木 **226469**
光亮布玛利木 63423
光亮布氏木 **59021**
光亮匍柊 **354616**
光亮长苞头蕊兰 **82059**
光亮长阶花 186983
光亮长毛福禄考 **295312**
光亮赤宝花 **390015**
光亮垂绒菊 **114418**
光亮刺橘 **405532**
光亮刺叶 376558
光亮刺柊 354616
光亮大黄 **329352**
光亮大戟 **159270**
光亮大泽米 **241456**,241463
光亮丹氏梧桐 **135904**
光亮单花杉 **257136**
光亮倒挂金钟 **168787**
光亮地中海绵毛荚莲 **408170**
光亮蝶须 **26562**
光亮东南亚山榄 **286756**
光亮斗篷草 **14154**
光亮豆腐柴 **313677**
光亮独脚金 **378001**
光亮杜鹃 **331343**,330741
光亮短瓣卷耳 **82745**
光亮堆桑 **369822**
光亮盾豆木 **288838**
光亮盾蕊樟 **39717**
光亮多花蓼 **340518**
光亮多叶欧石南 **149461**
光亮峨眉杜鹃 331345
光亮峨参 **28035**
光亮鹅掌草 **23823**
光亮法拉茜 **162592**
光亮繁缕 **375021**
光亮飞蓬 **150491**
光亮非洲紫罗兰 **342497**
光亮菲利木 **296251**
光亮费迪茜 **163361**
光亮凤卵草 **296886**
光亮福来木 **162992**
光亮腹禾 **171813**
光亮干花豆 **167287**
光亮干若翠 **415490**
光亮刚毛毛茛 **325948**
光亮高山参 **274001**
光亮革颖草 **371492**
光亮格尼瑞香 **178656**
光亮冠花树 **68585**
光亮灌木帚灯草 **388807**
光亮海神木 **315902**
光亮海特木 **188334**
光亮蒿 **36312**
光亮合丝莓 **347681**
光亮黑草 **61831**
光亮红光树 **216865**
光亮蝴蝶玉 **148594**
光亮虎尾兰 **346122**
光亮黄褐奥佐漆 **279285**
光亮黄花夹竹桃 **389976**
光亮黄胶菊 **318702**
光亮黄楝树 **345505**
光亮黄茅 **194039**
光亮黄蓍 **42641**
光亮棘豆 **279174**
光亮蓟 **92163**
光亮假杜鹃 **48356**
光亮假山毛榉 **266878**
光亮假水青冈 266878
光亮假酸渣树 **317495**
光亮碱茅 **321331**
光亮碱蓬 **379602**
光亮姜饼木 **284255**
光亮脚骨脆 **78141**
光亮金光菊 **339593**
光亮金果椰 **139373**
光亮金菊木 **150350**
光亮荩草 **36690**
光亮九节 **319657**
光亮卡德兰 **64930**
光亮可乐果 99240
光亮可利果 **96786**
光亮克拉桑 94124
光亮克雷布斯蓝花参 **412719**
光亮阔苞菊 **305110**
光亮拉拉藤 **170462**
光亮蜡菊 **189802**

光亮榄仁树 386590
光亮老鹳草 174711
光亮肋泽兰 60102
光亮棱果桔梗 315298
光亮冷水花 299060
光亮立方花 115774
光亮利帕豆 232061
光亮栗豆藤 11027
光亮镰扁豆 135626
光亮裂蕊紫草 235024
光亮裂舌萝藦 351616
光亮瘤耳夹竹桃 270870
光亮瘤蕊紫金牛 271080
光亮柳 344138
光亮六脊兰 194523
光亮龙骨豆 94164
光亮龙面花 263436
光亮龙血树 137457
光亮漏芦 329226
光亮鹿藿 333340
光亮罗森木 327133
光亮萝芙木 327041
光亮马比戟 240190
光亮马拉茜 242980
光亮马钱 378790
光亮马唐 130681
光亮麦珠子 17616
光亮毛杯漆 396344
光亮眉兰 272502
光亮美登木 246873
光亮美爵床 265249
光亮美洲盖裂桂 256672
光亮美洲槲寄生 125682
光亮密藏花 156066
光亮密穗夹竹桃 321987
光亮绵毛菊 293444
光亮膜瓣豆 201133
光亮默尔椴 256651
光亮木蓝 205998
光亮穆拉远志 260063
光亮南非桔梗 335588
光亮南非帚灯草 38363
光亮南香桃木 45297
光亮囊大戟 389074
光亮牛舌草 21925
光亮脓花豆 322506
光亮欧石南 149700
光亮泡叶番杏 138235
光亮泡状陀螺树 378332
光亮疱茜 319988
光亮苹婆 376112
光亮普韦特奥佐漆 279323
光亮脐果草 270713
光亮落草 217499
光亮千日红 179242
光亮茜草 337985
光亮秋海棠 49860
光亮热非夹竹桃 13294
光亮热美爵床 172554
光亮热美龙眼木 160322
光亮忍冬 235984
光亮绒安菊 183049
光亮榕 165475
光亮榕树 165316
光亮蕊叶藤 376558
光亮塞罗双 283899
光亮三芒草 397922
光亮三芒草属 397920
光亮莎草 118922
光亮山矾 381291
光亮山柑 71790
光亮山梗菜 234469
光亮山金车 34714
光亮山榄 301776
光亮山柳菊 195714
光亮山楂 109870
光亮蛇葡萄 20415
光亮十二卷 186528
光亮石豆兰 62940
光亮柿 132277
光亮绶草 372227
光亮鼠尾草 345166
光亮鼠尾毛茛 260948
光亮鼠尾粟 372786
光亮薯蓣 131739
光亮双袋兰 134329
光亮双饰萝藦 134983
光亮双束鱼藤 10212
光亮睡莲 267631
光亮丝柱玉盘 145659
光亮四翼木 387611
光亮苏铁 241456
光亮素馨 211927
光亮索林漆 369787
光亮索马里蒺藜 215842
光亮台湾紫菀 41336
光亮唐菖蒲 176557
光亮唐松草 388556
光亮梯玄参 385545
光亮天门冬 39069
光亮天竺葵 288241
光亮田皂角 9539
光亮铁海棠 159372
光亮同金雀花 385690
光亮菟丝子 115087
光亮橐吾 229201
光亮瓦帕大戟 401256
光亮歪果帚灯草 71248
光亮豌豆 408404
光亮万寿菊 383097
光亮网脉夹竹桃 129668
光亮委陵菜 312816
光亮温曼木 413696
光亮乌口树 384996
光亮无被桑 94124
光亮五层龙 342683
光亮五蟹甲 289400
光亮西番莲 285680
光亮西米尔茜 364421
光亮仙人掌 272906
光亮腺托囊萼花 323430
光亮腺叶莓 107207
光亮香茶菜 303468
光亮香科科 388134
光亮小齿玄参 253434
光亮小籽金牛 383972
光亮肖北美前胡 99046
光亮肖风车子 390067
光亮肖竹芋 66180
光亮蝎尾蕉 190021
光亮斜唇卫矛 86359
光亮缬草 404314
光亮新卡大戟 56039
光亮悬钩子 338768
光亮雪茜 87742
光亮崖豆藤 254701
光亮延叶菊 265978
光亮盐肤木 332697
光亮盐角草 342878
光亮野茼蒿 108765
光亮叶萼荷 8562
光亮叶枸子 107531
光亮夜球花 193542
光亮一枝黄花 368284
光亮异赤箭莎 147381
光亮异荣耀木 134730
光亮翼鳞野牡丹 320586
光亮阴行草 365298
光亮银豆 32907
光亮银钮扣 344327
光亮罂粟葵 67125
光亮硬衣爵床 354384
光亮羽裂红花 77739
光亮玉凤花 184076
光亮玉山竹 416785
光亮郁金香 400198
光亮缘毛夹竹桃 18939
光亮杂色豆 47788
光亮獐牙菜 380358
光亮针垫花 228065
光亮针垫菊 84511
光亮针茅 376857
光亮栀子 171365
光亮脂麻掌 171734
光亮诸葛芥 258813
光亮爪瓣花 271893
光亮锥花石南 102758
光亮紫荆 83797
光亮紫檀 320303
光亮紫菀 40797
光亮紫玉盘 403516
光蓼 291766
光裂片南非针叶豆 223584
光裂叶眠雏菊 414982
光淋宝 257398
光淋菊 220523
光淋菊属 220464
光淋玉 182436
光琳龙 299249
光鳞阿氏莎草 580
光鳞山柳菊 195750
光鳞水蜈蚣 218488
光柃 160474
光柳 343416
光龙爪茅 121296
光绿青锁龙 108985
光绿柱 395647
光卵叶三萼木 395310
光伦丸 244035
光轮蕊花 129199
光洛赞裂蕊树 238061
光落叶花桑 14849
光落叶黄安菊 364693
光落柱木 300819
光马来茜 377526
光马利旋花 245301
光马鲁木 243511
光马鲁梯木 243511
光马泰木 246257
光脉尖萼无患子 377404
光脉藜芦 405627
光蔓堇菜 409911
光蔓茎堇菜 409911
光蔓菁 59600
光蔓毛林花 400973
光芒舟叶花 340644
光猫儿菊 202404
光毛柄堇菜 410074
光毛茛 326492
光毛兰草 34796
光毛药树 179991
光毛竹 297476
光帽花木 256134
光帽柱桃金娘 299139
光梅花大戟 372457
光梅里野牡丹 250669
光门竹 226742
光米努草 255481,255565
光缅甸漆木 248530
光面桐 406018
光皿花茜 294368
光明草 146724,201942,289015,358292,361753,361935
光明豆 121953
光明豆属 121952
光明子 268438,361935
光膜苞菊 211395
光膜鞘茜 201024

光木瓜 317602
光囊乳突苔草 **75316**
光囊苔草 **75160**
光囊苔草属 **224231**
光拟林风毛菊 **348795**
光拟崖椒 **162183**
光牛筋树 **399624**
光牛奶菜 245807
光盘山梅花 294489
光盘早熟禾 **305501**
光胖鹤虱 **221691**
光泡桐 **285985**
光蓬蘽 338703
光披针叶鼠李 **328756**
光皮桉 **155511**
光皮柏木 **114692**
光皮臂形草 **58201**
光皮冬瓜杨 **311445**
光皮红木桉 **106790**
光皮桦 53510
光皮喇叭木 382718
光皮梾木 **380520**
光皮绿干柏 **114654**
光皮毛白杨 **311533**
光皮木瓜 317602
光皮树 199904,380461,380520
光皮喜马拉雅冷杉 **483**,481
光皮亚利桑那柏木 114692
光皮银白杨 **311218**
光铺地刺蒴麻 **399304**
光匍匐堇 **409904**,409911
光菩提 **356902**
光蒲公英 **384559**
光普罗椴 **315449**
光槭 **2991**
光奇异堇菜 **410255**
光杞莓 **316986**
光绮春 **153951**
光千金藤 **375852**
光千屈菜 **240030**,240072
光前胡 24336,292925,292982
光巧克力色牡荆 **411399**
光鞘披碱草 **144306**
光鞘石竹 **47285**
光鞘苔草 **75043**
光鞘芽莎 **99440**
光茄 **367300**
光青兰 137599
光清香藤 211884
光秋海棠 49874
光冉布檀 **14365**
光染料木 **172977**
光日本齿叶南芥 **30442**
光日本六道木 **181**
光荣马先蒿 **287239**
光榕叶葡萄 **411671**
光软毛蒲公英 **242942**
光蕊滇黔石蝴蝶 **292569**
光蕊杜鹃 **330463**
光蕊纳塔尔核果木 **138666**
光蕊苔草 **73559**
光蕊铁线莲 **95260**
光蕊玄参 **224217**
光蕊玄参属 **224215**
光蕊芸香属 **224185**
光蕊紫露草 **394036**
光三萼木 **395240**
光三角花 57857
光三棱 370102
光三叶藤橘 **238534**
光沙蒿 **36032**
光沙穗 **148482**
光莎草 **118941**
光山飞蓬 **150750**
光山莓 **338285**
光山属 227755
光山香圆 **400531**
光山羊黄耆 **42148**
光山药 131772
光扇脉杓兰 **120374**
光舌山柳菊 **195623**
光蛇鞭菊 **228537**
光神药茱萸 **247696**
光蓍 **3951**
光笹竹 347307
光鼠麹 **368867**
光鼠麹属 **368866**
光鼠尾草 **345050**
光栓果菊 222909
光双轮蓼 **375584**
光水沼异颖草 **284011**
光丝鞘杜英 **360766**
光四川蔓茶藨子 **333915**
光四翼木 **387596**
光四籽树 **387305**
光松 **299954**
光松桉 **155617**
光素馨 **211801**,212019
光宿苞豆 **362299**
光穗冰草 **11699**
光穗鹅观草 **144314**
光穗繁花竹芋 **304399**
光穗旱麦草 **148400**
光穗罗氏草 337583
光穗披碱草 144314
光穗曲芒鹅观草 144512
光穗曲芒披碱草 144512
光穗手玄参 **244813**
光穗苏木 **65031**
光穗筒轴草 337583
光穗筒轴茅 **337583**
光穗鸭嘴草 209264
光穗有芒鸭嘴草 **209264**
光穗砖子苗 **245514**
光笋竹 125465,175600
光索马里格尼瑞香 **178705**
光索亚花 **369923**
光塔利木 **383362**
光塔韦豆 **385162**
光泰树 **385572**
光堂冠 **279686**
光藤菊 **64519**
光藤菊属 **64517**
光屉竹 347307
光田麻 **104047**
光铁苋菜 **1862**
光葶苈 **136998**
光桐 285985,406018
光头稗 **140360**
光头稗子 140360
光头车前 **302047**
光头独活 292924
光头山碎米荠 **72742**
光头山苔草 **75027**
光头黍 **281479**
光头碎米荠 72742
光秃阿氏莎草 **563**
光秃般若 43529
光秃苞茅 **201509**
光秃杯子菊 **290231**
光秃扁担杆 **180714**
光秃滨柃 **160462**
光秃刺头菊 **108250**
光秃酢浆草 **277717**
光秃大果榆 401557
光秃大黄榆 401557
光秃东北延胡索 105608
光秃杜鹃 330300
光秃多叶苔草 **75444**
光秃厄瓜多尔多花小檗 **51948**
光秃法道格茜 **162005**
光秃飞扬草 **159071**
光秃福禄考 **295275**
光秃核果木 **138592**
光秃红花 **77695**
光秃金合欢 **1242**
光秃九节 **319463**
光秃菊苣 **90892**
光秃绢毛悬钩子 **338753**
光秃军刀豆 **240489**
光秃蜡菊 **189284**
光秃鹿藿 **333172**
光秃落新妇 **41810**
光秃迷延胡索 **105608**
光秃茜堇菜 **410406**
光秃沙拐枣 **67006**
光秃石豆兰 **62612**
光秃黍 **281434**
光秃鼠掌老鹳草 **174909**
光秃唐菖蒲 **176539**
光秃蚊子草 **166085**,166117
光秃仙花 **395795**
光秃线叶赛亚麻 **266205**
光秃熊菊 **402825**
光秃绣线菊 **372017**
光秃银莲花 **23739**
光秃银叶大蓼 94875
光秃尤利菊 **160769**
光秃猪果列当 **201344**
光秃猪屎豆 **111986**
光土丁桂 **161424**
光托杯岩白菜 **52524**
光托黄安菊 **253532**
光托黄安菊属 **253531**
光托泽兰 **181610**
光托泽兰属 **181609**
光托紫地榆 174619
光箨篌竹 **297360**
光箨苦竹 **304039**,304000
光箨绿竹 **47196**
光瓦莲 **337299**
光弯花婆婆纳 **70647**
光丸 140846
光韦斯菊 **414934**
光尾稃草 **402554**
光文藤 **244326**
光纹柱瓜 **341258**
光沃纳菊 413893
光乌 5193
光无根藤 **78733**
光无梗斑鸠菊 **225255**
光无梗接骨木 **345682**
光无芒药 **172262**
光无舌沙紫菀 **227124**
光五味子 **351040**
光豨莶 363080
光细叶藜 **87073**
光细叶塔诺大戟 **383919**
光鲜菊 **326516**
光线菊属 145204
光腺白叶莓 338631
光腺萼紫葳 **250111**
光腺合欢 **13510**
光腺囊大戟 **389066**
光香薷 **144034**
光小扁芒菊 **14910**
光小兜草 **253354**
光小花假毛地黄 **10149**
光小花欧石南 **149840**
光小黄花苏木 **133637**
光小雄戟 **253042**
光肖鼠李 **328577**
光休伯野牡丹 **198926**
光绣球菊 **106850**
光须川氏女贞 **229651**
光序刺毛越橘 **404024**
光序翠雀花 **124309**
光序大渡乌头 **5210**

光序聚花草 **167030**
光序苦楝 298519
光序苦木 **298519**
光序苦树 298519
光序楼梯草 **142712**
光序拟弯距翠雀花 **124518**
光序肉实树 **346984**
光序乌头 **5352**
光雪球荚蒾 **408031**
光鸦葱 **354913**
光鸭舌癀舅 **370782**
光崖藤 **13455**
光雅葱 354913
光雅洁缅茄 **10111**
光烟草 **266043**
光盐蓬 **184813**
光药大黄花 116750
光药大坪子苔草 **76488**
光药茇茇草 **4153**
光药列当 **274972**
光耶格尔无患子 **211406**
光野燕麦 45454
光野芝麻 **220388**
光叶阿魏 **163659**
光叶艾纳香 **55729**
光叶安哥拉裂花桑寄生 **295858**
光叶凹脉鹅掌柴 **350724**
光叶澳吊钟 105394
光叶巴东过路黄 **239777**
光叶巴豆 **112931**
光叶菝葜 **366304**,366338
光叶白粉藤 92724
光叶白鼓钉 **307675**
光叶白兰花 252926
光叶白头树 **171567**
光叶白颜树 29009
光叶百簕花 **55364**
光叶百脉根 **237554**
光叶败酱 **285831**
光叶板凳果 **279747**
光叶苞糙毛菊 **8610**
光叶报春 314790
光叶闭鞘姜 **107281**
光叶扁担杆 **180888**
光叶扁毛菊 **14917**
光叶薄荷 **250362**
光叶布玛利木 63425
光叶糙毛草 **335344**
光叶草葡萄 20338
光叶茶藨 333990
光叶茶藨子 **333990**
光叶茶梅 69706
光叶长生草 **358037**
光叶长尾槭 2878
光叶常绿桤木 **16316**
光叶翅果麻 **218447**
光叶椆 233308
光叶穿龙薯蓣 131736
光叶春榆 401490
光叶唇柱苣苔草 **87897**
光叶刺李山榄 **63425**
光叶刺玫蔷薇 336524,336736
光叶粗糠树 **141667**
光叶粗叶木 222146
光叶翠蓝绣线菊 **371929**
光叶翠雀花 **124342**
光叶大丁草 175212
光叶大沙叶 286096
光叶大蒜果 139666
光叶大武杜鹃 **331938**
光叶戴克茜 **123518**
光叶党参 **98286**
光叶等蕊山榄 **210198**
光叶地不容 375854
光叶滇榄仁 **386538**
光叶丁公藤 **154260**
光叶东北茶藨 334085
光叶东北茶藨子 **334085**
光叶东北杏 **34446**
光叶东陵绣球 199846
光叶斗篷草 **14074**
光叶独花报春 **270731**
光叶度量草 256214
光叶短距翠雀花 124342
光叶短绒槐 **369154**
光叶鹅观草 **335293**
光叶鹅掌柴 **350698**
光叶耳草 187625
光叶返顾马先蒿 **287588**
光叶仿杜鹃 **250518**
光叶菲利木 **296240**
光叶肺筋草 14494
光叶粉报春 **314435**
光叶粉花绣线菊 **371971**
光叶风毛菊 **348198**,348099
光叶夫兰氏榄仁 386538
光叶覆草 **297515**
光叶刚莠竹 **253997**
光叶高丛珍珠梅 **369267**
光叶高粱泡 338703
光叶高山栎 324322
光叶藁本 229284
光叶珙桐 **123247**
光叶孤独菊 **148433**
光叶瓜馥木 166694
光叶龟花 57857
光叶桂木 **36937**
光叶海南樫木 **139666**
光叶海桐 **301279**
光叶含羞草 254997
光叶豪曼草 **186185**
光叶合欢 13609
光叶红 **68323**
光叶红豆 **274393**
光叶红孩儿 50137
光叶红孩儿秋海棠 **50137**
光叶红河冬青 **204020**
光叶红轮狗舌草 **385894**
光叶蝴蝶草 **392884**
光叶花椒 **417282**
光叶花桐木 **274419**
光叶华淡竹叶 **236296**
光叶华桔竹 **364654**
光叶华箬竹 **347393**
光叶桦 53510
光叶黄华 **389538**
光叶黄皮树 294240
光叶黄乳桑 **290682**
光叶黄杨 **64325**
光叶黄枝挂苦子树 200148
光叶黄钟花 **115352**
光叶火绳 152687
光叶火绳树 **152687**
光叶火石花 **175212**
光叶火筒树 **223936**,223924
光叶鸡骨柴 **144029**
光叶基扭桔梗 **123786**
光叶棘豆 279079
光叶加拿大紫荆 **83761**
光叶加州蒲葵 413307
光叶假剑木 **318636**
光叶假韶子 **283534**
光叶假益智 17715
光叶箭竹 **162694**
光叶酱头 **162524**
光叶绞股蓝 **183012**
光叶金合欢 **1176**
光叶金钥匙 116036
光叶堇菜 **410615**,409876
光叶茎花赤才 **225672**
光叶景东报春 **314500**
光叶九重葛 57857
光叶榉 417558
光叶榉树 417558
光叶具苞拟九节 **169322**
光叶卷花丹 **354745**
光叶绢蒿 **360816**
光叶绢毛蔷薇 **336933**
光叶决明 **78301**
光叶柯 **233308**
光叶苦马豆 380067
光叶拉拉藤 **170459**
光叶蜡菊 **189601**
光叶蓝叶菜 245807
光叶蓝叶藤 245807
光叶勒泰木 **227171**
光叶栗豆藤 **10999**
光叶栗色鼠尾草 **344942**
光叶蓼 **309419**
光叶裂榄 **64074**
光叶林石草 **413035**
光叶柃木 160553
光叶柳 **343833**
光叶陇东海棠 **243644**
光叶楼梯菜 142704
光叶楼梯草 **142704**
光叶罗氏锦葵 **335025**
光叶落霜红 **204245**
光叶马鞍树 **240133**
光叶马岛金虎尾 **294633**
光叶马岛小金虎尾 **254062**
光叶马来茜 **377528**
光叶毛瓣木蓝 **206048**,206046
光叶毛果枳椇 **198789**
光叶美登木 **246843**,182683
光叶美花芥 **203364**
光叶美蔷薇 **336384**
光叶猕猴桃 **6614**
光叶密花豆 **370415**
光叶闽粤悬钩子 **338341**
光叶木槿 **194895**
光叶木兰 283421,416692
光叶木蓝 **206295**
光叶拟单性木兰 **283421**
光叶牛筋条 **129027**
光叶牛奶菜 **245807**
光叶牛皮消蓼 162524
光叶糯米椴 **391726**
光叶欧石南 **149948**
光叶泡花树 **249374**
光叶蓬莱葛 171440
光叶匹菊 322650
光叶偏瓣花 **301677**
光叶平原茜 **48899**
光叶婆婆纳 **407135**
光叶匍堇菜 409911
光叶葡萄 411568,411686
光叶朴 80643
光叶七叶树 **9694**
光叶槭 **3075**,2991
光叶漆 332608
光叶棋子豆 **116596**
光叶千金藤 **375877**
光叶千里光 **358963**
光叶蔷薇 **336610**,337015
光叶秋海棠 **50202**,50137,50416
光叶求米草 **272689**
光叶球果堇菜 **409835**
光叶球穗山姜 **17762**
光叶荛花 **414181**,414162
光叶热非檀香 **269634**
光叶绒毛东爪草 **109465**
光叶绒毛槐 **369135**
光叶榕 **165225**
光叶润楠 **240589**
光叶箬竹 **206790**
光叶塞拉玄参 **357685**
光叶三角车 **334647**

光叶三脉紫菀 **39968**
光叶桑 259156
光叶沙紫菀 **51004**
光叶沙紫菀属 **51003**
光叶山白树 **365094**
光叶山茶 69706
光叶山刺玫 **336524**
光叶山地牛奶菜 **245832**
光叶山矾 **381272**
光叶山核桃 **77894**
光叶山黄麻 **394635**,394650
光叶山姜 **17693**
光叶山景葶苈 **137165**
光叶山栎 324322
光叶山莓草 **362346**
光叶山梅花 294419
光叶山小橘 **177826**,177841
光叶山楂 **109662**
光叶山芝麻 190102
光叶山苎麻 56240
光叶蛇葡萄 **20321**,20461
光叶神血宁 309419
光叶十大功劳 **242637**
光叶石栎 233308
光叶石楠 **295691**
光叶石上莲 57900
光叶饰岩报春 314799
光叶柿 **132134**
光叶黍 **281800**
光叶鼠麹草 **224419**
光叶鼠麹草属 **224418**
光叶薯蓣 **131601**
光叶双花堇菜 **409730**
光叶双片苣苔草 **130070**
光叶霜果山楂 **109957**
光叶水青冈 162390
光叶水苏 373346
光叶四蟹甲 **387079**
光叶四照花 **124940**
光叶松 **300033**
光叶溲疏 **127028**,126933
光叶粟米草 256727
光叶唐竹 **364824**
光叶天料木 **197693**
光叶天竺葵 **288252**
光叶铁线莲 **94945**
光叶铁仔 **261657**
光叶土耳其葡萄 **411783**
光叶兔儿风 **12640**
光叶娃儿藤 **400863**,400945
光叶万年青 204417
光叶委陵菜 **312640**
光叶卫矛 **157545**
光叶纹蕊茜 **341305**
光叶蚊子草 **166114**,166117
光叶乌柳 **343195**,343262
光叶五叶参 289632
光叶膝曲冬青 **203841**
光叶细刺枸骨 **203902**
光叶仙茅 **114827**
光叶香缅树杜鹃 **332033**
光叶枭丝藤 **329242**
光叶小檗 **51841**
光叶小飞扬 159102
光叶小果叶下珠 296735
光叶小蜡 **229627**
光叶小蜡树 229627
光叶小米草 **160210**,160286
光叶肖鸢尾 **258607**
光叶楔叶榕 **165792**
光叶心叶葡萄 **411635**
光叶绣线菊 371912,371971
光叶悬钩子 338082
光叶旋梗忍冬 **236124**
光叶血树 198508
光叶血桐 **240260**
光叶栒子 **107460**
光叶鸭舌癀舅 **370749**
光叶崖豆藤 **66637**,370422
光叶崖爬藤 387825
光叶岩荠 **97991**
光叶盐肤木 **332608**
光叶眼子菜 **312168**
光叶羊角芍药 **280231**
光叶羊蹄甲 **49184**
光叶野丁香 **226115**,226096
光叶伊桐 210443
光叶刈藤 66637
光叶翼萼 392884
光叶淫羊藿 **147050**,147048
光叶银莲花 **23944**
光叶樱 83204
光叶樱桃 **83204**
光叶鱼藤 66637
光叶榆 401468
光叶羽叶参 **289635**
光叶玉兰 **416692**,283421
光叶鸢尾 208672
光叶云南草寇 17650
光叶云南冬青 **204417**
光叶云南山姜 **17650**
光叶泽泻 14745
光叶针垫花 **228089**
光叶珍珠花 **239409**
光叶珍珠梅 369267
光叶栀子皮 **210443**
光叶治疝草 **193005**
光叶朱藤 66643
光叶珠穗山姜 17762
光叶猪屎豆 112238
光叶苎麻 **56192**,56240
光叶子花 **57857**
光叶紫花苣苔 **238037**
光叶紫马唐 **130826**
光叶紫玉盘 **403430**
光叶紫珠 **66837**
光叶柞木 **415878**
光翼花藤 **320195**
光翼毛木 **321048**
光翼缬草 **14698**
光阴子 268438
光银莲花 **23827**
光樱桃 20926
光颖草 **318934**
光颖草属 **318933**
光颖芨芨草 4160
光硬核木 **269575**
光疣冷水花 **298909**
光于维尔无患子 **403064**
光榆 401512
光榆叶一枝黄花 **368077**
光羽叶参 289635
光玉凤花 183820
光圆盘蓝子木 **245215**
光缘大参 241179
光缘大葠 241179
光缘虎耳草 **349686**
光越橘 **404005**
光云球 249590
光凿树 295691
光蚤茜 **320016**
光泽阿氏莎草 **587**
光泽巴豆 **112950**
光泽巴因榄 286756
光泽白坚木 **39697**
光泽白蓬草 388556
光泽扁担杆 **181015**
光泽独行菜 **225424**
光泽风铃草 **70024**
光泽凤仙花 **205102**
光泽光淋菊 **276224**
光泽黑草 **61822**
光泽黄胶菊 **318722**
光泽脊被苋 **281204**
光泽可拉木 **99229**
光泽兰属 **166836**
光泽芦荟 **17028**
光泽罗勒 **268563**
光泽曼氏短冠草 **369224**
光泽囊鳞莎草 **38228**
光泽欧石南 **150223**
光泽皮尔逊豆 **286795**
光泽山梗菜 **234791**
光泽乌头 **5381**
光泽鞋木 **52873**
光泽玄参 **355175**
光泽栒子 **107593**
光泽鸭嘴花 **214624**
光泽盐肤木 **332938**
光泽羊蹄甲 **49231**
光泽叶荚莲 407970
光泽印度海芋 **16503**
光泽玉牛角 **139168**
光泽锥花 **179191**
光泽紫斑风铃草 **70236**
光粘毛蒿 35893
光掌根兰 121359
光鹧鸪花 **395481**
光珍珠茅 **354056**
光之女神大滨菊 **227468**
光枝长白忍冬 **236077**
光枝杜鹃 **330824**
光枝勾儿茶 **52451**,52450
光枝柳叶忍冬 **235912**
光枝米碎花 **160443**
光枝木龙葵 **367382**
光枝楠 **295392**
光枝山柳菊 **195907**
光枝山蟹甲 **258290**
光枝水车藤 52451
光枝洼皮冬青 **204098**
光枝小瘤果茶 **69449**
光枝楔叶柃 **160450**
光枝盐肤木 **332512**
光枝苎麻 **56216**
光知母 23670
光栀子皮 210443
光止泻木 **197191**
光治疝草 192965
光中脉梧桐 **390306**
光轴翠雀花 **124343**
光轴鹅不食 31969
光轴勾儿茶 **52428**
光轴苣草 **36707**
光轴狼尾草 **289153**
光轴桐 **228739**
光轴野燕麦 **45457**
光轴以礼草 **215955**
光轴早熟禾 **305653**
光轴蚤缀 **31969**
光轴苎蒟 300359
光轴苎叶蒟 **300359**
光皱颖草 **333814**
光株还阳参 **294917**
光株还阳参属 **294916**
光竹 **87570**,297215,297435
光柱澳矛果豆 **45307**
光柱长鳞杜鹃 **331127**
光柱朝鲜杜鹃 **332107**
光柱淡黄杜鹃 **330705**
光柱杜鹃 **331928**,331863
光柱杜鹃花 331863
光柱旱地木槿 **194718**
光柱迷人杜鹃 **330047**
光柱驱虫酢浆草 **277681**
光柱铁线莲 **95095**
光柱无尾果 **100145**
光柱苋属 **218664**

光柱野豌豆 **408674**
光柱泽兰属 **217105**
光锥果葶苈 **137077**
光籽大戟 **159253**
光籽灯心草 **213207**
光籽风信子 **163774**
光籽芥属 **224209**
光籽槿 194969
光籽柳穿鱼 **231012**
光籽柳叶菜 **146920**
光籽芒柄花 **271436**
光籽绵枣儿属 **163773**
光籽棉 179884
光籽木槿 **194969**
光籽扭柱豆 **378504**
光子 62110
光子大戟 159092,159286
光子房泰山柳 **344171**
光子克拉脐果草 **270701**
光子棉 179884
光紫葛葡萄 **411624**
光紫黄芩 **355554**
光紫茎 376444
光紫薇 **219928**
光紫珠 **66794**
光足酢浆草 **278030**
光足蕊南星 **306303**
光佐勒铁豆 **418261**
桄榔 78052
桄榔 **32343**,78047,78052,295465
桄榔属 **32330**
桄榔子 32336
桄榔子属 32330
广白头翁 307656
广柏 167201
广扁线 146054
广布大花水苏 **373232**
广布红门兰 310873
广布还阳参 110872
广布黄芪 42384
广布黄耆 **42384**
广布类雀稗 **285379**
广布柳叶菜 146641
广布芦莉草 **339731**
广布马先蒿 287468
广布梅花藻 48914
广布千金子 **225996**
广布墙草 **284152**
广布苔草 **74481**
广布甜苣 **187744**
广布小红门兰 **310873**
广布鸭舌癀舅 **370849**
广布野豌豆 **408352**
广布蝇子草 364193
广布羽扇豆 **238443**
广布芋兰 **265373**
广布泽苔草 **66341**
广布紫堇 105753
广菜 99936
广场苔草 **76316**
广川草 309711
广刺球 140150
广当幌子 147013
广岛委陵菜 **313080**
广岛夏柚 **93485**
广地丁 173606
广东半蒴苣苔 **191385**
广东报春 **314549**
广东扁担杆 **180835**
广东蔗寄生 **176794**
广东博罗鸡矢藤 250853
广东箣柊 **354627**
广东赪桐 96167
广东匙羹藤 **182374**
广东齿唇兰 **269024**
广东赤竹 **347218**
广东重楼 **284368**
广东臭茉莉 96167
广东臭牡丹 96167
广东刺柊 354627
广东楤木 30590
广东粗叶木 **222123**
广东大青 **96167**
广东大沙叶 286264
广东倒吊笔 **414807**
广东地构叶 **370512**
广东钓樟 231377
广东蝶豆 **97190**
广东冬青 **203953**
广东杜鹃 **331031**
广东耳草 187529
广东高秆莎草 **118847**
广东隔距兰 **94468**
广东桂皮 91282
广东海风藤 214967
广东海桐 56802
广东含笑 **252887**
广东合欢花 232594
广东厚壳桂 **113457**
广东厚皮香 386712
广东胡枝子 **226796**
广东画眉草 147793,147842
广东黄肉楠 **6784**
广东假吊钟 108583
广东假木荷 108583
广东假野芝麻 170024
广东剪股颖 **12058**
广东金钱草 **126623**
广东金腰 **90382**
广东金叶子 **108583**
广东堇菜 **410159**
广东锦香草 **296380**
广东酒饼簕 **43730**
广东克檑木 108583
广东狼毒 16512
广东黎檬 93546
广东莲桂 **123608**
广东临时救 **239702**
广东刘寄奴 35770
广东鹿茸木 248031
广东螺序草 **371759**
广东络石藤 319833
广东毛脉槭 **3484**
广东毛蕊茶 **69352**
广东美脉花楸 **369353**
广东蜜柑 93728
广东牡荆 **411441**
广东牡丽草 **259411**
广东木瓜红 **327416**
广东木荷 **350923**
广东木姜子 **233966**
广东木莲 **244451**
广东闹羊花 123065
广东柠檬 93546
广东泡果荠 **196277**
广东泡花树 108583
广东盆距兰 **171857**
广东蒲桃 **382591**
广东蔷薇 **336667**
广东琼楠 **50513**,50619
广东秋海棠 285659
广东人参 280799
广东柔毛紫茎 **376490**
广东润楠 **240610**
广东箬竹 **206786**
广东桑 **259095**
广东山茶 **69246**,69135
广东山胡椒 **231377**
广东山姜 **17715**
广东山龙眼 **189937**
广东山葡萄 20327
广东杉 114539,114548,178019
广东鳝藤 25929
广东商陆 107271
广东蛇葡萄 **20327**
广东升麻 361011,361018
广东十大功劳 242532
广东石豆兰 **62832**
广东石斛 **125417**
广东石榴 318742
广东石仙桃 295516
广东水锦树 **413788**
广东水马齿 **67384**
广东水莎草 **212783**
广东丝瓜 **238258**
广东松 300009
广东苏铁 115824
广东苔草 **73603**
广东葶苈 336187
广东秃茶 69246
广东土南星 33450
广东土牛膝 158070
广东万代兰 **404642**
广东万带兰 404642
广东万年青 **11348**,16512,327525
广东万年青属 11329
广东万寿竹 134425
广东王不留行 165515
广东乌饭 **403844**
广东西番莲 **285659**
广东相思子 **747**
广东香子 252839
广东象牙红 154734
广东小野芝麻 **170024**
广东新耳草 **262968**
广东新木姜子 **264062**
广东绣球 **199936**
广东崖豆藤 **66631**
广东沿阶草 **272129**
广东羊耳蒜 **232217**
广东羊蹄甲 49140
广东野靛棵 **244291**
广东野丁香 **226139**
广东野芝麻 170024
广东异型兰 **87457**
广东油桐 406019
广东鱼木 **110215**
广东玉叶金花 **260439**
广东珍珠茅 **354126**
广东竹 **297342**
广东紫花杜鹃 331202
广东紫薇 **219927**
广东紫珠 **66833**
广兜铃 73157
广豆根 369141
广钝果寄生 385192
广防风 **147084**
广防风属 **147082**,25466
广防己 **34176**
广丰唇柱苣苔草 **87919**
广佛手 93604
广福杜鹃 330592
广福藤 214972
广柑 93765
广谷草 220126
广红心木 **300643**
广花耳草 **187506**,187581
广花弓果藤 **393541**
广花鳝藤 **25929**
广花螯毛果 **97553**
广花娃儿藤 **400917**
广茴香 204603
广霍香 306964
广藿香 **306964**,254252
广藿香属 306956
广寄生 **385192**,355317

广角 340141
广金钱草 126623
广橘 93765
广口杜鹃 **331150**
广口风铃草 69942
广狼毒 16512
广灵香 239640
广陵披碱草 **144365**
广零陵香 239640
广卵果黄榆 401556
广卵叶红花荷 332205
广马草 11199
广麦冬 39014
广茂 114875
广木香 44881,207206
广南报春 **315111**
广南茶 **69243**
广南冬青 **203866**
广南杜鹃 **330797**
广南柯 **233260**
广南美登木 **246849**
广南槭 **3068**
广南天料木 **197709**
广宁油茶 69613,69634
广蒲草 225661
广蒲草属 225659
广青果 70989
广三七 294114
广商陆 107271
广商陆属 107221
广射椰子属 6826
广生夜来香 **290752**
广生紫荆萝藦 290752
广石豆兰 62832
广石莲 65040
广术 114875
广檀木 239527
广檀木属 239525
广藤 290843
广天仙子 200652
广椭绣线菊 **372043**
广椭圆形叶小檗 **51993**
广椭圆叶唐棣 19288
广西艾麻 221604
广西安息香 **379411**
广西八角枫 **13374**
广西八角莲 139621
广西白背叶 **243322**
广西百灵藤 194167
广西百仔 250792
广西柏那参 59221
广西斑鸠菊 **406222**
广西报春茜 **226240**
广西杯冠藤 **117551**
广西菜豆树 **324997**
广西槽裂木 **292039**
广西草果 **19861**
广西插柚紫 87708,231747
广西茶 **69244**
广西茶藨 334039
广西长梗藤 135390
广西长叶山竹子 171187
广西澄广花 **275330**,275320
广西赤竹 **347219**
广西樗树 **12579**
广西唇柱苣苔 317538
广西刺茶 **246949**,182800
广西粗筒苣苔 **60288**
广西大风子 **199754**,199743
广西大花藤 **326800**
广西大将军 234405
广西大青 **96029**
广西大头茶 **179758**
广西大叶藤 **392225**
广西地不容 **375880**
广西地海椒 **297625**
广西吊石苣苔 **239953**
广西钓樟 **231366**
广西顶果木 **5984**,5983
广西冬青 204352
广西豆蔻 **19871**
广西杜根藤 **67825**
广西杜鹃 **331026**
广西杜英 **142347**,142311
广西盾翅藤 **39669**
广西莪术 **114868**
广西鹅掌柴 **350728**,350731
广西肥皂荚 **182529**
广西粉绿藤 279560
广西狗牙花 **154173**,382766
广西瓜馥木 **166667**
广西过路黄 **239547**
广西孩儿草 **340350**
广西海桐 **301309**
广西含笑 **252888**
广西核果茶 **322592**
广西核实 138670
广西黑面神 **60066**
广西红豆树 274393
广西红果树 **295619**
广西猴欢喜 366044
广西厚唇兰 **146548**
广西厚膜树 **163402**
广西虎刺 **122036**
广西虎耳草 **349527**
广西虎皮楠 122715
广西花点草 273911
广西花椒 **417249**
广西华千里光 365052
广西画眉草 **147703**
广西黄皮 260169
广西火绳树 152690
广西火桐 **155003**
广西火焰花 **295021**
广西鸡矢藤 280091
广西鸡屎藤 280091
广西尖叶木 **402624**
广西姜花 **187455**
广西绞股蓝 **183008**
广西九里香 **260169**
广西苦竹 **304051**
广西拉拉藤 **170356**
广西来江藤 **59128**
广西冷水花 **298973**
广西离瓣寄生 **190836**
广西李榄 **231747**,87708
广西裂果薯 **351381**
广西流苏树 **87708**,231747
广西柳叶箬 **209065**
广西龙胆 **173569**
广西罗伞 **59221**
广西裸柱草 **182812**
广西裸柱花 182812
广西落檐 **351148**
广西马兜铃 **34238**
广西马蓝 **320126**
广西芒毛苣苔 **9426**
广西芒木 152690
广西毛冬青 **204187**
广西毛萼红果树 **377439**
广西美登木 **246850**,182800
广西猕猴桃 **6669**
广西米口袋 **181661**
广西密花冬青 **203645**
广西密花树 **261626**
广西牡荆 **411310**
广西木瓜 76813
广西木五加 125623
广西木犀榄 **270126**
广西南五味子 **214964**
广西苹婆 **376116**
广西蒲儿根 **365052**
广西蒲桃 **382549**
广西槭 **3696**
广西岐花鼠刺 **85965**
广西棋子豆 116606
广西前胡 **292873**
广西青冈 **116126**
广西青梅 **405168**
广西青牛胆 **392256**
广西青牛藤 392256
广西清明花 49364
广西琼榄 276362
广西秋海棠 **49912**,49714
广西秋英爵床 **107132**
广西球兰 **198835**,198895
广西榕 **165079**
广西赛爵床 67825
广西三宝木 **397366**
广西砂仁 19871
广西山矾 **381268**,381272
广西山梗菜 **234405**
广西山蓝 **291155**
广西山茉莉 **199457**
广西山竹子 171123
广西少齿悬钩子 **339006**
广西舌唇兰 **302380**
广西舌喙兰 **191610**
广西蛇根草 **272233**
广西省藤 **65702**
广西石笔木 322592
广西石斛 **125357**
广西石楠 **295715**
广西石蒜 **239260**
广西鼠刺 **210391**,85965
广西鼠李 **328753**
广西树萝卜 **10313**
广西树参 **125623**
广西水锦树 **413770**
广西素馨 **211852**
广西宿萼木 **378475**
广西酸竹 **4605**
广西梭罗 **327372**
广西苔草 **75026**
广西檀栗 **286576**
广西藤黄 **171123**
广西藤山柳 **95500**
广西天料木 **197690**
广西铁仔 **261619**
广西同心结 **285060**
广西铜锤草 **313575**
广西土黄芪 **266464**
广西乌口树 **384972**
广西梧桐 155003
广西鳚茅 **131014**
广西香花藤 **10239**
广西新木姜子 **264061**
广西绣球 199931
广西绣线菊 **371988**
广西锈荚藤 **49076**
广西悬钩子 **338687**
广西鸭脚木 350728,350731
广西崖豆藤 254830
广西崖爬藤 **387794**
广西羊角棉 **18048**
广西野桉 155614
广西野独活 **254554**
广西异唇苣苔 **15958**
广西异木患 **16129**
广西隐棒花 **113539**
广西油果樟 **381795**
广西羽叶楸 **376268**
广西玉叶金花 **260438**
广西鸢尾兰 **267964**
广西越橘 **404001**
广西云实 64979
广西掌叶秋海棠 49912
广西掌叶树 59221

广西蜘蛛抱蛋 **39573**
广西朱砂莲 34363
广西竹根七 **134407**
广西紫果冬青 **204355**
广西紫荆 83779
广西紫麻 **273911**
广西醉魂藤 **194163**,194167
广香薷 259282
广香藤 166652
广序北前胡 **292878**
广序臭草 **249060**
广序假卫矛 **254319**
广序剪股颖 12133
广叶桉 **155476**
广叶达比西亚 123268
广叶冬青 203961
广叶黄檀 121730
广叶荚蒾 407676
广叶假卫矛 254306
广叶龙舌兰 **10888**
广叶芦荟 **17247**
广叶南洋豆 386410
广叶南洋杉 30835
广叶软叶兰 130185
广叶杉 114539
广叶参 394757
广叶参属 394755
广叶参树 394757
广叶葠 394757
广叶橐吾 **229030**
广叶仙客来 **115958**
广异叶木 **25581**
广玉兰 242135
广枣 88691
广展矢车菊 **81398**
广展獐牙菜 380298
广枝 301279
广栀仁 301372,301454
广州暗褐飘拂草 **166331**
广州拔地麻 404325
广州槌果藤 71707
广州地构叶 370512
广州耳草 **187529**
广州孩儿草 **340343**
广州蔊菜 **336187**
广州沙柑 93649
广州山柑 **71707**
广州蛇根草 **272187**
广州鼠尾粟 **372696**
广州相思子 747
广州绣线菊 371868
广竹 **318317**
广竹黄 47475
归经草 220032
归叶藁本 229292
归叶棱子芹 **304757**
圭奥无患子属 **181860**
圭巴正玉蕊 **223774**
圭东苏兰木 **418482**
圭奈豆属 181858
圭山秋海棠 **49892**
圭亚那阿尔芸香 **16278**
圭亚那阿迈茜 **18549**
圭亚那阿斯草 **39836**
圭亚那艾塔树 **155330**
圭亚那安尼樟 **25202**
圭亚那安息香 **379359**
圭亚那巴茜草 **280485**
圭亚那巴特兰 **263621**
圭亚那饱食木 61059
圭亚那饱食桑 **61059**
圭亚那笔花豆 **379245**
圭亚那草 **390936**
圭亚那草科 **390937**
圭亚那草属 **390935**
圭亚那侧穗莎 **304870**
圭亚那柽柳桃金娘 **260998**
圭亚那慈姑 **342346**
圭亚那大吉阿 382943
圭亚那冬青 **203867**
圭亚那豆属 372377
圭亚那独蕊 **412150**
圭亚那短柱兰 **58807**
圭亚那法拉茜 **162583**
圭亚那番石榴 **318743**
圭亚那钩藤 **401759**
圭亚那管蕊堇 **286773**
圭亚那光果 **232708**
圭亚那海特木 **188319**
圭亚那红籽莲 **294338**
圭亚那红籽莲属 **294337**
圭亚那厚壳桂 **113450**
圭亚那胡椒 **300398**
圭亚那假剑木 **318635**
圭亚那姜饼木 **284228**
圭亚那金虎尾属 **55239**
圭亚那金叶木 **90052**
圭亚那距苞藤 **369903**
圭亚那军刀豆 **240490**
圭亚那可可 **389407**
圭亚那苦香木 **364373**
圭亚那苦油楝 72640
圭亚那苦油树 72640
圭亚那兰 **123591**
圭亚那兰属 **123590**
圭亚那雷内姜 **327735**
圭亚那莲叶桐 **192911**
圭亚那龙胆 **382943**
圭亚那龙胆属 **382941**
圭亚那绿心樟 **268708**
圭亚那马利埃木 **245668**
圭亚那马龙戟 **244991**
圭亚那马蹄果 **316022**
圭亚那梅鲁茜 **250917**
圭亚那明夸铁青木 **255416**
圭亚那纳茜菜 **266212**
圭亚那纳茜菜属 **266211**
圭亚那南美合丝花 **160303**
圭亚那南美红树 **376309**
圭亚那南美纳茜菜 **209494**
圭亚那囊苞木 **266654**
圭亚那囊蕊白花菜 **297999**
圭亚那牛奶木 **108149**
圭亚那牛栓藤 **101873**
圭亚那诺兰 266654
圭亚那帕立茜 280485
圭亚那盘花南星 **27645**
圭亚那炮弹果 108195
圭亚那茜 **155340**
圭亚那茜属 **155339**
圭亚那热美蔻 **209023**
圭亚那热美竹桃 **240866**
圭亚那乳桑 **46515**
圭亚那三齿叶茜 **85096**
圭亚那涩树 **378965**
圭亚那蛇桑 61059
圭亚那施特茜 **377587**
圭亚那柿 **132184**
圭亚那双柱苏木 **129488**
圭亚那塔普木 **384397**
圭亚那坛罐花 **365119**
圭亚那桃榄 **313370**
圭亚那天鹅绒竹芋 **257908**
圭亚那天料木 **197683**
圭亚那铁青树属 **240205**
圭亚那铁线子 **244552**
圭亚那图里无患子 **393226**
圭亚那托克茜 **392545**
圭亚那瓦泰豆 **405147**
圭亚那沃套野牡丹 **412309**
圭亚那无患子 **412322**
圭亚那无患子属 **412321**
圭亚那西帕木 365119
圭亚那纤皮玉蕊 **108168**
圭亚那香脂苏木 **103708**
圭亚那橡胶树 194455
圭亚那小鳞山榄 **253782**
圭亚那鞋籽橄榄 **110701**
圭亚那血蕊大戟 **184508**
圭亚那羊大戟 **71583**
圭亚那羊蹄甲 **49115**
圭亚那野牡丹 **268375**
圭亚那野牡丹属 **268374**
圭亚那摘亚苏木 **127396**
圭亚那樟桂 268728
圭亚那指蕊大戟 **121447**
圭亚那子弹木 **255271**
龟白柳 **343294**
龟背菊 **317093**
龟背菊属 **317088**
龟背芋 258168
龟背芋属 258162
龟背竹 **258168**,147349
龟背竹属 **258162**
龟波川小赤竹 **347374**
龟儿草 6907
龟果桐 **86842**
龟果桐属 **86841**
龟果棕属 86841
龟花 57855
龟花龙胆属 **86773**
龟甲 123308
龟甲钝齿冬青 **203672**
龟甲凤梨属 324577
龟甲观音莲 16496
龟甲龙属 131451
龟甲牡丹 **337154**
龟甲牡丹属 **337153**
龟甲球 **140857**
龟甲丸 140857
龟甲仙人球 337154
龟甲仙人掌属 123307
龟甲岩牡丹 **33209**,33212
龟甲芋 **16496**
龟甲竹 **297301**
龟甲状豪华菠萝 **324585**
龟壳纹竹芋 66171
龟壳蜈蚣 231568
龟里焬 94191
龟裂红光树 **216835**
龟裂盐肤木 **332819**
龟头花 **86783**
龟头花属 **86781**
龟头花羽叶楸 **376264**
龟头树科 46766
龟头文心兰 270790
龟纹箭 **159204**
龟纹掌 **273104**,273103
龟药 231568
龟叶草 209665
龟叶麻 56260,56343
龟柱兰属 **86802**
龟状薯蓣 **131874**
茥 338250,338292
硅土之王美国冬青 **204124**
瑰红柳叶菜 146859
瑰花密花豆 370418
鲑粉美人蕉 **71176**
鲑花牻牛儿苗 **346660**
鲑花美国薄荷 **257166**
鲑色海葱 **402431**
鲑色曲花 **120594**
鲑色唐菖蒲 **176519**
鲑色天竺葵 **288499**
槻 417558
鬼桉 106814
鬼把火 96083
鬼百合 230058

鬼笔蛇菰 332411
鬼笔蛇菰属 332409
鬼篦子 157285
鬼边榜 49744
鬼布 235
鬼藏 355201
鬼叉 54158
鬼钗草 53797
鬼丑 159172
鬼吹箫 228321
鬼吹箫属 228319
鬼刺 54158
鬼打青 24024
鬼胆球 **182429**
鬼胆丸 182429
鬼当归 24483
鬼稻稻 275937
鬼灯笼 73207,96083,297645,297711,297712,384473,384681
鬼灯笼树 283624
鬼灯檠 **335151**,110502,329944,335142
鬼灯檠属 **335141**
鬼点灯 57689,96028,173917
鬼点火 96083,96180,406667
鬼都邮 88289
鬼兜青 204001
鬼督邮 88289,117643,171918,292067
鬼督邮属 12599
鬼独摇草 88289
鬼凤尾蕉 241449
鬼盖 280741
鬼疙草 54042
鬼疙针 54042
鬼谷草 90108
鬼骨针 53797,54042
鬼瓜 **224441**
鬼瓜属 **224440**
鬼划符 60064
鬼画符 60064
鬼黄花 53797
鬼蒺藜 53797
鬼蓟 **92072**
鬼尖头草 213447,213448
鬼见城 140231
鬼见愁 72249,146966,157285,275010,278680,326340,404285
鬼见退 388541
鬼见羽 157285,320917
鬼箭 157285
鬼箭锦鸡儿 **72249**
鬼箭羽 41852,157285,157310,157876
鬼箭玉凤花 291202
鬼箭玉凤花属 183389
鬼胶树 106814
鬼椒 254204
鬼椒属 254201
鬼角草 **396401**
鬼角草属 **396400**
鬼角竹 297215,297435
鬼脚掌 10955
鬼臼 132678,139610,139623,139629,365009
鬼臼科 **306607**
鬼臼属 **306609**,139606
鬼菊 53797
鬼蒟蒻 33295
鬼苦苣菜 368649
鬼蜡烛 **294988**,20132,20136,401094
鬼兰 **224439**,130043
鬼兰属 **224438**,130037
鬼老子 97719
鬼栎 233132
鬼荔枝 143868
鬼脸刺 236144
鬼脸升麻 91008,91011,91023
鬼菱 **394513**,394496
鬼柳 320377
鬼柳根 362617
鬼柳树 270089
鬼麻油 365296
鬼馒头 165515
鬼面角 83890
鬼目 12559,70507,295773,340089,367120,367322
鬼目菜 367322
鬼目草 367322
鬼槭 **2928**
鬼前 50669
鬼茄 **366906**,367735
鬼卿 229390,266975
鬼球 165515
鬼伞房花桉 **106814**
鬼山代尔欧石南 **148947**
鬼扇 50669
鬼神龙 **103762**
鬼虱 77146
鬼石柯 **233287**
鬼石栎 233132,233287
鬼松针 146840
鬼苏铁属 241448
鬼蒜 239266
鬼桃 6553,45725
鬼头 20132
鬼头木 232603
鬼头球 **140170**
鬼头丸 140170
鬼系腰 393657
鬼香油 259323
鬼啸玉 **198497**
鬼新 266975
鬼悬钩子 **338352**,339468
鬼眼独活 30619,30680
鬼眼子 765
鬼野飘拂草 166531
鬼罂粟 **282647**
鬼油麻 375274
鬼羽愁 157285
鬼羽箭 61766
鬼羽箭属 61727
鬼芋 20132
鬼云球 267043,284678
鬼云丸 267043
鬼针 53797,54048,54158
鬼针草 **54048**,53797,53801,54042
鬼针草属 **53755**
鬼针舅 53801
鬼针属 53755
鬼指梅 123371
鬼贮箭 99124
鬼仔菊 124790
鬼仔扇 50669
鬼子草 306832
鬼子姜 189073
鬼子角 **116661**
鬼子茉莉 255711
鬼子母神 **10829**
鬼子树 232603
鬼子头 232106
鬼紫珠 66829,66856
鬼棕 **224435**
鬼棕属 **224434**
鬼足獐毛 8860
柜柳 254810,320377
柜木 237191
贵安玉蕊 108195
贵奥可梯木 268722
贵巴木属 179990
贵巴卫矛属 179990
贵宝球 **244163**
贵德以礼草 **215917**
贵定杜鹃 **330740**
贵定鹅耳枥 **77316**
贵定桤叶树 **96481**
贵凤卵 **304344**
贵港水蓑衣 **200653**
贵光玉 **257407**
贵戟属 245212
贵景天 329912
贵萝芥 **181870**
贵萝芥属 **181869**
贵南黄芪 42452
贵南黄耆 **42452**
贵南棘豆 **278867**
贵南柳 **343555**
贵青玉 **159342**
贵童花 202021
贵雅蝎尾蕉 **190071**
贵阳鹅耳枥 **77318**
贵阳黄猄草 **85946**
贵阳鹿蹄草 **322813**
贵阳梅花草 **284606**
贵阳山矾 **381303**
贵阳柿 **132147**
贵椰属 54738
贵野芝麻 **220412**
贵樟桂 268722
贵州八角莲 **139621**
贵州白花丹 **305181**
贵州白前 **117727**
贵州白头翁 312450
贵州半蒴苣苔 **191350**
贵州报春 **314550**,314222
贵州贝母 168491
贵州茶藨 333973
贵州茶藨子 **333973**
贵州柴胡 **63697**
贵州大花杜鹃 **331183**
贵州地宝兰 **174309**
贵州地黄连 **259900**
贵州点地梅 **23208**
贵州冬青 **203868**
贵州杜鹃 **330800**,331661
贵州杜鹃兰 **110510**
贵州椴 391751
贵州鹅耳枥 **77315**
贵州鹅掌柴 **350702**
贵州凤仙花 **204997**
贵州芙蓉 **194954**
贵州刚竹 **297289**
贵州沟瓣 177989
贵州沟瓣木 177989
贵州狗尾草 **361777**
贵州狗牙花 **154176**,382766
贵州瓜馥木 **166694**
贵州过路黄 **239669**
贵州海桐 **301310**
贵州汉史草 185245
贵州鹤顶兰 **293505**
贵州红山茶 **69248**,69552
贵州红芽大戟 **217099**
贵州花椒 **417226**
贵州花佩菊 161883
贵州黄堇 **106252**
贵州黄檀 121829
贵州嘉丽树 77645
贵州荚蒾 407751
贵州金花茶 **69137**
贵州金丝桃 **201974**
贵州金粟兰 **88296**
贵州堇叶芥 161149
贵州荩草 **36644**
贵州椤 78969
贵州栝楼 **396188**

贵州蜡瓣花 **106667**
贵州梾木 380484
贵州黧豆 **259571**
贵州连蕊茶 **69014**
贵州镰序竹 **137847**
贵州链珠藤 **18506**
贵州柃 160525
贵州菱兰 **332339**
贵州柳 **343581**
贵州龙胆 **173421**
贵州鹿蹄草 **322851**
贵州卵叶报春 **314351**
贵州裸实 182692
贵州络石 **393626**
贵州马铃苣苔 **273845**
贵州毛柃 **160525**
贵州美登木 **182692**
贵州密脉木 **261327**,261326
贵州木瓜红 **327417**
贵州泡花树 **249397**
贵州萍蓬草 **267280**
贵州蒲桃 **382571**
贵州桤叶树 **96505**
贵州槭 **3009**
贵州千斤拔 **166871**
贵州蔷薇 **336671**
贵州青冈 **116055**
贵州琼楠 **50542**
贵州秋海棠 **49966**
贵州忍冬 236014
贵州榕 **165082**,165796
贵州赛爵床 **67824**
贵州桑寄生 236755
贵州缫丝花 336671
贵州山橙 **249676**,249657,249664
贵州山梗菜 **234377**
贵州山核桃 **77904**
贵州山羊角树 77645
贵州杉 399914
贵州十大功劳 242494
贵州石笔木 **400701**
贵州石蝴蝶 **292550**
贵州石栎 233198
贵州石楠 **295643**
贵州石仙桃 **295535**
贵州鼠李 **328695**
贵州鼠尾 344945
贵州鼠尾草 **344945**
贵州水车前 **277412**
贵州水锦树 413777
贵州睡莲 **267682**
贵州四轮香 **185245**
贵州四照花 380484
贵州松蒿 **296066**
贵州苏铁 **115830**
贵州藤山柳 **95502**
贵州天名精 **77160**
贵州铁线莲 **95063**
贵州通泉草 **247000**
贵州土密树 **60208**
贵州橐吾 **229091**
贵州娃儿藤 **400961**,400960
贵州卫矛 **157658**
贵州吴茱萸 161375
贵州喜鹊苣苔 **274469**
贵州虾脊兰 **66107**
贵州香花藤 **10218**,10234
贵州小檗 **51690**,51437
贵州肖笼鸡 **385068**
贵州绣线菊 **371989**
贵州悬竹 **20196**
贵州崖豆藤 **254741**,66637
贵州岩石藤 66637
贵州羊耳蒜 **232155**
贵州羊奶子 **142021**
贵州叶下珠 **296497**
贵州鱼藤 125948
贵州远志 **308028**
贵州獐牙菜 **380245**
贵州折柄茶 376435
贵州榛 **106748**
贵州直瓣苣苔 **22170**
贵州追风散 266810
贵州锥 **78969**
贵州紫堇 **105627**
贵州紫玉盘 403503
贵州紫珠 **66799**
贵州醉魂藤 **194158**
桂 91302,91366,91432
桂北螺序草 **371768**
桂北木姜子 **234067**
桂北槭 2887
桂北獐牙菜 **380220**
桂单竹 **47303**
桂箪竹 47303
桂党参 70396
桂滇桐 **108589**
桂滇悬钩子 **339266**
桂丁香 238106
桂丁掌 145833
桂东杜鹃 **331747**
桂笃油 31396
桂莪术 114868
桂峰山油茶 69515
桂果樟属 77956
桂海杜鹃 **330798**
桂海木 **181807**
桂海木属 **181806**
桂合欢 283442
桂花 276291
桂花矮陀陀 122431,346743
桂花跌打 153102
桂花寄生 190848
桂花破布木 **104172**
桂花三七 340463
桂花树寄生 236920
桂花岩托 122431
桂花岩陀 122431,307923
桂花叶子兰 153102
桂花钻 204526
桂华千里光 365052
桂火绳 **152690**
桂姜 **417985**
桂兰 263867
桂林唇柱苣苔 **87876**
桂林栲 **78889**
桂林楼梯草 **142672**
桂林梅花草 **284547**
桂林猕猴桃 **6624**
桂林槭 **3070**
桂林乌桕 **346376**
桂林小花苣苔草 **88003**
桂林锥 78889
桂林紫薇 **219931**
桂龄苔草 **74128**
桂柳 **343117**
桂绿竹 47518
桂毛柃 **160574**
桂檬属 223010
桂木 **36939**,91302
桂木假山龙眼 **189967**
桂木属 36902
桂南大节竹 206872
桂南地不容 **375879**
桂南瓜馥木 **166662**
桂南柯 **233345**
桂南木莲 **242030**,244427
桂南蒲桃 **382574**
桂南秋海棠 **49644**
桂南山姜 **17684**
桂南省藤 **65642**
桂南四川冬青 204319
桂南野靛棵 **244280**
桂楠 **295372**
桂皮 91276,91302,91372,91432
桂皮钓樟 231306
桂皮树 91354,91372,91408,91449
桂平魔芋 **20063**
桂苹婆 376116
桂黔吊石苣苔 **239927**
桂荏 290940
桂树 91282,91316
桂吞 260281
桂西南星 **33340**
桂香柳 141932,141999
桂香忍冬 236049
桂香柱瓣兰 **146455**
桂雄属 **122357**
桂雄香属 122357
桂秧 91282
桂阳渣 18207
桂阳遮 18207
桂野桐 **243346**
桂叶阿尔伯特木 13433
桂叶艾伯特木 **13433**
桂叶白斑瑞香 **293796**
桂叶笔花莓 **275450**
桂叶茶藨 334062
桂叶柽柳桃金娘 **261003**
桂叶赤宝花 **390009**
桂叶春钟 **270535**
桂叶大头斑鸠菊 **227149**
桂叶独蕊 **412153**
桂叶防己 97919
桂叶弗尔夹竹桃 **167416**
桂叶黄乳桑 **290683**
桂叶老鸦嘴 390822
桂叶亮泽兰 **111363**
桂叶瘤蕊紫金牛 **271058**
桂叶毛齿萝藦 **55502**
桂叶毛轴革瓣花 **277450**
桂叶帽萼葫芦 **299145**
桂叶莓 **131374**
桂叶莓属 **131373**
桂叶缅甸漆木 **248532**
桂叶囊花萝藦 **120812**
桂叶拟阿韦树 **186244**
桂叶朴 80767
桂叶槭 2891
桂叶漆 **223162**,332687
桂叶漆属 **223161**
桂叶榕 **165238**
桂叶萨维大戟 **349001**
桂叶山牵牛 **390822**
桂叶山油柑 **6243**
桂叶肾腺萝藦 **265153**
桂叶双扇梅 **129495**
桂叶四翼木 **387601**
桂叶素馨 **211891**,211890
桂叶梭萼梧桐 **399406**
桂叶特喜无患子 **311994**
桂叶芫花 **122492**
桂叶岩蔷薇 93170
桂叶杂色豆 **47757**
桂樱 **223116**,223101
桂樱属 **223088**
桂樱药用 223116
桂圆 131061
桂圆肥皂 346338
桂圆花 4866
桂圆菊 4866
桂圆树 14184
桂粤唇柱苣苔草 **87864**
桂芝 233078
桂枝 91302
桂枝树属 91249

桂中杜鹃 **330799**
桂州醉魂藤 194158
桂珠黍 99124
桂竹 **297215**,297337,297435
桂竹草 100961
桂竹糖芥 154424
桂竹香 **86427**
桂竹香属 **86409**
桂竹香糖芥 154424
桂竹香叶堇菜 **409821**
桂竹香叶毛蕊花 **405683**
桂竹香叶毛托菊 **23427**
桂竹香叶矢车菊 **81002**
桂竹香叶伊瓦菊 **210474**
桂竹香叶月见草 **269420**
桂竹仔 297337
桂仔 91366
桂子树 231403
桂子香 253637
筀笋 297337
筀竹 297337
跪花龙舌兰 **315445**
跪花龙舌兰属 **315444**
滚地龙 112871,240765
滚龙珠 43053
滚水花 179236
滚天龙 116032
滚筒树 391843
滚子花 220126
棍棒博龙香木 **57261**
棍棒彩虹花 **136397**
棍棒糙果芹 **393941**
棍棒粗壮金合欢 **1536**
棍棒大戟 **158652**
棍棒风兰 **24782**
棍棒辐枝菊 **21242**
棍棒格尼瑞香 **178589**
棍棒花柱 **345508**
棍棒花柱属 **345507**
棍棒蓟 **91881**
棍棒卷瓣兰 **63108**
棍棒可拉木 **99177**
棍棒蓝花参 **412626**
棍棒露子花 **123970**
棍棒马岛寄生 **46691**
棍棒美顶花 **156017**
棍棒牧豆寄生 **315542**
棍棒南非禾 **289964**
棍棒偏斜小裂兰 **351480**
棍棒青锁龙 **108898**
棍棒曲足南星 **179279**
棍棒肉锥花 **102088**
棍棒石斛 125005
棍棒矢车菊 **81338**
棍棒苔草 **74139**
棍棒天竺葵 **288154**
棍棒驼蹄瓣 **418613**
棍棒仙人掌 **106970**
棍棒仙人掌属 **106957**
棍棒小黄管 **356056**
棍棒肖鸢尾 **258444**
棍棒亚罗汉 **395586**
棍棒盐蓬 **184822**
棍棒椰子 **246028**
棍棒椰子属 **246026**
棍棒玉凤花 **183508**
棍棒止泻萝藦 **416199**
棍棒舟叶花 **340607**
棍棒紫玉盘 **403443**
棍儿茶 289713
棍毛金锦香 **276148**
棍叶凤仙花 **204986**
棍叶朴 **80644**
郭来得黄檀 121860
郭鸟 77784
郭氏荸荠 **143186**,143159
郭氏木旋花 103065
郭氏细柄草 **71606**
郭氏悬钩子 338267
郭氏锥果栎 116141
郭万杜鹃 330467
椢木 56802
锅巴草 201845
锅仓臭菘 **381078**
锅叉草 54042
锅铲叶 285649,285719
锅底刺 142132
锅盖木 60064
锅盖仔 60064
锅老根 187697
国光 177893,177915,177947
国后棘豆 **278937**
国槐 369037
国马 31680
国楣鹅掌柴 350693
国楣马先蒿 **287201**
国楣槭 3067
国楣山柑 71744
国楣铁线莲 **94896**
国桐 166627
国王肉锥花 **102265**
国王椰属 327100
国王椰子 **327111**
国王椰子属 **327100**
国勋雀麦 **60981**
国勋野青茅 **127225**
国章 273206
国章属 373719
果 36947
果阿吐根 262543
果东悬钩子 **338476**
果东樟 91330
果冻椰子 64161
果冻椰子属 64159
果冻棕 **64161**
果冻棕属 **64159**
果负 5335
果槁 350945
果革属 178814
果瓜 114189
果合草 177170
果盒子 177170
果酱木 377951
果稞 396210
果榄属 238110
果李 76864,76894
果连丹 394635
果裸 396210
果蠃 396151,396210
果洛杜鹃 **330782**
果麻 309494
果母 108587
果木花 13934
果山还阳参 **110756**
果山藤 80260
果上叶 62557,62696,62763,62799,62955,63032,98633,98686,98728,232106,295516,295518,295545,379784
果石龙刍 225664
果食草 77441
果食草属 77429
果松 299799,300006,300151
果香菊 **85526**
果香菊属 **85510**
果香兰 **117067**
果叶 195311
果园草 121233
果园古堆菊 **182106**
果蔗 341887
果子黄 94207
果子蔓 **182172**
果子蔓属 **182149**
果宗 323114,323268,323330
粿叶 195311
裹盔马先蒿 287185
裹篱樵 172832
过布柿 **132422**
过长沙 46362
过长沙属 46348
过冬梨 54620
过冬青 203625,345310,381291
过冬藤 235878
过风藤 285157
过冈龙 366338
过岗扁龙 145899
过岗龙 49046,145899,328997,370422
过岗藤 49098
过岗圆龙 49046
过沟龙 199392
过沟藤 **131816**
过骨边 18529
过海龙 4870,371645
过滑边 18529
过饥草 161418,307656
过家见 249390
过假麻 249390
过江扁龙 387837
过江扁藤 387837
过江蕨 366548
过江龙 79850,145899,165759,238206,238230,250502,295916,296121,328997,329009,338205,338292,338985,339270,339360,339475
过江芦荻 295916
过江藤 **296121**,238152,238230
过江藤属 **296114**,232457
过接桥 100044
过街柳 167233
过节风 300408
过界蜈蚣 288656
过金桥 299017
过里丹 61103
过岭蜈蚣 288656
过路边 79860,79896
过路红 239594
过路黄 **239582**,11572,126603,201874,201925,201974,202021,202070,239597,252514,328665,328883
过路黄荆 360935
过路黄属 239543
过路惊 **59873**
过路青 200745
过路清 200745
过路蛇 344347
过路蜈蚣 70507,159069,187544,200329,200366
过路蜈蚣草 90108,187544,200366
过路香 176824
过罗 69651
过敏滇紫草 **271785**
过墙风 96009,96011,96180,128964,176839,239582,393657
过桥风 393657
过桥藁本 229390
过山标 147349,328997
过山风 80260,204217,214959,214967,234098
过山枫 **80130**,80221,80260,145899
过山枫藤 80195
过山龙
过山龙藤 214959,214967
过山飘 117751

过山青　327553
过山青属　327548
过山青藤　387776
过山蛇　344347
过山参　7234
过山藤　170044
过山香　18529,94191,112871,138888,214959,233880,233882,234045,260173,276745
过山消　144779,144780
过山崖爬藤　**387838**
过山照　94899
过石龙　165759
过石珠　34367
过水龙　372247
过塘草　230286
过塘莲　348087
过塘藕　348087
过塘蛇　18128,230286,238152
过天桥　407503
过天藤　78731
过血莲　347078
过血藤　347078
过腰蛇　415299
过柱花　**379098**
过柱花科　**379095**
过柱花属　**379096**


## H


哈巴百合　**229856**
哈巴河黄芪　42672
哈巴河黄耆　**42456**
哈巴河以礼草　**215918**
哈巴虎耳草　**349600**
哈巴龙胆　173209
哈巴山黄芪　42457
哈巴山黄耆　**42457**
哈巴山马先蒿　**287272**
哈巴乌头　**5240**
哈巴蝇子草　**363531**
哈贝合欢　13571
哈比森山楂　**109748**
哈伯草　**185757**
哈伯草属　**185756**
哈伯大沙叶　**286253**
哈伯德金草　**89859**
哈伯德三联穗草　**398610**
哈伯德三芒草　**33886**
哈伯德黍　**6106**
哈达石荠苎　259302
哈达羊茅　**164002**
哈达杨　311562
哈岛茜　**55980**
哈岛茜属　**55974**
哈得逊茶藨　334037
哈得逊茶藨子　**334037**
哈得逊胶枞　283
哈得逊冷杉　283
哈得逊香脂冷杉　**283**
哈德百里香　**391199**
哈德维克斯露茜苏格兰欧石南　**149224**
哈德逊蔷薇　**336389**
哈登柏豆　185760
哈登柏豆属　185758
哈登豆属　185758
哈登藤属　**185758**
哈迪鹅绒藤　**117504**
哈迪芦荟　**16876**
哈迪牛角草　**273161**
哈迪千里光　**359010**
哈迪树葡萄　**120088**
哈迪疣石蒜　**378524**
哈地鹰爪草　**186645**
哈蒂凤梨　**187133**
哈丁欧丁香　382355
哈定杜鹃　330084
哈恩塔夫婆婆纳　**407074**
哈恩塔夫鸦葱　**354834**
哈尔澳蜡花　**85854**
哈尔白鸽玉　**211351**
哈尔滨榆　**401521**
哈尔豆属　184883
哈尔合叶玉　**351936**
哈尔卡榉树　**417555**
哈尔卡无刺美国皂荚　**176907**
哈尔芦荟　**16877**
哈尔罗汉松　**306438**
哈尔马格　266381
哈尔乳突球　**244103**
哈尔苔草　**74757**
哈尔特婆婆纳　**185993**
哈尔特婆婆纳属　**185990**
哈尔维毛莨　**325922**
哈尔卫矛属　**186030**
哈尔沃德银东瀛绣线菊　**372030**
哈尔沃德银日本绣线菊　372030
哈费地亚　184759
哈夫迈尔欧丁香　**382342**
哈弗地亚　184759
哈弗地亚属　184758
哈福德金千里光　**279891**
哈福德树罂粟　**125584**
哈福芸香　184759
哈福芸香属　184758
哈格尔郁金香　**400172**
哈格吕普茨藻　**262051**
哈格吕普异芒草　**130877**
哈格氏虎耳草　**349428**
哈格一枝黄花　**368029**
哈格郁金香　400172
哈根吊兰属　**184557**
哈根花　184565
哈根花属　59793,184563
哈根落花生　**30497**
哈根木属　**184760**
哈根蔷薇　**184565**
哈根蔷薇属　**184563**
哈哈果　138796
哈哈筒　240765
哈哼花　374476
哈哼花属　374468
哈吉氏剪秋罗　363265
哈吉朱蕉　**104357**
哈加里指甲草　**284852**
哈贾斯坦飞廉　**73356**
哈贾斯坦荆芥　**264941**
哈贾斯坦驴喜豆　**271213**
哈贾斯坦毛蕊花　**405713**
哈贾斯坦沙穗　**148486**
哈贾斯坦矢车菊　**81104**
哈贾斯坦鼠尾草　**345073**
哈贾斯坦野豌豆　**408421**
哈克　184627
哈克尔西班牙小檗　**51727**
哈克金合欢　**1271**
哈克木　**184627**
哈克木属　**184586**
哈克属　184586
哈克斯肋枝兰　**304915**
哈拉布拉贝母　168506
哈拉草　**184665**
哈拉草属　**184664**
哈拉椴属　211614
哈拉尔德斗篷草　**14046**
哈拉尔德山柳菊　**195649**
哈拉二行芥　**133274**
哈拉海　402847,402869,402946,402947
哈拉克鸟足兰　**347789**
哈拉克双距兰　**133800**
哈拉雷百蕊草　**389715**
哈拉雷榄仁树　**386555**
哈拉雷酸模　**340074**
哈拉雷天芹菜　**190694**
哈拉雷天竺葵　**288276**
哈拉婆婆纳　**407075**
哈拉肉锥花　**102357**
哈拉玄参　**355084**
哈喇瓢　252514
哈乐奎褐色博龙香木　**57268**
哈勒单花杉　**257133**
哈勒独脚金　**378008**
哈勒鹅掌柴　**350704**
哈勒仿花苏木　**27761**
哈勒狗牙花　**382792**
哈勒兰　**184870**
哈勒兰属　**184869**
哈勒毛杯漆　**396328**
哈勒毛杖木　**332419**
哈勒摩里椰属　**184906**
哈勒姆城风信子　**199586**
哈勒木属　**184872**
哈勒尼芬芋　**265215**
哈勒拟长柄芥　**241239**
哈勒拟风兰　**24671**
哈勒茜属　**184864**
哈勒热非野牡丹　**20510**
哈勒石灰岩苔草　**74707**
哈勒氏白头翁　**321682**
哈勒氏苔　74746
哈勒氏紫堇　106453
哈勒丝花茜　**360679**
哈勒苔草　**74746**
哈勒乌头　**5241**
哈勒五层龙　**342648**
哈勒香荚兰　**405000**
哈勒羊耳蒜　**232185**
哈勒紫金牛　**31461**
哈雷　261648
哈雷巴恩木　**48440**
哈里千里光　**359015**
哈里赛德旋花　**356425**
哈里森卡特兰　**79542**
哈里森蔷薇　**336291**
哈里斯点地梅　**23187**
哈里斯风车子　**100508**
哈里斯红树　**329757**
哈里斯假滨紫草　**318015**
哈里斯莱德苔草　**223852**
哈里斯香茶　**303366**
哈里斯叶下珠　**296601**
哈里斯一枝黄花　**367970**
哈里斯朱缨花　**66674**
哈理氏白头翁　321682
哈利·菊利维特大叶早樱　**316835**
哈利番杏　**186005**
哈利荚蒾　407688
哈利科斯松　**299974**
哈利马利筋　**37960**
哈利木半日花　**188709**
哈利木扁爵床　**292208**

哈利木坚果番杏 **387175**
哈利木属 **184776**
哈利木叶柳兰 **85559**
哈利木状野荞麦木 **152486**
哈利丝兰 **416612**
哈利斯科假鼠麹草 **317746**
哈利斯兰 **185909**
哈利斯兰属 **185906**
哈利苔草 **74762**
哈列布松 299964
哈林顿粉红美国紫菀 **40916**
哈伦加属 186041
哈伦蜡菊 **189417**
哈伦裸实 **182715**
哈伦毛子草 **153201**
哈伦木属 **186041**
哈伦南非针叶豆 **223564**
哈伦千里光 **366886**
哈伦肉锥花 **102257**
哈伦生石花 **233535**
哈罗果松属 **184912**
哈罗菊属 **185820**
哈罗皮 243424
哈罗皮图木 318624
哈罗皮图木属 318623
哈马达刺头菊 **108300**
哈马达旋花 **103072**
哈马豆 **185208**
哈马豆属 **185203**
哈马尔蝇子草 **363313**
哈马银蓬 **342109**
哈玛布木槿 **195280**
哈曼德沟瓣 177994
哈曼德沟瓣木 **177994**
哈梅林石豆兰 **62768**
哈梅木属 185164
哈蒙阿魏 **163627**
哈蒙德黄叶帚石南 **67481**
哈米尔顿金鸡菊 **104516**
哈米氏苔草 **74089**
哈米葶苈 **136966**
哈米驼蹄瓣 **418671**
哈米逊仙女木 **138448**
哈米逊鸦跖花 **278467**
哈米羊胡子草 **152749**
哈密尔顿山蓟 **91980**
哈密尔顿帚石南 **67483**
哈密瓜 **114215**,114189
哈密黄芪 42460
哈密黄耆 **42460**
哈密棘豆 **279089**
哈密毛莨 **325921**
哈密庭荠 **18415**
哈密橐吾 **229044**
哈莫儿 266377
哈默番杏属 **185206**
哈姆林 **93771**
哈姆参 **185815**
哈姆参属 **185814**
哈姆斯非洲长腺豆 **7491**
哈姆斯鸡头薯 **152941**
哈姆斯库地苏木 **113177**
哈姆斯鹿藿 **333257**
哈姆斯潘考夫无患子 **280855**
哈姆斯前胡 **292875**
哈姆斯热非鹿藿 **145007**
哈姆斯石莲花 **139991**
哈姆斯唐菖蒲 **176248**
哈姆斯文殊兰 **111204**
哈姆斯梧桐 **185807**
哈姆斯梧桐属 **185802**
哈姆斯小花豆 **226161**
哈姆斯崖豆藤 **254715**
哈姆斯银豆 **32817**
哈姆斯羽叶楸 **376274**
哈姆斯玉凤花 **183680**
哈那顶冰花 **169397**
哈那梧桐 **185276**
哈那梧桐属 **185275**
哈娜迪兜兰 **282834**
哈尼巴尔山楂 **109746**
哈尼姜 **185273**
哈尼姜属 **185271**
哈诺苦木属 185277
哈诺特斯托草 **377283**
哈皮锦属 185213
哈珀斑鸠菊 **406629**
哈珀草 **185874**
哈珀草属 **185873**
哈珀刺子莞 **333603**
哈珀花 **185876**
哈珀花属 **185875**
哈珀六柱兜铃 **194587**
哈珀野荞麦 **152243**
哈珀一枝黄花 **368312**
哈珀猪牙花 **154901**
哈莆木 185895
哈莆木属 185893
哈普尔车前状多榔菊 **136335**
哈普林疣石蒜 **378521**
哈奇亚柿 **132221**
哈钦森橙菀 **320695**
哈钦森翠雀花 **124300**
哈钦森单列木 **257948**
哈钦森短片帚灯草 **142965**
哈钦森法鲁龙胆 **162791**
哈钦森鹿藿 **333357**
哈钦森平果菊 **196473**
哈钦森茜属 **199509**
哈钦森琼楠 **50534**
哈钦森乌口树 **384961**
哈钦森叶下珠 **296610**
哈钦斯芥属 199480
哈青杨 **311274**
哈萨克百里香 **391200**
哈萨克黄耆 **42545**
哈萨克芥 **57786**
哈萨克芥属 **57785**
哈萨克矢车菊 81161
哈萨克斯坦百里香 **391233**
哈萨克斯坦天门冬 **39049**
哈萨克香芥 **94237**
哈萨喇 39532
哈塞樱李 316295
哈塞樱桃李 **316295**
哈瑟苔草 **74765**
哈氏艾道木 **141827**
哈氏报春 **314449**
哈氏北美夜来香 **68506**
哈氏鼻花 **329516**
哈氏鞭叶兰 **355883**
哈氏残雪柱 **258339**
哈氏车前 302028
哈氏齿瓣兰 **269071**
哈氏大蒜芥 **365480**
哈氏德雷草 **137757**
哈氏吊灯花 **84116**
哈氏钓钟柳 **289350**
哈氏椴属 **186113**
哈氏番薯 **207837**
哈氏风铃草 **69958**
哈氏风信子属 **186143**
哈氏胡椒 **300409**
哈氏花凤梨 **392016**
哈氏剪秋罗 363265
哈氏金盏藤 **366868**
哈氏榄叶菊 270194
哈氏老人须 392016
哈氏瘤唇兰 **270814**
哈氏柳叶菜属 185996
哈氏罗汉松 306438
哈氏毛瓣尖泽兰 **17472**
哈氏棉 **179899**
哈氏牧根草 **298060**
哈氏牛角瓜 **68096**
哈氏欧石南 **149184**
哈氏婆罗门参 **394269**
哈氏日中花 **220575**
哈氏伞蟹甲 **335816**
哈氏山药 **131614**
哈氏苔 74745
哈氏苔草 **74745**
哈氏无冠黄安菊 **64807**
哈氏西番莲 **285646**
哈氏细辛 **37631**
哈氏狭唇兰 **346701**
哈氏仙人柱属 186105
哈氏小檗 **51704**
哈氏肖鸢尾 **258523**
哈氏旭日菊 **317363**
哈氏杨梅 **261168**
哈氏银莲花 **23836**
哈氏羽扇豆 238448
哈氏芸香 **184759**
哈氏芸香属 **184758**
哈氏种棉木 **46229**
哈氏猪牙花 **154921**
哈特刺花蓼 **89106**
哈特尔半边莲 **234525**
哈特尔母草 **231528**
哈特尔肖蝴蝶草 **110672**
哈特番杏属 **186004**
哈特飞蓬 **150645**
哈特菲尔德杂种紫杉 385389
哈特金千里光 **279915**
哈特利茱萸 **185989**
哈特利茱萸属 **185988**
哈特曼属 185996
哈特韦格十大功劳 **242554**
哈特韦格丝叶菊 **391044**
哈特维奇鸢尾 **208608**
哈特维斯栎 **323996**
哈提欧拉属 186151
哈瓦豆属 186235
哈瓦利绣球 **61095**
哈维拜卧豆 **227056**
哈维刺子莞 **333604**
哈维菲利木 **296227**
哈维格尼瑞香 **178620**
哈维合欢 **13571**
哈维角雄兰 **83381**
哈维蜡菊 **189418**
哈维老鹳草 **174643**
哈维列当属 **186046**
哈维鹿藿 **333259**
哈维罗顿豆 **237324**
哈维美登木 **182716**
哈维牡荆 **411289**
哈维穆拉远志 **259994**
哈维欧石南 **149533**
哈维山楂 **109749**
哈维绳草 **328063**
哈维玄参属 186046
哈维盐肤木 **332635**
哈维银豆 **32818**
哈维硬衣爵床 **354377**
哈维紫菀 **40543**
哈文鹧鸪花 **395494**
哈昔泥 163709
哈许·苦利 **93451**
哈亚早熟禾 **305573**
哈正榕猪母乳 164985
哈兹山猪殃殃 170611
孩儿 403687
孩儿草 **340367**,178062,337253,340337
孩儿草枪刀药 **202647**
孩儿草属 **340336**

孩儿茶 1120,401773
孩儿葛 70396
孩儿菊 158118,158161,285880
孩儿拳头 407785
孩儿参 **318501**,196693,280741,318507
孩儿参属 **318489**
孩儿陶伞 284367
孩儿血 131522
海艾 35167
海岸白刺美洲茶 **79944**
海岸稗 **140509**
海岸扁担杆 **180925**
海岸川蔓藻 340476
海岸达德利 138832
海岸大戟 **159351**
海岸杜鹃 **330160**
海岸高山芹 **98778**
海岸高葶苣 **11469**
海岸海桐 **301320**
海岸金合欢 **1712**
海岸金菊 **90261**
海岸堇菜 **409785**
海岸菊芹 **148161**
海岸莲子草 **18112**
海岸柃 160503
海岸玛都那木 334976
海岸毛莨 **325749**
海岸米草 **370166**
海岸母菊 397970
海岸木蓝 **206224**
海岸苜蓿 **247359**
海岸千里光 **359444**
海岸蕊叶藤 **376559**
海岸三叶草 **396961**
海岸涩荠 **243202**
海岸松 **300146**
海岸天门冬 **39064**
海岸庭菖蒲 **365774**
海岸桐 **181743**
海岸桐科 **181748**
海岸桐属 **181728**
海岸乌蔹莓 **79871**
海岸仙女杯 **138832**
海岸野荞麦 **151839**
海岸一枝黄花 **368414**
海岸樟 **91318**
海岸皱叶酸模 **339997**
海巴戟 258882
海巴戟天 258882
海白菜 53249,53257
海百合 73159
海斑虎 238318
海蚌含珠 1790
海杯草属 199407
海贝秋英 **107163**
海边高葶苣 **11412**
海边芥蓝属 108591
海边马兜铃 **34355**
海边木槿 195311
海边泡林藤 285932
海边山黧豆 222738
海边柿 **132291**
海边锡叶藤 **386880**
海边香豌豆 222735,222743
海边香无患子 **285932**
海边月见草 269432
海边猪屎豆 **112391**
海滨巴豆 **112842**
海滨白千层 **248098**
海滨百里香 **391255**
海滨百日草 **418053**
海滨班克木 **47649**
海滨棒花列当 **104327**
海滨棒花参 104327
海滨贝克斯 47649
海滨草 **115258**
海滨草属 **115252**
海滨车前 **301894**
海滨翅荚豌豆 **387251**
海滨刺柏 213739
海滨刺芹 **154327**
海滨大戟 **158490**
海滨大麦 **198319**
海滨灯心草 **213263**
海滨地肤 **217345**
海滨地椒 **391349**
海滨番石榴 318737
海滨番薯 207953
海滨肺草 **321637**
海滨格里塞林木 181264
海滨狗尾草 361942
海滨枸杞 239092
海滨光茎日本毛连菜 **298594**
海滨海葱 352960
海滨蒿 35868
海滨赫柏木 **186950**
海滨黄芩 355778
海滨灰桉 155658
海滨桧 213739
海滨鸡矢藤 **280104**
海滨姬凤梨 **113386**
海滨蒺藜 **184774**
海滨蒺藜属 **184773**
海滨假毛地黄 **10147**
海滨碱茅 **321336**
海滨碱蓬 379553
海滨绞股蓝 **183025**
海滨杰勒草 10147
海滨芥 **65185**
海滨芥属 **65164**
海滨芥叶千里光 **358474**
海滨金合欢 **1610**
海滨金雀儿 **121003**
海滨卷舌菊 **381003**
海滨藜 **44602**,44520
海滨藜属 44298
海滨李 **316543**
海滨力药花 280900
海滨蓼 **309376**
海滨列当 **275131**
海滨柳穿鱼 **231015**
海滨露子花 **123915**
海滨萝卜 **326601**
海滨萝芙木 **327028**
海滨洛氏禾 **337280**
海滨马鞭草 **405865**
海滨麦瓶草 364146
海滨牻牛儿苗 **153859**
海滨猫尾木 **135327**
海滨毛茛 **325644**
海滨毛茎大戟 **159217**
海滨米口袋 181670
海滨母菊 397970
海滨木巴戟 **258882**
海滨木槿 **194911**
海滨拟漆姑 370675
海滨欧白英 **367127**
海滨蟛蜞菊 413549
海滨飘拂草 166380
海滨漆姑草 **342258**
海滨千屈菜 **240057**
海滨全能花 **280900**
海滨日本蓝盆花 **350177**
海滨日本乌头 **5299**
海滨三肋果 **397970**
海滨三色堇菜 **410683**
海滨涩荠 **243209**
海滨森林豆 **342566**
海滨森林豆属 **342564**
海滨莎 **327664**
海滨莎属 **327663**
海滨山黧豆 **222735**
海滨矢车菊 **81373**
海滨鼠尾草 **344878**
海滨双角草 **131357**
海滨水苏 **373303**
海滨松 300146
海滨菘蓝 **209210**
海滨酸模 340116
海滨苔草 **75304**
海滨天冬 38950
海滨甜菜 **53254**
海滨庭荠 235090
海滨菟丝子 **115072**
海滨维斯特灵 413914
海滨勿忘草 **260824**
海滨香豌豆 222735
海滨小头紫菀 **40847**
海滨新西兰锦葵 **301612**
海滨亚麻 **231920**
海滨羊蹄 **329355**,340116
海滨一枝黄花 **368386**
海滨夷茱萸 **181264**
海滨蝇子草 **363724**
海滨油楠 **364710**
海滨羽扇豆 **238461**
海滨月见草 **269432**
海滨紫罗兰 **246547**
海滨紫菀 **41293**
海菠菜 230759
海伯尼亚常春藤 187276
海菜 277364,277369
海菜花 **277364**
海菜花属 **277361**
海草 418392
海草科 311977
海菖蒲 **145643**
海菖蒲科 **145641**
海菖蒲属 **145642**
海常山 96140
海车前属 **234146**
海赤芍 230759
海船 275403
海船果心 275403
海船皮 275403
海茨单瓣豆 **257730**
海茨花椒 **417240**
海茨隐萼异花豆 **29045**
海刺芹 154327
海刺树 157407
海葱 **352960**,274556
海葱属 **402314**,274495
海丛藻属 **388367**
海带 418392
海带草 418392
海带七 111167,111171
海胆菠萝球 **107022**
海胆木 184615
海胆染料木 **140916**
海胆染料木属 **140914**
海胆仙人掌 43493
海刀豆 **71072**
海岛桉 **106811**
海岛冬青 **203860**
海岛风毛菊 **348388**
海岛葛藤 **321447**
海岛狗肝菜 **129270**
海岛狗娃花 **193954**
海岛谷木 **249984**
海岛画眉草 **147491**
海岛黄柏 **294244**
海岛假升麻 **37065**
海岛羯布罗香 133565
海岛苦槛蓝 **260717**
海岛库卡芋 **114384**
海岛龙脑香 **133565**
海岛轮环藤 **116020**

海岛芒 **255893**
海岛毛果一枝黄花 **368484**
海岛毛蕊木 **186884**
海岛密毛大戟 **322006**
海岛棉 **179884**
海岛母草 **231532**
海岛南蛇藤 **80324**
海岛拟林风毛菊 **348794**
海岛扭果花 **377740**
海岛蓬莱葛 **171449**
海岛槭 **3031**
海岛琼楠 **50535**
海岛秋拂子茅 **65292**
海岛萨比斯茜 **341642**
海岛三角车 **334633**
海岛十大功劳 242608
海岛疏花花葱 **307203**
海岛陶松 299986
海岛藤 **182326**
海岛藤属 **182324**
海岛托尔纳草 **393026**
海岛伪泥胡菜 **361024**
海岛五福花 **8402**
海岛锡生藤 116020
海岛小花茜 **286009**
海岛鸭嘴花 **214541**
海岛燕麦 **28539**
海岛远志 **308119**
海岛越橘 **404060**
海岛掌根兰 **121391**
海岛苎麻 **56140**
海盗胡桃 **212638**
海盗王洋红小檗 **51431**
海德非洲铁 **145228**
海德伦花楸 **369409**
海德鸭嘴花 **214521**
海灯心 207884
海登山冠菊 **274126**
海登氏委陵菜 **312656**
海登苔草 **74774**
海底藏珍珠 1790
海底龙 144752
海地报春 314650
海地菜棕 **341407**,341410
海地草胡椒 **244354**
海地草胡椒属 **244353**
海地大戟 **78068**
海地大戟属 **78067**
海地豆 **31022**
海地豆属 **31021**
海地瓜属 **21185**
海地葫芦 **21187**
海地黄毛球 **244199**
海地黄芩 **355476**
海地兰 **324691**
海地兰属 **324690**
海地美洲白芨 **55548**
海地木 **314029**
海地木属 **314028**
海地黏背菊 **261892**
海地乳突球 **244102**
海地山柑属 **196999**
海地蛇木属 **16237**
海地松 300125
海地透骨草 370515
海地鳕苏木 **258373**
海地棕 **418298**
海地棕属 **418297**
海帝凤梨属 187129
海蒂属 187129
海淀仔 83946
海丁彩花 **2239**
海丁隐萼异花豆 **29044**
海定蒿 35598
海豆 **245292**
海豆属 **245289**
海恩斯小檗 **51696**
海尔德顶冰花 **169444**
海尔钩藤 **401760**
海尔绵果芹 **64783**
海尔山罗花 **248170**
海尔蜀葵 **13922**
海尔野荞麦木 **151956**
海耳草 187549
海肥干 348256
海风藤 13225,214967,300408,300427
海枫藤 245830,364986
海枫屯 245830
海夫比椰子属 201356
海芙蓉 **230816**,269432
海福木属 **167275**
海甘蓝 **108627**
海甘蓝属 108591
海港凤仙花 205019
海根 26624
海蒿 **35868**,342859
海红 243657,243667,243702
海红豆 **7190**,765,7187,154647
海红豆属 **7178**,154617
海红柑 **93857**
海胡卡 241519
海胡桃 14544
海葫芦根 327226
海虎兰 **16756**
海花葵 **223372**
海茴香 **111347**
海茴香属 **111343**
海茴香叶毛托菊 **23422**
海茴香叶树葡萄 **120043**
海茴香叶天竺葵 **288183**
海茴香叶银桦 **180583**
海茴香叶永菊 **43828**
海加斯吊兰 **88578**
海加斯蜡菊 **189419**
海加斯扭果花 **377729**
海加斯千里光 **359028**
海枷子 83946
海椒 72070
海椒七 79732
海蕉 111167,111171
海角黄杨 **64277**
海角马钱 **378699**
海角密花树 **326537**
海角榕 **164751**
海角睡莲 267665
海角柚木 378699
海金花 230759
海金黄 230759
海金子 301294
海景加州鼠李 **328634**
海韭菜 **397159**
海菊花 260711
海卡槭 3029
海凯菜属 65164
海康钩粉草 **317260**
海克露草 **29859**
海克露花 29859
海葵萝藦 **374040**
海葵萝藦属 **374037**
海拉尔棘豆 **278869**
海拉尔松 300240
海拉尔绣线菊 **371926**
海拉槭 **3019**
海腊 137353
海蜡 121493
海莱纳顶冰花 **169445**
海兰德脐景天 **401690**
海兰山黧豆 **222853**
海蓝肉穗棕属 **283461**
海榄雌 **45746**
海榄雌科 **45760**
海榄雌榄仁树 **386467**
海榄雌榄叶菊 270187
海榄雌属 **45740**
海榄雌树紫菀 **270187**
海榄雌叶奥勒菊木 270187
海榄钱 45746
海勒兰属 **143841**
海梨 93734,243610
海梨柑 **93842**
海莉亚银桦 **180602**
海里茶 284539
海里康属 189986
海利布兰属 196238
海莲 **61267**
海莲花 204799
海良姜 17733
海蓼 **309149**
海林落叶松 221919
海林沙参 **7650**
海琳·斯切宾扫帚叶澳洲茶 **226487**
海琳木槿 **195281**
海榴茶 69156
海柳 9560
海龙七 131734
海龙玉 **103767**
海绿 21339
海绿果芥 **176762**
海绿果芥属 **176761**
海绿婆婆纳 407430
海绿属 21335
海绿苔草 **74665**
海伦黄芩 **355473**
海伦娜斑鸠菊 **406401**
海伦娜荸荠 **143164**
海伦娜非洲长腺豆 **7493**
海伦娜感应草 **54540**
海伦娜哈维列当 **186062**
海伦娜鸡脚参 **275690**
海伦娜碱菊 **212267**
海伦娜芦荟 **16881**
海伦娜毛茛 **325926**
海伦娜黏腺果 101249
海伦娜肉锥花 **102641**
海伦娜山蚂蝗 **126386**
海伦娜瘦鳞帚灯草 **209435**
海伦娜铁苋菜 **1891**
海伦娜网萼木 **172863**
海伦娜猪牙花 **154922**
海伦小檗 **51709**
海罗尼姆小檗 **51722**
海罗树 195311
海罗松 216142,385407
海萝卜 230759
海螺报春 314486
海螺菊 143896
海螺菊属 143894
海螺七 23779,284367,284378
海麻 195311
海马齿 **361667**
海马齿科 **361651**
海马齿属 **361654**
海马蔺 418392
海满树属 392086
海蔓 230759
海蔓荆 230759
海芒果 83698
海杧果 **83698**
海杧果属 **83690**
海梅 198157,405178
海檬果 83698
海檬果属 83690
海米 75003
海绵萆薢 131851
海绵慈姑 **342384**
海绵大节竹 206901

海绵豆属 **372501**
海绵杜鹃 **331493**,330040
海绵杆 **237875**
海绵杆属 **237874**
海绵基荸荠 **143303**
海绵基苔草 **76375**
海绵兰 **372522**
海绵兰属 **372521**
海绵龙须玉 **212503**
海绵蒲 405788
海绵青锁龙 **109253**
海绵三叶草 **397086**
海绵薯蓣 **131851**
海绵鱼黄草 **250838**
海绵柱荸荠 **143356**
海面线 207884
海姆什风铃草 **70075**
海姆什卷耳 **82873**
海木 395480
海木狗牙花 **154172**
海木通 94748,95127
海木状驼峰楝 **181578**
海纳翅子树 **320837**
海蒳 204799
海奈广防风 25473
海奈金剑草 **25473**
海南阿芳 17626
海南艾麻 125550
海南安息香 **379361**
海南暗罗 **307506**
海南巴豆 **112933**
海南巴戟 **258891**
海南巴戟天 258891
海南白点兰 **390504**,390490
海南白花苋 **9371**
海南白桐树 **94063**
海南斑竹 **47458**
海南半边莲 **234520**
海南杯冠藤 **117526**
海南蝙蝠草 **89205**
海南扁担杆 180925
海南藨草 **353448**
海南柄果木 **255949**
海南菜豆树 **324998**
海南槽裂木 **292038**,216192
海南草海桐 350331,350344
海南草珊瑚 **346532**,346529
海南簕柊 354597
海南叉柱花 **374480**
海南茶竿竹 318299
海南茶秆竹 **318299**
海南茶梨 **25775**
海南常山 **129038**
海南赪桐 **96114**
海南澄广花 275325
海南匙唇兰 **352304**,352303
海南匙羹藤 **182370**
海南赤车 **288754**
海南赤竹 **347220**
海南重楼 **284317**,284367
海南臭黄荆 **313642**
海南槌果藤 71757
海南粗榧 **82521**,82541
海南粗毛藤 **97501**
海南粗丝木 178923
海南粗叶木 346491
海南大苞兰 **379778**
海南大风子 **199748**
海南大风子属 199740
海南大戟 **159018**
海南大头茶 **179753**
海南大叶白粉藤 **92919**
海南单叶藤橘 **283510**
海南胆八树 142328
海南地不容 **375859**
海南地黄连 **259877**
海南地皮消 283767
海南第伦桃 130927
海南吊石苣苔 **239945**
海南蝶兰 293607
海南冬青 **203869**
海南兜兰 **282830**
海南毒鼠子 **128726**
海南杜鹃 **330815**
海南杜英 142363
海南杜仲藤 **283069**
海南短萼齿木 **59003**
海南椴 **184578**
海南椴属 **184575**,132962
海南盾翅藤 **39688**
海南峨眉楠 17800
海南鹅耳枥 **77336**
海南鹅掌柴 **350703**
海南耳草 **187580**
海南耳稃草 **171513**
海南翻唇兰 **193606**,193589
海南风吹楠 **198512**
海南凤仙花 **204998**
海南腐婢 313642
海南柑 **253414**,253413
海南高秆莎草 **118844**
海南哥纳香 **179413**
海南割鸡芒 **202717**
海南弓果藤 **393531**
海南沟瓣 **177990**
海南沟瓣木 177990
海南狗牙花 **154169**,382743
海南谷木 **249976**
海南海杧果 83700
海南海桑 **368917**
海南合欢 **13493**
海南核果木 **138624**
海南核实 138624
海南荷斯菲木 198512
海南鹤顶兰 **293507**
海南黑钩叶 226330
海南红苞木 332211
海南红豆 **274428**
海南红豆树 274428
海南红果萝芙木 327070
海南红花荷 **332211**
海南红楣 25775
海南猴欢喜 **366053**
海南厚壳桂 **113451**,113438
海南厚壳树 **141648**
海南厚皮香 **386702**
海南胡椒 300407
海南槲寄生 **411035**
海南蝴蝶兰 **293607**
海南虎刺 **122037**
海南虎皮楠 122717
海南华千里光 365054
海南画眉草 **147708**
海南槐树 369134
海南黄猄草 **85948**
海南黄皮 **94196**
海南黄杞 **145515**
海南黄芩 **355467**
海南黄瑞木 8235
海南黄山茶 69765
海南黄檀 **121702**
海南黄杨 **64253**
海南黄叶树 415144
海南幌伞枫 **193911**
海南火麻树 **125550**
海南霍尔飞 198512
海南鸡脚参 **275761**
海南嘉赐木 78097
海南嘉赐树 78097
海南荚蒾 **407877**
海南假砂仁 **19833**
海南假韶子 **283531**
海南尖花藤 334363
海南樫木 **139665**
海南箭竹 **162698**
海南胶核木 **261895**
海南脚骨脆 **78097**
海南金不换 375859
海南金刀木 48518
海南金合欢 **1268**
海南金锦香 **276111**
海南金针木 386589
海南锦香草 **296388**
海南荩草 **36625**
海南晶帽石斛 **125090**
海南九节 **319569**
海南蒟 **300407**
海南榜 **78947**
海南榜树 78942
海南壳砂仁 19878
海南栝楼 **396175**
海南兰花蕉 **273271**
海南榄仁 **386589**
海南老鸦嘴 390793
海南老鸦嘴 **390793**
海南冷水花 **299074**
海南狸藻 **403189**
海南黧豆 259519
海南李榄 **231749**,87710
海南莲楠草 **283767**
海南镰扁豆 **135641**
海南链珠藤 **18516**
海南鳞花草 **225168**
海南柃 **160484**
海南流苏树 **87710**,231749
海南留萼木 **54876**
海南柳 **343464**
海南柳叶箬 **209067**
海南龙船花 **211103**
海南龙血树 **137353**
海南楼梯草 **142674**
海南鹿角藤 **88901**
海南轮环藤 116031
海南罗汉松 **306402**
海南罗伞树 **31579**
海南萝芙木 **327070**
海南螺序草 **371760**
海南裸实 246851
海南麻风树 199748
海南麻辣子藤 154244
海南马齿苋 **311857**
海南马兜铃 **34201**
海南马胡卡 241513
海南马钱 378761
海南马唐 **130768**
海南买麻藤 **178538**
海南芒毛苣苔 **9463**
海南猫须草 275759,275761
海南毛兰 **148694**,125573
海南玫瑰木 **329795**
海南美登木 **246851**
海南美丁花 **247569**
海南蜜茱萸 **249131**
海南牡蒿 **35701**
海南木姜子 **233981**
海南木茎排草 239748
海南木茎香草 **239748**
海南木蓝 **206740**
海南木莲 **244435**
海南木五加 125611
海南木犀榄 **270128**
海南木苎麻 56257
海南牛奶菜 **245815**
海南盆距兰 **171858**
海南飘拂草 **166346**,166434
海南苹婆 **376119**,320987,376070
海南坡垒 **198157**

海南破布木 253367
海南破布叶 **253367**
海南蒲儿根 **365054**
海南蒲桃 **382569**,382522
海南槭 **3010**,2926
海南杞李参 125611
海南千斤拔 **166875**
海南千年健 **197792**
海南茄 **367518**
海南青冈 116133,116204
海南青花苋 **318998**
海南青篱竹 **37229**
海南青牛胆 **392257**
海南青皮 405178
海南青葙 **80471**
海南琼楠 **50627**
海南秋海棠 **49897**
海南秋英爵床 **107135**
海南球兰 198881
海南雀舌木 **226330**
海南染木树 **346481**
海南荛花 **414186**
海南忍冬 **235709**
海南榕 **165084**
海南蕊木 **217870**
海南瑞香 122380
海南赛爵床 **67823**
海南三宝木 **397369**
海南三角瓣花 **315322**
海南三七 **215035**
海南桑叶草 **368885**
海南沙拉木 342647
海南砂仁 **19878**
海南山茶 69465
海南山矾 **381233**
海南山柑 **71757**
海南山胡椒 **231430**
海南山黄皮 278319
海南山姜 **17685**
海南山蓝 **291153**
海南山龙眼 **189934**
海南山绿豆 200727
海南山麻杆 **14214**
海南山牵牛 **390772**,390793
海南山小橘 **177841**
海南山指甲 87344
海南山猪菜 **250788**
海南山竹子 171155
海南韶子 **265139**
海南蛇根草 **272210**
海南蛇菰 **46851**
海南参 114838
海南深红鸡脚参 275761
海南省藤 **65703**,65700
海南十大功劳 **242550**
海南石豆兰 **62767**
海南石斛 **125173**
海南石梓 178031
海南柿 **132186**,132377
海南鼠李 **328720**
海南薯 **208224**
海南树参 **125611**
海南水虎尾 **139588**
海南水锦树 **413800**
海南水团花 292038
海南水竹 **47222**
海南松 299938
海南苏铁 **115833**
海南素馨 **211893**
海南桫拉木 342647
海南梭罗树 327366
海南苔草 **74731**
海南檀 121702
海南藤 182326
海南藤春 **17626**
海南藤属 182324
海南藤芋 **353127**
海南梯脉紫金牛 **31585**
海南天料木 **197723**,197685
海南铁苋菜 **1888**
海南铁线莲 **94983**
海南同心结 **285056**
海南土砂仁 19833
海南娃儿藤 **400896**
海南挖耳草 **403113**
海南万寿竹 **134433**
海南卫矛 **157556**
海南乌口树 **385039**
海南乌蔹莓 387836
海南梧桐 **166618**
海南五层龙 **342647**
海南五须松 299938
海南五月茶 **28334**,28372
海南五针松 **299938**
海南西番莲 285677
海南喜光花 6476
海南线果兜铃 **390414**,28902
海南腺萼木 **260625**
海南香花藤 **10234**
海南肖榄 302601
海南新木姜子 **264052**
海南新樟 **263763**
海南悬钩子 338097
海南雪花 **32521**
海南血桐 240265
海南蕈树 **18203**
海南崖豆藤 254797
海南崖爬藤 **387836**
海南烟斗柯 **233157**
海南羊耳蒜 **232183**
海南羊蹄甲 **49116**
海南杨桐 8235
海南野百合 112207
海南野橘 **93480**
海南野茉莉 379361
海南野木瓜 **374403**
海南野扇花 **346749**
海南野生橙 93480
海南野桐 **243364**
海南叶下珠 **296599**
海南翼核果 **405446**
海南茵芋 365974
海南樱桃 **83215**
海南鹰爪花 35015
海南油柑 296599
海南油麻藤 **259519**
海南油杉 **216147**
海南鱼藤 **283285**
海南羽叶金合欢 **1468**
海南玉叶金花 **260423**
海南芋 **16498**
海南远志 **308095**
海南越橘 **403845**
海南樟 91442
海南沼兰 **110644**
海南栀子 **171301**
海南蜘蛛抱蛋 **39544**
海南直管草 275759
海南柊叶 **296033**
海南皱子白花菜 **95782**
海南猪屎豆 **112207**
海南蛛毛苣苔 **283118**
海南砖子苗 **245437**
海南锥 78947
海南锥花 **179185**
海南子楝树 **123452**
海南紫荆木 **241513**
海南紫麻 **273928**,273912
海南钻喙兰 333729
海南醉魂藤 **194166**
海尼豆瓣绿 290357
海尼钩枝藤 **22059**
海尼山辣椒 **382793**
海涅糖棕 **57126**
海牛葡萄 **411746**
海努印茄树 **192021**
海努印茄树属 **192020**
海帕刺桐 **154673**
海泡石八仙花 **199981**
海蓬子 342859
海蓬子属 342847
海蓬子银桦 180583
海葡萄 **97865**
海葡萄属 **97861**
海埔姜 411430
海普苔草 **74791**
海漆 **161639**
海漆属 **161628**
海其属 187129
海牵牛 207953
海茜草 **288037**
海茜草属 **288035**
海茜树 **392088**
海茜树属 **392086**
海蔷薇属 184776
海茄 367596
海茄冬 45746,45750
海茄冬属 45740
海茄苳 45746
海茄子 277364,367528
海雀稗 **285534**
海人树 **379813**
海人树科 **379814**
海人树属 **379812**
海荣椰子 **288039**
海荣椰子属 **288038**
海茹藤 208067
海乳草 **176775**
海乳草属 **176772**
海三棱藨草 **353584**
海桑 **368915**,368913
海桑科 **368926**
海桑属 **368910**
海色南非禾 **290043**
海瑟属 201597
海沙参 176923
海砂菊 413514
海莎草属 327663
海山柑 **268097**
海山柑属 **268096**
海山仙人 233078
海参 345845
海参草科 117311
海神扁棒兰 **302783**
海神菜属 **265449**
海神草 **265233**
海神草科 311977
海神草属 117296
海神花多穗兰 **310558**
海神美冠兰 **156945**
海神木裂花桑寄生 **295859**
海神木属 **315702**
海神双星山龙眼 **128140**
海生草 **388362**
海生草科 **388365**
海生草属 **388357**
海生棘豆 **278997**
海生莲子草 **18117**
海生梅花藻 48926
海生泡叶番杏 **138202**
海生水毛茛 **48926**
海生斯密氏鸭茅 **121268**
海石榴 69156,321764
海石竹 **34536**
海石竹科 **34570**
海石竹联苞菊 **196936**
海石竹属 **34488**
海石竹头花草 **82119**

海石竹窄黄花 **375791**
海氏百合 **229858**
海氏百日草 418038
海氏草属 196196,304591
海氏柴胡 **63681**
海氏车前 **302000**
海氏大戟 **200690**
海氏大戟属 **200689**
海氏杜鹃 330865
海氏角果铁 **83681**
海氏角果泽米 83681
海氏菊头桔梗 **211660**
海氏苜蓿 **247300**
海氏黏腺果 **101249**
海氏匹菊 **322690**
海氏苔草 **74773**
海氏瓮萼豆木 **68121**
海氏杨卡苣苔 211560
海氏紫羊茅 **164272**
海寿 310993
海寿花 **310993**
海寿花属 **310990**
海寿属 310990
海薯 208067
海水十二卷 **186268**
海水仙 314849
海水星 193417
海松 300006
海苏 176839
海孙 284401
海索草 203095
海索草叶萼距花 114605
海台白点兰 **390490**
海苔草 **75303**
海滩疤 238354
海滩草莓 **167604**
海滩繁缕 **374941**
海滩蒿 **36314**
海滩黑蓼 **309525**
海滩念珠藤 **18530**
海滩牵牛 207884
海滩莎草 327664
海檀木 **415558**
海檀木科 **415569**
海檀木属 **415555**
海棠 67860,159363,243617,243657,243702,317602
海棠菜 175378
海棠果 67860,243667
海棠花 **243702**
海棠壳 67860
海棠梨 243657,323110
海棠猕猴桃 **6661**
海棠木 67860
海棠属 243543
海棠树 67860
海棠叶报春 **314720**
海棠叶地胆 368896
海棠叶蜂斗草 **368896**
海棠叶梾木 **380491**
海棠叶莓 338784
海棠越橘 **403846**
海桃椰属 6849
海桃椰子 321164
海桃椰子属 6849,321161
海特木 **188321**
海特木属 **188312**
海特千屈菜 **184583**
海特千屈菜属 **184582**
海特玉 **267039**
海藤 171113,171144
海天冬 **39084**
海天蒜 352960
海铁鸡 115912
海通 **96200**,94748,95127
海桐 **301413**,56802,96398,154734
海桐花 301413
海桐花科 **301203**
海桐花属 **301207**
海桐假柴龙树 266810
海桐科 301203
海桐皮 30604
海桐山矾 **381235**
海桐蛇菰 46882
海桐生蛇菰 **46882**
海桐属 301207
海桐树 154734,301294
海桐叶白英 **367503**
海桐叶柃 **160582**
海桐叶木姜子 **234037**
海桐状香草 **239790**
海鸵李 132260
海瓦菊 **161198**
海瓦菊属 **161196**
海瓦类柳穿鱼 **231206**
海湾潮柊树 **276317**
海湾桂木 401672
海湾炮塔帚石南 **67487**
海湾蛇鞭菊 **228435**
海湾叶下珠 **296574**
海湾樟雏菊 **327155**
海湾之光茶梅 **69597**
海王欧洲常春藤 **187267**
海王球 **182442**
海王丸 182442
海王星 **135692**
海王洋常春藤 187267
海猥哈克 184615
海猥哈克木 **184615**
海伍得大戟 **194655**
海伍得大戟属 **194654**
海伍得茴芹 **299428**
海仙 413591
海仙报春 **314815**
海仙花 **413576**,314815
海牙茶 110251
海芽茶 110251
海崖拟鸦葱 **354990**
海彦 244143
海洋大戟 **159526**
海洋木茼蒿 **32596**
海洋南天麻 **171940**
海洋栓果菊 **222995**
海椰子 **235159**
海椰子属 **235151**,237971
海野荞麦 **152326**
海因禾 **186874**
海因禾属 **186868**
海因纽子花 404523
海因斯茜属 **188280**
海因斯茜玉叶金花 **260424**
海因兹核桃 212612
海因兹裂榄 **64077**
海因兹柳 **343491**
海因兹茜属 **196397**
海因兹茜五星花 **289820**
海因兹茄 **367212**
海罂粟 **176735**,176757
海罂粟果芥 176762
海罂粟果芥属 176761
海罂粟属 **176724**
海柚 415716
海腴 280741
海芋 **16512**,16518
海芋属 **16484**
海芋叶慈姑 **342315**
海枣 295461
海枣属 295451
海纸钱鲁 288927
海州常山 **96398**
海州常山属 95934
海州蒿 **35481**
海州香薷 **144093**
海珠草 372247
海竹 **416811**
海竹属 86139
海柱豆属 **14827**
海缀 **198010**
海缀属 **198003**
海子山老牛筋 **31941**
海棕 295461
海棕木 295461
亥俄棕 201434
亥俄棕属 201433
亥佛棕属 201356
亥曼氏麦瓶草 **363533**
亥氏草 184323
亥氏草属 184322
亥氏番红花 **111540**
亥氏米钮草 255489
害母草 139629
蚶花 394076
蚶壳草 81570
憨葱 405618
憨大杨 311562
憨掌 125553
含苞草 380792
含苞草属 380791
含糊百蕊草 **389688**
含糊刺头菊 **108229**
含糊堆心菊 **188418**
含糊飞蓬 150599
含糊风毛菊 **348137**
含糊柳穿鱼 **230963**
含糊漏斗花 **130188**
含糊棉子菊 **253843**
含糊黏腺果 **101243**
含糊乳豆 **169647**
含糊塞拉玄参 **357636**
含糊山柳菊 **195818**
含糊香茅 **117139**
含糊一点红 **144913**
含胶雅葱 354961
含生草 21805
含生草属 21804
含水藤 6682
含桃 83284
含笑 **252869**
含笑花 252869
含笑花木 242244
含笑属 **252803**
含羞草 **255098**
含羞草布洛大戟 **55662**
含羞草红叶藤 **337731**
含羞草决明 85232
含羞草科 **255141**
含羞草蓝花楹 211239
含羞草木蓝 **206257**
含羞草属 **254979**
含羞草叶黄檀 **121760**
含羞草叶蓝花楹 **211239**
含羞草银桦 **180619**
含羞草隐萼豆 **113802**
含羞云实 **65039**
含阴草 146966
含脂黄藤 **121494**
含珠草 1790
寒薰 339360
寒不调 62134
寒菜 59603
寒草 374731,412750
寒草根 205506
寒刺泡 338205
寒地报春 **314106**
寒地虫实 **104780**
寒地蒿 35505
寒地禾 **31092**

寒地禾属 **31089**
寒地假匹菊 **329808**
寒地景天 **356995**
寒地肋枝兰 **304913**
寒地龙胆 **173470**
寒地山乌龟 375839
寒地糖芥 **154459**
寒丁子花 **57955**
寒丁子属 **57948**
寒豆 301070,408393
寒豆儿 301070
寒风草 173811
寒风参 40315
寒风兰 **116773**
寒瓜 93304
寒鬼球 **264375**
寒鬼玉 **322992**
寒剪股颖属 **31023**
寒浆 297643,297645
寒金菊 **199211**
寒金菊属 **199210**
寒金盏花 **319936**
寒金盏花属 **319932**
寒筋草 218480
寒菊属 319925
寒苦树 298516
寒兰 **116926**
寒莲菀 **167049**
寒莲菀属 **167048**
寒露粟 361794
寒莓 **338205**,339360
寒漠蒿 36359
寒蓬属 **319925**
寒气草 218480
寒热草 1790
寒热头草 218480
寒仁交木 349913
寒绒菊属 84803
寒山樱 **316798**
寒山竹 318303
寒生蒲公英 **384823**
寒生羊茅 **164041**
寒粟 361794
寒菀属 **80366**
寒虾子 175920
寒原荠 **29167**,29177
寒原荠属 **29164**
寒早熟禾属 31089
寒竹 **87581**
寒竹属 87547
韩国垂柳 343918
韩国柳 343574
韩连翘 167473
韩槭 3062
韩氏草 206044
韩氏蝶豆 97190
韩氏柃 160486
韩氏木蓝 206044
韩氏秋海棠 **49901**
韩氏鼠尾粟 372696
韩氏葶苈 137013
韩氏鱼藤 283286
韩斯草属 191894
韩松 300006
韩信草 **355494**
韩信草属 191894
罕见球柱草 **63334**
蔊菜 **336211**,72802,336193,336250
蔊菜属 **336166**
蔊菜叶马先蒿 **287454**
蔊菜叶小芝麻菜 **154117**
汉白杨 **311415**
汉堡八仙花 **199966**
汉堡绣球 199966
汉伯特小檗 **51743**
汉博百合 **229865**
汉布瓜 **185228**
汉布瓜属 **185227**
汉城细辛 **37729**,37722
汉城蝇子草 **364048**
汉葱 15289
汉德・沃斯锦熟黄杨 64351
汉德沃斯银枸骨叶冬青 **203556**
汉德逊猪牙花 154923
汉防己 34285,250228,364986,364989,375904
汉防己属 364985
汉高木 **185266**
汉高木属 **185265**
汉宫柳 343668
汉宫秋 208349,363265
汉红鱼腥草 174877
汉荭鱼腥草 **174877**
汉虎掌 24024
汉椒 417180,417330
汉槿 195233
汉考克海滨李 **316545**
汉考克匍枝毛核木 **380742**
汉考木 **185258**
汉考木属 **185257**
汉克杜鹃 330817
汉莲草 141374
汉麻 71218
汉密尔顿巴考婆婆纳 **46360**
汉密尔顿海神木 **315945**
汉密尔顿鳞花草 **225169**
汉密尔顿秋水仙 **414909**
汉密尔顿小檗 **51701**
汉密悬钩子 **338551**
汉姆氏马先蒿 287275
汉纳雷垂枝红千层 **67305**
汉宁顿谷精草 **151527**
汉宁顿基花莲 **48659**
汉宁顿老鸦嘴 **390796**
汉宁顿龙血树 **137422**
汉宁顿黍 **281681**
汉宁顿胀萼马鞭草 **86078**
汉农石蒜 **185291**
汉农石蒜属 **185290**
汉诺苦木属 **185277**
汉诺威龙面花 **263423**
汉诺威拟漆姑 **370637**
汉珀锦葵属 **185213**
汉普顿天蓝绣球 **295298**
汉三七 280771
汉森百合 229857
汉森翠雀花 **124273**
汉森瓜叶菊 **290820**
汉森绵毛菊 **293432**
汉森沙樱桃 **316261**
汉森苔草 **75688**
汉森猪牙花 **154923**
汉史草 185252
汉氏杜鹃 330816
汉氏山葡萄 20352
汉氏野丁香 **226090**
汉斯福德欧石南 **149532**
汉斯胡椒 300408
汉斯胶鳞禾 **143776**
汉斯曼草 **192117**
汉斯曼草属 **192116**
汉斯榕 **165086**
汉斯托曼木 **390297**
汉塔蓝刺头 **140681**
汉塔姆长庚花 **193277**
汉塔姆枸杞 **239057**
汉塔姆金毛菀 **89882**
汉塔姆可利果 **96744**
汉塔姆乐母丽 **335961**
汉塔姆木蓝 **206045**
汉塔姆天竺葵 **288275**
汉塔姆一点红 **144922**
汉塔姆舟蕊秋水仙 **22357**
汉滩紫波 **28469**
汉桃叶 350654,350799
汉仙桃草 23323
汉先桃草 23323
汉源小檗 51360
汉中防己 34203
汉兹沃斯锦熟黄杨 **64351**
汗斑草 85948,178863,385067
汗椒 417180,417330
汗苏麻 8012
旱八角 139623
旱霸王 **387049**
旱霸王科 **387040**
旱霸王属 **387046**
旱白花菜科 217400
旱百合 **415407**
旱百合属 **415406**
旱稗 **140438**,73842,140367
旱半支 356702
旱倍子 332791
旱鞭木 **415360**
旱鞭木属 **415359**
旱菜 29327
旱草 166402,395146
旱垂柳 **343678**
旱茨菇 222042
旱葱 405618
旱地对粉菊 **280414**
旱地菊 **46235**
旱地莲 399500
旱地马尾参 83995
旱地木槿 **194717**
旱地乳籽菊 **389168**
旱地油杉 **216155**
旱地越橘 **403952**
旱冬瓜 16421
旱冬瓜树 16421
旱杜根藤 **67831**
旱藁本 229404
旱谷黄耆 42007
旱谷鱼鳞云杉 298307
旱灌爵床 **415537**
旱灌爵床属 **415536**
旱果属 **148230**
旱蒿 36557
旱禾 **148385**,132685
旱禾属 **148374**
旱禾树 299115
旱荷 139629
旱荷叶 292404
旱花 **415317**
旱花点地梅 **23136**
旱花芥 **148227**
旱花芥属 **148226**
旱花属 **415315**
旱黄钳 20408
旱黄杨 **364450**
旱黄杨科 **364451**
旱黄杨属 **364447**
旱蒺藜 44347
旱金莲 **399601**,399500
旱金莲科 **399596**
旱金莲木 **348975**
旱金莲木科 **348978**
旱金莲木属 **348972**
旱金莲秋海棠 **49853**
旱金莲属 **399597**
旱金莲叶多坦草 **136670**
旱金莲叶凤仙花 **205406**
旱金莲叶麻疯树 **212236**
旱金莲叶脐景天 **401717**
旱金莲叶千里光 **360252**
旱快柳 343677
旱辣蓼 308965,309644

旱兰 **415506**
旱兰属 **415505**
旱连草 167456
旱连子 167456
旱莲 70575,284401
旱莲草 141374
旱莲花 399601
旱莲木 70575
旱莲木属 70574
旱莲属 70574
旱莲子 141374,167456
旱裂榄 **64070**
旱林灌 **241554**
旱林灌属 **241553**
旱柳 **343668**,270089
旱螺狮 373439
旱马棒 125005,125112,125135
旱马鞭 125135
旱蚂蝗 269613
旱麦草 **148420**
旱麦草属 **148398**
旱麦瓶草 183222,363606,
363958
旱麦属 148398
旱茅 **148393**
旱茅属 **148392**
旱莓草 201853
旱密穗 **415503**
旱密穗属 **415502**
旱苗蓼 309298
旱母草 **231568**
旱藕 239215,239222
旱葡萄 334117
旱蒲花 208543
旱前胡 229312
旱芹 **29327**
旱芹菜 77775
旱芹属 29312
旱雀豆属 **87268**
旱雀麦 **60989**
旱雀麦属 **25280**
旱三七 280771
旱伞草 118477
旱沙大戟 **158952**
旱沙水苏 **373348**
旱沙远志 **307928**
旱山菊 25504
旱生阿魏 **163743**
旱生桉 **155751**
旱生白鹤灵芝 **329489**
旱生百蕊草 **389924**
旱生臂形草 **58057**
旱生补血草 **230824**
旱生布里滕参 **211474**
旱生草 148524
旱生草科 148520
旱生草属 148523
旱生刺头菊 **108356**
旱生丛藨 **368579**
旱生酢浆草 **277687**
旱生大戟 **158470**
旱生点地梅 **23213**,23215
旱生多穗兰 **310652**
旱生番薯 **207602**
旱生芳香木 **38420**
旱生古柯 **155115**
旱生国王椰子 **327114**
旱生哈克 184621
旱生哈克木 **184621**
旱生红毛帚灯草 **330011**
旱生虎眼万年青 **274800**
旱生黄芪 42005
旱生黄耆 **42005**,42262
旱生黄檀 **121857**
旱生假杜鹃 **48102**
旱生韭 **15362**
旱生立金花 **218966**
旱生露兜树 **280985**
旱生鹿藿 **333153**
旱生马唐 **130441**
旱生毛百合 **122912**
旱生木槿 **194720**
旱生木犀榄 270172
旱生南非萝藦 **323491**
旱生南星 **33263**
旱生蒲公英 **384859**
旱生鞘冠帚鼠麹 **144684**
旱生肉角藜 **346779**
旱生莎草 **119765**
旱生手玄参 **244752**
旱生瘦鳞帚灯草 **209424**
旱生双距兰 **133699**
旱生松 **300158**
旱生溲疏 **126860**
旱生天门冬 **38934**
旱生天竺葵 **288088**
旱生沃恩木蓝 **405207**
旱生无心菜 **32315**
旱生香茶 **303770**
旱生香茶菜 **209870**
旱生星香菊 **123637**
旱生须芒草 **22506**
旱生鸭嘴花 **214337**
旱生羊蹄甲 **49265**
旱生异籽葫芦 **25643**
旱生蚤缀 32315
旱生珍珠茅 **354279**
旱生紫堇 105572
旱熟禾属 148374
旱黍草 **281591**,281532
旱鼠李 328833
旱水仙 417613
旱田草 **404704**,231483,231568
旱田草属 **404694**
旱田蓼 309298
旱葶苈 **148270**
旱葶苈属 **148269**
旱铜钱草 357919
旱橐吾 229082
旱仙桃 239720
旱仙桃草 23323
旱苋 **415517**
旱苋属 **415513**
旱绣线菊 **415526**
旱绣线菊属 **415525**
旱叶草 415441
旱叶草属 415439
旱莠竹属 **209401**
旱榆 **401519**
旱芋 99910
旱早熟禾属 148374
旱皂角 42074
旱珍珠 204799
旱竹叶 **26948**
旱竹叶属 **26946**
旱子 141374
焊菜 72749
菡萏 195040,263272
颔垂豆 301147
颔垂豆属 **30957**
翰森椰榆 **401585**
翰氏列当 **275084**
杭爱龙蒿 **35414**
杭白芍 280213
杭白芷 **24326**
杭薄荷 250370
杭东苔草 **74755**
杭蓟 **92444**
杭菊 124785
杭菊花 124826
杭麦冬 272090
杭术 44218
杭州杜鹃 **330820**
杭州景天 **356781**
杭州苦竹 **304002**
杭州马银花 330820
杭州荠苎 259295
杭州石荠苎 **259295**
杭州榆 **401479**
杭子梢 **70833**,226698
杭子梢属 **70781**
蒿 **35148**,35132,35308,36453,
205580
蒿巴巴棵 144086
蒿菜 89481,89704
蒿大戟 158788
蒿果 365009
蒿荷木属 **197150**
蒿黑 268438
蒿科 **36573**
蒿柳 **344244**,344071
蒿苹四蕊槭 **3685**
蒿菽 35411
蒿绒草 **36581**
蒿绒草属 **36579**
蒿属 **35084**
蒿菀属 **240376**
蒿萎 36241
蒿央胞 338985
蒿叶马先蒿 **286973**
蒿叶平菊木 **351221**
蒿叶委陵菜 313054
蒿叶乌头 5335
蒿叶腺荚果 **7385**
蒿叶猪毛菜 **344426**
蒿枝 35968
蒿枝龙胆草 287605
蒿枝七 247116
蒿状播娘蒿 **126113**
蒿状大戟 **158788**
蒿状决明 360419
蒿状欧石南 **149032**
蒿状钟穗花 **293152**
蒿子 35132
蒿子草 139693
蒿子跌打 4062
蒿子杆属 **209514**
蒿子秆 **89466**
薅田藨 338985
薅秧藨 338281,338985
薅秧泡 338886,338985
蚝壳刺属 362032
蚝刈草 159069
蚝猪刺 51802
毫白药 280213
毫白紫地榆 175037
毫笔花 321672
毫菊 124785
毫卡菜 200652
毫猪尖 125183
豪顿青锁龙 **109388**
豪顿鹰花寄生 **9743**
豪顿远志 **308110**
豪厄尔橙粉苣 **253926**
豪厄尔刺花蓼 **89079**
豪厄尔灯心草 **213159**
豪厄尔飞蓬 **150696**
豪厄尔桔梗 **198813**
豪厄尔桔梗属 **198812**
豪厄尔刘氏草 **228272**
豪厄尔琉维草 **228281**
豪厄尔毛莨 **326142**
豪厄尔蒙蒂苋 **258256**
豪厄尔米努草 **255493**
豪厄尔婆婆纳 **198815**
豪厄尔婆婆纳属 **198814**
豪厄尔玄参属 198814
豪厄尔野荞麦 **152150**

豪厄尔猪牙花 154924
豪恩小檗 51706
豪尔单苞藤 148454
豪尔风车子 100509
豪尔冠须菊 405940
豪尔还阳参 110994
豪尔异檐花 397756
豪尔云生花 52915
豪夫曼木荚豆 415687
豪夫曼木蓝 206091
豪夫曼野荞麦 152145
豪夫曼翼茎菊 172441
豪夫曼猪屎豆 112220
豪夫拟老鼠簕 2580
豪华菠萝 324578
豪华菠萝属 324577
豪华凤梨 324578
豪华水蜡 229565
豪爵千里光 237154
豪爵千里光属 237153
豪爵棕 198808
豪爵棕属 198804
豪龙玉 264365
豪曼巴豆 112907
豪曼草属 186165
豪曼斗篷草 14047
豪曼豇豆 408908
豪曼芦荟 16879
豪曼柔花 8945
豪曼树葡萄 120089
豪曼小盘木 253416
豪曼猪屎豆 112209
豪曼竹竽属 186162
豪姆顶冰花 169399
豪枪球 103763
豪枪丸 103763
豪裳球 140849
豪裳丸 140849
豪氏刺头菊 108303
豪氏翠雀花 124293
豪氏蝶须 26424
豪氏杜鹃 330592
豪氏拂子茅 65366
豪氏狗花竹竽 200685
豪氏寡舌菊 256931
豪氏克美莲 68799
豪氏列当 275091
豪氏鳞甲草 9047
豪氏绵枣儿 352912
豪氏千里光 358247
豪氏荞麦 212398
豪氏荞麦属 212397
豪氏肉锥花 102125
豪氏山柳菊 195654
豪氏乌头 5281
豪氏细瓣兰 246109
豪氏玄参 355077
豪氏藻百年 161551
豪思特苔草 74830
豪斯草 186226
豪斯草属 186225
豪斯福德北美乔松 300213
豪斯曼藤 264506
豪斯曼藤属 264502
豪斯木属 198578
豪斯荨麻 402929
豪斯蔷薇 336635
豪斯秋水仙 99321
豪斯五层龙 342650
豪斯野荞麦 152587
豪特苣苔 404952
豪特苣苔属 404951
豪威椰属 198804
豪威椰子属 198804
豪勋爵新西兰圣诞树 252621
豪伊特锦葵 198820
豪伊特锦葵属 198819
豪猪百蕊草 389736
豪猪萹蓄 291797
豪猪刺 51802
豪猪刺黄藤 121500
豪猪刺头菊 108306
豪猪芳香木 38590
豪猪飞廉 73363
豪猪花 226671
豪猪花属 226669
豪猪火畦茜 322962
豪猪科力木 99812
豪猪龙王角 199013
豪猪马岛外套花 351714
豪猪芒 255890
豪猪毛茛 325970
豪猪七 134425
豪猪三芒草 33890
豪猪莎草 119015
豪猪瘦鳞帚灯草 209436
豪猪葶苈 137036
豪猪细莞 210012
豪猪仙人掌 273017
豪猪旋花 103088
豪猪羊茅 164011
豪猪针茅 376917
豪壮龙 299255
壕草属 365349
濠州梧桐 58335
蠔壳刺 43721
蠔壳刺属 43718
好汉拔 129629
好汉枝 369010
好看凤仙花 205262
好女儿花 204799
好山早越橘 403939
好图兰李 316444
好望角阿塔木 43739
好望角埃克楝 141863
好望角矮大叶藻 262279
好望角桉 155506
好望角白垫菊 255816
好望角白丁草 290667
好望角白叶藤 113579
好望角百簕花 55285
好望角拜卧豆 227038
好望角斑鸠菊 406200
好望角补血草 10034
好望角蔡斯吊兰 65096
好望角糙缨苣 392677
好望角簕竹 47203
好望角茶豆 85196
好望角长被片风信子 137909
好望角触须兰 261779
好望角川犀草 270328
好望角簇花 120877
好望角大麦 198280
好望角大沙叶 286143
好望角大蒜芥 365426
好望角单花杉 257111
好望角单室卫矛 246681
好望角灯心草 212984
好望角丁癸草 418329
好望角斗篷草 13989
好望角毒瓜 215698
好望角独行菜 225321
好望角杜鹃花属 381043
好望角短尖柳 343727
好望角短片帚灯草 142942
好望角盾柱 304894
好望角多头玄参 307590
好望角多头帚鼠麹 134248
好望角二歧草 404129
好望角法蒺藜 162217
好望角番杏 412075
好望角番杏属 412074
好望角番樱桃 156155
好望角方枝树 270466
好望角芳香木 38462
好望角非洲荨麻 130011
好望角非洲紫菀 19325
好望角费格利木 296112
好望角凤仙花 204838
好望角拂子茅 65332
好望角福木 142440
好望角复苏草 275305
好望角狗肝菜 129238
好望角冠顶兰 6179
好望角哈维列当 186055
好望角合花风信子 123110
好望角鹤虱 221641
好望角黑蒴 14305
好望角红毛帚灯草 330012
好望角胡椒 300368
好望角胡麻 361309
好望角槲寄生 410991
好望角互叶指甲草 105413
好望角花椒 417190
好望角画眉草 147565
好望角黄蓉花 121917
好望角灰毛豆 385988
好望角火把树 114566
好望角芨芨草 4122
好望角鸡头薯 153004
好望角积雪草 81579
好望角假泽兰 254420
好望角姜饼木 284200
好望角浆果莲花 217075
好望角节节菜 337322
好望角芥 351948
好望角芥属 351945
好望角金黄莎草 89805
好望角锦葵 243761
好望角九节 319467
好望角苣苔属 377652
好望角卷耳 82770
好望角卡罗树 67667
好望角卡柿 155960
好望角看麦娘 17520
好望角壳萼玄参 177535
好望角空轴茅 98795
好望角库诺尼 114566
好望角拉菲豆 325092
好望角拉拉藤 170304
好望角蜡菊 189225
好望角蓝蒂可花 115466
好望角蓝花参 412613
好望角老鸦嘴 390732
好望角类岑楝 141863
好望角立金花 218847
好望角菱叶藤 332324
好望角柳叶菜 146653
好望角芦荟 16817
好望角鹿藿 333175
好望角路边青 175395
好望角罗汉松 306425
好望角麻疯树 212115
好望角马鞭草 401298
好望角马鞭草属 401296
好望角芒 255832
好望角毛茛 325703
好望角毛柱帚鼠麹 395907
好望角毛子草 153151
好望角没药 101336
好望角美木芸香 67667
好望角美树属 67666
好望角密穗木 389927
好望角密穗木属 389926
好望角木菊 129390
好望角穆拉远志 259955
好望角南非禾 289959
好望角南非葵 25420

好望角南非镰草 **185884**
好望角南非蜜茶 **116325**
好望角南非仙茅 **371688**
好望角囊鳞莎草 **38216**
好望角牛舌草 21933
好望角欧石南 **149141**
好望角落草 **217432**
好望角前胡 **292801**
好望角茄 **367005**
好望角青锁龙 **108875**
好望角榕 164751
好望角肉角藜 **346762**
好望角赛德旋花 **356420**
好望角三萼木 **395198**
好望角三尖莎 **394861**
好望角莎草 **118610**
好望角蛇舌草 **269750**
好望角瘦鳞帚灯草 **209426**
好望角鼠鞭草 **199680**
好望角鼠麴草 **178109**
好望角双袋兰 **134277**
好望角双距花 **128040**
好望角水茫草 **230835**
好望角睡莲 **267665**
好望角斯托草 **377281**
好望角四仁大戟 **386963**
好望角天门冬 **38957**
好望角铁苋菜 **1809**
好望角弯穗夹竹桃 **22139**
好望角维拉尔睡菜 **409280**
好望角无根藤 **78730**
好望角无鳞草 **14397**
好望角伍尔秋水仙 **414871**
好望角细冠萝藦 **375750**
好望角细莞 **209963**
好望角苋 **18685**
好望角腺瓣古柯 **263073**
好望角香蒲 **401101**
好望角香芸木 **10583**
好望角小果大戟 **253298**
好望角肖梳状萝藦 **272048**
好望角缬草 **404233**
好望角绣球防风 **227567**
好望角玄参 **179822**
好望角玄参属 **179821**
好望角旋花 **102984**
好望角血桐 **240244**
好望角鸭嘴花 **214407**
好望角亚麻 **231883**
好望角羊耳蒜 **232115**
好望角异燕麦 **190142**
好望角翼荚豆 **68136**
好望角园花 **27569**
好望角原始南星 **315637**
好望角远志 **308446**
好望角藏红卫矛 **78589**
好望角针翦草 **376979**
好望角治疝草 **192939**
好望角舟蕊秋水仙 **22338**
好望角皱稃草 **141746**
好望角朱砂莲 **290092**
好望角猪毛菜 **344485**
好望角猪屎豆 **111992**
好望角竹叶草 **272647**
好望角柱冠桔梗 **389110**
好望角紫瓣花 **400060**
好望角紫绒草 **43987**
好望角紫纹鼠麴木 **269253**
好运草 278124
郝吉利草属 184291
郝瑞棉属 88970
郝瑞希阿属 88970
郝氏省藤 **65709**
号角斗竹 240765
号角花 **240736**
号角花属 **240735**
号角毛兰属 **396134**
号角树 80009
号角树科 80012
号角树属 80003
号角野牡丹属 **344394**
号筒草 240765,328345
号筒杆 240765
号筒梗 240765
号筒管 240765
号筒花 73157,73159
号筒青 240765
号筒树 240765
浩罕阿魏 **163646**
浩罕彩花 **2249**
浩罕长蕊琉璃草 **367816**
浩罕刺头菊 **108311**
浩罕刺续断 **258848**
浩罕葱 **15398**
浩罕粉丁草 **401340**
浩罕苓菊 **214110**
浩罕柳穿鱼 **231017**
浩罕南芥 **30331**
浩罕瓦莲 **337301**
浩罕野豌豆 **408448**
浩瀚针茅 **376798**
浩拉桑驴喜豆 **271187**
浩拉桑天芥菜 **190586**
浩拉山还阳参 **110874**
浩氏豆属 198762
浩维亚豆 198765
浩维亚豆属 198762
秏子刺 203590
秏子瓜 367775
秏子花 321672
秏子拉冬瓜 417470
秏子皮 414217
秏子屎 357919
秏子尾巴 401156
秏子尾巴花 321672
秏子响铃 166897
秏子阎王 123077
蒿 119503
蒿侯 119503
灏富杜鹃 330824
诃梨勒 386504
诃黎 386504
诃黎勒 386504
诃黎簕 386504
诃仔 386504
诃子 **386504**,386462
诃子属 386448
呵海纳契彩花 **2241**
呵喇菩 67860
呵子 386504,386506
喝起草 415046,415057
蠚草 402847
蠚麻 402847
禾矮翁 31080
禾本科 **306164**,**180078**
禾草香豌豆 **222784**
禾草芋兰 156732
禾草鸢尾 **208600**
禾串果 28341
禾串树 **60167**,60189
禾串土密树 **60189**
禾秆色白兰 **318211**
禾秆色假鼠麴草 **317772**
禾秆苔草 **74704**
禾花草 168903
禾花野荞麦木 **152135**
禾花子藤 411589,411590
禾黄藤 20348,411589,411590
禾稼子藤 20348
禾兰鸦葱 **354965**
禾镰草 9560
禾镰树子 9560
禾镰子 328680
禾了子 142214
禾苓菊 **214151**
禾麻草 221538
禾苗蝇子草 363516
禾木胶科 415182
禾木胶属 415172
禾雀 356884
禾雀脷 356884
禾雀舌 311915,356884
禾色黄眼草 **416160**
禾色可利果 **96738**
禾鼠麴 **50783**
禾鼠麴飞蓬 **150497**
禾鼠麴费利菊 **163148**
禾鼠麴苓菊 **214049**
禾鼠麴属 **50782**
禾鼠麴蝇子草 **363241**
禾鼠麴紫菀 **40125**
禾细莞 **210006**
禾虾菜 337391
禾霞气 201942
禾叶阿比西尼亚水蕹 **29648**
禾叶芭拉扣 245889
禾叶报春 **314443**
禾叶贝母兰 **98754**
禾叶滨藜 **44510**
禾叶布拉十二卷 **186320**
禾叶糙被萝藦 **393799**
禾叶草钟 **141506**
禾叶侧穗莎 **304868**
禾叶长庚花 **193342**
禾叶慈姑 **342338**
禾叶葱 **171025**
禾叶葱属 **171024**
禾叶酢浆草 **277875**
禾叶大戟 **158978**
禾叶灯心草 **213254**
禾叶点地梅 **23185**
禾叶顶冰花 **169438**
禾叶独行菜 **225369**
禾叶鹅不食 **31933**
禾叶繁缕 **374897**
禾叶非洲绣球菊 **106842**
禾叶粉苞苣 **88772**
禾叶风兰 **24984**
禾叶风毛菊 **348350**
禾叶光萼荷 **8549**
禾叶哈克 184622
禾叶海勒兰 **143845**
禾叶豪曼草 **186189**
禾叶红点草 **223804**
禾叶虎眼万年青 **274638**
禾叶花柱草 **379079**
禾叶黄精 **308553**
禾叶积雪草 **81603**
禾叶嘉兰 **177255**
禾叶金顶菊 **161081**
禾叶金光菊 **339551**
禾叶金菊 301505
禾叶金菀 **301505**
禾叶金菀属 **301497**
禾叶锦竹草 **67147**
禾叶景天 **356775**
禾叶科尼花 **103653**
禾叶兰 **12445**
禾叶兰属 **12442**
禾叶蓝花参 **412694**
禾叶蓝兰 **193154**
禾叶老鸦嘴 **390786**
禾叶类花刺苋 **81665**
禾叶利帕豆 **232050**
禾叶蓼 **309157**
禾叶裂舌萝藦 **351579**
禾叶露兜 281037
禾叶露兜树 **281037**,281114

禾叶裸茎异果菊 **131183**
禾叶洛梅续断 **235487**
禾叶马歇尔菊 **245889**
禾叶麦冬 232623
禾叶麦瓶草 363516
禾叶猫尾花 **62489**
禾叶毛茛 **325912**
禾叶毛兰 299619
禾叶毛子草 **153199**
禾叶帽状石豆兰 **62614**
禾叶密穗花 **322111**
禾叶墨斛 299619
禾叶扭瓣时钟花 **377897**
禾叶苹兰 **299619**
禾叶婆罗门参 **394293**
禾叶棋盘花 **417908**
禾叶三滴葱 **398660**
禾叶山麦冬 **232623**
禾叶蛇鞭菊 **228502**
禾叶石斛 125218
禾叶手参 **182250**
禾叶瘦鳞萝藦 **209407**
禾叶丝瓣芹 **6211**
禾叶四数莎草 **387669**
禾叶嵩草 **217183**
禾叶酸模 **340068**
禾叶唐菖蒲 **176506**
禾叶天 229016
禾叶土麦冬 232623
禾叶土牛膝 4269
禾叶兔仔菜 210540
禾叶驼舌草 **179375**
禾叶挖耳草 **403199**
禾叶弯果紫草 **256751**
禾叶莴苣 **219346**
禾叶无孔兰 **5784**
禾叶勿忘草 **260798**
禾叶西澳兰 **118204**
禾叶狭被莲 **375453**
禾叶小蝶兰 **310891**
禾叶小岩黄花 **292505**
禾叶玄参 **306190**
禾叶玄参属 **306188**
禾叶鸭跖草 **101035**
禾叶眼子菜 **312126**
禾叶洋竹草 67147
禾叶一枝黄花 **368134**
禾叶异囊菊 **194212**
禾叶蝇子草 **363516**
禾叶园花 **27572**
禾叶蚤缀 **31932**
禾叶指纹瓣凤梨 **413873**
禾叶竹叶兰 37115
禾叶爪苞彩鼠麹 **227796**
禾叶紫盆花 **350156**
禾颐苹兰 299619
禾掌簕 143694
禾状澳洲鸢尾 **285792**
禾状扁莎 **322376**
禾状彩虹花 **136399**
禾状慈姑 342338
禾状毒棋盘花 **417930**
禾状鹅绒藤 **117495**
禾状法道格茜 **161959**
禾状海石竹窄黄花 **375792**
禾状灰毛菊 **31231**
禾状林地驼曲草 **119905**
禾状露子花 **123884**
禾状马岛翼蓼 **278432**
禾状普罗兰 **315512**
禾状千里光 **358992**
禾状苔草 **73641**
禾状庭菖蒲 **365745**
禾状兔黄花 114517
禾状兔黄花属 114516
禾状一点红 **144919**
禾状止泻萝藦 **416219**
禾状舟蕊秋水仙 **22350**
合瓣番荔枝属 **94641**
合瓣花 8299
合瓣花属 **381831**,8298
合瓣晶兰属 **191685**
合瓣莲科 **48028**,47996
合瓣莲属 **48023**
合瓣鹿药 **242707**
合瓣樟 **91455**
合瓣樟属 **91454**
合包花 96147
合苞草 380792
合苞唇柱苣苔草 **87886**
合苞菊 **380792**
合苞菊属 **380791**
合苞藜 **170861**
合苞藜属 **170859**
合苞蓬属 170859
合苞铁线莲 **95154**
合苞橐吾 **229175**
合苞叶 32650
合杯菊属 28815
合被虫实 **27561**
合被虫实属 **27560**
合被锦葵 **380800**
合被锦葵属 **380799**
合被韭 **15846**,266970
合被韭属 **68000**
合被藜 **86990**
合被商陆 **196241**
合被商陆属 **196240**
合被藤属 **381714**
合被苋 **18801**
合柄铁线莲 **94853**
合钵儿 252514
合钹草 375870
合菜 257583
合翅五角枫 **3157**
合斗椆 233378
合斗柯 **233378**
合斗石栎 233378
合萼半蒴苣苔 **191357**
合萼丛菔 **368557**
合萼大戟 **159917**
合萼吊石苣苔 **239942**
合萼芥属 126147
合萼兰 **5949**
合萼兰属 **5947**
合萼肋柱花 **235448**
合萼山柑属 **390041**
合耳菊 **381958**
合耳菊属 **381918**
合耳委陵菜 **312536**
合法卡林玉蕊 76838
合法龙头木 **76838**
合肥小巢菜 **408425**
合骨韦 200071
合冠菊 **380821**
合冠菊属 **380818**
合果佛甲草 356629
合果梗芋 381861
合果含笑 **283501**
合果含笑属 **283500**
合果景天 **356629**
合果木 283501
合果木属 283500
合果山茶 **381087**
合果山茶属 **381084**
合果芋 **381861**
合果芋属 **381855**
合汉梅 34448
合合参 398025
合核冬青 **204308**
合花草属 170859
合花风信子属 **123105**
合花兰 **381591**
合花兰属 **381590**
合花藜属 170859
合花利帕豆 **232062**
合花茜 **381610**
合花茜属 **381609**
合花弯籽木 **19984**
合花弯籽木属 **19982**
合欢 **13578**,13585
合欢草 **126181**
合欢草属 **126168**
合欢花 80260,157345,232594
合欢卷耳 82924
合欢柳叶菜 **146731**
合欢木 13578
合欢盆距兰 **171884**
合欢山兰 19512
合欢山柳叶菜 146731
合欢属 **13474**
合欢树 1711
合欢松兰 171884
合欢叶灰毛豆 **385927**
合昏 13578
合集芥 **382048**
合集芥属 **382047**
合江杜鹃 **330840**
合江方竹 **87562**
合江海桐 **301374**
合江银叶杜鹃 **330933**
合金牛 **381633**
合金牛属 **381632**
合筋草 374968
合景天 **318397**
合景天属 **318388**
合菊 19691
合壳花属 **170913**
合肋菊 **301746**
合肋菊属 **301741**
合离 171918
合离草 171918
合鳞长穗苔草 **74377**
合鳞瑞香 **381625**
合鳞瑞香属 **381621**
合鳞苔草 **76593**
合龙眼属 **381595**
合麻仁 56112
合满花属 197823
合毛菊属 **170917**
合萌 **9560**
合萌属 **9489**
合明草 9560
合明草子 360493
合囊莓 **381014**
合囊莓属 **381013**
合片阿福花属 306763
合蕊菝葜 **366307**
合蕊草 **380764**
合蕊草属 **380763**,382004
合蕊盾蕊樟 **39727**
合蕊林仙 **418559**
合蕊林仙属 **418558**
合蕊木属 177096,381914
合蕊南星 **381586**
合蕊南星属 **381585**
合蕊五味子 **351078**
合蕊樟 **382448**
合蕊樟属 **382447**
合舌兰 **382444**
合舌兰属 **382443**
合生白仙石 **268849**
合生草属 381024
合生盾舌萝藦 **39617**
合生伽蓝菜 **215116**
合生果 235557
合生果属 235513
合生果树属 **381691**

合生花属 381024
合生花棕 381807
合生花棕属 381806
合生黄耆 **42214**
合生荆芥 **264902**
合生宽萼苣苔 **88165**
合生蓝刺头 **140686**
合生列当 **275027**
合生露兜树 **281007**
合生鹿藿 **333201**
合生南非银豆 **307258**
合生疱茜 **319990**
合生山柳菊 **195547**
合生松香草 **364303**
合生无患子 **381873**
合生无患子属 **381872**
合生叶阔苞菊 **305141**
合生獐牙菜 380165
合声木属 **380696**
合丝繁缕木 **350889**
合丝繁缕木属 **350888**
合丝花科 **160306**
合丝韭 **53218**
合丝韭属 **53213**
合丝莓属 **347671**
合丝山龙眼 **380692**
合丝山龙眼属 **380691**
合丝肖菝葜 **194114**
合丝鸢尾属 **197823**
合他草 413149
合体柃 **160483**
合头 212636
合头草 **380682**
合头草属 **380681**
合头椴 **94107**
合头椴属 **94106**
合头菊 **381648**
合头菊属 **381644**
合头蜡菊 **189850**
合头藜 380682
合头女蒿 **196709**
合头茜属 **170980**
合头鼠麹木属 **381697**
合头外海千里光 **360238**
合托叶黄耆 **42292**
合溪梅 34448
合香 10414
合心立金花 **218851**
合血香 239571
合药瓣鞘花 **99504**
合药芋属 20037
合药樟 **312018**
合药樟属 **312013**
合叶 308145
合叶草 **308392**
合叶豆属 366632
合叶耳草 **187552**
合叶龙胆 **380795**
合叶龙胆属 **380794**
合叶日中花 **381629**
合叶日中花属 **381628**
合叶通草 260415
合叶玉 **351937**
合叶玉属 **351935**
合叶子 166073,166110,166125
合叶子属 166071
合页草 **380679**
合页草属 **380676**
合宜草 **130856**
合宜草属 **130855**
合意非洲铁 145227
合缨大丁草 **175139**,175178
合玉蕊科 41539
合缘芹 **380810**
合缘芹属 **380809**
合掌 161607
合掌草 117364,117368,201942,202146,308145,308392
合掌木 161607
合掌藤 393657
合掌消 **117364**,117368
合轴核子木 **291489**
合轴荚蒾 **408152**
合柱百蕊草 **389646**
合柱补血草属 **230490**
合柱糙果茶 **69007**
合柱草 **381713**
合柱草属 **381711**
合柱金莲木 **348976**,364733
合柱金莲木属 348972,364732
合柱金丝桃 **201711**
合柱矩圆叶柃 **160563**
合柱兰 **133042**
合柱兰属 **133038**,5947
合柱梁王茶 241176
合子 145899
合子草 6907
合子草属 6888
合子藤 6907
合作杨 311192
何曹花 309494
何佛水蜡烛 **139563**
何及南博 105808
何龙木 198580
何龙木属 198578
何氏报春花 314471
何氏杜鹃 330878
何氏鹅掌柴 350708
何氏凤仙 **205001**
何氏红豆 274401
何氏梅兰 **87458**
何氏盆距兰 **171859**
何氏蒲葵 **234180**,234181
何氏松兰 171859
何氏苔 74830
何氏苔草 74830
何首乌 **162542**,117390
何首乌属 162505
何首乌芋 131501
何树 350945
何亭堡属 197143
何威特金合欢 **1299**
何线藤 110251
何相公 162542
和蔼杜鹃 331782
和布克赛尔青兰 **137597**
和布克赛青兰 137597
和常山 274277
和常山属 274276
和丰 124563
和丰贝母 168614
和歌山变豆菜 **345979**
和姑 299724
和合草 308392
和厚朴 198698
和黄芪 188178
和胶毒草 13091
和筋草 114066
和靖黄芪 42481
和靖黄耆 **42481**
和静毛茛 **325925**
和静以礼草 **215919**
和鹃花 397862
和鹃花属 397858
和兰昙花 71196
和兰苋 114427
和蓝牻牛儿苗 153767
和寮萝卜 **326585**
和木瓜 84556
和平大叶醉鱼草 **62029**
和平芥 **208339**
和平芥属 **208338**
和平菱果苔 75258
和平菱果苔草 **75258**
和平蔷薇 **336301**
和平悬钩子 339194
和气草 286836
和琼木蓝 205995
和山姜 17695
和尚菜 **7433**,326340
和尚菜属 **7427**
和尚花 302753
和尚梨 **323156**
和尚头 106736,133454,140732,195326,336675,361011,375274
和尚头草 138796,367322
和尚头花 224110,302753,336783
和尚乌 117412
和社菝葜 366324,366343
和社叉柱兰 **86729**
和社指柱兰 86729
和氏豇豆 **408917**
和氏木蓝 206044
和氏槭 2970
和氏蔷薇 336573
和氏乌头 **5202**
和硕棘豆 **278901**
和硕苔草 **74794**
和田草 238371
和田黄芪 42500
和田黄耆 **42500**
和田毛茛 **325930**
和田蒲公英 **384814**
和田水柏枝 261290
和田鸦葱 **354872**
和虾草 201942
和血丹 183097,226764
和严玉 **103750**
和岩黄芪 188178
和圆子 84553,84556
和纸日本柳杉 **113707**
河岸 **33039**
河岸菝葜 **366549**
河岸白背黄花稔 **362641**
河岸藨草 **353422**
河岸苍耳 **415044**
河岸菊柊 **354630**
河岸地榆 **345906**
河岸盾盘木 **301568**
河岸粉花绣线菊 **371980**
河岸格雷野牡丹 **180426**
河岸蔊菜 **336198**
河岸黑桦 **53536**
河岸黑蒴 **14312**
河岸红光树 **216820**
河岸黄檀 **121806**
河岸火炬花 **216966**
河岸棘豆 **279127**
河岸蓟 92350
河岸九节 **319468**
河岸块茎藨草 **56636**
河岸蜡菊 **189711**
河岸蓝花参 **412731**
河岸龙船花 **211164**
河岸密头帚鼠麹 **252468**
河岸南非木姜子 387032
河岸鸟足兰 **347891**
河岸牛奶木 **255367**
河岸牛舌草 **21975**
河岸欧石南 **149993**
河岸泡果荠 **196299**
河岸披碱草 **144449**
河岸破坏草 **11171**
河岸葡萄 **411887**
河岸千里光 **359902**
河岸三被藤 **396537**
河岸山楂 **109996**

河岸省藤 **65781**
河岸石龙尾 **230295**
河岸黍 **281624**
河岸鼠刺 **210415**
河岸水八角 **180304**
河岸水芹 **269320**
河岸水杨梅 175444
河岸四腺木姜子 **387032**
河岸苔 76044
河岸苔草 76044
河岸甜桂 **187413**
河岸铁荚果 **276831**
河岸西番莲 **285699**
河岸细毛留菊 **198948**
河岸线莴苣 **375971**
河岸小头紫菀 **40850**
河岸小叶落新妇 **41829**
河岸肖鸢尾 **258633**
河岸鸭跖草 **101019**
河岸岩荠 **98028**,196299
河岸野古草 **37424**
河岸异荣耀木 **134705**
河岸阴山荠 97983,196299,416353
河岸银莲花 24028
河岸玉凤花 **184032**
河岸泽兰 11171
河岸指甲草 **284779**
河岸舟瓣梧桐 **350472**
河岸轴榈 **228755**
河岸猪屎豆 **112621**
河岸紫花堇菜 **410049**
河岸紫露草 **394026**
河坝吊灯花 **84259**
河坝口吊灯花 84259
河白草 309564
河柏 261250
河北白喉乌头 **5360**
河北白芷 192312
河北大黄 329331
河北独活 24325,192312
河北鹅观草 335350
河北葛缕子 **77775**
河北核桃 212614
河北红门兰 169906
河北黄堇 **106228**,106466
河北假报春 **105501**
河北堇菜 **410787**
河北盔花兰 **169906**
河北梨 **323194**
河北栎 **324012**
河北柳 **344172**
河北芦苇 **295914**
河北鹿蹄草 322801
河北木蓝 **205752**
河北婆婆纳 **407078**
河北蒲公英 384749
河北山萝卜 350265
河北山梅花 **294538**
河北石头花 **183263**
河北丝石竹 183263
河北苔草 **76485**
河北橐吾 **229058**
河北霞草 183263
河北栒子 107493,107720
河北杨 **311349**
河篦梳 312360
河边茶 405441
河边大戟 **159901**
河边杜鹃 **330718**
河边虎耳草 **349851**
河边龙胆 **173821**
河边千斤拔 **166862**
河边雀麦 60942
河边鼠刺 210415
河边粟麦草 **230117**
河边威灵仙 95022
河边蚊母树 134922
河边线叶粟草 **293913**
河边止泻萝藦 **416212**
河边竹 **47460**
河池唇柱苣苔草 **87885**
河池胡椒 **300414**
河地苓 175444
河毒 90932
河凫茨 342400
河杆巴 296565
河沟精 34154
河谷斑鸠菊 **406913**
河谷大戟 **160041**
河谷地不容 **375868**
河谷风毛菊 **348920**
河谷琥珀树 **27914**
河谷芦荟 **17371**
河谷眉兰 **272501**
河谷木 **404527**
河谷木属 **404526**
河谷南星 **33464**
河谷猪屎豆 **112784**
河桦 53536
河口长柄茶 69123
河口长梗茶 **69123**
河口超长柄茶 69123
河口红豆 **274395**
河口红景天 **329834**
河口碱蓬 **379521**
河口龙血树 **137424**
河口楼梯草 **142675**
河口螺序草 **371756**
河口马钱 **378908**
河口苹婆 **376183**
河口葡萄 **411721**
河口槭 **2962**
河口秋海棠 **49910**
河口双瓶梅 23845
河口水东哥 **347994**
河口五层龙 **342697**
河口悬钩子 **339025**
河口野桐 243384
河口异叶苣苔 **414003**
河口银莲花 **23845**
河口油丹 **17801**
河口蜘蛛抱蛋 **39545**
河口蛛毛苣苔 **283119**
河口紫金牛 **31465**
河蓼 309494
河流扁莎 **322246**
河流大戟 **158904**
河流欧石南 **150209**
河流同瓣花 **223053**
河流叶下珠 **296570**
河流银齿树 **227239**
河柳 343070,343185,343414,343668,344268,383469
河马稗 **140500**
河马草 **412303**
河马草属 **412302**
河茅属 354579
河美紫葳 **312027**
河美紫葳属 **312026**
河内闭花木 94541
河内钓樟 231454
河内胡枝子 **226747**
河内南芥 **30265**
河内坡垒 **198159**
河内球 **267030**,284665
河内丸 267030,284665
河内卫矛 **157647**
河南白蓬草 388533
河南杈叶槭 **3498**
河南翠雀花 **124294**
河南杜鹃 **330851**
河南鹅耳枥 77306
河南海棠 **243629**
河南花叶槭 3498
河南黄芩 **355480**
河南荆芥 **264948**
河南卷瓣兰 **62773**
河南卷唇兰 62773
河南蓼 **309187**
河南马先蒿 **287282**
河南毛葡萄 411736
河南猕猴桃 **6627**
河南拳参 309187
河南三脉木 329795
河南山胡椒 **231370**
河南山梅花 294549
河南石斛 **125179**
河南鼠尾草 **345086**
河南唐松草 **388533**
河南秃疮花 **129566**
河南小檗 **51732**
河南玉兰 **242152**
河南钻天榆 401607
河畔飞蓬 **150655**
河畔狗肝菜 **129309**
河畔委陵菜 **312935**
河旁山楂 **109716**
河芹 269326
河楸 79257
河沙苔草 75957
河生阿马木 **18578**
河生阿曼木 18578
河生毒鼠子 **128786**
河生风兰 **25006**
河生九节 **319770**
河生枪刀药 **202599**
河生秋海棠 **50182**
河生鸭嘴花 **214721**
河生针茅 **376848**
河氏石龙尾 **230303**
河朔荛花 **414150**
河朔绣球 407715
河朔绣球花 407715
河苔草属 93968
河滩冬青 **204047**
河滩黄杨 64239
河滩岩黄芪 187872
河滩岩黄耆 **187872**
河套大黄 **329342**
河套盐生黄芪 43001
河套盐生黄耆 **43001**
河通茶藨 334036
河通茶藨子 **334036**
河头山五月茶 **28388**
河王八 **262552**
河王八属 **262547**
河西阿魏 **163628**
河西黄耆 **42486**
河西菊 **194601**
河西菊属 **194600**
河西苣 194601
河西苣属 194600
河西柳 240068
河杨 311265,311350
河原单花岩扇 **362273**
河原山酢浆草 **277881**
河原野菊 **40652**
河源早熟禾 305804
河樟属 312013
河州大黄 329372
河竹 **297446**
核果补骨脂 **319174**
核果糙蕊阿福花 **393776**
核果茶属 **322564**
核果粗榧 **82499**
核果大戟 **77971**
核果大戟属 **77970**

核果格鲁棕 **6136**
核果桦科 391583
核果桦属 391584
核果尖苞木 **115651**
核果尖苞木属 **115649**,289431
核果菊 **89394**
核果菊属 **89389**
核果菊状舌毛菊 **177357**
核果木 **138634**
核果木科 138817
核果木属 **138575**,138819
核果歧缬草 **404473**
核果前胡 **293020**
核果茄 **138820**
核果茄科 **138817**
核果茄属 **138819**
核果树科 **199301**
核果树属 **199297**
核果叶下珠属 90779
核果油戟 **142491**
核蓟 **92335**
核龙胆 **173785**
核绵枣儿 **352944**
核实木属 138575
核实属 138575
核苔草 **75942**
核桃 77887,212636
核桃大戟 **159161**
核桃楸 **212621**
核桃属 212582
核岩荠 **98027**
核叶斑鸠菊 **406797**
核状补骨脂 319174
核子木 **291486**
核子木属 **291481**
核子七 309954
盍合子 13225
荷 263272
荷班药 172779
荷斑药 172779
荷瓣秋水仙 **99308**
荷包草 128964,202151,272282
荷包蛋花 230210
荷包地不容 **375839**
荷包豆 **293985**
荷包果属 415234
荷包花 **66263**,96147,220729,394076
荷包花科 66293
荷包花属 66252
荷包兰 394076
荷包李 322412
荷包麻 14184
荷包牡丹 **220729**,106432
荷包牡丹属 **220727**,128288
荷包山桂花 307923
荷包藤 **8299**
荷包藤属 **8298**
荷包掌属 140842
荷苞牡丹科 169194
荷苞山桂花 **307923**
荷卜草 297711
荷承草 112138
荷丹属 **128288**
荷恩布鲁克欧洲刺柏 **213711**
荷风兰 231183
荷荷巴 364450
荷荷巴科 364451
荷荷巴属 364447
荷花 263272
荷花丁香 382277
荷花茛 43053
荷花蜡梅 87525
荷花郎 43053
荷花莲 139612
荷花柳 **117666**
荷花木兰 **242135**
荷花七 192271
荷花蔷薇 336783,336789
荷花茄 **367592**
荷花睡莲 267664
荷花香 263759
荷花玉兰 242135
荷花紫草 43053
荷兰豆 301070
荷兰番红花 111625
荷兰菊 **40923**
荷兰瞿麦 127635
荷兰莲蕉 71196
荷兰欧楂 **252307**
荷兰翘摇 397043
荷兰薯 367696
荷兰昙花 71196
荷兰尾稃草 58128
荷兰鸭儿芹 29327
荷兰罂粟 **282727**
荷兰榆 **401522**
荷兰鸢尾 **208626**
荷兰钟风铃草 **70165**
荷兰紫菀 40923
荷乐拉白红仙丹草 **211071**
荷里奥赫柏木属 190245
荷连豆 138482
荷莲 348392
荷莲草 138482
荷莲豆 138482
荷莲豆菜 138482
荷莲豆草 **138482**
荷莲豆草属 **138470**
荷莲豆景天 356685
荷莲豆属 138470
荷莲豆状互叶指甲草 **105415**
荷麻根 209661
荷马芹属 **192754**
荷孟柱小檗 **52236**
荷茗草 198426
荷茗草属 198424
荷木 350945
荷朴 297645
荷青花 **200754**
荷青花白屈菜 **104415**
荷青花白屈菜属 **104414**
荷青花属 **200753**
荷秋藤 **198847**
荷球藤 198847
荷莳属 198574
荷树 240615,350945
荷树草 239594
荷斯菲木 198508
荷斯菲木属 198507
荷威氏椰子属 198804
荷威椰属 198804
荷威椰子 **198806**,198808
荷威椰子属 198804
荷威棕 198808
荷威棕属 198804
荷叶暗消 375836,375848,375857
荷叶花 243862
荷叶蕨鸡爪槭 **3329**
荷叶莲 399601
荷叶七 229035
荷叶三七 162616
荷叶术 162616
荷叶香 263759
荷猪草 112138
盒儿藤 6907
盒果藤 **103362**
盒果藤属 250749
盒柱兰 **389105**
盒柱兰属 **389103**
盒子草 **6907**
盒子草属 **6888**
盒足兰 **389098**
盒足兰属 **389097**
蚵蚾草 77146
颌兰属 **174263**
貉藻 **14273**
貉藻科 **14275**
貉藻属 **14271**
贺恒氏柽柳 383519
贺兰翠雀花 124020
贺兰韭 **15259**
贺兰女蒿 196690
贺兰山翠雀 124020
贺兰山翠雀花 **124020**
贺兰山丁香 **382248**
贺兰山顶冰花 **169378**
贺兰山繁缕 **374727**
贺兰山孩儿参 **318495**
贺兰山黄芪 42493
贺兰山黄耆 42493
贺兰山棘豆 **278888**
贺兰山毛茛 **325556**
贺兰山南芥 **30162**
贺兰山女蒿 196690,196699
贺兰山女娄菜 363160
贺兰山荨麻 **402930**
贺兰山蒿草 **217188**
贺兰山稀花紫堇 105582
贺兰山延胡索 **105582**
贺兰山岩黄芪 188042
贺兰山岩黄耆 **188042**
贺兰山蝇子草 **363160**
贺兰玄参 **355041**
贺氏红景天 329884
贺县开口箭 70600
褐澳桤木 **4772**
褐白水蜈蚣 **218495**
褐斑杜鹃 330165
褐斑伽蓝菜 215277
褐斑蝴蝶兰 293605
褐斑虎耳草 **349124**
褐斑皇后椰 380555
褐斑金山葵 **380555**
褐斑离被鸢尾 **130292**
褐斑丽穗凤梨 **412342**
褐斑苜蓿 **247246**
褐斑南星 **33410**
褐斑秋海棠 **49863**
褐斑蜘蛛兰 59268
褐瓣番红花 **111522**
褐包被杜英 **142380**
褐苞蝶须 **26615**
褐苞蒿 **36076**
褐苞鸟娇花 **210717**
褐苞三肋果 **397949**,397986
褐苞蓍 **3953**
褐苞薯蓣 **131761**
褐背柳 **343275**
褐背蒲桃 **382576**
褐背山茶 **69150**
褐边花篱 **27017**
褐变蜡菊 **189377**
褐柄合耳菊 **381936**
褐柄南蛇藤 80295
褐柄苔 **74997**
褐薄荷穗 **255426**
褐长梗风信子 **235607**
褐齿苔草 **75771**
褐赤翅子树 **320847**
褐赤苹婆 **376179**
褐赤色藤黄檀 121810
褐翅猪毛菜 **344607**
褐槌桉 **155485**
褐锤籽草 **12877**
褐唇贝母兰 **98660**,98740
褐刺白龙球 **244038**

褐刺金筒球 **244067**
褐刺蔷薇 336498
褐刺桐 **154660**
褐刺柱 **140327**
褐刺子莞 **333576**
褐点金腰 **90365**
褐点猫眼草 90365
褐耳冠草海桐 **122101**
褐刚毛木蓝 **206001**
褐刚毛子孙球 **327270**
褐冠豆 **413058**
褐冠豆属 **413057**
褐冠蓟 92096
褐冠毛蓟 92096
褐冠毛汤姆菊 **392724**
褐冠小苦荬 **210543**
褐果灯心草 **213365**
褐果欧石南 **149896**
褐果蒲公英 **384609**
褐果黍 **282064**
褐果水马齿 **67357**
褐果苔草 **73952**
褐果枣 **418160**,418164
褐红斑卡特兰 **79541**
褐红宝石扶桑 **195170**
褐红脉苔草 **75547**
褐红酸薮藤 **20222**
褐虎耳草 349134
褐花杓兰 **120316**
褐花灯心草 **213053**
褐花风毛菊 348649
褐花鹿药 **242685**
褐花属 **61135**
褐花香果兰 **405015**
褐花雪莲 **348649**
褐花延龄草 397556
褐花羊耳蒜 **232110**
褐黄鹤菜 416423
褐黄杜鹃 **331477**
褐黄鳞苔草 **76687**
褐黄瘤瓣兰 **270824**
褐黄色风毛菊 **348603**
褐黄省藤 **65727**
褐黄玉凤花 **183642**
褐黄鸢尾 **208697**
褐黄蜘蛛抱蛋 39557
褐堇葱 **15308**
褐茎兰 **132908**
褐茎兰属 **132906**
褐茎牵牛 **207803**
褐蕨叶梅 **239421**
褐口车前 **302130**
褐梨 **323259**
褐立方花 **115768**
褐鳞蒿 36076
褐鳞柳叶菜 146881
褐鳞木 43462
褐鳞木属 **43457**
褐鳞飘拂草 **166420**
褐鳞省藤 **65645**
褐鳞苔草 73959,75899
褐鹿藿 **333165**
褐绿白坚木 **39698**
褐绿红门兰 **273700**
褐绿苔草 **76384**
褐卵叶苔草 **73604**
褐脉黄毛槭 **2980**
褐脉楼梯草 **142629**
褐脉槭 **3529**
褐脉秋海棠 **49920**
褐毛安匝木 **310758**
褐毛桉 **155694**
褐毛闭鞘姜 **107262**
褐毛布雷默茜 **59903**
褐毛茶藨 333983
褐毛茶藨子 **333983**
褐毛朝鲜花楸 **369366**
褐毛稠李 **280015**
褐毛垂头菊 **110353**
褐毛粗叶木 222288
褐毛丹参 345214,345331
褐毛杜鹃 **332095**
褐毛杜英 **142311**
褐毛短柄稠李 **316268**
褐毛风毛菊 **348176**,348649
褐毛甘西鼠尾 345331
褐毛甘西鼠尾草 **345331**
褐毛割花野牡丹 **27488**
褐毛格尼瑞香 **178670**
褐毛狗尾草 **361847**
褐毛海神木 **315797**,315960
褐毛海桐 **301277**
褐毛花楸 **369475**
褐毛灰木 **381442**,381272
褐毛灰叶 **386316**
褐毛蓟 **91987**
褐毛蓝刺头 **140697**
褐毛黎豆 259491,259535
褐毛连菜 298590
褐毛瘤蕊紫金牛 **271049**
褐毛柳 **343400**
褐毛马钱 **378856**
褐毛马唐 **130705**
褐毛马先蒿 287181
褐毛毛连菜 298590
褐毛牡荆 **411407**
褐毛扭果花 **377789**
褐毛青皮竹 **47224**
褐毛日本槭 **3248**
褐毛石豆兰 **62996**
褐毛石楠 **295701**
褐毛鼠尾草 345331
褐毛四照花 **105060**
褐毛溲疏 **127041**
褐毛铁线莲 **94933**
褐毛橐吾 **229156**,228974
褐毛纹蕊茜 **341302**
褐毛秀柱花 **161021**
褐毛鸭跖草 **101120**
褐毛羊蹄甲 **49187**
褐毛野桐 **243390**
褐毛野豌豆 **408527**
褐毛油麻藤 **259491**
褐毛羽扇豆 **238450**
褐毛掌 **272983**,272805
褐毛枳椇 **198784**
褐毛猪屎豆 **112446**
褐毛紫菀 **40495**
褐眉兰 **272435**
褐拟舌喙兰 **177381**
褐潘树 **280833**
褐皮金鸡纳 91082
褐皮韭 **15402**
褐皮鲁玛木 **238337**
褐鞘萹蓄 **308850**
褐鞘蓼 308850
褐鞘毛茛 **326374**
褐鞘苔草 **75378**,73589
褐鞘沿阶草 **272073**
褐鞘紫堇 **105668**
褐秋海棠 49863
褐曲管桔梗 **365165**
褐群花寄生 **11076**
褐冉布檀 **14364**
褐绒毛邓博木 **123680**
褐绒毛兰 **148795**
褐绒毛没药 **101388**
褐绒毛木蓝 **205999**
褐绒毛异木患 **16087**
褐绒秋海棠 **50209**
褐乳球 **244079**
褐萨默茜 **368600**
褐色贝母兰 **98628**,98660
褐色扁担杆 **180709**
褐色冰片香木 138551
褐色博龙香木 **57267**
褐色大戟 **158930**
褐色杜鹃 331705
褐色谷精草 **151441**
褐色花篱 **27019**
褐色环带姬凤梨 **113390**
褐色灰毛豆 **386233**
褐色九节 **319450**
褐色拉拉藤 **170285**
褐色婆罗香 **138551**
褐色染木树 **346478**
褐色肉锥花 **102107**
褐色沙拐枣 **67011**
褐色绳草 **327986**
褐色省藤 **65658**
褐色野蔷薇 336498
褐色宜兰宿柱苔草 **73666**
褐色榛 106703
褐色钟花树 **382708**
褐沙蒿 **35663**,35595
褐水蜈蚣 **218494**
褐丝柱玉盘 **145657**
褐松 232565
褐穗赖草 **228355**
褐穗飘拂草 166329
褐穗砂仁 166329
褐穗莎草 **118928**
褐塔莲 **409235**
褐塔奇苏木 **382971**
褐条乌哺鸡竹 **297505**
褐庭菖蒲 **365743**
褐头蒿 **35178**
褐头三指兰 **396662**
褐头苔草 **73639**
褐头尾药菊 381936
褐土耳其无花果 **164765**
褐维达茜 **408741**
褐纹芦荟 **16663**
褐纤维莎草 **118588**
褐肖禾叶兰 **306173**
褐心木属 57968
褐新圣诞椰 **264799**
褐芽白蜡树 **168106**
褐芽杜鹃 331048
褐芽冠紫金牛 **284026**
褐崖摩楝 **19966**
褐野扁豆 138968
褐叶柄果木 **255951**
褐叶杜鹃 **331571**,330661
褐叶华丽杜鹃 **330661**
褐叶麻疯树 **212160**
褐叶槭 3529
褐叶青冈 **116201**
褐叶榕 **165508**,165586
褐叶葶苈 **136956**
褐叶土牛膝 **4269**
褐疣瓣兜兰 **282797**
褐羽花 **293382**
褐羽花属 **293380**
褐枝短柱茶 **69482**
褐枝杨 **311557**
褐智利球 **264349**
褐籽肖水竹叶 **23508**
褐子草属 293293
褐紫粗子芹 304807
褐紫辣椒 **72106**
褐紫鳞苔草 **75568**
褐紫乌头 **5084**
褐紫舟瓣梧桐 **350458**
赫柏木属 186925
赫伯特凤卵草 **296881**
赫伯特鸢尾属 **192405**
赫博卡文木 215613

赫布里底槐 **369089**
赫布里底新海岸桐 **392123**
赫茨菲尔德鹅参 **116480**
赫当杜 283492
赫德拂子茅 **65361**
赫德蜡菊 **189421**
赫德赖克氏葱 **15346**
赫德赖克松 299968
赫德琉璃草 **117973**
赫德拟漆姑 **370638**
赫德千里光 **359029**
赫德鞘柄茅 **99998**
赫德青锁龙 **109058**
赫德森蓼 **309130**
赫德十万错 **43629**
赫德水马齿 **67360**
赫德瓦絮菊 **165981**
赫德沃内野牡丹 **413211**
赫德羊茅 **164004**
赫德早熟禾 **305574**
赫地涩 31565
赫顿草属 198676
赫顿长庚花 **193279**
赫顿大戟 **159136**
赫顿革花萝藦 **365664**
赫顿哈维列当 **186065**
赫顿兰 **199526**
赫顿兰属 **199525**
赫顿蓝花参 **412710**
赫顿琉璃繁缕 **21376**
赫顿马森风信子 **246148**
赫顿美冠兰 **156527**
赫顿纳丽花 **265279**
赫顿曲花 **120561**
赫顿润肺草 **58881**
赫顿氏青葙 **80422**
赫顿唐菖蒲 **176258**
赫顿尾药菀 **315188**
赫恩比扁担杆 **180822**
赫恩比没药 **101421**
赫恩比鱼黄草 **250795**
赫尔独脚金 **378009**
赫尔芥属 **188367**
赫尔岭日中花 **220582**
赫尔曼大戟 **159040**
赫尔曼灯心草 **213148**
赫尔曼欧石南 **149540**
赫尔曼千里光 **359036**
赫尔曼琼楠 **50533**
赫尔曼针翦草 **376991**
赫尔姆田葱 **190986**
赫尔姆田葱属 **190985**
赫尔坡垒 **198158**
赫尔莎 **190981**
赫尔莎属 **190979**
赫尔松墙草 **284134**
赫尔松十字茜 **113135**
赫尔希毛冠雏菊 **84936**
赫耳克长阶花 **186957**
赫富曼子孙球 **327276**
赫格菝葜 **366393**
赫佳提裂柱莲 **351887**
赫蕉科 190073
赫蕉属 189986
赫克尔多穗兰 **310428**
赫克尔马罗蔻木 **246638**
赫克尔无患子 **280856**
赫克椒 **187158**
赫克椒属 **187156**
赫克楝属 **187140**
赫克曼多穗兰 **310429**
赫克曼恩氏寄生 **145581**
赫克曼海神木 **315815**
赫克曼灰毛豆 **386094**
赫克曼扭果花 **377730**
赫勒阿冯苋 **45771**
赫勒颤毛萝藦 **399571**
赫勒大戟 **159043**
赫勒帝王花 **82336**
赫勒多蕊石蒜 **175324**
赫勒厚敦菊 **277062**
赫勒花盏 **61397**
赫勒龙骨角 **192443**
赫勒蔓舌草 **243259**
赫勒纳桔梗 **397673**
赫勒纳桔梗属 **397672**
赫勒青锁龙 **109215**
赫勒曲花 **120560**
赫勒肉茎牻牛儿苗 **346651**
赫勒肉锥花 **102264**
赫勒十二卷 **186445**
赫勒松塔掌 **43439**
赫勒乌头 **5246**
赫勒小胡瓜 **253898**
赫勒肖鸢尾 **258516**
赫勒鸦嘴玉 **95840**
赫勒紫波 **28470**
赫雷草科 193119
赫雷草属 193117
赫雷龙胆 **173506**
赫雷罗奥佐漆 **279288**
赫雷罗半边莲 **234526**
赫雷罗布里滕参 **211506**
赫雷罗福斯麻 **167387**
赫雷罗狗肝菜 **129263**
赫雷罗海神菜 **265487**
赫雷罗黄细心 **56448**
赫雷罗喙柱萝藦 **376582**
赫雷罗假海马齿 **394891**
赫雷罗肋瓣花 **13797**
赫雷罗芦荟 **16885**
赫雷罗马齿苋 **311863**
赫雷罗美冠兰 **156752**
赫雷罗山柑 **71761**
赫雷罗树葡萄 **120090**
赫雷罗天芥菜 **190721**
赫雷罗香茶 **303372**
赫雷罗小边萝藦 **253562**
赫雷羊蹄甲 **49120**
赫丽 82287
赫丽花 **82287**
赫利芸香属 **190215**
赫灵网状十二卷 **186676**
赫麻 112269
赫马结 402203
赫内草 **197082**
赫内草属 **197081**
赫内尔凤仙花 **205014**
赫内尔蜡菊 **189255**
赫内尔蓝刺头 **140720**
赫内兰 **197085**
赫内兰属 **197084**
赫尼亚属 192926
赫佩黄檀 **121706**
赫佩蓝耳草 **115551**
赫佩田菁 **361389**
赫佩肖蝴蝶草 **110673**
赫佩鸭舌癀舅 **370787**
赫佩鸭嘴花 **214522**
赫普夫纳黄花稔 **362561**
赫普苣苔属 **192159**
赫氏杯鸢花 **118398**
赫氏菠萝球 **107028**
赫氏长生草 **358046**
赫氏甘蓝树 **115212**
赫氏柳叶菜 **146722**
赫氏南国玉 **267040**
赫氏欧洲黑松 **300106**
赫氏槭 **3018**
赫氏士童 **167697**
赫氏双袋兰 **134299**
赫氏双子铁 **131435**
赫氏绣球防风 **227607**
赫氏圆盘玉 **134119**
赫斯飞蓬 **150683**
赫斯利野茉莉 379364
赫斯欧洲常春藤 **187248**
赫斯小檗 51713
赫斯洋常春藤 187248
赫脱库松木 115212
赫维绿顶菊 **160665**
赫维十大功劳 **242462**
赫阳球 **234951**
赫阳丸 234951
赫云 **249592**,249590
赫章蔷薇 **336629**
赫支高竹属 197009
赫兹铅笔柏 **213990**
鹤宝球 **327300**
鹤宝丸 327300
鹤草 **363467**,183222
鹤岑球 **273816**
鹤巢球 **389221**
鹤巢丸 389221
鹤巢仙人球 389221
鹤顶草 86901
鹤顶红 261212
鹤顶红属 18862
鹤顶兰 **293537**
鹤顶兰属 **293484**
鹤顶梅 34448
鹤顶山茶 69156
鹤峰唇柱苣苔草 **87835**
鹤峰铁线莲 **94752**
鹤峰银莲花 23683,23820
鹤峰罂粟莲花 **23683**
鹤甫碱茅 **321296**
鹤冠卷瓣兰 **63084**
鹤冠兰 63084
鹤光飘 252514
鹤广马先蒿 287350
鹤果苔草 **74191**
鹤喙牻牛儿苗 **153764**
鹤立属 197486
鹤美丸 389214
鹤木 161335
鹤瓢棵 252514
鹤庆矮泽芹 **85712**
鹤庆吊灯花 **84254**
鹤庆独活 **192345**
鹤庆风毛菊 **348461**
鹤庆毛鳞菊 **84960**
鹤庆山蚂蝗 200734
鹤庆十大功劳 242497
鹤庆石生紫菀 **40974**
鹤庆蒿草 **217126**
鹤庆唐松草 **388553**
鹤庆微孔草 **254355**
鹤庆五味子 **351118**
鹤庆栒子 **107484**
鹤庆猪屎豆 **112824**
鹤蕊花属 98096
鹤舌草 187565
鹤虱 **221711**,77146,117986,123141,123164,221685
鹤虱草 77146,123141
鹤虱慈姑 342347
鹤虱风 123141
鹤虱画眉草 **147760**
鹤虱属 **221627**
鹤虱异柱马鞭草 **315415**
鹤氏唐松草 **388532**
鹤首马先蒿 **287261**
鹤棠球 **244149**
鹤棠丸 244149
鹤町葶茅 **143376**
鹤望兰 **377576**
鹤望兰科 **377580**

鹤望兰属 377550
鹤膝草 325981
鹤膝风 178555,405872
鹤膝竹 206877
鹤膝竹属 206868
鹤掌叶 161607,261885
黑桉 **155471**
黑澳洲兰 **173175**
黑八角莲 91024
黑巴洛草 47013
黑芭蕉 260237
黑白高粱 **369664**
黑白虎耳草 **349622**
黑白棘豆 **279004**
黑白蜡菊 **189553**
黑白蜡树 168032
黑白龙胆 173580
黑白绵毛菊 **293441**
黑白瓶果莎 **219873**
黑白山芫荽 **107787**
黑白头翁 321696
黑白艳凤 301102
黑白珍珠茅 **354151**
黑百合 168361
黑百蕊草 **389801**
黑斑百合 229915
黑斑草叶越橘 **404017**
黑斑唇龙须兰 **79331**
黑斑杜鹃 **331332**,331176
黑斑观音兰 **399067**
黑斑鸡脚参 **275732**
黑斑姜 **418007**
黑斑九节 **319713**
黑斑菊属 **179795**
黑斑龙胆 **173875**
黑斑榕 **165375**
黑斑陀螺树 **378330**
黑斑向日葵 188926
黑斑芽冠紫金牛 **284038**
黑斑异药莓 **131087**
黑板树 18055
黑板树属 18027
黑瓣平果芹 **197745**
黑瓣石豆兰 **62938**
黑苞风毛菊 **348522**
黑苞蒿 **35184**
黑苞火绒草 **224902**
黑苞匹菊 **322699**
黑苞千里光 **359586**
黑苞乳苣 **259757**
黑苞橐吾 **229105**
黑豹皮花 **373737**
黑杯赪桐 **96204**
黑北极果 **31316**
黑贝母 **168361**
黑背鼠李 **328795**
黑被苔草 73798
黑鼻花 **329547**
黑比地忍冬 **235908**
黑边斑鸠菊 **406577**
黑边扁莎 **322293**
黑边春黄菊 **26827**
黑边假龙胆 **174120**
黑边蜡菊 **189554**
黑边欧石南 **149748**
黑边黍 **281972**
黑边苔草 **75513**
黑扁莎 **322300**,322349
黑变豆菜 345980
黑柄菊属 **248133**
黑柄细瓣兰 **246113**
黑波儿 190944
黑擦子树花 408202
黑材松 **299992**
黑菜 257583
黑草 **61766**,199392
黑草属 **61727**
黑草乌 5635
黑茶藨 334117
黑茶藨子 **334117**
黑茶花 379374
黑檫木 **43972**
黑檫木科 **43973**,257424
黑檫木属 **43971**
黑柴 380682
黑柴胡 **63831**,63594
黑铲栗 79004
黑长叶繁缕 **374946**
黑长叶蒲桃 **382611**
黑巢菜 **224485**
黑齿报春 314134
黑齿春黄菊 **26825**
黑齿黄耆 **42794**
黑齿蓝蕊扭果花 **377699**
黑赤箭莎 **352408**
黑翅地肤 **217347**
黑翅茎草 **320918**
黑椆 116153
黑丑 208016
黑丑牛 208016
黑川 300464
黑川黄芩 **355558**
黑川细辛 37741
黑垂头菊 **110348**,228991
黑春黄菊 **26782**
黑刺 196755,196757,196766,328885
黑刺菝葜 366566
黑刺刺桐 **154689**
黑刺大戟 **159469**
黑刺李 **316819**
黑刺芦荟 **17022**
黑刺秋仙玉 **264346**
黑刺蕊草 **306990**
黑刺望峰玉 **242888**
黑刺仙人掌 **272992**,272970
黑刺月花 244061
黑刺智利球 **264341**
黑刺竹 87581
黑葱 **15520**
黑葱叶兰 **254229**
黑酢浆草 **277960**
黑达龙 256115
黑大苞秋海棠 **49916**
黑大豆 177750
黑大黄 329372
黑大戟 **159338**
黑大戟属 **80124**
黑大艽 5055
黑大蕊金腰 **90407**
黑袋鼠爪 **241206**
黑袋鼠爪属 **241204**
黑戴尔豆 **121899**
黑旦子 328713
黑弹木 80596
黑弹朴 **80596**
黑弹树 80596
黑弹子 131706
黑蛋蛋棵 367416
黑地雷 23817
黑地十二卷 **186467**
黑点彩叶凤梨 264412
黑点草 396611
黑点草胡椒 **290392**
黑点酢浆草 **277961**
黑点风兰 **24942**
黑点山丹 229820
黑点渥丹 **229820**
黑点叶金丝桃 202086
黑点珍珠菜 **239753**
黑点爪哇亮丝草 **11341**
黑貂玉 **198498**
黑吊灯花 **84187**
黑蝶玉 **182427**
黑丁香 132090
黑丁子 323194
黑疔草 239608
黑顶黄堇 **106189**
黑冬青 203581
黑冬叶 351383,382912
黑斗草 141374
黑豆 177750,334117
黑豆根 369149
黑豆木 79075
黑豆树 79075,404027
黑毒漆树 **252594**
黑杜仲 157547
黑度 31423
黑多枝黄芪 42898
黑鹅脚板 345988
黑萼报春 **314924**
黑萼彩花 **2261**
黑萼灰毛豆 **386181**
黑萼棘豆 **279005**
黑萼山梅花 **294457**
黑萼猪屎豆 **112399**
黑恩克小檗 **51695**
黑儿波 190956
黑儿茶 1120,1380,1381,401757
黑儿松 298449
黑尔德鹿角海棠 **43341**
黑尔德日中花 **220709**
黑尔德肉锥花 **102687**
黑尔德肖鼻叶草 **287947**
黑尔德舟叶花 **340963**
黑尔葫芦 **191026**
黑尔葫芦属 **191025**
黑尔曼铁荸荠 **118828**
黑尔曼星全菊 **197379**
黑尔漆属 **188197**
黑耳草 184696
黑耳黄芩 **355552**
黑耳叶柴胡 63832
黑法拉茜 **162591**
黑饭草 403738
黑芳香木 **38675**
黑防己 364986,364989
黑菲利木 **296152**
黑肺草 321641
黑费利菊 **163253**
黑风 228587
黑风散 290843
黑风藤 166684,402201
黑风子 31051
黑枫 2984,3549
黑凤 **395660**
黑夫牻牛儿苗 153883
黑附子 16512
黑干漆 393492
黑橄榄 71015
黑刚毛黄藤 **121516**
黑杠柳 **291073**
黑高粱 **369598**
黑藁本 229377
黑疙瘩 209753,328694
黑格 13635
黑格兰 328694
黑格铃 328694,328816
黑格令 328816
黑根 138897
黑根皮 307515
黑根鸭跖草 **101091**
黑根药 138897
黑根紫菀 41196
黑梗老虎兰 **373697**
黑梗南香桃木 **45300**
黑梗青木 **44922**
黑梗中美紫葳 **20743**

黑梗竹 **297375**
黑钩榕 71679
黑钩叶 226320
黑钩叶大戟 **158443**
黑钩叶属 **22226**,226315
黑钩叶远志 **307911**
黑钩叶状黄芩 **355367**
黑狗丹 328883
黑狗尾草 **361840**,289015
黑姑娘 367416
黑谷精草 **151238**
黑骨草 61766
黑骨风 138888,187598,391421
黑骨藤 171440,291061
黑骨头 94814,291046,291061
黑骨走马 178923
黑故纸 114427
黑故子 114427
黑关节 166248
黑冠球 **263750**
黑冠丸 263750
黑管九州细辛 **37655**
黑光小花疱茜 **319979**
黑鬼草 61766
黑果 276544
黑果菝葜 **366343**
黑果荸荠 **143208**
黑果薄柱草 **265359**
黑果茶藨 334034,334117
黑果地杨梅 **238645**
黑果冬青 **203581**
黑果多枝紫金牛 **31600**
黑果风 391421
黑果高越橘 403731
黑果沟果茜 **18590**
黑果枸杞 **239106**
黑果孤独菊 **148435**
黑果灌丛茜草 **337959**
黑果光花咖啡 **318794**
黑果果 104701
黑果果树 204001
黑果红瑞木 380499
黑果花楸 **369459**
黑果还阳参 110756
黑果黄茅 **194040**
黑果灰栒子 107543
黑果荚蒾 **407950**
黑果假狼紫草 **266598**
黑果假水龙骨 **179163**
黑果接骨木 **345626**,345631
黑果金合欢 **1532**
黑果菊属 **44023**
黑果卡德藤 **79371**
黑果榄仁 **386577**
黑果李 **316552**
黑果凉伞 31380
黑果蔺 143053
黑果瘤蕊紫金牛 **271076**
黑果马瓞儿 **417492**
黑果毛茛 **326070**
黑果莓 **338880**
黑果木 249373
黑果木姜子 **233844**
黑果飘拂草 **166236**
黑果瓶果莎 **219881**
黑果茜草 337925
黑果青冈 **116073**
黑果青香桂 346731
黑果忍冬 **235982**
黑果榕 **164648**
黑果桑 259180
黑果山姜 **17728**
黑果山楂 109597
黑果深柱梦草 265359
黑果石楠 **295732**
黑果树 382538
黑果塔奇苏木 **382978**
黑果苔草 **75330**
黑果天栌 31316
黑果土当归 **30707**
黑果细喙菊 **226381**
黑果细爪梧桐 **226268**
黑果苋 **248474**
黑果苋属 **248472**
黑果腺肋花椒 295732
黑果腺肋花楸 295732
黑果小檗 **51336**,51717,51754,51811
黑果小核果树 **199306**
黑果绣球 407907
黑果栒子 **107543**
黑果栒子木 107543
黑果鸦葱 354942
黑果崖豆藤 **254708**
黑果岩高兰 145073
黑果野扇花 **346727**
黑果叶 403832
黑果茵芋 **365970**,365969
黑果樱桃 83311
黑果硬瓣苏木 **354450**
黑果油麻藤 **259539**
黑果油棕 **142262**
黑果越橘谷木 **250024**
黑果越橘蓼 **309446**
黑果越橘香豆木 **306274**
黑果越橘叶下珠 **296674**
黑果越橘远志 **308212**
黑果越橘 **403916**,271076
黑果越橘无芒药 **172259**
黑果越橘叶芳香木 **38671**
黑果窄叶青冈 **116057**
黑果壮花寄生 **148840**
黑果子 52474
黑孩子 415173
黑海阿魏 163586
黑海百合 **229996**
黑海贝母 **168521**
黑海鼻花 **329519**
黑海扁莎 **322198**
黑海冰草 **11824**
黑海常春藤 187205
黑海大戟 **159621**
黑海大星芹 **43308**
黑海毒马草 **362786**
黑海杜鹃 331520
黑海海甘蓝 **108630**
黑海蒿 36088
黑海虎耳草 **349192**
黑海花楸 **369361**
黑海黄耆 **42902**
黑海黄芩 **355693**
黑海假叶树 **340998**
黑海金丝桃 **202100**
黑海蓝刺头 **140684**
黑海蓝盆花 **350124**
黑海榄雌 **45743**,45746
黑海冷杉 429
黑海柳兰 **85555**
黑海马兜铃 **34300**
黑海婆罗门参 **394270**
黑海鞘柄茅 **99994**
黑海瑞香 **122585**
黑海三肋果 **397954**
黑海山黧豆 **222704**
黑海神木 **315852**
黑海矢车菊 **81009**
黑海苔草 **74476**
黑海缬草 **404244**
黑海旋覆花 207075
黑海淫羊藿 **146973**
黑海远志 **307995**
黑海榛 **106719**
黑汉豆 301147
黑汉条 408202
黑汉条子 408089
黑汉子腿 388428
黑汗腿 79732
黑蒿 **36048**,35132,35308,35634,35968
黑河赤松 300272
黑核桃 **212631**
黑褐黄鹌菜 **416396**
黑褐姜黄 114875
黑褐千里光 **358322**
黑褐十二卷 **186522**
黑褐穗苔草 **73815**
黑褐苔草 73815
黑褐紫金牛 **31452**
黑红杜鹃 **331742**
黑红黄鹌菜 **416448**
黑红门兰 **273420**
黑红山楂 **109541**
黑红血红杜鹃 331742
黑红帚石南 **67472**
黑虹山 **354327**,354333
黑喉马蹄莲 417108
黑喉毛蕊花 **405737**
黑猴蔗 341912
黑后毛锦葵 **267199**
黑厚皮柴 381423
黑狐狸椰子 266678
黑狐狸椰子属 266677
黑狐尾椰子 266678
黑狐尾椰子属 266677
黑胡 300464
黑胡椒 239392,300464
黑胡麻 **361332**
黑胡桃 212631
黑湖瓜草 **232386**
黑虎 384988
黑虎大王 104701
黑虎耳草 **349082**
黑虎耳草茴芹 **299524**
黑花报春 314924
黑花糙苏 **295146**
黑花短片帚灯草 **142939**
黑花多穗兰 **310503**
黑花胡枝子 **226895**
黑花槐树属 19989
黑花秸子 235945
黑花韭 15886
黑花毛果香茶菜 **209846**
黑花牛角草 **273179**
黑花女娄菜 363737
黑花茜草 **337989**
黑花茄 **248218**
黑花茄属 **248217**
黑花球冠萝藦 **371109**
黑花三色堇菜 **410678**
黑花石豆兰 **62894**
黑花苔 75326
黑花苔草 **75326**
黑花卫矛 **157713**
黑花雅芹 **11625**
黑花延命草 209846
黑花野韭 15886
黑花蝇子草 **363737**
黑花鸢尾 192904
黑花鸢尾属 192898
黑花猪毛菜 **344625**
黑花紫菊 **267174**
黑滑头 211749
黑化虎耳草 349082
黑桦 **53400**,53379
黑桦鼠李 **328781**
黑桦树 328781
黑桦叶鼠李 **328660**
黑槐 369037

黑槐树 206669
黑环罂粟 **282659**
黑黄袍 338886
黑黄檀 **121684**,121661,121770
黑黄眼草 **416004**
黑茴芹 **299479**
黑茴香 **167169**
黑鸡母 161373
黑姬山杜鹃 **331023**
黑基木桉 155696
黑及草 184696
黑继参 406828
黑蓟 **91960**
黑加仑 334117
黑家榈 233307
黑家柯 **233307**
黑荚苜蓿 247366
黑假海马齿 **394896**
黑假水青冈 266885
黑尖丸 243996
黑坚果番杏 **387192**
黑剪股颖 **12221**
黑碱蓬 **379573**
黑姜 114875
黑疆南星 **37024**
黑脚杆 262970
黑脚梗 284497
黑脚威灵仙 94814
黑接骨木 345631
黑节草 125013,125033,125288,187532,187558,209753,337253
黑节骨草 380319
黑节关 4870
黑节苦草 380131
黑芥 **59515**
黑芥子 59515
黑斤藤 171451
黑金灌菊 **90556**
黑金喜林芋 294822
黑金盏 **266671**
黑金盏属 **266670**
黑茎棒毛萼 **400784**
黑茎木槿 **195059**
黑茎田菁 **361407**
黑荆 1380
黑荆芥 265078
黑荆树 **1380**,1384
黑九牛 204642
黑救荒野豌豆 **408578**
黑菊黄 380319
黑巨竹 **175597**
黑决明 **78424**
黑卡萨茜 **78074**
黑卡柿 **155967**
黑看麦娘 **17550**
黑栲 1381,1401
黑栲皮树 1380,1401
黑柯 **233315**
黑壳假水青冈 266875
黑壳楠 **231385**
黑壳竹 297215
黑可爱花 **148077**
黑可利果 **96671**
黑可纳刘氏草 **228271**
黑孔欧石南 **149751**
黑口莲 248765
黑苦艾 383090
黑苦楝 346333
黑苦味果 **34864**,295732
黑宽萼苏 **47013**
黑拉禾属 196196,304591
黑辣薄荷 **250431**,250423
黑辣椒 367416
黑辣子 161323
黑兰 232252
黑蓝星花 **33667**
黑榄 71015,284497
黑莨菪 **354685**,201389
黑老虎 214959
黑老虎兰 **373700**
黑老筋 95051
黑老婆秧 95051
黑老鼠簕 **2699**
黑老头 171440
黑老鸦脖子 117548
黑勒假鼠麹草 **317742**
黑勒兰 **190975**
黑勒兰属 **190974**
黑勒蛇鞭菊 **228479**
黑雷玉 **198496**
黑肋风信子 **199592**
黑梨柳穿鱼 **231042**
黑藜芦 405618
黑丽豆 **67782**
黑丽高山紫菀 **40018**
黑丽球 **327292**
黑栎 116153,324225,324539
黑栗色女娄菜 363224
黑棕子 380488
黑烈树 132134
黑林檎 243551
黑鳞秕藤 **65695**
黑鳞扁莎 **322202**
黑鳞顶冰花 **169472**
黑鳞杜鹃 331332
黑鳞黄莎草 **118604**
黑鳞黄腺香青 **21519**
黑鳞苦苣菜 **368761**
黑鳞苔草 **75332**
黑鳞香青 21519
黑鳞珍珠茅 **354119**
黑灵仙 94814
黑柃 **160539**
黑流苏矢车菊 **81245**
黑柳 **343767**
黑柳穿鱼 **230961**
黑龙 **320260**
黑龙串筋 52418
黑龙胆 **173270**
黑龙骨 291061
黑龙江百里香 **391078**
黑龙江当归 24291
黑龙江飞蓬 **150733**
黑龙江花楸 369484
黑龙江黄芩 **355675**
黑龙江堇菜 409687
黑龙江荆芥 **264990**
黑龙江列当 274952
黑龙江柳叶菜 146605
黑龙江葡萄 411540
黑龙江莎草 118491
黑龙江酸模 **339918**
黑龙江橐吾 **229167**
黑龙江猥草 **217484**
黑龙江香科 388298
黑龙江香科科 **388298**
黑龙江杨 **311229**
黑龙江野豌豆 **408278**
黑龙球 **244147**
黑龙酸模 339918
黑龙丸 244147
黑龙小檗 **52219**,51691
黑龙须 104701,134425,328760
黑露玉 **264369**
黑驴蛋 120396
黑桐 **266678**
黑桐属 **266677**
黑绿荆芥 **264876**
黑绿马先蒿 287022
黑绿苔草 **76669**
黑伦草 **190966**
黑伦草属 **190965**
黑罗纱 354316
黑萝卜 **326626**
黑马先蒿 **287457**
黑玛兰 238135
黑玛兰属 **184471**
黑麦 **356237**
黑麦草 **235334**,198267
黑麦草冰草 **11783**
黑麦草属 **235300**
黑麦草型苔 75185
黑麦单头爵床 **257274**
黑麦纽禾 **126195**
黑麦雀麦 60963
黑麦属 **356232**
黑麦苔草 **76215**
黑麦状雀麦 **60963**
黑脉寒兰 **116994**
黑脉榄仁树 386589
黑鳗藤 **211695**,211697
黑鳗藤属 **376022**,**211693**
黑曼氏九节 **319673**
黑蔓 398318
黑毛白粉藤 **92856**
黑毛冬青 **204034**
黑毛多枝黄芪 42898
黑毛多枝黄耆 **42898**
黑毛黄芪 42949
黑毛黄耆 **42949**
黑毛棘豆 **279007**
黑毛堇菜 **410079**
黑毛巨草竹 175607
黑毛巨竹 **175607**
黑毛克格兰 **215799**
黑毛口萝藦 **219111**
黑毛列 313692
黑毛落苞菊 **55098**
黑毛落苞菊属 **55097**
黑毛马唐 **130653**
黑毛七 190956
黑毛蕊花 405737
黑毛山柳菊 **195811**
黑毛石斛 **125415**
黑毛柿 **132189**
黑毛四照花 **105062**,124940
黑毛头刺 72362
黑毛托菊 **23448**
黑毛橐吾 **229162**
黑毛无心菜 **31964**
黑毛狭盔马先蒿 **287699**
黑毛小叶栒子 **107552**
黑毛雪兔子 **348384**,348703
黑毛叶黄耆 **42950**
黑毛珍珠茅 **354155**
黑毛棕 **337060**
黑毛棕属 **337059**
黑帽莓 338808
黑莓冰风仙花 **204800**
黑莓棕属 126688
黑梅 34448,338985
黑梅蝎尾蕉 **190041**
黑美女苧麻 **334436**
黑美人沙樱桃 **316260**
黑美人郁金香 **400163**
黑美人帚石南 **67471**
黑蜜兰 **105549**
黑面长 177170,296554
黑面防己 34348
黑面风 344957
黑面神 **60064**,60073
黑面神属 **60049**
黑面神土密树 **60174**
黑面神叶珠子木 296447
黑面树 60064
黑面藤 25316
黑面叶 60064,60078
黑墨草 141374

黑墨树 382522
黑牡丹 **337156**,33213
黑木 249373
黑木桉 **155648**
黑木杯裂香 **108099**
黑木合欢 1384
黑木姜子 **234054**,233844
黑木金合欢 **1384**
黑木蓝 **205689**,206299
黑木龙葵 **367586**
黑木拟桉萼梧桐 **399411**
黑木柿 132298
黑木通 94814,95396
黑木瓮梗桉 **24611**
黑木相思树 1384
黑牧豆树 **315566**
黑牧根草 **298064**
黑奶奶果 76962
黑南瓜 292374
黑南星 **33475**,33319,33335,33397,33476
黑拟鳞花兰 **225067**
黑鸟足状臂形草 **58131**
黑柠条 72285
黑牛筋 107549
黑牛膝 128318
黑牛心朴子 117548
黑挪威云杉 **298216**
黑欧薄荷 250431
黑帕洛梯 315852
黑炮弹果 **145129**
黑炮弹果属 **145126**
黑膨头兰 **401060**
黑皮 132202
黑皮桉 **155647**,155540
黑皮插柚柴 87726
黑皮刺松树 300281
黑皮跌打 166684
黑皮根 307515
黑皮柳 **343606**
黑皮萝藦 **248068**
黑皮萝藦属 **248067**
黑皮楠 380474
黑皮青木香 97933,97947
黑皮蛇 71679,116019
黑皮柿 **132319**
黑皮树 132319
黑皮松 300117
黑皮藤 49046
黑皮油松 **300251**
黑皮子 301286
黑皮紫条 203833
黑平滑繁柱西番莲 **366102**
黑婆婆纳 **407251**
黑匍匐糖蜜草 **249325**
黑葡萄 411849,411890
黑七 329350
黑槭 **3236**
黑漆属 **248481**
黑芪 188047
黑脐珍珠茅 **354152**
黑骑士 **244049**
黑骑士大叶醉鱼草 **62021**
黑千里光 **358317**
黑杆松 298449
黑牵牛 207659,208016,363218,375000,375041
黑茜 94814
黑羌活 30589
黑枪杆 123766
黑枪杆属 123765
黑枪球 **182411**
黑枪丸 182411
黑鞘本氏兰 **51112**
黑鞘四数莎草 **387680**
黑茄 367416
黑茄子 367416
黑秦艽 5055
黑丘蕊茜 **182967**
黑球根扁莎 **322189**
黑球假鼠麹草 **317755**
黑热非夹竹桃 **13301**
黑热那亚无花果 **164764**
黑人八仙花 **199977**
黑人北美香柏 390613
黑人杂种紫杉 **385392**
黑蓉城竹 **297245**
黑柔毛蒿 **36113**
黑肉风 259491
黑肉叶刺藜 **346610**
黑蕊虎耳草 **349623**
黑蕊老鹳草 174734
黑蕊乐母丽 **335888**
黑蕊猕猴桃 **6666**
黑蕊无心菜 **32066**
黑蕊羊桃 6666
黑蕊蚤缀 32066
黑萨尔顶冰花 **169447**
黑塞石蒜纳丽花 **265276**
黑塞石蒜属 **193543**
黑塞枸子 **107321**
黑三棱 **370102**,370050,370075
黑三棱科 **370018**
黑三棱露兜树 **281130**
黑三棱属 **370021**
黑桑 **259180**
黑色白头翁 **321696**
黑色扁莎 **322188**
黑色光滑冬青 **203848**
黑色还阳参 **110930**
黑色黄檀 **121772**
黑色假山毛榉 **266885**
黑色漏斗花 **130191**
黑色美洲榆 **401438**
黑色秋海棠 **50108**
黑色莎草 **119250**
黑色山地非利木 **296266**
黑色矢车菊 **81309**
黑色苔草 **74607**
黑色血红杜鹃 331742
黑色珍珠茅 **354012**
黑色脂麻掌 **171712**
黑色猪毛菜 **344479**
黑色爪唇兰 **179294**
黑涩果 295732
黑沙蒿 **36023**
黑沙兰 **184572**
黑沙兰属 **184571**
黑砂蒿 36113
黑莎草 **169561**
黑莎草属 **169548**
黑山豆属 138928
黑山寒蓬 **319929**
黑山核桃 **77932**,212631
黑山菅 **127515**
黑山棱 143122,143391
黑山门枸子 **107502**
黑山楂 109868,109936
黑山蔗 2046
黑山紫菀 **40909**
黑珊瑚 404669
黑闪玉 **103742**
黑蛇床属 **248545**
黑参 287145,355135,355201
黑参马先蒿 287145
黑神果 180768
黑神球 **284676**
黑神丸 284676
黑椹 259067
黑升麻 91011,138897,406119,406222,407458
黑蓍草 **3935**
黑十二卷 **186572**
黑石珠 51559,52131
黑石竹 **127575**
黑矢车菊 **81237**
黑士冠 **103752**
黑氏多穗兰 **310432**
黑氏黄芩 **355410**
黑氏山楂 **109750**
黑仕 19421
黑柿 **132322**,132132
黑柿子 132371
黑疏毛虎尾草 **88389**
黑黍草属 **248476**
黑薯莨 131529
黑双齿千屈菜 **133382**
黑双饰萝藦 **134982**
黑水翠雀花 **124506**
黑水大戟 **159026**
黑水当归 **24291**
黑水杜鹃 **330837**
黑水藁本 **229357**
黑水华羽芥 **365090**,72796
黑水茴芹 **299469**
黑水列当 274952
黑水菱 **394417**
黑水柳 **343473**
黑水马先蒿 287794
黑水葡萄 411540
黑水酸模 339918
黑水碎米荠 **72796**,365090
黑水苔草 **74394**
黑水藤 **54522**
黑水缬草 **404225**,404316
黑水亚麻 **231865**
黑水岩茴香 391904
黑水野罂粟 282622
黑水银莲花 **23705**
黑水罂粟 **282622**
黑水紫菀 41257
黑蒴 **14297**
黑蒴属 **14289**
黑斯钩毛菊 **201696**
黑斯谷精草 **151323**
黑松 **300281**,300054
黑搜山虎 147176
黑苏 290940
黑苏木 **248570**
黑苏木属 **248569**
黑酸杆 309420
黑穗草 74801
黑穗画眉草 **147844**
黑穗黄芪 42694
黑穗黄耆 **42694**
黑穗箭竹 **162714**
黑穗柳 **343683**
黑穗茅 **375807**
黑穗莎草 **119256**
黑穗苔 75333
黑穗苔草 **73788**,75525
黑穗橐吾 **229106**
黑穗细柱柳 **343445**
黑穗羊茅 **164367**
黑穗帚灯草 **248564**
黑穗帚灯草属 **248563**
黑梭梭 185064
黑梭梭树 185064
黑琐琐 185064
黑锁莓 338886
黑锁梅 338886
黑塔花 **347630**
黑塔子 132089,132090
黑苔 73788
黑苔草 **75508**
黑檀 **139779**,121770,132137
黑檀属 **139776**
黑檀猪屎豆 **112102**

黑炭木 78970
黑糖槭 **3565**
黑桃榄 **313344**
黑桃子 407751
黑藤 108700,178555
黑藤黄 **171149**
黑藤子 166670
黑藤钻 258905
黑嚏根草 190944
黑天地棵 367416
黑天棵 367416
黑天球 103745
黑天天 367416
黑天天棵 367416
黑铁桉 **155717**
黑铁筷子 **190944**
黑桐油 14544
黑头扁莎 **322349**
黑头草 7985,101955,141374,143965,187691,209661,388247
黑头灯心草 **212875**
黑头飞蓬 **150775**
黑头谷精草 **151411**
黑头果 144793
黑头木蓝 **205690**
黑头球柱草 **63305**
黑头山柳菊 **195788**
黑头矢车菊 **81244**
黑头树形莲花掌 **9027**
黑头小鸡 765
黑头叶 143965
黑脱冠菊 **282970**
黑驼峰楝 **181577**
黑菀木 **248491**
黑菀木属 **248490**
黑王殿 **103771**
黑王球 **103745**
黑王丸 103745
黑王玉 103745
黑威灵 138897
黑薇 94814,117643
黑尾 94814
黑尾大艽 5055
黑文紫茎泽兰 **11163**
黑纹菠萝 8546
黑纹凤梨 **8546**,8554
黑乌苞 339360,339361
黑乌骨 239967,291046
黑乌木 132349
黑乌骚 291046
黑无尖十二卷 **186571**
黑无芒药 **172249**
黑五加属 115190
黑犀角 373806
黑锡生藤 **92549**
黑蜥蜴兰 **348016**
黑细辛 88266,88276,88284
黑瞎子白菜 381073
黑瞎子果 235691
黑瞎子芹 24340
黑狭叶越橘 **403721**
黑夏至草 47013
黑纤维虾海藻 **297183**
黑线梾木 **105121**
黑腺糙果茶 **69087**
黑腺唇柱苣苔 **87821**
黑腺杜鹃 331331
黑腺杜英 **142279**
黑腺鄂报春 **314723**
黑腺虎耳草 **349696**
黑腺金丝桃 **202134**
黑腺美饰悬钩子 **339325**
黑腺木蓝 **206236**
黑腺秋海棠 **49640**
黑腺树葡萄 **120157**
黑腺珍珠菜 **239671**
黑香柴 330324,331975
黑香科 **388003**
黑香豌豆 **222782**
黑象球 **107034**
黑小金梅草 **202923**
黑肖鸢尾 **258569**
黑斜子 **327503**
黑心 264074
黑心虎耳草 349623
黑心黄芩 **355623**
黑心姜 114875
黑心解 5504,5598
黑心金光菊 **339556**
黑心菊 339556
黑心绿豆 283423
黑心木 13635
黑心朴子 117548
黑心树 283501,360481
黑星草 388303
黑星星 367416
黑星樱 223117
黑星紫金牛 31639
黑锈多毛兰 **396466**
黑锈格雷野牡丹 **180410**
黑须公 94814
黑须尾 **186323**
黑玄参 355181,355201
黑血藤 259491
黑牙龙 **209512**
黑牙木属 **263095**
黑亚尔茄 **211432**
黑岩金蛇草 272241
黑岩牡丹 **33213**
黑盐木 154971
黑眼花 390701
黑眼菊 339574
黑羊巴巴 99420
黑阳参 28548,287145,287170
黑阳参属 28547
黑杨 **311398**,311400
黑杨柳 343461
黑洋参 287145
黑药 267152,267154
黑药鹅观草 **335429**,215943
黑药花 **248677**
黑药花科 **248636**
黑药花属 **248638**
黑药还阳参 **110894**
黑药黄 380131
黑药黄耆 **42030**
黑药景天 **356933**
黑药菊属 **259863**
黑药老鹳草 **174734**
黑药欧石南 **149750**
黑药石南 149138
黑药疏头鼠麴草 **301187**
黑药以礼草 **215943**
黑耀玉 **233661**
黑椰豆木 61427
黑野豌豆 **408488**
黑野樱 83311
黑叶菝葜 **366485**
黑叶冬青 **204033**
黑叶杜鹃 331705
黑叶鹅掌柴 **350660**
黑叶鹅掌藤 350660
黑叶谷木 **250028**
黑叶脚骨脆 **78138**
黑叶接骨草 172831
黑叶爵床 172831
黑叶栲 78994
黑叶木蓝 **206299**
黑叶楠 **295393**
黑叶拟美花 **317266**
黑叶蒲桃 **382676**,382538
黑叶琼楠 50592
黑叶山柑 **71846**
黑叶薯蓣 131529
黑叶树 217626
黑叶树属 248505
黑叶小驳骨 172831
黑叶樱李 316298
黑叶樱桃李 **316298**
黑叶芋 **16494**
黑叶锥 **78994**
黑异木麻黄 **15950**
黑茵陈 365296
黑银桦 **180603**
黑罂漆 177545
黑樱桃 **83255**,83311
黑樱桃茄 **367368**
黑鹰嘴豆 **90824**
黑蝇子草 **363445**
黑映球 **247669**
黑映丸 247669
黑油果 172099
黑油换 145517
黑油麻 361317
黑榆 **401489**
黑羽毛槭 **3308**
黑羽扇豆 **238471**
黑羽香荼菜 **209613**
黑玉凤花 **183901**
黑玉黑荼蔗子 **334122**
黑芋头 20132
黑鸢尾 208870
黑元参 28548
黑缘千里光 **358748**
黑远志属 **44795**
黑岳金丝桃 **201976**
黑云城 **103770**
黑云龙 **284702**
黑云杉 **298349**
黑簪木属 **186897**
黑簪属 186897
黑枣 132264
黑枣子 328760
黑藻 **200190**
黑藻属 **200184**,143914
黑藻叶软骨草 **219774**
黑泽勒列当 **275082**
黑泽勒毛蕊花 **405759**
黑泽蛇莓 **138792**
黑泽细辛 **37665**
黑楂子 263161
黑樟 274401
黑沼兰 **243076**
黑褶瓣树 **321150**
黑珍珠 307322
黑芝麻 170060,195326,361317
黑枝 284497
黑枝椆 233315
黑枝毒鼠子 **128748**
黑枝黄芪 **43249**
黑枝柯 233315
黑枝苦梓 252885
黑枝柳 **343854**
黑枝石栎 233315
黑枝线叶黄芪 43249
黑栀 171253
黑栀子 171253
黑种草 **266225**,266230,266241
黑种草科 **266244**
黑种草属 **266215**
黑种草叶母菊 **246379**
黑种草叶山芫荽 **107797**
黑种草叶喜阳花 **190446**
黑种豇豆 **409065**
黑舟蕊秋水仙 **22367**
黑舟叶花 **340573**
黑珠蒿 168903
黑珠蒿属 168819

黑珠芽薯蓣 **131706**
黑猪毛菜 **344459**
黑蛛黄芪 42693
黑蛛黄耆 **42693**
黑蛛网卷 **186273**
黑竹 297367
黑竹沟杜鹃 **330839**
黑柱蒲公英 **384821**,384779
黑柱蕊紫金牛 **379196**
黑锥栗 79010
黑仔 413795
黑孜然芹 **114505**
黑籽荸荠 **143087**
黑籽蘸草 **353608**
黑籽重楼 **284402**
黑籽凤卵草 **296885**
黑籽海桐 **301333**
黑籽稷 **281894**
黑籽落芒草 **276058**
黑籽麻疯树 **212179**
黑籽囊蕊白花菜 **298001**
黑籽水蜈蚣 **218562**
黑籽松蒿 **296071**
黑籽卫矛 **157298**
黑籽相思子 **760**
黑籽针茅 **376849**
黑子草 266225
黑子车前 **302159**
黑子赤瓟 **390191**
黑子扶芳藤 **157492**
黑子树 415174
黑子透骨草 **295996**
黑子野豌豆 408624
黑紫彩叶草 99523
黑紫草属 **248540**
黑紫葱 **15091**
黑紫灯心草 **213319**
黑紫风毛菊 348557
黑紫花黄芪 42919
黑紫花黄耆 **42919**
黑紫兰 **266260**
黑紫兰属 **266257**
黑紫冷蒿 35509
黑紫梨 **323097**
黑紫藜芦 **405601**
黑紫鳞扁莎 **322304**
黑紫龙 **244177**
黑紫龙胆 **173271**
黑紫披碱草 **144188**
黑紫荛花 **414204**
黑紫苏 345310
黑紫橐吾 **228991**
黑紫细叶荛花 414204
黑紫向日葵 **188926**
黑紫橡皮树 **164929**
黑紫獐牙菜 **380121**
黑紫紫玉兰 **242184**
黑棕苔 73814
黑鬃萼豆 **84844**
黑足本氏兰 **51107**
黑足菊属 248133
黑足水蜈蚣 **218589**
黑嘴蒲桃 **382497**
黑嘴树 382497
黑嘴苔草 **75334**
痕药茜 **256737**
痕药茜属 **256736**
痕芋头 16512
痕轴瑞香 **124728**
痕轴瑞香属 **124727**
痕籽芹 **256741**
痕籽芹属 **256738**
亨伯特阿拉豆 **13401**
亨伯特白粉藤 **92755**
亨伯特白花苋 **9373**
亨伯特苞杯花 **346819**
亨伯特本氏兰 **51094**
亨伯特臂形草 **58103**
亨伯特草胡椒 **290360**
亨伯特叉序草 **209903**
亨伯特赪桐 **96128**
亨伯特虫果金虎尾 **5912**
亨伯特刺橘 **405517**
亨伯特大戟 **159089**
亨伯特单脉青葙 **220210**
亨伯特豆腐柴 **313650**
亨伯特盾蕊樟 **39712**
亨伯特多穗兰 **310440**
亨伯特风兰 **24886**
亨伯特格雷野牡丹 **180387**
亨伯特狗肝菜 **129266**
亨伯特谷木 **249981**
亨伯特冠瑞香 **375937**
亨伯特合萼山柑 **390046**
亨伯特红囊无患子 **154989**
亨伯特瓠果 **290554**
亨伯特黄檀 **121713**
亨伯特黄杨 **64262**
亨伯特灰毛豆 **386107**
亨伯特茴芹 **299437**
亨伯特鸡脚参 **275697**
亨伯特鲫鱼藤 **356293**
亨伯特假杜鹃 **48196**
亨伯特浆果苋 **123565**
亨伯特节茎兰 **269215**
亨伯特金丝桃 **201929**
亨伯特锦葵 **199259**
亨伯特锦葵属 **199258**
亨伯特九节 **319592**
亨伯特嘴签 **179942**
亨伯特蜡菊 **189437**
亨伯特蓝花参 **412706**
亨伯特蓝星花 **33658**
亨伯特老鸦嘴 **390806**
亨伯特里顿爵床 **334852**
亨伯特楝 **199270**
亨伯特楝属 **199268**
亨伯特列当 **275093**
亨伯特裂枝茜 **351137**
亨伯特瘤蕊紫金牛 **271055**
亨伯特露兜树 **281044**
亨伯特卢梭野牡丹 **337795**
亨伯特芦荟 **16892**
亨伯特鲁斯木 **341005**
亨伯特罗汉松 **306440**
亨伯特马唐 **130600**
亨伯特没药 **101423**
亨伯特牡荆 **411298**
亨伯特木 **199267**
亨伯特木苞杯花 **415741**
亨伯特木属 **199266**
亨伯特拿司竹 **262765**
亨伯特南非禾 **289986**
亨伯特南芥 **30235**
亨伯特南洋参 **310213**
亨伯特拟白星海芋 **34879**
亨伯特拟大豆 **272365**
亨伯特诺罗木犀 **266706**
亨伯特欧石南 **149561**
亨伯特佩奇木 **292422**
亨伯特蒲公英 **384582**
亨伯特枪刀药 **202562**
亨伯特青篱竹 **37210**
亨伯特青锁龙 **109074**
亨伯特青葙 **80420**
亨伯特秋海棠 **49936**
亨伯特求米草 **272661**
亨伯特塞里瓜 **362057**
亨伯特三萼木 **395250**
亨伯特三芒草 **33888**
亨伯特蛇藤 **100069**
亨伯特十字爵床 **111723**
亨伯特石豆兰 **62785**
亨伯特柿 **132205**
亨伯特苏本兰 **366765**
亨伯特酸脚杆 **247573**
亨伯特苔草 **74839**
亨伯特弯管花 **86221**
亨伯特温曼木 **413691**
亨伯特纹蕊茜 **341310**
亨伯特沃恩木蓝 **405202**
亨伯特梧桐 **135868**
亨伯特西澳兰 **118212**
亨伯特细穗草 **226592**
亨伯特虾脊兰 **65979**
亨伯特香茶 **303389**
亨伯特小瓠果 **290529**
亨伯特小土人参 **383284**
亨伯特肖刺衣黍 **86116**
亨伯特斜杯木 **301701**
亨伯特新喀香桃 **97230**
亨伯特须芒草 **22730**
亨伯特亚龙木 **16260**
亨伯特羊茅 **164010**
亨伯特异萼爵床 **25632**
亨伯特异籽葫芦 **25663**
亨伯特忧花 **241647**
亨伯特鱼骨木 **71389**
亨伯特雨湿木 **60034**
亨伯特玉凤花 **183707**
亨伯特远志 **308113**
亨伯特杂色穗草 **306748**
亨伯特藻百年 **161552**
亨伯特掷爵床 **139878**
亨伯特猪屎豆 **112229**
亨伯特竹 **199273**
亨伯特竹属 **199272**
亨德里克塞欧石南 **149536**
亨德里克斯斗篷草 **14049**
亨德里克斯芦荟 **16882**
亨德森春美草 **94301**
亨德森黄胶菊 **318694**
亨德森卷舌菊 **380904**
亨德森美韭 **398791**
亨德森石斛 **125181**
亨德森旋覆花 **207139**
亨凯鹅绒藤 **117517**
亨克灯心草 **213145**
亨勒木 **192006**
亨勒木属 **192005**
亨勒茜 **192004**
亨勒茜属 **192000**
亨里特野牡丹属 **192041**
亨利埃塔·埃克一品红 **159677**
亨利百合 229862
亨利报春 314459
亨利茶藨 334016
亨利茶藨子 334016
亨利丁香 **382168**
亨利兜兰 **282836**
亨利椴树 391725
亨利鹅耳枥 77303
亨利刚竹 **297294**
亨利黄鸠菊 **134800**
亨利黄皮 94197
亨利黄檀 121705
亨利假檬果 77961
亨利解宝叶 180806
亨利酒饼簕 43730
亨利蒟蒻 20088
亨利克斯核果木 **138626**
亨利克斯黑草 **61792**
亨利克斯金叶木 **90053**
亨利克斯全果榄 **206989**
亨利克斯肉果荨麻 **402294**
亨利克斯天料木 **197687**
亨利苦瓜 **256830**
亨利落芒草 276014

亨利马钱 378675
亨利马唐 **130590**
亨利莓 338508
亨利檬果樟 77961
亨利木蓝 **206057**
亨利槭 3015
亨利槭树 3015
亨利忍冬 **235831**
亨利三毛草 398482
亨利山梅花 294465
亨利氏百合 229862
亨利氏忍冬 235831
亨利氏铁线莲 94989
亨利氏伊立基藤 154245
亨利水鬼蕉 **200932**
亨利五加 **2412**,143610
亨利小檗 51711
亨利绣线菊 371928
亨利野青茅 127246
亨普海生草 **388360**
亨奇茄 **199446**
亨奇茄属 **199445**
亨氏白蝶兰 286832
亨氏白粉藤 **92754**
亨氏布罗地 **60473**
亨氏地黄连 259881
亨氏杜鹃 330849
亨氏红豆 274399
亨氏黄堇 105971
亨氏假田穗戟 **317147**
亨氏降龙菜 191387
亨氏蒟蒻 20088
亨氏老虎兰 **373693**
亨氏马钱 **378746**
亨氏马先蒿 **287276**
亨氏槭 3015
亨氏蔷薇 336625
亨氏山姜 17686
亨氏舌唇兰 **302349**
亨氏省藤 **65705**
亨氏苔草 74790
亨氏通泉草 246982
亨氏玄参 **355262**
亨氏眼子菜 **312136**
亨氏芋 20088
亨氏猪屎豆 **112228**
亨斯风车子 **100511**
亨斯狗肝菜 **129262**
亨斯三萼木 **395248**
亨斯莎草 **118994**
亨斯异荣耀木 **134636**
亨特阿米芹 **19663**
亨廷登球迷迭香 **337184**
亨廷顿榆 401529
亨兹金合欢 **1287**
恒春白背黄花稔 **362622**
恒春半插花 **191498**
恒春布勒德木 59846
恒春齿唇兰 25986
恒春翅果菊 **320509**
恒春臭黄荆 313643
恒春臭鱼木 **313643**
恒春冬青 204025
恒春风藤 300432
恒春福木 171145
恒春哥纳香 179405
恒春钩藤 **401768**
恒春狗牙根 117881
恒春海州常山 96398,96403
恒春红豆树 **274396**
恒春厚壳树 141691
恒春厚朴 283418
恒春胡椒 **300432**
恒春黄槿 389946
恒春灰木 **381262**,381217
恒春火麻树 **125546**
恒春箭竹 20205
恒春姜 **417991**,417990
恒春金午时花 362622
恒春金线莲 25986
恒春冷水麻 299017
恒春木荷 350946
恒春拟单性木兰 **283418**
恒春枇杷 151144,151145
恒春蒲桃 **382589**
恒春青篱竹 20205
恒春青牛胆 392253
恒春桑寄生 385225
恒春莎草 118756
恒春山茶 **69124**
恒春山矾 381217
恒春山桂花 241817
恒春山苦荬 **219409**,320509
恒春山枇杷 151144
恒春石斑木 **329073**
恒春石豆兰 62536
恒春矢竹 20205
恒春台湾枇杷 151145
恒春铁苋 1923
恒春铁苋菜 **1923**
恒春卫矛 157769
恒春五月茶 28341
恒春线柱兰 417768
恒春血藤 259512
恒春鸭腱藤 145894,145899
恒春羊耳蒜 **232180**
恒春杨梅 261122
恒春咬人狗 125545,125546
恒春野百合 112238
恒春野茉莉 **379348**
恒春银线兰 **25986**
恒春皂荚 **176900**
恒春桢楠 240658
恒春竹柏 306431
恒春椎栗 79032
恒春锥栗 79032
恒春紫珠 66909
恒河呵子 **386505**
恒河画眉草 147692
恒河山绿豆 126359
恒河十万错 43624
恒河岩黄芪 187906
恒河岩黄耆 **187906**
恒山 129033
恒山早熟禾 **305575**
恒生骨 297373
横笆子 226698
横斑芒 255893
横斑米尔顿兰 254928
横杯草 8767
横伯克阿氏莎草 **537**
横柴 350945
横笛 **329711**
横断山凤仙花 **205004**
横断山杭子梢 **70840**
横断山虎耳草 **349438**
横断山景天 **356783**
横断山绿绒蒿 **247167**
横断山马唐 **130589**
横断山铁马鞭 **226790**
横断山缬草 **404278**
横纲 155228
横缟彩叶凤梨 **264427**
横缟尖萼荷 8558
横根费菜 294123
横果苔草 **76573**
横经席 67864
横脉 333745
横脉单竹 **47491**
横脉荚蒾 **408187**
横脉南蛇藤 80203
横脉榕 165819
横脉万寿竹 **134498**
横派珀兰 **300576**
横薯蓣 **131879**
横蒴苣苔 **49401**
横蒴苣苔属 **49394**
横条 226698
横条阿氏莎草 **623**
横条扭果花 **377829**
横网 **107076**
横纹蝴蝶兰 293602
横纹虎耳草 **349953**
横纹苔草 **75554**
横纹叶果子蔓 **182183**
横卧斑点非洲长腺豆 **7507**
横卧半插花 **191493**
横卧顶冰花 **169514**
横卧芒刺果 **1749**
横卧苔草 **74919**
横卧庭荠 **18398**
横卧叶下珠 **296718**
横县杜鹃 **331111**
横县琼楠 **50532**
横香茅 **117265**
横斜紫菀 **40557**
横须贺蔷薇 **337046**
横叶橐吾 **229231**
横伊雅葱 354966
横翼碱蓬 **60090**
横翼碱蓬属 **60088**
横枝竹 **206895**
衡山荚蒾 **407881**
衡山金丝桃 **201916**
衡山箬竹 **206802**
衡州乌药 97919
蘅薇草 37622
蘅薇香 37622
烘浪碗 161378
红阿尔芸香 **16283**
红艾 35167,36241,224989
红艾斯卡罗 155149
红安菊 **318052**
红安菊属 **318049**
红桉 **155725**,155514,155562
红八角 204484
红八角莲 49791,50131,50316,139628,139629
红八枣 31518
红八爪 31518
红巴特利特西洋梨 **323144**
红白丹氏梧桐 **136013**
红白二丸 49886,49914
红白二元 49886
红白哈维列当 **186081**
红白蜡 168057
红白马络葵 **243486**
红白扭果花 **377812**
红白欧石南 **149998**
红白忍冬 **235885**
红白穗茅 **87756**
红白药 34364
红白硬皮鸢尾 **172676**
红白紫波 **28436**
红百合 229742,229811,230018
红百合木 111146
红百金花 **81495**
红柏 390645
红稗 73842
红稗子 76785
红斑克木 **47636**
红斑澳洲木槿 **18252**
红斑巴氏锦葵 **286634**
红斑巴氏槿 286634
红斑薄叶兰 238740
红斑酢浆草 **278066**
红斑杜鹃 331565
红斑凤仙花 **205294**

红斑黄芩 **355722**,355721
红斑金丝桃 **201912**
红斑鸠米 66895
红斑鸠窝 159092,159286
红斑空船兰 **9150**
红斑兰 310948
红斑美味桉 **155643**
红斑牡丹 **280270**
红斑帕沃木 286634
红斑盆距兰 **171851**
红斑蒲包花 **66269**
红斑秋海棠 **50264**
红斑榕 165841
红斑山姜 **17748**
红斑石豆兰 62900
红斑石蒜 **111849**
红斑石蒜属 **111844**
红斑松兰 171851
红斑尾萼兰 **246110**
红斑纹瘤蕊紫金牛 **271097**
红斑香茶 **303630**
红斑雪丛黑面神 **60058**
红斑洋紫苏 99693
红半边莲 49744
红半枫荷 320836
红半夏 33335,65218,327676
红半柱花 191488
红瓣虎耳草 **349574**
红蚌兰 394076
红蚌兰花 394076
红包谷 33397
红包树 393479
红苞半蒴苣苔 **191381**
红苞彩叶凤梨 **264413**
红苞巢凤梨 **266156**
红苞吊兰 **88621**
红苞凤梨 54456
红苞凤梨属 54439
红苞光萼荷 **8548**
红苞果子蔓 182181
红苞海神木 **315946**
红苞荷 332205
红苞荷属 332204
红苞花 269100
红苞蓟 **91957**
红苞九重葛 57854
红苞距药姜 **79756**
红苞茅 **201563**
红苞木 332205,332210
红苞木属 332204
红苞鸟巢凤梨 266156
红苞热木豆 **61155**
红苞忍冬 235874
红苞树萝卜 **10363**
红苞喜林芋 **294805**
红苞鸭跖草 394093
红苞芋 28119
红苞紫茉莉 57857
红宝山 **327275**
红宝石番红花 **111620**
红宝石海神木 **315761**
红宝石帕洛梯 315761
红宝石桤叶树 **96462**
红宝石托马西尼番红花 **111618**
红宝石蝎尾蕉 **190053**
红宝石之光扫帚叶澳洲茶 **226497**
红宝石之光杂种金缕梅 **185099**
红宝石紫薇 **219946**
红宝树 274401
红饱食木 61062
红饱食桑 **61062**
红暴牙郎 248732
红爆牙狼 248778
红杯 **190240**
红北极果 **31322**
红贝克斯 47636
红背白颧树 14217
红背菜 183066
红背草 **115556**,144975,290921
红背杜鹃 **331700**
红背耳叶马蓝 **290921**
红背凤梨属 264406
红背桂 161647
红背桂花 **161647**
红背果 144975
红背苣苔属 **339844**
红背榜 78992
红背兰 308149
红背马蓝 290921
红背娘 14217
红背山麻杆 **14217**
红背丝绸 92616
红背酸藤 402201
红背甜槠 **78992**
红背兔儿风 **12723**
红背野桐 243384
红背叶 14217,144975
红背叶羊蹄甲 **49222**
红背银莲花 24013
红背缨绒菊 144975
红背槠 78933,78955
红被草属 **154795**
红被花属 **332192**
红被银莲花 24013
红被芸香 **154791**
红被芸香属 **154790**
红笔 **299261**
红笔菠萝 54456
红草薢 366332,366338,366343,366447
红蓖麻 334435
红边扁莎 **322354**
红边大戟 **159745**
红边大岩桐寄生 **384233**
红边凤梨 **113373**
红边龙血树 137447
红边马齿苋 **311877**
红边秋海棠 **50262**
红边树葡萄 **120206**
红边铁树 137447
红边铁苋 2014
红边小红桑 **2013**
红边肖竹芋 **66200**
红边朱蕉 **104383**,137447
红边竹 **297449**
红边竹蕉 137447
红扁鳞莎草 322342
红扁藤 411614
红变饱食桑 61062
红变热美山龙眼 **282435**
红变水团花木 **8200**
红镖粉花绣线菊 **371949**
红藨草 **353773**
红鳔花 198652
红滨海珍珠菜 **239729**
红冰粉子 264762
红冰花 220485,220674
红柄白鹃梅 **161744**
红柄厚壳桂 **113490**
红柄姜 418019
红柄柳 **344266**
红柄蔓绿绒 294805
红柄木犀 **276256**
红柄欧亚槭 **3469**
红柄喜林芋 294805
红柄雪莲 **348305**
红柄椰属 120779,295506
红波罗花 **205557**
红脖椰 **139366**
红薄荷 **250442**
红薄洛 344947
红哺鸡竹 297328
红哺竹 **297328**
红布纱 226977
红布氏木 **59022**
红材栎 323599
红材异合欢 **283890**
红彩角 **158829**
红菜 183066,183097
红菜豆 **409050**
红菜头 53267,123141,123164
红苍术 **44221**
红苍藤属 154956
红藏蕊花 **167194**
红草 18095,309494
红草果 **19863**
红箣 354627
红箣柊 **354618**
红茶 69156,211022
红茶藨 334179
红茶藨子 **334179**
红茶花 69156
红茶参 374539
红檫木 347407
红柴 11288,11293,65060,255873,386696,394943
红柴胡 **63813**,40000,63579,63872,368073
红柴片花 331839
红柴枝 249424
红蝉花 **244328**
红蝉花属 244320
红菖蒲莲 417613
红长瓣竹芋 **100887**
红长裂茜 **135370**
红车木 382570
红车轴草 **397019**
红陈艾 35136,36241,36454
红橙罂粟 282617
红池木 96147
红匙南星属 **332253**
红齿草 **332170**
红齿草属 **332168**
红齿还阳参 **110722**
红齿蝇子草 **363888**
红赤葛 20335
红赤七 414193
红翅多穗兰 **310574**
红翅槭 2951,3124
红翅莎草 **119342**
红翅猪毛菜 **344580**
红重瓣肥皂草 **346435**
红重瓣欧洲芍药 **280256**
红重楼 284367
红虫木 96147
红虫实 104811
红椆 116156,233104,233213
红椆栗 78924
红椆树 264034
红臭木 322389
红川七草 394076
红穿心排草 81768
红串果 85581
红吹风 223943
红吹雪 **94568**
红垂蝎尾蕉 190036
红垂枝彼岸樱 **316837**
红春疗齿草 **268986**
红春美草 **94356**
红椿 **392829**,392841,392847
红椿树 294231,392829,392837,392841
红椿子 392847
红唇巴豆 **112890**
红唇莪白兰 267987
红唇马岛兰 **116766**
红唇球 **247672**

红唇石豆兰　**63052**
红唇丸　247672
红唇虾脊兰　**66053**
红唇隐柱兰　113848
红唇玉凤花　184025
红唇鸢尾兰　**267987**
红茨藤　336509
红慈姑　143122,143391
红慈菇　143391
红刺　72351
红刺白龙球　**244040**
红刺菠萝　8581
红刺葱　417139
红刺大戟　**159744**
红刺党　30632
红刺凤梨　8581
红刺光萼荷　**8581**
红刺老包　30788
红刺露兜　281166
红刺露兜树　281166
红刺芦荟　16817
红刺毛藤　31571
红刺玫　**336792**
红刺泡　338886
红刺三光球　**140285**
红刺苔　339335
红刺藤　**336788**
红刺桐　**154747**,30632
红刺筒　30632
红刺头　**187108**
红刺头属　**187107**,1739
红刺卫矛　**157834**
红刺仙人球　**244146**
红刺悬钩子　**339214**
红刺柱　**140315**
红刺棕榈　**2553**
红葱　**143573**,15166,15682
红葱属　**143570**
红葱头　143571
红楤木　30632
红粗毛杜鹃　330776
红酢浆草　**277994**
红醋栗　334179
红簇花　**120882**
红翠玉　**102658**
红鞑靼槭　**3658**
红大白　66864
红大风藤　214974
红大花拟阿福花　**39474**
红大戟　**217102**,217094
红大丽花　121561
红大麻　334435
红大内玉　**233619**
红大薯　**131460**,131458
红带格尼瑞香　**178693**
红丹　295371,295385
红丹参　344834,345214
红单列木　**257970**
红单脉卡普山榄　**72139**
红单药花　**29124**,29123
红胆　31518
红旦木　352432
红淡　8221,96587
红淡比　**96587**,8221,160442
红淡比属　**96576**
红淡属　8205
红党参　85972
红倒钩簕　417282
红道士　367322
红灯果　366284
红灯笼　96083,414193
红灯心　239640,239645
红地胆　345324
红地姜　**174295**
红地棉　90393
红地茄　248748
红地毯　31518
红地榆　312652,345881,345894
红地毡　31518
红颠茄　367735
红点百合　**230023**
红点背面杜鹃　330901
红点草　223819
红点草风信子　**199579**
红点草蒿　**35808**
红点草属　**223790**
红点秤　328665
红点杜鹃　**331696**,330251,331565,331776,331929
红点金银花　235860
红点叶背杜鹃　330901
红点獐牙菜　380205
红点紫珠　66776
红靛　99573,208349
红吊福　243327
红吊钟花　145689
红调蝶须　**26386**
红丁木　201066
红丁香　**382312**,382268
红丁子　323194
红钉耙藤　94778
红顶草　11972
红顶风　96147
红顶果　138796
红顶石楠　**295690**
红顶珠　191574
红冬青　203625
红冬蛇菰　**46829**
红冻　328883
红兜兰　282814
红斗篷草　**14133**
红豆　765,7187,7190,17677,141932,274401,274433,404051,408839,409085
红豆瓣　290305
红豆草　191574,271280
红豆柴　274401
红豆花　154647
红豆槐　369116
红豆蔻　**17677**
红豆七　204625
红豆杉　**385405**,385302,385342
红豆杉科　**385175**
红豆杉属　**385301**
红豆杉叶刺柏　**213962**
红豆杉叶柳　**344190**
红豆属　21442,274375
红豆树　**274401**,274399,274419,385405
红豆树属　**274375**
红豆酸脚杆　247558
红豆仔　294039
红毒茴　204526,204544
红独活　**192267**,192236
红独角莲　284358
红杜鹃　330495,330546,331839
红杜梨　323194
红杜仲　203330,402194
红杜仲藤　**283067**,313229
红短檐苣苔　**394678**
红椴　**391829**
红对节子　407696,408016
红多瓣粟草　**104035**
红萼白瓣鱼藤　125940
红萼茶藨　334178
红萼茶藨子　**334178**
红萼齿唇兰　**269016**
红萼灯笼草　96083
红萼杜鹃　330640,331209
红萼甘草　**177887**
红萼海特木　**188339**
红萼红叶藤　**337713**
红萼夹竹桃　**329984**
红萼夹竹桃属　**329983**
红萼金合欢　**1210**
红萼堇菜　**410491**
红萼马松子　**249639**
红萼毛莨　**326317**
红萼南美桔梗　**64007**
红萼女娄菜　364001
红萼日本安息香　**379384**
红萼石竹　**127732**
红萼水东哥　**347983**
红萼水蜡树　**229566**
红萼藤黄　**171098**
红萼崖豆藤　**254690**
红萼岩蔷薇　**93174**
红萼叶茜　**68394**
红萼银莲花　**24063**
红萼蝇子草　**364001**
红萼月见草　269404,269443
红鳄梨　**291505**
红耳堕根　239011,239021
红耳坠　239011
红耳仔蜜　239157
红番鹅树　234098
红番薯　**207698**
红番苋　183066,183097
红饭豆　408839
红饭藤　179488
红菲利木　**296306**
红榧　385407
红肺草　321646
红肺筋　344947
红肺筋草　322801,322815
红痱子草　259323
红粉　309954
红粉白珠　172086
红粉田皂角　**9627**
红风雨花　417630
红枫　**3302**,232557
红枫荷　36946
红枫子　377444
红蜂蜜花　414718
红凤菜　**183066**
红凤凰竹　47347,47350
红凤梨　**21475**,21477
红佛桑　195149
红佛塔树　47636
红麸杨　**332791**,332509
红敷地发　296380
红芙蓉酢浆草　**278140**
红俯垂吊钟花　**145690**
红妇娘木　243327
红覆轮千年木　137360
红干　233849
红干酸模　**340221**
红甘草　177893,177915,177947
红甘蔗　341887
红杆蒿　36032
红杆一枝蒿　234379,388247
红柑　93733,93837
红秆草　117204
红刚芦　255873
红杠木　85232
红高粱　369600,369720
红格草　337391
红格雷野牡丹　**180431**
红葛　285157
红根　33274,33288,336509,336522,338044,344910,345143,345214
红根白毛倒提壶　55766
红根糙蕊阿福花　**393741**
红根草　**239645**,14297,174832,239594,239640,275810,337925,345324
红根草属　14836

红根赤参 345214
红根根药 345439
红根红参 345214
红根花 **10191**
红根拉拉藤 **170686**
红根南星 **33288**
红根排草 239640,239645
红根莎草 **118820**
红根鼠李 79905
红根水仙属 143570
红根血草 **323059**
红根血草属 **323058**
红根野荞麦 **152420**
红根叶 287989
红根一枝花 234376,234379
红根珍珠茅 **354084**
红根子 239640,239645,345324
红梗菜 215343
红梗草 126465,158149,239215,239222,239594,239640,239645
红梗豺狼舌头草 309772
红梗格雷野牡丹 **180432**
红梗猴面包树 **7031**
红梗楠 **295402**
红梗排草 239645
红梗蒲公英 **384538**,384681,384848
红梗球锥柱寄生 **177019**
红梗润楠 **240690**
红梗山茱萸 380514
红梗玉米膏 224989
红梗越橘 403729
红公卯 765
红汞藤 365333
红勾栲 78970
红勾苏 290940
红狗奶子 52049
红枸子 262189
红姑娘 256797,297643,297645
红骨草 231546
红骨丹 218347
红骨丁地草 418335
红骨丁地青 418335
红骨母草 **231546**
红骨蛇 214971
红骨参 345315
红骨竹仔菜 394093
红瓜 **97801**
红瓜属 **97781**
红观音兰 **399063**
红冠川木香 **135733**
红冠花佩菊 161884
红冠姜 **418019**
红冠毛斑鸠菊 **406745**
红冠毛香兰菊 405047
红冠球 **267049**
红冠山槟榔 **299655**
红冠栓果菊 222941
红冠丸 267049
红冠尾药菊 381935
红冠岩黄耆 **187842**
红冠紫菀 **40537**
红冠棕 263847
红管大梧 **196223**
红管舌爵床 **365288**
红管药 39928,39967
红贯脚 328345
红光二列观音兰 **399071**
红光树 **216811**,216822,216901
红光树属 **216783**
红光郁金香 **400200**
红广菜 99910
红鬼槭 **2931**,2928
红桂 204544
红桂木 36922,36939
红桂树 36922
红果 109936
红果菝葜 **366526**
红果薄柱草 **265358**
红果草 348043,381916
红果茶藨 334179
红果车桑子 **135206**
红果臭山槐 369484
红果刺柏 213853
红果葱臭木 139640
红果大戟属 **154805**
红果当归 24389
红果当年枯 **31319**
红果钓樟 231334
红果丁茄 367735
红果冬青 203648
红果对叶榕 **165128**
红果多枝紫金牛 **31601**
红果果 243427,417488
红果胡椒 **300501**
红果槲寄生 410995
红果花楸 369381
红果黄鹌菜 **416418**
红果黄精 308659
红果黄肉楠 **6778**
红果黄檀 **121847**
红果桧 **213853**
红果火筒树 223937
红果鸡爪槭 **3303**
红果假酸豆 **132991**
红果樫木 **139640**
红果接骨木 345660,345688
红果金粟兰 346527
红果栲 160954
红果喇叭木 **382712**
红果榄仁 **386529**
红果榄仁树 **386473**
红果类叶升麻 **6422**,6441
红果类鹰爪 **126709**
红果冷杉 **409**
红果柳 **343355**
红果龙葵 **367726**
红果龙血树 **137478**
红果楼梯草 142607
红果罗浮槭 **2956**
红果萝芙木 **327076**,327069,327070
红果米仔兰 **11301**
红果木 327069
红果楠 6778
红果牛果藤 337772
红果欧亚槭 **3478**
红果佩奇木 **292421**
红果蒲公英 **384540**
红果歧缬草 **404423**
红果桤木 139653,139655
红果忍冬 235852
红果榕 164684
红果桑 259186
红果沙拐枣 **67075**
红果莎 73842
红果山柑 **71737**
红果山胡椒 **231334**,231461
红果山柳菊 **195579**
红果山珊瑚 120764
红果山小橘 **177833**
红果山楂 110014
红果参 70403
红果十大功劳 **242548**
红果树 **377444**,28997,274421,386696
红果树属 **377433**
红果水东哥 **347956**
红果松 300006
红果苔 73842
红果太平洋棕 **315387**
红果檀 121847
红果藤 80273,144773
红果铜钱叶小檗 **51969**
红果五指莲 **284294**
红果西番莲 **154756**
红果西番莲属 **154752**
红果仙人棒 **329685**
红果小檗 51968,52120
红果袖珍椰子 **85434**
红果悬钩子 **338361**
红果雪岭杉 298429
红果野牡丹 279479
红果异甘草 **250730**
红果樱桃 **83201**
红果榆 **401634**
红果圆柏 **213764**
红果越桔 403878
红果越橘 **403822**,403854,403956
红果仔 **156385**
红果子 109650,109936
红过山 214959
红哈克 184593
红哈克木 **184593**
红孩儿 49703,49974,50130,50131,50133,131522,201942,308772,402245
红孩儿秋海棠 **50133**
红海椒 72070,72100
红海兰 **329771**
红海榄 329771
红海棠 **243707**
红海仙花 **413578**
红寒兰 **116929**
红旱莲 201743,202146
红旱莲草 201743
红蒿枝 115641,287103
红耗儿 50087
红耗子 50087
红禾麻 221538
红合欢 66669,66673
红河橙 **93486**
红河大翼橙 93561
红河蝶兰 293585
红河冬青 **204019**
红河鹅掌柴 **350708**
红河蝴蝶兰 **293609**
红河魔芋 **20087**
红河木姜子 **233940**
红河木莲 **244447**
红河山壳骨 **317284**
红河苏铁 115835
红河酸蔹藤 **20235**
红河崖豆藤 **254663**
红荷兰翘摇 397019
红荷叶 14184
红褐长毛草 **247892**
红褐长毛草属 **247891**
红褐粗毛牛膝 4269
红褐芳香木 **38431**
红褐甘西鼠尾草 **345332**
红褐火烧兰 **147222**
红褐柃 **160592**
红褐毛鼠尾草 345332
红褐秋海棠 **49862**
红褐乳突石豆兰 **62533**
红褐苔草 76080
红褐围柱兰 **145295**
红褐迎红杜鹃 **331293**
红鹤 244042
红鹤顶兰 293537
红鹤兰 293537
红鹤香椿 **392842**
红鹤芋 28119
红黑豆 765
红黑二丸 49886,49890
红黑二圆 49890

红红西金茜 **362433**
红喉崩 283067
红后竹 **297448**
红厚壳 **67860**
红厚壳桂 **113485**
红厚壳科 **67843**
红厚壳属 **67846**
红厚皮树 **221188**
红狐茅 164243
红胡豆七 294125
红湖宝巾 **57859**
红湖亮红果茶藨子 **334225**
红槲栎 324344
红蝴蝶 **65014**,2951,361384
红虎耳草 **349872**,349909
红花 **77748**,111589,195149,332210,383090
红花阿尔卑斯岩豆 **28180**
红花矮陀陀 37888
红花矮狭叶山月桂 **215388**
红花艾 224989
红花安纳士树 25777
红花桉 106800,155575
红花八角 **204507**,204484
红花巴尔干百合 **229793**
红花百合 229742,229811
红花斑叶兰 **179623**
红花半边莲 **234351**
红花半钟蔓 **95371**
红花伴兰 193592
红花宝铎花 **134496**
红花宝山 **327284**
红花报春 **314469**,314279
红花杯冠藤 **117458**
红花贝克菊 **52738**
红花被松江蓼 **309846**
红花比利牛斯百合 **230018**
红花碧桃 **20946**
红花变豆菜 **345998**
红花博龙香木 **57265**
红花菜 43053,77748,229811
红花菜豆 293985
红花草 43053,73337,77748,218347
红花草莓树 **30891**
红花茶藨 **333918**,334072
红花菖蒲莲 417613
红花长叶假糙苏 **283632**
红花朝鲜垂柳 **343920**
红花车轴草 397019
红花车子 397019
红花橙菀 **320717**
红花除虫菊 **322665**
红花串钱景天 **109260**
红花垂头菊 **110388**
红花刺 221238
红花刺槐 **334987**,335013
红花葱 15523
红花酢浆草 **277776**
红花大宝石南 **121065**
红花大花唐棣 **19263**
红花大戟 **159743**
红花大青 96083
红花大岩桐 **364741**
红花袋鼠爪 **25217**
红花丹 305185
红花单鼠麴草 **178488**
红花倒水莲 70507,308138
红花倒提壶 **117911**
红花倒血莲 96147
红花地丁 308363,308946
红花地桃花 402245
红花点草 273909
红花点地梅 **23111**,23133
红花豆 408449
红花豆蔻 19914
红花豆鱼鳔槐 100182
红花杜鹃 **331863**,330113,331839
红花短果杜鹃 **330245**
红花短丝花 **221390**
红花鹅掌柴 **350776**
红花额敏贝母 168469
红花恩德桂 **145344**
红花耳草 187625
红花非洲没药 **101294**
红花肺草 **321646**
红花粉叶报春 314366
红花凤梨 **268104**
红花凤梨属 **268103**
红花凤仙花 **204940**
红花孚笏 338985
红花福来木 **162998**
红花伽蓝菜 **215147**
红花甘蓝 **59534**
红花高盆樱桃 **83167**
红花高山齿瓣虎耳草 **349347**
红花隔距兰 **94483**,94447
红花根 87829
红花沟酸浆 **255197**
红花钩足豆 **4903**
红花谷木 **249955**
红花贯叶忍冬 **236090**
红花鬼灯笼 96167
红花鬼点灯 96167
红花海绵豆 **372503**,87248
红花合头菊 **381654**
红花核果木 **138689**
红花荷 **332205**,332210
红花荷科 **332215**
红花荷属 **332204**
红花鹤顶兰 293494
红花黑草 **61855**
红花红楣 25777
红花红千层 67253
红花狐地黄 **151105**
红花蝴蝶兰 293600
红花虎眼万年青 **274786**
红花花 43053
红花槐 **369114**
红花还阳参 **110880**,110985
红花黄芪 42723
红花灰叶 386257
红花火绒草 **224929**
红花鸡距草 106432
红花姬旋花 **250836**
红花棘豆 279130
红花蒺藜 **254918**
红花蒺藜属 **254917**
红花寄生 **355317**
红花蓟 **92037**
红花檵木 **237195**
红花加拿大百合 **229782**
红花夹竹桃 265327
红花假地蓝 **112012**
红花假具苞铃子香 **86833**
红花假婆婆纳 **376684**
红花茳芒决明 **222709**
红花疆罂粟 335650
红花椒 417180
红花蕉 260217
红花角蒿 205554,205557,205568
红花截叶铁扫帚 **226877**
红花金虎尾 243523
红花金花果 212202
红花金雀花 85401
红花金丝桃 **394811**
红花金丝桃属 **394807**
红花金银忍冬 **235931**
红花金银藤 59122
红花锦鸡儿 **72334**
红花九重葛 57868
红花韭 **15682**
红花瞿麦 127852
红花君子兰 97218
红花科雷兰 **94549**
红花科林比亚 106800
红花空茎驴蹄草 68196
红花苦豆子 371161
红花苦参 **369014**
红花块根落葵 **401414**
红花栝楼 **396262**,396183
红花拉拉藤 170240
红花来江藤 **59131**
红花兰 19536
红花榄李 238350
红花郎 43053
红花乐母丽 **336040**
红花蕾丽兰 **219691**
红花肋枝兰 **304926**
红花冷水花 **299038**
红花篱囊木棉 **295951**
红花理查德肉锥花 **102568**
红花莲 196456
红花莲花白 59534
红花裂柱莲 **351884**
红花琉璃草 **118008**
红花瘤果茶 69579
红花龙船花 211068
红花龙胆 **173811**
红花龙胆草 173811
红花龙须柳 **343674**
红花耧斗菜 **30034**
红花露珠杜鹃 **330941**
红花鹿蹄草 **322790**
红花鹿衔草 322790
红花路边青 96083
红花绿绒蒿 **247171**
红花罗星草 **71283**
红花螺凌霄 **372374**
红花螺序草 **371750**
红花落新妇 41795
红花马鞍藤 208067
红花马宁 242
红花马蹄莲 **417118**
红花马先蒿 **287664**
红花马缨丹 **221306**
红花曼陀罗 **123076**
红花芒毛苣苔 9463
红花毛 77748
红花茅膏菜 **138353**
红花美登木 **246876**
红花美国薄荷 **257167**
红花美丽百合 230040
红花美人蕉 71166
红花密花豆 370419
红花茉莉 211749
红花母生 197685
红花木荷 332205
红花木荷科 332215
红花木荷属 332204
红花木槿 **195192**
红花木兰 416721
红花木莲 **244449**
红花木曼陀罗 61240
红花木棉 **56788**
红花木桃 **84569**
红花木犀榄 **270163**
红花牧野杜鹃 **331192**
红花苜蓿 397019
红花南非柿 **132059**
红花拟美国薄荷 **257177**
红花牛角兰 **83656**
红花女娄菜 363629
红花瓶刷子树 67291
红花瓶子草 **347163**
红花婆罗门参 **394337**

红花匍地梅 **277600**
红花七瓣连蕊茶 **69622**
红花七叶树 **9720**
红花槭 **3505**
红花荠菜 89020
红花千里光 **359844**
红花荨麻叶龙头草 **247743**
红花茜草 **337964**,338017
红花蔷薇 336777
红花茄 **367148**
红花芹 392786
红花青藤 **204648**
红花苘麻 **984**
红花雀儿豆 87248
红花热非香科 **387996**
红花热美爵床 **29126**
红花忍冬 236073
红花日本萍蓬草 **267287**
红花日本云杉 **298444**
红花肉叶荠 **59758**
红花软毛独活 **192283**
红花蕊木 **217869**
红花瑞香 **122535**,122543
红花三宝木 397371
红花三江瘤果茶 **69536**
红花伞房花桉 **106800**
红花沙地马鞭草 704
红花沙马鞭 **704**
红花砂仁 **19914**
红花山茶 69552
红花山酢浆草 **277880**
红花山梗菜 234351
红花山牵牛 **390742**
红花山竹子 **104642**
红花神香草 **203102**
红花肾叶打碗花 **68740**
红花升麻 41847
红花虱母头 402245
红花石斛 **125253**,125166,125407
红花石蒜 239266
红花矢车菊 **81342**
红花柿 **132383**
红花鼠皮树 328587
红花鼠尾 344867
红花鼠尾草 **344980**
红花属 **77684**
红花树 161356,239527,324996,332207,332210,386585
红花树兰 146470
红花树萝卜 **10315**
红花刷蒂豆 66673
红花水锦树 **413774**
红花水苏 **373179**
红花睡莲 **267651**,267756
红花丝桉 **155575**
红花斯图尔曼凤仙花 **205338**
红花松塔掌 **306764**
红花松塔掌属 **306763**
红花溲疏 **127103**
红花素馨 211749
红花宿苞兰 **113515**
红花酸脚杆 **247616**
红花缩砂 187428
红花索林漆 **369801**
红花糖果木 **99471**
红花天料木 **197685**
红花天人菊 **169574**
红花条叶垂头菊 **110409**
红花铁刀木 **78316**
红花铁菱角 26624
红花铁苋 1894
红花头蕊兰 82070
红花图拉金鱼藤 **100130**
红花土豆子 371161
红花土瓜 **250864**
红花团扇 272812
红花外一丹草 224989
红花文殊兰 111157
红花蚊子草 **166122**
红花无心菜 **32177**
红花无柱兰 **19536**
红花五矛茜 **289534**
红花五味子 **351095**
红花西番莲 **285678**
红花喜阴悬钩子 **338810**
红花细茎驴蹄草 **68224**
红花虾脊兰 **66051**
红花狭叶垂头菊 **110346**
红花狭叶山月桂 **215389**
红花腺柳 **343186**
红花腺毛白珠树 **172054**
红花香椿 **392839**
红花香芙蓉 **81224**
红花香木莲 244423
红花香青 **21695**
红花香水月季 336816
红花小菖兰 168162
红花小独蒜 27657
红花小独蒜属 27655
红花小茴香 10414
红花小叶鸢尾兰 **267959**
红花缬草 **404318**
红花绣线菊 371971
红花悬钩子 **338637**
红花雪山报春 314924
红花栒子 **107661**
红花崖爬藤 **387858**
红花亚麻 **231907**
红花烟草 266054
红花岩黄芪 188016
红花岩黄耆 **188016**
红花岩梅 **127921**
红花岩生忍冬 **236073**
红花岩松 356877,364919
红花岩拖 18059
红花羊耳蒜 232252
红花羊牯爪 226977
红花羊蹄甲 **49017**,49094,49247
红花洋槐 334987
红花洋蔷薇 **336481**
红花洋石竹 **400358**
红花洋睡莲 267651
红花野牡丹 248778
红花野牵牛 208255
红花野芋 99910
红花野芝麻 78039
红花异蕊豆属 194174
红花益母草 224989
红花翼豆 **48848**
红花翼豆属 **48847**
红花淫羊藿 **147047**
红花银桦 **180601**,180570
红花樱桃 **316939**
红花楹 123811
红花油茶 68980,69552
红花油麻藤 **259484**
红花鱼鳔槐 **100182**
红花鸢尾 **208712**
红花缘石豆兰 62780
红花远志 **308415**
红花月见草 269498
红花月桃 **17745**
红花月味草 259284
红花月下香 59715
红花月下香属 59714
红花越橘 **404033**
红花杂种岩蔷薇 **93134**
红花枣 418175
红花蚤缀 32177
红花泽桔梗 234351
红花盏 61398
红花张口杜鹃 **330171**
红花沼兰 110652
红花沼泽欧石南 **150137**
红花折叶兰 **366791**
红花针苞菊 **395967**
红花竹节秋海棠 **49729**
红花紫斑风铃草 **70237**
红花紫草 **233717**
红花紫金标 83644
红花紫堇 **106088**,106340
红花紫荆 49247
红花紫参 344980
红花紫菀 380930
红铧头菜 409630
红化妆 356628
红画眉草 **147962**
红桦 **53335**,53549
红桦树 53510
红还阳参 110985
红黄草 383103
红黄脊被苋 **281213**
红黄苦瓜掌 **140045**
红黄龙血树 **137484**
红黄牡荆 **411438**
红黄芪 188016
红黄球 244067
红黄日中花 **220662**
红黄乳桑 **290685**
红黄石莲花 **139989**
红黄万寿菊 383103
红黄蝎尾蕉 **190026**
红黄罂粟 **282705**
红灰毛豆 **386000**
红茴砂 155402
红茴砂仁 155402
红茴香 **204526**,155402,204544
红桧 **85268**
红桧松兰 **171897**,171885
红活美 249494
红火柴头花 158895,375187
红火老鸦酸草 309772
红火麻 **175880**,175877,221552
红火穗木 **269098**
红火焰草 **79120**
红鸡蛋花 **305225**
红鸡冠 80395
红鸡冠花 80395
红鸡脚参 **275758**
红鸡尿藤 48689
红鸡屎藤 48689
红鸡踢香 142022
红鸡油 401581
红鸡竹 **297290**
红姬 9047
红姬龙胆 161531
红姬球 **234948**
红姬丸 234948
红基杜鹃 330442
红基尖刺联苞菊 **52696**
红及藤 402194
红吉利花 **175704**
红脊立金花 **218840**
红脊天香百合 **229735**
红季氏卫矛 **418068**
红檵木 237195
红荚合欢 **13649**
红荚蒾 407820
红假狼紫草 266629
红假水青冈 266870
红尖丹氏梧桐 **135979**
红尖欧洲卫矛 **157435**
红坚木 237997,323563
红坚木属 237996
红剪股颖 **12280**
红剪秋罗 **363411**
红枧木 96616

红剑丽穗凤梨 **412374**
红剑叶朱蕉 104366
红健秆 **156500**
红健茅 156500
红箭花科 212425
红姜 335147,335153
红姜花 **187428**
红将军 147176
红将军道氏福禄考 **295266**
红豇豆 238167,238211
红疆沿阶草 **272084**
红降龙草 309054
红胶苦菜 368073
红胶木 **236462**
红胶木属 **398666**,236461
红胶墙 311890
红椒 417180
红蕉 **260217**,71181
红角蒲公英 **384647**
红脚菜 239640,239645
红脚花 267430
红脚兰 239645
红脚马蓼 309298
红接骨 87901
红接骨草 87881
红接骨连 23779
红节草 91575
红节节草 18095
红结香 165099
红睫毛鸭跖草 **101141**
红芥兰翘摇 397019
红金豆 7190
红金耳环 **37702**
红金刚 **244030**,244035
红金合欢 **1339**
红金鸡纳 91090
红金交杯 12635
红金麻 **194683**
红金梅 195196
红金梅草 **332185**
红金梅草属 **332184**
红金须茅 **90123**
红筋草 90340,239640,239645
红筋大黄 340141
红筋秋海棠 50284
红筋条 383469
红筋叶忍冬 235981
红筋子 239640
红堇罗勒 **268610**
红堇色田皂角 **9628**
红堇色香茶 **303631**
红堇色鸭嘴花 **214779**
红锦缎扫帚叶澳洲茶 **226496**
红锦麻 56318
红槿 195149
红经果 407769
红茎阿魏 **163705**,163619
红茎草 159092,159286
红茎草胡椒 **290335**
红茎斗篷草 **14022**
红茎凤尾葵 139365
红茎含羞草 **255105**
红茎蔊菜 **336168**
红茎蒿 36162
红茎黄芩 **355858**
红茎椒草 **290420**,290305
红茎金果椰 **139365**
红茎卷舌菊 **380970**
红茎蓼 **309705**
红茎瘤蕊紫金牛 **271096**
红茎龙胆 **173836**
红茎马齿苋 **311929**
红茎马先蒿 287739
红茎牻牛儿苗 **153835**
红茎美洲茶 **79971**
红茎猕猴桃 **6692**
红茎女娄菜 363998
红茎青锁龙 **109344**
红茎秋海棠 **50261**
红茎榕 **165594**
红茎三角椰子 **263849**
红茎色罗山龙眼 **361218**
红茎狮子尾 214410
红茎委陵菜 100259,312834
红茎香芸木 **10708**
红茎小檗 **52124**
红茎野荞麦 **152442**
红茎银灌戟 **32979**
红茎蝇子草 **363998**
红茎油芦子 **97372**
红茎玉叶金花 260414
红茎舟叶花 **340879**
红茎紫菀 380970
红荆藤 336509
红精灵丁香 **382117**
红精灵轮生冬青 **204378**
红景天 **329935**,329944,329945
红景天鬼灯檠 329877
红景天科 **329978**
红景天属 **329826**
红九股牛 351054
红九塔花 96970
红韭莱 260113
红酒杯花 **389979**
红桔朝 198745
红菊 107161
红菊花心 347078
红菊木 **177268**
红菊木属 **177267**
红菊三七 **183129**
红橘 **93837**,93446,93733
红橘子 177170
红榉 162400,417552
红巨人王贝母 **168432**
红巨珊瑚樱 **367525**
红苣属 **155026**
红距花 **81768**
红菌 46841
红卡迪豆 **64943**
红卡雅楝 216205
红康氏掌 **102825**
红栲 78933
红柯 **233213**
红棵子 337925
红壳赤竹 **347286**
红壳寒竹 **172746**
红壳雷竹 **297327**
红壳木 366062
红壳砂 19900
红壳砂仁 **19900**
红壳松 82521,82545
红壳竹 297328
红壳锥 **79016**
红可拉 99158
红孔雀 266648
红口桉 **155603**
红口立金花 **218920**
红口水仙 262438
红口锁 379082
红扣 17714
红蔻 17677
红苦菜属 144884
红苦刺 206583
红苦豆 371161
红苦豆子 371161
红苦葛 321459
红苦藤菜 239661
红苦味果 **34854**
红筷子 85875
红宽筋藤 92741,92747,92907
红盔桉 **155574**
红盔兰 105532
红葵 367604,367726
红腊梅 343516
红腊蝎尾蕉 **190037**
红辣薄荷 **250423**
红辣槁树 **91358**
红辣椒 18059
红辣蓼 291766,309116,309199,
309208,309318
红辣树 18059
红徕木 380499
红兰 77748,116863
红兰草 124963
红兰花 77748
红蓝 77748,291138
红蓝草 **125220**
红蓝地花 150616
红蓝狒狒草 46119
红蓝狒狒花 **46119**
红蓝花 77748,400162
红蓝花属 77684
红蓝蓟 **141289**
红蓝枣 132264
红榄 70989,215510
红榄李 **238350**
红榄木 16295
红郎伞 376130
红狼毒 158895,375187
红榔木 401449,401602
红浪 215510
红浪花叶芋 **65216**
红老虎刺 30632
红老鼠刺 122040
红勒米花 335650
红簕菜 339067
红簕钩 339067
红雷荚蒾 **407727**
红蕾花 **416927**
红蕾花属 **416917**
红肋橡皮树 **164933**
红类叶升麻 6441
红冷草 205081
红鹂石斛 125128
红黎 78932,78955
红藜 87147
红李 316813
红里蕉 378307
红丽大花淫羊藿 **146996**
红丽东方罂粟 **282650**
红丽球 234933
红丽穗凤梨 **412367**
红栎 320278,324344
红栗丽穗凤梨 **412352**
红笠球 **234933**
红笠属 **45879**
红笠丸 234933
红帘玉 140614
红莲 49744,49974,50131,
388428,394093
红莲草 159092,159286
红莲米 281916
红莲子草 18095
红楝子 **392847**,392827,392829
红凉伞 **31399**,31403
红椋子 **380451**
红亮凤梨 **301112**
红亮蛇床 **155023**
红亮蛇床属 **155021**
红蓼 **309494**,309000,309262
红蓼子 308877,308879,309262
红蓼子草 309199
红裂稃草 351307
红裂叶罂粟 **335650**
红裂枝茜 **351144**
红林茨桃金娘 **334725**
红林檎 243551,243657
红鳞斑鸠菊 **406744**

红鳞扁莎 **322342**,322271
红鳞扁莎草 322342
红鳞杜鹃 331427
红鳞黄眼草 **416140**
红鳞菊 **123843**
红鳞飘拂草 **166298**
红鳞蒲桃 **382570**
红鳞树 382570
红鳞水毛花 **352230**
红鳞苔草 **74217**
红鳞卫矛 157838
红灵丹 14217
红苓蕴 96147
红凌风草 **60387**
红铃儿花 145689
红铃花 135804
红铃子 351103
红菱 96147,394426
红菱蕴 96147
红零子 380514
红榴根皮 239011,239021
红柳 261250,291082,344277,383469,383479,383595
红柳安 362212
红柳茶梅 **69603**
红柳属 383412
红柳信 290134
红柳叶牛膝 **4305**
红龙 196824
红龙船花 96147,211068
红龙串彩 225009
红龙胆 173811
红龙鸡爪槭 **3325**
红龙盘柱 372247
红龙须 165841,165844,337925
红笼果 267621
红笼果属 267620
红楼 335147,335149
红楼花 269100
红漏斗花 **130229**
红芦刺 143694
红芦菔 123164
红芦莉草 **339803**
红鹿角海棠 43334
红缕丝花 **183192**
红绿洼瓣花 **234229**
红绿肖大岩桐寄生 **270501**
红绿心樟 **268729**
红轮狗舌草 **385892**
红轮千里光 385892
红罗 28997,139640
红罗宾弗雷泽石楠 **295614**
红罗卜花 205557
红罗绯 140879
红罗木 28996
红罗裙 14217
红罗属 28993
红萝卜 123141,123164,326616,344910
红椤 111104
红骡子 335142
红裸实 **182770**
红落葵 48689
红落藜 86901
红麻 **29492**
红麻波罗 234759
红麻菠萝 234759
红麻草 238211
红麻雀木 **285597**
红麻属 29465
红麻叶 238211
红马耳 347956
红马兰 215343
红马利筋 **38099**
红马栗 9680
红马莲鞍 377856
红马内蒂 244361
红马桑 104701
红马氏夹竹桃 **246075**
红马蹄草 **200312**
红马蹄果 **316030**
红马蹄莲 417118
红马蹄鸟 329330
红马蹄窝 278583
红马蹄乌 278583
红马银花 **332062**
红蚂蝗七 87859
红麦禾 367322
红脉斑鸠菊 406102
红脉棒毛萼 **400797**
红脉草胡椒 290421
红脉刺蒴麻 **399311**
红脉刺桐 **154713**
红脉粗子芹 **393857**
红脉大黄 **329344**
红脉钓樟 **231432**
红脉东俄芹 **392796**
红脉瓜馥木 **166686**
红脉蝴蝶兰 **293642**
红脉画眉草 **147950**
红脉鸡脚参 **275764**
红脉金银花 235981
红脉葵 222635
红脉麦果 86318
红脉南烛 239399
红脉苹果 **243659**
红脉槭 **3504**,3529
红脉秋海棠 **50263**
红脉忍冬 **235981**
红脉软枣猕猴桃 **6517**
红脉山胡椒 231432
红脉蛇根草 **272289**
红脉酸脚杆 **247619**
红脉梭罗 **327377**
红脉唐菖蒲 **176510**
红脉兔儿风 **12724**
红脉兔耳风 12724
红脉小花疱茜 **319980**
红脉椰属 2550
红脉珍珠花 **239399**
红脉猪屎豆 **112124**
红脉竹芋 **245023**
红曼陀罗木 **61240**
红蔓炎花 **244361**
红芒柄花 **271347**
红毛奥勒菊木 270189
红毛白粉藤 **92926**
红毛杯漆 **396365**
红毛草 **333024**,249323,260107,260110,338088
红毛草属 **332996**
红毛侧花木蓝 **206525**
红毛橙菀 **320678**
红毛刺桐 **154720**,30632
红毛刺头菊 **108279**
红毛大丁草 224122
红毛大戟 159002
红毛大沙叶 **286450**
红毛大字草 349861
红毛丹 **265129**
红毛丹属 265124
红毛单列木 **257971**
红毛点地梅 **23151**
红毛杜鹃 330084,331689,331991
红毛对筋草 239680
红毛番 183066,183097
红毛粉藤 92598
红毛葛藟葡萄 **411700**
红毛过江 31518
红毛过路黄 **239832**
红毛海神木 **315947**
红毛横蒴苣苔 **49396**
红毛厚敦菊 **277141**
红毛虎耳草 **349861**
红毛花楸 **369509**
红毛鸡草 126359
红毛将军 248778,388247
红毛巾 339047,339468
红毛九节 **319816**
红毛卷花丹 **354744**
红毛糠椴 **391764**
红毛栲 79016
红毛蓝 **323064**
红毛蓝属 **323060**
红毛榴莲 25868
红毛柳 343444
红毛马先蒿 **287628**
红毛馒头果 177170
红毛猫耳扭 338130
红毛猕猴桃 **6698**
红毛母鸡 98159
红毛牛刺 338088
红毛七 **79732**,88299,138796
红毛七属 **79730**
红毛漆 79732
红毛千里光 381935
红毛琼楠 **50602**
红毛球 244201
红毛三七 79732
红毛山豆根 31518
红毛山楠 **295371**
红毛山藤 398317
红毛杉 298449
红毛蛇根草 **272291**
红毛石榴 25868
红毛柿 **132378**
红毛薯 131458
红毛树 347993
红毛树葡萄 **120207**
红毛树紫菀 **270189**
红毛栓果菊 **222941**
红毛藤 6673,49007
红毛天葵 265418
红毛桐子 243327
红毛头独子 **292491**
红毛兔儿风 **12631**
红毛瓦帕大戟 **401277**
红毛菀 **323044**
红毛菀属 **323011**
红毛污毛菊 299688
红毛五加 **143596**,143634
红毛细辛 79732
红毛仙人球 **140883**
红毛香花秋海棠 **49900**
红毛蟹甲草 **283867**
红毛悬钩子 **339468**
红毛雪兔子 **348670**
红毛亚麻藤 **199177**
红毛羊胡子草 **152772**,152777
红毛羊蹄甲 **49213**
红毛洋参 247177
红毛野海棠 59884
红毛叶 12631
红毛叶马蹄香 12631
红毛叶兔儿风 12631
红毛樱 83295
红毛樱桃 **83295**
红毛玉叶金花 **260430**
红毛毡 31518
红毛掌 272983
红毛掌属 **154784**
红毛针 31518
红毛枝羊蹄甲 49213
红毛帚灯草属 **330009**
红毛皱茜 **341145**
红毛竹 **351863**
红毛竹叶子 **377885**

红毛锥 79016
红毛紫金牛 31518
红毛紫云菜 323064
红毛走马胎 31443,31518
红毛钻地风 **351819**
红茅草 333024
红茂草 127635
红帽顶 14217,243327
红帽顶树 14217
红帽欧洲卫矛 **157436**
红玫瑰 **336908**,336901
红玫瑰木 268355
红玫瑰帚状细子木 226496
红莓苔子 **278366**
红莓苔子科 **278341**
红莓苔子欧石南 **149822**
红莓苔子蛇舌草 **269925**
红莓苔子属 **278351**
红莓苔子叶下珠 **296700**
红莓苔子远志 **308318**
红莓子 339370
红梅 34448
红梅草 363265
红梅殿 **182412**
红梅果 195196
红梅花 174589
红梅蜡 343516
红梅梢 338631
红梅消 338985
红梅杏 34482
红梅子叶 308965
红楣 25773
红楣属 25771
红美冠兰 **156974**
红美人 158700
红美人傲大贴梗海棠 **84585**
红门 273501
红门兰 273501
红门兰绶草 **372233**
红门兰属 **273317**
红檬子 295691
红蒙子根 415869
红猕猴桃 6697
红米 73842
红米钮草 **255573**
红米碎木 66755
红米藤 179488
红绵藤 338499
红棉 56802
红棉花藤 299115
红棉毛藤 299115
红棉芪 187984
红面番 178061
红面将军 66897,142022,394076
红庙铃苣苔 **366715**
红茉莉 211749
红茉莉花 211749
红母鸡草 747,126359
红母鸡药 98159
红母猪藤 20335,79850,79862
红牡丹 13934
红牡荆 **411437**
红木 **54862**,7190,65060,77644,320301,320327,413784,413842
红木桉 **155604**
红木巴戟 **258915**
红木班克木 **47667**
红木贝克斯 47667
红木冬瓜木 327416
红木耳 208349
红木荷 350949
红木槿 195149
红木槿花 195269
红木科 **54863**
红木木瓜红 327416
红木拟梭萼梧桐 **399410**
红木鼠李 328694
红木属 **54859**
红木树 413811
红木水锦树 **413779**
红木通 95132
红木相思 **1030**
红木香 214972
红内消 20335,162542
红纳金花 218936
红乃马草属 199407
红南瓜 114292,114300,114302
红南美鼠刺 **155149**
红南星 33330,33335,401161,401170
红楠 240599,240707
红楠草 339684
红楠木 295362
红楠刨 **233965**
红囊无患子属 **154986**
红泥丝草 **355026**
红泥丝草属 **355025**
红黏毛杜鹃 **330776**
红娘藤 338703
红娘子 104701,297645
红鸟不宿 30632
红鸟不踏刺 30632
红茑萝 323459
红柠檬 93546
红柠条 72351
红牛白皮 7233
红牛鼻陈 347078
红牛耳酸模 340109
红牛筋 295728
红牛奶木 **255356**
红牛皮菜 53249
红牛七 4304
红牛尾七 329330
红牛膝 4273,4304
红扭药花 **377628**
红纽子属 259733
红女娄菜 **248411**,363998
红暖药 345214
红挪威槭 3441
红欧内野牡丹 **153674**
红杷子 262189
红盘 49971
红盘萍蓬草 **267324**
红刨楠 233899
红泡刺 339164
红泡刺藤 **338886**
红泡果 66789
红泡勒 339360,339361
红佩氏锦葵 **291476**
红蓬 **332173**
红蓬属 **332171**
红鹏石斛 125128
红皮 197709,379457
红皮桉 **155733**,155636
红皮糙果茶 69015,69049
红皮糙山茶 **69015**
红皮茶 69015
红皮臭 298323
红皮毒鱼藤 1466
红皮椵 **391808**
红皮法道格茜 **161950**
红皮风车子 **100453**
红皮果 376144
红皮桦 53335
红皮鸡爪槭 3328
红皮金合欢 **1211**
红皮金鸡纳 91090
红皮岭麻 16295
红皮柳 **344121**,343937,343956
红皮绿树 328680
红皮罗汉松 **306516**
红皮木姜子 **234031**
红皮木属 8031
红皮沙拐枣 67075
红皮山茶 69015
红皮树 379457
红皮水锦树 **413836**,413829
红皮松 300247
红皮酸橙 **93335**
红皮唐棣 **19290**
红皮藤 347078
红皮瓮梗桉 **24606**
红皮象耳豆 **145994**
红皮油松 300247
红皮云杉 **298323**
红皮指橘 **253286**
红皮紫茎 **376471**
红皮紫陵 108583
红平铺杜鹃 **235287**
红瓶兰属 **332224**
红瓶子刷树 67291
红萍 224385
红婆罗门参 394337
红破斧木 **350974**
红葡萄 **411896**,387785
红葡萄藤 285117,285157,416529
红蒲根 370102
红瀑布欧洲卫矛 **157437**
红七草 239640,239645
红七筋姑 97090
红七筋菇 97090
红七叶树 **9680**
红桤木 16429,16437
红槭 3302,3505
红漆豆 765
红芪 188047,188048,188138
红旗兜兰 **282802**
红旗花 351884
红旗拉甫早熟禾 **305849**
红旗香豌豆 **222794**
红气根 239640,239645
红荠 **72059**
红千层 **67291**,67253,67275
红千层属 **67248**
红千年健 **197796**
红千鸟梅 316566
红杆 298358
红杆云杉 298358
红前胡 **292999**,229312
红茜草 337925
红墙套 165515
红鞘箭竹 **162737**
红鞘三角椰子 **263847**
红鞘苔 74513
红鞘苔草 **74465**
红鞘葳 **99399**
红鞘紫葳属 **329999**
红茄 **366920**,329765,367370
红茄冬 61263,329765
红茄苳 **329765**
红茄苳属 329744
红茄砂 **155402**
红芩 355387
红秦艽 344834,345205,345327
红青菜 344945,344947
红青草 344945
红青酒缸 200745
红青皮槭 **2851**
红青叶 344947
红秋海棠 **50284**
红秋葵 **194804**
红球垫花柱草 **296356**
红球姜 **418031**
红球漆 **332256**
红球漆属 **332255**
红球田螺意 7190
红球心樟 **12768**

红曲管桔梗 **365182**
红雀麦 **60943**
红雀梅藤 342176
红雀珊瑚 **287853**
红雀珊瑚大戟 **159539**
红雀珊瑚属 **287846**
红雀掌 287853
红荛花 414222
红忍冬 236089
红日本香简草 **215814**
红绒毛羊蹄甲 **49007**
红绒毛珍珠梅 **369270**
红柔毛九节 **319814**
红肉橙兰 240322
红肉杜 79064,233378,233383,233389
红肉杜属 **116220**
红肉梨 403481
红肉猕猴桃 **6566**
红肉牛奶菜 **245791**
红肉苹果 243659
红肉榕 165721,165841
红乳草 159299,159634,159971
红软柴胡 63872
红蕊豆 **155042**
红蕊豆属 **155041**
红蕊蝴蝶 65014
红蕊山楂 **109800**
红蕊银莲花 24100
红蕊云实 65014
红蕊樟 **332268**
红蕊樟属 **332267**
红瑞木 **104920**,85581
红瑞山茱萸 104920
红瑞云球 **182462**
红润杜鹃 331408
红润楠 **240707**
红三百棒 37581,410710,417292
红三角车 **334679**
红三门 382476
红三七 41795,108759,294125,309841,309954,328345
红三七属 79730
红三叶 397019
红三叶草 397019
红三叶地锦 **285148**
红三叶爬山虎 285148
红伞芹属 **332242**
红桑 **2011**,259186
红桑给巴尔五星花 **289911**
红色本州虎耳草 **349698**
红色草 266759
红色长生草 **358035**
红色齿叶六道木 **170**
红色槌果草 **186000**
红色大调山茶 **69185**
红色大花科林花 **99837**
红色大蕉 **260255**
红色大萝卜 326616
红色倒水莲 298114
红色甘蜜树 **263065**
红色高山淫羊藿 **146962**
红色光叶石楠 **295692**
红色规那树 91090
红色哈氏柳叶菜 186000
红色哈特曼 186000
红色皇后蓖麻 **334439**
红色火筒树 **223956**
红色金鸡纳 **91081**
红色金鸡纳树 91090
红色紧密大戟 **158533**
红色奎宁树 91090
红色立金花 **218936**
红色疗齿草 **268983**
红色龙葵 **367437**
红色马氏堇菜 **410235**
红色马先蒿 **287645**
红色没药 **101381**
红色梅丹 182772
红色美登木 182772
红色木 3677
红色木莲 244449
红色尼克樟 263065
红色拟三角车 **18002**
红色牛奶菜 **245842**
红色挪威槭 **3441**
红色欧氏马先蒿 **287477**
红色潘纳菊 299688
红色槭 **3209**,3497,3677
红色奇迹帚状克劳凯奥 105246
红色奇迹帚状宿萼果 **105246**
红色气孔桉 155603
红色日本六道木 **185**
红色日本小叶黄杨 **64306**
红色山地蝇子草 **363284**
红色苏木 **65059**
红色网脉种子棕 129688
红色五星花 **289833**
红色小瀑布南非山梗菜 **234453**
红色小顽童紫薇 **219942**
红色悬钩子 339236
红色鸭嘴花 **214778**
红色烟火苔 **74212**,76421
红沙 327226
红沙阿魏 **163706**
红沙草 159092,159286
红沙地马鞭草 704
红沙柳 261254
红沙属 327194
红砂 327226
红砂柳 **327226**
红砂柳科 **327237**
红砂柳属 **327194**
红砂仁 19900
红砂属 327194
红山茶 69156,330546
红山核桃 **77897**
红山花 345561
红山椒 417346
红山麻 101220
红山毛榉 162375
红山茅 **255872**
红山梅 36946
红山茄 170035
红山桃草 **172191**
红山药 131601,207623
红杉 **221930**,221947,360565
红杉花属 **208317**
红杉属 360561
红杉树 301291
红珊瑚 **279768**,327685,367522
红珊瑚矮栒子 **107417**
红珊瑚冬青 203648
红珊瑚属 279765
红商陆 **298116**
红芍药 280155,280213,383324
红苕 207623
红苕七 335142
红苕藤 207623
红舌草 394093
红舌垂头菊 **110386**
红舌狗舌草 385917
红舌卷瓣兰 **62714**
红舌千里光 385917
红舌唐竹 **364811**
红蛇儿 170289
红蛇根 405447
红蛇菰 **46845**
红蛇球 **182465**
红蛇丸 182465
红射干 **26102**
红射干属 **26095**
红射线睡莲 **267635**
红参 345214,383324,409113
红肾形草 194437
红升麻 41795,41812,41841,41844,158149,158161,335153
红升麻属 41786
红升嘛 335147
红虱 327226
红十八症 214974
红十字创粉 20335
红石豆兰 **63057**
红石根 34615
红石胡荽 200312
红石斛 125253
红石蓝 178863
红石薯 179488
红实茎草 159092,159286
红矢车菊 **81341**
红饰球花 **53191**
红柿 **132335**,132219
红手玄参 **244861**
红首领小檗 **52237**
红寿乐 317688
红菽草 397019
红鼠李 328674
红鼠麴木棉 **56813**
红鼠尾草 344980
红蜀葵 194804
红薯 207623
红薯莨 131522
红薯藤 103362
红薯细辛 131243
红树 **329745**,61263,295773,329765
红树科 **329776**,25584
红树莓 338557
红树属 **329744**,61250
红双距花 **128032**
红双通 49626
红霜石 85232
红水草 191353,298945
红水晶滇山茶 **69564**
红水葵 **50073**,49837
红水麻 313471
红水麻叶 59842
红水茄 367735
红水仙 262438
红水芋 65218
红睡莲 **267756**,267651
红朔 284497
红丝草 159092,159286
红丝姜花 **187451**
红丝菊 **137883**
红丝菊属 **137882**
红丝龙眼属 **274258**
红丝络 349936
红丝麻 239558
红丝毛 239558,239594
红丝毛草 116829
红丝茅草 208853
红丝猕猴桃 **6691**
红丝绒 238942,291177
红丝绒草 291138
红丝酸模 339983
红丝苇属 155017
红丝线 **238942**,113612,170193,202604,238957,291138,337910,337925,338002,338043
红丝线草 291161
红丝线属 **238939**
红丝枝参 **263296**
红司 139998
红司石莲花 **139998**
红四方藤 92741,92747,92907
红四分爵床 **387319**
红四楞麻 85107

红松 **300006**,121105,298417
红松盆距兰 **171885**
红苏 290940
红苏木 **46573**,65060
红苏木属 **46562**
红素馨 **211749**
红酸杆 49626,308946
红酸模 **339961**
红酸七 396604
红蒜 143573
红蒜兰属 143570
红蒜属 143570
红算盘子 **177115**
红穗棒茎草 **328389**
红穗帝王花 **82279**
红穗画眉草 **147947**
红穗卷瓣兰 **62715**
红穗枪刀药 **202545**
红穗苔草 73751,74685
红穗铁苋 1894
红穗铁苋菜 **1894**
红娑罗双 **362207**,362187
红琐梅 338985
红锁梅 338354,338985
红苔草 75618
红太极图 12635
红滩杜鹃 **330384**
红檀 199451,320327
红糖槭 3505
红糖香树 232565
红藤 1466,66643,121514,250859,342176,347078,361384,362300,364947,375908,377856
红藤菜 48689
红藤草 405872
红藤黄 **171183**
红藤蓼 309084
红藤属 121486
红藤仔 113612
红藤仔草 **337907**,337912,337925
红天胡荽 200312
红天椒 327676
红天葵 49837,49974
红天麻 170035,171918
红天人菊 169574
红田乌草 **18152**,18095
红条杜鹃 330501,330722,330723
红条参 374539
红条纹莲花掌 **9063**
红条朱蕉 **104386**
红条紫草 233731
红铁灯台 284319
红铁木 **236336**
红铁木科 **236345**
红铁木属 **236334**
红铁泡刺 339080
红铁皮桉 **155741**
红铁树 **104364**,104350
红桐 54620,54623
红桐草 147386
红铜盘 31396
红铜水草 4870
红头白芨 **55581**
红头白及 55563
红头菜 53249
红头草 55766,144975,416127
红头垂头菊 110454
红头大戟 **158851**
红头带 179488,313564
红头单脉红菊木 **138908**
红头毒鼠子 **128796**
红头多穗兰 **310399**
红头耳钩草 238942,238956,366976
红头柑 **93518**
红头根 258923
红头稷 **282173**
红头金石斛 **166958**
红头菊属 **154757**
红头可利果 **96714**
红头兰 399976
红头犁头草 355494
红头李榄 87726
红头裸实 182687
红头马棘 206761
红头囊唇兰 399976
红头肉豆蔻 261457
红头蕊兰 **82070**
红头三友花 327577
红头杉 385302
红头绳 159092,159286,239594,239597,239640,239645
红头树葡萄 **120070**
红头索 **239718**
红头苔 75964
红头苔草 **75964**
红头铁苋 1997
红头翁 283763,339714
红头小仙 55788
红头咬人狗 **125544**
红头屿铁苋 1997
红头芋 **99928**
红头杂蕊草 **381734**
红头直玄参 **29914**
红头朱缨花 66673
红头紫珠 **66831**,66808
红土茯苓 366491
红土瓜 250796
红土苓 366338
红土子 200745
红土子草 200745
红托叶哈勒茜 **184867**
红托叶九节 **319813**
红托叶帽柱木 256123
红托叶榕 **165590**
红驼舌草 **179378**
红湾鳄梨木 291505
红王挪威槭 **3428**
红王牌金露梅 **312588**
红网实棕 **129688**
红网藤 6673
红网纹草 166709
红网叶 **166708**
红微花兰 **374716**
红薇花 219933
红维斯木 **411152**
红尾棘豆 **279134**
红尾翎 **130730**
红尾铁苋菜 **1970**
红文字 224336
红纹唇虾脊兰 66068
红纹大戟 **159746**
红纹凤仙花 **205296**
红纹鸡爪槭 **3342**
红纹马先蒿 **287705**
红纹木蓝 **205960**
红纹蕊茜 **341354**
红纹莎草 **119523**
红纹腺鳞草 **21333**
红乌桕 346379
红无根藤 115050
红无娘藤 115123
红五达 344947
红五加 387819,387822
红五泡 338554
红五匹 344947
红五眼 296565
红五爪金龙 20360
红雾花 217739
红雾花属 **217738**
红雾水葛 **313471**
红雾水藤 115050
红西米尔茜 **364422**
红喜寒菊 **319942**
红细草 262249
红细刚毛青锁龙 **109403**
红细水草 4870
红细心 **56413**
红细叶芹 **84762**
红虾花 414718
红虾子草 187681
红狭叶悬钩子 **339215**,338922
红霞二乔 **242301**
红仙丹 211068
红仙丹草 211068
红仙丹花 211068
红仙人棒 **155018**
红仙人棒属 **155017**
红纤维虾海藻 **297182**
红鲜草 298874
红鲜菊 **326519**
红苋 18836,205249
红苋菜 18687,18788,18836,183066,183097,208349,298093
红苋米草 18687
红线草 18124,291138,337925,349936,378991
红线长药杜鹃 **330502**
红线杜鹃 331219
红线儿菹 378991
红线寒金菊 **199218**
红线麻 56318,175880,221552
红线忍冬 235860
红线肉锥花 **102639**
红线绳 349936
红线弯月杜鹃 **331219**
红腺背蓝 **7108**
红腺大青 313733
红腺豆腐柴 **313733**
红腺过路黄 **239830**
红腺鲫鱼藤 **356282**
红腺尖鸠菊属 **49409**
红腺菊 **154584**
红腺菊属 **154583**
红腺木蓝 **206496**
红腺忍冬 **235860**
红腺蛇根草 **272292**
红腺树葡萄 **120205**
红腺天胡荽 200308
红腺悬钩子 **339335**
红腺紫珠 **66776**
红相思 274433
红香师菜 290968
红香树 25773
红香藤 121703
红香血藤 351054
红香子 239640,239645
红象牙木 **328908**
红小苍兰 168162
红小蝶兰 273481,310898
红小豆 408839,409085
红小虎耳草 90349
红小花假海马齿 **394900**
红小姐 49594,49744
红小龙胆属 161528
红小麻 **166932**,221568
红小麻草 221568
红小麻属 **166913**
红小扫帚苗 139681
红小塔马草 **383388**
红小香雪兰 **168162**
红校欓 116167,233219
红蝎子七 309954
红心柏 213634
红心草 175417,175420

红心春黄菊 **26870**
红心刺 415869
红心刺刁根 417282
红心豆兰 62725,63054
红心番薯 **207579**
红心凤梨 **60546**
红心凤梨属 **60544**
红心割 189943
红心果 32650
红心红豆 274412
红心灰藋 86901
红心柯 **233130**
红心李 **316763**
红心柳 343185,344261
红心木槿 **195288**
红心楠 231385
红心楠树 231385
红心埔笔 248778
红心杉 82507
红心石豆兰 **63054**
红心委陵菜 **313078**
红心乌桕 346379
红心狭裂福禄考 **295259**
红心椰 **85844**
红心椰属 **85842**
红心仔 60073
红新娘茶 **69635**
红星杜鹃 330901
红星海滨鸡矢藤 **280105**
红星红蕾花 **416985**
红星花 332185
红星花属 **332222**,332184
红星美国尖叶扁柏 **85379**
红星忍冬 **235644**
红熊胆 204217
红绣球 211067,345881
红绣线菊 371972
红绣玉 **284696**
红须麦 417417
红须须 345155
红须絮菊 **165990**
红萱 191312
红雪柳 234759,234766,234816
红雪片莲 **227867**
红血桉 106805
红血儿 308772,338028
红血莲 46848
红血龙无刺根 20327
红血七 308772
红血藤 **370421**,347078,351021
红薰草 96981
红枸子 19292
红枸子木属 19240
红鸭脚板 113879
红鸭跖草 394093
红牙刷 67262
红芽桉 **155681**
红芽蓖麻 **334437**
红芽大戟 **217094**,159540,217102
红芽大戟属 **217092**
红芽戟 217102
红芽木 110258
红芽槭 **3699**
红芽印度橡胶树 164933
红崖爬藤 387769
红烟 123322
红烟草 **266042**
红胭脂花 255711
红岩百合 229900
红岩草 349627
红岩杜鹃 330824
红岩耳 349627
红岩七 52510,52533
红岩芋 327676
红盐菜 87025
红盐果 332509
红盐角草 **342894**
红眼疤 37379
红眼刺 336636
红眼加那利豆 **136743**
红眼睛 129026
红眼猫 337391
红眼树 110258
红艳球 **234957**
红艳丸 234957
红羊 256797
红羊草 271280
红羊米青 96083
红阳虾 **140299**
红杨梅 **261218**,144802
红洋丸 163441
红洋苋 208349
红洋苋属 208344
红药 **87905**,162516,398322,400914
红药贝母 **168553**
红药禾 **154610**
红药禾属 **154609**
红药蜡瓣花 **106687**
红药梅花草 **284593**
红药子 131522,162516,320912,335142
红药子属 320911
红要子 320912
红耀花豆 96639
红椰属 120779
红椰子属 120779
红野豆 200734
红野棉花 402267
红野荞麦 **152616**
红野莴笋 234759
红叶 49837,107309
红叶斑鸠菊 **406746**
红叶扁桃大戟 **158435**
红叶酢浆草 **277752**
红叶大猫刺 30632
红叶大头斑鸠菊 **227146**
红叶冬青 204060
红叶番樱桃 **156212**
红叶风车子 **100454**
红叶福氏虎耳草 **349345**
红叶甘姜 231403
红叶甘橿 231403
红叶果子蔓 **182181**
红叶海棠 243733
红叶合果芋 **381857**
红叶花楸 **369541**,369379
红叶黄栌 **107309**
红叶回欢草 **21136**
红叶鸡爪槭 **3345**
红叶姬凤梨 **113366**
红叶假山毛榉 **266870**
红叶尖彩叶凤梨 **264424**
红叶尖尾樱桃 **316248**
红叶脚趾草 200790
红叶金花 260414
红叶栲 78933
红叶辣汁树 91358
红叶老鹳草 **174888**
红叶老凉藤 66646
红叶犁头尖 355494
红叶藜 **87147**
红叶李 316308
红叶柳枝稷 **282368**
红叶螺序草 **371778**
红叶蔓绿绒 **294834**
红叶茅膏菜 **138352**
红叶帽柱木 **256123**
红叶米尔贝 255785
红叶米尔豆 **255785**
红叶木姜子 **234051**
红叶牛膝 4273
红叶爬山虎 285110
红叶婆婆纳 **407329**
红叶葡萄 **411664**
红叶蒲葵 **234185**
红叶蔷薇 **336611**
红叶秋海棠 **50238**,49818
红叶秋树 337729
红叶日本小檗 **52250**
红叶山 **244176**
红叶蛇葡萄 20444
红叶升麻 **91037**
红叶树 189918,346404
红叶树藤 294805
红叶水杉 385407
红叶酸脚杆 **247558**
红叶梭叶火把树 **172540**
红叶桃 332509
红叶藤 **337733**,337729
红叶藤属 **337690**
红叶天竺葵 **288486**
红叶铁树 104350
红叶铁苋菜 2011
红叶铁线莲 95289
红叶托考野牡丹 **392521**
红叶乌桕 346379
红叶西洋梨 **323135**
红叶下珠 **296751**
红叶苋 208349
红叶苋属 208344
红叶小菠萝 113366
红叶小花彩云木 **381480**
红叶小花希纳德木 381480
红叶新西兰麻 **295603**
红叶悬钩子 **339205**
红叶雪兔子 **348634**
红叶栒子 **107415**
红叶野桐 **243424**
红叶移柛 135120
红叶移椋 135120
红叶银莲花 **23808**
红叶樱桃李 **316308**
红叶雨伞刺 30632
红叶玉叶金花 260414
红叶橼 233128
红叶云兰参 **84608**
红叶杂色花楸 369363
红叶朱蕉 **104385**
红叶子 49626
红叶紫珠 66913
红夜关门 126465
红姨妈菜 35770
红蚁木 382723
红异色仙灯 **67642**
红薏仔 60073
红翼美洲荚蒾 **408003**
红淫羊藿 147047
红银齿树 **227365**
红银叶花 **32750**
红英 198140,307489
红缨大丁草 **224122**
红缨合耳菊 **381935**
红缨花 211067
红缨榄叶菊 270207
红缨树 211067
红缨藤菊 92519
红缨尾药菊 381935
红罂粟 335650
红罂粟属 335624
红樱花 211067
红樱树 211067
红鹰 358997
红营 382599
红营蒲桃 382599
红优昙 165135
红由 233899

红油菜 59603
红油果 231324
红鱼波 62110
红鱼眼 296565,296735
红鱼皂 62110
红榆 **401620**,401490
红榆钱菠菜 **44469**
红与黄凯尔新西兰圣诞树 **252619**
红羽肖竹芋 **66174**
红羽竹竿 **66186**
红玉 **233642**
红玉菜 183066,183097
红玉冠 57958
红玉李 264074
红玉帘 417613
红玉肖竹芋 **66201**
红玉血橙 **93782**
红玉叶金花 **260414**
红玉簪 198652
红玉簪花 71181
红芋 56317,99910,99918,327676
红芋荷 99910
红芋头 65218,327676
红鸢尾 208566
红元宝玉兰 **242183**
红元帅苹果 **243600**
红原鹅观草 **335354**
红原披碱草 **144335**
红原苔草 **74823**
红缘楞 78932
红缘莲花掌 **9047**
红缘莲座草 139998
红缘木 78932
红缘土田七 **373636**
红远志 122040
红月桂科 **382859**
红月桂属 **382727**
红云草 31509
红云杉 **298423**
红运二乔 **242302**
红晕杜鹃 **331665**,331408
红晕鸡爪槭 **3344**
红晕异色溲疏 **126905**
红枣 138601,418169,418173
红枣皮 105146
红枣树 418169
红枣鸭雀食 408009
红蚤休 308893
红蚤缀 **32193**
红皂药 309711
红泽兰 85944,139678,309711,387136
红楂梅 407785
红扎树 82107
红毡 31518
红毡草 31518
红毡毯 31518
红粘谷 18788
红樟 91330
红掌 28084
红掌草 126471
红掌属 28071
红照球 **45892**
红照丸 45892
红蔗 341887
红针茅 **376962**
红珍珠 **329710**
红汁金鸡纳 91090
红汁蛇根草 **272299**
红枝白椴 **391729**
红枝白毛椴 391729
红枝茶藨 334207,334232
红枝茶藨子 **334207**
红枝柴 **249424**,249426
红枝丹氏梧桐 **135838**
红枝枸杞 **239031**,239030
红枝挂苦树 199817
红枝胡颓子 **142047**
红枝阔叶椴 **391824**
红枝柳 **344046**
红枝毛赤杨 **16372**
红枝木藜芦 **228181**
红枝蒲桃 **382654**
红枝桤木 **16437**
红枝蔷薇 336357
红枝琼楠 **50543**
红枝柿 **132140**
红枝条纹槭 **3394**
红枝小檗 **51593**
红枝崖爬藤 **387769**
红枝银桦 **180641**
红枝子 171253
红知更鸟杂种石楠 295614
红栀子 171253
红脂菊 **311762**
红脂菊属 **311761**
红蜘蛛倒挂金钟 **168763**
红直当药 380205
红直凤梨 **275578**
红直獐牙菜 **380205**
红踯躅 330966,331839
红纸扇 260414
红纸树 **13654**
红指纹瓣凤梨 **413877**
红指香青 **21674**
红雉凤仙花 **205202**
红中花 81768
红钟百合 55114
红钟杜鹃 **331816**
红钟风信子 **329998**
红钟风信子属 **329997**
红钟花 134877
红钟花属 134876
红钟苣苔 **256146**
红钟苣苔属 **256142**
红钟藤 **134877**
红钟藤属 **134876**
红轴椰属 201433
红皱 233078
红皱蔷薇 **336909**
红珠 60073
红珠宝湖北小檗 **51647**
红珠草 399998
红珠木 765
红珠水木 204050
红珠藤 258910
红珠仙人球 **163478**
红珠小檗 51311
红珠仔 60073
红猪果列当 **201349**
红猪胶树 **97262**
红竹 104367,125481
红竹壳菜 260107,260110
红竹叶 104367,394076
红竹仔草 394093
红烛蛇菰 **46863**
红柱花欧石南 **149388**
红柱花属 **144847**
红柱兰 **116849**
红柱树 **78686**
红柱树属 **78651**
红柱头睡莲 **267773**
红柱小檗 **52238**
红柱针垫花 **228071**
红砖草 50409
红砖子苗 **245529**
红锥 78932,78955
红锥栗 78955
红仔果 156385
红仔珠 **60073**
红籽车前 **302158**
红籽佛甲草 **356715**
红籽蒲公英 384540
红籽柿 **132146**
红籽细辛 308403
红籽鸢尾 **208566**
红子 322458,322465
红子佛甲草 356715
红子荚蒾 407853
红子姜花 **187454**
红子木 **155034**
红子木属 **155032**
红子仁 113039
红子仔 60066,60083,407930
红子子树 274435
红紫 65055
红紫伯切尔灯心草豆 **197112**
红紫翠雀花 **124537**
红紫根 398322
红紫桂竹香 154532
红紫花短柱茶 **68952**
红紫荆 49247
红紫露草 **394069**
红紫麻 **273917**,273909
红紫鞘袖 86587
红紫苏 247723,247727
红紫糖芥 **154532**
红紫田菁 361422
红紫菀 229049
红紫鸢尾 **208453**
红紫珠 **66913**
红棕 160954
红棕阿布藤 831
红棕杜鹃 **331683**
红棕桧 **213901**
红棕榈 **222635**
红棕毛蕊花 **405763**
红棕苔草 **75887**
红棕脱皮藤 **831**
红总管 64990,122532,417340
红走马胎 12723
红足荸荠 **143143**
红足蒿 **36162**
红足九节 **319534**
红足永菊 **43890**
红嘴绿鹦哥 154626
红嘴苔草 **74727**
宏布藤黄 171115
宏大阔叶山麦冬 **232632**
宏钟杜鹃 **332109**
洪坝山紫堇 **105990**
洪宝氏蕾丽兰 **219683**
洪堡扁莎 **322263**
洪堡豆 **199285**
洪堡豆属 **199283**
洪堡番茄 **239161**
洪堡冠须菊 **405943**
洪堡寒丁子 **57950**
洪布斑鸠菊 **406426**
洪布扁担杆 **180823**
洪布布雷默茜 **59905**
洪布刺核藤 **322536**
洪布鹅掌柴 **350714**
洪布风兰 **24887**
洪布格雷野牡丹 **180388**
洪布红被花 **332197**
洪布勒奥佐漆 **279289**
洪布勒大地豆 **199332**
洪布勒单列木 **257926**
洪布勒法道格茜 **161963**
洪布勒豪曼草 **186206**
洪布勒画眉草 **147727**
洪布勒茴芹 **299431**
洪布勒鸡头薯 317679
洪布勒嘉兰 **177241**
洪布勒假鸡头薯 **317679**

洪布勒蓝耳草 **115553**
洪布勒老鸦嘴 **390803**
洪布勒肋瓣花 **13798**
洪布勒镰扁豆 **135503**
洪布勒毛子草 **153205**
洪布勒木槿 **194928**
洪布勒木蓝 **206096**
洪布勒鞘蕊花 **99603**
洪布勒茄 **367218**
洪布勒黍 **281720**
洪布勒树葡萄 **120095**
洪布勒水蓑衣 **200617**
洪布勒天门冬 **39038**
洪布勒莴苣 **219361**
洪布勒象腿蕉 **145835**
洪布勒肖九节 **401982**
洪布勒肖水竹叶 **23538**
洪布勒鸭舌癀舅 **370793**
洪布勒鸭跖草 **101044**
洪布勒鸭嘴花 **214532**
洪布勒一点红 **144926**
洪布勒异荣耀木 **134638**
洪布勒忧花 **241646**
洪布勒远志 **308106**
洪布勒云实 **65019**
洪布马岛葫芦 **20465**
洪布马罗蔻木 **246639**
洪布拟九节 **169334**
洪布膨舌兰 **172008**
洪布柔花 **8948**
洪布山珊瑚兰 **170037**
洪布石豆兰 **62786**
洪布氏香果兰 405002
洪布氏香荚兰 **405002**
洪布双袋兰 **134300**
洪布酸脚杆 **247574**
洪布温曼木 **413692**
洪布鸭跖草 **101047**
洪布鸭嘴花 **214533**
洪布羊蹄甲 **49128**
洪布叶节木 **296834**
洪布异籽葫芦 **25664**
洪布油麻藤 **259523**
洪布鱼木 **110219**
洪布紫云菜 **378161**
洪布足孩儿草 **306664**
洪达木 199440
洪达木属 199412
洪都藿香蓟 **11213**
洪都拉斯菝葜 **366542**
洪都拉斯吉贝木 **80119**
洪都拉斯加勒比松 **299838**
洪都拉斯加簕比松 299838
洪都拉斯卡特兰 79530
洪都拉斯薯蓣 **131636**
洪都拉斯双子铁 **131436**
洪都拉斯桃花心木 380527
洪都拉斯棕属 351006
洪连 220180
洪莲 220167
洪帕塔半边莲 **234539**
洪帕塔黑草 **61799**
洪帕塔黄眼草 **416080**
洪帕塔球柱草 **63290**
洪帕塔苔草 **74853**
洪帕塔盐肤木 **332644**
洪平杏 **34439**
洪桥鼠尾草 **345320**
洪氏马岛兰 **116759**
洪氏山芥 **47946**
洪水地闭花木 **94515**
洪水地大戟 **159146**
洪水地谷精草 **151331**
洪水地蓟 **92058**
洪水地龙船花 **211112**
洪台柳 343342
洪特刺蒴麻 **399257**
洪特黑蒴 **14318**
洪特兰 **199444**
洪特兰风兰 **24890**
洪特兰属 **199443**
洪特兰舟蕊秋水仙 **22360**
洪特木槿 **194932**
洪特木蓝 **206105**
洪溪高山柏 **213952**
洪雅犁头尖 **401165**
洪雅南星 **33354**
洪雅石栎 233312
荭 309494
荭草 309494
荭草花 309494
荭蓼 309494
虹端白云杉 **298292**
虹眉兰 **272446**
虹胜 355387
虹树 346408
虹棠龙 **163480**
虹香藤 121859
虹鱼 **86544**
虹玉 357111
鸿头 160637
鸿藏 361317
蕻菜 207590
齁包草 146995
侯钩藤 401777
侯拉日中花 **220580**
侯拉舟叶花 **340714**
侯尼氏柳叶菜 **146734**
侯莎 119503
侯氏钩藤 401777
侯氏马兜铃 34210
侯氏秋海棠 **49934**
侯氏腺萼木 **260633**,260634
侯氏羊蹄甲 49146
侯桃 416686,416694,416707,416721
喉百草 360463
喉斑杜鹃 **330692**
喉崩癞 139959
喉痹草 23323
喉草 393608
喉草属 393604
喉唇兰属 **87441**
喉毒药 204184
喉蛾草 23323
喉风草 41441
喉甘子 296554
喉疳根 95096
喉管花 **393608**
喉红石斛 125048
喉花伴帕爵床 **60306**
喉花草 100278
喉花草属 100263
喉花属 100263
喉花紫草 **393596**
喉花紫草属 **393595**
喉节草 43577
喉节草属 43569,43595
喉咙草 23323
喉毛草属 100263
喉毛大岩桐 **364740**
喉毛花 **100278**
喉毛花属 **100263**
喉痧药 368874
喉痛草 103509
喉痛药 94840
喉凸苣苔 184225
喉凸苣苔属 184222
喉癣草 23323
喉药醉鱼草 **62138**
猴巴掌 229066
猴斑杜鹃 330692
猴板栗 9738,79043
猴板栗树 106734
猴背 223931
猴背子望春玉兰 **242004**
猴臂草 345310
猴草 66789
猴刺脱 219933
猴大绳 299115
猴儿草 34275
猴儿七 309954
猴儿拳 214972
猴儿皂 346338
猴耳草 34275
猴耳环 301128,301147
猴耳环属 30957,301117
猴高铁 240711
猴槁铁 240711
猴哥铁 240711
猴骨草 131597
猴鬼子 132309
猴核桃 106786
猴红门兰 **273633**
猴壶正玉蕊 223778
猴欢喜 **366077**,36942,83698,83700,142396,366047
猴欢喜属 **366034**
猴夹木 91277
猴梜木 91277
猴接骨 31571,31630
猴接骨草 288715
猴节莲 131754
猴局 336405
猴菊 **301180**
猴菊属 **301179**
猴橘子 228326
猴栗 79004,79043,342170
猴獠刺 72285
猴栌 109933,109936
猴毛草 152753,306832,306834
猴面包科 26944
猴面包属 7018,26950
猴面包树 **7022**
猴面包树科 **7040**,26944
猴面包树属 **7018**
猴面椆 233117
猴面果 **36945**,36928
猴面蝴蝶草属 **4070**
猴面花 **255223**,344383
猴面花属 344381
猴面柯 **233117**
猴面石栎 233117
猴楸树 231403
猴柿 336405
猴梳藤 **301173**
猴梳藤属 **301169**
猴菽 403738
猴丝草 111879
猴蒜 325697,325981
猴头草 11572
猴头杜鹃 **331832**
猴头三七 280771
猴头藤 299115
猴娃七 309954
猴尾草 283400
猴香子 233996,234045
猴血七 162516
猴盐柴 332509
猴药 403738
猴楂 109650,109933,109936
猴楂子 109760
猴樝 109933,109936
猴樟 **91277**
猴掌柏 85375
猴掌草 35674
猴竹根 328345
猴爪 31371

猴仔草 341064
猴仔梨 6553
猴子板凳 10334
猴子背巾属 **256572**
猴子草 218571
猴子埕 264846
猴子饭团 180773
猴子公 132309
猴子果 6616,242984,249679
猴子金叶树 **90085**
猴子梨 6553
猴子笼 264846
猴子毛 35282,36232
猴子面瓜果 197072
猴子木 **69782**
猴子七 48689,309954
猴子杉 30848
猴子酸 49722
猴子烟袋花 32668
猴子眼 765
猴子瘿袋 **36944**
瘊 218571
篌竹 **297359**
吼筋藤 392274
吼熊球 **322991**
吼熊丸 322991
后大埔柯 233153,285233
后大埔石栎 **285233**,233153
后吊兰 **88634**
后多穗兰 **310615**
后河龙眼独活 **30682**
后红子 367416
后鸡头薯 **153065**
后老婆罐 34154
后鳞萝藦属 **252488**
后吕苔草 **73552**
后毛锦葵属 **267189**
后蕊苣苔 272601
后蕊苣苔属 **272589**
后蕊桐 **272757**
后蕊桐属 **272756**
后生四川马先蒿 **287425**
后生叶下珠 **296546**
后生银胶菊 285086
后庭花 18836,96398
后喜花属 **293252**
后增布里滕参 **211464**
后卓 403738
后棕 31705
厚瓣菜 53257
厚瓣单干木瓜 **405115**
厚瓣杜鹃 330510
厚瓣短蕊茶 **69020**
厚瓣九节 **319492**
厚瓣茄 **367060**
厚瓣石豆兰 **62666**
厚瓣乌木 132117
厚瓣鹰爪花 **35008**
厚瓣玉凤花 **183553**
厚瓣舟叶花 **340629**
厚苞毛柱南星 **379124**
厚被菊 **279566**
厚被菊属 **279565**
厚被山龙眼 **399362**
厚被山龙眼属 **399359**
厚壁大戟 **159412**
厚壁芳香木 **38670**
厚壁露兜树 **281083**
厚壁密头帚鼠麹 **252450**
厚壁木 **279570**
厚壁木属 **279569**
厚壁穆拉远志 **260021**
厚壁南洋参 **310226**
厚壁荠 **279714**
厚壁荠属 **279703**
厚壁秋海棠 **50306**
厚壁塞拉玄参 **357601**
厚壁鼠茅 **412463**
厚壁双盛豆 **20774**
厚壁瓦朗茜 **404181**
厚壁烟堇 **169111**
厚壁椰属 156113
厚边鬼针草 **54037**
厚边龙胆 **173899**
厚边木犀 **276362**
厚滨菊叶千里光 **359313**
厚柄连蕊茶 69019
厚柄毛蕊茶 69019
厚柄茜草 **337947**
厚柄小檗 51767
厚齿石楠 **295651**
厚翅荠属 279703
厚唇斑叶兰 179610
厚唇粉蝶兰 **302253**,302415
厚唇角盘兰 **192833**
厚唇兰 **146532**,346900
厚唇兰属 **146528**,346907
厚唇舌唇兰 **302415**
厚垫大戟 **279867**
厚垫大戟属 **279866**
厚斗柯 **233198**
厚斗石栎 233198
厚短蕊茶 69428
厚敦菊属 **277000**
厚敦菊勋章花 **172322**
厚敦菊状尤利菊 **160848**
厚敦菊状泽菊 **91203**
厚萼扁担杆 **180904**
厚萼杜鹃属 **364460**
厚萼九节 **319491**
厚萼凌霄 **70512**
厚萼穆里野牡丹 **259420**
厚萼天麻 **171915**
厚萼铁线莲 **95457**
厚萼卫矛 157355
厚萼中印铁线莲 **95379**
厚萼紫珠 **66800**
厚粉茶竿竹 318285
厚粉茶秆竹 **318285**
厚腹芦荟 **17113**
厚哥纳香 **179419**
厚革盾蕊樟 **39724**
厚隔芥 **279625**
厚隔芥属 **279622**
厚梗染木树 **346480**
厚冠菊 **279774**
厚冠菊属 **279773**
厚冠山踯躅 **330984**
厚果当归 **24426**
厚果橄榄 **384368**
厚果橄榄属 **384367**
厚果哥培尔槐 369095
厚果海桐 301384
厚果含笑 **252941**
厚果槐 369095
厚果黄耆 **42231**
厚果鸡血藤 254796
厚果栗 79043
厚果美登木 **246903**,246812
厚果皮坡垒 **198177**
厚果荠 **268403**
厚果荠属 **268402**
厚果唐松草 388469
厚果田菁 **361412**
厚果鸭脚木 18052
厚果崖豆藤 **254796**
厚荷包掌 **140874**
厚花独蕊 **412159**
厚花千里光 **359635**
厚花球兰 **198838**
厚花细瓣兰 **246116**
厚喙菊 **138771**
厚喙菊属 **138762**
厚喙荠 **350960**
厚喙荠属 **350959**
厚荚非洲豆蔻 **9891**
厚荚非洲砂仁 9891
厚荚红豆 **274386**
厚荚相思 **1672**
厚脚蜘蛛兰 383060
厚茎荠属 170170
厚茎水毛茛 **48928**
厚距花 **279479**
厚距花属 **279476**
厚壳 85338,141629
厚壳槁 240679,240720
厚壳桂 **113436**
厚壳桂属 **113422**
厚壳红瘤果茶 **69579**
厚壳红山茶 69023
厚壳属 141592
厚壳树 **141595**,141597,264069
厚壳树科 **141727**
厚壳树属 **141592**
厚壳仔 141595
厚壳紫金龙 **128301**
厚兰属 **279392**
厚肋苦荬菜 88977
厚肋苦荬菜属 88975
厚肋芹属 279644
厚棱芹属 **279644**
厚栗 79043
厚脸皮 88166
厚裂凤仙花 **204878**
厚裂舌萝藦 **351621**
厚鳞草 21136
厚鳞椆 233334
厚鳞金菊木 **150360**
厚鳞柯 **233334**
厚鳞连柱菊 **28432**
厚鳞毛嘴杜鹃 332001
厚鳞石栎 233334
厚瘤突瘤瓣兰 **270836**
厚六 78802
厚脉荠 **279618**
厚脉荠属 **279617**
厚毛扁芒菊 **413023**
厚毛扁毛菊 **14920**
厚毛斗篷草 **14053**
厚毛杜鹃 330265,330809
厚毛甘肃马先蒿 **287305**
厚毛忍冬 235732
厚毛鼠尾草 **345167**
厚毛水锦树 **413833**
厚毛水苏 373166
厚毛紫菀 **88160**
厚毛紫菀属 **88158**
厚密苔草 **76330**
厚棉紫菀 **41072**,88160
厚面皮 61572,183082
厚膜树属 **163396**
厚皮 198698,198699,242234,329765,329771,355909,416717
厚皮菜 53249,53257
厚皮草 402245
厚皮刺柏 213847
厚皮柑 308081
厚皮哈青杨 **311275**
厚皮胡桃 212636
厚皮花椒 **417223**
厚皮黄檗 **294234**
厚皮灰木 **381161**,381291
厚皮金叶子 108585
厚皮酒饼簕 **43723**
厚皮桔 308081
厚皮樗 **78896**
厚皮藜 86990
厚皮楠 233928

厚皮稔　29761
厚皮树　**221144**,31639,307523
厚皮树桂枝　91250
厚皮树属　**221130**
厚皮丝栗　78896
厚皮松　300054
厚皮藤　313229,402201
厚皮香　**386696**
厚皮香八角　**204600**
厚皮香海桐　**301385**
厚皮香科　**386738**
厚皮香属　**386689**
厚皮岳桦　**53413**
厚皮锥　78896
厚朴　**198699**,242234
厚朴花　198699,242234,244471
厚朴七　335142
厚朴实　198699
厚朴属　**198697**
厚朴树　198699
厚朴子　198699
厚普山柳菊　**195658**
厚千里光　**358636**
厚腔苏木　279552
厚腔苏木属　279551
厚鞘莎草　**118666**
厚鞘早熟禾　**306079**
厚曲叶南星　**190082**
厚绒薄雪火绒草　**224886**
厚绒黄鹌菜　**416423**
厚绒荚蒾　**407894**
厚山柳菊　**195831**
厚舌脆兰　**2040**
厚实　198699,242234
厚穗滨草　228384
厚穗狗尾草　**361942**
厚穗爵床　279771
厚穗爵床属　279765
厚穗马先蒿　287143
厚穗麒麟吐珠　**279771**
厚藤　**208067**
厚托叶蒙蒿子　**21855**
厚腺苏木　**279552**
厚腺苏木属　**279551**
厚檐小檗　**51509**
厚叶阿魏　**163691**
厚叶安瓜　**25151**
厚叶安息香　379361
厚叶桉　**155609**,155599
厚叶澳洲林仙　**385090**
厚叶八角　**204569**
厚叶八角枫　**13372**
厚叶巴豆　**112962**
厚叶白点兰　**390531**
厚叶白花酸藤果　144794
厚叶白花酸藤子　**144794**
厚叶白纸扇　260413
厚叶柏那参　59212
厚叶半枫荷　357969
厚叶半日花　**188632**
厚叶瓣柱戟　**292295**
厚叶苞芽报春　**314424**
厚叶贝母　**168386**
厚叶比克茜　**54385**
厚叶彼得费拉　292623
厚叶滨藜　**44366**
厚叶菠萝　139256
厚叶捕鱼木　180700
厚叶布留芹　**63484**
厚叶草　**279639**
厚叶草属　**279635**
厚叶叉毛蓬　**292717**
厚叶茶梨　**25777**
厚叶车前　**301939**
厚叶柽柳桃金娘　**260984**
厚叶橙　**93643**
厚叶赤宝花　**389999**
厚叶翅膜菊　**14599**
厚叶虫实　**104763**
厚叶椆　233337
厚叶川木香　**135722**
厚叶槌果藤　71727
厚叶翠雀花　**124151**
厚叶大瓣苏木　**241083**
厚叶大果龙胆　**240959**
厚叶大胡椒　241212
厚叶大蒜芥　**365436**
厚叶大柱芸香　**241363**
厚叶单头爵床　**257255**
厚叶点地梅　**23188**
厚叶吊灯花　**84051**
厚叶丁公藤　**154236**
厚叶东北堇菜　**410206**
厚叶冬青　**203786**,203777,203921,381291
厚叶斗篷草　**14104**
厚叶毒鼠子　**128643**
厚叶独蕊　**412143**
厚叶独行菜　**225336**
厚叶杜鹃　**331426**,331180
厚叶多被野牡丹　**304169**
厚叶多穗鸟娇花　**210882**
厚叶鹅耳枥　77296
厚叶耳草　**187638**
厚叶二裂玄参　**134063**
厚叶二行芥　**133275**
厚叶法拉茜　**162578**
厚叶番荔枝　**25844**
厚叶繁缕　374807
厚叶仿花苏木　**27752**
厚叶飞蛾槭　**3267**
厚叶非洲弯萼兰　**197900**
厚叶风兰　390531
厚叶蜂巢茜　**97854**
厚叶附地菜　**397448**
厚叶柑　**93434**
厚叶高山冬青　203829
厚叶沟果野牡丹　**45033**
厚叶狗尾草　**361785**
厚叶狗牙花　**382768**
厚叶孤泽兰　**197132**
厚叶谷精草　**151279**
厚叶哈克　184597,184613
厚叶哈克木　**184597**
厚叶海神木　**315839**
厚叶海桐　**301248**
厚叶荷莲豆草　**138493**
厚叶赫柏木　**186967**
厚叶黑草　**61764**
厚叶红淡比　**96625**
厚叶红千层　**67281**
厚叶红山茶　**69023**,68980
厚叶厚皮香　**386712**
厚叶槲寄生　**411005**
厚叶花旗杆　**136162**
厚叶花旗竿　136162
厚叶黄芪　42233
厚叶黄耆　**42233**
厚叶火炬花　**216952**
厚叶假柴龙树　**266801**
厚叶假人参　**318063**
厚叶假卫矛　**254306**
厚叶剪股颖　**12384**
厚叶金匙树　**64430**
厚叶金锦香　**276118**
厚叶金橘　167493
厚叶金莲木　**268206**
厚叶金鱼花　**100113**
厚叶堇菜　**409862**
厚叶距苞藤　**369906**
厚叶卡克草　**64772**
厚叶卡瓦胡椒　**241212**
厚叶柯　**233337**
厚叶阔囊孔药花　**303018**
厚叶拉菲豆　**325101**
厚叶拉拉藤　**170333**
厚叶兰属　**279626**
厚叶冷水花　**299044**
厚叶李榄　**87702**
厚叶栎　**323792**
厚叶莲座草　139974
厚叶裂果红　**260691**
厚叶林茨桃金娘　**334723**
厚叶林仙翁　**401322**
厚叶柃　**160447**,160474
厚叶柃木　160474
厚叶琉璃繁缕　**21364**
厚叶瘤果茉莉　**119983**
厚叶柳　**343252**
厚叶六棱菊　**220012**
厚叶龙胆　**173965**
厚叶龙舌兰　10955
厚叶楼梯草　**142634**
厚叶鹿藿　**333204**
厚叶罗伞　**59212**
厚叶骡草　**259781**
厚叶洛尔紫金牛　**235275**
厚叶马达加斯加楝　**67664**
厚叶马兰　208606
厚叶马蔺　208606
厚叶牻牛儿苗　**153790**
厚叶毛齿萝藦　**55500**
厚叶毛茛　**325740**
厚叶毛冠菊　**262220**
厚叶毛果杜鹃　**331796**
厚叶毛兰　299626
厚叶梅　**34458**,52514
厚叶梅花草　**284605**
厚叶美登木　**182751**
厚叶美花草　**66698**
厚叶美林仙　**50803**
厚叶美洲茶　**79920**
厚叶猕猴桃　**6610**
厚叶莫恩远志　**257476**
厚叶墨西哥茜　**129846**
厚叶母草　**231501**
厚叶牡荆　**411393**
厚叶木莲　**244463**
厚叶木犀　**276368**
厚叶木香　135722
厚叶穆拉远志　**259966**
厚叶南蛇藤　80274
厚叶拟白星海芋　**34878**
厚叶牛齿兰　**29812**
厚叶牛耳草　283114
厚叶欧洲云杉　**298205**
厚叶帕洛梯　315839
厚叶平滑紫茉莉　**255716**
厚叶苹兰　**299626**
厚叶婆婆纳　**407070**
厚叶蒲公英　384467
厚叶蒲桃　**382609**
厚叶槭　**2909**
厚叶气花兰　**9206**
厚叶千里光　**358635**
厚叶牵牛　207884
厚叶秦岭藤　**54517**
厚叶青梅　**405182**
厚叶清风藤　**341484**,341495
厚叶清香桂　346750
厚叶琼楠　**50590**
厚叶丘头山龙眼　**369829**
厚叶秋海棠　**49791**
厚叶雀舌木　**226336**
厚叶群花寄生　**11079**
厚叶日本女贞　**229499**
厚叶榕　**165310**
厚叶榕树　165310

厚叶糅皮木 64430
厚叶肉珊瑚 **347007**
厚叶肉腺菊 **46676**
厚叶肉烟堇 **346626**
厚叶乳梗木 **169691**
厚叶瑞香 **122562**
厚叶塞拉玄参 **357468**
厚叶鳃兰 **246710**
厚叶三翅菊 **398175**
厚叶三角车 **334610**
厚叶三兰 **394948**
厚叶三指兰 **396632**
厚叶沙参 **7654**,7649
厚叶山矾 **381163**
厚叶山柑 **71823**
厚叶蛇根草 **272194**
厚叶圣草 **151773**
厚叶十二卷 186801
厚叶十万错 **43649**
厚叶石斑木 **329114**,329086
厚叶石栎 233337
厚叶石龙尾 **230291**
厚叶石龙眼 **292623**
厚叶石楠 **295661**
厚叶柿 **132343**
厚叶手玄参 **244775**
厚叶鼠刺 **210378**
厚叶鼠尾草 **345281**
厚叶属 108775,279635
厚叶树葡萄 **120041**
厚叶栓果菊 **222930**
厚叶双柱杜鹃 **134823**
厚叶水鬼蕉 **200922**
厚叶丝兰 **416640**
厚叶丝鞘杜英 **360769**
厚叶四片芸香 **386985**
厚叶四籽树 **387304**
厚叶溲疏 **126887**
厚叶素馨 **211959**
厚叶酸脚杆 **247602**
厚叶算盘子 **177141**
厚叶索林漆 **369759**
厚叶塔花 **347610**
厚叶塔司马尼木 385090
厚叶唐菖蒲 **176135**
厚叶藤 329000
厚叶藤山柳 **95530**
厚叶铁杉 **399892**
厚叶铁线莲 **94866**
厚叶通泉草 **246972**
厚叶铜盆花 **31541**
厚叶图里无患子 **393223**
厚叶兔儿风 **12626**
厚叶兔耳草 **220165**,220156
厚叶弯果萝藦 **70533**
厚叶弯花芥 **156431**
厚叶威尔逊旋花 **414435**
厚叶卫矛 **157578**,157355
厚叶乌头 **5151**,5429
厚叶无忧花 **346506**
厚叶五味子 214959
厚叶五月茶 **28409**
厚叶下垂欧石南 **149342**
厚叶腺萼紫葳 **250109**
厚叶相思树 **1291**
厚叶香草 **239602**
厚叶香茶 **303550**
厚叶香芸木 **10597**
厚叶小博龙香木 **57253**
厚叶小果松 **254092**
厚叶小瓠果 **290525**
厚叶肖九节 **402031**
厚叶肖柃 96625
厚叶新喀山龙眼 **49368**
厚叶绣球 **200068**
厚叶悬钩子 **338299**
厚叶旋带麻 **183358**
厚叶旋蒴苣苔 283114
厚叶旋翼果 **183304**
厚叶栒子 **107411**
厚叶鸦葱 **354837**
厚叶牙刷树 **344806**
厚叶崖爬藤 **387835**
厚叶岩白菜 **52514**,52533
厚叶沿阶草 **272071**,272086
厚叶眼子菜 312190
厚叶羊乳莓 **129840**
厚叶野扇花 346750
厚叶椅树 **79458**
厚叶银豆 **32800**
厚叶樱桃 **316353**
厚叶蝇子草 **363380**
厚叶忧花 **241604**
厚叶油芦子 **97306**
厚叶油楠 405182
厚叶榆 **401486**
厚叶越橘 403790
厚叶杂色豆 **47718**
厚叶藏咖啡 **266765**
厚叶摘亚苏木 **127415**
厚叶樟 233930
厚叶照山白 331796
厚叶折柄茶 376437
厚叶芝麻芥 **154060**
厚叶枝寄生 **93959**
厚叶指甲兰 **9280**
厚叶中华石楠 **295635**
厚叶中型冬青 **203921**
厚叶钟报春 **314245**
厚叶钟花苣苔 **98232**
厚叶猪屎豆 **112243**
厚叶蛛毛苣苔 **283114**
厚叶锥 **78901**
厚叶子树 346731
厚叶紫波 **28452**
厚叶紫花地丁 **410087**
厚叶紫堇 **105760**
厚叶紫茎 **376437**
厚叶紫露草 **394012**
厚叶钻地风 **351784**
厚衣香青 **21659**
厚翼当归 **24427**
厚翼丝苇 **329704**
厚遇亮丝草 **11346**
厚圆果海桐 **301384**
厚缘青冈 **116210**
厚缘野牡丹 **279604**
厚缘野牡丹属 **279597**
厚柠芹 **279510**
厚柠芹属 **279509**
厚轴茶 **69016**
厚轴荛花 414230
厚轴山茶 69016
厚柱山麻杆 **14199**
厚柱头木 **279850**,286748,286749
厚柱头木属 **279820**,286746
厚锥花属 102037
厚籽凤仙花 **204890**
厚足厚敦菊 **277100**
厚足花属 279654
候风藤 379374
候抓子 109650
鲎圭草 81570
鲎脚菜 18147
鲎脚绿 125447
鲎壳刺 366284
鲎壳藤 366284
鲎藤 208067
呼喝草 255098
呼伦贝尔棘豆 278869
呼罗珊彩花 **2247**
呼罗珊细叶芹 **84745**
呼玛柴胡 **63581**
呼玛柳 **343504**
忽布 199384
忽布筋骨草 13133
忽布嘴签 **179953**
忽地笑 **239257**,239266
忽鹿麻 20890
忽略野青茅 127276
忽莓 **305740**
忽视巴氏豆 **46739**
忽视白酒草 **103544**
忽视半边莲 **234653**
忽视苞茅 **201537**
忽视刺头菊 **108348**
忽视大沙叶 **286176**
忽视单裂萼玄参 **187054**
忽视邓博木 **123701**
忽视毒鼠子 **128764**
忽视短丝花 **221435**
忽视芳香木 **38673**
忽视伽蓝菜 **215214**
忽视红果大戟 **154837**
忽视画眉草 **147886**
忽视黄木犀草 **327867**
忽视茴芹 **299477**
忽视疆南星 **37009**
忽视可利果 **96785**
忽视乐母丽 **336007**
忽视立金花 **218890**
忽视鳞叶树 **61338**
忽视绿绒蒿 **247152**
忽视马蹄豆 **196664**
忽视没药 **101479**
忽视木蓝 **206291**
忽视囊鳞莎草 **38229**
忽视雀麦 **60682**
忽视柔花 **8961**
忽视山羊草 **8694**
忽视石豆兰 **62934**
忽视黍 **281962**
忽视双距兰 **133855**
忽视苔景天 **356470**
忽视弯萼兰 **120744**
忽视纹蕊茜 **341337**
忽视向日葵 **189009**
忽视肖鸢尾 **258587**
忽视悬钩子 **338873**
忽视盐角草 **342877**
忽视直玄参 **29932**
囫头鸡 351383
弧钩树科 199188
弧光春番红花 **111626**
弧果黄芪 43100
弧果黄耆 **43100**
弧茎堇菜 410052
弧距虾脊兰 **65881**
弧形山芥 **47934**
弧形舌唇兰 **302258**
弧形嵩草 217150
狐臭柴 **313717**
狐地黄 **151102**
狐地黄二裂玄参 **134061**
狐地黄属 **151098**
狐地黄状马鞭草 **405841**
狐狸草 **261082**
狐狸虫果金虎尾 **5894**
狐狸洞春花欧石南 **149154**
狐狸洞春石南 149154
狐狸公 379457
狐狸射草 386353
狐狸鼠茅 **412395**
狐狸苔草 **76716**
狐狸桃 6553,166675
狐狸尾 80381,402118,402119,402132,402144

狐狸尾属　333725
狐狸嘴　226742
狐柳　343388
狐毛直瓣苣苔　**22177**
狐茅　60928
狐茅属　163778
狐茅蚤缀　31895
狐茅状雪灵芝　**31895**,31941
狐米草　**370171**
狐葡萄　411764
狐色芳香木　**38870**
狐色狼尾草　**289309**
狐色鳞花草　**225233**
狐色穆拉远志　**260076**
狐色葡萄　**411991**,411887
狐水苏　**373104**
狐丝　114994
狐苔　76716
狐尾草　**252496**,45533,261364
狐尾草属　**252493**,261337
狐尾大麦　198311
狐尾戴尔豆　**121893**
狐尾葛　321420
狐尾槐　368962
狐尾黄芪　41961
狐尾黄耆　**41961**
狐尾黄蓍　41961
狐尾兰　**9311**
狐尾蓼　**308726**
狐尾龙舌兰　10806
狐尾马先蒿　**286988**
狐尾木　66725
狐尾拳参　308726
狐尾莎草　**118473**
狐尾松　**299813**
狐尾天冬　**38984**
狐尾铁苋菜　**1777**
狐尾武竹　38984
狐尾椰　**414643**
狐尾椰属　**414642**
狐尾野荞麦　**152401**
狐尾银毛球　**244196**
狐尾隐花草　**113310**
狐尾藻　**261379**,261364
狐尾藻棘豆　279029
狐尾藻科　**261335**
狐尾藻属　**261337**
狐尾指甲兰　9288
胡安椰　**212552**
胡安椰属　**212551**
胡巴　397229
胡伯桉　**155608**
胡伯千里光　**359073**
胡薄荷　176839,239582,250432
胡菜　59603,104690
胡苍子　415046
胡葱　15170
胡大海　376137,376184
胡岛大戟属　**139605**
胡豆　90801,205876,206140,301070,408393
胡豆草　355748
胡豆莲　155897,155903,329975
胡豆蓬　155903
胡豆七　200784,200816,329975
胡豆子　90801
胡尔槲寄生　**411041**
胡尔蔷薇属　**199240**
胡尔滕藁本　**229385**
胡尔滕堇菜　**410090**
胡尔滕菊　**124788**
胡尔滕蒲公英　**384581**
胡佛线莴苣　**375965**
胡佛野荞麦　**151929**
胡柑　93579
胡格氏鸢尾　208627
胡故子　114427
胡瓜　114245
胡瓜草属　232380
胡黄堇　106466
胡黄连　264318,298670
胡黄连属　264316
胡黄莲　264318
胡黄莲属　**298668**,264316
胡尖眼　88289
胡椒　**300464**,129629
胡椒桉　**155697**
胡椒菜　326340
胡椒草　129068,138331,253637,290305,326340
胡椒兜铃　**38342**
胡椒兜铃属　**38339**
胡椒番苦木　**216502**
胡椒虎耳草叶洛美塔　235412
胡椒科　**300557**
胡椒竻　417282
胡椒木　350995
胡椒木属　350980
胡椒七　37608,294123
胡椒属　**300323**
胡椒藤　20296,300495
胡椒叶榕　**165405**
胡脚绿　125447
胡脚线　125447
胡芥　364545
胡堇菜　409816
胡堇草　409816
胡荆芥　265078
胡韭子　114427
胡克奥兆萨菊　279347
胡克白蜡树　**167986**
胡克白珠　**172086**
胡克宝铎草　134439
胡克报春　314474
胡克扁担杆　**180820**
胡克布氏木　**59019**
胡克长蕊青兰　**163088**
胡克达尔文木　**122782**
胡克大沙叶　**286266**
胡克单苞藤　**148455**
胡克岛海桐　**17816**
胡克杜英　**142336**
胡克对粉菊　**280418**
胡克萼距花　**114604**
胡克耳草　**187592**
胡克飞蓬　**150924**
胡克凤仙花　**205020**
胡克附加百合　**315524**
胡克高月见草　**269434**
胡克桄榔　**32338**
胡克红光树　**216831**
胡克胡椒　**300416**
胡克花烛　**28103**
胡克划雏菊　**111687**
胡克还阳参　**110842**
胡克火绳树　**152689**
胡克蓟　**92030**
胡克假节豆　**317217**
胡克假泽兰　**254436**
胡克金合欢　**1290**
胡克酒椰　**326640**
胡克苦大戟　**8414**
胡克老鸦嘴　**390804**
胡克列当　**275092**
胡克柳　**343496**
胡克龙船花　**211107**
胡克龙血树　**137425**
胡克罗非亚椰子　326640
胡克毛蕊花　**405714**
胡克姆西草　**260372**
胡克木蓝　**206098**
胡克群腺芸香　**304550**
胡克肉豆蔻　**261434**
胡克软骨瓣　**88831**
胡克舌唇兰　**302358**
胡克生石花　**233545**
胡克氏兜兰　**282843**
胡克树萝卜　**10314**
胡克昙花　**147288**
胡克乌头　**5276**
胡克无心菜　**31948**
胡克鲜菊　**326518**
胡克香根　**47131**
胡克香芸木　**10639**
胡克小檗　**51733**
胡克新蜡菊　**279347**
胡克旋柱兰　**258996**
胡克羊蹄甲　**49123**
胡克野荞麦　**152149**
胡克玉凤花　**183700**
胡克鸢尾　**208629**
胡克月见草　**269450**
胡克针叶芹　**4745**
胡克钟萼草　**231262**
胡克猪笼草　**264840**
胡葵　13934
胡辣蓼　309199
胡连　37115,87938,234241,264318,298670
胡莲　234241
胡流串　226742
胡龙须　217906
胡卢巴　**397229**
胡卢巴木蓝　**206688**
胡卢巴属　**397186**
胡芦巴　397229
胡芦菔　123164
胡芦椰　**161059**
胡绿　125447
胡萝卜　**123164**,123141,326616
胡萝卜七　269309
胡萝卜属　**123135**
胡萝卜肖蓝盆花　**365893**
胡萝卜叶马先蒿　**287144**
胡萝卜缨子　28030
胡萝卜状藁本　229312
胡萝菔　123164
胡麻　71218,232001,361317
胡麻草　**81718**
胡麻草属　**81714**
胡麻饭　232001
胡麻花　**191068**,191069
胡麻花科　191042
胡麻花属　**191059**,191046
胡麻黄芪　43039
胡麻黄耆　**43039**
胡麻科　**286918**
胡麻属　**361294**
胡蔓草　172779
胡蔓藤　**172779**
胡蔓藤科　**172772**
胡蔓藤属　**172778**
胡毛草　306832,306834
胡毛藤　367322
胡面莽　327435
胡普斯锐尖北美云杉　**298408**
胡茄　123065
胡茄花　123065
胡芹菜　228571
胡寝子　415046
胡藭　229309
胡葱　15165
胡森堇菜　409630
胡食子　162335
胡氏齿瓣兰　**269057**
胡氏大叶香胶大戟　**20994**
胡氏冬青　**204319**
胡氏堆心菊　**188424**

胡氏勾儿茶 52429
胡氏排草 **239673**
胡氏槭 **3024**
胡氏肉桂 **91369**
胡氏苇梗茜 **71142**
胡氏悬钩子 339163
胡氏郁金香 **400176**
胡刷椰属 332434
胡蒜 **15726**,15698
胡荽 104690,415046
胡桃 **212636**
胡桃豆 145320
胡桃科 **212581**
胡桃楸 212621
胡桃属 **212582**
胡桃叶冬青十大功劳 242483
胡桃叶十大功劳 **242483**
胡桃叶索林漆 **369769**
胡桃玉 271920
胡桃玉属 271919
胡藤 334976
胡桐 28996,54620,67860,311308
胡桐属 67846
胡颓子 **142152**,142071,142132,142242
胡颓子风车子 **100445**
胡颓子柯 233194
胡颓子科 **141928**
胡颓子柳 **343336**
胡颓子秋海棠 **49805**
胡颓子山柑 **71741**
胡颓子属 **141929**
胡颓子叶短喉木 **58471**
胡颓子叶柯 **233194**
胡颓子叶梨 **323165**
胡王使者 267152,267154,321672
胡枲 415046,415057
胡苋 18836
胡香脂 199299
胡香脂科 199301
胡香脂属 199297
胡羞羞 296801
胡须草 213066
胡须芳香木 **38437**
胡须鳞叶树欧石南 **149109**
胡须欧石南 **149065**
胡燕脂 48689
胡杨 **311308**,54620
胡蝇翼 125582,226742
胡柚 **93688**
胡榛子 106751,276846
胡榛子属 276844
胡枝花 226698
胡枝条 226698
胡枝子 **226698**,70833,226764
胡枝子木蓝 **206175**
胡枝子属 **226677**
胡枝子树属 155329
胡脂麻 232001
壶 219843,219848
壶斗柯 233188,233405
壶斗石栎 233188
壶萼刺茄 **367567**
壶瓜属 **402186**
壶冠龙胆 **173415**
壶冠木 233811
壶冠木属 233809
壶花荚蒾 **408198**
壶花黔苣苔 385839
壶花沙参 7617
壶花世纬苣苔 **385839**
壶花无患子属 **90719**
壶花早越橘 **403937**
壶花柱属 **157163**
壶茎麻属 **361284**
壶壳椆 233188
壶壳柯 **233188**
壶壳石栎 233188
壶卢 219843,219848
壶庐 219827
壶芦 219843
壶瓶草 365296
壶瓶花 283625,283630
壶舌兰 **90768**
壶舌兰属 **90767**
壶托榕 **165169**
壶小檗 **51461**
壶状白瑟木 **46666**
壶状花属 **7197**
壶状薯蓣 **131892**
壶状小金梅草 202984
壶状猪笼草 **264832**
壶嘴柯 **233405**
湖岸剪股颖 **12265**
湖北巴戟 **258893**
湖北菝葜 366511
湖北白前 117637
湖北百合 **229862**
湖北报春 314748
湖北贝母 168491
湖北梣 **167991**
湖北茶 69142
湖北长蕊琉璃草 **367814**
湖北车前 400960
湖北楤木 **30685**
湖北酢浆草 **277897**
湖北大戟 **159101**,159540
湖北单花杜鹃 331065
湖北当归 **24318**
湖北地黄 **327448**
湖北地桃花 **402251**
湖北丁香 **382232**
湖北杜茎山 **241774**
湖北椴 391730
湖北鹅耳枥 **77306**
湖北繁缕 **374914**
湖北风毛菊 **348368**
湖北枫杨 **320358**
湖北凤仙花 **205249**
湖北附地菜 **397436**
湖北海棠 **243630**
湖北合果景天 356629
湖北红活麻 402949
湖北胡椒 300548
湖北胡枝子 **226840**
湖北花楸 **369420**
湖北华箬竹 **347226**
湖北黄精 **308665**
湖北芨芨草 **4136**
湖北蓟 **92040**
湖北荚蒾 **407886**
湖北金丝桃 **201928**
湖北金粟兰 **88283**
湖北栲 78952
湖北栝楼 396213
湖北拉拉藤 **170421**
湖北老鹳草 **174885**
湖北冷水花 298854
湖北裂瓜 **351765**
湖北瘤果茶 **69142**
湖北柳 **343509**
湖北络石 **393654**,393616
湖北落芒草 **276014**
湖北麦冬 **232648**
湖北毛椴 **391730**
湖北猕猴桃 **6632**
湖北木姜子 **233942**
湖北木兰 416721
湖北木犀 **276323**
湖北糯米椴 391730
湖北葡萄 **411923**
湖北蔷薇 336625
湖北秋牡丹 23850
湖北三毛草 **398482**
湖北桑寄生 385235
湖北沙参 **7687**
湖北山楂 **109760**
湖北十大功劳 242522,242538
湖北石楠 **295641**
湖北鼠李 **328731**
湖北鼠尾草 **345091**
湖北双蝴蝶 **398267**
湖北四照花 124882
湖北算盘子 **177190**
湖北苔草 74790
湖北铁线莲 **95023**
湖北娃儿藤 **400960**
湖北卫矛 **157587**,157407
湖北吴萸 161340
湖北香椿 **392845**
湖北小檗 **51643**,51802
湖北小连翘 201928
湖北悬钩子 **339475**
湖北旋覆花 **207145**
湖北栒子 107686
湖北眼子菜 **312141**
湖北羊蹄甲 49101
湖北野古草 **37402**
湖北野青茅 **127251**
湖北野桐 **243332**
湖北樱桃 **316514**
湖北蝇子草 **363559**
湖北诸葛菜 **275879**
湖北锥 **78952**
湖北紫堇 **105564**
湖北紫荆 **83787**
湖北紫珠 **66795**
湖边蕉草属 352158
湖边龙胆 **173574**
湖边拟莞 **352206**
湖滨蒿草 **217203**
湖滨珍珠茅 **354129**
湖东乌口树 **384951**
湖瓜草 232391,232405,232423
湖瓜草属 **232380**
湖瓜草状莎草 **14708**
湖广草 345418
湖广杜鹃 330887
湖广卫矛 **157584**
湖花 336901
湖鸡腿 312502
湖龙胆 **173487**
湖目 263272
湖南白点兰 390490
湖南稗子 **140423**
湖南茶藨 334039
湖南茶藨子 **334039**
湖南地黄连 **259886**
湖南冬青 **203897**
湖南杜鹃 **330891**
湖南凤仙花 **205024**
湖南刚竹 **297249**,297296
湖南根 160637
湖南红果树 **377438**
湖南花楸 **369418**
湖南华千里光 365058
湖南黄花稔 **362525**
湖南黄芩 **355483**
湖南稷子 140367,140423
湖南堇菜 **410091**
湖南冷竹 87595
湖南犁头尖 **401167**
湖南连翘 201743
湖南楼梯草 **142686**
湖南马铃苣苔 **273874**
湖南木姜子 **233941**

湖南楠 295370
湖南泡果荠 **196291**
湖南蒲儿根 **365058**
湖南桤木 **16471**
湖南桤叶树 96551
湖南槭 **3217**
湖南千里光 **358177**,381936
湖南青冈 **116115**
湖南箬竹 **206796**
湖南山核桃 **77900**
湖南山柳 **96551**
湖南山麻杆 **14197**
湖南蛇根草 **272219**
湖南参 **199397**
湖南参属 **199396**
湖南香薷 **144039**
湖南悬钩子 **338544**
湖南杨桐 8210
湖南阴山荠 **416341**,196291
湖南淫羊藿 **147008**
湖南玉山竹 **416775**
湖南蜘蛛抱蛋 **39579**
湖南紫菀 **40598**
湖畔辣根 **34587**
湖畔蛇菊 **392774**
湖畔酸模 **340100**
湖畔苔草 **75034**,75106
湖畔向日葵 **188932**
湖榕树 194954
湖三棱 56637
湖桑 259085
湖生芥 **210437**
湖生芥属 **210436**
湖生鼬蕊兰 **169873**
湖水蓑衣 **200607**
湖无心菜 **32156**
湖沼茶藨 334058
湖沼茶藨子 **334058**
湖沼鸢尾 **208671**
湖中海滨芥 **65182**
湖州铁线莲 95022
猢猴面树 7022
猢狲饭团 214972
猢狲果 249679
猢狲接竹 142844
猢狲节根 43682
猢狲面包属 7018
猢狲木 7022
猢狲木属 7018
猢狲头 141374
猢狲头草 159092,159286
猢狲竹 240765
葫 15698,15726
葫葱 15170,15726
葫瓜草 81570
葫果猕猴桃 **6564**
葫篓棵子 6907
葫芦 **219843**,219848,219854
葫芦暗消 10334
葫芦巴 397229
葫芦白粉藤 92967
葫芦包叶 292374
葫芦草 **87690**,276090,313197,363958,367322,412750
葫芦草属 **87683**
葫芦茶 **383009**,383007
葫芦茶属 **383006**,320612
葫芦刺 415869
葫芦岛野菊 **124795**
葫芦瓜 219843,219848
葫芦罐 34154,34162
葫芦果山矾 **381132**,381423
葫芦茎虾脊兰 **65990**
葫芦科 **114313**
葫芦龙头竹 47520
葫芦麻竹 **125484**
葫芦炮弹果 **111103**
葫芦匏 219844
葫芦七 49576,229016,229035,229179
葫芦拳白檀 85165
葫芦桑 259122,259168
葫芦属 **219821**
葫芦树 **111105**,79043,111104,178035
葫芦树科 **111108**
葫芦树属 **111100**
葫芦苏铁 **115810**
葫芦藤 313204,411686
葫芦椰子属 318118,347074
葫芦叶 7433,92616,292374,292404
葫芦叶马兜铃 **34158**
葫芦枣 **418172**
葫芦竹 47508
葫芦状瓠果 **290556**
葫芦籽 **362471**
葫芦籽属 **362470**
葫首 24475
葫蒜 15698
葫荽 104690
槲椒 300464
蔛菜 257583
蔛草 257583
蔛荣 257583
槲 323814
槲果科 **46766**
槲果属 **46767**
槲寄生 **410992**,410960,410979
槲寄生科 **410934**
槲寄生榕 164900
槲寄生属 **410959**
槲寄生状杠柳 **291091**
槲栎 **323630**,323814
槲若 323814
槲树 323814
槲樕 324384
槲叶毒葛 **332570**
槲叶雪莲花 348703
槲叶雪兔子 **348703**
糊八仙花 200038
糊拌子 313692
糊炒果 276544
糊樗 203821
糊麻 219
糊溲疏 200038
蝴蝶暗消 34357,285613,285635
蝴蝶菜 320515
蝴蝶草 49098,56063,89209,110325,285686,309711,351345,361384,362300
蝴蝶草属 **392880**
蝴蝶风 49022,89209
蝴蝶凤 49022
蝴蝶故纸 275403
蝴蝶果 **94402**,2951
蝴蝶果属 **94401**
蝴蝶和气草 183581
蝴蝶花 **208640**,2951,3124,50669,102833,187432,208875,214308,392895,392945,407942,408034,410677
蝴蝶花豆 97203
蝴蝶花豆属 97184
蝴蝶花羊蹄甲 **49173**
蝴蝶鸡爪槭 **3304**
蝴蝶蓟 **11203**
蝴蝶荚蒾 **408034**
蝴蝶尖 125453
蝴蝶姜属 187417
蝴蝶菊 124039,124043
蝴蝶兰 **293582**
蝴蝶兰属 **293577**
蝴蝶满园春 282685
蝴蝶梅 410677
蝴蝶米尔顿兰 **254934**
蝴蝶木茼蒿 **32565**
蝴蝶槭 3124
蝴蝶参 183581
蝴蝶石斛 **125304**
蝴蝶树 **192497**,408027,408034
蝴蝶藤 **285686**,204652,211812,260483,260484
蝴蝶万朵兰 293611
蝴蝶戏珠花 408027,408034
蝴蝶香果兰 **405016**
蝴蝶叶 89207
蝴蝶玉属 **148562**
蝴蝶鸢尾 258529
蝴蜞艾 411735
蝴蜞木 269613
鰗鳅钻 214959
虎百合 **229889**
虎斑兜兰 **282902**
虎斑番红花 **111635**
虎斑观音莲 16535
虎斑海棠 49974
虎斑蝴蝶兰 **293581**
虎斑卷瓣兰 **63137**
虎斑楝 **237927**
虎斑楝属 **237915**
虎斑瘤瓣兰 **270843**
虎斑木 137416
虎斑木属 137330
虎斑奇唇兰 373703
虎斑千年木 **137416**
虎斑秋海棠 **49670**
虎斑文心兰 270843
虎斑旋柱兰 **258999**
虎鞭草 4259
虎波 **162905**
虎波草 338985
虎不刺 338305
虎草 283854
虎柴子 408127
虎菖蒲 391627
虎菖蒲属 391622
虎刺 **122040**,159363,290701
虎刺楤木 **30664**,30590
虎刺莓 339347
虎刺梅 159363
虎刺属 **122027**,290699
虎刺叶 **126141**
虎刺叶科 **126142**
虎刺叶属 **126140**
虎剌 122040
虎胆草 103436
虎灯笼 96083
虎豆 259559
虎豆柑 **93526**
虎颚草属 **162898**
虎颚肉黄菊 **162951**
虎耳 296373,349936
虎耳草 **349936**,349150,349577
虎耳草茴芹 **299523**
虎耳草堇菜 **410537**
虎耳草科 **350063**
虎耳草马齿苋 **311933**
虎耳草山柳菊 **195940**
虎耳草蛇舌草 **269985**
虎耳草属 **349032**
虎耳草水芹 **269358**
虎耳草泽菊 **91220**
虎耳草状风铃草 **70289**
虎耳草状蓝花参 **412858**
虎耳还魂草 103941
虎耳兰 **350312**,124116,184347
虎耳兰麻 346173

虎耳兰属 **350306**
虎耳秋海棠 **50235**,49845
虎耳藤 64983
虎耳芋 16495
虎膏 33295,33325,363090
虎葛 79850
虎葛属 79831
虎骨香 139678
虎蓟 **92407**,92066
虎降子 408127
虎椒刺 30632
虎脚板 66220
虎脚扭 338205
虎脚牵牛 208077
虎锦柱 **395648**
虎酒草 213036,213066
虎卷扁府 369010
虎克澳羊茅 **45278**
虎克百蕊草 **389724**
虎克粗叶木 222163
虎克点地梅 23199
虎克杜鹃 330880
虎克孤菀 **393404**
虎克篦瓜 **399449**
虎克桄榔 32338
虎克划雏菊 111687
虎克黄花茅 27945
虎克火绳树 152689
虎克蓟 92030
虎克绢毛菊 369862
虎克蓼 309188
虎克毛冠菊 **262223**
虎克千里光 **359119**
虎克氏雪轮 **363552**
虎克斯顿白灰色石南 **149225**
虎克斯顿粉红四叶石南 **150135**
虎克万代兰 **404646**
虎克万带兰 404646
虎克小檗 51733
虎克熊果 31118
虎克旋柱兰 258996
虎克蝇子草 364028
虎克棕 32338
虎兰 180125,239215,239222
虎狼草 96140,172779
虎麻 41795,175877,287584,369010
虎麻草 402946
虎莓 79850
虎梅刺 338305
虎皮 60259
虎皮百合 391627
虎皮斑木姜子 233876
虎皮草 90405
虎皮隔距兰 94458
虎皮花 **391627**
虎皮花属 **391622**
虎皮菊 169603
虎皮立金花 **218938**
虎皮楠 **122713**,122679,122700,233830
虎皮楠科 **122656**
虎皮楠属 **122661**
虎皮松 299830
虎皮鸭嘴花 **214851**
虎皮掌 171703
虎婆刺 338305
虎珀 313772
虎蒲 239215,239222
虎其尾 308665
虎茄花 123065
虎髯玉 **103765**
虎三头 406102,406272
虎散竹 329176
虎山叶 191387
虎山竹 297203
虎舌草 31518,309564
虎舌红 **31518**
虎舌兰 **147323**
虎舌兰属 **147303**
虎舌蜈蚣草 231568
虎氏包兴木 49123
虎氏菅草 389352
虎氏荩草 **36659**
虎氏木麻黄 **79166**
虎氏鸢尾 **208628**
虎跳涧水晶棵 413825
虎头刺 64990
虎头柑 **93338**,93526
虎头黄 239547
虎头蓟 **352006**
虎头蓟属 **352004**
虎头蕉 25980,71181,179679
虎头兰 **116905**,117008,117090
虎头石 232139
虎图辣 124630
虎王 110235
虎尾鞭 405788
虎尾草 **88421**,144778,209661,209798,239558
虎尾草属 **88316**
虎尾凤梨属 412337
虎尾金钱 297013
虎尾兰 **346158**,345399,346165,346173
虎尾兰科 **346178**
虎尾兰属 **346047**
虎尾轮 402118,402119
虎尾松 298323
虎尾苔草 76716
虎尾悬铃草 407498,407503
虎尾翼茎草 **320393**
虎尾云杉 298442
虎尾珍珠菜 239594
虎纹菠萝 412371
虎纹草 162951
虎纹凤梨 412371
虎纹厚舌草 171673
虎纹兰 94458
虎纹小菠萝 113387
虎纹鹰爪草 186422
虎犀角 **373975**
虎膝 124228
虎莶 363090
虎须 7830,7850,213036,400675
虎须草 **353290**,14520,87950,213036,213066
虎须娃儿 **400852**
虎牙草 285834,299010
虎牙刺 122040
虎牙庄 293494
虎崖豆藤 66653
虎颜花 **391632**
虎颜花属 **391631**
虎眼树 12559
虎眼万年青 **274556**
虎眼万年青毛子草 **153245**
虎眼万年青属 **274495**
虎羊丁 299395
虎阳刺 30604,30634
虎咬红 355391
虎咬黄 176949
虎咬癀 176949,227657,355494
虎咬蟥 355494
虎叶 122040
虎阴藤 377856
虎芋 33397
虎掌 5100,20132,33245,33264,33292,33295,33319,33325,33335,33349,33397,299721
虎掌半夏 33295,33349
虎掌草 24024
虎掌簕 338097
虎掌南星 33295,33325,33330,299721
虎掌前麻 175889
虎掌荨麻 175877
虎掌参 182230
虎掌藤 **208077**
虎杖 **328345**,309032
虎杖属 **328328**,5755,304706
虎榛子 **276846**,276848
虎榛子属 **276844**
虎爪菜 312450
虎爪豆 **259489**,259558
虎爪龙 49605,50148
虎爪南星 33397
虎仔草 247025
虎子 **167702**
虎子花 17774
虎子桐 406018
虎梓 328680
虎嘴花 28617
琥珀刺玉 **267059**
琥珀芳香木 **38599**
琥珀枸骨叶冬青 **203546**
琥珀龙船花 **211037**
琥珀千里光 **358240**
琥珀色杜鹃 330704
琥珀生石花 **233468**
琥珀树属 **27804**
琥珀松 **300221**
琥珀玉 233468
琥球属 354287
琥头 **163418**,163432
鯱头 163418
鯱玉属 **354287**
互苞刺花蓼 **197348**
互苞刺花蓼属 **197347**
互苞盐节木属 **14940**
互草 129033
互齿欧夏至草 **245726**
互对醉鱼草 **62203**
互多叶酢浆草 **278017**
互冠假狼紫草 **266605**
互花狐尾藻 **261339**
互花黄华 389510
互花米草 **370156**
互花絮菊 **165976**
互卷黄精 **308499**
互脉苔草 **74799**
互蕊山榄属 **223734**
互生八裂梧桐 **268814**
互生百里香 **391076**
互生半插花 **191488**
互生单室茱萸 **246210**
互生狗肝菜 **129224**
互生红景天 **329835**
互生花狐尾藻 261339
互生曼氏多坦草 **136549**
互生木蓝 **205637**
互生柔花 **8907**
互生天竺葵 **288067**
互生维吉豆 **409174**
互生下盘帚灯草 **202464**
互生野决明 389510
互生叶丁香蓼 **238160**
互生叶金苏木 **216444**
互生叶景天 **356618**
互生叶荛花 **414125**
互生叶下珠 **296602**
互生叶缬草 404316
互生叶野决明 **389510**
互生叶珍珠菜 239550
互生叶醉鱼草 61971
互生翼棕榈属 14862
互生珍珠菜 **239550**
互头天南星 **33345**

互叶巴考婆婆纳 **46350**
互叶白千层 248075
互叶半日花属 **168915**
互叶棒果树 **332386**
互叶贝才茜 **53284**
互叶扁棒兰 **302771**
互叶扁角菊 **409249**
互叶柄叶绵头菊 **9758**
互叶伯纳旋花 **56844**
互叶草绣球 **73120**
互叶长蒴苣苔草 **129875**
互叶虫果金虎尾 **5895**
互叶慈姑 **342349**
互叶刺橘 **405515**
互叶酢浆草 **277887**
互叶灯心草 **213152**
互叶独蕊 **412140**
互叶杜楝 **400574**
互叶盾舌萝藦 **39631**
互叶多茎柳穿鱼 **231053**
互叶耳冠菊 **277287**
互叶二裂萼 **134080**
互叶芳香木 **38577**
互叶非洲紫菀 **19319**
互叶凤尾参 287276
互叶格雷野牡丹 **180384**
互叶格尼瑞香 **178621**
互叶梗玄参 **297109**
互叶冠须菊 **405915**
互叶合鳞瑞香 **381622**
互叶红砂 327195
互叶红砂柳 **327195**
互叶厚敦菊 **277063**
互叶灰毛豆 **386095**
互叶火焰树 **370357**
互叶基花莲 **48661**
互叶基氏婆婆纳 **216273**
互叶尖腺芸香 **4801**
互叶豇豆 **408910**
互叶金果椰 **139352**
互叶金腰 **90331**,90325
互叶金腰子 90331
互叶菊蒿 **383765**
互叶可拉木 **99205**
互叶可利果 **96746**
互叶苦苣菜 **368727**
互叶宽盾草 **302911**
互叶阔苞菊 **305098**
互叶拉氏茜 **325245**
互叶梾木 **104947**
互叶链荚豆 **18266**
互叶裂舌萝藦 **351588**
互叶柳穿鱼 **230990**
互叶鹿藿 **333261**
互叶卵果蓟 **321079**
互叶马齿苋 **311864**
互叶马泰木 **246258**
互叶毛花海桐 **86402**
互叶毛头苋 **122971**
互叶梅 19107
互叶梅科 19108
互叶梅属 19106
互叶密钟木 **192611**
互叶木蓝 **206066**
互叶欧石南 **149542**
互叶普梭木 **319280**
互叶奇瓣菊 405915
互叶歧果芥 **116718**
互叶茜 **194003**
互叶茜属 **194002**
互叶腔柱草 **119850**
互叶热非野牡丹 **20511**
互叶色罗山龙眼 **361195**
互叶沙漠木 **148355**
互叶沙参 7768
互叶沙粟草 **317039**
互叶山楂 **109752**
互叶石芥花 **125844**
互叶瘦片菊 **153567**
互叶水筛 **55911**
互叶天竺葵 **288287**
互叶田野没药 **101334**
互叶甜桂 **187410**
互叶铁线莲 **30955**
互叶铁线莲属 **30953**
互叶娃儿藤 **400899**
互叶雾灵沙参 **7895**
互叶西非南星 **28789**
互叶纤细钝柱菊 **280690**
互叶香科 **388103**
互叶小雄戟 **253043**
互叶肖毛蕊花 **80521**
互叶新花刺苋 **263722**
互叶血桐 **240269**
互叶鸦葱 **354869**
互叶延叶菊 **265975**
互叶岩蔷薇 **93150**
互叶夜香树 **84401**
互叶油芦子 **97286**
互叶月囊木犀 **250263**
互叶獐牙菜 **380291**
互叶针垫花 **228075**
互叶指甲草 **105416**
互叶指甲草苞萼玄参 **111653**
互叶指甲草属 **105410**
互叶紫绒草 **43999**
互叶醉鱼草 **61971**
互枝埃明九节 **319527**
互枝美非棉 **90958**
互枝欧夏至草 **245742**
互助齿缘草 **153462**
互助杜鹃 331563
互助陇蜀杜鹃 **331563**
户县白蜡树 168112
户县风毛菊 **348860**
户隐山大戟 **159980**
户隐山灯心草 **213046**
户隐山虎耳草 **349121**
户隐山蒲公英 **384834**
户隐山小米草 **160187**
芐 327435
护儿草 119196
护耳草 **198843**
护房树 369037
护花草 200784
护火 200784
护羌使者 267152,267154
护生草 72038
护卫豆属 **14557**
护心草 119196,218643
护心胆 106432
笏斑克木 **47666**
瓠 219843
瓠瓜 **219848**
瓠果 **290565**
瓠果属 **290544**
瓠葫芦 219856
瓠匏 219843,219848
瓠瓢葫芦 219848
瓠子 **219851**
花艾草 35674
花白丹 239720
花白蜡树 168041
花柏属 85263
花稗 **282041**
花斑黛粉叶 **130124**,130105
花斑番红花 **111624**
花斑龙血树 137416
花斑万年青 **130105**
花斑叶 92777
花斑鸢尾 **208919**
花斑竹 328345
花半夏 401175
花瓣状毒鼠子 **128782**
花棒 188088
花包谷 33397
花苞报春 **314503**
花宝生 **138220**
花杯 **140214**,140307
花贝母 168430
花被单 159092,159286,239720
花闭木属 27578
花草薢 366338,366438,366447
花边爱丽塞娜兰 **143816**
花边灯盏 200329,200366
花边旌节花 **373560**
花边露兜树 **281141**
花边毛茛 **326061**
花边莓系 **305661**
花边南洋参 **310208**
花边森林地杨梅 **238711**
花边水马齿 **67370**
花扁担 309711
花别刺 336519
花槟榔 31680
花柄坡垒 **198179**
花柄文殊兰 **111244**
花柄新黄胆木 264221
花哺鸡竹 **297284**
花菜 43053,59529
花草 43053,387432
花梣 **168041**
花茶藨 333969
花茶藨子 **333969**
花柴 188016,188088
花柴彩花 **2244**
花菖蒲 **208547**,208543
花撑篙竹 **47409**
花池叶下珠 296445
花串 **159785**
花吹雪 **21097**
花刺大统领 **389210**
花刺苋 **81656**
花刺苋属 **81646**
花苁蓉 275010
花酢浆草 277702
花大白 31680
花大戟 **158692**
花灯油藤 80274
花等草 35674
花点草 **262247**
花点草属 **262243**
花钿玉 **413679**
花吊丝竹 **125496**
花东青 179745
花豆 65146
花豆瓣 **8466**
花豆秧 389540
花杜仲藤 139959
花儿柴 361011
花儿杆 369265,369279
花防己 132929
花飞鸟 **123821**
花粉头 255711
花凤梨 392015,392043,392047
花凤梨科 **392061**
花凤梨属 **391966**
花佛草 178062
花敷菊 **340595**
花盖梨 323330
花杆莲 20132
花杆莲蒟蒻 20132
花杆南星 20132
花竿黄竹 **125493**
花秆旱竹 297394
花岗岩斑鸠菊 **406390**
花岗岩半边莲 **234514**
花岗岩车叶草 **39350**

花岗岩虫果金虎尾 **5909**
花岗岩大戟 **158988**
花岗岩黑草 **61791**
花岗岩划雏菊 **111688**
花岗岩蜡菊 **189408**
花岗岩苓菊 **214092**
花岗岩毛子草 **153200**
花岗岩木蓝 **206032**
花岗岩生葶苈 137011
花岗岩鼠尾草 **345066**
花岗岩树葡萄 **120084**
花岗岩天门冬 **39035**
花岗岩网球花 **184391**
花岗岩五星花 **289818**
花岗岩肖鸢尾 **258514**
花岗岩泽菊 **91193**
花岗岩紫波 **28466**
花格斑叶兰 **179637**
花梗长柔毛阿登芸香 **7165**
花梗长蒴苣苔 **129942**
花梗大雨豆木 241290
花梗大雨树 **241290**
花梗酒神菊 **46240**
花梗莲 20132
花梗麻黄 146234
花梗芒柄花 **271506**
花梗毛异囊菊 **194272**
花梗三宝木 397373
花梗唐松草 **388613**
花梗天南星 20132
花梗铁苋菜 **1950**
花梗野荞麦 **152248**
花姑娘 297645
花菰 89219
花古帽 144975
花瓜 132957
花拐藤 313229
花观世 **123963**
花冠大岩桐寄生 **384058**
花冠木 13353
花冠球 **2105**
花冠丸 2105,267034
花冠五层龙 **342615**
花冠柱属 **57401**
花桂属 122357
花果 302684
花果儿树 302684
花海棠 79418
花汗菜 239720
花禾 **27564**
花禾属 **27563**
花红 **243551**
花红茶 243630
花红果 243551
花喉崩 139959
花后高加索蓝盆花 **350121**
花后紫薇 219910
花胡椒 417161,417340
花蝴蝶 309711,309716,402267
花虎斑木 137397
花花草 218347,368887,368895
花花柴 **215567**
花花柴千里光 **359205**
花花柴属 **215566**
花花公子蔷薇 **336306**
花花七 5574
花花藤 366338,366447
花花王根草 96999
花槐蓝 206140
花槐属 306236
花环菊 89466,89481
花环菊属 **176805**
花环柱 **263652**
花环柱属 **263650**
花鸡公 50148
花姬属 **313909**
花江盾翅藤 **39674**
花交菜 59600
花交野 **123959**
花胶树 53510
花椒 **417180**,417161,417282,417340
花椒草 113542
花椒刺 417282
花椒地榆 345881,345894
花椒寄生 385194
花椒科 **417128**
花椒簕 **417329**,417173
花椒南洋参 **310243**
花椒七 49576
花椒属 **417132**,162035
花椒树 417161,417180
花椒藤 417329
花蕉树 236161
花芥 59438,59603
花锦 **17452**
花茎白花菜 **95783**
花茎草 **167735**
花茎草科 **167740**
花茎草属 **167733**
花茎黛粉叶 130135
花茎二行芥 **133302**
花茎风毛菊 **348769**
花茎伽蓝菜 **215254**
花茎鸡脚参 **275768**
花茎浆果莲花 **217080**
花茎麻疯树 **212213**
花茎千里光 **359987**
花茎鞘蕊花 **99710**
花茎秋海棠 **50279**
花茎苔草 76169
花茎万年青 130135
花茎鸭跖草 **101150**
花茎竹 47346
花茎状丹参 345365
花茎状母草 **231570**
花茎紫罗兰 **246546**
花楸叶马先蒿 **287685**
花韭 207489
花韭属 **60431**,207487
花巨势 **123904**
花巨竹 **175611**
花卷蓟 **92007**
花铠柱 **34421**
花铠柱属 **34419**
花楷槭 **3732**
花壳柴 233880
花苦菜 320513
花苦瓜 396210,396226
花苦荬菜 191666
花狂想 **138149**
花葵 **223355**,223393
花葵属 **223350**
花葵蜀葵 **13929**
花拉拉藤 170342
花梾木 105023
花兰 2079,231385
花岚山 **123854**
花榔果 302684
花蕾葡萄 411531
花梨 121782,320306
花梨公 121702
花梨母 121782
花梨木 121702,121782,274399,274401
花篱补血草 **230517**
花篱风信子 **86055**
花篱属 **26950**
花篱羊耳蒜 **232080**
花栎 324532
花栎木 324532
花笠 45994,123867
花笠球 **413678**
花笠球属 **413671**
花笠丸 413678
花莲带唇兰 **383149**
花莲港石楠 295773
花莲海州常山 **96249**
花莲灰木 **381243**,381206
花莲假黄鹌菜 **110616**,110615
花莲卷瓣兰 **62780**
花莲爵床 **337259**
花莲柳 **344167**
花莲蔓黄菀 359985
花莲女贞 229587
花莲铁苋 1997
花莲铁苋菜 **1997**
花莲兔儿风 **12694**
花莲悬钩子 **338999**
花莲泽兰 **158153**
花莲苎麻 **56175**
花脸 33473
花脸猫 37680,184696
花脸荞 309711
花脸荞麦 309711
花脸唐菖蒲 176431
花脸王 37732
花脸细辛 37569,37680,37732
花脸晕药 309711
花良治 **93519**
花蓼 309624
花蓼子草 309742
花蔺 **64184**
花蔺草 64184
花蔺科 **64173**
花蔺石竹 **127727**
花蔺属 **64180**
花菱草 **155173**
花菱草科 **155168**
花菱草属 **155170**
花柳 **329699**
花柳属 114595
花龙树 302684
花笼 45994
花笼树 302684
花桐 320301
花桐木 **274399**,320301,320306,320307
花轮王子 **209507**
花轮玉 **233528**
花萝卜 193417
花麻蛇 20132
花麦 162312
花脉爵床属 166706
花脉蝇子草 **363782**
花脉紫金牛 **31558**
花曼陀罗属 61230
花蔓草 9475,29855
花毛茛 **325614**
花毛竹 **297307**
花锚 **184691**
花锚属 **184689**
花帽 188088
花眉跳架 52418
花眉竹 **47330**,47408,47494
花美韭 15513
花弥生 138183
花蜜班克木 **47628**
花魔芋 20132
花牡丹 33212
花木 171246
花木蓝 **206140**
花木通 94740,94748,94830,95127,95258,95302,95396,211884
花木香 249449,302684
花苜蓿 **247452**
花南星 **33397**

花浓染 **138237**
花培子 96501
花佩菊 **161889**
花佩菊属 **161881**
花佩属 161881
花皮桉 106809
花皮果 171145
花皮黄瓜 **114252**
花皮胶藤 **139959**,402194,402201
花皮胶藤属 **139945**
花皮树 380520
花坪杜鹃 330399
花旗杆 **136163**,131137
花旗杆属 **136156**
花旗竿 136163
花旗竿属 136156
花旗蜜橘 93797
花旗杉 30841
花旗参 280799
花旗松 **318580**
花麒麟 159363
花黔竹 **125516**
花墙刺 139062
花荞 162312
花楸 32988,79257,369484,369536
花楸果 369381
花楸猕猴桃 **6702**
花楸匹菊 **322746**
花楸属 **369290**
花楸树 **369484**,217613,298516,347413,369381
花楸树属 369290
花楸叶悬钩子 339335
花楸珍珠梅 369272,369279
花球玉属 **139831**
花曲柳 **168086**
花葱 **307197**,307215
花葱科 **307186**
花葱属 **307190**
花稔 318742
花伞把 20132
花伞柄 33450
花桑 259122,259168
花扫条 167092
花山蓝 290921
花山楂 **109711**
花扇球 **234962**
花扇丸 234962
花商陆 298093,298094
花上花 195149
花蛇鞭柱 357741
花蛇草 346158
花蛇一枝箭 179685
花升麻 23850,23853
花生 30498
花生草 202217,218347
花生欧石南 **149458**
花生属 30494
花生仙人掌 140855
花盛球 140891
花狮子柱 183373
花石榴 321764
花氏木通 95226
花饰球 **413675**
花饰玉 413675
花手绢 159092,159286
花守 140219
花鼠刺 210370
花束二裂玄参 **134075**
花束南非鳞叶树 **326940**
花束酸橙 **93376**
花树子 416717
花水藓科 246767
花水芋 65218
花司 139991
花酸苔 49701
花穗水莎草 **212774**
花唐松草 **388503**,388614
花藤草 29855
花醍醐 **123920**
花条 163584
花葶翠雀花 **124583**
花葶孤菀 **393417**
花葶驴蹄草 **68217**
花葶毛茛 **326152**
花葶苔草 **76169**
花葶乌头 **5549**
花葶獐牙菜 **380348**
花桐 285981
花头菜 409834
花头公草 309564
花头黄 **125455**
花头金锦香 **276133**
花头洋葵 288133
花土当归 192278
花箨唐竹 **364815**
花豌豆 222789
花王 280286
花纹木 **56013**
花纹木属 **56011**
花纹槭 **3398**
花纹生石花 **233564**
花纹唐竹 **364678**
花纹玉 233564
花纹竹芋 66196
花乌金草 37585
花溪娃儿藤 **400849**
花溪珠子木 296445
花嬉游 **138205**
花香 302684
花香木 381148
花肖观音兰 **399146**
花笑咲苔草 **73554**
花心木 88691
花心树 248895
花心藤 207357
花猩猩 138233
花绣球 305172
花溴木 160954
花须藤属 292439
花序柄水八角 **180323**
花血藤 347078,351041
花烟草 **266035**
花岩陀 307923
花秧 188088
花药草 229
花椰菜 **59529**
花叶 114819
花叶矮陀陀 259895
花叶安氏长阶花 **186932**
花叶八角 204545
花叶八角金盘 **162883**
花叶菝葜 **366356**
花叶杯芋 65218
花叶闭鞘姜 **107263**
花叶不相见 239266
花叶梣叶槭 **3232**
花叶重楼 **284351**
花叶川莲 **215206**
花叶地锦 **285110**
花叶滇苦菜 **368649**
花叶点地梅 **23120**
花叶电光芋 351154
花叶蝶兰 293633
花叶丁香 **382241**
花叶顶花板凳果 **279758**
花叶豆瓣绿 290396
花叶杜梨 243723
花叶对叶兰 **264728**
花叶番荔枝 25850
花叶非洲求米草 **272615**
花叶凤凰堇菜 **410670**
花叶凤梨 **21481**
花叶扶芳藤 **157484**
花叶扶桑 **195174**,195156
花叶高丛玉簪 198598
花叶高耸女贞 **229530**
花叶海棠 **243723**
花叶红雀珊瑚 **287855**
花叶红瑞木 104925
花叶厚皮香 **386697**
花叶蝴蝶兰 293633
花叶黄菖蒲 **208772**
花叶活麻 403032
花叶鸡桑 **259106**
花叶蕺菜 **198746**
花叶假杜鹃 **48241**
花叶假连翘 **139063**,139068
花叶姜 17749
花叶疆南星 **37027**
花叶九节 319461,319771,319837
花叶九节木 319461
花叶苣苔属 302958
花叶聚合草 **381033**
花叶卷丹 **230062**
花叶卡特兰 **79566**
花叶开唇兰 26003
花叶口红花 9458
花叶苦竹 347214
花叶宽叶香蒲 401113
花叶兰属 412337
花叶冷水花 **298885**
花叶丽穗凤梨 **412375**
花叶两块瓦 120346,120411
花叶菱叶常春藤 **187319**
花叶柳杉 **113709**
花叶六出花 **18079**
花叶六月雪 **360930**
花叶龙吐珠 **95923**
花叶龙牙楤木 **30638**
花叶芦荟 17243
花叶芦竹 37469
花叶鹿含草 282883
花叶鹿蹄草 **322779**
花叶落舌蕉 351154
花叶落檐 **351154**
花叶蔓长春花 **409336**
花叶木麒麟 **290703**
花叶木薯 244508
花叶木通 95127
花叶牧野氏堇菜 **410755**
花叶泥鳅串 215343
花叶欧洲常春藤 **187268**
花叶欧洲筋骨草 **13107**
花叶欧洲山芥 **47966**
花叶爬山虎 285110
花叶荠 390213
花叶千年木 137401
花叶青苦竹 **304018**
花叶青木 **44919**
花叶秋海棠 **49701**,49702
花叶秋水仙 99329
花叶球兰 **198830**
花叶雀舌兰 **139257**
花叶瑞香 **122536**
花叶三七 280722
花叶山姜 **17744**
花叶山麦冬 **232637**
花叶石菖蒲 5805
花叶树马齿苋 311957
花叶树薯 244508
花叶树形莲花掌 **9026**
花叶水竹草 **394024**,394093
花叶酸筒 50392
花叶条纹庭菖蒲 **365804**

花叶万年青 **130121**,130113
花叶万年青属 **130083**
花叶网纹丽穗凤梨 **412349**
花叶尾花细辛 37581
花叶细茎石斛 **125258**
花叶细辛 **37581**,37597,37626,37680,259895
花叶仙人笔 **358307**
花叶仙人掌 290703
花叶纤细薄荷 **250366**
花叶香薄荷 **250458**
花叶香根鸢尾 **208746**
花叶香龙血树 **137401**
花叶橡胶榕 164940
花叶橡胶树 164940
花叶橡皮树 **164934**
花叶小木芦荟 **16593**
花叶小牛舌草 **22002**
花叶小虾花 **50924**
花叶新西兰麻 **295604**
花叶绣墩草 **272097**
花叶绣红榕 165587
花叶雪果 380738
花叶寻胆 259895
花叶岩地烟堇 **169159**
花叶沿阶草 272088
花叶艳山姜 **17776**
花叶燕子花 **208675**
花叶羊角芹 **8827**
花叶洋常春藤 187268
花叶叶 368887
花叶一口血 49701
花叶一叶兰 39533
花叶虉草 **293720**,293710
花叶银扇草 **238372**
花叶瓔珞洋吊钟 **215143**
花叶鱼鳅串 215348
花叶芋 65218
花叶芋属 65214
花叶圆果毛核木 **380750**
花叶蜘蛛抱蛋 **39533**,39524
花叶竹夹菜 394093
花叶竹芋 **245016**
花叶子 282867,282883
花叶紫萼玉簪 **198653**
花叶紫万年青 332299
花柚 93869
花鱼梢 414150
花宇治 **123823**
花玉成 62110
花玉蕊 48510
花御所 **123969**
花园 243266
花园蔓舌草 **243266**
花园唐菖蒲 **176256**
花园显苞绣球 199912
花园子 272090
花圆叶玉簪 **198647**
花月 108818
花云豆 294056
花晕细裂秋海棠 **49986**
花盏科 **61414**
花盏属 **61390**
花杖属 161921
花针木 31435
花槙 67275
花枝杉 82542
花脂麻掌 **171703**
花蜘蛛兰 **155267**
花蜘蛛兰属 **155264**
花稚儿 **247670**
花帚条 167092
花朱顶红 **196458**
花竹 **47178**,297359
花竹叶 260093
花烛 **28084**,28119
花烛属 **28071**
花柱 **267034**
花柱草 **379082**
花柱草科 **379071**
花柱草属 **379076**
花柱核果木 **138707**
花柱欧石南 **150096**
花柱千里光 **360353**
花柱属 161921
花子藤 346743
花紫薇属 188263
花棕叶 39557
花座球属 **249578**
华艾麻 221538
华艾麻草 221538
华艾纳香 55783
华艾叶草 221538
华八角枫 13353
华八仙 199853
华八仙花 199853
华白芨 **55574**
华白及 55574
华白珠 **172150**
华宝丸 247674
华宝子孙球 **327266**
华报春 314975
华杯毛杜鹃 331850
华北八宝 **200807**
华北白前 **117606**
华北百蕊草 **389636**
华北扁核木 315176,365002
华北茶条槭 2984
华北柽柳 383469
华北臭草 249060
华北大黄 **329331**
华北大戟 158857
华北地杨梅 **238671**
华北对叶兰 264727
华北风毛菊 348538,348585
华北覆盆子 **338588**
华北剪股颖 **12053**
华北金银花 236161
华北景天 200807
华北卷耳 **82910**
华北蓝刺头 140770
华北蓝盆花 **350265**
华北老牛筋 **31939**
华北冷杉 427
华北六条木 113
华北耧斗菜 **30090**
华北漏芦 140770
华北落叶松 **221939**
华北马先蒿 287745
华北米蒿 **35528**
华北葡萄 **411589**
华北前胡 **292877**
华北忍冬 **236161**
华北散血丹 **297635**
华北石莲草 275358
华北石头花 183208
华北溲疏 126956
华北苔草 74752
华北驼绒藜 **218121**
华北卫矛 **157699**,157745
华北乌头 **5303**,5302
华北五角槭 3714
华北绣线菊 **371915**
华北玄参 **355191**
华北鸦葱 **354801**
华北岩黄芪 187912
华北岩黄耆 **187912**
华北云杉 298449
华北獐牙菜 **380415**
华北珍珠梅 **369272**
华北紫丁香 382220
华被萼苣苔 88166
华扁豆 **364944**
华扁豆属 **364943**
华扁穗草 **55897**
华扁穗苔 55897
华薄稃草 226230
华薄竹 351850
华彩瘤瓣兰 **270842**
华茶藨 333972
华檫木 **365034**
华檫木属 **365031**
华秤钩风 132929
华赤胫散 309716
华赤竹 347391
华重楼 **284367**
华虫实 **104849**
华穿心莲 182815
华刺参 258840
华刺子莞 **333518**
华枞 356
华淡竹叶 **236295**
华丁香 **382256**,382132
华顶杜鹃 **330885**
华东菝葜 **366573**
华东藨草 **353510**
华东稠李 280016
华东冬青 203600
华东椴 **391739**
华东覆盆子 338250
华东槐蓝 205995
华东黄杉 **318572**
华东蒟蒻 20136
华东蓝刺头 **140716**
华东冷水花 298945
华东驴蹄草 **68204**
华东木蓝 **205995**
华东木犀 276276
华东楠 240615
华东泡桐 285966
华东葡萄 **411863**
华东桤叶树 **96466**
华东沙参 7762
华东山柳 96466
华东山芹 **276749**
华东山樱 316913
华东山楂 **110114**
华东水杨梅 175417
华东水竹 **297442**,297448
华东松寄生 385202
华东苏铁 115888
华东唐松草 **388514**
华东葶苈子 126127
华东小檗 **51454**
华东杏叶沙参 **7762**
华东野海棠 59823
华东野核桃 **212608**
华东野胡桃 212608
华东樱 223101
华东早熟禾 **305513**
华东钻地风 **351797**
华冬青 204272
华杜英 142298
华椴 **391685**
华多轮草 **226644**
华鹅耳枥 77278
华耳木 138888
华繁缕 374802
华防己 132929
华肺形草 398262
华粉绿藤 279560
华风车子 100321
华风轮 96970
华凤仙 **204848**
华凤仙花 204848
华福花 **364524**
华福花属 **364523**
华覆盆子 338250

华盖木 **244486**,369389
华盖木属 **244485**
华高野青茅 **127297**
华葛 321427
华钩藤 **401781**,401773
华古柯 155088
华瓜木 13353,13376
华鬼吹箫 228333
华鬼臼 139610,365009
华贵草格雷野牡丹 **180363**
华贵草属 **53130**
华贵黄芪 42801
华贵黄耆 **42801**
华贵仙人球 267045
华鳹树 83347
华合耳菊 **381953**
华河琼楠 50619
华红淡 8214,8232
华厚壳桂 113436
华忽布 **199386**
华忽布花 199384,199386
华胡枝子 226739
华湖瓜草 **232391**,232405
华黄芪 42177
华黄耆 **42177**,42178
华黄细心 101236
华幌伞枫 **193899**
华灰莉 162346
华灰莉木 162346
华灰木 381341
华灰早熟禾 **305990**,305380
华火绒草 **224938**
华矶松 230759
华纪氏鹅耳枥 77291
华蓟 91864,92132
华尖药花 5885
华见血飞 **252754**
华金腰子 90452
华锦葵 **243766**,243833
华荆芥 144093
华景天属 364913
华九头狮子草 129243
华九头狮子草属 129220
华桔草 162752
华桔竹 162752
华桔竹属 **364631**
华橘竹属 162635,388747
华克拉莎 **93915**,93913
华克洛草 215847
华空木 **375812**
华蜡瓣花 106675
华来刺树 **167562**
华莱士百合 **230068**
华莱士瓜 114189
华莱士老鹳草 175003
华莱士绵叶菊 **152836**
华莱士木 **413054**
华莱士木属 **413052**
华蓝报春花 314988
华擂鼓艻 **244938**
华离根香 **67690**
华篱竹属 **364770**
华立加椰子属 413085
华立氏椰子 413093
华立氏椰子属 413085
华丽阿斯皮菊 **39737**
华丽白前 **409494**
华丽柏那参 59207
华丽伯舌虎耳草 **349142**
华丽赤竹 **347244**
华丽刺藤属 123497
华丽刺头菊 **108336**
华丽大花水苏 **373299**
华丽大戟 **159293**
华丽带唇兰 383149
华丽单列木 **257957**
华丽地中海石南 149403
华丽钓钟柳 **289377**
华丽兜兰 **282901**
华丽豆 **67774**
华丽杜鹃 **330651**,330687
华丽鹅耳枥槭 **2869**
华丽耳裂金鸡菊 **104445**
华丽风毛菊 348370
华丽风仙花 **204942**
华丽灌木查豆 **84470**
华丽海柱豆 **14830**
华丽棘茅 **145100**
华丽聚花风铃草 **70056**
华丽拉拉藤 **170325**
华丽蓝花参 **412689**
华丽蕾丽兰 **219694**,219679
华丽丽光球 **140305**
华丽镰扁豆 **135542**
华丽龙胆 **173682**,173900
华丽桐 **123498**
华丽桐属 **123497**
华丽罗顿豆 **237357**
华丽马拉山榄 313403
华丽马先蒿 **287719**
华丽芒毛苣苔 **9482**
华丽毛蕊花 **405780**
华丽玫瑰 **336906**
华丽美洲茶 **79929**
华丽木瓜 84584
华丽木蓝 **206023**
华丽木犀 276282
华丽鸟娇花 **210806**
华丽葡萄兰 **4654**
华丽槭 **3411**
华丽日本本氏茱萸 **51140**
华丽日中花 **220606**
华丽榕 **165721**
华丽乳突球 244188
华丽赛山梅 **379329**
华丽桑 **259182**
华丽沙穗 **148495**
华丽山梗菜 234791
华丽芍药 **280263**
华丽蛇鞭菊 **228461**
华丽石豆兰 **62962**
华丽石斛 **125376**
华丽疏毛刺柱 **299258**
华丽睡莲 **267628**
华丽丝兰 416607
华丽唐菖蒲 **176349**
华丽桃榄 **313403**
华丽仙灯 **67630**
华丽象腿蕉 **145844**
华丽星粟草 **176959**
华丽岩黄耆 **187997**
华丽叶下珠 **296648**
华丽羽叶鬼灯檠 **335148**
华丽玉凤花 **183837**
华丽针茅 **376846**
华丽指兰 **273529**
华丽紫铆 **64153**
华莲子草 18124
华良姜 17656
华蓼 **308953**
华列尼蝎尾蕉 **190070**
华林芹 364970
华林芹属 364969
华柃 25775,160442
华柳 **343109**,343179
华柳穿鱼 231187
华龙 **151637**
华伦天奴花烛 **28078**
华萝藦 **252513**
华裸柱草 **182815**
华落芒草 276001
华麻花头 **361018**,361011
华麻花头属 **216627**
华麻黄 146253
华马钱 **378675**
华马唐 **130481**
华马先蒿 287478
华蔓茶藨 333972
华蔓茶藨子 **333972**
华蔓荆 230759
华蔓首乌 **162531**
华芒鳞苔草 **76286**
华美杓兰 120438
华美大瓣苏木 175653
华美丹氏梧桐 **136006**
华美豆属 **123530**
华美绯栎 **323781**
华美风毛菊 **348222**
华美光萼荷 **8583**
华美杭子梢 **70798**
华美红千层 67260
华美花崖豆藤 254812
华美画眉草 **147990**
华美吉尔苏木 **175653**
华美假紫草 **34632**
华美勘察加金丝桃 **201956**
华美克拉花 **94143**
华美蜡菊 **189293**
华美蕾丽兰 **219679**
华美蓼 **308773**
华美梅勒斑鸠菊 **406579**
华美木蓝 **206631**
华美鸟娇花 **210723**
华美婆婆纳 **407265**
华美奇舌萝藦 **255759**
华美柔冠菊 **236392**
华美三联穗草 **398645**
华美参属 **293244**
华美鼠尾草 **344824**
华美鼠尾粟 **372672**
华美溲疏 127005
华美网球花 **184462**
华美沃内野牡丹 **413228**
华美五层龙 **342585**
华美羊茅 **163996**
华美泽米 **417022**
华美舟叶花 **340680**
华美紫罗兰 **246555**
华密花豆 370421
华母草 **231522**
华木荷 350943
华木槿 **195233**
华木兰 279250
华木兰杜鹃 **331855**
华木张 295022
华苜蓿 **247453**
华娜芹 **198915**
华娜芹属 **198913**
华南半蒴苣苔 **191356**
华南逼迫子 **60060**,60182
华南茶 **68928**
华南赤车 **288727**
华南稠 116086,233209
华南刺木姜子 **234092**
华南粗叶木 **222096**
华南大戟 158534
华南当药 380113
华南地构叶 370512
华南冬青 **204276**
华南杜英 **142283**
华南杜仲藤 **402198**
华南羔涂木 365086
华南狗娃花 **193930**
华南谷精草 **151487**
华南桂 **91270**
华南桂樱 **223101**
华南鹤虱 392992
华南红花油茶 69613

华南厚皮香　386712
华南胡椒　**300346**
华南画眉草　**147842**
华南桦　**53354**
华南黄杨　64254
华南金粟兰　**88300**
华南栲　**78899**
华南柯　233209
华南可爱花　**148061**
华南梾木　**104961**
华南蓝果树　**267856**
华南梨　263161
华南蓼　**309189**
华南龙胆　**173606**
华南楼梯草　**142616**
华南落新妇　41812
华南马鞍树　**240118**
华南马兜铃　**34111**
华南毛柃　**160446**
华南美丽葡萄　**411574**
华南猕猴桃　**6616**
华南茉莉　211775
华南木防己　97933,97938
华南木姜子　**233934**
华南泡花树　**249402**
华南坡垒　198140
华南蒲桃　**382483**
华南桤叶树　**96496**
华南青冈　**116086**
华南青皮木　**352432**
华南忍冬　**235742**
华南桑寄生　355317
华南山藤　137795
华南省藤　**65778**
华南十大功劳　242563
华南石笔木　**400687**
华南石栎　233209
华南薯蓣　131529
华南水壶藤　**402197**
华南水竹　**47220**
华南苏铁　**115888**
华南素馨　**211775**
华南苔草　**73837**
华南铁杆蒿　193930
华南兔儿风　**12743**
华南兔尾木　402147
华南卫矛　157745
华南乌口树　**384920**
华南吴萸　161309
华南吴茱萸　**161309**
华南五针松　**300009**
华南小壶藤　402197
华南小蜡　229617
华南小叶鸡血藤　254812
华南小叶崖豆　254812
华南小叶崖豆藤　254812
华南悬钩子　**338498**
华南野靛棵　**244283**
华南夜来香　385759
华南鸢尾兰　**267984**
华南远志　**308081**
华南云实　**64983**
华南皂荚　**176869**,176865
华南皂角荚　176869
华南樟　91270
华南蜘蛛抱蛋　**39522**
华南苎麻　56257
华南锥　78899
华南紫树　267856
华囊瓣芹　**320239**
华宁藤　**182366**
华女贞　**229523**
华飘拂草　6865
华蒲公英　**384473**
华槭　3615
华荠苎　259282
华千金藤　375861,375899
华千金榆　77278
华千金子藤　211695
华千里光属　365035
华茜草树　278323
华青皮木　352432
华清香藤　212004
华苘麻　**989**
华秋海棠　49701
华楸珍珠梅　369279
华缺腰叶蓼　309716
华雀麦　**60972**
华人参木　**86854**
华绒苞藤　**101776**
华柔毛报春　**314980**
华瑞香　**122596**
华润楠　**240570**,240615
华箬竹　**347391**
华箬竹属　**347377**
华三芒草　**33797**
华桑　**259122**
华桑寄生　385192
华沙参　7811
华山　140280
华山报春　**314481**
华山槟榔　**299657**
华山栲　**168090**
华山矾　**381341**
华山风毛菊　**348376**
华山黄芪　42474
华山黄耆　**42474**
华山姜　**17656**,17731
华山楝　**28999**
华山蒌　**300370**
华山马鞍树　**240129**
华山前胡　**293004**,292909
华山山小橘　**177849**
华山参　297878
华山参属　297875
华山石头花　**183208**
华山松　**299799**
华山苔草　**74836**
华山新麦草　**317079**
华山野丁香　**226093**
华山竹　299657
华杉　113721
华麝香草　**86812**,57504
华参　**364997**,297878
华参属　**364996**
华神血宁　308953
华盛顿百合　**230070**
华盛顿春美草　**94376**
华盛顿桐属　413289
华盛顿婆罗门参　**394319**
华盛顿脐橙　**93786**,93797
华盛顿山楂　**109931**
华盛顿椰子　413298
华盛顿椰子属　413289
华盛顿棕　413298
华盛顿棕榈　413298
华盛顿棕榈属　413289
华盛顿棕属　413289
华石斛　**125359**
华石龙尾　230286
华石楠　295635
华氏大丽花　**121557**
华氏冬青　204396
华氏鹅耳枥　77306
华氏红雾花　**217743**
华氏裸实　182803
华氏马先蒿　**287826**
华氏蛇莓　138793
华疏花苔草　**76288**
华鼠刺　210370
华鼠麹草　**178309**
华鼠尾　344957
华鼠尾草　**344957**
华树松　**300301**
华水苏　**373173**
华水珠草　91524
华丝竹　**304044**
华思劳竹　351850
华素馨　**212004**
华他卡藤　137799
华他卡藤属　137774
华檀梨　**323073**
华桐　285960
华佗草　224110
华佗花　25316
华荛　**413180**
华荛属　**413179**
华尾药菊　381953
华卫矛　157745
华翁　**263802**
华翁属　**263800**
华无柱兰　19512
华西贝母　**168563**
华西杓兰　**120347**
华西糙皮桦　53635
华西茶藨　334089
华西茶藨子　**334089**
华西臭樱　**241507**
华西丹参　345327
华西党参　345327
华西枫杨　**320359**,320372
华西根刺棕　113293
华西蒿　**36017**
华西红门兰　310914
华西蝴蝶兰　**293648**
华西花楸　**369565**
华西桦　**53587**
华西棘豆　**278841**
华西箭竹　**162718**
华西柳　**343792**
华西柳叶菜　146677
华西龙头草　**247723**
华西美汉花　247723
华西木蓝　**206283**
华西苜蓿　247251
华西前胡　**293061**
华西蔷薇　**336777**,336780
华西忍冬　**236214**,235841
华西四照花　**124928**
华西穗花杉　19357
华西威根刺棕　113293
华西委陵菜　**312897**
华西小檗　**52156**
华西小红门兰　**310914**
华西小石积　**276544**
华西绣线菊　**371990**
华西悬钩子　**339304**
华西栒子　107472
华西羊耳蒜　**232302**
华西淫羊藿　146977
华西银蜡梅　312636,312638
华西银露梅　312636,312638
华西俞藤　**416531**
华觿茅　**131030**
华细辛　37638,37722
华夏慈姑　**342428**,342400,342424
华夏蒲桃　**382504**
华夏鸢尾　**208480**
华夏子楝树　123451
华腺萼木　**260650**
华象牙参　**337106**
华肖菝葜　**194110**
华斜翼　301691
华蟹甲　**364522**
华蟹甲草　364518
华蟹甲草属　364517
华蟹甲属　**364517**

华新麦草属 317073
华星花木兰 242291
华星穗草 **6865**
华绣线菊 371884
华须芒草 **22569**
华续断 133463
华血桐 240322
华延龄草 397622
华岩 **183372**
华岩扇 **362257**
华艳班克木 **47669**
华艳贝克斯 47669
华野百合 112013
华野葵 243866
华野豌豆 **408339**
华野芝麻 **220368**,170021
华夷 416707
华罂粟 282617
华楹 13515
华蓥润楠 **240693**
华莜麦 45431
华鱼藤 **125949**
华羽芥 **365089**
华羽芥属 **365088**
华羽棕属 413085
华月桂属 28309
华云 **249601**
华泽兰 **158070**
华珍珠茅 **354050**,354052
华榛 **106716**
华中艾麻 221538
华中艾麻草 221538
华中八角 **204513**
华中茶藨 334016
华中茶藨子 **334016**
华中刺叶冬青 203614
华中冬青 **203614**
华中枸骨 203614
华中虎耳草 349344
华中栝楼 **396257**
华中冷水花 **298856**
华中马先蒿 287198
华中木兰 416686
华中婆婆纳 **407150**
华中桤叶树 96501
华中前胡 **292924**
华中桑寄生 **236621**,236974
华中山柳 96481,96501
华中山楂 110114
华中蛇莲 191967
华中十大功劳 242522
华中碎米荠 **73029**
华中铁线莲 **95255**
华中乌蔹莓 **79878**
华中五味子 **351103**,351021
华中悬钩子 **338267**
华中雪胆 **191967**
华中雪莲 **348915**
华中栒子 **107686**
华中樱 83177
华中樱桃 **83177**
华州漏芦 140732
华帚菊 **292078**
华胄兰 196452,196453,196456
华猪屎豆 112013
华粧玉 **284690**
华装翁 **46327**
华装翁属 **46326**
华锥茅 391445
华紫报春 314988
华紫金牛 31380
华紫杉 385407
华紫珠 **66762**,66779
铧头菜 410416
铧头草 409716,410100,410108,410360,410770
铧嘴菜 410030
滑背草鞋 222909
滑菜 243862
滑菜果 48689
滑草 341960
滑草属 341937
滑肠菜 243862
滑腹菜 48689
滑关草 352200
滑果丹参马先蒿 287656
滑果马先蒿 **287656**
滑滑菜 243862
滑茎苔草 **75357**
滑壳柯 **233292**
滑葵 243862
滑朗树 394635
滑轮芥 **399420**
滑轮芥属 **399419**
滑皮椆 233366
滑皮柯 **233366**
滑皮石栎 233366
滑皮树 414147
滑朴 **80643**
滑石草 308122
滑桃 307517
滑桃树 **394783**,212127
滑桃树科 **394785**
滑桃树属 **394780**
滑藤 **400942**,48689,351081
滑藤属 **817**
滑野蚕豆 81727
滑叶常山 381272
滑叶大头苏铁 **145233**
滑叶跌打 377541
滑叶花椒 417250
滑叶猕猴桃 **6644**
滑叶润楠 240600
滑叶山矾 381272
滑叶山姜 **17769**
滑叶树 234045
滑叶苏铁 145233
滑叶藤 **94894**
滑叶小檗 **51867**
滑叶宜昌润楠 **240600**
滑液灵枝草 329458
滑液树 329458
滑蚁木 379449
滑竹 **416809**
化虫消 275810
化骨丹 16495,78039,159172
化骨莲 198639,198652
化骨龙 391501
化骨溶 238188
化积药 275810
化金丹 112745
化橘红 **93477**
化龙树 302684
化楠木 231393
化皮树 302684
化气兰 116851
化肉藤 182366,393532
化石草 95862,275639,275689
化石丹 35136
化石花属 **275885**
化石树 **95983**
化食草 70819,226742
化食丹 35136
化树 302684
化痰草 276090
化痰精 269613
化痰青 200652,291161
化痰清 200652,232261
化香属 302674
化香树 **302684**
化香树科 **302689**
化香树属 **302674**
化血丹 50087,81727,229049,229085
化血胆 14297
化血归 26624
化血莲 339983,340141,340151
化州陈皮 93477
化州橙 **93773**
化州橘红 93477,93588
化州柚 93477
化妆木 121933
化妆木属 121912
划雏菊属 **111681**
划船泡 339194
画笔菊 **13046**,144903
画笔菊属 **13045**
画笔裂榄 **64082**
画笔南星 **33450**
画笔状省藤 **65766**
画柄草属 **180203**
画臭草 **249072**
画兰属 **180237**
画眉草 **147883**,147593
画眉草属 **147468**
画眉草状早熟禾 **305507**
画眉杠 52435
画眉架 417173
画眉簕 417173
画眉跳 392559,417173
画眉珠 122700
画叶芋 **65237**
画状舟萼苣苔 **262901**
桦 53379,53394
桦棒 188088
桦采英国石南 **150202**
桦茶 16326
桦阁 53394
桦皜树 53394
桦角 53510
桦木 53572
桦木科 **53651**
桦木属 **53309**
桦皮树 53572
桦树皮 53510
桦太龙胆 173280
桦桃树 53510
桦天竺葵 **288108**
桦头草 410360
桦秧 188088
桦叶安匝木 **310757**
桦叶风铃草 **69919**
桦叶黑杨 **311405**
桦叶黄葵 **236**
桦叶黄蜀葵 **232**
桦叶荚蒾 **407696**
桦叶葡萄 **411576**
桦叶曲管桔梗 **365152**
桦叶山桃花心木 **83817**
桦叶鼠李 **328619**
桦叶四蕊槭 **3678**
桦叶绣线菊 **371823**
桦状假山毛榉 **266865**
桦状假水青冈 266865
桦状南水青冈 266865
怀 37622
怀被藤 21313
怀城紫托马西尼番红花 **111619**
怀春花 331839
怀德厚壳桂 113490
怀德樟 91442
怀地黄 327435
怀俄明草 **362282**
怀俄明草属 **362281**
怀俄明蓟 **92326**
怀俄明三齿蒿 **36409**
怀尔赪桐 **96443**
怀尔德曼尺冠萝藦 **374168**

怀尔德曼刺痒藤 **394232**
怀尔德曼大沙叶 **286553**
怀尔德曼非洲野牡丹 **68264**
怀尔德曼前胡 **293074**
怀尔德曼榕 **165869**
怀尔德曼田菁 **361455**
怀尔德曼铁青树 **269694**
怀尔德曼小黄管 **356186**
怀尔扎尔茜 **86354**
怀风 247456
怀故子 114427
怀红花 77748
怀花米 78301
怀化秤锤树 **364955**
怀槐 240114,369037
怀集柯 **233403**,233153
怀利厚壳桂 **113494**
怀利欧石南 **150277**
怀利无鳞草 **14443**
怀利五星花 **289859**
怀牛膝 4273
怀庆地黄 **341021**,327435
怀绒草 65330
怀山 131772
怀山药 131772
怀生地 327435
怀氏虹山 **354333**
怀氏类瓦利兰 **413251**
怀氏坡垒 **198199**
怀氏洋椿 **80045**
怀斯顿蛾蝶花 **351344**
怀胎草 146724,146870,409834
怀特百蕊草 **389920**
怀特报春 315121
怀特刺橘 **405559**
怀特大戟 **160084**
怀特大沙叶 **286552**
怀特单花杉 **257154**
怀特德罗豆 **138116**
怀特番薯 **208300**
怀特番樱桃 **156394**
怀特风信子 **413939**
怀特风信子属 **413937**
怀特冠瓣 **236422**
怀特鬼针草 **54187**
怀特黑德青锁龙 **109495**
怀特红胶木 **398671**
怀特厚敦菊 **277168**
怀特琥珀树 **27917**
怀特灰毛豆 **386371**
怀特鲫鱼藤 **356327**
怀特假杜鹃 **48394**
怀特苦苣菜 368635
怀特老鹳草 **174996**
怀特马齿苋 **311952**
怀特密穗花 **322164**
怀特木槿 **195357**
怀特欧石南 **150268**
怀特热非夹竹桃 **13318**
怀特塞拉玄参 **357720**
怀特三角车 **334710**
怀特山百蕊草 **389919**
怀特山费利菊 **163295**
怀特山立金花 **218965**
怀特黍 **413941**
怀特黍属 **413940**
怀特天竺葵 **288590**
怀特弯萼兰 **120729**
怀特五层龙 **342753**
怀特小檗 **52368**
怀特肖蝴蝶草 **110695**
怀特鸭嘴花 **214898**
怀特异木患 **16167**
怀特油芦子 **97395**
怀特杂色豆 **47780**
怀特珍珠萝藦 **245204**
怀特指腺金壳果 **121172**
怀夕 4273
怀膝 4273
怀腺柳 **343258**
怀香 167156
怀亚大戟 **413996**
怀亚大戟属 **413995**
怀阳草 287163
淮草 37379
淮红花 77748
淮角筋 408056
淮木通 34276,94748,95127
淮牛膝 4273
淮山 131772
淮山薯 131501
淮山药 131772
淮生地 327435
淮通 34268,34276,95264,116032,364989
淮通马兜铃 34276
淮通藤 34219
淮乌头 5335
槐 369037
槐酢浆豆 **202385**
槐豆 360463,360493
槐花 369037
槐花寄生 385192
槐花木 369037
槐花树 369037
槐角 369037
槐蓝 206669
槐蓝属 205611
槐米 369037
槐木 369037
槐实 369037
槐属 **368955**
槐树 **369037**,20005,217626,240128
槐树芽 369037
槐双泡豆 **132703**
槐藤 360493
槐条花 408551
槐相思 **1360**
槐叶决明 **360483**,78449
槐子 369037
踝菀 **207397**
踝菀属 **207393**
藱香 37622,167156
藱蓄 167156
欢度圣诞节马醉木 **298736**
欢乐扶桑 **195171**
欢乐菊 **160316**
欢乐菊属 **160310**
欢五柴 274440
欢喜报春 314525
欢喜草 33509
还魂草 41342,56063,103941,124039,124043,182848,200816,210654,259282,311915,358500
还魂红 59844
还魂香 115595
还精草 373262
还亮草 **124039**
还少丹 56425
还瞳子 85232,360493
还味 418169
还香树 302684
还羊参 110785
还羊参属 110710
还阳 232156
还阳草 103941,230831,287605,294114,329975
还阳参 **110979**,110756,110785,110798,110952,287605,329879
还阳参番薯 **207729**
还阳参景天 329879
还阳参蒲公英 **384507**
还阳参千里光 **358823**
还阳参属 **110710**
还阳参叶菊属 **110629**
还阳参叶糖芥 **154437**
还阳参一点红 **144904**
还阳藤 198767,198769
环苞银齿树 **227331**
环抱凤头黍 **6100**
环抱蜡菊 **189128**
环抱赛金莲木 **70715**
环抱小檗 **51300**
环抱异芒草 **130873**
环杯夹竹桃属 **116265**
环草 **111124**,125257
环草石斛 125233
环草属 **111123**
环岑树 80698
环钗斛 125233
环长穗竹 **385580**
环齿糙苏 **295095**
环齿翅果草 **334543**
环齿盾果荠 **97441**
环翅艾叶芹 **418372**
环翅萼藜属 116284
环翅锦葵 **291098**
环翅锦葵属 **291097**
环翅榄仁 **386509**
环翅狸藻 403191
环翅藜 **116286**
环翅藜属 **116284**
环翅芹牻牛儿苗 **153924**
环翅芹属 **392863**
环唇兰属 **305034**
环唇石豆兰 **62661**
环刺爵床 **115925**
环刺爵床属 **115924**
环带扁莎 **322385**
环带草 **28799**
环带草属 **28797**
环带果子蔓 182171
环带姬凤梨 **113387**
环带天竺葵 **288081**
环萼凤仙 204886
环萼凤仙花 **204886**
环萼海桑 368913
环萼树萝卜 **10291**
环儿花 235878
环辐丝瓣芹 **6221**
环根芹 **116373**
环根芹属 **116370**
环沟树 301147
环冠点地梅 **23149**
环冠穆拉远志 **259968**
环光宝 **257412**
环果番龟树 145994
环果毛茛 **325747**
环花草 **116004**
环花草属 **116001**
环花开口箭 **70594**
环花科 115989
环花兰属 **361253**
环花萝藦属 **273214**
环花石豆兰 **62671**
环花菟丝子 **114997**
环黄耆 **41990**
环喙马先蒿 **287137**
环极马先蒿 287468
环荚黄芪 42218
环荚黄耆 **42218**
环江蛇根草 **272217**
环江蜘蛛抱蛋 **39546**
环距黑水翠雀花 124507
环裂豆 **116282**
环裂豆属 **116281**

环鳞烟斗柯　**233160**
环毛草属　**116438**
环毛菊属　**290865**
环毛兰属　116357
环毛紫云菜　378116
环牛角草　**273145**
环青冈　116054
环绕长被片风信子　**137917**
环绕葱　**15204**
环绕杜鹃　330449
环绕立金花　**218855**
环绕三角车　**334607**
环榕　164633
环蕊科　183350
环蕊木　**183348**
环蕊木科　**183350**
环蕊木属　**183345**,138575
环蕊属　183345
环生籽科　305048
环丝韭　**55648**
环丝韭属　**55644**
环条带姬凤梨　113387
环头菊属　**201289**
环纹矮柳　**343028**
环纹榕　**164633**
环腺夹竹桃　**115930**
环腺夹竹桃属　**115929**
环腺木　**291004**
环腺木属　**291003**
环腺石南　**249117**
环腺石南属　**249116**
环药花　57504
环药花属　57503
环叶柳　**343027**
环翼卫矛　**291101**
环翼卫矛属　**291099**
环硬毛唇兰　**305041**
环羽椰　129684
环羽椰属　129679
环柱树　**247689**
环柱树科　**247687**
环柱树属　**247688**
环状百蕊草　**389606**
环状叉枝补血草　**8634**
环状哈克　184600
环状互叶半日花　**168922**
环状畸花茜　**28852**
环状金丝桃　**201735**
环状蓝花参　**412585**
环状乱子草　**259711**
环状马蓝　**378116**
环状纤毛丽杯角　**198069**
环状绣球防风　**227726**
环子苣　146573
苣　410710
桓　346338
萑　224989,225009
萑苻　343937
缓生独子果　156065
缓生密藏花　**156065**
缓生尤克里费　156065
幻乐　**317687**
幻虾　**140265**
幻想大果假虎刺　**76929**
幻想鸟　**256264**
幻想珊瑚樱　**367524**
幻叶卫矛　**28943**
幻叶卫矛属　**28942**
幻影鸢尾　**208441**
唤龙　**192439**
唤猪草　151702
换肺散　115526
换骨丹　175417
换骨筋　157473
换锦花　**239278**
换香树　302684
焕镛报春　**315126**
焕镛箣竹　**47233**
焕镛粗叶木　**222120**
焕镛簕竹　47233
焕镛木　**414745**
焕镛木属　**414744**
焕镛七叶树　9688
槵　346338
荒波　**162953**
荒草　194020
荒地阿魏　**163727**
荒地独行菜　**225345**
荒地蒿　**35632**,35373
荒地蓟　**91927**
荒地堇菜　**409939**
荒地卷耳　**83010**
荒地卷舌菊　**380965**
荒地蜡菊　**189728**
荒地裂稃草　**351305**
荒地卵果蓟　**321077**
荒地麻点菀　**266529**
荒地毛茛　**325792**
荒地眉兰　**272430**
荒地榕　**165831**
荒地无心菜　**31860**
荒地羊茅　**163920**
荒地蝇子草　**363434**
荒金苔草　**73545**
荒凉球　**244120**
荒凉丸　244120
荒漠百脉根　**237590**
荒漠贝母　38928
荒漠冰草　11710
荒漠彩花　**2226**
荒漠草　**55247**
荒漠草属　**55246**
荒漠翅果菘蓝　**345717**
荒漠春黄菊　**26779**
荒漠酢浆草　**277799**
荒漠单头爵床　**257258**
荒漠钓钟柳　**289370**
荒漠蝶须　**26580**
荒漠独行菜　**225344**
荒漠芳香木　**38513**
荒漠飞凤玉　**214916**
荒漠费利菊　**163178**
荒漠风毛菊　**348265**
荒漠格尼瑞香　**178599**
荒漠蒿　**35370**,35373
荒漠黑齿春黄菊　**26826**
荒漠黄芪　42278
荒漠黄耆　**42278**
荒漠黄细心　**56421**
荒漠灰毛豆　**386031**
荒漠金菊木　**150339**
荒漠锦鸡儿　**72333**
荒漠韭　**15807**
荒漠菊属　148182
荒漠蜡菊　**189300**
荒漠连蕊芥　382011
荒漠镰芒针茅　**376739**
荒漠羚角芥　**145173**
荒漠龙舌兰　**10843**
荒漠芦荟　**16765**
荒漠毛子草　**153171**
荒漠蒙松草　**258112**
荒漠密钟木　**192564**
荒漠木蓝　**205900**
荒漠木属　148354
荒漠欧夏至草　**245735**
荒漠蒲公英　**384683**
荒漠千里光　358717
荒漠沙漠木　**148359**
荒漠石头花　**183187**
荒漠手玄参　**244782**
荒漠鼠尾草　**345000**
荒漠水蕹　**29658**
荒漠丝石竹　183187
荒漠粟麦草　**230130**
荒漠胎生早熟禾　305389
荒漠唐菖蒲　**176166**
荒漠天仙子　**201381**
荒漠天竺葵　**288195**
荒漠委陵菜　**312497**
荒漠喜阳花　**190313**
荒漠霞草　183187
荒漠肖鸢尾　**258461**
荒漠絮菊　**165937**
荒漠玄参　**355099**
荒漠旋花　**103019**
荒漠鸭舌癀舅　**370768**
荒漠羊茅　**163896**
荒漠野荞麦木　**152606**
荒漠蝇子草　**363786**
荒漠早熟禾　**305389**
荒漠猪毛菜　**344514**
荒漠猪屎豆　**112074**
荒木胡颓子　**141940**
荒木蓟　**92084**
荒木柳　**342924**
荒木蒲公英　**384447**
荒木碎米荠　**72686**
荒木苔草　**74529**
荒木香茶菜　**209631**
荒木泽兰　**158022**
荒苔草　**74291**
荒武者　140327
荒野草　**148244**
荒野草属　**148242**
荒野独行菜　**225315**
荒野蒿　**35237**
荒野黄耆　**42646**
荒野肉锥花　**102169**
荒野玄参　**148272**
荒野玄参属　**148271**
荒野越橘　404027
荒玉　233531
荒玉生石花　**233531**
皇白郁金香　**400168**
皇橙郁金香　**400166**
皇帝豆　294010
皇帝菊　248140
皇帝菊属　248133
皇帝丽穗凤梨　**412358**
皇冠贝母　168430
皇红郁金香　**400167**
皇后根　376645
皇后根属　376629
皇后姜黄　**114874**
皇后金莲花　**399501**
皇后葵　31705
皇后葵属　31702,380553
皇后龙舌兰　**10955**
皇后椰　31705
皇后椰属　380553
皇家红大叶醉鱼草　**62031**
皇家欧楂　**252310**
皇金郁金香　**400164**
皇袍南茄　**367550**
皇园特选红千层　**67269**
皇族瓜叶菊　**290823**
黄花匍匐美女樱　702
黄阿尔丁豆　**14263**
黄阿斯草　**39841**
黄矮百合　**85505**
黄矮菜　59600
黄矮球　244203
黄矮雀花　85403
黄矮野牡丹　**253537**
黄艾氏肉唇兰　116519
黄艾氏天鹅兰　**116519**
黄安菊属　**228429**

黄氨草 **136260**
黄鹌菜 **416437**
黄鹌菜属 **416390**
黄鞍竹 **297253**
黄八角 204570
黄八雄兰 **268756**
黄巴氏锦葵 **286672**
黄巴氏槿 286672
黄白臂形草 **58210**
黄白边小蔓长春花 **409340**
黄白扁爵床 **292216**
黄白扁蕾 **174206**
黄白翠雀花 **124426**,124067
黄白丁癸草 **418323**
黄白杜根藤 **67833**
黄白非洲豆蔻 **9918**
黄白非洲砂仁 9918
黄白管花杜鹃 331280
黄白海芙蓉 **230818**
黄白合耳菊 **381959**
黄白槲寄生 410994
黄白花黄芪 42285
黄白花矩卵形堇菜 **410332**
黄白花蓝钟花 115367
黄白花芦荟 **16560**
黄白黄芪 41949
黄白黄耆 **41949**
黄白黄蓍 41949
黄白茴香砂仁 **155396**
黄白火绒草 **224916**
黄白姜花 **187427**
黄白空船兰 **9149**
黄白蓝蒂可花 **115462**
黄白龙胆 **173735**
黄白漏斗花 **130214**
黄白孟席斯翠雀花 **124381**
黄白尼泊尔野桐 243374
黄白蓬草 388506
黄白千里光 381959
黄白鳃兰 **246715**
黄白色二雄蕊苣苔 **128146**
黄白蓍 **4000**
黄白鼠麹草 **178265**
黄白穗茅 **87752**
黄白苔草 **73630**
黄白糖芥 **154512**
黄白铁海棠 159367
黄白尾药菊 381959
黄白纹白花紫露草 394024
黄白香科 **388004**
黄白香薷 **144064**
黄白箱根草 **184659**,184657
黄白小黄管 **356110**
黄白肖鸢尾 **258554**
黄白悬垂黄芪 42285
黄白悬垂黄耆 **42285**
黄白鼬瓣花 **170071**
黄白郁金香 **400147**
黄白折叶兰 **366795**
黄白竹 **206869**
黄百合 **229884**,230058
黄百簕花 **55323**
黄柏 51314,51433,114690,213972,242563,294231,294238,294240,302721
黄柏刺 51563,242563
黄柏木 320301
黄柏属 **294230**
黄斑八角金盘 **162885**
黄斑百合 **229956**
黄斑宝岛羊耳蒜 **232166**
黄斑驳芹 **142514**
黄斑草原看麦娘 **17554**
黄斑梣叶槭 **3219**
黄斑长袖秋海棠 **50060**
黄斑齿叶冬青 **203694**
黄斑唇柱苣苔草 **87862**
黄斑大戟 159109
黄斑大吴风草 **162617**
黄斑大叶赤竹 **347251**
黄斑番樱桃状海桐 301262
黄斑虎尾兰 **346161**
黄斑姜 **417983**
黄斑胶皮枫香树 **232574**
黄斑锦熟黄杨 **64353**
黄斑榉树 **417556**
黄斑具柄冬青 **204144**
黄斑龙胆 **173235**,173451
黄斑龙舌兰 10788
黄斑龙牙楤木 **30640**
黄斑马 199091
黄斑美尖扁柏 **85384**
黄斑欧亚槭 **3472**
黄斑青木 **44929**
黄斑日本女贞 **229503**
黄斑三菱果树参 **125645**
黄斑石蒜 111848
黄斑矢竹 **318308**
黄斑水玄参 **355062**
黄斑水竹草 **393989**,394024
黄斑酸模叶蓼 **309322**
黄斑太平洋楝木 **105132**
黄斑五裂杜鹃 **330537**
黄斑下延甜柏 **228641**
黄斑下延香松 228641
黄斑香根鸢尾 208746
黄斑香雪兰 **168200**
黄斑药用鼠尾草 **345272**
黄斑叶梣叶槭 3219
黄斑叶大舌千里光 359416
黄斑叶欧亚槭 3472
黄斑叶溲疏 **127081**
黄斑玉蝉花 **208544**
黄斑栀子 **171312**
黄斑爪哇观音草 **291159**
黄板叉本 8256
黄板叉木 8256
黄半毛萝藦 **191625**
黄瓣鸡头薯 **152971**
黄瓣毛茛 **325627**
黄瓣梅花草 284569
黄瓣鞘花 **99501**
黄瓣秋海棠 **50413**
黄邦加草 56944
黄棒 145517
黄棒箭芋 36979
黄包刺棵子 52156
黄苞垂头菊 110361
黄苞大戟 **159845**
黄苞花属 279765
黄苞火鹤花 **28124**
黄苞蓟 **91877**
黄苞南星 **33331**
黄苞麒麟花 159367
黄苞舌兰 **370394**
黄苞十大功劳 242517
黄苞石豆兰 **62870**
黄苞铁海棠 **159367**
黄苞小虾花 214379
黄苞芋属 36967
黄苞沼芋 **239517**
黄苞钟花垂头菊 **110361**
黄胞 338985
黄宝铎草 **134470**
黄宝剑 **412338**
黄宝石神麻菊 **346272**
黄报春 314366
黄豹皮花 **373794**
黄杯杜鹃 **332093**
黄杯苣 **68445**
黄北美藜芦 236324
黄北美夜来香 **68508**
黄贝克野荞麦 **151837**
黄贝母 **168464**
黄背草 **389361**,389355
黄背勾儿茶 **52416**
黄背勾儿藤 52416
黄背菅草 **389355**
黄背栎 **324264**,233128
黄背茅 389355
黄背青冈 **116180**
黄背鼠尾草 **345096**
黄背藤 **32626**
黄背桐 243420
黄背退毛来江藤 **59126**
黄背小檗 **51753**
黄背血桐 240312
黄背叶柃 **160555**
黄背叶柃木 160555
黄背叶青冈 116079
黄背越橘 **403863**
黄鼻叶草 **329584**
黄荸薺 131531
黄边百合竹 137481
黄边草原米草 **370174**
黄边草原网茅 370174
黄边凤梨 21481
黄边高加索南芥 **30216**
黄边枸骨叶冬青 **203567**
黄边红果龙血树 **137481**
黄边锦熟黄杨 **64348**
黄边龙舌兰 10788
黄边卵叶女贞 229571
黄边女贞 **229533**
黄边素方花 **211941**
黄边纹龙血树 **137402**
黄边西洋接骨木 **345634**
黄边香龙血树 **137398**
黄边橡胶树 164940
黄边橡皮树 164940
黄边印度橡胶树 164940
黄鞭 131734
黄扁柏 **85301**
黄扁石蒜 **301546**
黄藨 338347,338354
黄藨子 338554
黄槟榔青 **372477**
黄柄多腺悬钩子 **339048**
黄柄木 179444
黄波罗 294231
黄波罗花 **205566**
黄波罗栎 **323815**
黄波萝 203961
黄波斯菊 107172
黄波斯石蒜 **401819**
黄菠萝树 294231
黄伯栗 294231
黄薄荷 240765
黄檗 **294231**,51470,51524,51548,51563,51572,51711,51805,51845,52306,294240
黄檗刺 51284,51563,51982
黄檗木 294231
黄檗皮 294240
黄檗属 294230
黄檗树 51301
黄檗子 51284
黄蘗属 294230
黄补骨脂 **319199**
黄材乌檀 **262852**
黄彩玉 **163473**
黄菜子 294123
黄苍白花姬 **313915**
黄槽斑竹 **297229**
黄槽毛竹 **297303**
黄槽石绿竹 **297196**
黄槽竹 **297204**
黄草 **415102**,35167,36647,

124996,125005,125033,
125109,125138,125233,
125235,125257
黄草地丁 384681
黄草花 105572
黄草毛 **33817**
黄草木犀 249205
黄草珊瑚 **346528**
黄草石斛 124963,125048
黄草属 **415101**
黄草乌 **5667**,5205
黄侧花茱萸 **304613**
黄茶根 328726
黄茶瓶 336675
黄柴 328725
黄柴胡 183222,207151,207165,
368073
黄蝉 **14881**
黄蝉兰 **116919**
黄蝉木属 **14871**
黄蝉属 14871
黄菖蒲 **208771**
黄长春花 **79420**
黄长脚兰 90712
黄长距耧斗菜 **30054**
黄长毛水蜈蚣 **218477**
黄长筒石蒜 **239265**
黄长足兰 **90712**
黄尝 110251
黄常山 129033
黄常山属 129030
黄巢菜 **408469**
黄车轴草 **397096**,279053
黄橙 93515
黄橙马铃苣苔 273836
黄齿雪山报春 **314337**
黄赤宝花 **390004**
黄翅莎草 **118537**
黄虫树 145417
黄椆 116079,233128,233143
黄臭草 **249008**
黄蒢 198745,297650,297712
黄槠 157732,233153
黄串心花 211344
黄垂欧洲山毛榉 **162405**
黄垂筒花 **120579**
黄椿木姜子 **234091**
黄唇赤箭 171934
黄唇卷瓣兰 62958
黄唇兰 89948
黄唇兰属 89938
黄唇毛兰 **148797**
黄唇线柱兰 **417786**,417768
黄茨果 338354
黄雌足芥 **389274**
黄刺 51470,51548,52306
黄刺柏 52320
黄刺般若 **43530**,43527
黄刺大统领 **389207**
黄刺儿根 339483
黄刺芳香木 **38815**
黄刺果 336675,338354
黄刺蓟 **92259**
黄刺菊 **295569**
黄刺菊属 **295566**
黄刺蓼 **179570**
黄刺蓼属 **179569**
黄刺列当 **274999**
黄刺玫 **337029**
黄刺玫蔷薇 337029
黄刺莓 337029
黄刺梅 337029
黄刺木槿 **194802**
黄刺泡 78039,339468
黄刺皮 51524
黄刺鞘头柱 **99432**
黄刺茄 367706
黄刺神代 83912
黄刺条 72233
黄刺条锦鸡儿 **72233**
黄刺头菊 **108240**
黄刺头柱 99432
黄刺卫矛 157282
黄刺小檗 **51465**
黄刺猩猩冠柱 **34969**
黄刺掌 **272962**
黄刺柱 94557
黄葱 **15443**
黄葱莲 **417618**
黄丛林兰 **138506**
黄酢浆草 277849
黄酢酱草 **278154**
黄簇花 **120884**
黄翠雀花 **124359**
黄达木 56971
黄打破碗 367735
黄大臣 **244071**
黄大豆 177750,177777
黄大花杓兰 **120400**
黄大花刺果泽泻 **140545**
黄大戟 122438
黄大金 392559
黄大蒜 111464
黄大文字 **140888**
黄大腺兰 **240903**
黄带菊属 416907
黄带来仔 367146
黄带丽穗凤梨 **412353**
黄袋鼠爪 **25221**
黄戴戴 184711
黄戴尔豆 **121894**
黄丹 17800,17810,17811
黄丹公 17800
黄丹木姜子 **233899**
黄单苞菊 **257704**
黄单角胡麻 **203260**
黄单孔偏穗草 **258003**
黄单裂苣苔 **257839**
黄胆草 128964
黄胆榄 30899
黄胆木属 262795
黄胆树 166861
黄疸草 49594,128964,239582
黄疸树 52320,240842
黄疸藤 61103
黄弹 94207
黄弹子 94207
黄淡子 94207
黄蛋 131501
黄道栌 107300,107309
黄道星点木 **137413**
黄稻节柴 331257
黄德拉蒙德芸香 **138389**
黄灯笼 297703
黄底芩 355669,355675
黄地杨梅 **238639**
黄地榆 328345,370503
黄棣棠 216085
黄蒂 179444
黄靛花 87048
黄吊兰 133145
黄吊钟花 **145677**
黄丁苦草 291138
黄丁香 207046
黄丁子 84404
黄顶冰花 **169481**
黄顶菊 **166816**
黄顶菊属 **166814**
黄东澳石蒜 **68032**
黄东莨菪 **354692**
黄豆 177750
黄豆瓣 80260
黄豆鞭 62799
黄豆属 177689
黄豆树 13525,13635,13649,
243437,285677
黄毒豆 **218762**
黄独 **131501**
黄独脚金 377973
黄独零余子 131501
黄独蕊 **412142**
黄独尾草 **148551**
黄独行菜 **225365**
黄杜鹃 330706,331161,331257,
331261
黄杜鹃花 331257
黄肚槁 234091
黄度梅 216085
黄短花润肺草 **58927**
黄短绒毛鹿藿 **333300**
黄短叶虎尾兰 346162
黄短种脐草 **396706**
黄断肠草 105808
黄盾萝藦 **39659**
黄钝花莎草 **119300**
黄多布尼草 123108
黄多刺苍菊 **280587**
黄多节花 **304511**
黄多鳞菊 **66359**
黄多脉水蜈蚣 **218586**
黄多毛兰 **396467**
黄多穗鸟娇花 **210885**
黄多头玄参 **307585**
黄多叶白花菜 **95676**
黄娥兰 390527
黄莪术 **114884**
黄蛾兰 390509
黄萼翠凤草 **301114**
黄萼红景天 **329905**
黄萼卷瓣兰 63035
黄萼雪地黄芪 42797
黄萼雪地黄耆 **42797**
黄恩德桂 **145333**
黄儿茶 300980
黄耳壶石蒜 **402214**
黄耳龙胆 **173578**
黄法国水仙 **262459**
黄法拉茜 **162587**
黄幡铃 **145021**
黄幡铃属 **145020**
黄反折针垫花 **228101**
黄饭花 62134
黄防风 176923,346448
黄防己 94748
黄防己状薯蓣 **131709**
黄飞廉属 14593
黄飞燕草 **102835**
黄非洲豆蔻 **9900**
黄非洲狗尾草 **361901**
黄非洲砂仁 9900
黄肥皂草 **346429**
黄费利菊 **163206**
黄粉薄花兰 **127991**
黄粉大叶报春 **314606**
黄粉蝶忍冬 236226
黄粉缺裂报春 **314921**
黄粉条儿菜 **14475**
黄粉头序报春 **314215**
黄风 346448
黄风琴豆 **217989**
黄蜂草 340367
黄蜂眉兰 **272399**
黄蜂藤 260483,260484
黄凤尾柏 **85317**
黄凤仙 285841
黄凤仙花 **204958**,204891
黄凤玉 **43496**
黄扶桑 **195164**

黄芙蓉 229,233,247139
黄枹 407964
黄附加百合 **315525**
黄覆瓦石豆兰 **62791**
黄甘草 **177888**,177916
黄甘青报春 **315034**
黄杆金竹 **297205**
黄柑 **93726**,94207
黄竿 297285,297464
黄竿金竹 297205
黄竿京竹 297205
黄竿乌脯鸡竹 297500
黄竿乌哺鸡竹 297500
黄竿竹 206885
黄秆乌哺鸡竹 **297500**
黄秆竹 **206885**
黄刚毛滇紫草 **271825**
黄刚毛老鸦嘴 **390721**
黄刚毛葶苈 **136901**
黄高葶苣 **11420**
黄槁 91392,233849,240570
黄藁本 229284,247716,276766
黄格雷草 **180541**
黄格雷野牡丹 **180398**
黄葛 165841
黄葛根 321441
黄葛扭 378386
黄葛树 **165841**,91363,165844
黄葛藤 321441
黄根 250228,315332,315334,417124
黄根根 339887
黄根海豆 **245290**
黄根姜黄 114881
黄根节兰 **66085**,66068
黄根葵 **200175**
黄根葵科 **200171**
黄根葵属 **200173**
黄根蓝剑草 **415581**
黄根木 **417124**
黄根木属 415164
黄根属 415164
黄根树 417124
黄根树属 415164
黄根水酸模 **339957**
黄根藤 250228
黄根子 345881,345894
黄根紫堇 **105896**
黄梗藤 347078
黄贡茄 367735
黄沟酸浆 255218
黄狗骨 244985
黄狗合藤 249664
黄狗卵 33325
黄狗毛 205473
黄狗皮 122444,414147
黄狗头 131501,384473,384681,416433
黄狗尾 361877
黄枸骨叶冬青 **203554**
黄构 414216
黄构皮 414129,414216
黄姑娌 131529
黄姑娘 297650,297703,297712
黄古木 145517
黄古山龙 **30898**
黄古头草 218480
黄谷精 416020,416127
黄谷精科 415975
黄谷精属 415990
黄牯牛花 331257
黄骨狼 118133
黄瓜 **114245**,396210,396257
黄瓜菜 **283388**,210527,396611,409898,416437
黄瓜菜属 **283385**
黄瓜草 237539,409898
黄瓜蜡烛果 **284498**
黄瓜绿草 312412
黄瓜仁草 308123,308259
黄瓜属 **114108**
黄瓜树 45724,241962
黄瓜香 85232,345881,345894,396611,409898,409980,410030
黄瓜叶白粉藤 **92668**
黄瓜掌属 216647
黄瓜仔 114189
黄瓜子草 357123
黄冠单毛菊 **377417**
黄冠单毛菊属 **377416**
黄冠菊 415132
黄冠菊属 415130
黄冠马利筋 **37889**
黄冠欧石南 **149449**
黄冠莎草 **118897**
黄冠鼠麹木 **28680**
黄冠鼠麹木属 **28677**
黄管杜鹃 **330992**
黄管黄芩 **355854**
黄管秦艽 **173676**
黄灌木豆 **321731**
黄光风车子 **100343**
黄光菊 **347184**
黄光菊属 **347183**
黄光三联穗草 **398584**
黄桂 233830
黄果 **93772**,93765,113438,264075
黄果阿诺德花楸 **369293**
黄果矮茶藨 334038
黄果安息香 **379326**
黄果菝葜 **366286**
黄果白英 **367326**
黄果百两金 **31411**
黄果斑点山楂 **109971**
黄果扁担杆 180815
黄果波罗蜜 **36948**
黄果草马桑 104707
黄果草莓番石榴 **318739**
黄果茶藨 334038,334260
黄果茶藨子 **334260**
黄果车桑子 **135214**
黄果臭山槐 369379
黄果刺 395146
黄果粗叶木 **222110**
黄果邓博木 **123721**
黄果顶序马桑 **104707**
黄果冬青 **203912**
黄果短舌苔草 **73704**
黄果番石榴 318739
黄果佛罗里达四照花 **105038**
黄果扶老杖荚蒾 **408025**
黄果覆盆子 **338558**
黄果沟果茜 **18609**
黄果枸杞 **239012**
黄果桂 113438
黄果黑茶藨子 **334123**
黄果厚壳桂 **113438**
黄果湖北山楂 **109761**
黄果槲寄生 **410994**
黄果鸡树条荚蒾 **408099**
黄果荚蒾 **407793**
黄果具柄冬青 **204140**
黄果勘察加接骨木 **345670**
黄果冷杉 **346**
黄果龙葵 **367428**,367107
黄果罗杰斯火棘 **322481**
黄果落霜红 **204251**
黄果美国冬青 **204126**
黄果美国山胡椒 **231307**
黄果莫罗氏忍冬 **235971**
黄果木 **243990**
黄果木莓 **136866**
黄果木属 **243979**,268330
黄果耐寒枸子 **107455**
黄果鸟花楸 369343
黄果牛叠肚 **338303**
黄果欧洲常春藤 **187279**
黄果欧洲红豆杉 **385315**
黄果欧洲花楸 **369348**
黄果欧洲荚蒾 **407998**
黄果欧洲女贞 **229666**
黄果欧洲小檗 **52341**
黄果蓬虆 **338519**
黄果朴 **80670**,80580
黄果茄 **367735**,367651
黄果青木 **44925**
黄果榕 **164686**,165830
黄果沙枣 142140
黄果山姜 **17696**
黄果山马茶 **382753**
黄果山楂 **109598**,109709
黄果珊瑚 367706,367735
黄果树 46198,139668,171253,300980
黄果树属 46176
黄果丝藤 **259586**
黄果塔形枸骨叶冬青 **203559**
黄果藤 80203,80260
黄果藤黄属 243979
黄果天目琼花 408099
黄果铁冬青 **204220**
黄果无梗接骨木 **345697**
黄果西番莲 **285638**
黄果香茶藨子 **334129**
黄果悬钩子 **339483**
黄果野海茄 **367263**
黄果野山楂 **109651**
黄果宜昌荚蒾 **407806**
黄果圆叶樱桃 **316532**
黄果云杉 **298336**
黄果舟山新木姜子 **264093**
黄果朱砂根 **31402**
黄果猪母乳 **164986**,164686
黄果竹节参 **280750**
黄果子 171253
黄哈尼姜 **185274**
黄海棠 **201743**
黄海桐 **301388**
黄蒿 **77828**,35132,35466,36232,36307,77784,178062,217361
黄蒿属 77766
黄蒿子 226860
黄毫子 226860
黄好花 354801
黄好望角茶豆 **85197**
黄合花风信子 **123108**
黄合叶 61975
黄河虫实 **104785**
黄河胡枝子 **226753**
黄河江 171455
黄荷包牡丹 106350
黄荷花 263270
黄褐奥佐漆 **279284**
黄褐百蕊草 **389701**
黄褐薄荷 **250340**
黄褐叉鳞瑞香 **129529**
黄褐大吴风草 **162621**
黄褐杜鹃 **331250**,330742
黄褐短毛草 **58252**
黄褐多肋菊 **304432**
黄褐风车子 **100472**
黄褐格雷野牡丹 **180378**
黄褐谷精草 **151309**
黄褐花天料木 **197678**
黄褐花缨丹 **221251**
黄褐鸡头薯 **152951**

黄褐库页苔草 **76114**
黄褐蜡菊 **189378**
黄褐老鸦嘴 **390883**
黄褐勒珀蒺藜 **335667**
黄褐莲子草 **18137**
黄褐马唐 **130565**
黄褐脉灰毛豆 **386077**
黄褐脉马岛无患子 **392107**
黄褐脉萨比斯茜 **341630**
黄褐毛株木 **380449**
黄褐毛忍冬 **235801**
黄褐毛山黑扁豆 **138930**
黄褐毛香根草 **407580**
黄褐南洋参 **310202**
黄褐琼楠 **50518**
黄褐热非茜 **384331**
黄褐绒毛荚蒾 407795
黄褐萨比斯茜 **341629**
黄褐莎草 **118727**
黄褐山蚂蝗 **126358**
黄褐蛇根草 272248
黄褐丝茎野荞麦 **152388**
黄褐香青 21612
黄褐星假杜鹃 **48168**
黄褐绣球防风 **227641**
黄褐异被风信子 **132539**
黄褐鸢尾 208919
黄褐珍珠茅 **354097**
黄褐珠光香青 **21612**
黄赫雷罗芦荟 **16886**
黄鹤顶兰 293494
黄鹤兰 293494
黄鹤蝎尾蕉 **190025**
黄黑山柳菊 **196053**
黄红杜鹃 330041
黄红姜黄 **114881**
黄红毛杜鹃 330041
黄猴面花 255218
黄后冬青卫矛 **157613**
黄厚萼凌霄 **70513**
黄厚膜树 **163403**
黄厚皮树 **221160**
黄胡萝卜 **123138**
黄壶状花 **7201**
黄蝴蝶 65055
黄蝴蝶草 392886,392903
黄虎耳草 **349068**
黄琥珀 233468
黄花 124785,191266,191284,191304,191309,191312,296072
黄花艾 36097,178355
黄花爱地草 **174365**
黄花白艾 178062
黄花白点兰 **390509**
黄花白芨 **55572**
黄花白及 55572
黄花白头翁 **321714**
黄花白仙玉 **246592**
黄花百合 **230078**,230001
黄花败酱 285839,285859,358292
黄花败酱草 285880
黄花斑鸠菊 **406402**
黄花瓣 167456
黄花棒果芥 **376327**
黄花报春 314400,314961
黄花贝母 **168614**,168538
黄花鼻花 **329518**
黄花比佛瑞纳兰 **54245**
黄花扁担杆 **180811**
黄花扁蕾 **174221**
黄花扁蓄 50669
黄花杓兰 **120352**
黄花藨 70507
黄花藨 338703
黄花补血草 **230524**
黄花捕虫堇 **299752**
黄花布克木 **57987**
黄花菜 **191266**,34406,191284,191304,191312,191316,207135,283388,326340,416437
黄花菜科 191260
黄花菜属 191261,307132
黄花苍蝇架 230524
黄花草 **34406**,4870,11549,11572,27969,53801,100990,105896,178218,201605,201612,201942,207151,207165,237539,239597,239673,243893,277747,325718,359980,362490,362617,363090,368073,371645,377973,384473,384681,409888,413514
黄花草莓 167632
黄花草木犀 249232
黄花草属 **34403**,27930
黄花草子 247425
黄花茶 **69070**
黄花昌都点地梅 **23130**
黄花长亩金腰 **90414**
黄花长蕊草 **85977**
黄花长蒴苣苔 22159
黄花长叶兰 **116848**
黄花朝鲜白头翁 **321668**
黄花朝鲜百合 **229724**
黄花痴头婆 399212
黄花齿唇兰 269033
黄花川西獐牙菜 **380286**
黄花船板草 184997
黄花刺 51548,51643
黄花刺茄 367567
黄花葱 15189,15190,15198,15480
黄花粗筒苣苔 **60256**
黄花酢浆草 **278008**,277747
黄花簇叶兰 **135065**
黄花翠雀 124067
黄花大苞姜 **79727**
黄花大苞兰 **379771**
黄花大蒜芥 365532
黄花大远志 308050
黄花丹参 345029
黄花岛生木犀 **276337**
黄花倒水莲 308050
黄花德国忍冬 **236024**
黄花地草果 409888
黄花地胆头 55766
黄花地丁 106227,106355,111879,210654,312502,354813,384681,409888
黄花地锦苗 106350
黄花地纽菜 373222
黄花地钮菜 **373482**
黄花地桃花 362617,399312
黄花地榆 345347
黄花滇藏杜鹃 **331962**
黄花滇紫草 **271772**
黄花垫柳 **344128**
黄花吊石苣苔 **239985**
黄花吊水莲 308050
黄花蝶豆 **97205**
黄花冬菊 413549
黄花兜兰 282806
黄花兜舌兰 **282888**
黄花独蒜 370402
黄花独蒜兰 **304248**
黄花独蒜属 370393
黄花杜鹃 **331159**,330092,330311,330706,331161
黄花短蕊茶 **69765**
黄花多萼草 404612
黄花多穗鸟娇花 **210883**
黄花鄂报春 314116
黄花儿 366698,368073
黄花儿柳 343151,344117
黄花法道格茜 **162006**
黄花方 356841
黄花飞燕草 124067
黄花翡翠珠 **358561**
黄花粉叶报春 **314400**
黄花风铃木 382711
黄花风雨花 417616
黄花凤仙花 205188,205361
黄花凤眼蓝 **141809**
黄花凤眼莲 141809
黄花甘 377973
黄花甘遂 **375189**
黄花杆 167456
黄花杠柳 **291053**
黄花高山豆 **391543**
黄花茖葱 15480
黄花根节兰 66001
黄花沟宝山 327255
黄花沟酸浆 **255218**
黄花狗骨柴 **395277**
黄花狗牙百合 154899
黄花瓜叶菊属 91107
黄花贯叶忍冬 **236091**
黄花鬼吹箫 **228320**
黄花棍棒石斛 125003
黄花果 178062,202070
黄花过长沙舅 46366
黄花海葱 **274692**
黄花海芙蓉 **230821**
黄花海罂粟 **176738**
黄花含笑 **252976**
黄花蒿 **35132**,35308,207224
黄花合头菊 **381646**
黄花合叶豆 **366643**
黄花荷包牡丹 **128292**
黄花鹤顶兰 **293494**
黄花红百合 229744
黄花红斑石蒜 **111848**
黄花红花来江藤 59131
黄花红门兰 310871
黄花红千层 **67282**
黄花红砂 327230
黄花红心凤梨 **60548**
黄花胡椒 **300392**
黄花胡麻 **401791**
黄花胡麻属 **401789**
黄花蝴蝶草 **392903**
黄花虎眼万年青 274692
黄花虎掌草 325697,325718,326470
黄花花 331257
黄花花杜鹃 **330235**
黄花华北楼斗菜 **30091**
黄花槐 **369163**
黄花还羊参 110785
黄花还阳参 **110775**,110741,110785
黄花黄猄草 **85953**
黄花黄芪 42648
黄花黄耆 **42647**
黄花黄芩 355387,355846
黄花灰毛豆 **386071**
黄花霍丽兰 **198686**
黄花矶松 230524
黄花鸡蛋花 **305219**
黄花鸡骨 307923
黄花鸡骨柴 144096
黄花鸡爪草 **66221**
黄花姬毛蕊花 405659
黄花棘豆 **279053**
黄花蓟 91955
黄花加拿大百合 **229785**

黄花夹竹桃 **389978**
黄花夹竹桃属 **389967**
黄花嘉兰 **177253**
黄花假杜鹃 **48295**
黄花假鹰爪 **126729**
黄花尖萼楼斗菜 **30062**
黄花姜黄 **114867**
黄花胶藤 **220851**
黄花椒 161393
黄花角蒿 **205584**,205566
黄花金田菊 **222594**
黄花金腰 **90322**
黄花金盏花 **66448**
黄花堇菜 **410763**,409888,410326,410543
黄花堇兰 **207407**,379771
黄花九轮草 **315082**
黄花九轮樱 315082
黄花韭 **15198**,15189
黄花韭兰 **376356**
黄花具脉荆芥 **265012**
黄花卷瓣兰 **62949**,62984
黄花卷唇兰 62949
黄花卷丹 **230060**
黄花卡德藤 **79368**
黄花卡特兰 **79547**
黄花开口箭 70596
黄花可拉木 **99193**
黄花苦菜 285859
黄花苦草 4870
黄花苦豆 389533
黄花苦豆子 389540
黄花苦蔓 172779
黄花苦晚藤 172779
黄花库弗草 404612
黄花葵 **223367**,402217
黄花葵属 402215
黄花喇叭木 382711
黄花刺参 **258845**
黄花来江藤 **59132**
黄花兰 82051
黄花蓝岩参 84966
黄花蓝猪耳 392903
黄花郎 384473,384681,384714
黄花郎草 384473,384681
黄花老鹳草 **174948**
黄花乐母丽 **335987**
黄花冷水花 **298963**
黄花狸藻 **403108**
黄花黧豆 259487
黄花丽薇 **219730**
黄花莲 229,25504
黄花炼荚豆 **18296**
黄花恋岩花 **140062**
黄花链条 167456
黄花梁山慈 **125474**
黄花亮梯牧草 **376661**
黄花列当 **275177**
黄花鳞托菊 190810
黄花蔺 **230250**
黄花蔺科 **230253**
黄花蔺属 **230244**
黄花凌霄 70507
黄花刘寄奴 201743
黄花瘤瓣兰 **270792**
黄花柳 **343151**
黄花柳叶菜 **146771**
黄花六道木 **167**
黄花龙船花 211074
黄花龙胆 **173451**,173198,173778
黄花龙舌草 413514,413549
黄花龙牙 285859
黄花龙牙草 285859
黄花龙芽 285859
黄花楼斗菜 **30017**
黄花漏芦 81345
黄花鹿藿 **333298**
黄花鹿角柱 **140280**
黄花驴臭草 271827
黄花绿绒蒿 **247124**,247116
黄花轮叶贝母 168467
黄花落叶松 **221919**
黄花马布里玄参 **240203**
黄花马豆 361384,362300
黄花马尔汉木 135321
黄花马兰 368073
黄花马蔺 **208669**
黄花马铃苣苔 **273859**
黄花马尿藤 70904
黄花马宁 217
黄花马蹄莲 **417104**
黄花马先蒿 **287209**
黄花马缨丹 221266
黄花脉杜鹃 330439
黄花脉柱杜鹃 330439
黄花牻牛儿苗 **153763**
黄花猫尾木 **135321**
黄花毛地黄 **130371**,130369
黄花毛鳞菊 **84966**
黄花毛蕊杜鹃 **332099**
黄花茅 **27969**,27947
黄花茅属 **27930**
黄花茅状野青茅 **65274**
黄花眉兰 **272455**
黄花梅 277747
黄花梅花草 **284569**
黄花美冠兰 **156708**
黄花美人蕉 **71182**,71171,71193
黄花门采丽 250486
黄花门泽草 **250486**
黄花猛 362617
黄花米口袋 **181644**,391543
黄花蜜菜 413549
黄花棉 243893
黄花苗 384473,384681,384714
黄花磨盘草 910
黄花墨菜 413514
黄花蘑芩草 258863
黄花母 53801,195696,196057,359980,362490,362494,362617
黄花木 **300667**
黄花木兰 241962
黄花木蓝 **205927**
黄花木棉 98104,98105
黄花木棉属 98100
黄花木麒麟 **290704**
黄花木属 **300660**
黄花木香 336368
黄花苜蓿 247457
黄花南非吊金钟 **296110**
黄花南芥 **30267**
黄花南锦葵 **267210**
黄花南星 33331
黄花鸟娇花 **210841**
黄花牛耳朵 **87912**
黄花欧洲百合 **229927**
黄花帕伦列当 **284094**
黄花炮仗藤 322950
黄花泡泡叶杜鹃 331778
黄花泡叶杜鹃 331778
黄花蟛蜞草 413514,413549
黄花枇杷柴 327230
黄花瓶刷树 67288
黄花瓶刷子树 67293
黄花瓶子草 **347150**
黄花萍蓬草 267294
黄花婆罗门参 **394321**
黄花珀菊 **18983**
黄花葡萄兰 **4650**
黄花蒲公英 **384463**
黄花七筋姑 **97091**
黄花七筋菇 97091
黄花七叶树 9692
黄花千岛獐牙菜 **380382**
黄花牵牛 250859
黄花前胡 24213
黄花蔷薇 336944
黄花鞘柄茅 **99993**
黄花秋 66445
黄花秋海棠 **49839**,50413
黄花秋水仙 99329
黄花楸 79257
黄花球兰 **198844**
黄花曲草 178062,413514
黄花全缘石楠 **295707**
黄花忍冬 **235791**,235730
黄花稔 **362478**,362617
黄花稔番薯 **208188**
黄花稔凤仙花 **205320**
黄花稔胡椒 **300508**
黄花稔木槿 **195229**
黄花稔属 **362473**
黄花稔天竺葵 **288518**
黄花日本杜鹃 **331261**
黄花日本六道木 **180**
黄花肉苁蓉 **93059**
黄花肉叶荠 **59769**
黄花软紫草 **34624**
黄花瑞香 122378
黄花三宝木 **397371**
黄花三草 215350
黄花三七 384473,384681,397622
黄花三七草 **183098**,183097
黄花沙地马鞭草 702
黄花沙马鞭 **702**
黄花沙枣 141932
黄花山丹 229815
黄花山莨菪 **25459**
黄花山莓草 **362375**
黄花山牵牛 **390828**
黄花山鸭舌草 210654
黄花绍尔爵床 **350609**
黄花蛇根草 **272268**
黄花蛇舌草 389638
黄花参 308050,329975
黄花肾叶堇菜 **410543**
黄花虱麻头 399312
黄花蓍草 3948
黄花石豆兰 62984
黄花石斛 **125115**,125390
黄花石花 **103948**
黄花石莲 **364921**
黄花石楠 295707
黄花石蒜 239257
黄花石蒜属 376350
黄花鼠麹木 **110534**
黄花鼠麹木属 **110533**
黄花鼠尾 345029
黄花鼠尾草 **345029**,345254,345347
黄花属 41906
黄花树 62134,160344
黄花树萝卜 **10308**
黄花树葡萄 **120072**
黄花水八角 **180306**
黄花水丁香 **238167**
黄花水龙 **238206**,238230
黄花水毛茛 **48908**
黄花水苏 373482
黄花睡莲 **267774**,267714
黄花松 221919
黄花松蒿 296072
黄花苏木 **103661**
黄花苏木属 **103660**
黄花梭果爵床 85953
黄花台湾肺形草 **398302**,

398287,398295
黄花苔 74122
黄花苔草 **74122**
黄花昙华 71171
黄花唐菖蒲 176151
黄花唐松草 **388506**
黄花糖芥 **154416**
黄花藤 356279
黄花条 167456
黄花铁富豆 386199
黄花铁线莲 **95031**
黄花庭菖蒲 365767
黄花同裂胡枝子 **226839**
黄花同形裂片胡枝子 226839
黄花头花草 **82116**
黄花菟葵 148112
黄花托里贝母 168591
黄花挖耳草 403108
黄花瓦松 **275394**,275356,275363
黄花万寿竹 134503
黄花委陵菜 **312457**
黄花渥丹 **229815**
黄花乌 162542
黄花乌头 **5144**,5039,5055
黄花无柱兰 **19530**
黄花雾 53801,54048,362490,362617
黄花细辛 368073,409888
黄花夏至草 **220124**
黄花仙人掌 **273085**
黄花线柱兰 **417731**,417768
黄花腺蕊杜鹃 330439
黄花香 201710,201773,202070,202204,285859,409898
黄花香草 327553
黄花香荼菜 **209822**
黄花香金丝桃 **201873**
黄花香薷 **144021**,144011
黄花香水月季 **336819**
黄花香雪兰 168189
黄花小百合 229956
黄花小槌 102710
黄花小杜鹃兰 383149
黄花小二仙草 **184997**
黄花小二仙草属 **184995**
黄花小红门兰 **310871**
黄花小山菊 **124789**
黄花小室野荞麦木 **152271**
黄花小葶菊 124789
黄花小虾花 **50925**
黄花肖头蕊兰 **82088**
黄花肖鸢尾 **258415**
黄花邪蒿 361506
黄花新月 **277024**
黄花荇菜 267802
黄花序卫矛 157675
黄花萱 **410277**
黄花萱草 191266,191284,191304
黄花雪山鼠尾草 345021
黄花鸦葱 **354961**
黄花鸭首马先蒿 **287002**
黄花鸭跖草 **101080**
黄花鸭跖柴胡 **63609**
黄花亚菊 **13016**
黄花亚洲木犀 **276259**
黄花烟草 **266053**
黄花烟堇 **169197**
黄花烟堇属 **169196**
黄花胭脂花 **314628**
黄花延龄草 **397579**
黄花岩白菜 273863
黄花岩报春 **314321**
黄花岩豆 28170
黄花岩黄芪 187834,187876
黄花岩黄耆 **187834**
黄花岩梅 **127912**
黄花岩松 356877
黄花演 359980
黄花羊耳蒜 **232236**
黄花羊角棉 **18043**
黄花羊蹄甲 **49241**
黄花杨 **311427**
黄花洋地黄 130371
黄花洋素馨 84404
黄花洋紫荆 49241
黄花药药 380286
黄花野百合 112138
黄花野靛棵 **244296**
黄花野青茅 **127235**
黄花野苕子 408512
黄花野豌豆 408512
黄花叶 243327
黄花叶下红 283388
黄花夜合 252924
黄花夜香树 **84404**
黄花一枝蒿 358292
黄花一枝香 368073
黄花异决明 **360416**
黄花异色金缕梅 **185116**
黄花翼萼 392903
黄花阴山胡枝子 **226844**
黄花茵陈 365296
黄花茵芋 **365917**
黄花鹰爪豆 **370204**
黄花硬骨凌霄 **385509**
黄花硬毛棘豆 **278884**
黄花油点草 **396611**
黄花鱼灯草 106350
黄花羽花木 **407530**
黄花羽毛菊 **190810**
黄花羽扇豆 **238463**
黄花玉凤花 183393
黄花郁金香 400146
黄花鸢尾 **208941**,208562
黄花圆叶报春 **314338**
黄花远志 307923,308050
黄花月见草 **269443**
黄花云南冠唇花 **254249**
黄花杂色酢浆草 **278143**
黄花皂帽花 126729
黄花獐牙菜 **380244**
黄花折瓣花 **404612**
黄花折叶兰 **366780**
黄花枝草 359980,416437
黄花枝香草 416437
黄花蜘蛛抱蛋 **39541**
黄花直瓣苣苔 **22165**
黄花钟花蓼 308943
黄花帚鼠麹 **135694**
黄花帚鼠麹属 **135693**
黄花珠 239597,239673
黄花猪牙花 **154908**
黄花状元竹 389978
黄花着生杜鹃 330994
黄花仔 11572,37888,201942,282888,362590,368073
黄花仔草 178062
黄花子 234045,363090
黄花子草 178062
黄花紫草 34624
黄花紫丹参 344928
黄花紫果槐 369117
黄花紫金牛 **31447**
黄花紫堇 105658,106170
黄花紫玉盘 **403502**
黄花醉鱼草 62134
黄华 300980,389540
黄华柳 344117
黄华球 **234917**
黄华属 389505
黄华丸 234917
黄划栎 324532
黄桦 **53432**,53338,53389
黄槐 78308,360490
黄槐花树 78300
黄槐决明 **360490**
黄还阳参 110775
黄环 414576
黄环丝韭 **55649**
黄黄草 203066
黄灰黄胶菊 **318688**
黄灰毛豆 **386353**
黄灰鸭嘴花 **214606**
黄茴芹 **299465**
黄桧 85338,245852
黄昏 13578,284401
黄昏天蓝绣球 **295295**
黄昏玉 **413674**
黄火草 178218
黄火炬蝎尾蕉 **190015**
黄火麻 233
黄火石蒜 **322938**
黄火焰草 **79132**
黄藿香 **10410**
黄机树 171301,175920
黄芨芨芹 **418109**
黄矶松 230524
黄鸡菜 308529,308572,308641
黄鸡胆 370512
黄鸡蛋果 285694
黄鸡蛋花 305226
黄鸡冠花 **80396**
黄鸡脚 122034,133186
黄鸡兰 122040
黄鸡郎 122034
黄鸡胖 122034
黄鸡藤 347078
黄鸡子 171253
黄基报春 **315128**
黄箕子 171253,171333
黄吉诺菜 **175849**
黄极光球 **153352**
黄棘 72342
黄寄生 410992
黄稷 **282393**
黄加拿大毛茛 **12754**
黄夹竹桃属 389967
黄嘉兰 234139
黄嘉兰属 234130
黄荚莲 407929
黄假高粱 **369582**
黄假含羞草 **265231**
黄假狼紫草 **266608**
黄假枝端花 **318557**
黄假种皮南蛇藤 **80261**
黄尖苔草 **74569**
黄尖叶火烧兰 **147240**
黄尖柱鼠麹草 **412933**
黄菅 194020
黄菅茅 194020
黄剑草科 **77759**
黄剑草属 **77755**
黄剑茅 **395398**
黄剑茅属 **395397**
黄姜 114871,131529,131531,131734,131754,131917
黄姜花 **187447**
黄姜树 274433
黄姜丝 274412
黄姜子 131736
黄浆果 110258,203961
黄浆树 110258
黄浆苔 240769
黄豇豆 360463
黄橿子 323695
黄胶菊属 **318665**

黄胶木科 415182
黄胶木属 415172
黄椒 392559,417292,417323,417340
黄椒根 417216
黄蕉 **260204**
黄角金鱼藻 83578
黄角兰 252841
黄角栏 252841
黄角树 165841
黄脚鸡 122040,134412,239640,239645,308613,308616,388667,388669
黄接骨丹 183158
黄结 369141
黄截叶胡枝子 **226744**
黄芥 59438
黄芥菜 59438
黄斤 321441
黄金 411362
黄金柏 **415114**
黄金柏属 **415111**
黄金柴胡 63571
黄金调 83698
黄金凤 **205317**
黄金凤凤仙花 205317
黄金葛 147338
黄金古 392269
黄金桂 110251,260173
黄金果椰 **139374**
黄金蒿 35187
黄金花 237539
黄金鸡纳 **91059**
黄金间碧玉竹 **297239**,47518
黄金间碧竹 **47518**
黄金菊 85526,202400
黄金菊属 85510,202387
黄金莲 267320
黄金莲花 **399538**
黄金龙 **299248**
黄金楼 239591
黄金桐属 222625
黄金卵 307923
黄金芒 **255847**,255886
黄金毛蒐 **89878**
黄金茅 **156442**,156499
黄金茅属 **156439**
黄金纽 **196232**
黄金纽属 **196231**
黄金茄 83698
黄金球 **244063**
黄金榕 **165308**
黄金沙勒竹 351849
黄金莎勒竹 351849
黄金山茶 **69162**
黄金山药 131501
黄金梢 **55136**,55147
黄金树 **79260**,79257
黄金丝 138329,138331
黄金藤 **328992**,147338
黄金条 411362
黄金条根 355387
黄金丸 244063
黄金线 398262
黄金乡异色仙灯 **67638**
黄金小町 **267053**
黄金萱 191266
黄金鸭脚木 **350659**
黄金牙 278321
黄金银花 235730,235732
黄金印 308050
黄金印属 200173
黄金鸢尾 **208562**
黄金云 **249596**
黄金盏 66445
黄金珠 77182
黄金竹 **297468**,297285,297464
黄金柱 **94569**
黄金棕榈 222636
黄金棕榈属 222625
黄堇 **106227**,106117,106350,410275
黄锦带 **130252**
黄锦带德因茜 **188277**
黄锦带科 **130258**
黄锦带属 **130242**
黄锦毛柱 **299252**
黄槿 **195311**
黄经树 364701
黄茎凯内小檗 **51822**
黄茎十字爵床 **111714**
黄茎天门冬 **39022**
黄茎无心菜 **31764**
黄茎小檗 **51687**
黄茎原始南星 **315655**
黄荆 **411362**,411464
黄荆属 411187
黄荆条 72233,411362,411374
黄猄草 85952
黄猄草属 **85937**
黄晶兰属 304601
黄精 **308641**,134404,134410,308529,308538,308572,308635
黄精姜 308529
黄精科 **308490**
黄精石南属 **232696**
黄精属 **308493**
黄精叶钩吻 **111677**
黄精叶钩吻科 **111680**
黄精叶钩吻属 **111674**
黄精子 308641
黄麖木 413843
黄麖牙 413843
黄麖芽 413842
黄鸠菊属 **134785**
黄九牛 244985
黄久 145517
黄韭兰属 **376350**
黄酒草属 **203110**
黄鹫 **163424**
黄菊 124790,383090
黄菊蒿 **199722**
黄菊蒿属 **199721**
黄菊花 124790,124826,383103
黄菊花草 64492
黄菊莲 365066,385903
黄菊木 **90603**
黄菊木属 **90602**
黄菊属 166814
黄菊仔 124790
黄橘 **93479**
黄榉 145510,145512,145517,417552
黄巨盘木 **166985**
黄聚球 **234919**
黄聚丸 234919
黄桷 165841
黄桷兰 252809
黄桷树 165844
黄爵床 **214482**
黄卡尔亚木 171550
黄卡瓦大戟 **79758**
黄开口 49046,239700
黄凯氏兰 **215793**
黄看麦娘 **17525**
黄栲 78942
黄稞 198293
黄壳精 416069
黄壳兰 233899
黄壳楠 233899
黄壳竹 **416817**
黄可爱花 **414967**
黄可爱花属 **414966**
黄克拉特鸢尾 **216629**
黄克迈斯马齿苋 **311870**
黄孔雀柏 **85349**
黄苦瓜掌 **140029**
黄苦麻草 416467
黄苦竹 **297194**
黄库页苔草 **76119**
黄宽萼木 **215593**
黄宽距兰 **416381**
黄盔芹 **415117**
黄盔芹属 **415115**
黄葵 **235**,217,229,188968
黄葵报春 314186,314415
黄葵花 189073
黄葵属 212
黄葵叶报春 **314929**
黄阔边红瑞木 **104931**
黄拉坦棕 **222636**
黄喇叭花 331257
黄喇叭亮叶费格利木 **296111**
黄喇叭同型避日花 296111
黄喇嘛 207224
黄腊果 374384
黄腊梅 87525
黄腊藤 398322
黄腊须 114994
黄腊一支蒿 5088
黄腊竹 **297479**
黄蜡白果藤 197213
黄蜡果 **374384**
黄蜡菊 **189173**
黄蜡藤 197213,398322
黄蜡一枝蒿 5429
黄兰 **252841**,82088
黄兰蝉 14881
黄兰花 252841
黄兰属 82082
黄蓝 77748
黄蓝蒂可花 **115469**
黄蓝花 77748
黄蓝黄芩 **355582**
黄蓝棘豆 **278981**
黄蓝蓟 **141167**
黄蓝箭菊 **79286**
黄榄 70989
黄榄果 71027
黄狼鼠花 373276
黄根 315321
黄榔果 70989
黄老鸦嘴 **390720**
黄蕾丽兰 **219677**
黄肋瓣花 13756
黄肋唇兰 **350546**
黄类雌足芥 **389266**
黄类树 121629
黄棱猪屎豆 **112147**
黄梨木 **56971**
黄梨木属 **56970**
黄梨树 64345
黄狸胆 248778
黄鹂 300980
黄鹂木 300980
黄篱竹 **20194**
黄里德尔姜 **334486**
黄里子白 230524
黄力花 158149
黄立金花 **218886**
黄丽杯角 **198050**
黄丽花球 **234904**
黄丽球 **327256**
黄丽丸 327256
黄栎 **324204**,116079
黄栎树 323751
黄栗 78874,323920
黄栗栎 324204

黄栗树 116079,243372
黄粒菊 **211613**
黄粒菊属 **211612**
黄连 **103828**,51301,86755,103846,105639,105804,106405,242534,242563,242597,300980,388656
黄连茶 300980
黄连刺 52069
黄连花 **239902**,239898
黄连木 **300980**
黄连木科 **301009**
黄连木属 **300974**
黄连木叶花椒 417290
黄连翘 167456
黄连三七 280722
黄连山秋海棠 **49738**
黄连山油丹 **17802**
黄连参 131917
黄连属 **103824**
黄连树 300980
黄连丝石蒜 **196177**
黄连藤 30899,164458
黄连头 300980
黄连叶白蜡树 168084
黄连竹 242522
黄连祖 146966,146995,147013,147039,147048,147075
黄莲 263270,263272,300980
黄莲花 **273734**,239898,239902,263270
黄莲花属 **273733**
黄莲花掌 **9029**
黄莲子草 **18108**
黄镰叶草 **137837**
黄练 300980
黄链荚木 **274345**
黄链条花 167456
黄楝树 298516,300980
黄楝树属 **345501**
黄良 329366,329372,329401
黄凉菊 **405390**
黄梁木 263983
黄梁木属 **59936**
黄亮蛇床 **415186**
黄亮蛇床属 **415185**
黄亮橐吾 **228998**
黄了刺 240842
黄列当 **275126**
黄裂片疣石蒜 **378529**
黄裂舌萝藦 **351565**
黄裂枝茜 **351132**
黄林菊 197107
黄林菊属 197106
黄林檎 243657
黄鳞扁莎 **322384**
黄鳞长筒莲 **107949**
黄鳞二叶飘拂草 166291
黄鳞花草 **225189**
黄鳞黄杞 145517
黄鳞栎 **323762**
黄鳞栗属 89968
黄鳞拟二叶飘拂草 **166291**
黄鳞松 **300058**
黄铃杓兰 **120473**
黄铃杜鹃 **332123**
黄铃肋瓣花 **13888**
黄陵草 239640
黄零草 239640
黄零陵香 249232
黄琉璃菊 **377291**,79286
黄瘤唇卷瓣兰 **62814**
黄柳 **343438**
黄柳穿鱼 **230965**,230978
黄柳菊 63539
黄六出花 **18062**
黄龙苞 30604
黄龙船花 **211074**
黄龙胆 **173610**,405567
黄龙粉 180773
黄龙幻属 404942
黄龙柳 **343611**
黄龙木 263983
黄龙木属 263982
黄龙球 **264339**
黄龙舌兰 **10807**
黄龙藤 351078,351080,351081
黄龙退壳 240813
黄龙脱壳 106197,240813
黄龙脱衣 121703
黄龙丸 264339
黄龙尾 **11587**,11549,11572
黄龙须 165841,165844,405614
黄龙牙 11549,11572
黄龙爪 239257
黄露子花 **123917**
黄芦木 **51301**,52049,52225
黄栌 **107300**,107309,332608
黄栌大戟 158700
黄栌属 **107297**
黄栌叶荚蒾 **407767**
黄栌叶铃果 98258
黄栌叶榕 **164857**
黄栌叶钟果木 **98258**
黄绿苞风毛菊 **348319**
黄绿贝母兰 **98725**
黄绿扁蒴藤 **315364**
黄绿大戟 **158500**
黄绿杜鹃 **330388**,331218
黄绿飞蓬 **150825**
黄绿粉条儿菜 **14510**
黄绿风毛菊 348319
黄绿谷木 **249960**
黄绿海葱 **402359**
黄绿蒿 **36556**
黄绿褐色博龙香木 **57270**
黄绿壶花无患子 **90732**
黄绿虎眼万年青 **274852**
黄绿花柏 85297
黄绿花贝母 168469
黄绿花滇百合 **229745**
黄绿花额敏贝母 168469
黄绿花毛兰 299603
黄绿幻叶卫矛 **28944**
黄绿黄芪 42369
黄绿黄耆 **42369**
黄绿加州野荞麦木 **152059**
黄绿景天 **356905**
黄绿九州细辛 **37752**
黄绿利顿百合 **234133**
黄绿龙舌兰 10788
黄绿龙血树 **137369**
黄绿南香桃木 **45298**
黄绿鸟娇花 **210790**
黄绿枪刀药 **202548**
黄绿双蝴蝶 398308
黄绿水牛角 **72482**
黄绿睡莲 **267684**
黄绿素馨 **211816**
黄绿苔草 **75919**
黄绿唐菖蒲 **176201**
黄绿唐松草 388667
黄绿纹龙血 **137375**
黄绿香科 **388136**
黄绿香青 **21723**
黄绿小虾花 **214380**
黄绿蝇子草 **363458**
黄绿玉凤花 **184207**
黄绿鸢尾 **208734**
黄绿远志 **308174**
黄绿枝赫柏木 **186933**
黄绿紫堇 **106510**
黄乱丝 114994
黄罗马风信子 **50763**
黄萝卜 123164,326616
黄萝子 114994
黄麻 **104072**,233,71218
黄麻斑鸠菊 **406262**
黄麻栎 323611
黄麻栗 233192
黄麻属 **104056**
黄麻藤 49007
黄麻叶扁担杆 **180806**
黄麻叶凤仙花 **204871**
黄麻竹 **47451**
黄蟆龟草 301871,301952
黄蟆叶 301871,301952
黄马利筋 **37838**
黄马铃苣苔 **273837**
黄马钱 **378952**
黄马胎 244985
黄脉八仙花 200148
黄脉檫木 365034
黄脉檫木属 365031
黄脉赤竹 **347268**
黄脉刺桐 **154736**
黄脉钓樟 365034
黄脉海桐 301350
黄脉花楸 **369567**
黄脉九节 **319850**
黄脉爵床 **345770**,345772
黄脉爵床属 **345769**
黄脉桐属 **222625**
黄脉莓 **339485**
黄脉勐腊粗叶木 **222196**
黄脉泡 339485
黄脉忍冬 **235879**
黄脉山胡椒 231313,231334,365034
黄脉绣球 **199950**,200148
黄脉樟 **91451**
黄蛮鬼塔 279888
黄蔓菁 308613,308616
黄蔓舌草 **243257**
黄芒柄花 **271464**
黄猫尾木 **245614**
黄毛安匝木 **310762**
黄毛斑鸠菊 **89964**
黄毛斑鸠菊属 **89962**
黄毛闭花木 94540
黄毛菜子 36307
黄毛草 63253,306832,306834
黄毛草莓 **167632**
黄毛长钩球 244060
黄毛垂头菊 **110430**
黄毛楤木 30604,30628
黄毛粗叶木 **222258**,222190
黄毛翠雀花 **124132**
黄毛大青 313635
黄毛顶兰 **385707**
黄毛冬青 203748
黄毛豆腐柴 **313635**
黄毛杜鹃 **331707**
黄毛椴 **391719**
黄毛钝叶枸子 **107475**
黄毛萼葛 **321426**
黄毛萼葛藤 321426
黄毛耳草 187544
黄毛葛 321426
黄毛茛 **325785**
黄毛茛科 200171
黄毛茛属 200173
黄毛梗乌头 **5501**
黄毛灌 **399741**
黄毛灌属 **399740**
黄毛果巴豆 **112928**
黄毛蒿 **36447**,36232
黄毛合欢 **13559**

黄毛华西丹参　345331
黄毛黄耆　**43257**
黄毛灰毛豆　386353
黄毛灰叶　386353
黄毛火绒草　**224803**
黄毛棘豆　**279049**,279043
黄毛金腰　**90430**
黄毛金钟藤　**250761**
黄毛卷花丹　354751
黄毛口野牡丹　**85008**
黄毛类秋海棠　**380642**
黄毛黎豆　259487
黄毛马兜铃　**34189**
黄毛马唐　**130828**
黄毛毛连菜　**298607**
黄毛猕猴桃　**6599**
黄毛岷江杜鹃　**330894**
黄毛牡荆　**411486**
黄毛木通　94930
黄毛泡桐　285966
黄毛槭　**2977**
黄毛漆　**393454**
黄毛牵牛　**207794**
黄毛茄　367146
黄毛窃衣　**393009**
黄毛青冈　**116079**
黄毛球　**244198**,140852
黄毛曲瓣梾木　**380472**
黄毛忍冬　235633,235790
黄毛榕　164964,165023
黄毛蕊　405694
黄毛蕊花　**405694**,405667
黄毛润楠　**240571**
黄毛萨比斯茜　**341692**
黄毛山莓草　**362350**
黄毛山牵牛　**390816**
黄毛神血宁　308943
黄毛石斛　125120
黄毛穗茜　**396411**
黄毛铁线莲　**94982**,94830,94930
黄毛头　**215331**
黄毛兔儿风　**12639**
黄毛橐吾　**229251**
黄毛委陵菜　**312738**
黄毛纹蕊茜　**341380**
黄毛乌头　**5131**
黄毛无心菜　**31766**
黄毛五月茶　**28329**
黄毛香花藤　10220
黄毛小刺爵床　**184248**
黄毛小叶委陵菜　312738
黄毛悬钩子　**338452**
黄毛雪山杜鹃　**330041**
黄毛岩白菜　273859,273863
黄毛野扁豆　**138968**
黄毛叶石楠　**313316**
黄毛银背藤　**32665**
黄毛油麻藤　**259487**
黄毛掌　272980
黄毛折柄茶　376485
黄毛枳椇　198786
黄毛竹　**264511**
黄毛子草　**153189**
黄毛紫茎　**376485**
黄毛紫穗槐　**20012**
黄毛紫珠　66829,66856
黄毛醉鱼草　**62151**
黄茅　**194020**,205516,389355
黄茅草　262548
黄茅莓　**338988**
黄茅参　114838
黄茅属　**194015**
黄茅细辛　400888
黄帽顶　55783
黄帽子　339483
黄莓　338281
黄莓刺　338703
黄莓子　339483
黄梅　**316577**,211931,329709
黄梅花　68308,87525
黄梅花草　284628
黄梅里野牡丹　**250663**
黄梅球　**244218**
黄梅丸　244218
黄楣樗　78959
黄楣锥　78942
黄美花报春　**314204**
黄美乐兰　**39269**
黄美人金露梅　**312587**
黄美洲桑寄生　**295578**
黄门克芥　**250253**
黄闷头花　414150
黄虻　168391,168523,168563,168605
黄猛菜　172779
黄米　281916
黄米草　389355
黄米花　170743,170751
黄米氏田梗草　**254921**
黄密头帚鼠麹　**252409**
黄蜜蜂花　**249499**
黄蜜罐花　249173
黄蜜花堇　**249173**
黄棉木　**252396**,12533
黄棉木属　**252395**
黄棉树属　252395
黄缅桂　252841
黄缅花　252841
黄面仔　367241,367733
黄皿柱兰　223636
黄冥玉　**263739**
黄膜瓣豆　**201132**
黄膜叶钓樟　**231467**
黄茉莉　**211834**
黄母菊　**246318**
黄母猪　363090
黄牡丹　**280192**,247139
黄牡丹球　**234926**
黄牡丹树　**280223**
黄牡丹丸　234926
黄牡荆　**411202**
黄木　201710,202070,301249
黄木巴戟　**258873**
黄木草　224989
黄木豆属　302610
黄木耳　34275
黄木茎香草　**239750**
黄木兰　283422
黄木蓝　**205987**
黄木荞　367733
黄木树　**397365**
黄木犀草　**327866**
黄木香　34275,34357,245852,336372
黄木香花　336368
黄木小檗　**52385**
黄木子　346338
黄目菊　**46550**
黄目菊属　**46549**
黄目树　346338
黄目子　346338
黄穆桔梗　**260516**
黄穆雷特草　**260130**
黄内波突尼亚　265231
黄内卷叶石蒜　**156054**
黄纳马夸青锁龙　**109188**
黄纳韦凤梨　**262931**
黄奶树　381091
黄南非禾　**289947**
黄南非萝藦　**323496**
黄南非青葙　**192788**
黄南美毛茛　**218092**
黄南莎草　**119271**
黄楠　204544,240595
黄囊杓兰　120310
黄囊髓香　**252602**
黄囊苔草　**75012**
黄泥菜　413506
黄拟球兰　**177219**
黄拟蜘蛛兰　**254198**
黄腻芽树　300980
黄黏粑草　126603
黄黏果仙草　**176976**
黄黏毛草　126603
黄黏毛翠雀花　**124688**
黄鸟娇花　**210843**
黄鸟尾花　111741
黄鸟足豆　**274890**
黄鸟足兰　**347778**
黄尿草　295028
黄蘖　294231
黄牛草　220032
黄牛茶　110251
黄牛刺　64990
黄牛角草　**273173**
黄牛筋　295728
黄牛木　**110251**
黄牛木属　**110238**
黄牛奶树　**381148**
黄牛泡　339194
黄牛藤　214972
黄牛尾　11587,170743
黄牛尾巴　134467
黄牛香　112871
黄牛眼菊　63539
黄牛叶　196824
黄牛至　**274203**
黄扭曲乐母丽　**336071**
黄疟属　299701
黄疟树　**299703**
黄疟树属　**299701**
黄诺罗木犀　**266713**
黄欧石南　**149705**
黄欧小列当　**275137**
黄欧洲女贞　**229663**
黄帕沃木　286672
黄排草　239804
黄盘乳籽菊　**389161**
黄袍　351066
黄袍小血藤　351069
黄泡　**339014**,338347,338354
黄泡刺　338354
黄泡木　145517
黄泡叶　338554
黄泡叶番杏　**138170**
黄泡子　338554
黄盆花　**350207**
黄蓬花　207224
黄皮　**94207**,294240
黄皮杜仲　122431,157684,157962,157974
黄皮尔逊豆　**286787**
黄皮刚竹　**297494**,297466
黄皮狗圞　29304
黄皮果　94207,171207
黄皮果属　94169
黄皮花树　413817
黄皮桦　53338
黄皮寄生　385192
黄皮金合欢　**1708**
黄皮狼毒　158895,375187
黄皮梨　323294
黄皮楝属　221224
黄皮柳　**343171**
黄皮绿筋竹　**297466**
黄皮胖竹　297466
黄皮属　**94169**
黄皮树　294238,294240,313621

黄皮酸橙 **93337**
黄皮条 126329
黄皮小檗 **52384**
黄皮小瓜 **114208**
黄皮血藤 351054
黄皮药 145505
黄皮针刺 51563
黄皮竹 297285
黄皮子 94207,414193,414220
黄枇 94207
黄片果远志 **77581**
黄偏穗草 **326559**
黄平萼桃金娘 **197735**
黄平槭 **3023**
黄平悬钩子 **338538**
黄瓶子草 347150
黄瓶子花 84404
黄瓶子树 84404
黄萍蓬草 267294
黄坡梯草 **290189**
黄婆娘 240769
黄破布木 **104211**
黄铺地香 **391372**
黄蒲公英 **384558**
黄埔鼠尾 345324
黄埔鼠尾草 **345324**
黄普尔特木 321731
黄普罗椴 **315448**
黄普通莎草 **118694**
黄七筋姑 97091
黄七筋菇 97091
黄七叶木 9692
黄槭 3732
黄芪 4028,42484,42493,42699,42704,369134
黄芪马先蒿 287657
黄芪球果 43099
黄芪属 41906
黄耆 **42699**,369010
黄耆棘豆 **278725**
黄耆科 **41898**
黄耆属 **41906**
黄耆状木蓝 **205688**
黄耆状岩黄耆 **187787**
黄旗马先蒿 287657
黄麒麟叶 **147350**
黄杞 **145517**
黄杞科 **145534**
黄杞属 **145504**
黄千里光 **358895**
黄荨麻莲花 **155999**
黄潜龙 148141
黄蔷薇 **336636**,216085,336857
黄翘 167456
黄鞘蕊花 **99748**
黄鞘葳 **99387**
黄茄 **367311**
黄茄果 367735
黄茄花 217,367733
黄芩 **355387**,279744,355363,355846,388607
黄芩瓣 355387
黄芩茶 355387
黄芩科 **355865**
黄芩母草 **231572**
黄芩鼠尾草 **345380**
黄芩属 **355340**
黄芩炭 355387
黄芩条 355387
黄芩香茶菜 99711
黄芹 321441
黄秦艽 **405567**
黄秦艽属 **405564**
黄青冈 116079
黄青锁龙 **109020**
黄琼草 **85952**
黄琼草属 85937
黄秋海棠 **49987**
黄秋葵 219,229,233
黄秋连 279757
黄秋水仙 **99329**
黄秋英 **107172**
黄楸树 347413
黄鳅窜 239640,239645
黄球根牵牛 **161770**
黄球花 **360700**,284464
黄球花属 **360698**
黄球石豆兰 **63189**
黄球小檗 **51466**
黄球形盾舌萝藦 **39646**
黄曲管花 120544
黄曲管桔梗 **365151**
黄曲花 **120557**,120579
黄曲芒发草 **126075**
黄屈花 285859
黄全喜香 **280695**
黄全缘冬青 **203911**
黄雀菠萝 **266151**
黄雀儿 **315263**,112058
黄雀儿属 **315261**
黄雀花 72342
黄雀梅 72342
黄瓤子 157705
黄荛花 414143,414150
黄热美龙胆 **380648**
黄忍冬 **236226**
黄稔根 247623
黄日本草莓 **167637**
黄日光兰 39438
黄绒大青 313761
黄绒豆腐柴 **313761**
黄绒杜鹃 330902
黄绒风毛菊 348916
黄绒兰 148656
黄绒毛瓣无患子 346345
黄绒毛草 369601
黄绒毛花 **28170**
黄绒毛可拉木 **99194**
黄绒毛兰 125573
黄绒润楠 **240595**
黄绒菀 **327680**
黄绒菀属 **327679**
黄蓉花 **121915**
黄蓉花属 **121912**
黄柔毛堇菜 **410472**
黄肉杜 233323
黄肉菊 **193207**
黄肉菊属 **193202**
黄肉楠 233830
黄肉楠属 **6761**
黄肉树 **233945**,67529,67530,234075,392559
黄肉树属 392556
黄肉芋 415201
黄肉芋属 415190
黄肉仔 67530
黄乳桑属 **290677**
黄褥花 243526
黄褥花科 243530
黄褥花属 243519
黄蕊金丝桃 **201886**
黄蕊金腰 **90390**
黄蕊乐母丽 **336064**
黄蕊桃金娘属 **415205**
黄蕊异柱菊 **225889**
黄瑞木 8256
黄瑞木属 **8205**
黄瑞香 **122444**,141470,141472
黄瑞香属 141466
黄润肺草 **58893**
黄赛金莲木 **70728**
黄三刺皮 51524
黄三毛草 **398518**
黄三七 **369895**,203357
黄三七属 **369894**
黄三室寄生 **398822**
黄三叶草地防风 **388902**
黄伞白鹤藤 **32624**
黄伞草属 **415188**
黄伞花野荞麦 **152569**
黄伞花野荞麦木 **151950**
黄桑 **259197**,240829,240842,259067,259156,259168
黄桑木 240813
黄色白头翁 **321707**
黄色扁担杆 **180780**
黄色杓兰 **120421**
黄色补血草 230524
黄色草苁蓉 **57438**
黄色长庚花 **193269**
黄色刺头菊 **108448**
黄色鞑靼忍冬 **236151**
黄色单桔梗 **257798**
黄色顶冰花 169460
黄色海罂粟 176738
黄色蝴蝶草 392903
黄色虎眼万年青 **274617**
黄色花菠萝 **412370**
黄色吉莉花 **175694**
黄色假玉叶金花 **318031**
黄色金鸡纳 91066
黄色九重葛 **57854**
黄色葵 229
黄色蓝盆花 350207
黄色莲 **263270**
黄色裂枝茜 **351139**
黄色罗山龙眼 **361188**
黄色毛兰 **148678**
黄色毛蕊花 **405703**
黄色牡荆 **411333**
黄色木 240114
黄色木犀草 327866
黄色南美苦苣苔 **175298**
黄色女王矮鸭嘴花 **214382**
黄色欧石南 **150278**
黄色飘拂草 166473
黄色萍蓬草 267294
黄色奇迹帚状克劳凯奥 105247
黄色奇迹帚状宿萼果 **105247**
黄色蔷薇 **336718**
黄色日本羊踯躅 331261
黄色锐叶景天 **356469**
黄色山黧豆 **222762**
黄色石莲花 **139997**
黄色土因呈 35132
黄色西劳兰 **415709**
黄色狭管石蒜 **375606**
黄色狭管蒜 375606
黄色苋 **18839**
黄色香科 **388135**
黄色悬钩子 **338773**
黄色岩黄芪 187876
黄色岩黄耆 **187876**
黄色羊耳蒜 **232370**
黄色野荞麦 **152416**
黄色翼萼 392903
黄色映山红 331257
黄色早熟禾 **305531**
黄色着生杜鹃 **330994**
黄色紫堇 **106117**
黄涩梨 **323240**
黄森林兰 **364349**
黄沙地马鞭草 715
黄沙蒿 36304,36556
黄沙马鞭 **715**
黄莎草 **118601**,118822
黄山贝母 168491
黄山梣 **167989**

黄山大青 96157
黄山丹 229815
黄山杜鹃 **330097**,331177
黄山椴树 391789
黄山风毛菊 **348379**
黄山桂 365974
黄山槲栎 324452
黄山花楸 **369309**
黄山黄芩 **355481**
黄山姜 131531
黄山栝楼 **396258**
黄山黧豆 **222688**
黄山栎 **324452**
黄山柃 **160524**
黄山龙胆 **173390**
黄山栾树 217615
黄山萝卜 350207
黄山梅 **216474**
黄山梅科 **216477**
黄山梅属 **216473**
黄山木兰 416690
黄山皮桃 122431
黄山皮条 122431
黄山蔷薇 **336638**
黄山鼠尾草 **344953**
黄山松 **300269**
黄山溲疏 **126935**
黄山碎米荠 **72718**
黄山乌头 **5105**,5335
黄山五叶参 289639
黄山蟹甲草 **283828**
黄山锈毛五叶参 **289639**
黄山芫荽 **107754**
黄山羊菊 11420
黄山药 **131754**,131529,131546,131551,131857
黄山榆 32988
黄山玉兰 **416690**
黄山楂 **109709**
黄山紫荆 **83778**
黄杉 **318591**
黄杉钝果寄生 385203
黄杉木 114539
黄杉属 **318562**
黄杉野盂兰 **223666**
黄珊瑚藤 **61378**
黄珊瑚藤属 **61371**
黄鳝草 42074,239640,239645
黄鳝花 235742
黄鳝七 134403
黄鳝藤 52418,204615,226742,308965,322950
黄鳝藤属 52400
黄裳球 **140847**
黄裳丸 140847
黄上蕊花葱 **148932**
黄梢欧洲刺柏 **213724**
黄苕 167456
黄舌唇兰 **302326**
黄舌菊 **89791**
黄舌菊属 **89789**
黄舌鼠尾草 **345483**
黄舌玄参 **355269**
黄蛇 240813
黄蛇豹花 331257
黄蛇根 240842
黄蛇球 **182422**
黄蛇丸 182422
黄参 98395,280741
黄参草 239594
黄神球 **244056**,244024
黄神丸 244024
黄升麻 23848,361023
黄生姜 131607
黄绳儿 80295
黄省藤 347078
黄蓍 42484,42493
黄蓍属 41906
黄十大功劳 242517
黄十字爵床 **111713**
黄石 280741
黄石草 747
黄石斛 **125390**
黄石榴 **321767**
黄实 160637
黄食草 747
黄氏开唇兰 **26001**
黄氏秋海棠 **49935**
黄饰球 **234953**
黄饰丸 234953
黄柿 400518
黄收旧花 207219
黄寿丹 56425,167456
黄绶丹 167456
黄菽草 396882
黄熟花 207151
黄黍 281916
黄鼠草 **210567**,210525,210548
黄鼠狼花 170078,345029,345437
黄鼠狼花属 170056
黄鼠李 **328706**
黄鼠麹属 **14680**
黄鼠尾草 **345437**
黄蜀葵 **229**
黄薯蓣 **131516**
黄术 55572
黄束毛豹皮花 **373805**
黄树根藤 392559
黄树葡萄 **120132**
黄树属 415154
黄树蝠兰 **138416**
黄双盛豆 **20763**
黄水薰 338703
黄水草 146054
黄水金钩如意 106613
黄水晶兰 202767
黄水毛茛 **325838**
黄水泡 338703,339080,339259
黄水荞 367733
黄水茄 **367233**,367241,367706,367733,367735
黄水苏 **373137**
黄水仙 **262441**,262356
黄水仙兰 **208324**
黄水仙兰属 **208323**
黄水芋 146054
黄水枝 **391524**
黄水枝属 **391520**
黄睡莲 267714
黄丝 114994
黄丝草 114994,312170
黄丝鸡兰 110251
黄丝穗木 **171550**
黄丝藤 6907,114994,115050
黄丝叶菊 **391037**
黄丝郁金 114871
黄斯特草 **374559**
黄四瓣野牡丹 **387949**
黄四分爵床 **387311**
黄松 300153
黄松钝果寄生 **385203**
黄松果菊 **140079**
黄松兰 171864
黄松盆距兰 **171864**
黄苏木属 **302610**
黄苏玉 **28933**
黄苏玉属 **28932**
黄素馨 **211822**,211905
黄粟 361794
黄粟草 **254516**
黄粟树 243384
黄酸刺 196757,196766
黄酸枣 88691,372477
黄穗白茅 **205516**
黄穗臭草 **249096**
黄穗棘豆 **279043**
黄穗金丝桃 **201812**
黄穗兰 125535
黄穗茅 205516
黄穗绵枣儿 **353115**
黄穗苔 **75695**,75756
黄穗悬钩子 **338256**
黄縫马唐 130496
黄孙 284401
黄琐梅 338101
黄锁梅 338354
黄塔奇苏木 **382966**
黄苔草 **74557**
黄坛花兰 **2073**
黄昙花 147287
黄檀 **121714**,121782,121803
黄檀木 121683
黄檀属 **121607**
黄檀树 381341
黄檀香 346210
黄檀状紫檀 320288
黄檀子 94207
黄檀子木 381341
黄探春 211822
黄唐菖蒲 **176338**
黄唐松草 388506,388667
黄桃木属 **415122**
黄藤 **121514**,30899,32657,34157,65775,66643,80260,88891,96140,164458,172779,392223,398322
黄藤草 115123,398322
黄藤根 250228,398317
黄藤木 398322
黄藤属 **121486**
黄藤树 243427
黄藤通 94741,94964
黄藤子 114994,392223,408571
黄体芋属 415190
黄天鹅绒叶 230250
黄天麻 **171921**
黄天茄 367706,367735
黄天竺葵 **288351**
黄甜车轴草 249232
黄甜竹 **4599**
黄条菖蒲 **5794**
黄条旱竹 297392
黄条龙舌兰 **10854**
黄条纹鹅毛竹 **362124**
黄条纹龙胆 **173475**
黄条纹倭竹 **362132**
黄条倭竹 362124
黄条香 250228
黄条早竹 **297392**
黄条竹 **47353**
黄铁海棠 **159364**
黄铁木 311368
黄庭荠 **18444**
黄桐 **145417**,116079
黄桐属 **145413**
黄铜色鼠尾粟 **372576**
黄铜丸 389224
黄筒花 **293186**
黄筒花属 **293181**
黄筒兰 **399991**
黄头草 747
黄头刺头菊 **108449**
黄头凤仙花 **205456**
黄头菊 **415088**
黄头菊属 **415079**
黄头蕊偏穗草 **82462**
黄头山柳菊 **196100**

黄头生石花 **233481**
黄头矢车菊 **81462**
黄头小甘菊 **71088**
黄头肖皱籽草 **250929**
黄秃荚蒾 **408010**
黄土大戟 159841
黄土毛棘豆 279043
黄土树 223150
黄托勒金合欢 **1657**
黄橐吾 229251
黄洼瓣花 **234217**
黄瓦莲 **337303**
黄弯子 114994
黄湾子 114994
黄菀 359565,359568
黄菀花木 **41544**
黄菀木 **139749**
黄菀木属 **139748**
黄菀属 358159
黄万年青科 415182
黄万年青属 415172
黄网子 114994
黄威拉牛角草 **273164**
黄葳 **24173**
黄葳属 **24172**
黄檝 188264
黄檝属 188263
黄薇 **188264**
黄薇属 **188263**
黄围裙花 **262315**
黄维吉尔豆 94026
黄尾草 418095
黄尾豆 **415100**
黄尾豆属 **415097**
黄尾勋章花 **172344**
黄文 355387
黄纹八丈岛苔草 **74725**
黄纹北美乔柏 390658
黄纹短叶虎尾兰 **346162**
黄纹水塔花 **54459**
黄纹铁苋 1869
黄纹铁苋菜 **1869**
黄纹万年麻 **169247**
黄纹蝎尾蕉 **189992**
黄纹新西兰麻 **295602**
黄纹竹 **297501**
黄翁 **267041**,284673
黄卧龙柱 **185914**
黄乌口树 **384986**
黄乌拉花 5144
黄乌拉藤 5144
黄乌头 5667
黄无梗斑鸠菊 **225252**
黄芜 304795
黄舞女蝎尾蕉 **190001**
黄芴 416069
黄稀饭花 229
黄溪楠 **215750**
黄喜马莓 338347
黄细喙菊 **226378**
黄细心 **56425**
黄细心属 **56397**
黄细心叶茄 **366988**
黄细心叶鸭嘴花 **214372**
黄细辛 37672
黄细辛叶茄 238951
黄细叶芹 **84728**
黄虾花 279769
黄虾蟆 131501
黄狭喙兰 **375688**
黄仙丹花 **211125**
黄仙灯 **67564**
黄仙人棒 **329709**
黄仙人掌 **272800**
黄仙玉 **379638**
黄仙玉属 **379634**
黄纤藤 414576
黄苋 **18775**
黄线金田菊 **222603**
黄线菊 **271126**
黄线菊属 **271125**
黄线裂花桑寄生 **295851**
黄线柳 **343111**
黄线叶膜冠菊 **201175**
黄线柱兰 **417728**
黄腺大青 **96191**
黄腺罗氏柃 160536
黄腺山柳菊 **195766**
黄腺细枝柃 160536
黄腺香青 **21516**
黄腺紫珠 **66861**
黄相思子 **740**
黄香草木犀 249205,249232
黄香杜鹃 331161
黄香杜鹃花 331161
黄香根 313644,408235
黄香蒿 35132
黄香槐 **94026**
黄香科 **388079**
黄香棵 201765,201773,201921
黄香面 201921
黄香薷 144053
黄香雪兰 **168190**
黄香影子 171253
黄小檗 **51889**,52282
黄小果冬青 **204051**
黄小瓠果 **290527**
黄小麦秆菊 **381672**
黄小球蒿 **35548**
黄小野芝麻 **170025**
黄小籽风信子 **143761**
黄肖 307489,415144
黄肖阿魏 **163755**
黄肖北美前胡 **99043**
黄肖观音兰 **399156**
黄肖酸浆 **161761**
黄肖竹芋 **66173**
黄蝎尾蕉 190024
黄心柏木 390587
黄心槁 234091
黄心果 8255,171086
黄心含笑 **252924**
黄心花椒 417230
黄心柳 229617
黄心龙舌兰 **10788**
黄心木 234111
黄心楠 295401,295403
黄心泥藤 313229
黄心球花报春 **314350**
黄心柿 132291
黄心树 **240588**,244434,252849,386537
黄心藤 258885
黄心卫矛 **157705**
黄心夜合 **252825**,252924
黄心仔 132245,132291
黄心子 157705
黄馨 211822,211938
黄星纽扣花 **194671**
黄绣球兰 310798
黄绣玉 **284687**
黄须菜 379598
黄序风车子 **100860**
黄雪光 **267035**,59163
黄雪晃 **59163**
黄雪轮 **363855**
黄血色斑紫叶 **180279**
黄鸦柴 78012
黄鸦片草 247155
黄牙果 171086,171155
黄牙橘 171155
黄牙木 **263105**
黄牙木属 **263104**
黄芽白 59595,59600
黄芽白菜 59600
黄芽白绍菜 59600
黄芽菜 59600
黄芽果 171086,171155
黄芽木 110251
黄芽树 171155
黄芽细辛 400945
黄崖豆藤 **254613**
黄崖椒 417230
黄雅致立金花 **218860**
黄雅致欧茱萸 105113
黄亚麻 **231947**,327553
黄烟堇 **169065**
黄胭脂花 314628
黄延龄草 **397578**
黄芫花 414143,414150
黄岩凤仙花 **205022**
黄岩蜜橘 93731
黄颜木 88514
黄颜木属 88500
黄眼草 **416082**,128964
黄眼草科 **415975**
黄眼草属 **415990**
黄眼藤 79850
黄焰杜鹃 330276
黄焰花苋 **294320**
黄焰龙 299265
黄雁雁 414150
黄燕麦 398518
黄秧连 279757
黄秧树 64243
黄羊 199440
黄羊耳蒜 **232235**
黄羊木 262822
黄阳花 122438
黄杨 **64369**,64285,64345
黄杨大戟 **45230**
黄杨大戟属 **45229**
黄杨冬青 **203606**
黄杨杆 240765
黄杨花叶大果假虎刺 **76928**
黄杨科 **64224**
黄杨美大果假虎刺 **76927**
黄杨木 64243,64345,64369,64371
黄杨参 307923
黄杨属 **64235**
黄杨卫矛 157601
黄杨叶柏雷木 **61426**
黄杨叶箣柊 **354597**
黄杨叶刺柊 354597
黄杨叶番樱桃 382619
黄杨叶菲利木 **296172**
黄杨叶费内尔茜 **163413**
黄杨叶格兰杰金壳果 **180188**
黄杨叶谷木 **249922**
黄杨叶海桐 **301311**
黄杨叶厚壳树 **141611**
黄杨叶火畦茜 **322960**
黄杨叶寄生藤 **125782**
黄杨叶假杜鹃 **48126**
黄杨叶金合欢 **1104**
黄杨叶坎吐阿 71547
黄杨叶李堪木 **228667**
黄杨叶利堪蔷薇 228667
黄杨叶连蕊茶 **68960**
黄杨叶蓼 **308925**
黄杨叶凌霄莓 **124756**
黄杨叶瘤蕊紫金牛 **271029**
黄杨叶芒毛苣苔 **9431**
黄杨叶毛瑞香 **218980**
黄杨叶美登木 **182669**
黄杨叶南非蜜茶 **116318**
黄杨叶念珠藤 **18495**

黄杨叶诺罗木犀 **266696**
黄杨叶婆婆纳 **407047**
黄杨叶蒲桃 **156152**
黄杨叶忍冬 **235984**
黄杨叶赛爵床 **67820**
黄杨叶三萼木 **395196**
黄杨叶山杜莓 **273717**
黄杨叶石南 224196
黄杨叶石南属 224191
黄杨叶柿 **132080**
黄杨叶树萝卜 **10296**
黄杨叶双齿千屈菜 **133370**
黄杨叶香豆木 **306246**
黄杨叶小檗 **51401**
黄杨叶小冠花 **105275**
黄杨叶肖铁榄 **257984**
黄杨叶雪茜 **87740**
黄杨叶栒子 **107370**
黄杨叶椰豆木 61426
黄杨叶野丁香 **226078**
黄杨叶叶下珠 **296507**
黄杨叶忧花 **241595**
黄腰箭 **381812**
黄腰箭属 **381811**
黄药 **203357**,55687,131501,144076,164458,328665,398322
黄药白花荛花 414275
黄药大头茶 **179751**
黄药豆腐柴 **313606**
黄药杜鹃 **330703**
黄药家榆 401602
黄药三歧荛花 **414275**
黄药属 **203356**,164456
黄药小叶巧玲花 **382269**
黄药以礼草 **215966**
黄药脂 131501
黄药子 46841,95358,131501,162516,309032,328345,335142
黄椰属 89345
黄椰子 89360
黄椰子属 89345
黄野百合 112405,112491
黄野甘草 **354661**
黄野葛 172779
黄野蒿 413549
黄野荞麦 **152246**
黄叶白果 175832
黄叶白花楸 **369324**
黄叶白柳 **342974**
黄叶白面子树 369324
黄叶冰生溲疏 **126952**
黄叶糙苏 **295088**
黄叶橙味百里香 **391153**
黄叶大果柏木 **114730**
黄叶地不容 **375907**
黄叶吊钟花 145720
黄叶东方云杉 **298392**
黄叶耳草 **187703**
黄叶粉报春 **314378**
黄叶高加索缬草 **404332**
黄叶海伦绵毛水苏 **373167**
黄叶合果山茶 **381086**
黄叶红瑞木 **104923**
黄叶壶花无患子 **90765**
黄叶槐 **368988**
黄叶姬旋花 **250861**
黄叶加拿大接骨木 345582
黄叶加州鼠李 **328636**
黄叶假杜鹃 48295
黄叶姜饼木 **284205**
黄叶金菊 **90180**
黄叶连翘 202146
黄叶瘤唇兰 **270809**
黄叶柳杉 **113719**
黄叶毛赤杨 16369
黄叶矛果豆 **235523**
黄叶美国扁柏 85289
黄叶美国梓 79244
黄叶蒙塔菊 **258212**
黄叶木槿 **194873**
黄叶木蓝 205927
黄叶木栅紫葳 **415750**
黄叶欧洲常春藤 **187230**
黄叶欧洲桤木 **16354**
黄叶啤酒花 **199385**
黄叶青皮槭 **2850**
黄叶日本扁柏 85314
黄叶日本柳杉 **113702**
黄叶日本桃叶珊瑚 44919
黄叶日本小檗 52228
黄叶绒柏 **85352**
黄叶十大功劳 242517
黄叶树 **415144**,231355
黄叶树科 **415139**
黄叶树属 **415143**
黄叶松 121105
黄叶西洋接骨木 345633
黄叶西洋山梅花 294427
黄叶下 171253
黄叶夏栎 324337
黄叶香龙血树 137398
黄叶旋果蚊子草 166126
黄叶雪松 80088
黄叶血红茶藨子 **334190**
黄叶洋常春藤 187230
黄叶伊瓦菊 **210485**
黄叶银白槭 **3536**
黄叶银杏 **175832**
黄叶羽扇槭 3036
黄叶鸢尾 **208488**
黄叶珍珠伞 **31514**
黄叶锥槠 89969
黄叶紫葳楸 79244
黄液松 121105
黄衣草叶甜舌草 **232530**
黄夷地黄 **351959**
黄宜昌荚蒾 **407803**
黄荑子 171253
黄异甘草 **250734**
黄异花芥 **134000**
黄翼荚豆 **68132**
黄淫羊藿 **147074**
黄银茶藨 333916
黄银齿树树 **227246**
黄银陆均松 **121101**
黄银树 300980
黄银松 **225601**
黄银松科 **225597**
黄银松属 **225599**
黄隐距兰 **113500**
黄英香 346210
黄莺花 346502
黄缨菊 **415132**
黄缨菊属 **415130**
黄鹰 395650
黄鹰蝎尾蕉 **190047**
黄鹰柱 **395650**
黄颖莎草 119208
黄硬骨凌霄 **385511**
黄攸香 345917
黄油梨 291494
黄油木 64223,132466
黄油树属 64203
黄鼬瓣花 **170078**
黄盂兰 **223636**,223666
黄鱼黄草 **250758**
黄鱼爵床 **344421**
黄鱼爵床属 **344419**
黄鱼藤 78731
黄鱼柱兰 **344418**
黄榆 401556
黄榆橘 **320068**
黄榆叶梅 216085
黄羽花木 407530
黄羽菊 **46527**
黄羽菊属 **46524**
黄羽裂荠 **368947**
黄羽扇豆 238463
黄羽圆柏 **213657**
黄玉凤兰 302326
黄玉兰 252841
黄芋菜 146054
黄芋芽 146054
黄郁 114868,114871,114875,114880
黄郁金香 400146
黄藿香 235504
黄藿香属 235503
黄鸢尾 208562,208771
黄缘毛柴胡状大戟 **159297**
黄缘毛大戟 159888
黄远 50669
黄远志 **308470**
黄月眼芥 **250205**
黄云仙人球 **267043**
黄杂树 306493
黄凿 252396
黄泽兰 308965,309711
黄泽木 252396
黄渣叶 231355
黄窄裂舌萝藦 **351662**
黄窄叶菊属 **374653**
黄窄籽南星 **375733**
黄张 295022
黄樟 **91392**,347407
黄樟雏菊 **327154**
黄樟树 91378
黄掌叶吉利 **230863**
黄昭藤 66643
黄折舌爵床 **321200**
黄针垫菊 **84498**
黄针仙人掌 **272951**
黄针叶芹 **4743**
黄桢楠 240595
黄芝 308529,308572,308613,308616,308641
黄枝 171253,171333
黄枝白柳 342982
黄枝滨篱菊 78610
黄枝豆腐柴 **313608**
黄枝芬缬草 404332
黄枝格罗德曼小檗 51687
黄枝挂苦子树 200148
黄枝花 171253,171308
黄枝阔叶椴 **391822**
黄枝木 415144
黄枝欧洲荚蒾 **407990**
黄枝槭 2783
黄枝青冈 **323924**
黄枝润楠 **240715**
黄枝条 72334
黄枝小檗 52383
黄枝偃伏梾木 **105194**
黄枝油杉 **216122**,216120
黄枝云杉 298233
黄枝猪屎豆 **112816**
黄知母 50669
黄栀 171253,171333
黄栀花 **171308**,171253,171339
黄栀属 171238
黄栀榆 417552
黄栀子 171253,171333,301286
黄脂草 415174
黄脂草科 415182
黄脂草属 415172
黄脂木 **415181**
黄脂木科 **415182**
黄脂木属 **415172**

黄踯躅　331257
黄指甲草　**284905**
黄指玉　**383923**
黄指玉属　**383920**
黄志楠　240719
黄志槭　3746
黄志琼楠　50627
黄钟杜鹃　**331045**,332123
黄钟花　**115350**,385493
黄钟花裂榄　**64087**
黄钟花属　**385461**
黄钟木　**382711**
黄钟木属　**382704**
黄肿树　212127
黄帚菊　**185399**
黄帚菊属　**185397**
黄帚橐吾　**229246**
黄帚菀　**87400**
黄帚菀属　**87399**
黄皱翼兜舌兰　**282800**
黄朱球　**140869**
黄朱丸　140869
黄株标　331257
黄珠子　301367
黄珠子草　**296809**
黄珠子海桐　301367
黄猪屎豆　**111920**,112405
黄槠　233153
黄竹　**125490**,47235,47403,297285,297464
黄竹节水松　**64492**
黄竹参　260093
黄竹丫　125235
黄竹仔　**47376**
黄柱头酸模　**339947**
黄爪草　326340
黄爪龙树　157601
黄砖子苗　**245427**
黄粧玉　**284668**
黄锥　78942
黄锥灌桃金娘　**102797**
黄锥银齿树　**227412**
黄锥柱草　**102790**
黄仔　34448
黄仔蔃　747
黄仔叶柴　381423
黄籽德纳姆卫矛　**125809**
黄籽基利鸡屎树　**222189**
黄籽偏花槐　**369117**
黄子侧花槐　369116
黄紫齿瓣兰　**269076**
黄紫臭草　**249071**
黄紫花蓝钟花　**115388**
黄紫堇　**106197**,106227
黄紫罗兰花　86427
黄紫茅　413842
黄紫美冠兰　**156709**
黄紫泡叶番杏　**138145**
黄紫珠　66829
黄棕榈　222636
黄棕芒毛苣苔　**9428**
黄总管　417340
黄总花草　370503
黄足唇兰　**287862**
黄钻　244985
黄嘴火鸟蕉　190052
黄醉蝶花　**95727**
黄座簕　131501
湟中翠雀花　**124297**
璜棕属　212551
蝗虫串　226742
晃山　**227757**
晃山科　**227759**
晃山属　**227755**
晃玉　**168330**,159485
晃玉属　**168328**
幌幌木　352438
幌菊　**143896**,263505
幌菊科　**143893**
幌菊属　**143894**,263501
幌尻地榆　**345818**
幌伞枫　**193900**
幌伞枫属　**193897**
幌武意龙胆　**174010**
幌筵岛发草　**126032**
幌筵岛金丝桃　**201957**
幌筵岛沃尔禾　**404164**
灰矮柳　**343508**
灰桉　**155529**,155548
灰奥萨野牡丹　**276494**
灰巴厘禾　**284111**
灰菝葜　366239
灰白阿尔泰狗娃花　**193919**
灰白桉　**155527**
灰白斑鸠菊　**406060**
灰白半轭草　**191771**
灰白棒芒草　**106932**
灰白报春　314248
灰白扁柄草　**220283**
灰白滨藜　**44407**
灰白柄果木　**255944**
灰白布里滕参　**211486**
灰白檫木　347407
灰白柴胡　**63591**
灰白车轴草　**396858**
灰白柽柳桃金娘　**260970**
灰白齿缘草　153463
灰白虫实　**104756**
灰白酢浆草　**277890**
灰白翠雀花　**124233**
灰白大沙叶　**286142**
灰白大足砖子苗　**245472**
灰白单毛野牡丹　**257524**
灰白刀囊豆　**415605**
灰白地锦苗　**85743**
灰白独活　**192251**
灰白杜鹃　**330757**
灰白多鳞木　**309983**
灰白芳香木　**38626**
灰白飞蓬　**150534**
灰白粉苞菊　**88767**
灰白风毛菊　**348183**
灰白拂子茅　**65313**
灰白狗娃花　193919
灰白枸杞　**239092**
灰白过江藤　**296115**
灰白蒿　**35243**
灰白核果菊　**89395**
灰白画眉草　**147564**
灰白灰毛豆　**386260**
灰白火绒草　**224770**
灰白假山槟榔　**318132**
灰白椒草　**290364**
灰白金果椰　**139323**
灰白警惕豆　**249722**
灰白菊　**31295**
灰白蜡瓣花　**106641**
灰白老鹳草　**174518**
灰白莲蒿　**36185**
灰白柳叶菜　146763
灰白罗勒　**268459**,268429
灰白萝芙木　327067
灰白马岛翼蓼　**278419**
灰白毛床菊　**395684**
灰白毛蒿　35627
灰白毛藜　**87054**
灰白毛李堪木　**228672**
灰白毛利堪蔷薇　228672
灰白毛柳穿鱼　**231008**
灰白毛莓　**339360**
灰白毛梅蓝　**248861**
灰白毛秋海棠　**49943**
灰白毛田皂角　**9556**
灰白梅蓝　248861
灰白美非补骨脂　**276961**
灰白密头帚鼠麹　**252455**
灰白牧根草　**298057**
灰白脓疮草　**282480**
灰白欧石南　**149139**
灰白欧洲菘蓝　**209230**
灰白皮槭　3100
灰白芹叶荠　**366116**
灰白屈菜叶假还阳参　**110607**
灰白荛花　**414145**,414143
灰白三盾草　**394973**
灰白三芒草　**33788**
灰白三叶草　396858
灰白沙地芹　**317009**
灰白山柑　**71769**
灰白山柳菊　**195453**
灰白山蚂蝗　**126280**
灰白山月桂　215405
灰白水苦荬　**407380**
灰白丝叶菊　**391054**
灰白四轭野牡丹　**387946**
灰白四脉菊　**387365**
灰白菘蓝　**209180**
灰白穗茅　**87754**
灰白缩苞木　**113336**
灰白苔　74004
灰白苔草　**74004**
灰白糖芥　**154475**,154418
灰白葶苈　**137039**,137069
灰白脱皮藤　**827**
灰白委陵菜　**313067**,312676,313029
灰白狭喙兰　**375700**
灰白香茶　**303198**
灰白香科　388184
灰白小麦秆菊　190795
灰白小叶杨　**311495**
灰白新木姜子　**264079**
灰白熊果　**31109**
灰白岩黄耆　**187781**
灰白杨　311261
灰白野荞麦　**152450**
灰白叶黛粉叶　**130090**
灰白叶党参　98285
灰白叶木蓝　**206037**
灰白叶悬钩子　**339084**
灰白蚁木　382720
灰白异囊菊　**194197**
灰白异荣耀木　**134574**
灰白益母草　**224981**
灰白银胶菊　**285076**
灰白羽毛菊　**190795**
灰白越橘　403841
灰白泽菊　**91132**
灰白栉茅　**113957**
灰白猪毛菜　**344484**
灰百蕊草　**389713**
灰柏　85347
灰斑磨芋　20116
灰斑魔芋　**20116**
灰斑疏毛刺柱　**299253**
灰半育花　**191469**
灰瓣风车子　**100391**
灰膀胱豆　**100170**
灰棒茎草　**328388**
灰包木　407769
灰苞蒿　**36153**
灰苞假杜鹃　**48173**
灰苞橐吾　**229001**
灰背白粉藤　411745
灰背叉柱花　**374482**
灰背川木香　135740
灰背粗果唐松草　**388472**
灰背杜鹃　**330871**,330040,

331939,331966
灰背椴 **391796**
灰背高山栎 324382
灰背虎头蓟 **201437**
灰背虎头蓟属 **201436**
灰背老鹳草 **175018**
灰背栎 **324382**,116118
灰背清风藤 **341498**
灰背三萼木 **395252**
灰背石栎 116118
灰背绣线菊 371902
灰背杨 **311333**
灰背叶椆 233254
灰背叶柯 **233254**
灰背叶密钟木 **192619**
灰背叶葡萄 411615
灰背叶紫麻 **273924**
灰背叶紫珠 **66801**
灰被杜鹃 331966
灰鼻花 **329514**
灰闭盔木 **94649**
灰闭鳞番荔枝 94649
灰蓖麻果庭院椴 **370145**
灰碧波 **54374**
灰扁爵床 **292194**
灰扁棱玉 **184893**
灰滨海穗花 **317936**
灰柄鳞菊 **306569**
灰薄荷 **250463**,250465
灰薄荷属 **307279**
灰补骨脂 **319161**
灰补血草 **230738**
灰布荆 411222
灰菜 44646,86901,87048
灰菜属 86891
灰糙苏 **295081**
灰糙韦斯菊 **350300**
灰朝鲜韭 **15691**
灰车前 **301897**
灰齿杜鹃 **330406**
灰齿苔草 **74667**
灰齿叶南芥 **30437**
灰赤爬 **390116**
灰赤杨 16368
灰翅大戟 **159665**
灰虫实 **104757**
灰春黄菊 **26764**
灰刺萼 2100
灰刺萼掌 **2100**
灰刺木 162346
灰刺球果 **218078**
灰刺桐 **154664**
灰刺头菊 **108299**
灰刺枝钝柱菊 **316071**
灰葱 15734
灰大翅蓟 **271680**
灰大戟 **158608**
灰大麦 **198298**
灰大蒜芥 **365424**
灰单蕊莲豆草 **83840**
灰地菜 320513
灰地椒 **391352**
灰蒂基花 **392358**
灰靛花 70833
灰藋 86901,87158
灰藋苋 86901
灰冬青 203636
灰杜鹃 330843
灰堆头菜 86901
灰鄂椴 391796
灰萼黄耆 **42130**
灰萼欣珀合欢 **13669**
灰耳冠草海桐 **122095**
灰二郎箭 296115
灰飞廉 **73329**
灰粉藤 **92738**
灰佛手掌 **77446**
灰福尔克旋花 **162497**
灰福木 **142449**
灰附属物兰 **315617**
灰干苏铁 **115835**
灰杆补血草 230653,230738
灰竿竹 47413
灰秆补血草 **230653**
灰秆箭竹 **162728**
灰秆竹 **47413**
灰高葶苣 **11427**
灰格莱薄荷 **176852**
灰格尼迪木 178615
灰格尼瑞香 **178615**
灰狗尾草 **361730**
灰枸杞 **239024**
灰瓜 **114139**
灰冠毛斑鸠菊 **406395**
灰灌菊属 **386382**
灰鬼针草 **53837**
灰果车叶草 **39412**
灰果赤松 299890,300222
灰果黑无芒药 **172251**
灰果黄檀 **121695**
灰果蒲公英 **384664**
灰果越橘 403952
灰海榄雌 **45748**
灰海马齿 **361669**
灰蒿 **35538**,35528
灰禾木胶 415175
灰核桃 212599
灰褐杜鹃 330843
灰褐锦鸡尾 **186357**
灰褐亮鳞杜鹃 **330843**
灰黑柄菊 **248137**
灰红花 **77700**
灰红树葡萄 **120087**
灰后毛锦葵 **267192**
灰厚壳桂 **113430**
灰胡桃 **212599**
灰胡杨 **311433**
灰槲寄生 **411034**
灰虎耳草 **349184**
灰花白头翁 **321669**
灰花画眉草 **148007**
灰花可拉木 **99204**
灰花列当 **275159**
灰花蒲公英 384473
灰花三萼木 **395244**
灰花山柳菊 **196031**
灰花纹木 **56014**
灰花纹槭 **3408**
灰花银桦 **180578**
灰化苔草 **74135**,75357
灰黄笔柱菊 **180227**
灰黄翅盘麻 **320534**
灰黄黑蒴 **14326**
灰黄画兰 **180255**
灰黄耆 **43149**
灰黄芩 **355486**
灰黄天竺葵 **288349**
灰黄肖鸢尾 **258553**
灰黄蝎尾蕉 **190042**
灰黄一枝黄花 **368026**
灰黄脂木 **415175**
灰黄砖子苗 **245465**
灰灰菜 86901,87158
灰桧 213815
灰喙山柳菊 **195539**
灰鸡头薯 **152938**
灰棘豆 **278767**
灰蓟 **92001**
灰假迷迭香 **102804**
灰尖刺联苞菊 **52665**
灰尖凸苍菊 **280581**
灰睑子菊 **55459**
灰碱柴 215325,215327
灰叫驴 6278
灰金合欢 1249
灰金缕梅 **185119**
灰金头菊 **89847**
灰堇菜 **409800**
灰堇谷木 **249974**
灰茎一枝黄花 **368268**
灰茎中麻黄 **146194**
灰九节 **319566**
灰爵床 **172817**
灰柯 233246
灰壳椆 233388
灰壳柯 **233388**
灰壳石栎 233388
灰宽萼苏 **46999**
灰蜡菊 **189413**
灰兰黄耆 **42409**
灰蓝蒺藜 **366341**
灰蓝斑鸠菊 **406377**
灰蓝鼻烟盒树 **270903**
灰蓝补血草 **230558**
灰蓝叉毛蓬 292721
灰蓝车叶草 **39347**
灰蓝柽柳桃金娘 **260994**
灰蓝臭草 **249010**
灰蓝刺叶 **2560**
灰蓝灯心草 213165
灰蓝繁缕 375036
灰蓝禾 361619
灰蓝蓟 **91842**
灰蓝看麦娘 **17535**
灰蓝块茎藨草 **56638**
灰蓝蓝星花 **33652**
灰蓝立金花 **218868**
灰蓝两节荠 **108610**
灰蓝柳 **343425**
灰蓝麻疯树 **212142**
灰蓝芒刺果 **1744**
灰蓝纳金花 218868
灰蓝盆花 **350117**,350125
灰蓝千里光 **358969**
灰蓝软紫草 **34605**
灰蓝蒴莲 **7250**
灰蓝斯温顿漆 **380544**
灰蓝娑罗双 **362205**
灰蓝塔奇苏木 **382972**
灰蓝兔苣 **220138**
灰蓝橐吾 **229043**
灰蓝娃儿藤 **400892**
灰蓝弯果紫草 **256750**
灰蓝威廉桂 **414392**
灰蓝莴苣 **219336**
灰蓝腺齿越橘 **403927**
灰蓝香豆木 **306260**
灰蓝香蒲 **401108**
灰蓝羊茅 164059
灰蓝野古草 **37392**
灰蓝野豌豆 **408408**
灰蓝叶背杜鹃 330137
灰蓝叶杜鹃 **332030**,330272
灰蓝叶加利福尼亚柏木 **114699**
灰蓝叶三萼木 **395241**
灰蓝有芒鸭嘴草 **209267**
灰蓝藏红卫矛 **78563**
灰榄叶冉布檀 **14370**
灰老鹳草 **174542**
灰类花纹木 **56016**
灰梨 323110
灰莉 **162346**
灰莉木 162346
灰莉属 **162343**
灰篱居间薰衣草 **223293**
灰藜 86901,87029,87158
灰丽莞 **155811**
灰栎 **324045**,233209

灰莲蒿　35230,36185
灰凉菊　**405395**
灰两翼木　**20704**
灰蓼　**309147**,87158
灰蓼头草　86901
灰裂蕊紫草　**234991**
灰鳞杜鹃　**331966**
灰柳　**343221**
灰龙胆　**173478**
灰芦荟　**16872**
灰颅果草　**108662**
灰鹿芹　**84359**
灰绿阿塔木　**43740**
灰绿澳洲鸢尾　**285791**
灰绿白前　**117415**
灰绿白霜草　**81864**
灰绿百脉根　**237618**
灰绿百蕊草　**389705**
灰绿报春　**314248**
灰绿萹蓄　**308697**
灰绿滨藜　**44416**
灰绿补骨脂　**319188**
灰绿叉毛蓬　**292720**
灰绿长被片风信子　**137939**
灰绿橙菀　**320689**
灰绿翅金合欢　**1255**
灰绿虫果金虎尾　**5907**
灰绿垂头菊　**110392**
灰绿粗果唐松草　388472
灰绿酢浆草　**278032**
灰绿大沙叶　**286399**
灰绿大岩桐寄生　**384100**
灰绿单裂萼玄参　**187042**
灰绿单头爵床　**257267**
灰绿当归　24360
灰绿灯心草　213165
灰绿灯心草豆　**197114**
灰绿滇苦菜　**368653**
灰绿钉头果　**179047**
灰绿独叶苣苔　**257753**
灰绿短柄草　**58620**
灰绿二翅山柑　**133625**
灰绿二行芥　**133269**
灰绿发草　**126041**
灰绿飞廉　**73354**
灰绿非洲豆蔻　**9944**
灰绿非洲没药　**101291**
灰绿拂子茅　**65357**
灰绿伽蓝菜　**215156**
灰绿甘蓝花　**79697**
灰绿狗尾草　**361762**
灰绿蒿　35538
灰绿红花　**77710**
灰绿红伞芹　**332243**
灰绿厚壳桂　**113447**
灰绿厚皮树　**221163**
灰绿虎尾兰　**346136**
灰绿虎眼万年青　**274631**
灰绿黄堇　**105572**
灰绿黄牛木　**110259**
灰绿黄檀　**121681**
灰绿积雪草　**81602**
灰绿蓟　**91901**
灰绿坚果番杏　**387174**
灰绿碱茅　**321289**,321270
灰绿碱蓬　379531
灰绿箭花藤　**168311**
灰绿金合欢　**1504**
灰绿金莲木　**268184**
灰绿堇色立金花　**218963**
灰绿卡尔茜　**77216**
灰绿可拉木　**99201**
灰绿可利果　**96735**
灰绿孔药大戟　**311665**
灰绿老鸦嘴　**390782**
灰绿肋瓣花　**13794**
灰绿类苦木　**323548**
灰绿藜　**87029**
灰绿立金花　**218870**
灰绿蓼　308697
灰绿裂花桑寄生　**295843**
灰绿鳞花草　**225165**
灰绿瘤蕊紫金牛　**271050**
灰绿龙胆　**174084**
灰绿龙面花　**263418**
灰绿龙爪茅　**121308**
灰绿卢梭野牡丹　**337793**
灰绿芦荟　**16847**
灰绿马唐　**130576**
灰绿毛鱼骨木　**71370**
灰绿蒙松草　**258119**
灰绿密环草　**322042**
灰绿缅甸姜　**373594**
灰绿木蓝　**206020**
灰绿南非青葙　**192780**
灰绿欧石南　**149499**
灰绿披碱草　**144318**
灰绿蒲公英　**384562**
灰绿普梭木　**319306**
灰绿群花寄生　**11091**
灰绿日中花　**220564**
灰绿肉稷芸香　**346836**
灰绿箬棕　**341416**
灰绿赛金莲木　**70730**
灰绿三盾草　**394971**
灰绿三毛草　**398463**
灰绿砂仁　9944
灰绿莎草　**118942**
灰绿山柳菊　**195625**
灰绿十二卷　**186444**
灰绿石头花　**183201**
灰绿鼠尾粟　**372692**
灰绿双冠大戟　**129008**
灰绿水苎麻　**56207**
灰绿菘蓝　**209194**
灰绿溲疏　**126937**
灰绿素馨　**211843**
灰绿苔草　**74542**
灰绿天门冬　**39031**
灰绿田皂角　**9545**
灰绿铁线莲　94946
灰绿弯萼兰　**120737**
灰绿委陵菜　**312644**
灰绿卫矛　**157375**
灰绿文殊兰　**111201**
灰绿喜阳花　**190349**
灰绿腺托囊萼花　**323422**
灰绿香科　**388080**
灰绿香蒲　**401086**
灰绿小冠花　**105318**
灰绿悬钩子　339360,339361
灰绿旋覆花　**207122**
灰绿枸子　**107679**
灰绿烟草　266043
灰绿盐肤木　**332613**
灰绿盐角草　**342879**
灰绿野黑种草　**266217**
灰绿叶粉藤　**92727**
灰绿叶光花龙胆　**232682**
灰绿叶狼尾草　**289112**
灰绿叶裂蕊紫草　**235012**
灰绿叶马岛小金虎尾　**254063**
灰绿叶犍牛儿苗　**153802**
灰绿叶施旺花　**352765**
灰绿叶黍　**281660**
灰绿叶思劳竹　**351856**
灰绿叶下珠　**296520**
灰绿叶猪屎豆　**112180**
灰绿异被风信子　**132542**
灰绿银豆　**32814**
灰绿蝇子草　**363502**
灰绿忧花　**241635**
灰绿盂兰　**223668**
灰绿玉山竹　**416757**
灰绿玉竹石南　**257996**
灰绿云杉　298286
灰绿沼石南星　**76984**
灰绿枝狼尾草　**289115**
灰绿枝黍　**281661**
灰绿脂麻掌　**171671**
灰绿舟叶花　**340696**
灰绿猪屎豆　**112545**
灰罗勒　**268429**
灰罗簕　268429
灰萝芙木　327067
灰麻疯树　**212121**
灰马岛寄生　**46695**
灰脉苔草　**76547**
灰猫条　408202
灰猫头鹰铅笔柏　**213989**
灰毛安匝木　**310760**
灰毛白鹤藤　32650
灰毛白酒草　**103505**
灰毛拜卧豆　**227058**
灰毛半轭草　**191785**
灰毛半日花　**188770**
灰毛棒果芥　**376322**
灰毛报春　**314664**
灰毛滨藜　**44334**
灰毛柄堇菜　**410075**
灰毛并核果　**283182**
灰毛波思豆　**57491**
灰毛糙苏　**295138**
灰毛橙菀　**320696**
灰毛齿缘草　**153433**
灰毛稠李　280023
灰毛臭茉莉　95984
灰毛川木香　**135740**
灰毛粗筒苣苔　**60253**
灰毛大青　**95984**
灰毛大沙叶　**286273**
灰毛单头爵床　**257271**
灰毛党参　**98285**
灰毛地蔷薇　**85648**
灰毛滇黄芩　**355365**
灰毛斗篷草　**14158**
灰毛豆　**386257**,386368
灰毛豆属　**385926**
灰毛毒马草　**362809**
灰毛杜英　**142358**
灰毛钝叶枸子　**107476**
灰毛芳香木　**38591**
灰毛非洲异木患　**16046**
灰毛费菜　**294126**
灰毛风铃草　**69934**
灰毛附地菜　**397474**
灰毛甘青青兰　**137673**
灰毛灌木状豇豆　**408891**
灰毛果莓　338886
灰毛含笑　**252876**
灰毛蒿　36232
灰毛核果菊　**89393**
灰毛黑塞石蒜　**193559**
灰毛槐角　369149
灰毛槐树　369149
灰毛黄鹌菜　416402
灰毛黄花木棉　98118
灰毛黄胶菊　**318697**
灰毛黄荆　411222
灰毛黄栌　107309
灰毛黄耆　**42520**
灰毛黄芩　**355490**,355365
灰毛灰菀　**130276**
灰毛寄生　385235
灰毛假杜鹃　**48094**
灰毛假紫草　34618
灰毛浆果楝　**91482**
灰毛芥属　**307288**

灰毛荆 411222
灰毛景天 294126
灰毛菊 31294,415326
灰毛菊科 **31175**
灰毛菊属 **31176**,415315
灰毛菊勋章花 **172300**
灰毛蕨叶花楸 **369496**
灰毛康定黄芪 43135
灰毛康定黄耆 **43135**
灰毛可利果 **96755**
灰毛蜡菊 **189412**
灰毛蓝钟花 **115365**
灰毛老鹳草 **174661**
灰毛柃 **160479**
灰毛柳 **343527**,343221
灰毛柳叶菜 **146684**
灰毛柳叶菜风毛菊 348292
灰毛露子花 **123971**
灰毛萝芙木 327067
灰毛麻菀 **231842**
灰毛麻菀属 231818
灰毛毛茛 324781
灰毛毛束草 **395759**
灰毛梅蓝 **248859**
灰毛美非补骨脂 **276973**
灰毛猕猴桃 **6604**
灰毛牡荆 **411222**
灰毛木地肤 **217355**
灰毛木菊 **129410**
灰毛木蓝 **206114**,205798
灰毛木麻黄 **79162**
灰毛欧夏至草 **245744**,220126
灰毛泡 **338641**
灰毛婆婆纳 **407050**
灰毛葡萄 **411980**
灰毛桤木 16368
灰毛槭 **3026**
灰毛千里光 **359105**
灰毛青藤 364989
灰毛苘麻 **976**
灰毛忍冬 **235740**
灰毛肉锥花 **102680**
灰毛软紫草 **34618**
灰毛瑞香 **218994**
灰毛润肺草 **58882**
灰毛塞里菊 **360904**
灰毛桑寄生 **385235**
灰毛山柳菊 **195664**
灰毛山蚂蝗 **126408**,126329
灰毛山梅花 **294466**
灰毛山楂 **110032**
灰毛蛇葡萄 **20298**
灰毛手玄参 **244804**
灰毛双钝角芥 **128353**
灰毛糖芥 **154418**
灰毛条 408202
灰毛庭荠 **18357**,321089
灰毛弯花婆婆纳 **70651**
灰毛弯蕊芥 **238013**,238015
灰毛弯籽木 **98118**
灰毛尾药菊 **211282**
灰毛尾药菊属 **211280**
灰毛委陵菜 312676
灰毛萎软紫菀 **40442**
灰毛乌蔹莓 **79851**
灰毛线叶粟草 **293916**
灰毛香茶菜 **324781**
灰毛香青 **21541**
灰毛小边萝藦 **253564**
灰毛肖巴豆 **82218**
灰毛肖裂蕊紫草 **141042**
灰毛新风轮菜 **65587**
灰毛新木姜子 264079
灰毛悬钩子 **338616**
灰毛薰衣草 **223297**
灰毛栒子 **107682**
灰毛崖豆藤 **66621**
灰毛岩风 **228603**
灰毛岩蔷薇 **93154**
灰毛洋茱萸 **417868**
灰毛野荞麦 **152155**
灰毛叶山柳菊 **195869**
灰毛银背藤 **32650**
灰毛银豆 **32822**
灰毛银桦 **180625**
灰毛罂粟 **282525**
灰毛尤利菊 **160853**
灰毛莸 **78008**
灰毛榆 **401466**
灰毛玉叶金花 **260433**
灰毛云南黄耆 **43277**
灰毛掌 244203
灰毛直总状花序小檗 **51985**
灰毛治疝草 **192981**
灰毛钟铃花 **289328**
灰毛猪毛菜 **344578**
灰毛兹利木 417868
灰毛子草 **153286**
灰毛紫草 **233707**
灰毛紫穗槐 **19997**
灰毛紫菀 **41057**
灰帽苔草 **75391**
灰没药 **101397**
灰莓系 305551
灰莓 339360
灰秘花草 **113356**
灰密钟木 **192605**
灰膜冠菊 **201172**
灰莫雷芥 **258778**
灰牡荆 **411285**,411222
灰木 381341
灰木科 381067
灰木蓝 **206036**
灰木莲 **244441**
灰木山岳桦 **53412**
灰木属 381090
灰木紫菀 41056
灰牧根草 **43576**
灰楠 **295396**
灰拟阿韦树 **186243**
灰拟兰立金花 **218910**
灰拟老鼠簕 **2579**
灰黏毛忍冬 235941
灰牛奶菜 **245796**
灰脓疮草 282480
灰欧洲椴 **391707**
灰帕劳锦葵 **280454**
灰盘花南星 **27644**
灰盆草 301871,301952
灰蓬 184950
灰皮桉 155691
灰皮巴尔干松 299968
灰皮扁担杆 **180990**
灰皮齿帚灯草 **226612**
灰皮葱 **15338**
灰皮韭 15338
灰皮柳 **343037**
灰皮树 294238
灰皮水青冈 162368
灰皮叶金合欢 **1644**
灰平菊木 **351226**
灰葡萄 **411615**
灰普亚 **321940**
灰落草 **217473**
灰千里光 **358498**,385924
灰鞘粉条儿菜 **14480**
灰鞘冠帚鼠麹 **144685**
灰茄 **367375**,367233
灰琴木 **93240**
灰青色葡萄 411578
灰青锁龙 **109050**
灰楸 **79250**
灰球葵 **370948**
灰球序蒿 **371144**
灰球掌属 **385870**
灰曲管桔梗 **365157**
灰冉布檀 **14361**
灰日本轮叶沙参 **7865**
灰绒裥 116118
灰绒绣球 **200021**
灰肉菊 **276917**
灰肉菊欧石南 **149355**
灰肉菊属 **276916**
灰肉蜡菊 **189308**
灰塞拉玄参 **357442**
灰伞芹 **176766**
灰伞芹属 **176765**
灰桑 240842
灰桑树 240842
灰色阿魏 **163585**
灰色桉 155529
灰色奥佐漆 **279278**
灰色澳龙骨豆 **210341**
灰色白艾 35176
灰色百蕊草 **389640**
灰色半轭草 **191773**
灰色半日花 **188620**
灰色北车前 **302104**
灰色扁蒴藤 **315354**
灰色橙菀 **320664**
灰色垂绒菊 **114414**
灰色刺痒藤 **394140**
灰色粗糙费利菊 **163246**
灰色大沙叶 **286076**
灰色倒地铃 **73196**
灰色地肤 **217334**
灰色毒胡萝卜 **388869**
灰色杜鹃 330485
灰色芳香木 **38480**
灰色飞廉 **73458**
灰色非洲粟麦草 **230124**
灰色费利菊 **163162**
灰色粉昼花 **262141**
灰色狗娃花 **193929**
灰色灌木帚灯草 **388781**
灰色海神菜 **265460**
灰色蒿 **35268**
灰色厚敦菊 **277157**
灰色厚皮树 **221143**
灰色黄杉 **318574**
灰色灰叶 **385999**
灰色蛔蒿 **35627**
灰色藿香 **10405**
灰色鸡头薯 **153069**
灰色极美杜鹃 **330060**
灰色堇菜 **409829**
灰色九节 **319482**
灰色拉拉藤 **170303**
灰色蓝花参 **412625**
灰色蓝蓟 **141130**
灰色裂花桑寄生 **295830**
灰色裂口花 **379877**
灰色罗勒 **268460**
灰色骆驼刺 **14627**
灰色马先蒿 **287096**
灰色毛连菜 **298563**
灰色毛菀木 **186883**
灰色蜜茱萸 **249143**
灰色墨药菊 **248586**
灰色木蓝 **205798**
灰色奈纳茜 **263539**
灰色南非针叶豆 **223552**
灰色拟球花木 **177064**
灰色欧石南 149205
灰色苹婆 **376093**
灰色婆婆纳 **407082**
灰色枪刀药 **202531**
灰色茄 **367040**

灰色青荚叶 **191181**
灰色青锁龙 **108897**
灰色染料木 **172936**
灰色日本杜鹃 **331260**
灰色日本羊踯躅 331260
灰色绒菀木 **335128**
灰色润肺草 **58837**
灰色塞拉玄参 **357455**
灰色塞里菊 **360896**
灰色赛德旋花 **356421**
灰色山薄荷 **321957**
灰色山柳菊 **195518**,195869
灰色山蚂蝗 126408
灰色山芫荽 **107765**
灰色蛇舌草 **269749**
灰色十二卷 **186506**
灰色石龙尾 **230283**
灰色石南 149205
灰色手玄参 **244771**
灰色树 407769
灰色苔草 74004
灰色头九节 **283203**
灰色委陵菜 **312459**
灰色喜阳花 **190296**
灰色虾 140230
灰色香豆木 **306252**
灰色香科 **388035**
灰色小法道茜 **162024**
灰色小叶锦鸡儿 72286
灰色肖木蓝 **253229**
灰色肖荣耀木 **194290**
灰色须弥香青 **21677**
灰色絮菊 **165926**
灰色叶下珠 **296585**
灰色银齿树 **227245**
灰色蝇子草 **363322**
灰色鸢尾 **208870**
灰色月见草 **269441**
灰色指腺金壳果 **121148**
灰色猪毛菜 **344482**
灰色紫草 **233714**
灰色紫金牛 **31450**
灰色紫菀 **40194**
灰沙拐枣 **67030**
灰沙穗 **148475**
灰山柑 **71706**
灰山柳菊 **195641**
灰山泡 339360,339361
灰山月桂 **215393**
灰石蚕 388184
灰石竹 **127631**
灰鼠大麦 **198328**
灰鼠色野荞麦 **152324**
灰鼠尾草 **344938**
灰双钝角芥 **128349**
灰水竹 **297391**
灰睡茄 **414594**
灰蒴 87158
灰松叶菊 77446
灰酸浆 **297676**
灰苔草 **74656**
灰唐菖蒲 **176242**
灰特林芹 **397731**
灰藤 65713
灰天蓝草 **361619**
灰天苋 86901
灰天竺葵 **288272**
灰条 86901,87158
灰条菜 86901,87158
灰葶苈 137039
灰桐 233295
灰土著柳叶菜 **146633**
灰菀 **130272**
灰菀属 **130264**
灰无毛谷精草 **224228**
灰五味子 351041
灰狭花柱 **375523**
灰夏香 **121576**
灰枚 225009
灰藓锦绦花 **78630**
灰藓状岩须 78630
灰苋 87158
灰苋菜 86901,87158
灰相思子 **742**
灰香科 **388288**,388184,388303
灰香竹 **87643**
灰向日葵 **189011**
灰橡木 320278
灰小冠花 105284
灰小金雀 172936,172938
灰小麦秆菊 **381664**
灰肖红钟藤 **293258**
灰肖荣耀木 **194289**
灰欣兹木菊 **129448**
灰星箱草 **41577**
灰玄参 **355073**
灰栒子 **107325**,107322,107583
灰雅致棋盘花 **417891**
灰胭草 86901
灰岩棒柄花 **94405**
灰岩雏菊 **291304**
灰岩粗毛藤 **97505**
灰岩大丁草 **224121**
灰岩飞蓬 **150492**
灰岩风铃草 **69930**
灰岩海桐 **301234**
灰岩含笑 **252832**
灰岩虎耳草 **349877**
灰岩还阳参 **110861**
灰岩黄芩 **355443**
灰岩火烧兰 **147235**
灰岩剪股颖 12219
灰岩蜡瓣花 **106631**
灰岩棱子芹 304770
灰岩楼梯草 142630
灰岩木蓝 **205765**
灰岩润楠 **240563**
灰岩生苔草 **73990**
灰岩葶苈 **137126**
灰岩喜鹊苣苔 **274467**
灰岩香茶菜 **209641**
灰岩肖韶子 **131060**
灰岩血桐 **240256**
灰岩野荞麦 **152044**
灰岩异决明 **360421**
灰岩远志 **307969**
灰岩皱叶报春 **314415**
灰岩紫地榆 **174619**
灰岩紫堇 **105687**
灰羊茅 **163867**
灰杨 311261,311433
灰杨柳 155589
灰野豌豆 **408360**
灰叶 386257
灰叶埃弗莎 **161284**
灰叶安息香 **379321**
灰叶桉 155589
灰叶澳洲柏 **67413**
灰叶菝葜 **366244**
灰叶白千层 **248100**
灰叶苞帚鼠麹 **20627**
灰叶北美圆柏 **213988**
灰叶稠李 **280023**
灰叶大沙叶 **286159**
灰叶当归 **24360**
灰叶吊石苣苔 **239970**
灰叶兜舌兰 282824
灰叶豆 386368
灰叶豆属 385926
灰叶杜茎山 **241761**,241753
灰叶杜鹃 **331017**
灰叶短喉木 **58472**
灰叶鹅绒委陵菜 **312372**
灰叶二裂金虎尾 **127350**
灰叶附地菜 **397396**
灰叶冠毛锦葵 **111306**
灰叶哈克 184594
灰叶哈克木 **184594**
灰叶哈利木 **184792**
灰叶海勒兰 **143843**
灰叶海棠 **243729**
灰叶红千层 67298
灰叶后蕊苣苔 **272592**
灰叶胡杨 311433
灰叶虎耳草 **349389**
灰叶花楸 **369478**
灰叶黄扁柏 **85304**
灰叶黄刺条 72310
灰叶黄酒草 **203112**
灰叶黄芪 42298
灰叶黄耆 **42298**
灰叶茴芹 **299422**
灰叶棘豆 **278790**
灰叶间型圆柏 **213612**
灰叶金合欢 **1645**
灰叶金锦香 **276109**
灰叶堇菜 **409888**
灰叶锦鸡儿 **72286**
灰叶景天 **356776**
灰叶菊属 334385
灰叶蕨麻 312372
灰叶考来木 **105396**
灰叶苦艾 35091
灰叶蜡菊 **189803**
灰叶梾木 **380488**
灰叶冷杉 317
灰叶柳 **344140**,343425
灰叶洛美塔 235407
灰叶脉刺草 **265699**
灰叶美登木 **182705**
灰叶美国扁柏 **85283**
灰叶美国花柏 85283
灰叶美丽柏 67413
灰叶美洲茶 **79934**
灰叶密头火绒草 **303046**
灰叶牧豆 **315568**
灰叶南蛇藤 **80195**
灰叶柠檬 **93465**
灰叶女蒿 **196710**
灰叶欧石南 **149929**
灰叶欧洲女贞 **229664**
灰叶匹菊 **322732**
灰叶槭 **3457**
灰叶千里光 **358560**
灰叶桤木 22445
灰叶青姬木 22445
灰叶锐尖北美云杉 **298406**
灰叶山柳菊 **196032**
灰叶山梅花 294466
灰叶山松 **299967**
灰叶杉木 **114540**
灰叶蛇根草 **272186**
灰叶矢车菊 **81004**
灰叶属 385926
灰叶树 322423
灰叶四蟹甲 **387075**
灰叶溲疏 **126870**
灰叶算盘子 177117
灰叶铁线莲 **95381**,94925
灰叶尾药菀 **315191**
灰叶乌饭 **403842**
灰叶吴萸 161336
灰叶吴茱萸 161336
灰叶西美山铁杉 **399919**
灰叶下珠 **296586**
灰叶相思树 1069
灰叶香青 **21700**
灰叶小檗 **51684**

灰叶熊果 31116
灰叶悬钩子 **338139**
灰叶亚菊 **12992**
灰叶烟草 **266051**
灰叶延胡索 105936
灰叶岩绣线菊 **292649**
灰叶杨 311333,311433
灰叶野茉莉 379321
灰叶莸 78012
灰叶元胡 105936
灰叶云杉 298323
灰叶沼迷迭香 **22436**
灰叶珍珠菜 **239660**
灰叶猪毛菜 344426
灰一枝黄花 **367953**,368268
灰异蒴果 **194079**
灰益母草 224981
灰银桦 **180600**
灰银胶菊 **285087**
灰银毛千里光 **358395**
灰樱桃 **83161**
灰榆 401431,401519,401620
灰玉兰 242341
灰早熟禾 **305551**
灰泽仙 **264160**
灰毡毛忍冬 **235941**
灰毡绒悬钩子 **339384**
灰针茅 **376727**
灰枝翅子藤 **235219**
灰枝冬青 **203636**,203944
灰枝箭竹 162728
灰枝柳 **343335**
灰枝鸦葱 **354950**
灰枝雅葱 354950
灰枝紫菀 **41056**
灰治疝草 **192979**
灰质棱子芹 304770
灰舟叶花 **340704**
灰株苔草 **76068**
灰猪藤 408202
灰竹 **297379**,87643
灰锥柱草 **102791**
灰紫老鹳草 **174519**
灰紫须芒草 **22687**
灰棕枝荚蒾 **408079**
灰足山柳菊 **196033**
诙谐桑 259202
虺床 97719
辉宝石巴塔林郁金香 **400127**
辉菜花 205175
辉葱 15779
辉凤球 **140870**
辉凤丸 140870
辉红鸡爪槭 **3306**
辉红鼠尾草 345043
辉花属 220464
辉花仙灯 **67627**
辉花野牡丹 **293481**
辉花野牡丹属 **293480**
辉煌欧亚槭 3464
辉韭 **15779**
辉勒草属 414636
辉叶紫菀 **40488**
辉云 249582
回菜场子花 415057
回菜花 209717
回菜花属 209610,324712
回草 346448
回复天竺葵 **288477**
回复朱缨花 **66683**
回鹘豆 90801,301070
回欢草 **21080**
回欢草科 **21158**
回欢草属 **21068**
回环菊属 21230
回回葱 15170
回回豆 78338,78425,90801
回回米 99124,99134
回回苏 **290952**
回回蒜 325697,325718,325981,326276,326340,326431
回回蒜毛茛 325718
回筋草 8012
回龙七 91024
回青橙 93414
回青橘 93368
回生草 283125,294123,308946
回手香 5821
回树 350945
回头草 309507
回头见子花 230058
回头龙 338292
回头青 119503
回头参 308893
回味 300980
回想春番红花 **111631**
回辛 346448
回旋非洲狗尾草 **361910**
回芸 346448
回折绣线菊 **372109**
回柱木属 **203525**
回转苔草 **76010**
廻文草 96981
廻旋扁蕾 **174212**
茴 167156
茴菜 243862
茴草 346448
茴茴蒜 **325718**
茴莘 147084
茴芹 **299351**,299395
茴芹鼠尾草 **345072**
茴芹属 **299342**
茴芹委陵菜 **312888**
茴芹小含笑 252985
茴芹型水芹 **269348**
茴芹叶牻牛儿苗 **153769**
茴芹叶欧防风 **285739**
茴芹状糙果芹 **393946**
茴芹状宽带芹 **303011**
茴芹状膜苞芹 **201111**
茴香 **167156**
茴香八角珠 204603
茴香报春 314122
茴香布枯 10696
茴香菜 167156
茴香菖蒲 **5817**
茴香灯台报春 **314122**
茴香梅花藻 48919
茴香千里光 **358903**
茴香砂仁 **19938**,155402,155408
茴香砂仁属 **155395**
茴香属 **167141**
茴香叶黑种草 **266231**
茴香叶熊菊 **402780**
茴芸 346448
蛔蒿 **360825**,35116,35627,35868
蛔蒿属 360807
蛔囊花 **37779**
蛔囊花属 **37778**
檓 417180
会东百合 **229864**
会东匙羹藤 182377
会东杜鹃 **330888**
会东荛花 **414191**
会东石蝴蝶 **292567**
会东藤 **182377**
会及 351021
会津蓟 **91722**
会津槭 **2987**
会津樱 **83116**
会卷 **157170**
会理报春 314785
会理红山茶 69552
会理马先蒿 287359
会理十大功劳 242638
会理乌头 **5283**
会理野青茅 **127298**
会理总序报春 **314785**
会宁黄芪 42503
会宁黄耆 **42503**
会泽大花紫堇 **106315**
会泽南星 **33307**
会泽前胡 **292764**
会泽乌头 **5284**
会泽紫堇 **106126**
绘岛属 82276
荟蔓藤 **107175**
荟蔓藤属 **107174**
桧 213634
桧柏 213634,213635
桧柏属 213606
桧柏野荞麦木 **152272**
桧柽柳 383469
桧林毛茛 **325995**
桧木 85310
桧属 213606
桧叶柽柳 383469
桧叶高山漆姑草 **255501**
桧叶寄生 217906
桧叶寄生木 217906
桧叶寄生属 217901
桧叶水仙 111458
桧叶银桦 **180609**
彗星花 **100876**
彗星花属 **100873**
彗星柱 **299250**
秽草 147084
喙稗 **140495**
喙瓣芳香木 **38771**
喙瓣山梗菜 **234727**
喙苞椰属 273120
喙被千里光 **359896**
喙本氏兰 **51118**
喙齿马先蒿 **287629**
喙赤瓟 **390141**
喙虫实 **104841**,104858
喙刺子莞 333501
喙帝王花 **82376**
喙蝶羽玉 **102551**
喙顶红豆 **274378**
喙峨参 **28023**
喙萼花 **333049**
喙萼花科 **333047**
喙萼花属 **333048**
喙萼假海马齿 **394883**
喙萼冷水花 **299062**
喙房坡参 **184039**
喙非洲豆蔻 **9932**
喙馥兰属 **333119**
喙梗木 **333113**
喙梗木属 **333112**
喙梗线柱头萝藦 **256075**
喙骨苣 **362162**
喙骨苣属 **362161**
喙瓜 **114242**
喙果安息香 **379301**
喙果白蓬草 388641
喙果层菀属 **210974**
喙果刺榄 **415236**
喙果黑面神 **60080**
喙果假鹰爪 **126727**
喙果绞股蓝 **183032**
喙果芥 **274475**
喙果芥属 **274474**
喙果苣属 402660
喙果栝楼 396238
喙果兰 **333102**

喙果兰属 **333101**
喙果擂鼓艻 **244936**
喙果木 **333752**
喙果木科 **333754**
喙果木蓝 **206479**
喙果木属 **333751**
喙果苹婆 **376175**
喙果漆 **393477**
喙果秋海棠 **50241**
喙果瑞香 **122595**
喙果苔草 **75902**,76602
喙果唐松草 **388641**
喙果藤 **396288**
喙果菀 **328969**
喙果菀属 **328968**
喙果卫矛 **157843**
喙果崖豆藤 **66653**
喙果鹰爪花 **35052**
喙果皂帽花 126727
喙果猪屎豆 **112618**
喙核桃 **25762**
喙核桃属 **25759**
喙花姜 **332989**
喙花姜属 **332988**
喙花牡丹 332987
喙花牡丹属 332986
喙花鸟足兰 **347889**
喙还阳参 **110902**
喙黄桃木 **415128**
喙荚苏木 65040
喙荚云实 **65040**
喙假黄麻 **317584**
喙尖杜鹃 **330644**
喙尖黄藤 65730
喙可拉木 **99259**
喙空船兰 **9177**
喙苦瓜 **256869**
喙裂暗色芳香木 **38689**
喙裂瓜 **351761**
喙柳 343095
喙龙骨豆 **333763**
喙龙骨豆属 **333759**
喙萝卜 **326614**
喙芒菊属 **279252**
喙毛马先蒿 **287632**
喙牛奶菜 **245839**
喙稔 **333464**
喙稔属 **333463**
喙蕊兰 333731
喙蕊兰属 333725
喙舌风兰 **25032**
喙实菀 **393983**
喙实菀属 **393982**
喙黍 **281327**
喙丝兰 416654
喙苏木 **65058**
喙苔 76029
喙庭荠 **18463**
喙尾香木 **402583**
喙香味兰 **261536**
喙蝎尾蕉 **190052**
喙檐花 **297929**
喙檐花属 **297927**
喙药野牡丹 **332987**
喙药野牡丹属 **332986**
喙叶川苔草 **306695**
喙叶可拉木 **99256**
喙叶马比戟 **240197**
喙叶黏掌寄生 **211009**
喙颖草属 **236401**
喙玉凤花 **183551**
喙榛 **106771**
喙猪牙花 **154945**
喙柱兰属 **88854**
喙柱萝藦属 **376581**
喙柱牛奶菜 **245831**
喙状巴克天芥菜 **190574**
喙状白花菜 **95775**
喙状臂形草 **58188**
喙状翅蛇藤 **320407**
喙状大果萝藦 **279462**
喙状吊灯花 **84225**
喙状钉头果 **179036**
喙状多果树 **304140**
喙状法道格茜 **161991**
喙状芳香木 **38770**
喙状风兰 **25039**
喙状格雷野牡丹 **180428**
喙状鸡头薯 **153029**
喙状堇菜 410502
喙状拉菲豆 **325136**
喙状罗顿豆 **237418**
喙状马先蒿 **287716**
喙状木槿 **195188**
喙状木蓝 **206492**
喙状鸟足兰 **347894**
喙状秋海棠 **50252**
喙状色罗山龙眼 **361216**
喙状双盛豆 **20783**
喙状水柱椰子 **200182**
喙状苔草 **76103**
喙状菥蓂 **390260**
喙状虾疳花 **86596**
喙状玄参 **355226**
喙状叶隔蒴苘 **414530**
喙状玉蜀黍 **417432**
喙状舟叶花 **340877**
喙籽柳叶菜 **146858**
喙嘴核桃属 25759
惠方箣竹 **47215**
惠粉蝶兰 302406
惠兰大戟 **160083**
惠勒矮海桐 **301415**
惠勒刺花蓼 **89131**
惠勒蓟 **92493**
惠勒悬钩子 **339472**
惠里蝇子草 **363302**
惠林花 **228432**
惠林花属 **228431**
惠灵麻科 **295590**
惠灵麻属 **295594**
惠普尔鯱玉 354327
惠普尔圆筒仙人掌 **116676**
惠普木 **413935**
惠普木属 **413934**
惠氏山龙眼 **189978**
惠氏丝兰 193538
惠氏钟穗花 **293179**
惠特赪桐 **96442**
惠特黄栀子 **337533**
惠特爵床属 **413947**
惠特尼菊属 **413991**
惠特尼毛菀木 **186891**
惠特尼苔草 **76752**
惠特葶苈 137034
惠托尔郁金香 **400252**
惠阳独脚莲 212202
惠阳杜鹃 331980
慧香 292065
慧星仙人球 **244035**
蕙 239640
蕙草 239640,268614
蕙葵 405618
蕙兰 **116851**,116863
蕙兰属 116769
篲竹 **318303**
昏暗山金车 **34705**
昏花 221238
昏龙玉 **264334**
昏树 215442
婚礼花 135795
浑河小檗 23170
浑氏紫珠 66800
浑提葱 15165
魂香花 167156
混沌螟蛉 355317
混合黄芪 42207
混合黄耆 **42207**
混合棘豆 **278799**
混合蜡菊 **189569**
混合芦荟 **16719**
混合毛蕊花 **405687**
混合木蓝 **205812**
混合牛角草 **273180**
混合莎草 **118634**
混乱苞萼玄参 **111652**
混乱春黄菊 **26767**
混乱刺子莞 **333637**
混乱灯心草 **213019**
混乱顶冰花 **169401**
混乱多穗兰 **310367**
混乱芳香木 **38495**
混乱菲利木 **296183**
混乱狒狒花 **46093**
混乱凤仙花 **204867**
混乱黄麻 **104076**
混乱灰菀 **130270**
混乱茴芹 **299385**
混乱脊被苋 **281186**
混乱金果椰 **139329**
混乱金合欢 **1477**
混乱金莲木 **268166**
混乱筋骨草 **13142**
混乱景天 **356633**
混乱科豪特茜 **217686**
混乱克里布兰 **111120**
混乱空船兰 **9117**
混乱利帕豆 **232046**
混乱柳叶菜 **146671**
混乱芦荟 **16727**
混乱鹿藿 **333196**
混乱麻疯树 **212124**
混乱没药 **101347**
混乱密头帚鼠麹 **252423**
混乱密钟木 **192548**
混乱木蓝 **205821**
混乱南非萝藦 **323519**
混乱南非少花山龙眼 **370249**
混乱拟莞 **352172**
混乱鸟娇花 **210849**
混乱鸟足兰 **347747**
混乱扭果花 **377691**
混乱蒲公英 **384503**
混乱球柱草 **63351**
混乱塞拉玄参 **357461**
混乱绳草 **328000**
混乱十二卷 **186352**
混乱粟麦草 **230143**
混乱天竺葵 **288159**
混乱鸵鸟木 **378571**
混乱沃森花 **413336**
混乱西澳兰 **118179**
混乱细叶芹 **84738**
混乱小雀麦 **60577**
混乱鞋木 **52860**
混乱叶下珠 **296526**
混乱硬皮鸢尾 **172584**
混乱玉 264376
混乱蚤草 **321541**
混乱止泻萝藦 **416201**
混乱治疝草 **193008**
混乱朱米兰 **212705**
混乱猪屎豆 **112035**
混型千里光 360096,360102
混叶委陵菜 **313034**
混叶雪白委陵菜 **312825**
混杂苞叶兰 **58405**
混杂春黄菊 **26830**

混杂刺痒藤 **394184**
混杂大戟 **159383**
混杂瓜 **114291**
混杂红光树 **216863**
混杂穆拉远志 **260018**
混杂塞拉玄参 **357593**
混杂苔草 **74505**
混杂小檗 52069
混杂羽叶香菊 **93891**
混杂獐牙菜 **380232**
混杂胀萼马鞭草 **86092**
豁裂花 86121
豁裂花属 86120
活抽筋 58966
活火山 **182488**
活鸡丁 295808
活麻 221552,402958
活麻草 402847,402916
活泼肖鸢尾 **258699**
活塞花 **144846**
活塞花属 **144844**
活水千里光 **358902**
活苋 387432
活脱 387432
活血 49914
活血草 13091,170193,170199,210525,220729,338017,344957,345315,356530
活血丹 **176839**,20400,59823,176824,191574,200790,226764,248732,272221,294114,328345,337925,338002,407275
活血丹刺蒴麻 **399241**
活血丹属 **176812**,247751
活血丹天竺葵 **288255**
活血丹叶巴氏锦葵 **286626**
活血根 345214
活血接骨丹 407275
活血连 5556
活血莲 5549,5556,162616,239594,339887
活血三七 200784
活血胎 31371,31502
活血藤 13225,13238,59823,347078,351054,351103
活叶眼子菜 312190
火艾 35167,36474,224823,224872,283120,283134
火把草 224938
火把杜鹃 330966
火把果 322458,322465
火把果属 322448,322948
火把花 **100032**,217055,398317
火把花属 **100030**,235402,246792
火把莲 217055
火把莲属 216923
火把树寄生 385194
火把树科 **114567**
火把树属 **114563**
火把树唐菖蒲 **176141**
火布麻 253385
火草 117965,175147,178218,224800,224823,224938
火草花 23850
火草树 320840
火草叶 24090
火柴果 407785
火柴木 350761
火柴树 407852
火柴头 100940,131917
火吹竹 **47254**,47178
火炊灯 200784
火刺木属 322448
火刺普特里开亚 321928
火刺普特木 321928
火葱 **15167**,15170,15289,15709
火大戟 **160071**
火丹草 200784
火旦草 141374
火地花 209661
火地亚属 198035
火冬 272090
火风棠 329321,339994
火藁本 229404,340463
火管竹 **364821**,47178,47254
火光粉花绣线菊 **371950**
火光柳穿鱼 **231039**
火广竹 47178,47254
火果 46198
火鹤花 **28119**,28084
火鹤花属 28071,189986
火烘心 159457
火红大岩桐 **364761**
火红地杨梅 **238690**
火红豆 274424
火红杜鹃 **331321**,331759
火红萼距花 114606
火红凤仙花 **204956**
火红火炬花 **216964**
火红萱属 **322996**
火红卷丹 **230064**
火红漏斗花 **130207**
火红脉鸭跖草 **101130**
火红毛黄耆 **42959**
火红密钟木 **192590**
火红泡叶番杏 **138169**
火红石竹 **127657**
火红香茶 **303394**
火红蝎尾蕉 **190012**
火红旋柱兰 **258997**
火红雪轮 **364175**
火红圆苞大戟 **159003**
火红紫罗兰 147393
火虹 158456
火胡麻 100238,143974
火花草 21616
火花小檗 **52240**
火皇蓍 **3979**
火黄杜鹃 **331865**
火灰山矾 **381189**,381148
火灰树 31579,189934,381143,381148
火棘 **322465**,322458
火棘没药 **101513**
火棘木 322454
火棘普氏卫矛 **321928**
火棘属 **322448**
火棘叶柃 **160589**
火箭冲天北美圆柏 **213993**
火箭多枝千屈菜 240102
火箭风铃草 **70247**
火箭芥 **207353**
火箭芥属 **207349**
火箭银白杨 **311212**
火箭帚枝千屈菜 **240102**
火姜 418010
火筋 158456
火炬刺桐 154636
火炬杜鹃 330966
火炬花 **217055**
火炬花长被片风信子 **137949**
火炬花芦荟 **16936**
火炬花属 **216923**
火炬姜 **155398**
火炬姜属 **265962**
火炬兰 **181305**
火炬兰属 **181304**
火炬绿心樟 **268728**
火炬树 **332916**
火炬水塔花 **54457**
火炬松 **300264**
火炬星 **182162**
火卷瓣兰 **63181**
火蕨酢酱草 277884
火口牛奶子 **142217**
火蓝 206669
火蓝蓟 **141346**
火烙草 **140769**
火烙木 327069
火雷木 193900
火蕾木 193900
火李 328609
火力南天竹 **262192**
火力楠 252915
火连草 357123
火镰扁豆 218721
火炼丹 61572
火炼金丹 276098
火烈鸟栲叶槭 **3221**
火烈鸟圆锥丝石竹 **183228**
火灵丹 305202
火溜草 308946
火龙 238188
火龙果 200713
火龙叶 165111,165671
火龙珠 31396
火炉山苔草 **74854**
火轮菠萝 **182175**
火轮垂枝针垫花 **228054**
火轮箭 309564
火轮菊 175172
火轮木 375512
火轮树属 **375510**
火麻 56195,56260,71218,71220,175877,221538,402869,402916,402958,403028,403032
火麻草 71218,402847,402869,402916
火麻风 56195
火麻树 **125553**
火麻树属 **125540**
火莽子 398317
火梅 261122
火梅木 261212
火媒草 270234
火煤草 **270234**
火门艾 381944
火苗草 103438
火母 200784
火木麻子 273903
火鸟蕉 **190062**
火鸟泡叶栒子 **107363**
火炮草 195326
火炮药 229,233
火炮子 211863
火泡树 31578
火漂藤 360700
火蒲公英 **384855**
火七树 13595
火漆 212127
火漆花 212160
火齐 261212
火畦茜属 **322952**
火丘矮扁桃 **316860**
火求花 418043
火球花 179236,184372,184428,350312
火球苘麻 **921**
火稔树 248895
火绒草 **224893**,140712,140732,224822,224872,224952
火绒草属 **224767**
火绒根子 140732
火绒蒿 36354,224893
火绒匹菊 **322704**
火绒叶花 7433

火山草胡椒 **290461**
火山叉序草 **209941**
火山葱 **15208**
火山地野荞麦木 **152487**
火山多穗兰 **310645**
火山飞蓬 **150614**
火山金丝桃 **202213**
火山卷瓣兰 **63180**
火山荔 233078
火山疗齿草 **268998**
火山麻 96339
火山麦瓶草 **364196**
火山密穗花 **322163**
火山欧丁香 **382366**
火山水马齿 **67402**
火山新西兰圣诞树 **252615**
火伤草 290305
火烧草 356884
火烧花 **246793**,370374
火烧花属 **246792**
火烧尖 371944
火烧角 313229
火烧柯 78933,78955,79035
火烧兰 **147149**,85875,147176,147195,147238
火烧兰属 **147106**
火烧兰玉凤花 **183607**
火烧藤 260413
火烧杨 311537
火烧叶 290305,406311
火参 329366,329372,329401
火神 126720
火神南天竹 262192
火绳神 126720
火绳树 **152693**,166650,218444,401552
火绳树属 **152683**
火绳藤 **166682**,166651
火失刻把都 378836
火石花 **175147**
火石花斑鸠菊 **406360**
火石花属 **175107**
火石蒜属 **322936**
火实 261212
火屎炭树 31578
火树 123811
火穗木 **269096**
火穗木属 **269094**
火索麻 **190105**,49007
火索木 190105,414193
火索树 152693,391704
火索藤 49007,166659
火炭草 141374,340367
火炭公 199449
火炭毛 308965
火炭梅 308965
火炭母 **308965**
火炭母草 162516,255711,308965
火炭木 4879,94539,108585
火炭楠 295361
火炭树 31578,406311
火炭酸 31477
火炭藤 309564
火炭头 100940
火炭星 308965
火炭叶 406311
火炭只药 308965
火炭子 172099
火汤木 301147
火烫药 204184
火烫叶 406311
火藤 131734
火藤根 131917
火桐 **155000**
火桐属 **154998**
火桐树属 154998
火筒花 371964
火筒冇 347996
火筒木 285960
火筒青 325981
火筒树 **223943**,223937,319810
火筒树科 **223967**
火筒树属 **223919**
火筒竹 **351865**,47254
火头根 131917
火豌豆属 89134
火王桂竹香 **154430**
火旺 158456
火尾两栖蓼 **291679**
火尾铁苋菜 **1955**
火杴 224989
火杴草 363090
火莶 363090
火香 337290
火巷 158456
火星草 **321939**
火星草属 321936
火星花 111464
火星球 **182433**
火星丸 182433
火烟子 5612,69033
火焰 158456,272856
火焰阿氏莎草 **575**
火焰菠萝 54457
火焰菜 **53269**,53249
火焰草 114994,200784,356685,356884,357174
火焰草属 **79113**
火焰侧金盏花 **8362**
火焰叉 79732
火焰达尔文小檗 **51521**
火焰杜鹃 **330276**
火焰凤梨 54457
火焰红花红千层 **67255**
火焰红小麻 **166916**
火焰蝴蝶兰 **293632**
火焰花 **295022**,295025,346502,346504
火焰花石竹 **127655**
火焰花属 **295018**
火焰黄杜鹃 **330702**
火焰黄栌 **107303**
火焰金盏花 8362
火焰兰 **327685**,111464,111474,327688
火焰兰属 **327681**,399043
火焰龙 **125818**
火焰龙属 **125817**
火焰木 346502,370358
火焰木属 370351
火焰欧石南 **149446**
火焰瓶木 58335
火焰秋海棠 **49879**
火焰球 **244022**,125818
火焰群花寄生 **11096**
火焰桑叶麻 **221530**
火焰色木棉 **56779**
火焰山景天 357174
火焰树 **370358**,370374
火焰树属 **370351**
火焰太鼓 272960
火焰无茎西瓦菊 **193376**
火焰仙人掌 **272960**
火焰罂粟 **379208**
火焰罂粟属 **379207**
火焰帚石南 **67467**,67505
火焰朱蕉 **104375**
火焰子 5612
火燕兰 372913
火殃竻 158456
火殃簕 **158456**
火殃头 158456
火秧 159457
火秧花 159457
火杨 311281
火样灰树 381143
火油草 55769
火油根 139678
火鱼草 226742
火斋 407852
火毡花 418043
火掌 272856
火杖属 216923
火榛子 106751
火之舞垂枝针垫花 **228053**
火芝 233078
火烛千屈菜 **240069**
伙连草 357326
货郎果 88691
货母 23670
获留 6682
惑景天 **356677**
霍布森小檗 51728
霍草属 **197990**
霍城黄芪 42544
霍城棘豆 **278786**
霍城蝇子草 **363558**
霍德毒鼠子 **128690**
霍顿莎草 **119004**
霍顿苔草 **74832**
霍顿一枝黄花 **368170**
霍恩狼尾草 **289124**
霍恩无患子 **198446**
霍恩无患子属 **198443**
霍尔斑鸠菊 **406420**
霍尔半边莲 **234533**
霍尔棒毛萼 **400778**
霍尔齿瓣兰 **269070**
霍尔茨扁担杆 **180818**
霍尔茨金叶木 **90054**
霍尔茨九节 **319587**
霍尔茨鹿藿 **333270**
霍尔茨毛盘鼠李 **222414**
霍尔茨没药 **101418**
霍尔茨潘考夫无患子 **280858**
霍尔茨铁苋菜 **1896**
霍尔茨小翅卫矛 **141916**
霍尔大戟 **159020**
霍尔大沙叶 **286263**
霍尔灯心草 **213147**
霍尔帝王花 **82335**
霍尔吊兰 **88579**
霍尔豆腐柴 **313729**
霍尔豆属 **184883**
霍尔杜楝 **400575**
霍尔短梗景天 **8473**
霍尔多蕊石蒜 **175331**
霍尔多穗兰 **310438**
霍尔多坦草 **136517**
霍尔恩氏寄生 **145583**
霍尔飞 198508
霍尔飞蓬 **150436**
霍尔非洲兰 **320946**
霍尔风车子 **100524**
霍尔鬼针草 **53945**
霍尔果斯黄耆 **42187**
霍尔厚敦菊 **277060**
霍尔蝴蝶玉 **148578**
霍尔虎尾兰 **346097**
霍尔虎眼万年青 **274642**
霍尔灰毛豆 **386102**
霍尔假杜鹃 **48192**
霍尔金莲木 **268192**
霍尔堇菜 **410051**
霍尔卷舌菊 **380903**
霍尔爵床 **263917**
霍尔爵床属 **263916**

霍尔老鸦嘴 **390802**
霍尔乐母丽 **335960**
霍尔肋瓣花 **13796**
霍尔冷水花 **298936**
霍尔疗齿草 **268967**
霍尔菱叶藤 **332314**
霍尔龙王角 **199007**
霍尔轮叶菊 **161176**
霍尔马瓞儿 **417466**
霍尔曼蒲公英 **384577**
霍尔曼山楂 **109754**
霍尔梅斯大戟 **159078**
霍尔梅斯多穗兰 **310435**
霍尔梅斯基花莲 **48663**
霍尔绵叶菊 **152816**
霍尔摩天柱 **279485**
霍尔木 **198465**
霍尔木属 **198461**
霍尔木斯基美冠兰 **156767**
霍尔南芥 **30308**
霍尔拟扁果草 **145495**
霍尔拟莞 **352191**
霍尔扭果花 **377735**
霍尔泡叶番杏 **138181**
霍尔皮姆番杏 **294388**
霍尔婆婆纳 **197611**
霍尔婆婆纳属 **197610**
霍尔千里光 **358399**
霍尔茜 **197598**
霍尔茜属 **197597**
霍尔蔷薇属 **198401**
霍尔青锁龙 **109072**
霍尔球百合 **62393**
霍尔忍冬 **235880**
霍尔日中花 **220574**
霍尔柔花 **8947**
霍尔莎草 **119003**
霍尔山黄菊 **25527**
霍尔蛇舌草 **269840**
霍尔生石花 **233536**
霍尔瘦弱茱萸 **225861**
霍尔斯特扁担杆 **180817**
霍尔斯特大戟属 **263935**
霍尔斯特香茶 **303384**
霍尔斯特小檗 **51731**
霍尔斯特异木患 **16097**
霍尔四仁大戟 **386964**
霍尔苔草 **74750**
霍尔筒叶玉 **116627**
霍尔菟丝子 **115112**
霍尔瓦特兰 **198553**
霍尔瓦特兰属 **198552**
霍尔仙花 **395807**
霍尔香茶 **303363**
霍尔小檗 **51699**
霍尔小果大戟 **253299**
霍尔小花茜 **286019**
霍尔星黄菊 **185799**
霍尔星香菊 **123643**
霍尔玄参属 197610
霍尔异木患 **16093**
霍尔银叶花 **32716**
霍尔蝇子草 **364030**
霍尔硬衣爵床 **354396**
霍尔忧花 **241645**
霍尔兹金莲木 **268193**
霍尔紫波 **28467**
霍尔紫脉花 **354575**
霍夫豆属 **198762**
霍夫兰 **197130**
霍夫兰属 **197129**
霍夫曼合果芋 **381858**
霍格高山柏 **213947**
霍格木 **198083**
霍格木属 **198082**
霍根氏蒲葵 **234181**,234180
霍赫白酒草 **103498**
霍赫斑鸠菊 **406414**
霍赫草属 **197137**
霍赫大沙叶 **286259**
霍赫番薯 **207866**
霍赫凤仙花 **205010**
霍赫胡萝卜 **123188**
霍赫灰毛豆 **386098**
霍赫假杜鹃 **48191**
霍赫锦葵 **197052**
霍赫锦葵属 **197051**
霍赫决明 **78325**
霍赫鲁特纳小檗 **51729**
霍赫洛伊特姜味草 **253671**
霍赫洛伊特热非豆 **212664**
霍赫木槿 **194926**
霍赫木蓝 **206088**
霍赫木犀榄 **270072**
霍赫千里光 **359055**
霍赫黍 **281717**
霍赫铁苋菜 **1895**
霍赫通宁榕 **165751**
霍赫蝇子草 **363549**
霍赫针禾 376996
霍赫针翦草 **376996**
霍华德金菊木 **150368**
霍加尔针茅 **376797**
霍加里千里光 **359059**
霍金斯柏木 **114693**
霍克百蕊草 **389722**
霍克斑鸠菊 **406362**
霍克大戟 **159077**
霍克德罗豆 **138108**
霍克吊兰 **88628**
霍克豆蔻 **19862**
霍克多果树 **304133**
霍克格尼瑞香 **178622**
霍克灰毛豆 **386099**
霍克金合欢 **1294**
霍克榼藤子 **145879**
霍克老鸦嘴 **390801**
霍克马兜铃 **34208**
霍克毛束草 **395718**
霍克木槿 **194927**
霍克鞘蕊花 **99602**
霍克蛇舌草 **269855**
霍克斯茄 **186249**
霍克斯茄属 **186247**
霍克莴苣 **219364**
霍克五加前胡 **374565**
霍克小黄管 **356096**
霍克小金梅草 **202855**
霍克肖水竹叶 **23537**
霍克鸭舌癀舅 **370792**
霍克鸭跖草 **101042**
霍克崖豆藤 **254722**
霍克一点红 **144925**
霍克硬皮豆 **241429**
霍拉桑飞蓬 **150728**
霍兰百蕊草 **389723**
霍兰垂花百子莲 **10264**
霍兰露子花 **123892**
霍兰千里光 **359063**
霍兰日中花 **220581**
霍兰唐菖蒲 **176255**
霍兰鞋木 **52881**
霍勒布假杜鹃 **48193**
霍勒布美冠兰 **156765**
霍勒布木蓝 **206095**
霍勒布千里光 **359065**
霍勒布热带补骨脂 **114428**
霍勒布热非鹿藿 **145008**
霍勒布塞拉玄参 **357719**
霍勒布陀旋花 **400435**
霍勒布鸭跖草 **101043**
霍勒布玉凤花 **183699**
霍勒布止泻萝藦 **416225**
霍里兰 **198400**
霍里兰属 **198399**
霍丽兰 **198685**
霍丽兰属 **198684**
霍卢波番薯 **207869**
霍乱草 259284
霍罗森婆婆纳 **407169**
霍曼茜 197104
霍曼茜属 197101
霍姆格伦野荞麦 **152148**
霍姆婆婆纳 **197357**
霍姆婆婆纳属 **197356**
霍姆斯特拉普北美香柏 **390605**
霍姆玄参属 197356
霍珀龙胆 **198232**
霍珀龙胆属 **198231**
霍普棉 **179908**
霍普斯硬尖云杉 298408
霍普乌头 **5279**
霍奇兰 **197076**
霍奇兰属 **197075**
霍奇茜 **197067**
霍奇茜属 **197066**
霍奇鸢尾 **208627**
霍钦龙胆 **197057**
霍钦龙胆属 **197056**
霍雀麦属 **184550**
霍山冬青 **203899**
霍山石斛 **125192**,125257,125390
霍山香科科 **388107**
霍氏澳茄 138742
霍氏补血草 **230642**
霍氏柽柳 383519
霍氏多节草 **307839**
霍氏多穗兰 **310348**
霍氏姜饼木 **284229**
霍氏芥 **198555**
霍氏芥属 **198554**
霍氏栎 **323586**
霍氏联药花 **380773**
霍氏柳叶菜 146734
霍氏驴喜豆 **271216**
霍氏罗汉松 306438
霍氏山马茶 **382794**
霍氏鼠尾草 **345085**
霍氏松 **299978**
霍氏算盘子 **177142**
霍氏苔草 **74748**
霍氏乌头 **5278**
霍氏鱼藤 125963
霍氏远志远志 **308104**
霍氏摘亚苏木 **127399**
霍氏止泻萝藦 **416223**
霍斯锦葵 **198527**
霍斯锦葵属 **198526**
霍斯马里千里光 **358815**
霍斯曼矮生朝鲜冷杉 **401**
霍斯特氏虎耳草 **349481**
霍斯藤 **198571**
霍斯藤属 **198569**
霍特木 **198674**
霍特木属 **198673**
霍特芸香属 **198540**
霍屯督长冠田基黄 **266102**
霍屯督大戟 **159085**
霍屯督仿龙眼 **254964**
霍屯督裂蕊紫草 **235017**
霍屯督南非萝藦 **323506**
霍屯督欧石南 **149560**
霍屯督双距兰 **133866**
霍屯督猪毛菜 **344567**
霍韦茜 **212535**
霍韦茜属 **212533**
霍沃斯坚果番杏 **387176**

霍沃斯球百合 **62396**
霍沃斯舟叶花 **340709**
霍伍得大戟 **159084**
霍伍得假石萝藦 **317854**
霍伍德芥属 198554
霍伊尔柿 **132203**
霍州油菜 **389518**,389540
霍州油菜属 389505
藿藿巴 364450
藿香 **10414**,53298,209784,254262,254263,306964
藿香蓟 **11199**
藿香蓟白酒草 **103409**
藿香蓟属 **11194**
藿香绿绒蒿 247109
藿香属 **10402**
藿香叶绿绒蒿 **247109**

## J

击常木 165828
击迷 407785
饥荒草 148153
饥荒草属 148148
机机草花 204799
机麻 361317
机子 261212
芨 5335,345586
芨芨草 **4163**
芨芨草属 **4113**
芨芨芹 **418107**
芨芨芹属 **418106**
芨芨雅属 418106
矶石蓼 162333
矶松 230544
矶松科 305165
矶松属 230508
矶小松 356802
鸡把腿 302753
鸡柏柴藤 142071
鸡柏胡颓子 142071
鸡柏紫藤 142071
鸡包谷 401170
鸡背石斛 125202
鸡杓子 198769
鸡脖子 36947
鸡菜 183082
鸡肠 252514,397451
鸡肠菜 200366,374968
鸡肠草 81687,117859,170743,170751,374968,397451
鸡肠繁缕 **375007**
鸡肠风 214959,258905,285859
鸡肠狼毒 158857,159631,375187
鸡肠子 31768,123371
鸡肠子草 32212
鸡翅膀花 160502
鸡出头草 115526
鸡捶笋 278323
鸡槌簕 278323
鸡刺参 258862,258863
鸡刺子 367241,367733
鸡撮鼻 4259
鸡大腿 98653,418721
鸡丹真珠 765
鸡胆豆 274391
鸡弹木 274435
鸡蛋糕 315177,365003
鸡蛋果 238117,285637,315179,418183
鸡蛋果属 238110
鸡蛋花 **305226**,122431,201743,279251,285637,305225
鸡蛋花科 **305242**
鸡蛋花属 **305206**
鸡蛋黄 202164,211821
鸡蛋黄花 200754,216085,336636
鸡蛋七 183553,280821
鸡蛋茄 **344372**,367370
鸡蛋茄属 **344369**
鸡蛋参 **98292**,205568,291274
鸡蛋树 171221
鸡笛树 142152
鸡貂树 204517
鸡丁子 295808
鸡丁子属 **313266**
鸡丢枝 226977
鸡豆 90801,160637
鸡豆菊属 90835
鸡豆木 325002
鸡豆属 90797
鸡窦簕竹 **47281**
鸡窦簕竹 47281
鸡窦埂竹 47281
鸡毒 5335
鸡肚肠 158857
鸡肚肠草 375007
鸡肚子 200
鸡肚子根 307923
鸡肚子果 307923
鸡多囊 364522
鸡掇鼻 4304
鸡儿草 183503
鸡儿肠 **40621**,39928,39989,215343,215348,374968
鸡儿豆 90801
鸡儿花 183559
鸡儿木 217361
鸡儿松 46430
鸡儿头 112383
鸡儿头苗 312540
鸡儿竹 47190
鸡粪草 106227,129033
鸡粪蔓 308965
鸡粪柿 132175
鸡枫树 232557
鸡峰黄芪 42551
鸡峰黄耆 42551
鸡峰山黄芪 42551
鸡峰山黄耆 **42551**
鸡肝根 366284
鸡肝花 275812
鸡肝散 143965
鸡格 308529,308572,308641
鸡根 307923
鸡公簕子 367518
鸡公柴 408127
鸡公合藤 58006
鸡公花 80381,80395
鸡公花草 80381
鸡公辣 384988
鸡公柳 343206
鸡公木蓝 **206126**
鸡公山茶竿竹 318321
鸡公山茶秆竹 **318321**
鸡公山胡枝子 **226958**
鸡公山柳 **343206**
鸡公山山梅花 **294474**
鸡公山玉兰 **416706**
鸡公树 154734
鸡公尾 62110,96140
鸡公子 336509
鸡勾札 121760
鸡谷草 90108
鸡骨 121782
鸡骨菜 132605
鸡骨草 747,768,4259,90108,178861,337253
鸡骨柴 **144023**,143965,205752,210370,360935,413613
鸡骨常山 **18059**,129033
鸡骨常山属 **18027**
鸡骨丹 198652
鸡骨风 129033
鸡骨枫 2986
鸡骨黄 4259
鸡骨癀 4259
鸡骨升麻 79732,91008,91011,91023
鸡骨树 161350,243437
鸡骨头 126976,131734,132601,200071,235798,235929,291046,294471,294540,301230,301291,301424,408118,416841
鸡骨头菜 306971
鸡骨头草 360935
鸡骨头花 62134
鸡骨头树 235929
鸡骨香 **112871**,18529,125794,172099,211918,231298,288769,346527,400945
鸡挂骨草 306978
鸡冠 80395
鸡冠苞覆花 172509
鸡冠菜 **59351**,80381,100961
鸡冠草 312412
鸡冠茶 312412
鸡冠齿瓣兰 **269066**
鸡冠刺桐 **154647**
鸡冠滇丁香 **238108**
鸡冠兜舌兰 282898
鸡冠冠草 139681
鸡冠果 138796,274391,300980
鸡冠花 **80395**,13934,80381
鸡冠花属 80378
鸡冠黄堇 **105769**
鸡冠黄芩 **355420**
鸡冠睫苞豆 172509
鸡冠爵床属 269094
鸡冠兰属 156521
鸡冠棱子芹 **304783**
鸡冠藜 **86997**
鸡冠鳞花草 **225151**
鸡冠瘤瓣兰 **270803**
鸡冠柳杉 113692
鸡冠鹿角柱 **140256**
鸡冠马先蒿 **287411**
鸡冠蔓锦葵 **25923**
鸡冠苗 80395
鸡冠木 300980,376130
鸡冠皮 376130
鸡冠婆婆纳 **407092**
鸡冠千日红 179227
鸡冠芹属 350402
鸡冠秋海棠 **49750**
鸡冠日本柳杉 113692
鸡冠沙芥 **321482**
鸡冠山罗花 **248168**
鸡冠参 115526,115589

鸡冠头 80395
鸡冠万带兰 404633
鸡冠委陵菜 **312476**
鸡冠仙人柱 263698
鸡冠苋 80395
鸡冠香薷 **143993**
鸡冠血苋 **208346**
鸡冠眼子菜 **312083**
鸡冠洋蔷薇 **336475**
鸡冠叶柳杉 **113692**
鸡冠云叶兰 **265117**,265123
鸡冠柱兰 **116620**
鸡冠柱属 **236362**
鸡冠状哈克 184598
鸡冠状哈克木 **184598**
鸡冠子 80395
鸡冠子房杜鹃 **331139**
鸡冠子花 287411
鸡冠紫苏 290952
鸡冠钻柱兰 **288601**
鸡归莲 160637
鸡肹花 160954
鸡胡欓 417173
鸡踝子草 77146
鸡火树 3255
鸡寄 237191
鸡髻花 80395
鸡尖 386589
鸡胶骨 4273
鸡椒 417161,417340
鸡角公 176870
鸡角枪 80395
鸡脚 350670
鸡脚艾 35634
鸡脚暗消 361538
鸡脚菜 72038
鸡脚草 121233,283616,312502
鸡脚草乌 124711
鸡脚刺 51336,51437,51454,51614,51827,52069,91872,92066
鸡脚大黄 340089
鸡脚防风 361480
鸡脚骨 360935
鸡脚黄连 51614,51827,103846
鸡脚堇菜 409630
鸡脚苦 161350
鸡脚兰 88301
鸡脚连 **52007**
鸡脚茅属 121226
鸡脚棉 179878
鸡脚爬草 326340
鸡脚七 309711
鸡脚前胡 292982
鸡脚枪 80395
鸡脚三七 215110
鸡脚三树 212019
鸡脚山楂 **109636**
鸡脚参 **275810**,146724,191316,247177,287457,337109
鸡脚参属 **275624**
鸡脚香 112871
鸡脚玉兰 337109
鸡脚掌牛奶子 165111
鸡脚爪 198769,308337,312502
鸡节藤 178555
鸡筋参 122034
鸡筋树 263761
鸡菊花 406311
鸡菊花属 **182308**
鸡橘子 167506,198767,198769
鸡嘴嘴 278740
鸡距草 312502
鸡距山楂 109636
鸡距子 198769
鸡考果 6533,6537
鸡疴粘 143464
鸡疴粘草 409898
鸡痾粘草 409898
鸡壳肚花 200
鸡壳精 408056
鸡口舌 187681
鸡跨裤 200108
鸡栗子 106716
鸡良藤 260483
鸡翎草 279029
鸡笼答 329745
鸡卵菜 260922
鸡卵草 291274
鸡卵茶 260922
鸡卵槁 **113462**,264074
鸡卵果 141999
鸡卵黄 253627,342724
鸡卵参 286836
鸡卵子 142152
鸡麻 **332284**
鸡麻科 **332281**
鸡麻属 **332282**
鸡麻抓 39032
鸡杧头 414193
鸡毛菜 59575,313039
鸡毛狗 214133,214155
鸡毛蒿 224110
鸡毛箭 85232
鸡毛松 **121079**,121080
鸡毛松属 **121076**
鸡米风 231355
鸡米树 66789
鸡母草 224989
鸡母虫药 184025
鸡母刺 92066
鸡母黄 94191
鸡母卵子 336675
鸡母酸 144752
鸡母珠 765
鸡母珠属 738
鸡姆刺 92066
鸡姆盼 30623
鸡木椒 177170
鸡纳树 **91090**,91075,91086
鸡纳树属 91055
鸡娘草 260922
鸡尿皮树 276826
鸡拍翅 308123
鸡排骨草 306978
鸡皮 94208
鸡皮果 94203
鸡婆子 231303
鸡栖子 176881,176901
鸡齐根 321441
鸡脐根 321441
鸡绒芒 39150
鸡榕 164626
鸡肉菜 35674,336193,336211
鸡肉花 195269
鸡肉参 **205568**,43577,43579,69972,205557,205571
鸡肉树 141662
鸡三树 301147
鸡桑 **259097**
鸡山苔草 **74491**
鸡山香 276745
鸡山小芹 364895
鸡觞刺 91816
鸡舌草 100961,260121,357123,410412
鸡舌话 394093
鸡舌癀 231479,260121
鸡舌头树 18047
鸡舌头叶 341579
鸡舌香 382477
鸡肾草 133042,183503,183553,183559,183662,183962,184025,291189,302289,347844
鸡肾果 160954
鸡肾参 183540,183553
鸡肾叶 60064
鸡肾子 183553,302289
鸡虱草 35132,95978
鸡虱子草 249232
鸡矢茶 318742
鸡矢果 318742
鸡矢藤 **280097**,280078
鸡矢藤属 **280063**
鸡屎草 105639,129033,198745
鸡屎柴 160954
鸡屎臭药 280091
鸡屎果 253628,318742
鸡屎米 222124
鸡屎木 222115,253628
鸡屎楠 231385
鸡屎青 96028,118982
鸡屎树 **222124**,222115,222158,222237,222302
鸡屎树属 222081
鸡屎藤 280078,280097,393626
鸡屎藤属 280063
鸡屎条 68713
鸡树 **18057**
鸡树条 408009
鸡树条荚蒾 **408098**,408009
鸡树条子 408009,408098
鸡丝藤 79850
鸡苏 10414,209822,250370,290940,373139,373262
鸡素果 165541
鸡素苔 365009
鸡素子果 165541
鸡嗉果 36947
鸡嗉子 120349,124891,165655
鸡嗉子果 165655
鸡嗉子花 147149,147176,147196
鸡嗉子榕 **165655**
鸡藤 65800
鸡踢香 121703
鸡啼香 243437
鸡甜菜 35770
鸡桐木 154734
鸡头 160637
鸡头苞 160637
鸡头菜 59575,160637
鸡头草 5335,5674
鸡头果 160637,318742
鸡头荷 160637
鸡头花草 249232
鸡头黄精 308641
鸡头莲 160637
鸡头菱 160637
鸡头米 160637
鸡头盘 160637
鸡头七 280752,280793,308641
鸡头肉 248765
鸡头桑 240842
鸡头参 55575,308523,308529,308572,308641
鸡头实 160637
鸡头薯 **152888**
鸡头薯属 **152853**
鸡头藤 402190
鸡头子 152888,160637
鸡腿菜 409630
鸡腿儿 312502
鸡腿根 312502
鸡腿果 180215,249664
鸡腿艽 173615
鸡腿堇菜 **409630**
鸡腿牛膝 178861

鸡腿参 154946
鸡腿藤 180215
鸡腿子 312502
鸡臀红门兰 **273539**
鸡娃草 **305163**
鸡娃草属 **305162**
鸡娃花 305163
鸡娃花属 305162
鸡豌豆 224473
鸡尾兰属 26950
鸡尾莲 **14288**
鸡尾莲属 **14286**
鸡尾木 **161680**,161657
鸡尾树 161680
鸡窝红麻 59842
鸡窝乱 36673
鸡窝薯 131458
鸡窝子草 279185
鸡膝风 346527
鸡鳟风 345586
鸡香草 126717
鸡香藤 280097
鸡项草 92066
鸡心矮陀陀 152943
鸡心白附 401161
鸡心贝 168563
鸡心贝母 192851
鸡心槟榔 31680
鸡心菜 72038
鸡心草 284521
鸡心茶 201743
鸡心果 415241
鸡心梅花草 **284521**
鸡心七 26624,46848,232197,232261,264762,308772,410275,410710
鸡心薯 152888
鸡心树 301128
鸡心藤 **92791**
鸡玄参 **362406**
鸡玄参属 **362402**
鸡玄参叶天竺葵 **288516**
鸡血兰 157345
鸡血蓝 157748
鸡血李 316813
鸡血莲 131522
鸡血木 160742
鸡血木属 160741
鸡血七 **106512**,142844,308772,309841
鸡血散 259881
鸡血生 337989
鸡血藤 66624,66637,66643,114994,125959,214969,259486,259566,347078,370422
鸡血藤属 **66615**,254596
鸡鸭脚艾 35770
鸡眼草 **218347**,1806,128964,218345,284628
鸡眼草属 **218344**
鸡眼椒 160954
鸡眼睛 160954,165035,313687
鸡眼睛草 309564
鸡眼菊 129070
鸡眼梅花草 284628
鸡眼树 31578,274435
鸡眼藤 258905,258910,258923
鸡眼藤属 258871
鸡眼子 765,327069
鸡腰果 21195,160954,244397
鸡腰肉托果 **357878**
鸡腰参 **98293**,280722,280756
鸡腰子 302289
鸡药葛根 191316
鸡饴草 129068
鸡翼菜 72038
鸡壅 160637
鸡痈 160637
鸡油 417558
鸡油果 234051
鸡油舅 77314
鸡油树 417552,417558
鸡云木 30759
鸡占 386589
鸡掌 368563
鸡掌七 368563
鸡帐篷 55605
鸡针木 386589
鸡珍 386589
鸡爪 255886
鸡爪菜 110215,110235
鸡爪草 **66220**,274250,312450,312502,399549
鸡爪草属 **66219**
鸡爪茶 **338508**
鸡爪柴 21034
鸡爪大黄 **329401**,329372
鸡爪大王 309014
鸡爪防风 361538
鸡爪风 126717,126721
鸡爪枫 3300,232557
鸡爪果 198769
鸡爪花 154169,211806,211963,382743
鸡爪黄连 103828,105804,262189,339887
鸡爪稷 143522
鸡爪箭竹 **162759**
鸡爪兰 229,35016,88301,125183,125257,125415,126717
鸡爪榄 61263,329771
鸡爪狼 159029
鸡爪浪 61263
鸡爪竻 278323
鸡爪簕 **278323**,392559
鸡爪簕属 **278314**,12515,325278
鸡爪梨 198769
鸡爪连 103828,106405,124237,146054
鸡爪莲 17695,23701,106227,146054,312502
鸡爪葎 278323
鸡爪七 356530,397847
鸡爪槭 **3300**
鸡爪前胡 276745
鸡爪芹 121045,345998
鸡爪秋海棠 **49940**
鸡爪三棱 370102
鸡爪三七 215110,215183
鸡爪沙 11572
鸡爪参 117908,276745,308641,312502,377941
鸡爪树 3300,126717,198767,198769,307531
鸡爪树属 240136,307484
鸡爪粟 143522
鸡爪藤 126717,211806
鸡爪乌 124630
鸡爪蜈蚣 197772
鸡爪香 126717
鸡爪叶桑 **259108**
鸡爪芋 20125
鸡爪枝 126717
鸡爪竹 162759
鸡爪子 198767,198769
鸡肫草 284628
鸡肫梅花草 **284628**
鸡肫皮 57695
鸡肫子 160954
鸡仔 377538
鸡仔茶 8256
鸡仔木 **364768**,82098
鸡仔木属 **364767**
鸡仔木水团花 364768
鸡仔目周仁 333456
鸡仔树 308050
鸡子草 89209
鸡子茶 8256
鸡子杆 37379
鸡子花 147176
鸡子麻 414193
鸡子樵 204388
鸡足 105146,160637
鸡足刺 338265
鸡足防风 361538
鸡足黄连 51802
鸡足葡萄 **411772**
鸡足山堇菜 **410114**
鸡足乌草 124171
鸡足香槐 94020
鸡足叶银莲花 **23991**
鸡嘴草 260105
鸡嘴豆 279114
鸡嘴果 210364
鸡嘴荷 160637
鸡嘴椒 72070
鸡嘴簕 252754,417173
鸡嘴莲 160637
鸡嘴藤 402194
枅栱 198769
姬百合 **229813**
姬报春 **314604**
姬达摩 329189
姬大蒜芥属 **365371**
姬吊竹梅 **417440**
姬凤梨 **113365**
姬凤梨属 **113364**
姬扶桑 243929
姬芙蓉 243929
姬甘蓝 59539
姬冠兰属 **157145**
姬红黄草 383107
姬胡桃 **212655**
姬花蔓柱 **414431**
姬花蔓柱属 **414429**
姬桧扇水仙 111464
姬菊芋 190505
姬橘 **93483**
姬孔雀草 383107
姬孔雀属 **134226**
姬冷水花 **298887**
姬狸藻 403252
姬丽球 **234958**
姬丽丸 234958
姬莲花 357189
姬毛蕊花 405691
姬毛玉 **167691**
姬梅花草 **284503**
姬苗 256154
姬苗属 256147
姬牛角 **374018**
姬球栗玉 167691
姬沙参 **7706**
姬山柳菊 **196043**
姬珊瑚 **272948**
姬氏凡尼兰 405028
姬氏梵尼兰 405028
姬松叶菊 220697
姬苔草 **75928**
姬天女 **263925**
姬天女属 **263923**
姬天仙子 201401
姬卫矛 157740
姬武藏野 **385876**
姬武者 106970
姬犀角 374018
姬小松 **300137**
姬小樱 314604

姬星　244128
姬星美人　356660
姬星球　**244128**
姬猩猩椰子　120780
姬旋花　**250850**
姬衣　244005
姬鸢尾　208595
姬云　**249584**
姬珍椰子属　201433
姬朱蕉　**104380**
姬子　**167700**
姬坐禅草　**381079**
积机草　4163
积鸡菜　225447
积鳞紫堇　**106074**
积石柳　**343554**
积雪　10955
积雪草　**81570**,176821,176824,176839
积雪草属　**81564**
积雪龙舌兰　10955
积雪球　**244209**
积雪丸　244171,244209
积药草　340367,389638
笄石菖　**213389**,213213
基奥蛇舌草　**269764**
基奥文达白鹤灵芝　**329459**
基奥文达没药　**101343**
基奥文达茄　**367030**
基奥文达一点红　**144902**
基巴拉大地豆　**199342**
基巴拉海神木　**315834**
基巴拉豪曼草　**186215**
基巴拉黄眼草　**416090**
基巴拉猪屎豆　**112284**
基苞翠雀花　**124187**
基本萨科赪桐　**337430**
基比金莲木　**268205**
基比三角车　**334641**
基边脚　48510
基博金丝桃　**201963**
基博毛子草　**153212**
基博蔷薇　**336292**
基布瓦裂籽茜　**103870**
基布瓦疱茜　**319963**
基出安龙花　**139486**
基独　13133
基端铁线莲　95340
基多茄　367543
基尔地星菊　**22029**
基尔夫人缘毛欧石南　**149200**
基尔吉斯蒲公英　**384602**
基尔吉斯石竹　**127744**
基尔曼榄仁树　**386566**
基尔木属　**216300**
基尔木犀　**215804**
基尔木犀属　**215803**
基辅荨麻　**402943**
基盖济杉　**143537**
基盖济纹蕊茜　**341313**
基盖西林仙翁　**401324**
基冠萝藦　**48740**
基冠萝藦属　**48739**
基管鸢尾属　**73104**
基红牧野杜鹃　**331191**
基花短尖苔草　**73931**
基花莲属　**48648**
基花木蓝　**205714**
基花苔草　**73852**
基花指梗寄生　**121221**
基及树　**77067**
基及树属　**77063**
基尖叶野牡丹　248727,248762
基节柄泽兰　**122875**
基节柄泽兰属　**122874**
基节粉苞苣　88799
基截紫珠　66742
基拉木蓝　206005
基拉岩雏菊　**291311**
基丽唇夹竹桃　**66954**
基利巴氏锦葵　**286639**
基利百蕊草　**389752**
基利苞爵床　**139007**
基利赪桐　**337447**
基利邓博木　**123687**
基利番薯　**208301**
基利菲芦荟　**16934**
基利菲鱼骨木　**71400**
基利风轮菜　**97004**
基利鬼针草　**53966**
基利海神菜　**265478**
基利海神木　**315746**
基利茴芹　**299488**
基利鸡屎树　**222185**
基利剪股颖　**12158**
基利九节　**319610**
基利克苔草　**74995**
基利克羊茅　**164035**
基利老鹳草　**174679**
基利类沟酸浆　**255167**
基利两节荠　**108619**
基利鹿藿　**333283**
基利马尼管唇姜　**365262**
基利曼凤仙花　**205054**
基利曼蜡菊　**189474**
基利曼木千里光　**125742**
基利曼欧石南　**150167**
基利曼双袋兰　**134308**
基利曼菟丝子　**115059**
基利曼细莞　**210021**
基利曼小金梅草　**202884**
基利曼玉凤花　**183754**
基利曼早熟禾　**305618**
基利普山茶　**216389**
基利普山茶属　**216388**
基利普野牡丹　**216384**
基利普野牡丹属　**216382**
基利莎草　**119060**
基利树葡萄　**120117**
基利香茶　**303425**
基利肖杨梅　**258757**
基利旋花　**103099**
基利血桐　**240245**
基利岩生银豆　**32895**
基利獐牙菜　**380243**
基列满缬草　**404294**
基裂风信子属　**351360**
基裂驼曲草　**119801**
基龙加斑鸠菊　**406472**
基隆扁叶芋　**147344**,197793
基隆当归　**24385**
基隆短柄草　58619,58629
基隆荚蒾　408024
基隆筷子芥　30458
基隆馒头果　177150
基隆毛茛　325933
基隆南芥　**30456**,30458
基隆南星　33295,33378
基隆葡萄　**411760**,411735
基隆天胡荽　**200317**
基隆天南星　**33378**
基隆野山药　131784
基隆蝇子草　**363468**
基隆早熟禾　**306005**
基隆泽兰　**158214**
基脉楠　240576
基脉润楠　**240576**
基毛杜鹃　**331652**,330442
基毛光苞柳　**344192**
基毛花篱　**26989**
基毛苦竹　**304097**
基姆扎九节　**319611**
基姆扎科豪特茜　**217698**
基姆扎皱茜　**341128**
基穆巴尔安龙花　**139468**
基穆比拉大沙叶　**286308**
基穆比拉茴芹　**299454**
基穆比拉美冠兰　**156795**
基穆比拉玉凤花　**183760**
基穆恩扎榕　**165776**
基纳巴卢八角　**204543**
基奈桦　**53498**
基尼格木　154973
基扭桔梗属　**123781**
基膨苔　74644
基苹婆　**376166**
基茜树　**99817**
基茜树属　**99816**
基钦假杜鹃　**48217**
基钦蓝星花　**33663**
基钦探春　**211880**
基蕊兰　**48720**
基蕊兰属　**48718**
基蕊美洲槲寄生　**125671**
基蕊玄参　**48744**
基蕊玄参属　**48743**
基萨拉韦大沙叶　**286486**
基桑图黄檀　**121722**
基桑图吉树豆　**175776**
基桑图鞘蕊花　**99612**
基桑图鸭跖草　**101060**
基生桉　**155746**
基生格雷木　181043
基生榄仁树　**386470**
基生鞘叶树　**181043**
基生苔草　**74293**
基生仙人掌　272805
基生叶金鸡菊　104448
基氏冰片香木　138552
基氏菊蒿　**383784**
基氏婆罗香　**138552**
基氏婆婆纳属　**216239**
基氏茄　**367281**
基舒蔗草　**353768**
基丝景天属　**301045**
基丝萝藦　**48702**
基丝萝藦属　**48699**
基思大戟　**159177**
基思牻牛儿苗　**153824**
基思牛角草　**273141**
基斯勒里小檗　**51815**
基斯棱柱木　179534
基斯膝柱花　**179534**
基塔尔半聚果　**138879**
基塔萨拉茄　**346513**
基塔仙人掌　**273030**
基陶蓼　**309281**
基陶特林芹　**397733**
基陶伊贝尔巢菜　**408447**
基陶伊贝尔堇菜　**410140**
基特茜属　**215759**
基图伊番薯　**207912**
基维楝　**324699**
基维楝属　**324698**
基温尖腺芸香　**4820**
基乌林仙翁　**401325**
基伍白藤菊　**254455**
基伍斑鸠菊　**406416**
基伍鼻烟盒树　**270905**
基伍杜茎山　**241788**
基伍鹅掌柴　**350727**
基伍沟萼茜　**45016**
基伍咖啡　**98929**
基伍类沟酸浆　**255174**
基伍南洋参　**310215**
基伍拟阿尔加咖啡　**32493**
基伍球锥柱寄生　**177013**
基伍三萼木　**395259**

基伍莎草 **119062**
基伍石豆兰 **62827**
基伍五层龙 **342654**
基伍香茶 **303426**
基伍谢尔茜 **362102**
基伍一点红 **144938**
基伍紫金牛 **31485**
基武斗篷草 **14068**
基武楼梯草 **142702**
基武纹蕊茜 **341314**
基武鸭嘴花 **214558**
基腺西番莲属 **284915**
基小叶苞叶兰 **58377**
基心白雪叶 **32503**
基心叶冷水花 **298874**
基亚帕兹拉拉藤 **170442**
基亚帕兹细叶芹 **84746**
基叶草科 385522
基叶粉苞菊 **88799**
基叶桔梗 **163015**
基叶桔梗属 **163014**
基叶菊 **266264**
基叶菊属 **266263**
基叶兰属 **48734**
基叶人字果 **128927**
基叶山柳菊 **195485**
基叶一点红 **144894**
基枝鸦葱 **354922**
基枝雅葱 354922
基柱木 **130147**
基柱木科 **130145**
基柱木属 **130146**
基子金娘 **48738**
基子金娘属 **48737**
基座栎 **323700**
绩独活 24306
犄角草 312502
犄角花 321672
畸苞草属 26118
畸萼大戟 **26072**
畸萼大戟属 **26071**
畸萼豆 **20035**
畸萼豆属 **20034**
畸红果大戟 **154810**
畸花杜鹃属 **26051**
畸花棘豆 **278995**
畸花茜属 **28851**
畸山楂 **109526**
畸星草菊 **241524**
畸形凤仙花 205210
畸形果鹤虱 **221632**
畸形禾 **26119**
畸形禾科 **26122**
畸形禾属 **26118**
畸形黄耆 **42977**
畸形鸟足兰 **347704**
畸形文殊兰 111168
箕作薰草 **353624**
觭角草 312502
檱 418169
虀韭茹 97093
及地果 30498
及及 354846
及己 **88297**,88289
及泻 14760
吉阿白欧洲樱草 **315103**
吉奥鞋木 **52869**
吉贝 **80120**,56802,179900
吉贝棉 80120
吉贝山梗菜 **234497**
吉贝属 **80114**
吉伯木 175628
吉伯木属 175627
吉伯特龙舌兰 **10860**
吉布森老鸦嘴 **390778**
吉布森纳丽花 **265274**
吉布森山香 **203052**
吉布斯小檗 **51663**
吉布苏木属 **181764**
吉草 404261,404316
吉川细辛 **37763**
吉德拉尔贝母 **168367**
吉德拉尔滇紫草 **271746**
吉德拉尔假滨紫草 **318000**
吉德拉尔瘤果芹 **393831**
吉德拉尔瓦莲 **337296**
吉德拉尔勿忘草 **260861**
吉德拉尔针茅 **376746**
吉德小檗 51461
吉地屈曲花 **203209**
吉豆 408982
吉朵尔 51524
吉恩山柳菊 **196101**
吉恩无患子 **181857**
吉恩无患子属 **181855**
吉儿粉木茼蒿 **32567**
吉尔艾叶芹 **418366**
吉尔贝才茜 **53283**
吉尔伯特斑鸠菊 **406367**
吉尔伯特大戟 **158944**
吉尔伯特格尼瑞香 **178613**
吉尔伯特黄檀 **121690**
吉尔伯特芦荟 **16841**
吉尔伯特木瓣树 **415782**
吉尔伯特牛角草 **273160**
吉尔伯特琼楠 **50521**
吉尔伯特舍夫豆 **350814**
吉尔伯特瘦片菊 **182056**
吉尔伯特旋花 **103062**
吉尔伯特羊茅 **163995**
吉尔伯特玉凤花 **183660**
吉尔伯特脂苏木 **315256**
吉尔葱 **15317**
吉尔对叶藤 **250163**
吉尔菲兰尤利菊 **160803**
吉尔菲兰鱼骨木 **71367**
吉尔格半边莲 **234507**
吉尔格鼻烟盒树 **270902**
吉尔格草 **175666**
吉尔格草属 **175664**
吉尔格吊灯花 **84108**
吉尔格番樱桃 **156230**
吉尔格核果木 **138618**
吉尔格苦瓜 **256826**
吉尔格落萼旋花 **68350**
吉尔格石豆兰 **62754**
吉尔格天竺葵 **288250**
吉尔格异荣耀木 **134621**
吉尔格忧花 **241632**
吉尔格鹧鸪花 **395490**
吉尔合鳞瑞香 **381624**
吉尔吉斯百里香 **391234**
吉尔吉斯短舌菊 **58043**
吉尔吉斯桦 **53499**
吉尔吉斯久苓草 **214108**
吉尔吉斯骆驼刺 **14629**
吉尔吉斯麻花头 **361069**
吉尔吉斯千里光 **359225**
吉尔吉斯山柳菊 **195687**
吉尔吉斯岩黄芪 187953
吉尔吉斯岩黄耆 **187953**
吉尔吉特葱 **15316**
吉尔吉特黄耆 **42401**
吉尔马诺克黄花柳 **343152**
吉尔曼顶冰花 **169433**
吉尔曼金菊木 **150325**
吉尔曼茎花豆 **118075**
吉尔曼喃果苏木 118075
吉尔曼乌口树 **385011**
吉尔曼野荞麦 **152091**
吉尔曼一枝黄花 **368402**
吉尔密花树 **326531**
吉尔木 **175758**
吉尔木属 **175757**
吉尔南非石竹 **127776**
吉尔欧石南 **149485**
吉尔树 **175628**
吉尔树属 **175627**
吉尔苏木 **175636**
吉尔苏木属 **175629**
吉尔唐菖蒲 **176227**
吉尔天芥菜 **190635**
吉尔雍 51572
吉尔油杉寄生 **30909**
吉尔朱缨花 **66671**
吉芬糙蕊阿福花 **393748**
吉芬露子花 **123880**
吉芬泡叶番杏 **138175**
吉夫特香芸木 **10628**
吉福树 **181820**
吉福树属 **181819**
吉福特酢浆草 **277864**
吉福特木蓝 **206012**
吉福玉 **233656**
吉故子 114427
吉灌玄参属 **175550**
吉蒿 **35525**
吉吉加水苏 **373271**
吉杰夫毒瓜 **215713**
吉卡列当 **175478**
吉卡列当属 **175477**
吉卡瘤萼寄生 **270953**
吉卡鼠尾粟 **372688**
吉库尤南洋参 **310214**
吉拉策小檗 **51688**
吉拉德凹脉萝藦 **145080**
吉拉多一枝黄花 **368144**
吉拉尔丹毒鼠子 **128730**
吉拉尔丹毛盘鼠李 **222413**
吉拉夫氏相思树 1245
吉拉柳 **343413**
吉拉木 **181800**
吉拉木属 181798
吉来茜 **175770**
吉来茜属 **175769**
吉来芸香 **172733**
吉来芸香属 **172730**
吉莱单列木 **257942**
吉莱尔姆蜡菊 **189359**
吉莱假牧豆树 **318171**
吉莱斯拟芸香 **185644**
吉莱索马里蒺藜 **215835**
吉莱特白叶藤 **113590**
吉莱特膀胱豆 **100151**
吉莱特扁担杆 **180791**
吉莱特车轴草 **396915**
吉莱特大戟 **158946**
吉莱特大梧 **196224**
吉莱特毒鼠子 **128679**
吉莱特轭果豆 **418538**
吉莱特风车子 **100484**
吉莱特钙竹桃 **66302**
吉莱特厚柱头木 **279833**
吉莱特黄麻 **104085**
吉莱特芦荟 **16843**
吉莱特木槿 **194892**
吉莱特木菊 **129405**
吉莱特穆拉远志 **259992**
吉莱特薯蓣 **131599**
吉莱特腺花山柑 **64887**
吉莱特香茶菜 **303335**
吉莱特肖水竹叶 **23528**
吉莱特叶下珠 **296583**
吉莱特樱桃橘 **93276**
吉莱特蝇子草 **363494**
吉莱特忧花 **241634**
吉莱特胀萼马鞭草 **86076**
吉莱特猪屎豆 **112172**

吉莱西非南星　**28785**
吉莱异荣耀木　**134567**
吉莱硬果漆　**354353**
吉勒特半边莲　**234508**
吉勒特单花杉　**257126**
吉勒特多角夹竹桃　**304158**
吉勒特仿花苏木　**27759**
吉勒特壶花无患子　**90735**
吉勒特花椒　**417235**
吉勒特九节　**319554**
吉勒特可拉　99199
吉勒特可拉木　**99199**
吉勒特马瓞儿　**417464**
吉勒特拟热非桑　**57478**
吉勒特疱茜　**319959**
吉勒特破布木　**104187**
吉勒特蒲桃　**382543**
吉勒特萨比斯茜　**341635**
吉勒特三角车　**334625**
吉勒特柿　**132170**
吉勒特树葡萄　**120077**
吉勒特水蓑衣　**200612**
吉勒特索林漆　**369764**
吉勒特娃儿藤　**400890**
吉勒特万寿菊　**383092**
吉勒特沃内野牡丹　**413208**
吉勒特乌口树　**384947**
吉勒特乌檀　**262809**
吉勒特象腿蕉　**145832**
吉勒特小花豆　**226157**
吉勒特鞋木　**52870**
吉勒特亚麻藤　**199158**
吉勒特叶下珠　**296646**
吉勒特远志　**308075**
吉勒特鹧鸪花　**395491**
吉勒特指腺金壳果　**121155**
吉勒特紫檀　**320316**
吉莉草属　175668
吉莉花多头玄参　**307604**
吉莉花属　**175668**
吉藜　395146
吉里苔草　**75000**
吉利草　395146
吉利葱　**175783**
吉利葱属　**175782**
吉利花属　175668
吉利镰扁豆　**135513**
吉利龙胆　**173474**
吉利洛夫藜属　216486
吉利米番红花　**111538**
吉利子　235964
吉列尔姆矢车菊　**81101**
吉林藨草　**352205**
吉林鹅观草　**335446**
吉林费菜　**294124**
吉林风毛菊　**348823**
吉林景天　294124
吉林披碱草　**144410**
吉林参　280741
吉林水葱　352205
吉林苔草　**75001**
吉林乌头　**5318**
吉林延胡索　**106583**
吉林延龄草　**397574**,397544
吉林杨　311330
吉铃子　295808
吉龙草　**143991**
吉笼草　143991
吉隆贝母　**168380**
吉隆翠雀花　**124616**
吉隆灯心草　**213228**,213188
吉隆垫柳　**343463**
吉隆繁缕　**374907**
吉隆风毛菊　**348145**
吉隆藁本　**229333**
吉隆蒿　**35719**
吉隆黄华　389525
吉隆碱茅　**321291**
吉隆箭竹　196346
吉隆锦鸡儿　**72228**
吉隆老鹳草　**174690**
吉隆龙胆　**173493**
吉隆绿绒蒿　**247159**
吉隆马先蒿　**287270**
吉隆女贞　**229463**
吉隆忍冬　**235890**
吉隆三裂毛莨　**325933**
吉隆桑　**259191**
吉隆桑寄生　**236814**
吉隆嵩草　**217148**
吉隆铁线莲　**94763**
吉隆微孔草　**254350**
吉隆乌头　**5304**
吉隆小檗　**51666**
吉隆须芒草　22833
吉隆杨　311278
吉隆野丁香　**226094**
吉隆野决明　**389525**
吉隆野青茅　**127240**
吉隆野芝麻　**220387**
吉隆蝇子草　**363529**
吉隆缘毛杨　**311278**
吉隆泽兰　**158182**
吉隆紫珠　66808
吉伦大根　247926
吉伦大根瓜　**247926**
吉罗草　**181853**
吉罗草属　**181851**
吉曼草　**175242**
吉曼草属　**175241**
吉曼蒲桃　**382540**
吉米椰子属　174341
吉姆阿兰藤黄　**14890**
吉姆地杨梅　**238632**
吉姆皮桉　155532
吉木乃贝母　168614,168616
吉木乃多轮贝母　168616
吉木乃轮生贝母　**168616**
吉木乃沙拐枣　**67034**
吉内豆属　**181858**
吉内斯补骨脂　**319189**
吉内斯大戟　**159009**
吉内斯番樱桃　**156159**
吉内斯基特茜　**215766**
吉内斯假杜鹃　**48182**
吉内斯唐菖蒲　**176243**
吉内斯盐肤木　**332632**
吉内斯针垫花　**228073**
吉内斯砖子苗　**245436**
吉纳檀　320307
吉纳紫檀　**320307**
吉娜·玛丽扶桑　**195160**
吉努斯图属　182834
吉诺莱属　**175845**
吉普道尔马缨丹　**221242**
吉普赛番红花　**111521**
吉普赛节日金盏花　**66446**
吉如柿　**132223**
吉瑞奥迪平滑山楂　**109791**
吉沙南星　**33320**
吉氏阿兰藤黄　**14891**
吉氏白点兰　**390533**
吉氏贝母兰　**98751**
吉氏柴胡　**63669**
吉氏多萼草　**218156**
吉氏蒿　35528
吉氏核果木　**138614**
吉氏蓝星花　**33651**
吉氏立金花　**218867**
吉氏龙王角　**199023**
吉氏梅花藻　48920
吉氏木蓝　206140
吉氏扭果花　**377747**
吉氏全花茜　**280698**
吉氏山柰　**215013**
吉氏水毛茛　**48920**
吉氏头嘴菊　**82414**
吉氏苇茎百合　**352122**
吉氏相思树　**1245**
吉氏须芒草　**22681**
吉氏银叶凤香　**187131**
吉氏忧花　**241633**
吉氏远志　**308074**
吉氏珍珠梅　369272
吉树豆属　**175773**
吉斯扁爵床　**292204**
吉斯布里滕参　**211503**
吉斯大戟　**158943**
吉斯番杏　**12939**
吉斯立金花　**218866**
吉斯毛头菊　**151578**
吉斯没药　**101390**
吉斯木蓝　**206011**
吉斯欧石南　**149526**
吉斯千里光　**358955**
吉斯青锁龙　**108841**
吉斯天芥菜　**190634**
吉斯驼蹄瓣　**418663**
吉斯文殊兰　**111197**
吉斯针禾　376987
吉斯针蔺草　**376987**
吉斯猪毛菜　**344551**
吉粟草　**175943**
吉粟草科　**175952**
吉粟草属　**175930**
吉塔尔大戟　**175966**
吉塔尔大戟属　**175965**
吉塘蒿　**35585**
吉沃特大戟属　**175977**
吉夏尔姜味草　**253668**
吉夏尔蝇子草　**363527**
吉祥草　**327525**,198639,279757,306834,341020
吉祥草属　**327524**,279743
吉祥杵　302753
吉祥天　**94564**
吉祥子　367522
吉星兰　**172399**
吉星兰属　**172398**
吉杏　367522
吉耶尔木属　**181798**
吉野蓟　**92241**
吉野老鹳草　175034
吉野梨　**323348**
吉野氏赤竹　**347230**
吉野氏胡颓子　**142252**
吉野氏假还阳参　**110628**
吉野氏老鹳草　**175034**
吉野氏柳　**344300**
吉野氏鼠李　**328904**
吉野氏小赤竹　**347353**
吉野氏悬钩子　**339499**
吉永当归　**24509**
吉永风毛菊　**348583**
吉永茅莓　**338991**
吉永唢呐草　**256041**
吉永茼蒿　**89773**
吉永香附子　**119518**
吉永紫菀　**41518**
吉约番樱桃　**156238**
吉约曼大戟　**263907**
吉约曼大戟属　**263906**
吉约拟九节　**169331**
吉兹蓝大岩桐　**364759**
级木　391739
即藜　395146
即藜　395146
即藤　395146

即子 5100
极矮谷精草 **151394**
极矮黄芪 42768
极矮黄耆 **42768**
极矮树葡萄 **120154**
极矮栓果菊 **222922**
极白灰毛豆 **385936**
极白堇菜 **410732**
极白木槿 **195291**
极白南星 33289
极白香青 **21693**
极白小蓝豆 **205600**
极白新风轮 **65547**
极贝 168491
极叉分茶藨 333959
极叉分茶藨子 **333959**
极叉红月桂 154162
极叉开拉瑞阿 221978
极叉开瘤瓣兰 **270806**
极叉拉氏木 **221978**
极叉马肉豆 **239537**
极叉平荚木 239537
极叉山辣椒 154162
极叉枝鸦葱 354846
极长钉头果 **179070**
极长萼粗叶木 **222113**
极长豇豆 **408947**
极长鹿藿 **333296**
极长南美鹿藿 **333429**
极长尾纹蕊茜 **341283**
极长西方芳香木 **38721**
极长秀管爵床 **160972**
极长玉簪 **198634**
极长梓 79256
极臭阿魏 **163615**
极大杜鹃 **331207**
极大多球茜 **310272**
极大叶美冠兰 **156856**
极地假山毛榉 **266864**
极地菊 **31028**
极地菊属 **31027**
极地麦瓶草 **363903**
极地毛茛属 **31034**
极地毛花马先蒿 **287142**
极地南水青冈 266864
极地水卢禾 **238555**
极地无心菜 **32143**
极地罂粟 **282534**
极地早熟禾 **305362**,305364
极地蚤缀 **414312**,32143
极地蚤缀属 **414311**
极东锦鸡儿 **72237**
极东针茅 4134
极短粒野生稻 **275972**
极多花杜鹃 **331501**
极高芳香木 **38406**
极高弓果漆 120617
极高黄芩 355359
极高灰毛豆 **386258**
极高蓝花楹 **211243**
极高雷内姜 **327733**
极高黧豆 259480
极高利蒂大风子 219726
极高瘤瓣兰 **270789**
极高漏芦 **329215**
极高南方圆筒仙人掌 **45258**
极高盘果菊 **313788**
极高酸模 **339916**
极高甜菜 53255
极高小金梅草 **202851**
极高烟草 **266040**
极高玉凤花 **183985**
极高猪屎豆 **112127**
极光球 **153353**
极光球属 **153351**
极光丸 153353
极光沃纳菊 413893
极光锡生藤 **92531**
极尖茜草树 12533
极简榕 **165671**
极苦姜黄 **114857**
极宽利奇萝藦 **221991**
极宽欧石南 **149874**
极宽蒲公英 **384736**
极乐柳枝稷 **282367**
极乐鸟 377576
极乐鸟云实 65014
极丽马先蒿 **287152**
极丽日影掌 **190238**
极亮大沙叶 **286382**
极柳 **343900**
极毛双花耳草 187534
极毛玉叶金花 260461
极美爱尔兰欧石南 **149403**
极美草 **326975**
极美草属 **326974**
极美侧柏 **302729**
极美杜鹃 **330058**
极美鹅掌柴 **350688**
极美古代稀 94140
极美红苦味果 **34855**
极美画眉草 **147873**
极美锦熟黄杨 **64350**
极美蜡菊 **189358**
极美丽省藤 **65795**
极美密头帚鼠麹 **252462**
极美欧亚槭 **3464**
极美欧洲红豆杉 **385309**
极美千里光 **360087**
极美球 **275408**
极美萨比斯茜 **341678**
极美莎草 **119447**
极美泰洛帕 385738
极美唐松草 **388678**
极美陀旋花 **400440**
极美丸 275408
极美无刺美国皂荚 **176905**
极美狭叶白蜡树 **167911**
极美小麦秆菊 **381683**
极美银桦 **180652**
极美玉凤花 **183954**
极密蓟 **91892**
极密鼠尾粟 **372648**
极黏木蓝 **206727**
极黏欧石南 **150260**
极黏天竺葵 **288587**
极黏叶梗玄参 **297130**
极品大宝石南 **121068**
极品拳参 **291700**
极软大沙叶 **286365**
极软樟 **91382**
极弱马先蒿 **287150**
极弱弱小马先蒿 287150
极疏花婆婆纳 **407202**
极疏毛杯漆 **396335**
极疏省藤 **65722**
极松贝尔茜 **53090**
极松龙血树 **137438**
极弯相思树 **1494**
极晚熟卷舌菊 **380950**
极微花蔷薇 **29028**
极微小黄管 **356127**
极细百蕊草 **389894**
极细荸荠 **143364**
极细补骨脂 **319253**
极细刺子莞 **333702**
极细葱 **15314**
极细大沙叶 **286509**
极细当归 229404
极细吊兰 **88536**
极细多穗兰 **310621**
极细多坦草 **136661**
极细芳香木 **38838**
极细费利菊 **163288**
极细风铃草 **70324**
极细花篱 **27392**
极细还阳参 **111053**
极细棘豆 **279203**
极细金果椰 **139423**
极细堇菜 **410400**
极细九节 **319872**
极细蓝花参 **412894**
极细棱果桔梗 **315316**
极细马先蒿 287150
极细木蓝 **206654**
极细拟风兰 **24681**
极细飘拂草 **166528**
极细绮春 **153960**
极细山莴苣 **219567**
极细珊瑚果 **103929**
极细蛇舌草 **270017**
极细树葡萄 **120237**
极细双盖玄参 **129351**
极细水蓑衣 **200666**
极细糖蜜草 **249337**
极细铁苋菜 **1786**
极细土人参 **383340**
极细驼曲草 **119907**
极细娃儿藤 **400974**
极细西澳兰 **118279**
极细细莞 **210102**
极细腺花马鞭草 **176695**
极细肖水竹叶 **23643**
极细鸭舌癀舅 **370854**
极细野豌豆 **408633**
极细叶下珠 **296788**
极细一点红 **144981**
极细蚁棕 **217927**
极细尤利菊 **160891**
极细帚灯草 **209460**
极狭金合欢 **1051**
极纤细鸢尾 **208886**
极香矮船兰 **85127**
极香补骨脂 **319215**
极香杜鹃 **330916**
极香短丝花 **221437**
极香鳄梨 **291584**
极香狗牙花 **382819**
极香加布尼木 169306
极香加蓬木 **169306**
极香荚蒾 **407977**
极香蜡菊 **189619**
极香罗勒 268518
极香罗簕 268518
极香蓍草 **3950**
极香石豆兰 62955
极香丝花茜 **360682**
极香天竺葵 **288394**
极香香芸木 **10678**
极香硬衣爵床 **354386**
极香柱瓣兰 **146453**
极小阿斯皮菊 **39791**
极小滨柃 **160464**
极小谷精草 **151379**
极小管花兰 **106878**
极小槲寄生 **411058**
极小画眉草 147815
极小金合欢 **1395**
极小莱德苔草 **223860**
极小蓝耳草 **115573**
极小栎 **324167**
极小美国扁柏 85290
极小欧洲山松 **300094**
极小蒲公英 **384737**
极小秋海棠 **50213**
极小秋水仙 **414889**
极小球百合 **62423**
极小日本小叶黄杨 **64305**

极小润肺草 **58901**
极小鼠尾粟 **372769**
极小薯蓣 **131715**
极小双盛豆 **20770**
极小苔草 **75719**
极小沃森花 **413373**
极小羊耳蒜 **232282**
极小獐牙菜 **380281**
极小珠芽蓼 **309569**
极小猪屎豆 **112418**
极小紫杉 **385360**
极星蔷薇 **336307**
极雅风铃草 **70011**
极硬羊茅 **163918**
极早萎肖鸢尾 **258492**
极窄第岭芹 **391908**
极窄苦苣菜 **368631**
极窄芒柄花 **271303**
极窄银豆 **32780**
急儿风 12635
急改索 309564
急尖长苞冷杉 **479**
急尖粉花绣线菊 371965
急尖冷水花 298960
急尖洛克兰 **235132**
急尖买麻藤 **178531**
急尖苔草 **73589**
急尖叶齿缘草 **153534**
急尖叶粉花绣线菊 **371965**
急尖叶红河鹅掌柴 **350710**
急解索 234363,309564,309772
急流垂枝红千层 **67307**
急流茜属 **87500**
急流碎米荠 **73013**
急流苔草 **393039**
急流苔草属 **393038**
急流紫云菜 **378238**
急怒棕 12772
急怒棕榈 **12772**
急怒棕榈属 **12771**
急怒棕属 12771
急刹车苏 264958
急弯棘豆 **278809**
急弯小柱芥 **254085**
急性子 204799
急折百蕊草 **389844**
棘 418169,418175
棘苞菊 **2207**
棘苞菊属 **2206**
棘刺 280555
棘刺花 418175
棘刺米钮草 255578
棘刺米努草 **255578**
棘刺山楂 109949
棘刺卫矛 **157418**
棘丛爱染草 **12497**
棘丛柴胡 **63620**
棘丛异耳爵床 **25703**
棘豆 278958
棘豆属 **278679**
棘狗 198769
棘枸 198767
棘瓜 362461
棘茎楤木 **30632**
棘蓝刺头 **140699**
棘柳 320359
棘榈属 2550
棘茅属 **145096**
棘盘子 280555
棘皮桦 53400
棘楸 215442
棘鼠李属 134020
棘头花 **2134**
棘头花属 **2133**
棘菀 308359,308403
棘尾爵床 **2655**
棘尾爵床属 **2654**
棘叶龙骨小檗 51428
棘叶榈 **329170**
棘叶榈属 **329169**
棘苑 308403
棘针 280555,418175
棘针树科 129781
棘针树属 129772
棘枝忍冬 **236109**
棘枝属 232457
棘状锡生藤 **92548**
棘子花 336783
集带花属 **381754**
集果攀缘商陆 **148136**
集会西洋梨 **323141**
集毛菊 **382061**
集毛菊属 **382060**
集球卷耳 82849
集球米钮草 **255482**
集蕊金丝木 **175466**
集生莎草 **118458**
集生苔草 **73617**
集束牛角兰 83653
集穗柳 343280
蒺骨子 395146
蒺蔾 395146
蒺藜 **395146**
蒺藜草 **80821**,80813
蒺藜草属 **80803**
蒺藜梗 11619
蒺藜狗 395146
蒺藜狗子 395146
蒺藜胥葵 395146
蒺藜海氏草 196198
蒺藜黄芪 43180
蒺藜黄耆 **43180**
蒺藜角 395146
蒺藜榜 **79054**
蒺藜科 **418580**
蒺藜拉子 395146
蒺藜属 **395064**
蒺藜四须草 **387504**
蒺藜希拉里禾 **196198**
蒺藜叶黄芪 43178
蒺藜叶黄耆 **43178**
蒺藜锥 79054
蒺藜子 43053,395146
蒺兀萝卜 243164
瘠草 413549,413550
瘠地金千里光 **279887**
瘠瘦马先蒿 **287400**
蕀莞 308403
蕀蒬 308359,308403
蕺 198745
蕺菜 **198745**
蕺菜属 **198743**
蕺草属 198743
蕺儿根 198745
蕺耳根 198745
蕺叶秋海棠 **50013**
蕺子 198745
蕺足根 198745
几落可 170044
几内冬葵子 905
几内亚斑鸠菊 **406396**
几内亚比绍露兜树 **281041**
几内亚变蕊木 **259383**
几内亚翅子藤 **235210**
几内亚刺果藤 **64468**
几内亚大戟 **159012**
几内亚番石榴 **318744**
几内亚非洲耳茜 **277268**
几内亚风信子 **223918**
几内亚风信子属 **223917**
几内亚高粱 **369650**
几内亚格木 **154973**
几内亚钩枝藤 **22057**
几内亚孩儿草 **340351**
几内亚海岸莲子草 **18113**
几内亚胡椒 **300397**
几内亚胡颓子 **142020**
几内亚葫芦 **219826**
几内亚基腺西番莲 **284926**
几内亚夹竹桃属 **240748**
几内亚姜饼棕 **202279**
几内亚豇豆 **409088**
几内亚脚骨脆 **78126**
几内亚金莲木属 **169526**
几内亚九节 **319744**
几内亚决明 **78353**
几内亚莱德苔草 **223851**
几内亚蓝刺头 **140717**
几内亚老鼠簕 **2682**
几内亚柳叶箬 **209066**
几内亚龙船花 **211102**
几内亚萝藦属 **270547**
几内亚马齿苋 **311856**
几内亚美冠兰 **156744**
几内亚磨盘草 **905**
几内亚拟紫玉盘 **403648**
几内亚破布木 **104194**
几内亚蒲桃 **382567**
几内亚茜属 **263643**
几内亚茄 **367195**
几内亚球柱草 **63278**
几内亚群花寄生 **11094**
几内亚肉豆蔻 **261456**
几内亚莎草 **119675**
几内亚山黄麻 **394642**
几内亚薯蓣 **131814**
几内亚蒴莲 **7235**
几内亚酸藤子 **144743**
几内亚铁苋菜 **1887**
几内亚土沉香 **161659**
几内亚瓦帕大戟 **401233**
几内亚维斯木 **411145**
几内亚尾稃草 **402531**
几内亚沃内野牡丹 **413210**
几内亚雾水葛 **313436**
几内亚狭蕊爵床 **375416**
几内亚肖鸭嘴花 **8105**
几内亚荠菜 **267815**
几内亚须叶藤 **166796**
几内亚鸦胆子 **61207**
几内亚野茼蒿 **108744**
几内亚叶果豆属 **48441**
几内亚一点红 **144921**
几内亚异常三萼木 **395179**
几内亚异耳爵床 **25705**
几内亚异穗垫箬 **193697**
几内亚远志 **308092**
几内亚珍珠茅 **354109**
虮子草 **226021**
挤果树参 **125602**
脊被苋属 **281176**
脊唇斑叶兰 **179621**
脊萼龙胆 **173731**
脊果椰 **283408**
脊果椰属 **283407**
脊果棕 **315390**
脊果棕属 **315389**
脊锦葵 **362710**
脊龙 145899
脊脐子 **3893**
脊脐子科 **3894**
脊脐子属 **3892**
脊突龙胆 **173363**
脊籽椰属 17949
戟唇齿瓣兰 **269072**
戟唇叠鞘兰 **85456**
戟唇石豆兰 **62685**
戟刺仙人球 **140574**

戟鸡桑 259103
戟箭叶蓼 291775
戟金琥 **140132**
戟堇 **410056**
戟茎小金雀 173051
戟裂黄鹌菜 **416431**
戟裂毛鳞菊 **84975**
戟柳 343467
戟塔黄芪 43066
戟天 258905
戟形滨藜 44621
戟形齿叶灰毛菊 **185351**
戟形多穗兰 **310427**
戟形非洲兰 **320947**
戟形狗肝菜 **129261**
戟形桄榔 **32337**
戟形荆芥 **265063**
戟形凯斯紫堇 **105707**
戟形老鼠芋 **33595**
戟形镰扁豆 **135494**
戟形柳 343467
戟形麻疯树 **212161**,212146
戟形马鞭草 405844
戟形马岛翼蓼 **278433**
戟形马利筋 **37962**
戟形蔓锦葵 **25924**
戟形千里光 **359023**
戟形枪刀药 **202559**
戟形青牛胆 **392258**
戟形肉被藜 **328529**
戟形丝藤 **259596**
戟形虾脊兰 **66020**
戟形香瓜 **114166**
戟形小腺萝藦 **225789**
戟形肖菥蓂 **77472**
戟形掷爵床 **139877**
戟形帚菊木 **260539**
戟叶艾纳香 **55817**
戟叶白粉藤 **92741**
戟叶闭果薯蓣 **325188**
戟叶萹蓄 **291684**
戟叶变叶木 **98198**,98190
戟叶滨藜 44621
戟叶菜栾藤 415299
戟叶菜栾藤属 415297
戟叶垂头菊 **110443**
戟叶刺头菊 **108301**
戟叶大黄 **329338**
戟叶鹅绒藤 **117507**,117346
戟叶蒿 36564
戟叶黑果菊 **44031**
戟叶黄鹌菜 **416451**
戟叶黄芩 **355469**
戟叶火绒草 **224823**
戟叶鸡桑 **259103**
戟叶假福王草 283684
戟叶金石斛 **166963**
戟叶堇菜 **409716**,409725
戟叶菊属 **186132**
戟叶扛板归 309742
戟叶老鹳草 **174980**
戟叶犁头尖 401160
戟叶蓼 **309877**,291684
戟叶柳 **343467**
戟叶龙舌兰 **10926**
戟叶麻疯树 **212146**
戟叶麻花头 **361058**
戟叶马鞭草 **405844**
戟叶毛鳞菊 84975
戟叶牛皮消 117346,117412,117751
戟叶掭娘蒿 365568
戟叶蒲公英 384628
戟叶千里光 **359024**
戟叶茄 **367201**
戟叶青葙 **80419**
戟叶桑 259103
戟叶鼠尾 344918
戟叶鼠尾草 **344918**
戟叶薯蓣 131772
戟叶蒴莲 **7261**
戟叶酸模 **340075**,329338
戟叶苔草 **74766**
戟叶田薯 **131558**,131772
戟叶兔儿伞 283816
戟叶橐吾 229202
戟叶西非南星 **28787**
戟叶锡莎菊 84956
戟叶小苦荬 **210547**
戟叶小木通 94986
戟叶悬钩子 **338499**
戟叶紫花地丁 410412
戟叶醉鱼草 **62071**
戟状镰扁豆 **135496**
戟状铁线莲 **94986**
戟状蟹甲草 **283826**
麂角杜鹃 331065
麂子草 **14521**
麂子果 323069
麂子扣甘树 31598
计进占 350728
计良间杜鹃 331759
计吐夷蒲公英 **384601**
记木豆属 327330
纪念锦熟黄杨 **64354**
纪念美国紫菀 **40913**
纪如箭竹 162699
纪氏白鹃梅 161744
纪氏茶藨 333986
纪氏槭 2827
纪氏瑞香 122444
纪氏五加 143596
纪伊盂兰 **223646**
纪州蜜柑 93724
妓女子 217361
芰 394436,394500
芰草 42699,42704,369010
芰实 160637
季川鹅掌柴 350726
季川马先蒿 **287839**
季川槭 3761
季川橐吾 **229258**
季川尾药菊 381961
季豆 397229
季莨早熟禾 **305498**
季氏报春 314434
季氏卫矛属 **418062**
季氏小檗 52128
季庄苔草 **74962**
济阿马根茎花茜 **374685**
济把燕 313424
济华报春 **314478**
济华华松 **299861**
济南岩风 **228586**
济新杜鹃 330384
济新乌桕 346376
济亚拉蒂百里香 **391401**
济兹眼子菜 **312294**
寂光 **102227**
寂寞球 **244143**
寄居花童 355317
寄马桩 38950,39032
寄奴 35136
寄奴花 **148524**,82955
寄奴花科 **148520**
寄奴花属 **148523**,82629
寄色草 115595
寄生 355317,385234,410992,411023
寄生包 410979
寄生草 124963,355317,355337,385192,385238,411048
寄生茶 385192,411065
寄生柴 410992
寄生番薯 **208059**
寄生果 241317
寄生黑蒴 **14333**
寄生花 **346470**
寄生花属 **346469**
寄生黄 46841
寄生兰 238312
寄生鳞叶草 **147368**
寄生鳞叶草属 **147365**
寄生罗汉松 **283928**
寄生罗汉松属 **283927**
寄生泡 385221
寄生莎萝莽 147368
寄生莎萝属 147365
寄生石丁香 263960
寄生树 355317,385192
寄生藤 **125794**
寄生藤属 **125781**
寄生五叶参 289659
寄生雾水葛 **313460**
寄生羽叶参 **289659**
寄生子 410992
寄树兰 **335040**
寄树兰属 **335035**
寄童 355317
寄屑 355317,385192
寄亚麻无根草 115007
寄子桩 39032
祭祀水鬼蕉 **200907**
蓟 **92066**,97599
蓟刺苞菊 **76999**
蓟芥 173932,173988
蓟木 79905
蓟木属 79902
蓟茄 **367041**
蓟参马先蒿 287438
蓟属 **91697**
蓟瓦 369078
蓟序木属 138423
蓟叶尖刺联苞菊 **52676**
蓟叶绿顶菊 **160659**
蓟叶参科 258870
蓟叶参属 258831
蓟叶罂粟属 32411
蓟罂粟 **32429**,282515
蓟罂粟属 **32411**
蓟帚叶联苞菊 **114447**
蓟状多变花 315776
蓟状风毛菊 **348187**
跡地八宝 **200783**
稷 **281916**
稷米 281916
稷山牡丹 280212
稷属 281274
稷子草 143530
鲫鱼草 **147995**,147746,187510,296801,406667
鲫鱼胆 241817,241844,305100,313692
鲫鱼胆草 187510
鲫鱼姜 231298
鲫鱼苦草 187510
鲫鱼藤 **356279**,79850
鲫鱼藤吊灯花 **84216**
鲫鱼藤属 **356259**
冀北翠雀花 **124586**
冀柄蒲公英 **384428**
冀齿大丁草 224110
冀韭 **15187**
穄 281916
穄米 281916
檕梅 109933,109936
檵柴 237191
檵花 237191

檵木 **237191**
檵木属 **237190**
檵树 237191
檵条 237191
加邦伽蓝菜 **215150**
加贝斯香科 **388137**
加本牡荆 411274
加本木属 **169291**
加本三角车 334623
加本蒌花 245046
加本五层龙 342640
加布 28248
加布合声木 **380697**
加布尼木 169296
加布尼木属 169291
加曹翅 249449
加查虎耳草 **349890**
加查女娄菜 363225
加查乌头 **5119**
加查雪兔子 **348362**
加查獐牙菜 **380221**
加茶杜香 223901
加长银莲花 **23806**
加丹巴团花 263983
加丹加百簕花 **55362**
加丹加百蕊草 **389751**
加丹加扁担杆 **180832**
加丹加赪桐 **96159**
加丹加尺冠萝藦 **374150**
加丹加虫果金虎尾 **5913**
加丹加刺蒴麻 **399263**
加丹加大地豆 **199345**
加丹加单列木 **257951**
加丹加番薯 **207906**
加丹加非洲长腺豆 **7497**
加丹加狗肝菜 **129277**
加丹加豪曼草 **186192**
加丹加厚皮树 **221171**
加丹加黄蓉花 **121926**
加丹加灰毛豆 **386128**
加丹加棘豆 **278923**
加丹加金莲木 **268203**
加丹加决明 **78347**
加丹加宽肋瘦片菊 **57632**
加丹加老鸦嘴 **390812**
加丹加肋瓣花 **13808**
加丹加利兰 **232693**
加丹加轮叶瘦片菊 **11180**
加丹加茅膏菜 **138302**
加丹加美冠兰 **156787**
加丹加木瓣树 **415789**
加丹加拟美花 **317264**
加丹加扭果花 **377744**
加丹加千里光 **359210**
加丹加琼楠 **50623**
加丹加全柱草 **197506**
加丹加赛金莲木 **70732**
加丹加三花鸡头薯 **153073**
加丹加圣诞果 **88054**
加丹加双袋兰 **134304**
加丹加双距兰 **133816**
加丹加水蓑衣 **200619**
加丹加粟麦草 **230140**
加丹加索林漆 **369770**
加丹加天门冬 **39050**
加丹加田皂角 **9564**
加丹加头花草 **82144**
加丹加小金梅草 **202856**
加丹加肖矛果豆 **294612**
加丹加异木患 **16102**
加丹加隐萼豆 **113800**
加丹加玉凤花 **183749**
加丹加猪屎豆 **112279**
加当 54620
加岛大戟 **384386**
加岛大戟属 **384385**
加岛豆 **145311**
加岛豆属 **145310**
加岛瓜属 **57237**
加岛禾 **385784**
加岛禾属 **385783**
加岛夹竹桃属 **46520**
加岛姜 **383657**
加岛姜属 **383656**
加岛兰 **261912**
加岛兰属 **261910**
加岛罗汉果 **365326**
加岛萝藦 **21835**
加岛萝藦属 **21834**
加岛南星 **61647**
加岛南星属 **61646**
加岛茜属 **14381**
加岛桃金娘 **413943**
加岛桃金娘属 **413942**
加岛香 **401920**
加岛香属 **401919**
加岛野牡丹 **56515**
加岛野牡丹属 **56512**
加德纳滨藜 **44406**
加德纳刺痒藤 **394153**
加德纳鬼针草 **53920**
加德紫葳 **171470**
加德紫葳属 **171469**
加登君子兰 **97215**
加迪特大戟 **158933**
加迪特毒马草 **362791**
加迪特蓝蓟 **141174**
加迪特脐景天 **401687**
加迪特直梗栓果菊 **327468**
加地侧蕊 235435
加地肋柱花 235435
加东唐棣 **19279**
加冬 54620
加豆叶 141999
加毒 28248
加尔比长柔毛野豌豆 **408698**
加尔得纳刺蕊草 **306977**
加尔加尔柠檬 **93706**
加尔开桐棉 389935
加尔凯黄花稔 **362545**
加尔凯香茶菜 **303327**
加尔尼龙拟鸦葱 **354984**
加尔诺寡头鼠麹木 **327614**
加尔恰小檗 **51659**
加尔桑百脉根 **237614**
加尔桑远志 **308068**
加尔西顿百合 **229806**
加尔异燕麦 **190152**
加防己 250221
加芬相思树 **1128**
加贺山茶 **69211**
加贺山蓟 **92087**
加拉桉 155644
加拉巴氏锦葵 **286623**
加拉巴特非洲水柴胡 **10073**
加拉巴特麻疯树 **212136**
加拉巴特鱼黄草 **250780**
加拉拔儿豆 298009
加拉拔儿豆属 298004
加拉吊兰 **88572**
加拉段柯 **285227**,233241
加拉虎耳草 **349427**
加拉加斯莲子草 **18098**
加拉加斯藤 **72159**
加拉加斯藤属 **72158**
加拉加斯威根麻 **414095**
加拉利刺柏 213629
加拉蒙地亚橘 93639
加拉蒙丁橘 **93639**
加拉魔芋 **20078**
加拉姆斑鸠菊 **406346**
加拉帕戈斯巴豆 **113015**
加拉萨铁线莲 **95043**
加拉伊花属 **171028**
加拉伊兰 **171027**
加拉伊兰属 **171026**
加刺拔儿豆属 298004
加腊克斯属 169817
加辣莸 171541
加辣莸属 171540
加兰金丝兰 **416585**
加兰苹果 **243583**
加勒比豆 **50666**
加勒比豆属 **50663**
加勒比合欢 **13512**
加勒比花椒 **417191**
加勒比鹿藿 **333177**
加勒比破布木 **104171**
加勒比普豆 **307100**
加勒比普豆属 **307099**
加勒比群岛蝎尾蕉 **190005**
加勒比塞战藤 **360939**
加勒比水鬼蕉 **200916**
加勒比松 **299836**
加勒比外蕊木 **161825**
加勒比真穗草 **160984**
加勒比钟花树 **382707**
加勒克鲁尔帚石南 **67486**
加勒榄属 **218689**
加勒特滨藜 **44413**
加勒特飞蓬 **150651**
加勒特拟长柄芥 **241238**
加簕比松 299836
加簕比油松 299836
加雷决明 **78305**
加里豹皮花 **373841**
加里福尼亚十大功劳 **242504**
加里福尼亚杨 311324
加里曼丹陆均松 **121087**
加里曼丹买麻藤 **178532**
加里曼丹婆罗双 **362195**
加里普叉尾菊 **287998**
加里普大戟 **158936**
加里普芳香木 **38563**
加里普拉拉藤 **170305**
加里普蜡菊 **189384**
加里普麻点菀 **266526**
加里普密钟木 **192593**
加里普蜜花 **248947**
加里普千里光 **358948**
加里普手玄参 **244795**
加里普鼠尾草 **345047**
加里普酸模 **340061**
加里普喜阳花 **190347**
加里普腺羊蹄甲 **7564**
加里普肖鸢尾 **258501**
加里普叶下珠 **296703**
加里普夜来香 **290746**
加里普胀萼马鞭草 **86075**
加里亚木属 171545
加力酸藤 1466
加利安白酒草 **103491**
加利桉 155562
加利福尼亚柏木 **114698**
加利福尼亚扭花芥 **377635**
加利福尼亚千里光 **359679**
加利福尼亚野青茅 **127216**
加利福尼亚月见草 **269528**
加利福尼亚州大松 300189
加利福尼亚州核桃 212592
加利福尼亚州冷杉 409
加利福尼亚州山松 300082
加利福尼亚州沼松 300098
加利荆豆 **401390**
加利茜 **170136**
加利茜属 **170134**
加利亚草 **18184**
加利亚草属 **18182**

加利芸香 **170165**
加利芸香属 **170164**
加辽莱藤 260423
加烈酸藤 1466
加鲁白鼓钉 **307669**
加鲁布针蓟草 **376985**
加鲁布猪毛菜 **344544**
加鲁大沙叶 **286228**
加鲁丰花草 **57315**
加鲁海葱 **402365**
加鲁黑草 **61786**
加鲁肋瓣花 **13791**
加鲁鸭舌癀舅 **370781**
加鲁异被风信子 **132540**
加罗里阔苞菊 **305085**
加罗林补血草 **230566**
加罗林樗 **167934**
加罗林杜英 142297
加罗林马鞭草 405828
加罗林铁杉 399874
加罗林雪轮 363300
加罗林椰树 119988
加洛茜属 **170803**
加莫苕 131655
加墨 192497
加姆贝尔栎 323927
加姆布小檗 51417
加姆柔花 **8958**
加姆图斯甘蓝树 **115209**
加拿大艾麻 **221547**
加拿大白桦 53549
加拿大白杨 311146
加拿大百合 **229779**
加拿大半日花 **188610**
加拿大棒头草 **310105**
加拿大杯苞菊 **310023**
加拿大蝙蝠葛 **250221**
加拿大变豆菜 **345945**
加拿大薄荷 **250331**
加拿大苍耳 **415003**
加拿大草茱萸 85581
加拿大茶藨 334137
加拿大茶藨子 **334137**
加拿大刺柏 **213706**
加拿大葱 **15149**
加拿大灯心草 **212970**
加拿大地榆 345834
加拿大蝶须 **26425**
加拿大繁花委陵菜 **312542**
加拿大飞廉 91770
加拿大飞蓬 103446
加拿大肥皂荚 182527
加拿大拂子茅 **65303**
加拿大藁本 **229298**
加拿大蒿 **35273**
加拿大荷包牡丹 **128291**
加拿大黑李 **316591**
加拿大红豆杉 **385344**
加拿大红栎 320278
加拿大胡桃 212631
加拿大黄桦 **53338**
加拿大黄耆 **42137**
加拿大接骨木 345580
加拿大金扶芳藤 **157475**
加拿大金丝桃 **201788**
加拿大具翅野荞麦 **151807**
加拿大肋瓣花 **13756**
加拿大李 34431
加拿大丽鹂草 293729
加拿大柳穿鱼 **230931**,267347
加拿大耧斗菜 **30007**
加拿大露珠草 **91522**
加拿大落芒草 **276000**
加拿大麻 **29473**
加拿大马鞭草 **405820**
加拿大马先蒿 **287063**
加拿大毛茛 **12753**
加拿大毛茛属 **12752**
加拿大毛核木 **380753**
加拿大莓系 305451
加拿大纳氏婆婆纳 **267347**
加拿大南芥 **30214**
加拿大拟漆姑 **370619**
加拿大牛泷草 **91562**
加拿大蓬 103446
加拿大披碱草 **144216**
加拿大雀麦 **60654**,60667
加拿大忍冬 **235710**
加拿大山柳菊 **195511**
加拿大山蚂蝗 **126278**
加拿大山鸢尾 **208821**
加拿大山楂 **109582**
加拿大山茱萸 85581
加拿大石蚕 **388026**
加拿大水牛果 **362091**
加拿大蒜 15149
加拿大唐棣 **19251**
加拿大田梗草 **200484**
加拿大田野薄荷 250331
加拿大甜茅 **177577**
加拿大铁杉 **399867**
加拿大委陵菜 **312435**
加拿大莴苣 **219249**
加拿大舞鹤草 **242675**
加拿大细辛 **37574**
加拿大小檗 **51422**
加拿大小姐丁香 **382254**
加拿大小米草 **160143**
加拿大休氏茜草 **198707**
加拿大絮菊 **165925**
加拿大悬钩子 **338225**,338808
加拿大鸭儿芹 **113872**
加拿大岩地一枝黄花 **368032**
加拿大杨 311146
加拿大野青茅 **127219**
加拿大一枝黄花 **368013**
加拿大银莲花 **23740**
加拿大罂粟 **282608**
加拿大迎红杜鹃 **330321**
加拿大映山红 330058
加拿大越橘 **403758**
加拿大云杉 298286
加拿大早熟禾 **305451**
加拿大指甲草 **284782**
加拿大紫荆 **83757**
加拿楷 70960
加拿楷属 70954
加拿里椰子 295459
加拿利刺松 299835
加拿列海枣 295459
加拿列矢车菊 80985
加内拟风兰 **24669**
加内芋兰 **265399**
加那利艾 **35275**
加那利菝葜 **366280**
加那利白背黄花稔 **362627**
加那利毕斯特罗木 64437
加那利补血草 230712
加那利草 **392149**
加那利草莓树 **30882**
加那利草属 **392147**
加那利叉枝菊 **14858**
加那利长生番杏 **12930**
加那利常春藤 **187200**
加那利柽柳 **383468**
加那利齿菊木 **86646**
加那利臭草 **248971**
加那利刺柏 **213629**
加那利刺苞菊 **76997**
加那利刺葵 **295459**
加那利簇花 **120881**
加那利大戟 **158603**
加那利地杨梅 **238599**
加那利冬青 **204157**
加那利豆属 **136740**
加那利毒马草 **362759**
加那利海枣 295459
加那利旱金莲 **399606**
加那利黑麦草 **235304**
加那利红门兰 **273349**
加那利还阳参 **110766**
加那利黄杨冬青 **203607**
加那利假金雀儿 **85394**
加那利疆南星 **37008**
加那利芥 **284728**
加那利芥属 **284724**
加那利金丝桃 **201792**
加那利菊属 **46020**
加那利孔克檀香 **218368**
加那利苦苣菜 **368682**
加那利蓝蓟 141350
加那利老鹳草 **174515**
加那利棱子菊 **179481**
加那利栎 **323732**
加那利莲花掌 **9034**
加那利裂口花 **379871**
加那利柳 **343140**
加那利龙芋 **137745**
加那利芦荟 **16683**
加那利杧草 293729
加那利美登木 **246821**
加那利木茼蒿 **32573**
加那利木苋 **57455**
加那利柠檬草 80063
加那利膨胀木茼蒿 **32550**
加那利琼楠 **50474**
加那利全能花 **280881**
加那利染料木 **172922**
加那利绒萼木 **64437**
加那利三毛燕麦 **398388**
加那利山靛 **250605**
加那利参 **70974**
加那利参属 **70971**
加那利矢车菊 **80985**
加那利鼠尾草 **344936**
加那利水仙 **262467**
加那利松 **299835**
加那利酸模 **339963**
加那利苔草 **74002**
加那利同金雀花 **385674**
加那利头状指甲草 **284790**
加那利勿忘草 **260792**
加那利香雪球 **235068**
加那利小芝麻菜 **154082**
加那利星隔芹 **43560**
加那利悬钩子 **338231**
加那利旋瓣菊 **412259**
加那利旋花 **102978**
加那利薰衣草 **223309**
加那利燕麦 **45428**
加那利伊索普莱西木 210231
加那利易变姜味草 **253726**
加那利鹰嘴豆 **90806**
加那利蝇子草 **363292**
加那利硬苦苣菜 **368803**
加那利月桂 **223168**
加那利蚤草 **321530**
加那利泽菊属 **70983**
加那利指甲草 **284784**
加那利治疝草 **192938**
加那列海枣 295459
加那列杧草 293729
加那列松 299835
加纳杜楝 **400570**
加纳黄檀 **121769**
加纳利栎 323732
加纳帕小檗 51643
加纳瑞尔子爵八仙花 **199963**

加纳籽属 **181075**
加奈留玉 **103743**
加南公 211022
加涅豆属 **169529**
加涅姜 **169545**
加涅姜属 **169544**
加涅栀子 **171294**
加排钱草 126278
加蓬阿兰藤黄 **14889**
加蓬埃格兰 **141572**
加蓬矮船兰 **85121**
加蓬暗罗 **307530**
加蓬奥迪苦木 **269191**
加蓬棒柄花 **94407**
加蓬苞芽树 **208990**
加蓬闭花木 **94511**
加蓬闭鞘姜 **107242**
加蓬柄蕊木 **255961**
加蓬伯纳旋花 **56851**
加蓬刺果树 **84855**
加蓬刺核藤 **322531**
加蓬刺橘 **405507**
加蓬大戟 **113072**
加蓬大沙叶 **286218**
加蓬大柊叶 **247911**
加蓬单花杉 **257115**
加蓬斗篷木 **88189**
加蓬豆 **228658**
加蓬豆属 **228657**
加蓬毒鼠子 **128674**
加蓬多穗兰 **310530**
加蓬恩格勒豆 **145614**
加蓬恩氏寄生 **145579**
加蓬番樱桃 **156226**
加蓬非洲蔻木 **374375**
加蓬非洲马钱树 **27588**
加蓬非洲木橘 **9864**
加蓬风车子 **100474**
加蓬风兰 **24863**
加蓬风头黍 **6105**
加蓬格雷野牡丹 **180379**
加蓬古柯 **299597**
加蓬海檀木 **415563**
加蓬核果木 **138612**
加蓬红瓜 **97799**
加蓬红树 **100889**
加蓬红树属 **100888**
加蓬基腺西番莲 **284923**
加蓬假魔芋 **317798**
加蓬九节 **319552**
加蓬可拉木 **99195**
加蓬克莱大戟 **216562**
加蓬库地苏木 **113175**
加蓬莱德苔草 **223850**
加蓬擂鼓芳 **244944**
加蓬栗豆藤 **10998**
加蓬邻刺大戟 **34092**
加蓬六蕊禾 **243536**
加蓬龙血树 **137406**
加蓬露兜树 **281032**
加蓬鹿藿 **333242**
加蓬绿心樟 **268702**
加蓬牡荆 **411274**
加蓬木 **169296**
加蓬木棉 **56786**
加蓬牛奶木 **255319**
加蓬牛栓藤 **101870**
加蓬偏管豆 **301713**
加蓬飘拂草 **166334**
加蓬平口花 **302634**
加蓬强黏肖针茅 **241012**
加蓬琼楠 **50520**
加蓬秋海棠 **49866**
加蓬热非黏木 **216574**
加蓬萨比斯茜 **341631**
加蓬三角车 **334623**
加蓬山榄 **223741**
加蓬舍夫豆 **350812**
加蓬神秘果 **381985**
加蓬柿 **132166**
加蓬束尾草 **293213**
加蓬树葡萄 **120246**
加蓬双束鱼藤 **10208**
加蓬斯托木 374375
加蓬四丸大戟 **387976**
加蓬梭柱茜 **44108**
加蓬索林漆 **369763**
加蓬索亚花 **369922**
加蓬泰斯木 **386813**
加蓬铁青树属 **145631**
加蓬围裙花 **262308**
加蓬萎花 **245046**
加蓬乌木 **132353**
加蓬五层龙 **342640**
加蓬西澳兰 **118196**
加蓬西非豆 **235199**
加蓬狭蕊爵床 **375414**
加蓬香料藤 **391871**
加蓬香脂苏木 **103711**
加蓬肖九节 **401966**
加蓬新窄药花 **264555**
加蓬须芒草 **22674**
加蓬血桐 **240258**
加蓬亚麻藤 **199157**
加蓬樱桃橘 **93274**
加蓬玉凤花 **183645**
加蓬圆盘豆木 **116569**
加蓬皱茜 **341121**
加蓬紫玉盘 **403472**
加入椙 123451
加入舅 123451,123456
加沙尔风车子 **100481**
加山茄 **367273**
加氏安尼樟 **25200**
加氏安维尔菊 **28818**
加氏蔷薇木 25200
加氏山矾 **381213**
加氏山楂 **109729**
加氏黍草 **281638**
加氏薯蓣 131598
加氏一枝黄花 **368104**
加斯顿独脚金 **378002**
加斯顿木 **171790**
加斯顿木属 **171787**
加斯克尔卡特兰 **79539**
加斯佩水麦冬 **397156**
加塔克耿氏草 **215875**
加特福塞薄荷 **250361**
加特福塞景天 **356764**
加特福塞欧瑞香 **391004**
加特福塞矢车菊 **81078**
加特福塞鼠尾草 **345048**
加特福塞香科 **388094**
加藤白前 **409480**
加藤桤木 **16448**
加藤蚤缀 **31977**
加天草 262247
加条 29005
加瓦大戟 **172230**
加瓦大戟属 **172229**
加瓦尔具叶柄小檗 **52025**
加瓦尼相思子 **752**
加维兰属 **172233**
加西戟 171038
加西戟属 171037
加西亚开药花 **196422**
加西亚离瓣寄生 **190835**
加西亚裂舌萝藦 **351569**
加西亚木属 **171037**
加西亚欧石南 **149479**
加西亚鸵鸟木 **378584**
加西亚椰属 172224
加锡弥罗果属 78172
加雅滨菊 227491
加亚茄 **367170**
加杨 **311146**
加椰芒 372467
加永茜属 **169616**
加扎黄耆 **42538**
加肿草 309711
加州 **255451**
加州阿多鼠李 **8317**
加州矮山芹 **273985**
加州安息香 **379319**
加州暗飞蓬 **150930**
加州巴豆 **112850**
加州菝葜 **366277**
加州白栎 324114
加州白鸟球 **163434**
加州白鼠尾草 **344853**
加州柏木 **114721**
加州北极甜茅 **304696**
加州北美前胡 **235416**
加州北美罂粟 **31082**
加州杓兰 **120317**
加州藨草 **353274**
加州滨藜 **44331**
加州补血草 **230559**
加州布氏菊 60108
加州苍耳 **414999**
加州草莓 **167601**
加州椤叶槭 **3227**
加州刺柏 213625
加州刺苞蓼 **135145**
加州刺苞蓼属 **135144**
加州刺花蓼 **259475**
加州刺花蓼属 **259473**
加州刺子莞 **333499**
加州粗皮山核桃 **77922**
加州翠雀花 **124091**
加州大根 247925
加州大根瓜 **247925**
加州大籽松 **300189**
加州倒挂金钟 **417407**
加州倒挂金钟属 **417405**
加州地肤 **217333**
加州豆 **197163**
加州豆属 **197160**
加州杜鹃 330277
加州多花贝母 **168520**
加州多荚草 **307733**
加州二叶松 300098
加州法蒺藜 **162216**
加州榧树 **393057**
加州风铃草 **70230**
加州弗里芒木 168216
加州刚毛忍冬 **235857**
加州高葶苣 **11465**
加州沟酸浆 **255199**
加州古堆菊 **182096**
加州灌木罂粟 **335870**
加州光果紫绒草 **56829**
加州桂 **401672**
加州桂属 **401670**
加州海石竹 **34539**
加州寒金菊 **199214**
加州蒿 **35231**
加州核桃 **212592**
加州黑茶藨 333928
加州黑核桃 212592
加州黑栎 **324071**
加州红冷杉 409
加州胡椒树 350990
加州花葵 **223357**
加州喙榛 **106772**
加州火红苣 **322997**
加州吉莉花 **175676**
加州蓟 **92252**

加州假蕺菜 **24178**
加州假鼠麹草 **317734**
加州碱蓬 **379504**
加州芥 **11249**
加州芥属 **11248**
加州金光菊 **339525**
加州金黄木茼蒿 **32566**
加州金鸡菊 **104461**
加州金菊木 **150322**
加州金田菊 **222591**
加州堇菜 **410394**
加州菊 **223497**
加州菊属 223476
加州卡密柳叶菜 **69821**
加州克拉莎 **93903**
加州宽叶大叶藻 **418391**
加州葵属 413289
加州梾木 **104977**
加州蓝铃花 293158
加州蓝眼草 **365714**
加州肋泽兰 **60108**
加州藜 **86982**
加州藜芦 **405581**
加州栎 **323621**
加州镰叶韭 **15161**
加州裂瓣雪轮 **363651**
加州耧斗菜 **30029**
加州芦莉草 **339685**
加州麻 123029
加州麻黄 **146144**
加州马兜铃 **34133**
加州马蹄莲 **417117**
加州牻牛儿苗属 **66549**
加州毛茛 **325690**
加州美洲桑寄生 **295577**
加州棉子菊 **253845**
加州木瓜海棠 **84550**
加州纳茜菜 **262575**
加州南芥 **30200**
加州拟莞 **352169**
加州女贞 229569
加州瓶子草属 122758
加州葡萄 **411594**
加州蒲公英 **384486**
加州蒲葵 413298
加州蒲葵属 413289
加州七叶树 **9679**
加州槭 **2828**
加州千里光 **358477**
加州千屈菜 **240041**
加州墙草 **284149**
加州蔷薇 **336413**
加州全缘叶美洲茶 **79946**
加州软毛蒲公英 **242926**
加州三齿钝柱菊 **399397**
加州山豆 **298467**
加州山豆属 **298465**
加州山梅花 **294418**
加州山松 **300082**
加州芍药 **280167**
加州疏花珍珠茅 **354191**
加州鼠李 **328630**
加州鼠麹草 **178156**
加州束花 293157
加州水晶兰 **258010**
加州丝果菊 **360711**
加州酸模 **339977**
加州庭菖蒲 365714
加州菟丝子 **114983**
加州豌豆树 **61039**
加州万寿竹 **134439**
加州西蒙德木 364450
加州希蒙 364450
加州狭缝芹 235416
加州夏蜡梅 **68314**,68329
加州苋 **18682**
加州香草 347506
加州向日葵 **188931**
加州小薄荷 **253647**
加州小檗 **52046**
加州小虾花 214398
加州小向日葵 **188565**
加州小罂粟 **247090**,247095
加州肖七叶树 **196498**
加州肖乳香 **350990**
加州星果泽泻 **122000**
加州猩红翠雀花 **124103**
加州熊果 31123
加州絮菊 **235261**
加州玄参 **355069**
加州悬钩子 **339466**
加州悬铃木 **302595**
加州雪苣 **325074**
加州雪轮 **363282**
加州鸭嘴花 **214398**
加州胭脂栎 **323706**
加州延龄草 **397549**
加州岩丛 **211553**
加州羊茅 **163853**
加州杨梅 **261132**
加州野栎 323621
加州野荞麦木 **152056**
加州一枝黄花 **368471**
加州异囊菊 **194248**
加州翼缬草 **14696**
加州罂粟 **282524**
加州罂粟花 155173
加州疣柱花 **123029**
加州羽扇豆 238430
加州圆柏 **213625**
加州圆筒仙人掌 **116650**
加州月桂属 401670
加州月见草 **415736**
加州月见草属 **415735**
加州越橘 **403944**
加州云实 **64980**
加州沼松 **300098**
加州针垫菊 **275285**
加州针垫菊属 **275284**
加州榛 **106725**
加州钟穗花 **293157**
加州猪牙花 **154903**
加州紫荆 **83753**,83798
加州紫穗槐 **19994**
加州紫菀属 20187
加州棕 59099
加洲茶藨 333932
加洲茶藨子 **333932**
加洲蓝钟 293158
加洲蓼 **308938**
加洲桐 168216
加兹百簕花 **55329**
加兹苞茅 **201508**
加兹扁豆 **408895**
加兹彩云木 **381487**
加兹风车子 **100401**
加兹海神菜 **265472**
加兹海神木 **315745**
加兹榄仁树 **386546**
加兹美非补骨脂 **276966**
加兹木蓝 **206344**
加兹鞘蕊花 **99586**
加兹田皂角 **9540**
加兹纤冠藤 **179304**
加兹远志 **308069**
加兹猪屎豆 **112166**
加兹锥口茜 **102765**
夹板菜 41342
夹贝 168563
夹骨木 60230
夹江石斛 **125203**
夹江紫金牛 **31481**
夹可千里光 359158
夹山系 211067
夹桃叶大戟 159457
夹心 134938
夹眼皮果 166880
夹叶一颗珠 243084
夹竹桃 **265327**,204799,389978
夹竹桃杜鹃 331321
夹竹桃科 **29462**
夹竹桃麻 29473
夹竹桃木属 139270
夹竹桃属 **265310**
夹竹桃叶多变花 315900
夹竹桃叶非洲木菊 **58504**
夹竹桃叶海神木 **315900**
夹竹桃叶红胶木 **398669**
夹竹桃叶金合欢 **1422**
夹竹桃叶良脉山榄 **263995**
夹竹桃叶瘤蕊紫金牛 **271078**
夹竹桃叶麻疯树 **212188**
夹竹桃叶帕洛梯 315900
夹竹桃叶树萝卜 **10345**
夹竹桃叶素馨 211806
夹竹桃叶仙人笔 **216684**
夹竹桃叶相思 1413
夹竹桃叶紫荆木 **241518**
佳保台圆果青冈栎 **116111**
佳保台圆果青刚栎 116111
佳客 122532
佳乐菊 **299771**
佳乐菊属 **299770**
佳丽菊 **86027**
佳丽菊属 **86025**
佳露果 172249
佳露果属 172248
佳萝 67456
佳萝属 67455
佳美后喜花 **293253**
佳美鸢尾 208698
佳木波思豆 **57495**
佳囊芸香属 **294867**
佳叶樟属 **10547**,113422
佳易茶藨子 **333985**
枷定 61263
枷果 368913
枷兰 **188366**
枷兰属 **188365**
家艾 35167
家白杨 311265
家百合 229765,230058
家稗 140423
家苞茅 **201499**
家边草 272090
家薄荷 **250376**,250370,268438
家菖蒲 5793
家陈艾 35167
家豆薯 138975
家独行菜 **225450**
家海芋 16495
家鹤儿 391843
家黑种草 266241
家槐 369037
家茴香 10414
家芥 59438
家菊 124785,124826
家栗 78802
家蓼 309494
家菱 394436
家龙木 **76834**
家麻 56229
家麻树 **376156**
家麻桐 376156
家莫里 128931
家蘖 17702
家佩兰 268438
家佩蓝 268438

家雀豆　294056
家桑　259067
家山黧豆　**222832**
家山药　131772
家鼠草　127507
家苏　290940
家酸模　340109
家蒜　15726
家天竺葵　**288206**
家脱力草　53797
家苋　18836
家茵陈　35282
家樱桃　83284
家榆　401593,401602
家园香草　**347560**
家正牛　338641
家种花楸　369381
家种黄独　131501
家苎麻　56229
家走马胎　179195
痂虎耳草　**349674**
葭　295888
葭華　295888
嘉宝菊　175172
嘉宝菊属　175107
嘉宝山柳　96505
嘉草　418002
嘉赐八鳞瑞香　**268798**
嘉赐木　78120
嘉赐木属　78095
嘉赐树　78099,78120
嘉赐树属　78095
嘉德利亚兰　**79543**
嘉德利亚兰属　79526
嘉兰　**177251**
嘉兰属　**177230**
嘉榄　171564,171568
嘉榄属　**171561**
嘉丽树　77644
嘉利树　77644
嘉陵花　**311108**
嘉陵花属　**311043**
嘉庆子　316761
嘉氏鱼藤　125948
嘉树　165841
嘉义飘拂草　166471
嘉应子　316761
郏栓果芹属　105467
荚果树　176881
荚果香脂苏木　**103702**
荚迷叶藜　**87112**
荚蒾　**407785**
荚蒾丹氏梧桐　**136027**
荚蒾海岸桐　**181746**
荚蒾科　**407643**
荚蒾鲁奇茜　**339638**
荚蒾马缨丹　**221316**,221315
荚蒾属　**407645**
荚蒾卫矛　157960
荚蒾叶杜鹃　331839
荚蒾叶风箱果　297842
荚蒾叶海桐　**301438**
荚蒾叶厚壳树　**141714**
荚蒾叶山柑　**71920**
荚蒾叶卫矛　**157960**
荚蒾叶悬钩子　**339447**
荚蒾叶越橘　**404000**
荚髓苏木　**126798**
荚髓苏木属　**126797**
戛克氏马先蒿　**287231**
戛氏马先蒿　**287227**,287231
蛱蝶花　65055
甲沉香　91287
甲大戟　**159269**
甲冬仗　55766,55788
甲斐橐吾　**229070**
甲稃竹　**144709**
甲稃竹属　**144707**
甲府丸　244042
甲格黄堇　**106301**
甲果巴拿马草　**390347**
甲果巴拿马草属　**390346**
甲果贝　124076
甲疸草属　284735
甲壳菊属　**262878**
甲拉马先蒿　**287313**
甲拉蝇子草　**363632**
甲满　241775
甲猛草　187565
甲丸　43493
甲由草　125580
甲鱼嘴　72342
甲鱼嘴花　72342
甲种黄藤　121514
甲胄状薯蓣　**131714**
甲竹　**47427**
甲籽杜鹃属　**390350**
甲醉鱼草　**62113**
贾德荚蒾　407657
贾德樱　**83123**
贾尔斯梧桐　**175661**
贾尔斯梧桐属　**175659**
贾发　**93774**
贾汉毒马草　**362822**
贾汉葛缕子　**77816**
贾汉景天　**356837**
贾汉驴喜豆　**271219**
贾汉芒柄花　**271430**
贾汉牻牛儿苗　**153823**
贾汉毛托菊　**23453**
贾汉染料木　**173085**
贾汉山柳菊　**195977**
贾汉深灰柳　**343062**
贾汉石竹　**127686**
贾汉菟丝子　**115148**
贾汉异燕麦　**190161**
贾赫黄藤　**121505**
贾筋骨草　13078
贾科泰苦苣菜　**368734**
贾科泰罗顿豆　**237336**
贾科泰鸟足兰　**347812**
贾克百合　**229795**
贾隆斑鸠菊　**406286**
贾隆福木　**142428**
贾隆灰毛豆　**386043**
贾隆裂稃草　**351272**
贾隆琉璃繁缕　**21366**
贾隆露兜树　**281015**
贾隆马钱树　**27585**
贾隆琼楠　**50504**
贾隆三角车　**334613**
贾隆酸藤子　**144733**
贾隆一点红　**144910**
贾隆鹧鸪花　**395484**
贾梅卡菊　2173
贾梅卡菊属　2172
贾施克小檗　**51779**
贾氏白鼓钉　307670
贾氏凤仙花　**204974**
贾氏胡蒜　**15727**
贾氏轴榈　**228743**
贾斯皮德欧洲白蜡　**167963**
椵梅　261212
榎　80739
榎椅　79247
槚　69634
槚如树　21195
槚如树属　21191
假阿夫大戟　**283528**
假阿夫大戟属　**283527**
假阿魏　**163770**
假阿魏属　**163768**
假埃文斯木蓝　**206438**
假矮百里香　**391339**
假矮刺苏　**317535**
假矮刺苏属　**317534**
假矮瓜　415046
假矮苔草　**75901**
假艾脑属　55860
假安哥拉胡麻　**361305**
假奥尔雷草属　**318225**
假奥米茜属　**318018**
假八角　**204579**,204558
假八角科　414486
假巴茨列当　**266821**
假巴茨列当属　**266820**
假巴豆　**317588**
假巴豆属　**317587**
假巴戟　**258918**,319696
假巴龙黄檀　**121797**
假巴氏菊　**317396**
假巴氏菊属　**317393**
假巴西露兜树　**281110**
假菝葜　**318450**,366271
假菝葜属　**318448**,194106
假白背叶栎　**324023**
假白茎大沙叶　**286419**
假白榄　212127
假白榄属　212098
假白鳞矢车菊　**81292**
假白柳　**343915**
假白牛胆　**207149**
假白蒲公英　**384760**
假白前　400954
假白绒毛猪屎豆　**111909**
假白薯　250760
假白斜子　**244229**
假百合　**266896**
假百合属　**266893**
假柏木　121079
假败酱　373507
假败酱属　373490
假般若属　401332
假斑点野木瓜　**374435**
假斑矢车菊　**81293**
假斑叶兰　**317784**
假斑叶兰属　**317783**
假斑叶野木瓜　374435
假板栗　79043
假半边莲　**234291**
假半毛菊　**317591**
假半毛菊属　**317589**
假半球青锁龙　**109284**
假半枝莲　239720
假瓣忧花　**241683**
假苞报春　**314845**
假苞茅　**283377**
假苞茅属　**283374**
假苞囊瓣芹　**320244**
假宝铎花　134412
假宝铎花属　134400
假宝盖草　**264975**
假宝石兰　**317586**
假宝石兰属　**317585**
假报春　**105496**,105501,314624
假报春花属　**318164**,105488
假报春属　**105488**
假报春叶毛茛　**325735**
假杯春黄菊　**26858**
假北防风属　223825
假北海道玄参　**355132**
假北岭黄堇　**106302**
假北美乔松　300162
假北紫堇　**106323**
假贝克紫菀　**41085**
假贝母　**56659**,207497
假贝母属　**56656**
假被蝇子草　**363939**

假比特纳鹿藿 **333199**
假彼得囊鳞莎草 **38241**
假彼得斯斑鸠菊 **406661**
假闭鞘姜 **283245**
假闭鞘姜属 **283244**
假荜拔 300495
假荜茇 **300495**
假萆薢 366284
假边莎草 **119433**
假萹蓄 309602
假扁果草 145498
假扁果草属 145492
假扁芒草 **317620**
假扁芒草属 **317619**
假扁平镰扁豆 **135585**
假变黑黄胶菊 **318710**
假变黑金合欢 **1505**
假变黑水苏 **373384**
假变黑脂麻掌 **171737**
假杓形菥蓂 **390225**
假藨草 **353404**
假滨紫草属 **317999**
假槟榔 **31013**,165429
假槟榔青属 **318478**
假槟榔属 **31012**
假槟榔树 104350,114819
假柄婆婆纳 **407037**
假柄叶大戟 **159656**
假柄掌叶树 59229
假波斯茄 **367531**
假波斯桃 **20964**
假菠菜 329355,340116
假菠萝 281138
假菠萝麻 10797
假播娘蒿属 368944
假伯格树葡萄 **120185**
假博尔巴什藜 **87174**
假薄荷 **250323**,7985,250450
假布拉沃兰 **317452**
假布拉沃兰属 **317451**
假菜豆 321460
假苍白南非禾 **290017**
假苍贝母 115589
假苍耳属 210462
假糙矢车菊 **81295**
假糙苏 **283623**
假糙苏属 **283603**
假草果 17714
假簕柊 **318384**
假簕柊属 **318381**
假叉枝鸦葱 354918
假茶藨科 297077
假茶藨属 297069
假茶辣 91482,161335
假檫木 **44884**,283774
假檫木属 **44883**,283773,318360
假柴胡 35674
假柴龙树 **266809**
假柴龙树属 **266799**
假缠结木蓝 **206441**
假缠绕草 **283469**
假缠绕草属 **283467**
假颤早熟禾 **305906**
假长隔木 **317789**
假长隔木属 **317788**
假长毛棘豆 **279099**
假长毛柱 317687
假长生草 **318432**
假长生草属 **318430**
假长蒴黄麻 **104115**
假长尾蓼 309345
假长尾纹蕊茜 **341349**
假长叶楠 240604
假长嘴苔草 **75911**
假常春藤 **266845**,360181
假常春藤属 **266844**
假巢菜野豌豆 **408700**
假朝天罐 **276098**
假朝鲜柳 **343917**
假橙粉苣属 **266823**
假秤锤 165515
假秤星 203578
假齿罗勒 **268594**
假赤箭莎 **318375**
假赤箭莎属 **318373**
假赤箭嵩草 217274
假赤楠 **382498**
假赤杨 16304
假赤杨属 16291
假赤杨叶梨 **33229**
假赤杨叶梨属 **33228**
假翅柄千里光 381948
假虫草 114838
假重楼 **318076**
假重楼属 **318074**
假稠李 241502
假稠李属 241498
假臭草 **313584**
假臭草属 **313583**
假川连 215110
假川牛膝 115738
假川西紫堇 **106327**
假垂穗鹅观草 **144432**
假春榆 **401600**
假唇列当 **266843**
假唇列当属 **266842**
假刺萼柱 **317336**
假刺萼柱属 **317335**
假刺瓜藤 **283919**
假刺瓜藤属 **283918**
假刺葵属 **318118**
假刺茄 **367533**
假刺藤 144807
假苁蓉 106068
假葱 **266970**,15226
假葱属 **266957**
假楤木属 135079
假丛卷毛水苏 **373381**
假丛毛荆芥 **265029**
假粗糙风毛菊 **348683**
假粗根扁豆 135587
假粗根镰扁豆 **135587**
假粗毛大戟 **159651**
假粗柱山榄 **318057**
假粗柱山榄属 **318054**
假酢浆草 **106220**
假簇芥 **322058**
假簇芥属 **322057**
假达羊茅 **164385**
假大艾 66864
假大柄冬青 **203775**
假大翅凤仙花 **205256**
假大萼早熟禾 **305687**
假大盖瓜 **266815**
假大盖瓜属 **266814**
假大红袍 70833
假大花落草 217494
假大花忍冬 235941
假大黄 309188,329355
假大麻 **317490**
假大麻属 **317489**
假大青蓝 **206002**
假大薯 34348
假大头茶 68933
假大新秋海棠 **50196**
假大雪山柳 **343923**
假大羊茅 **164224**
假大柱头虎耳草 **349599**
假丹尼苏木属 **283275**
假单花杜鹃 **331457**
假单列木 **318024**
假单列木属 **318023**
假单叶白花菜 **95735**
假弹草 112920
假弹树属 199297
假淡黄牛舌草 **21973**
假淡蓝白粉藤 **92899**
假淡竹叶 **81694**,388909
假淡竹叶属 **81692**,388906
假当归 276745
假倒卵叶荛花 **414248**
假倒提壶 283271
假倒提壶属 283267
假稻 **223987**,223992
假稻臂形草 **58117**
假稻画眉草 **147767**
假稻属 **223973**
假灯笼草 367416
假灯心草 **213448**
假迪迪耶风兰 **25010**
假地胆草 **317233**,143472
假地胆草属 **317231**
假地豆 **126389**,112138,126396,126588,126623,322078
假地枫皮 **204534**,204475
假地兰 112138
假地蓝 **112138**
假地蓝猪屎豆 112138
假地皮消属 226435
假地下大戟 **159652**
假点地梅蓝花参 **412813**
假靛 83646
假靛青 386257
假吊钟 108587
假顶钩凤仙花 **205254**
假顶冠黄堇 105562
假东方罂粟 **282668**
假东风草 **55814**
假冬青叶小檗 **52081**
假兜唇兰属 399819
假斗大王马先蒿 **287608**
假豆兰 63044
假豆稔 248765
假毒细叶芹 **84769**
假独脚金 **318532**
假独脚金属 **318531**
假杜鹃 **48140**
假杜鹃扁爵床 **292192**
假杜鹃黑蒴 **14337**
假杜鹃属 **48080**
假杜鹃掷爵床 **139862**
假杜仲 402194
假短冠草 **318463**
假短冠草属 **318459**
假短花九节 **319439**
假短穗白珠 **172137**
假对叶兰 **317636**
假对叶兰属 **317635**
假对叶茄 **367530**
假盾草属 **288827**
假钝画眉草 **147917**
假钝叶齐里橘 **417877**
假钝叶榕 165402
假多瓣蒲桃 **382652**
假多齿红山茶 **68908**,69515
假多刺黄耆 **42015**
假多花白粉藤 **92903**
假多花杜英 142317
假多花山柳菊 **195602**
假多花枸子 **107631**
假多脉大戟 **159654**
假多毛百里香 **391340**
假多色马先蒿 **287564**
假多叶黄堇 **106313**,106304
假鹅观草 **318238**
假鹅观草属 **318237**
假萼黄藤 **121523**
假萼爵床 **317484**

假蓴爵床属 **317478**
假蓴欧石南 **149942**
假耳草 262966
假耳草属 **26215**,262956
假耳千里光 **359813**
假耳山柳菊 **195890**
假耳鞋木 **52876**
假耳状麦瓶草 **363936**
假二歧臂形草 **58149**
假二色鼠尾草 **344895**
假番豆 322078
假番梨 281138
假番薯 250854,250859
假番桃 82098
假翻白委陵菜 **312853**
假繁花桃金娘 **317171**
假繁花桃金娘属 **317170**
假繁缕 **389187**,176955,318496,
318501,318507
假繁缕科 **389181**
假繁缕属 **389183**,176941,
318489
假防风 163584
假防己 **245860**
假飞蓬状飞蓬 **150892**
假飞燕草 105823
假肥牛树 **94530**
假粉绿滨忍冬 **235646**
假风信子 **50760**
假风信子属 **199545**
假蜂斗菜 292401
假蜂斗叶菜 **292401**
假凤梨 **317175**
假凤梨喃果苏木 **118051**
假凤梨属 **317174**
假凤仙花 205369
假芙蓉 217,235,675
假福尔大戟 **159664**
假福王草 **283695**
假福王草属 **283680**
假附属物斑鸠菊 **406722**
假复活草属 **317339**
假覆被伞莎草 **119440**
假盖尔克白粉藤 **92900**
假盖果草 **318184**
假盖果草属 **318183**
假干柴 231355
假甘草 203578,354660
假岗松属 **317352**
假高地蒜 **15549**
假高加索鸢尾 **208777**
假高金莲木 **268242**
假高粱属 **369575**
假高山风毛菊 **348676**
假高山蒲公英 **384763**
假高山延胡索 **106293**
假藁本属 **283457**
假哥萨克桧 213873
假格兰马草属 **79461**
假格兰特大戟 **159649**
假格雷莎草 **118971**
假格木 239527
假葛缕子 **317502**
假葛缕子属 **317500**
假根花矢车菊 **81336**
假根罂粟 282683
假沟羊茅 **164226**
假钩毛蓟 **92321**
假钩藤 **401777**
假钩叶藤属 303096
假钩状紫堇 **106292**
假狗肝菜 **317630**
假狗肝菜属 **317626**
假狗骨柴属 **317639**
假狗牙花 96059
假枸杞 354660
假菰属 **418102**
假古柯 155088
假古鲁比棕 **283358**
假古鲁比棕属 **283357**
假瓜蒌 7233
假瓜子金 134026
假瓜子金属 134025
假冠萝藦 **315579**
假冠萝藦属 **315576**
假冠毛草 **397509**
假管金合欢 **1503**
假管鸢尾蒜 **211000**
假光蓴荷 **317140**
假光蓴荷属 **317139**
假光果蒲儿根 **365069**
假光果千里光 365069
假光滑田皂角 **9615**
假桄榔 78052
假桄榔属 78045
假广子 **216808**
假龟头花 **266841**
假龟头花属 **266840**
假贵青玉 **159343**
假桂 91351,231454
假桂钓樟 **231454**
假桂皮 91265,91276,91341,
91429,231313,231424,266789
假桂皮树 **91440**
假桂树 91282,243427
假桂乌口树 **384917**
假桂枝 91271,91282
假果马鞭草 **317498**
假果马鞭草属 **317497**
假过路黄 **239780**
假孩儿草鸭嘴花 **214747**
假海岸樟 **91323**
假海齿属 394879
假海绿属 21329
假海马齿 **394903**
假海马齿马齿苋 **311943**
假海马齿属 **394879**
假海桐 **301206**
假海桐科 17819
假海桐属 **301205**
假海芋 16495
假海枣属 318118,347074
假含笑 283501
假含笑属 283500
假含羞草 **265234**,85232
假含羞草属 **265228**,78204
假寒莓 338205
假韩酸草 96999
假颔垂豆 **283729**
假颔垂豆属 **283728**
假蚝猪刺 52169
假豪猪刺 52169
假好望角南非葵 **25431**
假浩罕荆芥 **265030**
假禾叶茨藻 **262104**
假合页草 **283997**
假合页草属 **283995**
假核果茶 69783
假核果木 **283313**
假核果木属 **283312**
假荷兰豆 333456
假褐花 **317466**
假褐花属 **317465**
假鹤虱 153546
假鹤虱齿缘草 **153546**
假鹤虱属 **184291**
假黑蒴 **317995**
假黑蒴属 **317994**
假黑小檗 **51747**
假红粉田皂角 **9611**
假红果龙血树 **137477**
假红蓝 48140,129243,329471
假红薯 250854
假红树 288699
假红树科 288700
假红树属 **220231**,288698
假红芽大戟 217094
假红紫珠 66902
假厚朴 232594,242030
假厚藤 **207884**
假厚叶秋海棠 **50197**
假狐狸苔草 **76735**
假胡椒 417161
假胡麻草 **81740**
假胡麻草属 **81739**
假葫芦茶 383007
假槲树科 46809
假槲树属 46892
假蝴蝶兰 125304
假虎刺 **76962**,76873
假虎刺属 **76854**
假虎耳草 349856
假花 239527
假花板 399879
假花大戟科 **317183**
假花大戟属 **317195**
假花椒 43721
假花茎鸭跖草 **101126**
假花葵锦葵 **243820**
假花鳞草 **144168**
假花蔺 64179
假花蔺属 64177
假花佩菊 **161894**
假花佩菊属 161893
假花佩属 **161893**
假花楸属 377433
假花生 112138,112340,126389,
126623,212127,226698,360493
假华丽五星花 **289874**
假华南铁杆蒿 **41084**
假华箬竹 206821
假槐花 360463
假还羊参属 110602
假还阳参 **110615**,110627
假还阳参属 **110602**
假黄鹌菜属 **318646**,110602
假黄葱 **15637**
假黄果木 **283480**
假黄果木属 **283479**
假黄褐蒲公英 **384766**
假黄花 **265639**,62118
假黄花属 **265638**
假黄花远志 **308050**
假黄连 86755,264318,301694
假黄麻 **104057**,104059
假黄麻属 **317583**
假黄木 201080
假黄皮 **94191**,94185,94203,
260169,395480,414193
假黄皮属 **317557**
假黄皮树 94191
假黄芪 43123
假黄耆 **43123**
假黄茄 **367529**
假黄藤 154958,164458,392223
假黄头矢车菊 **81463**
假黄杨 64270,138986,203670,
382499
假黄杨木属 **182199**
假黄羽菊属 317361
假灰毛豆 **284009**
假灰毛豆属 **284008**
假回菜 99539
假茴芹 299365
假茴芹属 **318128**
假活血草 **355822**
假活血丹 355822
假霍赫白酒草 **103633**

假藿香 147084,203066
假藿香蓟 **11153**
假藿香蓟属 **11152**
假鸡纳树 413784
假鸡皮 260169
假鸡皮果 94188
假鸡头薯属 **317673**
假吉杰夫毒瓜 **215740**
假吉野氏悬钩子 **338070**
假蕺菜属 **24177**
假蓟属 108217
假加永茜 **317706**
假加永茜属 **317704**
假加州梣叶槭 **3229**
假佳美鸢尾 **208778**
假尖牡荆 **411415**
假尖蕊 317137
假尖蕊属 317135
假尖药草 **317137**
假尖药草属 **317135**
假尖药花属 317135
假尖嘴苔草 **75042**
假坚挺刺柏 **213615**
假间穗苔草 **75910**
假俭草 **148254**,254010
假俭草属 148249
假睑子菊 **317428**
假睑子菊属 **317427**
假碱草 352200
假剑木属 **318632**
假剑叶苔草 **75906**
假姜 300504
假豇豆 **318614**
假豇豆属 **318613**
假角果卫矛 157523
假节豆属 **317211**
假结缕 **318658**
假结缕属 **318657**
假芥兰 144975,259281
假金棒芋 **318242**
假金棒芋属 **318241**
假金发草 **318154**
假金发草属 **318147**
假金柑藤 167092
假金果椰属 **139294**
假金鸡纳马钱 378863
假金鸡纳属 **219648**
假金锦香 **318367**
假金锦香属 **318366**
假金橘 **327577**
假金橘属 **327575**,382727
假金马钱 378863
假金目菊 **190251**
假金目菊属 **190248**
假金雀儿属 **85387**
假金雀花属 **77050**
假金线莲 179625
假金银花 235691,235742,260483
假金鱼草 **116736**
假金鱼草费利菊 **163174**
假金鱼草属 **116732**
假金足草 **283346**
假金足草属 **283344**
假堇色凤仙花 **205257**
假堇色秋海棠 **50201**
假近无柄千里光 **359823**
假近缘刺头菊 **108377**
假近缘樱 **83120**
假茎虎耳兰 **350320**
假荆芥 259284,264897,388118
假荆芥属 264859
假景天 318397
假景天属 318388
假九节 **319880**,86207
假九眼菊 **270244**
假酒饼木 177845
假菊藷 190505
假蒟 **300504**
假具苞铃子香 **86832**
假具色报春 314845
假聚伞虎耳草 **349231**
假聚散翼 **317609**
假聚散翼属 **317605**
假卷耳 **317529**
假卷耳属 **317528**
假绢毛辐射芳香木 **38751**
假绢毛苋 **318435**
假绢毛苋属 **318434**
假决明 360463
假蕨状苔草 **74514**
假军刀豆 **283475**
假军刀豆属 **283474**
假君迁子 **132217**
假咖啡豆 360493
假卡菲尔鼠鞭草 **199692**
假卡丽娜兰 **283158**
假卡丽娜兰属 **283157**
假开菲尔茴芹 **299500**
假看麦娘 294988
假科梅逊火畦茜 **322969**
假刻叶紫堇 **106311**
假口药花 **283406**
假口药花属 **283405**
假苦菜 **38349**,285859
假苦菜属 **38345**
假苦瓜 73207,199392,285639,365332
假苦瓜掌 **318080**
假苦瓜掌属 **318079**
假苦果 285639
假苦苣菜 **327478**
假苦楝 73207,259881
假块状大戟 **159662**
假块状银豆 **32878**
假宽叶九节 **319773**
假奎马钱 **378863**
假栝楼 396238
假阔蕊兰 **318095**
假阔蕊兰属 **318090**
假拉药藤 147
假腊李 172831
假蜡烛木属 **317618**
假辣椒 327069,367322
假辣蓼 239640,239645,309199,309298
假辣子 **233848**
假癞叶秋海棠 **50198**
假兰 29790,29793
假兰科 29796
假兰属 29787
假兰树 **29788**
假蓝靛 206626,386257
假蓝根 226977
假蓝花棘豆 **279096**
假蓝盆花属 **318370**
假蓝属 **320791**
假蓝叶藤 245834
假蓝枕 86207
假榄角 142704
假榄仔 52436
假狼毒 375209
假狼毒属 **375207**
假狼紫草 **266597**,242399
假狼紫草属 **266593**
假榔属 78045
假崂山棍 231403
假老 300504
假老鹳草叶乌头 **5227**
假老虎簕 64983
假老鼠藤 396155
假荖 300504
假竻芋 197794
假蕾丽兰 **317819**
假蕾丽兰属 **317818**
假擂鼓艻 **283486**
假擂鼓艻割鸡芒 **202735**
假擂鼓艻属 **283485**
假棱萼杜鹃 **317782**
假棱萼杜鹃属 **317781**
假冷水花 299021
假离生鸡头薯 **153011**
假藜 **86890**
假藜属 **86887**
假里豆 166861
假里多尔菲草属 **318224**
假丽参 70396
假荔枝 18192,123065,374392,374409
假荔枝牛藤 374392
假荔枝属 415519
假栗花灯心草 **213403**
假栗色莎草 **119666**
假连翘 **139062**,201743
假连翘科 **139076**
假连翘属 **139060**
假莲根 160637
假莲藕 160637
假莲蓬 141374
假镰扁豆 **135618**
假镰叶虫实 **104833**
假链粉色水婆婆纳 **407066**
假亮毛菊 **318524**
假亮毛菊属 **318523**
假亮蛇床 **318429**
假亮蛇床属 **318428**
假蓼属 308667
假了刁竹 289925
假劣参属 **318020**
假裂果黄麻 **104114**
假裂蕊树 **219188**
假裂蕊树属 **219186**
假邻近勿忘草 **260849**
假林地苋属 318996
假林地早熟禾 305741
假林苣苔 **283311**
假林苣苔属 **283309**
假林仙 **318624**
假林仙属 **318623**
假鳞花兰属 **317834**
假鳞茎毛茛 **326253**
假鳞茎水蜈蚣 **218614**
假鳞蕊藤 **283451**
假鳞蕊藤属 **283449**
假鳞桑属 57476
假鳞叶龙胆 **173758**
假柃木 160448
假菱角 236482,342347
假零陵香 48727
假令箭荷花 **318048**
假令箭荷花属 **318045**
假琉璃草 **283271**
假琉璃草属 **283267**
假瘤果芹属 **318546**
假瘤卫矛 157948
假柳穿鱼属 100225
假柳叶菜 238167
假柳叶鼠李 **328693**
假柳叶绣线菊 **371790**
假六棱菊 **220025**
假龙船花 95978
假龙胆属 **174101**
假龙脑香 133553
假龙头草属 **247751**
假龙头花 **297984**
假龙头花属 **297973**
假龙眼 255951,274435
假龙爪茅属 **354425**,5866

假龙爪球 **103768**
假蒌 300504
假楼斗菜属 283720
假楼梯草 **223679**
假楼梯草属 223674,250212
假耧斗菜 105623,283726
假耧斗菜紫堇 **105623**
假漏芦属 270227
假露伯秋海棠 **50199**
假芦 265923
假芦莉草 **266954**
假芦莉草属 **266952**
假芦苇 212441
假芦苇科 212443
假芦苇疗伤绒毛花 **28209**
假芦苇属 212440
假鹿蹄草 **283718**
假鹿蹄草属 **283715**
假路边青属 **283327**
假驴豆 **106210**
假绿苞草 **317477**
假绿苞草属 **317475**
假绿豆 125580,138975,360493
假绿穗黄耆 **42924**
假栾树 160722,248944
假栾树科 248934
假栾树属 248936
假伦敦虎耳草 **349797**
假轮生水柳 222385
假轮叶 **389443**
假轮叶斑鸠菊 **406873**
假轮叶虎皮楠 **122726**
假轮叶科 **389444**
假轮叶属 **389442**
假轮叶水柳 222385
假轮状糙苏 **295170**
假罗得西亚树葡萄 **120188**
假罗尔夫西澳兰 **118253**
假罗望子 **402462**
假罗望子属 **402461**
假螺序草 **371776**
假裸茎大戟 **159655**
假裸茎蓝花参 **412815**
假络麻 249633
假络石属 182324
假骆驼刺 14638
假落苞菊 **318141**
假落苞菊属 **318140**
假落尾木 **266853**
假落尾木属 **266850**
假落腺豆 **318139**
假落腺豆属 **318138**
假麻黄 **415541**
假麻黄花 **317243**
假麻黄花属 **317242**
假麻黄属 **415540**
假麻甲 190094
假麻区 104057,104059
假麻树 17702
假麻莞 **317841**
假麻莞属 **317839**
假马鞭 **373507**
假马鞭草 352060
假马鞭草属 373490
假马鞭蛇眼草 **136225**
假马鞭属 **373490**
假马鞭鸭嘴花 **214820**
假马齿苋 **46362**
假马齿苋属 46348
假马兜铃属 **283733**
假马尔木属 **317981**
假马来茜 **377536**
假马来茜属 **377535**
假马蓝 **283991**
假马蓝属 **283989**
假马蹄 **143257**,352200
假马蹄草 380046
假马蹄果 **266944**
假马蹄果属 **266942**
假马蹄荷 90616
假马蹄荷属 90615
假马烟树 8192
假麦菜草 55067
假脉颖草 **283541**
假脉颖草属 **283540**
假蔓生卫矛 **157813**
假芒狗尾草 **361876**
假猫豆 137799
假毛被黄堇 **105967**
假毛春黄菊属 **317723**
假毛刺叶 376563
假毛酢浆草 **278029**
假毛地黄属 **10137**
假毛茛 **325788**
假毛冠草 397509
假毛花鱼骨木 **71465**
假毛尖草 **317832**
假毛尖草属 **317831**
假毛金腰 **90437**
假毛兰属 **317292**
假毛莫恩远志 **257484**
假毛木槿 **195121**
假毛染料木 **173036**
假毛蕊草 **139119**
假毛蕊草属 **139118**
假毛蕊桐属 303096
假毛蕊叶藤 **376563**
假毛蕊郁金香 **400149**
假毛山柳菊 **195896**
假毛敕草 230322
假毛葶苈 **137196**
假毛旋花 **103317**
假毛竹 **297333**
假毛柱大戟属 **317805**
假帽花木 **283515**
假帽花木属 **283514**
假帽莓 **339116**
假眉兰车菊 **81294**
假梅花草叶虎耳草 **349755**
假美耳茜 **318044**
假美耳茜属 **318043**
假美花莣 **307236**
假美花仙人球 **140882**
假美胶树 79111
假美丽密穗花 **322139**
假美丽小檗 **52080**
假檬果 77969,233970
假蒙花 62118
假迷迭香属 **102803**
假米针 129243
假密伞花天胡荽 200349
假密穗黄堇 **106300**
假绵毛刺头菊 **108378**
假绵毛鸦葱 **354920**
假棉花 229,235,402267
假棉木 320840
假棉桃 235
假面果 234048
假面花属 **17475**
假面花双距花 **128030**
假面羽叶楸 **376284**
假魔芋 **317797**
假魔芋属 **317796**
假茉莉 96140,305202
假木豆 **125580**,126290
假木豆斗篷草 **14116**
假木豆鸡头薯 **153010**
假木豆镰扁豆 **135583**
假木豆属 **125574**
假木瓜 238188,374384
假木荷 108585
假木荷属 108574
假木藜芦 **283454**
假木藜芦属 **283453**
假木棉 **317435**,400519
假木棉属 **317434**
假木奶果 **266817**
假木奶果属 **266816**
假木藤 **211694**
假木通 211694
假木香蔷薇 336379
假木贼属 **21023**
假木贼状荸荠 **143139**
假木竹 319810
假牧豆树属 **318166**
假苜蓿 **112396**
假奶子草 159069
假南芥属 **362335**
假南欧葱 **15634**
假南蛇簕 65038
假南蛇藤 **266834**
假南蛇藤属 **266833**
假南五月茶 28310
假楠 65038
假楠叶冬青 **204183**
假囊距兰属 38187
假尼罗河巴豆 **112996**
假拟蕨马先蒿 **287206**
假拟沿沟草属 283229
假黏柳穿鱼 **231083**
假黏鹿藿 **333367**
假黏性天竺葵 **288450**
假鸟豆 386353
假柠檬 **93707**
假牛鞭草 **283656**
假牛鞭草属 **283654**
假牛叠肚 **339318**
假牛耳朵 87947
假牛繁缕 389187
假牛繁缕科 389181
假牛繁缕属 389183
假牛甘子 747
假牛柑 85232
假牛角漆 274436
假牛角森 274436
假牛筋树属 **317860**
假牛奶菜 **245834**
假牛皮杜鹃 331565
假牛栓藤属 **317572**
假牛膝 43682
假纽子花 216232
假纽子花属 216228
假女贞 **294772**
假女贞属 294761
假欧八竹 379481
假欧瑞香 122586
假欧石南 161897
假欧石南属 161896
假欧蔗草 **262506**
假欧蔗草属 **262505**
假欧夏至草 **265834**
假排草 **239847**,239553
假潘考夫无患子 **318073**
假潘考夫无患子属 **318072**
假攀缘宽管瑞香 **110169**
假泡泡果 **123576**
假泡泡果属 **123574**
假蓬 103509,103516
假蓬斑鸠菊 **406260**
假蓬风毛菊 **348227**
假蓬属 103402
假蓬旋覆花 207087
假蓬叶风毛菊 348227
假皮氏菊 **283671**
假皮氏菊属 **283670**
假皮桃金娘 **33204**
假皮桃金娘属 **33202**
假枇杷 164947

假枇杷果 164947
假匹菊 **329817**
假匹菊属 **329804**
假平滑大戟 **159653**
假平滑虎耳草 **349812**
假苹婆 **376130**
假婆婆纳 **376683**
假婆婆纳属 **376682**
假葡萄 20348,92791,411568
假葡萄风信子 **318028**
假葡萄风信子属 **318027**
假葡萄属 328528
假葡萄藤 285157
假蒲达 73207
假蒲公英 210623
假蒲公英狮齿草 **224725**
假蒲桃 **317506**
假蒲桃属 **317505**
假漆姑属 370609
假千里光属 283781
假千日红 **317779**,179227
假千日红属 **317778**
假荨麻 209822
假茜树 **317151**
假茜树属 **317150**
假茜砧草 **170268**
假羌活 192270,192388
假鞘柄茅属 **283229**
假茄科 266476
假茄子 367241,367733,367735
假芹 285086
假芹菜 72858,72876,200430,325697
假秦艽 **295064**
假琴叶过路黄 **239726**
假青黄藤 34201
假青麻草 224989
假青茅 156499
假青梅 203578
假苘麻 **317127**
假苘麻属 **317126**
假秋海棠 **7245**
假秋鼠麹草 178220
假球蒿 **35546**
假球形大戟 **159647**
假球形蒴莲 **7253**
假球籽勒基灰毛豆 **327791**
假曲序芥 **317698**
假曲序芥属 **317697**
假驱虫草 **318477**
假驱虫草属 **318476**
假全冠黄堇 **106326**
假拳参 **308903**
假雀麦 29430
假雀麦三芒草 **33992**
假雀麦属 **360960**
假雀舌草 **374739**
假鹊肾树 **377541**
假髯萼黄堇 106296
假髯萼紫堇 **106296**
假瓤子 13380
假人参 **280778**,280771,383324,409113
假人参属 **318061**
假人鱼草科 230183
假忍冬藤 260483,260484
假韧黄芩 **355700**
假日本柴胡 **63739**
假日本鹅耳枥 **77281**
假日本薯蓣 **131784**
假日本双叶兰 264726
假日本辛夷 **242260**
假日本悬钩子 **339115**
假日红勋章花 **172342**
假日情辣椒 **72076**
假榕 **369973**
假榕属 **369972**
假榕叶罗伞 **59238**
假柔毛斗篷草 **14117**
假柔毛小米草 **160225**
假肉豆蔻 **283526**
假肉豆蔻属 **283525**,257630
假肉桂 91389
假肉花 402267
假肉叶芥 **59798**
假肉叶芥属 **59796**
假如意草 **410458**
假乳黄杜鹃 **331640**
假乳黄叶杜鹃 331640
假软荚豆鹿藿 **333366**
假锐尖糙苏 **295173**
假锐药竹属 **318641**
假瑞香 **57012**
假瑞香科 **57014**
假瑞香属 **57010**
假弱小镰扁豆 **135586**
假箬竹属 318277
假萨比斯茜属 **318247**
假萨戈大戟 **318263**
假萨戈大戟属 **318262**
假萨瓦细辛 **37705**
假塞北紫堇 **106310**
假塞拉夫葱 **15640**
假塞拉玄参 **357490**
假塞拉玄参属 **318401**
假塞内大戟属 **318433**
假赛雷猪屎豆 **112575**
假三光球 **140295**
假三脚鳖 249168
假三稔 235
假三蕊草属 317619
假伞莎草 **119438**
假伞五加 **318377**
假伞五加属 **318376**
假伞形花小檗 **52084**
假桑子 337391
假色槭 3479
假沙地月见草 **269400**
假沙葛 97190
假沙梨 233999,407878
假沙穗 **317291**
假沙穗属 **317290**
假砂仁 17744,17759
假莎草 75895
假莎草苔 75895
假山扁豆 **78281**
假山槟榔属 **318131**
假山茶 317487,376466
假山飞廉 **73459**
假山柑 **334797**
假山胡椒 231456,234051
假山胡椒属 283092
假山黄皮 253627
假山脚鳖 249168
假山金车千里光 359811
假山葵 299659
假山葵属 97967
假山龙眼 **189968**,189976
假山龙眼属 **189966**
假山绿豆 200740
假山萝 **185895**
假山萝花马先蒿 **287560**
假山萝属 **185893**
假山麻 273903
假山毛榉科 **266858**,266861
假山毛榉属 **266861**
假山皮条 166905
假山丘露兜树 **281112**
假山稔 235
假山药薯 131761
假山月桂 **215412**
假山月桂属 **215411**
假山枝子 64270
假商陆 19230
假商陆属 19227
假韶子属 **283529**
假舌唇兰属 **302561**
假蛇床属 **214941**
假蛇床子 91575
假蛇舌草 370847
假蛇尾 193989
假蛇尾草 **193989**,256337,388909
假蛇尾草属 **193988**,388906
假舍瓦利耶露兜树 **281111**
假射干 127507
假参属 266907
假深蓝翠雀花 **124520**
假肾药兰 30534
假升麻 **37085**,41841,361023
假升麻属 **37053**
假绳索猪屎豆 **112576**
假蓍草菊蒿 **383832**
假蓍属 320035
假石柑 **313170**
假石柑属 **313169**
假石榴 79595,178026
假石龙眼属 **292630**
假石萝藦属 **317849**
假石南 181353,181354,181356
假石南科 181361,394685
假石南属 181348
假石楠科 61360
假石生繁缕 375136
假石生屈曲花 **203237**
假石竹属 317505
假莳萝 **24210**
假矢车菊久苓草 **214158**
假矢叶旋花 **103209**
假柿木姜子 **233999**
假柿树 233999
假手杖棕 **283462**
假疏毛长庚花 **193317**
假鼠耳芥 **317344**
假鼠耳芥属 **317343**
假鼠妇草 **177618**
假鼠李 **328697**
假鼠李属 328544
假鼠麹草属 **317726**
假蜀黍 155878
假蜀黍属 155876,318468
假束尾草 **318106**
假束尾草属 **318103**
假树属 415149
假双花草 **317625**
假双花草属 **317624**
假双裂山柳菊 **195892**
假双毛藤 **317643**
假双毛藤属 **317641**
假双穆里野牡丹 **259426**
假双色凤仙花 **204815**
假双枝山柳菊 **195893**
假水菜 72038
假水晶兰 **86384**,86390
假水晶兰属 **86383**,258055
假水龙骨豆属 **179162**
假水龙骨属 179162
假水漂菊属 **317473**
假水青冈属 266861
假水生龙胆 **173751**
假水石梓 365084
假水石梓属 301760
假水苏 **373071**
假水苏属 **373068**
假水蓑衣 **320127**
假水仙 262441
假硕大马先蒿 **287558**
假丝苇属 **318218**

假丝叶菊 **351917**
假丝叶菊属 **351909**
假丝叶紫堇 **106303**
假丝枝参 **318040**
假丝枝参属 **318039**
假司氏马先蒿 **287562**
假思桃 295630
假斯图罂粟 **282672**
假斯托尔兹鸡头薯 **153012**
假死柴 231355
假四国当归 **24440**
假松叶苔草 75974
假苏 264897,265078,345310
假苏底提地杨梅 **238689**
假素馨 211812
假宿萼果 **283240**
假宿萼果属 **283239**
假粟草 143530
假酸豆属 **132988**
假酸浆 **265944**,395736,395764
假酸浆属 **265940**
假酸蕊花属 318632
假酸枣 372471
假酸渣树 **317494**
假酸渣树属 **317492**
假蒜芥属 **365379**
假蒜香科科 **388243**
假碎米荠属 **73059**
假穗草 **146031**
假穗草属 **146030**
假穗花荆芥 **265056**
假穗山桂花 **51056**,51025
假穗肖鸢尾 **258617**
假穗序草 **162807**
假穗序草属 **162806**
假穗竹 318487
假穗竹属 318485
假穗状附生藤属 **318275**
假蓑衣叶 6804
假缩短早熟禾 **305895**
假缩山柳菊 **195894**
假索氏风毛菊 **348684**
假太罗额柚 **93682**
假太尼草 **318537**
假太尼草属 **318535**
假昙花 329681
假昙花属 329679
假糖胡萝卜属 **267011**
假糖芥 **328540**
假糖芥千里光 **359890**
假糖芥属 **328538**
假桃花 402245
假桃金娘属 **294105**
假藤漆 **266935**
假藤漆属 **266934**
假梯牧草 **294989**
假天冬 38906,38960
假天麻 255711,265395,347844
假天山蓍 **317791**
假天山蓍属 **317790**
假田大戟 **159650**
假田穗戟 **317149**
假田穗戟属 **317145**
假田皂角大地豆 **199359**
假条果芥属 285046
假铁秆草 **317194**
假铁秆草属 **317192**
假铁秆蒿属 317192
假铁苋 94055
假铁苋属 94051
假葶苈 **137327**
假葶苈属 **137321**
假挺茎金丝桃 **201847**
假通草 59197
假通城虎 34348
假通脱木 350680
假茼蒿 108736
假铜钱百里香 **391342**
假头飞蓬 **150893**
假头花马先蒿 **287556**
假头花芒柄花 **271355**
假头萨比斯茜 **341669**
假头序苔草 **75912**
假头状叉柱花 **374491**
假头状马先蒿 287556
假头状纳塔尔灰毛豆 **386197**
假透明扁莎 **322325**
假图纳栎 **324513**
假土茯苓 194127,318450
假土茯苓属 318448
假土瓜藤 207659
假土木通 211694
假吐金菊 368528
假吐金菊属 368527
假托叶盾盘木 **301566**
假托叶非洲豆蔻 **9931**
假托叶基花莲 **48675**
假托叶亮盘无患子 **218784**
假托叶砂仁 9931
假橐吾 **229262**
假橐吾属 **229261**
假弯管马先蒿 **287557**
假弯果紫草 **283517**
假弯果紫草属 **283516**
假弯曲碎米荠 **72764**
假晚熟芒柄花 **271535**
假莞草属 212763
假菀草型苔草 **74967**
假万带兰 404747
假万带兰属 404745
假万灵木 **318620**
假万灵木属 **318619**
假万年青 20867
假万寿竹 134404
假万寿竹属 134400
假王孙 58300
假网状顶冰花 **169488**
假围柱兰属 **317241**
假维基耶黄檀 **121798**
假苇拂子茅 **65464**
假苇属 318218
假卫矛属 **254283**
假榅桲 317602
假榅桲属 317598
假蚊母 134907
假蚊母树属 **134906**
假吻兰属 **99761**
假蕹菜 18128
假乌豆草 166880
假乌桕属 **376629**
假乌榄树 217867
假乌墨 **382677**
假乌木属 155919
假乌彭贝树葡萄 **120189**
假乌檀 **262843**
假乌头草 166880
假吴萸 91482
假吴茱萸叶五加 2393
假芜萍属 **318627**
假五部芒属 **318081**
假五层龙 **318265**
假五层龙属 **318264**
假五加属 135079
假五列木红山茶 69552
假五数草 **318083**
假五数草属 318081
假五味子 332509
假五叶茄 **367532**
假西番莲 7245
假西番莲属 7220
假西奈黄耆 **42934**
假西洋菜 364774
假西藏红花 195216
假西藏柯 **233352**
假西藏石栎 233352
假希乐棕 **283777**
假希乐棕属 **283776**
假溪堇菜 **409962**
假溪畔紫堇 **106304**
假豨莶 147084
假豨莶草 147084
假喜马悬钩子 **338456**
假细秆薰草 **210058**
假细毛欧石南 **149557**
假细毛针茅 **376888**
假细辛 88289,301694
假细叶苔 **76356**
假细枝莎草 **119432**
假细锥香茶菜 **324745**
假虾脊兰 66046
假虾脊兰属 **283146**
假狭翅白芷 192380
假狭管石蒜 **318520**
假狭管石蒜属 **318519**
假狭叶风毛菊 **348677**
假狭叶苔草 **76363**
假夏风信子 **317710**
假夏风信子属 **317707**
假夏枯草 266759
假夏枯草属 266758
假夏至草香茶 **303602**
假仙菜 96999
假仙草 78012
假仙人棒 **329681**
假仙人棒属 **329679**,318218
假纤细茨藻 **262103**
假咸虾 115595
假咸虾花 115595
假藓生马先蒿 **287561**
假苋菜 18822,18848
假线角风兰 **25011**
假线叶白鼓钉 **307661**
假香材树 **216223**
假香材树属 **216221**
假香菜 35132,388303
假香冬青 **204399**
假香附 245556
假香附子 **119718**
假香荚兰 **318609**
假香荚兰属 **318608**
假香芥 317565
假香芥属 **317558**
假香木 **318446**
假香木属 **318445**
假香薷 **144079**
假香荽 154316
假香桃木 **283523**
假香桃木属 **283522**
假香桃木叶谷木 **250048**
假香野豌豆 **408551**
假香叶芹 84722
假香叶芹属 84721
假箱根悬钩子 **338069**
假向日葵 392432
假向阳须芒草 **22920**
假橡胶树 169227
假小檗 **51603**,51526
假小刺小檗 **52082**
假小花木五加 125628
假小花蓍 **3977**
假小喙菊 **283506**
假小喙菊属 **283504**
假小龙南星 **317650**
假小龙南星属 **317649**
假小芦荟 **17196**
假小木蓝 **206443**
假小雀瓜 **317597**
假小雀瓜属 **317596**

假小叶黄堇 **106316**
假小叶石楠 **295750**
假小足苔草 **75363**
假笑靥花 372053
假蝎子旃那 **105279**
假邪蒿属 361605
假斜叶榕 **165719**
假鞋木豆属 **317406**
假心兰 **317526**
假心兰属 **317525**
假辛酸木属 **317654**
假辛夷润楠 **240680**
假新妇木 243369
假星头紫堇 **106294**
假星状大戟 **159661**
假羞涩樱 **83136**
假绣球 **407865**,408152
假绣线菊 **371927**
假须蕊铁线莲 95258
假续断 133490
假悬铃木 3462
假雪委陵菜 312818
假血党 31558
假薰衣草叶鼠尾草 **345164**
假鸭嘴花 **283411**
假鸭嘴花属 **283410**
假雅鳞一枝黄花 **368212**
假亚历山大猪屎豆 **112569**
假亚麻荠 **317487**
假亚麻荠属 **317485**
假亚麻属 230860
假烟叶 367146
假烟叶树 **367146**
假延龄草属 **318554**
假延叶珍珠菜 239851
假芫茜 154316
假芫荽 154316,200366
假岩百里香 **391338**
假盐地风毛菊 **348682**
假盐菊 **317554**
假盐菊属 **317553**
假焰红铁线莲 **95253**
假羊角菜 360493
假羊茅 **164386**
假阳桃 229
假杨梅 8192,61107,82107
假杨桃 235,184743
假杨桐 **160608**
假洋椿 **317521**
假洋椿属 **317516**
假野菰 **89219**
假野菰属 **89217**
假野菱 394526
假野茉莉属 283992
假野生大戟 **159640**
假野桐 243352
假野芝麻 **283436**,170021
假野芝麻属 **283435**
假叶柄草属 **86188**
假叶树 **340990**
假叶树大戟 **159754**
假叶树管萼木 **288935**
假叶树哈克 184633
假叶树科 **340541**
假叶树可利果 **96832**
假叶树链珠藤 **18521**
假叶树毛瑞香 **219016**
假叶树叶繁缕 **375078**
假叶树叶肋枝兰 **304927**
假叶树叶毛尖草 **222047**
假叶树叶小檗 **52126**
假叶树叶雅坎木 **211379**
假叶树状哈克 **184633**
假叶下珠 **381916**,348043
假叶下珠属 **381914**
假夜来香 137799
假夜来香属 137774
假夜香树 **266837**
假夜香树属 **266835**
假一年蓬 **150894**
假伊巴特萝藦属 **317314**
假伊尼扬巴内蓝花参 **412814**
假易变勿忘草 **260850**
假益智 **17714**
假逸香木 **317322**
假逸香木属 **317321**
假意大利紫菀 **40037**
假薏苡竹 **317570**
假薏苡竹属 **317569**
假翼无患子 **318179**
假翼无患子属 **318178**
假翼细针蔺 **143368**
假淫羊藿 41841
假银莲花属 24166
假银鳞荸荠 **143050**
假银叶茄 **367110**
假隐鳞苔草 **73567**
假樱叶杜英 **142374**
假鹰爪 **126717**
假鹰爪豆 **112498**
假鹰爪花 **283755**
假鹰爪花属 **283753**
假鹰爪属 **126716**
假颖草 **371396**
假颖草属 **371395**
假颖鹅观草 335440
假硬草属 **318378**
假硬毛越橘 403970
假尤尔山柳菊 **195895**
假油柑 296801
假油麻 190094,239222
假油楠 **318444**
假油楠属 **318443**
假油树 296801
假油桐 28997
假柚 **93704**
假柚叶藤 313170
假柚叶藤属 313169
假莸属 **317507**
假有柄水苦荬 407037
假鱼胆 327069
假鱼篮椆 233235
假鱼篮柯 **233235**
假鱼篮石栎 233235
假鱼香 259284
假榆橘属 **320081**
假羽白背委陵菜 **312672**
假羽裂山黄菊 **25545**
假羽叶参 **283584**
假羽叶参属 **283582**
假羽衣草 23120
假雨树 **283770**
假雨树属 **283768**
假玉桂 **80767**,80709,145517,180768,264069
假玉果 198512
假玉果属 198507
假玉牛角 **139199**
假玉牛角属 **139198**
假玉叶金花 **318035**
假玉叶金花属 **318029**
假玉簪 **315499**
假芋 **99917**,296809
假鸢尾 **208854**
假鸢尾属 **317324**
假圆柱扭丝使君子 **377603**
假圆锥花序异木患 **16131**
假远志属 308478
假云雾苔草 **75550**
假芸香 185635
假芸香属 185615
假赞古咖啡 **98986**
假藏小檗 **52083**
假蚤草百里香 **391344**
假皂荚 315174
假皂荚属 315171
假泽兰 **254424**
假泽兰千里光 **359484**
假泽兰属 **254414**
假泽漆 **159028**
假泽山飞蓬 **150897**
假泽泻 **46931**
假泽泻属 **46930**
假泽早熟禾 **305901**
假奓包叶 **134146**
假奓包叶属 **134143**
假展毛修泽兰 **317803**
假展毛修泽兰属 **317802**
假张开芦莉草 **339795**
假獐耳紫堇 **105973**
假樟 91392
假樟桂 **268723**
假樟科 71138
假樟属 71129
假沼泽老鹳草 **175031**
假沼泽山柳菊 **195906**
假珍珠菜属 239543
假真珠梧桐 95978
假榛 106659
假芝麻 190094,190105,190106,283436
假芝麻芥 **317302**
假芝麻芥属 **317297**
假枝百蕊草 **389827**
假枝冬青 **204395**
假枝端花 **318556**
假枝端花属 **318555**
假枝果秋海棠 **49726**
假枝青葙 **80459**
假枝雀麦 **60896**
假枝珊瑚冬青 204395
假枝子 384936
假栀子属 **317713**
假蜘蛛兰 254196
假蜘蛛兰属 254192
假直立安龙花 **139488**
假芷小檗 52083
假指甲花 205369
假指味风 308077
假栉齿尤伯球 **401337**
假肿漆 **318453**
假肿漆属 **318452**
假种棉木 **317349**
假种棉木属 **317348**
假舟状苞茅 **201556**
假帚枝龙胆 **173939**
假皱波马利筋 **37883**
假骤尖楼梯草 **142799**
假朱砂莲 **318087**
假朱砂莲属 **318086**
假茱萸科 30802
假猪殃殃 170193
假竹 **317367**
假竹属 **317366**
假苎麻 **56363**
假苎麻属 **56361**
假苎叶 243320
假柱兰 **266985**
假柱兰属 **266984**
假爪哇大豆 **264242**
假锥莫尼亚 283311
假锥莫尼亚属 283309
假梓 **317515**
假梓属 **317514**
假紫草 34624,34632,233731
假紫草属 34600
假紫金牛 **283732**
假紫金牛属 **283731**

假紫堇属 346625
假紫茎泽兰 **11188**
假紫茎泽兰属 **11186**
假紫荆 382522
假紫荆属 **83745**
假紫参 215847
假紫苏 59844,99712,143962,147084,290940,388303
假紫万年青 **50939**
假紫万年青属 **50937**
假紫鸭跖草 **101125**
假紫玉盘属 318661
假紫珠 **399852**
假紫珠属 **399851**
假鬃尾草 **224977**
假总花大戟 **159657**
假总花黍 **282127**
假总花桃榄 **313393**
假走马风 **203048**,203062,203066
假走马胎 179190,203062,203066
假足萝藦属 **283672**
假足柱兰 **317133**
假足柱兰属 **317132**
假钻花兰属 **372935**
假钻形木蓝 **206444**
假醉鱼草 105239
假醉鱼草属 105238
假佐渡苔草 **73568**
尖阿登芸香 **7114**
尖阿尔芸香 **16275**
尖阿利茜 **14645**
尖安歌木 **24643**
尖凹果豆蔻 **98538**
尖凹叶女贞 229599
尖白前 117345
尖百蕊草 **389594**
尖柏桧 213841
尖板猫儿草 247025
尖半边莲 **234281**
尖瓣白花丹 **305204**
尖瓣菖蒲 **248722**
尖瓣菖蒲属 **248718**
尖瓣葱 **15020**
尖瓣粗筒苣苔 **60252**
尖瓣风兰 **24689**
尖瓣藁本 **229414**
尖瓣过路黄 **239629**
尖瓣海莲 **61268**
尖瓣黑种草 **266237**
尖瓣花 371409
尖瓣花科 371413
尖瓣花属 **278546**,371406
尖瓣槐 **369148**
尖瓣尖刀玉 **216182**
尖瓣堇菜 410452
尖瓣景天 **356993**
尖瓣拉拉藤 **170180**
尖瓣马蔺 208665,208667
尖瓣木蓝 **205619**
尖瓣木属 278546
尖瓣穆拉远志 **259927**
尖瓣漆姑草 **342277**
尖瓣芹 **6205**
尖瓣秋水仙 **99294**
尖瓣肉黄菊 **162899**
尖瓣瑞香 **122361**,122365
尖瓣施旺花 **352756**
尖瓣树锦葵 **125753**
尖瓣藤 **400750**,278547
尖瓣藤属 **400748**
尖瓣小芹 **364883**
尖瓣雪灵芝 **31974**
尖瓣椰属 181295
尖瓣野海棠 **59846**
尖瓣异叶茴芹 **299396**
尖瓣郁金香 400112
尖瓣紫堇 **106221**
尖瓣醉蝶花 **95748**
尖苞艾纳香 **55751**
尖苞柏那参 59237
尖苞草地风毛菊 **348131**
尖苞灯头菊 **316015**
尖苞灯头菊属 **316013**
尖苞风毛菊 **348827**,348543
尖苞谷精草 **151298**
尖苞孩儿草 **340372**
尖苞老鸦嘴 **390694**
尖苞亮泽兰属 **33717**
尖苞蓼 **278663**
尖苞蓼属 **278661**
尖苞瘤果茶 **68907**
尖苞罗伞 **59237**
尖苞木 **146071**
尖苞木科 **146065**
尖苞木属 **146067**
尖苞片塞拉玄参 **357407**
尖苞石豆兰 **62531**
尖苞树科 146065
尖苞树属 146067
尖苞缩苞木 **113339**
尖苞苔草 **75361**
尖苞雪莲 **348657**
尖苞鸭跖草 **100894**
尖苞掌叶树 59237
尖苞柊叶 **296049**
尖苞帚菊 **292066**
尖贝 168575,234241
尖贝母 234241
尖被百合 **229906**
尖被灯心草 **213552**
尖被藜芦 **405627**
尖被楼梯草 **142599**
尖被秋海棠 **49599**
尖被万寿竹 **134418**
尖被苋属 **4435**
尖被郁金香 **400207**
尖笔拉 **36911**
尖秘鲁合欢 206920
尖扁茎帚灯草 **302691**
尖槟 31680
尖柄鳞菊 **306565**
尖薄花兰 **127937**
尖颤榕 **165775**
尖长庚花 **193233**
尖长裂茜 **135365**
尖齿艾纳香 **55800**
尖齿巴氏锦葵 **286610**
尖齿白粉藤 **92877**
尖齿百里香 **391310**
尖齿百脉根 **237485**
尖齿斑鸠菊 **406640**
尖齿宝兴黄耆 **42270**
尖齿杯子菊 **290235**
尖齿扁担杆 180748
尖齿糙苏 **295096**
尖齿常春藤藜 **87042**
尖齿赤车 **288708**
尖齿臭茉莉 **96180**
尖齿翠雀花 **124407**
尖齿大戟 **159510**
尖齿大青 96180,313596
尖齿单桔梗 **257778**
尖齿岛翼蓼 **278414**
尖齿豆腐柴 **313596**
尖齿风毛菊 **348616**
尖齿狗舌草 **385920**
尖齿灌木查豆 **84460**
尖齿黑蒴 **248700**
尖齿厚敦菊 **277041**
尖齿槲栎 323635
尖齿花楸 369413
尖齿画眉草 **147628**
尖齿黄芪 42844
尖齿黄耆 **42844**
尖齿茴芹 **299347**,299353
尖齿荆芥 **265094**
尖齿九节 **319688**
尖齿榉 417558
尖齿锯花禾 **315202**
尖齿棱果桔梗 **315277**
尖齿离蕊茶 **68888**
尖齿柃 160579
尖齿龙骨角 **192450**
尖齿楼梯草 142598
尖齿驴喜豆 **271239**
尖齿罗顿豆 **237384**
尖齿麦蓝菜 **403689**
尖齿芒柄花 **271381**
尖齿毛茛 **325535**
尖齿毛木荷 **350921**
尖齿密毛大戟 **322002**
尖齿膜杯草 **201042**
尖齿牡荆 **411251**
尖齿木荷 **350920**
尖齿木蓝 **205673**
尖齿披碱草 **144289**
尖齿婆婆纳 **407011**
尖齿破布木 **104173**
尖齿七节大戟 **159034**
尖齿槭 **2793**
尖齿千里光 **359641**
尖齿蔷薇 **336836**
尖齿青锁龙 **108964**
尖齿秋海棠 **50253**
尖齿雀麦 **60871**
尖齿桑 **259094**
尖齿山黄菊 **25518**
尖齿山楂 **109516**
尖齿舌叶 **377332**
尖齿蛇葡萄 **20294**
尖齿石笔木 **400685**
尖齿石竹 **127777**
尖齿鼠李 328609
尖齿鼠尾草 **344998**
尖齿水东哥 **347988**
尖齿万花木 **261113**
尖齿委陵菜 **312495**
尖齿盐肤木 **332839**
尖齿野菊 **124793**
尖齿叶垫柳 **343812**
尖齿叶柃 **160579**
尖齿异边大戟 **159123**
尖齿异味金币花 **41594**
尖齿异野芝麻 **193818**
尖齿硬盐肤木 **332818**
尖齿尤利菊 **160782**
尖齿羽裂旋叶菊 **276443**
尖齿芸苔 **59604**
尖齿帚菀木 **307558**
尖齿紫晶报春 **314118**
尖齿紫菀 **41517**
尖翅地肤 **217349**
尖翅高大石豆兰 **62896**
尖翅沙拐枣 **66990**
尖翅肖阿魏 **163758**
尖唇鸟巢兰 **264651**
尖唇石豆兰 **62968**
尖慈姑 18569
尖刺柏 213841
尖刺贝克菊 **52754**
尖刺金合欢 **1149**
尖刺联苞菊 **52654**
尖刺联苞菊属 **52642**
尖刺蔷薇 **336835**
尖刺山楂 109790
尖刺酸模 **144880**

尖刺酸模属 **144874**
尖刺天门冬 **39132**
尖刺铁榄 **362971**
尖刺头菊 **108362**
尖刺卫矛 177985
尖大戟 **158394**
尖大戟属 **4625**
尖丹氏梧桐 **135761**
尖单头爵床 **257243**
尖刀草 114838,187565,187681,413549
尖刀唇石斛 **125188**
尖刀儿苗 117643
尖刀苦马菜 298583
尖刀玉属 **216181**
尖德康大地豆 **199327**
尖灯心草 **212808**
尖吊兰 **88529**
尖顶红豆 274378
尖东南亚野牡丹 **24186**
尖对折紫金牛 **218709**
尖钝柱紫绒草 **87297**
尖多叶蚊子草 **166101**
尖萼白花藜芦 **405576**
尖萼梣 **168038**,168018
尖萼常山 96083
尖萼车前 **301900**
尖萼唇柱苣苔 **87951**
尖萼大叶报春 314695
尖萼刀豆 **71053**
尖萼兜蕊兰 **22324**
尖萼斗篷草 **14103**
尖萼杜鹃 331422
尖萼凤梨属 8544
尖萼凤仙 205308
尖萼凤仙花 **205308**
尖萼佛甲草 **357007**
尖萼海桐 **301397**
尖萼荷 8554
尖萼荷属 8544
尖萼红山茶 69056
尖萼厚皮香 **386718**
尖萼蝴蝶玉 **148589**
尖萼金丝桃 **201710**
尖萼连蕊茶 69080
尖萼柃 160418
尖萼瘤果茶 **68882**
尖萼楼斗菜 **30061**
尖萼芦莉草 **339777**
尖萼马银花 **331422**
尖萼毛柃 **160418**
尖萼蒙自连蕊茶 69080
尖萼木槿 **194974**
尖萼穆拉远志 **260029**
尖萼欧石南 **149823**
尖萼蒲桃 **382468**,382535
尖萼茜树 **12530**
尖萼日中花 **220465**
尖萼山茶 69080
尖萼山黄皮 12530
尖萼山猪菜 415299
尖萼石豆兰 **62967**
尖萼水蓑衣 **200592**
尖萼挖耳草 **403324**
尖萼乌口树 **384910**
尖萼乌头 **5016**
尖萼无患子 **377405**
尖萼无患子属 **377402**
尖萼小香材树 **257426**
尖萼鱼黄草 **250847**,415299,415304
尖萼云南连蕊茶 **69080**
尖萼紫茎 **376479**,376442
尖萼紫珠 **66838**
尖耳巴山木竹 48707
尖耳野牡丹属 **4734**
尖番茉莉 **61294**,61295
尖方塔圆柏 **213651**
尖非洲面包桑 **394602**
尖风车子 **100314**
尖峰粗叶木 **222221**
尖峰岭锥 **78962**
尖峰蒲桃 **382586**
尖峰青冈 **116133**
尖峰润楠 **240649**
尖峰西番莲 **285656**
尖峰桢楠 240649
尖峰猪屎豆 **112263**
尖稃草 **5871**
尖稃草属 **5866**
尖稃野大麦 **198366**
尖附属物黄芩 **355652**
尖盖大戟 **159511**
尖盖枪刀药 **202590**
尖阁金丝桃 **202152**
尖阁细辛 **37718**
尖隔堇 **334717**
尖隔堇属 **334716**
尖沟果茜 **18588**
尖瓜 390159
尖冠菊 **278545**
尖冠菊属 **278544**
尖光头 366338
尖光叶白粉藤 92724
尖光叶蜡菊 **189604**
尖果巴瑟苏木 64127
尖果霸王 418727
尖果白蜡树 **168043**
尖果棒果芥 **376315**
尖果萹蓄 309696
尖果滨藜 **44299**
尖果布瑟苏木 **64127**
尖果梣 168043
尖果穿鞘花 **19495**
尖果翠雀花 **124604**
尖果灯心草 **213345**
尖果狗牙花 **154185**,154192,382822
尖果枸杞 **239090**
尖果光果婆婆纳 407314
尖果含羞草 **254981**
尖果寒原荠 **29169**
尖果胡颓子 142140
尖果胡枝子 **226686**
尖果黄耆 **41911**
尖果姬胡桃 **212656**
尖果荚蒾 407706
尖果栝楼 **396274**,396257
尖果蓼 **309696**
尖果柳 **343822**,343962
尖果罗顿豆 **237224**
尖果裸实 **182752**
尖果马先蒿 **287490**
尖果毛茛 **326166**
尖果密穗柳 **343962**
尖果母草 **231531**
尖果南芥 **30188**
尖果片安哥拉蓝星花 **33617**
尖果婆婆纳 **407314**
尖果茜属 **77120**
尖果肉叶荠 29169
尖果三角车 **334670**
尖果沙枣 **142140**
尖果莎草 **278309**
尖果莎草属 **278308**
尖果省藤 **65755**
尖果水苦荬 **407267**
尖果苏木 **5983**
尖果苏木属 **5980**
尖果苔草 **73694**
尖果藤黄属 **278303**
尖果通宁榕 **165749**
尖果豚草 **19141**
尖果驼蹄瓣 **418727**
尖果洼瓣花 **234228**
尖果狭叶白蜡树 168043
尖果亚麻 **231858**
尖果圆筒仙人掌 **116639**
尖禾叶兰 **12443**
尖核桂樱 **223106**
尖红花 **77734**
尖花车轴草 **396810**
尖花灯心草 **213347**
尖花短柱兰 **58810**
尖花芳香木 **38395**
尖花拂子茅 **65260**
尖花加维兰 **172234**
尖花罗顿豆 **237225**
尖花木瓣树 **415761**
尖花木蓝 **205617**
尖花穆里野牡丹 **259416**
尖花拟球兰 **177216**
尖花拟舌喙兰 **177379**
尖花疱茜 **319952**
尖花漆籽藤 **218796**
尖花茜属 **278196**
尖花三尖草 **395017**
尖花藤 **334363**
尖花藤属 **334358**
尖花天芥菜 **190542**
尖花甜茅 **177559**
尖花弯管花 **86193**
尖花盐肤木 **332755**
尖花针禾 376970
尖花针蔺草 **376970**
尖花仔榄树 **199430**
尖槐藤 **278618**
尖槐藤属 **278614**
尖环唇兰 **305035**
尖灰叶云杉 **298329**
尖喙豆 **278575**
尖喙豆属 **278574**
尖喙隔距兰 **94464**
尖喙荒漠猪屎豆 **112077**
尖喙棘豆 **278803**
尖喙荚豆属 278574
尖喙牻牛儿苗 **153883**
尖喙石笔木 **400717**
尖基木藜芦 **228175**
尖荚豆属 **278494**,235513
尖荚蒾 407778
尖假丝苇 **318219**
尖假仙人棒 318219
尖尖榆 401542
尖睑子菊 **55457**
尖箭竹 162636
尖角变色龙面花 **263466**
尖角大戟 **158413**
尖角耳草 187501
尖角枫 187307
尖角黄杨 **379102**
尖角黄杨科 **379111**
尖角黄杨属 **379101**
尖角灰毛豆 **386216**
尖角卷瓣兰 **62740**
尖角卷唇兰 62740
尖角空船兰 **9094**
尖角勒珀兰 **335690**
尖角毛子草 **153117**
尖角蒲公英 **384740**
尖角茜树属 278314
尖角青锁龙 **108799**
尖角田皂角 **9493**
尖金丝桃 **201713**
尖近缘棒叶金莲木 **328404**
尖茎早熟禾 **305285**
尖荆芥叶草 **224606**
尖惊药 291161

尖鸠菊 **4644**
尖鸠菊属 **4639**
尖九重皮 **134208**
尖居维叶茜草 **115281**
尖距薄花兰 **127963**
尖距翠雀花 **124440**
尖距玉凤花 **183397**
尖距紫堇 106432
尖孔雄蕊香 **375367**
尖苦樗 **364383**
尖苦香木 364383
尖蜡菊 **189631**
尖辣椒 **72071**
尖蕾狗牙花 **382743**
尖类叶升麻 **6408**
尖擂鼓艻 **244907**
尖棱扁莎 **322182**
尖棱斯图尔曼猪屎豆 **112714**
尖棱崖豆藤 **254600**
尖栗 78795,78823
尖连蕊茶 69033
尖裂布里滕参 **211465**
尖裂大花魔杖花 **369991**
尖裂吊灯花 **83988**
尖裂多头茱萸 **307772**
尖裂番薯 **207713**
尖裂芳香木 **38382**
尖裂房县槭 3066
尖裂贡山槭 **3066**
尖裂海罂粟 **176748**
尖裂合龙眼 **381596**
尖裂花葱 **307209**
尖裂黄瓜菜 **283400**
尖裂黄藤 **121495**
尖裂灰毛泡 **338642**
尖裂锦葵 **243808**
尖裂菊属 **278497**
尖裂曼氏天胡荽 **200328**
尖裂毛茛 **325536**
尖裂密叶翠雀花 **124320**
尖裂片理查德茄 **367561**
尖裂片异被风信子 **132566**
尖裂平菊木 **351234**
尖裂日本蓝盆花 **350180**
尖裂蕊紫草 **234982**
尖裂瑞香 122361
尖裂十字爵床 **111694**
尖裂天竺葵 **288337**
尖裂桐棉 **389929**
尖裂兔唇花 **220051**
尖裂细线茜 **225766**
尖裂雄穗茜 **373038**
尖裂叶蒿 **35630**
尖裂叶秋海棠 **50128**
尖裂叶兔儿风 **12628**
尖裂银莲花 **23698**
尖裂鸢尾 **208434**
尖裂轴榈 **228731**
尖裂紫瓣花 **400051**
尖裂紫珠 66838,66864
尖鳞荸荠 **143268**
尖鳞扁茎荸荠 **143097**
尖鳞多肋菊 **304448**
尖鳞黑穗苔草 **73798**
尖鳞胶草 181152
尖鳞胶菀 **181152**
尖鳞菊属 **105267**
尖鳞莲座钝柱菊 **290728**
尖鳞美洲簇花草 **49318**
尖鳞佩罗菊 **293108**
尖鳞山柳菊 **195444**
尖鳞苔草 **75652**,73798
尖琉璃繁缕 **21337**
尖瘤松 300098
尖柳叶柴胡 **63810**
尖龙船花 **211032**
尖龙血树 **137332**
尖芦荟 **16550**
尖芦荟番杏 **17434**
尖卵瘤蕊紫金牛 **271082**
尖轮菀 **268682**
尖裸实 **182642**
尖落萼旋花 **68341**
尖麻 123322
尖马岛茜草 **342818**
尖马利埃木 **245664**
尖马氏龙脑香 **245713**
尖马唐 **130414**
尖麦克野牡丹 **247211**
尖麦里山柚子 **249179**
尖脉木姜子 233830
尖毛百合 **122899**
尖毛斑鸠菊 **406493**
尖毛蕊茶 69033
尖帽草 256154
尖帽草属 **256147**
尖帽花 **256154**
尖帽花属 **278505**
尖帽指甲兰 **9300**
尖玫瑰树 **268352**
尖美冠兰 **156529**
尖密头帚鼠麹 **252403**
尖膜菊 **201316**
尖膜菊属 **201293**
尖木蓝 **206339**
尖穆拉远志 **259926**
尖南非管萼木 **58680**
尖囊蝴蝶兰 **293585**
尖囊兰 293585
尖囊兰属 **216424**,54210
尖拟亚卡萝藦 **307029**
尖牛皮消 **117345**
尖佩兰 158118,158200
尖破石 71679
尖普林木 **304999**
尖桤木 16315
尖奇蒿 **35137**
尖耆驴喜豆 **271240**
尖千里木 **125653**
尖浅裂红蕾花 **416918**
尖浅裂皿柱兰 **223644**
尖浅裂南非萝藦 **323488**
尖浅裂手玄参 **244735**
尖浅裂泽赫小黄管 **356190**
尖鞘箭竹 **162636**
尖芩 355387
尖琼楠 **50466**
尖肉舌兰 **346799**
尖肉锥花 **102042**
尖蕊杜鹃属 **6316**
尖蕊格拉紫金牛 180089
尖蕊花 8540
尖蕊花属 8538
尖蕊欧石南 **149821**
尖蕊索林漆 **369793**
尖蕊显腺紫金牛 **180089**
尖锐斑鸠菊 **406188**
尖锐凤仙花 204782
尖萨默茜 **368598**
尖三角车 **334565**
尖伞山柳菊 **195441**
尖山橙 **249664**
尖山黄皮 **325281**
尖山堇菜 **410559**
尖山楼梯草 **142699**
尖舌白纹竹 **304008**
尖舌草 333086,333089
尖舌草属 333083
尖舌华东早熟禾 **305514**
尖舌黄芪 42843
尖舌黄耆 **42843**
尖舌苣苔 **333086**
尖舌苣苔属 **333083**
尖舌苦竹 **304006**,304008
尖舌类钻花兰 **4510**
尖舌双袋兰 **134334**
尖舌唐竹 **364784**
尖舌早熟禾 **305656**,305514
尖疏花猪屎豆 **112319**
尖树 400518
尖双柱杜鹃 **134820**
尖水丝梨 134907
尖丝柱玉盘 **145656**
尖斯温顿漆 **380542**
尖松 82507,82545
尖素馨 **211786**
尖酸模 **339905**
尖穗阿氏莎草 **531**
尖穗菲奇莎 **164487**
尖穗风车子 **100680**
尖穗飘拂草 166163
尖穗石豆兰 **62535**
尖塔北美香柏 **390616**
尖塔翠雀花 **124548**
尖塔莲 **409231**
尖塔马松子 **249638**
尖塔形落草 **217550**
尖塔珍珠菜 **239807**
尖苔 73589
尖苔草 76687
尖头斑鸠菊 **406044**
尖头叉风 24502
尖头枞 399879
尖头飞廉 **73280**
尖头风毛菊 **348509**
尖头果薯蓣 **131488**
尖头花 **6039**
尖头花属 **5989**
尖头类雀稗 **285387**
尖头棱子芹 **304848**
尖头联苞菊属 **115179**
尖头马蓝 385067
尖头青竹 **297191**
尖头唐竹 **364826**
尖头叶藜 **86892**
尖头异决明 **360417**
尖头因加豆 **206919**
尖凸甘蜜树 **263053**
尖凸牡荆 **411390**
尖凸木犀 **276252**
尖凸尼克樟 263053
尖突黄堇 **106170**
尖突穆坪紫堇 **105890**
尖托菊 **278302**
尖托菊属 **278301**
尖托叶齿豆 **56738**
尖托叶非洲长腺豆 **7477**
尖托叶黄檀 **121609**
尖箨茶竿竹 318279
尖箨茶秆竹 **318279**
尖瓦氏茜 **404763**
尖万格茜 404763
尖网脉无患子 **129660**
尖维默卫矛 **414453**
尖尾篦齿槭 **3380**
尖尾草 16495
尖尾长叶榕 164877,165102
尖尾粗叶木 222085
尖尾风 **158280**,16495,66853,172832
尖尾风毛菊 348762
尖尾枫 **66853**,65670
尖尾峰 66853
尖尾凤 37888,172832,306974
尖尾凤属 37811,172812
尖尾斧头树 394635
尖尾槁 240679,295410
尖尾姑婆芋 16495

尖尾假卫矛 **254287**
尖尾箭竹 **162668**
尖尾槭 **2872**
尖尾青 345586
尖尾榕 **165092**,165231
尖尾锐叶柃 160535
尖尾锐叶柃木 160535
尖尾色斑鸠菊 **406248**
尖尾痧 368874
尖尾树 234091
尖尾铁苋 1916
尖尾铁苋菜 **1811**
尖尾菟丝子 **115003**
尖尾蚊母树 **134928**
尖尾筱竹 162668
尖尾崖爬藤 387838
尖尾野芋头 16512
尖尾叶谷木树 394635
尖尾叶旌节花 **373532**
尖尾叶鼠李 328665
尖尾樱 83162
尖尾樱桃 **83162**,83155
尖尾芋 **16495**
尖尾樟 234091
尖尾状羽棕 **32335**
尖无鳞草 **14386**
尖无舌黄菀 **209567**
尖膝花萝藦 **179343**
尖细杜鹃 330452
尖细花百金花 **81540**
尖细檀香 **226236**
尖显脉木 **60423**
尖腺床大戟 **7455**
尖腺托囊萼花 **323417**
尖腺芸香属 **4800**
尖香唇兰 **276448**
尖香荚兰 **404972**
尖香芸木 **10562**
尖小袋禾 **253505**
尖小对叶藤 **250155**
尖小花豆 **226174**
尖小叶贝克黄檀 **121628**
尖小叶番杏 **169954**
尖肖九节 **401931**
尖肖念珠芥 **393125**
尖肖香荚兰 **405040**
尖泻根 **61467**
尖新瘤子草 **264231**
尖新紫玉盘 **264796**
尖星蕊大戟 **6910**
尖形苔 73597
尖熊果 **31107**
尖绣线菊 371815
尖序拟莞 **352243**
尖序山柳菊 **195442**
尖芽冠紫金牛 **284016**
尖阳婆木 **190246**
尖药巴山铁线莲 **95215**,95214
尖药草 **8540**
尖药草属 **8538**
尖药花 5885,8540
尖药花属 **5884**,8538
尖药科 232710
尖药兰 **132672**
尖药兰属 **132668**
尖药木 **4970**
尖药木三萼木 **395167**
尖药木属 **4954**
尖药南蛇藤 80207
尖药秋海棠 **50127**
尖药属 232706
尖药芸香 **278163**
尖药芸香属 **278161**
尖叶阿富汗杨 **311205**
尖叶阿婆钱 297013
尖叶奥勒菊木 270207
尖叶澳西桃金娘 **148169**
尖叶八蕊花 **372895**
尖叶菝葜 **366238**
尖叶白点兰 **390487**
尖叶白蜡树 **167942**,168043,168116
尖叶白千层 **248074**
尖叶白前 117339
尖叶白芷 192230
尖叶百脉根 **237705**
尖叶半枫荷 **357976**
尖叶半夏 299724
尖叶膀胱豆 **100152**
尖叶饱食桑 **61054**
尖叶杯冠藤 **117690**
尖叶薜荔 187307
尖叶变蒿 **35345**
尖叶博什木棉 **57422**
尖叶薄荷穗 **255424**
尖叶薄子木 **226459**
尖叶补血草 **230511**
尖叶菜豆 **293969**
尖叶梣 **168116**
尖叶茶藨 334087,334228
尖叶茶藨子 **334087**,334228
尖叶长柄山蚂蝗 **200742**
尖叶长毛紫绒草 **238080**
尖叶椆 233115
尖叶稠李 223133,316922
尖叶臭黄荆 313596
尖叶臭牡丹 313596
尖叶楮皮 61102,61103
尖叶川黄瑞木 **8210**
尖叶川杨桐 8210
尖叶垂枝小檗 **51532**
尖叶槌果藤 71679
尖叶刺菊木 **48415**
尖叶大青 313607
尖叶大西洋羊茅 **163830**
尖叶丹氏梧桐 **135758**
尖叶单花杜鹃 **332040**
尖叶单列木 **257966**
尖叶德罗豆 **138137**
尖叶狄安娜茜 **238093**
尖叶地杨梅 **238565**
尖叶冬青 203744
尖叶豆腐柴 **313607**
尖叶独活 **192266**
尖叶杜茎山 241735
尖叶杜鹃 331280,331284,331289
尖叶杜英 142273
尖叶盾锦葵 **288796**
尖叶多花蓼 **340521**
尖叶多籽藜 **87131**
尖叶耳状盐灌藜 **185050**
尖叶番泻 **78227**
尖叶番泻树 78227
尖叶番泻叶 78227
尖叶矾根 **194412**
尖叶芳香木 **38388**
尖叶飞蓬 **150837**
尖叶非洲兰 **320931**
尖叶风车子 **100313**
尖叶风筝果 **196822**
尖叶佛指甲 356884
尖叶弗尔夹竹桃 **167406**
尖叶拂子茅 **65264**
尖叶藁本 **229284**
尖叶弓果黍 **120630**
尖叶枸杞 **238998**,239011
尖叶古朗瓜 **181990**
尖叶谷精草 **151211**
尖叶骨籽菊 **276558**
尖叶瓜 390159
尖叶瓜馥木 **166650**
尖叶管萼木 **288930**
尖叶光滑天竺葵 **288323**
尖叶龟背芋 258165
尖叶龟背竹 **258165**
尖叶桂樱 **223133**
尖叶哈克 184646
尖叶哈克木 **184646**
尖叶孩儿参 **318510**
尖叶好望角灰毛豆 **385989**
尖叶红被花 **332193**
尖叶红光树 **216784**
尖叶红鸡蛋花 305226
尖叶红千层 **67285**
尖叶红树 329745
尖叶喉毛花 100269
尖叶厚壳桂 **113424**
尖叶胡椒 **300325**
尖叶胡枝子 **226860**
尖叶虎耳草 **349046**
尖叶花椒 **417294**,417329
尖叶花葵 **223352**
尖叶怀腺柳 **343259**
尖叶槐 360429
尖叶环蕊木 138627
尖叶黄槐 **360429**
尖叶黄牛木 **110239**
尖叶黄芩 **355651**
尖叶黄杨 **64371**
尖叶茴芹 **299346**
尖叶火把树 **6259**
尖叶火把树属 **6257**
尖叶火烧兰 **147238**
尖叶基花莲 **48650**
尖叶吉贝 **80115**
尖叶棘豆 **279060**,278803,278869
尖叶加杨 311149
尖叶假杜鹃 **48278**
尖叶假耳草 262970
尖叶假金鸡纳 **219650**
尖叶假龙胆 **174103**
尖叶假面花 **17476**
尖叶假蚊母树 **134907**
尖叶尖耳野牡丹 **4735**
尖叶尖柱苏木 **278631**
尖叶脚疔草 200790
尖叶金果榄 392273
尖叶金莲木 **268233**
尖叶金丝桃 201848
尖叶堇 409630
尖叶堇菜 **409643**,409630
尖叶旌节花 373532
尖叶景天 **356733**
尖叶酒饼簕 **43719**
尖叶菊属 278553
尖叶卷耳 **82778**
尖叶决明 360429
尖叶军刀豆 **240500**
尖叶卡柿 **155921**
尖叶栲 78903
尖叶柯 **233115**
尖叶可乐树 99158
尖叶可利果 **96662**
尖叶苦大戟 **8412**
尖叶蜡子树 **229472**
尖叶蓝花参 **412782**
尖叶蓝花楹 **211235**,211226
尖叶蓝钟喉毛花 **100269**
尖叶类越橘 79789
尖叶棱枝草科 405351
尖叶棱枝草属 405320
尖叶丽蔓 **67550**
尖叶栎 **324251**,323599
尖叶镰扁豆 **135400**
尖叶链珠藤 18509
尖叶裂稃草 **351278**

尖叶鳞枝科　405351
尖叶鳞枝属　405320
尖叶柃　**160406**,160416
尖叶柃木　160418
尖叶柳　**342961**
尖叶龙草树　**137733**
尖叶龙胆　173261
尖叶龙袍木　238337
尖叶龙须藤　49155
尖叶楼梯草　142596
尖叶罗汉松　306502
尖叶罗马风信子　**50743**
尖叶罗伞　**59188**
尖叶螺序草　371747
尖叶落苞南星　**300798**
尖叶落羽杉　385281
尖叶马布里玄参　**240201**
尖叶马兜铃　**34101**
尖叶麦利奇木　249175
尖叶蔓胡颓子　**142008**
尖叶蔓绿绒　**294848**
尖叶猫尾木　**245602**
尖叶毛柃　**160416**
尖叶梅滕大戟　**252640**
尖叶美容杜鹃　**330286**
尖叶猕猴桃　**6531**
尖叶密花树　261621
尖叶蜜花堇　**249175**
尖叶木　**402616**
尖叶木姜子　**233830**
尖叶木兰　**241962**
尖叶木蓝　**206761**
尖叶木属　**402605**
尖叶木犀　**276248**,276313
尖叶木犀榄　**270089**
尖叶穆拉远志　**259928**
尖叶楠木　**240551**
尖叶囊瓣芹　320249
尖叶鸟舌兰　**38194**
尖叶牛奶木　**255261**
尖叶牛乳树　165429
尖叶牛尾菜　**366553**,366548
尖叶欧洲小檗　**52325**
尖叶爬行卫矛　157473
尖叶槭　**3058**,3425
尖叶漆　**393443**
尖叶千里光　**358183**
尖叶清风藤　**341570**
尖叶秋海棠　**50129**
尖叶日中花　**220466**
尖叶榕　**165097**
尖叶柔冠菊　**236383**
尖叶柔毛堇菜　**410450**
尖叶萨拉茄　**346508**
尖叶三萼木　**395166**
尖叶三脉猪殃殃　**170437**
尖叶三足花　**398046**
尖叶沙穗　**148471**
尖叶山茶　**69196**,69033
尖叶山柑　71916
尖叶山蝴蝶　179694
尖叶山黄皮　12530
尖叶山苦荬　135264
尖叶山蚂蝗　200742
尖叶山楂　**109513**
尖叶蛇根草　**272214**
尖叶施氏厚皮树　**221198**
尖叶石豆兰　**62621**
尖叶石栎　233115
尖叶石头花　183212
尖叶石仙桃　**295530**
尖叶石指甲　356884
尖叶鼠尾粟　**372790**
尖叶树萝卜　**10307**
尖叶树葡萄　**120168**
尖叶双饰萝藦　**134970**
尖叶水曲柳　**168028**
尖叶水丝梨　134907
尖叶丝石竹　183158,183212
尖叶四角青锁龙　**109453**
尖叶四翼木　**387586**
尖叶四照花　**105018**,124882
尖叶酸脚杆　**247527**
尖叶苔草　**75656**,74752
尖叶唐松草　**388401**
尖叶特喜无患子　**311985**
尖叶藤黄　**171203**
尖叶藤山柳　95489
尖叶天胡荽　200329
尖叶天门冬　**38908**
尖叶甜甘豆　**290775**
尖叶铁筷子　**190929**
尖叶铁青树　**269643**
尖叶铁扫帚　226860
尖叶铁仔　**261602**
尖叶葶苈　**136973**
尖叶头九节　**81948**
尖叶吐根　81948
尖叶兔儿风　**12608**
尖叶脱皮藤　**823**
尖叶橐吾　229234
尖叶万带兰　282934
尖叶微孔草　**254338**
尖叶维勒茜　**409269**
尖叶卫矛　177985
尖叶沃内野牡丹　**413197**
尖叶乌蔹莓　**79860**
尖叶五加　**2355**
尖叶五角木　**313960**
尖叶五匹青　**320249**
尖叶西印度茜　**179538**
尖叶霞草　183158
尖叶下垂小檗　51532
尖叶下珠　**296560**
尖叶藓菊　**320974**
尖叶藓菊属　**320973**
尖叶相思　**1107**
尖叶香茶菜　**303272**
尖叶香青　**21507**
尖叶小檗　51275,52193
尖叶小褐鳞木　**43467**
尖叶小蓟　92132
尖叶小山蚂蝗　200742
尖叶肖卫矛　**161466**
尖叶缬草　**404216**
尖叶鞋木　**52845**
尖叶新木姜子　**264018**
尖叶绣线菊　371964
尖叶悬钩子　**338082**
尖叶血苋　**208354**
尖叶栒　107345
尖叶栒子　**107322**
尖叶鸭嘴花　**214307**
尖叶芽冠紫金牛　**284041**
尖叶崖豆藤　**254599**
尖叶崖藤　**13448**
尖叶雅克苔草　**74922**
尖叶沿阶草　**272051**
尖叶盐爪爪　**215325**
尖叶眼树莲　**134029**
尖叶眼子菜　**312206**,312036
尖叶艳苞莓　**79789**
尖叶羊角扭　258923
尖叶杨　311142
尖叶杨桐　8210
尖叶野漆　**393482**,393443
尖叶野青茅　65264
尖叶伊丽莎白豆　**143827**
尖叶异翅藤　**194061**
尖叶异果菊　**131148**
尖叶异片芹　**25734**
尖叶淫羊藿　146960
尖叶印度素馨　305225
尖叶印度相思　1107
尖叶印度相思树　1107
尖叶越被藤　**201670**
尖叶芸香　**185619**
尖叶皙花兰　166966
尖叶樟　231424
尖叶脂苏木　**315260**
尖叶蜘蛛　66789
尖叶猪屎豆　**112488**
尖叶子　239640
尖叶子打虫药　239878
尖叶紫柳　**343579**
尖叶紫珠　**66732**
尖叶醉蝶花　**95749**
尖一枝黄花　**367965**
尖异株假升麻　**37062**
尖翼兰　**320163**
尖因加豆　**206920**
尖音加　206920
尖颖芙兰草　**168841**
尖颖旱禾　**148383**
尖颖湖北芨芨草　**4137**
尖颖芨芨草　4137
尖颖落芒草　**276017**
尖颖毛瓣莎　168841
尖颖膜稃草　**200824**
尖颖拟扁芒草　**122318**
尖颖鸭嘴草　**209370**
尖颖早熟禾　**305640**
尖羽千里光　**358184**
尖云杉　298401
尖早熟禾　305967
尖泽兰　**45861**
尖泽兰属　**45860**
尖沼生雀稗　**327516**
尖枝寄生　**93958**
尖指纹瓣凤梨　**413871**
尖栉齿叶蒿　**35897**
尖种藤　333078
尖种藤属　333076
尖胄爵床　**272699**
尖竹　**206842**
尖柱花　**278643**
尖柱花科　**278637**
尖柱花属　**278642**
尖柱鼠麹草　**412932**
尖柱鼠麹草属　**412930**
尖柱鼠麹木　**79350**
尖柱鼠麹木属　**79349**
尖柱苏木　278631
尖柱苏木属　**278625**
尖柱旋花　**379091**
尖柱旋花属　**379090**
尖柱紫绒草　**50848**
尖柱紫绒草属　**50847**
尖锥荚蒾　408077
尖籽金合欢　**1456**
尖籽蓼　**309503**
尖籽鸭舌癀舅　**370843**
尖子木　**278602**
尖子木属　**278590**
尖子藤　**333078**
尖子藤属　**333076**
尖子竹　**304106**
尖紫罗兰　246494
尖紫苏　290968
尖紫葳　**115177**
尖紫葳属　**115175**
尖紫玉盘　**403415**
尖嘴林檎　**243651**
尖嘴歧缬草　**404457**
尖嘴苔草　**75101**,76068
尖嘴紫茎　376469
尖醉鱼草　**61959**
坚被灯心草　**213507**,213552

坚草根 205506
坚唇兰 **376231**
坚唇兰属 **376228**
坚杆火线草 **224842**
坚秆向日葵 **189044**
坚梗獐牙菜 380405
坚梗砖子苗 **245535**
坚骨风 214972
坚冠爵床 **97116**
坚冠爵床属 **97115**
坚冠马兰属 97115
坚果番杏科 **387226**
坚果番杏属 **387156**
坚果繁缕属 **304558**
坚果褐花 **61146**
坚果堇属 224545
坚果露花树属 317465
坚果粟草属 **7523**
坚果桃 **316667**
坚果桃金娘 **376227**
坚果桃金娘属 **376226**
坚果状赪桐 **96348**
坚核桂樱 **316489**,223106
坚桦 **53379**,53380
坚喙苔草 **75179**
坚荚树 407897,408123
坚碱茅 **321391**
坚柳 **344010**
坚龙胆 173814
坚木麻黄 79165
坚木山矾 **381188**
坚漆 237191
坚漆花 237191
坚韧鸢尾 208879
坚实多鳞菊 **66364**
坚实雀麦 **60722**
坚实山柳菊 **195976**
坚实紫波 **28516**
坚丝兰 **416639**
坚髓杜茎山 **241737**
坚唐松草 388680
坚桃柃 160580
坚桃叶柃 **160580**
坚挺巴茜草 **280486**
坚挺巴西茜 280486
坚挺拜卧豆 **227083**
坚挺柴胡 **63718**
坚挺单头爵床 **257287**
坚挺钉头果 **179107**
坚挺短冠草 **369240**
坚挺黑蒴 **14341**
坚挺蓝花参 **412766**
坚挺鳞花草 **225212**
坚挺龙面花 **263405**
坚挺罗顿豆 **237414**
坚挺落腺豆 300648
坚挺马兜铃 **34309**
坚挺马先蒿 **287633**
坚挺美女樱 405885
坚挺密钟木 **192690**
坚挺母草 **231578**
坚挺穆拉远志 **260049**
坚挺南非禾 **290022**
坚挺拟山黄麻 **283978**
坚挺鸟娇花 **210904**
坚挺肉翼无患子 **346930**
坚挺散花帚灯草 **372564**
坚挺石竹 **127811**
坚挺鼠尾草 **345346**
坚挺嵩草 **217279**
坚挺苔草 **76042**
坚挺纤细马先蒿 **287249**
坚挺岩风 **228596**
坚挺野豌豆 **408570**
坚挺一点红 **144963**
坚挺圆丘草 **303114**
坚挺舟叶花 **340871**
坚挺帚叶联苞菊 **114457**
坚岩黄耆 188108
坚叶桂 91309
坚叶三脉紫菀 **39956**
坚叶樟 **91309**
坚叶紫菀 39956
坚樱 223131
坚硬巴拉蓼 **308868**
坚硬白背黄花稔 **362647**
坚硬白芥 **364606**
坚硬冰草 **11732**
坚硬春黄菊 **26801**
坚硬葱 **15285**
坚硬大果萝藦 **279427**
坚硬耳稃草 **171524**
坚硬古柯 **155082**
坚硬黄芪 42982
坚硬黄耆 **42982**
坚硬假水青冈 266886
坚硬狸藻 **403182**
坚硬李堪木 **228681**
坚硬利堪蔷薇 228681
坚硬落腺豆 **300648**
坚硬麻雀木 **285593**
坚硬牛奶木 **108152**
坚硬女娄菜 **363451**
坚硬秋海棠 **50244**
坚硬赛德尔大戟 **357368**
坚硬山马茶 **382834**
坚硬酸模 **340086**
坚硬苔草 **74131**
坚硬铁刀苏木 **78479**
坚硬葶苈 **137212**
坚硬鸵鸟木 **378608**
坚硬小檗 **52115**
坚硬小麦 398900
坚硬岩黄芪 188108
坚硬岩黄耆 **188108**
坚硬野芝麻 **220364**,220359
坚硬一枝黄花 **368354**
坚硬蚁棕 **217924**
坚硬异果鹤虱 193744
坚硬印度胶榕 164937
坚硬舟叶花 **340683**
坚针木蓼 44271
坚纸楼梯草 **142790**
坚纸叶树参 **125630**
坚轴草 **385818**
坚轴草属 **385816**
歼疟草 308123
间苞大地豆 **199354**
间刺兰属 **252277**
间带蜡菊 **189452**
间道玉簪 198651
间断阿披拉草 **28971**
间断棒头草 **310113**
间断变叶木 **98181**
间断薄荷 **250380**
间断杜鹃 331307
间断盾舌萝藦 **39632**
间断鹅观草 **335359**
间断槐 **369036**
间断灰毛豆 **386114**
间断金果椰 **139359**
间断列当 **275098**
间断马先蒿 **287298**
间断毛穗茜 **396414**
间断欧石南 **149590**
间断雀麦 **60774**
间断鼠尾草 **345103**
间断苔草 **74900**
间断委陵菜 **312893**
间断沃恩木蓝 **405203**
间断香茶菜 **209709**
间断肖毛蕊花 **80525**
间断新塔花 **418130**
间断悬钩子 **338491**
间断鸭嘴花 **214543**
间断杂雀麦 **350627**
间断珍珠茅 **354122**
间黑莎 **252238**
间黑莎属 **252236**
间花谷精草 **151376**
间花谷精草属 **250981**
间花鱼鳔槐 **100190**
间生瘦片菊 **251004**
间生瘦片菊属 **251003**
间穗苔草 **75185**
间苔 **74354**
间腺兰属 **250974**
间形澳洲鸢尾 **285794**
间型矮肉茜 **346933**
间型安哥拉美木豆 **290872**
间型安吉草 **24550**
间型奥佐漆 **279294**
间型斑点十二卷 **186519**
间型半毛车轴草 **397077**
间型半毛菊 **113210**
间型秘鲁霉草 **399367**
间型扁芒草 **122242**
间型扁莎 **322268**
间型并核果 **283183**
间型布尔翼茎菊 **172429**
间型布留芹 **63500**
间型穇 **143534**
间型长梗欧石南 **149692**
间型橙菀 **320698**
间型齿脉菊 **271940**
间型翅盘麻 **320532**
间型穿叶布氏龙胆 **54899**
间型垂花百子莲 **10265**
间型春黄菊 **26888**
间型茨藻 **262083**
间型刺桂豆 **68473**
间型刺猬草 **140648**
间型大沙叶 **286283**
间型单齿单桔梗 **257817**
间型单毛野牡丹 **257531**
间型单腔无患子 **185385**
间型地中海菊 **19654**
间型杜鹃 **331989**
间型短花基丝景天 **301051**
间型短片帚灯草 **142966**
间型轭瓣兰 **418577**
间型芳香木 **38596**
间型非洲合欢 **13477**
间型风箱果 **297849**
间型福来木 **162990**
间型福禄考 **295276**
间型革叶荠 **378295**
间型谷木 **249985**
间型荷马芹 **192760**
间型红豆杉 385384
间型红光树 **216834**
间型红毛草 **333009**
间型厚敦菊 **277068**
间型胡枝子 **226682**
间型虎尾兰 **346101**
间型环状金丝桃 **201737**
间型黄精石南 **232699**
间型黄鸟娇花 **210845**
间型灰毛豆 **386075**
间型棘豆 **278907**
间型加那利芥 **284727**
间型加那利香雪球 **235070**
间型加州翠雀花 **124092**
间型假狼紫草 **266606**
间型假沼泽老鹳草 **175032**
间型金币花 **41603**
间型荆芥叶草 **224576**
间型距苞藤 **369904**

间型卷舌菊 **380990**
间型军刀豆 **240491**
间型可利果 **96757**
间型宽萼苏 **47002**
间型蜡菊 **189451**
间型莱克草 223699
间型莱切草 **223699**
间型蓝被草 **115511**
间型乐母丽 **335932**
间型连翘 167435
间型链荚豆 **18264**
间型裂蕊树 **219176**
间型林地早熟禾 **305744**
间型琉璃草 **117979**
间型露珠草 **91503**
间型芦荟 **16915**
间型鲁福苣苔 **339846**
间型芒柄花 **271428**
间型毛酢浆草 **277891**
间型矛叶慈姑 **342360**
间型茅膏菜 **138299**
间型没药叶天竺葵 **288380**
间型密绒菊 **269701**
间型木槿 **194939**
间型木蓝 **206120**
间型木棉 98108
间型南非蜜茶 **116333**
间型欧石南 **149588**
间型泡叶番杏 **138188**
间型蒲桃 **382578**
间型脐景天 **401694**
间型青锁龙 **109087**
间型球黄菊 **270992**
间型雀稗 **285451**
间型热美椴 **28960**
间型日本胡枝子 **226858**
间型日中花 **220587**
间型肉珊瑚 **347016**
间型乳籽菊 **389164**
间型塞拉玄参 **357553**
间型赛德旋花 **356430**
间型三角伞芹 **397352**
间型三脉紫菀 **39965**
间型三射线德弗草 **127157**
间型桑给巴尔五星花 **289907**
间型山芥 47947
间型山金车 **34725**
间型十大功劳 242463
间型双距兰 **133812**
间型双盛豆 **20768**
间型水牛角 **72510**
间型水苏 **373260**
间型丝兰 **416616**
间型四国香荼菜 **209831**
间型松毛翠 297027
间型粟麦草 **230119**
间型酸海棠 **200974**
间型酸脚杆 **247576**
间型酸模 **340087**
间型苔草 **74899**
间型唐棣 **19273**
间型头花草 **82160**
间型弯果紫草 **256747**
间型弯籽木 **98108**
间型屋久岛山地杜鹃 **332137**
间型五星花 **289871**
间型希尔德刺痒藤 **394159**
间型腺白珠 **386396**
间型腺托囊萼花 **323424**
间型香草 **347565**
间型香青 **21683**
间型小刺蒺藜 **395128**
间型小花决明 **78279**
间型小花小黄管 **356121**
间型小金梅草 **202878**
间型肖长管山茶 **248817**
间型肖观音兰 **399158**
间型蝎尾染料木 **173057**
间型崖豆藤 **254785**
间型沿阶草 **272085**
间型野芝麻 **220373**
间型银灌戟 **32973**
间型罂粟 **282579**
间型硬皮鸢尾 **172621**
间型鱼骨木 **71447**
间型缘翅拟漆姑 **370677**
间型月见草 **269437**
间型藻百年 **161554**
间型针禾 **377038**
间型直梗栓果菊 **327469**
间型中芒菊 **81785**
间型舟叶花 **340729**
间型周毛茜 **20598**
间型皱波菊头桔梗 **211654**
间型猪屎豆 **112248**
间型醉鱼草 **61954**
间序大青 313664
间序豆腐柴 **313664**
间序狗尾草 **361789**
间序囊颖草 **341967**
间序油麻藤 **259525**
肩背秋海棠 **49926**
肩饰白辛树 320886
监监婆 338985
菅 **389339**,389333
菅苞茅 **201463**
菅草 389355
菅草科 389383
菅草兰 **117082**
菅草属 389307
菅根 194020
菅科 **389383**
菅茅 389333
菅蒯 229309
菅属 **389307**
菅原假龙胆 **174156**
肩 13934
犍为鼠李 **328839**
缣瓜 238261
缣丝草 415046
蒹 295888
樫木 **139644**
樫木属 **139637**
樫田赤竹 **347301**
樫仔 233278
蕑根 346448
蕑 158118,285880
蕑根 346448
俭果苣苔 **294135**
俭果苣苔属 **294134**
俭约草 **294132**
俭约草属 **294131**
柬凋缨菊 **68832**
柬埔寨八角 **204491**
柬埔寨草胡椒 **290376**
柬埔寨黄牛木 **110260**
柬埔寨龙血树 137353
柬埔寨牛奶菜 **245789**
柬埔寨藤黄 **171076**
柬埔寨乌木 **132193**
柬埔寨吴萸 161351
柬埔寨吴茱萸 161351
柬埔寨崖爬藤 **387752**
柬埔寨子楝树 **123454**
茧荚黄芪 42597
茧荚黄耆 **42597**
茧漆 237191
茧形玉 233603
茧衣香青 **21539**
茧子花 161749
茧子花属 161741
笕麦冬 272090
笕桥地黄 **327437**
减短阿氏莎草 **529**
减缩黄芪 42914
减缩黄耆 **42914**
剪棒草属 11628
剪包树 368913
剪草 170445,295986
剪春罗 **363235**,363337,364064
剪搭草 342400
剪刀菜 298583,410416
剪刀草 50669,96981,96999,191666,210654,283388,320511,342310,342400,342421,401161,406828
剪刀股 210623,309792
剪刀梏 50669
剪刀花 127852
剪刀甲 210540
剪刀牛膝 4304
剪刀七 97093,309954
剪刀桑 259097
剪刀树 368913
剪定 61263
剪定树 61267
剪耳花 202070
剪割扁蕾 **174216**
剪割龙胆 174205
剪股颖 **12186**,12053
剪股颖戟 **12433**
剪股颖戟属 **12430**
剪股颖科 **11966**
剪股颖鼠尾粟 **372580**
剪股颖属 **11968**,321004
剪红罗 363235
剪红纱花 **363265**
剪花火绒草 224822
剪假龙胆 **174128**
剪金花 363235,403687
剪金子 403687
剪口三七 280771
剪芡实 160637
剪秋罗 **363472**,363265,363337
剪秋罗苦玄参 **239456**
剪秋罗无心菜 **32039**
剪秋罗叶补血草 **230670**
剪秋罗蝇子草 **363712**
剪秋毛蕊花 **405729**
剪秋纱 363265
剪绒花 127654,127852
剪蛇珠 117390
剪席草 231568
剪夏罗 363235
剪形蝴蝶玉 **148576**
剪形羊蹄甲 **49093**
剪子草 406828
剪子股 210654
剪子果 142214
剪子梢 142214
剪子树 83946
睑菊属 **55478**
睑子菊属 **55456**
硷草 144271
硷土薰草 353689
简鲍斯风信子 **199589**
简单苞芸香 **370307**
简单波尔曼草 **307179**
简单薄花兰 **127983**
简单酢浆草 **278084**
简单大戟 **159660**
简单吊灯花 **84190**
简单短冠草 **369239**
简单多穗兰 **310598**
简单多头苔草 **75846**
简单二行芥 **133309**
简单番薯 **208190**
简单风铃草 **70306**

简单格尼瑞香 **178702**
简单海神木 **315958**
简单黑草 **61861**
简单蓟 **92398**
简单九节 **319456**
简单桔梗 **257809**
简单克来豆 **108571**
简单蓝蓟 **141306**
简单蓝星花 **33699**
简单驴臭草 271827
简单洛梅续断 **235493**
简单毛蕊花 **405768**
简单木槿 **195230**
简单拟白星海芋 **34882**
简单拟鸦葱 **354993**
简单润肺草 **58943**
简单山柳菊 **196015**
简单鼠尾草 **345335**
简单水苏 **373442**
简单四粉兰 **387329**
简单驼蹄瓣 **418757**
简单弯管花 **86241**
简单忘藤菊 **268069**
简单委陵菜 **312993**
简单须芒草 **22996**
简单玉凤花 **184066**
简单紫绒草 **44010**
简禾 **364503**
简禾属 **364502**
简斯巴豆 **112915**
简斯露子花 **123900**
简斯榕 **165174**
简斯山柑 **334817**
简缩大戟 **158776**
简缩斗鱼草 **6149**
简缩麻黄大戟 **158834**
简缩十二卷 **186291**
简序花属 **185722**
简序苔草 **75495**
简枝补血草 **311042**
简枝补血草属 **311041**
碱草 118744,119160,144271,228356
碱草茅草 169561
碱草属 **24236**,228337
碱柴 215327
碱葱 15615,379598
碱地蝶花百合 **67628**
碱地风毛菊 348742
碱地肤 **217372**
碱地黄顶菊 **166818**
碱地灰绿藜 **87033**
碱地金田菊 **222618**
碱地卷舌菊 **380898**
碱地莱氏菊 **223477**
碱地乱子草 **259634**
碱地马蔺 208606
碱地蒲公英 **384485**,384473,384681
碱独行菜 **225326**
碱蒿 **35119**,35364
碱蒿子 379531
碱黄鹌菜 **416485**
碱灰菜 44646
碱韭 **15615**
碱菊 **212260**
碱菊属 **212257**
碱毛茛 **184717**
碱毛茛属 **184702**
碱茅 **321248**
碱茅属 **321220**
碱蓬 **379531**
碱蓬属 **379486**
碱蛇床 **97727**
碱鼠尾粟 **372581**
碱苔 **74323**,76163
碱土蘼草 **353689**
碱菀 **398134**
碱菀属 **398126**
碱椰子属 412286
碱紫菀属 398126
见春花 190956
见毒消 20348,20447,407453
见风干 3255,77276,77323,77335,77411
见风红 231562
见风黄 24024,231546
见风蓝 24024
见风青 24024
见风清 24024
见风生 263867
见风消 231303,231355
见缝合 239591
见杆风 17656
见骨草 119041
见火青 203938
见气消 159841
见消草 255098
见霜黄 **55766**
见水蓝 204001
见水生 96140
见血愁 95271
见血飞 **252745**,18047,33288,64983,147176,252754,301279,368073,392559,417161,417216,417221,417271,417292
见血飞属 **252741**
见血封喉 **28248**,5247
见血封喉属 **28242**
见血封口 70635
见血莲 232252
见血青 13091,13146,232252
见血清 **232252**,13091
见血散 294114,392559
见血参 146054
见血住 239700
见肿消 20335,20348,20408,20447,28044,37888,70833,86755,146054,157285,175378,175417,175420,176813,176815,183097,183122,183124,224110,231303,250370,262960,287853,298093,363265,410246
建巴戟 258923
建柏 167201
建柏属 167200
建茶 69411
建菖蒲 5803
建德龙胆 **173626**
建德山梅花 294540
建德石荠苎 **259296**
建德獐牙菜 **380239**
建柑 **93723**
建昆菝葜 **366405**
建兰 **116829**
建兰花 116829
建兰样厚唇兰 **146535**
建梅 34448
建楠 240663
建宁金腰 **90386**
建宁野鸦椿 **160957**
建瓯酸竹 4594
建人参 24411,276748
建润楠 **240663**
建砂仁 17695
建参 24411,276748
建始凤仙花 **205322**
建始槭 **3015**
建水阔叶槭 **2785**
建水龙竹 **125481**
建水槭 2785
建水娃儿藤 **400905**
建下 14760
建泻 14760
建阳八座 97719
建泽泻 14760
建栀 171253,171333
剑瓣丹氏梧桐 **136035**
剑瓣狭翅兰 **375666**
剑苞藨草 **353381**
剑苞灯心草 **213571**
剑苞鹅耳枥 **77338**
剑苞水葱 **352179**
剑草 5821
剑草属 **415576**
剑菖蒲 5793
剑齿黄耆 **43169**
剑齿蛇根草 **272201**
剑川虎耳草 **349917**
剑川韭 **15184**
剑川马铃苣苔 **273862**
剑川清风藤 **341477**
剑川乌头 **5243**
剑唇兜蕊兰 **22325**
剑唇角盘兰 22325
剑刀草 208640
剑豆榼藤子 **145875**
剑萼丹氏梧桐 **136034**
剑萼卷瓣兰 **62835**
剑萼球穗大沙叶 **286480**
剑凤梨 412371
剑凤梨属 412337
剑杆 17656
剑阁柏木 **114709**
剑梗叶下珠 **296819**
剑冠菊 **176675**
剑冠菊属 176674
剑光角 **159022**
剑光落柱木 **300820**
剑鬼球 **389227**
剑鬼丸 389227
剑果泽泻 **240508**
剑果泽泻属 **240507**
剑花 200713
剑兰 10787,116781,117008,176222
剑恋玉 **140576**
剑鳞补血草 **230825**
剑龙 **340922**
剑龙角 **199043**
剑龙角属 198969
剑螺叶瘦片菊 **127180**
剑麻 **10940**,416607
剑马蔺 208543
剑芒球 **140875**
剑芒丸 140875
剑毛菊属 **176674**
剑门蝇子草 **364138**
剑魔玉 **182437**
剑木属 **278158**
剑片琼楠 **50545**
剑婆婆纳 **147445**
剑婆婆纳属 **147442**
剑桥红美国薄荷 **257164**
剑桥蓝长蕊鼠尾草 **345293**
剑桥蓝南非山梗菜 **234449**
剑桥栎 **324553**
剑山白芷 **192379**
剑山杜鹃 **332026**
剑山菊 **89552**
剑山属 139254,187129
剑石竹 **127752**
剑托叶爱地草 **174376**
剑尾鱼钝齿冬青 **203675**
剑苇莎属 **352313**
剑形博巴鸢尾 **55951**
剑形长春花 **79412**

剑形长管菊 **89190**
剑形大戟 **158949**
剑形灯心草 213571
剑形法尔特爵床 **166049**
剑形费迪茜 **163360**
剑形费尔南兰 **163386**
剑形瘤瓣兰 **270807**
剑形青锁龙 **109099**
剑形热非野牡丹 **20512**
剑形热美萝藦 **385096**
剑形鳞茅 **131007**
剑形细爪梧桐 **226264**
剑形叶美冠兰 **156687**
剑药菊属 240376
剑叶阿尔禾 **18232**
剑叶阿尔芸香 **16279**
剑叶艾麻 **221572**
剑叶暗罗 **307505**
剑叶巴龙萝藦 **48468**
剑叶菝葜 **366358**
剑叶白蜡树 **168008**
剑叶白雪叶 **32504**
剑叶苞舌兰 370401
剑叶杯苋 **115723**
剑叶被禾 **293950**
剑叶博罗茜 **57249**
剑叶补骨脂 **319177**
剑叶补血草 **175989**
剑叶补血草属 **175988**
剑叶叉尾菊 **287999**
剑叶柴胡 **63699**
剑叶菖蒲 5793,5821
剑叶翅子树 320840
剑叶臭多坦草 **136497**
剑叶刺橘 **405518**
剑叶刺痒楔果金虎尾 **371376**
剑叶大戟 **158831**
剑叶单苞菊 **257703**
剑叶单孔药香 **257770**
剑叶德罗豆 **138096**
剑叶灯心草 **213093**
剑叶吊灯花 **84079**
剑叶顶孔五桠果 **6371**
剑叶冬青 **203960**
剑叶杜茎山 **241790**
剑叶杜英 142351
剑叶萼叶茜 **68389**
剑叶耳草 **187598**,187509,187540,187548
剑叶二毛药 **128453**
剑叶非洲长腺豆 **7511**
剑叶非洲栎 236339
剑叶甘蓝树 **115221**
剑叶割鸡芒 **202720**
剑叶谷木 **250100**
剑叶过江藤 **296118**
剑叶寒菀 **80375**
剑叶黑草 **61778**
剑叶黑蒴 **14323**
剑叶红点草 **223802**
剑叶红毛菀 **323032**
剑叶红千层 **67275**
剑叶红铁木 **236339**
剑叶虎刺 **122049**
剑叶黄芪 42405,43119
剑叶黄蓍 **43119**,42405
剑叶灰毛菊 **31241**
剑叶灰木 381272
剑叶回欢草 **21104**
剑叶火炬花 **216960**
剑叶鸡头薯 **153020**
剑叶假山龙眼 **189970**
剑叶假万寿竹 134412
剑叶豇豆 **408935**
剑叶金鸡菊 **104531**
剑叶金眼菊 **409158**
剑叶卷舌菊 **380912**
剑叶卡格蔷薇 **215047**
剑叶开口箭 **70605**
剑叶科克棉 **217768**
剑叶可疑斜萼草 **237959**
剑叶克拉莎 **93908**
剑叶苦蘵 **297652**
剑叶拉菲豆 **325124**
剑叶蜡菊 **189494**
剑叶兰 **210226**
剑叶兰属 210225,412337
剑叶蓝星花 **33645**
剑叶类牧根草 **298078**
剑叶离药草 **375307**
剑叶里皮亚 232496
剑叶镰扁豆 **135669**
剑叶铃花 **266473**
剑叶柳 344211
剑叶龙血树 **137359**
剑叶露草 **29860**
剑叶麻花头 **361074**
剑叶马岛龙胆 **274456**
剑叶马利筋 **37979**
剑叶马氏夹竹桃 **246057**
剑叶迈尼哈尔特芦荟 **17026**
剑叶猫爪草 **136879**
剑叶毛柱南星 **379137**
剑叶毛子草 **153215**
剑叶美冠兰 **157013**
剑叶美鳞鼠麴木 **67092**
剑叶迷惑十二卷 **186393**
剑叶绵叶菊 **152818**
剑叶木 137353
剑叶木姜子 **233967**
剑叶木属 **304489**
剑叶木茼蒿 **32562**
剑叶穆拉远志 **260003**
剑叶囊唇兰 375690
剑叶囊大戟 **389070**
剑叶拟兰 **29793**
剑叶拟瓦氏茜 **404924**
剑叶黏花金灌菊 **90569**
剑叶苹婆 **376106**
剑叶槭 **3082**
剑叶青荚叶 **191174**
剑叶秋葵 242
剑叶球兰 **198853**,198847
剑叶群花寄生 **11102**
剑叶热非黏木 **216580**
剑叶日本常绿栎 **323601**
剑叶榕 165761
剑叶三宝木 **397374**
剑叶三被藤 **396531**
剑叶沙参 **7836**
剑叶莎 **240475**
剑叶莎草属 240473
剑叶莎属 **240473**
剑叶山金车 **34728**
剑叶山香 **203054**
剑叶山芝麻 **190106**
剑叶蛇鞭菊 **228484**
剑叶蛇婆子 **413151**
剑叶蛇舌草 **269871**
剑叶石斛 **124958**,125362
剑叶食用树薯 **244517**
剑叶鼠尾草 **345153**
剑叶水蓑衣 200652
剑叶蒴莲 **7268**
剑叶四棱豆 **319104**
剑叶酸海棠 **200975**
剑叶酸模 **340101**
剑叶梭罗 **327364**
剑叶梭罗木 327364
剑叶藤黄 **171124**
剑叶甜舌草 **232496**
剑叶铁树 104366
剑叶庭荠 **18401**
剑叶头蕊兰 **82078**
剑叶托考野牡丹 **392527**
剑叶外来风信子 **310737**
剑叶弯果萝藦 **70535**
剑叶万年青 104366
剑叶网球花 **184403**
剑叶尾状止泻萝藦 **416266**
剑叶乌檀 **262810**
剑叶西澳木 **58678**
剑叶西金茜 **362428**
剑叶虾脊兰 **65915**
剑叶狭裂当归 **24481**
剑叶夏枯草 316146
剑叶香胶大戟 **20995**
剑叶香蒲 **401111**
剑叶香芸木 **10649**
剑叶小草 **253273**
剑叶肖竹芋 **66166**
剑叶玄参 **355165**
剑叶旋覆花 207105
剑叶鸦葱 **354854**
剑叶鸭蛔草 285515
剑叶一枝黄花 **368201**
剑叶翼梗马齿苋 **311947**
剑叶银莲花 **23873**
剑叶印度虎刺 122049
剑叶玉凤花 **183945**
剑叶玉属 **240516**
剑叶玉叶金花 **260441**
剑叶玉簪 198600,198624
剑叶鸢尾 **208946**
剑叶鸢尾科 **210221**
剑叶鸢尾兰 **267944**
剑叶鸢尾属 **210225**
剑叶杂蕊草 **381736**
剑叶泽兰 **158191**
剑叶炸果鼠李 **190225**
剑叶珍珠菜 **239703**
剑叶朱蕉 **104366**,104339
剑叶锥果藤 **101934**
剑叶紫金牛 **31439**
剑叶紫菀 380912
剑叶紫玉簪 198624
剑鸢尾 208659
剑枝叶木豆 **297555**
剑状胡卢巴 **397233**
剑状庭菖蒲 **365730**
荐骨乳香树 **57537**
健桉 **155734**
健刺葵 **295483**
健三芒草属 **347173**
健身巴豆 **113010**
健身菝葜 **366564**
健身美堇 21892
健神苣苔 **200571**
健神苣苔属 **200570**
健蒜 **15663**
健杨 **311158**
健壮垂叶榕 164701
健壮稻花木 **299306**
健壮短喉木 **58475**
健壮弗雷泽石楠 **295615**
健壮瑞香 122585
健壮苔草 **76738**
健壮网木 **68067**
健壮污生境 103806
健壮希帕卡利玛 202377
健壮下被桃金娘 **202377**
健壮岩蔷薇 **93122**
健壮异味树 **103806**
健壮银桦 **180604**
涧边草 **288848**
涧边草属 **288847**
涧上杜鹃 **331906**
渐白长穗散绒菊 **203478**

渐白芳香木 38400
渐白美洲槲寄生 125670
渐白热美茜 108456
渐白细坦麦 365820
渐光巴豆 112946
渐光巴氏锦葵 286641
渐光白酒草 103493
渐光半毛车轴草 397076
渐光波状补血草 230767
渐光糙苏 295097
渐光糙缨苣 392682
渐光长庚花 193272
渐光长穗亚麻藤 199182
渐光刺核藤 322532
渐光刺桐 154663
渐光刺痒藤 394156
渐光短冠草 369190
渐光盾舌萝藦 39627
渐光多坦草 136599
渐光耳冠草海桐 122102
渐光芳香木 38567
渐光费利菊 163228
渐光弗尔夹竹桃 167414
渐光高山三毛草 398441
渐光钩刺苋 321801
渐光海因兹茜五星花 289821
渐光环毛草 116441
渐光活塞花 144845
渐光鸡屎树 222186
渐光基隆南芥 30461
渐光尖齿糙苏 295097
渐光节木槿 194724
渐光金果椰 139347
渐光绢毛镰扁豆 135617
渐光可拉木 99197
渐光榄袍木 142481
渐光藜豆 259556
渐光镰扁豆 135486
渐光芦荟 16846
渐光罗顿豆 237316
渐光麻疯树 212153
渐光密钟木 192554
渐光木犀草 327928
渐光泡叶番杏 138177
渐光赛德旋花 356427
渐光沙地喜阳花 190279
渐光山地玉叶金花 260464
渐光山柳菊 195711
渐光网纹杜鹃 331627
渐光五星花 289815
渐光小瓦氏茜 404897
渐光盐肤木 332471
渐光野丁香 226115
渐光蝇子草 363499
渐光油麻藤 259556
渐光指蕊大戟 121445
渐光帚菊 292055
渐光猪毛菜 344553
渐黑非奇莎 164563
渐红大戟 159198
渐红金合欢 1207
渐黄扁担杆 180781
渐灰斑驳芹 142512
渐灰环唇兰 305040
渐灰针叶芹 4744
渐尖阿斯草 39829
渐尖埃利茜 153404
渐尖矮野牡丹 253534
渐尖奥萨野牡丹 276489
渐尖澳杨 197622
渐尖澳洲兰 173171
渐尖澳洲檀香 155793
渐尖巴迪远志 46398
渐尖巴龙萝藦 48465
渐尖巴西爵床 214207
渐尖白斑瑞香 293791
渐尖白珠 172051
渐尖白珠树 172051
渐尖百簕花 55260
渐尖百蕊草 389593
渐尖斑鸠菊 406045
渐尖豹皮花 373720
渐尖秘鲁藤黄 323481
渐尖萹蓄 291657
渐尖波拉菊 307304
渐尖布洛凤梨 60417
渐尖布氏龙胆 54892
渐尖糙韦斯菊 350299
渐尖糙叶狒狒花 46128
渐尖茶藨 334228
渐尖茶藨子 334228
渐尖长管栀子 107137
渐尖车桑子 135198
渐尖柽柳桃金娘 260968
渐尖橙菀 320638
渐尖赤桉 155518
渐尖赤宝花 389993
渐尖刺核藤 322518
渐尖粗蕊茜 182983
渐尖达德利 138830
渐尖大果龙胆 240950
渐尖大黄 329309
渐尖丹氏梧桐 135798
渐尖单裂橄榄 185405
渐尖单腔无患子 185377
渐尖等蕊山榄 210195
渐尖邓博木 123662
渐尖迪布木 138754
渐尖颠茄 44706
渐尖钓钟柳 289316
渐尖都丽菊 155355
渐尖毒鼠子 128591
渐尖独蕊 412137
渐尖盾苞藤 265784
渐尖多脉川苔草 310097
渐尖多球茜 310252
渐尖多穗兰 310310
渐尖恩德桂 145331
渐尖耳冠菊 277286
渐尖耳基豆蔻 277229
渐尖二型花 128478
渐尖法鲁龙胆 162781
渐尖番龙眼 310822
渐尖繁茂十二卷 186521
渐尖芳香木 38391
渐尖仿花苏木 27748
渐尖菲奇莎 164488
渐尖粉花绣线菊 371964
渐尖风毛菊 348104
渐尖凤仙花 204762
渐尖腐蛛草 105444
渐尖干若翠 415445
渐尖高斯棕 172225
渐尖格拉紫金牛 180084
渐尖格兰马草 57923
渐尖古朗瓜 181980
渐尖灌木帚灯草 388769
渐尖海神木 315711
渐尖海特木 188315
渐尖红砂柳 327222
渐尖红柱树 78653
渐尖厚唇兰 146529
渐尖厚皮树 221133
渐尖黄胶菊 318679
渐尖灰毛菊 31179
渐尖喙芒菊 279253
渐尖鸡头薯 152858
渐尖基扭桔梗 123782
渐尖基特茜 215760
渐尖假升麻 37088
渐尖金果椰 139304
渐尖堇菜 409765
渐尖九节 319582
渐尖巨盘木 166972
渐尖锯伞芹 315226
渐尖苦槛蓝 260708
渐尖拉菲豆 325077
渐尖拉拉藤 170179
渐尖蓝花参 412575
渐尖蓝桔梗 115439
渐尖肋瓣花 13731
渐尖藜 86892
渐尖莲座半日花 399942
渐尖链荚木 274338
渐尖瘤蕊紫金牛 271022
渐尖龙骨角 192429
渐尖龙面花 263376
渐尖楼梯草 142596
渐尖露子花 123827
渐尖罗顿豆 237223
渐尖落萼旋花 68340
渐尖马岛茜草 342836
渐尖马莱戟 245169
渐尖马利埃木 245663
渐尖马利旋花 245295
渐尖马雄茜 240530
渐尖毛杯漆 396294
渐尖毛萹蓄 291916
渐尖毛菊木 377373
渐尖没药 101288
渐尖梅蓝 248825
渐尖梅氏大戟 248008
渐尖梅索草 252264
渐尖美登木 246798
渐尖美非补骨脂 276953
渐尖美洲盖裂桂 256654
渐尖美洲三角兰 397315
渐尖蒙蒿子 21848
渐尖绵毛菊 293410
渐尖缅甸姜 373592
渐尖木兰 241962
渐尖南美合丝花 160302
渐尖拟舌喙兰 177378
渐尖拟蜘蛛兰 254193
渐尖鸟足兰 347696
渐尖泡叶番杏 138136
渐尖偏翅唐松草 388480
渐尖坡垒 198129
渐尖坡柳 135198
渐尖普罗兰 315510
渐尖枪刀药 202496
渐尖曲管桔梗 365145
渐尖群腺芸香 304548
渐尖热美茜 108455
渐尖柔柱亮泽兰 111372
渐尖肉翼无患子 346925
渐尖瑞香 122526
渐尖萨比斯茜 341584
渐尖塞斯茄 361629
渐尖山甘蓝椰 313953
渐尖山柑 71738
渐尖山油柑 6234
渐尖施拉茜 352541
渐尖十二卷 186745
渐尖斯温顿漆 380541
渐尖四片芸香 386978
渐尖四雄禾 387709
渐尖四翼木 387585
渐尖穗荸荠 143055
渐尖娑罗双 362187
渐尖梭果革瓣花 59818
渐尖索英木 390427
渐尖檀香 346209
渐尖唐菖蒲 175994
渐尖特喜无患子 311984
渐尖铁线莲 94679
渐尖图里无患子 393220
渐尖托考野牡丹 392517

渐尖托克茜　**392540**
渐尖脱冠落苞菊　**300777**
渐尖瓦帕大戟　**401211**
渐尖瓦氏茜　**404856**
渐尖弯果萝藦　**70529**
渐尖弯穗黍　**377954**
渐尖网状十二卷　**186675**
渐尖纹蕊茜　**341265**
渐尖无梗斑鸠菊　**225251**
渐尖喜阳花　**190266**
渐尖下珠　**296468**
渐尖仙女杯　**138830**
渐尖仙女兰　**263827**
渐尖显腺紫金牛　**180084**
渐尖腺瓣古柯　**263072**
渐尖小金梅草　**202798**
渐尖小爪漆　**253746**
渐尖肖鼠李　**328571**
渐尖雄穗茜　**373037**
渐尖芽冠紫金牛　**284015**
渐尖盐肤木　**332457**
渐尖叶独活　**192230**,192266
渐尖叶粉花绣线菊　371964
渐尖叶金银花　235633
渐尖叶柳　344126
渐尖叶鹿藿　**333133**
渐尖叶小檗　**51275**
渐尖叶新木姜子　264018
渐尖叶岩梅　**127915**
渐尖叶羊耳蒜　**232074**
渐尖叶槠　79032
渐尖椅树　**79457**
渐尖淫羊藿　146960
渐尖银菀　**266995**
渐尖鹦鹉刺　**319075**
渐尖忧花　**241573**
渐尖羽叶楸　**376258**
渐尖月菊　**292121**
渐尖早熟禾　**305380**
渐尖众香树　**299324**
渐尖舟瓣梧桐　**350454**
渐尖舟叶花　**340552**
渐尖帚菊木　**260531**
渐狭白酒草　**103423**
渐狭百簕花　**55266**
渐狭冰草　**11650**
渐狭车叶草　**39315**
渐狭盾盘木　**301553**
渐狭芳香木　**38433**
渐狭飞凤玉　**214913**
渐狭狒狒花　**46031**
渐狭骨籽菊　**276567**
渐狭黑草　**61739**
渐狭宽肋瘦片菊　**57606**
渐狭蜡菊　**189170**
渐狭立金花　**218837**
渐狭楼梯草　**142610**
渐狭毛子草　**153125**
渐狭蒙松草　**258101**
渐狭木犀草　**327847**
渐狭泡叶番杏　**138144**
渐狭曲花　**120539**
渐狭柿　**132033**
渐狭水苋菜　**19571**
渐狭天竺葵　**288097**
渐狭头花草　**82121**
渐狭莴苣　**219219**
渐狭无鳞草　**14393**
渐狭膝曲鼠茅　**412425**
渐狭异常木菊　**129374**
渐狭玉凤花　**183429**
渐狭早熟禾　305380
渐狭蚤草　**321526**
渐狭针蔺　143055
渐硬蕨禾　**354485**
谏果　70989
毽树　198174
毽子椆　116193
毽子栎　**116174**,116193
溅红草　202596
葥　217361,338281
箭　217361
箭把竹　**172743**
箭靶竹　172743
箭瓣景天　**357121**
箭苞滨藜　**44375**
箭报春　**314396**
箭草　359980
箭叉椰子属　6849
箭唇石豆兰　62685
箭搭草　342400
箭大戟　**158504**
箭袋草属　**144137**
箭当树　30604
箭豆草　234363
箭毒假虎刺　**76953**
箭毒胶属　7333
箭毒马钱　**378914**
箭毒木　28248,161657
箭毒木属　28242
箭毒桑属　**244997**
箭毒藤　**114805**
箭毒藤属　**114802**
箭毒盐肤木　**332888**
箭毒羊角拗　**378405**
箭耳假福王草　**283694**
箭杆风　**17698**,17656,17695,17744,208667
箭杆花　42699
箭杆柯　233416
箭杆七　8767
箭杆石栎　**233416**
箭杆杨　**311414**
箭杆竹　**56956**
箭秆风　**17759**,17695,17744
箭根　166888
箭根南星　**382940**
箭根南星属　**382937**
箭根薯　**382912**,351383
箭根薯科　382934
箭根薯属　382908
箭花茶　201743
箭花藤属　**168306**
箭基碎米荠　**72696**
箭堇　**410527**
箭栗　78795
箭炉五加　143625
箭炉云杉　298421
箭木　105023
箭芪　42699,42704
箭舌豌豆　408571
箭舌野豌豆　408571
箭丝萝藦　**269627**
箭丝萝藦属　**269626**
箭头白蓬草　388667,388668
箭头草　**350498**,96999,187681,340141,354801,409834,410108,410730,410770
箭头草属　**350496**
箭头巢菜　**408288**
箭头番薯　**208159**
箭头风　285834,285849
箭头芙兰草　**168881**
箭头革叶荠　**378300**
箭头簕瓜　**399461**
箭头红花槭　**3506**
箭头虎耳草　349906
箭头距瓣豆　**81877**
箭头蓼　**291932**
箭头马岛翼蓼　**278451**
箭头欧石南　**150012**
箭头唐松草　**388667**,388669
箭头藤　381861
箭头藤属　381855
箭头庭菖蒲　**365796**
箭头橐吾　**229211**
箭头西澳兰　**118264**
箭头菥蓂　**390238**
箭头小边萝藦　**253574**
箭头小金梅草　**202956**
箭豌豆　408571
箭形阔苞菊　305130
箭形酸模　**340234**
箭药叉柱兰　**86702**
箭药千里光　**5954**
箭药千里光属　**5953**
箭药藤　**50934**
箭药藤属　**50931**
箭药兔耳草　**220202**
箭叶橙　**93492**
箭叶垂头菊　**110456**
箭叶大丁草　175195
箭叶大蒜芥　317344
箭叶大油芒　**372427**
箭叶番薯　**208027**
箭叶狗尾草　**361895**
箭叶海神菜　**265517**
箭叶海芋　**16508**,415201
箭叶黄肉芋　415201
箭叶火石花　**175195**
箭叶疆南星　415201
箭叶金橘　93492
箭叶堇菜　409716,409720
箭叶菊属　45807
箭叶苣　267173
箭叶冷蜂斗菜　**292360**
箭叶蓼　**309796**,291775,291932,309036,309051,309742
箭叶蔓绿绒　**294791**,294835
箭叶木姜子　233967
箭叶南芥　**30424**
箭叶扭萼寄生　**304989**
箭叶欧洲常春藤　**187255**
箭叶萍蓬草　**267326**
箭叶蒲公英　**384788**
箭叶千年健　**197797**
箭叶青牛胆　392269
箭叶秋葵　**242**
箭叶榕　**165610**
箭叶山柳菊　**195936**
箭叶石蒜　97218
箭叶薯蓣　**131820**
箭叶水苏　**252550**
箭叶水苏属　**252549**
箭叶丝藤　**259598**
箭叶苏丹草属　379681
箭叶苔草　**73875**
箭叶橐吾　**229168**,229179
箭叶喜林芋　**294835**
箭叶旋花　**103237**,102933
箭叶洋常春藤　187255
箭叶野荞麦　**151934**
箭叶淫羊藿　**147048**
箭叶油芒　**139911**
箭叶雨久花　**257570**
箭叶芋　16508
箭叶紫菀　381007
箭羽芭蕉　**66129**
箭羽芭蕉属　**66127**
箭羽草　352060
箭羽粗肋草　**11351**
箭羽椴　**177962**
箭羽椴属　**177960**
箭羽筋骨草　352060
箭羽舒筋草　352060
箭羽叶竹芋　66165
箭羽楹　283887
箭羽竹芋　66165

箭芋属　36967
箭猪腰　20408
箭竹　**162752**,162718,172741,297215,318307
箭竹属　**162635**,318277,364631
箭柱大戟　**177975**
箭柱大戟属　**177974**
箭状白粉藤　**92946**
箭状风毛菊　**348752**
箭状假泽兰　**254442**
箭状双距兰　**133929**
江边刺葵　**295484**
江边露兜　281166
江边一碗水　132685,139629
江城沿阶草　**272099**
江城珍珠茅　**354123**
江达荆芥　**264961**
江达柳　**343462**
江达紫堇　**105661**
江茳鱼腥草　174877
江户杜鹃　332144
江户卫矛　157570
江户香青　**21731**
江户樱　83365
江户樱桃　**83139**
江华大节竹　**206901**
江剪刀草　336193,336211
江界柳　**343560**
江津酸橙　**93339**
江口猕猴桃　**6638**
江口盆距兰　**171873**
江口苔草　**75984**
江蓠　229309
江芒决明　78429
江梅　**34453**,34448
江门白菜　59595
江米　275966
江南柏　306469
江南荸荠　**143213**
江南侧柏　306469
江南大青　209229
江南灯心草　**213213**,213389
江南地不容　**375850**
江南冬青　204401
江南豆　360463,360493
江南凤尾参　287276
江南谷精草　**151302**
江南花楸　**369414**
江南槐　334965,360483
江南金凤　72342
江南景天　**356860**
江南腊　67314
江南楼梯草　**142631**
江南马先蒿　287276
江南牡丹草　**182633**
江南南星　33316
江南桤木　**16470**
江南桤木树　96481
江南桤叶树　96481
江南散血丹　**297627**
江南山梗菜　**234398**
江南山柳　96481
江南细辛　37617
江南野海棠　59844
江南油杉　**216143**
江南榆　401479
江南越橘　**403899**
江南竹　297266,297306
江南紫金牛　31443
江囊果　56637
江稔　332221
江萨十大功劳　**242571**
江萨早熟禾　**305608**,305655
江山鹅毛竹　**362122**
江山倭竹　362122
江守玉　**163439**
江苏金钱草　176839,239582
江苏南星　33316
江苏石蒜　**239261**
江苏苔草　**74993**
江苏天南星　33316
江藤梨　6553
江西半蒴苣苔　**191386**
江西长叶鹿蹄草　**322821**
江西秤锤树　364957
江西大青　**96161**
江西杜鹃　**331006**
江西构　**61100**
江西含笑　**252896**
江西褐毛四照花　**124908**
江西虎皮楠　122698
江西黄杨　64371
江西金钱草　200261
江西堇菜　**410136**
江西拉花　418043
江西腊　67314
江西柳叶箬　**209106**
江西马先蒿　**287314**
江西满树星　**203943**
江西母草　**231537**
江西木蓝　206669
江西囊瓣芹　**320222**
江西槭　**3062**
江西青牛胆　392270
江西全唇苣苔　**123723**
江西蛇葡萄　20421
江西鼠尾　345142
江西四照花　124908
江西香薷　**259283**
江西小檗　**51795**,51454
江西绣线菊　**371872**
江西悬钩子　**338490**
江西崖豆藤　**66634**
江西羊奶子　**142036**
江西野漆　**393483**
江西珍珠菜　**239698**
江西紫珠　66837
江香薷　144093
江杨柳　117692
江药石蝴蝶　**292553**
江阴红豆　274401
江阴红豆树　274401
江永茶竿竹　318323
江永茶秆竹　**318323**
江浙钓樟　231321
江浙狗舌草　**385914**
江浙山胡椒　**231321**
江竹　**125499**
江孜点地梅　**23153**
江孜繁缕　**374906**
江孜蒿　**35584**
江孜棘豆　278840
江孜沙棘　**196750**
江孜乌头　**5382**
江孜香青　**21563**
江子　113039
姜　**418010**,17677
姜巴草　117153
姜巴茅　117153
姜芭果　117153
姜芭茅　117153
姜半　299724
姜苞草　166462
姜饼木　**284272**
姜饼木属　**284191**
姜饼树属　284191
姜饼棕盖果漆　**271960**
姜饼棕属　**202256**
姜草　117153
姜虫草　218480
姜椆　233300
姜果棕　202270
姜果棕属　202256
姜花　**187432**,208016,418031
姜花草　239786
姜花属　**187417**
姜黄　**114871**,114859,114880,114884
姜黄草　131754
姜黄属　**114852**
姜黄树　274440
姜汇　17656
姜活　17656
姜芥　259284,264958,265078,345310
姜荆　265078
姜科　**418034**
姜磨椆　233351
姜皮矮陀陀　329879,329975
姜朴　416694,416707,416717
姜朴花　416686,416694,416721
姜七　373635
姜三七　322762,373635
姜三七属　373633
姜商陆　107271
姜属　**417964**
姜苔　326340
姜藤　313206
姜田七　373635
姜味草　**253637**
姜味草属　**253631**
姜形黄精　308529,308572,308641
姜牙草　218571
姜芽　71169
姜芽草　218480
姜羊　231403
姜叶番薯　**207603**
姜叶红丝线　**238941**
姜叶柯　233295
姜叶三七　373635
姜叶淫羊藿　17656,17695
姜芋　71169
姜栀子　171253
姜竹　297203
姜竹茹　297373
姜状三七　**280821**
姜状沿阶草　**272161**
姜锥　233365
将军　158922,273067,329366,329372,329401
将军草　203578,285859,321672
将军柴　203961
将军大戟　**158922**
将军梨　295773
将军木　36922,36946
将军树　36922,229529
将军仙人掌　**273067**
将乐茶竿竹　318315
将乐茶秆竹　**318315**
将乐槭　**3080**
将离　280147,280213
将虾　140273
茳　360493
茳芏　119160,119162
茳芒　360483
茳芒碱草　**119160**
茳芒决明　**78449**,222707,360483
茳芒芙明　360493
茳茳香豌豆　222707
浆包藤　18527
浆草　340075
浆豆　409086
浆罐头　252514
浆果椴　52957
浆果椴属　52954
浆果碱蓬　**379501**
浆果苣苔　**120508**

浆果苣苔属 **120501**
浆果鹃 30885
浆果鹃木 334976
浆果鹃叶齿菊木 **86644**
浆果鹃叶合头鼠麹木 **381698**
浆果鹃叶黄檀 **121619**
浆果鹃叶裸实 **182655**
浆果鹃叶美登木 **246805**
浆果卷瓣兰 **62640**
浆果藜 **197352**
浆果藜属 **197351**
浆果莲花属 **217070**
浆果楝 **91480**
浆果楝属 **91479**
浆果欧石南 **149054**
浆果蓬属 57386
浆果秋海棠 **49646**
浆果烧麻 402282
浆果十二卷 **186307**
浆果薯蓣 **383675**
浆果薯蓣属 **383674**
浆果水苋 19566
浆果丝苇 **329684**
浆果苔草 **73842**
浆果天芥菜 **190564**
浆果脱皮树 **298660**
浆果乌桕 **346372**
浆果仙人掌 **83870**
浆果仙人柱 261706
浆果苋 **123559**
浆果苋属 **123558**
浆果鸭跖草属 **280498**
浆果赭腺木犀草 **268305**
浆果猪毛菜 **344538**
浆果紫杉 385302
浆果醉鱼草 **62118**
浆浆菜 384681
浆米草 142152
浆水罐 297645
浆苋藤属 57453
豇豆 **409086**,65146
豇豆独脚金 **378003**
豇豆属 **408825**
豇豆树 **325001**,79257,325002,325007
橿军 231403
橿树 121703
橿子栎 **323695**
橿子树 323695
疆堇 **106160**,335043
疆堇属 335042
疆菊 **382097**
疆菊属 **382096**
疆南星 **37013**
疆南星属 **36967**
疆芹 **335043**
疆芹属 **335042**
疆蛇通 361384
疆西北黄耆 **42282**
疆西黄耆 **42300**
疆紫草属 **241386**
讲武省沽油 **374090**
蒋 418080
蒋氏报春 315064
蒋氏马先蒿 **287786**
蒋氏芮德木 327417
蒋氏水蜡烛 **139597**,139584
蒋英冬青 **204353**
蒋英木 **399833**
蒋英木属 **399832**
蒋英无患子 **399841**
蒋英无患子属 **399840**
耩耨草 384473,384681
降扯 258859
降龙菜 191387
降龙草 **191387**,80260,159222,201743,201942,306870
降龙草属 191347
降龙木 249373
降落草 54555
降落伞 54548
降马 343193
降魔剑 **266641**,159785
降蛇草 191387
降痰黄 381341
降痰王 381341
降头 162509
降香 121703,121782
降香黄檀 121782
降香檀 **121782**
降香藤 166675
降真 121782
降真香 6251,121782
降真香属 6233
绛车轴草 **396934**
绛耳木 328760
绛花醉鱼草 62019
绛菊木 **375622**
绛菊木属 **375620**
绛梨木 328760
绛三叶 396934
绛三叶草 396934
绛桃 **20940**
绛头 162509
酱瓣半支 356702
酱瓣草 159092,159286,356702
酱瓣豆草 311890,356702
酱瓣子 72342
酱草 411362
酱杈树 367146
酱瓜天麻 171918
酱红健杨 **311164**
酱黄木 61107
酱头 **162527**,131522,162509
酱头丛叶蓼 162509
酱叶树 61103
交翅 416841
交互对生百簕花 **55302**
交互对生蓝卷木 **396436**
交互瓶刷树 **49348**
交加枝子 198769
交剪草 50669
交脚风 393657
交麻 361317
交让木 **122700**
交让木科 122656
交让木属 122661
交绕杜鹃 330449
交藤 162542
交织美国扁柏 **85286**
交趾果 318742
交趾黄檀 **121653**
交趾黏木 211023
交趾卫矛 157539
交趾乌木 **132457**
交趾野古草 37367
交趾野桐 243420
交趾摘亚苏木 **127380**
郊李子 328760,328900
郊树 318742
姣好倒挂金钟 **168751**
姣丽球 **400457**
姣丽球属 **400451**
姣美叉序草 **209890**
姣美刺蒴麻 **399222**
姣美纺锤菊 **44148**
姣美佛手掌 **77433**
姣美含羞草 **255018**
姣美金果椰 **139338**
姣美裂稃草 **351271**
姣美马唐 **130516**
姣美南非帚灯草 **38359**
姣美泡叶番杏 **138163**
姣美润肺草 **58850**
姣美山蚂蝗 **126399**
姣美矢车菊 **81031**
姣美黍 **281544**
姣美田皂角 **9508**
姣美乌蔹莓 **79844**
姣美无鳞草 **14407**
姣美香茶 **303250**
姣美鸦葱 **354975**
姣美岩堇 **340432**
姣美异木患 **16074**
姣美硬皮鸢尾 **172587**
姣美珍珠茅 **354067**
姣美皱稃草 **141749**
娇黑托尼亚属 174336
娇美杜鹃 331001
娇美火筒树 223923
娇美石斛 **125365**
娇媚梅花草 **284626**
娇媚木根菊 **415856**
娇媚小檗 **52305**
娇嫩黄堇 **105822**
娇嫩莲子草 **18150**
娇人叶子花 **57856**
茭 418080
茭粑 418095
茭白 **418095**,418080
茭白属 418079
茭白笋 418095
茭白笥 418080
茭草 418080
茭儿菜 418080,418095
茭儿菜菰 418080
茭耳菜 418095
茭瓜 418095
茭蒿 35816
茭首 418095
茭笋 418080,418095
茭笥 418080
骄傲灰毛菊 **31221**
骄槐 369010
胶氨草 **136262**
胶壁籽 **99855**
胶壁籽属 **99850**
胶草属 181092
胶草状眠雏菊 **414976**
胶虫树 64148
胶枞 282
胶大戟 159710
胶东椴 **391746**
胶东桦 **53492**
胶东景天 **356849**
胶东苔草 **74954**
胶东卫矛 **157651**
胶豆腐柴 **313728**
胶粉苞苣 **88773**
胶果木 **81933**,104218
胶果木属 **81929**
胶果无患子 **177207**
胶果无患子属 **177206**
胶核木 **261897**,261895
胶核木属 **261893**
胶核藤 261897
胶画眉草 **147611**
胶黄芪 42453
胶黄芪状棘豆 279212
胶黄耆 **42448**
胶黄耆状棘豆 **279212**
胶黄鼠狼花 **170066**
胶夹竹桃 **211017**
胶夹竹桃属 **211016**
胶酒椰 **326647**
胶冷杉 282
胶莲花掌 **9081**
胶裂榄 64085

胶鳞禾 **143786**
胶鳞禾属 **143765**
胶鳞禾状草 **386914**
胶鳞禾状草属 **386913**
胶鹿藿 **333380**
胶裸子菊 182629
胶牡荆 **411426**
胶木 **280441**,6811
胶木属 **280437**
胶南竹 **364675**
胶囊茜属 **101598**
胶黏柄泽兰 **46545**
胶黏柄泽兰属 **46544**
胶黏黄花稔 **362547**
胶黏香茶菜 **209686**
胶念珠 99124
胶鸟藤 260413
胶皮枫香树 232565
胶皮麻 221144
胶皮树 221144
胶皮糖香树 232565
胶漆树 **177542**
胶漆树属 **177540**
胶蔷树 93161
胶芹属 **176931**
胶稔草 200784
胶乳藤 **414418**
胶乳藤科 **414423**
胶乳藤属 **414415**
胶树 1427,171221
胶丝 274401
胶松香草 **364281**
胶桃 318742
胶藤科 29082
胶藤属 **220814**,29083
胶藤玉叶金花 **260443**
胶桐 139271
胶头菊 **182629**
胶头菊属 **182628**
胶头裸子菊 182629
胶菀毛菀木 **186888**
胶菀木 **101283**
胶菀木属 **101279**
胶菀属 **181092**
胶梧桐 376199
胶西热菊 363084
胶希丁香 382180
胶稀莶 **363084**
胶香木 **21005**
胶香木科 **21001**
胶香木属 **21003**
胶香属 21003
胶香树 21005
胶邪蒿 **361500**
胶性圣草 **151774**
胶旋花 68686
胶鸭茜属 **176963**
胶叶百蕊草 **389850**
胶粘鼠尾 345057
胶樟 233928
胶枝卫矛 157954
胶栀子 **171300**
胶质酒神菊 46225
胶质塞拉玄参 **357521**
胶质鼠尾草 **345057**
胶质水苏 **373229**
胶质天竺葵 **288256**
胶州卫矛 157651
胶州延胡索 **106034**
胶帚菀 **87403**
胶帚菀属 **87402**
胶竹桃 **283367**
胶竹桃属 **283366**
胶籽花 **99863**
胶籽花属 **99862**
胶子果 318742
胶子堇 **177212**
胶子堇属 **177208**
胶紫纹鼠麹木 **269267**
椒 417180
椒草 290365
椒草属 290286
椒蒿 35411
椒红 417180
椒木 401672
椒穗花薄荷 **187186**
椒条 20005
椒吴茱萸 **161393**
椒香石荠苎 **259317**
椒样辣薄荷 **250430**
椒叶白蜡树 168137
椒叶梣 **168137**
椒子 161373
椒子树 204413
焦白药 280213
焦点瘤唇兰 **270841**
焦尔莎草 **118938**
焦红门兰 **273696**
焦黄百蕊草 **389854**
焦黄老鸦嘴 **390867**
焦黄裂花桑寄生 **295863**
焦兰 2046
焦普冒猩红布朗忍冬 **235685**
焦秋水仙 **414905**
焦色菲奇莎 **164519**
焦色软骨瓣 **88828**
焦黍 **281553**
焦尾兰 116836
焦叶兰 **116845**,116829
焦油菊属 **167054**
蛟龙木 301147
蛟龙球 **182472**
蛟龙丸 182472
跤蹬草 200784
蕉柑 **93734**
蕉果 260253
蕉林紫花苣苔 **238041**
蕉岭冬青 **203928**
蕉麻 **260275**
蕉木 **87344**
蕉木属 **87343**,270973
蕉藕 71169
蕉藤 403521
蕉藤麻 121634
蕉叶兰 **117104**
蕉叶苔草 **75831**
蕉芋 **71169**
角桉 **155540**
角板山高良姜 17722
角板山月桃 17722
角瓣翠雀花 124116
角瓣美冠兰 **156617**
角瓣木 **83534**
角瓣木科 48979,114567
角瓣木属 **83533**
角瓣施特茜 **377586**
角瓣延胡索 **106385**
角苞楼梯草 **142841**
角苞蒲公英 **384816**
角苞球锥柱寄生 **177008**
角杯铃兰 **179394**
角杯铃兰属 **179393**
角倍 332509,332775,332791
角被假楼梯草 **223675**
角边叶鸢尾 **208494**
角柄厚皮香 **386691**
角菜 35770,371713
角匙丹属 **83513**
角齿芦荟 **16758**
角齿女娄菜 **248440**
角翅桦 **53376**
角翅菊 **397349**
角翅菊属 **397348**
角翅卫矛 **157391**
角唇兰 **83464**
角唇兰属 **83462**
角茨藻 417053
角茨藻科 417073
角刺茶 203961
角刺豆属 **179389**
角刺果鹤虱 **221752**
角刺卫矛 157391
角葱 **15060**
角刀草 **104904**
角刀草属 **104903**
角刀草肖缬草 **163040**
角豆 409086
角豆角 409086
角豆树 83527
角豆树属 83523
角豆苏木属 83523
角萼唇柱苣苔草 **87843**
角萼翠雀花 **124116**
角萼卷瓣兰 **62771**
角萼卷唇兰 62771
角萼楼梯草 **142860**
角萼铁线莲 **94863**
角萼西番莲 **83615**
角萼西番莲属 **83610**
角茛属 83438
角梗二叉蕊 **130862**
角梗鹤虱 **221644**
角梗木槿 **194795**
角冠黄鹌菜 **416404**
角果澳藜 **242898**
角果澳藜属 **242895**
角果澳中草 **401358**
角果独行菜 **225328**
角果胡椒 **300475**
角果葫芦 **82620**
角果葫芦属 **82618**
角果碱蓬 **379509**
角果菊 **83491**
角果菊属 **83490**
角果藜 **83419**
角果藜属 **83418**
角果毛茛 **83443**
角果毛茛属 **83438**
角果木 **83946**
角果木属 **83939**
角果婆婆纳 **407071**
角果秋海棠 **49709**,50365
角果铁 83685
角果铁属 **83680**
角果五层龙 **342729**
角果五加 **397339**
角果五加属 **397338**
角果菥蓂属 **77463**
角果肖菥蓂 **77469**
角果野滨藜 **44401**
角果野藜 44401
角果藻 **417053**
角果藻科 **417073**
角果藻属 **417045**
角果泽米属 83680
角果帚灯草属 **83424**
角海罂粟 176728
角蒿 **205580**,72858,205557,205585,205591,403687
角蒿属 **205546**
角胡麻 **245979**,315434
角胡麻科 **245991**
角胡麻属 **245977**,315430
角花 **83393**,57857
角花翠雀 124116
角花胡颓子 **142011**
角花葫芦属 **83591**
角花球锥柱寄生 **177006**

角花属 **83392**
角花乌蔹莓 **79841**
角花崖爬藤 **387756**
角黄欧洲常春藤 **187225**
角黄芪 42166
角黄耆 **42166**
角黄洋常春藤 187225
角茴香 **201605**,201612,201616
角茴香花菱草 **155181**
角茴香科 **201594**
角茴香属 **201597**
角堇 **409858**
角茎刺子莞 **333498**
角茎吊兰 **88535**
角茎曼陀罗 **123044**
角距蝴蝶兰 **293595**
角距手参 **182218**
角菌 46848
角盔马先蒿 **287003**
角蓝刺头 **140689**
角棱铜锤玉带草 **313555**
角棱柱 **91488**
角棱柱属 **91487**
角冷 301128
角枥木 77369
角裂昙花 **147286**
角裂藤属 83519
角裂肖九节 **401954**
角裂悬钩子 **338759**
角裂棕属 **83519**
角鳞果棕属 **295501**
角鳞菊属 **83510**
角鳞蒲公英 **384492**
角鳞柱 **155249**
角鳞柱属 **155246**
角龙血树 **137357**
角鸾凤 307170
角罗吹 240765
角洛子藤 166693
角马利筋 38135
角曼陀罗 **123045**
角木 77256,249996,276818
角囊胡麻属 **83659**
角盘兰 **192862**,192851
角盘兰本氏兰 **51091**
角盘兰属 **192809**
角蒲公英 **384493**
角茼麻 **847**
角秋水仙 **99316**
角楸 79247
角雀麦 **83470**
角雀麦属 **83466**
角蕊莓属 **83628**
角莎 **83601**
角莎属 **83598**
角山菊头桔梗 **211674**
角生橘 93639
角石南属 83397
角树 61107
角铁属 83680
角桐草 191349
角托楼梯草 **142669**
角瓦拉木属 212529
角污生境 103796
角无心菜 **31804**
角五层龙 **342604**
角香茶茱萸 **71542**
角香竹 **87631**
角形肥皂草 **346422**
角形黄耆 **42221**
角雄兰属 **83372**
角玄 355201
角芫荽 **206915**
角芫荽属 **206914**
角药虎皮楠 **122693**
角药偏翅唐松草 **388482**
角药茜 **216065**
角药茜属 **216064**
角叶阿魏 **163588**
角叶白粉藤 **92661**
角叶半边莲 **234357**
角叶变叶木 **98196**,98190
角叶草 192442
角叶二毛药 **128442**
角叶二行芥 **133287**
角叶番荔枝 **25842**
角叶光托泽兰 **181611**
角叶孔雀 **357737**
角叶马兜铃 **34359**
角叶槭 **3650**
角叶鞘柄木 **393108**
角叶石龙尾 **230284**
角叶鼠尾草 **344949**
角叶天竺葵 **288147**
角叶铁破锣 **49579**
角叶五层龙 **342614**
角叶仙客来 **115953**
角叶小野牡丹 **248800**
角叶杂色豆 **47778**
角一年劳德草 **237798**
角异味树 **103796**
角茵陈 365296
角银桦 **180599**
角罂粟 176728
角针 418175
角榛 106751
角竹 **297280**,87607,297296
角柱花 83646,83650
角柱花属 83641
角柱兰属 86802
角柱芋属 415190
角柱状柱瓣兰 **146465**
角状百蕊草 **389649**
角状瓣玉凤花 **183488**
角状边虎耳草 **349608**
角状菜蓟 **117778**
角状钉头果 **179009**
角状杜楝 **400562**
角状多穗兰 **310370**
角状风兰 **24790**
角状狗牙花 382743
角状黑麦 **356242**
角状黄堇 **105754**
角状九节 **319594**
角状龙脑香 **133558**
角状露兜树 **280999**
角状驴喜豆 **271190**
角状密毛大戟 **322001**
角状蒲公英 384493,384681
角状树葡萄 **120039**
角状栓果菊 **222928**
角状双距兰 **133752**
角状驼蹄瓣 **418593**
角状弯果萝藦 **70532**
角状莴苣 **219610**
角状喜阳花 **190302**
角状肖乌桕 **354415**
角状叶小檗 **51442**
角状玉凤花 **183522**
角状远志 **308006**
角状榛 106724
角状栀子 171276
角状脂花萝藦 **298138**
角状紫玉盘 **403448**
角锥鹿藿 **333374**
角仔藤 166797
角籽藜 **83621**
角籽藜属 **83617**
角子菊属 397355
角紫葳 **83585**
角紫葳属 **83584**
绞枫 67864
绞根耀花豆 **377521**
绞根耀花豆属 **377520**
绞股兰 79850
绞股蓝 **183023**
绞股蓝属 **182998**
绞剪草 50669
绞剪竹 **172737**
绞木科 171558
绞蛆爬 207224,389533
绞藤 414576
皎瓜 114300
脚白藤 387837
脚板蒿 35674
脚板苕 131458
脚板薯 131458
脚不踏 122040
脚带小草 404555
脚跟兰 192851
脚骨脆 **78099**,78120,78157
脚骨脆属 **78095**
脚汗草 285834
脚龙子 31630
脚目草 61572
脚皮 31565
脚斯蹬 4273
脚苔 75724
脚苔草 75724
脚癣草 97043
脚趾草 200784
脚趾叶 200790
铰剪藤 **197476**
铰剪藤属 **197475**
铰箭王 127507
搅棒夸拉木 **323534**
搅棒树 323534
搅谷恋 199392
搅瓜 114300
搅丝瓜 114288
徼藤 414576
叫出冬 265327
叫耳母子 328760
叫叫草 202146
叫梨子 328760
叫李子 **328691**
叫铃子 328760
叫驴腿 371916
叫驴子 328816
叫驴子刺 328816
叫四门 20868
叫天鸡 284539
叫珠草 202146
叫子草 202146
轿杠竹 **297334**
轿藤 414576
较大膻虎耳草 349452
较大优秀小檗 51437
较高捕虫堇 299742
较高非洲耳茜 **277265**
较高菲奇莎 **164526**
较高风铃草 **70009**
较高画眉草 **147649**
较高金合欢 **1196**
较高莎草 **118792**
较高苔草 **76706**
较高田野窃衣 **392975**
较高委陵菜 **312516**
较高伍尔秋水仙 **414880**
较高玉凤花 **183408**
较剪草 50669,127507,187510
较剪兰 50669
较剪藤 197476
较宽金花小檗 52373
较小豹皮花 **373928**
较小博巴鸢尾 **55967**
较小糙脊草 **236255**
较小茶豆 **85242**

较小赤楠 **382648**
较小刺痒藤 **394181**
较小葱 **15590**
较小大戟 **159527**
较小帝王花 **82357**
较小杜鹃 **331248**
较小番薯 **207731**
较小菲利木 **296275**
较小肥皂草 **346437**
较小风车子 **100689**
较小格尼瑞香 **178667**
较小根茎九节 **319802**
较小狗肝菜 **129293**
较小谷精草 **151427**
较小观音兰 **399112**
较小海神木 **315914**
较小豪猪龙王角 **199014**
较小花马唐 **130664**
较小黄胶菊 **318706**
较小黄眼草 **416126**
较小火石花 **175201**
较小堇菜 **410358**
较小具芒欧石南 **149027**
较小聚集莎草 **118658**
较小可拉木 **99232**
较小苦荬 **210546**
较小榄仁树 **386604**
较小利帕豆 **232056**
较小裂舌萝藦 **351628**
较小罗顿豆 **237368**
较小毛子草 **153252**
较小美冠兰 **156921**
较小密钟木 **192672**
较小南芥 **30385**
较小拟扁芒草 **122330**
较小气花兰 **9232**
较小枪刀药 **202592**
较小青锁龙 **109182**
较小肉质尤利菊 **160883**
较小润肺草 **58917**
较小三芒草 **33968**
较小蛇舌草 **269934**
较小石豆兰 **62981**
较小手玄参 **244823**
较小双袋兰 **134305**
较小水蜈蚣 **218602**
较小穗状贝尔茜 **53115**
较小唐菖蒲 **176435**
较小天芹菜 **190692**
较小弯管花 **86234**
较小喜阳花 **190389**
较小线叶膜冠菊 **201179**
较小腺花山柑 **64904**
较小肖鸢尾 **258572**
较小悬丝欧石南 **149442**
较小羊耳蒜 **232274**
较小羊角拗 **378423**
较小叶下珠 **296702**
较小逸香木 **131987**
较小硬皮鸢尾 **172657**
较小尤利菊 **160797**
较小玉凤花 **183942**
较小鸢尾 **208752**
较小脂花萝藦 **298164**
较小苎麻 **56221**
较小醉蝶花 **95755**
较早生灰毛豆 **386326**
教皇鸡头薯 **153038**
教交柴 126956
教条木绵绒杜鹃 **331049**
醮 401094
醮石 401094
阶前草 272090
阶前菊 215343
阶新桐属 212343
皆棋子 198769
皆治藤 280097
接肠草 341909
接萼兰属 418786
接缝莩荠 **143171**
接古草 239215
接骨 133454,384371
接骨草 **345586**,4273,41196,43682,61572,94853,98159,99910,117908,129833,133454,140062,142844,142857,158149,172832,178555,187666,197254,200312,220355,239222,250370,274237,288769,291161,345561,345708,389333,389339,407275
接骨草属 172812
接骨草树 393108,393109
接骨茶 346527
接骨丹 43682,61572,70507,152693,183082,187532,187581,187666,200312,229091,241176,301294,307946,329879,345561,345708,390917,393109,393110,407275
接骨风 70507,298874,298961,345708
接骨红 308123
接骨金粟兰 346527
接骨兰 346527
接骨莲 24116,346527
接骨凉伞 325002
接骨灵 313471
接骨马蓝 140062
接骨木 **345708**,94185,204782,214308,345561,345586,345660,345679,345709,346527
接骨木红门兰 **273623**
接骨木科 **345552**
接骨木属 **345558**,346525
接骨木玄参 **355231**
接骨木叶花楸 **369514**
接骨木叶南洋参 **310236**
接骨木叶缬草 **404346**
接骨七 329879
接骨生 239967
接骨树 157899,313754
接骨桃 406992,407430
接骨藤 92791,92920,178555,411589,411590
接骨仙桃 201761,233786,407275
接骨仙桃草 406992,407275
接骨消 176824,176839
接骨药 154734,345561
接骨一枝箭 12744
接骨紫菀 **41307**
接骨钻 241824
接合吊灯花 **84063**
接合斗篷草 **13998**
接合金田菊 **222596**
接合堇菜 **409850**
接合牛角草 **273146**
接合苔草 **74179**
接筋草 247366,337910,375136
接筋藤 351069
接近欧夏至草 **245761**
接口木 233999
接力草 53913,54158
接气草 37584
接生草 295986
接水葱 257583
接余 267825
接枝小檗 **51319**
秸莱特牡荆 **411241**
荖余 267825
揭阳木瓜红 327416
揭阳鱼藤 125963
节苞蔗草 **353720**
节苞水葱 **352247**
节鞭山姜 **17657**
节柄杜英 **142276**,142362
节柄科 225479
节柄属 47985,225480
节柄藤属 47985
节菖蒲 23701,232640
节翅地皮消 **283761**
节唇兰 **36755**
节唇兰属 **36753**
节地 308613,308616
节秆扁穗草 **55898**
节秆扁穗苔 55898
节根酢浆草 **277870**
节根黄精 **308611**
节根竹芋 66169
节梗大参 241176
节骨草 239683
节骨茶 346527
节骨风 239683
节瓜 **51000**
节冠野牡丹属 **36879**
节果东南亚苣苔 **215067**
节果豆 **36735**
节果豆属 **36734**
节果决明 **78425**
节果茜 **266453**
节果茜属 **266452**
节果芹属 **235421**
节果树 **293840**
节果树属 **293839**
节花 124785
节花草 167040
节花柴胡 **63767**
节花豆 **36769**
节花豆属 **36766**
节花格尼瑞香 **178657**
节花吉努斯图 182837
节花鳞叶树 **61340**
节花路蓼 309602
节花裸孔木 **182837**
节花马松子 **249636**
节花千里光 **359594**
节花茄 **367455**
节花日中花 **251753**
节花水竹芋 **388387**
节花蚬木 **161627**
节花亚麻 **231937**
节花远志 **308228**
节花沼伞芹 **191117**
节华 124785,124826
节荚决明 **78337**
节荚藤 283492
节荚藤属 283489
节角茴 **87323**
节角茴属 **87320**
节节菜 **337351**,52592
节节菜属 **337320**
节节草 **100990**,96970,97043,159069,187558,187691,337351
节节茶 88272
节节风 66914
节节高 308572,418043
节节寒 337253
节节红 55736,66879,306974,340367
节节红花 60066
节节花 18147,78012,96981,110251,154316,159069,187510,187694,187697,234398,234766
节节结蕊草 187565

节节烂 260110
节节连 81570
节节麦 **8727**
节节木属 **36813**
节节瓶 365296
节节树 124891
节节藤 179944
节节乌 141374,187532
节节香 227657
节节盐木属 184810
节节珠 354660
节茎兰属 **269199**
节茎石仙桃 **295511**
节藜属 36770
节蓼 **309468**
节裂角茴香 201612
节瘤兰 **101753**
节瘤兰属 **101752**
节马康草 264639
节芒草 **36843**
节芒草属 **36839**
节毛飞廉 **73281**
节毛风毛菊 **348810**
节毛假福王草 **283689**
节毛芥属 321087
节毛荠属 321087
节毛鼠尾草 345310
节毛橐吾 **229165**
节毛乌蔹莓 **79839**
节毛玉蕊 **90683**
节毛玉蕊属 **90682**
节膜茜属 **201018**
节木槿 **194723**
节蒲公英 384714
节漆姑草 **342271**
节窃衣 392996
节人参 280793
节日胶皮枫香树 **232568**
节日欧亚圆柏 **213907**
节日仙人指 **351995**
节莎草 **118520**
节疏毛夹竹桃 **244706**
节水芹 **269319**
节蒴木 **57390**
节蒴木属 **57389**
节丝苣苔 **266455**
节丝苣苔属 **266454**
节小蓼 **308669**
节眼子菜 312194
节叶 **36811**
节叶灯心草 **213143**
节叶假升麻 **37063**
节叶芦头草 **352128**
节叶秋英爵床 **107133**
节叶属 **36808**
节叶五加 36811
节叶五加属 36808
节叶指甲草 **284884**
节颖三联穗草 **398626**
节雨树 **36851**
节雨树属 **36845**
节杖飞蓬 **150950**
节枝补血草 **259611**
节枝补血草属 **259610**
节枝柽柳 383437
节枝柳 **343277**
节枝茵芋 **365965**
节猪殃殃 **170216**
节竹菜 8826
节柱菊 **56613**
节柱菊属 **56612**
节柱莎草属 **36886**
节状方楔柏 386942
节状凤尾葵 139390
节状金果椰 **139390**
节状瘤蕊紫金牛 **271024**
节状崖柏 **390569**
节状早熟禾 **305372**
杰·西·范图尔骨叶冬青 **203557**
杰恩·阿曼达香豌豆 **222791**
杰尔夫斑鸠菊 **406450**
杰尔斯基小檗 **51794**
杰弗里·查德布德八仙花 **199965**
杰弗里多肋菊 **304438**
杰弗里红头菊 **154771**
杰弗里黄瓜 **114174**
杰弗里苦瓜 **256835**
杰弗里蜡菊 **189467**
杰弗里千里光 **359174**
杰弗里矢车菊 **81157**
杰弗里斯画眉草 **147748**
杰弗里斯裂稃草 **351287**
杰弗里松 299992
杰弗里田基黄 **180173**
杰弗里旋花 **103097**
杰弗里一点红 **144934**
杰弗里针囊葫芦 **326662**
杰弗斯红花红千层 **67258**
杰格哈美被杜鹃 **330293**
杰圭兰属 211380
杰寄生 **175098**
杰寄生属 **175096**
杰克·德雷克苏格兰大宝石南 **121062**
杰克达尔利石南 **148949**
杰克豆属 211273
杰克胡椒 **300426**
杰克栎 **323587**
杰克曼金露梅 **312582**
杰克欧洲刺柏 **213729**
杰克茜 **211262**
杰克茜属 **211261**
杰克山荆子 **243556**
杰克松 299818
杰克松木属 211273
杰克逊空船兰 **9143**
杰克逊苦瓜掌 **140032**
杰克逊芦荟 **16922**
杰克逊木 **211279**
杰克逊木槿 **194945**
杰克逊木属 **211273**
杰克逊欧石南 **149603**
杰克逊千里光 **359155**
杰克逊小葵子 **181887**
杰克逊尤利菊 **160813**
杰克逊猪屎豆 **112261**
杰克杨 **311186**
杰克野荞麦 **152249**
杰奎林·瓦尔卡德加拿大铁杉 **399872**
杰奎琳·希莱尔荷兰榆 401526
杰奎琳·希里荷兰榆 **401526**
杰昆茄 **367259**
杰兰 **212312**
杰兰属 **212311**
杰勒阿巴木 **18935**
杰勒德斑鸠菊 **406363**
杰勒德半轭草 **191782**
杰勒德糙蕊阿福花 **393747**
杰勒德鹅绒藤 **117481**
杰勒德芳香木 **38564**
杰勒德古柯 **155085**
杰勒德壶花无患子 **90760**
杰勒德黄眼草 **416072**
杰勒德鲫鱼藤 **356290**
杰勒德假毛地黄 45168
杰勒德尖花茜 **278252**
杰勒德节节菜 **337344**
杰勒德类毛地黄 **45168**
杰勒德裂唇兰 **351418**
杰勒德鳞茎灯心草 **212957**
杰勒德麻黄 **146177**
杰勒德美非棉 **90956**
杰勒德密钟木 **192596**
杰勒德木菊 **129376**
杰勒德木蓝 **206062**
杰勒德苜蓿 **247293**
杰勒德千里光 **358953**
杰勒德润肺草 **58874**
杰勒德酸藤子 **144740**
杰勒德藤黄 **171105**
杰勒德铁榄 **362943**
杰勒德菟丝子 **115036**
杰勒德驼曲草 **119832**
杰勒德五层龙 **342644**
杰勒德小金梅草 **202862**
杰勒德盐肤木 **332604**
杰勒德羊角拗 **378393**
杰勒德柚木芸香 **385433**
杰勒德远志 **308073**
杰勒德针垫花 **228066**
杰勒德止泻萝藦 **416215**
杰勒德紫绒草 **43997**
杰勒纳杂种金缕梅 **185097**
杰里百里香 **391224**
杰里花 11549,11572
杰里委陵菜 **312688**
杰丽娜间型金缕梅 185097
杰马石蒜属 **172792**
杰曼百蕊草 **389704**
杰曼单花杉 **257125**
杰曼毒鼠子 **128677**
杰曼多角果 **307779**
杰曼谷木 **249967**
杰曼氏葶苈 **137058**
杰曼五层龙 **342642**
杰曼肖紫玉盘 **403609**
杰曼猪屎豆 **112171**
杰敏莎草 **119048**
杰明斯朝鲜花楸 **369365**
杰明斯日本花楸 369365
杰明之火多花蓝果树 **267868**
杰默兰 **175256**
杰默蔷薇属 **175255**
杰姆西属 211550
杰普森虎耳草 **212332**
杰普森虎耳草属 **212331**
杰普森景天属 **212334**
杰普森美洲茶 **79950**
杰普森绵叶菊 **152808**
杰钦氏蒲葵 **234183**
杰塞松 300296
杰瑟普山楂 **109779**
杰森椰属 212343
杰森椰子属 212343
杰森棕属 212343
杰氏阿魏 163633
杰氏布雷默茜 **59904**
杰氏草胡椒 **290290**
杰氏灯心草 213127
杰氏肋毛菊 **285198**
杰氏青蓝 **206005**
杰氏天南星 33368
杰氏藏芥 **293368**
杰斯格罗桃 **316643**
杰西卡卷舌菊 **380906**
洁白薄叶兰 238752
洁白公主兰 **238752**
洁白蒿 36460
洁白间型金缕梅 185098
洁白欧石南 **150239**
洁白山梅花 **294408**,294565
洁白双距兰 **133984**
洁白睡莲 **267637**
洁白天香百合 **229737**
洁白沼迷迭香 **22446**

洁贝母 **168538**
洁顶菊 223497
洁根菊 **11381**
洁根菊属 **11379**
洁花密钟木 **192547**
洁花茄 **342533**
洁花茄属 **342532**
洁净扁莎 **322267**
洁净杜鹃 330559
洁净番红花 **111565**
洁净红棕杜鹃 **331684**
洁净岩黄耆 **187944**
洁菊属 **78757**
洁兰 **280656**
洁兰属 **280655**
洁穗禾 **79428**
洁穗禾属 **79426**
结察 326422
结城柳 **342954**
结城女贞 **229658**
结分锦 **263647**
结分锦属 **263646**
结粉 245014
结根草莓 167641,312931
结骨草 196818
结合大戟 **158678**
结合雀稗 285417
结茧 336509
结节白翅菊 **227981**
结节棒毛萼 **400807**
结节芳香木 **38679**
结节根草 **148832**
结节根草属 **148830**
结节谷木 **250030**
结节胡卢巴 **397288**
结节角茴香 **201630**
结节蓝星花 **33709**
结节里奥萝藦 **334744**
结节柳 **344208**
结节马唐 **130682**
结节魔芋 **20127**
结节木蓝 **206677**
结节南洋参 **310229**
结节牛膝 **4314**
结节天竺葵 **288552**
结节锡生藤 **92576**
结节锥栗 79017
结节紫罗兰 **246559**
结筋草 19566,355430
结晶草 **138403**
结晶草属 **138401**
结晶茶 223901
结晶番杏 **387164**
结晶状石斛 125089
结力根 146155,146192,146253
结留子 198767,198769
结缕草 **418426**
结缕草属 **418424**
结脉草 **414406**
结脉草属 **414401**
结青树 64328
结球白菜 59600
结球甘蓝莲花白 59532
结球马先蒿 **287106**
结球莴苣 **219489**
结实兰 327525
结头竹 47508
结香 **141470**,141472
结香属 **141466**
结血蒿 **35980**,36460
结亚木 315560
结衣藤 402194
结状飘拂草 **166462**
捷别尔达拂子茅 **65502**
捷别尔达剪股颖 **12371**
捷别尔达婆婆纳 **407405**
捷别尔达山柳菊 **196029**
捷克百里香 **391259**
捷克木 364959
捷克苔草 **75641**
捷列克棘豆 **279204**
捷列克山柳菊 **196035**
捷列克水苏 **373463**
捷姆鹅观草 **335287**
捷氏百里香 **391165**
睫苞豆 **172509**
睫苞豆属 **172497**
睫苞凤仙花 **204826**
睫苞隐棒花 113530
睫刺冬青 203633
睫萼长蒴苣苔 87859
睫萼杜鹃 330935
睫萼凤仙花 204820
睫毛阿玛草 **18616**
睫毛阿斯皮菊 **39774**
睫毛奥萨野牡丹 **276493**
睫毛澳洲兰 **173173**
睫毛半日花 **188617**
睫毛半育花 **191470**
睫毛被禾 **293948**
睫毛糙蕊阿福花 **393735**
睫毛草 **55524**
睫毛草属 **55522**
睫毛草钟 **141512**
睫毛茶藨 333951,334016
睫毛茶藨子 **333951**
睫毛长叶繁缕 374944
睫毛车前 **301904**
睫毛柽柳桃金娘 **260981**
睫毛齿果草 **344351**
睫毛丛菔 **368548**,368571
睫毛粗叶木 222164
睫毛大戟 **158550**
睫毛大叶鸡屎树 **222164**
睫毛单毛野牡丹 **257523**
睫毛地肤 **217335**
睫毛点地梅 **23146**
睫毛东方秋水仙 **99314**
睫毛杜鹃 **330402**
睫毛多毛兰 **396471**
睫毛多坦草 **136469**
睫毛萼杜鹃 **330403**
睫毛萼番薯 **208193**
睫毛萼凤仙花 **204820**,205175
睫毛盖氏刺鳞草 **169630**
睫毛狗牙花 **382754**
睫毛果苔草 **73888**
睫毛海罂粟 176735
睫毛号角毛兰 **396137**
睫毛号角野牡丹 **344395**
睫毛黑草 **61759**
睫毛虎克粗叶木 222164
睫毛虎眼万年青 **274564**
睫毛花早熟禾 **305449**
睫毛蒺藜草 **80815**
睫毛假杜鹃 **48111**
睫毛假伊巴特萝藦 **317317**
睫毛金毛菀 **89870**
睫毛金腰 **90394**
睫毛锦绦花 **78625**
睫毛居永野牡丹 **182145**
睫毛卷瓣兰 **63185**
睫毛卷唇兰 63185
睫毛爵床 **337255**
睫毛可食缬草 **404255**
睫毛龙胆 173521
睫毛猫尾花 **62482**
睫毛毛齿萝藦 **55499**
睫毛毛茛 **325768**
睫毛穆拉远志 **259958**
睫毛牛膝菊 170146
睫毛瓶果莎 **219877**
睫毛七翅芹 **192212**
睫毛青锁龙 **108895**
睫毛秋海棠 **50164**
睫毛球形九节 **319558**
睫毛雀首兰 **274480**
睫毛热非野牡丹 **20503**
睫毛热美爵床 **172551**
睫毛莎萝莽 344351
睫毛舌唇兰 **302261**
睫毛肾苞草 **294067**
睫毛十字叶 **113116**
睫毛树 **55476**
睫毛树属 **55475**
睫毛双饰萝藦 **134972**
睫毛丝雏菊 **263203**
睫毛四室木 **387917**
睫毛粟草 **254517**
睫毛苔草 **74133**
睫毛藤 65660
睫毛天芥菜 **190587**
睫毛托叶九节 **319743**
睫毛鸵鸟木 **378569**
睫毛网纹杜鹃 **331626**
睫毛威瑟茄 **414616**
睫毛卫矛 157466
睫毛乌饭树 **403776**
睫毛狭翅兰 **375662**
睫毛腺花金莲木 **7173**
睫毛香芸木 **10588**
睫毛向日葵 188933
睫毛小金合欢 **1726**
睫毛小托叶堇菜 **409777**
睫毛肖鸢尾 **258439**
睫毛旋覆花 **207082**
睫毛雪草 **266313**
睫毛勋章花 **172287**
睫毛岩白菜 **52510**
睫毛岩雏菊 **291303**
睫毛岩须 78625
睫毛盐肤木 **332518**
睫毛杨 311276
睫毛杨桐 8229
睫毛野古草 **37389**
睫毛叶番薯 **207638**
睫毛叶沙蒿菀 **33036**
睫毛伊巴特萝藦 **203171**
睫毛意大利梯牧草 **295002**
睫毛翼缬草 **14697**
睫毛隐果野牡丹 **7066**
睫毛硬皮鸢尾 **172583**
睫毛尤利菊 **160773**
睫毛鸢尾属 **350971**
睫毛越南筐 **408782**
睫毛越南野牡丹 **408788**
睫毛掌叶树 59197
睫毛针禾 376978
睫毛针蔺草 **376978**
睫毛珍珠菜 **239589**
睫毛治疝草 **192941**
睫伞繁缕 374944
睫穗蓼 309345
睫叶鼠尾草 **344907**
截苞柳 **344001**
截顶山龙眼 **264432**,264429
截顶山龙眼属 **264431**
截萼枸杞 **239126**
截萼红丝线 **238974**
截萼黄槿 389946
截萼黄槿属 389928
截萼毛建草 **137678**
截萼忍冬 **235663**
截萼鼠尾草 344928
截耳瓣鱼藤 125998
截果柯 **233401**
截果石栎 233401
截花仿花苏木 **27775**

截花类鹰爪 **126715**
截花水柏枝 **261294**
截喙苔草 **76603**
截基钝裂银莲花 **23967**
截基瓜叶乌头 **5249**
截基忍冬 235663
截基鸭绿乌头 **5297**
截基银莲花 24130
截基玉龙山银莲花 **24130**
截居维叶茜草 **115309**
截裂翅子树 **320850**
截裂秋海棠 **50085**,50373
截裂碎米荠 **73024**
截鳞苔草 **76601**
截帽虾脊兰 66123
截头柯 233401
截头石栎 233401
截头紫云菜 **378240**
截形巢菜 **408646**
截形大岩桐寄生 **384081**
截形法拉茜 **162608**
截形凤仙花 **205407**
截形虎尾草 **88414**
截形姜 **418006**
截形千里光 **359881**
截形三指兰 **396681**
截形嵩草 **217146**
截形泰洛帕 385743
截形岩黄耆 **188155**
截形羊耳蒜 **232359**
截形泽兰 **158350**
截形爪唇兰 **179297**
截叶蒂罗花 **385743**
截叶风毛菊 **348523**
截叶胡枝子 **226742**
截叶虎耳草 **349188**
截叶急怒棕榈 **12774**
截叶决明 **78514**
截叶栝楼 **396284**
截叶蓝刺头 **140688**
截叶离柱鹅掌柴 **350720**
截叶力夫藤 **334872**
截叶连蕊茶 **69719**
截叶陆宾兰 335040
截叶毛白杨 **311536**
截叶毛茛 **326441**
截叶猕猴桃 **6713**
截叶秋海棠 **50373**
截叶雀儿豆 **87235**
截叶瑞香 **122621**
截叶石荠花 **125846**
截叶柿 **132441**
截叶铁扫帚 226742
截叶悬钩子 **339378**
截叶旋花 334872
截叶榆叶梅 **20974**
截叶针垫花 **228115**
截叶猪笼草 **264856**
截翼假俭草 **148256**
截枝锦鸡尾 **186792**
截柱佛甲草 **357251**
截柱鼠麹草 **185750**
截柱鼠麹草属 **185748**
截嘴苔草 **75496**
羯波萝香 133588
羯布罗香 133588,138548
羯布罗香属 138547
姐到羊 274427
姐姐花 207165
姐妹灰莉 **162355**
姐妹山金车 34770
解宝 253385
解菜 7982
解仓 280213
解毒 139629
解毒草 239683
解毒子 375836,375861
解放草 101955,158118
解离 375904
解蠡 99124
解粱 361794
解热豆 378761
解热髯毛花 **306932**
解热桃花心木 369934
解热银胶菊 285086
解热缨翼茜 **111812**
解暑藤 280097
解阳树 161607
解晕草 327525
介寿果 21195
介头草 285841
戒火 200784
芥 59438,59575
芥菜 **59438**,59461
芥菜疙瘩 **59461**
芥菜型油菜 59438
芥菜仔 416437
芥疙瘩 59461
芥蔊菜 **336270**
芥灰毛豆 **386312**
芥苴 373139
芥兰头 59541
芥蓝 59286,59438,59526,59541
芥蓝菜 **59286**,59438,59524,59526
芥蓝头 59541
芥荛 59575
芥属 59278,364544
芥树属 **364527**
芥穗 265078
芥形橐吾 **228997**
芥叶 59438
芥叶报春 **314918**
芥叶栎 **323876**
芥叶麻花头 **361045**
芥叶蒲公英 **384479**
芥叶荠属 366115
芥叶千里光 358717
芥叶细辛 162523
芥叶缬草 **404268**
芥叶雅各菊 **211297**
芥叶紫菀 **40400**
芥叶佐里菊 **418288**
芥状唇柱苣苔草 **87832**
芥状肯尼亚千里光 **359219**
芥葙 373139
界山三角槭 **2819**
界叶掌 **186501**
借母怀胎 385221
蚧肚草 345310
蚧头草 285841
蚧蛙草 406992,407430
蚧爪簕 2684
藉姑 342400
巾唇兰 **289008**
巾唇兰属 **289007**
巾果菊 **391530**
巾果菊属 **391528**
今平樫木 **139654**
今平柃 **160572**
金爱夫花 **210497**
金巴篼 366284
金巴斗 366284
金百合 229730
金百脚 288605
金斑胡颓子 **142156**
金斑龙血树 **137504**
金斑迷迭香 **337182**
金斑太平洋梾木 105132
金斑西洋接骨木 **345638**
金半夏 33397,401156
金棒 89816
金棒草 368013
金棒槌 312925,312931
金棒锤 312931
金棒花 997
金棒科 89811
金棒兰 416538
金棒兰属 416535
金棒属 89812
金棒芋 **275298**
金棒芋科 **275293**
金棒芋属 **275295**
金包银 203578,279769
金苞草 159615
金苞大戟 **159615**
金苞淡黄香薷 **144054**
金苞花 **279769**
金苞花属 279765
金宝石钝齿冬青 **203674**
金宝石湿生白千层 **248078**
金宝树 67275
金杯草 276090
金杯酢浆草 **277723**
金杯花 199408,199409,366871
金杯花属 199407
金杯金丝桃 **201707**
金杯藤 **366872**
金杯银盏 53801,54048
金杯罂粟 **199408**
金杯罂粟属 **199407**
金杯盂 162616
金盃酢浆草 278008
金背长叶藤 **32630**
金背杜鹃 330428,331561
金背勾儿茶 52427
金背黄鳝藤 52416
金背可拉木 **99209**
金背陇蜀杜鹃 **331562**
金背麻点杜鹃 **330428**
金背枇杷 330428,331561,331588
金背藤 142022
金背叶栎 **324020**
金被裂托叶椴 **126768**
金被藤黄属 **89851**
金畚斗 1790
金币花属 **41580**
金币花天竺葵 **288117**
金币欧洲赤松 **300231**
金碧木 180278
金碧木属 180270
金碧仙人球 182476
金边百合竹 137481
金边百年兰 10788
金边北美鹅掌楸 **232610**
金边贝母 88546
金边菠萝 10788
金边菠萝麻 10788
金边草 88546,88547,138888
金边梣叶槭 **3226**
金边楤木 30636
金边棣棠花 **216091**
金边吊兰 88546,88547,88557
金边冬青卫矛 **157615**
金边短叶虎尾兰 346162,346165
金边钝叶椒草 **290396**
金边凤尾 115884
金边富贵竹 137489
金边高丛玉簪 **198610**
金边桂樱 223113
金边红桑 **2014**
金边胡颓子 **142155**
金边虎尾兰 **346165**
金边黄杨 157615
金边假菠萝 10788
金边阔梣叶槭 **3220**
金边兰 10788

金边莲 2011,2014,10788,179637,179694,278583,285719
金边龙舌兰 10788
金边龙牙楤木 **30636**
金边露兜 281169
金边女贞 229530
金边欧洲山茱萸 **105113**
金边欧洲小檗 **52332**
金边蒲苇 **105459**
金边七 132685
金边瑞香 **122534**,122536
金边桑 2011,2014
金边山麦冬 232637
金边丝兰 **416539**
金边速生胡颓子 **141982**
金边兔儿草 12635
金边兔耳 12635,175203
金边兔耳风 12635
金边万年青 **335763**
金边西洋接骨木 **345639**
金边狭叶龙舌兰 10799
金边香龙血树 **137403**
金边小虎尾 346096
金边叶白花百合 **229790**
金边叶圣母百合 229790
金边银芦 105459
金边银叶龙血树 **137489**
金边印度胶榕 **164928**
金边柚 121105
金边鸢尾 **208641**
金边正木 157615
金边柊树 **276314**,276315
金边帚形欧洲红豆杉 **385312**
金鞭毛竹 297311
金冰花 **220483**
金钵盂 162616
金伯利大戟 **159182**
金伯利芦荟 **16919**
金博杜楝 **400579**
金薄荷 88297
金不换 763,25980,34375,43682,183097,268438,280771,294114,294123,307923,308077,308081,308965,329362,329365,339925,339983,340141,340151,340178,375836,375840,375848,375859,375880,375899,375902,375907,405567
金彩灰色石南 **149222**
金蚕 25980,26003
金草 **187501**,125003
金草箍 49703,328997
金草兰 125003
金草属 **89858**
金茶蘼 333919
金茶匙 12635,355494
金茶瓶 336675
金钗 172102
金钗草 125233,125257,291161,359980
金钗股 235878,238318,238324
金钗花 125033,125138,125233
金钗兰 238322
金钗兰属 238301
金钗石斛 125257,125279
金柴胡 63707,63850,63873,363516,364094,364181,368073,368480
金缠菜 375136
金蝉草 138796
金蝉兰 **116873**,89948
金蝉退壳 240813
金蝉脱壳 2695,50087
金菖蒲 **5803**
金长莲 374494
金厂杜鹃 **330959**
金车菊属 34655
金尘金合欢 1029
金城 395637
金城稗 **140383**
金城甘蔗 **341830**
金城碱茅 **321313**
金城球 **395637**
金城丸 395637
金城虾脊兰 **65934**
金城柱 **140854**
金橙 93515,167506
金匙树属 **64425**
金匙叶草 230524,230716
金齿芦荟 **17289**
金赤龙 163483
金翅美国风箱果 297843
金翅驼蹄瓣 **418610**
金锄蔓绿绒 **294787**
金川粉报春 **314362**
金川附地菜 **397382**
金川阔蕊兰 **291233**
金川老鹳草 **174673**
金川柳 **343552**
金川岩黄芪 187949
金川岩黄耆 **187949**
金串珠 23817
金疮小草 **13091**,316127
金垂柳 **342945**
金春 **140858**
金唇白点兰 **390502**
金唇风兰 390502
金唇风铃兰 390502
金唇兰 **89948**,99775
金唇兰属 **89938**,261467
金茨菇 222042
金慈姑 **401172**
金慈菇 401172
金刺般若 **43527**,43530
金刺角树 336675
金刺芦荟 **16541**
金刺球 244062
金刺疏毛刺柱 **299247**
金刺仙人球 140127
金刺仙人掌 **272801**
金刺仙人柱 140888
金刺椰属 298830
金刺猪笼簕 244068
金莿插 356884
金大黄 329372
金代菊 **181930**
金代菊属 **181929**
金戴戴 184711
金丹 226721
金旦子花 216085
金弹 167493,167506
金弹橘 167506
金弹子 94207
金刀菜 66833
金刀箭 208640
金刀木 48515
金刀木科 48524
金刀木属 48508
金灯 **67560**,110502,297645
金灯草 297645
金灯花 110502,239257,304218
金灯笼 115050,297645
金灯藤 **115050**,115031
金灯心草 **213188**
金鐙藤 115050
金滴金露梅 **312580**
金迪奥核子木 **291485**
金迪奥小檗 **52094**
金迪亚谷精草 **151434**
金地梅 **136801**
金地梅属 **136799**
金帝葵 198808
金第伦桃 **130915**
金棣棠 216085
金蒂 179444
金点苏格兰欧石南 **149223**
金垫蓼 **175787**
金垫蓼属 **175786**
金吊柳 367733
金吊钮 367733
金钓梨 198769
金钓子 198769
金蝶兰 **270788**
金蝶兰属 270787
金蝶球 **327298**
金蝶丸 327298
金顶桉 **155632**
金顶杜鹃 **330672**
金顶金合欢 **1650**
金顶菊属 **161069**
金顶龙牙 11572
金顶龙芽 11572
金顶梅花草 **284587**
金顶紫堇 **105892**
金冬瓜 **114305**,114292
金冬虎耳草 **349517**
金斗椆 116167
金豆 **167516**,167499,167506
金豆兜兰 **282784**
金豆儿 360493
金豆橘 167499,167506
金豆子 78429,360463
金顿沃尔德十大功劳 242503
金多穗兰 **310461**
金鹅抱蛋 183559
金鹅兰 **89929**
金鹅兰属 **89928**
金萼豆属 **89837**
金萼杜鹃 **330394**
金儿茶 1516
金耳吊环 284525
金耳钩 22407
金耳环 37627,37653,37671,99711,99712,124996,142022,142071,204851,284358
金耳环细辛 **37653**
金耳石斛 **125191**
金耳挖 355514
金发草 **306834**,306832,394093
金发草属 **306828**
金发姑娘毛染料木 **173031**
金发苦竹 **304011**
金发密钟木 **192523**
金发木蓝 **205701**
金发苘麻 **923**
金发竹 306834
金发状毛茛 **325628**
金法藓蚤缀 32145
金番红花 **111558**
金翡翠扶芳藤 **157480**
金沸草 191377,207046
金粉大理报春 **315031**
金粉东瀛珊瑚 **44917**
金风藤 100438,135390
金风藤属 135389
金凤 360490
金凤柏 85362
金凤花 **65055**,37888,204799,204885
金凤花属 **307055**
金凤菊 93884
金凤菊属 93882
金凤龙 299247
金凤毛 323465
金凤树 123811
金凤藤 **135390**
金凤藤属 **135389**

金凤仙 **204885**
金佛草 178062,207145,207151,207165
金佛花 207136,207151,230524
金佛兰属 383909
金佛山百合 **229877**
金佛山齿鳞草 **222642**
金佛山赤瓟 **390176**
金佛山赤竹 206839
金佛山方竹 **87625**
金佛山附地菜 **397421**
金佛山荚蒾 **407751**
金佛山景天 **356958**
金佛山兰 **383911**
金佛山兰属 **383909**
金佛山老鹳草 **174501**
金佛山鹿药 194046
金佛山美容杜鹃 **330285**
金佛山苔草 **74956**
金佛山卫矛 **157641**
金佛山小檗 **51797**
金佛山悬钩子 **338659**
金佛山雪胆 **191959**
金佛山异黄精 **194046**
金佛山竹根七 **134406**
金佛山紫菊 **267175**
金佛铁线莲 **94977**
金佛竹根七 134406
金芙蓉 399500
金茯苓藤 366435
金福花 207151
金柑 **167503**,167493,167506
金柑属 **167489**
金柑藤 167096
金柑藤属 167067
金柑子 **93672**
金冈拙 366284
金刚 131531,366301
金刚菝葜 **366559**,366343
金刚摆 301286
金刚鞭 366284
金刚杵 158456,159739
金刚刺 366284,366343,366566
金刚大 **181299**,111677
金刚大科 **181302**,111680
金刚大属 **181298**,111674
金刚跌打 159833
金刚兜 366284
金刚豆藤 366311,366548
金刚根 366284
金刚骨 131734,366284
金刚尖 266913
金刚口摆 301286
金刚栎 323881
金刚球 **244026**
金刚如意 183559
金刚如意草 183559
金刚散 20335,266918
金刚山苦竹 **304047**
金刚石 **244250**
金刚鼠李 328689
金刚树 158456,266918,366284
金刚藤 52418,52450,182384,366262,366284,366343,366438,366518,366554,366559,366566,366573,398317
金刚头 366284
金刚丸 244026
金刚仙人球 **244260**
金刚一棵蒿 170035,170051
金刚纂 **159457**,158456,159739,162879
金钢草 377931
金钢鼠李 **328689**
金疙瘩 399500
金葛子 250228
金弓 **229308**
金弓石斛 125058
金沟河黄耆 **42507**
金钩草 401761,401770,401773,401779,401781
金钩钩 198769
金钩花 **318662**
金钩花属 **318661**
金钩黄堇 106500
金钩梨 198769
金钩李 198769
金钩莲 147291,407510
金钩木 198769
金钩如意 191574
金钩如意草 **106500**,105836,106473,109857
金钩如玉草 106500
金钩藤 401761,401770,401773,401779,401781
金狗尾草 361877,361935
金古榄 392248,392269
金谷草 78039
金谷香 214972
金骨风 177170
金鼓草 384681
金瓜 **182575**,114288,114292,114294,114300,114302,114305,114310
金瓜儿 239661
金瓜果 161749
金瓜核 **134035**,134032,134047
金瓜核藤 134035,134047
金瓜属 **182574**
金冠 **267050**
金冠菊属 **90479**
金冠两色金鸡菊 **104599**
金冠龙 **163427**
金冠龙面花 **263400**
金冠苹果 **243597**
金灌菊属 **90484**
金光殿 229862
金光菊 339581
金光菊属 **339512**
金光蜡菊 **189172**
金光龙 **395636**
金光星球 244068
金光沼兰 **243077**
金龟草 91024
金龟莲 191896,191943
金龟莲草 375861
金龟树 177192,301128,301134
金龟树属 301117
金龟子叶花柏 **85272**
金贵鸡 309507
金桂 276291,276297
金果 295461
金果常春藤 **187204**
金果瓜馥木 **166657**
金果榄 392248,392269,392273
金果梨 198767
金果梅 89816
金果牡荆 **411231**
金果欧洲刺柏 **213708**
金果全缘火棘 **322452**
金果柿 **132103**
金果树 198769
金果酸模 **339985**
金果铁线莲 **94829**
金果细爪梧桐 **226260**
金果小檗 52281
金果椰属 **139300**
金果银钩花 **256224**
金蒿枝 103436
金合欢 **1219**,1142
金合欢科 **1719**
金合欢扭萼寄生 **304978**
金合欢属 **1024**
金合欢叶银齿树 **227318**
金河槭 3374
金红花 **90580**,16178
金红花属 **90579**,16174
金红树 80260
金红小豆 409085
金红杂种金莲花 **399488**
金厚朴 252841
金壶卢 219844
金壶瓶 336675,365296
金葫芦 219843,383009
金蝴蝶 50669,127607,363519
金虎尾 **243523**
金虎尾科 **243530**
金虎尾属 **243519**
金琥 **140127**
金琥属 **140111**
金鯱 140127
金鯱属 140111
金花 235742,235749,235860,235878
金花阿盖紫葳 **32544**
金花埃氏罂粟 **141589**
金花白花菜 **95649**
金花柏 **85289**
金花豹子 360463
金花比迪木 **78609**
金花扁莎 **322197**
金花菜 237539,237768,247366,247425,397019
金花菜栾藤 **250792**
金花草 934,106604,159069,249203,249232,326431,359980,396930
金花草苞鼠麹草 **306703**
金花茶 **69480**
金花茶藨 333919
金花茶藨子 **333919**
金花刺头菊 **108257**
金花酢浆草 **277728**
金花单头金绒草 **210981**
金花德氏凤梨 **126827**
金花豆樱 **83225**
金花独脚金 **377990**
金花法道格茜 **161941**
金花芳香木 **38477**
金花仿龙眼 **254957**
金花非洲砂仁 **9886**
金花格尼瑞香 **178586**
金花观音兰 **399054**
金花果 131522
金花海罂粟 176738
金花含笑 **252892**
金花黄花稔 **362517**
金花黄蕊桃金娘 **415206**
金花蓟 **91874**
金花捷根 229
金花菊 383090
金花克鲁茜 **113164**
金花苦瓜掌 **140022**
金花类九节 **181391**
金花亮毛菊 376546
金花柳 **343217**
金花龙骨角 **192444**
金花龙舌兰 **10824**
金花鹿藿 **333184**
金花毛笔欧石南 **149871**
金花毛果香茶菜 **209847**
金花猕猴桃 **6568**
金花密头彩鼠麹 **322067**
金花木 **48078**
金花木属 **48076**
金花屏 365296
金花忍冬 **235730**
金花山毛茛 **326097**

金花蓍草 **3936**
金花使君子 **90477**
金花使君子属 **90476**
金花手玄参 **244770**
金花鼠麹草 **178124**
金花树 **55149**
金花水蜈蚣 **218504**
金花藤 235878
金花王贝母 **168431**
金花仙人球 **244200**
金花小檗 **52371**
金花小塞氏兰 **357375**
金花肖香豆木 **377106**
金花肖鸢尾 **258517**
金花玄参 **355089**
金花旋覆 321570
金花旋柱兰 **258992**
金花鱼黄草 **250781**
金花远志 **308164**
金花蚤草 321535
金花猪屎豆 **111868**
金华 38960
金华山 **244028**
金槐 283625,283630
金环草 238318,293648
金环日本小檗 52235
金环蚀 **107049**
金环相思树 **1553**
金环小檗 **52235**
金黄爱尔兰红豆杉 **385322**
金黄百合竹 137480
金黄百夹竹 **297364**
金黄百蕊草属 **90582**
金黄北美乔柏 **390647**
金黄北美香柏 **390589**
金黄贝思乐苣苔 **53208**
金黄边胡颓子 **142153**
金黄草 306832,306834
金黄侧柏 **302723**
金黄侧金盏花 **8343**
金黄茶 87525
金黄柴胡 **63571**
金黄臭藏红花 111458
金黄垂枝欧洲红豆杉 **385318**
金黄酢浆草 **277691**
金黄脆蒴报春 **315016**
金黄杜鹃 **330396**,331711,331712
金黄多色杜鹃 **331711**
金黄番红花 **111515**,111558
金黄飞蓬 **150485**
金黄凤仙花 **205454**
金黄凤羽柏 85289
金黄瓜叶菊 **290817**
金黄鬼针草 **53786**
金黄果 392258
金黄蒿 **35187**
金黄红果龙血树 **137480**
金黄红雷荚蒾 **407728**
金黄红蕾花 **416932**
金黄花 121561
金黄花滇百合 **229744**
金黄花石斛 **125051**,125003
金黄花属 **181932**
金黄花子孙球 **327271**,327256
金黄还阳参 **110741**,110775
金黄茴芹 **299360**
金黄火星花 111458
金黄芨芨芹 418109
金黄鸡 309507
金黄棘豆 **278726**
金黄蓟 **354651**
金黄蓟属 **354648**
金黄间型圆柏 **213611**
金黄豇豆 **408847**
金黄角堇菜 **409861**
金黄菊 **122089**
金黄菊属 **122088**
金黄恐龙角 **105435**
金黄老虎兰 **373684**
金黄老鸦嘴 **390738**
金黄蕾丽兰 **219698**
金黄肋瓣花 **13743**
金黄立金花 **218838**
金黄栎 **323682**
金黄瘤瓣兰 **270793**
金黄马先蒿 **287024**
金黄毛瑞香 **218976**
金黄绵毛荚蒾 **407908**
金黄木曼陀罗 61233
金黄南非禾 **289962**
金黄鸟娇花 **210710**
金黄欧洲红豆杉 **385304**
金黄泡叶番杏 **138155**
金黄铺地半日花 **188767**
金黄芪 42189
金黄千里光 **358549**
金黄蔷薇 337029
金黄青皮槭 2850
金黄秋海棠 50413
金黄球柏 **302733**
金黄球小檗 51466
金黄日本扁柏 **85311**
金黄日本槭 3036
金黄三毛草 **398445**
金黄色白头翁 **321662**
金黄色还阳参 110741
金黄色柱瓣兰 **146505**
金黄莎草属 **89803**
金黄蛇根草 **272180**
金黄双距兰 **133706**
金黄水仙 **262356**
金黄丝子 114994
金黄四方柏 **85329**
金黄苔草 **73829**
金黄檀 **121625**
金黄唐菖蒲 **176040**
金黄糖芥 **154394**
金黄桃木 **415124**
金黄葶苈 **136944**
金黄网脉种子棕 129685
金黄网实棕 **129685**
金黄委陵菜 **312406**,312457
金黄五桠果 130915
金黄虾疳花 **86491**
金黄仙影掌 **83859**
金黄小麦秆菊 **381663**
金黄雄黄兰 **111458**
金黄鸭嘴草 **209276**
金黄羊蹄甲 **49006**
金黄叶栓皮槭 **2839**
金黄异翅香 **25606**
金黄鸢尾 208507
金黄泽 125202
金煌柱 **183367**,183376
金煌柱属 **183366**
金晃 **151183**,267041,284673
金晃球 284673
金晃柔枝小金雀 **173079**
金晃属 **151178**
金晃丸 284673
金晃星 140004
金火炬蝎尾蕉 **190043**
金鸡草 143962
金鸡豇豆 205548
金鸡脚 239640,239645
金鸡脚下红 266060
金鸡脚下黄 388583,388667,388669
金鸡菊 **104448**,383090
金鸡菊科 **104428**
金鸡菊属 **104429**
金鸡蜡 345770,345772
金鸡蜡属 345769
金鸡兰 **104482**,104448
金鸡勒 91075,91090
金鸡凉伞 31396
金鸡落地 166888
金鸡米 236284
金鸡姆 298093
金鸡纳 91075,91090
金鸡纳科 **91093**
金鸡纳木 91075
金鸡纳属 **91055**
金鸡纳树 **91075**,91059,91090
金鸡纳树属 91055
金鸡纳藤 392252
金鸡纳叶大果龙胆 **240955**
金鸡舌 234363
金鸡树 323814
金鸡土下黄 239594
金鸡腿 248732
金鸡尾 62110,388607,407503
金鸡一把锁 228321,228326
金鸡趾 125604
金鸡爪 31396,85972,198769,276745,319810
金鸡嘴壳 11587
金极光球 153352
金寄奴 35136
金加琉璃繁缕 **21380**
金加欧石南 **149615**
金加藤黄 **171120**
金甲豆 294010
金尖罗汉柏 **390682**
金剪刀 95022,285635,329975,410770
金剪刀草 95022,403687
金剑草 **337975**,147084,337910,383009
金剑草属 **25466**
金箭 244252
金江鳔冠花 120798
金江杜鹃 **330615**
金江狗肝菜 129255
金江火把花 **100034**
金江马兜铃 **34215**
金江炮仗花 100034
金江槭 3374
金江小檗 **51629**
金江珍珠菜 **239614**
金姜豆藤 366526
金姜花 187451
金将石斛 125166
金匠石斛 125166
金交杯 398262
金胶菊 **285071**
金胶菊属 **285070**
金椒 417282
金角儿 360463
金角芥 **89850**
金角芥属 **89848**
金角状芥属 89848
金角子 360463
金绞剪 50669
金金棒 312925,312931
金锦吊蛤蟆 131501
金锦香 **276090**
金锦香属 **276072**,296365
金精 124785,124826
金井四籽谷精草 **280350**
金井玉阑 280741
金颈草 220298
金颈草属 220295
金酒壶 284378
金菊 **90207**,383090
金菊草 234363
金菊花 25504

金菊花草 64495
金菊木 **150377**
金菊木属 **150306**
金菊属 **90151**
金菊蚤草 **321537**
金橘 **167506**,93566,167493,167499,167503,239157
金橘草 117218
金橘属 167489
金梼 1516
金壳果 **89816**
金壳果科 **89811**
金壳果属 **89812**
金扣 367241,367733
金扣拦路虎 367733
金扣钮 367241,367733
金苦榄 392248,392269
金楛榄 392248,392269
金魁莲 139623
金喇叭 **366867**
金腊梅 289713
金蜡梅 289713
金兰 **82051**,125048,383911
金兰属 82028,383909
金兰柚 **93581**
金榄 392248,392269
金老梅 83202,289713
金棱 395653
金棱边 116863
金棱边兰 **117022**,116863
金棱柱 **395653**
金梨 6553
金礼杜鹃 330396
金丽金丝桃 **201819**
金栎 **10143**
金荔枝 354660
金栗 **89969**,78823
金栗属 **89968**
金笠球 **234960**
金笠丸 234960
金笠仙人球 **247674**
金莲子 141629
金莲儿 267825
金莲花 **399500**,267320,267802,399491,399515,399549,399601
金莲花属 **399484**,399597
金莲花叶翠雀花 **124654**
金莲花叶牡丹 **280267**
金莲花叶猪屎豆 **112294**
金莲花状猪屎豆 **112298**
金莲蕉 260359
金莲木 **268200**
金莲木科 **268277**
金莲木属 **268132**
金莲枝 6682
金莲子 267825
金链花 218761
金链花属 218754
金链叶黄花木 **300677**,300691
金林檎 243551
金林子 151162
金鳞杜鹃 **330397**,330399
金铃 32733,208016
金铃花 **997**,975,141932,167471,211905
金铃子 248925,351021
金陵草 141374
金龙 **140216**
金龙棒 129243
金龙边 116863,117022
金龙胆 174120
金龙胆草 103436
金龙花 378375,378386
金龙角 378386
金龙盘树 372247
金龙七 120363
金龙柄 129243
金露花 **139067**,139062,139065
金露花属 139060
金露梅 **289713**
金露梅属 **289707**
金缕半枫荷 357969
金缕梅 **185130**,185104
金缕梅科 **185089**
金缕梅属 **185092**
金绿秋海棠 **50076**
金卵叶冬青卫矛 **157611**
金马长子 378761
金马蹄草 128964
金蚂蝗 116032
金麦菜 **408464**
金脉粗叶木 **222119**
金脉单药花 29127
金脉爵床 345772
金脉鳢肠 **141375**
金脉木 345772
金脉木属 345769
金脉鸢尾 **208487**
金曼陀罗木 **61233**
金芒雀麦 **60666**
金芒柱 **183376**
金猫儿 41795
金猫头 81727
金猫尾 **262548**
金毛安匝木 **310772**
金毛白粉藤 **92619**
金毛百簕花 **55292**
金毛草 381934
金毛冬青 **203748**
金毛杜鹃 331391
金毛杜英 **142281**
金毛耳草 **187544**
金毛番薯 **207690**
金毛狗 41795,335142
金毛狗尾草 361935
金毛爵床 **396145**
金毛爵床属 **396144**
金毛柯 **233143**
金毛空竹 **82457**
金毛牡荆 **411233**
金毛木槿 **194800**
金毛木通 94830
金毛拟劳德草 **237855**
金毛七 41844
金毛球 **244069**,244062
金毛榕 **165023**
金毛三七 37085,41795
金毛莎草 **118757**
金毛山茶 69586
金毛石栎 233143
金毛铁线莲 **94830**
金毛丸 244062
金毛菀属 **89863**
金毛翁 **279487**
金毛翁柱 **82208**
金毛香豆木 **306285**
金毛新木姜子 **264038**,264021
金毛旋花 **102952**
金毛杨 311277
金毛淫羊藿 **147035**
金毛蔗属 **151705**
金毛猪屎豆 **112017**
金茅 **156499**
金茅属 156439
金帽花 **249689**
金帽花属 **249686**
金玫瑰裸茎光萼荷 **8580**
金梅 211931
金梅草 **70923**,399494,399500,399509,399543
金梅草科 **70928**
金梅草属 **70922**
金梅花 167471,211905,211931
金美韭 **398796**
金门莎草 **119513**
金冕草 285469
金明竹 297239
金茉莉 211938
金木犀 **276292**
金目菊 **409153**
金目菊属 **409147**
金纳香 399296
金楠 233830
金囊鳞莎草 **38236**
金牛草 23323,31477,218480,307927,308081,308123,308398
金牛胆 392248,392269
金牛公 417282
金牛七 5612,5616
金牛栓皮槭 **2842**
金牛尾 166888
金牛膝 205259
金牛远志 308081
金牛掌 85165
金牛子 382499,392248,392269
金扭扣 71090
金纽 29715
金纽草 218571
金纽扣 71095,367682,367733
金纽头 367518
金纽子 218643
金钮草 218480
金钮刺 367241,367733
金钮扣 **4870**,4866,371632
金钮扣属 **371627**,4858
金钮头 367241,367682,367733
金钮子 218480
金女士爱尔兰欧石南 **149400**
金女士地中海石南 149400
金诺赫瑞帚石南 67486
金欧石南 **149194**
金欧洲红豆杉 **385321**
金爬齿 243823
金盘 139628
金盘果菊属 **90148**
金盘黄花蓍草 **3949**
金盘芥 **238528**
金盘芥属 **238525**
金盘托荔枝 123065,284367
金盘托珠 284367
金盘野苋菜 1790
金盘银盏 **410416**
金盆 191943,380175
金盆草 37638,37722
金盆寒药 375870
金枇杷 183066
金品小金雀 **173083**
金平刺蕊草 306972
金平杜鹃 **330961**,330990
金平鹅掌柴 **350762**
金平哥纳香 **179414**
金平桦 **53494**
金平樫木 139654
金平柯 **233189**
金平林生杜鹃 **331320**,331093
金平龙竹 **125503**
金平楼梯草 **142700**
金平芒 **255858**,255886
金平毛柱杜鹃 **331489**
金平膜叶刺蕊草 **306972**
金平木姜子 **233864**
金平青冈 **116121**
金平秋海棠 **49653**
金平石栎 233189
金平氏冬青 204025,204344
金平氏破布木 104203
金平氏破布子 104203
金平藤 **94397**

金平藤春 **17625**
金平藤属 **94391**
金平香草 **239788**
金平丫蕊花 **416505**
金平玉山竹 **416754**
金平猪屎豆 **112563**
金屏连蕊茶 **69724**
金屏柃 160621
金瓶花 331243
金匍柳 **342926**
金七娘 298093
金千里光 **279888**
金千里光属 **279885**
金钱艾 176839,239582
金钱桉 **155507**
金钱暗消 375836,375857
金钱半日花 188757
金钱豹 **70398**,70396,297013
金钱豹属 **70386**
金钱标 312714
金钱薄荷 176821,176824,176839,200312,227657,239582
金钱薄荷属 176812
金钱草 126623,128964,176839,191574,200261,200366,239582,297013,299005,313564,338043
金钱重楼 **284312**
金钱重露 159172
金钱灯塔草 284539
金钱吊葫芦 93492
金钱吊丝馅 400945
金钱肺筋草 239582
金钱风 78039,116019,116036,138974
金钱根 243823
金钱挂 357123
金钱寒药 375836
金钱荷叶 349936
金钱花 207046,207151,289684,363235
金钱菊 176839
金钱橘 93724
金钱聚菊 104598
金钱苦叶草 90452
金钱麻 **367772**
金钱麻属 **367771**
金钱梅 104598
金钱木 280548
金钱炮 99712
金钱片 179637
金钱蒲 5803,5809
金钱七 284628
金钱槭 **133599**
金钱槭属 **133596**
金钱参 173412,173842,297947
金钱树 **417029**,65239,280548
金钱树属 **417026**
金钱松 **317822**,221894
金钱松属 **317821**
金钱藤 226924
金钱银台 403687
金钱掌 200798
金钱子 328760
金钱紫花葵 243833,243862
金钱棕属 295501
金枪药 356884
金蔷薇 **198953**
金蔷薇属 **198951**
金荞 162309
金荞麦 **162309**,340089
金荞仁 320912
金鞘仙人掌 **272814**
金茄子 123065
金秋银杏 **175815**
金球 93515,244052
金球北美香柏 **390603**
金球黄堇 **105658**
金球桧 **213636**
金球庭荠 **18489**
金球紫堇 105658
金雀百脉根 **237616**
金雀大戟 **158939**
金雀儿 72334,121001
金雀儿椒 129629
金雀儿属 120903
金雀儿叶 **120899**
金雀儿叶属 **120898**
金雀花 **121001**,72233,72270,72334,72342,138354,206445,206637,284650
金雀花百蕊草 **389659**
金雀花芳香木 **38509**
金雀花黄堇 **105798**
金雀花罗顿豆 **237269**
金雀花木蓝 **205861**
金雀花南非针叶豆 **223556**
金雀花属 **120903**,284647
金雀花叶紫纹鼠麹木 **269257**
金雀花状百脉根 **237582**
金雀花紫堇 105798
金雀黄芪 42256
金雀黄耆 **42256**
金雀灰毛豆 **386079**
金雀锦鸡儿 72233
金雀利帕豆 **232049**
金雀鹿藿 **333245**
金雀罗顿豆 **237312**
金雀马尾参 84163
金雀马尾参属 83975
金雀梅 138273,138354
金雀南非蜜茶 **116326**
金雀绒毛花 **28161**
金雀叶白千层 **248096**
金雀叶格尼瑞香 **178612**
金雀叶欧石南 **149481**
金雀枝草 **370225**
金雀枝草属 **370224**
金雀猪毛菜 **344550**
金雀猪屎豆 **112058**
金鹊花 72342
金绒草 **294903**
金绒草属 **294901**
金容常春藤 187284
金容欧洲常春藤 **187284**
金榕 **164659**,17628
金肉叶芥属 89833
金蕊 124785,124826
金三芒草 **33798**
金伞鹿藿 **333186**
金桑鸟草 407503
金色冰凉花 8343
金色补血草 230524,230716
金色柴胡 63571
金色朝鲜冷杉 **399**
金色春黄菊 **26761**
金色葱莲 **417610**
金色大看麦娘 **17556**
金色钝翅槭 **3600**
金色刚毛花葵 **223379**
金色革命湿生白千层 **248079**
金色公主垂叶榕 **164693**
金色公主粉花绣线菊 **371951**
金色狗尾草 **361877**
金色谷精草 **250985**
金色黄蝉 **14880**
金色吉莉花 **175674**
金色尖萼无患子 **377403**
金色里奥萝藦 **334733**
金色丽穗凤梨 **412344**
金色柳 **342982**
金色鹿藿 **333185**
金色卵叶女贞 **229571**
金色美国扁柏 **85274**
金色绵叶菊 **152803**
金色女神竹 **47349**
金色女王枸骨叶冬青 **203555**
金色飘拂草 **166359**
金色平铺圆柏 **213797**
金色铺地半日花 **188760**
金色奇迹阿诺德花楸 **369294**
金色千里光 **358336**
金色荣耀欧洲山茱萸 **105115**
金色肉叶芥 **89834**
金色肉叶芥属 **89833**
金色珊瑚花 **211344**
金色疏毛刺柱 **299243**
金色水八角 **180297**
金色桃叶风铃草 **70216**
金色铜钱珍珠菜 **239756**
金色秀丽卡特兰 **79535**
金色圆叶景天 **356918**
金色缘毛杨 **311277**
金色珍品胶皮枫香树 **232569**
金沙 284402
金沙斑鸠菊 406827
金沙鳔冠花 **120798**
金沙翠雀花 **124371**
金沙根 241781
金沙蒿 **36036**
金沙江百部 **375344**
金沙江红山茶 **69226**,69552
金沙江寄生 385238
金沙江南星 **33376**
金沙江槭 **3374**
金沙江莸 **78019**
金沙江醉鱼草 **62131**
金沙荆 **411261**
金沙绢毛菊 369855
金沙绢毛苣 **369855**
金沙槭 3374
金沙青叶胆 380298
金沙萨画眉草 **147750**
金沙萨柳叶箬 **209078**
金沙鼠李 328707
金沙鼠尾黄 **340353**
金沙树 44919
金沙碎米荠 **72847**
金沙尾稃草 **402521**
金沙香茅 **117188**
金沙杨 **311321**
金沙獐牙菜 380298
金山慈姑 **196450**
金山当归 **24502**
金山杜鹃 **331135**
金山二月花 416721
金山柑 **71717**
金山海棠 295267
金山荚蒾 407751
金山开口箭 **70609**
金山葵 **31705**
金山葵属 **380553**
金山老鹳草 175023
金山马兜铃 **34216**
金山梅 338679
金山牡丹 **280212**
金山蒲桃 382660
金山田七 28044
金山五味子 **351041**
金山小赤竹 **347355**
金衫扣 367682
金闪 395651
金闪柱 **395651**
金赏 171155
金芍药 280213
金蛇草 **272229**
金盛球 **140852**
金盛丸 140852

金狮藤 34219,34273,392248,392269
金狮子 83912
金石斛 **166959**
金石斛属 **166954**
金石榄 97934
金石榴 **59864**,56357,59823,248732,276090
金石榴属 59822
金石松 25980,26003
金石香 78012
金时 185925
金实 93719,93806
金氏凹花寄生 **47899**
金氏布氏木 **59020**
金氏长生草 **358049**
金氏刺菊木 **48418**
金氏单性毛茛 **185084**
金氏冬青 **203944**
金氏独脚金 **378017**
金氏甘松菀 **262483**
金氏寡舌菊 **256932**
金氏冠须菊 **405946**
金氏黄精 308572
金氏黄耆 **43292**
金氏黄檀 121721
金氏净果婆婆纳 **342537**
金氏兰 **216437**
金氏兰属 **216436**
金氏利帕木 **341217**
金氏裸芹 **182596**
金氏南赤道菊 **266663**
金氏千里光 **358808**
金氏榕 164630
金氏石斛 **125206**
金氏无心菜 **31979**
金氏腺叶绿顶菊 **193130**
金氏小蝶兰属 216424
金氏新斯科大戟 **264497**
金氏癣豆 **319357**
金氏野荞麦 **152195**
金氏蝇子草 **363636**
金柿 336405
金手圈 146054
金首乌 162542
金梳子草 312090
金薯 207623
金丝矮陀 259881,279744
金丝矮陀螺 279744
金丝矮陀陀 159631,259881,279744,317036
金丝菜 59438
金丝草 **306832**,114994,115050,249085,306834,349936
金丝草属 90107
金丝慈竹 **264514**
金丝吊鳖 375904
金丝吊蛋 131501
金丝吊蛤蟆 375833
金丝钓葫芦 250228
金丝杜鹃 311852
金丝杜仲 88897,157405,157547,157684,157943,157974,283492
金丝芙蓉 349936
金丝瓜 367775,417470
金丝海棠 201925,202021
金丝海棠花 201743
金丝荷叶 349936,375836,375848,375870
金丝蝴蝶 201743,398262
金丝黄连 388432,388513
金丝火广竹 **47255**
金丝荚 336211
金丝苦楝 73207,73208
金丝苦楝藤 73207
金丝苦令 54048
金丝葵 107000
金丝葵属 106984
金丝李 **171163**
金丝莲 202021,396210,396232
金丝两重楼 284367
金丝桐 **107000**
金丝桐属 106984
金丝麻 141374
金丝马尾连 **388519**
金丝毛竹 **297302**
金丝茅 306832
金丝茅属 306828
金丝梅 **202070**,201773,202204
金丝木属 **175464**
金丝木通 94830,95096
金丝楠 295403
金丝鸟苘麻 **917**
金丝七 79732
金丝楸 79247
金丝雀黄刺玫 **337030**
金丝雀金黄飞蓬 **150486**
金丝雀欧洲金莲花 **399505**
金丝雀藨草 293729
金丝三七 6414,91024
金丝桃 **202021**,201743,201925,202070,202204,332221
金丝桃虎耳草 **349484**
金丝桃科 **201681**,97266,182119
金丝桃荛花 414200
金丝桃三盾草 **394972**
金丝桃属 **201705**
金丝桃叶白千层 **248099**
金丝桃叶荛花 **414200**
金丝桃叶石龙尾 230289
金丝桃叶小檗 **51748**
金丝桃叶绣线菊 **371938**
金丝藤 34273,78731,114994,115050,115123,211777,211918
金丝藤仲 283492
金丝丸 34364
金丝线 26003,323465
金丝醺 266060
金丝岩陀 259881
金丝岩柘 285917
金丝叶 198827,349936
金丝叶兰属 **240860**
金丝榆 77276
金丝竹 47518,137447
金斯敦木 **125567**
金斯敦木属 **125566**
金松 **352856**,221866,317822
金松科 **352851**
金松兰 **171866**,171845
金松盆距兰 **171845**
金松属 **352854**
金松玉 244199
金苏迪狗尾草 **361805**
金苏木 **216445**
金苏木属 **216443**
金素英 359980
金粟 276291
金粟兰 **88301**
金粟兰草 346527
金粟兰科 **88263**
金粟兰属 **88264**
金穗草属 220295
金穗柽柳 383521
金穗花 39438
金穗花属 39435
金穗榼藤子 **145866**
金穗芦荟 **16708**
金穗双距兰 **133739**
金穗香料藤 **391865**
金穗须芒草 **22571**
金笋 93054,123141,123164,245014
金琐玉 161647
金锁匙 8760,31396,37622,81718,97947,128964,164458,177325,190738,201942,299395,308123,355494,368073,369141,377973
金锁黑心金光菊 **339557**
金锁黑心菊 339557
金锁天 86901,87158
金锁王 328345
金锁银开 162309,162335
金塔柏 **302726**
金塔侧柏 302726
金塔柽柳 **383521**
金塔隔距兰 **94438**
金塔合欢 **1517**
金塔火焰花 **295025**
金塔利尼亚瓜 **114238**
金苔 356468
金太阳勋章花 **172343**
金檀木科 375371
金毯阿诺德花楸 **369292**
金汤匙 215110
金堂葶苈 154019
金特里裸冠菀 **318768**
金藤花 235742,235749,235860,235878
金提秋海棠 **49868**
金田菊 **222597**
金田菊属 **222588**
金铁锁 **317036**
金铁锁属 **317035**
金庭荠 **45192**
金庭荠属 45190
金桐力树 391843
金铜球 244062
金童花 204799
金筒球 **244062**
金头韭 **15345**
金头菊 **89845**
金头菊属 **89843**
金头亮泽兰 **111359**
金头石榴 248748
金头鼠麴草 **178125**
金头野荞麦 **151924**
金头砖子苗 **245372**
金箨茶竿竹 318288
金箨茶秆竹 **318288**
金娃娃一枝黄花 **367941**
金挖耳 **77156**,77149,77172,128964,355391
金挖耳草 355391
金挖耳属 77145
金豌豆 408502
金丸 261212
金盌 216085
金菀属 90151
金王子扶芳藤 **157483**
金网脉血苋 **208350**
金网忍冬 235879
金网鸢尾 208487
金尾花兰 **402669**
金尾鳝 41795
金纹蝎尾蕉 189992
金纹鸢尾 208487
金乌 5100
金乌帽子 272980
金蜈蚣 85232
金午时花 362478,362617
金午时花属 362473
金武扇 272856
金雾毛紫菀 **40375**
金雾帚石南 67478
金夏萱草 191263
金仙草 **321535**

金仙灯 67560
金仙公 11587
金仙花 66395,321535
金仙球 **174337**
金仙球属 **174336**
金县白头翁 **321675**
金县荆子 243640
金县芒 **255855**
金县山荆子 **243640**
金县鼠李 **328898**
金线矮日本花柏 **85358**
金线百合 229730
金线柏 85355
金线蚌花 332299
金线包 400987
金线薄荷 250370
金线草 **26624**,78039,138273,202021,337993,412750
金线草属 **26622**
金线重楼 284319,284367,284378
金线吊白米 14529
金线吊鳖 375833
金线吊蛋 131501
金线吊芙蓉 138273,195132,349936
金线吊蛤蟆 20338,131501,131607,250228,375833,375904
金线吊葫芦 29304,49886,70396,98292,131501,312502,374731,375833,387779,392248,392269,412750
金线吊米 14529
金线吊青蛙 375870
金线吊乌龟 **375833**,375836,375861,375870,375899
金线吊虾蟆 131501,418335
金线钓乌龟 375870
金线番红花 111612
金线风 116010
金线枫 26003,26014
金线海棠 202021
金线荷叶 349936
金线壶卢 98292
金线壶芦 117747
金线葫芦 98292
金线蝴蝶 202021
金线虎头椒 25980
金线虎头蕉 26003
金线菊属 89336
金线蕨龙 25980
金线兰 **26003**
金线兰属 25959
金线连 25980
金线莲 25980,26003,349936
金线莲属 25959
金线蓼 26624
金线绿毛龟 367322
金线绿毛龟草 367322
金线盘 179580,179708
金线钱葵 243862
金线秋海棠 **50017**
金线屈腰 25980
金线日本花柏 **85355**
金线入骨消 25980,26003
金线石松 25980
金线藤 114972
金线箱根草 **184658**
金线鸭跖草 **100962**
金线紫万年青 **332299**
金腺鸡头薯 **152889**
金腺荚蒾 **407752**
金腺密花鹿藿 **333211**
金腺树葡萄 **120033**
金腺莸 **77999**
金相 167503
金香草 22407
金香炉 276090
金香藤属 402215
金香柚 **93582**
金镶玉竹 **297207**
金橡实科 89811
金销草 198639
金小黄管 **356042**
金小姐巧玲花 **382259**
金小莲 179637
金心常春藤 187243
金心大叶黄杨 157608
金心吊兰 **88566**,88558
金心东瀛珊瑚 **44918**
金心冬青卫矛 **157616**
金心黄杨 157616
金心桧 213636
金心龙舌兰 10788
金心楠 295403
金心欧洲常春藤 **187243**
金心洋常春藤 187243
金新木姜子 264021
金星 **135689**,244134
金星八角 139629
金星杯子菊 **290247**
金星梣叶槭 **3223**
金星虎耳草 **349926**
金星花木 **68757**
金星剑叶卷舌菊 **380916**
金星金筒球 **244068**
金星菊 **89959**,383107
金星菊属 **89952**
金星千里光 **359039**
金星菥蓂 **390209**
金星仙人球 244062
金星圆柏 **213644**
金芎 **229392**
金秀杜鹃 **330962**
金秀秋海棠 **49878**
金秀崖爬藤 **387793**
金绣球属 108692
金须草 90133
金须茅 **90133**
金须茅属 **90107**
金须肖水竹叶 **23512**
金萱 191309
金雪黛粉叶 **130122**
金雪球 198827
金勋章蔷薇 **336288**
金鸦 5335
金鸭嘴花 **214342**
金芽猪屎豆 **112016**
金皂耳 77156
金奄美苔草 **75636**
金眼凤卵草 **296873**
金眼菊 **90006**,409153
金眼菊属 **90004**,409147
金艳阳花 **115784**
金焰粉花绣线菊 **371952**
金焰异色忍冬 **235829**
金焰柱 183376
金阳冬青 **203931**
金阳厚喙菊 **138773**
金阳美登木 **182723**
金阳卫矛 **157645**
金阳乌头 **5306**
金杨 **311140**
金杨草 328345
金洋球 **244144**
金腰 **90325**
金腰草 90421
金腰带 34219,34273,122431,122438,122444,122473,122484,122532,134026,141470,146054,211905,211931,226721,240813,269613,414193,414224
金腰袋 141470
金腰虎耳草 349178
金腰箭 **381809**
金腰箭舅 **68553**
金腰箭舅属 **68551**
金腰箭属 **381808**
金腰莲 191943
金腰属 **90317**
金腰叶虎耳草 **349178**
金腰子 90325,90452
金腰子属 90317
金药树 369037
金耀柱 **183377**
金椰属 129649
金叶八角金盘 **162880**
金叶巴戟 **258883**
金叶白背花楸 369324
金叶白花楸 **369323**
金叶白冷杉 **322**
金叶白面子树 369323
金叶北非雪松 **80081**
金叶北美乔柏 390647
金叶比迪木 **78610**
金叶梣叶槭 3219
金叶赤松 **299892**
金叶刺槐 **334978**,334981
金叶丛生苔草 **74436**
金叶大果柏木 **114724**
金叶东方云杉 **298394**
金叶短舌菊蒿 **383822**
金叶番荔枝 **25838**
金叶凤尾柏 85349
金叶高加索冷杉 **431**
金叶高山茶藨子 **333905**
金叶格尼瑞香 **178587**
金叶含笑 **252874**
金叶红果接骨木 345661
金叶红栎 **324345**
金叶花柏 85346
金叶槐 368988
金叶黄扁柏 **85302**
金叶桧 **213635**
金叶加拿大铁杉 **399868**
金叶加杨 **311147**
金叶胶皮枫香树 **232566**
金叶宽萼豆 **302924**
金叶阔冠高加索冷杉 **430**
金叶连翘 **167463**
金叶柃 **160565**
金叶卢梭野牡丹 **337790**
金叶卵叶女贞 229571
金叶马钱 **378681**
金叶毛赤杨 **16369**
金叶美国梓 **79244**
金叶美洲盖裂桂 **256658**
金叶美洲接骨木 **345582**
金叶美洲榆 **401434**
金叶墨西哥橘 **88701**
金叶木 345770,345772
金叶木单药爵床 **29125**
金叶木属 29121,345769
金叶南美红树 **376308**
金叶拟马岛无患子 **392231**
金叶拟美花 **317276**
金叶纽卡草 **265886**
金叶女贞 **229661**
金叶欧洲白蜡树 167963
金叶欧洲赤松 **300225**
金叶欧洲接骨木 **345661**
金叶欧洲女贞 229663
金叶欧洲山梅花 **294427**
金叶欧洲山茱萸 **105112**
金叶欧洲绣球 407990
金叶欧洲榛 **106704**

金叶日本花柏 **85346**
金叶日本槭 **3036**
金叶山榄属 90007
金叶树 **90062**,90090
金叶树属 **90007**
金叶斯坦迪西欧洲红豆杉 **385320**
金叶松 317822
金叶素方花 **211942**
金叶微毛柃 160536
金叶无毛风箱果 **297847**
金叶西洋接骨木 **345633**
金叶喜林芋 **294792**
金叶细枝柃 **160536**
金叶小檗 **52228**
金叶小苦竹 **304115**
金叶小鳞山榄 **253779**
金叶肖槭 194063
金叶新木姜子 264021
金叶新西兰罗汉松 **306523**
金叶新西兰圣诞树 **252614**
金叶旋果蚊子草 **166126**
金叶雪松 **80088**
金叶芽冠紫金牛 **284021**
金叶崖豆藤 **254652**
金叶羊蹄甲 49007
金叶异翅藤 **194063**
金叶银杏 **175814**
金叶英国榆 **401597**
金叶硬瓣苏木 **354447**
金叶榆橘 **320072**
金叶圆叶樱桃 **316530**
金叶缘毛欧石南 **149196**
金叶云片柏 **85313**
金叶杂色豆 **47710**
金叶杂种连翘 **167438**
金叶柊树 **276315**
金叶钟 **167457**
金叶帚石南 **67478**
金叶锥 **78886**
金叶锥栗 89969
金叶子 **108585**,108587
金叶子属 **108574**
金叶紫花野芝麻 **220403**
金叶紫花帚石南 **67496**
金叶佐尔木 **368544**
金翼黄芪 42189
金翼黄耆 **42189**
金因子 336675
金银背藤 32630
金银车积雪球 244171
金银带 34139
金银袋 34238,392248,392269
金银阁 183377
金银花 205752,211926,211996,235633,235742,235749,235852,235860,235861,235878,235910,235929,235935,236066,236104,236226
金银花草 235878
金银花杆 235878
金银花属 235630
金银花台 37888
金银花藤 235878
金银桦 **180580**
金银菊 89704
金银莲花 **267819**
金银楝 400598
金银楝属 400554
金银柳 80260
金银木 142158,235929,235970
金银盆 191943
金银茄 **367673**,366910,367735
金银忍冬 **235929**
金银司 **244171**
金银藤 235878
金英 **390542**,336675
金英花 155173
金英属 **390538**
金英叶楔果金虎尾 **371369**
金婴子 336675
金罂 321764
金罂粟 **379228**,379220
金罂粟属 **379219**
金罂子 336675
金樱果 336675
金樱子 **336675**,336519
金樱子蔷薇 336675
金璎珞 **98640**
金鹰球 **242887**
金鹰丸 242887
金鹰仙人球 **414106**
金鹰仙人球属 **414105**
金颖薰草 **353242**
金影鹿藿属 **90301**
金蛹茄属 **45157**
金柚奶 165515
金鱼草 **28617**,403108
金鱼草长筒花 **4073**
金鱼草科 **28574**
金鱼草苦玄参 **239428**
金鱼草属 **28576**
金鱼花 **255398**,100115
金鱼花鼠尾草 **345049**
金鱼花属 **255394**,100110
金鱼苣苔属 **100110**
金鱼兰 373703,373704
金鱼木 390759
金鱼藤 **37554**
金鱼藤属 **37548**
金鱼藻 **83545**,261364
金鱼藻科 **83539**
金鱼藻属 **83540**
金羽柏 **85362**
金羽欧洲接骨木 **345663**
金羽叶日本花柏 85349
金羽帚石南 **67479**
金玉 **163457**
金玉菊 **359416**
金玉兔 **57407**
金玉叶 142704
金鸳鸯 418335
金缘万年青 335763
金月芥 **357734**
金月芥属 **357733**
金钥匙 8760,97934,116019,308109,308123
金簪草 384473,384681,401094
金簪花 384473,384681
金簪球 **327281**
金簪丸 327281
金枣 167503,167506
金枣李 90076
金泽皱叶塔形筋骨草 **13168**
金泽朱蕉 **104378**
金甑草 208016
金寨瑞香 **122474**
金寨山葡萄 **411757**
金寨铁线莲 **95046**
金毡景天 356468
金盏菜 398134
金盏草 66395
金盏儿花 66395,66445
金盏番红花 **111520**
金盏花 **66445**,50669,66395,191312,207151,362617
金盏花科 **66502**
金盏花属 **66380**
金盏锦香草 **296369**
金盏菊 66445,383090
金盏菊属 66380
金盏苣苔 **210180**
金盏苣苔属 **210176**
金盏蟛蜞菊 413514
金盏藤 **366871**
金盏藤欧石南 **149110**
金盏藤属 **366863**
金盏银盘 **53801**,53797,54048,54059,54158
金盏银台 37888,262468,403687
金盏盏花 154424
金盏子花 208524
金杖球属 **108692**
金针 191312
金针菜 **191263**,191266,191284,191304,191316
金针草 191266
金针花 191284
金针囊葫芦 **326661**
金珍花 191284
金鍼菜 191284
金芝 233078
金枝侧柏 302726
金枝垂欧洲白蜡 **167957**
金枝九节 **319479**
金枝欧洲白蜡 **167958**
金枝偃伏株木 **105198**
金织球 **244052**
金指金露梅 **312581**
金钟柏 390587
金钟柏属 390567
金钟报春 **215641**
金钟报春属 **215639**
金钟菜 191266
金钟草 276090
金钟根 66648
金钟花 **167471**,215641
金钟花属 167427,280877
金钟连翘 167471,167473
金钟木 294624
金钟木科 294625
金钟木属 294623
金钟藤 **250760**
金钟茵陈 365296
金州锦鸡儿 **72276**
金州绣线菊 **372038**
金帚欧洲红豆杉 **385311**
金珠拉虎耳草 **349509**
金珠柳 241808
金猪殃殃 **170237**
金竹 **297464**,297285,297373
金竹标 329000,329009
金竹花 297373
金竹节水松 **64495**
金竹叶 236284
金竹仔 **297462**
金爪儿 **239661**
金爪南木 18055
金装龙 **405193**
金装龙属 **405191**
金籽番薯 **207693**
金子莲 284378
金字草 351266
金字塔 258722
金字塔筋骨草 **13167**
金字塔欧洲七叶树 **9703**
金字塔属 258721
金字塔银桦 **180639**
金字塔掌 **258722**
金字塔掌属 **258721**
金棕属 129679,315376
金足草 **178840**,130322,178839
金足草属 **178838**
金嘴蛇兰属 **272038**
津巴布韦琥珀树 **27918**
津巴布韦槐 **369151**
津巴布韦龙面花 **263470**
津巴布韦芦荟 16810

津巴布韦双距兰 **133994**
津巴布韦唐菖蒲 **176673**
津巴布韦楔柱豆 **371543**
津岛第岭芹 **391916**
津岛黄芩 **355821**
津岛野豇豆 **409122**
津格草 **417960**
津格草属 **417959**
津枸杞 239011
津久田苔草 **75701**
津久志全唇兰 **261478**
津轻八宝 **200815**
津轻柳 **342950**
津山桧欧洲刺柏 213703
衿麻 10940
筋斗伯氏瑞香 **122395**
筋根 68713
筋根花 68713
筋骨菜 375136
筋骨草 **13079**,13091,13104,13146,54539,138336,220126,352060,355669,375136,375151
筋骨草茶 13078
筋骨草属 **13051**
筋骨连 352060
筋骨七 410275
筋骨散 313644,313759
筋骨柱子 366284
筋角拉子 208016
筋藤 **18509**
筋条七 280771
筋头竹 329176,329184
筋苋 18822
筋苋菜头 18822
筋苋头 18822
紧凑薄子木 **226467**
紧凑草莓树 **30889**
紧凑大果假虎刺 **76931**
紧凑高山茶藨子 **333906**
紧凑格雷绣线菊 **371787**
紧凑华丽美洲茶 **79930**
紧凑蓟 **92254**
紧凑欧洲刺柏 **213703**
紧凑球序蒿 **371146**
紧凑三裂叶荚蒾 **408190**
紧凑菟丝子 **114996**
紧凑卫矛 157286
紧凑香桃木 **261741**
紧凑伊奥奇罗木 207342
紧凑翼茎菊 **172459**
紧凑针垫花 **228059**
紧萼凤仙 204781
紧萼凤仙花 **204781**
紧骨香 214972
紧密彩花 **2225**
紧密车叶草 **39324**
紧密酢浆草 278099
紧密大戟 **158532**
紧密东北红豆杉 385358
紧密斗篷草 **13996**
紧密杜鹃 **330447**
紧密鹅绒藤 **117429**
紧密芳香木 **38489**
紧密风兰 **24783**
紧密革花萝藦 **365660**
紧密格尼瑞香 **178590**
紧密古柯 **155069**
紧密黄扁柏 85303
紧密黄顶菊 **166819**
紧密间型红豆杉 **385387**
紧密蓝花参 **412633**
紧密类花刺苋 **81663**
紧密麻黄 **146150**
紧密麦瓶草 **363361**
紧密毛子草 **153158**
紧密密头帚鼠麹 **252421**
紧密南非桔梗 **335582**
紧密南洋参 **310183**
紧密鸟足兰 **347745**
紧密牛至 **274206**
紧密牵牛 207891
紧密青锁龙 **108909**
紧密染料木 **172945**
紧密日中花 **220515**
紧密肉苁蓉 **93053**
紧密塞拉玄参 **357459**
紧密三针草 **398353**
紧密山金车 **34729**
紧密鼠尾粟 **372628**
紧密司徒兰 **377304**
紧密四数莎草 **387649**
紧密塔花 **347520**
紧密糖果木 **99468**
紧密卫矛 157286
紧密五叶芳香木 **38747**
紧密伍尔秋水仙 **414876**
紧密西澳兰 **118178**
紧密细鼠尾粟 **372641**
紧密香科 **388054**
紧密小黄管 **356058**
紧密小叶黄杨 **64286**
紧密小鹰芹 **45981**
紧密隐萼异花豆 **29050**
紧密紫波 **28448**
紧密紫玲玉 **224251**
紧球酸模 **339989**
紧身裤魔花坎图木 **71548**
紧丝苦令 53801
紧穗萹蓄 **308861**
紧穗剪股颖 **12237**
紧穗柳叶箬 **209062**
紧穗雀麦 **60904**
紧穗沿沟草 79203
紧穗野生稻 **275919**
紧缩白鼓钉 **307657**
紧缩拜卧豆 **227041**
紧缩刺子莞 **333526**
紧缩大戟 **159892**
紧缩飞蓬 **150562**
紧缩风车子 **100415**
紧缩隔蒴苘 **414525**
紧缩孤菀 **393393**
紧缩画眉草 **147818**
紧缩火烧兰 **147119**
紧缩六柱兜铃 **194578**
紧缩婆婆纳 **407086**
紧缩曲花 **120548**
紧缩屈曲花 **203205**
紧缩三芒草 **34018**
紧缩伞花菊 **161238**
紧缩莎草 **118923**
紧缩糖芥 **154434**
紧缩通泉草 **247010**
紧缩细果猪屎豆 **112330**
紧缩絮菊 **165932**
紧缩一枝黄花 **368305**
紧缩早熟禾 **305750**
紧贴欧洲红豆杉 385303
紧箨箬竹 **206767**
紧序剪股颖 **12310**
紧序黍 **281362**
紧羊叶 108587
堇 **410275**,5335,29327,410360,410710
堇宝莲 **382579**,382522
堇柄杨 **311564**
堇菜 **410730**,326340,368771,409630,409656,410770
堇菜报春 **315096**
堇菜对叶费利菊 **163173**
堇菜凤仙花 **205434**
堇菜科 **410792**
堇菜属 **409608**
堇草 5335,212476,345586
堇草属 212474
堇刺爵床 **207392**
堇刺爵床属 **207391**
堇大麦草 **198375**
堇冠菊属 **207456**
堇后汉槿 **195234**
堇花白头翁 321682
堇花酢浆草 278147
堇花杜鹃 331343
堇花钝柱菊 **245942**
堇花钝柱菊属 **245941**
堇花哈登柏豆 185764
堇花蝴蝶兰 **293643**
堇花槐 **369041**
堇花兰 254932
堇花兰属 254924
堇花美国薄荷 **257168**
堇花米尔顿兰 **254932**
堇花唐松草 **388485**
堇花天竺葵 **288584**
堇喙兰 333732
堇堇菜 409716,410730
堇葵 326340
堇兰属 **207404**
堇蓝杜鹃 **330442**
堇蓝花湿生菜 410306
堇蓝鼠尾草 **345173**
堇脉柱瓣兰 **146430**
堇毛翅子藤 **235222**
堇菜 144093
堇色埃利紫草 **143835**
堇色巴尔葱 **15109**
堇色白花菜 **95813**
堇色斑鸠菊 **406925**
堇色半日花 **188869**
堇色苞茅 **201583**
堇色贝荚锦葵 **48846**
堇色笔龙胆 **174097**
堇色闭鞘姜 **107286**
堇色伯氏禾 **50727**
堇色捕虫堇 **299739**
堇色酢浆草 **277902**
堇色翠雀花 **124484**
堇色大被爵床 **247879**
堇色大花魔杖花 **369993**
堇色大花淫羊藿 **147006**
堇色大青 **337465**
堇色独行菜 **225474**
堇色短丝花 **221470**
堇色萼距花 **114601**
堇色法蒺藜 **162296**
堇色格雷野牡丹 **180456**
堇色管花鸢尾 **382412**
堇色海因兹茜 **196402**
堇色红蕾花 **416997**
堇色后毛锦葵 **267203**
堇色胡枝子 **227005**
堇色黄芩 **355842**
堇色鸡脚参 **275804**
堇色假杜鹃 **48387**
堇色胶藤 **221003**
堇色堇菜 **410220**
堇色卡特兰 **79576**
堇色科林花 **99841**
堇色克卢格苣苔 **216738**
堇色苦玄参 **239486**
堇色宽萼豆 **302938**
堇色兰属 254924
堇色狼尾草 **289304**
堇色立金花 **218962**
堇色疗齿草 **268992**
堇色裂口花 **380022**
堇色龙面花 **263467**
堇色落芒草 **276003**

堇色马先蒿 **287819**
堇色芒 **255922**
堇色矛果豆 **235578**
堇色密钟木 **192739**
堇色南美菰 **270592**
堇色黏鹿藿 **333454**
堇色膨距兰 **297865**
堇色苹婆 **376194**
堇色槭 **3233**
堇色日中花 **220719**
堇色肉苁蓉 **93085**
堇色塞拉玄参 **318427**
堇色赛亚麻 **266200**
堇色三室竹芋 **203007**
堇色鲨口兰 **292140**
堇色山柳菊 **196084**
堇色矢部扁蕾 **174235**
堇色栓果菊 **222999**
堇色双盛豆 **20792**
堇色酸模 **340314**
堇色碎米荠 **73034**
堇色唐菖蒲 **176038**
堇色糖芥 **154560**
堇色菟丝子 **115153**
堇色弯管花 **86252**
堇色弯花芥 **156435**
堇色乌头 **5671**
堇色西澳兰 **118289**
堇色细柄草 **71610**
堇色肖矛果豆 **294620**
堇色肖竹芋 **66212**
堇色蟹爪 **418535**
堇色鸭嘴花 **214894**
堇色一点红 **144990**
堇色异叶花葱 **16041**
堇色鸢尾 **208930**
堇色早熟禾 **305359**
堇色泽番椒 123730
堇色折叶兰 **366793**
堇色珍珠风信子 **199596**
堇色枝端花 **397688**
堇色紫瓣花 **400095**
堇色钻喙兰 **333732**
堇舌紫菀 **40635**
堇纹唐菖蒲 **176647**
堇腺树葡萄 **120258**
堇叶报春 315093
堇叶芥 **264167**
堇叶芥属 **264164**
堇叶苣苔 **302960**
堇叶苣苔属 **302958**
堇叶泡果荠 **196282**
堇叶婆婆纳 **407433**
堇叶荠属 264164
堇叶山梅花 294556
堇叶碎米荠 **73036**
堇叶腺床大戟 **7468**
堇叶延胡索 **105917**
堇紫色黄檀 **121855**
堇被五星花 **289826**
堇翅猪屎豆 **112258**
堇萼南芥 **30313**
堇花龙面花 **263425**
堇花日本五加 **143686**
堇花仙人柱 140258
谨火 200784
锦宝球 **327262**
锦宝丸 327262
锦杯角 **198040**
锦被花 282685
锦被推 122532
锦标草 312714
锦橙 **93775**
锦翠朱蕉 **104388**
锦带 59148,413591
锦带花 **413591**
锦带花属 **413570**
锦灯笼 297645
锦灯笼草 297645
锦地罗 **138273**
锦蝶 215129
锦花沟酸浆 255218
锦花九管血 31638
锦花紫金牛 **31638**
锦鸡儿 **72342**,72180,72270
锦鸡儿芨芨 4123
锦鸡儿属 **72168**
锦鸡胡枝子 **226736**
锦鸡龙 395639
锦鸡舌 178237
锦鸡尾 **186422**
锦鸡尾属 186251
锦葵 **243833**,243797,243840,243850
锦葵滨藜 **44516**
锦葵长庚花 **193294**
锦葵大戟 **159303**
锦葵单桔梗 **257802**
锦葵风箱果 297840
锦葵花老鹳草 **174725**
锦葵灰毛豆 **386171**
锦葵科 **243873**
锦葵牻牛儿苗 **153839**
锦葵属 **243738**
锦葵唐菖蒲 **176351**
锦葵香茶 **303486**
锦葵星牵牛 **43352**
锦葵叶刺核藤 **322545**
锦葵叶醋栗 **334083**
锦葵叶华千里光 365044
锦葵叶景天 **356922**
锦葵叶密钟木 **192643**
锦葵叶千里光 365044
锦葵叶鱼黄草 **250805**
锦葵状风箱果 **297840**
锦兰 25928
锦兰属 25927
锦荔枝 256797
锦铃殿 8427
锦龙花属 99833
锦龙柱 **395639**
锦芦莉草 **339709**
锦毛喜林芋 294844
锦木 157285
锦袍木 **197103**
锦袍木属 **197101**
锦屏封 323465
锦钱镖 312714
锦球 **244234**
锦上添花 418532
锦熟黄杨 **64345**,64369
锦司晃 140009
锦堂 279681
锦绦花 **78645**
锦绦花属 **78622**
锦头毛管木 **222492**
锦头雪莲花 348465
锦丸 244234
锦文 329372
锦纹 329372
锦纹大黄 329366,329372,329401
锦纹凤梨属 113364
锦纹卷 **186747**
锦纹生军 329372
锦翁玉 **284663**
锦西风 18836
锦香草 **296371**
锦香草属 **296365**
锦绣杜鹃 **331581**
锦绣仙人掌 **147287**
锦绣苋 **18095**,18147
锦绣苋属 18089
锦绣玉 **284657**,284663
锦绣玉属 **284655**
锦叶菠萝 **182170**,182171
锦叶蔓绿绒 **294802**
锦叶木麒麟 290702
锦叶葡萄 **92692**
锦叶橡皮树 164934
锦叶朱蕉 104376
锦帐竹 **206821**
锦照虾 **140304**
锦织球 **244100**
锦朱蕉 **104370**
锦竹 **47462**
锦竹草属 **67142**
锦竹芋 113948
锦庄黄 329372
锦紫苏 99711
锦紫苏属 99506
槿麻 194779
槿漆 195269
槿树 195269
劲鞘箭竹 196345
劲鞘筱竹 196345
劲枝丹参 345108,345315
劲枝藁本 **229410**
劲枝异药花 **167317**
劲直澳三芒草 **20699**
劲直菝葜 **366475**
劲直白酒草 **103612**
劲直并核果 **283190**
劲直刺桐 **154722**
劲直耳稃草 **171520**
劲直费利菊 **163137**
劲直拂子茅 **65490**
劲直橄榄 71023
劲直格斯里欧石南 **149525**
劲直蒿 **36327**,35456
劲直鹤虱 **221758**
劲直虎眼万年青 **274574**
劲直黄堇 106488
劲直黄芪 43098
劲直黄耆 43098
劲直黄芩 **355758**
劲直黄条纹龙胆 **173476**
劲直假蓬 103436,103612
劲直酒瓶兰 **49345**
劲直拉拉藤 **170300**
劲直蓝花参 **412767**
劲直美冠兰 **157035**
劲直木麻黄 **15953**
劲直前胡 **293025**
劲直榕 **165703**
劲直山蓝眼草 **365784**
劲直威尔掌 **414301**
劲直勿忘草 **260885**
劲直西风芹 **361582**
劲直绣球防风 **227713**
劲直续断 133487
劲直圆柏 **213664**
劲直圆叶伽蓝菜 **215249**
劲直月见草 269509
近凹瓣梅花草 **284620**
近抱茎虎耳草 **349954**
近草本番樱桃 **156366**
近长角条果芥 285030
近匙叶虎耳草 **349961**
近翅枝金花小檗 52371
近丛簇黄芩 **355782**
近簇生枸杞小檗 **51893**
近单性紫菀 **30949**
近单性紫菀属 **30948**
近单一党参 98415
近等裂堇菜 **410743**
近等裂麻疯树 **212231**
近等叶虎耳草 **349952**

近等颖金草 **89862**
近东报春 314615
近东罂粟 282647
近对称扁担杆 **180971**
近对称红柱花欧石南 **149390**
近对称日中花 **220688**
近对称莎草 **119634**
近对称玉凤花 **184106**
近对生柳 **344155**
近盾西番莲 285704
近多花木蓝 **206439**
近耳状蓼 **309837**
近二回羽裂南丹参 344911
近纺锤状蓟罂粟 **32454**
近覆瓦状十大功劳 242644
近革叶华千里光 365075
近革叶假糙苏 **283652**
近革叶楼梯草 **142854**
近革叶酸藤果 144812
近革叶小檗 52029
近谷薄荷 250294
近光百簕花 **55428**
近光百蕊草 **389721**
近光滨藜 **44414**
近光柽柳桃金娘 **261038**
近光大沙叶 **286493**
近光多齿千里光 **359786**
近光矾根 **194421**
近光风车子 **100798**
近光梗剪股颖 **12357**
近光孤菀 **393401**
近光黑草 **61868**
近光红瓜 **97839**
近光滑欧石南 **149487**
近光滑小檗 **52201**
近光假塞拉玄参 **318425**
近光九节 **319853**
近光老鹳草 **174946**
近光内折香茶菜 **209705**
近光纳瓦霍飞蓬 **150563**
近光欧石南 **149112**
近光青皮刺 **71857**
近光薯蓣 131857
近光糖蜜草 **249333**
近光葶苈 **137256**
近光乌口树 **385045**
近光旋刺草 **173162**
近光盐肤木 **332645**
近光猪毛菜 **344729**
近光猪屎豆 **112717**
近黑苔草 **73811**
近黑头山柳菊 **196011**
近肌草 389355
近基棘豆 **279088**
近基假杜鹃 **48302**
近基老鹳嘴 **390857**
近基拟莞 **352246**
近基蒲公英 **384758**
近基香茅 **117250**
近基针禾 377022
近基针蓟草 **377022**
近畿布罗地 **60487**
近畿翠雀花 **124672**
近畿人字果 **128937**
近畿忍冬 **236058**
近畿樱 **83231**
近戟泽兰 **158327**
近加拉虎耳草 **349560**
近尖叶小檗 52193
近见光小檗 **52209**
近渐尖小檗 52193
近蕨嵩草 **217167**
近蕨苔草 **76421**
近嚼烂状山槟榔 **299678**
近镰状蓝花棘豆 **278795**
近裂淫羊藿 147016
近邻蝶须 **26581**
近邻飞蓬 **150643**
近邻委陵菜 **312378**
近轮花排草 239868
近轮生科豪特茜 **217732**
近轮生马利筋 **38130**
近轮生神秘果 **382000**
近轮生瘦鳞帚灯草 **209459**
近轮生羊茅 **164341**
近轮生藻百年 **161583**
近轮叶木姜子 **233903**
近裸回欢草 **21143**
近裸基无鳞草 **14395**
近裸乳籽菊 **389173**
近裸土库曼大戟 **158999**
近裸线梗梳齿菊 **286886**
近裸星苹果 **90096**
近裸癣豆 **319360**
近木质天竺葵 **288533**
近木质田皂角 **9565**
近南极小檗 **52194**
近平滑金合欢 **1333**
近平莲花掌 **9071**
近匍匐山柳菊 **196016**
近亲黑三棱 **370023**
近亲蓼 309001
近亲萨拉卡棕 **342571**
近亲针茅 376753
近琴巴豆 113033
近球蒲葵 **234194**
近全叶鳞隔堇 **334694**
近全缘狗舌草 385920
近全缘萍蓬草 **267331**
近全缘千里光 **360137**
近全缘三裂刺芹 **154344**
近全缘山槟榔 **299677**
近全缘酸模 **340012**
近全缘叶十大功劳 **242645**
近全缘叶小檗 **52199**
近三出南非蜜茶 **116347**
近三脉十大功劳 242542
近伞形阿氏莎草 **620**
近山马茶 **382730**
近实心茶竿竹 318344
近实心茶秆竹 **318344**
近实心寒竹 **172749**
近实心井冈竹 172749
近四棱白粉藤 **92983**
近似戴星草 **371022**
近似蜡菊 **189788**
近似欧石南 **150054**
近似小檗 51319
近穗状冠唇花 **254267**
近穗状麻迪菊 241545
近苔 73730
近苔草 **73730**
近藤氏捕虫堇 **299749**
近同形尖叶火烧兰 **147241**
近头形棘豆 **279184**
近头状大青 313749
近头状豆腐柴 **313749**
近头状木蓝 **206346**
近团集蜡菊 **189840**
近椭圆藤黄 171201
近卫 376364
近卫柱 **376364**
近卫柱属 **376363**
近无柄贝尔茜 **53117**
近无柄刺痒藤 **394217**
近无柄酢浆草 **278112**
近无柄单头爵床 **257296**
近无柄谷木 **250078**
近无柄红瓜 **97841**
近无柄花小檗 **52210**
近无柄金丝桃 **202171**
近无柄荆芥 **265064**
近无柄卷瓣兰 **63113**
近无柄镰扁豆 **135438**
近无柄裂口花 **380009**
近无柄七节大戟 **159036**
近无柄千里光 **360156**
近无柄茄 **367643**
近无柄三萼木 **395347**
近无柄三角车 **334696**
近无柄柿 **132420**
近无柄树萝卜 **10373**
近无柄穗花 **317968**
近无柄乌口树 **385028**
近无柄肖九节 **402064**
近无柄雅榕 164834
近无柄叶肖九节 **402063**
近无柄针柱茱萸 **329143**
近无柄猪屎豆 **112723**
近无刺苍耳 **415050**
近无刺蓟 **92413**
近无刺假杜鹃 **48365**
近无刺龙牙楤木 **30643**
近无梗格雷野牡丹 **180443**
近无茎还阳参 **110903**
近无茎灰毛菊 **31196**
近无茎锦葵 **243838**
近无茎驴喜豆 **271271**
近无茎十字爵床 **111769**
近无茎小苓菊 **214204**
近无茎针禾 377034
近无茎针蓟草 **377034**
近无茎栀子 **171403**
近无茎紫露草 **394081**
近无距凤仙花 **205341**
近无芒凌风草 **60390**
近无毛寸金草 **97018**
近无毛飞蓬 **150991**
近无毛甘露子 **373440**
近无毛灰岩香茶菜 209643
近无毛蓝花土瓜 **250863**
近无毛茜堇菜 **410409**
近无毛三翅藤 396765
近无毛头花草 **82172**
近无毛小野芝麻 **170023**
近无毛野豌豆 **408619**
近无毛野芝麻 **220360**,220359
近无腺麻疯树 **212167**
近无叶吊灯花 **84272**
近无叶蓝花参 **412878**
近无叶青锁龙 **109425**
近无叶猪毛菜 **344696**
近蝎尾状铁青树 269685
近心格尼迪木 178718
近心格尼瑞香 **178718**
近心形黄芩 **355783**
近心形宽肋瘦片菊 **57668**
近心形佩迪木 **286951**
近心形蒲桃 **382612**
近心形神秘果 **381999**
近心形酸脚杆 **247626**
近心形鹧鸪花 **395545**
近心形纸桦 53549
近心形掷爵床 **139894**
近心叶老鸦嘴 **390882**
近心叶匍匐十大功劳 **242629**
近心叶卫矛 **157898**
近心叶岳桦 **53426**
近雪白斗篷草 **14153**
近岩梅虎耳草 **349160**
近腋生异囊菊 **194256**
近异木患 **16066**
近异枝虎耳草 **349441**
近硬叶柳 **344075**
近优越虎耳草 **349477**
近羽裂银莲花 **24070**
近羽脉楼梯草 **142858**
近圆阿氏莎草 **611**

近圆苔 **76073**
近圆形薄花兰 **127982**
近圆形卡普龙大戟 **71594**
近圆形日中花 **220690**
近圆叶补血草 **230779**
近缘安瓜 **25142**
近缘百簕花 **55262**
近缘百脉根 **237477**
近缘百蕊草 **389595**
近缘拜卧豆 **227030**
近缘棒叶金莲木 **328403**
近缘贝母 **168335**
近缘扁棒兰 **302760**
近缘鳔冠花 120796
近缘柄鳞菊 **306566**
近缘波纳兰 **310857**
近缘薄稃草 **226231**
近缘补骨脂 **319121**
近缘不悦毛茛 **325974**
近缘糙蕊阿福花 **393717**
近缘车叶草 **39304**
近缘柽柳桃金娘 **260969**
近缘赤宝花 **389994**
近缘翅果南星 **222021**
近缘雌足芥 **389273**
近缘刺头菊 **108221**
近缘刺叶紫葳 **377143**
近缘葱 **15022**
近缘大被爵床 **247874**
近缘大地豆 **199312**
近缘大果龙胆 **240951**
近缘单孔偏穗草 **258002**
近缘党参 98276
近缘地毯草 **45821**
近缘吊灯花 **83981**
近缘吊兰 **88530**
近缘丁香蓼 **238158**
近缘顶毛石南 **6376**
近缘毒鼠子 **128595**
近缘独行菜 225403
近缘短茄 **58230**
近缘短柱兰 **58805**
近缘堆桑 **369817**
近缘盾果金虎尾 **39499**
近缘盾萝藦 **39657**
近缘多肋菊 **304412**
近缘多穗兰 **310315**
近缘耳草 187509
近缘法拉茜 **162571**
近缘法鲁龙胆 **162782**
近缘菲岛茜 **313533**
近缘菲利木 **296143**
近缘风兰 **24692**
近缘弗尔夹竹桃 **167407**
近缘斧丹 **45798**
近缘格莱薄荷 **176851**
近缘拱顶金虎尾 **68771**
近缘枸杞小檗 **51894**
近缘黑草 **61729**
近缘黑药菊 **259864**
近缘红蕾花 **416919**
近缘互叶延叶菊 **265976**
近缘黄白假鼠麴草 **317752**
近缘黄眼草 **415992**
近缘灰棕枝荚蒾 **408080**
近缘茴芹 **299348**
近缘火畦茜 **322954**
近缘鸡头薯 **152860**
近缘积雪草 **81566**
近缘荚蒾 **407672**
近缘假杜鹃 **48088**
近缘绛菊木 **375621**
近缘金菊木 **150365**
近缘堇菜 **409654**
近缘卡帕苣苔 **71560**
近缘克来豆 **108553**
近缘老鹳草 174836
近缘雷诺木 **328321**
近缘肋瓣花 **13734**
近缘裂口花 **379836**
近缘裂叶毛茛 **326204**
近缘林茨桃金娘 **334721**
近缘瘤果椰 **368612**
近缘柳 **344061**
近缘龙胆 **173188**
近缘龙面花 **263377**
近缘露子花 **123829**
近缘芦荟 **16553**
近缘马利埃木 **245665**
近缘马泰木 **246249**
近缘马唐 **130501**
近缘毛头菊 **151611**
近缘茅膏菜 **138264**
近缘梅廷茄 **252651**
近缘蒙塔菊 **258192**
近缘秘花草 **113351**
近缘密钟木 **192508**
近缘莫洛莎 **258765**
近缘木雏菊 **350354**
近缘木根菊 **415846**
近缘纳塔尔肉角藜 **346769**
近缘纳韦凤梨 **262929**
近缘南非鳞叶树 **326924**
近缘拟蒺藜 **395057**
近缘拟球兰 **177218**
近缘拟芸香 **185620**
近缘牛奶木 **255263**
近缘牛舌草 **21916**
近缘女娄菜 **248241**
近缘欧石南 **148986**
近缘苹婆 **376066**
近缘婆罗门参 394316
近缘千里光 **358206**
近缘曲管桔梗 **365146**
近缘冉布檀 **14360**
近缘热美两型豆 **99950**
近缘日中花 **220469**
近缘绒毛花 **28146**
近缘沙拐枣 **66991**
近缘沙穗 **148468**
近缘山蚂蝗 **126248**
近缘蛇舌草 **269711**
近缘柿 **132038**
近缘瘦鳞帚灯草 **209423**
近缘鼠尾兰 **260955**
近缘双花草 **128566**
近缘双穴大戟 **129364**
近缘水苏 **373100**
近缘四室木 **387915**
近缘四翼木 **387587**
近缘四籽谷精草 **280347**
近缘苔草 **73729**
近缘头蕊偏穗草 **82460**
近缘万序枝竹 **261308**
近缘威尔帚灯草 **414352**
近缘威瑟茄 **414612**
近缘维斯木 **411141**
近缘尾苞南星 **402657**
近缘乌口树 **385009**
近缘五味子 351078
近缘西印度茜 **179539**
近缘锡叶藤 **386854**
近缘喜阳花 **190268**
近缘显著鹿藿 **333277**
近缘线柱头萝藦 **256069**
近缘香芸木 **10566**
近缘小苞爵床 **113746**
近缘小檗 **51281**,52199
近缘小麦秆菊 **381660**
近缘小叶番杏 **169955**
近缘肖蝴蝶草 **110661**
近缘斜药大戟 **301608**
近缘星毛树 **268780**
近缘悬钩子 **338094**
近缘野牡丹 248727
近缘野荞麦 **152575**
近缘叶小檗 52199
近缘依南木 **145136**
近缘异籽葫芦 **25655**
近缘翼茎菊 **172405**
近缘油点草 **396584**
近缘油芦子 **97284**
近缘于维尔无患子 **403062**
近缘芋 **99902**
近缘月见草 **269397**
近缘藏红卫矛 **78582**
近缘针禾 376972
近缘针蔺草 **376972**
近缘紫瓣花 **400054**
近缘紫草 **233693**
近掌脉鼠尾草 **345415**
近直立山柳菊 **196001**
近直立水苔草 **73739**
近直立小檗 **52198**
近轴香茅 **117239**
近总序香草 **239577**
进贡菜 415046
进肌草 389355
进瓢梗 394093
进去标 312714
进贤菜 415046
荩草 **36647**,36657
荩草属 **36612**
晋台报春 314453
浸水营柯 **233360**
浸水营木姜子 **233840**
浸水营石栎 233360
浸水早熟禾 **305605**
浸苔草 **74913**
缙云草 213066
缙云冬青 **203932**
缙云褐毛四照花 **124911**
缙云黄芩 **355820**
缙云槭 **3747**
缙云瑞香 **122472**
缙云山茶 **69224**,69686
缙云四照花 124911
缙云卫矛 **157373**
缙云紫金牛 **31483**
缙云紫珠 **66790**
禁宫花 201743,403687
禁生 125033,125138,125233,125257
觐 77146
噤娄 346338
京白菜 59600
京报春 105501
京菜 59438
京苍术 44208
京菖蒲 23701
京大戟 159540
京都金腰 **90391**
京都冷水花 **298955**
京都小穗蓟 **92200**
京风毛菊 **348201**
京壶卢 219844
京葫芦 219843,219854
京黄芩 **355669**,355675
京芥 265078
京兰属 216424
京梨 6530
京梨猕猴桃 **6537**,6533
京芦芦 219854
京鹿子 166117
京芒草 **4150**
京美人 **244253**
京泉氏女贞 **229521**
京泉氏苎麻 **56190**

京三棱 56637,370080,370102
京山梅花 **294509**
京石菖蒲 **5818**
京舞妓 167124
京杏 20890
京芎 229309
京玄参 23701
京鱼 86481
京鱼虾疳花 **86481**
京羽茅 4150
京知母 23670
京竹 **297206**
京子 411464
泾源紫堇 **106025**
经芩 355387
经如草 312550
茎酢浆草 **278051**
茎根斑花菊 **4862**
茎根杜鹃 331001
茎根红丝线 **238959**
茎根千日菊 4862
茎果豆 **79725**
茎果豆属 **79723**
茎红琉璃繁缕 **21423**
茎红算盘子 177172
茎花巴布亚茜草 **407523**
茎花柄果木 **255946**
茎花赪桐 **95996**
茎花赤才 **225671**
茎花刺橘 **405496**
茎花大柱芸香 **241362**
茎花单干木瓜 **405113**
茎花单花杉 **257112**
茎花邓博木 **123671**
茎花冬青 **203613**
茎花豆 **118060**,167284
茎花豆短盖豆 **58714**
茎花豆属 **118047**
茎花番樱桃 **156169**
茎花防己 132931
茎花格雷野牡丹 **180369**
茎花根茎花茜 **374684**
茎花壶花无患子 **90727**
茎花假重楼 **318075**
茎花假剑木 **318634**
茎花堇 **209593**
茎花堇属 **209592**
茎花卷瓣堇 **14946**
茎花可拉木 **99174**
茎花来江藤 **59122**
茎花离兜 **210135**
茎花利帕木 **341214**
茎花瘤蕊紫金牛 **271031**
茎花马岛外套花 **351711**
茎花麦克无患子 **240885**
茎花蒙氏藤黄 **258325**
茎花莫顿椴 **259061**
茎花牡荆 **411226**
茎花穆里野牡丹 **259419**
茎花南蛇藤 80328,80329
茎花排草 239574
茎花普林木 **305000**
茎花全缘轮叶 **94262**
茎花山龙眼 **189913**
茎花山柚 85934
茎花石豆兰 **62627**
茎花守宫木 **348045**
茎花树 **346499**
茎花水柏枝 **261253**
茎花算盘子 **177172**
茎花外盖茜 **141397**
茎花瓮萼豆 **68118**
茎花沃内野牡丹 **413201**
茎花无患子属 **255929**
茎花狭瓣花 **375424**
茎花香草 **239574**
茎花斜杯木 **301699**
茎花悬钩子 **338239**
茎花崖爬藤 **387755**
茎花叶节木 **296832**
茎花夷地黄 **351962**
茎花隐萼异花豆 **29042**
茎花鹰花寄生 **9741**
茎花雨湿木 **60030**
茎花玉盘 **374688**
茎花玉盘属 **374686**
茎花芸香属 **111820**
茎花中华锥花 **179179**
茎花猪毛菜 **344488**
茎花柱蕊紫金牛 **379188**
茎花总状茱萸 **317437**
茎基叶桔梗属 163014
茎节生根紫堇 **106494**
茎苦荬菜 210548
茎毛瑞香 **218992**
茎蒲 5793
茎球柱草 **63339**
茎莎草 **119322**
茎生八角 **204494**
茎生波喜荡 **311972**
茎生肉锥花 **102119**
茎唢呐草 **256014**
茎藤 387837
茎序山龙眼 **189914**
茎叶草海桐 **223714**
茎叶草海桐属 **223712**
茎叶鸡脚参 **275812**
茎叶天葵 183108
茎叶葶花 365907
茎叶子宫草 **365907**
茎用花椰菜 59545
茎枝谷精草 **151447**
茎锥花 179179
秔 275958
荆鞭木 **411517**
荆鞭木属 **411516**
荆刺叶 336509
荆豆 **401388**
荆豆芳香木 **38856**
荆豆哈克 184649
荆豆哈克木 **184649**
荆豆角桂花 83649
荆豆锦鸡儿 **72372**
荆豆榄仁树 **386662**
荆豆染料木 **173120**
荆豆属 **401373**
荆岗拙 366284
荆花豆 **401364**
荆花豆属 **401363**
荆芥 **264897**,143965,143974,144096,147084,249494,259281,259284,264958,264973,265001,265078,268438,274237,345310,388279
荆芥菜 264958
荆芥草 143962,264958
荆芥黄芩 **355618**
荆芥科 **265112**
荆芥七 341064
荆芥属 **264859**
荆芥穗 265078
荆芥塔花 **347604**
荆芥炭 265078
荆芥叶巴豆 **112969**
荆芥叶斑鸠菊 **406623**
荆芥叶草 **224600**
荆芥叶草属 **224558**
荆芥叶密穗花 **322129**
荆芥叶南芥 **30365**
荆芥叶狮耳草 224600
荆芥叶狮尾草 224600
荆芥叶绣球防风 **227665**
荆棵 411374
荆葵 13934,243833
荆兰 **401368**
荆兰属 **401367**
荆门藨草 **353487**
荆门水葱 **352198**
荆南星 **401366**
荆南星属 **401365**
荆皮树 317822
荆蔷薇 **336892**
荆三棱 **353587**,56637,119041,119503,370102
荆三棱属 56633
荆桑 259067
荆树 317822
荆苏麻 259323
荆桃 83284
荆条 **411374**,195269,226698,411362,411373,411420
荆条属 411187
荆竹 **87588**
荆竹茹 297373
荆仔 411362
荆子 411464
惊风草 157473,239773,308123,308946,388406,388716
惊风红 406102,406272
惊风榴 231479
惊风伞 239773
惊风散 239773
惊奇者苏格兰欧石南 **149236**
惊天雷 407503
惊羊花 331257
惊药 124711
旌节花 **373556**,243840,373524
旌节花科 **373515**
旌节花属 **373516**
旌节黄鹌菜 416471
旌节马先蒿 **287657**
菁跌打 183080
菁姑草 375136
菁麻木 139668
菁子 206626
晶党 98395,98401
晶花番杏属 **138404**
晶鳞苔草 **74855**
晶帽石斛 **125089**
晶状安祖花 28093
粳 275958
粳稻 **275963**
精河补血草 230657
精河沙拐枣 67022
精灵山达尔利石南 148947
精灵雪松 **80090**
精美杜鹃 331411
精美球 **107084**
精美野牡丹 **399818**
精美野牡丹属 **399817**
精巧殿 **288617**
精巧合毛菊 **170919**
精巧球 **288616**
精巧丸 288616
精巧小叶番杏 **169970**
精细小苦荬 **210538**
精香茅 117218
精致荸荠 **143318**
精致悬钩子 **339145**
精致野豌豆 **408539**
鲸波 **162902**
鲸鱼花 100120
井干草 11348
井冈短枝竹 172748
井冈凤仙花 205039
井冈寒竹 **172748**
井冈寒竹属 **172736**
井冈栝楼 **396207**

井冈柳 **343603**
井冈葡萄 411756
井冈山冬青 **203929**
井冈山杜鹃 **330960**
井冈山凤仙花 **205039**
井冈山栝楼 396207
井冈山猕猴桃 **6563**
井冈山卫矛 **157643**
井冈山绣线梅 **263153**
井冈山紫果槭 **2902**
井冈唐竹 **364635**
井岗葡萄 **411756**
井桐 166627
颈果草 **252398**
颈果草属 **252397**
颈果车轴草 **396943**
颈鞘筱竹 **196345**
颈柱兰 **123734**
颈柱兰属 **123733**
景东矮柳 **343553**
景东白珠 **172093**
景东报春 **314499**
景东杯冠藤 **117546**
景东长果柄黄耆 **42329**
景东长果颈黄芪 42329
景东车前 400868
景东翅子树 **320839**
景东楤木 **30674**
景东冬青 **203846**
景东短檐苣苔 **394674**
景东厚唇兰 **146539**
景东虎耳草 **349511**
景东茴芹 **299459**
景东嘉赐树 78103
景东脚骨脆 **78103**
景东景天 **356619**
景东君迁子 **132238**
景东柃 **160523**
景东龙胆 **173547**
景东毛鳞菊 **84955**
景东木蓝 **206127**
景东南星 **33375**
景东楠 **295416**
景东槭 **3055**
景东千金藤 **375834**
景东山橙 **249667**
景东蛇藤 52425
景东十大功劳 **242612**
景东石栎 **233267**
景东水锦树 **413791**
景东天南星 33375
景东铁线莲 **95465**
景东娃儿藤 **400868**
景东乌头 **5127**
景东细莴苣 **375713**
景东香草 **239699**
景东小叶鸡血藤 **254815**
景东小叶崖豆 254815
景东小叶崖豆藤 254815
景东崖爬藤 **387792**
景东羊奶子 **142037**
景东柘 **240808**
景谷箣竹 **162650**
景宏核果茶 322575
景洪暗罗 **307491**
景洪地胆 368878
景洪蜂斗草 **368878**
景洪哥纳香 **179406**
景洪核果茶 **322575**
景洪胡椒 **300550**
景洪寄生 190832
景洪离瓣寄生 **190832**
景洪秋海棠 **49786**
景洪球兰 **198834**
景洪石斛 **125126**
景洪苔草 **74371**
景栗子 205639
景烈含笑 252844
景烈樟 91443
景宁木兰 **242291**
景天 200784,356707
景天白玉树 **139810**
景天百蕊草 **389869**
景天草 200784
景天长梗花柱草 **167401**
景天扯根菜 **290138**
景天点地梅 **23133**
景天福斯特拉 167401
景天虎耳草 **349883**
景天还阳 364919
景天科 **109505**
景天莲花掌 **9065**
景天马齿苋 **311935**
景天柔花 **8991**
景天三七 294114,329897
景天属 **356467**,200775
景天瓦莲 **337311**
景天无舌黄菀 **209578**
景天小黄管 **356170**
景天焰花苋 **294332**
景天叶厚敦菊 **277145**
景天叶龙胆 **173356**
景天叶青锁龙 **109000**
景天叶鼠麹木 **269268**
景天叶酸脚杆 **247622**
景天蝇子草 **364044**
警惕豆属 **249712**
净菝葜 366284
净肠草 72038,162312
净臭草 341064
净果婆婆纳 **342536**
净果婆婆纳属 **342534**
净果玄参属 342534
净花菰腺忍冬 235861
净花红腺忍冬 **235861**
净花荚蒾 407853
净街锤 219843,219851
净瓶 363368
净土树 302592
净叶底珠 167092
净竹 297379
竟生乌头 **5704**
竞争香青 **21730**
竟生翠雀花 **124704**
竟生黄耆 **43268**
靖氏柃 160621
靖西椆 116074
靖西海菜花 **277366**
靖西猴欢喜 **366066**
靖西黄檀 **121719**
靖西栎 116074
靖西青冈 **116074**
靖西秋海棠 **49951**
靖西山姜 **17699**
靖西十大功劳 242644
靖西崖爬藤 **387759**
靖远毛茛 **325993**
静波 **324922**
静冈银兰 **82047**
静谷草 **364233**
静谷草属 **364232**
静美远志叶薄子木 **226474**
静明玉 102510
静容卫矛 **157362**
静夜 139986
静月球 **244238**
静月丸 244238
镜波湖石竹 **127665**
镜泊水毛茛 **48940**
镜泊异燕麦 **190162**
镜草 20408
镜赤竹 **347229**
镜花兰属 **370458**
镜花属 224058
镜面草 **299005**,115738,200366,298851
镜面柿 132202
镜狮子 **9058**
镜氏业平竹 **357945**
镜叶虎耳草 **349351**
镜子苔 75769
镜子苔草 **75769**
纠缠杯冠藤 **117521**
纠缠棱果桔梗 **315291**
纠缠绳草 **328069**
纠结白仙玉 **246596**
纠结风兰 **24894**
究采坡组克黄芩 **355536**
鸠草 165759
鸠目球 **244150**
鸠目丸 244150
鸠酸 277747
鸠酸草 277747
鸠酸山竹子 171155
樛 417282
樛子 417282
九巴公 138624
九把伞 342192
九百棒 190956
九百锤 417216
九杯菜 81570
九步香 276745
九草阶 94814
九层 116100
九层风 370422
九层盖 179685,179694
九层楼 78012,147084,242691
九层麻 394656,394664
九层脑 47530
九层皮 61935,132931,166627,204217,307523,327363,376144,376156
九层蒜 239266
九层塔 78012,96970,97043,268438,268614
九层叶 285819
九齿莲 **50131**,49974
九翅豆蔻 **19888**
九翅砂仁 19888
九重吹 165370,165762,310962
九重葛 **57855**,57857,57868
九重葛属 57852
九重根 39014,375343,375351,375355
九重楼 224989,284319,284325,284367,284378
九重皮 **134209**,240842,307523
九重皮属 **134207**
九重塔 268438
九重藤 70507
九虫根 375343,375351,375355
九刺虾 140248
九刺仙人柱 **140248**
九丛根 375343,375351,375355
九大牛 364094,364181
九刀参 320513
九倒生 103941
九道箍 284293,284347,284358,284367,284378,284382
九丁榕 **165370**
九丁树 165370
九顶草 **145766**
九顶草属 **145756**
九鼎柳 **343008**
九度叶 18055
九对叶矮泽芹 85716
九朵云 190956
九耳木 278323

九峰山鹅观草 **335374**
九峰山披碱草 **144350**
九冈树 324283
九刚斧 324436
九刚树 324283
九根毛 120363
九拱桥 407481
九古牛 297645
九谷考 140438
九股牛 30707,114060
九股牛膝 114060
九牯牛 309420
九骨筋 145720
九冠番荔枝属 **145787**
九冠鸢尾属 **145751**
九管血 **31371**
九果根 276098
九花 124785
九华华千里光 365059
九华兰 116851
九华蒲儿根 **365059**
九华山母草 **231536**
九华苔草 **75290**
九华瓦松 **275377**
九华鱼黄草 **250832**
九黄姜 131772
九桧 116100
九活头 161749
九荚蔓菁 59575
九荚菘 59575
九江三角槭 **2818**
九姜连 17656,17695
九姜莲 17695
九节 **319810**
九节草 407485
九节茶 346527,400519
九节菖蒲 5803,5821,23701
九节虫 65921
九节锤籽草 **12879**
九节地菖蒲 208853
九节风 88272,299039,299040,299062,345708,346527,346532
九节红 346527
九节花 200652,346527
九节科 **319920**
九节兰 59881,116851,346527
九节雷 309841
九节离 23701
九节犁 309841
九节篱 291161
九节连 327525,335760
九节莲 17695,83644,83650,198745,239594,327525,392604
九节裂枝茜 **351141**
九节铃属 20214
九节龙 **31571**,31630,39532,309494
九节木 319810
九节藕 348087
九节蒲 346527
九节属 **319392**
九节肿 265327
九苳草 400675
九荆 219970
九九峰秋海棠 **49668**
九九花 400675
九臼 139629
九空子 232557
九孔子 232557
九来龙 **154237**
九里草 250794
九里苔 96140
九里光 35136,359980
九里花 94899
九里火 94814
九里明 55783,195696,196057,253476,359980
九里香 **260165**,172099,176839,239582,260173,276291,339130,339135
九里香属 **260158**
九连灯 239673
九连环 5574,128964
九连姜 17656
九连台 117523
九连珠 29304,392248,392269
九莲灯 190956,232106,239597,239673
九莲灯花 18687
九莲花 294114,329897
九莲小檗 51802
九莲珠 29304
九莲子 392248,392269
九灵光 40000
九岭光 359980
九苓菊属 214028
九龙草 65915,138796,389768,389769,389844,407485
九龙串珠 66648
九龙丹 190956
九龙胆 392248,392269
九龙凤仙花 **204850**
九龙根 79841,328345,337925
九龙光 359980
九龙花 122438
九龙桦 **53495**
九龙黄堇 **106026**
九龙箭竹 **162701**
九龙明 359980
九龙木 414813
九龙盘 **39557**,17695,26624,39532,309711,309841
九龙瑞香 **122625**
九龙山榧 **393069**
九龙山凤仙花 **205040**
九龙山景天 **356852**
九龙上吊 20868
九龙上调 329000
九龙蛇 372247
九龙台 284402
九龙藤 49046
九龙吐珠 21339,96387,118477,368528
九龙吐珠草 159092,159286
九龙乌头 **5307**
九龙下海 70507
九龙小檗 **51799**
九龙蟹甲草 **283831**
九龙须 94814
九龙牙 11587
九轮草 314508,407485
九轮塔 186655
九木香 172099
九囊戴尔豆 **121886**
九年母 **93660**,93649
九牛草 35136,35648
九牛胆 392248,392269
九牛二虎草 56382,56392
九牛根 79841
九牛力 20408,117385,194120
九牛七 159101,190956
九牛薯 79841
九牛藤 402194
九牛造 146724,159101,309841
九牛造接骨丹 146724
九牛燥 49046
九牛子 29304,79841,392248,392269
九扭 198769
九盘龙 26624
九皮英 97919
九庆藤 393657
九秋香 260173
九日花 173811
九日三官 161373
九蕊比尔纳泽泻 64014
九蕊东非泽泻 **64014**
九十九条根 375343,375351,375355
九树香 260173
九数蓼 **145806**
九数蓼属 **145805**
九死还魂草 151219
九塔草 96970
九条牛 116010
九头艾 21596
九头草 363509,363516
九头刺盖 415132
九头饭消扭 339135
九头花 195040
九头兰 116863
九头青 173378
九头狮 117643
九头狮子草 **291161**,85952,94830,117643,159540,183097,209774,209872,291138,311890,356953
九头狮子草属 291134
九头狮子七 329897
九头香 218480
九头妖 415132
九歪草 159069
九豌菜 239215
九万山唇柱苣苔草 **87887**
九万山冬青 **203933**
九万王 **385877**
九味一枝蒿 **13063**
九纹龙 **182444**
九窝虎耳草 **349522**
九仙草 389718,389769,389844
九仙莓 **339497**
九仙山苔草 **74961**
九信菜 414193
九信草 414193
九芎 219970
九芎舅 50507,91429
九芎木 110256
九芎木属 110238
九芽木 110251
九眼独活 30619,30659
九眼菊 **270233**
九叶酢浆草 **277822**
九叶黄芪 42333
九叶黄耆 **42333**
九叶假黄堇 346638
九叶假紫堇 **346638**
九叶苦瓜 **256820**
九叶没药 **101376**
九叶木蓝 **206182**
九叶木通 374391
九叶碎米荠 **72743**
九叶天南星 **33324**
九叶岩陀 335147
九嶷山连蕊茶 **69230**
九嶷山毛蕊茶 69230
九英梅 87525
九羽见血飞 **252748**
九元蠢 229309
九月白花草 299376
九月寒 356702
九月花 173811
九月黄 **93721**,374420
九月媚秋牡丹 **23852**
九月泡 338097
九月岩陀 335153
九盏灯 276090
九真藤 162542
九蒸姜 308529

九州粗壮帚菊 **292070**
九州岛杜鹃 331010
九州冬青 **203946**
九州杜鹃 331010
九州椴 391749
九州谷精草 **151341**
九州虎耳草 **349365**
九州黄芩 **355544**
九州荚蒾 **407658**
九州剪秋罗 363638
九州堇菜 **409749**,409904,409911
九州栎 **323588**
九州落新妇 **41863**
九州木犀 **276394**
九州鸟巢兰 **264689**
九州女贞 **229608**
九州瑞香 **122482**
九州山杜鹃 **331010**
九州石竹 **127746**
九州矢竹 **318325**
九州碎米荠 **73045**
九州穗花 **317933**
九州唢呐草 **256027**
九州唐松草 **388546**
九州天门冬 **39051**
九州天南星 **33383**
九州乌头 **5322**
九州五加 **143687**
九州细辛 **37654**
九州线裂老鹳草 **174921**
九州小米草 **160179**
九州蟹甲草 **283833**
九州蝇子草 **363638**
九州盂兰 **223654**
九州圆锥绣球 **200043**
九州越橘 **403857**
九州苎麻 **56189**
九州紫菀 **40657**
九爪龙 197254
九爪藤 208077
九转香 404285
九子 266896
九子不离母 5100,131529,135098,223931
九子不离母科 306337
九子不离母属 135097
九子不离娘 5100
九子草 29304
九子兰 116851
九子连 65871,65915
九子连环草 65869,65871,65895,65917,65921,65974,66005,66099
九子莲 293494
九子母 **135098**
九子母科 **306337**
九子母属 **135097**
九子萍 372300
九子参 363998
九子十弟 38960
九子羊 29304
九子羊属 29295
九子洋属 29295
久保南星 **33432**
久保樱 **83124**
久老薯 366338
久苓草 214031,214133
久苓草属 214028
久苓菊 **214155**,214133
久苓菊属 214028
久留米杜鹃 **331380**,331010
久内胡枝子 **226836**
久内金丝桃 **202063**
久内柳 **342931**
久内卵叶女贞 **229578**
久内氏风毛菊 **348373**
久内细辛 **37743**
久内樱 **83122**
久内早熟禾 **305584**
久七当归 **24323**
久髯玉 **275407**
久藤风毛菊 **348442**
久武报春 **314466**
久治绿绒蒿 **247108**
久住苔草 **75021**
氿棚 379598
杦树 351968
杦树属 351967
灸草 36474
韭 **15843**,15170,15185
韭白 **15450**,15185,15194,15226
韭白头 15185
韭菜 **15534**,15649,15843
韭菜草 404555
韭菜子 15843
韭葱 **15621**,15056
韭逢 23670
韭黄 15843
韭兰 417613
韭兰属 **313550**
韭莲 **417613**
韭绿苔草 **75865**
韭叶柴胡 **63696**,63594,63813,272064
韭叶兰 254238
韭叶兰属 254226
韭叶麦冬 272059,272090
韭叶芸香草 117162,117185
韭状石竹 **34489**
韭子 15843
酒杯菜 81570
酒杯花 389978
酒杯窝 128964
酒饼 403521
酒饼草 35132,78012
酒饼果 166676
酒饼勒 43721
酒饼簕 **43721**
酒饼簕属 **43718**
酒饼木 177845,403521
酒饼婆 403521
酒饼树 **296948**,377543,403481
酒饼树属 **296947**
酒饼藤 126717,166684,300408
酒饼药 43721
酒饼叶 126717,143974,177822,177846,259281,403521
酒饼叶属 126716,177817
酒饼子 403521
酒饼子公 166684
酒草 389768,389769
酒川芎 229309
酒大黄 329372
酒丹参 208349
酒饭团 214959
酒枹 78932,233238
酒罐根 276098
酒果 34396
酒果科 **34401**
酒果属 **34394**
酒果椰属 269373
酒合木 30590
酒红杜鹃 **330331**
酒壶花 327435
酒壶藤 333456
酒花 199384,199386
酒假桄榔 78056
酒里坛 276098
酒灵仙 94814
酒龙草 389769
酒龙舌 10933
酒罗非亚椰子 326649
酒米慈 47264
酒女贞 229529
酒瓢 219848
酒瓶菠萝 **266149**
酒瓶草 259281
酒瓶独蒜兰 **304273**
酒瓶凤仙花 **204768**
酒瓶果 248727,278602
酒瓶花 238106,278602,331243
酒瓶花属 278590
酒瓶兰 **49343**,266506
酒瓶兰属 **49336**,266482
酒瓶树 58348
酒瓶藤 258885
酒瓶椰属 201356
酒瓶椰子 **201360**,201359
酒瓶椰子属 **201356**,246026
酒瓶子果 276098
酒葡萄 411764
酒曲花 62019
酒曲绒 178062
酒泉黄芪 42539
酒泉黄耆 **42539**
酒神菊 46227
酒神菊属 46210
酒实桐属 269373
酒实椰属 269373
酒实椰子属 269373
酒实棕 **269374**
酒实棕属 **269373**
酒翁 94576
酒五味子 351021
酒仙草 389769
酒仙球 **244264**
酒仙丸 244264
酒香草 103509
酒药草 78012,103509,187691,187694,309494
酒药花 62019,144023,160954
酒药花醉鱼草 **62127**
酒药树 166655
酒药子树 243320
酒椰 **326649**,326639
酒椰属 **326638**
酒椰子 78047,326649
酒椰子属 326638
酒叶草 117692
酒鱼尾葵 **78056**
酒制军 329372
酒盅盅花 327435
酒籽 407785
酒子 407752
酒子草 7982
酒醉芙蓉 195040
酒醉花 123065
酒醉木 21308
旧刀痕 141662
旧金山金千里光 **279911**
旧金山野荞麦 **152469**
旧金山蝇子草 **364162**
旧金山指甲草 **284851**
臼齿苏木 **29959**
柏 346408
柏安树 346408
柏树 346408
柏子树 346408
救必应 203855,204217
救兵粮 322465
救儿草 367416
救荒大戟 158857
救荒野豌豆 **408571**,408284
救火 200784
救军粮 322451,322465,403834
救命粮 322465
救命王 172831,240765,329365,

340141
救椰子属 212551
鹫峰山苔草 **74966**
居间白骨壤 45744
居间寸金草 97019
居间淡黄花鼠尾草 **345183**
居间独子果 **156060**
居间风车草 **97019**
居间海榄雌 **45744**
居间灰岩黄芩 **355444**
居间荚蒾叶风箱果 **297850**
居间金腰 **90372**
居间南川鼠尾草 **345241**
居间欧洲卫矛 **157444**
居间十大功劳 **242463**
居间小檗 **51776**
居间薰衣草 **223291**
居间尤克里费 156060
居间紫萼香茶菜 **324769**
居里胡子 210999,211000
居内马鞭草属 **213583**
居塞莲 160637
居维叶茜草属 **115278**
居永百里香 **391198**
居永大戟 **159014**
居永毒马草 **362800**
居永合柱补血草 **230495**
居永水苏 **373235**
居永野牡丹 **182148**
居永野牡丹属 **182144**
居中菅 **389354**
拘罗 69651
拘那花 219970
拘匍粘藤 338554
拘朴子 338945
苴 56145,56229,71218
苴蓴 418002
疽疮药 229
鞠 124785
鞠翠花 363265,363331
鞠藭 229309
桔 310850
桔草 117181
桔梗 **302753**,70001,117637,363403
桔梗科 **70372**
桔梗兰 127507
桔梗兰属 127504
桔梗属 **302747**,69870
桔梗状风铃草 **70140**
桔构树 198769
桔梅 34448
桔杷 165515
桔色罗勒 **268470**
桔参 7830,7850
桔叶青皮刺 **71853**
桔仔 93698
菊 124826
菊安桐属 212551
菊波 **77660**
菊波属 **77656**
菊柴胡 **40646**
菊池梨 **323210**
菊池氏山柑 71775
菊池氏玉簪 **198615**
菊池玉簪 198619
菊川七叶树 9731
菊慈童 **244045**
菊代代 **93417**
菊蒿 **383874**,322724
菊蒿花蜡菊 **189851**
菊蒿花绵叶菊 **152806**
菊蒿芥 **199191**
菊蒿科 **383686**
菊蒿匹菊 **322656**
菊蒿属 **383690**
菊蒿月见草 **269517**
菊蒿紫盏花 **171582**
菊花 **124785**,124826
菊花暗消 40972,41482,135258
菊花菜 89481,89704
菊花黄连 106227,106405
菊花木 49046
菊花脑 124790
菊花参 173412,173842,196693,354813
菊花双叶草 120371
菊花天竺葵 288468
菊花星刺 **327565**
菊黄 111515
菊架豆 29303
菊菊苗 321672
菊苣 **90901**,90894,90900
菊苣科 **90886**
菊苣拟鸦葱 **354983**
菊苣属 **90889**
菊苣叶线莴苣 **375958**
菊苣状莴苣 **219277**
菊科 **41530**,**101642**
菊莲华 **251613**
菊牡丹 220674
菊牛蒡 91913,354870
菊芹 148153
菊芹属 **148148**
菊三七 183097,359253
菊三七盘花千里光 **366885**
菊三七属 **183051**
菊属 **124767**,322640
菊薯 **366093**
菊水 378313
菊水生石花 **233610**
菊水属 378312
菊水玉 233610
菊藤属 92513
菊头桔梗科 **211637**
菊头桔梗山梗菜 **234556**
菊头桔梗属 **211639**
菊屋狼尾草属 **216372**
菊形双瓶梅 23701
菊阳飞廉 **73445**
菊叶草海桐 179557
菊叶柴胡 35674
菊叶朝鲜堇菜 410633
菊叶刺藜 139693
菊叶古登木 179557
菊叶古登桐 **179557**
菊叶蒿 36363
菊叶红景天 **329850**
菊叶黄连 **103825**
菊叶堇菜 **410633**
菊叶景天 329850
菊叶苣苔属 **10188**
菊叶马先蒿 **287513**
菊叶千里光 **358545**,359253
菊叶三七 183097
菊叶薯蓣 **131534**
菊叶碎米荠 **72698**
菊叶穗花报春 **314165**
菊叶大竺葵 **288468**
菊叶委陵菜 **313054**
菊叶香藜 **139693**
菊叶鱼眼草 **129075**
菊叶泽兰 **158097**
菊芋 **189073**
菊藻 230307,230323,230328
菊状鬼针草 **53783**
菊状花属 134756
菊状木 89394
菊状木属 89389
菊状千里光 **359253**,358545
菊状中美菊 **416911**
椈 302721
橘 93446,93717,93823,310850
橘斑三指兰 **396625**
橘草 **117181**
橘草属 117136
橘茶藨 334156
橘茶藨子 **334156**
橘齿木瓣树 **415767**
橘柑 93734,93823
橘果茄 **367292**
橘果莛子藨 **397830**
橘海桐 **93262**
橘海桐属 **93261**
橘红 **93588**,93477
橘红报春 314189
橘红灯台报春 **314189**
橘红金露梅 **312591**
橘红菊 220483
橘红山楂 **109544**
橘红悬钩子 **338166**
橘红鸢尾兰 **267976**
橘红竹叶吊钟 **56757**
橘花刺萼掌 **2098**
橘黄重瓣水杨梅 **175379**
橘黄粗壮君子兰 **97225**
橘黄独尾草 **148535**
橘黄加登君子兰 **97216**
橘黄君子兰 **97220**
橘黄鲁道兰 **339642**
橘黄马铃苣苔 273836
橘黄门花风信子 **390923**
橘黄山牵牛 **390791**
橘黄香水月季 336814
橘黄罂粟 **282536**,282617
橘黄远志 **308173**
橘蓟 **92362**
橘里珍属 28309
橘扭子 198769
橘色戴尔豆 **121884**
橘色花有刺萼 2098
橘色灰毛豆 **385956**
橘色欧防风 **285734**
橘色蒲桃 **382480**
橘色无梗接骨木 **345680**
橘色五层龙 **342660**
橘色纤毛仙灯 **67596**
橘色异色仙灯 **67637**
橘味薄荷 250341
橘味香瓜 **114150**
橘香草 117150
橘香木属 **247516**
橘叶巴戟 258882
橘叶柽柳桃金娘 **260982**
橘叶鸡眼藤 258882
橘叶裂枝茜 **351134**
橘叶榕 **164813**
橘叶四翼木 **387592**
橘叶云兰参 **84604**
橘茱萸属 **93266**
橘仔 93823
橘子 93698
橘子草 177170
嘴草 11587
嘴签 **179947**
嘴签草属 179940
嘴签科 **179962**
嘴签属 **179940**
举喙马先蒿 287813
举卿古拜散 265078
矩唇石斛 **125221**
矩盾状婆婆纳 **407349**
矩果鹅耳枥 77382
矩镰果苜蓿 247251
矩镰荚苜蓿 247251
矩鳞铁杉 **399920**
矩鳞油杉 216142,216144
矩卵形堇菜 **410330**

矩形大青 209217
矩形石斛 125221
矩形菘蓝 209217
矩形叶鼠刺 210370
矩叶赤竹 **347261**
矩叶翅果草 **334552**
矩叶垂头菊 **110420**
矩叶大青 209217
矩叶滇紫草 **271812**
矩叶翻唇兰 **193617**
矩叶勾儿茶 **52420**
矩叶含笑 **252937**
矩叶黑桦鼠李 **328782**
矩叶黑桦树 328782
矩叶虎皮楠 122710
矩叶吉祥草 **370406**
矩叶栲 78996
矩叶老鼠刺 210370
矩叶山蚂蝗 **126485**
矩叶鼠刺 **210370**
矩叶酸藤果 144773
矩叶酸藤子 144773
矩叶卫矛 **157748**
矩叶翼核果 **405452**
矩叶鱼藤 283282
矩叶锥 **78996**
矩圆安息香 **379415**
矩圆澳洲柏 **67426**
矩圆巴迪远志 **46402**
矩圆白粉藤 **92861**
矩圆白鹤灵芝 **329475**
矩圆白叶藤 **113604**
矩圆瓣丹氏梧桐 **135940**
矩圆豹皮樟 **234048**
矩圆闭药桂 **374574**
矩圆博什木棉 **57427**
矩圆车轴草 **396851**
矩圆齿叶落新妇 **41835**
矩圆粗蕊茜 **182985**
矩圆大戟 **159486**
矩圆丹尼尔苏木 **122159**
矩圆毒鼠子 **128769**
矩圆短盖豆 **58767**
矩圆盾状双距兰 **133940**
矩圆盾状香茶 **303662**
矩圆多脉水蜈蚣 **218584**
矩圆多坦草 **136472**
矩圆番薯 **208022**
矩圆粉条儿菜 **14518**
矩圆福尔克旋花 **162500**
矩圆瓜多禾 **181489**
矩圆果芮德木 327417
矩圆果柿 **132329**
矩圆合头茜 **170982**
矩圆红光树 **216866**
矩圆花欧石南 **149804**
矩圆金黄报春 **315018**
矩圆近缘积雪草 **81567**
矩圆梾木 **105139**
矩圆肋泽兰 **60143**
矩圆里恩爵床 **223533**
矩圆裂蕊核果树 **351217**
矩圆鳞果草 **4473**
矩圆露特桔梗 **341104**
矩圆马齿苋 **311887**
矩圆毛腹无患子 **151731**
矩圆梅滕大戟 **252644**
矩圆密钟木 **192697**
矩圆皿花茜 **294371**
矩圆拟亚卡萝藦 **307031**
矩圆泡泡果 **38329**
矩圆披针形法道格茜 **161979**
矩圆前胡 **292956**
矩圆三兰 **394951**
矩圆莎草 **119291**
矩圆四室木 **387918**
矩圆索英无患子 **390434**
矩圆天竺葵 **288391**
矩圆兔儿风 12689
矩圆娃儿藤 **400940**
矩圆五月茶 **28373**
矩圆细辛 **37697**
矩圆小金梅草 **202927**
矩圆小芜萍 **414688**
矩圆肖木菊 **240788**
矩圆欣珀相思子 **779**
矩圆眼子菜 **312196**
矩圆叶安瓜 **25149**
矩圆叶苞杯花 **346822**
矩圆叶贝梯大戟 **53144**
矩圆叶扁爵床 **292218**
矩圆叶布洛大戟 **55663**
矩圆叶长裂茜 **135368**
矩圆叶长筒莲 **107985**
矩圆叶常春藤 **187321**
矩圆叶赤宝花 **390016**
矩圆叶丛生鸦葱 **354830**
矩圆叶大沙叶 **286386**
矩圆叶丹氏梧桐 **135939**
矩圆叶邓博木 **123704**
矩圆叶毒夹竹桃 4966
矩圆叶独蕊 **412157**
矩圆叶椴 **391789**,391850
矩圆叶盾盘木 **301562**
矩圆叶鹅耳枥 77353
矩圆叶鹅掌柴 **350752**
矩圆叶二毛药 **128459**
矩圆叶法拉茜 **162593**
矩圆叶芳香木 **38682**
矩圆叶非洲长腺豆 **7501**
矩圆叶非洲没药 **101292**
矩圆叶风兰 **24973**
矩圆叶风铃草 **70198**
矩圆叶佛荐草 **126746**
矩圆叶格雷野牡丹 **180412**
矩圆叶谷木 **250034**
矩圆叶亨里特野牡丹 **192052**
矩圆叶虎刺 **122054**
矩圆叶虎耳草 **349707**
矩圆叶黄檀 **121776**
矩圆叶霍草 **198008**
矩圆叶鸡脚参 **275735**
矩圆叶蓟 **92247**
矩圆叶假金鸡纳 **219655**
矩圆叶尖药木 **4966**
矩圆叶豇豆 **408993**
矩圆叶金毛菀 **89891**
矩圆叶金丝桃 **202056**
矩圆叶旌节花 **373550**
矩圆叶景天 **356661**
矩圆叶卷舌菊 **380937**
矩圆叶凯木 **215675**
矩圆叶克勒草 **95857**
矩圆叶梾木 380474
矩圆叶蓝果树 **267865**
矩圆叶狼菊木 **239289**
矩圆叶老鸦嘴 **390847**
矩圆叶柃 **160562**
矩圆叶柳 **343787**
矩圆叶鹿藿 **333346**
矩圆叶麻疯树 **212154**
矩圆叶马岛茜草 **342827**
矩圆叶买麻藤 **178553**
矩圆叶毛冠萝藦 **396432**
矩圆叶没药 **101484**
矩圆叶密钟木 **192662**
矩圆叶莫里森山柑 **258975**
矩圆叶木蓝 **206319**
矩圆叶南非鳞叶树 **326931**
矩圆叶南美桔梗 **64006**
矩圆叶拟大豆 **272369**
矩圆叶欧石南 **149862**
矩圆叶婆罗香 **138554**
矩圆叶青牛胆 **392265**
矩圆叶琼楠 **50576**
矩圆叶肉果荨麻 **402297**
矩圆叶三角车 **334666**
矩圆叶三丽花 **397488**
矩圆叶沙戟 **89325**
矩圆叶山油柑 **6247**
矩圆叶烧麻 402297
矩圆叶双凸菊 **334500**
矩圆叶酸脚杆 **247599**
矩圆叶头花草 **82163**
矩圆叶驼曲草 **119871**
矩圆叶卫矛 157748
矩圆叶下珠 **296690**
矩圆叶腺柃 **160478**
矩圆叶肖金叶树 **170875**
矩圆叶肖鼠李 **328579**
矩圆叶肖乌桕 **354421**
矩圆叶鸭嘴花 **214664**
矩圆叶岩荠 **98022**
矩圆叶野荞麦 **152325**
矩圆叶银灌戟 **32978**
矩圆叶忧花 **241673**
矩圆叶掷爵床 **139888**
矩圆椅树 **79459**
矩圆异籽葫芦 **25670**
矩圆紫绒草 **44003**
莒 99910
椇 198769
椇那卫 265327
椇子 198769
筥竹 47445
榉 320377,417552,417558
榉飞廉 **73493**
榉榔 417558
榉柳 320377
榉木 417552,417558
榉属 **417534**
榉树 **417558**,417552
榉树属 417534
榉榆 417552,417558
蒟酱 300354
蒟酱叶 300354
蒟青 300354
蒟蒻 20132
蒟蒻属 20037
蒟蒻薯 **382923**,351383,382912
蒟蒻薯科 **382934**
蒟蒻薯属 **382908**
蒟叶 300354
蒟子 **300554**,300354
句稳草 308613
巨桉 155598
巨白车轴草 **397045**
巨柏 **114691**
巨斑鸠菊 **406365**
巨瓣兜兰 **282791**
巨瓣苏木属 241063
巨棒棰树 **279682**
巨苞乌头 **5409**
巨苞岩乌头 **5522**
巨苞鸢尾 208921
巨扁蕾 **174228**
巨草竹属 175588
巨侧柏 390645
巨车前 **302101**
巨齿柳叶绣线菊 **372077**
巨齿唐松草 **388525**
巨齿西南花楸 **369503**
巨齿绣线菊 372077
巨唇对叶兰 **264668**
巨刺龙舌兰 **10851**
巨葱 **15043**,15445
巨粗根 279682
巨大阿魏 **163620**

巨大爱地草 **174373**
巨大白酒草 **103492**
巨大百簕花 **55331**
巨大百子莲 **10248**
巨大闭鞘姜 **107243**
巨大薄花兰 **127967**
巨大多茎柳穿鱼 **231052**
巨大凤仙花 **204936**
巨大哥纳香 **179410**
巨大狗尾草 **361954**,361943
巨大管萼木 **288932**
巨大海神木 **315776**
巨大合欢 **13560**
巨大荷马芹 **192759**
巨大黑三棱 **370058**
巨大虎眼万年青 **274767**
巨大花凤梨 **392035**
巨大灰毛菊 **31227**
巨大戟 **159140**
巨大假石萝藦 **317853**
巨大尖果茜 **77123**
巨大金叶树 **90048**
巨大卡特兰 **79564**
巨大可拉木 **99196**
巨大蓝刺头 **140709**
巨大蓝花参 **412822**
巨大乐母丽 **335957**
巨大丽穗凤梨 **412354**
巨大两节荠 **108608**
巨大龙舌兰 **10873**
巨大龙爪茅 **121295**
巨大马兜铃 **34193**
巨大欧石南 **149484**
巨大帕洛梯 315776
巨大盘花千里光 **366882**
巨大飘拂草 **166336**
巨大麒麟叶 147343
巨大千金子 **226010**
巨大千里光 **358956**
巨大蔷薇 **336602**
巨大热非南星 **21902**
巨大肉仙掌 77077
巨大萨比斯茜 **341633**
巨大山地鱼尾葵 **78051**
巨大山柳菊 **195621**
巨大省藤 65698
巨大水车前 **277394**
巨大松菊树 **377261**
巨大铁兰 392035
巨大菟丝子 **115037**
巨大吴风草 **162626**
巨大西澳兰 **118199**
巨大肖蒲桃 **4884**
巨大旋柱兰 **258993**
巨大雅各菊 **211298**
巨大腰果 **21194**
巨大一枝黄花 **368106**
巨大鹦鹉刺 **319082**
巨大鱼木 110222
巨大玉盘木 **403625**
巨大郁金香 **400179**
巨大月见草 **269395**
巨大杂雀麦 **350625**
巨大针茅 **376779**
巨大竹蕉 **137372**
巨大柱兰 **247952**
巨大紫茉莉 **255701**
巨灯心草 **213131**
巨独尾草 **148554**
巨萼柏拉木 55149
巨萼党参 **98365**
巨萼紫堇 **106344**
巨飞廉 **73352**
巨非洲豆蔻 **9902**
巨非洲砂仁 9902
巨蜂斗菜 **292377**
巨腹萼兜兰 282898
巨港印茄木 **207017**
巨高河菜 **247782**
巨根镰扁豆 **135613**
巨根萝卜 **326602**
巨根荨麻 402958
巨狗尾草 **361826**
巨骨 127072
巨果大戟 **159283**
巨果冬青 **203628**
巨果槭 **3690**
巨果石斛 125048
巨果油松 300247
巨海葱 274767
巨黑杨 **311399**
巨虎刺 **122046**
巨花尺冠萝藦 **374147**
巨花倒挂金钟 **168737**
巨花假虎刺 **25939**,76926
巨花蒟蒻 20125
巨花球柄兰 **255937**
巨花委陵菜 **312758**
巨花雪胆 **191925**
巨花莠竹百合 **200915**
巨花远志 307919
巨花紫草 **241146**
巨花紫草属 **241144**
巨花紫葳 **54329**
巨黄精 308527
巨黄龙 **366826**
巨灰莉 **162350**
巨茴香芥 **162850**
巨茴香芥属 **162813**
巨火烧兰 **147142**
巨荚牛蹄麻 **49147**
巨菅 **389333**
巨金丝桃 **201982**
巨茎山柳菊 **195622**
巨荆芥 **264927**
巨鹫 163452
巨鹫玉 **163452**
巨句麦 127654,127852
巨决明 78316
巨魁杜鹃 **330789**
巨兰 **180126**
巨兰属 **180116**
巨冷杉 384
巨黧豆 **259512**
巨丽球 **395642**
巨丽丸 395642
巨蓼树 **264185**
巨蓼树属 **264184**
巨陆均松 **121095**
巨轮玉 **182445**
巨络石 393677
巨落柱木 **300818**
巨麻 **169245**
巨麻属 169242
巨麦草 127654,127852
巨毛萼金娘 **55485**
巨毛拂子茅 **65359**
巨毛茛 **218787**
巨毛茛属 **218786**
巨美冠兰 **156723**
巨美冷杉 384
巨蒙塔菊 **258200**
巨摩天柱 **279484**
巨磨芋 **20080**
巨南美毛茛 **218093**
巨盘木 **166973**
巨盘木科 **166988**
巨盘木属 **166971**
巨披碱草 **144255**
巨瓶果莎 **219879**
巨棋盘花 **417895**
巨人广玉兰 **242139**
巨人柱 **77077**
巨人柱属 **77075**
巨榕 **165157**
巨蕊肖鸢尾 **258503**
巨箬棕 341407
巨伞钟报春 **314407**
巨莎草 **118936**
巨山桉 155719
巨杉 **360576**
巨杉属 **360575**
巨商陆 **267241**
巨商陆属 **267239**
巨舌裂舌萝藦 **351572**
巨胜 361317
巨胜苗 361317
巨石竹 **127724**
巨数刺子莞 **333636**
巨丝兰 **416572**,416582
巨藤 **65698**
巨藤属 303087
巨藤苋属 376601
巨茼蒿 **89602**
巨头大丁草 175193
巨头火石花 **175193**
巨头藤 247969
巨头藤属 247967
巨托悬钩子 **339307**
巨托叶外盖茜 **141398**
巨翁锦 **273821**
巨乌头 **5231**
巨西风芹 **361493**
巨仙人球 **140135**
巨仙人柱 77077
巨苋属 376601
巨苋藤 **376602**
巨苋藤属 **376601**
巨腺棋子豆 **30978**
巨相思树 **1161**
巨象球 **107008**
巨蟹甲草 34809
巨型独活 192302
巨型伽蓝菜 215097
巨型角果泽米 83688
巨型蜘蛛抱蛋 **39553**
巨序剪股颖 **12118**
巨序楼梯草 **142739**
巨芽茜 **153678**
巨雅坎兰 **211382**
巨羊草 **228358**
巨羊茅 **163806**
巨药剪股颖 **12178**
巨野麦 **144312**
巨叶车前草 302068
巨叶单列木 **257940**
巨叶冬青 **204161**
巨叶短角冷水麻 298869
巨叶瓜泰木 181594
巨叶花楸 **369407**
巨叶花远志 307919
巨叶菊 **77628**
巨叶菊属 **77626**
巨叶兰属 **180162**
巨叶苹婆 **376138**
巨叶树葡萄 **120076**
巨叶硬蕊花 **181594**
巨印度箣竹 **47192**
巨早熟禾 **305960**,305323
巨藻百年 **161549**
巨杖漆 **391452**
巨朱蕉 104339
巨竹 125477
巨竹属 **175588**
巨柱唇柱苣苔 **87849**
巨籽棕属 235151
巨子买麻藤 **178534**
巨紫堇 **105929**

巨紫荆 **83785**
巨紫露草 **394029**
巨紫茉莉 **255741**
拒冬 159222
拒霜花 195040
苣 219485
苣菜 368635,368675
苣荬菜 **368635**,90894,368675
苣藤子 219485
苣苔钓钟柳 **289345**
苣苔花毛地黄 **130360**
苣苔花属 **177515**
苣苔花状洋地黄 **130361**
苣苔树 **263126**
苣苔树属 **263124**
苣苔香茶菜 **209678**
苣叶报春 **314994**
苣叶车前 **302129**
苣叶脆蒴报春 314994
苣叶假还阳参 **110626**
苣叶鼠尾草 **345398**
苣叶秃疮花 **129570**
苣状矢车菊 **81369**
具斑芒毛苣苔 **9456**
具瓣南马尾黄连 388480
具苞矮人芥 **244309**
具苞奥里木 **277478**
具苞巴布亚木 **283028**
具苞抱茎葶苈 **136930**
具苞扁爵床 **292193**
具苞糙果芹 **393949**
具苞茶藨 333928
具苞茶藨子 **333928**
具苞串珠芥 264605
具苞滇紫草 **271741**
具苞杜若 **307315**
具苞矾根 **194415**
具苞芳香木 **38446**
具苞风车子 **100358**
具苞凤仙花 **204866**
具苞藁本 229342
具苞海罂粟 **176727**
具苞蝴蝶玉 **148567**
具苞虎尾兰 **346060**
具苞黄鹌菜 416461
具苞积雪草 **81599**
具苞棘豆 **278752**
具苞江南越橘 **403900**
具苞浆果莲花 **217072**
具苞荆芥 **264890**
具苞蓝星花 **33624**
具苞雷内姜 **327724**
具苞类越橘 79790
具苞类钻花兰 **4508**
具苞狸藻 **403128**
具苞两型豆 20566
具苞裂枝茜 **351133**
具苞苓菊 **214055**
具苞铃子香 **86809**
具苞麻花头 **361002**
具苞马兜铃 **34129**
具苞蔓芹 393949
具苞毛兰 **148639**
具苞毛子草 **153136**
具苞牡荆 **411213**
具苞拟九节 **169321**
具苞念珠芥 **264605**
具苞鸟足兰 **347722**
具苞纽扣花 **194663**
具苞欧石南 **149278**
具苞皮尔逊豆 **286783**
具苞脐果山榄 **270642**
具苞腔柱草 **119852**
具苞琼楠 **50479**
具苞曲药金莲木 **238539**
具苞忍冬 **235854**
具苞赛德旋花 **356419**
具苞蛇鞭菊 **228448**
具苞十大功劳 **242497**
具苞双距兰 **133721**
具苞水柏枝 261250,261284
具苞苏木 **64974**
具苞梭柱茜 **44107**
具苞糖芥 **154563**
具苞庭荠 **18341**
具苞陀旋花 **400431**
具苞腺萼木 260615
具苞香科 **388017**
具苞艳苞莓 **79790**
具苞叶梗玄参 **297096**
具苞叶序大风子 **296910**
具苞异耳爵床 **25701**
具苞硬皮鸢尾 **172575**
具苞藏药木 **203029**
具苞皱茜 **341120**
具苞紫波 **28444**
具苞紫金牛 **31370**
具苞紫露草 **394001**
具边阿登芸香 **7139**
具边艾里爵床 **144620**
具边暗色柳穿鱼 **231158**
具边奥佐漆 **279304**
具边巴氏锦葵 **286655**
具边百簕花 **55380**
具边荸荠 **143206**
具边萹蓄 **291820**
具边长被片风信子 **137957**
具边短尖沙粟草 **317048**
具边多蕊石蒜 **175340**
具边鹅观草 **335421**
具边芳香木 **38657**
具边非洲豆蔻 **9914**
具边非洲砂仁 9914
具边风车子 **100615**
具边福斯特香茶菜 **303319**
具边刚毛彩花 **84914**
具边藁本 **229355**
具边合花风信子 **123114**
具边红点草 **223813**
具边花盏 **61402**
具边喙龙骨豆 **333762**
具边吉尔苏木 **175643**
具边加那利香雪球 **235071**
具边假杜鹃 **48248**
具边假牛鞭草 **283657**
具边豇豆 **408956**
具边金丝桃 **202011**
具边九节 **319643**
具边蜡菊 **189543**
具边立金花 **218889**
具边马岛翼蓼 **278438**
具边毛子草 **153232**
具边密钟木 **192644**
具边南星 **33389**
具边拟蛋黄榄 **411182**
具边披碱草 **144390**
具边婆罗门参 **394315**
具边蒲公英 **384661**
具边肉锥花 **102356**
具边赛金盏 **31166**
具边沙粟草 **317045**
具边莎草 **119174**
具边山柳菊 **195785**
具边鼠尾草 **345174**
具边铁榄 **362959**
具边茼蒿 **89407**
具边无梗皮尔逊豆 **286802**
具边伍尔秋水仙 **414888**
具边细莞 **210031**
具边香茅 **117202**
具边肖鸢尾 **258562**
具边楔柱豆 **371531**
具边岩芥菜 **9804**
具边盐肤木 **332711**
具边异燕麦 **190173**
具边银豆 **32848**
具边油芦子 **97336**
具边早熟禾 **305708**
具边猪毛菜 **344624**
具边紫波 **28480**
具柄草地柳 **343868**
具柄叉序草 **209934**
具柄车轴草 **397091**
具柄齿缘草 **153506**
具柄重楼 **284325**
具柄滇西小檗 52313
具柄顶冰花 **169505**
具柄冬青 **204138**
具柄非洲蔻木 **374378**
具柄海神菜 **265500**
具柄合页草 **380680**
具柄黑面神 **60081**
具柄胡椒 **300478**
具柄积雪草 **81628**
具柄假杜鹃 **48362**
具柄脚骨脆 **78150**
具柄旌节花 373581
具柄蜡菊 189659
具柄冷水花 **298953**
具柄鹿藿 **333415**
具柄密钟木 **192715**
具柄欧石南 **149927**
具柄脐果山榄 **270659**
具柄荨麻刺 **97741**
具柄球百合 **62390**
具柄榕 **165694**
具柄三尖莎 **394862**
具柄三芒草 **34038**
具柄斯托木 374378
具柄田皂角 **9646**
具柄万果木 **261301**
具柄王孙 284325
具柄无心菜 32136
具柄香芸木 **10726**
具柄斜紫草 **301629**
具柄鸭嘴花 **214702**
具柄异木患 **16085**
具柄羽叶穗花 **317943**
具槽菠萝球 **107070**
具槽秆荸荠 **143401**,143217
具槽欧洲小檗 **52344**
具槽石斛 **125375**
具齿巴氏锦葵 **286700**
具齿臂形草 **58171**
具齿补血草 **230757**
具齿侧金盏花 **8355**
具齿大丁草 **175219**
具齿单裂萼玄参 **187028**
具齿灯油藤 **80276**
具齿斗篷草 **13963**
具齿杜英 **142394**
具齿费利菊 **163277**
具齿钩喙兰 **22100**
具齿褐斑南星 **33411**
具齿厚壳树 **141698**
具齿厚皮树 **221190**
具齿厚皮香 **386698**
具齿槲寄生 **411112**
具齿环翅藜 **116295**
具齿黄胶菊 **318715**
具齿黄芩 **355747**
具齿积雪草 **81586**
具齿基氏婆婆纳 **216259**
具齿假杜鹃 **48152**
具齿假塞拉玄参 **318422**
具齿简单洛梅续断 **235494**
具齿可利果 **96700**
具齿榄仁树 **386650**

具齿离药草 **375317**
具齿鳞果草 **4483**
具齿罗勒 **268625**
具齿洛马木 235405
具齿洛美塔 235405
具齿马先蒿 **287467**
具齿芒柄花 **271578**
具齿美登木 **182784**
具齿美冠兰 **157006**
具齿密头帚鼠麹 **252473**
具齿膜鳞菊 **201119**
具齿穆拉远志 **260061**
具齿南非仙茅 **371704**
具齿扭瓣花 **235405**
具齿欧石南 **150036**
具齿婆婆纳 **407107**
具齿三角车 **334611**
具齿山柳菊 **195561**
具齿十二卷 **186726**
具齿鼠鞭草 **199693**
具齿苔草 **76232**
具齿天料木 **197664**
具齿驼曲草 **119819**
具齿无鳞草 **14434**
具齿豨莶 **363096**
具齿细蝇子草 **364116**
具齿香茵芋 **365961**
具齿肖杨梅 **258758**
具齿熊菊 **402816**
具齿一点红 **144969**
具齿永菊 **43832**
具齿羽叶风毛菊 **348516**
具齿玉凤花 **183920**
具翅百蕊草 **389598**
具翅杯柱玄参 **110176**
具翅波格木 **306783**
具翅补骨脂 **319122**
具翅齿叶鼠麹木 **290083**
具翅法鲁龙胆 **162783**
具翅非洲兰 **320933**
具翅格雷野牡丹 **180354**
具翅谷木 **249897**
具翅海神菜 **265452**
具翅红囊无患子 **154988**
具翅厚皮树 **221135**
具翅黄肉菊 **193205**
具翅蒺藜 **395136**
具翅假杜鹃 **48089**
具翅可利果 **96664**
具翅拉菲豆 **325079**
具翅马氏蟹甲草 **283845**
具翅毛轴革瓣花 **277447**
具翅矛材 **136246**
具翅拟九节 **169317**
具翅炮弹果 111101
具翅千里光 **359830**
具翅千屈菜 **240027**
具翅山黧豆 222747
具翅十字舌多穗兰 **310602**
具翅香豌豆 222735,222747
具翅小黄管 **356038**
具翅肖赪桐 **337418**
具翅泻瓜 **79808**
具翅野荞麦 **151804**
具翅异决明 360409
具翅异荣耀木 **134550**
具翅肘花苣苔 **114051**
具刺安德鲁斯蓟 **91743**
具刺白酒草 **103605**
具刺百蕊草 **389881**
具刺膀胱豆 **100164**
具刺贝壳花 **256764**
具刺贝克菊 **52786**
具刺柴胡 **63835**
具刺橙菀 **320652**
具刺翅蛇藤 **320403**
具刺茨藻 **262068**
具刺大戟 **158426**
具刺地杨梅 **238613**
具刺滇紫草 **271754**
具刺毒豆木 **171972**
具刺短丝花 **221462**
具刺纺锤菊 **44149**
具刺骨籽菊 **276564**
具刺虎耳草 **349891**
具刺黄耆 **43078**
具刺黄檀 **121622**
具刺基花莲 **48681**
具刺坚果番杏 **387169**
具刺金盏花 **66414**
具刺菊苣 **90914**
具刺苦瓜 **256881**
具刺蓝刺头 **140794**
具刺勒珀蒺藜 **335685**
具刺棱果桔梗 **315312**
具刺离苞菊 **129749**
具刺丽光球 **140306**
具刺联苞菊 **196942**
具刺麻疯树 **212225**
具刺马森风信子 **246144**
具刺芒柄花 **271593**
具刺毛茛 326108
具刺密钟木 **192712**
具刺摩洛哥山榄 **32403**
具刺木麒麟 290701
具刺南非萝藦 **323492**
具刺囊鳞莎草 **38244**
具刺尼兰远志 **267614**
具刺欧石南 **149030**
具刺欧夏至草 **245737**
具刺泡叶番杏 **138246**
具刺齐拉芥 **417940**
具刺塞拉玄参 **357682**
具刺散血丹 **297626**
具刺沙拐枣 **67079**
具刺绳草 **328023**
具刺双盛豆 **20786**
具刺水蜈蚣 **218531**
具刺蒴莲 **7309**
具刺天芥菜 **190747**
具刺天竺葵 **288525**
具刺武勇球 **140243**
具刺武勇丸 140243
具刺西番莲 285611
具刺细叶远志 **308157**
具刺香科 **388284**
具刺香雪庭荠 **198414**
具刺香芸木 **10721**
具刺小边萝藦 **253550**
具刺小瓦氏茜 **404908**
具刺肖地榆 **313160**
具刺肖木菊 **240798**
具刺熊果 **31134**
具刺旋花 **103035**
具刺血桐 **240323**
具刺岩芥菜 **9817**
具刺药用大戟 **159494**
具刺叶木豆 **297554**
具刺叶下珠 **296770**
具刺异荣耀木 **134608**
具刺翼茎菊 **172472**
具刺因加豆 **206972**
具刺罂粟 282713
具刺蝇子草 **363436**
具刺玉凤花 **183426**
具刺舟叶花 **340912**
具刺诸葛芥 **258821**
具刺猪屎豆 **112689**
具点百合 229807
具点粉叶小檗 52069
具萼茴芹 **299373**
具耳巴山木竹 **48707**
具耳斑鸠菊 **406125**
具耳龙胆 173692
具耳络石 146559
具耳箬竹 **206769**
具粉扁果菊 145188
具粉恩氏菊 **145188**
具稃贵州狗尾草 **361778**
具附属体水蕹 **29652**
具钙楼梯草 **142630**
具盖黄眼草 **416120**
具刚毛荸荠 143404
具刚毛扁基荸荠 **143146**
具隔石豆兰 **63081**
具根大沙叶 **286426**
具根吊灯花 **84218**
具根灰毛豆 **386273**
具根间花谷精草 **250996**
具根苦苣菜 **368800**
具根木蓝 **206463**
具根日本榧树 **393087**
具根水筛 **55928**
具根香科科 **388248**
具根舟叶花 **340865**
具梗笔草 **156453**
具梗鞭打绣球 191576
具梗藨草 **353699**
具梗糙苏 **295171**
具梗繁缕 **374951**
具梗虎耳草 **349051**
具梗金丝桃 **202082**
具梗旌节花 373581
具梗芦莉草 **339783**
具梗落毛禾 **300770**
具梗毛茛 326207
具梗施氏婆婆纳 **352793**
具梗苔草 **75733**
具梗铜锤玉带草 **313568**
具梗菟丝子 **115098**
具梗小蓼花 309051
具梗竹茎兰 **399652**
具梗钻花兰 232284
具沟柴胡 **63586**
具沟翅果菘蓝 **345716**
具沟冬青 **204363**
具沟多穗兰 **310355**
具沟费利菊 **163163**
具沟凤卵草 **296871**
具沟刚毛荚蒾 408128
具沟海神木 **315751**
具沟虎耳草 **349303**
具沟金果椰 **139322**
具沟魔芋 **20061**
具沟南非仙茅 **371687**
具沟千里光 **358497**
具沟水马齿 **67359**
具沟唐菖蒲 **176102**
具沟网球花 **184365**
具沟沃森花 **413333**
具沟小金梅草 **202824**
具沟蝎尾豆 **354774**
具沟须芒草 **22556**
具沟针垫花 **228076**
具钩白千层 248124
具钩斑鸠菊 **406903**
具钩苞萼玄参 **111657**
具钩豹皮花 **374006**
具钩橙菀 **320748**
具钩刺痒藤 **394225**
具钩大青 **337463**
具钩盾舌萝藦 **39641**
具钩含羞草 **255131**
具钩灰毛豆 **386159**
具钩鲫鱼藤 **356335**
具钩假牧豆树 **318173**
具钩金合欢 **1215**
具钩可利果 **96872**

具钩裂口花 **380021**
具钩露子花 **123984**
具钩美非补骨脂 **276995**
具钩魔星兰 **163540**
具钩鸟足豆 **274899**
具钩软荚豆 **386422**
具钩螯毛果 **97570**
具钩双距兰 **133974**
具钩双柱莎草 **129018**
具钩西澳兰 **118283**
具钩缬草 **404481**
具钩悬钩子 **339041**
具钩鸭跖草 **101184**
具钩硬萼花 **353997**
具钩远志 **308429**
具钩帚叶联苞菊 **114455**
具钩猪屎豆 **112775**
具冠短梗附地菜 **397387**
具冠黄堇 **105770**
具冠马先蒿 **287127**
具花球柄兰 **255941**
具环巴氏兰 **48830**
具喙阿拉伯胶树 **1580**
具喙膀胱还阳参 **111088**
具喙黄堇 **106398**
具喙蓝堇 169155
具喙菟丝子 **115131**
具脊觿茅 **131019**
具痂虎耳草 **349714**
具椒子 417161
具角凤仙 **204845**
具角凤仙花 204845
具角肋枝兰 **304910**
具节老鹳草 **174763**
具节山羊草 8672
具节玄参 355202
具茎菜木香 135730
具茎酢浆草 **277861**
具茎大叶藻 **418384**
具茎风兰 **24767**
具茎谷精草 **151261**
具茎火炬花 **216946**
具茎棘豆 **278775**
具茎君子兰 **97214**
具茎鳞翅草 **225080**
具茎南非禾 **289961**
具茎双距兰 **133732**
具茎旋果花 **377683**
具茎异果菊 **131157**
具棱大戟 158447
具棱羊耳蒜 **232188**
具镰凤仙 204914
具鳞杜鹃 331240
具鳞凤仙花 **205080**
具鳞黄堇 **106471**
具鳞水柏枝 **261293**
具鳞娑罗双 **362226**
具鳞蚊母树 **134934**
具瘤西南水苏 **373278**
具脉迪萨兰 133856
具脉姜味草 **253704**
具脉荆芥 **265011**
具脉千金藤 **375906**
具脉双距兰 **133856**
具脉延龄草 **397582**
具脉野古草 **37415**
具脉紫心苏木 **288874**
具蔓点地梅 23176
具芒白鼓钉 **307644**
具芒百蕊草 **389610**
具芒杯籽茜 **110136**
具芒车前 301868
具芒车叶草 **39309**
具芒大戟 **158471**
具芒单室爵床 **257989**
具芒芳香木 **38425**
具芒纺锤菊 **44119**
具芒芙兰草 **168886**
具芒拂子茅 **65255**
具芒复苏草 **275304**
具芒冠须菊 **405916**
具芒光高粱 **369678**
具芒蝴蝶玉 **148565**
具芒画眉草 **147501**
具芒黄眼草 **416002**
具芒灰帽苔草 **75393**
具芒灰莞 **130274**
具芒鸡脚参 **275639**
具芒金猫尾 262550
具芒壳莎 **77201**
具芒拉拉藤 **170215**
具芒鳞砖子苗 **245351**
具芒龙爪茅 **121287**
具芒木蓝 **205676**
具芒拿司竹 **262757**
具芒鸟娇花 **210705**
具芒欧石南 **149026**
具芒皮尔逊豆 **286781**
具芒神香草 **203096**
具芒双距兰 **133700**
具芒睡茄 **414588**
具芒宿柱苔 75391,75393
具芒碎米莎草 **119208**
具芒苔草 **73764**
具芒天竺葵 **288090**
具芒铁苋菜 **1788**
具芒铁线莲 **94747**
具芒头花草 **82117**
具芒歪果帚灯草 **71243**
具芒细枝欧石南 **149656**
具芒下盘帚灯草 **202466**
具芒小檗 **51327**
具芒肖鸢尾 **258397**
具芒羊茅 **163948**
具芒逸香木 **131945**
具芒砖子苗 245351
具芒总花欧石南 **149971**
具毛长绿荚蒾 408124
具毛落毛禾 **300769**
具毛秋海棠 49747
具毛素方花 211951
具毛无心菜 **32281**
具毛蚤缀 32281
具毛紫丹 **393256**
具毛紫蕊蚤缀 31964
具帽龙须兰 **79344**
具蜜金合欢 **1386**
具泡黄耆 **43223**
具腔阿氏莎草 **577**
具腔秋海棠 **49992**
具腔塞拉玄参 **357557**
具腔色罗山龙眼 **361202**
具腔须芒草 **22775**
具鞘菝葜 366583
具鞘斑鸠菊 **406912**
具鞘布留芹 **63513**
具鞘短片帚灯草 **142998**
具鞘多穗兰 **310637**
具鞘尖果茜 **77129**
具鞘蜡菊 **189882**
具鞘擂鼓艻 **244902**
具鞘亮蛇床 **357831**
具鞘芒柄花 **271630**
具鞘茅根 **291421**
具鞘皿果草 **270762**
具鞘拟九节 **169368**
具鞘牛鞭草 **191252**
具鞘前胡 **293059**
具鞘青锁龙 **109483**
具鞘双距兰 **133977**
具鞘四数莎草 **387702**
具鞘唐菖蒲 **176624**
具鞘天门冬 **39249**
具鞘肖木菊 **240785**
具鞘羊茅 **164380**
具鞘异被风信子 **132589**
具鞘银豆 **32929**
具鞘玉凤花 **184178**
具鞘早熟禾 **306125**
具鞘纸苞帚灯草 **373009**
具鞘舟叶花 **340960**
具鞘猪屎豆 **111872**
具鞘紫堇 **106585**
具髯杜鹃 331808
具色斑叶兰 **179594**
具色刺子莞 **333524**
具色飞廉 73430
具色狗肝菜 **129246**
具色紫金牛 **31383**
具舌金合欢 **1354**
具舌苔 75161
具舌相思 1354
具丝斑鸠菊 **406329**
具丝欧石南 **149437**
具丝山柳菊 **195588**
具穗细柄草 **71604**
具条纹丝柱 288989
具葶离子芥 **89006**
具头小钩耳草 **187692**
具托鼠麹木 **292175**
具托鼠麹木属 **292173**
具尾美登木 **246944**
具纹堇菜 **410602**
具腺艾纳香 **55678**
具腺邦布塞特树葡萄 **120021**
具腺豹皮花 **373824**
具腺贝克菊 **52702**
具腺扁爵床 **292205**
具腺菠萝球 **107027**
具腺补骨脂 319186
具腺糙蕊阿福花 **393749**
具腺茶藨 **333997**,334159
具腺茶藨子 **334159**
具腺长柱欧石南 **149699**
具腺酢浆草 **278089**
具腺簇花 **120879**
具腺大戟 **158951**
具腺单列木 **257945**
具腺单室爵床 **257990**
具腺单头鼠麹木 **240875**
具腺盾盘木 **301559**
具腺盾蕊樟 **39710**
具腺格雷野牡丹 **180421**
具腺谷精草 **151315**
具腺光瓣牛栓藤 **212457**
具腺荷莲豆草 **138487**
具腺红蕾花 **416945**
具腺虎耳草 **349048**
具腺虎眼万年青 **274630**
具腺吉树豆 **175775**
具腺棘豆 **278851**
具腺假杜鹃 **48170**
具腺金丝桃 **201897**
具腺决明 **78307**
具腺库卡芋 **114382**
具腺蜡菊 **189207**
具腺兰克爵床 **221126**
具腺老鹳草 **175010**
具腺肋瓣花 **13793**
具腺类沟酸浆 **255164**
具腺劣玄参 **28269**
具腺鳞花草 **225164**
具腺美非补骨脂 **276969**
具腺内蕊草 **145429**
具腺拟离药草 **375330**
具腺女娄菜 364219
具腺欧石南 **150219**
具腺婆婆纳 **407139**

具腺千金藤 **375855**
具腺千里光 **358964**
具腺枪刀药 **202556**
具腺塞拉玄参 **357520**
具腺十万错 **43627**
具腺石头花 **183200**
具腺手玄参 **244798**
具腺鼠李 **328712**
具腺树葡萄 **120166**
具腺双距花 **128058**
具腺双距兰 **133792**
具腺水苏 **373228**
具腺松蒿 317400
具腺铁苋菜 **1963**
具腺弯管花 **86220**
具腺维吉豆 **409180**
具腺西澳兰 **118201**
具腺腺花山柑 **64889**
具腺香茶菜 **303337**
具腺旋花 **103063**
具腺叶苞点地梅 **23271**
具腺异荣耀木 **134627**
具腺蚤草 **321558**
具腺泽菊 **91160**
具腺泽兰 **158024**
具腺胀萼马鞭草 **86077**
具腺直玄参 **29917**
具腺紫罗兰 **246548**
具小叶虎耳草 **349629**
具星绣球防风 **227709**
具须斗篷草 **14113**
具芽疣石蒜 **378523**
具芽猪毛菜 **344549**
具叶柄小檗 **52023**
具翼春龙胆 **174052**
具翼沟酸浆 **255187**
具翼猪笼草 **264830**
具颖蜡菊 **189400**
具疣长萼兰 **59275**
具疣细针蔺 **143369**
具疣旋覆花 207250
具有 **26913**
具缘白果瓜 **249830**
具缘拟漆姑 370675
具枕鼠尾粟 **372810**
具爪狒狒花 **46125**
具爪曲花紫堇 **105785**
具爪坛花兰 **2084**
具爪弯花紫堇 105785
秬 281916
秬豆 408393
剧荔花 208543
据火 200784
距白鹤灵芝 **329458**
距瓣豆 **81876**
距瓣豆属 **81872**
距瓣尾囊草 **402653**
距苞藤属 **369896**
距长被片风信子 **137908**
距单花野豌豆 **408495**
距单头爵床 **257250**
距萼过路黄 **239604**
距萼景天 **356965**
距萼隐匿景天 **356613**
距芳香木 **38451**
距菲利木 **296173**
距风铃草 **69928**
距果蒺藜 **303790**
距果蒺藜属 **303788**
距果沙芥 **321479**
距槲寄生 **410989**
距花宝铎草 134423
距花黄精 308544
距花忍冬 235708
距花沙芥 321479
距花山姜 **17655**
距花黍属 **203312**
距花属 81743
距花万寿竹 **134423**
距积雪草 **81578**
距节茎兰 **269208**
距堇 **409796**
距九节 **319847**
距兰 **303946**
距兰属 **303944**
距裂藤属 83519
距六棱菊 **220011**
距龙面花 **263391**
距马唐 **130474**
距毛束草 **395732**
距日中花 **220497**
距沙芥 321479
距舌兰 **81807**
距舌兰属 **81805**
距唐菖蒲 **176093**
距弯萼兰 **120739**
距小瓠果 **290524**
距缬草属 **303784**
距烟堇 **169147**
距岩堇 **340419**
距药草 81768
距药草属 **81743**
距药花属 **81708**
距药黄精 **308544**
距药姜 **79753**
距药姜属 **79749**
距药菊 **406964**
距药菊属 **406963**
距药毛棉杜鹃 **331281**
距药莓 **27786**
距药莓属 **27785**
距药琼楠 **50482**
距野豌豆 **408328**
距舟叶花 **340593**
距柱大戟 **81924**
距柱大戟属 **81922**
距柱兰 **81919**
距柱兰属 **81916**
飓风椰属 129679
飓风棕属 129679
锯边茴芹 **299534**
锯边茄 367289
锯柄榈 360646
锯柄榈属 360645
锯草 3921,3978
锯齿阿查拉 45957
锯齿阿氏木 **45957**
锯齿布楚 10598
锯齿草 3921,231496,231568
锯齿翅茎菊 **320396**
锯齿大戟 **159828**
锯齿冬青 204239
锯齿杜英 **142382**
锯齿多鳞菊 **66363**
锯齿纺锤菊 **44190**
锯齿风毛菊 **348778**
锯齿凤仙花 **205313**
锯齿卷耳 **82787**
锯齿类月桂 223018
锯齿林地兰 **138527**
锯齿瘤瓣兰 **270840**
锯齿柳 **344096**
锯齿龙胆 **173889**
锯齿龙属 122898
锯齿马兜铃 **34327**
锯齿美菊 66363
锯齿沙参 **7855**
锯齿山蕲菜 346001
锯齿鼠刺 **210374**
锯齿鼠尾草 **345385**
锯齿碎米荠 **72734**
锯齿王 72400
锯齿蚊母树 **134943**
锯齿西亚菊 **98264**
锯齿香芸木 **10598**
锯齿小檗 **52140**
锯齿勋章花 **172353**
锯齿叶班克木 **47661**
锯齿叶贝克斯 47661
锯齿叶垫柳 **343255**
锯齿叶粉叶小檗 **52076**
锯齿叶金莲木 268261
锯齿叶密花小檗 **51545**
锯齿泽兰 158312
锯齿状齿缺小檗 **52141**
锯齿锥莫尼亚 138527
锯齿棕 **360646**
锯齿棕属 **360645**
锯耳草 170193
锯花禾属 **315201**
锯假杜鹃 48295
锯菊属 **315219**
锯锯草 309796
锯锯藤 170193,170205,170218,170289,199392,337910,337925
锯拉草 170193,170694
锯镰草 231568
锯毛芥属 315246
锯木条 237191
锯箬棕 360646
锯箬棕属 360645
锯伞芹属 **315225**
锯蓍 **4052**
锯尾钻柱兰 **288602**
锯叶班克木 47667
锯叶边花紫金牛 **172495**
锯叶变豆菜 **346001**
锯叶草属 3913
锯叶长尾槭 **78878**,78877
锯叶刺芹 **154279**
锯叶豆樱 83224
锯叶峨眉黄芩 **355635**
锯叶风毛菊 **348775**
锯叶佛塔树 47667
锯叶合耳菊 **381944**
锯叶蓟序木 138431
锯叶家蒿 35622
锯叶酒神菊 **46258**
锯叶榄木 **16445**
锯叶千里光 381944
锯叶沙参 7855
锯叶石莲 **364923**
锯叶天南星 33253
锯叶尾药菊 381944
锯叶香茶菜 209826
锯叶悬钩子 **339481**
锯叶竹节树 **72394**,72400
锯叶棕 360646
锯叶棕属 360645
锯缘樱 83314
锯子草 170193,170199,170694,337925
锯棕属 360645
聚齿马先蒿 287636
聚刺沟宝山 **327272**
聚萼兰属 **381635**
聚果桉 **155533**
聚果白千层 **248121**
聚果重寄生 **293194**
聚果绞股蓝 **182999**
聚果九节 **319696**
聚果栎 324512
聚果榕 **165541**,165726
聚果指甲木 **371115**
聚果指甲木属 **371113**
聚合草 **381035**
聚合草属 **381024**
聚花艾纳香 **55736**

聚花澳藜属　**134518**
聚花白饭树　**167084**
聚花白鹤藤　32649
聚花草　**167040**
聚花草属　**167010**
聚花风铃草　**70058**,70054,70061
聚花桂　**91316**
聚花过路黄　239597
聚花海桐　**301221**
聚花合耳菊　**381937**
聚花槲寄生　**411052**
聚花荚蒾　**407869**
聚花金足草　**178853**
聚花马先蒿　**287103**
聚花美洲茶　79973
聚花蒲包花　**66289**
聚花清香桂　346725
聚花瘦片菊属　**64488**
聚花薯蓣　**131588**
聚花藤属　270938
聚花苋　**192418**
聚花苋属　**192417**
聚花盐角木属　**185021**
聚花椰　**381807**
聚花椰属　**381806**
聚花野丁香　**226087**
聚花野扇花　**346725**
聚花银背藤　**32649**
聚花朱米兰　**212716**
聚集布拉斯蜡菊　**189203**
聚集赪桐　**95939**
聚集宽肋瘦片菊　**57598**
聚集乐母丽　**336047**
聚集龙船花　**211034**
聚集密钟木　**192549**
聚集欧石南　**149246**
聚集曲管桔梗　**365147**
聚集软骨瓣　**88823**
聚集莎草　**118652**
聚集石豆兰　**62539**
聚集苔草　**74172**
聚集天门冬　**38920**
聚集香茶　**303229**
聚集血桐　**240248**
聚集银叶花　**32704**
聚焦点滇山茶　**69558**
聚粒大沙叶　**286250**
聚粒苓菊　**214094**
聚铃花　70054,199553,353001
聚铃花绵枣儿　199553
聚脉树属　101650
聚毛刺芹　**154339**
聚球滑叶小檗　**51437**
聚伞白花耳草　187538
聚伞百蕊草　**389658**
聚伞糙蕊阿福花　**393785**
聚伞赪桐　**96391**
聚伞翠雀花　**124336**
聚伞丹氏梧桐　**135815**
聚伞毒鼠子　**128646**
聚伞短片帚灯草　**142996**
聚伞多鳞菊　**66356**
聚伞甘蓝树　**115240**
聚伞海神菜　**265463**
聚伞黑蒴　**14353**
聚伞红杉花　**208318**
聚伞厚喙菊　138767
聚伞厚壳树　**141619**
聚伞花比拉碟兰　**54435**
聚伞花瓦松　275396
聚伞画眉草　**147575**
聚伞浆果鸭跖草　**280533**
聚伞锦香草　**296377**
聚伞景天　**127462**
聚伞景天属　**127460**
聚伞决明　**78505**
聚伞蜡菊　**189283**
聚伞来昂堇菜木　**224546**
聚伞兰克爵床　**221129**
聚伞牡荆　**411461**
聚伞南非少花山龙眼　**370270**
聚伞欧石南　**149324**
聚伞潘考夫无患子　**280868**
聚伞破布木　**104231**
聚伞葡萄　**411965**
聚伞千里光　381921
聚伞鞘蕊　**367918**
聚伞青锁龙　**108949**
聚伞热非野牡丹　**20505**
聚伞塞拉玄参　**357699**
聚伞莎草　**119696**
聚伞山荷叶　**132678**
聚伞山梅花　**294447**
聚伞蛇鞭菊　**228457**
聚伞绳草　**328006**
聚伞手玄参　**244871**
聚伞树葡萄　**120051**
聚伞双月莎　**129107**
聚伞酸脚杆　**247550**
聚伞酸模　**340282**
聚伞橐吾　**229014**,229227
聚伞委陵菜　**312437**
聚伞五星花　**289836**
聚伞香茶　303726
聚伞肖木菊　**240801**
聚伞绣球菊　**106845**
聚伞异环藤　**25405**
聚伞逸香木　**132011**
聚伞翼　117328
聚伞鸳鸯鸭跖草　**128997**
聚伞圆锥花序敌克里桑草　128997
聚伞圆锥花序石斛　125387
聚伞杂色豆　**47721**
聚伞泽兰　**11174**
聚伞舟叶花　**340636**
聚散翼　**117328**
聚散翼属　**117325**
聚沙参　7893
聚生草属　381024
聚生大戟　**159001**
聚生花盏　**61395**
聚生纳托尔米努草　**255547**
聚生千里光　**359000**
聚生茄　**366924**
聚生蛇舌草　**269831**
聚生穗序苔　75544
聚生穗序苔草　75544
聚石斛　**125224**,125202
聚四花　**382441**
聚四花属　**382440**
聚穗蓝星花　**33672**
聚穗莎草　118957
聚头蒿　**35550**,360827
聚头蓟　92405
聚头绢蒿　**360827**
聚头帚菊　**292050**
聚心形肉锥花　**102141**
聚星草　**39875**
聚星草科　**39876**
聚星草属　**39874**
聚雄草　**381574**
聚雄草属　**381571**
聚雄花属　11391
聚雄柚属　**11391**
聚药瓜　**85093**
聚药瓜属　**85092**
聚药桂属　**387889**
聚药藤　**381584**
聚药藤属　**381583**
聚叶虎耳草　**349194**
聚叶花葶乌头　**5556**
聚叶角蒿　**205575**
聚叶龙胆　**173384**
聚叶黔川乌头　**5112**
聚叶沙参　**7893**
聚叶粟草属　307441
聚叶岩蔷薇　**93214**
聚叶珍珠菜　239786
聚藻　83545,261364
聚藻属　261337
聚株石豆兰　**63116**
聚锥水东哥　**347992**
劇草　208543
瞿陵　70507
瞿麦　**127852**,127654,363516
瞿麦沙参　363467
懼内草　255098
鹃林脆蒴报春　**315121**
卷柏　385405
卷瓣重楼　**284404**
卷瓣海桐　**301241**
卷瓣蝴蝶兰　293620
卷瓣堇属　**14944**
卷瓣兰　62557
卷瓣兰属　**91617**,62530
卷瓣芒石南　**227969**
卷瓣忍冬　**235927**
卷瓣沙漠木　**148360**
卷瓣双苞风信子　**199560**
卷瓣双翼豆　288889
卷瓣溲疏　**127057**
卷瓣唐菖蒲　**176494**
卷瓣菟丝子　115123
卷瓣延龄草　**397599**
卷瓣沿阶草　**272130**
卷瓣朱槿　243929
卷瓣朱槿属　243927
卷瓣猪牙花　154943
卷苞大鳍菊　**271678**
卷苞风毛菊　**348772**
卷苞胶草　181174
卷苞胶菀　**181174**
卷苞石豆兰　**62825**
卷苞水竹草　394053
卷边薄子木　**226477**
卷边冬青　**204329**
卷边花楸　**369431**
卷边可拉木　**99270**
卷边拉拉藤　**170473**
卷边柳　**344124**
卷边球兰　**198892**
卷边十二卷　**186550**
卷边菀　**55088**
卷边菀属　**55087**
卷边紫金牛　**31588**
卷波　**162936**
卷长柄槭　3120
卷车叶草　170588
卷翅虫实　**104860**
卷翅谷木　**250088**
卷翅菊　**373613**
卷翅菊属　**373606**
卷翅菊状斑鸠菊　**406831**
卷翅千里光　**360279**
卷唇牛齿兰　**29819**
卷丹　**230058**,229828,229900
卷丹百合　230058
卷斗栎　116167
卷萼兜兰　**282775**
卷萼番薯　**208138**
卷萼根节兰　**66035**,66037,66046
卷萼铁线莲　**94996**
卷耳　**82680**,82849,82994,415046,415057
卷耳草　82758,402267
卷耳箭竹　**162653**
卷耳蜡菊　**189234**

卷耳属 **82629**
卷耳丝石竹 183183
卷耳状石头花 **183183**
卷耳状丝石竹 183183
卷发杜鹃 331992
卷飞廉 73337
卷冠秦岭藤 **54528**
卷果涩荠 **243230**
卷果云实 64982
卷花丹 **354751**
卷花丹属 **354743**
卷花寄生 **189083**
卷花寄生属 **189082**
卷茎蓼 162519
卷距飞燕草 124506
卷绢 358021
卷绢属 **212537**,358015
卷莲百合 229828
卷莲花 230009
卷裂叶秋海棠 **49597**
卷毛长柄槭 **3120**
卷毛椆 233216
卷毛大叶柳 **343660**
卷毛杜鹃 **330420**,331992
卷毛耳草 187625
卷毛番荔枝 **25896**
卷毛荚蒾 **407697**
卷毛豇豆 **409028**
卷毛柯 **233216**
卷毛梾木 **380510**
卷毛雷内姜 **327727**
卷毛颅果草 **108666**
卷毛蔓乌头 **5675**
卷毛婆婆纳 **407413**,407019
卷毛茜 **305028**
卷毛茜润肺草 **58922**
卷毛茜属 **305027**
卷毛茜天门冬 **39146**
卷毛秋海棠 **49723**
卷毛塞拉玄参 **357656**
卷毛沙棘 **104972**
卷毛山矾 **381446**
卷毛山柳菊 **195538**
卷毛山梅花 294465
卷毛石栎 233216
卷毛瘦鳞帚灯草 **209427**
卷毛仙人掌 272897
卷毛腺荚果 **7392**
卷毛香科 **388049**
卷毛新耳草 **262957**
卷毛雪下红 31630
卷毛异燕麦 **190144**
卷毛紫金牛 31630
卷胚科 98098
卷胚属 98100
卷片刺头菊 **108437**
卷鞘鸢尾 **208765**
卷曲刺毛叶草 318658
卷曲刺毛叶草属 318657
卷曲花凤梨 **392045**
卷曲花柱桑属 190083
卷曲菊蒿 **383878**
卷曲蜡菊 **189276**
卷曲欧洲常春藤 **187266**
卷曲忍冬 **235883**
卷曲铁兰 392045
卷曲仙灯 **67587**
卷曲岩芥菜 **9795**
卷曲洋常春藤 187266
卷曲野豌豆 **408689**
卷圈苏铁 115812
卷圈野扁豆 **138967**
卷舌菊 **380978**
卷舌菊属 **380833**
卷舌千里光 359242
卷栓翅芹 **313530**
卷丝苣苔 **103957**
卷丝苣苔属 129790
卷丝苦苣苔 103957
卷丝珊瑚苣苔 103957
卷团属 335825
卷西番莲 **285630**
卷心白 59600
卷心白菜 59600
卷心菜 59520,59532
卷心莴苣 219489
卷须扁芒草 **122204**
卷须齿瓣兰 **269061**
卷须酢浆草 **277885**
卷须红毛菀 **323017**
卷须基氏婆婆纳 **216256**
卷须菊属 260530
卷须兰属 91611
卷须罗勒 **268468**
卷须毛茛 **325723**
卷须密钟木 **192610**
卷须树葡萄 **120034**
卷须水苏 **373176**
卷须苔草 **74138**
卷须藤堇 **83413**
卷须铁线莲 **94835**
卷须西非夹竹桃 **275583**
卷须野豌豆 **408345**
卷须玉凤花 **183505**,291274
卷须舟蕊秋水仙 **22340**
卷须帚菊木 **260534**
卷须状薯蓣 **131872**
卷须紫葳 54303
卷须紫葳属 54292
卷序牡丹属 **91096**
卷旋蓼 162519
卷叶奥兆萨菊 **279345**
卷叶棒毛仙灯 **67574**
卷叶贝母 168563
卷叶吊兰 **88618**
卷叶杜鹃 **331675**
卷叶福禄桐 **310185**
卷叶黄精 **308523**
卷叶碱茅 **321240**
卷叶菊 **304479**
卷叶菊属 **304478**
卷叶库塞木 **218396**
卷叶毛茛 48919
卷叶美洲茶 **79969**
卷叶米锥 78918
卷叶珊瑚 **287856**
卷叶蛇藤 **100065**
卷叶十大功劳 **242460**
卷叶丝兰 416610
卷叶松 **300277**
卷叶苔草 **76628**
卷叶唐松草 388617
卷叶天芥菜 **190766**
卷叶小檗 **52105**,51684,51686
卷叶岩蔷薇 **93141**
卷叶银桦 **180577**
卷叶玉竹 **308522**
卷叶醉鱼草 **61982**
卷缘乳菀 **169795**
卷云 249597
卷云球 **249597**
卷云银叶菊 **358555**
卷褶马康草 **393136**
卷褶苔草 **76710**
卷枝藤 **220878**
卷轴草属 390551
卷柱胡颓子 **142182**
卷柱头苔草 **73906**
蕃耳 415057
绢萼伴孔旋花 **252526**
绢冠茜 **311797**
绢冠茜属 **311790**
绢果柳 **344088**
绢蒿属 **360807**
绢蒿叶密头帚鼠麹 **252471**
绢柽 180642
绢菊属 360807
绢柳 **343762**,344244
绢柳林忍冬 **236208**
绢毛澳洲鸢尾 **285797**
绢毛巴氏锦葵 **286643**
绢毛白柳 **342986**
绢毛百簕花 **55418**
绢毛瓣柱戟 **292298**
绢毛北非菊 41617
绢毛臂形草 **58101**
绢毛侧芒禾 **304594**
绢毛长序苎麻 **56132**
绢毛齿缘草 **153531**
绢毛稠李 **280061**
绢毛粗梗稠李 280061
绢毛酢浆草 **278009**
绢毛翠雀花 **124190**
绢毛大青 **96434**
绢毛大紫茎 **376458**
绢毛刀豆 **71074**
绢毛点地梅 **23241**
绢毛东北茵陈蒿 **36234**
绢毛东南亚山榄 **286757**
绢毛斗篷草 **14141**
绢毛杜鹃 **330809**
绢毛杜英 **142363**
绢毛多鳞木 **309987**
绢毛多年拜卧豆 **227076**
绢毛萼飞蛾藤 131243
绢毛二郎箭 **296126**
绢毛芳香木 **38793**
绢毛非洲狗尾草 **361908**
绢毛菲利木 **296310**
绢毛分尾菊 **405100**
绢毛风车子 **100776**
绢毛风铃草 **70174**
绢毛风毛菊 **348777**
绢毛风筝果 **196848**
绢毛缝籽木 **172712**
绢毛干序木 **89182**
绢毛高翠雀花 **124195**
绢毛革质苞茅 **201484**
绢毛格尼瑞香 **178651**
绢毛拱顶金虎尾 **68776**
绢毛钩足豆 **4897**
绢毛果科 386398
绢毛旱蒿 36273
绢毛蒿 **36262**
绢毛豪曼草 **186213**
绢毛鹤虱 **221744**
绢毛黑柄菊 **248147**
绢毛黑心金光菊 **339569**
绢毛红光树 **216888**
绢毛红柱树 **78703**
绢毛胡枝子 226742
绢毛壶状花 **7203**
绢毛花槐 306285
绢毛花鸭嘴花 **214801**
绢毛花崖豆藤 **254839**
绢毛画眉草 **147966**
绢毛黄鹌菜 **416476**
绢毛黄耆 **42287**
绢毛黄檀 121822
绢毛棘豆 **279156**
绢毛蒺藜 **360759**
绢毛蒺藜属 **360758**
绢毛假牧豆树 **318172**
绢毛尖叶胡枝子 **226866**
绢毛胶鸭茜 **176964**
绢毛金币花 **41617**
绢毛锦鸡儿 **72244**
绢毛茎山柳菊 **195965**

绢毛荆芥 **264963**
绢毛菊 369855,369860,369862,369865
绢毛菊属 369849
绢毛苣 **369860**,369854,369855,369865
绢毛苣属 **369849**
绢毛卷耳 **82683**
绢毛看麦娘 **17568**
绢毛可利果 **96838**
绢毛葵 **188922**
绢毛阔苞菊 **305134**
绢毛蓝花参 **412758**
绢毛蓝蓟 **141100**
绢毛蓝钟花 **115420**
绢毛老鸦嘴 **390875**
绢毛丽豆 **67784**
绢毛镰扁豆 **135615**
绢毛蓼 **309418**
绢毛林地苋 **319047**
绢毛鳞斑鸠菊 **406809**
绢毛鳞花草 **225220**
绢毛鳞叶番杏 **305016**
绢毛柳 **342946**
绢毛柳叶菜 **146779**
绢毛楼梯草 142711
绢毛驴臭草 **271823**
绢毛绿叶委陵菜 312632
绢毛马铃苣苔 **273881**
绢毛马唐 **130763**
绢毛毛茛 **326360**,326072
绢毛毛肋茅 **395995**
绢毛毛蕊花 **405674**
绢毛矛果豆 **235570**
绢毛眉兰 272434
绢毛美非补骨脂 **276988**
绢毛木姜子 **234061**
绢毛木兰 **232592**
绢毛木蓝 **206297**,206044
绢毛木莓 **136855**
绢毛耐寒委陵菜 **312632**
绢毛南非雀麦 **84837**
绢毛南非针叶豆 **223588**
绢毛欧石南 **149766**
绢毛排草香 **25393**
绢毛匹菊 **322742**
绢毛飘拂草 **166473**
绢毛匍匐委陵菜 312931
绢毛棋子豆 **116608**
绢毛千腺菊 **87380**
绢毛荨麻 **402936**
绢毛蔷薇 **336930**
绢毛琼楠 **50605**
绢毛雀麦 **60853**,60991
绢毛荛花 **414245**
绢毛热非野牡丹 **20517**
绢毛日本棘豆 **278912**
绢毛瑞香 122458
绢毛三角果 **397309**
绢毛山胡椒 **231433**
绢毛山蚂蝗 126588
绢毛山莓草 **362373**
绢毛山梅花 **294540**
绢毛山芫荽 **107815**
绢毛山野豌豆 **408272**
绢毛神血宁 309418
绢毛石胆草 103952
绢毛石花 **103952**
绢毛石头花 **183244**
绢毛使君子 **377604**
绢毛柿 **132278**
绢毛栓皮豆 **259849**
绢毛双花草 **128586**
绢毛双距花 **128074**
绢毛双盛豆 **20784**
绢毛水苏 **373431**
绢毛算盘子 **177175**
绢毛穗黄耆 **43034**
绢毛塔奇苏木 **382985**
绢毛苔草 **75059**
绢毛唐松草 **388439**
绢毛藤八仙 **199803**,199883
绢毛田菁 **361429**
绢毛同金雀花 **385684**
绢毛头格尼瑞香 **178699**
绢毛头合欢 **13485**
绢毛头旋花 **103276**
绢毛土密树 **60196**
绢毛围绕肖皱籽草 **250931**
绢毛维堡豆 **414044**
绢毛委陵菜 **312969**
绢毛无距杜英 **3805**
绢毛希尔德木 **196216**
绢毛细蔓委陵菜 **312931**
绢毛狭叶锦鸡儿 **72354**
绢毛苋 9396
绢毛苋属 **360718**,9361
绢毛相思 1291
绢毛小金梅草 **202810**
绢毛新木姜子 264090
绢毛新月银豆 **32844**
绢毛熊菊 **402814**
绢毛秀菊木 **157188**
绢毛绣球 **199883**
绢毛绣线菊 **372083**
绢毛玄参叶藿香 **10421**
绢毛悬钩子 **338751**
绢毛鸭嘴花 **214800**
绢毛羊角拗 **378411**
绢毛叶假滨紫草 **318013**
绢毛叶镰扁豆 **135619**
绢毛叶罗顿豆 **237425**
绢毛叶天竺葵 **288512**
绢毛叶旋花 **103277**
绢毛叶猪屎豆 **112663**
绢毛异色百脉根 **237594**
绢毛翼荚豆 **68147**
绢毛银齿树 **227377**
绢毛银豆 **32903**
绢毛银桦 **180646**
绢毛印度木荷 350921
绢毛蝇子草 **364050**
绢毛油芦子 **97376**
绢毛油麻藤 **259493**
绢毛鸢尾 107271
绢毛缘籽树 172712
绢毛蚤草 **321601**
绢毛泽赫针禾 377045
绢毛泽赫针翦草 **377045**
绢毛钟穗花 **293175**
绢毛猪毛菜 **344705**
绢毛紫茎 376452
绢皮 93464
绢雀麦 **60991**
绢茸火绒草 **224941**
绢丝楠 234061
绢穗苋 **360780**
绢穗苋属 **360778**
绢丸 244015
绢叶旋覆花 **207229**
绢叶异裂菊 **194013**
绢疣仙人球 244012
绢质豆属 52576
绢质榆绿木 **26035**
绢柱苋 **360774**
绢柱苋属 **360771**
蔨 333456
决麻 312925
决明 **360493**,360461,360463
决明长须兰 **56897**
决明大柱芸香 **241360**
决明红叶藤 **337701**
决明藜 **360511**
决明藜属 **360510**
决明属 **78204**,360404
决明状荚莲 **407737**
决明子 360483
芵明 360493
芵明子 360493
绝伦杜鹃 **330936**
觉树 165553
蕨茎人字果 **128939**
蕨麻 312360
蕨麻委陵菜 312360
蕨攗 394436
蕨苗参 345881,345894
蕨木 **85146**
蕨木患 166059
蕨木患属 166056
蕨木属 **85142**
蕨山芎 **101825**
蕨蛇床 97706
蕨苏铁 373674
蕨苏铁属 373673
蕨铁 373674
蕨心藤 347078
蕨序鸡菊花 **59920**
蕨序鸡菊花属 **59919**
蕨叶白芷 229377
蕨叶班克木 **47633**
蕨叶草 **320181**
蕨叶草科 **320173**
蕨叶草属 **320178**
蕨叶车桑子 **135199**
蕨叶飞蓬 **150553**
蕨叶风毛菊 **348685**
蕨叶藁本 **229377**
蕨叶蒿 36225
蕨叶花楸 **369495**
蕨叶假福王草 **283692**
蕨叶假毛地黄 45175
蕨叶杰勒草 45175
蕨叶金合欢 **1394**
蕨叶卡特莱纳铁木 239412
蕨叶蓝花楹 **211237**
蕨叶苓菊 **214084**
蕨叶瘤蕊紫金牛 **271045**
蕨叶洛马木 235406
蕨叶洛美塔 235406
蕨叶马先蒿 **287565**
蕨叶牻牛儿苗 **153798**
蕨叶梅属 **239420**
蕨叶美洲接骨木 **345645**
蕨叶南川鼠尾草 **345243**
蕨叶南洋森 **310195**
蕨叶欧芹 **292697**
蕨叶欧鼠李 **328702**
蕨叶欧洲水青冈 **162422**
蕨叶派克木 284456
蕨叶千里光 **359827**
蕨叶蔷薇 **336536**
蕨叶人字果 **128929**
蕨叶鼠尾草 **345112**
蕨叶太平南丹参 345112
蕨叶天门冬 39014
蕨叶铁蔷薇 **239412**
蕨叶铁线莲 **95320**
蕨叶无患子 **166059**
蕨叶无患子属 **166056**
蕨叶喜林芋 **294833**
蕨叶小芹 **364887**
蕨叶杨梅 **261126**
蕨叶一年生假毛地黄 45181
蕨叶一年生类毛地黄 **45181**
蕨叶异罗汉松 **316087**
蕨叶银桦 **180636**,180566
蕨叶隐萼异花豆 **29053**
蕨叶竹 47347

蕨叶紫花鼠尾草 **345202**
蕨罂粟科 320173
蕨罂粟属 320178
蕨枝柏 85316
蕨状球花豆 **284456**
蕨状蒿草 **217166**
蕨状苔草 **74513**
爵床 **337253**,337256
爵床花翠凤草 **301104**
爵床科 **2060**
爵床属 **337232**,214304
爵耳 415046,415057
爵李 83238
爵麦 60777
爵梅 83238
爵卿 337253
爵犀 139629
蹶泄 418169
嚼连木 328760
欔 54158
军刀豆属 **240484**
军花菊 383090
君范菊 **364968**
君范菊属 **364967**
君范槭 3103
君范千里光 **359362**
君范橐吾 **229096**
君光球 **103751**
君光丸 103751
君丽球 244090
君丽丸 244090
君美丽 **9051**
君迁子 **132264**,379374
君迁子芳香木 **38651**
君迁子膜果豆 **200995**
君迁子小冠花 **105295**
君迁子银豆 **32841**
君迁子猪屎豆 **112357**
君球子 55575
君山荻 **394938**
君山山矾 **381255**
君影草 102863,102867
君主街阔叶椴 **391819**
君子兰 **97218**,97223
君子兰属 **97213**
君子树 67860
均分火筒树 223922
均姜 418010
均一秋海棠 **50138**
莙 196818
莙荙 53249
莙荙菜 **53257**,53249
莙荙菜属 53224
皲口药 55575
菌串子 226742
菌桂 91302
菌花科 199780
菌口草科 199780
菌生马先蒿 **287446**
菌芝 233078
菌柱紫参 345365
筠连雪胆 **191961**
筠竹 **297286**,297285
麇穰黍 281916
郡场水石衣 **200205**
郡场帚菊 **292041**
峻 329366,329372,329401
峻美球 **244116**
峻美丸 244116
峻盛球 **244080**
峻盛丸 244080
骏河柑子 **93531**
骏河兰 116829
骏河忍冬 **236211**
骏河湾假还阳参 **110603**
骏河湾玄参 **355107**
箘 297367
駿河柚柑 93531
咖法丹氏梧桐 **135874**
咖法芦荟 **16931**
咖啡 **98857**
咖啡非洲白花菜 **57443**
咖啡狗牙花 **382756**
咖啡黄葵 **219**
咖啡科 **99026**
咖啡属 **98844**
咖啡树 98857
咖啡丝花茜 **360677**
咖啡素馨 **211783**
咖啡叶古柯 **155068**
咖啡状针茜 **50910**
咖啡籽沙扎尔茜 **86328**

## K

喀贝尔爵床 **215315**
喀贝尔爵床属 **215313**
喀贝尔桐 **215308**
喀贝尔桐属 **215307**
喀布尔寒蓬 **319928**
喀布尔石头花属 **214931**
喀布尔无苞芥 **270461**
喀尔巴蓝风铃草 **69945**
喀尔巴千山沙棘 **196759**
喀尔巴阡山风铃草 **69942**
喀尔喀拉勒黄芩 **355540**
喀尔喀拉勒小檗 **51807**
喀拉布利亚肥皂草 **346421**
喀拉草 **85961**
喀拉草属 **85960**
喀拉昆仑高原芥 **89236**
喀拉昆仑蒿草 **217199**
喀拉拉草属 85960
喀拉拉黄檀 **121712**
喀拉拉群蕊竹 **268118**
喀拉塔夫黄芩 **355538**
喀拉特氏翠雀花 **124316**
喀拉蝇子草 **363620**
喀里多尼亚椰属 48751
喀里婆罗门参 **394298**
喀里香属 263524
喀罗林秋海棠 **49698**
喀麦隆斑鸠菊 **406397**
喀麦隆半花藤 **288963**
喀麦隆闭花木 **94503**
喀麦隆草胡椒 **290367**
喀麦隆叉柱花 **374483**
喀麦隆翅苹婆 **320990**
喀麦隆翅子藤 **235211**
喀麦隆虫果金虎尾 **5899**
喀麦隆刺橘 **405557**
喀麦隆大戟 **159166**
喀麦隆大沙叶 **286140**
喀麦隆代德苏木 **129738**
喀麦隆吊兰 **88543**
喀麦隆钉头果 **179062**
喀麦隆斗篷草 **14027**
喀麦隆多坦草 **136528**
喀麦隆番樱桃 **156254**
喀麦隆非砂仁 9904
喀麦隆非洲豆蔻 **9904**
喀麦隆非洲蔻木 **374374**
喀麦隆非洲砂仁 9904
喀麦隆凤仙花 **205043**
喀麦隆福木 **142454**
喀麦隆高地草 **203016**
喀麦隆沟萼茜 **45009**
喀麦隆鬼针草 **53961**
喀麦隆孩儿草 **340342**
喀麦隆红点草 **223793**
喀麦隆红柱树 **78681**
喀麦隆画眉草 **147563**
喀麦隆鲫鱼藤 **356298**
喀麦隆金合欢 **1323**
喀麦隆九节 **319465**
喀麦隆榼藤子 **145865**
喀麦隆苦瓜 **256795**
喀麦隆蜡菊 **189220**
喀麦隆蜡烛木 **121112**
喀麦隆莱德苔草 **223854**
喀麦隆乐母丽 **335912**
喀麦隆勒珀兰 **335692**
喀麦隆裂花桑寄生 **295847**
喀麦隆龙血树 **137355**,137487
喀麦隆楼梯草 **142701**
喀麦隆鹿藿 **333145**
喀麦隆麻疯树 **212163**
喀麦隆买麻藤 **178527**
喀麦隆曼森梧桐 **244716**
喀麦隆毛丝花 **247691**
喀麦隆美非黄花兰 **244651**
喀麦隆木瓣树 **415788**
喀麦隆木橘 **9863**
喀麦隆木莓 **136840**
喀麦隆纽敦豆 **265897**
喀麦隆前胡 **292796**
喀麦隆琼楠 **50476**
喀麦隆球柱草 **63257**
喀麦隆热非大风子 **355009**
喀麦隆榕 **165181**
喀麦隆萨比斯茜 **341604**
喀麦隆三冠野牡丹 **398692**
喀麦隆三角车 **334636**
喀麦隆沙扎尔茜 **86343**
喀麦隆山地榄 **346228**
喀麦隆山榄属 **34813**
喀麦隆扇舌兰 **329646**
喀麦隆柿 **132231**
喀麦隆双袋兰 **134303**
喀麦隆双蕊苏木 **134154**
喀麦隆双蕊苏木属 **134153**
喀麦隆斯托木 374374
喀麦隆苔草 **135088**
喀麦隆苔草属 **135087**
喀麦隆娃儿藤 **400866**
喀麦隆网纹芋 **83716**
喀麦隆微花藤 **207360**
喀麦隆五层龙 **342679**
喀麦隆勿忘草 **260776**
喀麦隆香茶 **303421**
喀麦隆香胶橘 **47091**
喀麦隆小金梅草 **202822**
喀麦隆小盘木 **253412**
喀麦隆肖鸭嘴花 **8086**
喀麦隆鸭跖草 **100951**
喀麦隆羊耳蒜 **232199**
喀麦隆羊茅 **163855**
喀麦隆叶下珠 **296510**
喀麦隆叶下珠属 **301647**
喀麦隆油芦子 **97325**
喀麦隆远志 **308207**
喀麦隆仔榄树 **199417**
喀什阿富汗杨 **311206**
喀什霸王 **418683**
喀什补血草 **230648**

喀什彩花 **2246**
喀什翠雀花 **124317**
喀什鹅观草 144357
喀什方枝柏 **213877**
喀什风毛菊 **348424**,348682
喀什高原芥 **89238**
喀什红景天 **329896**
喀什黄华 389557
喀什黄堇 **106032**
喀什黄耆 **42927**
喀什碱茅 321298
喀什荆芥 **265075**
喀什菊 **215618**
喀什菊属 **215616**
喀什克尔婆婆纳 **215620**
喀什昆仑杨 311206
喀什蜡菊 **189470**
喀什麻黄 146239
喀什米尔扁芒草 **122197**
喀什米尔糙苏 295083
喀什米尔花葵 223361
喀什米尔棘豆 **278756**
喀什米尔婆婆纳属 **215619**
喀什米尔玄参属 215619
喀什米尔鸢尾 208652
喀什膜果麻黄 **146239**
喀什女蒿 **196699**
喀什披碱草 **144357**,215929
喀什疏花蔷薇 **336686**
喀什酸模 **340095**
喀什兔唇花 **220073**
喀什小檗 **51809**
喀什以礼草 **215929**
喀什藏芥 **293369**
喀什紫堇 106032
喀斯喀特扁茎帚灯草 **302694**
喀斯特十大功劳 242602
喀斯早熟禾 **305617**
喀瓦谷池马先蒿 **287311**
喀西白桐树 **94069**
喀西爵床 **337245**
喀西毛束草 **395764**
喀西木姜子 **233953**
喀西茄 **366910**
喀西黍 281791
喀西咸鱼头 94069
喀西亚水丝梨 **380593**
喀西早熟禾 305617
喀西砖子苗 **245559**
喀香木 **263525**
喀香木属 **263524**
喀亚木 216211
卡奥科白鹤灵芝 **329468**
卡奥科大戟 **159173**
卡奥科厚壳树 **141677**
卡奥科芦荟 **16927**
卡奥科没药 **101426**
卡奥科牛角草 **273177**
卡奥科四腺木姜子 **387017**
卡奥科绣球防风 **227592**
卡巴迪亚玄参 **355147**
卡巴雷三指兰 **396650**
卡巴雷莎草 **119051**
卡巴雷鸭跖草 **101053**
卡巴诺夫山柳菊 **195674**
卡巴诺夫苔草 **74969**
卡巴萨树 **235521**
卡班兰属 71561
卡抱斯 **93805**
卡倍红景天 329886
卡奔他榄仁树 **386499**
卡比利亚春黄菊 **26863**
卡比利亚蒿 **35103**
卡比利亚驴喜豆 **271223**
卡比利亚米努草 **255601**
卡比利亚披碱草 **144391**
卡比利亚忍冬 **235891**
卡比利亚香科 **388123**
卡比茜属 **71617**
卡宾达可拉木 **99173**
卡宾达紫玉盘 **403434**
卡宾加尼索桐 **265582**
卡波斑鸠菊 **406460**
卡波克木属 151560
卡伯金合欢 **1158**
卡勃还羊参 110768
卡勃还阳参 **110768**
卡布尔补血草 **230557**
卡布尔飞蓬 **150521**
卡布尔黄连木 **300978**
卡布尔柳穿鱼 **230928**
卡布尔兔唇花 **220060**
卡布拉赪桐 **95980**
卡布拉单苞藤 **148451**
卡布拉苦瓜 **256792**
卡布拉雷内姜 **327725**
卡布拉裂舌萝藦 **351523**
卡布拉脐果山榄 **270644**
卡布拉赛金莲木 **70717**
卡布拉舌冠萝藦 **177392**
卡布拉栓果菊 **222921**
卡布拉崖豆藤 **254635**
卡布拉远志 **307968**
卡布拉紫玉盘 **403435**
卡布雷拉小檗 **51410**
卡布木属 **64521**
卡布氏菊 **60109**
卡布韦五层龙 **342634**
卡布亚龙舌兰 **169243**
卡茶属 79387
卡茨鼠刺 **115274**
卡茨鼠刺属 **115273**
卡次启尔荚蒾 **407786**
卡达小檗 **51808**
卡岛毒马草 **362778**
卡岛轮叶龙胆 **167869**
卡德报春 314197
卡德兰属 **64925**
卡德斯巴牙藤 **79376**
卡德斯巴牙藤属 79364
卡德藤属 **79364**
卡迪豆 **64937**
卡迪豆属 **64932**
卡迪纳尔·沃恩牡丹 **280287**
卡迪亚豆 64937
卡迪亚豆属 64932
卡地百脉根 **237525**
卡地画眉草 **147571**
卡地列当 **274948**
卡地裂稃燕麦 **45390**
卡地山柳菊 **195524**
卡地鸭茅 **121237**
卡地异籽葫芦 **25653**
卡蒂芥 **77753**
卡蒂芥属 **77752**
卡顿茄 **367019**
卡多塔无花果 **164766**
卡恩桃金娘 **215517**
卡恩桃金娘属 **215515**
卡尔·萨克斯间型连翘 **167439**
卡尔巴斯驴喜豆 **271185**
卡尔苞叶兰 **58396**
卡尔比 **93439**
卡尔达科夫岩高兰 **145063**
卡尔德拉飞蓬 **150526**
卡尔德拉苔草 **75687**
卡尔德维尔远志叶薄子木 **226473**
卡尔顶冰花 **169393**
卡尔顿肖蓝盆花 **365892**
卡尔番樱桃 **156253**
卡尔飞蓬 150724
卡尔菲李 185867
卡尔菲李属 185866
卡尔弗裂唇兰 **351411**
卡尔福斯特尖花拂子茅 **65261**
卡尔福王草 **313803**
卡尔古斯黄耆 **42174**
卡尔古夷苏木 **181766**
卡尔黄芩 **355539**
卡尔蒺藜属 **215380**
卡尔脊被苋 **281184**
卡尔加里地毯柏 **213908**
卡尔加里地毯沙地柏 **213905**
卡尔爵床 **215312**
卡尔爵床属 **215309**
卡尔卡尔黄耆 42544
卡尔卡尔灰毛豆 **386124**
卡尔卡尔木蓝 **206134**
卡尔米金丝桃 201953
卡尔姆金丝桃 **201953**
卡尔姆山柳菊 **195677**
卡尔纳草 **215588**
卡尔纳草属 **215587**
卡尔尼苏格兰欧石南 **149215**
卡尔诺斑鸠菊 **406208**
卡尔帕索斯报春 **314221**
卡尔帕索斯春黄菊 **26760**
卡尔帕索斯棘豆 **278772**
卡尔帕索斯千里光 **358518**
卡尔帕特大戟 **158616**
卡尔帕特龙胆 **173325**
卡尔帕特矢车菊 **80995**
卡尔佩特虎耳草 **349155**
卡尔佩特染料木 **172926**
卡尔皮恩山柳菊 **195684**
卡尔平木属 170820
卡尔婆罗门参 **394299**
卡尔珀图属 77482
卡尔漆 **73109**
卡尔漆属 **73108**
卡尔千里光 **358484**
卡尔茜属 **77213**
卡尔全毛兰 **197525**
卡尔山柳菊 **195683**
卡尔山龙眼 **77074**
卡尔山龙眼属 **77073**
卡尔斯葱 **15392**
卡尔斯番红花 **111546**
卡尔斯鹤虱 **335113**
卡尔斯假狼紫草 **266607**
卡尔斯金丝桃 **201960**
卡尔斯蜀葵 **13926**
卡尔斯香花芥 **193403**
卡尔瓦秃菊 **293554**
卡尔维德欧石南 **149612**
卡尔维西木 **170850**
卡尔维西木属 **170846**
卡尔温斯基山梅花 **294485**
卡尔温斯克秋海棠 **49956**
卡尔西登百合 229806
卡尔亚木科 171558
卡尔亚木属 171545
卡菲尔大头苏铁 **145234**
卡菲尔单花杉 **257110**
卡菲尔十二卷 **186646**
卡菲尔鼠鞭草 **199687**
卡菲尔西瓜 **93292**
卡菲风车子 **100374**
卡费氏旋花 **102971**
卡凤梨 **79515**
卡凤梨属 **79513**
卡佛吊灯花 **84055**
卡佛尔高粱 **369619**
卡佛枸杞 **239028**
卡佛罗勒 **268480**
卡佛茄 **367064**
卡佛肖木蓝 **253230**

卡佛鸭跖草 **100985**
卡佛鸭嘴花 **214434**
卡佛砖子苗 **245387**
卡夫拉海檀木 415560
卡夫拉萝芙木 **327001**
卡夫木棉属 **79778**
卡弗萝芙木 327001
卡盖拉狗尾草 **361802**
卡盖拉劳德草 **237828**
卡盖拉鸭跖草 **101054**
卡盖拉远志 **308414**
卡格蔷薇属 **215046**
卡姬球 **244021**
卡贾多牛角草 **273152**
卡卡波乌头 **5311**
卡卡木 **64978**
卡开卡芦 295916
卡开芦 **295916**
卡克草属 **64767**
卡孔达海桐 **301233**
卡孔达三萼木 **395197**
卡孔达猪屎豆 **112227**
卡库玄参 355148
卡拉阿尔恰风毛菊 **348420**
卡拉巴丹参 **345139**
卡拉巴尔叉柱花 **374484**
卡拉巴赫蓝刺头 **140725**
卡拉巴赫矢车菊 **81160**
卡拉布加斯苓菊 **214103**
卡拉查黄钟花 **385477**
卡拉迪兰 65205
卡拉迪兰属 65202
卡拉蒂早熟禾 **305418**
卡拉古斑鸠菊 **406461**
卡拉古短冠草 **369210**
卡拉古千里光 **359204**
卡拉哈布虎眼万年青 **274660**
卡拉哈利丛林草 **352045**
卡拉哈利黄瓜 **114175**
卡拉哈利黍 **281786**
卡拉哈利猪毛菜 **344584**
卡拉红厚壳 **67856**
卡拉黄堇 105744
卡拉韭 15389
卡拉卡利阿魏 **163635**
卡拉卡利柽柳 **383523**
卡拉卡利金盏花 **66426**
卡拉卡利堇菜 **410126**
卡拉卡利蜀葵 **13925**
卡拉卡马尔泰利木 **245924**
卡拉卡萨维甘木 414095
卡拉卡属 106944
卡拉克萨尔远志 **308131**
卡拉库风铃草 **70099**
卡拉库还阳参 **110871**
卡拉龙胆 **173942**
卡拉马百里香 **391230**
卡拉马祖悬钩子 **339437**
卡拉莫贾琉璃草 **117984**
卡拉木属 **215077**
卡拉恰白花菜 **95713**
卡拉恰扭萼寄生 **304984**
卡拉秋秋海棠 **49696**
卡拉瑟斯刺麻树 **268014**
卡拉斯堡肋瓣花 **13805**
卡拉斯堡龙面花 **263426**
卡拉斯堡芦荟 **17300**
卡拉斯山回欢草 **21103**
卡拉斯山亚罗汉 **395595**
卡拉塔草 **215556**
卡拉塔夫 **44265**
卡拉塔夫阿魏 **163636**
卡拉塔夫氨草 **136264**
卡拉塔夫并核果 **283185**
卡拉塔夫彩花 **2243**
卡拉塔夫车叶草 **39367**
卡拉塔夫刺芹 **154322**
卡拉塔夫刺头菊 **108309**
卡拉塔夫翠雀花 **124315**
卡拉塔夫独行菜 **225393**
卡拉塔夫繁缕 **374929**
卡拉塔夫合景天 **318396**
卡拉塔夫棘豆 **278920**
卡拉塔夫碱草 **24251**
卡拉塔夫蓝刺头 **140726**
卡拉塔夫列当 **275100**
卡拉塔夫鳞冠菊 **225522**
卡拉塔夫苓菊 **214104**
卡拉塔夫耧斗菜 **30046**
卡拉塔夫漏芦 **329218**
卡拉塔夫马先蒿 **287307**
卡拉塔夫南芥 **30324**
卡拉塔夫蒲公英 **384599**
卡拉塔夫石竹 **127743**
卡拉塔夫条果芥 **284993**
卡拉塔夫菟丝子 **115056**
卡拉塔夫驼蹄瓣 **418682**
卡拉塔夫橐吾 **229076**
卡拉塔夫西风芹 **361511**
卡拉塔夫小甘菊 **71093**
卡拉塔夫岩黄耆 **187952**
卡拉塔夫羊茅 **164030**
卡拉塔夫胀基芹 **269277**
卡拉塔夫针茅 **376810**
卡拉套草属 **215555**
卡拉套绢蒿 **360847**
卡拉特金阿魏 **163638**
卡拉特金长蕊琉璃草 **367815**
卡拉特金南芥 **30325**
卡拉特金鸢尾 **208651**
卡拉特薯蓣 **131670**
卡拉维亚镰扁豆 **135510**
卡拉乌头 **5316**
卡来芥 **66506**
卡来芥属 **66504**
卡莱大戟 **350352**
卡莱大戟属 **350351**
卡莱林苔草 **74977**
卡赖氏百里香 **391116**
卡赖氏委陵菜 **312433**
卡赖氏郁金香 **400138**
卡兰博灰毛豆 **386123**
卡兰假虎刺 **76887**
卡兰特香椿 **392827**
卡郎苔草 **74980**
卡勒银桦 **180579**
卡雷白粉藤 **92914**
卡雷百蕊草 **389834**
卡雷半边莲 **234718**
卡雷苞茅 **201560**
卡雷萹蓄 **291716**
卡雷刺子莞 **333509**
卡雷德罗豆 **138115**
卡雷格尼瑞香 **178683**
卡雷槲果 **46771**
卡雷虎尾兰 **346134**
卡雷宽管瑞香 **110170**
卡雷镰扁豆 **135595**
卡雷马岛翼蓼 **278449**
卡雷木蓝 **206459**
卡雷前胡 **292991**
卡雷鞘蕊花 **99690**
卡雷热非茜 **384347**
卡雷山柑 **334835**
卡雷香根 **47122**
卡雷鸭跖草 **101132**
卡雷猪屎豆 **112597**
卡里埃拉氏山楂 **109801**
卡里埃氏山楂 109584
卡里安加马尔泰利木 **245925**
卡里桉 155562
卡里巴大戟 **159174**
卡里巴没药 **101427**
卡里巴蒴莲 **7266**
卡里多棕属 216100
卡里尔扶芳藤 **157499**
卡里萝藦属 **215570**
卡里马先蒿 **287308**
卡里密百里香 **391229**
卡里山楂 **109584**
卡里蛇鞭菊 **228462**
卡里斯氏兜兰 282802
卡里索白粉藤 **92650**
卡里索扁担杆 **180723**
卡里索长寿城 **82609**
卡里索单列木 **257930**
卡里索单头爵床 **257251**
卡里索咖啡 **98894**
卡里索宽肋瘦片菊 **57611**
卡里索梅蓝 **248836**
卡里索山柑 **334799**
卡里索异荣耀木 **134578**
卡里索远志 **307980**
卡里索猪屎豆 **112001**
卡里辛比苔草 **74979**
卡里辛比砖子苗 **245455**
卡里亚百里香 **391232**
卡里亚金棘豆 **278921**
卡里亚千里光 **359206**
卡里亚肖嵩草 **97769**
卡里蝇子草 **363629**
卡里玉蕊 76799
卡里玉蕊属 76798
卡丽花属 215566
卡丽娜兰 **66369**
卡丽娜兰属 **66368**
卡利草属 67142
卡利登多绒菊 **71567**
卡利登芳香木 **38453**
卡利登菰 **184282**
卡利登菰属 **184281**
卡利登獐菜 **336199**
卡利登瓠果 **290549**
卡利登欧石南 **149126**
卡利登山龙眼 **366027**
卡利登山龙眼属 **366026**
卡利登手玄参 **244762**
卡利登天竺葵 **288127**
卡利登线形穆拉远志 **259990**
卡利登肖观音兰 **399153**
卡利登熊菊 **402762**
卡利登远志 **259952**
卡利寇马属 66975
卡利茄 **66538**
卡利茄属 **66531**
卡利血苋 **208345**
卡林菊 76994
卡林肋柱花 235435
卡林蒲葵 **234168**
卡林肖木蓝 **253235**
卡林玉蕊 76835
卡林玉蕊属 76832
卡卢糙蕊阿福花 **393758**
卡卢芳香木 **38611**
卡卢骨籽菊 **276636**
卡卢红蕾花 **416950**
卡卢莱决明 **78345**
卡卢兰 **68231**
卡卢兰属 **68230**
卡卢露子花 **123901**
卡卢卢多穗兰 **310456**
卡卢泡叶番杏 **138190**
卡卢普尔疣石蒜 **378526**
卡卢手玄参 **244810**
卡卢疣石蒜 **378525**
卡卢舟叶花 **340737**
卡鲁百蕊草 **389750**
卡鲁长被片风信子 **137948**

卡鲁长庚花 **193283**
卡鲁番杏 **12947**
卡鲁观音兰 **399088**
卡鲁灌木帚灯草 **388804**
卡鲁立金花 **218876**
卡鲁鳞叶番杏 **305011**
卡鲁满德鼠尾粟 **372640**
卡鲁毛头菊 **151585**
卡鲁毛子草 **153211**
卡鲁欧石南 **149611**
卡鲁塞拉玄参 **357556**
卡鲁瘦鳞帚灯草 **209437**
卡鲁双距兰 **133815**
卡鲁斯蒿 **35307**
卡鲁天竺葵 **288315**
卡鲁硬皮鸢尾 **172626**
卡路金合欢 **1324**
卡吕普索垂枝针垫花 **228051**
卡伦木棉 **114434**
卡伦木棉属 **114433**
卡伦斯荸荠 **143072**
卡伦斯大地豆 **199320**
卡伦斯九节 **319460**
卡伦斯甜舌草 **232475**
卡伦斯五层龙 **342600**
卡伦斯猪屎豆 **111984**
卡罗布枯 132006
卡罗大戟 **159176**
卡罗尔伯氏瑞香 **122394**
卡罗尔落草 **217433**
卡罗尔雀麦 **60660**
卡罗尔肉锥花 **102117**
卡罗尔天竺葵 **288142**
卡罗尔小檗 **51433**
卡罗菲利木 **296236**
卡罗来纳巴考婆婆纳 **46352**
卡罗来纳白蜡树 167934
卡罗来纳百合 **229938**
卡罗来纳糙蕊阿福花 **393722**
卡罗来纳车轴草 **396859**
卡罗来纳春美草 **94305**
卡罗来纳翠雀花 **124104**
卡罗来纳地杨梅 **238566**
卡罗来纳杜鹃 **330327**
卡罗来纳杜英 **142297**
卡罗来纳椴 391681
卡罗来纳福禄考 295255
卡罗来纳黄瓜 **114134**
卡罗来纳黄耆 **42156**
卡罗来纳黄眼草 **416032**
卡罗来纳蓟 **91843**
卡罗来纳假马齿苋 46352
卡罗来纳尖刀玉 **216186**
卡罗来纳看麦娘 **17521**
卡罗来纳空轴茅 **98796**
卡罗来纳柳 **343172**
卡罗来纳露子花 **123848**
卡罗来纳马鞭草 **405828**
卡罗来纳马蹄金 **128959**
卡罗来纳偶雏菊 **56711**
卡罗来纳膨颈椰 **119990**
卡罗来纳飘拂草 **166210**
卡罗来纳蔷薇 **336462**
卡罗来纳茄 367014
卡罗来纳柔毛花 **219027**
卡罗来纳三叶草 396859
卡罗来纳山月桂 **215391**
卡罗来纳水鬼蕉 **200917**
卡罗来纳苔草 **73835**
卡罗来纳铁榄 **362957**
卡罗来纳铁杉 399874
卡罗来纳葶苈 **137205**
卡罗来纳茼蒿 **89471**
卡罗来纳无瓣毛茛 **394584**
卡罗来纳狭叶山月桂 215391
卡罗来纳斜柱棕 **97073**
卡罗来纳野豌豆 **408336**
卡罗来纳叶下珠 **296515**
卡罗来纳一枝黄花 **367969**
卡罗来纳银钟花 184731
卡罗来纳樱桃 316285
卡罗来纳蚤缀 **31801**
卡罗来纳州白蜡 167934
卡罗来纳紫草 **233708**
卡罗来纳紫菀 20188
卡罗来纳杜鹃 330327
卡罗来纳画眉草 **147871**
卡罗来纳野豌豆 408336
卡罗蓝花楹 211230
卡罗里纳补血草 230566
卡罗里纳冬青 **203542**
卡罗里纳椴 391681
卡罗里纳李 **316285**
卡罗里纳芦莉草 **339687**
卡罗利纳天蓝绣球 295255
卡罗林地胆草 **143456**
卡罗林椴 **391681**
卡罗林金千里光 **279913**
卡罗林柳 343172
卡罗林马鞭草 405828
卡罗林毛茛 **325709**
卡罗林梅花草 **284515**
卡罗林纳鼠李 328641
卡罗林茄 367014
卡罗林铁杉 **399874**
卡罗林无瓣毛茛 394584
卡罗林香草 **347506**
卡罗林鸭跖草 **100954**
卡罗林藨草 **293731**
卡罗林蝇子草 **363300**
卡罗琳垂枝针垫花 **228052**
卡罗琳鼠李 328641
卡罗龙面花 **263427**
卡罗马先蒿 **287318**
卡罗穆拉远志 **260001**
卡罗努玛马醉木 **298739**
卡罗树 67667
卡罗树属 67666
卡罗藤 **77655**
卡罗藤属 **77654**
卡罗细莞 **210018**
卡罗肖鸢尾 **258538**
卡罗紫波 **28473**
卡洛大戟 **159175**
卡洛基兰 **67542**
卡洛基兰属 **67541**
卡洛爵床属 **77034**
卡洛林杨 311146
卡洛木属 **67704**
卡马达锦锻牡丹 **280293**
卡马垫柳 **343557**
卡马老鸦嘴 **390809**
卡马莲属 68789
卡马洛兰 **68787**,68785
卡马洛兰属 68783
卡玛百合 **68800**
卡玛百合属 68789
卡玛老鹳草 **174514**
卡麦夹竹桃 **215480**
卡麦夹竹桃属 **215478**
卡梅伦鹅参 **116468**
卡梅伦非洲耳茜 **277263**
卡梅伦红光树 **216885**
卡梅伦芦荟 **16679**
卡梅伦木槿 **194774**
卡梅伦欧石南 **149135**
卡梅伦紫瓣花 **400058**
卡美香茶菜 209857
卡米尔委陵菜 **312434**
卡米费利菊 **163181**
卡米拉鸢尾 **208477**
卡米拟豹皮花 **374049**
卡米前胡 **292898**
卡米肉锥花 **102293**
卡米斯贝赫酢浆草 **277913**
卡米斯贝赫单裂萼玄参 **187047**
卡米斯贝赫魔星兰 **163527**
卡米斯贝赫石竹 **127742**
卡米斯贝赫唐菖蒲 **176289**
卡米斯伯格观音兰 **399087**
卡米斯乐母丽 **335970**
卡米斯山肖鸢尾 **258537**
卡米斯肖鸢尾 **258536**
卡米斯硬皮鸢尾 **172625**
卡米图桃榄 **313350**
卡密 266377
卡密柳叶菜属 **69818**
卡密松山金车 **34693**
卡明萝芙木 **327012**
卡明木棉 **114494**
卡明木棉属 **114492**
卡明十二卷 **186367**
卡明氏贝母兰 **98636**
卡明氏藤露兜 **168244**
卡明微腺亮泽兰 **272390**
卡明羊角拗 **378381**
卡姆德布前胡 **292795**
卡姆花凤梨 **392021**
卡姆森朝鲜连翘 **167474**
卡姆氏薄叶兰 238735
卡姆氏兜兰 **282799**
卡姆氏公主兰 **238735**
卡姆苏木属 70497
卡内里松 299835
卡那豆 **215505**
卡那豆属 **215504**
卡那飞蓬 **150530**
卡那克黄堇 **105744**
卡那利薰衣草 **223271**
卡尼氏蝎尾蕉 **190059**
卡尼斯楚属 71149
卡尼亚马树葡萄 **120112**
卡涅斯萝芙木 327067
卡努里柿 **132232**
卡努里肖矛果豆 **294611**
卡诺希 71264
卡诺希科 71267
卡诺希属 71263
卡欧属 216194
卡帕多细亚雀麦 60658
卡帕多细亚石头花 **183181**
卡帕苣苔属 **71558**
卡帕李 **316281**
卡帕绿心樟 **268693**
卡帕雀麦 **60658**
卡帕特咖啡 **98928**
卡帕特香茶 **303422**
卡帕樟桂 268693
卡佩拉指甲草 **284861**
卡佩利金苓菊 **214102**
卡蓬洛克星多花向日葵 **189007**
卡披木 **47609**
卡披木属 47607
卡皮里斑鸠菊 **406459**
卡皮里大地豆 **199338**
卡皮里恩氏寄生 **145586**
卡皮里牡荆 **411306**
卡皮里树葡萄 **120114**
卡皮里鸭跖草 **101055**
卡皮里猪屎豆 **112273**
卡皮坦平卧婆婆纳 **407300**
卡匹塔草属 **71625**
卡蒲橘 **93520**
卡普布朗匙叶景天 **357163**
卡普布留芹 **63480**
卡普菜 **72148**
卡普菜属 **72147**
卡普长柱琉璃草 **231246**

卡普楝 **72150**
卡普楝属 **72149**
卡普龙大戟 **158611**
卡普龙大戟属 **71577**
卡普山榄属 **72121**
卡普斯顶冰花 **169395**
卡普斯棘豆 **278769**
卡恰飞蓬 **150719**
卡茜 **215071**
卡茜属 **215069**
卡茄 **367026**
卡钦越橘 **403874**
卡惹拉黄堇 **106014**
卡热帕田山毛榉 162400
卡荣德地中海柏木 **114754**
卡瑞赖草 228363
卡瑞藤黄属 72387
卡瑞针茅 **376744**
卡萨布兰卡夹竹桃 **265330**
卡萨卵果蓟 **321076**
卡萨马莎草 **119055**
卡萨蒙纳姜 **417970**
卡萨茜属 **78072**
卡萨斯法蒺藜 **162250**
卡萨斯灰毛豆 **386126**
卡萨斯腺花山柑 **64892**
卡萨斯远志 **308133**
卡塞琳美丽冠香桃木 **236409**
卡塞龙船花 **211063**
卡森风琴豆 **217981**
卡森管唇姜 **365259**
卡森加马钱 **378772**
卡森美冠兰 **156619**
卡森鸟足兰 **347739**
卡森舌冠萝藦 **177393**
卡森双距兰 **133771**
卡森香薷 **143971**
卡森肖鸢尾 **258435**
卡森鸭跖草 **100955**
卡森猪屎豆 **112002**
卡尚阿魏 **163641**
卡氏白千层 **248081**
卡氏百合 **229797**
卡氏彩花 **2245**
卡氏茶茱萸 **78170**
卡氏茶茱萸属 **78169**
卡氏车桑子 **135203**
卡氏大戟 158857
卡氏独蒜兰 **304271**
卡氏独尾草 **148538**
卡氏对叶兰 **264688**
卡氏番红花 **111512**
卡氏风铃草 **69940**
卡氏花凤梨 **392022**
卡氏画眉草 147509
卡氏黄巢菜 **408470**
卡氏鸡矢藤 280070
卡氏鸡屎藤 280070
卡氏金茅 **156458**
卡氏兰 **71562**
卡氏兰属 **71561**
卡氏老人须 392021
卡氏楝属 64505
卡氏蓼 **308957**
卡氏蓼树 **397933**
卡氏马先蒿 **287310**
卡氏南洋参 310186
卡氏匹菊 **322693**
卡氏坡柳 135203
卡氏乳香树 57516
卡氏鳃兰 **246707**
卡氏三肋果 **397968**
卡氏三芒草 **33898**
卡氏山柳菊 **195675**
卡氏鼠李属 **215611**
卡氏水仙 **262392**
卡氏酸脚杆 **247549**
卡氏苔 74323
卡氏苔草 **74053**
卡氏铁兰 392022
卡氏网纹芋 **83723**
卡氏枸子 107384
卡氏延龄草 **397546**
卡氏银砂槐 **19733**
卡氏沼生马先蒿 **287495**
卡氏蜘蛛兰 **30530**
卡氏槠 78877
卡柿 **155977**
卡柿属 **155919**
卡柿香胶大戟 **20991**
卡斯拜卡棘豆 **278922**
卡斯拜克卷耳 **82902**
卡斯得拉属 79080
卡斯蒂属 79113
卡斯尔草 **78203**
卡斯尔草属 **78202**
卡斯卡特凤仙花 **204842**
卡斯卡特千里光 **358522**
卡斯卡特秋海棠 **49702**
卡斯卡特润肺草 **58838**
卡斯卡特无鳞草 **14435**
卡斯马钱 **378674**
卡斯纳奥佐漆 **279296**
卡斯纳触须兰 **261807**
卡斯纳大地豆 **199341**
卡斯纳大戟 **159163**
卡斯纳蝶豆 **97192**
卡斯纳钉头果 **179061**
卡斯纳多肋菊 **304431**
卡斯纳番薯 **207905**
卡斯纳非洲长腺豆 **7496**
卡斯纳感应草 **54544**
卡斯纳豪曼草 **186191**
卡斯纳厚壳树 **141653**
卡斯纳茴芹 **299443**
卡斯纳假杜鹃 **48213**
卡斯纳决明 **78207**
卡斯纳克拉布爵床 **108512**
卡斯纳老鸦嘴 **390811**
卡斯纳肋瓣花 **13807**
卡斯纳鳞花草 **225181**
卡斯纳密穗花 **322115**
卡斯纳木蓝 **205693**
卡斯纳疱茜 **319962**
卡斯纳三角车 **334689**
卡斯纳莎草 **119052**
卡斯纳神秘果 **381986**
卡斯纳瘦片菊 **182060**
卡斯纳天门冬 **39047**
卡斯纳田皂角 **9502**
卡斯纳西澳兰 **118217**
卡斯纳腺瓣古柯 **263078**
卡斯纳香茶 **303423**
卡斯纳雪柱 **128178**
卡斯纳雪柱属 **128177**
卡斯纳野茼蒿 **108747**
卡斯纳叶下珠 **296619**
卡斯纳忧花 **241655**
卡斯纳玉凤花 **183748**
卡斯纳止泻萝藦 **416229**
卡斯纳猪屎豆 **112278**
卡斯尼 90900,90901
卡斯帕里山柳菊 **195523**
卡斯桑 79112
卡斯石蒜 **79094**
卡斯石蒜属 **79093**
卡斯塔欧石南 **149176**
卡斯特罗异荣耀木 **134579**
卡斯藤密集小檗 **51488**
卡斯提橡胶树 79110
卡苏鸡爪槭 **3315**
卡苏穆黍 **281787**
卡苏鸭舌癀舅 **370759**
卡索拉堇菜 **409812**
卡索门鞘蕊花 **99608**
卡他本氏兰 **51078**
卡他丹氏梧桐 **135803**
卡他金果椰 **139324**
卡他类沟酸浆 **255160**
卡他里那蝶花百合 **67569**
卡他枪刀药 **202524**
卡他西澳兰 **118175**
卡他银豆 **32795**
卡塔丁山粒苔草 **74984**
卡塔夫没药 **101428**
卡塔琳娜红蕾花 **416951**
卡塔琳娜油芦子 **97326**
卡塔檬 **93517**
卡塔氏黄芩 **355401**
卡汤 350747
卡唐异芒草 **130874**
卡特贝赫芳香木 **38612**
卡特贝赫露子花 **123902**
卡特贝赫喜阳花 **190360**
卡特蒂九节 **319475**
卡特基叶兰 **48736**
卡特加特苔草 **74986**
卡特假泽兰 **254421**
卡特拉蝴蝶玉 **148569**
卡特拉露子花 **123850**
卡特拉木蔓列当 **415711**
卡特莱纳铁木 239413
卡特莱纳铁木属 239411
卡特兰 **79546**,79543
卡特兰属 **79526**
卡特兰状折叶兰 **366779**
卡特勒麻黄 **146153**
卡特勒一枝黄花 **368209**
卡特里帚状细子木 **226488**
卡特丽亚兰属 79526
卡特林榔榆 **401582**
卡特尼拉 **93766**
卡特茜 **77673**
卡特茜属 **77672**
卡特斯基尔荚蒾 407786
卡滕代绵枣儿 **352931**
卡滕代榕 **165183**
卡滕代柿 **132233**
卡滕塔尼亚大戟 **401237**
卡滕塔尼亚老鸦嘴 **390813**
卡提紫心苏木 **288864**
卡田道夫属 107738
卡田凤梨 **107740**
卡田凤梨属 **107738**
卡廷卡苏格兰欧石南 **149226**
卡通贝斑鸠菊 **406210**
卡通贝囊颖草 **341946**
卡通黄芪 43016
卡通黄耆 **43016**
卡突崖摩楝 **19954**
卡托巴木 79260
卡托悬钩子 **338233**
卡瓦大戟属 **79757**
卡瓦胡椒 **300458**
卡瓦胡椒属 **241208**
卡瓦金丝桃 **201961**
卡瓦簕利小檗 51437
卡瓦利杯漆 **396312**
卡瓦利木蓝 **205786**
卡瓦利耶秋海棠 **49707**
卡瓦列罗糙苏 **295179**
卡瓦略布里滕参 **211489**
卡瓦略狗肝菜 **129240**
卡瓦略鳞果草 **4460**
卡瓦略腺瓣古柯 **263074**
卡瓦牡荆 **411225**
卡瓦三毛草 **398403**
卡瓦石栎 233269

卡万布瓦非洲长腺豆 **7495**
卡文木属 215611
卡文斯基属 215611
卡沃兹斑鸠菊 **406467**
卡乌洛夫黄耆 **43230**
卡西 386504
卡西大翼橙 93529
卡西基灰毛豆 **386125**
卡西基远志 **308132**
卡西山黍 281791
卡西山香茅 117195
卡西矢车菊 80981
卡西栓果菊 **222957**
卡西松 299999
卡西香茅 **117195**
卡西亚松 299999
卡西亚小檗 **51818**
卡西亚蝇子草 **363631**
卡西远志 **308136**
卡夏早熟禾 305617
卡现 187455
卡香木 **77079**,76852
卡香木属 **77078**
卡雅楝属 216194
卡雅山柳菊 **195676**
卡亚桦 **53370**
卡宴美洲土楠 **228690**
卡宴维斯木 **411143**
卡耶荸荠 **143235**
卡耶合蕊草 **224527**
卡耶秋葵 **213**
卡耶瓦腺木 **404106**
卡耶鸭跖草 **280506**
卡耶羊耳蒜 **232113**
卡也假败酱 373495
卡也假马鞭 **373495**
卡伊甘蔗 **341868**
卡伊基皮多坦草 **136659**
卡尤佳荚蒾 **407646**
卡尤尼斑鸠菊 **406468**
卡扎赫斯坦苓菊 **214107**
卡州鹅耳枥 77263
卡州藜属 29039
卡州银钟花 184731
卡朱巴豆 **112849**
卡朱露兜树 **281050**
卡竹桃 **77668**
卡竹桃属 **77662**
开瓣百合 266549
开瓣豹子花 **266549**
开唇兰属 **25959**
开唇虾脊兰 **65995**
开唇云叶兰 **265121**
开达尔草 **215690**
开达尔草属 **215689**
开萼鼠尾 344904
开萼鼠尾草 **344904**
开放颤毛萝藦 **399567**
开菲尔扁担杆 **180713**
开菲尔薄花兰 **127943**
开菲尔非洲兰 **320937**
开菲尔格尼瑞香 **178581**
开菲尔茴芹 **299372**
开菲尔尖刺联苞菊 **52664**
开菲尔金合欢 **1109**
开菲尔蓝花参 **412607**
开菲尔老鹳草 **174511**
开菲尔美非补骨脂 **276959**
开菲尔南非青葙 **192773**
开菲尔牛奶木 **255286**
开菲尔欧石南 **149119**
开菲尔前胡 **292793**
开菲尔鞘蕊花 **99571**
开菲尔青牛胆 **392247**
开菲尔青锁龙 **108867**
开菲尔球冠萝藦 **371107**
开菲尔润肺草 **58835**
开菲尔水苏 **373169**
开菲尔天竺葵 **288126**
开菲尔土人参 **383302**
开菲尔下田菊 **8006**
开菲尔小舌菊 **253462**
开菲尔肖观音兰 **399152**
开菲尔银莲花 **23738**
开菲尔忧花 **241596**
开菲尔玉凤花 **183615**
开菲尔紫玉盘 **403436**
开佛手 93604
开喉剑 31408
开喉箭 6414,31371,31383,31396,31408,31439,50669,70600,70607,91024,144779,144780,208640,400397
开金锁 162309,162335
开卡芦 295916
开口草 **86287**
开口草属 **86286**
开口川椒 417180
开口剑 335760
开口箭 **70600**,12669,192862,208941
开口箭属 **70593**,400379
开口椒 160954
开口枣 248778
开莱尔列当 **275102**
开乐瓜 **114176**
开裂斗篷草 **14051**
开裂凤仙花 **205008**
开裂藜 **87044**
开裂美冠兰 **156753**
开裂肉锥花 **102267**
开裂双距兰 **133804**
开裂西南卫矛 **157563**
开裂肖水竹叶 **23540**
开裂岩芥菜 **9816**
开路草属 **215855**
开曼兰属 **315495**
开木莓 **136839**
开南山姜 **17700**
开锐茶藨 333935
开锐茶藨子 **333935**
开赛斑鸠菊 **406463**
开赛闭花木 **94518**
开赛大沙叶 **286293**
开赛风车子 **100553**
开赛凤仙花 **204989**
开赛格尼瑞香 **178633**
开赛肋毛菊 **285199**
开赛落萼旋花 **68354**
开赛小盘木 **253417**
开赛须芒草 **22766**
开赛一点红 **144936**
开赛摘亚苏木 **127401**
开赛猪屎豆 **112644**
开山老鹳草 **174901**
开穗雀稗 285476
开翁拉 **93435**
开夏花山柳菊 **195503**
开心果 9683,9684,9738
开阳黄堇 **105749**
开药花属 **196421**
开叶玉属 86144
开印凤梨 **21480**
开远香蕉 260250
开展白鼓钉 **307665**
开展长钩刺蒴麻 **399297**
开展翠雀花 **124473**
开展单冠毛菊 **185467**
开展斗篷草 **14010**
开展藁本 **229406**
开展革叶小檗 **51502**
开展哈梅木 185169
开展海神木 **315788**
开展金莲花 **399522**
开展蓝花参 **412666**
开展蓼 **309077**
开展锐裂盐肤木 **332653**
开展色罗山龙眼 **361183**
开展莎草 **118656**
开展山槟榔 **299670**
开展鼠尾粟 **372656**
开展糖蜜草 **249287**
开展洋狗尾草 **118323**
开展野茼蒿 **108739**
开展银叶鼠尾草 **344856**
开展蝇子草 **363873**
开展远志 **308031**
开展早熟禾 **305815**
开展獐牙菜 **380299**
开展猪屎豆 **112104**
开展紫金牛 31424
开张龙胆 **173234**
凯巴波蝶须 **26586**
凯百合 **229879**
凯波恩舟叶花 **340599**
凯刺 19672
凯丹氏梧桐 **135802**
凯恩苏铁 **115806**
凯尔凤仙花 **205050**
凯尔黑草 **61802**
凯尔克哈罗果松 **184917**
凯尔蜡菊 **189472**
凯尔类九节 **181403**
凯尔马蓍 **3956**
凯尔梅变色鸢尾 **208925**
凯尔美冠兰 **156788**
凯尔木槿 **194951**
凯尔群花寄生 **11099**
凯尔石蝴蝶 292562
凯尔树葡萄 **120115**
凯尔斯特波奇海滨鼠尾草 **344879**
凯尔索毛茛 **325500**
凯尔新西兰圣诞树 **252618**
凯格驼蹄瓣 **418685**
凯基大青 96157
凯克婆婆纳 **215686**
凯克婆婆纳属 **215685**
凯克污生境 103789
凯克异味树 **103789**
凯拉莫瑞士五针松 **299844**
凯拉梧桐属 **216054**
凯拉猪屎豆 **112282**
凯来尔桦 **53497**
凯劳格百合 **229880**
凯乐盘果木 **116247**
凯勒白花菜 **95715**
凯勒翅盘麻 **320533**
凯勒大戟 **159178**
凯勒迪库美被杜鹃 331001
凯勒葛缕子 77817
凯勒哈姆斯梧桐 **185804**
凯勒阔苞菊 **305102**
凯勒瘤萼寄生 **270955**
凯勒曼麒麟掌 **290718**
凯勒梅蓝 **248863**
凯勒木蓝 **206136**
凯勒内蕊草 **145431**
凯勒匹菊 **322697**
凯勒瑞香 **215828**
凯勒瑞香属 **215826**
凯勒三芒草 **33899**
凯勒水蜈蚣 **218543**
凯勒须芒草 **22767**
凯勒鸭嘴花 **214553**
凯里澳洲山榄 **301791**
凯里卜大沙叶 **286305**
凯里卜铁线子 **244556**

凯里杜鹃 **332102**
凯里夫合苞藜 **170862**
凯里夫合花草 170862
凯里蓼 **308948**
凯里普兰木 301791
凯里荛花 414277
凯里紫堇 **106028**
凯吕斯草 **79825**
凯吕斯草属 **79822**
凯罗大戟 **215063**
凯罗大戟属 **215062**
凯罗尔紫蓝杜鹃 **331715**
凯洛格灯心草 **213187**
凯洛格葛缕子 **77817**
凯洛格蓼 **309610**
凯洛格刘氏草 **228283**
凯洛格山楂 **109782**
凯洛格星香菊 **123647**
凯洛格野荞麦 **152183**
凯马尔十二卷 **186492**
凯美多利属 85420
凯密特鸡蛋果 **238111**
凯莫花篱 **27169**
凯莫三角车 **334639**
凯莫神秘果 **381987**
凯姆蓟 **92098**
凯姆婆婆纳 **407167**
凯姆小米草 **160196**
凯木婆罗门参 **394302**
凯木属 **215663**
凯木远志 **308135**
凯穆拉利亚车叶草 **39368**
凯穆拉利亚风铃草 **70100**
凯穆拉利亚山柳菊 **195685**
凯内卡纸皮桦 **53556**
凯内西南卫矛 **157560**
凯内小檗 **51821**
凯尼木千里光 **125741**
凯尼润肺草 **58885**
凯普伦斑鸠菊 **406201**
凯普伦鲍德豆 **48968**
凯普伦藏蕊花 **167184**
凯普伦丹氏梧桐 **135801**
凯普伦顶冠夹竹桃 **376009**
凯普伦杜英 **142296**
凯普伦盾蕊樟 **39707**
凯普伦多球茜 **310257**
凯普伦鹅掌柴 **350672**
凯普伦二叉豆 **129514**
凯普伦盖果漆 **271955**
凯普伦狗牙花 **382745**
凯普伦含羞草 **255005**
凯普伦核果木 **138594**
凯普伦画眉草 **147569**
凯普伦黄梁木 **59938**
凯普伦黄檀 **121648**
凯普伦黄杨 **64246**
凯普伦姬冠兰 **157146**
凯普伦金叶树 **90034**
凯普伦拉夫山榄 **218746**
凯普伦榄仁树 **386498**
凯普伦芦莉草 **339686**
凯普伦罗汉松 **306409**
凯普伦萝芙木 **327005**
凯普伦马岛外套花 **351710**
凯普伦马罗蔻木 **246635**
凯普伦没药 **101337**
凯普伦美冠兰 157146
凯普伦喃果苏木 **118059**
凯普伦扭果花 **377682**
凯普伦佩氏苞杯花 **291472**
凯普伦千里光 **358512**
凯普伦石豆兰 **62617**
凯普伦藤黄 **171077**
凯普伦铁榄 **362923**
凯普伦铁青树 **269651**
凯普伦铁线子 **244533**
凯普伦乌口树 **384932**
凯普伦希尔梧桐 **196329**
凯普伦显盘树 **293833**
凯普伦香茶 **303201**
凯普伦旋翼果 **183302**
凯普伦崖豆藤 **254639**
凯普伦羊蹄甲 **49036**
凯普伦异籽葫芦 **25652**
凯普伦猪屎豆 **111999**
凯萨里假毛地黄 **10152**
凯塞利百合 **229881**
凯瑟琳堤金露梅 **312583**
凯瑟琳红瑞木 **104927**
凯瑟琳针垫花 **228043**
凯氏阿魏 **163643**
凯氏春黄菊 **26804**
凯氏杜鹃 331003
凯氏豪华菠萝 **324584**
凯氏虎耳兰 **350313**
凯氏兰属 **215790**
凯氏秋海棠 **49957**
凯氏玄参 **355153**
凯氏鸦葱 **354880**
凯氏野荞麦 **151842**
凯斯列黄耆 **42548**
凯斯绶草 **372191**
凯斯紫堇 **105703**
凯泰葵 216533
凯泰葵属 216532
凯特勒利桧柏 **213649**
凯特丽伊利亚细叶海桐 **301400**
凯特利尔圆柏 213649
凯特山榄 **301784**
凯特威氏相思树 **1328**
凯文斯扶芳藤 157485
凯旋花 369437
凯旋美国扁柏 **85299**
凯旋门滇山茶 **69553**
凯旋门南山茶 69553
凯亚鼠尾草 **345344**
凯伊澳非萝藦 **326755**
凯伊大戟 **215682**
凯伊大戟属 **215680**
凯伊红瓜 **97807**
凯伊莱德苔草 **223855**
凯伊芦荟 **16929**
凯伊马瓞儿 **417475**
凯伊肉果荨麻 **402295**
凯伊三角车 **334638**
凯伊小盘木 **253418**
凯伊玉凤花 **183751**
凯泽非洲豆蔻 **9905**
凯泽群花寄生 **11098**
凯泽砂仁 9905
凯兹蓟 **92099**
凯兹婆罗门参 **394303**
凯祖卡桧柏 213647
恺撒灯心草 **212964**
铠兰 **105531**
铠兰属 **105524**
楷 300980
楷木 300980
楷叶椤 **168084**
勘查加高山芹 98777
勘察加白桦 **53580**
勘察加贝母 168467
勘察加藨草 **353245**
勘察加滨紫草 **250893**
勘察加车前 301894
勘察加齿缘草 **153470**
勘察加灯心草 **213182**,218556
勘察加地杨梅 **238573**
勘察加杜鹃 **330989**,389572
勘察加断节莎 **393188**
勘察加飞蓬 **150422**
勘察加风铃草 **69933**
勘察加高山蓍 **3922**
勘察加鬼针草 **53962**
勘察加花楸 **369436**
勘察加黄檀 **121720**
勘察加棘豆 **278916**
勘察加蓟 **92089**
勘察加假升麻 **37069**
勘察加接骨木 **345669**
勘察加金丝桃 **201954**
勘察加金腰 **90387**
勘察加堇菜 **409709**
勘察加卷耳 **82888**
勘察加拉拉藤 **170259**,170434
勘察加冷杉 **383**
勘察加毛茛 **325997**
勘察加毛连菜 **298602**
勘察加南芥 30345
勘察加鸟巢兰 **264665**
勘察加蒲公英 **384596**
勘察加桤木 **16398**
勘察加蔷薇 **336656**
勘察加忍冬 **235894**
勘察加瑞香 **122477**
勘察加山芎 **101827**
勘察加手参 **182225**
勘察加水蜈蚣 **218556**
勘察加酸模 **340093**
勘察加苔草 **74972**
勘察加葶苈 **137054**
勘察加蚊子草 **166089**
勘察加乌头 **5313**
勘察加蟹甲草 **283794**
勘察加越橘 **403967**
勘察加云间杜鹃 389572
勘察加沼芋 **239518**
勘莱班克木 **47634**
勘莱贝克斯 47634
勘萨斯蛇鞭菊 **228449**
堪察加贝母 168361
堪察加费菜 **294123**
堪察加碱茅 **321309**
堪察加景天 **356855**,294123
堪察加手参 **182254**
堪察加云杉 **298319**
堪察加早熟禾 **305835**
堪普曼杜鹃 330361
堪萨斯慈姑 **342313**
堪萨斯惰雏菊 **29106**
堪萨斯山楂 **109612**
堪萨斯蛇鞭菊 228511
堪氏杜鹃 330966
堪司哥拉属 71270
坎贝尔小檗 **51418**
坎比切罗勒 **268456**
坎波木属 **70490**
坎波斯-波尔图小檗 **51419**
坎波斯小花茜 **286001**
坎伯兰杜鹃 **330196**
坎伯兰米努草 **255457**
坎伯兰松香草 **364267**
坎博牻牛儿苗 **346646**
坎博早熟禾 **306117**
坎布尔猪屎豆 **112271**
坎布雷千里光 **358485**
坎大番木瓜 **76811**
坎代奥鱼黄草 **250766**
坎德斑鸠菊 **406458**
坎德茄 **367272**
坎德肖杨梅 **258747**
坎多猪屎豆 **112272**
坎佛澳茄 **138741**
坎拐棒子 143657
坎木番木瓜 76811
坎内尔大戟 **158610**
坎内尔芦荟 **16686**

坎宁安堇菜 **409875**
坎宁顿茼麻 **918**
坎宁氏壶状花 **7199**
坎宁猪屎豆 112047
坎佩卡普椰属 70421
坎佩切桃榄 **313353**
坎塔布连山旋花 **102980**
坎塔布连水仙 **262384**
坎塔布网脉鸢尾 **208789**
坎塔桥黄刺玫 **337031**
坎特伯雷长阶花 **186941**
坎图木属 **71544**
坎吐阿木属 71544
坎吐阿属 71544
坎香草 91282
坎香藤 18509
坎棕属 85420
砍不死 392274
砍头树属 417573
看灯花 400675
看豆 293985
看瓜 114300,114302
看花豆 293985
看麦娘 **17498**,17501
看麦娘浆果鸭跖草 **280499**
看麦娘苦参 368962
看麦娘林康木 **231210**
看麦娘鳞花草 **225136**
看麦娘鳞叶树 **61322**
看麦娘芒柄花 **271300**
看麦娘木蓝 **205630**
看麦娘穆拉远志 **259930**
看麦娘南非蜜茶 **116308**
看麦娘欧石南 **148999**
看麦娘丘头山龙眼 **369826**
看麦娘雀麦 **60621**
看麦娘塞拉玄参 **357416**
看麦娘属 **17497**
看麦娘天门冬 **38922**
看麦娘香科 **387999**
看麦娘小花鸢尾 **253104**
看麦娘须芒草 **22486**
看麦娘盐生草 **184949**
看麦娘隐花草 **113307**
看麦娘帚鼠麹 **377201**
看园老 159222
康·安德武德沼泽欧石南 **150133**
康巴柳 **343573**
康巴枸子 **107684**
康柏树 100702
康比卷舌菊 **380895**
康比拟莞 **352183**
康边报春 314533
康边茶藨 334053
康边茶藨子 **334053**
康波报春 314547
康泊东叶马先蒿 287101
康卜 20926
康布栒子 **107514**
康查蒂悬铃花 243944
康达草 **215507**
康达草属 **215506**
康达木属 **101730**
康德郎 245798
康登藨草 **353331**
康登单苞菊 **257700**
康登刘氏草 **228269**
康登星刺菊 **81830**
康登野荞麦木 **151943**
康滇合头菊 **381655**
康滇红山茶 69552
康滇堇菜 410624
康滇荆芥 265028
康定白前 **117566**
康定贝母 168563
康定糙苏 **295203**
康定茶藨 334263
康定茶藨子 **334263**
康定齿缘草 **153471**
康定唇柱苣苔草 **87981**
康定翠雀 124630
康定翠雀花 **124630**
康定大黄 329345
康定大戟 **159167**,159841
康定当归 **24383**
康定灯心草 **213183**
康定点地梅 **23216**
康定垫柳 **343559**
康定冬青 **203833**
康定独活 **192357**
康定杜鹃 330673
康定繁缕 **375101**
康定风毛菊 **348195**
康定凤仙花 **205327**
康定刚毛杜鹃 331601
康定虎耳草 **349802**
康定黄鹌菜 **416447**
康定黄花刺 **51279**
康定黄芪 43132
康定黄耆 **43132**
康定假帽莓 **339118**
康定金丝桃 **202003**
康定筋骨草 **13069**
康定堇菜 410624
康定景天 **356904**
康定拉拉藤 **170568**
康定梾木 **380503**
康定棱子芹 **304831**
康定柳 **343834**
康定马先蒿 **287301**
康定毛茛 **325774**
康定梅花草 **284549**
康定木姜子 **233950**
康定木兰 416692
康定木蓝 **206564**
康定南芥 365534
康定忍冬 **235841**,236214
康定三毛草 **398454**
康定鼠尾 345322
康定鼠尾草 **345322**
康定橐吾 **229074**
康定委陵菜 **313062**
康定乌头 **5626**
康定五加 **143625**
康定香茶菜 **209724**
康定小檗 **52169**,52258
康定续断 **133492**
康定栒子 **107690**
康定杨 **311362**
康定樱桃 **83343**
康定玉竹 **308632**
康定云杉 **298368**
康定獐牙菜 **380357**
康定紫堇 **105965**,105864,106087
康多兰属 88854
康多勒葱 **15156**
康多勒黄耆 **42144**
康多勒蜡菊 **189224**
康多勒蓝花参 **412612**
康多勒棱果桔梗 **315278**
康多勒棱子芹 **304775**
康多勒木蓝 **205774**
康多勒内雄楝 **145954**
康多勒头嘴菊 **82413**
康多勒小檗 **51529**
康多勒尤利菊 **160770**
康复力 381035
康戈尔斑鸠菊 **406257**
康戈尔姜饼木 **284209**
康戈尔雷内姜 **327729**
康戈尔牡荆 **411240**
康戈尔拟紫玉盘 **403645**
康哥尔尾球木 **402474**
康格巴豆 **112868**
康格碧波 **54370**
康格脚骨脆 **78113**
康格莎草 **118645**
康格十万错 **43613**
康格网纹芋 **83717**
康格亚麻藤 **199151**
康光 145833
康吉龙胆 **101784**
康吉龙胆属 **101783**
康吉木 **101780**
康菊紫 403738
康科罗棕 351007
康科罗棕属 351006
康壳藤 94823
康克鲁鸡头薯 **152953**
康克桑 313369
康拉德草 102805
康拉德草属 102803
康拉特白花菜 **95654**
康拉特蓝刺头 **140687**
康拉特千里光 **358600**
康拉特鼠尾粟 **372637**
康拉樱 83177
康乐茶 172099
康岭红竹 **297329**
康马蒿 **35724**
康密索茄 367047
康纳利岛草莓树 30882
康纳馨 127635
康乃馨 127635
康乃馨苔草 **74547**
康奈尔粉迎红杜鹃 **331291**
康南党 98414
康南杜鹃 **332116**
康南根 98413
康珀兰 **101634**
康珀兰属 **101633**
康珀农黄檀 **121646**
康珀农鞘葳 **99372**
康珀农鸭嘴花 **214401**
康普灯心草 **213185**
康普顿百子莲 **10257**
康普顿酢浆草 **277742**
康普顿多头玄参 **307595**
康普顿芳香木 **38491**
康普顿菲利木 **296182**
康普顿费利菊 **163170**
康普顿光淋菊 **276201**
康普顿哈登藤 **185760**
康普顿海神木 **315762**
康普顿琥珀树 **27836**
康普顿花盏 **61391**
康普顿画眉草 **147605**
康普顿回欢草 **21089**
康普顿积雪草 **81582**
康普顿立金花 **218850**
康普顿裂口花 **379879**
康普顿芦荟 **17040**
康普顿穆拉远志 **259962**
康普顿拟辛酸木 **138015**
康普顿扭果花 **377794**
康普顿欧石南 **149059**
康普顿泡叶番杏 **138157**
康普顿日中花 **220506**
康普顿肉锥花 **102138**
康普顿塞拉玄参 **357460**
康普顿唐菖蒲 **176126**
康普顿筒叶玉 **116624**
康普顿驼曲草 **119813**
康普顿肖鸢尾 **258446**
康普顿旭波 **324924**
康普顿亚麻 **231886**

康普顿杂蕊草 **381729**
康普顿紫菀 **40244**
康青锦鸡儿 72362
康榕 **164842**
康士坦丁堡毛茛 **325730**
康氏报春 314288
康氏大花异荣耀木 **134693**
康氏杜鹃 **330361**
康氏黄脉桐 **222633**
康氏金壳果 **241939**
康氏蜡菊 **189223**
康氏牧豆树 **315564**
康氏纳马夸青锁龙 **109187**
康氏茄 **367047**
康氏芍药 **280168**
康氏矢车菊 **81010**
康氏鼠尾掌 **29714**
康氏藤黄 **171084**
康氏五层龙 **342613**
康氏细冠杂色豆 **47762**
康氏异木患 **16069**
康氏异荣耀木 **134584**
康氏翼柱管萼木 **379051**
康氏蚤草 **321567**
康氏掌属 **102818**
康氏紫金牛 **31385**
康斯大戟属 **101697**
康松小檗 **51351**
康特蓟 **92125**
康特刘氏草 **228261**
康威直总状花序小檗 **51986**
康沃尔榆 **401631**
康西 **93415**
康县蟹甲草 **283832**
康苋 18848
康藏长尾槭 2879
康藏花楸 **369533**
康藏荆芥 **265028**
康藏麻黄 146183
康藏蔷薇 336952
康朱加金丝桃 **201820**
康朱加酸模 **340010**
糠秕奥勒菊木 270191
糠秕杜鹃 **331868**
糠秕红毛菀 **323016**
糠秕毛风毛菊 **348618**
糠秕绵叶菊 **152801**
糠秕葡萄蔓矢车菊 **81454**
糠秕琼楠 **50519**
糠秕树紫菀 **270191**
糠秕酸脚杆 **247571**
糠秕指甲草 **284847**
糠粃景天 **357069**
糠粃马先蒿 **287224**
糠叉苔草 **280471**
糠叉苔草属 **280470**
糠椵 **391760**
糠萼爵床 **4353**
糠萼爵床属 **4352**
糠桂 91302
糠稷 **281390**
糠柏 346401
糠菊属 202387
糠榔 295465
糠木麻 243437
糠娘子 18192
糠皮秋海棠 **49861**
糠皮山柳菊 **195617**
糠皮矢车菊 **81074**
糠皮树 243327
糠黍 281390
糠藤 **258892**,258905,258910
糠苋 18836,18848
糠熊菊 **402799**
糠椰 295465
扛板归 309564
扛棺回 113612,400954
扛香藤 243437
抗病毒大戟 158458
抗风桐 **300955**
抗棺回 113612
抗旱草 71762
抗痢倒吊笔 **414798**
抗痢木 197199
抗痢鸦胆子 **61204**
抗疟丝穗木 171552
抗盐摘亚苏木 **127397**
尻子 161373
考恩对叶藤 **250160**
考恩蔷薇属 **108496**
考恩朱米兰 **212706**
考尔阿魏 **163649**
考尔荸荠 **143185**
考尔翅果草 **334549**
考尔翅鹤虱 **225092**
考尔刺头菊 **108314**
考尔大黄 **329346**
考尔单刺蓬 **104913**
考尔顶冰花 **169455**
考尔独尾草 **148549**
考尔鹤虱 **221692**
考尔虎耳草 **349523**
考尔茴芹 **299450**
考尔姜属 **104908**
考尔库拉束花欧石南 **149731**
考尔兰属 **217883**
考尔梨 **323214**
考尔藜 **87064**
考尔柳 **343580**
考尔千里光 **359240**
考尔施郁金香 **400185**
考尔岩黄耆 **187956**
考尔蝇子草 **363642**
考尔针茅 **376819**
考尔紫菀 **40665**
考夫报春 **314530**
考夫报春花 215641
考夫报春花属 215639
考夫客尔 **93500**
考夫曼沙穗 **148490**
考夫曼郁金香 **400181**
考胡棕 **273244**
考卡花属 **79674**
考卡黄杨 **64251**
考卡兰属 **79607**
考卡亚菊 **13005**
考科韦尔德草属 215531
考克斯橙苹果 **243595**
考克斯蝶花百合 **67579**
考克斯小檗 **51507**
考肯赫柏木 **186945**
考拉 93435
考拉刺核藤 **322538**
考来木属 **105387**
考来纳蒂千里光 **359236**
考劳氏拂子茅 **65388**
考劳兔耳草 **220182**
考丽草属 104734
考利桂 **99822**
考利桂属 **99821**
考林木瓣树 **415773**
考罗独尾草 **148548**
考蒙羊角拗 **378379**
考明格木 **154968**
考姆安尼樟 **25203**
考姆长叶宝草 **186414**
考姆兰属 **101626**
考姆山梗菜 **234387**
考那多梗苞椰 **246127**
考那非洲桐 246127
考奈拟钩叶藤 **303097**
考奈省藤 **65665**
考奈轴桐 **228734**
考奇百里香 **391239**
考奇百蕊草 **389753**
考奇灯心草 **213190**
考奇繁缕 **374932**
考奇虎耳草 **349524**
考奇老鹳草 **174683**
考奇毛茛 **326004**
考奇拟庭荠 **18312**
考奇矢车菊 **81166**
考奇苔草 **75015**
考奇唐菖蒲 **176296**
考奇菟丝子 **115061**
考奇菥蓂 **390239**
考奇玄参 **355154**
考奇燕麦草 **34945**
考氏鼻花 **329533**
考氏播娘蒿 **126118**
考氏布鲁尔飞蓬 **150517**
考氏彩花 **2250**
考氏草 **217827**
考氏草属 **217826**
考氏灯心草 **213028**
考氏斗篷草 **14069**
考氏独尾草 **148546**
考氏杜鹃 331032
考氏风铃草 **69961**
考氏禾 **215532**
考氏禾属 **215531**
考氏喉花紫草 **393597**
考氏厚唇兰 **146534**
考氏花凤梨 **392023**
考氏截柱鼠麴草 **185749**
考氏老人须 392023
考氏梅花草 **284550**
考氏梅花藻 48922
考氏匹菊 **322698**
考氏歧缬草 **404430**
考氏狮齿草 **224700**
考氏藤属 217918
考氏藤椰子属 217918
考氏头花草 **82145**
考氏头嘴菊 **82415**
考氏绣球防风 **227577**
考氏银砂槐 **19731**
考氏芋兰 **265404**
考氏足柱兰 **125528**
考司林补血草 **230588**
考司林毛托菊 **23420**
考塔孟德相思树 1069
考陶布克黑松 **300282**
考特草属 **108142**
考特尔黄细心 **56418**
考特山道楝 **345788**
考瓦天芥菜 **190658**
考万南美金虎尾 **4851**
考西抱 376210
考西垂枝柏 213889
考亚橘 **93681**
考兹贝母 **168442**
考兹山柳菊 **195695**
栲 78933,160954
栲花 302684
栲花树 302684
栲里来属 217738
栲栗 78889
栲皮 329765
栲皮树 1168,1380,1401
栲蒲 302684
栲属 78848
栲树 78933,78955,233228
栲蚬 91424
栲香 302684
栲新菊属 108217
栲樟 91287
靠合吊灯花 **84094**

靠合非洲兰 **320940**
靠合四角青锁龙 **109454**
靠合天竺葵 **288161**
靠合玉盘木 **403623**
靠山红 330495,345214
靠山竹 308613,308616
苛草 345561,345586
苛留香 99712
苛麻 221552
苛日藤属 217918
苛沙藤属 217918
苛性葛 332506
苛性盐肤木 **332506**
苛子 386504
柯 **233228**,78916,233216
柯阿金合欢 1334
柯摆奎 276098
柯比胶树属 103691
柯比蓝花楹 **211233**
柯伯胶树 103719
柯达苔草 **74117**
柯蒂斯刺子莞 **333533**
柯蒂斯黄眼草 **416046**
柯蒂斯龙胆 **173366**
柯蒂斯小金梅草 **202834**
柯尔曼长尾野牡丹 **135697**
柯尔斯顿粉阿诺德花楸 **369295**
柯岗嵩草 **217267**
柯基阿棉 217766,217767
柯基阿棉属 217765
柯克斑鸠菊 **406471**
柯克荸荠 **143181**
柯克鼻烟盒树 **270934**
柯克茶豆 **85223**
柯克长毛铁线莲 **95418**
柯克刺核藤 **322539**
柯克刺蒴麻 **399265**
柯克刺痒藤 **394169**
柯克大戟 **159183**
柯克大青 **96163**
柯克戴星草 **370993**
柯克钝酸藜藤 **20246**
柯克风车子 **100558**
柯克干若翠 **415469**
柯克管唇姜 **365263**
柯克鬼针草 **53969**
柯克黑蒴 **14332**
柯克红点草 **223810**
柯克红果大戟 **154824**
柯克虎尾兰 **346104**
柯克黄麻 **104093**
柯克火炬花 **216981**
柯克假杜鹃 **48216**
柯克豇豆 **408933**
柯克胶藤 **220879**
柯克金合欢 **1330**
柯克九节 **319612**
柯克决明 **78351**
柯克克拉斯茜 **218164**
柯克空船兰 **9144**
柯克苦瓜 **256836**
柯克蜡菊 **189475**
柯克老鸦嘴 **390814**
柯克肋瓣花 **13809**
柯克类花刺苋 **81666**
柯克链荚木 **274349**
柯克露兜树 **281054**
柯克陆均松 **121102**
柯克毛子草 **153213**
柯克木槿 **194952**
柯克木蓝 **206142**
柯克拟蛋黄榄 **411181**
柯克拟辛酸木 **138021**
柯克色穗木 **129159**
柯克莎草 **119061**
柯克山梗菜 **234572**
柯克山黄菊 **25531**
柯克山柰 **215017**
柯克柿 **132239**
柯克树葡萄 **120119**
柯克蒴莲 **7267**
柯克瓦帕大戟 **401238**
柯克文殊兰 **111212**
柯克梧桐 **135876**
柯克西澳兰 **118219**
柯克腺花山柑 **64893**
柯克肖木菊 **240784**
柯克鸭舌癀舅 **370797**
柯克鸭跖草 **101059**
柯克鸭嘴花 **214557**
柯克盐肤木 **332673**
柯克野牡丹 **216489**
柯克野牡丹属 **216488**
柯克硬衣爵床 **354382**
柯克忧花 **241657**
柯克玉盘木 **403627**
柯克杂色豆 **47752**
柯克猪屎豆 **112288**
柯克紫丹 **393257**
柯克紫玉盘 **403498**
柯库卫矛 **217774**
柯库卫矛属 **217773**
柯拉豆属 21305
柯拉铁青树 **108127**
柯拉铁青树属 **108125**
柯来特杜鹃 **330443**
柯榔木 99965
柯里葱 **15206**
柯里克苣苔 **217598**
柯里克苣苔属 **217597**
柯丽白兰 99773
柯丽白兰属 99770
柯林草属 99833
柯林斯南芥 **30230**
柯仑木 99968
柯伦兰属 **217593**
柯马氏早熟禾 305623
柯茂山灯心草 **213476**
柯孟披碱草 **144353**
柯木 78917
柯楠属 106896
柯尼希山柳菊 **195689**
柯蒲木 217867
柯蒲木属 217864
柯普木属 217864
柯奇山羊草 8684
柯瑞洛夫青兰 **137607**
柯莎藤属 217918
柯什黄芪 42552
柯什黄耆 **42552**
柯氏垂枝柏 213889
柯氏丁香 382190
柯氏葫芦草 **87688**
柯氏鸡屎树 222123
柯氏九里香 260168
柯氏卷耳 **82991**
柯氏绿心樟 **268697**
柯氏三芒草 **33831**
柯氏薯蓣叶 131933
柯氏薯蓣叶藤 **131933**
柯氏唐菖蒲 **176121**
柯氏小花犀角 **139141**
柯氏异翅香 **25608**
柯氏异形木 16016
柯氏鸢尾 **208658**
柯氏珍珠茅 **354066**
柯属 233099
柯树 61107,233228
柯树属 285203
柯顺早熟禾 **306118**
柯斯捷列茨基属 217944
柯苏属 184563
柯苏树 184565
柯特葵 **217954**
柯特葵属 **217944**
柯托甘蜜树 **263052**
柯托树 263052
柯西金合欢 **1335**
柯辛氏粉苞苣 **88779**
柯辛氏画眉草 **147754**
柯辛氏碱蓬 379543
柯辛氏蔷薇 **336663**
柯桠豆属 22211
柯桠木属 22211
柯亚木 22212
柯樟 **91317**
柯茱萸科 114921
柯子 78877
珂南树 **249357**
科阿韦拉滨藜 **44301**
科阿韦拉刺柏 **213700**
科阿韦拉松叶十大功劳 **242616**
科贝异木患 **16063**
科比西尔大地豆 **199323**
科比西尔甘蓝树 **115204**
科比西尔琼楠 **50490**
科比西尔瓦帕大戟 **401223**
科比西尔鸭跖草 **100977**
科博尔特山梗菜 **234373**
科博尔特蝇子草 **363329**
科博尔特猪屎豆 **112027**
科布桐属 103731
科葱 15170
科德百子莲 **10256**
科德刺桐 **154640**
科德火炬花 **216948**
科德尖刺联苞菊 **52677**
科德罗勒 **268472**
科德美冠兰 **156632**
科德木槿 **194807**
科德茜 **98168**
科德茜属 **98167**
科德润肺草 **58843**
科德天门冬 **38966**
科德娃儿藤 **400871**
科德盐肤木 **332708**
科德硬皮豆 **241419**
科德紫瓣花 **400064**
科丁茜属 **98169**
科顿兰 **107745**
科顿兰属 **107742**
科恩兰 **99059**
科恩兰属 **99058**
科尔草属 **217895**
科尔大戟 **104146**
科尔大戟属 **104145**
科尔拂子茅 **65390**
科尔桦 **53500**
科尔曼派珀兰 **300565**
科尔内裂花桑寄生 **295833**
科尔内猪屎豆 **112040**
科尔切卡冬青 **203643**
科尔切斯省沽油 **374098**
科尔沁杨 **311367**
科尔丝叶芹 **350371**
科尔西卡番红花 **111527**
科尔欣斯基鹰嘴豆 **90818**
科菲城堡春石南 149197
科夫达山柳菊 **195694**
科格恩氏寄生 **145585**
科格茄 **367271**
科豪特茜属 **217662**
科葫芦 **99033**
科葫芦属 **99028**
科加伯格菱叶藤 **332315**
科加伯格欧石南 **149622**
科加芳香木 **38613**
科加香芸木 **10646**

科金博小檗 51497
科克尔蛇鞭菊 228451
科克两节荠 108620
科克密穗木 217660
科克密穗木属 217659
科克棉 217767
科克棉属 217765
科克尼 93556
科克矢车菊 81162
科克郁金香 400182
科拉赤杨 16399
科拉非洲豆蔻 9890
科拉金飞蓬 150735
科拉金蒲公英 384607
科拉金生蒲公英 384608
科拉金苔草 75010
科拉科夫斯基风铃草 70103
科拉科夫斯基龙胆 173559
科拉科夫斯基矢车菊 81163
科拉柳 343570
科拉玛旧刁代尔欧石南 148951
科拉砂仁 9890
科拉藤黄 171121
科莱普的最爱西洋梨 323139
科莱普列波灵西洋梨 323139
科莱小檗 51479
科赖鸢尾 208499
科兰布雷斯欧洲云杉 298194
科兰斯通欧洲云杉 298195
科劳里亚兰 88259
科劳里亚兰属 88257
科勒苔 217748
科雷蒿蓄 291746
科雷尔菊 105405
科雷尔菊属 105404
科雷尔野荞麦 151946
科雷兰属 94545
科雷马茶藨子 334054
科雷马柳 343571
科雷马羊茅 164039
科雷马野青茅 65387
科雷马早熟禾 305622
科雷塞文桃 316642
科里杜鹃 331640
科里麻黄 146151
科里马兜铃 34156
科里马鸢尾属 99753
科力木 99814
科力木属 99804
科利斯金丝桃 201824
科利弯管花 86224
科利早熟禾 305622
科林比亚 106805
科林比亚属 106788
科林花属 99833
科林斯欧洲小叶椴 391692
科灵伍德·英格拉姆紫蓝杜鹃 331714
科鲁普毒鼠子 128708
科鲁普对蕊山榄 177530
科鲁普恩格勒豆 145615
科鲁普非洲水玉簪 10084
科鲁普钩枝藤 22060
科鲁普红柱树 78682
科鲁普拟紫玉盘 403649
科鲁普漆籽藤 218797
科鲁普四鞋木 386823
科鲁特奥刺槐 334980
科伦大戟 158667
科罗尔科夫刺头菊 108313
科罗根蜡菊 189482
科罗假木贼 21047
科罗考夫百里香 391237
科罗克夫郁金香 400184
科罗克鸢尾 208662
科罗拉多白冷杉 317
科罗拉多荸荠 143094
科罗拉多蒿属 124735
科罗拉多蓟 92363
科罗拉多尖膜菊 201325
科罗拉多蕨叶藁本 229324
科罗拉多冷杉 317
科罗拉多膜质菊 201325
科罗拉多乳籽菊 389154
科罗拉多田菁 361380
科罗拉多野荞麦 151932
科罗拉多野荞麦木 152001
科罗沙穗 148491
科罗氏旋花 103101
科罗瓦尔肖九节 401995
科罗温阿魏 163648
科罗温虫实 104793
科罗温栓果菊 222947
科罗温丝叶芹 350370
科罗西风芹 361512
科罗肖鼠尾草 352561
科罗鸢尾 208662
科洛番红花 111548
科马蒂芦荟 16938
科马蒂鹿藿 333285
科马芦荟 17301
科马罗夫百里香 391238
科马罗夫报春 314546
科马罗夫荸荠 143183
科马罗夫彩花 2263
科马罗夫柽柳 383528
科马罗夫虫实 104792
科马罗夫刺头菊 108312
科马罗夫葱 15400
科马罗夫大戟 159187
科马罗夫颠茄 44711
科马罗夫蝶须 26439
科马罗夫风铃草 70104
科马罗夫凤仙花 205058
科马罗夫葛缕子 77818
科马罗夫蒿 35648
科马罗夫虎耳草 349520
科马罗夫环翅芹 392873
科马罗夫棘豆 278926
科马罗夫蓟 92102
科马罗夫金丝桃 201973
科马罗夫金腰 90392
科马罗夫金鱼藻 83564
科马罗夫荆芥 264965
科马罗夫宽带芹 303002
科马罗夫裂稃茅 351253
科马罗夫柳 343572
科马罗夫柳叶菜 146753
科马罗夫龙胆 173560
科马罗夫驴喜豆 271224
科马罗夫麻花头 361070
科马罗夫毛茛 326002
科马罗夫婆婆纳 407184
科马罗夫千屈菜 240054
科马罗夫茜草 337971
科马罗夫青兰 137606
科马罗夫鼠尾草 345146
科马罗夫水苏 373273
科马罗夫酸模 340098
科马罗夫甜茅 177562
科马罗夫委陵菜 312695
科马罗夫乌头 5326
科马罗夫早熟禾 305623
科梅逊加涅豆 169532
科梅逊椒草 290320
科梅逊金果椰 139327
科梅逊茎花豆 118065
科梅逊卡迪豆 64936
科梅逊栗寄生 217903
科梅逊喃果苏木 118065
科梅逊温曼木 413686
科梅逊鸭舌癀舅 370853
科梅逊异籽葫芦 25657
科明榄仁树 386512
科摩罗黍 281497
科莫木槿 194808
科莫秋海棠 49964
科莫山麻杆 14194
科莫五月茶 28321
科姆伯小檗 51481
科姆大沙叶 286144
科姆康斯紫波 28476
科姆仙客来 115942
科纳兰 217833
科纳兰属 217832
科纳斯多穗兰 310464
科纳斯黄眼草 416091
科纳斯毛柱南星 379136
科纳斯玉凤花 183757
科纳棕属 104889
科楠 364707
科尼花 103654
科尼花属 103651
科尼热非瓜 160364
科尼山梗菜 234416
科努比榆 401485
科努草属 105229
科帕尔驼蹄瓣 418686
科帕蒿 35357
科帕马蹄果 316021
科佩特阿魏 163647
科佩特膀胱豆 100180
科佩特薄荷 250383
科佩特糙苏 295127
科佩特葱 15401
科佩特大戟 159191
科佩特顶冰花 169454
科佩特独尾草 148547
科佩特飞蓬 150734
科佩特风信子 199577
科佩特枸杞 239068
科佩特蒿 35748
科佩特棘豆 278930
科佩特拉拉藤 170449
科佩特蜡菊 189481
科佩特赖草 228364
科佩特瘤果芹 393842
科佩特柳穿鱼 231018
科佩特落芒草 276028
科佩特毛茛 326003
科佩特牛至 274222
科佩特婆罗门参 394304
科佩特婆婆纳 407188
科佩特雀儿豆 87246
科佩特雀麦 60795
科佩特矢车菊 81165
科佩特鼠尾草 345147
科佩特蜀葵 13927
科佩特丝叶芹 350369
科佩特天仙子 201384
科佩特岩黄耆 187955
科佩特鹰嘴豆 90817
科佩特鸢尾 208660
科普曼卫矛 157654
科奇阿斯皮菊 39783
科奇巴氏锦葵 286640
科奇柽柳 383531
科奇刺唇紫草 141003
科奇番红花 111549
科奇番薯 207916
科奇还阳参 110879
科奇豇豆 408892
科奇空船兰 9145
科奇两节荠 108600
科奇毛连菜 298629
科奇天芥菜 190657
科奇鸭跖草 101061
科奇缨翼茜 111814

科切斑鸠菊 **406475**
科丘茜 **217391**
科丘茜属 **217389**
科芮异木麻黄 **15946**
科瑞安兰属 105518
科若木属 **99152**
科森阿魏 **163599**
科森补血草 **230587**
科森翠雀花 **124148**
科森大戟 **158698**
科森毒马草 **362769**
科森二行芥 **133262**
科森拉拉藤 **170332**
科森柳穿鱼 **230938**
科森楼斗菜 **30084**
科森漏芦 **329211**
科森麻黄 **146170**
科森芒柄花 **271370**
科森廷羽扇豆 **238441**
科森葶苈 **137015**
科森香科 **388059**
科森指甲草 **284743**
科申蔻木 **410922**
科申南美肉豆蔻 410922
科氏阿魏 **163702**
科氏长生草 **358050**
科氏粗糙金鱼藻 **83573**
科氏飞燕草 124325
科氏甘草 177916
科氏碱茅 **321321**
科氏毛菊木 **377374**
科氏三角伞芹 **397353**
科氏葶苈 **137059**
科氏须弥芥 **113149**
科斯马特补血草 **230650**
科斯特红光树 **216836**
科斯特秋海棠 **50540**
科斯特锐尖北美云杉 **298409**
科斯特硬尖云杉 298409
科斯温斯基山柳菊 **195693**
科索柴胡 **63694**
科索点地梅 **23207**
科特迪瓦暗罗 **307486**
科特迪瓦摘亚苏木 **127386**
科托安尼樟 **25198**
科托基花莲 **48664**
科托蔷薇木 25198
科托三生草 **202249**
科托扎夫小爪漆 **253748**
科瓦廖夫斯基岩参 **90848**
科瓦拟芸香 **185647**
科维尔丽菀 **155816**
科维尔拟恩氏菊 **145208**
科维尔千里光 **360012**
科维尔伞花绒毛蓼 **152576**
科维尔野荞麦 **151965**
科沃苣苔 **97765**
科沃苣苔属 **97764**
科沃鸢尾 **97762**
科沃鸢尾属 **97761**
科乌兰克番薯 **207917**
科物迪瓦黄胆木 262827
科西嘉薄荷 **250437**
科西嘉常春藤 **187205**
科西嘉岛欧石南 150127
科西嘉假金鱼 **116735**
科西嘉牻牛儿苗 **153788**
科西嘉欧石南 **150127**
科西嘉岩蔷薇 **93138**
科西嘉蚤缀 **31767**
科辛斯基垫报春 **131422**
科芽姆短茎野荞麦 **151875**
科兹罗夫斯基栎 **324086**
科兹洛夫蒲公英 384609
棵肥档 350728
棵棵兜 200
棵林歪 272818
棵麻 171568
棵叶黑 116031
颏瓣花 272393
颏瓣花属 272392
颏兰 146543
稞麦 198293,198376
稞子 361794
窠童 355317
窠屑 355317
榼藤 145899
榼藤属 145857
榼藤子 **145899**,145875
榼藤子属 **145857**
榼藤子崖豆藤 **254688**
榼子 145899
榼子藤 145899
颗冬 400675
颗冻 400675
颗粒地锦苗 **85755**
颗粒多脉十二卷 **186817**
颗粒芳香木 **38576**
颗粒虎耳草 349419
颗粒黄芩 **355460**
颗粒龙牙草 **11557**
颗粒裸茎日中花 **318856**
颗粒欧石南 **149521**
颗粒十二卷 **186625**
颗粒水塔花 **54448**
颗粒碎米荠 **72786**
颗粒藤黄 **171111**
颗粒岩黄耆 **187921**
颗粒野生稻 275939
瞌睡草 60777,325981
瞌睡果子 326365
蝌蚪瑞香 **183294**
蝌蚪瑞香属 **183293**
壳百簕花 **55336**
壳瓣花 **101721**
壳瓣花属 **101720**
壳菜 339994,340116
壳菜果 **261885**
壳菜果属 **261884**
壳草 224002
壳斗科 **162033**
壳斗芋叶野荞麦 **152254**
壳独脚金 **378006**
壳萼玄参属 **177531**
壳风兰 **24785**
壳花兰属 97963
壳花珠头菊 **209553**
壳蔻 19870
壳木 249996
壳木鳖 256804
壳苹果 261885
壳秋海棠 **49732**
壳莎属 **77199**
壳舌风兰 **24786**
壳树 61107
壳叶萝藦属 **101724**
咳风尘 291161
咳七风 122034
咳嗽草 31565,43577,144002,166865,166897
咳嗽药 176839
咳药 117486,117692,407458
可爱巴豆 **112899**
可爱白希木 292144
可爱百蕊草 **389601**
可爱春再来 94133
可爱大戟 **158427**
可爱大头苏铁 **145227**
可爱大王杜鹃 **331641**
可爱迪萨兰 133821
可爱兜兰 **282773**
可爱杜鹃 **330082**,331641
可爱福禄考 **295246**
可爱枸杞 **239001**
可爱瓜耳木 **277308**
可爱合欢 **1075**
可爱蝴蝶兰 293582
可爱花 **148087**
可爱花假杜鹃 **48163**
可爱花属 **148053**
可爱荆芥 **264867**
可爱克拉花 **94133**
可爱郎德木 **336098**
可爱芦荟 **16569**
可爱芦莉草 339731
可爱罗勒 **268432**
可爱洛克兰 **235133**
可爱木蓝 **206033**
可爱鸟娇花 **210698**
可爱欧石南 **149003**
可爱秋海棠 **50359**
可爱肉锥花 **102640**,102252
可爱润肺草 **58852**
可爱山马茶 **292144**
可爱圣诞果 **88048**
可爱石斛 **124988**
可爱石龙尾 230275
可爱石苔草 **349025**
可爱黍 **281323**
可爱树苣苔 **217739**
可爱双距兰 **133821**
可爱苏铁 145227
可爱藤 84305
可爱细瓣兰 **246102**
可爱相思 **1042**
可爱小檗 **51292**
可爱小黄管 **356041**
可爱雪胆 191896,191943
可爱栒子 107340
可爱玉簪 **198655**
可爱珍珠茅 **354157**
可爱舟叶花 **340559**
可爱猪屎豆 **112200**
可变野豌豆 **408670**
可变泽兰 **158358**
可观山地虎耳草 **349914**
可家曼德维拉 244321
可家文藤 **244321**
可敬杜鹃 331411
可可 **389404**
可可科 **389411**
可可李科 89811
可可李属 89812
可可属 **389399**
可可树 389404
可可树属 389399
可可椰子 98136
可可椰子属 98134
可可叶檬果樟 **77968**
可可棕榈属 97883
可口梅 89816
可口梅属 89812
可拉 99158
可拉豆 99158
可拉果 99240
可拉马斯飞蓬 **150730**
可拉马斯蓟 **92346**
可拉马斯猪牙花 **154931**
可拉木 **99158**
可拉木属 **99157**
可拉属 99157
可乐豆 **99980**
可乐豆属 **99976**
可乐果属 99157
可乐树属 99157
可离 280213
可利豆属 **111322**
可利果假山毛榉 **266866**

可利果棱果桔梗 **315279**
可利果穆拉远志 **259959**
可利果属 **96658**
可利果叶芳香木 **38483**
可利果状芳香木 **38484**
可耐拉棕属 104889
可人堇菜 **410605**
可食阿利茜 **14649**
可食阿迈茜 **18547**
可食埃塔棕 **161055**
可食巴西果 **223768**
可食百脉根 **237600**
可食斑鸠菊 **406293**
可食斑茅 **341851**
可食杯苞菊 **310029**
可食博科铁木豆 **56033**
可食毒鼠子 **128660**
可食风铃草 **70007**
可食福克萝藦 **167130**
可食高加索菊 **79687**
可食谷木 **249945**
可食红点草 **223801**
可食厚皮树 **221154**
可食壶花无患子 **90730**
可食黄耆 **42318**
可食荚莲 **407799**
可食浆果薯蓣 **383678**
可食脚骨脆 **78117**
可食卡马莲 68803
可食考卡花 **79680**
可食蜡烛树 121114
可食蓝兰 **193148**
可食六被木 **194481**
可食六出花 **18066**
可食鹿角豆 **287932**
可食美洲萝藦 **179467**
可食米仔兰 **11287**
可食拟小疮菊 328512
可食曲籽芋 **120774**
可食热美金壳果 **4691**
可食人面子 **137717**
可食肉序 346669
可食肉序茜草 **346669**
可食萨拉卡棕 342580
可食三生草 **202248**
可食石栎 233193
可食石棕 **59099**
可食薯蓣 **131571**
可食双苞苣 **328512**
可食水牛掌 **72461**
可食酸蔹藤 **20229**
可食塔皮木 **384362**
可食唐菖蒲 **176443**
可食陶施草 **385140**
可食天门冬 **39002**
可食铁仔 **261618**
可食同心结 **285059**
可食香茶菜 **303273**
可食象腿蕉 **145830**
可食小檗 **52312**
可食缬草 **404254**
可食银合欢 **227422**
可食忧花 **241617**
可食云实 **224437**
可食云实属 **224436**
可食紫玉盘 **403463**
可氏鼠尾草 345067
可喜杜鹃 **330566**
可雅棕属 6128
可疑安尼木 **25817**
可疑白前 **409402**
可疑百里香 **391221**
可疑斑鸠菊 **406073**
可疑北美前胡 **235415**
可疑扁棒兰 **302761**
可疑变叶木 98193
可疑薄子木 **226451**
可疑草胡椒 **290327**
可疑缠绕草 **16175**
可疑长筒莲 **107990**
可疑车轴草 **396821**
可疑齿缘草 **153448**
可疑锤茎 224631
可疑春黄菊 **26780**
可疑刺头菊 **108275**
可疑酢浆草 **277672**
可疑大翅蓟 **271673**
可疑单蕊麻 **138069**
可疑灯心草 **213059**
可疑吊灯花 **84083**
可疑短鼠茅 **412405**
可疑多肋菊 **304413**
可疑番樱桃 **156248**
可疑菲利木 **296148**
可疑狒狒花 **46025**
可疑费利菊 **163186**
可疑风毛菊 **348275**
可疑拂子茅 **65465**
可疑盖裂木 **383240**
可疑观音兰 **399074**
可疑过路黄 **239623**
可疑核果木 **138577**
可疑蝴蝶玉 **148573**
可疑虎眼万年青 **274595**
可疑花纹槭 **3400**
可疑画眉草 **147523**
可疑黄耆 **41972**
可疑黄芩 **355432**
可疑黄眼草 **415993**
可疑灰菀 **130273**
可疑火炬花 **216956**
可疑火石花 **175113**
可疑棘豆 278702
可疑蒺藜 **395144**
可疑蒺藜草 **80826**
可疑蓟罂粟 **32445**
可疑假塞拉玄参 **318424**
可疑尖花茜 **278204**
可疑浆果鸭跖草 **280500**
可疑胶藤 **220875**
可疑金合欢 **1038**
可疑金腰 **90352**
可疑锦鸡儿 **72179**
可疑锦葵 **243747**
可疑荆芥叶草 **224568**
可疑久苓草 214138
可疑卷耳 **82796**
可疑卡克草 **64769**
可疑柯克瓦帕大戟 **401239**
可疑蜡菊 **189123**
可疑瘤寄生 **270775**
可疑龙须玉 **212502**
可疑漏斗花 **130199**
可疑露珠草 **91542**
可疑轮生远志 **308438**
可疑罗马风信子 **50751**
可疑马先蒿 **287178**
可疑猫爪苋 **93088**
可疑毛瑞香 **218974**
可疑毛头菊 **151564**
可疑毛柱帚鼠麹 **395881**
可疑膜萼花 **292660**
可疑拟钩叶藤 **303098**
可疑黏粟麦草 **230165**
可疑黏腺果 **101234**
可疑鸟娇花 **210767**
可疑欧石南 **149368**
可疑泡叶番杏 **138140**
可疑泡叶菊 138140
可疑婆罗门参 **394281**
可疑千金子 **225997**
可疑千里光 358769
可疑茄 **367239**
可疑琼楠 **50469**
可疑萨比斯茜 **341620**
可疑塞拉玄参 **357527**
可疑三角车 **334614**
可疑三叶草 396821
可疑山靛 **250599**
可疑山榄 **301778**
可疑山楂 **109524**
可疑绳草 **327969**
可疑石莲 364916
可疑手玄参 **244786**
可疑水苏 **373086**
可疑水星草 **193678**
可疑松村氏蓟 **92191**
可疑苔草 **75856**
可疑糖蜜草 **249272**
可疑天芥菜 **190607**
可疑铁苋菜 **1778**
可疑苇茎百合 **352121**
可疑纹蕊茜 **341296**
可疑沃森花 **413342**
可疑勿忘草 **260793**
可疑仙灯 **67561**
可疑苋 **18708**
可疑香茶菜 **303138**
可疑小黄管 **356040**
可疑斜萼草 **237958**
可疑鸭嘴花 **214705**
可疑崖豆藤 **254675**
可疑雅致银须草 **12818**
可疑烟堇 **169059**
可疑羊茅 **163912**
可疑依南木 **145138**
可疑翼柱管萼木 **379052**
可疑银齿树 **227274**
可疑罂粟 **282508**,282546
可疑鼬瓣花 **170064**
可疑郁金香 **400151**
可疑远志 **307907**
可疑杂色豆 **47749**
可疑泽兰 **158106**
可疑钟穗花 **293164**
可疑猪殃殃 170205
可疑紫草 **233695**
可用藤竹 131288
渴留 137382
渴望山茶 **69165**
克伯尔狭花柱 **375525**
克草 61766
克岛法蒺藜 **162219**
克地泽兰 **158089**
克东芦荟 **16930**
克恩翠雀花 **124276**
克恩湖瓜草 **232402**
克恩千屈菜 **217411**
克恩千屈菜属 **217410**
克尔阿拉伯胶树 **1574**
克尔瓜 **114178**
克尔金虎尾 **104288**
克尔金虎尾属 **104287**
克尔小檗 **51816**
克尔新斯库得拉草 **218279**
克非亚草 **114599**
克非亚属 114595
克格兰 **215800**
克格兰属 **215798**
克哈锡黄芩 **355542**
克克大岩桐寄生 **384220**
克拉布爵床属 **108504**
克拉刺莲花 **216602**
克拉刺莲花属 **216600**
克拉豆属 **110286**
克拉椴属 94106
克拉多克舟叶花 **340624**
克拉尔阿氏莎草 **543**

克拉尔蛇鞭菊 **228464**
克拉尔一枝黄花 **368194**
克拉弗狒狒花 **46070**
克拉弗紫波 **28474**
克拉弗紫玲玉 **224261**
克拉花 **94140**
克拉花属 **94132**
克拉锦葵 **218097**
克拉锦葵属 **218096**
克拉卡多香芸木 **10647**
克拉克安龙花 **139444**
克拉克报春 **314253**
克拉克柴胡 **63605**
克拉克尔杰克道氏福禄考 **295264**
克拉克荆芥 **264899**
克拉克巨人丁香 **382174**
克拉克芦荟 **16713**
克拉克漆姑草 **342254**
克拉克千里光 **358565**
克拉克秋海棠 **49727**
克拉克无心菜 **31975**
克拉克肖水竹叶 **23513**
克拉克绣球防风 **227575**
克拉克鸭跖草 **100959**
克拉克亚洲小檗 **51334**
克拉克掷爵床 **139866**
克拉拉·迈尔桃 316644
克拉拉·麦伊桃 **316644**
克拉拉苞爵床 **138997**
克拉拉大戟 **158650**
克拉拉西澳兰 **118176**
克拉里蝇子草 **363325**
克拉里紫罗兰 **246490**
克拉利克黄耆 **42555**
克拉利克两节荠 **108623**
克拉利克柳穿鱼 **230919**
克拉利克拟鸦葱 **354986**
克拉苓菊 **214112**
克拉伦斯白酒草 **103464**
克拉洛氏禾 **337273**
克拉马斯金光菊 **339573**
克拉马斯野荞麦 **152143**
克拉毛茛 **326005**
克拉默红达尔利石南 148951
克拉脐果草 **270699**
克拉荠 **94150**
克拉荠属 **94148**
克拉全叶百簕花 **55358**
克拉塞夫黄芩 355449
克拉赛山柳菊 **195698**
克拉赛针茅 **376821**
克拉桑属 94122
克拉森大戟 **158651**
克拉森芦荟 **16714**
克拉森婆罗门参 **394305**
克拉莎 **93913**
克拉莎属 **93901**
克拉商果属 163505
克拉氏茜草 **337972**
克拉斯茜属 **218158**
克拉斯小米草 **160201**
克拉斯岩黄耆 **187957**
克拉特鸢尾属 **216628**
克来豆属 **108552**
克来氏米钮草 **255503**
克莱阿诺匹斯 26189
克莱刺花蓼 **89067**
克莱大戟属 **216561**
克莱东芦竹 **37514**
克莱东芦竹属 **37513**
克莱东苋属 94292
克莱顿苞茅 **201475**
克莱顿拉拉藤 **170320**
克莱顿黍 **281472**
克莱顿羊茅 **163870**
克莱恩扁丝卫矛 **364432**
克莱恩刺核藤 **322540**
克莱恩刺桐 **154678**
克莱恩单花杉 **257128**
克莱恩洞果漆 **28750**
克莱恩毒鼠子 **128650**
克莱恩杜茎大戟 **241875**
克莱恩二裂萼 **134092**
克莱恩番樱桃 **156257**
克莱恩谷木 **249988**
克莱恩核果木 **138645**
克莱恩壶花无患子 **90737**
克莱恩吉尔苏木 **175642**
克莱恩九节 **319620**
克莱恩库地苏木 **113179**
克莱恩链荚木 **274350**
克莱恩亮盘无患子 **218783**
克莱恩落萼旋花 **68355**
克莱恩米尔大戟 **254474**
克莱恩膜苞豆 **201257**
克莱恩木瓣树 **415815**
克莱恩琼楠 **50539**
克莱恩赛金莲木 **70733**
克莱恩舒曼木 **352714**
克莱恩驼峰楝 **181560**
克莱恩微花藤 **207361**
克莱恩瓮萼豆木 **68122**
克莱恩五层龙 **342655**
克莱恩香料藤 **391878**
克莱恩小花豆 **226165**
克莱恩小盘木 **253419**
克莱恩肖九节 **401992**
克莱恩血桐 **240277**
克莱恩崖豆藤 **254738**
克莱恩油楠 **364709**
克莱恩舟瓣梧桐 **350476**
克莱恩紫玉盘 **403499**
克莱尔斑马热美爵床 29128
克莱尔单药爵床 **29128**
克莱尔风车子 **100393**
克莱尔风兰 **24780**
克莱尔蒙特血红茶藨子 **334191**
克莱尔天门冬 **38959**
克莱夫胫甲高加索蓝盆花 **350120**
克莱兰 **218196**
克莱兰属 **218195**
克莱里还阳参 **110779**
克莱里猫儿菊 **202402**
克莱里牛舌草 **21938**
克莱芒蒂娜·丘吉尔宽叶山月桂 **215396**
克莱门斯兰 **263770**
克莱门斯兰萝藦 **95589**
克莱门斯兰萝藦属 **95588**
克莱门斯兰属 **263769**
克莱门特矢车菊 **81008**
克莱门特香茶 **303217**
克莱门特香科 **388051**
克莱门特絮菊 **165930**
克莱森斯茶茱萸 **203288**
克莱森斯刺蒴麻 **399213**
克莱森斯大沙叶 **286160**
克莱森斯风兰 **24777**
克莱森斯花椒 **417198**
克莱森斯鸡头薯 **152914**
克莱森斯假牧豆树 **318168**
克莱森斯老鸦嘴 **390740**
克莱森斯落萼旋花 **68348**
克莱森斯前胡 **292816**
克莱森斯鞘蕊花 **99542**
克莱森斯赛金莲木 **70720**
克莱森斯三角车 **334604**
克莱森斯三链蕊 **396747**
克莱森斯山榄 **270645**
克莱森斯薯蓣 **131524**
克莱森斯索林漆 **369756**
克莱森斯纹蕊茜 **341287**
克莱森斯小花豆 **226148**
克莱森斯小花茜 **286002**
克莱森斯鸭跖草 **100958**
克莱森斯鸭嘴花 **214420**
克莱森斯杂色豆 **47711**
克莱森斯猪屎豆 **111858**
克莱沙地马鞭草 693
克莱沙马鞭 **693**
克莱梯木 99812
克莱梯木属 99804
克莱小红木 26189
克莱小红树 **26189**
克兰巴西挪威云杉 298194
克兰伯恩英国虎耳草 **349035**
克兰利宝石白长阶花 **186930**
克兰氏深红星 **182151**
克兰属 215790
克兰树 216642
克澜氏委陵菜 **312472**
克郎河黄耆 **42812**
克朗木根菊 **415848**
克劳迪樱桃 **316333**
克劳福德苔草 **74196**
克劳凯奥 105239
克劳凯奥属 105238
克劳拉草属 **88242**
克劳兰属 97250
克劳利小檗 **52122**
克劳森还阳参 **110780**
克劳森列当 **275003**
克劳森芒柄花 **271367**
克劳森庭荠 **18361**
克劳森小檗 **51476**
克劳森蚤草 **321539**
克劳氏白芷 192252
克劳氏独活 **192252**
克劳氏蒲公英 **384604**
克劳氏苔草 **74195**
克劳斯鼻烟盒树 **270907**
克劳斯补血草 **230651**
克劳斯布里滕参 **211511**
克劳斯刺头菊 **108315**
克劳斯大戟 **159197**
克劳斯大岩桐寄生 **384139**
克劳斯都丽菊 **155366**
克劳斯多头帚鼠麹 **134250**
克劳斯风车子 **100560**
克劳斯黄肉菊 **193210**
克劳斯灰毛豆 **386131**
克劳斯鸡头薯 **152955**
克劳斯金合欢 **1432**
克劳斯蜡菊 **189483**
克劳斯罗山龙眼 **361201**
克劳斯毛子草 **153214**
克劳斯黏粟麦草 **230168**
克劳斯欧石南 **149624**
克劳斯秋水仙 **414886**
克劳斯群花寄生 **11100**
克劳斯酸模 **340099**
克劳斯苔草 **75017**
克劳斯天门冬 **39054**
克劳斯纹蕊茜 **341315**
克劳斯五层龙 **342656**
克劳斯香科 **388125**
克劳斯香尾禾 **262516**
克劳斯小金梅草 **202886**
克劳斯肖杨梅 **258748**
克劳斯羊茅 **164040**
克劳斯杨 **311369**
克劳特考夫一枝黄花 **368195**
克乐西黄耆 **42197**
克勒兰 **263977**
克勒兰属 **263976**
克勒立金花 **218878**

克勒木 **95852**
克勒木属 **95851**
克勒球距兰 **253329**
克勒舟叶花 **340740**
克雷布斯非洲鸭跖草 **100906**
克雷布斯蜡菊 **189484**
克雷布斯蓝花参 **412718**
克雷布斯圣诞果 **88056**
克雷布斯天门冬 **39055**
克雷布斯勋章花 **172299**
克雷布斯盐肤木 **332677**
克雷布斯银豆 **32827**
克雷恩圆筒仙人掌 **116664**
克雷革瓣花 **356013**
克雷格石莲花 **139983**
克雷格属 218199
克雷龙胆 **173561**
克雷罗夫冰草 **11779**
克雷罗夫车叶草 **39369**
克雷罗夫虫实 **104794**
克雷马先蒿 **287320**
克雷默白前 **409483**
克雷默属 218074
克雷木 218080
克雷木科 218086
克雷潘茄 **367023**
克雷氏委陵菜 **312696**
克雷塔罗狭花柱 **375531**
克雷乌头 **5332**
克榴树属 108574
克里昂草 **95829**
克里昂草属 **95828**
克里巴省藤 **65717**
克里布兰属 **111118**
克里菊属 218199
克里苣苔 **110526**
克里苣苔属 **110525**
克里克砂纸榕 **164853**
克里冷水花 **298853**
克里罗夫山柳菊 **195700**
克里曼异色黄芩 **355474**
克里门茨针茅 376940
克里米亚椴 **391705**
克里米亚蒿 36367
克里米亚黑松 **300111**
克里米亚米钮草 **255584**
克里米亚雪花莲 169726
克里木阿福花 **39439**
克里木百里香 **391385**
克里木糙苏 **295205**
克里木草木犀 **249260**
克里木车叶草 **39411**
克里木臭草 248975
克里木大戟 **159937**
克里木大鳍菊 **271705**
克里木顶冰花 **169509**
克里木斗篷草 **14157**
克里木毒马草 **362880**
克里木独尾 **148559**
克里木番红花 **111615**
克里木风铃草 **70322**
克里木蒿 36367
克里木虎耳草 **349505**
克里木花楸 **369532**
克里木黄耆 **43139**
克里木茴芹 **299551**
克里木蓟 **92433**
克里木堇菜 **410325**
克里木聚合草 **381039**
克里木卷耳 **83049**
克里木拉拉藤 **170451**
克里木老鹳草 **174956**
克里木驴臭草 **271835**
克里木罗布麻 **29522**
克里木眉兰 **272493**
克里木拟芸香 **185672**
克里木婆婆纳 **407404**
克里木蒲公英 **384830**
克里木前胡 **293030**
克里木屈曲花 **203248**
克里木绒毛花 **28194**
克里木沙参 **7846**
克里木山毛榉 162436
克里木山楂 **110084**
克里木蜀葵 **13947**
克里木水青冈 **162436**
克里木松 **300127**
克里木菘蓝 **209228**
克里木委陵菜 **313064**
克里木香草 **347632**
克里木小米草 **160282**
克里木肖阿魏 **163766**
克里木新塔花 **418139**
克里木旋花 **103329**
克里木雪花莲 **169726**
克里木栒子 **107701**
克里木鸦葱 **354959**
克里木亚麻 **231985**
克里木岩黄芪 188141
克里木岩黄耆 **188141**
克里木岩蔷薇 **93216**
克里木一枝黄花 **368442**
克里木鸢尾 **208874**
克里南芥 **30225**
克里尼千里光 **359232**
克里其苔 74148
克里其苔草 **74148**
克里斯蒂娜荷兰菊 **40930**
克里斯廷马缨丹 **221240**
克里特百脉根 **237569**
克里特草 **198531**
克里特草木犀 **249211**
克里特草属 **198530**
克里特车叶草 **39326**
克里特春黄菊 **26771**
克里特刺芹 **154308**
克里特毒马草 **362770**
克里特斧冠花 **356383**
克里特胡卢巴 **397214**
克里特花葵 **223364**
克里特黄芩 **355419**
克里特灰白岩蔷薇 93137
克里特蓟 **91899**
克里特锦葵 **243770**
克里特看麦娘 **17522**
克里特蓝蓟 **141145**
克里特苓菊 **214068**
克里特琉璃草 117948
克里特柳穿鱼 **230940**
克里特脉苞菊 **216611**
克里特毛茛 **325742**
克里特毛蕊花 **405691**
克里特眉兰 **272429**
克里特牛至 **274242**
克里特槭 3588
克里特墙草 **284137**
克里特蜀葵 **18163**
克里特水苏 **373185**
克里特丝叶芹 **350364**
克里特糖胡萝卜 **43795**
克里特甜苣 **187718**
克里特小檗 **51515**
克里特小冠花 **105277**
克里特小牛舌草 **22001**
克里特玄参 **355094**
克里特旋花 **111113**
克里特旋花属 **111111**
克里特蝇子草 **363382**
克里特郁金香 **400220**
克里特枣椰 **295489**
克里希纳榕 **164685**
克力巴菊 96645
克力巴菊属 96643
克力迈丁红橘 93429
克利奥豆 **95596**
克利奥豆属 **95595**
克利巴椰子 31705
克利巴椰子属 31702
克利草 **96573**
克利草属 **96572**
克利夫阿魏 **163642**
克利夫兰半带菊 **191707**
克利夫兰金千里光 **279897**
克利夫兰软毛蒲公英 **242928**
克利夫兰鼠尾草 **344973**
克利夫木 **96881**
克利夫木属 **96880**
克利福德九头狮子草 **291147**
克利福德木蓝 **205799**
克利福德仙人笔 **216660**
克利福特状小檗 **51477**
克利檬橙 93429
克利木 **96652**
克利木属 **96650**
克利诺椰属 97066
克利索桐属 113290
克列塞石头花 **183211**
克列特狮齿草 **224699**
克林斑鸠菊 **406474**
克林顿蘼草 **353318**
克林顿毛莎草 **396012**
克林凤仙花 **205057**
克林克南洋杉 **30852**
克林立金花 **218877**
克林露子花 **123903**
克林毛头菊 **151586**
克林肉锥花 **102295**
克林氏藜 **87061**
克林斯荸荠 **143182**
克林斯苔草 **74150**
克林天竺葵 **288317**
克林旋覆花 **207159**
克柳奇蒲公英 **384603**
克龙飞蓬 **150575**
克龙野荞麦 **151970**
克卢单干夹竹桃 **185692**
克卢格苣苔 **216735**
克卢格苣苔属 **216733**
克卢塞尔丹氏梧桐 **135809**
克卢塞尔番樱桃 **156183**
克卢塞尔黄鸠菊 **134793**
克卢塞尔卡尔茜 **77215**
克卢塞尔马岛香茶菜 **71622**
克卢塞尔十字爵床 **111709**
克卢塞尔沃恩木蓝 **405199**
克卢斯老鼠芋 **33590**
克卢斯岩蔷薇 **93136**
克鲁比刺椰属 143003
克鲁草 **218230**
克鲁草属 **218227**
克鲁登肋瓣花 **13771**
克鲁金莲木 **218241**
克鲁金莲木属 **218240**
克鲁科吊兰 **88585**
克鲁科茴芹 **299452**
克鲁科蜡菊 **189485**
克鲁科木蓝 **206148**
克鲁科欧石南 **150184**
克鲁科柔冠田基黄 **193851**
克鲁科胀萼马鞭草 **86085**
克鲁美登木 **246865**
克鲁姆小蓼 **308685**
克鲁木 **218236**
克鲁木属 **218235**
克鲁茜 **113166**
克鲁茜属 **113161**
克鲁丝桉 **155616**
克鲁斯车轴草 **396867**

克鲁斯吊兰 **88584**
克鲁斯多榔菊 **136348**
克鲁斯番红花 **111595**
克鲁斯木属 97260
克鲁斯氏郁金香 **400145**
克鲁斯郁金香 **400186**
克鲁特报春 314255
克鲁西科 97266,182119
克鲁西郁金香 400145
克鲁希亚木属 97260
克鲁兹王莲 **408735**
克陆氏蔷薇 **336658**
克路西番红花 111595
克吕格尔春黄菊 **26806**
克吕兹茜 **113219**
克吕兹茜属 **113217**
克伦地亚野菱 **394447**
克伦哈诺苦木 **185283**
克伦苦木 185283
克伦糖芥 **154488**
克罗伯勒马蹄莲 **417094**
克罗大戟 **111646**
克罗大戟属 **111645**
克罗德朗巴蒂兰 **263629**
克罗德朗番薯 **207908**
克罗德朗豇豆 **408932**
克罗德朗秋海棠 **49960**
克罗基野荞麦木 **152128**
克罗开木属 105238
克罗莎草 **111786**
克罗莎草属 **111785**
克罗参 **111650**
克罗参属 **111649**
克罗氏山柳菊 **195699**
克罗氏新麦草 317083
克罗斯十大功劳 **242573**
克罗野荞麦 **151971**
克洛草 **216731**
克洛草属 **216730**,215845
克洛彻大沙叶 **286300**
克洛彻欧石南 **149621**
克洛弗鯱玉 **354292**
克洛基飞蓬 **150548**
克洛基蓟 **91930**
克洛伦橐吾 229077
克洛氏马先蒿 **287128**
克洛斯兰 **97253**
克洛斯兰属 **97250**
克洛斯茜 **216729**
克洛斯茜属 **216728**
克麻藤 200366
克马曼省藤 **65716**
克马曼轴榈 **228742**
克马七 65869
克马山龙眼 **216072**
克马山龙眼属 **216071**
克迈斯白花菜 **95716**
克迈斯多穗兰 **310457**
克迈斯马齿苋 **311869**
克迈斯鸟足兰 **347800**
克迈斯仙人球 **140864**
克美莲 **68791**,68800
克美莲属 **68789**
克明榕 164864
克默森茄 367047
克内虎眼万年青 **274665**
克内肖鸢尾 **258540**
克纳飞廉 **73377**
克纳夫山柳菊 **195688**
克纳毛蕊花 **405721**
克纳酸模 **340096**
克纳小米草 **160197**
克纳鸢尾 **208654**
克脑容荆芥 **264962**
克瑙草属 216752
克尼刺子莞 **333613**
克尼花 **217656**
克尼花属 **217655**
克尼斯纳穆拉远志 **260002**
克尼斯纳沃森花 **413358**
克尼斯纳盐肤木 **332676**
克尼斯纳舟叶花 **340741**
克尼特尔树葡萄 **120121**
克努报春 314543
克努特酢浆草 **277915**
克努特大戟 **159185**
克努特薯蓣 **131673**
克诺贝尔大戟 **159184**
克诺贝尔牛角草 **273167**
克诺黄芩 **355548**
克诺林报春 **314542**
克诺林彩花 **2248**
克诺林蒿 **35740**
克诺林苓菊 **214109**
克诺氏糙苏 **295126**
克诺氏刺头菊 **108310**
克诺氏翠雀花 **124324**
克诺氏大丁草 **224115**
克诺氏蓝刺头 **140727**
克诺氏荅草 **75002**
克诺氏兔唇花 **220074**
克诺丝叶芹 **350368**
克诺通草属 217070
克佩达赫荆芥 **264966**
克瑞早熟禾 **305629**
克撒特杯苞菊 **310028**
克萨维尔矢车菊 **81464**
克塞麻奈 392252
克什米尔白老鹳草 **174547**
克什米尔柏木 **114668**
克什米尔报春 314253
克什米尔糙苏 **295083**
克什米尔翠雀花 **124109**
克什米尔独活 **192247**
克什米尔胡卢巴 **397204**
克什米尔花楸 **369356**
克什米尔碱茅 **321314**
克什米尔口药花 **211401**
克什米尔列当 **275101**
克什米尔马蔺 208652
克什米尔米努草 **255502**
克什米尔婆罗门参 **394301**
克什米尔葶苈 **136957**
克什米尔小檗 **51810**
克什米尔枸子 **107385**
克什米尔羊角芹 **8823**
克什米尔羊茅 **164031**
克什米尔蝇子草 **363305**
克什米尔鸢尾 **208652**
克什米尔紫堇 **105710**
克什米尔紫老鹳草 **174546**
克什图特兔唇花 **220075**
克氏白脉竹芋 **245026**
克氏白仙玉 **246597**
克氏百部 **375345**
克氏百脉根 **237664**
克氏报春 314541
克氏鼻花 **329523**
克氏藨草属 **218182**
克氏齿果酸模 **340023**
克氏丹尼尔苏木 **122155**
克氏番红花 **111528**
克氏格尼迪木 178634
克氏格尼瑞香 **178634**
克氏沟宝山 327278
克氏胡椒 **300374**
克氏棘豆 **278934**
克氏姜饼木 **284236**
克氏拉拉藤 **170450**
克氏蓝堇 **169078**
克氏老鹳草 **174545**,174684
克氏流星花 **135158**
克氏柳 **343582**
克氏龙胆 **173344**
克氏龙胆属 **216559**
克氏龙须兰 **79336**
克氏马先蒿 **287097**
克氏米尔顿兰 **254928**
克氏魔芋 **20101**
克氏南洋杉 30852
克氏排草 239700
克氏匹菊 **322664**
克氏葡萄 **411759**
克氏群花寄生 **11101**
克氏三褶兰 **397887**
克氏山柳菊 195696
克氏水竹叶 **260092**
克氏头果莎 **82201**
克氏威灵仙 95051
克氏鞋木 **52863**
克氏旋花 **103102**
克氏雪花莲 **169715**
克氏雪莲花 169715
克氏岩黄芪 187959
克氏岩黄耆 **187959**
克氏鼬蕊兰 **169872**
克氏月见草 **269422**
克氏云兰参 **84595**
克氏针茅 376910
克氏栀子 **171309**
克氏紫玉盘 **403501**
克斯贝契属 195374
克斯金壳果 **217963**
克斯金壳果属 **217962**
克斯木棉 **217961**
克斯木棉属 **217960**
克斯滕前胡 **292897**
克斯滕双袋兰 **134307**
克斯滕砖子苗 **245457**
克斯汀帚石南 **67485**
克斯廷大戟 **159180**
克斯廷单列木 **257952**
克斯廷多穗兰 **310458**
克斯廷番樱桃 **156256**
克斯廷假榆橘 **320089**
克斯廷露兜树 **281053**
克斯廷马钱树 **27598**
克斯廷毛腹无患子 **151726**
克斯廷没药 **101431**
克斯廷木豆 **65152**
克斯廷木蓝 **206139**
克斯廷拟劳德草 **237860**
克斯廷蒲桃 **382588**
克斯廷茜树 **325348**
克斯廷三芒草 **33901**
克斯廷探春 **211878**
克斯廷田皂角 **9566**
克斯廷瓦氏茜 **404819**
克斯廷叶下珠 **296621**
克斯廷异荣耀木 **134651**
克松羊茅 **164384**
克特补骨脂 **319198**
克特菲利木 **296237**
克特明棘豆 **278925**
克特欧石南 **149613**
克特盐肤木 **332672**
克温斯蓝花参 **412717**
克文圆筒仙人掌 **116663**
克西紫羊茅 **164252**
克秀巴 275363
刻瓣草属 180265
刻赤冰草 **11693**
刻节润楠 **240573**
刻节桢楠 240573
刻锯秋海棠 **49945**
刻裂羽叶菊 **263513**
刻脉冬青 204138
刻脉石斑木 **329066**

刻文花烛 **28132**
刻叶刺儿菜 82022,82024,92384
刻叶黄荆 **411375**,411374
刻叶黄芩 355492
刻叶假面花 **17479**
刻叶荆条 411374,411375
刻叶千里光 263513
刻叶紫堇 **106004**
客阶 290439
客室葵属 85420
客室棕 85426
客室棕属 85420
客厅棕属 85420
肯·阿斯里特变异牻牛儿苗 **153714**
肯巴里万代兰 197260
肯巴里万带兰 197260
肯道尔·克拉克夫人草原老鹳草 **174834**
肯德野牡丹 **215864**
肯德野牡丹属 **215863**
肯哈特舟叶花 **340738**
肯基拉兰 216437
肯基拉兰属 216436
肯考迪亚欧洲栎 **324337**
肯科尔苔草 **74992**
肯麻尖 362672
肯奈桦 53549
肯尼迪短盖豆 **58745**
肯尼迪悬钩子 **338667**
肯尼迪野荞麦 **152184**
肯尼飞廉 **73370**
肯尼亚安龙花 **139465**
肯尼亚八角枫 **13368**
肯尼亚百簕花 **55363**
肯尼亚斑鸠菊 **406686**
肯尼亚棒籽花 **328463**
肯尼亚滨藜 **44396**
肯尼亚长柄杂色豆 **47769**
肯尼亚触须兰 **261808**
肯尼亚刺蒴麻 **399264**
肯尼亚刺痒藤 **394168**
肯尼亚大被爵床 **247869**
肯尼亚单花杉 **257143**
肯尼亚吊灯花 **84137**
肯尼亚独行菜 **225394**
肯尼亚费雷茜 **163369**
肯尼亚风兰 **24903**
肯尼亚风铃草 **70101**
肯尼亚风琴豆 **218001**
肯尼亚锋芒草 **394383**
肯尼亚格雷山醋李 **180555**
肯尼亚哈维列当 **186067**
肯尼亚虎斑楝 **237926**
肯尼亚虎尾兰 **346124**
肯尼亚茴芹 **299444**
肯尼亚假杜鹃 **48214**
肯尼亚尖花茜 **278209**
肯尼亚剪股颖 **12155**
肯尼亚豇豆 **412943**
肯尼亚豇豆属 **412941**
肯尼亚金合欢 **1186**
肯尼亚金丝桃 **202136**
肯尼亚茎花豆 **118119**
肯尼亚决明 **78219**
肯尼亚可拉木 **99203**
肯尼亚拉拉藤 **170441**
肯尼亚蜡菊 **189241**
肯尼亚类芩楝 **141877**
肯尼亚链荚木 **274348**
肯尼亚琉璃草 **117942**
肯尼亚龙船花 **211169**
肯尼亚绿心樟 **268710**
肯尼亚罗勒 **268549**
肯尼亚脉刺草 **265683**
肯尼亚毛茛 **325505**
肯尼亚美登木 **182724**
肯尼亚美冠兰 **156789**
肯尼亚蒙松草 **258126**
肯尼亚牡荆 **411307**
肯尼亚木千里光 **125740**
肯尼亚喃果苏木 118119
肯尼亚黏粟麦草 **230167**
肯尼亚牛角草 **273168**
肯尼亚欧石南 **150166**
肯尼亚飘拂草 **166225**
肯尼亚千里光 **359218**
肯尼亚墙草 **284178**
肯尼亚鞘蕊花 **99610**
肯尼亚茄 **367275**
肯尼亚三芒草 **33900**
肯尼亚色穗木 **129138**
肯尼亚莎草 **119056**
肯尼亚山辣椒树 382799
肯尼亚水马齿 **67368**
肯尼亚酸藤子 **144749**
肯尼亚桃榄 **313329**
肯尼亚田菁 **361396**
肯尼亚弯管花 **86223**
肯尼亚勿忘草 **260808**
肯尼亚细莞 **210019**
肯尼亚香料藤 **391877**
肯尼亚悬钩子 **338666**
肯尼亚鸭嘴花 **214879**
肯尼亚亚麻 **231915**
肯尼亚鱼骨木 **71399**
肯尼亚玉凤花 **183753**
肯尼亚针茅 **376812**
肯尼亚猪屎豆 **112283**
肯尼亚锥口茜 **102767**
肯宁安氏假槟榔 **31015**
肯诺藜 48762
肯诺藜属 48753
肯普佛橐吾 162616
肯瑟通·普赖德杧果 **244399**
肯氏苞舌兰 **370399**
肯氏翅实藤 **341224**
肯氏画眉草 147609
肯氏假槟榔 31015
肯氏剪股颖 **12368**
肯氏柳叶箬 **209081**
肯氏罗汉松 306439
肯氏木麻黄 79157
肯氏南洋杉 30841
肯氏蒲桃 382522
肯氏仙灯 **67589**
肯氏椰子 31015
肯塔基繁缕 **374889**
肯塔基荚蒾 **407953**
肯塔尼扭果花 **377745**
肯托椰属 216005
肯沃奇秋海棠 **49959**
垦丁扁莎 322371
垦丁苦林盘 **96144**
垦绥垂柳 **343919**
啃不死 88691
裉色水蜈蚣 **218506**
裉色庭荠 **18336**
坑兰 288762,288769
坑冷 288769
空斑鸠菊 **406434**
空柄玉山竹 **416759**
空草 168391,168523,168563,168586,168605
空肠 355387
空船兰属 **9091**
空唇兰 **99068**
空唇兰属 **99067**
空地野荞麦 **151832**
空洞草 240765
空洞泡 339468
空洞参 369854,369855,369862
空腹莲 338516
空腹妙 338516
空管榕 164985
空管状驴蹄草 68196
空果柿 **132472**
空涵竹 47402
空花兰属 **182191**
空喙苔草属 **333097**
空角川苔草 **83508**
空角川苔草属 **83506**
空茎驴蹄草 **68196**
空茎美国薄荷 257169
空茎乌头 **5042**
空茎岩黄芪 187873
空茎岩黄耆 **187873**
空茎鸢尾 208474
空壳 167456
空壳洞 59207
空壳树 66913
空壳铁砂子 66913
空空参 369854,369855,369862
空肋芥属 98772
空棱芹 **80879**
空棱芹属 **80877**
空链茜 **246099**
空链茜属 **246098**
空麻 1000
空脉杜鹃 330441
空木 127072
空气凤梨属 391966
空青锁龙 **109083**
空沙参 7853
空疏 126931,127072
空树属 **99053**
空藤杆 373540
空桐 123245
空桐木 285981
空桐树 154734,285966
空桶参 **369854**,369855,369862
空筒菜 207590
空筒泡 339047
空头草 **246092**
空头草属 **246091**
空头刺头菊 **108293**
空瓦毒马草 **362807**
空心痲麻 406817
空心藨 339194
空心菜 207590
空心草 228326,299395,355387
空心柴胡 63713,63780
空心长茎柴胡 **63713**
空心带鞘箭竹 **162661**
空心副常山 127026
空心秆荸荠 **143149**
空心花 241817
空心箭竹 **162682**
空心韭菜 417613
空心苦 318281
空心苦马菜 368771
空心苦竹 304098
空心莲子草 18128
空心柳 372075
空心木 228321
空心泡 **339194**,338522
空心树 147
空心通草 387432
空心蕹藤菜 18128
空心苋 18128
空心有柄柴胡 **63780**
空心竹 **318281**
空雄龙眼 **80799**
空雄龙眼属 **80798**
空序茜 **246094**
空序茜属 **246093**
空枝子 413591
空轴茅 **98800**

空轴茅属 **98792**
空轴实心草 **211027**
空轴实心草属 **211026**
空竹 **82445**,82450
空竹荚蒾叶风箱果 **297844**
空竹属 **82440**
空柱豆 **80886**
空柱豆属 **80885**
空柱杜鹃属 **99076**
空柱萝藦 **98815**
空柱萝藦属 **98814**
空足野牡丹属 **306338**
孔巴豆 112920
孔苞藤属 83519
孔菜 300980
孔策白峰掌 **181456**
孔策褐花 **61142**
孔策极光球 **153355**
孔策木槿 **194953**
孔策木蓝 **206150**
孔策南美刺莲花 **65133**
孔策水苏 **373282**
孔策嵩草 **217201**
孔策鱼骨木 **71403**
孔唇兰 **311713**
孔唇兰属 **311712**
孔带椰子属 126688
孔洞铲穗兰 **233046**
孔洞南星 **33455**
孔杜球距兰 **253330**
孔杜绣球防风 **227584**
孔多大戟 **159190**
孔古九节 **319622**
孔古双角茜 **130051**
孔瓜木蓝 **206145**
孔冠花 282685
孔哈特扭果花 **377749**
孔哈特偏穗草 **218365**
孔哈特偏穗草属 **218363**
孔卡矢车菊 **81164**
孔克尔百脉根 **237667**
孔克尔旱雀麦 **25292**
孔克尔虎眼万年青 **274572**
孔克檀香属 **218367**
孔裂刺球果 **218080**
孔裂药豆属 218074
孔裂药木 218080
孔罗崖豆藤 **254662**
孔麻 1000
孔木 300980
孔目矮柳 **343585**
孔囊无患子 **311708**
孔囊无患子属 **311707**
孔佩尔多穗兰 **310362**
孔佩尔沟果椴 **22034**
孔佩尔九节 **319486**
孔佩尔三角车 **334605**
孔佩尔紫玉盘 **403444**
孔雀柏 **85330**,85350
孔雀稗 **140415**
孔雀抱蛋 115897
孔雀草 **383103**
孔雀豆 7187,7190
孔雀豆属 7178
孔雀厚敦菊 **277109**
孔雀花 **198802**,147293,286388,286666
孔雀花属 **198796**,134115
孔雀花叶芋 **65217**
孔雀姜 **215033**
孔雀菊 89704,383103
孔雀美国花柏 85293
孔雀木 **135081**,350688
孔雀木属 **135079**
孔雀杉 113721
孔雀石竹 127790
孔雀松 113685,178019
孔雀唐菖蒲 **176439**
孔雀仙人掌 266648
孔雀仙人掌属 225691,266647
孔雀肖鸢尾 **258606**
孔雀勋章花 **172326**
孔雀椰 **78050**,78056
孔雀椰子 78056
孔雀椰子属 78045
孔雀叶黄蓉花 **121932**
孔雀银莲花 **23992**
孔雀鸢尾 258529
孔雀竹芋 **66175**
孔蕊野牡丹 **297799**
孔蕊野牡丹属 **297798**
孔瑟兰 **218381**
孔瑟兰属 **218380**
孔沙科山柳菊 **195691**
孔氏达维木 **123277**
孔氏黄藤 **121506**
孔氏樫木 139641
孔氏忍冬 235905
孔氏羊蹄甲 **49151**
孔氏轴榈 **228745**
孔斯豆 **218377**
孔斯豆属 **218375**
孔斯秋海棠 **49970**
孔斯三芒草 **33903**
孔唐兰 **102848**
孔唐兰属 **102847**
孔特羽叶楸 **376278**
孔雄蕊香属 **375366**
孔岩草 **218355**
孔岩草属 **218354**
孔药大戟 **311663**
孔药大戟科 **311670**
孔药大戟属 **311662**
孔药短筒苣苔 **56370**
孔药花 **311651**
孔药花科 394685
孔药花属 **311649**,394681
孔药木 **394682**
孔药木科 **394685**
孔药木属 **394681**
孔药楠 **365015**
孔药楠属 **365014**
孔药藤花属 311649
孔叶安龙花 139716
孔叶龟背竹 **258177**
孔叶菊属 **311715**
孔叶菊状安龙花 139717
孔叶菊状异味菊 **139717**
孔叶异味菊 **139716**
孔颖草 **57579**
孔颖草属 **57545**
孔颖臭根子草 **57549**
孔颖假蛇尾草 193992
孔兹木属 218387
孔子茜 **57692**
孔子茜属 **57691**
恐龙阁 **105436**
恐龙角属 **105434**
恐龙球 **182446**
恐龙丸 182446
恐山拟莞 **352161**
口疮叶 129068
口袋七 5574
口党 98395
口防风 346448
口盖花蜘蛛兰 **155265**
口冠萝藦 **377378**
口冠萝藦属 **377377**
口果石蒜 **77585**
口果石蒜属 **77584**
口果属 77584
口红花 **9475**
口红花属 9417
口红水仙花 262438
口花芥 **86278**
口花芥属 **86277**
口花属 27664
口球 **244162**
口蕊茜 **377323**
口蕊茜属 **377322**
口外糙苏 **295123**
口丸 244162
口香糖球胶皮枫香树 **232570**
口药花属 **211399**
口泽兰 **377327**
口泽兰属 **377325**
叩皮花 414150
扣过怀 113577
扣裸莎 **182616**
扣钮子 71679,71798
扣匹 403585
扣树 203938
扣丝 301691
扣子草 313564,366934,367416,417470
扣子柴 379336
扣子果 31639
扣子花 49890,157269,157966
扣子兰 62832,410672
扣子莲 299724
扣子木 3462
扣子七 280756,280793
扣子树 302588
寇蒂禾 **107737**
寇蒂禾属 **107736**
寇氏滨藜 **44365**
寇氏独尾草 148546
寇氏相思 **1152**
寇思 105146
寇通 387432
寇苋 387432
寇脱 387432
寇夕属 94232
蔻木属 **410916**
蔻仁 261424
蔻香木 43972
蔻香木属 43971
枯草 224989
枯肠 355387
枯翅茎菊 **320397**
枯灯心草 **213460**
枯骨草 282162
枯黄芩 355387
枯里珍 28345,28381
枯里珍五月茶 **28381**
枯鲁杜鹃 330031
枯萝卜 326616
枯茗 114503
枯芩 355387
枯香草 117150
枯盐萁 332509
枯子芩 355363
堀川苔草 **75139**
堀井蓟 **92032**
堀川栎 **323797**
窟窿牙根 91008,91023
窟莽树 295461
苦艾 35090,35794,103436,224952
苦艾叶马先蒿 286973
苦芙 91864,92132,285859
苦芙子 91864
苦巴旦杏 20892
苦白蜡 160418
苦柏木 28996
苦斑鸠菊 **406180**
苦板 91864,92132,259772
苦苞蓼子曹 309494

苦扁桃 20892
苦扁桃叶石栎 233104
苦扁桃叶石栎属 233099
苦槟榔青 **372461**
苦菜 59438,90894,168391,168523,168563,168586,168605,210525,210654,234398,234766,259772,283388,285819,285859,285880,320515,336196,367416,368635,368771,384714,390213
苦菜根 302753
苦菜花 368771
苦菜藤 137799
苦菜药 416437
苦蚕子 254796
苦草 **404555**,4870,13091,13146,13163,22407,96999,103436,173814,224989,298527,308123,380184,380418,381809,397229,404562,404563
苦草科 **404572**
苦草属 **404531**,201293
苦草水蕹 **29693**
苦茶 **68917**,14213,20360,69411,229485
苦茶槭 **2986**
苦茶头草 309711
苦茶叶 229485
苦柴枝 408123
苦柴子 407785
苦菖蒲 5821
苦常 414813
苦沉茶 110258
苦橙 **93414**
苦槚 **364382**,364385
苦槚裂榄 64085
苦槚属 **364380**
苦椿菜 146155,146192,146253
苦刺 143694,367087,368994
苦刺花 368994
苦刺茄 **367087**
苦萃 400675
苦翠雀花 **124653**
苦大黄 329372
苦大戟属 **8411**
苦耽 297643,297645
苦胆草 22407,96970,117385,173625,173814,173847,174004,187510,298527,380252,380324
苦胆木 298516
苦胆七 285613
苦胆属 143453
苦胆树 298516
苦刀草 96970
苦灯茶 203660,203961
苦灯笼 96083
苦灯笼草 297711
苦登 69651
苦登茶 203961
苦低草 224989
苦地胆 13091,13146,56659,96970,143464,368771,392273
苦地胆属 143453
苦地丁 105563,105680,106500
苦地枕 418335
苦滇菜 368771
苦颠茄 366910
苦爹菜 299395
苦碟子 210548,283388,283400
苦丁 103436,105680,320513
苦丁菜 283388
苦丁茶 **203938**,96083,110258,141595,203660,203961,229485,229626
苦丁茶冬青 203938
苦丁香 255711
苦洞树 110235
苦豆 369010,389533,389540,397229
苦豆刺 368994
苦豆根 42696,250228,368962,369141
苦豆属 123266
苦豆子 **368962**,389533,408284
苦豆子属 **407595**
苦督邮 355387
苦毒毛旋花 378401
苦朵菜 397229
苦莪 265944
苦法鲁龙胆 **162784**
苦风毛菊 **348132**
苦稃木 **298663**
苦稃木属 **298662**
苦甘草 368962
苦葛 **321459**,321441,321457
苦葛花 321457
苦葛麻 368635,368675
苦葛藤 321459
苦根 228298,247926
苦根琉维草 **228298**
苦莄 302753
苦梗 302753
苦骨 369010
苦瓜 **256797**,390138
苦瓜莲 396170
苦瓜蒌 390138,390170
苦瓜属 **256780**
苦瓜藤 199392,207988
苦瓜头 207988
苦瓜掌属 **140017**
苦果 367087,367241,367733,378761
苦果子 378761
苦含 248748
苦蒿 6278,35090,35132,35816,35968,36286,36454,81020,103436,103446
苦蒿尖 103436
苦合欢 **13484**
苦黑子 371161
苦壶卢 219843,219844
苦葫芦 **219844**
苦瓠 219843,219844
苦花 168391,168523,168563,168586,168605
苦花粉 396213
苦槐 369010
苦患树 346338
苦患子 346338
苦黄草 56382,56392
苦黄芪 42550
苦黄耆 **42550**
苦茴香 **167152**,361501
苦稽 390213
苦尖膜菊 **201323**
苦槛蓝 **260711**
苦槛蓝科 **260700**
苦槛蓝扭果花 **377779**
苦槛蓝属 **260706**
苦槛盘 260711
苦槛盘科 260700
苦槛盘属 260706
苦浆苔 239981
苦角藤 333215
苦脚树 250065
苦节节花 187510
苦芥 59438
苦芥菜 320515
苦藉 91864
苦金盆 191943
苦金千里光 **279895**
苦津茶 2986
苦堇 326340
苦桔梗 302753
苦苣 90894,90901,210540,210567,285859,285880,368771
苦苣菜 **368771**,368635
苦苣菜短毛瘦片菊 **59000**
苦苣菜山柳菊 **195978**
苦苣菜属 **368625**
苦苣菜叶杯苞菊 **310032**
苦苣菜叶红毛菀 **323028**
苦苣菜叶花茎草 **167738**
苦苣木 **125746**
苦苣木属 **125745**
苦苣苔 **101681**,60269
苦苣苔非洲水玉簪 **10082**
苦苣苔科 **175306**
苦苣苔属 **101680**
苦苣叶报春花 314994
苦卡拉 131501,131759
苦栲 79017
苦苦菜 287978,368675
苦葵 367416
苦葵鸦葱 354846
苦辣树 248895
苦蓝盘 96140,260711
苦蓝头菜 191666
苦郎 191666
苦郎树 **96140**
苦郎藤 **92616**
苦郎头 191666,361011
苦乐花 177523
苦乐花属 177515,357335
苦竻葱 143694
苦竻藭 143694
苦梨 323332
苦梨树 18207
苦篱竹 **37128**
苦李 132371,316813
苦李根 328665
苦李子 83238
苦枥 167931,168086
苦枥白蜡树 168086
苦枥木 **167994**,168086
苦枥树 167931
苦连婆 35136
苦连翘 201925,202204
苦莲 124124
苦莲奴 203748
苦练草 405872
苦楝 248895
苦楝寄生 385192
苦楝树 248895,298516
苦楝藤 125963
苦楝藤属 125937
苦楝子 248895,248925,298516
苦楝子树 300980
苦良姜 131846,131917
苦凉菜 137799,367632
苦凉藤 34367,34372
苦列当 **274958**
苦林盘 96140
苦苓 248895
苦苓舅 217620,325002
苦瘤黄精 **308649**
苦柳 343185
苦龙菜 91023
苦龙胆 **173598**,103436,173198,174103
苦龙胆草 103436,173625,173814,173847,174004
苦鲁 **100135**
苦鲁麻 295461

苦鲁麻枣 295461
苦绿竹 **125439**
苦罗豆 112757
苦麻 104072
苦麻菜 285859,285880
苦马菜 191666,224110,320515,368649,368771,384714
苦马草 90901
苦马地丁 320515
苦马豆 **371161**,278842
苦马豆属 **371160**,380065
苦买菜 368771
苦荬 90894,368771
苦荬菜 **210654**,191666,210548,283388,368635,368675,368771
苦荬菜属 **210553**
苦毛连菜 **298642**
苦茅薯 131501
苦没药 **101434**
苦莓 **338822**
苦梅根 203578
苦梅叶 100044
苦弥哆 262497
苦膜质菊 201323
苦木 **298516**,323543,364382
苦木瓣树 **415802**
苦木科 **364387**
苦木裂榄 **64085**
苦木属 **298506**,185277,323542,364380
苦木通 34268
苦牛大力 66631
苦牛奶草 307905
苦匏 219843,219844
苦皮树 **386401**,80141,298516,394783
苦皮树科 **386398**
苦皮树属 **386400**
苦皮藤 **80141**
苦皮子 298516
苦婆菜 35136
苦杞 239021
苦羌头 119503
苦荞 162335
苦荞麦 **162335**
苦荞头 162309,162335
苦茄 367120
苦茄子 366910
苦楸 328680
苦屈 354846
苦屈曲花 203184
苦人参 365332
苦桑头 7830
苦扫根 206140
苦山矾 381148
苦山核桃 **77881**,77889
苦山柰 **215021**
苦山药 131601
苦舌草 296121
苦参 **369010**,84956,155890,155892
苦参类决明 78489,360483
苦参麻 369010
苦参属 368955
苦参树 369010
苦参炭 369010
苦参子 61208
苦生叶 392884,392945
苦绳 **137795**
苦石莲 65040
苦实 378836,378948
苦实巴豆 378836
苦实把豆儿 378836,378948
苦矢车菊 **80922**
苦黍 **281317**
苦树 168086,298516
苦树皮 80141,80260
苦树属 298506
苦水花 299006
苦丝瓜 **238264**
苦苏 **59794**,184565
苦苏属 **59793**
苦酸模 340151
苦酸苔 49701
苦酸汤 408034
苦蒜果 15450
苦笋 304000
苦索花 407802
苦苔草 **76595**
苦檀木 298516
苦檀子 66643,254796
苦糖果 **235798**
苦藤 370422,417081
苦天茄 366910,367706,367733
苦田螺 204184
苦苧 69651
苦葶苈 136163,154019,154424,225295,390213
苦通 80141
苦桶子 310850
苦荼 69634
苦丸 252514
苦晚公 172779
苦王瓜 396170
苦味扁桃 **20892**
苦味草 **114796**,298527
苦味草属 **114794**
苦味堆心菊 **188397**
苦味果属 **34845**
苦味蒿 **298678**
苦味蒿属 **298676**
苦味罗汉松 **379766**
苦味罗汉松属 **379764**
苦味散 229485,229626
苦味碎米荠 **72679**
苦味缩苞木 **113338**
苦味叶下珠 **296471**
苦莴苣 320515
苦莴麻 368771
苦西瓜 **93307**
苦香 405178
苦香蒿 35132
苦香科 **388147**
苦香木 **364368**
苦香木科 **364378**
苦香木属 **364365**
苦香树 **112884**
苦香子 218480
苦邪蒿 361501
苦心 7830,7850,23670
苦心胆 106432
苦辛 369010
苦玄参 **298527**,355100
苦玄参属 **298525**
苦玄参状布里滕参 **211513**
苦悬钩子 339390
苦亚罗椿 91480
苦羊藤 377856
苦杨 **311375**,414813
苦蒌 308403
苦药菜 388303
苦药草 388303
苦药子 131501
苦爷菜 299395
苦野豌豆 **408522**,408392
苦叶宽带芹 **302996**
苦叶叶下珠 296471
苦薏 124790
苦薏花 124790
苦樱 **316411**
苦油楝属 72634
苦油木 28996
苦油树属 72634
苦远志 **308363**,307905,308123,308275,308359,308403
苦月桔 238371
苦月橘 238381
苦月芸香 **238381**
苦枣 143558,418169
苦泽 159172
苦斋 285859,285880
苦斋菜 285859,285880
苦斋草 285859,285880
苦斋公 285859,285880
苦杖 328345
苦葴 297643,297645
苦榛子 61208
苦枝子 346338
苦蘵 **297650**,285859,285880,297643,297645,297712,369010
苦职 297650
苦猪菜 285859,285880
苦槠 79017
苦槠钩锥 **78850**
苦槠栲 **79017**
苦槠栗 79017
苦槠属 78848
苦槠锥 79017
苦槠子 79017
苦竹 **304000**,297215,304098,318283,364820
苦竹属 **303994**,297188
苦竹笋 304000
苦锥树 233339
苦籽 115589
苦子 252927
苦子马槟榔 **71933**
苦梓 **178031**,252817,252927
苦梓含笑 **252817**
苦梓属 178024
库巴豪曼草 **186177**
库柏属 **115167**
库班棘豆 **278935**
库班荆芥 **264968**
库班匹菊 **322700**
库班山柳菊 **195701**
库班石竹 **127748**
库班蝇子草 **363643**
库邦戈葶荠 **143110**
库邦戈狗肝菜 **129249**
库邦戈莴苣 **219282**
库比楠 **218268**
库比楠属 **218267**
库宾山柳菊 **195702**
库波千里光 **359244**
库泊黑麦 **356244**
库泊堇菜 **410152**
库布齐八宝 200778
库车蒿蓄 **309620**
库车锦鸡儿 72200
库车蓼 309620
库得草属 **218274**
库得拉草属 218274
库德大戟 **159199**
库德分药花 **291431**
库德漆属 217861
库德氏蝇子草 **363644**
库德岩黄耆 **187960**
库地马氏短梗景天 **8475**
库地苏木 **113174**
库地苏木属 **113173**
库地苔草 **74230**
库恩葱 **15424**
库尔巴德蒿 **35752**
库尔扁芒草 **122248**
库尔楚黄芪 42563
库尔楚黄耆 **42563**
库尔得贝母 **168443**

库尔得列当 **275108**
库尔得婆婆纳 **407192**
库尔得指甲草 **284866**
库尔德黄芪 42562
库尔德黄耆 **42562**
库尔德柳穿鱼 **231020**
库尔德眉兰 **272450**
库尔蒂矢车菊 **81168**
库尔假鳞蕊藤 **283450**
库尔勒沙拐枣 **67039**
库尔亮蛇床 **357802**
库尔苓菊 **214113**
库尔婆罗门参 **394306**
库尔普盐花蓬 **184670**
库尔山柳菊 **195703**
库尔双球芹 **352634**
库尔斯白粉藤 **92662**
库尔斯斑鸠菊 **406264**
库尔斯丹氏梧桐 **135813**
库尔斯耳藤菊 **199247**
库尔斯番樱桃 **156191**
库尔斯槲寄生 **411004**
库尔斯黄胶菊 **318682**
库尔斯假狗肝菜 **317627**
库尔斯金果椰 **139333**
库尔斯九节 **319490**
库尔斯蜡菊 **189272**
库尔斯裂枝茜 **351136**
库尔斯瘤蕊紫金牛 **271035**
库尔斯马岛茜草 **342821**
库尔斯马岛雄蕊草 **22305**
库尔斯牡荆 **411244**
库尔斯扭果花 **377696**
库尔斯秋海棠 **49742**
库尔斯柿 **132116**
库尔斯酸脚杆 **247547**
库尔斯弯管花 **86204**
库尔斯香荚兰 **404985**
库尔斯鸭嘴花 **214428**
库尔斯亚麻藤 **199152**
库尔斯雨湿木 **60031**
库尔斯猪屎豆 **112042**
库尔塔中国梨 323272
库尔特飞蓬 **150571**
库尔特蓟 **92255**
库尔特金田菊 **222604**
库尔特菊 219709
库尔特肋泽兰 **60113**
库尔特龙胆 **114911**
库尔特龙胆属 **114910**
库尔特球葵 **370943**
库尔特山梅花 **294445**
库尔特腺果层菀 **219709**
库菲杜鹃 **330483**
库哈尔没药 **101436**
库哈尔肖木蓝 **253236**
库哈尔鸭嘴花 **214563**
库卡芋 **114374**
库卡芋属 **114372**
库卡圆锥豹皮花 **373923**
库克安瓜 **25144**
库克船长垂枝红千层 **67303**
库克春花欧石南 **149167**
库克春石南 149167
库克杜鹃 331828
库克金果椰 **139330**
库克美韭 **398798**
库克纳普紫波 **28475**
库克肖鸢尾 **258449**
库克逊扭果花 **377693**
库拉波甘草 **177918**
库拉波歧缬草 **404431**
库拉波委陵菜 **312697**
库拉尔老鼠簕 **2687**
库拉尔芦荟 **16941**
库拉尔水苏 **373281**
库拉明苓菊 **214114**
库拉姆点地梅 **23197**
库拉姆宽带芹 **303003**
库拉穆图肖神秘果 **400103**
库拉索芦荟 **17381**,16624
库拉五桠果木 114809
库拉五桠果木属 114808
库拉延龄草 **397575**
库蓝补骨脂 **319186**
库里尔风毛菊 **348452**
库里尔柳 **343752**
库里尔葶苈 **137061**
库里卡龙鹤虱 **221693**
库里山槟榔 **299664**
库利毛茛 **325732**
库利唐松草 **388462**
库林木 **218422**,53679
库林木属 **218418**
库卢曼木菊 **129416**
库卢千里光 **359245**
库卢子 248748
库鲁茄 **367284**
库伦母菊 **246332**
库萝藦属 **114903**
库洛胡黄莲 **298670**
库洛里扁爵床 **292197**
库洛里芦莉草 **339702**
库洛里树葡萄 **120047**
库迈半边莲 **234315**
库曼豚草 **19160**
库芒小檗 **51825**,51281
库莽胡桃 **212641**
库莽黄堇 **105943**
库莽雪灵芝 **31992**
库莽岩黄耆 **187962**
库茂恩岩黄芪 187962
库门鸢尾 **208653**
库民金茅 156458
库明白千层 **248083**
库默里亚南非草 **25821**
库默茄 **100290**
库默茄属 **100289**
库姆早熟禾 **305630**
库穆柏尔山柳菊 **195704**
库内内安龙花 **139446**
库内内大戟 **158717**
库内内假杜鹃 **48145**
库内内木菊 **129394**
库内内木蓝 **205855**
库内内鞘蕊花 **99555**
库内内水车前 **277400**
库纳乌尔小檗 **51826**
库尼耶岛草 **226582**
库尼耶岛草属 **226581**
库诺尼科 114567
库诺尼属 114563
库帕尼奥属 114584
库潘车前 **301943**
库潘春黄菊 **26861**
库潘葱 **15215**
库潘繁缕 **374818**
库潘秋水仙 **99318**
库潘树 **114581**,55596
库潘树皿盘无患子 **223623**
库潘树属 **114574**
库潘旋花 **103343**
库潘银须草 **12807**
库佩果 **108124**
库佩果属 **108123**
库珀杯子菊 **290234**
库珀扁莎 **322199**
库珀草海桐 **103682**
库珀草海桐属 **103681**
库珀叉序草 **209888**
库珀长被片风信子 **137918**
库珀大戟 **158688**
库珀大沙叶 **286169**
库珀灯心草 **213026**
库珀多穗兰 **310368**
库珀非洲兰 **320941**
库珀扶桑 **195156**
库珀甘蓝花 **79695**
库珀观音兰 **399057**
库珀红点草 **223796**
库珀尖膜菊 **201310**
库珀金菊木 **150315**
库珀蜡菊 **189265**
库珀蓝花参 **412638**
库珀肋瓣花 **13768**
库珀离兜 **210137**
库珀立金花 **218856**
库珀裂口花 **379881**
库珀漏斗花 **130192**
库珀芦荟 **16734**
库珀鹿藿 **333202**
库珀路州列当 **275123**
库珀马利筋 **37872**
库珀毛子草 **153163**
库珀霉草 **218400**
库珀霉草属 **218399**
库珀美冠兰 **156640**
库珀绵枣儿 **352894**
库珀膜质菊 201310
库珀拟九节 **169325**
库珀牛角草 **273147**
库珀扭果花 **377694**
库珀欧石南 **149270**
库珀派珀兰 **300566**
库珀青锁龙 **108918**
库珀秋海棠 **49736**
库珀曲花 **120571**
库珀山柳菊 **195705**
库珀氏花盏 **61392**
库珀柿 **132111**
库珀双袋兰 **134287**
库珀双距兰 **133750**
库珀天门冬 **38972**
库珀小檗 **51496**
库珀肖鸢尾 **258450**
库珀眼子菜 **312078**
库珀腋生菲利木 **296155**
库珀纸花菊 **318978**
库珀柱瓣兰 **146405**
库普大沙叶 **286307**
库普多穗兰 **310466**
库普曼榆 **401538**
库普前胡 **292903**
库普石豆兰 **62830**
库普柿 **132242**
库如措紫堇 **106050**
库萨尔本州樱桃 316594
库萨尔日本樱 **316594**
库萨克黄耆 **42564**
库萨雷蜀葵 **13928**
库萨纳夫黄芩 **355553**
库塞木 **218392**
库塞木属 **218387**
库赛翠雀花 **124626**
库沙蝇子草 **363647**
库沙鸢尾 **208664**
库莎红门兰 310873
库什金郁金香 **400187**
库氏报春 **314548**
库氏滨藜 **44480**
库氏刺子莞 **333615**
库氏大风子 199748,199751
库氏风兰 **24801**
库氏红砂柳 **327216**
库氏还阳参 **110746**
库氏黄耆 **42783**
库氏黄藤 **121507**
库氏角果铁 **83682**

库氏角铁 83682
库氏科克棉 **217766**
库氏拉拉藤 **170452**
库氏马先蒿 **287321**
库氏麦瓶草 363395
库氏南洋杉 30839
库氏山珊瑚 170040
库氏山珊瑚兰 **170040**
库氏娑罗双 **362193**
库氏威根麻 **414096**
库氏维甘木 414096
库氏委陵菜 **312698**
库氏向日葵 **188939**
库氏异毛鼠麹木 **25726**
库氏隐翼 113398
库氏隐翼木 **113398**
库氏月见草 **269455**
库斯棘豆 **278938**
库斯蓟 **92104**
库斯米桦 **53501**
库斯涅山柳菊 **195706**
库斯茜 **108202**
库斯茜属 **108201**
库松木属 115190
库塔草属 108474
库塔龙胆属 **108474**
库塔茜属 108465
库特斯兜兰 **282809**
库特斯金果椰 **139335**
库特斯娑罗双 **362202**
库特斯一枝黄花 **368057**
库廷红豆 274384
库维勒茶藨子 333941
库西克红毛苋 **323015**
库西克卷舌菊 **380859**
库西克苔草 **74243**
库西克野荞麦 **151974**
库西克一枝黄花 **368258**
库西克针垫菊 **84487**
库西克紫堇 **105706**
库西斯坦一枝黄花 **368196**
库西葶苈 **115161**
库西葶苈属 **115159**
库希塘布留芹 **63501**
库希塘蔷薇 **336664**
库希塘岩黄耆 **187961**
库夏风毛菊 **348454**
库亚翠雀花 **124282**
库叶谷精草 **151461**
库叶马先蒿 **286977**
库页鞑花兰 **146308**
库页白桦 **53355**
库页白头翁 **321713**
库页白芷 **24453**,24293
库页报春 **314925**
库页荸荠 **143334**
库页鼻花 **329560**
库页柴胡 **63807**
库页齿缘草 **153526**,153491
库页醋栗 **334188**
库页大叶柴胡 **63740**
库页当归 24293
库页岛白蓬草 388654
库页岛黄柏 **294251**
库页岛唐松草 **388654**
库页岛葶苈 **137224**
库页岛蟹甲草 283794
库页岛泽兰 **158305**
库页杜香 **223904**
库页风轮菜 **97031**
库页风毛菊 **348749**
库页拂子茅 **65477**
库页光稃茅香 **196134**
库页蒿 **35157**
库页何首乌 **162549**
库页红景天 **329944**
库页虎耳草 **349869**
库页花楸 **369367**
库页黄檗 294251
库页黄耆 **42995**
库页棘豆 **279140**
库页假报春 **105499**
库页接骨木 345690
库页金丝桃 **202142**
库页堇菜 **410517**
库页荆芥 **265041**
库页梾木 **105202**
库页朗氏堇菜 **410170**
库页冷杉 **460**
库页蓼 **309723**
库页路边青 **175431**
库页马氏桤木 **16330**
库页南星 **33483**
库页女娄菜 **248413**
库页婆婆纳 **407333**
库页蒲公英 **384785**
库页蔷薇 336736
库页忍冬 **236085**
库页山金车 **34766**
库页山蒿菜 **161137**
库页山楂 109597
库页舌唇兰 **302502**
库页苔草 **74029**
库页葶苈 **137222**
库页土当归 **30622**
库页橐吾 **229052**
库页卫矛 157848
库页乌头 **5546**
库页细辛 **37635**
库页狭被莲 **375459**
库页悬钩子 **339227**
库页岩黄蓍 **188081**
库页羊耳蒜 **232318**
库页银莲花 **23917**
库页樱桃 **83300**
库页云杉 **298298**
库页早熟禾 **305942**
库页早越橘 **403942**
库尤克葱 **15403**
库兹粗叶木 **222193**,222119
库兹花楸 **369444**
库兹堇菜 **410158**
库兹柳 **343589**
库兹涅佐夫粉苞苣 **88780**
库兹涅佐夫虎耳草 **349526**
库兹脐果草 **270703**
库兹榕 165211
库兹石竹 **127750**
库兹鼠尾草 **345149**
库兹葶苈 **137062**
库兹银莲花 **23870**
酷似绣线菊 **371793**
夸尔薯蓣 **131793**
夸尔廷车轴草 **397039**
夸尔廷伽蓝菜 **215240**
夸尔廷合欢 **13652**
夸尔廷金丝桃 **202125**
夸尔廷蜡菊 **189694**
夸尔廷链荚豆 **18278**
夸尔廷密钟木 **192687**
夸尔廷绵毛菊 **293450**
夸尔廷唐菖蒲 **176487**
夸尔廷五星花 **289843**
夸尔廷盐肤木 **332800**
夸尔廷叶萼豆 **296929**
夸尔廷玉凤花 **184006**
夸尔廷獐牙菜 **380332**
夸尔廷猪屎豆 **112599**
夸拉木 **323533**
夸拉木属 **323532**
夸拉香茶 **303428**
夸莱莎草 **119065**
夸朗蛔蒿 **35753**
夸伦破布木 **104233**
夸穆特狗尾草 **361806**
夸特芒柄花 **271377**
夸特木 **114026**
夸特木属 **114024**
夸特水仙 **262394**
夸特蝇子草 **363386**
夸伊恩氏寄生 **145587**
夸伊类九节 **181405**
夸伊泽龙胆属 **323379**
胯把树 235929
蒯草 **353342**
块根糙苏 **295212**,295227
块根垂头菊 110384
块根酢浆草 **278130**
块根吊兰 **88639**
块根虎舌兰 **147327**
块根蓟 **92454**
块根假野芝麻 220422
块根荆芥 **265035**
块根老鹳草 174559
块根落葵 **401412**
块根落葵属 **401411**
块根马齿苋 **311944**
块根马利筋 38147
块根牻牛儿苗 174906
块根墨西哥龙舌兰 **169251**
块根木蓝 **206415**,206582
块根欧芹 **292695**
块根欧石南 **150172**
块根千日红 **179238**
块根柔花 **9006**
块根萨克萝藦 **342112**
块根芍药 **280206**,280154,280197,280204
块根丝瓣芹 **6212**
块根酸模 **340294**
块根仙人鞭 **288986**
块根向日葵 189073
块根小野芝麻 **170027**,220422
块根缬草 **404377**
块根鸦葱 354968
块根野芝麻 220422
块根柱属 **288983**
块根状葛根 321471
块根紫金牛 **31390**
块根紫芹属 381024
块根紫菀 40091
块黄 329372
块蓟 **92357**
块节凤仙花 **205227**
块茎阿魏 **163737**
块茎斑鸠菊 **406894**
块茎北美兰 67894
块茎北美毛唇兰 **67894**
块茎藨草属 **56633**
块茎糙苏 295212
块茎大戟 **160011**,159700
块茎豆 **264395**
块茎豆属 **264394**,29295
块茎葛 **321471**
块茎葛藤 321471
块茎汉史草 185253
块茎旱金莲 399611
块茎花篱 **27410**
块茎堇菜 **410694**
块茎菊 **212090**
块茎菊属 **212079**
块茎苣苔属 364737
块茎苦苣菜 **368839**
块茎老鹳草 **174986**
块茎芦莉草 **339828**
块茎马兜铃 34363
块茎马利筋 **38147**
块茎牵牛花 250850

块茎芹 **218148**
块茎芹属 **218146**
块茎青牛胆 **392284**
块茎山萮菜 **161154**
块茎水苏 373439
块茎睡莲 **267777**
块茎蒴莲 **7320**
块茎四轮香 **185253**
块茎苔草 76543
块茎藤 **375598**
块茎藤科 **375599**
块茎藤属 **375597**
块茎天胡荽 **200370**
块茎菥蓂 **390216**
块茎香豌豆 222851
块茎小野芝麻 **220422**
块茎鸦葱 **354968**
块茎鸭跖草 **101178**
块茎岩黄芪 187763
块茎岩黄耆 **187763**
块茎羊茅 **164369**
块茎藕草 **293768**
块茎银莲花 **23832**
块茎早熟禾 **306106**
块茎栀子 **171415**
块茎紫草 381035
块茎紫堇 **106560**
块荆芥 **265092**
块菱 **394471**
块茜 **246171**
块茜属 **246170**
块蚁茜 **261489**
块蚁茜属 **261482**
块状棒毛萼 **400808**
块状槟榔青 **372482**
块状春美草 **94369**
块状番薯 250850
块状河岸小头紫菀 **40852**
块状鸡头薯 **153081**
块状景天 **357258**
块状九州细辛 **37656**
块状榼藤子 **145925**
块状盘花千里光 **366891**
块状婆罗门参 **394353**
块状千里光 **360260**
块状润肺草 **58955**
块状山莴苣 **219585**
块状狮齿草 **224746**
块状酸脚杆 **247634**
块状头嘴菊 **82426**
块状西番莲 **285713**
块状香附子 **119517**
块状肖鳞果苣 **68376**
块状蟹甲草 **64749**
块状新柔木豆 **263585**
块状银豆 **32924**
快刀乱麻 **332359**
快刀乱麻属 332353
快果 323114,323268,323330
快乐女孩扫帚叶澳洲茶 **226486**
快乐石竹 **127637**
快特兰 **323573**
快特兰属 **323572**
筷棒 371897
筷子草 239861
筷子根 31578
筷子芥 30164
筷子芥草 30164
筷子芥属 30160
筷子木 371897
筷子树 79257
宽瓣豹子花 **266563**,266570
宽瓣杯萼木 **257499**
宽瓣杯萼木属 **257498**
宽瓣钗子股 **238319**
宽瓣重楼 284382
宽瓣风车子 **100706**
宽瓣凤仙花 **205072**
宽瓣根特紫金牛 **174254**
宽瓣沟子荠 **383996**
宽瓣红景天 329860
宽瓣虎耳草 **349537**
宽瓣鸡尾莲 **14287**
宽瓣棘豆 **279079**
宽瓣嘉兰 **177244**
宽瓣金莲花 **399494**,399491
宽瓣九重皮 **134214**
宽瓣卷瓣兰 **62837**
宽瓣蜡瓣花 106671
宽瓣老鹳草 **174823**
宽瓣老鼠簕 **2688**
宽瓣裂口花 **379983**
宽瓣露子花 **123906**
宽瓣落柱木 **300815**
宽瓣毛茛 **325558**,326235
宽瓣毛籽吊兰 **101623**
宽瓣茉莉 **211999**
宽瓣木瓣树 **415793**
宽瓣拟球兰 **177222**
宽瓣拟舌喙兰 **177384**
宽瓣泡叶番杏 **138191**
宽瓣球药隔重楼 **284323**
宽瓣全唇兰 **261479**
宽瓣山地虎耳草 **349664**
宽瓣山梅花 **294557**
宽瓣水仙 **262427**
宽瓣蒴莲 **7270**
宽瓣乌头 **5489**
宽瓣五层龙 **342637**
宽瓣香芸木 **10651**
宽瓣绣球绣线菊 **371841**
宽瓣蝇子草 **363924**
宽瓣玉凤花 **183889**
宽瓣远志 **308148**
宽瓣蚤休 284382
宽瓣窄药花 **375448**
宽瓣舟萼兰 **350482**
宽苞糙苏 **295217**
宽苞柴胡 63608
宽苞刺参 258836
宽苞刺头菊 **108369**
宽苞刺续断 **258836**
宽苞翠雀 124360
宽苞翠雀花 **124360**
宽苞大叶皮尔逊豆 **286790**
宽苞峨眉鼠尾草 **345275**
宽苞鹅耳枥 **77400**
宽苞芳香木 **38628**
宽苞黑草 **61806**
宽苞黑水翠雀花 **124509**
宽苞黄芩 **355765**
宽苞棘豆 **278954**
宽苞姜 187449
宽苞金背柳 **344073**
宽苞韭 **15602**
宽苞菊 99448
宽苞菊属 99447
宽苞马先蒿 **287344**
宽苞毛冠菊 **262224**
宽苞茅膏菜 **138357**
宽苞木蓝 **206159**
宽苞千里光 **359276**
宽苞青锁龙 **109107**
宽苞三角车 **334643**
宽苞山地鸡头薯 **152985**
宽苞十大功劳 **242522**
宽苞水柏枝 **261250**
宽苞微孔草 **254369**
宽苞乌头 **5072**
宽苞小野牡丹 **248795**
宽苞肖蝴蝶草 **110676**
宽苞野豌豆 **408453**
宽苞异籽葫芦 **25667**
宽苞阴地翠雀花 **124665**
宽苞紫菀 **40715**
宽杯杜鹃 **331850**
宽杯萝藦 **302829**
宽杯萝藦属 **302827**
宽被望春玉兰 **242001**
宽臂形草 58114
宽边龙血树 137487
宽边蒲公英 384754
宽柄桉 155699
宽柄豆 **302889**
宽柄豆属 **302888**
宽柄杜鹃 **331672**
宽柄关节委陵菜 **312397**
宽柄海岸桐 **181741**
宽柄棘豆 **279078**
宽柄奎塔茜 181741
宽柄李堪木 **228680**
宽柄利堪蔷薇 228680
宽柄铁线莲 **95191**
宽柄泽兰属 241245
宽草 387432
宽叉绿顶菊 **160657**
宽叉皂百合 **88477**
宽叉紫菀 **40322**
宽长果马肉豆 **239538**
宽肠 387432
宽匙叶柿 **132250**
宽齿大鞘蕊花 **99622**
宽齿大卫氏马先蒿 **287148**
宽齿梗花艾麻 **221586**
宽齿灰毛豆 **386136**
宽齿吉灌玄参 **175553**
宽齿假龙头花 **297980**
宽齿青兰 **137625**
宽齿山棕榈 **393812**
宽齿兔唇花 **220070**
宽齿叶冬青 **203721**
宽齿杂蕊草 **381740**
宽齿直花水苏 **373450**
宽翅滨藜 **180474**
宽翅滨藜属 **180470**
宽翅虫实 **104831**
宽翅地肤 **217346**
宽翅飞蛾槭 **3264**
宽翅风车子 **100570**
宽翅果卫矛 **302893**
宽翅果卫矛属 **302892**
宽翅合耳菊 **381920**
宽翅鹤虱 **221722**
宽翅喉唇兰 **87443**
宽翅加那利芥 **284729**
宽翅假鹤虱 **153548**
宽翅蜡菊 **189672**
宽翅棱果花 **48553**
宽翅轮果大风子 **77616**
宽翅马拉巴草 **242819**
宽翅毛茛 **326237**
宽翅毛药花 48553
宽翅南芥 30406
宽翅浅裂泽菊 **91182**
宽翅三棒吊兰 **396564**
宽翅沙芥 **321488**,321484
宽翅水玉簪 **63987**
宽翅菘蓝 **209241**
宽翅碎米荠 **72778**,238008,238023
宽翅驼蹄瓣 **418639**
宽翅橐吾 **229152**
宽翅弯蕊芥 **238008**
宽翅尾药菊 381920
宽翅腺龙胆 **382954**
宽翅香青 **21589**
宽翅羊耳蒜 **232219**
宽翅足德罗豆 **138114**

宽唇白鹤灵芝　**329469**
宽唇苞叶兰　58389
宽唇角盘兰　**192850**
宽唇美冠兰　**156802**
宽唇盆距兰　**171869**
宽唇山姜　**17739**
宽唇神香草　**203088**
宽唇松兰　171869
宽刺含羞草　**255063**
宽刺鹤虱　**221719**
宽刺绢毛蔷薇　**336936**
宽刺爵床　**294363**
宽刺爵床属　**294362**
宽刺蔷薇　**336857**
宽刺藤　**65770**
宽大蜂斗菜　292375
宽代白粉藤　**92795**
宽带芹属　**302993**
宽带芸香　**302805**
宽带芸香属　**302803**
宽短盖豆　**58717**
宽盾草属　**302910**
宽顿大戟　**159192**
宽多穗兰　**310401**
宽多叶油芦子　**97348**
宽鹅绒藤　**117460**
宽萼白花菜　**95692**
宽萼白叶莓　**338632**
宽萼半蒴苣苔　**191368**
宽萼布雷默茜　**59908**
宽萼粗筒苣苔　**60271**
宽萼翠雀花　**124528**
宽萼大沙叶　**286409**
宽萼滇紫草　**271797**,242399
宽萼豆属　**302921**
宽萼杜鹃　330591
宽萼杜鹃属　**302653**
宽萼番薯　**207783**
宽萼凤琴豆　**217984**
宽萼凤卵草　**296880**
宽萼伽蓝菜　**215191**
宽萼沟酸浆　255255
宽萼角盘兰　**192876**
宽萼金莲木　**268208**
宽萼金丝桃　**201986**
宽萼锦香草　**296392**
宽萼景天　**357029**
宽萼苣苔　**88166**
宽萼苣苔属　**88164**,283107
宽萼口药花　**211400**
宽萼老猫尾木　**135324**
宽萼柳穿鱼　**231079**
宽萼龙面花　**263450**
宽萼露子花　**123948**
宽萼芦莉草　**339754**
宽萼毛茎　248779
宽萼毛稔　**248779**
宽萼木槿　**195108**
宽萼木蓝　**206161**
宽萼木属　**215589**
宽萼尼索尔豆　**266343**
宽萼欧石南　**149916**
宽萼片摘亚苏木　**127418**
宽萼偏翅唐松草　**388481**
宽萼桤叶树属　**321826**
宽萼日中花　**251479**
宽萼山景天　357029
宽萼山漆茎　**60053**,60083
宽萼伸展鹿藿　**333363**
宽萼石蝴蝶　**292574**
宽萼柿　**132355**
宽萼溲疏　**127123**
宽萼苏鼠尾草　**344891**
宽萼苏属　**46989**
宽萼兔唇花　**220086**
宽萼鸭嘴花　**214714**
宽萼亚麻藤　**199173**
宽萼岩风　**228590**
宽萼淫羊藿　**147015**
宽萼圆锥铁线莲　**95362**
宽萼月桂花欧石南　**149330**
宽萼摘亚苏木　**127388**
宽萼猪屎豆　**112538**
宽萼蛛毛苣苔　283127
宽耳藤属　**244680**
宽飞蓬　**150748**
宽分果片酸模　**340104**
宽盖黄芩　**355682**
宽梗大戟　**159600**
宽梗节唇兰　**36756**
宽梗千里光　**358838**
宽梗山梗菜　**234464**
宽冠粉苞苣　**88782**
宽冠牛角草　**273169**
宽管杜鹃　330664
宽管花　**160917**
宽管花属　**160916**
宽管木属　160916
宽管欧石南　**149643**
宽管瑞香属　**110163**
宽管鸭舌癀舅　**370804**
宽管醉鱼草　**62104**
宽果安维尔菊　**28821**
宽果暗毛黄耆　**42042**
宽果奥布雷豆　**44866**
宽果奥尔雷草　**274287**
宽果白花菜　**95757**
宽果苞芽树　**209005**
宽果北非芥　**325055**
宽果梣　168068
宽果长序榆　401618
宽果虫豆　**44836**
宽果丛菔　**368552**
宽果道格拉斯橙粉苣　**253922**
宽果毒胡萝卜　**388876**
宽果二色穗　129140
宽果法拉茜　**162597**
宽果沟果紫草　**286914**
宽果河奥佐漆　**279300**
宽果河黄眼草　**416093**
宽果河鸡头薯　**152956**
宽果河三萼木　**395301**
宽果河盐肤木　**332678**
宽果红景天　**329870**
宽果胡卢巴　247422
宽果葫芦茶　**383010**
宽果黄尖苔草　**74570**
宽果黄堇　105976
宽果芥属　**160690**
宽果苦槛蓝　**260721**
宽果罗顿豆　**237394**
宽果马唐　**130709**
宽果毛莨　326237
宽果尼索尔豆　**266344**
宽果蒲公英　**384746**
宽果歧缬草　**404463**
宽果茜　**302673**
宽果茜属　**302671**
宽果色穗木　**129140**
宽果山楂　**109942**
宽果薯蓣　**131598**
宽果水马齿　**67389**
宽果菘蓝　**209208**
宽果宿柱苔　73937
宽果算盘子　**177161**
宽果头足草　**77100**
宽果秃疮花　**129572**
宽果菥蓂　**390255**
宽果喜阳花　**190364**
宽果肖阿魏　**163762**
宽果藏荠　**187363**
宽果泽菊　**91212**
宽果胀基芹　**269278**
宽果紫金龙　**128316**
宽禾叶金菀　**301506**
宽核果木　**138605**
宽红柱树　**78667**
宽花阿顿果　**44822**
宽花阿利茜　**14652**
宽花阿斯草　**39838**
宽花点地梅　**23210**
宽花独尾草　**148550**
宽花凤仙花　**205070**
宽花环唇兰　**305043**
宽花胶鳞禾　**143778**
宽花角茴香　**201606**
宽花卷舌菊　**380922**
宽花科豪特茜　**217694**
宽花库塔茜　**108467**
宽花老鹳草　**174820**
宽花漏斗花　**130211**
宽花落芒草　**300740**
宽花美花毛建草　**137692**
宽花欧石南　**149641**
宽花帕伦列当　**284096**
宽花染色凤仙花　**205387**
宽花苔草　**75078**
宽花香茶菜　**324802**
宽花欣顿茜　196419
宽花欣氏茜　**196419**
宽花序全缘叶美洲茶　**79948**
宽花玄参　**355166**
宽花羊耳蒜　**232290**
宽花伊利草　143778
宽花鱼骨木　**71410**
宽花紫哈维列当　**186078**
宽花紫堇　**106058**
宽花紫菀　**40704**
宽灰叶　386136
宽喙马先蒿　**287345**
宽喙苔草　**75834**
宽基多叶蓼　**309125**
宽戟橐吾　**229086**
宽荚豆　**193483**
宽荚豆属　**193482**,302699
宽荚盖氏金合欢　**1243**
宽荚苜蓿　247422
宽假叶树属　**302908**
宽尖叶菜豆　**293970**
宽尖叶茶藨　**297071**
宽剑叶卷舌菊　**380921**
宽角龙面花　**263407**
宽角楼梯草　**142792**
宽角蒲公英　**384747**
宽筋藤　92741,92747,92907,103362,392274
宽紧菜　178062
宽紧草　178062
宽茎兰属　**160696**
宽居维叶茜草　**115289**
宽距薄花兰　**127953**
宽距翠雀花　**124058**
宽距凤仙花　**205228**
宽距兰　**416382**
宽距兰属　**416378**
宽距毛翠雀　124648
宽口杓兰　**120470**
宽框荠　**302793**
宽框荠属　**302792**
宽盔双袋兰　**134312**
宽肋亮丝草　11340
宽肋瘦片菊属　**57597**
宽棱婆罗门参　394316
宽裂阿魏　**163656**
宽裂白蓝翠雀花　**124019**
宽裂北乌头　**5339**
宽裂粗壮赪桐　**96307**
宽裂第岭芹　**391906**

宽裂风铃草 **70121**
宽裂国王椰子 **327106**
宽裂黄堇 **106061**
宽裂龙蒿 **35428**
宽裂路边青 **175425**
宽裂轮叶马先蒿 **287806**
宽裂马鞭草 **405815**
宽裂毛兰 **148672**
宽裂密穗草属 **160729**
宽裂绵叶菊 **152824**
宽裂磨石草 **14466**
宽裂南非桔梗 **335598**
宽裂片豇豆 **409009**
宽裂蒲公英 **384623**
宽裂沙参 7763
宽裂伸长斗篷草 **14020**
宽裂肾苞草 **294080**
宽裂蓍 **3964**
宽裂矢车菊 **81170**
宽裂手玄参 **244812**
宽裂尾状热非夹竹桃 **13276**
宽裂肖阿魏 **163751**
宽裂叶蒿 35897
宽裂叶莲蒿 35503
宽裂腋花单蕊龙胆 **145662**
宽裂腋花热带龙胆 145662
宽裂掌叶报春 **314562**
宽裂紫地榆 174821
宽鳞斑鸠菊 **406682**
宽鳞多脉大翅蓟 **271698**
宽鳞鹅河菊 **288925**
宽鳞鹅河菊属 **288924**
宽鳞冠须菊 **405949**
宽鳞黄眼草 **416132**
宽鳞金菊木 **150346**
宽鳞苦苣菜 **368792**
宽鳞列当 **275114**
宽鳞欧洲猫儿菊 **202434**
宽鳞偶雏菊 **56704**
宽鳞片蛇鞭菊 **228504**
宽鳞蒲公英 **384748**
宽鳞苔草 **75079**
宽鳞帚蟹甲 **225564**
宽菱形翠雀花 **124335**
宽卵角盘兰 192850
宽卵细花管舌爵床 **365280**
宽卵形土牛膝 **4265**
宽卵叶长柄山蚂蝗 **200740**
宽卵叶山蚂蝗 200739,200740
宽卵早扁担杆 **180932**
宽轮叶委陵菜 **313101**
宽脉唇柱苣苔草 **87894**
宽脉珠子木 **296454**
宽毛鳞苔草 **75074**
宽毛毛果一枝黄花 368502
宽毛纳丽花 **265280**
宽毛叶积雪草 **81641**
宽矛光萼荷 **302652**
宽矛光萼荷属 **302651**
宽帽花 **302870**
宽帽花属 **302868**
宽木属 **160716**
宽囊果苔 75279
宽囊露兜树 **281059**
宽皮橘 93446,93717
宽片菊属 **79762**
宽片老鹳草 **174821**
宽片芝麻菜 **154023**
宽钳唇兰 **154881**
宽鞘薯蓣 **131766**
宽芹叶铁线莲 **94705**
宽乳突大戟 **159224**
宽蕊大戟属 **302820**
宽蕊地榆 **345832**
宽蕊毛鞘木棉 **153366**
宽蕊卫矛 **157462**
宽蕊罂粟 **302964**
宽蕊罂粟科 **302973**
宽蕊罂粟属 **302961**
宽蕊雨久花属 **160925**
宽蕊郁金香 **400204**
宽萨瑟兰秋海棠 **50349**
宽三齿叶茜 **85097**
宽三室帚灯草 **302713**
宽伞三脉紫菀 **39967**
宽伞序千里光 **359277**
宽伞紫菀 39967
宽舌垂头菊 **110347**
宽舌带唇兰 **383152**
宽舌高恩兰 **180015**
宽舌莱氏菊 223497
宽舌兰 **302817**
宽舌兰属 **302816**
宽舌橐吾 **229140**
宽肾叶老鹳草 **174825**
宽十万错 **43634**
宽丝豆蔻 **19904**
宽丝高原芥 **89270**
宽丝爵床 **185338**,22404
宽丝爵床属 **185337**
宽丝獐牙菜 **380296**
宽穗扁莎 **322210**
宽穗爵床 **337246**
宽穗赖草 **228372**
宽穗苔 75347
宽穗特拉禾 **393888**
宽穗兔儿风 **12669**
宽穗砖子苗 **245417**
宽藤 65770
宽筒杜鹃 **330664**
宽筒龙胆 **173219**
宽头粗三角青锁龙 **108914**
宽头大戟 **159596**
宽头花大青 **96001**
宽头金千里光 **279906**
宽头蜡菊 **189671**
宽头罗顿豆 **237338**
宽托叶阿拉伯老鹳草 **174472**
宽托叶金合欢 **1343**
宽托叶九节 **319630**
宽托叶老鹳草 **175003**
宽托叶囊大戟 **389071**
宽托叶肖木蓝 **253240**
宽五叶蛇葡萄 **20439**
宽狭叶红景天 **329898**
宽线叶柳 **344274**
宽线叶糖芥 154451
宽腺苣苔 **302649**
宽腺苣苔属 **302648**
宽小叶名贵小花豆 **226172**
宽楔叶毛茛 **325744**
宽序三褶脉紫菀 39967
宽序弯管花 **86216**
宽序乌口树 **384976**
宽序崖豆藤 **66629**
宽序淫羊藿 147057
宽序紫菀 39967
宽药柄泽兰 **302887**
宽药柄泽兰属 **302886**
宽药隔玉凤花 **183794**
宽药勒珀兰 **335695**
宽药青藤 **204614**
宽叶阿顿果 **44821**
宽叶阿尔丁豆 **14265**
宽叶阿斯草 **39837**
宽叶阿魏 **163655**,163598
宽叶埃氏狒狒花 **46050**
宽叶矮柳叶菜 **146648**
宽叶矮药鸢尾 **361639**
宽叶桉 **155526**,155472,155564
宽叶奥茨欧石南 **149801**
宽叶奥禾 270553
宽叶奥佐漆 **279295**
宽叶澳菖蒲 **132839**
宽叶澳洲杉 **44048**
宽叶八角 **204508**
宽叶八角枫 **13366**
宽叶八蕊花 372895
宽叶巴豆 112891
宽叶巴拿马草 **77042**
宽叶白斑瑞香 **293801**
宽叶白鼓钉 **307683**
宽叶白花菜 **95719**
宽叶白花堇菜 410165
宽叶白花日本小苦荬 **210532**
宽叶白蜡树 168015
宽叶白茅 **205524**
宽叶白皮鹅耳枥 **77337**
宽叶白苋木 **87797**
宽叶百里香 **391247**
宽叶百脉根 **237672**
宽叶拜尔大戟 **53672**
宽叶斑驳芹 **142517**
宽叶半育花 **191478**
宽叶绊根草 117881
宽叶瓣蕊唐松草 **388615**
宽叶苞爵床 **139008**
宽叶北点地梅 **23295**
宽叶贝壳杉 **10498**
宽叶贝克菊 **52726**
宽叶贝母 **168450**
宽叶被禾 **293951**
宽叶秕壳草 **224003**
宽叶闭茜 **260697**
宽叶扁担杆 **180846**
宽叶扁蕾 174227
宽叶变黑蝇子草 **363812**
宽叶变叶木 **98191**
宽叶滨海前胡 **292895**
宽叶波苏茜 **311992**
宽叶伯奇尔蝇子草 **363272**
宽叶薄荷穗 **255427**
宽叶补血草阔叶补血草 230655
宽叶彩花 **175471**
宽叶彩花属 **175470**
宽叶苍山黄堇 **105817**
宽叶草地早熟禾 **305882**
宽叶菖蒲 **5815**
宽叶长被片风信子 **137979**
宽叶长柄山蚂蝗 200739,200740
宽叶长庚花 **193287**
宽叶长梗风信子 **235609**
宽叶长管栀子 **107140**
宽叶长穗虫实 **104772**
宽叶长头梣 **168019**
宽叶长柱刺蕊草 **306981**
宽叶常山 **129042**
宽叶匙羹藤 **182375**
宽叶匙叶草 **230655**
宽叶齿舌叶 **377348**
宽叶齿缘草 **153473**
宽叶重楼 **284369**
宽叶臭红豆 **21446**
宽叶串铃花 **260317**
宽叶慈姑 **342393**,342363
宽叶刺蕊草 306981
宽叶刺桐 **154681**
宽叶刺叶 **2562**
宽叶刺子莞 **333616**
宽叶葱 **15389**
宽叶丛菔 **368561**,368552
宽叶粗榧 **82540**
宽叶酢浆草 **277962**
宽叶打碗花 68713,68721
宽叶大戟 **159223**
宽叶大距野牡丹 **240981**
宽叶大苏铁 **417015**
宽叶大头斑鸠菊 **227152**

宽叶大叶藻 **418381**
宽叶大柱头虎耳草 **349584**
宽叶袋熊果 **161032**
宽叶戴克茜 **123516**
宽叶单毛野牡丹 **257532**
宽叶得州栲叶槭 **3231**
宽叶灯草旱禾 **415384**
宽叶灯心草 **213379**
宽叶地榆 **345892**
宽叶滇东清风藤 341580
宽叶滇韭 **15661**
宽叶吊兰 88546
宽叶吊石苣苔 **239974**
宽叶丁癸草 **418340**
宽叶顶毛石南 **6379**
宽叶东竹 **347366**
宽叶冬青 203961
宽叶斗篷果榕 **164803**
宽叶豆腐柴 **313667**
宽叶毒芹 **90936**
宽叶毒人参 365851
宽叶毒山柳菊 **196082**
宽叶毒鱼草 **392210**
宽叶独脚金 377973
宽叶独行菜 **225398**,225403
宽叶杜鹃 **331870**,331496
宽叶杜兰德麻 **139051**
宽叶杜香 **223912**,223901
宽叶短梗南蛇藤 **80296**
宽叶短冠草 **369218**
宽叶短毛紫菀 **40163**
宽叶对叶兰 **232904**
宽叶多花蓼 **340515**
宽叶多茎剪刀草 **97035**
宽叶多脉莎草 **118754**
宽叶多毛兰 **396475**
宽叶多蕊石蒜 **175336**
宽叶多穗灰毛豆 **386242**
宽叶多序岩黄耆 188048
宽叶莪利禾 270553
宽叶鹅耳枥 **77294**,77337
宽叶鹅观草 **144428**
宽叶轭草 **417691**
宽叶耳唇兰 **277246**,277248
宽叶二列脂麻掌 **171657**
宽叶二歧草 **404132**
宽叶二型花 **128515**
宽叶法道格茜 **161970**
宽叶法蒺藜 **162253**
宽叶法拉茜 **162584**
宽叶翻白柳 **343519**
宽叶繁花钝柱菊 **307459**
宽叶芳香木 **38629**
宽叶非洲风琴豆 **217975**
宽叶菲奇莎 **164547**
宽叶费菜 **294117**
宽叶费城百合 **229985**
宽叶粉苞苣 **88783**
宽叶风铃草 **70119**,70121
宽叶风轮菜 **97008**
宽叶风毛菊 **348475**
宽叶风琴豆 **217996**
宽叶凤仙花 **205071**
宽叶凤仙藤 291046
宽叶匐枝蓼 **309085**
宽叶福禄考 **295248**
宽叶辐射海神菜 **265509**
宽叶俯垂马先蒿 **287073**
宽叶腹水草 **407470**
宽叶甘松 262497
宽叶杆腺木 **328377**
宽叶高恩兰 **180013**
宽叶高加索草 **10438**
宽叶高卡利 400473
宽叶割鸡芒 **202724**
宽叶格林茜 **180485**
宽叶格尼迪木 178638
宽叶格尼瑞香 **178638**
宽叶格维木草 **179978**
宽叶蛤蟆花 **2696**
宽叶沟酸浆 255253,255254
宽叶钩子棕 **271002**
宽叶狗舌草 359769
宽叶古朗瓜 **181984**
宽叶谷精草 **151349**,151452,151457
宽叶谷柳 **344186**
宽叶瓜多竹 **181475**
宽叶冠果商陆 **236319**
宽叶光梗风信子 **45325**
宽叶哈加里指甲草 **284853**
宽叶海滨芥 **65183**
宽叶海石竹 **34560**
宽叶海竹 86140
宽叶寒剪股颖 **31026**
宽叶汉珀锦葵 **185215**
宽叶旱麦瓶草 **363613**
宽叶蒿 **35789**
宽叶合被商陆 **196243**
宽叶合欢 **13544**
宽叶合丝莓 **347677**
宽叶黑炮弹果 **145130**
宽叶黑药花 **248657**
宽叶红刺玫 **336470**
宽叶红光树 **216848**
宽叶红景天 329873
宽叶红门兰 **273501**
宽叶红树 **329758**
宽叶红腺尖鸠菊 **49461**
宽叶猴子背巾 **256582**
宽叶厚唇兰 **146530**
宽叶厚柱头木 **279837**
宽叶胡颓子 **142054**
宽叶胡枝子 **226892**
宽叶虎耳草 349584
宽叶虎眼万年青 **274735**
宽叶花楸 **369446**
宽叶画眉草 **147764**
宽叶还魂草 358500
宽叶黄刺条 72235
宽叶黄花茅 **27957**
宽叶黄花婆罗门参 **394322**
宽叶黄荆条 **72235**
宽叶黄精 **308584**,308558
宽叶黄连花 **239901**
宽叶黄芪 42888
宽叶黄耆 **42888**
宽叶黄鼠麹 **14689**
宽叶灰菀 130269
宽叶灰叶 386136
宽叶茴香砂仁 **155401**
宽叶火炬花 **216983**
宽叶火烧兰 147149
宽叶火炭母 **308971**
宽叶鸡脚黄连 51827
宽叶鸡头薯 **152958**
宽叶基利普野牡丹 **216383**
宽叶基扭桔梗 **123791**
宽叶基思大戟 **159179**
宽叶吉莉花 **175688**
宽叶急流茜 **87503**
宽叶蓟 **92123**
宽叶加那利冬青 **204158**
宽叶加那利豆 **136750**
宽叶加州倒挂金钟 **417409**
宽叶荚蒾 **407676**
宽叶假鹤虱 **184295**
宽叶假还阳参 **110623**
宽叶假檬果 77964
宽叶假牧豆树 **318169**
宽叶假束尾草 **318104**
宽叶假小龙南星 **317652**
宽叶假夜香树 **266838**
宽叶尖花茜 **278215**
宽叶尖腺芸香 **4822**
宽叶胶黄鼠狼花 **170070**
宽叶焦尔莎草 **118939**
宽叶角果铁 **83683**
宽叶角盘兰 **192883**
宽叶角铁 83683
宽叶接骨木 **345620**
宽叶金花小檗 52373
宽叶金锦香 **276091**
宽叶金茅 **156497**
宽叶金粟兰 **88282**
宽叶金鱼藻 **83562**
宽叶近腋生异囊菊 **194257**
宽叶近缘欧石南 **148987**
宽叶荆芥 **264976**
宽叶旌节花 **373535**
宽叶景天 **356760**,294117,329860
宽叶九节 **319562**
宽叶九头狮子草 129255
宽叶韭 **15351**
宽叶具边岩芥菜 **9805**
宽叶聚花澳藜 **134520**
宽叶瞿麦 **127855**
宽叶军刀豆 **240493**
宽叶卡恩桃金娘 **215520**
宽叶卡氏鼠李 **215615**
宽叶卡文鼠李 215615
宽叶卡竹桃 **77667**
宽叶凯吕斯草 **79830**
宽叶拉拉藤 **170264**
宽叶来檬 **93330**
宽叶来母 93528
宽叶蓝靛果忍冬 **235705**
宽叶蓝桔梗 **115454**
宽叶蓝星花 **33665**
宽叶狼菊木 **239286**
宽叶狼尾草 **289143**
宽叶雷诺木 **328324**
宽叶肋果蓟 **220781**
宽叶肋果蓟属 **220780**
宽叶肋果茜 **166807**
宽叶类牧根草 **298079**
宽叶利帕豆 **232053**
宽叶栗色娃儿藤 **400859**
宽叶连丝石蒜 **196179**
宽叶镰叶草 **137836**
宽叶良冠石蒜 **161014**
宽叶两型萼杜鹃 **133391**
宽叶蓼 **309601**
宽叶裂稃草 **351300**
宽叶裂果卫矛 157678
宽叶裂口草 **86140**
宽叶裂舌萝藦 **351663**
宽叶鳞花草 **225183**
宽叶流苏芸香 **341050**
宽叶流星花 **135162**
宽叶琉璃繁缕 **21345**
宽叶柳 343194
宽叶柳穿鱼 **231148**
宽叶柳兰 **85884**
宽叶柳叶芹 **121046**
宽叶楼梯草 **142794**
宽叶露兜树 **281106**
宽叶鲁谢麻 **337663**
宽叶鹿藿 **333288**
宽叶鹿芹 **84361**
宽叶绿绒蒿 **247146**
宽叶罗吉茜 **335757**
宽叶裸茎青锁龙 **109216**
宽叶洛氏马钱 **235249**
宽叶落芒草 **300727**
宽叶落新妇 **41839**
宽叶麻疯树 **212166**

宽叶马利筋 **37984**
宽叶买麻藤 **178543**
宽叶麦克野牡丹 **247214**
宽叶蔓豆 **177722**
宽叶蔓茎蝇子草 **363971**
宽叶蔓委陵菜 **312541**
宽叶蔓乌头 **5558**
宽叶猫尾花 **62490**
宽叶猫尾木 **135317**
宽叶毛瓣亚麻 **187080**
宽叶毛唇兰 **151647**
宽叶毛萼麦瓶草 363971
宽叶毛兰 **148707**
宽叶毛莎草 **396019**
宽叶毛丝菊 **181543**
宽叶毛柱南星 **379126**
宽叶梅花草 **284529**
宽叶梅索草 **252267**
宽叶美远志 **308350**
宽叶美洲地榆 **345837**
宽叶美洲盖裂桂 **256666**
宽叶檬果 77964
宽叶檬果樟 **77964**
宽叶猕猴桃 6648
宽叶米努草 **255557**
宽叶绵萆薢 **131842**
宽叶绵毛菊 **293436**
宽叶墨西哥蒿 **35907**
宽叶母草 **231553**,231546
宽叶苜蓿 **247454**
宽叶南非草 **25805**
宽叶南非蜜茶 **116335**
宽叶南锦葵 **267211**
宽叶南美川苔草 **29275**
宽叶南美金虎尾 **4853**
宽叶南洋杉 30835
宽叶拟稻 **276032**
宽叶拟芹 **29235**
宽叶拟芸香 **185648**
宽叶鸟娇花 **210824**
宽叶扭叶松 **299874**
宽叶欧石南 **149416**
宽叶帕里金菊木 **150370**
宽叶披碱草 144428
宽叶瓶果菊 **219888**
宽叶婆罗门参 **394308**,394322
宽叶婆婆纳 **407198**,317925
宽叶葡萄 411774
宽叶普瓦豆 **307093**
宽叶七瓣莲 **396790**
宽叶千斤拔 **166872**
宽叶千里光 **359211**,358902,359279
宽叶前胡 **292908**
宽叶荨麻 **402946**,402847,402869,402886
宽叶羌活 **267152**
宽叶蔷薇 336857
宽叶鞘蕊 **367893**
宽叶亲族苔草 **74641**
宽叶秦岭藤 **54519**
宽叶青杨 **311267**
宽叶清风藤 **341580**
宽叶秋牡丹 **23846**
宽叶球百合 **62404**
宽叶球根珍珠茅 **354034**
宽叶曲蕊姜 **70521**
宽叶全缘轮叶 **94268**
宽叶群花寄生 **11115**
宽叶染料木 103798
宽叶染木树 **346485**
宽叶热非黏木 **216581**
宽叶热美龙胆 **380650**
宽叶热木豆 **61159**
宽叶日本粗叶木 **222178**
宽叶日本当药 **380238**
宽叶绒苞榛 **106732**
宽叶榕 **165315**
宽叶柔冠菊 **236396**
宽叶柔弱野荞麦 **152510**
宽叶肉被藜 **328530**
宽叶肉舌兰 **346803**
宽叶肉序茜草 **346674**
宽叶肉质罗顿豆 **237265**
宽叶乳浆大戟 158857
宽叶软枣猕猴桃 **6516**
宽叶箬竹 **206820**
宽叶洒金榕 98200
宽叶塞内大戟 **360377**
宽叶赛德旋花 **356431**
宽叶三褶兰 **397886**
宽叶三褶脉马兰 39967
宽叶三指兰 **396648**
宽叶伞花百合 **229718**
宽叶伞花香荼菜 **209857**
宽叶散血芹 **320207**
宽叶桑给巴尔五星花 **289908**
宽叶沙木蓼 **44254**
宽叶沙蓬 **11614**
宽叶莎草 **119090**
宽叶山矾 **381326**
宽叶山蒿 **36321**
宽叶山黄菊 **25535**
宽叶山金车 **34730**
宽叶山黧豆 **222750**
宽叶山柳菊 **195548**
宽叶山罗花 **248187**
宽叶山梅花 **294488**
宽叶山芎 **101829**
宽叶山月桂 **215395**
宽叶上树南星 **21312**
宽叶蛇葡萄 20238
宽叶神血宁 309601
宽叶施莱木犀 **352613**
宽叶十万错 **43624**
宽叶十字叶 **113119**
宽叶石防风 **293038**
宽叶石莲 337307
宽叶石榴兰 **247656**
宽叶石楠 **295777**,295773
宽叶石生驼蹄瓣 **418754**
宽叶石竹 **127753**,127733
宽叶手参木 **86634**
宽叶舒尔龙胆 **352675**
宽叶舒默菊 **352723**
宽叶黍 **281818**
宽叶鼠鞭草 **199690**
宽叶鼠麹草 **178061**
宽叶栓果芹 **105482**
宽叶双耳萼 **20817**
宽叶双扇梅 **129497**
宽叶双凸菊 **334498**
宽叶双修菊 **167000**
宽叶水柏枝 **261285**
宽叶水苏 373262
宽叶水蜈蚣 **218610**
宽叶水仙 **262412**
宽叶水苋菜 **19593**
宽叶水竹叶 **260100**
宽叶四川马先蒿 **287727**
宽叶四粉兰 **387327**
宽叶四片芸香 **386980**
宽叶苏铁 **115802**
宽叶酸蔹藤 **20238**
宽叶塔莲 **409238**
宽叶苔草 **76264**
宽叶泰伯赪桐 **337460**
宽叶汤普森景天 **390327**
宽叶桃叶蓼 **309578**
宽叶特喜无患子 311992
宽叶天蓝琉璃草 **117943**
宽叶天香百合 **229734**
宽叶田川氏兔儿伞 **381824**
宽叶铁青树 **269666**
宽叶铁线莲 **94889**
宽叶葶苈 **137135**
宽叶透明欧石南 **149881**
宽叶凸萝藦 **141417**
宽叶土三七 294117
宽叶兔儿风 **12663**
宽叶兔耳风 12663
宽叶团扇荠 170171
宽叶托考野牡丹 **392536**
宽叶托克茜 **392546**
宽叶托叶假樟 **313221**
宽叶脱皮藤 **830**
宽叶橐吾 229140
宽叶瓦氏茜 **404785**
宽叶外倾萼 **21319**
宽叶维拉木 **409258**
宽叶尾稃草 **402546**
宽叶尾隔堇 **20724**
宽叶卫矛 **157668**,157678
宽叶猬头菊 **140208**
宽叶文殊兰 **111230**
宽叶吻兰 **99776**
宽叶沃森花 **413361**
宽叶乌柳 **343194**
宽叶乌心石 **252855**
宽叶无孔兰 **5785**
宽叶无腺木 **181535**
宽叶五被花 **289429**
宽叶五异茜 **289601**
宽叶勿忘草 **260812**
宽叶雾冰藜 241514
宽叶西北风毛菊 348183
宽叶西非大风子 **64396**
宽叶西非囊萼花 **153393**
宽叶西风芹 **361553**
宽叶西卢兰 **365342**
宽叶喜光花 **6473**
宽叶细梗溲疏 **126947**
宽叶细线茜 **225760**
宽叶细叶垫菊 **209396**
宽叶下田菊 **8013**
宽叶夏飘拂草 **166165**
宽叶仙茅 256582
宽叶仙女木 138460
宽叶纤冠藤 **179306**
宽叶纤细粟米草 **256706**
宽叶线柱兰 **417700**
宽叶腺背蓝 **7105**
宽叶香荼菜 **209741**
宽叶香料藤 **391879**
宽叶香蒲 **401112**
宽叶枭丝藤 **329243**
宽叶小苞爵床 **113749**
宽叶小刺爵床 **184241**
宽叶小花虎耳草 **349979**
宽叶小米草 **160203**
宽叶小土人参 **383285**
宽叶小叶杨 **311497**
宽叶肖北美前胡 **99045**
宽叶肖观音兰 **399161**
宽叶肖木菊 **240786**
宽叶肖木蓝 **253237**
宽叶肖乳香 **350985**
宽叶肖五星花 **283595**
宽叶蝎尾菊 **217602**
宽叶缬草 **404325**
宽叶欣珀飞廉 **73482**
宽叶新疆乳菀 **169799**
宽叶星隔芹 **43563**
宽叶星星松香草 **364262**
宽叶秀丽费利菊 **163136**
宽叶绣线菊 371795
宽叶袖珍椰子 **85431**
宽叶徐长卿 **117645**

宽叶悬钩子 **339072**
宽叶旋叶松 299874
宽叶雪花莲 **169717**
宽叶雪山点地梅 23295
宽叶雪衣鼠麹木 **87785**
宽叶薰衣草 **223298**
宽叶鸦葱 **354927**,354887
宽叶鸭舌癀舅 370802
宽叶鸭跖草 **101070**
宽叶鸭嘴花 **214436**
宽叶芽冠紫金牛 **284030**
宽叶亚菊 **13006**
宽叶岩黄芪 188048
宽叶岩黄耆 **188048**
宽叶岩马齿苋 **65832**
宽叶沿阶草 **272126**
宽叶盐蓬 **184817**
宽叶羊大戟 **71589**
宽叶羊耳蒜 **232220**
宽叶羊胡子草 **152765**
宽叶羊角芹 **8824**
宽叶耶格尔无患子 **211408**
宽叶野葡萄 **411774**
宽叶野荞麦木 **152206**
宽叶野青茅 **127206**
宽叶野生稻 275932
宽叶一枝黄花 **368100**
宽叶异被风信子 **132569**
宽叶异吉莉花 **14671**
宽叶异囊菊 **194223**
宽叶异片芹 **25737**
宽叶银莲花 23791
宽叶银旋花 **102999**
宽叶隐距兰 **113503**
宽叶隐子草 **94604**
宽叶蝇子草 **363894**,363971
宽叶尤利菊 **160820**
宽叶油点草 **396601**
宽叶鱼骨木 **71411**
宽叶羽裂毛托菊 **23454**
宽叶羽扇豆 **238459**
宽叶玉龙山谷精草 **151457**
宽叶玉簪 **198632**
宽叶郁金香 400156
宽叶鸢尾 **208679**,208944
宽叶圆齿碎米荠 **72979**
宽叶圆锥苔草 **74176**
宽叶远志 308359
宽叶远志骨籽菊 **276678**
宽叶云南葶苈 **137301**
宽叶杂色酢浆草 **278144**
宽叶栽培菊苣 **90896**
宽叶泽苔草 **66339**,66343
宽叶摘亚苏木 **127404**
宽叶窄籽南星 **375735**
宽叶展毛银莲花 **23791**
宽叶胀萼马鞭草 **86087**
宽叶沼生蒲公英 **384813**
宽叶珍珠茅 **354255**
宽叶榛 106732
宽叶栀子 **171350**
宽叶直喙毛茛 **326162**
宽叶止泻木 **197194**
宽叶中美紫葳 **20739**
宽叶舟蕊秋水仙 **22362**
宽叶帚粉菊 **388731**
宽叶帚菊木 **260542**
宽叶皱颖草 **333816**
宽叶猪屎豆 **112356**
宽叶锥花 **179189**,179178
宽叶紫花野菊 **124866**
宽叶紫金牛 **31561**
宽叶紫露草 394082
宽叶紫麻 **273923**
宽叶紫茉莉 **255721**
宽叶紫绒草 **43989**
宽叶紫杉 385355
宽叶紫玉盘 **403423**
宽叶紫盏花 **171578**
宽叶足柱兰 **125532**
宽翼柄鸢尾 **208437**
宽翼豆 241263
宽翼棘豆 **278953**
宽银边冬青卫矛 **157605**
宽颖草 **335393**
宽颖碱茅 305841
宽颖早熟禾 **305841**
宽羽阿魏 **163657**
宽扎百簕花 **55297**
宽扎鸡脚参 **275663**
宽扎劳德草 **237810**
宽扎老鸦嘴 **390750**
宽扎木槿 **194824**
宽扎丘黏木 **268391**
宽扎小金梅草 **202832**
宽扎旋覆花 **207093**
宽扎紫玉盘 **403452**
宽胀萼紫草 **242399**
宽昭巴豆 **112911**
宽昭龙船花 **211090**
宽昭螺序草 **371761**
宽昭润楠 240584
宽昭蛇根草 **272216**
宽昭新木姜子 264056
宽昭桢楠 240584
宽沼泽兰 **230348**
宽钟杜鹃 **330211**
宽钟风铃草 70331
宽钟欧石南 **150029**
宽竹叶舒筋 309085
宽柱番杏属 **160928**
宽柱尖泽兰 **179317**
宽柱尖泽兰属 **179316**
宽柱兰 **160931**
宽柱兰属 **302983**
宽柱亮泽兰 **204740**
宽柱亮泽兰属 **204739**
宽柱瑞香 **145743**
宽柱瑞香属 **145742**
宽柱莎草 **119390**
宽柱头露兜树 **281060**
宽柱头日中花 **251379**
宽柱头手玄参 **244846**
宽柱头硬皮鸢尾 **172594**
宽柱鸢尾 **208684**
宽爪黄芪 42593
宽爪黄耆 **42593**
宽爪棘豆 279078
宽爪野豌豆 **408456**
宽锥显药尖泽兰 **45865**
宽籽哈克 184626
宽籽哈克木 **184626**
宽紫荆 **83790**
宽紫葳 **244300**
宽紫葳属 **244299**
宽足胶鳞禾 **143783**
梡 386504
款冬 **400675**
款冬瓜叶菊 **290831**
款冬花 151162,162616,365050,400675
款冬属 **400671**,292342
款冬橐吾 162616
款冬叶积雪草 **81636**
款冬叶橐吾 162616
款冻 400675
款花 400675
款叶科豪特茜 **217718**
筐柳 **343610**,343193
筐条菝葜 **366301**
狂刺金琥 **140129**
狂风球 **140861**
狂风藤 131645
狂风丸 140861
狂欢福禄考 **295269**
狂欢节荷兰菊 **40925**
狂欢杂种绣线菊 371835
狂魔玉 **366827**
狂山岚 **140317**
狂想曲茼麻 **919**
旷地马先蒿 287201
旷野苔草 **74180**
框档树 346209
穬麦 198376
盔瓣花 **283251**
盔瓣花科 **283252**
盔瓣花属 **283249**
盔瓣景天 **357184**
盔苞芋 33588
盔苞芋属 33584
盔谷木 **249966**
盔花烛 **28089**
盔兰属 105518,105524,169884
盔膝瓣乌头 **5223**
盔形吊灯花 **84105**
盔形多穗兰 **310412**
盔形芳香木 **38561**
盔形辐花 **235429**
盔形红光树 **216813**
盔形肋瓣花 **13789**
盔形魔杖花 **369989**
盔形西澳兰 **118197**
盔形鸭嘴花 **214491**
盔须马先蒿 **287378**
盔状黄芩 **355449**
奎阿本特属 324596
奎波豹皮花 **373870**
奎波盐肤木 **332679**
奎伯克报春 **314652**
奎茨卫矛 **324589**
奎茨卫矛属 **324588**
奎东茄 **367543**,367611
奎恩西小檗 **52093**
奎尔千里光 **359849**
奎拉蒲苇 **105455**
奎拉雅属 324623
奎卢安尼木 **25822**
奎卢裂稃草 **351289**
奎罗柿 **132366**
奎纳尔特猪牙花 **154942**
奎尼鸦胆子 **61214**
奎宁树 **327039**,91075,91090,327074
奎帕特小檗 **52092**
奎苏萝藦 **324694**
奎苏萝藦属 **324693**
奎塔茜属 181728
揆葵 243862
葵 234170,243862
葵菜 243771,243862
葵花 13934,188908
葵花白菜 59520,59532
葵花大蓟 **92405**
葵花松 299938
葵堇 **410300**
葵兰 383127
葵兰属 255933
葵乐果科 178906
葵乐果属 178904
葵蓬菜 81570
葵扇木 234170
葵扇叶 234170
葵树 234170
葵松 77146
葵叶报春 **314616**
葵叶大黄 329372
葵叶茑萝 **323470**,323457
葵叶树 181043

葵叶树科　181044
葵叶树属　181040
葵柱桑　**188899**
葵柱桑属　**188898**
魁北克椴　**391786**
魁北克桦　53338
魁北克山楂　**110060**
魁斗杜鹃　331532
魁蒿　**36097**
魁蓟　**92127**
魁栗　78802
魁柳　320377,343185
魁芩　355484
魁氏凤梨属　324577
魁首杜鹃　331557
魁伟玉　**159081**
魁壮玉　**198500**
蕨姑　219843,219848,396170
蒉　18836
坤草　**182946**,224989
坤草属　**182941**
坤锦葵　**182934**
坤锦葵属　**182932**
昆伯兰杜鹃　**330484**
昆得曼芹　**218352**
昆得曼芹属　**218351**
昆德龙白藤菊　**254456**
昆德龙半边莲　**234580**
昆德龙吊灯花　**84140**
昆德龙番薯　**207951**
昆德龙非洲长腺豆　**7510**
昆德龙格尼瑞香　**178636**
昆德龙古大地豆　**199328**
昆德龙古大戟　**159200**
昆德龙古科豪特茜　**218010**
昆德龙古树葡萄　**120122**
昆德龙古猪屎豆　**112289**
昆德龙黄眼草　**416092**
昆德龙基花莲　**48665**
昆德龙宽肋瘦片菊　**57633**
昆德龙肋瓣花　**13810**
昆德伦加刺蒴麻　**399266**
昆椴属　**205592**
昆盖凤仙花　**205062**
昆盖猪屎豆　**112291**
昆圭宽肋瘦片菊　**57634**
昆圭扭果花　**377748**
昆栏树　**399433**
昆栏树科　**399430**
昆栏树属　**399432**
昆仑　20408
昆仑草　80381
昆仑翠雀花　**124327**
昆仑独行菜　**225395**
昆仑多子柏　**213810**,213932
昆仑方枝柏　**213630**
昆仑风毛菊　**348213**
昆仑瓜　367370
昆仑蒿　**35975**
昆仑黄耆　**42561**
昆仑碱茅　**321323**
昆仑锦鸡儿　**72312**
昆仑荆芥　**264970**
昆仑韭　**15598**
昆仑绢蒿　**360850**
昆仑麻黄　146159
昆仑马唐　**130780**
昆仑毛茛　**326007**
昆仑披碱草　144210
昆仑千里光　**359248**
昆仑荨麻　**402944**
昆仑沙拐枣　67074
昆仑沙蒿　**36221**
昆仑山方枝柏　213630
昆仑山剪股颖　**12390**
昆仑山橐吾　**229080**
昆仑苔草　**75024**
昆仑丸　244036
昆仑猬草　**203137**
昆仑雪兔子　**348264**
昆仑羊茅状早熟禾　**305528**
昆仑杨　311204
昆仑圆柏　213810,213932
昆仑早熟禾　**305673**
昆仑针茅　**376903**
昆明白前　117747
昆明百合　229829
昆明柏　**213780**
昆明杯冠藤　**117747**
昆明变豆菜　345941
昆明赤箭莎　352409
昆明滇紫草　**271841**,271747
昆明冬青　**203950**
昆明堵喇　5667
昆明杜鹃　330602
昆明二叶兰　183553
昆明谷精草　**151343**
昆明海桐　**301308**
昆明合耳菊　**381929**
昆明红景天　**329901**
昆明黄檀　121860
昆明鸡脚黄连　51827
昆明鸡血藤　66624,66643
昆明鸡血藤属　66615,254596
昆明剪股颖　**12163**
昆明箭竹　162767
昆明金合欢　**1177**
昆明堇菜　410789,410790
昆明雷公藤　**398317**
昆明犁头尖　**401168**
昆明蔺　**143193**
昆明龙胆　**173563**,173412
昆明鹿藿　**333286**
昆明马兜铃　**34237**
昆明毛茛　**326008**
昆明木蓝　**206342**
昆明朴　**80668**
昆明蔷薇　**336665**
昆明芹　247716
昆明沙参　**7833**,317036
昆明山海棠　398317
昆明山梅花　**294486**
昆明十大功劳　242517
昆明石蝴蝶　292548
昆明石生紫菀　**40973**
昆明实心竹　162767
昆明水金凤　205416
昆明天门冬　**39082**
昆明乌木　301006
昆明乌头　5667
昆明香茶菜　**209732**
昆明香青　21533
昆明象牙参　**337093**
昆明小檗　**51827**,51614
昆明小龙胆　**173412**
昆明蟹甲草　**283878**
昆明羊茅　**164076**
昆明鹰爪枫　**197245**
昆明榆　**401480**
昆明帚菊　**292045**
昆诺阿藜　**87145**
昆士兰桉　**155532**
昆士兰澳洲柏　**67424**
昆士兰柏　67424
昆士兰贝壳杉　10505
昆士兰大戟属　**346026**
昆士兰杜英　**142288**
昆士兰橄榄树　**71008**
昆士兰海芋　**16493**
昆士兰禾　**380637**
昆士兰禾木胶　415177
昆士兰禾属　**380636**
昆士兰黑豆　79075
昆士兰黑豆属　79073
昆士兰黑椰子　266678
昆士兰胡桃　145320
昆士兰黄脂木　**415177**
昆士兰金合欢　**1608**
昆士兰金缕梅　**264567**
昆士兰金缕梅属　**264566**
昆士兰巨盘木　**166976**
昆士兰决明　**78465**
昆士兰栗　240210
昆士兰龙船花　**211158**
昆士兰龙眼　**43979**,240210
昆士兰龙眼属　**43978**
昆士兰萝藦　**181965**
昆士兰萝藦属　**181964**
昆士兰帽花木　**160329**
昆士兰瓶木　**58348**
昆士兰裙椰属　273127
昆士兰莎草　**323569**
昆士兰莎草属　**323568**
昆士兰山龙眼　240210
昆士兰山龙眼属　**222572**,73529,240207
昆士兰使君子　**122176**
昆士兰使君子属　**122175**
昆士兰水禾属　**121967**
昆士兰桃金娘　**334785**
昆士兰桃金娘属　**334784**
昆士兰土楠　**145320**
昆士兰洼瓣花　**234237**
昆士兰五桠果　**130914**
昆士兰相思树　**1181**
昆士兰香材树属　**191819**
昆士兰新西兰圣诞树　**252624**
昆士兰悬钩子　**339100**
昆士兰椰　**273129**
昆士兰椰属　**273127**
昆士兰隐草　**68555**
昆士兰隐草属　**68554**
昆士兰樟　**91388**
昆士兰樟科　45221
昆士兰樟属　45218
昆氏红光树　**216837**
昆氏花楸　369443
昆氏尖苞木属　**6352**
昆氏娑罗双　**362208**
昆塔木瓣树　**415813**
昆塔斯棒叶金莲木　**328409**
昆塔斯单头爵床　**257286**
昆塔斯狗肝菜　**129307**
昆塔斯卡瓦大戟　**79760**
昆塔斯南洋参　**310234**
昆塔斯茜树　**12535**
昆廷树　**324662**
昆廷树科　**324663**
昆廷树属　**324660**
昆亭尼亚　324661
昆亭尼亚属　324660
昆亭树属　324660
昆下棒头草　**310114**
捆束野黍　**151699**
捆仙绳　54520,117965,146054,179488,279757,293648
捆仙丝　54520
扩大三叶草　**396895**
扩散斑鸠菊　**406923**
扩散丁香蓼　**238203**
扩散繁缕　**374919**
扩散旱芹　**29345**
扩散鸡脚参　**275802**
扩散梳齿菊　**286889**
扩散水鬼蕉　**200924**
扩散托里硷茅　**393100**
扩散野荞麦　**152605**
扩散野荞麦木　**152015**

扩散紫波 **28527**
扩展白鼓钉 **307659**
扩展蔗草 **353403**
扩展滨藜 **44391**
扩展叉序草 **209893**
扩展倒距兰 **21175**
扩展杜鹃 **330577**
扩展鸡冠花 **80411**
扩展碱茅 **321274**
扩展九节 **319539**
扩展宽耳藤 **244685**
扩展马利筋 **37918**
扩展马唐 **130703**
扩展母草 **231509**
扩展女贞 **229458**
扩展时钟花 **400489**
扩展肖凤卵草 **350528**
扩张鸡菊花 406320
扩张驴臭草 **271731**
扩张日中花 **220546**
扩张松叶菊 **251386**
括苍山凤仙花 **205232**
括根属 333131
括花草 117185
括金盘 159845
括耙草 309564
栝 213634
栝蒌仁 396210
栝楼 **396210**,396200,396203,396213,396226,396257
栝楼属 **396150**
桰 213634
阔瓣白兰花 252839
阔瓣扁棒兰 **302773**
阔瓣丹氏梧桐 **135883**
阔瓣二乔 **242307**
阔瓣非洲兰 **320960**
阔瓣凤卵草 **296882**
阔瓣凤仙花 **205230**
阔瓣含笑 **252839**
阔瓣蜡瓣花 **106670**
阔瓣龙骨角 **192447**
阔瓣蔓舌草 **243260**
阔瓣美冠兰 **156937**
阔瓣纳丽花 **265287**
阔瓣茜草 **337977**
阔瓣唐菖蒲 **176322**
阔瓣天料木 **197689**
阔瓣驼曲草 **119856**
阔瓣西澳兰 **118223**
阔瓣小芹 364895
阔瓣鸢尾兰 **267965**
阔瓣蚤休 284382
阔瓣珍珠菜 **239791**
阔瓣钻地风 351802
阔苞凤仙花 **205068**
阔苞狗舌紫菀 **41229**
阔苞花 244289
阔苞菊 **305100**
阔苞菊属 **305072**
阔苞莲叶点地梅 **23194**
阔苞密叶飞蓬 **150797**
阔苞缩苞木 **113342**
阔苞蝎尾蕉 **190024**
阔苞紫菀 **41049**
阔背臂形草 **58140**
阔背鸢尾 **160740**
阔背鸢尾属 **160739**
阔臂形草 **58114**
阔变豆木 **302861**
阔变豆属 **302860**
阔柄桉 **155699**
阔柄糙果茶 **69264**
阔柄杜鹃 **331497**
阔柄橐吾 **229087**
阔柄蟹甲草 **283838**
阔柄叶科 28732
阔齿岩栖水苏 **373424**
阔翅柏那参 59229
阔翅贝克菊 **52766**
阔翅灌木帚灯草 **388823**
阔翅罗伞 **59229**
阔翅槭 2926,2947
阔翅芹属 **392859**,392863
阔翅小黄管 **356142**
阔翅掌叶树 59229
阔唇羊耳蒜 **232221**
阔茨斑鸠菊 **406735**
阔茨大戟 **159691**
阔茨凤卵草 **296894**
阔茨黄胶菊 **318712**
阔茨佩氏苞杯花 **291474**
阔茨千里光 **359848**
阔茨球百合 **62438**
阔茨绳草 **328149**
阔茨酸脚杆 **247610**
阔茨玉凤花 **184007**
阔茨紫波 **28511**
阔刺沙拐枣 **67062**
阔刺省藤 **65769**
阔刺兔唇花 **220085**
阔带芹 **160936**
阔带芹属 **160934**,302993
阔萼刺痒藤 **394191**
阔萼粉报春 **314543**
阔萼凤仙花 **205231**
阔萼堇菜 **410017**
阔萼丽江赤瓟 390158
阔萼异齿蝇子草 **363538**
阔封菊属 302606
阔刚毛斑鸠菊 **406683**
阔果灰毛豆 **386236**
阔果蓟罂粟 **32441**
阔果芥属 160690
阔果金合欢 **1214**
阔果前胡 **292974**
阔果山桃草 **172187**
阔果烟堇 **169149**
阔果紫堇 105976
阔花早熟禾 **305840**
阔桦叶绣线菊 **371828**
阔环木蓝 **206407**
阔喙兰 **303020**
阔喙兰属 **303019**
阔鸡毛松 **121080**
阔基荸荠 **143021**
阔脊木 **302854**
阔脊木属 **302853**
阔荚合欢 **13595**
阔荚苜蓿 **247422**
阔距兰 **160698**
阔距兰属 **160697**
阔口杜鹃 **331495**
阔蜡瓣花 106670
阔裂片槟榔 **31687**
阔裂食用苏铁 **131434**
阔裂栓翅芹 313524
阔裂羊蹄甲 **49004**
阔裂叶羊蹄甲 49004
阔裂紫地榆 174821
阔鳞兰属 **302831**
阔鳞芦荟 **17173**
阔鳞嵩草 **217309**
阔柳叶青冈 **324359**
阔路德维格悬钩子 **338772**
阔脉芥属 302792
阔囊孔药花属 **303017**
阔鞘小芹 **364895**
阔鞘岩风 **228564**
阔球颌兰 **174268**
阔球形北美香柏 **390626**
阔蕊兰 **291221**
阔蕊兰属 **291188**
阔蕊兰玉凤花 **183956**
阔舌大丁草 175183
阔舌火石花 **175183**
阔舌羊耳蒜 **232289**
阔氏山柳菊 **195690**
阔托叶耳草 **187647**
阔腺扁担杆 **180847**
阔药玉凤花 **183974**
阔叶桉 **155513**
阔叶澳洲常春木 **250948**
阔叶八角枫 13366
阔叶八月瓜 197232
阔叶白花绣线菊 **371796**
阔叶白蜡 168015
阔叶白千层 **248113**
阔叶百合 **229992**
阔叶宝铎草 **134446**
阔叶鲍苏栎 311992
阔叶鼻花 **329535**
阔叶变色锦熟黄杨 **64352**
阔叶变叶木 **98200**,98190
阔叶梣 **168015**
阔叶茶藨 334061
阔叶茶藨子 **334061**
阔叶长距兰 302377
阔叶车前 400854
阔叶柽柳 261285
阔叶赤车使者 142654
阔叶川藏香茶菜 324854
阔叶垂头菊 110461
阔叶酢浆草 **277925**
阔叶达维木 **123278**
阔叶打碗花 **68721**
阔叶大豆 177792
阔叶大头苏铁 **145235**
阔叶带唇兰 **383151**
阔叶稻 **275932**
阔叶吊兰 88546
阔叶冬青 **203969**
阔叶斗篷草 **14031**
阔叶豆木 **352500**
阔叶杜鹃 **331496**
阔叶杜鹃兰 383151
阔叶杜英 142389
阔叶短葶山麦冬 **232635**
阔叶椴 **391817**
阔叶耳草 187697
阔叶粉背金合欢 **1500**
阔叶粉毒藤 **88812**
阔叶丰花草 **57333**,370802
阔叶风车子 **100571**
阔叶风铃草 70119,70121
阔叶枫 3127
阔叶瓜馥木 **166655**
阔叶海神木 **315795**
阔叶海石竹 **34501**
阔叶海特木 **188322**
阔叶杭子梢 **70829**,42664
阔叶红匙南星 **332254**
阔叶红门兰 **273510**
阔叶厚壳桂 **113460**
阔叶厚皮香 386700
阔叶胡麻 **361322**
阔叶槲寄生 **410969**
阔叶虎克小檗 **51737**
阔叶画眉草 **147895**
阔叶桦 **53503**
阔叶黄花夹竹桃 **389970**
阔叶黄芦木 **51307**
阔叶黄瑞木 **8248**
阔叶黄檀 **121730**
阔叶芨芨芹 **418112**
阔叶鸡藤 **65774**
阔叶夹竹桃 389970
阔叶荚蒾 **407919**

阔叶假槟榔 31015
阔叶假黄杨木 **182201**
阔叶假排草 **239783**
阔叶假参 266918
阔叶假小檗 **51605**
阔叶剪股颖 **12256**
阔叶箭竹 **162709**
阔叶胶核木 **261898**
阔叶角盘兰 192868
阔叶金合欢 1176
阔叶金锦香 276098,276135
阔叶堇宝莲 **382523**
阔叶堇菜 409729,410017
阔叶景天 **357084**
阔叶巨盘木 **166977**
阔叶勘察加接骨木 **345675**
阔叶宽木 **160718**
阔叶葵属 247220
阔叶蜡莲绣球 **200114**
阔叶兰 130185
阔叶老鸦瓣 400156
阔叶鲤鱼胆 363235,363265
阔叶梁王茶 266913,266918
阔叶柳叶菜 85884
阔叶楼梯草 **142793**,142654,142733,142794
阔叶榈 **247223**
阔叶榈属 **247220**
阔叶罗汉松 306450
阔叶萝芙木 **327022**,327069
阔叶马尔桉 **155495**
阔叶麦冬 232631,272090
阔叶麦利塔木 250948
阔叶麦门冬 232631
阔叶毛蕊花 **405754**
阔叶毛苔草 **75740**
阔叶美吐根 **175766**
阔叶猕猴桃 **6648**
阔叶绵枣儿 **353026**
阔叶木槿 **195241**
阔叶木菊 **129418**
阔叶木蓝 **205996**
阔叶南美防己 88812,88814
阔叶南洋杉 30835
阔叶女娄菜 363894
阔叶欧女贞 294772
阔叶欧芹 **292698**
阔叶欧石南 **149642**
阔叶帕洛梯 315795
阔叶坡垒 **198164**
阔叶破得力 57333
阔叶蒲桃 **382610**
阔叶七姊妹 **336791**
阔叶槭 **2783**
阔叶千斤拔 166872
阔叶千里光 **359769**
阔叶青杨 **311426**
阔叶清风藤 341580
阔叶秋水仙 **99325**
阔叶球果木 **210241**
阔叶荣耀木 **391571**
阔叶榕 **165470**
阔叶柔木 **222451**
阔叶箬竹 **206800**
阔叶三花假卫矛 **254332**
阔叶桑 **259152**
阔叶沙参 7739
阔叶山荆子 **243574**
阔叶山麻树 101220
阔叶山麦冬 **232631**
阔叶山楂 **109670**
阔叶山踯躅 **330973**
阔叶省藤 **65751**,65774
阔叶十大功劳 **242487**
阔叶十姊妹 336789
阔叶蜀五加 **2488**
阔叶双子铁 **131437**
阔叶水鬼蕉 **200938**
阔叶丝叶芹 **350374**
阔叶斯迪林木 **377089**
阔叶苏铁 **115879**,145235
阔叶碎米荠 **72739**
阔叶桫拉木 342589
阔叶苔草 **75833**
阔叶太白贝母 168575
阔叶天南星 33505
阔叶天香百合 **229732**
阔叶土麦冬 232631
阔叶橐吾 229140
阔叶娃儿藤 **400854**
阔叶外果木 **161713**
阔叶卫矛 157668
阔叶乌檀 **262818**
阔叶五层龙 **342589**
阔叶舞鹤草 **242680**
阔叶雾冰藜 241514
阔叶喜花草 **148100**
阔叶细笔兰 154872,154881
阔叶下田菊 8013
阔叶仙茅 256582
阔叶纤皮桉 **155512**
阔叶相思树 1176,1375
阔叶小檗 **52047**
阔叶肖榄 **302601**
阔叶肖乳香 350985
阔叶缬草 404272,404316,404325
阔叶蟹甲草 283838
阔叶徐长卿 117606
阔叶雪花莲 **169725**
阔叶薰衣草 223298
阔叶鸭舌癀舅 **370802**,57333
阔叶鸭舌舅 57333
阔叶芽冠紫金牛 **284043**
阔叶沿阶草 **272086**,272126
阔叶眼树莲 **134045**
阔叶羊茅 **164159**,164126
阔叶杨 311426
阔叶杨桐 8248
阔叶野火球 396996
阔叶一枝黄花 **368206**
阔叶榆绿木 **26027**
阔叶玉山竹 **416797**
阔叶玉叶金花 **260384**
阔叶圆果杜英 **142389**
阔叶远志 308359
阔叶早熟禾 **305567**
阔叶樟 **91409**
阔叶沼兰 130185
阔叶针茅 **376693**
阔叶朱蕉 **104362**
阔叶侏儒蓼 **309394**
阔叶竹茎兰 **399634**
阔叶竹桃 389970
阔叶紫弹朴 **80582**
阔叶紫弹树 80582
阔叶紫堇 105976
阔叶紫薇 **219951**,219924
阔叶棕属 247220
阔翼兜兰 **282811**
阔翼兜舌兰 282811
阔颖赖草 **228391**
阔羽椰属 138532
阔枝大戟 **159597**
阔轴臂形草 **58143**
阔轴大泽米 **241462**
阔轴尾稃草 **402548**
阔柱黄杨 **64270**
阔柱兰 **302957**
阔柱兰属 **302956**
阔柱柳叶菜 **146840**
阔柱藤属 107174
阔籽骨皮树 **276554**
阔籽碱蓬 **379551**
阔籽银齿树 **227343**
阔紫叶堇菜 **409797**
阔足木蓝 **206406**
阔足南芥 **30246**
阔足球冠萝藦 **371112**
阔足石豆兰 **63001**

## L

垃圾堆孔叶菊 **311721**
拉巴大戟 **159202**
拉巴卷瓣兰 **62833**
拉巴希尔梧桐 **196331**
拉巴伊长须兰 **56916**
拉巴伊露兜树 **281116**
拉巴伊芦荟 **17209**
拉巴翼萼茶 **41696**
拉扒早熟禾 **305639**
拉比毒鼠子 **128789**
拉比风车子 **100739**
拉比黄尾豆 **415099**
拉比散绒菊 **203467**
拉比柿 **132367**
拉比鞋木 **52902**
拉比耶凤卵草 **296895**
拉卜楞杜鹃 **331033**
拉不拉多马先蒿 **287326**
拉布拉多杜香 **223895**
拉布拉多黄耆 **42565**
拉布拉多堇菜 **410161**
拉布拉多猪殃殃 **170454**
拉查斯露兜树 **281056**
拉达克碱茅 **321325**
拉达纳荆芥 **264972**
拉戴尔贝克菊 **52762**
拉得槟榔青 **372480**
拉得鸦葱 **354929**
拉德白花菜 **95771**
拉德百里香 **391240**
拉德彩花 **2280**
拉德车轴草 **397040**
拉德刺头菊 **108387**
拉德大戟 **324976**
拉德大戟属 **324975**
拉德点地梅 **23259**
拉德斗篷草 **14126**
拉德风铃草 **70250**
拉德合欢 **1518**
拉德桦 **53600**
拉德金草 **219661**
拉德金草属 **219660**
拉德金合欢 **1660**
拉德京棘豆 **278939**
拉德梨 **323274**
拉德毛茛 **326277**
拉德山柳菊 **195913**
拉德石竹 **127807**
拉德委陵菜 **312911**
拉德新塔花 **418136**
拉德悬钩子 **339150**
拉德蝇子草 **363952**

拉登堡属 219648
拉迪锦葵 **325053**
拉迪锦葵属 **325052**
拉迪藏菊 **391559**
拉第黄芩 **355709**
拉豆 389533
拉杜属 222871
拉恩沙漠木 **148364**
拉尔德草 **220279**
拉尔德草属 **220278**
拉尔夫·西尼尔齿叶荚蒾 **407780**
拉尔夫海桐 **301381**
拉尔森斑鸠菊 **406489**
拉非堇菜 **410480**
拉非棕属 326638
拉菲豆属 **325076**
拉菲尔·查尔斯滇藏木兰 **242012**
拉菲尔虎尾兰 **346135**
拉菲利帕豆 **232059**
拉菲亚椰子属 326638
拉菲棕属 326638
拉斐海桐 301381
拉费雷露兜树 **281057**
拉夫恩茜 **327130**
拉夫恩茜属 **327129**
拉夫卡斑鸠菊 **406482**
拉夫拉诺斯毛子草 **153221**
拉夫拉诺斯绵毛菊 **293437**
拉夫拉诺斯肉锥花 **102313**
拉夫朗十二卷 **186737**
拉夫连大戟 **159225**
拉夫连多坦草 **136538**
拉夫连龙王角 **199024**
拉夫连球百合 **62407**
拉夫山榄属 **218741**
拉富婆婆纳属 **219732**
拉富玄参属 219732
拉冈 212834
拉高草 **220100**
拉高草属 **220099**
拉戈萝藦 **220043**
拉戈萝藦属 **220042**
拉戈珍珠茅 **354136**
拉格多厚皮树 **221174**
拉格朗热蝇子草 **363662**
拉格普斯轻木 268344
拉各斯三指兰 **396647**
拉各斯鸭跖草 **101066**
拉公藤 166684
拉狗蛋 199392
拉古纳滨藜 **44477**
拉古纳灰菀 **130268**
拉古纳蝇子草 **363663**
拉瓜瓢 117385
拉哈尔莓系 305295
拉哈尔早熟禾 **305295**
拉汉果 365332
拉赫曼半轭草 **191808**
拉赫曼苞爵床 **139016**
拉赫曼贝克菊 **52803**
拉赫曼扁莎 **322336**
拉赫曼赪桐 **96299**
拉赫曼单裂萼玄参 **187065**
拉赫曼斗篷草 **14127**
拉赫曼过江藤 **232520**
拉赫曼红瓜 **97829**
拉赫曼湖瓜草 **232421**
拉赫曼黄眼草 **416137**
拉赫曼锦葵 **286678**
拉赫曼鳞叶番杏 **305015**
拉赫曼隆果番杏 **12920**
拉赫曼梅蓝 **248879**
拉赫曼牡荆 **411425**
拉赫曼木蓝 **206471**
拉赫曼纳丽花 **265292**
拉赫曼千里光 **359873**
拉赫曼苘麻 **982**
拉赫曼柔花 **8981**
拉赫曼塞拉玄参 **357655**
拉赫曼三联穗草 **398635**
拉赫曼森林薯蓣 **131867**
拉赫曼山柳菊 **195916**
拉赫曼水苏 **373391**
拉赫曼水蕹 **29685**
拉赫曼唐菖蒲 **176497**
拉赫曼田皂角 **9622**
拉赫曼五层龙 **342715**
拉赫曼香茶 **303615**
拉赫曼小黄管 **356157**
拉赫曼尤利菊 **160864**
拉赫曼远志 **308295**
拉赫曼珍珠茅 **354220**
拉胡智利鸢尾 **192411**
拉霍法蒺藜 **162251**
拉吉茜属 **220261**
拉吉塔木 **219986**
拉吉塔木属 **219985**
拉吉塔属 219985
拉加景天 **356869**
拉加菊属 219795
拉加柳 **344020**
拉加绒毛花 **28172**
拉加针茅 **376823**
拉贾斯坦蒺藜 **395139**
拉凯长阶花 186970
拉科斯特翠雀花 **124330**
拉克飞蓬 **150741**
拉克夹竹桃 **219191**
拉克夹竹桃属 **219190**
拉克利夫地中海石南 149404
拉克赛山柳菊 **195709**
拉克栓果菊 **222949**
拉克斯曼繁缕 **374940**
拉口沙面包果 36928
拉口沙木波罗 36928
拉苦达利亚木 263199
拉库尔特金叶木 **90060**
拉库图扎菲刺核藤 **322550**
拉库图扎菲拟洋椿 **80057**
拉库图扎菲欧石南 **149974**
拉拉 337925
拉拉柏 76987
拉拉草 151702
拉拉蔓 199392
拉拉山冬青 **204204**
拉拉山粉蝶兰 302383
拉拉山舌唇兰 **302383**
拉拉藤 **170199**,56657,170180,170193,199392
拉拉藤百蕊草 **389703**
拉拉藤属 **170175**
拉拉藤状金丝桃 **201888**
拉拉菀 102933
拉拉香 10414,143974
拉拉秧 199392
拉兰德暗红火棘 322455
拉雷草 **221822**
拉雷草属 **221821**,220281
拉狸甲 392424
拉狸莲 392424
拉里兰仔 297013
拉里仙人掌 **272940**
拉隆温特紫柳穿鱼 **231085**
拉罗米兰 11297
拉罗米仔兰 **11297**
拉马花子 199392
拉马克草 **220298**
拉马克草属 **220295**
拉马克芳香木 **38618**
拉马克拉拉藤 **170350**
拉马克水苏 **373284**
拉马克四籽谷精草 **280351**
拉马克唐棣 19279
拉马克月见草 269443
拉马拉黄耆 42574
拉马栗豆藤 **11010**
拉马萝芙木 **327021**
拉马切桃金娘 **220292**
拉马切桃金娘属 **220291**
拉马山柳 **343591**
拉曼筋骨草 13130
拉毛草 133478,133505
拉毛果 **133505**
拉美灯台树 104947
拉美胡桐 **67851**
拉美苹婆 **376075**
拉美破布木 **104185**
拉美使君子属 **61907**
拉美驼峰楝 **181558**
拉美玉蕊 **155194**
拉美玉蕊属 **155193**
拉门氏苔草 **75970**
拉蒙达花属 325223
拉蒙苣苔属 325223
拉米菊 **220779**
拉米菊属 **220775**
拉敏木 179535
拉莫豆 **325242**
拉莫豆属 **325241**
拉莫双毛藤 134529
拉莫特菊 **220439**
拉莫特菊属 **220426**
拉默棒棰树 **279681**
拉默粗根 279681
拉姆锤籽草 **12880**
拉姆德卡瑞甜桂 **123430**
拉姆没药 **101440**
拉姆星紫菊 **212327**
拉木拉黄芪 42574
拉木拉黄耆 **42574**
拉穆列当属 **220442**
拉穆玄参属 220442
拉内白二乔玉兰 **242303**
拉内二乔玉兰 **242304**
拉内棕 **325467**
拉内棕属 **325466**
拉纳尔斯白八仙花 **199969**
拉纳尔斯白绣球 199969
拉尼 308659
拉尼美国花柏 **85288**
拉尼山核桃 **77875**
拉昵棕 325467
拉昵棕属 325466
拉牛入石 240813,405447
拉努马法纳 **63025**
拉努马法纳德卡瑞甜桂 **123432**
拉努马法纳凤仙花 **205275**
拉努马法纳蓝星花 **33694**
拉诺兰属 **325488**
拉诺玄参 **325487**
拉诺玄参属 **325486**
拉潘草 **264391**
拉潘草属 **264390**
拉佩里娜木犀榄 **270137**
拉皮疗齿草 **268969**
拉普兰薄荷 **250384**
拉普兰黄耆 **42582**
拉普兰棘豆 **278948**
拉普兰柳 **343595**
拉普兰马先蒿 **287338**
拉普兰毛茛 **326020**
拉普兰欧洲松 300223
拉普兰蒲公英 **384620**
拉普兰山柳菊 **195718**
拉普兰苔草 **75062**
拉普兰委陵菜 **312703**

拉普兰罂粟 **282588**
拉普兰掌根兰 **121394**
拉普芸香 **326907**
拉普芸香属 **326906**
拉齐爵床 **327166**
拉齐爵床属 **327164**
拉瑞阿属 221975
拉萨长果婆婆纳 **407080**
拉萨虫实 **104801**
拉萨翠雀花 **124267**
拉萨大黄 **329349**
拉萨杜鹃 331001
拉萨风毛菊 348428
拉萨狗娃花 **193938**
拉萨桂竹香 **86477**
拉萨厚棱芹 **279649**
拉萨黄堇 **106070**
拉萨黄芪 42583
拉萨黄耆 **42583**
拉萨棘豆 **278966**
拉萨克欧石南 **150008**
拉萨蒲公英 **384800**
拉萨荠属 **362068**
拉萨千里光 **359345**
拉萨前胡 **292912**
拉萨鼠麹草 **178182**
拉萨小檗 **51710**
拉萨小蓝雪花 **83645**
拉萨玄参 **355171**
拉萨雪兔子 **348428**
拉萨栒子 107707
拉萨野丁香 **226091**
拉萨蝇子草 **363683**
拉萨早熟禾 **305655**
拉塞尔 222017
拉塞尔伯氏荚蒾 407653
拉色芹属 **222015**
拉森飞蓬 **150745**
拉氏白花裸萼球 **182474**
拉氏宝丽兰 **56690**
拉氏草原龙胆 161027
拉氏大花异荣耀木 **134633**
拉氏蝶花百合 **67623**
拉氏风毛菊 **348459**
拉氏格木 **154977**
拉氏光萼荷 **8588**
拉氏筋骨草 **13130**
拉氏菊属 219706
拉氏兰属 **324945**
拉氏列当 **275182**
拉氏柳叶菜 146905
拉氏龙须兰 **79345**
拉氏马先蒿 **287324**
拉氏木属 **221975**
拉氏婆罗门参 **394307**
拉氏茜 **325246**
拉氏茜属 **325244**
拉氏茄 **325150**
拉氏茄属 **325149**
拉氏屈曲花 **203217**
拉氏山姜 **17747**
拉氏山柳菊 **195719**
拉氏山楂 109800
拉氏矢车菊 **81171**
拉氏双毛藤 **134529**
拉氏无患子 **325046**
拉氏无患子属 **325045**
拉氏香蒲 401120
拉氏向日葵 **189036**
拉氏眼树莲 134038
拉氏芸香 **327116**
拉氏芸香属 **327115**
拉斯泰勒赪桐 **96172**
拉斯泰勒黄鸠菊 **134801**
拉斯泰勒牡荆 **411317**
拉斯泰勒玉凤花 **183767**
拉斯特丹氏梧桐 **135882**
拉斯特黑草 **61804**
拉斯特山黄菊 **25532**
拉斯特香茶菜 **303440**
拉斯图维尔单花杉 **257130**
拉斯图维尔假粗柱山榄 **318056**
拉斯图维尔索林漆 **369750**
拉斯图维尔无患子 **29733**
拉斯图维尔异木患 **16107**
拉斯图维尔鹰爪花 **35024**
拉斯图维尔紫玉盘 **403505**
拉斯托羊茅 **164046**
拉坦榈属 222625
拉坦尼科 218086
拉坦尼属 218074
拉坦棕 **222626**
拉坦棕属 222625
拉特长瓣秋水仙 **250644**
拉特橘 **93692**
拉特里迪斑叶扶桑 **195163**
拉特买润得拉花 250644
拉特木属 219725
拉特氏金合欢 **1029**
拉特氏相思树 1029
拉特异囊菊 **194243**
拉藤公 166684
拉梯爵床 **341166**
拉梯爵床属 **341164**
拉梯木 341166
拉提比达菊 326961
拉提比达菊属 326957
拉田草 9560
拉瓦刺头菊 **108390**
拉瓦尔邦氏婆婆纳 **47554**
拉瓦尔多肋菊 **304442**
拉瓦尔多穗兰 **310470**
拉瓦尔蜡菊 **189500**
拉瓦尔千里光 **359289**
拉瓦尔山黄菊 **25536**
拉瓦尔猪屎豆 **112316**
拉瓦黄柏 294234
拉瓦齐椰属 223420
拉瓦热美樟 **252729**
拉瓦野牡丹属 **223412**
拉威逊松 300031
拉维纪草 228250
拉维斯船长南山茶 69555
拉维斯露子花 123904
拉维斯泡叶番杏 **138192**
拉维斯日中花 **220589**
拉维斯舟叶花 **340746**
拉温格尼木 **201658**
拉文豆属 **245012**
拉文萨拉属 10547,113422
拉西纳凤梨 **324948**
拉西纳凤梨属 **324947**
拉西纳兰 **218768**
拉西纳兰属 **218767**
拉悉雷属 222641
拉辛铁兰属 324947
拉雅松 **299877**
拉伊木属 **325176**
拉泽花属 222020
拉扎芬秋海棠 **50226**
拉扎棘豆 **278956**
拉扎剪股颖 **12168**
拉扎卡格尼瑞香 **178687**
拉扎离籽芹 **143716**
拉扎联药花 **380774**
拉扎木属 **327163**
拉扎树葡萄 **120125**
拉扎碎米荠 **72857**
拉扎勿忘草 **260818**
拉扎鸭嘴花 **214579**
拉扎蝇子草 **363680**
拉扎鸢尾 **208685**
拉兹草 **329266**
拉兹草属 **329261**
拉兹多尔斯基矢车菊 **81323**
拉祖莫夫岩黄耆 **188071**
啦吧花 369854,369855
喇叭 73157
喇叭草 238211
喇叭茶 223901,223909,223912
喇叭茶薰 334065
喇叭茶薰子 **334065**
喇叭茶属 223888
喇叭茶叶半日花 **188726**
喇叭茶状杜鹃 332000
喇叭唇石斛 **125232**
喇叭杜鹃 **330592**,332029
喇叭红草 144975
喇叭花 68686,123065,195269,208016,208120,255711,302753,369855,369862
喇叭箭竹 **162686**
喇叭兰 **413399**
喇叭膜果豆 **200992**
喇叭茉莉属 **4777**
喇叭木属 382704
喇叭忍冬 235684
喇叭树 126934
喇叭水仙 **262405**,262441
喇叭藤 244328
喇叭藤属 244320
喇叭筒 229765,230058,240765
喇叭仙人球 **234923**
喇叭鸢尾 413338
喇叭枝 126956
喇嘛杆 261285
喇嘛棍 261285
喇嘛蝇子草 **363664**
腊八菜 259731
腊菜 59438
腊肠豆 78336,78338
腊肠木 **14907**
腊肠木属 **14906**
腊肠树 **78300**,216324
腊肠树属 216313
腊肠苏木 78300
腊肠玉蕊 **14905**
腊肠玉蕊属 **14904**
腊肠仔树 360426
腊刺 371724
腊瓜 13225
腊居塞 395146
腊连 199817
腊梅 87525
腊梅柴 234045
腊梅花 87525
腊梅属 87510
腊木 87525
腊树 192913
腊树属 192909
腊霜冰草 **11831**
腊藤 197213
腊叶神血草 308945
腊叶双蝴蝶 398288
腊悠麻 144086
腊月红春石南 149153
腊月花铁筷子 **190926**
腊支 197213
腊至 69594
腊质杜鹃 **331990**
腊质杜鹃花 331990
腊棕 84328,103732
腊棕属 84326
蜡斑铁苋菜 **1812**
蜡瓣大沙叶 **286312**
蜡瓣花 **106675**
蜡瓣花属 **106628**
蜡波属 83967

蜡材椆属　84326
蜡茶藨　333936
蜡茶藨子　**333936**
蜡达草　219996
蜡大戟　**158458**
蜡番樱桃　**156372**
蜡果白珠　172083
蜡果白珠树　**172083**
蜡果杨梅　261137
蜡花　87525
蜡花黑鳗藤　245803
蜡花鸡屎树　**222112**
蜡花木　**153330**
蜡花木属　**153325**
蜡花欧石南　**149352**
蜡黄报春　**314227**
蜡黄杜鹃　**331898**
蜡黄花杯籽茜　**110138**
蜡黄老鸦嘴　**390734**
蜡胶草　181154
蜡胶菀　**181154**
蜡金光菊　**339550**
蜡金果椰　**139326**
蜡菊　415386
蜡菊百蕊草　**389716**
蜡菊科　**189088**
蜡菊属　**189093**
蜡菊香科　**388102**
蜡菊叶苓菊　**214096**
蜡菊状骨籽菊　**276630**
蜡兰　198827
蜡莲　199800,200108
蜡莲八仙花　200108
蜡莲绣球　**200108**
蜡椆属　103731
蜡毛香　138888
蜡梅　**87525**
蜡梅花　87525
蜡梅科　**68300**
蜡梅属　**87510**
蜡梅休蜡菊　**189551**
蜡木　68308,87525
蜡皮桉　155725
蜡皮树　61103
蜡色鸽兰　**291128**
蜡色绶草　**372192**
蜡树　167940,192913,229529
蜡藤榆　**20213**
蜡甜茅　**177585**
蜡条榆　401490
蜡香桃木　261137
蜡杨梅　**261137**
蜡椰属　84326
蜡椰子属　84326
蜡叶杜鹃　**331152**
蜡叶峨参　**28024**
蜡叶金合欢　**1153**
蜡叶香芸木　**10585**
蜡叶岩堇　**340392**
蜡樱　83284
蜡圆头花　280374
蜡支　197213
蜡枝槭　**2883**,3371
蜡质大戟　**158625**
蜡质蔻木　**410927**
蜡质水东哥　**347955**
蜡质肖水竹叶　**23619**
蜡烛稗　289116
蜡烛草　294988
蜡烛灯台　202146
蜡烛橄榄树属　121108
蜡烛果　**284497**,8646
蜡烛果科　8651
蜡烛果属　**284490**,8645
蜡烛花　347844
蜡烛木　**121120**,284497
蜡烛木属　**121108**
蜡烛杆草　220355
蜡烛树　284497,346408
蜡烛树科　412164
蜡烛树属　284490
蜡著颏兰　146543
蜡子树　**229522**,229432,328760,346408
蜡棕　**84329**,103736
蜡棕属　**84326**,103731
辣薄荷　**250420**
辣薄荷草　**117190**
辣菜　225475
辣菜子　364545
辣草　261629
辣多　327082
辣枫树　215442
辣疙瘩　59461
辣根　**34590**,98020
辣根菜　98020
辣根菜属　97967
辣根草　122486
辣根独行菜　**225297**
辣根属　**34582**,97967
辣桂　91302
辣虎　72070
辣鸡　7982
辣蓟　7982
辣姜草　119503
辣姜子　234045,234051
辣椒　**72070**,72071,72100
辣椒草　309116,337253
辣椒七　91575
辣椒茄　**367010**
辣椒砂仁　**19829**
辣椒属　**72068**
辣椒树　72100,325002,327069
辣椒藤　94814
辣角　72070
辣芥　59438
辣辣菜　225295
辣辣草　5621,259282,325718,325981
辣辣根　225295
辣梨茶　20327
辣蓼　**309116**,309199,309208,309318,309345,309494,309616,309624,309644
辣蓼草　309116,309199,309318
辣蓼铁线莲　**95366**
辣蓼子　309494
辣柳草　309116,309208
辣麻麻　225295
辣马蓼　309116,309208
辣米菜　336211
辣米油　417139
辣米子　72802
辣母藤　224989
辣木　**258945**
辣木科　**258961**
辣木属　**258935**
辣木通　94748,95463
辣皮树　91432
辣千里光　**359993**
辣茄　**367006**,72070
辣人草　309199
辣石南　**414742**
辣石南属　**414741**
辣树属　91249
辣死鸡草　225572
辣味根　308259
辣烟　266060
辣药　95271
辣叶青药　291161
辣莸　**171541**
辣莸属　**171540**
辣樟　**72065**
辣樟属　**72064**
辣汁桂　91442
辣汁树　**91442**,264034
辣子　72070,72100,161373,417139
辣子草　170142,198745,325981,326365,326422
辣子草属　170137
辣子瓜　115991,115995
辣子瓜属　115990
辣子果　207371
辣子七　37888
辣子树　133598
来　398839
来德宝草　**186382**
来凤唇柱苣苔草　**87891**
来盖蓼　**309690**
来甘　367120
来莨藤属　303096
来官槭　3080
来哈特棕　327540
来哈特棕属　327538
来江藤　**59127**
来江藤儿　68686
来江藤属　**59121**
来昂堇菜木科　**224548**
来昂堇菜木属　**224545**
来莓草　199392
来檬　**93329**
来母　93329,93332
来禽　243551
来色木　228321
来色木属　228319
来森车前　302050
来氏非洲铁　145237
来苏槭　**3081**
来特氏越橘　404060
来知志苔草　**76570**
涞源鹅观草　**335198**
涞源披碱草　**144161**
莱昂巴豆　**112935**
莱昂柏雷木　**61428**
莱昂大戟　**159234**
莱昂大沙叶　**286322**
莱昂大托叶金壳果　**241941**
莱昂杜楝　**400583**
莱昂短盖豆　**58748**
莱昂多穗兰　**310477**
莱昂番樱桃　**156264**
莱昂古夷苏木　**181775**
莱昂核果木　**138648**
莱昂黄眼草　**416100**
莱昂鲫鱼藤　**356297**
莱昂假马兜铃　**283739**
莱昂茎花豆　**118086**
莱昂裂花桑寄生　**295849**
莱昂露兜树　**281062**
莱昂毛冠菀　**289426**
莱昂美冠兰　**156812**
莱昂喃果苏木　118086
莱昂热非大风子　**355012**
莱昂榕　**165244**
莱昂薯蓣　**131680**
莱昂酸蔹藤　**20240**
莱昂损瓣藤　**217799**
莱昂唐菖蒲　**176310**
莱昂驼峰楝　**181563**
莱昂弯萼兰　**120727**
莱昂网脉夹竹桃　**129667**
莱昂纹蕊茜　**341320**
莱昂五层龙　**342662**
莱昂香料藤　**391884**
莱昂崖豆藤　**254751**
莱昂异荣耀木　**134659**
莱昂异燕麦　**190167**

莱昂玉凤花 **183775**
莱奥白粉藤 **92808**
莱奥大白苞竹芋 **186163**
莱奥豆属 **224534**
莱奥多穗兰 **310476**
莱奥非洲野牡丹 **68252**
莱奥菲鲁木 **224196**
莱奥菲鲁木属 **224191**
莱奥九节 **319635**
莱奥宽肋瘦片菊 **57637**
莱奥蜡烛木 **121123**
莱奥纳尔黄芩 **355565**
莱奥欧洲荚蒾 **407992**
莱奥丝花茜 **360680**
莱奥乌口树 **384980**
莱奥五层龙 **342635**
莱奥香料藤 **391883**
莱奥叶下珠 **296631**
莱奥猪屎豆 **112325**
莱邦博大果萝藦 **279443**
莱邦博火炬花 **217050**
莱邦博露子花 **123907**
莱邦博扭果花 **377692**
莱比锡杨 **311153**
莱波尔德酢浆草 **277929**
莱波尔德菲利木 **296246**
莱波尔德狒狒花 **46072**
莱波尔德格尼瑞香 **178642**
莱波尔德乐母丽 **335974**
莱波尔德立金花 **218882**
莱波尔德龙面花 **263429**
莱波尔德毛瑞香 **219002**
莱波尔德南非针叶豆 **223567**
莱波尔德鸟娇花 **210829**
莱波尔德欧石南 **149331**
莱波尔德泡叶番杏 **138194**
莱波尔德日中花 **220593**
莱波尔德肉锥花 **102388**
莱波尔德天竺葵 **288331**
莱波尔德网球花 **184444**
莱波尔德香豆木 **306268**
莱波尔德硬皮鸢尾 **172628**
莱波尔德疣石蒜 **378527**
莱波尔德紫波 **28478**
莱伯克松 299806
莱伯山柳菊 **195729**
莱勃特属 220306
莱城圣塔 **107943**
莱次芦荟 **17220**
莱德白果瓜 **249815**
莱德斑鸠菊 **406508**
莱德棒籽花 **328464**
莱德杯冠藤 **117559**
莱德杯籽茜 **110146**
莱德贝尔茜 **53091**
莱德闭鞘姜 **107248**
莱德长被片风信子 **137952**
莱德虫蕊大戟 **113078**
莱德大地豆 **199347**
莱德大戟 **159227**
莱德大戟属 **224140**
莱德丹氏梧桐 **135890**
莱德德罗豆 **138097**
莱德吊灯花 **84144**
莱德独脚金 **377982**
莱德番樱桃 **156263**
莱德光花咖啡 **318791**
莱德哈勒茜 **184866**
莱德黑草 **61808**
莱德黑蒴 **14324**
莱德厚皮树 **221175**
莱德壶花无患子 **90739**
莱德茴芹 **299455**
莱德假榆橘 **320090**
莱德尖花茜 **278218**
莱德居维叶茜草 **115291**
莱德库地苏木 **113181**
莱德蜡烛木 **121122**
莱德莱德苔草 **223856**
莱德狼尾草 **289147**
莱德肋瓣花 **13812**
莱德冷水花 **298958**
莱德李榄 **231758**
莱德柳 **343599**
莱德龙船花 **211120**
莱德龙血树 **137440**
莱德鹿藿 **333291**
莱德曼闭药桂 **374573**
莱德曼五星花 **289847**
莱德密环草 **322043**
莱德木槿 **194964**
莱德南莎草 **119272**
莱德曲芒草 **237977**
莱德三萼木 **395267**
莱德三角车 **334646**
莱德树葡萄 **120127**
莱德酸藤子 **144755**
莱德索林漆 **369775**
莱德索亚花 **369925**
莱德苔草属 **223839**
莱德纹蕊茜 **341363**
莱德小花豆 **226167**
莱德肖九节 **402001**
莱德鸭舌癀舅 **370805**
莱德异被风信子 **132553**
莱德隐萼异花豆 **29047**
莱德罂粟 **282593**
莱德栉茅 **113961**
莱德猪屎豆 **112323**
莱登堡车轴草 **396813**
莱登堡大戟 **159281**
莱登堡露子花 **123918**
莱登堡木蓝 **206205**
莱登堡千里光 **359400**
莱登堡塞拉玄参 **357580**
莱登堡银豆 **32845**
莱登堡紫菀 **40804**
莱登卫矛 **239302**
莱登卫矛属 **239300**
莱迪史密斯长筒莲 **108049**
莱丁大戟 **159228**
莱丁绵枣儿 **352939**
莱丁羊角拗 **378419**
莱顿露子花 **123911**
莱顿日中花 **220592**
莱顿十二卷 **186498**
莱多斑鸠菊 **406509**
莱多唐菖蒲 **176306**
莱恩·罗伯茨胶皮枫香树 **232571**
莱恩木属 **224511**
莱恩斯百蕊草 **389774**
莱恩斯大沙叶 **286337**
莱恩斯疱茜 **319967**
莱恩斯前胡 **292919**
莱恩斯树葡萄 **120133**
莱恩斯蝇子草 **363713**
莱恩野牡丹属 **223529**
莱尔草胡椒 **290378**
莱尔短冠爵床 **58978**
莱尔灰毛豆 **386168**
莱尔茎花豆 **118092**
莱尔类沟酸浆 **255169**
莱尔木蓝 **206204**
莱尔喃果苏木 118092
莱尔拟大豆 **272366**
莱尔欧石南 **149706**
莱尔千里光 **359398**
莱尔秋海棠 **50043**
莱尔蛇菊 **392778**
莱尔水苏 **373296**
莱菔 326616
莱菔千里光 **359863**
莱菔属 326578
莱菔叶千里光 359863
莱格氏苔草 75991
莱赫曼美爵床 **265248**
莱基皮大戟 **159205**
莱基皮吊灯花 **84142**
莱基皮弯管花 **86225**
莱卡德恩氏寄生 **145588**
莱卡德风车子 **100579**
莱卡德薯蓣 **131821**
莱卡德天门冬 **39059**
莱卡德心叶榕 **164845**
莱卡德玉凤花 **183771**
莱卡德远志 **308151**
莱卡茜 **223694**
莱卡茜属 **223693**
莱开欧属 223696
莱克巴豆 112930
莱克草属 223696
莱克勒列当 **227026**
莱克勒列当属 **227024**
莱克勒玄参属 227024
莱蔻斑纹漆木 43479
莱蔻星漆木 **43479**
莱拉蜜茱萸 **249147**
莱兰金丝桃 **201980**
莱兰欧洲火棘 **322455**
莱利聚花草 **167026**
莱利千里光 **359300**
莱利茜 **224330**
莱利茜属 **224327**
莱利玉凤花 **183773**
莱曼阿达 6992
莱曼阿达兰 **6992**
莱曼桉 **155621**
莱曼白绒玉 **105379**
莱曼点地梅 23213
莱曼独活 **192295**
莱曼画眉草 **147768**
莱曼剑苇莎 **352331**
莱曼龙胆 **224093**
莱曼龙胆属 **224092**
莱曼欧石南 **149651**
莱曼水蜈蚣 **218557**
莱曼四室萝藦 **387470**
莱曼菟丝子 **115063**
莱曼驼蹄瓣 **418691**
莱曼小檗 **51842**
莱曼羊茅 **164048**
莱曼异冠菊 **15991**
莱曼郁金香 **400190**
莱曼远志 **308153**
莱曼中亚南星 **145016**
莱蒙布氏菊 **60129**
莱蒙葱 **15422**
莱蒙钓钟柳 **289362**
莱蒙恩溲疏 126989
莱蒙飞蓬 **150751**
莱蒙集毛菊 **382062**
莱蒙尖膜菊 **201320**
莱蒙美韭 **398807**
莱蒙美洲茶 **79951**
莱蒙膜质菊 201320
莱蒙纳鸢尾 **208719**
莱蒙尼夫人欧丁香 **382348**
莱蒙千里光 **359302**
莱蒙山柳菊 **195549**
莱蒙苔草 **75102**
莱蒙甜叶菊 **376408**
莱蒙岩雏菊 **291319**
莱蒙野荞麦 **152224**
莱蒙蝇子草 **363681**
莱蒙紫茎泽兰 **11166**
莱姆巴赫五层龙 **342659**
莱姆毛穗茜 **396417**

莱姆牡荆 **411321**
莱姆香料藤 **391882**
莱姆指腺金壳果 **121160**
莱穆尔凤仙花 **205079**
莱穆拉白粉藤 **92806**
莱穆拉斑鸠菊 **406511**
莱穆拉黄檀 **121733**
莱穆拉秋海棠 **50003**
莱穆拉石豆兰 **62844**
莱内豆 **224458**
莱内豆属 **224457**
莱内豆崖豆藤 **254750**
莱尼山核桃 **77906**
莱牛顿杯冠藤 **117560**
莱牛顿大戟 **159233**
莱牛顿龙王角 **199026**
莱普朗加兰 **325474**
莱普里厄赪桐 **96176**
莱普里厄木蓝 **206167**
莱普里厄猪屎豆 **112327**
莱普榕 **165345**
莱切草属 **223696**
莱塞特狼毒 **375201**
莱施纳德十大功劳 242597
莱氏百合 **229886**
莱氏大戟 **159239**
莱氏点腺菀 **234207**
莱氏蝶花百合 **67590**
莱氏凤仙花 **205084**
莱氏高山参 **274000**
莱氏假刺葵 **318121**
莱氏假山毛榉 **266873**
莱氏金鸡纳 91075
莱氏金千里光 **279920**
莱氏菊属 **223476**
莱氏眉兰 **272477**
莱氏乳突球 **244208**
莱氏色罗山龙眼 **361203**
莱氏山莴苣 259757
莱氏唐菖蒲 **176308**
莱氏脱冠菊 **282969**
莱氏鞋木 **52886**
莱氏郁金香 400218
莱氏珍珠菜 **239709**
莱氏猪笼草 **264849**
莱斯大沙叶 **286323**
莱斯利百蕊草 **389758**
莱斯利齿舌叶 **377349**
莱斯利蜡菊 **189517**
莱斯利兰 **226675**
莱斯利兰属 **226674**
莱斯利希尔梧桐 **196332**
莱斯利肖观音兰 **399162**
莱斯利旭波 **324927**
莱斯脐果山榄 **270651**
莱斯瑞香 **227179**
莱斯瑞香属 **227178**
莱斯特纳大戟 **159231**
莱斯特纳狗肝菜 **129280**
莱斯特纳虎眼万年青 **274597**
莱斯特纳舟蕊秋水仙 **22363**
莱斯特斯曼苏木 **386786**
莱斯鸢尾 **227184**
莱斯鸢尾属 **227183**
莱苏尔灯心草 **213218**
莱苏特布里滕参 **211512**
莱苏特壳萼玄参 **177536**
莱泰叉柱花 **374486**
莱泰斯图阿诺木 **26152**
莱泰斯图安尼木 **25824**
莱泰斯图棒叶金莲木 **328415**
莱泰斯图杯花玉蕊 **110126**
莱泰斯图闭鞘姜 **107249**
莱泰斯图碧波 **54375**
莱泰斯图大戟 **159238**
莱泰斯图单花杉 **257132**
莱泰斯图毒鼠子 **128731**
莱泰斯图多坦草 **136540**
莱泰斯图恩格勒山榄 **145623**
莱泰斯图非洲豆蔻 **9913**
莱泰斯图非洲砂仁 9913
莱泰斯图凤仙花 **205085**
莱泰斯图盖豆 **58749**
莱泰斯图沟萼茜 **45026**
莱泰斯图钩枝藤 **22061**
莱泰斯图红柱树 **78684**
莱泰斯图灰毛豆 **386147**
莱泰斯图惠特爵床 **413955**
莱泰斯图假萨比斯茜 **318256**
莱泰斯图胶藤 **220894**
莱泰斯图茎花豆 **118088**
莱泰斯图居维叶茜草 **115293**
莱泰斯图可拉木 **99216**
莱泰斯图莱德苔草 **223857**
莱泰斯图狸藻 **403231**
莱泰斯图离兜 **210143**
莱泰斯图离根无患子 **29734**
莱泰斯图龙船花 **211121**
莱泰斯图龙血树 **137442**
莱泰斯图毛穗茜 **396418**
莱泰斯图木瓣树 **415795**
莱泰斯图木蓝 **206176**
莱泰斯图南洋参 **310220**
莱泰斯图拟紫玉盘 **403650**
莱泰斯图秋海棠 **50008**
莱泰斯图润肺草 **58889**
莱泰斯图三盾草 **394977**
莱泰斯图神秘果 **381988**
莱泰斯图舒曼木 **352716**
莱泰斯图索林漆 **369776**
莱泰斯图藤黄 **171127**
莱泰斯图铁线子 **244561**
莱泰斯图瓦氏茜 **404899**
莱泰斯图万花木 **261115**
莱泰斯图瓮萼豆木 **68123**
莱泰斯图五层龙 **342671**
莱泰斯图小花茜 **286011**
莱泰斯图肖九节 **402004**
莱泰斯图肖鸭嘴花 **8113**
莱泰斯图血桐 **240283**
莱泰斯图崖豆藤 **254754**
莱泰斯图樱桃橘 **93278**
莱泰斯图鹰爪花 **35025**
莱泰斯图玉凤花 **183780**
莱泰斯图杂色豆 **47765**
莱泰斯图泽赫山榄 **417842**
莱泰斯图指腺金壳果 **121161**
莱泰斯图舟瓣梧桐 **350457**
莱泰斯图紫金牛 **31498**
莱特曼斑鸠菊 **406517**
莱托花 **227191**
莱托花属 **227190**
莱维尔苓菊 **214119**
莱维尔山柳菊 **195746**
莱维尔十大功劳 242494
莱维金千里光 **279907**
莱维斯海棠 **243703**
莱维天门冬 **39061**
莱维银齿树 **227313**
莱温芥 **223541**
莱温芥属 **223540**
莱温苔草 **75095**
莱文大戟 **224011**
莱文大戟属 **224009**
莱文苣苔 **332365**
莱文苣苔属 **332364**
莱乌草 **228208**
莱乌草属 **228207**
莱辛千里光 **359310**
莱辛山金车 **34733**
莱雅尔冬青叶十大功劳 242484
莱雅尔十大功劳 **242484**
莱雅菊属 223476
莱阳沙参 176923
莱阳参 176923
莱因金北美香柏 390618
莱茵大岩桐 **364762**
莱州崖角藤 **329002**
梾 380461
梾檬班克木 **47648**
梾檬贝克斯 47648
梾木 **380461**
梾木科 191204
梾木属 **380425**,104917
梾叶槭果木 **47610**
梾叶山龙眼 **189922**
麳 398839
赖百当 93161
赖草 **228384**
赖草属 **228337**
赖茨禾 **327574**
赖茨禾属 **327573**
赖达尔薰衣草 **223322**
赖得山黧豆 **222757**
赖丁鹿角柱 **140268**
赖断头草 345310
赖恩草属 **327775**
赖恩苣苔 **224446**
赖恩苣苔属 **224445**
赖夫柳穿鱼 **231110**
赖公 **10918**
赖瓜瓢 252514
赖卡菊 327473
赖卡菊属 327462
赖克兰属 **327460**
赖利拟辛酸木 **138030**
赖麻 240250
赖毛子 221685,221711
赖母 93329
赖师草 345310
赖氏百脉根 **237787**
赖氏杯漆 **396363**
赖氏滨藜 **44699**
赖氏茨藻 **262115**
赖氏刺参 **258850**
赖氏葱 **15421**
赖氏戴尔豆 **121909**
赖氏钓钟柳 **289385**
赖氏杜鹃 **331073**
赖氏对枝菜 **93234**
赖氏风兰 **25026**
赖氏蒿菀 **240469**
赖氏合花弯籽木 **19985**
赖氏环头菊 **201291**
赖氏黄芩 **355851**
赖氏藿香 **10423**
赖氏卡尔亚木 171557
赖氏拉拉藤 **170766**
赖氏苓菊 **214118**
赖氏曼陀罗 **123092**
赖氏密毛大戟 **322020**
赖氏绵枣儿 **353039**
赖氏落草 **217485**
赖氏绒毛花 **28173**
赖氏乳豆 **169668**
赖氏沙牡丹 **5862**
赖氏莎草 **118763**
赖氏石楠 **295817**
赖氏鼠尾粟 **372888**
赖氏丝穗木 **171557**
赖氏陀旋花 **400448**
赖氏沃内野牡丹 **413221**
赖氏乌冈栎 **324286**
赖氏无心菜 **32014**
赖氏苋 **18851**
赖氏小花豆 **226178**
赖氏缬草 **404299**
赖氏鸭跖草 **101136**

赖氏岩芥菜 **9802**
赖氏药用球果紫堇 **169127**
赖氏银砂槐 **19734**
赖氏摘亚苏木 **127424**
赖氏种棉木 **46272**
赖氏紫茎泽兰 **11175**
赖氏紫露草 **394092**
赖斯独活 **192296**
赖斯山柳菊 **195740**
赖斯鼠李 **327571**
赖斯鼠李属 **327570**
赖特棒花列当 **104328**
赖特布氏兰 294882
赖特车前 **302214**
赖特虫泽兰 **395688**
赖特刺子莞 **333714**
赖特大丁草 **175234**
赖特顶孔五桠果 **6374**
赖特二药藻 **184944**
赖特费利菊 **163296**
赖特狗牙花 **382804**
赖特古堆菊 **182116**
赖特蓟 **92496**
赖特假鼠麴草 **317735**
赖特金合欢 **1707**
赖特金千里光 **279901**
赖特金腰 **90471**
赖特立金花 **218957**
赖特鳞果藤 **270945**
赖特乱子草 **259717**
赖特罗沙锦 **176703**
赖特马兜铃 **34374**
赖特蔓锦葵 **25926**
赖特木根菊 **415858**
赖特南非针叶豆 **223593**
赖特雀梅藤 **342217**
赖特氏莱莲 408224
赖特舒安莲 **352153**
赖特双冠苣 **218214**
赖特蒴莲 **7325**
赖特丝叶菊 **391053**
赖特太平洋棕 **315388**
赖特无节草 25926
赖特苋 **18653**
赖特腺花马鞭草 **176696**
赖特小金梅草 **202991**
赖特星芥 **99094**
赖特野荞麦木 **152663**
赖特一枝黄花 **368517**
赖特异刺爵床 **25261**
赖特异瑞香 **28307**
赖特银毛球 **244262**
赖特蝇子草 **364217**
赖团草 345310
赖维亚 334869
赖维亚属 334866
赖歇小檗 **52103**
赖兴巴赫兰 **327494**
赖兴巴赫兰属 **327492**
赖兴巴赫茄 **414600**
赖兴巴赫双袋兰 **134346**
赖因报春 **314885**
赖因黄耆 **42970**
赖因瓦尔德猪笼草 **264850**
赖子草 345310
濑波 **52556**
濑户内景天 **357037**
濑户内苔草 **75144**
濑子树 **161356**
癞茨草 11549
癞肚皮棵 345310
癞肚子苗 345310
癞疙包草 345310
癞疙宝草 345310
癞格宝草 77146
癞蛤蟆 131607,147084
癞蛤蟆草 77146,345310
癞蛤蟆跌打 253628
癞蛤蟆果 56206
癞瓜 114292,256797,390138
癞汉指头 198769
癞鸡嗉 124891
癞浆包藤 392252
癞克巴草 209646
癞客蚂草 345310
癞痨 200108
癞痢茶 20408
癞痢柴 328665
癞痢花 199800
癞痢头花 314408
癞皮根 273912
癞皮树 190105,199817
癞葡萄 256797
癞树 380514
癞蟖草 77146
癞藤子 245852
癞头草 77146,345310,392945
癞头花 122438
癞头花子 97719
癞头参 **364122**,363516
癞虾蟆 345310
癞叶秋海棠 **50004**
癞子草 345310
癞子藤 95396
癞子药 83393
籁箫 21682
籁箫属 21506
蕑蒿 21596
蕑蒿属 21506
蕑萧 21596
蕑箫属 21506
兰 158118
兰比大戟 **159207**
兰伯牛栓藤 **101876**
兰伯特木属 **220306**
兰伯特山楂 **109796**
兰伯特小檗 **51829**
兰布百脉根 **237668**
兰布政 175378
兰草 65915,88546,116829,117102,158070,158118,158347,274036,274058
兰草花 232640
兰翅摇 397043
兰德戴星草 **371015**
兰德革花萝藦 **365668**
兰德黑草 **61851**
兰德假杜鹃 **48320**
兰德榄仁树 **386619**
兰德老鸦嘴 **390863**
兰德鳞花草 **225210**
兰德马利筋 **38083**
兰德梅蓝 **248878**
兰德千里光 **359862**
兰德全毛兰 **197563**
兰德瓦氏茜 **404855**
兰德一枝黄花 **368399**
兰迪玉叶金花 **260442**
兰豆 301070
兰菲氏椰子 **228764**
兰皋紫菀 **40699**
兰格牛角草 **273178**
兰格疏花小檗 **51836**
兰格猪屎豆 **112605**
兰根 205473
兰根斑鸠菊 **406650**
兰贡安息香 379400
兰邯千金榆 **77381**,77382
兰胡麻草 81718
兰蝴蝶 97203
兰花 116829,116880,117102
兰花柏 **85290**
兰花菜 100940,106564
兰花草 70635,78012,100961,179679,208640,208667
兰花草乌 5424
兰花茶 78023
兰花川续断 133461
兰花地丁 355641
兰花豆 97203
兰花蕉 **273269**
兰花蕉科 **273274**,237937
兰花蕉属 **273268**
兰花卷鞘鸢尾 208766
兰花美人蕉 **71193**
兰花美洲茶 79973
兰花米 11300
兰花七 74286,272057
兰花参 98299,117908,412750
兰花参属 302747,412568
兰花石参 69972
兰花双叶草 120411
兰花唐菖蒲 **176421**
兰花岩陀 52533
兰花野百合 112667
兰花智利球 **264347**
兰花猪屎豆 112667
兰花仔 231479
兰华 167456
兰蕙花 116829
兰江 14760
兰姜 114875
兰蕉 71181
兰开斯特润肺草 **58887**
兰考泡桐 **285958**
兰科 **273267**
兰克爵床肾苞草 **294079**
兰克爵床属 **221120**
兰克兰属 **221119**
兰罗伯特胶皮枫香树 232571
兰麻团 279185
兰毛藤花 199382
兰梅 153518
兰姆樱桃 83311
兰木香 197232
兰鸟花 257572
兰蓬草 388495
兰坪胡颓子 **142053**
兰坪花楸 **369445**
兰坪箭竹 **162721**
兰坪狼尾草 **289055**
兰坪马先蒿 **287337**
兰坪槭 **3083**
兰坪忍冬 **235949**
兰普乐苏铁 **115843**
兰普止睡茜 **286056**
兰嵌鹅耳枥 77381
兰嵌马兰属 283207
兰嵌马蓝 **283211**
兰嵌马蓝属 **283207**
兰嵌千金榆 77381
兰雀花 106564
兰撒果 221226
兰撒果属 221224
兰桑山槟子 **61670**
兰瑟阿魏 **163653**
兰瑟百脉根 **237669**
兰瑟景天 **356967**
兰瑟莲花掌 **9053**
兰山草 326508
兰山草属 326507
兰石草 220796
兰石草属 220794
兰石草叶绣球防风 **227620**
兰氏念珠藤 18519
兰氏烟草 **266047**
兰属 **116769**
兰斯伯氏霍丽兰 **198687**

兰斯罗特蓝蓟 **141207**
兰斯罗特木犀草 **327863**
兰荪 5793
兰昙华 **71196**
兰天麻 416382
兰铁草 40334,41380
兰溪白头翁 312502
兰香 268438
兰香草 **78012**,78008,78039
兰香树 234045
兰肖荆芥 **301089**
兰心草 317260
兰叶大戟 **158725**,159002
兰叶十大功劳 242497
兰屿阿莉藤 18504
兰屿安息香 379357,379358,379389
兰屿八角金盘 **276486**,56530
兰屿八角金盘属 **276484**,56526
兰屿芭蕉 **260236**
兰屿白芨 55563
兰屿白及 55563
兰屿白薇 117555
兰屿百脉根 **237506**
兰屿斑叶兰 **179721**
兰屿草兰 134326
兰屿长叶紫珠 66840
兰屿赤楠 **382664**,382672
兰屿袋唇兰 200771
兰屿灯笼草 215272
兰屿吊石苣苔 **239968**
兰屿冬青 **203952**
兰屿杜英 **142305**,142402
兰屿法氏姜 **405051**
兰屿粉藤 **92801**,92819,387796
兰屿风藤 300335
兰屿福木 **171128**
兰屿观吉木 71381
兰屿管唇兰 399976
兰屿光唇兰 200771
兰屿海棠 **67859**
兰屿海桐 **301340**
兰屿合欢 **13653**
兰屿红厚壳 **67853**
兰屿厚壳树 141687
兰屿胡椒 **300335**
兰屿胡桐 67853
兰屿虎皮楠 **122682**,122712
兰屿花椒 **417247**
兰屿加 56530
兰屿加属 56526
兰屿樫木 139641
兰屿椒草 **290421**
兰屿金银草 179721
兰屿九节 **319477**
兰屿九节木 319477
兰屿九里香 **260163**,260173
兰屿桔里珍 28334
兰屿栝楼 396254
兰屿兰 399976
兰屿李榄 **231739**
兰屿里白苎麻 244895
兰屿链珠藤 **18504**
兰屿楝树 **88126**
兰屿罗汉松 **306419**
兰屿裸实 182687
兰屿络石 **393670**,393616
兰屿落尾麻 **300839**
兰屿落檐 **351151**
兰屿落叶榕 **165596**
兰屿马蹄花 154192,327577,382822
兰屿脉叶兰 265406
兰屿霉草 **352864**,352871
兰屿面包树 36913,36948
兰屿木耳菜 **183086**
兰屿木姜子 **233920**
兰屿木蓝 206761
兰屿囊唇兰 399976
兰屿拟樫木 **88122**
兰屿念珠藤 **18528**,18504
兰屿牛皮消 **117555**
兰屿女儿茶 66824,66840
兰屿欧蔓 **400915**,400945
兰屿苹婆 376092
兰屿桤叶悬钩子 **338435**
兰屿杞叶悬钩子 338435
兰屿千金藤 **375889**,375897
兰屿樫木 **139641**,139639
兰屿秋海棠 **49827**
兰屿榕 **165442**,165819
兰屿肉豆蔻 261412
兰屿肉桂 **91357**
兰屿山槟榔 **299679**
兰屿山杜英 **142402**
兰屿山矾 **381149**
兰屿山柑 **71779**
兰屿山桂花 **241795**
兰屿山榄 **301771**
兰屿山马茶 327577
兰屿省藤 **65793**
兰屿石吊兰 239968
兰屿柿 **132241**
兰屿薯蓣 **131586**
兰屿树兰 **11296**,19970
兰屿树杞 31437
兰屿水丝麻 **244895**
兰屿田薯 131538
兰屿铁苋 1811
兰屿土沉香 **161666**
兰屿土防己 116020
兰屿莞 **352212**
兰屿乌心石 **252854**
兰屿五加 **56530**
兰屿五加属 **56526**
兰屿五月茶 **28402**
兰屿小蝴蝶兰 293600
兰屿小鞘蕊花 99581,99712
兰屿新木姜子 **264112**
兰屿锈叶灰木 381149
兰屿悬钩子 **338714**,338435
兰屿血藤 **259541**,259545
兰屿崖爬藤 **387796**
兰屿羊角扭 **249892**
兰屿咬人狗 125544,125545,125546,221534
兰屿野茉莉 **379389**,379357,379358
兰屿野牡丹 248727
兰屿野牡丹藤 247571
兰屿野樱花 **316436**
兰屿一点广 265406
兰屿鱼骨木 **71381**
兰屿鱼藤 **283282**
兰屿玉心花 **384968**,385049
兰屿芋 99918,99928,351151
兰屿芋兰 **265406**
兰屿月橘 260163
兰屿沼兰 **110637**
兰屿竹芋 136081
兰屿紫金牛 **31519**,31437
兰鸢尾 **208738**
兰泽 158118
兰扎金盏花 **66428**
兰扎茄 **367293**
兰针垫花科 61384
兰针垫花属 61381
兰针花 61382
兰针花科 61384
兰针花属 61381
兰州百合 **229830**
兰州黄耆 **42581**
兰州肉苁蓉 **93061**
兰州岩风 **228588**
兰猪耳 392905
兰竹参 120355,147176
兰状凤仙花 **205200**
兰状花篱 **27260**
兰状蓝蒂可花 **115472**
兰状纳金花 218909
兰状婆婆纳 **407263**
兰状西澳兰 **118242**
兰状鸭嘴花 **214673**
兰兹布雷默茜 **59907**
兰兹金果椰 **139362**
兰兹南洋参 **310217**
兰兹鞘蕨 **99385**
兰兹足孩儿草 **306665**
兰紫草 100961
拦地青 178555
拦河藤 92747
拦路虎 94840,117908,117965,165759,309564,367682
拦路枝 308123
拦山虎 387779
拦蛇刺 64990
拦蛇风 309564
栏支 20970
婪尾春 280213
阑天竹 262189
蓝 309893
蓝阿尔芸香 **16277**
蓝桉 **155589**
蓝澳藜 **242737**
蓝澳藜属 **242734**
蓝白柳 **342980**
蓝白龙胆 **173580**
蓝苞刺芹 **154277**
蓝苞葱 **15088**
蓝宝花 61131
蓝宝石长阶花 186927
蓝宝石南非山梗菜 **234454**
蓝宝石树紫菀 **270208**
蓝宝石艳丽奥勒菊木 270208
蓝宝石紫花赫柏木 **186927**
蓝北美云杉 **298410**
蓝贝斯扫帚叶澳洲茶 **226490**
蓝被草属 **115508**
蓝被风信子属 **250919**
蓝彼得番红花 **111519**
蓝边八仙花 **200007**
蓝滨菊属 163121
蓝冰草 **11737**
蓝冰锐尖北美云杉 **298403**
蓝波八仙花 **199961**
蓝波绣球 199961
蓝博龙香木 **57260**
蓝布裙 117908
蓝布正 175417,175420,345948
蓝布正属 175375
蓝菜 59532,59603,209229
蓝草 206669
蓝侧金盏花 **8344**
蓝茶 291138
蓝茶叶 393108
蓝迟花异被风信子 **132577**
蓝匙叶银莲花 **23759**
蓝翅蝴蝶草 392905
蓝翅秋海棠 **285612**
蓝雏菊 163131
蓝垂花棘豆 **279073**
蓝春花报春 **314475**
蓝春米努草 **255600**
蓝刺鹤虱 **221645**
蓝刺菊 **108451**
蓝刺菊属 **108450**
蓝刺头 **140789**,140732
蓝刺头尖刺联苞菊 **52661**

蓝刺头属 **140652**
蓝翠雀花 **124083**
蓝大青 **96417**
蓝带尖叶柳 **342962**
蓝戴克茜 **123513**
蓝地毯高山柏 213944
蓝地毯高山桧 **213944**
蓝地毯平铺圆柏 **213792**
蓝蒂可花 **385521**
蓝蒂可花属 **115459**
蓝靛 47845,96028,206669,209229,209232,309893,320793
蓝靛果 **235702**,235691
蓝靛果忍冬 235691,235702
蓝靛花 355387
蓝靛木 414813
蓝靛七 178861
蓝靛树 295706
蓝貂皮熊耳草 **11208**
蓝吊钟 390759
蓝蝶花百合 **67575**
蓝蝶旋果花 377683
蓝蝶猿尾木 373495
蓝丁香 **382200**
蓝冬青 **203533**
蓝毒鱼草 **392187**
蓝缎木槿 **195275**
蓝萼蓝被草 **115510**
蓝萼毛叶香茶菜 **209717**
蓝萼香茶菜 209717
蓝耳草 **115589**,115526
蓝耳草属 **115521**
蓝耳刺玄参 **276901**
蓝法拉茜 **162576**
蓝粉糖槭 **3570**
蓝粉芸香 **341065**
蓝粉扎诺比木 417592
蓝风信子丁香 382172
蓝芙兰草 **168839**
蓝芙蓉 81020
蓝附子 5335
蓝高花 **266195**
蓝贡百合 229885
蓝沟果茜 **18592**
蓝狗屎花 117908
蓝姑草 100961
蓝谷木 249923
蓝冠菊属 81781
蓝冠西番莲 285714
蓝光高大越橘 **403781**
蓝光花 **87762**
蓝光三色旋花 **103341**
蓝果 235699
蓝果茶藨 334232
蓝果刺番樱桃 **329165**
蓝果刺葡萄 **411648**
蓝果杜鹃 **330488**
蓝果杜若 **307318**
蓝果杜英 **142378**
蓝果谷木 **249937**
蓝果接骨木 **345604**,345591
蓝果金银花 235691
蓝果毛连菜 **298577**
蓝果南五味子 214972
蓝果忍冬 **235691**,235746
蓝果山小橘 **177828**
蓝果山楂 **109559**
蓝果蛇葡萄 **20297**
蓝果十大功劳 242608
蓝果树 **267864**
蓝果树科 **267881**
蓝果树属 **267849**
蓝果土茯苓 366340
蓝果小檗 **52302**,51643
蓝果野葡萄 20297
蓝果越橘 **403775**
蓝海绿 21340
蓝豪曼草 **186171**
蓝禾属 256597,361611
蓝赫柏木 **186979**
蓝黑果荚蒾 **407685**
蓝后宽叶鸢尾 **208682**
蓝厚壳树 **141615**
蓝胡卢巴 397208
蓝壶花 260301
蓝壶花属 260293
蓝湖岸刺柏 **213740**
蓝蝴蝶 97203,100961,208875
蓝蝴蝶翠雀 **124238**
蓝花扁竹 208498
蓝花滨紫草 **250890**
蓝花菜 78023,100961,106564
蓝花草 5335,7982,8540,48140,78012,124228,308123,339684,392884,412750
蓝花茶 78023
蓝花茶匙癀 355494
蓝花柴胡 209784,209826
蓝花车叶草 **39383**
蓝花刺唇紫草 **141000**
蓝花葱 15220
蓝花酢浆草 **277918**
蓝花翠雀 **124158**
蓝花大叶报春 **314257**
蓝花丹 **305172**,83650
蓝花地丁 173917,308359,308363,355641
蓝花地丁草 308363
蓝花豆 97203
蓝花肺草 321643
蓝花凤仙花 **204884**
蓝花高山豆 **391549**
蓝花根 173814
蓝花根叶草科 61384
蓝花根叶草属 61381
蓝花姑娘 100961
蓝花蒿 221711
蓝花胡卢巴 **397208**
蓝花黄鹌菜 **416405**
蓝花黄芪 42126
蓝花黄耆 **42126**
蓝花黄芩 **355440**
蓝花矶松 305172
蓝花棘豆 **278757**,278990
蓝花铰箭 208640
蓝花荆芥 **264900**,265005
蓝花景天 **356598**
蓝花韭 **15111**
蓝花卷鞘鸢尾 **208766**
蓝花棵 120799
蓝花宽荚豆 **302701**
蓝花宽荚豆属 **302699**
蓝花老鹳草 **174846**
蓝花列当 **275210**
蓝花裂叶报春 314239
蓝花裂叶脆蒴报春 **314239**
蓝花琉璃繁缕 **21340**
蓝花龙胆 173444,174041
蓝花绿绒蒿 **247101**,247128
蓝花毛鳞菊 **84956**
蓝花毛麝香 7982
蓝花美洲茶 **79973**
蓝花米口袋 **181635**
蓝花密毛香科 **388086**
蓝花密蒙花 **62070**,62054
蓝花欧丁香 **382370**
蓝花瓶圆柏 **213639**
蓝花旗松 318585
蓝花千金藤 **375835**
蓝花青兰 264900
蓝花三芒草 **33821**
蓝花山葱 **15194**
蓝花山蒜 15142
蓝花参 **412750**,117908
蓝花参属 **412568**
蓝花石参 69972
蓝花鼠尾 **345023**
蓝花鼠尾草 **344885**,345292
蓝花树 231435
蓝花水鬼蕉 **200913**
蓝花水豌豆 112383
蓝花水竹草 100961
蓝花藤 **292518**
蓝花藤科 **292520**
蓝花藤属 **292517**
蓝花天仙子 265944
蓝花土瓜 **250862**
蓝花万带兰 404630
蓝花莴苣 219444
蓝花喜盐鸢尾 **208607**
蓝花香芙蓉 **81222**
蓝花续断 **133464**
蓝花烟 266053
蓝花岩参 84956
蓝花岩陀 52533,83644
蓝花野百合 112667
蓝花叶 117908
蓝花一枝箭 158118
蓝花楹 **211226**,211239
蓝花楹属 **211225**
蓝花鸢尾 208607
蓝花簪龙胆 174041
蓝花智利鸢尾 **192406**
蓝花猪屎豆 112667
蓝花仔 139062,148087
蓝花子 **326629**
蓝花紫堇 106273
蓝桦 **53369**
蓝黄桧柏 **213638**
蓝黄芩 **355412**
蓝黄猪屎豆 **112051**
蓝灰滨藜 **44352**
蓝灰糙毛杜鹃 **330272**
蓝灰柴胡 **63675**
蓝灰大阿魏 **163592**
蓝灰杜鹃 330272
蓝灰鹅观草 **335326**
蓝灰莲桂 **123599**
蓝灰龙胆 **173312**
蓝灰龙角 **72512**
蓝灰美国扁柏 **85275**
蓝灰山柳菊 **195504**
蓝灰省藤 65656
蓝灰十二卷 **186330**
蓝灰石竹 **127728**
蓝灰藤 65656
蓝灰西班牙冷杉 443
蓝棘豆 **278804**
蓝脊苔草 **75226**
蓝脊一枝黄花 **368434**
蓝蓟 **141347**
蓝蓟滨紫草 **250891**
蓝蓟穿心莲 **22401**
蓝蓟滇紫草 271756
蓝蓟毛连菜 298584
蓝蓟属 **141087**
蓝蓟向日葵 **188933**
蓝假杜鹃 **48146**
蓝剑草 **415579**
蓝剑麻 **10786**
蓝箭北美圆柏 **213985**
蓝箭菊 **79276**
蓝箭菊属 **79271**
蓝姜 114875,128997
蓝姜属 128987
蓝金合欢 **1151**
蓝堇 169126,169136
蓝堇草 **226341**

蓝堇草属 **226339**
蓝堇美丽忍冬 **235904**
蓝堇属 168964
蓝堇叶红乃马草 199408
蓝茎一枝黄花 **368003**
蓝荆子 331289
蓝桔梗 **302757**
蓝桔梗属 **115438**
蓝菊 **163131**,67314
蓝菊属 163121
蓝苣 79276
蓝苣属 79271
蓝卷木 **396439**
蓝卷木属 **396434**
蓝决明 **78443**
蓝克美莲 68803
蓝兰属 **193134**
蓝肋柱花 **235440**
蓝蓼 309893
蓝裂缘兰 **65204**
蓝岭匍枝福禄考 **295323**
蓝铃花 199560
蓝铃花属 199550
蓝琉璃繁缕 21340
蓝琉璃菊 **377287**
蓝龙面花 **263390**
蓝绿白前 **117488**
蓝绿柏 **302735**
蓝绿扁柏 **85266**
蓝绿福王草 **313871**
蓝绿披碱草 **144213**
蓝绿小冠花 **105284**
蓝绿叶日本羊踯躅 331262
蓝绿叶异决明 **360444**
蓝绿蝇子草 363458
蓝络西花 **235193**
蓝麻黄 146188
蓝马蝶花 264159
蓝马林木槿 **195274**
蓝马唐 **130524**
蓝麦氏草 256601
蓝脉茜属 **115490**
蓝脉卫矛 157926
蓝芒柄花 **271309**
蓝帽绣球 **199960**
蓝梅 153518
蓝美鳞鼠麹木 **67089**
蓝迷惑十二卷 **186389**
蓝绵枣儿 199560
蓝摩根婆婆纳 **258787**
蓝茉莉 305172
蓝木 414809
蓝木桑寄生 355315
蓝目菊 31294
蓝目菊属 31176
蓝牧根草 **298056**
蓝苜蓿 **247265**
蓝鸟粗齿绣球 **200086**
蓝鸟番红花 **111518**
蓝鸟好望角牛舌草 21936
蓝鸟花 257572
蓝鸟木槿 **195276**,195286
蓝鸟南非牛舌草 **21936**
蓝扭果花 **377698**
蓝盆花 350129
蓝盆花科 **350290**
蓝盆花属 **350086**
蓝盆花叶玄参 **355235**
蓝蓬草 388495
蓝瓶花 260301
蓝婆婆纳 **407292**
蓝葡萄 **411551**
蓝旗鸢尾 208924
蓝蔷薇白花菜 **95651**
蓝荞头 162309,162335
蓝鞘棕属 263549
蓝芹续草 105892
蓝秋花 137613
蓝雀花 106564,284650
蓝雀花属 284647
蓝肉升麻 361018
蓝蕊扭果花 **377697**
蓝蕊野牡丹 **115330**
蓝蕊野牡丹属 **115328**
蓝色苞茅 **201486**
蓝色草 340367
蓝色长被片风信子 **137921**
蓝色长蒴苣苔草 **129889**
蓝色桢桐 **337426**
蓝色筹码平铺圆柏 **213788**
蓝色垂枝落基山圆柏 **213931**
蓝色大沙叶 **286279**
蓝色地平线平铺圆柏 **213790**
蓝色多瑙河叉子圆柏 **213903**
蓝色多瑙河欧亚圆柏 213903
蓝色多瑙河熊耳草 **11207**
蓝色番红花 **111497**
蓝色公主蓝冬青 203537
蓝色花旗松 **318585**
蓝色接骨木 **345591**
蓝色荆芥 **264904**
蓝色景天 **356655**
蓝色九节 **319496**
蓝色韭 15088
蓝色巨杉 **360578**
蓝色拉坦棕 **222634**
蓝色老鸦嘴 **390751**
蓝色芦莉草 **339704**
蓝色美国山梗菜 **234779**
蓝色美洲茶 **79922**
蓝色那利薰衣草 **223272**
蓝色男孩蓝冬青 **203535**
蓝色千里光 **358656**
蓝色软荚豆 **386416**
蓝色色罗山龙眼 **361179**
蓝色森林平铺圆柏 **213789**
蓝色山黧豆 **222706**
蓝色少女蓝冬青 **203536**
蓝色矢车菊 **80928**
蓝色太平洋岸刺柏 **213741**
蓝色天堂落基山圆柏 **213923**
蓝色王子蓝冬青 **203537**
蓝色香茶菜 **303237**
蓝色小瀑布南非山梗菜 **234448**
蓝色休氏茜草 **198708**
蓝色猪屎豆 **112050**
蓝筛朴 345679
蓝山北美圆柏 **213986**
蓝山梗菜 **234813**
蓝山营 **127505**
蓝山罗花 **248189**
蓝山蕲菜 345944
蓝山玉竹 **416783**
蓝舌飞蓬 **151058**
蓝蛇风 104701
蓝十大功劳 242649
蓝石蝴蝶 **292552**
蓝石竹 100961
蓝实 309893
蓝饰带花属 393882
蓝黍 **281336**
蓝鼠尾草 **344923**
蓝树 **414809**
蓝睡莲 **267658**,267665,267723
蓝丝草 256601
蓝丝冠葱 **23381**
蓝丝菊 **73228**
蓝丝菊属 **73226**
蓝丝菊叶尖刺联苞菊 **52666**
蓝松虫草 350099
蓝穗串铃花 **260296**
蓝唐菖蒲 **176575**
蓝藤 66643,114292,300408,300548
蓝天草 256601
蓝天草属 256597
蓝天使好望角牛舌草 21935
蓝天使剑叶鸢尾 **208947**
蓝天使蓝冬青 **203534**
蓝天使南非牛舌草 **21935**
蓝田竹 262189
蓝兔儿风 **12619**
蓝菀 40618
蓝乌拉花 5335
蓝五棱花 **289506**
蓝雾蓝菥 **77995**
蓝菥蓂 **390218**
蓝锡莎菊 84956
蓝席平铺圆柏 **213791**
蓝喜花草 148087
蓝陷孔木 **266505**
蓝香 300980
蓝小桉 **155586**
蓝小花忍冬 **235762**
蓝楔点鸢尾 **371515**
蓝心骨籽菊 **276599**
蓝心姜 114875
蓝心菊 276599
蓝星 **115432**,33643
蓝星高山柏 213945
蓝星高山桧 **213945**
蓝星花 **33643**
蓝星花斑鸠菊 **406241**
蓝星花属 **33608**
蓝星科 **115426**
蓝星琉璃菊 **377290**
蓝星毛灌 **58690**
蓝星属 **115429**
蓝星水甘草 **20860**
蓝星西美山铁杉 **399917**
蓝熊果梾木 **104951**
蓝雪 305172
蓝雪草 305163
蓝雪丹 305172
蓝雪花 **83646**,83650,305163,305172
蓝雪花属 **83641**,305167
蓝雪科 305165
蓝雪属 83641,305167
蓝血花属 83641
蓝血属 83641
蓝雅兰 **10198**
蓝岩参 84956
蓝岩参菊 82418,84956
蓝檐唇柱苣苔草 **87895**
蓝羊茅 **164164**
蓝药花 **191050**
蓝药花科 **191042**
蓝药花属 **191046**
蓝药蓼 **309032**
蓝叶北非雪松 **80083**
蓝叶大戟 159002
蓝叶峨眉香科科 **388171**
蓝叶金合欢 **1159**
蓝叶金莲木 **268169**
蓝叶柳 **343167**
蓝叶绿干柏 **114653**
蓝叶美国扁柏 **85282**
蓝叶美国花柏 85282
蓝叶美尖扁柏 **85383**
蓝叶木姜子 **233872**
蓝叶十大功劳 242497
蓝叶柿 **132275**
蓝叶藤 **245854**
蓝油木 155589
蓝菥 **77993**
蓝幼叶杜鹃 332123
蓝玉 **233614**

蓝玉簪龙胆 **174041**
蓝圆筒仙人掌 **116649**
蓝云 **249581**
蓝云宽叶补血草 **230656**
蓝泽仙 **264159**
蓝盏棵 124245
蓝獐耳细辛 **192130**
蓝针花 **61382**
蓝针花科 **61384**
蓝针花属 **61381**
蓝枝端花 **397683**
蓝枝麻黄 **146188**
蓝枝木麻黄 79165
蓝钟喉毛花 **100268**
蓝钟花 **115355**,199553
蓝钟花属 **115338**
蓝钟藤 **368541**
蓝钟藤属 **368539**
蓝朱蕉 104359
蓝珠草属 **61364**
蓝猪草 392895
蓝猪儿 392884,392945
蓝猪耳 **392905**,231503,392895
蓝猪耳属 392880
蓝装风信子 **199585**
蓝籽红毛七 **79733**
蓝子 309893
蓝子木 **245220**,245221
蓝子木属 **245212**
蓝紫澳洲木槿 **18254**
蓝紫草 **233772**
蓝紫杜鹃 330069,331944
蓝紫风毛菊 348425
蓝紫风梨 **392015**
蓝紫福禄考 **295257**
蓝紫黄栌 **107306**
蓝紫茄 **367066**
蓝紫色白头翁 **321720**
蓝紫色有刺萼 2107
蓝紫铁兰 392015
蓝紫早花丁香 **382172**
蓝棕榈 222634
蓝棕属 341401,360645
澜沧扁担杆 180768
澜沧长柄山蚂蝗 **200726**
澜沧椆 233314
澜沧楤木 **30694**
澜沧翠雀花 **124639**
澜沧大青 313687
澜沧滇紫草 **271808**
澜沧豆腐柴 **313687**
澜沧独花报春 270738
澜沧杜英 **142353**
澜沧风铃草 **70167**
澜沧凤仙 205248
澜沧凤仙花 **205248**
澜沧弓果藤 **393548**
澜沧合欢 **13589**
澜沧黄杉 **318571**
澜沧茴芹 299509
澜沧火棘 **322470**
澜沧江寄生 355299
澜沧江荛花 414160
澜沧决明 **78362**
澜沧榜 78989
澜沧柯 **233314**
澜沧冷杉 347
澜沧梨藤竹 **249606**
澜沧栎 **324073**
澜沧马蓝 **320131**
澜沧马先蒿 287435
澜沧木棉 **56783**
澜沧囊瓣芹 **320217**
澜沧黏腺果 **101253**
澜沧七叶树 **9712**
澜沧羌活 **267151**
澜沧秋海棠 **49994**
澜沧球兰 **198860**,252998
澜沧荛花 **414160**
澜沧水东哥 **347965**,347969
澜沧苔草 **75046**
澜沧唐松草 **388547**
澜沧兔儿风 **12660**
澜沧乌蔹莓 **79895**
澜沧舞花姜 **176992**
澜沧雪灵芝 **31996**
澜沧崖豆藤 **254743**
澜沧沿阶草 **272101**
澜沧油茶 **69414**
澜沧紫花苣苔 **238040**
澜沧紫云菜 320131
澜江百合 229835
篮拔 318742
篮冠萝藦 **66227**
篮冠萝藦属 **66226**
篮花木科 66375
篮球小花勿忘草 **260893**
篮鼠李 **372953**
篮鼠李属 **372952**
榄 71015
榄豉菜 72038
榄果柿 **132340**
榄果椰子属 138532
榄核莲 22407
榄黑大沙叶 **286389**
榄壳锥 **78864**
榄李 **238354**
榄李属 **238345**
榄绿阿魏 **163686**
榄绿巴豆 **112979**
榄绿荸荠 **143155**
榄绿粗叶木 **222209**
榄绿果苔草 **75596**
榄绿红豆 **274421**
榄袍木 **142483**
榄袍木属 **142480**
榄仁 386500
榄仁舅 181743,264222
榄仁舅属 264218
榄仁属 386448
榄仁树 **386500**,386499
榄仁树科 **386668**
榄仁树属 **386448**
榄色紫金牛 **31545**
榄藤 199382
榄香檀 **21006**
榄形风车子 **100805**
榄叶椆 233332
榄叶菊属 270184
榄叶柯 **233332**
榄叶木紫草 **233443**
榄叶茄 **366996**
榄叶冉布檀 **14369**
榄叶石栎 233332
榄叶藤山柳 **95527**
榄子 70989
懒狗舌 383009
懒篱笆 195269
懒皮棍 273912
懒人菜 15843
懒蛇上树 372247
烂巴眼 158857
烂疤眼 158857
烂包头 198471
烂布渣 253385
烂肠草 159027,172779,202146,
203357
烂疮草 232106
烂肺草 325981
烂构 198769
烂瓜 198769
烂锅柴 274399
烂脚草 209822
烂脚杆叶 183122
烂脚浩 9396
烂脚丫巴草 209700
烂苦春 312571
烂泥蒿 314941
烂泥树 393108
烂泥树科 393113
烂泥树属 393106
烂皮袄 235781
烂屁股 33397,284378
烂石草 205580,287584
烂头砵 296734
烂头钵 296695,296734
烂心草 355387
烂心木 300980
烂心子 355387
烂眼竹 47318
烂衣草 361868
烂玉树 126471
郎边松 **300041**
郎德木 **336104**
郎德木属 **336096**
郎地南美鼠刺 **155139**
郎毒 33330
郎君豆 765
郎君子 765
郎伞 31502
郎伞木 **31435**
郎氏沟子荠 **383995**
郎氏梅花藻 48923
郎氏水毛茛 **48923**
郎头花 375274
郎耶菜 54158
郎耶草 54158
狼巴草 239558
狼跋子 414576
狼把草 54158
狼把针 52131
狼蔗草 **353574**
狼毒 **158895**,16495,16512,
33397,158809,159841
狼毒大戟 158895
狼毒疙瘩 158895,375187
狼毒黄蒿 35779
狼毒茄 **244349**
狼毒石南 **30944**
狼毒石南属 **30943**
狼毒头 16512
狼毒乌头 **5676**
狼毒状锦绦花 **78646**
狼毒状岩须 78646
狼果芥 **239136**
狼果芥属 **239135**
狼花兰 **239152**
狼花兰属 **239150**
狼菊木属 **239283**
狼茅 289015
狼目 232557
狼鸟足兰 **347815**
狼杷草 **54158**
狼杷草属 53755
狼山棘豆 **278946**
狼山芹 24325
狼山西风芹 **361514**
狼山岩风 **228563**
狼山针茅 **376786**
狼石豆兰 **62869**
狼头花 375274
狼头玉 **263749**
狼尾 289015
狼尾巴草 239558
狼尾巴果 80381
狼尾巴蒿 35598,54196
狼尾巴花 239558,239594,
240068,255873,309494,407485

狼尾草 **289015**,65330,239558,239594,353342,402119
狼尾草属 **289011**
狼尾蒿 35916
狼尾蒿子 35167
狼尾禾 **239294**
狼尾禾属 **239292**
狼尾花 239558
狼尾拉花 317966,407460
狼尾珍珠菜 239558,239594
狼西瓜 71762
狼希尔梧桐 **196334**
狼肖皱籽草 **250937**
狼牙 312478
狼牙棒 **242719**
狼牙棒属 **242717**
狼牙草 11572,21920,206445
狼牙刺 368994,369078
狼牙槐 368994
狼牙委陵菜 **312478**
狼烟台 **382992**
狼眼 232557
狼耶草 54158
狼叶梗玄参 **297113**
狼针草 **376710**
狼针茅 376710
狼爪球属 45231
狼爪属 45231
狼爪瓦松 **275356**,275363
狼爪玉 **45232**
狼爪玉属 **45231**
狼爪子 275363
狼紫草 21920,21965
狼紫草属 **239167**
莨 59438
莨菪 201389,201392
莨菪属 201370,354678
莨菪叶 201389
莨菪子 201389
莨菇 131601
莨蔄子 201389
廊茵 309772
琅琊黄精 **308578**
琅琊蔷薇 336681
琅琊山蔷薇 **336681**
琅琊榆 **401481**
榔 401581
榔柏 401504
榔木 394637
榔皮树 376210
榔色木 **221227**
榔色木属 **221224**
榔树 394637
榔头草 316127
榔榆 **401581**,401449,401552
榔榆寄生 392713
榔玉 31680
稂 289015
鎯头草 220126
朗贝尔菊属 **224343**
朗比尔欧非风信子 **393974**
朗伯罗汉松 **306449**
朗葱 **15436**
朗德琥珀树 **27909**
朗东木犀草属 **325462**
朗厄山蒂特曼木 **392494**
朗厄山裂口花 **379941**
朗厄山木蓝 **206153**
朗厄山穆拉远志 **260004**
朗厄山欧石南 **149636**
朗厄山塞拉玄参 **318413**
朗厄山远志 **308143**
朗夫大豆蔻 **198474**
朗格橙菀 **320731**
朗格花 **221035**
朗格花属 **221034**
朗格坚果番杏 **387204**
朗格鼠尾粟 **372816**
朗格庭菖蒲 **365770**
朗格象根豆 **143489**
朗格肖皱籽草 **250940**
朗贡报春 314836
朗贡灯台报春 **314836**
朗贡杜鹃 **332004**
朗加兰属 **325468**
朗热吊兰 **88617**
朗伞树 31396
朗氏埃塔棕 **161056**
朗氏蔗草 **353570**
朗氏颤毛萝藦 **399572**
朗氏风铃草 **70279**
朗氏堇菜 **410169**
朗氏龙王角 **199029**
朗氏牛角草 **273171**
朗氏柿木 **132379**
朗氏苔草 **75197**
朗氏香脂苏木 **103709**
朗斯马先蒿 **287336**
朗坦早熟禾 **305638**
朗县厚喙菊 138780
朗县虎耳草 **349690**
朗县黄堇 **106349**
朗县黄芪 42770
朗县黄耆 **42770**
朗榆 401581
朗月 **86551**
朗云 **249591**
朗孜翠雀花 **124398**
阆阚果寄生 **385211**
崀山唇柱苣苔草 **87893**
浪柏 213943
浪柴 215510,284497
浪花苇 329694
浪卡子毛茛 **326132**
浪卡子岩黄芪 188021
浪卡子岩黄耆 **188021**
浪麻 72249
浪麻鬼箭 **72253**
浪穹橐吾 229082
浪穹紫堇 **106223**
浪穹紫菀 229082
浪伞根 31396
浪淘殿苔草 **74188**
浪岩景天 **356900**
浪叶花椒 417366
捞饺藤 71292
劳埃德鹿角柱 **140316**
劳巴氏山柳菊 **195755**
劳丹早熟禾 **305643**
劳德草属 **237793**
劳德基氏卡特兰 **79560**
劳豆 177777
劳顿·安娜神钟花 **70109**
劳尔本木兰 241956
劳尔温芦荟 **16985**
劳格茜 **263986**
劳格茜属 **263985**
劳津杯籽茜 **110144**
劳拉花烛 **28073**
劳拉九节 **319632**
劳莱氏紫珠 66829
劳兰 **326981**
劳兰属 **326980**
劳雷仙草属 **223019**
劳里黄梁木 **59946**
劳里琉璃草 **117994**
劳里拟九节 **169341**
劳里欧石南 **149698**
劳里破布木 **104210**
劳里藤黄 **171132**
劳里温曼木 **413695**
劳里希尔梧桐 **196333**
劳伦卡特兰 79558
劳伦氏卡特兰 **79558**
劳伦斯贝母兰 **98684**
劳伦斯兜兰 **282856**
劳伦斯多穗兰 **310471**
劳伦斯罗汉松 **306453**
劳伦斯早花丁香 **382176**
劳瑞氏文殊兰 **111221**
劳森酢浆草 **277926**
劳森欧石南 **149646**
劳森山柳菊 **195726**
劳森松 **300031**
劳森紫波 **28477**
劳伤草 77156
劳伤药 205081,239594
劳伤叶 108587
劳氏北美马兰 **56724**
劳氏大戟 **159701**
劳氏大苏铁 **417016**
劳氏党参 **98361**
劳氏鹅绒藤 **117664**
劳氏凤仙花 **205073**
劳氏蝴蝶兰 293616
劳氏夹竹桃 **222893**
劳氏夹竹桃属 **222892**
劳氏姣丽球 **400456**
劳氏节茎兰 **269233**
劳氏金琥 **140140**
劳氏锦葵 **223450**
劳氏锦葵属 **223448**
劳氏卷瓣兰 **63026**
劳氏芦荟 **17217**
劳氏马先蒿 **287636**
劳氏猫尾木 **135319**
劳氏南美桔梗 **64005**
劳氏千里光 **359387**
劳氏球 **327295**
劳氏肉锥花 **102679**
劳氏石豆兰 **62859**
劳氏石蒜 **326977**
劳氏石蒜属 **326976**
劳氏驼峰楝 **181561**
劳氏小米草 160258
劳氏泽泻 **326994**
劳氏泽泻属 **326992**
劳塔宁蓖麻树 **334417**
劳塔宁扁爵床 **292226**
劳塔宁海神菜 **265512**
劳塔宁黑尔漆 **188240**
劳塔宁虎眼万年青 **274753**
劳塔宁毛子草 **153269**
劳塔宁木蓝 **206467**
劳塔宁文殊兰 **111254**
劳塔宁荠菜 **267827**
劳塔宁玉凤花 **184013**
劳坦宁泻属 326992
劳特大戟 **223237**
劳特大戟属 **223236**
劳特利奇鼻烟盒树 **270920**
劳威氏兜兰 **282857**
劳伟 17381
劳依氏乳突球 **244127**
劳藿 373139
牢麻 240250
唠哩仔 243427
崂山梨 **323328**
崂山鼠李 **328757**
崂山溲疏 **126931**,126933
痨病草 187598
痨病木 31424
痨伤药 205081
老白发 321672
老白花 49247
老白毛 321672
老不大 31477
老苍子 415046

老茶王　210370
老陈婆　363090
老刺木属　412078
老丹皮　379414
老疸草　49744
老地蜢　138796
老豆蔓　408327
老豆秧　**408302**,408672
老根　204544
老根山木蟹　204544
老梗　23670
老公担盐　332509
老公根　81570
老公花　321672
老公须　235878,367146
老姑草　321672
老姑子花　321672
老谷精草　**151479**
老鼓草　390213
老瓜咁子花　312925
老瓜瓢　117385,117721
老瓜蒜　299724
老瓜头　**117548**,117606
老鸹筋　153914,175006
老鸹铃　**379364**
老鸹瓢　252514
老鸹扇　50669
老鸹头　299724
老鸹窝　4304
老鸹眼　299724,328680,328689,328882
老鸹爪　289713
老鸹嘴　153914,175006
老观笔　354813
老观花　321672
老官草　153914,175006
老冠花　321672
老管草　175018
老贯草　153914,174755,175006
老贯筋　153914,175006
老贯藤　**370418**
老鹳草　**175006**,153914,174524,174755,278710
老鹳草属　**174440**
老鹳草叶报春　314432
老鹳草叶翠雀花　**124225**
老鹳草叶乌头　**5226**
老鹳草状秋海棠　**49869**
老鹳精　375041
老鹳嘴探　205580
老鹳扇　208524
老鹳眼　328680,328713
老鹳嘴　11572,153914,175006
老鹳嘴子　354813
老哈眼　66840
老汉背姥姥　5247
老汉背娃娃　5247
老汉求　335142
老旱葱　405618
老和尚扣　299724
老和尚头　239280,299724,321672
老黑茶　**68923**
老虎百合　391627
老虎斑　18192
老虎棒子　215442
老虎鞭　400377
老虎草　96009,215442,325981,349936
老虎刺　**320607**,1176,72258,76962,92066,122040,203660,309564
老虎刺尖　64990
老虎刺属　**320594**
老虎豆　25316,66653
老虎耳　16495,50004,122669,179178,349936
老虎杆　248732,248765
老虎肝　240842
老虎广菜　99936
老虎合藤　235790
老虎花　227654,331065,331257,382912,391627
老虎花属　286580,391622
老虎棘　1176
老虎姜　131754,131846,134425,308523,308529,308538,308572,308641
老虎脚底板　325981
老虎脚迹　325981
老虎脚迹草　239700,325981
老虎脚爪草　325981
老虎兰　**373703**
老虎兰属　**373681**
老虎潦　143657
老虎潦子　143657
老虎芳　309564
老虎竻　159363
老虎簕　159363
老虎脷　92066,125548,309564
老虎利　31518,309564
老虎俐　125548
老虎猁　282806
老虎莲属　391622
老虎楝　395480
老虎楝属　**194638**,395466
老虎麻　80141,134146,402958,414143,414150
老虎麻藤　80141
老虎毛　94899
老虎毛虫药　31565
老虎蒙　16512
老虎木　71802
老虎尿　172099,368073
老虎扭　338942
老虎泡　338097,338347,339468
老虎泡藤　338130
老虎皮菊　169603
老虎七　120371,404285
老虎球　140697
老虎舌　31518,31565
老虎师藤　95396
老虎树　320607
老虎藤　199392
老虎尾　346158
老虎尾巴　38960
老虎香　388569
老虎心　64971,64973,64983
老虎须　71707,94748,94814,94899,95116,95214,213036,213066,325981,382912,389318,400852,400945
老虎须藤　95113,400852
老虎牙　148656
老虎芋　16495,16512
老虎掌　165023
老虎掌芋　16495
老虎爪　24336,375274
老虎爪子　278680
老虎嘴　354952
老黄橿　323695
老黄嘴　299724
老黄嘴　299724
老火树　108585
老姜子　233947
老京滕　66637
老京藤　66620
老荆藤　66620,66643,125960,125986
老荆藤属　254596
老惊藤　66648
老锯头　281138
老军头　361794
老君茶　202104
老君山杜鹃　**331055**
老君山凤仙花　**205066**
老君山含笑　**252828**
老君山小檗　**51831**
老君扇　50669,208939
老君柿　**132152**
老君须　88297,117385,117523,117610,117643,366284,400888,400945,404272,404285
老开皮　379414
老糠菜　226742
老糠藤　386897
老来变　18836
老来红　18752,18788,18836,115532,142298,231355
老来娇　159675
老来青　56425
老来少　18836,80395
老老嫩　106329
老乐　155300
老乐属　155296
老乐柱　**155300**
老乐柱属　**155296**
老栎　324532
老凉藤　66643,125964
老林茶　338177,338508,338784
老龙草　105808
老龙皮　80260
老龙树　414143
老龙须　13353,366486,366548,404285
老芦荟　17381
老萝卜头　326616
老妈妈背捎果　390149
老妈妈拐棍　107271
老妈妈棵　144023
老妈妈针线包　400987
老麻藤　80141,337910
老芒麦　**144466**
老猫尾木　135321
老猫尾木属　135299
老蒙花　62134
老米炊　167092
老米酒　407846
老米口袋　181695
老密杆　294448
老缅瓜　114292
老母狗果　320603
老母拐子　56637
老母鸡抱蛋　183559
老母鸡肉　7853
老母鸡嘴　307923
老母楠　91276
老母猪半夏　33335
老母猪草　68686
老母猪耳朵　31051
老母猪挂面　56312
老母猪桂皮　91276
老母猪果　189951
老母猪花头　359598
老姆猪栎　233223
老奶补补丁　363090
老鸟吃　123371
老牛揣　208882
老牛醋　201389
老牛锉　73337,92167
老牛错　73337
老牛杆　95051
老牛筋　31967,80260,153914,175006,226742
老牛瓢　117390
老牛拽　143530,208882
老婆子　407696
老婆子花　321672

老婆子针线 295984,295986
老荠 72038,390213
老前婆 363090
老枪谷 18687
老翘 167456
老青烟花 266053
老人发 321672
老人风 209844
老人根 66624,66637
老人拐棍 187666
老人花 111826
老人葵 413298
老人葵属 413289
老人木 6811
老人欧石南 **150034**
老人皮 307489,307531
老人皮树 307489
老人瓢 252514
老人杉 113693
老人头 326616
老人须 392052
老人棕 **97887**
老涩藤玫 370418
老山芹 **192239**,192255,192312
老山蛇根草 **272238**
老山檀 346210
老少年 18779,18836
老蛇包谷 33325
老蛇刺占 138796
老蛇藨 138796
老蛇莲 70600,70635,335142
老蛇盘 335142,351081
老蛇泡 138796
老蛇骚 56382,175417
老蛇藤 34276,328997
老蛇头 390141,390164
老蛇药 210525,320511,320520,392884,392895
老石棵子 80260
老实泉美国冬青 **204123**
老寿乐 155303
老鼠抱羊 232106
老鼠草 256342
老鼠柴 59823
老鼠愁 31051,382069
老鼠吹箫 341579
老鼠刺 51284,51470,51802,52169,122040,203660,204162,210364,210384,210402,242487,242542,242638,262189,295144,381412
老鼠刺根 258905
老鼠刺属 210359
老鼠担冬瓜 417470
老鼠丁根 248727
老鼠冬瓜 417470
老鼠豆 66643,333456
老鼠耳 52436
老鼠耳朵草 1790,92555
老鼠根 289015
老鼠瓜 71762,114171,182575,367775,417470
老鼠瓜薯 20408
老鼠核桃 77935,189976
老鼠花 122438
老鼠黄瓜 367775,390787,417470
老鼠癀 306960
老鼠脚底板 325981
老鼠脚迹 **146098**
老鼠筋 364360
老鼠精 78037
老鼠啃 204184
老鼠拉冬瓜 256804,367775,417470
老鼠拉冬瓜属 417452
老鼠拉金瓜 417470
老鼠艻 **371724**,2684,32429
老鼠竻 2684
老鼠勒 2684
老鼠簕 **2684**
老鼠簕属 **2657**,329454
老鼠簕叶十大功劳 242597
老鼠簕银桦 **180562**
老鼠连枝 403821
老鼠裂叶番杏 **86148**
老鼠铃 285649
老鼠棉花衣 23850
老鼠牛角 10220
老鼠怕 2684
老鼠砒 127507
老鼠枪 122040
老鼠乳 52436
老鼠杉 216150
老鼠矢 381412
老鼠屎 24013,106034,418169
老鼠屎草 357919
老鼠树 203660
老鼠藤 52418
老鼠尾 31396,166888,267973,372666,401156
老鼠尾巴 267936,267973
老鼠乌 52436
老鼠兀 233168
老鼠香瓜 367775
老鼠牙草 257542
老鼠眼 333456
老鼠药 127507
老鼠芋 **33593**
老鼠芋科 **33579**
老鼠芋属 **33584**
老鼠蔗 308965
老鼠针 170743
老鼠竹 127026,288651
老鼠子刺 242563
老鼠足迹 **146098**
老水牛瓢 117385
老藤 254797
老铁山茶藨 333986
老头艾 224893
老头草 224893
老头掌 **244203**,236425
老头掌属 140209,243994
老哇皮 234003
老维榈属 237907
老翁 **299266**
老翁豹皮花 **373848**
老翁发 321672
老翁花 321672
老翁龙舌兰 **10936**
老翁须 235878,321672
老挝茶 **69612**
老挝椆 233286
老挝杜英 **142356**
老挝柯 **233286**
老挝龙胆 **108546**
老挝龙胆属 **108543**
老挝檬果樟 **77963**
老挝南蛇藤 **80225**
老挝蒲桃 **382593**,382594
老挝棋子豆 **116601**
老挝山豆根 **155894**
老挝天料木 **197653**,197693
老挝崖爬藤 387853
老挝紫茎 **376447**
老挝棕竹 **329175**
老蜗生 247366
老乌眼 328609,328680
老乌眼籽 328752
老五叶 175378
老勿大 31477
老蟹眼 66779
老熊果 178549
老熊花 989
老熊泡 339468
老鸦瓣 **18569**
老鸦瓣属 **18568**
老鸦杓 390787
老鸦草 418335
老鸦船 275403
老鸦葱 353057
老鸦胆 61208
老鸦饭 66833,91480
老鸦风 165023
老鸦谷 **18696**,18788
老鸦瓜 390128,396170,396175
老鸦果 144802,172074,276544,403795,403832
老鸦糊 **66789**
老鸦花 194156,194158,331257
老鸦花藤 259535
老鸦甲 229066
老鸦筋 174906
老鸦咀 37888,113577,277747,390767,390787
老鸦咀属 390692
老鸦苦荬 368771
老鸦翎 312450
老鸦馒头藤 165515
老鸦泡 338407,403832
老鸦皮 234042
老鸦企 2684
老鸦企属 2657
老鸦青 35674
老鸦扇 50669,208524
老鸦舌 272856
老鸦柿 **132371**
老鸦树 91480
老鸦酸 277747,277776,277878,278099
老鸦酸浆草 367416
老鸦蒜 239257,239266,353057,370402
老鸦藤 79850,259566
老鸦头 18569,299724
老鸦碗 81570
老鸦写字 60064
老鸦须 218347
老鸦烟筒花 254900
老鸦烟筒花属 254892
老鸦眼 299724
老鸦眼睛草 367416
老鸦眼睛藤 79850
老鸦芋头 299724
老鸦枕头 50087,65040,259566
老鸦珠 99124,296801
老鸦爪 312450
老鸦嘴 153914,175006,277747,377856,390787
老鸦嘴科 **390905**
老鸦嘴属 **390692**
老鸦嘴藤 402194
老鸭蒜 264762
老秧草 121795
老秧叶 254810,254813,254819
老羊蒿 36460
老阳花 62110
老阳子 113039
老腰弓 309507
老鹰茶 233878
老鹰柴 211884
老鹰刺 320607
老鹰枣 418152
老鹰爪 401761,401770,401773,401779,401781
老攸言 328680,328892
老芋 99910
老蛀药 392884

老捉嘴豆子 299724
姥芽栎 324283
荖 300354
荖草 300354
荖豆 333456
荖浓巨竹 125477
荖藤 300354,300427
荖叶 300354
栳树 **91297**,91287
栳樟 91287
潦叶花 208543
涝豆秧 408262
涝豆秧子 222852
涝峪槭 **3089**
涝峪苔草 **74648**
涝峪小檗 **51665**
烙铁草 309564,410108,410360
酪梨 291494
酪奴 69634
酪酥 367370
酪状紫荆木 133007
榜芽栎 324283
乐昌含笑 **252844**
乐昌虾脊兰 **65993**
乐东黄芩 **355586**
乐东栎 **324131**
乐东链珠藤 18516
乐东吕宋黄芩 355586
乐东木兰 283419
乐东拟单性木兰 **283419**
乐东念珠藤 18516
乐东石豆兰 **62841**
乐东藤 **90613**
乐东藤属 **90612**,402187
乐东西番莲 **285661**
乐东油果樟 **381796**
乐东油樟 381796
乐东玉叶金花 **260449**
乐东锥 **78974**
乐都黄芪 42601
乐都黄耆 **42601**
乐恩绣球 200070
乐桂小檗 51336
乐会润楠 **240624**
乐母丽 **335901**
乐母丽属 **335879**
乐母丽叶唐菖蒲 **176596**
乐山秤锤树 **364960**
乐山铺地蜈蚣 **107654**
乐山蜘蛛抱蛋 **39549**
乐世溲疏 **127023**
乐思绣球 200071
乐土草 **226571**
乐土草属 **226569**
乐业附地菜 **397427**
乐业瘤果茶 **69268**
乐业蜘蛛抱蛋 **39550**
乐叶附地菜 397427
乐园百合 283300
乐园百合属 283295
乐园苹果 **243682**
乐园树 **364384**
乐园子豆蔻 **19859**
竻蔗子 338250
竻菠萝 281138
竻菜 92066
竻齿树 415891
竻慈菇 222042
竻当 417173
竻欓 417173
竻丁茄 367735
竻鲁子 281138
竻蒙 222042
竻藕 222042
竻仙桃 123065
竻苋菜 18822
竻芋 222042
竻凿树 415891
竻竹 47445
竻仔 280555
勒矮瓜 367241,367733
勒布箭竹 **162687**
勒布锦葵属 **223613**
勒布伦安尼木 **25823**
勒布伦白粉藤 **92803**
勒布伦百脉根 **237673**
勒布伦茶茱萸 **203293**
勒布伦刺核藤 **322543**
勒布伦刺蒴麻 **399267**
勒布伦耳梗茜 **277203**
勒布伦仿花苏木 **27764**
勒布伦格雷野牡丹 **180395**
勒布伦光花咖啡 **318790**
勒布伦灰毛豆 **386140**
勒布伦鸡头薯 **152961**
勒布伦九节 **319634**
勒布伦离兜 **210141**
勒布伦毛盘鼠李 **222416**
勒布伦牡荆 **411320**
勒布伦鞘蕊花 **99628**
勒布伦琼楠 **50546**
勒布伦瓦帕大戟 **401243**
勒布伦五层龙 **342658**
勒布伦腺瓣古柯 **263080**
勒布伦崖豆藤 **254748**
勒布伦叶下珠 **296629**
勒布伦叶序大风子 **296911**
勒布伦异荣耀木 **134657**
勒布伦银白纹蕊茜 **341273**
勒布伦杂色豆 **47750**
勒布伦猪屎豆 **112322**
勒布伦猪油果 **289481**
勒布罗锦 **223614**
勒布罗锦属 223613
勒菜子 334435
勒草 199382,199392
勒茨兰 **335737**
勒茨兰属 **335735**
勒翠 78889
勒党 417173
勒欓 417173
勒恩 **408461**
勒儿根 71798
勒尔薄花兰 **127973**
勒尔大戟 **235191**
勒尔大戟属 **235190**
勒尔茄 **367566**
勒菲草属 **224019**
勒夫兰属 **235162**
勒福布雷玉凤花 **183772**
勒革拉花 5335
勒格朗桃金娘 **224080**
勒格桃金娘属 **224079**
勒公氏马先蒿 **287350**
勒古桔梗属 **224058**
勒古子 **281049**
勒基灰毛豆 **327790**
勒基灰毛豆属 **327788**
勒吉斯坦草 **327402**
勒吉斯坦草属 **327401**
勒康特小檗 51841
勒克勒里小檗 **51840**
勒孔特矮船兰 **85125**
勒孔特艾纳香 **55772**
勒孔特奥里克芸香 **274185**
勒孔特杯冠藤 **117558**
勒孔特丹氏梧桐 **135888**
勒孔特短毛鸡菊花 **270269**
勒孔特风兰 **24916**
勒孔特胶藤 **220890**
勒孔特蜡菊 **189502**
勒孔特牛奶木 **255340**
勒孔特欧石南 **149649**
勒孔特脐果山榄 **270650**
勒孔特赛金莲木 **70736**
勒孔特四棱豆 **319105**
勒孔特豌豆 **408460**
勒孔特纹蕊茜 **341318**
勒孔特沃内野牡丹 **413213**
勒孔特小野牡丹 **248793**
勒孔特崖豆藤 **254749**
勒勒叶 167286
勒荔 233078
勒鲁丹毛柱帚鼠麴 **395887**
勒鲁丹欧石南 **149660**
勒鲁丹舟叶花 **340755**
勒鲁瓦茜 **264003**
勒鲁瓦茜属 **264002**
勒罗伊奥里木 **277523**
勒罗伊光花咖啡 **318792**
勒罗伊红被花 **332198**
勒罗伊咖啡 **98940**
勒马回 129571,297645,317924
勒马宣 159540
勒迈尔大戟 **159232**
勒迈尔海神木 **315885**
勒迈尔叶饰木 **296975**
勒梅林拟阿尔加咖啡 **32494**
勒蒙 222042
勒蒙利欧丁香 382348
勒米豆 **224433**
勒米豆属 **224432**
勒米尔茜属 **224443**
勒莫奈小檗 **51844**
勒默尔鼠尾草 **345350**
勒默尔异决明 **360477**
勒姆帕格小檗 51845
勒拿风毛菊 **348479**
勒泡 336485
勒珀大戟 **264435**
勒珀大戟属 **264434**
勒珀蒺藜 **335668**
勒珀蒺藜属 **335659**
勒珀金丝桃 **202139**
勒珀兰属 **335689**
勒珀兰双距兰 **133921**
勒热纳鸡头薯 **153043**
勒若利短冠草 **369220**
勒若利多肋菊 **304443**
勒若利多穗兰 **310475**
勒若利鬼针草 **53978**
勒若利黄眼草 **416099**
勒若利蜡菊 **189507**
勒若利轮叶瘦片菊 **11181**
勒若利美冠兰 **156811**
勒若利千里光 **359299**
勒若利三萼木 **395269**
勒若利山黄菊 **25537**
勒若利小金梅草 **202893**
勒若利一点红 **144939**
勒施肉锥花 **102336**
勒氏恩南番荔枝 145146
勒氏马先蒿 **287351**
勒氏毛茛 **326147**
勒氏木 **226670**
勒氏木属 **226669**
勒氏依南木 **145146**
勒斯切努木 226670
勒斯切努木属 226669
勒塔木 63408
勒塔木灰毛豆 **386279**
勒塔木属 **328232**
勒塔染料木 **173063**
勒泰木 **227170**
勒泰木属 **227169**
勒泰山榄 **227167**
勒泰山榄属 **227166**
勒泰斯蒂六蕊禾 **243537**

勒泰斯蒂潘考夫无患子 **280861**
勒泰斯蒂塔普木 **384399**
勒泰斯蒂驼峰楝 **181565**
勒泰斯蒂瓦帕大戟 **401244**
勒泰斯蒂异木患 **16109**
勒泰苔草 **227176**
勒泰苔草属 **227174**
勒藤 245852
勒图矮船兰 **85126**
勒图贝尔茜 **53092**
勒图闭花木 **94520**
勒图大岩桐寄生 **384154**
勒图单花杉 **257134**
勒图毒鼠子 **128715**
勒图多穗兰 **310480**
勒图尔呐补血草 **230661**
勒图尔呐毛蕊花 **405726**
勒图尔针茅 **376837**
勒图非洲坛罐花 **177280**
勒图翡翠塔 **257010**
勒图风兰 **24919**
勒图凤仙花 **205086**
勒图福来木 **162991**
勒图鸡头薯 **152963**
勒图尖花茜 **278222**
勒图豇豆 **409093**
勒图节节菜 **337362**
勒图九节 **319637**
勒图卷序牡丹 **91100**
勒图可拉木 **99217**
勒图莱德苔草 **223858**
勒图萝芙木 **327024**
勒图落萼旋花 **68356**
勒图美冠兰 **156815**
勒图千里光 **359311**
勒图琼楠 **50549**
勒图秋海棠 **50010**
勒图热非豆 **212665**
勒图热非野牡丹 **20514**
勒图赛金莲木 **70737**
勒图沙扎尔茜 **86333**
勒图神秘果 **381989**
勒图黍 **281831**
勒图树葡萄 **120128**
勒图弯萼兰 **120742**
勒图五层龙 **342672**
勒图羊耳蒜 **232224**
勒图玉凤花 **183781**
勒图紫金牛 **31500**
勒瓦莱百蕊草 **389760**
勒瓦莱魔芋 **20105**
勒瓦莱千里光 **359343**
勒瓦莱荫莲 **7272**
勒瓦莱异萼爵床 **25634**
勒瓦莱玉凤花 **183788**
勒韦雄大戟 **328303**
勒韦雄大戟属 **328301**
勒韦雄对粉菊 **280420**
勒韦雄山靛 **250617**
勒韦雄山柳菊 **195898**
勒韦雄山楂 **109995**
勒韦雄丝兰 **416638**
勒韦雄蝇子草 **363981**
勒韦雄紫露草 **394068**
勒温斯菲利木 **296247**
勒温斯菲奇莎 **164549**
勒温斯灌木帚灯草 **388805**
勒温斯南非帚灯草 **67923**
勒温斯尼文木 **266411**
勒温斯塞拉玄参 **357567**
勒温斯细莞 **210027**
勒温斯远志 **308161**
勒乌蓝蓟 **141281**
勒伊斯藤属 **341172**
勒泽纳龙王角 **199028**
勒泽纳星刺 **327566**
勒泽纳羊蹄甲 **49159**
簕菠萝 281138
簕布箭竹 162687
簕菜薯 222042
簕草 199392
簕欓 417173
簕欓花椒 **417173**
簕地菇 222042
簕毒 327082
簕杜鹃 57857
簕番薯 25316
簕钩 392559
簕钩菜 143694
簕古 281138
簕古子 **281029**
簕牯树 79595
簕管草 223679
簕果茶 **69507**
簕苗 347992
簕莫尼溲疏 **126989**
簕墨鱼 231377
簕盘子 280555
簕泡木 79595
簕氏山楂 109995
簕芫荽 154316
簕芋 222042
簕凿树 415891
簕竹 47213,351852
簕竹属 47174
簕仔树 255053
簕子 280555
雷·威廉斯扫帚叶澳洲茶 **226495**
雷巴第科 326565
雷巴第属 326557
雷暴松 **300279**
雷波藨寄生 176796
雷波长蒴苣苔草 **129921**
雷波大节竹 206888
雷波大叶筇竹 **87575**
雷波得欧亚槭 **3465**
雷波冬青 **203971**
雷波杜鹃 **331079**
雷波浮萍 **224370**
雷波花椒 **417254**
雷波华千里光 365063
雷波黄精 **308588**
雷波毛茛 **326009**
雷波蒲儿根 **365063**
雷波槭 **3097**
雷波溲疏 **126987**
雷波藤山柳 **95519**
雷波铁线莲 **95246**
雷波乌头 **5502**
雷波小檗 **51839**
雷波叶下珠 296573
雷钵嘴 375884
雷博白舌菊 **246666**
雷博德大蒜芥 **365595**
雷博德弗草 **127149**
雷博红花 **77742**
雷博胡萝卜 **123216**
雷博毛托菊 **23467**
雷博岩堇 **340427**
雷布德拟鸦葱 **354989**
雷茨桦 **53603**
雷达淡色银莲花 **23727**
雷达光滑银莲花 23727
雷打果 249682
雷打柿 177170
雷胆子 387779
雷德尔草 **327409**
雷德尔草属 **327408**
雷德禾 **327340**
雷德禾属 **327339**
雷德黑德大沙叶 **286428**
雷德黑德单列木 **257969**
雷德黑德马唐 **130734**
雷德黑德西南非茜草 **20497**
雷德木 **327355**
雷德木属 **327354**
雷德茄 **367552**
雷德无心菜 **32175**
雷德小檗 **52102**
雷迪尔假匹菊 **329821**
雷迪格野荞麦 **152481**
雷迪禾 **324987**
雷迪禾属 **324978**
雷电木 79257
雷丁马先蒿 **287604**
雷豆木 **327331**
雷豆木属 **327330**
雷恩柳 **343989**
雷恩苔草 **75992**
雷尔苣苔属 **327589**
雷凤球 **140889**
雷凤丸 140889
雷夫豆属 325076
雷夫纳尔荸荠 **143324**
雷夫纳尔黍 **282159**
雷福斯薄子木 **226461**
雷斧阁 **375520**
雷格葱 **15652**
雷格尔贝母 **168551**
雷格尔糙苏 **295181**
雷格尔柴拉芹 **417641**
雷格尔灯心草 **213416**
雷格尔独尾草 **148553**
雷格尔木 **327397**
雷格尔木属 **327396**
雷格尔槭 **3494**
雷格尔茜草 **338023**
雷格尔赛氏桔梗 **360654**
雷格尔沙穗 **148504**
雷格尔梭梭 **185074**
雷格尔委陵菜 **312922**
雷格尔硬叶蓬 **329020**
雷格尔郁金香 **400218**
雷格簕小檗 **52101**
雷格秋水仙 **99323**
雷公菜 73337
雷公草 119503,218480
雷公铳 20132
雷公稠 116114
雷公锤草 296121
雷公鹅耳枥 77420
雷公高 231355
雷公根 81570,166684
雷公根属 81564
雷公箭 201942
雷公橘 **71802**
雷公簕 43721
雷公枥 77420
雷公连 20868
雷公连属 20866
雷公莲 **20868**
雷公莲属 **20866**
雷公木 30590,30759,417278
雷公瓶 264846
雷公七 97093,404285
雷公青 178218,178237
雷公青冈 **116114**
雷公山槭 **3095**
雷公薯 131501
雷公树 231355,329068
雷公藤 **398322**,309564,398316,398317
雷公藤属 **398310**
雷公藤蹄 254797
雷公条 231303
雷公统 20125,33295
雷公头 119503

雷公须 239661
雷公叶 231303
雷公椇 77420
雷公凿 301147
雷公凿树 301147
雷公针 381341
雷公种 30623
雷公子 231355,407764
雷加尔兰属 **327390**
雷建刚 **93778**
雷角 374040,374041
雷杰尔小檗 **52100**
雷金纳德垂叶榕 **164695**
雷科德草 **327329**
雷科德草属 **327328**
雷科坡垒 **198188**
雷莉亚兰属 219668
雷楝 **327558**,221227
雷楝属 **327556**,221224
雷曼草 **244374**
雷曼草属 **244368**
雷曼假杜鹃 **48322**
雷曼罗顿豆 **237276**
雷曼氏非洲铁 145237
雷曼香芸木 **10702**
雷曼盐肤木 **332811**
雷曼一点红 **144962**
雷曼皱稃草 **141774**
雷蒙薄苞杯花 **226219**
雷蒙德美洲椴 **391654**
雷蒙马岛外套花 **351721**
雷蒙木属 325176
雷蒙三角车 **334678**
雷蒙山梅花 294491
雷米花 **327669**
雷米花属 **327668**
雷姆齿叶鼠麹木 **290087**
雷姆欧石南 **149983**
雷姆莎草 **119479**
雷姆西瓜 **93309**
雷内姜属 **327716**
雷纳德野豌豆 **408568**
雷纳尔画眉草 **147937**
雷纳尔鸡头薯 **153026**
雷纳尔莱德苔草 **223868**
雷纳尔擂鼓芳 **244935**
雷纳尔狸藻 **403304**
雷纳尔裂花桑寄生 **295860**
雷纳尔露兜树 **281118**
雷纳尔拟莞 **352254**
雷纳尔黏腺果 **101264**
雷纳尔丝花茜 **360686**
雷纳尔叶下珠 **296732**
雷纳尔直立拟莞 **352181**
雷尼奥内紫花海棠 **243548**
雷尼尔刺橘 **405541**
雷尼尔大地豆 **199362**
雷尼尔花椒 **417320**
雷尼尔治疝草 **193012**
雷尼尔猪屎豆 **112612**
雷鸟球 **244119**
雷鸟丸 244119
雷宁古德北美香柏 **390618**
雷诺木 334589
雷诺木属 **328320**,334562
雷诺五加 **328319**
雷诺五加属 **328318**
雷诺兹火炬花 **217023**
雷诺兹漏斗花 **130233**
雷诺兹露子花 **123958**
雷诺兹芦荟 **17225**
雷诺兹苔草 **75983**
雷切鸢尾 **208787**
雷钦格尔厚敦菊 **277131**
雷钦格尔拟莞 **352255**
雷琴格小檗 **52097**
雷琼牡蒿 **35596**
雷山杜鹃 **331085**
雷山方竹 **87566**
雷山假福王草 **283685**
雷山栝楼 **396215**,396200
雷山瑞香 **122496**
雷山卫矛 **157681**
雷神 **10925**,10926
雷神阁 **307170**
雷神阁属 **307169**
雷神角柱属 307169
雷神柱 307170
雷氏澳茄 **138743**
雷氏报春 **314884**
雷氏滨藜 **44322**
雷氏葱 **15651**
雷氏二型花 **128518**
雷氏枫杨 **320371**
雷氏花凤梨 **392024**
雷氏堇菜 410483
雷氏锦绦花 **78644**
雷氏兰属 **328219**
雷氏老鹳草 **174872**
雷氏梨 **323276**
雷氏藜芦 **405607**
雷氏蓼 **309504**,309503
雷氏马鞭草 **405887**
雷氏梅花藻 48931
雷氏米努草 **255565**
雷氏漆 **393478**
雷氏前胡 **292992**
雷氏茜草 **338022**
雷氏山金车 **34765**
雷氏碎米荠 72971
雷氏铁兰 392024
雷氏香果树 **145025**
雷氏向日葵 189015
雷氏锈毛绣球 199947
雷氏岩须 78644
雷氏芋兰 **265433**
雷斯苣苔 **327941**
雷斯苣苔属 **327940**
雷苏假人参 **318069**
雷穗草 **327521**
雷穗草属 **327520**
雷头玉 **263748**
雷瓦尔利顿百合 **234141**
雷瓦尔菱叶藤 **332318**
雷瓦尔双钝角芥 **128356**
雷瓦尔索马里蒺藜 **215840**
雷丸草 357919
雷文油点草 **396613**
雷倭竹 362146
雷梧桐 **327157**
雷梧桐属 **327156**
雷五加 2495
雷伍德窄叶白蜡树 **167913**
雷西里肉珊瑚 **347023**
雷星 20132
雷须尼橘 **93716**
雷血球 **103756**
雷血丸 103756
雷耶斯茄属 **328309**
雷耶玄参 **328307**
雷耶玄参属 **328305**
雷柚 93579
雷云樱李 316301
雷云樱桃李 **316301**
雷真子 114994
雷振子 401161
雷震子 328760
雷芝 233078
雷州蝴蝶草 89209
雷竹 **297394**,362146
檑红 93477
镭射宝石兰 **240862**
耒甘 367322
蕾芬 334897
蕾芬属 334892
蕾丽兰 219670
蕾丽兰属 **219668**
蕾藤 254854
蕾藤属 254596
藟 411686
藟头 **15185**
虆芜 411686
肋巴木 222385
肋巴树属 147353
肋瓣风铃草 **70229**
肋瓣花属 **13729**
肋瓣苋 **304670**
肋瓣苋属 **304669**
肋苞亮泽兰 **181342**
肋苞亮泽兰属 **181341**
肋翅苋 **304700**
肋翅苋属 **304699**
肋唇兰属 **350545**
肋隔芥属 **304675**
肋梗千屈菜 **304672**
肋梗千屈菜属 **304671**
肋骨鸭嘴花 **214696**
肋骨状爵床 214696
肋果茶 **366016**
肋果茶科 **366019**
肋果茶属 **366015**
肋果刺通草 394760
肋果蓟 **21888**
肋果蓟属 **21886**
肋果芥属 102808
肋果咖啡 **98897**
肋果荠属 102808
肋果茜属 **166803**
肋果榕 **165473**
肋果沙棘 **196755**
肋果菘蓝 209184
肋禾属 55509
肋爵床 214696
肋脉耳草 187558
肋脉苔草 **75659**
肋脉野豌豆 408350
肋芒菊 **155276**
肋芒菊属 **155274**
肋毛菊属 **285194**
肋毛泽兰 **141852**
肋毛泽兰属 **141850**
肋痛草 40972
肋叶芦荟 17299
肋翼蓼属 **304706**
肋泽兰毛菀木 **186882**
肋泽兰属 **60095**
肋枝兰 **304925**
肋枝兰属 **304904**
肋脂菊属 20
肋柱花 **235435**,235461
肋柱花属 **235431**
泪柏 **219792**,121105,306420
泪柏罗汉松 **306420**
泪柏属 **219791**
泪滴珍珠莲 165626
泪杉 121105,178019
泪杉属 121084
泪竹 206898
类阿福花 **39448**
类阿福花属 **39447**
类阿魏 163610
类桉 **155467**
类桉属 **155466**
类暗罗坡垒 **198186**
类凹萼兰 **335174**
类凹萼兰属 **335173**
类奥兰棕属 273127
类巴豆 **82227**

类巴豆属 **82226**
类巴西果 **223782**
类巴西果属 **223780**
类白花丹属 305162
类白鳞苔草 **75852**
类白前 **409388**
类白前属 **409387**
类白穗苔草 75852
类白苔草 75852
类白斜子 **244185**
类柏陆均松 121094
类稗苔草 **74429**
类斑叶兰 **376540**
类斑叶兰属 **376539**
类苞叶芋 **370331**
类苞叶芋属 **370329**
类饱食桑属 **61051**
类北葱 15708
类北极花 **231713**
类北极花属 **231709**
类北韭 **15708**
类变色黄芪 42938
类变色黄耆 **42938**
类滨菊属 **227456**
类槟榔青 **372491**
类槟榔青属 **372489**
类槟榔属 299649
类冰草 **11933**
类冰草属 **11931**
类柄唇兰 **306533**
类柄唇兰属 **306532**
类并核果 **283170**
类并核果属 **283168**
类薄子木 **226449**
类薄子木属 **226448**
类补血草 **230507**
类补血草属 **230506**
类岑楝属 141859
类叉柱花 **374503**
类叉柱花属 **374500**
类长节珠 **283496**
类长节珠属 **283495**
类长生瓦莲 **337315**
类匙羹藤 **182397**
类匙羹藤属 **182396**
类赤瓟 **390196**
类赤瓟属 **390194**
类雏足芥属 **389264**
类刺果芹 **400477**
类刺果芹属 **400475**
类大麦 **111353**
类大麦属 **111352**
类大叶草 **181963**
类大叶草属 **181961**
类地毯草 45821,45833
类都丽菊 **155391**
类都丽菊属 **155389**
类斗篷草 **13956**
类豆瓣菜 **262635**
类豆瓣菜属 **262633**
类杜茎鼠李属 241895
类短瓣玉盘 **143878**
类短瓣玉盘属 **143877**
类短尖苔草 **75432**
类短肋黄芪 42923
类短肋黄耆 **42923**
类短尾菊 **207533**
类短尾菊属 **207532**
类盾苞藤 **265800**
类盾苞藤属 **265799**
类盾柱木 **288880**
类盾柱木属 **288878**
类莪利禾属 **284718**
类鹅掌柴 **350819**
类鹅掌柴属 **350817**
类耳褶龙胆 **173694**
类番荔枝属 26148
类番石榴 **318732**
类番石榴属 **318731**
类番樱桃 **156409**
类番鹰爪 **401910**
类番鹰爪属 **401909**
类繁缕 **375163**
类繁缕属 **375161**
类飞廉属 73238
类非洲紫罗兰 **342521**
类非洲紫罗兰属 **342519**
类风毛菊 **348426**
类佛手瓜 **356349**
类佛手瓜属 **356348**
类腐蛛草 **105449**
类腐蛛草属 **105448**
类盖裂桂 **216227**
类盖裂桂属 **216226**
类甘草 **177956**
类甘草属 **177955**
类藁本 229380
类格尼木属 **201647**
类茛银莲花 **24018**
类沟繁缕 **142591**
类沟繁缕属 **142590**
类沟酸浆 **255173**
类沟酸浆属 **255153**
类钩藤 401773,401777
类钩叶藤属 303096
类菰凤头黍 **6114**
类龟背菊 **317097**
类龟背菊属 **317095**
类孩儿草属 **252528**
类海葱 **402459**
类海葱属 **402458**
类海绿 380181
类海漆属 **161682**
类海檀木 **415573**
类海檀木属 **415572**
类含羞草 **220107**
类含羞草属 **220103**
类黑褐穗苔草 **73819**
类红豆树 **274446**
类红豆树属 **274445**
类红芽大戟 217094
类虎耳草 **350072**
类虎耳草属 **350071**
类花刺苋属 **81657**
类花纹木 **56017**
类花纹木属 **56015**
类华丽龙胆 **173900**
类蛔囊花 **37784**
类蛔囊花属 **37783**
类鲫鱼藤 **356346**
类鲫鱼藤属 **356345**
类尖头风毛菊 **348681**
类见血封喉 **28260**
类见血封喉属 **28259**
类疆南星 **193716**
类疆南星属 **193715**
类胶草 181196
类胶草属 181194
类胶菀 **181196**
类胶菀属 **181194**
类金茅芒 **255843**,127473
类金茅双药芒 **127473**
类金丝桃 **201704**
类金丝桃属 **201702**
类金腰箭 381812
类金腰箭属 381811
类九节杯籽茜 **110142**
类九节属 **181365**
类菊蒿 **383689**
类菊蒿属 **383687**
类橘属 **93263**
类苣苔花 **177527**
类苣苔花属 **177526**
类绢毛苋 **360747**
类绢毛苋属 **360744**
类榼藤子 **145939**
类榼藤子属 **145931**
类苦槛蓝属 **289447**
类苦木 364382
类苦木秋海棠 **50558**
类苦木属 **323542**
类蓝盆花 **350295**
类蓝盆花属 **350293**
类蓝星花 **33727**
类蓝星花属 **33724**
类榄仁树 **386671**
类榄仁树属 **386670**
类老鹳草 **174435**
类老鹳草属 **174434**
类肋枝兰 **304934**
类肋枝兰属 **304933**
类类瓦特木 **405157**
类丽麻藤属 230089
类粒菊 **316962**
类粒菊属 **316961**
类莲叶桐 **192924**
类莲叶桐属 **192922**
类莲座钝柱菊 **290731**
类莲座钝柱菊属 **290730**
类镰扁豆 **135392**
类镰扁豆属 **135391**
类链荚木 **274331**
类链荚木属 **274329**
类两极孔草 **265723**
类两极孔草属 **265722**
类两节芥属 265563
类亮叶龙胆 **173633**
类疗喉草 **393602**
类疗喉草属 **393601**
类蓼柳叶箬 **209114**
类林地苋属 318996
类鳞蕊藤 **225720**
类鳞蕊藤属 **225719**
类留土黄芪 42926
类留土黄耆 **42926**
类硫色山柳菊 **196018**
类柳穿鱼 **231207**
类柳穿鱼属 **231205**
类龙王角 **199097**
类龙王角属 **199095**
类龙血树属 **137529**
类卢敦 171163
类芦 **265923**,265916
类芦莉草 **339837**
类芦莉草属 **339836**
类芦属 **265915**
类芦野青茅 **127217**,127197
类芦竹属 265915
类落腺豆 **300657**
类落腺豆属 **300656**
类马蓝属 **378252**
类马蹄果 **283703**
类马蹄果属 **283701**
类芒齿黄芪 42132
类芒齿黄耆 **42132**
类毛瓣虎耳草 **349668**
类毛地黄属 **45165**
类毛冠黄耆 **42929**
类毛山柳菊 **195857**
类毛柱黄芪 42719
类毛柱黄耆 **42719**
类帽柱木 **283291**
类帽柱木属 **283289**
类没药 **366743**
类没药属 **366739**
类美韭 **398817**
类美韭属 **398816**
类米氏野牡丹 **253014**

类米氏野牡丹属 **253013**
类米替曼陀罗 123071
类米仔兰 **11321**
类米仔兰属 **11319**
类密叶花 **322052**
类密叶花属 **322051**
类绵枣儿属 **48421**
类木果芥 **417643**
类木果芥属 **417642**
类木棉属 **56764**
类牧根草属 **298075**
类南鹃属 **291374**
类囊唇兰 **38196**
类囊唇兰属 **38195**
类尼索尔豆属 **266350**
类尼文可利果 **96791**
类牛角草 **273228**
类牛角草属 **273218**
类牛奶菜 **317991**
类牛奶菜属 **317989**
类欧夏至草 **317988**
类欧夏至草属 **317987**
类欧紫八宝 **200809**
类霹雳苔草 **76434**
类槭巨盘木 **166981**
类千金子 **226040**
类千金子属 **226039**
类千屈菜 **240024**
类千屈菜属 **240023**
类秋海棠属 **380641**
类求米草 **272610**
类求米草属 **272609**
类球果松 **300210**
类球松 300210
类雀稗 **285380**,285387
类雀稗属 **285376**
类雀麦 60918
类鹊肾树 **318528**
类鹊肾树属 **318527**
类荣耀木 **391579**
类荣耀木属 **391578**
类三脉梅花草 **284607**
类砂苋 **15920**
类砂苋属 **15919**
类山麻杆 **14227**
类山麻杆属 **14226**
类扇叶垫柳 **343830**
类蛇目菊 **346310**
类蛇目菊属 **346309**
类手参 **182289**
类手参属 **182286**
类黍柳叶箬 **209094**
类黍尾稃草 **402538**
类蜀黍 **155878**
类蜀黍属 **155876**
类水黄皮 **310965**
类水黄皮属 **310964**
类四腺柳 **343838**
类松笠 **155232**
类松笠属 **155231**
类酸豆属 132988
类酸脚杆 **247644**
类酸脚杆属 **247642**
类昙花 **147281**
类昙花属 **147279**
类藤漆 **266938**
类藤漆属 **266936**
类梯牧草 **318110**
类梯牧草属 **318109**
类天料木 **197632**
类天料木属 **197631**
类天仙藤 **164461**
类天仙藤属 **164460**
类条果芥 **285048**
类条果芥属 **285046**
类桐棉 **389944**
类头序蔗草 396025
类头状花序蔗草 396025
类兔苣 **220132**
类兔苣属 **220131**
类豚草 **19142**
类娃儿藤属 **400989**
类瓦利兰 **413250**
类瓦利兰属 **413249**
类瓦特木属 **405156**
类弯果紫草 **256755**
类弯果紫草属 **256754**
类莞 **352157**
类莞属 **352156**
类蚊母属 134906
类蚊母树属 134906
类莴苣 **219629**
类莴苣属 **219627**
类乌桕 **346360**
类乌桕属 **346358**
类乌齐乌头 **5353**
类乌檀 262857
类乌檀属 262856
类乌头 **5013**
类乌头属 **5009**
类芜萍属 **414692**
类梧桐 313754
类五加芸香 **30808**
类五加芸香属 **30805**
类五角木 **313982**
类五角木属 **313980**
类五星花 289620
类五星花属 289619
类喜光花 **6486**
类喜光花属 **6483**
类虾衣花属 **137808**
类狭蕊爵床 **375409**
类狭蕊爵床属 **375402**
类仙人棒 **266947**
类仙人棒属 **266946**
类藓菊 **326521**
类藓菊属 **326520**
类线叶黄耆 **42785**
类腺海棠 **101608**
类腺海棠属 **101607**
类香材树 **257431**
类香材树属 **257430**
类香青属 21503
类香桃木属 **261699**
类小连翘 202151
类小秋海棠 **357962**
类小秋海棠属 **357960**
类小雄戟 **253047**
类小雄戟属 **253046**
类肖薯蓣果 **193124**
类肖薯蓣果属 **193123**
类蟹甲 **64758**
类蟹甲属 **64757**
类熊菊 **402831**
类熊菊属 **402830**
类勋章花 **172371**
类勋章花属 **172370**
类鸭趾草凤仙花 204864
类崖椒属 162178
类亚龙木属 16263
类岩黄芪 188028
类岩黄耆 188028
类盐爪爪 **215321**
类盐爪爪属 **215320**
类眼树莲属 **134050**
类燕麦 **45437**
类羊茅 **164423**
类药芸香木 **155257**
类药芸香属 **155256**
类叶杜鹃 79732
类叶杜鹃属 79730
类叶牡丹 79732
类叶牡丹属 79730
类叶升麻 **6414**
类叶升麻属 **6405**
类叶升麻叶唐松草 **388399**
类衣鼠麴木属 **283215**
类异柱草 **229694**
类异柱草属 **229693**
类银胶菊 **285175**
类银胶菊属 **285174**
类银莲属 24166
类银毛球属 244269
类银须草属 **12868**
类印第安菊属 316961
类鹰爪 **126707**
类鹰爪属 **126706**
类蝇子草 **364231**
类蝇子草属 **364229**
类油楠 **364719**
类油楠属 **364718**
类圆锥苔草 75792
类缘刺子莞 **333699**
类月桂属 223010
类越橘属 79788
类早熟禾 **305506**
类展唇兰 **267220**
类展唇兰属 **267219**
类珍珠菜 **239913**
类珍珠菜属 **239912**
类蜘蛛兰属 **30508**
类智利桂属 223017
类中天山黄耆 **42876**
类帚黄芪 42933
类帚黄耆 **42933**
类皱叶香茶菜 **209813**
类皱籽草 **215601**
类皱籽草属 **215600**
类柱瓣兰 **146370**
类柱瓣兰属 **146368**
类紫萍 **221007**
类紫萍属 **221006**
类钻花兰属 **4506**
类醉鱼草 **265960**
类醉鱼草属 **265957**
累氏樟味藜 70464
累黍 **281745**
累哲氏金鸡纳 91075
累赘巴豆 **113075**
累赘刺痒藤 **394160**
累赘塞拉玄参 **357550**
累赘油芦子 **97321**
擂捶花 305226
擂鼓簹属 244897
擂鼓芳莎草 **119167**
擂鼓芳属 **244897**
擂鼓荔 244938
擂钻草 53797
蘱 401094
棱苞滨藜 **418478**
棱苞滨藜属 **418476**
棱苞聚花苋 **362324**
棱苞聚花苋属 **362323**
棱边毛茛 **326405**
棱草 239222
棱长柱无心菜 **32037**
棱翅蒲桃 382675
棱唇兰属 **294934**
棱刺卫矛 157321
棱刺锥 **78897**
棱葱 15060
棱地黄 327434
棱萼桉 155596
棱萼草 **265730**
棱萼草属 **265729**
棱萼杜鹃 **179430**
棱萼杜鹃属 **179429**
棱萼母草 **231555**

棱萼茜 **186858**,272254
棱萼茜属 **186856**
棱萼山黄皮 **325450**
棱萼酸浆 **297665**
棱萼紫薇 **219978**,219924
棱稃雀稗 **285462**
棱果艾麻 **221557**
棱果草 **179349**
棱果草属 **179348**
棱果秤锤树 **364953**
棱果椆 233400
棱果刺通草 **394760**
棱果谷木 **250036**
棱果海桐 **301424**
棱果花 **48552**
棱果花楸 **369305**
棱果花属 **48551**
棱果黄芪 42348
棱果芥 **382107**
棱果芥属 **382101**
棱果桔梗属 **315271**
棱果菊 **413158**
棱果菊属 **413157**
棱果榶椵 **391762**
棱果柯 **233400**
棱果辽椴 391762
棱果龙胆属 **265813**
棱果马兰属 85937
棱果毛蕊茶 **69717**
棱果木 48552
棱果木属 286573
棱果蒲桃 156385
棱果秋海棠 **50191**
棱果榕 **165658**
棱果沙棘 **196748**
棱果石栎 233400
棱果糖芥 **154542**
棱果蝎子草 **175896**
棱果血草 **294933**
棱果血草属 **294932**
棱果玉蕊 48515
棱果锥 78897
棱果紫金牛 31578
棱喙毛茛 **326470**
棱荚蝶豆 **97193**
棱角桉 **155714**
棱角百蕊草 **389605**
棱角苞爵床 **139015**
棱角荸荠 **143358**
棱角冰草 **11641**
棱角长庚花 **193322**
棱角刺瓜藤 **362462**
棱角大戟 **158446**
棱角丹氏梧桐 **135762**
棱角黄眼草 **415997**
棱角假塞拉玄参 **318419**
棱角卡尔茜 **77214**
棱角拉菲豆 **325082**
棱角老鸦嘴 **390711**
棱角瘤萼寄生 **270949**
棱角龙胆 **173225**
棱角鹿藿 **333147**
棱角密钟木 **192514**
棱角穆拉远志 **259933**
棱角南非鳞叶树 **326925**
棱角欧石南 **149966**
棱角盘花千里光 **366877**
棱角千里光 **358261**
棱角千屈菜 **240026**
棱角茄 **366941**
棱角三七 209625
棱角沙粟草 **317052**
棱角山矾 **381433**,381291
棱角山菊木 **258210**
棱角山柳菊 **195443**
棱角矢车菊 **80903**
棱角水蓑衣 **200647**
棱角丝瓜 238258
棱角素馨 **211731**
棱角酸脚杆 **247609**
棱角唐菖蒲 **176485**
棱角菟丝子 **114958**
棱角肖鸢尾 **258391**
棱角异赤箭莎 **147382**
棱角银莲花 **23706**
棱角泽菊 **91119**
棱角舟叶花 **340553**
棱茎八月瓜 **197248**
棱茎白鹤灵芝 **329455**
棱茎半边莲 234360
棱茎黄芩 **355727**
棱茎木 167300
棱茎野靛棵 **244278**
棱茎獐牙菜 **380374**
棱茎猪屎豆 **111891**
棱镜果属 216490
棱罗来 170035
棱脉大戟 **397345**
棱脉大戟属 **397344**
棱盘卫矛 **179360**
棱盘卫矛属 **179359**
棱瓶花 **212555**
棱瓶花属 **212553**
棱舌兰 **10813**
棱石竹 **296015**
棱石竹属 **296014**
棱穗莎草 119674
棱纹桉 **155544**
棱纹穗花薄荷 **187178**
棱纹玉山竹 **416779**
棱形驼蹄瓣 **418733**
棱叶 **332360**
棱叶灯心草 212866
棱叶蝶豆 97193
棱叶韭 **15142**,15194
棱叶矛缨花 **136731**
棱叶属 **332353**
棱叶直瓣苣苔 22172
棱榆 276846
棱枝草 179380
棱枝草属 179368
棱枝冬青 **203543**
棱枝杜英 **142322**
棱枝槲寄生 **411016**
棱枝菊 **179352**
棱枝菊属 **179350**
棱枝冷水花 298854
棱枝马岛寄生 **46694**
棱枝南蛇藤 80141
棱枝树萝卜 **10287**
棱枝卫矛 157321
棱枝五味子 351054
棱枝细瘦悬钩子 **338777**
棱枝杨 **311231**,311292
棱枝椰 **179358**
棱枝椰属 **179357**
棱枝油橄榄 **270110**
棱轴土人参 **383345**
棱柱豆 **279367**
棱柱豆属 **279366**
棱柱管番薯 **208110**
棱柱果驼蹄瓣 **418735**
棱柱木 179533
棱柱木属 179532
棱柱鸢尾 208767
棱籽椰属 64037
棱子草 198652
棱子菊属 **179480**
棱子皮 **242289**
棱子芹 **304772**,304766
棱子芹属 **304752**
棱子藤 342724
棱子吴萸 161380
棱子吴茱萸 **161380**
冷报春 314106
冷鼻花 **329526**
冷草 106511,142694,142761
冷丹藤 61103
冷地报春 314106
冷地蜂斗菜 **292354**
冷地狗舌草 **385897**
冷地流星花 **135161**
冷地毛茛 **325886**
冷地木科 146065
冷地山金车 **34721**
冷地卫矛 **157522**
冷地早熟禾 **305459**
冷冻草 298888
冷毒草 409898,410422
冷饭 366338
冷饭巴 366284,366343
冷饭包 13225
冷饭草 114838
冷饭果 241817,241824,261601,403832,407844,407850
冷饭块 366338
冷饭藤 **214974**,308965,308976,366338,393267
冷饭头 366284,366338
冷饭团 142694,214959,214967,214972,214974,241824,351041,366338,408202
冷饭团藤 214959
冷饭籽 403738
冷饭子 407846
冷饭子树 165624
冷风吹 173811
冷风菊 348200
冷骨风 267320
冷蒿 **35505**
冷桧 213873
冷棘豆 **278835**
冷箭竹 **37171**,37174
冷箭竹属 48706
冷坑兰 142844
冷坑青 142844
冷坑清 288762
冷兰 **168326**
冷兰属 **168325**
冷龙胆 173198
冷青篱竹 **37174**
冷清草 142717,142719
冷清花 298971
冷清子 231324
冷杉 **349**,333,356,427
冷杉矮槲寄生 30919
冷杉芳香木 **38380**
冷杉菲利木 **296139**
冷杉风铃草 **69871**
冷杉福王草 **313779**
冷杉湖瓜草 **232381**
冷杉寄生 **30919**
冷杉科 **518**
冷杉蜡菊 **189097**
冷杉林乌头 **5015**
冷杉欧石南 **148967**
冷杉蔷薇 **336317**
冷杉塞拉玄参 **357405**
冷杉属 **269**
冷杉异燕麦 **190130**
冷杉蝇子草 **363142**
冷水草 191387,265361
冷水丹 50669,170289,205259,208524,208875,347186
冷水发汗 375237
冷水花 **298989**,50669,298885,299006
冷水花草 298989

冷水花假楼梯草 **223685**
冷水花属 **298848**
冷水金丹 159739
冷水麻属 298848
冷水七 205081,205249
冷水竹 87564
冷苔草 **75387**
冷泽芹 365844
冷竹 87564
冷子草 205259
冷子番荔枝 25835
厘 86901
厘藤 65675
梨 323133,323268,323272
梨瓣五加 **29292**
梨瓣五加属 **29289**
梨查木属 334373
梨茶 **69262**,69015
梨丁子 323116
梨枫桃 125604
梨根青 129243
梨瓜 114189,356352
梨果桉 **155713**,155712
梨果番茄 **239160**
梨果橄榄 121114
梨果寄生 **355289**
梨果寄生属 **355287**
梨果柯 **233251**
梨果楠 240679
梨果榕 **165527**
梨果桑寄生属 355287
梨果山楂 109609
梨果石栎 233251
梨果仙人掌 **272891**
梨果枸子 **107493**,107650
梨果竹 **249607**,249617
梨果竹属 249605,249614
梨荷枫 125604
梨铧草 267173
梨火哄 347413
梨寄生 385192,385238,411016
梨胶木 125604
梨卢 405618
梨囊苔草 **75276**
梨宁子 323116
梨润楠 **240679**
梨山铁线莲 **95227**
梨山乌头 **5214**
梨山小蓑衣藤 95227
梨山楂 **109573**
梨食 280213
梨属 **323076**
梨树 323268
梨藤竹 **249608**
梨藤竹属 **249605**
梨头草 342400
梨头枫 243437
梨头南枫藤 187307
梨榅桲属 **300890**
梨橡干 93539,93546
梨形桉 **155712**
梨形橙 **93712**
梨形粗毛阿氏莎草 **570**
梨形风兰 **25018**
梨形果山荆子 **243562**
梨形红光树 **216881**
梨形黄麻 **104116**
梨形尖花茜 **278238**
梨形柳 **343967**
梨形蓬莱葛 **171461**
梨形球柱草 **63286**
梨形山楂 **110088**
梨形柿 **132299**
梨形弯穗夹竹桃 **22146**
梨形榅桲 **116548**
梨形五层龙 **342712**
梨形盐肤木 **332793**
梨序楼梯草 **142658**
梨叶巴豆 **113001**
梨叶白珠 172142
梨叶长瓣亮泽兰 **376502**
梨叶赪桐 **96295**
梨叶大戟 **159687**
梨叶冬青 **204198**
梨叶耳藤菊 **199249**
梨叶古柯 **155104**
梨叶骨籽菊 **276685**
梨叶荚蒾 **408061**
梨叶坎图木 **71550**
梨叶坎吐阿木 71550
梨叶柳 **343964**
梨叶木瓣树 **415811**
梨叶木蓼 **44272**
梨叶囊果堇 **21891**
梨叶青锁龙 **109004**
梨叶山矾 **381378**
梨叶石楠 **295760**
梨叶酸藤子 **144791**
梨叶藤山柳 **95539**
梨叶橐吾 **229158**
梨叶尾药菀 **315192**
梨叶小舌菊 253476
梨叶肖香荚兰 **405044**
梨叶悬钩子 **339067**
梨叶野荞麦 **152417**
梨叶杂色豆 **47706**
梨枣树 198769
梨桢楠 240679
梨竹 **249620**
梨竹属 **249614**
梨状卡林玉蕊 76840
梨状龙头木 **76840**
梨状牛奶子 165527
梨状牛乳子 165527
梨状藤黄 **171177**
梨仔 323268,364768
梨仔菝 318742
梨子草 139621
狸豆 112667,259559
狸红瓜 97801
狸红瓜属 97781
狸角叶 39532
狸头竹 297306
狸尾草 402132
狸尾豆 **402132**
狸尾豆属 **402106**
狸藻 **403382**,403108
狸藻科 **224499**
狸藻属 **403095**
狸子 **167699**
离瓣彩叶凤梨 **264415**
离瓣红山茶 69552
离瓣花椰子 **143712**
离瓣花椰子属 **143707**
离瓣花柱草属 136062
离瓣寄生 **190848**
离瓣寄生属 **190830**
离瓣景天 **356566**
离瓣轮环藤 116031
离瓣木犀 **382142**,276284
离瓣远志 **307917**
离苞果 **276724**
离苞果属 366091
离苞菊 **129745**
离苞菊属 **129742**
离苞毛泽兰 **19810**
离苞毛泽兰属 **19809**
离被鸢尾 **130299**
离被鸢尾属 **130291**
离草 171918,280147,280213
离翅蓬 **88956**
离翅蓬属 **88955**
离兜属 **210132**
离萼杓兰 **120430**
离萼梧桐 **239995**
离萼梧桐属 **239994**
离盖桔梗 **240003**
离盖桔梗属 **240002**
离根菜属 67686
离根无患子属 **29732**
离根香 **67689**,67690,202146
离根香属 **67686**
离冠蝶须 **283569**
离冠蝶须属 **283568**
离果山羊草 8732
离禾属 **29443**
离核光桃 **20948**
离核毛桃 **20950**
离核木棉 179884
离核桃 20950
离核油桃 20948,20950
离花凤梨 **134757**
离花凤梨属 **134756**
离花果子蔓 **182167**
离花菊 143565
离花菊属 143562
离花科 29535
离花田皂角 **9529**
离花小檗 **52167**
离基脉冷水花 **299088**
离基三脉厚敦菊 **277161**
离基三脉蜡菊 **189870**
离茎芸香 **29436**
离茎芸香属 **29435**
离缕鼠麹属 **270571**
离母 171918
离南 387432
离蕊菖蒲属 **275848**
离蕊红山茶 **69270**,68980
离蕊芥 243164
离蕊芥属 243156
离蕊木 **143560**
离蕊木属 **143559**
离舌橐吾 **229241**
离生白仙石 **268846**
离生闭花木 **94521**
离生大果萝藦 **279425**
离生大戟 **158783**
离生吊灯花 **84074**
离生丁克兰 **131265**
离生毒马草 **362872**
离生黑远志 **44799**
离生鸡头薯 **152908**
离生可拉木 **99218**
离生空船兰 **9122**
离生库卡芋 **114388**
离生蓝花参 **412662**
离生牛角草 **273153**
离生三生草 **202246**
离生沙扎尔茜 **86332**
离生莎草 **118772**
离生桃金娘属 **360523**
离生野茼蒿 **108748**
离生鹰爪花 **35026**
离生鱼骨木 **71413**
离氏施图芥 **378978**
离水花科 126142
离丝野木瓜 **374421**
离穗苔草 **74460**
离心露兜树 **280997**
离心鼠尾粟 **372620**
离药草属 **375295**
离药蓬莱葛 **171442**
离颖草 **29442**
离颖草属 **29441**
离照球 **244211**
离照丸 244211
离支 233078

离芝 233078
离枝 233078
离枝竹 **29448**
离枝竹属 **29447**
离柱 **243272**
离柱草属 **243271**
离柱鹅掌柴 **350718**
离柱花 **129587**
离柱花科 **129581**
离柱花属 **129586**
离柱科 **243273**
离柱马肠子树 **289666**
离柱马齿苋 **340328**
离柱马齿苋属 **340327**
离柱南星 **240011**
离柱南星属 **240010**
离柱属 243271
离柱五加 **143592**
离柱旋花 **239998**
离柱旋花属 **239997**
离籽芹属 **143715**
离子草 89020
离子草属 88996
离子芥 **89020**
离子芥属 **88996**
莉 211990
莉牟芋属 328990
莉仔芰 318742
犁半夏 401152,401156
犁苞滨藜 **44374**
犁壁草 250792
犁壁藤 375884
犁铧草 410770
犁铧长药兰 **360642**
犁铧尖 410108
犁尖草 309564
犁耙柯 **233365**
犁耙石栎 233365
犁耙树 207377
犁食 280147
犁田公藤 203325
犁头菜 390213
犁头草 **410108**,201942,299395,309564,355448,390213,401156,409975,410100,410360,410412,410416,410770
犁头草属 401148
犁头尺冠萝藦 **374139**
犁头刺 309564
犁头刺藤 309564
犁头蓟 92405
犁头尖 **401156**,84956,299376,309564,401161,409804,410108,410360,410721
犁头尖属 **401148**
犁头南枫藤 187307
犁头七 401156
犁头藤 309564
犁头网 250792
犁头叶堇菜 **410195**
犁嘴菜 410416
犁嘴草 410108
漓江猕猴桃 **6655**
漓江兔儿风 **12672**
蜊仔叶 165658
樆 323268
樆竹 47445
蔾芦 405571
鲡肠 141374
黎庵高竹 **47312**,47259
黎巴嫩阿玛草 **18620**
黎巴嫩长春花 **409334**
黎巴嫩葱 **15431**
黎巴嫩栎 **324104**
黎巴嫩鼠李 **328765**
黎巴嫩西风芹 **361526**
黎巴嫩仙客来 **115960**
黎巴嫩小檗 **51858**
黎巴嫩雪松 **80100**
黎巴嫩蚁播花 **321894**
黎巴嫩鸢尾 **208846**
黎壁叶 375884
黎草 360463
黎茶 360463
黎川泡果荠 **196278**
黎川悬钩子 **338744**
黎洞薯 131458
黎豆 259558,259559
黎豆属 259479
黎豆藤 259566
黎豆叶黄芪 42827
黎豆叶黄耆 42827
黎厚壳桂 113462
黎可斯帕属 228029
黎辣根 328665
黎棱翼属 341223
黎朦子 93539,93546
黎檬 **93546**,93539
黎檬子 93539,93546
黎明 82295
黎明博德兰特荚蒾 **407651**
黎明花 **82295**
黎明金露梅 **312576**
黎明梅 **316568**
黎明勋章花 **172341**
黎明艳芽石南 **148962**
黎木 78932
黎平瘤果茶 **69284**
黎平秋海棠 **50016**
黎平石楠 **295658**
黎婆花 **33341**
黎氏冬青 204005
黎氏远志 **308299**
黎头枫 243437
黎针 400856,400945
黎竹 **4618**
黎仔麻木 190105
黎子 93539,93546
黎子竹 **297298**
篱笆菜 48689,348041
篱笆川滇小檗 51782
篱笆打碗花 **68699**
篱笆大沙叶 **286463**
篱笆毒鼠豆 **176972**
篱笆花冠柱 **57411**
篱笆兰 **295947**
篱笆兰属 **295946**
篱笆槭 2837
篱笆茄 **367600**
篱笆黍 **282072**
篱笆树 139062
篱笆烟堇 **169172**
篱笆竹 265923
篱边南非针叶豆 **223587**
篱边生山柑 71851
篱边叶下珠 **296756**
篱椿木 407977
篱打碗花 68713
篱果锦葵 **295940**
篱果锦葵属 **295939**
篱栏 250792
篱栏网 250792
篱栏子 250792
篱蓼 162528
篱脉芥 **294927**
篱脉芥属 **294926**
篱囊木棉属 **295948**
篱首乌 **162528**
篱天剑 68713
篱网藤 250792
篱尾蛇 113612
篱泽兰 158199
篱障花 195269
篱竹 4618,318294,318303
罹星丸 **182430**
藜 **86901**
藜荆芥 139678
藜科 **86873**
藜肋泽兰 **60110**
藜芦 **405618**,405571,405601,405604,405643
藜芦科 248636
藜芦属 **405570**
藜芦叶管花兰 **106883**
藜芦叶棘茅 **145105**
藜芦叶石斛 **125403**
藜芦叶虾脊兰 66101
藜芦獐牙菜 **380400**
藜木科 48812
藜木属 48880
藜千里光 **358917**
藜属 **86891**
藜叶黄芩 **355407**
藜叶假泽兰 **254422**
藜叶坚果番杏 **387162**
藜叶芒刺果 1752
藜叶歧缬草 **404404**
藜叶千里光 283799
藜叶青葙 **80393**
藜叶豚草 **19154**
藜叶蟹甲草 **283797**
藜叶紫罗兰 **246447**
藜状滨藜 **44350**
藜状布里滕参 **211490**
藜状野荞麦 **152446**
藜状珍珠菜 **239579**
黧豆 **259559**
黧豆属 259479
黧蒴栲 78936
黧蒴锥 **78936**
蠡草花 208543
蠡实 208543,208667
礼布芦莉草 339709
礼炮茶梅 **69604**
礼裙莓 **357992**
礼裙莓属 **357989**
礼文虎耳草 **349119**
礼文马先蒿 **287082**
礼文无心菜 **31745**
李 **316761**
李布曼粟 **361812**
李德氏大戟 **159226**
李德氏邪蒿 **361519**
李栋山裂缘花 **362254**
李栋山桑寄生 **385230**,385208
李栋山悬钩子 **339185**
李夫人 233651
李光桃 20950
李海木属 238242
李海竹 **263946**
李海竹属 **263944**
李恒楼梯草 **142716**
李恒碎米荠 **72864**
李花黄牛木 **110258**
李寄生 385207
李卡樟属 228688
李堪木 **228666**
李堪木属 **228663**
李堪尼属 228663
李科 **316093**
李榄 **231753**
李榄琼楠 **50550**
李榄属 **231729**
李曼尼邪蒿 **361520**
李曼氏金雀花 **120970**
李曼氏邪蒿 **361521**
李曼氏岩黄耆 **187979**
李梅杏 **34442**

李民杜鹃　330673
李民女贞　229523
李扇草　68737
李氏杜鹃　330404
李氏蒿　**35815**
李氏禾　**223984**
李氏禾属　223973
李氏鹤虱　**221697**
李氏琉维草　**228285**
李氏柳叶箬　209048
李氏木姜子　**233973**,233975
李氏牛奶菜　**245837**
李氏山竹子　**171129**
李氏橐吾　229095
李氏虾　**140269**
李氏樟味藜　70464
李属　**316166**
李桃　83347
李特羊角拗　**378420**
李维斯粉红花红千层　**67259**
李文氏海甘蓝　108626
李文氏金雀花　120972
李辛氏邪蒿　**361524**
李形金叶树　**90088**
李叶杜鹃　**331560**
李叶杜英　**142377**
李叶金叶树　**90087**
李叶利亚无患子　**234201**
李叶柳　**343278**
李叶鼠鞭草　**199703**
李叶溲疏　126963
李叶唐棣　**19286**
李叶笑靥花　372050
李叶绣线菊　**372050**
李叶榆　**401599**
李仔　316761
李子　316761
李子蕤　315177,365003
里昂尼斯英国石南　150203
里奥萝藦属　**334727**
里奥茜属　**334751**
里巴基特茜　**215779**
里巴木蓝　**206489**
里白艾纳香　55738
里白八角金盘　364997
里白八角金盘属　364996
里白巴豆　112853
里白菝葜　366284,366301
里白白酒草　**103503**
里白柄叶绵头菊　**9759**
里白糙苏　**295117**
里白侧花木藜芦　**228169**
里白常绿淫羊藿　**147055**
里白翅子木　320843
里白翅子树　320843
里白楤木　30593
里白滇紫草　**271784**
里白点腺菀　**234206**
里白东北雷公藤　**398319**
里白杜虹花　66801
里白杜香　**223897**
里白凤仙花　**205025**
里白瓜馥木　166659
里白合毛菊　**170923**
里白胡枝子　226739
里白桦　53388
里白黄牛木　**110263**
里白极美杜鹃　**330061**
里白蓟　**92045**
里白假叶树　**340996**
里白蓼　**309966**
里白领春木　**160348**
里白落叶黄安菊　**364694**
里白马先蒿　**287287**
里白馒头果　**177097**,177184
里白绵头菊　**222359**
里白槭　3026
里白漆　332646
里白浅波叶五味子　**351094**
里白忍冬　235860
里白日本杜鹃　**331262**
里白软枣猕猴桃　**6520**
里白山柳菊　**195661**
里白鼠麹草　**178430**,170923
里白算盘子　**177184**
里白天竺葵　**288302**
里白庭荠　**18331**
里白悬钩子　338808,339338
里白叶薯榔　**131702**,131522
里白叶五加　**143617**
里白伊东杜鹃　**330997**
里白伊藤杜鹃　**330999**
里白苎麻属　244892
里白紫薇　**219932**
里波斯基荆芥　**264984**
里得崖椒　**162144**
里德独叶红豆　**185696**
里德尔风毛菊　**348711**
里德尔姜属　**334483**
里德尔千里光　**359897**
里德尔一枝黄花　**368353**
里德赫克楝　**187146**
里德利多穗兰　**310575**
里德利苣苔属　**334470**
里德利兰　**334474**
里德利兰属　**334473**
里德利纳丽花　**265293**
里德利西澳兰　**118258**
里德利玉凤花　**184031**
里德绿康达木　**101743**
里德婆婆纳　**407216**
里德茜　**327190**
里德茜属　**327189**
里德肉苁蓉　**93074**
里德莎草　**327352**
里德莎草属　**327351**
里迪金丝桃　**202000**
里迪苓菊　**214123**
里迪橐吾　**229101**
里迪亚山柳菊　**195767**
里顿爵床　**334853**
里顿爵床属　**334850**
里多尔菲草　**334478**
里多尔菲草属　**334477**
里恩盾萝藦　**39660**
里恩爵床　**223534**
里恩爵床属　**223532**
里恩欧石南　**149978**
里粉绿咖啡状针茜　**50911**
里夫独行菜　**225373**
里夫还阳参　**110978**
里夫堇菜　**410286**
里夫屈曲花　**203206**
里夫绒毛花　**28211**
里夫水苏　**373410**
里夫藤属　**334866**
里夫头花草　**82158**
里夫勿忘草　**260786**
里夫香科科　**388254**
里夫烟堇　**169154**
里夫羊茅　**164235**
里夫翼首花　**320430**
里弗斯代尔蓝花参　**412846**
里弗斯代尔天竺葵　**288487**
里弗斯代尔香芸木　**10703**
里弗斯欧洲山毛榉　**162418**
里腐草　355387
里根巴赫风车子　**100750**
里根过江藤　**17607**
里古斯山山羊草　**8686**
里海阿魏　**163586**
里海白刺　**266358**
里海百里香　**391388**
里海匙叶草　**230572**
里海虫实　**104754**
里海葱　**15163**
里海番红花　**111514**
里海飞廉　**73514**
里海蒿　**35313**
里海剪股颖　**12386**
里海卡丽花　215567
里海拉拉藤　**170311**
里海蓝刺头　**140822**
里海莲　**263268**
里海蓼　**308952**
里海柳　343174
里海驴喜豆　**271276**
里海穆雷特草　**260132**
里海山楂　**110091**
里海矢车菊　**80998**
里海丝叶芹　**350378**
里海糖芥　**154421**
里海甜茅　**177580**
里海旋覆花　**207075**
里海盐爪爪　**215324**
里海鸢尾　**208555**
里海皂荚　**176867**
里红菠萝　266155
里红凤梨　266155
里见斑叶兰　**179626**
里金姜饼木　**284232**
里堇紫金牛　31638
里卡帚石南　**67495**
里康山核桃　**77876**
里科全缘山榄　**218736**
里克草　**223729**
里克草属　**223728**
里克尔茜　**334779**
里克尔茜属　**334778**
里克曼斯百簕花　**55407**
里克曼斯百蕊草　**389843**
里克曼斯木槿　**195135**
里克森草　**414824**
里克森草属　**414823**
里克野荞麦　**152432**
里苦艾　383090
里绿花叶万年青　**130119**
里毛二分豆　**128903**
里毛天料木　**197688**
里梅花　195269
里莫兰　**230378**
里莫兰属　**230369**
里母子　93539,93546
里泡刺　339029
里皮亚属　232457
里普半日花　**188735**
里普草　226571
里普草属　226569
里普车叶草　**39374**
里普斗篷草　**14077**
里普利野荞麦木　**152431**
里普玛山柳菊　**195748**
里普山柳菊　**195749**
里普斯基草　**232546**
里普斯基草属　**232543**
里普斯基菊　**232548**
里普斯基菊属　**232547**
里普斯基苓菊　**214121**
里普瓦莲　**337300**
里普委陵菜　**312731**
里普旋瓣菊　**412264**
里普杨　311153
里奇大戟　**159727**
里奇樫木　**139672**
里奇秋水仙　**99341**
里奇山柑属　**334789**
里恰德普瑞木　**315238**
里恰德天门冬　**39174**

里瑞牵牛 **207934**
里萨草 **232665**
里萨草属 **232664**
里桑龙叶树 **137731**
里山通泉草 247025
里士满南天竹 **262199**
里氏斗篷草 **14081**
里氏杜鹃 331660
里氏冠须菊 **405951**
里氏豪华菠萝 **324581**
里氏厚唇兰 **146541**
里氏金莲花 **399540**
里氏马吉兰 **245246**
里氏毛腹无患子 **151728**
里氏扭藿香 **236272**
里氏千里光 **359403**
里氏水塔花 **54451**
里斯矮日本扁柏 **85328**
里斯本柠檬 **93541**
里斯顿景天 **356895**
里斯黄耆 **42968**
里斯特报春 **314587**
里瑭小檗 **52276**
里特刺头菊 **108331**
里特革叶荠 **378296**
里特茴芹 **299463**
里特棘豆 **278972**
里特里管花柱 94561
里特里裸萼球 **182475**
里特里子孙球 327296
里特牻牛儿苗 **153837**
里特蒲公英 **384638**
里特山黧豆 **222761**
里特手指玉 **121334**
里特天芥菜 **190666**
里特子孙球 **327296**
里特紫玲玉 **224273**
里瓦弄无心菜 32102
里瓦斯姜味草 **253715**
里瓦斯杨梅 **261210**
里文堇菜 **410493**
里乌罗顿豆 **237415**
里谢大戟 **334372**
里谢大戟属 **334371**
里朽草 355387
里朽斤草 355387
里亚氏苔草 **76031**
里叶草 184656
里因野牡丹属 **229674**
里泽雪花莲 **169730**
里紫细辛 37674
理博树 116122
理查草胡椒 **290417**
理查德棒状苏木 **104320**
理查德翅子藤 **235205**
理查德镰扁豆 **135650**
理查德瘤蕊紫金牛 **271094**
理查德驴喜豆 **271257**
理查德脉刺草 **265692**
理查德木苞杯花 **415743**
理查德欧石南 **149991**
理查德枪刀药 **202605**
理查德蔷薇 **336883**
理查德茄 **367560**
理查德全缘山榄 **218738**
理查德雀麦 **60931**
理查德肉锥花 **102567**
理查德色穗木 **129173**
理查德山柑 **71836**
理查德双距兰 **133919**
理查德乌口树 **385021**
理查德无梗药紫金牛 **46415**
理查德鸭嘴花 **214765**
理查德崖豆藤 **254824**
理查德眼子菜 **312252**
理查德羊茅 **164234**
理查德羊蹄甲 **49220**
理查德银白杨 **311213**
理查德獐牙菜 **380338**
理查德皱茎萝藦 **333855**
理查黄梁木 **59954**
理查浅灰热非茜 **384324**
理查森尖膜菊 201325
理查森苔草 **76033**
理查逊类叶升麻 **6440**
理查眼子菜 **312253**
理查银莲花 **24020**
理查兹百簕花 **55410**
理查兹大果萝藦 **279458**
理查兹大戟 **159724**
理查兹大沙叶 **286434**
理查兹豆腐柴 **313731**
理查兹法鲁龙胆 **162798**
理查兹番薯 **208144**
理查兹感应草 **54552**
理查兹灰毛豆 **386287**
理查兹茴芹 **299514**
理查兹脊被苋 **281212**
理查兹豇豆 **409034**
理查兹金莲木 **268253**
理查兹蓝花参 **412832**
理查兹流苏树 **87734**
理查兹芦荟 **17228**
理查兹裸实 **182766**
理查兹美冠兰 **156969**
理查兹魔芋 **20130**
理查兹墨药菊 **248606**
理查兹木槿 **195143**
理查兹南洋参 **310235**
理查兹疱茜 **319983**
理查兹青葙 **80462**
理查兹润肺草 **58933**
理查兹三萼木 **395275**
理查兹十万错 **43655**
理查兹瘦片菊 **153622**
理查兹树葡萄 **120196**
理查兹唐菖蒲 **176502**
理查兹驼曲草 **119887**
理查兹肖水竹叶 **23605**
理查兹鸭嘴花 **214766**
理查兹异木患 **16136**
理查兹隐萼异花豆 **29054**
理查兹玉凤花 **184030**
理查兹珍珠茅 **354229**
理党参 98373,98423
理德尔惰雏菊 **29105**
理德蓟 **92355**
理防己 34276
理肺散 **187630**,18055,143464,144062,187506,187666,367632
理木香 135722
理三棱 370102
理氏钓钟柳 **289372**
理氏蒿 **35213**
理氏假鼠麹草 **317768**
理氏金合欢 **1530**
理氏老鹳草 **174876**
理氏柳 **344009**
理氏乱子草 **259694**
理氏蛇舌草 **269963**
理氏星花凤梨 **197144**
理氏紫菀 **41150**
理塘藁本 **229351**
理塘虎耳草 **349557**
理塘忍冬 **235924**
理塘沙棘 **196752**
理县贝母 168605
理县杜鹃 **331994**
理县虎耳草 349559
理县金腰 **90401**
理县梾木 **380506**
理县老鹳草 **174844**
理县裸菀 **182347**
理县乌头 **5365**
理县香茶菜 **209746**
理阳参 **283608**
鲤下子叶下珠 296632
鲤鱼 247728
鲤鱼草 96981,372247
鲤鱼胆 162346,173378
鲤鱼橄榄 378386
鲤鱼花草 62110
鲤鱼萝藦 **120283**
鲤鱼萝藦属 **120282**
鲤鱼藤 259486
鲤鱼下子 66743
鲤鱼显子 66762
鲤鱼须 366548
醴肠 141374
醴肠属 141365
鳢肠 **141374**
鳢肠属 **141365**
力夫藤属 334866
力酱梗 402190
力浪草 355494
力参 280741,383324
力树 243420
力新孝顺竹 47493
力药花 280896
力药花属 280877
历安山黄芪 42596
历安山黄耆 42596
历细 382241
立雏 **102051**
立地好 232252
立地坪杜鹃 332093
立蝶豆 97190
立萼草属 153420
立方花属 **115765**
立槁辣子 231300
立鹤花 390759
立花黄堇 **106579**
立花黄眼草 **30829**
立花黄眼草属 **30828**
立花橘 **93823**
立花唐菖蒲 **176183**
立花头序报春 **314439**
立芨 187432
立鲛 **175533**
立金花 **218830**,68189,68217
立金花属 **218824**
立金花肖辛酸木 **327950**
立堇菜 **410478**
立浪草 355494
立莲花 239547
立柳 291082
立奇兰 **116946**,116815
立卿苔草 **75177**
立秋 293216
立沙蒿 36111
立砂蒿 36111
立山剪股颖 **12369**
立氏大王马先蒿 **287606**
立陶宛春黄菊 **26811**
立陶宛婆罗门参 **394309**
立陶宛山柳菊 **195751**
立陶宛甜茅 177626
立陶宛勿忘草 **260823**
立天门冬 39161
立田草 301694
立田凤 364917
立莴苣 **219492**
立叶龙舌兰 **10855**
立叶蔓绿绒 294822
立叶喜林芋 **294797**
立叶玉簪 **198643**
立竹根 396611
丽白花属 228625

丽白竹芋 **66194**
丽百合 **230006**
丽斑菠萝 **412368**
丽斑观音莲 **16499**
丽斑兰属 225061
丽斑橡皮树 **164932**
丽苞橡皮树 **164930**
丽宝球 **327314**
丽宝丸 327314
丽杯花 198053
丽杯花属 **198035**
丽杯夹竹桃 **67660**
丽杯夹竹桃属 **67659**
丽杯角 **198053**
丽杯角属 198035
丽背崖豆藤 **254724**
丽荸荠 **143064**
丽草 308613,308616
丽草属 67554
丽茶绣玉 **284669**
丽春花 282685
丽春玉 **233597**
丽唇夹竹桃属 **66952**
丽刺爵床 **65196**
丽刺爵床属 **65195**
丽刺玉 **366825**
丽葱 **15643**
丽达黄皮 **94205**
丽达突厥蔷薇 **336516**
丽大刺小檗 51896
丽典生石花 **233683**
丽典玉 233683
丽豆 **67785**
丽豆属 **67771**
丽萼熊巴掌 **296397**
丽翡翠扶芳藤 157479
丽富球 182453
丽富玉 **182453**
丽冠菊属 **68037**
丽光殿 **244089**
丽光美国皂荚 176914
丽光球 **140307**
丽光丸 140307
丽红仙人球 **140853**
丽红玉 233500
丽虹生石花 **233500**
丽虹玉 233500
丽花澳吊钟 105395
丽花报春 **314858**
丽花独报春 **270730**
丽花葛 **321432**
丽花兰 **116810**
丽花美冠兰 **156602**
丽花米尔豆属 255772
丽花牡丹 **280289**
丽花欧石南 **150218**
丽花蒲公英 384484
丽花秋水仙 99345
丽花球属 **234900**
丽花石南芸木 99467
丽花属 234900
丽花唐菖蒲 **176095**
丽江白芷 192299
丽江百部 **39156**,39014,375346
丽江百合 **229898**
丽江扁莎 **322282**
丽江杓兰 **120383**
丽江鳔冠花 **120796**
丽江糙苏 **295132**
丽江柴胡 **63803**
丽江车前 301900
丽江赤爮 **390156**
丽江粗蔓芹 393952
丽江粗子芹 **393854**
丽江翠雀 124348
丽江翠雀花 **124348**
丽江大丁草 **175187**
丽江大黄 **329350**
丽江大木通 **94745**
丽江当归 **24391**
丽江滇芎 **297963**
丽江滇紫草 **271789**
丽江吊灯花 **83995**
丽江东谷芹 392795
丽江东爪草 **391937**
丽江独活 **192299**
丽江椴 **391759**
丽江鹅耳枥 77350
丽江风铃草 **69987**
丽江风毛菊 **348492**
丽江高山木姜子 **233867**
丽江藁本 **229314**
丽江合耳菊 **381942**
丽江红景天 **329902**
丽江胡颓子 142242
丽江虎耳草 **349552**,349785
丽江画眉草 147793
丽江黄堇 105816
丽江黄芪 42134
丽江黄耆 **42134**
丽江黄芩 **355570**
丽江黄钟花 115350
丽江茴芹 **299520**
丽江蓟 **92131**
丽江鲫鱼藤 **356299**
丽江假虎杖 309335
丽江假露珠草 239614
丽江剪股颖 **12292**
丽江金不换 405567
丽江金合欢 1176
丽江景天 329902
丽江拉拉藤 **170383**
丽江蓝岩参菊 84965
丽江蓝钟花 **115382**
丽江莨菪 **354693**,25450
丽江肋柱花 **235450**
丽江棱子芹 229350,304793
丽江栎 **323840**
丽江连翘 **167449**
丽江镰扁豆 **135412**
丽江蓼 **309335**
丽江柃 **160486**
丽江铃子香 **86817**
丽江鹿药 **242693**
丽江绿绒蒿 **247123**
丽江麻黄 **146203**
丽江马铃苣苔 **273861**
丽江马尾黄连 105687
丽江马先蒿 **287356**
丽江猫眼草 90351
丽江毛茛 **325777**
丽江毛连菜 298627
丽江毛鳞菊 **84965**
丽江梅花草 **284559**
丽江木姜子 233867
丽江木蓝 **205709**
丽江南星 **33388**
丽江拟囊果芹 297963
丽江牛皮消 **117564**,117576
丽江蒲公英 **384515**
丽江槭 **2970**
丽江千里光 **359357**
丽江前胡 292829
丽江蔷薇 **336690**
丽江清风藤 **341553**
丽江秋海棠 49971
丽江荛花 **414207**
丽江沙参 7674
丽江山慈菇 207497
丽江山慈菇属 207492
丽江山荆子 **243687**
丽江山莨菪 **25450**
丽江山梅花 **294419**
丽江山石榴 196352
丽江舌唇兰 **302391**
丽江神血宁 309335
丽江丝瓣芹 **6222**
丽江溲疏 **126943**
丽江苔草 **74310**
丽江唐松草 **388719**
丽江铁杉 **399903**
丽江铁苋菜 **1975**
丽江铁线莲 **94965**,94745
丽江葶苈 **137088**
丽江通泉草 **247031**
丽江土当归 30589
丽江橐吾 **229094**
丽江万丈深 163686
丽江微孔草 **254345**
丽江尾药菊 381942
丽江卫矛 **157683**
丽江乌头 **5205**
丽江吴萸 161328
丽江吴茱萸 **161328**
丽江陷脉冬青 **203755**
丽江香茶菜 209711
丽江香青 **21592**
丽江小檗 **51860**
丽江小柴胡 63803
丽江蟹甲草 **283840**
丽江星宿菜 239614
丽江绣线菊 **371997**
丽江续断 **133495**
丽江雪胆 **191934**
丽江雪灵芝 32116
丽江栒子 **107526**
丽江亚菊 **12990**
丽江岩虎耳草 **349492**
丽江羊茅 **164400**
丽江羊蹄甲 **49019**
丽江野葱 15351
丽江野丁香 **226081**
丽江一笼鸡 283361
丽江一支箭 110920
丽江蝇子草 **363684**
丽江硬叶杜鹃 **331940**
丽江远志 **308163**
丽江云杉 **298331**
丽江蚤缀 32116
丽江獐牙菜 **380179**
丽江珍珠菜 **239712**
丽江珍珠梅 239712
丽江皱颖草 **333817**
丽江紫金龙 **128302**
丽江紫堇 105816
丽江紫菀 **40754**
丽胶金菊木 **150354**
丽角芫荽 **206916**
丽韭 **15760**
丽韭属 **128868**
丽菊属 50841
丽卡斯特兰属 238732
丽口紫葳 **97474**
丽口紫葳属 **97473**
丽葵 194689
丽蓝木属 391566
丽蓼 **309647**
丽柳 **344132**
丽鹿藿 **333408**
丽麻藤属 **230085**
丽蔓 **67551**
丽蔓属 **67549**
丽毛低矮苔草 **74847**
丽毛莨 325730
丽毛羊胡子草 **152746**
丽藕草沙蚕 **398089**
丽槭 3297
丽庆雀麦 **60927**

丽雀稗 **285492**
丽髯玉 275410
丽人 108905
丽人草 **5372**
丽人大花夏枯草 **316105**
丽人柳 **329708**
丽人欧丁香 382333
丽容丸 389205
丽乳苣 **259762**
丽萨罂粟 **282596**
丽山 **272530**
丽蛇球 **182439**
丽蛇丸 182439
丽神球 **244099**
丽神球玉 **284703**
丽神丸 244099
丽盛球 **327264**
丽盛丸 327264
丽石斛 125365
丽水苦竹 **304068**
丽水悬钩子 **338755**
丽穗凤梨 **412371**
丽穗凤梨属 **412337**
丽穗兰属 412337
丽穗糖蜜草 **249299**
丽唐菊 **136132**
丽头菊 **66951**
丽头菊属 **66949**
丽豌豆 **301063**
丽菀 **155821**
丽菀属 **155799**
丽薇 **219731**
丽薇属 **219729**
丽翁锦 **273813**
丽翁柱 **82206**
丽西红景天 329901
丽绣线菊 371903
丽绣玉 **284683**
丽阳球 **107059**
丽阳丸 107059
丽椰属 295506
丽叶椒草 **290398**
丽叶女贞 **229466**
丽叶秋海棠 **50110**
丽叶薯蓣 **131474**
丽叶水星草 **193677**
丽叶铁线莲 **95409**
丽叶莴苣 **219246**
丽叶沿阶草 **272112**
丽忧花 **241597**
丽玉 **86620**
丽云丸 244130
丽芸木 **67667**
丽芸木属 **67666**
丽芝球 **244130**
丽芝丸 244130
丽枝 233078
丽枝梅 34448
丽钟阁 385151
丽钟角 **385151**
丽钟角属 **385146**
丽柱萝藦属 **68050**
丽装翁 **253093**
丽装翁属 **253092**
丽子藤 **137802**
丽棕属 295506
利阿尔柠檬 **93456**
利安斑鸠菊 **406504**
利安布洛大戟 **55661**
利安刺橘 **405519**
利安丹氏梧桐 **135887**
利安狗肝菜 **129279**
利安火石花 **175184**
利安假杜鹃 **48229**
利安金星菊 **89954**
利安榄仁 **386571**
利安芦荟 **16957**
利安鹿藿 **333290**
利安没药 **101443**
利安缅甸姜 **373595**
利安牡荆 **411319**
利安南洋参 **310218**
利安诺罗木犀 **266709**
利安气花兰 **9221**
利安千里光 **359293**
利安秋海棠 **49999**
利安石豆兰 **62839**
利安树葡萄 **120126**
利安土连翘 **201074**
利安弯管花 **86227**
利安无梗药紫金牛 **46411**
利安异决明 **360449**
利安玉凤花 **183770**
利安猪屎豆 **112320**
利昂风兰 **24917**
利奥波德灯心草 **212809**
利奥波德维尔紫玉盘 **403509**
利奥风信子属 **225027**
利奥纳斯漂泊欧石南 **150203**
利奥山柳菊 **195919**
利贝勒八仙花 **199970**
利本短梗景天 **8462**
利本黑草 **61810**
利本黄花稔 **362572**
利本露子花 **123912**
利本树葡萄 **120131**
利本酸藤子 **144758**
利本一点红 **144942**
利本玉凤花 **183789**
利比里亚白藤豆 **227898**
利比里亚百蕊草 **389761**
利比里亚番樱桃 **156269**
利比里亚谷木 **249995**
利比里亚虎尾兰 **346109**
利比里亚黄檀 **121734**
利比里亚假葶爵床 **317481**
利比里亚姜饼木 **284243**
利比里亚九节 **319642**
利比里亚咖啡树 98941
利比里亚擂鼓艻 **244918**
利比里亚龙船花 **211122**
利比里亚露兜树 **281064**
利比里亚毛杯漆 **396339**
利比里亚膜鞘茜 **201027**
利比里亚拟九节 **169337**
利比里亚日中花 **220597**
利比里亚萨比斯茜 **341654**
利比里亚三角车 **334648**
利比里亚柿 **132256**
利比里亚鼠李 **328735**
利比里亚万花木 **261107**
利比里亚微花藤 **207364**
利比里亚纹蕊茜 **341322**
利比里亚肖乌桕 **354414**
利比里亚崖豆藤 **254756**
利比亚草 **228660**
利比亚草属 **228659**
利比亚车前 **302052**
利比亚还阳参 **110885**
利比亚咖啡 98941
利比亚拉拉藤 **170496**
利比亚牻牛儿苗 **153808**
利比亚酸模 **340260**
利比亚香雪球 **235087**
利比亚肖蓝盆花 **365896**
利比亚絮菊 **165986**
利比亚蝇子草 **363727**
利比亚针禾 376999
利比亚针蒴草 **376999**
利比亚猪毛菜 **344613**
利便屋刺芹 **154325**
利便屋西刺芫荽 154325
利伯白莱棕 **228621**
利伯白莱棕属 **228620**
利伯特厚壳桂 **113464**
利伯维尔毒鼠子 **128719**
利伯维尔多坦草 **136601**
利伯维尔番樱桃 **156270**
利伯维尔黄檀 **121735**
利伯维尔肖九节 **402005**
利伯维尔指腺金壳果 **121162**
利布大白苞竹芋 **186164**
利布非洲马钱树 **27602**
利布黄栀子 **337506**
利布惠特爵床 **413956**
利布老鸦嘴 **390824**
利布五星花 **289849**
利布细线茜 **225763**
利布小花茜 **286012**
利策苣苔属 228802
利川贝母 168491
利川慈姑 **342372**
利川开口箭 **70614**
利川楠 **295378**
利川槭 **3101**
利川润楠 **240620**
利川香槐 **94024**
利川绣球 199939
利川阴山荠 **416343**
利川银鹊树 384370
利川瘿椒树 **384370**
利茨苣苔 **228803**
利茨苣苔属 **228802**
利刺飞廉 73281
利达尔叉足兰 **416516**
利达尔凤仙花 **205077**
利达尔芦荟 **16958**
利达尔司徒兰 **377311**
利胆草 320916
利德苦苣菜 **368744**
利德木茼蒿 **32586**
利德茄 **367303**
利迪亚肉锥花 **102354**
利蒂大风子属 219725
利蒂木属 **219725**
利顿百合 **234139**
利顿百合属 **234130**
利儿松 298358
利尔巴因榄 286755
利尔牵牛 207934
利尔斯灯心草 **213206**
利尔斯苔草 **74367**
利夫莫尔无心菜 **32029**
利根香 67689
利古里亚车轴草 **396954**
利古里亚乐母丽 **335975**
利古里亚鼠茅 **412449**
利黄藤 287989
利基米拟乌拉木 **178940**
利加 302753
利尖草 187646
利坚草 **239310**
利坚草属 **239306**
利筋藤 351802
利久球 **244090**
利久丸 244090
利卡西刺蒴麻 **399269**
利堪蔷薇 228666
利堪蔷薇属 228663
利尻地榆 **345835**
利尻棘豆 **278765**
利尻苔草 **76201**
利洛小檗 **51861**
利马橙 **93532**
利马川风毛菊 **348477**
利马豆 294006
利马风毛菊 348477
利曼斯白粉藤 **92805**

利末花科 64474
利姆尔欧丁香 **382360**
利纳栎 **323589**
利纳特胶希丁香 **382184**
利尿绶草 **372202**
利帕豆属 **232039**
利帕木属 341213
利普斯基阿魏 **163665**
利普斯基白花菜 **95723**
利普斯基百里香 **391254**
利普斯基葱 **15330**
利普斯基翠雀花 **124352**
利普斯基大戟 **159252**
利普斯基大蒜芥 **365528**
利普斯基蒿 **35830**
利普斯基胡卢巴 **397247**
利普斯基黄芩 **355575**
利普斯基棘豆 **278970**
利普斯基碱蓬 **379548**
利普斯基蓝刺头 **140737**
利普斯基柳 **343612**
利普斯基龙胆 **173600**
利普斯基驴喜豆 **271227**
利普斯基罗马风信子 **50761**
利普斯基木果芥 **21912**
利普斯基歧缬草 **404437**
利普斯基沙拐枣 **67044**
利普斯基石头花 **183214**
利普斯基鼠尾草 **345176**
利普斯基栓翅芹 **313526**
利普斯基丝叶芹 **350372**
利普斯基葶苈 **137093**
利普斯基瓦莲 **337302**
利普斯基鸦葱 **354889**
利普斯基岩黄耆 **187989**
利普斯基岩芥菜 **9803**
利普斯基针茅 **376841**
利奇丹氏梧桐 **135886**
利奇苦瓜掌 **140034**
利奇龙王角 **199025**
利奇萝藦属 **221984**
利奇美冠兰 **156807**
利奇青锁龙 **109111**
利奇小檗 **51838**
利切木属 334352
利如 302753
利茹 302753
利沙柚 **93751**
利申特黄芦木 51713
利升龙 **395644**
利氏东南亚山榄 **286755**
利氏前胡 **292909**
利氏秋海棠 **50011**
利氏授带木 197153
利氏水塔花 **54450**
利氏藤属 **224134**
利氏玉凤花 **183804**
利氏鸢尾属 **228625**
利索巴考婆婆纳 **46361**
利索百蕊草 **389765**
利索斑鸠菊 **406525**
利索半边莲 **234605**
利索苞叶兰 **58400**
利索风车子 **100595**
利索风兰 **24924**
利索合瓣花 **381840**
利索黑草 **61813**
利索黄杨 **64272**
利索兰属 **232692**
利索拟风兰 **24674**
利索平口花 **302639**
利索柔花 **8951**
利索三芒草 **33912**
利索三指兰 **396654**
利索双距兰 **133828**
利索一点红 **144944**
利索玉凤花 **183803**
利索猪屎豆 **112344**
利索紫金牛 **31506**
利塔车叶草 **39375**
利塔斗篷草 **14078**
利塔尔鼠茅 **412453**
利塔还阳参 **110887**
利塔欧夏至草 **245749**
利塔矢车菊 **81177**
利踏天 **264373**
利特尔伍德日中花 **220598**
利特尔伍德肉锥花 **102358**
利特尔伍德仙花 **395812**
利特尔伍德舟叶花 **340762**
利特藁本 **229352**
利特氏阿魏 **163666**
利特氏鼻花 **329536**
利特氏柽柳 **383547**
利特氏单被藜 **257686**
利特氏斗篷草 **14080**
利特氏风信子 **199580**
利特氏海甘蓝 **108626**
利特氏桦 **53509**
利特氏黄芩 **355576**
利特氏金雀花 **120972**
利特氏柳 **343613**
利特氏沙拐枣 **67045**
利特氏山柳菊 **195753**
利特氏丝石竹 **183215**
利特氏苔草 **75180**
利特氏玄参 **355173**
利特氏鸦葱 **354890**
利特氏罂粟 **282597**
利特氏蝇子草 **363694**
利特维诺夫翅果菘蓝 **345719**
利特维诺夫驴臭草 **271793**
利维斯特南欧石南 **149048**
利文苞爵床 **139009**
利文含羞草 **255067**
利文花柱草属 228236
利文毛茛 **325501**
利文斯顿半边莲 **234606**
利文斯顿露兜树 **281066**
利文斯顿美冠兰 **156824**
利文斯顿木蓝 **206185**
利文斯顿日中花 **251255**
利文斯顿象腿蕉 **145838**
利文斯顿鸭跖草 **101011**
利文斯顿玉凤花 **183807**
利文斯通美登木 **182732**
利文斯通柔花 **8952**
利沃斯紫欧洲水青冈 **162417**
利乌维尔糙缨苣 **392686**
利乌维尔看麦娘 **17539**
利乌维尔马蹄豆 **196641**
利乌维尔球花木 **177041**
利乌维尔香科 **388132**
利希草属 **228696**
利希坚果粟草 **7532**
利希滕假杜鹃 **48230**
利希滕勒珀蒺藜 **335674**
利希滕密头帚鼠麹 **252446**
利希滕茄 **367302**
利希滕勋章花 **172306**
利亚无患子 **234200**
利亚无患子属 **234199**
利扎可拉木 **99222**
利扎石豆兰 **62858**
利知子 55575
沥口花 378386
沥青百里香 **391102**
沥青波鲁兰 **56750**
沥青补骨脂 **54841**
沥青补骨脂属 **54839**
沥青豆 **56731**
沥青豆属 **56730**
沥青棘豆 **279075**
沥青肖鸢尾 **258419**
沥青悬钩子 **339049**
苈苋菜 18822
戾草 36647,289015
枥柴 323881
枥叶花楸 **369570**
枥叶槭 **2943**
枥榆 401489
枥子 323611
苙刺甲 336509
俪兰 262468
栎 323611,323881,324384
栎林斗篷草 **14094**
栎林金千里光 **279944**
栎林毛茛 **326118**
栎林勿忘草 **260840**
栎木 323611
栎属 **323580**
栎树桑寄生 236646
栎甜茅 **177635**
栎叶白粉藤 **92927**
栎叶白花楸 **369328**
栎叶白面子树 369328
栎叶柏那参 59239
栎叶班克木 **47663**
栎叶贝克斯 47663
栎叶椆 233354
栎叶醋栗 **334169**
栎叶翠雀花 **124550**
栎叶岛海桐 **17818**
栎叶杜鹃 331477
栎叶番木瓜 **76816**
栎叶飞蓬 **150922**
栎叶沟麻疯树 **212210**
栎叶厚敦菊 **277127**
栎叶花楸 **369297**
栎叶菊属 **293393**
栎叶坎图木 **71551**
栎叶坎吐阿木 71551
栎叶柯 **233354**
栎叶宽肋瘦片菊 **57656**
栎叶罗伞 **59239**
栎叶曼陀罗 **123075**
栎叶没药 **101516**
栎叶梅蓝 **248877**
栎叶南洋参 **310206**
栎叶枇杷 **151168**
栎叶破布木 **104235**
栎叶石栎 233354
栎叶栓果菊 **222972**
栎叶丝头花 **138442**
栎叶天竺葵 **288459**
栎叶肖杨梅 **258751**
栎叶绣球 **200063**
栎叶亚菊 **13026**
栎叶杨梅 **261208**
栎叶银桦 **180640**
栎叶樱桃 243523
栎叶鱼黄草 **250820**
栎叶月橘 238382
栎叶月芸香 **238382**
栎状欧洲水青冈 **162416**
栎子椆 116065
栎子青冈 **116065**
栎子树 323611
疬子草 260090
疬子薯 29304
荔 208543
荔波唇柱苣苔草 **87898**
荔波大节竹 **206888**
荔波吊竹 **125489**
荔波杜鹃 **331106**
荔波红瘤果茶 **69577**
荔波胡颓子 **142055**
荔波花椒 **417258**

荔波连蕊茶 **69286**
荔波瘤果茶 69577
荔波楼梯草 **142715**
荔波球兰 **198867**
荔波润楠 **240621**
荔波桑 **259154**
荔波山橙 **249657**
荔波铁线莲 **95084**
荔波卫矛 **157687**
荔波蚊母树 **134935**
荔波悬钩子 **338742**
荔果 233078
荔锦 233078
荔莓 30888
荔莓属 30877
荔莓叶涩果 34854
荔奴 131061
荔埔石斛 **125259**
荔叶杜鹃 331120
荔支 233078
荔支红 4304
荔枝 **233078**
荔枝草 **345310**,180177,355554
荔枝槁 240570
荔枝公 50536
荔枝果 233078
荔枝菊 169575
荔枝母 4879
荔枝木 145693
荔枝桑 **48889**
荔枝桑属 **48887**
荔枝肾 345418
荔枝属 **233077**
荔枝藤 125960,337729
荔枝叶杜鹃 **331120**
荔枝叶红豆 **274434**
荔子 233078
郦氏落草 217487
栗 78802,78889
栗斑澳迷迭香 **413915**
栗斑维斯特灵 413915
栗当 275010
栗党 275010
栗豆木 **79075**
栗豆木属 **79073**
栗豆属 10975
栗豆树 79075
栗豆树属 79073
栗豆藤 **11059**
栗豆藤属 **10975**
栗果 78802
栗果豆属 79073
栗果无患子 **79079**
栗果无患子属 **79078**
栗褐畸花茜 **28853**
栗褐苔草 73952
栗花灯心草 **212990**
栗花地杨梅 **238577**
栗黄马桑绣球 200134
栗寄生 **217906**,410979
栗寄生属 **217901**,295575
栗壳 324532
栗栎 324201
栗鳞贝母兰 **98653**
栗毛钝果寄生 **385187**
栗毛寄生 385187
栗毛头九节 **81955**
栗南瓜 114288
栗色阿比西尼亚鞘芽莎 **99439**
栗色巴戟 **258874**
栗色刺桧 **213842**
栗色灯心草 212990
栗色多齿茜 **259787**
栗色壶花柱 **157166**
栗色卷边十二卷 **186553**
栗色可利果 **96679**
栗色芦荟 **16696**
栗色密花豆 370424
栗色木槿 **194772**
栗色飘拂草 **166212**
栗色三角车 **334600**
栗色三叶草 **397083**
栗色莎草 **119127**
栗色山地鸡头薯 **152981**
栗色鼠尾 344941
栗色鼠尾草 **344941**
栗色苔草 **74066**
栗色娃儿藤 **400858**
栗色亚麻藤 **199148**
栗色蝇子草 **363224**
栗莎草 **118615**
栗属 **78766**
栗穗苔草 **74067**
栗仙人球 140620
栗形莎草 **119126**
栗椰属 46374
栗叶黄钟花 **385472**
栗叶九节 **319473**
栗叶栎 **323737**
栗叶算盘子 177178
栗叶亚麻藤 **199149**
栗叶羊大戟 **71581**
栗叶榆 401476
栗油果属 53055
栗状大风子 **199746**
栗籽豆属 79073
栗子 78777,78802
栵栗 78823
砾地毛茛 **325900**
砾沙石竹 **127849**
砾沙旱熟禾 **305940**
砾石杜鹃 **330445**
砾石棘豆 **278852**
砾玄参 **355145**
砾竹 **297218**
笠百合 230065
笠柴 233122
笠麻花 239547
笠取山西氏槭 **3607**
笠取山席氏槭 3607
笠松 300151
笠碗子树 297013
粒斑卡特兰 **79540**
粒瓣顶冰花 169443
粒菊属 **316963**
粒鳞顶冰花 **169443**
粒皮桉 **155469**
粒状鹤虱 **221684**
粒状马唐 **130407**
楝果禾 **377873**
楝果禾属 **377872**
楝芒禾科 **377862**
楝芒禾属 **377859**
痢疾草 1790,13102,104598,159971,312450
痢疾罐 248732,276098
痢灵树 243427
痢头花 314408
痢药 209822
痢药草 34203,34219
痢止草 13102,117643,276098
痢止蒿 **13102**,13063
痢子草 159971
綟木 239391,239392
綟木属 22418,239369
欐枝 233078
连 167456
连草 167456
连禅芋 99910
连肠香 21682
连城角 **83908**
连城苔草 **75148**
连齿马先蒿 **287105**
连虫陆 340089
连地稗 81687
连萼谷精草 151257
连萼锦带花 413591
连萼粟草 **98479**
连萼粟草属 **98477**
连发黄栌 **107302**
连饭 366338
连杆果 231393
连根拔 9560
连合费利菊 **163140**
连合尖刺联苞菊 **52651**
连合欧石南 **149013**
连合香脂树 181769
连合子 106675,167488
连核梅 106675
连环草 65921
连及草 55575
连甲棒 142704
连架拐 94778
连江寄生 385207
连金钱 176839
连卡梅伦大戟 **159918**
连科兰糙苏 **295130**
连科兰葱 **15423**
连科兰景天 **356874**
连科兰蓼 **309329**
连科兰柳穿鱼 **231026**
连科兰山柳菊 **195731**
连科兰蜀葵 **13930**
连壳 167456
连里尾树 297008
连理草 222800
连理藤 **97471**
连理藤属 **97468**
连罗 174305
连麻树 88691
连毛草 **153360**
连毛草属 **153358**
连明子 **340126**,340116
连母 23670
连七 43164
连钱草 81570,176813,176821,176824,176839,176844,191574,220355,239582,262249,355702,388536
连钱草属 176812
连钱草苎麻 262249
连钱黄芩 **355464**
连乔 167456
连翘 **167456**,201743
连翘根节兰 66001
连翘黄芩 355484
连翘属 **167427**
连翘叶黄芩 **355484**
连蕊茶 **69033**,69082
连蕊芥 **382011**
连蕊芥属 **382004**
连蕊藤 **283060**
连蕊藤属 **283059**
连蕊芋属 20037
连山 **337157**
连山耳草 **187603**
连山红山茶 **69277**,69675
连山离蕊茶 69277,69675
连山葡萄 **411788**
连山属 337153
连参 364103
连生花 247457
连丝果 413759
连丝石蒜 **196178**
连丝石蒜属 **196176**
连锁委陵菜 **312675**
连县唇柱苣苔草 **87899**
连香草 **404284**,404285

连香木 83736
连香树 **83736**,83740
连香树科 **83732**
连香树属 **83734**
连续槲寄生 **411002**
连续剪股颖 **12067**
连续苔草 **74183**
连阳八座 97719
连轺 167456
连药灌 **88229**
连药灌科 **88224**
连药灌属 **88228**
连药属 88228
连药沿阶草 **272057**
连叶马先蒿 **287107**
连叶松 **300103**
连异 167456
连异翘 167456
连簪簪 208120
连粘树 91282
连针 72285
连枝草 247456
连州竹 308613
连珠 229811,230058
连珠巴戟 258905
连珠白芨 274036
连珠豆 66653
连珠兰 232339
连珠毛兰 148754
连珠炮 191316
连珠绒兰 148754
连珠石斛 146543
连竹 308613,308616
连柱大戟 **159919**
连柱金丝桃 **201818**
连柱菊 **28430**
连柱菊属 **28429**
连子七 120371
帘子藤 **313229**
帘子藤属 **313224**
莲 **263272**,205548
莲安菊 **283539**
莲安菊属 **283535**
莲瓣兰 117082
莲菜花 312360
莲草 141374
莲豆 294056
莲桂 **123606**
莲桂属 **123598**
莲花 263272
莲花白 59520
莲花宝石牡丹 **280291**
莲花菜 312360
莲花草 43053
莲花池谷精草 151409,151424
莲花池寄生 **385244**
莲花池山龙眼 **189948**
莲花还阳 364919
莲花姜 307324,418002,418026
莲花卷唇兰 62780
莲花七 365050
莲花山黄芪 42734
莲花山黄耆 **42734**
莲花山堇菜 **410178**
莲花升麻 24167
莲花升麻属 24166
莲花细辛 **37617**
莲花掌 9023
莲花掌属 **9021**
莲华草 43053
莲华池柃木 160591
莲华柃 **160591**
莲华球 **234927**,244224
莲华丸 234927
莲蕉 71181
莲角 394436
莲科 **263281**
莲南草属 283760
莲楠草 283763
莲楠草属 **283760**
莲藕 263272
莲蓬草 162616
莲荞 139062
莲山黄芪 42596
莲山黄耆 **42596**
莲生桂子草 37888
莲生桂子花 37888
莲生桂子花属 37811
莲生桂子属 37811
莲实藤 **65034**,65040
莲实椰子属 200180
莲属 **263267**
莲台夏枯 220355
莲台夏枯草 97017,220355
莲铁属 57972
莲沱兔儿风 **12717**
莲菀 **48902**
莲菀属 **48901**
莲雾 382606,382660
莲叶点地梅 **23191**
莲叶花 312360
莲叶秋海棠 **50104**,49703,49943
莲叶桐 **192913**
莲叶桐科 **192921**
莲叶桐属 **192909**
莲叶桐叶千金藤 375861
莲叶橐吾 **229118**
莲叶荇菜 267825
莲叶莕菜 267825
莲芋 99919
莲枣 **418177**
莲状绢毛菊 369860,374539
莲子草 **18147**,78429,141374,159092,159286,218347
莲子草属 **18089**
莲子簕 65040
莲子叶 117908
莲座巴西菊 **255406**
莲座巴西菊属 **255405**
莲座半日花 **399957**
莲座半日花属 **399940**
莲座贝克菊 **52771**
莲座柄泽兰 **54732**
莲座柄泽兰属 **54731**
莲座糙毛菊 **219089**
莲座糙毛菊属 **219088**
莲座草 140000
莲座草属 139970
莲座刺花蓼 **89122**
莲座大戟 **159736**
莲座点地梅 **23110**
莲座钝柱菊毛菀 **418826**
莲座钝柱菊属 **290724**
莲座多花筋骨草 **13145**
莲座费利菊 **163273**
莲座凤仙花 **205289**
莲座伽蓝菜 **215268**
莲座高原芥 **89261**
莲座狗舌草 **365038**
莲座豪曼草 **186210**
莲座华千里光 365076
莲座蓟 **91958**
莲座加那利香雪球 **235074**
莲座景天 **357102**
莲座韭 **15025**
莲座蜡菊 **189719**
莲座蓝花参 **412884**
莲座蓝蓟 **141287**
莲座藜 **354286**
莲座藜属 **354284**
莲座鳞蕊芥 **225587**,264632
莲座毛茛 **325741**
莲座毛连菜 298607
莲座梅 **215853**
莲座梅属 **215848**
莲座念珠芥 **264632**,225587
莲座蒲儿根 **365076**
莲座千里木属 125716
莲座青锁龙 **109409**
莲座裙花 **292669**
莲座三翅菊 **398220**
莲座三距时钟花 **396500**
莲座山景天 356615
莲座山莴苣 **219474**
莲座蛇舌草 **269971**
莲座参 287719
莲座石蝴蝶 **292578**
莲座瘦片菊 **203121**
莲座瘦片菊属 **203120**
莲座天名精 **77185**
莲座通泉草 247002
莲座瓦莲 **337309**
莲座菀 **216179**
莲座菀属 **216177**
莲座香茶 **303623**
莲座缬草 **404259**
莲座旋覆花 207209
莲座叶斑叶兰 **179586**
莲座叶棒棰树 **279689**
莲座叶粗根 279689
莲座叶龙胆 **173345**
莲座叶通泉草 **247002**
莲座叶紫金牛 31565
莲座蝇子草 **363983**
莲座尤利菊 **160866**
莲座玉凤花 **183977**
莲座獐牙菜 **380340**
莲座状党参 **98408**
莲座紫金牛 **31565**
联苞菊属 **196932**
联步 159222
联萼列当 **275068**
联冠鼠麹草 **226560**
联冠鼠麹草属 **226558**
联冠紫绒草 **378999**
联冠紫绒草属 **378997**
联合飞蓬 **151035**
联合古夷苏木 **181769**
联合露兜树 **281006**
联合向日葵 **189033**
联蕊木 **381580**
联蕊木属 **381576**
联托菊 **238386**
联托菊属 **238385**
联药花 **380775**
联药花属 **380769**
联药樟 **170857**
联药樟属 **170856**
联叶大沙叶 **286167**
联珠果 243551
廉姜 17656,17677
廉菊 97599
廉菊属 97581
廉序竹属 391457
鲢鱼须 366343,366573
臁草 224110
臁疮草 178481
镰阿佛罗汉松 9993
镰瓣豆 **139539**
镰瓣豆属 **139537**
镰瓣凤仙花 **204943**
镰瓣卷瓣兰 **62721**
镰瓣瘤瓣兰 **270808**
镰瓣双袋兰 **134295**
镰苞鹅耳枥 77401
镰臂形草 **58090**
镰扁豆 **135646**
镰扁豆属 **135399**

镰藕豆　135646
镰赤宝花　**390003**
镰翅羊耳兰　232106
镰翅羊耳蒜　**232106**
镰唇爵床　**185881**
镰唇爵床属　**185880**
镰刀草　372247
镰刀黄精　**308538**
镰刀荚蝶豆　**97188**
镰刀金合欢　**1217**
镰刀卷瓣兰　**62718**
镰刀鳞茅　131008
镰刀叶桉　155566
镰刀叶柴胡　63625
镰刀叶黄皮树　294240
镰刀叶卷耳　**82808**
镰刀玉　**340987**
镰刀玉属　**340986**
镰刀状藁本　**229321**
镰刀状金合欢　1217
镰萼凤仙花　**204914**
镰萼喉毛花　**100271**
镰萼棘豆　278825
镰萼假龙胆　**173430**,100271
镰萼龙胆　100271
镰萼虾脊兰　**66037**
镰非洲罗汉松　**9993**
镰稃草　**185830**
镰稃草属　**185828**
镰梗拟劳德草　**237856**
镰冠萝藦　**137870**
镰冠萝藦属　**137869**
镰果百脉根　**237598**
镰果扁豆　135646
镰果草　**137829**
镰果草属　**137828**
镰果杜鹃　**330749**
镰果灰毛豆　**386048**
镰果菊　**185836**
镰果菊属　**185834**
镰果丽穗凤梨　**412347**
镰果木蓝　**205925**
镰果云实　**64999**
镰花番荔枝属　**137819**
镰喙苔草　**74389**
镰荚黄芪　42021
镰荚黄耆　**42021**
镰荚棘豆　**278825**
镰荚苜蓿　247457
镰荚玉凤花　**183617**
镰假稻　**223980**
镰尖蕈树　18204
镰角玉凤花　**183614**
镰盔马先蒿　287826
镰芦荟　**16813**
镰芒针茅　**376737**
镰么仔草　234363
镰么子草　234363
镰乳香黄连木　**300996**
镰沙漠黄耆　**42345**
镰柿　**132419**
镰丝萝藦属　**185859**
镰穗补血草　**230610**
镰穗草属　**306819**
镰苔草　**74483**
镰头大地豆　**199330**
镰托叶扁担杆　**180774**
镰托叶满盾豆　**61439**
镰尾冬青　203744
镰形拜卧豆　**227050**
镰形贝母　**168400**
镰形糙蕊阿福花　**393743**
镰形柴胡　**63625**
镰形长庚花　**193266**
镰形大戟　**158876**
镰形单头鼠麹草　**254907**
镰形短丝花　**221401**
镰形多德森兰　**135244**
镰形厄斯特兰　**269568**
镰形纺锤花竹　**44098**
镰形风车子　**100462**
镰形风兰　263867
镰形海神木　**315749**
镰形禾叶金菀　**301503**
镰形胡卢巴　**397224**
镰形黄瓜　**114247**
镰形黄连木　**300986**
镰形黄耆　**42356**
镰形黄蓉花　**121922**
镰形极窄芒柄花　**271304**
镰形棘豆　278825
镰形加德纳滨藜　**44409**
镰形可利果　**96717**
镰形勒古桔梗　**224064**
镰形镰扁豆　**135472**
镰形绿木树　**88664**
镰形罗顿豆　**237300**
镰形罗汉松　261975,306426
镰形马泰木　**246256**
镰形美冠兰　**156698**
镰形木荚苏木　**146108**
镰形南非蜜茶　**116322**
镰形南美纳茜菜　**209493**
镰形麒麟叶　**147341**
镰形青篱竹　**37172**
镰形热非夹竹桃　**13282**
镰形日中花　**220549**
镰形丝雏菊　**263204**
镰形丝头花　**138428**
镰形酸脚杆　**247560**
镰形田皂角　**9536**
镰形乌头　**5182**
镰形五蕊寄生　**125664**
镰形鳞茅　**131008**
镰形小鹿藿　**333325**
镰形新澳洲鸢尾　**264258**
镰形新几内亚漆　**160381**
镰形玉凤花　**183613**
镰形针果芹　**350421**
镰形指甲兰　9286
镰形朱缨花　**66670**
镰形柱瓣兰　**146418**
镰形佐勒铁豆　**418260**
镰序竹　**137849**
镰序竹属　**137841**
镰药藤　**50936**
镰叶桉　**155566**
镰叶扁担杆　**180773**
镰叶草　**137834**
镰叶草属　**137833**
镰叶虫实　**104776**
镰叶灯心草　**213100**
镰叶顶冰花　**169417**
镰叶动蕊花　**216459**
镰叶杜鹃　**330678**
镰叶粉刀玉　**155320**
镰叶甘蜜树　**263055**
镰叶合欢　162473
镰叶厚叶兰　**279627**
镰叶黄皮树　294240
镰叶黄耆　**42355**
镰叶火炬花　**216955**
镰叶鲫鱼藤　**356284**
镰叶碱蓬　**379513**
镰叶解宝树　180773
镰叶金合欢　**1274**
镰叶金菊　**90193**
镰叶锦鸡儿　**72187**
镰叶韭　**15252**,15161
镰叶坎棕　85430
镰叶栲　1217
镰叶库卡芋　**114381**
镰叶兰属　34895
镰叶冷水花　**299043**
镰叶瘤兰　**297597**
镰叶瘤蕊紫金牛　**271044**
镰叶芦荟　**16784**
镰叶陆均松　**121098**
镰叶罗汉松　**162480**,261975,306426
镰叶罗汉松属　**162478**
镰叶麻雀木　**285563**
镰叶马蔺　208813
镰叶南非木姜子　387008
镰叶尼克樟　263055
镰叶盆距兰　**171828**
镰叶飘拂草　**166311**
镰叶漆　**185867**
镰叶漆属　**185866**
镰叶杞莓　**316984**
镰叶前胡　**292850**
镰叶茜草　**337955**
镰叶芹　**162460**
镰叶芹属　**162457**
镰叶秋海棠　285719
镰叶群花寄生　**11087**
镰叶日中花　**220547**
镰叶山扁豆　135646
镰叶山龙眼　**189930**
镰叶水珍珠菜　**306973**
镰叶四腺木姜子　**387008**
镰叶嵩草　**217164**
镰叶天冬　39009
镰叶天门冬　**38997**,38977
镰叶铁线莲　**95332**
镰叶西番莲　**285719**
镰叶虾脊兰　66037
镰叶狭唇兰　**346697**
镰叶肖鸢尾　**258476**
镰叶袖珍椰子　**85430**
镰叶雪山报春　**314360**
镰叶蝇子草　**363566**
镰叶鱼木　110215
镰叶鸢尾　**208537**,208813
镰叶越橘　**404019**
镰叶竹柏　**306426**
镰叶紫菀　**40416**
镰异荣耀木　**134616**
镰玉树　**374534**
镰玉树属　**374532**
镰状杯冠藤　**117463**
镰状灰毛豆　**386066**
镰状鲫鱼藤　**356277**
镰状角果毛茛　83439
镰状卷耳　**82755**
镰状可利果　**96710**
镰状龙舌兰　**10848**
镰状楼梯草　**142856**
镰状猫尾木　**135312**
镰状木荚　146108
镰状欧芹　**292705**
镰状曲花　**120554**
镰状莎草　**118851**
镰状叶蕾丽兰　**219682**
镰状紫苜蓿　**247457**
镰紫草　**185839**
镰紫草属　**185838**
镰座景天　**356615**
蔹　20408,79850
蔹莓槭　2896
蔹叶槭　**2896**
练马萝卜　**326587**
练石草　205580,287584
练实　248925
炼荚豆　18289
炼荚豆属　18257
恋风草　147612
恋魔玉　**264344**

恋山彦 **244016**
恋岩花属 **140059**
链翅芹 **274371**
链翅芹属 **274370**
链椿豆 80049
链管草 **274449**
链管草属 **274448**
链合欢属 **79472**
链寄生 **126190**
链寄生属 **126188**
链荚豆 **18289**
链荚豆属 **18257**,274337
链荚木 **274343**
链荚木金合欢 **1453**
链荚木木蓝 **206331**
链荚木属 **274337**
链节木麻黄 **79188**
链伞芹 **274374**
链伞芹属 **274373**
链莎 **126735**
链莎属 **126733**
链枝帚灯草 **126237**
链枝帚灯草属 **126236**
链珠藤 **18529**
链珠藤属 **18491**
链状大戟 **158620**
链状短刺锦鸡儿 **72201**
链状卷瓣兰 **62656**
链状裂缘兰 **65206**
链状石豆兰 **62625**
链状喜阳花 **190300**
楝 **248895**
楝科 **248929**
楝参 280741
楝实 248925
楝属 **248893**
楝树 45908,248895
楝桃 **322392**
楝叶茜 **297059**
楝叶茜属 **297058**
楝叶吴萸 161335,161356
楝叶吴茱萸 **161335**,161356
楝枣树 248895
楝枣子 248895
楝状黄皮 **94211**
楝子 248925
良萼猪屎豆 **112126**
良盖裂舌萝藦 **351555**
良盖萝藦属 **160998**
良梗花 **160126**
良梗花属 **160125**
良冠石蒜 **161013**
良冠石蒜属 **161010**
良果法拉茜 **162580**
良果芥 **23661**
良果芥属 **23660**
良蒿 35132
良花点地梅 **23166**
良花美冠兰 **156690**
良花木蓝 **206050**
良姜 17677,17733,17774,187468,307324,308641
良姜花 187468
良姜子 17677
良角木 **155825**
良角木属 **155824**
良壳山龙眼属 **155784**
良口茶 260483
良鳞枝莎草 **119424**
良脉山榄属 **263993**
良毛芸香属 **155827**
良膜无患子 **155887**
良膜无患子属 **155886**
良木豆 **19230**
良木豆属 **19227**
良木牛奶木 **108153**
良木坡垒 **198197**
良木子京 241522
良木紫荆木 **241522**
良山老鹳草 **174905**
良穗假舌唇兰 **302567**
良穗美冠兰 **156692**
良塘滇紫草 **271833**
良藤 116032,116036
良托茜 **155993**
良托茜属 **155990**
良托细线茜 **225753**
良旺茶 266918
良旺头 266918
良腺山柑属 **155418**
良序夹竹桃 **156045**
良序夹竹桃属 **156044**
良芽弯管花 **86215**
良枣 418169
良钟苣苔 **156005**
良钟苣苔属 **156003**
良轴石豆兰 **62717**
凉薄荷 264897
凉草 7982
凉茶树 300980
凉茶藤 187581,260483,260484
凉粉 265944
凉粉草 **252242**,360935,415299
凉粉草属 **252241**
凉粉柴 313692
凉粉果 165515
凉粉木 278323
凉粉树 165515,165623
凉粉藤 116019,165515
凉粉叶树 235732
凉粉子 165515
凉风草 342290
凉瓜 256797,279732
凉喉草属 187497
凉喉茶 187532,187666,262959,262960
凉黄 329372
凉芥 259282
凉菊 346304
凉菊属 **405386**
凉菊状灰毛菊 **31305**
凉口茶 260483,260484
凉帽草 159092,159286
凉木 380461
凉皮树 199817
凉三七 363403
凉伞草 159027
凉伞盖珍珠 31477
凉伞木 193900
凉伞遮金珠 31396
凉山白刺花 **368996**
凉山翠雀花 **124347**
凉山灯台报春 **315009**
凉山杜鹃 **330886**
凉山韭 **15429**
凉山开口箭 **70612**
凉山梾木 **380429**
凉山龙胆 **173587**
凉山马兜铃 **34244**
凉山莓 338418
凉山木犀 **276347**
凉山千里光 **359346**
凉山乌头 **5362**
凉山香茶菜 **209744**
凉山香茅 **117201**
凉山悬钩子 **338418**
凉山羊茅 **164051**
凉山银莲花 **24095**
凉山紫菀 **41338**
凉衫竹 364800
凉薯 152888,279732
凉水柳 343975
凉水竹 134467
凉藤 103862,260483,260484
凉藤子 260483,260484
凉碗茶 266918
凉衍豆 218721
凉药 6778
凉药红树 6778
凉云 **249582**
凉周大黄 329372
凉装球 **244075**
凉装丸 244075
凉子 124925,380461
凉子木 104920,380461
凉子树 374103
梁岛樱 **83138**
梁平柚 **93583**
梁山伯树 400519
梁山草 258044
梁山慈竹 125474
梁王茶 **266912**,266913,266918,266927
梁王茶属 **266907**,250873
梁子菜 **148153**
梁子菜属 148148
椋子 380461
椋子木 380461,380514
粮棕属 46374
梁 **361794**
两把伞 284382
两背针 417282
两边针 417282
两次花突厥蔷薇 **336515**
两对蜜果 **249126**
两耳草 **285417**
两耳鬼箭 **72252**
两股钗 407313
两广唇柱苣苔 87966
两广冬青 **203585**
两广杜鹃 **332025**
两广海桐 301294
两广合欢 116610,283445
两广红豆 **274411**
两广虎皮楠 **122706**
两广黄芩 **355784**
两广黄瑞木 **8229**
两广黄檀 121634
两广栝楼 **396256**
两广梾木 **105095**
两广螺序草 **371758**
两广马蓝 178861
两广猕猴桃 **6654**,6673
两广楠 240689
两广蒲桃 382686
两广球穗飘拂草 **166340**
两广荛花 414217
两广蛇根草 **272239**
两广石山棕 **181805**
两广树参 **125628**
两广梭罗 **327382**
两广梭罗树 327382
两广铁线莲 **94823**
两广锡兰莲 **262335**
两广线叶爵床 **337250**
两广悬钩子 339475
两广血桐 240320
两广杨桐 8229
两广野桐 **243331**
两广皱叶椆 233179
两广紫金牛 31450
两花米钮草 255447
两花野青茅 **127215**
两极孔草 **265715**
两极孔草科 **265720**
两极孔草属 **265713**
两角蒲公英 384472
两角山羊草 8663

两节豆 **29203**,128372
两节豆属 **29197**,128371
两节假木豆 125576
两节荠 **108621**
两节荠属 **108591**
两口烟藤 260483
两块瓦 183581
两列毛小米草 **160137**,160286
两列虾脊兰 65952
两列栒子 **107595**
两列叶柴胡 **63618**
两列叶虾脊兰 65952
两列枝栒子 107595
两列状省藤 **65672**
两裂婆婆纳 **407040**
两裂升麻 **91012**
两芒山羊草 **8665**
两芒山羊麦 8665
两面稠 317538
两面刺 **91872**
两面蓟 91872
两面青 127739,138482,241775
两面针 122040,417282
两栖焊菜 **336172**
两栖蓼 **308739**
两栖水马齿 **67394**
两歧吉莉花 16039
两歧马先蒿 287163
两歧飘拂草 **166248**
两歧苇谷草 **289566**
两歧五加 **143588**
两刃焊菜 **336173**
两蕊苏木 134776
两蕊甜茅 **177626**
两色冻绿 **328667**
两色杜鹃 **330565**
两色花光高粱 **369681**
两色金鸡菊 **104598**
两色辣椒 **72078**
两色葡萄 411578
两色槭 **2801**
两色清风藤 **341479**
两色三七草 183066
两色蜀黍 369600
两色万年蒿 35560
两色乌头 **5021**
两色五味子 351016
两色玉 389205
两色芋兰 **265389**
两色展唇兰 267216
两色帚菊 **292052**
两色紫金牛 31403
两似孔兹木 218388
两似蟹甲草 **283789**
两似盐肤木 393466
两似眼草 415993
两穗臂形草 58183
两穗麻黄 146154
两头绷 407503
两头菜 5144
两头草 338292
两头根 407503
两头尖 5200,5335,24013
两头连 **407506**
两头忙 338292,407504
两头毛 **205548**
两头毛属 **20590**
两头爬 407503
两头蛇 407503
两头生根 407503
两头粘 338985,407503
两头镇 407503
两形果鹤虱 **221660**
两形鹤虱 221660
两型豆 **20566**
两型豆属 **20558**
两型萼杜鹃属 **133385**
两型花 **50450**
两型花科 **50452**
两型花属 **50449**
两型乳源槭 2889
两型沙参 7620,7674
两型叶乳源槭 **2889**
两型叶沙参 7674
两型叶网脉槭 **3496**
两性蓼树属 **182598**
两性木贼麻黄 **146156**
两性岩高兰 **145062**
两雄雀麦 **60696**
两眼蛇 285677
两叶豆苗 408648
两叶红薯 208067
两伊芥 **61067**
两伊芥属 **61066**
两翼木属 **20701**
两粤黄檀 **121634**
两粤檀 121634
两枝蜡烛一枝香 174524
两指剑 400518
两籽柊叶 296043
亮阿拉戈婆婆纳 **30580**
亮爱波 **147408**
亮桉 155668
亮澳非萝藦 **326780**
亮白粉藤 **92612**
亮白黄芪 42140
亮白黄耆 **42140**
亮白委陵菜 **312726**
亮白小报春 **314210**
亮苞蒿 **35498**
亮鲍尔黄鼠麹 **14682**
亮扁爪刺莲花 **292271**
亮草莓 **167605**
亮长毛紫绒草 **238083**
亮车轴草 **396827**
亮柽柳桃金娘 **261008**
亮齿菊木 **86645**
亮齿叶荚蒾 **407782**
亮刺李山榄 **63423**
亮刺子莞 **333640**
亮大戟 **158469**
亮袋南星 **11328**
亮袋南星属 **11327**
亮东非大风子 **66146**
亮豆腐柴 **313715**
亮耳参 **280124**
亮耳参属 **280122**
亮方晶斑鸠菊 **406032**
亮凤梨 **21485**
亮凤卵草 **296901**
亮弗尔夹竹桃 **167417**
亮杆草 356530
亮杆芹 299024
亮竿竹 172738
亮秆竹 **172738**
亮刚果萎草 **245059**
亮格尼瑞香 **178644**
亮冠鸡菊花 **220759**
亮冠鸡菊花属 **220758**
亮冠毛斑鸠菊 **406483**
亮灌茜属 **220765**
亮光白背叶欧石南 **149713**
亮光菊 **139512**
亮光菊属 **139511**
亮果桉 **155668**
亮果暗罗 **307516**
亮果波状牛舌草 **21989**
亮果糙刺苔草 **75453**
亮果柯 233328
亮果冷杉 **507**
亮果蓼 **309466**,309078
亮果蒲葵 234191
亮果茄 **367291**
亮果塞拉玄参 **357558**
亮果苔草 **75524**
亮果梧桐属 **9783**
亮果硬梨 **270470**
亮蒿 **35519**
亮蒿荷木 **197152**
亮合果山茶 **381088**
亮核果木 **138583**
亮褐秋鼠麹草 **178221**
亮红白千层 **248086**
亮红杜鹃 **330054**,330440
亮红风车子 **100394**
亮红果茶藨子 **334223**
亮红果异罗汉松 **316086**
亮红花 **77733**
亮红毛蒐 **323037**
亮红蒲公英 384759
亮红树萝卜 **10343**
亮红瓦氏芸香 **413269**
亮红沃泽维奇 413269
亮红苋 **66545**
亮红苋属 **66544**
亮红新西兰圣诞树 **252610**
亮红银齿树 **227271**
亮虎尾草 **88361**
亮花贝母兰 98701
亮花倒挂金钟 **168748**
亮花格尼迪木 178637
亮花格尼瑞香 **178637**
亮花假鹰爪 **126728**
亮花木属 **293238**
亮花鼠尾草 **345043**
亮黄花翠雀花 **124417**
亮黄决明 **78380**
亮黄耆 **42003**
亮黄玉 **91603**
亮黄玉属 **91602**
亮喙兰属 **9777**
亮假花大戟 **317201**
亮假塞拉玄参 **318402**
亮假舌唇兰 **302571**
亮尖柱鼠麹草 **412937**
亮胶藤 **220911**
亮金须茅 **90110**
亮金蛹茄 **45163**
亮可利果 **96810**
亮阔苞菊 **305075**
亮蜡菊 **189368**
亮蓝巴纳特蓝刺头 **140661**
亮蓝花楹 211235
亮丽间型连翘 **167442**
亮亮草 30090
亮鳞杜鹃 **330841**
亮瘤蕊紫金牛 **271064**
亮鹿藿 **333411**
亮绿北美香柏 390621
亮绿大头苏铁 **145244**
亮绿地中海柏木 **114763**
亮绿椴 **391753**
亮绿蒿 **35530**
亮绿龙血树 **137371**
亮绿爬山虎 285130
亮绿日本扁柏 **85319**
亮绿嵩草 **217237**
亮绿苔草 **74540**
亮绿叶椴 391753
亮绿玉山竹 **416782**
亮轮叶龙胆 **167875**
亮络石 **393676**
亮马钱 **378893**
亮脉木 **245916**
亮脉木属 **245915**
亮毛杜鹃 **331243**
亮毛红豆 **274436**
亮毛堇菜 **410186**

亮毛菊 **9769**
亮毛菊属 **9765**,376544
亮毛蓝蓟 141129
亮帽英 201605
亮莫龙木 **256734**
亮木槿 **194716**
亮木蓝 **206581**
亮木莓 **136849**
亮牧根草 **43573**,43579
亮内卷鼠麹木 **237183**
亮欧石南 **149905**
亮潘树 **280836**
亮盘无患子属 **218780**
亮袍萝藦 **290495**
亮皮大戟 **158711**
亮皮桦 53510
亮皮树 **319061**
亮皮树科 **319059**
亮皮树属 **319060**
亮皮樱桃 **316189**
亮桤木 **16423**
亮漆 332529
亮杞莓 **316995**
亮千里木 **125656**
亮蔷薇 **336807**
亮鞘苔草 74487
亮鞘帚灯草 **14572**
亮鞘帚灯草属 **14570**
亮琼楠 **50574**
亮热非时钟花 **374060**
亮绒柏菀 **283986**
亮塞内大戟 **360380**
亮三毛燕麦 **398409**
亮色黄花唐松草 **388507**
亮山黄麻 **394658**
亮山蟹甲 **258292**
亮蛇床 **357794**
亮蛇床属 **357780**
亮石豆兰 **62868**
亮鼠麹 **163120**
亮鼠麹属 **163119**
亮水珠 232197
亮丝草 11332,11348
亮丝草属 **11329**
亮斯温顿漆 **380546**
亮四翼木 **387604**
亮穗早熟禾 **305780**
亮苔 75176
亮梯牧草 **376662**
亮梯牧草属 **376660**
亮桐 212127
亮头菊 **220739**
亮头菊属 **220738**
亮温曼木 **413683**
亮五层龙 **342694**
亮仙丹花 211091
亮线少将肉锥花 **102091**
亮腺大戟 **7594**
亮腺大戟属 **7590**
亮星草 388406
亮星松果菊 **140084**
亮玄参 **355056**
亮崖豆藤 **254758**
亮盐肤木 **332735**
亮叶奥勒菊木 270194
亮叶巴戟 **258900**
亮叶白粉藤 **92797**
亮叶报春 **314486**
亮叶薄子木 **226463**
亮叶草 200349
亮叶长须兰 **56907**
亮叶粗肋草 **11356**
亮叶等裂毛地黄 **210233**
亮叶地中海柏木 114763
亮叶叠鳞苏铁 241463
亮叶冬青 **204088**,204388
亮叶杜鹃 **332055**,330070,
330741
亮叶杜英 142363
亮叶仿花苏木 **27763**
亮叶费格利木 296110
亮叶沟萼茜 **45019**
亮叶观音莲 **16528**
亮叶冠瓣 **236417**
亮叶光萼荷属 8544
亮叶哈勒木 **184875**
亮叶哈利木 **184803**
亮叶海榄雌 **45750**
亮叶含笑 **252879**
亮叶合欢 **13609**
亮叶赫柏木 **186938**
亮叶红淡 8261
亮叶红千层 67300
亮叶猴耳环 301147
亮叶厚壳桂 **113458**
亮叶厚皮香 **386722**
亮叶虎尾兰 **346117**
亮叶桦 **53510**
亮叶黄瑞木 **8261**
亮叶幌伞枫 **193912**
亮叶鸡血藤 66637
亮叶寄生 385210
亮叶尖萼荷 8562
亮叶揭阳鱼藤 125964
亮叶堇 410186
亮叶九节 **319628**
亮叶卷舌菊 **380890**
亮叶苦槛蓝 **260718**
亮叶蜡菊 **189597**
亮叶蜡梅 87521
亮叶离蕊茶 69480
亮叶连蕊茶 69480
亮叶柳 **343633**
亮叶龙船花 **211091**
亮叶龙胆 **173634**
亮叶鹿蹄草 **322823**
亮叶马醉木 **298770**
亮叶蜜茱萸 **249139**
亮叶茉莉 211996
亮叶木兰 **242220**,283421
亮叶木兰钝果寄生 **385210**
亮叶木兰寄生 385210
亮叶木莲 **244453**
亮叶南洋杉 **30850**
亮叶南烛 **239385**
亮叶牛齿兰 **29817**
亮叶牛至 **274223**
亮叶槭 **3124**
亮叶漆树 **332529**
亮叶茜 **376666**
亮叶茜属 **376664**,85095
亮叶蔷薇 **336697**
亮叶芹 **363128**
亮叶芹属 **363123**
亮叶青冈 **116177**
亮叶秋海棠 **50111**
亮叶球百合 **62402**
亮叶雀梅藤 **342179**
亮叶忍冬 **235919**
亮叶日本柳杉 113706
亮叶日本茴芹 **365930**
亮叶绒子树 **324607**
亮叶榕 **165379**
亮叶瑞香 122386
亮叶山毛榉 162390
亮叶山香圆 **400543**
亮叶山小橘 **177839**
亮叶十大功劳 **242607**
亮叶鼠李 **328722**
亮叶树紫菀 **270194**
亮叶水青冈 **162390**
亮叶睡菜属 **232375**
亮叶素馨 **211996**
亮叶索林漆 **369773**
亮叶藤黄 **171134**
亮叶围涎树 **301147**
亮叶委陵菜 312627
亮叶卫矛 157745
亮叶文殊兰 **111248**
亮叶蚊母树 **134940**
亮叶污生境 103791
亮叶相思 **1684**
亮叶香 222842,231324
亮叶香豌豆 **222842**
亮叶小檗 **51881**
亮叶新树参 318068
亮叶雪山报春 314204
亮叶枸子 **107594**,107593,
107690
亮叶崖豆藤 66637
亮叶岩豆藤 370422
亮叶眼子菜 **312034**
亮叶杨桐 8229,8261
亮叶夜花藤 203023
亮叶伊索普莱西木 210233
亮叶异味树 **103791**
亮叶银背藤 **32660**
亮叶银桦 **180584**
亮叶印度七叶树 **9705**
亮叶玉山竹 416782
亮叶月季 **336714**
亮叶越橘 **403884**
亮叶栀子 **171355**
亮叶中南鱼藤 **125964**
亮叶朱蕉 **104368**
亮叶子 52533,160617,388406,
388410
亮叶子草 388406
亮叶紫盆花 **350191**
亮叶紫菀 **40911**
亮异籽藤 **26137**
亮银齿树 **227330**
亮玉叶金花 **260482**
亮圆盘蓝子木 **245217**
亮泽红叶魔芋 **20148**
亮泽兰属 **111358**
亮泽拟美花 **317270**
亮浙皖荚蒾 **408230**
亮针花茜 **354641**
亮枝山楂 **109628**
亮枝樱桃 316809
亮枝樱桃簇生 316810
亮脂麻掌 **171714**
亮子药 239391,239406
亮紫鸢尾 208853
谅山鹅掌柴 350732
晾衫竹 **364800**
量杯状欧石南 **149288**
量天尺 **200713**
量天尺属 **200707**
辽东百合 229888
辽东扁核木 315176,365002
辽东苍术 **44200**
辽东赤粱 361794
辽东赤松 299890
辽东楤木 **30649**,30634
辽东丁香 **382383**
辽东焯菜 **336226**
辽东蒿 **36453**
辽东黑皮油松 300251
辽东桦 **53507**,53610
辽东堇菜 **410531**
辽东冷杉 **388**
辽东栎 **324100**,324559
辽东蓼 **309334**
辽东蒲公英 **384629**,384681
辽东桤木 16359,16362
辽东槭 3665

辽东山梅花 294536
辽东山楂 110014
辽东参 280741
辽东石竹 **127668**
辽东水蜡树 **229562**
辽东苔草 **74650**
辽东乌头 **5363**
辽东小叶杨 **311498**
辽东杨 311498
辽东柞 324100
辽椴 391760
辽藁本 **229344**
辽吉侧金盏花 **8378**
辽吉金银花 236076
辽吉槭 2798
辽吉槭树 2798
辽冀茴芹 **299447**
辽堇菜 410412,410770
辽阔斑叶兴安圆柏 **213753**
辽阔兴安圆柏 **213754**
辽梅杏 **34473**
辽宁扁核木 315176,365002
辽宁楤木 30634
辽宁孩儿参 **318502**
辽宁碱蓬 **379545**
辽宁堇菜 **410498**
辽宁槭 3732
辽宁沙参 7765
辽宁山楂 **110014**
辽宁香茶菜 **209864**
辽沙参 176923
辽山荆子 243649
辽山楂 109936
辽参 280741
辽瓦松 275356
辽五味 351021
辽五味子 351021
辽西扁蓿豆 **249193**
辽西虫实 **104767**
辽西杜鹃 **331105**
辽西黄芪 43022
辽西黄耆 **43022**
辽西堇菜 **410181**
辽西苜蓿 **247509**
辽细辛 **37636**,37638
辽杏 34443
辽杨 **311389**
辽野豌豆 **408564**,408252
辽叶 206833
疗草蘚 **131744**
疗齿草 **268999**
疗齿草属 **268957**
疗疮草 355494
疗毒草 170743,337916
疗毒蒿 170743
疗呃果 **100359**
疗肺草 321643
疗肺虎耳草 **234269**
疗肺虎耳草属 **234265**
疗喉草 393608
疗喉草属 **393604**
疗伤长节珠 **283493**
疗伤绒毛花 **28200**
疗叶草 268999
聊箭杆子 265923
寥刁竹 117643
廖刀竹 10239
廖氏百里香 **391256**
廖氏车前 **302054**
廖氏大蒜芥 365529
廖氏羊耳蒜 232229
廖氏泽泻 **14749**
寮刁竹 117643
燎眉蒿 230544
燎原亮漆 **332530**
鹩哥利 187565
鹩哥舌 187565,187646
簝叶竹 206839
簝竹 206839,351853
簝竹属 206765
蓼 309199,309570
蓼草 308965,309199,309262,309420
蓼茶子 99124
蓼刀竹 259282
蓼吊子 309298
蓼花 309494
蓼花木 **308486**
蓼花木属 **308485**
蓼科 **308481**
蓼蓝 **309893**
蓼蓝青黛 309893
蓼萍草 404555
蓼属 **308690**,291651
蓼树 **397932**
蓼树属 **397931**
蓼芽菜 309199
蓼叶地锦苗 **85783**
蓼叶风毛菊 **348658**
蓼叶海菜花 **277407**,277364
蓼叶金丝桃 **202098**
蓼叶堇菜 **410758**
蓼叶可利果 **96812**
蓼叶秋海棠 **50176**
蓼叶伸筋 39532,288646
蓼叶眼子菜 **312228**
蓼叶远志 **308259**
蓼状蝴蝶草 224045
蓼状薯蓣 **131769**
蓼状微孔草 **254360**
蓼状叶下珠 **296716**
蓼子草 **309018**,239594,308877,308879,309116,309262
蓼子朴 **207224**
蓼子七 26624,26626,309841
了刁竹 117643
了墩黄芪 42862
了墩黄耆 **42862**
了哥饭 203578
了哥利 144802
了哥麻 414193
了哥舌 187646
了哥王 **414193**
了臼 346408
了木榧 393061
了皮 199817
了王麻 414193
料慈竹 **47246**
料刁竹 117643
料吊 117643
料豆 177777
列当 **275010**,57437
列当大戟 **159506**
列当富斯草 **168798**
列当科 **274921**
列当蜜兰 **105550**
列当属 **274922**
列当天麻 **171946**
列当状独脚金 **378027**
列多夫斯基虫实 **104839**
列多夫斯基虎耳草 **349839**
列恩千里光 **359303**
列马唐 **130761**
列氏巴豆 **112939**
列氏合头草 380682
列氏虎耳草 **349840**
列氏荆芥 **265036**
列氏紫堇 **106358**
列维诺夫桦 53509
列叶盆距兰 **171842**,171835
列兹肖竹芋 **66169**
列子 125794
劣狼尾草 **289130**
劣山黧豆 **222699**
劣参属 **255983**
劣瘦鳞帚灯草 **209463**
劣味山楂 **109635**
劣玄参属 **28262**
劣叶茜 **299691**
劣叶茜属 **299690**
劣质鸢尾 **208860**
茢薽 77146
烈臭玉蕊科 **182030**
烈臭玉蕊属 **182026**
烈刺玉 **163470**
烈朴 198699,242234
烈味暗黄花 **54268**
烈味车叶草 **39372**
烈味刺藜 **139687**
烈味法鲁龙胆 **162790**
烈味腐花木 **346465**
烈味厚敦菊 **277058**
烈味环唇兰 **305039**
烈味棘枝 232492
烈味脚骨脆 **78123**
烈味金菊木 **150341**
烈味老虎兰 **373692**
烈味裂榄 **64075**
烈味裂籽茜 **103881**
烈味马拉巴草 **242813**
烈味杧果 **244393**
烈味青兰 **137581**
烈味三叶草 **393350**
烈味三叶草科 **393367**
烈味三叶草属 **393328**
烈味苔草 **74581**
烈味天料木 **197677**
烈味甜舌草 **232492**
烈味芸香 **297180**
烈味芸香属 **297178**
烈香杜鹃 **330092**
烈香黄芪 42444
烈香黄耆 **42444**
烈香丝瓜 **238275**
烈香仙客来 115949
烈异味树 **103786**
猎豆 **185858**
猎豆属 **185857**
猎狸尾草 297013
猎手帝王番红花 **111543**
猎手杜鹃 332054
裂瓣奥里木 70748
裂瓣翠雀 **124252**
裂瓣垫报春 **131419**
裂瓣多柱无心菜 **32313**
裂瓣莪白兰 267986
裂瓣谷精草 **151250**
裂瓣角盘兰 **192810**
裂瓣芥属 **351777**
裂瓣卷耳 **83013**
裂瓣老鹳草 **175013**
裂瓣芹属 **121174**
裂瓣球兰 **198852**
裂瓣赛金莲木 70748
裂瓣石头花 **25750**
裂瓣石头花属 **25749**
裂瓣鼠尾草 **345376**
裂瓣苏木属 351729
裂瓣穗花报春 **314100**
裂瓣穗状报春 314100
裂瓣天竺葵 **288504**
裂瓣无心菜 32313
裂瓣小檗 **51979**
裂瓣小芹 **364893**
裂瓣雪轮 **363649**
裂瓣羊耳蒜 416521
裂瓣玉凤花 **183962**
裂瓣玉凤兰 183983

裂瓣朱槿　195216
裂瓣紫堇　**106356**,106550
裂苞艾纳香　**55780**
裂苞粗距紫堇　**105866**
裂苞东俄芹　**392792**
裂苞鹅掌草　**23820**
裂苞浮黍属　**268950**
裂苞鬼椒属　236314
裂苞火把树属　**351734**
裂苞菊　**124783**
裂苞栝楼　**396184**,396213
裂苞瘤果芹　**393840**
裂苞没药　**101447**
裂苞芹　**352691**
裂苞芹属　**352688**
裂苞曲花紫堇　**105792**
裂苞省藤　**65740**
裂苞条裂紫堇　105866
裂苞铁苋菜　**1806**
裂苞香科　**388299**
裂苞舟瓣芹　**364971**
裂苞紫堇　106004
裂被蓝星花　**33698**
裂柄椰　**64038**
裂柄椰属　**64037**
裂柄棕属　64037
裂齿匹菊　**322679**
裂齿虾夷老鹳草　**175028**
裂翅菊　**351834**
裂翅菊属　**351833**
裂床兰　**130999**
裂床兰属　**130994**
裂唇糙苏　**295100**
裂唇革叶兔耳草　**220159**
裂唇虎舌兰　**147307**
裂唇角盘兰　192810
裂唇阔蕊兰　291234
裂唇兰属　**351402**
裂唇蕾丽兰　**219685**
裂唇软叶兰　110637
裂唇舌喙兰　**191609**
裂唇虾脊兰　66101
裂唇线柱兰　**417764**
裂唇羊耳蒜　**232160**
裂唇鸢尾兰　**267983**
裂唇指柱兰　417764
裂刺大戟　**159787**
裂单叶藤橘　**283511**
裂刀菜　299724
裂地榆　345080
裂轭夹竹桃　**351907**
裂轭夹竹桃属　**351906**
裂萼补血草　**62326**
裂萼补血草属　**62325**
裂萼糙苏　**295184**
裂萼草莓　167613
裂萼大乌泡　**339081**
裂萼钉柱委陵菜　**312958**
裂萼豆　**166644**
裂萼豆属　**166643**
裂萼杜鹃　**331765**
裂萼枸杞　**239110**
裂萼红柱树　**78702**
裂萼蔓龙胆　**110303**
裂萼茜　**351378**
裂萼茜属　**351377**
裂萼蔷薇　336981
裂萼鼠尾草　**345375**,344929
裂萼水玉簪　**63988**
裂萼玄参　**351840**
裂萼玄参属　**351839**
裂番薯　**207712**
裂稃草　**351266**
裂稃草属　**351261**
裂稃草状须芒草　**22958**
裂稃茅　**351251**
裂稃茅属　**351250**
裂稃雀麦　**61005**
裂稃燕麦　**45389**
裂盖海马齿　**416896**
裂盖海马齿属　**416894**
裂隔玄参　**351211**
裂隔玄参属　**351209**
裂瓜　**351762**
裂瓜属　**351759**
裂冠鹅绒藤属　**351463**
裂冠花属　**86120**
裂冠黄堇　105878
裂冠萝藦　**351877**
裂冠萝藦属　**351872**
裂冠牛奶菜　**245819**
裂冠藤　**364984**
裂冠藤属　**364983**
裂冠紫堇　**105878**
裂果扁担杆子　180700
裂果草科　67552
裂果椿　**80020**
裂果刺莲花　**351160**
裂果刺莲花属　**351159**
裂果大戟　**86110**
裂果大戟属　**86108**
裂果红　**260692**
裂果红科　**260686**
裂果红属　**260687**
裂果葫芦属　**351391**
裂果金花　**351741**
裂果金花属　**351740**
裂果金丝桃　**201993**
裂果猫爪苋　**68607**
裂果猫爪苋属　**68596**
裂果绵枣儿属　**351386**
裂果女贞　**229613**
裂果女贞属　**283998**
裂果漆　**393457**
裂果瑞香　**21019**
裂果瑞香属　**21018**
裂果山胡椒属　**283092**
裂果山楂　109609
裂果鼠李　**351192**
裂果鼠李属　**351191**
裂果薯　**351383**
裂果薯属　**351380**
裂果双距花　**128041**
裂果卫矛　**157407**
裂果椰属　240105
裂果紫椴　391667
裂核草属　254335
裂花假杜鹃　**48218**
裂花兰　**84538**
裂花兰属　**84536**
裂花桑寄生属　**295823**
裂喙马先蒿　**287665**
裂喙绶草属　**350877**
裂喙苔草　**74545**
裂距凤仙花　**204953**
裂距兰属　306307
裂距虾脊兰　**66100**
裂坎棕　85428
裂壳草　**351351**
裂壳草属　**351348**
裂壳锥　78936
裂口草属　**86139**
裂口花酢浆草　**278113**
裂口花属　**379830**
裂口玄参属　**84620**
裂榄属　**64068**
裂鳞景天　**357054**
裂鳞云杉　**298236**
裂毛杜鹃　**331856**
裂毛菊　**351905**
裂毛菊属　**351904**
裂毛雪山杜鹃　**330043**
裂膜蔓龙胆　**110317**
裂牧根草　**43578**
裂盘兰　**36955**
裂盘兰属　**36954**
裂盘藜　**357386**
裂盘藜属　**357384**
裂胚木属　4877
裂皮柳　**342944**
裂鞘茜　**351461**
裂鞘茜属　**351460**
裂鞘椰　**61042**
裂鞘椰属　**61040**
裂蕊核果树属　**351214**
裂蕊萝藦属　**351202**
裂蕊树科　**219183**
裂蕊树属　**219173**
裂蕊紫草属　**234981**
裂舌垂头菊　**110466**
裂舌姜　**417967**
裂舌菊　**374464**
裂舌菊属　**374463**
裂舌萝藦麻疯树　**212165**
裂舌萝藦属　**351484**
裂舌润肺草　**58938**
裂舌少穗竹　**270424**
裂舌橐吾　**229209**
裂鼠尾草　**345080**
裂栓翅芹　**313528**
裂双距兰　**133937**
裂丝萝藦　**351208**
裂丝萝藦属　**351207**
裂穗草属　351844
裂穗长穗竹　**385583**
裂头兰　**351244**
裂头兰属　**351243**
裂托菊　**351194**
裂托菊属　**351193**
裂托叶椴属　**126766**
裂箨铁竹　**163568**
裂序楼梯草　**142828**
裂檐苣苔　**272600**
裂药防已　**86134**
裂药防已属　**86132**
裂药花科　219183
裂药树　**81858**
裂药树科　**81856**
裂药树属　**81857**
裂药野牡丹　**351336**
裂药野牡丹属　**351334**
裂叶阿利棕　**33200**
裂叶艾纳香　55768
裂叶安息香　**379464**
裂叶白辛树　320886
裂叶报春　314805
裂叶波齿马先蒿　287122
裂叶波罗花　**205559**
裂叶布氏菊　**60128**
裂叶草莓　**167613**
裂叶茶藨　334057
裂叶茶藨子　**334057**
裂叶朝鲜丁香　**382144**
裂叶赤瓟　390144
裂叶赤车使者　**288776**,142766
裂叶重羽菊　**132861**
裂叶垂头菊　**110432**
裂叶刺楸　215443
裂叶脆蒴报春　**314238**
裂叶德雷马岛翼蓼　**278422**
裂叶地黄　**327454**
裂叶点地梅　**23159**
裂叶丁香　**382195**
裂叶独活　**192309**
裂叶独行菜　**225397**
裂叶鹅掌柴　**350658**
裂叶番杏属　**86144**

裂叶粉花绣线菊 **371974**
裂叶风毛菊 **348456**
裂叶伽蓝菜 **215256**
裂叶鬼针草 **53842**
裂叶海棠 243717
裂叶蒿 **36363**,247116
裂叶褐毛石楠 **295702**
裂叶红景天 **329956**
裂叶红色木 **3686**
裂叶花葵 223393
裂叶花烛 28137
裂叶华西委陵菜 **312898**
裂叶黄芩 **355492**
裂叶黄穗悬钩子 **338258**
裂叶灰毛滨藜 **44341**
裂叶鸡桑 **259099**
裂叶碱毛茛 **184718**
裂叶豇豆 **408943**
裂叶芥 366116
裂叶芥属 366115
裂叶金光菊 **339574**
裂叶金莲花 399606
裂叶金千里光 **279952**
裂叶金山葵 **380559**
裂叶金盏苣苔 **210189**
裂叶筋骨草 **13114**,13132
裂叶堇菜 **409914**
裂叶锦葵 **243746**
裂叶荆芥 **265078**,265001
裂叶荆芥属 351742
裂叶苣荬菜 368635
裂叶苦草 338053
裂叶栝楼 396226
裂叶蓝钟花 **115383**
裂叶犁头尖 401176
裂叶鳞蕊藤 **225710**
裂叶菱 **394510**
裂叶龙葵 367604
裂叶龙血树 104359
裂叶楼梯草 142766
裂叶罗汉果 **365330**
裂叶落地生根 215110
裂叶马兰 **215339**,215356
裂叶蔓黄菀 359985
裂叶毛赤杨 **16370**
裂叶毛茛 **326201**
裂叶毛果委陵菜 **312525**
裂叶美人樱 405896
裂叶美洲椵 **391650**
裂叶蒙桑 259168
裂叶眠雏菊 **414980**
裂叶苜蓿 **247337**
裂叶南美萼角花 **2737**
裂叶囊瓣芹 **320234**
裂叶茑萝 255398
裂叶牛扁 5575
裂叶欧接骨木 **345688**
裂叶欧洲白蜡树 167960
裂叶欧洲桤木 **16356**
裂叶胖大海 376137
裂叶苹婆 376110
裂叶婆婆纳 **407432**
裂叶蒲公英 384524
裂叶蒲葵 **234176**,234175
裂叶桤木 **16459**
裂叶荠 **366119**
裂叶荠属 366115
裂叶千里光 359985
裂叶牵牛 207839,208016
裂叶荨麻 **402952**,402869,402916
裂叶茜 **103858**
裂叶茜属 **103857**
裂叶羌活 267154
裂叶鞘柄木 393108
裂叶茄 367289
裂叶青皮槭 2867
裂叶秋海棠 **50020**,49605,49915,49974,50131,50133,50148
裂叶忍冬 236214
裂叶榕 165035
裂叶柔软囊瓣芹 320234
裂叶三七草 **183126**
裂叶桑 **259077**,259200
裂叶沙参 **7686**
裂叶山楂 **109994**,109933
裂叶升麻 **91026**
裂叶水桑 259097
裂叶水榆花楸 **369306**
裂叶四蕊槭 3686
裂叶苏铁 57973
裂叶碎米荠 **72723**
裂叶天胡荽 **200282**
裂叶铁线莲 **95201**
裂叶兔儿风 **12627**
裂叶兔耳草 **220191**
裂叶兔仔菜 **210560**,210525
裂叶橐吾 229151
裂叶威灵仙 95201
裂叶莴苣 **219303**
裂叶西康绣线梅 **263175**
裂叶铣菊 339574
裂叶香茶 **303655**
裂叶心翼果 **73186**,73190
裂叶星果草 **41733**
裂叶星漆 43478
裂叶星漆木 **43478**
裂叶绣线菊 **371999**
裂叶续断 133494
裂叶悬钩子 **338537**
裂叶鸦葱 **354881**
裂叶崖角藤 328997
裂叶野豇豆 **409118**
裂叶野罂粟 282617
裂叶宜昌荚蒾 **407819**
裂叶翼首花 **320426**
裂叶淫羊藿 **147018**
裂叶罂粟 335650,335870
裂叶罂粟属 **335624**,335869
裂叶榆 **401542**
裂叶月光花 **67738**
裂叶月见草 **269456**,269504
裂叶紫椴 **391667**
裂叶紫牡丹 280186
裂叶紫珠 **66924**
裂伊小米草 **160256**
裂翼黄芪 42566
裂翼黄耆 **42566**
裂银叶铁线莲 **94876**
裂颖棒头草 **310121**
裂颖茅 **132789**
裂颖茅属 **132787**
裂颖雀稗 **285435**
裂缘苞悬钩子 338407
裂缘蝴蝶兰 **293603**
裂缘花 362244,362251
裂缘花属 362242
裂缘尖帽草 **351328**
裂缘尖帽草属 **351327**
裂缘兰 **65205**
裂缘兰属 **65202**
裂缘莲属 369975
裂枝茜属 **351130**
裂钟萼鼠尾草 **344929**
裂柱鼻烟盒树 **270933**
裂柱番红花 111555
裂柱葫芦 **351882**
裂柱葫芦属 **351881**
裂柱加那利芥 **284730**
裂柱莲属 **351883**
裂柱小法道格茜 **162027**
裂柱远志属 **320624**
裂柱紫堇 **106416**
裂籽茜 **103874**
裂籽茜属 **103865**
裂紫葳 **369971**
裂紫葳属 **369969**
裂足豆 **306581**
裂足豆属 **306579**
鬣刺 371724
鬣刺属 371723
鬣蜥棕属 203501
邻刺大戟 **34093**
邻刺大戟属 **34091**
邻花黍 **282356**
邻近百蕊草 **389644**
邻近半聚果 **138876**
邻近苞茅 **201479**
邻近车叶草 **39398**
邻近尺冠萝藦 **374160**
邻近大戟 **158676**
邻近飞蓬 **151059**
邻近菲利木 **296286**
邻近风铃草 **70232**
邻近风轮菜 **96981**
邻近格尼瑞香 **178679**
邻近可利果 **96818**
邻近苓菊 **214156**
邻近龙胆 **173742**
邻近南非少花山龙眼 **370264**
邻近欧石南 **149941**
邻近婆婆纳 **407298**
邻近千里光 **359802**
邻近矢车菊 **81450**
邻近鼠麴草 **178134**
邻近鼠尾粟 **372635**
邻近驼蹄瓣 **418738**
邻近苇谷草 **289572**
邻近勿忘草 **260848**
邻近香茶 **303751**
邻近香芸木 **10692**
邻近鸭嘴花 **214891**
邻近蝇子草 **363927**
邻近猪屎豆 **112308**
邻近紫波 **28506**
邻叶风车子 **100402**
林矮南天竹 **262202**
林艾蒿 **36469**
林白檀 **234961**
林白芷 24483
林斑点鞘蕊 **367874**
林背子 393479
林波波大戟 **159246**
林波波毒瓜 **215725**
林波波灰毛豆 **386149**
林波波脉刺草 **265674**
林巢菜 **408614**
林赪桐 **96349**
林茨桃金娘 **334724**
林茨桃金娘属 **334720**
林刺葵 **295487**
林刺毛柳叶箬 **209129**
林粗茎早熟禾 **305982**
林达对叶藤 **250167**
林达热美樟 252728
林达十万错 **43636**
林达维刺被爵床 **88152**
林达维酢浆草 **277939**
林达维鳞花草 **225185**
林达维肾苞草 **294081**
林达维水囊衣 **200624**
林大戟 **159272**
林当归 **24483**
林道爵床属 **231236**
林道脉刺草 **265685**
林得莱秋海棠 50015
林德百合 **231625**

林德百合属 **231624**
林德斑鸠菊 **406523**
林德伯氏斗篷草 **14076**
林德布卢姆半边莲 **234599**
林德布卢姆多穗兰 **310487**
林德布卢姆茴芹 **299460**
林德布卢姆山羊豆 **169931**
林德布卢姆香茶菜 **303454**
林德布卢姆玉凤花 **183795**
林德风车子 **100592**
林德狗舌草 **385907**
林德花椒 **417259**
林德九节 **319644**
林德可拉木 **99220**
林德擂鼓艻 **244919**
林德利滨藜 **44505**
林德利齿瓣兰 **269075**
林德利葱莲 **417623**
林德利莲花掌 **9056**
林德利秋海棠 **50015**
林德利氏紫菀 40777
林德利双袋兰 **134314**
林德利小檗 **51862**
林德利柱瓣兰 **146436**
林德利紫菀 **40777**
林德曼凤梨属 **231620**
林德曼伽蓝菜 **215195**
林德毛杯漆 **396341**
林德诺林兰 **266498**
林德前胡 **292913**
林德萨亚樱李 316296
林德萨亚樱桃李 **316296**
林德双距兰 **133826**
林德肖鸢尾 **258543**
林德玉凤花 **183796**
林德玉叶金花 **260448**
林德指甲草 **284869**
林德壮花寄生 **148838**
林登贝格狗尾草 **361813**
林登大戟 **159247**
林登吊灯花 **84148**
林登附生兰 **125694**
林登观音莲 **16507**
林登光萼荷 **8568**
林登果子蔓 **182171**
林登蝴蝶兰 293614
林登利顿百合 **234136**
林登芦荟 **16967**
林登奇果菊 **15934**
林登茜 **231293**
林登茜属 **231290**
林登肉锥花 **102642**
林登树苣苔 **217746**
林登坛罐花 **365120**
林登网球花 **184408**
林登五彩芋 **65230**
林登五星花 **289850**
林登狭蕊爵床 **375418**
林登肖竹芋 **66170**
林登悬铃木 **302586**
林登异冠菊 **15992**
林迪臂形草 **58119**
林迪大沙叶 **286326**
林迪毒鼠子 **128721**
林迪蒴莲 **7273**
林地阿蕾茜 **14380**
林地艾 36354
林地澳洲鸢尾 **285798**
林地巴豆 **113035**
林地白粉藤 **93030**
林地车轴草 **397113**
林地柽柳桃金娘 **261039**
林地橙粉苣 **253942**
林地刺核藤 **322555**
林地翠雀花 **124613**
林地打碗花 **68746**
林地顶孔五桠果 **6372**
林地堆桑 **369824**
林地峨参 28030
林地鹅观草 **144488**
林地风铃草 **70319**
林地风仙花 **205351**
林地俯卧苔草 **73743**
林地狗肝菜 **129321**
林地古朗瓜 **181994**
林地蒿 36354
林地寄生 190863
林地坚果粟草 **7536**
林地堇菜 **410530**
林地卷舌菊 **380953**
林地拉拉藤 **170316**
林地兰 **138517**
林地兰属 **138515**
林地蓝桔梗 **115458**
林地擂鼓艻 **244943**
林地离瓣寄生 **190863**
林地离缕鼠麹 **270581**
林地立方花 **115777**
林地裂蕊核果树 **351218**
林地林核实 **231639**
林地龙面花 **263458**
林地龙牙草 **11597**
林地路边青 **175450**
林地裸盆花 **216764**
林地裸柱花 **17586**
林地马利埃木 **245674**
林地马先蒿 **287721**
林地魔芋 **20142**
林地穆塔卜远志 **259439**
林地南美刺莲花 **55856**
林地拟库潘树 **114592**
林地牛蒡 **31069**
林地牛奶菜 **245850**
林地扭果花 **377820**
林地女娄菜 **248427**
林地欧石南 **150052**
林地披碱草 144488
林地起绒草 **133482**
林地前胡 **292815**
林地绒子树 **324613**
林地山梗菜 **234812**
林地山黄菊 **25553**
林地山柳菊 **195970**
林地山龙眼 **189952**
林地山罗花 **248211**
林地舌唇兰 **302287**
林地石竹 **127874**
林地疏松莎草 **119098**
林地鼠麹草 **178465**
林地水苏 **373455**
林地四数莎草 **387693**
林地四翼木 **387623**
林地铁线莲 94778
林地通泉草 **247035**
林地头状小野牡丹 **248798**
林地驼曲草 **119904**
林地娃儿藤 **400967**
林地乌头 **5453**
林地勿忘草 **260892**
林地细穗杂色豆 **47760**
林地苋 **319022**
林地苋属 **319000**
林地香茶 **303709**
林地香豌豆 **222844**
林地向日葵 **188958**
林地小檗 **51957**
林地小刺爵床 **184247**
林地小花葵 **188947**
林地肖阿魏 **163765**
林地肖荣耀木 **194303**
林地新风轮菜 **96966**
林地新几内亚漆 **160384**
林地休氏茜草 **198717**
林地悬子苣苔 **110565**
林地野豌豆 **408620**
林地硬厚壳树 **141694**
林地玉凤花 **184063**
林地早熟禾 **305743**
林地珍珠菜 **239879**
林地枝端花 **397686**
林地指兰 121382
林地紫茉莉 **255739**
林吊兰 **88625**
林独活 24483
林顿草 **231853**
林顿草属 **231852**
林繁缕 **374781**,374780
林风毛菊 **348788**
林风子属 **231218**
林戈斑鸠菊 **406751**
林戈赪桐 **96302**
林戈吊灯花 **84228**
林戈灰毛豆 **386290**
林戈鳞花草 **225213**
林戈苹果 **243672**
林戈鞘蕊花 **99695**
林戈软荚豆 **386424**
林戈水蓑衣 **200651**
林戈叶下珠 **296742**
林戈猪屎豆 **112620**
林格土密树 **60173**
林灌豆属 **380631**
林桂 **138418**
林桂属 **138417**
林海卵叶丝穗木 171555
林核实属 **231633**
林华鼠尾草 **345093**
林蓟 **92367**
林间雏菊 **50831**
林间杜鹃 330897
林间茴芹 299547
林金合欢 **1603**
林金腰 **90400**
林金腰子 90400
林堇菜 **410584**,410483,410517
林荆子 243555
林苣苔属 **138523**
林康木属 **231209**
林可蕾利亚属 333101
林克阿魏 **163664**
林克柴夫斯基蒲公英 **384634**
林克柴夫斯基鼠尾草 **345175**
林克姜味草 **253722**
林兰 125033,125138,125233,125257,171253,198698
林列当 **364346**
林列当属 **364345**
林铃兰 **138531**
林铃兰属 **138530**
林柳 **343328**
林罗木 274391
林马蓝 **320118**
林茅属 202702
林莓系 305743
林萌合耳菊 **381951**
林萌千里光 381951
林檬白塞木 **268346**
林木兰属 230369
林木麻黄 **79189**
林奈匕果芥 **326834**
林奈草 231679
林奈花 231679
林奈花属 231676
林奈火石花 **175190**
林奈栝楼属 **231718**
林奈木 231679
林奈木属 231676
林奈茄 **367305**

林奈喜林芋 **294819**
林奈小萝卜 326834
林奈羊蹄甲 **49158**
林奈蝇子草 **363691**
林南齿属 230205
林欧防风 **285744**
林皮棕 **138535**
林皮棕属 **138532**
林奇缠绕草 **16177**
林契刺头菊 **108330**
林契黄芩 **355573**
林契棘豆 **278968**
林千里光 360172
林茜草 338032
林禽 243551
林檎 25898,243551,243667,
243675
林檎石南 **225866**
林檎石南属 **225865**
林倾草 **200696**
林倾草属 **200695**
林赛兰 **231629**
林赛兰属 **231628**
林赛香桃木 **231631**
林赛香桃木属 **231630**
林沙参 **7821**
林莎属 **263528**
林山柳菊 **195821**
林山毛榉 162400
林生斑鸠菊 **406854**
林生藨草 **353856**
林生长蒴苣苔草 **129961**
林生粗叶木 **222244**
林生打碗花 **68732**
林生地杨梅 **238663**
林生顶冰花 **169420**
林生杜鹃 **331360**,331045,
331048,331320
林生风毛菊 **348836**
林生凤仙花 **205103**
林生孩儿参 318515
林生花凤梨 **391968**
林生棘豆 **279195**
林生假福王草 **283697**
林生假乌桕 346412
林生假榆橘 **320088**
林生卷耳 **82928**
林生蓝刺头 **140814**
林生老鹳草 **174951**
林生乱子草 **259707**
林生杧果 **244410**
林生梅 83238
林生七叶树 **9693**
林生千里光 **360172**
林生荨麻 402946
林生茜草 **338032**
林生色萼花 **89287**,89283
林生石竹 **127678**
林生鼠尾草 **345246**
林生铁兰 391968
林生葶苈 **137131**
林生虾脊兰 66086
林生香茶菜 **209834**
林生香豌豆 222844
林生小花茜 **286027**
林生玄参 **355202**
林生烟草 **266059**
林生沿阶草 **272149**
林生一枝黄花 **368282**
林生异木麻黄 **15952**
林生银莲花 24061
林生郁金香 400229
林生越橘 **403986**
林生紫堇 **106185**
林石蚕 **388275**
林石草 **413034**
林石草属 **413030**
林石蒜 **200704**
林石蒜属 **200702**
林氏阿魏 **163663**
林氏八仙花 199938
林氏巴豆 **112941**
林氏箣竹 47215
林氏大戟 159249
林氏灯笼草 297625
林氏杜鹃 331109,331651
林氏二型花 **128513**
林氏分药花 **291432**
林氏福木 171128
林氏渐尖二型花 **128483**
林氏卷舌菊 **380852**
林氏克勒草 **95855**
林氏拉拉藤 **170460**
林氏兰属 **231616**
林氏列当 **275119**
林氏龙胆 100277
林氏卵叶加里亚 171555
林氏卵叶丝穗木 **171555**
林氏乱子草 **259676**
林氏马先蒿 **287359**
林氏莫里茨草 **258982**
林氏木姜子 233840
林氏朴 **80687**
林氏茜草 **337981**
林氏蔷薇 **231612**
林氏蔷薇属 **231608**
林氏雀儿豆 **87247**
林氏热美樟 **252728**
林氏疏花龙船花 **211118**
林氏苔草 **75173**
林氏筒凤梨 **71152**
林氏线嘴苣 **376056**
林氏绣球 199938
林氏悬钩子 **338754**
林氏血苋 208354
林氏岩雏菊 **291320**
林氏异决明 **360451**
林氏泽兰 **158200**
林鼠麹草 178465
林鼠尾草 345246
林苔草 **74856**
林糖芥 **154553**
林投 **281143**
林投舅 168245
林投露兜 281089
林投露兜树 **281089**
林托草 231854
林托草属 231852
林翁玉 **264354**
林伍德间型连翘 **167440**
林勿忘草 260892
林下艾 36354
林下杜鹃 331944
林下沙参 7821
林下苔 73636
林下竹 236284
林仙 138058
林仙花 **262286**
林仙花属 **262285**
林仙苣苔属 **262289**
林仙科 **414486**
林仙属 138051
林仙翁属 **401320**
林香花草 **193446**
林星花 **233456**
林星花属 **233453**
林续断 **133508**
林玄参属 364345
林旋花 **103028**
林阴千里光 359565
林荫芨芨草 **4128**
林荫菊 333475
林荫蓼 309918
林荫千里光 **359565**
林荫银莲花 23817,23925
林缘鹅观草 **144406**
林缘狭颖披碱草 144406
林缘野荞麦 **152548**
林早熟禾 **305741**
林泽兰 158200
林泽兰花 158200
林芝报春 **314695**
林芝杜鹃 **331363**
林芝凤仙花 **205094**
林芝光柱杜鹃 **331929**
林芝虎耳草 **349506**
林芝茴芹 **299486**
林芝龙胆 **173673**
林芝绿绒蒿 **247153**
林芝马先蒿 **287464**
林芝蔓龙胆 **110323**
林芝毛茛 **325771**
林芝女娄菜 364209
林芝苔草 **74027**
林芝橐吾 **229122**
林芝小檗 52220
林芝鸦跖花 **278470**
林芝野青茅 **127281**
林芝蝇子草 **364209**
林芝云杉 **298345**
林中艾 36354
林中拂子茅 **65338**
林中库页冷杉 **464**
林周风毛菊 **348502**
林周蒲公英 **384645**
林猪殃殃 **170534**
林仔竹 **270439**
林紫云菜 320118
临安栎 323751
临安槭 **3102**
临沧地不容 **375883**
临沧画眉草 **147775**
临沧嘉赐树 78124
临沧脚骨脆 **78124**
临沧牛奶菜 **245869**
临沧秋海棠 50420
临沧石栎 233316
临沧乌饭 **403888**
临沧崖爬藤 **387800**
临桂杜鹃 **331117**
临桂猕猴桃 **6656**
临桂石楠 **295656**
临桂香草 **239717**
临桂绣球 **199939**
临桂钻地风 **351782**
临江延胡索 **106086**
临时救 **239597**,239582,239673
临潭小檗 **51866**
淋漓 79064
淋漓榜属 **230178**
淋漓柯 **233407**,78868,79064
淋漓石栎 79064
淋漓锥 79064
淋汁藤 113612
鳞百部科 290063
鳞斑荚蒾 **408074**
鳞斑毛嘴杜鹃 **332001**
鳞半边莲 **234595**
鳞瓣扁担杆 **180849**
鳞瓣杜鹃 **330963**
鳞瓣无患子 **225535**
鳞瓣无患子属 **225534**
鳞苞菊属 129369
鳞苞榜 79064
鳞苞乳菀 **169780**
鳞苞苔草 **76665**
鳞苞针蔺 396005
鳞苞锥 79064

鳞宝 159305
鳞被蒿草 **217209**
鳞秕大苏铁 **417010**
鳞秕荚蒾 408075
鳞秕省藤 **65743**
鳞秕油果樟 **381793**
鳞秕泽米 417010
鳞翅草 **225078**
鳞翅草属 **225077**
鳞虫实 104831
鳞臭荠 **105352**
鳞窗兰 **113742**
鳞刺仙人掌 **272819**
鳞葱 15424
鳞大戟 **159870**
鳞萼花凤梨 **392025**
鳞萼棘豆 **279175**
鳞萼木属 147353
鳞萼铁兰 392025
鳞萼悬钩子 **338850**
鳞稃雀麦 **60811**
鳞盖草属 **374595**
鳞盖寄生 **225106**
鳞盖寄生属 **225105**
鳞隔堇 **334705**
鳞隔堇属 **355905**
鳞根柳叶菜 **146719**
鳞梗杉属 316081
鳞冠菊 **225523**
鳞冠菊属 **225519**,389961
鳞冠鼠麹草 **82435**
鳞冠鼠麹草属 **82434**
鳞果变豆菜 **345973**
鳞果草 **4464**
鳞果草属 **4456**
鳞果虫实 **104798**
鳞果多球茜 **310268**
鳞果海罂粟 176754
鳞果褐叶榕 **165509**
鳞果苣 **414389**
鳞果苣还阳参 **111092**
鳞果苣属 **414385**
鳞果椆属 225493,295501
鳞果山龙眼属 315702
鳞果苔 75115
鳞果苔草 **75115**
鳞果藤属 **270938**
鳞果卫矛 **157534**
鳞果椰属 342570
鳞果棕 **225494**
鳞果棕属 **225493**
鳞哈姆斯梧桐 **185805**
鳞花草 **225179**
鳞花草属 **225134**
鳞花杜鹃 331541
鳞花兰 **225063**
鳞花兰属 **225061**
鳞花木 **225674**
鳞花木属 **225668**
鳞花樱草杜鹃 **331541**
鳞花柱属 **25374**
鳞画眉草 **147769**
鳞桧 213943
鳞基画眉草 **147770**
鳞寄生 **225265**
鳞寄生属 **225264**
鳞甲草属 9021
鳞甲花 49226
鳞甲野牡丹 **237179**
鳞甲野牡丹属 **237178**
鳞坚椆属 225493
鳞姜七 49778
鳞角钗子股 **238305**
鳞角绿乳 **225497**
鳞角绿乳属 **225496**
鳞茎报春 **314457**,314180
鳞茎匙唇兰 68538
鳞茎大麦 198275
鳞茎灯心草 **212955**
鳞茎点头虎耳草 **349166**
鳞茎菲奇莎 **164504**
鳞茎红葱 **143572**
鳞茎厚敦菊 **277073**
鳞茎虎耳草 **349137**,349166
鳞茎花凤梨 **391984**
鳞茎碱茅 **321233**
鳞茎堇菜 **409788**
鳞茎聚合草 **381028**
鳞茎毛茛 **325666**
鳞茎魔杖花 **369980**
鳞茎莎草 **118599**
鳞茎水麦冬 **397147**
鳞茎水蜈蚣 **218498**
鳞茎铁兰 391984
鳞茎文殊兰 **111180**
鳞茎细叶芹 **84731**
鳞茎仙人球 378313
鳞茎燕麦 **34935**
鳞茎疣石蒜 **378522**
鳞茎玉 **378313**
鳞茎玉属 **378312**
鳞茎早熟禾 **305419**
鳞茎砖子苗 **245408**
鳞茎状毛茛 325666
鳞菊木 **4189**
鳞菊木属 **4188**
鳞孔草 **225595**
鳞孔草属 **225594**
鳞口麻 **295554**
鳞口麻属 **295553**
鳞拉悉雷 222651
鳞蜡菊 **189294**
鳞狼尾草 **289273**
鳞狸蕨 126329
鳞狸鳞 297008
鳞毛柏拉木 **55181**
鳞毛常山 **129043**
鳞毛椴 **391755**
鳞毛蓟 **91967**
鳞毛荚蒾 **408075**
鳞毛芥 **225615**
鳞毛芥属 **225612**
鳞毛楝属 **225608**
鳞毛溲疏 **127104**
鳞毛蚊母树 **134930**
鳞南非少花山龙眼 **370269**
鳞皮柏 114753
鳞皮桦 53335
鳞皮黄瓜 **114251**
鳞皮角果藻 **225636**
鳞皮角果藻属 **225635**
鳞皮冷杉 **485**
鳞皮无患子 **225270**
鳞皮无患子属 **225269**
鳞皮云杉 **298421**
鳞枇苏铁 417010
鳞片柏那参 59223
鳞片半日花 **188849**
鳞片叉柱兰 **86697**
鳞片芳香木 **38813**
鳞片老鸦嘴 **390878**
鳞片冷水花 **299051**
鳞片瘤蕊紫金牛 **271060**
鳞片柳叶菜 **146881**
鳞片龙胆 173917
鳞片芦荟 **16959**
鳞片罗伞 **59223**
鳞片全毛兰 **197572**
鳞片石斛 **125213**
鳞片水麻 **123337**
鳞片甜茅 177618
鳞片无柱兰 **19518**
鳞片紫菀 **41301**
鳞脐山柑 **71913**
鳞球花属 225134
鳞球穗 **225481**
鳞球穗科 **225479**
鳞球穗属 **225480**
鳞蕊凤梨 **22416**
鳞蕊凤梨属 **22415**
鳞蕊芥 **225586**
鳞蕊芥属 **225583**
鳞蕊兰 **225518**
鳞蕊兰属 **225517**
鳞蕊藤 **225702**
鳞蕊藤属 **225699**
鳞桑属 57462,397518
鳞山柳菊 **195732**
鳞丝苇属 225691
鳞苏铁 **225624**
鳞苏铁属 **225622**
鳞穗柳 **343600**
鳞穗木科 225479
鳞穗木属 225480
鳞穗棕 **295508**
鳞穗棕属 **295506**
鳞苔稷 **418488**
鳞苔稷属 **418487**
鳞桃木 **225640**
鳞桃木属 **225639**
鳞团扇 **116657**
鳞托花 329801
鳞托菊 **329801**
鳞托菊属 **329797**
鳞尾草锯花禾 **315204**
鳞尾草属 **295555**
鳞尾木 **225648**
鳞尾木属 **225644**,402471
鳞苇 **225693**
鳞苇属 **225691**
鳞纹蕊茜 **341368**
鳞喜阳花 **190303**
鳞腺杜鹃 **331089**
鳞小米草 **160204**
鳞小叶番杏 **170009**
鳞心紫草 **225511**
鳞心紫草属 **225510**
鳞玄参 **372957**
鳞玄参属 **372954**
鳞芽杜鹃 331240
鳞雅兰 **10199**
鳞亚麻 **231958**
鳞羊茅 **164329**
鳞叶点地梅 **23301**
鳞叶多室花 **295551**
鳞叶多室花属 **295550**
鳞叶番杏属 **305008**
鳞叶非洲蒜树 **10077**
鳞叶凤梨 **295505**
鳞叶凤梨属 **295503**
鳞叶灌属 **388734**
鳞叶赫柏木 **186955**
鳞叶寄生木属 293187
鳞叶节节木 **36821**
鳞叶菊 **227940**
鳞叶菊属 **227938**
鳞叶蓝花参 **412872**
鳞叶肋泽兰 **37539**
鳞叶肋泽兰属 **37537**
鳞叶柳杉 113693
鳞叶龙胆 **173917**
鳞叶鹿蹄草 **322915**
鳞叶木科 61360
鳞叶南洋杉 30841
鳞叶匍地梅 **277598**
鳞叶荠属 **297051**
鳞叶日本柳杉 **113693**
鳞叶绒柏菀 **283985**

鳞叶石栎　**233280**
鳞叶树科　**61360**
鳞叶树蜡菊　**189209**
鳞叶树欧石南　**149108**
鳞叶树属　**61320**
鳞叶树银齿树　**227238**
鳞叶铁　225624
鳞叶铁属　225622
鳞叶小檗　**51848**
鳞叶紫堇　**105670**
鳞衣草　225179
鳞獐牙菜　**380359**
鳞枝树属　9843
鳞轴椰属　225554
鳞轴椰子属　225554
鳞轴棕　**225557**
鳞轴棕属　**225554**
鳞柱杜鹃　331088
鳞状独行菜　**225407**
鳞状山柳菊　**195733**
鳞籽草属　**370891**
鳞籽漆　**70480**
鳞籽莎　**225572**
鳞籽莎属　**225567**
鳞子莎　225572
鳞子莎属　225567
鳞子文殊兰　111180
鳞足小麦秆菊　**381674**
菻　205580
凛蒿　35308
廪蒿　205580
廩蒿　35308
蔺果荠属　160690
蔺花香茅　**117245**
蔺状隐花草　**113316**
蔺状早熟禾　**305957**
橉木　**280016**,223131,316824
橉木稠李　280016
橉木樱　280016
拎树藤　147349
拎树藤属　147336
灵宝翠雀花　**124351**
灵宝杜鹃　**330852**
灵草　177947,239640
灵川大节竹　**206887**
灵川酸竹　**4610**
灵川小花苣苔　**87999**
灵疾草　239566
灵继六　227574
灵角　13380
灵兰卫矛　**157395**
灵兰香　345329
灵凌香　397208
灵梦玉　**263746**
灵山醉魂藤　**194167**
灵石　**129857**
灵石属　**129856**
灵寿茨　249373
灵树　151783
灵通　177893,177915,177947
灵仙　94814
灵仙藤　94814
灵仙玉叶金花　**260484**
灵香草　**239640**
灵香假卫矛　**254328**
灵眼　175813
灵药牛奶菜　**245795**
灵茵陈　365296
灵芝草　81727,253637,329471,372427
灵芝草属　329454
灵芝角　62799
灵芝牡丹　292745
灵枝草　329471
灵枝草属　329454
岭刀把　414809
岭刀柄　18052
岭罗麦　**385055**
岭罗麦属　**385052**
岭梅　233104
岭南八角　204602
岭南白莲茶　141595
岭南槟榔青　**372471**
岭南椆　116071
岭南臭椿　12587
岭南樗树　12570,12587
岭南倒稔子　171155,171221
岭南杜鹃　**331202**
岭南花椒　**417170**
岭南槐　369134
岭南槐树　369134
岭南柯　**233122**,233238,233241
岭南来江藤　**59134**
岭南梨　**323217**
岭南楝树　248913
岭南罗汉松　121079
岭南马尾松　**300059**
岭南茉莉　**211890**,211891
岭南木瓜红　327416
岭南槭　**3727**
岭南青冈　**116071**
岭南青刚栎　116071
岭南山茉莉　**199451**
岭南山竹子　**171155**
岭南石柯　233122
岭南石栎　233122
岭南柿　**132444**
岭南思劳竹　**351858**
岭南酸枣　372471
岭南梭罗树　327376
岭南野菊　406667
岭南竹　351858
岭南紫荆　**83779**
岭南柞木　415877
岭上杜鹃　**331517**
岭樱　83267
苓草　389333
苓耳　415046,415057
苓菊　214121
苓菊属　**214028**
苓香　239640
柃　160503
柃寄生　217906
柃木　**160503**,69411,160419
柃木属　160405
柃木悬钩子　338433
柃木叶山茶　69398
柃属　**160405**
柃叶冬青　**203791**,204398
柃叶连蕊茶　**69064**
柃叶山矾　**381199**
柃状鱼骨木　**71358**
玲典筒凤梨　71152
玲殿黄肉芋　65230
玲花蕉科　266514
玲姬玉凤花　183801
玲甲花　49211
玲珑彩花　**2277**
玲珑草　191349
玲珑兜兰　**282877**
玲珑椒草　290349
玲珑菊　322724
玲珑茄　367596
玲珑椰子　85433
玲珑椰子属　85420
玲音　**192454**
凌波仙子　262468
凌德草属　334540
凌德勒紫草　231251
凌风草　**60382**,60379
凌风草属　**60372**
凌风草叶雀麦　**60653**
凌扣　132398
凌氏风琴豆　**217976**
凌氏马先蒿　**287364**
凌水挡　5793
凌水档　5803
凌消草　355201
凌霄　70507
凌霄花　**70507**,70512
凌霄花属　**70502**
凌霄莓　**124761**
凌霄莓属　**124755**
凌霄属　70502
凌霄藤　70507
凌源隐子草　**94608**
凌云　**86585**
凌云重楼　**284307**
凌云风车子　100850
凌云阁　94556
凌云弓果藤　**393542**
凌云南星　**33396**
凌云铁线莲　**95089**
凌云悬钩子　338342
凌云羊蹄甲　**49157**
凌云柱　**94556**
凌云紫堇　**106195**
铃柴胡　117643
铃铛菜　308613,308616
铃铛草　201389
铃铛刺　**184838**
铃铛刺属　**184832**
铃铛花　102867,302753
铃铛麦　45566
铃铛子　**25447**,250831
铃当菜　308616
铃当草　371161
铃儿草　7850,220729,297645
铃儿花　145714
铃果属　98256
铃花　**266474**
铃花黄兰　**82086**
铃花科　**266476**
铃花属　**266470**
铃花肖头蕊兰　82088
铃兰　**102867**
铃兰齿瓣兰　**269062**
铃兰花山柳　**96464**
铃兰科　**102888**
铃兰属　**102856**,147106
铃兰水仙　227875
铃兰状毛兰　**148650**
铃铃草　32212,112138
铃铃花　135795
铃铃属　135753
铃铃香　21580,239640
铃铃香青　**21580**
铃笼　**340673**
铃茅属　60372
铃木草　380046
铃木草属　380044
铃木赤竹　**347309**
铃木冬青　204306
铃木蓟　**92418**,92419
铃木楼梯草　**142867**
铃木氏冬青　**204306**
铃木氏杜鹃　**331275**
铃木氏蓟　92419
铃木氏双叶兰　264743
铃木氏油点草　396617
铃木香茶菜　**209615**
铃木小蝶兰　**310893**
铃木帚菊　**292042**
铃茵陈　365296
铃钟花　413613
铃钟三七　216474
铃竹桃　**392291**
铃竹桃属　**392290**

铃子草 239640
铃子三七 86810
铃子香 86807,239640
铃子香属 **86805**
陵草 239640
陵藁 159172
陵果 243675
陵居腹 70507
陵郎 369010
陵藁 339360
陵陵香 239640
陵茗 70507
陵苕 70507
陵时花 70507
陵水暗罗 **307515**
陵水草珊瑚 **346534**
陵水胡椒 **300442**
陵舄 301871,301952
陵霄 70507
陵游 173625,173814,173847,174004
陵泽 159172
陵召 70507
陵子香 239640
绫波 **197762**
绫波属 **197761**
绫鼓 **182454**
绫锦 16605
绫杉 113687
绫丝线 197794
绫衣 **244011**
绫衣草 186728
绫衣绘卷 186728
绫樱 **358060**
羚角芥属 **145165**
羚羊薄果荠 **198483**
羚羊蛋 278869,279060
聆听红千层 **67268**
菱 **394436**,394426,394430,394463,394500
菱苞澳洲柏 **67432**
菱苞桦 **53604**
菱苞橐吾 **229073**
菱被爵床 **332333**
菱被爵床属 **332332**
菱唇蛤兰 **101712**
菱唇毛兰 **148760**
菱唇山姜 **17712**
菱唇石斛 **125218**
菱登草 231271
菱登草属 231254
菱弟 160637
菱蒂萝属 231243
菱果菊 **391645**
菱果菊属 **391642**
菱果柯 **233383**,233378
菱果裂叶铁线莲 **95209**
菱果石栎 79064,233359,233378
菱果苔 75258
菱果苔草 **74697**
菱果羊蹄甲 **49227**
菱荚红豆 **274424**
菱角 394426,394436,394463,394496,394500
菱角菜 59469,72038
菱角花 394076
菱角扭 378386
菱角伞 100961
菱角树 389978
菱角掌 **216637**
菱茎野葡萄 79841
菱科 **394554**
菱兰属 **332334**
菱裂毛鳞菊 **84972**
菱卵叶忍冬 **236225**
菱属 **394412**
菱形白坚木 39701
菱形扁豆 **218724**
菱形常春藤 187318
菱形春再来 **94142**
菱形酢浆草 **278059**
菱形杜鹃 331650
菱形短梗景天 **8491**
菱形非洲长腺豆 **7509**
菱形黄芩 **355716**
菱形毛茛 **326309**
菱形美丽柏 67432
菱形摩洛哥百里香 **391269**
菱形墨药菊 **248605**
菱形奴草 256182
菱形千里光 **359893**
菱形少花向日葵 **189030**
菱形铁苋菜 **1971**
菱形香茶 **303616**
菱形小叶杨 311504
菱形叶杜鹃 **331650**
菱形止泻萝藦 **416250**
菱形猪笼草 **264851**
菱叶拔毒散 309616,362617
菱叶菝葜 **366361**
菱叶白粉藤 411885
菱叶扁担杆 **180939**
菱叶扁豆 135600
菱叶滨榕 **165736**
菱叶波思豆 **57499**
菱叶捕鱼木 180939
菱叶布氏茜 **59923**
菱叶草属 332353
菱叶常春藤 **187318**
菱叶黐头婆 399312
菱叶唇柱苣苔草 **87976**
菱叶刺黄柏 **242544**
菱叶大黄 **329390**
菱叶大戟 **159718**
菱叶钓樟 231444
菱叶杜鹃 331650
菱叶多鳞菊 **66362**
菱叶凤尾蕉 417005
菱叶凤仙花 **205283**
菱叶腹水草 **407479**
菱叶冠毛榕 **165035**
菱叶海桐 **301390**,301426
菱叶红景天 **329879**
菱叶红色木 3678
菱叶花椒 **417323**
菱叶花楸 **369505**
菱叶茴芹 **299512**
菱叶菊 **124846**
菱叶藜 **86977**
菱叶镰扁豆 **135600**
菱叶链合欢 **79482**
菱叶柃木 160479
菱叶柳 **343894**
菱叶楼梯草 **142820**
菱叶鹿藿 **333215**
菱叶榈属 212401
菱叶葡萄 **411719**
菱叶槭木 **16435**
菱叶千里光 **359892**
菱叶秋海棠 **285697**
菱叶山胡椒 **231444**
菱叶山黄菊 **25547**
菱叶山绿豆 126603
菱叶山蚂蝗 **126305**,200725,200739
菱叶石沙参 **7777**
菱叶柿 132371
菱叶粟麦草 **230153**
菱叶碎米荠 73023
菱叶檀香 **207382**
菱叶檀香属 **207381**
菱叶藤属 **332304**
菱叶铁苋菜 **1983**
菱叶卫矛 **157912**
菱叶乌蔹莓 **79886**
菱叶乌头 **5532**
菱叶雾水葛 **313425**
菱叶西番莲 285697
菱叶蚬木 **161625**
菱叶苋 **18824**
菱叶腺柱兰 **8055**
菱叶向日葵 **189066**
菱叶小叶杨 **311504**
菱叶绣线菊 **372126**
菱叶崖爬藤 **387861**
菱叶延龄草 **397604**
菱叶野决明 **389547**
菱叶元宝草 **13336**
菱叶元宝草属 **13334**
菱叶云实 **65057**
菱叶直瓣苣苔 **22172**
菱叶紫菊 **267178**
菱叶棕 **212402**
菱叶棕属 **212401**
菱痣白坚木 **39701**
菱状叶葡萄 411719
菱籽椰 **297900**
菱籽椰属 **297899**
蔆 394436,394500
蔆角 394500
零草 239640
零丁子 403738
零陵唇柱苣苔草 **87902**
零陵香 239640,268438,268614,397208
零陵香草 21580
零陵香青 21580
零陵香属 133626
零零香 21580,239640
零零香青 21580
零乱奥勒菊木 270203
零乱蜡花木 **153332**
零乱树紫菀 **270203**
零乌豆 177777
零香草 239640
零余虎耳草 **349162**
零余薯 131501
零余芋 327676
零余芋属 327670
零余子 131772
零余子草属 192809
零余子佛甲草 356590
零余子虎耳草 349162
零余子景天 200820,356590
零余子荨麻 221538
零余子属 365835
零余子薯蓣 131501
零榆 401602
鲮鲤舌 383009
鲮石 393657
霝 131501
领苞风信子属 **276945**
领春木 **160344**
领春木科 **160349**
领春木属 **160338**
领冠落苞菊 **198933**
领冠落苞菊属 **198932**
领果菊属 223723
领石 393657
令箭荷花 **266648**
令箭荷花属 **266647**,147283
令令香 239640
溜叶含笑 **252901**
刘芙绒草 170743
刘芙蓉草 170751
刘海节菊 239898
刘蒿绒 170743,170751
刘寄奴 35136,35770,36241,

36454,103436,201743,201942,201974,202217,215356,359654,365296
刘氏葶苈 143193
刘氏草 **228287**
刘氏草属 **228256**
刘氏大戟 **159251**
刘氏合欢 13493
刘氏花属 228256
刘氏黄芪 42862
刘氏黄耆 42862
刘氏泡花树 249402
刘氏苔 75181
刘氏苔草 **75175**
刘氏弯刺蔷薇 336381
刘氏乌头 5370
刘演秋海棠 **50019**
刘易斯杯裂香木 **108098**
刘易斯短丝花 **221387**
刘易斯狒狒花 **46073**
刘易斯沟酸浆 **255216**
刘易斯赫柏木 **186959**
刘易斯乐母丽 **335889**
刘易斯六柱兜铃 **194580**
刘易斯穆拉远志 **260007**
刘易斯日中花 **220596**
刘易斯双距花 **128067**
刘易斯唐菖蒲 **176313**
刘易斯纹蕊茜 **341321**
刘易斯肖鸢尾 **258541**
刘易斯亚麻 **231917**
刘子菊 **228217**
刘子菊属 **228210**
刘子菊状矢车菊 **81174**
流鼻槁 113437
流产草 205698
流萼叶下珠 296562
流胶西非夹竹桃 **275591**
流浪汉欧亚香花芥 **193418**
流浪球 **155220**
流浪丸 155220
流离网 78731
流丽丸 244268
流民草 239645
流明草 97720
流尿蒿 35674
流沙黄耆 **42625**
流石风铃草 **69979**
流石苔草 **74808**
流水蒿 35674
流水丝花苣苔 **263323**
流苏 87729
流苏白花菜 **95672**
流苏百蕊草 **389693**
流苏瓣三指兰 **396637**
流苏瓣缘黄堇 **105875**
流苏苞爵床 **139004**
流苏杯冠藤 **117465**
流苏贝尔茜 **53079**
流苏贝母兰 **98651**
流苏边脉科 60042
流苏边脉属 60027
流苏布里滕参 **211498**
流苏菜 340476
流苏菜科 340502
流苏菜属 340470
流苏糙被萝藦 **393797**
流苏车轴草 **396900**
流苏刺花蓼 **89077**
流苏大花魔杖花 **369992**
流苏大戟 **158893**
流苏吊灯花 **84093**
流苏堆心菊 **188416**
流苏多蕊石蒜 **175328**
流苏萼乌饭树 403827
流苏萼越橘 **403827**
流苏仿龙眼 **254961**
流苏狒狒花 **46054**
流苏风铃草 69916
流苏甘蓝 **59538**
流苏果 391472
流苏果属 391471
流苏蝴蝶兰 293603
流苏虎耳草 **350033**
流苏虎眼万年青 **274566**,274815
流苏画眉草 **147677**
流苏黄堇 105875
流苏黄竹 **125491**
流苏喙柱兰 **88859**
流苏角果帚灯草 **83428**
流苏金合欢 **1224**
流苏金雀花紫堇 **105801**
流苏金石斛 **166961**
流苏堇菜 **409983**
流苏韭 **15240**
流苏开口箭 70607
流苏康多兰 88859
流苏兰 333102
流苏蓝星花 **33647**
流苏梨藤竹 **249609**
流苏藜芦 **405592**
流苏亮籽 **111818**
流苏亮籽科 **111819**
流苏亮籽属 **111816**
流苏鳞花草 **225160**
流苏龙胆 **173702**
流苏龙须兰 **79339**
流苏芦荟 **16825**
流苏罗勒 **268498**
流苏毛地黄 130355
流苏毛叶舌草属 418313
流苏木属 87694
流苏南非禾 **289963**
流苏拟漆姑 **370631**
流苏鸟足兰 **347776**
流苏扭果花 **377828**
流苏欧石南 **149445**
流苏普瑞木 **315239**
流苏浅紫裂吊灯花 **84213**
流苏蔷薇 **336559**
流苏秋海棠 **49835**
流苏曲花紫堇 **105783**
流苏舌草属 **108701**
流苏舌唇兰 **302324**
流苏石斛 **125135**,125138
流苏首乌 **162517**
流苏鼠尾粟 **372679**
流苏树 **87729**
流苏树属 **87694**
流苏苔草 **74286**
流苏唐竹 297213
流苏铁苋菜 **1850**
流苏菟丝子 **115141**
流苏瓦松 275363
流苏卫矛 **157539**
流苏虾脊兰 **65871**
流苏香茶菜 **303307**
流苏香竹 **87636**
流苏小香竹 87636
流苏岩扇 351450
流苏叶九节 **319544**
流苏蝇子草 **363904**
流苏硬皮豆 **241426**
流苏芋兰 **265386**
流苏芸苔 **59387**
流苏芸香 **341047**
流苏獐牙菜 **380210**
流苏蜘蛛抱蛋 **39540**
流苏掷爵床 **139871**
流苏钟穗花 **293165**
流苏柱球柱草 **63272**
流苏状凤仙花 **204949**
流苏子 **103862**
流苏子属 **103861**
流涎槁 113437
流星草 151243,151257,151268
流星谷精草 **151532**
流星花 **135165**
流星花属 **135153**
流星龙舌兰 **10850**
流星玉 **264343**
流血树 240325
流血桐 240325
流肢巴豆 **112898**
流注 285859
流注草 162312
留坝槭 3145
留春树 381291
留岛兰 **57004**
留岛兰属 **57003**
留蝶玉 233650
留豆 301055,408571
留萼木 **54878**
留萼木属 **54874**
留粉花科 61384
留粉花属 61381
留菊属 **162970**
留菊细毛留菊 **198939**
留兰香 **250450**,250341,250439
留恋松 **300177**
留尼旺鼠刺 **167337**
留尼旺鼠刺属 **167336**
留求子 324677
留氏桂 91366
留氏落草 **217493**
留氏鸢尾 208696
留土黄耆 **42508**
留香久 106793
留行草 **55153**
琉苞菊 **199624**
琉苞菊属 **199620**
琉璃草 **117965**,117956,118038,233786
琉璃草千里光 **358624**
琉璃草属 **117900**,270677
琉璃翠雀花 **124141**
琉璃繁缕 **21339**,21340
琉璃繁缕海神菜 **265453**
琉璃繁缕蛇舌草 **269719**
琉璃繁缕属 **21335**
琉璃繁缕鸭嘴花 **214322**
琉璃飞燕草 102833,124141
琉璃花伞 148087
琉璃晃 **159916**
琉璃姬孔雀 **16878**
琉璃镜 272951
琉璃菊 **377288**
琉璃菊属 **377286**,79271
琉璃苣 **57101**,83923
琉璃苣欧石南 **149181**
琉璃苣属 **57095**,83918
琉璃孔雀 17127
琉璃芦荟 **17127**
琉璃球 **163425**
琉璃唐棉 278547
琉璃丸 163425
琉璃枝 328816
琉璃紫草 83923
琉璃紫草科 **83917**
琉璃紫草属 **83918**
琉球暗罗 **307508**
琉球八角 204598
琉球八角金盘 **162889**
琉球菝葜 366484
琉球白蜡树 167994
琉球叉柱兰 **86698**
琉球春花 329073
琉球刺柏 **213963**

琉球刺楸 **215445**
琉球楤木 **30749**
琉球大吴风草 **162627**
琉球地锦苗 **85768**
琉球冬青 203883,204365
琉球杜鹃 **331759**
琉球杜鹃花 331759
琉球腹水草 **407471**
琉球谷精草 **151383**
琉球海桐 **301229**
琉球黑檀 132153
琉球胡颓子 **142056**
琉球虎刺 **122063**
琉球黄杨 **64273**,64373
琉球鸡屎树 222133
琉球荚蒾 **407867**
琉球豇豆 **409036**
琉球堇菜 **410420**
琉球九节 **319671**
琉球九节龙 **31574**
琉球栲 **79023**
琉球兰嵌马蓝 **378231**
琉球连蕊茶 69327
琉球柃 **160595**
琉球铃木草 380045
琉球柳叶箬 **209087**
琉球络石 **393656**
琉球马瓝儿 417492
琉球马兜铃 **34247**,34219
琉球马醉木 **298758**
琉球毛兰 **148712**
琉球毛舌兰 **395865**
琉球米兰 11298
琉球米槠 **78913**
琉球米仔兰 **11298**
琉球茉莉花 **212024**,212004
琉球木犀 **276268**
琉球牛皮消 **117571**
琉球女娄菜 **363203**
琉球女贞 **229524**
琉球蟛蜞菊 **413507**
琉球朴 **80663**
琉球青荚叶 **191185**
琉球乳豆 169657
琉球山矾 **381288**
琉球山梗菜 **234615**
琉球山麻杆 **14204**
琉球山蚂蝗 200727
琉球杉 114539
琉球石斑木 **329096**
琉球石斛 **125291**
琉球矢竹 **304054**
琉球柿 132216,132291
琉球鼠李 **328767**
琉球水玉簪 **63981**
琉球丝芭蕉 **260241**
琉球丝粉藻 **117309**
琉球松 **300044**
琉球苔草 **74149**
琉球条叶百合 **229776**
琉球铁线莲 95350
琉球兔儿风 **12611**
琉球万代兰 **404749**,395865
琉球卫矛 **157698**
琉球细辛 **37673**
琉球绣球 **199942**
琉球绣球防风 **227697**
琉球崖爬藤 **387802**
琉球杨桐 **8270**
琉球椰 **347421**
琉球椰属 **347420**
琉球野蔷薇 336405
琉球叶算盘子 **177153**
琉球叶下珠 **296641**
琉球茵芋 **365963**
琉球泽兰 158200,158214
琉球针房藤 **329004**
琉球针蔺 **143417**
琉球珍珠菜 **239719**
琉球指柱兰 86698
琉球猪殃殃 **170407**
琉桑属 136417
琉维草 **228270**
琉维草属 228256
硫花刺萼掌 **2106**
硫花木槿 **195256**
硫华菊 107172
硫黄草 239902
硫黄大花香睡莲 **267731**
硫黄独脚金 **378042**
硫黄杜鹃 **331908**
硫黄海伯尼亚常春藤 **187289**
硫黄花绒毛蓼 151968
硫黄火焰草 **79136**
硫黄棘豆 **279192**
硫黄菊 107172
硫黄卷瓣兰 **63114**
硫黄毛茛 **326411**
硫黄柠檬羽裂圣麻 346269
硫黄日本金缕梅 **185106**
硫黄神麻菊 **346269**
硫黄十字爵床 **111770**
硫黄矢车菊 **81410**
硫黄委陵菜 **313036**
硫黄香青 **21571**
硫磺日本金缕梅 185106
硫磺色花有刺萼 2106
硫磺色岩黄芪 188137
硫磺嗜盐草 **184925**
硫磺团扇 **273070**
硫磺盐美人 184925
硫色白粉藤 **92987**
硫色棒毛萼 **400805**
硫色秘鲁藤黄 **323485**
硫色布拉兰 **58244**
硫色顶冰花 **169507**
硫色芳香木 **38835**
硫色风铃草 **70318**
硫色凤仙花 **205376**
硫色甘蓝花 **79699**
硫色高恩兰 **180016**
硫色鲫鱼藤 **356328**
硫色尖柱鼠麹草 **412939**
硫色金雀花 **121006**
硫色荆芥 **265068**
硫色宽花紫哈维列当 **186079**
硫色乐母丽 **336060**
硫色列当 **275222**
硫色裂唇兰 **351429**
硫色瘤萼寄生 **270959**
硫色毛连菜 **298644**
硫色牡荆 **411453**
硫色欧石南 **149314**
硫色雀舌兰 **139263**
硫色肉片萝藦 **346831**
硫色山柳菊 **196021**
硫色睡莲 **267641**
硫色唐菖蒲 **176580**
硫色天竺葵 **288536**
硫色萎草 **245079**
硫色无茎锦葵 **2746**
硫色五层龙 **342732**
硫色小黄管 **356177**
硫色鸭嘴花 **214838**
硫色岩黄耆 **188137**
硫色异决明 360489
硫色隐药萝藦 **68578**
硫色硬皮鸢尾 **172696**
硫色鼬瓣花 **170077**
硫色鸢尾 **208869**
硫色直立狒狒花 **46147**
硫色足唇兰 **287867**
硫叶青木 **44938**
硫棕色蜡菊 **189846**
蒥豆 301070
榴果檀香 **332302**
榴果檀香属 **332301**
榴莲 **139092**
榴莲马兜铃 34337
榴莲属 **139089**
榴叶黄褥花 243526
瑠蝶生石花 **233650**
瑠蝶玉 233650
瘤埃牟茶藨 334029
瘤瓣花 **292254**
瘤瓣花属 **292253**
瘤瓣兰 269065
瘤瓣兰属 **270787**,269055
瘤苞婆罗门参 **394356**
瘤报春 315016
瘤荸荠 **143390**
瘤糙假俭草 **148253**
瘤翅女娄菜 **248444**
瘤唇卷瓣兰 **62813**
瘤唇卷唇兰 62813
瘤唇兰属 **297602**
瘤点卫矛 157948
瘤斗篷草 **14036**
瘤萼寄生属 **270946**
瘤萼马鞭草 **270853**
瘤萼马鞭草属 **270852**
瘤耳夹竹桃属 **270854**
瘤梗甘薯 **207921**
瘤冠恩氏寄生 **145594**
瘤冠萝藦 **271019**
瘤冠萝藦属 **271018**
瘤冠麻 119969
瘤冠麻属 119968
瘤果鞭属 **413479**
瘤果变豆菜 **346008**
瘤果茶 **69730**
瘤果虫实 104858
瘤果粗叶木 **222301**
瘤果地构叶 370515
瘤果短蕊茶 69385
瘤果凤仙花 **205409**
瘤果附地菜 **397432**
瘤果黑种草 266230
瘤果狐尾藻 **261370**
瘤果槲寄生 **411085**,411082
瘤果茴芹 **299565**
瘤果棘豆 279014
瘤果夹竹桃 **101758**
瘤果夹竹桃属 **101757**
瘤果堇 **275493**
瘤果堇属 **275490**
瘤果菊 **399972**,19145
瘤果菊属 **399971**
瘤果糠椴 **391765**
瘤果柯 **233240**
瘤果棱子芹 **304860**
瘤果冷水花 298909,299086
瘤果辽椴 391765
瘤果茉莉属 **119981**
瘤果漆属 **270963**
瘤果芹 **393856**
瘤果芹属 **393818**
瘤果琼楠 **50567**
瘤果蛇根草 **272212**
瘤果石栎 233240
瘤果双喙夹竹桃 **133161**
瘤果松 **299806**
瘤果桃金娘 **297601**
瘤果桃金娘属 **297600**
瘤果眼子菜 **312072**
瘤果椰 **368614**
瘤果椰属 **368611**
瘤果越橘 **403954**

瘤果篑藻 55913
瘤果紫玉盘 **403503**
瘤花龙胆 **80363**
瘤花龙胆属 **80362**
瘤黄藤属 270938
瘤基忍冬 **235999**
瘤寄生 **270777**
瘤寄生属 **270774**
瘤荚蝎尾豆 **354761**
瘤菅 **389309**
瘤角菱 **394552**
瘤金合欢 **1424**
瘤茎赖特野荞麦木 **152671**
瘤茎楼梯草 **142754**
瘤茎椰子属 119988
瘤兰 **297596**
瘤毛塞内加尔番荔枝 **25892**
瘤毛银背藤 **32666**
瘤毛獐牙菜 **380319**
瘤毛枝香草 **155913**
瘤木莓 **136865**
瘤南星 **297591**
瘤南星属 **297590**
瘤囊苔草 **389180**,76178
瘤囊苔草属 **389179**
瘤皮孔酸藤子 **144807**
瘤畦畔莎草 **118990**
瘤球属 389203
瘤蕊百合属 **271008**
瘤蕊椰 **19547**
瘤蕊椰属 **19545**
瘤蕊紫金牛属 **271021**
瘤山梅花 **294564**
瘤珊瑚 **116652**
瘤舌莞花 **414243**
瘤丝萝藦 **270851**
瘤丝萝藦属 **270850**
瘤四棱荠 **178835**
瘤穗弓果黍 **120634**
瘤苔草 **74908**
瘤糖茶藨 334029
瘤糖茶藨子 **334029**
瘤天麻 **171958**
瘤突蒲桃 **382618**
瘤突苔草 **76676**
瘤箨筇竹 **87626**
瘤苋 **18844**
瘤线嘴苣 **376059**
瘤腺曲瓣树葡萄 **120054**
瘤腺叶下珠 **296672**
瘤鸭嘴草 **209279**,209261
瘤药花 **289493**
瘤药花科 **289497**
瘤药花属 **289492**,120275
瘤药树 289493
瘤药树科 289497
瘤药树属 289492
瘤药鸭脚茶 **59884**
瘤叶暗罗 307534
瘤叶短蕊茶 **69385**
瘤叶兰 **270980**
瘤叶兰属 **270979**
瘤叶立金花 **218930**
瘤叶延胡索 **106372**
瘤玉属 **389203**
瘤藏百合 283300
瘤枝冬青 203754
瘤枝杜鹃 **330153**,330068
瘤枝密花树 **261662**
瘤枝葡萄 411648
瘤枝榕 **165269**
瘤枝微花藤 **207371**
瘤枝卫矛 **157952**
瘤枝五味子 **351018**,351093
瘤指玉 **203516**
瘤指玉属 **203515**
瘤状单叶芸香 185676
瘤状豆蔻 19928
瘤状粉藤 **92729**
瘤状胡椒 **300539**
瘤状三芒草 **34062**
瘤状猪毛菜 **344752**
瘤状紫波 **28521**
瘤籽大戟 **159573**
瘤籽黄堇 **106612**
瘤籽桐属 270997
瘤子草 **263242**
瘤子草科 **263254**
瘤子草属 **263238**
瘤子海桐属 **271004**
瘤子菊属 **297567**
瘤子椰子属 270997
瘤足木 **269247**
瘤足木属 **269246**
蓟 298093
柳 343070
柳安 **283904**
柳安属 **283891**
柳桉 155730,155732
柳比前胡 **292916**
柳彩雀花 231084
柳橙 **93777**
柳穿鱼 **231183**,230870,231015,231187
柳穿鱼科 **231202**
柳穿鱼蓝花参 **412725**
柳穿鱼马利筋 37991
柳穿鱼属 **230866**
柳穿鱼驼曲草 **119857**
柳穿鱼鸭嘴花 **214593**
柳穿鱼叶白千层 248105
柳穿鱼叶百簕花 **55367**
柳穿鱼叶金丝桃 **201992**
柳戴星草 **371018**
柳豆 65146
柳夫绒蒿 170743
柳芙绒蒿 170743
柳槁 231377,264074
柳桂 91302
柳过路黄 **239836**
柳蒿 35648
柳好花 158200
柳鸡头薯 **153040**
柳寄生 385194,410992
柳坚果番杏 **387210**
柳江唇柱苣苔草 **87903**
柳江蜘蛛抱蛋 **39569**
柳菊蒲公英 196057
柳兰 **85875**
柳兰属 **85870**,146586
柳兰叶风毛菊 348292
柳栎 116187,324282
柳蓼 309199
柳林柳叶菜 **146875**
柳林酸模 **339993**
柳茅子 344244
柳眉莓 123332
柳莓 123322
柳梅 123332
柳木子 389978
柳牧根草 **43588**
柳欧石南 **150013**
柳泡叶番杏 **138228**
柳漆 **332765**
柳日中花 **220665**
柳绒蒿 170743
柳杉 **113721**,113685
柳杉科 **113730**
柳杉属 **113633**
柳氏悬钩子 **338756**
柳属 **342923**
柳树 343070
柳树钝果寄生 385194
柳树蒿 344244
柳树毫 344244
柳树寄生 **385194**
柳丝藻 312236
柳丝子 320377
柳梭梭 **185077**
柳田菝葜 **366294**
柳条 343858
柳条杜鹃 **332071**
柳条黄耆 **43228**
柳条茎野荞麦 **152629**
柳条省藤 **65809**
柳条小冠花 **105326**
柳条状花楸 **369561**
柳相思树 **1552**
柳香桃 11399
柳香桃属 11397
柳肖木菊 **240793**
柳芽子 343858
柳杨花 239902
柳叶阿氏木 **45956**
柳叶桉 **155730**,155772
柳叶奥萨野牡丹 **276513**
柳叶奥佐漆 **279318**
柳叶澳菊木 **49563**
柳叶白前 **117692**
柳叶斑鸠菊 **406772**
柳叶半日花 **188829**
柳叶柄果木 **255953**
柳叶薄荷穗 **255430**
柳叶菜 **146724**,146849
柳叶菜大戟 **158837**
柳叶菜地胆 368880
柳叶菜风毛菊 **348292**
柳叶菜蜂斗草 **368880**
柳叶菜科 **270773**
柳叶菜属 **146586**
柳叶菜状丁香蓼 238167
柳叶菜状凤仙花 **204930**
柳叶糙苏 **295187**
柳叶桦 168112
柳叶柴胡 **63809**
柳叶长阶花 186972
柳叶长舌菊 **320058**
柳叶柽柳桃金娘 **261030**
柳叶重楼 **284343**
柳叶刺苞菊 **77014**
柳叶刺蓼 **308922**
柳叶簇菊木 **257202**
柳叶大果龙胆 **240961**
柳叶大花卫矛 **157551**
柳叶大戟 **159759**,159046
柳叶大将军 234555
柳叶大马蓼 309318
柳叶代弗山榄木 132656
柳叶点腺亮泽兰 **46405**
柳叶吊灯花 **84234**
柳叶冬青 **204234**
柳叶豆梨 **323124**
柳叶杜根藤 **67829**
柳叶杜茎山 **241833**
柳叶杜鹃 **330943**,331089
柳叶盾果金虎尾 **39510**
柳叶钝果寄生 385194
柳叶多花蓼 **340524**
柳叶多舌飞蓬 **150805**
柳叶法拉茜 **162601**
柳叶繁缕 **375083**
柳叶芳香木 **38779**
柳叶风毛菊 **348757**
柳叶凤仙花 **205300**
柳叶拱顶金虎尾 **68775**
柳叶沟酸浆 **255195**
柳叶孤独菊 **148439**
柳叶谷木 **250058**

柳叶灌木查豆 **84474**
柳叶鬼针草 **53816**
柳叶过山龙 291061
柳叶哈克 184634
柳叶哈克木 **184634**
柳叶海特木 **188340**
柳叶蒿 **35648**,36241,36251
柳叶核果木 **138690**
柳叶赫柏木 **186972**
柳叶红果树 **377446**
柳叶红茎黄芩 **355860**
柳叶红千层 **67293**
柳叶厚壳树 **141696**
柳叶胡颓子 142044
柳叶虎刺 **122060**
柳叶虎皮楠 122712
柳叶花 276090
柳叶华北卫矛 **157702**
柳叶槐 **369002**
柳叶黄芩 **355435**
柳叶黄肉楠 **6789**
柳叶黄徽 188265
柳叶黄薇 **188265**
柳叶黄杨 **64343**
柳叶灰色鸡头薯 **153071**
柳叶火焰树 375511
柳叶鸡蛋果 **238119**
柳叶鸡蛋花 **305215**
柳叶鸡脚山楂 **109649**
柳叶夹 291061
柳叶假杜鹃 **48337**
柳叶假木荷 108578
柳叶假蚊母树 **134911**
柳叶见血飞 95271
柳叶金合欢 1553
柳叶金菊木 **150353**
柳叶金丝桃 **202143**
柳叶金叶子 **108578**
柳叶筋骨草 **13181**
柳叶旌节花 **373569**
柳叶景天 357036
柳叶韭 **15888**
柳叶卷舌菊 **380959**
柳叶柯 **233181**,233219
柳叶腊梅 87542
柳叶蜡梅 **87542**
柳叶莱恩野牡丹 **223531**
柳叶蓝桔梗 **115456**
柳叶梨 **323281**
柳叶里恩野牡丹 223531
柳叶栎 **324282**
柳叶莲 146724
柳叶蓼 309318
柳叶林地驼曲草 **119906**
柳叶鳞花草 **225224**
柳叶鳞球花 225224
柳叶苓菊 **214165**
柳叶留菊 **162974**
柳叶六裂木 **194543**
柳叶鹿藿 **333393**
柳叶驴菊木 **271725**
柳叶绿洲茜 **410857**
柳叶罗汉松 **306517**
柳叶萝藦 **403092**
柳叶萝藦属 **403091**
柳叶螺序草 **371748**
柳叶落地梅 239668
柳叶马鞭草 **405812**
柳叶马岛翼蓼 **278452**
柳叶马先蒿 **287654**
柳叶麦克野牡丹 **247218**
柳叶毛地黄 **130376**
柳叶毛蕊茶 **69586**
柳叶梅 146724
柳叶美鳞鼠麹木 **67097**
柳叶美洲盖裂桂 **256680**
柳叶蒙宁草 257487
柳叶密花树 261629
柳叶闽粤石楠 **295639**
柳叶莫恩远志 **257487**
柳叶木兰 242274
柳叶拟九节 **169361**
柳叶念珠藤 **18525**
柳叶牛膝 **4304**
柳叶牛眼菊 63539
柳叶女贞 **229610**
柳叶泡花树 108578
柳叶蓬莱葛 **171451**
柳叶婆婆纳 **407335**,407502
柳叶破布木 **104243**
柳叶蒲桃 382534
柳叶七宝树 **358271**
柳叶千里光 **48075**
柳叶千里光属 **48074**
柳叶茜 **98790**
柳叶茜草 **338026**
柳叶茜属 **98789**
柳叶茜树 12538
柳叶芹 **121045**
柳叶芹属 **121044**
柳叶青冈 **116187**
柳叶秋海棠 **50271**
柳叶球花木 **177049**
柳叶荛花 414253
柳叶忍冬 **235910**
柳叶绒背蓟 92357
柳叶榕 164688
柳叶锐齿石楠 **295627**
柳叶润楠 **240691**
柳叶箬 **209059**
柳叶箬黍 **281771**
柳叶箬属 **209028**
柳叶萨克萝藦 **342111**
柳叶赛爵床 67829
柳叶三角瓣花 122060
柳叶三角车 **334582**
柳叶三指红光树 **216907**
柳叶沙棘 **196773**
柳叶沙参 **7652**,7649
柳叶山茶 69586
柳叶山柑属 **347058**
柳叶山梗菜 **234555**
柳叶山花 **315324**
柳叶山黄皮 **325377**
柳叶山柳菊 **195696**,195915
柳叶山蚂蝗 **126592**
柳叶山莴苣 **219480**
柳叶山楂 **110013**
柳叶鳝藤 **25946**
柳叶蛇根草 **272294**
柳叶蓍 **4021**
柳叶石斑木 **329105**
柳叶石栎 233181
柳叶石楠 **295766**,193841
柳叶石楠属 193839
柳叶矢车菊 **81348**
柳叶鼠李 **328694**
柳叶鼠麹木 **178054**
柳叶薯蓣 **131683**
柳叶树 265327
柳叶树萝卜 **10365**,10322
柳叶双鳞山榄 **132656**
柳叶水甘草 **20857**,20860
柳叶水锦树 **413816**
柳叶水蜡烛 **139583**
柳叶水麻 **123333**
柳叶水丝梨 134911
柳叶水蓑衣 200652
柳叶四翼木 **387622**
柳叶酸模 **340237**
柳叶桃 265327
柳叶桃树 265327
柳叶天料木 **197717**
柳叶甜叶菊 **376416**
柳叶条果芥 **284994**
柳叶兔菊木 **236501**
柳叶晚熟樱桃 **316792**
柳叶韦尔萝藦 **404167**
柳叶卫矛 **157852**,157669,157702
柳叶莴笋 219487
柳叶乌桕 **346406**
柳叶五层龙 **342609**
柳叶五月茶 **28390**
柳叶细辛 117643
柳叶腺瓣落苞菊 **111384**
柳叶香彩雀 **24525**
柳叶香楠 **12538**
柳叶向日葵 **189052**
柳叶小檗 **52128**,51778
柳叶小舌紫菀 **40013**
柳叶肖杨梅 **258753**
柳叶缬草 **404345**
柳叶绣球 **200106**
柳叶绣线菊 **372075**
柳叶旋覆花 **207219**
柳叶雪衣鼠麹木 **87788**
柳叶枸子 **107668**
柳叶亚菊 **13030**
柳叶亚菊蒿 13030
柳叶眼子菜 **312260**,312036,312075
柳叶杨梅 **261230**
柳叶野黑樱 **316760**,83311,316792
柳叶野荞麦木 **152234**
柳叶野扇花 **346747**
柳叶野豌豆 **408672**
柳叶夜香木 84419
柳叶银齿树 **227367**
柳叶银钮扣 **344330**
柳叶鹦鹉刺 **319091**
柳叶蝇子草 **364005**
柳叶忧花 **241699**
柳叶玉兰 **242274**
柳叶月桂 **223204**
柳叶越被藤 **201677**
柳叶窄叶水甘草 20860
柳叶樟 234043
柳叶桢楠 240691
柳叶中缅卫矛 157852
柳叶种棉木 **46251**
柳叶槠 116187
柳叶紫花 308123
柳叶紫金牛 **31474**
柳叶紫菀 **41190**
柳叶紫珠 66745
柳银齿树 **227368**
柳樱 161755
柳榆 401556
柳泽风毛菊 **348945**
柳枝地桃花 **402258**
柳枝癀 117643
柳枝稷 **282366**
柳枝美花 **41780**
柳枝雾水葛 **313480**
柳枝状省藤 65809
柳枝状翼核果 **405453**
柳州胡颓子 **142057**
柳州七 159101
柳竹 391460
柳状甘蜜树 **263066**
柳状火轮树 **375511**
柳状尼克樟 263066
柳状荛花 **414253**
柳状野扇花 346747
柳状种棉木 **46253**
六安茶 201743

六百斤 283127
六瓣丁香蓼 **238176**
六瓣合叶子 166132
六瓣景天 318397
六瓣景天属 318388
六瓣毛茛 **326141**
六瓣梅 34448
六瓣米仔兰 **11310**
六瓣山茶 **69193**
六瓣山柑 **392364**
六瓣山柑属 **392363**
六瓣石笔木 400695
六瓣小桃金娘 **253741**
六瓣绣线菊 166132
六瓣棕 **194610**
六瓣棕属 **194609**
六苞楼梯草 **142732**
六苞藤 **380713**
六苞藤科 **380720**
六苞藤属 **380712**
六被木属 **194480**
六便狼 55149
六驳 233967,346210
六尺扶芳藤 157339
六尺卫矛 **157339**
六齿卷耳 **82772**
六齿绣球防风 **227704**
六翅槲寄生 **411038**
六翅木 **52957**
六翅木属 **52954**
六翅水玉簪 **194560**
六翅水玉簪属 **194559**
六出花 18062
六出花科 **18080**
六出花属 **18060**
六达草 219996
六大天王 71498
六带兰属 **194487**
六道木 **416841**
六道木属 **91**,416840
六道木叶 **210**
六道木叶属 **209**
六灯笼 95984
六毒草 219996
六蛾戏珠 200148
六萼藤 377125
六萼藤科 377120
六萼藤属 377121
六萼摘亚苏木 **127398**
六耳棱 219996
六耳铃 **55768**,219996
六耳零 288729
六耳消 219996
六番樱 **156340**
六方疳积草 337253
六方藤 92747,398317
六肥根 117908
六缚 279732
六谷米 99124,99134
六谷子 99124
六股长囊苔草 **74760**
六股筋 408056
六骨筋 331882
六冠桃榄 **313372**
六龟粗糠树 **66783**
六龟线柱兰 **417791**,417768
六合草 1790
六花柿 **132197**
六脊兰 **194524**
六脊兰属 **194519**
六痂虎耳草 **349431**
六甲草 367120
六甲花 50669
六角瓣 219996
六角草 219996,241781
六角草属 219990
六角茶 203660
六角赪桐 **96119**
六角刺 203660
六角大戟 **159056**
六角定经草 247025
六角果鸢尾 **208614**
六角荚 129243
六角金盘 13353
六角景天 **357147**
六角莲 **139623**,139608,139629
六角树 57695
六角藤 393642,407906
六角天轮柱 **83882**
六角天麻 224989
六角仙草 337253
六角仙人球 389216
六角心 219996
六角英 **200628**,129243,202604,291161,337253
六角楂 13240
六角柱 83890
六节秋水仙 **194484**
六节秋水仙属 **194483**
六孔樟 **194557**
六孔樟属 **194555**
六棱大麦 **198262**
六棱粉藤 92747
六棱锋 219996
六棱茎冷水花 **298934**
六棱菊 **219996**,220032
六棱菊属 **219990**
六棱麻 208853,209646
六棱莎草 **119577**
六棱卧龙柱 **185921**
六棱仙人鞭 83890
六棱柱 83882
六棱锥 295545
六厘草 43682
六厘柴 328665
六列大麦 **198391**
六列欧石南 **150047**
六列山槟榔 **299663**
六裂番荔枝 194533
六裂离兜 **210140**
六裂木 **194533**
六裂木属 **194532**
六裂细辛 **37639**
六裂肖紫玉盘 **403610**
六裂叶旱金莲 **399608**
六裂仔榄树 **199426**
六六通 232557
六轮茅 208853
六轮台 92066
六麻树 29983
六盘金 219996
六盘山大黄 **329402**
六盘山鸡爪大黄 329402
六盘山棘豆 **279035**
六盘山岩黄芪 188042
六盘山岩黄耆 188042
六片石笔木 **400695**
六扑风 313197
六强花冠柱 **57413**
六蕊杯毛莎草 **115647**
六蕊布拉克玫瑰树 **55212**
六蕊稻草 223984
六蕊福谢山榄 **162959**
六蕊沟繁缕 142568
六蕊禾属 **243535**
六蕊假稻 223984
六蕊假卫矛 **254298**
六蕊节节菜 **337348**
六蕊可利果 **96747**
六蕊马蹄荷 **161618**
六蕊欧石南 **149543**
六蕊盘桐树 **134137**
六蕊千屈菜属 **194615**
六蕊水筛 **55921**
六蕊索英无患子 **390433**
六蕊藻 **29829**
六蕊藻属 **29828**
六舌肖鸢尾 **258518**
六舌鸢尾 **194510**
六舌鸢尾属 **194499**
六神花 4866
六十瓣 219996
六什头 219996
六氏草 77149
六室苣苔 **194596**
六室苣苔属 **194593**
六数琉璃繁缕 **21375**
六数舟叶花 **340712**
六苏 367370
六天草 389844
六条木 416841
六条木属 91
六亭剂 351021
六腺大戟 **159055**
六雄沟繁缕 **142568**
六雄蕊胶木 **280443**
六雄蕊牛奶木 **255324**
六雄蕊西非丝藤 **382430**
六雄蕊子弹木 255324
六叶车叶草 **39352**
六叶红景天 **329952**
六叶莲 277747
六叶龙胆 **173514**
六叶葎 **170225**
六叶茜草 **337965**
六叶香茶 **303373**
六叶野木瓜 374409
六叶异囊菊 **194210**
六月白 35136
六月橙 93752
六月冻 313692
六月肥 117908
六月干 220126
六月瓜 374391
六月寒 78039,142689,299395,299555
六月蒿 228571
六月禾 305855
六月合 142761
六月还阳 294114,294125
六月菊 67314,207046,207151
六月兰 116863
六月棱 157285
六月冷 299017,360935
六月淋 294114
六月凌 157285,157879
六月铃 219996
六月令 209811
六月绿花草 173917
六月蜜柑 **93752**
六月泡 338366
六月青 178863
六月山葡萄 **411996**
六月柿 239157
六月霜 35136,92066,158070,204184,257542
六月鲜 294056
六月雪 **360933**,35136,35674,126651,158063,158070,158161,158280,231559,356702,360926,360935,370512,406119,406827
六月雪属 **360923**
六栀子 171253
六轴子 123065,331257
六柱兜铃属 **194569**
六柱授带木 197158
六子含花 284378

六子卫矛 **194566**
六子卫矛属 **194565**
咯咯红 338205
咯亚木 216211
龙柏 **213647**
龙般笏 281138
龙抱柱 372247
龙鬓 213066
龙草 79850
龙草树 **137732**
龙草树属 **137730**
龙缠柱 372247
龙昌菜 225009
龙昌昌 224989
龙常草 **128019**
龙常草属 **128011**
龙场梅花草 **284531**
龙池报春 **314601**
龙豉 309494
龙穿花 96147
龙船蕉 338985
龙船草 **266759**
龙船草属 **266758**
龙船海棠属 251025
龙船花 **211067**,96009,96147,96257,96398,221238
龙船花属 **211029**
龙船泡 338281,339194
龙船乌泡 339270
龙串彩 225009
龙达群花寄生 **11119**
龙丹草 173917
龙胆 **173847**,170193,173333,173378,173852,174205
龙胆白前 117610
龙胆白薇 117385,117734
龙胆草 7616,96970,103436,173625,173811,173814,173847,174004,187510,209844
龙胆蒿 103436
龙胆科 **174100**
龙胆蓝蓟 **141176**
龙胆老鸦嘴 **390776**
龙胆木 **334374**
龙胆木属 **334373**
龙胆三褶兰 **397889**
龙胆属 **173181**
龙胆状车前 **301980**
龙胆状婆婆纳 **407133**
龙胆状舌冠萝藦 **177396**
龙胆仔 204217
龙得藜属 235614
龙灯碗 200366
龙豆 133454
龙多鱼骨木 **71481**
龙妃 **140240**
龙凤木 **65239**
龙凤檀 104190
龙根菜 224110
龙根草 224110
龙根天南星 **33314**
龙宫城 **108828**
龙狗尾 205506
龙骨 160001
龙骨矮柱兰 **389123**
龙骨百合 229793
龙骨瓣荠菜 267818
龙骨草 39532
龙骨齿瓣兰 **269059**
龙骨唇贝母兰 **98623**
龙骨刺 1466,158456,159363
龙骨刺藜 **139684**
龙骨葱 **15160**
龙骨豆 294056
龙骨豆属 **94160**
龙骨盾舌萝藦 **39616**
龙骨萼牵牛 207791
龙骨鬼针草 **53815**
龙骨果芥 **399659**
龙骨果芥属 **399658**
龙骨花 200713
龙骨角 **192442**
龙骨角属 **192427**
龙骨可利果 **96678**
龙骨蔻木 **410920**
龙骨葵属 346642
龙骨老挝龙胆 **108544**
龙骨莲 **267313**,267280
龙骨榴莲 **139090**
龙骨木 **159710**
龙骨南美肉豆蔻 410920
龙骨七 5574,131462,131734
龙骨水毛茛 **48910**
龙骨酸藤子 **144786**
龙骨细莞 **209966**
龙骨小檗 **51427**
龙骨叶白点兰 **390497**
龙骨叶苏铁 **115808**
龙骨止泻萝藦 **416196**
龙骨舟叶花 **340626**
龙骨状百蕊草 **389634**
龙骨状斑鸠菊 **406179**
龙骨状鹅观草 **335254**
龙骨状格尼瑞香 **178584**
龙骨状虎耳草 **349153**
龙骨状拉菲豆 **325094**
龙骨状罗顿豆 **237263**
龙骨状扭花芥 **377637**
龙骨状歧缬草 **404402**
龙骨状雀麦 **60659**
龙骨状塔普木 **384394**
龙骨状唐菖蒲 **176106**
龙骨状腺龙胆 **382946**
龙骨状郁金香 **400139**
龙骨状猪毛菜 **344486**
龙骨籽紫堇 **105702**
龙拐竹 **87618**
龙果 313369
龙果蛤塘果 404027
龙果桃榄 **313369**
龙蒿 **35411**,35421
龙虎 **163438**
龙虎草 159027,159540
龙虎山秋海棠 50380
龙虎叶 49837
龙画 213066
龙幻 **137725**
龙幻属 **137723**
龙黄藤 121493
龙黄藤属 121486
龙尖刺联苞菊 **52689**
龙剑球 **140571**
龙江风毛菊 **348141**
龙江柳 **344053**
龙江朱砂杜鹃 **330411**
龙角 **72425**,10955,197685,199748
龙角草 94483
龙角葱 15289
龙角牡丹 33220
龙角属 72402
龙角星钟花 199053
龙角岩牡丹 **33220**
龙津过路黄 **239834**
龙睛 261212
龙卷杉 113703
龙卡特槲寄生 **411101**
龙口花 **198426**
龙口花属 **198424**
龙口苏铁 115854
龙葵 **367416**
龙老根 365905
龙老根属 365904
龙脷叶 **348066**
龙里冬青 **203777**
龙利叶 348066
龙荔 **131058**
龙鳞 186756
龙鳞薜荔 187307
龙鳞草 **186756**,138482,200784,297013,356685,392424
龙鳞锉刀花 186756
龙鳞球 **103764**
龙鳞树 **339869**
龙鳞树属 **339868**
龙鳞玉 103764
龙岭楞 79013
龙岭锥 **79013**
龙陵茶 **69313**,69634
龙陵冬青 **203622**
龙陵杜英 **142359**
龙陵钝果寄生 **385233**
龙陵寄生 385233
龙陵马先蒿 **287383**
龙陵毛兰 299620
龙陵苹兰 **299620**
龙陵新木姜子 **264072**
龙陵崖爬藤 **387804**
龙椚 393814
龙卵 **182428**
龙迈青冈 **116146**
龙毛龟 367322
龙蒙果 171155
龙蜜瓜 219843,219851
龙面花 **263459**
龙面花属 **263374**
龙魔玉 **103754**
龙木 213066
龙木错高原芥 **89244**
龙木属 76832
龙木芋 137747
龙木芋属 137744
龙目 131061
龙奶草 306834
龙南后蕊苣苔 **272591**
龙南星 33314
龙楠 244435
龙楠树 244435
龙脑薄荷 **250313**,250370,373139
龙脑菊 89603
龙脑香 **133588**,138548
龙脑香科 **133551**
龙脑香属 **133552**,138547,362186
龙泥漆 221144
龙拟漆 221144
龙牛膝 115731
龙女冠 **140175**
龙女花 242357,279251
龙女球 **244172**
龙盘拉苔草 **75220**
龙袍木 **238340**
龙袍木属 238336
龙泡 339335
龙鹏玉 **163442**
龙皮 171918
龙皮秋海棠 **50268**
龙栖山苦竹 **304063**
龙栖山苔草 **75222**
龙齐兰属 235510
龙奇苔草 74100
龙球 140572
龙泉腹水草 **407475**
龙泉景天 **356903**
龙泉葡萄 **411786**
龙伞芹 **137740**
龙伞芹属 **137739**

龙沙 146155,146183,146192,146253
龙山 17381
龙山杜鹃 330398
龙山漏斗花 **130198**
龙山子 31396
龙舌 272856
龙舌百合 **36835**
龙舌百合属 **36833**
龙舌菠萝 167531
龙舌菜 **219307**
龙舌草 **277369**,90405,187565,413549
龙舌草属 **53197**
龙舌茶 383009
龙舌黄 383007
龙舌癀 383009
龙舌箭 120355
龙舌兰 **10787**,10788,10844,346158
龙舌兰科 **10775**
龙舌兰莲座草 **139974**
龙舌兰属 **10778**
龙舌兰岩牡丹 **33207**
龙舌球属 227755
龙舌三尖刀 413549
龙舌头 277369
龙舌仙人球 227757
龙舌仙人球属 227755
龙舌仙人掌 227757
龙舌岩牡丹 33207
龙舌叶 348066
龙舌玉 **375493**,140576
龙蛇箭 120363
龙神冠 **261707**
龙神木 261706
龙神木属 261705
龙神柱 **261706**
龙神柱属 **261705**
龙肾子 202812
龙胜吊石苣苔 239948
龙胜钓樟 **231384**
龙胜杜鹃 330384
龙胜红山茶 **69321**
龙胜虎耳草 **349570**,349527
龙胜金盏苣苔 **210187**
龙胜梅花草 **284567**
龙胜槭 **3125**
龙胜柿 **132263**
龙胜苔草 **75221**
龙胜香茶菜 **209763**
龙师草 **143374**,143385
龙氏白希木 292145
龙树 165468
龙树科 129781
龙树属 129772
龙双距兰 **133762**
龙斯补血草 **230742**
龙潭荠菜 **267822**
龙塘山谷精草 **151495**
龙藤 351018
龙蹄叶 5574
龙头 182473
龙头草 **247728**,11572,214308
龙头草属 **247720**
龙头虎毡毛淫羊藿 147048
龙头花 **372913**,28617,28668,110235,254264
龙头花属 **372912**,28576,137545
龙头黄芩 **355598**
龙头箭竹 **162679**
龙头兰 **286836**,282788
龙头木 **76835**
龙头木大戟 **158615**
龙头木属 **76832**
龙头木樨 28617
龙头七 381814
龙头羌活 30589
龙头唐菖蒲 **176171**
龙头仙人球 **182473**
龙头肖鼠尾草 **352560**
龙头竹 **47516**,162679
龙突含羞木 **255147**
龙突含羞木属 **255146**
龙吐珠 **96387**,21339,138796,187565,218480
龙吞珠 285639
龙王角 **199053**
龙王角牛角草 **273162**
龙王角属 **198969**
龙王球 **185158**
龙王山银莲花 **24017**
龙王丸 185158
龙尾 79850
龙尾苏铁 115888
龙味叶 348066
龙溪报春 314601
龙溪杜鹃 **331158**
龙溪蕉 260250
龙溪四轮香 **185250**
龙溪苔草 **74100**
龙溪紫堇 **106109**
龙膝 5574
龙虾 12519,325309
龙虾橡皮树 **164937**
龙虾爪1号蕉 **189999**
龙虾爪蝎尾蕉 **190000**
龙仙草 309564
龙衔 308529,308572,308641
龙衔珠 138796
龙香草 90405
龙香藤 154958
龙肖 228974
龙修 213066
龙须 213066
龙须菜 **39187**,39120,198745,366343,366573
龙须草 **353486**,63253,94910,117908,148539,156513,173847,213036,213066,213447,213448,238318,257542,306003,333672,366486,378991,396025
龙须草属 156511
龙须果 285639
龙须海棠 220674,220697
龙须海棠科 **251024**
龙须海棠属 **251025**,220464
龙须尖 390123
龙须兰 **10844**
龙须兰属 **79329**
龙须露花 220674
龙须牡丹 311852
龙须木 249373
龙须牛尾菜 366548
龙须沙参 7830
龙须参 297627
龙须藤 **49046**
龙须莞 396025
龙须苋 18687
龙须眼子菜 378991
龙须叶 366332
龙须玉属 **212499**
龙须子 114994
龙血巴豆 **112880**
龙血黄藤 121492
龙血石南属 137730
龙血树 **137382**,137337
龙血树藏蕊花 **167188**
龙血树科 **137526**
龙血树属 **137330**,304489
龙血藤 **121493**
龙血紫檀 **320291**
龙牙 11549
龙牙败酱 285859,285880
龙牙草 **11572**,11549,11580,138328,312450
龙牙草科 **11604**
龙牙草属 **11542**
龙牙楤木 **30634**
龙牙豆 **294057**
龙牙花 **154643**,154632
龙牙蔷薇 **31723**
龙牙蔷薇属 **31721**
龙牙肾 11587
龙牙香 267152
龙牙玉 **103744**
龙芽菜 154643
龙芽草 11572
龙芽草属 11542
龙岩杜鹃 **330716**
龙炎 82380
龙炎花 **82380**
龙眼 **131061**,163479
龙眼草 367416,388536
龙眼独活 **30659**,30680,30798
龙眼根 91008,91011,91023
龙眼果 285639
龙眼姜 **418000**
龙眼睛 296695,296734
龙眼柯 **233297**
龙眼楠 240660
龙眼强刺球 163479
龙眼润楠 **240660**
龙眼参 239527
龙眼参属 239525
龙眼属 **131057**
龙眼松 **299894**
龙眼仙人球 **163479**
龙眼羽叶楸 **376271**
龙叶树属 137730
龙游梅 **34468**
龙游欧洲水青冈 **162420**
龙玉 **140572**,352765
龙芋 **137747**
龙芋蒿 **35405**
龙芋属 **137744**
龙枣 239215,239222
龙喳口 320513
龙钟角 **199020**
龙州半蒴苣苔 **191371**
龙州唇柱苣苔草 **87911**
龙州冬青 **203991**
龙州鹅掌柴 **350732**
龙州耳叶马蓝 **290926**
龙州凤仙花 **205154**
龙州化香树 **302678**
龙州金花茶 **69325**,69355
龙州兰 **116825**
龙州留萼木 **54877**
龙州楼梯草 **142729**
龙州螺序草 **371767**
龙州葡萄 **411682**
龙州秋海棠 **50092**
龙州榕 **164762**
龙州三七 345586
龙州山橙 **249673**
龙州山牡荆 **411421**
龙州蛇根草 **272246**
龙州石柑 **313194**
龙州水锦树 **413804**
龙州乌蔹莓 79884
龙州细子龙 **19419**
龙州野靛棵 244298
龙州珠子木 **296447**
龙州锥 **78982**
龙州棕竹 329188
龙洲恋岩花 **140064**

龙珠 **399998**,213066
龙珠草 138796,285639
龙珠大戟 **158404**
龙珠果 **285639**,285649
龙珠球 **264356**
龙珠属 **399995**
龙珠丸 264356
龙竹 **125477**
龙竹属 125461
龙柱花 **210514**
龙柱花科 **210517**
龙柱花属 **210513**
龙爪 198769,329692
龙爪稗 143522
龙爪菜 277364,277369,366284
龙爪草 63216,239266,277369
龙爪豆 71042,259559,293985,294056
龙爪豆属 259479
龙爪光榆 401513
龙爪花 235878,239257,239266
龙爪槐 **369038**
龙爪稷 143522
龙爪稷属 143512
龙爪兰 30534
龙爪兰属 30526,327681
龙爪黎豆 259558,259559
龙爪黧豆 259559
龙爪柳 **343670**,343074
龙爪茅 **121285**
龙爪茅属 **121281**
龙爪七叶 **312010**
龙爪七叶科 **312011**
龙爪七叶属 **312009**
龙爪球 **103749**
龙爪球属 **103739**
龙爪桑 **259069**
龙爪山榆 **401513**
龙爪参 302377
龙爪树 350726,400377
龙爪粟 143522
龙爪仙人掌 **103793**,103764
龙爪叶 400377
龙爪榆 **401609**
龙爪玉 103749
龙爪玉属 103739
龙爪枣 **418170**
龙爪珍珠草 **186546**
龙爪珠 285639
龙状石斛 **125117**
龙棕 **393814**
龙瘀叶 348066
龙嘴草 329001
龙嘴兰 **32373**
龙嘴兰属 **32371**
咙漓锥 **79064**
泷野樱 **83135**
茏 309494
茏葛 79850
茏古 309494
茏蔙 309494
珑泊熊果 **31135**
胧绣玉 **284706**
胧玉 **404946**
胧玉属 **404942**
胧月 180269
笼草 79850
笼凤梨属 71149
笼笼竹 **162658**
笼山杜鹃 **331015**
聋朵公 338205
聋耳朵树 406311
聋耳麻 290940
隆安秋海棠 **50023**
隆安沿阶草 **272117**
隆安蜘蛛抱蛋 **39552**
隆达大地豆 **199374**
隆达木槿 **194894**
隆达唐菖蒲 **176333**
隆德奥里木 **277528**
隆德黑草 **61817**
隆德牡荆 **411331**
隆德前胡 **292917**
隆德索林漆 **369779**
隆德鞋木 **52888**
隆德崖豆藤 **254759**
隆德猪屎豆 **112365**
隆冬之火欧洲红瑞木 **105172**
隆萼当归 **24425**
隆冠麻 119969
隆冠麻属 119968
隆果番杏 **12915**
隆果番杏属 **12914**
隆荷夫健杨 **311159**
隆痂虎耳草 **349923**
隆克舟萼苣苔 **262899**
隆林唇柱苣苔草 **87909**
隆林耳叶柃 **160538**
隆林楼梯草 **142798**
隆林美登木 **246872**
隆林十大功劳 242597
隆林梭罗 **327367**
隆陵清风藤 **341491**
隆脉菊属 **328975**
隆脉冷水花 **298960**
隆起紫波 **28458**
隆山杨 311275
隆氏椰子属 266677
隆思 105805
隆凸哈克 184609
隆凸哈克木 **184609**
隆武竹 **47187**
隆中脉小檗 **51506**
隆柱菊 **399984**
隆柱菊属 **399982**
隆子杜鹃 **330545**
隆子拉拉藤 **170622**
隆子荛花 **414213**
隆子远志 **308162**
窿缘桉 **155578**
陇川秋海棠 **49851**
陇川山茶 69757
陇东海棠 **243642**
陇东棘豆 **278838**
陇东圆柏 213871
陇桧 213943
陇南贝母 168523
陇南凤仙花 **205243**
陇南冷水花 **298922**
陇南铁线莲 **95192**
陇栖山苔草 75222
陇秦槭 3423
陇瑞清风藤 **341526**
陇塞青兰 137672
陇塞忍冬 **236144**
陇山柳 343192
陇蜀杜鹃 **331561**
陇西小檗 **51608**
陇县苔草 **75694**
拢血红 239645
娄林果属 **335825**
娄氏白冷杉 407
娄氏龟甲岩牡丹 **33214**
娄氏海芋 **16509**
娄氏拉雷草 220286
娄氏兰花蕉 **237936**
娄氏兰花蕉科 **237937**
娄氏兰花蕉属 **237934**
娄氏兰属 **237939**
娄氏老虎兰 **373695**
娄氏冷杉 407
娄氏毛腹无患子 **151727**
娄氏染木树 **346488**
娄氏蛇葡萄 **20414**
娄氏悬钩子 **338757**
娄氏猪笼草 **264841**
娄子 300354
蒌 35634,36241,36474
蒌蒿 **36241**,35622,35634,36474
蒌蒿子 36241
蒌皮 396182
蒌藤 126007,300354
蒌叶 **300354**
蒌叶胡椒 300354
楼葱 **15293**,15289
楼兰独行菜 **225409**
楼梅草 62110
楼上楼 62799
楼氏丑角兰 **369181**
楼氏庙铃苣苔 **366716**
楼氏蛇葡萄 **20413**
楼氏折叶兰 **366785**
楼氏紫菀 **40792**
楼台草 97043,225005
楼台还阳 200816
楼梯草 **142694**,142759,288729,288769
楼梯草秋海棠 **49806**
楼梯草属 **142594**
楼梯杆 37467
楼炎 82345
楼炎花 **82345**
楼子葱 **15166**,15289
耧斗菜 **30077**,30068,30081
耧斗菜属 **29994**
耧斗菜叶唐松草 388423
耧斗菜叶绣线菊 **371807**
耧斗叶绣线菊 371807
耧子葱 15166
篓澄茄 300377
篓蒿 35622
篓藤 126007
漏斗报春 314312
漏斗菜 30068
漏斗唇石斛 **125196**
漏斗杜鹃 **330508**
漏斗风兰 **24896**
漏斗凤兰 24896
漏斗花颤毛萝藦 **399569**
漏斗花等丝夹竹桃 **210208**
漏斗花属 **130187**
漏斗花缬草 404280
漏斗苣苔 25753
漏斗苣苔属 **129790**
漏斗兰 **160708**
漏斗兰属 **160707**
漏斗莲 **381901**
漏斗莲属 **381893**
漏斗泡囊草 **297878**
漏斗曲管花 **120550**
漏斗形胡颓子 **142034**
漏斗状斑鸠菊 **406436**
漏斗状风铃草 **70089**
漏斗状钩粉草 **317288**
漏斗状九节 **319599**
漏斗状猫尾木 **245610**
漏斗状欧石南 **149585**
漏蔻 17702
漏蓝子 256804
漏篮 5100
漏篮子 5100
漏苓子 256804
漏卢 140716,365296
漏芦 **375274**,81345,135060,140716,140732,191284
漏芦果 191284
漏芦蒿 73337
漏芦属 **329197**,140652,375263

漏子多吾 348370
卢阿拉巴斑鸠菊 **406536**
卢阿拉巴三联穗草 **398620**
卢巴尔芸香 **238066**
卢巴尔芸香属 **238065**
卢巴子 397229
卢贝卡森林鼠尾草 **345248**
卢比马先蒿 **287647**
卢勃亮叶芹 **363127**
卢布图九节 **319656**
卢布图肖九节 **402008**
卢茨天门冬 **39074**
卢德柔弱苔草 **74271**
卢迪木属 **238126**
卢都子 142152
卢豆 397208
卢恩贝百蕊草 **389772**
卢恩贝斑鸠菊 **406538**
卢恩贝赪桐 **337431**
卢恩贝千里光 **359390**
卢格德车轴草 **396955**
卢格德大戟 **159274**
卢格德吊灯花 **84159**
卢格德壶茎麻 **361289**
卢格德假杜鹃 **48239**
卢格德肋瓣花 **13817**
卢格德丽杯角 **198045**
卢格德麻疯树 **212151**
卢格德牛角草 **273172**
卢格德群花寄生 **11104**
卢格德娃儿藤 **400924**
卢格德鸭跖草 **101078**
卢格德獐牙菜 **380260**
卢格德直玄参 **29928**
卢格菊 **238289**
卢格菊属 **238287**
卢格延龄草 **397608**
卢格指甲草 **284892**
卢贡萝藦 **238291**
卢贡萝藦属 **238290**
卢鬼木 346338
卢汉 133460
卢赫梅罗斑鸠菊 **406539**
卢赫梅罗黄檀 **121743**
卢赫梅罗乌口树 **384985**
卢会 17381
卢加天门冬 **39073**
卢杰茎花豆 **118091**
卢杰喃喃果 118091
卢橘 151162,167506
卢卡夫刺痒藤 **394173**
卢卡夫风车子 **100603**
卢卡夫假杜鹃 **48240**
卢卡夫鹿藿 **333297**
卢卡夫牡荆 **411330**
卢卡夫四棱豆 **319107**
卢卡夫猪屎豆 **112360**
卢卡拉节节菜 **337367**
卢卡亚木棉 **56800**
卢肯达榕 **165406**
卢空水穗草 **200547**
卢库巴三被藤 **396532**
卢夸古尔半边莲 **234616**
卢夸古尔多穗兰 **310491**
卢夸古尔鹅掌柴 **350735**
卢夸古尔凤仙花 **205105**
卢夸古尔蓝星花 **33668**
卢夸古尔黍 **281859**
卢夸古尔弯管花 **86230**
卢夸古尔猪屎豆 **112362**
卢兰 383324
卢兰多大沙叶 **286334**
卢兰多基特茜 **215770**
卢兰多咖啡 **98957**
卢里斯坦眉兰 **272480**
卢里银齿树 **227315**
卢里脂麻掌 **171692**
卢楝 **337892**
卢楝属 **337889**
卢卢恩氏寄生 **145590**
卢米斯环头菊 **201290**
卢莫克球柱草 **63338**
卢那菊 **238296**
卢那菊属 **238295**
卢南木属 **238363**
卢彭贝海神菜 **265534**
卢普老鹳草 **174889**
卢普婆婆纳 **407332**
卢普委陵菜 **312948**
卢普玄参 **355228**
卢如 302753
卢茹 302753
卢萨瓜 **341094**
卢萨瓜属 **341093**
卢森风车子 **100605**
卢森异荣耀木 **134666**
卢森猪屎豆 **112368**
卢绍托斑鸠菊 **406355**
卢氏杜鹃 235283
卢氏杜鹃属 235279
卢氏峨参 **28037**
卢氏凤仙花 **205106**
卢氏黑黄檀 **121737**
卢氏厚壳桂 **113465**
卢氏拉夫山榄 **218748**
卢氏兰 **238235**
卢氏兰属 **238234**
卢氏梁王茶 241176
卢氏苓菊 **214164**
卢氏龙胆 173606
卢氏驴喜豆 **271259**
卢氏裸菀 **256307**
卢氏马先蒿 287382
卢氏毛茛 **325702**
卢氏绵枣儿 **352953**
卢氏拟热非桑 **57479**
卢氏鞘头柱 **99434**
卢氏矢车菊 **81344**
卢氏四角菊 **387265**
卢氏松 300048
卢氏苔草 **75230**
卢氏头柱 99434
卢氏香茶菜 **324863**
卢氏雪光花 **87765**
卢梭木科 337786
卢梭木属 337784
卢梭野牡丹属 **337788**
卢塔波赪桐 **96190**
卢塔波大沙叶 **286335**
卢塔波单列木 **257955**
卢塔波拟乌拉木 **178942**
卢塔腺叶藤 **376531**
卢太爵床 **237904**
卢太爵床属 **237902**
卢旺达白藤菊 **254460**
卢旺达大沙叶 **286445**
卢旺达非洲桃榄 **10069**
卢旺达基特茜 **215782**
卢旺达蜡菊 **189725**
卢旺达冷水花 **298951**
卢旺达密穗花 **322147**
卢旺达拟离药草 **375334**
卢旺达茄 **367569**
卢旺达琼楠 **50604**
卢旺达秋海棠 **50270**
卢旺达萨默兰 **379754**
卢旺达乌口树 **385023**
卢旺达鸭跖草 **101140**
卢旺达异荣耀木 **134711**
卢韦尔斑鸠菊 **406534**
卢韦尔棒果树 **332395**
卢韦尔鲍德豆 **48970**
卢韦尔刺橘 **405522**
卢韦尔番樱桃 **156277**
卢韦尔谷木 **250002**
卢韦尔国王椰子 **327107**
卢韦尔黄梁木 **59945**
卢韦尔榼藤子 **145886**
卢韦尔诺罗木犀 **266712**
卢韦尔柿 **132273**
卢韦尔温曼木 **413694**
卢韦尔斜杯木 **301703**
卢韦尔椰 **237910**
卢韦尔椰属 **237907**
卢西塔尼亚剑叶鸢尾 **208948**
卢西塔尼亚蓝蓟 **141217**
卢西塔尼亚毛百里香 **391395**
卢西塔尼亚菘蓝 **209212**
卢西塔染料木 **172904**
卢亚阿芙大戟 **263017**
卢亚贝尔茜 **53095**
卢亚变蕊木 **259384**
卢亚大黄栀子 **337508**
卢亚多坦草 **136545**
卢亚沟萼茜 **45023**
卢亚金合欢 **1364**
卢亚克来豆 **108567**
卢亚脐果山榄 **270653**
卢亚藤黄 **171135**
卢亚香荚兰 **404996**
卢亚皱茜 **341136**
卢伊乐母丽 **335904**
卢伊苔草 **74534**
卢伊蝇子草 **363991**
卢罂粟 **282701**
庐橘 151162
庐山藨草 **353576**
庐山梣 **168100**
庐山茶竿竹 318305
庐山茶秆竹 **318305**
庐山刺果卫矛 157696
庐山椴 391689
庐山风毛菊 **348179**
庐山芙蓉 **195089**
庐山厚朴 242234
庐山黄精 308582
庐山荚蒾 **407795**
庐山金腰 **90403**
庐山堇菜 **410598**,410498
庐山楼梯草 **142844**
庐山葡萄 **411742**,411719
庐山忍冬 **235965**
庐山石楠 **295813**
庐山疏节过路黄 **239822**
庐山鼠李 328900
庐山素忍冬 235965
庐山算盘子 177190
庐山苔草 **75240**
庐山藤 92521
庐山卫矛 **157696**
庐山乌药 231432
庐山香科 388179
庐山香科科 **388179**
庐山小檗 **52320**
庐山续断 **133497**
庐山雪油茶 **69412**
庐山野古草 **37398**
庐山野桐 243424
庐山玉山竹 **416820**
庐椅木 238244
芦 295888
芦巴 397229
芦仓蓟 **91785**
芦草 295888
芦葱 191284
芦荻 37467
芦荻头 37467
芦荻竹 37467

芦豆苗 408262,408269,408551
芦肥 397229
芦葩 326616
芦菔 326616
芦柑 93728
芦蒿 35136,36241
芦花竹 **362129**
芦荟 **17383**,17381
芦荟番杏属 **17433**
芦荟胶 17381
芦荟科 **17424**,39433
芦荟球百合 **62337**
芦荟石斛 124980
芦荟石南属 334352
芦荟属 **16540**
芦荟叶风兰 **24696**
芦荟叶兰 116781
芦荟叶美冠兰 **156539**
芦荟叶石斛 **124980**
芦荟叶丝兰 416538
芦荟状莱德苔草 **223842**
芦荟状千里光 **358226**
芦荟状昼花 **262150**
芦穄 369600,369720
芦稼茅 369677
芦茎十大功劳 242502
芦橘 151162
芦兰 352312
芦兰属 352298
芦莉草 **339684**,133541,283763,339714
芦莉草假杜鹃 **48333**
芦莉草属 **339658**,133532
芦莉花 308613,308616
芦藜草 102867
芦藜花 102867
芦利草 133541
芦莲 405618
芦柳叶花 276090
芦宁乌头 **5383**
芦蓬茸 295888
芦秋 293216
芦如 302753
芦蕊草 117548
芦箬 295888
芦山野芭蕉 **260244**
芦山淫羊藿 **147030**
芦生杉 **113720**
芦黍 369720
芦粟 369700,369720
芦笋 39120,295888
芦藤 66643
芦头草 **352129**
芦头草属 **352127**
芦苇 **295888**
芦苇白茅 **205473**
芦苇风轮菜 **97061**
芦苇劳德草 **237834**
芦苇属 **295881**
芦苇苔草 **75774**
芦苇细叶袖珍南星 **53708**
芦苇状燕麦 **45441**
芦苇子 295888
芦叶虾脊兰 66101
芦油烛 401094
芦蔗 341909
芦针茅 **376705**
芦竹 **37467**,295888
芦竹芦苇 295916
芦竹属 **37450**
芦竹藤 166797
芦烛 401094
芦柱竹属 **36883**
芦状凤梨 **263893**
芦状凤梨属 **263892**
芦子 300354
芦子兰 300357
芦子女 300354
芦子藤 **300474**,300357
泸定百合 **230029**
泸定大油芒 **372421**
泸定垫柳 **343642**
泸定龙胆 **173607**
泸定蔷薇 **336716**
泸定葶苈 **137096**
泸定兔儿风 **12684**
泸定紫堇 **105701**
泸水菝葜 **366439**
泸水车前虾脊兰 **66032**
泸水杜鹃 330706
泸水虎耳草 **349576**
泸水剪股颖 **12219**
泸水箭竹 **162707**
泸水兰 **116828**
泸水泡花树 **249412**
泸水山梅花 **294495**
泸水沿阶草 **272110**
泸西柴胡 **63742**
泸西山茶 69721
炉贝 168391
炉甘果 166788
炉灰柯 **233147**
炉霍杜鹃 **331151**
炉霍小檗 **51888**
栌 109650,393479
栌菊 267222
栌菊木 **267222**
栌菊木属 **267221**
栌菊属 267221
栌橘 151162
栌兰 383324,383345
栌苗 393491
栌木 107300,107312,346338
栌子 84556
颅萼草属 108667
颅果草 **108665**
颅果草属 **108661**
卤草 119160
卤刺树属 46767
卤地菊 **413549**,413514
卤金蓼 **309748**
卤水草科 46766
卤水草属 46767
鲁阿哈大沙叶 **286440**
鲁阿哈吊兰 **88620**
鲁阿哈虎尾草 **88403**
鲁阿卡纳树葡萄 **120204**
鲁滨逊斑鸠菊 **406753**
鲁滨逊酢浆草 **278061**
鲁滨逊海神菜 **265515**
鲁滨逊湖瓜草 **232422**
鲁滨逊灰毛豆 **386292**
鲁滨逊鸡头薯 **153034**
鲁滨逊墨药菊 **248608**
鲁滨逊莎草 **119500**
鲁滨逊山柳菊 **195920**
鲁滨逊蛇舌草 **269968**
鲁滨逊水蜈蚣 **218620**
鲁滨逊苔草 **76049**
鲁滨逊珍珠茅 **354231**
鲁滨逊猪毛菜 **344684**
鲁波拉紫薇 **219945**
鲁布勒氏翠雀花 **124560**
鲁达蒂斯吊灯花 **84231**
鲁达蒂斯毒鼠子 **128795**
鲁达蒂斯水苏 **373416**
鲁达蒂斯盐肤木 **332827**
鲁道夫大戟 **159748**
鲁道夫蜡菊 **189729**
鲁道夫鹿藿 **333391**
鲁道夫墨子玄参 **248559**
鲁道夫欧石南 **150003**
鲁道夫青锁龙 **109347**
鲁道夫三角车 **334680**
鲁道夫双距花 **128097**
鲁道夫香芸木 **10709**
鲁道夫叶苞帚鼠麹 **20630**
鲁道兰属 **339641**
鲁德伯格草地山龙眼 **283562**
鲁德伯格香芸木 **10705**
鲁德银齿树 **227362**
鲁迪亚肉锥花 **102571**
鲁甸冬青 **203997**
鲁甸银莲花 **24097**
鲁豆 177777
鲁尔克彩虹花 **136412**
鲁尔克尖腺芸香 **4839**
鲁尔克拉拉藤 **170596**
鲁尔克毛盘花 **181357**
鲁尔克沃森花 **413401**
鲁尔克逸香木 **131996**
鲁尔克银齿树 **227363**
鲁福苣苔 **339845**
鲁福苣苔属 339844
鲁福鳞翅草 **225087**
鲁果能 326340
鲁胡吉都丽菊 **155382**
鲁花 354597,354621
鲁花树 354621
鲁花树属 354596
鲁吉千里光 **359936**
鲁济济尾稃草 **402559**
鲁考菲木 227940
鲁考菲木属 227938
鲁克斯杨 **311293**
鲁库塔穆棘豆 **279136**
鲁夸马唐 **130743**
鲁莱南洋杉 **30856**
鲁浪杜鹃 **331157**
鲁裂叶番杏 **86150**
鲁玛木属 **238336**
鲁迈尔车叶草 **39402**
鲁曼葱 **15685**
鲁曼珍珠菜 **239833**
鲁米草 **340323**
鲁米草属 **340322**
鲁默尔鼻花 **329556**
鲁鸟娇花 **210915**
鲁佩尔车轴草 **397060**
鲁佩尔灰毛菊 **185360**
鲁普番红花 **111584**
鲁普雷希特报春 **314923**
鲁普雷希特风铃草 **70283**
鲁普山柳菊 **195928**
鲁普石竹 **127814**
鲁奇茜属 **339636**
鲁丘蛇舌草 **269876**
鲁萨佩舌冠萝藦 **177398**
鲁塞尔短盖豆 **58776**
鲁塞尔红桃 **316647**
鲁桑 **259085**,259152
鲁沙香茅 **117204**
鲁山冬凌草 209822,324862
鲁山香茶菜 **324862**
鲁施阿冯苋 **45783**
鲁施颤毛萝藦 **399578**
鲁施角状脂花萝藦 **298140**
鲁施丽杯角 **198073**
鲁施肉锥花 **102290**
鲁施生石花 **233647**
鲁施舟叶花 **340885**
鲁施猪毛菜 **344689**
鲁矢车菊 **81287**
鲁士拉草 341020
鲁氏鲍德豆 **48972**
鲁氏鼻花 **329558**
鲁氏彩花 **2282**
鲁氏拂子茅 **65476**

鲁氏鬼针草 **54098**
鲁氏宽带芹 **303013**
鲁氏拉拉藤 **170601**
鲁氏狼尾草 **289234**
鲁氏蓼属 340507
鲁氏鳞翅草 **225081**
鲁氏龙胆 173606
鲁氏罗布麻 **29509**
鲁氏马利筋 **38100**
鲁氏蒲公英 **384783**
鲁氏石莲花 **140007**
鲁氏西谷椰子 252634
鲁氏锡叶藤 **386896**
鲁氏旋覆花 **207216**
鲁氏栒子 **107533**
鲁氏鸭舌癀舅 **370836**
鲁氏羊茅 **164141**
鲁氏蝇子草 **364003**
鲁斯·德雷伯对叶虎耳草 **349720**
鲁斯鲍木 341009
鲁斯比尖膜菊 **201327**
鲁斯比膜质菊 201327
鲁斯比梳齿菊 **286902**
鲁斯比水东哥 **347984**
鲁斯比无舌黄菀 **209583**
鲁斯比小檗 **52125**
鲁斯波利白粉藤 **92945**
鲁斯波利白叶藤 **113609**
鲁斯波利决明 **78476**
鲁斯波利辣木 **258956**
鲁斯波利老鸦嘴 **390713**
鲁斯波利芦荟 **17241**
鲁斯波利没药 **101534**
鲁斯波利木蓝 **206499**
鲁斯波利黍 **282187**
鲁斯波利鼠尾粟 **372823**
鲁斯波利田皂角 **9631**
鲁斯波利腺花山柑 **64906**
鲁斯波利旋花 **103232**
鲁斯波利盐肤木 **332829**
鲁斯波利猪屎豆 **112634**
鲁斯金菀 **301513**
鲁斯兰 **340540**
鲁斯兰属 **340539**
鲁斯六柱兜铃 **194575**
鲁斯木 **341009**
鲁斯木属 **341003**
鲁斯山柳菊 **195929**
鲁斯苔草 **76097**
鲁斯特梗玄参 **297126**
鲁斯特茜属 **341029**
鲁斯特日中花 **220664**
鲁斯提卡·卢布拉二乔玉兰 **242308**
鲁索木 **337785**
鲁索木科 **337786**
鲁索木属 **337784**
鲁特亚木 341166
鲁特亚木属 341164
鲁滕贝格二毛药 **128462**
鲁滕贝格风兰 **25042**
鲁滕贝格格雷野牡丹 **180434**
鲁滕贝格间花谷精草 **251000**
鲁滕贝格马瓞儿 **417507**
鲁滕贝格美冠兰 **156984**
鲁滕贝格温曼木 **413703**
鲁滕贝格香茶 **303642**
鲁滕贝格栀子 **171383**
鲁滕贝格石豆兰 **63061**
鲁望橘 238536
鲁威槿 194978
鲁文红柱树 **78700**
鲁文佐里斑鸠菊 **406769**
鲁文佐里蔗草 **210073**
鲁文佐里大沙叶 **286444**
鲁文佐里多穗兰 **310585**
鲁文佐里飞廉 **73477**
鲁文佐里黑草 **61857**
鲁文佐里景天 **357117**
鲁文佐里酒椰 **326644**
鲁文佐里苦斑鸠菊 **406185**
鲁文佐里宽肋瘦片菊 **57658**
鲁文佐里拉拉藤 **170605**
鲁文佐里美冠兰 **156985**
鲁文佐里南星 **33482**
鲁文佐里千里光 **359636**
鲁文佐里墙草 **284177**
鲁文佐里鞘蕊花 **99702**
鲁文佐里水蜈蚣 **218588**
鲁文佐里酸模 **340233**
鲁文佐里唐松草 **388642**
鲁文佐里纹蕊茜 **341355**
鲁文佐里线柱兰 **417785**
鲁文佐里鸭嘴花 **214781**
鲁文佐里远志 **308329**
鲁文佐里早熟禾 **305939**
鲁伍马金莲木 **268257**
鲁伍马黍 **151697**
鲁西图空船兰 **9190**
鲁谢麻属 **337660**
鲁叶下珠 **296750**
鲁伊斯巴豆 **113008**
鲁伊斯木 **339864**
鲁伊斯木属 **339863**
鲁伊斯梧桐 **339862**
鲁伊斯梧桐属 **339857**
鲁依塞斑马热美爵床 29130
鲁泽木属 339863
鲁中柳 **343645**
橹罟子 281138
橹樫 116098
橹叶 300354
陆拔 417180,417330
陆川油茶 69067
陆次 10334
陆稻 275958
陆得威蒿 35837
陆地棉 **179906**
陆谷 417417
陆汗 133460
陆均松 **121105**
陆均松科 **121082**
陆均松属 **121084**
陆均松尤利菊 **160778**
陆堪菊属 227467
陆莲花 325614
陆生布罗地 **60525**
陆生顶冰花 **169513**
陆生三蕊沟繁缕 **142576**
陆生水马齿 **67395**
陆生珍珠茅 354254
陆氏番樱桃 **156279**
陆氏樫木 139661
陆氏连蕊芥 **382010**
陆氏燕麦 45495
陆肖 278577
陆续消 219996
陆英 345586,384681
陆中苔草 **73569**
菉草 36647
菉蓐草 36647
菉竹 36647
鹿安茶 322801,322815
鹿白 369010
鹿草 **375268**,377973
鹿草属 **329419**
鹿肠 285859,285880,355201
鹿场 285859
鹿场毛茛 **326419**
鹿场山冬青 204299
鹿刺头菊 **108375**
鹿葱 **239280**,191284,191304,191312,239257,405618
鹿葱蛤 191284
鹿葱花 191312
鹿蒽 191284
鹿豆 321441,333456
鹿豆忠 321441
鹿儿韭 15558
鹿尔岛胡枝子 **226683**
鹿耳草 106432,143464,219996,247139
鹿耳葱 15868
鹿耳韭 15306,15558,15868
鹿耳林 220032
鹿耳苓 219996
鹿耳翎 219996
鹿耳獐牙菜 **380336**
鹿饭 164671
鹿根 375268
鹿谷秋海棠 **50038**
鹿挂面 162509
鹿含草 161418,322801,322815,322872
鹿活草 77146
鹿霍 177777
鹿藿 **333456**,321441,333457
鹿藿属 **333131**
鹿酱 285859,285880
鹿角 322412
鹿角草 **177325**,54042,177285,238312,393657
鹿角草属 **177317**,177284
鹿角刺 328754,328760
鹿角豆 **287931**
鹿角豆属 **287929**
鹿角杜鹃 **331065**
鹿角海棠 **43342**
鹿角海棠属 **43320**
鹿角蒿 36166
鹿角蝴蝶兰 293595
鹿角桧 **213655**
鹿角尖果圆筒仙人掌 **116640**
鹿角栲 78970
鹿角兰 **310797**,38194
鹿角兰属 **310787**,38187
鹿角芦荟 16592
鹿角七 142694,314415
鹿角漆树 332916
鹿角黍 417417
鹿角藤 **88891**
鹿角藤属 **88888**
鹿角玉属 257395
鹿角掌 140288,288986,346070
鹿角掌属 140209,288983
鹿角柱 **140288**
鹿角柱属 **140209**
鹿角锥 **78970**
鹿金菊木 **150313**
鹿韭 280286
鹿菊属 142522
鹿梨 323116,369339
鹿栎 **324356**
鹿列 23670
鹿铃 102867
鹿铃草 102867
鹿铃花 102867
鹿莓越橘 **403753**,404012
鹿鸣草 226708
鹿鸣花 226698
鹿皮斑黄肉楠 233876
鹿前胡 **293063**
鹿芹前胡 **292813**
鹿芹属 **84357**
鹿芹叶前胡 **292814**
鹿日中花 **220656**
鹿茸草 **257543**,257542

鹿茸草属 **257537**
鹿茸椆 116204
鹿茸木 **248031**,87344
鹿茸木属 **248028**
鹿茸青冈 116204
鹿蕊菊 **142523**
鹿蕊菊属 **142522**
鹿山柳菊 **195886**
鹿舌二型花 **128494**
鹿舌菊 397526
鹿舌菊属 397521
鹿神 298093
鹿食 16295
鹿食皮 16295
鹿首 285859,285880
鹿寿草 322801,322815,322842
鹿寿茶 322801,322815,322842
鹿蹄草 **322801**,110502,162312,309356,309877,322798,322815,322823,322872,325697
鹿蹄草白珠树 172142
鹿蹄草科 **322935**
鹿蹄草婆婆纳 **407291**
鹿蹄草属 **322775**
鹿蹄草叶白珠 **172142**
鹿蹄草叶树萝卜 **10360**
鹿蹄草叶缬草 **404338**
鹿蹄根 328883
鹿蹄柳 **343968**
鹿蹄橐吾 **229049**
鹿蹄叶柳 343968
鹿头 **199033**
鹿尾草 **344682**
鹿仙草 46818,46841,46859,46872
鹿衔草 183124,322798,322801,322815,322823,322842,322872
鹿阳生 355201
鹿药 **242691**,242683
鹿药属 **366142**,393328
鹿药檀香 **142525**
鹿药檀香属 **142524**
鹿野豌豆 **408468**
鹿越橘 404012
鹿寨秋海棠 **50042**
鹿竹 308529,308572,308641
鹿仔树 61107
鹿子百合 230036,230038
鹿子草 404316
椂柚寄生 411082,411085
禄白 369010
禄春安息香 379402,379404
禄春谷木 **250003**
禄春假福王草 **283687**
禄春金钩如意草 **106504**
禄春楼梯草 **142728**
禄春山矾 **381408**
禄春蛇根草 **272247**
禄春石栎 **233303**
禄春酸脚杆 **247585**
禄春悬钩子 **338769**
禄春崖角藤 **329005**
禄春玉山竹 **416756**
禄春鸢尾兰 **267924**
禄劝重楼 **284346**
禄劝滇紫草 **271796**
禄劝花叶重楼 284346
禄劝黄堇 **106116**
禄劝鸡血藤 108700
禄劝假杜鹃 **48142**
禄劝景天 **356901**
禄劝獐牙菜 **380261**
碌毒草 235
碌耳草 337351
路边草 143530,215348,215349,308816
路边红 173828
路边花 **413588**
路边黄 11572,33505,33509,124790,175417,175420,239582,239661
路边黄耆 **43174**
路边鸡 11572,269613,360935
路边姜 187432,360935
路边金 209617,360933,360935
路边荆 360935
路边菊 124790,215343,413514
路边槭 **3745**
路边青 **175378**,96028,129243,175420,200745,209232
路边青属 **175375**
路边青银莲花 **23825**
路边梢 78039
路边刷 366284
路边团扇荠 **53039**
路边香 175417
路边肖 269613
路边针 404001
路边猪屎豆 **112796**
路得威蒿 **35837**
路德维格长被片风信子 **137953**
路德维格木槿 **194978**
路德维格秋海棠 **50036**
路德维格鼠尾粟 **372753**
路德维格唐菖蒲 **176329**
路德维格细莞 **210029**
路德维格小金梅草 **202899**
路德维格悬钩子 **338771**
路德维格药葵 **18170**
路德维格鸢尾 **208696**
路德维格远志 **308172**
路德维格紫瓣花 **400077**
路兜勒 281138
路胡枝子 227001
路金子 66789
路开草 **238072**
路开草属 **238071**
路坎德巴豆 **112948**
路坎德库卡芋 **114390**
路库玛属 238110
路柳 308816
路路通 232557
路路通寄生 410979
路路星 126465
路马香桃木 156133
路南凤仙花 **205100**
路南海棠花 **277367**
路旁巴豆 **113046**
路旁菊 193932
路旁卷耳 **83064**
路旁丽菀 **155822**
路旁柳穿鱼 **230884**
路旁龙牙草 **11598**
路旁双叶草 239664
路旁菥蓂 **390205**
路穹 193932
路萨沙拐枣 **67076**
路生胡枝子 **227001**
路氏杜鹃 331150
路氏乳突球 **244215**
路氏石柑子 313206
路氏脂麻掌 **171697**
路斯·斯巴克斯帚石南 **67497**
路唐小檗 **51879**
路透虎耳草 **349847**
路透剪股颖 **12273**
路透疗伤绒毛花 **28210**
路透芒柄花 **271568**
路苇苋属 228256
路西特秋水仙 **99328**
路易刺橘 405521
路易德氏蝴蝶兰 293617
路易莎肖鸢尾 **258550**
路易莎硬皮鸢尾 **172633**
路易斯·斯帕锡的纪念品欧丁香 **382363**
路易斯·范·胡特英国榆 **401595**
路易斯安娜黄眼草 **416162**
路易斯安娜苔草 **75223**
路易斯安娜一枝黄花 **368224**
路易斯白粉藤 **92817**
路易斯白前 **117575**
路易斯扁担杆 **180853**
路易斯刺橘 **405521**
路易斯酢浆草 **277947**
路易斯单兜 **257650**
路易斯毒鼠子 **128630**
路易斯风车子 **100601**
路易斯红柱树 **78685**
路易斯黄檀 **121736**
路易斯黄藤 **121511**
路易斯假肉豆蔻 257650
路易斯九节 **319654**
路易斯可拉木 **99223**
路易斯宽管瑞香 **110166**
路易斯密毛大戟 **322010**
路易斯拟九节 **169339**
路易斯青兰 137651
路易斯琼楠 **50553**
路易斯榕 **165258**
路易斯三被藤 **396533**
路易斯山金车 **34740**
路易斯山梅花 **294493**
路易斯五层龙 **342708**
路易斯香料藤 **391885**
路易斯延龄草 **397577**
路易斯异荣耀木 **134665**
路遇香 11199
路州列当 **275121**
路州莎草 322342
露瓣乌头 **5497**
露壁 267838
露伯秋海棠 50034
露草 **29855**,100961
露草属 **29853**
露德蝴蝶兰 **293617**
露点紫堇 **106392**
露兜 281031
露兜草 **280986**
露兜竻 281138
露兜勒 281138
露兜簕 281138
露兜树 **281138**,281089
露兜树科 **280963**
露兜树省藤 **65763**
露兜树属 **280968**
露兜树叶彩穗木 **334355**
露兜树叶刺芹 **154336**
露兜树叶利切木 334355
露兜树叶野长蒲 **390378**
露兜子 21479,281138
露萼龙胆 **173416**
露冠树属 98812
露果猪毛菜 **344443**
露寒草 52929,127921
露花 29855
露花属 29853
露花树属 61135
露甲 122532
露葵 59148,243862
露脉斗篷草 **14119**
露美生石花 **233673**
露美玉 233673
露美棕属 172224
露蜜 **93554**
露木 295227
露娜星 **182156**

露球花 238106
露仁核桃 **212640**
露仁胡桃 212636
露茹色博 287368
露蕊滇紫草 **271758**
露蕊龙胆 **174054**
露蕊乌头 **5237**
露沙箬棕 341421
露舌箭竹 **162685**
露氏花烛 **28074**
露氏秋海棠 **50256**
露水草 115526,115589,147844,218480,260090,306834,377884,394088
露水草属 115521
露水葛 59857
露水果 373439
露水一颗珠 284406
露水珠 284296
露笋 39120
露特草属 **341098**
露特桔梗 **341106**
露特桔梗属 **341103**
露藤 126007
露西伽蓝菜 **215199**
露西寄生 **239506**
露西寄生属 **239505**
露西木槿 **195284**
露西娅落草 **217492**
露西娅睡莲 **267630**
露西娅紫茎泽兰 **11167**
露叶花属 138375
露叶苔草 **138376**
露叶苔科 **138374**
露叶苔属 **138375**
露芋 99919
露珠百蕊草 389718
露珠草 **91537**,91524,91557,170635
露珠草属 **91499**
露珠杜鹃 **330939**
露珠加洛茜 **170805**
露珠金合欢 **1312**
露珠柳 343541
露珠欧石南 **149601**
露珠碎米荠 **72721**
露珠香茶菜 **209711**
露珠珍珠菜 **239591**
露珠舟蕊秋水仙 **22361**
露柱百蕊草 **389617**,389718
露籽草 **277430**
露籽草属 **277426**
露籽马唐 **130784**
露子花属 **123819**
露子马唐 **130517**
箓竹笋 **37467**
戮豆 **409086**
櫖木 **62110**
辘轴风 **219996**
潞党 **98395**
潞西胡颓子 **142073**
潞西近光滑小檗 52201
潞西柯 **233395**
潞西楼梯草 **142730**
潞西山龙眼 **189957**
蕗 292374
蕗草 177893,177915,177947
蕗藤 254854
蕗藤属 254596
録子 328680
鹭鸶草 135059,135060,235878
鹭鸶草属 135055
鹭鸶花 219933,235742,235749,235860,235878
鹭鸶花藤 235878
鹭鸶兰 **135059**,135060
鹭鸶兰属 **135055**
鹭鸶莲 239558
鹭鸶藤 235878
簬 297367
驴臭草属 271727
驴打滚草属 110710
驴打滚儿 110785
驴打滚儿草 110785
驴叠肚 338300
驴豆 271280
驴豆黄芪 42821
驴豆黄耆 42821
驴豆属 271166
驴断肠 94704
驴儿菜 207151
驴耳朵 207165,348129
驴耳朵菜 41342
驴耳朵草 41342,301871,301952,348129
驴耳朵花 207151
驴耳风毛菊 348129
驴耳南星 **33442**
驴干粮 42258,320515
驴夹板菜 41342
驴脚桦 53389
驴菊木属 **271710**
驴驴蒿 35364
驴欺口 **140732**
驴食草 271280
驴食草属 271166
驴食豆 271280
驴食豆属 271166
驴蹄菜 68189
驴蹄草 **68189**,68210
驴蹄草属 **68157**
驴蹄草叶报春 **314207**
驴蹄草叶翠雀花 **124096**
驴蹄草叶路边青 **175390**
驴蹄碎米荠 **72714**
驴驮布袋 235813
驴尾草 62110
驴尾芥 **271875**
驴尾芥属 **271874**
驴喜豆 **271280**
驴喜豆黄芪 42821
驴喜豆黄耆 **42821**
驴喜豆属 **271166**
驴喜豆野豌豆 **408518**
驴扎嘴 92066
驴子刺 328816
闾菇 158397
闾蒿 36241
榈木 274399,320301
吕埃还阳参 **110986**
吕贝特五层龙 **342684**
吕贝特紫瓣花 **400078**
吕伯斯节茎兰 **269219**
吕布萨门棘豆 **279135**
吕策豆属 **238255**
吕德贝里钓钟柳 **289374**
吕德贝里飞蓬 **150938**
吕德贝里向日葵 **189015**
吕德齿舌叶 **377366**
吕德蒺藜 **264140**
吕德蒺藜属 **264139**
吕德金合欢 **1362**
吕德锦葵属 **238236**
吕德里茨酢浆草 **277948**
吕德里茨海神菜 **265486**
吕德里茨毛头菊 **151588**
吕德里茨蒙松草 **258132**
吕德里茨泡叶番杏 **138199**
吕德里茨青锁龙 **109130**
吕德里茨猪毛菜 **344619**
吕德曼氏卡特兰 **79562**
吕德仙花 **395827**
吕地亚景天 **356907**
吕丁草 **341193**
吕丁草属 **341192**
吕丁柔花 **8987**
吕多维克拟美花 **317268**
吕盖欧石南 **149619**
吕克霍夫怪奇玉 **133179**
吕克霍夫露子花 **123916**
吕克霍夫肉锥花 **102344**
吕克霍夫紫波 **28485**
吕兰毒鼠子 **128800**
吕佩尔斑鸠菊 **406767**
吕佩尔瘦片菊 **182082**
吕佩尔栓果菊 **222986**
吕氏菝葜 **366437**
吕氏砂仁 19911
吕宋槟 31680
吕宋豆 **238562**,378761
吕宋豆属 **238561**
吕宋短柄草 **58629**
吕宋鹅掌柴 **350745**
吕宋番樱桃 **156126**
吕宋肺形草 **398287**
吕宋橄榄 **71004**
吕宋果 **378761**
吕宋黄芩 **355533**
吕宋黄芩 **355584**
吕宋荚蒾 **407930**
吕宋菊 179236
吕宋落叶花桑 **14852**
吕宋毛蕊木 **178920**
吕宋坡垒 **198138**
吕宋破布木 **104168**,104203
吕宋朴 **80688**
吕宋茄 **367317**
吕宋青藤 204634
吕宋青藤属 204609
吕宋楸 243427
吕宋石斛 **125241**
吕宋薯蓣 **131538**
吕宋水锦树 **413798**
吕宋松 300068
吕宋天胡荽 **200263**
吕宋万代兰 **404655**
吕宋万带兰 404655
吕宋月桃 17671
吕西亚山楂小檗 **51513**
吕智深 **198499**
旅葵 243862
旅人蕉 **327095**
旅人蕉科 377580
旅人蕉属 **327093**
旅人木 327095
旅顺茶藨 333988
旅顺茶藨子 **333988**
旅顺桤木 **16458**
梠芋 99910
屡析草 182915
缕丝花 **183191**
履状杓兰 120310
履状囊兰 120310
绿 272856
绿艾纳香 **55840**
绿桉 **155773**
绿奥佐漆 **279339**
绿八宝 **200819**
绿白 369010
绿白翅果草 **334553**
绿白风铃草 **70200**
绿白鹤灵芝 **329487**
绿白龙胆 **173675**
绿白芦荟 **16705**
绿白木茼蒿 **32588**
绿白茜树 **12529**
绿白莎草 **118929**
绿白山车前 **301999**

绿白鼠尾草　**344961**
绿白天仙藤　**164457**
绿白薇　**117388**
绿白围涎树　**301166**
绿白虾脊兰　**65928**
绿百蕊草　**389913**
绿斑冬青卫矛　**157638**
绿斑杜鹃　330169
绿斑鸠菊　**406224**
绿斑茄　**367737**
绿斑叶堇菜　**410724**
绿瓣花凤梨　**391975**
绿瓣尖雪花莲　**169722**
绿瓣景天　**357042**
绿瓣兰属　**211211**
绿瓣铁兰　391975
绿瓣延龄草　**397550**,397549
绿瓣蝇子草　**363317**
绿瓣油茶　69235
绿棒头草　310134
绿包藤　392252
绿苞闭鞘姜　**107287**
绿苞海神木　**315954**
绿苞蒿　**36468**
绿苞姬坐禅草　**381081**
绿苞疆南星　**36979**
绿苞爵床　**214359**
绿苞乐母丽　**336083**
绿苞毛连菜　298625
绿苞南星属　**88651**
绿苞帕洛梯　315954
绿苞山姜　**17651**
绿苞鼠麹草　**355918**
绿苞鼠麹草属　**355917**
绿苞细齿南星　**33502**
绿宝石皇后挪威槭　**3431**
绿宝石小叶黄杨　**64290**
绿宝珠草　134504
绿杯萝藦　**88458**
绿杯萝藦属　**88457**
绿杯子菊　**290281**
绿北方华箬竹　**347383**
绿贝母　**168622**
绿背白脉细辛　**37598**
绿背白珠　**172090**
绿背刺柏　**213776**
绿背桂　161657
绿背桂花　**161649**,161657
绿背黑药菊　**148124**
绿背黑药菊属　**148122**
绿背三尖杉　**82512**
绿背山麻杆　**14222**
绿背山苎麻　56241
绿背石栎　**233256**,233338
绿背溲疏　**126979**
绿背天鹅绒竹芋　**66216**
绿背小檗　**51745**
绿背杨桐　8221
绿背叶鹅掌柴　**350717**
绿被毒马草　**362765**
绿边茄　**367362**
绿边苔草　**76700**
绿变欧石南　**150240**
绿变穗三毛　398545
绿柄白鹃梅　**161745**
绿柄交让木　**122702**
绿柄桑属　**88500**
绿波冬青叶十大功劳　**242481**
绿波欧洲常春藤　**187246**
绿波洋常春藤　187246
绿薄荷　250450
绿彩花　**2301**
绿槽刚竹　**297495**
绿槽毛竹　**297311**
绿草　217373,232640
绿草莓　**167674**,167653
绿草原松果菊　**326966**
绿梣　**168134**,168057,168065
绿柴　328665
绿柴忍冬　236214
绿蟾蜍花　232261
绿长被片风信子　**138003**
绿齿歧缬草　**404405**
绿齿舌叶　**377370**
绿齿细花百金花　**81541**
绿赤车　**288781**,288740
绿翅虫果金虎尾　**5901**
绿翅红门兰　**273545**
绿翅四翼木　**387591**
绿串珠　359924
绿垂钉石南　**379278**
绿春凤仙花　**205101**
绿春假福王草　283687
绿春金钩如意草　106504
绿春柃　**160537**
绿春楼梯草　**142711**,142728
绿春山矾　381408
绿春蛇根草　272247
绿春石栎　233303
绿春悬钩子　338769
绿春崖角藤　329005
绿春玉山竹　416756
绿春鸢尾兰　267924
绿唇兜舌兰　**282850**
绿刺　393657
绿刺柏　213776
绿刺省藤　**65812**
绿刺十二卷　**186337**
绿刺桐　154668
绿葱　**15881**,191316
绿葱茶　191284
绿葱叶兰　**254240**
绿簇毛蓟　**91870**
绿翠玉　**102661**
绿大戟　**158493**
绿大叶针垫花　**228046**
绿袋鼠爪　**25223**
绿单蕊莲豆草　**83842**
绿当归　340151
绿岛赤楠　382649
绿岛粉口兰　**279858**
绿岛风藤　300434
绿岛胡椒　**300434**
绿岛榕　**165513**
绿岛铁苋　1811
绿岛细柄草　**71607**
绿岛仙丹花　**211096**
绿岛印度胶榕　**164935**
绿道竹芋　**66198**
绿灯　297650,297712
绿灯心草　**213567**
绿地柏　**213865**
绿地鼻花　**329530**
绿地地杨梅　**238624**
绿帝王　**294786**
绿点杜鹃　**331776**
绿吊兰　**88642**
绿顶菊　**160664**
绿顶菊属　**160645**
绿冬青　**204388**,204001
绿豆　**409025**
绿豆菜　301894,302034
绿豆莲　329975
绿豆青　204001,291161
绿豆秋儿　237539
绿豆参　177789
绿豆升麻　6414,91032
绿豆升麻属　6405
绿毒毛旋花　378417
绿毒鼠子　**128629**
绿独行菜　**225316**,225315
绿独子藤　**80348**
绿堆高山茶藨子　**333907**
绿多燕麦　45495
绿鹅绒藤　**117744**
绿萼粉花溲疏　**127070**
绿萼凤仙花　**204851**
绿萼甘藏毛茛　**325896**
绿萼红门兰　273545
绿萼连蕊茶　**69749**
绿萼毛蕊茶　69749
绿萼眉兰　**272489**
绿萼梅　**34455**,34448
绿萼欧石南　**149192**
绿萼沙扎尔茜　**86353**
绿萼水珠草　**91588**
绿萼仙人柱　**83911**
绿萼珍珠茅　**354049**
绿儿茶　1168
绿耳棱　219996
绿繁缕　375007
绿粉藻科　117311
绿风兰　**25111**
绿风毛菊　**348167**
绿佛头　**46011**
绿盖奇欧洲李　**316386**
绿干柏　**114652**
绿竿花慈竹　**264513**
绿蛤蟆　298943
绿姑妮树　204053
绿谷　99134
绿谷木　**250095**
绿骨大青　291138
绿瓜子金　**308126**
绿冠回回苏　**290954**
绿管银叶花　**32696**
绿灌野荞麦木　**152572**
绿果白叶冷杉　497
绿果二色云杉　**298227**
绿果富士山冷杉　497
绿果刚直芙兰草　**168898**
绿果黑三棱　**370037**
绿果黄花落叶松　**221927**
绿果黄檀　**121652**
绿果库页云杉　**298299**
绿果榄仁　**386508**
绿果罗浮槭　2958
绿果猕猴桃　**6561**
绿果木　**88433**
绿果木属　**88432**
绿果挪威云杉　**298214**
绿果青　69064
绿果秋子梨　**323332**
绿果日本鼠李　**328743**
绿果瑞士五针松　**299843**
绿果萨哈林云杉　298299
绿果山楂　109597
绿果西洋接骨木　**345642**
绿果小白叶冷杉　**504**
绿蒿　**35606**,36469
绿鹤虱　**221702**
绿红苞紫茉莉　57857
绿红彩角　**158830**
绿红光树　**216911**
绿红门兰　**273359**
绿后挪威槭　3431
绿厚叶草　**279640**
绿虎克小檗　**51738**
绿花阿比西尼亚大沙叶　**286075**
绿花矮泽芹　85724
绿花安兰　**25188**,383163
绿花凹舌兰　98586
绿花白千层　**248125**
绿花白瑟木　**46669**
绿花百合　**229840**
绿花百蕊草　**389915**
绿花斑叶兰　**179709**
绿花棒毛萼　**400810**

绿花棒茼麻 **106891**
绿花宝石兰 **207421**,379771
绿花北美萝藦 **3799**
绿花贝母兰 **98722**,98701
绿花鼻花 **329517**
绿花萹蓄 **291745**
绿花杓兰 **120363**
绿花菠萝球 **107013**
绿花菜 59545,117965
绿花苍耳七 284627
绿花草 124042,173917
绿花叉足兰 **416519**
绿花茶藨 334264
绿花茶藨子 **334264**
绿花长被片风信子 **138004**
绿花长距兰 302280
绿花赤宝花 **390032**
绿花翅苹婆 320987
绿花刺核藤 **322524**
绿花刺参 258842
绿花刺头菊 **108255**
绿花刺续断 **258842**
绿花脆兰 **93900**
绿花脆兰属 **93897**
绿花大苞兰 **379772**
绿花大花惠兰 116910
绿花大戟 **160063**
绿花带唇兰 **383163**,25188
绿花当归 276780
绿花党参 **98428**,98380
绿花倒提壶 118033
绿花德卡寄生 **123384**
绿花顶冰花 **169398**
绿花东亚细辛 **38312**
绿花独活 276780
绿花对叶赪桐 **337448**
绿花多变杜鹃兰 **110505**
绿花厄斯兰 **269555**
绿花恩南番荔枝 145141
绿花法道格茜 **161940**
绿花矾根 **194416**
绿花繁缕 374794,375051
绿花凤梨属 **410912**
绿花凤卵草 **296907**
绿花凤仙花 **205436**
绿花福斯麻 **167397**
绿花腐花木 **346468**
绿花干番杏 **33183**
绿花隔距兰 **94478**
绿花光亮紫玉盘 **403517**
绿花龟花龙胆 **86780**
绿花哈诺苦木 **185279**
绿花海桐 **301440**
绿花红唇 116910
绿花红千层 **67308**
绿花红射干 **26106**
绿花后喜花 **293254**
绿花蝴蝶兰 **293644**
绿花虎眼万年青 **274845**
绿花花凤梨 **392056**
绿花火炬树 **332922**
绿花加拉加斯藤 **72161**
绿花椒 **417371**
绿花金线莲 25967
绿花金盏藤 **366874**
绿花可拉木 **99176**
绿花苦木 185279
绿花阔蕊兰 291221
绿花拉拉藤 **170314**
绿花蜡烛木 **121130**
绿花乐母丽 **335952**
绿花肋瓣花 **13761**
绿花立方花 **115779**
绿花立金花 **218964**
绿花琉璃草 **118033**
绿花瘤蕊紫金牛 **271107**
绿花柳叶红千层 **67294**
绿花楼斗菜 30077
绿花芦荟 **17400**
绿花鹿角柱 **140229**
绿花鹿蹄草 **322804**
绿花马利筋 **38168**
绿花马氏蓼 **291790**
绿花麦瓶草 **363315**
绿花梅花草 **284627**
绿花美冠兰 **156621**
绿花绵枣儿 **353109**
绿花蘼苓草 258842
绿花木通 **13235**
绿花牧豆树 315568
绿花南盘龙参 **372255**
绿花拟扁芒草 **122342**
绿花鸟娇花 210955
绿花牛至 **274243**
绿花欧瑞香 122492
绿花欧石南 **150243**
绿花瓯兰 **116930**
绿花攀木 **292461**
绿花佩氏锦葵 **291477**
绿花蓬子菜 **170768**
绿花漂泊欧石南 **150207**
绿花苹婆 **376114**
绿花瓶榉树 **417554**
绿花棋盘花 **417932**
绿花千里光 **360318**
绿花蔷薇 **337010**,336486
绿花青木 **44927**
绿花曲足兰 **120719**
绿花全缘椴 **138750**
绿花雀斑党参 **98425**
绿花日本对叶兰 **232923**
绿花润肺草 **58840**
绿花莎草 **119750**
绿花山黧豆 **222693**
绿花山蚂蝗 **126669**
绿花山梅花 294540
绿花山芹 **276780**
绿花珊瑚藤 **28424**
绿花深山二叶兰 **232948**
绿花石莲 **364924**
绿花石莲花 364924
绿花史密森兰 **366729**
绿花栓皮豆 **259856**
绿花水牛角 **72440**
绿花水仙 **262475**
绿花酸藤子 **144824**
绿花唐菖蒲 **176653**
绿花唐古特大黄 **329403**
绿花桃叶珊瑚 44904
绿花天城山锦带花 **413585**
绿花天料木 **197729**
绿花铁筷子 190959
绿花铁兰 392056
绿花铁线莲 **95429**
绿花屋久岛龙胆 **174099**
绿花无毛白前 **409448**
绿花西金茜 **362434**
绿花西南美爵床 **416302**
绿花细辛 **37756**
绿花细枝茶藨 334264
绿花细枝茶藨子 334264
绿花狭唇兰 **346711**
绿花夏风信子 **170833**
绿花仙人柱 **140343**
绿花显龙胆 **313931**
绿花腺果柄泽兰 **48534**
绿花腺瘤兰 **7575**
绿花香雪兰 **168199**
绿花香紫罗兰 **246500**
绿花小花茜 **286031**
绿花小瓦氏茜 **404894**
绿花小鸢尾 210955
绿花肖头蕊兰 82088
绿花心 117908
绿花猩红叶藤 **337707**
绿花玄参 **355088**
绿花悬钩子 **339169**
绿花崖豆藤 **66620**
绿花羊耳蒜 232339
绿花羊蹄甲 **49255**
绿花椰菜 **59545**
绿花野荞麦 **152656**
绿花业平竹 **357941**
绿花叶 117908
绿花异药莓 **131092**
绿花异籽藤 **26134**
绿花银毛球 **244255**
绿花硬毛骨籽菊 **276624**
绿花油点草 **396618**
绿花玉凤花 **184186**
绿花郁金香 **400251**
绿花月月红 336486
绿花藏咖啡 **266769**
绿花獐牙菜 **380402**
绿花竹柏兰 **116941**
绿花柱 **94565**
绿画眉草 **148038**
绿黄贝母 168563
绿黄柑属 43718
绿黄葛树 165841
绿黄棘豆 **279236**
绿黄南星 **33390**
绿黄芩 **355366**
绿黄三星兰 **79346**
绿黄香青 21726
绿回回苏 **290957**
绿芨 394327
绿蕺菜 **198753**
绿脊金石斛 **166969**
绿蓟 **91864**
绿稷 **281459**
绿嘉兰 177251
绿碱柴 215329
绿箭黄扁柏 **85305**
绿姜 114875
绿角贝母 **168359**
绿节 418095
绿金北美乔柏 **390648**
绿金豆瓣绿 290396
绿金果椰 **139430**
绿锦草 **394007**
绿锦鸡尾 **186363**
绿茎贝母 168614
绿茎多轮贝母 **168621**
绿茎槲寄生 **411071**
绿茎还阳参 **110886**
绿茎黄花稔 **362696**
绿茎金灯藤 **115051**
绿茎楼梯草 **142890**
绿茎小白花贝母 **168511**
绿荆 1168
绿荆树 1168
绿菊花草 64496
绿菊科 406949
绿橘 93733
绿巨花紫草 **241147**
绿巨人 **370334**
绿卷耳 **83081**
绿绢毛斗篷草 **13991**
绿卡罗来纳翠雀花 **124106**
绿康达木 101742
绿壳砂仁 19933
绿可利果 **96877**
绿苦竹 **304043**
绿宽翅香青 21590
绿盔密穗马先蒿 **287158**
绿盔乌头 5182
绿蜡烛欧洲山松 **300088**

绿兰 244435
绿兰花 247025
绿蓝花 247025
绿榄 70989
绿廊木属 **180517**
绿肋朱顶红 **196440**
绿棱点地梅 **23223**
绿棱球柱草 **63376**
绿棱水蜈蚣 **218503**
绿棱枝树属 48987
绿篱柴 328665
绿篱美国冬青 **204118**
绿篱竹 47178
绿藜 **87199**
绿藜芦 **405643**
绿裂片大沙叶 **286548**
绿裂舌萝藦 **351499**
绿鳞多肋菊 **304424**
绿鳞一枝黄花 **368401**
绿鳞泽兰库恩菊 **60118**
绿铃 359924
绿柳 **344250**
绿露子花 **123991**
绿绿草 362083
绿绿柴 231403
绿罗勒 **268671**
绿萝 **147338**
绿落芒草 **276068**
绿麻 104072
绿麻黄 **146265**
绿马利筋 **38171**
绿麦卡婆婆纳 **247074**
绿脉番薯 **207688**
绿脉红门兰 273545
绿芒稗 **140369**
绿芒三联穗草 **398652**
绿毛鸟足兰 347844
绿毛枪刀药 **202528**
绿毛山柳菊 **195533**,195858
绿梅 34455
绿梅花 34448
绿梅花草 284627
绿檬 93329
绿膜茜属 **88438**
绿末棵子 52436
绿木树 **88663**
绿木树属 **88659**
绿木通 94977
绿木枣 **418155**
绿柰 243675
绿南星 **33487**,33266,33397,33505,33509
绿楠 244435,252817
绿囊蕊紫草 **120859**
绿囊苔草 **76641**,76100
绿黏蓼 **291997**
绿鸟娇花 **210955**
绿牛膝 **4345**
绿欧石南 **149191**
绿欧蟹甲 **8041**
绿爬山虎 285130
绿帕布兰 **279361**
绿皮刺 328883
绿皮杜仲 157473
绿皮黄筋竹 **297465**
绿皮槭 3665
绿皮子 203829
绿葡萄 20335,20340,20348,411735
绿葡萄藤 285144
绿瀑布无刺美国皂荚 **176906**
绿七节大戟 **159037**
绿桤木 **16472**
绿漆 332956
绿绮球 **247671**
绿绮丸 247671
绿千日红 **179251**
绿鞘蕊花 **99742**
绿雀舌水仙 **274870**
绿雀筒花肾形草 **194418**
绿人心果 **313408**
绿日本本氏茱萸 **51142**
绿绒蒿 247139,247175
绿绒蒿属 **247099**
绿肉山楂 **109597**
绿乳 **148333**
绿乳科 **148325**
绿乳属 **148329**
绿蕊格木 **154967**
绿润肺草 **58841**
绿三果景天 **357241**
绿色贝母兰 98722
绿色革命湿生白千层 **248080**
绿色两节荠 **88450**
绿色两节荠属 **88449**
绿色鹿蹄草 322804
绿色山槟榔 **299680**
绿色山柳菊 **195530**
绿色小叶锦鸡儿 72294
绿色鞋木 **52912**
绿色鸢尾 **208931**
绿色柱瓣兰 **146501**
绿沙地锦鸡儿 **72218**
绿山槟榔 299680
绿山麻柳 223679
绿山糖槭 3552
绿山楂 **110107**
绿珊瑚 159975,389718,389768,389769,389839
绿舌肉唇兰 116517
绿舌天鹅兰 **116517**
绿蛇根草 272282
绿神麻菊 **346271**
绿神圣亚麻 346271
绿升麻 11199,23850,23853,91011,91024
绿十二卷 **186544**
绿矢竹 **318309**
绿柿 **132467**,132339
绿水塔花 **54465**
绿水苋菜 **19641**
绿丝兰 **88259**
绿丝兰属 **88257**
绿丝绒小叶黄杨 **64293**
绿司徒兰 **377319**
绿斯迪菲木 379278
绿松蔓平铺圆柏 **213802**
绿松蔓平枝圆柏 213802
绿穗鹅观草 **144527**
绿穗禾状苔草 **73646**,74383
绿穗黄耆 **42185**
绿穗柳 **343216**
绿穗披碱草 144527
绿穗三毛草 **398566**
绿穗山罗花 **248166**
绿穗苔 74032
绿穗苔草 **74111**,74032,74599
绿穗细秆苔草 74111
绿穗苋 **18734**
绿穗香科 **388047**
绿穗小麦秆菊 **381667**
绿穗指甲草 **284813**
绿塔 109293
绿塔北美香柏 **390619**
绿塔欧洲小叶椴 391694
绿塔青锁龙 **109293**
绿苔草 **74109**
绿汤森兰 **393426**
绿唐松草 **388523**
绿嚏根草 **190959**
绿天 260208
绿天红地 31403
绿天麻 **171928**,135098
绿甜茅 **177679**
绿条小苦竹 **304114**
绿头刺头菊 **108256**
绿头灯心草 **212998**
绿头鳞托菊 **329799**
绿头毛蕊花 **405678**
绿头山柳菊 **195535**
绿头苔草 **74105**
绿土楠 **145322**
绿团花茜 **10521**
绿尾唇羊耳蒜 **232208**
绿猬莓 **1743**
绿纹菊 **138867**
绿纹菊属 **138866**
绿乌木 **132102**
绿无叶美冠兰 **157111**
绿五味子 351014
绿仙女马蹄莲 **417095**
绿仙人掌 272987
绿莶草 363090
绿显脉拉拉藤 **170448**
绿苋 18848
绿线草 18124
绿线菊属 389153
绿线叶粟草 **293939**
绿香青 **21726**
绿小囊兰 **253887**
绿肖囊大戟 **115662**
绿蟹爪 351997
绿心报春 314312
绿心杜鹃 **330390**
绿心富贵竹 137479
绿心红果龙血树 **137479**
绿心锦鸡尾 **186494**
绿心木 263062
绿心十二卷 186494
绿心樟 **268735**
绿心樟属 **268688**,88429
绿欣珀砖子苗 **245532**
绿星 **244205**
绿星粟草 **176951**
绿旋欧洲小叶椴 **391694**
绿薰衣草 **223347**
绿芽俞藤 **416527**
绿延龄草 **397631**
绿盐肤木 **332956**
绿眼报春 **314354**
绿眼黑心金光菊 **339558**
绿眼黑心菊 339558
绿眼菊属 **52823**
绿羊角拗 **378417**
绿药淫羊藿 **146968**
绿业平竹 **357958**
绿叶百蕊草 **389916**
绿叶扁担藤 79878
绿叶大丁草 **175229**
绿叶地锦 **285130**
绿叶东方草莓 **167642**
绿叶兜兰 **282832**
绿叶飞蛾槭 **3258**
绿叶粉叶小檗 52355
绿叶风毛菊 348415
绿叶凤凰椰 **376404**
绿叶甘橿 **231401**
绿叶甘蓝 59524
绿叶根 301894
绿叶红景天 **329972**
绿叶胡颓子 **142241**
绿叶胡枝子 **226721**
绿叶虎耳草 **349941**
绿叶姜黄 **114879**
绿叶角唇兰 417702
绿叶锦鸡儿 **72294**
绿叶蓝刺头 **140829**
绿叶柳 **343687**

绿叶绿花 232261
绿叶绿花草 159027
绿叶梅花草 284627
绿叶美丽沙穗 **148509**
绿叶木蓼 **44266**
绿叶爬山虎 285130
绿叶旗唇兰 218296
绿叶润楠 **240718**
绿叶色罗山龙眼 **361229**
绿叶山杜英 **142407**
绿叶水竹草 **394025**
绿叶苔草 **74424**
绿叶铁线莲 **95430**
绿叶托红珠 191173
绿叶委陵菜 312630
绿叶蚊子草 166114
绿叶五味子 **351014**
绿叶线柱兰 **417702**
绿叶星苹果 **90102**
绿叶熊果 **31132**
绿叶悬钩子 **338679**
绿叶盐肤木 **332957**
绿叶蝇子草 **363316**
绿叶玉蒿 121795
绿叶中华槭 **3619**
绿叶舟叶花 **340975**
绿叶朱蕉 **104387**
绿叶紫金牛 31639
绿腋花马先蒿 287027
绿翼首花 **320445**
绿银桦 **180606**
绿银叶龙血树 **137490**
绿英柴 66837
绿樱桃 204053
绿颖鹅观草 **335563**
绿永菊 **43935**
绿盂兰 **223671**
绿羽衣甘蓝 **59551**
绿羽竹芋 66198
绿玉 359924
绿玉宝草 **186699**
绿玉黛粉叶 **130085**
绿玉景天 **356802**
绿玉树 **159975**
绿玉藤 378353
绿玉小叶黄杨 **64291**
绿芋子 299721
绿元宝 417029
绿远志 **308449**
绿月季花 **336486**
绿云灌木白叶树 **227920**
绿云树 159975
绿云雾苔草 **75545**
绿早熟禾 **306146**
绿泽兰 313754
绿樟 249463
绿针茅 **376960**
绿珍珠 116910
绿枕小叶黄杨 **64292**
绿枝枪刀药 **202527**
绿枝山矾 **381450**
绿知风草 **147672**
绿栉齿叶蒿 **35503**
绿掷爵床 **139900**
绿中脉梧桐 **390321**
绿钟草属 **88444**
绿钟党参 **98289**
绿舟叶花 **340973**
绿洲茜属 **410844**
绿珠草 **346902**,367772
绿珠草属 **346901**
绿珠藜 86892
绿竹 **125453**,11362,36647,37467
绿竹属 **125435**
绿柱杜鹃 **330904**,330238
绿柱短花杜鹃 **330238**
绿柱美国扁柏 **85278**
绿柱美国花柏 **85285**,85278
绿柱蕊紫金牛 **379201**
绿壮丽秋海棠 **49942**
绿子 328680
绿子栝楼 **396282**
葎 199382
葎草 **199392**,199382
葎草马缨丹 **221271**
葎草满盾豆 **61438**
葎草属 **199376**,199379
葎草叶蛇葡萄 20400
葎草叶悬钩子 **338543**
葎叶白蔹 20400
葎叶山葡萄 20400
葎叶蛇葡萄 **20400**
孪果鹤虱 **335107**
孪果鹤虱属 **335103**
孪果荠 54690
孪花蟛蜞菊 **413506**,413507
孪生鹅观草 **335318**
孪生堇菜 409729
孪生以礼草 **215908**
孪叶豆 **200844**
孪叶豆属 **200843**
孪叶苏木 200844
孪叶苏木属 200843
孪叶羊蹄甲 **49067**
孪枝早熟禾 **305733**
峦大八角 **204598**
峦大菝葜 **366537**,366460
峦大当药 380264
峦大桂 91429
峦大花楸 369498
峦大冷清草 142794
峦大楼梯草 142794
峦大秋海棠 **49974**
峦大雀梅藤 **342191**
峦大山花楸 369498
峦大山石栎 79064
峦大山樟 91429
峦大杉 114548
峦大石斛 125044
峦大越橘 **403976**
峦大紫珠 **66904**,66817
峦代紫珠 **66910**
峦介芹菜 269326
峦岳 158386
峦云 158456
栾 93579
栾茶 295773
栾华 217626
栾木 217626
栾泡榧 393061
栾树 **217626**,346338
栾树属 **217610**
栾犀 305100
栾樨 305100
鸾城 **304353**
鸾凤阁 **43510**
鸾凤玉 **43509**
鸾氏椰子属 327538
鸾枝 **20973**
銮豆 113039
卵白术 **44219**
卵瓣虎耳草 **349729**
卵瓣还亮草 **124043**
卵瓣雪灵芝 **31973**
卵瓣蚤缀 31973
卵苞风毛菊 **348144**
卵苞金足草 **178860**
卵苞马蓝 178860
卵苞毛兰 299625
卵苞奇寄生 **388905**
卵苞山矾 **381337**,381423
卵苞五蕊柳 **343862**
卵苞血桐 **240329**
卵苞猪屎豆 **112094**
卵北瓜 114310
卵臂形草 **58136**
卵布枯 10598
卵齿筋骨草 **13087**,13083
卵唇粉蝶兰 **302506**,302439
卵唇红门兰 169887
卵唇金石斛 **166966**
卵唇盔花兰 **169887**
卵唇山姜 **17734**
卵唇石豆兰 62965
卵唇指柱兰 **86726**,86725
卵单瓣六裂木 **194540**
卵盾叶冷水花 **299002**
卵萼变豆菜 **345970**
卵萼椴 **352527**
卵萼红景天 **329914**
卵萼花锚 184696
卵萼假鹤虱 **153553**
卵萼龙胆 **173303**
卵萼毛麝香 **7986**
卵萼仙女木 138450
卵萼羊角拗 **378375**
卵萼沼兰 **110651**
卵橄榄树 71013
卵槁 264074
卵钩喙兰 **22095**
卵果阿迈茜 **18552**
卵果柽柳桃金娘 **261019**
卵果大黄 **329358**
卵果冬青 203654
卵果佛手银杏 **175822**
卵果橄榄 **71013**
卵果海桐 **301317**,301360
卵果鹤虱 **221715**
卵果红山茶 **69426**,69513
卵果黄芪 42446
卵果黄耆 **42446**
卵果吉祥草 **327528**
卵果蓟 **321080**
卵果蓟属 **321074**
卵果苣苔 **273258**
卵果苣苔属 **273257**
卵果糠椴 **391763**
卵果蓝花参 **412778**
卵果榄仁 **386584**
卵果梨 323250
卵果梨果寄生 355297
卵果辽椴 391763
卵果林皮棕 **138536**
卵果柳叶菜 **271900**
卵果柳叶菜属 **271899**
卵果美洲槲寄生 **125684**
卵果木莲 **244462**
卵果瓶果莎 **219882**
卵果蔷薇 **336620**
卵果青杞 **367606**
卵果琼楠 **50583**
卵果屈奇茜 **218440**
卵果全缘冬青 **203916**
卵果肉豆蔻 261412
卵果山姜 **17735**
卵果柿 **132342**
卵果鼠麹草 **199642**
卵果鼠麹草属 **199641**
卵果松 **300126**
卵果苔草 **75252**
卵果鱼鳞云杉 298307
卵果猪屎豆 **112478**
卵海不枯 10598
卵花苦瓜掌 **140040**
卵花绿果 **123612**
卵花绿果属 **123611**
卵花欧石南 **149508**

卵花黍 **282200**
卵花甜茅 **177668**
卵花蝇子草 **363833**
卵黄花鸟娇花 **210842**
卵黄小檗 **52321**
卵豇豆 **409103**
卵矩圆肖水竹叶 **23651**
卵蕿 160637
卵裂黄鹌菜 **416468**
卵裂片迪克罗草 **138828**
卵裂山矾 **381339**
卵裂银莲花 **23919**
卵鳞孤独菊 **148437**
卵鳞胶草 181151
卵鳞胶菀 **181151**
卵鳞腺瓣落苞菊 **111382**
卵菱 160637
卵南美菊 306322
卵囊苔草 75178
卵盘鹤虱 **221727**,221689
卵披针形番薯 **208042**
卵苹 414653
卵榕 **165410**
卵三兰 **394952**
卵莎草 **119323**
卵山石榴 **79592**
卵双齿千屈菜 **133383**
卵双盖玄参 **129342**
卵双柱杜鹃 **134822**
卵蒜 15726
卵穗荸荠 143261
卵穗山羊草 **8695**
卵穗蛇菰 **46826**
卵穗嵩草 217274
卵穗苔草 **75648**,74406
卵穗针蔺 **143261**
卵唢呐草 **256035**
卵苔草 **75644**
卵头齿叶灰毛菊 **185357**
卵头筋骨草 **13151**
卵头菊属 271903
卵头山柳菊 **195828**
卵头瘦片菊属 **271903**
卵头苔草 **74078**
卵头永菊 **43888**
卵托叶粗柱山榄 **279804**
卵托叶天竺葵 **288530**
卵托叶腺萼木 **260643**
卵菀 **271916**
卵菀属 **271908**
卵腺萼紫葳 **250113**
卵小叶垫柳 **343821**
卵小叶辣木 **258947**
卵小叶鹿藿 **333352**
卵心叶虎耳草 **349295**,349627
卵心叶马铃苣苔 **273839**
卵新瘤子草 **264232**
卵形安歌木 **24652**
卵形安瓜 **25150**
卵形白苞菊 **203354**
卵形百合犀 **232659**
卵形苞叶兰 **58407**
卵形贝克菊 **52782**
卵形赤宝花 **390019**
卵形刺猬草 **140649**
卵形大戟 **159509**
卵形道斯芹 **136152**
卵形盾锦葵 **288797**
卵形盾叶冷水花 299002
卵形多球茜 **310276**
卵形多汁麻 **265243**
卵形法蒺藜 **162273**
卵形费内尔茜 **163414**
卵形分萼龙胆 **88968**
卵形富士山冷杉 **497**
卵形盖茜 **271948**
卵形孤独菊 **148438**
卵形管萼木 **288934**
卵形海特木 **188336**
卵形好望角拉菲豆 **325096**
卵形合丝莓 **347682**
卵形黑钩叶 **22263**
卵形虎眼万年青 **274718**
卵形黄花茅 **27995**
卵形黄花稔 **362597**
卵形黄桃木 **415126**
卵形蒺藜草 **80835**
卵形季氏卫矛 **418065**
卵形夹竹桃 389977
卵形假杜鹃 **48277**
卵形洁根菊 **11384**
卵形金腰 **90424**
卵形金叶树 **90082**
卵形柯克杂色豆 **47753**
卵形宽叶羌活 267155
卵形拉菲豆 **325129**
卵形柃木 **160518**
卵形鹿藿 **333351**
卵形伦内尔茜 **327762**
卵形罗什紫草 **335102**
卵形马比戟 **240193**
卵形马尔夹竹桃 **16003**
卵形马利埃木 **245671**
卵形马钱 **378845**
卵形麦克野牡丹 **247217**
卵形毛口萝藦 **219112**
卵形梅氏大戟 **248013**
卵形绵头菊 **222360**
卵形木蓝 **206336**
卵形牧根草 **298066**
卵形南非仙茅 **371700**
卵形南星 **33444**
卵形欧内野牡丹 **153673**
卵形皮尔逊豆 **286797**
卵形飘拂草 **166428**
卵形瓶蕊南星 **219812**
卵形青木 **44937**
卵形曲管桔梗 **365178**
卵形山地胡颓子 **142084**
卵形山柑 **334829**
卵形山核桃 77920
卵形山柳菊 **195830**
卵形神药茱萸 **247699**
卵形双唇婆婆纳 **101923**
卵形损瓣藤 **217802**
卵形塔纳葳 **383884**
卵形苔草 75116
卵形天门冬 **39131**
卵形天竺葵 **288402**
卵形田基麻 **200424**
卵形兔迹草 **141446**
卵形五桠果 **130920**
卵形喜光花 **6477**
卵形香料藤 **391890**
卵形小头紫菀 **40849**
卵形绣球防风 **227682**
卵形鸦葱 **354910**
卵形焰毛茛 **325870**
卵形叶覆草 **297523**
卵形鹦鹉刺 **319090**
卵形硬皮鸢尾 **172654**
卵形玉凤花 **183910**
卵形泽芹 **365877**
卵形锥花 **179199**
卵形紫波 **28497**
卵形紫丹 393261
卵形紫菀 40976
卵叶阿比西尼亚油芦子 **97281**
卵叶阿丁枫 18206
卵叶桉 **155680**
卵叶巴豆 112856
卵叶巴厘禾 **284117**
卵叶菝葜 **366503**
卵叶白千层 **248118**
卵叶白前 **117695**
卵叶白绒草 **227632**
卵叶白珠 172133
卵叶白珠树 **172133**
卵叶百里香 391346
卵叶半边莲 **234884**
卵叶报春 **314766**
卵叶豹皮樟 **234049**
卵叶杯冠藤 **117470**
卵叶贝母兰 **98704**
卵叶被禾 **293954**
卵叶萹蓄 **308827**
卵叶扁蕾 **174227**
卵叶变豆菜 **345994**
卵叶薄荷穗 **255429**
卵叶补血草 **230701**
卵叶布枯 10598
卵叶菜栾藤 250792
卵叶糙苏 **295218**
卵叶草海桐 179559
卵叶叉序草 **209922**
卵叶车前 302119
卵叶柽柳桃金娘 **261020**
卵叶橙菀 **320719**
卵叶重楼 **284313**
卵叶雌足芥 **389288**
卵叶刺果卫矛 **157932**
卵叶粗叶木 **222203**,346477
卵叶大黄 **329370**
卵叶带唇兰 **383156**
卵叶党参 **98385**
卵叶点地梅 **23249**
卵叶钓樟 231382
卵叶钓钟柳 **289365**
卵叶丁香蓼 **238191**
卵叶顶毛石南 **6381**
卵叶东非木槿 **194704**
卵叶兜被兰 **264778**
卵叶豆瓣绿 **290395**
卵叶毒鱼豆 **300936**
卵叶杜鹃 **330279**,331420
卵叶短尾茶 **69425**
卵叶对叶兰 **232950**
卵叶对折紫金牛 **218713**
卵叶盾叶冷水花 299002
卵叶多舌飞蓬 **150803**
卵叶耳草 **187636**
卵叶二室金虎尾 **128269**
卵叶二型花 **128543**
卵叶番泻 78436
卵叶繁缕 **375029**
卵叶费利菊 **163258**
卵叶粉苞苣 88763
卵叶粉绿藤 **279558**
卵叶粉囊寄生 **20988**
卵叶风毛菊 **348615**
卵叶弗尔夹竹桃 **167423**
卵叶福禄考 **295287**
卵叶福王草 313895
卵叶辐花 **235430**
卵叶茖葱 15558
卵叶革苞菊 **400037**
卵叶沟萼桃金娘 **68404**
卵叶古登木 179559
卵叶古登桐 **179559**
卵叶光果一枝黄花 **368491**
卵叶桂 **91421**
卵叶哈勒木 **184877**
卵叶汉珀锦葵 **185220**
卵叶核果茶 **322599**
卵叶荷包山桂花 **307925**
卵叶红点草 **223815**
卵叶红花鹿蹄草 **322837**
卵叶红蕊樟 **332273**

卵叶厚敦菊 **277099**
卵叶厚壳树 **141683**
卵叶胡椒 **300341**
卵叶胡颓子 **142139**
卵叶槲寄生 410969
卵叶虎刺 **122056**
卵叶花椒 **417293**,417290
卵叶花佩菊 **161891**
卵叶化石花 **275893**
卵叶黄精 **308626**
卵叶黄芩 **355643**
卵叶黄杨 **64334**
卵叶灰毛豆 **386210**
卵叶喙芒菊 **279258**
卵叶火烧兰 **147218**
卵叶火炭母 308971
卵叶姬旋花 250792
卵叶寄生 355297
卵叶蓟 **92281**
卵叶鲫鱼藤 **356306**
卵叶加里亚 171554,171555
卵叶夹竹桃 **389977**
卵叶荚蒾 **408016**,407696
卵叶假鹤虱 153553
卵叶假虎刺 **76943**
卵叶假花大戟 **317203**
卵叶尖齿刺榛 106784
卵叶尖槐藤 385752
卵叶箭堇 **410528**
卵叶金莲木 **268232**
卵叶金石榴 59865
卵叶金丝桃 **202062**
卵叶锦香草 **296405**
卵叶旌节花 373554
卵叶韭 15558
卵叶卷耳 **83108**
卵叶军刀豆 **240499**
卵叶卡利茄 **66536**
卵叶柯 **233330**
卵叶可可 **389408**
卵叶宽穗兔儿风 12731
卵叶栝楼 **396236**
卵叶拉拉藤 **170558**
卵叶拉美玉蕊 **155195**
卵叶蜡花木 **153331**
卵叶蜡菊 **189188**
卵叶辣木 **258946**
卵叶赖因报春 **314890**
卵叶蓝毒鱼草 **392189**
卵叶蓝花楹 **211241**
卵叶雷公藤 34348
卵叶梨果寄生 **355297**
卵叶立金花 **218913**
卵叶连翘 **167452**
卵叶链荚豆 **18273**
卵叶两性蓼树 **182600**
卵叶鳞花草 **225178**
卵叶鳞球花 225178
卵叶柃 **160573**
卵叶柳 **343820**
卵叶柳穿鱼 **230976**
卵叶龙血树 **137464**
卵叶露珠草 **91505**
卵叶鹿蹄草 322815
卵叶轮草 **186853**,170558
卵叶轮草属 **186852**
卵叶落冠毛泽兰 **123355**
卵叶马岛翼蓼 **278445**
卵叶马兜铃 **34288**,34348
卵叶马利筋 **38045**
卵叶马先蒿 287497
卵叶马醉木 239391
卵叶脉刺草 **265689**
卵叶蔓胡颓子 **142001**
卵叶芒刺果 **1753**
卵叶猫乳 **328565**
卵叶毛茛 325832
卵叶毛蕊花 **405744**
卵叶毛麝香 **7990**
卵叶帽花木 **256136**
卵叶没药 **101494**
卵叶梅蓝 **248868**
卵叶美登木 **246899**
卵叶美蟹甲 **34806**
卵叶美洲茶 **79957**
卵叶美洲单毛野牡丹 **257682**
卵叶美洲盖裂桂 **256676**
卵叶美洲野牡丹 **180057**
卵叶蒙塔菊 **258207**
卵叶米尔豆 **255783**
卵叶魔星兰 **163534**
卵叶牡丹 **280269**
卵叶木薄荷 315605
卵叶木莲 244461
卵叶纳塔尔锥口茜 **102774**
卵叶南非桑寄生 **360558**
卵叶南亚槲寄生 **175797**
卵叶南烛 239391
卵叶尼克木 **263029**
卵叶拟亚卡萝藦 **307032**
卵叶扭柄花 **377931**
卵叶女娄菜 **248393**
卵叶女贞 **229569**
卵叶诺罗木犀 **266717**
卵叶欧石南 **149813**
卵叶炮仗竹 **341023**
卵叶泡果荠 **196297**
卵叶蓬莱葛 **171459**
卵叶平卧轴藜 **45857**
卵叶坡梯草 **290192**
卵叶破布木 **104225**
卵叶茜草 **338003**
卵叶羌活 **267155**
卵叶茄 **367476**
卵叶秦椒 **417306**
卵叶青木 **44936**
卵叶丘蕊茜 **182968**
卵叶秋海棠 **50126**
卵叶球兰 **198881**
卵叶曲蕊姜 **70522**
卵叶泉茱萸 **298086**
卵叶热美萝藦 **385098**
卵叶忍冬 **235871**
卵叶榕 **165412**
卵叶柔毛绣球 200134
卵叶柔软紫菀 **40443**
卵叶肉果荨麻 **402298**
卵叶乳木 **169684**
卵叶三被藤 **396539**
卵叶三萼木 **395308**
卵叶三脉紫菀 **39930**,39974
卵叶山白菊 **39974**
卵叶山葱 **15558**
卵叶山靛 **250613**
卵叶山矾 **381335**,381272
卵叶山柑 **71820**
卵叶山胡椒 **231382**
卵叶山金车 **34755**
卵叶山柳菊 **195915**
卵叶山罗花 **248204**
卵叶山香圆 **400536**
卵叶山杨 **311284**
卵叶山油柑 **6250**
卵叶烧麻 402298
卵叶芍药 280241
卵叶石笔木 322599
卵叶石豆兰 **62965**
卵叶石栎 233330
卵叶石楠 295775
卵叶史蒂茜 **376398**
卵叶手玄参 **244837**
卵叶鼠耳芥 **30155**
卵叶鼠李 **328626**
卵叶鼠尾草 345365
卵叶双毛藤 **134528**
卵叶双瓶梅 23718
卵叶双凸菊 **334501**
卵叶水丁香 238191
卵叶水麻 **123328**,123337
卵叶水芹 **269329**
卵叶蒴莲 **7287**
卵叶丝穗木 **171554**
卵叶四翼木 **387613**
卵叶溲疏 **126974**
卵叶酸脚杆 **247601**
卵叶穗花 **317932**
卵叶唐棣 19288
卵叶藤诃子 **100679**
卵叶天芥菜 **160325**
卵叶天料木 **197711**
卵叶天门冬 38938
卵叶天芹菜 **190687**
卵叶甜菊 376410
卵叶甜叶菊 **376410**
卵叶铁苋菜 **1907**
卵叶铁线莲 **95194**
卵叶同花木 **245285**
卵叶土茯苓 194120
卵叶土密树 **60202**
卵叶兔儿风 12731
卵叶橐吾 229166
卵叶娃儿藤 400945
卵叶瓦莲 **337307**
卵叶弯曲碎米荠 **72770**
卵叶网籽草 **129692**
卵叶威尔逊旋花 **414437**
卵叶微孔草 **254358**
卵叶卫矛 157932
卵叶无梗接骨木 **345685**
卵叶无柱兰 **19514**
卵叶西巴茜 **365110**
卵叶西印度茜 **179547**
卵叶锡生藤 **92553**
卵叶腺叶莓 **107209**
卵叶香草 **239768**
卵叶香叶树 231444
卵叶香芸木 **10680**
卵叶小花木槿 **195013**
卵叶小叶杨 **311500**
卵叶新木姜子 **264077**
卵叶绣线菊 **371977**
卵叶须弥芥 **113155**
卵叶须药草 **22406**
卵叶旋覆花 **207154**
卵叶雪山报春 **314335**
卵叶鸭舌癀舅 **370817**
卵叶鸭跖草 100940
卵叶雅坎木 **211376**
卵叶雅克旋花 **211358**
卵叶岩荠 **98023**
卵叶盐藻 184979
卵叶羊蹄甲 **49190**
卵叶野丁香 **226110**
卵叶野豇豆 **409119**
卵叶野荞麦 **152346**
卵叶野山药 **131603**
卵叶异檐花 **397755**
卵叶异药莓 **131090**
卵叶异籽菊 **194141**
卵叶阴山荠 **416345**
卵叶茵芋 **365940**
卵叶银桦 **180620**
卵叶银莲花 **23718**,23948
卵叶银叶花 **32736**
卵叶蝇子草 **363860**
卵叶硬毛南芥 **30301**
卵叶硬皮鸢尾 **172653**
卵叶油点草 **396596**

卵叶莸 78012
卵叶玉盘柯 **233410**
卵叶玉簪 198600
卵叶远志 308123,308359
卵叶月菊 **292135**
卵叶越橘 403932,403944
卵叶蚤缀 32212
卵叶泽兰 **158292**
卵叶獐牙菜 **380411**,380376
卵叶樟 91421
卵叶针柱茱萸 **329137**
卵叶栀子 **171339**
卵叶蜘蛛抱蛋 **39580**
卵叶蜘蛛兰 254196
卵叶猪屎豆 **112487**
卵叶紫檀 **320341**
卵叶紫菀 **40976**,39974
卵叶紫玉簪 198652
卵叶醉蝶花 **95747**
卵鹰花寄生 **9744**
卵颖以礼草 **215907**
卵圆长春花 **79414**
卵圆唇柱苣苔草 **87956**
卵圆对叶兰 232950
卵圆盖裂木 **383251**
卵圆嘉兰 177251
卵圆香草 347607
卵圆叶风毛菊 348614
卵圆叶黑桦 53400
卵圆叶猕猴桃 **6636**
卵圆叶小花溲疏 **127038**
卵皱波卡柿 **155932**
卵状红蕾花 **416971**
卵状卷耳 **82705**
卵状飘拂草 166428
卵状蕊叶藤 **376562**
卵状水鬼蕉 **200947**
卵状小叶垫柳 343821
卵状勋章花 **172310**
卵状延龄草 **397585**
卵状紫菀花苣苔 41554
卵锥属 **271919**
卵子草 291189,407109
卵紫玉盘 **403551**
卵足刺头菊 **108354**
乱波 **162912**
乱草 **147746**,147995
乱吹雪 **94555**
乱刺仙人球 140616
乱萼柿 **132208**
乱根草 94748
乱花茜 **26087**
乱花茜属 **26085**
乱碱蓬 **379508**
乱角莲 295545
乱脚莲 295545
乱毛颖草 **5962**
乱毛颖草属 **5961**
乱桃 177822
乱头发 3921,4062
乱尾凤 158118
乱雪 10852
乱银丝 156041
乱云球 **249599**
乱子草 **259671**
乱子草属 **259630**
掠头柴 240711
略半聚果 **138878**
略糙石豆兰 **63069**
略糙黍 **282201**
略叉开美洲茶 **79925**
略粗糙灯心草 **213433**
略粗糙凤仙花 205303
略粗糙海神木 **315952**
略粗糙拉拉藤 **170613**
略粗糙欧石南 **150020**
略粗糙绳草 **328160**
略粗糙省藤 **65785**
略粗糙菟丝子 **115134**
略粗秋海棠 **50277**
略杜盖木 138878
略分枝气花兰 **9248**
略毛薯蓣 **131858**
略芩草 217361
略柔软刺头菊 **108379**
略石 393657
略皱红千层 **67292**
略皱苎麻 **56305**
伦阿蕉 260206
伦德巴豆 **112951**
伦德茨百簕花 **55365**
伦德茨露子花 **123908**
伦德茨木蓝 **206163**
伦德茨远志 **308152**
伦德尔吊灯花 **84223**
伦德尔看麦娘 **17564**
伦德尔肖水竹叶 **23603**
伦德尔鸭嘴花 **214760**
伦德蕾丽兰 **219686**
伦德紫葳 **238391**
伦德紫葳属 **238387**
伦迪斑鸠菊 **406542**
伦迪蟛蜞菊 **413535**
伦迪山马茶 **292145**
伦敦鬼针草 **53845**
伦敦虎耳草 **349044**
伦格金叶树 **90069**
伦格藤 **327754**
伦格藤属 **327753**
伦圭鹅绒藤 **117673**
伦圭黑草 **61856**
伦圭双距兰 **133924**
伦圭天竺葵 **288497**
伦圭西澳兰 **118261**
伦圭旋覆花 **207217**
伦圭羊耳蒜 **232314**
伦杰尔乌头 **5354**
伦兰 **327777**
伦兰属 **327776**
伦蜜珊瑚 177947
伦内大戟 **159707**
伦内豆属 224457
伦内尔兰 **327407**
伦内尔兰属 **327405**
伦内尔茜属 **327759**
伦内凤梨属 **336113**
伦内格尼瑞香 **178688**
伦纳德·麦瑟尔洛氏玉兰 241957
伦纳德·麦瑟尔劳尔本木兰 **241957**
伦纳河二乔玉兰 242304
伦娜倒挂金钟 **168759**
伦琴紫葳 **335658**
伦琴紫葳属 **335657**
伦施木 **327769**
伦施木属 **327768**
伦施茄 **367672**
伦施莎草 **119482**
伦施蚤草 **321596**
伦索叉序草 **209930**
伦索脚骨脆 **78147**
伦索类沟酸浆 **255171**
伦索里茄 **367572**
伦索罗凤仙花 **205298**
伦索罗苔草 **76092**
伦索前胡 **293000**
伦索悬钩子 **339223**
伦特法蒺藜 **162261**
伦特芦荟 **16993**
伦特夜香牛 **406232**
伦岩荠 **98008**
伦羊茅 **164049**
伦兹吊灯花 **84224**
伦兹双距兰 **133915**
伦兹玉凤花 **184020**
轮苞血桐 **240229**
轮刺棕属 418297
轮萼粗叶木 **222302**
轮耳蟹甲草 283801
轮锋菊 350099
轮蜂菊 350099
轮冠木 **337652**
轮冠木属 **337651**
轮冠属 413671
轮果大风子属 **77607**
轮果石南 **399423**
轮果石南属 **399422**
轮花草 **399416**
轮花草属 **399415**
轮花筋骨草 13133
轮花木蓝 **206624**
轮花茄属 **27927**
轮花忍冬 **235713**
轮花香草 **239868**
轮花玄参 **355213**
轮环青冈 **116054**
轮环藤 **116032**
轮环藤属 **116008**
轮环娃儿藤 **400879**
轮蓟 91864,92132,92145
轮茎欧石南 **150229**
轮菊 **138735**
轮菊属 **138734**
轮盘豆属 116567
轮蕊花 **129198**
轮蕊花科 **129202**
轮蕊花属 **129201**
轮蕊木 **183038**
轮蕊木属 **183037**
轮伞五加 **143698**
轮伞五叶参 289671
轮伞蝇子草 **363640**
轮伞羽叶参 **289671**
轮射芹属 **6938**
轮生安吉草 **24559**
轮生安龙花 **139505**
轮生奥佐漆 **279338**
轮生巴尔果 **46924**
轮生巴西木 **192065**
轮生白粉藤 **93028**
轮生贝母 168614
轮生薄荷 **250465**
轮生薄荷穗 **255433**
轮生布克木 57996
轮生刺头菊 **108441**
轮生粗柱山榄 **279809**
轮生戴克茜 **123524**
轮生单蕊龙胆 **145669**
轮生吊灯花 **84301**
轮生冬青 **204376**
轮生多蕊石蒜 **175356**
轮生丰花草 **57380**
轮生凤仙花 **205431**
轮生葛缕子 **77850**
轮生狗肝菜 **129335**
轮生狗尾草 361930
轮生海绿 **21433**
轮生禾叶玄参 **306191**
轮生红柱树 **78678**
轮生虎尾草 **88417**
轮生黄藤 **121529**
轮生藿香 **10413**
轮生基利普野牡丹 **216386**
轮生夹竹桃 **108717**
轮生夹竹桃属 **108716**
轮生假迷迭香 **102805**
轮生剪股颖 **12410**

轮生豇豆 **409112**
轮生科克密穗木 **217661**
轮生克鲁茜 **113170**
轮生库尔特龙胆 **114914**
轮生离药草 **375320**
轮生立方花 **115778**
轮生立金花 **218961**
轮生连萼粟草 **98480**
轮生良钟苣苔 **156006**
轮生马先蒿 287802
轮生毛柱帚鼠麹 **395895**
轮生蒙氏藤黄 **258327**
轮生密穗花 **322161**
轮生牡荆 **411485**
轮生木麻黄 **79192**
轮生囊兰 **37801**
轮生牛膝 **4343**
轮生努西木 **267402**
轮生诺罗木犀 **266725**
轮生欧石南 **150103**
轮生排草香 **25396**
轮生奇舌萝藦 **255760**
轮生枪刀药 **202641**
轮生热带龙胆 145669
轮生热非茜 **384356**
轮生萨比斯茜 **341690**
轮生塞内大戟 **360381**
轮生山香 **203069**
轮生鼠尾草 **345471**
轮生鼠尾粟 **372878**
轮生双饰萝藦 **134986**
轮生水苋菜 **19639**
轮生斯塔树 **372992**
轮生天冬 39251
轮生天门冬 **39251**
轮生相思 1686
轮生相思树 **1686**
轮生小博龙香木 **57256**
轮生小檗 **52310**
轮生小含笑 **252986**
轮生小花茜 **286030**
轮生星蕊大戟 **6924**
轮生叶班克木 **47673**
轮生叶贝克斯 47673
轮生叶金合欢 1686
轮生叶欧石南 **150230**,150131
轮生叶水猪母乳 337368
轮生叶野决明 **389527**
轮生叶野决明黄华 389527
轮生叶越橘 **404044**,404036
轮生银齿树 **227410**
轮生远志 **308437**
轮生针叶芹 **4750**
轮生珍珠菜 **239891**
轮生珍珠茅 **354274**
轮生指蕊大戟 **121449**
轮生猪毛菜 **344771**
轮生猪殃殃 **170742**
轮生仔熟茜 370857
轮台鸦葱 **354892**
轮菀 268682
轮菀属 **268681**
轮纹秋海棠 **49622**
轮叶八宝 **200816**
轮叶白前 **117735**
轮叶百合 229834,229934
轮叶柏蕾荠 373643
轮叶贝母 **168467**,168614
轮叶鼻花 **329573**
轮叶布克木 **57996**
轮叶长筒花 4076
轮叶橙香木 232483
轮叶赤楠 382499
轮叶大托菊 **292067**
轮叶党参 98343
轮叶敌克冬 **123527**
轮叶番薯 **208288**
轮叶风铃 **276796**
轮叶风铃属 **276795**
轮叶沟子荠 **383999**
轮叶过路黄 **239700**
轮叶黑藻 200190
轮叶狐尾草 261379
轮叶狐尾藻 261379
轮叶虎耳草 **350027**,349431
轮叶黄精 **308659**,308523
轮叶棘豆 278780
轮叶戟 **222385**
轮叶戟属 **222383**
轮叶剪春罗 **364067**
轮叶椒草 **290459**
轮叶节节菜 **337368**
轮叶金鸡菊 **104616**
轮叶堇菜 **409913**
轮叶景天 **356617**,200816
轮叶菊属 **161168**
轮叶卷耳 **83077**
轮叶科 328282
轮叶可拉木 **99277**
轮叶铃子香 **86837**
轮叶龙胆 173514
轮叶龙胆属 **167867**
轮叶绿绒蒿 **247142**
轮叶罗勒 **268667**
轮叶马利筋 **38160**
轮叶马先蒿 **287802**
轮叶芒毛苣苔 **9421**
轮叶毛茛 209844
轮叶木姜子 **234098**
轮叶木科 328282
轮叶木属 328280
轮叶诺罗木犀 **266726**
轮叶排草 239700
轮叶婆婆纳 317966,407485
轮叶蒲桃 **382548**
轮叶荛花 **414261**
轮叶忍冬 235713
轮叶软骨草 **219786**
轮叶三棱栎 **397329**
轮叶沙参 **7850**
轮叶山景天 356617
轮叶石龙尾 230307
轮叶石南 150230
轮叶瘦片菊属 **11176**
轮叶属 328280
轮叶蜀葵 243862
轮叶水草 200190
轮叶水蜡烛 139585
轮叶粟米草 256727
轮叶穗花 **317966**
轮叶王孙 284387,284406
轮叶委陵菜 **313098**
轮叶卫矛 **157915**
轮叶无隔荠 **373643**
轮叶无心菜 **31920**
轮叶五加 143698
轮叶香茶菜 209844
轮叶向日葵 **189078**
轮叶蟹甲草 **283801**
轮叶修泽兰 **376424**
轮叶修泽兰属 **376422**
轮叶绣球 200038
轮叶玄参 **355266**
轮叶泽兰 158200
轮叶獐牙菜 **380401**
轮叶珍珠茅 **354242**
轮叶紫金牛 **31547**,31571
轮莠 361930
轮羽椰属 14862
轮枝红千层 67302
轮钟草属 116253
轮钟花 116258
轮钟花属 116253
轮钟桔梗 **399429**
轮钟桔梗属 **399428**
轮状糙苏 220336
轮状葱 **15866**
轮状葛缕子 **77851**
轮状狗尾草 361930
轮状囊果草 **297971**
轮状山薄荷 **321963**
轮状山萝卜 **350230**
轮状斯来草 **366032**
蒿 45448,60777
棆 231334
罗 323116
罗安达澳非萝藦 **326761**
罗安达斑鸠菊 **406527**
罗安达翅子藤 **235216**
罗安达大戟 **159257**
罗安达大沙叶 **286328**
罗安达单列木 **257953**
罗安达海神菜 **265484**
罗安达木槿 **194972**
罗安达青葙 **80430**
罗安达鸭跖草 **101119**
罗安达叶下珠 **296642**
罗安达异荣耀木 **134661**
罗安达猪屎豆 **112345**
罗昂一枝黄花 **368366**
罗巴尔白鼓钉 **307700**
罗贝多荚草 **307751**
罗贝克斑鸠菊 **406752**
罗贝克赪桐 **96303**
罗贝克大戟 **159731**
罗贝克钩刺苋 **321815**
罗贝克金合欢 **1534**
罗贝克巨茴香芥 **162847**
罗贝克龙爪茅 **121307**
罗贝克麻疯树 **212211**
罗贝克脉刺草 **265693**
罗贝克毛头苋 **122975**
罗贝克苹果蒺藜 **249624**
罗贝克茄 **367563**
罗比梅 **166776**
罗比亲王海枣 295475,295484
罗比驼峰楝 **181575**
罗宾菠萝球 **107061**
罗宾大花唐棣 **19262**
罗宾豆 **335062**
罗宾豆属 **335061**
罗宾卷舌菊 **380979**
罗宾美洲茶 79953
罗宾茜 **335056**
罗宾茜属 **335053**
罗宾斯百蕊草 **389852**
罗宾斯扁棒兰 **302785**
罗宾斯吊灯花 **83986**
罗宾斯多肋菊 **304456**
罗宾斯番薯 **208148**
罗宾斯风车子 **100755**
罗宾斯格尼瑞香 **178691**
罗宾斯黑草 **61854**
罗宾斯红苏木 **46574**
罗宾斯茴芹 **299519**
罗宾斯吉尔苏木 **175652**
罗宾斯决明 **78471**
罗宾斯蜡菊 **189599**
罗宾斯蓼 **309699**
罗宾斯落萼旋花 **68364**
罗宾斯牡荆 **411429**
罗宾斯拟三角车 **18000**
罗宾斯欧石南 **149995**
罗宾斯琼楠 **50600**
罗宾斯山黄菊 **25548**
罗宾斯黍 **282176**
罗宾斯树葡萄 **120200**
罗宾斯瓦帕大戟 **401276**

罗宾斯委陵菜 **312940**
罗宾斯伍德马醉木 **298743**
罗宾斯肖蝴蝶草 **110684**
罗宾斯旋覆花 **207211**
罗宾斯鸭跖草 **101138**
罗宾斯一点红 **144964**
罗宾斯忧花 **241696**
罗宾逊林荫银莲花 **23927**
罗宾逊蝇子草 **364021**
罗宾中美菊 **416912**
罗伯茨番薯 **208147**
罗伯茨金合欢 **1533**
罗伯格挪威槭 **3436**
罗伯利槭 **3107**
罗伯茜 **334923**
罗伯茜属 **334922**
罗伯生脐橙 **93781**
罗伯特·查普曼帚石南 67496
罗伯特·米切尔苏格兰欧石南 **149235**
罗伯特豪曼草 **186209**
罗伯特金丝桃 **201871**
罗伯特老鹳草 174877
罗伯特老鸦嘴 **390865**
罗伯特蓼 **309697**
罗伯特洛梅续断 **235492**
罗伯特猫儿菊 **202440**
罗伯特千屈菜 **240071**
罗伯特西班牙石南 149047
罗伯特先生南欧石南 **149047**
罗伯特紫松果菊 **140085**
罗伯逊钩枝藤 **22065**
罗伯逊肋瓣花 **13853**
罗伯逊疤茜 **319984**
罗伯逊山楂 **110001**
罗伯逊树葡萄 **120199**
罗伯逊唐菖蒲 **176504**
罗伯逊枣 **418205**
罗勃氏花菱草 **155182**
罗布番薯 **208146**
罗布尖花茜 **278243**
罗布蜡菊 **189712**
罗布麻翅子藤 **235209**
罗布麻属 **29465**
罗布森百脉根 **237742**
罗布森藤黄 **171181**
罗布森新窄药花 **264564**
罗布森远志 **308309**
罗布小檗 **51870**
罗布玉凤花 **184034**
罗蔡白蓬草 388645
罗彻斯特的荣耀溲疏 127075
罗城鹅耳枥 **77340**
罗城葡萄 **411787**
罗城槭 2887
罗城秋海棠 **50039**
罗城石楠 **295727**
罗达纳菊 **335817**
罗达纳菊属 335815
罗丹梅属 166761
罗丹滕 65782
罗旦梅 166777
罗岛时钟花 **246296**
罗岛时钟花属 **246295**
罗得西亚阿冯苋 **45782**
罗得西亚矮小吊兰 **88615**
罗得西亚奥佐漆 **279297**
罗得西亚百金花 **81498**
罗得西亚半边莲 **234849**
罗得西亚布瑟苏木 **64123**
罗得西亚刺痒藤 **394201**
罗得西亚大戟 **158677**
罗得西亚单裂萼玄参 **187057**
罗得西亚毒鼠子 **128793**
罗得西亚毒鱼草 **392212**
罗得西亚盾舌萝藦 **39640**
罗得西亚恩氏草 **145562**
罗得西亚二毛药 **128461**
罗得西亚福克萝藦 **167134**
罗得西亚革花萝藦 **365670**
罗得西亚古尼桔梗 **181938**
罗得西亚管唇姜 **365267**
罗得西亚黑头木蓝 **205695**
罗得西亚虎尾兰 **346137**
罗得西亚黄眼草 **416139**
罗得西亚灰毛豆 **386284**
罗得西亚回欢草 **21132**
罗得西亚鸡头薯 **153028**
罗得西亚假杜鹃 **48324**
罗得西亚姜味草 **253676**
罗得西亚卷须树葡萄 **120035**
罗得西亚楝 **216211**
罗得西亚裂籽茜 **103876**
罗得西亚流苏舌草 **108706**
罗得西亚琉璃繁缕 **21420**
罗得西亚芦荟 **17227**
罗得西亚马齿苋 **311927**
罗得西亚美冠兰 **156968**
罗得西亚拟莞 **352256**
罗得西亚牛角草 **273143**
罗得西亚扭果花 **377807**
罗得西亚飘拂草 **166460**
罗得西亚前胡 **292994**
罗得西亚茄 **367559**
罗得西亚青锁龙 **109321**
罗得西亚热非茜 **384348**
罗得西亚树葡萄 **120195**
罗得西亚水蓑衣 **200650**
罗得西亚斯达无患子 **373599**
罗得西亚酸模 **340226**
罗得西亚索林漆 **369799**
罗得西亚苔草 **76023**
罗得西亚桃花心木 216211
罗得西亚田皂角 **9625**
罗得西亚桐棉 **389935**
罗得西亚鸵鸟木 **378607**
罗得西亚乌口树 **385050**
罗得西亚五层龙 **342718**
罗得西亚香芸灌 **388858**
罗得西亚香脂树 **103716**
罗得西亚小黄管 **356141**
罗得西亚鸭跖草 **101137**
罗得西亚鸭嘴花 **214745**
罗得西亚盐肤木 **332545**
罗得西亚翼茎菊 **172471**
罗得西亚柚木 46573
罗得西亚玉凤花 **184105**
罗得西亚枣 **418191**
罗得西亚止泻萝藦 **416249**
罗得西亚猪屎豆 **112617**
罗得西亚砖子苗 **245525**
罗得西亚紫瓣花 **400089**
罗得西亚紫檀 320278
罗德里因加豆 **206945**
罗迪毒樟 **88430**
罗迪拉草 329930
罗迪绿心樟 88430
罗甸苍术 **44212**
罗甸地皮消 **283762**
罗甸风筝果 **196837**
罗甸沟瓣 177989
罗甸沟瓣木 **177989**
罗甸黄芩 **355579**
罗甸假糙苏 **283618**
罗甸秋海棠 **50181**
罗甸榕 **164964**
罗甸小蜡 **229625**
罗甸蜘蛛抱蛋 **39556**
罗定野桐 **243385**
罗顿豆 **237244**
罗顿豆木蓝 **206201**
罗顿豆属 **237219**
罗顿南非针叶豆 **223573**
罗多椰子属 235151
罗恩杜鹃 **331145**
罗恩欧洲山毛榉 **162419**
罗恩山苔草 **76048**
罗尔德弗草 **127150**
罗尔夫多穗兰 **310579**
罗尔夫卷瓣兰 63047
罗尔夫美冠兰 **156973**
罗尔夫肉锥花 **102439**
罗尔夫西澳兰 **118259**
罗尔高粱 **369697**
罗尔胡椒 **300499**
罗尔乐母丽 **336028**
罗泛豆 408393
罗非亚椰子 **326639**
罗非亚椰子属 326638
罗夫里格春石南 **149159**
罗服 326616
罗浮 167503,167506
罗浮粗叶木 **222133**
罗浮冬青 203987,204357
罗浮刚竹 297336
罗浮金锦香 276098
罗浮栲 **78932**
罗浮买麻藤 **178546**
罗浮飘拂草 **166326**
罗浮苹婆 **376192**
罗浮槭 **2951**,3627
罗浮山柳 96496
罗浮山石兰 125257
罗浮山悬钩子 **338762**
罗浮柿 **132309**
罗浮梭罗 **327365**
罗浮腺萼木 **260609**
罗浮锥 78932
罗浮紫珠 **66881**
罗盖叶 407930
罗甘莓 **338761**
罗高石竹 **127812**
罗格多蕊石蒜 **175349**
罗格青锁龙 **109327**
罗格斯银桦 **180643**
罗格鸢尾属 **335750**
罗庚果 166786,166788
罗庚果属 166761
罗庚梅 166788
罗古 61267
罗谷葱 354813
罗拐木 16326,16400
罗锅底 **191943**,191903,263568,390190,417081
罗汉柏 **390680**
罗汉柏属 **390673**
罗汉表 365332
罗汉菜 373439
罗汉草 12724,87485,344947
罗汉茶 322801
罗汉柴 306493
罗汉橙 93515
罗汉豆 408393
罗汉柑 93495
罗汉果 **365332**,171136
罗汉果属 **365325**
罗汉柯 233300
罗汉三七 280793
罗汉伞 193899
罗汉伞属 193897
罗汉杉 306457
罗汉参 29304
罗汉氏火焰兰 **327695**
罗汉松 **306457**,298358
罗汉松科 **306345**
罗汉松属 **306395**
罗汉松叶海桐 **301312**
罗汉松叶石楠 **295753**

罗汉松叶乌饭 **403966**
罗汉香 91482
罗汉竹 87622,297203
罗汉竹茹 297373
罗河石斛 **125235**
罗晃子 376144,383407
罗晃子属 383404
罗吉茜 **335755**
罗吉茜属 **335753**
罗加草 **335803**
罗加草属 **335802**
罗胶草 384606
罗杰麻 **335744**
罗杰麻属 **335742**
罗杰森龙胆 **335748**
罗杰森龙胆属 **335747**
罗杰氏棕榈 222634
罗杰斯矮灌茜 **322437**
罗杰斯安龙花 **139490**
罗杰斯百蕊草 **389853**
罗杰斯贝克菊 **52804**
罗杰斯扁担杆 **180943**
罗杰斯刺橘 **405542**
罗杰斯刺蕊草 **307000**
罗杰斯刺蒴麻 **399354**
罗杰斯刺痒藤 **394202**
罗杰斯戴星草 **371011**
罗杰斯多肋菊 **304457**
罗杰斯菲利木 **296305**
罗杰斯费利菊 **163272**
罗杰斯狗肝菜 **129313**
罗杰斯虎眼万年青 **274758**
罗杰斯画眉草 **147944**
罗杰斯灰毛菊 **31276**
罗杰斯火棘 **322480**
罗杰斯鸡头薯 **153036**
罗杰斯假杜鹃 **48330**
罗杰斯锦葵 **286680**
罗杰斯老鸦嘴 **390866**
罗杰斯勒珀蒺藜 **335682**
罗杰斯肋瓣花 **13854**
罗杰斯棱果桔梗 **315306**
罗杰斯立金花 **218896**
罗杰斯鳞花草 **225214**
罗杰斯露子花 **123960**
罗杰斯鹿藿 **333388**
罗杰斯密头帚鼠麹 **252469**
罗杰斯拟莞 **352174**
罗杰斯牛角草 **273187**
罗杰斯平菊木 **351236**
罗杰斯苹婆 **376177**
罗杰斯破布木 **104239**
罗杰斯青锁龙 **109326**
罗杰斯栓果菊 **222985**
罗杰斯天门冬 **39176**
罗杰斯田菁 **361447**
罗杰斯铁苋菜 **1967**
罗杰斯驼曲草 **119889**
罗杰斯沃森花 **413396**
罗杰斯仙花 **395825**
罗杰斯小法道格茜 **162026**
罗杰斯绣球菊 **106851**
罗杰斯鸭跖草 **101139**
罗杰斯盐肤木 **332820**
罗杰斯异耳爵床 **25712**
罗杰斯猪屎豆 **112624**
罗杰糖槭 **3574**
罗金大戟属 **335132**
罗金堆 281031
罗景天属 **335070**
罗卡特斗篷草 **14131**
罗壳木 249472
罗克斯伯福木 **142452**
罗克斯伯勒虎尾草 **88402**
罗克斯伯十大功劳 **242632**
罗克羊耳蒜 **232310**
罗蒯氏柃木 160535
罗葵氏柃 160535
罗兰扁担杆 **180722**
罗兰翅子藤 **235226**
罗兰大戟 **159738**
罗兰独脚金 **377984**
罗兰碱蓬 **379596**
罗兰桔梗 **335824**
罗兰桔梗属 **335822**
罗兰拟三角车 **18001**
罗兰蒲桃 **382656**
罗兰参 7833
罗兰酸藤子 **144798**
罗蓝紫 382221
罗蓝紫丁香 **382221**
罗浪果 28996
罗勒 **268438**
罗勒丰花草 **57347**
罗勒狗肝菜 **129301**
罗勒管蕊花 367904
罗勒哈利木 **184799**
罗勒海蔷薇 184799
罗勒荆芥叶草 **224602**
罗勒美国薄荷 **257160**
罗勒鞘蕊 **367904**
罗勒蛇目菊 **346303**
罗勒石碱花 346433
罗勒属 **268418**
罗勒叶金钮扣 **371664**
罗簕 268438
罗簕属 268418
罗蘿草 89207
罗里天人菊 **169604**
罗林果属 335825
罗林木属 335825
罗林森脂麻掌 **171741**
罗林属 335825
罗林斯芥 **335841**
罗林斯芥属 **335840**
罗罗葱 354813
罗罗格小檗 51871
罗罗菊 68833
罗罗李 189951
罗罗香 274237
罗洛露兜树 **281120**
罗马毒马草 **362864**
罗马尔屈曲花 **203192**
罗马风信子 **50770**
罗马风信子属 **50736**
罗马蒿 36088
罗马红门兰 **273613**
罗马指暮米辣 85526
罗马苜蓿 247291
罗马尼亚山毛榉 162400
罗马尼亚獐耳细辛 **192147**
罗马拟蕉草 **353177**
罗马诺大戟 **335849**
罗马诺大戟属 **335847**
罗马提亚 235406
罗马甜瓜 **114199**
罗马兄弟草 **21291**
罗马掌根兰 **121414**
罗马之宴山茶 **69184**
罗曼芥属 **335852**
罗芒树 31423
罗梅罗奥多豆 **268875**
罗梅紫葳 **335866**
罗梅紫葳属 **335865**
罗蒙常山 **129050**
罗蒙树 171155
罗米异荣耀木 **134706**
罗密欧雪白山梅花 **294583**
罗莫毒马草 **362866**
罗默金合欢 **1538**
罗姆草属 **335773**
罗姆诺曼茜 **266682**
罗木来 91381
罗木束 91381
罗纳德·格雷马凯石南 **149711**
罗纳德齿舌叶 **377364**
罗纳菊 **235504**
罗纳菊属 **235503**
罗纳兰属 **336090**
罗帕火炬花 **217029**
罗平凤仙花 **205236**
罗平蓟 92066
罗平山凤仙 205244
罗平山凤仙花 **205244**
罗平山黄堇 **106111**
罗齐阿属 335070
罗奇科紫花醉鱼草 **62055**
罗钱树 83785
罗切斯溲疏 **127075**
罗圈杨 311208
罗裙带 111167,111171
罗裙子 351018
罗容决明 **78472**
罗瑞草 89207
罗萨山柑 **71838**
罗塞尔·普里查德老鹳草 **174443**
罗塞猪毛菜 **344687**
罗伞 59207
罗伞草 54548,54555
罗伞属 **59187**
罗伞树 **31578**
罗桑氏紫珠 66748
罗森巴氏葱 **15665**
罗森斑鸠菊 **406759**
罗森谷精草 **151458**
罗森绵枣儿 **353051**
罗森木属 **327131**
罗森鸢尾 **208792**
罗森猪屎豆 **112626**
罗沙锦 **176701**
罗纱锦 **389228**
罗纱锦属 **22017**
罗莎利春石南 **149168**
罗莎琳德扶桑 **195168**
罗莎琳德美丽溲疏 **126923**
罗莎琳德木槿 **195289**
罗舍冰草 **11861**
罗舍椰属 337059
罗社山薯 131761
罗什紫草属 **335099**
罗氏白刺 266365
罗氏百脉根 **237743**
罗氏贝母 **168555**
罗氏荸荠 **143329**
罗氏菠萝球 **107062**
罗氏草 **337872**,244626,337555
罗氏草属 **337871**,337544
罗氏粗子芹 393949
罗氏大戟 **159730**
罗氏杜鹃 331123
罗氏锋芒草 **394396**
罗氏凤仙花 **205291**
罗氏合瓣花 **381847**
罗氏槲果 **46793**
罗氏蝴蝶兰 293597
罗氏虎尾兰 **346140**
罗氏黄蓉花 **121933**
罗氏火鹤花 **28120**
罗氏火棘 322480
罗氏嘉兰 177244
罗氏角果木 **83944**
罗氏金雀花 **120998**
罗氏金鱼藤 **37553**
罗氏锦葵属 **335020**
罗氏决明 **78475**
罗氏卡洛基兰 **67543**
罗氏卡特兰 79560

罗氏看麦娘 **17565**
罗氏老鹳草 174877
罗氏亮丝草 **11359**
罗氏瘤瓣兰 224352
罗氏龙胆 **173825**
罗氏轮叶黑藻 **200192**
罗氏麻 **335856**
罗氏麻属 **335855**
罗氏马先蒿 **287640**
罗氏没药 101591
罗氏美丽魔杖花 **370008**
罗氏米尔顿兰 **254936**
罗氏密花豆 **370419**
罗氏蒲公英 **384779**
罗氏千里光 **359904**
罗氏秋海棠 **50248**
罗氏三叶地锦 **285147**
罗氏色罗山龙眼 **361217**
罗氏山柳菊 **195922**
罗氏石龙尾 **230320**
罗氏松 300186
罗氏松笠 **155218**
罗氏娑罗双 **362221**
罗氏唐松草 **388645**
罗氏田菁 **361427**
罗氏甜根子草 **341917**
罗氏茼蒿 **89696**
罗氏万代兰 404669
罗氏万带兰 404669
罗氏卫矛 **335048**
罗氏卫矛属 **335047**
罗氏苋 18814
罗氏香荚兰 **405024**
罗氏小美国薄荷 **257198**
罗氏小米草 **160258**
罗氏肖鸢尾 **258636**
罗氏星苹果 **90090**
罗氏绣线菊 372072
罗氏悬钩子 **339188**
罗氏栒子 **107650**
罗氏亚利桑那蓟 **91760**
罗氏盐肤木 332513
罗氏眼子菜 **312254**
罗氏异膜紫葳 194000
罗氏异燕麦 190211
罗氏鹰爪花 **35054**
罗氏鱼木 **110230**
罗氏远志 308416
罗氏早熟禾 **306053**
罗氏泽米 417019
罗氏紫茎泽兰 **11172**
罗思豆 337477
罗思豆属 337473
罗思罗克孤菀 **393416**
罗思罗克冠须菊 **405966**
罗思罗克蒿 **36149**
罗思罗克火红苣 **323007**
罗思萝藦 **337535**
罗思萝藦属 **337534**
罗思酸模 **340230**
罗斯·埃斯特扶桑 **195169**
罗斯贝母兰 **98738**
罗斯达侧柏 **302732**
罗斯大戟 **159735**
罗斯德氏兜兰 **282893**
罗斯鹅绒藤 **117671**
罗斯福安迪尔豆 **22220**
罗斯福鸭嘴花 **214770**
罗斯高山参 **274003**
罗斯鸡头薯 **153037**
罗斯兰属 **337211**
罗斯曼扁爵床 **292227**
罗斯曼木属 337482
罗斯米努草 **255569**
罗斯欧石南 **149999**
罗斯山柳菊 **195924**
罗斯苔草 **76062**
罗斯特草 **337267**
罗斯特草属 **337264**
罗斯托紫珠 66748
罗斯异隔蒴苘 **16248**
罗斯羽叶花 **4995**
罗斯鸳鸯兰 **131127**
罗素虎眼万年青 **274760**
罗索婆婆纳 **241900**
罗索婆婆纳属 **241899**
罗特凤仙花 **205290**
罗特木蓝 **206494**
罗藤 262337
罗田苍术 **44209**
罗田木兰 416712
罗田玉兰 **416712**
罗托堇菜 **410508**
罗网藤 78731,138975
罗望叶黄檀 121793
罗望子 376144,383407
罗望子属 383404
罗望子叶黄檀 121793
罗帏草 16817,17381,17383
罗维列椰属 237907
罗伟芋 16509
罗苇芋 16509
罗纹 167503
罗西尔贝尔茜 **53111**
罗西尔羊耳蒜 **232311**
罗香胡颓子 **142072**
罗歇方枝树 **270475**
罗歇风车子 **100756**
罗歇福来木 **162996**
罗星草 **71273**
罗星球 **182450**
罗绣玉 **284662**
罗亚多藤 49046
罗胭木 237191
罗伊巴戟 **258914**
罗伊尔地锦 **285145**
罗伊尔菊蒿 **383839**
罗伊尔蓼 **309704**
罗伊尔拟莞 **352259**
罗伊尔小檗 **52119**
罗伊格茜 **335800**
罗伊格茜属 **335799**
罗伊脐果草 **270707**
罗伊斯花 **328288**
罗伊斯花属 **328286**
罗英格林木槿 **195283**
罗灶 56392
罗志藤 377125
罗志藤科 377120
罗志藤属 377121
罗竹 351855
罗兹尔橙黄热美爵床 29124
罗兹泽米 **417019**
罗卒玉 **264366**
萝 205580
萝白 326616
萝孛 280555
萝瓟 326616
萝卜 **326616**,326619
萝卜都拉 398024
萝卜防己 34135,34238
萝卜根荆芥 265035
萝卜根老鹳草 **174752**
萝卜根沙参 **7796**,7620
萝卜海棠 115965
萝卜海棠属 115931
萝卜花 121561
萝卜艽 173615
萝卜母 183124
萝卜七 28044,280793
萝卜奇 340141
萝卜芹 **123134**
萝卜芹属 **123133**
萝卜秦艽 **295143**
萝卜参 304793,398024,398025
萝卜属 **326578**
萝卜树 **189975**,16295,62110,189937,189941,189949
萝卜藤 **10973**,374384
萝卜藤科 **10969**
萝卜藤属 **10971**
萝卜乌头 **5300**
萝卜秧 **326577**
萝卜秧属 **326576**
萝卜药 80141,373524
萝卜叶 **123128**
萝卜叶千里光 **359864**
萝卜叶属 **123127**
萝卜叶双碟荠 **54708**
萝卜叶碎米荠 **72948**
萝卜叶细毛留菊 **198942**
萝卜状乌头 5442
萝蒂属 234214
萝多木 332205
萝芙木 **327069**
萝芙木属 **326995**
萝芙藤 327069
萝芙藤属 326995
萝菖 326616
萝蒿 205580
萝蕙 17381
萝芳 268438
萝藟草 89207
萝藟草属 89201
萝萝蔓 95031
萝摩科 37806
萝藦 **252514**,245860
萝藦科 **37806**
萝藦蓼 162523
萝藦龙胆 **173264**
萝藦属 **252508**
萝藦藤 117414,180215,252513
萝目草 72749
萝丝子 114994
椤木 295675
椤木石楠 **295675**,377444
椤树 306493
锣锤草 220126,316127
箩筐桑 83769
箩筐树 83769,83787
骡草属 **259779**
骡耳菊属 414924
骡耳兰属 395616
螺瓣乌头 **5594**
螺刺菊 **371741**
螺刺菊属 **371740**
螺盖参 **372355**
螺盖参属 **372354**
螺骨豆 **372378**
螺骨豆属 **372377**
螺果金合欢 **1615**
螺果荠属 **372333**
螺果托勒金合欢 **1661**
螺果眼子菜 **312062**
螺花蔷薇 **372153**
螺花蔷薇属 **372151**
螺花树属 **372146**
螺花藤 **97962**
螺花藤属 **366801**
螺喙芥属 372333
螺喙荠 **372335**
螺喙荠属 372333
螺尖薯蓣 **131526**
螺距翠雀花 **124598**
螺距黑水翠雀花 **124507**
螺卷栒子 107558
螺壳附属物兰 315615
螺壳柱瓣兰 **146399**

螺棱球 **327502**
螺棱球属 **327498**
螺凌霄属 **372371**
螺螺儿草 151702
螺牛角属 **372164**
螺丕草 128964
螺茼麻 **371739**
螺茼麻属 **371738**
螺蕊夹竹桃 **372358**
螺蕊夹竹桃属 **372356**
螺狮菜 373439
螺丝菜 373439
螺丝木 199449,250065
螺丝七 65915,284367,309841
螺丝起 46848
螺丝三七 309841
螺穗戟属 **372348**
螺檀香 **372307**
螺檀香属 **372306**
螺陀三七 284367
螺纹波斯石蒜 **401823**
螺纹鼠尾粟 372813
螺纹珍珠菜 **239810**
螺蚬草 138482
螺形围柱兰 **145290**
螺序草 **371746**
螺序草属 **371742**
螺旋白鳞莎草 **119265**
螺旋北美香柏 **390622**
螺旋本氏兰 **51119**
螺旋闭鞘姜 **107278**
螺旋布吕特萝藦 **55906**
螺旋川蔓藻 **340472**
螺旋大泽米 241465
螺旋灯心草 **213067**
螺旋兜舌兰 282883
螺旋豆属 21442
螺旋多蕊石蒜 **175351**
螺旋狒狒花 **46136**
螺旋凤仙花 **205329**
螺旋广口风铃草 **69947**
螺旋鬼苏铁 241465
螺旋苦草 **404563**
螺旋蓝星花 **33701**
螺旋肋瓣花 **13866**
螺旋狸藻 **403338**
螺旋鳞荸荠 **143355**
螺旋毛子草 **153282**
螺旋木变叶木 **98197**,98190
螺旋牧豆树 **315573**
螺旋拟灯心草 **213037**
螺旋茄 367632
螺旋曲花 **120600**
螺旋塞里菊 **360918**
螺旋杉叶藻 **196814**
螺旋松塔掌 **43445**
螺旋酸模 **340268**
螺旋相思树 **1618**
螺旋银齿树 **227384**
螺旋隐棒花 **113542**
螺旋硬皮鸢尾 **172690**
螺旋疣石蒜 **378540**
螺旋朱砂莲 **290108**
螺旋状糙蕊阿福花 **393786**
螺旋状蓝花参 **412904**
螺旋状乐母丽 **336068**
螺旋状狸藻 **403366**
螺旋状露兜树 **281132**
螺旋状双盛豆 **20789**
螺旋状驼曲草 **119909**
螺旋状肖鸢尾 **258674**
螺旋状玉凤花 **184142**
螺旋状紫玉盘 **403588**
螺样花 105778
螺药藤黄 **97960**
螺药藤黄属 **97959**
螺药芸香 **372172**
螺药芸香属 **372167**
螺叶山梗菜 **234374**
螺叶瘦片菊属 **127176**
螺叶永菊 **43825**
螺柱头爵床 **372362**
螺柱头爵床属 **372359**
螺状大泽米 241465
螺状冠顶兰 **6181**
螺状积雪草 **81581**
螺状卷瓣兰 **62641**
螺状蜡菊 **189257**
螺状鸟娇花 **210737**
螺状千里光 **358576**
螺状枪刀药 **202532**
螺状鼠麹草 **178132**
螺状双距兰 **133743**
螺状香雪庭荠 **198412**
螺籽芸香属 **131299**
倮倮茶 144086
倮倮栗果 189917
倮倮蒿草 **217212**
裸阿氏莎草 **597**
裸阿魏 **163685**
裸暗黄花 **54275**
裸般若 **43529**
裸瓣瓜 182575
裸瓣瓜属 182574
裸瓣花属 182574
裸瓣崖豆藤 **254807**
裸报春 **314382**
裸被菊 **182554**
裸被菊属 **182552**
裸被苋属 319000
裸碧玉 **102395**
裸柄杜鹃 **332027**
裸草原松果菊 **326962**
裸唇叉柱兰 **86684**
裸唇兰 **182522**
裸唇兰属 **182521**
裸唇兰西澳兰 **118206**
裸刺黄耆 **42940**
裸刺爵床 **182206**
裸刺爵床属 **182204**
裸刺蛛网卷 **186274**
裸单花蓬 **394110**
裸地胆草 **143463**
裸杜茎山 **241812**
裸萼大戟 **159015**
裸萼芥树 **364536**
裸萼球属 **182419**
裸萼沙穗 **148484**
裸萼属 182419
裸萼仙人球 182441
裸萼斜杯木 **301705**
裸耳竹 **47201**
裸风毛菊 **348590**
裸根木榄 61263
裸梗吊钟花 **145708**
裸梗堇菜 **410076**
裸梗润肺草 **58878**
裸梗野凤仙花 **205372**
裸梗翼毛木 **321049**
裸冠菊 **182537**
裸冠菊属 **182536**
裸冠驼曲草 **119880**
裸冠菀 **318766**
裸冠菀属 **318765**
裸果沉果胡椒 **300421**
裸果齿叶六道木 **168**
裸果灯心草 **213144**
裸果邓博木 **123692**
裸果贡山柳 **343376**
裸果胡椒 **300467**
裸果积雪草 **81604**
裸果金莲花叶猪屎豆 **112299**
裸果楞 **78925**
裸果木 **182498**
裸果木科 204440
裸果木属 **182491**
裸果盘花千里光 **366884**
裸果日本赤杨叶梨 **33011**
裸果矢车菊 **81103**
裸果嵩草 **217217**
裸果肖竹芋 **66163**
裸果叶下珠 **296802**
裸果羽叶菊 **263511**
裸果樟 **182403**
裸果樟属 **182402**
裸合叶子 **166080**
裸喉紫草 **318932**
裸喉紫草属 **318931**
裸花草 **4104**
裸花草属 **4103**
裸花桢桐 **96243**
裸花赤爬 390164
裸花大戟属 **182334**
裸花杜鹃 **331352**
裸花堆心菊 **188419**
裸花方晶斑鸠菊 **406034**
裸花芳香木 **38680**
裸花防己 **364987**
裸花菰 **236433**
裸花菰科 **236429**
裸花菰属 **236432**
裸花还阳参 **111013**
裸花黄精 308523
裸花碱茅 **321343**
裸花碱蓬 **379553**
裸花金丝桃 **201906**
裸花爵床 **318777**
裸花爵床属 **318776**
裸花榼藤子 **145893**
裸花南非帚灯草 **67929**
裸花欧石南 **149797**
裸花山蚂蝗 **126477**
裸花黍 **281986**
裸花属 182334
裸花蜀葵 **13932**
裸花水蕹 **29679**
裸花水竹叶 **260110**
裸花四数木 387297
裸花细穗芙兰草 **168857**
裸花崖豆藤 **254780**
裸花银桦 **180623**
裸花泽芹 **365861**
裸花猪屎豆 **112466**
裸花猪殃殃 **170560**
裸花紫珠 **66879**
裸槐 **368997**
裸基无鳞草 **14394**
裸棘豆 **279040**
裸荚蒾 **407970**
裸假稻 **223978**
裸堇菜 **410303**
裸茛草 **36662**
裸茎百蕊草 **389802**
裸茎斑鸠菊 **406632**
裸茎闭鞘姜 **107259**
裸茎滨藜 **44541**
裸茎楤木 **30712**
裸茎翠雀 124410
裸茎翠雀花 **124410**
裸茎斗篷草 **14118**
裸茎光萼荷 **8579**
裸茎红伞芹 **332246**
裸茎虎耳草 **349701**
裸茎黄堇 **106027**
裸茎茴芹 **299484**
裸茎尖萼荷 8579,8580
裸茎洁菊 **78759**
裸茎金腰 **90421**

裸茎金腰子 90421
裸茎老鹳草 **174953**
裸茎老牛筋 **31936**
裸茎脉苞菊 **216619**
裸茎虻眼草 **136220**
裸茎木蓝 **206309**
裸茎囊瓣芹 **320235**
裸茎千里光 **359598**
裸茎青锁龙 **109213**
裸茎日中花属 **318820**
裸茎绒果芹 **151749**
裸茎山柳菊 **195816**
裸茎山芫荽 **107799**
裸茎栓果菊 **222961**
裸茎粟米草 256711
裸茎碎米荠 **72964**
裸茎陶施草 **385141**
裸茎天门冬 **38991**
裸茎条果芥 **285004**
裸茎橐吾 229212
裸茎仙人笔 **216694**
裸茎肖毛蕊花 **80540**
裸茎肖山芫荽 **304191**
裸茎熊菊 **402798**
裸茎雪灵芝 31936
裸茎延胡索 **105953**
裸茎异果菊 **131182**
裸茎紫堇 **106196**
裸荆芥 265016
裸锯花 **315197**
裸锯花属 **315195**
裸勘察加接骨木 **345674**
裸克拉豆 **110288**
裸孔木 **182836**
裸孔木属 **182834**
裸口苣苔花 **177520**
裸口鞘蕊花 **99598**
裸口手玄参 **244849**
裸宽叶野荞麦木 **152210**
裸榄袍木 **142482**
裸篱爵床 **182592**
裸篱爵床属 **182591**
裸鳞宫部氏柳 **343705**
裸露奥氏大沙叶 **286391**
裸露翠雀花 **124178**
裸露德弗草 **127143**
裸露毒根斑鸠菊 **406280**
裸露杜鹃 330556
裸露对参 **130025**
裸露钝齿堇菜 **410317**
裸露格尼瑞香 **178598**
裸露景天 **356966**
裸露决明 **78349**
裸露蓝花参 **412653**
裸露裂口花 **379896**
裸露露兜树 **281013**
裸露马唐 **130683**
裸露密钟木 **192561**
裸露婆婆纳 **407108**
裸露蒲公英 **384520**
裸露软骨瓣 **88838**
裸露三芒草 **33824**
裸露莎草 **118725**
裸露苔草 **75552**
裸露天门冬 **38990**
裸露纹蕊茜 **341286**
裸露蚊子草 **166129**
裸露蝇子草 **363824**
裸露猪毛菜 **344512**
裸鸾凤阁 **43511**
裸马唐 **130583**
裸麦 **198293**
裸芒草 **182602**
裸芒草属 **182601**
裸美冠兰 **156756**
裸美果孛荠 **143075**
裸美洲槲寄生 **125683**
裸木科 319059
裸木蓝 **205894**
裸木属 319060
裸木犀 **265604**
裸木犀属 **265602**
裸南非草 **25811**
裸南亚槲寄生 **175796**
裸盘厚敦菊 **277059**
裸盘菊属 **182542**
裸盆花属 **216752**
裸芹 **182594**
裸芹属 **182593**
裸日本榧树 **393081**
裸蕊红果大戟 **154856**
裸蕊棘豆 **278868**
裸蕊苦木 **182819**
裸蕊苦木属 **182818**
裸蕊琉璃草 **117972**
裸蕊琉璃紫草 **83921**
裸沙穗 **148498**
裸莎 **182615**
裸莎属 **182614**
裸山柳菊 **195647**
裸山楂 **109876**
裸生杜鹃花 331360
裸实 182768
裸实属 **182635**,246796
裸蒴 **182848**
裸蒴属 **182847**
裸四室木 **387924**
裸穗鹅观草 **335448**
裸穗格尼瑞香 **178619**
裸穗海葱 **402421**
裸穗花豚草 **19179**
裸穗马唐 **130582**
裸穗南星属 **182808**
裸穗铁苋菜 **1962**
裸穗异芒草 **144151**
裸穗掷爵床 **139875**
裸头过路黄 **239664**
裸头蜡菊 **189415**
裸头匍茎鼠麴草 **155873**
裸头凸花草 **374531**
裸托千里光 **86009**
裸托千里光属 **86008**
裸箨海竹 **416813**
裸箨竹 297379
裸菀 **256308**
裸菀属 **256301**
裸窝猪毛菜 **344561**
裸腺毛茛 **325920**
裸小鹿藿 **333324**
裸笑鸢尾 **172727**
裸星花葱 **182830**
裸星花葱属 **182829**
裸绣球 **199990**
裸须草属 182601
裸旋覆菊 **207277**
裸燕麦 **45527**,198293
裸药苞爵床 **139012**
裸药花 **182210**
裸药花属 **182208**
裸野荞麦 **152318**
裸叶 17774
裸叶风车子 **100726**
裸叶木蓝 **206612**
裸缨千里光 **358784**
裸缨羽叶千里光 263511
裸蝇子草 **363192**
裸颖苞茅 **201480**
裸忧花 **241672**
裸玉属 **182406**,264120
裸芸香 **318947**
裸芸香属 **318945**
裸枝豆 **88917**
裸枝豆属 **88916**
裸枝树 83769
裸枝杨 **311373**
裸枝远志 **308093**
裸指柱兰 **86706**
裸轴木犀 **276376**
裸猪屎豆 **112465**
裸柱白鲜 **129631**
裸柱草 **182814**,182812
裸柱草属 **182810**
裸柱花 **17583**
裸柱花属 **17580**,182810
裸柱剪股颖 **12126**
裸柱菊 **368528**
裸柱菊属 **368527**
裸柱头柳 **343932**
裸柱橐吾 **229134**
裸筑巢草 **379165**
裸籽黄头菊 **415085**
裸籽金顶菊 **161086**
裸籽菊属 182628
裸子菊属 182628
裸足还阳参 **110835**
洛班大戟 **234264**
洛班大戟属 **234263**
洛贝尔染料木 **172997**
洛宾飞蓬 **150901**
洛波尔裂稃草 **351292**
洛波尔一点红 **144948**
洛伯格树锦鸡儿 **72181**
洛卜科纳棕 **104891**
洛卜可耐拉棕 104891
洛布矮柳杉 **113698**
洛布蝴蝶兰 **293597**
洛布柳杉 **113716**
洛布芒毛苣苔 **9451**
洛布毛茛 **326037**
洛布氏茶藨 334070
洛布氏茶藨子 **334070**
洛布氏美洲茶 **79953**
洛布星香菊 **123648**
洛布野荞麦 **152231**
洛茨毒马草 **362827**
洛德紫波 **28481**
洛登金多花向日葵 **189008**
洛东 109097
洛厄尔栲 **168021**
洛尔紫金牛 **235274**
洛尔紫金牛属 **235273**
洛夫金合欢 **1543**
洛弗欧前胡 **205534**
洛根齿舌叶 **377350**
洛根芦荟番杏 **17444**
洛根欧石南 **149675**
洛根山芫荽 **107783**
洛根小麦秆菊 **381675**
洛根紫波 **28482**
洛哈小檗 **51880**
洛基田菁 **361425**
洛济葵 195196
洛克百合 **230020**
洛克赫丹氏梧桐 **135896**
洛克赫番樱桃 **156276**
洛克赫金果椰 **139370**
洛克赫拿司竹 **262766**
洛克兰属 **235131**
洛克氏蚤缀 32180
洛克伍德·福莱斯特迷迭香 **337187**
洛克藻百年 **161558**
洛肯紫波 **28483**
洛昆牡荆 **411324**
洛拉小报春 **314896**
洛朗白叶藤 **113595**
洛朗半轭草 **191789**
洛朗瓣鞘花 **99500**

洛朗贝尔茜 **53085**
洛朗触须兰 **261809**
洛朗粗柱山榄 **279794**
洛朗大沙叶 **286318**
洛朗单苞藤 **148456**
洛朗单兜 **257648**
洛朗单花杉 **257131**
洛朗邓博木 **123689**
洛朗杜楝 **400581**
洛朗短盖豆 **58747**
洛朗多穗兰 **310469**
洛朗番荔枝 **25862**
洛朗非洲豆蔻 **9909**
洛朗非洲砂仁 9909
洛朗谷木 **249992**
洛朗合欢 **13593**
洛朗红果大戟 **154826**
洛朗花椒 **417251**
洛朗花篱 **27184**
洛朗惠特爵床 **413954**
洛朗鸡头薯 **152959**
洛朗假肉豆蔻 257648
洛朗豇豆 **408937**
洛朗茎花豆 **118115**
洛朗九节 **319633**
洛朗克来豆 **108566**
洛朗库地苏木 **113180**
洛朗蓝花参 **412817**
洛朗鳞花草 **225184**
洛朗龙船花 **211116**
洛朗龙血树 **137437**
洛朗毛穗茜 **396416**
洛朗美冠兰 **156805**
洛朗牡荆 **411494**
洛朗拟三角车 **17995**
洛朗潘考夫无患子 **280860**
洛朗蒲公英 **384625**
洛朗漆籽藤 **218799**
洛朗鞘蕊花 **99626**
洛朗茄 **367299**
洛朗曲蕊卫矛 **70774**
洛朗萨默兰 **379753**
洛朗三角车 **334644**
洛朗三指兰 **396649**
洛朗蛇舌草 **269880**
洛朗托曼木 **390298**
洛朗维斯木 **411147**
洛朗纹蕊茜 **341316**
洛朗乌口树 **384978**
洛朗五层龙 **342657**
洛朗细线茜 **225761**
洛朗香料藤 **391880**
洛朗小花豆 **226166**
洛朗鸭跖草 **280512**
洛朗崖豆藤 **254747**
洛朗玉凤花 **183769**
洛朗杂色豆 **47756**
洛朗紫玉盘 **403507**
洛雷罗柿 **132269**
洛雷山羊草 **8689**
洛里野牡丹 **237177**
洛里野牡丹属 **237174**
洛林圣诞秋海棠 **49712**
洛隆黄芪 42616
洛隆黄耆 **42616**
洛隆紫堇 **106071**,106070
洛伦破斧木 323563
洛罗 11309
洛洛胡椒 **300444**
洛洛五层龙 **342675**
洛洛小檗 51871
洛马底木 235406
洛马底木属 235402
洛马金刺头菊 **108332**
洛马金委陵菜 **312732**
洛马米大沙叶 **286329**
洛马米宽耳藤 **244689**
洛马木 235406
洛马木属 235402
洛马山龙眼属 235402
洛马蝇子草 **363695**
洛梅续断 **235490**
洛梅续断属 **235483**
洛美塔属 235402
洛姆尼察山柳菊 **195756**
洛佩拉属 337676
洛佩龙眼属 **337676**
洛神葵 195196
洛神珠 297643
洛氏白扇椰子 **154576**
洛氏百脉根 **237678**
洛氏滨藜 **44419**
洛氏蚕豆木蓝 **206721**
洛氏大王马先蒿 **287615**
洛氏单花景天 **257082**
洛氏狄棕 139372
洛氏冬青 204216
洛氏沟唇兰 **22041**
洛氏禾属 **337269**
洛氏黑麦草 **235313**
洛氏花葱属 **337137**
洛氏姬冠兰 **157155**
洛氏角状边虎耳草 **349609**
洛氏金果椰 **139372**
洛氏堇菜 410498
洛氏锦鸡儿 72333
洛氏漏斗兰 **160709**
洛氏马钱属 **235246**
洛氏米仔兰 11309
洛氏爬山虎 **285158**
洛氏葡萄 411890
洛氏三白草 348087
洛氏苔草 **75224**
洛氏天门冬 **39245**
洛氏弯管马先蒿 **287133**
洛氏网苞蒲公英 **384780**
洛氏喜树 **70579**
洛氏绣球花 200071
洛氏玄参 **355174**
洛氏羊耳蒜 **232229**
洛氏玉兰 **241956**
洛氏蚤缀 32179
洛氏舟舌兰 **224352**
洛氏珠芽蓼 **54826**
洛斯野荞麦 **152434**
洛特灰毛豆 **386160**
洛特萝藦 **228423**
洛特萝藦属 **228422**
洛娃拉内傲大贴梗海棠 **84590**
洛瓦兰华丽木瓜 84590
洛旺胡椒 **300447**
洛威氏蝴蝶兰 **293616**
洛维特九节 **319655**
洛维特拟风兰 **24675**
洛维特五层龙 **342682**
洛维特鹧鸪花 **395508**
洛雪堇菜 410498
洛阳花 **127667**,105778,127654,280286
洛伊草 **337806**
洛伊草属 **337805**
洛伊毛茛 **326038**
洛伊特风车子 **100334**
洛伊肖嵩草 **97773**
洛赞裂蕊树属 **238059**
洛钟花属 **235237**
络合鲼玉 **354298**
络合苜蓿 **247317**
络合石豆兰 **62809**
络麻 104072
络石 **393657**,393616,393625,393640
络石草 393657
络石属 **393613**
络石藤 **393640**,165515,319833,393616,393657
络西花龙胆 **265819**
络西花属 **235192**
骆骑 92009
骆骑蓟 **92009**
骆蹄瓣 418641
骆驼布袋 235798
骆驼刺 **14638**
骆驼刺金合欢 **1206**
骆驼刺属 **14623**,38378
骆驼蒿 **287983**,35220,287978
骆驼花 142088
骆驼蓬 **287978**,287982,287983
骆驼蓬科 **287973**
骆驼蓬属 **287975**
骆驼七 399497
骆驼蹄板 418641
骆驼蹄瓣 418641
骆驼蹄草 **418726**,418727
落瓣短柱茶 69235
落瓣油茶 **69235**
落苞柄泽兰 **79498**
落苞柄泽兰属 **79497**
落苞菊 **300763**
落苞菊属 **300762**
落苞亮泽兰 **199136**
落苞亮泽兰属 **199134**
落苞南星属 **300797**
落苞野荞麦 **152259**
落翅蓬 **300794**
落翅蓬属 **300793**
落刺菊 **244728**
落刺菊属 **244723**
落得打 81570,134420,345586
落地艾 224989
落地柏 177285,177325
落地稗 140403
落地豆 **337477**
落地豆属 **337473**
落地荷花 173378
落地烘 171455
落地红 345142,345310,345324
落地金瓜 400945
落地金鸡 71679,71798
落地金钱 **183402**,126623,128964,138273,165307,176839,200366,301147
落地梅 **239770**
落地梅花 81570,96970
落地稔 248748
落地山落乌 59823
落地生 30498
落地生根 **61572**,215288
落地生根属 **61561**,215086
落地松 30498
落地蜈蚣 76169,187544,313206
落地杨梅 138796,218480
落地甬公 339135
落地油柑 296801
落地玉凤花 183402
落地珍珠 138329,138331
落地蜘蛛 400945
落地紫金牛 31565
落豆花 70833
落豆秧 177777,408262,408352
落萼斑鸠菊 **406496**
落萼椴 **362445**
落萼椴属 **362442**
落萼蔷薇 336345
落萼旋花盾苞藤 **265792**
落萼旋花属 **68339**
落萼叶下珠 **296565**
落杆薯 71679,71798

落冠菊 **300809**
落冠菊属 **300807**
落冠肋泽兰 **60159**
落冠肋泽兰属 **60158**
落冠毛泽兰 **123353**
落冠毛泽兰属 **123351**
落冠千里光 **270457**
落冠千里光属 **270456**
落冠藤 **83401**
落冠藤属 **83399**
落冠修泽兰 **226054**
落冠修泽兰属 **226053**
落果甘草 **177895**
落花草属 **275426**
落花蔷薇 336380
落花参 30498
落花生 **30498**
落花生属 **30494**
落花檀香 **27538**
落花檀香属 **27537**
落花之舞 329681
落回 240765
落矶山圆柏 213922
落基山矮十大功劳 **242596**
落基山白栎 **323927**
落基山蕉草 **353786**
落基山钓钟柳 **289378**
落基山蝶须 **26462**
落基山繁缕 **375026**
落基山福禄考 **295280**
落基山孤菀 **393400**
落基山黄杉 318580
落基山黄松 **299822**
落基山桧 213922
落基山金光菊 **339577**
落基山金千里光 **279950**
落基山冷杉 **402**
落基山梅花草 **284538**
落基山拟莞 **352260**
落基山槭 2991
落基山苔草 **76157**
落基山悬钩子 **338318**
落基山圆柏 **213922**
落基山越橘 **403930**
落基山指甲草 **284888**
落金黑白蜡树 **168033**
落金欧洲李 **316385**
落坎薯 307515
落葵 **48689**
落葵科 **48698**
落葵属 **48688**
落葵薯 **26265**
落葵薯科 **26272**
落葵薯属 **26264**
落滥草 118765
落藜 86901
落鳞苔草 **74273**
落鳞帚灯草属 **225477**
落马衣 147084
落芒草 **300733**
落芒草属 **300700**,275991
落芒菊 **292119**
落芒菊属 **292116**
落毛杜鹃 **330560**
落毛禾属 **300767**
落毛菊 **300832**
落毛菊属 **300831**
落帽花科 156072
落翘 167456
落日金糖果木 **99472**
落日蕾丽兰 **219673**
落山葫芦 313197
落山矶冷杉 402
落杉矶冷杉 402
落舌蕉属 351146
落霜红 **204239**,80130,80211,203578,204138
落水金钱 138482
落水珠 105810
落苏 367370
落土香 400945
落尾麻 300835
落尾麻属 300833
落尾木 **300835**
落尾木属 **300833**
落腺豆 **300631**
落腺豆属 **300607**
落腺瘤豆属 **300654**
落腺蕊属 300607
落新妇 **41795**,41825
落新妇虎耳草 **349079**
落新妇茴芹 **299357**
落新妇假升麻 **37064**
落新妇科 **41784**
落新妇属 **41786**
落檐 **351150**,351148
落檐属 **351146**
落叶草 **300789**
落叶草属 **300788**
落叶沉果胡椒 300421
落叶花桑 **61105**
落叶花桑属 **14848**,61096
落叶黄安菊属 **364687**
落叶兰 **116820**
落叶毛兰 **148675**
落叶梅 72964
落叶木莲 **244432**
落叶木莲属 **364981**
落叶女贞 229529
落叶榕 165594
落叶瑞香 **122388**
落叶润楠 240615
落叶生根 61572
落叶石豆兰 **62779**
落叶松 **221866**,221930,221934,221939
落叶松林苔草 **75063**
落叶松属 **221829**
落叶松苔草 **75064**
落叶松叶芳香木 **38625**
落叶松叶高山漆姑草 **255505**
落叶松叶金菊木 **150327**
落叶松叶染料木 **172993**
落叶松叶蚤缀 **32004**
落叶松叶猪毛菜 **344611**
落叶松猪毛菜 **344612**
落叶网梗草 **209602**
落叶西劳兰 **415707**
落叶夜花干番杏 **33121**
落叶桢楠 240615
落蝇子花 230544
落羽杉 **385262**
落羽杉属 **385253**
落羽杉叶毛菀 **418827**
落羽松 385262
落羽松属 385253
落羽松叶下珠 **296783**
落枝菊 300763
落枝菊属 300762
落帚 217361
落帚莓 217361
落帚子 217361
落柱木属 **300812**
落子薯 131458

## M

妈不流 403687
妈妈果 313399
妈竹 **47218**
孖竹 **264531**
孖竹仔 **347211**
麻 71218,361317
麻安梨 323268
麻巴 297373
麻笔 362617
麻波萝 199743
麻菠萝 234759
麻勃 71218
麻布草 97017,373274
麻布柴 413613
麻布袋 5574
麻布口袋 5574
麻布七 5359,5574
麻布芪 5574
麻布树 394664
麻布叶 253385
麻草 383009
麻草子 299724
麻菖蒲 76813
麻秤杆 158161
麻刺果 **97695**
麻刺果属 **97694**
麻大戟 226977
麻德拉斯叶下珠 **296647**
麻迪菊 241543
麻迪菊属 241523
麻点黛粉叶 **130133**
麻点杜鹃 **330427**
麻点菀 **266522**
麻点菀属 **266520**
麻丢铃 34154
麻豆白柚 **93594**
麻豆文旦 93468
麻烦美国冬青 **204117**
麻风草 221538,221604
麻风树 125553,212127
麻风树属 212098
麻风藤 97505
麻风针 417216
麻风子 199744,212127
麻枫桐 300955
麻疯草 221604,239645
麻疯甘蓝树 **115216**
麻疯龙 34348
麻疯树 **212127**
麻疯树巴豆 **112917**
麻疯树大戟 **159154**
麻疯树葡萄 **120106**
麻疯树属 **212098**
麻杆花 13934
麻杆七 221552
麻杆消 158161
麻槁 91380
麻根苔草 **73767**
麻骨风 178555
麻桂华 144773
麻哈勒布樱桃 83253
麻蒿 36111
麻核桃 **212614**
麻核藤 **262784**
麻核藤属 **262783**
麻核栒子 **107448**
麻烘娘 212202
麻吼 19927

麻花杜鹃 **331176**
麻花果 361011
麻花艽 173932
麻花秦艽 **173932**
麻花头 **361011**,361018,361131
麻花头风毛菊 **348773**
麻花头蓟 **92380**
麻花头科 **361149**
麻花头属 **360982**
麻黄 146155,146183,146192,146203,146219,146238,146247,146253
麻黄大戟 **158832**
麻黄花属 **146271**
麻黄科 **146270**
麻黄拉拉藤 **170368**
麻黄属 **146122**
麻黄野荞麦 **152042**
麻黄远志 **308038**
麻鸡婆 285859,345310
麻鸡婆草 345310
麻甲头 131531
麻蕉 260275
麻绞叶 260168
麻脚杆 191387
麻脚树 394631
麻荆芥 295984
麻克西米属 246731
麻口皮 417340
麻口皮子药 417340,417346
麻苦苣 368771
麻腊干 370989
麻辣仔藤属 154233
麻辣子 154252,154260
麻辣子属 154233
麻辣子藤 154252
麻辣子藤属 154233
麻兰 295600
麻兰科 295590
麻兰属 295594
麻蓝 71218
麻榔树 394650
麻累 301070
麻棱丝 114994
麻梨 **323294**
麻梨子 323294
麻李 328626
麻里草 14529
麻里果 382491
麻里麻 135646
麻力光 330546
麻栎 **323611**
麻栎寄生 410979
麻栎属 323580
麻栗 385531
麻栗坡菝葜 **366448**
麻栗坡贝母兰 **98694**
麻栗坡杓兰 **120409**
麻栗坡叉柱兰 **86700**
麻栗坡冬青 **204022**
麻栗坡兜兰 **282858**
麻栗坡杜鹃 **331194**
麻栗坡鹅掌柴 **350739**
麻栗坡凤仙花 **205116**
麻栗坡瓜馥木 166690
麻栗坡含笑 **252845**
麻栗坡红丝线 **238972**
麻栗坡蝴蝶兰 **293619**
麻栗坡卷瓣兰 **62722**
麻栗坡兰属 **364726**
麻栗坡栎 **324156**
麻栗坡柃 **160542**
麻栗坡罗伞 31516
麻栗坡盆距兰 **171868**
麻栗坡枇杷 **151165**
麻栗坡青皮木 **352440**
麻栗坡秋海棠 **50056**,50119
麻栗坡人字果 **128936**
麻栗坡少花藤 203331
麻栗坡树萝卜 **10333**
麻栗坡虾脊兰 **65908**
麻栗坡小檗 **51904**
麻栗坡小花藤 **203331**
麻栗坡悬钩子 **338787**
麻栗坡银背藤 **32635**
麻栗坡油丹 **17804**
麻栗坡油果樟 **381797**
麻栗坡紫金牛 **31516**
麻栗水锦树 **413835**
麻楝 **90605**
麻楝属 **90604**
麻柳 116240,320358,320377,320384
麻柳树 302684,320358,320377,394650
麻六甲兜舌兰 282901
麻六甲合欢 162473
麻六甲蒲桃 382606
麻六甲鱼藤 125983
麻龙胆 173778
麻露兜 281166
麻路子 64148
麻绿 328816
麻乱木 239527
麻络木 394664
麻落粒 44347,44646
麻麻草 345310
麻麻藤 80195
麻妹藤 80211
麻妹条 80211
麻檬果 244397
麻蒙果 244397
麻蒙气洛 249125
麻母 24419,71218
麻木端 327069
麻木树 350949
麻黏木属 239525
麻牛膝 115704
麻瓯 104057
麻配 235952
麻皮 104072
麻婆娘 158161
麻婆婆 284382
麻球 371868
麻雀草 230275
麻雀花 198802
麻雀花属 198796
麻雀筋藤 207357
麻雀利 239640,239645
麻雀木属 **285547**
麻雀舌 356884
麻雀蓑衣 159092,159286
麻三端 327069
麻三段 135646
麻桑 259122
麻桑瑞 327069
麻沙菜 158200
麻蛇饭 33325
麻蛇果 138796
麻参 317036
麻生大爪草 **370546**
麻绳菜 311890
麻虱子 108587
麻氏紫菀 40805
麻树皮 122571
麻榻勒茶 78236
麻糖果 180700
麻糖木 239527
麻藤 80203
麻桐树 13353,13376,394656,394664
麻脱勒茶 78236
麻菀 **231844**,40781
麻菀属 **231818**
麻菀翼茎菊 **172444**
麻纹叶 260168
麻线 71218
麻香油 407977
麻性草 201389
麻羊藤 411849
麻药 157285,252745
麻药拉那草 274224
麻药藤 417282
麻鹞子 335142
麻椰树 394650
麻叶唇柱苣苔草 **87985**
麻叶大青 313759
麻叶棣棠 216085
麻叶豆腐柴 **313759**
麻叶杜鹃 **330441**
麻叶风轮菜 97056
麻叶凤仙花 204871
麻叶腐婢 313759
麻叶冠唇花 **254271**
麻叶花 248765
麻叶花楸 **369384**
麻叶裂舌萝藦 **351603**
麻叶菱登草 231267
麻叶毛蕊花 **405680**
麻叶猕猴桃 **6718**
麻叶密钟木 **192635**
麻叶拟芸香 **185650**
麻叶蟛蜞菊 **413563**,413565
麻叶槭 2793
麻叶千里光 **358500**
麻叶荨麻 **402869**
麻叶青 179694
麻叶秋海棠 49629
麻叶荛花 414211
麻叶蜀葵 18160
麻叶树 123330
麻叶铁苋菜 **1912**
麻叶绣球 **371894**,371836,371868
麻叶绣球绣线菊 371868
麻叶绣线菊 **371868**,371894
麻叶栒子 **107649**
麻叶子 205548
麻翼兜兰 282900
麻油香 407977
麻榆 401542
麻玉果 299724
麻芋 20132
麻芋杆 33325
麻芋果 299721,299724
麻芋头 16512
麻芋子 20132,33276,33292,33319,33325,33349,33397,33503,299721,299724,401161
麻泽兰 239222
麻轧木 239526
麻轧木属 239525
麻疹日本茵芋 **365933**
麻竹 **125482**,47427,47445
麻竹舅 125443
麻竹属 125461
麻仔 411420
麻子草 1790
麻子壳柯 233411
麻紫菀 **40781**
麻醉根 417340
麻醉椒 300458
麻醉药 33473
蟆叶秋海棠 50232
马鞍 280548
马鞍宫 366284
马鞍黄耆 **42336**
马鞍兰 146308

马鞍兰属 146305
马鞍美冠兰 **156630**
马鞍秋 280548
马鞍山吊灯花 **84276**
马鞍树 **240128**,217613,280555
马鞍树属 **240112**
马鞍藤 **208069**,68737,208067
马鞍羊蹄甲 49022
马鞍叶 49022
马鞍叶羊蹄甲 49022
马鞍子 104701
马拔契科 172716
马拌肠 42594
马绊草 8884
马绊肠 278842,278919,279053
马棒草 125005
马包 114128
马雹儿 396170
马比花 244985
马比戟属 **240181**
马比木 266810
马比木属 244971,266799
马边鞍薯 345881,345894
马边楼梯草 **142731**
马边木瓜红 327418
马边槭 **3131**
马边兔儿风 **12605**
马边绣球 199865
马边玄参 **355183**
马边玉山竹 **416794**
马鞭采 368994
马鞭草 **405872**,125005,125048,125135,125235,206044,282162,373507
马鞭草二乔玉兰 **242309**
马鞭草假塞拉玄参 **318426**
马鞭草科 **405907**
马鞭草属 **405801**
马鞭草旋覆花 **207241**
马鞭草叶马先蒿 **287796**
马鞭草叶泥花草 **231486**
马鞭草叶泽兰 **158360**
马鞭草状黑草 **61879**
马鞭椵 **238244**
马鞭椵属 **238242**
马鞭杆 125005,125135
马鞭花 83238
马鞭菊破布木 **104267**
马鞭菊属 405911
马鞭兰 110502
马鞭兰属 110500
马鞭七 134403
马鞭三七 345586
马鞭梢 405872
马鞭稍 405872
马鞭石斛 **125138**,125135
马鞭鼠尾草 **345458**
马鞭藤 208067
马鞭子 405872
马鞭子草 117859
马槟榔 **71796**,45725,71797,71919,71933,132230
马槟榔属 71676
马波罗 199743,234442
马剥儿 396170
马伯乐棕 246698
马伯乐棕属 246697
马勃拉斯柳 344173
马瓟瓜 390128,396170
马瓟儿 **417470**,417472
马瓟儿属 **417452**,249760
马薄荷 **257184**
马薄荷属 257157
马不留 403687
马布里玄参属 **240200**
马蚕豆 **408394**
马草 **361866**,125235,285859,285880,361868
马草果 165121
马岑草 188007
马层 249212
马层子 249232
马查紫堇 **106130**
马茶花 154162
马柴胡 363516
马菖坡 76813
马肠薯蓣 **131844**
马肠子 289636
马肠子树 289636,289665
马场蓟 **91791**
马场莎草 **118431**
马场悬钩子 **338060**
马车轮斜升福禄考 **295245**
马齿菜 311890
马齿草 311890
马齿豆 408393
马齿龙菜 311890
马齿龙牙 311890
马齿毛兰 299643
马齿苹兰 **299643**
马齿七 65915
马齿藤 **180066**
马齿藤属 **180064**
马齿苋 **311890**
马齿苋滨藜 **44611**
马齿苋坚果番杏 **387201**
马齿苋科 **311954**
马齿苋属 **311817**
马齿苋树 **311956**
马齿苋树科 **311964**
马齿苋树属 **311955**
马齿苋驼蹄瓣 **418730**
马齿苋小叶番杏 **169993**
马齿苋叶景天 200798
马齿苋叶木麒麟 **290711**
马齿苋叶土人参 **383331**
马串铃 250228
马床 97719
马慈箭竹 **162754**
马刺 154316,367735
马刺苞澳洲柏 **67411**
马刺草 92066
马刺刺 92066
马刺盖 415132
马刺蓟 **92205**,92066
马刺甲合欢 162473
马刺楷 68676
马刺口 92066
马刺石斛 **124967**
马葱 **15467**
马达 377856
马达加斯加斑鸠菊 **406822**
马达加斯加吊兰 **88596**
马达加斯加鹅绒藤 **117361**
马达加斯加非洲楝 **216209**
马达加斯加凤尾葵 **139376**
马达加斯加橄榄 **71007**
马达加斯加龟背棕 49407
马达加斯加海杧果 **83706**
马达加斯加红厚壳 **67871**
马达加斯加红鞘紫葳 **330007**
马达加斯加猴面包树 **7029**
马达加斯加胡桐 **67858**
马达加斯加黄檀 **121701**
马达加斯加假山萝 **185897**
马达加斯加豇豆 **408838**
马达加斯加胶漆树 **177544**
马达加斯加胶藤 113825
马达加斯加金果椰 **139306**
马达加斯加菊 **29559**
马达加斯加菊属 **29551**
马达加斯加类芦 265916
马达加斯加楝属 **67663**
马达加斯加轮环藤 **116023**
马达加斯加罗汉松 **306485**
马达加斯加马尔泰利木 **245922**
马达加斯加马唐 **130661**
马达加斯加牛奶木 **255270**
马达加斯加漆树 **48463**
马达加斯加漆树属 **48462**
马达加斯加千里光 **359423**
马达加斯加群蕊竹 **268117**
马达加斯加榕 **165303**
马达加斯加三距时钟花 **396498**
马达加斯加散尾葵 **89354**
马达加斯加莎草 **119370**
马达加斯加山辣椒 **382784**
马达加斯加山榄属 162956
马达加斯加水蕹 **29676**
马达加斯加天门冬 **39079**
马达加斯加乌木 **132192**
马达加斯加五层龙 **342687**
马达加斯加虾脊兰 **66003**
马达加斯加橡胶树 113825
马达加斯加小花扁担杆 **180869**
马达加斯加雪白朱砂莲 **290104**
马达加斯加亚龙木 **16262**
马达加斯加延命草 **303478**
马达加斯加圆萼藤 **378350**
马达加斯加折扇叶 261545
马达加斯加醉鱼草 62118
马达藤 **45736**
马达藤科 **45738**
马达藤属 **45735**
马大白 71796
马旦果 182962
马旦果属 182961
马蛋果 **182962**,36942,48515,116589,199743,274409
马蛋果属 **182961**
马刀豆 71050
马岛埃尔时钟花 **148130**
马岛艾里爵床 **144619**
马岛爱兰 **204742**
马岛爱兰属 **204741**
马岛安龙花 **139472**
马岛桉叶藤 **113825**
马岛鞍蕊花 **146303**
马岛白花苋 **9384**
马岛白前 **117583**
马岛百脉根 **237689**
马岛斑唇兰 **180096**
马岛斑鸠菊 **406550**
马岛伴帕爵床 **60309**
马岛瓣鞘花 **99502**
马岛棒槌树 **279684**
马岛棒状苏木 **104316**
马岛本氏兰 **51106**
马岛篦叶紫葳 **296982**
马岛臂形草 **416836**
马岛臂形草属 **416835**
马岛萹蓄 **291843**
马岛扁担杆 **180856**
马岛泊尔竹 **291465**
马岛草属 **54468**
马岛车桑子 **135207**
马岛赪桐 **96197**
马岛臭檀 **161355**
马岛窗孔椰属 49405
马岛刺戟木 **129776**
马岛刺橘 **405525**
马岛刺葵属 49405
马岛刺林草 **2346**
马岛刺桐 **154688**
马岛刺五蕊簇叶木 **329447**
马岛刺衣黍 **140595**
马岛大刺橘 **405526**
马岛大戟 **158889**

马岛大足兰 **45350**
马岛戴星草 **370968**
马岛单列木 **257956**
马岛单脉青葙 **220212**
马岛单叶豆 **143870**
马岛刀豆 **71058**
马岛邓博木 **123665**
马岛迪皮豆 **139045**
马岛丁香 10550
马岛顶冠夹竹桃 **376010**
马岛豆腐柴 **313683**
马岛豆属 **28896**
马岛毒鼠子 **128737**
马岛独子果 **297793**
马岛杜若 **307336**
马岛短柄草 **58595**
马岛短角西澳兰 **118164**
马岛多穗兰 **310323**
马岛鹅不食草 **146102**
马岛尔菟丝子 **115113**
马岛二毛药 **128456**
马岛番樱桃 **156283**
马岛番茱萸 **248514**
马岛防己属 63881
马岛非生木 297793
马岛非洲白花菜 **57445**
马岛风兰 **24934**
马岛福谢山榄 **162960**
马岛甘比山榄 **170888**
马岛橄榄属 **18989**
马岛格尼木 **201652**
马岛格尼瑞香 **178594**
马岛钩毛草 317223
马岛钩毛黍 **317223**
马岛狗肝菜 **129286**
马岛狗牙花 **382832**
马岛菰 **134997**
马岛菰属 **134995**
马岛瓜属 418788
马岛管花兰 **106874**
马岛光花丹氏梧桐 **135891**
马岛国王椰子 **327108**
马岛哈伦木 **186043**
马岛焯菜 **336228**
马岛旱禾 409191
马岛旱禾属 409190
马岛合瓣樟 **91459**
马岛合欢 **13496**
马岛核果木 **138653**
马岛红树 **240341**
马岛红树属 **240339**
马岛红叶藤 **337750**
马岛厚膜树 **163405**
马岛厚叶狗牙花 **382767**
马岛葫芦 **20467**
马岛葫芦属 **20464**
马岛蝴蝶兰 **293578**
马岛琥珀树 **27873**
马岛花椒 **417264**
马岛黄楝树 **345506**
马岛黄梁木 **59948**
马岛黄蓉花 **121928**
马岛黄檀 **121741**
马岛黄尾豆 **415098**
马岛黄杨 **64280**
马岛火畦茜 **322964**
马岛鸡头薯 **153014**
马岛姬冠兰 **157150**
马岛吉沃特大戟 **175978**
马岛寄生属 **46689**
马岛加利茜 **170795**
马岛加利茜属 **170794**
马岛假缠绕草 **283468**
马岛假翼无患子 **318181**
马岛尖柱鼠麹木 **79351**
马岛见血飞 **65018**
马岛剑苇莎 **352333**
马岛姜味草 **253697**
马岛浆果苋 **123567**
马岛胶藤 **220898**
马岛金虎尾属 **294628**
马岛金星菊 **89955**
马岛茎花豆 **118093**
马岛苣苔 **198759**
马岛苣苔属 **198758**
马岛绢毛栓皮豆 **259850**
马岛蕨叶无患子 **166064**
马岛爵床 **57947**
马岛爵床属 **57943**
马岛卡尔茜 **77219**
马岛卡普山榄 **72131**
马岛壳瓣花 **101722**
马岛空竹 **82456**
马岛苦槛蓝 **23400**
马岛苦槛蓝属 **23399**
马岛苦木 **304199**
马岛苦木属 **304198**
马岛宽肋瘦片菊 **57640**
马岛葵 49407
马岛蜡菊 **189532**
马岛兰 **116757**
马岛兰属 **116755**
马岛蓝花参 **412744**
马岛蓝星花 **33670**
马岛类沟酸浆 **255170**
马岛类水黄皮 **310967**
马岛丽冠菊 **68044**
马岛栗寄生 **217910**
马岛莲叶桐 **186894**
马岛莲叶桐属 **186893**
马岛裂盖海马齿 **416895**
马岛林列当 **324974**
马岛林列当属 **324973**
马岛鳞花草 **225192**
马岛柳 **343654**
马岛龙胆 **274457**
马岛龙胆木 **174240**
马岛龙胆木属 **174239**
马岛龙胆属 **274455**
马岛龙鳞树 **339871**
马岛卢梭野牡丹 **337796**
马岛芦莉草 **51061**
马岛芦莉草属 **51060**
马岛鹿藿 **333304**
马岛绿合欢 **13693**
马岛罗伯茜 **334924**
马岛马瓞儿 **417483**
马岛马钱 **378793**
马岛马蹄果 **316026**
马岛麦克无患子 **240894**
马岛脉刺草 **265686**
马岛毛柄花 **396127**
马岛毛茶 **28567**
马岛毛果竹叶菜 **332373**
马岛毛花木犀 **101618**
马岛毛花五星花 **289823**
马岛茅膏菜 **138315**
马岛茅香 **27962**
马岛没药 **101453**
马岛霉草 362042
马岛美丽假杜鹃 **48308**
马岛密花树 **326528**
马岛蜜茱萸 **249150**
马岛牡荆 **411334**
马岛木 **241484**
马岛木苞杯花 **415744**
马岛木蓝 **206732**
马岛木属 **241483**
马岛木犀榄 **270144**
马岛拿司竹 **262767**
马岛南鹊肾树 **55218**
马岛南洋参 **310222**
马岛拟大豆 **272367**
马岛拟大麻 **71234**
马岛拟九节 **169344**
马岛拟鸟花兰 **269551**
马岛拟小雀瓜 **115998**
马岛拟亚龙木 **16265**
马岛鸟花兰 **269544**
马岛欧石南 **149722**
马岛攀缘墨药菊 **248613**
马岛泡状苦苣菜 **368844**
马岛佩奇木 **292423**
马岛佩氏景天 **291479**
马岛佩氏景天属 **291478**
马岛佩耶茜 **286764**
马岛膨头兰 **401059**
马岛皮尔逊豆 **286793**
马岛啤酒藤 **63885**
马岛啤酒藤属 **63881**
马岛飘拂草 **166391**
马岛平口花 **302640**
马岛朴 **80689**
马岛普拉克大戟 **305154**
马岛奇异堇菜 **410355**
马岛茜 **55981**
马岛茜草属 **342817**
马岛茄 **367351**
马岛青篱竹 **37241**
马岛青藤 **204635**
马岛琼楠 **50556**
马岛秋海棠 **49881**
马岛球花豆 **284465**
马岛全缘山榄 **218737**
马岛染料木 **173002**
马岛乳香树 **57525**
马岛软木花 **294263**
马岛萨曼苦木 **345516**
马岛三萼木 **395281**
马岛沙玄参 **316975**
马岛沙玄参属 **316974**
马岛莎草 **119158**
马岛山黄菊 **25550**
马岛山龙眼 **130943**
马岛山龙眼属 **130939**
马岛蛇藤 **100064**
马岛时钟花 **199636**
马岛时钟花属 **199635**
马岛矢车菊 **373604**
马岛矢车菊属 **373602**
马岛柿属 **77938**
马岛适度丹氏梧桐 **135925**
马岛双距兰 **133725**
马岛水玉簪 **63984**
马岛苏木 **65032**
马岛酸藤子 **144761**
马岛索克寄生 **366811**
马岛索林漆 **369781**
马岛塔花 **114497**
马岛塔花属 **114496**
马岛檀茜草 **346185**
马岛檀香属 **299126**
马岛糖棕 **57127**
马岛天竺葵 **288353**
马岛田基黄 **180176**
马岛田菁 **361405**
马岛甜桂 **383647**
马岛甜桂属 **383640**
马岛铁木豆 **380083**
马岛庭院椴 **370137**
马岛透骨草 **61455**
马岛土沉香 **161667**
马岛土连翘 **201076**
马岛驼蹄瓣 **418705**
马岛瓦尔草 **413239**
马岛瓦尔草属 **413238**
马岛瓦爵床 **405236**
马岛瓦爵床属 **405235**

马岛瓦氏茜 **404833**
马岛外套花科 **351727**
马岛外套花属 **351709**
马岛莞 **241487**
马岛莞属 **241485**
马岛苇梗茜 **71143**
马岛纹蕊茜 **341330**
马岛沃大戟 **412130**
马岛无患子属 **392100**
马岛五月茶 **28359**
马岛西番莲属 **123616**
马岛希克尔竹 **195368**
马岛希客竹 195368
马岛锡叶藤 **386882**
马岛喜盐草 **184976**
马岛仙人笔 **216681**
马岛显脉木 **60424**
马岛线柱兰 **417758**
马岛相思子 **757**
马岛香荠菜属 **71619**
马岛香灌木 **261545**
马岛香荚兰 **405009**
马岛小瓠果 **290531**
马岛小黄管 **356117**
马岛小金虎尾属 **254059**
马岛小土人参 **383288**
马岛小叶盾蕊樟 **39721**
马岛小爪漆 **253750**
马岛肖刺衣黍 **86117**
马岛肖矛果豆 **294615**
马岛楔刺爵床 **370902**
马岛泻瓜 **79807**
马岛心被旋花 **73150**
马岛新豆 **263920**
马岛新豆属 **263918**
马岛新喀香桃 **97231**
马岛新柔木豆 **263583**
马岛星莎 **6871**
马岛雄黄兰 **111456**
马岛雄蕊草属 **22304**
马岛旋花 **199255**
马岛旋花科 **199256**
马岛旋花属 **199252**
马岛鸭跖草 **101086**
马岛鸭嘴花 **214610**
马岛岩蔷薇 **93179**
马岛羊蹄甲 **49164**
马岛杨爵床 **311130**
马岛椰 **412291**
马岛椰属 **412286**,139300,245703
马岛叶节木 **296837**
马岛叶水茜 **297565**
马岛异耳爵床 **25708**
马岛翼蓼 **278398**
马岛翼蓼属 **278397**
马岛芋兰 **265407**
马岛圆萼藤 **378354**
马岛越橘 **403895**
马岛芸香属 **210499**
马岛杂蕊草 **381743**
马岛杂色豆 **47771**
马岛摘亚苏木 **127408**
马岛獐牙菜 **380341**
马岛樟属 312013
马岛沼兰 **243071**
马岛沼石南星 **76985**
马岛掷爵床 **139887**
马岛茱萸 **181279**
马岛茱萸属 **181278**
马岛猪笼草 **264843**
马岛猪屎豆 **112142**
马岛竹 **404499**
马岛竹属 **404498**
马岛紫云菜 **378185**
马岛棕 **383112**
马岛棕属 **383111**,412286
马德飞蓬 **150772**
马德卡萨白粉藤 **92825**
马德卡萨芦荟 **17010**
马德卡萨秋海棠 **50052**
马德卡萨柿 **132282**
马德卡萨天门冬 **39081**
马德卡萨驼蹄瓣 **418707**
马德卡萨早熟禾 **305695**
马德拉光梗风信子 **45326**
马德拉桔梗属 **260515**
马德拉蓝蓟 **141129**
马德拉老鹳草 **174719**
马德拉木茼蒿 **32587**
马德拉染料木 **173129**,173078
马德拉斯百簕花 **55374**
马德拉斯砖子苗 **245473**
马德拉藤 26265
马德兰掌根兰 **121381**
马德雷翠雀花 **124368**
马德雷山金丝桃 **202067**
马德雷鼠尾草 **345191**
马德雷丝兰 **416622**
马德里雀麦 **60820**
马德里燕麦 **45510**
马德雀麦 60820
马德肖鸢尾 **258581**
马德银豆 **32856**
马灯盆 18052
马登杜鹃 331179
马迪澳非萝藦 **326767**
马迪非洲耳茜 **277274**
马迪母草 **231542**
马迪牡荆 **411335**
马地吊灯花 **84162**
马地甘草 **177928**
马地海神木 **315869**
马蒂安息香 **379407**
马蒂奥里车轴草 **396964**
马蒂奥里千里光 **359454**
马蒂奥里前胡 **292923**
马蒂奥里獐牙菜 **380275**
马蒂豆属 **245965**
马蒂斯毒鼠子 **128745**
马蒂坦 **128458**
马蒂坦谷木 **250011**
马蒂坦瘤蕊紫金牛 **271070**
马蒂坦酸脚杆 **247593**
马蝶花 264163
马蝶花属 264158
马丁缠绕草 **16178**
马丁杜鹃 331205
马丁哈里 185922
马丁黄檀 **121746**
马丁蓟 **92262**
马丁堇菜 **409615**
马丁李叶豆 **200846**
马丁矛果豆 **235551**
马丁内斯飞廉 **73410**
马丁内斯狭花柱 **375528**
马丁疱茜 **319969**
马丁三裂槭 **3207**
马丁氏蛛毛苣苔 **283120**
马丁特斯曼苏木 **386787**
马丁仙人掌 **272975**
马丁香茅 117204
马丁烟堇 169153
马丁叶下珠 **296651**
马丁鸢尾 **208581**
马丁紫檀 **320323**
马丁紫葳 **245947**
马丁紫葳属 **245945**
马丁棕属 12771
马都拉斯橙 **93565**
马都拉下田菊 **8018**
马都拉猪屎豆 **112381**
马都瑞地木 329276,329277
马都瑞氏木 **329276**
马兜果 34154
马兜苓 34154,34162
马兜铃 **34162**,34154,34219,34365,73159
马兜铃吊灯花 **83996**
马兜铃根 34162
马兜铃基花莲 **48652**
马兜铃科 **34384**
马兜铃属 **34097**
马兜铃藤 34162
马兜铃娃儿藤 **400853**
马兜铃叶白粉藤 **92615**
马兜零 34154,34162
马斗铃 34154
马斗令 34154
马豆 64990,177777,408571
马豆草 408571
马豆草属 278679
马笃七 110502
马杜梨 243723
马断肠 80141
马儿杆 255849
马儿花 308613
马尔彩花 **2260**
马尔刺头菊 **108338**
马尔葱 **15461**
马尔大戟 **159318**
马尔顿金鱼草 **28626**
马尔哈米 245629
马尔汉木属 135299
马尔浩特百里香 **391265**
马尔浩特春黄菊 **26818**
马尔褐花 **61144**
马尔花属 **243531**
马尔黄麻 **104105**
马尔加尔苓菊 **214126**
马尔加斯露兜树 **281072**
马尔夹竹桃 **16001**
马尔夹竹桃属 **16000**
马尔金千里光 **279922**
马尔康报春 **314677**
马尔康糙果芹 **393954**
马尔康草 243164
马尔康草属 243156
马尔康柴胡 **63744**
马尔康滇紫草 **271799**
马尔康杜鹃 **330204**
马尔康附地菜 397382
马尔康鹿蹄草 **322850**
马尔康桑 **259167**
马尔康乌头 **5368**
马尔康香茶菜 **209836**
马尔康蝇子草 **363726**
马尔康早熟禾 **305696**
马尔考特车叶草 **39377**
马尔考蝇子草 **363723**
马尔里恩帚石南 **67489**
马尔龙胆 **173627**
马尔木 **243462**
马尔木属 **243461**
马尔茄属 **245597**
马尔塞野牡丹属 **245128**
马尔沙柴胡 **63749**
马尔沙糖芥 154467
马尔尚没药 **101455**
马尔尚青锁龙 **109139**
马尔鼠尾草 **345197**
马尔水仙 **262416**
马尔丝茎短梗景天 **8440**
马尔台斯血橙 **93779**
马尔泰利木属 **245921**
马尔唐菖蒲 **176358**
马尔特柴胡 **63750**
马尔特类越橘 79792

马尔特披碱草　**144386**
马尔特悬钩子　**338241**
马尔特艳苞莓　**79792**
马尔线莴苣　**375973**
马尔谢里马钱　**378797**
马尔谢里肖九节　**402011**
马尔岩地青锁龙　**109351**
马尔蝇子草　**363730**
马耳草　36647,100940,370407
马耳朵草　36647,90405,317226,370407
马耳茜属　**196798**
马耳山虎耳草　**349094**
马耳山龙胆　**173618**
马耳山乌头　**5156**
马耳山五味子　351118
马耳他矢车菊　**81198**
马耳子果　347965,347968,347969
马饭　130745
马非　233786
马菲赪桐　**337443**
马菲欧石南　**149726**
马菲柿　**132283**
马菲紫罗兰　**342496**
马芬加大戟　**159290**
马芬加多穗兰　**310497**
马芬加海神木　**315747**
马粪树　116589
马疯大戟　196716
马疯大戟属　196715
马疯木　**196716**
马疯木科　**196714**
马疯木属　**196715**
马峰七　308893
马蜂菜　311890
马蜂橙　**93561**,93492
马蜂柑　93492,93561
马蜂毛柑　93492
马蜂七　308893,309014
马凤菜　311890
马拂帚　226977
马盖麻　**10816**
马干铃　396217
马干铃栝楼　**396217**
马肝石　162542
马戈特草　**245255**
马戈特草属　**245253**
马歌箭竹　**162643**
马格草　144213,335326
马格葱　15467
马格达莱纳风兰　**24935**
马格达莱纳马岛翼蓼　**278443**
马格达莱纳山梅花　294551
马格非洲香属　245712
马格寄生　**241920**
马格寄生属　**241919**
马格里特·特布尔薄叶海桐　**301404**
马格丽特糙蕊阿福花　**393766**
马格丽特大戟　**159312**
马格丽特立金花　**218888**
马格丽特肖鸢尾　**258561**
马格丽特旋刺草　**173159**
马格纳塞拉玄参　**357581**
马格柱瓣兰　**146439**
马根柴　35674
马根子草　117859
马贡无患子　**242377**
马贡无患子属　**242375**
马古公　280440
马骨草　223930
马挂木　232603
马挂树　232603
马褂兰属　295875
马褂木　232603
马褂树　232603
马拐　191387
马关报春　**314232**
马关茶　**69346**
马关杜鹃　**331184**
马关凤仙花　**205114**
马关含笑　**252940**
马关黄肉楠　**6821**
马关兰　**116978**
马关木莲　**244454**
马关秋海棠　**50145**
马关香竹　**87641**
马关崖爬藤　**387865**
马圭尔飞蓬　**150768**
马圭尔茜　**242385**
马圭尔茜属　**242384**
马圭尔野牡丹　**242381**
马圭尔野牡丹属　**242380**
马桂花　144773
马哈法尔阿拉豆　**13402**
马哈法尔大戟　**159294**
马哈法尔鹅绒藤　**117586**
马哈法尔麻疯树　**212175**
马哈法尔黍　**281869**
马哈法尔沃恩木蓝　**405205**
马哈法尔猪屎豆　**112382**
马哈法里斑鸠菊　**406551**
马哈法里扁担杆　**180858**
马哈法里二叉豆　**129515**
马哈法里黄鸠菊　**134802**
马哈法里蜡菊　**189533**
马哈法里没药　**101454**
马哈夫萝藦属　**242392**
马哈贡尼桃花心木　380528
马哈勒布樱桃　83253
马哈雷樱　83253
马哈利酸樱桃　83253
马哈利樱桃　83253
马哈沃萝藦　**242402**
马哈沃萝藦属　**242401**
马蒿　78012
马河山黄芪　42665
马河山黄耆　42665
马核果　212621
马赫里茄　**367354**
马亨箭竹　**162656**
马红凤仙　204793
马红凤仙花　**204793**
马红金足草　178839
马洪伴帕爵床　**60310**
马洪九节　**319665**
马洪露子花　**123923**
马洪美冠兰　**156850**
马洪鞘蕊花　**99637**
马洪绳草　**328092**
马洪石豆兰　**62819**
马洪异荣耀木　**134668**
马猴枣　345881,345894
马胡卡　241519
马胡美洲土楠　**228691**
马胡烧　70833
马胡藤黄　**242665**
马胡藤黄属　**242664**
马胡须　56637,396025
马虎眼　159027
马黄　146183
马黄消　205639
马蝗果　107340,107451
马灰条　44347
马茴香　4062
马茴香属　**196723**
马鸡康　313369
马基桑属　244997
马吉草　**242390**
马吉草属　**242387**
马吉兰属　**245241**
马吉木属　**242785**
马棘　**206445**,206669
马集柴　72258
马蓟　44208,44218,92066
马加刺兜　366284
马加勒　366284
马加里棕　**262235**
马加里棕属　**262234**
马加利斯盐肤木　**332707**
马加木　369484
马家木　369484
马甲　366284
马甲菝葜　**366414**
马甲刺　366284
马甲竹　**47473**,47493
马甲子　**280555**
马甲子属　**280539**
马驾百兴　143464
马菅　**74866**
马箭　308529,308538,308572,308641
马交儿　417470
马椒　417277
马角刺　176897
马脚迹　81570
马脚藤　49046
马脚蹄　37624
马街芎䓖　229309
马杰木属　242785
马金南　31680,71796
马金囊　71796,71797
马金钟　313564
马韭　232640,272090
马韮　208543
马驹　72038,390213,418169
马爵床　**80357**
马爵床属　**80356**
马卡邦扭果花　**377762**
马卡里延叶菊　**265984**
马卡卢索腺叶藤　**376532**
马卡什夫风铃草　**70155**
马卡什夫婆罗门参　**394314**
马卡氏皱子棕　**321170**
马卡亚木　240736
马卡亚木属　240735
马卡野牡丹　**240216**
马卡野牡丹属　**240215**
马卡紫金牛　**187086**
马卡紫金牛属　**187084**
马凯石南　149709
马坎多非洲豆蔻　**9919**
马康草属　243156
马可芦莉草　**339762**
马克草　**240371**
马克草属　**240370**
马克凤仙花　**205107**
马克黄顶菊　**166823**
马克韭　**15444**
马克拉刺子莞　**333623**
马克洛风车子　**100607**
马克洛假杜鹃　**48243**
马克洛可拉木　**99212**
马克洛裂稃草　**351293**
马克披碱草　**144380**
马克千里光　**358809**
马克萨斯刺莲花　**301753**
马克萨斯刺莲花属　**301750**
马克舌萝藦　**290908**
马克石斛　**125243**
马克斯布里滕参　**211516**
马克斯龙面花　**263440**
马克斯叶梗玄参　**297114**
马克西米里椰子　246735
马克西米里椰子属　246731
马克西米利亚诺百蕊草　**389785**
马克西米利亚诺菲利木　**296257**

马克西米利亚诺立金花 **218895**
马克西米利亚诺罗顿豆 **237363**
马克西米利亚诺欧石南 **149744**
马克西米利亚诺驼蹄瓣 **418711**
马克西米利亚诺肖鸢尾 **258565**
马克西莫氏云杉 298354
马克西莫维奇椴 391766
马克西莫维奇小檗 52246
马克西姆马先蒿 **287414**
马克肖竹芋 66175
马克逊马先蒿 **287415**
马克眼子菜 312170
马克野荞麦 **152299**
马克紫茉莉 **255730**
马肯大果萝藦 **279447**
马肯瓠果 **290558**
马孔多崖豆藤 **254766**
马口含珠 8760
马口铃 111879
马库苔草 **75288**
马挎皮 99420
马奎桑属 244997
马昆拂子茅 **65307**
马昆假鼠麹草 **317753**
马昆蓝眼草 **365762**
马昆毛茛 **326051**
马拉巴草属 **242804**
马拉巴臭椿 12587
马拉巴樗 12587
马拉巴豆 **112953**
马拉巴尔瓜 **114277**
马拉巴尔樫木 **139663**
马拉巴尔露籽草 **277428**
马拉巴尔木 121730
马拉巴尔青牛胆 **392262**
马拉巴尔柿 **132286**
马拉巴广防风 25475
马拉巴嘉兰 177251
马拉巴金剑草 **25475**
马拉巴锦 99638
马拉巴栗 279387
马拉巴毛麝香 **7988**
马拉巴毛柱豆 **299150**
马拉巴秋海棠 50256
马拉巴使君子 **324684**
马拉巴柿 132286
马拉巴紫檀 320307
马拉吊兰 **88598**
马拉非洲豆蔻 **9920**
马拉非洲砂仁 9920
马拉瓜属 **245001**
马拉加斯管花菰 **221048**
马拉甲轴榈 **228749**
马拉胶 26028
马拉坎达刺头菊 **108337**
马拉坎达蜡菊 **189539**
马拉坎达蓝刺头 **140745**
马拉坎达驴臭草 **271801**
马拉坎达蒲公英 **384660**
马拉坎达蔷薇 **336734**
马拉坎达鸢尾 **208707**
马拉坎达猪毛菜 **344623**
马拉克彩果棕 **203509**
马拉克鬣蜥棕 203509
马拉葵属 **242866**
马拉里南洋参 **310224**
马拉茜属 **242978**
马拉塞罗双 283900
马拉山榄属 **242830**
马拉山龙眼 **242972**
马拉山龙眼属 **242971**
马拉斯基樱桃 **316318**
马拉维阿林莎草 **14709**
马拉维阿氏莎草 **585**
马拉维赪桐 **337433**
马拉维大戟 **9331**
马拉维大戟属 **9329**
马拉维短毛瘦片菊 **58998**
马拉维鬼针草 **53998**
马拉维拟风兰 **24677**
马拉维十万错 **43641**
马拉维铁苋菜 **1920**
马拉维香茶 **303484**
马拉维玉凤花 **183909**
马拉野牡丹 248762
马来矮椰子 **98137**
马来暗罗属 **240136**
马来苞芽树 **208999**
马来槟榔属 6861
马来波罗蜜 **36914**
马来薄竹 **216393**
马来薄竹属 **216391**
马来布豆 **63942**
马来布豆属 **63941**
马来叉柱花 **374488**
马来沉香 29977
马来臭梧桐 **96044**
马来刺篱木 **281246**
马来刺篱木科 **281240**
马来刺篱木属 **281245**
马来刺椰 **298836**
马来刺椰属 **298830**
马来刺子莞 333628
马来大风子 281246
马来大风子属 281245
马来带唇兰 383163
马来杜鹃 **331193**
马来番荔枝属 **252769**
马来番樱桃 382606
马来风车子 100805
马来风轮桐 **147355**
马来甘巴豆 217855
马来高山桂 **228239**
马来高山桂属 **228238**
马来钩藤 401757
马来菰 **161812**
马来菰属 **161811**
马来瓜属 **49308**
马来红光树 **216793**
马来黄牛木 **110267**
马来姬椰子属 203501
马来檵木 **242729**
马来檵木属 **242728**
马来假山龙眼 **189977**
马来姜黄 **114876**
马来姜属 **215691**
马来胶木 **280446**
马来巨草竹 175591
马来龙眼 265136
马来落檐属 **193580**
马来毛兰 **148632**
马来毛龙眼 **265136**
马来倪藤 178535
马来潘近树 281246
马来苹果 243982
马来蒲桃 382606
马来茜属 **377522**
马来山槟榔 **299668**
马来扇叶椰子 106986
马来蛇王藤 285673
马来石梓 **178044**
马来藤 242975
马来甜龙竹 **125465**
马来五加 **2444**
马来西亚百合 **216451**
马来西亚百合属 **216450**
马来西亚茶茱萸属 **366025**
马来西亚大豆蔻 **198475**
马来西亚干花豆 **167288**
马来西亚钩藤 **401750**
马来西亚黄根 **315328**
马来西亚苦橙 93559
马来西亚葵属 298830
马来西亚兰属 59010
马来西亚龙眼 **131062**
马来西亚陆均松 **121093**
马来西亚买麻藤 **178536**
马来西亚山柑 71764
马来细枝龙血树 **137419**
马来杏 243982
马来亚八角 **204593**
马来亚白茶树 **217761**
马来亚瓣子草 **266008**
马来亚番荔枝 **252770**
马来亚黄桐 **145418**
马来亚姜黄 114874
马来亚金柑 167513
马来亚蛇藤 **100063**
马来亚玉蕊 **86**
马来亚玉蕊属 **85**
马来眼子菜 **312171**
马来洋椿 **80033**
马来椰属 6861,212401
马来野生稻 **275956**
马来隐棒花 **113538**
马来鱼藤 125983
马来竹 **197602**
马来竹柏 **261983**
马来竹属 **197601**
马莱杜鹃 **243251**
马莱杜鹃属 **243250**
马莱戟属 **245168**
马莱泽阿斯皮菊 **39788**
马莱泽百蕊草 **389778**
马莱泽法鲁龙胆 **162793**
马莱泽谷精草 **151360**
马莱泽基花莲 **48669**
马莱泽宽肋瘦片菊 **57641**
马莱泽蜡菊 **189534**
马莱泽蓝花参 **412746**
马莱泽千里光 **359430**
马莱泽莴苣 **219408**
马莱泽小金梅草 **202902**
马莱泽肖蝴蝶草 **110680**
马莱泽一点红 **144950**
马莱泽玉凤花 **183843**
马莱泽猪屎豆 **112385**
马兰 **215343**,39928,39989,40621,41404,85944,208606,208667,208874,387136
马兰草 413514
马兰秆 177944
马兰古豇豆 **409003**
马兰古蜡菊 **189540**
马兰古美登木 **182737**
马兰古千里光 **359438**
马兰古鞘蕊花 **99641**
马兰古莎草 **119169**
马兰古树葡萄 **120139**
马兰古硬皮豆 **241432**
马兰花 123065,239608
马兰加扁莎 **322292**
马兰加黄檀 **121742**
马兰加老鸦嘴 **390830**
马兰加肋瓣花 **13821**
马兰加美冠兰 **156851**
马兰加蒴莲 **7279**
马兰加猪屎豆 **112596**
马兰菊 215343
马兰木 242984
马兰木属 242983
马兰青 215343
马兰属 **215334**
马兰藤 **134026**
马兰藤属 **134025**
马兰头 39966,215343
马兰头花 50825
马兰子 208543

马蓝　47845,206669,209229
马蓝属　**378079**,47842,320103
马郎果　165541
马郎花　131254
马狼柴　177932
马朗番樱桃　**156287**
马劳斯草　**245679**
马劳斯草属　**245678**
马老头　351383
马老亚纳棘豆　**278988**
马佬含菊　377973
马勒　165761
马勒阿冯苋　**45772**
马勒棒毛萼　**400783**
马勒栎　**323791**
马勒美丽柏　67424
马雷奥特刺苞菊　**77017**
马雷奥特葱　**15455**
马雷奥特红花　**77730**
马雷奥特黄耆　**42678**
马雷奥特絮菊　**165992**
马雷十二卷　**186529**
马雷斯假匹菊　**329819**
马雷喜阳花　**190384**
马类普属　243472
马梨光　3003
马礼士杜鹃　331203
马里安阿兰藤黄　**14893**
马里安鹅绒藤　**117591**
马里安狗牙花　**382835**
马里奥兰　243289
马里奥兰属　243287
马里巴托坡垒　**198166**
马里恩美国冬青　**204120**
马里红蝎尾蕉　**190029**
马里兰德矮美国冬青　**204121**
马里兰德变豆菜　**345980**
马里兰德决明　360453
马里兰德栎　**324155**
马里兰德山蚂蝗　**126458**
马里兰德杨　311155
马里兰德异决明　**360453**
马里兰番泻　360453
马里兰金菊　**90233**
马里兰栎　324155
马里兰杨　**311155**
马里坦黑松　**300119**
马里虾脊兰　66005
马里亚纳南烛　239388
马里亚氏翠雀花　**124374**
马力斯八仙花　**199974**
马力斯绣球　199974
马利埃木属　**245661**
马利花属　**245269**
马利箭竹　**162711**
马利筋　**37888**
马利筋花锚　**184690**
马利筋龙胆　173264
马利筋女娄菜　363218
马利筋属　**37811**
马利筋薯蓣　**131473**
马利兰栎　324155
马利菱　**394487**
马利欧石南　**149980**
马利蒲葵　234185
马利斯荚蒾　**408035**
马利斯早熟禾　305712
马利旋花属　**245294**
马利早熟禾　**305711**
马栗　9701
马连　208667
马连鞍　377856
马连鞍薯　345881,345894
马连蒿　35674
马莲　208667
马莲鞍　**377856**,313197
马莲鞍属　**377844**
马莲草　313564
马莲花　349627
马楝花　208543
马楝子　208543
马蓼　308907,309298,309345,309468,309494,309570,309624
马蓼属　291651
马料草　232252
马料豆　765,177777
马料梢　70833,206445,226739
马林迪木蓝　**206221**
马林迪猪屎豆　**112387**
马林光　380520
马林果　338300
马林蓼　**309375**
马林萝藦　**243280**
马林萝藦属　**243279**
马林矢车菊　**81189**
马林塔尔三齿萝藦　**396725**
马林香茶　**303485**
马蔺　**208667**,208543
马蔺花　208543
马灵仙　328665
马岭竹　**47333**
马凌　414813
马铃草　112138
马铃铛　55605
马铃番木鳖　378860
马铃根　111915
马铃骨　191228
马铃果　**412094**,34154
马铃果属　**412078**
马铃花　199455,219970
马铃苣苔　**273832**,273842,273861
马铃苣苔属　**273830**
马铃马钱　**378860**
马铃薯　**367696**
马铃薯茄　**367367**
马铃薯双冠苣　**218208**
马骝橙藤　249679
马骝光　376478
马骝果　249679
马骝姜　114427
马骝解　198827
马骝藤　249679
马榴根　134029,295518
马榴光　376457
马柳光树　417558
马六甲沉香　**29977**
马六甲臭椿　**12585**
马六甲合欢　162473
马六甲苦油树　72646
马六甲楝属　28993
马六甲马钱　**378794**
马六甲木果楝　**415717**
马六甲蒲桃　**382606**
马六甲三列苔草　**242846**
马六甲三列苔草属　**242845**
马六甲山马茶　**382808**
马六甲蛇王藤　**285673**
马六甲酸渣树　**72646**
马六甲异合欢　162473
马六甲鱼藤　125983
马六喃果苏木茎花豆　**118094**
马六藤　208067
马六竹　416805
马龙符　345586
马龙古刺蒴麻　**399274**
马龙古蓝花参　**412751**
马龙古黍　**281883**
马龙古树葡萄　**120140**
马龙古莴苣　**219410**
马龙戟　**317810**
马龙戟属　**244986**
马龙加宽肋瘦片菊　**57643**
马龙加轮叶瘦片菊　**11184**
马龙加平菊木　**351222**
马龙加翼毛草　**396103**
马龙女贞　229539
马龙通　126465
马龙鱼　328345
马瘘　338292
马鲁古八宝木　138724
马鲁古苦油楝　72646
马鲁古兰属　**127166**
马鲁古桐属　365198
马鲁杰黄胶菊　**318705**
马鲁杰九节　**319676**
马鲁杰露兜树　**281076**
马鲁杰卢梭野牡丹　**337798**
马鲁杰石豆兰　**62892**
马鲁杰鸭嘴花　**214617**
马鲁杰朱米兰　**212729**
马鲁拉硬果漆　**354346**
马鲁木　**243506**
马鲁木属　**243502**
马鲁穆库特鲁山露兜树　**281077**
马鲁梯木　243506
马鲁梯木属　243502
马鲁因南非禾　**289994**
马陆草　**148258**
马鹿菜　306963
马鹿草　101955,254004
马鹿花　254752,370422
马鹿尾　209844
马鹿竹　**416805**
马路箭竹　**162713**
马略卡粉迷迭香　**337188**
马伦巴三角车　**334654**
马罗阿氏菊　**23**
马罗斑鸠菊　**406568**
马罗丹氏梧桐　**135916**
马罗金果椰　**139381**
马罗蔻木　**246636**
马罗蔻木属　**246631**
马罗蜡菊　**189548**
马罗裂枝茜　**351140**
马罗马岛雄蕊草　**22306**
马罗欧石南　**149740**
马罗佩耶茜　**286766**
马罗千里光　**359447**
马罗茄　**367363**
马罗青篱竹　**37245**
马罗秋海棠　**50064**
马罗萨比斯茜　**341658**
马罗温曼木　**413699**
马罗西澳兰　**118228**
马罗亚麻　**231921**
马罗鱼骨木　**71425**
马罗杂色穗草　**306752**
马罗藻百年　**161560**
马罗紫金牛　**31520**
马萝卜　34590
马萝卜属　34582
马洛葵　243494
马洛斯百蕊草　**389781**
马洛斯臂形草　**58123**
马洛斯长庚花　**193296**
马洛斯齿缘玉　**269118**
马洛斯酢浆草　**277954**
马洛斯大被爵床　**247871**
马洛斯大戟　**159315**
马洛斯菲利木　**296255**
马洛斯观音兰　**399098**
马洛斯红蕾花　**416962**
马洛斯胡麻　**361325**
马洛斯回欢草　**21109**
马洛斯蜡菊　**189546**
马洛斯立金花　**218891**
马洛斯丽冠菊　**68045**

马洛斯利奇萝藦 **221989**
马洛斯裂蕊紫草 **235026**
马洛斯龙面花 **263439**
马洛斯罗顿豆 **237361**
马洛斯马瓟儿 **417487**
马洛斯牻牛儿苗 **346653**
马洛斯毛瑞香 **219003**
马洛斯没药 **101456**
马洛斯木槿 **194999**
马洛斯南非萝藦 **323514**
马洛斯南非帚灯草 **67924**
马洛斯欧石南 **149739**
马洛斯肉锥花 **102289**
马洛斯软骨瓣 **88834**
马洛斯塞拉玄参 **357582**
马洛斯莎草 **119177**
马洛斯施旺花 **352762**
马洛斯瘦鳞帚灯草 **209442**
马洛斯双距兰 **133842**
马洛斯唐菖蒲 **176355**
马洛斯沃森花 **413367**
马洛斯喜阳花 **190445**
马洛斯仙花 **395814**
马洛斯香芸木 **10658**
马洛斯小黄管 **356118**
马洛斯小麦秆菊 **381676**
马洛斯肖鸢尾 **258564**
马洛斯盐肤木 **332712**
马洛斯野豌豆 **408533**
马洛斯一点红 **144951**
马洛斯异被风信子 **132559**
马洛斯硬皮鸢尾 **172650**
马洛斯尤利菊 **160830**
马洛斯针禾 377002
马洛斯针翦草 **377002**
马洛斯直玄参 **29929**
马洛苇梗茜 **71144**
马络葵 **243475**
马络葵属 **243472**
马马菜 311890
马麦草 4273
马莓 338557,339080
马莓叶 339080,339259
马蒙 244397
马米木属 243461
马米苹果 243982
马米杏 243982
马莫拉蝇子草 **363728**
马木姜子 234006
马木树 261621
马木通 34268
马目毒公 139629
马目公 139629
马穆拉小果禾 **253854**
马内蒂属 244358
马纳纳拉大戟 **159308**
马纳纳拉丹氏梧桐 **135912**
马纳纳拉花椒 **417265**
马纳纳拉黍 **281874**
马奶草 117722
马奶藤 6693
马奶叶 165125
马奶子 142199
马南布卢黄鸠菊 **134803**
马南布卢露兜树 **281074**
马南省藤 **65731**
马南扎里赪桐 **96199**
马南扎里金果椰 **139379**
马南扎里石豆兰 **62888**
马楠 221144
马尼尔豆属 **244610**
马尼科百蕊草 **389779**
马尼科斑鸠菊 **406531**
马尼科合瓣花 **381842**
马尼科灰毛豆 **386172**
马尼科鸡头薯 **152976**
马尼科金莲木 **268218**
马尼科老鸦嘴 **390832**
马尼科树葡萄 **120137**
马尼科唐菖蒲 **176352**
马尼科鸭舌癀舅 **370809**
马尼拉白埔姜 **411396**
马尼拉蕉 260275
马尼拉榄仁树 **386493**
马尼拉龙眼 **265128**
马尼拉麻 260275
马尼拉詹柏木 85935
马尼拉芝 418432
马尼拉棕 405258
马尼拉棕榈 405258
马尼玛莎草 **119164**
马尼斯金露梅 **312584**
马尼扬加大沙叶 **286348**
马尿鞭 70788
马尿蒿 35132
马尿花 200228,200230,356590
马尿泡 **316956**,287584
马尿泡属 **316953**
马尿骚 345708
马尿梢 345708,345709
马尿烧 345592,345624,345708,345709
马尿树 235929
马尿溲 372075
马尿藤 **70905**,70788,70904
马尿血豆 66643
马宁玉凤花 183844
马柠条 72321
马农布含羞草 **255071**
马农布马岛外套花 **351715**
马农加斑鸠菊 **406563**
马农加丹氏梧桐 **135915**
马农加盾蕊樟 **39719**
马农加福谢山榄 **162962**
马农加马唐 **130646**
马农加油麻藤 **259537**
马农加猪屎豆 **112389**
马努金合欢 **1376**
马诺黍 **281880**
马泡 339335
马泡瓜 **114194**
马皮采 368994
马皮瓜 257583
马皮泡 371161
马葡萄 20284
马普木 **244982**
马普木属 **244971**
马其顿春黄菊 **26813**
马其顿栎 **324498**
马其顿马兜铃 **34261**
马荠 143123
马前 378836,378948
马钱 378836,378948
马钱科 **235251**
马钱木 378836
马钱属 **378633**
马钱树 378836
马钱塔皮木 **384365**
马钱藤 **378632**,378948
马钱藤属 **378631**
马钱叶菝葜 **366438**
马钱子 **378836**,378833
马钱子科 235251,378625
马钱子属 378633
马乔里钻叶福禄考 **295325**
马乔郁金香 **400192**
马芹 269326
马芹属 366739
马屈菜 311890
马鹊树 141947
马任加 **265687**
马任加丹氏梧桐 **135910**
马任加鸡矢藤 **280087**
马任加三萼木 **395282**
马任加双袋兰 **134317**
马肉豆 **239536**
马肉豆属 **239533**
马茹 315177,365003
马茹茹 337034
马茹子 337034
马乳葡萄 411979
马萨白花菜 **95731**
马萨比特赪桐 **96152**
马萨比特大戟 **159728**
马萨比特毛束草 **395770**
马萨比特三角车 **334608**
马萨布瑟苏木 **64122**
马萨莱豆 **294017**
马萨大沙叶 **286465**
马萨盾舌萝藦 **39636**
马萨尔风毛菊 **348513**
马萨尔斯基风铃草 **70161**
马萨番薯 **207913**
马萨黄花稔 **362581**
马萨假杜鹃 **48250**
马萨狼尾草 **289162**
马萨马齿苋 **311878**
马萨马缨丹 **221317**
马萨脉刺草 **265675**
马萨芒柄花 **271318**
马萨蒙巴萨番薯 **208005**
马萨木犀草 **327885**
马萨千里光 **359451**
马萨荨麻 **402965**
马萨茜 **246960**
马萨茜属 **246958**
马萨三盾草 **394979**
马萨十字爵床 **111738**
马萨黍 **281884**
马萨瓦栓果菊 **222954**
马萨玉簪 **245931**
马萨玉簪属 **245930**
马萨杂色豆 **47773**
马塞多刺橘 **405523**
马赛厄斯草 **246286**
马赛厄斯草属 **246285**
马三七 294123
马桑 **104701**,104694
马桑白脉竹芋 **245027**
马桑科 **104710**
马桑属 **104691**
马桑溲疏 **126843**
马桑绣球 **199817**,200108
马桑叶白蜡树 **167947**
马桑紫 104701
马扫帚 226977
马扫帚牙 167092
马瑟五加 **259392**
马瑟五加属 **259391**
马森齿菊木 **86651**
马森酢浆草 **277957**
马森风信子属 **246135**
马森蓝花参 **412753**
马森肋瓣花 **13823**
马森鳞叶灌 **388740**
马森密头帚鼠麹 **252448**
马森那欧丁香 **382350**
马森欧石南 **149741**
马森旋花 **103130**
马森犹石蒜 **378530**
马森圆筒仙人掌 **116656**
马沙刺 342198
马沙弗尔小檗 **51908**
马山茶属 **382861**
马山地不容 **375888**
马山恩格勒山榄 **145624**
马山防风 292922
马山前胡 **292922**

马山铁线莲 **95106**
马舌菜 311890
马蛇菜 183223
马蛇子菜 311890
马肾果 **11313**
马生菜 311890
马虱子 108587
马虱子草 108587
马虱子树 108587
马什马兜铃 **34294**
马石头 166888
马食菜 311890
马矢蒿 287584
马屎果 276544
马屎蒿 287584
马屎花 356590
马屎烧 287584
马屎苋 356512
马氏菝葜 366548
马氏贝母兰 **98696**
马氏荸荠 **143194**
马氏鼻花 **329540**
马氏碧玉莲 **59707**
马氏藨草 **353606**
马氏滨藜 **44520**
马氏茶藨 334089
马氏虫实 **104813**
马氏臭草 **249037**
马氏刺果泽泻 **140550**
马氏刺楸 **215443**
马氏葱 **15465**
马氏大黄 **329356**
马氏大丽花 **121558**
马氏当归 276752
马氏兜兰 **282865**
马氏毒马草 **362835**
马氏短梗景天 **8471**
马氏短野牡丹 **58558**
马氏椴 **391766**
马氏轭瓣兰 **418578**
马氏番薯 **207978**
马氏飞燕草 124360
马氏福王草 **313850**
马氏狗牙根 **117874**
马氏含笑 **252918**,252924
马氏花凤梨 **392028**
马氏画眉草 **147792**
马氏还阳参 **110893**
马氏黄精 **308598**,308613
马氏棘豆 **278998**
马氏棘皮桦 53400
马氏蓟 92167
马氏夹竹桃属 **246030**
马氏假报春 105496
马氏假狼毒 **375214**
马氏金腰 **90411**
马氏堇菜 **410234**
马氏锦带花 **413616**
马氏九节 **319674**
马氏菊 89610
马氏考尔兰 **217885**
马氏宽果芥 **160694**
马氏老虎兰 **373696**
马氏乐母丽 **335988**
马氏冷杉 414
马氏藜芦 405606
马氏丽花球 **234938**
马氏蓼 **291789**
马氏瘤唇兰 **270830**
马氏瘤玉 389220
马氏柳 **343649**
马氏龙脑香 **245714**
马氏龙脑香属 **245712**
马氏龙舌兰 **10899**
马氏驴喜豆 **271230**
马氏南星 **33407**
马氏念珠芥 **264622**
马氏匹菊 **322713**
马氏破布木 **104212**
马氏蒲公英 **384656**
马氏桤木 **16328**
马氏槭 3137,3243
马氏千里光 **359450**
马氏蔷薇 336736
马氏曲花 **120570**
马氏忍冬 235929
马氏日本小檗 **52246**
马氏肉根草 **413072**
马氏沙参 **7695**
马氏莎草属 **246753**
马氏舌唇兰 **302411**
马氏蛇鞭柱 357744
马氏射叶椰子 **6854**,321170
马氏升麻 91011
马氏矢车菊 **81196**
马氏双苞风信子 **199558**
马氏双龙瓣豆 **133359**
马氏溲疏 **127012**
马氏酸模 340123
马氏笋兰 **390920**
马氏苔草 **75253**
马氏甜瓜 **114213**
马氏铁兰 392028
马氏铁线莲 **95108**
马氏铁仔 **261632**
马氏茼蒿 **89610**
马氏鸵鸟木 **378595**
马氏乌头 5413
马氏五月艾 **35638**
马氏仙人掌 **272967**
马氏香脂苏木 **103714**
马氏小米草 **160214**
马氏蟹甲草 **283844**
马氏心叶兔儿风 **12625**
马氏雄黄兰 **111468**
马氏玄参 355148
马氏亚欧唐松草 **388577**
马氏杨 311389
马氏椰子 **246735**
马氏椰子属 **246731**
马氏罂粟 **282599**
马氏郁金香 **400193**
马氏云杉 **298354**
马氏榛 106757
马氏指甲草 **284874**
马氏猪笼草 **264842**
马氏锥花 **179193**
马氏紫金牛 **31517**
马薯 143122,143391
马树 346502,346503
马莛 114868,114871,114875,114880
马双距兰 **133768**
马斯岛兰 **187358**
马斯岛兰属 **187357**
马斯古牻牛儿苗 **153862**
马斯古紫罗兰 **246516**
马斯海石竹 **34545**
马斯加八仙花 **199975**
马斯箭竹 **162681**
马斯卡莲花掌 **9057**
马斯克林枸杞 **239075**
马斯克林透骨草属 **61453**
马斯克林鸭跖草 **101089**
马斯苦苣菜 **368758**
马斯拉克蓝盆花 **350202**
马斯兰属 **246122**
马斯毛蕊花 **405734**
马斯木 **246020**
马斯木属 **246019**
马斯山龙眼 **260365**
马斯山龙眼属 **260364**
马斯万年青 **130089**
马松白冷杉 **320**
马松蒿 **415622**,415621
马松蒿属 **415619**,320914
马松银冷杉 320
马松子 **249633**,276090
马松子科 **249647**
马松子属 **249627**
马苏阿拉薄苞杯花 **226215**
马苏阿拉盾蕊樟 **39720**
马苏阿拉鹅绒藤 **117592**
马苏阿拉格雷野牡丹 **180404**
马苏阿拉黄檀 **121747**
马苏阿拉金叶树 **90072**
马苏阿拉马岛外套花 **351716**
马苏阿拉马尔泰利木 **245926**
马苏阿拉牡荆 **411339**
马苏阿拉石豆兰 **62893**
马苏阿拉柿 **132293**
马苏阿拉双袋兰 **134318**
马苏阿拉酸脚杆 **247592**
马苏阿拉沃内野牡丹 **413215**
马苏阿拉猪笼草 **264844**
马苏克百蕊草 **389782**
马苏克短丝花 **221429**
马苏克蒲桃 **382608**
马苏克香茶 **303490**
马苏锡叶藤 **386885**
马粟草 59148
马酸通 49744
马索刺痒藤 **394176**
马索桂 **91374**
马索科美冠兰 **156853**
马索科脐果山榄 **270654**
马索腔柱草 **119865**
马索泽菊 **91192**
马塔贝莱大戟 **159320**
马塔贝莱吊兰 **88574**
马塔姆鸭嘴花 **214619**
马踏菜 311890
马踏皮 66738
马胎 31455,31502
马台剪 31477
马太鞍枸子 107516
马太坪诸林 **266502**
马泰半日花 **188750**
马泰琉璃草 **117998**
马泰萝藦属 246267
马泰木 **246254**
马泰木属 **246247**
马泰水马齿 **67371**
马唐 **130745**
马唐属 **130404**
马塘百合 **229930**
马塘葶苈 **137104**
马桃木 **24272**
马桃木属 **24271**
马特巴氏锦葵 **286656**
马特百蕊草 **389783**
马特菲舍尔萝藦 **166635**
马特拉斯黄肉楠 **6793**
马特莱萝藦属 **246267**
马特雷芭蕉 **260249**
马特雷大戟 **245976**
马特雷大戟属 **245975**
马特利日中花 **220609**
马特林倒距兰 **21167**
马特卢尖腺芸香 **4828**
马特苔草 **75307**
马藤 411362
马梯里亚罂粟属 335869
马提罗亚刺桐 154631
马提尼大戟 **159319**
马提尼桐 380554
马蹄 49101,143122,143391,162616

马蹄暗消　285635
马蹄孛荠　**143391**
马蹄菜　243862
马蹄草　59148,68189,81570,126623,146054,176821,176824,176839,208067,228974,239582,278583,284525,301871,301952,360493
马蹄草立金花　68201
马蹄大黄　329366,329372
马蹄大戟　159841
马蹄当归　162616,229035,229049,229091
马蹄跌打　401176
马蹄豆　**196630**,48993,49247
马蹄豆属　**196621**,245965
马蹄防风　299376
马蹄肺筋草　200312
马蹄沟繁缕　**142570**
马蹄果　**316031**
马蹄果属　**316018**
马蹄果索林漆　**369796**
马蹄荷　**161607**
马蹄荷科　**61928**
马蹄荷属　**161605**
马蹄花　154162
马蹄花属　382727
马蹄黄　**370503**,229016,329366,329372,329401
马蹄黄芪　42684
马蹄黄耆　**42684**
马蹄黄属　**370501**
马蹄癀草　409975,410412
马蹄金　**128964**,89207,128972,208067,329372
马蹄金基氏婆婆纳　**216267**
马蹄金科　**128976**
马蹄金属　**128955**
马蹄金叶天竺葵　**288196**
马蹄筋骨草　176839,239582
马蹄决明　360493
马蹄兰　120346
马蹄犁头尖　**401176**
马蹄莲　**417093**
马蹄莲属　**417092**
马蹄蒌　300504
马蹄眉兰　**272432**
马蹄木　161607
马蹄槭　2784
马蹄芹　**129196**
马蹄芹属　**129195**
马蹄参　**133077**
马蹄参科　246223
马蹄参属　**133076**
马蹄踏菜根　374841
马蹄藤　49098
马蹄天竺葵　288594
马蹄纹天竺葵　**288594**,288239
马蹄细辛　37571,37622,37642,37653,37680,131655,229049,348228
马蹄香　**347186**,12631,37571,37622,37648,37674,37680,37709,89207,126623,404285
马蹄香科　**347189**
马蹄香属　**347185**
马蹄莘　37622
马蹄悬钩子　**339306**
马蹄叶　49155,68189,229035,299376
马蹄叶大戟　159841
马蹄叶红仙茅　344834
马蹄叶橐吾　**229123**
马蹄叶香荼菜　**324854**
马蹄樟　161607
马蹄针　368994
马蹄竹　47318
马蹄柱头树科　198217
马蹄柱头树属　198214
马蹄子　360493
马蹄紫菀　229035
马天千日红　**179240**
马庭芥　264167
马铜铃　**191926**
马捅花　70507
马桶花　205548
马头龙叶　387871
马托安龙花　**139473**
马托长庚花　**193290**
马托谷精草　**151364**
马托假杜鹃　**48251**
马托马钱　**378801**
马托鞘蕊花　**99642**
马托苘麻　**955**
马哇　198745
马挽手　117859
马王万年青　**130088**
马韦虎耳草　**349612**
马韦芒柄花　**271446**
马韦岩栖水苏　**373423**
马尾　298093
马尾巴　94830
马尾巴草　312236,378991
马尾巴大绳　180768
马尾白薇　117385
马尾鞭　126465
马尾草　126465,226742
马尾柴胡　**63756**,63744,63868
马尾大艽　5055
马尾吊兰　94483
马尾归　24475
马尾花　332329
马尾黄连　105816,388404,388432,388465,388477,388513,388614,388636,388656,388697
马尾连　106224,388428,388432,388465,388495,388513,388519,388583,388632
马尾莲　205548,388559
马尾榕　164688,165841,165844
马尾伸根　366548
马尾伸筋　366486,366548
马尾参　41795,41812,110886,110952,110979
马尾升麻　6414
马尾省藤　**65735**
马尾树　**332329**,79161
马尾树科　**332330**
马尾树属　**332328**
马尾丝　11572,78731,161418,332329
马尾松　**300054**,300083,300281
马尾藤　126465
马尾香　301002
马乌柴　226977
马屋原鬼针草　**53805**
马屋原南星　**33500**
马屋原苔草　**75318**
马梧桐　**246760**
马梧桐属　**246759**
马西登柳穿鱼　**231033**
马西登糖胡萝卜　**43802**
马西利地锦苗　**85744**
马西西凤仙花　**205126**
马西西老鸦嘴　**390833**
马西西扭果花　**377763**
马细辛　37622
马舄　301871,301952,302068
马先　36232
马先蒿　205580,205585,287483,287584,287802
马先蒿草　287288
马先蒿科　**286968**
马先蒿属　**286972**
马衔山黄芪　42665
马衔山黄耆　**42665**
马苋　311890
马苋菜　311890
马响铃　112138
马小莲　112138
马歇尔菊属　**245886**
马歇尔洋白蜡树　**168059**
马邪蒿　**361501**
马辛　37622,72038,390213
马辛德裸实　**182738**
马新蒿　205580,287584
马行　308893
马雄茜属　**240528**
马熊沟虎耳草　**349615**
马修芥属　246280
马修榕　**165294**
马修斯黑塞石蒜　**193563**
马修斯芥属　**246280**
马修斯立金花　**218893**
马修斯泡叶番杏　**138204**
马修斯雄黄兰　**111469**
马修斯硬皮鸢尾　**172637**
马须草　226977
马熏　308616
马薰　308613
马鸭嘴花　**214468**
马牙半支　356702
马牙半枝莲　356702
马牙草　36647
马牙黄堇　**106133**
马牙马先蒿　287416
马牙七　65871,372247
马牙头　8884
马牙苋　356702
马牙栀　171253,171333
马雅金蝎尾蕉　**190007**
马烟木　82098
马烟树　82107
马眼莲　139623
马眼镰扁豆　71042
马羊草　293709
马腰子果　11313
马药子　417282
马椰桐　**172226**
马椰桐属　172224
马耶彩花　**2259**
马叶树　346502
马伊科普百里香　**391263**
马伊科普糙苏　**295139**
马伊早熟禾　**305721**
马衣叶　147084
马螘草　159092,159286
马驿树　233409
马音加莘婆　**376139**
马银花　**331420**,330546
马婴子　77784
马缨　13578
马缨丹　**221238**
马缨丹多鳞菊　**66358**
马缨丹豪曼草　**186194**
马缨丹科　**221324**
马缨丹属　**221229**
马缨杜鹃　**330546**
马缨花　13578,13586,330546,330592
马缨菊　**221326**
马缨菊属　**221325**
马缨树　13578
马樱丹属　221229
马樱花　13578
马永巴巴豆　**112955**
马永巴碧波　**54376**

马永巴虫果金虎尾 **5920**
马永巴粗叶木 **222088**
马永巴大黄栀子 **337516**
马永巴大沙叶 **286350**
马永巴黄檀 **121748**
马永巴尖花茜 **278226**
马永巴可拉木 **99227**
马永巴落柱木 **300823**
马永巴毛穗茜 **396420**
马永巴牛奶木 **255346**
马永巴脐果山榄 **270655**
马永巴琼楠 **50559**
马永巴三角车 **334655**
马永巴山柑 **334824**
马永巴双翅盾 **133604**
马永巴索林漆 **369783**
马永巴威氏槲果 **46802**
马永巴纹蕊茜 **341331**
马永巴五层龙 **342690**
马永巴细爪梧桐 **226267**
马永巴小花茜 **286013**
马永巴肖九节 **402014**
马永巴亚麻藤 **199166**
马永巴异叶木 **25573**
马永巴泽赫山榄 **417845**
马永巴紫金牛 **31521**
马永贝大瓣苏木 175645
马永贝吉尔苏木 **175645**
马永贝咖啡 **98962**
马永贝落萼旋花 **68358**
马永贝尼芬芋 **265217**
马永贝球锥柱寄生 **177014**
马永贝石豆兰 **62898**
马永贝驼峰楝 **181569**
马郁兰 274224
马圆薏苡 99134
马约罗夫矢车菊 **81188**
马枣子 6682
马藻 312079
马占相思 1375
马针蔺 143207
马帚 208543,226742
马帚子 208667
马株子 216474
马竹霄 285849
马庄棵 362672
马仔藤 260413
马兹秋海棠 **50070**
马兹旋花 **103134**
马子菜 311890
马子银花 309494
马紫无心菜 32145
马棕根 213447
马鬃参 115340
马醉草 **196490**
马醉草属 **196487**
马醉木 **298734**
马醉木属 **298703**
马瓞儿 6907
犸骝草 58389
玛多棘豆 **278986**
玛尔迈山柳菊 **195784**
玛格蜂鸡爪槭 **3317**
玛格蕾塔山楂 **109832**
玛格丽菊 **89421**
玛卡特独行菜 225414
玛勒查尔·福奇欧丁香 **382349**
玛雷迪蔷薇 336736
玛莉亚蝴蝶兰 293621
玛丽·巴拉德荷兰菊 **40933**
玛丽·巴纳德爪瓣鸢尾 **208915**
玛丽安万年青 **130087**
玛丽橙红剑 412339
玛丽橙红剑丽穗凤梨 **412339**
玛丽杜鹃 331203
玛丽红剑 412340
玛丽红剑丽穗凤梨 **412340**
玛丽马先蒿 **287413**
玛丽娜腺草莓树 **30884**
玛丽斯钝齿冬青 **203677**
玛丽沃森花 **413369**
玛丽雪球荚蒾 **408028**
玛利番红花 **111554**
玛利蝴蝶兰 **293621**
玛利亚·克里斯蒂娜公主风信子 **199594**
玛利亚葱 **15462**
玛利亚画眉草 **147802**
玛利亚鸡头薯 **152977**
玛利亚荆芥 **264991**
玛利亚苦瓜掌 **140036**
玛利亚苓菊 **214127**
玛利亚露子花 **123924**
玛利亚日中花 **220608**
玛利亚山黄菊 **25539**
玛利亚山芫荽 **107786**
玛利亚天门冬 **39083**
玛利亚维默桔梗 **414447**
玛利亚旋覆花 **207175**
玛利亚鸭嘴花 **214616**
玛利亚舟叶花 **340777**
玛利亚锥足芹 **102729**
玛利钟倒挂金钟 **168760**
玛栗鲍鲁紫蓝杜鹃 **331716**
玛鲁拉木 354345
玛鲁拉木属 354344
玛美蔓绿绒 **294821**
玛纳斯灯心草 **213225**
玛纳斯益母草 **224998**
玛瑙柑 **93725**
玛瑙果 **3903**
玛瑙果科 **3901**
玛瑙果属 **3902**
玛瑙石榴 **321768**
玛瑙椰属 245703
玛瑙椰子 **245705**
玛瑙椰子属 **245703**
玛瑙玉 **233639**
玛瑙珠 **367107**,367528
玛沁棘豆 **278994**
玛曲棘豆 **278826**
玛曲嵩草 **217223**
玛曲苔草 **75301**
玛森早熟禾 **305718**
玛莎石竹 **127764**
玛氏直唇兰 193073
玛氏舟叶花 **340778**
玛雅堇 **246770**
玛雅堇属 **246769**
码蜡 386504
码漏 386504
蚂拐菜 191387
蚂蝗草 159102,269613
蚂蝗根 269613
蚂蝗木 269613
蚂蝗七 **87859**,87876,183316
蚂蝗七属 87815
蚂蝗痧 143974
蚂蝗梢 371944
蚂蝗藤 92741,92747,92907,313229
蚂癀藤 154958
蚂蟥七 87859
蚂蟥藤 144802
蚂螂花 50669
蚂蚁菜 311890
蚂蚁草 159069,201845,202217,218347,308816
蚂蚁短冠爵床 **58979**
蚂蚁非洲钩藤 **401744**
蚂蚁骨头草 218347
蚂蚁鼓堆树 313754
蚂蚁果 25898
蚂蚁花 **276130**
蚂蚁金合欢 **1412**
蚂蚁木 160480
蚂蚁石豆兰 **62932**
蚂蚁树 394664
蚂蚁窝 287018
蚂蚁砖子苗 **245486**
蚂蚱膀子 207165
蚂蚱菜 311890
蚂蚱草 389333,389339
蚂蚱簕 309564
蚂蚱腿 63594,372067
蚂蚱腿红毛菀 **323030**
蚂蚱腿子 **261399**
蚂蚱腿子属 **261398**
骂补神 313564
骂良王 376088
唛螺陀 25898
吗西车轴草 **396963**
吗西罗勒 **268560**
吗西木蓝 **206225**
吗西十万错 **43642**
吗西绣球防风 **227635**
吗西鸭嘴花 **214618**
埋光乌药 17733
埋鳞柳叶菜 **146942**
埋皮纺 91480
埋桑 385531
埋生蔗草 **210078**
埋生大戟 **159817**
埋生柳 **344084**
埋修 49247
埋扎伞 198523
埋张补 198518
买大子 211067
买担别 18055
买花果 164763
买麻藤 **178549**,178555
买麻藤科 **178522**
买麻藤属 **178524**
买麻藤状藤黄 **171108**
买马萨 346344
买润得拉花 250637
买润得拉花属 250627
买依尔黄耆 **42673**
买子木 211067,379374
买子藤 178555
荬菜 90894,90901,368635,368675
荬子 219485
迈阿密斑鸠菊 **406610**
迈阿密含羞草 **255073**
迈阿密箬棕 **341419**
迈阿密庭菖蒲 **365779**
迈丹塔尔高原芥 **89246**
迈丹塔尔棘豆 **278987**
迈德柳 **343682**
迈东水鳖 **242712**
迈东水鳖属 **242711**
迈东藻 242712
迈东藻属 242711
迈恩独行菜 225414
迈恩爵床 **252687**
迈恩爵床属 **252682**
迈尔矮生希腊冷杉 **307**
迈尔百簕花 **55381**
迈尔柽柳 **383625**
迈尔齿舌叶 **377351**
迈尔刺痒藤 **394177**
迈尔大戟 **158850**
迈尔吊灯花 **84169**
迈尔多穗兰 **310506**
迈尔鹅绒藤 **117602**
迈尔菲利木 **296258**
迈尔风铃草 **70168**

迈尔格尼瑞香 **178647**
迈尔光萼荷 **8575**
迈尔厚壳树 **141671**
迈尔棘豆 **279010**
迈尔假杜鹃 **48255**
迈尔可利果 **96709**
迈尔克虎耳草 **349631**
迈尔蓝花参 **412754**
迈尔柳 **342939**
迈尔柳穿鱼 **231043**
迈尔芦荟 **17029**
迈尔鹿藿 **333319**
迈尔罗顿豆 **237364**
迈尔马利筋 **38013**
迈尔毛茛 **326076**
迈尔美丽百金花 **81520**
迈尔密穗花 **322126**
迈尔木蓝 **206242**
迈尔南非蜜茶 **116339**
迈尔南非针叶豆 **223576**
迈尔扭果花 **377765**
迈尔欧石南 **149034**
迈尔偏肿欧石南 **150216**
迈尔品种帚石南 **67488**
迈尔槭 **3140**
迈尔青锁龙 **108883**
迈尔润肺草 **58899**
迈尔色木槭 **3198**
迈尔莎草 **119192**
迈尔鼠尾草 **345211**
迈尔丝毛玉 **252699**
迈尔斯葱 **254403**
迈尔斯葱属 **254402**
迈尔斯玉簪 **254407**
迈尔斯玉簪属 **254406**
迈尔喜阳花 **190388**
迈尔虾疳花 **86557**
迈尔香附子 **119505**
迈尔肖梾木 **389251**
迈尔续断 **133498**
迈尔盐角草 **342875**
迈尔叶下珠 **296657**
迈尔异柱马鞭草 **315417**
迈尔逸香木 **131978**
迈尔银齿树 **227321**
迈尔原始南星 **315645**
迈尔约翰大地豆 **199355**
迈尔约翰吊灯花 **84170**
迈尔约翰景天 **356935**
迈尔约翰蜡菊 **189557**
迈尔约翰木槿 **195010**
迈尔约翰千里光 **359474**
迈尔约翰茄 **367385**
迈尔约翰秋海棠 **50078**
迈尔约翰树葡萄 **120144**
迈尔约翰素馨 **211906**
迈尔约翰肖杨梅 **258754**
迈尔猪屎豆 **112404**
迈尔紫波 **28488**
迈吉越橘 **403905**
迈克刀秋海棠 **50045**
迈克尔派珀兰 **300574**
迈雷白芥 **364547**
迈雷百金花 **81508**
迈雷柴胡 **63567**
迈雷毒马草 **362831**
迈雷飞蓬 **150770**
迈雷菲利木 **296254**
迈雷虎耳草 **349605**
迈雷花椒 **417256**
迈雷黄耆 **42670**
迈雷基丝景天 **301048**
迈雷空船兰 **9152**
迈雷瘤蕊百合 **271013**
迈雷米努草 **255519**
迈雷牛舌草 **21955**
迈雷破布木 **104214**
迈雷山柳菊 **195979**
迈雷矢车菊 **81187**
迈雷田繁缕 **52608**
迈雷旋花 **103122**
迈雷薰衣草 **223300**
迈雷鸭茅 **121241**
迈雷烟堇 **169093**
迈雷羊茅 **164069**
迈雷罂粟 **282604**
迈雷猪毛菜 **344621**
迈雷紫草 **242744**
迈雷紫草属 **242743**
迈里桤木 **16415**
迈林球百合 **62417**
迈林十二卷 **186531**
迈纳木属 **246785**
迈尼哈尔特巴豆 **112961**
迈尼哈尔特红果大戟 **154831**
迈尼哈尔特槲寄生 **411057**
迈尼哈尔特芦荟 **17025**
迈尼哈尔特文殊兰 **111228**
迈氏白花驴喜豆 **271168**
迈氏报春 **314638**
迈氏补血草 **230678**
迈氏风铃草 **70149**
迈氏附地菜 **397433**
迈氏灰白糖芥 **154476**
迈氏棘豆 **278999**
迈氏金合欢 **1373**
迈氏景天 **356914**
迈氏卷耳 **82921**
迈氏库页冷杉 **463**
迈氏栎 **324147**
迈氏马先蒿 **287424**
迈氏毛蕊花 **405732**
迈氏美古茜 **141922**
迈氏米努草 **255523**
迈氏飘拂草 **166399**
迈氏蒲葵 **234187**
迈氏石头花 **183217**
迈氏矢车菊 **81204**
迈氏瓦拉木 **405281**
迈氏细叶芹 **84750**
迈氏香花芥 **193423**
迈氏小檗 **51903**
迈氏鸭嘴草 **209272**
迈氏岩堇 **340401**
迈氏蝇子草 **363752**
迈斯亥特婆罗门参 **394318**
迈斯亥特矢车菊 **81202**
迈斯科里普紫波 **28487**
迈索尔金丝桃 **202033**
迈伍千里光 **359460**
迈亚马先蒿 **287416**
迈耶棘豆 **279011**
迈耶荆芥 **264994**
迈耶糖芥 **154506**
迈耶委陵菜 **312757**
迈·约琉璃繁缕 **21426**
麦 332221,398839
麦安乃乳突球 244142
麦抱 418164
麦宾草 **144489**
麦刺藤 121760
麦葱 15420
麦葱子 232627
麦得木 254479
麦得木属 254478
麦德苔草 **75323**
麦德鸢尾 **208710**
麦登杜鹃 331179
麦地龙香荼菜 **209771**
麦地绣线菊 372001
麦吊杉 298258
麦吊云杉 **298258**
麦冬 **272090**,232640,272111,375151
麦冬属 232617,272049
麦豆 301070
麦豆草 141374
麦毒草 11947
麦毒草属 11938
麦方草 317036
麦夫子 401161
麦麸草 56318
麦秆菊 **415386**
麦秆菊属 **415385**,276556
麦藁菊 415386
麦瓜 114292
麦桂 113470
麦果果 142152
麦果漆 287989
麦壶尼亚属 242717
麦斛 **62799**,63032,295518
麦花草 **46359**
麦黄草 105846,201605
麦黄茅 **194044**
麦黄葡萄 **411572**
麦加菜子 403687
麦加利澳柏 67422
麦加没药 **101391**
麦加绉子棕属 321161
麦加子 403687
麦加紫菀 **40235**
麦家公 233700
麦家公属 **62294**
麦句姜 77146,127852
麦句名姜 77146
麦卡杜鹃 **331164**
麦卡婆婆纳 **247070**
麦卡婆婆纳属 **247068**
麦考毛茛 **326050**
麦克草 **240349**
麦克草属 **240347**
麦克菊 **240359**
麦克菊属 **240358**
麦克勒木属 240750
麦克雷菊 **240911**
麦克雷菊属 **240907**
麦克利银桦 **180617**
麦克林葱 **15445**
麦克木 **247060**
麦克木属 **247059**
麦克穆拉远志 **260011**
麦克牛角草 **273175**
麦克诺顿福来木 **162993**
麦克欧文苞叶兰 **58402**
麦克欧文糙蕊阿福花 **393723**
麦克欧文叉序草 **209912**
麦克欧文大戟 **160009**
麦克欧文菲利木 **296324**
麦克欧文菲奇莎 **164555**
麦克欧文红点草 **223812**
麦克欧文肋瓣花 **13818**
麦克欧文裂舌萝藦 **351608**
麦克欧文美冠兰 **156841**
麦克欧文南非针叶豆 **223574**
麦克欧文欧石南 **149714**
麦克欧文千里光 **359410**
麦克欧文青锁龙 **109135**
麦克欧文曲花 **120573**
麦克欧文全毛兰 **197545**
麦克欧文双袋兰 **134315**
麦克欧文天门冬 **39077**
麦克欧文田菁 **361401**
麦克欧文鸵鸟木 **378594**
麦克欧文无梗石蒜 **29567**
麦克欧文无鳞草 **14424**
麦克欧文喜阳花 **190379**
麦克欧文肖皱籽草 **250938**
麦克欧文远志 **308177**

麦克茜 **240351**
麦克茜属 **240350**
麦克斯维尔夫人漂泊欧石南 **150204**
麦克斯维尔夫人英国石南 150204
麦克斯维尔欧洲云杉 **298202**
麦克唐纳栎 **324138**
麦克无患子属 **240883**
麦克野牡丹属 **247210**
麦克紫葳 **264145**
麦克紫葳属 **264143**
麦肯岩黄芪 187994
麦肯岩黄耆 **187994**
麦夸里澳洲柏 **67422**
麦拉拉 243164
麦兰菜状肥皂草 403687
麦蓝菜 **403687**,390213
麦蓝菜三毛燕麦 **398428**
麦蓝菜属 **403686**
麦篮子 403687
麦榄 142152
麦雷亚麻 **231918**
麦李 **83208**,83238
麦里蒿 126127
麦里山柚子 **249181**
麦里山柚子属 **249178**
麦利安木属 248936
麦利尔劳尔本木兰 241958
麦利奇木属 249172
麦利塔木属 250945
麦粒团 142088
麦粒子 142214
麦连子 403687
麦蓼 309298
麦灵鸡属 256441
麦芦荟 **17017**
麦螺陀 25898
麦毛草 310109
麦茅根 291403
麦门 272090
麦门东 232640,272090
麦门冬 232623,232640,272085,272090,272107
麦门冬草 272090
麦门冬属 232617
麦门冬叶柴胡 63588
麦门荠 272090
麦泡 379370
麦皮树 270156
麦撇花藤 244985
麦瓶草 **363368**,363467,363606,364103
麦瓶草属 363141
麦碛山苔草 **74623**
麦仁珠 **170694**
麦乳头麒麟 **293124**
麦参 375151
麦氏埃蕾 81523
麦氏草 **256601**
麦氏草属 **256597**
麦氏草状落芒草 **276038**
麦氏茶藨 334094
麦氏醋栗 334094
麦氏海棠 243651
麦氏厚壳桂 113470
麦氏嘉赐树 78137
麦氏蓝刺头 **140749**
麦氏忍冬 235945
麦氏铁线莲 95113
麦氏小檗 51903
麦氏野扁豆 **138971**
麦氏圆锥球 **264129**
麦氏蚤缀 32071
麦氏紫金牛 31509
麦斯李 **316762**
麦穗 46198
麦穗草 37379
麦穗酢浆草 277878
麦穗凤梨 **252738**
麦穗凤梨属 **252736**
麦穗红 129243,337253
麦穗黄花草 **27934**
麦穗癀 337253
麦穗茅根 **291403**
麦穗七 277878
麦穗石豆兰 **62961**
麦穗苔 74826
麦穗苔草 **74826**
麦穗夏枯草 220126,316097,316127
麦苔草 75314
麦特杜鹃 **331227**
麦托罗 171393
麦豌子 301070
麦文 272090
麦无踪 357919
麦夏枯 220126,316127
麦仙翁 **11947**
麦仙翁属 **11938**
麦旋子 247425
麦芽子 171155
麦樱 83347
麦硬 6781
麦哲伦达尔文小檗 **51522**
麦哲伦根大叶草 **181949**
麦哲伦根乃拉草 181949
麦哲伦景天 **356912**
麦哲伦山茶 **69166**
麦哲伦岩高兰叶小檗 **51591**
麦哲伦种棉木 **46233**
麦珠子 **17621**
麦珠子属 **17613**
麦子七 277878
麦棕子 232631
卖索尔凤仙花 **205162**
卖子木 211067
卖子木属 211029
脉瓣卫矛 157926
脉苞菊属 **216605**
脉草藤 408672
脉翅悬钩子 338637
脉刺草属 **265672**
脉萼蓝钟花 **115405**,115386
脉耳草 **187558**,187549,187677
脉梗苔草 **75502**
脉果长穗毛莨 **326384**
脉果大沙叶 **286376**
脉果还阳参 **110953**
脉果摩斯马钱 **259361**
脉果漆 287989
脉果漆属 287986
脉果石薯 179494
脉果通宁榕 **165754**
脉槲寄生 **411066**
脉花党参 **98380**
脉花马尔茄 **245598**
脉基巢菜 408672
脉裂芥 **294944**
脉裂芥属 **294943**
脉鳞禾 **265757**
脉鳞禾属 **265756**
脉龙胆 **173666**
脉欧李 83189
脉甜茅 **177662**
脉纹毛莨 209784
脉纹香茶菜 209784
脉纹早熟禾 **265804**
脉纹早熟禾属 **265803**
脉星菊 **265712**
脉星菊属 **265707**
脉亚麻 **231936**
脉燕麦 **45523**
脉羊耳兰 232252
脉羊耳蒜 232252
脉叶超颜 32642
脉叶朝颜 32642
脉叶翅棱芹 320976
脉叶钓樟 231334
脉叶豆腐柴 **313699**
脉叶虎皮楠 122717
脉叶化石花 **275891**
脉叶假杜鹃 **48268**
脉叶兰 206714,265373
脉叶兰属 265366
脉叶裂籽茜 **103873**
脉叶柳 **343884**
脉叶罗汉松 306506
脉叶马岛茜草 **342831**
脉叶牻牛儿苗 **153877**
脉叶莓科 265720
脉叶莓属 265713
脉叶木兰 206714
脉叶木蓝 **206714**
脉叶榕 **165797**
脉叶十大功劳 **242602**
脉叶苏科 265720
脉叶天竺葵 **288386**
脉叶维氏山龙眼 **410933**
脉叶香茶菜 209784
脉叶鸭跖草 **101102**
脉叶野豌豆 408672
脉叶银桦 **180622**
脉叶硬厚壳树 **141693**
脉颖草 **265706**
脉颖草属 **265705**
脉颖糖蜜草 **249313**
脉障芥属 294926
脉指光膜鞘茜 **201031**
蛮刀背 239696
蛮妃角 **199057**
蛮瓜 238258,238261
蛮鬼塔属 279885
蛮汗风毛菊 348626
蛮耗红皮 **413789**
蛮耗秋海棠 **50058**
蛮姜 17733
蛮将殿 **385872**
蛮老婆针 365296
蛮栌 317602
蛮南瓜 114292
蛮犀角 **374031**
蛮须 18836
蛮楂 84573
蛮竹 **47342**,47313,47318
蛮子草 176839,239582
馒头闭花木 94541
馒头菠 338281
馒头草 129068,363295
馒头果 **94541**,164661,177165,177170,177174
馒头果属 177096
馒头花 375187,375274
馒头菊 124826
馒头郎 165515
馒头柳 **343676**
馒头罗 165515
馒头麦瓶草 363295
馒头树 177170
槾橘 **93844**
樠 401581
樠木 .221894,401581
樠木皮 401581
樠溪 221894
鳗鱼菊 **179322**
鳗鱼菊属 **179319**
鳗鱼木 **179300**
鳗鱼木属 **179299**

鳗籽木　**179315**
鳗籽木属　**179314**
鬘华　211990
满草　289925
满长红　13934
满大青　96200
满地红　308946
满地金　384714
满地金钱　384681
满地毯　413149
满地香　175203
满冬　38960
满盾豆　**61440**
满盾豆属　**61437**
满福木　77067,141629
满福木属　77063
满江红　337925,346950
满露草　138295
满路金鸡　218347
满绿隐柱兰　113848
满坡香　274237,404316
满山白　237191,257542,331795
满山爆竹　**364822**
满山红　**331203**,132601,174877,278602,312550,330495,331284,331289,331565,331839
满山黄　368073
满山抛　76813
满山跑　206882
满山藤黄　**171091**
满山香　8192,18529,25316,62110,94175,143998,166652,172099,233882,238106,239571,239640,259282,260164,260173,260178,274237,301294,301360,313692,346527,351066,351069,351078,351081,351098,381944,404316,417170,417340,417346
满山香科　**388178**
满山香属　260158
满身串　299376
满氏独活　**192302**
满氏鹅耳枥　77350
满树星　**203540**
满堂红　204799,219933
满塘红　29301
满天草　158906
满天飞　23850,108736,275403
满天红　110251
满天香　172099,260178
满天星　18147,23850,23853,24116,81687,104690,183191,183225,200261,200366,203540,203578,207151,210548,239671,239862,274237,277747,286264,360933,360935,367241,367733,417139
满天星草　307656
满天星属　18089,145673,360923
满条红　83769
满阳花　326616
满月　**244019**
满洲贝母　168387
满洲茶藨　334084
满洲豆梨　323110
满洲胡桃　212621
满洲槭　3129
满洲杏　34443
满族金露梅　**312585**
曼版朴　**80733**
曼比拉杂色豆　**47772**
曼椆　116165
曼德草　**244319**
曼德草属　**244318**
曼德拉白酒草　**103530**
曼德拉斑鸠菊　**406558**
曼德拉糙蕊阿福花　**393765**
曼德拉赪桐　**96201**
曼德拉吊灯花　**84165**
曼德拉凤仙花　**205118**
曼德拉格尼木　**201653**
曼德拉谷木　**250009**
曼德拉鸡矢藤　**280088**
曼德拉卡凤仙花　**205117**
曼德拉卡普山榄　**72132**
曼德拉卡酸脚杆　**247590**
曼德拉蜡菊　**189535**
曼德拉类链荚木　**274333**
曼德拉卢梭野牡丹　**337797**
曼德拉马岛菀　**241488**
曼德拉木槿　**194993**
曼德拉佩耶茜　**286765**
曼德拉千里光　**359433**
曼德拉斯马岛茜草　**342826**
曼德拉鱼骨木　**71422**
曼德拉猪屎豆　**112388**
曼德藤属　244320
曼德维拉属　244320
曼多萝　123065
曼戈基黄鸠菊　**134804**
曼戈基露兜树　**281075**
曼戈基木蓝　**206222**
曼戈基枪刀药　**202580**
曼哥龙巴豆　**112954**
曼格澳洲苋　**321103**
曼古鲁大戟　**159311**
曼古鲁丹氏梧桐　**135914**
曼古鲁格雷野牡丹　**180403**
曼古鲁古柯　**155090**
曼古鲁金果椰　**139380**
曼古鲁蜡菊　**189536**
曼古鲁诺罗木犀　**266714**
曼古鲁秋海棠　**50057**
曼古鲁柿　**132289**
曼哈顿蓝北美圆柏　**213991**
曼豪楼梯草　**142735**
曼荆金合欢　**1375**
曼密苹果　243982
曼密苹果属　243979
曼密属　243979
曼姆　383407
曼尼卡椆属　244495
曼尼坡杜鹃　**331197**
曼尼浦耳百合　**229913**
曼尼浦红丝线　**238969**
曼尼普洱十大功劳　242597
曼尼普小檗　**51905**
曼尼氏蝴蝶兰　293620
曼宁哥斯达黎加胡桃　**14586**
曼宁维拉尔睡莱　**409281**
曼千里光　359434
曼茄　367322
曼青冈　**116165**
曼榕　145693
曼森博什木棉　**57426**
曼森梧桐属　**244714**
曼生苦荬菜　283397
曼氏阿诺木　**26153**
曼氏杯冠藤　**117350**
曼氏杯漆　**396346**
曼氏杯桑　**355977**
曼氏杯首木　**355913**
曼氏鼻烟盒树　**270915**
曼氏茶茱萸　**203292**
曼氏赪桐　**96202**
曼氏虫蕊大戟　**113079**
曼氏单花杉　**257137**
曼氏地杨梅　**238643**
曼氏杜若　**307330**
曼氏短冠草　**369222**
曼氏多坦草　**136548**
曼氏鹅掌柴　**350738**
曼氏繁缕　**374964**
曼氏非洲豆蔻　**9921**
曼氏非洲砂仁　9921
曼氏非洲鸭跖草　**100908**
曼氏风车子　**100612**
曼氏凤仙花　**205119**
曼氏古柯　**155091**
曼氏谷精草　**151363**
曼氏光花咖啡　**318793**
曼氏鬼针草　**53999**
曼氏鹤顶兰　**293519**
曼氏红果大戟　**154829**
曼氏红柱树　**78676**
曼氏胡枝子　**226890**
曼氏壶花无患子　**90746**
曼氏蝴蝶草　**392919**
曼氏蝴蝶兰　293620
曼氏基特茜　**215771**
曼氏假马兜铃　**283742**
曼氏剪股颖　**12181**
曼氏浆果鸭跖草　**280515**
曼氏胶藤　**220899**
曼氏脚骨脆　**78136**
曼氏茎花豆　**118095**
曼氏九节　**319672**
曼氏聚花草　**167032**
曼氏决明　**78375**
曼氏凯木　**215672**
曼氏榼藤子　**145887**
曼氏库卡芋　**114391**
曼氏蜡菊　**189537**
曼氏蓝桔梗　**115448**
曼氏雷内姜　**327741**
曼氏擂鼓芳　**244925**
曼氏冷水花　**298966**
曼氏狸藻　**403247**
曼氏离瓣寄生　**190843**
曼氏鳞果藤　**270944**
曼氏流苏树　**87720**
曼氏琉璃草　**117945**
曼氏龙血树　**137446**
曼氏楼梯草　**142736**
曼氏鹿藿　**333308**
曼氏萝芙木　**327033**
曼氏牻牛儿苗　**153858**
曼氏毛盘鼠李　**222417**
曼氏魔芋　**20155**
曼氏囊大戟　**389075**
曼氏拟三角车　**17996**
曼氏扭丝使君子　**377601**
曼氏欧石南　**149732**
曼氏盘花千里光　**366888**
曼氏婆婆纳　**407221**
曼氏千里光　**359434**
曼氏琼楠　**50557**
曼氏肉果荨麻　**402296**
曼氏赛金莲木　**70738**
曼氏色颖南非禾　**290013**
曼氏莎草　**119166**
曼氏山刺爵床　**273712**
曼氏烧麻　402296
曼氏螯毛果　**97546**
曼氏树葡萄　**120138**
曼氏酸脚杆　**247591**
曼氏苔草　**75299**
曼氏藤黄　**171137**
曼氏天胡荽　**200327**
曼氏铁青树　**269671**
曼氏铁苋菜　**1921**
曼氏萎草　**245070**
曼氏五层龙　**342689**
曼氏西非橘　**8796**
曼氏西非椰　**354513**

曼氏细线茜 **225765**
曼氏线柱兰 **417759**
曼氏腺荚果 **7412**
曼氏肖长管山茶 **248813**
曼氏肖杜楝 **400626**
曼氏新野桐 **263681**
曼氏须芒草 **22807**
曼氏旋覆花 **207174**
曼氏血腺蕊 **191223**
曼氏鸭嘴花 **214614**
曼氏崖豆藤 **254767**
曼氏叶下珠 **296650**
曼氏异燕麦 **190172**
曼氏疣蕊樟 **401041**
曼氏玉凤花 **183847**
曼氏远志 **308182**
曼氏獐牙菜 **380268**
曼氏针囊葫芦 **326663**
曼氏脂苏木 **315258**
曼氏指腺金壳果 **121164**
曼氏舟瓣梧桐 **350465**
曼柿 **132290**
曼塔茜 **244721**
曼塔茜属 **244720**
曼特德赫明雪白山梅花 **294578**
曼透鞘花 **62281**
曼佗罗叶茄 **367636**
曼陀罗 **123077**,69156,123065,154734
曼陀罗花 68088,123065,154734
曼陀罗科 **123094**
曼陀罗木 **61231**
曼陀罗木属 **61230**
曼陀罗属 **123036**
曼陀茄 244343
曼陀茄属 244340
曼珠沙华 239266
曼兹拉基翁丹氏梧桐 **135913**
慢橘 **93735**
漫板树 415241
漫步飞蓬 **151050**
漫胆草 97043,97044
漫山麻雀木 **285583**
漫生荸荠 **143044**
漫生尖膜菊 **201301**
漫生毛茛 **325567**
漫生膜质菊 201301
漫生莠竹 **254004**
漫游矮船兰 **85133**
漫游番薯 **208274**
漫游黄牛角草 **273174**
漫游卷耳 **83072**
漫游老鹳草 **174995**
漫游日中花 **220543**
漫游石蒜 **404086**
漫游石蒜属 **404083**
漫游雅各菊 **211291**
漫游野荞麦 **152620**
漫游泽菊 **91232**
漫游猪屎豆 **112782**
漫竹 **297460**
缦华 211990
蔓 361317
蔓坝 143965
蔓白前 **117745**
蔓白薇 117424
蔓斑鸠菊 406150,406272
蔓斑竹芋 113946
蔓草虫豆 **65156**
蔓草木豆 65156
蔓茶藨 333970
蔓长春花 **409335**,409339
蔓长春花科 **409354**
蔓长春花老鸦嘴 **390896**
蔓长春花属 **409325**
蔓赤车 **288769**
蔓虫豆 65156
蔓楚 94740
蔓地草 410672
蔓地犁 410672
蔓地莓 146526
蔓地莓属 146522
蔓钓钟柳 **289330**
蔓丁香 **185764**
蔓构 61102
蔓龟草 131573
蔓孩儿参 **318493**
蔓耗秋海棠 50058
蔓胡颓子 **141999**
蔓虎刺 **256005**
蔓虎刺属 **256001**
蔓花烛 **28111**,28118
蔓华 86901
蔓黄金菊 **317787**
蔓黄金菊属 **317786**
蔓黄堇 106355
蔓黄芪 42208
蔓黄檀 **121810**
蔓黄菀 359980
蔓藿香 **388307**
蔓鸡冠 9396
蔓假繁缕 318493
蔓剪草 **117424**
蔓椒 417180,417282
蔓椒草 **290426**
蔓金腰 **90362**
蔓金腰子 90362
蔓锦葵属 **25922**
蔓京子 411464
蔓茎白酒草 **103593**
蔓茎报春 **314113**
蔓茎闭鞘姜 **107268**
蔓茎彩叶凤梨 **264425**
蔓茎大戟 **159771**
蔓茎点地梅 23281
蔓茎毒毛旋花 378445
蔓茎番杏 **12962**
蔓茎葶菜 **336267**
蔓茎葫芦茶 **383007**
蔓茎葫芦茶属 **320612**
蔓茎画眉草 **147955**
蔓茎火炬花 **217032**
蔓茎鸡脚参 **275766**
蔓茎金田菊 **222599**
蔓茎堇 409898
蔓茎堇菜 409898
蔓茎蓝钟花 115365
蔓茎马桑 **104703**
蔓茎木蓝 **206504**
蔓茎千里光 123750
蔓茎青锁龙 **109358**
蔓茎山柳菊 **195939**
蔓茎山珊瑚 155012
蔓茎山珊瑚属 155011
蔓茎鼠尾 345418
蔓茎鼠尾草 345418
蔓茎栓果菊 222988
蔓茎双角草 **131353**
蔓茎水芹 **269356**
蔓茎四瓣果 193747
蔓茎莴苣 **219284**
蔓茎鸭嘴花 **214789**
蔓茎沿阶草 **272128**
蔓茎羊角拗 378445
蔓茎蝇子草 **363958**
蔓茎舟叶花 **340890**
蔓荆 **411464**,411362,411430
蔓荆子 411430,411464
蔓菁 **59575**,59603
蔓菁甘蓝 **59507**
蔓九节 **319833**
蔓桔梗 70396
蔓苦草 388303
蔓苦荬 210673
蔓兰 **193066**
蔓兰属 **193064**
蔓狸藻 **403288**
蔓篱蓼 162528
蔓蓼 162519,309836
蔓柳 **344231**
蔓柳穿鱼 116736
蔓柳穿鱼属 116732
蔓龙胆 398262,398273
蔓龙胆属 **110292**
蔓露兜属 168238
蔓绿常春藤 187251
蔓绿欧洲常春藤 **187251**
蔓绿绒 294814
蔓绿绒属 294785
蔓马缨丹 **221284**
蔓麦瓶草 363958
蔓毛林花 **400972**
蔓绵菜 253476
蔓茉莉 211940
蔓牡丹 **79494**
蔓牡丹属 **79493**
蔓千斤拔 166888
蔓茄 **367332**,238957,367322
蔓芹属 393937
蔓青 411464
蔓蘘荷 167040
蔓蘘荷属 167010
蔓人参 70396
蔓榕 **165441**,165734
蔓三七草 183122
蔓山葡萄 411686
蔓舌草属 **243252**
蔓蛇藨 333972
蔓参 98343
蔓生阿芒多兰 30534
蔓生白前 117734
蔓生白薇 117734
蔓生百部 375343
蔓生班克木 **47664**
蔓生贝克斯 47664
蔓生倒挂金钟 168781
蔓生福禄考 **295286**
蔓生合耳菊 **381961**
蔓生赫柏木 **186983**
蔓生黄堇 **105666**
蔓生拉拉藤 **170420**
蔓生蜡菊 **189659**
蔓生马先蒿 **287792**
蔓生盘叶忍冬 235713
蔓生日本扁柏 **85320**
蔓生榕 **164892**
蔓生山珊瑚 170048
蔓生山珊瑚兰 **170048**
蔓生鼠李 **328831**
蔓生莠竹 254004
蔓生针垫花 **228098**
蔓生醉鱼草 **62092**
蔓首乌 **162519**
蔓藤草 252514
蔓天冬 39185
蔓田芥 30272
蔓条子 411464
蔓桐花 246649
蔓桐花属 **246651**
蔓头萝 165515
蔓委陵菜 312540
蔓莴苣 210673
蔓乌头 **5674**,5204,5214,5247
蔓乌药 5612
蔓五月茶 **28313**
蔓小豆 **294040**
蔓性八仙花 199800
蔓性落霜红 80260

蔓性千斤拔　**166888**
蔓性天竺葵　288430
蔓鸭舌癀舅　**370810**,57359
蔓延　284401
蔓延香草　**239885**
蔓延悬钩子　**338648**
蔓炎花　**244362**
蔓炎花属　**244358**
蔓野牡丹　247564
蔓野牡丹属　247526
蔓野蔷薇　336738
蔓一叶　185764
蔓茵芋　365942
蔓越橘　403894,403916
蔓藻科　340502
蔓泽兰　254424
蔓泽兰属　254414
蔓枝龙胆　**173577**
蔓枝日本卫矛　157637
蔓栉花芋　**113946**
蔓竹杞　261657
蔓苎麻　179488
镘瓣景天　**357247**
牤牛茶　226751
牤牛牙根　91008
忙牛花　42177
芒　**255886**
芒稗　140360
芒苞草　**2158**
芒苞草科　**2152**
芒苞草属　**2157**
芒苞菖属　369975
芒苞车前　**301868**
芒苞菊　**379003**
芒苞菊属　**379002**
芒苞薰衣草　**223260**
芒比百里香　**391290**
芒比粗糙姬大蒜芥　**365374**
芒比堇菜　**410283**
芒比柳穿鱼　**231056**
芒比芒柄花　**271514**
芒比牻牛儿苗　**153873**
芒比米努草　**255496**
芒比拟漆姑　**370684**
芒比前胡　**292946**
芒比细亚麻　**231987**
芒比肖单脉青葙　**29886**
芒比烟堇　**169108**
芒比岩蔷薇　**93185**
芒比远志　**308205**
芒比掌根兰　**121409**
芒柄花　**271333**,271347
芒柄花属　**271290**
芒檗　51327
芒草　117385,117734,147084,204544,204583,255886
芒齿灯台报春　**314633**
芒齿黄芪　42301
芒齿黄耆　**42301**
芒齿小檗　**52265**,51331
芒茨野荞麦　**152594**
芒刺冬青　203633
芒刺杜鹃　**331894**
芒刺果属　**1739**
芒刺芦荟　**16893**
芒刺三叶草　**396951**
芒刺松　299925
芒刺玉　**209511**
芒荡山润楠　240640
芒砀山润楠　**240640**
芒萼凤仙花　**204787**
芒稃双药芒　**127468**
芒稃野大麦　**198368**
芒贡南星　**244491**
芒贡南星属　**244490**
芒冠斑鸠菊　**376657**
芒冠斑鸠菊属　**376655**
芒冠鼠麹木　**25377**
芒冠鼠麹木属　**25376**
芒果　244397
芒果属　244386
芒湖瓜草　**232385**
芒虎耳草　349117
芒花草　255886
芒黄花　**404608**
芒黄花属　**404607**
芒稷　140360
芒尖糙苏　295106
芒尖大理糙苏　**295106**
芒尖鳞苔草　**76505**
芒尖苔　74383
芒尖苔草　**74942**,74383
芒尖掌根兰　**121359**
芒剪股颖　**12413**
芒茎　255886
芒菊属　14908
芒康角茴香　**201632**
芒康犁头尖　**401169**
芒康小檗　**52110**
芒康蝇子草　363726
芒鳞萝藦　**43961**
芒鳞萝藦属　**43960**
芒鳞嵩草　**217300**,217163
芒鳞苔草　**73763**,76286
芒鳞砖子苗　245351
芒卵苔草　**76388**
芒罗草　**259870**
芒罗草属　**259868**
芒罗五加　**259873**
芒罗五加属　**259872**
芒马鞭草　**405808**
芒马唐　**130442**
芒麦草　198311,198365
芒麦草属　**111326**
芒毛苣苔　**9419**,9476
芒毛苣苔属　**9417**
芒木属　152683
芒牛旦　42177
芒落草　**217487**
芒热诺草　**244384**
芒热诺草属　**244383**
芒热诺橄榄芹　**142507**
芒热诺赫克楝　**187148**
芒热诺九节　**319669**
芒热诺擂鼓艻　**244924**
芒热诺美冠兰　**156852**
芒热诺石豆兰　**62890**
芒热诺薯蓣　**131698**
芒热诺驼峰楝　**181566**
芒蕊萝藦　**43955**
芒蕊萝藦属　**43954**
芒萨大黄栀子　**337520**
芒森李　**316583**
芒莎草属　396003
芒十二卷　**186280**
芒石南　**227964**
芒石南属　**227962**
芒氏石头花　**183216**
芒属　**255827**,148855
芒斯鹿藿　**333318**
芒斯疏毛虎尾草　**88369**
芒斯唐菖蒲　**176364**
芒斯鸭跖草　**101093**
芒松　299795
芒穗鸭嘴草　209259,209261
芒天人菊　169575
芒尾蛇　763,400945
芒纤细冰草　**144501**
芒小米草　160239,160241
芒须多变花　315876
芒偃麦草　**144666**
芒药苍耳七　284525
芒药坡垒　**198182**
芒叶芳香木　**38426**
芒叶南非禾　**289945**
芒叶欧石南　**149028**
芒叶小米草　160239
芒颖大麦　**198311**
芒颖大麦草　198311
芒颖鹅观草　**144183**
芒颖画眉草　**147502**
芒颖赖草　**228351**
芒颖披碱草　144183
芒芋　14760
芒种草　406992,407430
芒种花　201919,202070
芒珠子　142214
芒竹　47313
芒柱早熟禾　**306075**
芒兹莱氏菊　**223491**
芒兹鸢尾　**208722**
芒籽科　43973,257424
芒籽属　43971
芒籽香科　43973
芒籽香属　43971
芒子科　43973
芒紫波　**28440**
杧果　**244397**,301206
杧果菜　261081
杧果钉　64971,64983
杧果瓜　**114200**
杧果姜　**114856**
杧果属　**244386**
盲菜　285819
盲肠草　53797,53801,54048
茫草　353889
茫莠竹　**254044**
牻牛儿苗　**153914**,174755,174966
牻牛儿苗虎耳草　**349380**
牻牛儿苗科　**174431**
牻牛儿苗密钟木　**192578**
牻牛儿苗属　**153711**,174440
牻牛儿苗泽菊　**91150**
莽草　204544,204575,204583,391487,398322
莽草海桐　301294
莽果　244397
莽吉柿　171136
莽木棉　**56805**
莽山唇柱苣苔草　**87917**
莽山谷精草　**151362**
莽山红山茶　**69371**,69618
莽山绣球　**200023**
莽山野柑　**93572**
莽山紫菀　**40830**
蟒草　62134
蟒爪　62134
蟒蛇草　191384
猫巴蒿　10414
猫巴虎　10414
猫鼻头木蓝　205764
猫刺小檗　52169
猫旦果　189933
猫豆　259558,259559
猫颚肉黄菊　162914
猫儿薄荷　250370
猫儿嚓　122040
猫儿草　309772
猫儿刺　**204162**,51284,52169,52371,122040,203660,210384,276313,278680,309772
猫儿翻甑　158200
猫儿黄金菊　202400
猫儿菊　**202400**,202432
猫儿菊还阳参　**110848**
猫儿菊火石花　**175167**
猫儿菊属　**202387**

猫儿卵 20408
猫儿扭 338205
猫儿伞 262189
猫儿山杜鹃 **331200**
猫儿屎 123371,203545,203660,204162,404285
猫儿屎属 123367
猫儿头 242534
猫儿香 203660
猫儿眼 158857,159540,272090
猫儿眼睛 159027,232640,309459
猫儿眼睛草 90325,159027,248748
猫儿眼睛草属 90317
猫儿竹 297306
猫儿爪 390123
猫儿子 **123371**
猫儿子科 **123373**
猫儿子属 **123367**
猫耳草 56063,238942
猫耳草属 202387
猫耳刺 72333,203660
猫耳蝶花百合 **67582**
猫耳朵 **296423**,34275,56063,87855,178062,238942,276135,296373,349936,365066,385903
猫耳朵草 34275,178062,296371,349936
猫耳朵花 207151
猫耳锦鸡儿 72333
猫耳屎 123371
猫耳屎属 123367
猫耳藤 411589,411590
猫公刺 309564
猫公树 402118,402119
猫公尾 402119
猫古都 321672
猫骨头 191666
猫胡子花 71699
猫花 59127
猫欢喜 264897
猫蓟 82022,92384
猫脚迹 247025
猫脚药草 178062
猫脚印 174877
猫簕 278323
猫䓣木 155088
猫利奇萝藦 **221986**
猫岭杜鹃 **331402**
猫柳 343444
猫卵果 164964
猫卵子 164964
猫卵子果 165121
猫猫菜 373274
猫猫头 57695
猫毛草 249085,306832
猫茅草 306832
猫枚筋 338265
猫咪花 59127
猫尿果 407852
猫气藤 6717
猫秋子草 204239
猫人参 6717
猫肉黄菊 162914
猫乳 **328550**
猫乳属 **328544**
猫沙 81687
猫上树 402118,402119
猫舌草 200790,309772
猫舌头草 233786
猫食菜 404316
猫屎包 123371
猫屎草 11199
猫屎瓜 123371
猫屎树 62206,407852
猫藤 65774
猫头草 275363
猫头刺 **278680**
猫头花 321672
猫头竹 297306
猫腿姑 92479
猫腿菇 92479
猫尾 135308
猫尾巴豆 278883
猫尾巴香 10414
猫尾草 190651,294992,306832,402118,402119,402132,402147
猫尾草属 382051
猫尾豆 402118
猫尾红 1894,1970
猫尾花 **62478**
猫尾花属 **62471**
猫尾木 **135308**
猫尾木属 **245600**,135299
猫尾射 402118
猫尾树 245629
猫尾树属 135299
猫尾苔草 **76623**
猫香 34275
猫香科 388147
猫须草 95862,275639
猫须草属 275624
猫须公 95862
猫须兰 291197
猫牙草 309564
猫眼菜 1790
猫眼草 **159275**,1790,90421,90452,158857,158895,159027,159540
猫眼草三角齿马先蒿 **287768**
猫眼草属 90317
猫眼根 158895,375187
猫眼花 124237
猫眼睛 255253,255254,411589,411590
猫眼棵 158857
猫药 231298
猫爪 326431,401783
猫爪草 **326431**,200366,309564
猫爪草属 **136877**
猫爪刺 64990,309564
猫爪豆 259559
猫爪猴耳环 **301162**
猫爪花 30068,240368,278740
猫爪簕 65040,392559
猫爪藤 **240368**
猫爪藤属 **240365**
猫爪苋属 **93087**
猫爪相思树 1264
猫爪子 312795,388428,388680
猫爪子花 321672
猫仔草 306832,306834
猫仔刺头 92066
猫仔癀 159069
毛阿比西尼亚千金藤 **375830**
毛阿尔韦斯草 18227
毛阿芳 17627
毛阿芙泽尔三角车 **334569**
毛阿拉伯金合欢 **1435**
毛阿氏菊 **22**
毛阿西娜茄 **43949**
毛埃及槲果 **46772**
毛艾纳香 55788
毛安卡纳树 **21883**
毛安尼木 **25826**
毛鞍叶羊蹄甲 **49025**
毛暗花金挖耳 **77193**
毛凹栗子 78823
毛奥勒菊木 270213
毛澳旱芥 **185813**
毛澳西桃金娘 **148172**
毛八角枫 **13369**
毛八角莲 **139616**
毛巴豆 **112852**
毛巴豆属 **212687**
毛巴戟 258907
毛巴戟天 **258907**
毛巴纳尔木 **47573**
毛巴帕椰 **79491**
毛白杜鹃 331284
毛白饭树 **167068**
毛白花菜 **95699**
毛白花前胡 292877
毛白尖锦鸡尾 **186359**
毛白坚木 **39702**
毛白前 **117610**
毛白藤 34275
毛白杨 **311530**
毛白榆 401449,401602
毛白芷 **192394**
毛百合 **229828**
毛百合干若翠 **415455**
毛百合属 **122898**
毛百里香 **153374**
毛百里香属 **153369**
毛百脉根 **237603**
毛败酱 285880
毛拜卧豆 **227082**
毛稗 **140507**
毛板草 273842
毛板栗 78802,78823
毛半闭兰 **94420**
毛半育花 **191482**
毛瓣 346344
毛瓣奥萨野牡丹 **276516**
毛瓣白刺 **266360**
毛瓣斑鸠菊 **122853**
毛瓣斑鸠菊属 **122852**
毛瓣扁担杆 **180686**
毛瓣杓兰 **120346**
毛瓣柄泽兰属 **395872**
毛瓣草 247131
毛瓣叉毛菊 **54728**
毛瓣叉毛菊属 **54727**
毛瓣车前 **302026**
毛瓣杜鹃 **330510**
毛瓣繁缕 **374803**
毛瓣腹水草 **407456**
毛瓣格雷野牡丹 **180385**
毛瓣狗牙花 **154155**,382766
毛瓣瓜叶乌头 **5261**
毛瓣蝴蝶木 **71775**
毛瓣虎耳草 **349181**
毛瓣花 **122952**,152888
毛瓣花科 **122953**
毛瓣花属 **122951**,152853
毛瓣黄花木 **300698**
毛瓣黄芪 42585
毛瓣黄耆 **42585**
毛瓣鸡血藤 **254745**,254797
毛瓣棘豆 **279157**
毛瓣尖泽兰 **17473**
毛瓣尖泽兰属 **17471**
毛瓣金合欢 **1341**
毛瓣金花茶 **69528**,69552
毛瓣堇菜 **410673**
毛瓣兰属 **396000**
毛瓣亮泽兰 **263703**
毛瓣亮泽兰属 **263702**
毛瓣绿绒蒿 **247192**,247139
毛瓣椤木石楠 **295677**
毛瓣落苞菊 **122848**
毛瓣落苞菊属 **122847**
毛瓣毛茛 325921
毛瓣毛蕊花 **405667**,407456
毛瓣美丽乌头 **5511**
毛瓣墨脱乌头 **5175**

毛瓣木蓝 **206046**
毛瓣木莲 **244466**
毛瓣尼卡玉凤花 **183908**
毛瓣桤叶树 **96534**
毛瓣莎 168831
毛瓣莎属 168819
毛瓣山梗菜 **234699**
毛瓣山姜 **17719**
毛瓣石楠 **295778**,295677
毛瓣柿 **132110**
毛瓣瘦片菊属 **182031**
毛瓣鼠尾草 345172
毛瓣天竺葵 **288452**
毛瓣乌头 **5488**
毛瓣无患子 **346344**
毛瓣无距杜英 **3808**
毛瓣仙灯 **67568**
毛瓣栒子 **107436**
毛瓣亚麻属 **187077**
毛瓣鹰爪花 **35066**
毛瓣玉凤花 **183425**,183962
毛瓣藏樱 **83349**
毛苞斑叶兰 179623
毛苞半蒴苣苔 **191360**
毛苞刺头菊 **108425**
毛苞大沙叶 **286313**
毛苞飞蓬 **150740**
毛苞风毛菊 348243
毛苞花草 **212421**
毛苞黄藤 **121509**
毛苞茅 **201514**
毛苞茄 **367630**
毛苞秋海棠 **49720**
毛苞舌兰 **370403**
毛苞橐吾 **229182**
毛苞乌柳 **343199**
毛苞雪莲 348486
毛宝草 **186383**
毛宝巾 57868
毛豹皮樟 **233878**
毛杯花苣苔 **125889**
毛杯漆属 **396292**
毛杯苋 115749
毛北海道马先蒿 **287838**
毛北美粉风车 **14996**
毛北美前胡 **235418**
毛北美紫草 **271855**
毛背柄泽兰 **237897**
毛背柄泽兰属 **237896**
毛背高冬青 **203793**
毛背勾儿茶 **52427**
毛背桂樱 **223104**
毛背花楸 **369335**
毛背鸡眼藤 **258904**
毛背猫乳 **328557**
毛背毛颏马先蒿 **287341**
毛背千金藤 375861
毛背锐齿鼠李 **328615**
毛背铁心木 252613
毛背雪莲 **348687**
毛背叶五叶参 **289656**
毛背樱 223104
毛背云雾杜鹃 **330352**
毛背紫草 **122937**
毛背紫草属 **122936**
毛被大风子 **222363**
毛被大风子属 **222362**
毛被大沙叶 **286315**
毛被返魂草 358500
毛被黄堇 **105966**
毛被蒺藜 **252581**
毛被蒺藜属 **252580**
毛被藜属 235614
毛被马唐 **130805**
毛被枪刀药 **202631**
毛被石豆兰 **63148**
毛被叶人字果 128926
毛鼻良 249449
毛笔欧石南 **149870**
毛笔天南星 33337
毛闭花木 94540
毛闭壳骨 **61655**
毛闭鞘姜 **107227**
毛闭药桂 **162453**
毛闭药桂属 **162452**
毛碧口柳 **343108**
毛臂形草 **58199**
毛边金腰 **90398**
毛边卷瓣兰 62984
毛边山茶 **69171**
毛边西畴苔草 **76263**
毛萹蓄 **291777**
毛蝙蝠葛 **250229**
毛鞭菊 **397529**
毛鞭菊属 **397521**
毛扁蒴藤 **315371**
毛杓兰 **120355**
毛标七 288649
毛滨蒿 36232
毛滨紫草 **250907**
毛冰川飞蓬 **150663**
毛柄川黔翠雀花 124205
毛柄钓樟 **231471**
毛柄斗篷草 **14054**
毛柄杜鹃 **332047**
毛柄肥肉草 **167302**
毛柄凤仙花 **205399**
毛柄花 **396128**
毛柄花科 **396037**
毛柄花属 **396126**
毛柄华千里光 365046
毛柄黄芩 355748
毛柄金腰 **90431**
毛柄堇菜 **410073**
毛柄锦香草 **296366**
毛柄科 396037
毛柄连蕊茶 69082
毛柄柳 **343598**,343596
毛柄马里兰杨 **311154**
毛柄猫眼草 90431
毛柄毛蕊茶 69082
毛柄木犀 **276389**
毛柄蒲儿根 **365046**
毛柄蒲公英 **384536**
毛柄槭 **3487**,2846
毛柄山柑 71774
毛柄属 396126
毛柄水毛茛 **48933**
毛柄天胡荽 **200281**
毛柄婺源槭 **3757**
毛柄细辛 37674
毛柄小勾儿茶 **52483**
毛柄新木姜子 **264078**
毛柄银羽竹芋 113950
毛柄云南崖爬藤 **387875**
毛柄珍珠菜 239571
毛柄栉花芋 **113950**
毛博龙香木 **57274**
毛薄荷 250468
毛薄荷木 **315599**
毛薄荷穗 **255432**
毛薄穗草 255432
毛薄叶冬青 203830
毛薄叶荠苨 7800
毛薄叶沙参 **7800**
毛薄叶鼠李 **328763**
毛薄钟花 **226064**
毛薄子木 **226462**
毛补血草 **230804**
毛擦拉子 363090
毛菜栾藤 250794
毛苍子 415046
毛糙果茶 **69527**
毛糙榕 **165636**
毛糙苏 **295210**
毛糙缨苣 **392672**
毛草 152839
毛草龙 **238188**
毛草木犀 **249217**
毛草七 354801
毛草石蚕 373166
毛草野氏堇菜 **410157**
毛草原蔷薇 **336943**
毛侧金盏花 8389
毛箣竹 **47244**
毛梣 168127
毛层菀 **306554**
毛叉鳞瑞香 **129540**
毛叉树 233830
毛茶 **28566**,31630,69520,138888
毛茶藨 **334214**,334163
毛茶藨子 **334163**
毛茶属 **28563**
毛茶茱萸 **203302**
毛柴胡 138888,207151,207165,298589,298590,298618
毛柴子 381341
毛长柄花草 **26934**
毛长串茶藨 334075
毛长串茶藨子 **334075**
毛长梗黄堇 **106106**
毛长花无苞花 **4780**
毛长蕊琉璃草 **367813**
毛长蒴卷耳 **82817**
毛长筒莲 **108048**
毛长药芥 **373710**
毛长叶女贞 **229449**
毛巢菜 408541
毛车前 **302019**,302209
毛车前草 302209
毛车藤 **18562**
毛车藤属 **18560**
毛车轴草 **397116**
毛柽柳 383517
毛赪桐 **96268**,95984
毛澄广花 **275326**
毛齿菲奇莎 **164595**
毛齿棘豆 **279215**
毛齿萝藦属 **55494**
毛齿木麻黄 **79191**
毛齿欧石南 **149408**
毛齿五加 **143693**
毛齿舞岛筋骨草 **13185**
毛齿鸭嘴花 **214857**
毛齿叶黄皮 **94187**
毛齿叶六道木 **176**
毛齿叶溲疏 **126895**
毛齿蝇子草 **363311**
毛赤壁木 **123544**
毛赤车 288769
毛赤箭莎 **396291**
毛赤箭莎属 **396290**
毛赤爮 390190
毛赤芍 **280330**
毛赤杨 **16368**
毛翅果槐 **369076**
毛翅果南星 **222027**
毛翅托榕 **165448**
毛翅远志 **308041**
毛翅猪毛菜 **344678**
毛虫包 360700
毛虫草 31443
毛重楼 **284384**,284347
毛虫婆婆纳 **407283**,407275
毛虫实 **104861**
毛虫药 31518,31565,316127,360700

毛虫药公 31565
毛绸叶菊 **219802**
毛臭草 249085
毛臭椿 **12571**
毛臭节草 56384
毛臭辣树 161373
毛臭鱼木 313706
毛川木香 135740
毛床菊属 **395682**
毛垂果南芥 **30391**
毛垂序木蓝 **206382**
毛垂序珍珠茅 **354176**
毛垂珠花 379321
毛锤籽草 **12881**
毛春黄菊 **395434**
毛春黄菊属 **395433**
毛椿 392841,392846
毛椿叶花椒 **417146**
毛唇贝母兰 98634
毛唇独蒜兰 **304261**
毛唇兰属 **151646**,67882
毛唇美冠兰 **156751**
毛唇美国薄荷 257169
毛唇石豆兰 **62576**
毛唇鼠尾草 **345317**
毛唇羊耳蒜 232206
毛唇玉凤花 **183703**
毛唇玉凤兰 183703,183962
毛唇芋兰 **265395**
毛唇钟兰 **98434**
毛唇钟兰属 **98433**
毛慈姑 110502,232145,232252,304218,304313
毛慈姑属 110500
毛刺大戟 **158737**
毛刺冬青 203633
毛刺椵 **211615**
毛刺椵属 **211614**
毛刺萼野牡丹 **81844**
毛刺果藤 64471
毛刺花椒 **417137**,417134
毛刺槐 **334965**
毛刺金合欢 **1486**
毛刺锦鸡儿 72362
毛刺橘 **405535**
毛刺壳花椒 **417222**
毛刺林草 **2349**
毛刺龙王角 199013
毛刺片豆 **81823**
毛刺球 **354314**
毛刺乳突球 244126
毛刺蕊草 **306989**
毛刺黍 **281740**
毛刺蒴麻 **399212**,399312,399334
毛刺松笠 **155208**
毛刺天竺葵 **288303**
毛刺头 336405
毛刺仙人鞭 **414298**,140321
毛刺悬钩子 338513,339135
毛刺竹叶花椒 417162
毛刺柱属 299238
毛刺子莞 **333501**
毛葱 **15830**
毛粗齿绣球 **200092**
毛粗蕊茜 **182987**
毛粗丝木 **178921**
毛粗叶水锦树 **413820**
毛酢浆草 **277889**
毛簇茎石竹 **127810**
毛翠雀花 **124646**
毛达维木 **123290**
毛打碗花 **68676**
毛大丁草 **175203**,175147
毛大果虫实 **104811**
毛大果山胡椒 **231417**
毛大花大果萝藦 **279435**
毛大花山楂 **109822**
毛大戟 **159670**
毛大狼毒 159159
毛大陆狗牙花 154155,382766
毛大青 **96100**
毛大沙叶 29778
毛大叶臭花椒 **417279**
毛带囊颖草 **341948**
毛丹 **391567**,233849,233899,295371,295385
毛丹丹 233970
毛丹公 233899
毛丹参 345315
毛单花针茅 **262622**
毛单裂橄榄 **185411**
毛单头金绒草 **210983**
毛单头鼠麹草 **254911**
毛单性毛茛 **185086**
毛单叶铁线莲 **94992**
毛单叶吴萸 161379
毛单叶吴茱萸 **161379**
毛单竹 47530
毛淡绵杜鹃 **331445**
毛当归 **24441**
毛刀豆 254797
毛岛藤灌 337785
毛岛藤灌科 337786
毛岛藤灌属 337784
毛倒齿还阳参 **110995**
毛倒吊笔 **414799**
毛得州向日葵 **189035**
毛地胆草 143474
毛地红 31518
毛地黄 **130383**
毛地黄钓钟柳 **289337**
毛地黄红雾花 **217751**
毛地黄科 **130341**
毛地黄鼠尾 345002
毛地黄鼠尾草 **345002**
毛地黄属 **130344**
毛地锦 159092,159286
毛地梨 18569
毛地栗 18569
毛地蔷薇 85648
毛地笋 **239211**
毛地笋草 239222
毛地榆 **345884**
毛地中海菊 **19657**
毛滇白珠 **172099**
毛滇丁香 **238107**
毛滇缅离蕊茶 **69758**
毛钓樟 **231468**,231433
毛跌打 66915
毛丁草属 395682
毛丁花 **401080**
毛丁香 **382302**,382257
毛顶兰属 **385703**
毛顶片草 **6363**
毛顶须桐 **6267**
毛东鼠李 **328685**
毛冬瓜 6588,177123,248748
毛冬青 **204184**
毛冬苋菜 243810
毛冻绿 **328885**
毛兜藜 **281174**
毛兜细辛 143464
毛斗青冈 **116075**
毛豆 177750
毛豆梨 323119
毛豆属 386403
毛豆樱 **316466**
毛嘟嘟 361935
毛毒胡萝卜 **388885**
毛毒鼠子 **128833**
毛独花报春 270741
毛独活 24372,24441
毛独蕊 **412163**
毛独行菜 73090
毛杜茎山 **241819**
毛杜仲藤 **402190**
毛短柄草 **58638**
毛短梗可拉木 **99169**
毛短果光花草 **373665**
毛椴 391836
毛对瓜 **418789**
毛盾齿花 **288862**
毛钝子萝藦 **19077**
毛多花止泻木 **197188**
毛多花紫茉莉 **255734**
毛多鳞木 **309988**
毛多绒菊 **71569**
毛多穗灰毛豆 **386241**
毛多头多榔菊 **136345**
毛多头帚鼠麹 **134253**
毛多叶酢浆草 **278020**
毛多叶螺花树 **6403**
毛多柱树 **77947**
毛惰雏菊 **29102**
毛峨嵋翠雀花 124430
毛莪术 114868,114870
毛鹅耳枥 77373
毛萼安哥拉准鞋木 **209534**
毛萼安龙花 **139502**
毛萼奥萨野牡丹 **276515**
毛萼八蕊花 **372892**
毛萼白粉藤 **92688**
毛萼斑鸠菊 **406887**
毛萼半边莲 234696
毛萼比希纳木 **61889**
毛萼茶藨 334027
毛萼茶藨子 **334027**
毛萼柽柳桃金娘 **260988**
毛萼刺草 362825
毛萼大渡乌头 **5211**
毛萼大将军 234696
毛萼大沙叶 **286202**
毛萼单花荠 **287958**
毛萼地不容 **375909**
毛萼豆属 84841
毛萼毒鱼草 **392192**
毛萼独行菜 **225379**
毛萼杜鹃 **330195**
毛萼多花乌头 **5491**
毛萼鄂报春 **314152**
毛萼番薯 **208247**
毛萼繁缕 **374913**
毛萼仿杜鹃 **250507**
毛萼粉叶栒子 **107466**
毛萼风铃草 **70339**
毛萼凤仙花 **205400**
毛萼甘青铁线莲 **95349**
毛萼沟果茜 **18606**
毛萼瓜叶乌头 **5257**
毛萼灌木罂粟 **335873**
毛萼光籽芥 **224211**
毛萼哈利木 **184795**
毛萼红果树 **377436**
毛萼红毛樱桃 83297
毛萼厚壳树 **141655**
毛萼黄檀 **121711**
毛萼棘豆 279215
毛萼加兰苹果 **243586**
毛萼金花茶 **69530**
毛萼金娘科 55489
毛萼金娘属 **55484**
毛萼金屏茶 69726
毛萼金屏连蕊茶 **69726**
毛萼堇菜 410650
毛萼锦香草 **296413**
毛萼爵床属 **395572**
毛萼康定糙苏 **295204**

毛萼口红花 **9476**,9451
毛萼拉拉藤 **170422**
毛萼勒塔木 **328243**
毛萼李榄 87726
毛萼连蕊茶 **69705**
毛萼列当 **275228**
毛萼麻叶绣线菊 **371875**,371868
毛萼麦瓶草 363958
毛萼芒毛苣苔 **9444**
毛萼莓 **338254**
毛萼美国山楂子 243586
毛萼迷迭香 **337176**
毛萼茉莉 211785
毛萼木蓝 **205775**
毛萼屏边连蕊茶 69726
毛萼铺地花楸 **369500**
毛萼蔷薇 **336682**
毛萼鞘蕊花 **99573**
毛萼清风藤 **341524**
毛萼忍冬 **236195**,235742,236189
毛萼肉锥花 **102541**
毛萼沙穗 **148480**
毛萼山梗菜 **234696**
毛萼山梅花 **294448**,294540
毛萼山珊瑚兰 **170044**
毛萼珊瑚 170044
毛萼石头花 **183194**
毛萼双蝴蝶 **398271**
毛萼四川越桔 **403771**
毛萼四翼木 **387626**
毛萼菘蓝 **209196**
毛萼素馨 **211785**
毛萼索岛茜 **68451**
毛萼塔奇苏木 **382969**
毛萼探春 **211888**
毛萼条果芥 224211
毛萼铁线莲 **94985**,95382
毛萼葶苈 137155
毛萼微花兰 **374700**
毛萼乌口树 **384918**,384974
毛萼无茎芥 287958
毛萼无心菜 **32021**
毛萼锡金铁线莲 **95300**
毛萼细距堇菜 **410650**
毛萼苋 **122862**
毛萼苋属 **122860**
毛萼香茶菜 **209661**
毛萼香薷 **144009**
毛萼肖矛果豆 **294610**
毛萼绣线菊 371875
毛萼玄参 **355111**
毛萼悬钩子 **339268**,338254
毛萼枸子 **107356**
毛萼岩蔷薇 **93197**
毛萼洋蔷薇 **336476**
毛萼野茉莉 **379385**
毛萼蝇子草 **363942**
毛萼鱼黄草 **250784**
毛萼羽叶楸 376291
毛萼圆唇苣苔 **183318**
毛萼远志 **308144**
毛萼越橘 **403973**
毛萼云南丁香 **382390**
毛萼杂色豆 **47732**
毛萼獐牙菜 **380226**
毛萼珍珠树 403771
毛萼猪毛菜 **344577**
毛萼着色蝇子草 **363342**
毛萼紫薇 **219913**
毛恩德桂 **145339**
毛耳草 273842
毛耳大黄 298589
毛耳朵 178062
毛耳风 139616,175203
毛耳冠草海桐 **122113**
毛耳叶蓼 308808
毛二列春池草 **273707**
毛二裂萼 **134089**
毛二裂委陵菜 312674
毛发草属 **111129**
毛发锦绣玉 **284688**
毛发唐松草 **388697**
毛番龙眼 310826
毛繁花两歧飘拂草 **166266**
毛繁柱西番莲 **366103**
毛反卷荸荠 **143327**
毛返顾马先蒿 **287600**
毛防己 **364989**
毛房杜鹃 **331534**
毛房缬草 404372
毛纺锤果茜 **44103**
毛飞燕草 **102839**
毛非洲三鳞莎草 **10096**
毛非洲野牡丹 **68249**
毛非洲夜来香 **290770**
毛菲利木 **296231**
毛菲律宾无患子 **398763**
毛狒狒花 **46169**
毛费利菊 **163219**
毛风 66789
毛风草 34275
毛风车子 **100637**
毛风兰 **25094**
毛风藤 367322
毛蜂斗草 **368875**
毛蜂子 166462
毛缝腹毛柳 **343290**
毛凤凰木 **123814**
毛凤凰竹 **47361**
毛凤仙花 **205067**
毛佛甲 356685
毛佛甲草 356685
毛佛罗里达槭 **2969**
毛稃冰草 **11873**
毛稃草属 148808
毛稃鹅观草 144159,215903
毛稃剪股颖 **12252**
毛稃碱茅 **321270**
毛稃沙生冰草 11712
毛稃少穗竹 **270448**
毛稃羊茅 **164036**
毛稃以礼草 **215903**
毛稃早熟禾 **305698**
毛稃紫羊茅 **164249**,164036
毛弗尔夹竹桃 **167424**
毛扶芳藤 **157519**
毛芙兰草 **168831**
毛斧叶菊 **45809**
毛腐婢 313717
毛腹水草 407503
毛腹无患子属 **151725**
毛伽蓝菜 215288
毛盖枪刀药 **202571**
毛盖缘 13132
毛干药 55788
毛甘蔗 308965
毛杆空轴茅 **256346**
毛竿黄竹 **125492**
毛竿玉山竹 416780
毛秆鹅观草 **335474**
毛秆披碱草 **144423**
毛秆野古草 **37379**
毛秆玉山竹 **416780**
毛秆帚灯草属 **218332**
毛橄榄茶茱萸 **203296**
毛刚果萎草 **245060**
毛高 31389
毛高山冬青 **203830**
毛高山蜡瓣花 **106647**
毛藁本 **229335**
毛割腺夹竹桃 **385793**
毛格鲁棕 **6132**
毛根酢浆草 **277923**
毛根杜仲 157339
毛根旱兰 **415507**
毛根漏斗花 **130236**
毛根苔草 75724
毛根卫矛 157339
毛根莴苣 **219393**
毛茛 **325981**,325518,325628,326365,326442,326492
毛茛柴胡 **63796**
毛茛酢浆草 278008
毛茛花水蕹 **29684**
毛茛科 **325494**
毛茛莲花 **252498**
毛茛莲花属 **252497**
毛茛属 **325498**
毛茛天竺葵 **288465**
毛茛铁线莲 **95272**
毛茛小将军 23785
毛茛叶报春 **314247**
毛茛叶常春藤 187230
毛茛叶翠雀花 **124287**
毛茛叶茴芹 **299507**
毛茛叶天竺葵 **288472**
毛茛叶驼曲草 **119882**
毛茛叶乌头 **5528**
毛茛叶喜阳花 **190304**
毛茛泽泻属 **325268**
毛茛钟穗花 **293174**
毛茛状刺果泽泻 **140556**
毛茛状金莲花 **399539**
毛茛状天胡荽 **200354**
毛茛状银莲花 24018
毛梗奥萨野牡丹 **276517**
毛梗百里香 **391183**
毛梗斑鸠菊 **406492**
毛梗糙叶五加 **143612**,2414
毛梗长叶悬钩子 **338337**
毛梗车前 **301967**
毛梗柽柳桃金娘 **260989**
毛梗川黔翠雀花 124204
毛梗刺头菊 **108433**
毛梗翠雀花 **124204**
毛梗大理翠雀花 **124623**
毛梗灯心草 **213536**
毛梗顶冰花 **169379**
毛梗冬青 204053
毛梗斗篷草 **14055**
毛梗杜鹃 **331997**,331430
毛梗厄斯特兰 **269567**
毛梗二毛药 **128468**
毛梗飞蓬 **151053**
毛梗风兰 **25064**
毛梗格兰马草 **57926**
毛梗谷精草 **151500**
毛梗过路黄 **239789**
毛梗河南翠雀花 **124295**
毛梗红翅槭 2958
毛梗红毛五加 **143598**,143702
毛梗花欧石南 **150155**
毛梗黄芩 **355561**
毛梗黄眼草 **416095**
毛梗寄生羽叶参 **289660**
毛梗夹竹桃 **377049**
毛梗夹竹桃属 **377048**
毛梗假杜鹃 **48346**
毛梗尖被苋 **4447**
毛梗金毛番薯 **207692**
毛梗菊 **243313**
毛梗菊属 **243311**
毛梗拉拉藤 **170692**
毛梗梾木 380461
毛梗兰 **151768**
毛梗兰属 **151767**
毛梗榄仁树 **386658**

毛梗李 **316767**
毛梗镰叶铁线莲 **95333**
毛梗苓菊 **214116**
毛梗楼梯草 **142803**
毛梗罗浮槭 **2958**
毛梗马鞭草 **243300**
毛梗马鞭草属 **243299**
毛梗梅氏大戟 **248018**
毛梗膜冠菊 **201173**
毛梗木蓝 **206682**
毛梗木千里光 **125727**
毛梗黏疗齿草 **268997**
毛梗欧石南 **149409**
毛梗排草 239885
毛梗气花兰 **9247**
毛梗鞘蕊花 **99735**
毛梗茄 **367688**
毛梗青锁龙 **109069**
毛梗山柳菊 **195720**
毛梗山蟹甲 **258294**
毛梗狮齿草 **224672**
毛梗矢车菊 **81169**
毛梗黍 **281813**
毛梗双花草 **128571**
毛梗苔草 **74462**
毛梗天竺葵 **288557**
毛梗铁线莲 94868
毛梗尾稃草 **402568**
毛梗雾冰藜 **48766**
毛梗豨莶 **363080**,363084
毛梗细果冬青 204053
毛梗小檗 **51728**
毛梗小果冬青 **204053**
毛梗小叶朴 **80603**
毛梗心叶堇菜 **409840**
毛梗鸦葱 **354930**
毛梗雅葱 354930
毛梗岩须 78637
毛梗椰 **51164**
毛梗椰属 **51163**
毛梗野荞麦 **152536**
毛梗玉龙乌头 **5599**
毛梗月菊 **292130**
毛梗蚤缀 31787
毛梗针禾 376998
毛梗针翦草 **376998**
毛梗猪屎豆 **112303**
毛梗砖子苗 **245347**
毛弓果藤 **393545**
毛宫部氏穗花 **317938**
毛贡甲 **240855**
毛勾儿茶 **52456**,52429
毛沟果茜 **18603**
毛沟花凤梨 **391994**
毛沟铁兰 391994
毛钩藤 **401761**,401773
毛钩序西番莲 **22110**
毛钩足豆 **4900**
毛狗 357174
毛狗肝菜 **129268**
毛狗骨柴 **133186**
毛狗卵 6588,131706
毛狗条 344261
毛狗尾巴 239594
毛姑 110502
毛姑朵花 321672
毛姑姑 361935
毛孤独菊 **148440**
毛孤泽兰 **197135**
毛谷精草 **151243**
毛骨草 288762
毛骨朵花 321667,321676
毛瓜 351765,390164
毛瓜馥木 **166670**,166675
毛瓜蒌 396256
毛瓜木 13369
毛寡毛菊 **270302**
毛冠雏菊属 **84921**
毛冠唇花 **254258**
毛冠吊灯花 **84247**
毛冠杜鹃 **331069**
毛冠黄芪 42985
毛冠黄耆 **42985**
毛冠鲫鱼藤 **356333**
毛冠菊 **262218**
毛冠菊属 **262217**
毛冠可爱花 **148086**
毛冠亮鳞杜鹃 **330845**
毛冠萝藦 **396431**
毛冠萝藦属 **396430**
毛冠木 **396449**
毛冠木属 **396447**
毛冠忍冬 **236176**
毛冠水锦树 **413831**
毛冠四蕊草属 292485
毛冠四叶葎 **170294**
毛冠莞 **289421**
毛冠莞属 **289418**
毛冠乌口树 384977
毛冠柱 **395638**
毛管刺头菊 **108322**
毛管花 153102
毛管花属 153101
毛管木属 **222478**
毛管榕 165841
毛管细辛 400888,400945
毛管药野牡丹 **365132**
毛管银叶蓝蓟 **141351**
毛灌木豆 **321734**
毛灌木赛德旋花 **356443**
毛灌木铁线莲 **94925**
毛光果鼠麹草 **224162**
毛鬼针草 53801
毛桂 **91265**
毛桂花 276403
毛棍棒辐枝菊 **21245**
毛果 164964
毛果矮蕉 260359
毛果巴豆 **112927**
毛果巴氏锦葵 **286595**
毛果白珠 **172094**
毛果百脉根 **237661**
毛果拜尔大戟 **53671**
毛果半日花 **188725**
毛果半蒴苣苔 **191354**
毛果棒锤瓜 **263570**
毛果苞花葶苈 **137050**
毛果苞序葶苈 **137066**
毛果宝兴葶苈 **137127**
毛果扁担杆 **180768**
毛果扁芒菊 **14913**
毛果博兰猪屎豆 **111964**
毛果薄叶铁线莲 **94959**
毛果草 **222353**,222354
毛果草属 **222352**
毛果茶蔗 334110
毛果茶蔗子 **334110**
毛果长梗尤利菊 **160828**
毛果长柔毛野豌豆 **408697**
毛果长蕊杜鹃 **331883**
毛果长穗虫实 104773
毛果长序鼠麹草 **178515**
毛果橙舌狗舌草 **385918**
毛果齿裂大戟 **158761**
毛果齿缘草 **153472**
毛果虫蕊大戟 **113076**
毛果虫实 104761,104811
毛果椆 233351
毛果川赤芍 280325
毛果川鄂乌头 **5270**
毛果船苞翠雀花 **124402**
毛果垂果南芥 30391
毛果刺橘 **405554**
毛果刺柿 **132053**
毛果刺蒴麻 **399339**
毛果翠雀花 **124162**
毛果大瓣芹 **357906**
毛果大戟 84854
毛果大戟属 84852
毛果袋花忍冬 **236084**
毛果单花杉 **257152**
毛果弹裂碎米荠 **72835**
毛果地锦 **158632**
毛果垫柳 **343893**
毛果吊兰 **131446**
毛果吊兰属 **131445**
毛果冬青 **204339**
毛果冻棕 **64162**
毛果豆 **207000**
毛果豆属 **206998**
毛果杜鹃 **331795**
毛果杜英 **142381**
毛果短冠草 **369217**
毛果盾菜 **164447**
毛果钝萼铁线莲 **95230**
毛果钝叶木姜子 **234096**
毛果峨参 **28046**
毛果翻白草 **312746**
毛果飞蛾藤 **131256**
毛果菲利木 **296245**
毛果费利菊 **163231**
毛果粉毒藤 **88814**
毛果风车子 **100568**
毛果风兰 **24807**
毛果风铃草 **70117**
毛果风毛菊 **348686**
毛果附地菜 **397431**
毛果甘青乌头 **5623**
毛果皋月杜鹃 **330629**
毛果高乌头 **5576**
毛果高原毛茛 **326425**
毛果沟果茜 **18607**
毛果广东紫珠 **66834**
毛果旱榆 **401520**
毛果鹤虱 **221695**
毛果黑水罂粟 **282618**
毛果红豆树 **274385**
毛果红光树 **216829**
毛果红丝苇 155018
毛果猴欢喜 **366047**
毛果猴子木 **69783**
毛果厚敦菊 **277071**
毛果胡卢巴 247285
毛果胡芦巴 247285
毛果胡枝子 226751
毛果黄芪 **42588**
毛果黄肉楠 **6820**
毛果黄檀 **121844**
毛果黄杨 **64258**
毛果会宁黄耆 **42504**
毛果喙果藤 **183031**
毛果鸡蛋果 **238114**
毛果吉林乌头 **5319**
毛果假肉叶芥 **59801**
毛果尖柱鼠麹草 **412934**
毛果绞股蓝 **183024**
毛果解宝树 180768
毛果解宝叶 180768
毛果金合欢 **1204**
毛果金虎尾 **222349**
毛果金虎尾属 **222348**
毛果金翼黄芪 42190
毛果金翼黄耆 **42190**
毛果堇菜 409834
毛果决明 **78458**
毛果栲 **78999**
毛果柯 **233351**
毛果苦木 **298517**

毛果苦树 298517
毛果宽带芹 **303004**
毛果扩展杜鹃 **330586**
毛果栝楼 396197
毛果蓝花参 **412720**
毛果勒塔木 **328235**
毛果雷恩柳 **343991**
毛果冷杉 402
毛果丽江乌头 **5206**
毛果栎 233351
毛果链荚木 **274366**
毛果亮泽兰 **111361**
毛果辽西虫实 **104768**
毛果鳞蕊藤 **225712**
毛果蔺 **143269**
毛果柃 **160618**
毛果柃木 160479
毛果柳 **344221**
毛果椆属 57114
毛果罗顿豆 **237295**
毛果马岛无患子 **392106**
毛果马岛芸香 **210507**
毛果马利筋 **37910**
毛果马蹄豆 **196663**
毛果毛茛 **326444**,209826,326425
毛果毛菀 **418823**
毛果蒙古葶苈 **137118**
毛果米饭花 239397
毛果木瓜红 327417
毛果木姜子 234096
毛果木槿 **194963**
毛果木蓝 **205957**
毛果木莲 **244475**
毛果木通 95230
毛果南芥 30391
毛果南美防己 88814
毛果南烛 239397
毛果黏腺果 **101262**
毛果欧石南 **149638**
毛果帕米尔虫实 **104827**
毛果泡花树 **249470**,249473
毛果蓬子菜 **170764**
毛果婆婆纳 **407117**
毛果朴 **80771**,80580
毛果七 247175
毛果桤叶树 **96522**
毛果槭 **3243**
毛果漆 **55487**
毛果漆科 **55489**
毛果漆属 **55486**
毛果歧缬草 **404433**
毛果牵牛 **208249**
毛果前胡 **292824**
毛果荨麻 **403035**
毛果乾宁乌头 **5122**
毛果茜草 **338039**
毛果茄 **367722**,367295,367735
毛果青冈 **116167**
毛果泉茱萸 **298083**
毛果缺顶杜鹃 **330623**
毛果群心菜 **73098**
毛果忍冬 **236183**
毛果日本银毛柳 **343750**
毛果榕 **165778**
毛果榕树 **165319**
毛果柔叶苔草 **75397**
毛果锐齿石楠 295626
毛果伞房花桉 **106813**
毛果涩荠 **243243**
毛果山茶 **69711**
毛果山柑 **71908**
毛果山麻杆 **14210**
毛果山油柑 **6238**
毛果芍药 **280214**,280247
毛果蛇根草 **272287**
毛果绳虫实 **104858**
毛果石栎 233351
毛果石楠 **295752**
毛果石隙 **344051**
毛果柿 **132436**
毛果薯 **207780**
毛果树葡萄 **120055**
毛果双脊荠 **130960**
毛果双脊荠小籽沟子荠 383993
毛果双角胡麻 **128377**
毛果丝毛柳 **343640**
毛果四喜牡丹 95131
毛果四翼木 **387600**
毛果菘蓝 **209236**
毛果酸脚杆 **247557**
毛果酸藤子 **144745**
毛果算盘子 **177123**
毛果碎米荠 **73015**,72835
毛果台湾冬青 203821
毛果苔 75065
毛果苔草 **75065**,74775,75397
毛果唐古特乌头 5623
毛果天芥菜 **190625**
毛果天山葶苈 **137108**
毛果田麻 104046
毛果铁木 **276817**
毛果铁线莲 95230,95400
毛果通泉草 **247038**
毛果桐 243327
毛果图里无患子 **393225**
毛果土庄绣线菊 **372068**
毛果娃儿藤 **400856**,400945
毛果网籽草 332374
毛果委陵菜 **312522**
毛果温美无患子 **390085**
毛果乌头 **5346**
毛果无饰豆 **5829**
毛果五星花 **289805**
毛果西风芹 228581
毛果西藏虫实 **104857**
毛果锡叶藤 **386900**
毛果喜山葶苈 **137158**
毛果细枝绣线菊 **372024**
毛果狭腔芹 **375555**
毛果香茶菜 **209735**,209826,209846
毛果香芸木 **10733**
毛果小垫柳 **343123**
毛果小甘菊 **71095**
毛果小花藤 203336
毛果肖地榆 **313140**
毛果楔叶葎 **170220**
毛果蝎子草 **175892**
毛果缬草 **404281**
毛果欣兹碎米荠 **72966**
毛果兴安虫实 **104761**
毛果星蕊大戟 **6920**
毛果绣球藤 **95131**
毛果绣球绣线菊 **371846**
毛果绣线菊 **372114**
毛果绣线梅 **263179**
毛果须弥芥 **113150**
毛果絮菊 **165984**
毛果悬钩子 **339122**
毛果鸦葱 **354867**,354876
毛果崖豆藤. **254689**
毛果雅葱 354876
毛果延命草 209735
毛果岩黄耆 **187851**
毛果扬子铁线莲 **95267**
毛果杨 **311554**
毛果野豌豆 **408371**,408697
毛果叶下珠 **296593**
毛果一枝黄花 **368480**
毛果翼核果 **405441**
毛果银莲花 **23709**
毛果尤利菊 **160868**
毛果油点草 **396599**
毛果鱼藤 **125959**
毛果越橘 **403886**
毛果云南越橘 **403811**
毛果芸香 **299169**
毛果芸香科 **299166**
毛果芸香属 **299167**
毛果藏南绣线菊 **371822**
毛果枣 **418152**
毛果皂荚 176887
毛果泽兰 **158318**
毛果珍珠花 **239397**
毛果珍珠茅 **354141**
毛果枕果榕 **164918**
毛果枳椇 **198786**
毛果诸葛菜 **275882**
毛果猪屎豆 **112312**,111968
毛果竹叶菜 **332374**
毛果竹叶菜属 **332370**
毛果竹叶防风 361480
毛果状铁扫帚 226751
毛果锥花 **179182**
毛果紫堇 **106055**
毛果棕鼠麹 **93939**
毛果棕鼠麹属 **93937**
毛过奈特大头苏铁 **145219**
毛过奈特非洲铁 145219
毛过山龙 **329001**
毛孩儿参 318506
毛海滨山黧豆 **222738**
毛海南远志 308096
毛海桐皮 417273
毛蔊菜 **336204**
毛汉防己 364989
毛汉珀锦葵 **185221**
毛杭子梢 **70822**
毛蒿 36354
毛蒿豆 278360
毛蒿豆属 278351
毛豪氏荞麦 **212399**
毛呵子 386473
毛禾叶繁缕 **374901**
毛合苞藜 **170863**
毛合花草 170863
毛合丝莓 **347683**
毛和尚 367322
毛和尚草 367120,367322
毛和氏豇豆 **408919**
毛河畔飞蓬 **150658**
毛核冬青 **203979**
毛核木 **380758**,380736
毛核木属 **380734**
毛荷莲豆草 **138498**
毛荷叶 131501,335142
毛褐苞薯蓣 **131762**
毛褐花 **61147**
毛黑薄荷 **47001**
毛黑钩叶 **22256**
毛黑果黄芪 43164
毛黑果黄耆 43164
毛黑壳楠 **231388**
毛黑槭 3243
毛黑漆 **248487**
毛痕矢竹 **318343**
毛红椿 **392833**
毛红豆 274422
毛红豆蔻 17679
毛红麸杨 332790
毛红厚壳 67873
毛红花 **77716**
毛红花槭 **3526**
毛红蕾花 **416994**
毛红柳 383517
毛红皮木姜子 **234032**
毛红尾翎 **130731**

毛红雾花 217744
毛红细心 **56414**
毛红脂菊 **135250**
毛红脂菊属 **135248**
毛红柱树 **78705**
毛喉斑鸠菊 **323566**
毛喉斑鸠菊属 **323565**
毛喉杜鹃 **330338**
毛喉黄芪 41925
毛喉黄耆 **41925**
毛喉菊 **252560**
毛喉菊属 **252559**
毛喉龙胆 **173437**
毛喉牛奶菜 **245822**
毛喉鞘蕊花 **99583**
毛喉乌头 **5347**
毛猴欢喜 366080
毛猴子 312550,312571
毛狐臭柴 **313718**
毛狐尾蓼 **308728**
毛胡布粉花绣线菊 **371954**
毛胡椒 300489
毛胡弯 68701
毛胡枝子 **226833**,226940,226977,226989
毛湖北蝇子草 **363560**
毛葫芦 162516,280097
毛花阿登芸香 **7136**
毛花安哥拉海神木 **315724**
毛花奥多旋花 **268924**
毛花白粉藤 **92678**
毛花白鼓钉 **307664**
毛花白鼠麹 **405307**
毛花报春茜 **226238**
毛花滨藜 **44487**
毛花柄果海桐 **301375**
毛花菠萝球 **107018**
毛花捕虫堇 **299747**
毛花茶竿竹 318342
毛花茶秆竹 **318342**,37286
毛花长叶微孔草 **254374**
毛花车前 **302025**
毛花车叶草 **39337**
毛花柽柳桃金娘 **261025**
毛花赪桐 **96396**
毛花垂头菊 **110399**
毛花翠雀 **124161**
毛花大岩桐寄生 **384082**
毛花单花杉 **257151**
毛花单列木 **257932**
毛花地肤 **217344**
毛花点草 **262249**
毛花吊灯花 **84287**
毛花吊兰 **88612**
毛花吊石苣苔 **239948**
毛花东非萝藦 **215498**
毛花斗篷草 **13979**
毛花独蕊 **412144**
毛花杜鹃 **330900**,331991
毛花耳冠草海桐 **122097**
毛花芳香木 **38510**
毛花菲利木 **296244**
毛花风草剪股颖 **219024**
毛花风铃草 **69983**
毛花蜂鸟花 **240754**
毛花拂子茅 **65506**
毛花附地菜 **397419**
毛花格木 **154978**
毛花沟果茜 **18605**
毛花谷木 **249939**
毛花光梗风信子 **45323**
毛花海蔷薇 184792
毛花海桐属 **86398**
毛花红毛樱 **83297**
毛花红纽子 259739
毛花厚柱头木 **279828**
毛花画眉草 **148021**
毛花黄芪 42264
毛花黄耆 **42264**
毛花鸡腿堇菜 **409642**
毛花积雪草 **81591**
毛花荚蒾 **407772**
毛花假木贼 **21049**
毛花假水晶兰 **86392**
毛花坚果番杏 **387182**
毛花剪股颖 **12092**
毛花金莲木 **55132**
毛花金莲木属 **55129**
毛花金雀花 **320819**
毛花九节 **319876**
毛花菊 **222072**,122857
毛花菊属 **222070**
毛花苣苔 **395432**
毛花苣苔属 **395427**
毛花楷槭 **3733**
毛花看麦娘 **17523**
毛花可拉木 **99210**
毛花苦瓜掌 **140028**
毛花拉吉茜 **220264**
毛花蜡菊 **189288**
毛花蓝刺头 **140696**
毛花藜属 216486
毛花连蕊茶 **69082**
毛花列当 **275090**
毛花龙胆 **173766**
毛花芦荟 **17350**
毛花芦莉草 **339693**
毛花卵叶微孔草 **254359**
毛花罗顿豆 **237293**
毛花马瓟儿 259739
毛花马拉巴草 **242810**
毛花马铃苣苔 **273849**
毛花芒毛苣苔 **9443**
毛花毛瑞香 **219000**
毛花猕猴桃 **6588**
毛花密叶飞蓬 **150798**
毛花莫里茨草 **258981**
毛花牡荆 **411462**
毛花木蓝 **205869**
毛花木犀属 **101617**
毛花欧石南 **149906**
毛花帕里苣苔 **280480**
毛花泡叶番杏 **138167**
毛花槭 **2947**
毛花奇果紫草 **388917**
毛花旗杆 136172
毛花青篱竹 **37286**,318342
毛花青锁龙 **109106**
毛花球花木 **177052**
毛花雀稗 **285423**
毛花荛花 **414244**
毛花忍冬 **236189**
毛花瑞香 **153102**,122386
毛花瑞香属 **153101**
毛花山柑 **71780**,71830
毛花山柳菊 **195856**
毛花山楂 **109693**
毛花石龙尾 **230292**
毛花嗜盐草 **184923**
毛花鼠麹草 **122857**
毛花鼠麹草属 **122856**
毛花属 84803
毛花薯蓣 **131624**
毛花树萝卜 **10359**
毛花树葡萄 **120094**
毛花双齿千屈菜 **133371**
毛花松下兰 **202769**,202767
毛花酸竹 **4607**
毛花铁苋菜 **1965**
毛花铁线莲 **94871**
毛花头九节 **283206**
毛花乌头 **5345**
毛花锡叶藤 **386869**
毛花仙人掌 **272942**
毛花纤毛草 **144241**
毛花苋 **179852**
毛花苋属 **179850**
毛花香茶菜 **303437**
毛花香芸木 **10615**
毛花星粟草 **176960**
毛花绣线菊 **371897**
毛花雪花构 122571
毛花崖豆藤 **254744**
毛花盐美人 184923
毛花盐蓬 **184816**
毛花羊茅 **163947**
毛花阳桃 6588
毛花杨桃 6588
毛花洋地黄 **130369**
毛花野丁香 **226137**
毛花野荞麦 **152144**
毛花异燕麦 **190164**
毛花樱球 **140617**
毛花樱丸 140617
毛花鹦鹉刺 **319085**
毛花蝇子草 **363667**
毛花鱼骨木 **71495**
毛花杂萼茜 **306723**
毛花早开堇菜 **410456**
毛花早熟禾 **305339**,305582
毛花直瓣苣苔 **22176**
毛花轴榈 **228735**
毛花猪屎豆 **112535**
毛花柱 **395649**,140888
毛花柱杜鹃 **331062**
毛花柱忍冬 235749
毛花柱属 **395630**
毛花紫露草 **394032**
毛华菊 **124857**
毛华山矾 **381137**
毛华中樱桃 **316350**
毛画臭草 **249073**
毛画眉草 **147594**,147891
毛桦 53336
毛还阳参 **110954**
毛环带草 **28800**
毛环单竹 **47535**
毛环短穗竹 **58700**
毛环方竹 **87563**
毛环水竹 **297213**
毛环唐竹 **364799**
毛环翁 375919
毛环翁属 375918
毛环翁柱 375919
毛环翁柱属 375918
毛环竹 **297344**
毛环柱 **375919**
毛环柱属 **375918**
毛黄檗 294249
毛黄椿木姜子 **234093**
毛黄蓟 **92033**
毛黄堇 **106537**,106106
毛黄精 **308558**
毛黄菊 **288923**
毛黄菊属 **288922**
毛黄连 8382,301694
毛黄连花 **239898**
毛黄栌 **107312**
毛黄麻 **104088**
毛黄木 233999
毛黄肉楠 **6811**
毛黄色杓兰 120432
毛黄杨 64324
毛黄钟花 382712
毛黄帚橐吾 **229249**
毛灰白岩蔷薇 **93155**
毛灰罗勒 **268431**
毛灰栒子 **107720**

毛喙克拉莎 **93927**
毛活血丹 **176837**
毛火焰草 **79126**
毛鸡草 11572
毛鸡蛋果 285672
毛鸡骨草 763
毛鸡脚 7616
毛鸡矢藤 **280106**,280091
毛鸡屎树 **222158**,222124
毛鸡屎藤 187581,280070,280106
毛鸡腿 312797,412750
毛鸡腿子 312450
毛鸡爪槭 3485
毛姬沙参 **7708**
毛姬旋花 250853
毛基黄 **121134**
毛基黄属 **121133**
毛基楼梯草 **142683**
毛基蒲公英 **384534**
毛基千里光 **358811**
毛基展瓣菊 **183280**
毛吉氏核果木 **138616**
毛急折百蕊草 **389845**
毛棘草 161418
毛棘豆 278710,278883,279076
毛棘花 161418
毛脊梁 48762
毛蓟罂粟 **32424**
毛加拿大舞鹤草 **242676**
毛加拿大紫荆 **83768**
毛夹 235
毛嘉赐树 78099,78121
毛荚 235
毛荚决明 **360439**
毛荚莛叶厚壳树 141714
毛荚苜蓿 **247285**
毛荚舞草 98156
毛假柴龙树 **266811**
毛假繁缕 318506
毛假剑木 **318639**
毛假金目菊 **190249**
毛假藜 **86889**
毛假落尾木 **266854**
毛假山槟榔 **318135**
毛尖 137647
毛尖糙苏 295096
毛尖草属 **222045**
毛尖茶 137647,295150
毛尖黄肉楠 **6779**
毛尖萝藦 **396133**
毛尖萝藦属 **396132**
毛尖枪刀药 202506
毛尖树 6779
毛坚荚蒾 408124
毛菅 **389376**
毛俭草 **256342**
毛俭草属 **256331**
毛剪秋罗 **363370**
毛建 325981
毛建草 **137647**,325697,325981
毛箭羽椴 **177966**
毛姜 **417990**
毛姜花 **187480**
毛姜黄 114871
毛姜味草 **253641**
毛将军 11572,55754,55820,66779,138888,161418
毛将军属 55669
毛浆果楝 91482
毛豇豆 **409008**
毛豇豆属 139537
毛胶薯蓣 **131857**
毛胶子堇 **177211**
毛角萼翠雀花 **124119**
毛角花葫芦 **83594**
毛角加蓬玉凤花 **183646**
毛角兰 **395663**
毛角兰属 **395662**
毛绞股蓝 **183026**,183000,183024
毛脚骨脆 **78157**
毛脚鸡 11572
毛脚科 396037
毛脚龙竹 **125468**
毛脚苗 11572
毛脚皮 31565
毛脚薯科 396037
毛脚树 19107
毛脚树科 19108
毛脚树属 19106
毛脚茵 11572
毛接骨木 **345709**
毛节白茅 **205517**
毛节鹅观草 **335260**,335229
毛节毛盘草 **144194**
毛节毛盘草毛 335229
毛节毛盘鹅观草 **335229**
毛节黍 **282317**
毛节兔唇花 **220076**
毛节缬草 404316
毛节燕麦 **45526**
毛节野古草 **37356**
毛节野牡丹 **151723**
毛节野牡丹属 **151722**
毛节缘毛草 **335463**
毛金合欢 **1508**
毛金鸡菊 **104572**
毛金鸡纳 91086
毛金菊 **90294**
毛金壳果属 **196962**
毛金莲木 **268273**
毛金千里光 **279956**
毛金蔷薇 **198955**
毛金雀儿 120963
毛金雀花 **120963**
毛金丝桃 **201924**
毛金腰 **90429**
毛金腰子 90429
毛金蛹茄 **45164**
毛金盏 **207287**
毛金盏属 **207286**
毛金竹 **297373**
毛堇 325697,325981
毛堇菜 **410660**,409837,409843
毛锦香草 **296398**
毛茎百里香 **391204**
毛茎碧江乌头 **5646**
毛茎草属 **219040**
毛茎茶藨 334030
毛茎茶藨子 **334030**
毛茎酢浆草 **277773**
毛茎翠雀花 **124288**
毛茎大戟 **159215**
毛茎斗篷草 **14052**
毛茎椴 391701
毛茎多脉楼梯草 **142802**
毛茎多穗兰 **310590**
毛茎耳梗茜 **277222**
毛茎耳状楼梯草 **142612**
毛茎非洲紫草 **10100**
毛茎戈雷 **269826**
毛茎光叶忍冬 **235804**
毛茎荷兰菊 **40788**
毛茎虎耳草 **349803**
毛茎花葱 **307217**
毛茎黄芩 **355596**
毛茎剑叶卷舌菊 **380918**
毛茎康定大戟 **159169**
毛茎宽花紫菀 **40708**
毛茎勒珀蒺藜 **335669**
毛茎冷水花 **299089**
毛茎梨序楼梯草 **142662**
毛茎龙胆 **173764**
毛茎楼梯草 142803
毛茎马兰 39966
毛茎毛茛 **325932**
毛茎梅 **34467**
毛茎囊鳞莎草 **38220**
毛茎浅裂泽菊 **91181**
毛茎日本黄芩 **355762**
毛茎萨乌尔翠雀花 **124577**
毛茎塞拉玄参 **357671**
毛茎三叶法道格茜 **162011**
毛茎芍药 **280216**
毛茎深裂芳香木 **38696**
毛茎薯 **207981**
毛茎薯蓣 **131622**
毛茎水蜡烛 **139556**
毛茎苔草 **74809**
毛茎橐吾 **229028**
毛茎小灯心草 **212987**
毛茎岩蔷薇 **93137**
毛茎夜香树 **84409**
毛茎云南越橘 **403812**
毛茎紫金牛 31571,31630
毛茎紫堇 **106337**
毛茎紫露草 **394031**
毛旌节马先蒿 287659
毛晶兰属 301515
毛景天 294126
毛九节 **319837**,319771
毛九里光 367262
毛居维叶茜草 **115307**
毛菊苣 90900
毛菊木 **377376**
毛菊木属 **377372**
毛橘红 93477
毛嘴签 **179944**
毛矩卵形堇菜 **410333**
毛蒟 **300415**,300408,300548
毛蒟蒻 20090
毛距兰属 **395616**
毛距豚草 **19166**
毛聚药桂 **387892**
毛卷耳 **83036**
毛卷曲花柱桑 190084
毛决明 360439
毛军刀豆 **240504**
毛卡恩桃金娘 **215518**
毛卡尔蒺藜 **215385**
毛卡利茄 **66539**
毛卡罗来纳紫草 **233709**
毛勘察加假升麻 **37066**
毛考来木 **105389**
毛考特草 **108146**
毛栲 78941
毛颏马先蒿 **287340**
毛壳花哺鸡竹 **297256**
毛壳栎 **324490**
毛壳南瓜 **114294**
毛壳燕麦属 **395963**
毛壳竹 **297325**
毛壳子树 381341
毛可可 181618
毛克利木 **96651**
毛空轴茅 **98802**
毛口草 **152726**
毛口草属 **152724**
毛口蓟 **92452**
毛口列当 **122834**
毛口列当属 **122833**
毛口萝藦属 **219109**
毛口南非禾 **289974**
毛口缬草 **404372**
毛口玄参属 122833
毛口野牡丹 **85010**
毛口野牡丹属 **85006**

毛苦菜 345310
毛苦大戟 **8416**
毛苦豆子 **368965**
毛苦瓜 390164
毛苦蒿 103436
毛苦荬菜 283393
毛苦参 **369015**,369134
毛苦蘵 **297655**
毛苦竹 **304083**
毛库页白芷 **24455**
毛库页蒿 **35158**
毛筷子芥 30292
毛宽叶东竹 **347367**
毛宽叶美洲地榆 **345836**
毛盔菊 **395690**
毛盔菊属 **395689**
毛盔马先蒿 **287772**
毛盔西藏糙苏 **295209**
毛拉豆属 299148
毛拉加菊 219802
毛拉拉蔓 170765
毛拉拉藤 **170557**,170361
毛拉齐爵床 **327167**
毛腊黄 401120
毛蜡菊 **189864**
毛蜡树 233999
毛蜡烛 **401134**,401094,401129
毛辣花 161418
毛莱克草 223708
毛莱尼无刺美国皂荚 **176909**
毛莱切草 **223708**
毛梾 **380514**
毛兰 148735
毛兰草 **34795**
毛兰草属 **34794**
毛兰链合欢 **79477**
毛兰属 **148619**
毛兰屿野茉莉 **379388**
毛蓝侧金盏花 **8349**
毛蓝靛果 **235696**
毛蓝耳草 **115587**
毛蓝花草 115587
毛蓝盆花 **350274**
毛蓝雪花 **83643**
毛蓝钟花 **115390**
毛榄仁 386656
毛榄仁树 **386656**
毛狼毒大戟 159159
毛老虎 7982,78039,138888,203066,331257
毛老人 367322
毛簕竹 47244
毛肋杜鹃 **330165**
毛肋爵床 **123024**
毛肋爵床属 **123023**
毛肋茅属 **395989**
毛肋石笔木 **400713**
毛肋野牡丹 **299185**
毛肋野牡丹属 **299183**
毛类乌头 **5012**
毛类越橘 79795
毛棱花篱 **27284**
毛棱菊 **84827**
毛棱菊属 **84825**
毛棱芹 **299203**
毛棱芹属 **299201**
毛棱叶柯 233296
毛棱枝杭子梢 70788
毛梨壳 132175
毛梨叶野荞麦 **152419**
毛梨子 6515,6553
毛离苞菊 **129746**
毛离根香 67689
毛里顿爵床 **334851**
毛里漆 **246670**
毛里漆属 **246667**
毛里求斯春黄菊 **26822**
毛里求斯岛下田菊 **8019**
毛里求斯风兰 **24940**
毛里求斯金钮扣 **371657**
毛里求斯苦橙 93492
毛里求斯类异柱草 **229695**
毛里求斯柳叶箬 **209090**
毛里求斯芦苇 **295921**
毛里求斯麻 169245
毛里求斯千屈菜 **387903**
毛里求斯千屈菜属 **387902**
毛里求斯牵牛 207988
毛里求斯三冠野牡丹 **398712**
毛里求斯莎草属 **66589**
毛里求斯鼠尾粟 **372762**
毛里求斯弯果萝藦 **70538**
毛里求斯仙人棒 **329686**
毛里求斯岩蔷薇 **93163**
毛里求斯野烟树 **367364**
毛里塔尼亚菝葜 **366242**
毛里塔尼亚百蕊草 **389784**
毛里塔尼亚宝盖草 **220357**
毛里塔尼亚扁芒草 **122211**
毛里塔尼亚滨藜 **44420**
毛里塔尼亚蟾蜍草 **62258**
毛里塔尼亚齿菊木 **86652**
毛里塔尼亚刺芹 **154343**
毛里塔尼亚大戟 **159321**
毛里塔尼亚地榆 **345859**
毛里塔尼亚顶冰花 **169464**
毛里塔尼亚飞燕草 **102837**
毛里塔尼亚风铃草 **70334**
毛里塔尼亚风信子 **50765**
毛里塔尼亚海石竹 **34546**
毛里塔尼亚花葵 **223376**
毛里塔尼亚苦苣菜 **368760**
毛里塔尼亚裸盆花 **216770**
毛里塔尼亚木蓝 **206228**
毛里塔尼亚欧石南 **149743**
毛里塔尼亚千里光 **359316**
毛里塔尼亚前草 **302098**
毛里塔尼亚墙草 **284159**
毛里塔尼亚肉苁蓉 **93067**
毛里塔尼亚瑞香 **122449**
毛里塔尼亚石竹 **127688**
毛里塔尼亚双碟荠 **54701**
毛里塔尼亚水仙 **262437**
毛里塔尼亚头花草 **82155**
毛里塔尼亚团集无心菜 **31737**
毛里塔尼亚絮菊 **165999**
毛里塔尼亚旋花 **103235**
毛里塔尼亚亚麻 **231874**
毛里塔尼亚岩黄耆 **187755**
毛里塔尼亚芸苔 **59393**
毛里塔尼亚蚤草 **321582**
毛里塔尼亚治疝草 **193003**
毛里特车前 **302100**
毛里特剪股颖 **12189**
毛里特芒柄花 **271308**
毛里特石竹 **127766**
毛里特烟堇 **169096**
毛里特羊茅 **164075**
毛里特蝇子草 **363732**
毛理氏蛇舌草 **269965**
毛鳢肠 **141378**
毛丽豆 **67788**
毛利薄荷 **250351**
毛利粗面十二卷 **186704**
毛利果 106945
毛利果科 106943
毛利果属 106944
毛利匹索尼亚 292034
毛荔枝 139092,265126,265139
毛荔枝藤 403438
毛栗 78802,78823,78920
毛栗豆藤 **11063**
毛栗树 6553
毛栗子 78802
毛笠莎草 **119319**
毛连 8382
毛连菜 **298589**,143464,298580,298618
毛连菜属 **298550**
毛连连 416437
毛连翘 **167460**
毛连矢车菊 6278
毛帘子藤 **313234**
毛莲菜 143460,298589
毛莲菜属 298550
毛莲蒿 **36460**
毛莲子草 18095
毛莲座菀 **216180**
毛凉伞 31518
毛两面针 417282
毛亮叶崖豆藤 **254778**
毛蓼 **308877**,26624
毛列当 **275113**
毛裂蜂斗菜 **292404**,292401
毛裂片风车草 96973
毛裂片风轮菜 **96973**
毛裂片千里光 **359052**
毛裂片尤利菊 **160896**
毛裂叶茜 **103859**
毛林苣苔 **395847**
毛林苣苔属 **395844**
毛鳞斑鸠菊 **406863**
毛鳞大风子属 **122883**
毛鳞菊 **84967**
毛鳞菊属 **84952**
毛鳞蜡菊 **189687**
毛鳞蓝刺头 **140772**,140824
毛鳞擂鼓艻 **244932**
毛鳞球柱草 **63327**
毛鳞山柳菊 **195855**
毛鳞省藤 **65802**,65804
毛鳞苔草 **75073**
毛鳞桃 **20907**
毛鳞菟丝子 **114977**
毛鳞香脂冷杉 **286**
毛鳞野牡丹 **84910**
毛鳞野牡丹属 **84907**
毛鳞一点红 **144986**
毛鳞羽叶香菊 **93886**
毛菱叶崖爬藤 **387862**
毛蛉儿 285639
毛瘤子菊 **297583**
毛柳 **343013**,343193,344211
毛六猬 219996
毛龙胆 173763
毛龙葵 **367442**
毛龙头竹 **162670**
毛龙眼 265129
毛龙眼属 265124
毛龙竹 **125514**
毛龙柱属 **151630**
毛隆脉菊 **328977**
毛蒌 300548
毛楼梯草 142761
毛卢楝 **337890**
毛芦苇 **295907**
毛颅果草 **108664**
毛鲁斯鲍木 341010
毛鲁斯木 **341010**
毛鹿含草 12635
毛缕 363370
毛绿蓝花草 50939
毛绿团花茜 **10522**
毛绿心樟 **268732**
毛绿竹 125453
毛卵 6588
毛卵陀 131501
毛卵叶报春 **314275**

毛卵叶二型花 **128545**
毛罗顿豆 **237448**
毛罗勒 268445
毛罗伞 31518
毛罗氏草 98802
毛萝菜 57683
毛螺花树 **372150**
毛螺序草 **371783**
毛落地豆 **337476**
毛麻菊 231842
毛麻楝 **90606**
毛麻菀属 **111139**
毛马齿苋 **311915**
毛马棘 206081
毛马来茜 **377532**
毛马唐 **130496**,130489,130730,130731
毛马蹄金 **128975**
毛马香 12635
毛马雄茜 **240537**
毛麦加没药 **101392**
毛麦卡婆婆纳 **247072**
毛脉暗罗 **307535**
毛脉菝葜 **366427**
毛脉白花芍药 **280149**
毛脉百簕花 **55347**
毛脉舶梨榕 165532
毛脉布雷默茜 **59915**
毛脉长庚花 **193319**
毛脉翅果菊 **320520**
毛脉重楼 **284347**
毛脉川芍药 280330
毛脉刺楸 **215451**
毛脉刺蒴麻 **399232**
毛脉地锦 **285103**
毛脉吊兰 **88637**
毛脉吊钟花 **145721**
毛脉东北羊角芹 **8812**
毛脉杜茎山 **241802**
毛脉杜鹃 **331576**,331349
毛脉对叶兰 **264696**
毛脉钝叶柳叶菜 146641
毛脉附地菜 **397434**,397419
毛脉腹水草 **407454**,407453
毛脉高山栎 324322
毛脉勾儿茶 **52464**
毛脉孤独菊 **148430**
毛脉光膜鞘茜 **201029**
毛脉圭奥无患子 **181862**
毛脉孩儿参 **318506**
毛脉禾 **55511**
毛脉禾属 **55509**
毛脉胡克大沙叶 **286267**
毛脉花叶地锦 **285114**
毛脉华宁藤 **182367**,182366
毛脉华岩扇 **362258**
毛脉火焰花 **295024**
毛脉鸡爪槭 **3485**
毛脉嘉赐树 78121
毛脉脚骨脆 **78121**
毛脉金粟兰 **88286**
毛脉九节 **319891**
毛脉苦苣苔草 **101684**
毛脉类孩儿草 **252531**
毛脉梨果榕 **165532**
毛脉藜芦 405627
毛脉栎 **324322**
毛脉蓼 162516
毛脉裂蕊树 **219182**
毛脉瘤蕊椰 **19546**
毛脉柳兰 **85880**
毛脉柳叶菜 **146605**
毛脉龙胆 **173910**
毛脉绿心樟 **268733**
毛脉络石 **393664**
毛脉马钱 **378917**
毛脉南蛇藤 **80263**
毛脉南酸枣 **88693**
毛脉葡萄 **411855**
毛脉蒲桃 **382681**
毛脉槭 **3482**,2798,3718
毛脉青冈 **116212**
毛脉日本米团花 **228005**
毛脉三叶五加 143675
毛脉山莴苣 320520
毛脉蛇根草 **272178**
毛脉石风车子 **100853**
毛脉首乌 **162516**
毛脉鼠刺 **210387**
毛脉树葡萄 **120056**
毛脉水团花 **8196**
毛脉溲疏 127121
毛脉酸模 **340064**
毛脉托考野牡丹 **392520**
毛脉卫矛 **157310**
毛脉乌口树 385016
毛脉吴茱萸 161373,161375
毛脉五味子 **351091**,351089
毛脉西南卫矛 **157561**
毛脉显柱南蛇藤 **80331**
毛脉小檗 52128
毛脉新窄药花 **264560**
毛脉崖爬藤 **387839**
毛脉野茉莉 **379391**
毛脉野枣 418201
毛脉一枝蒿 40972
毛脉玉叶金花 **260397**
毛脉枣 **418201**
毛脉蚤休 284347
毛脉珍珠花 **239408**
毛脉紫金牛 **31567**
毛脉紫菀 **41398**
毛曼陀罗 **123061**
毛蔓豆 **67898**
毛蔓豆属 **67897**
毛蔓青冈 **116097**
毛芒柄花 **271317**
毛芒颖草 **144184**
毛芒颖鹅观草 **335214**
毛猫尾木 **135338**
毛毛草 306832,361935
毛毛茶 65670
毛毛莨 **326017**
毛毛蒿 36232
毛毛花 84814
毛毛树 350948
毛毛藤 409898
毛毛头草 178062
毛帽花木 **256137**
毛帽柱木 **256113**
毛梅里野牡丹 **250680**
毛梅索草 **252271**
毛美丽胡枝子 **226805**
毛美洲茶 **79956**
毛蒙古柳 **343714**
毛蒙宁草 257483
毛蒙塔菊 258211
毛猕猴桃 6685
毛密簇玉牛角 **139136**
毛密集马松子 **249631**
毛绵果芹 **64791**
毛棉杜鹃 **331280**
毛棉杜鹃花 331280
毛缅甸漆木 **248534**
毛膜苞菊 **211396**
毛摩根婆婆纳 **258789**
毛摩斯马钱 **259355**
毛茉莉 **211912**
毛莫顿椴 **259062**
毛莫恩远志 **257483**
毛母猪藤 367322
毛牡丹藤 94969
毛木半夏 **141964**
毛木本画眉草 **93979**
毛木防己 **97934**,97938
毛木荷 **350948**
毛木菊 **129466**
毛木蓝 206081
毛木树 350921,350949
毛木通 **94789**,94741,94964,95077
毛木犀 **276403**
毛苜蓿 **247393**
毛纳麻 **262123**
毛南芥 30292
毛南五味子 **214968**
毛楠 240645
毛囊草属 **298012**
毛囊果苔 75488
毛囊髓香 **252606**
毛囊苔草 **74870**,75311
毛拟格林茜 **180499**
毛拟拉氏芸香 **327121**
毛拟伞花繁缕 **375109**
毛拟石莲花 140004
毛苳 248778
毛牛耳大黄 298590,298618
毛牛纠吴萸 161383
毛牛纠吴茱萸 **161383**
毛牛尾菜 **366554**
毛牛膝 115731
毛牛至 **274220**
毛女儿菜 178062,178237
毛女儿草 21596
毛女贞 **229461**,229626
毛糯米椴 391725
毛欧防风 **285738**
毛欧瑞香 **391006**
毛欧亚槭 **3475**
毛欧洲山杨 **311545**
毛帕劳锦葵 **280456**
毛排钱草 126329,297008
毛排钱树 **297008**
毛盘扁担杆 **180844**
毛盘草 **144192**
毛盘鹅观草 **335224**,335229
毛盘花科 **181361**
毛盘花南星 **27648**
毛盘花属 **181348**
毛盘黄花水丁香 **238168**
毛盘绿绒蒿 **247120**
毛盘没药 **101441**
毛盘山梅花 **294539**
毛盘鼠李属 **222407**
毛泡花树 **249477**
毛泡棘豆 **279217**
毛泡桐 **285981**
毛泡叶菊 138183
毛佩松木 **292034**
毛佩肖木 **288030**
毛蓬子菜 **170763**
毛披碱草 **144521**
毛披树 204184
毛皮桉 **155633**
毛皮索尼亚 292031
毛啤酒花 **199390**
毛片斑鸠菊 **406889**
毛片赪桐 **96397**
毛片凤卵草 **296906**
毛片革花萝藦 **365674**
毛片裂蕊紫草 **235056**
毛片匹菊 **322755**
毛片鞘蕊花 **99734**
毛片五蕊簇叶木 **329451**
毛平车前 **301956**
毛苹婆 376167
毛苹婆槭 **3644**
毛坡柳 **343789**

毛坡梯草 **290180**
毛破布木 253391
毛破布叶 **253391**
毛葡萄 **411735**,411736,411882
毛普尔特木 321734
毛七 335153
毛七哥 177123
毛七公 177123
毛桤 16400
毛桤木 **16400**
毛漆 **393468**,177123,369279
毛漆公 177123
毛漆姑草 **370724**
毛漆树 **393488**
毛歧苞草 **310249**
毛蜞菜 215343
毛气球豆 **380038**
毛蓓草 **217479**
毛千金藤 **375865**,375861,375870
毛千里光 367322
毛千日菊 **4873**
毛牵牛 25316,208120,250859
毛前胡 **292988**,229296
毛荨麻 **403001**
毛浅红蛇舌草 **269978**
毛茜草 **338021**
毛羌 192312
毛羌活 192278
毛枪刀药 **202506**
毛鞘白花萎草 **245069**
毛鞘苞茅 **201476**
毛鞘臭草 **249067**
毛鞘葱 **15349**
毛鞘黄竹仔 **47419**
毛鞘芦竹 **37471**,37467
毛鞘茅香 **196153**
毛鞘木棉属 **153361**
毛鞘青篱竹 **37204**
毛鞘箬竹 **206791**
毛鞘莎草 **544**
毛鞘石斛 **125046**
毛鞘台湾草 **144309**
毛鞘台湾鹅观草 **335316**
毛鞘线柱兰 417808
毛鞘鸭嘴草 209265
毛鞘椰 **208373**
毛鞘椰属 **208372**
毛鞘以礼草 **215956**
毛鞘银丝竹 **47367**
毛鞘有芒鸭嘴草 **209265**
毛茄 **367295**,219
毛茄树 367295
毛芹菜 325697,325981
毛秦椒 **417304**
毛青才 377856
毛青岗 31443
毛青杠 31443,31518,31571,335153
毛青红 335153
毛青檀 320412
毛青藤 204648,364986,364989
毛青藤仔 **211921**
毛琼花 407943
毛琼梅 **252706**
毛秋海棠 **49923**
毛秋牡丹 24090
毛求米草 272691
毛球果木 **210244**
毛球花 195326
毛球棘豆 279218
毛球兰 **198900**
毛球桑给巴尔大沙叶 **286449**
毛球头直冠菊 **2054**
毛球心樟 **12769**
毛球莸 **78042**
毛球柱草 63216
毛曲药金莲木 **238545**
毛曲柱桑 **190084**
毛雀儿舌头 226320
毛雀麦 **60745**
毛然然子 31051
毛冉布檀 **14372**
毛染料木 **173030**
毛热美爵床 **172555**
毛忍冬 **235847**
毛稔 **248778**,248765
毛日本六道木 **182**
毛日本七叶树 **9733**
毛日本桤木 **16342**
毛日本山樱桃 **83236**
毛日本岩黄耆 **188179**
毛日本樱桃 **83148**
毛绒石柯 233351
毛绒葶苈 137019
毛榕 165508
毛柔花 **8977**
毛肉壁无患子 **347056**
毛肉稷芸香 **346838**
毛肉珊瑚 **347013**
毛肉托果 357878
毛乳 135215
毛软金菀 **59056**
毛蕊草 **139122**,405788
毛蕊草报春 314169
毛蕊草属 **139120**
毛蕊川滇连蕊茶 **69682**
毛蕊翠雀花 **124175**
毛蕊大柊叶 **247913**
毛蕊杜鹃 **332098**
毛蕊发汗藤 95068
毛蕊枸杞 239030
毛蕊核果木 **138708**
毛蕊红果大戟 **154855**
毛蕊红山茶 69338
毛蕊花 **405788**,403871
毛蕊花二歧草 **404135**
毛蕊花芳香木 **38863**
毛蕊花科 **405656**
毛蕊花蓝花参 **412918**
毛蕊花旗杆 **136172**
毛蕊花千里光 **360303**
毛蕊花茄 **367115**
毛蕊花属 **405657**
毛蕊花叶胡椒 **300326**
毛蕊花叶鼠尾草 **345457**
毛蕊怀腺柳 **343260**
毛蕊鸡血藤 **254797**,254745
毛蕊金盏苣苔 **210181**
毛蕊景天属 **123009**
毛蕊菊 **299278**
毛蕊菊属 **299277**
毛蕊卷耳 **82958**
毛蕊壳鳞杜鹃 330845
毛蕊老鹳草 **174589**,174820
毛蕊李 **316412**
毛蕊裂瓜 **351766**
毛蕊柃叶连蕊茶 **69065**
毛蕊柳 **342935**
毛蕊龙胆 **173876**
毛蕊龙胆属 **172878**
毛蕊桐属 303087
毛蕊萝藦 **396147**
毛蕊萝藦属 **396146**
毛蕊马鞭草 **405863**
毛蕊猕猴桃 **6712**
毛蕊木 178923
毛蕊木科 **100230**
毛蕊木属 **100225**,178916,375372
毛蕊囊大戟 **389082**
毛蕊腔柱草 **119855**
毛蕊青绿苔草 **75135**
毛蕊热非瓜 **160369**
毛蕊三加 143625
毛蕊三角草 334618
毛蕊三角车 **334618**
毛蕊三针草 **398351**
毛蕊莎草 **23396**
毛蕊莎草属 **23394**
毛蕊山茶 **69338**
毛蕊山柑 **71830**,71831
毛蕊神宫杜鹃 **331724**
毛蕊铁线莲 **95068**
毛蕊五加 143625
毛蕊喜光花 **6482**
毛蕊细齿崖爬藤 387847
毛蕊细爪梧桐 **226265**
毛蕊狭叶崖爬藤 **387847**
毛蕊绣球防风 **227595**
毛蕊崖豆藤 254797
毛蕊银莲花 **23749**
毛蕊郁金香 **400148**
毛蕊芸香 153335
毛蕊芸香属 153325
毛芮蒂桐属 246671
毛瑞桐 **246672**
毛瑞桐属 **246671**
毛瑞特桐属 246671
毛瑞香 **122601**,122484
毛瑞香菲利木 **296239**
毛瑞香欧石南 **149627**
毛瑞香属 **218972**
毛箬竹 206771
毛萨瑞夫荆芥 **264992**
毛塞纳麻疯树 **212220**
毛塞檀香 **84352**
毛赛德旋花 **356426**
毛赛葵 **243898**
毛三萼木 **395262**
毛三尖草 **395023**
毛三肋菘蓝 **209185**
毛三棱 168831
毛三棱枝杭子梢 **70788**
毛三棱子菊 **397357**
毛三裂蛇葡萄 **20340**
毛三脉紫菀 39998
毛三芒针草 **398358**
毛三七 41795
毛三穗枝杭子梢 70788
毛三桠苦 **161351**
毛三叶五加 143675
毛伞花野荞麦木 **151964**
毛伞山柳菊 **195528**
毛伞状东风菜 **135274**,41453
毛桑 259122
毛沙芦草 **11797**
毛沙漠木 **148365**
毛沙普塔菊 85999
毛沙生冰草 **11712**
毛沙滩黄芩 **355780**
毛莎草属 **396003**
毛山白花芥 **37794**
毛山薄荷 **321960**
毛山茶 87521,87542
毛山矾 **381232**
毛山桂花 51036
毛山核桃 **77934**
毛山黄皮 12533
毛山鸡椒 **233884**
毛山荆子 **243649**
毛山菊 124838
毛山蒟 **300454**
毛山冷水花 **298947**
毛山黧豆 **222803**
毛山柳菊 **195858**
毛山麻子 **334221**,334085
毛山莓 **338488**

毛山葡萄 **20307**
毛山七 91038
毛山蔷薇 **336915**
毛山芹 **276772**,276769
毛山鼠李 **328901**
毛山桐子 203428
毛山小橘 **177825**
毛山肖 138888
毛山杏 34474
毛山杨 311291
毛山药 131772
毛山野豌豆 408272
毛山樱桃 **83304**
毛山楂 **109839**
毛山茱萸 380434
毛山猪菜 **250794**
毛珊瑚冬青 203656
毛扇叶观音兰 **399078**
毛商陆 10973
毛商陆科 10969
毛商陆属 10971
毛芍药 280247,280330
毛苕 265139
毛苕子 408327,408693
毛韶 265139
毛舌薄叶兰 238745
毛舌公主兰 **238745**
毛舌辣草 356685
毛舌兰 **395871**
毛舌兰属 **395855**
毛舌头 138888
毛蛇草 306960
毛蛇目菊 **346307**
毛蛇皮草 **56384**
毛蛇藤 **100070**
毛蛇王藤 285702
毛射草 306960
毛射香 11199
毛麝香 **7982**,7987,7991,11199,203066
毛麝香草 7982
毛麝香属 **7974**
毛参箕藤 116010
毛神花 221238
毛升藤 238450
毛生木 289702
毛省沽油 **374095**
毛施氏厚皮树 **221200**
毛狮齿草 **224698**
毛十蕊白花菜 **123467**
毛石笔木 322585
毛石蚕叶绣线菊 **371881**
毛石草属 **395960**
毛石斛 125415
毛石荠苎 **259299**
毛石蒜 **220790**
毛石蒜科 **220793**
毛石蒜属 **220788**
毛实芍药 280154
毛使君子 324679
毛屎草 11199
毛氏梣 78932
毛氏苔草 **75421**
毛饰鸭嘴花 **214676**
毛柿 **132414**,132198,132305,132351
毛柿花 132230
毛嗜盐草 **184922**
毛疏花针茅 **376876**
毛鼠刺 **210386**
毛鼠肉 178218
毛鼠尾兰 **260958**
毛鼠尾粟 **372803**
毛薯 131458,131501
毛薯藤 131759
毛薯蓣 **131621**
毛束草 **395736**
毛束草属 **395708**
毛束树 395736
毛树紫菀 **270213**
毛刷木属 236461
毛刷树 236462
毛刷子 143464
毛栓翅芹 **313519**
毛双角草 **131343**
毛双泡豆 **132701**
毛双钱荠 **110551**
毛双柱杜鹃 **134825**
毛水甘草 **20861**
毛水瓜蔓 351765
毛水虎掌草 325697
毛水锦树 413842
毛水蓼 308969
毛水苏 **373139**
毛水蓑衣 **200637**
毛水蚁 178237
毛水珍珠菜 306960
毛水珍珠草 306960
毛睡布袋 **175277**
毛丝花 **247692**
毛丝花科 **247693**
毛丝花属 **247690**
毛丝菊属 **181540**
毛丝连蕊茶 **69036**
毛丝毛蕊茶 69036
毛丝莓 **288687**
毛丝莓属 **288686**
毛丝叶芹 **350367**
毛丝桢楠 295349
毛四翅银钟花 **184735**
毛四叶葎 **170293**
毛松 299925,300040
毛素方花 **211951**
毛宿苞豆 **362300**
毛酸巴豆 **4580**
毛酸浆 **297712**,254952
毛酸浆属 254951
毛酸模 **340288**
毛酸模叶蓼 **291818**
毛酸筒 49993
毛算盘 177123
毛算盘竹 **206882**
毛碎米荠 72802
毛穗苞茅 **201504**
毛穗柽柳 383535
毛穗稻花 299316
毛穗稻花木 **299316**
毛穗邓博木 **123676**
毛穗杜茎山 **241779**
毛穗鹅观草 **335532**
毛穗菲奇莎 **164517**
毛穗孩儿草 **340348**
毛穗旱麦草 **148412**
毛穗胡椒 **300535**
毛穗壶花无患子 **90728**
毛穗花半边莲 **234787**
毛穗花薄荷 **187181**
毛穗画眉草 **147542**
毛穗金果椰 **139342**
毛穗荆芥 **264916**
毛穗距苞藤 **369901**
毛穗赖草 **228373**
毛穗藜芦 **405606**
毛穗立金花 **218858**
毛穗马鞭草属 **219103**
毛穗马先蒿 **287143**
毛穗披碱草 **144505**
毛穗茜属 **396408**
毛穗树苣苔 **217749**
毛穗苔草 **76234**
毛穗庭荠 **18484**
毛穗网萼木 **172866**
毛穗夏至草 **220121**
毛穗苋树 **86042**
毛穗香薷 **144011**
毛穗新麦草 **317084**
毛穗悬叶异木患 **16139**
毛穗鸭嘴草 **209274**,209261
毛穗窄冠爵床 **375757**
毛穗棕 **122988**
毛穗棕属 **122978**
毛笋竹 **175600**,125465
毛台湾千汗草 **259286**,259284
毛苔草 75065
毛毯细莞 **210090**
毛桃 20921,20926,20935
毛桃儿 61107
毛桃木莲 **244458**,244451
毛桃树 165111,165671
毛桃子 20935
毛陶施草 **385142**
毛特林芹 **397732**
毛藤 367322
毛藤果 367322
毛藤里公 6588
毛藤日本薯蓣 **131648**
毛藤属 303087
毛藤竹 **131284**
毛蹄叶橐吾 **229038**
毛天鹅绒竹芋 **257911**
毛天胡荽 200281
毛天料木 **197703**
毛天麻 **171925**
毛天仙果 164671,164947
毛天竺桂 **91349**
毛田菜 325981
毛条 72258
毛铁冬青 204217
毛庭荠 **18395**
毛葶长足兰 320449
毛葶翅足兰 **320449**
毛葶苈 **136990**
毛葶蒲公英 384536
毛葶玉凤花 **183503**
毛同花木 **245287**
毛桐 **243327**,243399
毛桐子 243327,402245
毛筒玉竹 **308565**,308616
毛头阿比西尼亚 **35093**
毛头半日花 **188663**
毛头波籽玄参 **396774**
毛头苍白高葶苣 **11442**
毛头长序鼠麹草 **178516**
毛头车轴草 **397120**
毛头刺头菊 **108254**
毛头大沙叶 **286088**
毛头毒马草 **362784**
毛头毒鼠子 **128837**
毛头独子 **292490**
毛头独子科 **292493**
毛头独子属 **292488**
毛头钝柱菊 **82253**
毛头钝柱菊属 **82252**
毛头耳冠草海桐 **122098**
毛头高山参 **273996**
毛头孤立飞蓬 **151039**
毛头谷精草 **151348**
毛头寒 335147,335153
毛头寒药 41812
毛头红花 **77706**
毛头黄耆 **42943**
毛头黄眼草 **416107**
毛头蓟 **91931**,91953
毛头菊属 **151560**
毛头蜡菊 **189289**
毛头蓼 **263284**
毛头蓼属 **263283**
毛头鳞花草 **225155**

毛头驴喜豆 **271202**
毛头毛瑞香 **218988**
毛头木蓝 **205872**
毛头牛蒡 **31068**
毛头欧石南 **149407**
毛头三七 335153
毛头矢车菊 **81436**
毛头橐吾 **229232**
毛头蝟菊 **270230**
毛头乌头 **5506**
毛头无舌沙紫菀 **227116**
毛头苋 **122976**
毛头苋属 **122970**
毛头絮菊 **165940**
毛头雪莲花 348294
毛头鸭舌癀舅 **370760**
毛头岩蔷薇 **93139**
毛头银背藤 **32621**
毛头针苞菊 **395968**
毛头帚菊木 **260536**
毛头筑巢草 **379164**
毛透骨草 **254952**
毛透骨草属 **254951**
毛突果菀 **182826**
毛土连翘 **201080**
毛土密树 60211
毛土牛膝 **4268**
毛兔唇花 **220087**
毛团子 131759
毛豚草 **19190**
毛托鞭菊 **77235**
毛托菊飞蓬 **150461**
毛托菊还阳参 **111074**
毛托菊属 **23404**
毛托菊叶蝇子草 **363177**
毛托苣 **337481**
毛托苣属 **337480**
毛托考野牡丹 **392537**
毛托毛茛 **326442**
毛托山柳菊属 23404
毛托叶九节 **319836**
毛托叶类九节 **181373**
毛托叶沙扎尔茜 **86341**
毛陀罗果花苜蓿 **249520**
毛驼药茄 **119788**
毛驼柱野牡丹 **120274**
毛箨茶竿竹 318322
毛箨茶秆竹 **318322**
毛娃娃 361935
毛洼栎子 162386
毛菀木属 **186881**
毛菀属 **418815**
毛万桃花 367334
毛网草属 151770
毛网木 **68068**
毛网纹茜 **370867**
毛维达茜 **408744**
毛维默卫矛 **414457**
毛维西无心菜 32314
毛尾车轴草 **396877**
毛尾盾草 **212527**
毛尾三叶草 396877
毛尾薯 366338
毛尾叶巴豆 **112857**,112856
毛苇谷草 **289575**
毛委内瑞拉夹竹桃 **344390**
毛倭竹 362129
毛莴苣 84960
毛沃套野牡丹 **412311**
毛乌金 37706
毛乌口树 384988
毛乌蔹莓 **79858**
毛无被麻 **294341**
毛无根藤 **78738**
毛梧桐 **41874**
毛梧桐属 **41873**
毛梧桐叶安息香 **379432**
毛五加 143596,387822,387825
毛五甲 143596
毛五角木 **313978**
毛五裂漆 **290051**
毛五味子 214968
毛五桠果 **130927**
毛五叶蛇葡萄 **20438**
毛五爪龙 250859
毛舞花姜 **176987**
毛雾冰藜 **48767**
毛西番莲 **285641**
毛西参 280799
毛希尔德纽敦豆 **265906**
毛希尔曼野荞麦木 **152129**
毛锡生藤 **92560**
毛豨莶 363093
毛喜光花 **6469**
毛喜湿马利筋 **37968**
毛细埃若禾 12789
毛细柄黄芪 42145
毛细柄黄耆 42145
毛细齿崖爬藤 **387817**
毛细管箭竹 **276924**
毛细管箭竹属 **276920**
毛细管水星草 **193685**
毛细花乳豆 **169661**,169650
毛细花瑞香 **122620**
毛细肉叶芥 **59740**
毛细辛 37608,37642
毛细形苔草 **76516**
毛细叶芹 **84743**
毛细银须草 **12789**
毛细钟花 226064
毛细柱苋 **130335**
毛细爪梧桐 **226274**
毛狭瓣蝇子草 363556
毛狭翅兰 **375672**
毛狭蕊爵床 **375421**
毛狭叶五加 143702
毛狭叶崖爬藤 **387787**,387817
毛仙人掌 395649
毛苋木 **344789**
毛苋木属 **344788**
毛线果葶苈 137066
毛线稷 **281438**
毛线叶膜冠菊 **201182**
毛线柱苣苔 **333749**
毛线柱头萝藦 **256076**
毛腺巴豆 **112863**
毛腺瓣落苞菊 **111386**
毛腺大戟 **159998**
毛腺点无舌沙紫菀 **227115**
毛腺萼木 **260626**
毛腺萼紫葳 **250114**
毛腺冠夹竹桃 **375282**
毛腺木 **395421**
毛腺木属 **395419**
毛腺欧石南 **150153**
毛腺瑞香 **222050**
毛腺瑞香属 **222048**
毛腺托囊萼花 **323432**
毛腺卫矛 157310
毛腺旋子草 **98078**
毛相思子 **763**
毛香 27967,34275,224948
毛香根 **47130**
毛香果 231380
毛香火绒草 **224948**
毛香荚蒾 **407839**
毛香薷 144105
毛香藤 351054
毛香叶木 370867
毛香芸木 **10638**
毛香紫罗兰 **246496**
毛象牙参 337078
毛枭豆 **28876**
毛小苞爵床 **113753**
毛小刺爵床 **184244**
毛小花细叶地榆 **345927**
毛小金梅草 **202870**
毛小蓼 **308670**
毛小叶垫柳 **343891**
毛小叶毛头菊 **151594**
毛小叶山蚂蝗 **126291**
毛小芸木 253629
毛肖弓果藤 **292108**
毛楔翅藤 **371420**
毛斜核草 **237970**
毛斜叶苣苔 **237990**
毛心形鸭嘴花 **214711**
毛辛夷 416686,416694,416707,416721
毛杏 **34474**
毛熊果 **31110**
毛秀才 367322,388114
毛绣球 **199897**
毛绣球防风 **227731**,227654
毛须芒草 **23063**
毛序安匝木 **310765**
毛序贝母兰 **98749**
毛序唇柱苣苔 **87934**
毛序粗柄铁线莲 **94868**
毛序桂樱 **223125**
毛序红花越橘 **404034**
毛序花楸 **369437**
毛序棘豆 **279218**,279216
毛序尖叶桂樱 **223137**
毛序锦鸡儿 **72291**
毛序聚伞翠雀花 **124337**
毛序楼梯草 **142706**
毛序肉实树 346983
毛序石斑木 **329075**
毛序西风芹 **361487**
毛序陷脉石楠 **295705**
毛序小檗 **52266**
毛序燥芹 295041
毛序准噶尔乌头 **5588**
毛序紫丁香 382265
毛玄参 **355139**
毛悬钩子 339194
毛旋覆花 **207140**,207046,207066
毛旋花 **103080**
毛雪胆 **191906**
毛血藤 162523
毛栒子 **107710**,369389
毛蕈树 **18193**
毛鸦船 275403
毛鸦胆子 **61211**
毛鸭绿报春 **314521**
毛鸭姆草 **285520**
毛鸭嘴草 **209255**
毛牙刷树 **344809**
毛芽椴 **391850**
毛芽马里兰杨 **311151**
毛芽木兰 **242238**
毛芽藤 115050
毛崖爬藤 387826
毛崖棕 76268
毛亚麻 231911
毛亚麻荠 **68864**
毛亚欧唐松草 **388578**
毛烟管蓟 **92302**
毛岩柃 **160598**
毛盐蓬 **185059**
毛盐美人 184922
毛盐鼠麴 **24544**
毛偃麦草 **144680**
毛眼子菜 **312282**
毛艳苞莓 **79795**
毛燕麦 **45558**,45602

毛燕麦属 **263940**
毛燕仔 367322
毛羊茅 **164403**
毛羊尿树 408089
毛阳帽菊 **85999**
毛阳桃 6559
毛杨梅 **261155**
毛杨桐 8229
毛洋槐 334965
毛样画眉草 **147566**
毛药 238942
毛药草 152839
毛药茶茱萸属 **222075**
毛药长蒴苣苔草 **129905**
毛药翠雀花 **124333**
毛药核果木 **138658**
毛药红淡 8256
毛药狐尾马先蒿 **286989**
毛药花 **57504**,48552
毛药花属 **57503**,48551
毛药黄瑞木 **8256**
毛药菊属 **84803**
毛药苣苔属 **122877**
毛药卷瓣兰 **62958**
毛药爵床 **395438**
毛药爵床属 **395437**
毛药列当 **275154**
毛药马铃苣苔 **273844**
毛药忍冬 **236095**
毛药润肺草 **58826**
毛药山茶 **69548**
毛药山梅花 **294524**
毛药树 **179992**
毛药树科 **179993**
毛药树属 **179990**
毛药藤 **364701**
毛药藤属 **364697**
毛药野牡丹 **306816**
毛药野牡丹属 **306810**
毛药云实 **65005**
毛野扁豆 **138979**,138978
毛野丁香 **226133**,226113
毛野古草 **37421**
毛野柳 **344109**
毛野牡丹 96651,248778
毛野蔷薇 **336799**
毛野豌豆 **408541**
毛野悬钩子 **338063**
毛野鸦椿 **160960**
毛野芝麻 **220421**
毛叶阿芳 17627
毛叶桉 **155763**
毛叶巴豆 112857
毛叶菝葜 366231
毛叶白粉藤 **92617**,92616
毛叶白面杜鹃 **332158**
毛叶百蕊草 **389683**
毛叶板凳果 **279750**,279748
毛叶瓣鳞花 **167784**
毛叶棒毛萼 **400779**
毛叶苞帚鼠麹 **20633**
毛叶报春 314615
毛叶杯状栲 78885
毛叶杯锥 **78885**
毛叶扁莎 **322194**
毛叶薄子木 **226476**
毛叶草 77149,317137
毛叶草胡椒 **290447**
毛叶草芍药 280247
毛叶草属 317135
毛叶草血竭 **309508**
毛叶梣 **168076**
毛叶插田泡 **338295**
毛叶茶 **69520**
毛叶长春花 **79425**
毛叶长蕊绣线菊 **372014**,371919
毛叶朝鲜槐 240114
毛叶柽柳桃金娘 **260999**
毛叶赤杨 16393
毛叶翅果麻 **218448**
毛叶重楼 284347
毛叶稠李 **280007**
毛叶臭草 **249061**
毛叶川滇蔷薇 **336968**,336967
毛叶川冬青 204320
毛叶垂头菊 **110448**
毛叶雌足芥 **389281**
毛叶刺苞菊 **389964**
毛叶刺苞菊属 **389963**
毛叶刺梗芹 **140645**
毛叶刺菊木 **122949**
毛叶刺菊木属 **122948**
毛叶刺篱木 **166781**
毛叶刺楸 215442,215443
毛叶刺痒藤 **394172**
毛叶葱 **15414**
毛叶楤木 **30606**,30623
毛叶酢酱草 **278128**
毛叶翠雀花 **124292**
毛叶大戟 **159999**
毛叶大青 **96058**
毛叶大叶水榕 **165058**
毛叶单花景天 **257077**
毛叶单室茱萸 **246221**
毛叶单头鼠麹木 **240874**
毛叶倒缨木 216232
毛叶灯心草 **213300**
毛叶地胆 368905
毛叶地瓜草 239215
毛叶地瓜儿苗 239222
毛叶地瓜苗儿 239222
毛叶地笋 239215,239222
毛叶吊石苣苔 **239949**
毛叶吊钟花 **145694**
毛叶钓樟 231433
毛叶丁公藤 **154244**
毛叶丁香 382257,382302
毛叶丁香罗勒 **268523**
毛叶丁香罗簕 268523
毛叶顶冰花 **169394**
毛叶冬青 **204189**,203748
毛叶冬珊瑚 367528
毛叶冻绿 328885
毛叶豆瓣绿 **290442**
毛叶杜茎山 **241817**
毛叶杜鹃 **331601**,331266,331872
毛叶杜英 142358
毛叶度量草 **256212**
毛叶短绒槐 369154
毛叶短丝花 **221457**
毛叶盾翅藤 **39685**,39670
毛叶钝萼铁线莲 95228
毛叶钝果寄生 **385221**
毛叶多头芳香木 **38728**
毛叶鹅观草 **335204**,335227
毛叶鄂报春 **315090**
毛叶耳蓼 **308808**
毛叶番荔枝 **25835**,25836
毛叶芳香木 **38531**
毛叶芳樟 91381
毛叶飞蛾藤 131254
毛叶菲奇莎 **164507**
毛叶费利菊 48762
毛叶粉花绣线菊 **371979**
毛叶蜂斗草 **368905**
毛叶麸杨 **332790**
毛叶福岛樱 83319
毛叶福樱 83319
毛叶腹水草 **407503**
毛叶干若翠 **415464**
毛叶甘菊 **124812**
毛叶高丛珍珠梅 **369268**
毛叶高丽槐 240114
毛叶高粱泡 **338710**
毛叶高山唐松草 **388408**
毛叶勾儿茶 **52452**
毛叶狗牙花 **154194**,154192,382822
毛叶广东蔷薇 **336669**
毛叶广西盾翅藤 **39670**
毛叶哈氏欧石南 **149185**
毛叶孩儿草 340376
毛叶海神木 **315887**
毛叶含羞草 **255015**
毛叶合耳菊 381939
毛叶合欢 **13621**
毛叶红豆树 274399
毛叶红杆草 358312
毛叶红光树 **216882**
毛叶红毛五加 **143702**
毛叶红珠七 26625
毛叶胡椒 **300489**
毛叶胡萝卜 **123221**
毛叶胡枝子 226989
毛叶槲栎 **324150**
毛叶蝴蝶草 **392886**
毛叶虎耳草 **349519**,349725
毛叶虎榛子 **276845**
毛叶琥珀树 **27844**
毛叶花椒 **417181**,417348
毛叶花欧石南 **150156**
毛叶华北卫矛 **157703**
毛叶华北绣线菊 **371919**
毛叶华西蔷薇 **336780**
毛叶华西绣线菊 **371991**
毛叶画眉草 **147567**
毛叶怀槐 240114
毛叶槐 **369049**
毛叶黄檗 **294249**
毛叶黄花木 300699
毛叶黄鸠菊 **134795**
毛叶黄栌 107312
毛叶黄牛木 110256,110258,203961
毛叶黄皮 **94219**
毛叶黄芪 42586,42950
毛叶黄耆 **42586**,42950
毛叶黄杞 **145510**
毛叶黄芩 **355613**
毛叶黄檀 **121822**
毛叶黄药 280121
毛叶灰毛豆 **386018**
毛叶鸡蛋参 **98299**
毛叶鸡树条 **408012**
毛叶姬冠兰 **157149**
毛叶积雪草 **81640**
毛叶寄生 385221,385234
毛叶嘉赐木 78156
毛叶嘉赐树 78099,78156,78157
毛叶嘉榄 171568
毛叶荚蒾 **408096**,407894
毛叶假鹰爪 **126720**
毛叶剪秋罗 363370
毛叶姜味草 **253686**
毛叶胶鳞禾 **143777**
毛叶椒草 **290322**
毛叶脚骨脆 **78156**
毛叶金光菊 339572
毛叶金毛番薯 **207691**
毛叶金线草 **26625**
毛叶锦鸡儿 **72306**
毛叶景天 **224468**
毛叶景天属 **224467**
毛叶九节 **319811**
毛叶蕨叶花楸 369496
毛叶可利果 **96849**
毛叶苦郎藤 **92614**

毛叶拉拉藤 **170693**
毛叶拉氏菊 219710
毛叶蜡菊 **189572**
毛叶梾木 **380478**
毛叶兰 **299200**
毛叶兰属 **299198**
毛叶蓝花参 **412619**
毛叶蓝盆花 **350132**
毛叶蓝钟花 **115367**
毛叶蓝猪耳 392886
毛叶榄 **71024**
毛叶榄仁 386537
毛叶狼毒 158895
毛叶老牛筋 **31787**
毛叶老鸦糊 **66787**
毛叶乐母丽 **336046**
毛叶类沟酸浆 **255161**
毛叶棱果桔梗 **315294**
毛叶棱角拉菲豆 **325083**
毛叶冷水花 298943
毛叶梨果寄生 **355337**
毛叶藜芦 **405598**
毛叶立金花 **218947**
毛叶栗豆藤 **11006**
毛叶连香树 **83740**
毛叶莲花掌 **9066**
毛叶链珠藤 **18532**
毛叶两面针 **417285**
毛叶岭南槟榔青 **372472**
毛叶岭南花椒 **417171**
毛叶岭南酸枣 372472
毛叶瘤蕊紫金牛 **271042**
毛叶楼梯草 **142746**
毛叶鹿藿 **333426**
毛叶路易斯山梅花 **294494**
毛叶葎 **170577**
毛叶轮环藤 **116010**
毛叶马岛甜桂 **383652**
毛叶马岛小金虎尾 **254061**
毛叶马德拉斯百簕花 **55375**
毛叶马卡野牡丹 **240220**
毛叶马蹄香 12631
毛叶麦秆菊 189188
毛叶脉黄兰 **252843**
毛叶曼陀罗 123061
毛叶蔓龙胆 **110327**
毛叶毛茛 **326450**,48933,325777
毛叶毛兰 396476
毛叶毛盘草 **144193**,335227
毛叶毛盘鹅观草 **335227**
毛叶毛蕊老鹳草 **174592**
毛叶毛枝绣线菊 **372004**
毛叶美果使君子 **67952**
毛叶猕猴桃 6553
毛叶米饭花 239406
毛叶密花蛇鞭菊 **228513**
毛叶木瓜 **84553**
毛叶木姜 233996
毛叶木姜子 **233996**
毛叶木兰 279248
毛叶木蓝 206342
毛叶木通 294465
毛叶穆拉远志 **259983**
毛叶奶桑 **259157**
毛叶南臭椿 **12587**
毛叶南非禾 **290028**
毛叶南芥 **30449**,30200
毛叶南岭柞木 **415879**
毛叶南烛 **239406**
毛叶牛蹄麻 **49148**
毛叶扭曲山蚂蝗 **126412**
毛叶欧李 **83189**
毛叶欧石南 **150093**
毛叶欧洲百合 **229928**
毛叶泡叶番杏 **138186**
毛叶佩松木 **292031**
毛叶皮索尼亚 292031
毛叶坡垒 198174
毛叶破布木 **104218**
毛叶葡萄 411735
毛叶蒲公英 **384676**
毛叶朴 **80719**,80739
毛叶桤叶树 96505
毛叶槭 **3632**
毛叶奇果竹芋 **388922**
毛叶落草 **217460**
毛叶千斤拔 166905
毛叶千金榆 **77280**
毛叶千里光 **359054**
毛叶千紫花 23948
毛叶茜树 **325353**
毛叶蔷薇 **336731**
毛叶茄 **367072**
毛叶青冈 **116122**
毛叶秋海棠 **50394**,50067,50232
毛叶雀梅藤 **342206**
毛叶冉布檀 **14375**
毛叶人字果 **128926**
毛叶日本当归 24372
毛叶日本槭 **3043**
毛叶塞拉玄参 **357704**
毛叶三裂绣线菊 **372120**
毛叶三条筋 231313
毛叶三桠乌药 **231404**
毛叶桑寄生 355317,355337
毛叶沙地芹 **317012**
毛叶莎草 **119699**
毛叶山茶 69586
毛叶山柑 **71831**,71830
毛叶山梗菜 **234397**
毛叶山桂花 **51036**
毛叶山胡椒 231375
毛叶山麻杆 14210
毛叶山蚂蝗 **126397**
毛叶山梅花 **294517**,294560
毛叶山木香 **336511**
毛叶山芹 **276769**
毛叶山芍药 **280209**
毛叶山桐子 **203428**
毛叶山银钟花 **184748**
毛叶山樱花 **83319**
毛叶山樱桃 83319
毛叶陕西蔷薇 **336609**
毛叶芍药 280247
毛叶苕子 408693
毛叶少子果 **64065**
毛叶蛇葡萄 **20428**,20298
毛叶升麻 **91021**
毛叶石楠 **295808**
毛叶使君子 **324679**
毛叶柿 **132303**
毛叶疏花蔷薇 **336687**
毛叶黍 **281935**,281532
毛叶鼠李 **328725**
毛叶束尾草 **293225**
毛叶树 367146
毛叶水锦树 **413850**
毛叶水苦荬 317912
毛叶水苏 **373470**
毛叶水栒子 **107697**
毛叶水苎麻 56339
毛叶四川冬青 **204320**
毛叶溲疏 127088
毛叶素馨 **211788**
毛叶酸巴豆 **4581**
毛叶酸味秋海棠 49595
毛叶算盘子 177141
毛叶梭罗树 327371
毛叶苔草 **74463**
毛叶太白杜鹃 **331589**
毛叶探春 211822
毛叶藤春 **17627**
毛叶藤五加 **143632**,2439
毛叶藤仲 **88902**
毛叶天冬 39238
毛叶天胡荽 **200329**,200390
毛叶天女花 **279248**
毛叶天竺葵 **288190**
毛叶条果芥 285008
毛叶铁榄 **365085**
毛叶铁苋菜 **1919**
毛叶铁线莲 **95067**
毛叶葶苈 **137083**
毛叶兔耳风 247175
毛叶橐吾 **229153**
毛叶弯刺木香 336381
毛叶弯刺蔷薇 **336381**
毛叶网脉唐松草 **388637**
毛叶网球花 **184379**
毛叶威灵仙 **94821**,348256
毛叶委陵菜 312969
毛叶卫矛 157310
毛叶乌饭树 403832
毛叶乌蔹莓 **79862**
毛叶乌头 **5106**
毛叶无翅秋海棠 49595
毛叶无患子 **297545**
毛叶无患子属 **297544**
毛叶无心菜 **32283**
毛叶五匹青 **320251**
毛叶五味子 **351089**
毛叶武汉葡萄 **412006**
毛叶雾冰藜 **48786**
毛叶西番莲 **285672**
毛叶狭叶五加 143702
毛叶下珠 **296795**
毛叶夏枯 220355
毛叶仙桥 338985,407503
毛叶纤毛草 **144242**,335267
毛叶纤毛鹅观草 **335267**
毛叶鲜卑花 **362399**
毛叶腺萼木 **260652**
毛叶腺果层菀 **219710**
毛叶香 12663
毛叶香茶菜 **209713**
毛叶香瓜 **114136**
毛叶向日葵 **189001**
毛叶小檗 51374,52128,52131
毛叶小果木通 **95228**
毛叶小黄素馨 211863
毛叶小蜡 **229632**
毛叶小芸木 **253629**
毛叶新木姜子 **264111**
毛叶杏 34436
毛叶绣线菊 **372016**
毛叶绣线梅 **263158**
毛叶锈毛五叶参 **289642**
毛叶须芒草 **22991**
毛叶悬钩子 **339082**,339084
毛叶旋花 **103194**
毛叶雪片莲 **227870**
毛叶雪下红 **31632**
毛叶血藤 204615
毛叶栒子 107697
毛叶鸭舌疝 50939
毛叶鸭嘴花 **214856**
毛叶崖爬藤 **387826**
毛叶烟花莓 **305259**
毛叶盐肤木 **332639**
毛叶盐藻 **184970**
毛叶燕麦 **45592**
毛叶扬子铁线莲 **95266**
毛叶羊茅 **163857**
毛叶洋地黄 130369
毛叶腰骨藤 **203326**
毛叶异木患 **16160**
毛叶翼萼 392886
毛叶翼核果 **405448**

毛叶翼柱管萼木 **379053**
毛叶银齿树 **227280**
毛叶樱花 83319
毛叶樱桃 83319
毛叶鹰爪花 **35045**
毛叶迎红杜鹃 331296
毛叶蝇子草 **363890**
毛叶硬齿猕猴桃 **6543**
毛叶尤利菊 **160792**
毛叶油丹 **17790**
毛叶羽叶楸 **376283**
毛叶玉兰 279248
毛叶玉细鳞 **83969**
毛叶芋兰 **265418**
毛叶远志 **308017**
毛叶云南桤叶树 **96489**
毛叶云实 64993
毛叶云香草 77149
毛叶泽兰 **158066**
毛叶獐毛 8877
毛叶獐茅 **8877**
毛叶樟 **91381**
毛叶蔗茅 **148924**,148906
毛叶针茅 **376759**
毛叶珍珠花 239406
毛叶珍珠梅 369268
毛叶枝杉 **296958**
毛叶知风草 **147892**
毛叶朱缨花 66669
毛叶珠子参 **98321**
毛叶猪腰豆 **9854**
毛叶砖子苗 **245370**
毛叶锥头麻 **307042**
毛叶子 40095,243327
毛叶紫波 **28453**
毛叶紫树 267879
毛叶紫菀木 **41757**
毛叶紫薇 219976
毛腋生菲利木 **296158**
毛伊顿飞蓬 **150607**
毛异花草 168831
毛异囊菊 **194261**
毛益母草 225022
毛逸香木 **131972**
毛翼荚豆 **68152**
毛翼菊 **396125**
毛翼菊属 **396124**
毛翼朴 320412
毛茵陈 257542
毛银柴 **29778**
毛银钮扣 **344329**
毛银叶巴豆 **112854**
毛隐匿大戟 **7059**
毛罂粟 282617
毛樱桃 **83347**,83255
毛鹦鹉豆 **130936**
毛颖斑茅 **341838**
毛颖草 **16231**
毛颖草属 **16219**
毛颖华东早熟禾 **305515**
毛颖黄南非禾 **289948**
毛颖芨芨草 **4155**
毛颖荩草 **36680**
毛颖莎草 **119217**
毛颖黍 **281711**
毛颖托禾 **247860**
毛颖托禾属 **247858**
毛颖茵草 **49544**
毛颖羊茅 **164229**
毛颖野古草 **37437**
毛颖早熟禾 **305909**,305515
毛颖针翦草 **376992**
毛硬叶冬青 **203811**
毛油点草 **396598**
毛莸 78042
毛莠莠 361935
毛于维尔无患子 **403068**
毛鱼藤 **125958**
毛榆 **401511**,401556
毛榆叶梧桐 **181618**
毛羽冠菊 **414850**
毛羽冠帚鼠麹 **320901**
毛羽菊 396125
毛羽菊属 396124
毛羽扇豆 **238482**,238467
毛玉山竹 **416753**
毛玉叶金花 260426,260483,260484
毛芋 99910
毛芋兰 279858
毛芋头 131655
毛芋头薯蓣 **131655**
毛郁金 114859
毛缘虎耳草 **349183**
毛缘剪秋罗 363337
毛缘口香 **108714**
毛缘宽叶苔草 **76268**
毛缘马先蒿 287179
毛缘苔草 **75785**
毛缘叶杜鹃 330467
毛越橘 **403853**
毛云南黄皮 94227
毛云实 **64993**
毛早花象牙参 **337078**
毛枣子 109650,109936
毛皂帽花 122933
毛泽蕃椒 123729
毛泽兰 158200,337253
毛泽兰属 **187000**
毛窄黄花 **375794**
毛窄叶柃 **160603**
毛窄叶山金车 **34680**
毛毡草 **55754**,178062
毛毡刺头菊 **108363**
毛毡杜鹃 **330457**
毛毡苣苔属 **147384**
毛毡山柳菊 **195840**
毛毡苔 138348,138354
毛张口 248732
毛獐牙菜 **380321**
毛樟 6811
毛掌叶锦鸡儿 **72272**
毛杖木属 **332416**
毛胀萼花 **18227**
毛沼生水苏 **373365**
毛召 265126
毛折柄茶 376487
毛折子 142082
毛柘藤 **240829**
毛鹧鸪花 395498
毛针茅 **376866**
毛针子草 194020
毛珍珠梅 **369271**
毛榛 **106751**,106736
毛榛子 106751
毛枕果榕 164918
毛之枝草属 327339
毛枝阿富汗杨 311206
毛枝矮欧石南 **149894**
毛枝白珠 **172164**
毛枝长绿荚蒾 **408124**
毛枝秤花藤 **6540**
毛枝椆 233357
毛枝粗叶木 **222137**
毛枝大沙叶 **286314**
毛枝垫柳 **343493**,343557
毛枝吊石苣苔 **239979**
毛枝冬青 **203747**,203600,203656,204189
毛枝杜鹃 **331859**
毛枝椴 391850
毛枝多变杜鹃 **331780**
毛枝福建冬青 **203836**
毛枝高山桦 53371
毛枝格药柃 **160552**
毛枝狗娃花 **193984**,193973
毛枝瓜叶乌头 **5263**
毛枝光叶楼梯草 **142705**
毛枝光叶忍冬 235804
毛枝桂樱 **223124**
毛枝合斗柯 233381
毛枝合斗石栎 **233381**
毛枝胡椒 **300543**
毛枝花欧石南 **150154**
毛枝桦 53590
毛枝黄芪 42883
毛枝黄耆 **42883**
毛枝黄杨 **64336**
毛枝鸡脚参 **275659**
毛枝荚蒾 **407688**
毛枝假福王草 283689
毛枝姜叶柯 233296
毛枝金腺荚蒾 **407754**
毛枝锦鸡儿 **72293**
毛枝爵床 **222380**
毛枝爵床属 **222379**
毛枝康定柳 **343836**
毛枝柯 **233357**
毛枝孔克檀香 **218369**
毛枝冷杉 369
毛枝栗 **78807**
毛枝连蕊茶 **69713**
毛枝柳 **343283**,343344
毛枝罗汉松 **306471**
毛枝马岛茜草 **342822**
毛枝毛蕊茶 69713
毛枝梅属 **395673**
毛枝蒙古绣线菊 **372019**,372109
毛枝木姜叶柯 **233296**
毛枝南蛇藤 80207
毛枝破布木 **104260**
毛枝漆属 **101602**
毛枝茄属 **186998**
毛枝青冈 **116113**
毛枝雀梅藤 **342172**
毛枝乳苣 283692
毛枝三脉紫菀 **39966**
毛枝三脉紫菀毛枝 39966
毛枝山柳菊 **196040**
毛枝山梅花 **294458**
毛枝珊瑚冬青 **203656**
毛枝蛇葡萄 **20444**
毛枝施莱木犀 **352618**
毛枝石栎 233357
毛枝黍 **282313**
毛枝树 **127448**
毛枝树科 **127445**
毛枝树属 **127447**
毛枝塔利木 **383360**
毛枝台中荚蒾 **407859**
毛枝天门冬 **39238**
毛枝纹蕊茜 **341292**
毛枝无梗斑鸠菊 **225262**
毛枝五针松 **300298**
毛枝西伯利亚杏 34474
毛枝细齿崖爬藤 387817
毛枝细尾楼梯草 **142870**
毛枝腺萼紫葳 **250108**
毛枝小檗 **51832**
毛枝绣线菊 **372002**
毛枝栒子 **107496**
毛枝崖爬藤 **387819**
毛枝杨 **311574**
毛枝翼核果 **405442**
毛枝尤利菊 **160816**
毛枝鱼藤 **125997**
毛枝榆 **401449**
毛枝云杉 298358

毛枝猪屎豆 **112063**
毛枝紫菊 **267180**
毛枝紫菀 39966
毛枝棕背杜鹃 **330069**
毛枝柞木 **415899**
毛知母 23670,39560
毛直果草 **397907**
毛直萝藦 **275623**
毛纸花菊 **318981**
毛枳椇 198786
毛志药 178218
毛治疝草 192975
毛智利灯笼树 **111147**
毛钟穗花 **293166**
毛舟萼苣苔 **262902**
毛舟马先蒿 **287771**
毛轴鹅不食 31967
毛轴革瓣花属 **277444**
毛轴红门兰 310916
毛轴黄杞 **145519**
毛轴荩草 **36624**
毛轴旌节花 373540
毛轴莎草 **119378**
毛轴山矾 381423
毛轴山苦荬 283689
毛轴乌口树 **384975**
毛轴小红门兰 **310916**
毛轴小叶柳 **343515**
毛轴兴安杨 **311351**
毛轴亚东杨 **311582**
毛轴野古草 **37418**
毛轴异燕麦 **190187**
毛轴藏匐柳 **343372**
毛轴藏柳 343372
毛轴早熟禾 **305641**
毛轴蚤缀 31967
毛皱缩链荚豆 **18280**
毛皱叶苣苔 **333862**
毛皱籽草 **341250**
毛珠当归 **24355**
毛竹 **297306**,36647,206905,297266
毛竹属 297188
毛竹叶花椒 **417162**
毛竹子 206792
毛柱斑克木 **47659**
毛柱柄泽兰 **379261**
毛柱柄泽兰属 **379260**
毛柱大花草 **299287**
毛柱大花草属 **299285**
毛柱大戟 **219120**
毛柱大戟属 **219116**
毛柱德律阿斯兰 **138421**
毛柱滇紫草 **271779**
毛柱豆 **299152**
毛柱豆属 299148
毛柱杜鹃 **332054**,331062,331489
毛柱椴 **391701**
毛柱隔距兰 **94467**
毛柱果铁线莲 **95400**
毛柱亨里特野牡丹 **192047**
毛柱红淡 8247
毛柱红山茶 **69489**
毛柱红棕杜鹃 **331685**
毛柱胡颓子 **142149**
毛柱花欧石南 **150157**
毛柱黄芪 42488
毛柱黄耆 **42488**
毛柱黄瑞木 **8247**
毛柱霍克灰毛豆 **386100**
毛柱金银花 235749
毛柱锦葵 **212691**
毛柱锦葵属 **212690**
毛柱鹿角藤 88891
毛柱马钱 **378833**
毛柱马缨花 **330548**
毛柱麦李 **83214**
毛柱莓 338719
毛柱南星属 **379116**
毛柱瑞香 **122473**
毛柱山梅花 **294549**
毛柱珊瑚属 396454
毛柱鼠麹木 **34979**
毛柱鼠麹木属 **34978**
毛柱属 **396454**,299238
毛柱田菁 **361392**
毛柱铁线莲 **95113**,94814
毛柱万桃花 **367685**,367334
毛柱苋 **153350**
毛柱苋属 **153348**
毛柱悬钩子 338719
毛柱杨桐 8247
毛柱野荞麦 **152198**
毛柱翼荚豆 **68141**
毛柱樱 **316705**,83277,83279
毛柱樱桃 **83277**
毛柱蝇子草 **363929**,363516
毛柱郁李 83277,83279,316705
毛柱泽兰 **347182**
毛柱泽兰属 **347181**
毛柱帚鼠麹属 **395879**
毛抓抓 279114
毛爪德钦乌头 **5464**
毛爪参 192345
毛状棘豆 **279216**
毛状剪股颖 12034,12323
毛状茅膏菜 **138276**
毛状苔草 74044
毛状针茅 **376949**
毛状枝草属 130967
毛锥 78941
毛锥栗 78999
毛锥莫尼亚 138525,395847
毛锥莫尼亚属 395844
毛锥形果 **179158**
毛锥子 31051
毛锥子草 53797
毛准鞋木 **209547**
毛仔树 204239
毛籽草属 246651
毛籽吊兰 **101624**
毛籽吊兰属 **101622**
毛籽短蕊茶 **69490**
毛籽椴 **396399**
毛籽椴属 **396396**
毛籽盖伊柳叶菜 **172268**
毛籽鬼针草 **54155**
毛籽红山茶 **69715**,69613
毛籽红山桂 307982
毛籽金花茶 69528
毛籽景天 **357242**
毛籽橘 **84983**
毛籽橘属 84982
毛籽狸藻 **403228**
毛籽离蕊茶 69490
毛籽轮枝木棉 **285805**
毛籽轮枝木棉属 **285804**
毛籽木槿 **194860**
毛籽芹 **122829**
毛籽芹属 **122827**
毛籽山桂花 307982
毛籽藤黄 **299272**
毛籽藤黄属 **299271**
毛籽万恩曼 413706
毛籽万灵木 413706
毛籽温曼木 **413706**
毛籽翼首花 **320438**
毛籽鱼黄草 **250834**
毛籽枳属 **84982**
毛子草 205548
毛子草科 **153109**
毛子草属 **153113**,20590
毛子房草 **402573**
毛子房草属 **402572**
毛子莎 **84989**
毛子莎属 **84986**
毛子树 305046
毛子树科 305048
毛子树属 305045
毛子鸦葱 **354855**
毛紫丁香 **382230**
毛紫椴 **391663**
毛紫花鼠麹木 **21873**
毛紫荆 **83804**
毛紫茉莉 **255708**
毛紫芹菊 **34958**
毛紫菀 380872
毛紫薇 **219981**
毛紫心苏木 288872
毛紫珠 **66873**
毛鬃萼豆 **84847**
毛足柴胡 **63861**
毛足杜鹃 331665
毛足杆 248732
毛足棘豆 **278807**
毛足假木贼 **21038**
毛足兰属 **396036**
毛足南芥 **30474**
毛足南星 **306563**
毛足南星属 **306562**
毛足千里光 **358814**
毛足榕 **165780**
毛足蕊南星 **306306**
毛足异木患 **16106**
毛钻地风 **351796**
毛嘴杜鹃 **331999**
毛醉鱼草 **62123**
矛百合属 39435
矛斑鸠菊 **406826**
矛孛荠 **143187**
矛边非芥 **181712**
矛材木 **136780**
矛材木属 **136779**
矛材属 **136244**
矛毒藤 **385718**
矛毒藤属 **385717**
矛梗青绿苔草 **75140**
矛梗苔草 **73928**
矛冠草 **235588**
矛冠草属 **235587**
矛桂 **136767**
矛桂属 136766
矛果豆 **235557**
矛果豆山龙眼 **45292**
矛果豆山龙眼属 **45291**
矛果豆属 **235513**
矛果苔草 **75186**
矛合毛菊 **170936**
矛花科 136728
矛花属 136729
矛角茜 **136307**
矛角茜属 **136306**
矛口树属 **235591**
矛蜡菊 **189794**
矛兰 **371599**
矛兰属 **371598**
矛木 318063
矛鞘鸢尾属 **68494**
矛头杜鹃 **330035**,332155
矛雄香属 136766
矛叶草树 415176
矛叶慈姑 **342359**
矛叶杜鹃 332155
矛叶飞蓬 **150763**
矛叶高葶苣 **11503**
矛叶合耳菊 **381939**
矛叶黄脂木 **415176**

矛叶节茎兰 **269217**
矛叶荩草 **36673**
矛叶山金车 34738
矛叶天竺葵 **288253**
矛叶兔菊木 **236497**
矛叶相思树 **1292**
矛叶延龄草 **397576**
矛英木属 235513
矛缨花 **136730**
矛缨花科 **136728**
矛缨花属 **136729**
矛珍珠茅 **354246**
矛柱露兜树 **136776**
矛柱露兜树属 **136775**
矛状拉拉藤 **170457**
矛籽兰 **235511**
矛籽兰属 **235510**
茅 205473
茅苍术 44208
茅草 205473,205497
茅草茶 117153
茅草根 205506,205517
茅草箭 144353,166462,335251,335497
茅草筋骨 117162
茅草细辛 354801,389769
茅草香子 202146
茅草一枝蒿 4062
茅慈姑 110502
茅慈菰 98621
茅刺草 194020
茅荻 **394936**
茅膏菜 **138328**,138329,138331,138336
茅膏菜酢浆草 **277813**
茅膏菜科 **138369**
茅膏菜属 **138261**
茅根 **291405**,205473,205506,205517,325628
茅根草属 291396
茅根属 **291396**
茅菰 98621
茅瓜 **367775**
茅瓜桔梗 **367863**
茅瓜桔梗属 **367861**
茅瓜属 **367773**
茅蒿菜 138331
茅具蒿 208687
茅栗 **78823**,78777,323611
茅灵芝 144353,335497
茅栌 109936
茅萝卜 384473,384681
茅毛珍珠菜 239727
茅玫 **336845**
茅莓 **338985**
茅莓悬钩子 338985
茅抛子 338985
茅坪荩草 **36687**
茅青冈树 116130
茅茹竹 297266,297306
茅山苍术 44208
茅山菰 18569
茅丝栗 78927
茅铁香 107424
茅香 **27967**,117245
茅香草 117153
茅香属 **196116**
茅芽根 205473
茅眼草 158857
茅衣藤 94953
茅针 205473,205497,205506,205517
茅针子 194020
茅针子草 194020
茅竹 297306
茅爪子 114838
旄 20935
锚刺果 **6743**
锚刺果属 **6739**
锚钩金唇兰 **89939**
锚钩吻兰 89939
锚黄耆 **41989**
锚菱 **394546**
锚杉 **113699**
锚猩猩丸 244234
锚柱兰 **130034**
锚柱兰属 **130032**
冇刺根 20327
冇葱 352223
冇打 16304
冇丹树 16304
冇柑 **93746**,93717
冇拱 346379
冇骨消 345586,363090
冇咸 47402
冇圆树 16304
冇樟 91378
卯花 127072
茆 59148,400467
茆蒜 15726
茂党 98403
茂灌金娘 **388370**
茂灌金娘属 **388369**
茂丽堇菜 **410233**
茂名罗伞 **59226**
茂名掌叶树 59226
茂盛蒿 **36164**
茂盛苦苣菜 **368747**
茂盛欧石南 **149666**
茂盛前胡 **292918**
茂盛塞拉玄参 **357578**
茂盛小开菲尔欧石南 **149123**
茂树 248076
茂松 121079
茂庭樱 **83129**
茂纹绣线菊 **372078**
茂汶当归 **24399**
茂汶独活 192357
茂汶杜鹃 **331201**
茂汶过路黄 **239861**
茂汶黄芪 42677,42855
茂汶黄耆 **42677**,42855
茂汶韭 **15454**
茂汶薯蓣 **131508**
茂汶乌头 **5412**
茂汶蟹甲草 **283842**
茂汶淫羊藿 **147036**
茂物箣竹 **47195**
茂物兰 **56545**
茂物兰属 **56544**
茂县翠雀花 **124373**
茂县云杉 298232,298236
茂药 144093
茂叶虎耳草 **349340**
帽瓣七 91024
帽苞薯藤 **208092**
帽荸荠 **143415**
帽唇兰 **68626**
帽唇兰属 **68625**
帽顶 243420
帽斗栎 **323986**
帽萼 **299107**
帽萼葫芦 **299144**
帽萼葫芦属 **299143**
帽萼属 299143
帽儿瓜 **259739**,259738
帽儿瓜属 **259733**
帽儿山毛茛 **325917**
帽儿山苔草 **75300**
帽儿山岳桦 **53423**
帽峰椴 **391778**
帽盖报春 **314208**
帽冠大花草 **256171**
帽果茜属 256082
帽果卫矛 **157722**,157545
帽果雪胆 **191948**
帽花 **299103**
帽花兰属 105518
帽花木 **256132**
帽花木科 160332
帽花木属 **256131**,160328
帽花属 **299102**
帽金娘 **256141**
帽金娘属 **256140**
帽柯 **233119**
帽兰 376478
帽笼草 934
帽笼子 934
帽榕 **164745**
帽蕊草 **256180**
帽蕊草科 **256186**
帽蕊草属 **256175**
帽蕊花科 256186
帽蕊花属 256175
帽蕊木 256115,256122
帽蕊木属 256107
帽蒴属 256010
帽苔草 **75764**
帽头菜 381814
帽叶枸杞 **239097**
帽柱豆属 **299148**
帽柱杜鹃属 **256189**
帽柱木 **256122**
帽柱木属 **256107**
帽柱茜属 **256237**
帽柱桃金娘 **299138**
帽柱桃金娘属 **299137**
帽状白粉藤 **92893**
帽状大戟 **158601**
帽状多穗兰 **310352**
帽状美冠兰 **156933**
帽状蔷薇 336418
帽状石豆兰 **62613**
帽状香豆木 306249
帽状蜘蛛抱蛋 **39570**
帽子盾 934
帽子花 100961
楙 84573
貌儿竹 297266
貌头竹 297266
貌子竹 47190
懋公荛花 **414242**
懋理茴芹 299547
没翻叶 66789
没骨花 280147,280213
没利 211990
没利花 211990
没落子 34475
没石子 324050
没食子槲 324050
没食子栎 324050
没食子树 324050
没香 29973
没药 **101474**
没药钓樟 **231397**
没药豆 **366627**
没药豆属 **366626**
没药合欢 **13516**
没药黄檀 **121655**
没药属 **101285**,261576
没药五加前胡 **374564**
没药肖赪桐 **337424**
没药叶密钟木 **192683**
没药叶天竺葵 **288378**
枚辣柿 132398
枚辣叶肉实 346983
枚叶草 362617

玫珥早熟禾 **305728**
玫瑰 **336901**
玫瑰安尼樟 **25204**
玫瑰桉 155598
玫瑰宝巾花 **57864**
玫瑰篦齿婆婆纳 **407272**
玫瑰滨藜 **44629**
玫瑰草 **117205**
玫瑰茶 69572
玫瑰大地豆 **199364**
玫瑰豆属 **332227**
玫瑰杜鹃 331665
玫瑰多穗兰 **310581**
玫瑰粉岗松 **46437**
玫瑰黑黄檀 121683
玫瑰红 159679
玫瑰红巴氏锦葵 **286587**
玫瑰红柽柳 **383597**
玫瑰红葱 **15666**
玫瑰红稻花木 **299307**
玫瑰红红仙丹草 **211072**
玫瑰红花酢浆草 **278062**
玫瑰红黄精 308639
玫瑰红夹竹桃 **265336**
玫瑰红堇 **106340**
玫瑰红锦带花 **413598**
玫瑰红迷迭香 **337191**
玫瑰红木芙蓉 **195043**
玫瑰红帕沃木 286587
玫瑰红枇杷叶荚蒾 **408091**
玫瑰红球果木 **210239**
玫瑰红萨金特海棠 **243692**
玫瑰红山银钟花 184747
玫瑰红树紫菀 **270210**
玫瑰红细瓣兰 **246119**
玫瑰红绣球 199983
玫瑰红薰衣草 **223256**
玫瑰红岩丛 **211552**
玫瑰红艳丽奥勒菊木 270210
玫瑰花 336901
玫瑰花桉 **155582**,155721
玫瑰皇后大花淫羊藿 **146997**
玫瑰皇后多枝千屈菜 240101
玫瑰皇后帚枝千屈菜 **240101**
玫瑰黄精 308639
玫瑰灰毛豆 **386293**
玫瑰蓟 **92364**
玫瑰假鼠麹草 **317769**
玫瑰姜 155398
玫瑰景天 357087
玫瑰喇叭木 382723
玫瑰梾木 **105030**
玫瑰连蕊茶 **69572**
玫瑰芦荟 **17186**
玫瑰毛兰 113514
玫瑰毛蕊茶 69572
玫瑰木 **329794**
玫瑰木属 **329793**
玫瑰欧石南 **149996**
玫瑰欧洲绣球 **407995**
玫瑰帕翁葵 286682
玫瑰桤叶树 **96461**
玫瑰蔷薇木 25204
玫瑰茄 **195196**
玫瑰球果木 **210242**
玫瑰三兰 **394953**
玫瑰色报春 **314904**
玫瑰色美丽百合 **230039**
玫瑰色蒲公英 384754
玫瑰色藓状马先蒿 **287440**
玫瑰山美国白蜡树 **167901**
玫瑰石斛 **125082**
玫瑰石蒜 **239270**
玫瑰树 **268354**
玫瑰树属 **268351**
玫瑰溲疏 **126835**
玫瑰宿苞兰 **113514**
玫瑰藤翅果 **196864**
玫瑰天使樱雪轮 **363332**
玫瑰无心菜 31913
玫瑰西澳兰 **118260**
玫瑰香安尼樟 25204
玫瑰悬钩子 **339192**
玫瑰椰属 6826
玫瑰叶秋海棠 **50063**
玫瑰鸢尾兰 **267986**
玫瑰远志 308016
玫瑰竹芋 66200
玫瑰紫草沙蚕 **398112**
玫瑰紫花槐 369041
玫瑰紫玲玉 **224268**
玫瑰紫淫羊藿 **147079**
玫红桉 **155721**
玫红百合 **229725**
玫红报春 314904
玫红海石竹 **34537**
玫红姬凤梨 **113376**
玫红铃子香 **86835**
玫红山黧豆 **222851**
玫红省沽油 **374105**
玫红天竺葵 288268
玫红沃森花 **413398**
玫红小檗 **52239**
玫红岩蔷薇 93137
玫红野青茅 **127290**
玫花大青 313720
玫花豆腐柴 **313720**
玫花碱茅 **321285**
玫花沙参 7674
玫花珠子木 **296460**
玫菊木 **325050**
玫菊木属 **325049**
玫檀花 283625,283630
莓川草 144353
梅樱 297019,297030
梅樱属 297015
眉瓣花 **272393**
眉瓣花属 **272392**
眉豆 409092
眉果茜 **272386**
眉果茜属 **272385**
眉兰筋骨草 **13152**
眉兰舌唇兰 **302470**
眉兰属 **272395**
眉兰转状双距兰 **133873**
眉柳 **344265**
眉毛草 166402,306832,306834
眉毛蒿 126127
眉毛秋海棠 49669
眉山小檗 51653
眉刷毛万年青 184347
眉尾木 307531
眉县具冠黄堇 **105773**
眉县苔草 **75324**
眉原线柱兰 **417770**
眉皂 176901
眉皂角 176901
莓儿刺 339370
莓粒团 142088
莓实树 30888
莓苔状繁缕 **375030**
莓系碱茅 **321366**
莓叶报春 **314915**
莓叶碎米荠 **72776**
莓叶铁线莲 **95289**
莓叶委陵菜 **312550**
莓叶悬钩子 **338429**
莓状委陵菜 **312561**
莓子 167641,338250,338808
莓子刺 339483
梅 **34448**
梅崇 91392
梅茨狼尾草 **289165**
梅茨瘤蕊紫金牛 **271071**
梅茨木 **252716**
梅茨木属 **252715**
梅茨仙草 **252719**
梅茨仙草属 **252717**
梅茨小叶番杏 **169986**
梅丹 246856
梅丹鸢尾 **208709**
梅德常春藤 **187303**
梅德车前 **301861**
梅德发草 **126091**
梅德海石竹 **34530**
梅德虎耳草 **349601**
梅德花楸 **369451**
梅德黄花稔 **362629**
梅德金盏花 **66430**
梅德苦苣菜 **368845**
梅德拉欧石南 **149723**
梅德姆画兰 **180258**
梅德欧石南 **149724**
梅德绒萼木 **64441**
梅德酸模 **340115**
梅德糖芥 **154501**
梅德同金雀花 **385676**
梅德仙蔓 **357902**
梅德小檗 **51901**
梅德异地榆 **50982**
梅德藕草 **293741**
梅德紫罗兰 **246512**
梅灯狗散 65670
梅低优 110251
梅迪亚什草 **247235**
梅迪亚什草属 **247234**
梅杜萨囊蕊紫草 **120856**
梅恩山柳菊 **195787**
梅恩氏苔草 **75325**
梅恩杂色穗草 **306750**
梅尔布里滕参 **211519**
梅尔费利菊 **163239**
梅尔黄麻 **104097**
梅尔假杜鹃 **48254**
梅尔碱蓬 **379563**
梅尔芥属 **245157**
梅尔毛头菊 **151590**
梅尔密钟木 **192646**
梅尔木槿 **195007**
梅尔木蓝 **206241**
梅尔神秘果 **381992**
梅尔苏木 **65036**
梅尔滕珊瑚兰 **104002**
梅尔滕斯灯心草 **213281**
梅尔滕斯冬青 **204042**
梅尔滕斯虎耳草 **349633**
梅尔滕斯欧石南 **149753**
梅尔熊菊 **402791**
梅尔疣石蒜 **378531**
梅尔猪毛菜 **344626**
梅发破 66738
梅峰对叶兰 **264701**
梅峰双叶兰 **232936**
梅凤仙 205138
梅干 34448
梅根 263754
梅桂 217867,336901
梅果 34448
梅汉小檗 **51912**
梅花草 **284591**,116736,284525
梅花草科 **284645**
梅花草属 **284500**
梅花草叶虎耳草 **349269**
梅花草叶泽苔草 66343
梅花草一点红 **144956**
梅花刺 315177,365003
梅花刺果 315179
梅花大戟 **372456**

梅花大戟属　**372454**
梅花狗牙瓣　364919
梅花蕉　260250
梅花毛竹　**297305**
梅花瓶　363368
梅花入骨丹　49046
梅花山青冈　**116147**
梅花甜茶　302796
梅花甜茶属　302795
梅花香　263759
梅花异叶虎耳草　349269
梅花藻　48933,325580
梅花藻属　48904
梅花藻叶天胡荽　200261
梅花钻　214967
梅槐　336901
梅加白酒草　**103531**
梅江叶　301006
梅金蝇子草　**363736**
梅橘　43721
梅克尔大沙叶　**286466**
梅克尔黍　**281903**
梅肯贝克菊　**52728**
梅肯蓟　**91941**
梅肯假杜鹃　**48242**
梅肯节茎兰　**269220**
梅肯毛子草　**153227**
梅莱爵床属　**249545**
梅兰　**365029**,29220,87463
梅兰杰绳草　**328100**
梅兰属　**365028**
梅蓝　**248857**
梅蓝巴氏锦葵　**286657**
梅蓝属　**248822**
梅乐木　**250872**
梅乐木属　**250871**
梅乐参属　250873
梅乐樟　50471
梅勒斑鸠菊　**406578**
梅勒叉序草　**209914**
梅勒佛手掌　**77450**
梅勒狗肝菜　**129289**
梅勒虎眼万年青　**274690**
梅勒松叶菊　77450
梅勒唐菖蒲　**176363**
梅勒香茶　**303497**
梅勒新野桐　**263682**
梅勒异荣耀木　**134669**
梅李　83347
梅里尔爬兰　**193073**
梅里蒲葵　234187
梅里鼠尾草　345207
梅里翁丽欧洲常春藤　**187258**
梅里翁丽洋常春藤　187258
梅里野牡丹属　**250661**
梅理花纹槭　**3409**
梅利利香科　**388048**
梅利利亚烟堇　**169099**
梅利斯茄　**249562**
梅利斯茄属　**249561**
梅笠草　87485
梅笠草属　87480
梅林马钱　**378805**
梅鲁凤仙花　**205134**
梅鲁鸡头薯　**153044**
梅鲁木千里光　**125744**
梅鲁欧石南　**150168**
梅鲁茜　**250916**
梅鲁茜属　**250915**
梅鲁细莞　**209970**
梅鲁小芝麻菜　**154115**
梅洛紫葳　**249565**
梅洛紫葳属　**249564**
梅梅树　142214
梅木　386700
梅内利克美冠兰　**156857**
梅内塞斯榄仁树　**386578**
梅内塞斯仙蔓　**357903**
梅纳贝萝藦属　**250136**
梅纳萝藦　**250139**
梅柟　34448
梅尼鞘蕊花　**99646**
梅农芥属　**250272**
梅肉草　362617
梅萨柴胡　**63753**
梅萨蒿　**35899**
梅萨茇茇草　**4121**
梅萨蝇子草　**363747**
梅桑蒲公英　**384668**
梅瑟白酒草　**103532**
梅瑟鹅绒藤　**117601**
梅森虎尾兰　**346115**
梅森木蓝　**206226**
梅森筑巢草　**379163**
梅参　7853
梅实　34448
梅氏巢菜　**408489**
梅氏柽柳　**383557**
梅氏大风子　199743,199754
梅氏大戟属　**248007**
梅氏独行菜　**225414**
梅氏凤仙花　**205138**
梅氏蒿　**35908**
梅氏赫柏木　**186963**
梅氏红豆　274411
梅氏画眉草　**147793**
梅氏角桐草　**191374**
梅氏蓼　**309381**
梅氏马先蒿　**287410**
梅氏毛茛　**326069**
梅氏雀麦　**60835**
梅氏鸦葱　**354902**
梅氏竹　297344
梅属　316166
梅树　34448
梅斯卡拉大凤龙　**263697**
梅斯纳贝克斯　47652
梅斯纳灰毛豆　**386081**
梅斯特老鸦嘴　**390836**
梅斯盐肤木　**332914**
梅索草属　**252263**
梅索拉椰属　246126
梅索桑　**259160**
梅泰魔杖花　**370001**
梅桃　83347
梅特草　**252570**
梅特草属　**252569**
梅特齿菊木　**86653**
梅特兰白藤菊　**254457**
梅特兰离兜　**210144**
梅特兰马唐　**130643**
梅特兰玉凤花　**183840**
梅特绵毛菊　**293443**
梅特尼氏杜鹃　331227
梅滕大戟属　**252639**
梅廷茄　**252653**
梅廷茄属　**252650**
梅西尔桔梗属　**250575**
梅休大岩桐寄生　**384172**
梅休金莲木　**268136**
梅休蜡菊　**189550**
梅休老鸦嘴　**390834**
梅休美冠兰　**156854**
梅休木槿　**195002**
梅休囊蕊紫草　**120855**
梅休鸟足兰　**347823**
梅休鞘蕊花　**99643**
梅休乌口树　**88729**
梅休五星花　**289879**
梅休腺龙胆　**382952**
梅休异被风信子　**132560**
梅休玉凤花　**183853**
梅休珍珠茅　**354035**
梅养东　160442
梅药野牡丹　**250682**
梅药野牡丹属　**250681**
梅耶尔堇菜　**410237**
梅叶冬青　**203578**
梅叶猕猴桃　**6660**
梅叶伸经　407503
梅叶香　263759
梅叶竹　228321
梅宇崖椒　**417268**
梅泽木属　252769
梅诸　34448
梅竹叶　228326
梅仔　34448
梅兹班克木　**47653**
梅兹贝克斯　47653
梅子　34448
梅子树　295675
湄公榈　233314
湄公河杜鹃　331216
湄公黄杉　318571
湄公栲　78989
湄公磨芋　20114
湄公魔芋　**20114**
湄公木蓝　**206234**
湄公鼠尾草　**345208**
湄公小檗　**51913**
湄公小钩耳草　**187693**
湄公锥　**78989**
湄潭台乌　231424,231427
煤黑邓博木　**123688**
煤黑狗肝菜　**129222**
煤黑亚麻　**231859**
煤黑蝇子草　**363907**
煤色合欢　**13511**
煤色毛金壳果　**196966**
煤色山柳菊　**195615**
煤色石竹　**127633**
煤色矢车菊　**80991**
煤色新喀香桃　**97229**
煤参　287145
煤炭果　172099
煤炭子　172099
霉草　**399371**,352875
霉草科　**399365**
霉草属　**399370**,352863
蘪芜　229309
美爱秋海棠　**49769**
美爱星　**182152**
美澳吉莉花属　**344791**
美斑常春藤　187281
美斑黛粉叶　**130086**
美斑欧洲常春藤　**187281**
美苞花烛　**28109**
美苞柯　**233127**
美苞石栎　233127
美苞银齿树　**227265**
美苞紫葳　**66965**
美苞紫葳属　**66964**
美苞棕属　**68014**
美宝球　**327263**
美宝丸　327263
美被杜鹃　**330292**
美粲花　220674
美草　17695,68713,177893,
177915,177947
美草属　**184258**
美层云　249593
美柴胡　**63677**
美巢菜　**408418**
美车前叶山慈姑　154899
美齿椴　**391680**
美齿连蕊茶　**68964**
美赤车　**288760**
美翅萼叶茜　**68387**

美翅美冠兰 **156607**
美唇兰 **1020**
美唇兰属 **1018**
美唇隐柱兰 113848
美刺茜 **328472**
美刺茜属 **328468**
美刺球属 **140612**
美刺仙人球 **163477**
美刺玉 **140615**
美楤木 **30748**
美丛鸢尾 **208879**
美翠柱 **182516**
美翠柱属 **182511**
美大椴 **391714**
美大喊 233928
美大乳突球 **244140**
美丹 177947
美登桉 155640
美登木 **246856**,246817
美登木属 **246796**
美登氏澳洲指橘 **253291**
美登卫矛属 246796
美地 247228
美地草科 **247230**
美地草属 **247225**
美地科 247230
美地属 247225
美蒂花属 247526
美丁花 247537
美丁花属 247526
美顶花科 **156009**
美顶花属 **156011**
美顶花须芒草 **22637**
美顶花舟蕊秋水仙 **22346**
美东香脂冷杉 377
美冬青 126141
美冬青科 126142
美冬青属 126140
美短盘 177192
美盾茜 **67107**
美盾茜属 **67105**
美顿藻属 242711
美多类 40315
美娥 108585,108587
美耳茜 **265590**
美耳茜属 **265589**
美飞蛾藤 396761
美非补骨脂属 **276951**
美非黄花兰 **244652**
美非黄花兰属 **244649**
美非棉木槿 **194883**
美非棉属 **90949**
美非锡生藤 92555
美翡翠扶芳藤 **157479**
美凤梨属 60544
美高量 91440
美共 263763
美狗舌草 359158
美姑扁竹 **297345**
美姑灯心草 **213276**
美姑老鹳草 **174731**
美古茜属 **141920**
美观糙苏 **295165**
美观马先蒿 **287151**,287145
美观樱草 314262
美冠刺头菊 **108413**
美冠葱 **15771**
美冠兰 **156732**,156608,156723
美冠兰属 **156521**
美冠日中花 **220682**
美冠肉锥花 **102617**
美冠驼舌草 179370
美光 **138171**
美国矮李 **316751**
美国白梣 167897
美国白腊 167897
美国白蜡 167897
美国白蜡树 **167897**
美国白藜芦 405643
美国白栎 **323625**
美国白木 232609
美国白皮松 **299786**
美国白松 300211
美国白杨 311400,311547
美国白榆 401431
美国北方栎 **323871**
美国北极花 **231682**
美国扁柏 **85271**,85375
美国藨草 **352249**
美国滨紫草 **250908**
美国波罗花 **416584**,416607,416649
美国薄荷 **257161**,257169
美国薄荷属 **257157**
美国补骨脂属 **219646**
美国捕虫堇 **299748**
美国布袋兰 **68541**
美国苍耳 415057
美国草莓 167663
美国侧柏 390587,390645
美国茶藨 333916
美国茶叶花 29468
美国檫木 **347407**
美国长三叶松 300153
美国齿缘草 **153451**
美国赤杨 16435
美国刺花蓼属 **2200**
美国刺李 316206
美国刺参 272707
美国刺桐 **154646**
美国刺芫荽 154316
美国楤木 30760
美国大山核桃 77905
美国大叶白杨 311146
美国大叶木兰 242193
美国单叶梣 **167922**
美国当归 **24303**
美国点灰叶美洲茶 **79937**
美国冬青 **204114**,204376
美国毒漆 393491
美国短三叶松 300181
美国短叶松 299818
美国椴树 391649
美国多花野荞麦木 **152597**
美国鹅掌楸 232609
美国繁缕 **374741**
美国肥皂荚 **182527**
美国风毛菊 **348139**
美国风箱果 297842
美国枫树 3218
美国枫香 **232565**
美国枫香树 232565
美国芙蓉 195032
美国富兰克林木 **167837**
美国覆盆子 338600
美国甘草 177922
美国枸杞 239092
美国冠花树 **68581**
美国果松 299942
美国海墨菊 201015
美国海棠 243583
美国含羞草 **255045**
美国黑梣 **168032**
美国黑茶藨 333916
美国黑果稠李 83311
美国黑胡桃 212631
美国黑桦 53536
美国黑栎 **324225**,324539
美国黑三棱 **370025**
美国黑杨 311554
美国红梣 168057
美国红果云杉 298423
美国红桧 85271
美国红栎 **324344**,320278
美国红树 329761
美国红榆 401626
美国胡桃 212631
美国花柏 85271
美国花椒 417157
美国花楸 369313
美国桦 53338
美国黄栌 107315
美国黄杉 318580
美国黄松 300153
美国黄樟 347407
美国桧 213834
美国尖叶扁柏 **85375**,85271
美国剪秋罗 363312
美国金瓜 114292
美国金罂粟 379220
美国聚散翼属 **294265**
美国爵床属 211338
美国梣树 89969
美国柯特葵 **217958**
美国蜡梅 68313
美国蜡梅属 68306
美国蓝果树 267867
美国蓝菊 377288
美国蓝叶松 299992
美国狼尾草 289116
美国类叶升麻 **6441**
美国藜芦 405643
美国李 **316206**
美国鳢肠 **141366**
美国荔莓 30885
美国栗 78790
美国凌霄 70512
美国流苏树 87736
美国罗布麻 **29468**
美国落叶松 221904
美国马醉木 298721
美国蔓虎刺 **256002**
美国毛白蜡树 **168074**
美国毛果苔草 **76582**
美国毛悬钩子 **339237**
美国木豆树 79243
美国南部米努草 **255530**
美国南部丝果菊 **360716**
美国南部岩雏菊 **291336**
美国南方桧 **213917**,213939
美国南方栎 **324232**
美国南瓜 114292
美国萍蓬草 267276
美国葡萄 411764
美国朴树 80698
美国桤木 16368
美国槭 3218
美国漆树 332916
美国齐墩果 **270061**
美国脐橙 **93797**
美国青藤 **97900**
美国人参 280799
美国忍冬 235876
美国绒毛绣线菊 **372106**
美国三白草 **348085**
美国桑 259186
美国沙地松 299864
美国沙松 **299864**
美国山地白松 300082
美国山梗菜 **234774**
美国山核桃 77902
美国山胡椒 **231306**
美国山毛榉寄生 146520
美国山梅花 **294460**
美国山楂子 243583
美国商陆 298094
美国省沽油 374110
美国石竹 127607

美国柿　132466
美国鼠李　**328641**
美国鼠尾草　344983
美国水青冈　**162375**
美国水杉　385262
美国水松　385262
美国梯姑　154647
美国铁橡树　**323849**
美国文殊兰　111158
美国梧桐　302588
美国五叶松　300211
美国五针松　300211
美国西部落叶松　**221917**
美国西部四照花　105130
美国狭叶忍冬　235874
美国夏蜡梅　**68313**
美国香椿　80030
美国香槐　94022
美国香科　**388033**
美国橡皮树　79110
美国小檗　51422
美国星果泻属　240507
美国悬钩子　**338444**,338399
美国悬铃木　302588
美国崖柏　390587
美国崖椒　**417373**
美国岩扇　**362246**
美国眼子菜　**312042**
美国杨梅　**261202**
美国野胡瓜　**362449**
美国野豌豆　**408257**
美国一枝黄花　**368219**
美国异决明　**360437**
美国银莲花　**23745**
美国银钟花　**184731**
美国银钟树　184731
美国榆　401431
美国羽扇豆　238467
美国圆叶鹿蹄草　**322875**
美国藏红卫矛　**78581**
美国皂荚　176903
美国皂角　176903
美国獐耳细辛　**192126**
美国沼地栎　324262
美国榛树　77263
美国猪牙花　**154899**
美国梓　**79243**
美国紫堇　105647
美国紫荆　83757
美国紫菀　380930
美国紫葳　70512
美果　241514
美果孛荠　**143074**
美果滨藜　**44332**
美果黄栌　107315
美果九节　**319461**
美果九节木　319461
美果榄　**67524**
美果榄属　**67522**
美果日本赤杨叶梨　**33010**
美果山榄木　67524
美果山榄属　67522
美果使君子属　**67946**
美果黍　**281433**
美果糖芥　**154417**
美果小花茜　**286000**
美果紫檀　320293
美汉花　247739
美好相思树　1167
美红叶藤　**337699**
美花班克木　**47652**
美花报春　**314201**
美花补血草　**230561**
美花草　**66713**,67689,68713
美花草属　**66697**
美花刺唇紫草　**140996**
美花大岩桐　**364744**
美花兜兰　282845
美花杜鹃　330366
美花二乔玉兰　**242306**
美花风毛菊　**348690**
美花格雷野牡丹　**180367**
美花隔距兰　**94429**
美花红景天　**329849**
美花蝴蝶兰　**293630**
美花黄花稔　**362506**
美花黄堇　**106298**
美花鸡血藤　254810
美花角　140288
美花芥　**203365**
美花芥属　**203363**
美花卷瓣兰　**63048**
美花卷唇兰　63048
美花爵床　**321505**
美花爵床属　**321504**
美花空船兰　**9107**
美花苦瓜　**256793**
美花兰　**116916**
美花老鹳草　**174512**
美花老虎兰　**373694**
美花蕾丽兰　**219692**
美花肋枝兰　**304918**
美花狸尾豆　**402144**
美花莲属　**184249**
美花列当　**275172**
美花鹿蹄草　322801
美花马先蒿　**287568**
美花毛茛　**66696**
美花毛茛属　**66695**
美花毛建草　**137691**
美花美冠兰　**156947**
美花米尔顿兰　**254937**
美花米饭花　239376
美花鸟舌兰　**38190**
美花鸟足兰　**347911**
美花欧石南　**150066**
美花荵　**307237**
美花日中花　**220557**
美花塞拉玄参　**357674**
美花赛金莲木　**70718**
美花沙穗　**148508**
美花莎草　**119602**
美花山蚂蝗　**126276**
美花石斛　**125233**
美花绶草　**372258**
美花属　**41779**
美花索林漆　**369755**
美花苔草　**76323**
美花唐菖蒲　**176553**
美花藤属　97468
美花铁线莲　**95249**
美花兔尾草　402144
美花兔尾木　402144
美花仙人球　**234921**
美花仙人柱　140288
美花香雪兰　**168196**
美花小檗　**51416**
美花熊菊　**402817**
美花玄参　**355070**
美花崖豆藤　254810
美花异荣耀木　**134699**
美花鱼黄草　**250765**
美花鸢尾　**208695**
美花圆叶筋骨草　**13158**
美花藻百年　**161579**
美花猪屎豆　**111985**
美花紫薇　**219909**
美还阳参　**110965**
美环石竹　**127628**
美黄杜鹃　330312
美黄芩　355563
美黄鼠狼花　170076
美加红松　300180
美加落叶松　221904
美加甜桦　**53505**
美佳木　247931
美佳木属　247930
美佳苘麻　957
美佳斯卡帕木　247931
美佳斯卡帕木属　247930
美假金雀花　**77059**
美尖美山　**273803**
美槛蓝　57012
美槛蓝属　57010
美胶木属　79108
美胶属　79108
美节蓼　**67019**
美堇兰　**254942**
美堇兰属　**254941**
美堇属　21889
美茎菟丝子　**114984**
美景匍匐污生境　103801
美景匍匐异味树　**103801**
美韭属　**398777**
美居花烛　28138
美菊　66357
美菊属　66350
美橘　93797
美爵床　**265250**
美爵床属　**265246**,55202
美苦草　**341466**
美苦草属　**341463**
美拉花　**254564**
美拉花属　**254562**
美拉尼亚大翼橙　93559
美辣伤　233882
美兰菊属　248133
美兰葵　327540
美兰葵属　327538
美蓝叶藤　**245835**
美乐兰属　**39267**
美类叶升麻　91034
美梨玉　**233684**
美莉橘　250870
美莉橘属　250869
美丽阿玛草　**18621**
美丽安哥拉蓝星花　**33618**
美丽桉　**155623**,106800
美丽暗黄花　**54281**
美丽凹萼兰　**335170**
美丽奥佐漆　**279320**
美丽澳非萝藦　**326777**
美丽澳洲苦马豆　**380066**,380070
美丽澳洲玉蕊　**301793**
美丽巴豆　**112997**
美丽巴氏豆　**46740**
美丽白鹤灵芝　**329480**
美丽白花菜　95835
美丽白千层　**248089**
美丽百合　**230036**
美丽百金花　**81517**
美丽百里香　**391345**
美丽柏属　67405
美丽班克木　**47662**
美丽斑花菊　**4861**
美丽斑鸠菊　**406726**
美丽斑叶夹竹桃　**265337**
美丽半边莲　**234277**
美丽半日花　**188847**
美丽包尔长庚花　**193240**
美丽苞茅　**201507**
美丽豹子花　**266551**
美丽贝茨锦葵　**48844**
美丽贝克菊　**52780**
美丽贝克斯　47662
美丽贝母　168614
美丽贝母兰　**98727**,98743
美丽比希纳木　**61892**

美丽扁豆木 **302849**
美丽杓兰 120438
美丽冰草 **11837**
美丽薄花兰 **127971**
美丽薄子木 **226454**
美丽补骨脂 **319245**
美丽布袋兰 **68544**
美丽布罗地 **60516**
美丽彩果棕 **203512**
美丽菜豆树 324996
美丽糙被萝藦 **393801**
美丽糙苏 **295197**
美丽草木犀 **249249**
美丽叉鳞瑞香 **129541**
美丽茶藨 334166,334212
美丽茶藨子 **334166**
美丽长庚花 **193320**
美丽长舌蓍 **320062**
美丽长蒴苣苔草 **129950**
美丽长须兰 **56914**
美丽长柱琉璃草 **231251**
美丽赪桐 **96358**
美丽齿瓣兰 **269083**
美丽赤竹 **347278**
美丽翅盘麻 **320541**
美丽触须兰 **261829**
美丽垂头菊 **110449**
美丽春再来 94140
美丽唇柱苣苔草 **87971**
美丽刺萼野牡丹 **81841**
美丽刺球 163445
美丽刺蕊草 **307004**
美丽刺桐 154647
美丽刺头菊 **108382**
美丽葱叶兰 **254235**
美丽粗肋草 **11338**
美丽粗蕊茜 **182986**
美丽酢浆草 **278031**
美丽翠雀花 **124595**
美丽打碗花 **68709**
美丽大刺小檗 **51896**
美丽大花假毛地黄 45171
美丽大花类毛地黄 **45171**
美丽大戟 **159857**
美丽大沙叶 **286187**
美丽大药早熟禾 **305684**
美丽带舌兰 **196374**
美丽戴尔豆 **121901**,121887
美丽丹氏梧桐 **135956**
美丽单花针茅 **262620**
美丽地宝兰 **174317**
美丽帝王花 **82367**
美丽吊灯花 **84261**
美丽吊桶兰 **105523**
美丽钓樟 231423
美丽兜兰 282845,282911,282918
美丽兜舌兰 **282847**
美丽斗篷草 **14144**
美丽毒鼠子 **128787**
美丽独蒜兰 **304290**
美丽杜鹃 **330723**,330214,330524
美丽杜楝 **400599**
美丽短盖豆 **58779**
美丽短序山梅花 **294417**
美丽对叶兰 **264676**
美丽钝子萝藦 **19078**
美丽多花梾木 **105027**
美丽多肋菊 **304452**
美丽多毛决明 **78457**
美丽多头玄参 **307603**
美丽轭瓣兰 418577
美丽恩德桂 **145336**
美丽耳草 187650
美丽二列花 **284938**
美丽二乔 **242305**
美丽番红花 **111603**
美丽番樱桃叶远志 **308210**
美丽反折丁香 **382182**
美丽飞蓬 **150972**
美丽非洲野牡丹 **68258**
美丽菲利木 **296290**
美丽粉兰 **98492**
美丽风车草 **97025**
美丽风铃草 **70309**
美丽风毛菊 **348695**,348167,348370
美丽风琴豆 **218005**
美丽凤梨 264409
美丽凤尾葵 **139337**,139407
美丽凤仙花 **204809**
美丽凤眼蓝 141808
美丽芙蓉 **194936**
美丽腐草科 105447
美丽腐生草科 105447
美丽甘比山榄 **170893**
美丽高山蓍 **3924**
美丽高山属 273800
美丽格雷野牡丹 **180420**
美丽格尼瑞香 **178680**
美丽拱顶金虎尾 **68774**
美丽谷精草 **151440**
美丽寡头鼠麹木 **327643**
美丽冠香桃木 **236406**
美丽冠药苣苔 **105258**
美丽管萼兰 **45122**
美丽管花鸢尾 **382415**
美丽灌木帚灯草 **388826**
美丽哈利木 **184786**
美丽哈维列当 **186085**
美丽海蔷薇 184786
美丽海神木 **315960**,315742
美丽海石竹 **34519**
美丽寒金菊 **199226**
美丽寒菀 **80374**
美丽旱禾 **148381**
美丽杭子梢 **70895**
美丽豪曼草 **186214**
美丽好望角远志 **308448**
美丽郝瑞木棉 88973
美丽荷包牡丹 **128297**
美丽赫柏木 **186973**
美丽赫顿兰 **199530**
美丽鹤顶兰 **293526**
美丽黑草 **61862**
美丽黑塞石蒜 **193570**
美丽黑苏木 **248571**
美丽黑心金光菊 **339567**
美丽红豆草 **271255**
美丽红豆杉 385407
美丽红千层 **67264**,67298
美丽红心木 300626
美丽红月桂 **382780**
美丽狐地黄 **151118**
美丽胡桃 **212583**
美丽胡枝子 **226977**
美丽蝴蝶兰 **293584**,293630,293634
美丽虎耳草 **349817**
美丽虎眼万年青 **274744**
美丽互叶草绣球 **73121**
美丽花桉 106800
美丽花凤梨 **392037**
美丽花孔扭果花 **377720**
美丽花楸 **369377**
美丽花葱 307237
美丽花盏 **61409**
美丽花烛 **28105**
美丽画眉草 **147922**
美丽槐 **368972**
美丽黄酒草 **203116**
美丽黄仙玉 **57405**
美丽黄窄叶菊 **374658**
美丽灰绿小冠花 **105320**
美丽灰色染料木 **172938**
美丽灰紫菀 **40513**
美丽茴香芥 **162854**
美丽火球花 **184396**
美丽火桐 **155006**
美丽火筒树 **223923**
美丽火焰兰 **327694**
美丽鸡头薯 **153054**
美丽基扭桔梗 **123792**
美丽基蕊玄参 **48746**
美丽吉贝 **80121**
美丽棘豆 **278738**
美丽蒺藜楟 **79057**
美丽加纳籽 **181086**
美丽夹竹桃 **265338**
美丽嘉兰 **177249**
美丽假杜鹃 **48307**
美丽假虎刺 4965
美丽假泡泡果 **123575**
美丽假人参 **318068**
美丽假塞拉玄参 **318418**
美丽尖苞木 **146077**
美丽尖花茜 **278205**
美丽尖药木 4965
美丽坚冠爵床 **97117**
美丽剪股颖 **12267**
美丽箭竹 **162657**
美丽豇豆 **409060**
美丽胶草 181106
美丽胶菀 **181106**
美丽蕉 **260252**
美丽角果帚灯草 **83431**
美丽脚骨脆 **78111**
美丽金唇兰 89948
美丽金光菊 339614
美丽金果椰 **139407**
美丽金莲花 **399523**,399608
美丽金莲木 **268245**
美丽金美韭 **398797**
美丽金雀儿 120941
美丽金雀花 **120941**
美丽金丝梅 201775
美丽金丝桃 **201775**
美丽金银花 235812
美丽锦带花 **413580**,413588
美丽锦葵 **243821**
美丽锦绣杜鹃 **331582**
美丽锦绣苋 **18105**
美丽荆芥 **265031**
美丽景天 **357053**
美丽九重皮 **134215**
美丽卷序牡丹 **91102**
美丽绢毛镰扁豆 **135616**
美丽决明 **360485**
美丽卡尔维西木 **170852**
美丽开唇兰 **25994**
美丽坎棕 85426
美丽考来木 **105394**
美丽科力木 99815
美丽可可 **389409**
美丽可拉木 **99253**
美丽可利果 **96821**
美丽克拉斯茜 **218168**
美丽空船兰 **9172**
美丽苦玄参 **239445**
美丽库帕尼奥 114585
美丽库珀芦荟 **16735**
美丽块茎岩黄耆 **187764**
美丽宽萼豆 **302933**
美丽宽萼木 **215591**
美丽蜡菊 **189688**
美丽莱勃特 220308
美丽兰伯特木 **220308**

美丽蓝耳草 **115588**
美丽蓝壶花 **260335**
美丽蓝花参 **412816**
美丽蓝桔梗 **115455**
美丽蓝盆花 **350239**
美丽蓝眼草 **365696**
美丽蓝钟花 **115353**
美丽郎德木 336098
美丽狼尾草 **289200**
美丽老鹳草 **174848**
美丽老牛筋 **31903**
美丽勒氏木 **226672**
美丽勒斯切努木 226672
美丽肋柱花 **235432**
美丽类沟酸浆 **255177**
美丽类叶升麻 **6438**
美丽棱子芹 **304756**
美丽李海木 238246
美丽丽江马先蒿 **287357**
美丽莲花掌 **9062**
美丽莲叶桐 192913
美丽亮丝草 11338
美丽亮银豆 **32906**
美丽列当 **274951**
美丽裂稃草 **351303**
美丽鬣蜥棕 203512
美丽鳞盖草 **374605**
美丽鳞花草 **225223**
美丽苓菊 **214160**
美丽流星花 **135178**
美丽瘤瓣兰 **270837**
美丽瘤蕊紫金牛 **271047**
美丽柳 **343936**
美丽龙胆 **173455**
美丽龙面花 **263454**
美丽龙王角 **199003**
美丽漏斗花 **130203**
美丽漏芦 **329227**
美丽露兜树 **281113**
美丽芦荟 **17285**
美丽芦莉草 **339717**
美丽鹿藿 **333370**
美丽鹿角海棠 **43338**
美丽绿顶菊 **160674**
美丽绿绒蒿 **247190**
美丽轮叶龙胆 **167878**
美丽轮叶沙参 **7871**
美丽罗顿豆 **237403**
美丽罗勒 **268506**
美丽罗马风信子 **50776**
美丽落舌蕉 351155
美丽落新妇 **41808**
美丽落檐 **351155**
美丽马鞭椴 **238246**
美丽马兜铃 **34246**
美丽马氏夹竹桃 **246078**
美丽马唐 **130728**
美丽马先蒿 **287034**,287794
美丽马醉木 **298722**
美丽买麻藤 **178533**
美丽麦珠子 17614
美丽曼陀罗 123065
美丽芒柄花 **271590**
美丽猫爪苋 **93094**
美丽毛瓣瘦片菊 **182046**
美丽毛茛 **326261**
美丽毛花柱 **395641**
美丽毛鸡爪槭 3486
美丽毛脉鸡爪槭 **3486**
美丽毛蕊花 **405706**
美丽帽柱木 **256125**
美丽蒙宁草 257485
美丽猕猴桃 **6673**
美丽米尔贝 255786
美丽米尔豆 **255786**
美丽密花豆 **370417**
美丽密花绣线菊 **371899**
美丽密穗花 **322152**
美丽密头帚鼠麹 **252460**
美丽密钟木 **192685**
美丽绵叶菊 **152800**
美丽缅甸漆木 **248535**
美丽膜鳞菊 **201128**
美丽魔杖花 130229
美丽莫恩远志 **257485**
美丽母草 **231560**
美丽木苞杯花 **415745**
美丽木菊 **129457**
美丽木蓝 **206452**
美丽木蓼 44259
美丽木棉 88974
美丽木犀 **276282**
美丽牧根草 **43584**
美丽南非萝藦 **323527**
美丽南非帚灯草 **67933**
美丽南芥 **30415**
美丽南星 **33517**
美丽南洋参 **310189**
美丽囊萼花 **67320**
美丽囊萼花属 **67319**
美丽囊鳞莎草 **38248**
美丽囊石斛 125264
美丽尼索桐 **265588**
美丽拟阿尔加咖啡 **32495**
美丽拟库潘树 **114585**
美丽拟瓦泰豆 **405152**
美丽拟莞 **352248**
美丽鸟足兰 **347881**
美丽啮蚀天竺葵 **288446**
美丽牛角草 **273183**
美丽女王三裂绣线菊 **372118**
美丽欧石南 **149468**
美丽欧洲蓼 **308783**
美丽帕洛梯 315742,315960
美丽泡叶番杏 **138221**
美丽泡叶菊 138233
美丽膨舌兰 **172009**
美丽匹菊 **322730**
美丽飘拂草 **166450**
美丽葡萄 **411573**
美丽蒲葵 **234193**
美丽七叶树 **9729**
美丽奇舌萝藦 **255758**
美丽气球豆 **380037**
美丽千里光 **360088**
美丽茜树 **325333**
美丽枪刀药 **202602**
美丽蔷薇 **336316**,336382,336940
美丽青兰 **137583**,137691
美丽青锁龙 **109289**
美丽秋海棠 **49605**
美丽秋水仙 **99345**
美丽球 **244009**
美丽球果木 **210240**
美丽球花豆 **284472**
美丽曲药金莲木 **238544**
美丽全能花 **280909**
美丽雀麦 **60975**
美丽热非丁香蓼 **238226**
美丽热非瓜 **160368**
美丽热美两型豆 **99956**
美丽热美朱樱花 **417389**
美丽热木豆 **61156**
美丽忍冬 **235903**
美丽日本栗 **78783**
美丽日中花 **220674**
美丽乳梗木 **169693**
美丽软紫草 **34635**
美丽瑞安木 **341185**
美丽润肺草 **58924**
美丽箬竹 **206779**
美丽萨比斯茜 **341677**
美丽塞拉玄参 **357643**
美丽三齿稃草 **397772**
美丽三滴葱 **398662**
美丽三棱黄眼草 **657**
美丽三列苔草 **398754**
美丽三叶草 **397084**
美丽沙拐枣 **67069**
美丽沙漠木 **148368**
美丽沙穗 **148503**
美丽沙耀花豆 96637
美丽沙针 **276892**
美丽砂仁 **19918**
美丽莎草 **119446**
美丽山矾 381423
美丽山姜 17774
美丽山黧豆 **222824**
美丽山蚂蝗 126296
美丽山梅花 294417
美丽山牡荆 **411418**
美丽山柰 **215030**
美丽山莴苣 **219458**
美丽山楂 **109969**
美丽扇舌兰 **329661**
美丽芍药 **280229**
美丽舌头菊 **166700**
美丽蛇根草 272290
美丽肾苞草 **294088**
美丽圣凯瑟琳野荞麦木 **152090**
美丽施旺花 **352767**
美丽十二卷 **186629**
美丽石斛 **125152**
美丽石莲花 **139978**
美丽石龙尾 **230314**
美丽石龙眼 **292625**
美丽史米诺早熟禾 **305996**
美丽矢车菊 **80960**
美丽矢车菊列当 **294299**
美丽疏头鼠麹草 **301188**
美丽鼠尾草 **345207**
美丽束尾草 **293223**
美丽树苣苔 **217740**
美丽树萝卜 **10370**
美丽双距兰 **133904**
美丽双曲蓼 **54771**
美丽双盛豆 **20785**
美丽水鬼蕉 **200955**
美丽水锦树 **413823**
美丽水马齿 **67391**
美丽水牛角 **72589**
美丽水塔花 **54463**
美丽水蜈蚣 **218615**
美丽水玉簪 **63993**
美丽蒴莲 **7298**
美丽丝头花 **138431**
美丽斯氏豆 380066,380070
美丽斯万森木 380070
美丽溲疏 **126919**,127049
美丽酸模 340214
美丽塔奇苏木 **382981**
美丽苔草 **76132**,76318
美丽唐菖蒲 **176097**
美丽唐松草 **388634**
美丽唐竹 **364673**
美丽糖果木 **99473**
美丽糖芥 **154525**
美丽特勒菊 385616
美丽藤萝 **414564**
美丽天竺葵 **288454**
美丽田菁 **361440**
美丽甜柏 **228649**
美丽铁豆木 **163551**
美丽铁豆木属 **163548**
美丽铁兰 392037
美丽庭荠 **18473**
美丽通泉草 **247021**

美丽桐 **414114**
美丽桐属 **414109**
美丽土密树 **60222**
美丽兔唇花 **220088**
美丽兔耳草 220195
美丽兔尾草 402144
美丽菟丝子 **115118**
美丽豚草 19145
美丽托克茜 **392544**
美丽弯果杜鹃 **330312**
美丽豌豆 **405238**
美丽豌豆属 **405237**
美丽丸 244009
美丽万代兰 **404648**
美丽万带兰 404648
美丽卫矛 **157789**
美丽文殊兰 **111157**
美丽文珠兰 111157
美丽翁格木 **401829**
美丽翁格那木 401829
美丽沃内野牡丹 **413220**
美丽沃森花 **413389**
美丽乌头 **5510**
美丽无梗桔梗 **175974**
美丽无芒苔草 **74595**
美丽梧桐 155006
美丽五唇兰 136320
美丽五叶杜鹃 **331595**
美丽西澳兰 **118195**
美丽喜阳花 **190346**
美丽细瓣兰 **246103**
美丽细喙菊 **226382**
美丽细线茜 **225754**
美丽夏雪片莲 **227857**
美丽仙人球 244188
美丽线颖囊鳞莎草 **38226**
美丽腺白珠 **386397**
美丽腺花马鞭草 **176694**
美丽腺叶绿顶菊 **193128**
美丽相思树 **1167**
美丽相思子 **768**,125959
美丽香豆木 **306288**
美丽香科 **388242**
美丽香松 228649
美丽香雪兰 168174
美丽向日葵 **188987**
美丽小本氏寄生 **253125**
美丽小檗 **51297**,51356
美丽小老鼠簕 **2068**
美丽小丽草 98455
美丽小室野荞麦木 **152603**
美丽小托福木 **393380**
美丽小籽金牛 **383974**
美丽肖观音兰 **399168**
美丽肖木菊 **240797**
美丽肖鸢尾 **258659**
美丽蝎尾蕉 **190023**
美丽斜叶龟头花 **86796**
美丽新木姜子 **264088**
美丽星球 43526
美丽熊菊 **402803**
美丽绣线菊 **371903**,371821
美丽悬钩子 338121
美丽旋覆花 **207234**
美丽栒子 **107340**,107451,107558
美丽崖豆藤 **66648**
美丽雅葱 **354923**
美丽亚塔棕 **44810**
美丽岩地烟堇 **169160**
美丽岩黄耆 **187879**,187764
美丽岩芥菜 **9807**
美丽羊角拗 **378458**
美丽洋狗尾草 **118325**
美丽野荞麦木 **152413**
美丽野青茅 **127323**
美丽野扇 346727
美丽叶下珠 296725,296768
美丽夜来香 **84410**
美丽夜香树 84409
美丽腋生菲利木 **296164**
美丽一枝黄花 **368336**
美丽伊丽莎白豆 **143828**
美丽异耳爵床 **25704**
美丽异吉莉花 **14669**
美丽异尖荚豆 **263366**
美丽异荣耀木 **134619**
美丽异足大戟 **159053**
美丽茵芋 365969
美丽银背藤 **32642**
美丽银齿树 **227249**
美丽银桦 **180648**
美丽银莲花 **24065**
美丽银须草 **12851**,12816
美丽隐萼豆 **113801**
美丽缨草 **314860**
美丽油芦子 **97356**
美丽疣石蒜 **378539**
美丽鱼藤 125958
美丽玉凤花 **183549**
美丽玉簪 **198638**
美丽郁金香 **400213**
美丽鸢尾 264161
美丽月见草 269504
美丽云叶兰 **265122**
美丽杂色豆 **47823**
美丽早熟禾 **305431**
美丽蚤缀 31903
美丽藻百年 **161538**
美丽泽菊 **91217**
美丽獐牙菜 **380115**,380113
美丽折叶兰 **366781**
美丽针垫花 **228064**
美丽针葵 295484
美丽针茅 **376890**
美丽珍珠茅 **354209**
美丽枕榕 **164917**
美丽枝飞蓬 **150648**
美丽蜘蛛兰 200955
美丽直叶榈 44810
美丽中美大戟 **272003**
美丽舟叶花 **340851**
美丽帚菊木 **260550**
美丽猪笼簕 244076
美丽猪屎豆 112682
美丽竹芋 66211,66213
美丽紫金牛 31435
美丽紫堇 **105568**
美丽紫穗苋 **18792**
美丽紫菀 **41500**
美丽紫玉盘 **403563**
美丽醉鱼草 **62148**
美栗 78790
美莲草科 **67552**
美莲草属 **67554**
美列藿香蓟 **11216**
美林仙 **50805**
美林仙属 **50801**
美鳞杜鹃 **330214**
美鳞山柳菊 **195510**
美鳞鼠麹木 **67093**
美鳞鼠麹木属 **67088**
美鳞椰树 156113
美苓草属 256441
美柳 **343134**
美龙胆 **173386**
美芦荟 **16636**
美栌木 **250870**
美栌木属 **250869**
美驴喜豆 **271210**
美绿仙人球 140852
美罗勒 268518
美马鞭属 **220453**
美脉粗叶木 **222208**
美脉单列木 **257929**
美脉杜英 142412
美脉藁本 **229350**
美脉花楸 **369352**
美脉韭 **15146**
美脉杧果 **244391**
美脉木蓝 **205766**
美脉槭 **2829**
美脉琼楠 **50498**
美脉柿 **132082**
美脉异荣耀木 **134570**
美毛杜鹃 331321
美毛含笑 **252835**
美毛两广黄瑞木 8231
美毛木属 **66975**
美毛婆婆纳 **407048**
美毛乌口树 **384931**
美莓 **339285**
美美小檗 **51356**
美棉 179906
美木豆属 **290869**
美木芸香属 67666
美男葛 214971
美南蛇藤 80309
美尼尔洛氏玉兰 **241958**
美牛蒡 31056
美浓巨竹 125477
美浓麻竹 **125483**
美女安娜 199807
美女安娜乔木绣球 **199807**
美女抚子 127607
美女石竹 127700
美女蝎尾蕉 **190045**
美女星雪白山梅花 **294568**
美女樱 **405852**
美皮大戟 **158597**
美婆婆纳 **407434**
美茜树 **108464**
美茜树属 **108462**
美蔷薇 **336382**
美茄 **367003**
美髯球 275410
美人草 127607,200784
美人柴 240669
美人豆 765
美人焦 71181
美人焦属 71156
美人蕉 **71181**,71173,71186,260217,260253
美人蕉科 **71235**
美人蕉属 **71156**
美人蕉叶朱蕉 **104348**
美人襟 344383
美人襟科 344379
美人襟属 344381
美人扇 366332
美人树 **88973**,88974
美人树属 **88970**
美人松 300222,300223
美人脱衣 336418
美人樱 405852
美容杜鹃 **330283**
美容球 234949
美容丸 234949
美蕊花 66673,66686
美三 329176
美三叶忧花 **241722**
美伞金丝桃 **201850**
美伞蓝蓟 **141127**
美桑寄生 295583
美色美冠兰 **156606**
美山矾 381177,381423
美山姜 **17674**
美山柰 214997

美山属 **273800**
美山茱萸 105023
美商陆 298094
美裳球 **140848**
美裳丸 140848
美舌多穗兰 **310351**
美舌菊 **66985**
美舌菊属 **66983**
美舌美冠兰 **156691**
美舌西澳兰 **118240**
美蛇藤 **141068**
美蛇藤属 141051
美饰蔓绿绒 **294826**
美饰悬钩子 **339321**
美鼠李 328838
美水锦树 413823
美松 299897,299928
美酸模 **340214**
美穗扁茎帚灯草 **302693**
美穗草 **407458**
美穗龙竹 **125471**
美穗鹿藿 **333171**
美穗拳参 308939
美穗小檗 **51417**
美穗绣球防风 **227563**
美穗竹 125471
美桃球 **247668**
美桃丸 247668
美天料木属 **345756**
美铁芋属 417026
美桐 302588
美头彩花 **2223**
美头车轴草 **396853**
美头格尼瑞香 **178582**
美头合耳菊 **381927**
美头火绒草 **224811**
美头菊 **67536**
美头菊属 **67532**
美头蜡菊 **189217**
美头龙血树 **137351**
美头石竹 **127629**
美头矢车菊 **80983**
美头尾药菊 381927
美吐根 **175763**,175766
美吐根属 **175760**
美网石豆兰 62763
美委陵菜 **312905**
美卫矛 157327
美味阿开木 55596,114581
美味桉 **155642**
美味包槲属 188190
美味扁担杆 **180953**
美味补血草 **230598**
美味草 253628,253637
美味草属 253631
美味葱 15233
美味曼棒花棕 332438
美味曼棒柱榈棕 **332438**
美味猕猴桃 **6558**
美味木奶果 46198
美味芹属 366739
美味小檗 51483
美味越橘 **403798**
美吴茱萸 **161329**
美西朴 **80626**
美锡兰树 249923
美瑕豆属 **43770**
美仙丹花 **211173**
美小椴 **391716**
美蟹甲 **34803**
美蟹甲属 **34799**
美星丸 244091
美形金钮扣 **371645**,4861
美形球 **244076**
美形柱 **185919**
美秀溲疏 126919
美序锡叶藤 **386863**
美序叶饰木 **296971**
美悬钩子 339349
美薰玉 **233570**
美雅喜林芋 **294843**
美亚柠檬 **93542**
美艳橙黄杜鹃 **330426**
美艳杜鹃 **331580**
美艳凤仙花 **205263**
美艳画眉草 **148035**
美艳火炬姜 **265967**
美艳基尔木 **216303**
美艳蜜棕 212557
美艳尼古拉姜 265967
美艳矢车菊 **81307**
美杨 311400
美药夹竹桃 **38351**
美药夹竹桃属 **38350**
美叶桉 **155514**
美叶奥里木 **277485**
美叶菝葜 **366278**
美叶棒叶金莲木 **328413**
美叶菠萝 54462
美叶菜豆树 **324996**
美叶草地山龙眼 **283544**
美叶椆 233128
美叶川木香 **135724**
美叶翠雀花 **124095**
美叶锉玄参 **21765**
美叶大果龙胆 **240954**
美叶邓博木 **123670**
美叶吊钟花 **145675**
美叶吊竹梅 **417439**
美叶杜鹃 **330281**,330665
美叶多罗菊 135724
美叶番樱桃 **156153**
美叶凤梨 54462
美叶橄榄 **70998**
美叶沟萼桃金娘 **68400**
美叶谷木 **249924**
美叶观音莲 16525
美叶光萼荷 **8558**
美叶海神木 **315893**
美叶蒿 **35233**
美叶厚敦菊 **277001**
美叶壶花无患子 **90724**
美叶花楸 **369552**,369391
美叶黄脉爵床 **345772**
美叶黄乳桑 **290681**
美叶灰灌菊 **386386**
美叶假杜鹃 **48127**
美叶尖萼荷 8558
美叶金叶树 **90033**
美叶荆芥 **264926**
美叶菊蒿 **383691**
美叶卡萨茜 **78073**
美叶柯 **233128**
美叶科林比亚 155514
美叶蔻木 **410918**
美叶榄仁树 **386495**
美叶落柱木 **300814**
美叶蜜茱萸 **249167**
美叶木薯 **244511**
美叶南美盖裂木 **138865**
美叶南五味子 **214951**
美叶拟香桃木 **261723**
美叶帕洛梯 315893
美叶潘树 **280829**
美叶平顶金合欢 **1027**
美叶青兰 **137567**
美叶热非夹竹桃 **13274**
美叶肉豆蔻 **261411**,410918
美叶伞房花桉 **106791**,155514
美叶舌喙兰 **191590**
美叶石栎 233128
美叶石莲花 **140010**
美叶柿 **132083**
美叶水塔花 **54462**
美叶丝鞘杜英 **360763**
美叶四翼木 **387590**
美叶雾水葛 **313420**
美叶显著小檗 **51768**
美叶熊菊 **402744**
美叶芽冠紫金牛 **284020**
美叶永菊 **43820**
美叶油麻藤 **259488**
美叶玉盘木 **403622**
美叶玉蕊 **48512**
美叶芋 **16525**
美叶藏菊 135724
美叶沼兰 **110640**
美翼杯冠藤 **117414**
美翼玉 **193110**
美翼玉属 **193109**
美罂粟属 **56023**
美樱木 **85891**
美樱木属 **85890**
美榆 401431
美雨久属 310990
美玉恋 **413480**
美玉蕊属 223764
美远志 **308347**
美枣 418169
美泽大戟 158456
美掌悬钩子 **338061**
美针垫菊属 275284
美针玉 **182414**
美枝蜡菊 **189219**
美洲安息香 **379304**
美洲白芨属 **55529**
美洲白及属 55529
美洲白莲 **267654**
美洲白木 391649
美洲百脉根 **237483**
美洲柏木 114652
美洲蓖麻叶五加 **334430**
美洲萹蓄 **308824**
美洲薄荷 257169
美洲补骨脂 **319125**
美洲捕鸟蔷薇 **44962**
美洲草锦葵属 **204422**
美洲茶 **79905**
美洲茶藨 333916
美洲茶藨子 **333916**
美洲茶属 **79902**
美洲檫木 347407
美洲菖蒲 **5789**
美洲长叶柳 343622
美洲虫实 **104753**
美洲慈姑 **342397**
美洲刺参 **272707**
美洲刺桐 154643
美洲簇花草 **49316**
美洲簇花草属 **49315**
美洲大戟 159286
美洲大叶梅花草 **284546**
美洲大叶藻 **418378**
美洲单花利顿百合 **234151**
美洲单毛野牡丹属 **257677**
美洲蛋黄果 **238115**
美洲灯心草 **213478**
美洲地肤 **217327**
美洲地锦 159286
美洲地笋 **239186**,239248
美洲地榆 **345834**
美洲丁香蓼 **238221**
美洲冬青 204114
美洲毒鱼豆 **300933**
美洲杜英 **142271**
美洲椴 **391649**
美洲钝叶草 **375765**
美洲多片锦葵 **148176**

美洲多片锦葵属 **148175**
美洲鹅耳枥 **77263**
美洲法拉茜 **162574**
美洲番茉莉 61295
美洲矾根 **194413**
美洲繁缕 374741
美洲反折假鹤虱 **184300**
美洲肥根兰属 **313216**
美洲肥皂荚 182527
美洲风铃草 **69892**
美洲风箱果 297842
美洲枫香 232565
美洲附属物兰 **315615**
美洲盖裂桂属 **256653**
美洲高山蒲公英 **384795**
美洲格尼木 172890
美洲格尼茜 **172890**
美洲格尼茜草 172890
美洲格尼茜木 172890
美洲沟繁缕 **142558**
美洲钩足豆 **4891**
美洲观音莲 239517
美洲鬼针草 54048
美洲桂 276250
美洲棍棒蓟 **91882**
美洲孩儿参 **318505**
美洲海岛棉 **179890**
美洲含羞草 255020,255053
美洲合欢 66673
美洲合欢草 **126171**
美洲合欢属 66660
美洲合萌 **9495**
美洲核桃 77902
美洲黑柄菊 **248134**
美洲黑草 **61732**
美洲黑栎 **324539**
美洲黑杨 **311292**
美洲红桪 168057
美洲红桑 **259186**
美洲红树 **329761**
美洲胡桃 77902
美洲胡颓子 141941
美洲槲寄生 295578
美洲槲寄生属 **125669**
美洲花椒 **417157**
美洲花锚 **184694**
美洲花楸 **369313**
美洲花葱 **307245**
美洲画眉草 147594
美洲桦 53549
美洲黄果木 **243982**
美洲黄栌 **107315**
美洲灰菀 **130266**
美洲灰云杉 298286
美洲桧 213984
美洲鸡玄参 **362404**
美洲吉诺菜 **175847**
美洲蒺藜属 215380
美洲寄生属 295575
美洲荚蒾 **408002**
美洲假稻 **223990**
美洲假蓬 103438
美洲胶属 79108
美洲接骨木 **345580**
美洲节节菜 **337384**
美洲金虎尾属 **19988**
美洲金莲花 **399512**
美洲金缕梅 **185141**
美洲金丝桃 **394814**
美洲金酸模 **340060**
美洲金腰 **90335**
美洲锦竹草 **67149**
美洲菊芹 148153
美洲菊属 2049
美洲榉 162375
美洲决明 389558
美洲苦草 **404536**
美洲苦木 **298495**
美洲苦木科 **298502**
美洲苦木属 **298494**
美洲阔苞菊 **302608**,305085
美洲阔苞菊属 **302606**
美洲梨 **323083**
美洲藜 **86934**
美洲李 316206
美洲栗 **78790**
美洲梁子菜 **148162**
美洲凌霄 70512
美洲凌霄花 70512
美洲铃兰 **102871**
美洲瘤瓣兰属 **236306**
美洲柳叶菜 146664
美洲龙胆 **173328**
美洲龙脑香 **280404**
美洲龙脑香属 **280403**
美洲龙舌兰 **10871**
美洲耧斗菜 30007
美洲芦荟 **16568**
美洲鹿蹄草 **322782**
美洲榈 85421
美洲绿桪 **168065**
美洲绿桤木 **16479**
美洲罗勒 268429
美洲罗簕 268429
美洲萝藦属 **179466**
美洲萝藦状五鼻萝藦 **289780**
美洲落芒草属 300767
美洲落叶松 221904
美洲麻迪菊 241528
美洲麻黄 **146134**
美洲马钱 **378802**
美洲曼密苹果 243982
美洲曼陀罗 123077
美洲毛金壳果 **196963**
美洲毛苔草 **75066**
美洲毛叶无心菜 **31791**
美洲梅花草 **284545**
美洲美刺茜 **328471**
美洲米草 **370178**
美洲棉 179906
美洲莫里森山柑 **258972**
美洲母草 231514
美洲木兰 242193
美洲木棉 80120
美洲木犀 **276250**
美洲纳茜菜 **262574**
美洲南瓜 114300
美洲南蛇藤 **80309**
美洲囊颖草 **341993**
美洲拟瑞香 **122738**
美洲牛栓藤 **52927**
美洲牛栓藤属 **52925**
美洲啤酒花 **199387**
美洲婆婆纳 **406983**
美洲葡萄 **411764**
美洲朴 **80698**
美洲普通堇菜 **410587**
美洲七瓣莲 **396785**
美洲千里光属 **235397**
美洲千里木 **125654**
美洲千日红 **179239**
美洲牵牛花 208120
美洲茄 **367535**,366934
美洲苘麻 **845**
美洲球黄菊 **270993**
美洲球柱苔草 **73972**
美洲雀稗 **285419**
美洲髯毛花 **306933**
美洲热带补骨脂 **114425**
美洲热美茜 **108457**
美洲人参 280799
美洲肉豆蔻 410918
美洲肉豆蔻属 410916
美洲瑞氏木 **329270**
美洲鳃兰属 **348987**
美洲赛菊芋 **190518**
美洲三重茅 **397937**
美洲三角兰属 **397314**
美洲三棱黄眼草 **650**
美洲桑寄生 **295583**
美洲桑寄生科 **295572**
美洲桑寄生属 **295575**
美洲山冬青 **263499**
美洲山冬青属 **263498**
美洲山柑属 **71673**
美洲山梗菜 **234852**
美洲山核桃 77902
美洲山荷叶 132678
美洲山罗花 **248157**
美洲山麻杆 **14202**
美洲山毛榉 162375
美洲山杨 **311547**
美洲山楂 **109609**
美洲商陆 298094
美洲商陆科 **254208**
美洲商陆属 **254201**
美洲蛇鞭菊 **228495**
美洲蛇木属 **299775**
美洲蛇婆子 413149
美洲蛇葡萄 **20361**
美洲升麻 **91000**
美洲省沽油 **374110**
美洲矢车菊 303082
美洲柿 **132466**
美洲绶草 **372242**
美洲树参 **125592**
美洲水鳖 **143920**,143918
美洲水鳖属 **143914**
美洲水鬼蕉 200941
美洲水青冈 162375
美洲水猪母乳 337384
美洲四粉草 **310147**
美洲四粉草属 **310146**
美洲苏木 184518
美洲苏铁 417017
美洲穗花薄荷 **187187**
美洲檀梨 **323072**
美洲桃花心木 **380524**,380527
美洲藤属 **126688**
美洲天胡荽 **200257**
美洲田皂角 9495
美洲铁木 **276818**
美洲桐木 302588
美洲土圞儿 29298
美洲土楠属 **228688**
美洲菟丝子 **114955**,115038
美洲豚豆属 283474
美洲歪头花 **61119**
美洲弯穗草 **131215**
美洲网苞菊 **303082**
美洲卫矛 **157315**
美洲文殊兰 **111158**
美洲蚊母 **256559**
美洲蚊母属 **256558**
美洲五毛丝叶菊 **391043**
美洲五味子 **351029**
美洲五针松 300211
美洲锡生藤 92555
美洲细瓣兰属 **238553**
美洲苋属 2148
美洲线叶丁香蓼 **238181**
美洲线叶山罗花 **248186**
美洲香椿 80030
美洲香槐 **94022**
美洲项圈草 **290887**
美洲橡胶树属 79108
美洲小檗 51422
美洲小花矾根 **194428**

美洲小花楼斗菜 **30056**
美洲小蓼 **308668**
美洲泻瓜 **79809**
美洲星草菊 **241528**
美洲绣球 **163315**
美洲绣球属 **163312**
美洲袖珍椰子 **85421**
美洲玄参属 **382051**
美洲悬铃木 302588
美洲血根草 345805
美洲血苋 **208347**
美洲眼子菜 **312066**
美洲羊茅属 **180071**
美洲洋竹草 67149
美洲野百合 112405
美洲野草莓 **167658**
美洲野决明 **389558**
美洲野牡丹属 **180053**
美洲野茄 367014
美洲野黍 **151668**
美洲野罂粟 **282620**
美洲一枝黄花 368013
美洲银胶菊 **285083**
美洲银莲花 **23703**
美洲油棕 **142264**
美洲榆 **401431**
美洲圆果树 183300
美洲皂荚 176903
美洲獐牙菜 **380146**
美洲沼泽柳叶菜 **146766**
美洲榛 **106698**
美洲指甲草 **284737**
美洲朱兰 **306883**
美洲猪牙花 154899
美洲柱瓣兰 **146451**
美洲锥鳞叶 **102003**
美洲锥柱草 **102787**
美洲紫草 **233753**
美洲紫藤 **414565**
美洲紫珠 **66733**
美洲醉马草 376960
美洲醉鱼草 **61973**
美猪牙花 154899
美竹 **297338**
美柱草 67689,67690
美柱草属 67686
美柱兰 **67451**
美柱兰属 **67449**,67686
美柱椰属 **280433**
美装玉 **284665**
美幢档 240250
美紫堇 105568
妹妩 346404
妹子草 218347,308816
妹宗 320384
昧履支 300464
袂泽瑞香 122492
媚客 204799
魅力王子桃 **316646**
门代斯吊灯花 **84168**
门代斯非洲长腺豆 **7499**
门代斯豇豆 **408963**
门代斯芦荟 **17024**
门代斯木蓝 **206238**
门代斯肖赪桐 **337434**
门代斯叶下珠 **296653**
门代斯猪屎豆 **112400**
门代斯紫玉盘 **403527**
门德尔山柳菊 **195790**
门东萨阿斯皮菊 **39789**
门东萨刺橘 **405527**
门东萨大地豆 **199353**
门东萨地胆草 **143459**
门东萨凤仙花 **205131**
门东萨花篱 **27226**
门东萨镰扁豆 **135548**
门东萨木荚豆 **415689**
门东萨木蓝 **206239**
门东萨苘麻 **959**
门东萨热非草豆 **317239**
门东萨鸭嘴花 **214623**
门东萨羊蹄甲 **49170**
门东萨叶下珠 **296654**
门东萨翼茎菊 **172447**
门东萨远志 **308187**
门东萨猪屎豆 **112401**
门冬 232640,272090
门冬薯 39120
门多豆属 250174
门格坡垒 **198167**
门关柴 413576
门哈威豆 315258
门花风信子 **390927**
门花风信子属 **390922**
门克芥 **250252**
门克芥属 **250251**
门空堇菜 410001
门罗安龙花 **139476**
门罗狗肝菜 **129295**
门罗老鸦嘴 **390841**
门罗麻疯树 **212184**
门罗母草 **231547**
门氏变豆菜 **345982**
门氏钓钟柳 **289363**
门氏豆 **250175**
门氏豆属 **250174**
门氏凤头黍 6109
门氏凤仙花 **205133**
门氏卡特兰 **79565**
门氏印度苏木 315258
门瘦 333456
门塔噶蝇子草 **363739**
门听 88166
门徒草 264161
门妥小檗 **51914**
门五月茶 **28366**
门隅十大功劳 **242592**
门源毛茛 **326075**
门源嵩草 **217225**
门泽草属 **250481**
虋 361794
虋冬 38960,272090
闷奶果 **57912**
闷痛香 204544
闷头花 105846,106511,122438,158895,331257
闷头黄 266913
闷药 219996
虻 168391,168523,168563,168605
虻眼草 **136214**
虻眼草属 **136209**
虻眼属 136209
萌菜 285852,285880
萌葛 13578
萌条香青 **21705**
萌芽松 **299925**,300181
莔葛 13578
莔松 213896
朦花 122473
朦胧水金凤 **205177**
朦朦木 17621
朦子 93546
檬果 77969,244397
檬果属 244386
檬果樟 **77969**
檬果樟属 **77956**
檬花树 141470
檬立木科 257424
檬子柴 381341
檬子刺根 415899
檬子树 415899
檬子树青阳 375817
勐版千斤拔 166885
勐海蔗草 352185
勐海大青 313630
勐海豆腐柴 **313630**
勐海隔距兰 **94453**
勐海桂樱 **223115**
勐海胡椒 **300372**
勐海胡颓子 **141959**
勐海黄肉楠 **6795**
勐海姜 **418001**
勐海柯 **233217**
勐海冷水花 **298972**
勐海李榄 **231771**
勐海魔芋 **20051**
勐海葡萄 **411796**
勐海槭 3024
勐海山柑 **71750**
勐海山胡椒 **231395**
勐海山姜 **17721**
勐海石豆兰 **62908**
勐海石斛 **125360**
勐海石栎 233217
勐海天麻 **171943**
勐海鸢尾兰 **267971**
勐海醉魂藤 **194161**
勐腊鞭藤 **65715**
勐腊粗叶木 222193
勐腊鹅掌柴 **350742**
勐腊核果茶 **322595**
勐腊核果木 **138630**
勐腊红豆 **274410**
勐腊龙血树 **137451**
勐腊毛麝香 **7978**
勐腊鞘花 **241319**
勐腊砂仁 **19893**
勐腊藤 **179401**
勐腊藤属 **179400**
勐腊铁线莲 **95111**
勐腊乌蔹莓 **79874**
勐腊新木姜子 **264073**
勐腊悬钩子 **338806**
勐腊银背藤 **32639**
勐腊鸢尾兰 **267972**
勐蜡长柄山蚂蝗 **200735**
勐龙链珠藤 **18514**
勐龙省藤 **65745**
勐龙羊蹄甲 **49114**
勐仑翅子树 **320842**
勐仑楼梯草 **142740**
勐仑琼楠 **50478**
勐仑三宝木 **397370**
勐仑砂仁 19933
勐仑山胡椒 **231399**
勐仑石豆兰 **62909**
勐仑须药草 22403
勐马菝葜 **366458**
勐捧千斤拔 **166885**
勐捧省藤 **65810**,65809
勐梭黄檀 **121751**
勐醒芒毛苣苔 **9461**
猛骨子 379327
猛鲑枸骨叶冬青 **203553**
猛鲑黄枸骨叶冬青 **203552**
猛鲑银枸骨叶冬青 **203551**
猛虎玉 **103755**
猛金鹫 **183378**
猛鹫玉 **182467**
猛老虎 305202
猛蔷薇 336901
猛树 346390
猛药 313197
猛一撒 209713
猛子树 113039
蒙 114994
蒙巴顿桧柏 **213650**

蒙巴萨单腔无患子 **185381**
蒙巴萨杜楝 **400586**
蒙巴萨番薯 **208004**
蒙巴萨萝芙木 **327036**
蒙巴萨没药 **101464**
蒙巴萨牡荆 **411351**
蒙巴萨羊蹄甲 **49172**
蒙巴兹鱼骨木 **71431**
蒙比利埃槭 3206
蒙比利埃染料木 **173015**
蒙彼利埃岩蔷薇 **93180**
蒙彼利石竹 **127772**
蒙滨槟榔青 372477
蒙博开苞茅 **201532**
蒙布朗三月花葵 **223394**
蒙布瓦美冠兰 **156879**
蒙锄草 97043
蒙茨蝶花百合 **67618**
蒙茨圆筒仙人掌 **116669**
蒙达利松 300173
蒙大拿卷叶库塞木 **218397**
蒙大拿西部野蔷薇 **337027**
蒙得维的亚丁香蓼 **238204**
蒙得维的亚笔花豆 **379252**
蒙得维的亚剪股颖 **12206**
蒙得维的亚南美鼠刺 **155143**
蒙得维的亚小檗 **51935**
蒙得维的亚野甘草 **354662**
蒙德柴胡 **63762**
蒙德大戟 **159411**
蒙德芳香木 **38669**
蒙德菲利木 **296262**
蒙德尖腺芸香 **4829**
蒙德美非补骨脂 **276975**
蒙德木蓝 **206281**
蒙德南非管萼木 **58685**
蒙德全毛兰 **197550**
蒙德塞拉玄参 **357600**
蒙德蝇子草 **363784**
蒙德鱼骨木 **71434**
蒙德针垫花 **228084**
蒙迪藤 **257213**
蒙迪藤属 **257211**
蒙地兹松 300081
蒙蒂兰 399062
蒙蒂苋 **258248**
蒙蒂苋属 **258237**
蒙董香 204544
蒙椴 **391781**
蒙多那木 334976
蒙戈多坦草 **136551**
蒙戈豇豆 408982
蒙哥马利硬尖云杉 **298412**
蒙格拉银桦 **180618**
蒙姑芦 374384
蒙古白头翁 **321659**
蒙古百里香 391284
蒙古败酱 285855
蒙古包大宁 312318
蒙古扁桃 **20928**
蒙古苍耳 **415031**
蒙古糙苏 295150
蒙古侧金盏花 **8371**
蒙古长舌蓍 **320050**
蒙古车前 302092
蒙古柽柳 **383559**
蒙古虫实 **104814**
蒙古刺属 312317
蒙古葱 15489
蒙古大果榆 401556
蒙古大戟 **159387**
蒙古短舌菊 **58044**
蒙古椴 391781
蒙古风毛菊 **348538**
蒙古拂子茅 **65429**
蒙古藁本 **229361**
蒙古旱雀豆 **87273**
蒙古蒿 **35916**
蒙古鹤虱 221689,221727
蒙古红门兰 273501
蒙古黄花木 19777
蒙古黄芪 42704
蒙古黄耆 **42704**
蒙古黄芩 **355614**
蒙古黄榆 401556
蒙古蛔蒿 35116,35868
蒙古鸡儿肠 215356
蒙古荚蒾 **407954**
蒙古堇菜 **410269**
蒙古锦鸡儿 72180,72340
蒙古久苓草 214133
蒙古韭 **15489**
蒙古冷水花 299024
蒙古栎 **324173**
蒙古列当 275142
蒙古苓菊 214133
蒙古柳 **343706**,343440,343610
蒙古马兰 **215356**
蒙古蒲公英 384681
蒙古前胡 **292986**
蒙古切思豆 87273
蒙古雀儿豆 87273
蒙古瑞香 122365
蒙古三毛 398559
蒙古沙地蒿 **35739**
蒙古沙冬青 19777
蒙古沙拐枣 67050
蒙古沙棘 **196763**
蒙古沙蓬 344658
蒙古沙参 7828
蒙古山萝卜 350129
蒙古山莴苣 259772
蒙古山竹子 **104638**
蒙古石竹 127676
蒙古水毛茛 **48927**
蒙古松 300240
蒙古穗三毛草 **398559**
蒙古唐松草 388617
蒙古糖芥 **154451**,154414,
154418
蒙古特黄芪 42746
蒙古特黄耆 **42746**
蒙古条子 407954
蒙古铁线莲 **95347**
蒙古葶苈 **137115**
蒙古无心菜 **32082**
蒙古细柄茅 321016
蒙古香蒲 401120,401129
蒙古小萹蓄 **291853**
蒙古芯芭 **116750**
蒙古杏 20928,34470
蒙古绣球花 407954
蒙古绣线菊 **372018**
蒙古须弥芥 **113152**
蒙古栒子 **107573**
蒙古鸦葱 **354904**
蒙古雅葱 354904
蒙古岩黄芪 188007
蒙古岩黄耆 **188007**
蒙古羊茅 **163886**
蒙古野葱 354904
蒙古野韭 **15632**
蒙古野决明 **389543**
蒙古异燕麦 **190175**
蒙古益母草 **225003**
蒙古莸 **78023**
蒙古羽裂荠 **368950**
蒙古玉 **209510**
蒙古郁金香 **400196**
蒙古圆柏 213871
蒙古云杉 **298360**
蒙古早熟禾 305733
蒙古枣 345881
蒙古针茅 **376852**
蒙古猪毛菜 **344573**,344658
蒙古柞 324173
蒙蒿 35916
蒙蒿子 **21857**
蒙蒿子属 **21847**
蒙花 62019,62134,122484,
141470,141472
蒙花树 62134
蒙花珠 141470
蒙华 86901
蒙化石蚕 388144
蒙化香科科 388144
蒙吉欧丁香 **382353**
蒙疆苓菊 **214133**
蒙菊 **124825**
蒙口楠 240593
蒙立米科 257424
蒙栎 324173
蒙龙果 171155
蒙罗亚尔欧洲李 **316387**
蒙莓系 **306113**
蒙蒙木 17621
蒙尼木 257473
蒙尼木属 257389
蒙尼芸香属 257389
蒙宁草属 257474
蒙普尔斑鸠菊 **406607**
蒙青绢蒿 **360855**
蒙桑 **259165**
蒙山鹅耳枥 **77342**
蒙山附地菜 **397472**
蒙山老鹳草 **174984**
蒙山柳 **343778**
蒙山莴苣 259772
蒙山樟味藜 70463
蒙氏凤仙花 **205158**
蒙氏马先蒿 **287435**
蒙氏南芥 **30360**
蒙氏溲疏 127016
蒙氏藤黄属 **258323**
蒙氏旋覆花 **207181**
蒙氏亚龙木 **16261**
蒙斯帕里岩蔷薇 93180
蒙松草 **258155**
蒙松草属 **258096**
蒙他发木 259906
蒙他发木属 259904
蒙他木 **259906**
蒙他木属 **259904**
蒙塔古日中花 **220617**
蒙塔古舟叶花 **340795**
蒙塔菊属 **258191**
蒙泰尔大戟 **159393**
蒙泰非洲弯萼兰 **197902**
蒙泰鲁澳非萝藦 **326769**
蒙泰鲁拉吉茜 **220266**
蒙泰鲁猪屎豆 **112435**
蒙泰罗锦葵 **258227**
蒙泰罗锦葵属 **258226**
蒙坦木 258202
蒙坦木属 258191
蒙特扁莎 **322297**
蒙特蜡菊 **189582**
蒙特雷毯胡克熊果 **31119**
蒙特里刺花蓼 **89103**
蒙特里美洲茶 **79970**
蒙特婆婆纳 **258331**
蒙特婆婆纳属 **258328**
蒙特薯蓣 **131729**
蒙特鸵鸟木 **378597**
蒙特香芸木 **10672**
蒙特玄参属 258328
蒙托玉凤花 **183883**
蒙西黄芪 43083

蒙西黄耆 **43083**
蒙新久苓菊 214133
蒙新苓菊 214133
蒙新酸模 **340257**
蒙莸 78023
蒙子树 415869,415899
蒙紫草 34624
蒙自阿丁枫 18207
蒙自白芷 192271
蒙自报春 **314738**,314917
蒙自扁核木 315177,365003
蒙自草胡椒 **290357**
蒙自长蒴苣苔草 **129928**
蒙自赤杨 16421
蒙自刺 280552
蒙自刺果卫矛 157578
蒙自大丁草 175148
蒙自大青 313644
蒙自吊石苣苔 **239934**,239967
蒙自豆腐柴 **313644**
蒙自杜鹃 **331221**,332032
蒙自盾翅藤 **39679**
蒙自飞蛾藤 **131245**
蒙自凤仙花 **205132**
蒙自谷精草 **151322**
蒙自桂花 **276312**
蒙自杭子梢 **70872**
蒙自合欢 **13505**
蒙自猴欢喜 366078
蒙自胡颓子 142188
蒙自虎耳草 **349627**
蒙自桦 **53347**
蒙自黄花木 **300674**
蒙自黄精 308635
蒙自黄檀 121705
蒙自火石花 **175148**
蒙自鸡屎树 222155
蒙自假卫矛 254297
蒙自金丝梅 201920
蒙自金丝桃 **201920**
蒙自金足草 **178839**
蒙自苣 234759
蒙自藜芦 **405614**
蒙自连蕊茶 69079
蒙自柃 160492
蒙自美登木 **246878**
蒙自猕猴桃 **6628**
蒙自木蓝 **206240**
蒙自苹婆 **376121**
蒙自葡萄 **411797**
蒙自桤木 16421
蒙自青藤 **204630**
蒙自秋海棠 49973,50075
蒙自球兰 198875
蒙自砂仁 **19895**
蒙自山茶 69127
蒙自山矾 381291
蒙自山蕲菜 345988
蒙自山芹菜 345988
蒙自十大功劳 **242553**
蒙自石豆兰 **63197**
蒙自石蝴蝶 **292560**
蒙自水芹 **269337**
蒙自铜钱树 280552
蒙自卫矛 **157714**,157578
蒙自五味子 351078
蒙自栒子 **107472**
蒙自蕈树 18207
蒙自崖爬藤 **387780**
蒙自野丁香 226133
蒙自一笼鸡 **182127**
蒙自樱 83216
蒙自樱桃 **83216**
蒙自玉山竹 **416793**
蒙自獐牙菜 **380252**
蒙自苎麻 56195
蜢臂兰 148656
孟 289015
孟达黄芪 42666
孟达黄耆 **42666**
孟斐茄 **367379**
孟斐斯海滨草 **115259**
孟葛藤 121756
孟海魔芋 **20095**
孟加拉扁豆 **218722**
孟加拉大戟 **61226**
孟加拉大戟属 **61225**
孟加拉灯心草 **212897**
孟加拉豆蔻 **19824**
孟加拉鹅掌柴 **350665**
孟加拉甘蔗 **341842**
孟加拉钩藤 401757
孟加拉国榕 164684
孟加拉国砖子苗 245395
孟加拉蔊菜 **336184**
孟加拉红光树 **216796**
孟加拉木槿 **195031**
孟加拉苹果 8787
孟加拉榕 **164684**
孟加拉藤黄 **171215**
孟加拉橡胶树 **165168**
孟加拉眼树莲 **134031**
孟加拉野古草 **37357**
孟加拉中雄草 **250656**
孟加拉砖子苗 **245395**
孟连巴豆 **113051**
孟连苞叶兰 **58404**
孟连赤车 **288747**
孟连短冠草 **369227**
孟连秋海棠 **50074**
孟连山矾 **381304**
孟连石蝴蝶 **292570**
孟连崖豆藤 **254713**
孟连沿阶草 **272115**
孟连野桐 **243428**
孟仑樗 12587
孟买黑木 121730
孟买荆芥 **264884**
孟买玫瑰木 121730
孟买肉豆蔻 **261444**
孟南德洋紫荆 49173
孟娘菜 198745
孟仁草 **88320**
孟特松 300081
孟席氏茶藨 334093
孟席氏茶藨子 **334093**
孟席斯翠雀花 **124379**
孟席斯梅笠草 **87489**
孟席斯无舌黄菀 **209576**
孟席斯蝇子草 **363741**
孟占明榕 164688
孟竹 **47211**
孟宗竹 **297266**,297306
孟宗竹属 297188
梦草 85232
梦殿 **108925**
梦冬花 141470
梦花 141470
梦花皮 122431
梦幻城 **244141**
梦幻乐 **317688**
梦幻丸 244141
梦幻罂粟 282530
梦佳宿柱苔 75289,75291,76479
梦佳苔草 **76479**,75291
梦佳弯柄苔草 **75291**
梦境帚石南 **67492**
梦兰花 258044
梦蕾花属 258380
梦森尼亚 258155
梦森尼亚属 258096
梦神 361317
梦童子 379336
梦绣玉 **284659**
梦中消 20348
梦子 93539,93546,411373
弥格椴 391773
弥勒糙果茶 **69365**
弥勒佛掌 229
弥勒杭子梢 70818
弥勒苣苔 **283381**
弥勒苣苔属 **283380**
弥勒千里光 **359076**
弥勒球 **264357**
弥勒山苔草 **75908**
弥勒丸 264357
弥勒柱 **94563**
弥生 **86537**,28470
弥彦赤竹 **347328**
迷白叶树 **227918**
迷彩叶 **197799**
迷迭香 **337180**
迷迭香奥兆萨菊 279351
迷迭香火绒草 **224930**
迷迭香属 **337174**
迷迭香新蜡菊 **279351**
迷迭香叶半日花 **188820**
迷迭香叶琥珀树 **27895**
迷迭香叶裂盘藜 **357387**
迷迭香叶裂蕊紫草 **235040**
迷迭香叶柳 344031
迷迭香叶柳叶菜 **146867**
迷迭香叶毛盘花 **181353**
迷迭香叶木紫草 **233446**
迷迭香叶穆拉远志 **260050**
迷迭香叶千里光 **359918**
迷迭香叶圣麻 346271
迷迭香叶丝栎 180644
迷迭香叶塔卡萝藦 **382896**
迷迭香叶同金雀花 **385686**
迷迭香叶香芸木 **10706**
迷迭香叶绣球防风 **227699**
迷迭香叶盐肤木 **332821**
迷迭香叶银桦 **180644**
迷迭香叶忧花 **241698**
迷迭香叶紫草 **233774**
迷迭香叶紫绒草 **44006**
迷果芹 **371240**
迷果芹属 **371237**
迷惑白舌菊 **246662**
迷惑百蕊草 **389661**
迷惑棒毛萼 **400774**
迷惑萹蓄 **291733**
迷惑补血草 **230621**
迷惑长庚花 **193261**
迷惑绸叶菊 **219798**
迷惑刺头菊 **108284**
迷惑大柱芸香 **241365**
迷惑大爪草 **370534**
迷惑单桔梗 **257792**
迷惑蝶须 **26531**
迷惑钉头果 **179034**
迷惑毒瓜 **132955**
迷惑杜茎大戟 **241864**
迷惑多肋菊 **304427**
迷惑多穗兰 **310405**
迷惑飞燕草 **102834**
迷惑风兰 **24810**
迷惑盖伊假匹菊 **329815**
迷惑狗尾草 **361681**
迷惑狗牙根 **117868**
迷惑核果木 **138608**
迷惑黑蛇床 **248549**
迷惑红头菊 **154763**
迷惑花篱 **27099**
迷惑黄眼草 **416042**
迷惑火烧兰 **147126**
迷惑蓟 **92312**

迷惑假马鞭 **373501**
迷惑角果帚灯草 **83427**
迷惑蓝花参 **412645**
迷惑蓝蓟 **141292**
迷惑肋瓣花 **13772**
迷惑丽花球 **234920**
迷惑蓼 **309039**
迷惑裂口花 **379893**
迷惑林地苋 **319021**
迷惑柳穿鱼 **231095**
迷惑露珠草 **91501**
迷惑马利筋 **37920**
迷惑马钱 **378726**
迷惑马泰萝藦 246271
迷惑马特莱萝藦 **246271**
迷惑密钟木 **192556**
迷惑拟莞 **352177**
迷惑黏腺果 **101241**
迷惑扭果花 **377703**
迷惑欧石南 **149337**
迷惑蒲公英 **384517**
迷惑蒲葵 **234175**
迷惑歧缬草 **404428**
迷惑青锁龙 **109008**
迷惑球百合 **62382**
迷惑乳突球 **244050**
迷惑软骨瓣 **88827**
迷惑润肺草 **58849**
迷惑塞拉玄参 **357474**
迷惑三肋果 **397955**
迷惑伞序瓣鳞花 **167774**
迷惑色罗山龙眼 **361180**
迷惑山柳菊 **195584**
迷惑绳草 **328009**
迷惑省藤 **65667**
迷惑十二卷 **186388**
迷惑十万错 **43618**
迷惑手玄参 **244779**
迷惑鼠李 **328742**
迷惑双袋兰 **134291**
迷惑双距花 **128046**
迷惑水马齿 67376
迷惑碎米荠 **72744**
迷惑天门冬 **39011**
迷惑外卷鼠麹木 **22189**
迷惑无苞风信子 **315586**
迷惑香科 **388067**
迷惑香泽兰 **89296**
迷惑肖木蓝 **253231**
迷惑玄参 **355096**
迷惑穴果木 **98809**
迷惑延龄草 **397552**
迷惑岩堇 **340394**
迷惑叶木豆 **297549**
迷惑一点红 **144908**
迷惑异木患 **16073**
迷惑逸香木 **131968**
迷惑蝇子草 **363401**
迷惑硬皮豆 **241421**
迷惑尤利菊 **160779**
迷惑远志 **259969**
迷惑泽菊 **91142**
迷惑扎农银豆 **32937**
迷惑脂花萝藦 **298141**
迷惑止泻萝藦 **416206**
迷惑舟蕊秋水仙 **22344**
迷惑猪屎豆 **112135**
迷金盏藤 **366865**
迷拉纳椤 1384
迷离报春 **314497**
迷路玉 **148141**
迷马桩 402245
迷马桩棵 362672
迷你凤梨属 113364
迷人长阶花 **186974**
迷人杜鹃 **330046**
迷人凤仙花 **204767**
迷人赫柏木 **186982**
迷人韭 **15233**
迷人拟散尾葵 139400
迷人银桦 **180658**
迷肉苁蓉 **93048**,93054
迷身草 236284
迷神香草 **203081**
迷苏兰茄 366865
迷延胡索 **105594**
迷走格尼瑞香 **178568**
猕猴梨 6515,6553
猕猴李 6515
猕猴桃 6553
猕猴桃科 **6728**
猕猴桃属 **6513**
猕猴桃藤山柳 **95473**
谜木豆 **8893**
谜木豆属 **8892**
谜药木属 **8896**
糜 281916
糜蒿 35207
糜糜蒿 35119
糜木 133656
糜木属 133654
糜子 281916
糜子菜 102867
糜子米 281916
麋鹿苔草 **74626**
靡草 137133
蘼芜 229309
穈子 281916
米 275958
米阿雷 **93633**
米安 198512
米百合 168390,229754
米贝尔石斛 **125251**
米贝母 **168390**
米波草 **247718**
米波草属 **247717**
米波虎耳草 **349618**
米布带 173917
米布袋 43053,181693,181695,410360
米布那白菜 **59434**
米仓山报春 **314933**
米草 29430
米草科 **370187**
米草属 **370155**
米柴山梅花 **294475**
米楚栎 324166
米达檀 **254384**
米达檀属 **254381**
米打东 234085
米得洗 275320
米德杜鹃 331209
米德尔堡齿舌叶 **377352**
米德尔堡大沙叶 **286559**
米德尔日中花 **220616**
米德尔舟叶花 **340788**
米德千屈菜属 **254387**
米德杉木 **114557**
米德苔草 **75319**
米登多夫棘豆 **279017**
米登氏锦带花 413617
米点菜 158200
米顶心 56206,56254
米豆 65146,294039,409085,409086
米椴 391781
米敦斗 275320
米儿茶 308403
米尔贝属 255772
米尔刺桐 **154692**
米尔大戟属 **254470**
米尔德阿斯皮菊 **39790**
米尔德白藤豆 **227899**
米尔德斑鸠菊 **406588**
米尔德半边莲 **234632**
米尔德扁担杆 **180878**
米尔德赪桐 **96210**
米尔德翅苹婆 **320992**
米尔德刺橘 **405528**
米尔德刺痒藤 **394180**
米尔德粗柱山榄 **279802**
米尔德大沙叶 **286362**
米尔德德罗豆 **138105**
米尔德迪法斯木 **132644**
米尔德地不容 **375891**
米尔德短盖豆 **58759**
米尔德多穗兰 **310509**
米尔德发草 **126094**
米尔德非洲豆蔻 **9925**
米尔德非洲砂仁 9925
米尔德凤仙花 **205146**
米尔德福克萝藦 **167133**
米尔德狗尾草 **361833**
米尔德海桐 **301339**
米尔德核果木 **138660**
米尔德红瓜 **97816**
米尔德花椒 **417272**
米尔德花篱 **27229**
米尔德画眉草 **147812**
米尔德灰毛豆 **386116**
米尔德吉树豆 **175777**
米尔德假萨比斯茜 **318255**
米尔德蜡菊 **189562**
米尔德蓝刺头 **140750**
米尔德狼尾草 **289166**
米尔德劳雷仙草 **223032**
米尔德老鸦嘴 **390839**
米尔德裂托叶椴 **126772**
米尔德流苏树 **87722**
米尔德龙船花 **211130**
米尔德龙血树 **137452**
米尔德毛盘鼠李 **222421**
米尔德没药 **101459**
米尔德魔芋 **20118**
米尔德木瓣树 **415801**
米尔德木蓝 **206254**
米尔德南星 **33412**
米尔德牛奶木 **255349**
米尔德茄 **367388**
米尔德秋海棠 **50081**
米尔德热非野牡丹 **20516**
米尔德三冠野牡丹 **398713**
米尔德三角车 **334658**
米尔德扇舌兰 **329651**
米尔德螫毛果 **97547**
米尔德鼠李 **328787**
米尔德鼠尾粟 **372768**
米尔德树葡萄 **120149**
米尔德双袋兰 **134321**
米尔德水芹 **269340**
米尔德酸藤子 **144763**
米尔德索林漆 **369784**
米尔德苔草 **75373**
米尔德萎草 **245072**
米尔德细爪梧桐 **226270**
米尔德香茶 **303502**
米尔德小花豆 **226170**
米尔德肖九节 **402018**
米尔德旋覆花 **207177**
米尔德崖豆藤 **254771**
米尔德腋花金莲木 **203415**
米尔德珍珠茅 **354160**
米尔德猪屎豆 **112413**
米尔德紫金牛 **31526**
米尔德紫檀 **320312**
米尔豆属 **255772**
米尔顿兰属 **254924**
米尔恩白粉藤 **92840**

米尔恩丁癸草 **418344**
米尔恩豆腐柴 **313694**
米尔恩番薯 **207999**
米尔恩画眉草 **147813**
米尔恩蜡菊 **189565**
米尔恩毛柱南星 **379140**
米尔恩美冠兰 **156865**
米尔恩水麦冬 **397163**
米尔恩菩菜 **267823**
米尔恩鸭舌癀舅 **370811**
米尔恩猪屎豆 **112414**
米尔非洲木橘 **9865**
米尔金合欢 **1331**
米尔金肖梳状萝藦 **272046**
米尔决明 **78383**
米尔克棘豆 **279009**
米尔库格木属 260961
米尔萝藦属 **250650**
米尔木 **254479**
米尔木属 **254478**
米尔斯兰 **48009**
米尔斯兰属 **48008**
米尔斯爪哇大豆 **264244**
米尔香脂苏木 **103715**
米尔肖杨梅 **258755**
米饭果 403832
米饭花 **404011**,239391,403738,403880,403899
米饭花属 239369
米饭树 403738,404011
米榧 393061
米费 19419
米麸子 179488
米甘草 254424,254443
米甘草属 254414
米甘藤属 254414
米杠 417574
米糕娄林果 **335829**
米槁 **91380**,91424
米哥 233113
米哥蚊 379325
米格当归 276768
米格里百里香 **391278**
米钩 401781
米谷冬青 **204059**
米谷还阳 62984
米瓜 91424
米罐子 201389
米过穴 70819
米含 296554
米汉 132145
米汉四翅银钟花 **184734**
米蒿 **35364**,35430,35466,36232,36307,136163
米荷瓦 351383
米花 127121
米花草 256719
米花木 123454
米花香荠菜 72749
米花子 308457
米黄柳 **343689**
米加罗汉松 306490
米浆藤 179488
米津 165125
米柏 346401
米舅通泉草 247008
米嘴 94529
米嘴闭花木 **94529**
米凯百里香 391356
米凯风毛菊 **348533**
米壳花 282717
米克尔胡枝子 **226685**
米克尔婆婆纳 **407232**
米克尔紫菀 **40860**
米克茱萸 **255664**
米克茱萸属 **255663**
米孔丹属 253003
米孔小檗 **51925**
米口袋 **181695**,181693,279185,279187
米口袋属 **181626**
米口袋状棘豆 **278866**
米库米斑鸠菊 **406586**
米库氏蝴蝶兰 **293622**
米奎尔小檗 **51931**
米魁氏白珠树 172111
米拉吊兰 **88629**
米拉蒿 36111
米拉罗赛 **93630**
米拉山灯心草 **213290**
米拉藤 52436
米腊参 327525
米辣 72100
米辣子 161373
米来 132145
米来瓜 390138
米兰草 934
米兰达无刺美国皂荚 **176908**
米兰吉斑鸠菊 **406587**
米兰吉叉序草 **209916**
米兰吉宽肋瘦片菊 **57646**
米兰吉牡荆 **411336**
米兰吉扭果花 **377768**
米兰吉欧石南 **149760**
米兰吉千里光 **359485**
米兰吉绣球防风 **227645**
米兰吉异燕麦 **190174**
米兰吉紫菀 **40857**
米兰加汉松 306490
米兰加罗汉松 **306490**
米兰山小橘 **177818**
米兰猪殃殃 **170425**
米兰状独蒜兰 304218
米篮草 934
米老排 261885
米勒斑鸠菊 **406602**
米勒贝克菊 **52733**
米勒滨藜 **44532**
米勒大沙叶 **286368**
米勒灯心草 **213304**
米勒多穗闭花木 **94533**
米勒绯红日本报春 **314509**
米勒橄榄 71008
米勒瓜 **259607**
米勒瓜属 **259606**
米勒寄生 **259609**
米勒寄生属 **259608**
米勒金合欢 **1393**
米勒菊 **254591**
米勒菊属 **254587**
米勒蜡菊 **189564**
米勒马岛外套花 **351718**
米勒木犀草 **327874**
米勒拟鸦葱 **354988**
米勒牛舌草 **21956**
米勒榕 **165333**
米勒莎草 **119232**
米勒狮齿草 **224709**
米勒树葡萄 **120150**
米勒树紫菀 **270202**
米勒庭荠 **18443**
米勒小孝荠艾 **290475**
米勒舟叶花 **340798**
米簕十大功劳 **242595**
米雷刺橘 **405530**
米雷登红宝石春花欧石南 **149162**
米雷木蓝 **206255**
米雷蝇子草 **363759**
米累累 373439
米里无患子属 249124
米丽达鸢尾 **208711**
米利根草属 **254887**
米利奇木属 254491
米粮价 233848
米林糙苏 **295149**
米林翠雀花 **124578**
米林杜鹃 **331185**
米林繁缕 **374963**
米林凤仙花 **205185**
米林虎耳草 **349991**
米林黄芪 42718
米林黄耆 **42718**
米林金腰 90425
米林堇菜 **410196**,410622
米林龙胆 **173619**
米林毛茛 **326057**
米林乌头 **5417**
米林小檗 **51584**,52258
米林杨 **311383**
米林紫堇 **106115**
米路木 **256323**
米路木属 **256322**
米伦贝格栎 324204
米伦贝格珍珠茅 **354165**
米伦伯格雀稗 **285524**
米伦可拉木 **99231**
米伦苔草 **75436**
米伦谢尔茜 **362113**
米麻 56112
米迈特木 254958
米迈特木属 254953
米芒 126074
米芒属 126025
米米蒿 4142
米棉蒿 35528
米面蓊 **61935**
米面蓊属 **61929**
米木 414809
米奈萼木 **68380**
米囊 282717
米囊花 282717
米囊拟 282717
米念巴 392371
米念芭 **392370**
米牛膝 115731
米钮草属 255435
米农液 377544
米努草属 **255435**
米努草状车轴草 **396863**
米努草状虎耳草 **349118**
米努托利薰衣草 **223305**
米努辛百里香 **391279**
米努辛岩黄耆 **188006**
米暖麻 180666
米奇豆属 252991
米奇里苔草 **75355**
米奇苏铁 **241457**
米切尔大戟 **159380**
米切尔美丽胡桃 **212585**
米切尔森豆属 252991
米切尔苔草 **75390**
米琼 56971
米曲 178062
米却肯松 **300077**
米却肯旋花 **103136**
米容德白粉藤 **92837**
米容德斑鸠菊 **406585**
米容德大梧 **196227**
米容德居维叶茜草 **115296**
米容德木槿 **195027**
米容德天门冬 **39093**
米容德鸭嘴花 **214627**
米伞花 43053,314228,314308
米瑟飞蓬 **150780**
米沙参 176923
米莎草 119041
米筛花 66789,360935

米筛花草 43053
米筛竹 **47402**
米筛子 66762,66789
米绍米努草 **255524**
米升麻 6414
米什咖啡 **98866**
米什米咖啡 98866
米什米木姜子 **233993**
米氏桉 **155657**
米氏巴豆 **112963**
米氏贝母 **168489**
米氏闭花木 **94524**
米氏柄花菊 **306321**
米氏补血草 **230680**
米氏彩花 **2262**
米氏车轴草 **396975**
米氏大泽米 241457
米氏大柱杭子梢 **70853**
米氏豆属 **252991**
米氏短盖豆 **58757**
米氏耳草 **187627**
米氏番红花 **111556**
米氏番樱桃 **156292**
米氏虎斑楝 **237924**
米氏虎耳草 **349634**
米氏桦 **53524**
米氏棘豆 **279012**
米氏接骨木 345709
米氏锦带花 **413617**
米氏桔梗 **252798**
米氏桔梗属 **252791**
米氏巨兰 **180119**
米氏蜡菊 **189563**
米氏驴喜豆 **271231**
米氏马利筋 **38009**
米氏马鲁木 **243510**
米氏马鲁梯木 243510
米氏毛鞘莎草 **545**
米氏木 **255636**
米氏木属 **255632**
米氏扭果花 **377766**
米氏匹菊 **322714**
米氏婆婆纳 **407227**
米氏破布木 **104216**
米氏朴 **80692**
米氏热非檀香 **269635**
米氏山麻杆 **14209**
米氏双柱莎草 **129019**
米氏苔 75355
米氏苔草 **75349**,75355
米氏唐菖蒲 **176375**
米氏藤槐 **58009**
米氏梯牧草 **294985**
米氏田梗草属 **254919**
米氏庭菖蒲 **365785**
米氏星香菊 **123649**
米氏悬钩子 **338840**
米氏旋花 **103139**
米氏盐肤木 **332714**
米氏野牡丹 **253007**
米氏野牡丹科 **253010**
米氏野牡丹属 **253003**
米氏野豌豆 **408490**
米氏蝇子草 **363753**
米氏玉凤花 **184008**
米树 385355
米思克十大功劳小檗 **242453**
米碎草 218347,231483,256727,354660
米碎常 164688
米碎花 **160442**
米碎花木 381341
米碎兰 11300
米碎柃木 160442
米碎木 123448,123451,160480,203855,342198
米碎叶 123454
米碎子木 403738
米太子参 318507
米坦异细辛 **194358**
米汤菜 224110
米汤草 226793
米汤果 31639,144821,313564
米汤花 62134
米汤叶 80193
米糖加 199748
米条云杉 298260
米图瓦巴皮尔逊豆 **286788**
米团花 **228001**
米团花属 **227999**
米瓦罐 363368
米夏小檗 **51919**
米香树 123766
米歇尔澳非萝藦 **326768**
米歇尔藨草 **353611**
米歇尔大沙叶 **286355**
米歇尔九节 **319687**
米歇尔菊三七 **183104**
米歇尔蓝花参 **412819**
米歇尔老鸦嘴 **390837**
米歇尔塞拉玄参 **357588**
米歇尔树葡萄 **120145**
米歇尔松闭花木 **94523**
米歇尔松茎花豆 **118097**
米歇尔松库地苏木 **113182**
米歇尔松苓菊 **214129**
米歇尔松绿心樟 **268716**
米歇尔松琼楠 **50563**
米歇尔头九节 **81978**
米歇尔郁金香 **400194**
米歇尔猪屎豆 **112406**
米谢绵枣儿 **352970**
米谢天门冬 **39095**
米心椆 162372,162386
米心木 162372
米心树 134946,162372,162386
米心水青冈 **162372**
米新 190106
米亚・吕斯天蓝绣球 **295301**
米亚贝槭 3149
米亚辣 132398
米亚罗黄芪 42732
米亚罗黄耆 **42732**
米眼沙 19419
米扬噎 **377544**
米杨噎 377544
米洋参 63964,364103
米易白珠 **172112**
米易灯心草 **213295**
米易地不容 **375892**
米易杜鹃 **331256**
米易冠唇花 **254257**
米易过路黄 **239740**
米易蔷薇 **336760**
米约大戟 **159373**
米约藻百年 **161562**
米扎树属 125587
米珍果 **241735**
米纸 320836
米朱蒂白阿福花 **212396**
米朱蒂白叶藤 **113600**
米朱蒂大戟 **159361**
米朱蒂伽蓝菜 **215207**
米朱蒂假石萝藦 **317855**
米朱蒂克拉布爵床 **108514**
米朱蒂劳德草 **237831**
米朱蒂三芒草 **33932**
米朱蒂树葡萄 **120148**
米朱蒂驼蹄瓣 **418718**
米珠 99124,231429
米珠子 119503
米槠 78877,78903,78916
米柱苔草 **74664**
米锥 78877,78889
米仔兰 **11300**
米仔兰属 **11273**
米子 281916
米子蓼 309602
米子子槠 78877
蕒 204544
泌液菊 **81848**
泌液菊属 **81846**
泌脂果 287989
泌脂藤 287988,287989
秘巴番荔枝属 129212
秘花草属 **113350**
秘色玉 **404948**
秘斯卡楞 **1697**
密矮欧洲云杉 **298208**
密桉 **155535**
密斑普梭木 **319296**
密瓣日中花 **220526**
密苞蓟 **298471**
密苞蓟属 **298469**
密苞毛兰 299611
密苞南星 **322069**
密苞南星属 **322068**
密苞蓬属 14562
密苞苹兰 **299611**
密苞山姜 **17664**,17759
密苞鸭跖草 **101128**
密苞叶苔草 **75775**
密苞银齿树 **227396**
密苞鸢尾兰 **268000**
密苞紫云菜 **378111**
密变黑扁莎 **322303**
密布 314266
密藏花 **156061**
密藏花科 **156072**
密藏花属 **156058**
密草 147084
密长毛卷耳 **83076**
密齿扁担杆 **180668**
密齿斗篷草 **14000**
密齿钩足豆 **4893**
密齿降龙草 **191388**
密齿苦草 404555
密齿柳 **343192**
密齿楼梯草 **142805**
密齿千里光 **358708**
密齿苘麻 **980**
密齿曲管桔梗 **365160**
密齿石灰花楸 **369390**
密齿酸藤子 **144821**
密齿天门冬 **39087**
密齿小檗 **51331**
密刺蒺藜 **366310**,366392
密刺苞 **92408**
密刺苞苔草 **75013**
密刺茶藨 334034
密刺茶藨子 **334034**
密刺大戟 **159865**
密刺高山茶藨 333900
密刺金合欢 **1178**
密刺栲 78921
密刺苦草 **404544**
密刺丽花球 **234918**
密刺萝藦 **322063**
密刺萝藦属 **322062**
密刺蔷薇 **336969**,336851,336857
密刺沙拐枣 **67018**
密刺硕苞蔷薇 **336406**
密刺悬钩子 **339328**
密刺朱缨花 **66667**
密刺锥 **78921**
密丛阿氏莎草 **552**
密丛草 **152719**

密丛草属 **152718**
密丛常春菊 58470
密丛鹅观草 **144429**
密丛鹤虱 **221640**
密丛花凤梨 **391990**
密丛棘豆 **278810**
密丛蓼 **309683**
密丛拟楼斗菜 **283723**
密丛披碱草 **144408**
密丛桤叶树 **96458**
密丛雀麦 60643
密丛苔草 **74289**
密丛铁兰 391990
密丛文竹 **39149**
密丛仙人掌 **272998**
密丛小报春 **314895**
密簇蓟 **91895**
密簇玉牛角 **139135**
密大蒜芥 **365433**
密垫火绒草 **224848**
密垫菊 **183387**
密垫菊属 **183386**
密迭穗莎草 **119018**
密短茎亚麻 **232002**
密额萝藦 **321989**
密额萝藦属 **321988**
密发绣球 199959
密盖蓟 **92248**
密刚毛菝葜 **366571**
密割花野牡丹 **27483**
密根蒿 **36129**
密根黄芪 42958
密根黄耆 **42958**
密根毛茛 326245
密根拟漆姑 **370693**
密根桄榔 70424
密根桄榔属 70421
密梗巴戟 258906
密梗巴戟天 **258906**
密梗楠 **295355**
密狗尾草 **361682**
密冠毛蒲公英 **384776**
密冠木槿 **195130**
密灌野荞麦木 **152502**
密果 164763
密果茶藨 334144
密果椆 233351
密果花椒 **417237**
密果基扭桔梗 **123794**
密果科纳棕 **104892**
密果可耐拉棕 104892
密果鹿藿 **333134**
密果蜜茱萸 **249142**
密果木蓝 **205892**
密果槭 **3067**
密果吴萸 161320
密果吴茱萸 **161320**
密果硬毛南芥 **30306**
密黑三棱 370066
密花阿氏莎草 **553**
密花阿斯草 **39844**
密花艾纳香 **55722**
密花安匝木 **310774**
密花桉 **106795**
密花岸边披硷草 **390081**
密花巴茜草 **280482**
密花巴氏锦葵 **286606**
密花巴氏槿 286606
密花巴西茜 280482
密花白饭树 167092,167096
密花白花菜 **95656**
密花百蕊草 **389663**
密花斑兰 **264599**
密花斑兰属 **264595**
密花棒棰树 **279676**
密花棒状苏木 **104313**
密花棒籽花 **328462**
密花苞爵床 **139000**
密花豹皮花 **373774**
密花荸荠 143100
密花比尔见亚 54464
密花比拉碟兰 **54438**
密花扁莎 **322368**
密花补血草 **230603**
密花菜 52592
密花草 **415441**,52592
密花草科 **415436**
密花草属 **415439**
密花茶藨 334144
密花檫属 283773
密花柴胡 **63615**
密花车前 **301878**
密花柽柳 **383444**
密花柽柳桃金娘 **261026**
密花齿缘草 **153438**
密花赤宝花 **390000**
密花唇柱苣苔 **87952**
密花刺林草 **2337**
密花粗根 279676
密花翠凤草 **301107**
密花翠雀花 **124177**
密花达德利 138834
密花达维木 **123275**
密花大戟 **158680**
密花灯心草 **213202**
密花地宝兰 174305
密花地穗姜 **174419**
密花滇紫草 **271748**
密花蝶须 **26379**
密花东南亚苏木 **380685**
密花冬青 **203644**,203622
密花兜被兰 **264768**
密花斗篷草 **14123**
密花豆 **370422**
密花豆属 **370411**
密花豆藤 370422
密花独脚金 **377994**
密花独蕊 **412145**
密花独行菜 **225340**
密花杜鹃 331218
密花杜若 **307342**
密花多果树 **304138**
密花多叶螺花树 **6398**
密花繁缕 **374805**
密花芳香木 **38512**
密花菲岛茜 **313534**
密花分蕊草 **88938**
密花风铃草 69983
密花拂子茅 **65333**
密花福雷铃木 **168261**
密花馥兰 **295954**
密花伽蓝菜 **215130**
密花葛 **321420**,200725
密花根节兰 65920
密花孩儿草 **340346**
密花海桐 **301303**
密花杭子梢 **70791**,70790
密花合萼山柑 **390045**
密花合耳菊 **381928**
密花合集芥 **382049**
密花核果木 **138601**
密花核实 138601
密花黑漆 **248483**
密花亨里特野牡丹 **192044**
密花红光树 **216802**
密花厚壁荠 **279707**
密花厚壳桂 113441
密花厚壳树 **141626**
密花胡颓子 **141956**
密花虎耳草 **349197**
密花黄堇 **106218**,105753
密花黄芪 42280
密花黄耆 **42280**
密花黄肉楠 **6774**
密花灰灌菊 **386388**
密花灰毛豆 **386030**
密花火棘 **322462**
密花火筒树 **223930**
密花吉莉花 **175682**
密花棘豆 **278811**,279009
密花寄生 190852
密花蓟 **92420**
密花荚蒾 **407758**
密花假节豆 **317214**
密花假龙胆 **174132**
密花假牛鞭草 **283658**
密花假卫矛 **254295**
密花尖腺芸香 **4813**
密花间刺兰 **252279**
密花樫木 **139643**
密花碱蓬 **379532**
密花箭竹 **162673**,162736
密花姜花 **187438**
密花浆果苋 **123564**
密花疆紫草 **241391**
密花角蒿 205554
密花节节菜 **337330**
密花节节红 306960
密花金合欢 **1516**
密花金丝桃 **201831**
密花荆芥 **264909**
密花景天小黄管 **356171**
密花苣苔 **147432**
密花阔鳞兰 **302838**
密花拉拉藤 **170348**,170572
密花蜡菊 **189298**
密花兰 **130852**
密花兰属 **130851**
密花劳格茜 **263987**
密花肋枝兰 **304909**
密花肋柱花 235447
密花狸藻 **403299**,403132
密花离瓣寄生 **190852**
密花丽穗凤梨 **412346**
密花栎 **323811**
密花栎属 **266904**
密花栗豆藤 **10989**
密花蓼 **309043**
密花列当 **275042**
密花裂蕊核果树 **351215**
密花蔺 **143100**
密花瘤果漆 **270964**
密花柳叶山蚂蝗 **126594**
密花龙胆 **173393**
密花楼梯草 **142647**
密花漏斗花 **130197**
密花芦兰 352312
密花鹿藿 **333210**
密花轮环藤 116017
密花罗勒 **268516**
密花罗马风信子 **50769**
密花罗氏锦葵 **335023**
密花萝芙木 **327014**
密花螺花树 **372147**
密花螺序草 **371752**
密花马利筋 **37895**
密花马利旋花 **245299**
密花马铃果 **412095**
密花马钱 **378702**,378845
密花马先蒿 **287100**
密花麦瓶草 363361,363404
密花毛果草 222353
密花毛花金莲木 **55131**
密花毛口茜 **219035**
密花毛兰 148667,299639
密花毛蕊花 **405693**
密花毛瑞香 **218982**
密花美登木 **246826**

密花蒙松草 **258110**
密花猕猴桃 **6699**
密花米草 **370161**
密花米尔豆 **255775**
密花米利根草 **254888**
密花绵毛短冠草 **369216**
密花木槿 **194809**
密花木蓝 **206661**,206761
密花木五加 125602
密花南美洲藤黄 **72388**
密花楠属 321966
密花拟漆姑 **370692**
密花欧石南 **149960**
密花帕沃木 286606
密花贫雄大戟 **286042**
密花苹兰 **299639**
密花婆婆纳 **407106**
密花葡萄兰 **4651**
密花普谢茜 **313243**
密花槭 **3492**
密花骑士兰 196463
密花千斤拔 166867
密花千里光 358848,381928
密花枪刀药 **202535**
密花茄 **367050**
密花琼楠 **50488**
密花球心樟 **12761**
密花曲管桔梗 **365161**
密花柔花 **8930**
密花软锦葵 **242916**
密花软紫草 **34613**
密花塞拉玄参 **357477**
密花赛金莲木 **70722**
密花三角萼溲疏 **126863**
密花桑属 **254491**
密花山巴豆 **28345**
密花山矾 **381154**
密花山兰 274037
密花山魔 220311
密花山猪殃殃 **170572**
密花扇舌兰 **329643**
密花舌唇兰 **302355**
密花蛇鞭菊 **228511**
密花蛇舌草 **269797**
密花省藤 **65817**,65668
密花石豆兰 **62955**
密花石斛 **125109**
密花石柯 233176
密花石栎 **233176**
密花石楠 **295688**
密花使君子 **324672**
密花市葱 167096
密花嗜盐草 **184924**
密花手参 **182243**
密花鼠尾草 **344985**
密花属 **321966**
密花树 **261648**,326537
密花树佩迪木 **286950**
密花树属 **326523**
密花双距兰 **133759**
密花双盛豆 **20759**
密花水锦树 **413803**
密花水晶掌 **186684**
密花水牛角 **72447**
密花水塔花 **54464**
密花水玉簪 **63970**
密花溲疏 **127020**
密花素馨 **211779**,212040
密花酸模 **340218**
密花碎米荠 **72733**
密花穗报春 **56555**
密花梭罗 **327375**
密花梭罗树 327382
密花塔奇苏木 **382968**
密花苔草 **74171**
密花唐菖蒲 **176164**
密花桃叶珊瑚 **44905**
密花套叶兰 **196463**
密花特斯曼苏木 **386784**
密花特喜无患子 **311987**
密花藤 **321981**
密花藤属 **321977**
密花藤竹 **131280**
密花天冬 38983
密花天门冬 **38983**
密花甜甘豆 **290777**
密花豚草 **19155**
密花橐吾 **229007**,229246
密花娃儿藤 **400878**
密花瓦理棕 **413091**
密花弯管花 **86209**
密花弯月杜鹃 **331218**
密花微小蓝蓟 **141195**
密花尾药菊 381928
密花尾药千里光 381928
密花卫矛 **157386**
密花蜗牛兰 **98088**
密花沃森花 **413338**
密花乌头 **5496**
密花五层龙 **342611**
密花五月茶 28341,28345
密花勿忘草 **260789**
密花雾冰藜 **48788**
密花细线茜 **225751**
密花细辛 **56210**
密花虾脊兰 **65920**
密花狭喙兰 **375686**
密花仙女杯 **138834**
密花相仿苔草 **76284**
密花香杜鹃 330613
密花香茅 **117158**
密花香薷 **144002**,144062
密花枭丝藤 **329241**
密花小檗 **51540**
密花小根蒜 **15451**,15450
密花小瓜多禾 **181480**
密花小花豆 **226175**
密花小堇棕 413091
密花小骑士兰 196463,267989
密花小舌菊 **253464**
密花肖鸭嘴花 **8095**
密花斜坡鹿藿 **333190**
密花熊果 **31112**
密花绣球防风 **227585**
密花绣线菊 **371898**
密花绣线梅 **263147**
密花序风铃草 **70328**
密花旋覆花 **207086**
密花旋柱兰 **258994**
密花雪轮 363361
密花崖豆藤 **66623**
密花烟堇 **169052**
密花岩风 **228571**
密花羊蹄甲 **49237**,49025,49099,49105
密花叶伴孔旋花 **252524**
密花叶底珠 167096
密花异荣耀木 **134571**
密花异商陆 **25483**
密花翼萼茶 **41695**
密花翼毛木 **321046**
密花隐冠石蒜 **113840**
密花蝇子草 **363404**
密花硬皮豆 **241422**
密花油芒 **139913**
密花莸 78032
密花鱼藤 **126003**
密花羽扇豆 **238442**
密花玉凤花 **183643**
密花玉叶金花 **260401**
密花鸢尾兰 **267989**
密花远志 **308416**
密花远志蓼 **309609**
密花杂分果鼠李 **399751**
密花杂蕊草 **381732**
密花杂色豆 **47722**
密花藏咖啡 **266766**
密花早熟禾 **305799**
密花摘亚苏木 **127385**
密花针花茜 **354640**
密花针茅 **376762**
密花争黄芪 42382
密花正玉蕊 **223765**
密花直萼木 **68440**
密花指纹瓣凤梨 **413876**
密花舟叶花 **340642**
密花猪屎豆 **112034**
密花猪殃殃 170572
密花苎麻 **56125**
密花柱瓣兰 **146419**
密花仔榄树 **199423**
密花紫堇 **106456**,105753
密花紫心苏木 **288865**
密花紫云菜 **378122**
密环草属 **322039**
密棘毛连菜 **298643**
密棘罂粟 **282734**
密集阿比西尼亚风轮菜 **96962**
密集阿氏莎草 **550**
密集巴豆 **112867**
密集白峰掌 **181451**
密集百蕊草 **389664**
密集斑鸠菊 **406251**
密集半日花 **188629**
密集杯囊桔梗 **110154**
密集贝母 **168336**
密集贝氏木 **50650**
密集贝亚利 50650
密集扁担杆 **180751**
密集补血草 **230584**
密集布罗地 **60445**
密集叉序草 **209891**
密集长被片风信子 **137916**
密集长柔毛全毛兰 **197587**
密集车轴草 **396870**
密集虫果金虎尾 **5902**
密集刺头菊 **108259**
密集酢浆草 **277792**
密集大戟 **159866**
密集戴尔木蓝 **205931**
密集丹氏梧桐 **135811**
密集单头爵床 **257295**
密集单头鼠麹木 **240871**
密集倒距兰 **21177**
密集灯心草 **213021**
密集灯心草豆 **197113**
密集帝王花 **82378**
密集毒马草 **362768**
密集杜若 **307317**
密集短冠草 **369194**
密集盾舌萝藦 **39618**
密集俄勒冈异囊菊 **194235**
密集芳香木 **38494**
密集非洲野牡丹 **68245**
密集风车子 **100409**
密集风毛菊 **348223**
密集凤卵草 **296874**
密集格尼瑞香 **178722**
密集蒿 **35356**
密集合景天 **318393**
密集黑钩叶 **22267**
密集黑三棱 370042
密集花旗松 **318581**
密集画眉草 **147606**
密集黄胶菊 **318681**
密集黄鼠狼花 **170074**
密集黄眼草 **416044**
密集积雪草 **81644**

密集吉莉花 **175671**
密集蓟 **91896**
密集假石唇兰 **302565**
密集坚果粟草 **7526**
密集姜味草 **253648**
密集金合欢 **1363**
密集锦鸡儿 **72209**
密集菊蒿 **383746**
密集苦苣菜 **368693**
密集宽肋瘦片菊 **57614**
密集蜡菊 **189262**
密集劳德草 **237808**
密集类花刺苋 **81660**
密集立金花 **218852**
密集利帕豆 **232047**
密集苓菊 **214177**
密集露子花 **123853**
密集驴喜豆 **271188**
密集罗顿豆 **237278**
密集裸茎日中花 **318840**
密集落新妇 41832
密集马岛啤酒藤 **63883**
密集马松子 **249630**
密集马先蒿 **287102**
密集脉九节 **319500**
密集曼氏流苏树 **87721**
密集密头帚鼠麹 **252426**
密集棉花苋 **181834**
密集母草 **231497**
密集牡荆 **411239**
密集木蓝 **205891**
密集囊鳞莎草 **38217**
密集鸟娇花 **210748**
密集鸟足豆 **274880**
密集欧石南 **149247**
密集匍匐蓝花参 **412634**
密集蒲桃 **382515**
密集千里光 **358587**,358287
密集萨拉卡棕 **342572**
密集塞拉玄参 **357462**
密集赛金莲木 **70721**
密集三蕊木 **395206**
密集三芒草 **33809**
密集沙扎尔茜 **86351**
密集莎草 **118433**
密集蓍草 **3943**
密集石龙尾 **230288**
密集矢车菊 **80912**
密集手玄参 **244772**
密集鼠麹草 170923
密集树葡萄 **120037**
密集双距兰 **133749**
密集水玉簪 **63965**
密集松塔掌 **43431**
密集塔卡萝藦 **382884**
密集苔草 **74285**
密集天门冬 **38969**
密集天竺葵 **288158**
密集歪果帚灯草 **71246**
密集弯穗草 **131227**
密集微小鼠尾粟 **372772**
密集纹蕊茜 **341290**
密集乌口树 **384934**
密集勿忘草 **260782**
密集西葫芦 **114303**
密集狭喙兰 **375687**
密集纤细玉簪 **198620**
密集线叶粟草 **293905**
密集香茶菜 **303252**
密集香芸木 **10593**
密集小檗 **51487**
密集小黄管 **356059**
密集小束豆 **226188**
密集斜核草 **237969**
密集新豹皮花大戟 **159452**
密集绣球菊 **106844**
密集絮菊 **165931**
密集鸭跖草 **100975**
密集盐鼠麹 **24543**
密集眼子菜 **312086**
密集羊耳蒜 **232134**
密集羊胡子草 **152784**
密集一枝黄花 **368049**
密集银杯玉 **129599**
密集银豆 **32798**
密集油芦子 **97297**
密集早熟禾 **305557**
密集燥原禾 **134508**
密集指甲草 **284817**
密集钟穗花 **293160**
密集舟叶花 **340616**
密集猪屎豆 **112043**
密集紫波 **28451**
密集紫杉 **385358**
密集紫纹鼠麹木 **269254**
密集钻形蓝花参 **412887**
密蓟 **91721**
密假虎刺 **76878**
密剪股颖 **12159**
密节膜苞豆 366655
密节坡油甘 **366655**
密节施氏豆 366655
密节鸭嘴花 **214431**
密金蒿属 **307814**
密茎贝母兰 **98701**
密茎蓝花参 **412647**
密茎石斛 **124969**,125224
密距翠雀花 **124543**
密聚灯心草 213021
密聚灰毛香青 **21543**
密聚秋海棠 **49730**
密克椴树 391773
密拉比猪毛菜 **344680**
密里甘属 254887
密裂报春 **314872**
密裂稃草 **351269**
密林苏铁 **115899**
密鳞杜鹃 331474
密鳞棘豆 **278715**
密鳞茎莎草 **118717**
密鳞宽距兰 **416383**
密鳞匍茎草 **259260**
密鳞匍茎草属 **259259**
密鳞姚氏兰 416383
密鳞椰 **223421**
密鳞椰属 **223420**
密鳞紫金牛 **31423**
密榴木 254548
密榴木属 254546
密瘤瘤果芹 **393862**
密罗木 261542
密罗木科 261540
密罗木属 261541
密麻椿 399312
密马 402144
密马常 24024
密马青 399312
密马专 399312
密麦瓶草 363361
密脉杯冠藤 **117661**
密脉赤楠 382530
密脉鹅掌柴 **350689**,350799
密脉杆腺木 **328379**
密脉海桐 **301257**
密脉杭子梢 **70790**
密脉豪曼草 **186223**
密脉花纹槭 **3405**
密脉假杜鹃 **48382**
密脉豇豆 **408986**
密脉九节 **319501**
密脉柯 **233218**
密脉萝藦属 **322045**
密脉麦利塔木 250949
密脉木 **261326**
密脉木属 **261322**
密脉蒲桃 **382507**,382522
密脉乔茶萸 **124878**
密脉箬竹 **206822**
密脉莎草 **119393**
密脉蛇根草 **272196**
密脉石栎 233218
密脉酸模 **340145**
密脉苔草 **74288**
密脉土密树 **60223**
密脉维吉豆 **409178**
密脉崖角藤 329000
密脉银齿树 **227408**
密脉折柄茶 376463
密毛矮探春 **211867**
密毛艾斯卡罗 155148
密毛奥兆萨菊 279350
密毛巴豆 **112994**
密毛白蜡树 **168050**
密毛白莲蒿 **36193**
密毛百里香 **391327**
密毛柏拉木 **55171**
密毛薄雪火绒草 224886
密毛侧金盏花 **8389**
密毛长柄山蚂蝗 **200725**
密毛粗齿堇菜 **410709**
密毛大瓣芹 **357910**
密毛大戟属 **321995**
密毛点地梅 **23268**
密毛冬青 204184
密毛兜兰 **282920**
密毛斗篷草 **14124**
密毛杜鹃 331370
密毛短尾铁线莲 **94783**
密毛多歧沙参 **7888**
密毛多枝楼梯草 **142813**
密毛番荔枝 **25849**
密毛菲利木 **296283**
密毛风毛菊 **348353**
密毛灌木豆 **321732**
密毛蒿香 384988
密毛鹤虱 **221662**
密毛红丝线 **238950**
密毛花黄耆 **42948**
密毛黄芩 **355692**
密毛灰栒子 **107334**,107720
密毛鸡屎树 222090
密毛假福王草 **283682**
密毛假黄杨 204184
密毛假酸豆 **132992**
密毛箭竹 **162736**
密毛金雀花 **121026**
密毛堇菜 **409980**
密毛锦香草 **296391**
密毛蒟蒻 20090
密毛爵床 **337256**,214739
密毛栝楼 **396286**
密毛梾木 **105108**
密毛老鹳草 174656
密毛肋果沙棘 **196756**
密毛栎 324314
密毛亮泽兰 **181254**
密毛亮泽兰属 **181253**
密毛柃木 160606
密毛龙州秋海棠 **50093**
密毛麻花头 **361043**
密毛马蓼 309312
密毛蚂蝗七 **87860**
密毛毛鳞菊 84959
密毛魔芋 20090
密毛木地肤 **217356**
密毛木防己 97934
密毛南美鼠刺 **155148**
密毛澎湖爵床 337256

密毛普尔特木 321732
密毛奇蒿 **35138**
密毛茄 **367077**
密毛三基脉紫菀 **41403**
密毛山矾 381272
密毛山梗菜 **234372**
密毛山姜 **17659**,17703
密毛山梅花 **294550**
密毛山楂 **109845**
密毛杉 298421
密毛食用苏铁 **131432**
密毛四川艾 **36284**
密毛素馨 211867
密毛酸模叶蓼 **309312**
密毛苔草 **74290**,74809
密毛桃叶珊瑚 **44914**
密毛铁线莲 **95269**
密毛微孔草 **254348**
密毛乌口树 384988
密毛乌头 5106
密毛纤细悬钩子 **339019**
密毛香科 **388085**
密毛小花苣苔草 **88001**
密毛小雀花 **70873**
密毛新蜡菊 **279350**
密毛绣球 199891
密毛续断属 **322029**
密毛悬钩子 **338713**
密毛旋花 **103084**
密毛洋葵 288550
密毛野海棠 296391
密毛银莲花 **23794**
密毛圆币草 **367768**
密毛猪屎豆 **112555**
密毛苎麻 **56339**
密毛子 142214
密毛紫绒草属 **222454**
密毛紫菀 **41482**
密茂象耳豆 145993
密蒙花 62134,100032,141470,141472
密密柏 114690
密密材 294471
密密梢 126956
密密松 114690
密木蓝 **205847**
密涅瓦木槿 **195285**
密蒲公英 **384775**
密鞘帚灯草 **347114**
密鞘帚灯草属 **347113**
密球龙胆 **322073**
密球龙胆属 **322072**
密球苎麻 **56126**
密绒草 **253784**
密绒草属 **253783**
密绒菊 **269702**
密绒菊属 **269698**
密绒毛油麻藤 **259578**,259535
密绒亚菊 **13034**
密柔毛繁缕 **375153**
密柔毛栒子 **107601**
密蕊榄属 **321949**
密伞千里光 358848
密伞天胡荽 **200349**
密舌兰 **380783**
密舌兰属 **380781**
密生波罗花 **205554**
密生短喉木 **58470**
密生福禄草 **31850**
密生海石竹 34522
密生黄亚麻 **231902**
密生荚蒾 407758
密生角蒿 205554
密生簕莫尼溲疏 **126990**
密生木蓝 **205820**
密生屈曲花 **385557**
密生屈曲花属 **385556**
密生酸模 **339987**
密生苔草 **74198**
密生香荼菜 **303228**
密生香青 **21690**
密生雪灵芝 31850
密生雅谷火绒草 **224865**
密生杂种紫杉 **385385**
密生竹叶兰 **37113**
密苏里矮小黄芩 **355667**
密苏里斑鸠菊 **406593**
密苏里菠萝球 **107036**
密苏里茶藨 333916
密苏里茶藨子 **334099**
密苏里地锦苗 **85775**
密苏里瓜 **114220**
密苏里金光菊 **339587**
密苏里堇菜 **410260**
密苏里藜 **87090**
密苏里柳 **343343**
密苏里南芥 **30358**
密苏里睡莲 **267632**
密苏里松笠 **155215**
密苏里酸浆 **297706**
密苏里悬钩子 **338839**
密苏里一枝黄花 **368240**
密苏里鸢尾 **208718**
密苏里胀荚荠 **297772**
密苏伦榕 **165336**
密酸模 339987
密穗冰草 **11709**
密穗草科 **376600**
密穗草属 **376603**
密穗茶藨 334144
密穗虫实 **104762**
密穗大黄 329318
密穗鹅耳枥 77350
密穗耳梗茜 **277215**
密穗弗尔夹竹桃 **167425**
密穗花属 **322080**
密穗画眉草 **147928**
密穗黄堇 **105824**
密穗火烧兰 **147213**
密穗夹竹桃属 **321985**
密穗桔梗属 371406
密穗空轴茅 **256336**
密穗劳德草 **237812**
密穗蓼 **308713**
密穗柳 **343961**
密穗鹿藿 **333373**
密穗马先蒿 **287156**
密穗木属 322080
密穗球花木属 **311979**
密穗拳参 308713
密穗雀麦 **60968**
密穗塞拉玄参 **357635**
密穗三芒草 **34004**
密穗莎草 118744,118928
密穗山姜 **17754**
密穗疏黄鞘莎草 **132850**
密穗束花凤梨 **392003**
密穗水苦荬 317964
密穗嵩草 **217144**
密穗苔草 **75941**
密穗小檗 51524
密穗小刺爵床 **184245**
密穗小麦 **398877**
密穗小獐毛 8874
密穗野青茅 **127224**
密穗早熟禾 **306012**,306118
密穗猪屎豆 **112588**
密穗竹 **44042**
密穗竹属 **44041**
密穗砖子苗 **245376**
密塔形北美香柏 **390596**
密苔草 **74158**
密天胡荽 **200275**
密条柏 341724
密筒花 330546
密头安瓜 **25155**
密头北千里光 **358771**
密头彩鼠麴属 **322065**
密头大戟 **159614**
密头耳叶苋 **236494**
密头耳叶苋属 **236493**
密头飞廉 **73467**
密头古朗瓜 **181993**
密头火绒草属 **303045**
密头金绒草 **178740**
密头金绒草属 **178739**
密头菊蒿 **383740**
密头菊属 **321990**
密头千里光 **359781**,358771
密头苔草 **75529**
密头泽兰 **158278**
密头帚鼠麴属 **252402**
密头猪屎豆 **112070**
密头紫绒草 **385859**
密头紫绒草属 **385858**
密团木蓝 **205822**
密托叶榕 **164902**
密歪子杜鹃 **304602**
密网脉金丝桃 202052,202056
密乌檀 **8283**
密乌檀属 **8282**
密西西比慈姑 **342383**
密西西比朴 **80673**,80698
密溪紫珠 **66872**
密线叶嵩草 **217132**
密腺杜茎山 **241753**
密腺湖北蔷薇 **336626**
密腺亮泽兰 **7472**
密腺亮泽兰属 **7470**
密腺毛蒿 **36472**
密腺石栎 233218
密腺树葡萄 **120078**
密腺小连翘 **202151**
密腺羽萼悬钩子 **339057**
密香薷 144002,144005
密香树 61989
密香醉鱼草 **61989**
密小花苣苔草 **87996**
密小叶朱米兰 **212710**
密歇根蔷薇 **336837**
密心果 347965,347969
密序大黄 **329318**
密序黑三棱 370066
密序苣苔 **191397**,239956
密序苣苔属 **191396**
密序肋柱花 **235463**
密序马蓝 **320116**
密序山柳菊 **195911**
密序山萮菜 **161132**
密序双距花 **128092**
密序溲疏 **126871**
密序乌头 **5517**
密序吴萸 161340
密序吴茱萸 **161340**
密序椰属 245703
密序野古草 37357
密序野桐 **243328**
密序阴地蒿 **36355**
密序早熟禾 **305474**
密玄参叶棒籽花 **328467**
密叶矮探春 211867
密叶桉 **155584**
密叶巴西菊 **300786**
密叶巴西菊属 **300785**
密叶百里香 **391159**
密叶百蕊草 **389696**
密叶斑鸠菊 **406818**
密叶滨藜 **44355**

密叶柄唇兰 **306541**
密叶柄泽兰 **34973**
密叶柄泽兰属 **34972**
密叶糙蕊阿福花 **393740**
密叶草绣球 **73132**
密叶柴胡 **63663**
密叶刺叶 **2559**
密叶酢浆草 **277743**
密叶翠雀花 **124319**
密叶大戟 **158702**
密叶大沙叶 **286180**
密叶大泽米 **241451**
密叶戴星草 **370967**
密叶倒提壶 **117952**
密叶邓博木 **123711**
密叶点地梅 **23155**
密叶杜茎山 241761
密叶杜鹃 **330553**
密叶飞蛾藤 **396765**
密叶飞蓬 **150796**
密叶凤仙花 **204897**
密叶岗松 **46429**
密叶哈维列当 **186061**
密叶蒿 **35367**
密叶红豆杉 **385376**
密叶红雀珊瑚 **287854**
密叶虎耳草 **349243**
密叶花属 **322053**
密叶黄槐 360457
密叶灰色蜜茱萸 **249144**
密叶棘豆 **278813**,278780,278811
密叶蓟 **91977**
密叶假肉叶芥 **59800**
密叶假塞拉玄参 **318408**
密叶尖刺联苞菊 **52687**
密叶金边虎尾兰 **346164**
密叶金合欢 **1144**
密叶金丝桃 **201721**
密叶堇菜 **409842**
密叶锦鸡儿 **72221**
密叶荆芥 **265081**
密叶九节 **319549**
密叶菊蒿 **383806**
密叶聚集莎草 **118657**
密叶瞿麦 **127869**
密叶决明 **360457**
密叶克鲁茜 **113165**
密叶蜡菊 **189356**
密叶蓝花参 **412636**
密叶冷水花 **298886**
密叶立金花 **218925**
密叶留菊属 **153377**
密叶柳叶菜 146709
密叶龙船花 **211089**
密叶龙胆 **173347**
密叶龙血树 **137366**
密叶马岛茜草 **342834**
密叶马岛芸香 **210501**
密叶马修斯芥 **246283**
密叶毛菊木 **179332**
密叶毛菊木属 **179331**
密叶美洲槲寄生 **125672**
密叶绵毛菊 **293449**
密叶南非禾 **289968**
密叶南洋参 **310184**
密叶欧石南 **149344**
密叶蒲公英 384501
密叶槭 **2899**
密叶雀梅藤 **342189**
密叶日中花 **220525**
密叶瑞香 **122529**
密叶塞拉玄参 **357510**
密叶莎草 **118913**
密叶山地虎耳草 **349662**
密叶山金车 34693
密叶山柳菊 **195606**
密叶山蚂蝗 **126366**
密叶杉 44050
密叶杉属 44046
密叶上蕊花葱 **148930**
密叶十大功劳 **242508**
密叶石莲 **364917**
密叶鼠鞭草 **199688**
密叶水田白 **256162**
密叶苏铁 **115818**
密叶苔草 **74583**,74775,75311
密叶唐松草 **388598**
密叶万代兰 **404671**
密叶万带兰 404671
密叶五异茜 **289582**
密叶相思 **1044**
密叶橡皮树 **164936**
密叶小檗 **51526**
密叶小亨伯特锦葵 **199261**
密叶肖柽柳桃金娘 **261053**
密叶肖玉盘木 **403635**
密叶邪蒿 228571
密叶新木姜子 264041
密叶雪婆婆纳 **87781**
密叶杨 **311524**
密叶野麦 **144257**
密叶腋生菲利木 **296156**
密叶银齿树 **227385**
密叶银桦 **180582**
密叶银线龙血 **137378**
密叶掌属 **44051**
密叶针花茜 **354643**
密叶猪毛菜 **344679**
密叶猪屎豆 112340
密叶蛛毛苣苔 **283139**
密叶竹蕉 **137370**
密叶砖子苗 **245431**
密叶紫菀 **41131**
密腋刺球 244046
密油果 82511
密疣菝葜 **366283**
密疣果蝎子草 **175889**
密疣槲寄生 **411126**
密疣可利果 **96875**
密疣山柳菊 **196080**
密疣绳草 **328207**
密圆锥姜花 **187476**
密缘毛苔草 74286
密泽兰属 **215658**
密枝奥勒菊木 270215
密枝百蕊草 **389797**
密枝翠雀花 **124504**
密枝大戟 **159416**
密枝杜鹃 **330691**
密枝恩氏寄生 **145596**
密枝耳梗茜 **277214**
密枝桂樱 **316506**
密枝鹤虱 **221634**
密枝黄芩 **355705**
密枝渐尖二型花 **128482**
密枝锦带花 413621
密枝喀什菊 **215617**
密枝考来木 **105391**
密枝蓝花参 **412828**
密枝蓝钟花 **115356**
密枝柳 343041
密枝柳穿鱼 **231091**
密枝柳杉 113696
密枝龙胆 **173459**
密枝欧洲荚蒾 **407991**
密枝皮朗斯大戟 **159578**
密枝婆婆纳 **407308**
密枝忍冬 **236224**
密枝日本柳杉 **113694**
密枝瑞香 122515
密枝三芒草 **33845**
密枝委陵菜 **313104**
密枝夏栎 324338
密枝相思 1144
密枝肖鸢尾 **258626**
密枝血红茶藨子 334194
密枝油松 **300248**
密枝玉 **252366**
密枝玉属 **252361**
密枝圆柏 **341724**
密枝猪毛菜 **344575**
密执安百合 **229939**
密炙冬 400675
密钟木科 **192748**
密钟木塞拉玄参 **357533**
密钟木属 **192504**
密钟木叶积雪草 **81633**
密钟木叶天竺葵 **288284**
密钟木状木蓝 **206060**
密珠石豆兰 62852
密柱北美香柏 **390593**
密柱形北美乔柏 **390655**
密锥花鱼藤 **10213**,126003
密锥柳杉 **113712**
密缀 **99886**
密缀属 **99883**
密着球百合 **62440**
密子豆 **322078**
密子豆属 **322076**
密棕 212557
密棕属 212556
蓥 263272
蜜草 177893,177915,177947
蜜橙 93515
蜜橙蔷薇 **336296**
蜜豆灌木 315557
蜜粉色鞑靼忍冬 **236150**
蜜蜂草 143974,144093,218480,227574,259282
蜜蜂花 **249494**
蜜蜂花属 **249491**
蜜蜂花叶香泽兰 **158045**
蜜蜂花叶异香草 249542
蜜蜂花叶锥花 **179194**
蜜蜂兰 116863
蜜蜂眉兰 **272398**
蜜蜂树 228001
蜜蜂树花 228001
蜜父 323114,323268,323330
蜜甘 177893,177915,177947
蜜甘草 296803
蜜柑草 **296803**
蜜罐罐 137596
蜜罐花 249175
蜜罐花属 249172
蜜罐棵 327435
蜜罐头 345214
蜜果 164763,243551,249125
蜜果属 249124
蜜果甜瓜 114225
蜜花 248944
蜜花堇属 **249172**
蜜花科 **248934**
蜜花帕洛梯 315937
蜜花属 **248936**
蜜花弯月杜鹃 331217
蜜花西澳兰 **118229**
蜜花小麦秆菊 **381677**
蜜黄血红杜鹃 **331744**
蜜接骨木玄参 **355232**
蜜橘 93724
蜜兰属 **105536**
蜜楝 161349
蜜楝臭檀 161349
蜜楝吴萸 161349
蜜楝吴茱萸 **161349**
蜜林檎 243551

蜜罗柑 93604
蜜马兜铃 34154
蜜莓 **249125**
蜜莓属 **249124**
蜜蒙花 **62134**
蜜蜜罐 327435
蜜蜜罐棵 327435
蜜囊花科 **245135**
蜜囊韭 **15791**
蜜帕洛梯 315937
蜜枇杷 164661
蜜脾 131061
蜜鞘糙毛菊 **265755**
蜜鞘糙毛菊属 **265754**
蜜屈立 198769
蜜屈律 198769
蜜色茎老鹳嘴 **390835**
蜜色石豆兰 **62907**
蜜鼠尾草 **345210**
蜜穗桔梗 371409
蜜穗桔梗科 371413
蜜太柠蒲 93536
蜜糖埕 114189
蜜糖柑 93728
蜜糖花 205548
蜜糖棕属 212556
蜜通花 59127
蜜桶柑 93734
蜜桶花 59127
蜜桶藤 235878
蜜筒花 330546
蜜筩柑 93604
蜜望 244397
蜜望子 244397
蜜味桉 **155649**
蜜味多穗兰 **310504**
蜜味马利筋 **38010**
蜜味马钱 **378806**
蜜味帕洛梯 315937
蜜味塞拉玄参 **357586**
蜜味异木患 **16117**
蜜腺白叶莓 **338630**
蜜腺杜鹃 **331523**
蜜腺鹅耳枥 **77300**
蜜腺甘草 **177901**
蜜腺韭属 **263085**
蜜腺桃 **20957**
蜜腺崖角藤 329000
蜜腺樟属 263044
蜜香 29973,29983,44881
蜜香草 199792,200108,200126
蜜香薷 144093
蜜小叶毛茛 **326086**
蜜心果 347968
蜜萱 191312
蜜血桐 **240290**
蜜油参 30707
蜜柚 **93596**
蜜源锦葵 **220228**
蜜源锦葵属 **220226**
蜜源葵 220228
蜜源葵属 220226
蜜枣 418169
蜜札札 59127
蜜樟属 263044
蜜汁树 216922
蜜汁树属 216920
蜜中 221144
蜜钟杜鹃 330311
蜜钟假葱 **266966**
蜜茱萸 **249161**
蜜茱萸属 **249127**
蜜棕 **212557**
蜜棕属 **212556**
樒 204583
眠雏菊 **414973**
眠雏菊属 **414971**
眠狮子 **389222**
眠月小檗 51926
绵苞飞蓬 **150621**
绵背菊 **116583**
绵背菊属 **116582**
绵被菊 **222433**
绵被菊属 **222432**
绵萆薢 **131840**,131597,131744,131851
绵柄繁缕 **374937**
绵柄蕨苏铁 373674
绵苍浪子 415046
绵草 131851
绵赤瓟 **390169**
绵椆 233241
绵刺 **312318**
绵刺属 **312317**
绵刺头菊 108425
绵葱 15709
绵大戟 158895
绵地榆 345894
绵杜仲 156041
绵短毛大戟 **159672**
绵短毛鸡菊花 **270270**
绵萼飞蓬 **150622**
绵萼香薷 144009
绵蜂草 234363
绵瓜 238261
绵管红山茶 **69257**,69552
绵果蒿 **246694**
绵果蒿属 **246691**
绵果黄芪 43046
绵果黄耆 **43046**
绵果棘豆 **278824**
绵果荠 **219057**
绵果荠属 **219056**
绵果芹属 **64776**
绵果悬钩子 **338719**
绵果隐盘芹 **113554**
绵果芝麻菜 **154031**
绵糊条子 62134
绵花 179900
绵花马先蒿 **287334**
绵花婆罗门参 **394286**
绵还阳草 56063
绵黄芪 42704
绵黄耆 42699,42704
绵菅草属 152734
绵菅属 152734
绵菊木 **102846**
绵菊木属 **102845**
绵柯 **233246**,233241,233295
绵葵 13934
绵藜 216487
绵藜属 216486
绵柳 413795
绵麻子 71218
绵毛阿氏莎草 **578**
绵毛白粉藤 **92799**
绵毛白骨壤 45745
绵毛白芷 192278
绵毛百里香 **391246**
绵毛拜卧豆 **227060**
绵毛斑点香茶 **303606**
绵毛瓣木榄 **61260**
绵毛苞杯花 **346816**
绵毛杯子菊 **290251**
绵毛萹蓄 **291808**
绵毛扁爵床 **292211**
绵毛柄薄叶兰 238744
绵毛柄公主兰 **238744**
绵毛糙蕊阿福花 **393759**
绵毛长梗星粟草 **176957**
绵毛长蒴苣苔草 **129939**
绵毛车前 400934
绵毛齿叶灰毛菊 **185353**
绵毛翅果草 **334551**
绵毛刺苞菊 **77008**
绵毛刺蒴麻 **399353**
绵毛刺桐 **154680**
绵毛刺头菊 **108318**
绵毛丛菔 **368560**
绵毛酢浆草 **277920**
绵毛大戟 **158843**
绵毛大马蓼 309318,309472
绵毛戴尔豆 **121892**
绵毛单列木 **257937**
绵毛淡黄香青 **21569**
绵毛点地梅 **23308**,23211
绵毛蝶须 **26441**
绵毛独活 192278
绵毛杜根藤 **67818**
绵毛杜鹃 **330710**,331045
绵毛短冠草 **369215**
绵毛盾舌萝藦 **39635**
绵毛多鳞木 **309984**
绵毛番薯 **207925**
绵毛繁缕 **374936**,374937
绵毛芳香木 **38619**
绵毛房杜鹃 **330675**
绵毛飞蓬 **150744**
绵毛菲利木 **296243**
绵毛风铃草 **70014**
绵毛风毛菊 **348466**,348176,348197
绵毛高山卷耳 **82647**
绵毛茛 **326072**
绵毛梗刺头菊 **108319**
绵毛梗大戟 **158844**
绵毛梗球柱草 **63296**
绵毛谷精草 **151347**
绵毛瓜叶菊 **290826**
绵毛观音兰 **399091**
绵毛鬼吹箫 228334
绵毛果杭子梢 **70894**
绵毛果厚敦菊 **277049**
绵毛果委陵菜 312522
绵毛果悬钩子 **338718**
绵毛海榄雌 **45745**
绵毛蒿 35314
绵毛红厚壳 67861
绵毛红花 77716
绵毛红蕾花 **416952**
绵毛红毛菀 **323027**
绵毛胡克香根 **47141**
绵毛胡桐 **67861**
绵毛花树苣苔 **217744**
绵毛花早熟禾 **305637**
绵毛黄鹌菜 416448
绵毛黄精 308580
绵毛黄芪 43046
绵毛黄耆 **42580**,43046
绵毛鸡矢藤 **280082**
绵毛积雪草 **81609**
绵毛基氏婆婆纳 **216277**
绵毛棘豆 **278941**
绵毛集带花 **381764**
绵毛蓟 **91954**
绵毛蓟罂粟 **32430**
绵毛稷 128478
绵毛加那利蚤草 **321531**
绵毛荚蒾 **407907**,408167
绵毛尖药草 **8539**
绵毛碱蓬 **379608**
绵毛姜味草 **253685**
绵毛节蓼 **309472**
绵毛金菊 **90227**
绵毛金腰 **90393**
绵毛茎灰毛豆 **386057**
绵毛菊 **293445**
绵毛菊属 **293408**

绵毛决明 **78507**
绵毛可利果 **96766**
绵毛蓝刺头 **140730**
绵毛蓝耳草 **115558**
绵毛劳德草 **237829**
绵毛老鼠簕 **2702**
绵毛林地苋 **319031**
绵毛柳 **343344**,343343,343592,344051
绵毛鹿茸草 257542
绵毛马兜铃 **34275**
绵毛马利筋 **37983**
绵毛马蓼 309318
绵毛马铃苣苔 **273875**
绵毛马先蒿 **287191**,287468
绵毛曼陀罗 **123064**
绵毛蔓绿绒 294844
绵毛猫尾木 **245612**
绵毛毛子草 **153183**
绵毛猕猴桃 **6607**
绵毛牡荆 **411316**
绵毛苜蓿 **247350**
绵毛尼泊尔天名精 **77183**
绵毛扭果花 **377751**
绵毛欧石南 **149634**
绵毛欧夏至草 **245747**
绵毛欧亚旋覆花 **207066**
绵毛苹婆 376156
绵毛婆婆纳 **407196**
绵毛葡萄 **411882**,411735
绵毛普梭木 **319313**
绵毛千里光 **360004**
绵毛茄 **367371**,367146
绵毛丘头山龙眼 **369834**
绵毛秋海棠 **49842**,49943
绵毛求米草 **272621**
绵毛忍冬 **235909**
绵毛乳突球 **244125**
绵毛萨比斯茜 **341646**
绵毛三芒草 **33907**
绵毛山柳 **96512**
绵毛山柳菊 **195715**
绵毛山楂 **109797**
绵毛参 152839
绵毛蓍 **3981**
绵毛石蝴蝶 **292563**
绵毛石楠 **295720**
绵毛石蒜 **220789**
绵毛矢车菊 **81061**
绵毛瘦鳞帚灯草 **209438**
绵毛黍 128478
绵毛鼠尾草 **345151**
绵毛树苣苔 **217745**
绵毛树葡萄 **120124**
绵毛栓果菊 **222950**
绵毛水东哥 **347961**
绵毛水苏 **373166**
绵毛酸模叶蓼 **309318**
绵毛穗花香科科 **388115**
绵毛穗银桦 **180595**
绵毛藤山柳 **95512**
绵毛天轮柱属 151630
绵毛天名精 77183
绵毛葶苈 **137295**
绵毛头排草香 **25385**
绵毛头邪蒿 361487
绵毛橐吾 **229242**
绵毛娃儿藤 **400934**
绵毛万寿竹 **134442**
绵毛喜林芋 **294844**
绵毛细叶芹 84768
绵毛仙人球 **244165**
绵毛线叶粟草 **293917**
绵毛香青 **21691**
绵毛小边萝藦 **253566**
绵毛小石积 **276543**
绵毛星毛苋 **391596**
绵毛绣球防风 **227625**,227595
绵毛须芒草 **22780**
绵毛悬蕊桤 **110485**
绵毛旋覆花 138888,207066
绵毛旋花 **103103**
绵毛雪莲 348158,348465
绵毛薰衣草 223297
绵毛鸦葱 **354886**
绵毛雅志 **100871**
绵毛烟管头草 77183
绵毛岩风 **228581**
绵毛野丁香 **226095**
绵毛野鸦椿 **160956**
绵毛叶姜味草 **253684**
绵毛叶菊 152809
绵毛叶菊属 152799
绵毛叶蓼 **309294**
绵毛叶茄 **367297**
绵毛叶铁苋菜 **1846**
绵毛叶下珠 **296773**
绵毛叶朱缨花 **66669**
绵毛异荣耀木 **134655**
绵毛益母草 **225004**,225007
绵毛银齿树 **227307**
绵毛银桦 **180610**
绵毛云香草 77183
绵毛早熟禾 **305636**
绵毛蚤缀 **31999**
绵毛掌 **272997**
绵毛针禾 376997
绵毛针翦草 **376997**
绵毛轴榈 **228746**
绵毛皱波菊头桔梗 **211655**
绵毛猪屎豆 **112304**
绵毛壮花寄生 **148837**
绵毛籽星牵牛 **43350**
绵毛紫菀 **40700**,88160
绵毛紫珠 **66773**
绵芪 42699,42704,188138
绵蓍 43197
绵球 **244046**
绵绒杜鹃 **331048**
绵绒花属 219026
绵绒菊 **228808**
绵绒菊属 **228807**
绵绒毛花 **28171**
绵三七 **152943**
绵衫菊属 346243
绵参 **152839**,304768
绵参属 **152838**
绵石菊属 **318801**
绵石栎 233246,233295
绵水苏 373166
绵穗柳 **343347**
绵穗马先蒿 **287518**
绵穗苏 **100238**
绵穗苏属 **100232**
绵藤 80211
绵条子 62134,80193
绵头飞蓬 **150623**
绵头风毛菊 **348294**
绵头菊属 **222357**
绵头雪莲花 348465
绵头雪兔子 **348465**
绵团铁线莲 94814
绵丸 244046
绵菀 **219060**
绵菀属 **219059**
绵苇 **329697**
绵絮头草 178062
绵羊飞蓬 **150835**
绵羊沙芥 321484
绵羊矢车菊 **81259**
绵阳栝楼 **396222**
绵阳岩白菜 129833
绵叶菊 152809
绵叶菊属 **152799**
绵茵陈 35282,36232
绵银豆 **32854**
绵枣儿 **353057**
绵枣儿海葱 352960
绵枣儿科 **353119**
绵枣儿鸟娇花 **210919**
绵枣儿属 **352880**
绵枣儿硬皮鸢尾 **172683**
绵枣兰属 **85706**
绵枣属 352880
绵枣象牙参 **337103**
绵枣状百金花 **81530**
绵沼草 230240
绵槠 233122,233246,233295
绵竹 **47313**,47264
绵竹榆 **401568**
绵籽夹竹桃 **372524**
绵籽夹竹桃属 **372523**
绵子菊属 **222526**
棉 56802,179878
棉白杨 311292
棉苞飞蓬 150621
棉苞椰 64162
棉菜 178062
棉苍狼 363080,363090,363093
棉草木 346743
棉大戟 **158973**,159888,375187
棉豆 **294010**
棉杜仲 157943,157974
棉蒿 36232
棉花 156041,179900
棉花包 18569
棉花菜 178062
棉花草 178237
棉花毒马草 **362884**
棉花杜仲 157962
棉花果银杏 **175823**
棉花蒿 229
棉花红毛菀 **323056**
棉花箭竹 **162692**
棉花葵 229
棉花柳 **343602**,343610
棉花球 **244008**,244012
棉花肾 402267
棉花糖茶梅 **69596**
棉花藤 80341,103862
棉花条 122438
棉花丸 244008
棉花卫矛 157962
棉花苋属 **181833**
棉花野荞麦 **152099**
棉花掌 272950
棉花竹 162692
棉槐 20005
棉茧头 178062
棉金菊 **90206**
棉筋 126329
棉筋山蚂蝗 126329
棉筋条 180700
棉兰老桉 155557
棉兰老核果木 **138661**
棉兰老假龙脑香 133561
棉兰老坡垒 **198169**
棉榔树 401449,401602
棉藜 **216487**
棉藜属 **216486**
棉栎 324314
棉麻树 88691
棉麻藤 259566
棉毛草属 293408
棉毛飞蓬 150744
棉毛茛 326072
棉毛黄芪 42580
棉毛蓟 271666

棉毛蓟属 271663
棉毛尖药草 8539
棉毛尖药花 8539
棉毛菊 293445
棉毛菊属 293408
棉毛毛莨 326018
棉毛女蒿 **196697**
棉毛欧亚旋覆花 207066
棉毛蒲葵 **234197**
棉毛蕊花 **405711**
棉毛葶苈 137295
棉毛橐吾 229242
棉毛苋属 **168678**
棉毛香青 21691
棉毛鸦葱 **354831**
棉毛紫菀 40700
棉欧石南 **149513**
棉皮 156041
棉坡藤 103862
棉青木香 348344
棉杉菊 346250
棉杉菊属 346243
棉参 304768,304785
棉黍棵 363090
棉属 **179865**
棉树 156041
棉树葡萄 **120073**
棉丝藤 103862
棉螳螂 415046
棉藤 95096,103862,259566
棉条 20005
棉头风毛菊 348294
棉团铁线莲 **95000**
棉絮藤 103862
棉絮头 23779
棉絮头草 178062
棉叶膏桐 212145
棉叶黄花木棉 98113
棉叶卷胚 98113
棉叶麻疯树 **212144**
棉叶木花生 **212145**
棉叶珊瑚花 212144
棉叶弯籽木 **98113**
棉叶旋子 98113
棉叶栉 264249
棉柘 240842
棉芝老桉 **155557**
棉籽木 **179863**
棉籽木属 **179859**
棉子黄堇 106207
棉子菊 **253849**
棉子菊属 **253841**
棉子树 379336
櫋 156041
免天壳草 **98463**
免足草地山龙眼 **283557**
免足车前 **302028**
免足杜鹃 **331039**
免足芳香木 **38652**
免足蒿 **35785**
免足球百合 **62401**
免足鸭跖草 **280511**
沔茄 10129
沔县苔草 **76241**
冕宁椆 233316
冕宁慈竹 20202
冕宁杜鹃 **331238**
冕宁鹅耳枥 **77343**
冕宁飞蛾藤 131245
冕宁虎榛子 276848
冕宁柯 **233316**
冕宁石栎 233316
冕宁乌头 **5351**
冕宁小檗 **51916**
冕宁悬竹 **20202**
冕宁紫堇 **106251**,106425
缅八角 204490
缅芭蕉 76813
缅甸车桑子 **135238**
缅甸椿 392829
缅甸刺竹 47190
缅甸大风子 199751
缅甸大果紫檀 **320306**
缅甸党参 98288
缅甸兜兰 **282796**
缅甸杜鹃 **330267**
缅甸多管花 **206861**
缅甸方竹 **87551**
缅甸凤凰木 **19463**
缅甸凤凰木属 **19462**
缅甸凤仙花 **204788**
缅甸合耳菊 **381925**
缅甸合欢 13595
缅甸红杜鹃 331866
缅甸红黄檀 **121784**
缅甸蝴蝶果 **94403**
缅甸槐 369004
缅甸黄牛木 **110270**
缅甸黄檀 **121645**
缅甸灰莉 **162348**
缅甸姜属 **373590**
缅甸胶漆 **177543**
缅甸绞股蓝 **183000**
缅甸距兰 171832
缅甸爵床 **64157**
缅甸爵床属 **64155**
缅甸空竹 **82441**
缅甸兰属 **198255**
缅甸龙胆 **173309**
缅甸龙脑香 **350493**
缅甸龙脑香属 **350492**
缅甸龙竹 **125470**
缅甸麻竹 125490
缅甸马蓝 290921
缅甸魔芋 **20067**
缅甸木榄 61263
缅甸拟巴戟天 **258931**
缅甸拟翼首花 **320420**
缅甸潘氏马先蒿 **287500**
缅甸漆 177545,248537
缅甸漆木 **248537**
缅甸漆木属 **248526**
缅甸漆属 248526
缅甸浅囊香茅 **117176**
缅甸茜 **370318**
缅甸茜属 **370317**
缅甸韧喉花 **371555**
缅甸省藤 **65687**
缅甸柿 **132077**
缅甸树萝卜 **10295**
缅甸树参 **125596**
缅甸桃金娘 **224451**
缅甸桃金娘属 **224450**
缅甸天胡荽 **200267**,200308
缅甸铁木 415693
缅甸铁线莲 **94798**
缅甸橐吾 **229004**
缅甸尾药菊 381925
缅甸乌木 **132298**
缅甸五加 **414715**
缅甸五加属 **414714**
缅甸五室椴 **289408**
缅甸五星花 **289789**
缅甸稀见槐 **369004**
缅甸仙丹花 **211167**
缅甸腺萼木 **260648**
缅甸香竹 **87632**
缅甸小檗 **51400**
缅甸羊蹄甲 **49181**
缅甸野牡丹 **145186**
缅甸野牡丹属 **145185**
缅甸硬椴 289408
缅甸玉凤花属 **365344**
缅甸云杉 **298281**
缅甸芸香 **393977**
缅甸芸香属 **393976**
缅甸早熟禾 **305428**
缅甸针苞菊 395966
缅甸竹 **47225**
缅甸紫金龙 **128290**
缅甸紫檀 320306
缅菲玉凤花属 **218061**
缅瓜 76813
缅桂花 252809
缅木属 246792
缅南杭子梢 **70861**
缅南马兜铃 **34109**
缅宁柯 233316
缅漆 **177545**
缅茄 **10106**,10129,119974
缅茄金莲木 **268137**
缅茄属 **10105**
缅榕 164925
缅树 164925,164947,165135
缅泰平当树 **283305**
缅泰茜树属 **215050**
缅桃 318742
缅桐 379748
缅桐属 379747
缅孝顺竹 47225
缅芫荽 154316
缅因苔草 **75286**
缅郁金 114875
缅藏报春 314230
缅枣 418184
缅栀 **305236**,305225
缅栀属 305206
缅栀子 305226
缅栀子属 305206
缅竹属 **63948**
面磅树 36913
面包刺 240828
面包刺属 240806
面包果 36913
面包果树 36913
面包树 **36913**,240828
面包树属 36902
面旦子 109781
面豆 65146
面杆杖 7830,7850
面竿竹 318335
面秆竹 **318335**
面根 68686
面根草 68686
面根藤 68686,68713,102933
面根藤儿 68686,68713
面瓜七 192271
面果果 110014
面架木 18055
面碌碡 64184
面木 32343
面牛 61932
面人眼睛 389533
面纱芥 **68525**
面纱芥属 **68524**
面山药 131772
面藤 80203,351021,351034
面条菜 363368
面条草 404555
面条棵子 403687
面条树 18055
面条子 210525
面头果 177100,177170
面头棵 216642
面头棵属 216641
面翁 61932
面瓮 61932
面槠 116153

苗蒿 3978
苗栗白花龙 379347,379408
苗栗冬青 203590
苗栗前胡 24213
苗栗素心兰 117082
苗栗藤属 125937
苗栗野豇豆 **138937**
苗栗紫金牛 31396
苗留堆 350728
苗婆疯 172099
苗山冬青 **203627**
苗山桂 **91376**
苗山毛冬青 203627
苗山槭 **3144**,2887
苗山润楠 **240643**
苗山柿 **132301**
苗榆 276808
苗榆属 276801
苗竹仔 **351853**
藐 34615,233731
妙峰山荆条 **411378**
庙公仔 60064
庙铃苣苔属 **366714**
庙台槭 **3145**
庙王柳 343109
庙宇鼠尾粟 **372639**
灭虱草 124245
蔑菥 390213
薎菥 390213
民丰枇杷柴 **327219**
民和黄耆 **42722**
民和杨 **311394**
民勤绢蒿 **360854**
岷贝 168523
岷当归 24475
岷谷木蓝 **206165**
岷归 24475
岷江百合 **230019**
岷江柏木 **114669**
岷江杜鹃 **330893**
岷江鹅耳枥 77335
岷江金丝梅 **201921**
岷江景天 **269606**
岷江景天属 **269605**
岷江蓝雪花 **83650**
岷江冷杉 **362**
岷江柳 **343696**
岷江瑞香 **122582**
岷江小檗 52058
岷羌活 267152
岷山苞花报春 314943
岷山报春 **315125**
岷山鹅观草 **144455**
岷山黄耆 **42724**
岷山毛建草 **137640**
岷山披碱草 **144294**
岷山色木槭 **3199**
岷山嵩草 **217232**
岷山银莲花 **24032**
岷县大黄 329372
岷县大戟 **159375**,158857
岷县龙胆 **173778**
岷县苔草 **75383**
岷县橐吾 **229059**
皿梗锦葵属 **223631**
皿果草 **270761**
皿果草属 **270760**
皿果蒲公英 **384778**
皿花茜属 **294366**
皿盘无患子属 **223621**
皿柱兰属 223634
闵克百蕊草 **389792**
闽半枫荷 357971
闽北冷水花 **299087**
闽萼山茶 69109
闽赣长蒴苣苔草 **129913**
闽赣葡萄 **411614**
闽桂润楠 **240647**
闽槐 **369018**
闽南大戟 **159057**
闽南绣球 **200026**
闽楠 **295349**
闽千里光 **358924**
闽清苔草 **75377**
闽润楠 240587
闽皖八角 **204562**
闽西槭 3080
闽油麻藤 259501
闽粤千里光 **360104**
闽粤石楠 **295637**
闽粤蚊母树 **134927**
闽粤悬钩子 **338340**
闽粤油麻藤 **259501**
闽浙藜芦 **405611**,405633
敏感合萌 **9641**,9495
敏感景天 **357006**
敏感木蓝 **206534**
敏感施氏豆 366698
敏果 313338
敏姜岩黄芪 187871
敏姜岩黄耆 **187871**
敏克猪毛菜 **344630**
敏山小檗 51759
名材豆 **377400**
名材豆属 **377398**
名仓溲疏 **126949**
名古屋裂叶榆 **401545**
名贵藨草 **56645**
名贵刺橘 **405533**
名贵狗肝菜 **129299**
名贵红鞘紫葳 **330003**
名贵假萨比斯茜 **318258**
名贵类越橘 79793
名贵扭果花 **377780**
名贵十字爵床 **111745**
名贵丝头花 **138435**
名贵五星花 **289865**
名贵细辛 **192134**
名贵香水花 **55115**
名贵小花豆 **226171**
名贵信浓赤竹 **347293**
名贵艳苞莓 **79793**
名贵因加豆 **206940**
名贵紫波 **28495**
名剑士 **266642**
名金景天 200790
名山球 **389213**
名山丸 389213
名望仙客来 **115968**
名薛 24475
名荧 308616
名月 **356475**
明白及 55575
明宝玉 **182449**
明窗玉 **102699**
明党参 **85972**
明党参属 **85971**
明萼草 340344,340367
明萼草属 340336
明菲马钱 **378814**
明和金柑 167493
明镜 9072
明镜草 200366
明镜玉 **102291**
明开夜合 80260,157345,
157559,157699
明克刺头菊 **108342**
明夸铁青木属 **255415**
明立花 261601
明亮地中海石南 **149399**
明亮菲利木 **296252**
明亮九节 **319659**
明亮山柑 **71791**
明亮苔草 **75036**
明陵榆 401634
明脉亮丝草 **11361**
明脉喜林芋 **294824**
明没药 101474
明媚黄耆 **43229**
明目茶 336509
明目果 164763
明目天蓝绣球 **295293**
明囊旋花 **199645**
明囊旋花属 **199643**
明尼苏达雪白山梅花 **294580**
明尼苏达雪花莲雪白山梅花
294580
明尼苏达猪牙花 **154939**
明七 280793
明日春 **43330**
明日帆 **43329**
明日红 43342
明日火 **43334**
明日山茶 **69189**
明沙参 85972,90601
明参 85972,90601
明石 393657
明石堇菜 **409733**
明石毛连菜 **298595**
明石球 **140296**
明石山凹舌兰 **98591**
明石山小裂缘花 **351443**
明石山岩风 **228609**
明石丸 140296
明石蝇子草 **363158**
明氏报春 **314647**
明氏茨藻 **262047**
明松叶菊 **251085**
明堂花 228001
明天冬 38960
明天麻 171918
明铁盖黄耆 **42886**
明显凤卵草 **296877**
明显凤仙花 **205031**
明显省藤 **65712**
明显肖仿花苏木 **397993**
明显肖竹芋 **66165**
明星 244221
明星球 **244221**
明星水仙 262405
明绣玉 **284700**
明杨 311281,311482
明耀球 **244159**
明耀丸 244159
明油脂 135215
明油子 135215
明玉竹 308616
明月 **244057**,356475
明珍 **102524**
明子 142088
明子柴 135215
鸣户 **109174**
鸣弦生石花 **233554**
鸣弦玉 233554
茗 69634
茗花 48140
冥王球 **103761**
冥王丸 103761
冥想鸟 **256270**
铭月 **284678**,356475
暝菜 250502
榠栌 116546,317602
榠楂 317602
酩酊槭果木 **47611**
酩酊兔唇花 **220072**
命子花 100173,219806
谬氏马先蒿 287442
缪尔飞蓬 **150794**

缪尔玉 **329587**
缪尔芸香 **259728**
缪尔芸香属 **259727**
缪勒金合欢 **1410**
缪雷蔷薇 336800
缪里菖蒲鸢尾 **4560**
缪里长庚花 **193303**
缪里大戟 **159404**
缪里大沙叶 **286370**
缪里短片帚灯草 **142972**
缪里菲利木 **296206**
缪里佛手掌 **77451**
缪里灌木帚灯草 **388812**
缪里海葱 **402399**
缪里红蕾花 **416967**
缪里立金花 **218899**
缪里裂蕊紫草 **235030**
缪里露子花 **123927**
缪里芦荟 **16971**
缪里密钟木 **192655**
缪里穆拉远志 **260020**
缪里南非帚灯草 **67927**
缪里欧石南 **149774**
缪里泡叶番杏 **138208**
缪里千里光 **359526**
缪里青锁龙 **108835**
缪里鼠尾草 **345234**
缪里双盛豆 **20772**
缪里松叶菊 77451
缪里唐菖蒲 **176390**
缪里香芸木 **10670**
缪里银齿树 **227326**
缪里尤利菊 **160836**
缪里针垫花 **228083**
缪里舟叶花 **340799**
缪里帚鼠麴 **377232**
缪里锥果玉 **101812**
缪氏豆属 **259600**
缪氏桔梗 **259582**
缪氏桔梗属 **259581**
缪氏蓼属 259584
摸摸香 288268
模登果 70396
模糊大蒜芥 **365537**
模糊毒马草 **362836**
模糊胶菀 **181149**
模糊景天 **356927**
模糊毛蕊花 **405735**
模糊婆婆纳 **407145**
模糊琼楠 **50578**
模糊鼠尾草 **345161**
模糊水仙 **262426**
模糊苔草 **73582**
模糊委陵菜 **312753**
模糊烟堇 **169097**
模糊蝇子草 **363914**
模糊猪屎豆 **112472**
模拟杜鹃 331245
膜瓣豆属 **201129**
膜苞垂头菊 **110461**
膜苞豆属 **201242**
膜苞凤仙花 **205368**
膜苞藁本 **229372**
膜苞菊属 **211392**
膜苞蔺 143298
膜苞芹属 **201096**
膜苞石头花 **183182**
膜苞鼠麴草 **123486**
膜苞鼠麴草属 **123485**
膜苞香青 **21584**
膜苞雪莲 **348174**
膜苞椰 **225039**
膜苞椰属 **225037**
膜苞鸢尾 **208813**
膜苞早熟禾 **305411**
膜杯草属 **201038**
膜杯卫矛 **114360**
膜杯卫矛属 **114359**
膜被雾冰藜属 **86859**
膜边灯心草 **213001**
膜边龙胆 **173197**
膜边獐牙菜 **380271**
膜齿苔草 **74857**
膜翅花 **127995**
膜翅花属 **127993**
膜翅盆距兰 **171830**
膜顶菊 **201272**
膜顶菊属 **201268**
膜萼花 **292668**
膜萼花属 **292656**
膜萼锦葵属 **200959**
膜萼蓝雪花属 **139280**
膜萼离蕊茶 **69610**
膜萼列当 **275094**
膜萼苹婆 **376124**
膜萼茄 **367190**
膜萼酸模 **340084**
膜萼藤 **201220**
膜萼藤属 **201219**
膜萼无心菜 **32069**
膜萼小黄管 **356098**
膜萼肖蝴蝶草 **110681**
膜耳灯心草 **213278**
膜稃草 **200840**,200824,200827
膜稃草属 **200822**
膜孚草属 200822
膜梗水蜈蚣 **218551**
膜冠夹竹桃 **201153**
膜冠夹竹桃属 **201152**
膜冠菊属 **201165**
膜果白刺 266380
膜果豆 **200991**
膜果豆属 **200990**
膜果龙胆 **173528**
膜果麻黄 **146238**
膜果荠属 **201135**
膜果秋海棠 **49939**
膜果泽泻 **14745**
膜花微花兰 **374709**
膜黄芪棘豆 279212
膜荚甘草 **177916**
膜荚黄芪 42699
膜荚黄耆 42699
膜荚见血飞 **65020**
膜胶藤 **220904**
膜蕨囊瓣芹 **320245**
膜孔筛藤 **107122**
膜孔水蕹 **29663**
膜兰 **201222**
膜兰属 **201221**
膜鳞斑鸠菊 **406429**
膜鳞菊属 **201115**
膜鳞矢车菊 **81109**
膜鳞苔草 **74858**
膜鳞针蔺 143298
膜囊苔草 76677
膜盘西风芹 **361495**
膜片风毛菊 **348619**
膜片合瓣花 **381845**
膜片菊 **317124**
膜片菊属 **317122**
膜片麻雀木 **285587**
膜片内贝树 **262991**
膜片瘦片菊 **153615**
膜片苔草 **75668**
膜片紫纹鼠麴木 **269255**
膜茜草 **337993**
膜鞘茜属 **201021**
膜鞘香雪兰 **168178**
膜蕊紫金牛属 **200850**
膜三籽木 **397177**
膜头菊属 **200999**
膜箨箭竹 137857
膜箨镰序竹 **137857**
膜心豆属 200990
膜叶报春 314635
膜叶北美岩芥 **138562**
膜叶茶 **69267**
膜叶车前 400929
膜叶槌果藤 **71798**,71679
膜叶刺蕊草 **306971**
膜叶大沙叶 **286353**
膜叶滇榄仁 386542
膜叶钓樟 **231466**
膜叶杜茎山 241804
膜叶椴 **391770**
膜叶凤仙花 **205130**
膜叶甘蜜树 **263056**
膜叶钩藤 401781
膜叶菰 **355896**
膜叶菰科 **355891**
膜叶菰属 **355895**
膜叶圭奥无患子 **181864**
膜叶海桐 **301336**
膜叶红光树 **216858**
膜叶猴欢喜 366047
膜叶厚敦菊 **277088**
膜叶虎皮楠 122708
膜叶嘉赐木 78137
膜叶嘉赐树 78137
膜叶假卫矛 254328
膜叶脚骨脆 78137
膜叶锦绦花 **78636**
膜叶荆芥 **264993**
膜叶九节 **319682**
膜叶连蕊茶 **69353**
膜叶柃 160621
膜叶驴蹄草 **68201**
膜叶马先蒿 **287422**
膜叶毛里漆 **246669**
膜叶毛木通 **94796**
膜叶木瓜红 **327420**
膜叶尼克樟 263056
膜叶拟托福木 **393385**
膜叶婆婆纳 **407311**
膜叶蒲公英 384779
膜叶荨麻 **402968**
膜叶茜草 337993
膜叶琼楠 **50562**
膜叶山芫荽 **107788**
膜叶蛇舌草 **269859**
膜叶鼠刺 210407
膜叶双蝴蝶 **398288**
膜叶土密树 **60211**
膜叶娃儿藤 **400929**
膜叶沃内野牡丹 **413216**
膜叶腺萼木 **260638**
膜叶肖九节 **402017**
膜叶芽冠紫金牛 **284033**
膜叶崖爬藤 **387810**
膜叶岩须 78636
膜叶淫羊藿 146977
膜叶玉叶金花 **260458**
膜叶獐牙菜 **380278**
膜叶钟花蓼 **308945**
膜叶紫麻 **273902**
膜叶紫珠 **66869**
膜颖虎尾草 **278332**
膜颖虎尾草属 **278331**
膜颖早熟禾 **305726**
膜玉凤花 **183857**
膜缘柴胡 63640,63745
膜缘川木香 **135731**
膜缘木香 135731
膜缘婆罗门参 **394316**
膜枣草属 **201203**
膜藻藤 201220
膜藻藤属 201219

膜质巴豆 **112960**
膜质斑鸠菊 406429
膜质叉序草 **209915**
膜质橙菀 **320710**
膜质赤竹 **347299**
膜质大沙叶 **286271**
膜质鹅绒藤 **117599**
膜质方晶斑鸠菊 **406033**
膜质非洲合蕊草 **224529**
膜质豪曼草 **186198**
膜质黑簪木 **186904**
膜质红果大戟 **154830**
膜质画眉草 **147807**
膜质黄梁木 **59950**
膜质豇豆 **408959**
膜质金莲木 **268221**
膜质菊 201316
膜质菊属 201293
膜质卷团 335828
膜质蜡菊 **189555**
膜质赖特野荞麦木 **152670**
膜质乐母丽 **335997**
膜质蓼叶可利果 **96813**
膜质鳞盖草 **374602**
膜质娄林果 **335828**
膜质露兜树 **281079**
膜质驴蹄草 68201
膜质罗林木 335828
膜质马龙戟 **244992**
膜质莫顿椵 **259063**
膜质内蕊草 **145434**
膜质南非帚灯草 **67925**
膜质囊大戟 **389076**
膜质拟钝花紫金牛 **19014**
膜质鸟足兰 **347824**
膜质偏穗草 **326563**
膜质普梭木 **319323**
膜质荨麻 **402967**
膜质鞘蕊花 **99645**
膜质曲管桔梗 **365176**
膜质全缘轮叶 **94271**
膜质染木树 **346490**
膜质热美椵 **28962**
膜质三角果 **397302**
膜质沙拐枣 **67047**
膜质山柳菊 **195789**
膜质石竹 **127768**
膜质黍 **281738**
膜质鼠茅 **412461**
膜质撕裂五月茶 **28353**
膜质蒜葡萄 **244711**
膜质苔草 **75338**
膜质纹蕊茜 **341332**
膜质无梗花肖木菊 **240796**
膜质五月茶 **28362**
膜质线柱兰 **417760**
膜质香茶 **303498**
膜质小金梅草 **202906**
膜质鸭跖草 **101092**
膜质雅致立金花 **218861**
膜质岩黄耆 **188000**
膜质岩芥菜 **9806**
膜质越橘 403904
膜质止泻萝藦 **416235**
膜质皱茜 **341138**
膜柱头鸢尾 **201284**
膜柱头鸢尾属 **201281**
膜状虎耳兰 **350311**
膜状小黄管 **356119**
摩帝椰子属 246731
摩顶山小檗 **52117**
摩尔草胡椒 **290388**
摩尔达瓦远志 **308195**
摩尔达维亚百里香 **391282**
摩尔达维亚青兰 137613
摩尔椵属 256646
摩尔鼠尾粟 **372775**
摩耳大苏铁 241458
摩耳苏铁 **241458**
摩弗伦香科 **388157**
摩根金美国冬青 **204122**
摩根婆婆纳属 **258784**
摩加多尔灯心草 **212934**
摩加多尔芒柄花 **271452**
摩加多尔毛托菊 **23457**
摩库尔没药 101591
摩拉里斯草 257084
摩里凤尾葵 139388
摩里金果椰 **139388**
摩里扇葵 390462
摩利桉 **155659**
摩利兰 258529
摩利兰属 258380
摩鲁桉 **155658**
摩鹿加八宝树 **138724**
摩鹿加杜滨木 138724
摩鹿加黄桐 **145419**
摩鹿加夹竹桃属 **141449**
摩鹿加馒头果 **177159**
摩鹿加椰属 **365198**
摩鹿加异合欢 **283888**
摩罗 229872
摩洛哥百里香 **391266**
摩洛哥百脉根 **237685**
摩洛哥菜蓟 **117769**
摩洛哥糙苏 **295070**
摩洛哥长穗毛茛 **326386**
摩洛哥常春藤 **187277**
摩洛哥翅果芥 **164441**
摩洛哥翅果芥属 **164439**
摩洛哥春黄菊 **26819**
摩洛哥刺芹 **154328**
摩洛哥灯心草 **213270**
摩洛哥毒马草 **362834**
摩洛哥多刺苍菊 **280589**
摩洛哥法蒺藜 **162233**
摩洛哥飞廉 **73409**
摩洛哥辐枝菊 **21258**
摩洛哥复苏草 **275310**
摩洛哥戈丹草 **172038**
摩洛哥格拉黄耆 **42442**
摩洛哥管花补血草 **230809**
摩洛哥黑钩叶 **22259**
摩洛哥厚敦菊 **277087**
摩洛哥虎耳草 **349850**
摩洛哥花葵 **223375**
摩洛哥黄耆 **42681**
摩洛哥黄细心 **56456**
摩洛哥蓟 **92188**
摩洛哥金丝桃 **201720**
摩洛哥金盏花 **66435**
摩洛哥堇菜 **410228**
摩洛哥菊属 **28826**
摩洛哥橘叶云兰参 **84606**
摩洛哥距花 **81766**
摩洛哥宽萼苏 **47003**
摩洛哥乐母丽 **335996**
摩洛哥冷杉 **417**
摩洛哥梨 **323223**
摩洛哥疗齿草 **268974**
摩洛哥劣参 **255985**
摩洛哥罗顿豆 **237362**
摩洛哥洛氏禾 **337287**
摩洛哥麦瓶草 **364189**
摩洛哥芒柄花 **271647**
摩洛哥猫儿菊 **202443**
摩洛哥毛蕊花 **405733**
摩洛哥毛托菊 **23445**
摩洛哥毛柱帚鼠麹 **395923**
摩洛哥木犀草 **327813**
摩洛哥木紫草 **233442**
摩洛哥内冠菊 **145393**
摩洛哥牛舌苣 **191015**
摩洛哥蒲公英 **384662**
摩洛哥千里光 **359446**
摩洛哥染料木 **172974**
摩洛哥山榄属 **32401**
摩洛哥麝香草 **104737**
摩洛哥狮齿草 **224707**
摩洛哥石南金丝桃 **201870**
摩洛哥石竹 **127687**
摩洛哥矢车菊 **81195**
摩洛哥鼠尾草 **345404**
摩洛哥头花草 **82157**
摩洛哥菟丝子 **115074**
摩洛哥微花蔷薇 **29026**
摩洛哥西风芹 **361540**
摩洛哥香科 **388045**
摩洛哥橡胶树 **1266**
摩洛哥小地榆 **345865**
摩洛哥小雀麦 **60586**
摩洛哥絮菊 **165929**
摩洛哥旋瓣菊 **412271**
摩洛哥旋花 103234
摩洛哥薰衣草 **223304**
摩洛哥雅各菊 **211300**
摩洛哥羊茅 **164072**
摩洛哥野蔓菁 **83477**
摩洛哥野蔓菁属 **83476**
摩洛哥蝇子草 **363491**
摩洛哥油橄榄 **270104**
摩洛哥羽裂毛托菊 **23456**
摩洛哥早熟禾 **305717**
摩洛哥针茅 **376847**
摩洛哥指甲草 **284876**
摩洛哥治疝草 **192936**
摩洛哥猪毛菜 **344547**
摩洛哥紫罗兰 **246513**
摩洛加桉 155658
摩尼山蓟 **91800**
摩瑞大泽米 241458
摩瑞苏铁 241458
摩山麻 260287
摩山麻属 260285
摩氏瓦理棕 413094
摩斯马钱 **259340**
摩斯马钱属 **259334**
摩天楼 **34422**
摩天柱 **279489**
摩天柱属 **279482**
摩西木 **259274**
摩西木属 **259273**
摩西轴榈 **228752**
摩押木根菊 **415852**
摩眼子 137613
摩札沙地马鞭草 708
摩札沙马鞭 **708**
磨擦草 **398140**
磨擦草胶鳞禾 **143792**
磨擦草属 398138
磨擦禾属 **398138**
磨草 269613
磨挡草 934
磨地胆 143464
磨地莲 178237
磨地沙 265395
磨地香 175203
磨顶山翠雀花 **124393**
磨峰椵树 391778
磨谷子 934
磨脚花 404285
磨里山柳 343721
磨利 211990
磨龙子 934
磨砻草 934
磨笼草 934
磨笼子 934
磨盘草 **934**,1000

磨盘七 242691
磨盘树 1000,177170
磨盘子 934
磨片果 934
磨三转 5069,5200
磨山茨藻 **262091**
磨石草属 **14460**
磨石豆 250228
磨推树 382570
磨牙草 934
磨芋 20132
磨芋属 20037
磨仔草 934
磨子盾草 934
磨子果 177123
磨子树 934
蘑堆树 382570
蘑芋 20132
魔 415132
魔杯角 **198044**
魔根 236425
魔根属 236423
魔鬼短梗景天 **8436**
魔鬼龙舌兰 **10869**
魔鬼槭 2928
魔鬼塞拉玄参 **357480**
魔鬼细莞 **209986**
魔鬼远志 **259972**
魔花坎图木 **71547**
魔剑球 **140867**
魔剑丸 140867
魔力多星 **182157**
魔力花 71547
魔力花属 71544
魔力棕 **85432**
魔龙玉 **264338**
魔美球 **244139**
魔美丸 244141
魔南景天属 257069
魔南星 **179783**
魔南星属 **179782**
魔神球 **284674**
魔神丸 284674
魔毯彩虹花 **136395**
魔天龙 **182455**
魔王杯 **347426**
魔王杯属 **347423**
魔王丸 140882
魔星阁 **198080**
魔星阁属 **198079**
魔星花 **373836**
魔星花属 373719
魔星兰 **163516**
魔星兰属 **163510**
魔玉 **221518**
魔玉属 **221515**
魔芋 **20132**,20136
魔芋属 **20037**
魔云 249593
魔杖花属 **369975**
抹草 147084,269613
抹厉 211990
抹厉花 211990
抹丽 211990
抹利 211990
抹猛果 244397
末丽花 211990
末利 211990
末利花 211990
末廉 211990
末药 101474
沫花禾属 **27793**
沫叶山梗菜 **234845**
茉 211990
茉莉 211848,211990
茉莉包 379374,379449
茉莉苞 379374
茉莉杜鹃 **330955**
茉莉沟萼茜 **45014**
茉莉果 **283993**
茉莉果属 **283992**
茉莉花 **211990**
茉莉花假杜鹃 **48208**
茉莉花马森风信子 **246149**
茉莉花欧石南 **149604**
茉莉花三萼木 **395251**
茉莉花属 211715
茉莉花直药萝藦 **275476**
茉莉链珠藤 18516
茉莉拟阿尔加咖啡 **32491**
茉莉茜树 **325346**
茉莉枪刀药 **202568**
茉莉圣诞果 **88053**
茉莉属 211715
茉莉藤 393657
茉莉野荞麦 **151814**
茉莉状茄 367265
茉栾藤 250792
茉尼花 255711
茉乔栾那属 242792
陌上菜 **231559**
陌上草 231559
陌上番椒 231544
陌上菅苔草 **76545**
秣地半带菊 **191710**
秣石豆属 177689
秣食豆属 177689
莫 339887
莫安达风兰 **24952**
莫安达马钱 **378818**
莫安达疱茜 **319971**
莫安达三芒草 **33933**
莫巴豆属 **256372**
莫菜 339887
莫道克还阳参 **110900**
莫道里娜荷兰榆 **401528**
莫德·诺特卡特欧丁香 **382351**
莫德斯托藏沙玉 **317029**
莫迪波鲁兰 **56751**
莫丁越橘 **403911**
莫顿扁莎 **322296**
莫顿草属 **259051**
莫顿齿叶荚蒾 **407779**
莫顿椴 **259060**
莫顿椴属 **259059**
莫顿苣苔 **264209**
莫顿苣苔属 **264207**
莫顿木属 **259057**
莫顿润肺草 **58905**
莫顿属 259051
莫顿苔草 **223862**
莫顿唐菖蒲 **176383**
莫顿肖水竹叶 **23567**
莫顿野荞麦木 **152292**
莫顿猪屎豆 **112437**
莫恩彩虹花 **136407**
莫恩草属 257474
莫恩立金花 **218894**
莫恩肉锥花 **102363**
莫恩梳状萝藦 **286866**
莫恩远志属 **257474**
莫尔伯勒奥勒菊木 270196
莫尔登克马缨丹 **221283**
莫尔登克胀萼马鞭草 **86093**
莫尔杜鹃 331565
莫尔顿木 **259404**
莫尔顿木属 **259403**
莫尔赫密锐尖北美云杉 **298411**
莫尔花球玉 **139835**
莫尔黄耆 **42688**
莫尔假杜鹃 **48259**
莫尔金光菊 **339588**
莫尔栎 **324172**
莫尔龙角 **72427**
莫尔罗斯皱皮木瓜 **84574**
莫尔马兜铃 **34270**
莫尔蒲桃 **382616**
莫尔蓍 **3975**
莫尔石豆兰 **62922**
莫尔树紫菀 **270196**
莫尔斯比金千里光 **279953**
莫尔韦尼扭果花 **377772**
莫尔蝇子草 248269
莫尔芸苔 **59483**
莫尔掌根兰 **121407**
莫高花楸 **369466**
莫高伦棋盘花 **417917**
莫戈草 **256516**
莫戈草属 **256515**
莫戈尔塔夫阿魏 **163679**
莫戈尔塔夫刺头菊 **108344**
莫戈尔塔夫鳞冠菊 **225524**
莫戈尔塔夫鹰嘴豆 **90823**
莫戈尔塔夫郁金香 **400195**
莫格观音兰 **399104**
莫格海神菜 **265491**
莫格画眉草 **147817**
莫格金合欢 **1399**
莫格蜡菊 **189571**
莫格疱茜 **319972**
莫格肖鸢尾 **258575**
莫哈大戟 **256523**
莫哈大戟属 **256521**
莫哈鼠尾草 **345227**
莫哈韦春美草 **94345**
莫哈韦刺花蓼 **89115**
莫哈韦蓟 **92204**
莫哈韦加州野荞麦木 **152062**
莫哈韦金菊木 **150348**
莫哈韦木根菊 **415854**
莫哈韦三齿蒿 **36404**
莫哈韦沙星菊 **257834**
莫哈韦仙人掌 **273016**
莫哈韦野荞麦 **152287**
莫哈韦羽扇豆 **238487**
莫哈韦筑巢草 **379162**
莫哈维滨藜 **44654**
莫哈维对叶多节草 **266386**
莫哈维黄耆 **42737**
莫哈维火棘 **322449**
莫哈维金灌菊 **90531**
莫哈维金鸡菊 **104464**
莫哈维绵叶菊 **152825**
莫哈维婆婆纳 **256526**
莫哈维婆婆纳属 **256524**
莫哈维千里光 **359499**
莫哈维蔷薇 **336761**
莫哈维丝兰 **416646**
莫哈维无心菜 **32042**
莫哈维小美国薄荷 **257195**
莫哈维星香菊 **123650**
莫哈维野荞麦 **152593**
莫哈维银滨藜 **44321**
莫哈维紫菀 **39916**
莫合烟 266053
莫霍克布克伍德荚蒾 **407655**
莫霍克荚蒾 **407647**
莫基尔蒺藜 **258984**
莫基尔蒺藜属 **258983**
莫基铁线子 **244570**
莫迦小麦 **398920**
莫杰菊属 **256424**
莫卡斑鸠菊 **406191**
莫克狗牙花 **382811**
莫克兰百脉根 **237683**
莫克兰枸杞 **239073**
莫克兰猪毛菜 **344622**
莫克里斯草胡椒 **290387**

莫克里斯古柯 **155092**
莫克里斯谷木 **250020**
莫克里斯金果椰 **139385**
莫克里斯铁仔 **261635**
莫克里斯香茶 **303507**
莫克木 **256390**
莫克木属 **256388**
莫库巴猪屎豆 **112421**
莫昆金粟兰 **258370**
莫昆金粟兰属 **258369**
莫昆菊 258368
莫昆菊属 258360
莫拉大黄栀子 **337496**
莫拉宽肋瘦片菊 **57651**
莫拉芒赪桐 **96214**
莫拉芒鹅绒藤 **117611**
莫拉芒石豆兰 **62927**
莫拉芒弯管花 **86233**
莫拉特大戟 **159397**
莫拉特鹅绒藤 **117612**
莫拉特风兰 **24960**
莫拉特钩毛草 317224
莫拉特钩毛黍 **317224**
莫拉特黄杨 **64327**
莫拉特咖啡 **98968**
莫拉特气花兰 **9225**
莫拉特琼楠 **50566**
莫拉特石豆兰 **62928**
莫拉特希尔梧桐 **196335**
莫拉特椰属 258723
莫拉特玉凤花 **183884**
莫来特补血草 **230683**
莫莱罗染料木 **173012**
莫兰德斯海棠 **243544**
莫兰龙舌兰 **10907**
莫兰莎草 **119227**
莫兰十大功劳 **242593**
莫朗肉腺菊 **46677**
莫雷尔茜 **258731**
莫雷尔茜属 **258730**
莫雷假山毛榉 **266875**
莫雷芥 **258781**
莫雷芥属 **258777**
莫雷诺小檗 **51938**
莫雷苔草 **259409**
莫雷苔草属 **259408**
莫雷坦滇紫草 **271761**
莫里茨草 **258980**
莫里茨草属 **258978**
莫里茨小檗 **51939**
莫里短筒倒挂金钟 **168776**
莫里尔芥 **258827**
莫里尔芥属 **258826**
莫里尔欧丁香 **382346**
莫里尔茜 **258829**
莫里尔茜属 **258828**
莫里寄树兰 **335037**
莫里芥属 258826
莫里色衣菊 **89298**
莫里森胡颓子 142207
莫里森山柑属 **258971**
莫里森羽花木 **407532**
莫里斯白沼泽欧石南 **150132**
莫里斯欧洲赤松 **300233**
莫里斯十二卷 **186565**
莫里铁线莲 **95147**
莫里异香桃木 401346
莫里泽兰 **158237**
莫利古利古利 93865
莫利木属 **256562**
莫连 56802
莫龙木 **256732**
莫龙木属 **256731**
莫卢豪曼草 **186201**
莫卢基特茜 **215772**
莫卢肖紫玉盘 **403632**
莫卢猪屎豆 **112438**
莫伦德大沙叶 **286366**
莫罗多穗兰 **310518**
莫罗戈罗半边莲 **234646**
莫罗戈罗刺橘 **405529**
莫罗戈罗牡荆 **411357**
莫罗假龙胆 174138
莫罗球距兰 **253337**
莫罗氏忍冬 **235970**
莫洛莎 **258766**
莫洛莎属 **258764**
莫洛小檗 51297
莫内尔琉璃繁缕 **21396**
莫纳尔金盏花 **66474**
莫纳尔豌豆 **408501**
莫尼草 **257455**
莫尼草属 **257454**
莫尼奇·莱蒙尼欧丁香 **382354**
莫尼芸香 **257473**
莫尼芸香属 **257389**
莫娘藤 114994
莫诺杯子菊 **290257**
莫诺虫果金虎尾 **5922**
莫诺纺锤菊 **44121**
莫诺风车子 **100634**
莫诺风铃草 **70185**
莫诺画眉草 **147820**
莫诺黄鼠麴 **14688**
莫诺基氏婆婆纳 **216280**
莫诺蜡菊 **189574**
莫诺美登木 **246879**
莫诺矢车菊 **81213**
莫肉米兰 11299
莫肉米仔兰 **11299**
莫汝刚 131254
莫萨丽杯花 **198063**
莫萨梅迪白花菜 **95738**
莫萨梅迪白霜草 **81865**
莫萨梅迪扁担杆 **180887**
莫萨梅迪大戟 **159402**
莫萨梅迪费利菊 **163244**
莫萨梅迪合欢 **13628**
莫萨梅迪蜡菊 **189579**
莫萨梅迪隆果番杏 **12919**
莫萨梅迪没药 **101469**
莫萨梅迪伞花粟草 **202242**
莫萨梅迪鼠鞭草 **199700**
莫萨梅迪素馨 **211911**
莫萨梅迪远志 **308199**
莫萨田皂角 **9639**
莫塞九节 **319698**
莫桑比克阿斯皮菊 **39794**
莫桑比克暗罗 **307514**
莫桑比克巴豆 **112938**
莫桑比克白前 **117613**
莫桑比克斑鸠菊 **406600**
莫桑比克伯纳旋花 **56859**
莫桑比克叉序草 **209917**
莫桑比克粗裂豆 **393875**
莫桑比克大戟 **159399**
莫桑比克戴星草 **371003**
莫桑比克单心桂 **415955**
莫桑比克顶片草 **6366**
莫桑比克毒鼠子 **128758**
莫桑比克风车子 **100641**
莫桑比克伽蓝菜 **215261**
莫桑比克狗肝菜 **129264**
莫桑比克含羞草 **255075**
莫桑比克合欢 **13692**
莫桑比克核果木 **138663**
莫桑比克黑檀 121750
莫桑比克红柱树 **78691**
莫桑比克虎尾草 **88370**
莫桑比克黄檀 **121773**
莫桑比克假玉叶金花 **318036**
莫桑比克尖凸牡荆 **411391**
莫桑比克金莲木 **268226**
莫桑比克金毛菀 **89889**
莫桑比克九节 **319410**
莫桑比克开药花 **196424**
莫桑比克榼藤子 **145889**
莫桑比克可拉木 **99234**
莫桑比克兰属 **317792**
莫桑比克楝 **317412**
莫桑比克楝属 **317411**
莫桑比克露兜树 **281082**
莫桑比克裸实 **182744**
莫桑比克没药 **101468**
莫桑比克美登木 **246880**
莫桑比克美冠兰 **156877**
莫桑比克魔芋 **20119**
莫桑比克牡荆 **411358**
莫桑比克木蓝 **205818**
莫桑比克飘拂草 **166412**
莫桑比克千屈菜 196424
莫桑比克千屈菜属 196421
莫桑比克青牛胆 **392264**
莫桑比克球柱草 **63313**
莫桑比克驱虫菊 **46279**
莫桑比克肉角藜 **346766**
莫桑比克三盾草 **394981**
莫桑比克三萼木 **395283**
莫桑比克三距时钟花 **396508**
莫桑比克三联穗草 **398636**
莫桑比克砂丘豆 **203394**
莫桑比克砂丘豆属 **203393**
莫桑比克柿 **132310**
莫桑比克双袋兰 **134322**
莫桑比克双喙夹竹桃 **133167**
莫桑比克蒴莲 **7282**
莫桑比克唐菖蒲 **176385**
莫桑比克天门冬 **39098**
莫桑比克天竺葵 **288371**
莫桑比克田繁缕 **52616**
莫桑比克田皂角 **9585**
莫桑比克乌木 **132188**
莫桑比克肖水竹叶 **23520**
莫桑比克鸭嘴花 **214638**
莫桑比克崖豆藤 **254773**
莫桑比克异木患 **16119**
莫桑比克玉凤花 **183885**
莫桑比克猪屎豆 **112099**
莫瑟里八角金盘 162882
莫森腋花金莲木 **203416**
莫石竹 256444
莫石竹属 256441
莫氏蓖叶兰 **128399**
莫氏大爪草 **370565**
莫氏迪西亚兰 128399
莫氏豆棕 390462
莫氏豆棕属 **228186**
莫氏含笑 252926
莫氏花凤梨 **392029**
莫氏金丝桃 **201709**
莫氏榄仁 386584
莫氏老人须 392029
莫氏龙骨角 **192448**
莫氏桐属 246671
莫氏马鞭草 **405868**
莫氏前胡 292937
莫氏山马菜 **280943**
莫氏山马茶 280943
莫氏水塔花 **54453**
莫氏细瓣兰 **246114**
莫斯特鸟娇花 **210858**
莫斯特唐菖蒲 **176386**
莫斯特朱顶兰 **18888**
莫斯田皂角 **9588**
莫索尖柱苏木 **278629**
莫塌 261739
莫塌属 261726
莫特汉丹尼尔苏木 **122158**

莫特汉单花杉 **257138**
莫特汉灯盘无患子 **238923**
莫特汉豆腐柴 **313697**
莫特汉风车子 **100640**
莫特汉壶花无患子 **90749**
莫特汉九节 **319697**
莫特汉柳叶箬 **209097**
莫特汉落萼旋花 **68359**
莫特汉脐果山榄 **270657**
莫特汉萨比斯茜 **341661**
莫特汉肖九节 **402020**
莫特汉羊角拗 **378425**
莫特基椵 **391780**
莫特利茜 **259394**
莫特利茜属 **259393**
莫铁硝 145720
莫温多蜡烛木 **121124**
莫西百蕊草 **389793**
莫西拜卧豆 **227067**
莫西独行菜 **225416**
莫西灰毛豆 **386191**
莫西漏斗花 **130217**
莫西肉角藜 **346767**
莫西莎草 **119229**
莫西山梗菜 **234482**
莫西苔草 **75428**
莫西玉凤花 **183886**
莫西远志 **308200**
莫希干绵毛荚蒾 **407909**
莫希克非洲长腺豆 **7485**
莫希克木槿 **195038**
莫希克一点紫 **144995**
莫邪菊 77441
莫亚莱澳非萝藦 **326770**
莫亚莱吊灯花 **84177**
莫亚卫矛 **259448**
莫亚卫矛属 **259445**
莫伊拉扁蒴藤 **315366**
莫泽十大功劳 **242468**
漠北黄芪 42051
漠北黄耆 **42051**
漠蒿 35373
漠芥属 321478
墨菜 141374,200652
墨残雪 **258341**
墨地 365009
墨点樱桃 223117
墨斗菜 141374
墨斗草 141374
墨饭草 262189,403738
墨非龙舌兰 **10910**
墨旱莲 141374
墨花菊 252670
墨花菊属 252669
墨记菜 141374
墨记草 308907
墨江百合 **229860**
墨江耳叶马兰 290923
墨江耳叶马蓝 **290923**
墨江木防己 97934
墨江千斤拔 **166854**
墨江一枝箭 175222
墨角伦草 274224
墨芥属 **228315**
墨兰 **117042**
墨蓝花属 **105229**
墨里老笃 249232
墨里疏节槐 369107
墨鳞 248500
墨鳞木 **248500**
墨鳞木属 **248497**
墨鳞属 248497
墨绿北美乔柏 **390646**
墨绿叉臀草 **129552**
墨绿唇果夹竹桃 **87424**
墨绿禾叶兰 **12444**
墨绿花楸 **369338**
墨绿环唇兰 **305037**
墨绿阔距兰 **160699**
墨绿龙舌兰 **10933**
墨绿欧洲常春藤 **187259**
墨绿塞斯茄 **361630**
墨绿酸藤子 **144768**
墨绿藤黄 **171057**
墨绿土密树 **60165**
墨绿肖九节 **402016**
墨绿洋常春藤 187259
墨绿夜香树 **84402**
墨绿指柱兰 86698
墨绿紫梨 **323098**
墨麻疯树 212204
墨矛果豆 **414333**
墨矛果豆属 **414331**
墨鉡 171702
墨苜蓿 **334338**
墨苜蓿属 **334310**
墨泡 **379370**
墨七 5556
墨塞尼亚贝母 **168483**
墨色须草 190651
墨石子 324050
墨氏秋海棠 **50077**
墨水草 141374
墨水果小檗 **51698**
墨水树 184518
墨水树属 184513
墨水夜香树 **84408**
墨司 **244121**
墨松笠属 **3889**
墨酸蔹藤 20216
墨头草 141374
墨脱艾麻 **221576**
墨脱八月瓜 **197243**
墨脱菝葜 **366353**
墨脱百合 **229936**
墨脱苞花寄生 144607
墨脱长蒴苣苔草 **129927**
墨脱赤瓟 **390162**
墨脱唇柱苣苔 **87853**
墨脱翠雀花 **124377**
墨脱大苞鞘花 **144607**
墨脱大花杜鹃 **331213**
墨脱吊石苣苔 **239958**
墨脱冬青 **204030**
墨脱杜鹃 330597,331211,331213,331274
墨脱方竹 **87586**
墨脱凤仙花 **205129**
墨脱勾儿茶 **52442**
墨脱虎耳草 **349617**
墨脱花椒 **417275**
墨脱花楸 **369456**
墨脱黄堇 **106035**
墨脱荚蒾 **407720**
墨脱尖子木 **278595**
墨脱樫木 **139664**
墨脱柯 **233331**
墨脱冷杉 **338**
墨脱冷水花 **298970**
墨脱柳 **343681**
墨脱龙胆 **173655**
墨脱楼梯草 **142737**
墨脱马蓝 130322
墨脱马银花 **331211**
墨脱芒毛苣苔 **9460**
墨脱毛兰 **148718**
墨脱木槿 **194881**
墨脱楠 **295385**
墨脱牛奶菜 **245829**
墨脱青冈 **116151**
墨脱秋海棠 **49903**
墨脱山小橘 **177842**
墨脱省藤 **65688**
墨脱十大功劳 242620
墨脱石豆兰 **62716**
墨脱石栎 233331
墨脱树萝卜 **10336**
墨脱四苞蓝 **387152**
墨脱酸脚杆 247616
墨脱算盘子 **177157**
墨脱苔草 **75429**
墨脱铁线莲 **95112**
墨脱乌蔹莓 **79872**
墨脱乌头 **5172**
墨脱吴茱萸 161384
墨脱虾脊兰 **66015**
墨脱悬钩子 **338818**
墨脱沿阶草 **272116**
墨脱蝇子草 **363795**
墨脱油丹 **17805**
墨脱玉叶金花 **260399**
墨脱皂荚 **176893**
墨脱珍珠菜 **239731**
墨脱紫茎 **376454**
墨脱紫菀 **40879**
墨乌帽子 **273037**
墨西哥阿加鹃 10387
墨西哥矮柳叶菜 **146649**
墨西哥矮人芥 **244313**
墨西哥矮松 299851
墨西哥巴纳尔木 **47568**
墨西哥菝葜 **366239**
墨西哥白鼓钉 **68488**
墨西哥白鼓钉属 **68486**
墨西哥白蜡树 **168124**
墨西哥白茅 **205507**
墨西哥白松 **300219**,**299809**
墨西哥白斜子 **368525**
墨西哥百日菊 418038
墨西哥柏 114714
墨西哥柏木 **114714**
墨西哥斑点蛇鞭菊 **228508**
墨西哥半腋生卫矛 **357916**
墨西哥棒棰树 **279683**
墨西哥鲍雷木 **57905**
墨西哥北极灯心草 **212857**
墨西哥笔花豆 **379251**
墨西哥鞭木 **415655**
墨西哥鞭木属 **415654**
墨西哥藨草属 **120281**
墨西哥补骨脂 **319207**
墨西哥捕虫堇 **299741**
墨西哥菜棕 **341418**
墨西哥糙叶龙舌兰 **10803**
墨西哥草莓树 **30893**
墨西哥草原松果菊 **326961**
墨西哥梣 168124
墨西哥茶 86934,86946
墨西哥缠绕草 **16184**
墨西哥长角胡麻 **315440**
墨西哥长毛百合 **122908**
墨西哥长序榆 **401567**
墨西哥齿瓣兰 224352
墨西哥赤凤 **163465**
墨西哥臭白花菜 **95793**
墨西哥垂桧 213773
墨西哥垂枝圆柏 **213773**
墨西哥春美草 **94351**
墨西哥椿 80025
墨西哥雌足芥 **389276**
墨西哥刺柏 213826
墨西哥刺棒棕 **46380**
墨西哥刺被苋 **2150**
墨西哥刺被苋属 **2148**
墨西哥刺爵床 **252666**
墨西哥刺爵床属 **252665**
墨西哥刺莲花 **84434**
墨西哥刺莲花属 **84433**

墨西哥刺蓼树 **306656**
墨西哥刺树 **167560**
墨西哥刺酸浆属 **72067**
墨西哥葱 **211414**
墨西哥葱属 **211413**
墨西哥粗根 279683
墨西哥达来大戟 **121945**
墨西哥达老玉兰 383249
墨西哥大风子 **87306**
墨西哥大风子属 **87305**
墨西哥大戟 **145820**
墨西哥大戟属 **145819**
墨西哥大伞草 **242798**
墨西哥大蒜芥 **98771**
墨西哥大蒜芥属 **98770**
墨西哥戴克茜 **123519**
墨西哥单蕊草 **91240**
墨西哥单针松 **299854**
墨西哥倒挂金钟 168748
墨西哥道斯芹 **136151**
墨西哥灯笼果 297712
墨西哥灯心草 **213289**
墨西哥丁香 176972
墨西哥丁香属 176969
墨西哥顶叶千里光 **385606**
墨西哥冬青十大功劳 **242560**
墨西哥豆 **14449**
墨西哥豆属 **14446**
墨西哥杜斯豆 **139112**
墨西哥厄斯苣苔 **269559**
墨西哥轭草 **417692**
墨西哥耳冠菊 **277296**
墨西哥法兰绒花 **168218**
墨西哥繁缕 **374819**
墨西哥飞蓬 **150724**
墨西哥风轮菜 **97028**
墨西哥佛里蒙特 168218
墨西哥盖裂木 **383249**
墨西哥橄榄 **50641**
墨西哥橄榄属 **50640**
墨西哥革木 **133655**
墨西哥格鲁棕 **6134**
墨西哥格维木草 **179980**
墨西哥根特紫金牛 **174256**
墨西哥弓柱兰 **363117**
墨西哥狗舌草 **358499**
墨西哥瓜栗 279381
墨西哥冠膜菊 **201277**
墨西哥光萼荷 **8576**
墨西哥果松 **299851**
墨西哥海滨一枝黄花 **368387**
墨西哥含羞草 **255042**
墨西哥寒金菊 **199220**
墨西哥汉珀锦葵 **185218**
墨西哥蒿 **35904**
墨西哥合欢 315560
墨西哥荷包花 **66281**
墨西哥黑大戟 **80125**
墨西哥黑柿 **132132**
墨西哥黑松 299851
墨西哥红蕉 **190056**
墨西哥红雀珊瑚 **287851**
墨西哥红丝线 **238973**
墨西哥红苋 18788
墨西哥红圆柏 213826
墨西哥猴面蝴蝶草 **4083**
墨西哥厚叶兰 **279629**
墨西哥胡椒 **300488**
墨西哥胡桃 **14587**
墨西哥花 **252670**
墨西哥花菱草 **155174**
墨西哥花葱属 57006
墨西哥花属 **252669**
墨西哥画眉草 **147808**
墨西哥槐 **368990**
墨西哥黄花夹竹桃 **389984**
墨西哥黄芩 **355602**
墨西哥黄肉芋 **415196**
墨西哥黄褥花 243527
墨西哥黄睡莲 **267714**
墨西哥黄鸭嘴花 **214490**
墨西哥灰薄荷 **307285**
墨西哥桧柏 **213758**
墨西哥喙芒菊 **279257**
墨西哥藿香 **10409**
墨西哥藿香蓟 11206
墨西哥藿香蓟属 **281235**
墨西哥芨芨草 **4129**
墨西哥基冠萝藦 **48741**
墨西哥棘枝 232501
墨西哥夹竹桃 **390385**,389983
墨西哥夹竹桃属 **390384**
墨西哥姣丽球属 **214945**
墨西哥角果铁 **83685**
墨西哥角果泽米 83685
墨西哥角铁 83685
墨西哥接骨木 **345627**
墨西哥金虎尾 **243527**
墨西哥金虎尾属 **66299**
墨西哥金琥属 **235148**
墨西哥金花菱草 **155183**
墨西哥金星菊 **89337**
墨西哥金星菊属 **89336**
墨西哥锦葵 **252676**
墨西哥锦葵属 **252674**
墨西哥颈柱兰属 **395403**
墨西哥菊 290728
墨西哥菊属 290724
墨西哥橘 **88700**
墨西哥橘属 **88696**
墨西哥锯伞芹 **315230**
墨西哥爵床 **198793**,214817
墨西哥爵床属 **198792**
墨西哥卡尔蒺藜 **215383**
墨西哥卡李 **316280**
墨西哥卡氏鼠李 **215613**
墨西哥卡文鼠李 215613
墨西哥康达木 **101736**
墨西哥考恩蔷薇 **108497**
墨西哥拉瑞阿 221980
墨西哥拉氏木 **221980**
墨西哥兰 **252673**
墨西哥兰属 **252672**
墨西哥蓝姜 128988
墨西哥蓝栎 **324235**
墨西哥酪梨 **291495**
墨西哥勒伊斯藤 **341176**
墨西哥类蜀黍 155878
墨西哥类鹰爪 **126712**
墨西哥冷杉 **458**
墨西哥李 **316553**
墨西哥列当属 **148209**
墨西哥瘤瓣兰属 **363015**
墨西哥柳叶菜属 **247848**
墨西哥柳叶酸模 **340244**
墨西哥龙舌兰 **10793**,10881
墨西哥龙舌兰属 **169242**
墨西哥龙血树 **66530**
墨西哥龙血树属 **66529**
墨西哥耧斗菜 **30075**
墨西哥卢南木 **238366**
墨西哥卢太爵床 **237905**
墨西哥鹿角柱 **140222**
墨西哥路得威蒿 **35842**
墨西哥驴菊木 **271722**
墨西哥乱子草 **259679**
墨西哥罗曼芥 **335854**
墨西哥络西花 **235194**
墨西哥落羽杉 **385281**
墨西哥落羽松 385281
墨西哥麻疯树 **212204**
墨西哥马利筋 **38012**
墨西哥马泰木 **246261**
墨西哥曼陀萝 61242
墨西哥猫爪草 **136881**
墨西哥毛百合 **122909**
墨西哥毛地黄 387346
墨西哥毛核木 **380744**
墨西哥毛花雀稗 **285491**
墨西哥毛橘 **88699**
墨西哥毛列当 **174262**
墨西哥毛列当属 **174261**
墨西哥毛蕊龙胆 **172879**
墨西哥美洲盖裂桂 **256670**
墨西哥美洲槲寄生 **125681**
墨西哥蒙塔菊 **258195**
墨西哥蒙坦木 258195
墨西哥糜木 133655
墨西哥棉 179906
墨西哥膜冠菊 **201185**
墨西哥莫基尔蒺藜 **258985**
墨西哥木瓜 **211246**
墨西哥木瓜属 **211245**
墨西哥木棉 **258236**
墨西哥南美茜 108467
墨西哥牛筋树 **399626**
墨西哥扭柄叶 18538
墨西哥炮仗竹 341020
墨西哥苹果萝藦 **249268**
墨西哥珀什蔷薇 **321885**
墨西哥蒲公英 **384669**
墨西哥漆 **6748**
墨西哥漆属 **6747**
墨西哥漆树 **56940**
墨西哥漆树属 **56939**
墨西哥千屈菜 **7211**
墨西哥千屈菜属 **7208**
墨西哥牵牛 **208010**
墨西哥荨麻刺 **97740**
墨西哥茜 **129849**
墨西哥茜草属 **50846**
墨西哥茜属 **129844**
墨西哥秋海棠 **49858**,49845
墨西哥秋鼠尾草 **344822**
墨西哥雀稗 **285433**
墨西哥雀首兰 **274481**
墨西哥群瓣茱萸 **269245**
墨西哥热美爵床 **172553**
墨西哥榕 **165423**
墨西哥箬棕 **341430**,341418
墨西哥塞战藤 **360940**
墨西哥三齿钝柱菊 **399398**
墨西哥桑 **136470**
墨西哥桑属 136417
墨西哥莎草 **118935**
墨西哥山核桃 **77927**
墨西哥山菊木 258195
墨西哥山梅花 **294500**
墨西哥山松 **299875**
墨西哥山芫荽 **107789**
墨西哥山楂 **109548**
墨西哥商陆 **298110**
墨西哥蛇目菊 **346302**
墨西哥石莲花 **139981**
墨西哥梳齿菊 **286880**
墨西哥黍属 **198207**
墨西哥鼠尾草 **345212**
墨西哥薯芋 **131513**
墨西哥薯蓣 **131710**
墨西哥双隔果 **18538**
墨西哥双钩锦葵 **133665**
墨西哥双饰萝藦 **134979**
墨西哥水八角 **180315**
墨西哥水菊 **200401**
墨西哥水菊属 **200400**
墨西哥水松叶 337368
墨西哥水杨梅 **175402**
墨西哥四翼木 **387607**

墨西哥四针松　**299857**
墨西哥松　**299809**
墨西哥酸蔹藤　**20216**
墨西哥酸模　**340128**
墨西哥塔花　**347594**
墨西哥塔莲　**409236**
墨西哥塔皮木　**384366**
墨西哥昙花　**87313**
墨西哥昙花属　**87312**
墨西哥桃花心木　380526
墨西哥桃桐　46380
墨西哥天胡荽　**200332**
墨西哥甜舌草　**232501**
墨西哥土荆芥　**86946**
墨西哥陀旋花　**400437**
墨西哥湾血苏木　184518
墨西哥万寿菊　383107
墨西哥网苞菊　**303085**
墨西哥微刺鹿角柱　**140330**
墨西哥微刺虾　140330
墨西哥维默卫矛　**414454**
墨西哥卫矛　**71264**
墨西哥卫矛科　**71267**
墨西哥卫矛属　**71263**
墨西哥无耳葵　**26209**
墨西哥无耳葵属　**26207**
墨西哥五角木　**313973**
墨西哥西金茜　**362430**
墨西哥喜林芋　**294816**
墨西哥狭菊属　**170855**
墨西哥苋　2150
墨西哥苋属　2148
墨西哥香茶　**303139**
墨西哥香荚兰　**405010**
墨西哥向日葵　392434
墨西哥小白花菜　**95823**
墨西哥小檗　**51937**
墨西哥小毛茜　**55250**
墨西哥小柱兰属　**383638**
墨西哥肖竹芋　**66189**
墨西哥楔点鸢尾　**371518**
墨西哥楔叶麻疯树　**212126**
墨西哥缬草　**404308**
墨西哥悬铃花　**243949**
墨西哥悬铃木　**302587**
墨西哥旋花　334869
墨西哥靴兰　**252678**
墨西哥靴兰属　**252677**
墨西哥雪果木　**87664**
墨西哥雪茜　**87743**
墨西哥雪松　80025
墨西哥雪衣鼠麹木　**87787**
墨西哥鸭跖草　**100960**
墨西哥鸭嘴花　**214817**
墨西哥芽冠紫金牛　**284034**
墨西哥亚卡木　**211247**
墨西哥岩松　299851
墨西哥洋椿　**80025**
墨西哥野牡丹属　**193746**
墨西哥异萼堇　**352788**
墨西哥樱桃　243527
墨西哥鹦鹉刺　**319087**
墨西哥于维尔无患子　**403066**
墨西哥榆　**84949**
墨西哥榆属　**84948**
墨西哥羽扇豆　**238465**,238448
墨西哥鸳鸯鸭跖草　**128988**
墨西哥圆柏　**213826**
墨西哥圆苞菊属　**144132**
墨西哥月见草　**269403**
墨西哥云杉　**298357**
墨西哥云实　**65037**
墨西哥芸香　**123489**
墨西哥芸香属　**123487**
墨西哥泽兰　**158199**,158024
墨西哥肿柄菊　**392434**
墨西哥朱顶红　**196443**
墨西哥朱缨花　**66665**,66689
墨西哥爪唇兰　**179292**
墨西哥紫草　**28561**
墨西哥紫草属　**28560**
墨西哥紫丹　**79989**
墨西哥紫丹属　**79988**
墨西哥紫荆　**83794**
墨西哥紫心苏木　**288869**
墨西哥棕　**26214**
墨西哥棕属　**26213**,85420
墨腺菊　**408819**
墨腺菊属　**408818**
墨香　404325
墨香蓟　**265594**
墨香蓟属　**265593**
墨叙梅笠草　87489
墨叙喜冬草　87489
墨烟草　141374
墨烟叶　**90986**
墨烟叶属　**90985**
墨药菊属　**248574**
墨叶锥　78994
墨鱼须草　190651
墨芋头草　308769
墨汁草　141374
墨竹　364641
墨竹工卡柳　343662
墨竹柳　**343662**
墨柱根　414813
墨子玄参属　**248557**
默城红宝石春石南　149162
默登豇豆　**408979**
默登芦荟　**17058**
默顿毛地黄　**130345**
默顿苔草　**75342**
默尔椴　**233795**
默尔椴属　**256646**
默克丹氏梧桐　**135921**
默克枸杞　**239083**
默克黑蒴　**14328**
默克天门冬　**39089**
默克鸭跖草　**101094**
默勒半边莲　**234641**
默勒博龙香木　**57273**
默勒尔代德苏木　**129740**
默勒尔四鞋木　**386826**
默勒红果大戟　**154835**
默勒九节　**319694**
默勒秋海棠　**50089**
默勒群花寄生　**11106**
默勒三角车　**334659**
默里桦　**53529**
默罗藤黄属　**259023**
默奇森兰　**260085**
默奇森兰属　**260084**
默氏豪华菠萝　**324583**
麞苓草　258840,258859
麞苓草属　258831
牟　198376
牟麦　198376
麰　198376
麰麦　198376
母草　**231503**,231559
母草科　**231604**
母草属　**231473**
母草叶龙胆　**174035**
母岛巴戟天　**258925**
母岛飘拂草　**166388**
母岛沼兰　**243042**
母丁香　382477,392903
母狗藤　280097
母鸡抱蛋　183637,183731
母鸡带仔　20408
母鸡窝　259323
母姜　418010
母菊　**246396**
母菊属　**246307**
母苦藤　20348
母犁头菜　410710
母牛仙人掌　**273038**
母齐头　247425
母生　197685,197723
母一条根　117986
母引　13515
母樱　297030
母樱属　297015
母猪半夏　33335
母猪菜　311890
母猪草　77146,128924
母猪刺　72256,72351
母猪地瓜　165759
母猪槁　233999
母猪果　189941
母猪花头　209625
母猪芥　77146
母猪精　165037
母猪锯　281138
母猪癞　415057
母猪莲　301025
母猪藤　20447,79850,79860,79896,131551
母猪雪胆　**191972**
母猪牙　154926
母猪油　363080,363090
母猪油子　117965
母猪鬃　72272
母子半夏南星　33349
母子麻　394664
母子树　394664
母子叶变叶木　**98194**,98190
牡丹　**280286**
牡丹草　**182634**,224631
牡丹草属　**182631**,224625
牡丹发疯　292892
牡丹花　280286
牡丹金钗兰　238322
牡丹蔓　94740
牡丹木　68308
牡丹木槿　**195297**
牡丹球　**234967**,140850
牡丹球属　33206
牡丹三七　73136,221538
牡丹属　280143
牡丹树　96200
牡丹藤　94995
牡丹丸　140850
牡丹仙人球　**140850**
牡丹叶当归　**24428**
牡丹叶桂皮　91270
牡丹罂粟　**282655**
牡丹玉　**182463**
牡丹柱　**190239**
牡丹柱属　**190237**
牡桂　91302,91366
牡蒿　**35674**,35466,205580
牡荆　**411373**,226698,411362
牡荆科　**411504**
牡荆属　**411187**
牡荆条　411373
牡丽草　**259412**
牡丽草属　**259410**
牡丽花　**163406**
牡蒙　284401
牡牛查　226751
牡莪　35674
牡姓草　60777
牡英丹花　211068
牡竹　**125510**
牡竹属　**125461**,264510
姆巴莱斑鸠菊　**406572**
姆巴莱糙缨苣　**392689**

姆巴莱叉序草 **209913**
姆巴莱谷精草 **151366**
姆巴莱宽肋瘦片菊 **57644**
姆巴莱蓝花参 **412818**
姆贝扭果花 **377764**
姆贝亚凤仙花 **204937**
姆布卢金合欢 **1379**
姆津巴芦荟 **17071**
姆津长被片风信子 **137967**
姆津短梗景天 **8431**
姆津尼亚特芦荟 **16594**
姆津香茶 **303523**
姆库榕 **165332**
姆兰杰百脉根 **237694**
姆兰杰大戟 **159384**
姆兰杰灰毛豆 **385930**
姆兰杰老鹳草 **174738**
姆兰杰芦荟 **16699**
姆兰杰枪刀药 **202583**
姆兰杰肉珊瑚 **347018**
姆兰杰四数莎草 **387678**
姆普瓦普瓦合欢 **13563**
姆斯泰德薰衣草 **223255**
姆韦鲁风车子 **100650**
姆韦鲁球锥柱寄生 **177015**
姆韦鲁柿 **132313**
姆韦鲁瘦片菊 **182071**
姆韦鲁仙人笔 **216682**
姆西草属 **260370**
拇指汤姆薄叶海桐 301407
木艾树 350945
木暗桐 338281
木暗栅 55149
木八角 13353
木八仔 318742
木八子 318742
木拔树 16386
木霸王 347066
木稗 9560
木半夏 **142088**,142214
木瓣瓜馥木 **166695**
木瓣树 **415826**
木瓣树属 **415760**
木苞杯花属 **415740**
木本补血草 **230782**,230820
木本翅苞蓼 **185771**
木本翅苞蓼属 **185770**
木本大戟 **159244**
木本大青 96028,209232
木本短柄草 **58573**
木本翻白草 289713
木本海芙蓉 **230820**
木本胡枝子 226721
木本化血丹 417134,417137
木本画眉草 **93978**
木本画眉草属 **93976**
木本黄开口 202021
木本鸡脚棉 179876
木本金线莲 2011,2014
木本芦荟 16592
木本马兜铃 **34106**
木本曼陀罗 61231
木本曼陀罗属 61230
木本毛里塔尼亚大戟 **159323**
木本苜蓿 **247249**
木本奶草 159069
木本婆婆纳 **186931**
木本婆婆纳属 **186925**
木本青竹标 157547
木本绒毛蓼 151834
木本薯蓣 45736
木本薯蓣属 45735
木本素馨 211996
木本天芹菜 190559
木本委陵菜 289713
木本香薷 144023
木本小蓼 **308680**
木本旋覆花 **207035**
木本亚麻 **231869**
木本岩黄芪 188091
木本岩黄蓍 **188091**
木本远志 307982,308050
木本猪毛菜 **344452**
木笔 198698,252809,416694,416707,416721
木笔花 416686,416688,416694,416707,416721
木必子 256804
木壁莲 165515
木便 302753
木鳖 256804
木鳖瓜 256804
木鳖藤 256804
木鳖子 **256804**,5100
木鳖子霜 256804
木别子 256804
木柄杜根藤 **67836**
木柄凤梨属 391966
木波罗 36920
木波罗属 36902
木波萝 36920
木菠萝属 36902
木薄荷属 315595
木布马胎 31443
木材树 18197
木常山 96200
木沉香 112871
木秤星 203578
木虫豆 65147
木臭牡丹 313717
木雏菊属 **350353**
木川芎 **266927**
木春菊 32563
木椿树 332509
木刺艾 82022,92384
木刺大戟 **160095**
木刺龙舌兰 **10964**
木葱 15289
木村豆花烛 **28082**
木村小苦荬 **210529**
木村小米草 **160229**
木锉掌 16605
木达地黄 249633
木大刀王 263763
木大戟 158433
木大青 96028
木丹 171253
木弹 131061
木刀莲 332221
木地肤 **217353**
木垫钝柱菊 **63928**
木垫钝柱菊属 **63927**
木靛 414809
木吊灯 254548
木碟花 127852
木钉萝藦 **285896**
木钉萝藦属 **285894**
木冬瓜 76813
木冬欧蒿 105805
木都 233161
木豆 **65146**
木豆属 **65143**
木豆叶皮尔逊豆 **286784**
木杜仲 157539
木对节刺 342189
木铎 165515
木萼列当属 **415710**
木尔克洛夫鼠尾草 345230
木耳菜 **183080**,48689,183066,183097
木耳菜属 108723
木耳树 50507
木防己 **97933**,34176,34203,34288,34348,97919,97947
木防己属 **97894**
木防己叶榕 **164821**
木榧 82545,393061
木芙蓉 **195040**
木附子 332509,332775,332791
木甘菊 **71107**
木甘菊属 **71106**
木杠藤 20356
木根巴拉蓼 **308869**
木根草科 373587
木根草属 373584
木根车前 **302156**
木根旱生草科 415182
木根旱生草属 415172
木根花篱 **27445**
木根还阳参 **111094**
木根菊属 **415842**
木根麻花头 **361134**
木根三距时钟花 **396514**
木根香青 **21729**
木根沿阶草 **272159**
木根叶下珠 **296820**
木梗毛连菜 **298647**
木梗天青地白 243320
木瓜 **317602**,76813,84553,84573,415096
木瓜刺 322451
木瓜瓜 76813
木瓜果 165398
木瓜海棠 84553
木瓜红 **327418**
木瓜红属 **327410**
木瓜花 84556
木瓜榄 **83954**
木瓜榄属 **83953**
木瓜榕 164661
木瓜属 **317598**,84549
木瓜树 16386,16470
木瓜藤 165515
木瓜芎蕉 260253
木关果 166786
木桂 91302
木桂根雷 260199
木棍树 302601
木国鹅绒藤 **117705**
木国菊 **89567**
木果阿芙苏木 10129
木果埃尔时钟花 **148132**
木果澳藜 **148352**
木果澳藜属 **148351**
木果菜豆树 **325006**
木果大风子属 **415927**
木果福木 **142476**
木果海桐 **301454**
木果红山茶 **69773**,69552
木果芥 **21911**
木果芥属 **21909**
木果柯 **233421**
木果楝 **415716**
木果楝属 **415714**
木果缅茄 **10129**
木果茉莉 **82555**
木果茉莉属 **82553**
木果蒲 165515
木果芹 **228965**
木果芹属 **228964**
木果山龙眼 **415730**
木果山龙眼属 **415728**
木果石栎 233421
木果树 **200706**
木果树科 356005
木果树属 **200705**,356008
木果酸藤子 **144827**
木果藤 411735

木果卫矛　**415739**,157539
木果卫矛属　**415738**
木果乌桕　**346386**
木果椰　**77619**
木果椰属　**77618**,138532
木果羽叶楸　**376299**
木海棠　288297
木豪斯省藤　**65738**
木禾　73337
木核山矾　**381460**
木荷　**350945**
木荷柴　350945
木荷枫　125604
木荷属　**350904**
木荷桃　125604
木荭　308739
木胡瓜　45724
木斛　125003,125087,166959
木蝴蝶　**275403**
木蝴蝶属　**275401**
木花　53483,195149
木花菊属　**415672**
木花葵　223355
木花生　178555,212127,241519
木花生属　241510
木桓　346338
木患　346338
木患树　346338
木患子　217626,346338
木槵子　346338
木黄　222115
木黄瓜树　80596
木黄花　**89981**
木黄花属　**89978**
木黄连　**415166**,52320,242534,242542,242637,300980
木黄连属　**415164**
木黄莲　242637
木黄蓼　**123556**
木黄蓼属　**123555**
木黄芪　41997,42969
木黄耆　**41997**,42969
木鸡屎藤　222115
木基栝楼　**396255**
木稷　369720
木荚豆　**415693**
木荚豆属　**415678**,125574
木荚红豆　**274440**
木荚属　146107
木荚苏木属　**146107**
木假地豆　126389
木碱蓬　**379514**
木姜菜　144091
木姜冬青　203984
木姜花　143998
木姜楼梯草　**142721**
木姜润楠　240623
木姜树　234051
木姜叶暗罗　**307507**
木姜叶巴戟　**258896**
木姜叶冬青　**203984**
木姜叶黄肉楠　233981
木姜叶柯　**233295**
木姜叶槭　**3105**
木姜叶青冈　**116134**
木姜叶润楠　**240623**
木姜叶石栎　233295
木姜子　**234045**,231355,231429,233865,233882,234003
木姜子属　**233827**
木姜子叶假山龙眼　**189971**
木姜子叶水锦树　**413794**
木浆果单兜　**257653**
木浆果假肉豆蔻木　257653
木浆花　143998
木浆子　233882,233999
木匠椰属　77137
木椒　300464
木角豆　79257
木津龙船花　**211039**
木津小花茜　**286010**
木锦鸡儿　72233
木槿　**195269**
木槿花　13934,195149,195269
木槿科　**194675**
木槿属　**194680**
木槿树　195269
木槿叶巴豆　**112908**
木茎火绒草　**224944**
木茎山金莓　362363
木茎山金梅　362361,362363
木茎蛇根草　**272240**
木茎香草　**239747**
木桔属　8783
木菊鳞花草　**225153**
木菊属　**129369**,415672
木橘　**8787**
木橘属　**8783**
木橘子　379374
木决明　**78371**
木菌子　46868
木考皮　329765
木壳椆　233421
木壳柯　233421
木壳石栎　233421
木葵　234170
木腊　214972
木腊树　393479,393485
木蜡　5821
木蜡树　**393485**,346408,393479
木辣　351741
木辣椒　301230
木辣蓼　301309
木来果　46198
木兰　198698,279249,416684,416694,416707
木兰杜鹃　**331361**
木兰钝果寄生　**385208**
木兰花　416707
木兰寄生　385208
木兰科　**242370**
木兰桑寄生　385208
木兰属　**241951**
木兰藤　**45220**
木兰藤科　**45221**
木兰藤属　**45218**
木兰条　414147
木兰叶草胡椒　**290382**
木兰叶赪桐　**96198**
木兰叶丹氏梧桐　**135909**
木兰叶黄蓉花　**121929**
木栏牙　217626
木蓝　**206669**,205921,206626,414809
木蓝叉　205782
木蓝乔　205752
木蓝属　**205611**
木蓝子　403687
木榄　**61263**
木榄属　**61250**
木老鼠簕　2684
木垒黄芪　42791
木垒黄耆　**42791**
木梨　**323346**,116546,317602,336885
木梨花　211990
木梨氏金丝桃　**201964**
木藜芦　228166
木藜芦属　**228154**
木李　317602
木李蛮栌　116546
木李属　317598
木里白酒草　**103539**
木里白前　**117614**
木里报春　**314178**
木里糙苏　**295153**
木里叉花草　**130319**,320134
木里茶藨　334109
木里茶藨子　**334109**
木里齿冠紫堇　**105679**
木里赤瓟　**390158**
木里垂头菊　**110464**
木里翠雀花　**124394**
木里滇西紫堇　105679
木里滇芎　**297957**
木里吊灯花　**84180**
木里杜鹃　**330031**,331712
木里短檐苣苔　**394679**
木里多色杜鹃　**331712**
木里凤仙花　**205155**
木里附地菜　**397439**
木里藁本　**229398**
木里冠唇花　**254260**
木里海棠　**243658**
木里合耳菊　**381943**
木里喉毛花　**100275**
木里厚喙菊　**138775**
木里厚棱芹　**279651**
木里胡颓子　**141948**
木里黄堇　**106172**
木里黄芪　42758
木里黄耆　**42758**
木里灰岩黄芩　**355446**
木里茴芹　**299547**
木里蓟　**92211**
木里剪股颖　**12208**
木里金黄杜鹃　331712
木里堇菜　**410280**
木里韭　**15352**
木里栎　**324383**
木里瘤树冬青　203758
木里柳　**343734**
木里木蓝　**206278**
木里木香　135740
木里拟蕨马先蒿　**287205**
木里槭　**3211**
木里千里光　**359527**
木里千针苋　**6165**
木里秋海棠　**50094**
木里秋葵　**238**
木里鼠尾草　**345074**
木里松蒿　**296070**
木里蒿草　**217307**
木里溲疏　**127018**
木里碎米荠　**72901**
木里苔草　**75438**
木里橐吾　**229113**
木里微孔草　**254354**
木里尾药菊　381943
木里乌头　**5484**
木里无心菜　**32089**
木里仙　167488,185130
木里陷脉冬青　**203758**
木里香　185130
木里香茶菜　**209782**
木里香青　**21637**
木里小檗　**51943**,52371
木里缬草　**404311**
木里绣线菊　**372022**
木里雪莲　**348544**
木里栒子　**107581**
木里蝇子草　**363778**
木立朝颜　207791
木立蕃茄　119974
木荔枝　46198
木栗　79043
木莲　**244434**,165515,198698,232594,244479

木莲草 359980
木莲葛 165002,165623
木莲果 244479
木莲花 244449
木莲属 **244420**
木莲藤 165515
木莲子 237191
木蓼 6682,44260,44269
木蓼属 **44247**
木蓼树 300980
木鳞甲草 9023
木龙 411589,411590
木龙葵 **367585**,367651
木隆冬 165515
木隆谷 165515
木隆骨 165515
木芦荟 16592
木鲁星果棕 **43377**
木榈属 138532
木栾 217626
木栾树 217626
木论木兰 **242215**
木麻黄 **79161**,146155
木麻黄科 **79193**
木麻黄属 **79155**
木麻黄菟丝子 **115142**
木马鞭 373507
木马鞭属 373490
木马兜铃 34106
木馒头 165515
木馒头藤 165515
木满天星 417139
木曼陀罗 61231
木曼陀罗属 61230
木毛单竹 **47530**
木玫瑰 250850
木莓 **136846**,338281,339338
木莓属 **136832**
木莓悬钩子 **339338**
木蜜 198767,198769
木绵 156041
木棉 **56802**,56784,156041,179884,195269
木棉花 24116
木棉寄生 190848
木棉科 **56761**
木棉属 **56770**
木棉树 56802
木奶果 **46198**
木奶果属 **46176**
木牛蒡 **31061**
木牛七 157675
木奴 93717,93719,93806
木奴树 233228
木排豆 9560
木皮 36946
木皮棕 138535
木皮棕属 138532
木苹果 **163502**
木苹果属 **163499**
木浦 171918
木麒麟 **290701**
木麒麟彩云木 **381494**
木麒麟属 **290699**
木千里光属 **125716**
木桥木槿 195292
木茄 10129
木球荚蒾 407939
木屈律 198769
木山剪股颖 **12227**
木山蚂蝗属 125574
木山竹子 **104640**
木珊瑚 44913,198767,198769
木勺草 355494
木芍药 280155,280213,280286
木神葛属 25927
木虱草 **166380**,118642,166402
木虱槁 322412
木虱罗 322412
木石草 94483
木石斛 **125087**
木熟果 171145
木薯 **244507**
木薯胶 **244509**
木薯属 **244501**
木薯橡胶 244509
木树果子 80739
木栓杜鹃 332155
木栓果裂托叶椴 **126773**
木栓哈克 184640
木栓哈克木 **184640**
木栓假榆橘 **320097**
木栓质豪曼草 **186216**
木栓质还阳参 **110736**
木栓质美洲萝藦 **179470**
木栓质欧洲光叶榆 **401475**
木栓质肉珊瑚 **347033**
木栓质鱼骨木 **71506**
木栓质鹧鸪花 **395489**
木栓质直玄参 **29947**
木蒴藋 345708
木斯克黄耆 **42764**
木苏鸢尾 **208723**
木粟 247425,247456
木踏子 45725
木饧 198769
木桃 84553,84556
木藤 65778
木藤蓼 162509
木藤首乌 **162509**
木天蓼 6682
木田菁 **361384**
木田菁属 361350
木庭荠 **18307**
木庭荠属 **18305**
木通 **13225**,13238,34268,34276,94748,94894,94953,94969,94995,95226,197213,387432
木通草 94740
木通花 94995
木通科 **221818**
木通马兜铃 34268
木通七叶莲 374392,374429
木通属 **13208**
木通树 387432
木通藤 95226
木通子 13225
木蓪 13225
木茼蒿 **32563**
木茼蒿属 **32548**
木筒蒿属 32548
木头痞 319833
木头回 285834
木头树 114539
木椀树 48993
木碗树 48993
木碗子 231435
木万年青 260173
木王 79247,79257
木威子 71015
木屋龙头草 **247731**
木五倍子 332509
木五加 125604
木五加属 125589
木犀 **276291**
木犀草 **327896**,327879
木犀草百蕊草 **389849**
木犀草长冠田基黄 **266126**
木犀草齿舌叶 **377363**
木犀草光柱苋 **218673**
木犀草科 **327934**
木犀草属 **327793**
木犀臭 247727
木犀花 276291
木犀假卫矛 **254316**
木犀科 270182
木犀榄 **270149**,270099
木犀榄番樱桃 **156318**
木犀榄科 **270182**
木犀榄美登木 **246892**
木犀榄属 **270058**
木犀榄叶大岩桐寄生 **384197**
木犀榄叶菲利木 **296270**
木犀榄叶香豆木 **306278**
木犀榄叶新喀香桃 **97232**
木犀榄叶旋花 **103166**
木犀属 **276242**
木犀叶金千里光 **279899**
木犀叶千里光 279899
木犀紫玉盘 **403550**
木锡 198767
木樨 276291
木樨假卫矛 254316
木虾公 125202
木下氏无柱兰 **19516**
木下氏异细辛 **194345**
木苋属 **57453**
木香 34276,44881,135722,207206,336366,341760
木香花 211821,336366,336378
木香花蔷薇 **336366**
木香马兜铃 34276
木香木姜子 233865,234095
木香薷 **144096**
木香子 233996,234045,234095
木向日葵属 **364507**
木蟹 204544,256804
木蟹柴 204544
木蟹树 204544
木绣球 199870,407939,407942,413613
木旋花 32642,103338
木旋花属 32600
木血竭 121493,137353
木雅景天 **356956**
木烟草 266043
木芫荽 **228775**
木芫荽属 **228770**
木岩黄芪 187981
木岩黄耆 **187981**
木盐 332509
木羊乳 344910,345214
木腰子 49046,145899
木药脂 131501
木药子 131501
木叶奥佐漆 **279340**
木叶马钱 **378954**
木叶叶木豆 **297556**
木银花 235941
木银莲花 **24004**
木英 345708
木罂粟属 125583
木油树 346408,406019
木油桐 **406019**
木鱼柴 160954
木鱼坪淫羊藿 **146993**
木羽扇豆 238430
木芋头 16512
木泽兰 **158090**,158333
木贼阿魏 **163605**
木贼百蕊草 **389682**
木贼荸荠 143217
木贼补血草 **230617**
木贼短片帚灯草 **142948**
木贼枫藤 243437
木贼干若翠 **415460**
木贼菊 **226667**

木贼菊属 **226666**
木贼蓼 **309088**
木贼瘤子菊 **297573**
木贼麻黄 **146155**
木贼天门冬 **39004**
木贼香荼菜 **303285**
木贼叶木麻黄 79161
木贼状荸荠 143139,143217
木曾杜鹃 **331009**
木曾堇菜 **409613**
木曾鼠尾草 **345256**
木曾小米草 **160199**
木曾悬钩子 **338949**
木曾报春 **314537**
木栅紫葳 **415749**
木栅紫葳属 **415748**
木樟子 234045
木枝挂苦藤 199800
木枝蜡菊 **189903**
木质风毛菊 **348208**
木质凤卵草 **296884**
木质褐花 **61143**
木质莲座半日花 **399959**
木质毛连菜 298607
木质穆拉远志 **260008**
木质拟扁芒草 **122326**
木质欧石南 **149670**
木质泡叶番杏 **138196**
木质千里光 **360169**
木质肉角藜 **346774**
木质鼠鞭草 **199705**
木质四角青锁龙 **109455**
木质天芥菜 **190663**
木质天门冬 **39062**
木质条果芥 **285031**
木质图贝花 399959
木质苇谷草 **289570**
木质针禾 **377041**
木质朱米兰 **212724**
木帚栒子 **107424**
木帚子 107424,107668
木珠兰 11300
木猪苓 366338
木竹 **47433**,297233,297300
木竹果 171145,171155
木竹藤 79850
木竹子 171145,171155
木苎麻 56125,56206
木状美罂粟 56025
木锥花 **179176**,179195
木子 6553
木子菜 208264
木子花 **328696**
木子树 346408
木梓树 346408
木紫草属 **233432**
木紫珠 **66738**
木棕属 138532
目萃哆 119503
目浪 346338
目浪树 346338
目目箭 231544
目目生珠草 187565
目贼芋属 327670
沐川玉山竹 **416771**
牧草栓翅芹 313524
牧场 **336637**
牧场百里香 **391322**
牧场草属 **401852**
牧场荼藨 333945
牧场荼藨子 **333945**
牧场斗篷草 **14106**
牧场黄芪 42855
牧场黄耆 **42855**
牧场蓟 **92360**
牧场柳 343868
牧场欧洲小叶椴 **391696**
牧场鼠尾粟 **372630**
牧场苔草 **76420**
牧场天门冬 **39135**
牧场无心菜 **32237**
牧场小屋欧洲小叶椴 391696
牧场紫草 **266586**
牧场紫草属 **266585**
牧笛竹 **45117**
牧笛竹属 **45116**
牧地狼尾草 **289205**,289248
牧地山黧豆 **222820**
牧地香豌豆 222820
牧豆寄生属 **315541**
牧豆树 **315553**,315560
牧豆树属 **315547**
牧儿兰 **264206**
牧儿兰属 **264205**
牧根草 **43580**,43577
牧根草属 **298054**
牧根草驼曲草 **119877**
牧根草鸭舌癀舅 **370823**
牧根木犀草 **327904**
牧孤梨 243629
牧虎梨 109650,109936
牧马豆 389533,389540
牧人钱袋芥 **46975**
牧人钱袋芥属 **46974**
牧山景天 **357044**
牧宿 247425,247456
牧蓿 247456
牧野百合 229872
牧野冬青 **204015**
牧野杜鹃 **331187**
牧野金丝桃 **202014**
牧野木槿 **194989**
牧野忍冬 **235960**
牧野日本栗 **78778**
牧野氏百合 **229919**
牧野氏冬青 **203530**
牧野氏筋骨草 **13140**
牧野氏堇菜 **410754**
牧野氏卷瓣兰 62873
牧野氏龙胆 **173624**
牧野氏露珠草 **91543**
牧野氏飘拂草 **166501**
牧野氏蔷薇 **336313**
牧野氏唢呐草 **256039**
牧野氏苔 75287
牧野氏苔草 **75287**
牧野氏小米草 **160180**
牧野氏泽兰 **158230**
牧野氏獐牙菜 **380267**
牧野茼蒿 **89603**
苜蓿 247425,247456,247457
苜蓿草 247452
苜蓿大戟 **159329**
苜蓿属 **247239**
苜蓿菟丝子 115031
墓地补血草 **230733**
墓地夸拉木 **323535**
墓地蜡菊 **189379**
墓地麻黄 **146176**
墓地鼠尾草 **345044**
墓地乌口树 **384944**
墓地兄弟草 **21288**
墓回头 283388,285834,285839,285855
墓头灰 285834
墓头回 283388,285834
墓头茴 285834
睦边青冈 **116169**
睦南木莲 **244426**
慕荷 335142
慕氏杜鹃 **331274**
慕索凤仙花 **205159**
暮云阁 **140116**
穆埃黍 **281944**
穆地金千里光 **279926**
穆蒂斯莎草 **119236**
穆杜格假睑子菊 **317429**
穆杜格莎草 **119231**
穆杜格猪屎豆 **112442**
穆鳄梨属 **260560**
穆尔艾麻 **221580**
穆尔拜克蟾蜍草 **62260**
穆尔拜克大翅蓟 **271685**
穆尔拜克金盏花 **66436**
穆尔拜克豌豆 **408504**
穆尔拜克小米草 **160230**
穆尔贝母兰 **98698**
穆尔橙菀 **320713**
穆尔地榆 345230
穆尔恩氏寄生 **145592**
穆尔风车子 **100639**
穆尔鬼针草 **54014**
穆尔橘茱萸 **93267**
穆尔空船兰 **9158**
穆尔曼蒲公英 **384688**
穆尔曼山柳菊 **195802**
穆尔千里光 **359512**
穆尔三盾草 **394980**
穆尔鼠尾草 **345230**
穆尔特克属 256746
穆尔亚马孙石蒜 **155859**
穆芬迪大沙叶 **286369**
穆芬迪都丽菊 **155388**
穆芬迪番樱桃 **156301**
穆芬迪咖啡 **98970**
穆戈札雷百里香 **391289**
穆胡卢树葡萄 **120153**
穆桔梗 **260517**
穆卡百蕊草 **389794**
穆库卢裂稃草 **351297**
穆拉沙拐枣 **67052**
穆拉远志属 **259923**
穆勒夫人绣球 199972
穆雷犊牛儿苗 **153872**
穆雷鼠尾草 **345231**
穆雷水苏 **373312**
穆雷特草 **260131**
穆雷特草属 **260127**
穆里野牡丹属 **259415**
穆龙贝合欢 **13626**
穆伦兰属 **256473**
穆蒙草海桐 **350346**
穆尼暗毛黄耆 **42041**
穆尼景天 **356943**
穆尼木蓝 **206274**
穆尼南星 **33422**
穆尼叶下珠 **296663**
穆尼远志 **308198**
穆坪梣 168097
穆坪荼藨 334104
穆坪醋栗 334104
穆坪杜鹃 331283
穆坪杜鹃花 331283
穆坪冠唇花 254259
穆坪柳 343723
穆坪马兜铃 34276
穆坪马先蒿 **287436**
穆坪兔儿风 **12661**
穆坪栒子 **107576**
穆坪越橘 403912
穆坪紫堇 **105881**
穆坪紫菀 40880
穆坪醉鱼草 62019
穆乔夹竹桃 **259472**
穆乔夹竹桃属 **259471**
穆萨犊牛儿苗 **346654**
穆塞尔金盏花 **66437**
穆森苣苔属 **259431**

穆沙蜘蛛抱蛋 39563
穆什木蓼 **44270**
穆氏报春 **314670**
穆氏彩叶凤梨 **264422**
穆氏戴尔豆 **121897**
穆氏斗篷草 **14091**
穆氏荆芥 **265005**
穆氏蜡菊 **189583**
穆氏列当 **275186**
穆氏裸柱菊 **368531**
穆氏千里光 **359513**
穆氏蔷薇 336777
穆氏乳突球 244159
穆氏檀香 **346215**
穆氏忧花 **241668**
穆氏紫葳 **260514**
穆氏紫葳属 **260513**
穆斯卡风信子 **260347**
穆斯卡风信子属 **260345**
穆苏摘亚苏木 **127383**
穆索富斑鸠菊 **406609**
穆索济群花寄生 **11107**
穆塔卜远志属 **259435**
穆托莫斑鸠菊 **406350**
穆瓦番荔枝属 **260566**
穆维尼大戟 **159415**
穆维尼海神木 **315924**
穆维尼合瓣花 **381843**
穆维尼黑草 **61768**
穆维尼九节 **319703**
穆维尼囊蕊紫草 **120857**
穆维尼莎草 **119240**
穆维尼莴苣 **219424**
穆维尼鸭舌癀舅 **370827**
穆希图斑鸠菊 **406608**
穆伊豆腐柴 **313695**


## N


拿嘎千里光 **381944**
拿嘎尾药千里光 **381944**
拿蒟 **328665**
拿拉藤 **262335**
拿拉藤属 **262333**
拿柳 **328665**
拿身草 **269613**
拿绳 **374392**
拿手风 **66853**
拿司竹属 **262755**
拿藤 13238
拿子 13225
酛(雫)蓟 **92387**
内奥尼古棕属 264236
内宝珠 138331
内贝树属 **262982**
内布灰菀 **130278**
内布金合欢 **1417**
内布拉斯加苔草 **75481**
内布利纳龙胆属 **262998**
内布利纳野牡丹属 **263001**
内地栲叶槭 **3228**
内地灯心草 **213173**
内地剑叶卷舌菊 **380919**
内地苔草 **74894**
内地唐棣 **19272**
内地微毛飘拂草 **166449**
内冬子 231301
内苳子 231301
内多赤竹 **347240**
内尔森肋瓣花 **13838**
内尔斯天门冬 **39112**
内尔斯肖矛果豆 **294616**
内份竹 20205
内风消 214972,351021
内风消五味子 **351073**
内盖尔马唐 **130678**
内盖尔小金梅草 **202920**
内盖夫肖梭梭 **185194**
内盖里刺痒藤 **394187**
内盖里唐菖蒲 **176399**
内格勒木槿 **195056**
内格里鬼针草 **54022**
内格里蒿 **35977**
内格里金合欢 **1419**
内格里苔草 **75485**
内格里仙人笔 **216683**
内艮尼欧亚槭 **3466**
内冠菊属 145390
内红消 20348,214972,345310
内华达茶藨 **334175**
内华达茶藨子 **334116**
内华达葱 **15514**
内华达翠雀花 **124198**
内华达灯心草 **213314**
内华达顶冰花 **169471**
内华达番黄花 **111562**
内华达繁瓣花 228290
内华达飞蓬 **150605**
内华达荷包牡丹 **128305**
内华达假金目菊 **190256**
内华达剪股颖 **12220**
内华达金菊木 **150373**
内华达景天 **356960**
内华达距花 **81764**
内华达拉拉藤 **170516**
内华达岭脊百合 **229981**
内华达刘氏草 **228290**
内华达龙舌兰 **10949**
内华达漆姑草 **342291**
内华达麻黄 **146224**
内华达千里光 **359583**
内华达茄 **275895**
内华达茄属 **275894**
内华达芹叶荠属 **265847**
内华达伞花绒毛蓼 **152596**
内华达山春美草 **94339**
内华达山地野荞麦木 **151993**
内华达山金车 **34754**
内华达舌瓣 **177363**
内华达十大功劳 **242642**
内华达苔草 **76704**
内华达小向日葵 **188566**
内华达熊果 **31125**
内华达羊茅 **164103**
内华达野荞麦木 **152405**
内华达一枝黄花 **368430**
内华达伊瓦菊 **210482**
内华达伊瓦菊属 **88979**
内华达针垫菊 **84513**
内尖玄参 **355172**
内茎苔草 **145348**
内茎苔草属 **145347**
内卷长被片风信子 **137947**
内卷酢浆草 **277909**
内卷多坦草 **136525**
内卷欧石南 **149598**
内卷三脉双蝴蝶 **398307**
内卷沙拐枣 **67033**
内卷绳草 **328078**
内卷鼠麴木属 **237180**
内卷唐菖蒲 **176278**
内卷蝎尾蕉 **190055**
内卷星牵牛 **43355**
内卷鸭跖草 **101050**
内卷叶石蒜属 **156053**
内卷叶猪屎豆 **112256**
内利氏舌叶花 **177475**
内裂驴蹄草 **68179**
内陆野栎 324556
内陆旱熟禾 **305602**
内罗比斑鸠菊 **406351**
内罗比扁莎 **322359**
内罗比九节 **319616**
内罗比龙王角 **199022**
内罗比木蓝 **206284**
内罗比鸭跖草 **101100**
内毛黄鹌菜 **416493**
内毛菊 **145392**
内毛菊属 **145390**
内毛楠 **145359**
内毛楠属 **145358**
内门竹 **20205**
内门竹属 36883
内蒙茶藨 334086
内蒙茶藨子 **334086**
内蒙茨藻 262084
内蒙大茨藻 **262084**
内蒙古葶苈 **143169**
内蒙古扁穗草 55895
内蒙古大麦 **198305**
内蒙古大麦草 198305
内蒙古鹅观草 **335360**
内蒙古旱蒿 **36557**
内蒙古蒿 36557
内蒙古棘豆 **279032**
内蒙古毛茛 **325977**
内蒙古女娄菜 **363851**
内蒙古肉苁蓉 **93068**
内蒙古驼绒藜 83501
内蒙古西风芹 **361508**
内蒙古邪蒿 361508
内蒙古亚菊 **12991**
内蒙古野丁香 **226109**
内蒙古紫草 34624
内蒙黄芪 42704
内蒙黄耆 42704
内蒙披碱草 **144346**
内蒙肉苁蓉 93068
内蒙驼绒藜 **83501**
内蒙眼子菜 **312155**
内蒙杨 **311356**
内蒙野艾 35171
内蒙野丁香 226109
内蒙针茅 **376940**
内蒙紫草 34624,233731
内南五味子 214969
内普丘恩短冠草 **369230**
内普丘恩铁苋菜 **1933**
内嵌茄 **367256**
内球爵床 **145250**
内球爵床属 **145249**
内曲宝草 **186376**
内曲草 **319064**
内曲草属 **319062**
内曲繁缕 374924
内曲菲利密头帚鼠麴 **252457**
内曲花凤梨 **392019**
内曲龙鳞草 **186766**
内曲树萝卜 10317
内曲铁兰 392019
内曲硬皮鸢尾 **172619**
内蕊草属 **145422**
内山麻黄 146211
内生文殊兰 **111190**
内侍 **102416**

内丝木 **145389**
内丝木属 **145387**
内斯特紫葳 **265637**
内斯特紫葳属 **265634**
内索藤黄 **145365**
内索藤黄属 **145364**
内瓦葱 **15518**
内弯阿尔玛豆 **16271**
内弯繁缕 **374924**
内弯黄芩 **355493**
内弯鸡脚参 **275701**
内弯狸藻 **403215**
内弯瘤瓣兰 **270816**
内弯茜草 **337995**
内弯山黧豆 **222733**
内弯蝇子草 363566
内韦柳 **343785**
内维尔草 **265853**
内维尔草属 **265852**
内维尔欧石南 **149789**
内维针垫菊 **84515**
内文小檗 **51961**
内向石竹 **127595**
内向双距兰 **133813**
内向仙花 **395811**
内向一年生假毛地黄 45184
内向一年生类毛地黄 **45184**
内消 83769
内消花 198639
内消子 373635
内雄楝属 **145948**
内虚 355387
内药樟属 145315
内折萹蓄 **309252**
内折长庚花 **193259**
内折车叶草 **39365**
内折橙菀 **320697**
内折灯心草 213165
内折芳香木 **38593**
内折菲利木 **296233**
内折海神木 **315774**
内折含羞草 **255050**
内折灰毛豆 **386012**
内折丽穗凤梨 **412359**
内折马利筋 **37969**
内折木蓝 **205856**
内折南非桔梗 **335596**
内折南非少花山龙眼 **370256**
内折南星 **33541**
内折囊颖草 **341952**
内折拟九节 **169335**
内折鸟花兰 **269540**
内折鸟娇花 **210761**
内折诺罗木犀 **266707**
内折欧石南 **149576**
内折全毛兰 **197536**
内折日中花 **220586**
内折肉锥花 **102275**
内折山柳菊 **195554**
内折扇舌兰 **329642**
内折饰球花 **53186**
内折苔草 **74467**
内折唐菖蒲 **176272**
内折葶苈 **137048**
内折威尔帚灯草 **414367**
内折维堡豆 **414034**
内折仙人笔 **216663**
内折香茶菜 **209702**
内折小裂兰 **351475**
内折肖鸢尾 **258526**
内折野荞麦 **152166**
内折舟叶花 **340725**
内折猪屎豆 **112244**
内足草 **145094**
内足草属 **145093**
那拔 318742
那波里草木犀 **249228**
那波利葱 **15509**
那波奈亚麻 231933
那不勒斯黑杨 **311411**
那不勒斯毛茛 **326116**
那不仙客来 115953
那大紫玉盘 **403519**
那尔紫玉盘 **403538**
那菲早熟禾 **305767**
那芙属 262926
那果 113455
那汗卷舌菊 **380929**
那合豆 90801
那加黄堇 **105657**
那觉小檗 **51341**
那克哈杜鹃 331305
那兰花椒 **417280**
那冷门 397159
那配阿苣苔属 262289
那配阿属 262285
那坡唇柱苣苔草 **87930**
那坡鹅掌柴 350752
那坡凤仙花 **205165**
那坡孩儿草 **340357**
那坡红豆 **274418**
那坡胡颓子 **142016**
那坡姜花 187424
那坡链珠藤 **18501**
那坡楼梯草 **142756**
那坡螺序草 **371773**
那坡木莲 **244468**
那坡榕 **165343**
那坡山姜 **17727**
那坡蛇根草 **272265**
那坡铁线莲 **95155**
那坡腺萼木 **260612**
那坡野靛棵 **244288**
那氏山柳菊 **195814**
那氏型山柳菊 **195813**
那手风 214308
那塔尔大风子 216355
那塔尔野桃 **216355**
那塔利拉蒙苣苔 325226
那塔利欧洲苣苔 **325226**
那特卡特欧丁香 382351
那藤 **374409**,374392,374429
那瓦飞廉 **73425**
那须赤竹 **347233**
那须地杨梅 **238617**
那须柳 **342941**
那须鸢尾 **208824**
那智金腰 **90323**
那猪草 55788
纳比红细叶红千层 **67251**
纳博补血草 **230690**
纳博巢菜 **408505**
纳博海葱 **274703**
纳博苜蓿 **247489**
纳博亚麻 **231933**
纳达尔梅子 **25934**,76873
纳迪纳库得拉草 **218280**
纳尔迪多素馨 **211916**
纳尔多多头玄参 **307620**
纳尔多日中花 **220624**
纳尔契克山柳菊 **195805**
纳尔契克早熟禾 **305738**
纳尔逊风车子 **100655**
纳尔逊观音兰 **399105**
纳尔逊毛茛 **326143**
纳尔逊三盾草 **394974**
纳尔逊鼠麹草 **178304**
纳尔逊薯蓣 **131732**
纳尔逊四数玄参 **387714**
纳尔逊苔草 **75486**
纳尔逊天芹菜 **190678**
纳尔逊天竺葵 **288384**
纳尔逊野荞麦木 **152595**
纳尔鸢尾 **208726**
纳夫利兹绣球防风 **227667**
纳槁 233999,240652
纳槁润楠 **240652**
纳槁桢楠 240652
纳格尔杜鹃属 **261998**
纳格里兰 **261996**
纳格里兰属 **261995**
纳赫蒂加尔木菊 **129425**
纳赫蒂加尔塞拉玄参 **357604**
纳会 17381
纳吉谷精草 **151392**
纳吉茜 **262557**
纳吉茜属 **262556**
纳金花 218830
纳金花属 218824
纳拉畸花茜 **28855**
纳拉三指兰 **396657**
纳兰角 **262129**
纳兰角属 **262127**
纳雷姆百里香 **391300**
纳雷姆山柳菊 **195807**
纳里橐吾 229117
纳丽花 **265299**
纳丽花属 **265254**
纳林韭 **15816**
纳伦鸢尾 **208728**
纳麻属 **262120**
纳马阿冯苋 **45774**
纳马奥佐漆 **279307**
纳马基露兜树 **281086**
纳马夸奥佐漆 **279308**
纳马夸百蕊草 **389798**
纳马夸棒棰树 **279685**
纳马夸布里滕参 **211525**
纳马夸长庚花 **193304**
纳马夸长寿城 **82613**
纳马夸酢浆草 **277978**
纳马夸大戟 **159325**
纳马夸单裂萼玄参 **187053**
纳马夸吊灯花 **84186**
纳马夸吊兰 **88601**
纳马夸多蕊石蒜 **175342**
纳马夸狒狒花 **46090**
纳马夸费利菊 **163248**
纳马夸海葱 **274701**
纳马夸海神木 **315896**
纳马夸合花风信子 **123115**
纳马夸花姬 **313916**
纳马夸花盏 **61405**
纳马夸画眉草 **147833**
纳马夸棘茅 **145102**
纳马夸坚果番杏 **387191**
纳马夸拉拉藤 **170306**
纳马夸兰猪毛菜 **344640**
纳马夸蓝花参 **412763**
纳马夸乐母丽 **336005**
纳马夸肋瓣花 **13834**
纳马夸立金花 **218902**
纳马夸龙王角 **199039**
纳马夸罗顿豆 **237420**
纳马夸毛头菊 **151595**
纳马夸毛子草 **153238**
纳马夸穆拉远志 **260023**
纳马夸奈纳茜 **263548**
纳马夸南非补血草 **10036**
纳马夸鸟娇花 **210903**
纳马夸牛角草 **273181**
纳马夸茄 **367405**
纳马夸青锁龙 **109186**
纳马夸球百合 **62420**
纳马夸塞拉玄参 **357605**
纳马夸莎草 **119032**
纳马夸山肖鸢尾 **258582**
纳马夸梳状萝藦 **286857**

纳马夸双距花 128078
纳马夸粟米草 256710
纳马夸网球花 184431
纳马夸喜阳花 190393
纳马夸虾疳花 86563
纳马夸香芸木 10673
纳马夸小边萝藦 253570
纳马夸肖鸢尾 258583
纳马夸新澳洲鸢尾 264259
纳马夸异燕麦 190177
纳马夸硬皮鸢尾 172644
纳马夸尤利菊 160842
纳马夸胀萼马鞭草 86094
纳马夸针禾 377004
纳马夸针翦草 377004
纳马夸猪屎豆 112129
纳马夸蛛丝回欢草 21096
纳马夸蛛网卷 186272
纳马鹿藿 333336
纳马没药 101477
纳马球百合 62426
纳马石竹 127780
纳马鼠尾草 345239
纳马小叶番杏 169987
纳马叶梗玄参 297119
纳玛百合属 262130
纳曼干氨草 136266
纳曼干蒿 35974
纳曼干漏芦 329224
纳米比亚澳非萝藦 326771
纳米比亚厚壳树 141676
纳米比亚九头狮子草 291169
纳米比亚立金花 218903
纳米比亚利奇萝藦 221996
纳米比亚龙幻 137726
纳米比亚萝藦属 49309
纳米比亚青锁龙 108986
纳米比亚香瓜 114123
纳米比亚猪毛菜 344449
纳米布白花菜 95677
纳米布长被片风信子 137968
纳米布大戟 159420
纳米布褐花 61145
纳米布芦荟 17072
纳米布柔花 8959
纳米布手玄参 244830
纳米布肖鸢尾 258584
纳米布尤利菊 160843
纳米布泽菊 91116
纳米布针禾 377005
纳米布针翦草 377005
纳米布猪毛菜 344641
纳莫鲁克橄仁树 386588
纳莫盘木属 263498
纳木拉乌头 5440
纳木里非洲奇草 15973
纳木里黑草 61828
纳木里灰毛豆 385931
纳闹红 19493
纳普石竹 127747
纳齐兹雪白山梅花 294581
纳齐兹紫薇 219939
纳奇克蒲公英 384690
纳茜菜科 262567
纳茜菜属 262572
纳茜草属 262572
纳什木 262601
纳什木属 262600
纳什庭菖蒲 365787
纳氏翠雀花 124416
纳氏对参 130027
纳氏金鱼草 28630
纳氏婆婆纳属 267346
纳氏矢车菊 81229
纳氏玄参属 267346
纳氏蝇子草 363794
纳氏猪笼草 264849
纳獐花属 262776
纳他尔沼毛草 321033
纳塔尔阿氏莎草 596
纳塔尔阿斯皮菊 39796
纳塔尔阿塔木 43741
纳塔尔艾纳香 55701
纳塔尔巴顿列当 64197
纳塔尔百簕花 55386
纳塔尔百蕊草 389799
纳塔尔斑鸠菊 406619
纳塔尔瓣鞘花 99503
纳塔尔杯苋 115730
纳塔尔糙蕊阿福花 393724
纳塔尔虫果金虎尾 5923
纳塔尔大苞盐节木 36788
纳塔尔大果萝藦 279451
纳塔尔大戟 159421
纳塔尔大沙叶 286374
纳塔尔大头苏铁 145240
纳塔尔倒吊笔 414811
纳塔尔邓伯花 390718
纳塔尔斗篷草 14092
纳塔尔恩格勒山榄 145625
纳塔尔非洲铁 145240
纳塔尔菲利木 296263
纳塔尔风箱 82096
纳塔尔甘蓝树 115228
纳塔尔古巴欧石南 149305
纳塔尔谷木 250026
纳塔尔光滑积雪草 81601
纳塔尔核果木 138665
纳塔尔黑蒴 14330
纳塔尔红果大戟 154836
纳塔尔红蕾花 416968
纳塔尔厚敦菊 277095
纳塔尔花盏 61406
纳塔尔画眉草 147837
纳塔尔黄蓉花 121937
纳塔尔黄眼草 416112
纳塔尔黄杨 64330
纳塔尔灰毛豆 386196
纳塔尔火石花 175196
纳塔尔夹竹桃 344391
纳塔尔假杜鹃 48267
纳塔尔假泽兰 254440
纳塔尔节茎兰 269203
纳塔尔金莲木 268229
纳塔尔金丝桃 202040
纳塔尔九头狮子草 291145
纳塔尔可拉木 99236
纳塔尔蜡菊 189591
纳塔尔蓝被风信子 250922
纳塔尔狼尾草 289174
纳塔尔老鹳草 174753
纳塔尔瘤蕊椰 19548
纳塔尔龙面花 263398
纳塔尔罗汉松 306439
纳塔尔罗勒 268573
纳塔尔麻疯树 212187
纳塔尔马唐 130676
纳塔尔毛柱南星 379141
纳塔尔毛子草 153164
纳塔尔茅膏菜 138319
纳塔尔蒙松草 258138
纳塔尔密叶银齿树 227387
纳塔尔绵枣儿 352975
纳塔尔木蓝 206289
纳塔尔南非禾 290000
纳塔尔黏腺果 101238
纳塔尔欧石南 149783
纳塔尔千里光 359558
纳塔尔前胡 292951
纳塔尔青锁龙 109193
纳塔尔秋海棠 50101
纳塔尔雀麦 60863
纳塔尔榕 165344
纳塔尔肉角藜 346768
纳塔尔润肺草 58907
纳塔尔三翅菊 398156
纳塔尔三角车 334579
纳塔尔莎草 119244
纳塔尔山牵牛 390843
纳塔尔柿 132315
纳塔尔瘦鳞萝藦 209408
纳塔尔黍 281959
纳塔尔鼠尾粟 372780
纳塔尔薯蓣 131731
纳塔尔双袋兰 134353
纳塔尔双距兰 133894
纳塔尔水东哥 347972
纳塔尔水苏 373314
纳塔尔水穗草 200550
纳塔尔水蕹 29677
纳塔尔蒴莲 7285
纳塔尔四数玄参 387713
纳塔尔酸海檀木 415561
纳塔尔特拉大戟 394240
纳塔尔天门冬 39109
纳塔尔头花草 82162
纳塔尔菟丝子 115085
纳塔尔驼曲草 119868
纳塔尔无鳞草 14427
纳塔尔腺花山柑 64902
纳塔尔小黄管 356133
纳塔尔小金梅草 202919
纳塔尔肖鸢尾 258586
纳塔尔旋花 103151
纳塔尔鸭舌癀舅 370814
纳塔尔盐肤木 332728
纳塔尔羊蹄甲 49178
纳塔尔异木患 16120
纳塔尔异燕麦 190178
纳塔尔翼叶山牵牛 390718
纳塔尔尤卡柿 155957
纳塔尔尤克勒木 155957
纳塔尔油芦子 97343
纳塔尔柚木芸香 385443
纳塔尔远志 308311
纳塔尔泽赫石竹 127904
纳塔尔樟 121538
纳塔尔樟属 121537
纳塔尔胀萼马鞭草 86080
纳塔尔珍珠茅 354168
纳塔尔栀子 171276
纳塔尔舟蕊秋水仙 22373
纳塔尔皱稃草 141757
纳塔尔猪屎豆 112450
纳塔尔锥口茜 102771
纳塔尔紫瓣花 400083
纳塔好望角番樱桃 156165
纳塔莉春石南 149163
纳塔利特鹅绒藤 117620
纳塔利特番樱桃 156311
纳塔利特金合欢 1414
纳塔利特欧石南 149784
纳塔利特猪屎豆 112451
纳特斑鸠菊 406927
纳特半边莲尔 234660
纳特尺冠萝藦 374154
纳特黑草 61832
纳特芦荟 17091
纳特美冠兰 156888
纳特鸭嘴花 214658
纳梯木属 216920
纳托尔暗黄花 54278
纳托尔翠雀花 124411
纳托尔蒂基花 392361
纳托尔蝶花百合 67611
纳托尔含羞草 255082
纳托尔胡枝子 226908
纳托尔蓟 92245

纳托尔碱茅 **321344**
纳托尔景天 **356969**
纳托尔藜 **87107**
纳托尔蓼 **309475**
纳托尔美洲水鳖 **143931**
纳托尔米努草 **255542**
纳托尔棋盘花 **417920**
纳托尔山蚂蝗 **126482**
纳托尔四蟹甲 **387082**
纳托尔线莴苣 **375962**
纳托尔向日葵 **189012**
纳托尔远志 **308231**
纳托尔月见草 **269471**
纳托尔指甲草 **284846**
纳瓦草属 **262918**
纳瓦霍飞蓬 **150561**
纳瓦霍蓟 **91758**
纳瓦霍仙人掌 **273019**
纳韦凤梨属 **262926**
纳香阿魏 163683
纳言 102385
纳伊尔扁桃 **20930**
纳拥合耳菊 **381945**
纳拥尾药菊 381945
纳雍槭 **3216**
娜波茼麻 **926**
菍子 31680
乃村忍冬 **235963**
乃东 220126,316127
乃东虎耳草 **349244**
乃梅亨银毛椴 **391838**
奶草 159092,159286,183097
奶疸 411373
奶儿草 234363
奶疳草 159092,159286,159634
奶疳药 35674
奶果猕猴桃 **6546**
奶孩儿 239215,239222
奶合藤 252514
奶花草 159092,159286
奶蓟 364360
奶浆包 164947
奶浆菜 210525
奶浆草 117640,158857,159092,159286,201853,234363,252513,252514,368771
奶浆柴胡 110952,110979
奶浆果 36946,137796,164763,165099,261388
奶浆参 110886,110952
奶浆藤 68686,70396,113577,117390,117640,137795,137802,191666,245852,252513,252514,291061
奶浆子 333991
奶酪合欢 **13480**
奶酪树 **177130**
奶米 403687
奶母草 159069
奶奶草 384681
奶奶头 98343
奶匏 76813
奶疲草 337253
奶桑 **259156**
奶参 70396,98343,117640
奶薯 98343
奶树 61107,98343,98424,300959
奶藤 180215,377856
奶头草 198745
奶腥菜花 7789
奶杨草 337253
奶叶藤 179488
奶油果 255312
奶油木 **197404**
奶油木属 **197401**
奶油色匍枝毛茛 **326288**
奶油树属 289475
奶油藤黄 289476
奶油藤黄属 289475
奶汁草 159069,159092,159286,159841,165033,165037,384473,384681
奶汁柴 165828
奶汁树 164996,165426,165429
奶汁藤 194162,392223
奶椎 177932
奶子草 159069
奶子倒葫芦 165426
奶子树 164996
奶子藤 **57913**
奶子藤属 **57911**
氖光粉花绣线菊 **371956**
奈恩木犀草 **327892**
奈恩球花木 **177045**
奈恩腺荚果 **7397**
奈尔莎 **263234**
奈尔莎属 **263233**
奈尔氏木属 263142
奈尔斯野荞麦木 **151960**
奈尔孙 87310
奈何草 321672
奈花 211990
奈克茄 **263092**
奈克茄属 **263091**
奈良短柄梨 **323347**
奈罗蒲公英 **384689**
奈纳茜属 **263535**
奈奈长尼 **93645**
奈牛氏山柳菊 **195808**
奈普野牡丹 **265227**
奈普野牡丹属 **265224**
奈氏驴喜豆 **271236**
奈氏蝇子草 **363804**
奈氏紫堇 **106188**
奈斯绿心樟 **268717**
奈斯托尔斑鸠菊 **406624**
奈桃 83347
奈特柏木 **114720**
奈特小檗 **51820**
柰 243675
柰花 211990
柰李 **316764**
柰李木属 263142
柰石楠 **193841**
柰石楠属 **193839**
柰子 243675
耐冬 235878,393657
耐冬果 107549,107552
耐冬花 69156
耐风桉 155594
耐国蝇子草 **364228**
耐寒波籽玄参 **396771**
耐寒刺果泽泻 **140554**
耐寒独子果 156064
耐寒杜鹃 **332038**
耐寒禾 **31088**
耐寒禾属 **31085**
耐寒黄芪 43043
耐寒黄耆 **43043**
耐寒金雀儿 121017
耐寒金雀花 **121017**
耐寒苣苔属 4070
耐寒柳叶菜 **146706**
耐寒美洲茶 **79943**
耐寒密藏花 **156064**
耐寒欧石南 **149471**
耐寒雀舌兰 **139258**
耐寒山柳菊 **195611**
耐寒双距兰 **133735**
耐寒委陵菜 **312630**
耐寒无心菜 **31755**
耐寒小米草 **160161**
耐寒绣球 199806
耐寒玄参 **355124**
耐寒栒子 **107454**
耐旱菜 311890
耐旱草 **57396**
耐旱草科 **57397**
耐旱草属 **57392**
耐旱欧石南 **150057**
耐旱天竺葵 **288089**
耐旱庭菖蒲 **365812**
耐碱树 184838
耐惊菜 18147,141374
耐惊花 18147
耐久鹅观草 144455
耐冷番荔枝 **25836**
耐湿蒿 **35827**
耐酸草 **60599**,60931
耐盐豆 184838
耐盐树 184838
耐阴美苓草 256459
耐荫长冠田基黄 **266142**
耐荫刺头菊 **108439**
耐荫冬青 **204197**
耐荫风兰 **25099**
耐荫风轮菜 **97051**
耐荫虎耳草 **350011**
耐荫伦索悬钩子 **339226**
耐荫密穗花 **322158**
耐荫木梨氏金丝桃 **201967**
耐荫欧防风 **285745**
耐荫秋水仙 **99350**
耐荫山柳菊 **196070**
耐荫虾疳花 **86617**
耐荫肖水竹叶 **23650**
耐荫新风轮菜 **65620**
耐荫异耳爵床 **25720**
耐荫异燕麦 **190209**
耐荫硬皮鸢尾 **172703**
耐荫优秀玉凤花 **183987**
耐荫掌根兰 **121422**
耐荫朱蕉 **104337**
囡雀稗 **285508**
男鹿蜡菊 **189620**
男鹿山蟹甲草 **283852**
男鹿山早熟禾 **305788**
男续 403738
枏 34448
南埃及旋花 **102953**
南艾 36294
南艾蒿 **36454**
南安 91392
南安哥拉木蓝 **205919**
南澳杜鹃 330255
南澳洲蓝桉 155624
南巴省藤 **65741**
南败酱大荠 390213
南板蓝根 47845
南北海道堇菜 **410669**
南边杜鹃 **331222**
南扁豆 218721
南滨茜 **48868**
南波蓝大叶醉鱼草 **62026**
南波紫大叶醉鱼草 **62027**
南薄荷 250370
南布拉虎耳草 **349684**
南布小檗 52009
南布正 175417,175420
南部丹氏梧桐 **135781**
南部红栎 **323894**
南部红延龄草 **397619**
南部火炬松 **300265**
南部蓟 **92217**
南部俭草 337555
南部拉拉藤 **170668**
南部山地一枝黄花 **367964**

南部香脂冷杉 377
南部小黄芩 **355383**
南部野荞麦 **152008**
南部一年生卷舌菊 **380998**
南部知风草 147995
南部钟花郁金香 **400230**
南菜 266474
南苍术 44208
南草 133454
南柴胡 63813
南柴龙树属 266799
南昌格菱 **394532**
南昌金钱草 200261
南昌卫矛 **157423**
南常山 129033
南朝鲜苔草 **75162**
南朝鲜萱草 **191301**
南赤道菊 **266665**
南赤道菊属 **266662**
南赤瓟 **390164**
南重楼 **284412**
南臭皮藤 **280081**
南川百合 **230022**
南川斑鸠菊 **406153**
南川波罗蜜 **36935**
南川茶 **69389**
南川茶藨 334176
南川茶藨子 **334176**
南川长柄槭 **3119**
南川长穗腹水草 **407473**
南川椆 233359,233378
南川冬青 **204079**
南川椴 **391784**
南川对叶兰 **264706**
南川附地菜 **397423**
南川腹水草 **407499**,407473
南川狗舌草 365038
南川构 **61110**
南川冠唇花 **254264**
南川过路黄 **239745**
南川花佩菊 161887
南川鸡菊花 **182314**
南川假花佩 161894
南川金盏苣苔 **210188**
南川景天 **357101**,356958
南川柯 **233359**,233179
南川冷水花 **298986**
南川藜芦 **405617**
南川镰序竹 20200,20207
南川柳 **344039**
南川楼梯草 **142755**
南川鹿药 **242694**
南川鹭鸶草 135058
南川鹭鸶兰 **135058**
南川马先蒿 **287451**
南川梅花草 **284505**
南川绵穗苏 **100236**
南川木波罗 36935
南川木犀 **276374**
南川牛奶子 **142118**
南川盆距兰 **171872**
南川桤叶树 **96536**
南川前胡 **292837**
南川青冈 **324214**
南川青荚叶 **191164**
南川秋海棠 **49778**
南川润楠 **240653**
南川山姜 **17725**,17647
南川升麻 **91032**
南川石栎 233359,233378
南川鼠麹草 **178303**
南川鼠尾草 **345240**
南川水曲柳 **168030**
南川溲疏 **127022**
南川苔草 **75474**
南川藤山柳 **95524**
南川橐吾 **229116**
南川卫矛 **157338**
南川细辛 **37691**
南川小檗 **51602**
南川绣球 200070,200071
南川绣线菊 **372072**
南川樱桃 **316282**
南川泽兰 **158238**
南川竹 **20200**
南川紫菊 **267176**
南川紫珠 **66748**
南垂茉莉 **96116**
南醋栗 333914
南大黄 329366,329372
南大戟 159159
南大隅飞瀑草 **93969**
南丹附地菜 **397445**
南丹雀梅藤 **342187**
南丹蛇根草 **272264**
南丹参 **344910**,345108
南丹唐竹 **364804**
南丹真珠 765
南岛椆 **324054**
南岛海桐 301251
南得州假鼠麹草 **317731**
南得州紫茉莉 **255678**
南德兰士瓦泽菊 **91124**
南德千里光 **366890**
南德瓦棉 **179930**
南荻 **255861**
南地枸叶 370512
南钓樟 264090
南丁香 382200
南豆 218721,408393
南豆根 369141
南豆花 218721
南独蒜兰 304261
南遏蓝菜 **267188**
南遏蓝菜属 267187
南方阿弗桃榄 **313327**
南方阿盖紫葳 **32542**
南方阿斯草 **39833**
南方荸荠 **143209**
南方滨海前胡 **292894**
南方波纳兰 **310858**
南方薄荷 **250325**
南方糙伏毛菲利木 **296321**
南方糙苏 **295216**
南方翅果草 **334541**
南方唇果夹竹桃 **87425**
南方茨藻 **262044**
南方慈姑 **342317**
南方刺柏 213939
南方粗糙金鱼藻 **83572**
南方粗齿绣球 **200097**
南方簇毛层菀 **412023**
南方大黄 **329314**
南方大戟 **159349**
南方大叶柴胡 **63729**
南方带唇兰 **383169**
南方单叶尾瓣舌唇兰 **302413**
南方吊石苣苔 **239932**
南方东风菜 **135266**
南方冬青叶小裂缘花 **351445**
南方杜鹃 **330190**,331222
南方断草 **379657**
南方椴 **391828**
南方厄瓜多尔苋 **59804**
南方耳冠菊 **277289**
南方番茉莉 **61296**
南方非洲山生斑鸠菊 **406353**
南方肥厚芳香木 **38720**
南方风铃草 **70002**
南方刚毛莎 **115635**
南方高碱蓬 **379546**
南方割舌树 413125
南方钩子花鲁斯木 **341007**
南方桂樱 **223097**
南方哈姆斯前胡 **292876**
南方禾木胶 415174
南方褐毛日本槭 **3251**,2796
南方黑麦草 **235310**
南方红豆杉 **385407**
南方红光树 **216859**
南方红桧 **213939**,213634
南方红月桂 **382737**
南方厚壳树 **141607**
南方虎皮楠 122713
南方互叶月囊木犀 **250264**
南方花茎秋海棠 **50280**
南方华美豆 **123537**
南方黄锦带 **130254**
南方黄耆 **42047**
南方黄脂木 **415174**
南方蒺藜草 **80806**
南方季氏卫矛 **418063**
南方荚蒾 **407852**
南方假山毛榉 **266868**
南方尖刺酸模 **144877**
南方碱蓬 **379499**
南方姜黄 **114861**
南方金合欢 **1390**
南方金莲花叶猪屎豆 **112295**
南方金星菊 **89960**
南方金鱼草 **28580**
南方巨盘木 **166974**
南方卷瓣兰 **62846**
南方决明 **360454**
南方苦斑鸠菊 **406183**
南方苦瓜 **256786**
南方栝楼 **396179**,396259
南方梾木 **104960**
南方蓝盆花 379657
南方狸藻 **403110**
南方利氏藤 **224138**
南方栗豆藤 **10977**
南方良毛芸香 **155847**
南方裂叶金光菊 339582
南方柃木 **160513**
南方柳 **343064**
南方六道木 **122**
南方龙胆 **173848**
南方露珠草 **91575**
南方芦苇 295888
南方绿顶菊 **160673**
南方裸暗黄花 **54277**
南方马岛葫芦 **20466**
南方马岛啤酒藤 **63882**
南方毛顶兰 **385708**
南方毛脉槭 2796
南方美丽芒柄花 **271598**
南方棉白杨 311292
南方木麻黄 79156
南方木天竺葵 **288046**
南方苜蓿 **247506**
南方穆芬迪咖啡 **98971**
南方南美萼角花 57036
南方尼泊尔绿绒蒿 **247198**
南方黏疗齿草 **268996**
南方牛奶菜 **245784**
南方牛眼萼角花 **57036**
南方扭萼寄生 **304985**
南方泡桐 **285953**,285978
南方破布木 **104166**
南方匍匐顶羽菊 **6280**
南方蒲桃 382483
南方普氏马先蒿 **287545**
南方千金榆 **77278**
南方青海马先蒿 287545
南方球花木 **177044**
南方日本腹水草 **407465**
南方日中花 **220486**

南方肉锥花 **102369**
南方润肺草 **58822**
南方三芒草 **33931**
南方山地老鼠簕 **2663**
南方山地千里光 **358359**
南方山地双距花 **128031**
南方山地野荞麦 **152187**
南方山地针垫菊 **84479**
南方山拐枣 **307292**
南方山荷叶 **132685**
南方山葵 31707
南方山生赪桐 **337442**
南方商陆 **298099**
南方少冠可利果 **96803**
南方蛇鞭菊 **228541**
南方省藤 65641
南方鼠尾草 **344883**
南方双蝴蝶 **398255**
南方双星山龙眼 **128143**
南方水茫草 **230833**
南方蒜叶婆罗门参 **394328**
南方苔草 **75339**
南方唐菖蒲 **176367**
南方藤构 61102
南方条纹鸭嘴花 **214824**
南方铁杉 **399925**
南方兔儿伞 **381816**
南方菟丝子 **114972**
南方微小肖地中海发草 **256596**
南方维太菊 412023
南方卫矛 **157562**
南方吻兰 **99774**
南方希利亚德香茶 **303375**
南方膝叶单头爵床 **257266**
南方细秋水仙 **414907**
南方细小花紫堇 **106150**
南方虾脊兰 **66001**
南方鲜菊 **326514**
南方线果芥 **102809**
南方香草 **196124**
南方香荚兰 **404978**
南方香简草 **215806**
南方小檗 51816
南方小断草 **379663**
南方小蕊使君子 **248044**
南方肖山芫荽 **304186**
南方肖朱顶红 **296099**
南方斜杯木 **301704**
南方星刺菊 **81829**
南方悬钩子 **339407**
南方雪层杜鹃 **331347**
南方眼子菜 312200,312203
南方野靛棵 244290
南方野燕麦 **45450**
南方易变姜味草 **253729**
南方银齿树 **227320**
南方樱叶荚蒾 408095
南方硬叶蓝刺头 **140778**
南方玉凤花 **183844**
南方圆筒仙人掌 **45260**
南方圆筒仙人掌属 **45254**
南方圆头拟蔗草 **353175**
南方猿尾木 **373494**
南方远志 **308189**
南方针果芹 **350408**
南方针茅 **376850**
南方直萼木 **68439**
南方舟蕊秋水仙 **22368**
南方爪腺金虎尾 **188358**
南方紫金牛 **31620**
南方醉鱼草 61984
南非阿斯皮菊 **39736**
南非阿魏属 **262240**
南非巴豆 **112901**
南非柏属 414058
南非棒棰树 **279691**
南非棒毛萼 **400775**
南非补骨脂属 319116
南非补血草属 **10031**
南非草属 **350499**
南非刺菊 **13421**
南非刺菊属 **13420**
南非刺桐 **154636**,154622
南非刺葳 **79508**
南非刺葳属 **79507**
南非粗根 279691
南非丹比亚木 135975
南非灯心草 **315214**
南非灯心草刺痒藤 **394196**
南非灯心草科 **315208**
南非灯心草属 **315212**
南非淀粉菰属 261854
南非吊金钟 **296112**
南非吊金钟属 **296108**
南非杜鹃 **261942**
南非杜鹃属 **261941**,30545
南非短果芥 **58307**
南非短果芥属 **58305**
南非多头帚鼠麹 **134246**
南非遏蓝菜属 **390198**
南非分枝桐 **202270**
南非钩麻 **185846**
南非钩麻属 **185842**
南非骨籽菊 276608
南非观音兰 **399072**
南非管萼木属 **58679**
南非哈豆属 184883
南非禾属 **289929**
南非合欢 13476
南非葫芦树 **2603**
南非葫芦树属 **2601**
南非琥珀树 **27849**
南非画眉草 **147893**
南非槐 **410878**
南非槐属 **410869**
南非黄眼草 **416020**
南非黄杨 64277
南非灰毛菊 **31185**
南非鸡血藤 **254711**
南非吉纳木 320278
南非蒺藜 **365656**
南非蒺藜属 **365655**
南非加洛茜 **170808**
南非加永茜 **169620**
南非夹竹桃 **179387**
南非夹竹桃属 **179386**
南非假虎刺 **76861**
南非假塞拉玄参 **318414**
南非姜味草属 **216377**
南非浆果莲花 **217088**
南非角果芥属 **364241**
南非角状芥 **85893**
南非角状芥属 **85892**
南非金钟花属 296108
南非桔梗属 **335574**
南非菊属 19315
南非苦玄参属 **239422**
南非葵 **25434**,25420
南非葵属 **25414**
南非蜡菊 **189629**
南非镰草 **185885**
南非镰草属 **185882**
南非鳞叶树属 **326923**
南非凌霄花 385508
南非琉璃草 **117921**
南非芦荟 **16598**,16555
南非罗汉松 306425
南非萝藦属 **323486**
南非马钱 378699
南非毛茛 **288856**,217088
南非毛茛属 **288855**,217070
南非毛叶远志 **308039**
南非茅膏菜 **138275**
南非蜜茶属 **116307**
南非绵枣儿 352975
南非母草 **85464**
南非母草属 **85463**
南非木 **366112**
南非木姜子 387009
南非木姜子属 386992
南非木属 **366110**
南非囊颖草 **341997**
南非牛舌草 **21933**
南非欧石南 **149818**
南非攀高草 **315592**
南非攀高草属 **315591**
南非平伏滨藜 **44579**
南非破布木 **104160**
南非千里光 **360211**
南非茜 **111638**
南非茜属 **111637**
南非青葙 **192786**
南非青葙属 **192768**
南非苘麻 **854**
南非秋水仙 **46457**
南非秋水仙属 **46456**
南非雀麦 **84835**
南非雀麦属 **84830**
南非群花寄生 **11109**
南非日中花属 **289450**
南非桑寄生 **360556**
南非桑寄生属 **360554**
南非山梗菜 **234450**,234447
南非山黄皮 **325454**
南非山龙眼 **45081**
南非山龙眼属 **45080**
南非少花山龙眼属 **370241**
南非施旺花 **352757**
南非十二卷 **186586**
南非石蒜属 **56601**
南非石竹 **127775**
南非柿 **132057**
南非梳状萝藦属 **192752**
南非鼠李 **328830**
南非鼠麹草 **178089**
南非鼠尾草 **344950**
南非薯蓣 **131573**
南非水牛角 **404082**
南非水牛角属 **404081**
南非睡莲 267665
南非睡茄 **414601**
南非粟米草 **307442**
南非粟米草科 **307446**
南非粟米草属 **307441**
南非苔草 **73834**
南非天门冬 **39058**
南非甜瓜 **114225**
南非铁仔 261601
南非五部芒 **289558**
南非锡生藤属 **28706**
南非仙茅属 **371682**
南非相思树 **1238**
南非香豆属 38378
南非象牙红 **154706**
南非小金梅草 **202825**
南非小芝麻菜 **154080**
南非玄参属 **191539**
南非悬钩子 **339058**
南非血草 **47983**
南非血草属 **47982**
南非羊蹄甲 **49094**
南非野杏 **58033**
南非野杏属 **58032**
南非银豆属 **307255**
南非硬皮鸢尾 **172652**
南非油橄榄 270100
南非鸢尾属 **329292**
南非褶芥 **116369**

南非褶芥属 **116366**
南非针叶豆属 **223543**
南非针叶豆猪屎豆 **112321**
南非栀子 171408
南非蜘蛛兰 **48566**
南非蜘蛛兰属 **48564**
南非帚灯草属 **67903**,38353
南非茱萸 **114918**
南非茱萸科 **114921**
南非茱萸属 **114915**
南非猪毛菜 **344530**
南非紫瓣花属 **316066**
南非紫茎泽兰 **11157**
南非醉茄 414601
南非醉鱼草 **62160**
南肥后歪头菜 **408658**
南丰蜜橘 **93724**
南峰黄芪 42769
南峰黄耆 **42769**,42774
南扶留 6682
南港竹柏 306503
南高加索豌豆 **301084**
南格槟榔属 263549
南葛 390138
南各榈属 263549
南贡隔距兰 **94455**
南古鱼骨木 **71473**
南谷粗齿绣球 **200099**
南谷大戟 **160077**
南谷当归 **24407**
南谷南星 **33413**
南谷细辛 **37684**
南瓜 **114292**,114288,114294,114300
南瓜科 114313
南瓜七 229049,292374
南瓜三七 292374
南瓜属 **114271**
南瓜子金 134029
南国柏 166726
南国柏属 166720
南国勾儿茶 **52459**
南国红豆 765
南国蓟 92066
南国山矾 **381121**
南国小蓟 **92070**,92066
南国玉属 **267027**
南海岸针垫菊 **84503**
南海道冬青叶小裂缘花 **351448**
南海道细辛 **37692**
南海杜鹃 331280
南海楼梯草 142654
南海柿 132300
南韩乌头 **5521**
南蔊菜 336193
南蒿 **35088**
南黑檫木属 **45285**
南红豆属 **395694**
南红藤 **255254**
南胡枝子 **227013**
南湖斑叶兰 **179660**
南湖扁果苔 73788,73789
南湖雏兰 19499
南湖大山凹舌兰 **98581**,98586
南湖大山扁核木 **315173**
南湖大山杜鹃 **331350**
南湖大山蒿草 **287452**,287288
南湖大山黄芪 42772
南湖大山黄耆 **42772**
南湖大山兰 273481
南湖大山夏枯草 **316154**
南湖大山蝇子草 **363497**
南湖大山早熟禾 **305739**
南湖大山猪殃殃 **170513**
南湖大山紫云英 42772
南湖当归 **24414**
南湖杜鹃 **331308**,330901
南湖附地草 397446
南湖红门兰 273481
南湖菱 394414
南湖柳叶菜 **146787**
南湖毛茛 **326112**,325879
南湖全唇兰 261470
南湖山兰 274050
南湖山柳 344173
南湖山熏香 **273982**
南湖双叶兰 264707
南湖水丝梨 380602
南湖碎雪草 160231
南湖苔草 **73789**
南湖唐松草 388650
南湖铁大乌 388650
南湖小檗 **51708**
南湖蝇兰 392352
南湖紫羊茅 **164289**,164243
南华杜鹃 331832
南华南蛇藤 80203
南华薯蓣 131529
南华竹茎兰 **399649**
南皇后葵 31707
南黄安菊 **45284**
南黄安菊属 **45283**
南黄堇 **105808**
南黄精 308529
南黄芪 42047
南黄紫堇 105808,105869
南火绳 **152684**
南极白粉藤 **92607**
南极长距捕虫堇 **299738**
南极大麦 **198343**
南极黄杨叶小檗 **51402**
南极假水青冈 266864
南极茅香 **196123**
南极石竹 **187167**
南极石竹科 **187168**
南极石竹属 **187165**
南极细莞 **209951**
南极小草属 306180
南极小达尔文兰 **122794**
南纪伊异细辛 **194383**
南蓟 **91751**,92066
南碱蓬属 189963
南涧杜鹃 **331309**
南江枫杨 **320368**
南姜 17677
南疆点地梅 **23172**
南疆风铃草 **69913**
南疆黄堇 **106049**
南疆黄芪 42771
南疆黄耆 **42771**
南疆荆芥 **264921**
南疆苓菊 **214106**
南疆沙拐枣 **67074**
南疆苔草 **76482**
南疆新塔花 **418131**
南椒 417180,417330
南峤滇竹 **175608**
南峤巨竹 175598
南芥 59438,400644
南芥菜 400644
南芥属 **30160**
南锦葵 **267209**
南锦葵属 **267208**
南京白杨 311482
南京豆 30498
南京椴 **391773**
南京柯楠树 249445
南京珂楠树 249424
南京柳 **343757**
南京木蓝 **205793**
南京沙参 **7837**
南京梧桐 70575
南京玄参 **355197**
南京珍珠茅 **354167**
南九州白前 **409416**
南桔梗 302753
南鹃属 **291363**
南爵床 **199202**
南爵床属 **199201**
南口大山杜鹃 **331311**
南口锦鸡儿 **72380**
南口罗汉松 **306503**
南口台黄耆 42772
南苦瓜掌 **266781**
南苦瓜掌属 **266779**
南苦苣菜 **368745**
南苦荬菜 368745
南苦参 377856
南库页棘豆 **278728**
南昆杜鹃 **331303**
南昆虾脊兰 **66016**
南昆折柄茶 376487
南腊薯蓣 **131730**
南兰 49802
南蓝刺头 140716
南梨属 263142
南立带 39126
南灵草 266060
南岭齿唇兰 **269039**
南岭冬青 **204357**
南岭杜鹃 **331103**
南岭虎皮楠 122669
南岭黄檀 **121629**
南岭灰木 **381404**,381354,381355
南岭鸡眼藤 **258902**
南岭箭竹 416753
南岭栲 **78941**
南岭楝树 **248913**
南岭桤叶树 96481
南岭槭 **3143**
南岭前胡 **292915**
南岭荛花 414174,414193
南岭山矾 **381355**
南岭檀 121629
南岭头蕊兰 **82063**
南岭小檗 **51759**
南岭野靛棵 **244290**
南岭紫茎 **376459**
南岭柞木 **415877**
南刘寄奴 35136
南琉璃草 **45267**
南琉璃草属 **45266**
南路蛇头党 98413
南轮环藤 **116038**
南罗得西亚塞拉玄参 **357700**
南马兜铃 34154,34162
南马尾连 388477
南蛮草 266060
南蛮土茯苓 194120
南蛮团扇 **272802**
南芒种花 201765
南毛蒿 **35330**
南美巴氏锦葵 **286703**
南美巴氏槿 286703
南美白粉藤 92967
南美白芨 **113231**
南美白芨属 **113230**
南美柏 **166726**
南美柏科 **166730**
南美柏属 **166720**,45238
南美滨藜 **44486**
南美叉叶树 200844
南美长叶豆 **282463**
南美长叶豆属 **282462**
南美川苔草属 **29274**
南美窗兰属 **136101**
南美刺冠亮泽兰 **19111**

南美刺莲花 **55854**
南美刺莲花属 **65128**,55851
南美刺小檗 **51739**
南美刺竹 181474
南美单叶豆 **223727**
南美单叶豆属 **223726**
南美丁香 **156174**
南美豆 **21306**
南美豆属 **21305**
南美杜鹃 **67943**
南美杜鹃属 **67941**
南美盾柱木 **288889**
南美萼角花 **2734**
南美萼角花属 **2732**,57033
南美番荔枝属 **259223**
南美防己 88812,88815
南美防己属 88810
南美凤梨 **21474**
南美盖裂木属 **138863**
南美甘蜜树 **263059**,263049
南美高原竹属 90629
南美根茜 **145035**
南美根茜属 **145033**
南美菰属 **270590**
南美旱金莲 **399618**
南美旱金莲属 **399617**
南美合丝花 **160304**
南美合丝花属 **160301**
南美红树 **376311**
南美红树属 **376307**
南美胡桃 104190
南美葫芦 **68423**
南美葫芦属 **68420**
南美护卫豆木 **14560**
南美槐 **261559**,369145
南美槐属 **261549**
南美黄芩 **355708**
南美吉贝 **80118**
南美蓟属 313583
南美夹竹桃 **329442**
南美夹竹桃属 **329441**
南美荚豆 320575
南美尖膜菊 **201304**
南美箭毒树 378914
南美胶草 181114
南美胶菀 **181114**
南美芥属 265669
南美金虎尾属 **4849**
南美金莲木 **144129**
南美金莲木属 **144128**
南美堇兰 **207448**
南美堇兰属 **207446**
南美桔梗 **64003**
南美桔梗属 **64002**
南美菊 300763
南美菊属 **21811**,300762
南美苣苔属 **266584**
南美可可属 285928
南美孔雀花 **198800**
南美苦苣苔属 **175295**
南美苦苣苔鸭嘴花 **214499**
南美肋泽兰 **45226**
南美肋泽兰属 **45225**
南美离蕊菖蒲 **275849**
南美李卡樟 228689
南美楝 **64507**
南美楝属 **64505**
南美柳 **343505**
南美龙舌兰 **345752**
南美龙舌兰属 **345750**
南美鹿藿 **333428**
南美榈属 246675
南美绿心樟属 **362040**
南美罗勒 268429
南美罗簕 268429
南美麻 **1014**
南美麻属 **1013**
南美马兜铃 **156413**
南美马兜铃属 **156411**
南美马钱属 **21067**
南美马蹄豆属 245965
南美曼陀罗木 **61235**
南美毛茛属 **218090**
南美毛枝草 **374635**
南美毛枝草属 **374634**
南美毛籽椴 **396398**
南美矛鞘鸢尾 **383655**
南美矛鞘鸢尾属 **383654**
南美眉兰属 **161593**
南美美刺球 354302
南美膜质菊 201304
南美墨菊 **258363**
南美墨菊属 **258360**
南美墨苜蓿 **334325**
南美木防己 88812
南美木棉 88973
南美木棉属 88970
南美木通 **57080**
南美木通属 **57079**
南美纳茜菜属 **209490**
南美牛奶 245798
南美牛奶藤 **245798**
南美帕沃木 286703
南美蟛蜞菊 **413559**
南美破布木 **104153**
南美漆 **233793**
南美漆属 **233791**
南美茜 **108466**
南美茜属 **108465**
南美墙草 **284147**
南美茄科 354468
南美芹 **45984**
南美芹属 45979
南美球形仙人掌属 2096
南美棯属 2750
南美稔 **163117**
南美稔属 **163116**
南美绒子树 **393298**
南美绒子树属 **393297**
南美肉豆蔻属 410916
南美肉桂 263049
南美赛亚麻 **266199**
南美三棱栎 **397327**
南美伞科 80012
南美伞树科 80012
南美伞树属 80003
南美山蚂蝗 **126649**
南美杉 30832
南美扇榈属 398824
南美石蒜属 **12514**
南美鼠刺 **155133**,155135
南美鼠刺科 **155155**
南美鼠刺属 **155130**
南美鼠李 **328253**
南美鼠李属 **328251**,8316
南美薯蓣 131880
南美树兰属 146371
南美双稃草 **226008**
南美水鳖 **143918**
南美水仙 155858
南美水玉簪属 **392355**
南美苏木 **65072**
南美碎米荠 **72719**
南美塔花 **347529**
南美藤 126689
南美藤翅果属 **14666**
南美藤黄 **346293**
南美藤黄属 **346292**
南美藤属 126688
南美天芥菜 **190559**
南美拖鞋兰属 295875
南美围盘树 **413994**
南美围盘树属 **413993**
南美苇椰 **174346**
南美翁柱属 45241
南美无患子属 **128156**
南美五加 **250144**
南美五加属 **250143**
南美西番莲 285703
南美仙人球属 103739
南美相思树 1128
南美香椿 **80030**
南美小花小檗 **52013**
南美旋花 207792
南美鸭嘴花属 **2762**
南美岩高兰 **145072**
南美椰属 208366
南美椰子 **2171**
南美椰子属 **2169**
南美野牡丹 **261506**
南美野牡丹属 **261504**
南美叶下珠 **296569**
南美蚁木 382708
南美翼舌兰属 **320552**
南美因加豆 **206951**
南美隐果茜 **29057**
南美隐果茜属 **29056**
南美羽扇豆 **238468**
南美芋属 415190
南美月桂属 252725
南美樟 91250,268696
南美樟属 91249
南美掌属 **400363**
南美针茅 **4498**
南美针茅属 **4497**
南美洲斑纹漆木 43476
南美洲火把树 **220290**
南美洲火把树属 **220288**
南美洲蒺藜木属 63405
南美洲楝 64507
南美洲楝属 64505
南美洲帕塔厚壳 **285760**
南美洲漆属 233791
南美洲藤黄属 **72387**
南美洲图皮棕榈 43378
南美洲星漆木 **43476**
南美朱槿 243929
南美猪屎豆 112757
南美紫茉莉 57855,57868
南美紫茉莉属 57852
南美棕属 341401
南密花蚌巢草 179500
南面根 68686
南摩洛哥矢车菊 **81320**
南牡蒿 **35466**
南木林嵩草 **217251**
南木犀属 **266782**
南木香 34219,34276,34375,44881
南苜蓿 **247425**
南纳半边莲 **234651**
南纳堇菜 **410292**
南南洞果漆 **28752**
南南玉叶金花 **260466**
南尼亚萨欧石南 **149049**
南宁地枫皮 204504
南宁冬青 **204080**
南宁红豆 **274417**
南宁虎皮楠 122710,122713
南宁榜 78852
南宁飘拂草 **166417**
南宁蔷薇 **336795**
南宁锥 **78852**
南欧安息香 379419
南欧白鲜 129618
南欧草莓树 **30880**
南欧葱 **15048**
南欧大戟 **159557**

南欧丹参 **345379**
南欧鹅耳枥 **77359**
南欧海松 300146
南欧黑松 **300116**,300114
南欧黄花草 27934
南欧麻黄 **146221**
南欧派利吞草 21266
南欧朴 80577
南欧千里光 358395
南欧球花 177024
南欧球花木 **177024**
南欧瑞香 122416
南欧山羊草 8695
南欧山楂 **109545**
南欧石南 **149046**
南欧石竹 **127842**
南欧鼠李 **328737**
南欧蒜 15048
南欧乌头 **5039**
南欧香菖 **208565**
南欧雪梨 **323246**
南欧岩黄连 **292546**
南欧岩剪秋箩 292546
南欧榛树 106757
南欧紫荆 **83809**
南盘龙参 **372250**
南皮山茶 69235
南平党参 98401
南平杜鹃 **331314**
南平鹅毛竹 **362140**
南平过路黄 **239746**
南平青篱竹 **37162**
南平倭竹 362140
南平野桐 **243353**
南坪五加 **2445**
南屏蒲桃 **382622**
南芪 165671
南杞莓 **389391**
南杞莓属 **389389**
南芡实 160637
南蔷薇科 114567
南茄 252754,367549
南茄草 345274
南芹 **29319**
南青冈科 266514,266858
南青冈属 266861
南青杞 **367596**,367587
南青茄 367596
南雀稗 285508
南鹊肾树 **55217**
南鹊肾树属 **55216**
南人参 70396
南仁山柃木 **160557**
南仁山天南星 **33426**
南仁山新木姜子 **264053**
南仁铁色 138627,138634
南仁五月茶 **28337**,28341
南仁新木姜子 264053
南日光山南星 **33433**
南萨摩飞瀑草 **93970**
南桑寄生 **236755**
南沙参 7830,7850,7884
南沙薯藤 **207953**
南莎草 **119270**
南山茶 **69613**,69552
南山橙 **249650**
南山短舌菊 58047
南山矾 **381134**
南山蒿 35975
南山花 **315321**,315332,315334
南山花属 **315318**
南山黄耆 **42774**,42879
南山姜 **17723**
南山堇菜 **409816**
南山龙胆 **173492**
南山毛榉科 266858
南山蕲菜 **345977**
南山藤 **137799**,137795
南山藤属 **137774**
南山叶 80141
南山楂 109650,109936
南商陆科 236310
南蛇棒 **20071**
南蛇草 309772
南蛇风 80260,214972,309564
南蛇根 80141,398322
南蛇竻 65040
南蛇勒 65040
南蛇簕 1466,65040,65077,338737
南蛇簕藤 1466
南蛇茸子 65040
南蛇藤 **80260**,34238,80304
南蛇藤风车子 **100384**
南蛇藤核果木 **138597**
南蛇藤红柱树 **78661**
南蛇藤瘤蕊紫金牛 **271032**
南蛇藤属 **80129**
南蛇藤纹蕊茜 **341284**
南蛇藤叶狗牙花 **382746**
南蛇藤状山橙 **249654**
南蛇头 309711
南蛇牙草 4259
南圣马太属 45285
南湿地松 **299930**
南石萝藦 289925
南氏膜萼花 **292664**
南氏槭 **2782**
南鼠尾黄 **340352**
南树 347413
南树萝卜属 282761
南水葱 **352290**
南水锦树 **413771**
南水杨梅 175420
南丝瓜 390164
南斯拉夫绵枣儿 **352948**
南斯拉夫槭 **3657**
南寺黄鹌菜 **416457**
南苏 290940
南酸枣 **88691**
南酸枣属 **88690**
南台冬青 204365
南台湾黄芩 **355384**
南台湾秋海棠 **49645**
南太栀子 171404
南坦桑尼亚巴豆 **112945**
南坦桑尼亚凤仙花 **204791**
南藤 260413,300408,300548
南体山山尖子 **283821**
南体山蟹甲草 283821
南天麻 **171939**
南天牛膝 4319
南天七 277776
南天茄 367733
南天扇 381814
南天素馨 281225
南天仙子 200652
南天星 20125
南天种 380486
南天竹 **262189**
南天竹科 **262206**
南天竹属 **262188**
南天竺草 127654,127852,331257
南天烛 262189
南铁线莲 95113
南庭荠 **44868**
南庭荠属 **44867**
南茼蒿 **89704**
南投菝葜 **366481**
南投斑叶兰 179685
南投宝铎花 134453
南投赤车使者 288769
南投大头茶 179745
南投倒地蜈蚣 **392923**
南投冬青 **203883**
南投谷精草 **151400**
南投黄肉楠 **6762**
南投柯 **233323**
南投阔蕊兰 291221
南投连蕊茶 69398,69706
南投凉喉茶 187581
南投马兜铃 34219
南投秋海棠 **50100**
南投榕 **164635**
南投石栎 233323
南投苔 75649
南投秃连蕊茶 **69706**
南投秃毛蕊茶 69706
南投万寿竹 **134453**
南投梧桐 285960
南投五月茶 28341,28343
南投悬钩子 338425
南投玉凤兰 **183667**,291221
南投鸢尾 **208725**
南菟丝子 114972
南威尔士柏 67417
南威尔士金合欢 **1463**
南纬岩芥属 **156079**
南无 382582
南无患子 **346351**
南五加 143642
南五台山紫堇 **106181**
南五味 351041
南五味子 **214972**,214971,351021,351103
南五味子属 **214947**
南五月茶 28368
南菥蓂属 **267187**
南锡唐菖蒲 **176393**
南细辛 37622,37678
南苋 **18666**
南线梅 **181513**
南线梅科 **181514**
南线梅属 **181512**
南香草 **239652**
南香桃木 **45294**
南香桃木属 **45293**
南星 20132,33266,33292,33311,33325,33335,33349,33353,33397,33509,35411,299721
南星毛罗伞 **59217**
南星七 33266,33397
南星头 20125
南亚柏拉木 **55141**
南亚长柄婆婆纳 **407103**
南亚谷精草 **151420**
南亚过路黄 **239606**
南亚含笑 **252860**
南亚蒿 **35983**
南亚槲寄生属 **175792**
南亚稷 **281733**
南亚夹竹桃属 **36897**
南亚苦荬菜属 **206849**
南亚兰属 **116768**
南亚老鹳草 **174658**
南亚泡花树 **249360**
南亚枇杷 **151132**
南亚茜 **131372**
南亚茜属 **131371**
南亚萨瓦杜 344803
南亚三七草 **183134**
南亚黍 281733
南亚松 **300030**
南亚酸浆 **297666**
南亚苔草 **74509**
南亚乌蔹莓 **79894**

南亚五加 **2357**
南亚新木姜 264116
南亚新木姜子 **264116**
南亚鸭嘴花 214308
南亚牙刷树 **344803**
南亚崖豆藤 254813
南亚杨梅 261155
南亚野牡丹 **379030**
南亚野牡丹属 **379029**
南亚罂粟 **282543**
南亚硬叶兰 **116796**
南亚鱼藤 125958
南亚窄苞蒲公英 **384817**
南亚治疝草 **192937**
南亚棕属 263549
南芫花 122438
南燕麦 **45513**
南阳小檗 **51713**
南洋白头树 **171562**
南洋丹 **114048**
南洋丹属 **114047**
南洋二针松 300030
南洋盖裂木 **383241**
南洋含笑花 **252945**
南洋合欢 162473
南洋红豆杉 **385400**
南洋蝴蝶兰 293637
南洋金花 123065
南洋凌霄 **385503**
南洋凌霄属 **385501**
南洋马蹄花 154192,382822
南洋木荷 **350932**
南洋木莲属 138051
南洋蒲桃 382660
南洋桑 **199206**
南洋桑属 **199205**
南洋森属 310169
南洋杉 **30841**,30848
南洋杉科 **30857**
南洋杉属 **30830**
南洋参 **310199**,310204
南洋参属 **310169**
南洋松 300068
南洋土豆 279387
南洋小二仙科 181960
南洋小二仙属 181946
南洋亚麻 **206865**
南洋亚麻属 **206864**
南洋药藤属 107119
南洋野牡丹 **70474**
南洋野牡丹属 **70473**
南洋樱 176972,212194
南洋楹 **162473**
南洋楹属 **162472**,283885
南洋玉兰 383241
南洋芋兰 **156846**,156947
南洋竹 125447
南洋紫薇 **219965**
南洋紫珠 66738
南椰属 32330
南椰子 32343
南一笼鸡 **283361**
南一笼鸡属 **283360**
南意松 299827
南银桦 **180568**
南印度草 **404605**
南印度草属 **404604**
南印度萝藦 46455
南印度萝藦属 46453
南印度莎草 **38253**
南印度莎草属 **38251**
南印胡桐 67860
南鹰爪豆 267183
南鹰爪豆属 267182
南玉带 **39126**
南玉叶金花 **260425**
南芋 20125
南粤安息香 379301
南粤黄芩 **355849**
南粤马兜铃 **34210**
南粤野茉莉 379301
南云南凤仙花 **204792**
南藏菊 135741
南泽兰 **45276**
南泽兰属 **45273**
南漳斑鸠菊 **406618**
南漳尖鸠菊 **4642**
南漳南星 **33427**
南漳细辛 **37733**
南召响叶杨 **311199**
南枳椇 198767
南智利柏科 **299130**
南智利柏属 **299131**
南仲根 157345
南朱蕉 104339
南竹 262189,297266,297306
南竹叶环根芹 **116372**
南竹子 262189
南竺 403738
南烛 **403738**,172059,239391
南烛草木 403738
南烛厚壳桂 **113466**
南烛属 **239369**
南庄橙 **93341**
南庄代代 93341
南淮葛尔黄耆 **42050**
南子香 252844
南紫花树 266810
南紫薇 **219970**
枏 295386
难波南星 **33425**
难钉李堪木 **228682**
难钉利堪蔷薇 228682
喃果苏木 118088,118089,
118093,118094,118095,
118096,118097,118100,
118101,118103,118104,118105
喃果苏木属 118047
喃木 221144
喃喃果属 118047
喃咛 132398
楠巴莱木蓝 **206287**
楠巴莱远志 **308213**
楠材 295417
楠草 133541
楠草属 133532
楠柴 240707
楠扶留 6682
楠桐属 262234
楠木 **295386**,91277,221144,
231385,240707,295349,
295403,295417
楠木根 233928
楠木属 **295344**
楠木树 231385,295386
楠木香 34375,263759
楠属 295344
楠树 295386
楠树梨果寄生 **355322**
楠藤 **260413**
楠叶冬青 **203999**
楠叶海桐 301253
楠叶槭 **3126**
楠舟齿舌叶 **377365**
楠仔 240605,240707
楠仔木 240707
楠紫 240707
囊瓣花属 342084
囊瓣亮花木 **293241**
囊瓣木 **342086**
囊瓣木属 **342084**
囊瓣芹 **320215**,320248
囊瓣芹属 **320203**
囊瓣延胡索 **106402**
囊苞北滨藜 **44434**
囊苞花属 398022
囊苞木科 **266659**
囊苞木属 **266652**
囊被百合 **230026**
囊草 73952
囊翅沙拐枣 **67061**
囊唇兰 **342022**,171835
囊唇兰属 **342015**
囊唇山兰 **274047**
囊唇石豆兰 **63073**
囊唇石斛 125264
囊刺鹤虱 **221717**
囊刺芹 **154313**
囊大戟属 **389060**
囊钉头果 179096
囊萼花 297984
囊萼花科 412164
囊萼花属 **120512**,297973,
412135
囊萼黄芪 42255
囊萼黄耆 **42255**
囊萼黄芩 **355678**
囊萼棘豆 **279139**
囊萼坚果粟草 **7534**
囊萼锦鸡儿 **72257**
囊萼兰 **360526**
囊萼兰属 **360524**
囊萼柿 **132210**
囊萼属 **342002**
囊萼羊蹄甲 **49096**
囊萼蝇子草 **363889**
囊粉花 **219205**
囊粉花科 **219202**
囊粉花属 **219204**
囊稃草 225840
囊稃草属 225839
囊稃竹属 **225839**
囊稃竹 **225840**
囊根萝藦 **90776**
囊根萝藦属 **90775**
囊冠萝藦 **120845**
囊冠萝藦属 **120843**
囊冠莓属 83628
囊管草瑞香 **128028**
囊管毒马草 **362775**
囊管花 **43659**
囊果草 **297970**,224631
囊果草属 **297967**,224625
囊果刺痒藤 **394190**
囊果黄芪 42991
囊果黄耆 **42991**
囊果棘豆 **279074**
囊果加纳籽 **181084**
囊果碱蓬 **379582**
囊果堇属 **21889**
囊果龙船花 **211181**
囊果龙胆 **174034**
囊果马利筋 **38062**
囊果欧石南 **150199**
囊果盘果木 **116249**
囊果三尖草 **395030**
囊果苔草 **75782**
囊果葶苈 **137182**
囊果叶下珠 **296712**
囊果针垫花 **228116**
囊果紫堇 **106387**,105872
囊花 **245911**
囊花豆 **390957**
囊花豆属 **390956**
囊花孩儿草 **340339**
囊花萝藦 **120811**
囊花萝藦属 **120809**
囊花马兜铃 **34365**,34318

囊花茅膏菜 **138277**
囊花欧石南 **150011**
囊花瑞香 **389091**
囊花瑞香属 **389089**
囊花属 **245910**,64063
囊花香荼菜 **209680**
囊花鸢尾 **208921**
囊节须芒草 **22516**
囊茎立金花 **218924**
囊距翠雀 124076
囊距翠雀花 **124076**
囊距黄芩 **355398**
囊距兰 38188
囊距紫堇 **105647**
囊兰 **37799**
囊兰属 **37798**
囊鳞莎草属 **38210**
囊鳞莎水蜈蚣 **218463**
囊毛茴芹 **299495**
囊毛鱼黄草 **250835**
囊泡苔 75782
囊瓶子草 **347158**
囊谦报春 **314557**
囊谦翠雀花 **124397**
囊谦滇紫草 **271810**
囊谦虎耳草 **349689**
囊谦棘豆 **279031**
囊谦蝇子草 **363797**
囊蕊白花菜属 **297996**
囊蕊紫草属 **120846**
囊舌兰 **342009**
囊舌兰属 **342007**
囊树葡萄 **120250**
囊丝黄精 308529
囊髓香 **252605**
囊髓香属 **252600**
囊凸藤属 303096
囊托羊蹄甲 **49244**
囊腺肋柱花 **235464**
囊秀竹 225840
囊秀竹属 225839
囊旋花 **341928**
囊旋花属 **341927**
囊叶草科 82490
囊叶草属 82560,188554
囊叶木科 341933
囊叶菩提树 **165210**
囊叶蔷薇 **290650**
囊叶蔷薇属 **290647**
囊叶榕 165210
囊颖草 **341960**
囊颖草属 **341937**
囊枝大戟 **159575**
囊种草 **390968**
囊种草属 **390967**
囊爪虾脊兰 **66056**
囊状拜卧豆 **227078**
囊状长被片风信子 **137978**
囊状车轴草 **397013**
囊状翅盘麻 **320539**
囊状毒鱼草 **392208**
囊状多穗兰 **310587**
囊状风兰 **25043**
囊状颌兰 **174270**
囊状裂舌萝藦 **351650**
囊状龙面花 **263457**
囊状芦莉草 **339805**
囊状毛蕊花 **405764**
囊状毛束草 **395774**
囊状密钟木 **192694**
囊状球距兰 **253342**
囊状双距兰 **133890**
囊状嵩草 **217177**
囊状田菁 **361453**
囊状细棘豆 **278960**
囊状袖棕 **244497**
囊状血桐 **240319**
囊状紫檀 320307
囊子 282717
囊子草 **245904**
囊子草属 **245903**
囊子大戟 **120815**
囊子大戟属 **120813**
曩伽结 36920
曩伽结树 36920
挠胡子 328816
挠挠糖 393273
挠皮榆 401581
铙钹花属 116732
铙钹藤属 116732
铙绂花 116736
脑朴 198698
脑状大托叶金壳果 **241938**
脑状黑钩叶 **22239**
瑙曼孛荠 **143234**
瑙曼珍珠茅 **354169**
闹虫草 239640
闹豆子 408284
闹狗药 18047,33325,117640,378948
闹牛花 331257
闹蛆叶 285649
闹雀花 282845
闹虱药 375343,375351,375355
闹头 233192
闹羊花 108587,123065,123077,331257,331258
闹鱼草 200312
闹鱼儿 104701
闹鱼花 62110,122438
闹鱼藤 254725
闹鱼崖豆藤 **254725**
闹鱼子 62110
讷会 17381
呐格莱一点红 **144954**
呐古尔露子花 **123929**
呐古尔茄 **367404**
嫩钩钩 401761,401770,401773,401779,401781
嫩黄报春 **314881**
嫩江云杉 **298325**
嫩茎缬草 404269
嫩肉木 241817
嫩弱襄瓣芹 **320218**
嫩双钩 401773
嫩头子 346527
嫩叶金黄北美乔柏 **390654**
嫩枝无心菜 **32174**
嫩枝蚤缀 32174
能高大山紫云英 42803
能高刀伤草 **210550**
能高佛甲草 **356964**
能高鬼督邮 12694
能高金丝桃 **202048**
能高籁箫 21676,21714
能高连蕊茶 69398
能高蔷薇 336871
能高蜻蛉兰 **400302**
能高山茶 **69398**
能高山冬青 **204356**
能高山矾 **381330**
能高山灰木 381330
能高山灰树 381330
能高山菊 **162628**,162624
能高碎雪草 160210,160286
能高香青 **21714**
能高蟹甲草 **283850**
能高悬钩子 338922
能高羊耳蒜 **232256**,232139
能高紫云英 42803
能汉木姜子 **233977**
能加棕属 **263549**
能铺拉青冈 **116157**
能氏茜 **265348**
能氏茜属 **265347**
能藤 313229
能消 94814,407434
能消草 355201
尼阿里苞茅 **201540**
尼艾酢浆草 **277980**
尼邦钩子棕 **271003**
尼梆刺椰属 270997
尼泊尔矮芹属 **135748**
尼泊尔白芷 192324
尼泊尔百合 229958
尼泊尔草 **216057**
尼泊尔草属 **216056**
尼泊尔侧金盏花 **8373**
尼泊尔常春藤 **187306**
尼泊尔稠李 280036
尼泊尔垂头菊 **110417**
尼泊尔丛菔 **368559**
尼泊尔大丁草 **224118**,175178
尼泊尔单花荠 **287954**
尼泊尔灯心草 **213313**
尼泊尔豆蔻 19923
尼泊尔独活 **192324**,387896
尼泊尔杜鹃 **330467**
尼泊尔繁缕 **375017**
尼泊尔风毛菊 **348555**
尼泊尔沟酸浆 **255253**
尼泊尔谷精草 **151409**
尼泊尔海桐 301344
尼泊尔胡椒 **300462**
尼泊尔花楸 **369391**
尼泊尔黄柏 242597
尼泊尔黄报春 **314142**
尼泊尔黄花木 **300691**
尼泊尔黄堇 **105971**
尼泊尔金锦香 276130
尼泊尔堇菜 **409720**,409716
尼泊尔锦鸡儿 **72302**
尼泊尔菊 183108
尼泊尔菊三七 **183108**
尼泊尔看麦娘 **17549**
尼泊尔籁箫 21643
尼泊尔老鹳草 **174755**
尼泊尔蓼 **309459**
尼泊尔龙牙草 11587
尼泊尔绿绒蒿 **247197**,247157
尼泊尔骆驼刺 **14636**
尼泊尔马桑 104701
尼泊尔芒 **255862**,127475
尼泊尔猫眼草 90416
尼泊尔桤木 **16421**
尼泊尔千星菊 261081
尼泊尔秋海棠 **50106**,50161
尼泊尔雀麦 **60865**
尼泊尔肉穗草 **346950**
尼泊尔山金银 95154
尼泊尔山梅花 294560
尼泊尔山香圆 **400533**
尼泊尔十大功劳 **242597**
尼泊尔鼠李 **328794**
尼泊尔双蝴蝶 **398308**
尼泊尔双药芒 **127475**
尼泊尔水东哥 **347968**
尼泊尔四带芹 **387896**
尼泊尔嵩草 **217236**
尼泊尔粟草 **254497**
尼泊尔酸模 **340141**
尼泊尔藤菊 **92517**
尼泊尔天名精 **77182**
尼泊尔铁线莲 95154
尼泊尔橐吾 **228981**
尼泊尔委陵菜 **312810**
尼泊尔雾水葛 **313475**
尼泊尔显脉石墙花 **414831**

尼泊尔香青 **21643**
尼泊尔小檗 242563
尼泊尔续断 133488
尼泊尔悬钩子 **338877**
尼泊尔栒子 107691
尼泊尔延胡索 **105828**
尼泊尔羊蹄 340141
尼泊尔野青茅 127279
尼泊尔野桐 **243399**
尼泊尔蝇子草 **363800**
尼泊尔鱼鳔槐 **100185**
尼泊尔鸢尾 **208517**
尼泊尔云杉 **298446**
尼泊尔早熟禾 **305764**
尼泊尔猪毛菜 **344642**
尼泊尔紫堇 105971
尼泊尔醉鱼草 62000
尼泊椰子属 267837
尼布龙胆 **262999**
尼布龙胆属 262998
尼布鲁鼠李 328794
尼布茜 **263005**
尼布茜属 **263004**
尼布野牡丹 **263002**
尼布野牡丹属 263001
尼采蔓藻属 263018
尼德兰 **266074**
尼德兰属 **266072**
尼德紫葳 **266185**
尼德紫葳属 **266183**
尼登楚三盾草 **394985**
尼东栒子 107691
尼豆属 266337,266350
尼恩巴斑鸠菊 **406628**
尼恩巴单花杉 **257139**
尼恩巴短冠爵床 **58981**
尼恩巴镰扁豆 **135559**
尼恩巴龙船花 **211139**
尼恩巴秋海棠 **50216**
尼恩巴准鞋木 **209535**
尼尔碧玉莲 **59708**
尼尔大戟 **262954**
尼尔大戟属 **262953**
尼尔格日鸡骨常山 **18058**
尼尔基里百合 **229957**
尼尔吉里小檗 **51964**
尼尔立金花 **218904**
尼尔裂叶番杏 **86149**
尼尔龙骨角 **192449**
尼尔露子花 **123931**
尼尔日中花 **220625**
尼尔虾疳花 **86564**
尼尔小金梅草 **202922**
尼尔逊纳立金花 **218833**
尼尔鸭嘴花 **214653**
尼尔舟叶花 **340808**
尼非桉 155667
尼芬芋 **265212**
尼芬芋属 **265211**
尼盖无心菜 **32098**
尼格里塔巴豆 **112970**
尼格里塔巴特西番莲 **48546**
尼格里塔斑鸠菊 **406627**
尼格里塔长柄花草 **26933**
尼格里塔菲利木 **296265**
尼格里塔厚皮树 **221182**
尼格里塔金须茅 **90132**
尼格里塔肋瓣花 **13840**
尼格里塔裂花桑寄生 **295854**
尼格里塔马钱 **378831**
尼格里塔木蓝 **206301**
尼格里塔飘拂草 **166419**
尼格里塔热非南星 **21906**
尼格里塔石豆兰 **62939**
尼格里塔水蜈蚣 **218464**
尼格里塔鸭跖草 **101103**
尼格里塔折瓣瘦片菊 **216413**
尼格罗山大戟 **159425**
尼古拉鹤望兰 377563
尼古拉姜属 265962
尼古拉斯野荞麦 **152111**
尼古拉绉子棕 **321172**
尼哈茜 **265947**
尼哈茜属 **265946**
尼基山海桐 **301346**
尼加锦葵 **243805**
尼加拉瓜毒鼠豆 **176970**
尼加拉瓜格利塞迪木 176970
尼加拉瓜红木 121803
尼加拉瓜爵床 **290696**
尼加拉瓜爵床属 **290695**
尼加拉瓜苦油楝 72648
尼加拉瓜狼尾草 **289069**
尼加拉瓜酸渣树 **72648**
尼卡大戟 **159480**
尼卡邓博木 **123703**
尼卡斗篷草 **14018**
尼卡伽蓝菜 **215216**
尼卡感应草 **54546**
尼卡灰毛豆 **386205**
尼卡蓝星花 **33680**
尼卡里岛雪花莲 **169714**
尼卡鹿藿 **333344**
尼卡三翅菊 **398210**
尼卡舌冠萝藦 **177397**
尼卡双距兰 **133863**
尼卡田皂角 **9601**
尼卡甜舌草 **232471**
尼卡驼曲草 **119870**
尼卡香茶 **303536**
尼卡羊耳蒜 **232259**
尼卡椰子 332438
尼卡叶下珠 **296689**
尼卡蝇子草 **363805**
尼卡玉凤花 **183907**
尼卡远志 **308232**
尼卡猪屎豆 **112468**
尼卡壮花寄生 **148842**
尼考林傲大贴梗海棠 **84589**
尼科巴桐属 51163
尼科巴卫矛属 **265955**
尼科尔草胡椒 **290391**
尼科尔森鸡爪槭 **3319**
尼科林华丽木瓜 84589
尼科矛果豆 **235558**
尼可巴椰属 51163
尼可巴棕属 51163
尼克菠萝球 **107045**
尼克尔森甘蓝树 **115229**
尼克尔森蛇藤 **100072**
尼克尔森铁线子 **244582**
尼克尔森肖水竹叶 **23569**
尼克尔森玉凤花 **183898**
尼克禾属 **266020**
尼克菊 **265988**
尼克菊属 **265987**
尼克蓝八仙花 **199978**
尼克木 **263032**
尼克木属 **263024**
尼克斯帚状细子木 **226492**
尼克卫矛 **265956**
尼克鸢尾 **208732**
尼克樟属 263044
尼兰远志属 **267612**
尼雷野荞麦 **152300**
尼罗杜楝 400589
尼罗河臭荠 **105348**
尼罗河吊灯花 **84188**
尼罗河狗肝菜 **129298**
尼罗河虎尾兰 **346120**
尼罗河火焰树 **370360**
尼罗河流苏树 **87724**
尼罗河山黄皮 **325391**
尼罗河山石榴 **79591**
尼罗河十字爵床 **111741**
尼罗河鼠尾草 **345251**
尼罗河素馨 **211925**
尼罗河酸藤子 **144770**
尼罗河田皂角 **9597**
尼罗河乌口树 **384994**
尼罗虎尾兰 346120
尼罗火焰树 **370374**
尼罗鸟尾花 111741
尼罗棕属 247220
尼洛牛油果 **64218**
尼马庄柯 362672
尼迈榄 **266189**
尼迈榄属 **266188**
尼曼斯日本茴芋 **365932**
尼莫三芒草 **33951**
尼莫水苏 **373317**
尼木早熟禾 **305583**
尼娜刺头菊 **108350**
尼娜风毛菊 **348563**
尼瑙椰子 **98138**
尼帕桐属 267837
尼普姆克宽叶山月桂 **215399**
尼日利亚短盖豆 **58764**
尼日利亚椴木 134776
尼日利亚多穗兰属 **134256**
尼日利亚恩氏草 **145561**
尼日利亚番樱桃 **156312**
尼日利亚仿花苏木 **27767**
尼日利亚凤仙花 **205173**
尼日利亚谷精草 **151410**
尼日利亚管唇姜 **365265**
尼日利亚海葱属 **139824**
尼日利亚酒椰 **326650**
尼日利亚巨兰 **180121**
尼日利亚可拉木 **99238**
尼日利亚龙船花 **211137**
尼日利亚龙王角 **199041**
尼日利亚石豆兰 **62935**
尼日利亚矢车菊 **81236**
尼日利亚黍 **281969**
尼日利亚双距兰 **133858**
尼日利亚双蕊苏木 134776
尼日利亚穗花茱萸 **373030**
尼日利亚苔草 **349028**
尼日利亚苔草属 **64200**
尼日利亚纹蕊茜 **341339**
尼日利亚无患子属 **262134**
尼日利亚香荚兰 **405011**
尼日利亚香料藤 **391888**
尼日利亚小瓦氏茜 **404900**
尼日利亚鸭嘴花 **214652**
尼日利亚叶下珠 **296677**
尼日利亚异木患 **16122**
尼日利亚鱼黄草 **250815**
尼日利亚玉凤花 **183900**
尼日利亚皱茜 **341139**
尼润兰砂石蒜 **19708**
尼润兰属 265254
尼润兰唐菖蒲 **176401**
尼润属 265254
尼萨吊兰 **88605**
尼萨飞廉 **73444**
尼萨硬骨凌霄 **385510**
尼赛远志 **308220**
尼森藏沙玉 **317030**
尼山杜鹃 **331336**
尼山海桐花 301346
尼氏堡树 **79084**
尼氏鼻花 **329548**
尼氏彩花 **2267**
尼氏飞廉 **73427**
尼氏鳞玉 **354305**
尼氏画眉草 147842

尼氏棘豆 **279033**
尼氏剑叶回欢草 **21105**
尼氏鹿角柱 **140275**
尼氏毛竹 **297354**
尼氏拟马偕花 43682
尼氏蒲公英 **384695**
尼氏扫帚叶澳洲茶 **226500**
尼氏委陵菜 **312814**
尼氏玄参 **355200**
尼氏羊角拗 **378426**
尼氏早熟禾 305771
尼氏针茅 **376855**
尼斯蔗草 **353654**
尼斯短片帚灯草 **142973**
尼斯画眉草 **147839**
尼斯剪股颖 **12218**
尼斯木棉 **263115**
尼斯木棉属 **263111**
尼斯枪刀药 **202587**
尼斯莎 **263110**
尼斯莎属 **263109**
尼斯西亚大戟 **159461**
尼斯下盘帚灯草 **202477**
尼斯雪片莲 **227866**
尼斯针禾 **377039**
尼索尔豆属 **266337**
尼索桐 **265584**
尼索桐属 **265577**
尼特凌露子花 **123930**
尼瓦拉野生稻 **275948**
尼韦勒香桃木 **261758**
尼文尖腺芸香 **4832**
尼文木属 **266397**
尼文欧石南 **149794**
尼文色罗山龙眼 **361208**
尼文氏画眉草 147842
尼西亚拟漆姑 **370685**
尼西亚矢车菊 **81233**
尼雅高原芥 89248
尼亚白花菜 **95741**
尼亚高原芥 **89248**
尼亚加拉绿扶芳藤 **157487**
尼亚密穗花 **322130**
尼亚母草 **231552**
尼亚萨安龙花 **139481**
尼亚萨斑鸠菊 **406635**
尼亚萨苞茅 **201543**
尼亚萨产鸭嘴花 **214661**
尼亚萨大戟 **159478**
尼亚萨大沙叶 **286163**
尼亚萨盾舌萝藦 **39637**
尼亚萨钜观音兰 **418811**
尼亚萨番樱桃 **156314**
尼亚萨钩毛菊 **201698**
尼亚萨海葱 **402409**
尼亚萨海神木 **315748**
尼亚萨黑草 **61833**
尼亚萨黑蒴 **248707**
尼亚萨灰毛豆 **385932**
尼亚萨九节 **319747**
尼亚萨老鹳草 **174765**
尼亚萨美登木 **246887**
尼亚萨美冠兰 **156889**
尼亚萨木蓝 **206312**
尼亚萨欧石南 **149799**
尼亚萨前胡 **292955**
尼亚萨秋海棠 **50113**
尼亚萨全毛兰 **197551**
尼亚萨群花寄生 **11111**
尼亚萨塞拉玄参 **357613**
尼亚萨三萼木 **395211**
尼亚萨色穗木 **129139**
尼亚萨鼠鞭草 **199691**
尼亚萨水蓑衣 **200630**
尼亚萨司徒兰 **377313**
尼亚萨田皂角 **9600**
尼亚萨甜舌草 **232470**
尼亚萨小黄檀 **121866**
尼亚萨绣球防风 **227672**
尼亚萨鸭嘴花 **214660**
尼亚萨异耳爵床 **25709**
尼亚萨紫绒草 **44002**
尼亚三萼木 **395294**
尼亚斯扁莎 **322308**
尼亚斯邓博木 **123702**
尼亚斯芙兰草 **168865**
尼亚斯海马齿 **361663**
尼亚斯虎尾兰 **346119**
尼亚斯黄杨 **64331**
尼亚斯假杜鹃 **48271**
尼亚斯鹿藿 **333343**
尼亚斯梅莱爵床 **249549**
尼亚斯苔草 **74426**
尼亚斯唐菖蒲 **176408**
尼亚斯铁苋菜 **1938**
尼亚斯香茶 **303535**
尼亚斯小金梅草 **202925**
尼亚斯肖水竹叶 **23578**
尼亚斯鸭跖草 **101106**
尼亚斯珍珠茅 **354172**
尼亚斯砖子苗 **245489**
尼扬加杯漆 **396348**
尼扬加毒鼠子 **128766**
尼扬加豇豆 **408992**
尼扬加茎花豆 **118100**
尼扬加龙血树 **137459**
尼扬加神秘果 **381993**
尼扬加崖豆藤 **254782**
尼营小檗 **51851**,51684
尼永圭白藤菊 **254458**
尼永圭多穗兰 **310651**
尼永圭多坦草 **136566**
尼永圭宽肋瘦片菊 **57652**
尼永圭球距兰 **253338**
尼永贵水金凤 **205186**
坭簕竹 **47242**
坭刺竹 47242
坭洞薯 131645,131772
坭瓜 238261
坭黄竹 **47425**
坭簕竹 47242
坭藤 **364698**
坭藤母 313229
坭竹 **47283**,4618,47213,47242,125453
泥宾子 110502
泥滨子 110502
泥冰子 110502
泥昌 5793
泥菖 5793
泥菖蒲 5793
泥灯心 373262,373346
泥地堇菜 **410702**
泥地轮菀 **268684**
泥胡菜 **191671**,191666
泥胡菜属 **191665**
泥花草 **231483**
泥花草属 231473
泥柯 233209
泥里花 37622
泥里珠 138329,138331
泥龙 **199031**
泥煤悬钩子 **338091**
泥淖山胡椒 **231443**
泥泞地堇菜 410702
泥茜 261364
泥秋树 122438
泥鳅菜 129068,215343,239640,239645
泥鳅草 409816
泥鳅串 215343
泥鳅豆 71050
泥鳅掌 **359712**
泥双距野牡丹 **337792**
泥滩雀稗 **285424**
泥潭繁缕 374731
泥潭蓟 **92460**
泥潭猪殃殃 170717
泥炭莓系 306109
泥炭苔草 **74461**
泥炭一枝黄花 **368453**
泥炭早熟禾 **306109**
泥藤草 258910
泥沼木姜子 **234084**
泥沼人参果 313087
泥竹 125510
泥椎柯 **233209**
泥锥榈 233209
泥锥石栎 233209
倪铃 38960
倪藤 178549
倪藤科 178522
倪藤属 178524
拟阿尔加咖啡属 **32487**
拟阿芙泽尔玉叶金花 **260379**
拟阿福花 39328
拟阿福花属 **39449**
拟阿开木 **55603**
拟阿开木属 **55602**
拟阿拉伯大戟 **158464**
拟阿米芹 **19686**
拟阿米芹属 **19684**
拟阿穆尔莎草 **118430**
拟阿韦树 **186242**
拟阿韦树属 **186241**
拟阿魏 **250925**
拟矮毛莨 **326259**
拟矮卫矛 157737
拟艾纳香 **55862**
拟艾纳香属 **55860**
拟爱氏毛冠雏菊 **84929**
拟安政柑 **93473**
拟暗淡木蓝 **206692**
拟凹舌兰属 **317568**
拟奥里克芸香属 **274193**
拟澳非麻属 **127186**
拟巴豆 **113093**
拟巴豆属 **113091**
拟巴尔翡若翠 **47921**
拟巴尔翡若翠属 **47919**
拟巴戟天属 **258930**
拟巴雷百金花 **81489**
拟巴西花座球 249582
拟白背叶鹅掌柴 350718
拟白花蒲公英 384760
拟白芨属 55529
拟白及属 55529
拟白菊木 **227893**
拟白菊木属 227890
拟白桐树属 **94102**
拟白头翁 **321725**
拟白头翁属 **321723**
拟白星海芋 **34883**
拟白星海芋属 **34876**
拟白序山柳菊 **195743**
拟百里香 **391334**
拟百里香属 391056
拟柏大戟 **158731**
拟拜氏菊属 46502
拟斑点丹氏梧桐 **135958**
拟版纳青梅 **405167**
拟半齿青冈 **116191**
拟棒凤仙花 **204861**
拟棒毛荠 **98056**
拟棒毛荠属 **98054**
拟宝珠 **86530**
拟报春 314271
拟豹皮花 **374050**

拟豹皮花属 **374044**
拟鲍氏木 **48989**
拟鲍氏木属 **48987**
拟北方雅致苔草 **74165**
拟北极刺头菊 **108237**
拟北美乔松 **300162**
拟贝克菊属 **52805**
拟贝尼老鸦嘴 **390726**
拟贝思乐苣苔 **283102**
拟贝思乐苣苔属 **283100**
拟鼻花马先蒿 **287617**
拟篦齿马先蒿 **287506**
拟边亭桐属 51165
拟扁棒兰属 **302791**
拟扁豆木 **302798**
拟扁豆木属 **302797**
拟扁果草 **145498**
拟扁果草属 **145492**
拟扁芒草属 **122317**
拟变绿小檗 **52008**,52062
拟藨草属 **353170**
拟滨篱菊 **78620**
拟滨篱菊属 **78618**
拟槟榔青 **372488**
拟槟榔青属 **372486**
拟槟榔椰属 332375
拟冰草属 11931
拟冰川翠雀花 **124521**
拟波尔曼草 **307182**
拟波尔曼草属 **307181**
拟波罗蜜属 283756
拟波旁漆 **313261**
拟波旁漆属 **313260**
拟薄片青冈 **116128**
拟薄叶委陵菜 **312498**
拟补血草 **230505**
拟补血草属 **230504**
拟不等硬皮鸢尾 **172660**
拟布谢茄 **283143**
拟布谢茄属 **283142**
拟蚕豆岩黄芪 188177
拟蚕豆岩黄耆 **188177**
拟蚕岩黄耆 **188166**
拟糙叶黄芪 42930
拟糙叶黄耆 **42930**
拟草果 **19903**
拟草海桐 **179561**
拟草没药 **261594**
拟草没药属 **261592**
拟草芍药 **280247**
拟茶藨 333929
拟茶藨子 144793
拟茶秆竹 **304082**
拟檫木 **283774**
拟檫木属 **283773**
拟柴胡叶山柳菊 **195498**
拟颤丹氏梧桐 **136015**
拟昌都紫堇 **105813**
拟长柄芥属 **241237**
拟长萼堇菜 410091
拟长喙 **202792**
拟长喙属 **202791**
拟长阶花 **283370**
拟长阶花属 **283369**
拟长距翠雀花 **124186**
拟长毛锥花 **179203**
拟长舌针茅 **376930**
拟长尾冬青 **204286**
拟长药隔重楼 284374
拟常山 85935
拟常山属 85932
拟柽柳桃金娘 **261056**
拟柽柳桃金娘属 **261055**
拟赤杨 16295
拟赤杨属 16291
拟翅萼树 **120493**
拟翅萼树属 **120491**
拟翅子树属 **320826**
拟重瓣扁担杆 **180897**
拟雏菊 50809
拟雏菊属 **50841**
拟川西翠雀花 **124530**
拟穿孔苔草 **74591**
拟垂序木蓝 **206386**
拟春黄菊 **26735**
拟春黄菊属 **26733**
拟刺唇紫草属 **141011**
拟刺红珠 51559
拟刺茄 367617
拟刺悬钩子 339294
拟刺椰子属 123497
拟粗糙天竺葵 **288501**
拟粗露子花 **123857**
拟酢浆草木蓝 **206348**
拟大豆 67898
拟大豆属 **272360**,67897
拟大果巴豆 **112958**
拟大花忍冬 235941
拟大花油点草 **396603**
拟大鳞山柳菊 **195775**
拟大麻 **71231**
拟大麻梅蓝 248835
拟大麻属 **71230**
拟大舌千里光 **359414**
拟大尾摇 **190709**
拟大尾玉凤花 **183835**
拟大叶丹氏梧桐 **135919**
拟大叶苔草 **75272**
拟丹参 **345393**,345288,345289
拟单花木蓝 **206269**
拟单性木兰属 **283417**
拟蛋黄榄属 **411177**
拟稻属 **275991**
拟德雷艾纳香 **55727**
拟灯心草 **213036**,213447,213448
拟迪法斯木 **132651**
拟迪法斯木属 **132648**
拟迪塔芸香属 **139114**
拟地皮消 **226436**
拟地皮消属 **226435**
拟地苔 75165
拟地中海甘蓝 **59389**
拟蒂斯朗特水蜈蚣 **218640**
拟颠茄 44719
拟蝶唇兰 **319388**
拟蝶唇兰属 **319386**
拟蝶兰 **283600**
拟蝶兰属 **283598**
拟顶生卡普山榄 **72144**
拟定经草 187523
拟东南亚茜 **415247**
拟东南亚茜属 **415246**
拟斗叶马先蒿 **287136**
拟豆瓣菜属 262633
拟豆蔻 143511
拟豆蔻属 **143509**
拟豆叶霸王 418646
拟豆叶驼蹄瓣 **418646**
拟杜茎山 **241756**
拟杜鹃兰属 29359
拟杜松石南属 115676
拟杜英 142310
拟短刺鹤虱 **221639**
拟短芒大麦草 **198273**
拟短绒毛盾苞藤 **265793**
拟钝齿冬青 **204284**
拟钝齿木荷 **350935**
拟钝花紫金牛属 **19013**
拟多刺绿绒蒿 **247165**
拟多花瓜馥木 **166683**
拟多花堇菜 410464
拟多花千里光 **359780**
拟多花小檗 52062
拟多花沿阶草 **272127**
拟多脉番薯 **208280**
拟多脉柃 **160586**
拟多穗兰属 **147274**
拟多叶棘豆 **279101**
拟多疣大戟 **160010**
拟鹅毛玉凤花 **183565**
拟鹅参 **116448**
拟鹅参属 **116447**
拟恩氏菊 **145209**
拟恩氏菊属 **145204**
拟二叉丹氏梧桐 **135826**
拟二雄蕊丹氏梧桐 **135828**
拟二叶飘拂草 **166290**
拟番红花 **111400**
拟番红花属 **111397**
拟繁花山柳菊 **195601**
拟繁缕 **375169**
拟繁缕虎耳草 **349429**
拟繁缕属 **375165**
拟飞龙掌血 **392585**
拟飞龙掌血属 **392584**
拟飞瀑草属 **283217**
拟非洲紫檀 47849
拟非洲紫檀属 47848
拟非利大戟 **159570**
拟菲律宾无患子 **398766**
拟菲律宾无患子属 **398765**
拟粉背南蛇藤 80210
拟粉蝶兰 58389
拟粉兰 **98526**
拟粉兰属 **98525**
拟粉绿藤 **283573**
拟粉绿藤属 **283572**
拟粉羊蹄甲 49098
拟粉叶小檗 **52006**
拟粉叶羊蹄甲 49098
拟丰花苹婆 **376200**
拟风兰属 **24661**
拟风铃草 **70379**
拟风铃草属 **70375**
拟夫落哥桐属 295029
拟弗莱明鸡头薯 **152924**
拟枹栎 **324223**
拟附属物鹅绒藤 **117377**
拟覆盆子 **338556**
拟盖裂桂 **283415**
拟盖裂桂属 **283414**
拟高粱 **369689**
拟高粱属 318468
拟高山兔儿风 **12722**
拟哥斯达黎加胡桃属 14588
拟格林茜属 **180494**
拟格木 **166141**
拟格木菲尔豆 166141
拟格木属 **166140**
拟隔距兰 **94485**
拟隔距兰属 **94484**
拟工布乌头 **5503**
拟贡山楼梯草 **142782**
拟钩毛刺头菊 **108320**
拟钩叶藤属 **303096**
拟狗骨 **71380**
拟狗尾草 **361973**
拟狗尾草属 **361972**
拟孤柳 **344260**
拟菰凤头黍 6110
拟菰属 418102
拟箍瓜 **399472**
拟箍瓜属 **399471**
拟古朗瓜 **181996**
拟古朗瓜属 **181995**
拟古木属 30981
拟光亮山柳菊 **195713**

拟光亮乌口树 **384997**
拟光缘虎耳草 **349688**
拟哈巴乌头 **5132**
拟哈氏椴 **186119**
拟哈氏椴属 **186118**
拟海伦娜红花 **77713**
拟海杧果 **83709**
拟海杧果属 **83708**
拟海桑 **368911**
拟含羞草属 **255145**
拟颔垂豆 **30982**
拟颔垂豆属 **30981**
拟豪猪百蕊草 **389735**
拟豪猪刺 52169
拟好望角前胡 **292804**
拟核果茶 283713
拟黑风 **395659**
拟黑谷精草 **151237**
拟黑果山楂 **109966**
拟黑穗苔草 **73812**
拟红果山柳菊 **195578**
拟红门兰 **318210**
拟红门兰属 **318209**
拟红苏木 **386780**
拟红纹木蓝 **205961**
拟红紫珠 **66902**
拟弧茎堇菜 410458
拟狐尾黄芪 43236
拟狐尾黄耆 **43236**
拟胡麻属 **361274**
拟胡须欧石南 **149066**
拟蝴蝶兰 283600
拟蝴蝶兰属 283598
拟虎耳草 **350074**
拟虎耳草属 **350073**
拟虎皮楠 **122659**
拟虎皮楠属 **122658**
拟虎鸢尾 208897
拟琥珀树属 **27803**
拟瓠果 **290567**
拟瓠果属 **290566**
拟花篱 26948
拟花篱属 26946
拟花蔺 **64179**
拟花蔺属 **64177**
拟黄花杜鹃 **330381**
拟黄花虎耳草 **349177**
拟黄花稔过江藤 **232528**
拟黄花乌头 **5041**
拟黄荆 **411381**
拟黄毛兔儿风 **12638**
拟黄普通莎草 **118696**
拟黄耆属 **41902**
拟黄树 415157
拟黄树属 415149
拟黄竹 **47344**
拟灰花山柳菊 **196030**
拟灰绿日中花 **220563**
拟灰色酢浆草 **277892**
拟灰色姜味草 **253711**
拟灰色蜡菊 **189677**
拟灰色香科科 **388183**
拟喙花鸟足兰 **347890**
拟火把树属 114584
拟火地亚 198080
拟火地亚属 198079
拟火红香茶 **303393**
拟火焰树 **370391**
拟火焰树属 **370390**
拟霍沃斯长被片风信子 **137940**
拟鸡头薯 **153098**
拟鸡头薯属 **153097**
拟蒺藜属 **395055**
拟虮子草 **226022**
拟加尔桑番樱桃 **156227**
拟加尔桑蒲桃 **382539**
拟加利亚草 **317166**
拟加利亚草属 **317163**
拟荚蒾丹氏梧桐 **136028**
拟贾筋骨草 13165
拟假耳山柳菊 **195891**
拟假海石竹 **127800**
拟假叶下珠 **296720**
拟尖帽草 **256167**
拟尖帽草属 **256166**
拟尖膜菊 **298481**
拟尖膜菊属 **298479**
拟尖叶猪屎豆 **112489**
拟坚挺马先蒿 **287634**
拟樫木属 88111
拟碱茅 **321276**
拟剑叶石斛 **125362**
拟渐尖楼梯草 **142781**
拟角萼翠雀花 **124115**
拟杰勒德核果木 **138617**
拟金白背黄花稔 **362644**
拟金草 **187548**
拟金顶杜鹃 330672
拟金合欢 **1734**
拟金合欢属 **1733**
拟金花水蜈蚣 **218507**
拟金鸡纳属 **91095**
拟金莲草属 **202649**
拟金茅 **156513**
拟金茅属 **156511**
拟金千里光 **279939**
拟金盏菊属 405386
拟筋骨草 **13198**
拟筋骨草属 **13197**
拟近基老鸦嘴 **390858**
拟近缘鼠尾兰 **260956**
拟荆芥 264897
拟九节属 **169313**
拟菊蒿匹菊 **322655**
拟菊芋 190505
拟具鞘前胡 **293060**
拟锯齿纺锤菊 **44191**
拟锯叶桤木 **16447**
拟聚伞短片帚灯草 **142997**
拟聚伞山柳菊 **195555**
拟蕨马先蒿 **287204**
拟军刀豆 **317975**
拟军刀豆属 **317973**
拟卡密柳叶菜属 **69824**
拟卡森猪屎豆 **112003**
拟卡特兰 **79585**
拟卡特兰属 **79583**
拟卡铁属 79513
拟开夏花山柳菊 **195502**
拟堪蒂榈属 216005
拟康定乌头 **5538**
拟康斯大戟属 **28920**
拟科莱小檗 **51478**
拟可食谷木 **249948**
拟克劳斯疱茜 **319964**
拟肯特椰子属 216005
拟肯特棕属 216005
拟库潘树属 **114584**
拟库页细辛 **37637**
拟筷子芥属 30105
拟宽鹅绒藤 **117459**
拟宽穗扁莎 **322327**
拟阔荚合欢 **13597**
拟拉氏芸香属 **327117**
拟莱穆拉石豆兰 **62843**
拟兰 **29790**
拟兰科 **29796**
拟兰立金花 **218909**
拟兰属 **29787**
拟蓝翠雀花 **124516**
拟蓝盆花属 **48750**
拟澜沧翠雀花 **124529**
拟劳德草属 **237850**
拟老乐柱 **155308**
拟老乐柱属 **155307**
拟老鼠簕属 **2574**
拟勒孔特丹氏梧桐 **135889**
拟雷氏兰属 **328225**
拟蕾丽兰 **219703**
拟蕾丽兰属 **219701**
拟肋唇兰 **350544**
拟肋唇兰属 **350543**
拟擂鼓艻 **244949**
拟擂鼓艻属 **244948**
拟棱果芥 **382112**
拟棱果芥属 **382111**
拟冷水花 **299021**
拟梨形五层龙 **342711**
拟离药草属 **375326**
拟藜 **86888**
拟李科 20876
拟李属 20885
拟丽斑兰属 225065
拟丽杯花 198080
拟丽杯花属 198079
拟丽花美冠兰 **156604**
拟连柱大戟 **159920**
拟链荚豆属 274329
拟链状金煌柱 183370
拟两歧飘拂草 **166275**
拟亮蛇床属 **357775**
拟林风毛菊 **348792**
拟鳞花兰属 **225065**
拟鳞桃木 **225642**
拟鳞桃木属 **225641**
拟鳞叶紫堇 **106396**
拟流茜 **283214**
拟流茜属 **283213**
拟流苏边脉 60047
拟流苏边脉属 60046
拟留菊 **283318**
拟留菊属 **283317**
拟琉璃草 **117893**
拟琉璃草属 **117892**
拟琉璃繁缕 **374742**
拟瘤兰属 **297593**
拟瘤枝卫矛 157948
拟龙血巴豆 **112881**
拟娄林果 **335836**
拟娄林果属 **335834**
拟楼斗菜 **283726**
拟楼斗菜属 **283720**
拟露特草 **341102**
拟露特草属 **341101**
拟芦荟属 **235474**
拟芦莉草 **318245**
拟芦莉草属 **318244**
拟卵叶银莲花 **23848**
拟略粗糙拉拉藤 **170612**
拟轮菊属 **325162**
拟轮生奥佐漆 **279319**
拟轮生鱼骨木 **71466**
拟罗伞树 31424
拟罗斯鸢尾 208768
拟螺距翠雀花 **124080**
拟螺萦球 **140301**
拟裸茎黄堇 **106312**
拟裸野荞麦 **152314**
拟洛贝尔 **43583**
拟洛贝尔百蕊草 **389767**
拟落腺豆属 300656
拟马鞭椴 **238248**
拟马鞭椴属 **238247**
拟马达加斯加山辣椒 **382785**
拟马岛无患子属 **392227**
拟马兜铃属 283733
拟马莱戟属 **245184**
拟马蓝 85944

拟马龙戟 **20996**
拟马蹄荷属 **61920**
拟马偕花 43682
拟马偕花属 43679
拟麦氏草 256632
拟麦珠子 **180190**
拟麦珠子属 **180189**
拟曼德拉 **196005**
拟曼塔茜属 **317983**
拟蔓地草 410598
拟蔓茎大戟 **159142**
拟猫儿菊还阳参 **110715**
拟毛果猪屎豆 **112301**
拟毛兰 **152845**
拟毛兰属 **260588**
拟毛瑞榈属 **246675**
拟毛伞山柳菊 **195527**
拟毛藤属 303096
拟毛叶鸭嘴花 **214859**
拟毛毡草 55820
拟毛钟穗花 **293168**
拟毛轴莎草 **119419**
拟锚柱兰 **130036**
拟锚柱兰属 **130035**
拟眉兰舌唇兰 **302243**
拟美国薄荷 **257169**
拟美红叶藤 **337700**
拟美花 **317253**
拟美花属 317245
拟美叶假杜鹃 **48128**
拟美洲茶瘤玉 **389223**
拟蒙古白头翁 321660
拟米歇尔柄蕊木 **255963**
拟密花树 **261600**
拟密花丝石竹 183180
拟蜜棕 **212561**
拟蜜棕属 **212560**
拟绵毛叶铁苋菜 **1847**
拟绵毛益母草 **225007**
拟棉 **179858**
拟棉属 **179857**
拟膜质菊 **201315**
拟摩斯马钱 **378823**
拟木藜芦属 **155453**
拟木薯 **244519**
拟木薯属 **244518**
拟木香 336379
拟木香蔷薇 **336379**
拟木贼荸荠 **143141**
拟牧根草鸭舌癀舅 **370824**
拟牧野氏泽 **158236**
拟穆里野牡丹 **413219**
拟穆氏千里光 **359514**
拟南方糙苏 **295220**
拟南非针叶豆 **128905**
拟南芥菜 30146
拟南芥菜属 30105
拟南芥属 30105
拟囊唇兰 **342014**
拟囊唇兰属 **342011**
拟囊果芹 297947
拟泥花草 **231595**
拟鸟花兰属 **269550**
拟鸟爪老鹳草 **174786**
拟牛齿兰 **29826**
拟牛齿兰属 **29825**
拟牛角 **373832**
拟牛奶菜 **91478**
拟牛奶菜属 **91476**
拟纽子花 **404507**
拟纽子花属 **404506**
拟欧内野牡丹 **317684**
拟欧内野牡丹属 **317682**
拟欧瑞香 122586
拟帕加茜 **280364**
拟帕加茜属 **280363**
拟盘托楼梯草 **142649**
拟盘银花 **220812**
拟盘银花属 **220811**
拟泡泡叶乌饭 **403969**
拟佩尔小瓠果 **290539**
拟皮格菊属 283670
拟匹敌斑鸠菊 **406660**
拟平伏水苏 **373382**
拟平卧鸡头薯 **152881**
拟平叶莲花掌 **9075**
拟坡垒 **198205**
拟坡垒属 **198202**
拟坡梯草 **290198**
拟坡梯草属 **290197**
拟婆罗门参 394281
拟婆婆纳属 186925
拟破斧木属 **350973**
拟普罗伊斯琼楠 **50596**
拟漆姑 **370661**
拟漆姑草属 **370609**
拟漆姑属 370609
拟齐默大戟属 **417954**
拟奇筋骨草 **13165**
拟千金子 247116
拟千日菊 4870
拟荨麻科 97487
拟乔巴兰 **86270**
拟乔巴兰属 **86269**
拟芹 **29236**
拟芹属 **29233**
拟球花木 **177065**
拟球花木属 **177058**
拟球兰属 **177215**
拟球头欧石南 **150069**
拟球蟹甲草 283796
拟球形蒴莲 **7295**
拟缺刻乌头 **5577**
拟缺香茶菜 **209663**
拟雀状欧石南 **149848**
拟热非桑 **57477**
拟热非桑属 **57476**
拟热木豆 **61161**
拟热木豆属 **61160**
拟日本灰木 **381309**
拟绒安菊 **283364**
拟绒安菊属 **283363**
拟榕叶冬青 **204285**
拟柔果苔草 **76428**
拟柔毛堇菜 410789
拟肉豆蔻属 216783
拟肉色天竺葵 **288305**
拟肉色玉凤花 **183723**
拟肉质千里光 **359969**
拟软果扁担杆 **180860**
拟蕊木 **217880**
拟蕊木属 **217879**
拟瑞香属 **122737**
拟弱距堇菜 410395
拟萨拉卫矛 **342768**
拟萨拉卫矛属 **342766**
拟萨瑟兰木蓝 **206633**
拟塞内大戟 **360383**
拟塞内大戟属 **360382**
拟三刚毛南非禾 **290040**
拟三尖茜 **284045**
拟三尖茜属 **284044**
拟三角车属 **17990**
拟三穗苔草 **75917**
拟伞悬钩子 **339330**
拟散花唐松草 388627
拟散尾葵 **139377**
拟散尾葵属 139300
拟桑德斯长须兰 **56918**
拟色厚唇兰 **146542**
拟沙地飞蓬 **150471**
拟沙地蝇子草 **363208**
拟山黄麻属 **283975**
拟山兰 **383141**
拟山毛榉科 266858
拟山莓草 **362389**
拟山莓草属 **362387**
拟山莎 **273758**
拟山莎属 **273757**
拟山生婆婆纳 **407240**
拟山生油芦子 **97396**
拟山月桂 215412
拟山月桂属 215411
拟山芝麻 **190121**
拟山芝麻属 **190119**
拟扇形金虎尾 **166758**
拟扇形金虎尾属 **166757**
拟少花马达加斯加菊 **29556**
拟舌喙兰属 **177377**
拟蛇鞭菊 397526
拟蛇鞭菊属 397521
拟蛇舌草 **270050**
拟蛇舌草属 **270049**
拟舍恩球柱草 **63345**
拟舍恩瘦鳞帚灯草 **209455**
拟舍恩肖嵩草 **97774**
拟舍瓦利耶露兜树 **281100**
拟湿生狗舌草 **359086**
拟石斛属 **278635**
拟石莲花 140008
拟石莲花属 139970
拟石墙花 **414836**
拟石墙花属 **414835**
拟矢车菊属 81550
拟手玄参 **244883**
拟手玄参属 **244882**
拟疏齿小檗 **52016**
拟鼠鞭草属 **199676**
拟鼠鞭堇 **199677**
拟束果扁担杆 **180741**
拟双腺兰属 **127363**
拟霜蚤缀 **32153**
拟水晶兰 86390
拟水晶兰属 86383,258055
拟水韭科 229691
拟水韭属 229687
拟水苦荬 407003
拟水蓼 **291792**
拟水苏 **373155**
拟水芋 **67445**
拟水芋属 **67443**
拟司科特仙人笔 **216707**
拟斯卑脱山羊草 **8724**
拟斯托千里光 **360111**
拟四刺大戟 **159959**
拟菘蓝千里光 **359153**
拟素馨科 127445
拟蒜头石蚕 388270
拟穗花薄荷 **187192**
拟穗花薄荷属 **187189**
拟穗状枪刀药 **202619**
拟梭萼梧桐属 **399409**
拟塔尔巴赫毛子草 **153296**
拟滩地韭 **15551**
拟藤春属 **17633**
拟天冬草 **38938**
拟天鹅兰属 **307861**
拟天蓝罗顿豆 **237242**
拟天南星 33295
拟甜桂 **187416**
拟甜桂属 **187415**
拟甜叶黄耆 **42416**
拟条裂龙胆 **173571**
拟条叶银莲花 **23762**
拟铁苋菜 **2031**
拟铁苋菜属 **2029**
拟铁子冬青 204048
拟庭荠 **18311**

拟庭荠属 **18309**
拟头状天竺葵 **288136**
拟头状指甲草 **284808**
拟凸萝藦属 **141401**
拟兔唇花属 **220046**
拟兔迹草 **141448**
拟兔迹草属 **141447**
拟团集山柳菊 **195628**
拟托福木属 **393381**
拟陀螺树属 **378339**
拟瓦蒂香属 405156
拟瓦氏茜属 **404914**
拟瓦泰豆 **405150**,22212
拟瓦泰豆属 **405149**
拟外折蜡菊 **189703**
拟弯距翠雀花 **124517**
拟弯曲碎米荠 73023
拟莞属 **352158**
拟万代兰 **404747**
拟万代兰属 **404745**
拟微红白花菜 **95777**
拟微萍属 414692
拟微缺木蓝 **205949**
拟微缺日中花 **220540**
拟苇 **212441**
拟苇科 **212443**
拟苇属 **212440**
拟卫矛 **173145**
拟卫矛属 **173143**
拟沃格尔杜楝 **400615**
拟沃森唐菖蒲 **176660**
拟卧山蚂蝗 **126624**
拟乌拉木属 **178925**
拟乌卢古尔伴帕爵床 **60332**
拟巫山淫羊藿 **147038**
拟无柄蜡菊 **189779**
拟五花刺头菊 **108368**
拟五蕊柳 343834
拟五异茜 **289621**
拟五异茜属 **289619**
拟五月茶 28313
拟武夷兰属 24661
拟西巴茜 **365113**
拟西巴茜属 **365112**
拟西摩列当 **362050**
拟西摩列当属 **362049**
拟犀角吊金钱 **84263**
拟溪边黄堇 106304
拟膝瓣乌头 **5500**
拟喜湿蓟 **92041**
拟细刺刺头菊 **108328**
拟细萼茶 **69459**
拟细花风信子 **328480**
拟细花风信子属 **328479**
拟细尾楼梯草 **142868**
拟细柱柳 **342928**
拟虾须莪白兰 267925
拟夏枯草 **316162**
拟夏枯草属 **316161**
拟纤细风毛菊 **348348**
拟显柱乌头 **5604**
拟苋 **18649**
拟苋属 **18647**
拟线果芥 **30234**
拟线茎可利果 **96728**
拟腺棘豆 **279098**
拟香青 **21504**
拟香青属 **21503**
拟香桃木 **261725**
拟香桃木属 **261721**
拟小斑虎耳草 **349829**
拟小本氏寄生 **253129**
拟小疮菊 328520
拟小管兰 **367832**
拟小管兰属 **367831**
拟小果禾 **253851**
拟小果禾属 **253850**
拟小花木五加 125628
拟小龙南星 **137705**
拟小龙南星魔芋 **20070**
拟小龙南星属 **137704**
拟小窃衣属 **79612**
拟小雀瓜 **116000**
拟小雀瓜属 **115997**
拟小树柳 **343042**
拟小酸模 **339904**
拟小叶番杏 **12916**
拟小尤伯球 **401335**
拟笑布袋 **130288**
拟笑布袋属 **130287**
拟斜柱棕 **97079**
拟斜柱棕属 **97077**
拟缬草 **404335**
拟缬草属 404394
拟泻根 **61552**
拟泻根属 **61549**
拟心叶党参 98308
拟辛酸木属 **138006**
拟欣兹金合欢 **1561**
拟欣兹盐肤木 **332695**
拟新喀山龙眼 **49373**
拟新喀山龙眼属 **49372**
拟星苞矢车菊 **80982**
拟星红光树 **216841**
拟星花 **41557**
拟星花凤梨 **197147**
拟星花凤梨属 **197146**
拟猩猩冠柱属 **34976**
拟秀丽绿绒蒿 **247169**
拟绣线菊 **372157**
拟绣线菊属 **372154**
拟絮菊鼠麹草 **178180**
拟悬子苣苔 **110567**
拟悬子苣苔属 **110566**
拟鸦葱属 **354981**
拟鸦跖花 **284948**
拟鸦跖花属 **284947**
拟鸭儿芹 **113902**
拟鸭儿芹属 **113893**
拟鸭舌癀 334338
拟鸭舌癀舅属 **370736**
拟鸭舌癀属 334310
拟牙刷树 **344818**
拟牙刷树属 **344817**
拟崖椒属 **162178**
拟雅丽山柳菊 **195507**
拟亚菊 **124784**
拟亚卡萝藦属 **307028**
拟亚龙木 **16264**
拟亚龙木属 **16263**
拟亚特兰大毒马草 **362874**
拟芫荽 **104686**
拟芫荽属 **104685**,9831
拟岩黄树属 **415149**
拟岩马齿苋 **65858**
拟岩马齿苋属 **65857**
拟沿沟草属 99987
拟砚壳花椒 **417250**
拟燕大麦 **198354**
拟羊耳菊 **138895**
拟羊蹄甲 **59929**
拟羊蹄甲属 **59928**
拟羊眼花 **207210**
拟洋椿 **80053**
拟洋椿属 **80051**
拟野茉莉 283993
拟野茉莉属 283992
拟野牛草 **61726**
拟野牛草属 **61725**
拟叶柄草 307020
拟叶柄草属 307019
拟叶花可利果 **96808**
拟叶下珠 **296553**
拟叶下珠属 **296463**
拟叶仙人掌属 242717,290717
拟腋花猪屎豆 **111924**
拟伊斯鸢尾 **208623**
拟移柍属 **135125**
拟异被风信子 **132597**
拟异被风信子属 **132595**
拟异灰毛豆 **386331**
拟翼首花属 **320417**
拟虉草属 **293782**
拟银白小蓝豆 **205598**
拟银莲花 **24167**
拟银莲花属 **24166**
拟银鳞草 **26655**
拟银鳞草属 **26654**
拟银钮扣 **344332**
拟银钮扣属 **344331**
拟银色委陵菜 **312390**
拟银色小麦秆菊 **381662**
拟银须草属 12868
拟印度胶脂树属 405156
拟印度南星 **21755**
拟印度南星属 **21754**
拟樱草 **231476**
拟樱叶柃 160585
拟鹰爪花 317210
拟鹰爪花属 317209
拟鹰爪猪屎豆 **112680**
拟硬蕊花 **181606**
拟硬蕊花属 **181604**
拟硬叶银穗草 **227955**
拟永叶菊属 **155285**
拟勇夫草 **390444**
拟勇夫草属 **390443**
拟游藤卫矛 **157941**
拟鱼藤属 **283281**
拟雨湿木 **60047**
拟雨湿木属 **60046**
拟雨树 **318268**
拟雨树属 **318267**
拟玉龙乌头 **5504**
拟玉叶金花 **260511**
拟玉叶金花属 **260510**
拟鸢尾 208854
拟圆柏山柳菊 **195933**
拟圆冠木属 **283351**
拟圆叶金丝桃 **202050**
拟远志 **308479**
拟远志属 **308478**
拟约芹 **212438**
拟约芹属 **212437**
拟越橘属 134817
拟越南兰属 **89199**
拟云南翠雀花 **124531**
拟芸香 **185630**,318947
拟芸香属 **185615**,318945
拟杂色豆 **47849**
拟杂色豆属 **47848**
拟赞比亚斑鸠菊 **406591**
拟藏荠 **187377**
拟藏荠属 **187376**
拟早熟禾 **305894**
拟泽芹 **365870**
拟泽生苔草 **76047**
拟窄叶格尼瑞香 **178714**
拟獐牙菜 **380367**
拟掌榕 **165502**
拟掌叶蓼 **309641**
拟沼泽堇菜 **409752**
拟沼泽蔷薇 **336314**
拟真昼丝苇 **329703**
拟芝麻 **83667**
拟栀子 **171435**
拟栀子属 **171434**
拟蜘蛛兰 **254196**

拟蜘蛛兰属 **254192**
拟智利桂 **223018**
拟智利桂属 **223017**
拟中华蛇根草 **272271**
拟钟花苣苔 **98242**
拟钟花苣苔属 **98241**
拟肿胀苔草 **74904**
拟帚鼠麹 **20629**
拟皱波扁爵床 **292233**
拟骤尖楼梯草 **142855**,142799
拟朱兰 **306915**
拟朱兰属 **306914**
拟朱缨花 **66693**
拟朱缨花属 **66692**
拟竹属 **283061**
拟竹叶眼子菜 **312033**
拟壮观水苏 **373445**
拟锥花黄堇 **105991**
拟锥香茶菜 **324822**
拟紫草属 62294
拟紫丹 **393283**
拟紫丹属 **393282**
拟紫堇马先蒿 **287109**
拟紫苏草 **230277**
拟紫玉盘属 **403639**,403602
拟紫珠 **66749**
拟棕科 389444
拟佐林格莎草 **119775**
苨 7853
柅萨木 267864
柅萨木属 267849
逆阿落 **309560**
逆波 162934
逆刺 338017
逆棘大麦 **198297**
逆鳞龙 **158649**
逆龙玉 **264372**
逆鉾 **86511**
逆鉾球 **284656**
逆鉾丸 284656
逆时针银毛球 **244142**
匿鳞苔草 **73718**
匿芒荩草 **36622**
拈根 333456
年豆属 380065
年柑 93734
年佳苔草 **74283**
年见 197794
年健 197794
年景花 314975
年橘 **93677**
哖仔 332221
鲇鱼须 366343,366573
鲇鱼须草 366573
黏阿拉伯法蒺藜 **162206**
黏巴厘禾 **284120**
黏半日花 **188882**
黏瓣萼距花 **114621**
黏贝克菊 **52800**
黏背菊 **261891**
黏被姜属 **261889**
黏被菊属 **261890**
黏笔花豆 **379256**
黏柄金合欢 **1299**
黏博龙香木 **57259**
黏糙苏 **295188**
黏茶藨 334265
黏茶藨子 **334265**
黏柴 240669,240707
黏橙菀 **320756**
黏虫草科 138374
黏刺麻树 **268021**
黏刺头菊 **108346**
黏酢酱草 **278152**
黏大戟 **159941**
黏带景天 **259469**
黏带景天属 **259465**
黏丹氏梧桐 **136005**
黏单珠血草 **130893**
黏稻 275958
黏吊兰 **88643**
黏杜鹃 332086
黏萼距花 **114603**
黏萼歪头花 **61132**
黏萼蝇子草 **364181**
黏肥皂草 **346425**
黏风车子 **100847**
黏风毛菊 **348925**
黏凤仙花 **205438**
黏干若翠 **415499**
黏格雷野牡丹 **180457**
黏梗蝇子草 **364179**
黏狗苔 131857
黏古堆菊 **182114**
黏冠草 **261084**
黏冠草属 **261060**
黏管丹氏梧桐 **136019**
黏灌木荷包花 **66279**
黏果山羊草 **8684**
黏果酸浆 **297686**
黏果仙草 **176977**
黏果仙草属 **176973**
黏海神木 **315972**
黏蒿 **36349**,264249
黏蒿菀 **240377**
黏核光桃 **20958**
黏核毛桃 **20960**
黏鹤立 197491
黏红点草 **223824**
黏糊菜 363090,368073
黏花 **210511**
黏花金灌菊 **90565**
黏花欧石南 **150258**
黏花属 **210509**
黏花玄参 **210962**
黏花玄参属 **210961**
黏画眉草 **147700**
黏黄菊 **193675**
黏黄菊属 **193674**
黏黄葵 **225**
黏灰杜鹃 332079
黏蒺藜 **410942**
黏蒺藜属 **410941**
黏假鼠麹草 **317775**
黏尖腺芸香 **4842**
黏剑药菊 240377
黏胶花蓝花参 **412631**
黏胶花仙女杯 **138840**
黏胶欧石南 **150249**
黏胶乳香树 300994
黏胶鸭嘴花 **214565**
黏金合欢 **1421**
黏荆芥 264935
黏颈木 **176980**
黏颈木属 **176978**
黏菊木 **394593**
黏菊木属 **394591**
黏菊芹 **148152**
黏距苞藤 **369908**
黏卷耳 **82856**
黏空序茜 **246096**
黏口薯 131616
黏拉拉藤 **170769**,170361
黏蜡菊 **189852**
黏莱德苔草 **223872**
黏榔根 313483
黏榔果 313483
黏榔药 313471
黏肋瓣花 **13884**
黏肋菊 **245089**
黏肋菊属 **245087**
黏梨瓣五加 **29293**
黏藜 **87142**
黏连子 123371
黏疗齿草 **268995**
黏蓼 **309946**
黏鳞花草 **225194**
黏柳穿鱼 **231181**
黏柳叶菜 **146587**
黏龙面花 **263468**
黏鹿藿 **333452**
黏马岛外套花 **351725**
黏毛白酒草 **103516**
黏毛翠雀花 **124687**
黏毛杜鹃 **330775**
黏毛萼距花 **114614**,114606
黏毛甘肃翠雀花 **124313**
黏毛蒿 **35892**
黏毛黄花稔 **362590**
黏毛黄芩 **355846**
黏毛火索麻 190117
黏毛假尖蕊 317137
黏毛蓼 309946,309951
黏毛鹿藿 **333451**
黏毛螺序草 **371781**
黏毛母草 **231594**,231546
黏毛千里光 360321
黏毛茄 **367583**
黏毛忍冬 **235776**
黏毛山芝麻 **190117**
黏毛鼠尾草 **345347**
黏毛瓦草 364181
黏毛香青 **21533**
黏毛钟穗花 **293178**
黏毛子草 **153301**
黏美果使君子 **67953**
黏美丽枝飞蓬 **150649**
黏米钮草 **255606**
黏密钟木 **192741**
黏眠雏菊 **414989**
黏绵毛香青 **21697**
黏膜皂树 **324625**
黏木 **211022**
黏木科 **211020**
黏木蓝 **206285**
黏木属 **211021**
黏南非禾 **290044**
黏尼亚萨木蓝 **206314**
黏拟美花 **317281**
黏拟漆姑 **370643**
黏女娄菜 **248453**
黏帕劳锦葵 **280457**
黏蓬 **135051**
黏千里光 360321
黏铅口玄参 **288676**
黏雀藤 260483,260484
黏人花 126603
黏柔花 **9013**
黏蕊南星 **99819**
黏蕊南星属 **99818**
黏塞拉玄参 **357717**
黏伞花野荞麦木 **151955**
黏沙向日葵 **174429**
黏莎草 **119647**
黏山柳菊 **196088**
黏山药 **131616**,131546,131857
黏蛇鞭菊 **228470**
黏射干 210843
黏生菀 **199209**
黏生菀属 **199208**
黏十二卷 **186826**
黏石竹 **410953**
黏石竹属 **410948**
黏薯 131616
黏树葡萄 **120259**
黏粟麦草 **230162**
黏酸浆 **297745**
黏酸脚杆 **247639**

黏塔 186840
黏唐松草 **388718**
黏甜叶菊 **376421**
黏土桉 **155484**
黏土野荞麦木 **152383**
黏菀木 **346538**
黏菀木属 **346536**
黏维维安麦瓶草 **364190**
黏委陵菜 312734
黏无心菜 **32222**
黏狭瓣芥 **375629**
黏狭叶风毛菊 **348147**
黏仙女木 **138466**
黏线黄耆 **43029**
黏腺果属 **101230**
黏腺荚果 **7423**
黏小红参 **170361**
黏肖鸢尾 **258714**
黏性埃勒菊 141579
黏性波籽玄参 **396772**
黏性布里滕参 **211504**
黏性法蒺藜 **162228**
黏性肥皂草 **346446**
黏性风车子 **100488**
黏性福谢山榄 **162958**
黏性蒿 **35245**
黏性虎眼万年青 **274633**
黏性画眉草 **148040**
黏性黄胶菊 **318689**
黏性黄鸠菊 **134799**
黏性尖苞亮泽兰 **33722**
黏性块茎菊 **212083**
黏性莲花掌 **9043**
黏性洛钟花 **235238**
黏性麻雀木 **285565**
黏性马蓝 **378149**
黏性芒柄花 **271642**
黏性魔星兰 **163525**
黏性欧石南 **149509**
黏性千里光 **358978**
黏性蔷薇 **336613**
黏性塞拉玄参 **357523**
黏性石竹 **127901**
黏性水八角 **180338**
黏性斯塔树 **372984**
黏性田繁缕 **52604**
黏性小穗蓟 **92199**
黏性盐肤木 **332618**
黏性尤利菊 **160804**
黏性紫罗兰 **246477**
黏熊果 **31159**
黏芽杜鹃 **332080**
黏药根 313471
黏野荞麦 **152657**
黏叶柄泽兰 **315503**
黏叶柄泽兰属 **315502**
黏叶豆 351730
黏叶杜鹃 330775
黏叶寒菀 **80376**
黏叶茜 **296860**
黏叶山芝麻 190106
黏叶菘 **78010**
黏叶子草 298580,320395
黏液芥 **55225**
黏液芥属 **55224**
黏液卷团 335829
黏液罗林木 335829
黏液破布木 **104245**
黏一枝黄花 **368398**
黏异柱马鞭草 **315418**
黏蝇子草 **363534**
黏鱼须 366573
黏鱼须菝葜 366573
黏芋 131857
黏云兰参 **84619**
黏早熟禾 **305680**
黏蚤草 **321559**
黏粘粘 131857
黏樟雏菊 **327153**
黏掌寄生属 **211006**
黏汁尤利菊 **160835**
黏枝刺槐 334948
黏直玄参 **29951**
黏质阿登芸香 **7169**
黏质杜鹃 **332079**
黏质凤仙花 **205437**
黏质离药草 **375321**
黏质鹿藿 333452
黏质千里光 **360321**
黏周菊 **60413**
黏周菊属 **60411**
黏珠子 221711
黏柱杜鹃 **332082**
黏着阿氏莎草 **548**
黏着莎草 548
黏籽芥 **294955**
黏籽芥属 **294954**
黏子柴 301294
黏子菊 **55227**
黏子菊属 **55226**
黏紫茉莉 **255750**
黏紫纹鼠麹木 **269273**
捻碇果 233334
捻子科 45727
辇雾 382606
撵布 382582
念果紫堇 **105621**
念健 308050
念念 418721
念珠百脉根 **237777**
念珠凤仙花 **205393**
念珠根黄芩 355615
念珠根茎黄芩 **355615**
念珠核果菊 **89399**
念珠黄芩 355615
念珠脊龙胆 **173643**
念珠芥 **264639**,264609
念珠芥属 **264603**
念珠冷水花 **298981**
念珠南芥属 376387
念珠欧石南 **149669**
念珠菩提树 142272
念珠秋海棠 **50090**
念珠苏铁 **115844**
念珠藤 18504,18529
念珠藤属 18491
念珠藤叶紫金牛 31354
念珠弯花婆婆纳 **70654**
念珠无心菜 **32083**
念珠薏苡 **99131**
念珠掌 **186156**
念珠掌属 **186151**
娘阿拔翠 372890
娘饭团 214959
娘娘菜 226621
娘娘袜 72342
娘仔树 259067
娘子木 380451
酿苦瓜 300504
鸟巴树 **401726**
鸟巴树属 **401725**
鸟不落 64990
鸟不扑 92066
鸟不栖 64990
鸟不企 30604,30628,30759
鸟不宿 30590,30604,159363,203660,215442,280548,417173
鸟不踏 30632,122040,215442,328345
鸟不停 215442
鸟巢吊兰 **88604**
鸟巢凤梨属 266148
鸟巢花柏 **85292**
鸟巢兰 **264709**,264651
鸟巢兰科 **264755**
鸟巢兰属 **264650**
鸟巢挪威云杉 298203
鸟巢欧洲云杉 **298203**
鸟巢野荞麦 **152304**
鸟巢状吊兰 **88603**
鸟巢状雪莲 **348556**
鸟黐蛇菰 46882
鸟翅黄眼草 **416121**
鸟疔草 366934
鸟脯鸡竹 297499
鸟灌豆 **105365**
鸟灌豆属 **105364**
鸟海山蓟 **91873**
鸟海山蟹甲草 **283798**
鸟花风兰 **24977**
鸟花兰属 **269536**
鸟花楸 369339
鸟花双距兰 **133876**
鸟喙斑叶兰 179709
鸟喙豆 408638
鸟喙瘤瓣兰 **270832**
鸟喙文心兰 270832
鸟腱花 160954
鸟娇花单珠血草 **130890**
鸟娇花菲奇莎 **164542**
鸟娇花科 **210959**
鸟娇花兽花鸢尾 **389480**
鸟娇花属 **210689**
鸟娇花柱帽兰 **389260**
鸟椒 **72095**
鸟蕉 377576
鸟蕉属 **377550**
鸟脚胡卢巴 **397259**
鸟居苔草 **75448**
鸟苦瓜 114171
鸟梨 323116,323217,369339
鸟梨花楸 369339
鸟龙舌兰 **10914**
鸟笼胶 235
鸟萝 323465
鸟葡萄 412004
鸟秋 293216
鸟人参 26003
鸟榕 165721,165841
鸟乳花 274556
鸟乳花属 274495
鸟舌草 187646
鸟舌兰 **38188**
鸟舌兰属 **38187**
鸟石鼻美冠兰 157110
鸟石鼻芋兰 157110
鸟屎麻 1790
鸟屎榕 165721,165841
鸟首兰属 274477
鸟松 165307,165841
鸟塔刺 417282
鸟头球距兰 **253340**
鸟娃子 411686,411764
鸟尾花 111724
鸟尾花草 111774
鸟尾花属 111693
鸟眼虎耳草 **349918**
鸟眼睛豆 333456
鸟叶秋海棠 **50125**
鸟硬皮鸢尾 **172649**
鸟趾堇菜 410380
鸟舟 **352769**
鸟爪百脉根 **237704**
鸟爪车轴草 **396994**
鸟爪大戟 **159505**
鸟爪黄芪 42833
鸟爪黄耆 **42833**
鸟爪堇菜 **410380**

鸟爪老鹳草 **174787**
鸟爪芒柄花 **271501**
鸟爪鸭嘴花 **214677**
鸟爪银豆 **32890**
鸟状棘豆 **278731**
鸟状尖被苋 **4439**
鸟状鹧鸪花 **395519**
鸟啄豆 408638
鸟啄李 235702
鸟仔花 37115
鸟仔藤 113612
鸟子花 37115
鸟足豆 **274895**
鸟足豆属 **274879**
鸟足费维瓜 **164434**
鸟足蒿 **36069**
鸟足花烛 **28114**
鸟足基花莲 **48673**
鸟足堇菜 410380
鸟足兰 **347842**
鸟足兰属 **347690**
鸟足兰状双距兰 **133934**
鸟足兰状小裂兰 **351483**
鸟足龙胆 **173709**
鸟足毛茛 **326206**
鸟足茅膏菜 **138326**
鸟足欧洲常春藤 **187262**
鸟足碎米荠 **72926**
鸟足苔草 **74219**
鸟足特非瓜 **385655**
鸟足特费瓜 385655
鸟足乌蔹莓 **79884**
鸟足悬钩子 **339018**
鸟足岩雏菊 **291307**
鸟足洋常春藤 187262
鸟足叶半夏 299721
鸟足叶糙缨苣 **392678**
鸟足叶厚敦菊 **277034**
鸟足叶木茼蒿 **32558**
鸟足叶千里光 **358970**
鸟足叶天竺葵 **288171**
鸟足叶铁线莲 **94900**
鸟足叶纤刺菊 **377140**
鸟足叶熊菊 **402767**
鸟足叶鸦葱 **354836**
鸟足叶月见草 **269424**
鸟足叶直壁菊 **291443**
鸟足银桦 **180627**
鸟足状斗篷草 **14107**
鸟足状多球茜 **310267**
鸟足状拟白星海芋 **34880**
鸟足紫檀 **320318**
鸟足醉蝶花 **95746**
鸟嘴果 219205
鸟嘴果科 219202
鸟嘴果属 219204
鸟嘴莲 179708
鸟嘴菘蓝 **209220**
鸟嘴羊耳蒜 **232267**
茑 14760,333914,355317,385192
茑萝 **323465**
茑萝番薯 323465
茑萝属 **323450**
茑萝松 323465,385202
茑木 355317,385192
茑松 165307
尿端子 99124
尿罐草 **106168**,276098
尿猴草 191351
尿尿皮 61935
尿泡草 191351,371161
尿塘草 99124
尿塘珠 99124
尿糖松 301128
尿桶草 191387
尿桶弓 301147
尿桶公 301128,301147
尿珠子 99124
涅布朗大戟 **159423**
涅布朗漏斗花 **130218**
涅布朗木蓝 **206290**
涅尔虎耳草 349691
涅尔钦百里香 **391301**
涅夫斯基阿魏 **163684**
涅夫斯基凤仙花 **205169**
涅夫小甘菊 **71098**
涅里类娃儿藤 **400993**
涅里芦荟 **17092**
涅涅茨基毛茛 **326324**
涅氏顶冰花 **169501**
涅氏黄芩 **355621**
涅氏蒲公英 **384693**
涅氏兔唇花 **220080**
涅氏早熟禾 **305771**
聂柏桐属 267837
聂拉木矮泽芹 **85714**
聂拉木糙苏 **295156**
聂拉木垫柳 344095
聂拉木独活 **192330**
聂拉木繁缕 **375024**
聂拉木风毛菊 **348594**
聂拉木厚棱芹 **279652**
聂拉木虎耳草 **349670**
聂拉木黄堇 **106248**,106106
聂拉木柳 **343765**
聂拉木龙胆 **173671**
聂拉木马先蒿 **287463**
聂拉木毛茛 **326131**
聂拉木乌头 **5454**
聂拉木悬钩子 **338899**
聂氏婆婆纳 **407250**
聂氏千日红 **179241**
聂威大麦草 198273
聂威鹅观草 144411
啮瓣景天 **356658**
啮边蜘蛛抱蛋 **39559**
啮齿脆兰 **2044**
啮齿冷水花 **298962**
啮齿叶冷水花 298962
啮齿状报春 **314347**
啮蚀班克木 **47660**
啮蚀斑鸠菊 **406711**
啮蚀瓣瑞香 **122425**
啮蚀草 **327350**
啮蚀草属 **327349**
啮蚀车前 **301879**
啮蚀刺桐 **154724**
啮蚀杜鹃 **330638**
啮蚀菲奇莎 **164574**
啮蚀狒狒花 **46107**
啮蚀堇菜 **410436**
啮蚀冷水花 298962
啮蚀马利筋 **38066**
啮蚀蒙松草 **258148**
啮蚀千里光 **358818**
啮蚀球百合 **62436**
啮蚀天竺葵 **288445**
啮蚀藕草 **293755**
啮蚀针垫花 **228096**
啮蚀状滨藜 **44390**
啮蚀状虫实 **104775**
啮蚀状风车子 **100452**
啮蚀状黄眼草 **416057**
啮蚀状灰毛菊 **31220**
啮蚀状浆果天芥菜 **190566**
啮蚀状近无叶青锁龙 **109424**
啮蚀状毛蕊花 **405700**
啮蚀状没药 **101378**
啮蚀状糖芥 **154447**
啮蚀状小黄管 **356078**
啮蚀状盐肤木 **332585**
啮蚀状泽菊 **91152**
啮蚀状獐牙菜 **380202**
啮蚀状紫波 **28460**
啮噬酸藤子 **144804**
啮状玉叶金花 260413
啮籽棕属 119996
镊合灯心草 **213564**
镊合鲫鱼藤 **356338**
镊合剪股颖 **12407**
镊合猕猴桃 6717
蘖木 294231,320301
宁安山楂 **109869**
宁巴 250228
宁波槐蓝 205880
宁波金柑 **167493**
宁波木蓝 **205880**
宁波木犀 **276276**
宁波三角槭 **2820**
宁波溲疏 **127026**
宁达画眉草 **147845**
宁德冬青 **204086**
宁冈青冈 **116162**
宁国贝母 168491
宁化唇柱苣苔草 **87877**
宁静的玫瑰苹果 **243599**
宁静山铁线莲 **95158**
宁朗山翠雀花 **124405**
宁蒗杯冠藤 **117545**
宁蒗翠雀花 **124525**
宁蒗龙胆 **173660**
宁蒗鼠李 **328796**
宁明金足草 **178859**
宁明马蓝 178859
宁明琼楠 **50573**
宁明秋海棠 **50109**
宁南百合 **229964**
宁南方竹 **87592**
宁南雪胆 **191905**
宁强栎 **324228**
宁陕少脉椴 **391810**
宁陕杨 311415
宁武乌头 **5455**
宁夏贝母 168655
宁夏拂子茅 **65447**
宁夏枸杞 **239011**,239128
宁夏黄芪 42278
宁夏黄耆 **42795**
宁夏棘豆 279035
宁夏麦瓶草 363813
宁夏肉苁蓉 **93069**
宁夏沙参 **7716**
宁夏四叶重楼 **284390**
宁夏绣线菊 **372027**
宁夏蝇子草 **363813**
宁新叶莲蒿 36088
宁油麻藤 259531
宁远槭 3581
宁远嵩草 **217200**
宁远小檗 52297
宁云杜鹃 **331337**
咛头果 249664
拧缘芥属 377888
柠果 93539,93546
柠角 72351
柠筋槭 3710
柠檬 **93539**,93532,93546
柠檬桉 **106793**
柠檬桉属 106788
柠檬巴克木 **46337**
柠檬百里香 **391191**
柠檬薄荷 **250341**
柠檬薄子木 **226471**
柠檬草 **80063**,117153
柠檬草属 **80060**
柠檬达尔文木 **122780**
柠檬大戟 **158648**

柠檬当归 276745
柠檬杜鹃 330235
柠檬番石榴 **318749**
柠檬番薯 **207696**
柠檬芳香木 **38482**
柠檬非洲豆蔻 **9887**
柠檬非洲砂仁 9887
柠檬伽蓝菜 **215112**
柠檬过江藤 **232483**
柠檬蒿 **35909**
柠檬红千层 **67253**
柠檬黄桉 155776
柠檬黄卡特兰 **79532**
柠檬黄瘤瓣兰 **270800**
柠檬黄肉楠 **6771**
柠檬火炬花 **216947**
柠檬棘枝 232483
柠檬寄生 355317
柠檬芥 **123589**
柠檬芥属 **123588**
柠檬金花茶 **69148**
柠檬金莲木 **268165**
柠檬金庭荠 **45193**
柠檬菊 11199
柠檬科林比亚 106793
柠檬辣薄荷 **250428**
柠檬榄仁树 **386510**
柠檬乐母丽 **335922**
柠檬疗齿草 **268962**
柠檬留兰香 250341
柠檬芦荟 **16712**
柠檬鹿角海棠 **43327**
柠檬马鞭木 232483
柠檬马鞭木属 17597
柠檬毛子草 **153156**
柠檬茅 117153
柠檬美国薄荷 **257159**
柠檬木 301261
柠檬铺地香 **391366**
柠檬枪木 **139210**
柠檬清风藤 **341523**
柠檬日中花 **220503**
柠檬三指兰 **396631**
柠檬伞房花桉 106793
柠檬色百合 **229887**
柠檬色垂头菊 **110364**
柠檬神麻菊 **346268**
柠檬铁皮桉 **155748**
柠檬香桉树 106793
柠檬香碱草 276745
柠檬香茅 117153
柠檬肖鸢尾 **258442**
柠檬须冠菊 **417826**
柠檬萱草 191266
柠檬叶白珠 172149
柠檬叶白珠树 **172149**
柠檬叶古柯 **155066**
柠檬叶山马茶 **382755**
柠檬羽裂圣麻 346268
柠檬远志 **307992**
柠条 72258,72285
柠条锦鸡儿 **72258**
凝固睡茄 **414590**
凝固醉茄 414590
凝花杜鹃 331479
凝毛杜鹃 **331479**
凝香玉 **352761**
凝脂草 **186610**
牛巴嘴 126603
牛把 130922
牛白藤 **187581**,32651
牛板筋 100850,327230,386538
牛伴木 413842
牛榜 31051
牛蒡 **31051**
牛蒡芒属 81692
牛蒡属 **31044**
牛蒡叶番薯 **207926**
牛蒡叶辣根 34590
牛蒡叶橐吾 **229085**
牛蒡子 31051
牛鼻角秧 52418
牛鼻圈 52418
牛鼻拳 52418
牛鼻栓 **167488**
牛鼻栓属 **167487**
牛鼻子树 56312
牛鼻足秧 52468
牛蓖子草 334435
牛鞭草 **191227**,191228,191232,191251,308816,373507
牛鞭草属 **191225**
牛鞭子草 406667
牛扁 **5057**,5052,5055,174755
牛扁乌头 5057
牛扁叶八幡草 **58022**
牛扁叶乌头 **5387**
牛不嗅 92066
牛菜 31051
牛草 119319,191228,223984,223992,351266
牛草果 255849
牛插鼻 143464,191666
牛茶藤 393549
牛肠麻 145899
牛肠藤 259566
牛常春藤 **187337**
牛吃埔 143464
牛齿兰 **29809**
牛齿兰属 **29807**
牛虫草 383009
牛触臭 306960
牛触嘴 92066
牛春花 402118
牛唇 14760
牛戳刺 82022,92384
牛戳口 92167
牛刺竻菜 92066
牛刺梨 91864,92132
牛达敦 166888
牛打架 138336
牛大黄 298093
牛大力 66648,166888
牛大力藤 66648
牛丹子 392559
牛刀树 403521
牛得巡 166880
牛的藤 258923
牛低头 316127
牛抵草 220126
牛刁茨 417282
牛迭肚 338300
牛叠肚 **338300**
牛丁角 110258
牛疔草 124039
牛豆 259491
牛肚根 374841
牛肚菘 59595
牛肚子果 36920
牛顿草 143530
牛顿头 166888
牛轭草 **260105**
牛屙草 372666
牛儿黄草 340141
牛儿藤 52416,52418,52427
牛儿膝 52416
牛儿竹 47416
牛耳艾 55693
牛耳菜 14760,283124
牛耳草 56063,103941,405788
牛耳草属 56044
牛耳大黄 **340165**,329321,329362,339887,339994,340019,340178
牛耳朵 **87855**,87922,90405,175148,191387
牛耳朵菜 191387,309570
牛耳朵草 100961,301871,301952
牛耳朵火草 175147
牛耳朵棵 301871,301952
牛耳风 138888
牛耳风毛菊 **348938**
牛耳枫 **122669**,166684,233928
牛耳枫叶海桐 **301253**
牛耳构树 259067
牛耳海棠 **50273**
牛耳胶 6811
牛耳铃 122669
牛耳麻 49067
牛耳青 96028
牛耳三稔 55768
牛耳酸模 340178
牛耳藤 52418,154958
牛耳岩白菜 87855
牛耳竹 **47416**
牛繁缕 260922
牛繁缕科 389181
牛繁缕属 260920
牛芳草 283866
牛釜尾 190094
牛甘藤 763
牛甘子 296554
牛杆草 94814
牛根子 165426
牛古大力 66648
牛古柿 132309
牛牯草 220126
牛牯茶 69613
牛牯大力 254796
牛牯大力藤 66648
牛牯缩蔻 19899
牛牯缩砂 19899
牛牯子麻 934
牛骨仔树 313702
牛挂脖子藤 113577
牛关麻 327382
牛果藤 **337772**
牛果藤属 **337770**
牛哈水 135134
牛含水 135134
牛汉水 135134
牛汗水 135134
牛蒿 **36367**
牛黄黄 218347
牛黄伞 111171
牛黄散 111167,111171
牛黄树刺 336620
牛吉力 239021
牛棘 336792
牛棘花 336783
牛假森 274440
牛见愁 337729
牛跤迹 199392
牛角 95463,273206,374013
牛角草 **273206**
牛角草属 **273131**
牛角刺 280555
牛角胆草 117385
牛角风 117523
牛角瓜 **68088**
牛角瓜属 **68086**
牛角花 1219,105808,146966,147013,147039,147048,147075,237539
牛角花属 237476
牛角尖 309796
牛角椒 72070,72077,72100

牛角金合欢 **1611**
牛角梣 1150
牛角拉美使君子木 **61909**
牛角兰 **83653**,238312
牛角兰属 **83651**
牛角橹 378386
牛角麻 221144
牛角木 274440
牛角七 30589,30707,30798,116863,335142
牛角属 273131
牛角树 16293,78300,238312
牛角藤 113577,258923,378386,393549,402192
牛角天麻 20220
牛角歪 110227
牛角相思树 **1150**
牛角竹 **47236**
牛脚迹 199392
牛脚筒 275403
牛叫磨 163584
牛较铁树 240711
牛金 157943
牛金花 86755
牛金茄 83698
牛金树 132186
牛金藤 375861
牛金子 382499
牛金子属 87694
牛津蓝彩包花 **345477**
牛津千里光 **360096**
牛津人美丽番红花 **111605**
牛津小檗 **51994**
牛筋 239391,403738
牛筋草 **143530**,143573,308816
牛筋刺寄生 385238
牛筋果 **185934**
牛筋果属 **185931**
牛筋麻 362490
牛筋木 121779,295630,295747
牛筋树 **399622**,29005,80580,121702,132186,231355,386538,401581
牛筋树属 **399621**
牛筋藤 **242975**,129026
牛筋藤属 **242974**
牛筋条 **129026**,72256,72258,72285,91277,231355,295728
牛筋条属 **129025**
牛筋子 226751,226931,328680
牛茎 4273
牛荆 386538
牛荆树 91277
牛荆条 231355
牛旧藤 78366
牛卷藤 402201
牛磕膝 4273
牛髁膝 4273
牛克膝 4273,4304
牛口刺 **92386**,92066
牛口蓟 **90913**
牛口舌 92066
牛口参 92066
牛枯草 220126
牛苦参 369010
牛拉力 234098
牛兰 211067
牛懒袋果 197232
牛老筋 80260
牛老药 103862
牛老药藤 103862
牛勒花 336783
牛肋巴 121779
牛肋巴刺 242517,242583
牛肋筋 362490,362494
牛李 **36936**,328680
牛李子 295747,328609,328680,328892
牛利 **171666**
牛利菜 340089
牛利藤 166684
牛俐 171666
牛泷草 **91557**,91537
牛露草 322376
牛脔子 52418
牛萝卜 298093
牛麻箭竹 **162684**
牛麻簕 392559
牛麻藤 259566
牛马根 117859
牛马藤 165759,259566
牛馒头 375274
牛馒头花 375274
牛蔓头 140732
牛毛草 63216,166329,166402,306832,352200
牛毛颤 143022
牛毛大王 339468
牛毛墩 397165
牛毛七 402245
牛毛苔草 **74503**,76008
牛毛细辛 12695,12698,37706
牛毛毡 **143022**,143029,166329,342251
牛弥菜属 245777
牛面兰果 231380
牛母草 306832
牛母稔 248732
牛母树 210382
牛母窝 80381
牛姆瓜 **197229**
牛姆瓜属 197206
牛木瓜属 197206
牛木香 97947
牛目椒 378675,378922
牛目周 378648,378922
牛奶白附 401161
牛奶藨 339024
牛奶菜 **245845**,245860,412750
牛奶菜属 **245777**
牛奶柴 164671,165426
牛奶锤 315177,365003
牛奶柑 167506
牛奶根 165035
牛奶果 6525,90032,141947
牛奶浆 164671
牛奶浆草 **159108**,159841
牛奶金柑 167506
牛奶橘 167506
牛奶麻 165125
牛奶莓 339335
牛奶母 338250
牛奶木 **255312**,165111,165671
牛奶木属 **108147**,255260
牛奶奶 6525,142214,144975
牛奶奶果 50619
牛奶泡 338281
牛奶七 106432
牛奶稔 165125
牛奶榕 164671
牛奶绳 165426
牛奶柿 132264,132371
牛奶树 9419,165125,165426,179308,255312,379471
牛奶藤 113577,115738,180215,207377,339335
牛奶藤属 245777
牛奶柚 165515
牛奶珠 164671
牛奶仔 164671,164947,165828
牛奶子 **142214**,98343,141942,141947,142054,142088,142152,142199,164609,164763,164992,165099,165111,165125,165515,165671,327435,367775
牛奶子树 164996,165426
牛萘 177170
牛泥茨 104072
牛泥刺 104072
牛溺刺 92066
牛尿草 106328,128943
牛茎子 403521
牛盘藤属 399621
牛旁 31051
牛彭 130922
牛皮菜 12635,12723,53249,53257
牛皮草 247537
牛皮茶 330182
牛皮冻 117390,280097
牛皮冻属 280063
牛皮杜鹃 **330182**
牛皮桦 **53336**
牛皮筋 401504
牛皮栓 167488
牛皮桐 210370
牛皮消 **117390**,117385,117425,117597,280097
牛皮消车叶草 **39328**
牛皮消蓼 162523
牛皮消首乌 **162523**
牛皮消属 **145457**,117334
牛脾蕊 144793
牛七风 4259
牛漆姑草 **370715**,370661
牛漆姑草属 370609
牛漆琢 225179
牛千斤 157913,157943,197223
牛千金 157943
牛牵丝 20327
牛诮子 328680
牛茄子 **367011**,367706,367735
牛人参 363090
牛肉树 181531
牛乳茶 164947
牛乳房 164671,164763
牛乳甫 164671
牛乳榕 164671
牛乳薯 207988
牛乳树 **165089**,164985,165426,165828,255312
牛嗓管树 347965,347968,347969
牛舌 171764,339994
牛舌菜 283388,340089,340116
牛舌曹 302068
牛舌草 **21949**,21596,41441,143474,301871,301952,329325,340019,340116
牛舌草属 **21914**,14836
牛舌柴 330358
牛舌大黄 **329321**,4259,158070,329372,340089
牛舌根 298093,340089
牛舌黄 198827
牛舌癀 66789,66829,66853,66856,198827,406817
牛舌苣 **191018**
牛舌苣属 **191013**
牛舌兰 214308
牛舌兰属 360582
牛舌片 147149,147176,147196
牛舌片细辛 210539
牛舌三七 183124
牛舌条 199817,373321
牛舌头 4259,56063,191387,339887,339994,340089,368635

牛舌头菜 28548
牛舌头草 117908,117965
牛舌头花 117908
牛舌头棵 339887
牛舌仙人掌 **272877**
牛舌旋果花 **377838**
牛舌脂麻掌 **171764**
牛参 369010,405447
牛虱鞭 5192
牛虱草 **148028**
牛虱鬼 375343,375351,375355
牛虱仔 38960
牛虱子 63032,211821,399296,415046
牛虱子果 142188
牛石花 144975,416437
牛石屎 144975
牛石条 144975
牛矢果 **276370**
牛屎草 106432,340116
牛屎茶 8221
牛屎柴 239391,274399,408202
牛屎花 144975,416437
牛屎橘 43721
牛屎柯 142340
牛屎樵 274399
牛屎树 16326,16400
牛屎藤 165515
牛屎乌 319810
牛氏蒲儿根 **365065**
牛瘦鞭 407877
牛黍 281916
牛栓藤 **101889**,337729
牛栓藤科 **101858**
牛栓藤属 **101860**
牛松 299799
牛獭鼻 4259
牛踏鼻 298590,298618
牛踏果 185130
牛桃 83284,83347
牛特木 381341
牛藤 4259,259491,374392,374409,374429,393625
牛藤果 **374399**
牛藤果属 **285179**
牛蹄草 191387
牛蹄豆 301134
牛蹄豆属 **301117**
牛蹄果 197072
牛蹄麻 **49146**
牛蹄藤 49007,113612
牛蹄细辛 37610
牛甜菜 301871,301952
牛头草 11572
牛头老虎兰 **373686**
牛头簕 79595
牛头罗 403521
牛头药 172100
牛斜树 161382
牛斜吴萸 161382
牛斜吴茱萸 **161382**
牛腿风 211918
牛腿芒 117153
牛腿南瓜 114295
牛腿子藤 402194
牛托鼻 143464,165759
牛脱 142088
牛王茨 64990
牛王刺 64990,64993,182800
牛王刺藤 320607
牛王肺筋草 295216
牛尾巴 344496
牛尾巴菜 210384
牛尾巴蒿 209844
牛尾巴花 13353,80381
牛尾菜 **366548**,366364,366486
牛尾草 **209844**,164219,306832,306834,388247
牛尾大活 30618
牛尾当归 30589
牛尾党参 98423
牛尾荡 166888
牛尾豆 325002
牛尾独活 30707,192270,192278,192381,192388,192393
牛尾果 28329
牛尾蒿 **35430**,35598,35674,35788,36340
牛尾花子 80381
牛尾节 366486
牛尾结 366395,366548
牛尾卷 366486
牛尾蕨 291061,366486,366548
牛尾菪 196818
牛尾连 324996
牛尾林 324998
牛尾木 13515,30623,325002
牛尾鸟 313753
牛尾泡 338097,338554
牛尾七 **329330**,70600,329324,329327,335760
牛尾杉 393077
牛尾梢 188088
牛尾伸筋 366486
牛尾参 98292,117640,131857,134420,204615,229049,396604
牛尾参油点草 396604
牛尾树 163402,325002
牛尾松 216125
牛尾藤 144793
牛尾膝 144975
牛尾一枝箭 12663,12731
牛尾竹 87603
牛夕 4273
牛西奥宝珠山茶 **69183**
牛西奥红宝石滇山茶 **69561**
牛西西 339983,340178,340269
牛膝 4273
牛膝 **4273**,4259,143998
牛膝杯苋 **115700**
牛膝菊 **170142**
牛膝菊属 **170137**
牛膝马蓝 320132
牛膝木蓝 **205616**
牛膝属 **4249**
牛膝头 158070,346527
牛膝琢 225179
牛细辛 88297
牛舄 301871,301952
牛闲草 94814
牛香草 21682
牛响草 934
牛心菜 201743
牛心茶 201743
牛心番荔枝 **25882**
牛心果 25852,25882
牛心梨 25852,25882
牛心荔 83698
牛心朴 117606
牛心朴子 117548,117606
牛心茄 367370
牛心茄子 83698
牛心秧 117606
牛星草 60777
牛性药 152888
牛血莲 34363
牛牙果 166788
牛芽标 374392
牛眼 378836
牛眼草 21271
牛眼萼角花属 **57033**
牛眼睛 **71935**,71803,145899,378648
牛眼睛豆 145899
牛眼睛果 223943
牛眼菊 **63539**,227533
牛眼菊属 **63524**
牛眼菊状刺头菊 **108248**
牛眼菊状尖刺联苞菊 **52663**
牛眼马钱 **378648**
牛眼婆罗门参 **394266**
牛眼球 378648
牛眼珠 378648
牛眼珠草 12635
牛腰子果 197232
牛爷尾 190094
牛一枫 187307
牛遗 301871,301952,302068
牛以消 188016
牛银 378948
牛油杯 370402
牛油果 **64223**,243982,255312
牛油果属 **64203**
牛油树 379471
牛浴菜 81570
牛皂子 328680
牛造接骨丹 146724
牛嗓管 350716
牛喳口 92066
牛樟 **91368**,91378
牛挣藤 392274
牛枝簕 92066
牛枝条 226751
牛枝子 **226931**,226751
牛至 **274237**
牛至百里香 **391308**
牛至叉序草 **209921**
牛至穆拉远志 **260028**
牛至铅口玄参 **288673**
牛至青兰 137620
牛至属 **274197**
牛至水蓑衣 **200634**
牛至岩薄荷 **114527**
牛至叶半日花 **188774**
牛至叶金丝桃 **202061**
牛至叶柳穿鱼 **231066**
牛至叶绒萼木 **64443**
牛仔仙人掌 **272785**
牛仔蔗 191228
牛子 31051
牛鬃刺 342198
牛醉木 239391
扭瓣花属 **235402**
扭瓣萝藦 **378272**
扭瓣萝藦属 **378271**
扭瓣时钟花属 **377895**
扭杯萝藦 **377894**
扭杯萝藦属 **377893**
扭柄附地菜 397406
扭柄花 **377930**
扭柄花属 **377902**
扭柄叶 18539
扭柄叶科 18080
扭柄叶属 18537
扭赪桐 **96437**
扭带紫金牛属 **28672**
扭豆 65146
扭肚藤 **211812**
扭萼凤梨属 **377646**
扭萼凤仙花 **205392**
扭萼寄生属 **304977**
扭风灌 **377962**
扭风灌属 **377961**
扭梗附地菜 **397406**
扭梗山柳菊 **196037**
扭梗素馨 **212016**
扭骨风 145899
扭管花 377951

扭管花属　377950
扭管爵床　**377949**
扭管爵床属　**377948**
扭果柄龙胆　**173497**
扭果虫实　**104840**
扭果花旗杆　**136169**
扭果花旗竿　136169
扭果花属　**377652**
扭果黄堇　106214
扭果芥属　264603
扭果四齿芥　**386949**
扭果苏木　65073
扭果葶苈　**137278**
扭果云实　**65073**
扭果藏荠　**187369**
扭果紫金龙　**128323**
扭花　**273060**
扭花芥属　**377633**
扭花仙客来　**115980**
扭黄茅　194020
扭黄茅属　194015
扭黄檀　121647
扭喙马先蒿　**287704**
扭喙苔草　**75335**
扭喙猪屎豆　**112711**
扭藿香　**236267**
扭藿香属　**236262**
扭尖柳　**343237**
扭筋草　278099
扭茎绳草　**328180**
扭盔马先蒿　287145,287483
扭兰　372247
扭连钱　**245691**
扭连钱属　**245687**,297085
扭龙　145899
扭芒山羊草　8669
扭扭兰　372247
扭鞘香茅　**117185**
扭茄木　367682,367733
扭曲杯子菊　**290278**
扭曲布里滕参　**211542**
扭曲草　287853
扭曲巢菜　**408337**
扭曲大戟　**158684**
扭曲大泽米　**241453**
扭曲德弗草　**127154**
扭曲菲利木　**296329**
扭曲虎眼万年青　**274811**
扭曲鸡桑　**259098**
扭曲金合欢　**1560**
扭曲老鹳草　**174552**
扭曲乐母丽　**336070**
扭曲肋瓣花　**13876**
扭曲毛茛　**325714**
扭曲毛子草　**153128**
扭曲南非禾　**290037**
扭曲千里光　**360230**
扭曲青锁龙　**108993**
扭曲全能花　**280911**
扭曲三角车　**334701**
扭曲山蚂蝗　**126411**
扭曲松叶菊　**252112**
扭曲素馨　**212041**
扭曲苔草　**76564**
扭曲仙人笔　**216712**
扭曲香茅　117185
扭曲小爱染草　**12511**
扭曲肖凤卵草　**350540**
扭曲肖鸢尾　**258448**
扭曲邪蒿　**361587**
扭曲延龄草　**397617**
扭曲榛　**106759**
扭曲枝北美香柏　**390617**
扭榕　165624
扭伤草　278099
扭蒴山芝麻　190105
扭丝使君子属　**377597**
扭松　299869
扭庭荠　**18483**
扭尾细瓣兰属　**377965**
扭序花　96904
扭序花属　96901
扭旋堡树　**79087**
扭旋金合欢　1653
扭旋金鱼草　**28660**
扭旋马先蒿　**287765**
扭雅志　**100872**
扭药花　**377626**
扭药花属　**377625**
扭叶变叶木　98197
扭叶高加索冷杉　**432**
扭叶韭　**15758**
扭叶栲　1217
扭叶罗汉松　**328275**
扭叶罗汉松属　**328274**
扭叶曲管花　120576
扭叶丝兰　**416642**
扭叶松　**299869**
扭叶眼子菜　**312151**
扭叶一枝黄花　**368451**
扭枝刺槐　**334984**
扭枝画眉草　**147938**
扭枝黄鸠菊　**134810**
扭枝欧榛　106705
扭枝欧洲榛　**106705**
扭轴鹅观草　**335491**
扭柱大戟　**159987**
扭柱豆属　**378497**
扭转葶荠　**143383**
扭转蓼　309906
扭转球百合　**62454**
扭转萨拉茄　**346510**
扭子菜　197895
扭子七　309841
扭子药　111464
纽白酒草　**103547**
纽波特樱李　316297
纽波特樱桃李　**316297**
纽伯里膜冠菊　**201188**
纽伯里夜丝兰　**193537**
纽伯特十大功劳小檗　**242454**
纽博尔德斑鸠菊　**406626**
纽博尔德凤仙花　**205220**
纽博紫葳属　265877
纽迪盖特非洲兰　**320954**
纽迪盖特欧石南　**149790**
纽迪盖特双距兰　**133857**
纽敦苞茅　**201538**
纽敦扁担杆　**180891**
纽敦豆属　**265890**
纽敦多肋菊　**304446**
纽敦格尼瑞香　**178655**
纽敦灰毛豆　**386198**
纽敦结脉草　**414405**
纽敦决明　**78420**
纽敦罗顿豆　**237377**
纽敦鞘蕊花　**99660**
纽敦茄　**367411**
纽敦睡莲　**267633**
纽敦丝莲菊　**317115**
纽敦素馨　**211923**
纽敦异燕麦　**190180**
纽敦栉茅　**113964**
纽敦猪屎豆　**112457**
纽芬兰卷耳　**83053**
纽禾　**126194**
纽禾属　**126191**
纽还阳参　**110921**
纽卡草　**265885**
纽卡草属　**265884**
纽扣花科　**194673**
纽扣花属　**194661**
纽扣肉锥花　**102212**
纽扣叶鲸鱼花　100122
纽蜡菊　**189595**
纽兰蛇鞭菊　**228521**
纽曼斑鸠菊　**406625**
纽曼伽蓝菜　**215227**
纽曼茴芹　**299478**
纽曼马齿苋　**311885**
纽曼尼紫薇　**219940**
纽曼委陵菜　312812
纽曼香茶　**303532**
纽曼绣球防风　**227552**
纽千红豆树　274416
纽榕　165624
纽氏刺头菊　**108349**
纽氏马钱　**265657**
纽氏马钱属　**265655**
纽藤　123559
纽藤属　123558
纽托尔堇菜　**410305**
纽沃绳草　**328113**
纽沃双距兰　**133861**
纽叶薄花兰　**127956**
纽叶大戟　**159658**
纽叶海神木　**315866**
纽约厚叶滨藜　**44379**
纽约山楂　**109668**
纽子菜　197895
纽子果　**31639**,144773
纽子花　**404523**,404518
纽子花属　**404508**
纽子七　205317
纽子三七　280722
纽子树　144778
杻　229617,231355,391760
钮草　232423
钮吊金英　354660
钮扣花属　194661
钮扣子　238942
钮茄根　367735
钮三七　280722
钮珠杨梅　**261215**
钮仔菜　367416
钮仔黄　367322
钮子草　128964
钮子跌打　300460
钮子瓜　**417488**,417456
钮子果　417488
钮子七　30162,280722,280756,280793
钮子三七　280722
农吉利　112667
浓绿黄肉芋　**415191**
浓毛山龙眼　**189958**
浓密澳洲常春木　**250947**
浓密贝母　168563
浓密麦利塔木　250947
浓密紫杉　385359
浓香哈克　184628
浓香露兜　281089
浓香探春　**211938**
浓子茉莉　**162196**
浓子茉莉属　**162193**
浓紫龙眼独活　**30591**
浓紫朱蕉　**104381**
脓疮草　**282478**,178481
脓疮草属　**282477**
脓花豆属　**322504**
脓见愁　362490,362617
脓见消　187581,313483
脓泡草　11199
脓泡药　247025
脓疱草　282478
秾茅　372406
弄岗半蒴苣苔　**191369**
弄岗赤车　**288742**

弄岗唇柱苣苔草 **87904**
弄岗耳叶马蓝 **290925**
弄岗黄皮 **94227**
弄岗金花茶 **69105**
弄岗轮环藤 **116022**
弄岗马兜铃 **34258**
弄岗通城虎 34258
弄岗雪胆 **191935**
弄岗叶下珠 296456
弄岗珠子木 **296456**
弄化胡颓子 **142126**
弄先 407785
奴草 256180
奴草属 256175
奴会 17381
奴柘 240813,240842
奴柘刺 240813
努陈香科 **388165**
努登斯坦长冠田基黄 **266118**
努登斯坦费利菊 **163255**
努登斯坦立金花 **218906**
努登斯坦泡叶番杏 **138210**
努登斯坦紫波 **28496**
努尔黄藤 **121519**
努尔委陵菜 **312836**
努拉套彩花 **2268**
努拉套蜡菊 **189609**
努拉套鳞冠菊 **225525**
努拉套蒲公英 **384699**
努里斯坦彩花 **2269**
努里斯坦鹰嘴豆 **90825**
努米底亚百里香 **391304**
努米底亚毒马草 **362865**
努米底亚飞廉 **73429**
努米底亚风铃草 **70197**
努米底亚风信子 **86058**
努米底亚合欢 **13630**
努米底亚虎耳草 **349702**
努米底亚黄耆 **42011**
努米底亚拉拉藤 **170519**
努米底亚乐母丽 **336009**
努米底亚雷仙草 **223033**
努米底亚柳叶菜 **146800**
努米底亚马先蒿 **287462**
努米底亚眉兰 **272470**
努米底亚米努草 **255594**
努米底亚绵枣儿 **352984**
努米底亚染料木 **173019**
努米底亚水苏 **373177**
努米底亚庭荠 **18449**
努米底亚香豌豆 **222786**
努米底亚亚麻 **231938**
努米底亚羊茅 **164108**
努米底亚远志 **308230**
努米底亚芸苔 **59394**
努米斯帝王花 **82352**
努普里普风毛菊 **348593**
努氏桑寄生 **267409**
努氏桑寄生属 **267408**
努斯莱秋海棠 **49963**
努斯石楠 **295742**
努塌滨藜 **44543**
努特卡扁柏 85301
努特卡蔷薇 **336810**
努特木 **267224**
努特木属 **267223**
努西木斑鸠菊 **406634**
努西木属 **267362**
努伊特斯木属 267408
弩刀箭竹 **162738**
弩箭药 388706
弩箭竹 162738
怒黄龙 **320259**
怒江矮柳 **343233**
怒江报春 **314611**
怒江槽舌兰 **197263**
怒江川木香 **135735**
怒江川木香属 **247057**
怒江滇芎 297963
怒江冬青 203824
怒江杜鹃 **331720**,330054
怒江耳叶紫菀 **40096**
怒江风毛菊 **348765**
怒江凤仙花 **205302**
怒江光叶槭 **3078**
怒江蒿 **36000**
怒江红山茶 69589
怒江红杉 **221947**
怒江花楸 **369511**
怒江黄鹌菜 **416459**
怒江寄生 385246
怒江箭竹 **162720**
怒江拉拉藤 **170608**
怒江蜡瓣花 **106643**
怒江冷杉 **433**
怒江冷水花 **299039**
怒江柃 **160620**
怒江柳 **343779**
怒江落叶松 221947
怒江马兜铃 **34320**
怒江毛兰 **148768**
怒江泡花树 **108576**
怒江枇杷 **151171**
怒江蒲桃 **382659**
怒江槭 **2886**
怒江千里光 381950
怒江球兰 **198893**
怒江山茶 **69589**
怒江十大功劳 242597
怒江藤黄 **171152**
怒江天胡荽 **200360**
怒江铁线莲 **95160**
怒江挖耳草 **403316**
怒江无心菜 **32203**
怒江悬钩子 **339233**
怒江枸子 **107499**
怒江蚤缀 32203
怒江紫菀 **41195**
女本 258905
女草 308613,308616
女肠 400467
女儿茶 52474,66808,66873,201761,202086,328680,328726
女儿红 2984,2986,52484,59857,145693,179438,205752,308123,308359,328726,338028
女儿藤 341556
女儿香 29983
女二天 24475
女谷 61103
女蒿 **196711**
女蒿属 **196688**
女金丹 37888,226721
女苦奶 354846
女兰 158118
女雷 23670
女理 23670
女娄菜 **248269**,363451
女娄菜过路黄 239732
女娄菜剪秋罗 **363755**
女娄菜属 **248235**
女娄菜星牵牛 **43349**
女娄菜叶龙胆 **173630**
女娄无心菜 **32067**
女蒌 308613
女蒌菜 248269
女萝 114972,114994,323465,414554,414576
女木子 332509
女青 117721,280097
女人兰 **376021**
女人兰属 **376020**
女桑 259085
女山神杜鹃 330150
女神 **244189**
女神芦苇 **295909**
女神南烛 **239388**
女史花 262468
女士手指大蕉 **260254**
女宛 400467
女菀 **400467**,32602,150464,344946,345310
女菀属 **400466**
女王杓兰 **120438**
女王布袋兰 79534
女王大岩桐 **364752**
女王十二卷 **186643**
女王椰属 31702
女王椰子 31705
女王椰子属 31702,380553
女王朱顶红 **196453**
女葳 70507
女葳花 70507
女萎 **94740**,308616
女楂 377941
女贞 **229529**,229485
女贞草 96257
女贞地阳桃 **356206**
女贞番泻 360450
女贞番樱桃 **156271**
女贞决明 **78372**
女贞咖啡 **98955**
女贞萝芙木 **327027**
女贞木 229485,229529
女贞三足花 **398048**
女贞蓍 **3970**
女贞属 **229428**
女贞甜舌草 **232499**
女贞叶白芷 **192298**
女贞叶腐婢 313673
女贞叶谷木 249996
女贞叶假杜鹃 **48290**
女贞叶胶藤 **220895**
女贞叶离瓣寄生 **190840**
女贞叶南烛 **239384**
女贞叶忍冬 **235916**
女贞叶铁线莲 **95085**
女贞异决明 **360450**
女贞泽兰 158199
女贞状南烛 239384
女桢 229472,229529,229558
女指挥蜀葵 **13936**
女竹 304098
女足芥属 389272
疟疾草 81687,96139,124790,230090
疟马鞭 405872
疟子花 195269
虐疾草 218480
暖地杓兰 **120457**
暖地苳草 **36715**
暖骨风 122532
暖木 **249476**,157761,294231
暖木条荚蒾 407715
暖木条子 407715
暖叶根 367146
挪挪果 166786
挪藤 403430
挪威报春 **314711**
挪威刺子莞 **333670**
挪威虎耳草 **349719**
挪威冷杉 **348**
挪威离缕鼠麹 **270574**
挪威龙胆 173781,173834
挪威鹿蹄草 **322861**
挪威蒲公英 **384697**
挪威槭 **3425**
挪威山柳菊 **195815**

挪威鼠麹草 **178311**
挪威葶苈 **137147**
挪威委陵菜 **312828**
挪威无心菜 **32103**
挪威烟筒花 254900
挪威云杉 298191
诺贝尔矮美国白皮松 **299788**
诺贝特假杜鹃 **48270**
诺丹割花野牡丹 **27487**
诺丹芸香 **262866**
诺丹芸香属 **262865**
诺德柴胡 **63769**
诺丁汉欧楂 **252309**
诺丁岩黄耆 **188022**
诺东萝藦 **262910**
诺东萝藦属 **262909**
诺顿腺唇兰 **7445**
诺顿野荞麦 **152313**
诺尔茶 **266533**
诺尔茶属 **266532**
诺尔大戟 **159472**
诺尔德刺橘 **405534**
诺尔德单列木 **257962**
诺尔德仿花苏木 **27768**
诺尔德黄檀 **121774**
诺尔德可拉木 **99244**
诺尔德木槿 **195060**
诺尔德木棉 98110
诺尔德南芥 **30367**
诺尔德拟紫玉盘 **403651**
诺尔德山柑 **334826**
诺尔德弯籽木 **98110**
诺尔吊兰 **88575**
诺尔顿铁木 **276811**
诺尔捷酢浆草 **277983**
诺尔捷十二卷 **186577**
诺尔捷网球花 **184436**
诺尔马先蒿 **287461**
诺尔玛扶桑 **195166**
诺尔曼补血草 **230694**
诺尔曼漆姑草 **342275**
诺尔曼烟堇 **169117**
诺尔特矮大叶藻 **262281**
诺尔紫纹鼠麹木 **269265**
诺福克蜜源锦葵 220228
诺福克木槿 220228
诺福克木槿属 220226
诺福克南洋杉 30848
诺福克香棕 332436
诺和克南洋杉 30848
诺加尔滨藜 **44540**
诺加尔大戟 **159471**
诺加尔阔苞菊 **305114**
诺加尔麻疯树 **212189**
诺加尔马齿苋 **311886**
诺加尔莎草 **118940**
诺加尔仙人笔 **216685**
诺加尔星牵牛 **43357**
诺加尔异萼豆 **283163**
诺加紫草 **266458**
诺加紫草属 **266457**
诺拉双角茜 **130053**
诺兰属 266652
诺莉那属 266482
诺里斯马钱 **266729**
诺里斯马钱属 **266728**
诺林德美冠兰 **156885**
诺林兰科 **266514**
诺林兰属 **266482**
诺林属 266482
诺罗木犀属 **266689**
诺罗尼亚还阳参 **110932**
诺曼德谷木 **250032**
诺曼德黄檀 **121775**
诺曼德膜苞豆 **201264**
诺曼木属 **266680**
诺曼茜属 **266679**
诺米早熟禾 **305933**
诺那阿属 266470
诺娜·巴洛普通耧斗菜 **30082**
诺奇·西巴利石榴 **321772**
诺羌香叶蒿 **36175**
诺氏奥多豆 **268874**
诺氏白花菜 **95742**
诺氏草 217094
诺氏刺芹 **154332**
诺氏胡卢巴 **397255**
诺氏角果铁 **83687**
诺氏角果泽米 83687
诺氏金丝桃 **202049**
诺氏蜡烛木 **121126**
诺氏兰属 **266812**
诺氏委陵菜 **312827**
诺氏蜗牛兰 **98089**
诺氏岩菀 **218247**
诺斯草属 217092
诺斯火炬花 **217005**
诺斯榄 **266736**
诺斯榄属 **266735**
诺瓦美山 **273804**
诺瓦南芥 **30368**
诺瓦蛇鞭菊 **228523**
诺沃驴喜豆 **271237**
诺沃氏苔草 **75541**
诺沃蜀葵 **13931**
诺西波草胡椒 **290393**
诺西波古柯 **155097**
诺西波含羞草 **255080**
诺西波金果椰 **139391**
诺西波南洋参 **310230**
诺西波秋海棠 **50112**
诺西波求米草 **272673**
诺西波藻百年 **161565**
诺谢维奇大麦草 198346
诺伊曼半边莲 **234654**
糯 275958
糯白芨 304313
糯稻 **275966**
糯饭果 256804
糯蒿 296068
糯虎掌 325718
糯米 275958,275966
糯米菜 179488,191666
糯米草 29430,170218,179488
糯米椴 **391725**,391726
糯米饭 403899
糯米饭草 220359
糯米饭刺 132371
糯米饭青 178062
糯米饭藤 6717
糯米饭竹 82452
糯米果 407844,407846,407850
糯米莲 179488
糯米青 385903
糯米树 210370,381341,391725,408034,408127
糯米藤 179488,313483
糯米条 **113**,179488,274237,408009
糯米条属 91
糯米条子 407802
糯米团 **179488**
糯米团儿 179488
糯米团属 **179485**
糯米香 **358002**
糯米香属 357999
糯米香竹 82452
糯米牙 328550
糯米药 362490,362494
糯米珠 32988,295808
糯米竹 **351851**
糯树 408034,408127
糯叶 231424,231427
糯芋 85875
糯竹 **82452**

## O

讴春玉 **340835**
欧矮棕属 85665
欧巴茱萸 **208971**
欧巴茱萸属 **208970**
欧白花丹 305183
欧白花棘豆 **278961**
欧白芥 364545
欧白芥属 364544
欧白毛棘豆 **278965**
欧白头翁 321721
欧白鲜 **129618**
欧白英 **367120**
欧白芷 **192358**,24483,30932
欧百合 229789,229922
欧百金花 **81546**
欧百里香 **391365**
欧变豆菜 345957
欧别榈属 273241
欧滨麦 **228346**
欧薄荷 **250385**,250387,250420
欧苍术 **44204**
欧侧金盏花 8332
欧梣 167955
欧查喀属 268103
欧常春藤 187222
欧车前 301864,302034
欧稠李 **280044**
欧大爪草 370522
欧当归 **228250**
欧当归属 **228244**
欧登斯大头苏铁 **145220**
欧地瓜儿苗 239202,239215
欧地笋 **239202**
欧丁香 **382329**
欧毒麦 235351
欧毒芹 101852
欧毒芹属 9831
欧独活 285741
欧杜松 213702
欧椴 391706
欧椴小叶椴 391691
欧防风 **285741**
欧防风属 285731
欧非风信子属 **393973**
欧蜂斗菜 292372
欧甘草 177893,177905
欧根·考氏拟芸香 **185639**
欧根刺头菊 **108282**
欧根葱 **15267**
欧根大戟 **158865**
欧根欧洲杞柳 **343939**
欧根石竹 **127708**
欧根杨 311149
欧狗舌草 359769
欧枸杞 239055
欧谷粒菊 113214

欧海棠 252305
欧海棠属 252291
欧海芋 37015
欧黑麦草 **235351**
欧黄堇 106117
欧桧 213702
欧活血丹 **176824**
欧吉齐蓝果树 **267859**
欧寄生 410960
欧加登百簕花 **55391**
欧加登扁担杆 **180899**
欧加登大被爵床 **247872**
欧加登大戟 **159496**
欧加登黄花稔 **362593**
欧加登木蓝 **206322**
欧加登牛角草 **273197**
欧加登扭萼寄生 **304987**
欧加登乳香树 **57531**
欧加登仙人笔 **216688**
欧加金合欢 **1451**
欧夹竹桃 265327
欧剪股颖 12025
欧接骨木 345660
欧芥属 364544
欧金雀属 **120894**
欧金丝桃 **201732**
欧锦葵 **243840**
欧锦葵属 **131207**
欧克莱省藤 **65754**
欧拉卷舌菊 **380881**
欧莨菪 **354686**
欧梨 83220
欧李 **83220**
欧李儿 83220
欧栗 78811
欧连钱草 176824
欧连翘 167430
欧列当 **275191**
欧菱 **394500**
欧龙胆 173610
欧罗山柳菊 **195481**
欧落叶松 221855
欧马兜铃 34149
欧马栗 9701
欧马桑 **104700**
欧曼陀罗 123077
欧蔓 400945
欧蔓属 400844
欧毛茛 **326326**,325518
欧美齿鳞草 **222651**
欧美大叶毛茛 **326054**
欧美卡竹属 270509
欧美毛酸浆 **297720**
欧美乌头 **5389**
欧美杨 311146
欧米加斑茎福禄考 **295284**
欧木绣球 407989
欧内野牡丹属 **153670**
欧柅索豆 274895
欧牛至 **274224**
欧女贞 229662
欧女贞属 **294761**
欧女贞雪柳 167235
欧女贞叶牡荆 **411408**
欧女贞叶蒲桃 **382650**
欧婆婆纳 407072
欧破铜钱 200388
欧蒲公英 384714
欧杞柳 **343133**
欧前胡 **205535**,292957
欧前胡属 **205531**
欧荨麻 **403039**,402886
欧茜草 338038
欧芹 **292694**
欧芹山楂 **109836**
欧芹属 **292685**,9831
欧芹叶山楂 **109527**
欧芹叶天竺葵 **288432**
欧日落叶松 **221830**
欧瑞香 122492,122515,391015
欧瑞香属 **390994**
欧瑞香双星山龙眼 **128142**
欧桑寄生 236704
欧沙针 **276870**
欧山黧豆 **222800**
欧山柳菊 **195708**
欧山羊草 8665
欧山一枝黄花 **368296**
欧蓍 3978
欧蓍草 3978
欧石南 149017,149147,149727
欧石南奥氏草 **277331**
欧石南二毛药 **128447**
欧石南鸡头薯 **152919**
欧石南科 150286
欧石南蓝花参 **412670**
欧石南榄仁树 **386528**
欧石南美国尖叶扁柏 **85377**
欧石南密穗花 **322108**
欧石南属 **148941**,148619
欧石南香芸木 **10580**
欧石楠柽柳 **383483**
欧石楠莱勃特 220307
欧石楠兰伯特木 **220307**
欧石楠属 148941
欧石楠叶班克木 **47641**
欧石楠叶贝克斯 47641
欧石楠叶莱勃特 220307
欧石头花 183222
欧氏报春 **314353**
欧氏钓樟 231385
欧氏蓟 **92282**
欧氏金鱼藤 **100124**
欧氏列当 **275156**
欧氏马先蒿 **287468**,287483
欧氏苘麻 **887**
欧氏鹧鸪花 **395518**
欧鼠李 **328701**
欧鼠尾草 345271
欧薯蓣属 61464
欧水葱 352278
欧斯潘肋枝兰 **304923**
欧松 213702
欧酸模 340209
欧锁阳 **118129**
欧苔草 **74681**
欧唐菖蒲 **176122**
欧甜茅 177599
欧菟丝子 115031
欧豌豆 **301061**
欧维野豌豆 **408392**
欧卫矛 157429
欧文凤仙花 **205034**
欧文割花野牡丹 **27485**
欧文虎耳草 **349040**
欧文楝 **277639**
欧文楝属 **277636**
欧文罗勒 **268543**
欧文尼亚属 277636
欧文莎草 **119332**
欧文铁线莲 **95197**
欧文小檗 **51777**
欧乌头 5442
欧席草属 262532
欧细辛 **37616**
欧夏枯草 316127
欧夏至草 **245770**
欧夏至草属 **245723**
欧夏至草状绣球防风 **227631**
欧香豌豆 222800
欧香叶芹 **252662**
欧香叶芹属 **252660**
欧小檗 52322
欧小列当 **275135**
欧缬草 404316
欧蟹甲 **8039**
欧蟹甲科 **8042**
欧蟹甲属 **8034**
欧玄参 **355075**
欧旋花 **68716**
欧鸦跖花 **278481**
欧亚艾蒿 35088
欧亚菝葜 366240
欧亚薄荷 250432
欧亚柽柳 **383607**
欧亚刺指甲草 **284840**
欧亚单籽圆柏 **213913**
欧亚单子圆柏 213913
欧亚峨参 **28039**
欧亚拂子茅 **65517**
欧亚甘草 **177905**
欧亚蔊菜 **336277**
欧亚黑杨 311398
欧亚红花山茱萸 380499
欧亚花楸 **369381**,369339
欧亚活血丹 176824
欧亚列当 **274991**,274987
欧亚路边青 175454
欧亚萍蓬草 **267294**
欧亚槭 **3462**
欧亚蔷薇 **275853**
欧亚蔷薇属 **275850**
欧亚瑞香 122492,122515
欧亚桑寄生 **236704**
欧亚山茱萸 **105111**
欧亚矢车菊 **81345**
欧亚酸浆 297643
欧亚唐松草 388572
欧亚糖芥 154525
欧亚香花芥 **193417**
欧亚缬草 **404219**
欧亚绣线菊 **372006**
欧亚旋覆花 **207046**
欧亚芫花 **122515**
欧亚野李 316470
欧亚羽衣草 14166
欧亚圆柏 213902
欧亚指甲草 **284741**
欧岩栎 324278
欧岩荠 **216079**
欧岩荠属 **216074**
欧岩荠状美花草 **66711**
欧药菊 246396
欧野青茅 **127257**
欧益母草 **224976**
欧樱草 315101
欧越橘柳 **343982**
欧芸香 **341059**
欧早熟禾 **306099**
欧泽芹 **365851**
欧泽泻 **238511**,14760
欧泽泻属 **238510**
欧楂 **252305**
欧楂果 252305
欧楂属 **252291**
欧楂叶小舌菊 **253469**
欧珍珠菜 **239628**
欧榛 106703
欧洲矮棕 **85671**
欧洲矮棕属 **85665**,85420
欧洲艾 35090
欧洲白花丹 **305183**
欧洲白桦 53563
欧洲白蜡 167955
欧洲白蜡树 **167955**
欧洲白冷杉 272
欧洲白栎 324335
欧洲白皮松 **300036**

欧洲白前 **117670**
欧洲白头翁 **321721**
欧洲白榆 **401549**
欧洲百合 **229922**
欧洲百脉根 237771
欧洲板栗 78811
欧洲抱茎独行菜 **225293**
欧洲北方荸荠 **143060**
欧洲扁豆黄耆 **42835**
欧洲变豆菜 **345957**
欧洲博韦岩黄耆 **187804**
欧洲补血草 **230712**,230815
欧洲苍耳 **415057**
欧洲糙独活 **192349**
欧洲草莓 167653
欧洲草原鼠尾草 **345412**
欧洲草原酸樱桃 83202
欧洲梣 167955
欧洲茶藨子 **334250**,334170
欧洲长角蒲公英 **384640**
欧洲长芒鹅观草 **335407**
欧洲常春藤 **187222**
欧洲车前 302034
欧洲赤松 **300223**
欧洲赤杨 16352
欧洲慈姑 **342400**
欧洲刺柏 **213702**
欧洲刺苞菊 **77022**
欧洲粗梗糖芥 **154436**
欧洲酢浆草 277648,278099
欧洲醋栗 **334170**,334250
欧洲簇毛山柳菊 **195598**
欧洲大齿山柳菊 **195847**
欧洲大花岩黄耆 **187995**
欧洲大茴芹 **299467**
欧洲大麦披碱草 198259
欧洲大叶柳 **343458**
欧洲大叶杨 **311259**,311171
欧洲大叶榆 401549
欧洲稻槎菜 **221787**
欧洲地杨梅 **238640**
欧洲丁香 382329
欧洲冬青 **203789**
欧洲毒马草 **362842**
欧洲毒芹 **9832**
欧洲毒芹属 **9831**
欧洲独活 **192344**
欧洲椴 **391706**
欧洲对叶兰 232950
欧洲多花风铃草 **70189**
欧洲鹅耳枥 **77256**
欧洲防风 285741
欧洲防风属 **285731**
欧洲高山杜鹃 330875
欧洲高山糖芥 **154526**
欧洲狗舌草 360328
欧洲狗舌草属 **118043**
欧洲枸杞 **239046**,239055
欧洲管花蝇子草 **364071**
欧洲光果蒲公英 **384637**
欧洲光叶榆 **401468**
欧洲海蓬子 **342865**
欧洲合叶子 166125
欧洲黑茶藨 334117
欧洲黑刺李 316819
欧洲黑三棱 **370044**
欧洲黑松 **300117**,300114
欧洲黑头山柳菊 **195670**
欧洲黑杨 311398
欧洲红豆杉 **385302**
欧洲红果接骨木 345660
欧洲红花 **77686**
欧洲红瑞木 **380499**
欧洲红穗醋栗 334179
欧洲槲寄生 410960
欧洲虎耳草 **416883**
欧洲虎耳草属 **416880**
欧洲花楸 **369339**
欧洲桦 **53590**
欧洲黄杜鹃 331161
欧洲黄堇菜 **410187**
欧洲黄菀 360328
欧洲灰栒子 107504
欧洲火棘 **322454**
欧洲蓟 92485
欧洲夹竹桃 265327
欧洲荚蒾 **407989**
欧洲尖果榛 **106724**
欧洲剪股颖 12323
欧洲剪秋罗 363331
欧洲角木 77256
欧洲接骨木 **345660**,345631,345663
欧洲芥叶缬草 **404354**
欧洲金莲花 **399504**
欧洲金雀花 **120983**
欧洲金香柏 **390599**
欧洲金须茅 **90125**
欧洲金盏花 66395,66434
欧洲筋骨草 **13104**
欧洲景天 **356979**
欧洲韭菜 15534,15649,15843
欧洲菊 246396
欧洲菊苣 90901
欧洲苣苔 **325225**
欧洲苣苔科 **325232**
欧洲苣苔属 **325223**
欧洲宽叶柳穿鱼 **231022**
欧洲勒古桔梗 **224073**
欧洲棱子芹 304765
欧洲冷杉 **272**
欧洲李 **316382**
欧洲栎 324335
欧洲栎寄生 237077
欧洲栎桑寄生 236704
欧洲栗 **78811**
欧洲连翘 **167430**
欧洲亮蛇床 292966
欧洲蓼 **308782**
欧洲林苔草 **76465**
欧洲柳穿鱼 231183
欧洲龙牙草 **11549**
欧洲耧斗菜 30081
欧洲驴食草 271280
欧洲榈属 85665
欧洲绿花麦瓶草 **364178**
欧洲落叶松 **221855**
欧洲马兜铃 **34337**,34149
欧洲马蔺 208744
欧洲蔓丛石竹 **127623**
欧洲猫儿菊 **202432**
欧洲毛梗山柳菊 **195854**
欧洲毛果天芥菜 **190601**
欧洲毛果绣线菊 **371994**
欧洲没药属 261576
欧洲美登木 **246929**
欧洲密花补血草 **230585**
欧洲蜜蜂花 **249542**
欧洲蜜蜂花科 **249537**
欧洲蜜蜂花属 **249540**
欧洲绵毛山柳菊 **195722**
欧洲木莓 **338209**
欧洲鸟足苔草 **75722**
欧洲女贞 **229662**
欧洲萍蓬草 267294
欧洲婆婆纳 **407130**
欧洲匍枝金丝桃 **202132**
欧洲葡萄 411979
欧洲蒲公英 384714
欧洲朴 **80577**
欧洲七叶树 **9701**
欧洲桤木 **16352**
欧洲杞柳 **343937**
欧洲千金榆 77256
欧洲千里光 **360328**
欧洲前胡 292957
欧洲蔷薇 336419
欧洲秦艽 173364
欧洲绒毛蒿 **36391**
欧洲柔毛景天 **357282**
欧洲瑞香 122416
欧洲山芥 **47964**
欧洲山柳菊 **195710**
欧洲山毛榉 162400
欧洲山梅花 **294426**
欧洲山松 **300086**
欧洲山杨 **311537**
欧洲山茱萸 105111,380499
欧洲扇棕 85671
欧洲芍药 280253,280263
欧洲莳子 **408666**
欧洲升麻 **91010**
欧洲省沽油 374107
欧洲手参 **182216**
欧洲鼠刺 26183
欧洲鼠刺属 26182
欧洲栓皮栎 **324453**
欧洲水毛茛 **325580**
欧洲水牛角 **72467**
欧洲水芹 **269334**
欧洲水青冈 **162400**
欧洲水仙 262457
欧洲水玄参 355061
欧洲松 300223
欧洲菘蓝 **209229**
欧洲酸樱桃 **83361**
欧洲唐棣 **19288**
欧洲唐松草 **388423**
欧洲天胡荽 **200388**
欧洲天芥菜 190622
欧洲甜瓜 61497
欧洲甜瓜属 61464
欧洲甜樱桃 **83155**
欧洲铁木 **276803**
欧洲铁线莲 **95018**
欧洲庭荠 **18327**
欧洲菟葵 **148104**
欧洲菟丝子 **115031**,114972
欧洲卫矛 **157429**
欧洲蚊母草 407114
欧洲蚊子草 166132
欧洲乌头 **5442**
欧洲乌头叶毛茛 **325516**
欧洲无茎黄耆 **42352**
欧洲细辛 37616
欧洲仙客来 **115949**
欧洲橡树 323625
欧洲小檗 **52322**
欧洲小花大戟 **253091**
欧洲小花大戟属 **253090**
欧洲小花虎耳草 **349338**
欧洲小花小米草 **160238**
欧洲小叶椴 **391691**
欧洲小叶柳 **344004**
欧洲楔叶委陵菜 **313009**
欧洲绣球 407989
欧洲绣球努特卡特变种 **407994**
欧洲悬钩子 338209
欧洲旋花秋海棠 **50278**
欧洲羊茅 163819
欧洲野菱 **394457**
欧洲异色山柳菊 **195568**
欧洲异燕麦 **190196**
欧洲异叶郁金香 **400118**
欧洲异株苔草 **74330**
欧洲银蒿 **35164**
欧洲银冷杉 272
欧洲隐柱芥属 **199480**

欧洲樱草 **315101**
欧洲樱桃 83155
欧洲油菜 **59493**
欧洲羽衣草 **14166**
欧洲鸢尾 208854
欧洲鸢尾属 62518
欧洲圆叶唐棣 19288
欧洲圆叶无心菜 **32192**
欧洲圆锥乌头 **5468**
欧洲越橘 403916
欧洲云杉 **298191**
欧洲蚤草 **321619**
欧洲泽芹 365851
欧洲针茅 376877
欧洲榛 **106703**
欧洲榛子 106703
欧洲紫杉 385302
欧洲棕 85671
欧茱萸 105111
欧紫八宝 200812
欧紫柳 343937
欧紫杉 385302
瓯柑 **93730**,93806
瓯橘 **93806**
櫙 191629
呕男椰子属 273120
呕吐栗豆藤 **10994**
偶雏菊属 **56700**
偶栗子 328713
偶生翠雀花 **124305**
偶子 17702
藕 263272
藕梢菜 160637
藕氏椰子属 273241
藕蔬菜 267825
藕芋 71169

## P

趴墙虎 20354
趴山虎 20354
杷杷柴 327226
爬柏 213902
爬壁草 165515
爬壁果 165515
爬地柏 213864
爬地车叶草 170420
爬地黄 239597,239661
爬地桧 213864
爬地龙 49703
爬地毛茛 **326208**
爬地牛奶 165759
爬地泡 339055
爬地松 300163
爬地蜈蚣 39557
爬地香 126465
爬地雪果白珠 172085
爬地雪果白珠树 172085
爬地早熟禾 305348
爬根草 117859,148254
爬景天 357123
爬拉藤 170199
爬拉殃 170199
爬兰 **193072**
爬兰属 **193070**
爬龙藤 285157
爬面虎 87855
爬爬草 13091
爬墙刺 64990
爬墙风 **20426**
爬墙扶芳藤 **157515**
爬墙果 165515
爬墙虎 157473,165515,165624,187307,285157
爬墙藤 165515
爬森藤 285056
爬森藤属 285055
爬山豆 70904
爬山猴 49703,50400
爬山虎 20348,20354,80189,107472,131734,165515,187222,258910,259731,285117,285144,285157,313197,328997,329009,387822,392559,393657
爬山虎属 285097
爬山秧子 250228
爬石兰 133145
爬树龙 **328997**,49703,147349,329000,329001,329004,329009,329011,387871
爬树藤 187307
爬树蜈蚣 329000
爬松 300163
爬藤榕 **165624**,165619,165626
爬藤卫矛 **157872**
爬苇 **295912**
爬行马先蒿 **287583**
爬行毛茛 **326302**
爬行赛亚麻 **266206**
爬行卫矛 157473,157515
爬崖红 407503
爬崖花子 301253
爬崖藤 165002,187307
爬崖香 300427,300548
爬崖香藤 300548
爬岩板 198827
爬岩风 165515
爬岩枫 165626
爬岩红 **407453**
爬岩虎 285157
爬岩龙 49703,329000
爬岩夕 320426
爬岩香 165623,165624,300408,300548,351081
爬岩烟 256212
爬竹 **20209**,20199
耙菜 178062
耙草 25381
耙齿钩 231322
耙齿木 415891
耙叶菊 **326947**
耙叶菊属 **326946**
耙叶苦竹 **304048**
帕勃兰属 279358
帕布兰 **279359**
帕布兰属 **279358**
帕曹氏金雀花 **120986**
帕茨克茅属 **285906**
帕地鳞尾草 **295561**
帕地山黧豆 **222815**
帕地矢车菊 **81265**
帕地苔草 **67619**
帕地野荞麦 **152369**
帕地野荞麦木 **152282**
帕蒂小檗 **52026**
帕蒂鸢尾 **208783**
帕恩马先蒿 **287496**
帕恩山柳菊 **195832**
帕尔葱 **15586**
帕尔单裂萼玄参 **187058**
帕尔光淋菊 **276216**
帕尔桔梗 **280614**
帕尔桔梗属 **280613**
帕尔凯萝藦属 **284949**
帕尔龙舌兰 **10917**
帕尔马爱染草 **12504**
帕尔马接骨木 **345651**
帕尔马堇菜 **410346**
帕尔马苦苣菜 **368780**
帕尔马莲花掌 **9059**
帕尔马毛叶姜味草 **253687**
帕尔马木茼蒿 **32554**
帕尔马山莴苣 **219438**
帕尔马水蓑衣 **200635**
帕尔马香雪球 **235073**
帕尔马悬钩子 **338951**
帕尔马杂色豆 **47810**
帕尔千里光 **359643**
帕尔日中花 **220632**
帕尔十二卷 **186593**
帕尔什翠雀花 **124458**
帕尔什飞蓬 **150843**
帕尔什莎草 **119352**
帕尔斯菲尔八仙花 **199979**
帕丰小檗 **52018**
帕冯高山参 **274002**
帕冯肖竹芋 **66190**
帕夫拉哥尼亚小檗 **51453**
帕夫洛夫橐吾 **229131**
帕福斯杜鹃 **282763**
帕福斯杜鹃属 **282761**
帕福斯兰 **282765**
帕福斯兰属 **282764**
帕戈扁莎 **322312**
帕哈罗熊果 **31131**
帕吉厚叶赫柏木 **186968**
帕加茜 **280362**
帕加茜属 **280361**
帕卡蒿 **36043**
帕卡兰属 292138
帕克尔谷精草 **151424**
帕克海神菜 **265497**
帕克海斯日中花 **220633**
帕克豇豆 **409001**
帕克九节 **319736**
帕克玛尼垂丝海棠 243624
帕克曼柿 **132344**
帕克欧石南 **149837**
帕克帕斯日中花 **220634**
帕克蒲桃 **382646**
帕克斯大戟 **159537**
帕克斯孩儿草 **340366**
帕克斯核果木 **138675**
帕克斯梅氏大戟 **248014**
帕克斯气花兰 **9231**
帕克斯十大功劳 **242613**
帕克斯绶草 **372237**
帕克斯小蓼 **308681**
帕克斯悬钩子 **338068**
帕克斯血桐 **240302**
帕克斯叶下珠 **296707**
帕克斯油芦子 **97345**
帕克斯舟瓣梧桐 **350471**
帕克小檗 **52010**
帕克夜香树 **84419**
帕克圆筒仙人掌 **116651**
帕克远志 **308250**
帕克珠微湖北小檗 **51646**
帕拉丁牛蒡 **31063**
帕拉哥椰树 288038
帕拉久巴椰子 283408
帕拉久巴椰子属 283407
帕拉马桉 **155684**
帕拉木 65002

帕拉氏百里香 **391311**
帕拉氏报春 **314770**
帕拉氏翠雀花 **124454**
帕拉氏番红花 **111573**
帕拉氏棘豆 **279067**
帕拉氏驴喜豆 **271241**
帕拉氏毛茛 **326172**
帕拉氏糖芥 **154516**
帕拉氏邪蒿 **361547**
帕拉斯虫实 **104824**
帕拉斯大戟 **159517**
帕拉斯假风信子 **199547**
帕拉斯柳 **343826**
帕拉斯南非山龙眼 **45083**
帕拉斯山楂 **109907**
帕拉斯鼠李 **328812**
帕拉托芥属 **284486**
帕拉瓦苣苔属 280478
帕拉西马先蒿 **287492**
帕拉州刺片豆 **81820**
帕拉州红豆 **274426**
帕拉州热美蔻 **209022**
帕拉州双柱苏木 **129489**
帕来克斯补血草 230717
帕来沙拐枣 **67055**
帕来猪毛菜 **344654**
帕莱沙蓬 **11617**
帕兰德拉象牙椰属 280433
帕兰美柱椰 **280434**
帕兰氏马先蒿 **287539**
帕兰象牙椰 280434
帕兰象牙椰属 280433
帕劳锦葵属 **280451**
帕乐幕眼子菜 312236
帕雷钓钟柳 **289368**
帕雷山柳菊 **195842**
帕里埃尔肖蓝盆花 **365897**
帕里百合 **229980**
帕里北方十大功劳 242517
帕里宾柳 **343825**
帕里滨藜 **44570**
帕里刺花蓼 **89094**
帕里葱 **15588**
帕里翠雀花 **124464**
帕里灯心草 **213357**
帕里飞蓬 **150844**
帕里寒金菊 **199228**
帕里蒿 **35762**
帕里红景天 **329929**
帕里黄堇 106036
帕里蓟 **92288**
帕里金菊木 **150364**
帕里韭 **15599**
帕里桔梗 **284419**
帕里桔梗属 **284418**
帕里苣苔属 **280478**
帕里卷舌菊 **380896**
帕里蓼 **309527**
帕里柳叶菜 146719
帕里猫爪苋 **93093**
帕里毛冠雏菊 **84940**
帕里扭连钱 **245697**
帕里诺林兰 **266506**
帕里漆 **284421**
帕里漆属 **284420**
帕里千里光 **359677**
帕里山金车 **34757**
帕里什白峰掌 **181457**
帕里什葶苈 **143286**
帕里什滨藜 **44565**
帕里什凤仙花 **205211**
帕里什黄目菊 **46551**
帕里什假万带兰 200584
帕里什金菊木 **150363**
帕里什山柳菊 **195468**
帕里什卫矛 **157752**
帕里什腺萼木 **260645**
帕里什向日葵 **189014**
帕里什野荞麦 **152371**
帕里什蝇子草 **363867**
帕里什针垫菊 **84517**
帕里苔草 **75703**
帕里天人菊 **169598**
帕里无心菜 **32138**
帕里线莴苣 **375977**
帕里香茶菜 209794
帕里星刺菊 **81828**
帕里岩雏菊 **291327**
帕里野荞麦 **151865**
帕里蝇子草 **363871**
帕里早熟禾 **305832**
帕里紫堇 **106036**
帕立茜草属 280481
帕立熊果 31123
帕丽达杂种金缕梅 **185098**
帕利宾吊钟花 **145684**
帕利宾孩儿参 **318511**
帕利宾蓝丁香 **382201**
帕利草 58300
帕利西拟鸦葱 **354991**
帕利棕属 **284288**
帕笠 367632
帕林蝶须 **26530**
帕林兹汉爵欧亚槭 **3467**
帕伦列当 **284098**
帕伦列当属 **284093**
帕罗德马唐 **130690**
帕罗德小檗 **52011**
帕罗德亚麻荠 **68856**
帕罗德月见草 **269480**
帕罗迪草 **284708**
帕罗迪草属 **284707**
帕罗迪大戟 **284715**
帕罗迪大戟属 **284714**
帕罗迪禾属 **284721**
帕罗黄芪 42852
帕罗黄耆 **42852**
帕罗丝花茜 **360691**
帕罗特木 284961
帕罗特木属 284957
帕罗梯木 284961
帕罗梯木属 284957
帕洛·阿尔托胶皮枫香树 **232572**
帕洛豆属 **280642**
帕洛马野荞麦 **152102**
帕洛蒲公英 **384730**
帕洛梯属 315702
帕洛梯王 315776
帕麦尔美洲茶 **79964**
帕米尔白刺 **266359**
帕米尔报春 **314772**
帕米尔滨藜 **44564**
帕米尔薄荷 **250406**
帕米尔彩花 **2270**
帕米尔车叶草 **39384**
帕米尔齿缘草 **153497**
帕米尔虫实 **104826**
帕米尔丛菔 **368569**
帕米尔翠雀花 124330
帕米尔鞑靼滨藜 44564
帕米尔大戟 **159523**
帕米尔顶冰花 169451
帕米尔发草 **126047**
帕米尔繁缕 **375144**
帕米尔分药花 **291433**
帕米尔茯苓菊 214144
帕米尔高原芥 **89249**
帕米尔光籽芥 **224213**
帕米尔蒿 **35421**
帕米尔胡卢巴 **397263**
帕米尔桦 **53546**
帕米尔黄堇 **106246**
帕米尔黄芪 42848
帕米尔黄耆 **42848**
帕米尔黄芩 **355656**
帕米尔棘豆 **279084**,278857
帕米尔假蒜芥 **365381**
帕米尔假紫草 **34641**,34624
帕米尔剪股颖 **12232**
帕米尔碱茅 **321357**
帕米尔金露梅 **289708**
帕米尔锦葵 **243809**
帕米尔荆芥 **265020**
帕米尔景天 **357000**
帕米尔宽带芹 **303010**
帕米尔拉拉藤 **170532**
帕米尔老鹳草 **174802**
帕米尔藜 **87122**
帕米尔蓼 **309515**
帕米尔苓菊 **214144**
帕米尔柳穿鱼 **231019**
帕米尔龙胆 **173700**
帕米尔落芒草 **300737**
帕米尔毛茛 **326193**
帕米尔木花菊 **415675**
帕米尔南芥 365381
帕米尔蒲公英 **384729**
帕米尔芹 **217942**
帕米尔芹属 **217941**
帕米尔雀麦 **60873**
帕米尔忍冬 **236013**
帕米尔肉叶荠 **59754**
帕米尔山竹子 **104639**
帕米尔扇穗茅 **234124**
帕米尔四齿芥 **386952**
帕米尔酸模 **340171**
帕米尔苔草 **75678**
帕米尔铁线莲 **95199**
帕米尔葶苈 **137179**
帕米尔菟丝子 **115096**
帕米尔橐吾 **228976**
帕米尔委陵菜 **312851**,312852
帕米尔小甘菊 **71099**
帕米尔新塔花 418131
帕米尔玄参 **355209**
帕米尔鸦葱 **354912**
帕米尔雅葱 354912
帕米尔眼子菜 **312208**
帕米尔羊茅 **164191**,163789
帕米尔杨 **311420**
帕米尔以礼草 **215951**
帕米尔鹰嘴豆 **90815**
帕米尔蝇子草 **363865**
帕米尔早熟禾 **305806**
帕米尔针茅 **376864**
帕米尔紫草 34624,34641
帕米红景天 **329917**
帕默刺花蓼 **89091**
帕默蝶花百合 **67616**
帕默光柱泽兰 **217108**
帕默蒿 **36047**
帕默黄细心 **56419**
帕默金菊木 **150359**
帕默栎 **324261**
帕默青葙 **80448**
帕默山楂 **109909**
帕默水鬼蕉 **200948**
帕默血苋 **208355**
帕默野荞麦 **152368**
帕默一枝黄花 **368463**
帕默蝇子草 **363244**
帕姆粉蔷薇 **336299**
帕内马瓞儿 **417501**
帕尼尔拉刺篱木 166777
帕牛山柳菊 **195837**
帕帕加石竹 **127965**
帕潘加扭果花 **377784**

帕珀暗色芳香木 **38688**
帕珀拜卧豆 **227070**
帕珀木蓝 **206345**
帕珀穆拉远志 **260033**
帕珀唐菖蒲 **176432**
帕珀硬皮鸢尾 **172656**
帕珀远志 **308249**
帕普兰 **282966**
帕普兰属 **282965**
帕瑞杜鹃 **331447**
帕瑞斯卫矛 157752
帕萨独脚金 **378029**
帕萨神秘果 **381994**
帕萨树葡萄 **120174**
帕瑟欧瑞香 **391015**
帕森粉蔷薇 **336300**
帕森斯日本槭 **3038**
帕森斯小檗 **52012**
帕氏百日草 **418054**
帕氏膀胱豆 **100188**
帕氏菠萝球 **107050**
帕氏补血草 **230717**
帕氏草莓树 **30886**
帕氏草质卷 **186474**
帕氏常春藤 **187311**
帕氏钓钟柳 **289367**
帕氏顶冰花 **169477**
帕氏拂子茅 **65453**
帕氏黄耆 **42845**
帕氏火绒草 **224925**
帕氏火星花 111474
帕氏剪股颖 **12235**
帕氏菊蒿 **383813**
帕氏咖啡 **98972**
帕氏蜡菊 **189638**
帕氏李堪木 **228679**
帕氏苓菊 **214143**
帕氏梅花草 **284604**
帕氏苘麻 **967**
帕氏忍冬 **236012**
帕氏榕 **165438**
帕氏矢车菊 **81260**
帕氏水甘草 **20856**
帕氏水苏 **373371**
帕氏素馨 **211956**
帕氏兔唇花 **220084**
帕氏兔耳草 **220190**
帕氏污生境 103794
帕氏仙人球 **140877**
帕氏苋 **18787**
帕氏玄参 **355211**
帕氏杨 **311419**
帕氏野芝麻 **220413**
帕氏异味树 **103794**
帕氏月华玉 287902
帕氏珍珠梅 **369275**
帕氏紫堇 **106225**
帕氏紫荆木 241519
帕斯格洛夫车轴草 **397038**
帕斯格洛夫杜茎大戟 **241881**
帕斯格洛夫基特茜 **215778**
帕斯格洛夫五星花 **289881**
帕松朴 **80750**
帕松香茶 **303574**
帕索李堪木 228679
帕塔厚壳属 **285759**
帕特里克灰色石南 **149229**
帕特里夏仙人笔 **216691**
帕特莫尔洋白蜡树 168060
帕特莫洋白蜡树 **168060**
帕特诺因加豆 **206942**
帕特诺音加 206942
帕特森艾琳细叶海桐 **301401**
帕特森百蕊草 **389812**
帕特森狒狒花 **46100**
帕特森虎眼万年青 **274722**
帕特森肋瓣花 **13847**
帕特森露子花 **123942**
帕特森芦荟 **17129**
帕特森牻牛儿苗 **346657**
帕特森欧石南 **149851**
帕特森唐菖蒲 **176436**
帕特森天竺葵 **288424**
帕特庭荠 **18455**
帕梯 281031
帕梯果 281031
帕图斯灯心草属 **285812**
帕维基叉序草 **209926**
帕维基短毛瘦片菊 **58999**
帕维基蜡菊 **189652**
帕维基田皂角 **9613**
帕维基纹蕊茜 **341346**
帕翁葵 286666
帕翁葵属 286580
帕沃夫斯基百蕊草 **389814**
帕沃木 286585
帕沃木属 286580
帕亚木 **280402**
帕亚木属 **280401**
帕洲正玉蕊 **223773**
怕丑草 255098
怕羞草 255098
怕痒花 219933,255098
怕痒树 219933
拍纽彭 **93684**
拍拍木 161607
拍氏西亚菊 **98263**
徘徊花 336901
排菜 59515
排草 25381,201853,202146,239571,239637,239640,239847
排草属 239543
排草香 239571
排草香属 **25379**
排兜根 70833
排风 367322
排风草 147084,345586
排风藤 345586,367322
排风子 367120,367322
排骨筋 52169
排骨连 187581
排骨灵 166652
排红草 152943
排华 393077
排毛绣球 200148
排钱草 126329,297008,297013
排钱草属 297007
排钱豆 78336,78338
排钱多穗香茶菜 **324848**
排钱金不换 308392
排钱树 **297013**,401581
排钱树属 **297007**
排氏桃 **20961**
排氏鸦葱 **354914**
排水草科 199737
排香 25381,239571
排香草 **25381**,10414,143974,201853,239571
牌骨七 120355
牌楼七 120355,120396,147176
牌钱树 297013
派克木 284473
派雷斯禾属 300868
派里姆霍夫芒柄花 **271523**
派里姆霍夫屈曲花 **203233**
派里姆霍夫山柳菊 **195852**
派珀兰属 **300562**
派区虎耳草 **349735**
派瑞大泽米 **241459**
派氏马先蒿 **287504**
派斯托桐属 313952
派瓦百脉根 **237707**
派瓦楼梯草 **142776**
派瓦木菊 **129431**
潘安果 376144
潘城百里香 **391321**
潘城还阳参 **110947**
潘城蓟 **92287**
潘城蓍 **4004**
潘达加 280924
潘达加属 280920
潘达卡红月桂 382822
潘得藜属 281173
潘德紫玉盘 **403553**
潘多拉垂叶榕 **164694**
潘多赛楠 266794
潘甘马钱 **378847**
潘回欢草 **21144**
潘吉拉杜鹃 331002
潘近树科 281240
潘近树属 281245
潘考夫无患子属 **280851**
潘兰小檗 52130
潘南星 **33448**
潘帕尼尼牛至 **274232**
潘帕尼尼茄 **367480**
潘奇克草 **280846**
潘奇克草属 **280844**
潘萨乌紫菀 **41025**
潘桑果 142152
潘神草属 **146024**
潘氏马先蒿 **287497**
潘树属 **280827**
潘塔琼德木属 289431
潘西亚兰 290118
潘西亚兰属 290113
攀百合 234139
攀百合属 234130
攀布鲁木属 280683
攀布鲁属 280683
攀缠长春花 409335
攀打科 **280960**
攀打属 **280917**
攀倒峻 285880
攀倒甑 83650,285880
攀登鱼藤 **125998**
攀茎耳草 **187666**
攀茎钩藤 401773,401778
攀木马兜铃 **34115**
攀木属 **292451**
攀生刺果卫矛 **157276**
攀援马泰萝藦 246269
攀援天门冬 38950
攀缘八雄蕊卷耳 **82947**
攀缘百簕花 **55416**
攀缘百蕊草 **389860**
攀缘比拉碟兰 **54437**
攀缘草 **350389**
攀缘草属 **350388**
攀缘臭黄荆 313751
攀缘刺蒺藜 **366264**
攀缘刺核藤 **322552**
攀缘刺蒴麻 **399322**
攀缘大青 313751
攀缘吊石苣苔 **239939**
攀缘丁克兰 **131267**
攀缘豆腐柴 **313751**
攀缘毒鼠子 **128597**
攀缘鹅绒藤 **117358**
攀缘恩氏草 **145563**
攀缘耳草 187666
攀缘风车子 **100765**
攀缘风铃草 **70293**
攀缘伽蓝菜 **215252**
攀缘格雷野牡丹 **180436**
攀缘勾儿茶 **52466**
攀缘瓜泰木 181597
攀缘胡颓子 **142188**

攀缘花烛 **28118**
攀缘槐 **369157**
攀缘黄堇 **105610**
攀缘假泽兰 **254443**
攀缘箭叶草 **377891**
攀缘箭叶草属 **377890**
攀缘金果椰 **139416**
攀缘菊三七 **183138**
攀缘嘴签 **179958**
攀缘决明 **360467**
攀缘榼藤子 145899
攀缘可利果 **96835**
攀缘孔药花 **311652**
攀缘库卡芋 **114403**
攀缘宽管瑞香 **110171**
攀缘兰 146429
攀缘蓼 162552
攀缘马钱树 **27621**
攀缘马特莱萝藦 **246269**
攀缘蔓绿绒 294838
攀缘蔓桐花 **246658**
攀缘毛杖木 **332417**
攀缘墨药菊 **248611**
攀缘南非禾 **290027**
攀缘南蛇藤 80309
攀缘拟阿尔加咖啡 **32498**
攀缘黏腺果 **101266**
攀缘纽敦豆 **265911**
攀缘纽扣花 **194668**
攀缘欧白英 **367130**
攀缘平菊木 **351239**
攀缘蒲包花 **66283**
攀缘热非夹竹桃 **13310**
攀缘萨民托苣苔 347105
攀缘三室竹芋 **203006**
攀缘山橙 **249674**
攀缘商陆 **148137**
攀缘商陆属 **148134**
攀缘十万错 **43661**
攀缘首乌 **162552**
攀缘树萝卜 **10338**
攀缘丝棉木 157473
攀缘四棱豆 **319113**
攀缘唐松草 **388661**
攀缘天冬 **39185**
攀缘天门冬 **38923**
攀缘菟丝子 **115135**
攀缘弯穗夹竹桃 **22150**
攀缘万花木 **261111**
攀缘卫矛 **350401**
攀缘卫矛属 **350400**
攀缘乌口树 **385025**
攀缘喜林芋 **294838**
攀缘喜阳花 **190440**
攀缘线口瑞香 **231812**
攀缘绣球 **200077**
攀缘袖珍椰子 **85437**
攀缘鸭跖草 **100994**
攀缘崖藤 **13460**
攀缘岩参 **90863**
攀缘羊蹄甲 **49226**
攀缘野豌豆 **408606**
攀缘异木患 **16048**
攀缘硬蕊花 **181597**
攀缘忧花 **241701**
攀缘獐牙菜 **380347**
攀缘皱茎萝藦 **333856**
攀缘紫金龙 128318
攀支棉 56802
攀枝 56802
攀枝钩藤 **401778**
攀枝花 56802
攀枝花苏铁 **115870**
攀枝莓 **338407**
攀竹藤 **400948**
盘苞牵牛 208092
盘柄大戟 **29550**
盘柄大戟属 **29549**
盘菜 59575
盘草 88421
盘肠草 114292
盘肠参 68686
盘豆 **134160**
盘豆属 **134159**
盘多树 165125
盘萼杜鹃 **331446**
盘萼属 **134123**
盘儿草 283388
盘尔草 210548
盘梗丝管木 **29852**
盘古斯松 299818
盘果草 **246578**
盘果草属 **246576**
盘果大戟 **134131**
盘果大戟属 **134129**
盘果碱蓬 **379533**
盘果菊 **223724**,313895
盘果菊属 **223723**,313778
盘果麻 **134149**
盘果麻属 **134148**
盘果木 **116251**
盘果木科 **116243**
盘果木属 **116244**
盘果绣球 **199867**
盘花百蕊草 **389666**
盘花垂头菊 **110382**
盘花地不容 375833
盘花麻属 **223674**
盘花南星属 **27641**
盘花千里光属 **366875**
盘花乳菀 **169767**
盘花藤菊 **193023**
盘花藤菊属 **193022**
盘花新疆乳菀 **169798**
盘槐 369038
盘江连蕊茶 **69429**
盘金藤属 **134109**
盘科菜 59603
盘龙草 81570,135264,372247
盘龙棍 372247
盘龙花 372247
盘龙箭 372247
盘龙木 242975
盘龙木属 242974
盘龙七 **191956**,39557,52514,52539,134404,209625,242691,308523,308641
盘龙参 **347708**,192851,280771,372247
盘龙参属 372176,413252
盘路芥 **134186**
盘路芥属 **134184**
盘木科 280960
盘木属 280917
盘苜蓿 **247281**
盘七 280756,280793
盘茄属 134169
盘山草 37653
盘上芫茜 200366
盘参 131580
盘薯 131601
盘死豆 114994
盘桐树属 **134135**
盘头箭花藤 **168309**
盘头菊 **108137**
盘头菊属 **108136**
盘托楼梯草 **142650**
盘县草沙蚕 **398110**
盘县小檗 **52001**
盘腺金合欢 **1383**
盘腺阔蕊兰 **291207**
盘腺蓼 309863
盘腺野樱桃 83340
盘腺樱桃 **83195**,83340
盘旋唐松草 **388460**
盘叶柏那参 59200
盘叶芦莉草 **339710**
盘叶罗伞 **59200**
盘叶秋海棠 49732
盘叶忍冬 **236180**,235760
盘叶铁线莲 **94881**
盘叶一点红 **144909**
盘叶掌叶树 59200
盘银花属 260375
盘玉 **267060**
盘茱萸属 **134165**
盘珠姜花 **187459**
盘珠竹 **297426**
盘柱冬青 **203940**
盘柱堇 **106974**
盘柱堇属 **106973**
盘柱麻 **175548**
盘柱麻属 **175547**
盘柱南五味子 214972
盘柱藤黄 **134183**
盘柱藤黄属 **134181**
盘柱香 214972
盘状埃及千里光 **358204**
盘状白盘菊 **253019**
盘状豹皮花 **373791**
盘状大戟 **158779**
盘状高山蓍 **3930**
盘状合头菊 **381647**
盘状卷瓣兰 **62688**
盘状莱氏菊 **223480**
盘状莲花掌 9072
盘状偏管豆 **301711**
盘状歧缬草 **404417**
盘状润肺草 **58854**
盘状三肋果 **397956**
盘状双袋兰 **134292**
盘状台北狗娃花 **193979**
盘状苔草 **75136**
盘状橐吾 **229019**
盘状尤利菊 **160784**
盘状蚤草 **321553**
盘籽鼠尾粟 **372655**
盘籽鱼黄草 **250776**
盘棕 114838
盘足茄 **134172**
盘足茄属 **134169**
磐口梅 87525
蟠槐 369038
蟠龙草 114838
蟠龙桧 213752
蟠龙松 299830
蟠龙枣 418170
蟠桃 **20952**
蟠桃草 407275
蟠仙桃 407275
判渣 142088
叛奴盐 332509
畔上小蝶兰 **310894**
滂藤 157473
庞岸香茶 **303554**
庞多扁担杆 **180929**
庞多灰毛豆 **386245**
庞多剑苇莎 **352338**
庞多老鸦嘴 **390853**
庞多露子花 **123949**
庞多蒲桃 **382653**
庞多鸵鸟木 **378604**
庞多沃森花 **413385**
庞多无根藤 **78736**
庞多香茶 **303644**
庞多盐肤木 **332773**
庞多银齿树 **227347**
庞那皮桐 310843

庞那皮桐属　310841
庞特伊锦熟黄杨　**64355**
旁风　346448
旁桤木　72400
旁其　231298
旁杞木　**72400**
旁杞树　72400
旁通　395146
旁遮普麸杨　**332789**
旁遮普马兜铃　**34304**
螃皮柴　231298
螃蜞菊　18128
螃蜞头草　215343
螃蟹花　43053,397043
螃蟹夹　410979
螃蟹甲　295149,295227
螃蟹脚　213045,217906,385211,411048
螃蟹苦　142650
螃蟹兰　351997
螃蟹目　66779
螃蟹七　**33330**,242688,242691
螃蟹眼睛　333215
螃蟹眼睛草　285649
鳑鲏树　231298
胖艾伯特北美云杉　**298405**
胖萹蓄　**291924**
胖裯　233122
胖大海　**376137**,376184
胖大海属　350444
胖大罗赛　93712
胖儿草　122040,262970
胖根藤　308974
胖姑娘　215567
胖关藤　398317
胖官头　328345
胖果苦参　369095
胖果山杜英　**142404**
胖蒿子　342859
胖节荻　255861
胖苦竹　**304005**
胖柳　261285,320377
胖母猪果　145510
胖母猪果树　145510
胖婆茶　25773
胖婆娘　8012,25773,145505,145520
胖婆娘树　145510
胖朴　165515
胖树根　308416
胖血藤　162523
胖竹　**297486**,297469
抛　93579
抛根筒　234715
抛辣子　161323
抛栾　93579
抛筒根　127106
抛团　227574
脬　93579
刨花　6811,240669
刨花木　6811
刨花楠　240669
刨花润楠　**240669**
刨叶　240707
炮卜草　73208
炮弹果　**111104**,49359,108195
炮弹果科　111108
炮弹果属　108193,111100
炮弹树　**108195**,111104
炮弹树属　**108193**
炮弹仙人球　**366824**
炮弹仙人球属　**366820**
炮烙莓　**339270**
炮筒果　315177,365003
炮掌　327435
炮掌果　73207,297711
炮仗花　100032,142071,173814,205548,246793,298722,322950,331877
炮仗花属　322948
炮仗花藤　374439
炮仗藤　**322950**
炮仗藤属　**322948**
炮仗筒　228321,228326
炮仗竹　**341020**
炮仗竹属　**341016**
炮杖草　220126
炮胀花　205548
炮胀筒　205548
炮竹草　36647
炮竹红　341020
炮竹花　341020
炮竹筒　228326
炮仔草　297650
炮仔花　345405
炮子藤　144752
袍褐马唐　**130567**
袍萝藦属　**290493**
匏　219843,219848
匏瓜　219843,219848
匏茎亥佛棕　201360
匏仔　219827
跑路杆子　408127
泡矮胡椒　**394854**
泡卜布　253385
泡卜儿　392903
泡吹叶花楸　**369461**
泡椿　5983
泡刺爵床　**297615**
泡刺爵床属　**297614**
泡豆　298009
泡萼兰　**407558**
泡萼兰属　**407557**
泡儿　167645
泡儿刺　338281,339483
泡番荔枝　**25834**
泡饭花　239391
泡冠萝藦　**297995**
泡冠萝藦属　**297994**
泡果白刺　266380
泡果灯心草　**213462**
泡果黄耆　**42881**
泡果芥　73098
泡果拉拉藤　**170288**
泡果冷水花　**298939**
泡果荠属　**196267**
泡果茜草　**253790**
泡果茜草属　**253789**
泡果茜属　253789
泡果芹　**295332**
泡果芹属　**295331**
泡果苘　**192470**
泡果苘属　**192468**
泡果沙拐枣　**67005**,67035
泡核桃　**212652**
泡花　96496,384371
泡花草　220359,227574
泡花荚蒾　407980
泡花树　**249373**,108585,108587,217613,249414
泡花树科　**249484**
泡花树属　**249355**,108574
泡花桐　96398
泡花子　381091,381148
泡滑竹　**416800**
泡火绳属　99964
泡火桐　96398
泡箭莎　**55886**
泡箭莎属　**55885**
泡颈亮　205876
泡利刺山楂　**109885**
泡林藤　285933
泡林藤属　285928
泡笼桐　350670
泡毛杜鹃　332059
泡米花　122438
泡沫花　391522
泡沫龙胆　**173237**
泡沫状欧石南　**150079**
泡木　91276
泡木树　332509
泡囊拜卧豆　**227095**
泡囊草　**297882**
泡囊草属　**297875**
泡囊黄耆　42881
泡囊三叶草　**397130**
泡囊酸模　**340310**
泡泡草　262249,278858,278869,279060,279114,297645,297711
泡泡刺　266377,266380
泡泡豆　279114,371161
泡泡果　**38338**
泡泡果属　**38322**
泡泡蔓绿绒　294822
泡泡属　38322
泡泡树　374103
泡泡叶杜鹃　**330613**
泡泡叶越橘　**403750**
泡平桐　94068
泡青锁龙　**109292**
泡箬竹　**206798**
泡三棱　370102
泡沙参　**7789**,7830,7850
泡杉　114539
泡参　7616,7674,7789,7830,7835,7850,98309,98381
泡参草　7616
泡盛草　41817
泡盛落新妇　**41817**
泡水苏　373163
泡通　350716,387432
泡通杆　350670
泡通青荚叶　191157
泡通珠　240765
泡桐　285960,285981
泡桐杆　240769
泡桐科　**285988**
泡桐木　79250
泡桐七　283839,283861
泡桐属　**285951**
泡桐树　96200
泡腺血桐　**240312**
泡香樟　234051
泡小檗　52049
泡叶巴西菊　**89315**
泡叶巴西菊属　**89314**
泡叶番杏属　**138135**
泡叶风毛菊　**348178**
泡叶菊属　138135
泡叶冷水花　298991
泡叶龙船花　211136
泡叶毛莨　**325678**
泡叶檀梨　**323067**
泡叶乌头　5429
泡叶栒子　**107362**
泡叶直瓣苣苔　**22161**
泡泽木　**311680**
泡泽木属　**311677**
泡掌筒　228326
泡折芥属　297934
泡褶芥　**297935**
泡褶芥属　**297934**
泡竹　**318487**,162758
泡竹属　**318485**
泡竹叶　78227
泡状斑鸠菊　**406174**
泡状长叶欧石南　**149682**
泡状翅果菘蓝　**345715**

泡状戴星草 370964
泡状菲利木 296294
泡状蜂鸟花 240752
泡状芙兰草 168827
泡状格雷野牡丹 180366
泡状合毛菊 170941
泡状鸡脚参 275653
泡状假金鸡纳 219651
泡状苦苣菜 368796
泡状宽萼苏 46994
泡状蓝蓟 141348
泡状老鹳草 174607
泡状鳞翅草 225079
泡状鳞花草 225180
泡状鹿藿 333168
泡状落葵薯 26269
泡状马岛茜草 342820
泡状马森风信子 246156
泡状毛子草 153267
泡状美非补骨脂 276983
泡状扭果花 377675
泡状欧石南 150254
泡状鞘蕊花 99534
泡状球百合 62383
泡状乳香树 57514
泡状莎草 119458
泡状珊瑚苣苔草 103938
泡状树葡萄 120028
泡状双盛豆 20750
泡状水苏 373163
泡状四数莎草 387701
泡状松塔掌 43430
泡状苔灌木 256365
泡状唐菖蒲 176083
泡状天芥菜 190737
泡状甜瓜 114237
泡状陀螺树 378331
泡状香科 388022
泡状蝎子草 175866
泡状异木患 16054
泡状珍珠茅 354270
泡子草 297645
泡子蓼 297937
泡子蓼属 297936
疱茜属 319950
培地茅 407585
培地茅属 407579
培甘 77902
培拉椆属 288038
裴得苣苔属 165892
裴济椰子 405257
裴赛山楝属 28993
裴氏冬青 204162
裴氏马先蒿 287510
裴氏秋海棠 50151
裴氏紫珠 66805
沛阳花 407919
佩德十字茜 113137
佩迪木属 286936
佩蒂蒂斑鸠菊 406356
佩蒂蒂长庚花 193312
佩蒂蒂车轴草 397005
佩蒂蒂大戟 159564
佩蒂蒂多肋菊 304451
佩蒂蒂番薯 208084
佩蒂蒂费利菊 163261
佩蒂蒂伽蓝菜 215226
佩蒂蒂假鼠麴草 317765
佩蒂蒂荆芥 265025
佩蒂蒂九节 319754
佩蒂蒂落萼旋花 68362
佩蒂蒂马缨丹 221287
佩蒂蒂千里光 359730
佩蒂蒂前胡 292971
佩蒂蒂山黄菊 25543
佩蒂蒂丝花茜 360685
佩蒂蒂苔草 75767
佩蒂蒂弯管花 86239
佩蒂蒂乌口树 385013
佩蒂蒂一点红 144958
佩蒂蒂獐牙菜 380309
佩蒂蒂猪屎豆 112525
佩蒂蒂爪哇大豆 264245
佩蒂克德福禄考 295271
佩尔扁棒兰 302782
佩尔布雷默茜 59911
佩尔莱 288011
佩尔莱属 288010
佩尔大戟 159562
佩尔单瓣豆 257740
佩尔邓博木 123707
佩尔迪埃姜味草 253708
佩尔迪埃柳穿鱼 231075
佩尔迪埃木蓝 206372
佩尔格兰斑鸠菊 406672
佩尔格兰碧波 54378
佩尔格兰大戟 159552
佩尔格兰单花杉 257144
佩尔格兰杜楝 400595
佩尔格兰多角果 307784
佩尔格兰仿花苏木 27770
佩尔格兰核果木 138677
佩尔格兰鸡头薯 152998
佩尔格兰膜苞豆 201265
佩尔格兰琼楠 50589
佩尔格兰热非豆 212671
佩尔格兰丝花茜 360684
佩尔格兰铁线子 244584
佩尔格兰肖仿花苏木 397994
佩尔格兰隐萼豆 113804
佩尔格尼木 201656
佩尔古柯 155100
佩尔古夷苏木 181777
佩尔黄檀 121792
佩尔茎花豆 118105
佩尔咖啡 98983
佩尔卡尔茜 77220
佩尔卡普山榄 72137
佩尔露兜树 281103
佩尔毛盘鼠李 222425
佩尔没药 101499
佩尔美女樱 405880
佩尔牡荆 411404
佩尔诺罗木犀 266718
佩尔色穗木 129171
佩尔石豆兰 62993
佩尔柿 132350
佩尔维吉豆 409184
佩尔无梗药紫金牛 46414
佩尔腺龙胆 382953
佩尔小瓠果 290540
佩尔羊蹄甲 49198
佩尔异木患 16127
佩尔猪屎豆 112520
佩格拉镰扁豆 135572
佩格拉裂舌萝藦 351632
佩格拉流苏树 87725
佩格拉瘤子菊 297579
佩格拉露子花 123944
佩格拉芦荟 17133
佩格拉鹿藿 333355
佩格拉圣诞果 88080
佩格拉香芸木 10685
佩格拉紫菀 41018
佩霍矢车菊 81270
佩科风车子 100694
佩科矛果豆 235563
佩科斯紫莴苣 239337
佩克蓟 91935
佩克芦荟 17132
佩克萝藦 286824
佩克萝藦属 286823
佩克水牛角 72552
佩克苔草 75721
佩拉花 290590
佩拉花属 290589
佩兰 158118,158200,268438
佩兰属 158021
佩雷互叶指甲草 105420
佩雷掌属 285038
佩里立金花 218923
佩里木属 291286
佩里耶巴蒂兰 263630
佩里耶巴瑟苏木 64125
佩里耶白粉藤 92888
佩里耶白鹤灵芝 329479
佩里耶白酒草 103562
佩里耶斑鸠菊 406622
佩里耶斑叶兰 179675
佩里耶杯冠藤 117650
佩里耶臂形草 58138
佩里耶布雷默茜 59910
佩里耶布瑟苏木 64125
佩里耶刺核藤 322548
佩里耶刺子莞 333657
佩里耶大戟 159560
佩里耶大青 96267
佩里耶大梧 196228
佩里耶单脉青葙 220216
佩里耶单腔无患子 185388
佩里耶德卡瑞甜桂 123431
佩里耶豆腐柴 313713
佩里耶毒瓜 215738
佩里耶杜英 142370
佩里耶度量草 256220
佩里耶短柄草 58600
佩里耶盾蕊樟 39725
佩里耶多穗兰 310541
佩里耶耳梗茜 277212
佩里耶番薯 208065
佩里耶番茱萸 248517
佩里耶非洲木菊 58505
佩里耶风琴豆 217995
佩里耶格尼木 201655
佩里耶钩毛草 317225
佩里耶钩毛黍 317225
佩里耶狗尾草 361860
佩里耶谷木 250042
佩里耶冠瑞香 375940
佩里耶合鳞瑞香 381626
佩里耶核果木 138680
佩里耶红鞘紫葳 330004
佩里耶猴面包树 7030
佩里耶槲寄生 411091
佩里耶瓠果 290560
佩里耶画眉草 147877
佩里耶黄梁木 59952
佩里耶灰毛豆 386231
佩里耶茴芹 299491
佩里耶火石花 175202
佩里耶假杜鹃 48287
佩里耶尖稃草 5870
佩里耶健三芒草 347176
佩里耶浆果苋 123568
佩里耶节茎兰 269227
佩里耶金合欢 1482
佩里耶金星菊 89956
佩里耶金叶树 90086
佩里耶九节 319752
佩里耶卷瓣兰 62991
佩里耶卡普山榄 72136
佩里耶空竹 82453
佩里耶蜡菊 189656
佩里耶兰属 291467
佩里耶蓝花参 412794
佩里耶李氏禾 224001
佩里耶鳞花草 225200
佩里耶露兜树 281102

佩里耶芦荟 **17162**
佩里耶马瓞儿 **417504**
佩里耶马岛寄生 **46697**
佩里耶马岛兰 **116763**
佩里耶马岛竹 **404500**
佩里耶美冠兰 **156929**
佩里耶牡荆 **411403**
佩里耶木苞杯花 **415742**
佩里耶木犀榄 **270158**
佩里耶拿司竹 **262768**
佩里耶拟白桐树 **94104**
佩里耶鸟足兰 **347874**
佩里耶欧石南 **149877**
佩里耶膨距兰 **297863**
佩里耶膨头兰 **401061**
佩里耶气花兰 **9227**
佩里耶千里光 **359721**
佩里耶枪刀药 **202593**
佩里耶青葙 220216
佩里耶秋海棠 **50105**
佩里耶三萼木 **395323**
佩里耶沙葫芦 **415511**
佩里耶莎草 **119441**
佩里耶山地刺桐 **154702**
佩里耶山梗菜 **234689**
佩里耶珊瑚果 **103920**
佩里耶矢车鸡菊花 **81558**
佩里耶黍 **282059**
佩里耶鼠尾草 **345300**
佩里耶双袋兰 **134339**
佩里耶思劳竹 **351861**
佩里耶唐菖蒲 **176445**
佩里耶天芹菜 **190696**
佩里耶铁线子 **244585**
佩里耶土连翘 **201087**
佩里耶弯管花 **86238**
佩里耶弯穗草 **131221**
佩里耶维吉豆 **409183**
佩里耶沃恩木蓝 **405206**
佩里耶乌木 **132349**
佩里耶梧桐 **135950**
佩里耶西澳兰 **118247**
佩里耶西尔豆 **380635**
佩里耶希克尔竹 **195369**
佩里耶希客竹 195369
佩里耶显盘树 **293835**
佩里耶香茶 **303573**
佩里耶香合欢 **13642**
佩里耶香荚兰 **405014**
佩里耶象腿蕉 **145839**
佩里耶小瓠果 **290538**
佩里耶小束豆 **226190**
佩里耶旋覆花 **207196**
佩里耶盐角草 **342886**
佩里耶羊耳蒜 **232283**
佩里耶杨爵床 **311129**
佩里耶叶木豆 **297551**
佩里耶一点红 **144957**
佩里耶异决明 **360472**
佩里耶异籽葫芦 **25672**
佩里耶鱼骨木 **71459**
佩里耶玉凤花 **183958**
佩里耶猪屎豆 **112517**
佩里耶竹 **37279**
佩里耶紫云菜 **378204**
佩里疣石蒜 **378532**
佩丽白东方罂粟 **282654**
佩丽夫人东方罂粟 **282653**
佩罗安龙花 **139483**
佩罗斑鸠菊 **406674**
佩罗吊灯树 **216337**
佩罗风兰 **24995**
佩罗虎尾兰 **346128**
佩罗节茎兰 **269229**
佩罗菊 **293106**
佩罗菊属 **293103**
佩罗咖啡 **98982**
佩罗蓝花参 **412795**
佩罗龙血树 **137467**
佩罗马唐 **130701**
佩罗气花兰 **9235**
佩罗千里光 **359722**
佩罗石豆兰 **62995**
佩罗特木 291482
佩罗特木姜子 234033
佩罗特木属 291481
佩罗西澳兰 **118249**
佩罗远志 **307974**
佩罗朱米兰 **212735**
佩罗猪屎豆 **112518**
佩内龙胆 **173718**
佩内马瓞儿 **417500**
佩纳葫芦 **288961**
佩纳葫芦属 **288960**
佩尼远志 **308256**
佩奇木属 **292417**
佩茜 **290593**
佩茜属 **290592**
佩森草属 **286777**
佩森金千里光 **279905**
佩施单蕊麻 **45212**
佩施猪屎豆 **112521**
佩氏苞杯花 **291471**
佩氏苞杯花属 **291470**
佩氏草 **291462**
佩氏草属 **291461**
佩氏番红花 **111576**
佩氏金果椰 **139398**
佩氏锦葵属 **291475**
佩氏榼藤子 **145895**
佩氏猕猴桃 6679
佩氏木 **291457**
佩氏木属 **291456**
佩氏匍茎山柳菊 **299226**
佩氏石南 **149825**
佩氏矢车菊 **81274**
佩氏腺羊蹄甲 **7566**
佩氏椰 139398
佩思粉红千层 **67273**
佩斯金毛刷木 236463
佩斯金刷盒木 **236463**
佩斯卡多补血草 **230714**
佩斯卡托兰属 292138
佩松木属 **292025**
佩塔草 **292164**
佩塔草属 **292163**
佩塔芹 **292169**
佩塔芹属 **292166**
佩通尼科夫沙拐枣 **67060**
佩通尼科夫山柳菊 **195851**
佩肖木属 **288019**
佩兴山姜 **17737**
佩休倒地铃 **73214**
佩休木蓝 **206366**
佩休绣球防风 **227686**
佩耶茜属 **286758**
佩音常春藤叶风铃草 **70051**
喷彩美女樱 **405850**
喷瓜 **139852**
喷瓜属 **139851**
喷泉树 370358,370374
喷水草 1790
喷嚏木 **320033**
喷嚏木科 **320029**
喷嚏木属 **320032**
喷嚏树属 320032
喷筒 319810
喷雪 360933
喷雪花 360935,372101
喷烟花 288767
盆草细辛 37605,37638,37642,37722
盆雏菊 **302916**
盆雏菊属 **302914**
盆地堆心菊 **188398**
盆地飞蓬 **150903**
盆桂 168076,168086
盆果虫实 **104830**
盆花豆 **114783**
盆花豆属 **114782**
盆花茜 **223620**
盆花茜属 **223619**
盆架树 **18052**
盆架树属 **414458**,18027
盆架子 18055
盆距兰 **171835**
盆距兰属 **171825**
盆棵 285834
盆南梯属 288994
盆若虎亮 381104
盆上金耳环 99711,99712
盆上芫茜 200366
盆上芫荽 200329,200366
盆荽 200366
盆托坡梯草 **290161**
盆托坡梯草属 290158
盆艺垂叶榕 **164698**
盆甑草 208016
盆子 338250
烹泡子 165515
朋花 13091
朋头草 373139
彭贝芦荟 **17135**
彭贝散尾葵 **89371**
彭贝瘦片菊 **182075**
彭错蒿 **36071**
彭达长筒莲 **108004**
彭达球百合 **62434**
彭达酸脚杆 **247606**
彭蜂藤 165515
彭根 326340
彭佳屿飘拂草 **166482**,166313
彭内尔芥属 **288999**
彭内尔马先蒿 **287508**
彭内尔婆婆纳属 **289005**
彭尼三芒草 **33970**
彭氏柳叶菜 146838
彭氏紫堇 105680
彭水变豆菜 **345995**
彭泰尔非洲兰 **320959**
彭泰尔虎眼万年青 **274728**
彭泰尔鹿藿 **333356**
彭泰尔扭果花 **377788**
彭泰尔双距花 **128086**
彭泰尔田繁缕 **52612**
彭泰尔香茶 **303572**
彭泰尔盐肤木 **332768**
彭特兰安息香 **379426**
彭特里斯灰色石南 **149230**
彭西格毒马草 **362858**
彭西格风兰 **24992**
彭西格乐母丽 **336019**
彭县刚竹 **297454**
彭县雪胆 **191957**
彭州黑水翠雀 **124508**
彭州乌头 **5523**
棚竹 **206890**
蓬 **151054**,36097,150422
蓬大海 376184
蓬灯果 366284
蓬蒂瘤耳夹竹桃 **270874**
蓬莪 114875
蓬莪茂 114875,114884
蓬莪术 56537,114875,114884
蓬莪蒁 114875
蓬圭小金梅草 **202947**
蓬蒿 36286,89481,89704
蓬蒿菜 89481,89704

蓬蒿菊　32563
蓬莱　6682
蓬莱草　296121
蓬莱葛　**171455**,171459
蓬莱葛属　**171439**
蓬莱宫　**244222**
蓬莱胡颓子　**141992**
蓬莱花　122532
蓬莱黄竹　**47259**
蓬莱蕉　147349,258168
蓬莱蕉属　258162
蓬莱籁箫　21583
蓬莱毛茛　**325879**
蓬莱榕　**164771**
蓬莱松　39171
蓬莱藤　171455,290841
蓬莱藤属　171439,290840
蓬莱天南星　**33526**
蓬莱同蕊草　333742
蓬莱鸭跖草　100930
蓬莱隐柱兰　113863
蓬莱油菊　**124787**
蓬莱珍　239643
蓬莱珍珠菜　239821
蓬莱珍珠菜　**239643**
蓬莱竹　39014,39195,47345
蓬莱竹属　47174
蓬莱紫　122532
蓬虆　**338516**,338698
蓬蘽　338300,339360
蓬蘽悬钩子　338300
蓬蓬草　267767
蓬蓬花　267767
蓬蓬纳香草　**405021**
蓬绒木　399212
蓬扇树　234170
蓬生果　76813
蓬氏兰属　**311020**
蓬术　114875
蓬莛　114875
蓬松飞蓬　**150906**
蓬松松香草　**364296**
蓬松天芥菜　**190661**
蓬松缘毛夹竹桃　**18938**
蓬特鼻花　**329553**
蓬特草属　**321786**
蓬特车叶草　**39395**
蓬特葱　**15619**
蓬特大星芹　**43312**
蓬特风铃草　**70227**
蓬特福王草　**313864**
蓬特虎耳草　**349799**
蓬特还阳参　**110955**
蓬特火烧兰　**147206**
蓬特柳穿鱼　**231080**
蓬特柳叶菜　**146841**
蓬特龙胆　**173730**
蓬特马先蒿　**287532**
蓬特密毛紫绒草　**222461**
蓬特木槿　**195111**
蓬特鞘柄茅　**100010**
蓬特苔草　**75855**
蓬特西风芹　**361554**
蓬特仙客来　**115970**
蓬特缬草　**404465**
蓬特悬钩子　**339090**
蓬特针茅　**376884**
蓬特紫罗兰　**246542**
蓬头草　217373
蓬子菜　**170743**,86901,170751
蓬子草　170743
澎湖大豆　**177707**,177789
澎湖金午时花　**362684**
澎湖决明　**78489**
澎湖爵床　214739,337253,337256
澎蜞盏　96140
篷果茱萸属　**88173**
篷虆　338516
篷伞芹　**88145**
篷伞芹属　**88144**
篷穗爵床　**88201**
篷穗爵床属　**88200**
膨瓣玉凤花　184211
膨苞鸢尾　208921
膨杓兰　**120464**
膨大百簕花　**55304**
膨大碧波　**54364**
膨大刺芹　**154312**
膨大酢浆草　**277802**
膨大吊灯花　**83987**
膨大多齿茜　**259789**
膨大俯卧叠鞘兰　**85479**
膨大高雄细辛　**37742**
膨大隔蒴苘　**414523**
膨大鬼针草　**53769**
膨大海　376184
膨大胡椒　**300382**
膨大花篱　**27073**
膨大灰毛豆　**386019**
膨大吉斯欧石南　**149527**
膨大姜饼棕　**202300**
膨大蓝花参　**412660**
膨大林地苋　**319004**
膨大毛茛　**325782**
膨大欧石南　**149353**
膨大蒲公英　**384522**
膨大鞘蕊花　**99605**
膨大秋海棠　**49610**
膨大莎草　**118966**
膨大狭叶木蓝　**206586**
膨大盐肤木　**332468**
膨大羊茅　**163812**
膨大异木患　**16049**
膨大羽状地杨梅　**238686**
膨大舟叶花　**340562**
膨大猪屎豆　**112079**
膨萼卷耳　**82790**
膨萼蝇子草　**364158**
膨果黄芪　43197
膨果黄耆　**43197**
膨果景天　**357075**
膨果芹　295038
膨果苔草　75583
膨厚荚相思　1672
膨基鸭跖草　**175489**
膨基鸭跖草属　**175486**
膨茎草　**297856**
膨茎草属　**297854**
膨茎刺椰子属　171901
膨颈椰　**119992**
膨颈椰属　**119988**
膨距兰属　**297860**
膨囊蒿草　**217197**
膨囊苔草　**75099**
膨泡树　165515
膨皮豆　218721
膨舌兰属　**171797**
膨苔草　**74878**
膨头兰属　**401055**
膨药　381341
膨胀百簕花　**55355**
膨胀拜卧豆　**227059**
膨胀滨藜　**44506**
膨胀草　345310
膨胀吊灯花　**84127**
膨胀风车子　**100540**
膨胀黑草　**61800**
膨胀红蕾花　**416949**
膨胀花凤梨　**392053**
膨胀画眉草　**148026**
膨胀碱蓬　**379539**
膨胀卷瓣兰　**62652**
膨胀卷耳　**82899**
膨胀蓝星花　**33692**
膨胀劣玄参　**28272**
膨胀木茼蒿　**32549**
膨胀南非针叶豆　**223566**
膨胀扭果花　**377738**
膨胀欧石南　**149583**
膨胀秋海棠　**49946**
膨胀球百合　**62399**
膨胀三指兰　**396645**
膨胀莎草　**119031**
膨胀黍　**282336**
膨胀水茫草　**230839**
膨胀苔草　**76424**
膨胀唐菖蒲　**176269**
膨胀铁兰　392053
膨胀缬草　**404479**
膨胀叶下珠　**296614**
膨胀异燕麦　**190208**
膨胀蝇子草　**364144**
膨胀鱼骨木　**71394**
膨胀猪屎豆　**111939**
膨肿欧石南　**150180**
膨肿舟叶花　**340649**
膨柱兰　**146105**
膨柱兰属　**146104**
膨柱苔草　73673
蟚菊　215343
蟚蜞菊　215343
蟛蜞盏　96140
蟛蜞花　413514
蟛蜞菊　**413514**,18147,413506
蟛蜞菊属　**413490**
捧心兰属　238732
椪柑　**93728**,93717
椪橘　**93698**
批麻草　405614
批针叶山柳　96530
披的门猪殃殃　**170548**
披地桂　143464
披碱草　**144271**
披碱草属　**144144**
披裂蓟　**92057**
披麻草　388406,405614,405638
披门他树　299325
披散彩果棕　**203506**
披散点地梅　**23175**
披散黄细心　56425
披散鸡脚参　**275667**
披散鬣蜥棕　203506
披散矢车菊　81034
披散糖芥　154418
披散小檗　**51564**
披散绣球防风　**227587**
披散直茎蒿　**35458**
披威利莘婆　**376084**
披叶刺椰　**385528**
披叶苔　75048
披翼凤　288767
披针矮船兰　**85124**
披针百里香　**391241**
披针瓣橙黄虎耳草　**349087**
披针瓣梅花草　**284552**
披针冰片香木　138553
披针补血草　**230654**
披针春美草　**94323**
披针唇角盘兰　**192875**
披针唇舌唇兰　**302385**
披针对叶赪桐　**337439**
披针萼连蕊茶　**69253**,69297
披针拂子茅　**65397**
披针果芳香木　**38620**
披针黄花稔　362478
披针黄檀　**121725**
披针假杜鹃　**48223**

披针剑木 278159
披针胶藤 **220886**
披针接骨木 **345618**
披针旌节花 **373534**
披针九节 **319629**
披针阔苞菊 305104
披针莲子草 **18109**
披针裂双角茜 **130052**
披针鳞苔草 **75058**
披针芒毛苣苔 9442
披针毛茛 325571
披针木奶果 **46190**
披针桤叶树 **96530**
披针清风藤 **341517**
披针沙拐枣 **67042**
披针升麻 91002
披针时砧草 **170263**
披针柿 **155948**
披针丝蕊 396439
披针穗飘拂草 **166163**
披针苔草 75048,75057
披针桃叶卫矛 157561
披针铁青树 **269665**
披针铁线莲 95065
披针透明欧石南 **149882**
披针五叶参 289646
披针小叶葡萄 411772
披针肖水竹叶 **23587**
披针心叶榕 **164846**
披针形澳非萝藦 **326757**
披针形斑叶稠李 **280030**,280028
披针形杯柱玄参 **110186**
披针形贝克菊 **52781**
披针形扁莎 **322275**
披针形柴胡 **63698**
披针形车轴草 **396950**
披针形刺蒴麻 **399236**
披针形达尔萝藦 **121981**
披针形单裂萼玄参 **187048**
披针形单穗草 **257622**
披针形刀囊豆 **415610**
披针形多球茜 **310265**
披针形耳梗茜 **277199**
披针形法道格茜 **161943**
披针形非洲耳茜 **277271**
披针形伽蓝菜 **215185**
披针形戈斯菊 **179842**
披针形格雷野牡丹 **180393**
披针形骨籽菊 **276637**
披针形寡头鼠麹木 **327603**
披针形管萼木 **288933**
披针形海神木 **315846**
披针形好望角前胡 **292802**
披针形鸡头薯 **152954**
披针形基花莲 **48666**
披针形假杜鹃 **48222**
披针形坚果番杏 **387181**
披针形九头狮子草 **291166**
披针形可利果 **96767**
披针形库卡芋 **114386**
披针形老鸦嘴 **390851**
披针形龙面花 **263428**
披针形罗顿豆 **237337**
披针形马岛翼蓼 **278416**
披针形麦克欧文欧石南 **149715**
披针形美登木 **182731**
披针形木犀草 **327858**
披针形牧根草 **43581**
披针形诺罗木犀 **266708**
披针形欧石南 **149635**
披针形佩迪木 **286944**
披针形雀麦 60797
披针形三萼木 **395260**
披针形三距时钟花 **396505**
披针形双袋兰 **134310**
披针形粟麦草 **230120**
披针形酸脚杆 **247580**
披针形天竺葵 **288324**
披针形无梗石蒜 **29565**
披针形西澳兰 **118222**
披针形喜阳花 **190421**
披针形香茶菜 **303434**
披针形肖水竹叶 **23550**
披针形肖珍珠菜 **374667**
披针形银豆 **32828**
披针形油芦子 **97329**
披针形杂蕊草 **381746**
披针形猪屎豆 **112311**
披针绣球 **199948**
披针盐肤木 **332685**
披针叶阿波禾 **30869**
披针叶阿查拉 45954
披针叶阿氏木 **45954**
披针叶爱伦藜 **8853**
披针叶安匝木 **310767**
披针叶奥萨野牡丹 **276504**
披针叶澳豆 **218700**
披针叶八角 **204544**
披针叶八香木 **268748**
披针叶巴布亚木 **283030**
披针叶菝葜 366414
披针叶白斑瑞香 **293795**
披针叶白蜡 167926
披针叶百部 375349
披针叶百合 230001
披针叶柏那参 59188
披针叶伴帕爵床 **60307**
披针叶苞叶芋 **370344**
披针叶贝壳杉 **10497**
披针叶笔管榕 **165844**
披针叶叉繁缕 374841
披针叶茶梨 **25779**
披针叶车前 302034
披针叶车桑子 **135205**
披针叶柽柳桃金娘 **261002**
披针叶赪桐 **96170**
披针叶翅籽草海桐 **405297**
披针叶刺痒藤 **394171**
披针叶刺椰属 385527
披针叶楤木 **30765**
披针叶脆茜 **317063**
披针叶寸金草 97021
披针叶达尔文菊 **122801**
披针叶大戟 **159213**
披针叶戴克茜 **123515**
披针叶单干木瓜 **405118**
披针叶单裂橄榄 **185409**
披针叶等蕊山榄 **210199**
披针叶吊兰 **88586**
披针叶吊石苣苔 **239971**
披针叶顶毛石南 **6378**
披针叶斗花 **196392**
披针叶豆梨 323124
披针叶毒人参 **365850**
披针叶独蕊 **412152**
披针叶杜英 **142351**
披针叶鹅耳枥 77336
披针叶萼距花 **114609**
披针叶耳冠草海桐 **122104**
披针叶二室金虎尾 **128267**
披针叶繁缕 **374916**,374841
披针叶芳香木 **38621**
披针叶肺形草 398285
披针叶粉菊木 **199632**
披针叶风车草 **97021**
披针叶风毛菊 **348807**,348534
披针叶风筝果 **196834**
披针叶根特紫金牛 **174253**
披针叶钩藤 **401766**,401773
披针叶桂木 **36938**,36937
披针叶海葱 **274672**
披针叶海桐 **301286**
披针叶杭子梢 **70836**
披针叶荷青花 **200759**
披针叶黑弹朴 **80601**
披针叶红楣 25779
披针叶厚喙菊 **138774**
披针叶胡颓子 **142044**
披针叶虎刺 122049
披针叶虎皮楠 **122716**
披针叶花佩菊 **161886**
披针叶环唇兰 **305042**
披针叶黄葛树 165844
披针叶黄花 389540
披针叶黄花木 300677
披针叶黄华 389533,389540
披针叶茴香 204544
披针叶芨芨草 **4144**
披针叶基扭桔梗 **123788**
披针叶吉诺菜 **175850**
披针叶棘豆 **278945**
披针叶蓟 **92112**
披针叶荚蒾 **407906**
披针叶假杜鹃 **48224**
披针叶假小龙南星 **317651**
披针叶简序花 **185723**
披针叶剑木 **278159**
披针叶胶木 **280445**
披针叶节芒草 **36842**
披针叶金鸡纳 **91074**
披针叶金钱豹 70403
披针叶堇菜 **410166**
披针叶旌节花 **373573**
披针叶聚花海桐 **301223**
披针叶卷耳 82808
披针叶军刀豆 **240492**
披针叶阔苞菊 **305104**
披针叶拉穆列当 **220444**
披针叶蓝被草 **115512**
披针叶劳豆 **177782**
披针叶类鹰爪 **126711**
披针叶栎 **324092**
披针叶连蕊茶 **69255**
披针叶柃 **160526**
披针叶琉璃草 117986
披针叶柳叶菜 **146760**
披针叶乱花茜 **26088**
披针叶罗布麻 29492
披针叶螺花树 **372149**
披针叶落地生根 **215106**
披针叶马兰 **215351**
披针叶馒头果 177150
披针叶蔓龙胆 **110306**
披针叶芒毛苣苔 **9442**
披针叶芒石南 **227966**
披针叶毛茛 325571
披针叶毛柃 **160492**
披针叶美洲单毛野牡丹 **257680**
披针叶美洲盖裂桂 **256665**
披针叶米饭花 239398
披针叶密穗花 **322117**
披针叶密钟木 **192627**
披针叶茉莉花 211884
披针叶莫巴豆 **256374**
披针叶木犀 276344
披针叶木犀榄 **270136**
披针叶南亚槲寄生 **175794**
披针叶南洋杉 30835
披针叶南洋参 **310216**
披针叶南烛 **403741**,239398
披针叶楠 **295373**
披针叶囊蕊白花菜 **298000**
披针叶尼克木 **263027**
披针叶潘树 **280835**
披针叶佩松木 **292028**
披针叶蓬莱葛 171451
披针叶皮索尼亚 292028
披针叶瓶蕊南星 **219811**

披针叶坡柳 135205
披针叶婆罗香 **138553**
披针叶槭 3082
披针叶千里光 **360028**
披针叶茜草 **337910**,338040
披针叶青藤 **204631**
披针叶屈曲花 **203216**
披针叶全缘轮叶 **94267**
披针叶荛花 **414201**
披针叶热美蔻 **209020**
披针叶忍冬 235910
披针叶绒子树 **324604**
披针叶肉壁无患子 **347055**
披针叶萨默茜 **368602**
披针叶三丽花 **397487**
披针叶山矾 **381279**,381272
披针叶山桂花 **51033**
披针叶山胡椒 **231379**
披针叶山尖子 283837
披针叶山柳菊 **195716**
披针叶山梅花 **294510**
披针叶蛇舌草 **269878**
披针叶十大功劳 **242575**
披针叶石枣子 **157862**
披针叶柿 **132248**
披针叶鼠李 **328755**
披针叶双齿千屈菜 **133376**
披针叶双扇梅 **129494**
披针叶双饰萝藦 **134977**
披针叶四轭野牡丹 **387954**
披针叶四片芸香 **386979**
披针叶四翼木 **387599**
披针叶溲疏 **127017**
披针叶素馨 **211965**
披针叶酸浆 **297691**
披针叶酸模 **340209**
披针叶算盘子 **177150**
披针叶苔草 **75057**
披针叶檀香 **346212**
披针叶特喜无患子 **392593**
披针叶藤山柳 **95511**
披针叶天仙果 164671
披针叶铁线莲 **95065**
披针叶兔儿风 12661
披针叶兔耳风 12661
披针叶卫矛 **157663**,157561
披针叶猬头菊 **140207**
披针叶乌口树 **384974**
披针叶无心菜 **31997**
披针叶五味子 351066
披针叶五叶参 **289646**
披针叶狭喙兰 **375690**
披针叶腺萼木 **260629**
披针叶香茅 **117199**
披针叶香芸木 **10650**
披针叶小瓠果 **290530**
披针叶小叶朴 80601
披针叶小籽金牛 **383966**
披针叶肖柽柳桃金娘 **261052**
披针叶缬草 **404297**
披针叶蟹甲草 **283837**
披针叶芽冠紫金牛 **284029**
披针叶崖豆藤 66631
披针叶盐肤木 **332686**
披针叶杨 **311142**
披针叶杨梅 **261233**
披针叶野丁香 **226096**
披针叶野决明 **389533**
披针叶野荞麦木 **152203**
披针叶异药莓 **131083**
披针叶银柴 29776
披针叶银灌戟 **32975**
披针叶莠竹 **254025**
披针叶玉簪 198624
披针叶月菊 **292129**
披针叶泽泻 14745
披针叶折舌爵床 **321201**
披针叶砧草 **170269**
披针叶榛 **106731**
披针叶直管草 275761
披针叶皱叶委陵菜 **312352**
披针叶猪屎豆 112307
披针叶柱瓣兰 **146433**
披针叶爪瓣花 **271892**
披针叶紫薇 **219953**
披针叶紫珠 **66844**
披针状苍白花姬 **313914**
披针状荚蒾 **408048**
披针状剑苇莎 **352329**
披针状节茎兰 **269216**
披针状拉菲豆 **325123**
披针状扭柄花 **377920**
披针状千里光 **359263**
披针状球穗苔草 **75650**
披针状双袋兰 **134309**
披针状鸭舌癀舅 **370801**
砒霜子 381341
劈裂洋椿 80020
劈拍草 297712
霹拉子 261601
霹雳 **234934**
霹雳萝芙木 **327050**
霹雳木 309564
霹雳苔草 **75756**
皮埃尔毒鼠子 **128784**
皮埃尔光瓣牛栓藤 **212459**
皮埃尔禾属 **321410**
皮埃尔吉树豆 **175778**
皮埃尔居维叶茜草 **115301**
皮埃尔咖啡 **98984**
皮埃尔木属 **298821**
皮埃尔内雄楝 **145972**
皮埃尔琼楠 **50593**
皮埃尔桃榄 **313392**
皮埃尔五层龙 **342704**
皮埃尔肖紫玉盘 **403614**
皮埃尔血桐 **240305**
皮埃尔鹰爪花 **35044**
皮埃尔指腺金壳果 **121167**
皮埃尔紫金牛 **31559**
皮埃拉婆婆纳 **298807**
皮埃拉婆婆纳属 **298806**
皮埃拉玄参属 298806
皮埃蒙特报春 **314789**
皮埃蒙特大戟 **159538**
皮埃蒙特虎耳草 **349763**
皮巴风 384371
皮瓣草 297643
皮弁草 297645
皮玻掌属 **298816**
皮彻鳞翅草 **225082**
皮彻米努草 **255552**
皮彻鼠尾草 **345308**
皮彻铁线莲 **95243**
皮齿帚灯草属 **226611**
皮刺白花菜 **95608**
皮刺滨篱菊 **78605**
皮刺补骨脂 **319118**
皮刺鹅绒藤 **117338**
皮刺芳香木 **38390**
皮刺费利菊 **163126**
皮刺风车子 **100312**
皮刺甘草 177885
皮刺格鲁棕 **6129**
皮刺狗肝菜 **129221**
皮刺瓜 **114113**
皮刺还阳参 **110716**
皮刺可利果 **96661**
皮刺蓝蓟 **141091**
皮刺芦荟 **16548**
皮刺绿绒蒿 **247104**
皮刺马钱 **378635**
皮刺美冠兰 **156526**
皮刺南洋参 **310170**
皮刺牛舌苣 **191014**
皮刺柿 **132037**
皮刺蒴莲 **7222**
皮刺小金梅草 **202797**
皮刺星果棕 **43373**
皮刺叶悬钩子 338079
皮刺罂粟 **282497**
皮刺帚叶联苞菊 **114439**
皮刺猪屎豆 **111857**
皮撮珍珠 1790
皮达维草 301095
皮达维草属 301092
皮带藤 145899
皮袋香 252979
皮蛋果 **372465**
皮尔布莱特玫红春石南 **149166**
皮尔格苞茅 **201550**
皮尔格布里滕参 **211529**
皮尔格画眉草 **147881**
皮尔格剪股颖 **12247**
皮尔格三芒草 **33971**
皮尔格黍 **282078**
皮尔格羊茅 **164209**
皮尔禾属 **299128**
皮尔斯苣苔 **286779**
皮尔斯苣苔属 **286778**
皮尔斯立金花 **218919**
皮尔斯露子花 **123943**
皮尔斯芦荟番杏 **17450**
皮尔斯日中花 **220639**
皮尔斯舌叶花 **177483**
皮尔斯氏秋海棠 **50147**
皮尔斯天壳草 **98467**
皮尔斯仙花 **395822**
皮尔斯小檗 **52019**
皮尔斯雄黄兰 **111472**
皮尔斯紫波 **28501**
皮尔逊白花丹 **305190**
皮尔逊棒毛萼 **400789**
皮尔逊豹皮花 **373933**
皮尔逊单列木 **257967**
皮尔逊豆属 **286780**
皮尔逊菲利木 **296277**
皮尔逊过江藤 **232514**
皮尔逊虎尾兰 **346126**
皮尔逊虎眼万年青 **274726**
皮尔逊灰毛豆 **386227**
皮尔逊乐母丽 **336018**
皮尔逊立金花 **218918**
皮尔逊裂蕊紫草 **235036**
皮尔逊芦荟 **17131**
皮尔逊马唐 **130693**
皮尔逊密钟木 **192676**
皮尔逊牡荆 **411401**
皮尔逊木蓝 **206365**
皮尔逊欧石南 **149858**
皮尔逊千里光 **359705**
皮尔逊前胡 **292970**
皮尔逊肉珊瑚 **347021**
皮尔逊肉锥花 **102396**
皮尔逊山冠菊 **274129**
皮尔逊十二卷 **186597**
皮尔逊天门冬 **39138**
皮尔逊兔菊木 **236499**
皮尔逊无舌沙紫菀 **227114**
皮尔逊虾疳花 **86571**
皮尔逊香豆木 **306280**
皮尔逊绣球防风 **227685**
皮尔逊旭日菊 **317365**
皮尔逊银石 **32739**
皮尔逊云实 **65050**
皮尔逊针垫菊 **84486**
皮尔逊针翦草 **376994**
皮尔逊止泻萝藦 **416242**

皮尔逊治疝草 **193007**
皮尔逊猪毛菜 **344661**
皮尔逊猪屎豆 **112507**
皮非塔藤属 298830
皮杆条 302684
皮桂 231427
皮果桐 **202268**
皮果棕 202268
皮基尼南星属 **298455**
皮卡德蜡菊 **189767**
皮卡尔茜 **298182**
皮卡尔茜属 **298181**
皮卡蜡菊 **189664**
皮开儿属 301099
皮开尼属 301099
皮康木犀 **298188**
皮康木犀属 **298187**
皮科克日中花 **220638**
皮壳链荚豆 **18262**
皮克特菲利木 **296281**
皮克特光淋菊 **276218**
皮克特欧石南 **149913**
皮克特千里光 **359279**
皮克特穗花菲利木 **296313**
皮克醉鱼草 **61956**
皮孔翅子藤 **235223**
皮孔葱臭木 139658
皮孔樫木 **139658**
皮孔柿 **132253**
皮孔椰属 16201
皮奎菊 300842
皮奎菊属 300840
皮奎属 300840
皮拉茜 **322491**
皮拉茜属 **322490**
皮兰大戟属 **300851**
皮朗斯鼻叶草 **329590**
皮朗斯橙菀 **320724**
皮朗斯酢浆草 **278012**
皮朗斯大戟 **159576**
皮朗斯单珠血草 **130892**
皮朗斯荷马芹 **192762**
皮朗斯蝴蝶玉 **148593**
皮朗斯黄苏玉 **28935**
皮朗斯坚果番杏 **387200**
皮朗斯丽杯角 **198070**
皮朗斯芦荟 **16769**
皮朗斯密钟木 **192679**
皮朗斯魔杖花 **370006**
皮朗斯穆拉远志 **260037**
皮朗斯拟豹皮花 **374051**
皮朗斯欧石南 **149904**
皮朗斯千里光 **359753**
皮朗斯绳草 **328132**
皮朗斯施旺花 **352763**
皮朗斯手玄参 **244843**
皮朗斯双距兰 **133892**
皮朗斯四数莎草 **387683**
皮朗斯唐菖蒲 **176448**
皮朗斯天竺葵 **288434**
皮朗斯铁仔 **261640**
皮朗斯喜阳花 **190328**
皮朗斯盐节木 **36792**
皮朗斯玉牛角 **139166**
皮朗斯鸢尾 **299157**
皮朗斯鸢尾属 **299156**
皮朗斯猪毛菜 **344670**
皮雷禾 **300869**
皮雷禾属 **300868**
皮里肉蛇菰 **346898**
皮蓼 309015
皮溜刺 72351
皮鲁斯黄耆 **42885**
皮罗罗 93641
皮罗塔巴氏锦葵 **286671**
皮罗特大戟 **159590**
皮罗特狼尾草 **289203**
皮罗特芦荟 **17170**
皮罗特千里光 **359762**
皮罗特乳香树 **57534**
皮门茜 **299332**
皮门茜属 **299331**
皮谋石棕 **59103**
皮姆番杏属 **294386**
皮姆梧桐 **299339**
皮姆梧桐属 **299338**
皮内尔兰 **299715**
皮内尔兰属 **299713**
皮那巴豆 **113000**
皮那白粉藤 **92909**
皮那赪桐 **96293**
皮那丹尼尔苏木 **122165**
皮那邓博木 **123712**
皮那杜茎大戟 **241882**
皮那盾盘木 **301567**
皮那仿花苏木 **27771**
皮那非洲萼豆 **25171**
皮那割鸡芒 **202737**
皮那浆果鸭跖草 **280528**
皮那老鸦嘴 **390861**
皮那柳叶箬 **209119**
皮那木瓣树 **415810**
皮那枪木 **139228**
皮那三萼木 **395328**
皮那薯蓣 **131791**
皮那铁青树 **269679**
皮那瓦帕大戟 **401275**
皮那五层龙 **342710**
皮那细线茜 **225771**
皮那肖紫玉盘 **403615**
皮那鸭跖草 **101129**
皮那叶下珠 **296727**
皮涅加早熟禾 **305838**
皮帕十大功劳 **242619**
皮佩金丝桃 **202097**
皮珀飞蓬 **150873**
皮珀野荞麦 **152076**
皮钦查小檗 **52034**
皮钦泽兰 **158258**
皮若斯补血草 **230727**
皮若斯枸杞 **239063**
皮若斯治疝草 **193011**
皮若斯紫菀 **41094**
皮萨尔迪樱桃李 **316300**
皮山黄耆 **42887**
皮山赖草 **228376**
皮山蔗茅 148906
皮哨子 346333,346344
皮氏澳洲千金子 **225994**
皮氏八角 **204574**
皮氏白雪叶 **32506**
皮氏闭花木 **94531**
皮氏滨茜 **48870**
皮氏彩叶凤梨 **264423**
皮氏草 **301095**
皮氏草属 **301092**
皮氏长生草 **358053**
皮氏大沙叶 **286408**
皮氏单柱花 **198216**
皮氏帝王花 **82359**
皮氏杜茎大戟 **241880**
皮氏凤仙花 **205224**
皮氏干戈柱 198216
皮氏革瓣花 **356015**
皮氏菊属 **300840**
皮氏可拉木 **99250**
皮氏老鹳草 **174855**
皮氏马钱 378948
皮氏马先蒿 **287044**
皮氏猫尾木 **245620**
皮氏木属 292417
皮氏南非萝藦 **323525**
皮氏坡垒 198182
皮氏葡萄 411849
皮氏千金藤 **375894**
皮氏千里光 385914
皮氏肉角藜 **346775**
皮氏三冠野牡丹 **398709**
皮氏石斛 124996
皮氏石莲花 **140000**
皮氏黍 **282079**
皮氏铁线莲 95201
皮氏万年青 **11357**
皮氏微花藤 **207369**
皮氏西非南星 **28795**
皮氏小花茜 **286020**
皮氏小盘木 **253421**
皮氏叶下珠 **296684**
皮氏银莲花 **23995**
皮氏鹰爪花 **35043**
皮氏脂麻掌 **171729**
皮氏猪毛菜属 **321944**
皮孙木 81933
皮孙木属 300941
皮孙树 81933
皮索尼亚属 292025
皮他茜属 **301086**
皮塔德二行芥 **133299**
皮塔德苦苣菜 **368791**
皮塔德老鹳草 **174528**
皮塔德琉璃草 **118012**
皮塔德拟漆姑 **370687**
皮塔德狮齿草 **224724**
皮塔德旋花 **103197**
皮塔德早熟禾 **305839**
皮塔金鸡纳 **91085**
皮塔林 **268107**
皮塔林属 **268106**
皮坦番樱桃 156335
皮特楚氏竹 **90633**
皮特拉海神菜 **265501**
皮特拉金合欢 **1484**
皮特拉香茶 **303576**
皮特里澳茄 **138742**
皮特马鞭草 **301194**
皮特马鞭草属 **301193**
皮特蒙特金千里光 **279923**
皮特山柳菊 **195850**
皮香 24213
皮屑金合欢 1348
皮屑娑罗双 362210
皮屑相思树 **1348**
皮屑须芒草 **22787**
皮雄假虎刺 **76946**
皮雄榄 **298460**
皮雄榄属 **298459**
皮亚八仙花 **199980**
皮蚁木属 382704
皮竹 **47177**,304098
皮子黄 67864
皮子药 417170,417340
芘尔贝属 54439
芘苶 13934,243840
芘秧西番莲 **285621**
**枇杷** **151162**
枇杷柴 327226
枇杷柴属 327194
枇杷杜鹃 330452
枇杷寄生 355317,385192
枇杷木 295403
枇杷楠 231385
枇杷润楠 240558
**枇杷属** **151130**
枇杷树 130927,151162,386500
枇杷叶槲 233204
枇杷叶灰木 381412
枇杷叶荚蒾 408089
枇杷叶柯 **233204**

枇杷叶润楠 **240558**
枇杷叶山矾 **381412**
枇杷叶山龙眼 **189944**
枇杷叶珊瑚 **44906**
枇杷叶紫珠 **66829**,66856
枇杷玉 57434
枇杷芋 57434
枇杷紫珠 66829
毗梨勒 386504
毗梨簕 386473
毗黎簕 386473
毗邻苜蓿 **247431**
毗邻雀麦 **60687**
毗邻一枝黄花 **368052**
毗陵茄子 233882,300377
毗尸沙 289684
蚍蜉酒草 178062
啤酒蒿 35090
啤酒花 **199384**
啤酒花黄芩 **355580**
啤酒花属 **199379**
啤酒花菟丝子 **115066**
椑 328680
椑柿 **132142**,132339
琵琶柴 327226
琵琶柴属 327194
琵琶属 151130
琵琶烟 266060
琵琶叶珊瑚 44906
琵琶泽泻 **14721**
脾草 215343
脾寒草 407014,407109
脾麻 334435
脾仔草 215343
蜱麻 334435
匹敌斑鸠菊 **406054**
匹敌车叶草 **39303**
匹敌短冠草 **369186**
匹敌多头玄参 **307580**
匹敌芳香木 **38396**
匹敌菲利木 **296141**
匹敌黄耆 **41922**
匹敌九节 **319396**
匹敌南非仙茅 **371684**
匹敌欧石南 **148981**
匹敌气花兰 **9193**
匹敌三芒草 **33750**
匹敌色罗里阿 361158
匹敌色罗山龙眼 **361158**
匹敌矢车菊 **80909**
匹敌双袋兰 **134283**
匹敌香芸木 **10565**
匹敌纸苞帚灯草 **372995**
匹格森黄金光亮忍冬 **235985**
匹菊 **322669**
匹菊属 **322640**
匹克威克春番红花 **111627**
匹氏凤梨属 301099
匹思答吉 300994
匹索尼亚属 292025
匹他山茶 69494
匹兹隆欧洲常春藤 **187263**
匹兹隆洋常春藤 187263
痦子草 138482
片敷菊 **340655**
片梗爵床属 **146347**
片果远志属 **77571**
片红青 144975
片花莲 234363
片黄芩 355387
片吉 329372
片角草 166329
片莲 146054
片马长蒴苣苔草 **129945**
片马党参 **98393**
片马凤仙花 **205222**
片马蒿 **36568**
片马箭竹 **162638**
片马柳叶菜 146744
片马南星 **33456**
片马山竹 **416772**
片马铁线莲 **95234**
片马獐牙菜 **380313**
片毛囊瓣芹 **320224**
片芩 355387
片参 280799
片髓灯心草 **213165**
片通 387432
片状盾舌萝藦 **39634**
片状冠顶兰 **6184**
片状红光树 **216842**
片状老鸦嘴 **390818**
片状木蓝 **206152**
片状水牛角 **72517**
片子黄芩 355387
偏瓣花 **301667**
偏瓣花属 **301663**
偏侧落芒草 300724
偏翅龙胆 **173770**
偏翅唐松草 **388477**
偏唇菊属 **301634**
偏馥兰 **295961**
偏杆草 234398
偏管豆属 **301710**
偏果豆 **301631**
偏果豆属 **301630**
偏荷枫 125604
偏花斑叶兰 179694
偏花报春 **314936**
偏花布氏菊 **60150**
偏花槐 369116
偏花黄芩 **355800**
偏花孔裂药木 **218084**
偏花马兜铃 **34285**
偏花石斛 **125105**
偏花叶报春 314936
偏花钟报春 314936
偏基苍耳 **415020**
偏基地锦苗 **85766**
偏爵床 **214799**
偏莲 234363
偏鹿蹄草 275486
偏脉耳草 **187634**
偏僻杜鹃欧石南 **149394**
偏僻杜鹃属 **148185**
偏少花蛇鞭菊 **228501**
偏穗草科 **326565**
偏穗草属 **326557**
偏穗臭草 **249090**
偏穗鹅观草 **335389**
偏穗花属 215805
偏穗姜 **301722**
偏穗姜属 **301721**
偏穗披碱草 **144363**
偏穗雀麦 **60977**
偏穗蟋蟀草 **268382**
偏穗蟋蟀草属 **268380**
偏穗竹属 **250745**
偏桃 20890
偏头草 355391,408648
偏头七 242691
偏头七属 270277
偏凸山羊草 **8746**
偏凸竹 **47498**
偏向花 355494
偏斜鼻叶草 **329588**
偏斜补骨脂 **319211**
偏斜灯心草 **213330**
偏斜芳香木 **38681**
偏斜肥根兰 **288628**
偏斜狒狒花 **46095**
偏斜孤挺花 **18889**
偏斜锦香草 **296408**
偏斜九节 **319858**
偏斜美非补骨脂 **276977**
偏斜碎米荠 **72914**
偏斜仙花 **395818**
偏斜小裂兰 **351479**
偏斜淫羊藿 **147071**
偏心柃 160502
偏心毛柃 **160454**
偏心叶柃 **160502**
偏叶榕 165655
偏肿棒毛萼 **400809**
偏肿假杜鹃 **48383**
偏肿假狼紫草 **266627**
偏肿立金花 **218960**
偏肿柳穿鱼 **231167**
偏肿欧石南 **150214**
偏肿曲花 **120610**
偏肿山马茶 **382854**
偏肿肖鸢尾 **258701**
偏肿燕麦 **45618**
偏肿紫波 **28525**
偏竹梁 50669
胼叶榕 165761
胼胝唇禾叶兰 12445
胼胝兰属 **54210**
胼胝体兰 **54211**
胼胝体兰属 54210
楄 346338
漂泊杜鹃 331495
漂泊欧石南 **150201**
漂筏苔草 **75894**
漂浮节节菜 **337342**
漂浮莱德苔草 **223849**
漂浮狸藻 **403176**
漂浮菱 394500
漂浮水毛茛 **48918**
漂浮田皂角 **9538**
漂浮甜茅 177599
漂浮细莞 **210002**
漂浮眼子菜 **312116**
漂浮叶下珠 296565
漂浮玉凤花 **184021**
漂亮风毛菊 **348166**,348695
漂摇草 408423
漂游卫矛 157943
飘带草 63588,63707,63873
飘带兜兰 **282883**
飘带果 **219589**
飘带石豆兰 **62769**
飘带莴苣 219589
飘儿菜 59512
飘拂草 166248
飘拂草属 **166156**
飘拂黄精 194047
飘渺杜鹃 **330522**
飘柔丝蕊豆 **60531**
飘柔丝蕊豆属 **60530**
飘香藤 244327
飘香藤属 244320
飘摇草 408423
瓢 219848
瓢菜 117606
瓢柴 134938
瓢箪木 235970
瓢箪藤 103862
瓢儿菜 59512,154019
瓢儿瓜 117523
瓢儿果 166627
瓢儿花 244471
瓢柑 93323
瓢羹菜 277369
瓢羹树 166627
瓢瓜 219848
瓢瓜木 111104
瓢葫芦 **219856**,219848

瓢花木 6811
瓢里藏珠 1790
瓢里珍珠 1790
瓢瓢藤 117390
瓢子 312550
薸 372300
撇蓝 59541
苤菜 59532,200228
苤菜跌打 191316
苤蓝 59541
贫齿柳叶绣线菊 **372076**
贫齿绣线菊 372076
贫萼红山茶 **69462**
贫乏扁莎 **322314**
贫乏变豆菜 **345949**
贫乏大沙叶 **286404**
贫乏蝶须 **26321**
贫乏风兰 **24714**
贫乏凤仙花 **204898**
贫乏毛茛 **326199**
贫乏毛头菊 **151598**
贫乏泡叶番杏 **138217**
贫乏玉凤花 **183944**
贫乏珍珠茅 **354196**
贫乏紫波 **28500**
贫乏紫茎泽兰 **11169**
贫果木 **248026**
贫果木属 **248025**
贫花鹅观草 **335457**
贫花鹅掌柴 **350758**
贫花厚壳桂 **113442**
贫花花葱 **307235**
贫花瘤蕊紫金牛 **271081**
贫花三毛草 **398514**
贫花苔草 **75588**
贫花腰骨藤 **203333**
贫花珍珠茅 **354189**
贫瘠斗篷草 **14013**
贫角金鱼藻 83573
贫脉海桐 **301350**
贫芒羊茅 **164322**
贫人果 279732
贫弱本氏兰 **51109**
贫弱葱 **15371**
贫弱恩氏寄生 **145591**
贫弱二型花 **128502**
贫弱芳香木 **38595**
贫弱狗尾草 **361937**
贫弱画眉草 **147788**
贫弱黄耆 **42731**
贫弱灰毛滨藜 **44343**
贫弱鸡脚参 **275725**
贫弱基氏婆婆纳 **216279**
贫弱柳 **343648**
贫弱龙船花 **211127**
贫弱芦莉草 **339766**
贫弱鸟足兰 **347831**
贫弱欧石南 **149708**
贫弱枪刀药 **202578**
贫弱三芒草 **33896**
贫弱绳草 **328099**
贫弱瘦片菊 **153611**
贫弱苔草 **74446**
贫弱细莞 **210015**
贫弱腺叶藤 **376528**
贫弱香茶 **303506**
贫弱尤利菊 **160811**
贫弱舟叶花 **340791**
贫雄大戟属 **286041**
贫叶早熟禾 **305360**
贫雨芥 **167206**
贫雨芥属 **167205**
贫育雀麦 60985
贫育早熟禾 **306027**
贫子水苦荬 407259
频婆 243675
频婆果 376144
品川萩 249232
品红宝石荷兰菊 **40937**
品红柽柳 **383598**
品红金露梅 **312589**
品红挪威槭 **3440**
品红紫葳 **295970**
品红紫葳属 **295968**
品蓝大叶醉鱼草 62024
品蓝锐尖北美云杉 **298413**
品蓝香科状婆婆纳 **407020**
品萍 **224396**
品仙果 164763
品藻 224396
品紫黄栌 107306
品字草 126651
品字梅 **316581**,34448
乒乓抛藤 165515
乒乓藤 165515
平坝凤仙花 **204973**
平坝马先蒿 **287230**
平坝槭 **3598**
平坝铁线莲 **94840**
平坝通泉草 **246970**
平瓣报春 314815
平瓣护卫豆 **14561**
平瓣嘉兰 **177247**
平瓣兰 **197803**
平瓣兰属 **197801**
平瓣芹 **287879**
平瓣芹属 **287878**
平苞川木香 **135734**
平贝 168612
平贝母 **168612**
平扁黄芪 42290
平扁黄耆 **42290**
平柄菝葜 194120
平波 243675
平布藤 411590
平昌锥 **79003**
平车前 **301952**
平翅槭 **3764**
平翅三角枫 2816
平翅三角槭 **2816**
平床兰属 **302740**
平当树 **283307**
平当树属 **283304**
平德斯委陵菜 **312889**
平等欧洲小叶椴 **391693**
平迪利克小檗 **52036**
平地黄宛 385903
平地姜饼木 **284199**
平地木 31396,31477
平地婆婆纳 407014
平顶侧花紫菀 **40713**
平顶蝶须 **26375**
平顶桂花 **276277**
平顶金合欢 **1026**
平顶金莲木 **294397**
平顶金莲木属 **294395**
平顶栎 323874
平顶绒毛蓼 152056
平豆 **301758**
平豆属 **301756**
平盾番杏属 **303022**
平萼桃金娘属 **197734**
平萼乌饭 **404026**
平伐菝葜 **366521**
平伐车前 400887
平伐重楼 **284405**,284358
平伐粗筒苣苔 **60282**
平伐含笑 **252838**
平伐清风藤 **341497**
平伐荛花 **414277**
平伐山矾 **381364**
平伐娃儿藤 400887
平伏埃及画眉草 **147476**
平伏滨藜 **44576**
平伏等瓣两极孔草 **181053**
平伏凤仙花 **205023**
平伏海神木 **315824**
平伏焯菜 **336209**
平伏茎白花菜 95781
平伏决明 **78328**
平伏麻疯树 **212156**
平伏木蓝 **206104**
平伏欧石南 **149563**
平伏枪刀药 **202563**
平伏染料木 **172984**
平伏热非羊蹄甲 **401007**
平伏热非野牡丹 **20508**
平伏水苏 **373250**
平伏松石南 **43454**
平伏粟麦草 **230137**
平伏委陵菜 **312669**
平伏一点红 **144929**
平伏远志 **308115**
平伏泽菊 **91169**
平伏猪毛菜 **344568**
平盖刺头菊 **108370**
平肝薯 114838
平梗肋隔芥 **304678**
平谷铁线莲 **95240**
平冠大果柏木 **114729**
平冠合欢 **13569**
平冠落基山圆柏 **213925**
平棍子 238329
平果 243675
平果金花茶 **69491**
平果金苏木 **216446**
平果菊属 **196467**
平果菊状平菊木 **351230**
平果芹 **197743**
平果芹属 **197738**
平果鼠麹草属 224160
平果庭荠 **18396**
平和冬青 **204173**
平核草 **26173**
平核草属 **26172**
平核冬青 **203788**
平花海神木 **315823**
平花苦瓜掌 **140042**
平花青锁龙 **109275**
平花猪毛菜 **344520**
平滑矮人芥 **244311**
平滑八角 **204545**
平滑菝葜 **366308**
平滑白布里滕参 **211487**
平滑白柳安 **362224**
平滑百里香状互叶半日花 **168951**
平滑柏木 114695
平滑瓣鳞花 167802
平滑苞叶芋 **370341**
平滑杯苞菊 **310030**
平滑杯冠藤 **117552**
平滑贝伦特玄参 **52494**
平滑藨草 **353516**
平滑柄鳞菊 **306573**
平滑彩叶凤梨 **264418**
平滑长柄花草 **26931**
平滑长脚兰 90714
平滑长足兰 **90714**
平滑车叶草 **39370**
平滑柽柳桃金娘 **261001**
平滑齿瓣兰 **269074**
平滑赤箭莎 **352399**
平滑粗壮黏蓼 **291998**
平滑酢浆草 **277936**
平滑大花田菁 **361403**
平滑大青 313666
平滑大头斑鸠菊 **227148**

平滑丹尼尔苏木 **122157**
平滑丹氏梧桐 **135878**
平滑蒂特曼木 **392491**
平滑钓钟柳 **289358**
平滑豆腐柴 **313666**
平滑毒夹竹桃 4959
平滑多花蓼 **340514**
平滑多坦草 **136614**
平滑多叶斑叶兰 **179613**
平滑发草 **126061**
平滑番红花 **111551**
平滑繁柱西番莲 **366101**
平滑菲利木 **296242**
平滑菲奇莎 **164545**
平滑丰花草 **57329**
平滑风车子 **100526**
平滑蜂斗菜 **292379**
平滑弓果藤 **393534**
平滑钩藤 401765
平滑鬼针草 **53976**
平滑果鹤虱 **221759**
平滑果巨盘木 **166978**
平滑果类药芸香 **155258**
平滑果铁苏木 **29957**
平滑海神木 **315843**
平滑寒丁子 **57953**
平滑厚壳桂 113441
平滑虎耳草 **349533**
平滑灰毛菊 **31239**
平滑火焰树 **370370**
平滑姬小松 **300138**
平滑积雪草 **81608**
平滑荚蒾 **408081**
平滑假马鞭 **373509**
平滑假毛地黄 **10146**,45173
平滑假牛筋树 **317864**
平滑尖药木 **4959**
平滑渐尖穗荸荠 **143056**
平滑角果藻 **417048**
平滑角裂棕 **83521**
平滑杰勒草 10146
平滑金果椰 **139361**
平滑金虎尾 243526
平滑金丝桃 **202115**
平滑决明 78301
平滑卡拉卡 106945
平滑卡竹桃 **77666**
平滑苦荬菜 210543
平滑老鸦嘴 **390817**
平滑类毛地黄 **45173**
平滑良毛芸香 **155843**
平滑裂口花 **379944**
平滑林投露兜 **281092**
平滑鳞叶树 **61330**
平滑柳 **343931**,343590
平滑柳叶菜 **146846**
平滑楼梯草 315476
平滑芦荟 **16947**
平滑鹿芹 **84360**
平滑马利埃木 **245669**
平滑毛百合 **122905**
平滑毛核木 380738
平滑毛药树 179991
平滑美登木 **246867**
平滑米尔顿兰 **254933**
平滑米兰 11295
平滑米氏桔梗 **252799**
平滑米仔兰 **11295**
平滑绵枣兰 **85710**
平滑木槿 **194955**
平滑牧豆树 **315565**
平滑内贝树 **262989**
平滑南芥 **30332**
平滑南美楝 **64509**
平滑南美洲楝 64509
平滑南蛇藤 **80342**
平滑扭果花 **377755**
平滑欧石南 **149629**
平滑偶雏菊 **56705**
平滑潘树 **280834**
平滑佩松木 **292029**
平滑披碱草 **144185**
平滑皮索尼亚 292029
平滑苹婆 **376128**
平滑漆籽藤 **218798**
平滑千里光 **359256**
平滑茜草 **337973**
平滑琼楠 50543
平滑球心樟 **12763**
平滑曲管桔梗 **365167**
平滑全缘叶松香草 **364288**
平滑雀稗 **285456**
平滑冉布檀 **14368**
平滑热美茶茱萸 **66230**
平滑榕 165225
平滑赛金莲木 **70734**
平滑三角果 **397299**
平滑三指红光树 **216908**
平滑莎草 **119073**
平滑山黧豆 222748
平滑山蚂蝗 **126417**
平滑山油柑 **6240**
平滑山楂 **109790**
平滑蛇鞭菊 **228483**
平滑蛇根草 **272236**
平滑柿 **132247**
平滑黍 **282209**
平滑刷柱草 **21784**
平滑双饰萝藦 **134976**
平滑双星番杏 **20533**
平滑水匙草 **200446**
平滑水蓑衣 **200621**
平滑四雄禾 **387710**
平滑菘蓝 **209204**
平滑唐棣 **19276**
平滑葶苈 **136985**
平滑突果菀 **182827**
平滑洼瓣花 **234219**
平滑网茅 370156
平滑无被麻 **294342**
平滑细叶脂麻掌 **171620**
平滑狭穗草 **375745**
平滑狭叶越橘 **403718**
平滑相思子 **756**
平滑小檗 **51856**
平滑小金合欢 **1728**
平滑小籽金牛 **383965**
平滑肖地中海发草 **256594**
平滑星刺菊 **81833**
平滑玄参 **355155**
平滑鸭舌癀舅 **370799**
平滑崖爬藤 **387795**
平滑盐肤木 **332680**
平滑洋地黄 **130368**
平滑叶八角 204545
平滑叶赪桐 **96169**
平滑叶松 300033
平滑叶娑罗双 **362209**
平滑异翅香 **25610**
平滑异果鹤虱 **193741**
平滑银灌戟 **32974**
平滑于维尔无患子 **403065**
平滑玉簪刺子莞 **333587**
平滑泽兰 **158190**
平滑毡毛美洲茶 **79979**
平滑獐毛 8860
平滑獐茅 **8860**
平滑沼草 **230238**
平滑枝黄芪 42598
平滑枝黄耆 **42598**
平滑枝寄生 **93961**
平滑指腺金壳果 **121159**
平滑轴阿拉伯胶树 **1576**
平滑猪屎豆 **112305**
平滑柱蕊紫金牛 **379189**
平滑籽紫金龙 **121206**
平滑紫花鼠麹木 **21874**
平滑紫茉莉 **255713**
平滑紫纹鼠麹木 **269261**
平喙苔草 **76605**
平基槭 3714
平基悬铃果 **207346**
平基伊奥奇罗木 207346
平基紫珠 **66742**
平夹大丽花 **121553**
平荚木属 239533
平江小檗 52320
平角滨藜 **44636**
平角老虎兰 **373699**
平节荻 **394939**
平截阿斯草 **39847**
平截扁担杆 **181003**
平截滨藜 **44680**
平截彩花 **2297**
平截茶竿竹 318347
平截茶秆竹 **318347**
平截长柄花草 **26938**
平截赪桐 **96371**
平截赤宝花 **390030**
平截葱叶兰 **254237**
平截酢酱草 **278129**
平截大戟 **158654**
平截蝶唇兰 **319372**
平截独活 **192393**
平截短节大戟 **158572**
平截芳香木 **38852**
平截菲奇莎 **164601**
平截谷精草 **151533**
平截蔊菜 **336190**
平截画眉草 **148024**
平截姬旋花 **250849**
平截吉灌玄参 **175556**
平截剪股颖 **12399**
平截锦鸡尾 **186361**
平截蜡菊 **189871**
平截雷诺木 **328327**
平截龙舌兰 **10921**
平截麻雀木 **285600**
平截没药 **101581**
平截苜蓿 **247493**
平截欧石南 **150171**
平截千里光 **358163**
平截球百合 **62461**
平截日中花 **220691**
平截沙扎尔茜 **86326**
平截纹茄 **180148**
平截锡生藤 **92577**
平截腺萼菊 **68295**
平截香芸木 **10558**
平截小斑三齿萝藦 **396730**
平截肖阿拉树 **290788**
平截野荞麦 **152546**
平截叶覆草 **297525**
平截异尖荚豆 **263369**
平截藺草 **293765**
平截疣石蒜 **378543**
平截玉凤花 **184152**
平截针垫花 **228114**
平截枝端花 **397687**
平截钟萼鼠尾草 **344928**
平截舟叶花 **340930**
平截紫波 **28519**
平芥 **301819**
平芥属 **301818**
平堇菜 **410645**
平茎蓝星花 **33687**
平井氏接骨木 **345671**
平菊木属 **351219**

平菊木旋覆菊 **207278**
平口花鞘蕊 **367908**
平口花属 **302624**
平利柳 **343892**
平柳 320377
平龙胆 **173395**
平虑草 272856
平马米木 243462
平脉椆 116122
平脉狗牙花 **382822**,154192
平脉柃 **160435**
平脉青冈 **116204**
平脉藤 **25937**
平脉腺虎耳草 **349683**
平芒水蜈蚣 **218608**
平南冬青 **204174**
平南胡颓子 **142150**
平南香 239640
平泡叶番杏 **138245**
平铺安龙花 **139487**
平铺澳非萝藦 **326775**
平铺白芥 **364604**
平铺白珠 **172135**
平铺白珠树 172135
平铺百簕花 **55401**
平铺百蕊草 **389825**
平铺拜卧豆 **227080**
平铺萹蓄 **308860**
平铺彩花 **2274**
平铺大戟 **159629**
平铺杜鹃 **235283**
平铺杜鹃属 **235279**
平铺芳香木 **38422**
平铺凤尾葵 **139405**
平铺画眉草 **147912**
平铺黄细心 **56469**
平铺假短冠草 **318466**
平铺莱德大戟 **224144**
平铺蓝花参 **412810**
平铺肋毛菊 **285202**
平铺龙王角 **199056**
平铺绿洲茜 **410856**
平铺罗顿豆 **237400**
平铺麦瓶草 **363926**
平铺蔓菁 **59573**
平铺美登木 **246910**
平铺密钟木 **192682**
平铺木蓝 **206430**
平铺苜蓿 **247438**
平铺南非葵 **25430**
平铺漆姑草 342279
平铺髯毛山蚂蝗 **126261**
平铺日中花 **220650**
平铺山蚂蝗 **126547**
平铺甜菜 **53243**
平铺委陵菜 312357
平铺五异茜 **289599**
平铺小黄管 **356148**
平铺小叶番杏 **169994**
平铺小伊藤氏蝇子草 **363627**
平铺绣球防风 **227691**
平铺悬钩子 **339103**
平铺异荣耀木 **134695**
平铺翼果大戟 **320491**
平铺圆柏 **213785**
平铺珍珠菜 **239794**
平铺珍珠茅 **354202**
平铺直玄参 **29936**
平铺猪屎豆 **112559**
平球羊耳蒜 **232287**
平蕊罂粟 302964
平蕊罂粟属 302961
平三萼木 **395168**
平伞芹 **197805**
平伞芹属 **197804**
平山白前 **117654**
平氏厚皮香 **386727**
平氏蓟 **92011**
平世悬钩子 **338062**
平酸浆 **297642**
平台欧洲云杉 **298212**
平台千里光 **360175**
平塘榕 **165800**
平条子 195269
平头椆 233382
平头谷精草 151532
平头合欢 13476
平头柯 **233382**
平头螺叶瘦片菊 **127181**
平头石栎 233382
平头细辛 88276,88284
平头盐鼠麹 **24542**
平头紫菀 **41448**
平托桂 **91443**
平托蒺藜 **299779**
平托蒺藜属 **299778**
平托菊 **99879**
平托菊属 **99878**
平托亮泽兰 **39849**
平托亮泽兰属 **39848**
平托鼠麹草 **175625**
平托鼠麹草属 **175623**
平托田基黄属 **180346**
平箨竹 **47492**
平卧白塔花 **347598**
平卧白心卷舌菊 **380879**
平卧白珠 **172136**
平卧白珠树 172136
平卧百蕊草 **389826**
平卧柏枝花 **161898**
平卧拜卧豆 **227081**
平卧北美乔松 **300217**
平卧糙草 39299
平卧叉毛蓬 **292723**
平卧长轴杜鹃 **331137**
平卧车叶草 **39399**
平卧刺芹 **154338**
平卧刺痒藤 **394197**
平卧大果假虎刺 **76932**
平卧大戟 **159632**
平卧倒挂金钟 **168781**
平卧稻花 299313
平卧斗篷草 **14156**
平卧杜鹃 **331551**
平卧萼距花 **114618**
平卧芳香木 **38736**
平卧肥皂草 **346438**
平卧风毛菊 348674
平卧凤仙花 205252
平卧福莱胶枞 378
平卧福禄考 **295240**
平卧福氏胶枞 378
平卧福氏冷杉 **378**
平卧甘草 **177937**
平卧哈克 184629
平卧哈克木 **184629**
平卧葶菜 **336265**
平卧胡枝子 **226936**
平卧壶花荚蒾 **408199**
平卧琥珀树 **27886**
平卧黄芩 **355698**
平卧鸡头薯 **152923**
平卧棘豆 **279087**
平卧加拿大铁杉 **399870**
平卧假金雀儿 **85403**
平卧假马齿苋 **46366**
平卧假木贼 **21056**
平卧假塞拉玄参 **318417**
平卧碱蓬 **379584**
平卧胶草 181110
平卧胶菀 **181110**
平卧金黎巴嫩雪松 **80101**
平卧金丝桃 **201718**
平卧荆芥 **265071**
平卧菊三七 **183122**
平卧爵床 337238
平卧空地野荞麦 **151833**
平卧苦荬菜 283397
平卧蓝花参 **412811**
平卧老鸦嘴 **390856**
平卧类马蓝 **378256**
平卧藜 **87058**
平卧蓼 **309836**
平卧铃花 **266475**
平卧芦莉草 **339792**
平卧驴喜豆 **271272**
平卧罗顿豆 **237402**
平卧落花生 **30499**
平卧马鞭草 **405875**
平卧芒柄花 **271474**
平卧梅蓝 **248876**
平卧美洲茶 **79966**
平卧迷迭香 **337190**
平卧木菊 **129437**
平卧木紫草 **233444**
平卧南非桔梗 **335605**
平卧南非葵 **25428**
平卧南鹃 **291371**
平卧拟辛酸木 **138011**
平卧扭果花 **377801**
平卧怒江杜鹃 **331722**
平卧欧洲刺柏 **213714**
平卧欧洲云杉 **298207**
平卧婆婆纳 **407299**
平卧千里光 **359803**
平卧茄 **367222**
平卧球花 177044
平卧曲唇兰 **282413**
平卧忍冬 **236045**
平卧日本薄荷 **250382**
平卧润肺草 **58923**
平卧塞拉玄参 **357638**
平卧赛金盏 **31169**
平卧三七草 183122
平卧山芝麻 **190109**
平卧珊瑚豌豆 **215982**
平卧绶草 **374820**
平卧梳齿菊 **286899**
平卧鼠李 **328833**
平卧鼠麹草 **178463**
平卧鼠尾草 **345280**
平卧鼠尾草叶岩蔷薇 **93203**
平卧酸脚杆 **247608**
平卧太白杜鹃 331915
平卧天门冬 **39124**
平卧土三七 183122
平卧网萼木 **172871**
平卧无舌黄菀 **209577**
平卧细线茜 **225770**
平卧香茶 **303596**
平卧香科 **388087**
平卧小金梅草 **202885**
平卧小鹿藿 **333330**
平卧小叶番杏 **169995**
平卧肖荣耀木 **194297**
平卧秀菊木 **157187**
平卧绣线菊 **372049**
平卧旋花 **103204**
平卧鸭舌癀舅 **370829**
平卧盐角草 **342889**
平卧燕麦 **45554**
平卧羊耳蒜 **232118**
平卧叶下珠 **296719**
平卧樱 **316710**
平卧樱桃 **83285**
平卧硬皮豆 **241434**
平卧尤利菊 **160860**
平卧针垫花 **228097**

平卧轴藜 **45856**
平卧帚鼠麹 **377240**
平卧皱叶黄杨 **64341**
平卧紫波 **28507**
平卧紫草 233434
平武贝母 168563
平武水青冈 **162366**
平武溲疏 **126998**
平武藤山柳 **95534**
平武小檗 **52040**
平武紫堇 **106273**
平行侧脉柳 **343832**
平行弓蕊灌 **134188**
平行弓蕊灌属 **134187**
平行脉苔草 **75697**
平行脉异木患 **16125**
平行叶芦荟 **17120**
平阳厚壳桂 113437
平阳柳 320377
平叶斗篷草 **14101**
平叶芳香木 **38386**
平叶狒狒花 **46104**
平叶景天 **357026**
平叶莲花掌 **9072**
平叶留兰香 **250378**
平叶毛花剪股颖 **12093**
平叶密花树 **261621**
平叶欧石南 **149914**
平叶莎草 **119384**
平叶山龙眼 **407592**
平叶山龙眼属 **407589**
平叶饰冠延叶菊 **265972**
平叶鼠麹木 **221023**
平叶鼠麹木属 **221022**
平叶属 275576
平叶酸藤子 **144817**
平叶香芸木 **10690**
平叶鸢尾 **208758**,208672
平叶樟 91381
平叶棕 198808
平颖柳叶箬 **209133**
平原斑鸠菊 **406195**
平原藨草 **353276**
平原橙粉苣 **253917**
平原酢浆草 **277718**
平原堆心菊 **188413**
平原飞蓬 **150782**
平原堇菜 **410745**
平原卷舌菊 **380845**
平原马钱 **378668**
平原拟漆姑 **370689**
平原茜 **48898**
平原茜属 **48895**
平原萨巴特龙胆 **341440**
平原三角车 **334599**
平原丝兰 **416569**
平原菟丝子 114986
平原西风芹 **361472**
平原银豆 **32793**
平展白骨城 **385879**
平展芳香木 **38586**
平展菲利木 **296284**
平展狒狒花 **46065**
平展黄麻 **104079**
平展角茴香 **201622**
平展麻疯树 **212155**
平展马唐 **130598**
平展毛子草 **153206**
平展欧洲水青冈 **162412**
平展疱茜 **319961**
平展脐景天 **401692**
平展石豆兰 **62783**
平展苔草 **75826**
平展叶相思树 1292
平遮那灰木 381235
平遮那山矾 381235
平榛 106736
平枝刺李 **76912**
平枝古柯 **155102**
平枝灰栒子 107486
平枝灰叶美洲茶 **79938**
平枝铺地蜈蚣 107486
平枝榕 **165498**
平枝望春玉兰 **242008**
平枝栒子 **107486**
平枝圆柏 213785
平塚胡枝子 **226851**
平舟大戟 **316055**
平舟大戟属 **316053**
平舟木 185263
平竹 **87555**
平竹茹 297373
平柱菊 **384877**
平柱菊属 **384874**
坪林秋海棠 **50165**
坪山柚 **93584**
苹 21596,372300
苹果 **243675**,243667,243711
苹果桉 155507
苹果独蕊 **412155**
苹果花佛州四照花 **105024**
苹果花荷兰菊 **40924**
苹果花扫帚叶澳洲茶 **226482**
苹果花山茶 69348
苹果花溲疏 **127011**
苹果蒺藜属 **249622**
苹果科 **242848**
苹果萝藦属 **249264**
苹果毛蔷薇 **337006**
苹果木 155589
苹果婆婆纳 **249757**
苹果婆婆纳属 **249756**
苹果蔷薇 **336286**,337006
苹果榕 **165398**
苹果属 **243543**
苹果穗石豆兰 **62905**
苹果仙人掌 **272873**
苹果腺托囊萼花 **323425**
苹果香天竺葵 288396
苹果形榅桲 **116547**
苹果叶扁蒴藤 **315365**
苹果叶厚皮树 **221177**
苹果叶荚蒾 **407765**
苹果叶柳 **343664**
苹果叶美果使君子 **67951**
苹蒿 35308
苹兰属 **299598**
苹婆 **376144**,376130
苹婆果 376144
苹婆猴欢喜 366078
苹婆槭 **3641**
苹婆属 **376063**
苹婆叶猴欢喜 **366078**
苹婆叶木槿 **195245**
苹叶短喉木 **58469**
屏边白珠 **172104**
屏边半蒴苣苔 **191380**
屏边草珊瑚 **346535**
屏边叉柱兰 **86715**
屏边杜鹃 **331492**
屏边杜英 **142393**
屏边鹅掌柴 **350763**
屏边桂 **91407**
屏边孩儿草 **340369**
屏边含笑 **252925**
屏边核果茶 **322609**
屏边红豆 **274427**
屏边厚壳树 **141690**
屏边胡椒 **300481**
屏边黄芩 **355680**
屏边金线兰 **25995**
屏边开口箭 **400406**
屏边栲 79000
屏边柯 **233285**
屏边连蕊茶 69724
屏边柃 **160621**
屏边毛柄槭 **3488**
屏边木瓜红 **327411**
屏边南五味子 214968,214969
屏边南星 **33458**
屏边苹婆 **376158**
屏边坡垒 **198183**
屏边青冈 **116178**
屏边秋海棠 **50374**
屏边三七 **280814**
屏边莎草 **118759**
屏边山茶 **69075**
屏边山柑 **71774**
屏边鳝藤 **25932**
屏边蛇根草 **272279**
屏边省藤 **65818**
屏边石笔木 322609
屏边石栎 233285
屏边双蝴蝶 **398292**
屏边水锦树 **413811**
屏边水玉簪 **63991**
屏边藤三七雪胆 191955
屏边兔儿风 **12703**
屏边蚊母树 **134942**
屏边五月茶 28313
屏边小檗 **52037**
屏边新木姜子 **264084**
屏边秀柱花 161022
屏边雪胆 **191955**
屏边沿阶草 **272121**,272153
屏边杨桐 **8267**
屏边异叶苣苔 **414004**
屏边油果樟 **381798**
屏边玉叶金花 **260480**
屏边锥 **79000**
屏滇丁香 238106
屏东豆兰 62999
屏东花椒 **417372**
屏东假蛇尾草 **193992**
屏东见风红 231594
屏东络石 **393669**
屏东木姜子 **233832**
屏东木蓝 **205764**
屏东桑草 **221568**
屏东石豆兰 **62999**
屏东铁苋 1775
屏东铁苋菜 **1775**
屏东铁线莲 **94708**
屏东鸭嘴草 **209251**
屏东猪屎豆 **112671**
屏风 59148,346448
屏风草 355641
屏南少穗竹 **270429**
屏南唐竹 **364653**
屏山小檗 **52039**
屏山紫珠 **66899**
苹 226742
瓶大麦 **198314**
瓶胆蕉 260208
瓶儿草 276098,276135
瓶儿花 84409
瓶儿蜈蚣草 257542
瓶尔小草朱兰 306883
瓶干树属 279666
瓶果菊 **219889**
瓶果菊属 **219887**
瓶果莎属 **219872**
瓶核山矾 **381117**,381450
瓶壶卷瓣兰 62806
瓶花风铃草 **70370**
瓶花木 **355909**
瓶花木属 **355908**
瓶花蓬 **219817**

瓶花蓬属 **219814**
瓶颈猪笼草 264832
瓶橘 **93695**
瓶兰花 **132051**
瓶兰属 **373653**
瓶榈属 100027
瓶毛菊 **219870**
瓶毛菊属 **219869**
瓶毛菀 **219891**
瓶毛菀属 **219890**
瓶木属 **58334**
瓶匏 142152
瓶千里光 **359968**
瓶蕊南星 **219813**
瓶蕊南星属 **219810**
瓶实菊 **37803**
瓶实菊属 **37802**
瓶树 58348
瓶刷树 67291
瓶刷树属 **49347**,67248
瓶头草 **219900**,219898,219901
瓶头草属 **219892**
瓶头菊属 219892
瓶形风兰 **24702**
瓶形囊鳞莎草 **38212**
瓶形欧石南 **149006**
瓶形西澳兰 **118149**
瓶状大麦 198314
瓶状棘豆 **278705**
瓶状叶美洲茶 **79908**
瓶状猪屎豆 **112789**
瓶子草 **347156**
瓶子草科 **347166**
瓶子草属 **347144**
瓶子花 **84413**,84425,132051
瓶子木 376102
瓶子木属 58334
瓶子刷树 67291
瓶子刷树属 67248
瓶子帚灯草属 **38353**
瓶紫堇 105721
瓶棕 **100028**
瓶棕属 **100027**,119963
萍 372300
萍柴 134938
萍蓬草 **267320**,267286,267287,301025
萍蓬草科 **267337**
萍蓬草属 **267274**
萍蓬莲 267320
萍蓬莲属 267274
萍蓬属 267274
萍婆 376144
萍沙 414653
萍叶细辛属 38307
萍子草 372300
坡艾草 55754
坡白草 307927,308081
坡饼 61766
坡达开菊 306223
坡达开菊属 306222
坡地匍匐欧洲赤松 **300232**
坡非楠 **295400**
坡勒仙人掌 288616
坡垒 **198176**,198140,198157
坡垒木 198157
坡垒属 **198126**
坡莲藕 66648
坡柳 **343744**,135215
坡柳属 135192
坡露 19418
坡麻 190103
坡片公 190094
坡片麻 190105
坡参 183801
坡氏肠须草 **146010**
坡梯草属 **290158**
坡油甘 **366698**
坡油甘属 **366632**
坡油麻 190094,190103
坡芋 401156
坡曾 233365
坡芝麻 190106
坡锥 78947,78959
泼盘 338516
泼氏翠雀花 **124502**
颇薐 371713
颇氏天门冬 **39155**
婆波西洋蔷薇 336481
婆补丁 384681
婆淡树 20890
婆妇草 375343,375351
婆固脂 114427
婆姐花 221238
婆锯簕 281138
婆罗 36920
婆罗刺 **57231**
婆罗刺属 **57228**
婆罗得 386504
婆罗勒 386504
婆罗门参 **394333**,114838,394327
婆罗门参属 **394257**
婆罗门皂荚 78300
婆罗树 165841
婆罗香 **138548**
婆罗香属 **138547**
婆罗秀榄属 313217
婆罗秀樟 **313218**
婆罗秀樟属 **313217**
婆罗州贝母兰 **98615**
婆罗州沉香 **29974**
婆罗州大风子科 355966
婆罗州大花草 **325064**
婆罗洲夹竹桃木 139274
婆罗洲蒙蒿子 **21851**
婆罗洲漆木 **248529**
婆罗洲茜 **238124**
婆罗洲茜属 **238123**
婆罗洲染木树 **346472**
婆罗洲蒜果木 **354728**
婆罗洲藤竹 **131287**
婆罗洲卫矛属 346522
婆罗洲仙茅 **114816**
婆罗洲竹桃木 **139274**
婆那娑 36920
婆劈树 301147
婆婆丁 384473,384681
婆婆丁花 302034
婆婆丁花孛孛丁菜 384714
婆婆蒿 36232
婆婆纳 **407109**
婆婆纳科 **407445**
婆婆纳属 **406966**
婆婆纳叶布氏菊 **60154**
婆婆纳叶鹅参 **116513**
婆婆纳叶冷水花 **299083**
婆婆纳叶密钟木 **192736**
婆婆纳叶双距花 **128109**
婆婆纳叶天竺葵 **288405**
婆婆纳叶五异茜 **289615**
婆婆奶 327435
婆婆妮 327435
婆婆酸 239266
婆婆头 338300,338985
婆婆衣 117523
婆婆针 **53797**,53801,54048
婆婆针袋儿 252514
婆婆针托儿 252514
婆婆针线包 117523,245845,252514,261388,363235,400945
婆婆指甲菜 82849
婆婆指甲草 82758,82849
婆绒草 78012
婆绒花 78012
蔢荷 250370
鄱阳茨藻 **262101**
皤蒿 36286
迫颈草 383009
迫隆红枝小檗 51593
珀迪贝母 **168541**
珀迪布罗地 **60519**
珀蒂草 **292482**
珀蒂草属 **292480**
珀蒂茜 **292484**
珀蒂茜属 **292483**
珀尔禾属 321410
珀高豆 **306773**
珀高豆属 **306771**
珀金斯密穗花 **322136**
珀金斯异荣耀木 **134685**
珀菊 **18966**,18983
珀菊属 **18946**
珀菊状落刺菊 **244724**
珀林桉 155691
珀涅罗珀蔷薇 **336302**
珀什毛茛 **326269**
珀什拟芫 **352252**
珀什蔷薇属 **321878**
珀什双果雀稗 **20584**
珀什一枝黄花 **368338**
珀氏轭瓣兰 **418574**
珀氏卡特兰 **79570**
珀西·兰开斯特扶桑 **195167**
珀西花边宽裂风铃草 **70122**
珀希鼠李 328838
破篾黄竹 **47234**
破布 165370,366077
破布艾 103446
破布草 117986,373274
破布勒 402267
破布木 **104175**,253385
破布木科 **104272**
破布木属 **104147**
破布树 253385
破布树科 104272
破布乌 104218,141629
破布叶 **253385**,368073
破布叶属 **253361**
破布粘 4259,117986
破布子 104175,104203,104218,141629,275403
破布子属 104147
破风藤 211884
破斧木 **323563**
破斧木属 **323561**,350973
破骨风 174501,176824,197223,211884,235798
破骨七 5574
破骨藤 211884
破故纸 114427,275403
破故子 104218,114427
破果子 104218
破花絮草 82758
破坏草 **101955**,11153
破坏草属 **101949**,11152
破金钱 176839
破旧草 24024
破凉伞 239773,332509
破裂叶榕 165035
破罗子 344947
破锣子 344947
破落子 344947
破帽草 370847
破帽花 370847
破门 329372
破牛膝 24028
破伞菊属 381808

破伤药 308893
破石珠 20335,62696,392248,392269,412750
破天菜 234759
破天荒 **105439**
破铜草 176839
破铜钱 81570,153914,175006,176839,200261,200366,239582
破铜钱属 200253
破头风 23191
破膝风 211884
破晓鲍德南特荚蒾 407651
破血草 414718
破血丹 **348099**,13091,13146,183097,209811,294114,322801,322815,322823,337925
破血红 71181
破血金丹 202767
破血药 414718
破血月 209811
破血珠 31477
破阳伞 381814
破子 104218
破子草 392992
粕仔 80739
蓴苴 418002
魄 80739
仆公英 384473,384681
仆公罂 384473,384681
仆公罌 384714
仆垒 232640,272090
扑灯儿 384473
扑地红 345142
扑地虎 312450
扑地金钟 12635
扑地香 175203
扑地消 345142
扑克藤属 266652
扑扑子草 297645
铺地白 224110
铺地柏 **213864**
铺地半日花 **188757**
铺地半枝莲 255253
铺地蝙蝠草 **89207**
铺地草 117859,159634,418335
铺地穿心草 **71276**
铺地刺蒴麻 **399303**
铺地狗尾草 289057
铺地红 159092,159286
铺地虎 344947
铺地花楸 **369499**
铺地黄 239673,239776
铺地黄杨 64341
铺地棘豆 **278894**
铺地锦 159092,159286,200366,218347,248748,418335
铺地锦竹草 **67152**
铺地开花 46848
铺地狼尾草 **289067**
铺地莲 231503,239582,248754,277747
铺地凉伞 31477
铺地龙 218347
铺地龙柏 **213645**,213864
铺地罗伞 31565
铺地娘 143464
铺地青兰 **137620**
铺地秋海棠 **49899**,49938
铺地稔 248748,248754
铺地舌叶花 **177449**
铺地参 68686
铺地黍 **282162**
铺地委陵菜 313039
铺地蜈蚣 90108,107472,107486,107549,165759,187544
铺地蜈蚣属 107319
铺地细辛 37626
铺地香 391365
铺地栒子 107486
铺地毡 31518,296371
铺地毡草 57296,187512
铺地竹 **347195**
铺茎栒子 107422
铺茅 321236,321248
铺茅属 321220
铺墙草 391421
铺散埃利茜 **153406**
铺散白酒草 **103580**
铺散白蓝钝柱菊 **398330**
铺散蔗草 **353368**
铺散薄荷穗 **255425**
铺散草原银莲花 321721
铺散锤花豆 **12885**
铺散刺花蓼 **89072**
铺散粗蕊花 **279616**
铺散大柄灰毛豆 **386170**
铺散单毛野牡丹 **257526**
铺散单头层菀 **291029**
铺散灯心草 **213490**
铺散地锦苗 **85764**
铺散钓钟柳 **289336**
铺散峨眉马先蒿 **287486**
铺散耳梗茜 **277218**
铺散繁缕 **374848**,374944
铺散盖裂果 **256087**
铺散海缀 **198011**
铺散黑斑菊 **179802**
铺散虎尾草 **88339**
铺散黄花稔 **362474**
铺散黄堇 **105716**
铺散灰毛菊 **31214**
铺散鸡蛋茄 **344370**
铺散卷舌菊 **380876**
铺散肋柱花 **235470**
铺散丽穗凤梨 **412345**
铺散栎 **324315**
铺散露兜树 **281014**
铺散马先蒿 **287168**
铺散芒柄花 **271383**
铺散毛茛 **325779**
铺散毛冠雏菊 **84931**
铺散蒙蒂苋 **258247**
铺散米努草 **255460**
铺散漆姑草 **342245**
铺散窃衣 **393002**
铺散绒帚菀 **87405**
铺散三芒草 **33840**
铺散山地肥皂草 **346432**
铺散石龙尾 **230293**
铺散石头花 **183189**
铺散矢车菊 **81034**
铺散瘦鼠耳芥 **184844**
铺散四分爵床 **387312**
铺散塔莲 **409234**
铺散苔草 **75081**
铺散乌羽玉 **236424**
铺散喜阳花 **190315**
铺散细毛纸苞紫绒草 **399480**
铺散腺萼紫葳 **250110**
铺散小苦竹 **304116**
铺散小婆婆纳 **407362**
铺散悬钩子 **339438**
铺散亚菊 **13004**
铺散眼子菜 **312214**
铺散翼茎菊 **172423**
铺散淫羊藿 **147057**,147029
铺散榆 **401501**
铺散早熟禾 **305588**
铺散蚤草 **321552**
铺散指甲草 **284835**
铺散诸葛菜 **275866**
铺山燕 142071
铺生通泉草 247024
铺氏卫矛 157809
铺叶沼兰 **110647**
铺银草 414193
铺展桉 **155686**
铺展斑鸠菊 **406721**
铺展杯漆 **396357**
铺展糙蕊阿福花 **393772**
铺展车轴草 **397004**
铺展灯心草 **213360**
铺展东亚细辛 **38316**
铺展芳香木 **38703**
铺展红门兰 **273580**
铺展狐地黄 **151116**
铺展虎尾兰 **346125**
铺展画眉草 **147866**
铺展灰毛齿缘草 **153435**
铺展蓟 **91703**
铺展剪股颖 **12264**
铺展胶菀 **181156**
铺展马利筋 **38054**
铺展茅根 **291410**
铺展南芥 **30402**
铺展鸟娇花 **210872**
铺展欧石南 **149849**
铺展脐景天 **401705**
铺展茄 **367484**
铺展三被藤 **396536**
铺展沙拐枣 **67057**
铺展山柳菊 **195883**
铺展绳草 **328125**
铺展双距花 **128085**
铺展双距兰 **133884**
铺展苔草 **75690**
铺展同金雀花 **385685**
铺展外裂藤 **161783**
铺展乌口树 **385006**
铺展喜阳花 **190401**
铺展香茅 **117229**
铺展肖鸢尾 **258602**
铺展银叶花 **32738**
铺展钟花百子莲 **10252**
铺展舟叶花 **340828**
匍地柏 213864
匍地风毛菊 348812
匍地花菱草 155182
匍地棘豆 278894
匍地龙 239597,239673
匍地龙胆 173743
匍地梅属 **277594**
匍地秋海棠 **50259**
匍地榕 165619
匍地蛇根草 **272293**
匍地蜈蚣 165759
匍地仙人掌 **272832**
匍地猪屎豆 **112230**
匍伏筋骨草 13091
匍伏堇 409898
匍匐矮樱桃 **316739**
匍匐爱地草 **174389**
匍匐巴豆 **113004**
匍匐白鼓钉 **307697**
匍匐白珠 172067,172085
匍匐白珠树 **172067**
匍匐百蕊草 **389848**
匍匐半插花 **191501**
匍匐半柱花 191501
匍匐瓣鳞花 **167817**
匍匐苞爵床 **139018**
匍匐报春 **314893**
匍匐臂形草 402553
匍匐鞭状虎耳草 349319
匍匐藨草 **353701**
匍匐滨菊蒿 **57384**
匍匐滨藜 **44627**
匍匐冰草 144661

匍匐伯克辛酸木 **138013**
匍匐薄子木 **226452**
匍匐补骨脂 **319238**
匍匐布里滕参 **211466**
匍匐布谢茄 **57845**
匍匐穇 **143549**
匍匐缠绕草 **16180**
匍匐车轴草 **397093**
匍匐齿叶冬青 **203734**
匍匐赤车 288767
匍匐臭荠 **105350**
匍匐雏菊 **50828**
匍匐垂钉石南 **379275**
匍匐春美草 **94358**
匍匐春委陵菜 **312813**
匍匐刺被苋 **267885**
匍匐刺蒴麻 **399309**
匍匐粗糙龙胆 **173856**
匍匐大苞盐节木 **36775**
匍匐大地豆 **199340**
匍匐大戟 **159634**
匍匐大字草 **349214**
匍匐带刺禾 **383070**
匍匐单裂萼玄参 **187066**
匍匐淡黄花鼠尾草 **345185**
匍匐灯心草 **213417**
匍匐地桂 146526
匍匐地中海柏木 **114760**
匍匐点地梅 23281
匍匐丁癸草 **418353**
匍匐顶须桐 6278
匍匐独行菜 **225443**
匍匐杜鹃 **330626**,330724
匍匐短柄草 **272607**
匍匐短柄草属 **272605**
匍匐对叶千日菊 **4869**
匍匐多坦草 **136610**
匍匐多叶苔草 **75447**
匍匐萼距花 114618
匍匐耳草 **187648**
匍匐番薯 **208235**
匍匐芳香木 **38759**
匍匐飞廉 **73284**
匍匐菲奇莎 **164582**
匍匐风铃草 **70257**
匍匐风轮菜 **97044**
匍匐风琴豆 **218006**
匍匐凤仙 205281
匍匐凤仙花 **205281**
匍匐福尔克旋花 **162502**
匍匐富斯草 **168795**
匍匐高山石竹 **127582**
匍匐藁本 **229381**
匍匐格兰马草 **57934**
匍匐根筋骨草 13174
匍匐沟酸浆 **255243**
匍匐谷精草 **151509**
匍匐灌木 **45221**
匍匐光节草 **197970**
匍匐光节草属 **197969**
匍匐光鼠尾草 **345054**
匍匐桂竹香 154455
匍匐过江藤 **296127**
匍匐海神木 **315937**
匍匐旱芹 **29344**
匍匐蒿 **36139**
匍匐好望角毛子草 **153152**
匍匐赫柏木 **186947**
匍匐黑草 **61842**
匍匐黑药菊 **294855**
匍匐黑药菊属 **294854**
匍匐胡枝子 **226943**
匍匐虎耳草 349319
匍匐互叶半日花 **168944**
匍匐花冠柱 **57412**
匍匐花葱 **307241**
匍匐画眉草 **147941**
匍匐黄芩 **355714**
匍匐黄细心 **56497**,56425
匍匐幌菊 **143897**
匍匐灰毛豆 **386276**
匍匐灰毛菊 **31180**
匍匐灰枸子 107336
匍匐火棘 **322482**
匍匐火炬花 **217020**
匍匐鸡屎树 **222256**
匍匐假杜鹃 **48323**
匍匐假泽泻 **46933**
匍匐尖泽兰 **362326**
匍匐尖泽兰属 **362325**
匍匐碱茅 **321221**
匍匐姜饼棕 **202311**
匍匐节节菜 **337387**
匍匐金欧洲刺柏 **213704**
匍匐金雀儿 120948
匍匐金雀花 **120948**
匍匐金丝桃 **201930**
匍匐筋骨草 **13174**,13091
匍匐堇菜 **410422**,409898,410511
匍匐锦葵 **286674**
匍匐茎堇菜 **410511**
匍匐茎飘拂草 **166515**
匍匐茎小檗 **52191**
匍匐茎紫堇 **106476**
匍匐景天 **357181**
匍匐九节 **319798**,319833
匍匐可利果 **96826**
匍匐苦瓜 **256868**
匍匐苦瓜掌 **140044**
匍匐苦槛蓝 260720
匍匐苦荬 210623
匍匐苦荬菜 88977
匍匐苦竹 **304084**
匍匐蜡菊 **189826**
匍匐兰 88553
匍匐蓝花美洲茶 **79974**
匍匐蓝花参 **412577**
匍匐蓝星花 **33695**
匍匐蓝棕 360646
匍匐劳雷仙草 **223027**
匍匐里皮亚 232476
匍匐利兰 **232694**
匍匐栎 **323830**
匍匐镰扁豆 **135597**
匍匐裂叶茜 **103860**
匍匐柳 **343994**
匍匐柳穿鱼 **231105**
匍匐柳沙漠木 **148358**
匍匐柳叶箬 **209121**
匍匐柳叶枸子 **107671**
匍匐柳叶野豌豆 **408675**
匍匐露珠草 **91592**
匍匐露子花 **123957**
匍匐芦荟 **16574**
匍匐鹿角柱 **140326**,140288
匍匐路边青 **175443**
匍匐驴食豆 **271191**
匍匐绿顶菊 **160685**
匍匐罗顿豆 **237226**
匍匐裸柱菊 **368537**
匍匐落基山圆柏 **213927**
匍匐马蹄金 **128972**,128964
匍匐麦瓶草 363958
匍匐芒柄花 **271563**
匍匐芒石南 **227965**
匍匐毛茛 **326155**
匍匐毛染料木 **173032**
匍匐毛麝香 **7992**
匍匐毛柱帚鼠麴 **395893**
匍匐没药 **101563**
匍匐玫瑰大地豆 **199366**
匍匐美女樱 710
匍匐美女樱属 687
匍匐迷迭香 **337201**
匍匐木 403481
匍匐木根草 **128473**
匍匐木根草属 **128472**
匍匐木蓝 **206475**
匍匐南非帚灯草 **67907**
匍匐南芥 **30263**
匍匐拟长阶花 **283371**
匍匐拟球花木 **177059**
匍匐鸟娇花 **210931**
匍匐纽曼委陵菜 312813
匍匐欧洲云杉 **298211**
匍匐佩松木 **292027**
匍匐皮索尼亚 292027
匍匐平铺圆柏 **213801**
匍匐婆婆纳 **407309**
匍匐漆姑草 342279
匍匐千里光 **359880**
匍匐茄 **367582**
匍匐芹 **29341**
匍匐秋海棠 **49601**,49899
匍匐球子草 **288651**
匍匐全叶香茜芋 **365959**
匍匐忍冬 **235745**
匍匐日本轮叶沙参 **7867**
匍匐日本女贞 **229512**
匍匐日中花 **220659**
匍匐榕 165619
匍匐柔花 **8982**
匍匐柔茎 256002
匍匐肉果荨麻 **402300**
匍匐肉珊瑚 **347026**
匍匐软荚豆 **386419**
匍匐三萼木 **395332**
匍匐砂仁 **19910**
匍匐山黑豆 139067
匍匐烧麻 402300
匍匐蛇莓委陵菜 **312447**
匍匐蛇目菊 346304
匍匐蛇头鸢尾 **192902**
匍匐狮齿草 **224726**
匍匐十大功劳 **242625**
匍匐石豆兰 **63009**,63032
匍匐石龙尾 **230319**
匍匐石竹 127809
匍匐矢车菊 6278
匍匐书带苔草 **76054**
匍匐鼠尾草 **345343**
匍匐鼠尾黄 **340376**
匍匐薯蓣 **262183**
匍匐薯蓣属 **262182**
匍匐树萝卜 289750
匍匐双盖玄参 **129344**
匍匐双距花 **128110**
匍匐水柏枝 **261288**
匍匐水苏 **373392**
匍匐睡茄 **414587**
匍匐丝石竹 **183238**
匍匐丝藤 **259585**
匍匐司徒兰 **377316**
匍匐斯迪菲木 379275
匍匐松 **253179**
匍匐松属 **253178**
匍匐酸藤子 **144787**
匍匐碎米荠 **72953**,238021
匍匐塔花 **347620**
匍匐苔草 **76280**
匍匐檀香 **174290**
匍匐檀香属 **174289**
匍匐唐棣 **19295**
匍匐糖芥 **154455**
匍匐糖蜜草 **249323**
匍匐特纳树 400489
匍匐甜舌草 **232476**

匍匐铁仔 261657
匍匐葶苈 **137183**
匍匐兔耳草 **220199**
匍匐外包菊 **328979**
匍匐弯蕊芥 **238021**,72953
匍匐莞草 **352216**,352212,353557
匍匐围裙花 **262321**
匍匐尾稃草 **402565**
匍匐委陵菜 **313028**,312925
匍匐乌头 **5601**
匍匐污生境 103798
匍匐五加 **143654**
匍匐勿忘草 **260862**
匍匐西澳兰 **118273**
匍匐喜阳花 **190267**
匍匐喜荫花 **147393**
匍匐细辛 **37735**
匍匐细叶芹 **84759**
匍匐虾脊兰 **66050**
匍匐仙草 **315539**
匍匐仙草属 **315538**
匍匐仙人掌 **273028**
匍匐腺背蓝 **7107**
匍匐香科 **388262**
匍匐香茵芋 **365942**
匍匐消 133541
匍匐小檗 **52104**
匍匐小杜鹃 **331241**
匍匐小黄管 **356158**
匍匐小苦荬 **210537**
匍匐小芜萍 **414689**
匍匐小叶散爵床 **337238**
匍匐斜叶榕 **165766**
匍匐心叶球花木 **177036**
匍匐星欧洲刺柏 **213705**
匍匐星莎 **6870**
匍匐星温哥华冷杉 **278**
匍匐星钟花 **199090**
匍匐熊果 **31114**
匍匐休氏茜草 187627
匍匐悬钩子 **339171**
匍匐栒子 **107336**
匍匐鸭跖草 **101135**
匍匐延胡索 105720
匍匐延龄草 **397554**
匍匐焰毛茛 326303
匍匐羊茅 **163902**
匍匐野堇菜 **409884**
匍匐野山楂 **109656**
匍匐异味树 **103798**
匍匐异药花 **167316**
匍匐茵芋 **365975**
匍匐银桦 **180598**
匍匐圆穗草 **116387**
匍匐圆穗草属 **116386**
匍匐越橘 **403790**
匍匐蚤缀 **31957**
匍匐獐毛 **8881**
匍匐珍珠菜 **239813**
匍匐枝飞蓬 **150635**
匍匐猪屎豆 **112614**
匍匐砖子苗 **245552**
匍匐紫苏格兰欧石南 **149233**
匍根冰草 144661
匍根冬青卫矛 **157637**
匍根骆驼蓬 287983
匍根委陵菜 312925
匍根早熟禾 **305916**
匍技栓果菊 **222988**
匍茎百合 **229885**
匍茎草科 185270
匍茎点地梅 **23281**
匍茎短筒苣苔 **56371**
匍茎佛甲草 357123
匍茎谷蓼 91592
匍茎鹤草 363958
匍茎虎耳草 **349806**
匍茎画眉草 **263118**
匍茎画眉草属 **263117**
匍茎卷瓣兰 **62712**
匍茎卷唇兰 62712
匍茎苦菜 368635
匍茎喇叭茶 223911
匍茎蓼 309442
匍茎毛兰 **148646**
匍茎美丽通泉草 **247024**
匍茎炮仗竹 341023
匍茎婆婆纳 **407241**
匍茎落草 **217427**
匍茎秋海棠 **50230**
匍茎人字果 **128940**
匍茎榕 **165619**
匍茎山柳菊属 **299215**
匍茎蛇根草 272293
匍茎瘦片菊 **192425**
匍茎瘦片菊属 **192419**
匍茎鼠麹草 **155874**
匍茎鼠麹草属 **155871**
匍茎水繁缕属 **262008**
匍茎嵩草 **217191**
匍茎天冬 **39180**
匍茎通泉草 **247008**,247024
匍茎五蕊莓 362363
匍茎小报春 **315045**
匍茎新麦草 **317087**
匍茎沿阶草 **272131**
匍茎鸢尾 **208862**
匍茎早熟禾 **306097**
匍茎紫绒草 **252668**
匍茎紫绒草属 **252667**
匍生百蕊草 389848
匍生沟酸浆 **255193**
匍生金鱼草 37554
匍生丝石竹 183238
匍生蝇子草 363958
匍生早熟禾 **305348**
匍生紫菀 **41306**
匍菀 **306734**
匍菀属 **306733**
匍卧木紫草 **233434**
匍行狼牙委陵菜 312482
匍行委陵菜 **312482**
匍枝斑叶兰 179685
匍枝柴胡 **63613**
匍枝大戟 **159886**
匍枝斗篷草 **14135**
匍枝杜鹃 330622
匍枝鹅脚板 299400
匍枝菲奇莎 **164589**
匍枝粉报春 **314195**
匍枝福禄考 **295321**
匍枝狗舌草 **385919**
匍枝花山柳菊 **195991**
匍枝华千里光 365050
匍枝画眉草 **147983**
匍枝火绒草 **224947**
匍枝金丝桃 **202133**
匍枝筋骨草 **13132**
匍枝丽江麻黄 **146204**
匍枝蓼 **309084**
匍枝马唐 **130781**
匍枝毛茛 **326287**,326303
匍枝毛核木 380741
匍枝蒲儿根 **365050**
匍枝千里光 **358875**
匍枝苔草 74135,75357
匍枝菀 **167009**
匍枝菀属 **167008**
匍枝委陵菜 **312540**,312942
匍枝乌头 **5404**
匍枝勿忘草 **260883**
匍枝悬钩子 **339012**
匍枝银莲花 **24066**
匍枝紫云菜 **378229**
匍状冰草 144661
匍状南鹃 **291370**
匍状秋海棠 50259
匍状悬钩子 338418
菩达 256797
菩蓬 256797
菩柳 298093
菩萨豆 159222
菩萨柳 383469
菩提木 391649,391706
菩提纱 391760
菩提树 **165553**,217626,391760,391773
菩提味 346333
菩提珠 99124
菩提子 99124,346333,346338,411979
菩提棕属 64159
葡百里香 **391402**
葡伏堇 409898
葡根伏地杜 87673
葡果棕榈 269374
葡果棕榈属 269373
葡堇菜 410730
葡酒枣 **418156**
葡芦 99124
葡蟠 61101,61103
葡萄 **411979**
葡萄桉 **155505**
葡萄凹果豆蔻 **98533**
葡萄白粉藤 92920
葡萄百合 260301
葡萄胞铁线莲 95431
葡萄茶藨 334157
葡萄葱 **15876**
葡萄风信子 **260301**,260295
葡萄风信子属 **260293**
葡萄黑面神 60083
葡萄画眉草 **147545**
葡萄基花莲 **48656**
葡萄九节 **319897**
葡萄酒鸟娇花 **210954**
葡萄酒色乐母丽 **336082**
葡萄酒色露子花 **123990**
葡萄酒色天竺葵 **288582**
葡萄酒色香茶 **303753**
葡萄酒色悬钩子 **338072**
葡萄酒苏格兰欧石南 **149241**
葡萄科 **411165**
葡萄兰 **4653**
葡萄兰属 **4648**
葡萄瘤蕊紫金牛 **271027**
葡萄榈属 269373
葡萄蔓大戟 **160062**
葡萄蔓矢车菊 **81453**
葡萄毛瑞榈 **246674**
葡萄木 403481
葡萄南非禾 **289931**
葡萄拟辛酸木 **138010**
葡萄欧石南 **149095**
葡萄脐景天 **401681**
葡萄茄 367596
葡萄青牛胆 **392285**
葡萄榕 165498
葡萄肉锥花 **102675**
葡萄三角车 **334592**
葡萄森林赪桐 **96345**
葡萄麝香兰 260301
葡萄属 **411521**
葡萄水柏枝 261288
葡萄水蓑衣 **200591**
葡萄铁线莲 **95448**
葡萄通泉草 247008

葡萄瓮 120108
葡萄瓮属 120000
葡萄香鼠尾草 **345209**
葡萄新风轮菜 **65531**
葡萄血藤 411568
葡萄牙百里香 391120
葡萄牙柏木 114714
葡萄牙贝母 **168461**
葡萄牙滨菊 **227506**
葡萄牙稠李 **316518**
葡萄牙葱 **15441**
葡萄牙风铃草 **70139**
葡萄牙桂樱 316518
葡萄牙姜味草 **253681**
葡萄牙栎 **324134**
葡萄牙马先蒿 **287722**
葡萄牙欧石南 149703
葡萄牙平卧木紫草 **233445**
葡萄牙石南 149703
葡萄牙石竹 **127759**
葡萄牙矢车菊 **81394**
葡萄牙水马齿 **67369**
葡萄牙吐根 262543
葡萄牙絮菊 **165989**
葡萄牙燕麦 **45502**
葡萄牙圆锥花苔草 **75689**
葡萄野茼蒿 **108769**
葡萄叶艾麻 **221604**
葡萄叶棒茼麻 **106892**
葡萄叶臭檀 **161392**
葡萄叶翠雀花 **124584**
葡萄叶蜂斗菜 **292409**
葡萄叶福王草 **313906**
葡萄叶簕瓜 **399452**
葡萄叶黄花木棉 98116
葡萄叶荆芥 **264861**
葡萄叶葵 **216533**
葡萄叶葵属 **216532**
葡萄叶冷蜂斗菜 **292362**
葡萄叶猕猴桃 **6724**
葡萄叶木槿 **195341**
葡萄叶爬山虎 **285164**
葡萄叶婆婆纳 **406971**
葡萄叶苘麻 **1009**
葡萄叶秋海棠 **50395**,49802
葡萄叶日本槭 **3039**
葡萄叶蛇葡萄 **20461**
葡萄叶鼠尾粟 **372575**
葡萄叶穗蕊大戟 **373016**
葡萄叶天竺葵 **288588**
葡萄叶铁线莲 **95431**
葡萄叶弯籽木 **98116**
葡萄叶西番莲 **285717**
葡萄叶羽扇槭 3039
葡萄柚 **93690**
葡萄园二行芥 **133324**
葡萄园剪股颖 12413
葡萄杖 339130
葡萄壮花寄生 **148850**
葡萄状澳藜 139682
葡西桦 **53375**
葡系早熟禾 **305409**,305380
葡叶秋海棠 49790,50395
葡圆雅葱 15876
蒲 352284,401094
蒲棒 401094,401129
蒲包草 401094,401129
蒲包花 66263
蒲包花科 **66293**
蒲包花属 **66252**
蒲杓草 301871,301952
蒲草 225661,353889,401094,401105
蒲草黄 401094,401129
蒲草属 225659
蒲棰 401094,401129
蒲槌 401094,401129
蒲地参 68686
蒲儿根 **365066**,385903,401094,401129
蒲儿根属 **365035**
蒲公草 384681,384714
蒲公丁 384473,384681
蒲公幌 416490
蒲公英 **384681**,210623,222909,298583,384664,384714,384746
蒲公英千里光 **360190**
蒲公英狮齿草 **224740**
蒲公英属 **384420**
蒲公英叶风毛菊 **348849**
蒲公英叶鼠尾草 **345425**
蒲公英叶栓果菊 **222993**
蒲瓜树 111104
蒲瓜树属 111100
蒲瓜酸 277747
蒲黄 401094,401112
蒲黄草 401094
蒲剑 5793
蒲脚莲 224110
蒲葵 **234170**,234194
蒲葵属 **234162**
蒲栗子 142152
蒲连盐 332509
蒲柳 344121
蒲柳根 343937
蒲卢 219843,219844
蒲芦 219843,219844,219848
蒲仑 414193
蒲仑头 414193
蒲米 99124
蒲蒲丁 384681
蒲槭藤属 313224
蒲圻贝母 168491
蒲羌癀 61975
蒲芹 29327
蒲氏花楸 369490
蒲氏素馨 211965
蒲松 356
蒲笋 401094,401129
蒲桃 **382582**
蒲桃红豆 274389
蒲桃属 **382465**
蒲桃叶冬青 **204310**
蒲桃叶红豆 **274389**
蒲桃叶悬钩子 **338650**
蒲陶 411979
蒲藤菜 48689
蒲颓子 141999,142152
蒲苇 **105456**
蒲苇属 **105450**
蒲香树 91392
蒲雅凤梨属 321936
蒲亚属 321936
蒲刈苔草 **74970**
蒲银仔 122410
蒲英 384681
蒲樱 **316551**
蒲蝇花 72038
蒲竹 **37302**
濮瓜 50998
朴 16512,80739
朴地金钟 12635
朴地菊 77156
朴地消 345310
朴瓜树 96200
朴科 **80567**
朴莱木 71381
朴咯早熟禾 **305997**
朴朴草 297712
朴朴子草 297645
朴扇木 106659
朴氏报春 314867
朴氏锦鸡儿 72321
朴属 80569
朴薯头 16512
朴树 **80739**,29005,80596,80695
朴树属 **80569**
朴松 356
朴楸 323814
朴香果 231313
朴荀儿 209788
朴叶扁担杆 **180724**
朴叶楼梯草 **142693**
朴叶欧洲白榆 **401478**
朴叶山柚子 **272566**
朴芋头 16512
朴竹 329184
朴仔 195311
朴仔树 80739
朴子蓼 207224
朴子树 80739
圃兰属 116769
埔笔 248732
埔草欓 96028
埔草样 96028
埔淡 248748
埔根 414193
埔姜 411362
埔姜花 411362
埔姜木 411420
埔姜桑寄生 385237
埔姜仔 411362
埔荆茶 411362
埔里杜鹃 330255,331062
埔里风兰 **390528**
埔虾头 90108
埔盐 332513
埔芋 16512
浦岛南星 **33538**
浦柳 343947
浦市橙 **93780**
浦泽杓兰 **120372**
浦泽苔草 **75828**
浦仔竹 **206883**
普权桐属 315376
普剌特草 313564
普迪罗汉松 **306515**
普定娃儿藤 **400975**
普渡 275810
普渡河天胡荽 200301
普渡天胡荽 **200301**
普尔齿豆 **56743**
普尔翠雀花 **124540**
普尔大翅蓟 **271700**
普尔番薯 **208101**
普尔蜂鸟花 **240759**
普尔凤仙花 **205237**
普尔谷精草 **151435**
普尔桦 **53598**
普尔金合欢 **1489**
普尔卡点露珠杜鹃 **330940**
普尔蜡菊 **189676**
普尔柳 **343913**
普尔那 36460
普尔疱茜 **319981**
普尔蔷薇 **321876**
普尔蔷薇属 **321875**
普尔特木属 321726
普尔鸭跖草 **101122**
普尔野荞麦 **152190**
普尔猪屎豆 **112544**
普洱百合 **230005**
普洱茶 **69644**,68999,241808
普洱唇柱苣苔草 **87949**
普洱豆腐柴 **313719**
普洱姜花 **187464**
普法苋属 293118
普菲兰属 **293128**

普菲西 293120
普格杜鹃 **331579**
普格红门兰 310928
普格乌头 **5507**
普格小红门兰 **310928**
普古崖豆藤 **254809**
普古杂色豆 **47807**
普古紫玉盘 **403562**
普红矢车菊 **81065**
普吉藤 **84163**
普康雀麦 **60898**
普拉杜鹃 330673
普拉顿藤黄 **302621**
普拉顿藤黄属 **302616**
普拉多木蓝 **206425**
普拉多猪屎豆 **112557**
普拉克大戟属 **305147**
普拉克内特刺痒藤 **394192**
普拉克内特欧石南 **149919**
普拉榄 **313497**
普拉榄属 **313496**
普拉姆扁蒴藤 **315368**
普拉姆海芋 **16522**
普拉姆苔草 **75839**
普拉茜 **313579**
普拉茜属 **313578**
普拉莎草 **119391**
普拉塔扁莎 **322323**
普拉塔劳德草 **237835**
普拉塔亚麻 **231946**
普拉特蓟 **91840**
普拉特小檗 52062
普来氏卷舌菊 **380969**
普来氏月桃 17741
普莱肥莓 339075
普莱木 **321630**
普莱木属 **321628**
普莱氏堇菜 410291
普赖里欧石南 **149939**
普赖里唐菖蒲 **176460**
普赖斯曼藜 **87136**
普赖斯月桂荚蒾 408168
普兰鹅观草 **335365**
普兰风毛菊 **348096**
普兰假龙胆 **174138**
普兰毛茛 **325639**
普兰木属 301787
普兰女蒿 **196708**
普兰女娄菜 363946
普兰披碱草 **144435**
普兰嵩草 **217130**
普兰无心菜 **32168**
普兰小檗 **52087**
普兰蝇子草 **363946**
普兰獐牙菜 **380159**
普蓝翠雀花 **124534**
普朗金刀木 301793
普朗金刀木属 301787
普勒西奥萨粗齿绣球 **200088**
普雷播娘蒿 **126124**
普雷尔百脉根 **237546**
普雷尔山梗菜 **234703**
普雷纺锤菊 **44185**
普雷兰 **313936**
普雷兰属 **313933**
普雷毛托菊 **23458**
普雷牵牛 **293878**
普雷斯顿丁香 **382251**
普雷斯科特间花谷精草 **250995**
普雷乌斯三角车 **334677**
普雷银光菊 **117319**
普里豆属 **314035**
普里厄阿斯皮菊 **39776**
普里厄壶花无患子 **90752**
普里厄湖瓜草 **232416**
普里厄水苋菜 **19615**
普里风毛菊 **348671**
普里特风琴豆 **217997**
普里特伽蓝菜 **215233**
普里特两节荠 **108631**
普里特密穗花 **322138**
普里特时钟花 **396510**
普里特唐菖蒲 **176462**
普里特肖赪桐 **337450**
普里特肖鸢尾 **258616**
普里特忧花 **241682**
普里特猪屎豆 **112558**
普里亚特蓝蓟 **141097**
普里亚特勿忘草 **260757**
普里蝇子草 **363921**
普里鹧鸪花 **395521**
普理查德苘麻 **978**
普利加德属 315376
普利勒木 309988
普利勒木属 309982
普疗木 315255
普疗木属 315252
普列奥石头花 **183237**
普列奥石竹 **127796**
普林格尔电灯花 **97756**
普林格尔飞蓬 **150889**
普林格尔假鼠麴草 **317766**
普林格尔焦油菊 **167056**
普林格尔卷舌菊 **380955**
普林格尔绵叶菊 **152831**
普林格尔木 **264380**
普林格尔木属 **264379**
普林格尔蝇子草 **364031**
普林芥 **315154**
普林芥属 **315153**
普林芦竹 **37500**
普林木属 **304998**
普林氏蒲公英 **384757**
普林松 300159
普林西比多穗兰 **310557**
普林西比核果木 **138684**
普林西比九节 **319772**
普卢默蝶花百合 **67621**
普卢默菊属 **305249**
普卢默棱苞滨藜 **418480**
普鲁凯特桉 **155550**
普鲁士山柳菊 **195888**
普吕米风梨 **60554**
普吕米胶香木 **21011**
普吕米距瓣豆 **81875**
普吕米岩参 **90857**
普伦卫矛 **304476**
普伦卫矛属 **304473**
普罗大戟 **159630**
普罗椴属 **315447**
普罗飞蓬 **150863**
普罗桦 **53589**
普罗槐 **369110**
普罗吉尔苏木 **175650**
普罗景天属 **315514**
普罗兰属 **315509**
普罗藜 **87137**
普罗露兜树 **281109**
普罗洛戈钻石花 **212480**
普罗蒙特里蝴蝶玉 **148596**
普罗蒙特里日中花 **220655**
普罗蒙特里希尔德木 **196214**
普罗蒙特里喜阳花 **190418**
普罗蒙特里舟叶花 **340847**
普罗木 **315456**
普罗木属 **315454**
普罗茜 **314000**
普罗茜属 **313999**
普罗青锁龙 **108877**
普罗施菊三七 **183123**
普罗施蛇舌草 **269950**
普罗施瓦氏茜 **404853**
普罗柿 **132360**
普罗舒曼木 **352718**
普罗梯亚木属 315702
普罗葶苈 **137195**
普罗桐 **315518**
普罗桐属 **315517**
普罗旺斯风信子 **199600**
普罗旺斯居间薰衣草 **223295**
普罗盐肤木 **332776**
普罗羊角拗 **378440**
普罗野牡丹 **313998**
普罗野牡丹属 **313995**
普罗伊斯扁蒴藤 **315370**
普罗伊斯虫蕊大戟 **113083**
普罗伊斯刺痒藤 **394195**
普罗伊斯大岩桐寄生 **384211**
普罗伊斯多坦草 **136479**
普罗伊斯核果木 **138683**
普罗伊斯黄檀 **121818**
普罗伊斯惠特爵床 **413962**
普罗伊斯假马兜铃 **283743**
普罗伊斯浆果鸭跖草 **280525**
普罗伊斯鹿藿 **333360**
普罗伊斯魔芋 **20128**
普罗伊斯鞘蕊花 **99684**
普罗伊斯茄 **367517**
普罗伊斯琼楠 **50595**
普罗伊斯秋海棠 **50183**
普罗伊斯榕 **165495**
普罗伊斯薯蓣 **131778**
普罗伊斯素馨 **211966**
普罗伊斯苔草 **75874**
普罗伊斯藤黄 **171171**
普罗伊斯五层龙 **342707**
普罗伊斯鸭嘴花 **214723**
普罗伊斯硬衣爵床 **354387**
普罗伊斯杂色豆 **47805**
普罗伊斯针柱茱萸 **329140**
普洛龙王角 **199051**
普洛漏斗花 **130228**
普洛芦荟 **17177**
普洛曼花属 **305071**
普洛曼茄 **305070**
普洛曼茄属 **305069**
普蒙古野葱 354904
普米腊棘豆 **279105**
普纳尔毛蕊花 **405755**
普宁蔷薇 **336864**
普奇尼南星 **321407**
普奇尼南星属 **321406**
普乔尼假杜鹃 **48306**
普乔尼决明 **78459**
普乔尼盐肤木 **332785**
普乔尼忧花 **241685**
普柔树 397373
普瑞剪股颖 **12262**
普瑞木 **315236**
普瑞木属 **315235**
普萨猪牙花 **154941**
普什绵枣儿 **353036**
普什新塔花 **418135**
普氏澳洲柏 **67427**
普氏草海桐 **350338**
普氏车前 **302144**
普氏齿根珊瑚兰 **104010**
普氏齿缘报春 **314622**
普氏风铃草 70228
普氏佛手掌 **77454**
普氏桦 **53310**
普氏黄花木棉 98112
普氏蒺藜草 **80843**
普氏假连翘 **139065**
普氏卷胚 98112
普氏绿心樟 **268720**
普氏马先蒿 **287544**
普氏牛栓藤 **101891**

普氏蒲公英 **384759**
普氏屈曲花 **203235**
普氏山莴苣 **219448**
普氏山楂 **109945**
普氏十二卷 **186324**
普氏石莲花 **140003**
普氏松叶菊 77454
普氏苏铁 **131439**
普氏甜叶菊 **376412**
普氏弯籽木 **98112**
普氏卫矛美登木 **182762**
普氏卫矛属 **321927**
普氏仙人掌属 **293123**
普氏旋子 98112
普氏亚麻藤 **199171**
普氏野青茅 127317
普氏榆 **401592**
普氏鸢尾 111474
普氏钟穗花 **293173**
普氏种棉木 **46245**
普氏柱丝兰 **263316**
普黍树 397373
普斯克姆彩花 **2275**
普斯克姆葱 **15642**
普斯土拉金合欢 **1515**
普梭草 319299
普梭草属 319278
普梭木 **319299**
普梭木属 **319278**
普特里开亚属 321927
普特木属 321927
普提桐属 64159
普提香 175454
普贴 366284
普通澳洲毛茛 **326239**
普通白花菜 **95717**
普通白花鸭跖草 **100964**
普通白头翁 321721
普通百簕花 **55258**
普通柏 213702
普通斑鸠菊 **406259**
普通报春 315101
普通碧冬茄 **292742**
普通萹蓄 **309192**
普通扁芒草 **122207**
普通补血草 **230815**
普通草木犀 **249262**
普通茶藨子 334179
普通长被片风信子 **137943**
普通春黄菊 **26905**
普通大鬼针草 **54182**
普通大泽米 241449
普通大爪草 370522
普通灯心草 **213005**
普通地毯草 **45833**
普通顶冰花 **169432**
普通豆灌木 315557
普通毒鱼豆 **300934**
普通多坦草 **136489**
普通鹅观草 144228
普通二歧草 **404136**
普通二行芥 **133242**
普通非洲兰 **320939**
普通菲奥里木槿 **166606**
普通菲利木 **296343**
普通粉花乐母丽 **336033**
普通风轮菜 **97060**
普通橄榄 **70996**
普通格尼瑞香 **178617**
普通寡头鼠麹木 **327635**
普通鬼针草 **53795**
普通海马齿 **361674**
普通海石竹 34536
普通褐花 **61152**
普通黑草 **61749**
普通黑蒴 **14293**
普通红茶藨 334201
普通红茶藨子 **334201**
普通胡卢巴 **397210**
普通胡麻 **361330**
普通葫芦 219843
普通花椒 **417231**
普通花葵 **223384**
普通画眉草 **148042**
普通茴芹 299523
普通火绒草 **224891**
普通假杜鹃 **48297**
普通假毛地黄 **10157**
普通假榆橘 **320094**
普通尖刺联苞菊 **52671**
普通剪股颖 **12025**
普通疆南星 137747
普通胶藤 **220887**
普通金丝桃 **201933**
普通堇菜 **409804**
普通锦葵 **243818**
普通菊蒿 383874
普通拉拉藤 **170213**
普通蜡菊 **189673**
普通蓝蒂可花 **115465**
普通蓝花参 **412632**
普通利顿百合 **234137**
普通镰叶芹 **162465**
普通蓼 309192
普通列当 **275258**
普通林茨桃金娘 **334722**
普通凌风草 **60374**
普通龙胆 **173726**
普通龙牙草 **11558**
普通耧斗菜 **30081**
普通鹿蹄草 **322815**
普通乱子草 **259660**
普通罗顿豆 **237351**
普通落腺豆 **300621**
普通麦蓝菜 403687
普通麦瓶草 **364193**
普通猫儿菊 202432
普通美韭 398806
普通米草 **370179**
普通绵毛菊 **293446**
普通绵叶菊 **152809**
普通魔星兰 **163522**
普通黏石竹 **410957**
普通鸟足豆 **274896**
普通欧亚旋覆花 **207068**
普通婆婆纳 **407220**
普通珀菊 **18948**
普通破铜钱 200388
普通匍匐仙草 **315540**
普通蒲公英 **384717**,384614
普通千里光 360328
普通荞麦 **162338**
普通茄 **367508**
普通秋海棠 **50168**
普通球花木 **177053**
普通雀舌水仙 **274873**
普通忍冬 236022
普通日本野豌豆 **408510**
普通榕茛 **164474**
普通肉质尤利菊 **160884**
普通瑞氏木 **329274**
普通沙漠木 **148363**
普通莎草 **118688**
普通筛藤 **107123**
普通山薄荷 **321964**
普通山柳菊 **196093**
普通山芫荽 **107829**
普通山楂 109857
普通山芝麻 190108
普通苕子 408571
普通绳草 **327995**
普通鼠麹草 **178199**
普通薯蓣 **131533**
普通塔花 97060
普通塔奇苏木 **382988**
普通苔草 **74155**
普通唐菖蒲 176122
普通桃 20908,20935
普通天芥菜 190559
普通莛子藨 397844
普通铜色树 **327662**
普通菟丝子 **115040**
普通弯穗草 **131224**
普通蚊子草 **166132**
普通无舌黄菀 **209569**
普通芜萍 **414659**
普通夏至草 245770
普通仙人掌 **273103**
普通香草 97060
普通象根豆 **143481**
普通小檗 52322
普通小麦 398839
普通小瓦氏茜 **404911**
普通肖木蓝 **253239**
普通星蕊大戟 **6915**
普通杏 34475
普通絮菊 **166038**
普通悬钩子 338105
普通旋覆花 **207259**,207068
普通鸭嘴草 **209327**
普通鸭嘴花 **214715**
普通亚麻 **231923**,232003
普通野高粱 **369597**
普通野生稻 **275957**
普通叶下珠 **296683**
普通一点红 **144912**
普通硬苔草 **76532**
普通尤利菊 **160794**
普通羽衣草 14166
普通远志 **308454**
普通早熟禾 **306098**
普通折叠腺荚果 **7396**
普通正玉蕊 **223776**
普通指蕊大戟 **121444**
普通钟穗花 **293162**
普通种棉木 46255
普通猪毛菜 **344585**
普陀鹅耳枥 **77380**
普陀狗娃花 **193925**
普陀南星 **33476**
普陀苔草 **75940**
普陀孝顺竹 **47362**
普瓦豆属 **307091**
普瓦夫尔格尼木 **201657**
普瓦夫尔金果椰 **139402**
普瓦雷萹蓄 **291902**
普瓦雷狗尾草 **361873**
普瓦松斑鸠菊 **406693**
普瓦松芦莉草 **339787**
普瓦松马岛寄生 **46698**
普瓦松尼芬芋 **265219**
普瓦松枪刀药 **202598**
普瓦松十字爵床 **111750**
普瓦松苏本兰 **366766**
普瓦松天门冬 **39152**
普瓦松猪屎豆 **112543**
普韦布洛野荞麦 **152408**
普韦特奥佐漆 **279321**
普文楠 **295401**
普贤菜 72876,73029
普香蒲 **401132**
普谢茜属 **313238**
普雅属 321936
普亚 321939
普亚凤梨属 **321936**
普亚属 321936
普椰属 321936
普雨茶 69644

瀑布鸡爪槭 **3338**
瀑布金合欢 **1157**
瀑布群高原扁莎 **322195**
瀑布群高原叉序草 **209884**
瀑布群高原大戟 **158619**
瀑布群高原大沙叶 **286146**
瀑布群高原古柯 **155065**
瀑布群高原蜡菊 **189231**
瀑布群高原老鹳草 **174527**
瀑布群高原石豆兰 **62624**
瀑布群高原唐菖蒲 **176111**
瀑布群高原香茶 **303205**
瀑布群高原硬皮鸢尾 **172581**
瀑布西美山铁杉 **399918**
瀑布西洋梨 **323137**


## Q


七 **393491**
七白芍 **154958**
七瓣杜属 **50646**
七瓣含笑 **252953**
七瓣连蕊茶 **69620**
七瓣莲 **396786**
七瓣莲属 **396780**
七宝锦 17289,358307
七宝菊 **358306**,216654
七宝树 216654
七宝玉 233475
七边斗篷草 **14050**
七变花 221238
七变球 199986
七彩朱蕉 **104353**
七草 147084
七层兰 201853
七层楼 366548,400888
七层塔 201853,201942,268438,284367
七翅芹属 **192210**
七重草 314508
七出杜鹃 **330538**
七出海神菜 **265473**
七刺桐 154734
七刺圆盘玉 **134117**
七寸草 94814
七寸胆 33292
七寸丁 400518
七寸金 201942,307927,308123,308398
七寸麻 80260
七多 350726,350728
七福神 **140008**
七狗尾 402118
七股莲 117390
七果刺蒴麻 **399251**
七河灯心草 **213150**
七花菊属 **192173**
七加风 350728
七加皮 59207,350654,350747
七角白蔹 20400
七角风 241176
七角枫 13353,241176
七角谷精草 **151232**
七角莲 20408,139607
七角藤 20335,20354
七角叶芋兰 **265408**
七角芋兰 265408
七节大戟 **159033**
七姐果 376144
七姐妹 336509,336783,402267
七姐妹藤 374409
七筋姑 **97093**
七筋姑属 **97086**
七筋菇 97093,247228
七筋菇科 247230
七筋菇属 97086,247225
七菊花属 192173
七孔莲 276090,276098
七棱谷精草 **151481**
七厘 375884,395146
七厘丹 405618
七厘麻 327525
七厘散 25442
七厘散属 354678
七厘藤 375884
七厘子 243657
七里光 359980
七里黄 154414
七里蕉 344910
七里麻 344910,381814
七里明 **55711**
七里香 18529,61975,62110,141932,157601,260173,301363,301364,301413,301426,336366,336378,381423,404316,404325
七里香蔷薇 336378
七粒扣 366934,367416
七连环 5574
七裂报春 314938
七裂薄叶槭 **3675**
七裂地锦槭 **3163**
七裂红鸡爪槭 **3313**
七裂华千里光 365074
七裂鸡爪槭 **3363**
七裂龙胆 173886
七裂片平菊木 **351227**
七裂蒲儿根 **365074**
七裂槭 **3017**,2964
七裂叶薯蓣 131840
七脉偏瓣花 **301669**
七娘藤 113612
七盆香 78012
七匹散 259881
七七子球 **244258**
七七子丸 244258
七日一枝花 260110
七日晕 60073
七蕊商陆 **298109**
七十二枝花 144975
七时饭消扭 339194
七数杜鹃 331227
七数南非禾 **289982**
七头风 289568,289569
七托莲 210525
七溪黄芪 42485
七溪黄耆 **42485**
七喜草 307322
七仙草 405638
七仙桃 62799
七弦竹 47346
七小町 **102404**
七小叶崖爬藤 **387763**
七星斑囊果苔 75769
七星草 301871,301952,308816
七星草乌 5046,5142,5424
七星胆 301279
七星花 50013,195040
七星剑 48241,117908,157360,200713,259281,259282
七星剑花 200713
七星箭 83650,117908
七星菊 11199,368528
七星莲 **409898**
七星梅 336783
七星牛尾菜 366486
七星蕹 203578
七星山谷精草 151257
七星山姜 17754
七星树 414809
七星月桃 **17662**
七星坠地 276090,368528
七星座 **102163**
七叶 129033
七叶草 294123
七叶赤瓟 **390148**
七叶刺蒴麻 **399250**
七叶大麻藤 79884
七叶胆 183023
七叶灯台莲 **33507**
七叶灯台树 33507
七叶鹅掌柴 350706
七叶风 241176
七叶枫树 9683
七叶鬼灯檠 **335142**
七叶黄荆 345708,411362
七叶黄皮 **94199**
七叶黄芪 42485
七叶黄耆 42485
七叶加 350726
七叶金 345586,345708
七叶烂 350654
七叶莲 9683,33299,180700,241176,284367,350654,350706,350726,350728,350757,350776,350799,374392,374429,400377
七叶莲属 396780
七叶龙胆 **173255**
七叶麻 345586
七叶马蹄果 **316023**
七叶木 9692,189976
七叶木通 374429
七叶薯 131580
七叶薯蓣 **131580**
七叶树 **9683**,77256
七叶树科 **196494**
七叶树属 **9675**
七叶树叶吉贝 **80116**
七叶藤 **350799**,350654
七叶委陵菜 **312658**
七叶崖爬藤 387763
七叶盐肤木 **332637**
七叶一把伞 6804
七叶一盏灯 284367
七叶一枝花 **284358**,284317,284319,284367,284378,284382,284406
七叶一枝花属 284289
七叶鱼藤 **125972**
七叶遮花 284367
七叶仔 259877
七叶子 259877,280793
七夜树 77256
七月倍 393485
七月瑞香 **122475**
七月塔花 347567
七月香草 **347567**
七盏灯 1790
七针 381341
七枝莲 284367
七指报春 **314938**
七指风 339162
七指香瓜 **114167**

七爪风 339162,339164
七爪金龙 131580
七爪龙 **207988**,131580
七爪槭 **3355**
七爪藤 208077
七子关 232423
七子花 **192168**
七子花属 **192166**
七子莲 284367
七姊妹 **336789**,37888,336405
七姊妹花 336783
凄丽球 **234954**
凄丽丸 234954
栖兰粗叶木 **222289**
栖兰钟萼粗叶木 **222292**
栖头果 300944
桤的槿属 218443
桤寄生属 **202341**
桤木 **16326**,16421
桤木属 **16309**
桤木香 34268
桤木叶秋海棠 **49606**
桤木叶唐棣 19241
桤属 16309
桤叶北美瓶刷树 **167540**
桤叶杜茎山 **241736**
桤叶盾苞藤 **265786**
桤叶番茱萸 **248506**
桤叶花楸 32988
桤叶黄花稔 **362490**
桤叶荚蒾 **407674**
桤叶假牛筋树 **317861**
桤叶蜡瓣花 **106629**
桤叶栎 323649
桤叶楼梯草 **142602**
桤叶洛马木 235403
桤叶洛美塔 235403
桤叶牻牛儿苗 **153718**
桤叶密钟木 **192509**
桤叶扭瓣花 **235403**
桤叶山柳 96457
桤叶舒马草 **352698**
桤叶鼠李 **328603**
桤叶树 **96457**,96496
桤叶树科 **96561**
桤叶树葡萄 **120015**
桤叶树属 **96454**
桤叶唐棣 **19241**
桤叶桃榄 **313333**
桤叶锡叶藤 **386855**
桤叶悬钩子 **338116**
桤叶异木患 **16138**
桤状欧石南 **148998**
泰茎 159027
萋蒿 80381
萋萋菜 82022,92384
萋萋芽 82022
槭 **3735**,3714
槭巴豆 **112830**
槭枫 187307
槭果黄杞 145505
槭果木属 **47607**
槭葵 194804
槭麻疯树 **212100**
槭木 3154
槭属 **2769**
槭树 3300
槭树科 **3765**
槭蟹甲草 **283810**
槭叶草 **259731**
槭叶草属 **259730**
槭叶翅子树 320828
槭叶荚蒾 **407662**
槭叶假参 266927
槭叶假葠 266927
槭叶括楼 **396214**
槭叶栝楼 396213,396280
槭叶藜 **87159**
槭叶毛茛 325515
槭叶莓 338945
槭叶茑萝 323457,323470
槭叶苹婆 **58335**
槭叶瓶木 58335
槭叶千里光 365047
槭叶牵牛 207659
槭叶秋海棠 **49782**
槭叶蛇葡萄 **20282**
槭叶升麻 91024,394589
槭叶升麻属 394583
槭叶天竺葵 **288050**
槭叶铁线莲 **94677**
槭叶桐 58335
槭叶兔儿风 **12600**
槭叶蚊子草 **166117**,166114
槭叶小牵牛 **208305**
槭叶悬铃木 302582
槭叶止血草 200263
漆 393479,393491
漆倍子 332791
漆大白 66743
漆大伯 66743,66913,126465,177123
漆大姑 177123
漆底 393492
漆姑 342251
漆姑草 **342251**,342290
漆姑草属 **342221**
漆姑草蚤缀 32201
漆姑虎耳草 **349870**
漆姑无心菜 **32201**
漆鼓 60064
漆光菊 **122087**
漆光菊属 **122086**
漆光欧文楝 **277642**
漆果属 244386
漆花 393492
漆脚 393492
漆茎 159027
漆舅 60064,165841,165844
漆辣子 161373
漆木 393479
漆娘舅 165841,165844
漆欧石南 **150222**
漆榕属 332328
漆山柳菊 **196079**
漆柿 132339
漆属 393441
漆树 **393491**,332509,332938,393449
漆树科 **21190**
漆树属 **393441**,332452
漆盐肤木 **332941**
漆叶泡花树 **249445**
漆叶崖椒 **162143**
漆榆 332329
漆渣 393492
漆籽藤属 **218793**
漆滓 393492
祁艾 35167
祁白芷 **24327**
祁连垂头菊 **110385**
祁连费尔氏马先蒿 **287516**
祁连风毛菊 348675
祁连山附地菜 **397458**
祁连山蒿 35975
祁连山黄芪 42176
祁连山黄耆 **42176**
祁连山棘豆 **279111**
祁连山景天 **356708**
祁连山毛鳞菊 **84971**
祁连山乌头 **5123**
祁连山圆柏 213871
祁连嵩草 **217221**
祁连苔草 **73638**
祁连圆柏 **213871**
祁连獐牙菜 **380318**
祁门贝母 168491
祁门过路黄 **239808**
祁门黄芩 **355409**
祁门鼠尾草 **345336**
祁木香 207135,207206
祁阳细辛 **37678**
祁薏米 99124
祁州漏芦 375274
祁州漏芦属 **375263**,228210,329197
祁州一枝蒿 103446
齐奥坦谷精草 **151556**
齐德芥 **417447**
齐德芥属 **417446**
齐顶菊属 223476
齐墩果 270099,379374
齐墩果茨藻 **262048**
齐墩果科 379296
齐墩果瑞香 122560
齐墩果鼠李 **328772**
齐墩果属 270058
齐墩果树 270099
齐萼茜 **107151**
齐萼茜属 **107150**
齐格春黄菊 **26910**
齐格勒灰莸 **130281**
齐格裂花桑寄生 **295873**
齐汉宁花椒 **417365**
齐花山景天 **382995**
齐花山景天属 **382994**
齐拉芥法蒺藜 **162299**
齐拉芥属 **417937**
齐里橘属 **417875**
齐马潘十大功劳 **242663**
齐默大戟属 **417947**
齐默尔曼大沙叶 **286563**
齐默尔曼甘蓝树 **115246**
齐默尔曼合欢 **13702**
齐默尔曼克来豆 **108573**
齐默尔曼楼梯草 **142906**
齐默尔曼没药 **101374**
齐默尔曼秋海棠 **50432**
齐默尔曼树葡萄 **120267**
齐默尔曼弯管花 **86256**
齐默尔曼星苹果 **90105**
齐默尔曼旋果花 **377843**
齐默尔曼羊角拗 **378472**
齐默尔曼猪屎豆 **111935**
齐默海特木 **188344**
齐妮娅·菲尔德香豌豆 **222796**
齐蕊木属 **385177**
齐氏三肋果 **397984**
齐氏唐菖蒲 **176116**
齐氏头花草 **82181**
齐思曼棒花棕 332437
齐思曼棒柱榈 **332437**
齐特尔针禾 377046
齐特尔针翦草 **377046**
齐头蒿 35674
齐头花属 418072
齐头绒 **418076**
齐头绒属 **418072**
齐亚剪股颖 **12402**
齐云山蝇子草 **363949**
齐云苔草 **75950**
齐整网状十二卷 **186677**
岐花乐母丽 **336023**
岐花鼠刺属 **85964**
岐序蝟果芥属 **128853**
岐枝雅葱 354918
岐柱蟹甲草属 **128384**
芪菜 243862

芪莱巴巴　243862
芪莱巴巴叶　243862
芪莱粑粑叶　243862
芪葵叶　243862
芪母　23670
芪苊　7853
芪叶委陵菜　**312402**
其本省藤　**65659**
其菜　243862
其昌假蛇尾草　193992
其积　280213
其米　193932
其宗苔草　74754
奇白石蒜属　**228151**
奇班加巴豆　**113036**
奇班加马钱　**378906**
奇班加索林漆　**369806**
奇班加弯管花　**86247**
奇班加血桐　**240327**
奇瓣红春素　**117080**
奇瓣马蓝　**320115**
奇菜　243862
奇巢菜　**408537**
奇船兰　373703
奇唇兰　373704
奇唇兰属　373681
奇顶冰花　**169468**
奇尔特恩小檗　**51450**
奇尔小檗　**52121**
奇峰锦　**400788**
奇峰锦属　400765
奇腹草　**291113**
奇腹草属　**291112**
奇葛　321452
奇怪山槟榔　**299669**
奇怪鸢尾　**208750**
奇冠菊　**203433**
奇冠菊属　**203432**
奇冠紫草　**291295**
奇冠紫草属　**291294**
奇果金莲木　**291111**
奇果金莲木属　**291110**
奇果菊　**15937**
奇果菊属　**15931**
奇果荠　**135008**
奇果荠属　**135007**
奇果属　388920
奇果银桦　**180633**
奇果竹芋　**388921**
奇果竹芋属　**388920**
奇果紫草　**388918**
奇果紫草属　**388916**
奇蒿　**35136**
奇花兜舌兰　**282825**
奇花柳　**343057**
奇寄生　**388904**
奇寄生属　**388903**
奇筋骨草　**13078**
奇菊木属　**203440**
奇克索李　316219
奇拉罗车轴草　**396864**
奇莱红兰　273481
奇莱红门兰　**273481**
奇莱肋柱花　**235437**
奇莱青木香　348430
奇莱乌头　**5059**,5214
奇莱喜普鞋兰　120396
奇莱小红门兰　**310898**
奇兰属　208323
奇里卡华飞蓬　**150739**
奇里卡华酸模　**340166**
奇里苓菊　**214071**
奇利安小檗　**51448**
奇利蜜柑　**93846**
奇良　366338
奇粮　366338
奇林翠雀　124099,124100
奇林翠雀花　**124099**
奇林达阿芙大戟　**263015**
奇林达大果萝藦　**279419**
奇林达鹅绒藤　**117426**
奇林达瓠果　**290550**
奇林达榕　**164799**
奇林达铁苋菜　**1816**
奇林达盐肤木　**332515**
奇林达猪屎豆　**112014**
奇林飞燕草　124099
奇鳞草　**15996**
奇鳞草属　**15995**
奇罗维豆　**87338**
奇罗维豆属　**87337**
奇洛埃格林菊　181106
奇马尼马尼百蕊草　**389637**
奇马尼马尼伽蓝菜　**215287**
奇马尼马尼黑草　**61758**
奇马尼马尼蓝兰　**193145**
奇马尼马尼鹿藿　**333181**
奇马尼马尼拟扁芒草　**122322**
奇马尼马尼石竹　**127653**
奇马尼马尼田皂角　**9518**
奇马尼马尼羊耳蒜　**232119**
奇马尼马尼紫菀　**40219**
奇马尼曼澳非萝藦　**326734**
奇马尼曼灰毛豆　**385998**
奇马尼曼木犀榄　**270076**
奇马尼曼香茶　**303215**
奇马尼曼肖杨梅　**258740**
奇妙荷包牡丹　**128310**
奇妙石榴　**321773**
奇南香　29983
奇楠　29983
奇鸟菊属　**256257**
奇普凤梨　**91498**
奇普凤梨属　**91497**
奇普鬼针草　**53834**
奇普拟三角车　**17992**
奇普玉叶金花　**260395**
奇舌萝藦属　**255753**
奇氏马先蒿　**287236**
奇数羽状瘤蕊紫金牛　**271056**
奇蒜　**15585**
奇台黄耆　**42961**
奇台棘豆　**279113**
奇台沙拐枣　**67038**
奇特报春　314348
奇特芍药　280154
奇特猪殃殃　170534
奇瓦瓦栲　**168051**
奇瓦瓦槐　**369031**
奇瓦瓦卷耳　**83056**
奇瓦瓦栎　**323754**
奇瓦瓦眠雏菊　**414981**
奇瓦瓦松　**300035**
奇瓦瓦月见草　**269514**
奇瓦猪毛菜　**344494**
奇仙玉　**246598**
奇想球　**362003**
奇想球属　**362002**
奇想丸　362003
奇想丸属　362002
奇形东亚文殊兰　**111168**
奇形风毛菊　**348312**
奇形凤仙花　205210
奇形高山茅香　**196121**
奇形美人树　**88972**
奇形拟九节　**169346**
奇形橐吾　**229128**
奇形绣球花　199800
奇形岩风　**228592**
奇形银鳞紫菀　**40078**
奇形转子莲　**95221**
奇羊族草　**8772**
奇叶榕　165100
奇叶玉兰　**416709**
奇异阿林莎草　**14710**
奇异百簕花　**55393**
奇异北枳椇　**198770**
奇异彩花　**2264**
奇异茶梅　**69600**
奇异桢桐　**96212**
奇异翅籽草海桐　**405300**
奇异串铃花　**260327**
奇异刺芹　**154330**
奇异刺蒴麻　**399289**
奇异葱　**15126**
奇异大戟　**159377**
奇异大头紫菀　**39913**
奇异德拉五加　**123762**
奇异吊灯花　**84174**
奇异毒鱼草　**392204**
奇异杜鹃　**331444**
奇异菲奇莎　**164569**
奇异风车子　**100685**
奇异风兰　**24951**
奇异风铃草　**70172**
奇异风轮菜　**97042**
奇异风毛菊　**348093**
奇异蜂斗菜　**292391**
奇异凤仙花　**205210**
奇异拂子茅　**65452**
奇异哥白尼棕　**103735**
奇异格雷野牡丹　**180408**
奇异果　388921
奇异合萼山柑　**390053**
奇异红蕾花　**416965**
奇异虎耳草　**349748**
奇异互叶半日花　**168943**
奇异互叶草绣球　**73122**
奇异画眉草　**147863**
奇异黄芪　42913
奇异黄耆　**42913**
奇异灰灌菊　**386387**
奇异灰毛豆　**386185**
奇异鸡矢藤　**280094**
奇异蓟　**91701**
奇异假糙苏　**283637**
奇异碱蓬　**379580**
奇异金果椰　**139384**
奇异金虎尾　**290687**
奇异金虎尾属　**290686**
奇异堇菜　**410246**
奇异聚花澳藜　**134521**
奇异君子兰　**97222**
奇异可利果　**96780**
奇异克鲁茜　**113169**
奇异蜡菊　**189568**
奇异蜡棕　103735
奇异肋瓣花　**13846**
奇异类荣耀木　**391580**
奇异栗豆藤　**11036**
奇异连翘　**167451**
奇异裂叶眠雏菊　**414984**
奇异柳穿鱼　**231067**
奇异龙胆　**173705**
奇异罗顿豆　**237369**
奇异落芒草　**300738**
奇异麻疯树　**212195**
奇异马岛甜桂　**383650**
奇异马兜铃　**34225**
奇异马先蒿　**287008**
奇异杧草　293750
奇异毛子草　**153250**
奇异眉兰　**272461**
奇异美丽蓝花参　**412820**
奇异魔王杯　**347428**
奇异莫杰菊　**256427**
奇异南星　**33309**
奇异鸟足兰　**347830**

奇异牛角草 **273182**
奇异牛油果 **64207**
奇异欧石南 **149764**
奇异排草 239683
奇异盘花千里光 **366889**
奇异泡果荠 196297
奇异瓶木 **58342**
奇异婆罗门参 **394258**
奇异脐景天 **401701**
奇异绮春 **153957**
奇异秋海棠 50085
奇异球属 **198491**
奇异忍冬 **236015**
奇异柔花 **8968**
奇异肉锥花 **102399**
奇异山柳菊 **195795**
奇异山莴苣 **219439**
奇异山芫荽 **107804**
奇异鼠毛菊 **146577**
奇异酸脚杆 **247596**
奇异苔草 **75384**
奇异唐菖蒲 **176378**
奇异唐松草 **388593**
奇异菟丝子 **115097**
奇异托叶苏铁 **373675**
奇异葳木 **24175**
奇异莴苣 **219416**
奇异乌头 **5475**
奇异仙花 **395815**
奇异仙客来 115961
奇异仙人球 **140871**
奇异腺花山柑 **64899**
奇异香茶 **303505**
奇异香芸木 **10664**
奇异向日葵 **189023**
奇异肖紫玉盘 **403631**
奇异絮菊 **166010**
奇异悬钩子 **338837**
奇异鸭跖草 **100967**
奇异烟堇 **169104**
奇异羊角拗 **378424**
奇异叶序大风子 **296912**
奇异虉草 **293750**
奇异银桦 **180629**
奇异硬点山柑 **376340**
奇异尤利菊 **160833**
奇异玉凤花 **183874**
奇异针茅 **376867**
奇异致银须草 **12837**
奇异轴榈 **228750**
奇异皱茎萝藦 **333853**
奇异皱子棕 **321166**
奇异猪毛菜 **344633**
奇异猪屎豆 **112419**
奇异爪唇兰 **179295**
奇异准鞋木 **209545**
奇异紫心苏木 **288871**
奇异醉蝶花 **95753**
奇遇果 131933
奇子树 **203439**
奇子树科 **203437**
奇子树属 **203438**
歧苞草 **310250**
歧苞草属 **310248**
歧笔菊 **128370**
歧笔菊属 **128369**
歧萼番杏属 **25363**
歧萼属 25363
歧繁缕 374841
歧阜苔草 **74645**
歧冠兰 **94671**
歧冠兰属 **94670**
歧果芥属 **116716**
歧花菠萝 392006
歧花凤梨 **392006**
歧花鸢尾 208524
歧茎艾 35622
歧茎蒿 **35622**
歧良 366338
歧裂水毛茛 **48914**
歧鳞菊 **25462**
歧鳞菊属 **25461**
歧伞当药 380181
歧伞花 **116711**
歧伞花属 **116709**
歧伞菊 **389962**
歧伞菊属 **389961**
歧伞葵属 350353
歧伞香茶菜 **209769**
歧伞星状龙胆 **173926**
歧伞獐牙菜 **380181**
歧山金丝桃 **201837**
歧穗臭根子草 57553
歧穗大黄 **329379**,329397
歧尾菊 **286816**
歧尾菊属 **286815**
歧缬草 **404454**
歧缬草属 **404394**
歧序安息香 **61272**
歧序安息香属 **61271**
歧序大黄 329379
歧序剪股颖 **12080**
歧序楼梯草 **142859**
歧序唐松草 388680
歧序野茉莉 61272
歧序野茉莉属 61271
歧序苎麻 **56294**
歧颖剪股颖 **12176**
歧枝繁缕 374836
歧枝黄芪 42405
歧枝黄耆 **42405**
歧柱蟹甲草 128370
歧柱蟹甲草属 128369
祈艾 35794
蓍草叶马先蒿 **286974**
蓍叶茴芹 **299345**
蓍状亚菊 **12989**
脐草 **270758**
脐草属 **270757**
脐橙 93797
脐刺头菊 **108438**
脐点报春 314468
脐风草 345978
脐果草属 **270677**
脐果山榄属 **270634**
脐果紫草 **254978**
脐果紫草属 **254977**
脐鹤虱 **270744**
脐鹤虱属 **270743**
脐戟属 **270617**
脐景天 **401683**
脐景天属 **401678**
脐毛矢车菊 **81301**
脐突大戟 **160026**
脐突龙面花 **263462**
脐突香芸木 **10736**
脐维吉豆 **409188**
脐猪牙花 **154949**
脐状翅鹤虱 **225096**
脐状刺头菊 **108352**
脐状瓦松 108075
脐足野牡丹 **270750**
脐足野牡丹属 **270749**
蚔母 23670
畦畔母草 231479
畦畔飘拂草 **166499**
畦畔莎草 **118982**
畦畔粟麦草 **230156**
畦莎 63216
畦燕麦 **45607**
骐驎竭 121493
骑马参 302377
骑墙虎 393657
骑士尖尾樱桃 **316244**
骑士兰属 196459
棋脚树 48510
棋盘贝母 168476
棋盘菜 243810,243862,243866
棋盘花 **417925**,13934,243833
棋盘花属 **417880**
棋盘脚 48510
棋盘脚树 48510
棋盘脚树属 48508
棋盘叶 243862
棋藤 162542
棋子豆 **116606**
棋子豆属 **116585**
琦香 274237
琪楠 29983
魃实 105146
旗瓣大果萝藦 **279473**
旗瓣莎草 **119749**
旗唇兰 **218296**
旗唇兰属 **218294**
旗杆芥 **400644**
旗杆芥属 **400638**
旗糊 141999
旗豇豆 409092
旗茅 63216
旗山艾纳香 55784
蜞马七 208875
蕲艾 35794,36474,111826
蕲艾属 111823
蕲菜 243771
蕲苣 229309
鲯药 226721
鳍蓟 **383213**,270234,270239
鳍蓟菊 270239
鳍蓟菊属 270227
鳍蓟属 **383210**,270227
麒麟草 43682
麒麟刺 159363
麒麟大戟 **159245**
麒麟杜鹃 331370
麒麟花 159363,260217
麒麟角 **159458**,159457
麒麟竭 121493,137382
麒麟竭属 121486
麒麟菊 228529,230761
麒麟簕 159458
麒麟片 126329,297008
麒麟参 **205578**
麒麟塔 66725
麒麟吐珠 66725,214379
麒麟吐珠属 **279765**,50922,
66722
麒麟吐珠鸭嘴花 **214356**
麒麟尾 147349,166897
麒麟尾属 147336
麒麟仙人球 **244241**
麒麟血 121493,137353
麒麟叶 **147349**,49703,328997
麒麟叶属 **147336**
麒麟掌属 **290717**
乞丐碗 355391
乞力伽 44218
乞力佳 44218
乞食碗 200312
企晃刺 338516
企头簕 280555
企喜鸡爪槭 **3305**
岂陈晃 338205
芑 281916,327435,368771
芑菜 90901
芑实 99124
启丽 82300
启丽花 **82300**
启无白前 **117748**

启无独蒜兰 **304225**
启无耳草 **187700**
启无景天 357294
启无苔草 **74103**
杞的槿 218444
杞的木 218444
杞根 239021
杞李参 125604
杞李葠属 125589
杞柳 **343529**,320377,343955
杞莓属 **316977**
杞子 239011
起疯晒 66853
起角莲 20115
起莫 113879
起目 99124
起泡草 325981,326365
起贫草 105846
起绒草 **133478**,133505
起绒飘拂草 **166293**
起实 99124
起阳草 15843
绮春蓝花参 **412671**
绮春属 **153949**
绮丽长春花 **79424**
绮丽大戟 **159793**
绮丽海因斯茜 **188286**
绮丽蜡菊 **189757**
绮丽千里光 **358788**
绮丽鼠尾粟 **372830**
绮丽苔草 **76195**
绮罗玉 **242882**
绮绣玉 **284699**
气包 390128
气布待棵 285834
气草 78039,106197,344945
气喘药 344947
气豆 114300
气柑 93579
气根栀子 **171258**
气骨 179500
气管木 72393
气管炎草 317925,317966
气果 97719
气花兰属 **9191**
气辣子 161373
气利橘 93565
气囊豆属 100149
气囊果碱蓬 379582
气球豆 **380032**
气球豆属 **380030**
气球珊瑚樱 **367523**
气死大夫 94995
气死名医草 234759
气桃 20935
气藤 351054
气通草 9560
气痛草 231503
气味藜 **87039**
气血藤 386696
弃杖草 146966,147013,147039,147048,147075
汽球花 179096
契丹玉簪 **198594**
契尔曼山柳菊 **195686**
契尔瓦克苔草 **74250**
契尔玄参 **355095**
契乎山柳菊 **196049**
契卡氏齿缘草 **153439**
契卡乌头 **5154**
契里榈属 86841
契穆干阿魏 **163736**
契穆干糙苏 **295211**
契穆干古当归 **30937**
契穆干棘豆 **279221**
契穆干假香芥 **317564**
契穆干蓝刺头 **140825**
契穆干扭藿香 **236279**
契穆干栓翅芹 **313529**
契穆干丝叶芹 **350379**
契氏拉拉藤 **170337**
契氏糖芥 **154441**
契氏线嘴苣 **376055**
砌瓜 238261
荠 **72038**,326616
荠菜 72038,137133,243862
荠菜粑粑 243862
荠菜儿 72038
荠菜属 72037
荠儿菜 89020
荠根 326616
荠卡 394560
荠米 394560
荠苨 **7853**,7798,302753
荠荠菜 72038,92384
荠荠毛 82022,92384
荠实 72038
荠属 **72037**
荠叶山芫荽 **107766**
荠只菜 72038
荠苎 **259292**,259282,345310
荠苎蛤蟆草 345310
荠苎属 259278
荠状芥 **23474**
荠状芥属 **23473**
掐不齐 43012,218345,218347,227009
恰克藜 **86966**
恰帕斯十大功劳 **242506**
恰帕斯鼠尾草 **344952**
恰帕斯掌 **87310**
恰帕斯掌属 **87309**
恰帕西亚属 87309
恰氏玄参 **355115**
洽巴胡椒 300495
落草 **217441**
落草属 **217416**
千把刀 114539,205548
千瓣白石榴 321769
千瓣白桃 **20938**
千瓣大红 321776
千瓣红 321776
千瓣红石榴 321776
千瓣葵 **188953**
千瓣桃 **20941**
千槟榔 305202
千布堇菜 **409609**
千布苔草 **74102**
千层矮 257542
千层剥 219485
千层桦 53389,53400
千层蕉 **260215**
千层楼 159222,202086,257542
千层毛 126933
千层皮 126933,157285,235781,235929,240813,248104,369152,376156,391843
千层塔 150464,159540,201853,268438,366548
千层喜 111167,111171
千层须 252514
千层纸 275403
千重楼 201942
千重皮 240813
千重塔 257542
千垂鸟 318947
千垂乌 318947
千锤草 7985
千锤打 5612,5616,39014,176222,187565,231298,239967,312502
千打捶 49046
千打锤 231322,400518
千打锤乌药 231322
千代芦荟 17136
千代田之松 **279637**
千担苕 131645
千岛赤竹 **347234**
千岛虎耳草 **349366**
千岛火绒草 **224890**
千岛碱茅 **321324**
千岛兰 310873
千岛忍冬 **235721**
千岛苔草 **73558**
千岛葶苈 **136952**
千岛小蝶兰 310866
千岛小红门兰 **310866**
千岛小叶杜鹃 331057
千岛岩风 **228611**
千岛樱 **83269**
千岛樱桃 **316597**
千岛獐牙菜 **380376**
千地红 59842
千叠松 300163
千豆豉干 241176
千风子 217361
千根草 **159971**
千根癀 368073
千果草 243164
千果榄仁 **386585**
千果露兜树 **281001**
千红花树 386585
千花属 88215
千花橐吾 **229114**
千花亚菊 13011
千花紫菀 40440
千花醉鱼草属 **87384**
千甲木 223454
千甲树 223454
千脚刺 159363
千解草 **322423**
千解草属 **322421**
千斤拔 **166880**,129629,131645,166872,166888,166895
千斤拔属 **166850**
千斤草 143530
千斤秤 166888
千斤锤 139629
千斤吊 166888
千斤红 166880
千斤树 231324
千斤藤 110227,157473,207988
千斤香 231324
千斤桩 65966
千斤坠 57434,362617
千斤坠属 415667
千金拔 94899
千金不倒 54620
千金不藤 125580
千金菜 219485
千金草 143530,158118
千金重 57434
千金垂草 402250
千金刺 122040
千金鹅耳枥 77276
千金红 179236
千金花 158118
千金薯 34139
千金树 231324
千金踏 143530
千金藤 **375870**,110227,235878,375847,375861,375884
千金藤属 **375827**
千金榆 **77276**,77278,77358,77411
千金榆属 77252
千金子 **225989**,159222,201853
千金子属 **225983**

千金子藤属 211693,376022
千筋拔 166880
千筋菜 59438
千筋树 32988,77291
千颗米 371981
千颗针 197794
千口针 122040
千里光 **359980**,94740,226742,294122,325697,325981,358292,359158,360493,381934
千里光还阳参 **111011**
千里光科 **360373**
千里光蓝花参 **412865**
千里光马岛菀 **241490**
千里光软毛蒲公英 **242961**
千里光属 **358159**
千里光双角胡麻 **128379**
千里光天竺葵 **288510**
千里光仙人笔 **216677**
千里及 187558,226742,305202,359980
千里急 359980
千里马 56392,166888,222269,375187,388505
千里明 359980
千里木 413817
千里木属 **125652**
千里香 **260173**,11300,122532,172099,391284
千里香杜鹃 331975
千里香叶杜鹃 **331975**
千里找根 392252
千粒米 35136
千两 346527
千两金 146966,146995,147013,147039,147048,147075,159222
千灵丹 282883
千枚针 30632
千密灌 373321
千蜜罐 373439
千母草 **392668**
千母草属 **392667**
千年矮 31477,64243,64248,64369,259881,279744,295518,403832,414193
千年艾 111826,257542
千年艾属 111823
千年不大 31477
千年不烂心 367120,367322
千年茶 31477,187548,187598
千年春 257542
千年耗子屎 30024,357919
千年红 104701,179236,295773
千年见 197794
千年剑 158456
千年健 **197794**,347078
千年健属 **197785**
千年菊 415317
千年老鼠屎 221552,357919
千年冷 176839,239582
千年木 104367,137447
千年青 313197,346731,346737
千年润 125033,125138,125233,335760
千年生 117640
千年薯 375904
千年树 241775,382499
千年霜 257542
千年桐 406019
千年勿大 360935
千年勿大树 226739
千年崖 346743
千年芋 **415201**
千年芋属 **415190**
千年枣 295461
千年竹 39557
千年棕 55575,114838
千鸟草 102833
千皮层属 248072
千千踏 143530
千穷娃 110461
千秋 5335
千秋球 **244266**
千秋丸 244266
千屈菜 **240068**
千屈菜百里香 **391268**
千屈菜海神菜 **265488**
千屈菜科 **240020**
千屈菜离药草 **375308**
千屈菜欧瑞香 **391011**
千屈菜属 **240025**
千屈菜叶岩薄荷 **114524**
千屈石南 **223887**
千屈石南属 **223886**
千人拔 143530
千人耳子 106227
千人踏 143530
千日白 179236
千日草 77178
千日红 **179236**
千日红塞里菊 **360903**
千日红属 **179221**
千日红帚鼠麹 **377223**
千日娇 179236
千日菊 **4866**
千日菊属 4858,371627
千日晒 100940
千山蒿 **35328**
千山山梅花 **294561**
千山野豌豆 **408338**
千生珍珠菜 **239895**
千手丝兰 **416538**
千寿菊 383090
千寿兰 416538
千岁谷 18687
千岁菊 **215994**
千岁菊属 **215993**
千岁兰 346120,346158,413748
千岁兰属 413741
千岁藟 411589,411686
千岁蘽 411686
千岁木 411686
千碎荠 **87422**
千碎荠属 **87420**
千穗草 **261396**
千穗草属 **261394**
千穗谷 18687,18752
千穗苋 **18752**
千台楼 197254
千条蜈蚣 3921
千条蜈蚣赶条蛇 38906
千条鍼 53801
千头艾纳香 **55769**
千头柏 **302734**
千头斑鸠菊 **406220**
千头草 **87395**,217361
千头草属 **87393**
千头赤松 **299897**
千头臭椿 **12562**
千头柳杉 **113706**
千头木麻黄 **79175**
千头属 87393
千头仙人球 **107015**
千头子 217361
千下棰 402245
千下槌 201942,402245
千腺菊属 **87371**
千心妓女 217361
千心子 217361
千星菊属 261060
千崖子橐吾 **229071**
千岩堇 106537
千叶阿尔泰狗哇花 193921
千叶阿尔泰狗娃花 **193921**
千叶白 69156
千叶白头翁 321691
千叶春黄菊 **26829**
千叶独活 192309
千叶狗娃花 193921
千叶红 69156
千叶蝴蝶兰 **293589**
千叶菊蒿 **383727**,26829
千叶兰属 259584
千叶千斤拔 166905
千叶蓍 3978,4062
千叶氏玉簪 **198649**
千叶藤 103862
千叶卫矛 **157365**
千叶萱草 191284
千云竹 117643
千张草 150464
千张树 70575,229601,229617
千张纸 275403
千张纸属 275401
千丈蓟 **92378**
千丈树 70575
千针草 82022,92167,92384
千针万线草 375151
千针苋 **6164**
千针苋属 **6160**
千针叶 331515
千针叶杜鹃 **331515**
千只眼 260164,260173,260178
千纸肉 275403
扦扦活 345708,345709
芊菜 72038
芊草 72038
芊芊活 345708
杆树 298272
杆树松 298449
牵环花属 45979
牵牛 208016
牵牛花 **208016**,208120
牵牛花属 207546
牵牛入石 240813
牵牛属 **293861**,207546
牵牛藤 207659
牵牛子 208016
牵藤 197223
牵枝牡丹 68713
铅笔柏 213984
铅笔蝴蝶兰 283602
铅笔拟蝶兰 **283602**
铅花大戟 **159256**
铅花苋 **288632**
铅花苋属 **288630**
铅口玄参属 **288664**
铅色杯鸢花 **118399**
铅色酢浆草 **277942**
铅色大戟 **159255**
铅色华美豆 **123535**
铅色柳 **343614**
铅色疱茜 **319965**
铅色千里光 **359367**
铅色十二卷 **186628**
铅色苔草 **75184**
铅色尾药菊 **238395**
铅色尾药菊属 **238394**
铅色苋 18670
铅色香紫罗兰 **246498**
铅山悬钩子 **339412**
签草 **74383**,74942
签草属 352348
签草香茅 117245
拎壁龙 319833
拎树龙 319833
前草 295986
前川黄芩 **355559**

前川氏北极蒿　**89429**
前红松　300006
前胡　**292982**,24336,192388,276745,293033,293071
前胡绵果芹　**64790**
前胡属　**292758**
前胡西风芹　**361552**
前胡叶滇芎　**297947**
前胡叶茴芹　**299493**
前胡叶匹菊　**322729**
前胡叶秋英　**107171**
前胡叶水芹　**269346**
前胡叶西风芹　**361551**
前进景天　329870
前皮　211822
前田柑　**93457**
前原鹅观草　335423
前原毛连菜　**298600**
荨　23670
荨豆　409025
荨麻　**402916**,175877,221538,402847,402869,402946,402958,403028
荨麻刺果属　97694
荨麻刺属　**97738**
荨麻瓠果　**290564**
荨麻科　**403050**
荨麻莲花　**156000**
荨麻莲花属　**155998**
荨麻楼梯草　142623
荨麻母草　**231521**
荨麻球花豆　**284475**
荨麻属　**402840**
荨麻树　80698
荨麻菟丝子　**115116**
荨麻叶巴豆　**113050**
荨麻叶白酒草　**103630**
荨麻叶斑鸠菊　**406909**
荨麻叶报春　**315074**
荨麻叶臭黄荆　313759
荨麻叶豆腐柴　313759
荨麻叶多鳞菊　**66365**
荨麻叶风铃草　**70331**
荨麻叶风轮菜　**97056**
荨麻叶凤仙花　**205423**
荨麻叶胡椒　300357
荨麻叶黄麻　**104136**
荨麻叶黄芩　**355855**
荨麻叶藿香　**10422**
荨麻叶蒟　300357
荨麻叶冷水花　**299080**
荨麻叶藜　**87096**
荨麻叶龙头草　**247739**
荨麻叶马蓝　**320139**
荨麻叶密穗花　322159
荨麻叶密穗木　**322159**
荨麻叶母草　**231589**
荨麻叶牛膝菊　**170150**
荨麻叶绣球防风　**227724**
荨麻叶玄参　**355263**
荨麻叶益母草　**225020**
荨麻叶泽兰　**158354**,11154,158028
荨麻叶钟萼草　**231286**
荨麻叶紫菀　**41217**
钱柴头　231298
钱菖蒲　5809
钱齿草　81570
钱串草　297013
钱串木　297013
钱串树　280548
钱串子　297013,302068
钱葱　143122
钱德勒伯特马醉木　**298735**
钱德勒吊兰　**139964**
钱葛　176839
钱贯草　301871,301952,301977,302068
钱葵　243833
钱麻　175877,402886
钱木　**270975**
钱木属　**270973**,87343
钱纳福禄考　**295270**
钱排草　297013
钱排木　297013
钱蒲　5803,5809,213213
钱普曼蛇鞭菊　228450
钱蜞柴　231298
钱氏大参　241161
钱氏钓樟　231321
钱氏柳　343203
钱氏木属　270973
钱氏蛇鞭菊　228450
钱氏水青冈　162366
钱氏兔儿风　**12716**
钱氏香茶菜　209700
钱丝木通　94830
钱线尾　62110
钱叶风毛菊　348731
钱叶猕猴桃　6700
钱叶珍珠菜　239755
钱榆　401602
钱凿草　89207,176839
钱凿口　81570
钱凿王　176839
钳蓖叶兰　**128410**
钳叉状管花兰　**106877**
钳唇兰　**154872**
钳唇兰属　**154871**
钳唇兰玉凤花　**183968**
钳唇原沼兰　**243103**
钳唇沼兰　243103
钳大地豆　**199334**
钳梗蛇舌草　**269819**
钳冠萝藦　**218705**
钳冠萝藦属　**218704**
钳喙兰　154872
钳喙兰属　154871
钳爵床　**167281**
钳爵床属　**167278**
钳双距兰　**133785**
钳猪毛菜　**344539**
乾滴塔　275356
乾葛　321469
乾汗草属　259278
乾精菜　**295091**
乾宁狼尾草　**289222**
乾宁乌头　**5121**
乾宁阴山荠　**416347**
乾岩腔　416338
潜茎景天　**356870**
潜龙掌属　**148140**
黔八角　204600
黔北淫羊藿　**146964**
黔长柄山蚂蝗　**200731**
黔川乌头　**5110**
黔滇木蓝　205962
黔滇崖豆藤　**66633**
黔东银叶杜鹃　**330140**
黔椴　**391751**
黔鹅耳枥　77315
黔鄂桑　259202
黔鄂淫羊藿　147016
黔芙兰草　**168879**,168841
黔狗舌草　**385916**
黔贵百灵藤　194158
黔贵柏拉木　55143
黔贵野锦香　55143
黔贵鱼藤　125948
黔贵醉魂藤　194158
黔桂槌果藤　71699
黔桂大苞寄生　**392713**
黔桂冬青　204278
黔桂黄肉楠　**6785**
黔桂轮环藤　**116021**
黔桂桤叶树　96505
黔桂槭　**2887**
黔桂千金藤　375840
黔桂润楠　**240569**
黔桂悬钩子　**338393**
黔桂鱼藤　**125948**,126005
黔桂苎麻　**56358**
黔桂醉魂藤　194158
黔合耳菊　**381938**
黔华千里光　365053
黔黄檀　121829
黔金足草　**178847**
黔苣苔　385838
黔苣苔属　385836
黔蜡瓣花　106667
黔灵山冬青　**204199**
黔岭淫羊藿　**147016**
黔南厚壳桂　**113431**
黔南木蓝　**205962**
黔南润楠　**240556**
黔南石楠　**295680**,295657
黔南鼠李　**328651**
黔南羊蹄甲　**49214**
黔蒲儿根　**365053**
黔鼠刺　**210413**
黔尾药菊　381938
黔蚊母树　**134953**
黔西报春　**314222**
黔羊蹄甲　**49155**
黔阳杜鹃　**331591**
黔阳过路黄　**239843**
黔一枝蒿　3921
黔异花草　168841
黔鱼藤　125948
黔粤石栎　233218
黔越冬青　**204278**
黔越瓜子金　134035
黔中紫菀　**40839**
黔竹　**125515**
浅凹青锁龙　**109022**
浅白酢浆草　**278028**
浅白芳香木　**38459**
浅白海滨山黧豆　**222736**
浅白黄郁金香　**400226**
浅白金琥　**140112**
浅白驴菊木　**271714**
浅白毛穗马鞭草　**219104**
浅白欧石南　**148991**
浅白银叶花　**32759**
浅白远志　**307899**
浅白杂分果鼠李　**399749**
浅白爪苞彩鼠麴　**227795**
浅斑碧玉兰　**116969**
浅斑兜兰　**282862**
浅苞橐吾　**229012**
浅边柿　**132427**
浅波非芥　**181713**
浅波胶藤　**220976**
浅波栎　**324427**
浅波蒲公英　384778
浅波榕　**165338**
浅波蒴莲　**7300**
浅波苔草　**76007**
浅波叶长柄山蚂蝗　**200747**
浅波叶车桑子　**135225**
浅波叶五味子　**351093**
浅波缘糖芥　154424
浅波状百蕊草　**389847**
浅波状杯冠藤　**117665**
浅波状丹氏梧桐　**135965**
浅波状矾根　**194438**
浅波状虎耳草　**349845**
浅波状千里光　**359879**

浅波状小冠花 **105307**
浅波状泽芹 **365865**
浅橙虾脊兰 **65924**
浅齿楼梯草 **142635**
浅齿橐吾 **229147**
浅粉花溲疏 **127066**
浅粉绿早熟禾 **305559**
浅褐赪桐 **95970**
浅褐蜡菊 **189116**
浅褐舌唇兰 302513
浅褐忧花 **241592**
浅黑荸荠 **143236**
浅黑还阳参 **110931**
浅黑棘豆 **279034**
浅黑蒲公英 **384694**
浅黑日中花 **220561**
浅黑山柳菊 **196010**
浅黑苔草 **76429**
浅黑硬皮鸢尾 **172601**
浅红白粉藤 **92942**
浅红白瑟木 **46662**
浅红百金花 81495
浅红百蕊草 **389684**
浅红斑鸠菊 **406308**
浅红半日花 **188826**
浅红扁担杆 **180769**
浅红并核果 **283175**
浅红博巴鸢尾 **55970**
浅红大戟 **158849**
浅红地笋 **239241**
浅红毒鼠子 **128799**
浅红多穗兰 **310582**
浅红狗尾草 **361958**
浅红谷精草 **151459**
浅红红毛草 **333029**
浅红厚皮树 **221191**
浅红葫芦 **219841**
浅红虎尾兰 **346078**
浅红花千里光 **360153**
浅红黄檀 **121811**
浅红茴芹 **299410**
浅红火炬花 **217031**
浅红剑苇莎 **352336**
浅红胶藤 **220954**
浅红堇菜 **409830**
浅红茎猪屎豆 **112632**
浅红卡普山榄 **72140**
浅红阔苞菊 **305129**
浅红拉吉茜 **220268**
浅红老鸦嘴 **390761**
浅红类九节 **181426**
浅红裂花桑寄生 **295840**
浅红柳 **343410**
浅红鹿藿 **333228**
浅红马齿苋 **311841**
浅红毛基特茜 **215781**
浅红欧石南 **150004**
浅红蒲公英 **384782**
浅红萨比斯茜 **341672**
浅红三芒草 **34011**
浅红莎草 **118836**
浅红蛇舌草 **269976**
浅红蛇藤 **100077**
浅红圣诞果 **88041**
浅红柿 **132271**
浅红树葡萄 **120129**
浅红双距兰 **133923**
浅红娑罗双 **362210**,362187
浅红苔草 **76084**
浅红天料木 **197716**
浅红弯萼兰 **120736**
浅红五层龙 **342720**
浅红五月茶 **28396**
浅红小瓦氏茜 **404905**
浅红肖皱籽草 **250941**
浅红扬氏鸡头薯 **153092**
浅红羊蹄甲 **49224**
浅红异被风信子 **132535**
浅红鹰爪花 **35056**
浅红玉叶金花 **260488**
浅红指甲草 **284819**
浅红中国马先蒿 **287093**
浅花地榆 **345882**
浅花湖北百合 **229863**
浅黄埃氏吊兰 **139965**
浅黄奥萨野牡丹 **276498**
浅黄半带菊 **191709**
浅黄报春 **314602**
浅黄荸荠 **143154**
浅黄扁莎 **322223**
浅黄菜豆 **293991**
浅黄菜蓟 **117771**
浅黄雌足芥 **389279**
浅黄刺蒴麻 **399234**
浅黄葱 **15295**
浅黄酢浆草 **277845**
浅黄吊钟花 **145680**
浅黄钉头果 **179035**
浅黄兜兰 **282786**
浅黄斗篷草 **14028**
浅黄短叶水蜈蚣 **218484**
浅黄番红花 **111567**
浅黄风兰 **24855**
浅黄甘草 **177891**
浅黄合瓣花 **381837**
浅黄荷青花 **200756**
浅黄褐绶草 **372231**
浅黄红门兰 **273433**
浅黄花半脊荠 **191528**
浅黄花黄耆 **42648**
浅黄画眉草 **147679**
浅黄加那利豆 **136751**
浅黄假狼紫草 **266604**
浅黄豇豆 **408950**
浅黄节茎兰 **269211**
浅黄金千里光 **279940**
浅黄聚花草 **167021**
浅黄卡尔亚木 171551
浅黄宽果蒲公英 **384741**
浅黄榄仁树 **386535**
浅黄劳德草 **237820**
浅黄离被鸢尾 **130295**
浅黄鳞花草 **225190**
浅黄马森酢浆草 **277958**
浅黄马先蒿 **287386**
浅黄脉苞菊 **216614**
浅黄密毛大戟 **322023**
浅黄膜冠菊 **201183**
浅黄欧洲女贞 229663
浅黄蒲公英 **384784**
浅黄芪 42294
浅黄耆 **42294**
浅黄枪刀药 **202547**
浅黄全缘千里光 **359121**
浅黄肉茎牻牛儿苗 **346650**
浅黄色半脊荠 191528
浅黄莎草 **118898**
浅黄山柳菊 **195616**
浅黄十二卷 **186434**
浅黄梳状萝藦 **286862**
浅黄树葡萄 **120071**
浅黄双角草 **131344**
浅黄水苏 **373206**
浅黄丝穗木 **171551**
浅黄溲疏 **127076**
浅黄苔草 **75238**
浅黄同花桃金娘 **197981**
浅黄图拉金鱼藤 **100129**
浅黄纹蕊茜 **341300**
浅黄五角木 **313969**
浅黄小红钟藤 **134871**
浅黄肖鸢尾 **258486**
浅黄盐鼠麹 **24539**
浅黄羊耳蒜 **232162**
浅黄腋生菲利木 **296159**
浅黄盂兰 **223643**
浅黄鸢尾 **208561**
浅黄远志 308173
浅黄窄籽南星 **375732**
浅黄皱褶马先蒿 **287523**
浅黄朱米兰 **212712**
浅黄猪毛菜 **344532**
浅黄紫竹 **297368**
浅灰斑鸠菊 **406229**
浅灰大戟 **159004**
浅灰短茎野荞麦 **151874**
浅灰风铃草 **70088**
浅灰核果菊 **89398**
浅灰厚皮树 **221142**
浅灰鸡头薯 **152863**
浅灰金千里光 **279894**
浅灰李堪木 **228668**
浅灰利堪蔷薇 228668
浅灰千里光 **358559**
浅灰枪刀药 **202530**
浅灰热非茜 **384319**
浅灰山柳菊 **195505**
浅灰酸浆 **297664**
浅灰田菁 **361371**
浅堇色斑鸠菊 **406063**
浅堇色赪桐 **95943**
浅堇色非洲豆蔻 **9875**
浅堇色非洲砂仁 9875
浅堇色黄芩 **355845**
浅堇色假杜鹃 **48388**
浅堇色香茶菜 **303134**
浅堇色异萼爵床 **25628**
浅蓝大戟 **158666**
浅蓝芙兰草 168839
浅蓝胡卢巴 **397209**
浅蓝假塞拉玄参 **318406**
浅蓝罗顿豆 **237257**
浅蓝落芒草 **300708**
浅蓝迷迭香 **337192**
浅蓝平口花 **302627**
浅蓝千金子 **225992**
浅蓝山黧豆 **222703**
浅蓝睡莲 267658
浅蓝田菁 **361374**
浅蓝瓦氏茜 **404790**
浅蓝肖矛果豆 **294609**
浅蓝羊茅 **163872**
浅蓝藕草 **293732**
浅裂半边莲 **234607**
浅裂变叶木 98198
浅裂滨紫草 250913
浅裂茶藨 333952
浅裂茶藨子 **333952**
浅裂翠雀花 **124675**
浅裂大黄 **329351**
浅裂大戟 **159788**
浅裂大字草 **349208**
浅裂吊灯花 **84204**
浅裂对叶兰 **264704**
浅裂萼熊果 31113
浅裂飞蓬 **150761**
浅裂狒狒花 **46076**
浅裂伽蓝菜 **215196**
浅裂葛藤 321441
浅裂黑果菊 **44032**
浅裂厚敦菊 **277082**
浅裂黄花秋海棠 **49840**
浅裂剪秋罗 **363337**,363472
浅裂蓝花参 **412728**
浅裂蓝钟花 115383
浅裂林石草 **413032**
浅裂罗伞 **59218**
浅裂马岛翼蓼 **278441**

浅裂蔓绿绒 **294806**
浅裂毛莨 **326036**
浅裂蒙松草 **258130**
浅裂牡荆 **411323**
浅裂南星 33397
浅裂槭 **3500**
浅裂荨麻 **402954**
浅裂茄 **367028**
浅裂青葙 **80452**
浅裂曲花 **120608**
浅裂柔花 **8953**
浅裂三距时钟花 **396506**
浅裂山黄菊 **25507**
浅裂山蚂蝗 **126443**
浅裂薯蓣 **131686**
浅裂睡布袋 **175269**
浅裂蒴莲 **7274**
浅裂酸浆 **297693**
浅裂铁线莲 **94926**
浅裂菟葵 **148107**
浅裂脱衣菊 **265753**
浅裂乌头 **5371**
浅裂鲜红果红花槭 **3522**
浅裂小花苣苔草 **88000**
浅裂绣线菊 **372093**
浅裂锈毛莓 **339163**
浅裂旋子草 **98077**
浅裂鸭嘴花 **214600**
浅裂叶蒿 **35833**
浅裂叶阔叶椴 **391825**
浅裂叶绣球 200063
浅裂叶猪屎豆 **112528**
浅裂尤利菊 **160851**
浅裂约翰斯顿大沙叶 **286290**
浅裂泽赫南非钩麻 **185852**
浅裂泽菊 **91180**
浅裂掌叶树 59218
浅裂沼兰 **110635**
浅裂柱匙叶柳 **344130**
浅硫色硬皮鸢尾 **172695**
浅绿凹舌兰 **98596**
浅绿补骨脂 **319187**
浅绿大蕊金腰 **90410**
浅绿短梗景天 **8508**
浅绿多穗兰 **310641**
浅绿分尾菊 **405101**
浅绿谷木 **250094**
浅绿海葱 **402454**
浅绿红天竺葵 **288251**
浅绿互叶半日花 **168959**
浅绿火鹤花 **28128**
浅绿豇豆 **409127**
浅绿肯尼亚豇豆 **412945**
浅绿蓝蓟 **141342**
浅绿裂舌萝藦 **351693**
浅绿柳 **344251**
浅绿卵叶野荞麦 **152361**
浅绿马利筋 **38131**
浅绿梅蓝 **248891**
浅绿墨西哥画眉草 **147809**
浅绿苜蓿 **247510**
浅绿欧瑞香 **391025**
浅绿皮朗斯大戟 **159577**
浅绿三齿萝藦 **396739**
浅绿舌唇兰 **302328**
浅绿十二卷 **186823**
浅绿霜果山楂 **109960**
浅绿唐菖蒲 **176649**
浅绿小鬼兰 **224431**
浅绿盐肤木 **332614**
浅绿异燕麦 **190211**
浅绿银桦 **180660**
浅绿蝇子草 **364174**
浅绿壮花寄生 **148849**
浅茅菊 **340918**
浅玫瑰红红鸡蛋花 **305231**
浅囊斑鸠菊 **406354**
浅囊贝母 **168409**
浅囊大青 **96097**
浅囊两节荠 **108607**
浅囊劣参 **255990**
浅囊马兜铃 **34192**
浅囊马利筋 **37946**
浅囊西澳兰 **118198**
浅囊香茶菜 **303334**
浅三裂碱毛茛 **184721**
浅色柽柳 383581
浅色立金花 **218915**
浅色茜草 **338005**
浅色夜香花 385752,385757
浅色紫糙苏 **295061**
浅生梅花藻 48915
浅滩水鬼蕉 **200921**
浅血红石斛 **124976**
浅圆齿堇菜 **410541**
浅紫钉头果 **179100**
浅紫拂子茅 **65470**
浅紫基特茜 **215777**
浅紫老鸦嘴 **390860**
浅紫裂吊灯花 **84212**
浅紫罗勒 **268447**
浅紫三芒草 **34000**
浅紫莎草 **118468**
浅紫舌唇兰 **302494**
浅紫圣诞果 **88081**
浅紫沃伦紫金牛 **413066**
浅紫西澳兰 **118254**
浅紫岩地绵毛菊 **293460**
浅棕苞鸢尾 **208483**
浅棕花楸 **369526**
浅棕假高粱 **369579**
浅棕眉兰 **272492**
浅棕欧石南 **149476**
浅棕色洛氏禾 **337277**
浅棕色莎草 **118926**
浅棕色头九节 **81965**
浅棕色絮菊 **165945**
浅棕色皱茜 **341119**
浅棕铁苋菜 **1855**
欠愉大青 **96141**
芡 160637
芡鸡壅 160637
芡科 160633
芡实 **160637**
芡实科 **160633**
芡实属 **160635**
芡属 160635
芡竹 47190
茜草 **337925**,337910,337916,337987,337992,338028,338032,338038,338040
茜草红蛇儿 338003
茜草科 **338045**
茜草属 **337906**
茜草树 **325309**,12519
茜草树属 325278
茜草藤 337925,338028
茜草头 337925
茜草猪殃殃 **170597**
茜菲堇属 355905
茜根 337912
茜堇菜 **410403**
茜兰芥属 382101
茜木 **286275**,286264
茜木属 12515,286073
茜球 **125819**
茜树 **12519**
茜树属 **12515**
茜丸 125819
茜砧草 170269
堑头草 117859
嵌宝枫 320377
嵌果胡椒 **300419**
嵌环百合 **229750**
嵌实枫 320377
嵌实树 320377
嵌玉蜘蛛抱蛋 39533
羌蚕 267152,267154
羌滑 267152,267154
羌活 **267154**,24336,24424,24483,267152
羌活属 **267147**
羌七 114875
羌青 267152,267154
羌塘雪兔子 **348934**
羌芋 71169
羌子棵子 415046
枪草 249085
枪椿 161309
枪刺果 315179
枪弹木属 255260
枪刀菜 **202538**,82022,92384,298580,298589,298618
枪刀菜花 298589
枪刀菜属 202495
枪刀草 61572,202604
枪刀药 202604
枪刀药属 **202495**
枪刀叶 61572
枪花药 **202597**,20335,88902,178749
枪木 **139211**,212631
枪木属 **139208**
枪木相思 **1184**
枪骑球 **244118**
枪骑丸 244118
枪伤药 239661
枪手尖被郁金香 **400208**
枪穗玉 **140575**
枪头菜 44208
枪叶堇菜 **409714**
枪叶水蓑衣 200652
枪叶野决明 389540
枪子果 144793,315177,365003
枪子蕴 233882
羌诺棕属 174341
羌桃 212636
椌木属 139637
腔藏花科 268794
腔韭 **15410**
腔柱草 **119807**
腔柱草科 119925
腔柱草属 119792
强愁 229872
强刺贝克菊 **52701**
强刺凤梨属 60544
强刺球属 **163417**
强刺属 60544
强刺仙人球 **163441**
强盗草 313487
强萼小檗 **52298**
强健舟叶花 **340961**
强茎淫羊藿 **147045**
强瞿 229872
强力班克木 **47665**
强力贝克斯 47665
强脉甜茅 **177612**
强黏莎草 **119664**
强黏肖针茅 **241011**
强葡萄 **411567**
强蕊远志 **148828**
强蕊远志属 **148827**
强生栎 324544
强心益母草 224976
强枝小檗 **52297**
强竹 **297304**
强壮刺花蓼 **89126**
强壮葱莲 184255

强壮灯心草 **213562**
强壮钉头果 **179145**
强壮杜鹃 **331182**
强壮风毛菊 **348728**
强壮红门兰 **273531**
强壮划雏菊 **111689**
强壮还阳参 110767
强壮加拿大杨 311158
强壮美花莲 **184255**
强壮山梗菜 **234867**
强壮十大功劳小檗 **242452**
强壮双碟荠 **54712**
强壮卫矛 **157287**
强壮旋花 **103367**
强壮焰花苋 **294336**
墙壁单花景天 **257084**
墙草 **284160**
墙草属 **284131**
墙草状苇谷草 **289571**
墙脚柱 165515
墙络藤 393657
墙麻花 336783
墙山柳菊 **195803**
墙生丝石竹 183221
墙生糖芥 **154507**
墙生葶苈 **137129**
墙头草 150464,306834
墙头三七 294114
墙头竹 306832,306834
墙薇花 336783
墙莴苣 **260596**
墙莴苣属 **260594**
墙下红 345405
蔷 309199
蔷靡花 336783
蔷密树 141999
蔷薇 336522,336783,336792
蔷薇刺花 336783
蔷薇丹氏梧桐 **135970**
蔷薇杜鹃 **331667**
蔷薇杜鹃花 331667
蔷薇对粉菊 **280422**
蔷薇根 364701
蔷薇果 336522
蔷薇果光碱 **2994**
蔷薇红 329935
蔷薇虎耳草 **349856**
蔷薇花饰雪白山梅花 **294584**
蔷薇棘豆 **279131**
蔷薇姣丽球 **400462**
蔷薇金丝桃 **201800**
蔷薇景天 329935
蔷薇科 **337050**
蔷薇蜡菊 **189720**
蔷薇柳叶菜 146859
蔷薇莓 **339381**,339194
蔷薇木 320301
蔷薇木麒麟 **290713**
蔷薇木属 25196
蔷薇攀缘草 **350390**
蔷薇枪刀药 **202606**
蔷薇蓍 **3980**
蔷薇属 **336283**
蔷薇丝花茜 **360687**
蔷薇天竺葵 288268
蔷薇仙人棒 290713
蔷薇叶悬钩子 339195
蔷薇玉簪 **198644**
蔷薇帚鼠麹 **377243**
蔷薇猪毛菜 **344686**
蘠靡 38960
抢子 415046
锹形草属 406966
乔安木 **212379**
乔安木属 **212378**
乔安娜蓟 **92086**
乔巴兰属 86267
乔贝金合欢 **1277**
乔宾萝藦属 **212383**
乔波五层龙 **342730**
乔伯 **93776**
乔草竹 **125539**
乔草竹属 **125538**
乔茶萸 **124877**
乔茶萸属 **124876**
乔杜鹃属 30877
乔弗豆 **174326**
乔弗豆属 **174325**
乔盖裂木 252885
乔果 338205
乔红木 **54860**
乔桧 **213767**,213854
乔堇 **410116**
乔举拉沙梨 **323269**
乔鹃梨 **323090**
乔鹃属 30877
乔科木 **161602**
乔科木属 **161601**
乔勒肖鸢尾 **258502**
乔里欧丁香 382335
乔鲁裂榄 **64078**
乔鲁桤木 16396
乔木澳苦豆 **123267**
乔木澳洲柏 **67406**
乔木斑鸠菊 406109
乔木齿菊木 **86643**
乔木刺桐 **154626**
乔木倒挂金钟 **168740**
乔木德拉五加 **123758**
乔木蒿 35146
乔木合丝莓 **347673**
乔木胡椒 **300337**
乔木黄万年青 415173
乔木假人参 **318062**
乔木假山萝木 **185894**
乔木接骨木 **345565**
乔木科若木 **99153**
乔木宽帽花 **302869**
乔木蓝桔梗 **115441**
乔木龙血树 137339
乔木马桑 104693
乔木梅里野牡丹 **250662**
乔木塞考木 **356354**
乔木色穗木 **129130**
乔木沙拐枣 **67001**
乔木山马茶 **382736**
乔木山様子 61666
乔木山小橘 **177819**
乔木施特夹竹桃 **377589**
乔木树参 125592
乔木双齿千屈菜 **133367**
乔木丝头花 **138426**
乔木藤春木 **17624**
乔木藤露兜 **168239**
乔木万花木 **261100**
乔木吴萸 161384
乔木吴茱萸 161384
乔木五加 2388
乔木新树参 318062
乔木绣球 **199806**
乔木癣豆 **319353**
乔木雅坎木 **211372**
乔木异形芹 **193864**
乔木茵芋 **365918**
乔木张 295022
乔木柱 **263560**
乔木柱属 **263559**
乔木状车前 **301860**
乔木状杜鹃 **330110**
乔木状哈克 184591
乔木状哈克木 **184591**
乔木状金雀花 **120913**
乔木状锦熟黄杨 **64346**
乔木状芦荟 16592
乔木状曼陀罗 61231
乔木状日本金缕梅 **185105**
乔木状沙拐枣 67001
乔木紫花鼠麹木 **21864**
乔木紫珠 66738
乔诺仙女木 138460
乔帕林伯爵天蓝绣球 **295297**
乔乔卡拉十大功劳 **242507**
乔乔子 408638
乔氏冬青 203844
乔氏盖裂木 252885
乔氏圣诞椰 **405257**
乔氏唐菖蒲 **176607**
乔松 **300297**
乔托栀子 **171343**
乔伊・范斯通帚石南 **67484**
乔伊斯・巴奇奥迷迭香 **337186**
乔赞绣球 **199924**
乔治・贝克多花延胡索 **106455**
乔治・福来瑟沼泽欧石南 **150134**
乔治・亨特西班牙欧石南 **149704**
乔治・亨特西班牙石南 149704
乔治・伦德尔达尔利石南 **148946**
乔治・华盛顿北美乔柏 **390652**
乔治白头翁 **321679**
乔治虫蕊大戟 **113073**
乔治单色欧石南 **150194**
乔治德罗豆 **138113**
乔治邓博木 **123713**
乔治冬青 203844
乔治斗篷草 **14033**
乔治蜂斗菜 **292365**
乔治拂子茅 **65336**
乔治画眉草 **147694**
乔治牡荆 **411278**
乔治牛奶木 **255320**
乔治欧石南 **149482**
乔治鞘蕊 **367884**
乔治茄 **367176**
乔治琼楠 **50523**
乔治山柳菊 **195620**
乔治矢车菊 **81082**
乔治驼曲草 **119844**
乔治王春石南 **149158**
乔治王蓝菀 **40039**
乔治莴苣 **219327**
乔治小米草 **160164**
乔治小瓦氏茜 **404896**
乔治肖九节 **401968**
乔治悬钩子 **338459**
乔治鸭跖草 **101032**
乔治亚蘼草 **353434**
乔治亚茶藨 333943
乔治亚茶藨子 **333943**
乔治亚灯心草 **213126**
乔治亚卷舌菊 **380899**
乔治亚蓝盆花 **350155**
乔治亚栎 **323935**
乔治亚毛蕊花 **405708**
乔治亚美洲茶 **79906**
乔治亚诺林兰 **266496**
乔治亚朴 **80760**
乔治亚槭 3030
乔治亚蛇鞭菊 **228499**
乔治亚珍珠茅 **354098**
乔治亚紫荆 **83784**
乔状布奈木 **63406**
乔状杜鹃 330110
乔状黄牛木 **110246**
乔状卡夫木棉 **79779**
乔状南美洲蒺藜木 63406

乔状欧石楠 149017
乔状围涎树 **301121**
荍 13934
荞当归 162309
荞杆草 380418
荞花黄连 187532
荞黄连 309711
荞壳草 201942
荞麦 **162312**
荞麦刺 309796
荞麦当归 162309
荞麦地凤仙 **205078**
荞麦地凤仙花 205078
荞麦地鼠尾 345143
荞麦地鼠尾草 **345143**
荞麦蔓 162519,162523
荞麦苗 162312
荞麦抛子 338292
荞麦七 308772,320912
荞麦三七 162309,162335
荞麦属 **162301**
荞麦藤 162519
荞麦细辛 117385
荞麦苋 309459
荞麦叶 73159,284628
荞麦叶贝母 73157,73159
荞麦叶贝母属 73154
荞麦叶大百合 **73157**,73159
荞馒头 162516
荞面花 229
荞皮草 407358
荞头 15185
荞叶七 162335
荞子 162312
荞子草 202146
荞子莲 309711
桥卷耳 **82974**
巧茶 **79395**
巧茶属 **79387**
巧花兜兰 **282835**
巧家凤仙 **205428**
巧家合欢 **13533**
巧家虎耳草 349936
巧家五针松 300208
巧家小檗 **52091**
巧家崖爬藤 **387831**
巧家紫堇 **106425**
巧克力色牡荆 **411398**
巧克力帚状克劳凯奥 105245
巧克力帚状宿萼果 **105245**
巧玲花 **382257**
巧椰属 381806
峭壁大戟 **159378**
峭壁杜鹃 331772
峭壁假鼠麹草 **317770**
峭壁山柳菊 **195958**
峭壁岩雏菊 **291297**
峭壁紫堇 **106284**
峭壁紫露草 **394051**
窍贝 168491
翘唇玉凤兰 183820
翘喙马先蒿 **287426**
翘距根节兰 65887
翘距虾脊兰 **65887**
翘翘花 43053
翘首杜鹃 **331557**
翘摇 43053,408423
翘摇车 43053,408423
翘翼兜舌兰 282822
翘柱杜鹃 **143866**
翘柱杜鹃属 **143860**
翘柱李 143866
翘柱李属 143860
翘子栝楼 396171
撬唇兰 197265
撬唇兰属 197253
鞘菝葜 366583
鞘苞花 **19489**,115528
鞘苞花属 **19484**
鞘苞菊 **99448**
鞘苞菊属 **99447**
鞘苞网籽草 260124
鞘柄菝葜 **366583**
鞘柄翠雀花 **124138**
鞘柄黄安菊 **163559**
鞘柄黄安菊属 **163558**
鞘柄金莲花 **399548**
鞘柄堇菜 410710
鞘柄科 28732
鞘柄茅属 **99987**
鞘柄木 **393110**
鞘柄木科 **393113**
鞘柄木属 **393106**
鞘柄乌头 5556
鞘柄掌叶报春 **315075**
鞘翅臭草 **249025**
鞘狗尾草 **197276**
鞘狗尾草属 **197274**
鞘冠菊 **99491**
鞘冠菊属 **99487**,60095
鞘冠帚鼠麹属 **144683**
鞘果灯草 **99429**
鞘果灯草属 **99428**
鞘花 **241317**,19493
鞘花蓝耳草 **115528**
鞘花南星 **370301**
鞘花南星属 **370300**
鞘花鼠尾粟 **372870**
鞘花属 **241313**,144593
鞘基风毛菊 **348220**
鞘姜属 107221
鞘茎嵩草 **217303**
鞘莲菀 **4187**
鞘莲菀属 **4186**
鞘驴喜豆 **271278**
鞘棋盘花 **417927**
鞘蕊花属 **99506**
鞘蕊蔷薇 **99457**
鞘蕊蔷薇属 **99456**
鞘蕊属 **367870**,99506
鞘蕊苏木属 **375364**
鞘蕊野牡丹 **370295**
鞘蕊野牡丹属 **370292**
鞘山芎 **101839**
鞘扇桐属 100027
鞘舌玉凤花 **183513**
鞘双角草 **131360**
鞘穗花 **99486**
鞘穗花属 **99485**
鞘苔草 **76656**
鞘头柱 **99435**
鞘头柱属 **99430**
鞘托叶密缀 **99895**
鞘葳属 **99364**
鞘尾相思 **1140**
鞘仙人掌 273088
鞘袖属 86480
鞘玄参 **99986**
鞘玄参属 **99985**
鞘芽莎草属 **99437**
鞘药兰 **144585**
鞘药兰属 **144612**
鞘叶顶冰花 **169470**
鞘叶钝柱菊 **240900**
鞘叶钝柱菊属 **240899**
鞘叶画眉草 **147698**
鞘叶黄耆 **43210**
鞘叶看麦娘 **17578**
鞘叶藜 **115628**
鞘叶藜属 **115627**
鞘叶千里光 **358580**
鞘叶石蒜 **99478**
鞘叶石蒜属 **99477**
鞘叶鼠尾粟 **372874**
鞘叶树 **181042**
鞘叶树科 **181044**
鞘叶树属 **181040**
鞘隐花草 **113319**
鞘圆筒仙人掌 **116674**
鞘枝寄生 **93943**
鞘枝寄生属 **93941**
鞘柱爵床 **367927**
鞘柱爵床属 **367925**
鞘状黄芩 **355414**
鞘状托岩蔷薇 **93189**
鞘状托叶风琴豆 **217991**
鞘状托叶芙兰草 **168868**
鞘籽古夷苏木 **181768**
鞘足夹竹桃 **144703**
鞘足夹竹桃属 **144702**
切尔卡西亚斗篷草 **13992**
切尔卡西亚风铃草 **69969**
切尔卡西亚瑞香 **122414**
切尔卡西亚矢车菊 **81005**
切尔卡西亚仙客来 **115940**
切尔斯基獐牙菜 **380392**
切尔西宝石马缨丹 **221239**
切花稻花木 **299312**
切卡寄生 **79998**
切卡寄生属 **79997**
切兰加尼半边莲 **234359**
切兰加尼车轴草 **396862**
切兰加尼琉璃草 **117939**
切兰加尼芦荟 **16701**
切兰加尼木千里光 **125724**
切兰加尼千里光 **359184**
切雷蝇子草 **363385**
切林氏百里香 **391399**
切罗基刺桐 **154668**
切罗基苔草 **74095**
切莫纳银杏 **175826**
切帕泰勒属 397858
切普劳奇 398004
切普劳奇属 398003
切氏蒿 **36426**
切氏喙柱兰 **88857**
切氏康多兰 88857
切头悬钩子 338347
切叶桉 155602
切柱花属 351883
茄 **367370**
茄菜 243862
茄冬 54620
茄冬树 54620,54623
茄苳 54620
茄苳属 54618
茄苳树 54620
茄瓜 **367400**
茄花密钟木 **192711**
茄花香草 **239858**
茄花紫金牛 31607
茄科 **366853**
茄连 59541
茄莲 59541
茄茉菜 53249
茄色宝巾 **57858**
茄商陆属 **366898**
茄参 **244343**,244346
茄参属 **244340**
茄属 **366902**
茄树 367146
茄藤 45746,329765
茄藤树 45746,215510
茄藤树属 215508
茄香砂仁 **155408**
茄行树 215510
茄形纽子花 404523
茄叶斑鸠菊 **406817**

茄叶地黄 **327456**
茄叶鸡菊花 **182321**
茄叶碱蓬 379589
茄叶千里光 263516
茄叶通泉草 **247037**
茄叶细辛 77181
茄叶咸虾花 406817
茄叶一枝蒿 406320
茄叶羽叶千里光 263516
茄状草胡椒 **290403**
茄状羽叶菊 **263516**
茄子 367370
茄子蒿 **367605**
茄子花 367370
茄子树 145024
怯氏麦瓶草 **363396**
窃衣 **393004**,392992
窃衣前胡 293046
窃衣属 **392959**
窃衣叶前胡 **293046**
惬意木半夏 **142103**
惬意肉锥花 **102287**
笪竹花 100961
亲哈克木 **184628**
亲近翠雀花 **124511**
亲近黄藤 **121522**
亲王兜舌兰 **282892**
亲王海枣 295484
亲缘柴胡 **63557**
亲缘葱 **15201**
亲缘粗柄花 **279656**
亲缘斗篷草 **14115**
亲缘风毛菊 **348672**
亲缘假杜鹃 **48136**
亲缘荆芥 **264903**
亲缘千里光 **358601**
亲缘枪刀药 **202536**
亲缘屈曲花 **203183**
亲缘十二卷 **186556**
亲缘石莲花 **139973**
亲缘小球种棉木 **46242**
亲缘岩黄耆 **187840**
亲缘月见草 269397
亲种线柱兰 417700
亲族苔草 **74638**
侵蚀杜鹃 330638
钦百部 **337815**
钦百部科 **337822**
钦百部属 **337810**
钦朗当楼梯草 **142871**
钦州柯 **233353**
钦州藤黄 **171178**
钦祖阿里武多穗兰 **310631**
钦祖阿里武鼠麹木 **381704**
钦祖阿里武酸脚杆 **247633**
荃 355387
芩 355387
芩草 361850
芩耳 415046
芩茎 369010
芹 29327,269326
芹菜 29327,106432,269326
芹菜三七 266975
芹决 360493
芹属 **29312**
芹叶草属 293151
芹叶番茄 **239165**
芹叶钩吻 90932,101852
芹叶黑茶藨子 **334118**
芹叶黄连 **103826**
芹叶龙眼独活 **30589**
芹叶曼陀罗木 **61239**
芹叶牻牛儿苗 **153767**
芹叶毛果银莲花 **23714**
芹叶扭瓣花 **235412**
芹叶荠 **366122**
芹叶荠属 **366115**
芹叶千里光 **252230**
芹叶千里光属 **252228**
芹叶蔷薇 **336851**
芹叶太阳花 153767
芹叶铁线莲 **94704**,94705
芹叶银莲花 23714
芹叶钟穗花 **293176**
芹状千里光 **359471**
秦巴点地梅 **23212**
秦北粗叶木 222265
秦贝母 168563,168575
秦钩吻 172779
秦归 24475,247716,370407
秦尖 395146
秦艽 **173615**,173355,173373,173552,173617,173932,173982,173988,174066
秦胶 173355,173373,173615,173932
秦椒 **417301**,72070,417161,417180,417330
秦晋锦鸡儿 **72321**
秦纠 173355,173373,173615,173932
秦糺 173615
秦连翘 167433
秦岭白蜡树 **168054**
秦岭北玄参 355068
秦岭变豆菜 345969
秦岭梣 168054
秦岭柴胡 **63714**,63781
秦岭赤飑 390164
秦岭翠雀花 **124228**
秦岭大黄 **329381**
秦岭当归 **24495**
秦岭党参 **98422**
秦岭丁香 **382164**
秦岭杜鹃 **332024**
秦岭风毛菊 **348887**
秦岭凤仙花 **205095**
秦岭附地菜 **397415**
秦岭海桐 **301379**,301384
秦岭蒿 **36132**
秦岭红杉 221934
秦岭虎耳草 **349382**
秦岭花楸 **369547**
秦岭黄芪 42484
秦岭黄耆 **42484**
秦岭火绒草 **224846**
秦岭棘豆 **278783**
秦岭箭竹 **162739**
秦岭金腰 **90340**
秦岭金腰子 90340
秦岭金银花 235781
秦岭锦鸡儿 **72339**
秦岭景天 **357002**
秦岭冷杉 **311**
秦岭栎 **324501**
秦岭连翘 **167433**
秦岭柳 **342997**,343974
秦岭龙胆 **174019**,173239
秦岭楼斗菜 **30042**
秦岭鹭鸶草 135057
秦岭鹭鸶兰 **135057**
秦岭米面翁 **61932**
秦岭木姜子 **234083**
秦岭槭 **3724**
秦岭蔷薇 **337000**
秦岭忍冬 235781
秦岭箬竹 48711
秦岭沙参 **7761**
秦岭山柳 **343974**
秦岭石蝴蝶 **292577**
秦岭鼠尾草 **345303**
秦岭苔草 **74335**
秦岭藤 **54516**
秦岭藤白前 **117400**
秦岭藤属 **54515**
秦岭铁线莲 **95166**
秦岭弯花紫堇 106436
秦岭乌头 **5370**
秦岭无尾果 4991
秦岭无心菜 **31923**
秦岭香科 388296
秦岭香科科 **388296**
秦岭小檗 **51470**
秦岭小叶杨 **311507**
秦岭蟹甲草 **283879**
秦岭玄参 **355068**
秦岭岩白菜 **52539**
秦岭有柄柴胡 **63781**
秦岭蚤缀 31923
秦岭紫堇 **106551**,105770
秦柳 343209
秦陇当归 276768
秦陇槭 3423
秦木 168086
秦皮 167999,168076
秦奇金合欢 **1134**
秦琼剑 111167,111171
秦参 297878
秦氏佛肚苣苔 60259
秦氏猴欢喜 366044
秦氏黄芪 42178
秦氏芨芨草 4127
秦氏荚蒾 407743
秦氏柳 **343209**
秦氏马先蒿 **287094**
秦氏槭 2887
秦氏忍冬 236161
秦氏蛇根草 **272192**
秦氏蛇麻 175868
秦氏鼠尾草 **344959**
秦氏香槐 **94019**
秦氏小檗 51454
秦氏悬钩子 338250
秦氏玉山竹 416760
秦氏越橘 403852
秦氏紫荆 83778
秦菘 326616
秦头 42696
秦榛钻地风 **351783**
秦中紫菀 **40507**
秦州庵间子 35770
秦爪 173355,173373,173615,173932
琴瓣黄耆 **42867**
琴博小檗 **51451**
琴唇万代兰 **404632**
琴唇万带兰 404632
琴干黄芩 **355818**
琴弓苏木 181773
琴果芥 **239495**
琴果芥属 **239494**
琴果桃金娘 **239515**
琴果桃金娘属 **239514**
琴盔马先蒿 **287397**
琴丽球 **244191**
琴丽丸 244191
琴木 **93243**
琴木属 **93237**
琴茄 **367481**
琴丝滇竹 175611
琴丝球 **244017**
琴丝丸 244017
琴菀 **153709**
琴菀属 **153707**
琴形百簕花 **55392**
琴形斑鸠菊 **406657**
琴形节茎兰 **269224**
琴形九节 **319735**

琴形库卡芋 **114394**
琴形蜡菊 **189642**
琴形木槿 **195087**
琴形千里光 **359668**
琴形青葙 **80449**
琴形石豆兰 **62978**
琴形蒴莲 **7288**
琴形天竺葵 **288413**
琴形羊耳蒜 **232269**
琴形朱米兰 **212734**
琴叶点地梅 23280
琴叶独行菜 225475
琴叶风吹楠 **198518**
琴叶过路黄 **239763**
琴叶厚喙菊 **138777**
琴叶还阳参 **110889**
琴叶椒草 **290317**
琴叶蜡菊 **189644**
琴叶栎 **324137**
琴叶绿绒蒿 **247150**
琴叶麻花头 361076
琴叶马兜铃 **34290**
琴叶马蓝 **320134**,130319
琴叶蔓绿绒 **294829**,294796
琴叶毛蕊花 **405685**
琴叶南芥 **30345**
琴叶楠 **295397**
琴叶千里光 **359667**
琴叶球兰 **198882**
琴叶榕 **165426**,165429
琴叶赛楠 **266794**
琴叶鼠耳芥 **30121**
琴叶树藤 294829
琴叶通泉草 **246971**
琴叶瓦理棕 **413086**
琴叶喜林芋 294829
琴叶悬钩子 **338952**
琴叶旋花 **103171**
琴叶椰属 413085
琴叶野靛棵 **244294**
琴叶野荞麦 **151927**
琴叶银胶菊 **285078**
琴叶樱 212194
琴叶紫菀 **40988**
琴叶紫云菜 130319,320134
琴柱草 **345252**
琴柱菊 340844
琴柱舟叶花 **340844**
琴爪菊属 251025
琴妆女 21117
琴状盆距兰 **171878**
勤瓜 114245
勤母 168391,168523,168563,168586,168605
勤娘子 208016
螓蜍皮 31518
梫 91302,91366
梫木 298734
梫木属 22418,298703
菣 35308
青白麻叶 313471
青白木斛 166964
青白苏 259292
青白杨 311182
青百合属 88527
青板水辣蓼 309893
青半夏 401152,401156
青背天葵 215110
青背叶算盘子 **177183**
青薄荷 250450
青菜 **59595**,59438,59603,368771
青菜果 12647
青菜参 117965
青草叶 201389
青茶 132377
青茶草 301871,301952
青茶冬青 **203871**
青茶柿 **132377**
青茶香 203871
青檫 347413
青柴栗 79043
青蝉 116905
青炒 274391
青城菝葜 **366611**
青城报春 **314236**
青城山淫羊藿 **147043**
青城溲疏 **126978**
青城铁线莲 **95270**
青城细辛 **37732**
青椆 116153
青川八角枫 **13382**
青川贝母 168563
青川箭竹 **162743**
青春金缕梅 185138
青春藤 204612
青春玉 **102460**
青茨菇花 257572
青磁炉 10948
青磁生石花 **233538**
青磁玉 233538
青刺 336509
青刺蓟 82022,91872,92384
青刺尖 71699,315177,315179,365003
青刺香 204001
青葱 15289
青脆枝 **266807**
青黛 47845,309893
青岛百合 **230065**
青岛薹草 **353901**
青岛老鹳草 **174982**,174682
青岛苔草 **75947**
青得方 157732
青登瓜 93304
青地蚕子 407050
青地黄瓜 409716,410360
青靛 209229
青钓鱼杆 55783
青东黄耆 **42717**
青豆风柴 274399
青鳄 16817
青鳄芦荟 16817
青耳环花 100961
青二叶兰 **232934**
青凡木 60064
青防风 346448
青防己 13240,364986,364989
青飞云 **249587**
青风栎 324173
青风木 286264
青风藤 94814,97933,97947,291061,364986,364989
青风月 165759
青枫 **3591**
青麸杨 **332775**,332509
青甘侧金盏花 8340
青甘臭草 **249097**
青甘翠雀花 124546
青甘锦鸡儿 **72358**
青甘韭 **15633**
青甘马先蒿 **287304**
青甘橐吾 229151
青甘莴苣 90860
青甘岩参 **90860**,84973
青甘杨 **311434**
青甘野韭 15633
青杆独叶一枝枪 33349
青竿竹 47494
青秆 **47327**
青秆竹 **47494**
青橄榄 70989
青冈 **116100**,323630,323814
青冈果 165121
青冈栎 116100,323881,324173
青冈栎属 116044
青冈柳 323944,324100
青冈楠树 233996
青冈属 **116044**
青冈树 323881,323942,324283
青冈藤 132929
青冈子 323695
青刚 323611
青刚栎 116100
青刚栎寄生 411016
青刚栎属 116044
青刚木 324173
青刚树 323630,323814,323942,324384
青岗 323630,323881,324173
青缸草 266759
青缸花 47845
青杠 323881,324100
青杠藤 80203
青杠碗 324532
青杠转 323611
青杠子 382276,382277
青葛 71218
青根 206626
青钩栲 **78966**
青钩锥栗 78966
青构 380451
青姑草 375136
青骨草 375136
青骨蛇 187514
青骨藤 269663,364094,364181
青瓜 114245
青光木 **358234**
青光玉 102508
青果 70989,142396
青果草 325718
青果榕 **165821**
青海矮莨菪 316956
青海白桦 53572
青海报春 **314874**
青海贝母 168563
青海荸荠 **143315**
青海波 **272939**
青海草 364899
青海草属 364898
青海茶藨 334162
青海茶藨子 **334162**
青海柴胡 **63793**
青海齿缘草 **153480**
青海虫实 **104799**
青海刺参 **258849**
青海翠雀花 **124549**,124632
青海大花黄耆 **42662**
青海大戟 159193
青海当归 **24419**
青海杜鹃 **331592**,331561
青海鹅观草 **335386**,215932
青海二色香青 **21526**
青海拂子茅 **65386**
青海甘肃马先蒿 287304
青海固沙草 **274253**
青海合头菊 **381653**
青海虎耳草 **349835**,349685
青海黄堇 **106346**
青海黄芪 43125
青海黄耆 **42559**,43125
青海火烧兰 **147156**
青海芨芨草 **4162**
青海棘豆 **279112**
青海假鹤虱 153480
青海碱茅 **321374**
青海锦鸡儿 **72206**
青海景天 **357255**

青海绢毛菊 381653
青海绢毛苣 381653
青海赖草 **228389**
青海棱子芹 **304851**
青海柳 **343972**
青海龙蒿 **35422**
青海绿穗苔草 **74115**
青海马先蒿 287544,287548
青海毛冠菊 **262226**
青海梅花草 **284609**
青海苜蓿 **247251**
青海婆婆纳 407079,407117
青海鳍蓟 **270247**
青海茄参 **244344**
青海肉叶荠 **59745**
青海乳苣 **259763**
青海苔草 **75948**,74871
青海天门冬 **39163**
青海葶苈 **137200**
青海橐吾 229156
青海乌头 **5519**
青海香青 21526
青海玄参 **355220**
青海悬钩子 **338678**
青海雪灵芝 **32172**
青海雪兔子 **348702**
青海杨 311434
青海野决明 **389546**
青海野青茅 **127253**
青海以礼草 **215932**
青海隐子草 94631
青海鸢尾 **208784**
青海云杉 **298272**
青海早熟禾 **305913**
青海猪毛菜 **344493**
青海紫菀 **40782**
青含条 65670
青寒兰 116930
青蒿 **35308**,35088,35132,35134,35185,35282,35411,35466,35483,35674,35788,36059
青蒿草 35282
青蒿金挖耳 **77157**
青蒿饰球花 **53174**
青河黄芪 42672
青河锦鸡儿 **72331**
青河毛茛 **325719**
青河苔草 74004
青河岩黄芪 188066
青河岩黄耆 **188066**
青红草 31396
青红兰 394076
青红线 291138
青猴公 274392,274393
青猴公树 274392
青花菠萝 8569
青花凤梨 **8569**
青花椒 **417330**,417180
青花阔蕊兰 291234
青花虾 **140342**
青花苋 **318997**,318998
青花苋属 **318996**
青黄刚树 122679
青灰巴索拉兰 **59258**
青灰虎耳草 **349144**
青灰木槿 **194765**
青灰叶算盘子 177183
青灰叶下珠 **296589**
青活麻 402958
青姬木属 22418
青棘子 415046
青荚叶 **191173**
青荚叶科 **191204**
青荚叶属 **191139**
青甲子 346527
青菅 73913,75131
青箭 96904
青箭杆草 39966
青江藤 **80203**
青橿 323842
青胶木 233928,264039
青椒 417292,417330
青脚莲 33309
青节草 178218
青结缕草 **418428**
青金树 233928
青筋藤 405447
青茎薄荷 10414
青荆芥 265078
青景天 **356998**
青酒缸 247366,269613
青蒟 300354
青楷槭 **3665**
青楷子 3665
青栲 1168,116100,116153
青栲栎 323944
青科榔 391843
青稞 **198387**,198293
青稞麦 45448,198293
青壳榔树 320412
青苦竹 **304014**
青宽筋藤 392274
青蜡树 229529
青辣椒 327069
青兰 **137651**,62799,116829,137613
青兰属 **137545**
青蓝 415144
青蓝菜 336211
青蓝翅盘麻 **320528**
青蓝刺头菊 **108258**
青蓝大戟 **158664**
青蓝厚柱头木 **279830**
青蓝木 199748
青蓝香茶 **303219**
青榔木 167940
青蒌 300354
青梨 323330,323332
青篱柴 **392371**
青篱柴属 **392368**
青篱竹 318283
青篱竹科 **37347**
青篱竹属 **37127**,318277
青栎 324173
青莲 265395
青蓼 309116,309208
青留杜鹃 **331442**
青柳 **329692**
青龙草 52474,389638
青龙胆 **173728**,335760
青龙刀 171654
青龙刀香薷 143974
青龙跌打 92791
青龙角 140021
青龙筋 54520
青龙捆地 274399
青龙木 320301
青龙球 **244246**
青龙山沙参 **7839**
青龙舌 172831
青龙藤 **54520**,285130
青龙吐雾 319810
青龙丸 244246
青龙须 94814,343070
青龙硬 359980
青龙珠 8192
青蒌 300354
青绿宽翅香青 **21590**
青绿毛百合 **122902**
青绿苔草 **75131**,73913
青鸾 304381
青麻 1000,56145,56229,288769
青猫儿眼睛草 90351
青猫目草 **90378**
青毛杨 **311479**
青毛走马胎 12724
青茅 **255918**
青茅属 132720
青梅 **405178**,34448,261122
青梅属 **405158**
青楣 405178
青棉花 299115
青棉花属 299109
青棉花藤 299115
青木 44915
青木香 13240,34132,34154,34157,34162,34203,34219,34238,34276,34348,34375,44881,97947,132862,135722,207135,207206,260173,341556
青木香草 98223
青木香属 348089
青木香藤 34162
青黏 308613,308616
青牛胆 **392269**,390161,390164,390170
青牛胆属 **392243**,390107
青牛舌头花 41342
青牛藤 144086
青皮 18207,93717,157761,405178
青皮柴 210370,392371
青皮垂柳 **343795**
青皮刺 **71851**
青皮刚 233246,233295
青皮活血 66643
青皮椒 417292
青皮橘 93717
青皮木 **352438**,168076,274391,274411,352432
青皮木科 **352444**
青皮木属 **352430**
青皮婆 274422
青皮槭 **2849**,204001
青皮树 18197,18207,44898,91330,124925,157761,166627,204177,234051,274399
青皮象耳豆 **145993**
青皮杨 **311430**
青皮叶 99910
青皮玉兰 **416725**
青皮竹 **47475**
青皮子樵 204388
青榫 132339
青萍 **224360**,224375,224385
青蒲芦茶 313197
青朴属 320411
青漆 60064
青杞 **367604**,367528
青杆 **298449**,298376
青杆杉 298376
青杆云杉 298449
青钱草 138482
青钱李 116240
青钱柳 **116240**
青钱柳属 **116239**
青翘 167456
青鞘大竹 125503
青茄 367682
青青菜 82022,92384
青囊 361317
青绒草 **125798**
青绒草属 **125797**
青绒槁 231377
青桑 2986
青桑头 2984,2986
青色丹 291061

青色银莲花　**23766**
青森蓟　**91741**
青森金腰　**90389**
青森蝇子草　**363191**
青刹　**394941**
青山安息香　**379404**,379471
青山安息香树　379404
青山龙　259535
青山笼　259535
青山生柳　**343815**
青山糖槭　**3552**
青珊瑚　159975
青蛇　129243
青蛇胆　291061
青蛇儿　138482
青蛇剑　306870
青蛇簕　65040
青蛇莲　39557
青蛇胚　**412042**
青蛇胚科　**412044**
青蛇胚属　**412036**
青蛇藤　**291046**
青蛇仔　129243,138482
青蛇子　138482
青石藤　13091
青术　44208
青树跌打　377541
青树栎　**324093**
青水胆　23850
青水河念珠芥　264630
青水红　127654
青水仙　262417
青丝大眼竹　**47268**
青丝还阳　396025
青丝黄竹　47268
青丝金竹　47518
青丝柳　343070
青丝藤　78731
青丝线　202604,291138
青松　299799,300054,300305
青苏　290940
青蒜　15698
青锁龙　**109180**
青锁龙属　**108775**
青苔草　75131
青苔小米努草　**255576**
青檀　**320412**,80739
青檀属　**320411**
青檀树　204413
青檀香　97933,97947
青堂　13578
青棠　13578
青藤　20868,34139,52435,97933,97947,116032,204625,211812,364986,364989,375833,375836,405447
青藤根　97933
青藤公　**165231**,125794
青藤科　**204662**
青藤龙胆　173667,173778
青藤属　**204609**,364985
青藤细辛　116032
青藤香　34162,34357,97933,97947
青藤仔　**211918**
青藤仔花　211812
青藤子　116019
青提　272090
青天白　389638
青天葵　265395,265418
青铁果　132611
青通草　191184
青同　274393
青桐　166627
青桐翠木　104175
青桐胶　233928
青桐木　104175,154734,212127
青铜蓟罂粟　**32413**
青铜龙　61166
青铜龙属　61165
青铜钱　**284622**
青铜色北美香柏　**390595**
青铜色之王帚状克劳凯奥 105243
青铜色之王帚状宿萼果　**105243**
青铜鸢尾　**12598**
青铜鸢尾属　**12597**
青吐八角　233970
青吐木　233970
青兔儿风　12724
青兔耳风　12724
青蛙草　345310
青蛙七　208875
青丸木　60064
青菀　41342
青王球　**267045**
青王丸　267045
青苇　**225694**
青梧　166627
青虾花　**140169**
青虾蟆　2920
青苋　**18795**
青线　231377
青线叶珠光香青　**21616**
青香茅　**117150**,22961,194040
青香木　34157
青香薷　144093,259282
青香树　234031
青香藤　**34132**,34273,34367,291061
青香苋　18836
青葙　**80381**,80395
青葙报春　314225
青葙属　**80378**
青葙子　80381,374832
青箱　80381
青小布　252514
青小草　308403
青小豆　409025
青心草　96028
青心木　203540
青心子　323630
青新棒果芥　273971
青崖　332360
青岩油杉　**216123**
青羊　71218
青羊参　**117640**,398025
青阳参　117637,117640
青阳苔草　**75949**
青杨　**311265**,311482
青杨根　343937
青杨梅　**261122**
青洋参　117640,117747
青药　**40410**
青椰槁木　233930
青野槁　233928
青野棕　65895
青叶丹　380113,380418
青叶胆　380113,380115,380179,380252,380324,380418
青叶烂麻藤　66623
青叶楼梯草　142733
青叶模样苋　18105
青叶楠　240728
青叶爬山虎　285130
青叶润楠　**240728**
青叶茱树　417180
青叶楮　79043
青叶竹　297239,304032
青叶苎麻　**56240**
青叶紫苏　290968
青鱼草　380115
青鱼胆　173811,173814,184696,298516,380252,380418,392269,407460
青鱼胆草　13091,173811,380175,398273
青榆　401542
青玉　**140879**
青玉丹草　308359
青玉锦　140879
青芋　16512,99910
青藏糙苏　**295227**
青藏大戟　**158422**,159974
青藏垫柳　**343607**
青藏风毛菊　**348365**
青藏狗娃花　**193927**
青藏蒿　**35455**
青藏虎耳草　**349808**
青藏黄芪　42864
青藏黄耆　**42864**
青藏姜花　**187465**
青藏金莲花　**399535**
青藏棱子芹　**304838**
青藏蓼　**309105**
青藏龙胆　**173466**
青藏牻牛儿苗　174855
青藏茜草　337992
青藏苔草　**75416**
青藏雪灵芝　**32179**
青藏野青茅　**127248**
青凿木　295704
青凿树　133185
青枣核果木　**138603**
青枣柯　138603
青皂柳　**343929**
青泽兰　200652
青榨槭　**2920**
青榨子　2920
青樟木　91276
青镇唇柱苣苔草　**87959**
青指甲花朵　205096
青珠子玉　**175508**
青竹标　**353130**,25753,49703,239981,287853,313197,328997,329000,329009,348403
青竹兰　147176
青竹梅　34448
青竹木　274411
青竹鞘菜　260090
青竹茹　297373
青竹蛇　274391,274399
青竹丝　329000
青竹香　231298
青竹叶　44944
青苎麻　56145,56240
青柱莲　239558
青桩莲　239558
青仔　31680
青仔草　206669
青仔藤　211918
青子　31680,70989
青紫葛　**92777**,120108
青紫葛属　92586
青紫花　330617
青紫花比佛瑞纳兰　**54249**
青紫木　**161643**,161647,330617
青紫披碱草　**144280**
青紫牵牛　208289
青紫苏　290952
青紫苏木　**65079**
青紫藤　92777
青棕　78052,321170
青柞　2920
青柞树　384988
轻拂扶桑　**195162**
轻井泽风毛菊　**348092**
轻木　**268344**

轻木科 114567
轻木属 **268341**
轻木相思 1302
轻木相思树 **1302**
轻桑属 80003
轻田皂角 **9531**
倾国 **102467**
倾果椆属 237971
倾卧白珠树 172135
倾卧倒挂金钟 168781
倾卧槐 **369145**
倾卧前胡 **292825**
倾卧兔耳草 **220166**
倾斜马泰萝藦 246273
倾斜马特莱萝藦 **246273**
倾斜欧洲鹅耳枥 **77257**
倾斜破布木 104220
倾斜悬钩子 **338807**
清白雪白山梅花 **294577**
清半夏 299724
清晨堇菜 **410232**
清晨日中花 **220611**
清澄山玉簪 **198623**
清淡藜 **86902**
清当归 299376
清饭藤 162516,308965,393267
清饭藤属 393240
清风树 249414
清风藤 **341513**,132929,280097,341556
清风藤科 **341582**
清风藤猕猴桃 **6700**
清风藤属 **341475**
清风月 165759
清钢柳 344244
清骨风 34275
清桂香 29983
清河补血草 **230657**
清河糙苏 **295087**
清河黄芪 42960
清河黄耆 **42960**
清河婆婆纳 **407307**
清河獐牙菜 **380292**
清化肉桂 **91366**
清姬 **329700**,102392
清酒缸 247366
清凉殿 **390482**,244155
清凉树 100321
清明菜 21568,178062,336193
清明草 21643,72038,178237
清明蒿 178062
清明花 **49359**,23323,83769,211779,211931,216085,331839,393108,393109
清明花属 **49355**
清明篱 195269
清明柳 343070
清明香 178062
清明子 142152
清木香 341556
清水大黄 329372
清水胆 24116
清水跌打 377541
清水峠苔草 **76254**
清水峠竹 **347300**
清水河念珠芥 **264630**
清水河小蒜芥 264630
清水红门兰 **273355**
清水金丝桃 **202037**
清水马兰 **40221**
清水木通 13240
清水女贞 **229611**
清水山粉蝶兰 302275
清水山过路黄 **239581**
清水山黄精 **308520**
清水山桧 213696
清水山兰 273355
清水山柃木 **160615**
清水山木通 **13211**
清水山瑞香 **122412**
清水山舌唇兰 **302275**
清水山石斛 125257
清水山小檗 **51457**,51811
清水石楠 **295659**,295808
清水氏粗叶木 **222294**
清水氏鸡屎树 **222271**,222294
清水氏女贞 229587
清水鼠李 **328652**
清水悬钩子 **339112**
清水圆柏 **213699**
清甜箭竹 **162680**
清胃草 53797
清西绿柴 328549
清溪杨 **311462**
清香草 326340
清香桂 346743
清香桂属 346723
清香姜味草 **253655**
清香龙船花 **211086**
清香木 **301006**
清香木姜子 **233907**
清香树 301006
清香藤 **211884**,171455,291061
清香鸭嘴花 **214469**
清泻山扁豆 78300
清秀山矾 381408
清远耳草 **187509**
清远青篱竹 4613
蜻蛉胡枝子 70842
蜻蛉兰 302513
蜻蜓菠萝 8558
蜻蜓草 159069,202146,337253,405872
蜻蜓翅 260483,260484
蜻蜓饭 405872,406667
蜻蜓凤梨 8558
蜻蜓凤梨属 8544
蜻蜓红 179236
蜻蜓花 259323
蜻蜓兰 302513
蜻蜓兰属 **400280**
蜻蜓舌唇兰 **302513**
蜻蜓藤 763
蜻蜓叶 96009
情念杜鹃 332047
情人草属 46734
晴隆悬钩子 **339143**
擎谷草属 248949
擎天蛾兰 136320
擎天凤梨属 182149
擎天属 182149
擎天树 362197
擎天柱钝齿冬青 **203679**
擎钟花 **70252**
檾木 114539
苘 1000
苘麻 **1000**
苘麻属 **837**
苘麻香科科 **387991**
苘麻叶扁担杆 **180666**
苘麻叶解宝叶 180666
庆典蒂罗花 **385739**
庆典极美泰洛帕 385739
庆鹊球 **264337**
庆鹊丸 264337
庆氏角裂棕 **83520**
庆氏蒲葵 **234184**
庆氏轴榈 **228744**
庆松玉 **176700**
庆松玉属 **176697**
庆元冬青 **204200**
庆元华箬竹 **347284**
庆祝大岩桐 **364760**
箐板栗 78970
箐边紫堇 **106452**
箐跌打 183080
箐姑草 **375136**
箐合木 161607
箐黄果 78156,162346
箐毛木 350948
箐樱桃 83165
箐仔 31680
磬口腊梅 87528
磬口蜡梅 **87528**
磬口素心蜡梅 **87527**
邛崃山乌头 **5537**
穷汉子腿 388583
穷搅藤 80260
穷人木 276818
穹隆苔草 **74644**
穹穷 229309
穹蕊五异茜 **289594**
穹天球 **182438**
穹天丸 182438
枊 346408
筇竹 **87622**
筇竹属 **323381**
琼刺榄 **415239**
琼岛染木树 **346491**
琼岛荛花 **414154**
琼岛柿 **132279**
琼岛岩黄树 **415155**
琼岛羊蹄甲 **49182**,49187
琼岛杨 **311454**
琼岛沼兰 **110645**
琼滇鸡爪簕 **278319**
琼豆 **388336**
琼豆属 **388335**
琼桂润楠 **240584**
琼海叉柱花 **374497**
琼海苎麻 **56194**
琼亨乌檀 262814
琼花 **407942**,147291,407939
琼花荚蒾 407989
琼榄 **179444**
琼榄属 **179441**
琼麻 10940
琼梅 **252705**
琼梅属 **252704**
琼南地锦 **285152**,92919
琼南毒鼠子 128675
琼南木姜子 **234103**
琼南柿 **132202**
琼南子楝树 **123445**
琼楠 **50536**,50507,50601
琼楠毒鼠子 **128616**
琼楠属 **50465**
琼楠叶木姜子 **233853**
琼生草 369652
琼氏百蕊草 **389745**
琼氏锦葵 **212751**
琼氏锦葵属 **212750**
琼氏乌檀 **262814**
琼丝东草属 364961
琼斯葱莲 **417622**
琼斯钓钟柳 **289338**
琼斯飞蓬 **150717**
琼斯孤菀 **393406**
琼斯莱氏菊 **223489**
琼斯兰属 **212467**
琼斯耧斗菜 **30044**
琼斯绿顶菊 **160668**
琼斯苔草 **74964**
琼斯野荞麦木 **152179**
琼斯异囊菊 **194221**
琼斯指甲草 **284860**
琼新娘欧洲小叶椴 **391695**
琼崖粗叶木 **222288**

琼崖海棠 67860
琼崖海棠属 67846
琼崖海棠树 67860
琼崖蛇根草 **272181**
琼崖石栎 233213
琼油麻藤 259519
琼樟叶木姜子 233853
琼中核果木 138634
琼中柯 **233142**
琼中山矾 **381294**,381094
琼中石栎 233142
琼中杨桐 8239
琼州红豆 274440
琼珠 233078
琼仔 346379,346408
琼子 346408
琼紫叶 **180282**,107135
琼棕 **90620**
琼棕属 **90619**
璚茅 233731
丘地老鹳草 174548
丘狗舌草 385903
丘花兰 **369878**
丘花兰属 **369877**
丘还阳参 **110787**
丘角菱 394463
丘奎菊属 90626
丘陵百脉根 **237652**
丘陵橙粉苣 **253910**
丘陵飞蓬 **150773**
丘陵合丝鸢尾 **197836**
丘陵剪股颖 **12038**
丘陵老鹳草 **174548**
丘陵鳞花草 **225150**
丘陵诺林兰 **266493**
丘陵蒲公英 **384500**
丘陵莎草 **546**
丘陵索林漆 **369758**
丘陵藤黄 **171083**
丘陵无梗泽兰 **158316**
丘陵野牡丹属 **268376**
丘陵一枝黄花 **368324**
丘陵鱼黄草 **250770**
丘陵猪牙花 **154934**
丘陵紫珠 **66765**
丘霉草 **369745**
丘霉草属 **369744**
丘黏木属 **268384**
丘皮多倒挂金钟 **168752**
丘蒲公英 **384513**
丘楼球 **244034**
丘楼丸 244034
丘丘美登木 **246825**
丘蕊茜属 **182966**
丘沙参 **7824**
丘舌兰属 **63515**
丘生班克木 **47637**
丘生贝克斯 47637
丘生闭花木 **94506**
丘生卫矛 157376
丘生野青茅 **127204**
丘生泽兰 **158096**
丘斯夸竹属 90629
丘头山龙眼属 **369825**
丘状山柳菊 **195540**
邱北冬蕙兰 **117025**
邱北蕙兰 117025
邱北山茶 **68983**
邱北铁线莲 **94824**
邱北猪屎豆 **112592**
邱比特杜鹃 **330481**
邱吉尔野荞麦 **152003**
邱葵 243862
邱氏巴豆 112853
邱氏樫木 139641
邱氏破布木 104203
邱氏无心菜 **32288**
邱园白雀花 **120966**
邱园报春 **314084**
邱园大花醉鱼草 **62001**
邱园扶芳藤 **157485**
邱园桂竹香 **86444**
邱园花楸 **369438**
邱园画眉草 **147958**
邱园金雀儿 120966
邱园蓝耳草 115556
邱园蓝花草 115556
邱园蓝菥 **77998**
邱园柳叶菜 **146894**
邱园木兰 **241955**
邱园扭果花 **377654**
邱园奇葩滇藏木兰 **242014**
邱园秋海棠 **49961**
邱园沙鱼掌 **171608**
邱园十二卷 **186493**
邱园小檗 **51817**
秋保赤竹 **347192**
秋抱茎苦荬菜 283400
秋草 407503
秋侧金盏花 8332
秋赤箭 171909,171948
秋翠雀花 **124310**
秋打尾 198745
秋丹参 345108
秋丹氏梧桐 **135782**
秋鹅观草 **335497**
秋仿杜鹃 **250509**
秋分草 **333475**
秋分草属 **333471**
秋风 54620
秋风子 54620
秋枫 **54623**,54620
秋枫木 54620
秋枫属 54618
秋枫树 54620
秋拂子茅 **65291**
秋福寿草 8332
秋根李 316813
秋根子 316813
秋果 318742
秋海棠 **49886**,49629,285623
秋海棠凤仙花 **204808**
秋海棠柯特葵 **217948**
秋海棠科 **50433**
秋海棠属 **49587**
秋海棠叶凤仙花 **204807**
秋海棠叶石蝴蝶 **292549**
秋海棠叶蟹甲草 **283795**
秋杭子梢 **70910**,70911
秋蒿 35132
秋胡颓子 **141965**,142214
秋蝴蝶 50669
秋虎眼万年青 **274524**
秋花独蒜兰 **304278**,304291
秋花杜鹃 330845,331520
秋花堆心菊 188402
秋花凤梨百合 156015
秋花蕾丽兰 **219671**
秋花柳 344240
秋花洼皮冬青 **204095**
秋花智利藤茄 **367063**
秋华柳 **344240**
秋画眉草 **147517**
秋季大叶早樱 83112
秋季之光扫帚叶澳洲茶 **226483**
秋假龙胆 **174106**
秋剪股颖 **12240**
秋景美国白蜡树 **167898**
秋鞠 124785
秋菊 11300,124785
秋苦荬菜 210548,283388
秋葵 219,229,242
秋葵属 **212**
秋蜡梅 87521,87542
秋兰 11300,116829
秋乐母丽 **335893**
秋疗齿草 268999
秋柳 **344093**
秋龙胆 **173276**
秋麻子 406992
秋牻牛儿苗 **153909**
秋美顶花 156015
秋绵枣儿 **352885**
秋墨兰 **116904**
秋牡丹 **23854**,23850
秋牡荆 226698
秋木瓜 84573
秋南盘龙参 **372253**
秋欧石南 **149051**
秋泡叶番杏 **138146**
秋披碱草 **144461**
秋飘拂草 **166190**
秋萍蓬草 **267314**
秋葡萄 **411890**
秋蒲公英 **384799**
秋茄参 **244341**
秋茄树 **215510**,215511
秋茄树属 **215508**
秋芹 **45342**
秋芹属 **45341**
秋色美国白蜡树 **167899**
秋山苔草 **74976**
秋芍药 23854
秋生苔草 **73839**
秋狮齿草 **224655**
秋绶草 **372259**
秋鼠麹草 **178218**
秋鼠尾草 345067
秋霜玉 **103757**
秋水马齿 67361
秋水仙 **99297**
秋水仙独活 **192253**
秋水仙黄韭兰 **376353**
秋水仙科 **99292**
秋水仙属 **99293**
秋水仙叶小金梅草 **202827**
秋苔草 **73619**
秋唐松草 **388574**,388583
秋天蓝草 **361614**
秋天麻 **171909**
秋田单叶南星 **33417**
秋田氏耧斗菜 30031
秋田碎米荠 **72678**
秋田苔草 **73544**
秋甜瓜 **114198**
秋无苞风信子 **315585**
秋仙玉 **263742**
秋想 102209
秋肖鸢尾 **258404**
秋雪滴花 227858
秋雪花莲 **169729**
秋雪美国紫菀 **40917**
秋雪片莲 **227858**
秋焰红花槭 **3507**
秋叶 96398
秋叶果属 105238
秋一枝黄花 **368432**
秋隐子草 **94622**
秋英 **107161**
秋英鬼针草 **53865**
秋英爵床属 **107131**
秋英属 **107158**
秋樱属 107158
秋榆 **401626**,401581
秋元樱 **83305**
秋月钝翅槭 **3601**
秋早樱 **83112**
秋阵营 **140580**

秋之火红花槭 **3508**
秋之荣耀红花槭 **3509**
秋竹 37271
秋子 243630
秋子梨 **323330**
秋紫萼 **198604**
秋紫罗兰 **246483**
秋紫美国白蜡树 **167900**
蚯疽草 129068
蚯蚓草 299010
蚯蚓苇 **329701**
楸 **79247**,79257,243320,243371
楸茶叶 96398
楸马核果 212621
楸木 79247,79250
楸皮杨 **311280**
楸属 79242
楸树 79247,212621,232603,243371
楸叶常山 96398
楸叶泡桐 **285956**
楸叶悬钩子 **338790**
楸子 **243667**,243551,243630
朹 109936
朹子 109936,261212
求罗克·巴利克 **93674**
求罗克·派派耶 **93685**
求罗克哈齐 **93513**
求罗克利檬 **93322**
求米草 **272684**,272614
求米草属 **272611**
求米草状杂色穗草 **306753**
俅江飞蓬 **150729**
俅江厚柄小檗 51767
俅江花楸 **369439**
俅江黄芪 42183
俅江黄耆 **42183**
俅江蜡瓣花 **106686**
俅江龙胆 **173786**
俅江槭 **3063**
俅江蔷薇 **336985**
俅江青冈 **116123**
俅江秋海棠 **49636**,49971
俅江鼠刺 **210390**
俅江乌蔹莓 **79866**
俅江枳椇 **198768**
俅江紫堇 **106040**
酋长天蓝绣球 **295300**
莍子 161373,417282
梂 323611
梂白椆 324264
球凹果豆蔻 **98540**
球百合糙蕊阿福花 **393730**
球百合千里光 **358450**
球百合属 **62334**
球柏 **213642**
球半夏 299724
球苞麻花头 361079
球柄兰属 **255933**
球布留芹 **63475**
球长生草 **358039**
球唇果夹竹桃 **87427**
球刺大戟 **158583**
球刺爵床 **378076**
球刺爵床属 **378075**
球大戟 **158958**
球大青 **96103**
球大岩桐寄生 **384102**
球倒挂金钟 **168774**
球垫花柱草 **296357**
球垫花柱草属 **296355**
球豆 **116237**
球豆属 **116234**
球豆樱 **83230**
球萼半日花 **188634**
球萼柿 **132408**
球萼树 332386
球萼树科 **371178**
球萼树属 **371185**
球萼蝇子草 **363318**
球稃黄芪 43076
球稃黄耆 **43076**
球隔麻 346721
球隔麻属 346720
球根阿魏 **352703**
球根阿魏属 **352702**
球根百合 **229772**
球根长庚花 **193251**
球根海棠 50378
球根厚敦菊 **277020**
球根苣苔 **371165**
球根苣苔属 **371164**
球根看麦娘 **17516**
球根老鹳草 **174706**,174972
球根立金花 **218845**
球根芦荟 **16671**
球根轮叶八宝 **200817**
球根马齿苋 **311825**
球根毛瓣花 152943
球根牵牛 208117
球根牵牛属 **161766**
球根秋海棠 50378
球根塘芹 **29329**
球根沃森花 **413370**
球根细莞 **209962**
球根仙人鞭 **414296**
球根肖鸢尾 **258428**
球根蟹甲草 **283811**
球根藻百年 **161540**
球根珍珠茅 **354033**
球茛叶凤梨 187132
球梗白花菜 **95709**
球瓜 **114231**
球冠白千层 **248101**
球冠半日花 **188744**
球冠薄子木 226469
球冠薄子木 **226501**
球冠草 179183
球冠赤松 **299893**
球冠大黄栀子 **337500**
球冠大戟 **158498**
球冠罗汉松 306425
球冠罗斯曼木 337500
球冠萝藦属 **371104**
球冠木兰 **242043**
球冠努西木 **267370**
球冠沙漠木 **148370**
球冠无刺槐 334995
球冠下延甜柏 **228642**
球冠下延香松 228642
球冠银齿树 **227309**
球冠远志 **308077**
球果阿马木 **18580**
球果阿氏莎草 **617**
球果奥佐漆 **279335**
球果白刺 **266380**,266378
球果白蓬草 388432
球果百蕊草 **389879**
球果班克木 **47670**
球果贝克斯 47670
球果长隔木 **185170**
球果车前 **301884**
球果赤瓟 **390132**
球果椆 233368
球果单干木瓜 **405123**
球果灯心草 **213461**
球果东廧 266378
球果冬青 204050
球果毒参 **101854**
球果杜松豆 328248
球果杜英 **142331**,142400
球果短绒毛鹰爪花 **35070**
球果二裂萼 **134102**
球果非洲豆蔻 **9942**
球果榧 393058
球果高粱 **369612**
球果高山榕 **165512**
球果革瓣花 **298828**
球果革瓣花属 **298827**
球果海蓬子 184933
球果蔊菜 336200
球果红豆杉 **385377**
球果黄耆 **43099**
球果灰叶脉刺草 **265700**
球果荚蒾 **408139**
球果假沙晶兰 **258069**
球果假水晶兰 258069
球果胶枞 290
球果金丝桃 **202161**
球果堇菜 **409834**
球果柯 233368
球果可拉木 **99262**
球果可利果 **96854**
球果乐母丽 **336052**
球果勒珀蒺藜 **335684**
球果勒塔木 **328248**
球果柳 **342927**
球果漏芦 **329209**
球果芦荟 **16730**
球果麻黄 **146255**
球果脉刺草 **265698**
球果毛籽轮枝木棉 **285806**
球果没药 **101556**
球果木蓝 **206599**
球果木莲 **244443**
球果木属 **210234**
球果木犀榄 **270096**
球果牧根草 **43577**
球果鸟足兰 **347914**
球果荠 **265553**
球果荠属 **265550**
球果枪刀药 **202622**
球果群心菜 **73092**
球果热非黏木 **216593**
球果肉豆蔻 261457
球果砂仁 9942
球果山丹 **230011**
球果山芥菜 336200
球果山榕 165512
球果山柚子 **272562**
球果绳草 **328183**
球果十字爵床 **111767**
球果石栎 233368
球果石泉柳 **344106**
球果柿 **132109**
球果黍 **282250**
球果睡茄 **414605**
球果酸脚杆 **247624**
球果唐松草 388432
球果藤 **39608**
球果藤属 **39607**
球果庭荠 **18381**
球果葶苈 **137004**
球果土耳其斯坦小檗 **51719**
球果卫矛 157761
球果小檗 **51767**
球果玄参 **378265**
球果玄参属 **378264**
球果亚麻藤 **199180**
球果盐节草 184933
球果盐生白刺 **266371**
球果异地榆 **50983**
球果银齿树 **227253**
球果珍珠茅 **354245**
球果栀子 **171313**
球果猪屎豆 **112776**
球果装饰脉刺草 **265681**
球果锥花 **179205**

球果紫堇 169126,169183
球果紫堇属 168964
球核荚蒾 **408056**
球葫芦 **219857**
球花百子莲 **10249**
球花报春 **314310**,314308
球花赪桐 **96104**
球花赤车使者 142734
球花党参 **98413**
球花豆 **284473**
球花豆属 **284444**
球花风铃草 70054
球花风毛菊 348337,348690
球花风琴豆 **218009**
球花风箱果 **297838**
球花凤梨属 197143
球花甘蓝 59529
球花古柯 **155112**
球花海神木 **315744**
球花含笑 **252959**
球花蒿 **36298**
球花合生果树 **381692**
球花虎耳草 **349390**
球花黄梁木 **59956**
球花姬沙参 **7707**
球花吉莉草 175677
球花棘豆 **278854**,278954
球花荚蒾 407706,407869
球花脚骨脆 **78120**
球花科 129858,177054
球花蔻 82437
球花蔻属 82436
球花蓝刺头 140789
球花藜 **87016**,87158
球花邻近风轮菜 **96983**
球花林莎 **263529**
球花龙须兰 **79340**
球花楼梯草 **142734**
球花马兰 178861
球花马蓝 178861
球花马先蒿 **287238**
球花毛麝香 **7985**
球花毛叶珍珠花 239409
球花木 **177023**
球花木科 **177054**
球花木青锁龙 **109041**
球花木属 **177022**
球花拟紫玉盘 **403647**
球花鸟足兰 **347913**
球花牛奶菜 **245810**
球花欧石南 **150073**
球花帕洛梯 315744
球花蒲桃 **382544**
球花热非豆 **212662**
球花肉豆蔻 **82437**
球花肉豆蔻属 **82436**
球花莎草 **119608**
球花十二卷 **186579**
球花石豆兰 **63031**
球花石斛 **125387**
球花石楠 **295697**
球花属 129859,177022
球花水柏枝 **261278**,261293
球花水团花 **8176**,8192
球花水杨梅 8192
球花溲疏 **126938**,126940
球花菟丝子 **115038**
球花香薷 144099
球花辛尔卡木 381692
球花雪莲 **348337**
球花栒子 **107467**
球花准鞋木 **209541**
球花紫云英 42074
球花醉鱼草 **62064**
球花柞 **29152**
球花柞科 **29153**
球花柞属 **29149**
球黄菊属 **270988**
球桧 213642
球姜 418031
球节苦竹 **304029**
球结苔草 **76542**
球茎贝母兰 **98621**
球茎蔗草属 56633
球茎草 **63900**
球茎草科 **63901**
球茎草属 **63899**
球茎大戟 **158959**
球茎大麦 **198275**
球茎甘蓝 59541
球茎虎耳草 **349895**
球茎卷瓣兰 **63098**
球茎卷唇兰 63098
球茎芦荟 **16670**
球茎毛瓣花 152943
球茎牵牛 208117
球茎秋海棠 **50378**
球茎石豆兰 **63154**
球茎水繁缕属 **113201**
球茎鸦葱 354968
球茎燕麦 34935
球茎砖子苗 **245346**
球菊 **56695**,146098
球菊属 **56693**,146096
球距兰属 **253315**
球距无柱兰 **19525**
球卷绢 **212540**
球壳柯 **233368**
球葵 **370935**
球葵属 **370934**
球蜡菊 **189395**
球兰 **198827**
球兰属 **198821**
球栗布尼芹 63475
球粒小麦 398972
球鳞莎草 **119611**
球萝藦属 58813
球马吉兰 **245245**
球毛瑞香 **218993**
球毛小报春 **314838**
球美丽十二卷 **186630**
球米草 272684
球米草属 272611
球棉子菊 **253847**
球膜鞘茜 **201025**
球囊黄芪 43075
球囊黄耆 **43075**
球囊苔草 **371225**
球囊苔草属 **371219**
球奇鸟菊 **256267**
球脐果山榄 **270665**
球蕊五味子 **351098**,351100
球伞芹 **371177**
球伞芹属 **371176**
球莎草 **371123**
球莎草属 **371122**
球山柑 **71755**
球山黧豆 **222837**
球水柳叶栒子 **107670**
球穗扁莎 **322233**
球穗藨草 **353828**
球穗草 **184323**
球穗草属 **184322**
球穗大沙叶 **286479**
球穗胡椒 **300532**
球穗花千斤拔 166897
球穗花楸 **369400**
球穗桦 53460
球穗蓼 309393
球穗柳 **344152**
球穗脉刺草 **265695**
球穗飘拂草 **166550**
球穗千斤拔 **166897**
球穗三棱草 **56655**
球穗莎草 118744,118957
球穗山姜 **17761**
球穗苔 75649
球穗苔草 **75649**,73673,74672
球穗网萼木 **172875**
球穗香薷 **144099**
球穗中雄草 **250660**
球穗棕苔草 **73963**
球苔 74672
球葶莀 **137003**
球头杯子菊 **290270**
球头贝尔茜 **53081**
球头贝克菊 **52785**
球头草 218480
球头长被片风信子 **137994**
球头刺头菊 **108415**
球头灯心草 **213576**
球头甘蓝树 **115238**
球头光萼荷 **8593**
球头黄眼草 **416159**
球头九节 **319556**
球头狼尾草 **289268**
球头密穗花 **322153**
球头木茜 **82230**
球头内贝树 **262993**
球头欧石南 **149501**
球头蒲公英 **384820**
球头千里光 **360093**
球头青锁龙 **109411**
球头矢车菊 **81393**
球头水蜈蚣 **218627**
球头无心菜 **31824**
球头野荞麦木 **152483**
球头直冠菊 **2053**
球团花茜 **10523**
球尾花 **239881**
球腺草属 **370929**
球腺苔草 **75788**
球心樟属 **12757**
球形澳非萝藦 **326747**
球形白冷杉 **325**
球形拜卧豆 **227055**
球形杯子菊 **290243**
球形北美香柏 **390602**
球形贝尔茜 **53113**
球形滨藜 **44650**
球形点地梅 **23179**
球形斗篷草 **13997**
球形萼科 371178
球形萼属 371185
球形芳香木 **38569**
球形非洲番荔枝 **10021**
球形果子蔓 **182168**
球形红花槭 **3523**
球形鸡冠花 179236
球形角雄兰 **83379**
球形节仙人掌属 385870
球形九节 **319557**
球形宽肋瘦片菊 **57623**
球形拉菲豆 **325118**
球形蜡菊 **189793**
球形蓝花参 **412869**
球形梅滕大戟 **252642**
球形木莲 **244428**
球形木棉 **56791**
球形牧豆树属 315545
球形南非鳞叶树 **326929**
球形拟灯心草 **213041**
球形欧石南 **150070**
球形泡叶番杏 **138178**
球形破布木 **104189**
球形青葙 **80415**
球形日中花 **220566**
球形肉锥花 **102238**

球形乳香树 **57522**
球形锐尖北美云杉 **298407**
球形莎草 118957
球形蒴莲 **7251**
球形丝毛玉 **252698**
球形碎米荠 **371074**
球形碎米荠属 **371072**
球形苔草 **74670**
球形特劳兰 **394581**
球形西澳兰 **118203**
球形仙人掌 **273050**
球形香茶菜 **303343**
球形香瓜 **114162**
球形小檗 **51672**
球形小花肉叶长柄芥 **349009**
球形银齿树 **227292**
球形樱桃 **83226**
球形猪笼草 **264836**
球形猪屎豆 **112182**
球形紫鱼苜蓿 **247397**
球型偃松 **300164**
球序报春 314310
球序鹅掌柴 **350699**,350758
球序蒿 **371145**,35464
球序蒿属 **371141**
球序韭 **15822**,15690
球序卷耳 **82849**
球序绢蒿 **360851**
球序蓼 **309962**,309616
球序马先蒿 287712
球序牧根草 **298068**
球序茜 296091
球序茜属 296086
球序葶苈 137004
球序香蒲 **401131**
球序醉鱼草 62064
球悬铃木 302588
球旋覆花 **207123**
球芽甘蓝 59539
球雅坎兰 **211383**
球药隔重楼 **284319**
球叶海神木 **315967**
球叶没药 **101557**
球叶香茶 **303679**
球叶羊耳蒜 **232111**
球藨草 **293723**
球银叶凤香 **187132**
球枣 **418176**
球泽兰 **371049**
球泽兰属 **371047**
球柱草 **63216**,63253
球柱草属 **63204**
球柱大戟 **371210**
球柱大戟属 **371207**
球柱茜 **177090**
球柱茜属 **177089**
球柱苔草 **74669**
球柱头鸭舌癀舅 **370844**
球柱喜阳花 **190285**
球砖子苗 **245433**
球状伏康树 **412102**
球状黑三棱 370066
球状坚果番杏 **387218**
球状剑叶莎 **240478**
球状康达木 **101734**
球状马先蒿 **287712**
球状拟水晶兰 258069
球状黏粟麦草 **230166**
球状挪威槭 **3449**
球状榕 165541
球状塞罗双木 **283898**
球状石豆兰 **63099**
球状溲疏 126938
球状芜萍 **414664**
球状柱果菊 **18242**
球锥松 **300290**
球锥柱寄生属 **177005**
球籽勒基灰毛豆 **327792**
球籽毛茛 **326214**
球籽莎草 **119613**
球籽田菁 **361442**
球籽野老鹳草 **174526**
球籽轴藜 **45859**
球籽竹 **371070**
球籽竹属 **371069**
球子草 81687,218480,288656
球子草科 **288635**
球子草属 **288638**
球子莲 390164
球子买麻藤 **178528**
球子参 138336
球子崖豆藤 **66651**
球子竹属 371069
球棕属 295501
遒 418169
区茹程丹 191574
区限虎耳草 **349314**
区域草地老鹳草 **174837**
区域性蛇鞭菊 228505
曲瓣贝母 168548
曲瓣菜豆属 378497
曲瓣兜兰 282822
曲瓣梾木 **380465**
曲瓣穆拉远志 **259967**
曲瓣树葡萄 **120053**
曲瓣紫堇 106064
曲苞谷精草 **151448**
曲苞芋 **179262**
曲苞芋属 **179258**,327670
曲柄报春 **314327**
曲柄草 **61442**
曲柄草属 **61441**
曲柄当归 **24347**
曲柄斗篷草 **13988**
曲柄荠 **68876**
曲柄荠属 **68875**
曲柄算盘七 377930
曲柄铁线莲 **95287**
曲唇兰 **282417**,282413
曲唇兰属 **282409**
曲刺仙人球 244017
曲萼茶藨 334007
曲萼茶藨子 **334007**
曲萼茶属 79902
曲萼石豆兰 **63014**
曲萼绣线菊 **371910**
曲萼悬钩子 **339167**
曲方氏 346448
曲皂槐 **369158**
曲干哈克 184619
曲干哈克木 **184619**
曲竿箭竹 **162756**
曲竿竹 297281
曲秆箭竹 162756
曲秆竹 **297281**
曲梗九节 **319466**
曲梗崖摩 19968
曲梗崖摩楝 **19968**
曲管花属 120532
曲管桔梗属 **365144**
曲果草 407287
曲果苦豆子 **369056**
曲果属 70421
曲果岩黄芪 187813
曲果岩黄耆 **187813**
曲果椰 **70424**
曲果椰属 **70421**
曲禾 **166950**
曲禾属 **166947**
曲花凤梨 **392007**
曲花虎耳兰 **350309**
曲花九节 **319795**
曲花卷瓣兰 **63028**
曲花属 **120532**
曲花紫堇 **105778**
曲黄耆 **42521**
曲桧 213883
曲喙扁棒兰 **302784**
曲喙毛茛 **120756**
曲喙毛茛属 **120755**
曲尖委陵菜 312360
曲江远志 **308138**
曲胶木 **280450**
曲角堇 410030
曲脚楠 364707
曲节草 18147,360935
曲节藤 102933
曲茎柴胡 **63821**
曲茎橙菀 **320684**
曲茎风铃草 69934
曲茎虎耳草 **349337**
曲茎假糙苏 **283613**
曲茎兰嵌马蓝 **283209**
曲茎蓝星花 **33648**
曲茎马蓝 283209
曲茎马先蒿 **287215**
曲茎千里光 **360229**
曲茎球百合 **62386**
曲茎石斛 **125146**,125165
曲茎肖鸢尾 **258487**
曲茎盐肤木 **332595**
曲距扇形楼斗菜 **30032**
曲辣蓼 309468
曲棱球 **140570**
曲棱远志 **22179**
曲棱远志属 **22178**
曲礼 329309
曲莲 **191896**,191943,417081
曲林柳叶菜 146749
曲麻菜 368675
曲马孜 329380
曲玛孜 309792,329363
曲脉流苏树 **87699**
曲脉榕 **164749**
曲脉卫矛 **157947**
曲芒草属 **237973**
曲芒鹅观草 **335323**,144511
曲芒发草 **126074**
曲芒飘拂草 166499
曲芒楔颖草 29457
曲芒偃麦草 **144651**
曲芒异芒草 **144148**
曲毛赤车 **288768**
曲毛短柄乌头 **5070**
曲毛冯氏乌头 5187
曲毛豇豆 409028
曲毛柳 **343898**
曲毛楼梯草 **142819**
曲毛露珠草 91537
曲毛母草 **231504**
曲毛日本粗叶木 **222173**
曲毛石膏山乌头 **5187**
曲毛菀 **242754**
曲毛菀属 **242745**
曲尿草 213066
曲胚科 412044
曲胚属 412036
曲普斯欧洲赤松 **300236**
曲前 24393
曲曲菜 82022,92384
曲蕊花 **120503**
曲蕊花属 120501
曲蕊姜 322762
曲蕊姜属 **70518**
曲蕊马蓝属 178838
曲蕊木棉 **70564**
曲蕊木棉属 **70563**
曲蕊卫矛 **70771**

曲蕊卫矛属 **70770**
曲芍 5052,5057
曲升毛茛 **326121**
曲屎草 213036,213066
曲氏蕉草 **353308**
曲氏水葱 **352171**
曲氏苔草 **74129**
曲丝花 **70927**
曲丝花属 **70925**
曲穗莎草 **119472**
曲穗属 120779
曲苔草 **74242**
曲藤豆 **70562**
曲藤豆属 **70561**
曲铁兰 392007
曲弯穗草 335284
曲膝猪殃殃 **170391**
曲仙玉 246603
曲乡马先蒿 **287572**
曲序斑鸠菊 **120648**
曲序斑鸠菊属 **120646**
曲序芥 **167520**
曲序芥属 **167518**
曲序马蓝 **320112**
曲序南星 **33540**
曲序娃儿藤 **400981**
曲序香茅 **117171**
曲序月见草 **269473**
曲药 267152,267154
曲药金莲木属 **238537**
曲药桑 **399757**
曲药桑属 **399755**
曲药子 161373
曲叶桉 155558
曲叶菠萝 **264408**
曲叶刺橘 **405540**
曲叶达尔文木 **122785**
曲叶菲利木 **296298**
曲叶尖萼荷 8590
曲叶科林比亚 106798
曲叶丽穗凤梨 **412360**
曲叶龙掌 **186341**
曲叶芦荟 **17033**
曲叶马钱 **120704**
曲叶马钱属 **120703**
曲叶纳丽花 **265264**
曲叶南星属 **190080**
曲叶漆姑草 **342236**
曲叶日中花 **220554**
曲叶伞房花桉 **106798**
曲叶希乐棕 **350637**
曲叶异蜡花木 **113104**
曲玉 233624
曲缘芥 **377889**
曲缘芥属 **377888**
曲折白芥 **364577**
曲折百金花 **81500**
曲折百蕊草 **389694**
曲折拜卧豆 **227052**
曲折斑鸠菊 **406336**
曲折草 14529
曲折长庚花 **193270**
曲折翠雀花 **124217**
曲折戴星草 **370976**
曲折独行菜 **225366**
曲折芳香木 **38549**
曲折拂子茅 **65347**
曲折汉史草 185248
曲折河谷木 **404528**
曲折虎眼万年青 **274620**
曲折鸡头薯 **152926**
曲折积雪草 **81595**
曲折空船兰 **9133**
曲折蓝花参 **412679**
曲折乐母丽 **335953**
曲折勒珀蒺藜 **335665**
曲折裂唇兰 **351416**
曲折瘤蕊紫金牛 **271046**
曲折罗马风信子 **50757**
曲折罗香草 185248
曲折马利筋 **37931**
曲折毛子草 **153193**
曲折美非补骨脂 **276964**
曲折鸟娇花 **210791**
曲折欧石南 **149775**
曲折球百合 **62387**
曲折球柱草 **63273**
曲折水苏 **373207**
曲折睡茄 **414592**
曲折四轮香 **185248**
曲折四数莎草 **387665**
曲折藤留菊 **162977**
曲折瓦来斯木 404528
曲折西澳兰 **118194**
曲折小裂兰 **351473**
曲折肖观音兰 **399157**
曲折叶下珠 296565
曲折银齿树 **227282**
曲折鹰嘴豆 **90813**
曲折永菊 **43850**
曲折早熟禾 **305569**
曲折珍珠茅 **354094**
曲之黄耆 **41983**
曲枝柏 213883
曲枝薄子木 **226458**
曲枝补血草 **230626**
曲枝垂柳 **343074**
曲枝槌果藤 71851
曲枝杜鹃 **331984**
曲枝果 198769
曲枝赫柏木 **186954**
曲枝桦 **53626**
曲枝黄猄草 320793
曲枝假蓝 **320793**
曲枝脚骨脆 **78118**
曲枝柳 343360
曲枝柳杉 **113714**
曲枝榕 **165040**
曲枝莎 **79746**
曲枝山蚂蝗 **126348**
曲枝松 **300159**
曲枝碎米荠 72749
曲枝天门冬 **39239**
曲枝委陵菜 **312942**
曲枝羊茅 **164372**
曲枝叶下珠 296565
曲枝云南绣线菊 **372139**
曲枝早熟禾 **305802**
曲轴黑三棱 **370061**
曲轴芥 **354568**
曲轴芥属 **354567**
曲轴石斛 **125165**
曲轴苔草 **75853**
曲柱萝藦 **70436**
曲柱萝藦属 **70435**
曲柱欧石南 **149451**
曲柱桑属 **190083**
曲柱细辛 **37606**
曲籽漆属 **70475**
曲籽芋 **120773**
曲籽芋属 **120768**
曲足兰属 **120705**
曲足南星属 **179275**
曲嘴老鹳草 **174615**
曲嘴椰子 **51167**
曲嘴椰子属 **51165**,97072
驱虫斑鸠菊 **406102**
驱虫草 **371614**
驱虫草科 **371622**
驱虫草属 **371612**
驱虫草鸭嘴花 **214819**
驱虫酢浆草 **277680**
驱虫大风子 199744
驱虫合欢 **13488**
驱虫菊 **46280**
驱虫菊属 **46276**
驱虫藜 **139680**
驱虫青葙 **80380**
驱虫榕 **164638**
驱虫土荆芥 **86941**
驱虫中芒菊 **81783**
驱风通 417273,417278
驱蛔虫草 239640
驱蛔蒿 **35116**,35868
驱蛆草 14533
屈尺月桃 17712
屈格勒毒马草 **362824**
屈格勒姜味草 **253683**
屈格勒香草 **347571**
屈胶仔 337253
屈肯刺头菊 **108316**
屈莽树 295461
屈谟属 136257
屈奇茜 **218437**
屈奇茜属 **218436**
屈曲花 **203184**
屈曲花属 **203181**
屈曲立金花 **218932**
屈人 395146
屈氏凤仙花 **205060**
屈氏露兜树 **281055**
屈氏榕 164864
屈头鸡 **71919**,71796,249679,351383
屈叶藤 121703
屈针草 389355
屈枝虫实 **104778**
屈子花 **395862**
祛风藤 **54525**
祛汗树 302592
祛痰菜 234547
蛆草 269613
蛆儿草 14529,63964
蛆婆草 14529
蛆藤 245814
蛆头草 129070
蛆芽菜 14494,14529
蛆芽草 14529
蛆药 283763,339714
蘧蔬 418095
衢南星 33476
衢县红壳竹 **297453**
衢县苦竹 **304045**
取访香蒲 **401087**
取麻菜 368635,368675
去常木 165828
去母 309796
去皮母菊 246396
去水 122438
趣蝶莲 **215269**
圈鳞蜡菊 **189798**
圈毛菊属 **244663**
圈药南星 **33328**
圈叶千里光 **360323**
圈叶秋海棠 **50396**
棬子 346408
棬子树 346408
全白贝母兰 **98635**
全白金菊木 **150342**
全白木蓝 **206092**
全白婆婆纳 **407155**
全白委陵菜 **312667**
全瓣笄岭芹 **391911**
全瓣红景天 329945
全瓣棘豆 **278906**
全瓣石竹 **127734**
全瓣唢呐草 **256022**
全瓣委陵菜 **312668**

全苞附地菜 **397384**
全苞角囊胡麻 **83661**
全被翅果草 **334548**
全被南星 **197398**
全被南星属 **197397**
全边稠李 223113
全边小檗 **51730**
全变扁莎 **322316**
全翅地肤 **217343**
全翅猪屎豆 **112222**
全虫草 190651
全臭草 341064
全唇叉柱兰 **86725**
全唇花 **197387**
全唇花属 **197386**
全唇尖舌苣苔 **333089**
全唇姜 **417988**
全唇苣苔 **123724**
全唇苣苔属 **123722**
全唇兰 **261469**,261474
全唇兰属 **261467**
全唇皿柱兰 223658
全唇线柱兰 **417750**
全唇盂兰 **223658**
全唇鸢尾兰 **267954**
全唇指柱兰 86725
全刺茄 **282445**
全刺茄属 **282444**
全带菊 **197592**
全带菊属 **197591**
全单黄根树 417124
全当归 24475
全萼春再来 **94141**
全萼豆 **197375**
全萼豆属 **197374**
全萼马先蒿 **287281**
全萼秦艽 **173586**
全萼圆齿马先蒿 287122
全福花 207151
全盖果 **197459**
全盖果属 **197458**
全盖果玉蕊 197459
全冠黄堇 **106539**
全光菊 **195655**
全光菊属 197421
全果滨藜 **44467**
全果榄属 **206986**
全花茜 **280700**
全花茜属 **280697**
全黄菊 **107295**
全黄菊属 **107291**
全喙马先蒿 **287020**
全箭莎 **197469**
全箭莎属 **197468**
全箭莎状刺子莞 **333605**
全金桂竹 **297220**
全绢毛决明 **78326**
全孔苔 74818
全孔苔草 **74818**
全裂艾纳香 **55819**
全裂波齿马先蒿 **287122**
全裂翠雀花 **124652**
全裂滇川乌头 **5684**
全裂鬼针草 **54061**
全裂狼尾草 **289085**
全裂落苞菊 **212508**
全裂落苞菊属 **212506**
全裂马先蒿 **287170**
全裂膜鳞菊 **201123**
全裂苔草 74360
全裂天竺葵 **288204**
全裂鸵鸟木 378573
全裂乌头 **5499**
全裂叶阿魏 **163602**
全裂直玄参 **29919**
全鳞菊属 **197426**
全毛斗篷草 **14056**
全毛海神木 **315821**
全毛黄芩 **355479**
全毛卷耳 **82889**
全毛兰属 **197512**
全毛兰西澳兰 **118282**
全毛琉璃草 **117978**
全毛鹿藿 **333269**
全毛罗顿豆 **237329**
全毛猕猴桃 **6631**
全毛密钟木 **192613**
全毛欧石南 **149558**
全毛甜没药 **101369**
全毛腺萼木 **260627**
全毛悬钩子 338130
全毛野豌豆 **408427**
全毛玉凤花 **183697**
全毛针茅 **376799**
全能花 **280880**
全能花科 **280872**
全能花属 **280877**
全能花状纳丽花 **265284**
全盘花 197404
全盘花属 197401
全皮 211822
全青 346743
全茸紫菀 **40587**
全舌多穗兰 **310437**
全舌姜 **417989**
全舌空船兰 **9140**
全舌美冠兰 **156763**
全舌西澳兰 **118211**
全舌玉凤花 **183696**
全饰爵床 **197409**
全饰爵床属 **197407**
全秃海桐 **301366**
全尾木 **280684**
全尾木属 **280683**
全喜香 **280696**
全喜香属 **280694**
全线草 191574
全腺大戟 **282447**
全腺大戟属 **282446**
全腺润楠 **240598**
全腺香茶菜 **209790**
全血草 146054
全药野牡丹 **37796**
全药野牡丹属 **37795**
全叶埃塞俄比亚猪屎豆 **111972**
全叶巴豆 **112914**
全叶巴拿马草 **238146**
全叶巴拿马草属 **238143**
全叶白粉藤 **92769**
全叶白头翁 **256300**
全叶白头翁属 **256299**
全叶百簕花 **55357**
全叶半蒴苣苔 **191367**
全叶鼻花 **329532**
全叶刺头菊 **108308**
全叶粗毛阿氏莎草 **569**
全叶大阿魏 **163596**
全叶大蒜芥 **365532**
全叶单裂萼玄参 **187046**
全叶滇芎 **297943**
全叶点地梅 **23205**
全叶钓樟 **231457**
全叶动蕊花 **216460**
全叶独活 276752
全叶多花香草 **196163**
全叶法伦大戟 **162445**
全叶非洲野牡丹 **68250**
全叶风毛菊 **348415**
全叶狗舌草 **385899**
全叶光滑千里光 **359255**
全叶海滨芥 **65186**
全叶好望角单蕊麻 **130012**
全叶黑种草 **266235**
全叶猴欢喜 366058
全叶虎刺 **122048**
全叶画眉草 **147737**
全叶还阳参 **110860**
全叶黄芩 **355519**
全叶黄细心 **56451**
全叶鸡儿肠 215350
全叶荚蒾 **407895**
全叶假龙头花 **297978**
全叶碱地风毛菊 **348744**
全叶菊 **199238**
全叶菊属 **199237**
全叶可食厚皮树 **221156**
全叶苦苣菜 **368838**
全叶栝楼 396197
全叶类豆瓣菜 **262639**
全叶联苞菊 **196947**
全叶楝 **248899**
全叶裂口花 **379936**
全叶六道木 **416853**
全叶露珠草 **91553**
全叶裸盆花 **216766**
全叶麻花头 **360987**
全叶马兰 **215350**
全叶马先蒿 **287296**
全叶芒 **255852**
全叶毛托菊 **23432**
全叶美丽芙蓉 194937
全叶美丽马先蒿 **287035**
全叶米努草 **255498**
全叶绵叶菊 **152817**
全叶牡荆 411420
全叶纳塔尔三翅菊 **398157**
全叶蓬松飞蓬 **150912**
全叶平果菊 **196475**
全叶破坏草 **101952**
全叶漆姑草 342268
全叶奇果菊 **15932**
全叶千里光 **358504**
全叶青兰 137601
全叶榕 165430
全叶三脉猪殃殃 **170436**
全叶山芹 **276752**
全叶矢车菊 **81107**
全叶饰球花 **53187**
全叶双蕊木 **278166**
全叶双蕊木属 **278165**
全叶苔草 **75320**
全叶唐棣 **19271**
全叶铁线莲 95029
全叶铁仔 **261625**
全叶土延胡 105720
全叶菥蓂 **390249**
全叶细莴苣 **375715**
全叶香科科 **388110**
全叶香茵芋 **365954**
全叶肖杨梅 **258746**
全叶缬草 404280
全叶蟹甲草 **197090**
全叶蟹甲草属 **197089**
全叶杏香兔儿风 **12636**
全叶玄参 **355146**
全叶延胡索 **106380**,105720
全叶岩风 **228585**
全叶盐肤木 **332797**
全叶椰属 288038
全叶野桃 **216365**
全叶银胶菊 285088
全叶印度虎刺 122048
全叶榆属 197451
全叶泽米 417013
全叶炸果鼠李 **190224**
全叶獐耳细辛 **71598**
全叶獐耳细辛属 **71597**
全叶胀萼马鞭草 **86084**

全叶折苞风毛菊 348706
全叶紫菊 **267172**
全叶紫罗兰 **246487**
全叶钻地风 351802
全银柳 **343495**
全优秋海棠 **49929**
全育卫矛 **157459**
全缘 205554
全缘巴尔果 **46921**
全缘巴伊锦葵 **46709**
全缘瓣毒鼠子 **128701**
全缘瓣女娄菜 364228
全缘闭花木 **94514**
全缘布里滕参 **211510**
全缘菜 59438
全缘糙果茶 **69151**
全缘侧金盏花 **8363**
全缘齿舌叶 **377333**
全缘赤车 **288732**
全缘臭椿 **12581**
全缘樗 12581
全缘刺果藤 **64469**
全缘粗叶榕 **165113**
全缘大苏铁 **417013**
全缘倒地铃 **73211**
全缘灯台莲 **33505**
全缘灯台树 33505
全缘钉头果 **179058**
全缘冬青 **203908**
全缘独行菜 **225364**
全缘短序竹 **99283**
全缘短野牡丹 **58556**
全缘椴 **391734**
全缘椴属 **138747**
全缘多香木 **310062**
全缘多叶螺花树 **6400**
全缘萼 266759
全缘萼假杜鹃 **48204**
全缘萼栝楼 396287
全缘二型叶金千里光 **279904**
全缘非洲木菊 **58495**
全缘风轮菜 **97002**
全缘风毛菊 348389
全缘福瑞苦苣菜 **368716**
全缘伽蓝菜 215174
全缘光萼稠李 280025
全缘桂木 **36924**
全缘桂樱 **223113**
全缘核果木 **138635**
全缘洪连 220179
全缘厚叶毒鼠子 **128644**
全缘花椒 417247
全缘华北八宝 **200808**
全缘华中铁线莲 **95256**
全缘黄连木 **300988**
全缘黄叶十大功劳 242517
全缘喙果层菀 **210978**
全缘火棘 **322451**
全缘火麻树 **125548**
全缘基蕊玄参 **48745**
全缘剪秋罗 363755
全缘角蒿 205554
全缘金光菊 **339539**
全缘金果椰 **139357**
全缘金粟兰 **88284**
全缘可爱小檗 51292
全缘可利果 **96756**
全缘苦苣菜 **368731**
全缘库页何首乌 **162550**
全缘栝楼 **396238**
全缘肋隔芥 **304677**
全缘肋果茶 **366017**
全缘冷水花 299017
全缘莲铁 57974
全缘裂片玉凤花 **183798**
全缘柳叶半日花 **188830**
全缘楼梯草 **142692**
全缘芦荟 **16914**
全缘绿绒蒿 247139
全缘栾树 217615
全缘轮叶 **94266**
全缘轮叶沙参 **7851**
全缘轮叶属 **94258**
全缘马兰 215350
全缘马先蒿 287297
全缘麦克野牡丹 **247213**
全缘梅蓝 **248862**
全缘美洲野牡丹 **180056**
全缘米勒斑鸠菊 **406604**
全缘魔力棕 **258770**
全缘南美萼角花 57038
全缘拟风兰 **24672**
全缘牛眼萼角花 **57038**
全缘平果芹 **197744**
全缘朴 **80655**
全缘普伦卫矛 **304474**
全缘桤叶树 **96485**
全缘千里光 **359138**
全缘琴叶榕 **165430**
全缘青兰 137601
全缘全叶马先蒿 **287297**
全缘泉七 **376384**
全缘榕 165430
全缘山茶 **69675**
全缘山甘蓝椰 **313955**
全缘山榄属 **218733**
全缘舌唇兰 **302373**
全缘十大功劳 242637
全缘十二戟 **135152**
全缘十二卷 **186485**
全缘石斑木 **329086**
全缘石楠 **295706**
全缘矢车菊 **81145**
全缘双距花 **128064**
全缘藤山柳 **95475**
全缘铁线莲 **95029**
全缘兔耳草 **220179**
全缘橐吾 **229109**
全缘五叶木通 **13222**
全缘五叶参 289633
全缘小檗 51782
全缘小垫柳 **343121**
全缘小苹果 253628
全缘肖酸浆 **161762**
全缘肖乌桕 **354420**
全缘肖喜阳花 **394717**
全缘斜玄参 **21808**
全缘绣球 199910
全缘枸子 **107504**
全缘枸子木 107504
全缘羊蹄甲 49244
全缘杨桐 8242
全缘叶澳龙眼 47647
全缘叶澳洲坚果 **240209**
全缘叶八仙花 199910
全缘叶巴秘商陆 **170788**
全缘叶班克木 **47647**
全缘叶贝克斯 47647
全缘叶碧冬茄 **292749**
全缘叶草莓树 **30890**
全缘叶齿舌叶 **377346**
全缘叶稠李 **280025**
全缘叶雏菊 **50819**
全缘叶雌足芥 **389280**
全缘叶大戟 **154823**
全缘叶呆白菜 394837
全缘叶单树菊 **386766**
全缘叶冬青 203908
全缘叶豆梨 **323122**
全缘叶对粉菊 **280419**
全缘叶法莴苣 **219508**
全缘叶风毛菊 **348389**
全缘叶藁本 **229340**
全缘叶狗舌草 385903
全缘叶枸骨 **203668**
全缘叶古榆 197454
全缘叶海棠 **243628**
全缘叶核果木 **138636**
全缘叶荷包花 66273
全缘叶红景天 **329888**
全缘叶红毛菀 **323031**
全缘叶红山茶 69675
全缘叶猴欢喜 **366058**
全缘叶花椒 417247
全缘叶花旗杆 **136173**
全缘叶黄芩 355519
全缘叶金光菊 339539
全缘叶卡林玉蕊 76837
全缘叶蓝刺头 **140724**
全缘叶六道木 416853
全缘叶龙头木 **76837**
全缘叶漏芦 **329217**
全缘叶绿绒蒿 **247139**,247142
全缘叶栾树 **217615**
全缘叶轮果大风子 **77612**
全缘叶马先蒿 287296,287297
全缘叶蔓茎青锁龙 **109359**
全缘叶美丽芙蓉 **194937**
全缘叶美洲茶 **79945**
全缘叶青兰 **137601**
全缘叶三角槭 **2812**
全缘叶色穗木 **129158**
全缘叶山梅花 294551
全缘叶山蓊菜 **161134**
全缘叶石莲花 218358
全缘叶鼠李 **328738**
全缘叶树火麻 125548
全缘叶水鸡油 **313450**
全缘叶松香草 **364285**
全缘叶特萨菊 386766
全缘叶天山花楸 **369537**
全缘叶铁线莲 95029
全缘叶头花草 **82143**
全缘叶兔耳草 220179
全缘叶温曼木 **413693**
全缘叶细筒苣苔 **219790**
全缘叶仙女木 **138453**
全缘叶缬草 **404280**
全缘叶绣球 **199910**
全缘叶枸子 107504
全缘叶崖白菜 **394837**
全缘叶盐肤木 **332658**
全缘叶羊族草 **8775**
全缘叶杨桐 **8242**
全缘叶一点红 **144930**
全缘叶银柴 **29776**
全缘叶银胶菊 **285088**
全缘叶银莲花 **23859**
全缘叶尤利菊 **160812**
全缘叶鱼眼草 129080
全缘叶月见草 **269457**
全缘叶钟穗花 **293169**
全缘叶锥花小檗 51284
全缘叶紫弹朴 **80586**
全缘叶紫弹树 80586
全缘叶紫麻 **273908**
全缘叶紫珠 **66804**
全缘叶醉鱼草 **62073**
全缘异冠菊 **15990**
全缘异叶花葱 **16040**
全缘蝇子草 **363551**
全缘榆橘卫矛 **320101**
全缘羽叶参 **289633**
全缘玉凤花 **183728**
全缘圆叶基氏婆婆纳 **216294**
全缘张口紫葳 **123998**
全缘柘 **114332**
全缘锥花小檗 51284

全缘紫金牛 31450
全缘紫菀 **41311**
全缘紫珠 66804
全针蔷薇 **336848**
全真杜鹃 **331439**
全柱草属 **197503**
全柱马兜铃 **197501**
全柱马兜铃属 **197499**
全柱秋海棠 **49889**
全柱叶下珠 **296605**
权木 195269
权士王芦荟 **17348**
权威独活 192358
泉边车轴草 **396903**
泉边狼尾草 **289013**
泉酢浆草 **277851**
泉地欧石南 **149466**
泉毒参 **101848**
泉繁缕 **374888**
泉沟子荠 **383992**
泉蓟 **91979**
泉柳叶菜 **146701**
泉毛茛 326208
泉欧石南 **149465**
泉旁棋盘花 **417897**
泉蒲公英 **384553**
泉七 **376382**
泉七属 **376380**
泉生眼子菜 **312120**
泉水茶藨 333977
泉水茶藨子 **333977**
泉涌花紫堇 **105619**
泉州朴 **80615**
泉茱萸属 **298082**
泉紫绒草 **43995**
荃皮 211822
拳佛手 93604
拳距瓜叶乌头 **5251**
拳卷肖木蓝 **253234**
拳李 132371
拳蓼 308893
拳木蓼 **44258**
拳参 **308893**,308877,309014,309466
拳参蓼 308893
拳参属 54757
拳头草 **146098**,214972
拳头菊 **146098**
拳叶苏铁 **115812**
铨水大黄 329372
犬草 144228
犬齿堇菜 154909
犬齿猪牙花 154909
犬胡椒 **300367**
犬黄杨 203660
犬茴香 **139531**
犬茴香属 **139528**
犬寄生 **117806**
犬寄生属 **117805**
犬跤迹 402267
犬跤跡 402267
犬跤爪 402267
犬堇菜 409804
犬锦紫苏 **99538**
犬蔷薇 **336419**
犬伞芹 **118297**
犬伞芹属 **118296**
犬山山槟榔 **299656**
犬屎薄 290940
犬屎苏 290940
犬尾草 361877,361935
犬尾鸡冠花 80381
犬尾曲 361935
犬形鼠尾草 **344993**
犬玄参 355075
犬牙猪牙花 154909
犬咬爪 402267
犬野荞麦 **152247**
犬樱 280016
犬足芹 **117764**
犬足芹属 **117759**
畎莎 63216
劝进帐 **272799**
缺瓣重楼 **284362**
缺瓣牛姆瓜 30926
缺苞箭竹 **162677**
缺苞香蒲 401120
缺齿红丝线 **238955**
缺顶杜鹃 **330622**
缺萼枫香 232551
缺萼枫香树 **232551**
缺隔糖芥 **154448**
缺花党参 98295
缺刻白粉藤 **92768**
缺刻拜卧豆 **227049**
缺刻翠雀花 **124303**
缺刻风铃草 **70020**
缺刻缝籽木 **172710**
缺刻锦葵 **243783**
缺刻蜡菊 **189335**
缺刻蜜兰 **105544**
缺刻木波罗 36913
缺刻乌头 **5288**
缺刻羊蹄甲 **49082**
缺刻叶茴芹 299555
缺刻叶诸葛菜 **275881**
缺刻岳桦 **53420**
缺刻猪屎豆 **112128**
缺裂宝兴茶藨 **334105**
缺裂报春 **314998**
缺裂千里光 **359985**
缺脉相思 1049
缺毛菊属 **232430**
缺盆 338250
缺盆草 59148
缺如苔草 75289
缺蕊山榄 **133075**
缺蕊山榄属 **133074**
缺损金合欢 **1606**
缺陷野荞麦 **152251**
缺腰叶蓼 309711,309716
缺药藤 49098
缺叶报春 314505
缺叶翻白树 320850
缺叶莓系 306034
缺叶藤 49098
缺叶早熟禾 **306034**
缺叶钟报春 **314505**
缺柱山蔊菜 **161152**
蒛葐 338292
却蝉草 345214
却节 280097
却老 239021
却暑 239021
雀芭蕉 416607
雀稗 **285530**,285508
雀稗花省藤 **65765**
雀稗属 **285390**
雀稗尾稃草 **402543**
雀稗鸭嘴花 **214691**
雀稗叶单穗草 **257619**
雀稗真穗草 **160990**
雀斑贝母 168476
雀斑党参 **98424**
雀斑莎草 **119100**
雀不踏 122040,320607
雀不踏属 320594
雀不站 65040,204162,310850,338088,338354,339047
雀巢兰属 264650
雀柽柳 **383585**
雀蛋杓兰 **120426**
雀蛋豆 259493
雀儿菜 72802
雀儿草 277747
雀儿蛋 32212
雀儿豆 41942
雀儿豆属 **87232**
雀儿豆状棘豆 **278779**
雀儿花 259486
雀儿麻 414193
雀儿舌头 226320
雀儿舌头属 226315
雀儿肾 31435
雀儿屎树 407751
雀儿酥 142152
雀儿酸 277747
雀儿卧单 159092,159286
雀儿卧蛋 159092,159286
雀冈 124083
雀沟勃 124076
雀喙黄芪 42834
雀喙黄耆 **42834**
雀椒 417330
雀苣 **350509**
雀苣属 **350504**
雀苣苔属 274465
雀胭珠 152888
雀胭珠属 152853
雀李 83238
雀林草 277747
雀笼木 110251
雀笼踏 417173
雀卵生石花 **233608**
雀卵玉 233608
雀麦 **60777**,45448
雀麦草鼠茅 **412407**
雀麦草属 60609
雀麦禾 **306606**
雀麦禾属 **306605**
雀麦属 **60612**
雀麦叶彩花 **2222**
雀麦状臭草 **248966**
雀麦状毛蕊草 **139123**
雀麦状异燕麦 **190141**
雀麦状针茅 **376721**
雀盲草 161418
雀梅 83238,336509
雀梅藤 **342198**
雀梅藤属 **342155**
雀脑芎 229309
雀瓢 **117722**,252514
雀瓢属 332259
雀扑拉 159092,159286
雀翘 309742,309796
雀雀包 416437
雀雀菜 105730,416437
雀雀草 416437
雀雀豆 408571
雀雀台 416437
雀榕 **165722**,165717,165721,165841,165844
雀舌草 **374731**,201845,201942,375126,412750
雀舌豆 138934
雀舌繁缕 374731
雀舌花 **171374**,171253
雀舌黄杨 **64243**,64254
雀舌兰露兜树 **281016**
雀舌兰属 **139254**
雀舌木 **226320**,226325
雀舌木属 **226315**
雀舌水仙属 **274857**
雀首兰属 **274477**
雀树 165841,165844
雀头香 119503
雀野豆 408423
雀野豌豆 408423

雀逸香木 **131988**
雀猪毛菜 344656
雀猪屎豆 **112503**
雀状百蕊草 **389811**
雀状海神菜 **265499**
雀状欧石南 **149847**
雀仔麻 414193
雀仔肾 261629
雀子都 105843
雀子麻 414193
雀嘴桉树 155517
确络风 166659
确山巢菜 408446
确山野豌豆 **408446**
鹊不踏 30604,30628,30634,143682
鹊豆 **135448**,218721
鹊豆属 135399,218715
鹊饭树 167096
鹊鸪藤 242975
鹊旌节花 **373557**
鹊肾树 **377538**
鹊肾树属 **377537**
鹊踏珠 **274905**
鹊踏珠属 **274904**
鹊糖梅 308965
裙带草 111167,111171
裙带豆 409086,409096
裙花 292668
裙花属 292656
裙蜡棕 **103737**
裙棕属 413289
群瓣茱萸属 **269243**
群碧玉 **102398**,102395
群蚕 **21124**
群凤玉 **43499**,43495
群虎草 117473
群花寄生属 **11072**
群花梾木 105023
群黄玉 **354673**
群黄玉属 **354670**
群集大戟 **158392**
群集景天 **356478**
群集欧石南 **150059**
群集苔草 **74169**
群戟柱属 **224335**
群剑 **340757**
群居粉报春 **314992**
群居丝花苣苔 **263325**
群兰败毒草 11572
群岭 **264813**
群岭属 264809
群岭掌属 **264809**
群龙 **245155**
群龙属 245152
群龙掌属 **245152**
群盲象 **253833**
群盲象属 **253832**
群美球 **244091**
群美丸 244091
群魅丸 244091
群鉾 **340781**
群雀 279638
群雀草 279638
群雀厚叶草 **279638**
群雀花 72342
群蕊椴 **405134**
群蕊椴属 **405133**
群蕊竹属 **268113**
群蛇柱 **61166**
群蛇柱属 **61165**
群神球 **284664**
群神丸 284664
群生白星龙 171635
群生百里香 **391114**
群生袋鼠花 263325
群生利奇萝藦 **221995**
群生鹿蹄草 322914
群生毛瑞香 **219017**
群生欧石南 **150181**
群生千里光 **360060**
群生日中花 **220672**
群生山芫荽 **107817**
群生苔草 **74673**
群生香花棕 **14864**
群生砖子苗 **245544**
群腺芸香 **304546**
群腺芸香属 **304544**
群小槌 **254467**
群心菜 **73090**
群心菜属 **73085**
群星冠 **159880**
群雄野牡丹属 **304547**
群萤 **102542**
群玉 163328

## R

蚺蛇竻 65040
然波 309954
然娃娃 31051
髯瓣花属 172848
髯萼黄堇 105646
髯萼紫堇 **105646**
髯管花 **172885**
髯管花科 **172887**
髯管花属 **172881**
髯花杜鹃 330087
髯脉槭 **2798**
髯毛埃克金壳果 **161694**
髯毛八角枫 **13347**
髯毛白背麸杨 **332647**
髯毛白叶藤 32612
髯毛稗 **140353**
髯毛杯漆 **396302**
髯毛贝母兰 **98612**
髯毛臂形草 **58202**
髯毛布里滕参 **211480**
髯毛肠须草 **146000**
髯毛齿稃草 **351167**
髯毛唇柱苣苔草 **87825**
髯毛翠雀花 **124053**
髯毛大岩桐 364740
髯毛大柱芸香 **241359**
髯毛戴尔豆 **121885**
髯毛地美夜来香 **290745**
髯毛点地梅 **23127**
髯毛吊灯花 **84005**
髯毛钓钟柳 **289324**
髯毛丁癸草 **418349**
髯毛东南亚野牡丹 **24188**
髯毛兜兰 **282787**
髯毛斗篷草 **13980**
髯毛豆腐柴 **313602**
髯毛毒鼠子 **128609**
髯毛毒鱼草 **392182**
髯毛独活 192239
髯毛杜鹃 **330087**,330203
髯毛杜楝 **400559**
髯毛椴 **391674**
髯毛钝果寄生 **385195**
髯毛芳香木 **38436**
髯毛菲利木 **296165**
髯毛风铃草 **69916**
髯毛凤仙 204802
髯毛凤仙花 **204802**
髯毛高恩兰 **180009**
髯毛革花萝藦 **365659**
髯毛格雷野牡丹 **180361**
髯毛格维木草 **179976**
髯毛狗尾草 **361709**
髯毛冠顶兰 **6177**
髯毛哈钦森茜 **199510**
髯毛海特木 **188316**
髯毛海因斯茜 **188284**
髯毛鹤虱 **221635**
髯毛花番薯 **208100**
髯毛花属 **306931**
髯毛黄杜鹃 330900
髯毛吉尔苏木 **175631**
髯毛急流茜 **87501**
髯毛尖刺联苞菊 **52656**
髯毛剪股颖 **12009**
髯毛老鹳草 **174827**
髯毛雷诺木 **328322**
髯毛犁头草 **410110**
髯毛莲花掌 **9031**
髯毛蓼 308877
髯毛裂舌萝藦 **351503**
髯毛琉璃繁缕 **21353**
髯毛瘤瓣兰 **270795**
髯毛龙胆 **173365**
髯毛龙面花 **263383**
髯毛龙王角 **198973**
髯毛露珠草 **91504**
髯毛芦竹 **37470**
髯毛麻疯树 **212125**
髯毛马鲁木 **243505**
髯毛马鲁梯木 243505
髯毛脉槭 2798
髯毛毛兰 **148633**
髯毛茅属 222562
髯毛蒙古白头翁 **321660**
髯毛膜鞘茜 **201023**
髯毛南非禾 **289950**
髯毛南非少花山龙眼 **370243**
髯毛囊蕊紫草 **120847**
髯毛拟扁芒草 **122320**
髯毛黏腺果 **101250**
髯毛扭果花 **377790**
髯毛泡花树 **249426**
髯毛桤木 **16320**
髯毛槭 2798
髯毛鞘蕊花 99583
髯毛鞘葳 **99369**
髯毛青锁龙 **108844**
髯毛球 **244007**
髯毛球柱草 **63268**
髯毛肉锥花 **102450**
髯毛箬竹 **206771**
髯毛塞拉玄参 **357429**
髯毛山柳菊 **195484**
髯毛山蚂蝗 **126257**
髯毛山芫荽 **107757**
髯毛石蝴蝶 **292548**
髯毛双距兰 **133709**
髯毛水蓑衣 **200599**
髯毛葶苈 **136948**
髯毛脱皮藤 **824**
髯毛乌头 5052
髯毛无心菜 **31768**
髯毛狭叶基氏婆婆纳 **216263**
髯毛仙花 **395792**
髯毛腺花山柑 **64878**

髯毛香茶 **303601**
髯毛缬草 **404230**
髯毛旋柱兰 **258990**
髯毛燕麦 45389
髯毛伊藤氏堇菜 **410132**
髯毛翼缬草 **14695**
髯毛翼柱管萼木 **379050**
髯毛银背藤 **32612**
髯毛银豆 **32787**
髯毛远志 **307946**
髯毛蚤缀 31768
髯毛泽赫针禾 377043
髯毛泽赫针翦草 **377043**
髯毛樟 **91272**
髯毛针禾 377019
髯毛针翦草 **377019**
髯毛针茅 **376712**
髯毛猪毛菜 **344467**
髯毛紫茎 **376473**
髯毛紫菀 **40120**
髯茅 **222568**
髯茅属 **222562**
髯舌花 289324
髯丝铁线莲 95245
髯丝蛛毛苣苔 **283110**
髯药草属 **365011**
髯玉属 **275405**
燃灯虎耳草 **349577**
冉布檀 **14362**
冉布檀属 **14359**
苒苒草 94946
染布薯 131522
染布叶 328794
染布子 309954,327069
染蛋藤 337925
染饭花 62009,62134
染绯草 337925
染褐杜鹃 330070
染黑杜鹃 330070
染红杜鹃 **331875**
染绛子 48689
染椒 403738
染料阿巴特木 **71**
染料车叶草 **39413**
染料凤仙花 **205384**
染料火筒树 **223962**
染料鸡眼草 258920
染料鸡眼木 **258920**
染料加永茜 **169624**
染料绿柄桑 **88514**
染料木 **173082**
染料木属 **172898**,103782,346471
染料木叶柳穿鱼 230976
染料茜草 338038
染料榕 165761
染料赛靛 **47880**
染料桑 259197
染料沙戟 **89330**
染料树属 346471
染料远志 **308409**
染麻花头 **361065**
染木树 **346495**
染木树属 **346471**
染色巴豆 **113042**
染色草 115595
染色稠李 316611
染色光柱泽兰 **217112**
染色红花 **77701**
染色黄花木棉 98115
染色九头狮子草 291138
染色卷胚 98115
染色克来豆 **108557**
染色蜡菊 **189861**
染色栎 324050
染色驴臭草 **271837**
染色麻花头 **361139**
染色木菊 **129432**
染色牛奶菜 245854
染色槭 3462
染色茜草 **338038**
染色日本首乌 **162536**
染色柔毛花 **219030**
染色软紫草 **34644**
染色桑 259197
染色鼠李 **328874**
染色水锦树 **413829**
染色塔奇苏木 **382986**
染色弯籽木 **98115**
染色旋子 98115
染色银灌戟 **32980**
染色紫檀 **320334**
染山红 393485
染菽 403738
染牙果 171155
染用橙桑 **240834**
染用倒吊笔 **414819**
染用牛舌草 **21984**
染用桑橙 240834
染用山矾 381441
染用卫矛 **157926**
染用小檗 **52257**
染用一叶萩 **356409**
染用云实 65072
染指甲草 204799
染轴粟 **47888**
染轴粟属 **47887**
蘘草 418002
蘘荷 **418002**,260208,418003
蘘荷科 418034
壤塘翠雀花 **124551**
壤塘滇紫草 **271792**
攘波 382582
让蒂黄檀 **121689**
让蒂基特茜 **215789**
让蒂肋瓣花 **13792**
让蒂三指兰 **396642**
让蒂矢车菊 **80940**
让蒂小黄管 **356088**
让莫诺水仙 **262409**
让佩尔拉富婆婆纳 **219733**
荛 59575
荛花 **414143**,414271
荛花属 **414118**
荛花香茶菜 **209868**
荛花叶山矾 381148
饶平石楠 **295761**
饶平悬钩子 **339154**
绕花紫葳 **290781**
绕花紫葳属 **290780**
绕莲花 141374
绕曲黄堇 **106072**
绕绕藤 374392,374420
绕双蝴蝶 398308
惹涅 308523
惹子草 367416
热草 198745
热雏菊 **141579**
热雏菊属 **141578**
热带澳洲柏 **67421**
热带白桉 **155607**
热带白花菜属 64873
热带补骨脂属 **114423**
热带大花三数木 **397666**
热带单花针茅 **262617**
热带丁癸草 **418330**
热带椴 138750
热带椴属 138747
热带蜂鸟喜荫花 **147389**
热带福雷铃木 **168267**
热带葛藤 321460
热带海马齿 **361656**
热带红花蕊 **391575**
热带红蕾花 **416992**
热带胡桃 212599
热带虎眼万年青 **274818**
热带花烛 **28077**
热带火炬兰属 **282427**
热带假金目菊 **190258**
热带剪股颖 **12398**
热带豇豆 **408927**
热带龙胆属 145660
热带芦莉草 **339683**
热带美丽柏 67421
热带南美洲椿 **80018**
热带千金子 226036
热带山香 **203056**
热带商陆 **298112**
热带深紫巨竹 **175596**
热带鼠尾粟 **372859**
热带睡莲 **267639**
热带丝花苣苔 **263330**
热带松 **300289**
热带酸模 **340150**
热带铁苋菜 **1900**
热带尾稃草 **402512**
热带五叶猪屎豆 **112601**
热带小花蓝盆花 **350220**
热带血藤 259496
热带野黍 **151672**
热带油麻藤 **259496**
热尔异燕麦 **190153**
热非奥德大戟 **270054**
热非斑鸠菊 **406732**
热非杯冠藤 **117349**
热非扁担杆 **180983**
热非草豆属 **317236**
热非箣柊 **354632**
热非茶茱萸属 17990
热非车轴草 **397124**
热非大风子属 **355002**
热非大果百蕊草 **389786**
热非大戟 **160032**
热非大穗阿氏莎草 **586**
热非大穗巴豆 **112957**
热非代德苏木 **129732**
热非丁香蓼 **238223**
热非豆属 **212658**
热非短盖豆 **58784**
热非断草 **379661**
热非多穗兰属 **382692**
热非二叶豆 **288691**
热非二叶豆属 **288690**
热非番薯 **208152**
热非丰花草 **57314**
热非瓜属 **160362**
热非光膜鞘茜 **201036**
热非光囊苔草 **224234**
热非葫芦 **114106**
热非葫芦属 **114103**
热非槲寄生 **411105**
热非花篱 **27416**
热非茴芹 **299498**
热非鸡头薯 **153082**
热非夹竹桃属 **13267**
热非尖刺联苞菊 **52698**
热非豇豆 **409143**
热非豇豆属 **409141**
热非蕉 **260224**
热非茎花豆属 **253002**
热非科豪特茜 **217664**
热非空轴茅 **98794**
热非宽萼木 **215594**
热非拉拉藤 **170189**
热非榄仁树 **386633**
热非老鹳草 **174991**
热非老鸦嘴 **390819**
热非冷水花 **298950**

热非镰扁豆 **135493**
热非楝属 **414842**
热非裂舌萝藦 **351596**
热非鳞莎草属 **253403**
热非瘤蕊百合 **271011**
热非鹿藿 **145003**
热非鹿藿属 **145002**
热非绿花五层龙 **342606**
热非萝藦属 **61940**
热非没药 **101583**
热非牡荆 **411480**
热非南星属 **21894**
热非黏木属 **216567**
热非鸟卵豆属 **28738**
热非欧石南 **149397**
热非疱茜 **319968**
热非朴 **80794**
热非前胡 **292862**
热非茜属 **384317**
热非绒毛钉头果 **179137**
热非软骨草 **219771**
热非三萼木 **395190**
热非三指兰 **396622**
热非桑 **57472**
热非桑属 **57462**
热非神秘果 **381991**
热非时钟花属 **374058**
热非柿 **132382**
热非双距兰 **133972**
热非水牛角 **72560**
热非水蜈蚣 **218647**
热非苏木 **175635**
热非损瓣爵床属 **217795**
热非檀香 **269633**
热非檀香属 **269632**
热非藤黄 **223616**
热非藤黄属 **223615**
热非土连翘 **201059**
热非卫矛 **51237**
热非卫矛属 **51236**
热非无鳞草 **14388**
热非腺毛莓 **338087**
热非香茶菜 **303284**
热非香科 **387994**
热非小草 **253268**
热非小花假杜鹃 **48257**
热非肖水竹叶 **23611**
热非须芒草 **23049**
热非须毛草 **306918**
热非须毛草属 **306917**
热非鸭舌癀舅 **370845**
热非崖豆藤 **254673**
热非羊蹄甲 **401006**
热非羊蹄甲属 **401001**
热非野牡丹属 **20499**
热非野黍 **151681**
热非叶梗玄参 **297120**
热非叶下珠 **296665**
热非一点红 **144988**
热非异萼豆 **283165**
热非鹰爪花 **35059**
热非忧花 **241612**
热非玉凤花属 **255767**
热非远志 **307906**
热非蚤草 **321513**
热非獐牙菜 **380136**
热非珍珠茅 **354108**
热非脂苏木 **315259**
热非中脉角蒿 **205602**
热非猪屎豆 **112594**
热非砖子苗 **245345**
热非紫草 **65823**
热非紫草属 **65822**
热痱草 259284,259323,354660
热夫山龙眼属 **175468**
热干巴 312467
热河糙苏 295123
热河灯心草 **213553**
热河藁本 229344
热河黄精 **308593**
热河碱茅 **321305**,321332
热河芦苇 295914
热河蒲公英 384681,384749
热河乌头 **5302**
热河杨 **311386**
热河榆 401489
热见泽泻 **14726**
热美白花菜属 66127
热美茶茱萸属 **66228**
热美椴 **28963**
热美椴属 **28953**
热美萼角花 **4524**
热美萼角花属 **4523**
热美凤梨属 **31715**
热美海特木 **188341**
热美葫芦属 **318759**
热美花烛 **28115**
热美金壳果 **4699**
热美金壳果属 **4676**
热美爵床属 **172550**
热美蔻属 **209017**
热美宽柱兰属 **160930**
热美兰属 18085
热美两型豆属 **99949**
热美鳞翅草属 **370903**
热美菱叶葡萄 **411885**
热美瘤瓣兰属 **216635**
热美龙胆属 **380647**
热美龙眼木属 **160320**
热美萝藦属 **385093**
热美马钱属 **57018**
热美茜属 **108454**
热美肉豆蔻属 209017
热美瑞香 **352119**
热美瑞香属 **352118**
热美桑寄生 **296076**
热美桑寄生属 **296074**
热美桑属 290677
热美山龙眼属 **282433**
热美黍属 **247956**
热美桃金娘 **68634**
热美桃金娘属 **68631**
热美藤黄 **139737**
热美藤黄属 **139735**
热美围涎树 **321784**
热美围涎树属 **321783**
热美无患子 **130950**
热美无患子属 **130949**
热美肖竹芋 **66158**
热美血草 **350898**
热美血草属 **350897**
热美野牡丹属 **50861**
热美玉蕊 **90771**
热美玉蕊属 **90770**
热美樟属 **252725**
热美朱樱花 **417392**
热美朱樱花属 **417388**
热美竹桃属 **240865**
热美紫草 **341816**
热美紫草属 **341813**
热木豆属 **61154**
热尼斯百里香 **391227**
热尼斯滨紫草 **250892**
热尼斯齿缘草 **153469**
热尼斯碱茅 **321307**
热尼斯藜 **87057**
热尼斯银莲花 **23866**
热参 297878
热氏老鸦嘴 **390808**
热斯兰驼蹄瓣 **418660**
热香木属 **215502**
热亚纤豆 **263778**
热亚纤豆属 **263777**
人唇兰 **3777**
人唇兰属 **3774**
人丹草 250370
人柳 383469
人面飞廉 73454
人面果 171221
人面树 137716
人面竹 **297203**,297282
人面子 **137716**,88691
人面子属 **137714**
人身 280741
人参 **280741**,123141
人参归 276745
人参果 192862,312360
人参花 155173
人参幌子 58300
人参木 86854,86855
人参木属 **86853**
人参三七 280771,280778,280793
人参属 **280712**
人参薯 70396
人参娃儿藤 **400913**
人身香 262497
人葠 280741
人蓡 280741
人瘦木 95984
人头草 278740
人头茶 69644
人头发 354813,405598,405618
人头七 110502,192851,192862
人头芪 110502
人微 280741
人衔 280741
人苋 1790,18836
人心果 **244605**
人心果属 244520
人心药 73136
人心药属 73119
人血草 379228
人血草属 379219
人血七 106512,379228
人羊参 142596
人御 280741
人字草 **349604**,26624,218347,309940,418335
人字果 **128941**
人字果属 **128919**,210251
人字树 189972
仁草 266060
仁昌桂 113437
仁昌厚壳桂 113437
仁昌黄芪 42178
仁昌木莲 242030,244427
仁昌兔唇花 220061
仁昌五味子 **214982**
仁昌硬壳桂 113437
仁昌玉山竹 **416760**
仁昌玉叶金花 **260394**
仁丹草 10414
仁丹树 394635
仁骨蛇 280097
仁榔 31680
仁膜 250370
仁频 31680
仁杞 145517
仁人木 162473
仁仁树 162473
仁沙草 388303
仁砂草 370512
仁王门 **157168**
仁王球 140883
仁王丸 140883
仁枣 248925
仁皂刺 8012

壬参 345214
忍冬 **235878**
忍冬班克木 47650
忍冬贝克斯 47650
忍冬草 12635,235878
忍冬杜鹃 **331138**
忍冬花 235633,235742,235749,235860,235878
忍冬黄锦带 130252
忍冬科 **71955**
忍冬离瓣寄生 **190850**
忍冬萝藦 **236236**
忍冬萝藦属 **236235**
忍冬马缨丹 **221315**
忍冬木蓝 206182
忍冬枪刀药 **202577**
忍冬属 **235630**
忍冬藤 235878
忍冬叶冬青 **203992**
忍冬叶桑寄生 **355319**,385221
忍寒草 235878
忍凌 232640
忍陵 272090
荏 290940
荏弱柳叶箬 **209098**
荏弱毛茛 **326106**
荏弱莠竹 **254001**
荏弱早熟禾 **305564**
荏桐 406016,406018
荏子 290940
荏子香 283625,283630
稔草属 8855
稔葵属 362702
稔水冬瓜 165125
稔叶扁担杆 **181006**
稔子 332221
任豆 417574
任豆属 417573
任多卫矛 **341387**
任多卫矛属 **341386**
任木 417574
韧果檀香属 **276859**
韧喉花 **371554**
韧喉花属 **371553**
韧黄芩 **355804**
韧荚红豆 **274403**
韧葵木属 **48799**
韧皮络石 **393683**,393642
葚 259067
日安野豌豆 **408409**
日本矮桦 53465
日本矮鸢尾 **208657**
日本矮竹 362131
日本爱冬叶 87485
日本安息香 **379374**
日本八角枫 **13381**
日本八角金盘 162879
日本菝葜 366486
日本白菜 59438
日本白耳菜 **284542**
日本白果菌芋 **365962**
日本白花合欢 **13580**
日本白花堇菜 **410032**
日本白花爵床 **214735**
日本白花五裂杜鹃 **330535**
日本白桦 **53483**
日本白蜡树 **167999**,168018
日本白冷杉 496
日本白犁头草 **410109**
日本白茅 **205509**
日本白前 **117537**
日本白丝草 **87777**
日本白头翁 **321697**
日本白绣线菊 **371797**
日本白杨 311389
日本白芷 **192375**
日本白珠 **172092**
日本百合 **229872**
日本百金花 **81502**
日本百里香 **391225**,391353
日本百脉根 237554
日本柏木 85310
日本稗 **140421**
日本斑叶堇菜 **410719**
日本板栗 78777
日本苞子草 389355
日本报春 **314508**
日本北海道风毛菊 **348720**
日本北极果 31316
日本秕壳草 224002
日本萹蓄 **308843**
日本扁柏 **85310**
日本扁枝越橘 **403868**
日本藨草 353660
日本薄荷 **250381**
日本补血草 **230797**
日本布袋兰 **68542**
日本菜豆 **294031**,408841
日本苍术 **44210**
日本草胡椒 **290365**
日本草莓 **167635**
日本草沙蚕 **398093**
日本侧柏 390660
日本梣 167999
日本茶藨 333970
日本钗子股 238322
日本菖蒲 5798
日本长梗风信子 **235608**
日本长距堇菜 **410505**
日本长序槭 3248
日本常春藤 187318
日本常绿栎 **323599**
日本常山 274277
日本车前 **302014**
日本齿叶南芥 **30439**
日本齿缘草 **153491**
日本赤车 288729
日本赤豆 **408841**
日本赤松 299890
日本赤小豆 **294039**
日本赤杨叶梨 **33008**
日本赤竹 **347259**,318307
日本重瓣麻叶绣线菊 **371871**
日本重齿玄参 **355106**
日本重楼 **284401**,284340
日本稠李 280053
日本臭草 249060
日本臭椿 **12582**
日本川芎 **229371**
日本垂花白珠 172111
日本垂花白珠树 **172111**
日本垂丝卫矛 **157764**
日本春兰 116880
日本茨藻 262039
日本刺柏 **213735**
日本刺参 **272712**
日本刺蒴麻 **399261**
日本刺五加 143685
日本刺子莞 **333628**
日本枞 365
日本葱 **15292**
日本楤木 30634
日本粗榧 **82523**,82499
日本粗水苏 373262
日本粗叶木 **222172**
日本打碗花 **68692**
日本大白蜡树 **167970**
日本大萼杜鹃 **331173**
日本大花风轮菜 **97015**
日本大花油点草 **396602**
日本大蒜芥 **365515**
日本大葶苈 **137010**
日本大叶椴 391766
日本大叶海桐 **301416**
日本当归 **24380**,24282
日本当药 **380234**
日本稻槎菜 **221795**
日本灯台莲 33505
日本灯心草 **212890**
日本迪迪兰 **392350**
日本地不容 375870
日本地桂 146523
日本地黄 **327450**
日本地椒 **391353**
日本地杨梅 **238629**
日本地榆 **345853**
日本颠茄 354691
日本吊钟花 145710
日本蝶须 **26393**
日本丁香 **382178**,382276
日本顶冰花 **169452**
日本冬青 **204087**
日本毒空木 104696
日本毒芹 **90937**
日本独活 **192284**
日本笃斯 **404031**
日本杜鹃 **331258**
日本杜鹃花 331258
日本杜香 **223905**
日本杜英 **142340**
日本短颖草 **58462**
日本椴 391739
日本对叶兰 **232919**,264685
日本钝齿小米草 **160242**
日本钝叶瓦松 **275385**
日本多花溲疏 **126929**
日本峨屏草 383890
日本莪白兰 267958
日本鹅耳枥 **77312**,77281
日本翻白草 **312815**
日本飞瀑草 93975
日本榧树 **393077**
日本风毛菊 348403
日本枫杨 320372
日本佛甲草 356841
日本伏地杜鹃 172092
日本拂子茅 **65450**
日本浮萍 **224369**
日本福木 254303
日本福王草 **313781**
日本俯卧叠鞘兰 **85482**
日本腹水草 **407462**
日本高山飞蓬 **150446**
日本高山蓍 **3923**
日本藁本 **229343**
日本沟稃草 **25346**
日本狗肝菜 291161
日本狗筋蔓 **114066**
日本狗尾草 **361936**
日本狗牙根 **117867**
日本谷精草 **151336**
日本瓜 285694
日本光毛茛 **326493**
日本广布野豌豆 **408361**
日本鬼灯檠 335151
日本鬼臼 326508
日本桂花 276313
日本海棠 243617,243729
日本焊菜 72910
日本何首乌 328345
日本河柳 **343414**
日本核桃 **212626**
日本核子木 **291483**
日本鹤虱 **221631**
日本黑三棱 **370072**
日本黑松 300281
日本红花石豆兰 62813
日本红楠 240604

日本红山茶 69156
日本后蕊苣苔 **272598**
日本厚壳树 **141633**
日本厚皮香 **386704**,386696
日本厚朴 **198698**
日本厚叶堇菜 **410788**
日本胡麻花 191065
日本胡桃 212626
日本胡枝子 **226849**,226708,226969
日本虎耳草 **349510**
日本虎舌兰 **147314**
日本花柏 **85345**
日本花凤梨 392349
日本花椒 417301
日本花楸 33008,369362
日本桦 53483
日本黄柏 **294233**
日本黄花茅 27971
日本黄槿 194911
日本黄猄草 **85944**
日本黄精 308613
日本黄连 **103835**
日本黄耆 **42537**
日本黄芩 355760
日本黄瑞木 **8244**
日本黄杉 **318575**
日本黄杨 157615,157616
日本灰白冷杉 496
日本灰绿龙胆 **174086**
日本灰木 381291,381390
日本回回蒜 **326276**
日本活血丹 **176821**
日本鸡屎树 222172
日本姬胡桃 212626
日本吉姆地杨梅 **238633**
日本极香荚蒾 407980
日本棘豆 **278910**
日本蓟 **92226**
日本鲫鱼草 147746
日本荚蒾 **407897**
日本假繁缕 **389186**
日本假蓬 103509
日本假卫矛 **254303**
日本剪绒花 127667
日本碱茅 **321342**
日本碱蓬 **379542**
日本结缕草 418450
日本金唇兰 261470
日本金橘 167503
日本金缕梅 **185104**
日本金钱豹 70398
日本金松 352856
日本金松属 352854
日本金腰 **90383**
日本金银花 235970
日本金银木 235970
日本金鱼藻 **83575**
日本筋骨草 **13126**,13146
日本堇菜 409942
日本锦带花 **413611**
日本荩草 **36650**
日本荆芥 **264958**
日本景天 **356841**
日本韭 **15381**,15822
日本橘 93823
日本卷瓣兰 62813
日本绢柳 **343567**
日本爵床 214735
日本爵床属 **344413**
日本开口箭 **400397**
日本看麦娘 **17537**
日本苦楝 **248903**
日本苦荬菜 **210623**
日本苦味果 **34862**
日本苦竹 297215
日本栝楼 **396203**,396257
日本蓝盆花 **350175**
日本狼尾草 **289135**
日本老鹳草 **174671**
日本冷杉 **365**
日本冷水花 298945
日本冷水麻 298945
日本狸藻 **403222**
日本藜 **86913**
日本藜芦 405601
日本黧豆 259520
日本立花橘 93823
日本栗 **78777**
日本连翘 **167444**
日本连香树 83736
日本楝 248903
日本两歧飘拂 **166273**
日本两型豆 **20570**
日本铃兰 **58439**
日本铃兰属 **58437**
日本菱 **394463**
日本领春木 160347
日本柳 **343546**
日本柳杉 **113685**
日本柳叶菜 **146738**
日本柳叶箬 **209105**
日本六道木 **177**
日本龙常草 **128017**
日本龙胆 **173662**
日本龙牙草 **11580**,11566
日本龙珠 **400001**
日本楼梯草 **142696**,142759
日本芦苇 295888
日本鹿茸草 **257538**
日本鹿蹄草 **322842**
日本路边青 **175417**
日本葎草 **199382**
日本乱子草 **259672**
日本轮锋菊 350175
日本轮叶沙参 **7863**
日本罗汉柏 390680
日本裸花草 4104
日本裸菀 41201
日本络石 393616,393621
日本落叶松 **221894**
日本马瓟儿 **417472**
日本马兜铃属 **211597**
日本马蓝 85944,387136
日本马桑 **104696**
日本马先蒿 **287300**
日本马醉木 298734
日本麦氏草 256632
日本蔓龙胆 398273
日本莽草 **204533**,204575
日本毛茛 325981
日本毛宫部氏穗花 **317939**
日本毛兰 148754
日本毛连菜 **298618**
日本毛龙牙草 **11543**
日本毛木兰 242274,242331
日本毛女贞 **229506**,229485
日本毛披碱草 **144279**
日本茅膏菜 **138338**
日本猕猴桃 **6523**
日本米团花 **228002**
日本皿柱兰 223647
日本牡蒿 35674
日本木防己 **97947**
日本木瓜 **84556**
日本木姜子 **233949**
日本木兰 242169
日本木油树 406016
日本木油桐 **406016**
日本南芥 **30458**
日本南五味子 **214971**
日本南星 33369
日本南烛 239392
日本囊唇兰 171864
日本拟兰 **29794**
日本黏冠草 **261071**
日本鸟巢兰 **264685**
日本牛鞭草 **191234**,191251
日本牛膝 **4286**,4275
日本女贞 **229485**,229524
日本爬山虎 285117
日本泡桐 285981
日本蓬 **150599**
日本披碱草 **144412**
日本瓢柑 **93323**
日本萍蓬草 **267286**
日本坡油甘 **366670**
日本婆婆纳 **407252**
日本匍茎榕 165628
日本蒲公英 **384591**
日本朴 **80741**
日本七叶树 **9732**
日本桤木 **16341**,16386
日本槭 **3034**,3243,3248
日本漆姑草 342251
日本脐果草 **270696**
日本荠菜 **72047**
日本千金榆 77312
日本千屈菜 240030
日本前胡 24340,292892
日本求米草 **272693**
日本球果堇菜 **410081**
日本全唇兰 **261474**
日本缺齿红丝线 238956
日本荛花 414271
日本人参木 **86855**
日本人字果 **128938**
日本润楠 **240604**
日本赛欧金丝桃 **202150**
日本赛卫矛 254303
日本三花龙胆 **174007**
日本三蕊杯 **278484**
日本三蕊杯属 **342524**
日本三蕊柳 **344213**
日本三叶槭 2896
日本三叶沙参 7863
日本伞花香荠菜 **209854**
日本散血丹 **297628**,297626
日本桑 **259143**
日本沙地补血草 230797
日本沙米逊马先蒿 **287079**
日本莎草 **118493**
日本山茶 69156
日本山地婆婆纳 **407162**
日本山地委陵菜 **312782**
日本山豆根 155897
日本山矾 **381252**,381143
日本山繁缕 **375117**
日本山蒿 **36225**
日本山荷叶 132682
日本山黄皮 **325393**
日本山蓟 **91729**
日本山金车 **34746**
日本山梨 323268
日本山柳 96466
日本山柳菊 **195672**
日本山罗花 **248201**
日本山马薯 366486
日本山毛榉 **162382**
日本山美豆 **4236**
日本山杨 **311480**
日本山樱 83234
日本山樱桃 **83234**
日本山蓊菜 **161149**
日本山紫苏 **259300**
日本杉 113685
日本珊瑚树 **407980**
日本商陆 **298114**

日本上须兰 147314
日本芍药 280207
日本蛇根草 **272221**
日本蛇菰 **46848**
日本蛇皮草 **56383**
日本深山柳 **343911**
日本肾叶虎耳草 **349843**
日本肾叶睡菜 **265198**
日本狮子草 **129271**,291161
日本十大功劳 **242563**
日本石柯 **233193**
日本石竹 **127739**,127667
日本矢部天胡荽 **200394**
日本矢竹 318307
日本柿 **132320**
日本首乌 **162532**
日本鼠刺 **210389**
日本鼠李 **328740**
日本鼠麹草 178237
日本鼠尾草 **307125**
日本鼠尾草属 **307124**
日本鼠尾粟 **372737**
日本薯蓣 **131645**,131772
日本双唇兰 130041
日本双蝴蝶 **398273**
日本双叶兰 232919
日本水车前 **277397**
日本水苦荬 **406996**
日本水马齿 **67367**
日本水毛花 **352238**
日本水青冈 **162368**,162382
日本水曲柳 **168025**
日本水石衣 **200204**
日本水酸模 **339934**
日本水杨梅 175417
日本水玉簪 63960
日本四照花 **124923**,124925
日本松风草 **56386**,56383
日本松蒿 296068
日本松毛翠 **297030**
日本松下兰 **258033**
日本菘蓝 **209201**
日本溲疏 126891
日本粟 361798
日本碎米荠 **72910**
日本唢呐草 **256024**
日本苔草 **74941**
日本唐松草 388645
日本棠梨 **323322**
日本糖芥 **154485**
日本桃叶珊瑚 **44915**
日本天剑 68692,68724
日本天芥菜 **190652**
日本天麻 **171944**
日本天女木兰 **242285**
日本甜茅 177560
日本贴梗海棠 84556
日本铁色箭 **239274**
日本铁杉 **399923**,399895
日本铁线莲 **95037**
日本葶苈 **137052**
日本筒距兰 **392349**
日本土柑 **93530**
日本菟丝子 115050
日本橐吾 229066
日本娃儿藤 **117700**
日本瓦松 **275375**
日本弯芒乱子草 **259649**
日本晚樱 **83316**
日本威灵仙 **407492**
日本苇 **295911**
日本委陵菜 312446,313013
日本猥草 **203128**
日本卫矛 157601
日本文殊兰 **111170**
日本倭竹 362131
日本乌桕 346390
日本乌头 **5298**
日本无瓣毛茛 **394588**
日本无刺椿叶花椒 **417144**
日本无须藤 **198575**
日本五钗松 300130
日本五加 **143685**
日本五味子 214971
日本五须松 300130
日本五叶杜鹃 **331462**
日本五叶松 300130
日本五月茶 28341
日本五针松 **300130**,300137
日本西部婆婆纳 **407246**
日本菥蓂 **390237**
日本溪畔醉鱼草 **62093**
日本喜普鞋兰 120371
日本喜荫草 **352869**
日本细辛 37659
日本狭唇兰 **346703**
日本夏橙 **93340**
日本夏枯草 **316150**
日本夏甜橙 **93348**
日本纤毛草 **144240**
日本线柱苣苔 **333737**
日本腺毛喜阴悬钩子 **338811**
日本香柏 **390660**
日本香桂 91351
日本香桦 53465
日本香简草 **215811**
日本香薷 **144063**
日本小檗 **52225**,52049
日本小蝶兰 **310897**
日本小二叶兰 **232908**
日本小勾儿茶 **52478**
日本小花蔷薇 **336805**
日本小花野青茅 **65265**
日本小苦荬 **210531**
日本小丽草 **98451**
日本小蓼 **308675**
日本小六道木 167
日本小米草 **160183**
日本小米空木 **375821**
日本小叶黄杨 **64303**
日本小叶铁杉 399895
日本小叶悬钩子 338886
日本楔叶菊 **124832**
日本缬草 **404227**
日本心萼薯 **25323**
日本心叶兔儿风 **12623**
日本辛夷 **242169**
日本秀丽槭 **2778**
日本绣线菊 **371852**,371944,372029
日本续断 **133490**
日本玄参 **355042**
日本悬崖景天 **356649**
日本旋覆花 207151
日本旋花 **103095**
日本芽鳞吊钟花 **145711**
日本崖豆 **414567**
日本崖椒 417330
日本延龄草 **397616**
日本岩菖蒲 **392622**
日本岩黄耆 **188178**
日本羊胡子草 353606
日本羊茅 **164025**
日本羊蹄甲 **49140**
日本羊踯躅 331258
日本杨 311480
日本杨梅 261155
日本药用双曲蓼 **54799**
日本野黄花茅 **27949**
日本野木瓜 374409
日本野漆 393479
日本野桐 243371
日本野豌豆 **408508**,408435
日本野珠兰 375821
日本异果黄堇 **105978**
日本异花拂子茅 **65487**
日本异细辛 **194334**
日本异叶金腰 **90436**
日本虉草 **293714**
日本茵陈 35282
日本茵芋 365929
日本淫羊藿 **147021**
日本银莲花 23854
日本银毛柳 **343749**
日本罂粟 282563
日本樱 83267
日本樱草 314508
日本樱花 83365
日本樱桦 **53465**
日本樱桃 **83145**,83224
日本油麻藤 **259520**
日本油桐 406016
日本莠竹 **254020**
日本鱼鳞云杉 298307
日本榆 401490
日本羽叶菊 **263515**
日本羽衣草 14065
日本玉兰 242331
日本玉蜀黍 **417420**
日本玉簪 **198618**,198624
日本芋兰 **265412**
日本鸢尾 208640,208653
日本远志 308123,308350
日本岳桦 **53421**
日本云杉 **298442**
日本云实 **64991**,64993
日本杂种银莲花 **23857**
日本早花忍冬 **236041**
日本早熟禾 **305776**
日本早樱 **83334**
日本皂荚 **176881**
日本泽芹 **365858**
日本箦藻 55922
日本獐耳细辛 **192139**
日本獐牙菜 **380389**,380234
日本沼迷迭香 **22448**
日本褶唇兰 399650
日本针茅 **376755**
日本珍珠菜 **239761**,239687
日本桢楠 240604
日本榛 **106741**,106736,106777
日本榛叶桦 **53388**
日本指甲兰 356457
日本帚菊 **292059**
日本猪牙花 154926
日本猪殃殃 **170705**,170445
日本苎麻 56181
日本紫草 **22038**
日本紫草属 **22037**
日本紫花地丁 **410770**
日本紫花鼠尾草 345108
日本紫堇 **106021**,106214
日本紫茎 **376466**,376457
日本紫参 **309870**
日本紫苏 290955
日本紫藤 414554
日本紫珠 **66808**
日本总序披碱草 **144440**
日本钻叶漆姑草 **32306**
日本醉鱼草 **62099**
日比野山姜 17690
日朝睡莲 **267770**
日出 163456
日出大花六道木 **133**
日出球 **163456**
日葱 15626
日东苔草 **76035**
日幡球 **244059**

日幡丸 244059
日榧 393077
日高报春 **314465**
日高堇菜 **409770**
日高山蓟 **92026**
日高山蝇子草 **363543**
日高小托叶堇菜 **409779**
日古里百里香 **391400**
日古利大戟 **160108**
日冠花属 190261
日光柏 85322
日光北美乔柏 **390656**
日光大叶白前 117499
日光灯心草 **213320**
日光殿 **183373**
日光豆 **44985**
日光豆属 **44984**
日光杜鹃 **331463**
日光椴 **391717**
日光鹅绒藤 **117499**
日光寡叶蓟 **92274**
日光蔊菜 **336246**
日光桦 53389
日光茴芹 **299481**
日光荚蒾 **407792**
日光金丝桃 **202047**
日光锦带花 **413619**
日光菊 190525
日光菊属 190502
日光苦荬菜 **210650**
日光兰 39438
日光兰科 39433
日光兰属 39435
日光冷杉 **389**
日光藜 **44978**
日光藜属 **44975**
日光柳 **344108**
日光南星 **33431**
日光蓬子菜 **170761**
日光槭 3137,3243
日光千里光 263515
日光荨麻 **402848**
日光山地杜鹃 **331335**
日光山罗花 **248181**
日光山梅花 **294531**
日光山蟹甲草 **283848**
日光水对叶莲 **201911**
日光松 221894
日光卫矛 **157567**
日光雪莲 **348559**
日光银莲花 **23936**
日光越橘 **403919**
日光子 285157
日果椴 **190231**
日果椴属 **190230**
日及 195149
日精曹公 261212
日喀则蒿 **36558**
日喀则蒿草 217250
日开夜闭 296801,296809
日莨菪 354691
日劳南瓜 **114304**
日轮生石花 **233464**
日轮玉 233464
日落金露梅 **312590**
日内瓦筋骨草 13104
日南苔草 **75471**
日欧小檗 **52339**
日日草 79418
日日春 79418
日日新 79418
日日樱 **212194**
日山苔草 **75759**
日闪光 **10801**
日头果 144773
日头鸡 254796
日向杜鹃 **330909**
日向茅膏菜 **138362**
日向山金丝桃 **201708**
日向夏 93834
日向夏蜜柑 93834
日行千里 22407
日荫管 75724
日影掌属 190237
日鸢尾 208806
日月 244096
日月球 **244096**
日月潭谷精草 151532
日月潭蔺 143257
日月潭堇菜 **410733**
日月潭羊耳蒜 **232190**
日月丸 244096
日照马先蒿 **287635**
日照飘拂草 **166402**,166380
日照山虎耳草 **349852**
日之出球 163456
日中花 311915
日中花海马齿 **361661**
日中花科 251024
日中花千里光 **359470**
日中花球百合 **62419**
日中花属 **220464**,251025
日中金钱 289684
戎葵 13934
绒安菊属 **183039**,183051
绒白蜡树 168120
绒柏 **85353**
绒柏日本花柏 85353
绒柏菀 **283984**
绒柏菀属 **283983**
绒瓣蝴蝶兰 293621
绒棒紫花草 146724
绒苞藤 **101778**
绒苞藤属 **101774**
绒苞榛 106731
绒背风毛菊 **348919**
绒背蓟 **92479**
绒背卷须菊 **260548**
绒背叶滨篱菊 **78613**
绒柄杭子梢 **70902**
绒楚丘生卫矛 **157377**
绒钓樟 231398
绒萼木属 **64436**
绒萼铁线莲 **95125**
绒萼舞子草 283653
绒耳寒竹 **172751**
绒果海木 395538
绒果芹 **151747**
绒果芹属 **151746**
绒果菘蓝 **209205**
绒果梭罗 **327384**
绒果西风芹 **361586**
绒果皂荚 176887
绒蒿 35282,36232
绒花冰草 **11704**
绒花蓟 **92120**
绒花南星 33406
绒花树 13578,369484
绒花喜荫花 147390
绒茎楼梯草 142784
绒菊木属 178748
绒菊属 **235253**
绒兰 **125573**
绒兰属 **125570**,148619
绒藜 **235618**
绒藜属 **235614**
绒马唐 **130666**
绒毛阿玛草 **18624**
绒毛安匝木 **310775**
绒毛奥氏草 **277351**
绒毛巴氏锦葵 **286597**
绒毛白花苋 **9401**
绒毛白蜡树 **168120**,168127
绒毛白芷 **192343**
绒毛百脉根 **237776**
绒毛拜卧豆 **227092**
绒毛斑克木 **47631**
绒毛斑鸠菊 **406717**
绒毛斑叶兰 179708
绒毛半边莲 **234828**
绒毛半日花 **188857**
绒毛报春 **315064**,314664
绒毛杯苋 **115749**
绒毛杯子菊 **290277**
绒毛贝克菊 **52703**
绒毛贝利野荞麦 **151852**
绒毛鼻烟盒树 **270929**
绒毛扁担杆 **180861**
绒毛扁爵床 **292234**
绒毛波状蚤草 **321612**
绒毛布鲁草 **61049**
绒毛糙叶秋海棠 49636
绒毛草 **197301**,178062
绒毛草地山龙眼 **283567**
绒毛草属 **197278**
绒毛草型落芒草 **276020**
绒毛梣 **168136**,168127
绒毛长钩刺蒴麻 **399300**
绒毛长管三萼木 **395276**
绒毛长蒴苣苔 87849
绒毛长穗柳 **343980**
绒毛柽柳桃金娘 **261040**
绒毛赪桐 **96393**
绒毛成凤山茶 69344
绒毛匙叶草 **230801**
绒毛赤竹 **347316**
绒毛刺蒴麻 **399217**
绒毛刺头菊 **108427**
绒毛酢浆草 **278034**
绒毛酢酱草 **278126**
绒毛大丁草 **175225**
绒毛大沙叶 **286520**
绒毛大油芒 **372410**
绒毛戴星草 **370989**
绒毛丹氏梧桐 **136011**
绒毛灯笼花 **10324**
绒毛地肤 **217382**
绒毛滇南山矾 **381241**
绒毛吊灯花 **84284**
绒毛钓樟 **231339**
绒毛丁香 382302
绒毛钉头果 **179136**
绒毛东爪草 **109464**
绒毛兜舌兰 282914
绒毛豆梨 **323119**
绒毛杜鹃 **331430**
绒毛短瓣三角车 **334594**
绒毛椴 391836
绒毛二裂玄参 **134076**
绒毛法道格茜 **162004**
绒毛番龙眼 **310826**
绒毛繁缕 **374846**
绒毛非洲蓖麻树 **334415**
绒毛非洲紫罗兰 **342502**
绒毛风车子 **100825**
绒毛蜂窝流苏树 **87707**
绒毛芙蓉兰 245854,245858
绒毛枹栎 **324401**
绒毛干若翠 **415496**
绒毛甘青蒿 **36366**
绒毛高野荞麦 **152037**
绒毛高原芥 160692
绒毛格雷野牡丹 **180452**
绒毛格尼瑞香 **178724**
绒毛茛 **326018**
绒毛钩藤 **401783**
绒毛瓜祖马 181618
绒毛冠毛锦葵 **111313**

绒毛海因斯茜 **188296**
绒毛海州常山 96398
绒毛杭子梢 **70795**,70863
绒毛蒿 **35234**
绒毛呵子 386506
绒毛红楟 **168073**
绒毛红果树 **377470**
绒毛红花荷 **332206**
绒毛猴欢喜 **366080**
绒毛厚皮树 **221165**
绒毛胡椒 300415,300548
绒毛胡枝子 **226989**
绒毛花 28196
绒毛花格尼瑞香 **178572**
绒毛花罗顿豆 **237235**
绒毛花楸 **369556**
绒毛花属 **28143**
绒毛花猪屎豆 **111902**
绒毛槐 **369134**
绒毛黄鹌菜 416448
绒毛黄堇 106537
绒毛黄芪 42483
绒毛黄耆 **42483**
绒毛黄檀 121683
绒毛黄腺香青 **21522**
绒毛黄钟花 **385494**
绒毛鸡脚参 **275794**
绒毛鸡矢藤 **280083**
绒毛鸡屎藤 **280107**
绒毛棘豆 **279211**
绒毛蒺藜草 **80854**
绒毛蓟 **92448**
绒毛加洛茜 **170811**
绒毛假糙苏 **283609**
绒毛假蒜芥 **365380**
绒毛尖叶四照花 **124884**
绒毛金合欢 **1340**
绒毛金毛菀 **89912**
绒毛金丝桃 **202185**
绒毛金盏花 **66477**
绒毛锦带花 **413624**
绒毛荆芥 **264964**,265101
绒毛卷耳 **83060**
绒毛卡柿 **155976**
绒毛苦豆子 368965
绒毛宽果芥 **160692**
绒毛拉拉藤 **170676**
绒毛蜡瓣花 **106688**
绒毛蜡菊 **189863**
绒毛蓝花参 **412903**
绒毛蓝叶藤 **245858**
绒毛梨叶悬钩子 **339070**
绒毛李堪木 **228683**
绒毛利堪蔷薇 228683
绒毛栎 116118
绒毛栗色鼠尾草 **344944**
绒毛蓼 **309898**,309647
绒毛蓼属 151792
绒毛裂蕊树 **219181**
绒毛林地苋 **319051**
绒毛苓菊 **214115**
绒毛瘤耳夹竹桃 **270879**
绒毛柳叶豆梨 323119
绒毛六棱菊 **220040**
绒毛龙芽草 11572
绒毛驴喜豆 **271274**
绒毛螺旋草 399212
绒毛马鞭草 **405889**
绒毛马兜铃 **34356**
绒毛马铃苣苔 **273867**
绒毛马先蒿 **287762**
绒毛芒柄花 **271536**
绒毛猫尾木 **245637**
绒毛毛萼香薷 **144010**
绒毛毛盘花 **181359**
绒毛美洲安息香 **379306**
绒毛美洲寄生 **295585**
绒毛米面蓊 **61941**
绒毛密钟木 **192727**
绒毛绵果悬钩子 **338725**
绒毛绵穗苏 **100239**
绒毛木瓣树 **415821**
绒毛木姜子 **234079**
绒毛木棉 **56814**
绒毛木犀草 **327922**
绒毛内蕊草 **145443**
绒毛南非禾 **290036**
绒毛南美墨菊 **258368**
绒毛黏花金灌菊 **90571**
绒毛念珠芥 **264624**
绒毛牛蒡 31068
绒毛牛奶菜 **245853**
绒毛脓疮草 **282482**
绒毛欧瑞香 **391022**
绒毛欧石南 **150149**
绒毛泡花树 249477
绒毛蓬子菜 170763
绒毛飘拂草 **166537**
绒毛平头紫菀 **41453**
绒毛苹婆 **376210**
绒毛婆罗门参 **394351**
绒毛葡萄 411735,411882
绒毛槭 **3736**
绒毛漆 **393495**
绒毛千斤拔 **166867**
绒毛荞麦地鼠尾草 **345145**
绒毛茄 **367677**
绒毛青冈 **116118**
绒毛琼楠 **50625**
绒毛秋海棠 **50370**,49636,49941
绒毛秋牡丹 24090
绒毛秋葡萄 **411892**
绒毛球 **244160**,244012
绒毛犬脚迹 325718
绒毛雀麦 **61001**
绒毛群腺芸香 **304553**
绒毛热带补骨脂 **114431**
绒毛热非茜 **384354**
绒毛肉实树 **346983**
绒毛乳豆 **169654**
绒毛蕊花 405747
绒毛锐尖山香圆 **400519**
绒毛润楠 **240711**
绒毛三萼木 **395356**
绒毛山柑 **71905**
绒毛山核桃 77934
绒毛山胡椒 **231398**
绒毛山绿豆 126663
绒毛山蚂蝗 **126663**
绒毛山梅花 **294560**
绒毛山茉莉 **199456**
绒毛蛇根草 **272301**
绒毛蛇葡萄 **20453**
绒毛肾形天竺葵 **288483**
绒毛省藤 **65805**
绒毛圣草 **151776**
绒毛蓍草 **4056**
绒毛石楠 **295771**
绒毛手玄参 **244874**
绒毛鼠尾草 345145
绒毛薯蓣 **131896**
绒毛树 369484
绒毛双盛豆 **20788**
绒毛水蜡树 **229560**
绒毛丝花茜 **360678**
绒毛斯氏穗花 **317957**
绒毛素馨 **211862**
绒毛算盘子 **177188**
绒毛索亚花 **369927**
绒毛苔草 **74805**,75065
绒毛唐菖蒲 **175998**
绒毛糖蜜草 **249339**
绒毛藤山柳 **95554**
绒毛天料木 **197728**
绒毛天名精 **77195**
绒毛天竺葵 **288550**
绒毛铁榄 **362987**
绒毛铁心木 **252627**
绒毛头九节 **81995**
绒毛头状花耳草 **187534**
绒毛吐根 81995
绒毛鸵鸟木 **378617**
绒毛微花藤 **207362**
绒毛委陵菜 312653
绒毛乌口树 **88749**
绒毛乌木 **132434**
绒毛无患子 **346354**
绒毛无距杜英 **3810**
绒毛吴茱萸 **161387**
绒毛五叶参 289642,289665
绒毛雾冰藜 **48791**
绒毛西伯利亚箭头蓼 **291940**
绒毛西番莲 285672
绒毛细叶枸子 **107625**
绒毛狭叶蜡菊 189463
绒毛相思树 1291
绒毛香茶 **303360**
绒毛香科 **388294**,388291
绒毛小檗 **52262**
绒毛小梗棒果芥 273971
绒毛小果葡萄 **411570**
绒毛小花豆 **226181**
绒毛小叶红豆 **274413**
绒毛肖赪桐 **337455**
绒毛肖神秘果 **400105**
绒毛新木姜子 **264106**
绒毛绣球防风 **227721**
绒毛绣线菊 **372128**,371897,372106
绒毛悬钩子 338557
绒毛旋翼果 **183306**
绒毛鸭脚木 350680
绒毛崖豆 254876
绒毛崖豆藤 **254876**
绒毛雅葱 **354964**
绒毛盐肤木 **332887**
绒毛杨梅 **261237**
绒毛野丁香 **226124**
绒毛野独活 254560
绒毛野桐 **243374**
绒毛叶白柳安 **362225**
绒毛叶杭子梢 **70863**,200732
绒毛叶黄花木 300699
绒毛叶轮木 **276788**
绒毛叶毛枝绣线菊 372004
绒毛叶山蚂蝗 126663
绒毛意大利蜡菊 **189463**
绒毛意大利槭 **3290**
绒毛银豆 **32919**
绒毛银胶菊 **285096**
绒毛蝇子草 **364157**
绒毛永菊 **43916**
绒毛油芦子 **97390**
绒毛羽叶楸 **376296**
绒毛羽叶参 **289665**
绒毛越橘 403854
绒毛皂荚 **176887**
绒毛皂柳 **344264**
绒毛泽菊 **91151**
绒毛樟 **91422**
绒毛掌 **140004**
绒毛针垫花 **228110**
绒毛珍珠花 **239402**
绒毛桢楠 240711
绒毛枝绣线菊 372004
绒毛钟花蓼 **308943**
绒毛钟花神血宁 308943
绒毛骤尖刺花蓼 **89071**

绒毛猪屎豆　**112753**
绒毛锥口茜　**102775**
绒毛紫矿　**64145**
绒毛紫薇　**219976**
绒毛紫珠　**66943**
绒楠　240711
绒球　191666
绒球百合　**229995**
绒山白兰　**40702**,39966
绒舌马先蒿　**287329**
绒树　13578
绒穗木属　171545
绒桐草　366715
绒桐草属　366714
绒头茯苓菊　214041
绒头假糙苏　**283653**
绒头苓菊　**214041**
绒菀木　**335126**
绒菀木黄鸠菊　**134809**
绒菀木属　**335125**
绒辖露珠香茶菜　324789
绒辖香茶菜　**324789**
绒仙人球　**244210**
绒线花属　144884
绒序楼梯草　**142656**
绒叶斑叶兰　**179708**
绒叶闭鞘姜　**107254**
绒叶粗肋草　11355
绒叶含笑　**252972**
绒叶蒿　35221
绒叶合果芋　**381871**
绒叶花烛　**28108**
绒叶黄花木　**300699**
绒叶姬凤梨　**113375**,113374
绒叶括根　333389
绒叶鹿藿　**333389**
绒叶蔓绿绒　294792
绒叶毛建草　**137688**
绒叶木姜子　**234108**
绒叶泡桐　285981
绒叶仙茅　**114821**
绒叶小凤梨　113374
绒叶肖竹芋　**66215**
绒叶崖豆藤　66646,254816
绒叶印度鸡血藤　254816
绒叶印度崖豆　254816
绒叶印度崖豆藤　**254816**
绒缨花　144903
绒缨菊　**144903**
绒毡草　362726
绒针　117523
绒帚菀属　**87404**
绒子树科　**324615**
绒子树属　**324601**
绒祖刺　1219
茸背马先蒿　287483
茸草　231271
茸果椆　233116
茸果柯　**233116**,233314
茸果石栎　233116
茸果鹧鸪花　**194648**,395538
茸花枝　13578
茸荚红豆　**274422**
茸堇菜　410066
茸毛白蜡树　168136
茸毛赤瓟　**390121**
茸毛地榆　345434
茸毛番龙眼　310826
茸毛粉花绣线菊　**371962**
茸毛风铃草　**70222**
茸毛凤仙花　**205389**
茸毛钩藤　401783
茸毛果黄芪　42477
茸毛果黄耆　**42477**
茸毛海棠果　67873
茸毛禾　**219053**
茸毛禾属　**219052**
茸毛胡桐　**67873**
茸毛槐蓝　206583
茸毛黄耆　**42947**,42477,42550
茸毛黄腺香青　21522
茸毛麻楝　90605
茸毛马缨丹　**221314**
茸毛梅蓝　**248887**
茸毛木蓝　**206583**
茸毛南非葵　**25426**
茸毛日本绣线菊　371962
茸毛山香　**203068**
茸毛山杨　**311291**
茸毛芍药　**280319**
茸毛鼠尾草　**345434**
茸毛水蜡烛　**139596**
茸毛天竺葵　288550
茸毛委陵菜　**313029**
茸毛无患子　346354
茸毛香杨梅　**261164**
茸母　178062
茸母草　178062
茸球蔍草　**353226**,353576
茸球荆三棱　353576
荣　285981
荣草　366338
荣城蔍草　**353765**
荣豆　218721
荣冠　149398
荣花属　136877
荣目　390213
荣树　96587,96617,149017
荣树属　148941
荣桐　285981
荣耀花　139936
荣耀木　**391573**
荣耀木属　**391566**
荣玉　**233574**
荣誉萨金特樱桃　**316768**
荣子　161373
容成　124826
容佛萨拉卡棕　**342576**
容胡恩黄木小檗　**52386**
容金德赫克楝　**187143**
容金德鲫鱼藤　**356294**
容金德指腺金壳果　**121158**
蓉草　**223992**,223984
蓉城竹　**297244**
蓉花树　13578
蓉榆　401634
榕　165307
榕莨属　**164469**
榕果桉　**155481**
榕江茶　**69781**,69012
榕江秋海棠　**50250**
榕节花　46430
榕乳树　164925
榕属　**164608**
榕树　**165307**,165841
榕树寄生　410979
榕树属　164608
榕叶柏那参　59202
榕叶冬青　**203814**
榕叶番薯　**207787**
榕叶可拉木　**99190**
榕叶藜　**87007**
榕叶罗伞　**59202**
榕叶葡萄　**411669**,411736
榕叶茄　**367157**
榕叶树参　**125597**
榕叶卫矛　**157463**
榕叶香瓜　**114154**
榕叶掌叶树　59202
融安唇柱苣苔草　**87954**
融安直瓣苣苔　**22173**
融水猕猴桃　**6690**
融香玉　**352758**
柔白杜鹃　332053
柔瓣美人蕉　**71171**
柔草　**41777**
柔草属　**41776**
柔垂美登木　**246841**
柔垂缬草　**404269**
柔刺草　96904
柔刺乳突球　**244129**
柔冬青　**204060**
柔佛坡垒　**198163**
柔莨属　226339
柔冠菊属　**236382**
柔冠亮泽兰　**237165**
柔冠亮泽兰属　**237164**
柔冠毛泽兰属　48578
柔冠田基黄属　**193849**
柔灌芸香　**328498**
柔灌芸香属　**328497**
柔果苔草　**75400**
柔海绿　21427
柔花黍　**281616**
柔花属　**8901**
柔花藤　**226538**
柔花藤属　**226537**
柔花香花藤　**10237**
柔花眼子菜　**312161**
柔花藻　**28885**
柔花藻属　**28883**
柔滑蜂鸟花　**240757**
柔滑棉子菊　**253846**
柔萱　76573
柔茎凤仙花　**205367**
柔茎枸杞　239049
柔茎锦鸡尾　**186753**
柔茎锦香草　301682
柔茎爵床　**85068**
柔茎爵床属　**85067**
柔茎蓼　**309863**
柔茎属　256001
柔茎香茶菜　**209673**
柔久苓草　**214131**
柔老鹳草　174739
柔龙胆　**173960**
柔毛矮小田皂角　**9619**
柔毛艾纳香　**55788**,55690
柔毛澳奇禾　**388914**
柔毛菝葜　**366295**
柔毛白花香茶菜　**209859**
柔毛斑叶兰　**179680**
柔毛半脊荠　**191530**
柔毛半蒴苣苔　**191376**
柔毛报春　314664
柔毛闭鞘姜　**107285**
柔毛杓兰　**120314**
柔毛补血草　**230726**
柔毛糙叶树　**29006**,29005
柔毛草绿色美洲茶　**79941**
柔毛草崖藤　**387747**
柔毛长春花　**409345**
柔毛长蕊木姜子　**233985**
柔毛长蒴苣苔草　**129936**
柔毛柽柳桃金娘　**261023**
柔毛齿叶睡莲　**267701**
柔毛齿缘草　**153508**
柔毛垂序木蓝　206382
柔毛春黄菊　**26877**
柔毛刺玫蔷薇　336522
柔毛枞　362
柔毛打碗花　**68705**
柔毛大果冬青　**204005**
柔毛大戟　**160047**
柔毛大岩桐　**364765**
柔毛大叶桂樱　**316950**
柔毛大叶蔷薇　336320
柔毛大叶蛇葡萄　**20421**

柔毛戴尔豆 **121905**
柔毛刀豆 **71076**
柔毛地胆草 **143460**
柔毛点地梅 **23326**,23308
柔毛吊灯花 84211
柔毛吊丝草 **71613**
柔毛东北赤杨 16403
柔毛东北桤木 **16403**
柔毛冬青 204005
柔毛斗篷草 **14089**
柔毛杜鹃 **331575**,330805
柔毛堆心菊 **188434**
柔毛多穗兰 **310560**
柔毛峨眉翠雀花 **124430**
柔毛鹅耳枥 **77348**
柔毛萼欧石南 **149534**
柔毛番荔枝 **25853**
柔毛番木鳖 378834
柔毛矾根 **194432**
柔毛繁果茜 **304153**
柔毛非洲铁 145244
柔毛粉绿藤 **279559**
柔毛粉枝莓 **338186**
柔毛风车子 **100702**
柔毛凤仙花 **205260**
柔毛拂子茅 **65520**
柔毛高原芥 **89268**
柔毛茛 **326074**
柔毛冠盖藤 **299116**
柔毛光叶悬钩子 338083
柔毛光柱泽兰 **217113**
柔毛广东蔷薇 336669
柔毛果百脉根 **237637**
柔毛果芒柄花 **271407**
柔毛果尤利菊 **160806**
柔毛海滨森林豆 **342567**
柔毛海州常山 96398
柔毛蔊菜 **336281**
柔毛蒿 **36111**
柔毛好望角九节九节 **319470**
柔毛合头菊 **381650**
柔毛核木 **380746**
柔毛红豆 **274430**
柔毛胡枝子 **226940**,226977
柔毛花葱 **307246**
柔毛花属 **219026**
柔毛桦 53590
柔毛槐 369049
柔毛黄瓜菜 **283393**
柔毛黄精 **308633**
柔毛黄栌 107312
柔毛火绒草 **224960**
柔毛火烧兰 **147209**
柔毛棘豆 279020
柔毛荚蒾 **408065**
柔毛假虎杖 **309619**
柔毛假金雀儿 **85392**
柔毛假蛇尾草 388914
柔毛假香芥 **317560**
柔毛尖药木 **4972**
柔毛尖叶悬钩子 **338083**
柔毛剪股颖 **12425**,12252
柔毛见血飞 **252752**
柔毛剑叶金鸡菊 **104532**
柔毛接骨木 345660
柔毛金光菊 **339589**
柔毛金合欢 **1401**,1381
柔毛金腰 **90433**
柔毛金腰子 90433
柔毛金盏苣苔 **210192**
柔毛堇菜 **409975**
柔毛锦鸡儿 **72300**
柔毛茎塞拉玄参 **357715**
柔毛景天 **356766**
柔毛九节 **319777**
柔毛聚果榕 **165542**
柔毛决明 **78520**
柔毛库塞木 **218395**
柔毛库页朗氏堇菜 **410172**
柔毛宽蕊地榆 **345833**
柔毛阔臂形草 **58115**
柔毛蜡烛木 **121128**
柔毛兰布正 175420
柔毛老鹳草 **174739**
柔毛老鼠簕 2695
柔毛冷杉 362
柔毛梨叶悬钩子 **339069**
柔毛李堪木 **228678**
柔毛立萼草 153555
柔毛利堪蔷薇 228678
柔毛栎 **324314**
柔毛栗色鼠尾草 **344943**
柔毛连蕊芥 **382012**
柔毛蓼 **309810**
柔毛鳞蜡菊 **189420**
柔毛柳 343302
柔毛龙胆 **173767**
柔毛龙牙草 **11595**
柔毛龙眼独活 **30680**
柔毛楼梯草 **142888**
柔毛路边青 **175420**
柔毛绿心樟 **268724**
柔毛马兜铃 **34273**
柔毛马钱 378834
柔毛马松子 **249643**
柔毛马先蒿 **287434**
柔毛毛鞘木棉 **153367**
柔毛毛药菊 **84814**
柔毛没药 **101562**
柔毛莓叶悬钩子 **338431**
柔毛美洲寄生 295586
柔毛蒙自崖爬藤 **387781**
柔毛猕猴桃 **6685**
柔毛木荷 350948
柔毛木蓝 **206264**
柔毛木天蓼 **6684**
柔毛牧豆树 **315569**
柔毛穆拉远志 **260043**
柔毛南蛇藤 **80267**
柔毛欧洲接骨木 **345677**
柔毛泡花树 **249417**
柔毛苹婆 **376167**
柔毛坡垒木 **198187**
柔毛茜 **321215**
柔毛茜草 **337940**
柔毛茜属 **321214**
柔毛荞麦地鼠尾草 **345144**
柔毛茄 **367537**
柔毛青藤 **204628**
柔毛清风藤 341546
柔毛筇竹 **87600**
柔毛秋海棠 **49927**,49914
柔毛楸 243394
柔毛曲萼绣线菊 **371911**
柔毛雀麦 **60900**
柔毛荛花 414244
柔毛热美萝藦 **385099**
柔毛乳菀 **169806**
柔毛软费利菊 **163285**
柔毛润楠 **240716**,240590
柔毛箬竹 **206787**
柔毛山矾 **381363**
柔毛山核桃 77934
柔毛山黑豆 **138943**
柔毛山黧豆 222803
柔毛山柳菊 **195908**
柔毛山野豌豆 **408271**
柔毛山楂 **109850**,109937
柔毛苕子 408693
柔毛蛇葡萄 **20339**
柔毛石楠 295808
柔毛柿 132305
柔毛鼠耳芥 113151
柔毛鼠尾草 345144
柔毛薯蓣 **131700**
柔毛双苞苣 **328513**
柔毛水杨梅 175417,175420
柔毛硕桦 **53391**
柔毛丝叶菊 **391045**
柔毛碎米花 **331266**
柔毛天门冬 **39097**
柔毛葶苈 **136984**
柔毛弯蒴杜鹃 **330822**
柔毛网脉崖爬藤 **387841**
柔毛微孔草 **254365**
柔毛韦斯菊 **414941**
柔毛委陵菜 **312652**
柔毛五加 **2410**
柔毛五味子 **351110**,351089
柔毛西南水苏 **373279**
柔毛细枝田皂角 **9655**
柔毛狭喙兰 **375697**
柔毛仙人掌 **273077**
柔毛香科 **388126**
柔毛向日葵 189001
柔毛小檗 **52086**
柔毛小花草 148524
柔毛小花草科 148520
柔毛小花草属 148523
柔毛小葵子 **181906**
柔毛小米草 **160224**
柔毛小沿沟草 **99988**
柔毛小柱悬钩子 **338271**
柔毛肖乳香 350990
柔毛肖鸢尾 **258608**
柔毛蝎尾豆 **354778**
柔毛泻瓜 **79818**
柔毛新牡丹 **263824**
柔毛新木姜子 **264042**
柔毛绣球 **200134**
柔毛绣球防风 **227692**
柔毛绣线菊 **372047**,372067
柔毛须弥芥 **113151**
柔毛悬钩子 **338492**
柔毛雪果 380746
柔毛薰衣草 **223321**
柔毛栒子 107356
柔毛鸦胆子 61211
柔毛崖爬藤 387781
柔毛雅葱 354922
柔毛岩荠 416338
柔毛盐蓬 **184829**
柔毛盐源槭 **3582**
柔毛燕麦 **45542**
柔毛杨 **311423**
柔毛野桐 **243394**
柔毛野豌豆 408693
柔毛一枝黄花 **368329**
柔毛益母草 **225021**
柔毛阴山荠 **416338**
柔毛茵陈蒿 **35283**
柔毛淫羊藿 **147039**
柔毛银齿树 **227288**
柔毛油点草 396611
柔毛油杉 **216150**
柔毛油桃木 **77948**
柔毛鱼藤 **125989**
柔毛玉凤花 **183683**
柔毛玉叶金花 **260404**
柔毛郁金香 400132
柔毛越橘 403813
柔毛云南越橘 **403813**
柔毛云生毛茛 326074
柔毛杂色豆 **47806**
柔毛藏芥 **293371**
柔毛泽兰 **158364**
柔毛掌 **140001**
柔毛胀果芹 **295041**

柔毛柘 240829
柔毛针刺悬钩子 **339138**
柔毛枕榕 164918
柔毛枝金合欢 **1276**
柔毛枝欧石南 **149535**
柔毛猪笼草 **264858**
柔毛猪屎豆 **112682**
柔毛苎麻 **56326**,56132
柔毛紫花堇菜 **410033**
柔毛紫茎 **376487**
柔毛紫薇 219976
柔毛钻地风 **351815**
柔毛柞木 415899
柔木 **222450**
柔木科 **222446**
柔木属 **222449**
柔软阿波禾 **30868**
柔软阿魏 **163680**
柔软安龙花 **139475**
柔软暗绿红果大戟 **154812**
柔软奥萨野牡丹 **276497**
柔软澳洲鸢尾 **285789**
柔软巴纳尔木 **47569**
柔软巴氏锦葵 **286662**
柔软巴斯木 **48571**
柔软白苞菊 **203353**
柔软百脉根 **237764**
柔软斑叶兰 **179609**
柔软棒果树 **332400**
柔软杯苋 **115729**
柔软鼻花 **329544**
柔软秘鲁茶茱萸 **60353**
柔软扁担杆 **180880**
柔软滨藜 **44529**
柔软博勒千里光 **358422**
柔软薄荷穗 **255428**
柔软薄穗草 255428
柔软草本蛇舌草 **269838**
柔软草莓 167653
柔软草质卷 **186473**
柔软层菀木 **387334**
柔软车前 **301949**
柔软赤竹 **347205**
柔软春黄菊 **26777**
柔软刺桐 **154693**
柔软刺头菊 **108345**
柔软刺痒藤 **394182**
柔软酢浆草 **278118**
柔软大豆蔻 **198473**
柔软大沙叶 **286364**
柔软大岩桐寄生 **384179**
柔软戴克茜 **123521**
柔软丹氏梧桐 **135926**
柔软单头爵床 **257277**
柔软灯心草 **213035**
柔软点地梅 **23232**
柔软冬青 204060
柔软斗篷草 **14005**
柔软法蒺藜 **162266**
柔软飞蓬 **150999**
柔软非洲面包桑 **394607**
柔软菲利木 **296238**
柔软风兰 **25086**
柔软弗尔夹竹桃 **167420**
柔软甘蜜树 **263057**
柔软格尼瑞香 **178654**
柔软拱垂芒柄花 **271553**
柔软光亮延叶菊 **265979**
柔软好望角无鳞草 **14398**
柔软红鳞扁莎 **322344**
柔软红柱树 **78690**
柔软虎耳草 **349655**
柔软花篱 **27230**
柔软画眉草 **147819**
柔软黄胶菊 **318708**
柔软黄檀 **121761**
柔软茴芹 299418
柔软鸡头薯 **152979**
柔软蒺藜 **395118**
柔软蒺藜草 **80832**
柔软假金雀儿 **85393**
柔软假香芥 **317561**
柔软尖花茜 **278254**
柔软尖腺芸香 **4815**
柔软剪股颖 **12104**
柔软剑苇莎 **352335**
柔软蕉 **260279**
柔软金鱼草 **28628**
柔软筋骨草 **13099**
柔软九顶草 **145763**
柔软克氏格尼瑞香 **178635**
柔软块茎豆 **264401**
柔软蓝花参 **412678**
柔软榄仁树 **386581**
柔软榄叶菊 270199
柔软老鸦嘴 **390840**
柔软肋瓣花 **13785**
柔软蓼 **291732**
柔软苓菊 **214132**
柔软瘤耳夹竹桃 **270877**
柔软柳穿鱼 **230945**
柔软龙胆 **173733**
柔软龙舌兰 **10904**
柔软罗顿豆 **237370**
柔软麻疯树 **212182**
柔软马耳茜 **196802**
柔软马钱 **378817**
柔软马唐 **130556**
柔软蔓舌草 **243264**
柔软芒柄花 **271451**
柔软毛子草 **153173**
柔软没药 **101461**
柔软梅索草 **252269**
柔软美冠兰 **157052**
柔软虻眼草 **136226**
柔软木蓝 **206266**
柔软穆拉远志 **260017**
柔软南非少花山龙眼 **370258**
柔软囊瓣芹 320231
柔软囊髓香 **252604**
柔软拟蜘蛛兰 **254197**
柔软鸟娇花 **210902**
柔软平菊木 **351233**
柔软平口花 **302644**
柔软坡梯草 **290190**
柔软铺散喜阳花 **190316**
柔软千里光 **358881**
柔软荨麻莲花 **156001**
柔软枪刀药 **202585**
柔软青锁龙 **109166**
柔软雀麦 **60748**
柔软热非茜 **384340**
柔软软荚豆 **386417**
柔软弱唇兰 **318922**
柔软萨比斯茜 **341660**
柔软三芒草 **33935**
柔软沙拐枣 **67049**
柔软莎草 **118889**
柔软山梗菜 **234480**
柔软山蚂蝗 **126468**
柔软山芫荽 **107824**
柔软少毛甘露子 **373093**
柔软狮尾草 **224595**
柔软十二卷 **186561**
柔软矢车菊 **81210**
柔软黍 **281934**
柔软鼠尾粟 **372857**
柔软树葡萄 **120151**
柔软树紫菀 **270199**
柔软丝花茜 **360673**
柔软四翼木 **387608**
柔软粟米草 **256722**
柔软酸海棠 **200965**
柔软穗三毛 **398540**
柔软唐松草 **388473**
柔软天竺葵 **288540**
柔软铁色花椒 **417194**
柔软土丁桂 **161450**
柔软委陵菜 **312783**
柔软沃氏赛金莲木 **70758**
柔软乌头 **5197**
柔软无心菜 **31848**
柔软无叶豆 **148446**
柔软西金茜 **362431**
柔软西印度茜 **179545**
柔软细线茜 **225764**
柔软下垂苦苣菜 **368785**
柔软腺萼菊 **68284**
柔软香茶 **303509**
柔软香茶菜 **303309**
柔软香芥 **94238**
柔软小金梅草 **202913**
柔软肖巴豆 **82219**
柔软肖鼠李 **328578**
柔软肖鸢尾 **258485**
柔软星形非洲紫菀 **19324**
柔软猩红爵床 **238767**
柔软玄参 **355192**
柔软鸦葱 **354903**
柔软盐蓬 **184820**
柔软羊茅 **164086**
柔软叶覆草 **297520**
柔软一点红 **144914**
柔软一枝黄花 **368250**
柔软异鳞菊 **193828**
柔软银豆 **32810**
柔软银莲花 **23780**
柔软蝇子草 **363761**
柔软硬皮鸢尾 **172699**
柔软疣石蒜 **378541**
柔软羽衣草 14089
柔软圆丘草 **303113**
柔软圆锥绣球 **200051**
柔软缘毛二裂玄参 **134062**
柔软早熟禾 **305649**
柔软泽菊 **91197**
柔软直玄参 **29930**
柔软舟叶花 **340794**
柔软朱缨花 **66680**
柔软猪屎豆 **112424**
柔软爪苞彩鼠麹 **227797**
柔软紫绒草 **399483**
柔软紫菀 40440
柔软紫玉盘 **403532**
柔弱白花菜 **95804**
柔弱斑种草 **57689**,57685
柔弱布拉斯蜡菊 **189204**
柔弱草沙蚕 **398076**
柔弱刺果泽泻 **140563**
柔弱刺子莞 **333539**,333600
柔弱道格拉斯橙粉苣 **253923**
柔弱东风菜 **135257**
柔弱多头玄参 **307635**
柔弱鹅观草 **335288**
柔弱费利菊 **163282**
柔弱凤仙花 **205365**
柔弱格尼瑞香 **178720**
柔弱蔊菜 **336278**
柔弱喉花草 100284
柔弱喉毛花 **100284**
柔弱虎耳草 **349317**
柔弱黄花地钮菜 **373483**
柔弱黄堇 **106515**
柔弱黄芩 **355806**
柔弱灰毛菊 **31222**
柔弱金千里光 **279902**
柔弱堇菜 **410042**
柔弱景天 **357219**

柔弱苦槛蓝 **260715**
柔弱棱果桔梗 **315315**
柔弱裂舌萝藦 **351668**
柔弱瘤蕊紫金牛 **271101**
柔弱绿洲茜 **410858**
柔弱罗顿豆 **237443**
柔弱麻迪菊 241532
柔弱麦瓶草 **364110**
柔弱毛冠苋 **289423**
柔弱美洲商陆 **254204**
柔弱米努草 **255585**
柔弱密毛紫绒草 **222456**
柔弱母草 **231507**
柔弱南非仙茅 **371693**
柔弱欧石南 **150116**
柔弱披碱草 **144288**
柔弱千里光 **359116**
柔弱青牛胆 **392280**
柔弱秋海棠 **50360**
柔弱球柱草 **63359**
柔弱润肺草 **58951**
柔弱润楠 **240593**
柔弱三毛草 **398456**
柔弱莎草 **119668**
柔弱蛇舌草 **270015**
柔弱手玄参 **244868**
柔弱黍 **282293**
柔弱鼠尾粟 **372729**
柔弱双盖玄参 **129350**
柔弱双距兰 **133958**
柔弱苔草 **74265**
柔弱天芥菜 **190756**
柔弱甜茅 **177587**
柔弱弯曲碎米荠 **72761**
柔弱微肋菊 **167582**
柔弱文殊兰 **111195**
柔弱西澳兰 **118278**
柔弱向日葵 **188973**
柔弱肖木蓝 **253250**
柔弱星草菊 **241532**
柔弱玄参 **355114**
柔弱鸭嘴花 **214844**
柔弱野荞麦 **152507**
柔弱野青茅 **127234**
柔弱一点红 **144980**
柔弱逸香木 **132008**
柔弱羽冠鼠麹木 **228412**
柔弱早熟禾 **305530**
柔弱紫堇 105878
柔色还阳参 110904
柔鼠麹 **390095**
柔鼠麹属 **390094**
柔丝滴草 379081
柔松 **299942**
柔碎米荠 **73003**
柔穗腹水草 407498
柔穗花序肋枝兰 **304929**
柔苔 75403
柔小粉报春 **314866**
柔叶毛茛 **326254**
柔叶杉木 114541
柔叶苔草 **75396**
柔叶紫参 345076
柔夷尔香科 **388246**
柔荑花牧豆树 **315560**
柔荑铁苋菜 **1779**
柔荑银桦 **180653**
柔鱼草 138331
柔鸢尾 208793
柔枝报春 314394
柔枝槐 **369126**,369141
柔枝槐树 369141
柔枝碱茅 321335
柔枝酒神菊 **46269**
柔枝山柳菊 **195727**
柔枝绳草 **328158**
柔枝小金雀 **173078**
柔枝野丁香 **226088**
柔枝莠竹 **254046**
柔柱亮泽兰 **111373**
柔柱亮泽兰属 **111371**
柔籽草属 390967
柔子草属 390967
揉白叶 407769
揉叩 261424
揉揉果 166786
葇 144093
糅皮木 64428
糅皮木属 64425
鞣桉 **155774**
鞣料合欢 **13524**
鞣料云实 **64982**
楺娄 346338
肉矮陀陀 337391
肉八枣 31518
肉八爪 31518
肉白粉藤 **92587**
肉斑黍 **281447**
肉半边莲 **234807**,49744,234884
肉瓣藤 **346849**
肉瓣藤属 **346848**
肉苞树葡萄 **120210**
肉苞枸子 **107384**
肉被澳藜 **390447**
肉被澳藜属 **390446**
肉被蓝澳藜 **145268**
肉被蓝澳藜属 **145266**
肉被藜属 **328528**
肉被麻 **346721**
肉被麻属 **346720**
肉被盐角草 **385526**
肉被盐角草属 **385525**
肉被野牡丹 **110589**
肉被野牡丹属 **110588**
肉壁无患子属 **347053**
肉滨藜属 **145375**
肉柄琼楠 **50555**
肉草 1790,260110,260121,346897
肉草科 346890
肉草属 346895
肉唇兰属 **346686**,116516
肉刺藜属 346607
肉苁蓉 **93054**,57437,93075
肉苁蓉属 **93047**
肉党 98403
肉吊莲 215288
肉苳子 231301
肉豆 218721
肉豆叩 261424
肉豆蔻 **261424**
肉豆蔻单兜 257653
肉豆蔻科 **261464**
肉豆蔻山核桃 **77910**
肉豆蔻属 **261402**
肉豆蔻新窄药花 **264559**
肉独活 24306,192331
肉杜仲 7233
肉萼石豆兰 **62623**
肉覆花 **230109**
肉覆花属 **230107**
肉根草 **413074**
肉根草科 **413075**
肉根草属 **413069**
肉根还阳参 110920
肉根龙胆 **173842**
肉根萝藦 **346972**
肉根萝藦属 **346971**
肉根马蓝 **85951**
肉根马先蒿 287640
肉根毛茛 **326241**
肉根酸脚杆 **247621**
肉冠大戟 **159769**
肉桂 **91302**,91270,91351,91366,91432
肉桂草 67689,129068
肉桂长庚花 **193256**
肉桂甘蜜树 **263049**
肉桂黑塞石蒜 **193554**
肉桂木 347407
肉桂蔷薇 **336498**
肉桂琼楠 **50486**
肉桂色杜鹃 330749
肉桂色菲奇莎 **164510**
肉桂色红光树 **216794**
肉桂色球柱草 **63238**
肉桂色沃内野牡丹 **413202**
肉桂山柳 **96456**
肉桂柿 **132107**
肉桂树 263759
肉果 261424,285639
肉果草 **220796**
肉果草属 **220794**
肉果秤锤树 **364958**
肉果单裂萼玄参 **187068**
肉果景天 109353
肉果兰 **120761**
肉果兰属 **120758**
肉果麻黄 **146246**
肉果荨麻 **402282**
肉果荨麻属 **402281**
肉果酸藤子 **144728**
肉红 83769
肉红杜鹃 **330911**
肉红花贝母兰 **98624**
肉红花葱 **307213**
肉红姜花 **187457**
肉红景天 **357296**
肉红马利筋 37967
肉红七叶树 9680
肉红秋海棠 **49944**
肉红色唐菖蒲 176109
肉红山柳菊 **195522**
肉红指兰 273469
肉胡椒 **346960**
肉胡椒属 **346959**
肉花杜鹃 **331038**
肉花非洲樱桃橘 **93277**
肉花兰 **346547**
肉花兰属 **346545**
肉花千里光 **360160**
肉花三指兰 **396666**
肉花生 241519
肉花卫矛 **157355**
肉花雪胆 **191899**
肉花药用牛舌草 **21960**
肉花竹竽 **346517**
肉花竹竽属 **346516**
肉黄菊 **162934**
肉黄菊属 162898
肉喙薄花兰 **127976**
肉喙兰属 **346965**
肉混沌草 128964
肉基昭和草 **108760**
肉棘蔷薇 **346923**
肉棘蔷薇属 **346922**
肉棘属 346922
肉蒺藜属 347063
肉脊藤 **346833**
肉脊藤属 **346832**
肉稷芸香属 **346834**
肉荚草 290573
肉荚草属 290572
肉荚果属 290572
肉荚云实 **64997**
肉角藜属 **346761**
肉茎牻牛儿苗属 **346642**
肉茎蛇根草 **272188**

肉茎神刀 **109353**
肉茎远志 **307979**
肉茎紫金牛 **31376**
肉菊 **374539**
肉菊属 **374537**,216647
肉苣木 **388852**
肉苣木属 **388851**
肉口兰属 **347044**
肉扣 261424
肉蔻 261424
肉蔻霜 261424
肉兰 **346900**
肉兰属 **346899**
肉藜 **86986**
肉连环 65871,65917,65921,66005,66101
肉莲 180269
肉鳞紫堇 **106404**
肉龙箭 232252
肉绿色腺花山柑 **64880**
肉木香 **310677**
肉木香属 **310676**
肉囊酢浆草属 347048
肉囊木 **347052**
肉囊木属 **347048**
肉牛膝 115731
肉爬草 204825
肉爬皂 204825
肉盘树科 355966
肉螃蟹 232252
肉皮菊 **279877**
肉皮菊属 **279875**
肉片萝藦属 **346827**
肉瓶树 120108
肉麒麟 158456
肉色斑鸠菊 **406206**
肉色茶藨子 **334041**
肉色尺冠萝藦 **374149**
肉色除虫菊 **322658**
肉色串心花 **211341**,214410
肉色地榆 345888
肉色点地梅 23139
肉色杜鹃 **330326**
肉色耳状天竺葵 **288101**
肉色红门兰 **273469**
肉色壶花无患子 **90725**
肉色花点地梅 **23139**
肉色还阳参 **110855**
肉色姜花 **187425**
肉色空船兰 **9110**
肉色蜡菊 **189444**
肉色蓼 **308950**
肉色芦荟 **16693**
肉色马铃苣苔 **273846**
肉色马先蒿 **287290**
肉色美非补骨脂 **276962**
肉色南非萝藦 **323504**
肉色鸟足兰 **347738**
肉色欧石南 **149572**
肉色曲花 **120545**
肉色日本金缕梅 **185110**
肉色石仙桃 **295517**,295518
肉色双距兰 **133810**
肉色睡莲 **267640**
肉色缩砂 187425
肉色唐菖蒲 **176109**
肉色天竺葵 **288139**
肉色庭菖蒲 **365720**
肉色土圞儿 **29301**
肉色弯翅芥 **70704**
肉色网球花 **184367**
肉色狭管石蒜 **375607**
肉色狭管蒜 375607
肉色肖鸢尾 **258434**
肉色岩芥菜 **9791**
肉色玉凤花 **183486**
肉色远志 **308118**
肉色针垫菊 **84535**
肉色肿根 273469
肉山榄属 **346598**
肉珊瑚 **346995**
肉珊瑚属 **346993**
肉舌兰属 **346797**
肉蛇菰 **346897**
肉蛇菰科 **346890**
肉蛇菰属 **346895**
肉实属 346979
肉实树 **346985**,346980
肉实树科 **346989**
肉实树属 **346979**
肉松蓉 93054
肉算盘 70403
肉穗草 **346936**,346938
肉穗草属 **346935**
肉穗芳香木 **38438**
肉穗果 **48885**,45334
肉穗果芳香木 38438
肉穗果科 **48812**
肉穗果茄 **366970**
肉穗果属 **48880**
肉穗野牡丹 346936,346950
肉穗野牡丹属 346935
肉藤 259566
肉藤菊 **123750**
肉藤菊属 **123746**
肉葶苈 **346791**
肉葶苈属 **346790**
肉头酸蔹藤 **20254**
肉土圞儿 29301
肉托果 357881
肉托果属 **357877**
肉托果叶可拉木 **99261**
肉托榕 **165685**
肉托竹柏 **306526**
肉菀 **172543**
肉菀属 **172542**
肉五加 30589
肉腺菊属 **46675**
肉小叶番杏 **170004**
肉序茜草属 346664
肉序茜属 **346664**
肉序属 346664
肉牙草 171702
肉烟堇属 **346625**
肉眼龙胆 173842
肉药爵床 **346542**
肉药爵床属 **346539**
肉药兰 **376244**
肉药兰属 **376243**
肉叶矮船兰 **85130**
肉叶百里香 **391120**
肉叶补血草 **47550**
肉叶补血草属 **47549**
肉叶层菀 **216471**
肉叶层菀属 **216468**
肉叶长柄芥属 **349004**
肉叶长阶花 **186942**
肉叶唇柱苣苔草 **87836**
肉叶刺茎藜属 346607
肉叶刺藜 **346608**
肉叶刺藜科 **346605**
肉叶刺藜属 **346607**
肉叶吊石苣苔 239934,239967
肉叶多节草属 **191435**
肉叶耳草 **187549**
肉叶海神菜 **265522**
肉叶豪曼草 **186207**
肉叶赫柏木 **186953**
肉叶荚蒾 **407744**
肉叶坚果番杏 **387213**
肉叶芥属 59727
肉叶菊属 277000
肉叶苣 **245899**
肉叶苣属 **245898**
肉叶阔苞菊 **305131**
肉叶龙头草 **247722**
肉叶落地生根 **215109**
肉叶美汉花 247722
肉叶猕猴桃 **6545**
肉叶荠属 **59727**
肉叶茜草 **337934**
肉叶鞘蕊花 **99539**
肉叶球花木 **177050**
肉叶忍冬 **235714**
肉叶鼠麹草 **166733**
肉叶鼠麹草属 **166732**
肉叶藤黄 **171204**
肉叶雾冰藜 **48790**
肉叶雪兔子 **348857**
肉翼无患子属 **346924**
肉羽菊 **56081**
肉羽菊属 **56079**
肉枣 105146
肉皂荚 182526
肉皂角 182526
肉泽兰属 **264189**
肉掌 272830
肉脂菊 **301200**
肉脂菊属 **301199**
肉质白翅菊 **227983**
肉质白鼓钉 **307650**
肉质白花菜 **95645**
肉质拜卧豆 **227040**
肉质补血草 **230565**
肉质吊灯花 **84038**
肉质芳香木 **38466**
肉质扶芳藤 **157489**
肉质腐生草科 390103
肉质腐生草属 390096
肉质虎耳草 **349154**
肉质花石斛 **125039**,278636
肉质黄芪 43007
肉质黄耆 **43007**
肉质金腰 **90343**
肉质堇菜 **409811**
肉质冷水花 298888
肉质立金花 **218848**
肉质罗顿豆 **237264**
肉质马岛翼蓼 **278411**
肉质蜜兰 **105540**
肉质穆拉远志 **259956**
肉质南非针叶豆 **223551**
肉质牛角草 **273140**
肉质气花兰 **9204**
肉质千里光 **358515**
肉质茜草 337934
肉质枪刀药 **202523**
肉质屈曲花 **203189**
肉质沙蒿菀 **33037**
肉质山楂 110065
肉质舌叶花 **177442**
肉质石豆兰 **62622**
肉质鼠李 328697
肉质喜阳花 **190289**
肉质小叶番杏 **170011**
肉质小叶毛头菊 **151593**
肉质星毛苋 **391594**
肉质鸭嘴花 **214411**
肉质岩黄耆 **187822**
肉质盐肤木 **332504**
肉质叶蒿 **36351**
肉质异唇花 25381
肉质尤利菊 **160881**
肉质紫露草 **394013**
肉柊叶属 **346862**
肉轴胡椒 **300485**
肉轴石豆兰 **63067**
肉珠宝 138329

肉柱铁青树 **347038**
肉柱铁青树科 **347043**
肉柱铁青树属 **347036**
肉锥花 **102209**
肉锥花属 **102037**
肉足兰科 **346903**
肉足兰属 **346907**
如多黄耆 **42754**
如金竹茹 297373
如昆早熟禾 **305280**
如来 **304351**
如圣散 265078
如丝榄仁树 386638
如雪杜鹃 331349
如意菜 14760
如意草 **410052**,105836,106500,115589,134040,221238,290439,409656,410108,410710,410730,410770
如意凤梨 182167
如意花 14760,221238
如宇香 382477
如月球 **244112**,327276
如月丸 244112
茹菜 326629
茹草 63594,63813
茹根 16512,205506
茹考夫兰属 **417857**
茹莱 **326627**
茹椰 131522
茹麦灌 **417860**
茹麦灌属 **417859**
茹茹 315177,365003
茹氏兰属 335161
茹藤 337925
茹香 268438
蠕虫千里光 **359032**
蠕虫蓍 **4060**
蠕虫西班牙狮齿草 **224682**
蠕虫叶欧石南 **149786**
蠕虫叶肖木蓝 **253241**
蠕虫叶远志 **308218**
蠕虫叶猪屎豆 **112456**
蠕虫状银头苋 **55873**
蠕距兰 **303781**
蠕距兰属 **303780**
汝昌冬青 **203983**
汝城毛叶茶 **69525**
汝兰 **375899**,375861
汝氏安顾兰 **25138**
汝氏堇菜 **410516**
乳白边象脚兰 **416582**
乳白扁担杆 **180838**
乳白布罗地 398794
乳白叉序草 **209908**
乳白长庚花 **193286**
乳白垂花报春 **314329**
乳白灯心草豆 **197117**
乳白点地梅 **23209**
乳白吊兰 **88555**
乳白杜鹃 330754,331034
乳白芳香木 **38615**
乳白甘比山榄 **170885**
乳白虎耳草 **349532**
乳白虎眼万年青 **274668**
乳白花德渊堇菜 **410666**
乳白花黄芪 42391
乳白花黄耆 42391
乳白花假杜鹃 **48221**
乳白花堇菜 **410164**
乳白花香荼菜 **303433**
乳白花枸子 **107520**
乳白花野菊 **89536**
乳白花远志 **308141**
乳白黄芪 42391
乳白黄耆 **42391**
乳白黄檀 **121723**
乳白尖角灰毛豆 **386217**
乳白拉拉藤 **170455**
乳白蜡菊 **189488**
乳白立金花 **218879**
乳白密花斑兰 **264598**
乳白青锁龙 **109097**
乳白忍冬 **236049**
乳白三角萼溲疏 **126864**
乳白桑 **259147**
乳白石蒜 **239255**
乳白穗蒲苇 **105461**
乳白穗银芦 105461
乳白葶苈 **137063**
乳白西氏榛 **106778**
乳白喜阳花 **190362**
乳白虾脊兰 **66115**
乳白香青 **21586**
乳白栒子 107520
乳白野茉莉 379417
乳白叶芦莉草 **339726**
乳白异决明 **360448**
乳白鱼骨木 **71405**
乳白玉凤花 **183647**
乳白獐牙菜 **380250**
乳白折叶兰 **366784**
乳斑大叶蓝珠草 **61367**
乳斑黛粉叶 **130125**
乳斑万年青 **130114**
乳瓣景天 **356674**
乳杯花 302964
乳蚕 117433
乳草 159027,159634
乳草属 **259042**,176772
乳唇兰 **282944**
乳唇兰属 **282943**
乳刺菊属 **169670**
乳葱 15310
乳葱树 159975
乳豆 **169648**,169650,169660
乳豆属 **169645**
乳儿绳 **393631**,393626
乳风绳 393657
乳梗木 **169690**
乳梗木属 **169688**
乳瓜 76813
乳果 76813
乳果无口草 **41877**
乳红朱蕉 **104369**
乳花半边莲 **234365**
乳花法道格茜 **161968**
乳花卡德兰 **64929**
乳花柳叶菜 **146755**
乳花龙舌百合 **36837**
乳花石楠 **295716**
乳花属 169705
乳花樱草 **314957**
乳花硬毛南芥 30306
乳环方竹 **87565**
乳黄边胡颓子 **142158**
乳黄杜鹃 **331034**
乳黄果欧洲花楸 **369343**
乳黄蝴蝶兰 **293625**
乳黄棘豆 **278764**
乳黄堇 **106201**
乳黄秋海棠 **49841**
乳黄松毛翠 297026
乳黄雪山报春 **314101**
乳黄叶背杜鹃 330754
乳黄叶杜鹃 **330754**
乳甲菊 **389142**,371233
乳甲菊属 **389139**
乳浆草 158857,159027,320513,412750
乳浆大戟 **158857**
乳浆藤 252514
乳浆仔 164671
乳酱树 414813
乳胶百里香 **391275**
乳金千里光 **279896**
乳菊 259772
乳菊属 169756,259746
乳橘 **93745**,93724
乳苣 **259772**
乳苣属 **259746**
乳酪雾冰藜 133007
乳肋万年青 **130091**
乳梨 323272
乳柳 240027
乳毛百合 230011
乳毛费菜 **294118**
乳毛土三七 294114
乳毛紫金牛 31518
乳木 **169685**
乳木属 **169683**
乳茄 **367357**
乳桑属 **46514**,169683
乳薯 98343
乳树 98343,219205
乳树科 219202
乳树属 219204
乳丝菊 **335805**
乳丝菊属 **335804**
乳藤 139959,402194,402201
乳藤属 139945,414415
乳头百合 **229976**
乳头斑鸠菊 **406659**
乳头抱茎扭柄花 **377912**
乳头长疣球 135692
乳头大戟 **159525**
乳头灯盘无患子 **238928**
乳头灯心草 **213355**
乳头冬青 **204017**
乳头高大菲利木 **296214**
乳头黑钩叶 **22270**
乳头花篱 **27269**
乳头花山柑 **71912**
乳头黄杨 **64335**
乳头基荸荠 **143198**
乳头基花莲 **48671**
乳头基针蔺 143198
乳头假杜鹃 **48282**
乳头假香芥 **317563**
乳头藜 **389146**
乳头藜属 **389144**
乳头毛颖草 **16229**
乳头苜蓿 **247418**
乳头南非禾 **290005**
乳头前胡 **292973**
乳头青锁龙 **109238**
乳头全毛兰 **197554**
乳头蛇尾草 **272353**
乳头瘦鳞帚灯草 **209448**
乳头薯 98343
乳头双花草 **128570**
乳头酸脚杆 **247603**
乳头文殊兰 **111239**
乳头西澳兰 **118244**
乳头仙人球 389205
乳头香芥 **94240**
乳头星马齿苋 **311898**
乳头叶木蓼 **44261**
乳头异形芹 **193882**
乳头银叶树 **192496**
乳头鱼黄草 **250806**
乳头玉凤花 **183939**
乳头状仙人球 135692
乳头紫草 **233767**
乳凸青荚叶 **191166**
乳秃小檗 **52003**,52002
乳突百合 229976
乳突半日花 **188779**

乳突棒毛萼 **400787**
乳突菠萝球 **107031**
乳突补血草 **230705**
乳突长筒莲 **107997**
乳突虫实 **104828**
乳突慈姑 **342391**
乳突脆兰 2042
乳突错乱苔草 **74890**
乳突大戟 **159307**
乳突吊灯花 **84197**
乳突杜鹃 **331441**
乳突鹅绒藤 **117647**
乳突风信子 **293131**
乳突风信子属 **293130**
乳突梗苞茅 **201545**
乳突果 **7088**
乳突果属 **7087**
乳突红光树 **216857**
乳突黄杨叶小檗 **51407**
乳突金腰 **90346**
乳突锦鸡尾 **186589**
乳突距柱兰 **81920**
乳突梾木 **380482**
乳突龙胆 **173704**
乳突楼梯草 142780
乳突露兜树 **281073**
乳突鹿角柱 **140217**
乳突毛子草 **153249**
乳突木犀草 **327838**
乳突南非萝藦 **323512**
乳突拟耧斗菜 **283721**
乳突泡叶番杏 **138215**
乳突青荚叶 **191188**
乳突球属 243994
乳突双球芹 **352635**
乳突水金凤 **205178**
乳突酸模 339983
乳突苔草 **75314**
乳突藤 **224052**
乳突藤属 **224051**
乳突通宁榕 **165753**
乳突温曼木 **413698**
乳突小鬼兰 **224430**
乳突肖鸢尾 **258598**
乳突绣线菊 **372045**
乳突鸦嘴玉 **95843**
乳突叶美洲茶 **79965**
乳突叶酸模 339983
乳突异被风信子 **132568**
乳突圆筒仙人掌 **116658**
乳突沼毛草 **321031**
乳突蜘蛛抱蛋 **39568**
乳突帚灯草 **88912**
乳突帚灯草属 **88911**
乳突紫背杜鹃 **330725**
乳突紫波 **28498**
乳突紫堇 **106247**
乳菀 **169790**,169773
乳菀属 **169756**
乳纹方竹 87565
乳纹叶玉蜀黍 **417418**
乳腺草 413565
乳腺大戟 158857
乳香 300994
乳香北美芹 321001
乳香草 183097,274237
乳香丹尼尔苏木 **122169**
乳香黄连木 **300994**,300990
乳香树 **57516**
乳香树属 **57508**
乳香藤 176839,239582
乳香西非苏木 122169
乳香叶狭叶白蜡树 **167912**
乳肖鸢尾 **258497**
乳心白滨覆瓣梾木 181265
乳心白夷茱萸 **181265**
乳须草 **389152**
乳须草属 **389150**
乳阳红山茶 **69785**
乳痈泡 338985
乳痈药 8012,243810,243866
乳鸢尾属 **169821**
乳源杜鹃 **331651**
乳源木莲 **244479**
乳源葡萄 **411902**
乳源槭 **2888**
乳源榕 **165607**
乳汁饱食桑 **61057**
乳汁草 159102,159971
乳汁麻木 165125
乳汁藤 134032,179308,249664,313227,313229,400914
乳肿药 239720
乳状石栎 233161
乳仔草 159971
乳籽草 159069
乳籽菊 **389166**
乳籽菊属 **389153**
入地寄生 125794
入地金牛 417282
入地老鼠 255711
入地龙 144752,144793,179308
入地麝香 214959,214974
入地蜈蚣 39532,288646
入地珍珠 265395
入冬雪 204848
入骨风 240268
入脸麻 288769
入鹿 **240512**
入山虎 165111,392559,417282
入夏蒿 105572
蓐 36647
阮氏杜鹃 331606
软暗毛紫黄耆 **42043**
软澳新旋花 **310014**
软巴布亚木 **283033**
软白杨 311182
软柏木 91482
软棒 217626
软被菊 **185349**
软被菊属 **185347**
软臂形草 **58122**
软博龙香木 **57271**
软草 83545
软柴胡 63813,63872
软柽柳桃金娘 **261013**
软翅菊 **169863**
软翅菊属 **169862**
软唇欧石南 **149626**
软刺卫矛 **157282**
软刺血桐 240255
软刺月光花 208264
软灯心草 213507
软冬青属 294218
软盾果金虎尾 **39508**
软萼茜 **294225**
软萼茜属 **294224**
软萼铁线莲 **95382**
软二形花 131070
软防风 346448
软肺草 **321638**,321639
软枫 3505
软稃早熟禾 **305705**
软杆子 388632
软秆莎草 **118985**
软秆子水黄连 388632
软刚毛红丝线 **238970**
软革叶杜鹃 330068
软梗蛇扭 312550,312571
软骨瓣 **88842**
软骨瓣属 **88821**
软骨边越橘 **403837**
软骨草 234379,263020
软骨草属 **219768**
软骨倒水莲 230275
软骨飞扬 142844
软骨高山蓍 **3925**
软骨过山龙 95116
软骨黑果樱桃 **316788**
软骨虎耳草 **349158**
软骨莲子草 159092,159286
软骨牡丹 2684
软骨青藤 7234
软骨山柑 **71709**
软骨石薯 284160
软骨叶越橘 403837
软骨质沙拐枣 **67009**
软骨质蓍草 **3941**
软骨质水蜈蚣 **218501**
软骨籽蒙蒂苋 **258249**
软果扁担杆 **180859**
软果金鹰仙人球 **414107**
软果仙人球 414107
软果枸子属 **242905**
软豪特苣苔 **404953**
软核甜扁桃 20899
软黄花金魁 191350
软黄乳桑 **290684**
软蒺藜 44646
软荚豆 **386410**
软荚豆鹿藿 **333423**
软荚豆属 **386403**
软荚红豆 **274433**
软剪股颖 **12373**
软姜 417995
软姜子 48689
软金菀 **59055**
软金菀属 **59054**
软筋藤 20868,92741,92747,92907,103362,157473,327525,329007,329009,392274,393657
软锦鸡尾 **186542**
软锦葵 **242914**
软锦葵属 **242913**
软茎蘼草 352278
软茎椒草 **290323**
软茎碎雪草 160157,160286
软卷舌菊 **380928**
软壳甜扁桃 **20899**
软兰 **185316**
软兰属 **185315**
软簕竹 47319
软肋菊属 333779
软林地兰 **138525**
软鳞苏铁 **115828**
软灵仙 94814
软龙胆 173733
软轮果大风子 **77614**
软马泰木 **246262**
软毛凹萼兰 **335167**
软毛白花网球花 **184348**
软毛北美紫草 **271861**
软毛杓兰 **120432**
软毛虫实 **104834**
软毛绸叶菊 **219799**
软毛翠雀花 **124389**
软毛独活 **192278**
软毛杜鹃 331195
软毛莪术 **114870**
软毛鹅耳枥 77280,77348
软毛芳香木 **38623**
软毛风铃草 **70113**
软毛甘露子 **373441**
软毛高灰毛豆 **386053**
软毛光萼荷 **8586**
软毛红光树 **216828**
软毛槲栎 324150
软毛花笠球 **413677**

软毛花纹槭 **3406**
软毛华千里光 365079
软毛还阳参 **110904**
软毛黄芪 42739
软毛黄耆 **42739**
软毛黄杨 **64324**
软毛棘豆 **279020**
软毛拉加菊 219799
软毛链荚木 **274355**
软毛列当 **275171**
软毛鹿藿 **333307**
软毛木蓝 **206399**
软毛蒲公英属 **242923**
软毛蕊老鹳草 **174595**
软毛润楠 **240590**
软毛山黧豆 **222823**
软毛山柳菊 **195796**
软毛柿 132145,132305
软毛双钝角芥 **128355**
软毛溲疏 127015,127041
软毛桃叶珊瑚 **44951**
软毛委陵菜 **312742**
软毛喜阳花 **190408**
软毛仙女木 **138454**
软毛仙人球 **284673**
软毛小金雀 173030
软毛野决明 **389542**
软毛野麦 228369
软毛野牡丹 **243303**
软毛野牡丹属 **243302**
软毛一枝黄花 **368163**
软毛枝爵床 **222382**
软毛紫菀 **40872**
软苗柴胡 63813
软牡荆 **411350**
软木豆 65153
软木花 **294262**
软木花属 **294261**
软木荚苏木 **146111**
软木栎 324532
软木千金藤 **375900**
软木松 299939,300298
软拟亚卡萝藦 **307030**
软牛至叶半日花 **188775**
软皮桂 **91359**
软皮树 122567,157547,182366
软皮樟 91359
软羌藤 402194
软蔷薇 **336762**
软球假萨比斯茜 **318257**
软雀花 **345952**
软雀麦 60853
软热美茶茱萸 **66231**
软肉虾 369010
软蕊水芹 **269347**
软弱杜茎山 **241844**
软弱黄藤 **121501**
软弱马先蒿 **287208**
软三角枫 387871
软三兰 **394949**
软柿 **132305**
软瘦鼠耳芥 **184846**
软水黄连 388632
软水蓼 **309208**,309644
软四室木 **387923**
软算盘子 **177158**
软苔草 74941
软藤菜 48689
软藤黄花草 359980
软天竺葵 **288369**
软条海棠 316636
软条七蔷薇 **336625**
软头金合欢 **1374**
软托克茜 **392550**
软微子菊 **253968**
软腺萼紫葳 **250112**
软心叶青藤 204616
软续断 133488
软雪杜鹃 330040
软叶菝葜 366548
软叶斑鸠菊 **406334**
软叶背茄 **367225**
软叶蕙草 **353415**
软叶唇柱苣苔草 **87928**
软叶刺葵 **295475**,295484
软叶翠雀花 **124372**
软叶大苞苣苔 **25752**
软叶大岩桐寄生 **384168**
软叶杜松 213896
软叶二畦花 **134904**
软叶茯苓菊 214086
软叶含羞草 **255070**
软叶合欢 **13613**
软叶黄耆 **42674**
软叶兰属 242993
软叶鳞菊 123854
软叶苓菊 **214086**
软叶芦莉草 **339763**
软叶鹿藿 **333306**
软叶罗伞 44893,44911
软叶马蓝 47845
软叶芒毛苣苔 9421
软叶杉木 **114541**
软叶黍 **281873**
软叶水苏 **373302**
软叶丝兰 416595
软叶桃叶珊瑚 **44942**
软叶筒距兰 **392347**
软叶鸭舌癀舅 **370808**
软叶一枝黄花 **368058**
软叶鹰爪草 **186331**
软叶玉凤花 **183841**
软叶枣椰 295484
软叶针葵 295484
软叶紫菀木 **41756**
软异蕊苏木 **131070**
软翼菊 **262593**
软翼菊属 **262592**
软银灌戟 **32977**
软榆 401431,401620
软羽冠帚鼠麹 **320895**
软旱熟禾 **305471**
软枣 132264
软枣猕猴桃 **6515**
软枣子 6515
软枝白千层 **248120**
软枝百蕊草 **389912**
软枝厚敦菊 **277166**
软枝黄蝉 **14873**
软枝苦楝 73208
软枝琉璃繁缕 **21427**
软枝柳杉 113693
软枝罗顿豆 **237460**
软枝马钱 **378796**
软枝没药 **101587**
软枝南非帚灯草 **67938**
软枝三股筋 299017
软枝山柑 **71925**
软枝栓果菊 **222998**
软枝悬钩子 **338608**
软枝洋葵 **288300**
软猪殃殃 170490
软竹 **47319**
软籽木槿 **194990**
软紫草 **34615**,233731,321638
软紫草属 **34600**
软紫菀 41342
软紫玉盘 **403577**
阮娜红星 **182160**
瑌枣 132264
蕤核 **365003**,315177
蕤核属 **365001**,315171
蕤李子 315177,365003
蕤参 84079,84211
蕤子 315177,365003
蕊瓣花 **172719**
蕊瓣花科 **172716**
蕊瓣花属 **172717**
蕊瓣让步山杜鹃 **330970**
蕊被忍冬 **235821**
蕊唇兰 **22318**
蕊唇兰属 **22317**
蕊棱荸荠 **143042**
蕊裂香薷 144095
蕊帽忍冬 **236035**
蕊木 **217867**
蕊木属 **217864**
蕊丝羊耳蒜 **232307**
蕊叶藤 **376557**
蕊叶藤属 **376554**
芮草 162542,289015
芮德花楸 369501
芮哈德桐属 327538
芮氏捷克木 364957
芮氏米尔顿兰 **254935**
芮氏普亚凤梨 **321942**
芮氏五加 143650
芮氏五加长梗变型 143652
蚋蔗 341887
锐苞菊 **123755**
锐苞菊属 **123754**
锐齿白鹃梅 161755
锐齿波罗栎 324572
锐齿孛孛栎 323635
锐齿赤杨 **16389**
锐齿臭樱 **241504**
锐齿川滇委陵菜 312628
锐齿滇川唇柱苣苔草 **87867**
锐齿东莨菪 25439
锐齿兜兰 **282769**
锐齿风毛菊 **348306**
锐齿凤仙花 **204782**
锐齿革叶鼠李 **328659**
锐齿桂樱 **223119**
锐齿槲栎 **323635**
锐齿花楸 **369321**,369297,369413
锐齿茴芹 299523
锐齿金鱼花 **100111**
锐齿可利果 **96796**
锐齿类叶升麻 **6412**
锐齿栎 323635
锐齿柳叶菜 **146744**
锐齿楼梯草 **142642**,142598
锐齿木犀 276344
锐齿槭 **3020**,2793
锐齿山楂 **109687**
锐齿湿生冷水花 **298868**
锐齿十大功劳 **242485**
锐齿石楠 **295625**
锐齿鼠李 **328609**
锐齿酥醪绣球 199862
锐齿酸模 **340069**
锐齿铁线莲 **95014**
锐齿西风芹 **361506**
锐齿西南委陵菜 **312628**
锐齿细梗美登木 **182708**
锐齿向日葵 **188974**
锐齿小檗 **51325**
锐齿悬钩子 **338933**
锐齿亚洲海棠 243651
锐刺山楂 109790
锐刺兔唇花 **220090**
锐刺柘橙 240813
锐大穗画眉草 **247937**
锐萼东莨菪 25439
锐萼五月茶 **28343**
锐果苔 76473,76497

锐果苔草 **76497**
锐果鸢尾 **208589**
锐黄杨 **64237**
锐尖凹瓣梅花草 **284577**
锐尖白珠树 **172115**
锐尖北美云杉 298401
锐尖糙苏 **295175**
锐尖长柔毛阿登芸香 **7162**
锐尖灯心草 **278330**
锐尖灯心草属 **278329**
锐尖二行芥 **133228**
锐尖芳香木 **38393**
锐尖寡头鼠麹木 **327630**
锐尖花楸 **369417**
锐尖还阳参 **110717**
锐尖灰毛豆 **386256**
锐尖姜花 187468
锐尖堇菜 409876
锐尖糠萼爵床 **4354**
锐尖蜡菊 **189102**
锐尖栎 **324316**
锐尖罗顿豆 **237406**
锐尖椤木石楠 **295678**
锐尖落霜红 **204242**
锐尖美非补骨脂 **276982**
锐尖密头帚鼠麹 **252465**
锐尖穆拉远志 **260044**
锐尖南非针叶豆 **223585**
锐尖南鹃 **291367**
锐尖南马尾黄连 388482
锐尖山牛蒡 **382079**
锐尖山香圆 **400518**
锐尖石楠 295678
锐尖唐菖蒲 **176479**
锐尖田花菊 **11538**
锐尖肖柃 **96580**
锐尖叶独活 **192301**
锐尖意大利槭 **3289**
锐尖针禾 377023
锐尖针翦草 **377023**
锐尖中美紫葳 **20738**
锐尖舟叶花 **340856**
锐角斗篷草 **13955**
锐角发汗藤 **94700**
锐角樫木 **139638**
锐角槭 **2771**
锐角玉蕊 **48509**
锐茎鬼针草 **53760**
锐棱耳草 187501
锐棱水牛角 **72403**
锐棱岩风 **228582**
锐棱岩荠 **97969**,416317
锐棱阴山荠 97969,416317
锐棱玉蕊 48509
锐利桉 155734
锐利橙菀 **320639**
锐利欧石南 **148975**
锐利双球芹 **352636**
锐利油戟 **142489**
锐栎 **323602**
锐裂扁枝越橘 **403869**
锐裂变红千里光 **358826**
锐裂波罗蜜 36913
锐裂补血草 **230667**
锐裂布里滕参 **211509**
锐裂叉鳞瑞香 **129534**
锐裂长蒴黄麻 **104104**
锐裂巢菜 **408433**
锐裂赪桐 **337429**
锐裂齿顶叶冷水花 **298865**
锐裂齿冷水花 298865
锐裂翠雀花 **124640**
锐裂大蒜芥 **365500**
锐裂大字草 **349209**
锐裂芳香木 **38387**
锐裂风毛菊 **348386**
锐裂荷青花 **200760**
锐裂厚敦菊 **277067**
锐裂灰毛菊 **31237**
锐裂假山龙眼 **189969**
锐裂箭头唐松草 **388668**
锐裂菊 **250881**
锐裂菊属 **250879**
锐裂可利果 **96752**
锐裂黎可斯帕 228080
锐裂藜 **87201**
锐裂马鞭草 **405855**
锐裂马兜铃 **34213**
锐裂马唐 **130604**
锐裂芒柄花 **271427**
锐裂膜鳞菊 **201122**
锐裂千里光 **359109**
锐裂荨麻 **403024**
锐裂人参 **280749**
锐裂山梗菜 **234709**
锐裂山牛蒡 **382071**
锐裂苔草 **74872**
锐裂驼曲草 **119851**
锐裂乌头 **5323**
锐裂腺花马鞭草 **176691**
锐裂小托叶堇菜 **409771**
锐裂盐肤木 **332652**
锐裂叶刺痒藤 **394161**
锐裂叶大籽山楂 **109824**
锐裂异籽葫芦 **25665**
锐裂银莲花 **23871**
锐裂樱草 **314956**
锐裂蝇子草 **363564**
锐裂羽叶千里光 263513
锐裂蚤草 **321566**
锐裂胀萼马鞭草 **86082**
锐裂针垫花 **228080**
锐裂紫盆花 **350170**
锐脉木姜子 233830
锐酸模 **339907**
锐苔草 **73596**
锐头臂形草 **58185**
锐头石斛 **124961**
锐托菀 **323362**
锐托菀属 **323361**
锐绣线菊 **371815**
锐药竹属 **278645**
锐叶赤楠 4879
锐叶高山栎 **324468**
锐叶胡麻花 **191061**,191068
锐叶茴芹 **299353**
锐叶堇菜 409630
锐叶景天 356468
锐叶疚意奇罗麻 307041
锐叶菊属 **278657**
锐叶柃 **160407**
锐叶柃木 160406
锐叶柳 342961
锐叶柳杉 **113718**
锐叶木犀 **276344**
锐叶南烛 239398
锐叶女贞 **229541**,229617
锐叶牵牛 **207891**
锐叶忍冬 235669
锐叶山柑 71679
锐叶山黄麻 394635
锐叶蛇灌 **191332**
锐叶台北堇菜 **410291**
锐叶藤黄 **171048**
锐叶卫矛 157761
锐叶香青 **21658**
锐叶小槐花 269613
锐叶小还魂 **296530**
锐叶新木姜子 264015
锐叶杨梅 261212
锐叶羽叶千里光 263513
锐叶掌上珠 61568
锐叶紫珠 **66938**,66897
锐颖耳稃草 **171487**
锐颖葛氏草 171487
锐羽千里光 358184
锐枝缠结芳香木 **38600**
锐枝木蓼 **44271**
瑞安木属 **341183**
瑞宝泽兰 376415
瑞碑题雅科 326565
瑞碑题雅属 326557
瑞大尼拉木 328253
瑞大尼拉木属 328251
瑞得莱槟榔 **31694**
瑞得莱省藤 **65780**
瑞得莱氏轴榈 **228763**
瑞得莱轴榈 228763
瑞得山马茶 **382833**
瑞德大泽米 **241463**
瑞德香果树 145025
瑞地木属 329268
瑞地木亚属 329268
瑞典草茱萸 105204
瑞典茶藨 334179
瑞典刺柏 **213960**
瑞典鹅观草 **335490**
瑞典花楸 **369432**
瑞典碱茅 **321394**
瑞典梾木 **105204**
瑞典兰属 **185199**
瑞典藜 **87179**
瑞典山柳菊 **196017**
瑞典鼠耳芥 **30144**
瑞典芜菁 59507
瑞典香茶 **303158**
瑞典香脂杨 311237
瑞典小米草 **160270**
瑞典眼子菜 **312276**
瑞典直立欧洲小叶椴 **391697**
瑞恩·伊丽莎白牡丹 **280296**
瑞芳楠 240726
瑞凤玉 **43495**
瑞光玉 **233635**
瑞红仙人球 244123
瑞晃龙 375496
瑞金奴 93719,93806
瑞克希阿木属 329419
瑞克希阿属 329419
瑞兰 122532
瑞丽安息香 **379466**,379427
瑞丽柏那参 59240
瑞丽叉花草 **130322**
瑞丽刺榄 **415240**
瑞丽冬青 **204264**
瑞丽杜鹃 **331821**
瑞丽鹅掌柴 **350781**
瑞丽凤仙花 **205297**
瑞丽荷包果 415240
瑞丽胡椒 **300538**
瑞丽黄芩 **355763**
瑞丽荚蒾 **408130**
瑞丽蓝果树 **267863**
瑞丽罗伞 **59240**
瑞丽楠 240697
瑞丽茜 **167524**
瑞丽茜树 **12539**
瑞丽润楠 **240697**
瑞丽山壳骨 **317279**
瑞丽山龙眼 **189951**
瑞丽山珊瑚兰 **170051**
瑞丽石楠 **295767**
瑞丽紫金牛 **31598**
瑞丽醉鱼草 62059
瑞连草 41317
瑞莲 267767
瑞苓草 348557
瑞蒙特丝穗木 171552

瑞茉花属 327194
瑞木 **106659**,57695
瑞木属 106628
瑞诺木属 328320
瑞奇枸杞 **239104**
瑞士草木犀 **249208**
瑞士常青藤 303748
瑞士点地梅 **23190**
瑞士黑麦草 235354
瑞士柳 **343474**
瑞士麦瓶草 **364156**
瑞士石松 **299842**
瑞士松 299842
瑞士五针松 299842
瑞士岩松 299842
瑞士羊茅 **164383**,164382
瑞氏卷耳 **82997**
瑞氏木属 **329268**
瑞氏苔草 **75989**
瑞氏楔颖草 **29457**
瑞氏针茅 **376902**
瑞特秋海棠 **50411**
瑞沃达早熟禾 **305926**
瑞香 **122532**,122484
瑞香草 201853
瑞香杜鹃花 331700
瑞香金丝桃 **201900**
瑞香科 **391030**
瑞香狼毒 158895,375187,375191
瑞香柳 **343280**
瑞香楠属 122357
瑞香球 **140878**
瑞香石南 **58528**
瑞香石南属 **58527**
瑞香属 **122359**
瑞香丸 140878
瑞香缬草 **404248**
瑞云球 **182459**
瑞云丸 182459
瑞云仙人球 182459
瑞兹亚属 329261
睿山堇 **409942**
润肺草 **58858**
润肺草属 **58813**
润滑小檗 51881
润楠 **240673**,240645,295386
润楠属 **240550**
润楠叶木姜子 **233987**
润尼花属 327716
润氏奶油藤黄 **289487**
润玄参 355201
若贝尔合欢 **13577**
若贝尔茜 **212256**
若贝尔茜属 **212253**
若贝尔藤 **263971**
若贝尔藤属 **263970**
若贝尔蚤草 **321573**
若达鸢尾 **208858**
若尔盖马先蒿 **287649**
若尔盖毛茛 **326048**
若拉利天蓝绣球 **295303**
若利百脉根 **237659**
若利大黄栀子 **337502**
若利二列花 **284936**
若利榕 **165177**
若利香科 **388121**
若利异环藤 **25408**
若利鹰爪花 **35023**
若榴 321764
若榴木 321764
若鲇玉 **102546**
若羌风毛菊 **348747**
若羌赖草 **228382**
若羌沙拐枣 **67036**
若羌紫菀 **41173**
若瑟尔椆属 337059
若杉风毛菊 **348930**
若杉蓟 **92486**
若氏霸王 418753
若氏卷瓣兰 63047
若氏羊耳蒜 232310
若樱茼蒿 **89766**
若紫 **244004**
弱唇兰属 **318919**
弱斗篷草 **14073**
弱梗猪屎豆 **112131**
弱冠萝藦 **141383**
弱冠萝藦属 **141382**
弱光泽赪桐 **96207**
弱光泽海神木 **315884**
弱光泽疱茜 **319970**
弱光泽青锁龙 **109158**
弱光泽软荚豆 **386415**
弱光泽山柳菊 **195791**
弱光泽绳草 **328098**
弱光泽崖豆藤 **254769**
弱光泽亚麻藤 **199167**
弱花桑寄生属 **321899**
弱距堇菜 410647
弱鳞萝藦 **46455**
弱鳞萝藦属 **46453**
弱氏凤仙花 **205038**
弱粟兰 **130955**
弱粟兰属 **130951**
弱小阿氏莎草 **607**
弱小埃滕哈赫蓝花参 **412910**
弱小滨藜 **44623**
弱小长庚花 **193260**
弱小长果猪屎豆 **112309**
弱小车前 **301970**
弱小刺头菊 **108385**
弱小大丁草 224121
弱小大沙叶 **286423**
弱小单桔梗 **257788**
弱小单蕊麻 **138071**
弱小灯心草 **213149**
弱小菲利木 **296193**
弱小风信子 **290809**
弱小风信子属 **290808**
弱小割花野牡丹 **27481**
弱小籠瓜 **399444**
弱小虎耳草 **349756**
弱小槐 369003
弱小黄管 **356072**
弱小黄眼草 **416059**
弱小火绒草 **224928**
弱小积雪草 **81585**
弱小尖刺联苞菊 **52685**
弱小姜味草 **253649**
弱小金梅草 **202938**
弱小九节 **319693**
弱小蓝花参 **412673**
弱小勒珀蒺藜 **335663**
弱小棱果桔梗 **315281**
弱小裂口花 **379892**
弱小龙胆 **173427**
弱小鹿藿 **333212**
弱小麻黄大戟 **158833**
弱小马唐 **130510**
弱小马先蒿 **287149**
弱小毛田皂角 **9523**
弱小泡状莎草 **119459**
弱小飘拂草 **166245**
弱小婆婆纳 **407229**
弱小蒲公英 **384650**
弱小千里光 **360201**
弱小秋海棠 **50156**
弱小曲花 **120549**
弱小日中花 **220520**
弱小山梗菜 **234637**
弱小绳草 **328007**
弱小十大功劳小檗 **242451**
弱小矢车菊 **81318**
弱小栓果菊 **222969**
弱小水蜈蚣 **218527**
弱小斯氏穗花 **317960**
弱小唐菖蒲 **176156**
弱小天门冬 **38979**
弱小万寿菊 **383100**
弱小乌蔹莓 **79843**
弱小五层龙 **342619**
弱小勿忘草 **260784**
弱小西澳兰 **118181**
弱小细叶 **333562**
弱小线莴苣 **375964**
弱小线形吊灯花 **84150**
弱小肖蝴蝶草 **110667**
弱小肖鸢尾 **258457**
弱小羊茅 **163892**
弱小野荞麦 **152105**
弱小一点红 **144906**
弱小异荣耀木 **134592**
弱小异籽葫芦 **25658**
弱小舟蕊秋水仙 **22348**
弱小猪屎豆 **112064**
弱小柱丝兰 **263315**
弱小紫绒草 **43990**
弱雄虎耳草 **225835**
弱雄虎耳草属 **225834**
弱锈鳞飘拂草 **166319**,166313
弱须羊茅 **164050**
弱竹 **264181**
弱柱兰 **29731**
弱柱兰属 **29730**
弱仔树 151783
蒻头 20132
箬 347324
箬兰 55575
箬叶莩 361850
箬叶藻 312171
箬叶竹 **206801**
箬竹 **206833**,87607,347324
箬竹属 **206765**,347191
箬棕 341422
箬棕属 341401

## S

撒巴体 **93757**
撒布山楂 **109674**
撒丁白菜 **59427**
撒丁光花 87770
撒尔维亚 345271
撒馥兰 111589
撒古松 **300175**
撒哈拉柏 **385103**
撒哈拉柏属 **385102**
撒哈拉花属 **342473**
撒哈拉芥 **324595**
撒哈拉芥属 **324594**
撒哈拉染料木 **370153**
撒哈拉染料木属 **370151**
撒花一棵针 389768,389769
撒金碧桃 **20947**

撒金千年木 137409
撒金秋海棠 50076
撒金竹芋 **66181**
撒拉逊马兜铃 **34150**
撒罗夷 347968
撒马尔罕阿魏 **163707**
撒马尔罕蝇子草 **364007**
撒马利亚阿斯皮菊 **39805**
撒慕耶欧 93869
撒铺薯蓣 131474
撒秧泡 338281
撒银黛粉叶 **130118**
洒金侧柏 302722
洒金鹤顶兰 293494
洒金花 368073
洒金孔雀柏 85330
洒金兰 368073
洒金梅 **34454**
洒金乔桧 **213769**
洒金秋海棠 50076
洒金榕 98190
洒金珊瑚 44919
洒金叶珊瑚 44919
洒金蜘蛛抱蛋 39536
洒卡特卡斯薄棱玉 **375495**
洒银达尔利石南 148953
萨巴蒂耶尔鸭跖草 **101143**
萨巴尔榈属 341401
萨巴尔椰子属 341401
萨巴夫龙胆 341441
萨巴菊 **341459**
萨巴菊属 **341458**
萨巴木 **341390**
萨巴木属 **341388**
萨巴特龙胆属 **341435**
萨巴棕属 341401
萨包草 **341445**
萨包草属 **341443**
萨包花 **341447**
萨包花属 **341446**
萨比库马肉豆 **239540**
萨比木槿 **195204**
萨比纳画眉草 **147951**
萨比娜毛茛 **326322**
萨比尼奥千里光 **359944**
萨比黍 **282188**
萨比斯茜属 **341583**
萨滨苔草 **76100**
萨波得溲疏 127099
萨波桦 **53608**
萨波千里光 **359967**
萨波乌头 **5548**
萨泊罗翠雀花 **124562**
萨博千里光 **359945**
萨布罗干序木 **89183**
萨布罗蜡菊 **189742**
萨布罗马岛菀 **241489**
萨布罗枪刀药 **202607**
萨布特黄藤 **121524**
萨德拜克九节 **319820**
萨德拜克远志 **308330**
萨德拜克紫金牛 **31592**
萨德马斯特无刺美国皂荚 **176912**
萨迪芦荟番杏 **17458**
萨地小米草 **160261**
萨丁黍 **282190**
萨顿露子花 **123976**
萨顿云兰参 **84616**
萨恩薄子木属 **346030**
萨尔阿福花 **393780**
萨尔达猫儿菊 **202441**
萨尔达尼亚长庚花 **193333**
萨尔达尼亚乐母丽 **336041**
萨尔大托叶金壳果 **241933**
萨尔仿花苏木 **27772**
萨尔还阳参 **111001**
萨尔筋骨草 **13182**
萨尔兰 **346619**
萨尔兰属 **346618**
萨尔洛氏禾 **337286**
萨尔马罗布麻 29510
萨尔马特罗马风信子 **50773**
萨尔马蹄豆 **196665**
萨尔曼岩芥菜 **9809**
萨尔牻牛儿苗 **153908**
萨尔猫儿菊 **202442**
萨尔毛茛 **326339**
萨尔蒙延龄草 **397587**
萨尔蒙掌属 **344340**
萨尔摩洛哥山榄 **32407**
萨尔尼安榆 **401623**
萨尔欧洲黑松 **300120**
萨尔蛇舌草 **269983**
萨尔斯堡虎耳草 **349225**
萨尔特苔草 **76147**
萨尔瓦多白扇椰子 **154577**
萨尔瓦多管柱茜 **379259**
萨尔瓦多黄杉 318599
萨尔瓦多卡氏鼠李 **215612**
萨尔瓦多卡文鼠李 215612
萨尔瓦多龙舌兰 **10883**
萨尔瓦多薯蓣 **131823**
萨尔瓦多洋椿 **80032**
萨尔温豹子花 266573
萨尔无心菜 **31868**
萨尔兹曼拟鸦葱 **354992**
萨非鸦葱 **354945**
萨嘎苔草 **76133**
萨戈大戟 **342459**
萨戈大戟属 **342456**
萨格斯台黄耆 **42997**
萨古拉穆春黄菊 **26876**
萨哈法里铁线子 **244589**
萨哈法里鱼骨木 **71486**
萨哈法利合欢 **13660**
萨哈法利马岛芸香 **210506**
萨哈花 **342474**
萨哈里胡萝卜 **123217**
萨哈里榕 **166024**
萨哈里乳香树 **57538**
萨哈里薰衣草 **223327**
萨哈林接骨木 **345690**
萨哈林冷杉 460
萨哈林云杉 298298
萨哈林早熟禾 305942
萨哈塔维丹氏梧桐 **135982**
萨豪克山柳菊 **195935**
萨赫勒针禾 377030
萨赫勒针蓟草 **377030**
萨亨迪彩花 **2284**
萨亨迪还阳参 **111000**
萨亨迪兔苣 **220144**
萨霍诺夫金果椰 **139414**
萨迦锦鸡儿 **72173**
萨金特柏木 **114751**
萨金特海棠 **243690**
萨金特山楂 **110020**
萨金特氏毛樱 **316777**
萨金特氏樱 83301
萨金特香榧 **393065**
萨金特樱桃 83301
萨金特蝇子草 **364011**
萨卡巴豆 **113009**
萨卡尔茄 **367574**
萨卡尔香茶 **303646**
萨卡拉哈大戟 **159758**
萨卡拉瓦 **64126**
萨卡拉瓦斑鸠菊 **406771**
萨卡拉瓦红囊无患子 **154991**
萨卡拉瓦茎花豆 **118110**
萨卡拉瓦卡普山榄 **72141**
萨卡拉瓦蒲桃 **382658**
萨卡拉瓦千里光 **359955**
萨卡拉瓦柿 **132381**
萨卡莱乌纳赪桐 **96315**
萨卡莱乌纳九节 **319822**
萨卡马利丹氏梧桐 **135983**
萨卡马利木槿 **195207**
萨卡马利千里光 **359956**
萨卡相思树 **1551**
萨坎德棘豆 **279144**
萨克滨藜 **44666**
萨克丹大萼小檗 **51899**
萨克尔凤仙花 **205299**
萨克蒿 **36352**
萨克拉曼多飞蓬 **150937**
萨克劳 311160
萨克勒刺桐 **154714**
萨克勒瓜 **114243**
萨克勒鸡头薯 **153039**
萨克勒假杜鹃 **48336**
萨克勒赛金莲木 **70745**
萨克勒三被藤 **396538**
萨克勒桃榄 **313334**
萨克勒崖豆藤 **254828**
萨克勒叶下珠 **296752**
萨克萝藦属 **342110**
萨克萨哈蜀葵 **13941**
萨肯彩花 **2283**
萨拉·杉兹巧玲花 **382260**
萨拉草莓树 30893
萨拉恩矢车菊 **81355**
萨拉厚柱头木 **279839**
萨拉卡棕属 **342570**
萨拉茄属 **346507**
萨拉斯羊耳蒜 **232319**
萨拉坦风兰 **25118**
萨拉坦西澳兰 **118291**
萨拉坦玄参 **355274**
萨拉坦羊耳蒜 **232374**
萨拉坦朱米兰 **212749**
萨拉套棘豆 **279003**
萨拉卫矛 **342763**
萨拉卫矛属 **342762**
萨拉橡胶树 244509
萨拉橡皮树 244509
萨雷古拉黄芪 42860
萨雷古拉黄耆 **42860**
萨雷塔裂花桑寄生 **295866**
萨里旦大戟 **159770**
萨里旦苔 76145
萨里旦苔草 **76145**
萨里纳斯金田菊 **222609**
萨里什飞蓬 **150940**
萨利凤仙花 **205301**
萨利纹蕊茜 **341357**
萨卢本香茶 **303649**
萨卢本鱼骨木 **71487**
萨洛亚冠须菊 **405968**
萨马尔蓼 **309749**
萨马利顿婆罗门参 **394275**
萨马尼赤竹 **347287**
萨马丝叶芹 **350376**
萨马提罗布麻 **29510**
萨曼苦木 **345515**
萨曼苦木属 **345514**
萨蒙飞蓬 **150941**
萨蒙河金菊木 **150374**
萨米布奈木 **63409**
萨米南美洲蒺藜木 63409
萨民托苣苔属 347103
萨摩百合 230058
萨摩杜鹃 **331753**
萨摩抚子 127667
萨摩谷精草 **151404**
萨摩蒿 **36216**
萨摩胡枝子 **226806**

萨摩鸡屎树 222173
萨摩扩展杜鹃 **330588**
萨摩山山梅花 **294530**
萨摩细辛 **37715**
萨摩亚棕属 97072
萨摩芋 207623
萨摩枳壳 93647
萨摩紫菀 **41198**
萨莫尔白蜡树 168124
萨默海斯颌兰 **174272**
萨默海斯西澳兰 **118275**
萨默兰属 **379752**
萨默茜 **368599**
萨默茜属 **368597**
萨姆埃尔文殊兰 **111256**
萨姆尔山柳菊 **195938**
萨姆菲亚斑鸠菊 **406705**
萨姆菲亚鸭舌癀舅 **370837**
萨姆爵床 **345755**
萨姆爵床属 **345754**
萨姆蛇根豆 **273237**
萨姆石头花 **183242**
萨那木 **345766**
萨那木属 **345765**
萨纳加茎花豆 **118111**
萨纳加库卡芋 **114400**
萨纳加莱德苔草 **223869**
萨纳加萎花 **245054**
萨纳加崖豆藤 **254829**
萨南龙胆 **173844**
萨尼长被片风信子 **137990**
萨尼千里光 **359966**
萨尼仙茅 **346024**
萨尼仙茅属 **346022**
萨尼亚纳丽花 **265294**
萨尼亚榆 **401575**
萨潘斑鸠菊 **406777**
萨潘半边莲 **234741**
萨潘大戟 **159768**
萨潘大托叶金壳果 **241947**
萨潘单苞藤 **148459**
萨潘非洲野牡丹 **68261**
萨潘光花咖啡 **318796**
萨潘三盾草 **394989**
萨潘三角车 **334681**
萨潘酸蔹藤 **20252**
萨潘天门冬 **39179**
萨潘小瓦氏茜 **404906**
萨潘肖九节 **402046**
萨潘鞋木 **52903**
萨潘崖豆藤 **254831**
萨潘亚麻藤 **199179**
萨潘异木患 **16141**
萨潘鱼黄草 **250823**
萨潘指腺金壳果 **121168**
萨潘猪屎豆 **112643**
萨奇科蓍 **4020**
萨桑德拉赪桐 **96322**
萨桑德拉仿花苏木 **27773**
萨桑德拉小花豆 **226180**
萨桑德拉紫玉盘 **403570**
萨瑟兰叉毛瘦片菊 **196264**
萨瑟兰翠雀花 **124612**
萨瑟兰大果萝藦 **279418**
萨瑟兰红蕾花 **416991**
萨瑟兰蜡菊 **189847**
萨瑟兰罗顿豆 **237441**
萨瑟兰秋海棠 **50347**
萨瑟兰肖矛果豆 **294619**
萨山蓟 **92474**
萨珊娜帕洛梯 315970
萨氏补骨脂 **319223**
萨氏布藜 63409
萨氏独尾草 **148555**
萨氏海神木 **315970**
萨氏黄盔芹 **415118**
萨氏棘豆 **279143**
萨氏姜饼木 **284273**
萨氏堇菜 410531
萨氏离瓣花椰子 **143713**
萨氏槭 **3412**
萨氏茄 **367578**
萨氏秋海棠 **50275**
萨氏碎米荠 **72963**
萨氏苔草 **76146**
萨氏脂麻掌 **171744**
萨氏紫菀 **41201**
萨斯珀属 388893
萨塔比露兜树 **281123**
萨腾纳英国梧桐 **302584**
萨托番石榴 **318755**
萨瓦刺球果 **218079**
萨瓦杜属 344798
萨瓦捷风毛菊 **348569**
萨瓦捷堇菜 **409618**
萨瓦纳鹿草 **329420**
萨瓦山柳菊 **195931**
萨瓦特堇菜 410531
萨瓦细辛 **37717**
萨万鸢尾 **208812**
萨维大戟属 **348998**
萨维尔拟扁果 **145499**
萨维罗马风信子 **50774**
萨维诺萨蝇子草 **364004**
萨沃里过江藤 **232523**
萨乌尔翠雀花 **124575**
萨乌尔黄华 389543
萨乌尔棘豆 **279145**
萨彦柳 **344060**
萨伊墩黄芪 43111
萨伊墩黄耆 43111
萨因鹅观草 **335487**
萨因风毛菊 **348755**
萨因吉非洲水玉簪 **10086**
萨因菱 **394541**
萨因美花草 **66717**
萨因婆婆纳 **407334**
萨因苔草 **76134**
萨因早熟禾 **305945**
塞北红景天 **329937**
塞贝破布木 104245
塞比落腺豆 21307
塞波德槭 3604
塞采德茄 **367597**
塞达金腰 **90447**
塞岛刺椰属 265202
塞岛猪笼草 **28812**
塞德碎米荠 **72985**
塞德委陵菜 **312965**
塞地虎耳草 **349300**
塞地猫耳蝶花百合 **67585**
塞尔列当 **275201**
塞尔玛雪白山梅花 **294587**
塞尔维亚拉蒙苣苔 325228
塞尔维亚绵绒杜鹃 **331051**
塞尔维亚欧洲苣苔 **325228**
塞尔维亚云杉 **298387**
塞尔紫草 **357837**
塞尔紫草属 **357836**
塞法罗尼亚冷杉 306
塞凡蓝刺头 **140787**
塞凡三肋果 **397982**
塞凡小米草 **160265**
塞凡猪殃殃 **170626**
塞贡同金雀花 **385689**
塞卡风信子属 **357390**
塞考木 **356355**
塞考木属 **356353**
塞空达苏铁 **241464**
塞库金合欢 **1570**
塞库库尼大戟 **159809**
塞库库尼唐菖蒲 **176535**
塞库库尼天门冬 **39193**
塞库菱叶藤 **332322**
塞库盐肤木 **332840**
塞拉夫布留芹 **63510**
塞拉夫车轴草 **397079**
塞拉夫翅鹤虱 **225098**
塞拉夫葱 **15737**
塞拉夫棘豆 **279155**
塞拉夫蓟 **271701**
塞拉夫看麦娘 **17567**
塞拉夫琉璃草 **118018**
塞拉夫驴喜豆 **271266**
塞拉夫木蓼 **44275**
塞拉夫蒲公英 **384797**
塞拉夫沙穗 **148507**
塞拉夫神香草 **203104**
塞拉夫石竹 **127823**
塞拉夫鼠尾草 **345384**
塞拉夫天芥菜 **190730**
塞拉夫兔唇花 **220091**
塞拉夫圆柏 **213933**
塞拉考夫斯基蓟 **91698**
塞拉里昂鬼针草 **54124**
塞拉里昂露兜树 **281128**
塞拉里昂香脂树 103696
塞拉玄参属 **357404**
塞莱美冠兰 **157003**
塞莱三角车 **334683**
塞兰光轴桐 **228740**
塞劳小檗 **52138**
塞勒里耶大戟 **158623**
塞勒里耶飞蓬 **150541**
塞雷比柿 **132093**
塞雷栀子 **171423**
塞里比橙 93422
塞里丹氏梧桐 **135990**
塞里格斑鸠菊 **406810**
塞里格丹氏梧桐 **135989**
塞里格古柯 **155109**
塞里格合萼山柑 **390056**
塞里格厚壳树 **141701**
塞里格瓠果 **290563**
塞里格假杜鹃 **48350**
塞里格瘤蕊紫金牛 **271099**
塞里格诺罗木犀 **266721**
塞里格土连翘 **201091**
塞里格纹蕊茜 **341366**
塞里格异籽葫芦 **25681**
塞里瓜属 **362053**
塞里菊属 **360890**
塞里斯可利果 **96680**
塞里斯乐母丽 **336048**
塞里斯肉锥花 **102441**
塞里斯唐菖蒲 **176114**
塞里斯舟叶花 **340604**
塞里斯猪毛菜 **344490**
塞利草海桐 **357843**
塞利草海桐属 **357842**
塞利瓜 **357868**
塞利瓜属 **357866**
塞利西亚柳 **344115**
塞楝属 216194
塞林梧桐 **360800**
塞林梧桐属 **360797**
塞卢斯白鹤灵芝 **329483**
塞卢斯大戟 **159810**
塞卢斯谷精草 **151477**
塞伦诺桐属 360645
塞罗阿拉树 **34907**
塞罗罗勒 **268622**
塞洛叶下珠 **296755**
塞麦蝇子草 **364047**
塞米秋海棠属 357960
塞米亚瓦莲 **337313**
塞姆光花咖啡 **318797**
塞姆哈尔没药 **101537**

塞姆居维叶茜草 **115304**
塞姆里因野牡丹 **229681**
塞姆利基九节 **319749**
塞姆利基细爪梧桐 **226275**
塞姆藤黄 **171190**
塞姆崖豆藤 **254837**
塞姆杂色豆 **47818**
塞内大戟属 **360375**
塞内虎尾兰 **346144**
塞内加尔巴氏锦葵 **286698**
塞内加尔白刺 **266374**
塞内加尔白粉藤 **92959**
塞内加尔白花菜 **57448**
塞内加尔薄草 **226550**
塞内加尔叉尾菊 **288005**
塞内加尔柽柳 **383605**
塞内加尔刺葵 295479
塞内加尔刺桐 **154718**
塞内加尔刺子莞 **333674**
塞内加尔粗毛阿氏莎草 **571**
塞内加尔戴星草 **371020**
塞内加尔德泰豆 126805
塞内加尔地胆草 **143471**
塞内加尔吊灯花 **84153**
塞内加尔吊兰 **88624**
塞内加尔丁香蓼 **238222**
塞内加尔独脚金 **378036**
塞内加尔番荔枝 **25885**
塞内加尔割鸡芒 **202742**
塞内加尔谷精草 **151432**
塞内加尔瓜儿豆 **115319**
塞内加尔黑蒴 **14351**
塞内加尔黑檀 121750
塞内加尔黄蓉花 **121935**
塞内加尔基特茜 **215762**
塞内加尔荚髓苏木 **126805**
塞内加尔橘 **9981**
塞内加尔橘属 **9980**
塞内加尔卡雅楝 216214
塞内加尔库地苏木 **113184**
塞内加尔离药草 **375316**
塞内加尔蓼 **291949**
塞内加尔劣玄参 **28279**
塞内加尔露兜树 **281125**
塞内加尔麻疯树 **212172**
塞内加尔矛果豆 235570
塞内加尔美登木 **246927**
塞内加尔虻眼草 **136224**
塞内加尔蒙松草 **258153**
塞内加尔母草 **231573**
塞内加尔木蓝 **206532**
塞内加尔拟莞 **352263**
塞内加尔破布木 **104246**
塞内加尔普梭木 **319339**
塞内加尔肉苁蓉 **93071**
塞内加尔萨巴木 **341393**
塞内加尔沙戟 **89329**
塞内加尔山梗菜 **234755**
塞内加尔矢车菊 **81367**
塞内加尔黍 **282226**
塞内加尔树棉 **179874**
塞内加尔水筛 **55930**
塞内加尔水蓑衣 **200657**
塞内加尔水蜈蚣 **218539**
塞内加尔铁苋菜 **1805**
塞内加尔纹蕊茜 **341362**
塞内加尔五层龙 **342723**
塞内加尔肖翅子藤 **196599**
塞内加尔雄花大戟 **27921**
塞内加尔盐角草 **342895**
塞内加尔羊大戟 **71592**
塞内加尔痒藤 **394210**
塞内加尔隐柱菊 **7095**
塞内加尔猪屎豆 **112654**
塞内加西氏荚蒾 **408132**
塞内加希博尔荚蒾 408132
塞内卡糖槭 **3554**
塞内细线茜 **225773**
塞纳布里滕参 **211488**
塞纳吊灯花 **195222**
塞纳豆腐柴 **313739**
塞纳红瓜 **97835**
塞纳虎眼万年青 **274775**
塞纳假杜鹃 **48344**
塞纳龙胆 **358073**
塞纳龙胆属 **358072**
塞纳麻疯树 **212219**
塞纳密钟木 **192705**
塞纳牡荆 **411446**
塞纳柿 **132391**
塞纳鸭舌癀舅 **370839**
塞纳远志 **308351**
塞奈达沙穗 **148517**
塞奈尼屈曲花 **203193**
塞奈尼肖米努草 **329792**
塞尼苣苔 **360521**
塞尼苣苔属 **360520**
塞尼斯堇菜 **409813**
塞尼亚蒿 **36259**
塞浦路斯黄栎 323649
塞浦路斯栎 **324050**
塞浦路斯眉兰 **272449**
塞浦路斯鼠尾草 **344994**
塞浦路斯仙客来 **115947**
塞浦路斯雪松 80085
塞浦路斯鸢尾 **208511**
塞普景天属 **360549**
塞润榈 360646
塞润榈属 360645
塞沙爵床 **356209**
塞沙爵床属 **356208**
塞沙萝藦 **361608**
塞沙萝藦属 **361607**
塞舌尔双花棕属 337059
塞舌尔王椰属 123497
塞舌尔椰属 265202
塞舌尔棕属 265202
塞氏补血草 **230753**
塞氏车轴草 **397073**
塞氏肥皂草 **346442**
塞氏光奇异堇菜 **410257**
塞氏黄芪 43040
塞氏黄耆 43040
塞氏兰 **357373**
塞氏兰属 **357372**
塞氏马缨丹 221284
塞氏毛茛 **326350**
塞氏泡囊草 **297885**
塞氏千屈菜 **240086**
塞氏鳃兰 **246724**
塞氏旋覆花 **207228**
塞氏鸦葱 **354949**
塞氏紫堇 **106415**
塞斯茄属 **361628**
塞斯鼠尾草 **345386**
塞檀香科 **84353**
塞檀香属 **84348**
塞瓦木棉 56802
塞威苹果 243698
塞威氏苹果 243698
塞文碱茅 **321383**
塞文山脉灰色石南 **149216**
塞翁团扇 **385883**
塞沃毛茛 **326361**
塞西尔裂唇兰 **351410**
塞西尔毛子草 **153153**
塞西尔苘麻 **871**
塞西尔舌冠萝藦 **177394**
塞西利亚·比尔春石南 **149151**
塞伊尔金合欢 1588
塞伊尔相思树 1588
塞曾异燕麦 **190194**
塞战藤属 **360936**
塞庄苦木 **323546**
塞子木科 **224279**
塞子木属 **224275**
鳃兰多穗兰 **310353**
鳃兰属 **246704**
鳃兰朱米兰 **212730**
鳃叶欧氏马先蒿 **287469**
赛阿拉州黄檀 121650
赛桉 236462
赛斑叶兰属 193581
赛北紫堇 **105999**
赛赤楠 4879
赛赤楠属 4877
赛刍豆 **293977**,241261
赛刍豆属 241258
赛达发耳 **93763**
赛大裂豆 **283477**
赛大裂豆属 **283476**
赛大婆罗门参 394334
赛德尔大戟属 **357367**
赛德旋花伯纳旋花 **56862**
赛德旋花属 **356415**
赛滴 350012
赛靛花 **47859**
赛靛属 **47854**
赛靛银豆 **32786**
赛蝶唇兰 **319383**
赛蝶唇兰属 **319382**
赛短花楠 240667
赛短花润楠 **240667**
赛多樱 **83133**
赛儿玛·乌尔纳科西嘉欧石南 **150128**
赛尔格矢车菊 **81368**
赛尔拟芸香 **185667**
赛尔山柳菊 **195951**
赛尔西刺翁柱 273813
赛番红花 417613
赛繁缕 375007
赛防风 163584
赛凤尾蕉属 51059
赛佛棕 **119964**
赛佛棕属 **119963**
赛谷精草 151257,151268
赛黑桦 **53610**
赛花牡丹 **280290**
赛黄钟花 **284006**
赛黄钟花属 **284005**
赛加蓝刺头 **140781**
赛金刚 **191900**,191943,263568,417081
赛金莲木 **70750**
赛金莲木属 **70712**,277463
赛金楠 295403
赛金盏 **31162**
赛金盏属 **31160**
赛筋藤 392274
赛菊 190505
赛菊属 190502
赛菊芋 **190505**
赛菊芋属 **190502**
赛爵床属 67816
赛克氏马兜铃 **34379**
赛葵 **243893**
赛葵南非葵 **25429**
赛葵属 **243877**
赛莨菪 **25442**,25443,25447
赛莨菪属 **354678**,25438
赛勒鯱玉 **354318**
赛勒雷曼草 **244372**
赛雷扁担杆 **180962**
赛雷大戟 **159818**
赛雷大沙叶 **286468**
赛雷单花杉 **257148**
赛雷非洲野牡丹 **68263**

赛雷库卡芋 **114407**
赛雷老鼠簕 **2709**
赛雷肋瓣花 **13862**
赛雷裂花桑寄生 **295867**
赛雷龙船花 **211170**
赛雷芦荟 **17266**
赛雷毛鳞大风子 **122896**
赛雷牡荆 **411447**
赛雷拟辛酸木 **138033**
赛雷茄 **367610**
赛雷神秘果 **381997**
赛雷铁线子 **244593**
赛雷弯萼兰 **120750**
赛雷微花藤 **207373**
赛雷西非夹竹桃 **275589**
赛雷香茶 **303666**
赛雷香荚兰 **405025**
赛雷肖荣耀木 **194302**
赛雷皱茜 **341147**
赛里木风毛菊 348756
赛里木湖郁金香 **400243**
赛里木蓟 **92356**
赛里木韭 **15693**
赛柃木 160448
赛栾华 160722
赛栾华属 160720
赛栾树属 160720
赛罗双属 283891
赛罗香属 283891
赛落腺豆属 283668
赛毛兰属 151767
赛帽花 **350643**
赛帽花属 **350642**
赛牡丹 282685
赛姆兰属 379752
赛木患 **225676**
赛南芥属 400638
赛楠 **266789**
赛楠属 **266787**
赛能高山茶 69706
赛诺普车前 301945
赛欧扁轴木 **284484**
赛欧鸡头薯 **153042**
赛欧金丝桃 **202149**
赛欧拉拉藤 **170617**
赛苹婆 376130
赛蒲桃属 211443
赛三蕊柳 344213
赛山椒 **144756**,144773,144822
赛山椒属 144716
赛山蓝 **55207**
赛山蓝属 **55202**
赛山梅 **379327**
赛氏齿瓣兰 224350
赛氏刺蔷薇 **336322**
赛氏葱 **15738**
赛氏红门兰 **273627**
赛氏黄精 **308640**
赛氏棘豆 **279159**
赛氏桔梗 **360655**
赛氏桔梗属 **360653**
赛氏马先蒿 **287668**
赛氏岩黄耆 **188101**
赛氏野豌豆 **408609**
赛氏鸢尾 **208814**
赛氏蚤缀 **32266**
赛娑罗双 **283900**
赛塔城翠雀花 **124513**
赛糖芥属 382101
赛铁线莲 **44226**
赛铁线莲属 **44222**
赛维尔葱 **15741**
赛卫矛 254291
赛卫矛属 254283
赛渥丹 **229817**
赛西林 13063
赛鞋木豆属 **283096**
赛雪皱皮木瓜 84575
赛亚麻 **266197**
赛亚麻属 **266194**
赛油楠属 364718
赛樟树 233882
赛州黄檀 121650
赛梓树 233882
三把苓 269613
三白 211990
三白草 **348087**,182848
三白草科 **348077**
三白草属 **348082**
三白根 348087,400934
三白银药 34162
三百棒 30788,38960,96339,108585,131521,183082,294114,392559,417216
三百根 117385,117643
三百两金 34162
三百两银 214959
三百两银药 275403
三百银 245845
三斑刺齿马先蒿 **287777**
三斑石竹 **127891**
三板根节兰 66099
三瓣莱豆 409080
三瓣草 284650
三瓣凤仙花 **205405**
三瓣果 **395372**
三瓣果属 **395370**
三瓣含笑 **252966**
三瓣花 **288695**
三瓣花属 **288693**
三瓣堇菜 **410675**
三瓣锦香草 **296420**
三瓣鹿药 242706
三瓣绿科 290465
三瓣木 **397862**
三瓣木兰 242333
三瓣木属 **397858**
三瓣蔷薇属 11542
三瓣双袋兰 **134361**
三瓣双距兰 **133968**
三瓣肖鸢尾 **258682**
三瓣须花猪殃殃 **170563**
三瓣玉兰 **242333**
三瓣鸢尾 **208906**
三瓣猪殃殃 170696
三棒吊兰属 **396562**
三棒子 33295,33325
三苞唇柱苣苔草 **87983**
三苞灯心草 213545
三苞毒椰 **273126**
三苞片千屈菜 **240094**
三苞小柴胡 **63854**
三苞舟叶花 **340943**
三苞蛛毛苣苔 **283137**
三宝柑 **93820**
三宝木 **397359**
三宝木属 **397358**
三保之松 244050
三被兰属 **254209**
三被藤属 **396520**
三必根 226977
三臂野牡丹 **397794**
三臂野牡丹属 **397791**
三变花 195040
三柄果柯 **233349**
三柄柯 233349
三柄麦 **198259**
三柄麦属 **198258**
三不掉 299724
三不正 301147
三步镖 401156
三步魂 299724
三步接骨丹 329879
三步莲 33335
三步跳 33266,33319,33335,33396,218480,299724
三部虎 161350
三苍 264021
三策子菜 100961
三层草 159172,284367
三层楼 125639
三叉草 230275,394560
三叉刺 **396795**
三叉刺属 **396794**
三叉大麦 198396
三叉刀 165671
三叉独行菜 **225471**
三叉风 146966,147013,147039,147048,147075,212145
三叉骨 146966,147013,147039,147048,147075
三叉哈克 184647
三叉哈克木 **184647**
三叉湖绿顶菊 **397748**
三叉湖绿顶菊属 **397747**
三叉虎 161350,285117,327069
三叉虎耳草 **350002**
三叉华南十大功劳 242494
三叉极细尤利菊 **160892**
三叉金 209844
三叉苦 161350
三叉苓菊 **214194**
三叉麻黄 146262
三叉密钟木 **192731**
三叉棉 **179933**
三叉明棵 344496
三叉木 111101,350716
三叉拟风兰 **24686**
三叉树 141470
三叉丝石竹 **183261**
三叉无柱兰 **19538**
三叉喜阳花 **190476**
三叉叶 212019,327069
三叉叶蒿 36241
三叉叶香茶菜 209844
三叉一支镖 125604
三叉永菊 **43920**
三叉羽椰 **59681**
三叉羽椰属 **59680**
三权树 367146
三岔叶 161350
三尺草藤 408406
三齿暗紫裂舌萝藦 **351498**
三齿澳兰 **303111**
三齿白刺 266362
三齿滨藜 44400
三齿菜栾藤 415299
三齿草藤 102933,408327,408624
三齿长序鼠麹草 **178520**
三齿车轴草 **397121**
三齿尺冠萝藦 **374145**
三齿脆蒴报春 315058
三齿大戟 **160000**
三齿点地虎耳草 **349061**
三齿钝叶楼梯草 **142766**
三齿钝柱菊属 **399394**
三齿多穗兰 **310586**
三齿鹅观草 **335534**
三齿萼野豌豆 408327
三齿芳香木 **38846**
三齿粉藜 44400
三齿风铃草 **70341**
三齿稃草属 **397762**
三齿稃属 397762
三齿盖伊须芒草 **22680**
三齿蒿 **36400**
三齿红门兰 **273686**

三齿虎耳草 **350001**
三齿画眉草 **148022**
三齿黄麻 **104133**
三齿积雪草 **81631**
三齿极叉拉氏木 **221979**
三齿金毛菀 **89913**
三齿金千里光 **279957**
三齿九头狮子草 **291185**
三齿酒饼树 **296951**
三齿拉瑞阿 221983
三齿拉氏木 **221983**
三齿菱叶藤 **332325**
三齿卵叶报春 **315058**
三齿萝藦属 **396711**
三齿芒柄花 **271624**
三齿毛茛 **326477**
三齿密花兰 **264601**
三齿拟风兰 **24685**
三齿披碱草 **144506**
三齿珀什蔷薇 **321886**
三齿苘麻 **1004**
三齿全毛兰 **197580**
三齿染料木 **173114**
三齿肉腺菊 **46678**
三齿三指兰 **396679**
三齿山柳菊 **196042**
三齿舌萝藦 **397776**
三齿舌萝藦属 **397775**
三齿十字爵床 **111773**
三齿水鬼蕉 **200957**
三齿头山柳菊 **196041**
三齿委陵菜 **313085**
三齿狭花木 **375435**
三齿小翼轴草 **376238**
三齿肖吊钟花 **399038**
三齿肖染料木 **320818**
三齿旋覆菊 **207280**
三齿羊耳蒜 **232357**
三齿野豌豆 **408644**,408327
三齿叶 **395011**
三齿叶大戟 **160004**
三齿叶科 **395009**
三齿叶千里光 **360250**
三齿叶茜属 **85095**
三齿叶属 **395010**
三齿异吉莉花 **14673**
三齿蝇子草 **364135**
三齿于维尔无患子 **403069**
三齿鱼黄草 415299
三齿玉凤花 **184150**
三齿越橘 10363
三翅葱 **15838**
三翅萼 **224045**
三翅萼属 **224044**,398234
三翅菲律宾无患子 **398764**
三翅秆砖子苗 **245572**
三翅弓兰 **120614**
三翅果金盏花 **66493**
三翅果蓼 **309911**
三翅金虎尾 **397813**
三翅金虎尾属 **397812**
三翅菊属 **398152**
三翅苣 **320147**
三翅苣属 **320146**
三翅木 **398248**
三翅木蓝 **206681**
三翅木属 **398247**
三翅帕布兰 **279360**
三翅槭 **3700**
三翅双修菊 **167003**
三翅水毛花 **352233**
三翅藤 397813
三翅藤属 **396759**,397812
三翅五室椴 **289412**
三翅缬草 **404373**
三翅异雄蕊 **398246**
三翅异雄蕊属 **398245**
三翅硬椴 289412
三翅佐林格无患子 **418296**
三重草属 **397743**
三重茅属 **397936**
三重天 284378
三出安吉草 **24557**
三出宾川铁线莲 **95237**
三出赪桐 **96382**
三出楤木 **30620**
三出翠雀花 **124067**
三出大沙叶 **286512**
三出芳香木 **38841**
三出富斯草 **168801**
三出鬼针草 **54152**
三出琥珀树 **27908**
三出花瘤蕊紫金牛 **271102**
三出黄花稔 **362675**
三出积雪草 **81629**
三出九节 **319873**
三出马钱 **378907**
三出脉泽兰 158349
三出美登木 **246941**,182687
三出茉莉 211834
三出墨药菊 **248620**
三出拟扁果草 **145494**
三出破布木 **104261**
三出前胡 **293051**
三出鞘蕊花 **99728**
三出色罗山龙眼 **361225**
三出沙地芹 **317007**
三出矢车菊 **81427**
三出树葡萄 **120240**
三出唐松草 **388701**
三出天竺葵 **288543**
三出委陵菜 312408,312721
三出乌蔹莓 **79900**
三出须芒草 **23052**
三出延胡索 106519
三出野荞麦 **152513**
三出叶翠雀花 **124637**
三出叶茴芹 **299571**
三出叶荚蒾 408162
三出叶密钟木 **192724**
三出叶松穗茜 **244679**
三出叶天竺葵 **288544**
三出叶委陵菜 312408
三出银莲花 **23834**
三出蘡薁 **411593**
三川柳 383469
三春柳 261293,383469
三春水柏枝 **261284**
三椿 274391
三唇属 395466
三唇虾脊兰 **65926**
三次香 17800
三刺白龙球 **244041**
三刺百簕花 **55444**
三刺草 **34059**
三刺大戟 **159996**
三刺假杜鹃 **48377**
三刺卡德藤 **79377**
三刺木 395011
三刺木科 395009
三刺木属 395010
三刺拟老鼠簕 **2584**
三刺染料木 **173090**
三刺野青茅 **127320**
三刺硬衣爵床 **354392**
三刺皂荚 **176903**
三带杜鹃 330070
三刀细辛 **37686**
三道箍 110502
三道圈 110502
三滴葱 **398661**
三滴葱属 398658
三点巴豆 **113047**
三点白 348087
三点刺齿马先蒿 **287017**
三点红 138796
三点花 370958
三点金 **126651**
三点金草 126651
三点桃 126651
三都润楠 **240611**
三斗柯 233238
三斗石栎 **285267**,233238,
233389
三短尖画眉草 **148023**
三段花 211067
三对花椒 **417363**
三对节 **96339**
三对拟劳德草 **237866**
三对萨比斯茜 **341684**
三对叶丹参 345439
三对叶鼠尾 345439
三对叶悬钩子 **339398**
三盾草属 **394958**
三多 96339
三朵云 159841
三轭兰 **399401**
三轭兰属 **399400**
三萼北美毛茛 **325652**
三萼草属 395164
三萼沟繁缕 142574
三萼喉毛花 100270
三萼花草 398024
三萼兰属 **210334**
三萼马钱 **378916**
三萼木 **395182**,133185
三萼木属 **395164**
三方草 73945,118744,119041,
119410
三飞鸟 231154
三飞鸟柳穿鱼 **231154**
三分丹 400856
三分果片拟洋椿 **80058**
三分角大戟 **88934**
三分七 **25440**
三分三 **25439**,25440,25443,
25447,25450
三分三属 25438
三峰山樱 **83125**
三辐柴胡 **63864**
三甫莲 33266
三腹丝 166880
三刚毛埃绍毛茛 **325805**
三刚毛狼尾草 **289291**
三刚毛南非禾 **290039**
三根筋 231424,231427
三根针 51827
三庚草 35132,35308
三沟苘麻 **1005**
三钩毛鹿角掌 140332
三股风 143694
三股筋 70904,91333,91432,
263754,263759,264072
三股筋香 **231448**
三瓜皮 211801
三冠荸荠 **143386**
三冠美冠兰 **157063**
三冠色罗山龙眼 **361224**
三冠卫矛 **398744**
三冠卫矛属 **398742**
三冠野牡丹属 **398687**
三光球 **140282**
三光丸 140282
三果 386504
三果大通翠雀 124546
三果大通翠雀花 **124546**
三果二室金虎尾 **128270**
三果弗罗木 **168699**

三果吉祥草　279744
三果景天　**357240**
三果柯　**233389**
三果木　386462
三果片葱　**15831**
三果石栎　233389
三果斯帕木　**369941**
三果卫矛　**157930**
三果希尔茜　**196255**
三好学三叶委陵菜　**312566**
三好学樱　**83127**
三合枫　402267
三合香　355494
三河国返顾马先蒿　**287593**
三河国谷精草　**151377**
三河国珍珠茅　**354159**
三河野豌豆　408276
三核热非黏木　**216597**
三胡椒　231403
三花阿利茜　**14657**
三花阿氏莎草　**625**
三花桉　**155767**
三花白头翁　24066
三花百蕊草　**389903**
三花扁担杆　**180999**
三花补骨脂　**319260**
三花草属　394879,395566
三花长瓣亮泽兰　**376503**
三花长管栀子　**107143**
三花柽柳桃金娘　**261041**
三花赪桐　**96409**
三花臭草　**249053**
三花刺头菊　**108434**
三花刺子莞　**333711**
三花单冠毛菊　**185579**
三花德卡寄生　**123382**
三花灯心草　**213541**
三花点地梅　**23321**
三花吊兰　**88638**
三花顶冰花　234244
三花东方狼尾草　**289187**
三花冬青　**204341**
三花杜鹃　**332002**
三花短梗景天　**8511**
三花盾蕊樟　**39728**
三花多花蓼　**340526**
三花根茎绒毛草　**197309**
三花海神菜　**265533**
三花禾　**395568**
三花禾属　**395566**
三花黑麦　**356254**
三花亨里特野牡丹　**192055**
三花厚柱头木　**279849**
三花槲寄生　**411119**
三花鸡菊花　**182322**
三花鸡头薯　**153072**
三花假卫矛　**254331**
三花金黄花　**181933**
三花拉菲豆　**325142**
三花拉拉藤　**170708**
三花乐母丽　**336074**
三花肋果茜　**166808**
三花藜　**397503**
三花藜属　**397502**
三花连蕊茶　**69708**
三花林地四数莎草　**387695**
三花瘤蕊紫金牛　**271103**
三花六道木　**416856**
三花龙胆　**174004**
三花路边青　**175452**
三花萝蒂　234244
三花洛氏花葱　**337143**
三花马耳茜　**196803**
三花马蓝　320108
三花毛蕊茶　69708
三花莓　339390
三花美非补骨脂　**276994**
三花南非桔梗　**335615**
三花拟贝思乐苣苔　**283103**
三花欧石南　**150160**
三花盘果菊　375715
三花槭　**3710**
三花枪刀药　**202632**
三花茄　**367689**
三花青兰　264900
三花全能花　**280912**
三花柔冠菊　**236399**
三花山楂　**110092**
三花蛇黄花　**390940**
三花蛇黄花属　**390939**
三花蛇木　**141085**
三花瘦鳞帚灯草　**209461**
三花随氏路边青　**363069**
三花梭萼梧桐　**399407**
三花甜茅　**177672**
三花兔儿风　12663,12669
三花洼瓣花　**234244**
三花无冠萝藦　**39908**
三花仙人笔　**216713**
三花仙人掌　**273083**
三花悬钩子　**339390**
三花悬籽茜　**110480**
三花岩菖蒲属　**394867**
三花羊茅　**164366**
三花叶苞帚鼠麹　**20635**
三花银莲花　24066
三花蝇子草　**364073**
三花莸　**78039**
三花越橘　**404025**
三花中脉梧桐　**390316**
三花舟叶花　**340944**
三花猪殃殃　170708
三花柱长瓣秋水仙　**250648**
三花柱买润得拉花　250648
三花柱甜菜　**53248**
三花子　187967
三花紫金牛　31380
三花紫菊　**267179**
三黄　328665
三黄筋　202102
三回三出芍药　**280320**
三桧　45724
三基脉紫菀　**41404**
三极方　135646
三脊金石斛　**166968**
三加　143694
三加皮　143625,143694
三夹莲　277776
三荚菜　100961
三荚草　218480
三荚子菜　100961
三甲刺　51802
三甲皮　143694
三尖瓣肖鸢尾　**258680**
三尖草　**395024**,397159
三尖草属　**395015**
三尖巢菜　**408642**
三尖刺芹　**154341**
三尖刀　106537,413549
三尖蒿　**36423**
三尖可利果　**96865**
三尖栝楼　**396280**
三尖兰属　**395050**
三尖鳞茜草　**394848**
三尖鳞茜草属　**394842**
三尖鹿藿　**333436**
三尖马蹄荷　**161612**
三尖蜜兰　**105552**
三尖千里光　**360244**
三尖茄　**394852**
三尖茄属　**394850**
三尖雀儿豆　**87264**
三尖染料木　**173098**
三尖三指兰　**396677**
三尖色木槭　**3204**
三尖莎属　**394860**
三尖杉　**82507**,82539,82545
三尖杉科　**82493**
三尖杉属　**82496**
三尖松　82507
三尖天竺葵　**288559**
三尖驼曲草　**119911**
三尖喜阳花　**190474**
三尖肖鸢尾　**258677**
三尖野豌豆　**408635**
三尖叶泽兰　158200
三尖叶猪屎豆　**112405**
三尖紫罗兰　**246560**
三坚　208543
三俭草　333530
三检锥　78932
三键风　231403
三箭草　218480
三江藨草　**353660**
三江瘤果茶　**69538**
三胶木属　398666
三角巴特多坦草　**136440**
三角霸王鞭　**160001**,158456
三角半边莲　234360
三角瓣薄花兰　**127987**
三角瓣花　315321,315332,315334
三角瓣花属　315318
三角包　73208
三角萹蓄　**291748**
三角藨草　**353186**
三角槟榔　263843
三角菜　72038,100961,260121
三角草　**397506**,72038,74211,75311,88589,118798,119378,212816,218480,218571,267173,299724,345941,353889,354131,354141,410108
三角草花属　397505
三角草属　**397505**
三角蝉　128943
三角车　**334589**
三角车属　**334562**
三角齿锦香草　**296379**
三角齿马先蒿　**287767**
三角齿缘草　153444
三角齿锥花　**179181**
三角窗兰属　**396701**
三角刺　395146
三角刺齿缘草　**153444**
三角刺芹　**154349**
三角刺蒴麻　**399346**
三角酢浆草　**277985**,277878
三角翠雀花　**124650**
三角达来大戟　**121947**
三角党参　98309
三角灯笼　73207
三角顶冰花　**169519**
三角东北堇菜　**410226**
三角对叶兰　**232910**
三角萼凤仙花　**205403**
三角萼溲疏　**126862**
三角芳香木　**38850**
三角粉白菊　**341456**
三角风　187307,285117,285144,402245
三角风毛菊　**348865**
三角枫　2811,2815,3070,3374,95127,187307,231403,232557,387871,402267
三角枫藤　285157
三角覆盆花　220523
三角弓果黍　**120643**

三角果 301147
三角果海桐 301424
三角果科 **397310**
三角果属 **397293**
三角海伯尼亚常春藤 **187285**
三角海棠 192132
三角胡麻 224989
三角虎眼万年青 **274583**
三角花 57857,57868
三角花芦荟 **17356**
三角花属 57852
三角黄耆 **43187**
三角喙兰 **395401**
三角喙兰属 **395400**
三角火旺 200713
三角蒺藜 395146
三角荚岩黄芪 188153
三角荚岩黄耆 **188153**
三角尖 187307
三角剪 342421
三角箭 187307
三角椒草 113530
三角金砖 410730
三角橘 **250742**
三角橘属 **250740**
三角蔻 19870
三角蜡菊 **189297**
三角兰 159204
三角榄 70992
三角棱草 218480
三角栎属 **397325**
三角莲 33266,146966,147013,147039,147048,147075
三角量天尺 200712
三角蓼树 **397934**
三角裂蕊紫草 **235057**
三角菱 394436
三角龙 33512
三角龙舌兰 **10841**
三角露兜树 **281158**
三角鸾凤玉 **43513**
三角轮环藤 **116014**
三角麦 162312
三角毛茛 326470
三角梅 57857
三角咪 279744,279748
三角咪草 279744
三角咪属 279743
三角牡丹 33221
三角木 **397322**
三角木蓝 **206690**
三角木属 **397321**
三角泡 73207,73208
三角七 397622
三角槭 **2811**
三角千里光 **358697**,360244
三角青 401156
三角青锁龙 **108960**
三角榕 164900
三角伞芹 **397354**
三角伞芹属 **397351**
三角珊瑚果 **103930**
三角蛇 401156
三角柿 **132126**
三角鼠尾 345437
三角鼠尾草 **345436**
三角双叶兰 232910
三角四数莎草 **387699**
三角酸 277747,309564
三角酸脚杆 **247631**
三角苔草 **76576**
三角藤 73208,187307,258885,258905,258923,309564
三角条 33512
三角铁苋菜 **1832**
三角驼曲草 **119817**
三角莞花木 **41543**
三角五星花 **289806**
三角线叶粟草 **293937**
三角香瓜 **114261**
三角小檗 **52270**
三角小胡麻 224989
三角肖鸢尾 **258459**
三角肖泽兰 **158012**
三角形瓜 114261
三角形冷水花 **299061**
三角形月见草 **269429**
三角岩牡丹 **33221**
三角岩参 **90845**
三角杨 311292
三角药胡椒属 **397181**
三角椰 **139336**
三角椰子 **263843**
三角椰子属 **263836**
三角叶 91537,91575
三角叶白花苋 **9403**
三角叶党参 **98309**
三角叶风兰 **25093**
三角叶风毛菊 **348256**
三角叶过路黄 **239615**
三角叶黄连 **103832**
三角叶假福王草 **283684**
三角叶堇菜 **410672**
三角叶冷水花 299061
三角叶龙胆 **173391**
三角叶驴蹄草 **68210**
三角叶马先蒿 **287155**
三角叶毛白杨 **311532**
三角叶毛茛 **326443**
三角叶南洋杉 **30855**
三角叶前胡 **292830**
三角叶荨麻 **403032**
三角叶青木香 34359
三角叶山蚂蝗 126368
三角叶山蓊菜 **161126**
三角叶鼠尾草 345439
三角叶薯蓣 **131550**
三角叶豚草 **19162**
三角叶橐吾 229063
三角叶西番莲 285703
三角叶相思树 1494
三角叶蟹甲草 **283807**
三角叶杨 311292
三角银桦 **180649**
三角罂粟葵 **67131**
三角鹰爪草 **186840**
三角颖属 397505
三角玉凤花 **183765**
三角玉细鳞 **83972**
三角泽菊 **91143**
三角州拟莞 **352178**
三角柱 **200709**,200713
三脚鳖 **249162**,235,110227,161350
三脚鳖草 **387766**
三脚鳖属 249127
三脚蛤蟆 299395
三脚虎 89207,126651,138796,325981,395146
三脚剪 342421
三脚灵 131840
三脚破 235
三阶莎草 **118436**
三阶苔草 **73561**
三节蒿 **36416**
三节剑 81687
三节两梗 407503
三姐妹 139590,209844,367146
三姐藤 204648
三界羊茅 **164043**
三距气花兰 **9250**
三距时钟花属 **396496**
三距野牡丹 **131413**
三开瓢 **7233**
三颗针 51275,51284,51297,51301,51336,51374,51433,51437,51454,51524,51548,51559,51639,51710,51711,51802,51827,51841,51982,52039,52049,52052,52062,52069,52131,52156,52169,52225,52302,52306,52320,52345,52371,76962
三咳草 146977
三孔草 **398137**,398830
三孔草属 **398136**,398828
三孔独蕊草 **398830**
三孔独蕊草属 **398828**
三孔橄榄 **397797**
三孔橄榄属 **397796**
三苦花 233928
三苦楝 161356
三块瓦 239683,277648,277878
三昆草藤 408453
三辣 215011
三赖 215011
三藾 187468,215011
三兰属 **394947**
三郎梨 **323216**
三肋果 **397969**
三肋果莎 **396568**
三肋果莎属 **396567**
三肋果属 **397948**
三肋果梧桐 **181785**
三肋果梧桐属 **181782**
三肋蓬莱藤 290841
三肋莎属 396567
三肋菘蓝 **209184**
三棱 56637,353707,370096,370102
三棱白叶藤 **113620**
三棱苞鸭跖草 **101175**
三棱遍地金 **202194**
三棱藨草 352278,353899
三棱糙蕊阿福花 **393787**
三棱草 56637,70904,74211,75769,118491,118928,118982,119041,119378,119503,245556,299724,348403,353576,353587,370102
三棱草佳不齐 70904
三棱尺 **123308**
三棱尺属 **123307**
三棱大戟 **159997**
三棱多穗兰 **310324**
三棱萼鼠尾草 **345438**
三棱芳香木 **38851**
三棱秆藨草 **353605**
三棱骨籽菊 **276722**
三棱瓜 **141462**
三棱瓜属 **141461**
三棱观 353889
三棱光萼荷 **8596**
三棱果灯心草 **213549**
三棱果科 397310
三棱果属 397293
三棱果藤 179944
三棱果田皂角 **9657**
三棱花 398322
三棱环 218480
三棱黄耆 **43189**
三棱黄眼草科 **661**
三棱黄眼草属 **647**
三棱火炬花 **217045**
三棱假海马齿 **394914**
三棱假含羞草 **265238**
三棱尖腺芸香 **4846**
三棱箭 200713

三棱筋骨草 354254
三棱茎草 352284
三棱茎葱 **15839**
三棱科努草 105234
三棱兰属 **397340**
三棱簕 **158516**
三棱栎 **167344**
三棱栎属 **167343**,397325
三棱蓼 **309383**
三棱蔺 143397
三棱瘤瓣兰 **270844**
三棱马尾 75769
三棱猫尾花 **62504**
三棱墨蓝花 **105234**
三棱囊鳞莎草 **38250**
三棱拟莞 **352283**
三棱婆 200713
三棱塞拉玄参 **357707**
三棱山柳菊 **196039**
三棱梢 70788
三棱梢爬山豆 70904
三棱鼠李 **328878**
三棱水葱 **352284**
三棱苔草 **76585**
三棱虾脊兰 **66099**,65921
三棱香茶菜 **303144**
三棱烟堇 **397332**
三棱烟堇属 **397330**
三棱银豆 **32923**
三棱鸢尾 **208767**
三棱远志 **308423**
三棱针蔺 **396017**
三棱枝白珠 **172170**
三棱枝杭子梢 **70904**
三棱脂麻掌 **171763**
三棱猪殃殃 170694
三棱子 45725
三棱子菊属 **397355**
三棱紫波 **28520**
三楞草 70904,118491,119041
三楞果 56637
三楞筋骨草 354254,354255
三丽花属 **397485**
三帘 45725
三联穗草属 **398579**
三廉 167456
三廉子 45725
三敛 **45724**,45725
三敛子 45725
三链蕊 **396750**
三链蕊属 **396745**
三两根 346738
三两金 31396
三列齿舌叶 **377368**
三列飞蛾藤 **131247**
三列沙拐枣 **67083**
三列石豆兰 **63149**
三列苔草 **398753**
三列苔草科 **398756**
三列苔草属 **398748**
三列细画眉草 **147464**
三列异耳爵床 **25716**
三裂阿利茜 **14658**
三裂艾菊 196711
三裂八角枫 13380
三裂巴氏锦葵 **286708**
三裂百簕花 **55442**
三裂柏那参 59249
三裂败酱 **285875**
三裂半夏 **299728**
三裂瓣肖鸢尾 **258681**
三裂瓣紫堇 **106550**
三裂扁棒兰 **302788**
三裂草白蔹 20290
三裂草落冠菊 **14453**
三裂草沙蚕 **398118**
三裂茶藨 334111
三裂茶藨子 **334111**
三裂朝天委陵菜 313047
三裂车叶草 170627
三裂川苔草 **388929**
三裂川苔草属 **388928**
三裂刺芹 **154348**
三裂刺蒴麻 **399345**
三裂刺甜舌草 **2306**
三裂大星芹 **43313**
三裂大叶马兜铃 **34229**
三裂单叶牡荆 **411436**
三裂灯心草 **213537**
三裂地蔷薇 **85660**
三裂钓樟钓樟 **231456**
三裂萼椴 **178794**
三裂萼椴属 **178793**
三裂飞蛾槭 **3268**
三裂飞蓬 **151021**
三裂费维瓜 **164435**
三裂粉白菊 **341457**
三裂凤仙花 **205404**
三裂瓜 **54835**
三裂瓜木 **13380**
三裂瓜属 **54834**
三裂冠毛锦葵 **111314**
三裂光槭 **2992**
三裂鬼针草 54158
三裂果 **397635**
三裂果属 **397634**
三裂海棠 **243728**
三裂蒿 36398
三裂合果芋 **381860**
三裂黑草 **61873**
三裂红瓜 **97843**
三裂红花槭 **3528**
三裂狐尾藻 261377
三裂黄堇 106547
三裂黄蓉花 **121941**
三裂积雪草 **81635**
三裂基花莲 **48683**
三裂假福王草 **283688**
三裂假泽兰 **254448**
三裂尖泽兰 **257670**
三裂尖泽兰属 **257669**
三裂碱毛茛 **184719**
三裂角茴香 **201631**
三裂角囊胡麻 **83672**
三裂酒瓶树 58340
三裂菊蒿 383780
三裂距景天 **356638**
三裂蕨叶飞蓬 **150560**
三裂科葫芦 **99034**
三裂可拉木 **99269**
三裂可利果 **96868**
三裂朗加兰 **325476**
三裂老鹳草 **174978**
三裂犁头尖 401176
三裂利希草 **228719**
三裂林氏泽兰 **158209**
三裂林泽兰 158209
三裂楼梯草 **142842**,142732
三裂罗伞 **59249**
三裂裸实 182687
三裂马兜铃 **34361**
三裂马络葵 **243494**
三裂蔓绿绒 294847
三裂牻牛儿苗 **153754**
三裂毛茛 **326472**,325933,325939
三裂蒙松草 **258159**
三裂穆坪茶藨 334111
三裂南非禾 **290038**
三裂南非葵 **25436**
三裂尼克菊 **265990**
三裂拟牛齿兰 **29827**
三裂欧洲荚蒾 **408001**
三裂蟛蜞菊 413559
三裂平果菊 **196479**
三裂平柱菊 **384893**
三裂槭 **3206**
三裂漆木 332908
三裂漆树 **332908**
三裂千里光 **360248**
三裂前胡 **293050**
三裂茄 367691
三裂全毛兰 **197581**
三裂柔花 **9003**
三裂蠕距兰 **303782**
三裂桑 **259200**
三裂涩荠 **243244**
三裂沙拐枣 67083
三裂山茶 **69204**
三裂山矾 **381205**
三裂蛇葡萄 20335
三裂树参 **125644**
三裂树膝 294847
三裂双距兰 **133966**
三裂水毛茛 **326475**
三裂水茄 **367691**
三裂唢呐草 **256040**
三裂苔 76585
三裂藤菊 **185817**
三裂藤菊属 **185816**
三裂天竺葵 **288560**
三裂铁线莲 **95387**
三裂桐棉 **389953**
三裂豚草 19191
三裂无脉兰 **5850**
三裂五角木 **313979**
三裂西番莲 **285710**,285709
三裂锡安山飞蓬 **150965**
三裂喜林芋 **294847**
三裂虾脊兰 66100
三裂薛菊 **371233**
三裂腺瘤兰 **7573**
三裂香茶 **303733**
三裂香科 **388295**
三裂肖禾叶兰 **306177**
三裂肖蒙蒂苋 **258310**
三裂星苞蓼 **362998**
三裂熊菊 **402824**
三裂绣线菊 **372117**
三裂悬钩子 **339394**
三裂旋子草 **98079**
三裂延胡索 **106519**
三裂羊耳蒜 **232244**
三裂叶白头婆 **158176**,158347
三裂叶报春 **315059**
三裂叶扁豆 **135649**,135646
三裂叶菜豆 409080
三裂叶葛藤 321460
三裂叶火筒树 **223929**
三裂叶鸡矢藤 250792
三裂叶荚蒾 **408188**
三裂叶豇豆 **409080**,409026
三裂叶金光菊 **339622**
三裂叶绢蒿 **360845**
三裂叶犁头尖 401175,401176
三裂叶绿豆 **409026**
三裂叶色木槭 3204
三裂叶蛇葡萄 **20335**
三裂叶薯 **208255**
三裂叶豚草 **19191**
三裂叶绣线菊 372117
三裂叶野葛 **321460**
三裂叶泽兰 **158347**,158200
三裂银白槭 **3543**
三裂银桦 **180656**
三裂尤利菊 **160897**
三裂尤泰菊 **207458**
三裂盂兰 **223670**

三裂羽芒菊 **396698**
三裂玉凤花 **184151**
三裂月见草 **269520**
三裂獐耳细辛 **192148**,192126
三裂中脉梧桐 **390317**
三裂中美菊 **416913**
三裂中南悬钩子 **338489**
三裂帚菊 **292080**
三裂猪殃殃 **170627**
三裂籽鸭跖草 **101176**
三裂紫堇 **106547**
三鳞多齿多穗兰 **310531**
三鳞寄生 **397512**
三鳞寄生属 **397511**
三鳞片灯心草 213545
三鳞桑 **397519**
三鳞桑属 **397518**
三鳞莎草 **397515**
三鳞莎草属 **397513**
三铃子 408648
三菱果树参 125644
三龙爪 165111,165671
三鹿花属 **398341**
三轮草 118957,119041,119319
三轮蒿 21525
三麻柳 145517
三麦梢 70788
三脉菝葜 **366607**
三脉棒果树 **332407**
三脉背腺菊 **293848**
三脉扁担杆 **181000**
三脉薄子木 **226504**
三脉布氏野牡丹 **55080**
三脉翅籽草海桐 **405303**
三脉冲诺杜鹃 332020
三脉大被爵床 **247878**
三脉大戟 **160003**
三脉顶冰花 **169517**
三脉盾锦葵 **288799**
三脉钝叶黄芩 **355629**
三脉多蕊蚊母 **246607**
三脉耳草 **187688**
三脉耳冠菊 **277298**
三脉番薯 **208257**
三脉飞蓬 **226521**
三脉飞蓬属 **226520**
三脉非洲木菊 **58511**
三脉格尼瑞香 **178725**
三脉寡头鼠麹木 **327632**
三脉黑草 **61812**
三脉黑蒴 **14354**
三脉亨里特野牡丹 **192056**
三脉厚敦菊 **277160**
三脉华千里光 365078
三脉黄顶菊 **166827**
三脉黄胶菊 **318718**
三脉黄精 **308554**
三脉黄鸠菊 **134813**
三脉火烧兰 **147244**
三脉荚蒾 408193
三脉尖裂菊 **278500**
三脉堇菜 **410690**
三脉酒神菊 **46264**
三脉蜡菊 **189867**
三脉狼菊木 **239290**
三脉老鸦嘴 **390890**
三脉类花刺苋 **81675**
三脉冷水花 298971
三脉镰扁豆 **135654**
三脉亮泽兰 **408766**
三脉亮泽兰属 **408765**
三脉鳞花草 **225229**
三脉鹿藿 **333437**
三脉驴菊木 **271726**
三脉马岛寄生 **46700**
三脉马岛龙胆 **274458**
三脉马钱 378675,378922
三脉马唐 **130807**
三脉马歇尔菊 **245896**
三脉麦灵鸡 256456
三脉脉刺草 **265702**
三脉猫尾花 **62503**
三脉茅膏菜 **138364**
三脉梅花草 **284624**
三脉美苓草 256456
三脉密头帚鼠麹 **252481**
三脉穆拉远志 **260074**
三脉鸟娇花 **210942**
三脉鸟足兰 **347929**
三脉欧石南 **150056**
三脉佩兰 158049
三脉皮奎菊 300842
三脉皮氏菊 **300842**
三脉蒲儿根 **365078**
三脉朴 **80774**
三脉普林格尔木 **264381**
三脉千里光 **360251**
三脉青藤 290847
三脉青杨 **311555**
三脉球兰 198885
三脉球心樟 **12770**
三脉肉果荨麻 **402307**
三脉乳菀 **169804**
三脉塞拉玄参 **357705**
三脉三角枫 **2822**
三脉三数木 **397669**
三脉莎草 **119713**
三脉山白菊 41404
三脉山黧豆 **222747**
三脉烧麻 402307
三脉石棉杨 **311556**
三脉石竹 **127680**
三脉矢车菊 **81438**
三脉守宫木 **348069**
三脉双蝴蝶 **398306**
三脉水丝梨 **380604**
三脉水苏 **373471**
三脉蒴莲 **7318**
三脉嵩草 **217163**
三脉素馨 **212043**
三脉藤菊 **246428**
三脉藤菊属 **246427**
三脉铁青树 **269688**
三脉葶苈 **137281**
三脉兔儿风 **12739**
三脉脱皮藤 **833**
三脉卫矛 **157904**,157280
三脉细圆藤 **290847**
三脉细柱苋 **130336**
三脉鲜菊 **326517**
三脉香青 **21716**
三脉香青菊 21716
三脉须川氏杜鹃 **332020**
三脉旋带麻 **183360**
三脉鸭嘴花 **214865**
三脉崖藤 **13461**
三脉岩芥菜 **9821**
三脉岩绣线菊 **292650**
三脉杨 311555
三脉野木瓜 **374439**
三脉叶荚蒾 **408193**
三脉叶马兰 39928,41404
三脉叶紫菀 41404
三脉一枝黄花 **368470**
三脉异环藤 **25410**
三脉越被藤 **201678**
三脉泽兰 **158349**,158049
三脉枝寄生 **93964**
三脉种阜草 **256456**
三脉皱稃草 **141779**
三脉猪屎豆 **112762**
三脉猪殃殃 **170434**
三脉紫麻 **273927**
三脉紫菀 **39928**,41404
三蔓草 258905
三芒草 **33737**
三芒草白芥 **364605**
三芒草南非禾 **289944**
三芒草石竹 **127875**
三芒草属 **33730**
三芒草酸模 **339941**
三芒草亚麻 **231888**
三芒草状蝇子草 **363212**
三芒耳稃草 **171531**,171487
三芒葛氏草 171531
三芒虎耳草 **349995**,349489,349789
三芒景天 **357236**
三芒雀麦 **60692**
三芒蕊属 **398055**
三芒山羊草 **8732**
三芒山羊麦 8732
三芒双苞风信子 **199551**
三芒针草属 398349
三芒皱颖草 **333829**
三毛白点兰 **390518**
三毛草 **398448**
三毛草属 **398437**
三毛金虎尾 **396557**
三毛金虎尾属 **396556**
三毛兄弟草 **21300**
三毛燕麦属 **398387**
三梅草 277747
三妹木 226977
三眠柳 383469
三面刀 91024
三面风 138796,219996
三面秆荸荠 **143385**,143397
三面七 329879
三面青 291161
三苗酸 277747
三明苦竹 **304096**
三木棉 309564
三乃 215011
三奈 187468,417990
三柰 215011
三囊属 397876
三囊梧桐 **247960**
三囊梧桐属 **247958**
三囊紫堇 **106548**
三年草 290439
三年桐 406018
三捻 45724
三念草 76609
三念苔草 **76609**
三茑萝藤 415299
三牛枫 187307
三皮刺大戟 **159995**
三皮风 138796,285117
三皮枫藤 285144
三匹方 138796
三匹风 138796,167632
三匹箭 **33357**
三匹七 329879,329975
三匹叶 70795
三片风 312565,312571
三片桔梗 **262126**
三片桔梗属 **262125**
三片美冠兰 **157064**
三片叶 299724
三瓢果 7233
三瓢果属 7220
三品一枝花 **63964**
三七 **280771**,30593,280741,280778
三七草 **183097**
三七草属 183051
三七姜 373635

三七参 280771
三七属 183051
三七笋 110502
三七仔 357123
三岐楼梯草 **142879**
三岐丝石竹 183231,183261
三歧龙胆 **173998**
三歧荛花 **414271**
三崎之松 **244186**
三钱三 240765,274399,331257
三浅裂薯蓣 **131880**
三枪茅 33737
三枪茅属 33730
三腔丝花茜 **360690**
三球波斯石蒜 **401827**
三球悬铃木 **302592**
三球圆盘蓝子木 **245219**
三全裂茄 **367693**
三人扛珠 218480
三稔 45725
三稔草 187501,219996,354131,354141
三稔蒟 14213
三蕊白木犀草 **327802**
三蕊杯 **278485**
三蕊杯属 **278482**
三蕊草 **364899**,368902
三蕊草属 **364898**
三蕊叉毛蓬 **292728**
三蕊大腺兰 **240906**
三蕊短梗景天 **8512**
三蕊盾蕊樟 **39729**
三蕊蜂斗草 **368902**
三蕊附属物兰 **315616**
三蕊沟繁缕 **142574**
三蕊假扁芒草 **317621**
三蕊距苞藤 **369907**
三蕊孔药大戟 **311667**
三蕊宽蕊大戟 **302824**
三蕊兰 **265840**
三蕊兰科 **265845**
三蕊兰属 **265836**
三蕊蓝盆花 **350264**
三蕊莲桂 123607
三蕊柳 **344211**
三蕊美洲土楠 **228692**
三蕊木犀 **276400**
三蕊南非鳞叶树 **326941**
三蕊楠 145316
三蕊楠属 145315
三蕊赛德尔大戟 **357371**
三蕊三花藜 **397504**
三蕊水仙 262473
三蕊藤 **382059**
三蕊藤属 **382055**
三蕊天竺葵 **288555**
三蕊铁立藤 391896
三蕊细叶草 **246765**
三蕊细叶草科 **246767**
三蕊细叶草属 **246761**
三蕊香料藤 **391896**
三蕊银灌戟 **32981**
三蕊皱稃草 **141790**
三三光 247366
三散草 326431
三色奥氏栉花芋 **113948**
三色瓣肖鸢尾 **258676**
三色薄叶兰 238751
三色彩绘亮丝草 11356
三色彩叶凤梨 **264410**
三色长萼瞿麦 **127864**
三色番薯 **207624**
三色甘蔗 207624
三色公主兰 **238751**
三色构 **61114**
三色果茼麻 192470
三色海罂粟 **176758**
三色红边龙血树 137448
三色红淡比 **96588**
三色红凤梨 **21476**
三色胡椒 **300536**
三色虎耳草 **349937**
三色花凤梨 **392050**
三色黄檀 **121845**
三色灰柳 **343222**
三色灰毛豆 **386342**
三色灰毛菊 **31301**
三色姬朱蕉 **104379**
三色吉莉花 **175708**
三色椒草 **290318**
三色介代花 175708
三色芥蓝菜 59525
三色金莲花 **399610**
三色金丝桃 **201706**
三色堇 410677
三色堇菜 **410677**
三色菊 89466
三色拉梯爵床 **341168**
三色狸藻 **403372**
三色立金花 **218948**
三色亮丝草 **11337**
三色铃兰 **102884**
三色龙胆 **174003**
三色络石 **393658**
三色马齿苋树 **311958**
三色马先蒿 **287774**
三色莓 **339392**
三色密头帚鼠麹 **252480**
三色缅甸漆木 **248536**
三色魔杖花 **370009**
三色女贞 **229531**
三色欧石南 **150158**
三色欧洲水青冈 **162421**
三色牵牛 **208250**
三色牵牛属 102903
三色鞘花 **241323**
三色青皮槭 **2853**
三色热美龙胆 **380654**
三色日中花 **220701**
三色山姜 **17771**
三色十二卷 **186607**
三色柿 **132438**
三色水竹草 **394023**
三色天香百合 **229736**
三色天竺葵 **288558**
三色铁兰 392050
三色万代兰 **404680**
三色万带兰 404669,404680
三色苋 18836
三色苋草 **18103**
三色小凤梨 113381
三色小麦秆菊 **381666**
三色旋花 **103340**
三色叶玉蜀黍 **417419**
三色叶竹芋 **66183**
三色隐花凤梨 **113381**
三色印度胶榕 **164939**
三色羽衣甘蓝 **59525**
三扇棕 **398826**
三扇棕属 **398824**
三舌合耳菊 **381956**
三舌千里光 381956
三舌尾药菊 381956
三舌尾药千里光 381956
三射线德弗草 **127156**
三射线天胡荽 **200386**
三深裂刺痒藤 **394221**
三深裂大戟 **160005**
三深裂老鹳草 174978
三深裂马络葵 **243481**
三深裂婆婆纳 **407420**
三深裂茄 **367692**
三深裂山梗菜 **234842**
三深裂鼠尾草 **345258**
三深裂双距兰 **133944**
三深裂蒴莲 **7319**
三深裂盐肤木 **332911**
三升米 333972,334232,334264
三升末 333972
三生草属 **202244**
三生豆 294056
三十根 238318
三十六荡 400888,400945
三十六根 400888,400945
三十六样风 193939
三石 113879
三室黄麻 **104135**
三室寄生 **398823**
三室寄生属 **398821**
三室帚灯草 **302714**
三室帚灯草属 **302712**
三室竹芋属 **203003**
三数大戟 **57236**
三数大戟属 **57235**
三数旱地菊 **46263**
三数酒神菊 46263
三数马唐 **130797**
三数木科 397310
三数木属 **397662**,397293
三数欧石南 **150162**
三数山地榄 **346231**
三数舒曼木 **352715**
三数细瓣兰属 **397851**
三数野海棠 **59829**
三数野荞麦 **151811**
三数沼花 **166994**
三数沼花属 **166991**
三数指甲草 **214930**
三数指甲草属 **214929**
三双木 **396756**
三双木属 **396755**
三丝水玉杯 **390100**
三苏木属 **256547**
三素英 305202
三酸藤 402201
三穗穇 **143553**
三穗草 310720
三穗草属 310713
三穗菲奇莎 **164598**
三穗金茅 **156502**
三穗马岛翼蓼 **278461**
三穗茅属 256331
三穗拟劳德草 **237867**
三穗苔草 **76591**
三穗小金梅草 **202980**
三它氏卫矛 157539
三台草 345941
三台大药 96339
三台高 18059
三台观音 329975
三台红花 96339,96340
三台花 **96340**,94406,96339
三台树 94406
三台消 284319,284378
三条根 31396
三条筋 91265,91276,91397,91429,91432,91449,231298,231313,231424,231427,231448,263761
三条筋树 91354,91432
三筒管 34139
三头草 226721
三头橙菀 **320745**
三头刺头菊 **108432**
三头灯心草 **213534**,212990
三头腐臭草 **199779**
三头寡头鼠麹木 **327649**
三头菊 **398001**

三头菊属 **398000**
三头欧石南 **150152**
三头水蜈蚣 **218643**
三头苔草 **76581**
三头珍珠茅 **354267**
三头紫菀 **41396**
三托艾 209844
三托藤 18509
三托叶淫羊藿 **147068**
三万花 79418
三尾凤仙花 **205396**
三尾格雷野牡丹 **180450**
三尾兰 **398434**
三尾兰属 **398433**
三尾槭 **3701**
三尾青皮槭 **2867**
三文藤 392559
三纹西番莲 **285709**
三窝草 285144
三五当归 **24493**
三细刺兄弟草 **21302**
三峡美冠兰 156651
三峡槭 **3749**
三仙菜 129068,129070
三线草 299017
三线假马兜铃 **283750**
三线蜡菊 **189868**
三线石豆兰 **63150**
三线梳齿菊 **286882**
三线双袋兰 **134360**
三腺金丝桃 **394809**
三腺金丝桃属 394807
三腺兰 **397926**
三腺兰属 **397925**
三消草 397043
三小果良毛芸香 **155852**
三小脉蜡菊 **189869**
三小叶安瓜 **25157**
三小叶变豆菜 **346007**
三小叶齿蕊小檗 **269179**
三小叶刺橘 **405555**
三小叶翠雀花 **124651**
三小叶当归 **24489**
三小叶豆 **259604**
三小叶豆属 **259603**
三小叶毒胡萝卜 **388884**
三小叶福王草 **313901**
三小叶哥伦比亚茜 **326919**
三小叶灌丛蒴莲 **7248**
三小叶赫克楝 **187150**
三小叶赫利芸香 **190218**
三小叶花椒 **417163**
三小叶化香树 **302681**
三小叶黄连 **103853**
三小叶黄蓉花 **121940**
三小叶黄杉 **318598**
三小叶苦瓜 **256888**
三小叶宽肋瘦片菊 **57670**
三小叶良腺山柑 **155428**
三小叶蓼叶可利果 **96816**
三小叶裂壳草 **351354**
三小叶林氏泽兰 **158207**
三小叶罗马风信子 **50777**
三小叶毛茛 **325991**
三小叶密钟木 **192730**
三小叶木蓝 **206329**
三小叶拟拉氏芸香 **327122**
三小叶盘花南星 **27649**
三小叶佩尔异木患 **16128**
三小叶瓶子草 **347165**
三小叶人字果 **128943**
三小叶山豆根 155897
三小叶十大功劳 **242654**
三小叶鼠耳豆 **143008**
三小叶松香草 **364321**
三小叶碎米荠 **73023**
三小叶梭叶火把树 **172541**
三小叶天竺葵 **288563**
三小叶甜没药 **101373**
三小叶歪头菜 **408651**
三小叶小檗 **52267**
三小叶小花豆 **226182**
三小叶星星松香草 **364264**
三小叶玄参 **355258**
三小叶悬钩子 **339397**
三小叶盐肤木 **332709**
三小叶洋茱萸 **417874**
三小叶银豆 **32922**
三小叶银叶树 **192500**
三小叶针叶芹 **4749**
三小叶猪屎豆 **112761**
三楔旱地菊 **46262**
三心田基麻 **395368**
三心田基麻属 **395366**
三兴草 299724
三星草 218480
三星果 **398684**
三星果属 **398681**
三星果藤 398684
三星果藤属 398681
三星毛卷萼锦 **384416**
三星石斛 **125352**,146536,146543
三形菊属 **397690**
三形叶木蓝 **205829**
三型灯心草 **213542**
三型毛丹氏梧桐 **136017**
三雄沟繁缕 142574
三雄兰 **369913**
三雄兰属 **369912**
三雄脐戟 **270622**
三雄蕊槟榔 31696
三雄仙茅属 **285990**
三须颖草 **398017**
三须颖草属 **398016**
三丫钓樟 231403
三丫虎 161350
三丫苦 161350
三丫乌药 231403
三椏钓樟 231403
三椏苦 **161350**,249162
三椏皮 141470
三椏乌药 **231403**
三椏绣球 372117
三牙戟 81687
三牙钻 81687
三雁皮 414193
三阳苔草 **74415**
三药槟榔 **31696**
三叶 113879
三叶安歌木 **24654**
三叶安瓜 **25158**
三叶白 348087
三叶白草 348087
三叶白粉藤 **93007**
三叶白蜡 168123
三叶白蔹 **20402**
三叶败酱 **285874**
三叶半夏 33357,299724
三叶鲍伐茜 57958
三叶扁藤 387779
三叶藨 138796
三叶波华丽 57957
三叶草 226742,397019
三叶草地防风 **388899**
三叶草胡椒 **290449**
三叶草属 396806
三叶梣 **168123**
三叶茶 16059
三叶朝天委陵菜 **313047**
三叶赪桐 **96410**
三叶赤瓟 **390149**
三叶赤楠 382548
三叶稠藤 204651
三叶刺 143694
三叶粗子芹 393866
三叶单裂橄榄 **185412**
三叶倒挂金钟 **168789**
三叶地锦 **285144**,285157
三叶吊杆泡 338269
三叶蝶豆 **97195**
三叶顶冰花 **169518**
三叶斗篷草 **14160**
三叶豆 65146,70819,226721
三叶豆蔻 **19827**
三叶豆属 396806
三叶短毛鸡菊花 **270271**
三叶对 387779
三叶盾果金虎尾 **39511**
三叶法道格茜 **162007**
三叶翻白草 312565,312571
三叶防臭木 **17605**
三叶防风 361538
三叶枫 266913
三叶福王草 313906
三叶甘草 **177945**
三叶公母草 226742
三叶拱顶金虎尾 **68777**
三叶光槭 **2995**,2991
三叶鬼针草 54048
三叶过江藤 232483,232532
三叶海棠 **243717**
三叶寒丁子 **57957**
三叶寒丁子花 57957
三叶红 54620
三叶红门兰 **273688**
三叶红藤 361384
三叶厚壳树 **141708**
三叶厚皮树 **221212**
三叶胡麻 **361343**
三叶蝴蝶花豆 97195
三叶虎眼万年青 **274815**
三叶花椒 **417358**,417161,417290,417340
三叶黄连 **103850**
三叶灰毛豆 **386343**
三叶茴芹 299395
三叶茴香 299395
三叶火筒树 **223963**
三叶芨芨芹 **418113**
三叶鸡血藤 370422
三叶棘豆 **279220**
三叶荚蒾 **408162**
三叶坚果 240210
三叶豇豆 **409081**
三叶胶属 194451
三叶椒 320071
三叶绞股蓝 183012
三叶金鸡菊 **104611**
三叶金锦香 **276123**
三叶柯克树葡萄 **120120**
三叶空木 374089
三叶库柏 **115169**
三叶拉色芹 **222017**
三叶兰 11300
三叶老 299724
三叶老鹳草 **174975**
三叶簕子 336675
三叶犁头尖 **401175**
三叶栗豆藤 **11058**
三叶莲 59250,197232
三叶刘氏草 **228305**
三叶瘤果芹 **393866**
三叶柳穿鱼 **231155**
三叶六道木 **197**
三叶龙胆 **173969**
三叶鹿药 **242706**
三叶罗伞 59249,59250

三叶裸花草 **4105**
三叶马先蒿 **287757**
三叶马缨丹 **221307**
三叶蔓荆 411464
三叶牻牛儿苗 **153936**
三叶毛茛 209844,325991
三叶毛子草 **153294**
三叶莓 138796
三叶蒙尼木 257473
三叶蒙尼芸香 257473
三叶蜜茱萸 **249168**
三叶棉 **179934**
三叶木 **397901**
三叶木橘 8787
三叶木蓝 **206684**
三叶木莲 187307
三叶木属 **397900**
三叶木通 **13238**,13240,94748,94868,95463
三叶拿藤 13238
三叶南星 **33544**
三叶鸟娇花 **210941**
三叶柠檬草 **80064**,80063
三叶欧石南 **149594**
三叶爬墙虎 285144
三叶爬山虎 285144
三叶排草 239683
三叶泡 80193
三叶皮兰大戟 **300852**
三叶婆婆纳 **407421**
三叶破铜钱 277747
三叶葡萄 **411918**
三叶七 345952
三叶槭 2896,3015
三叶漆 **386678**
三叶漆属 **386676**
三叶蔷薇草 175763
三叶茄 **367690**,285157
三叶芹 113879
三叶青 29304,226721,387779
三叶青根 387779
三叶青藤 **204656**
三叶秋水仙 **99349**
三叶球柱草 **63229**
三叶热美葫芦 **318760**
三叶人参 **280817**
三叶人字草 218347
三叶扫把 209844
三叶山芹菜 345978
三叶山香圆 **400546**
三叶蛇 138796
三叶蛇莓 312571
三叶蛇扭 138796
三叶蛇子草 312565,312571
三叶参属 397903
三叶升麻 91024
三叶绳 374393
三叶省沽油 374110
三叶十大功劳 242654
三叶瘦片菊 **182087**
三叶菽麻 112188
三叶鼠尾 345439
三叶鼠尾草 **345439**
三叶薯蓣 **131471**
三叶树 **54470**,266913
三叶树属 **54469**
三叶水毛茛 **48944**
三叶酸 277747
三叶酸草 277747
三叶酸橙果 **397878**
三叶酸浆 277747
三叶碎米荠 73023
三叶唐菖蒲 **176600**
三叶藤 108700,278602,382059
三叶藤橘 **238536**
三叶藤橘属 **238530**
三叶藤属 382055
三叶天南星 33450
三叶天竺葵 **288567**
三叶甜舌草 **232532**
三叶铁线莲 95396
三叶通草 13238
三叶头草 299724
三叶菟丝子 **115146**
三叶脱皮树科 298655
三叶驼曲草 **119912**
三叶歪头菜 **408664**
三叶弯管花 **86248**
三叶弯蕊芥 **238011**,72786
三叶委陵菜 **312565**,312571,313047
三叶乌蔹莓 **79896**
三叶乌头 **5639**
三叶无患子 **346356**
三叶吴萸 161384
三叶吴茱萸 **161384**
三叶五风藤 **197216**
三叶五加 **2408**,143694
三叶五香血藤 94894
三叶细柱五加 2408
三叶香草 **239683**
三叶香茶菜 209844
三叶橡胶树 194453
三叶绣线菊 175766
三叶绣线菊属 175760
三叶悬钩子 **338317**
三叶鸭绿乌头 **5296**
三叶崖豆藤 **254866**
三叶崖爬藤 **387779**,387774
三叶野木瓜 **374390**
三叶野葡萄 79896
三叶异甘草 **250733**
三叶忧花 **241721**
三叶于维尔无患子 **403070**
三叶鱼藤 126007
三叶早熟禾 **306089**
三叶泽兰 **373660**
三叶泽兰属 **373659**
三叶针刺悬钩子 **339137**
三叶珍珠草 239683
三叶枝 226721
三叶栀子 **171406**
三叶中脉梧桐 **390318**
三叶轴榈 **228769**
三叶珠 218571
三叶猪屎豆 **112188**
三叶紫堇 105969
三刈叶 161353
三刈叶蜜茱萸 **249148**
三刈叶吴萸 161353
三翼风毛菊 **348872**
三颖披碱草 **144415**,144414
三颖早熟禾 **306092**
三羽裂南洋参 **310242**
三元麻 244893
三圆齿绣球防风 **227636**
三圆蕊 **396579**
三圆蕊属 **396578**
三月藨 338281,338317
三月播种春花欧石南 **149160**
三月桂 381423
三月花 314988
三月花葵 **223393**
三月黄 142022
三月黄花 159092,159286,237539
三月黄耆 **43190**
三月黄仔 141999
三月黄子 141999
三月烂 106432
三月脬 338281
三月泡 338281,338354,338516,338703,338985,339194
三月参 388410
三月实生春石南 149160
三月藤 197223
三月枣 142152
三月竹 **87595**
三灶坭竹 **47434**
三泽蓟 **91702**
三宅赤竹 **347252**
三宅堇菜 **410525**
三宅蒲公英 **384678**
三宅氏冷水花 298978
三张叶 239683,312565,312571
三掌裂天竺葵 **288565**
三罩锦葵 **398010**
三罩锦葵属 **398009**
三褶贝母兰 **98733**
三褶兰 **397892**
三褶兰属 **397885**
三褶脉紫菀 39928
三褶虾脊兰 **66101**
三针草属 **398349**
三针松 299830
三支枪 161350,161351
三支叶 239683
三枝豪曼草 **186219**
三枝九节 **319878**
三枝九叶草 146960,146966,146995,147013,147039,147048,147075
三枝九叶藿 147048
三枝香 416437
三指非洲紫菀 **19346**
三指佛掌榕 165117
三指红光树 **216905**
三指虎耳草 **349999**
三指菊 **396691**
三指菊属 **396689**
三指拉瑞阿 221983
三指兰 **396678**
三指兰属 **396620**
三指全毛兰 **197579**
三指榕 165121
三指雪莲 348870
三指雪兔子 **348870**
三指盐肤木 **332905**
三指玉凤花 **184148**
三洲荨麻 402886
三轴水穗草 **200551**
三珠草 104072
三珠细辛 **37749**
三柱草姜味草 **253682**
三柱草科 **212681**
三柱常山 200145
三柱韭 **15837**
三柱科 212681
三柱莲属 **398658**
三柱枇杷柴 327230
三柱头玉叶金花 **260504**
三柱细辛 **37748**
三爪风 66805,138796,143694
三爪黄连 52371
三爪金 312478,312565,312571
三爪金龙 94894,285144
三爪龙 79896,138796,165111,285144,337925,338043,387871
三爪皮 212019
三爪藤 240368
三转半 5069,5483
三孖苦 161350
三籽两型豆 20566
三籽木 **397176**
三籽木属 **397175**
三籽苔草 **76589**
三籽肖水竹叶 **23649**
三子果 134410

三姊妹 209844,367146
三足蝉 299376
三足豆 **398053**
三足豆属 **398050**
三足花 **398047**
三足花属 **398043**
三足野荞麦木 **152543**
三钻风 231403
三钻七 231403
伞把草 381814
伞把木 350716,350757
伞把竹 **162760**
伞坝菜 30623
伞苞茅 **201580**
伞苞石豆兰 62739
伞报春 314713
伞柄树 57695
伞柄竹 304000
伞草 381814
伞刺槐 **334995**
伞大青 **96419**
伞旦花 201743
伞段花 383090
伞墩七 309841
伞萼苣苔 **352827**
伞萼苣苔属 **352826**
伞繁缕 374944
伞房贝母兰 98633,98728
伞房川溲疏 **127094**
伞房刺子莞 **333530**
伞房倒挂金钟 **168744**
伞房钓钟柳 **289334**
伞房短丝花 **221373**
伞房狗牙花 **382766**
伞房荷包花 **66262**
伞房厚喙菊 **138767**
伞房花桉 **106805**
伞房花桉属 **106788**
伞房花赤胫散 **309713**
伞房花翠雀花 124147
伞房花耳草 **187555**
伞房花马鞭草 **405834**
伞房花天芥菜 190559
伞房花香科 **388058**
伞房花序翠雀花 **124147**
伞房花序小檗 **51504**
伞房花越橘 403780
伞房花状六道木 **119**
伞房荚蒾 **407764**
伞房菊蒿 **383857**
伞房立金花 **218857**
伞房马先蒿 **287110**
伞房尼泊尔香青 **21644**
伞房尼文木 **266403**
伞房匹菊 **322723**
伞房蔷薇 **336506**
伞房清明草 21644
伞房乳苣 **259776**
伞房山菊头桔梗 **211675**
伞房石莲花 **139988**
伞房双药芒 **127471**
伞房溲疏 **126879**
伞房香青 **21555**,21644
伞房绣球 200014
伞房沼兰 **243031**
伞房珍珠茅 **354064**
伞风藤 402201
伞凤梨 **177228**
伞凤梨属 **177226**
伞梗虎耳草 **349758**,350010
伞谷木 **250090**
伞冠赤松 299897
伞桂属 401670
伞果树 **352819**
伞果树科 247687
伞果树属 **352817**
伞花桉 155756
伞花暗罗 307500
伞花八仙 199792,200108
伞花百蕊草 **389907**
伞花布克木 **57988**
伞花菜栾藤 250853
伞花糙缨苣 **392694**
伞花草 **175492**
伞花草属 **175491**
伞花长叶蓝花参 **412737**
伞花除虫菊 **383737**
伞花刺果泽泻 **140552**
伞花冬青 **203855**,204358
伞花杜若 **307341**
伞花短穗柽柳 **383538**
伞花钝果寄生 **385245**
伞花繁缕 **375128**
伞花伽蓝菜 **215275**
伞花厚敦菊 **277164**
伞花胡椒 300540
伞花虎尾兰 **346155**
伞花虎眼万年青 **274823**
伞花黄堇 **105758**
伞花喙柱萝藦 **376584**
伞花基尔木 **216302**
伞花寄生藤 **125792**
伞花假木豆 **125582**
伞花姜饼木 **284210**
伞花锦香草 **296409**
伞花九节 **319882**
伞花菊 **161268**
伞花菊属 **161220**
伞花卷瓣兰 **63159**
伞花卷唇兰 63159
伞花绢毛菊 **369872**,374539
伞花蜡菊 **189661**
伞花老鹳草 **174992**
伞花力夫藤 **334869**
伞花利帕豆 **232068**
伞花苓菊 **214188**
伞花六道木 **198**
伞花龙胆 **173353**
伞花龙吐珠 187555
伞花螺序草 **371782**
伞花落地梅 **239842**
伞花马钱 **378922**
伞花马先蒿 **287789**
伞花麦秆菊 189661
伞花芒毛苣苔 **9455**
伞花毛瓣莎 168903
伞花美丽小檗 51297
伞花猕猴桃 **6715**
伞花密头帚鼠麹 **252484**
伞花绵毛菊 **293477**
伞花茉莉藤 250853
伞花牡荆 **411249**
伞花木 **160722**
伞花木姜子 **234085**
伞花木槿 **194815**
伞花木属 **160720**
伞花欧石南 **150188**,150187
伞花槭 3710
伞花蔷薇 **336738**,336506
伞花青锁龙 **109476**
伞花绒毛蓼 **152550**
伞花山柳菊 **196068**,196057
伞花石斑木 329114
伞花石豆兰 **63087**
伞花石南 150187
伞花树 258923
伞花树萝卜 **10309**
伞花粟草属 **202237**
伞花天胡荽 **200383**
伞花田基麻 **200414**
伞花甜舌草 **232535**
伞花陀旋花 **400432**
伞花娃儿藤 **400983**
伞花围涎树 **301132**
伞花喜悦小檗 51297
伞花细冠萝藦 **375753**
伞花腺果藤 81933
伞花香荼菜 **209851**
伞花鞋形草 66262
伞花绣球 200126
伞花血草 **184528**
伞花血根草 184528
伞花崖爬藤 **387806**
伞花雅洁小檗 **51485**
伞花野丁香 **226136**
伞花野荞麦 152550
伞花野荞麦木 **151947**
伞花鱼黄草 **250853**
伞花越橘 403780
伞花獐牙菜 **380283**
伞花猪屎豆 **112774**
伞花蛛毛苣苔 **283126**
伞花仔榄树 **199437**
伞槐 334995
伞荆芥属 116709
伞冷杉 **495**
伞龙胆 **174031**
伞罗夷科 348003
伞毛蕊木 **100229**
伞密舌兰 **380784**
伞木属 352832
伞奶酪树 **177182**
伞南星 33325
伞茄 **367703**
伞三叶薰 338317
伞莎草 **118476**,118477
伞山柳菊 **195957**
伞参属 **352836**
伞树 80009,350648
伞树科 80012
伞树属 80003,260285
伞穗山羊草 **8737**
伞头菊 **352831**
伞头菊属 **352830**
伞头飘拂草 **166242**
伞头山柳菊 **196055**
伞托树 350706
伞蟹甲属 **335815**
伞形桉 **155769**
伞形八角枫 **13373**
伞形北美香柏 **390624**
伞形长柔毛阿登芸香 **7168**
伞形赤松 299897
伞形垂序木蓝 **206384**
伞形蜂室花 203249
伞形凤仙花 **205418**
伞形鹤立 197491
伞形虎眼万年青 274823
伞形花耳草 **187690**
伞形花海桐 **301431**
伞形花科 **401667**,**29230**
伞形花腺果藤 81933
伞形花小檗 **52289**
伞形黄耆 **43205**
伞形剪秋罗 **363462**
伞形金合欢 1653
伞形卷瓣兰 63159
伞形科 29230,401667
伞形罗顿豆 **237268**
伞形马松子 **249641**
伞形猫爪苋 **93099**
伞形梅笠草 87498
伞形南非山龙眼 **45085**
伞形欧石南 **150187**
伞形飘拂草 166550
伞形平菊木 **351240**
伞形屈曲花 **203249**
伞形沙扎尔茜 **86350**

伞形蓍草 **4059**
伞形五枝毛 **289764**
伞形喜冬草 **87498**
伞形行李叶椰子 106999
伞形绣球 **200126**,199792,200108
伞形雪松 **80091**
伞形洋槐 334995
伞形硬骨草 197491
伞形运得草 **334558**
伞形藻百年 **161587**
伞形紫金牛 **31389**
伞序瓣鳞花 **167772**
伞序材科 380720
伞序臭黄荆 313740
伞序刺头菊 **108261**
伞序大戟 **158697**
伞序大沙叶 **286174**
伞序单头鼠麹木 **240872**
伞序单珠血草 **130889**
伞序冬青 **204358**
伞序豆腐柴 **313740**
伞序二毛药 **128443**
伞序斧冠花 **356382**
伞序古柯 **155071**
伞序骨籽菊 **276591**
伞序寡头鼠麹木 **327606**
伞序黑斑菊 **179800**
伞序花篱 **27059**
伞序景天 **356637**
伞序苦瓜 **256810**
伞序肋瓣花 **13769**
伞序棱果龙胆 **265816**
伞序镰扁豆 **135447**
伞序麻雀木 **285557**
伞序毛子草 **153167**
伞序美冠兰 **156642**
伞序膜冠菊 **201194**
伞序拟莞 **352175**
伞序普梭木 **319290**
伞序枪刀药 **202537**
伞序塞拉玄参 **357466**
伞序莎草 **118662**
伞序山黄菊 **25513**
伞序手玄参 **244774**
伞序田花菊 **11534**
伞序突果菀 **182823**
伞序托鞭菊 **77228**
伞序萎花 **245044**
伞序莴苣 **219279**
伞序香科 **388056**
伞序香芸木 **10595**
伞序星香菊 **123639**
伞序秀菊木 **157184**
伞序羊蹄甲 **49189**
伞序野荞麦木 **152273**
伞序翼舌兰 **320558**
伞序银齿树 **227258**
伞序猪屎豆 **112041**
伞亚麻 **231887**
伞杨 389946
伞杨属 389928
伞洋槐 334995
伞椰属 188190
伞椰子属 188190
伞叶排草 239773
伞叶秋海棠 **50380**
伞叶砂纸桑 80010
伞叶五加 **352848**
伞叶五加属 **352845**
伞叶蚁栖树 **80010**
伞柱开口箭 **400394**
伞柱蜘蛛抱蛋 **39542**
伞爪哇兰 **156048**
伞状百金花 **81544**
伞状春花 329068
伞状翠雀花 **124661**
伞状东风菜 **135268**,41448
伞状感应草 **54561**
伞状谷木 **249934**
伞状海蔷薇 184803
伞状红豆杉 **385372**
伞状蜡菊 **189875**
伞状木 **352833**
伞状木属 **352832**
伞状牛角草 **273202**
伞状染料木 **173123**
伞状苔草 **76630**
伞锥花委陵菜 **313074**
伞锥岩黄耆 **187765**
伞棕 **188191**
伞棕属 **188190**
散白草 284650
散斑滨覆瓣楝木 **181266**
散斑假万寿竹 134403
散斑竹根七 **134403**
散播蝴蝶草 **392945**
散布报春 **314266**
散布飞蓬 150594
散布灌木帚灯草 **388837**
散布栎 **323786**
散布瘦鳞帚灯草 **209458**
散胆草 392895
散点蒲桃 **382518**
散风木 381148
散风散 126465
散骨风 187307
散寒草 218480,218571
散黑麦草 235353
散花巴豆 **113027**
散花白粉藤 **92687**
散花白蓬草 388673
散花报春 **314332**
散花扁轴木 **284483**
散花菊蒿 383842
散花藜 **86919**
散花龙船花 **211085**
散花三叶藤橘 **238533**
散花唐松草 **388673**,388627
散花田皂角 **9644**
散花一枝黄花 **368472**
散花纸花菊 **318980**
散花帚灯草属 **372560**
散花紫金牛 **31386**
散花紫珠 **66830**
散黄芩 **355564**
散痂虎耳草 **349253**
散莲花 230009
散鳞杜鹃 330264
散毛茛 48914
散毛头刺草 **82171**
散毛樱 83272
散毛樱桃 **83272**
散米兰 11285
散米仔兰 11285
散沫花 211990,223454
散沫花属 223451
散绒菊属 **203457**
散生报春 314332
散生贝母兰 98711
散生凤仙花 **204910**
散生基粒秋海棠 50320
散生可利果 **96850**
散生南非帚灯草 **67936**
散生女贞 **229450**
散生欧石南 **150064**
散生千里光 **358847**
散生秋海棠 **50320**
散生雀稗 **285418**
散生瘦鳞帚灯草 **209429**
散生枸子 **107435**
散穗葱 **15567**
散穗地杨梅 238614
散穗高粱 **369673**
散穗葛氏草 171509
散穗弓果黍 **120632**,56953
散穗黑莎草 **169551**
散穗黄堇 **106244**
散穗甜茅 **177673**
散穗野青茅 **127228**
散穗早熟禾 **306038**
散苔 75993
散头刺头菊 **108409**
散头菊蒿 **383842**
散微籽 46968
散尾葵 **89360**
散尾葵属 **89345**
散尾棕 32336
散星草 81687
散序地杨梅 **238614**
散序风头黍 361994
散序羊蹄甲 49189
散血草 4870,12640,13063,13091,13102,13104,13137,13146,13163,56050,77181,144960,146054,183097,239594,239640,239645,249232,272221,320206,328345,338317,345315,345944,345978,353057,405872
散血丹 **297632**,13091,13146,31371,31396,116010,170289,183097,202146,203660,290305,290357,299061,308123,309711,319810,355406,392559,407503
散血丹属 **297624**
散血胆 31396,290305,417330
散血毒莲 191387
散血飞 392559,417161,417292
散血姜 183082
散血莲 309711
散血龙 92747
散血芹 **320206**
散血沙 363265
散血藤 214969,351801
散血香 214969
散血子 49626,49837
散岩生银豆 **32896**
散药 40095
散叶欧洲百合 **229926**
散叶莴苣 **219494**
散痈草 285659
散瘀草 **13163**,13146
散玉叶金花 260403
散早熟禾 305922
散枝稷 **281918**
散枝水蓼 **309204**
散枝梯翅蓬 344474
散枝菥蓂 **390268**
散枝枸子 107435
散枝鸦葱 354846
散枝猪毛菜 **344474**
散柱茶 **69272**
散子林仙 **161817**
散子林仙属 **161815**
桑 **259067**
桑巴尔肖念珠芥 **393175**
桑巴咖啡 **99001**
桑巴马钱 **378876**
桑巴黍 **282398**
桑巴纹蕊茜 **341358**
桑柏坡柳 135211
桑柏淫羊藿 147004
桑比拉诺风兰 **9243**
桑比拉诺西澳兰 **118265**
桑比拉诺羊耳蒜 **232321**
桑比朗艾伯特木 **13437**

桑比朗斑鸠菊 **406775**
桑比朗藏蕊花 **167195**
桑比朗二毛药 **128463**
桑比朗风兰 **25045**
桑比朗福谢山榄 **162964**
桑比朗狗牙花 **382837**
桑比朗谷木 **250059**
桑比朗国王椰子 **327113**
桑比朗黄梁木 **59955**
桑比朗鸡矢藤 **280096**
桑比朗九节 **319823**
桑比朗拉夫山榄 **218750**
桑比朗蜡菊 **189744**
桑比朗雷野牡丹 **180435**
桑比朗露兜树 **281121**
桑比朗马罗蔻木 **246641**
桑比朗蜜茱萸 **249165**
桑比朗诺罗木犀 **266720**
桑比朗疱茜 **319985**
桑比朗茄 **367575**
桑比朗秋海棠 **50272**
桑比朗石豆兰 **63063**
桑比朗鸭嘴花 **214786**
桑比群花寄生 **11121**
桑比相思子 **775**
桑藨 259067
桑伯格青锁龙 **109459**
桑布鲁刺橘 **405543**
桑布鲁大戟 **159760**
桑布鲁戴星草 **371019**
桑布鲁鸡头薯 **153045**
桑材仔 259097
桑草 162871
桑草属 162868
桑橙 240828
桑橙属 240806
桑岛布氏木 **59023**
桑岛猪屎豆 112757
桑得露兜树 **281122**
桑德长柔毛阿登芸香 **7167**
桑德大戟 **345792**
桑德大戟属 **345791**
桑德尔草属 **368857**
桑德尔木 **368864**
桑德尔木属 **368863**
桑德夫人木茼蒿 **32570**
桑德桦 **53607**
桑德拉春金缕梅 **185139**
桑德兰 **345781**
桑德兰属 **345780**
桑德利亚蝴蝶兰 293632
桑德灵厄姆天蓝绣球 **295306**
桑德森灯心草豆 **197121**
桑德森短丝花 **221454**
桑德森多穗兰 **310588**
桑德森基花莲 **48678**
桑德森密钟木 **192699**
桑德森千里光 **359964**
桑德森润肺草 **58936**
桑德森石豆兰 **63064**
桑德森树葡萄 **120209**
桑德山姜 17749
桑德石竹 **127851**
桑德氏石斛 **125350**
桑德斯长须兰 **56917**
桑德斯吊兰 **88622**
桑德斯革花萝藦 **365672**
桑德斯节茎兰 **269235**
桑德斯兰 **347951**
桑德斯兰属 **347950**
桑德斯莲花掌 **9064**
桑德斯扭果花 **377816**
桑德斯千里光 **359973**
桑德斯雪花莲 **169723**
桑德文殊兰 **111257**
桑德肖竹芋 **66204**
桑德野荞麦木 **152601**
桑德舟叶花 **340889**
桑德皱子棕 **321174**
桑蒂紫葳 **346242**
桑蒂紫葳属 **346241**
桑福德慈姑 **342413**
桑福德风兰 **25047**
桑福德颌兰 **174271**
桑福德球距兰 **253343**
桑福德石竹 **127975**
桑福德玉凤花 **184049**
桑嘎尔坡垒 **198191**
桑给巴尔白树 **379807**
桑给巴尔斑鸠菊 **406945**
桑给巴尔赪桐 **96317**
桑给巴尔虫果金虎尾 **5943**
桑给巴尔刺橘 **405544**
桑给巴尔大沙叶 **286448**
桑给巴尔多坦草 **136693**
桑给巴尔番薯 **208315**
桑给巴尔海因斯茜 **188297**
桑给巴尔虎尾兰 **346172**
桑给巴尔基花莲 **48684**
桑给巴尔基特茜 **215787**
桑给巴尔节茎兰 **269239**
桑给巴尔蓝睡莲 **267660**
桑给巴尔猫尾木 **135339**
桑给巴尔毛金壳果 **196978**
桑给巴尔母草 **231602**
桑给巴尔牡荆 **411500**
桑给巴尔木槿 **195360**
桑给巴尔木蓝 **206753**
桑给巴尔茄 **367756**
桑给巴尔群花寄生 **11122**
桑给巴尔榕 **165616**
桑给巴尔柔花 **9016**
桑给巴尔薯蓣 **131824**
桑给巴尔树葡萄 **120176**
桑给巴尔田皂角 **9632**
桑给巴尔铁线子 **244590**
桑给巴尔瓦帕大戟 **401278**
桑给巴尔沃内野牡丹 **413222**
桑给巴尔五星花 **289906**
桑给巴尔肖赪桐 **337454**
桑给巴尔延药睡莲 **267728**
桑给巴尔远志 **308335**
桑管树 138722
桑海桑 **368924**
桑基双距兰 **133933**
桑基银豆 **32900**
桑基止睡茜 **286065**
桑吉巴尔蓖麻 **334440**
桑寄 355317
桑寄生 355317,355337,385192,385194,385221,385234,410992,411016
桑寄生厚柱头木 **279838**
桑寄生花苏丹香 **135093**
桑寄生科 **236503**
桑寄生秋海棠 **50032**
桑寄生属 **236507**
桑寄生叶杜鹃 **331144**
桑寄生叶银齿树 **227317**
桑角子 49022
桑槿 195149
桑菊木 **258977**
桑菊木属 **258976**
桑科 **258378**
桑库鲁吊灯花 **84236**
桑库鲁山榄 **270664**
桑簕草 368874
桑络 355317
桑麻柚 **93585**
桑葚 259067
桑葚酒短尖叶白珠树 172121
桑上寄生 355317,355337,385192,385234
桑上羊儿藤 355317
桑肾子 407109
桑椹酒锐尖白珠树 **172121**
桑氏兜兰 **282895**
桑氏胡枝子 **226969**
桑氏花属 390907
桑氏桦 **53311**
桑氏狸藻 **403317**
桑氏芦荟 **17249**
桑氏蒙宁草 257488
桑氏莫恩远志 **257488**
桑氏山姜 **17749**
桑氏水塔花 **54461**
桑氏亚洲木犀 276260
桑氏野牡丹 **345779**
桑氏野牡丹属 **345778**
桑氏栀子 **171426**
桑氏紫菀 41196
桑属 **259065**
桑树 259067,259097
桑树寄生 385192
桑树上羊儿藤 355317
桑藤黄树 **171144**
桑托登玄参 **355234**
桑威奇枸杞 **239108**
桑威奇菟丝子 **115132**
桑威奇无被木犀 **265606**
桑威奇星银菊 **32960**
桑威相思子 **776**
桑芽 2986
桑叶草 368875
桑叶风毛菊 **348542**
桑叶菊 **124826**
桑叶亮泽兰 **111366**
桑叶麻 166916,221568
桑叶麻属 221529
桑叶葡萄 **411736**,411669
桑叶槭 **3208**
桑叶荨麻 **402974**
桑叶秋海棠 **50091**
桑叶茼蒿 **89619**
桑叶西番莲 **285679**
桑叶细柄槭 **2847**
桑叶悬钩子 **338664**
桑枣 259067
桑枝米碎木 123451
桑植吊石苣苔 **239980**
桑植椴 **391791**
丧间 144793
骚白杨 311415
骚草属 **268124**
骚独活 24298,24399,192236,192249,192270
骚牯羊 274277
骚羌活 24389,24424
骚羊古 299376
骚羊股 299395
缫丝花 **336885**
臊羌 24389
扫把草 391487
扫把茶 144086
扫把椆 116056
扫把麻 362478
扫把木 46430
扫把枝 46430
扫把竹 **137851**,47345
扫地茶 144023
扫地风 345586
扫锅草 238188
扫酒树 379336
扫卡木 46430
扫罗玛尔布 329945
扫皮 226698
扫羌活 24389
扫手草 217361

扫条 226698
扫帚 217361
扫帚艾 36232
扫帚柏 114690,302734
扫帚菜 **217373**,217361
扫帚草 **23077**,209844,217361
扫帚豆 **306559**
扫帚豆属 **306558**
扫帚高粱 369600
扫帚禾 **104679**
扫帚禾属 **104678**
扫帚花 206140
扫帚锦绦花 **78628**
扫帚菊 41317
扫帚麋子 102867
扫帚苗 42696,217361,217373,230544
扫帚木属 **104636**
扫帚沙参 **7828**
扫帚松 **300144**
扫帚小叶杨 311494
扫帚岩须 78628
扫帚叶澳洲茶 **226481**
扫帚油松 **300255**
扫帚状格尼瑞香 **178669**
扫帚状须芒草 351309
扫帚子 46430
扫状天门冬 **39253**
瘙栌 317602
瘙疡股 299376
瘙痒树 219933
色巴木 356201
色白告 376210
色稗 **140481**
色材马钱 **378679**
色彩白尖锦鸡尾 **186358**
色彩青锁龙 **108999**
色草地早熟禾 **305868**
色赤杨 **16466**,16362
色达黄芪 43031
色达黄耆 **43031**
色丹柴胡 **63741**
色丹蒲公英 **384802**
色道麻 146155,146192,146253
色萼花 **89283**
色萼花属 **89282**
色萼木属 89282
色果凤仙 **204905**
色果山黄皮 **325307**
色果苔草 75770
色果藤黄 **171081**
色红门兰 **273592**
色花棘豆 **278814**
色季拉毛茛 **325940**
色菊三七 **183078**
色拉伪香豆 19229
色鳞山柳菊 **195536**
色罗里阿 361189
色罗里阿属 361154
色罗山龙眼千里光 **360042**
色罗山龙眼属 **361154**
色毛斑鸠菊 **406882**
色毛厚敦菊 **277029**
色木 3154
色木槭 **3154**
色清 336944
色氏猪殃殃 **170657**
色树 3154
色穗木 **129136**
色穗木属 **129127**
色瓦 336930
色叶卷耳 **82776**
色叶紫背堇菜 **410752**
色衣菊属 89294
色异黄芩 355474
色颖南非禾 **290011**
涩草 312714
涩船草 361850
涩地榆 345881,345894
涩疙瘩 209753,312627,313087,329897
涩疙疸 329897
涩疙劳秧 199392
涩谷藤 386897
涩果属 34845
涩藿香 132303
涩芥 243164
涩芥属 243156
涩拉秧 199392
涩梨 **323085**,243610
涩萝蔓 199382,199392
涩欧樱 **316320**
涩荠 **243164**
涩荠梅尔芥 **245163**
涩荠属 **243156**
涩沙藤 386897
涩树属 **378959**
涩藤 386897
涩翁 386504
涩叶榕 **165166**,165762
涩叶树 313471
涩叶藤 386897
涩叶藤属 386853
涩枣子 243723
涩仔树 165766
瑟伯钓钟柳 **289380**
瑟伯堆心菊 **188440**
瑟伯委陵菜 **313073**
瑟伯线莴苣 **375987**
瑟伯野荞麦 **152523**
瑟伯异刺爵床 **25262**
瑟伯蝇子草 **364127**
瑟伯肿柄菊 **392438**
瑟尔特半日花 **188852**
瑟尔特瓣鳞花 **167821**
瑟尔特胡萝卜 **123223**
瑟尔特柳穿鱼 **231177**
瑟尔特麝香报春 **104738**
瑟尔特绳柄草 **79306**
瑟尔特针禾 **377015**
瑟盖瑟尔白前 **409531**
瑟格呐伊提铁榄 **362981**
瑟格呐伊提珍珠菜 **239835**
瑟拉蝇子草 **364010**
瑟雷希科夫山柳菊 **196023**
瑟维茨蓟 **92422**
瑟维茨蓝刺头 **140815**
瑟维茨山柳菊 **196024**
瑟维茨矢车菊 **81412**
森桤 **167984**
森等 328552
森恩巴氏锦葵 **286699**
森恩白酒草 **103600**
森恩大戟 **159814**
森恩大沙叶 **286462**
森恩繁缕 **375092**
森恩画眉草 **147965**
森恩老鼠簕 **2708**
森恩莲子草 **18143**
森恩裂盖海马齿 **416900**
森恩没药 **101546**
森恩枪刀药 **202613**
森哈斯兰属 **360392**
森吉苔草 **73562**
森加斑鸠菊 **406806**
森加灰毛豆 **386305**
森加猪屎豆 **112657**
森柯尔榕 **165877**
森林奥兰棕 273125
森林澳非萝藦 **326782**
森林白粉藤 **92968**,93030
森林白花菜 **95792**
森林薄荷 **250459**
森林糙苏 **295221**
森林糙缨苣 **392691**
森林草胡椒 **290326**
森林草莓 167653
森林叉序草 **209937**
森林赪桐 **96344**
森林匙羹藤 182384
森林垂椒草 **290430**
森林佘模 13136
森林地杨梅 **238709**
森林毒参 **101850**
森林毒椰 **273125**
森林短冠爵床 **58980**
森林繁缕 375008
森林风兰 **24820**
森林凤仙花 **205324**
森林附地菜 **397462**
森林蒿 **36292**
森林狐茅 163950
森林蝴蝶草 **392941**
森林画眉草 **147969**
森林黄耆 **42973**
森林假滨紫草 **318008**
森林假繁缕 318515
森林芥 **197344**
森林芥属 **197343**
森林聚伞厚壳树 **141623**
森林苦瓜 **256878**
森林拉吉茜 **220263**
森林拉拉藤 **170654**
森林蜡菊 **189786**
森林兰 **364350**
森林兰属 **364348**
森林老鹳草 174951
森林裂蕊萝藦 **351204**
森林鳞花草 **225197**
森林瘤蕊紫金牛 **271077**
森林露兜树 **281135**
森林芦莉草 **339772**
森林马蓝 **320132**
森林美登木 **182745**
森林莫恩远志 **257480**
森林牡荆 **411259**
森林木麒麟 **290709**
森林扭果花 **377714**
森林欧石南 **149787**
森林葡萄 **411983**,93030
森林千里光 359565
森林青锁龙 **109206**
森林榕 **165361**
森林肉黄菊 **162941**
森林三色堇加拿大紫荆 83760
森林莎草 **119246**
森林鼠尾草 345246
森林薯蓣 **131863**
森林双袋兰 **134328**
森林苔草 **76276**
森林葶苈 137248
森林沃伦紫金牛 **413067**
森林五星花 **289842**
森林勿忘草 260892
森林西澳兰 **118276**
森林希尔梧桐 **196336**
森林肖观音兰 **399164**
森林肖水竹叶 **23626**
森林鸭跖草 **101171**
森林鸭嘴花 **214649**
森林羊耳蒜 **232144**
森林椰子属 412127
森林银莲花 **24071**
森林早熟禾 **306048**
森林猪殃殃 **170631**
森林柱瓣兰 **146447**
森林紫加拿大紫荆 **83760**
森木郎伞 325002

森木凉伞 325002
森诺埃氏酢浆草 **277819**
森诺百蕊草 **389875**
森诺刺蒴麻 **399328**
森诺刺痒藤 **394213**
森诺酢浆草 **278086**
森诺格尼瑞香 **178707**
森诺谷精草 **151504**
森诺金丝桃 **201723**
森诺蓝花参 **412867**
森诺欧石南 **150062**
森诺秋海棠 **50318**
森诺铁苋菜 **1990**
森诺驼蹄瓣 **418763**
森皮嘉兰 **177245**
森氏当归 24411
森氏杜鹃 331276,331565
森氏盾果草 391421
森氏红淡比 **96598**
森氏蓟 92210
森氏菊 **124829**
森氏栎 116150
森氏柳 343321
森氏满山红 331565
森氏毛茛 **326103**
森氏山柳菊 195797
森氏水珍珠菜 139584
森氏苔 75417
森氏苔草 **75417**
森氏唐松草 388594
森氏铁线莲 **95148**
森氏香青 **21692**
森氏杨桐 96593,96598
森氏猪殃殃 **170503**
森树 248895,248925
森椰属 212343
僧庵草 24475
僧大黄 339914
僧蒿 36177
僧帽百簕花 **55382**
僧帽大戟 **159382**
僧帽杜鹃兰 110502
僧帽花 8760
僧帽花芦荟 **17038**
僧帽马利筋 **37885**
僧帽南星 **33304**
僧帽头蕊兰 **82037**
僧帽卫矛 157722
僧帽夜鸢尾 193258
僧帽状鹅绒藤 **117438**
僧帽状美冠兰 **156646**
僧帽状米仔兰 **11283**
僧帽状柔花 **8928**
僧帽状塞拉玄参 **357470**
僧帽状双袋兰 **134290**
僧帽状酸脚杆 **247548**
僧帽状香荚兰 **404987**
僧帽状鸭跖草 **101166**
僧鞋菊 5335
杀虫草 187697
杀虫花 221238
杀虫芥 139678
杀虫药 143965,144023
杀黏 308081
杀山虫 384917
杀阵玉 **140582**
沙巴百蕊草 **389873**
沙巴斑鸠菊 **406811**
沙巴糙被萝藦 **393802**
沙巴草 352124
沙巴草属 352120
沙巴尔榈属 341401
沙巴番薯 **207927**
沙巴含笑 252844
沙巴假卫矛 254319
沙巴榈属 341401
沙巴毛柱南星 **379146**
沙巴猕猴桃 **6679**
沙巴千里光 **360046**
沙巴酸脚杆 **247607**
沙巴藤竹 **131286**
沙巴一点红 **144970**
沙巴玉凤花 **183842**
沙坝八月瓜 **197221**
沙坝冬青 **203617**
沙坝柯 **233190**
沙坝马先蒿 287415
沙坝榕 **164795**
沙坝紫云菜 **378205**
沙白菜 321481
沙白竹 318283
沙邦鱼骨木 **71496**
沙包榆 401550
沙煲暗罗 **307517**
沙豹皮花 **373730**
沙崩草 59844
沙鞭 **317004**
沙鞭石南 **111664**
沙鞭石南属 **111663**
沙鞭属 **317000**
沙滨松 300189
沙博芦荟 **16698**
沙布尔芹 **84445**
沙布尔芹属 **84443**
沙步大头苏铁 **145231**
沙步苏铁 145231
沙簕竹属 351844
沙虫草 209755
沙虫药 143965,144023,209661,259323
沙虫叶 209755
沙窗草 **391416**
沙茨番樱桃 **156350**
沙茨冠瑞香 **375943**
沙茨红鞘紫葳 **330006**
沙茨鲫鱼藤 **356322**
沙茨金果椰 **139417**
沙茨九节 **169363**
沙茨破布木 **104244**
沙茨希尔梧桐 **196339**
沙茨叶节木 **296843**
沙茨隐药萝藦 **68577**
沙茨籽漆 **70484**
沙刺花属 **235164**
沙刺菊 **148526**
沙刺菊属 **148525**
沙苁蓉 **93079**
沙葱 15689
沙打旺 **41916**,42594
沙灯笼 297703,297711
沙灯笼草 297703
沙灯心 208067
沙地埃诺芥 **192024**
沙地矮樱桃 **316735**
沙地八大龙王 **160065**
沙地白莱氏菊 46580
沙地百里香 **391235**
沙地百脉根 **237496**
沙地百日菊 **418036**
沙地柏 213902
沙地滨藜 **44471**
沙地薄苞杯花 **226205**
沙地布氏木 **59014**
沙地菜 336187
沙地蝉玄参 **3909**
沙地长被片风信子 **137901**
沙地赪桐 **95948**
沙地刺唇紫草 **140995**
沙地刺甜舌草 **2304**
沙地大翅蓟 **271675**
沙地大头苏铁 **145221**
沙地吊灯花 **83994**
沙地钓钟柳 **289319**
沙地毒鼠子 **128603**
沙地鹅绒藤 **117380**
沙地耳叶苋 **337167**
沙地二裂玄参 **134057**
沙地番薯 **207595**
沙地繁花仙人掌 **273015**
沙地繁缕 374841
沙地芳香木 **38416**
沙地飞蓬 **150494**
沙地粉苞菊 **88761**
沙地肤 **217331**
沙地福木犀 **167324**
沙地甘蓝花 **79698**
沙地狗肝菜 **129227**
沙地灌木帚灯草 **388772**
沙地好望角毛柱帚鼠麹 **395908**
沙地合欢 **13492**
沙地荷莲豆草 **138471**
沙地花菱草 **155179**
沙地画眉草 **148019**
沙地还阳参 **110735**
沙地黄耆 **42996**,42262
沙地黄舌菊 **89790**
沙地姜饼木 **284248**
沙地角果帚灯草 **83432**
沙地金灌菊 **90494**
沙地金果椰 **139313**
沙地金合欢 **1522**
沙地金菊木 **150335**
沙地锦鸡儿 **72216**
沙地韭 **15689**
沙地决明 **78230**
沙地榼藤子 **145861**
沙地蜡菊 **189148**,189147
沙地蓝耳草 **115571**
沙地蓝蓟 **141109**
沙地乐母丽 **335926**
沙地亮鞘帚灯草 **14571**
沙地列当 **274957**
沙地鳞叶番杏 **305009**
沙地琉璃菊 **79272**
沙地硫花野荞麦 **152578**
沙地柳 **343046**
沙地芦莉草 **339784**
沙地麻黄 **146209**
沙地马鞭草属 687
沙地马利筋 **37911**
沙地马肉豆 **239541**
沙地毛托菊 **23408**
沙地没药 **101312**
沙地门泽草 **250488**
沙地木瓣树 **415766**
沙地木槿 **194818**
沙地木菊 **129383**
沙地木麻黄 **79158**
沙地牧草 **141743**
沙地牧草属 141736
沙地南非桔梗 **335577**
沙地南非萝藦 **323489**
沙地囊颖草 **341942**
沙地拟九节 **169318**
沙地扭瓣时钟花 **377896**
沙地诺林兰 **266483**
沙地欧石南 **149021**
沙地婆罗门参 **394340**
沙地葡萄 **411900**
沙地朴 **80707**
沙地漆姑草 **342286**
沙地千里光 **358291**
沙地荨麻莲花 **156002**
沙地茄 **367143**
沙地芹属 **317006**
沙地青兰 **137637**,137587
沙地雀麦 **60776**
沙地日中花 **220478**

沙地绒毛花 **28149**
沙地润肺草 **58818**
沙地三翅萼 398241
沙地三指非洲紫菀 **19347**
沙地伞花菊 **161226**
沙地涩荠 **243172**
沙地沙烟花 **398241**
沙地莎草 **118504**
沙地山核桃 **77926**
沙地山香 **203050**
沙地圣诞果 **88027**
沙地水苏 **373112**
沙地丝石竹 183229
沙地松 299864
沙地苔草 **76098**,74997
沙地天竺葵 **288592**
沙地甜苣 **187713**
沙地图兰猪毛菜 **400427**
沙地娃儿藤 400852
沙地委陵菜 **312387**
沙地五异茜 **289579**
沙地喜阳花 **190277**
沙地细丝兰 **416547**
沙地向日葵 **188956**
沙地小花碎米荠 **72922**
沙地小土人参 **383289**
沙地肖草瑞香 **125767**
沙地肖蓝盆花 **365888**
沙地肖荣耀木 **194287**
沙地肖针茅 **241008**
沙地絮菊 **165912**
沙地悬钩子 338307
沙地旋覆花 **207218**,207224
沙地鸭嘴花 **214334**
沙地烟草 **266063**
沙地岩马齿苋 **65830**
沙地盐肤木 **332474**
沙地盐角草 **342857**
沙地叶下珠 **296480**
沙地一年野荞麦 **151944**
沙地异决明 **360430**
沙地银莲花 **24101**
沙地隐盘芹 **113553**
沙地隐雄鼠尾粟 **372644**
沙地忧花 **241585**
沙地玉凤花 **183422**
沙地鸢尾 **208449**
沙地远志 **307920**
沙地月见草 **269497**
沙地针垫花 **228034**
沙地直玄参 **29908**
沙地种棉木 **46255**
沙地猪屎豆 **111906**
沙垫花 **73173**
沙垫花属 **73172**
沙垫菊 **737**
沙丁毛茛 326326
沙丁木 88663
沙冬青 **19777**,204114
沙冬青属 **19776**
沙洞菊属 265987
沙都木景天 **357126**
沙豆树 **19732**
沙独尾草 148544
沙尔飞蓬 **150951**
沙尔山虎耳草 **349880**
沙繁缕属 198003
沙飞草 81687
沙夫草 **350591**
沙夫草属 **350590**
沙夫黄羽菊 **46541**
沙夫毛茛 **326348**
沙夫血苋 **208358**
沙弗秋海棠 **50283**
沙盖 321481
沙盖花 **323108**
沙甘里 418335
沙柑 **93727**,93649
沙柑木 6251
沙葛 279732
沙根子 374841
沙孤米 252636
沙拐枣 **67050**
沙拐枣科 **66986**
沙拐枣属 **66988**
沙罐草 1790
沙罐头 1790
沙果 172086,243551
沙果梨 244397,323330
沙蒿 **35373**,35392,35595,36023,36032,36232,36304,36556
沙蒿菀属 **33034**
沙禾属 99411
沙河小撄 23170
沙河鸢尾 **208811**
沙盒树 199465
沙红柳 261285
沙红三七 239591
沙葫芦属 **415508**
沙花 414718
沙花生 **269631**
沙花生属 **269630**
沙槐属 **19795**
沙黄花 **264234**
沙黄花属 **264233**
沙黄松 300060
沙黄头菊 **416304**
沙黄头菊属 **416303**
沙黄菀 **45875**
沙黄菀属 **45874**
沙蝗芥 **352536**
沙蝗芥属 **352529**
沙茴香 163584
沙基黄芪 42540
沙基黄耆 **42540**
沙棘 **196757**
沙棘豆 278858,279114
沙棘属 **196743**
沙棘状杜鹃 330871
沙蒺藜 42131,42208,43053
沙戟 **89328**
沙戟属 **89320**
沙剪股颖 **316970**
沙剪股颖属 **316969**
沙姜 183801,215011
沙椒 163584
沙角 394436,394463
沙芥 **321481**
沙芥菜 321481
沙芥属 **321478**
沙金盏 **46580**
沙金盏属 **46578**
沙金子 8199
沙晶兰 258082
沙晶兰属 **258055**
沙菊木 **413189**
沙菊木属 **413188**
沙橘 **148262**
沙橘属 **148261**
沙俱越橘 10363
沙卡羊茅 **164368**
沙苦艾 **35488**
沙苦荬 **88977**
沙苦荬菜 88977
沙苦荬属 **88975**
沙库苔草 **73571**
沙筷子芥 **30186**
沙拉巴豆 **113059**
沙拉草 **402533**
沙拉卡椰子属 342570
沙拉木 342709
沙拉藤 342705
沙拉瓦柳安 **362188**
沙梾 **380434**
沙癞叶 263754
沙癞子 7830
沙兰杨 **311160**
沙蓝刺头 140712
沙捞越卫矛 **346523**
沙捞越卫矛属 **346522**
沙潦木 28407
沙勒竹 351852
沙勒竹属 351844
沙簕竹 **351852**,351862
沙蕾木 36946
沙梨 **323268**,323133
沙梨寄生 355317
沙梨木 **110222**,110224
沙梨藤 6717
沙狸藻 **403107**
沙藜 **87133**
沙李 **316220**
沙里没药 **101341**
沙里牡荆 **411228**
沙里茄 **367027**
沙里瓦氏茜 **404781**
沙里肖葫芦 **7927**
沙里紫玉盘 **403442**
沙利文特金光菊 **339547**
沙利文特马利筋 **38132**
沙栎 **323934**,324041
沙连泡 123332
沙连树 222174
沙莲树 222153,222172
沙柳 343193,343914
沙柳草 312502
沙柳根 343193
沙龙山羊草 **8723**
沙漏灰毛豆 **371564**
沙漏灰毛豆属 **371563**
沙漏芦 140712
沙芦草 **11796**
沙吕千里光 **358532**
沙罗单竹 **351855**
沙罗番红花 **111590**
沙罗树 113721,362220,376466,407906
沙萝卜 **148266**,321481
沙萝卜属 **148265**
沙椤 28997
沙洛毒鼠子 **128628**
沙洛克雪花莲 **169724**
沙洛香荚兰 **404984**
沙麻黄 **146201**
沙马鞭属 **687**
沙马藤 68737
沙茅草属 19765
沙茅属 **65631**,317000
沙米 11619
沙米索蒙蒂苋 **258241**
沙米逊柳 **343190**
沙米逊马先蒿 **287076**
沙茉莉 **344368**
沙茉莉属 **344365**
沙莫亚卫矛 **317017**
沙莫亚卫矛属 **317016**
沙漠桉 155727
沙漠百合 193463
沙漠百合属 193462
沙漠百脉根 **237741**
沙漠大戟 **158840**
沙漠吊兰 **148264**
沙漠吊兰属 **148263**
沙漠独行菜 **225367**
沙漠飞蓬 **150495**
沙漠嘎 35595
沙漠蒿 35595

沙漠合毛菊 **170938**
沙漠黄耆 **42343**
沙漠韭 **15239**
沙漠绢蒿 **360870**
沙漠决明 **78275**
沙漠藜 **87020**
沙漠柳 87449
沙漠柳属 87446
沙漠玫瑰 7343
沙漠玫瑰属 7333
沙漠美洲茶 **79932**
沙漠木 **148356**
沙漠木蓝 **205956**
沙漠木属 **148354**
沙漠瓶木 **58340**
沙漠蒲公英 **384521**
沙漠棋盘花 **417903**
沙漠蔷薇 **7343**
沙漠蔷薇木蓝 **205623**
沙漠蔷薇属 **7333**
沙漠鼠尾草 **345011**
沙漠苔草 **75857**
沙漠葳属 87446
沙漠线莴苣 **375981**
沙漠香豌豆 **222862**
沙漠小檗 51640
沙漠肖蓝盆花 **365894**
沙漠杏 20919
沙漠岩雏菊 **291317**
沙漠野荞麦 **152002**
沙漠银桦 **180637**
沙漠罂粟属 31081
沙漠针垫菊 **84495**
沙漠猪殃殃 **170645**
沙漠烛属 148531
沙漠柱 **395640**
沙漠柱蔷薇 **336974**
沙漠紫葳 **87449**
沙漠紫葳属 **87446**
沙漠座莲腋花杜鹃 **331599**
沙牡丹 **5861**
沙牡丹属 **5859**
沙木 114539
沙木蓼 **44251**,44260
沙木属 148354
沙奶草 117721
沙奶奶 117721
沙楠子树 80580
沙牛木 226977,413837
沙牛皮消 117346
沙蓬 **11619**,344496,344635,344743
沙蓬豆豆 287978
沙蓬米 11619,266367
沙蓬石南 **270274**
沙蓬石南属 **270273**
沙蓬属 **11609**
沙皮柳 **343360**
沙皮树 61107
沙坪苔草 **76764**
沙婆罗门参 **394349**,394340
沙蒲公英属 242923
沙朴 29005,80739
沙普斑鸠菊 **406215**
沙普黄檀 **121651**
沙普空竹 **82444**
沙普鹿藿 **333178**
沙普马岛无患子 **392104**
沙普蜜茱萸 **249130**
沙普南洋参 **310182**
沙普茜 **85982**
沙普茜属 **85981**
沙普榕 165658
沙普栓皮豆 **259827**
沙普酸脚杆 **247542**
沙普塔菊属 85989
沙普无患子 **240886**
沙七 329324
沙栖蓝蓟 **141291**
沙杞柳 **343569**
沙荠 72038
沙前胡 163584
沙茜秧 337925
沙蔷薇 7343
沙穷勒 342198
沙丘百金花 **81542**
沙丘葶荠 **143222**
沙丘草海桐 **350325**
沙丘草属 390551,392091
沙丘多刺蓟罂粟 **32420**
沙丘蒿 **36127**
沙丘黄芪 **42203**
沙丘蒺藜草 **80855**
沙丘蓟 **92307**
沙丘加拿大葱 **15153**
沙丘龙胆 174164
沙丘乱子草 **259688**
沙丘麻黄 **146142**
沙丘南非葫芦树 **2602**
沙丘软毛蒲公英 **242944**
沙丘绶草 **374952**
沙丘梳齿菊 **286888**
沙丘苋 **18661**
沙丘线叶四脉菊 **387373**
沙丘小蓼 **308676**
沙丘熊果 **31133**
沙丘须菊 **405960**
沙丘亚利桑那蓟 **91761**
沙丘野麦 228346
沙丘野荞麦 **152527**
沙丘苎麻 **56096**
沙仁属 19817
沙塞兰 **86119**
沙塞兰属 **86118**
沙森盖单列木 **257979**
沙蛇床 **19787**
沙蛇床属 **19785**
沙参 **7830**,7643,7850,56425,70403,90601,176923
沙参草 412750
沙参儿 374841
沙参属 **7596**
沙生阿魏 **163604**
沙生百里香 **391082**
沙生拜卧豆 **227048**
沙生斑鸠菊 **406111**
沙生冰草 **11710**
沙生糙蕊阿福花 **393718**
沙生草 179438
沙生茶豆 **85193**
沙生柽柳 **383618**
沙生刺橘 **405489**
沙生大戟 **159193**
沙生大沙叶 **286094**
沙生地锦苗 **85753**
沙生短丝花 **221360**
沙生法道格茜 **161935**
沙生番薯 **207596**
沙生番樱桃 **156135**
沙生繁缕 **374755**
沙生菲奇莎 **164496**
沙生风毛菊 **348154**
沙生凤梨属 187129
沙生甘蓝树 **115194**
沙生枸杞 **239007**
沙生鬼针草 **53772**
沙生鹤虱 **221655**
沙生黑草 **61737**
沙生画眉草 **147499**
沙生槐 369078
沙生槐树 **369078**
沙生黄花 19777
沙生黄芪 41975,41976
沙生黄耆 **41976**,41975
沙生黄檀 **121675**
沙生灰毛豆 **386277**
沙生角果藜 83419
沙生芥属 **148215**
沙生金合欢 **1058**
沙生堇菜 **409698**
沙生蜡菊 **189147**
沙生赖草 228346
沙生柳穿鱼 **230896**
沙生龙胆 174164
沙生露兜树 **280983**
沙生芦荟 **16602**
沙生驴臭草 **271733**
沙生驴食豆 271172
沙生驴喜豆 **271172**
沙生罗顿豆 **237236**
沙生洛朗鸡头薯 **152960**
沙生马齿苋 **311920**
沙生毛束草 **395723**
沙生美登木 **182657**
沙生美冠兰 **156556**
沙生奈纳茜 **263538**
沙生瓶刷树 **49350**
沙生婆罗门参 394340
沙生前胡 **292774**
沙生茜草 **337949**
沙生伞花粟草 **202238**
沙生沙穗 **148478**
沙生沙枣 **142085**
沙生十字爵床 **111698**
沙生矢车菊 **80935**
沙生疏毛刺柱 **299241**
沙生鼠麹草 189147
沙生鼠尾粟 **372591**
沙生树黄芪 41974
沙生树黄耆 **41974**
沙生菘蓝 **209225**
沙生粟麦草 **230127**
沙生苔草 **73748**,73747
沙生陶贝特春黄菊 **26895**
沙生梯牧草 **294966**
沙生天竺葵 **288086**
沙生网球花 **184443**
沙生肖水竹叶 **23493**
沙生鸭跖草 **100926**
沙生岩菀 **218245**
沙生野荞麦 **152043**
沙生逸香木 **131944**
沙生罂粟 **282514**
沙生蝇子草 **363849**
沙生硬皮鸢尾 **172566**
沙生鸢尾 208770
沙生远志 **307921**
沙生蔗茅 **148906**
沙生针茅 **376785**
沙生种棉木 **46257**
沙生猪屎豆 **112118**
沙石南 83398
沙石南属 83397
沙氏葶荠 **143340**
沙氏番荔枝 **25883**
沙氏虎耳草 **379733**
沙氏虎耳草属 **379730**
沙氏荚蒾 408009
沙氏六柱兜铃 **194585**
沙氏鹿茸草 **257542**
沙氏木 **350574**
沙氏木属 **350572**
沙氏蒲公英 **384789**
沙氏球柱草 **63341**
沙氏乳突球 **244217**
沙氏向日葵 **189018**
沙氏杨 **311465**
沙氏野桐 240320

沙薯属 279728
沙树 114539,298323
沙树黄耆 41974
沙树属 19728
沙斯塔红果冷杉 **412**
沙斯塔红冷杉 412
沙斯塔灰莵 **130280**
沙斯塔冷杉 409
沙斯塔山金车 **34783**
沙斯塔山冷杉 409
沙斯塔小向日葵 **188567**
沙斯塔锥山金车 **34784**
沙斯塔紫茎泽兰 **11173**
沙斯伟克大翼橙 **93423**
沙松 388,46430,298382,299864
沙松果 393090
沙粟草属 **317038**
沙蒜 **15553**
沙穗 **148497**
沙穗属 **148466**
沙苔 **73747**
沙滩草 113541
沙滩黄芩 **355778**
沙滩苦荬菜 210623
沙汤果 403832
沙棠子 80661
沙塘木 6251
沙糖根 187532,338028
沙糖果 80580
沙糖木 407977
沙藤 208067,374392
沙梯牧草 294966
沙田草 118642
沙田柚 **93586**
沙桐彭 285960
沙头老鹳草 175023
沙托鞭菊 **77226**
沙湾贝母 168624
沙湾还阳参 **111018**
沙湾绢蒿 **360871**
沙湾以礼草 **215963**
沙窝 338300
沙窝窝 339227
沙乌尔翠雀花 124575
沙县黄松 **300060**
沙苋属 15910
沙箱大戟 199465
沙箱大戟属 199464
沙箱树属 199464
沙向日葵 **174427**
沙向日葵属 **174426**
沙消 117486
沙小菊 362083
沙星菊 **257833**
沙星菊属 **257832**
沙旋覆花 207224
沙烟花属 **398234**
沙燕麦 **45439**
沙药 259282
沙药草 66915
沙耀花豆属 96633
沙野麦 228346
沙叶毒瓜 **215739**
沙叶山木通 95116
沙叶铁线莲 **95116**
沙引藤 374392
沙樱桃 83157
沙油菜 302753
沙鱼掌 **171767**
沙榆 401490
沙鸢尾 **208560**
沙园竹 351862
沙苑白蒺藜 42208
沙苑蒺藜 42208
沙苑子 42177,42208,43053
沙枣 **141932**,142054,196757
沙扎尔茜属 **86325**
沙扎里百脉根 **237527**
沙扎里补血草 **230573**
沙扎里刺唇紫草 **140997**
沙掌树 407977
沙针 **276887**
沙针科 **276857**
沙针属 **276866**
沙针同金雀花 **385683**
沙珍棘豆 **278858**
沙钟花 **19720**
沙钟花属 **19718**
沙洲哈克 184628
沙洲画眉草 **147686**
沙洲柳 **343361**,343622
沙竹 297401,317004
沙紫菀 **104652**
沙紫菀属 **104646**
沙紫蝎尾蕉 **190048**
沙祖叶 35674
沙坐兰 **123974**
纱帽草 89207
纱药兰属 **68516**
纱罩木 **290836**
纱罩木属 **290833**
纱纸树 61107
刹抱龙 49359
刹柴 **394940**
刹枪龙 49359
砂贝母 **168438**
砂滨草属 19765,390551
砂垂穗草属 **88879**
砂地阿福花 **393779**
砂地氨草 **136268**
砂地斑鸠菊 **406770**
砂地春黄菊 **26889**
砂地虎眼万年青 **274764**
砂地画眉草 **147953**
砂地黄苏玉 **28936**
砂地柳穿鱼 **231120**
砂地罗顿豆 **237421**
砂地毛子草 **153274**
砂地美冠兰 **156986**
砂地木蓝 **206501**
砂地南非玄参 **191553**
砂地球 **327255**
砂地球黄菊 **270994**
砂地山柳菊 **195934**
砂地瘦鳞帚灯草 **209453**
砂地双距兰 **133928**
砂地松 299864
砂地苔草 **76150**
砂地甜根子草 **341915**
砂地委陵菜 313054
砂地仙人笔 **216703**
砂地香芸木 **10711**
砂地鸭嘴花 **214782**
砂地野百合 **112763**
砂地叶木豆 **297547**
砂地逸香木 **131999**
砂地鸢尾 **208770**
砂地针禾 377029
砂地针翦草 **377029**
砂地舟叶花 **340886**
砂贡子 75003
砂狗娃花 **193973**
砂谷椰属 252631
砂拐枣 67050
砂禾 **19766**
砂禾属 **19765**
砂褐花 **61136**
砂棘豆 278858,279114
砂韭 **15113**
砂蓝刺头 **140712**
砂柳 261262,261284,343438
砂萝卜 **19724**
砂萝卜属 **19723**
砂麻点菀 **266521**
砂麦属 144144
砂毛子草 **153124**
砂宁根 362490
砂婆婆纳 **407010**
砂杞柳 343569
砂千里光 **358995**
砂丘百簕花 **55309**
砂丘茶豆 **85205**
砂丘翠雀花 **124270**
砂丘大戟 **158808**
砂丘菲奇莎 **164523**
砂丘黑蒴 **14311**
砂丘蝴蝶玉 **148574**
砂丘灰毛豆 **386261**
砂丘蜡菊 **189312**
砂丘露子花 **123863**
砂丘马唐 **130531**
砂丘皮氏肉角藜 **346776**
砂仁 **19930**,19871
砂仁壳 19933
砂仁属 19817
砂日中花 **220480**
砂蕊椰属 19545
砂生草 179438
砂生地蔷薇 **85657**
砂生画眉草 **147952**
砂生桦 **53461**
砂生槐 369078
砂生离子芥 **89011**
砂生飘拂草 **166446**
砂生沙枣 142085
砂生菘蓝 209225
砂生苔草 **76275**
砂生小檗 **52127**
砂生旋覆花 **207240**
砂生羊茅 **164222**
砂石蒜属 **19701**
砂糖果 276544,342189,369457
砂糖莱菔 **53266**
砂糖木 6251
砂糖树 407977
砂糖树果 382491
砂糖椰子 32343
砂糖椰子属 32330
砂藤 386897
砂委陵菜 **312388**
砂喜阳花 **190280**
砂苋 **15912**
砂苋属 **15910**
砂箱树 199465
砂箱树属 199464
砂药草 81687
砂引草 393269,393273
砂引草属 **252333**,393240
砂蝇子草 **363209**
砂珍棘豆 **279114**,278858
砂砧苔草 75003
砂纸木 141602
砂纸榕 **164967**
砂纸桑属 80003
砂子草 85232
砂钻苔草 75003
莎草 73952,74638,119041,
119503,401094
莎草半边莲 **234396**
莎草红门兰 **273442**
莎草科 **118403**
莎草兰 **116827**,116809
莎草属 **118428**
莎草蚊子 **119423**
莎草秀根 272090
莎草砖子苗 **245392**
莎草状灯心草 **213034**
莎草状蛇舌草 **269791**

莎车柽柳 **383601**
莎莿竹 351852
莎莿竹属 351844
莎禾 **99413**
莎禾属 **99411**
莎拉野荞麦 **152199**
莎伦郁金香 **400223**
莎萝莽 344347
莎萝莽属 344345
莎木 32343
莎木面 32343,252636
莎木属 32330
莎婆子 9683,9684,9738
莎随 119503
莎苔草 **73894**
莎菀 **31080**
莎菀属 **31079**
莎叶兰 **116813**
莎叶雀麦 **60897**
莎状苔草 73894
莎状砖子苗 245392
痧麻木 278323
痧药 34162
痧药草 259282,259324
痧子草 201942
鲨口兰 **292139**
鲨口兰属 **292138**
鲨鱼掌属 171607
筛草 **75003**
筛草实 75003
筛箕蕻 144778
筛孔状苜蓿 **247261**
筛实 75003
筛藤番薯 **207717**
筛藤属 **107119**
筛子簸箕果 342169
筛子底 154424
筛子杜鹃属 **342773**
筛子花 371981,388513
晒不死 61572,260105,273842,356884
晒马彩花 **2285**
山艾 **35732**,5821,36286
山艾假橙粉苣 **266829**
山艾叶 13026,36354
山隘城堡缘毛欧石南 **149197**
山桉 **155553**
山桉果 88691
山暗赤 16007
山暗消 377856
山八角 204488,204507,204544,204558,204590,258923,351056
山巴豆 403521
山巴椒 417161
山芭蕉 87974,179408,260206,307489,374392
山芭蕉罗 403481
山芭蕉子 260258
山坝 17628
山霸王 13353,66913,301221
山白菜 41342,135264,191387,283125,327435,405618
山白蟾 260483
山白刺美洲茶 **79919**
山白果 83736,83740,106716,106732,106736,123245
山白花 409938
山白花芥 **37793**
山白花芥属 **37792**
山白菊 39928,39970,39974,39989
山白蜡条 343524
山白兰 39928,40739,283501
山白龙 311461
山白前 **117468**
山白树 **365093**
山白树属 **365092**
山白松 300082
山白藤 **371422**
山白头翁 **321692**
山白薇 117385
山白杨 311193,311281,311482
山白樱 **316854**
山白芷 138888
山白竹 **347324**
山白竹属 47174
山百部 39075,375343,375351,375355
山百合 229730,229745,229765,229811,230058,245014,266549
山百足 157473
山柏 213775,213943
山柏树 213948
山柏枝 389768,389769
山败酱 285855
山稗子 73842
山班克木 **47635**
山板凳 279744,279748
山板凳果 279744
山板栗 94402,106733
山板薯 131772
山板术 131772
山半夏 33335,299719,401156,401176
山膀胱 217615
山棒芥属 273967
山棒子 33295
山包谷 33325,298093,328997,351098,351100,351103
山包米 33574,308613,308616
山包蜜 18203
山苞谷 33266,335760
山苞米 33245,33260,33295,33325,33509,405618
山宝铎花 134484
山爆仗 42699
山贝母 **168585**
山本金丝桃 **202224**
山本爵床 **214739**
山本蒲公英 **384861**
山本莎草 **118438**
山本氏黄耆 **43265**
山畚箕 131840
山崩沙 55147
山崩子 330495
山荸荠 **143219**,37115,70403,223931
山萆薢 **131877**,131531
山边半枝香 368073
山鞭草 407485
山扁豆 **85232**,78429,78449,408571
山扁豆属 78204,85187,360404
山扁榆 157285,401556
山槟榔 **299652**,66913,71796,71797,141662,141691,266918,275810,299659,299679,345485
山槟榔属 **299649**
山冰草 **11647**
山兵豆 296695,296734
山饼斗 113436
山波罗 36910,281138
山波罗子 373274
山菠菜 **316097**,44468,307215,339887
山菠薐草 44468
山菠萝 46859,232595,281031,281138
山菠萝根 73159
山菠萝树 233999
山薄荷 7991,10414,78012,78037,96970,96981,137613,203066,209625,209702,209784,249494,274237,275720
山薄荷属 **321952**
山薄荷香茶菜 209702
山布袋 152888
山布惊 411420
山步虎 117390
山菜 63594,63813,374841
山菜豆 200739,325002
山菜豆属 324993
山菜葶苈 **137258**
山蚕豆 329942,408449
山苍树 233882
山苍子 233882,234045
山草果 **34164**,34163,152943
山草椒 **290389**
山草麻 123337
山岑 155719
山叉明棵 344496
山查 109936
山茶 **69156**,69594,143967
山茶凤仙花 **204836**
山茶根 355387
山茶果 243717
山茶花 69156,69307,69594,331839,332207
山茶科 **389046**
山茶辣 161382,301426
山茶属 **68877**
山茶藤 125960
山茶田 363235
山茶叶 78429,143967,217626,253385,308403
山檫 347413
山柴胡 63594
山茝 229390
山潺 **50471**
山菖蒲 5793,5821,208853
山长生草 **358052**
山常山 131734
山车 399433
山沉香 91287,382247,382248
山橙 **249679**,249649
山橙菊 **100223**
山橙菊属 **100221**
山橙属 **249648**
山秤根 203540
山赤莲 154933
山重楼独足莲 284382
山稠 233300
山臭草 106511
山臭樟 91287
山雏菊 **197944**
山雏菊属 **197943**
山川柳 383469
山川竹 **304022**
山吹 85165,93871
山吹蜜柑 **93871**
山吹雪 **94559**
山春黄菊 **26836**
山唇木 **86380**
山唇木科 **86381**
山唇木属 **86379**
山茨菇 18569,110502,222042,392269,401156
山茨菰 98621,110502,392248,392269
山慈姑 **207497**,18569,37678,37679,37713,37758,85974,98621,110502,116863,131501,154926,274036,274037,274058,392248,417613
山慈姑属 **207492**,18568
山慈菇 37678,37679,37758,131501,207497
山慈菇属 207492

山刺柏　213775
山刺菜　44208
山刺儿菜　92066
山刺瓜　20348,417492
山刺爵床叉序草　**209920**
山刺爵床属　**273710**
山刺梨　336930
山刺玫　**336522**,336382,336519
山刺玫蔷薇　336519
山刺子　166782
山葱　15734,15868,232252,405618
山葱子　15189
山酢浆草　**277878**,277648
山醋李　**258300**
山醋李科　**258303**
山醋李属　**258298**
山达木　**386942**
山达木科　**386939**
山达木属　**386941**
山打大刀　319810
山大丹　221238
山大刀　319810
山大豆根　369141
山大哥　249679
山大黄　164458,328345,329331,329372,329386,339887,351383,382912
山大茴　204544
山大活　24306
山大箭兰　127507
山大艽　173615
山大料　177932
山大麻子　123065
山大麦　60777
山大尼　123454,329795
山大蒜　353057
山大王　164458
山大烟　282617,282622,282683
山大颜　319810
山代细辛　**37762**
山丹　**230009**,73157,211067,229811
山丹百合　229811
山丹花　158895,211067,229811,229888
山丹柳　**344101**
山丹雀麦　**60942**
山丹苔草　**76245**
山旦仔　332221
山蛋　18569
山当归　**24410**,299376,299395
山党参　114838,276745
山捣臼　308529,308572,308641
山道根　126389
山道楝属　**345785**
山道尼格　360825
山道年草　360825
山道年蒿　36220,360825
山道年蛔蒿　**36220**
山灯花　211067
山灯盏　200390
山荻　21596
山荻属　21506
山地阿氏莎草　**599**
山地阿魏　**163577**
山地埃弗莎　**161287**
山地艾什列当　**155317**
山地爱夫莲　**141561**
山地暗色欧石南　**149040**
山地澳洲柏　**67419**
山地八雄兰　**268760**
山地巴迪远志　**46401**
山地白百蕊草　**389599**
山地白斑瑞香　**293799**
山地白火炬花　**216928**
山地白剪股颖　**11996**
山地白平叶山龙眼　**407594**
山地白塞拉玄参　**357414**
山地半轭草　**191798**
山地豹皮花　**373757**
山地杯囊桔梗　**110156**
山地杯籽茜　**110148**
山地北非芥　**325057**
山地北美百合　**259723**
山地贝克菊　**52734**
山地被片风信子　**137964**
山地本州樱桃　**83268**
山地鼻花　**329545**
山地襞蕊桐　**321115**
山地扁担杆　**180884**
山地变色早熟禾　**306135**
山地变异酢浆草　**277738**
山地杓兰　**120415**
山地槟榔　**31690**
山地柄果木　**255950**
山地柄鳞菊　**306574**
山地波尔曼草　**307178**
山地薄花兰　**127959**
山地布雷德茜　**59063**
山地布雷默茜　**59909**
山地布里滕参　**211522**
山地糙蕊阿福花　**393767**
山地糙苏　**295163**
山地草沙蚕　**398106**
山地草原草　**417585**
山地草原草属　**417584**
山地侧穗莎　**304872**
山地叉鳞瑞香　**129537**
山地柴胡　**63757**
山地长菲利木　**296250**
山地长庚花　**193302**
山地长梗欧石南　**149690**
山地长管鸢尾　221439
山地朝鲜岩风　**228575**
山地车前　**302112**
山地赤瓟　**390163**
山地翅籽草海桐　**405299**
山地臭草　**248950**
山地刺柏状芳香木　**38609**
山地刺篱木　**166782**
山地刺桐　**154695**
山地刺头菊　**108228**
山地酢浆草　**277973**
山地翠雀花　**124391**
山地锉果藤　**97497**
山地大黄　**329317**
山地大戟　**159392**
山地大托叶金壳果　**241932**
山地大柱兰　**247954**
山地丹氏梧桐　**135927**
山地德拉五加　**123761**
山地德雷酸模　**340034**
山地德罗豆　**138106**
山地等蕊山榄　**210201**
山地狄安娜茜　**238094**
山地东南亚野牡丹　**24193**
山地斗篷草　**14090**
山地豆　18289,171918,182634
山地毒鼠子　**128757**
山地独活　**192337**
山地杜茎山　**241808**
山地杜鹃　**331273**,330865
山地短颈石锤南星　**33363**
山地短丝花　**221439**
山地堆心菊　**188406**
山地番荔枝　**25866**
山地飞蓬　**150831**
山地非洲野牡丹　**68255**
山地菲利木　**296261**
山地菲奇莎　**164560**
山地肥皂草　**346430**
山地狒狒花　**46084**
山地肺草　**321640**
山地分瓣桔梗　**127451**
山地风车子　**100638**
山地风铃草　**69888**
山地风毛菊　**348541**
山地蜂巢茜　**97855**
山地凤仙花　**205153**
山地弗尔夹竹桃　**167421**
山地拂子茅　**65430**
山地伽蓝菜　**215200**
山地干葶苈　**415403**
山地高葶苣　**11491**
山地格雷草　**180542**
山地格里斯兰竹　**180548**
山地格尼瑞香　**178652**
山地葛缕子　**77823**
山地沟果茜　**18602**
山地沟叶苏铁　**45058**
山地狗根草　**118145**
山地孤菀　**393412**
山地骨籽菊　**276656**
山地瓜　20408
山地瓜秧　250228
山地冠穗爵床　**236458**
山地管状鹅参　**116511**
山地光茎唐松草　**388450**
山地圭奥无患子　**181867**
山地哈利木　**184796**
山地哈伦木　**186044**
山地海神木　**315890**
山地蒿　**35948**
山地好望角番杏　**412076**
山地号角毛兰　**396141**
山地禾叶兰　**12454**
山地赫顿兰　**199528**
山地黑刺芹　**154331**
山地黑木蓝　**206302**
山地黑欧石南　**149749**
山地黑漆　**248486**
山地黑塞石蒜　**193564**
山地黑唐菖蒲　**176405**
山地黑硬皮鸢尾　**172646**
山地红接骨木　**345628**
山地红栎　320278
山地红伞芹　**332245**
山地厚被山龙眼　**399360**
山地胡颓子　**142083**
山地虎耳草　**349913**
山地琥珀树　**27876**
山地花柱草　**274131**
山地花柱草属　**274130**
山地画眉草　**147821**
山地还阳参　**110942**
山地环丝韭　**55651**
山地环状互叶半日花　**168923**
山地黄精石南　**232700**
山地黄芪　42752
山地黄耆　**42752**
山地黄芩　**355637**
山地黄眼草　**416110**
山地黄杨　**64326**
山地灰桉　**155596**
山地灰毛豆　**386189**
山地鸡头薯　**152980**
山地积雪草　**81616**
山地吉莉花　**175696**
山地吉诺菜　**175852**
山地极细蓝花参　**412895**
山地荚蒾　407907
山地假糙苏　**283614**
山地假聚散翼　**317606**
山地假山龙眼　**189974**
山地假枝端花　**318559**
山地尖花茜　**278230**
山地剑叶灯心草　**213096**

山地箭花藤 **168319**
山地姜 **418005**
山地姜饼木 **284250**
山地豇豆 **408977**
山地胶籽花 **99865**
山地节节草 **100993**
山地金光菊 **339590**
山地金果椰 **139387**
山地金合欢 **1407**
山地金菊木 **150351**
山地金莲花 399510
山地金丝桃 **201730**
山地堇菜 **410273**
山地堇色鸢尾 **208923**
山地韭 15550
山地菊 **211015**,103509
山地菊属 **211013**
山地卷耳 **82948**
山地壳萼玄参 **177537**
山地可利果 **96782**
山地克里菊 218210
山地克鲁茜 **113168**
山地空船兰 **9157**
山地孔药大戟 **274032**
山地孔药大戟属 **274031**
山地苦瓜掌 **140038**
山地块茎菊 **212087**
山地宽管瑞香 **110168**
山地宽肋瘦片菊 **57649**
山地阔距兰 **160701**
山地拉拉藤 **170659**
山地拉氏木 **221982**
山地拉伊木 **325177**
山地蜡菊 **189576**
山地蓝 374449
山地蓝花参 **412760**
山地蓝蓟 **141239**
山地蓝星花 **33675**
山地蓝钟花 115351
山地榄 **346232**
山地榄属 **346225**
山地老鹳草 **174743**,174548
山地老鼠簕 **2697**
山地乐母丽 **336000**
山地棱角拉菲豆 **325085**
山地立方花 **115771**
山地栎 **324201**
山地栗 366338
山地镰扁豆 **135555**
山地镰扁豆属 **275908**
山地蓼 **308729**
山地裂蕊紫草 **235028**
山地裂舌萝藦 **351613**
山地裂缘尖帽草 **351329**
山地苓菊 **214135**
山地琉璃草 **118004**
山地琉璃菊 **79287**
山地瘤果堇 **275492**
山地瘤南星 **297592**
山地瘤子菊 **297577**
山地柳叶菜 **146782**
山地楼梯草 **142750**
山地芦荟 **17055**
山地路边青 **175433**
山地路得威蒿 **35841**
山地驴喜豆 **271234**
山地绿顶菊 **160652**
山地绿欧石南 **150245**
山地卵果蓟 **321081**
山地卵叶梅蓝 **248869**
山地乱子草 **259684**
山地罗马风信子 **50767**
山地裸木犀 **265605**
山地裸盆花 **216771**
山地裸实 **182740**
山地洛赞裂蕊树 **238063**
山地落芒草 **276055**
山地麻雀木 **285582**
山地马比戟 **240189**
山地马利埃木 **245670**
山地马蹄豆 **196651**
山地毛顶兰 **385712**
山地毛茛 **326154**
山地毛核木 **380751**
山地毛红花 **77719**
山地毛花 84807
山地毛米努草 **255549**
山地毛蕊花 **405757**
山地毛瑞香 **219005**
山地毛蔸 **418825**
山地毛药菊 **84807**
山地毛叶瓣鳞花 **167786**
山地梅花草 284588
山地美顶花 **156026**
山地美韭 **398811**
山地米努草 **255456**
山地密头帚鼠麹 **252449**
山地密序双距花 **128095**
山地密钟木 **192653**
山地膜萼花 **292666**
山地魔力棕 **258774**
山地木菊 **129424**
山地木藜芦 **228161**
山地穆拉远志 **260019**
山地南方露珠草 **91576**
山地南非禾 **289999**
山地南非蜜茶 **116340**
山地南芥 30292
山地尼索尔豆 **266340**
山地拟球花木 **177060**
山地黏腺果 **101255**
山地黏一枝黄花 **368403**
山地蓥 248748
山地牛心果 25866
山地扭果花 **377774**
山地扭花芥 **377639**
山地欧洲刺柏 **213732**
山地帕里翠雀花 **124472**
山地帕里金菊木 **150372**
山地盘花南星 **27646**
山地佩迪木 **286945**
山地佩奇木 **292424**
山地皮 138331
山地匹菊 **322646**
山地平果菊 **196476**
山地平截麻雀木 **285601**
山地平口花 **302641**
山地瓶子草 **347154**
山地坡垒 **198171**
山地婆罗门参 **394320**
山地婆婆纳 **407238**
山地葡萄 **411805**
山地蒲公英 **384684**,384434,384763
山地桤木 **16359**
山地杞莓 **316994**
山地气球豆 **380036**
山地落草 **217496**
山地蔷薇 **336763**
山地鞘冠帚鼠麹 **144692**
山地鞘蕊花 **99654**
山地芹 **275288**
山地芹属 **275287**
山地青篱竹 **37131**
山地秋海棠 **50124**
山地球柱草 **63319**
山地曲花 **120574**
山地屈奇茜 **218439**
山地雀麦 **60840**
山地热非香科 **387995**
山地热非野牡丹 **20518**
山地忍冬 **236206**
山地稔 248748
山地日本蓝盆花 **350183**
山地日本三花龙胆 **174011**
山地日本蛇根草 **272227**
山地日本樱桃 **83147**
山地绒毛花 **28179**
山地肉被野牡丹 **110591**
山地肉翼无患子 **346928**
山地瑞香 122507
山地润肺草 **58904**
山地弱粟兰 **130953**
山地塞拉玄参 **357610**
山地三齿蒿 **36408**
山地三角草 **397508**
山地三肋果 **397974**
山地三脉紫菀 **41496**
山地三芒草 **33937**
山地三叶草 **396981**
山地桑给巴尔群花寄生 **11123**
山地纱药兰 **68519**
山地山本金丝桃 **202227**
山地山金车 **34659**
山地山龙眼 **189917**
山地山芫荽 **107794**
山地山楂 **110090**
山地舌唇兰 **302443**
山地蛇鞭菊 **228548**
山地绳草 **328103**
山地省藤 **65750**
山地施米茜 **352052**
山地蓍 **3944**
山地十二卷 **186562**
山地石榴兰 **247657**
山地石南状菲利木 **296205**
山地石头花 **183219**
山地矢车菊 **80966**
山地柿 **132308**
山地手玄参 **244826**
山地兽花鸢尾 **389487**
山地瘦鼠耳芥 **184847**
山地黍 **281940**
山地鼠尾粟 **372776**
山地树葡萄 **120152**
山地双齿千屈菜 **133381**
山地双碟荠 **54705**
山地双冠苣 **218210**
山地双距兰 **133851**
山地双毛草 **128864**
山地双盛豆 **20771**
山地双饰萝藦 **134980**
山地双星山龙眼 **128135**
山地双羽兰 **54594**
山地水东哥 **347969**
山地丝头花 **138433**
山地丝枝参 **263295**
山地四粉兰 **387325**
山地四片芸香 **386982**
山地酸巴豆 **4579**
山地酸模 **340136**
山地随氏路边青 **363062**
山地索林漆 **369757**
山地苔草 **75915**
山地唐菖蒲 **176422**
山地特喜无患子 **392594**
山地铁杉 399916
山地托考野牡丹 **392531**
山地鸵鸟木 **378596**
山地橐吾 **229117**
山地万寿菊 **383096**
山地网球花 **184426**
山地维默卫矛 **414456**
山地委陵菜 **312786**
山地沃套野牡丹 **412310**
山地乌头 **5422**
山地无瓣火把树 **98175**
山地无瓣鼠尾毛茛 **260932**

山地无梗花黑蒴 **14350**
山地无心菜 **32081**
山地五异茜 **289593**
山地五月茶 **28368**
山地西方岩菖蒲 **392612**
山地西黄松 **300157**
山地菥蓂 **390242**
山地膝曲鼠茅 **412427**
山地细钟花 **403673**
山地狭翅兰 **375670**
山地狭花柱 **375529**
山地狭喙兰 **375695**
山地下盘帚灯草 **202476**
山地显龙胆 **313930**
山地香茶菜 **209788**
山地香豆木 **306272**
山地香根芹 **276460**
山地香科 **388177**
山地香豌豆 **222758**
山地香芸灌 **388857**
山地橡子木 **46895**
山地小埃姆斯兰 **19415**
山地小檗 **51934**
山地小冠花 **105299**
山地小褐鳞木 **43469**
山地小瓠果 **290532**
山地小花虎耳草 **253080**
山地小黄管 **356129**
山地小老鼠簕 **2067**
山地小麦秆菊 **381678**
山地肖薯蓣 **386803**
山地邪蒿 361526
山地蟹甲草 **283846**
山地新风轮 **65540**
山地新喀山龙眼 **49370**
山地星穗苔草 **75606**
山地熊菊 **402792**
山地绣球防风 **227661**
山地须边岩扇 **351451**
山地须芒草 **22827**
山地絮菊 **166005**
山地旋覆花 **207178**
山地旋覆菊 **207276**
山地旋梗野牡丹 **131291**
山地雪灵芝 32081
山地血桐 **240297**
山地鸭跖草 **101097**
山地芽冠紫金牛 **284036**
山地芽茜 **153679**
山地亚顶柱 **304889**
山地亚头状猪屎豆 **112720**
山地烟花莓 **305261**
山地烟堇 **169106**
山地延命草 **303513**
山地岩黄芪 188102
山地岩黄耆 **188102**
山地盐肤木 **332717**
山地羊茅 **164301**
山地洋地黄 **130367**
山地叶覆草 **297521**
山地叶芽南芥 **30275**
山地异常三萼木 **395180**
山地异果菊 **131177**
山地异疆南星 **33189**
山地异形芹 **193870**
山地银莲花 **23889**
山地银钮扣 **344326**
山地银钟花 **184746**
山地隐果野牡丹 **7070**
山地蝇子草 **363770**
山地尤利菊 **160834**
山地油芦子 **97339**
山地榆 239594,401512
山地羽裂木茼蒿 **32590**
山地雨湿木 **60037**
山地玉叶金花 **260463**
山地玉簪 198612
山地郁金香 **400197**
山地鸢尾 **208720**
山地鸢尾蒜 210999
山地芸香 **341071**
山地早熟禾 **305794**,306135
山地窄头斑鸠菊 **375515**
山地掌叶吉利 **230865**
山地赭籽桃金娘 **268366**
山地针叶芹 **4746**
山地珍珠菜 **239876**
山地珍珠茅 **354163**
山地指甲草 **284878**
山地治疝草 **193014**
山地中脉梧桐 **390309**
山地中美紫葳 **20742**
山地中亚鼠茅 **412494**
山地帚鼠麹 **377230**
山地皱波艾纳香 **55719**
山地皱稃草 **418419**
山地猪毛菜 **344636**
山地猪屎豆 **112432**
山地猪牙花 **154933**
山地猪殃殃 **170502**
山地筑巢草 **379160**
山地紫瓣花 **400081**
山地紫金牛 **31527**
山地紫露草 394088
山地紫茉莉 **255731**
山地紫仙石 **277442**
山地紫香茶 **303608**
山地足唇兰 **287865**
山地醉鱼草 **62126**
山颠茄 367682
山靛 **250610**,96028
山靛科 **250596**
山靛青 96028
山靛属 **250597**
山靛小果大戟 **253300**
山刁竹 117643
山吊兰 94458
山钓樟 231392
山钓钟柳 **289364**
山丁木 77644
山丁香 **382293**
山丁子 243555
山顶企 96083
山顶之雪茶梅 **69598**
山定子 243555
山东白鳞莎草 **119578**
山东百部 **375352**
山东朝鲜柳 343578
山东鹅观草 **335501**
山东丰花草 **370841**
山东风 381956
山东管 207988
山东何首乌 117412
山东花楸 369529
山东剪股颖 **12301**
山东老鸦草 53797
山东柳 **343578**
山东泡花树 249414
山东泡桐 285956
山东披碱草 **144463**
山东蒲公英 **384528**
山东茜草 **338040**
山东稔 332221
山东山楂 **110039**,110111
山东石竹 **127675**
山东鼠李 **328783**
山东瓦松 **275367**
山东万寿竹 **134486**
山东邪蒿 293071
山东栒子 **107678**
山东延胡索 106034
山东银莲花 **24058**
山东柚 93597
山东紫堇 106034
山冬 236284
山冬瓜 177170,259738,396170,417470
山冬青 **204064**,204184,204217
山冬笋 107271
山豆 46198
山豆根
山豆根属 **155888**
山豆根秧 250228
山豆花 226989
山豆苗 408262
山豆茉莉 **323445**
山豆茉莉属 **323444**
山豆秧根 250228
山豆叶月橘 260164
山豆子 20933,83347,200739,408284,414193
山豆子花 229811
山独活 292982
山杜莓属 **273716**
山杜英 **142396**
山杜仲 157345,157675,157962,332509
山墩 390190
山多奶 332221
山鹅 365333
山鹅儿肠 69972
山遏蓝菜 390265
山番椒 233882,327070
山番荔枝 25866
山矾 **381423**
山矾冬青 204307
山矾科 **381067**
山矾属 **381090**
山矾小花茜 **286028**
山矾叶冬青 **204307**
山矾叶九节 **319864**
山蕃芋 33325
山反栗 106736
山饭树 301279
山防风 140716,346448
山飞廉 **73333**
山飞蓬 **150732**
山榧树 82507,82545
山榧子 82545
山粉榆 401556
山粉团花 215352
山风 55687
山风穿筋藤 368872
山枫香 232551
山枫香树 **232558**,2972
山峰西番莲 **285657**
山蜂蜜 228001
山蜂子 312478,312571
山凤果 **171115**
山凤凰竹 **47269**
山佛手 339163
山芙蓉 217,235,154734,195040,195305
山拂草 65330
山附子 5621,226721
山覆盆 124891
山盖 321481
山甘草 765,187529,187581,187598,260483,260484,295216
山甘蓝椰属 **313952**
山甘蔗 65800
山柑 6251,71292,71751,71757,71762,71871,85935,167499,260173
山柑科 **71671**,272580
山柑簕 43721
山柑属 **71676**
山柑树 177178

山柑算盘子 177178
山柑藤 **71292**
山柑藤科 **71295**
山柑藤属 **71289**
山柑仔 71751,71760,85935
山柑仔属 71676
山柑子 43721,71707,177819
山柑子叶属 177817
山橄榄 142396
山冈橐吾 **229005**
山岗斑鸠菊 **406243**
山岗荚 97190
山岗假杜鹃 **48135**
山岗尖鸠菊 **4641**
山岗苔草 **74141**
山岗樱桃 **83342**
山杠木 295758
山高粱 73842,127852,239594,309954,369265,369279,369689,372406
山高粱条子 369279
山膏药 313692
山藁本 24314,229404,365872
山葛 **321453**,66648,152888
山葛薯 **131521**,97190
山蛤芦 135264
山根菜 63594
山梗菜 **234766**,234363,234447
山梗菜科 **234890**
山梗菜属 234275
山沟树 116240
山钩藤 301691
山狗差 165671
山狗球 46863
山狗芽 110251
山枸杞 239011,239021
山古羊 234043
山谷翠雀花 **124554**
山谷轮叶菊 **161171**
山谷麻 414220
山谷皮 414220
山谷葡萄 **411967**
山谷苔草 **76663**
山谷一枝黄花 **368096**
山谷子 309954
山骨罗竹 **351857**
山骨皮 4870
山挂牌条 338413
山拐枣 **307291**
山拐枣科 **307289**
山拐枣属 **307290**
山观带 327685
山观音 307531
山官木 295675,295691,295773
山冠菊 **274127**
山冠菊属 **274122**
山光杜鹃 **331406**
山归来 262247,331839,366338
山桂 91276,91282,91351
山桂花 **51039**,6789,6806,51025,161023,204544,241781,276283,276344,283501,301230,308457,325309,365974,381104,381423,382141,400522
山桂花木犀 276283
山桂花属 **51024**,241734
山桂楠 91276
山桂皮 91265,91351,91372
山桂枝 91265
山果花 178218
山果子 109936
山过路蜈蚣 187510
山海葱 **274696**
山海带 137353,260110
山海关沙蒿 **36037**
山海椒 160954,367416
山海螺 98343,98424
山海麻 394635
山海棠 18203,49701,49886,50087
山海桐 301279,301294
山海桐花 301294
山旱烟 327435
山杭果 83698
山蒿 **35220**,35948,36460
山号筒 240765
山合欢 **13586**,13611
山何首乌 366573
山核 77887
山核桃 **77887**,77902,212595,212621,212626,409834
山核桃属 **77874**
山核桃树 298516
山荷花 139628
山荷桃 **330359**
山荷叶 41872,129196,132678,132682,132685,139608,139623,139629
山荷叶科 **132686**
山荷叶属 **132677**,41870
山赫柏木 **186978**
山黑扁豆属 138928
山黑豆 **138942**,408262
山黑豆属 **138928**
山黑柳 343461
山黑麦 **356245**
山黑子 328665
山红稗 73842
山红草 389355,411590
山红豆 274393
山红花 **77744**,92132,206583,309494
山红活麻 59842,59884
山红蓝靛 205752
山红罗 197685
山红萝卜 345214
山红萝卜根 158895
山红木 18529
山红塞拉玄参 **357660**
山红苕 131734,250796
山红柿 132309
山红树 **288684**
山红树属 **288682**
山红藤 347078
山红羊 411589,411590
山红枣 345881,345894
山红子 295747
山厚合 368073
山厚喙荠属 **274076**
山厚朴 244427,244434
山胡豆 356530
山胡椒 **231355**,11300,34164,81687,138331,144802,172080,172148,231374,231403,233882,233996,234045,234051,239391,239392,300347,300407,300435,327069,345315,346527,391365,417161,417170,417173,417340
山胡椒草 138329,138331,138336
山胡椒菊 129068
山胡椒属 **231297**
山胡椒叶忍冬 **235921**
山胡烂 20348
山胡萝卜 97703,98343,228571
山胡萝卜缨子 28044
山胡麻 42696,128026,231961,308403
山胡芹 293033
山胡桃 212621
山胡桃榆 401618
山胡枝子 **226708**
山葫芦 **274133**,92791,117412,411568,411979
山葫芦属 **274132**
山葫芦子 332284
山瑚柳 297645
山蝴蝶 12635,131645,398262
山花 85972,116880,261600
山花菜 346448
山花椒 37691,351021,351100,417161,417301,417329,417330,417340
山花椒秧 351021
山花啦 131734
山花莲 143694
山花木 329068
山花皮 414220
山花七 41795,41812
山花生 18289,126389,178549
山花子 206140,250228
山化树 116240
山槐 13586,13611,240114,240128,369010
山槐树 369010
山槐子 369484
山黄 328550,328665
山黄桉 **155754**
山黄柏 51301
山黄檗 51524
山黄豆 70822,177777
山黄豆藤 333215
山黄瓜 13225,396611
山黄果 369352
山黄花 **273897**,202070,202204
山黄花属 **273895**
山黄菅 372428
山黄堇 105699,106227
山黄荆 388303,411362
山黄菊 **25504**
山黄菊属 **25488**
山黄连 51802,54042,86755,128924,201605,201612,242532,242534,262189,308123
山黄麻 **394664**,1790,243893,394656,399212
山黄麻属 **394626**
山黄皮 12517,12519,79595,91482,94185,94188,94191,253627,253628,260164,260173,325309,414193
山黄皮科 **325461**
山黄皮属 **325278**,12515
山黄芪 52435
山黄蓍 **42832**
山黄芩 242542,262189
山黄桑树 259067
山黄鳝 290134
山黄树 122700
山黄杨 64369
山黄枝 171253
山黄栀 171253
山灰柴 83646
山灰香 10414
山灰枣 80664
山茴芹 76987
山茴香 **76987**,10414,94185,234051,299376,345310,371836
山茴香属 **76986**
山桧 213934
山喙 248778
山活麻 221552
山火马醉木 **298741**
山火莓 338205
山火筒 240765

山货榔　80295,80328,80329
山藿香　97043,264897,344993,388303
山鸡茶　346527
山鸡椆　362617
山鸡蛋　**98304**,92791,98292
山鸡豆　152943
山鸡儿肠　215352
山鸡谷　81694,275946
山鸡谷草　**263955**
山鸡谷草属　**263952**
山鸡椒　**233882**
山鸡米　236284,253627
山鸡皮　94188,94191
山鸡条子　157285
山鸡头　152943
山鸡头子　336675
山鸡腿　234699
山鸡血藤　66624,370422
山鸡仔　367775,417470
山棘豆　278869,279060
山棘花　336783
山脊白栎　323625
山继谷　179178
山继香　179178
山蓟　44218
山稷子　60777
山加龙　233928
山加皮　350680
山夹竹桃　330331
山甲　417330
山尖菜　283816
山尖草　**274148**
山尖草属　**274147**
山尖茶　217
山尖子　**283816**
山间地杨梅　238647
山菅　**127507**
山菅科　**127519**
山菅兰　127507
山菅兰科　127519,295590
山菅兰属　127504
山菅属　**127504**
山涧草　**87353**
山涧草属　**87352**
山箭草　295986
山姜　**17695**,17656,17677,17744,37115,44218,231403,231429,301722,308523,308529,308572,308613,308616,308641,418002
山姜黄　114875,114884,131531
山姜活　187432
山姜科　**17778**
山姜属　**17639**
山姜子　17677,231401,233882,234045
山豇豆　222707,366548
山橿　**231429**
山交剪　127507
山交染　353576
山胶播　235
山胶木　233928,365084
山胶浊　413149
山椒　86207,91392,391365,417282,417301
山椒草　288749,290389
山椒根　417216
山椒果　240570
山椒子　345450,403481
山蕉　**256231**,87344
山蕉树　307517
山角麻　394656
山脚麻　394637
山接风　239927
山结香　141472
山竭　191356
山芥　**47949**,44218
山芥菜　47949,47962,72790,72858,183064,210407,336211,345957,416437
山芥花　285841
山芥菊三七　**183064**
山芥属　**47931**
山芥碎米荠　**72790**
山芥叶蔊菜　**336183**
山芥叶千里光　**358369**
山金车　**34752**
山金车属　**34655**
山金兜菜　87855
山金豆　167516
山金凤　204782
山金柑　167499
山金柑橘　167499
山金瓜　177170
山金花菜　191350
山金菊　66445
山金橘　167499,167506,167516
山金茅　**156450**
山金梅属　362339
山金雀花　**320820**
山金银　94894
山金银花　235691,235742,236104
山筋线　291061
山荆　94035,411362,414181
山荆芥　144096
山荆子　**243555**,411374
山荆子属　243543
山菁芥　144096
山精　44218
山精桉　**155679**
山景白仙玉　**246599**
山景刺头菊　**108355**
山景杜鹃　331406
山景龙胆　**173681**
山景南非禾　**290002**
山景天　**356988**
山景葶苈　**137174**
山九月菊　124790
山韭　**15734**,15381,15649,15822
山韭菜　15453,15886,88589,135059,135060,202812,232640,260107,272064,272135
山酒果　**34395**
山酒珠　**80361**
山酒珠属　**80360**
山柏木　346372
山救驾　211821,211822
山居雪灵芝　**31865**
山鞠穷　229309
山桔　392559
山桔梗　290573
山桔梗属　290572
山桔树　177822
山菊　124862,162616,215343,292352
山菊花　124790,418058
山菊木　**258202**
山菊木属　258191
山菊属　162612,258191
山菊头桔梗　**211672**
山橘　**167499**,6251,31477,93823,167503,167506,167516,177822,177845
山橘属　177817
山橘树　**177822**
山橘叶　126717
山橘子　167499,167506,171145,177170,177845
山蒟　**300408**
山瞿麦　127654,127852
山卷耳　**82994**
山卷莲　78039
山君子　138331
山咖啡　29761,360463
山卡拉　65869
山壳骨　**317267**
山壳骨属　317245
山壳篮　283388
山坑紫　264034
山空竹　82450
山口羊　233999
山苦菜　210525,219806,320511,320520
山苦草　13163
山苦茶　**243405**
山苦常　18052
山苦瓜　207988,256884,259739,346985,411589,411590
山苦楝　161335,167982,298516,325002
山苦荬　210525,283695,368635
山苦荬菜　210525
山苦芩　325002
山苦参　116019,398025
山苦子　348403
山葵　**31707**,161154
山葵花　321570
山葵属　**31702**,161120
山昆菜　11587
山砬子根　259731
山喇叭花　5144
山腊梅　87521
山蜡梅　**87521**,87542
山蜡树　229601,229617
山蜡棕　**84328**
山辣　215011
山辣椒　24028,201743,301221,325718,325981,327069,367416
山辣椒属　382727
山辣椒树　154169,382743
山辣蓼　112927,301309,309570
山辣茄　248748
山辣子　112927,400945,400987
山辣子皮　**122571**
山来檬　**93641**,93868
山赖　215011
山兰　**274058**,116880,158161,191387
山兰苞菊　305123
山兰花　114838,116829
山兰属　**274033**,158021
山岚　**140235**
山蓝　206140,291138,291177
山蓝禾　**273890**
山蓝禾属　**273889**
山蓝属　291134
山蓝树　414809
山蓝眼草　**365782**
山榄　**301777**,70989
山榄科　**346460**
山榄属　**301760**,313325,362902
山榄桃榄　**313399**
山榄叶袋戟　**290570**
山榄叶柿　**132398**
山狼毒　78023
山莨菪　**25457**,25447
山莨菪属　**25438**
山莨薯　152888
山蓢古子　281138
山老虎　115050
山老鼠　92066
山老鼠簕　92066
山类芦　**265922**
山棱　370102
山冷水花　**298945**
山梨　109650,109936,323116,

323268,323330,333929
山梨儿 366284,366607,403795,407785
山梨红 109933
山梨猕猴桃 6697
山黧豆 **222828**,222707,222800,222803,408327
山黧豆巢菜 **408452**
山黧豆黄耆 **42193**
山黧豆老鸦嘴 **390821**
山黧豆属 **222671**
山黧豆状灰毛豆 **386135**
山黧豆状猪屎豆 **112314**
山李子 166782,166786,316761,328680
山里果树 109650
山里果子 109936
山里红 **109936**,109650,109933,323251
山里红果 109936
山里黄 83238
山里锦 243629
山力叶 321764
山丽报春 **314159**
山利桐 96339
山荔枝 105056,124891,124925,240813,240842,243427
山荔子 240813
山栗子 20408
山连 44218
山连藕 222042
山连召 145714
山莲 44218
山莲藕 66648
山敛 45725
山练草 407460
山楝 **28997**
山楝属 **28993**
山蓼 **278577**,26624,94814,95000,309345
山蓼属 **278576**
山裂距景天 356638
山林 370102
山林春木 233251
山林丹 220032
山林果 110030
山林琴 171155
山林水火草 283388
山林苔草 **76778**
山林投 168245
山林投属 168238
山林无叶兰 29216
山鳞花木 **225675**
山蔺 166518
山灵丹 220032
山岭茶藨 334175
山岭茶藨子 334175
山岭景天 **356784**
山岭麻黄 **146183**
山铃铛花 302753
山铃子草 308613,308616
山陵翘 345108
山菱角 366284
山琉璃草属 153420
山榴花 211990
山柳 **343928**,96466,96496,261293,289438,302684,343179,343388,344020,344261
山柳菊 **196057**,195696,195858
山柳菊千里光 **359047**
山柳菊属 **195437**
山柳菊糖芥 154467
山柳菊叶糖芥 **154467**
山柳菊叶天竺葵 **288435**
山柳菊叶尾药菊 381939
山柳科 96561
山柳柳 308893
山柳属 96454
山柳树 113,302684,320358
山柳乌桕 346379
山柳鸭嘴花 **214636**
山柳叶菜 **146669**
山柳叶糖芥 154467
山六厘 328665
山六麻 414193
山龙胆 173625,173814,173847,174004
山龙兰属 **137697**
山龙眼 **189931**,166675,199449,243437,415147
山龙眼科 **316007**
山龙眼属 **189910**,315702
山龙眼藤 166675,166693
山蒌 300408,300504
山漏芦 39075
山露兜 **168245**
山露兜属 168238
山栌 109936
山栌子 109650
山鹿脯 298093
山鹿茸 138888
山绿 328665
山绿茶 203543,203869
山绿柴 **328625**,328713
山绿豆 **294019**,138974,203869,206445,360463,408338,408449,408969,408975
山绿豆属 126242,200724
山绿篱 328665
山罗 28997,139640
山罗花 **248195**
山罗花科 **248152**
山罗花属 **248155**
山罗花叶圣诞果 **88072**
山罗松 70904
山萝卜 46198,70600,85972,92066,97190,123141,133454,158895,166897,250796,250862,275810,298093,312450,321481,336211,350129,350132,350175,350265,375187
山萝卜科 133444
山萝卜蓝盆花 350175
山萝卜马先蒿 **287220**
山萝卜属 350086
山萝卜叶鼠尾草 **344922**
山萝藦属 133451
山萝过路黄 **239732**
山萝花 248195
山萝花马先蒿 **287421**
山萝花属 248155
山萝矢车菊 81356
山椤 **11309**,28996
山螺丝 239222
山络麻 180700,414193
山落花生 70904
山落茄 59881
山麻 56195,56260,56343,104103,190094,273903,355201,362478,394664
山麻风树 **400540**
山麻杆 **14184**,14213
山麻杆属 **14177**
山麻骨 240765
山麻黄 146154,146155,318947,394656
山麻黄属 318945,394626
山麻兰 **295598**
山麻栗 381379
山麻栗子 336405
山麻柳 116240,302684,313480,320358,320359,369515
山麻木 394656
山麻皮 414193
山麻雀 418002
山麻树 **101220**,180768
山麻树属 **101219**
山麻条 85875
山麻子 114994,334084,334228,355733
山马鞭 75311
山马鞭草 75311
山马菜 183158
山马菜属 **280920**
山马草 320515
山马茶 154162,382793
山马茶属 **292142**,280920,382727
山马齿苋 356702
山马豆 409113,409124
山马耳 61672
山马蝗属 126242
山马兰 **215352**,39928
山马蓝 **320133**
山马铃 367735
山马母 274379
山马皮 31423
山马钱 **378834**
山马踏菜 374841
山马胎 31502
山马蹄 327069
山马蹄根 327070
山马尾 239594
山马先蒿 287645
山蚂蝗 49744,57683,87876,126307,126329,126471,126603,200742,269613
山蚂蝗属 **126242**
山蚂癀 57683
山蚂蚱 183222,363606
山蚂蚱草 **363606**
山麦草 11696
山麦冬 **232640**
山麦冬属 **232617**
山麦胡 220359
山馒头 177123,177170
山蔓草 34164
山牻牛儿苗 174948
山猫巴 10414
山猫儿 127507
山猫眼 207224
山毛草 **273932**
山毛草属 **273930**
山毛茶 31630
山毛豆 385985
山毛豆花 126603
山毛茛 **326096**
山毛榉 162382,162386,162400
山毛榉寄生 **146520**
山毛榉寄生属 **146519**
山毛榉科 162033
山毛榉栎 324134
山毛榉千斤拔 **166860**
山毛榉属 162359
山毛榉叶葡萄 411719
山毛榉状茜 8283
山毛榉状茜属 8282
山毛柳 **343865**,313471,343151
山毛羌 192312
山毛蕊花 **405686**
山毛桃 20908
山毛榆 401489
山茅草 117162
山茂坚 189918
山帽花 **273973**
山帽花属 **273972**
山没药属 273976

山玫瑰马醉木 **298745**
山莓 **338281**,338487
山莓草 **362361**,362363
山莓草属 **362339**
山莓梨 316266
山梅 203578
山梅豆 78429
山梅花 **294471**,294426,294465,294530,294540
山梅花科 **294404**
山梅花属 **294407**
山梅树 415558
山美白芷 192337
山美豆 **4238**,298945
山美豆属 **4234**
山美人鹿蹄草 322815
山门穹 257542
山梦花 122532
山咪咪 236095
山麋子 242691
山靡子 242691
山米壳 282617
山米麻 107668
山米藤 178549
山米子 265395
山蜜柑 93501
山蜜橘 **93501**
山棉 414220
山棉花 23850,94830,95000,95226,95272,321672,389941,402267,414162
山棉皮 122532,141470,414193,414220,414244
山缅桂 283501
山模 123454
山磨芋 33288
山魔 220308
山魔芋 33325,33349
山茉莉 95984,96009,199455
山茉莉芹 **273979**
山茉莉芹属 **273976**
山茉莉属 **199448**
山茉莉芸香 **341074**
山牡丹 32657,129629,276090
山牡荆 **411420**
山木鳖 285639
山木瓜 **171100**,84573
山木患 185895
山木患属 185893
山木槿 362617
山木麻黄 **79172**
山木棉 17621,376130
山木薯 403750
山木通 **94899**,71919,94740,94748,94778,94910,94964,95113,374429
山木樨 408407
山木香 301147,336509
山木蟹 204544
山木紫菀 **39920**
山奶草属 98273
山艿 215011
山奈 187468,215011
山柰 **215011**,215035
山柰属 **214995**
山南脆蒴报春 **314525**
山南瓜 177170
山南星属 **258319**
山楠 **295353**
山囊荠属 **273743**
山脑根 31374
山柠檬 **93614**,260169
山牛 366338
山牛把 130927
山牛蒡 **382069**,92066,348228,348902
山牛蒡属 **382067**
山牛耳青 346532
山牛毛毡 166329
山牛奶 164671,165624
山牛彭 130927
山牛膝 4273,4304
山女娄菜 364103
山女贞 407769
山藕 335142
山抛子 338281
山泡刺藤 338554,338703
山泡泡 278869,278958,279060
山佩兰 158161
山蟛蜞 413549
山蟛蜞菊 **413565**
山砒霜 138331,398317,398322
山皮棉 414224
山皮条 70822,122431,206637
山皮条一把香 414162
山皮香 414162
山枇杷 6811,66829,66856,78874,96339,139782,151142,151144,151155,165035,165097,165099,171145,189931,189943,203833,240711,244451,249449,283115,295403,299112,330727,331257,333745,408089,417216
山枇杷果 165655
山枇杷树 133077,386500
山椑树 132309
山飘儿草 380324
山飘风 **356916**
山苤菜 191316
山平氏葡萄 **411611**
山苹果 243645
山坡大戟 **158663**
山坡瓜藤 92747
山坡苓 305202
山坡鞘蕊花 **99543**
山坡参 183801
山婆罗门参 394320
山葡萄 **411540**,20327,20335,20348,20354,20356,20408,20447,79595,187307,285157,411589,411590,411623,411686,411697,411890
山葡萄属 20280
山葡萄秧 20408
山蒲公英 384749
山蒲扇 50669
山蒲桃 **382599**,6588,79595,382569,411589,411590
山朴薯 131630
山埔姜 61975,66779,393242,411362,411420,411430
山埔仑 414193
山埔银 414193
山栖苔草 **75621**
山漆 96028,161335,161356,280771,393479,393485,393491
山漆柴 237191
山漆槁 249373
山漆姑属 255435
山漆茎 **177155**,60070,60073,60083
山漆茎属 60049
山漆树 393449,393479,393485
山齐 123454
山奇良 366338
山奇粮 366338
山棋菜 402245
山蕲 24475
山蕲菜属 345940
山杞子 239011,239021,407696
山荠属 136899
山牵牛 390767,390787
山牵牛科 390905
山牵牛属 390692
山茜草 186858,272254
山羌 17733
山羌活 187432,248543
山蔷薇 **336914**,336915
山荞麦 308974,340178
山荞麦草 308965
山茄 **367334**,219,195196,367262
山茄花 123065
山茄属 58299
山茄子 **58300**,25439,123065,195196,241781,297628,297635,328345
山茄子属 **58299**
山芹 **276768**
山芹菜 24389,24411,24424,24433,106432,229312,276768,293033,345948,345978,346448
山芹菜草 269329
山芹菜属 345940
山芹当归 276768
山芹独活 276768
山芹属 **276743**
山青 386257
山青菜 275810,359253
山青兰 137613
山青麻 224989
山青木 **249401**
山青皮 301253
山箐虎耳草 **350024**
山桏 346379
山丘百里香 **391155**
山丘苞茅 **201477**
山丘刺痒藤 **394141**
山丘倒距兰 **21164**
山丘吊兰 **88551**
山丘芳香木 **38486**
山丘风铃草 **69971**
山丘谷木 **249932**
山丘红蕾花 **416933**
山丘黄花稔 **362518**
山丘胶桐 139271
山丘老鸦嘴 **390743**
山丘乐母丽 **335924**
山丘肋瓣花 **13765**
山丘裂蕊紫草 **234992**
山丘鳞花草 **225170**
山丘芦荟 **16717**
山丘麻疯树 **212123**
山丘马齿苋 **311829**
山丘木犀草 **327905**
山丘穆拉远志 **259960**
山丘南芥 **30229**
山丘鸟娇花 **210740**
山丘欧石南 **149259**
山丘泡叶番杏 **138156**
山丘婆罗门参 **394271**
山丘鞘蕊 **367880**
山丘曲花 **120547**
山丘色罗山龙眼 **361176**
山丘穗花鸡头薯 **153056**
山丘糖芥 **154433**
山丘委陵菜 **312460**
山丘无心菜 **31772**
山丘喜阳花 **190299**
山丘香芸木 **10590**
山丘小叶番杏 **169961**
山丘盐肤木 **332524**
山丘叶梗玄参 **297102**
山丘异形芹 **193867**
山丘银豆 **32796**
山丘樱桃 **83174**

山丘鹰爪花 **35005**
山丘猪屎豆 **112028**
山邱氏爵床 345770
山秋瓜 396210,396257
山球兰 **198896**
山区野茼蒿 **108753**
山雀稗 285469
山雀花属 85387
山雀棘豆 **278729**
山裙带 327685
山人参 37638,37722
山人参属 273990
山茌 154971,209811
山稔 123451,332221
山稔木 123451
山稔子 8235,249996,332221
山绒菊 **87222**
山绒菊属 **87221**
山荣树叶风箱果 297842
山榕 **165100**,165717,165721,165722,165761,165828,165841,165844
山肉桂 91276,91282,91351,91354,91389,91429,91449,233880
山瑞香 **273948**,229529
山瑞香属 **273947**
山三茄 313483
山桑 **259168**,259097
山桑皮 391773
山扫条 167092
山扫帚 39075,206140
山沙参 **7612**,7789
山砂姜 291221
山莎 119503
山莎属 **273759**
山杉 113685,213775,306493,306503
山珊瑚 120764,170035,170044
山珊瑚兰 **170035**,120764
山珊瑚兰属 **170031**
山珊瑚兰状美冠兰 **156719**
山珊瑚属 170031
山芍药 **280207**,280241
山韶子 265126,265139
山様美登木 182667
山様木 61666
山様叶泡花树 **249472**
山様仔 61666
山様子 **61666**,61671,83698
山様子属 **61665**
山蛇床 **274104**,392799
山蛇床阿魏 **163645**
山蛇床属 **274101**
山蛇菊 **392653**
山蛇菊属 **392652**
山参 313483,345214
山参属 273990
山升麻 373139
山生阿兰藤黄 **14894**
山生阿尼菊 34752
山生埃氏酢浆草 **277817**
山生白酒草 **103538**
山生百簕花 **55384**
山生刺桐 **154704**
山生葱 **15495**
山生大沙叶 **286367**
山生杜鹃 **331411**
山生短丝花 **221433**
山生椴 **391782**
山生拂子茅 **65431**
山生福禄草 **32116**
山生红子木 **155036**
山生虎耳草 **349728**,349725
山生还阳参 **110905**
山生黄檀 **121763**
山生黄藤 **121518**
山生鸡头薯 **152986**
山生假杜鹃 **48262**
山生姜 308529,308572,308641
山生姜饼木 **284269**
山生金丝桃 **202026**
山生卷耳 **83045**
山生库页堇菜 **410522**
山生蜡菊 **189577**
山生乐母丽 **336001**
山生柳 **343814**
山生柳叶菜 **146598**
山生龙胆 **173206**
山生毛核木 **380747**
山生美冠兰 **156874**
山生米努草 **255486**
山生扭果花 **377775**
山生婆婆纳 **407239**
山生千里光 **359510**
山生前胡 **292961**
山生秋海棠 **50425**
山生全毛兰 **197548**
山生塞拉玄参 **357594**
山生赛金莲木 **70739**
山生沙地马鞭草 689
山生沙马鞭 **689**
山生矢车菊 **81215**
山生水苏 **373105**
山生粟草 **254543**
山生苔草 **75409**
山生唐菖蒲 **176382**
山生糖胡萝卜 **43803**
山生头花大青 **96002**
山生卫矛 **157756**
山生夏枯草 **316123**
山生肖鸢尾 **258579**
山生缬草 **404220**
山生玄参 **355044**
山生悬子苣苔 **110561**
山生鸭跖草 **101098**
山生盐肤木 **332721**
山生羊茅 **164089**
山生野荞麦 **152186**
山生银莲花 **23913**
山生蝇子草 **363850**,363167
山生锥叶芥 **379651**
山省藤 65706
山虱母 53797
山什薯 131630
山石蚕 388154
山石胡荽 200312
山石兰 87855,346527
山石榴 **79595**,51301,52049,52225,71387,248732,248754,331839,336675,336825,382499,414193
山石榴属 **79590**
山矢车菊 **81214**
山屎瓜 390128
山柿 **132216**,132089,132230,132308,132309,379325,379411
山柿树 132308
山柿子 132089
山柿子果 **231383**
山手老鹳草 **174904**
山手南星 **33569**
山黍 281984
山鼠 31455
山鼠瓜 238211
山鼠李 **328900**
山鼠茅 **259631**
山鼠尾 308170
山鼠尾草 **345341**
山薯 **131592**,20088,37653,131577,131630,131761,131772
山薯蓣 131772
山藷 131772
山树兰 60064
山水槟榔 71715
山水瓜 207988,285677
山水柳 56125,273903
山水麻 394637
山水芹菜 276748
山丝苗 71218
山四英 211918
山松 **300081**,121105,300054,300086,317822
山松柏 300083
山松榆 401556
山嵩 167092
山苏麻 247725,259284,337253,388127
山苏木 276887
山苏子 143974,209713,209717,220359,274237,295142,295215,316097,345214,345450
山素馨 211918
山素英 **413515**,211918
山酸模 **340103**
山酸汤杆 239594
山蒜 **15332**,15450,239266
山笋草 179488
山塔花 347597
山苔草 **74713**
山檀 403795
山檀香 403795
山糖浆 59823
山桃 **20908**,20928,280028,315177,365003
山桃草 **172201**,172187
山桃草属 **172185**
山桃稠李 280028
山桃花 37888
山桃花心木 **83820**
山桃花心木科 **83815**
山桃花心木属 **83816**
山桃稔 123451
山桃树 59966,283501
山桃仔 243893
山桃子 243893
山藤 166797,414550
山藤藤 411540
山藤藤秧 411540
山藤竹 **240851**
山藤竹属 **240850**
山梯牧草 **294986**
山天冬 38977
山天瓜 367775
山天蓝绣球 295287
山天罗 20348,20447
山天萝 20348,20447
山天文草 4870
山田茶 363235
山田七 135264,215035
山田氏豆樱 **83228**
山甜菜 367322
山甜娘 55147,248727
山条皮 153102
山铁尺 286264
山铁罗竹 351862
山铁杉 399916
山铁树 137353
山铁线莲 95127
山庭荠 18433
山葶苈 **137172**,376389
山通草 13225
山通花 30604
山茼蒿 67689,108736
山桐茶 69262
山桐果 242984
山桐油 204184
山桐子 **203422**,243371,243399,

243424
山桐子属 **203417**
山铜材 **90616**
山铜材属 **90615**
山铜盆 235798
山桶盘 177170
山头姑娘 107486
山头牛木 211022
山葖 293033
山土豆 390128
山土瓜 **250796**,152943,390148,390153,409113
山土密树 60198
山陀儿 345786,345788
山娃儿藤 **400956**
山瓦松 356877,364919
山弯豆 747
山豌豆 408262,408648
山万年青 229626
山万寿竹 **134484**
山王麻 394656
山微籽 46970
山微子 46970
山尾花 96028
山苇子 255873
山文头 165623
山文竹 **38906**,39120
山翁 144093
山蕹菜 18128
山莴苣 **219806**,320515
山莴苣属 **219805**,219206,259746
山莴笋 247157
山窝鸡 277369
山乌豆 226721
山乌龟 375831,375833,375834,375836,375840,375848,375861,375870,375879,375880,375888,375890,375899,375904,375907,375908
山乌桕 **346379**
山乌口树 384917
山乌头 5424
山乌药 231401
山乌樟 91287
山乌珠 382499,382548
山吴萸 161382
山梧桐 96398,203422,240765,332509
山蜈蚣 187544,218480
山五加皮 291082
山五甲 143694
山五山柳菊 **195912**
山五味子 407846
山五月茶 28368
山五爪龙 345944
山勿忘草 **260838**
山西报春 314450
山西贝母 168655
山西杓兰 **120447**
山西赤爬 **390127**
山西独活 **192350**
山西瓜 86755
山西瓜秧 195326
山西鹤虱 **221746**
山西胡麻 231942,232001
山西黄芩 **355759**
山西棘豆 **279160**
山西鹿蹄草 **322909**
山西马先蒿 **287670**
山西南牡蒿 **35471**
山西蒲公英 **384632**
山西忍冬 **236184**
山西沙参 **7651**
山西乌头 **5582**
山西西风芹 **361562**
山西蟹甲草 **283802**
山西玄参 **355190**
山西岩黄芪 187831,188113
山西岩黄耆 **188113**
山西异蕊芥 **131144**
山西银莲花 **23812**
山西早熟禾 **305968**
山菥蓂 **390265**,390223
山溪金腰 **90416**
山虾 308893
山虾子 308893
山下薄柱草 **265364**
山夏枯草 97017
山仙查 243610
山仙楂 243610
山苋 4273
山苋菜 4273,272282
山羡子 61666
山羡子属 61665
山相思 135215
山香 **203066**,105808,105863,137613
山香菜 293033
山香草 209811
山香桂 231427,231444
山香果 231393
山香蕉 403438
山香科 **388154**
山香芹 **228565**
山香属 **203036**
山香圆 **400530**,400518,400522,400539
山香圆属 **400515**
山香竹 **87642**
山响 183223
山小檗 403872
山小檗属 199119
山小菜 70234
山小橘 **177846**,177845
山小橘属 **177817**
山小叶杨 311281
山缬草 **404310**
山蟹 77887
山蟹甲属 **258288**
山辛夷 252979
山新尔 72113
山形欧洲赤松 **300227**
山杏 **34477**,34470
山杏仁 223117
山芎 **101823**,101839
山芎蕉 260228
山芎属 **101820**
山熊胆 204184,204217,262822,298516,367775,417470
山绣球 **200014**
山玄参 355211
山雪花 39928
山雪子 229601
山血丹 **31502**
山血胆 96970
山血藤 347078
山薰香 273979
山薰香属 273976
山丫黄 134467
山鸦葱 354841
山鸦雀儿 124124
山鸦跖花属 284947
山鸭公青 274433,274440
山鸭舌草 210654
山崖子树 300980
山烟 25447,77146,201389,266053,367146
山烟草 367146,367682
山烟根 327435
山烟根子 117385
山烟菊属 34655
山烟棵 327435
山烟木 367632
山烟筒头 77156
山烟筒子 339162
山烟头 367146
山烟子 201389
山胭脂花 255711
山菸 266053
山延胡索 **106368**,105920,106453,106564
山芫茜 154316
山芫荽 **107776**,107752,154316,163661
山芫荽费利菊 **163283**
山芫荽属 **107747**
山岩黄芪 187769
山岩黄耆 **187769**
山岩柃 160598
山盐菁 332509,332513
山盐酸鸡 144752
山雁皮 414193
山羊草 8727,56382,144975
山羊草属 **8660**
山羊赪桐 **96123**
山羊臭 410710
山羊臭虎耳草 **349452**
山羊酢浆草 **277722**
山羊豆 **169935**
山羊豆黄耆 **42392**
山羊豆属 **169919**
山羊豆叶澳洲苦马豆 **380067**
山羊豆叶斯氏豆 380067
山羊豆叶斯万森木 380067
山羊耳 381217
山羊果 77644
山羊花椒 **417357**
山羊黄耆 **42146**
山羊角 313229,378386
山羊角芹 **8801**
山羊角芹属 **8799**
山羊角榕 **164760**
山羊角属 77643
山羊角树 **77644**
山羊角树属 **77643**
山羊金丝桃 **201923**
山羊菊属 11408
山羊藜 **87045**
山羊柳 **343373**
山羊麦属 8660
山羊梅 261081
山羊面 209826
山羊欧石南 **149144**
山羊七 30007,30081
山羊沙芥 321481
山羊参 205568,205571,349256
山羊矢车菊 **80990**
山羊屎 324677
山羊柿子 407850
山羊树 391760
山羊双距兰 **133805**
山羊苔草 **76552**
山羊蹄 339887
山羊头 131522
山羊血 298989
山羊羊茅 **163858**
山羊野荞麦木 **151812**
山羊叶 403953
山羊异果菊 **131193**
山阳荷 418023
山杨 **311281**
山杨柳 291061,343180,343461,343516,343668,344261,344277
山杨梅 82107,261212
山杨桃 184743,296751
山洋朵 337729
山洋桃 6553

山洋芋 367696
山样仔 83700
山样子 83698
山药 131458,131550,131592,131645,131761,131772,207623,300347
山药蛋 131772,367696
山药豆 367696
山药薯 131485,131772,131784
山药田 363235
山药萸 13353
山椰子 32343
山野坝子 144023
山野扁豆 78429
山野火绒草 **224818**
山野菊 124778
山野麻 123337,190094,394637
山野青茅 **127274**
山野人血草 86755
山野参 211672
山野豌豆 **408262**
山野烟 25439
山野芋 99919
山野跖草 260115
山叶树 231424
山叶蒿 160347
山夜兰 60064
山一笼鸡 **182126**
山一笼鸡属 **182122**
山遗粮 366338
山刈叶 **249166**,161353
山刈叶吴茱萸 **161353**
山茵陈 36232,259282,365296
山茵蒿 67689
山银柴胡 31967,183222
山银花 235742,235860,236014,236104
山银钟花 184746
山莺菠萝 412365
山罂桃 83347
山罂粟 **282635**,282617,282683
山樱 83234,83314
山樱花 83158,83234,83314
山樱桃 **83301**,20928,20933,83158,83165,83314,83347,334084
山鹰爪花 **35033**
山影拳 83893
山影掌 **272869**
山硬硬 366338
山油菜 88289
山油茶 69094
山油点草 **396614**
山油甘 177845
山油柑 **6251**,177170,177845
山油柑属 **6233**
山油蒿 **36026**
山油麻 **394637**,235,17621,112667,190094,190106,365296,394628,394635,394664
山油桐 261885,394637
山油皂 240128
山油子 19459
山柚 85935
山柚藤 71292
山柚仔 85935
山柚仔科 272580
山柚仔属 272553
山柚子 **272555**
山柚子科 **272580**
山柚子属 **272553**
山箊 25447
山余瓜 390190
山萸 105146
山萸肉 105146
山榆 **401512**,401490,401519,401556
山榆麻 394635
山蕍菜 **161158**,34590,161154
山蕍菜属 **161120**
山玉桂 91276,91282,91351,231339
山玉兰 **232595**
山玉米 225005
山玉簪 198652
山玉竹 308613,308616
山芋 16495,16512,99917,99918,131501,131645,131772,207623,257570
山芋兰 157110
山芋头 16512,73159,154926
山育杜鹃 331411
山蓣 131772
山鸢尾 **208819**
山圆币草 **367766**
山月桂 215395
山月桂果渡疏 **126983**
山月桂属 **215386**
山月桃 17693
山月桃仔 17693
山枣 **418189**,88691
山枣花 336783
山枣木 88691
山枣仁 345881
山枣参 345881,345894
山枣树 88691,418175
山枣子 88691,345881,345894
山蚤缀 **32085**,32081
山皂荚 176881,176885,176901
山皂角 176881,176897,176901,206445,296801
山泽兰 **204776**,85944,142733,158063,205188,239967,346532
山贼子 393479
山楂 **109933**,109650,109760,109781,109936,110014,110030,243610,243667
山楂海棠 **243645**
山楂扣 109933
山楂槭 2910
山楂山矾 **381164**
山楂属 **109509**
山楂小檗 **51510**
山楂叶斑鸠菊 **406265**
山楂叶柳 **343254**
山楂叶平菊木 **351223**
山楂叶槭 **2910**
山楂叶千里光 **359983**
山楂叶悬钩子 338300
山楂叶樱 83182
山楂叶樱桃 **83182**
山楂子 243717
山沾树 91265
山针锥 78959
山榛子 379414
山之一 414193
山芝 233078
山芝麻 **190094**,190100,269404,269475,276887,285859,295215,331257,365296
山芝麻扁担杆 **180805**
山芝麻属 **190092**
山枝 171253,301279
山枝茶 301255,301279,301454
山枝木 301294
山枝仁 145720,301255,301454
山枝条 301294,301372
山枝子 171253,252979,301426
山栀 171253
山栀茶 301294
山栀花 171253,301294
山栀子 171253,202070,202106,202204,252979,301286
山脂麻 231942,232001,413591
山蜘蛛 65869
山踯躅 **330966**,331839
山纸桦 53549
山芷梅 138888
山指甲 126717,229617
山指甲属 126716
山中白前 **409572**
山中柳叶野豌豆 **408676**
山中平树 **240265**
山舟属 211029
山帚条条 167092
山皱稃草属 **418418**
山茱萸 **105146**,13376,105023,161382
山茱萸科 **104880**,191204
山茱萸属 **104917**,240965
山茱萸树 114918,294231
山茱萸树科 114921
山茱萸树属 114915
山茱萸叶海桐 **301245**
山茱萸叶紫菀 **40625**
山珠半夏 33574
山珠豆 81876
山珠豆属 81872
山珠南星 **33574**
山猪菜 **250854**
山猪菜藤 250854
山猪耳 31518
山猪粪 366338
山猪肝 **381439**,381148
山猪枷 96398,165761,165766
山猪怕 31518
山猪肉 **249438**,249445,407977,407980
山猪薯 131522
山猪殃殃 **170570**
山猪药 31455
山竹 **273738**,351862,416772
山竹藏蕊花 **167185**
山竹恶臭木 167185
山竹公 72393
山竹花 134425,134452,366548
山竹壳菜 307324
山竹兰 158118,158161
山竹犁 72393
山竹青 276745
山竹属 **273737**
山竹香 276745
山竹岩黄芪 187881
山竹岩黄蓍 **187881**
山竹叶 236284
山竹叶草 260093
山竹子 104637,171136,171145,171155,171157,187881,187981,188007,408009
山竹子科 97266,182119
山竹子属 **171046**,104636,110238
山竹子小鳞山榄 **253780**
山苎 56195
山苎麻 **56145**,123337,221552,273903
山桩 166788
山锥 78889
山仔蛀树 274434
山紫草 34615,233731
山紫锤草 **313562**
山紫堇 105699
山紫茎 **376465**
山紫荆 411420
山紫莲属 **188250**
山紫茉莉 **278287**
山紫茉莉属 **278273**
山紫苏 215807,290940

山紫菀　**41333**,229035,229049,229082,229202,229250
山紫云菜　320133
山字草　**94138**
山字草属　94132
山字止　345365
山棕　**32336**,32333,32346,114819,114838,393809
山棕桐　**393813**,405618
山棕属　32330
山总管　34139,34372
杉　82499,82542,113685,114539,393077
杉柏　213775
杉本赤竹　**347277**
杉本蓟　**91706**
杉本南星　**33570**
杉本细辛　**194379**
杉本紫菀　**41329**
杉刺　64990
杉村风毛菊　**348829**
杉德林灰叶哈利木　**184794**
杉公子　79438,385407
杉灌木豆　**321728**
杉寄生　241317
杉科　**385250**
杉孔刺树　82507
杉老树　216134
杉林溪铠兰　**105526**
杉柳　327226
杉毛藻　55918
杉木　**114539**
杉木寄生　190848
杉木鞘花　241316
杉木属　**114532**
杉普尔特木　321728
杉石胡荽　**81683**
杉石南　**61949**
杉石南属　**61948**
杉树　114539
杉松　**299982**,388,216134
杉松苞　216134
杉松果　393090
杉松冷杉　388
杉野桤木　**16314**
杉野盂兰　**223665**
杉叶杜　132829
杉叶杜鹃　**132829**
杉叶杜鹃属　**132828**
杉叶杜属　132828
杉叶佛甲草　**356653**
杉叶红千层　**67298**
杉叶鹃　**399932**
杉叶鹃属　**399930**
杉叶蜡菊　**189096**
杉叶榴　67262,67298
杉叶莓　**340535**
杉叶莓属　**340534**
杉叶藻　**196818**
杉叶藻节节菜　**337349**
杉叶藻科　**196809**
杉叶藻欧石南　**149548**
杉叶藻属　**196810**
杉叶藻水蓑衣　**200616**
杉状狐尾藻　**261349**
衫纽根　31380
衫纽果　367706
衫纽藤　367518
衫钮果　367706
衫钮子　238942
珊广黄芩　355782
珊瑚　44915,346527,346995
珊瑚桉　**155765**
珊瑚奥兆萨菊　279344
珊瑚菠萝　8562
珊瑚补血草　**230586**
珊瑚菜　**176923**,293033
珊瑚菜属　**176921**
珊瑚草　370407,389638
珊瑚匙叶草　139980
珊瑚刺　51524
珊瑚刺桐　154620,154632,154643,154646
珊瑚倒挂金钟　**168758**
珊瑚冬青　**203648**
珊瑚豆　**367528**,765,185764,367522,385812
珊瑚豆属　385811
珊瑚凤梨　8562
珊瑚凤梨属　8544
珊瑚桂　**223239**
珊瑚桂属　**223238**
珊瑚果属　**103887**
珊瑚红智利藤　**51267**
珊瑚花　**120526**,212186,214410,345586
珊瑚花属　**120525**
珊瑚火湖北花楸　**369421**
珊瑚鸡爪槭　**3307**
珊瑚架　297645
珊瑚假芝麻芥　**317299**
珊瑚姜　**417974**
珊瑚苣苔　**103941**
珊瑚苣苔属　**103937**
珊瑚兰　**104019**,170035
珊瑚兰属　**103976**
珊瑚蓼　28422
珊瑚蓼属　28418
珊瑚芦荟　**17299**
珊瑚木　154643
珊瑚念珠草　265358
珊瑚盘属　103937
珊瑚配　345708
珊瑚朴　**80661**
珊瑚丘头山龙眼　**369828**
珊瑚秋海棠　**49739**,49729
珊瑚球　221238
珊瑚雀枝　**104029**
珊瑚雀枝属　**104028**
珊瑚日本扁柏　**85315**
珊瑚日中花　**220514**
珊瑚色褐花　**61139**
珊瑚参属　**53220**
珊瑚属　8544
珊瑚树　**273041**,31630,154632,154643,212186,407977,407980
珊瑚藤　**28422**
珊瑚藤属　**28418**
珊瑚豌豆　**215983**
珊瑚豌豆属　**215978**
珊瑚新蜡菊　**279344**
珊瑚樱　**367522**
珊瑚油洞　212202
珊瑚羽小果博落回　**240772**
珊瑚圆筒仙人掌　**116675**
珊瑚枝　287853
珊瑚钟　**194437**
珊瑚珠　31630
珊瑚状大戟　**158690**
珊瑚状芦荟　**16736**
珊瑚状马齿苋　**311833**
珊瑚状球距兰　**253321**
珊瑚籽木蓝　**205832**
珊瑚子　367522
闪光刺头菊　**108408**
闪光大戟　159270
闪光斗篷草　**14083**
闪光杜鹃　331001
闪光盾盘木　**301569**
闪光仿龙眼　**254972**
闪光古堆菊　**182107**
闪光红山茶　**69319**,68980
闪光火炬花　**217037**
闪光决明　**78492**
闪光空船兰　**9182**
闪光蜡菊　**189799**
闪光里奥萝藦　**334743**
闪光立金花　**218941**
闪光麻花头　361004
闪光米迈特木　254972
闪光鸟娇花　**210929**
闪光飘拂草　**166498**
闪光落草　**217568**
闪光髯毛海因斯茜　**188287**
闪光蛇葡萄　20297
闪光睡莲　**267636**
闪光苔　**75176**
闪光脱皮藤　**832**
闪光西洋石竹　**127701**
闪光缅草　404314
闪光异决明　**360486**
闪光硬皮鸢尾　**172691**
闪光鹧鸪花　**395485**
闪光猪屎豆　112405
闪果灯心草　212866
闪红阁　**158926**
闪浪花　229829,229834
闪亮杜鹃　330040
闪亮假杜鹃　**48256**
闪亮肖竹芋　**66180**
闪毛党参　**98397**
闪目木　237191
闪烁的灯塔极美泰洛帕　385740
闪烁格尼瑞香　**178710**
闪烁黑草　**61863**
闪烁决明　**78421**
闪烁军刀豆　**240497**
闪穗早熟禾　305780
闪眼子菜　312168
闪耀福禄考　**295273**
陕川婆婆纳　**407422**
陕鹅耳枥　77388
陕鄂楤木　**30717**
陕甘报春花　314624
陕甘长尾槭　2878
陕甘楤木　30717
陕甘灯心草　**213501**
陕甘花楸　**369443**
陕甘黄毛槭　**2979**
陕甘金腰　**90441**
陕甘筋骨草　**13083**
陕甘木蓝　**206099**,206421
陕甘槭　**3595**
陕甘瑞香　122614
陕甘山桃　**20911**
陕甘五加　143596
陕梅杏　**34479**
陕南单叶铁线莲　**94994**
陕南龙胆　**173724**
陕西报春　**314450**
陕西茶藨　333986
陕西莒　23701
陕西点地梅　**23164**
陕西东陵绣球　199905
陕西杜鹃　**331915**,331409,331588,332155
陕西短柱茶　**69628**
陕西鹅耳枥　**77388**
陕西黄杉　**318589**
陕西荚蒾　**408118**
陕西金银花　235732
陕西堇菜　**410539**
陕西锦鸡儿　72339
陕西狼尾草　**289257**
陕西老鹳草　**174899**
陕西冷杉　311
陕西柳　343974
陕西龙胆　**173891**

陕西猕猴桃　**6519**
陕西木蓝　206421
陕西木梨　**323213**
陕西泡桐　**285975**
陕西葡萄　**411917**
陕西槭　**3596**
陕西漆树　**393492**
陕西蔷薇　**336607**
陕西清风藤　**341565**
陕西忍冬　**236046**,235732
陕西瑞香　122614
陕西山光杜鹃　**331409**
陕西山楂　**110040**
陕西石蒜　**239277**
陕西苔草　**76244**
陕西唐松草　**388664**
陕西铁线莲　**95297**
陕西椭果黄堇　**105856**
陕西卫矛　**157874**
陕西乌头　**5566**
陕西溪水苔草　**74798**
陕西香椿　**392846**
陕西小檗　**52145**
陕西绣球　**199905**
陕西绣线菊　**372135**
陕西悬钩子　**339052**
陕西枸子　**107428**
陕西羽叶报春　**314390**
陕西紫堇　**106436**
陕西紫茎　**376482**
陕西醉鱼草　**62164**
黏木　114539
汕头大沙叶　**286500**
汕头后蕊苣苔　**272593**
汕头黄杨　**64249**
汕头荚蒾　408163
汕头蜜柑　93728
疝气药　183662
苫房草　255886
扇芭蕉　**377554**,327095
扇芭蕉属　377550
扇把草　50669,208875
扇苞兜唇马先蒿　287219
扇苞福氏马先蒿　**287219**
扇苞黄堇　**106388**
扇苞蒟蒻薯　**382931**
扇贝兰　146399
扇唇对叶兰　**264675**
扇唇山姜　**17671**
扇唇舌喙兰　**191602**
扇唇羊耳蒜　**232339**
扇唇指甲兰　**9289**
扇耳树　160344
扇骨木　295691,295773
扇骨木属　295609
扇合草　294895
扇花冷水花　299046
扇花茜　**329628**
扇花茜属　**329627**
扇蕉　377563
扇金合欢　**1039**
扇葵属　85665,390451
扇兰　**319994**
扇兰属　**319993**
扇芦荟　17175
扇榈属　57116
扇脉杓兰　**120371**
扇脉香茶菜　**209669**
扇木　403872
扇扇草　208524
扇舌兰属　**329637**
扇蒴藤属　235202
扇穗茅　**234126**
扇穗茅属　**234122**
扇索叶蓝刺头　**140718**
扇尾龙江柳　344232
扇尾于登柳　**344232**
扇仙　260208
扇形刺桐　154658
扇形狗牙花　**154166**,154162
扇形黄芩　**355439**
扇形黄眼草　**416063**
扇形金虎尾属　**166755**
扇形离被鸢尾　**130298**
扇形楼斗菜　**30031**
扇形萨拉卡棕　**342574**
扇形省藤　**65691**
扇形鸢尾　**208939**
扇椰子　57122
扇椰子属　57116
扇叶杓兰　120371
扇叶垂花报春　**314398**
扇叶粗子芹　304809
扇叶酢浆草　**277841**
扇叶丹氏梧桐　**135843**
扇叶垫柳　**343381**
扇叶矾根　**194420**
扇叶飞蓬　**150633**
扇叶狒狒花　**46055**
扇叶俯卧叠鞘兰　**85480**
扇叶观音兰　**399076**
扇叶虎耳草　**349862**,349861
扇叶虎尾兰　346089
扇叶桦　**53527**
扇叶还阳　120371
扇叶黄堇　**105877**
扇叶灰白泽菊　**91133**
扇叶豇豆　**408828**
扇叶芥　**126157**
扇叶芥属　**126147**
扇叶景天　329901
扇叶葵　234170
扇叶柳　343381
扇叶龙胆　**173418**
扇叶露兜树　**281166**
扇叶蔓绿绒　294810
扇叶毛茛　**325816**
扇叶猕猴桃　**6716**
扇叶蒲葵　234194
扇叶槭　**2964**
扇叶人字果　128931
扇叶日本槭　**3035**
扇叶山楂　**109707**
扇叶省藤　**65692**
扇叶树头榈　57122
扇叶树头棕　57122
扇叶水毛茛　48907
扇叶苔草　**75738**
扇叶糖棕属　57116
扇叶藤　**252998**
扇叶藤属　**252996**
扇叶香灌木　**261542**
扇叶小报春　**314744**
扇叶杂蕊草　**381735**
扇叶直瓣苣苔　**22164**
扇叶指甲兰　9289
扇叶指柱兰　86707
扇叶棕属　228729
扇枝美国扁柏　85376
扇枝美国尖叶扁柏　85376
扇枝竹　**329631**
扇枝竹属　**329630**
扇竹兰　208939
扇状白酒草　**103486**
扇状滨藜　**44402**
扇状大地豆　**199357**
扇状鬼针草　**53909**
扇状虎尾草　**88350**
扇状离瓣寄生　**190834**
扇状毛子草　**153187**
扇状木蓝　**205986**
扇状平菊木　**351225**
扇状三指兰　**396638**
扇状石苔草　**349026**
扇状苔草　**74546**
扇状委陵菜　**312538**
扇状西澳兰　**118193**
扇状烟堇　**169064**
扇状异柱马鞭草　**315413**
扇状早熟禾　**305529**
扇状砖子苗　**245425**
扇子草　50669,208524
扇子还阳　120371,120411
扇子七　120371
扇子薯　131772
扇棕　57122
扇棕属　85665
善宝黄耆　**42499**
善变糙毛草　**335345**,215927
善变箬竹　**206835**
善变以礼草　**215927**
善薄　171253
善氏豆瓣绿　290299
鳝藤　**25928**
鳝藤属　**25927**
伤寒草　115595,200366
伤寒头　209844
伤痕木蓝　**206693**
伤口草　187544
伤脾草　215343
伤食草　215352
伤药　61572
伤药藤　103862
伤愈草　**211670**
伤愈草属　211639
商城柳　**344102**
商城蔷薇　**336945**
商城苔草　**76246**
商棘　38960
商六　298093
商陆　**298093**
商陆科　**298124**
商陆属　**298088**
商陆藤　**47986**
商陆藤科　**47989**
商陆藤属　**47985**
商南蒿　**36279**
商庭树　61107
商州厚朴　198698
蔏蒌　35634,36474
赏云　**249603**
上八角　351056
上白木　243371
上被兰　**146329**
上被兰属　**146328**
上别木　134040
上大黄　138888
上党人参　98395
上帝阁　**279492**
上柑　93672
上广军　329372
上海黄檀　**121815**
上海毛茛　326241
上海佩兰　158118
上海苔草　**76247**
上杭杜鹃　331705
上杭苔草　**76248**
上杭锥　**78971**
上花细辛　37615
上节粉苞苣　**88789**
上举安龙花　**139435**
上举长筒莲　**107843**
上举酢浆草　**277667**
上举丁香蓼　**238152**
上举风铃草　**69873**
上举胡卢巴　**397187**
上举黄芪　41915
上举黄耆　**41915**

上举棘豆　**278687**
上举林地新风轮菜　96966
上举罗勒　**268421**
上举罗簕　268421
上举马利筋　**37816**
上举千里光　**358201**
上举青锁龙　**108785**
上举色罗山龙眼　**361156**
上举水牛角　**72405**
上举天门冬　**38911**
上举鸭舌癀舅　**370738**
上举野生新风轮　96966
上举一点红　**144888**
上腊　**102464**
上林糙果茶　**69088**
上林蜂斗草　**368900**
上林楼梯草　**142837**
上林崖爬藤　**387852**
上裸秋海棠　**49814**
上毛胡颓子　**141987**
上木三叉虎　285117
上木蛇　285117,319833
上木蜈蚣　328997,329000
上帕玉兰　242279
上盘苣苔　**25952**
上盘苣苔属　**25950**
上蓬下柳　159159
上蕊花苋属　**148928**
上山虎　203814,215442,417282
上山龙　20297
上山蜈蚣　288656
上身眉　381366
上升大戟　**159910**
上升二行芥　**133235**
上升凤仙花　**204786**
上升光淋菊　**276222**
上升虎耳草　**349049**
上升假塞拉玄参　**318403**
上升卷舌菊　**380839**
上升美洲榆　**401432**
上升鞘蕊花　**99521**
上升酸脚杆　**247536**
上升糖蜜草　**249277**
上升铁苋菜　**1998**
上升香荼菜　**303154**
上升鸭跖草　**100927**
上升羊耳蒜　**232082**
上升野苋　**18674**
上升银豆　**32785**
上升猪屎豆　**111916**
上狮紫珠　**66930**
上石百足　197772
上石蚂蝗　87926
上树百足　147349
上树逼　103862
上树鳖　134032
上树风　300408
上树蛤蟆　295518
上树瓜　134029
上树瓜子　134032
上树胡椒　300407
上树葫芦　313197
上树龙　70507,147349
上树南星　**21313**
上树南星属　**21311**
上树蛇　285105
上树蜈蚣　**329003**,9431,70507,147349,187307,285117,387822,405017
上树虾　125202
上思本簕木　51025
上思粗叶木　**222270**,222269,222296
上思冬青　**204154**
上思耳草　**187615**
上思瓜馥木　**166687**
上思厚壳树　**141717**
上思卷花丹　**354749**
上思蓝果树　**267862**
上思龙船花　**211196**
上思蒲桃　382476
上思槭　**3593**
上思青冈　**116080**
上思琼楠　**50608**
上思山桂花　**51029**
上思省藤　**65674**
上思梭罗　**327378**
上思小花藤　203336
上思绣球　**200103**
上天柳　89160
上天龙　187307
上天梯　104701,117643,142624,142694,201942,201974,202086,202146,277878,279757,284406
上湘黄　329372
上湘军　329372
上须兰属　147303
上已菜　72038
上枝兰　**146327**
上枝兰属　**146326**
上竹龙　20408,207659,285117
上总莎草　**118434**
尚礼荠　**362069**
尚帕倒距兰　**21163**
尚氏柱瓣兰　**146475**
梢瓜　114201
梢楠　67529
梢梢金花　357203
烧饼花　243823
烧不死　8760
烧灰树　261629
烧金草　224110
烧酒钩　392559
烧酒壶　345214
烧莲属　65128
烧麻属　402281
烧瓶树葡萄　**120123**
烧瓶野荞麦　**151813**
烧刃兰　116829
烧伤藤　179944,179949
烧香杆　192236
烧香树　239398
烧叶兰　116829
烧盏花　41482
稍白接骨木　**345564**
稍白小瓠果　**290535**
稍扁天门冬　**39145**
稍叉风铃草　**70003**
稍叉沟萼茜　**45012**
稍叉虎眼万年青　**274591**
稍叉蓝花参　**412663**
稍叉美冠兰　**156668**
稍叉密头帚鼠麹　**252429**
稍叉玉凤花　**183586**
稍粗细莞　**209983**
稍粗獐牙菜　**380169**
稍大李堪木　**228675**
稍大利堪蔷薇　228675
稍瓜　114201
稍光毕尔剪股颖　**12014**
稍红斑鸠菊　**406766**
稍红蔗草　**210071**
稍红鬼针草　**54095**
稍红黄芩　**355720**
稍红美非补骨脂　**276986**
稍红南山藤　**137793**
稍红七叶树　**9726**
稍红莎草　**119519**
稍红树棉　**179879**
稍红天门冬　**39178**
稍坚挺海神菜　**265513**
稍坚挺茴芹　**299516**
稍坚挺喜阳花　**190428**
稍坚挺羊茅　**164238**
稍坚挺硬皮鸢尾　**172694**
稍坚挺舟叶花　**340870**
稍亮大沙叶　**286383**
稍亮古柯　**155096**
稍亮索林漆　**369788**
稍裸蔊菜　**336247**
稍裸毛鸭绿报春　**314523**
稍裸驼曲草　**119812**
稍密欧石南　**149343**
稍明显日中花　**220654**
稍黏木蓝　**205749**
稍黏千里光　**358976**
稍攀援天门冬　39223
稍平滑菲利木　**296241**
稍平滑龙胆　**173573**
稍软水榆花楸　**369307**
稍弯驼曲草　**119903**
稍小滨藜　**44567**
稍小彩果棕　**203510**
稍小花斗篷草　**14088**
稍小鬣蜥棕　203510
稍小秋海棠　50143
稍小手玄参　**244825**
稍雅致香荼菜　**303277**
稍硬补血草　**230613**
稍硬酢浆草　**277814**
稍硬灰毛豆　**386289**
稍硬欧石南　**149992**
稍硬细辛　**37710**
稍硬小金梅草　**202952**
稍硬熊菊　**402809**
稍硬羊茅　**163915**
稍硬一枝黄花　**368365**
稍展熊果　31132
稍直立水苏　**373202**
稍皱阿斯皮菊　**39804**
稍皱臂形草　**58162**
稍皱蜡菊　**189731**
稍皱茄　**367571**
稍皱永菊　**43906**
稍皱直距美冠兰　**156901**
稍皱帚鼠麹　**377244**
稍皱紫菀　**41171**
蛸壶　**385880**
勺草　278842
勺叶凤仙花　205328
勺叶木　**341935**
勺叶木科　**341933**
勺叶木属　**341934**
芍　143122,143391
芍药　**280213**,280147
芍药花罂粟　**282718**
芍药科　**280344**
芍药属　**280143**
芍药叶紫堇　**106226**
苕　43053,408352,408423
苕花　70507
苕花黄眼草　416127
苕华　70507
苕菊　121561
苕翘　43053
苕饶　408423,408571
苕条　20005
苕叶细辛　37653
苕子　408371,408423,408571,408638
苕子菜　43053
韶关大将军　234628
韶子　**265126**,139092,265129,265139
韶子属　**265124**,139089
少斑姜　**418015**
少瓣秋海棠　**50400**

少瓣舟叶花 **340832**
少苞多坦草 **136585**
少苞买麻藤 **178526**
少齿荸荠 **143292**
少齿齿舌叶 **377359**
少齿大青 **96260**
少齿冬青 **204111**
少齿发汗藤 95258
少齿凤仙花 **205217**
少齿黑草 **61837**
少齿花楸 **369477**
少齿黄芩 **355632**
少齿龙头黄芩 **355599**
少齿毛茛 **326197**
少齿山黄菊 **25542**
少齿树葡萄 **120175**
少齿索英木 **390429**
少齿小檗 **52058**
少齿悬钩子 **339005**
少齿于维尔无患子 **403067**
少齿总梗委陵菜 **312866**
少刺大叶蔷薇 336320
少刺方竹 **87598**
少刺辽宁楤木 **30655**
少刺毛假糙苏 **283641**
少刺仙人掌 273103
少对峨眉蔷薇 **336827**
少轭灰毛豆 **386226**
少轭金合欢 **1460**
少轭羚角芥 **145174**
少轭木蓝 **206642**
少轭纽敦豆 **265910**
少轭崖豆藤 **254799**
少轭野豌豆 **408535**
少分枝风兰 **24989**
少辐东俄芹 **392793**
少辐小芹 **364889**
少妇虎耳草 **349216**
少副萼千里光 **359680**
少刚毛宽肋瘦片菊 **57653**
少根紫萍 221007
少梗白莱氏菊 46584
少梗贝利菊 46584
少冠可利果 **96802**
少管短毛独活 **192318**
少果八角 **204583**,204574
少果八角金盘 **162891**
少果都丽菊 **155377**
少果胡颓子 **142245**,142207
少果鸡血藤 254796
少果景天 **356984**
少果酒实棕 **269375**
少果南蛇藤 80295
少果槭 **3274**
少果苔草 **75589**
少果吴茱萸 **161376**
少果栒子 **107612**
少果银莲花 **23783**
少花矮船兰 **85129**
少花桉 **155688**
少花奥萨野牡丹 **276510**
少花澳蜡花 **85857**
少花澳西桃金娘 **148171**
少花澳洲兰 **173176**
少花八角 204567
少花菝葜 **366253**
少花白玉树 **139826**
少花百日菊 **418057**
少花柏拉木 **55174**
少花斑鸠菊 **406226**
少花苞舌兰 **370398**
少花爆杖花 331879
少花杯漆 **396358**
少花贝克菊 **52748**
少花荸荠 **143319**
少花扁莎 **322244**
少花藨草 **353696**
少花柄泽兰属 50642
少花薄果荠 **198487**
少花糙毛菊 **304621**
少花糙毛菊属 **304620**
少花糙苏 **295145**
少花茶竿竹 318337
少花茶秆竹 **318337**
少花长被片风信子 **137977**
少花长庚花 **193309**
少花车前 **302117**,400944
少花齿瓣延胡索 **106571**
少花齿缘草 **153500**
少花赤车 **288756**,288762
少花川康绣线梅 **263144**
少花刺子莞 **333646**
少花葱 **15541**
少花葱臭木 139668
少花粗糙紫花鼠麹木 **21867**
少花大苞兰 **379779**
少花大花糙苏 295145
少花大将军 234398
少花大披针苔草 **75052**
少花大青 **96261**,313707
少花单毛野牡丹 **257536**
少花当归藤 **144779**
少花灯心草 213150
少花迪奥豆 131324
少花吊钟花 **145709**
少花顶冰花 **169480**
少花顶花 146076
少花东南亚野牡丹 **24195**
少花豆腐柴 **313707**
少花杜茎大戟 **241879**
少花杜鹃 **331205**
少花杜英 **142286**
少花多蕊石蒜 **175321**
少花鹅观草 **144200**
少花萼叶茜 **68392**
少花耳梗茜 **277208**
少花二型花 **128535**
少花二叶獐牙菜 **380127**
少花法拉茜 **162596**
少花番茉莉 **61310**
少花仿龙眼 **254969**
少花菲利木 **296276**
少花菲奇莎 **164565**
少花狒狒花 **46102**
少花粉苞菊 **88793**
少花粉苞苣 88793
少花粉条儿菜 **14519**
少花风毛菊 **348606**
少花匐茎木防己 97933
少花斧丹 **45801**
少花盖茜 **271949**
少花高恩兰 **180014**
少花高原芥 **89265**,126164
少花格雷野牡丹 **180413**
少花谷木 **250041**
少花冠唇花 **254263**
少花灌木猪屎豆 **112803**
少花光亮欧石南 **149702**
少花桂 **91397**
少花桂叶莓 **131377**
少花哈维列当 **186073**
少花海桐 **301360**
少花杭子梢 **70860**
少花蒿 360835
少花赫普苣苔 **192162**
少花鹤顶兰 **293493**
少花黑花糙苏 295147
少花红柴胡 **63816**
少花红果大戟 **154843**
少花红树 **329768**
少花胡颓子 **142017**
少花槲寄生 **411087**
少花虎耳草 **349761**
少花黄鹌菜 **416486**
少花黄瓜菜 **283386**
少花黄猄草 **85949**
少花黄精叶钩吻 **111678**
少花黄芪 43179
少花黄耆 **43179**
少花黄伞白鹤藤 **32625**
少花黄眼草 **416127**
少花黄叶树 **415145**
少花灰叶堇菜 **409890**
少花茴芹 **299522**
少花火炬花 **217014**
少花鸡头薯 **152996**
少花鸡眼藤 **258903**
少花棘豆 **279071**
少花蒺藜草 **80837**
少花季氏卫矛 **418067**
少花荚蒾 **407987**,407905
少花假花大戟 **317204**
少花假露珍珠菜 239874
少花假木贼 **21053**
少花假卫矛 254315
少花尖苞木 **146076**
少花尖鸠菊 **4637**
少花尖鸠菊属 **4635**
少花樫木 **139668**
少花箭竹 **162733**
少花姜花 **187463**
少花胶子堇 **177210**
少花金黄雄黄兰 **111459**
少花金千里光 **279934**
少花金丝桃 **202080**,202217
少花金莞 **301511**
少花筋骨草 **13081**
少花堇菜 409890
少花近缘棒叶金莲木 **328407**
少花卷耳 82955
少花克拉豆 **110289**
少花克什米尔紫堇 **105712**
少花苦瓜 **256859**
少花葵 **66150**
少花葵属 **66147**
少花拉拉藤 **170545**,170208
少花蜡瓣花 **106669**
少花兰属 310859
少花蓝花参 **412790**
少花蓝星花 **33686**
少花榄仁树 **386606**
少花老鹳草 **174759**
少花老挝蒲桃 **382594**
少花棱果桔梗 **315301**
少花冷水花 **298999**
少花狸藻 403191
少花丽韭 **128872**
少花裂口花 **379976**
少花鳞盖草 **374604**
少花瘤蕊紫金牛 **271086**
少花瘤枝卫矛 **157777**
少花龙胆 173766
少花龙葵 **367439**,366934,367416
少花龙茄 **367496**
少花龙王角 **199084**
少花漏斗花 **130223**
少花鲁斯特茜 **341036**
少花卵叶锦香草 **296406**
少花卵叶茜草 **338004**
少花乱子草 **259686**
少花马达加斯加菊 **29557**
少花马达加斯加楝 **67665**
少花马蓝 85949
少花马利旋花 **245303**
少花马先蒿 **287482**
少花马雄茜 **240536**
少花毛连菜 **298633**

少花毛轴莎草 **119381**
少花茅膏菜 **138323**
少花美登木 **246894**
少花美丽多毛决明 **78456**
少花美洲盖裂桂 **256674**
少花蒙塔菊 **258208**
少花米口袋 **181693**
少花米迈特木 254969
少花木 63964
少花木姜子 233854
少花木蓝 **206361**
少花南美苦苣苔 **175300**
少花拟九节 **169353**
少花脓花豆 **322508**
少花欧亚旋覆花 **207059**
少花蓬莱葛 171456
少花披碱草 **144366**
少花飘拂草 **166434**
少花瓶果莎 **219883**
少花铺展鸟娇花 **210874**
少花蒲公英 **384720**
少花杞莓 **316998**
少花荠苎 **259319**
少花千里光 **359682**
少花茜草 **338006**,338004
少花墙草 **284154**
少花清香桂 **346739**
少花琼楠 **50586**
少花荛花 **414237**
少花热非夹竹桃 **13305**
少花热美龙胆 **380653**
少花日中花 **220636**
少花柔冠菊 **236390**
少花肉舌兰 **346805**
少花软兰 **185319**
少花瑞木 106669
少花瑞香 **122421**
少花三芒草 **33957**
少花山慈姑 **207502**
少花山地菊 **268914**
少花山地菊属 **268913**
少花山梗菜 **234697**
少花山兰 **274055**
少花山小橘 **177843**
少花杉叶杜 132830
少花杉叶杜鹃 **132830**
少花珊瑚花 **211346**
少花扇舌兰 **329657**
少花扇叶芥 **126164**,89265
少花蛇鞭菊 **228500**
少花蛇根草 **272275**
少花蛇舌草 **257577**
少花石豆兰 **63079**
少花石稃禾 **233087**
少花石斛 **125295**
少花石南状菲利木 **296207**
少花瘦片菊 **385725**
少花瘦片菊属 **385724**
少花鼠麹草 **178338**
少花鼠尾草 **345295**
少花鼠尾粟 **372798**
少花刷柱草 **21785**
少花双被豆 **131324**
少花水芹 269300
少花水莎草 **212780**
少花水蜈蚣 **218603**
少花四翼木 **387618**
少花溲疏 **126889**
少花素馨 **211958**
少花粟麦草 **230148**
少花穗莎草 **118758**
少花唢呐草 **256036**
少花塔韦豆 **385167**
少花苔草 **76311**
少花唐菖蒲 **176437**
少花桃叶珊瑚 **44908**
少花铁线莲 **95223**
少花凸脉苔草 75052
少花团集聚花草 **167027**
少花娃儿藤 **400944**
少花万寿竹 **134503**
少花维斯木 **411151**
少花卫矛 157954
少花温曼木 **413700**
少花文殊兰 **111242**
少花纹蕊茜 **341345**
少花乌泡 338407
少花乌头 **5478**
少花无柱兰 **19524**
少花五星花 **289873**
少花西印度茜 **179548**
少花细梗溲疏 **126954**
少花细枝蔗草 **353412**
少花虾脊兰 **65917**
少花狭喙兰 **375696**
少花狭蕊爵床 **375419**
少花线莴苣 **375978**
少花线叶膜冠菊 **201180**
少花线叶旋覆花 207166
少花腺萼菊 **68290**
少花腺冠夹竹桃 **375281**
少花香草 **196159**
少花香茶 **303567**
少花香薷 **143978**
少花向日葵 **189028**
少花小檗 **52096**
少花小囊芸香 **253397**
少花小籽金牛 **383973**
少花肖阿魏 **163761**
少花肖禾叶兰 **306175**
少花缬草 **404326**
少花新樟 263759
少花秀蕊莎草 **161217**
少花绣线梅 263144
少花萱草 **191296**
少花悬钩子 **339284**
少花旋覆花 207059
少花栒子 **107611**
少花鸭舌草 257583
少花雅克黍 **416286**
少花烟堇 **169153**
少花延胡索 **106255**,105588
少花腰骨藤 **203330**
少花野菊 124806
少花野荞麦 **152327**
少花叶穆拉远志 **260035**
少花异翅藤 **194067**
少花异萼堇 **352789**
少花异尖荚豆 **263365**
少花异形木 **16026**
少花异翼果 194067
少花翼兰 **320168**
少花翼鳞野牡丹 **320587**
少花淫羊藿 **147032**
少花银豆 **32870**
少花云南景天 329875
少花藏苔草 **76540**
少花泽泻 **14779**
少花獐牙菜 **380417**
少花沼泽肖水竹叶 **23586**
少花针蔺 143319
少花珍珠茅 **354173**
少花指被山柑 **121182**
少花治疝草 **192985**
少花中脉梧桐 **390310**
少花柊叶 **296043**
少花舟叶花 **340830**
少花猪殃殃 **170526**
少花柱蕊紫金牛 **379197**
少花紫瓣花 **400085**
少花紫堇 **106206**,106255
少花紫荆 **83802**
少花紫珠 **66889**
少花钻药茜 **394730**
少将 102086
少将肉锥花 **102086**
少节黍 **282046**
少绢毛瑞香 **122460**
少牢木 347969
少裂凹乳芹 **408241**
少裂萼千里光 **359693**
少裂秋海棠 **50144**
少裂矢车菊 **81269**
少裂西藏白苞芹 **266978**
少鳞杜鹃 **332153**
少鳞冷水花 **299052**
少柳 343691
少脉巴特多坦草 **136439**
少脉白仙玉 **246600**
少脉椴 **391807**
少脉多肋菊 **304449**
少脉鹅耳枥 **77389**
少脉风车子 **100692**
少脉凤仙花 **205192**
少脉冠萼花楸 **369372**
少脉孩儿草 **38267**
少脉孩儿草属 **38266**
少脉黄芩 **355633**
少脉假豪猪刺 52170
少脉假卫矛 **254318**
少脉康定小檗 **52170**
少脉马兜铃 **34292**
少脉毛椴 **391813**
少脉木姜子 **234023**
少脉爬藤榕 **165630**
少脉匍茎榕 165630
少脉雀梅藤 **342185**
少脉赛金莲木 **70742**
少脉山矾 **381353**
少脉水东哥 **347975**
少脉小花茜 **286017**
少脉羊蹄甲 **49193**
少毛白花苋 **9370**
少毛爆仗花 331879
少毛爆仗花杜鹃 **331879**
少毛变叶葡萄 **411853**
少毛侧扁黄芪 42358
少毛唇柱苣苔草 **87870**
少毛杜鹃 330644
少毛伏黄芩 **355685**
少毛复叶葡萄 411853
少毛甘露子 **373092**
少毛甘西鼠尾草 **345329**
少毛格尔木黄芪 42420
少毛格尔木黄耆 **42420**
少毛褐毛紫菀 **40497**
少毛横蒴苣苔 **49398**
少毛花叶海棠 **243725**
少毛华北前胡 **292879**
少毛鸡条树 408009
少毛金仙草 **321536**
少毛冷水花 **299076**
少毛柳条杜鹃 **332073**
少毛毛萼越橘 **403974**
少毛木蓝 **206363**
少毛牛膝 **4275**
少毛葡萄 411853
少毛全缘叶紫麻 273909
少毛搜诞 161373
少毛尾稃草 **402537**
少毛西域荚蒾 **407960**
少毛荫生冷水花 299076
少毛云南槐木 **30780**
少毛紫麻 **273909**
少毛紫菀 40497
少毛左贡虎耳草 **350061**
少囊苔草 **74431**,74342
少年红 **31354**,187548,187598

少年青 272073
少女荷兰菊 **40931**
少女花 216474
少女金棕 **315385**
少女排草 239667
少女石竹 127700
少卿绣球 200103
少蕊败酱 **285841**
少蕊扁担杆 180900
少蕊刺花蓼 **222586**
少蕊刺花蓼属 **222584**
少蕊山柑 **71749**
少水灯心草 **213503**
少丝毛瑞香 122460
少丝瑞香 **122631**
少穗阿氏莎草 **598**
少穗割鸡芒 **202731**
少穗花 242688
少穗花属 **270277**
少穗鹿药 242688
少穗落芒草 **300717**
少穗毛蕊草 **139126**
少穗飘拂草 **166471**
少穗荅草 **75595**,74431
少穗细柄蔗草 **353413**
少穗竹 **270451**
少穗竹属 **270423**
少头斑鸠菊 **406644**
少头风毛菊 **348609**
少头蜡菊 **189621**
少头水杨梅 **216192**
少头水杨梅属 **216191**
少腺虫果金虎尾 **5928**
少腺密叶翠雀花 **124321**
少腺爪花芥 **273968**
少辛 37638,37722
少雄蕊金丝桃 **202058**
少雄舌瓣 **177362**
少药八角 **204567**
少叶艾纳香 **55749**
少叶苞叶兰 **58411**
少叶布留芹 **63506**
少叶重楼 **284318**
少叶大戟 **159358**
少叶甘草 **177933**
少叶虎耳草 **349711**
少叶虎眼万年青 **274725**
少叶花凤梨 **392032**
少叶花楸 **369427**
少叶黄杞 **145512**
少叶黄藤 **121520**
少叶蓟 **92342**
少叶姜 **418011**
少叶龙胆 **173678**
少叶鹿药 **242702**
少叶密钟木 **192675**
少叶欧石南 **149854**
少叶千里光 **359691**
少叶日中花 **220637**
少叶瑞香 122448
少叶色穗木 **129170**
少叶山柳菊 195803
少叶水竹叶 **260109**
少叶碎米荠 **72924**
少叶铁兰 392032
少叶铁苋菜 **1949**
少叶沃森花 **413381**
少叶野木瓜 **374433**
少叶罂粟 **282658**
少叶硬叶兰 **117006**
少叶远志 308419
少叶早熟禾 **305817**
少叶紫波 **28499**
少枝刺头菊 **108365**
少枝干若翠 **415461**
少枝毫 226860
少枝碱茅 **321358**
少枝沙金盏 **46584**
少枝异荣耀木 **134568**
少枝玉山竹 **416808**
少壮山羊草 8683
少籽门泽草 **250489**
少籽婆婆纳 **407259**
少籽荅草 **75591**
少籽远志 **308238**
少籽云叶 160344
少子刺通草 **394761**
少子果 **64064**
少子果属 **64063**
少子黄堇 **106140**
少子叶下珠 **296695**
邵氏卷瓣兰 62900
邵氏卷唇兰 62900
邵氏石豆兰 62900
邵氏荅 76469
邵氏荅草 **76469**
邵氏唐菖蒲 **176524**
绍菜 59600
绍尔虎眼万年青 **274769**
绍尔姣丽球 **400460**
绍尔爵床属 **350607**
绍氏百合 **230046**
绍氏百蕊草 **389893**
绍氏串铃花 **260338**
绍氏葱 **15796**
绍氏翠雀花 **124615**
绍氏短梗景天 **8432**
绍氏黄水茄 **367237**
绍氏景天小黄管 **356172**
绍氏卷耳 **83043**
绍氏龙胆 174095
绍氏绿心樟 268732
绍氏毛蕊花 **405783**
绍氏南芥 **30451**
绍氏歧缬草 **404476**
绍氏秋水仙 **99348**
绍氏山楂 **110076**
绍氏石头花 **183258**
绍氏糖芥 **154555**
绍氏天芥菜 **190755**
绍氏庭荠 **18480**
绍氏委陵菜 **313051**
绍氏猬豆 **151081**
绍氏无心菜 **32268**
绍氏菥蓂 **390264**
绍氏岩芥菜 **9818**
绍氏异果鹤虱 **193745**
绍氏异叶偏穗草 **20694**
绍维草 **382696**
绍维草属 **382694**
哨子草 202146
畲山胡颓子 **141942**
畲山羊奶子 141942
樣 244397
樣仔 244397
舌瓣粉藤 **92728**
舌瓣花 211695
舌瓣花属 211693,376022
舌瓣鼠尾 345172
舌瓣鼠尾草 **345172**
舌瓣属 **177361**
舌苞假叶树 340994
舌唇槽舌兰 **197262**
舌唇苣苔 87980
舌唇爵床 **177299**
舌唇爵床属 **177298**
舌唇兰 **302377**
舌唇兰属 **302241**
舌唇山牵牛 **390842**
舌冠菊 177356
舌冠菊属 177354
舌冠萝藦属 **177390**
舌果马鞭草 **177292**
舌果马鞭草属 **177291**
舌花长药兰 **360610**
舌花毛茛 **326148**
舌花丝叶彩鼠麴 **154270**
舌花藤菊 92517
舌癀 66789
舌喙兰 **191598**
舌喙兰属 **191582**,177377
舌喙兰羊耳蒜 **232186**
舌假叶树 340994
舌萝藦属 **290905**
舌萝藦状裂舌萝藦 **351634**
舌毛菊 **177356**
舌毛菊属 **177354**
舌美冠兰 **156813**
舌其花 13934
舌蕊花科 196359
舌蕊花属 **169848**
舌蕊兰 **182975**
舌蕊兰属 **182974**
舌蕊萝藦属 **177336**
舌蕊木 **177402**
舌蕊木属 **177401**
舌头菊属 **166697**
舌下黄芪 42262
舌下黄耆 42262
舌线叶垂头菊 110408
舌香 215011
舌岩白菜 **52532**
舌叶草属 177434
舌叶垂头菊 **110410**
舌叶花 **177465**
舌叶花属 **177434**
舌叶假还阳参 **110622**
舌叶金腰 **90368**
舌叶蜡菊 **189399**
舌叶毛茛 **177376**
舌叶毛茛属 **177374**
舌叶南芥 **30337**
舌叶蒲公英 **384635**
舌叶茜 **177414**
舌叶茜属 **177413**
舌叶石斛 **125219**
舌叶石莲花 **139994**
舌叶苔 75161
舌叶苔草 **75161**
舌叶天名精 **77162**
舌叶喜树蕉 **294818**
舌叶脂麻掌 **171690**
舌叶紫菀 **40779**
舌柱草属 **177407**
舌柱唇柱苣苔草 **87900**
舌柱麻 **30951**
舌柱麻属 **30950**
舌柱蛇鞭菊 **228487**
舌状阿魏 **163662**
舌状半边莲 **234604**
舌状闭鞘姜 **107250**
舌状大唇马先蒿 **287420**
舌状鳄梨 **291563**
舌状芳香木 **38572**
舌状厚敦菊 **277076**
舌状虎耳草 349147
舌状画眉草 **147778**
舌状金果椰 **139367**
舌状蜡菊 **189523**
舌状龙面花 **263430**
舌状露兜树 **281065**
舌状毛茛 326034
舌状鸟足兰 **347807**
舌状榕 **165253**
舌状十万错 **43639**
舌状石斛 **125231**
舌状双苞风信子 **199557**
舌状四数莎草 **387671**

舌状芜萍　**414686**
舌状须芒草　**22792**
舌状鸭嘴花　**214604**
舌状岩白菜　52532
舌状叶苹婆　**376135**
舌状玉凤花　**183802**
舌状针茅　**376840**
舌状直梗栓果菊　**327471**
舌状砖子苗　**245461**
佘坚花楸　369515
佘坚绣球　200076
佘坚绣线菊　372078
蛇八瓣　138796
蛇白蔹　20348,20447
蛇百子　203066
蛇斑龙　**182458**
蛇棒属　**272172**
蛇棒头　33349
蛇包谷　33292,33295,33325,33349,33397,33473,33505,33509
蛇包簕　339162
蛇包五披风　312690
蛇避草　229309
蛇鞭菊　**228496**,228450,228529
蛇鞭菊红毛菀　**323035**
蛇鞭菊属　**228433**
蛇鞭柱　**357744**
蛇鞭柱属　**357735**
蛇藨　138796
蛇波藤　138796
蛇菠　138796
蛇不过　64990,122040,309564
蛇不见　138796,208445,357919
蛇不钻　309772
蛇草　115738,117643,162542,182107,311890
蛇常　97719
蛇虫草　46430
蛇杵棒　33397
蛇疮草　225179
蛇床　**97719**
蛇床东俄芹　**392784**
蛇床茴芹　**299384**
蛇床属　**97697**
蛇床子　97017
蛇春头　20115
蛇胆草　**400958**
蛇蛋果　138796
蛇岛乌头　**5185**
蛇倒退　11572,226742,299376,309564
蛇豆　396151
蛇毒草　202217
蛇毒药　351080,351081
蛇儿草　231544
蛇儿参　302280,302377
蛇饭　33309
蛇饭果　33574
蛇附子　387779
蛇疙瘩　11549,11572,309507,309954,335147,335153
蛇根草　**272260**,56382,272221
蛇根草属　**272173**
蛇根兜铃　**145363**
蛇根兜铃属　**145361**
蛇根豆　**273236**
蛇根豆属　**273234**
蛇根马兜铃　**34325**
蛇根木　327058,327069
蛇根头　33505,33509
蛇根叶　**272311**
蛇根叶属　**272308**
蛇菇　46841,46848
蛇菰　46826,46829,46848
蛇菰科　**46888**
蛇菰属　**46810**
蛇痼　18147
蛇瓜　**396151**
蛇灌属　**191330**
蛇果　167653
蛇果草　138796
蛇果黄堇　**106214**
蛇果木　**272014**
蛇果木属　**272013**
蛇果藤　138796
蛇含　312690
蛇含草　138796,192851,312690
蛇含七　106432
蛇含委陵菜　**312690**
蛇蒿　35411,138796
蛇花藤　400856,400945
蛇踝节　299017
蛇黄花属　182092
蛇荚黄芪　42826
蛇荚黄耆　**42826**
蛇茧　308974
蛇见怕　115738
蛇剑草　306870
蛇箭　348731
蛇箭草　8760,210539
蛇姜头　33450
蛇接骨　183122
蛇茎兰属　**360948**
蛇茎苓菊　**214169**
蛇惊慌　115738
蛇菊　**392775**,376415
蛇菊属　**392771**
蛇开口　202146
蛇壳草　176839
蛇壳南星　33505
蛇垮皮　226742
蛇跨皮　226742
蛇辣子　117473,400987
蛇兰　**272011**
蛇兰属　**272010**
蛇脷草　187565,234363
蛇利草　117643,187565,234363
蛇莲　**191964**,39557,191896,191943
蛇莲属　191894
蛇蓼子　302439
蛇鳞菜　46362
蛇六谷　20132,20136,33295,33325,33349
蛇龙球　**182441**
蛇龙丸　182441
蛇麻　199386,403028
蛇麻草　199384,221552,402916,403028
蛇麻草苔草　**75233**
蛇麻草状苔草　**75232**
蛇麻黄　146154
蛇毛草　299062
蛇莓　**138796**,138793
蛇莓草　138796
蛇莓属　**138790**
蛇莓委陵菜　**312446**
蛇迷草　167298
蛇米　97719
蛇灭门草　360463
蛇缪草　138796
蛇磨芋　33505
蛇魔芋　33397,33509
蛇木属　**141051**
蛇木歪翅漆　**237998**
蛇木芋　33325
蛇目菊　**346304**,104598
蛇目菊属　**346300**
蛇盘草　56382,138796
蛇泡　339067
蛇泡草　138796
蛇泡筋　338265
蛇泡竻　338985
蛇泡簕　338985,339162
蛇泡荔　339162
蛇泡藤　338265
蛇皮草　**56382**,56392,318947
蛇皮草属　56380
蛇皮果　**342580**,342578
蛇皮果属　342570
蛇皮棘豆　**278822**
蛇皮兰　25978,26003
蛇皮驴喜豆　**271206**
蛇皮松　299830
蛇皮掌　159204,186756
蛇婆　138796
蛇婆子　**413149**
蛇婆子密钟木　**192744**
蛇婆子属　**413142**
蛇葡萄　**20447**,20297,20327,20348,20354,138796
蛇葡萄科　**20277**
蛇葡萄属　**20280**
蛇葡萄叶鱼黄草　**250754**
蛇枪头　**20115**,20071
蛇鞘紫葳属　**272033**
蛇蓉草　138796
蛇山草　117643
蛇舌草　33325,103446,187555,187565,187646,231544,234363,291161,374802
蛇舌草属　**269703**
蛇舌草藻百年　**161567**
蛇舌癀　170289,187565
蛇舌兰　**133145**
蛇舌兰属　**133143**
蛇舌莲　364919
蛇舌毛子草　**153244**
蛇舌天芥菜　**190685**
蛇舌仔　187565
蛇参根　34162
蛇参果　34154,34162
蛇食草　337253
蛇树　325002
蛇松子　94989
蛇粟　97719
蛇蒜头　20115,33325
蛇藤　**100061**,1466
蛇藤谷木　**249928**
蛇藤属　**100058**
蛇天角　182384
蛇通管　115541,209625,231503
蛇头草　**33369**,20132,20136,33295,33349,131529,292374,309711,366655
蛇头党　98285,98413
蛇头花　178026,275720,355628
蛇头黄　368073
蛇头肋枝兰　**304922**
蛇头蓼　309711,309716
蛇头列当　**272031**
蛇头列当属　**272030**
蛇头荠　**133411**
蛇头荠属　**133410**
蛇头羌活　304839
蛇头蒜　33349
蛇头天南星　33295,33325
蛇头王　368073
蛇头细辛　404272
蛇头玄参属　272030
蛇头鸢尾　**192904**
蛇头鸢尾属　**192898**
蛇头子　20132
蛇退　39557,39580
蛇退草　39532,226742
蛇蜕草　249232
蛇蜕壳　226742

蛇王 285677
蛇王草 239215,239222,363467
蛇王菊 77156,239215,239222
蛇王藤 **285677**
蛇王修 127507
蛇罔 162309
蛇望草 170743
蛇尾草 **272350**,192851,306960,337555,373507
蛇尾草属 **272345**
蛇尾曼属 402215
蛇尾蔓 **402217**
蛇尾蔓属 **402215**
蛇尾树 325007
蛇尾掌属 186251
蛇纹菊 346304
蛇纹菊属 346300
蛇纹球 182443
蛇纹岩长冠田基黄 **266130**
蛇纹岩狗肝菜 **129320**
蛇纹岩蜡菊 **189768**
蛇纹岩罗顿豆 **237427**
蛇纹岩苏铁 **115867**
蛇纹岩唐菖蒲 **176543**
蛇纹岩土熊果 **31129**
蛇纹岩叶下珠 **296757**
蛇纹岩猪屎豆 **112666**
蛇纹玉 **182443**
蛇纹柱 **94557**
蛇乌苞 339360,339361
蛇乌泡 339360
蛇吴巴 387822
蛇蜈巴 387822
蛇系腰 115123
蛇细草 201942
蛇细辛 **37621**
蛇仙花凤梨 **391988**
蛇仙铁兰 391988
蛇纤细鞭菊 **228545**
蛇衔 312690
蛇衔草 124039
蛇香头 33450
蛇行葶苈 137230
蛇形半边莲 **234764**
蛇形臂形草 **58170**
蛇形吊灯花 **84264**
蛇形多穗兰 **310589**
蛇形芳香木 **38795**
蛇形飞蓬 **150960**
蛇形风兰 **25062**
蛇形凤仙花 **205312**
蛇形格雷野牡丹 **180438**
蛇形胡枝子 **226745**
蛇形灰毛菊 **31287**
蛇形火畦茜 **322970**
蛇形金果椰 **139419**
蛇形蓝花参 **412863**
蛇形镰扁豆 **135620**
蛇形琉璃繁缕 **21425**
蛇形卢那菊 **238299**
蛇形千里光 **360026**
蛇形枪刀药 **202614**
蛇形秋水仙 **99343**
蛇形日中花 **220670**
蛇形塞拉玄参 **357669**
蛇形莎草 **119561**
蛇形树葡萄 **120219**
蛇形弯梗芥 **228961**
蛇形肖鸢尾 **258643**
蛇形悬钩子 **339255**
蛇形一点红 **144968**
蛇形柱 **94552**
蛇休草 229309
蛇须草 412750
蛇牙草 309564
蛇岩高山紫菀 **40022**
蛇眼草 348731
蛇眼果 **294093**
蛇眼果属 **294092**
蛇眼藤 285677
蛇杨梅 138796
蛇咬草 **222190**,299395
蛇咬药 135060,318947,348643
蛇药 31571,64973,388303,398308
蛇药草 262249
蛇药青锁龙 **109390**
蛇药远志 **308356**
蛇药子 284367
蛇叶葱 **15545**
蛇叶金腰 90376
蛇叶球百合 **62430**
蛇芋 16495,20132,33295,33325,131772,348036
蛇芋头 33397,33509
蛇崽草 372247
蛇喳口 201942,202146
蛇针草 187565
蛇枕头 138796,167653
蛇朱 97719
蛇朱米兰 **212731**
蛇珠 97719,299719
蛇柱 267605
蛇柱属 267603
蛇状大戟 **158668**
蛇状大岩桐寄生 **384198**
蛇状虎眼万年青 **274587**
蛇状火烧兰 **147192**
蛇状金筒球 **244064**
蛇状卷瓣兰 **62650**
蛇状龙王角 **198999**
蛇状囊鳞莎草 **38218**
蛇状葶苈 137230
蛇啄草 234363
蛇子草 309742
蛇子豆 325002
蛇子果 **272019**
蛇子果属 **272017**
蛇子麦 33325
蛇总管 132931,187565,209625,298527,308081,328345,362478,417170
蛇足盘果菊 **313881**
蛇钻头 33325,33450
舍恩臂形草 **58166**
舍恩黑蒴 **14343**
舍恩罗顿豆 **237423**
舍恩润肺草 **58939**
舍恩赛金莲木 **70747**
舍恩香科 **388269**
舍恩远志 **308344**
舍夫豆属 **350810**
舍岗显著小檗 **51770**
舍季拉虎耳草 **349894**
舍拉勒猪毛菜 **344491**
舍勒百脉根 **237748**
舍勒芦荟 **17259**
舍里翁 382357
舍曼十二卷 **186712**
舍氏黄耆 **43018**
舍氏考尔兰 **217884**
舍氏瓦帕大戟 **401222**
舍氏野荞麦 **151868**
舍氏异囊菊 **194253**
舍特尔南星属 **352515**
舍瓦飞廉 **73331**
舍瓦利耶阿斯皮菊 **39757**
舍瓦利耶半轭草 **191772**
舍瓦利耶瓣鳞花 **167770**
舍瓦利耶贝尔茜 **53073**
舍瓦利耶糙须禾 **393908**
舍瓦利耶蟾蜍草 **62246**
舍瓦利耶虫蕊大戟 **113071**
舍瓦利耶刺痒藤 **394138**
舍瓦利耶大地豆 **199321**
舍瓦利耶大戟 **158643**
舍瓦利耶德罗豆 **138088**
舍瓦利耶鹅参 **116471**
舍瓦利耶杠柳 **291051**
舍瓦利耶割鸡芒 **202708**
舍瓦利耶狗尾草 **361725**
舍瓦利耶核果木 **138598**
舍瓦利耶红果大戟 **154815**
舍瓦利耶花椒 **417195**
舍瓦利耶黄蓉花 **121919**
舍瓦利耶鸡脚参 **275658**
舍瓦利耶假泽兰 **254423**
舍瓦利耶碱菊 **212261**
舍瓦利耶金虎尾 **5900**
舍瓦利耶宽萼豆 **302922**
舍瓦利耶狼尾草 **289058**
舍瓦利耶鳞花草 **225149**
舍瓦利耶柳 **343202**
舍瓦利耶露兜树 **281000**
舍瓦利耶鹿藿 **333180**
舍瓦利耶麻疯树 **212119**
舍瓦利耶毛盘鼠李 **222409**
舍瓦利耶毛托菊 **23419**
舍瓦利耶没药 **101342**
舍瓦利耶密毛大戟 **322000**
舍瓦利耶密穗花 **322092**
舍瓦利耶木蓝 **205794**
舍瓦利耶囊颖草 **341947**
舍瓦利耶拟扁芒草 **122321**
舍瓦利耶拟劳德草 **237854**
舍瓦利耶飘拂草 **166216**
舍瓦利耶普梭木 **319289**
舍瓦利耶枪木 **139217**
舍瓦利耶鞘蕊花 **99541**
舍瓦利耶琼楠 **50484**
舍瓦利耶三角车 **334603**
舍瓦利耶蛇舌草 **269763**
舍瓦利耶柿 **132099**
舍瓦利耶瘦片菊 **153584**
舍瓦利耶水鳖 **200227**
舍瓦利耶水囊衣 **200605**
舍瓦利耶睡茄 **414589**
舍瓦利耶丝花茜 **360676**
舍瓦利耶四肋豆 **387495**
舍瓦利耶酸海棠 **200973**
舍瓦利耶损瓣藤 **217797**
舍瓦利耶苔草 **75491**
舍瓦利耶唐菖蒲 **176115**
舍瓦利耶甜舌草 **232480**
舍瓦利耶香茶 **303212**
舍瓦利耶香科科 **388189**
舍瓦利耶兄弟草 **21287**
舍瓦利耶须芒草 **22568**
舍瓦利耶血桐 **240308**
舍瓦利耶崖椒 **162056**
舍瓦利耶叶下珠 **296518**
舍瓦利耶异荣耀木 **134580**
舍瓦利耶珍珠茅 **354047**
舍瓦利耶指腺金壳果 **121147**
舍瓦牻牛儿苗 **153752**
社芋头 33325
射干 **50669**
射干利氏鸢尾 **228630**
射干属 **50667**
射干鸢尾 **111474**,208524
射古椰子属 380553
射毛苦竹 **303995**
射毛悬竹 **20193**
射皮芹 **6831**
射皮芹属 **6830**
射鞘茜 **99406**
射鞘茜属 **99405**
射丝线滇山茶 **69565**

射线苜蓿 **247449**
射线蟛蜞菊 **413551**
射线亚麻 **325041**
射线亚麻属 **325039**
射香草 117162
射须菊属 **6837**
射牙郎 248778
射叶椰属 321161
射叶椰子 321162
射叶椰子属 **6849**,321161
射枝竹 **6757**
射枝竹属 **6756**
涉川紫菀 **41172**
赦肺倰 400675
摄政王槐 **369040**
摄子 232557
蔎 69634
麝草报春 **314684**
麝干 50669
麝男 262497
麝囊 122532
麝香阿魏 **163681**
麝香奥勒菊木 270201
麝香百合 **229900**
麝香报春 **104736**
麝香报春科 **104712**
麝香报春属 **104734**
麝香贝母兰 **98685**
麝香菜 24336
麝香草 **391397**,7982,117162,191318,201853,391365
麝香草科 104712
麝香草莓 **167627**
麝香草属 86805
麝香草叶大戟 **159826**
麝香草叶杜鹃 331975
麝香草叶屈曲花 **203207**
麝香草叶柔冠菊 **236388**
麝香葱 **15499**
麝香翠雀 124076
麝香萼角花 **259242**
麝香萼角花属 **259241**
麝香飞廉 73430
麝香芙蓉 195032
麝香根 163681
麝香沟酸浆 255223
麝香厚壳桂 **113473**
麝香虎耳草 **349671**
麝香锦葵 243803
麝香决明 **78414**
麝香兰 260295
麝香兰属 260293
麝香榄叶菊 270195
麝香铃子香 **86821**
麝香柳 342967
麝香芒籽 43972
麝香芒籽属 43971
麝香牻牛儿苗 153869
麝香美报春 **314675**
麝香木槿 **194684**
麝香欧石南 **149294**
麝香排草 239571
麝香葡萄风信子 **260322**
麝香蔷薇 **336766**,336408
麝香秋葵 235
麝香球葵 235
麝香肉豆蔻 **261450**
麝香山香 **203037**
麝香蓍草 **3995**
麝香石斛 125264
麝香石竹 127635
麝香树 **13391**
麝香树紫菀 **270201**
麝香穗花报春 314684
麝香穗花薄荷 **187188**
麝香天胡荽 **200336**
麝香豌豆 222789
麝香萱草 **191318**
麝香月季 336408
麝香鹧鸪花 **395516**
麝香蜘蛛兰 **30536**
麝香柱 **211701**
麝香柱属 **211700**
麝香紫菀 **41432**,398134
申跋 33476
申穇子 140367
申克禾 **350840**
申克禾属 **350839**
申克褐花 **61153**
申克坚果番杏 **387216**
申克兰属 **352726**
申克龙胆 **350845**
申克龙胆属 **350841**
申克勋章花 **172351**
申克钟基麻 **98219**
申时花 383324
伸长变黑奥佐漆 **279310**
伸长草胡椒 **290333**
伸长橙菀 **320675**
伸长大翅蓟 **271688**
伸长德罗豆 **138089**
伸长斗篷草 **14019**
伸长毒瓜 **215705**
伸长多穗兰 **310312**
伸长仿花苏木 **27753**
伸长飞蓬 **150895**
伸长菲利木 **296323**
伸长费利菊 **163191**
伸长风毛菊 **348289**
伸长凤仙花 **204926**
伸长扶芳藤 **157510**
伸长格雷野牡丹 **180376**
伸长格罗大戟 **181310**
伸长钩果列当 **328930**
伸长海石竹 **34514**
伸长颌兰 **174265**
伸长红厚皮树 **221189**
伸长红景天 329848
伸长红蕾花 **416941**
伸长灰毛豆 **386055**
伸长灰毛菊 **31219**
伸长惠特爵床 **413951**
伸长鸡头薯 **152915**
伸长棘茅 **145098**
伸长假滨紫草 **318004**
伸长豇豆 **409094**
伸长疆南星 **36991**
伸长九节 **319821**
伸长蔻木 **410921**
伸长库页苔草 **76117**
伸长拉拉藤 **170367**
伸长莱利茜 **224332**
伸长冷地卫矛 **157524**,157510
伸长里德尔风毛菊 **348718**
伸长罗顿豆 **237292**
伸长马岛外套花 **351712**
伸长芒刺果 **1746**
伸长茅膏菜 **138287**
伸长米口袋 **181709**
伸长木蓝 **205942**
伸长拿司竹 **262763**
伸长鸟足兰 **347768**
伸长牛角草 **273159**
伸长牛至 **274212**
伸长扭果花 **377707**
伸长派珀兰 **300569**
伸长蟛蜞菊 **413518**
伸长披碱草 **144297**
伸长飘拂草 **166302**
伸长平滑欧石南 **149630**
伸长窃衣 **392981**
伸长润肺草 **58861**
伸长弱小棱果桔梗 **315282**
伸长塞拉玄参 **357498**
伸长赛金莲木 **70726**
伸长三肋果 **397958**
伸长色罗山龙眼 **361184**
伸长十数樟 **413169**
伸长双距花 **128052**
伸长天芥菜 **190618**
伸长弯管花 **86214**
伸长伍尔秋水仙 **414881**
伸长喜阳花 **190329**
伸长线叶粟草 **293911**
伸长线柱兰 **417725**
伸长小黄管 **356076**
伸长肖观音兰 **399155**
伸长旋花 **103283**
伸长鸭嘴花 **214744**
伸长盐肤木 **332693**
伸长一点红 **144961**
伸长异木患 **16080**
伸长异燕麦 **190148**
伸长翼茎菊 **172435**
伸长窄叶蓝蓟 **141099**
伸长针茅 **376765**
伸长脂麻掌 **171662**
伸长猪屎豆 **112111**
伸长紫菀 41322
伸出灯心草 **213099**
伸出多齿茜 **259791**
伸出多毛立金花 **218872**
伸出老鼠芋 **33597**
伸出南非禾 **289976**
伸出扭果花 **377710**
伸出欧石南 **149769**
伸出天门冬 **39006**
伸梗龙胆 **173740**
伸梗獐牙菜 **380195**
伸筋草 313197,366486
伸筋散 239594
伸筋藤 92741,92747,92907,92920,164458,260922,319833,392274
伸莲子草 **18131**
伸龙胆 173741
伸展白粉藤 **92897**
伸展白头翁 321703
伸展斑鸠菊 **406317**
伸展伴帕爵床 **60318**
伸展闭鞘姜 **107265**
伸展叉序草 **209927**
伸展酢浆草 **277833**
伸展短片帚灯草 **142952**
伸展风兰 **25009**
伸展蒿 **36108**
伸展画眉草 **147870**
伸展黄眼草 **416039**
伸展鸡矢藤 **280073**
伸展剪股颖 **12099**
伸展科豪特茜 **217720**
伸展拉拉藤 **170569**
伸展鹿藿 **333361**
伸展罗汉松 306425
伸展马唐 **130717**
伸展拟凸萝藦 **141411**
伸展扭果花 **377800**
伸展蒲公英 **384533**
伸展墙草 284152
伸展日中花 **220651**
伸展塞拉玄参 **318416**
伸展三芒草 **33990**
伸展山柳菊 **195872**
伸展石头花 **183236**
伸展黍 **282036**
伸展鼠尾草 **345325**
伸展双齿裂舌萝藦 **351513**
伸展苔草 **74482**

伸展田皂角 **9612**
伸展网茅 370171
伸展猬草 **203139**
伸展下盘帚灯草 **202482**
伸展香茅 **117237**
伸展鸭嘴花 **214472**
伸展野菊 **89551**
伸展远志 **308283**
伸展珍珠菜 **239795**
伸展舟叶花 **340676**
伸展猪屎豆 **112567**
参 280741
参巴 132186
参草 383324
参差李氏芹 228705
参差利希草 **228705**
参差鹿藿 **333216**
参差蕊 **285372**
参差蕊属 **285371**
参差旭波 **324925**
参萼粗齿绣球 **200091**
参麻 335153
参三七 280771,280778
参三七草 183097
参薯 **131458**
参棕 **240743**
参棕科 **240744**
参棕属 **240742**
深暗茄 **367472**
深瓣女贞 **229614**
深波 84434
深波百簕花 **55421**
深波冰草 **11877**
深波伯兰藜 **86965**
深波赪桐 **96352**
深波齿两节荠 **108636**
深波刺叶 **376564**
深波大车前 **302088**
深波等瓣两极孔草 **181057**
深波非洲野牡丹 **68266**
深波狒狒花 **46134**
深波凤卵草 **296899**
深波福克萝藦 **167138**
深波甘蓝树 **115233**
深波骨籽菊 **276698**
深波花风兰 **25065**
深波火轮树 **375512**
深波蓟 **92400**
深波堇菜 **410612**
深波菊 **124856**
深波卡柿 **155971**
深波栎 **324426**
深波马岛翼蓼 **278454**
深波毛连菜 **298641**
深波毛蕊花 405774
深波没药 **101553**
深波南芥 **30454**
深波拟莞 **352182**
深波黏腺果 **101267**
深波千里光 **360157**
深波三翅菊 **398223**
深波三角车 **334685**
深波驼曲草 **119854**
深波线叶景天 329956
深波叶补血草 230761
深波状钩粉草 **317280**
深齿大戟 **158982**
深齿毛茛 **326249**
深齿小报春 **314631**
深齿针垫花 **228092**
深沟扁桃 **20980**
深褐灯心草 **212876**
深褐稷 **281359**
深褐小鹿藿 **333327**
深黑小檗 51336
深红奥舒鸡爪槭 **3324**
深红斑杜鹃 331707
深红斑叶兰 179623
深红葱 **15083**
深红大花亚麻 **231908**
深红吊球草 203039
深红杜鹃 **331209**,330710
深红菲莫斯木 **297606**
深红高山玫瑰杜鹃 **330696**
深红拱手花篮 **195218**
深红沟酸浆 255197
深红观音兰 **399046**
深红光萼荷 **8577**
深红红豆 **274383**
深红火把花 **100031**
深红火烧兰 **147112**
深红鸡脚参 **275759**
深红蓟 **92353**
深红榄李 238354
深红柳穿鱼 230911
深红龙胆 **173828**
深红马里桉 **155619**
深红默罗藤黄 **259024**
深红欧洲卫矛 **157442**
深红山香 **203039**
深红石竹 **127698**
深红树萝卜 10322
深红司徒兰 **377303**
深红天南星 **33270**
深红五裂杜鹃 **330536**
深红细叶 **3322**
深红香水花 **55116**
深红小报春 **314914**
深红小檗 51429
深红鸦葱 354925
深红野荞麦 **151843**
深红茵芋 365974
深红淫羊藿 **146971**
深红银桦 **180638**
深红鸢尾 **208452**
深红越橘 403872
深红沼兰 **243003**
深红直总状花序小檗 **51987**
深红朱砂杜鹃 **330416**
深红紫菀 380970
深黄槟榔青 372477
深黄地黄 **327451**
深黄粉条儿菜 **14509**
深黄花龙胆 173610
深黄荚蒾叶风箱果 **297845**
深黄糖芥 154439
深黄西番莲 **285666**
深黄小檗 51336
深黄月兰 **357752**
深黄钟 **167458**
深灰卷耳 **82793**
深灰柳 **343060**
深灰槭 **2826**
深蓝安尼木 **25818**
深蓝百子莲 **10247**
深蓝串铃花 **260298**
深蓝淡色银莲花 **23725**
深蓝灌木香科 388086
深蓝光滑银莲花 23725
深蓝里德利苣苔 **334471**
深蓝驴臭草 **271735**
深蓝西伯利亚绵枣儿 **353066**
深蓝雪百合 **87770**
深蓝藻百年 **161530**
深裂八角枫 **13356**
深裂白芥 **364546**
深裂白山前胡 **292943**
深裂瓣四翅银钟花 **184733**
深裂北美前胡 **235417**
深裂布里滕参 **211494**
深裂糙蕊阿福花 **393737**
深裂茶藨 334057,334233
深裂茶藨子 **334233**
深裂刺楸 215443
深裂刺头菊 **108268**
深裂粗叶悬钩子 **338099**
深裂大翅蓟 **271684**
深裂毒瓜 **215704**
深裂短毛独活 **192319**
深裂萼状鸭儿芹 **113871**
深裂梵天花 402267
深裂芳香木 **38693**
深裂风毛菊 **348632**
深裂刚毛山梗菜 **234770**
深裂高山茶藨子 **333908**
深裂鬼针草 **53912**
深裂红果接骨木 345662
深裂花烛 **28137**
深裂黄草乌 **5668**
深裂黄姜花 187423
深裂黄连 **103836**
深裂茴芹 **299394**
深裂姜花 **187423**
深裂接骨木 **345681**
深裂克拉特鸢尾 **216630**
深裂苦瓜 **256817**
深裂苦荬菜 **210616**
深裂乐母丽 **336069**
深裂龙胆 **173376**
深裂马岛翼蓼 **278420**
深裂美洲榆 **401437**
深裂木茼蒿 **32559**
深裂南非葵 **25421**
深裂欧地笋 **239205**
深裂欧洲接骨木 **345662**
深裂盘萼 **134125**
深裂蒲公英 **384818**
深裂槭 3604
深裂千里光 359985
深裂秋海棠 **50281**
深裂球瓜 **114232**
深裂趣蝶莲 **215270**
深裂榕叶葡萄 **411672**
深裂软毛独活 **192282**
深裂沙拐枣 **67021**
深裂山梗菜 **234428**
深裂山葡萄 **411543**
深裂珊瑚果 **103899**
深裂树萝卜 **10330**
深裂酸蔹藤 **20228**
深裂铁线莲 **95388**
深裂乌头 **5107**
深裂五角枫 **3179**
深裂五裂蟹甲草 **283863**
深裂西方毛茛 **326139**
深裂西方铁线莲 **95170**
深裂西氏槭 **3605**
深裂西洋接骨木 **345636**
深裂喜林芋 **294804**
深裂香茶菜 **303259**
深裂锈毛莓 **339164**
深裂玄参 **355102**
深裂悬钩子 **338695**
深裂鸭儿芹 **113883**
深裂亚菊 **13042**
深裂盐肤木 **332565**
深裂羊蹄甲 49058
深裂叶艾蒿 35171
深裂叶薄荷木 **315600**
深裂叶刺头菊 **108270**
深裂叶黄芩 **355699**
深裂叶火炬树 332919
深裂叶堇菜 409914
深裂叶阔叶椴 **391823**
深裂叶球果木 **210238**
深裂叶山楂 109788
深裂叶羊蹄甲 49058
深裂隐足兰 **113762**

深裂蝇子草 **363413**
深裂沼兰 **110652**
深裂中华槭 **3621**
深裂竹根七 **134412**
深裂柱贝母 **168444**
深绿北美乔柏 390646
深绿北美香柏 **390613**
深绿大头苏铁 **145237**
深绿黄芪 42350
深绿黄耆 **42350**
深绿楼梯草 **142608**
深绿马先蒿 **287022**
深绿挪威槭 3442
深绿山龙眼 **189941**
深绿细辛 **37704**
深绿小檗 **51340**
深绿叶杉木 114540
深脉龙血树 **137428**
深玫瑰多花梾木 **105025**
深玫猪牙花 **154944**
深色黄堇 106117
深色金丝桃 **201988**
深色伊斯鸢尾 **208622**
深山白蓬草 388703
深山柏 341724
深山不出头 46863
深山春美草 **94350**
深山酢浆草 277878
深山杜鹃 **330065**
深山二叶兰 **232946**
深山飞蓬 150454
深山佛甲草 356841
深山含笑 **252926**
深山含笑花 252926
深山寒莓 338703
深山红叶悬钩子 **339111**
深山黄堇 106227
深山黄精 **308582**
深山堇菜 **410547**
深山菊蒿 36363
深山里白莓 **338574**
深山柳韭利木柳 343886
深山露珠草 **91511**
深山毛茛 **325882**
深山米芒 126039
深山木天蓼 6639
深山南芥 **30342**
深山蔷薇 **336736**
深山切帕泰勒 397860
深山秋 226746
深山三瓣木 **397860**
深山唐松草 **388703**
深山蟹甲草 **283861**
深山悬钩子 **338572**,338808
深山野牡丹 48552
深山野牡丹属 48551
深山樱 83255
深山圆叶苦荬菜 **210678**
深山早熟禾 **305970**
深纹鸡爪槭 **3301**
深锈扁莎 **322235**
深圆齿堇菜 **409881**
深圆裂毛茛 **325790**
深圳香荚兰 **405026**
深柱梦草 265358
深柱梦草属 265353
深紫澳龙骨豆 **210340**
深紫报春 **314632**
深紫贝母 **168349**
深紫糙苏 **295060**
深紫巢凤梨 **266154**
深紫葱 **15082**
深紫大戟 **158496**
深紫吊石苣苔 **239930**
深紫东北瑞香 **122587**
深紫萼黄耆 **42553**
深紫哈氏风信子 **186149**
深紫槐蓝 205698
深紫灰色石南 **149210**
深紫茴芹 **299359**
深紫鸡血藤 **254612**
深紫鸡爪槭 3302
深紫巨竹 **175594**
深紫卡尔爵床 **215311**
深紫辽宁堇菜 **410499**
深紫楼梯草 **142607**
深紫鹿蹄草 322798
深紫绿苞南星 **88652**
深紫马蓝 **378089**
深紫毛果芸香 **299168**
深紫木蓝 **205698**
深紫诺福克木槿 **220229**
深紫蔷薇景天 329935
深紫青锁龙 **108831**
深紫日本小檗 52227
深紫矢车菊 **80950**
深紫卫矛 157327
深紫西伯利亚臭草 **248952**
深紫肖母草 **351902**
深紫续断 **133460**
深紫叶新西兰朱蕉 **104341**
深紫掌叶大黄 **329373**
深棕果香菊 **85520**
椮属 143512
椮子 143522
神草 171918,280741
神叉柱兰 **86679**
神代橘 **93464**
神代柱 **83913**
神刀 **109264**
神刀草 109264
神刀玉 **138132**
神刀玉属 **138131**
神笛生石花 **233492**
神笛玉 233492
神地桴栎 **324387**
神地榆 345007
神风 **358056**
神风玉 **86575**
神风玉 **86624**
神父凤仙 204758
神父凤仙花 **204758**
神宫杜鹃 **331723**
神果属 **163505**
神黄豆 **78338**,78425
神箭 157285
神锯喜林芋 **294789**
神卡柿 **155936**
神乐笹 362131
神灵草 77178
神铃 **102377**
神领百合 **229873**
神鹿草 379013
神鹿殿 **379013**
神鹿殿属 **379007**
神罗勒 268614
神麻菊科 346288
神麻菊属 346243
神秘果 **381982**
神秘果属 **381971**
神秘栀子 **171257**
神銉 177449
神农架唇柱苣苔 **87980**
神农架冬青 **204262**
神农架凤仙花 **205005**
神农架蒿 **36281**
神农架花楸 369569
神农架铁线莲 **95296**
神农架无心菜 **32227**
神农架崖白菜 **394839**
神农架紫堇 **106521**
神农箭竹 **162717**
神农栎 116195
神农青冈 **116195**
神农香菊 **124813**
神女高雪轮 **363215**
神蔷薇 **336917**
神荞 **63640**,63745
神曲草 7985
神砂草 308123,308359,308403
神砂一把抓 295986
神圣草 **196114**
神圣草属 **196113**
神圣红门兰 **273625**
神圣虎耳草 **349871**
神圣还阳参 **111004**
神圣金盏花 **66461**
神圣冷杉 458
神圣山梗菜 **234740**
神圣卫矛 157310
神圣香脂苏木 **103721**
神圣亚麻属 346243
神圣愈疮木 181506
神圣泽兰 **158309**
神圣皱边玉簪 **198606**
神鼠尾草 **345007**
神唐菖蒲 **175997**
神堂属 357735
神委陵菜 **312505**
神仙菜 416841
神仙豆腐 235798
神仙豆腐柴 313635,313717
神仙对坐草 117364,159069,239582,313206
神仙对座草 159222,239582
神仙葫芦 219854
神仙蜡烛 414813
神仙眼镜草 178237
神仙叶树 235732
神仙叶子 416841
神仙玉 **163446**
神仙掌 272856
神香草 **203095**,203084,418126
神香草属 **203079**
神香草水苏 **373255**
神香草叶安龙花 **139464**
神香草叶虫实 **104786**
神香草叶地锦草 159109
神香草叶萼距花 114605
神香草叶费利菊 **163221**
神香草叶观音草 **291158**
神香草叶姜味草 **253672**
神香草叶金菊 **90208**
神香草叶密钟木 **192617**
神香草叶塞拉玄参 **357547**
神香草叶矢车菊 **81111**
神香草叶夏枯草 **316110**
神香草叶绣球防风 **227611**
神香草叶鸭嘴花 **214535**
神香草叶远志 **259997**
神香草叶泽兰 **158154**
神香草叶猪屎豆 **112233**
神悬钩子 **339234**
神血宁 308941
神血宁属 304706
神药茱萸属 **247694**
神樱 **83132**
神芝 233078
神钟花 **70107**
神子木 177162
神子木属 177096
榊葛 25928
沈丁花 122532
沈丁香 122532
沈氏十大功劳 242637
沈杏花 141470
肾瓣棘豆 **279120**
肾瓣梧桐 **265194**

肾瓣梧桐属 **265192**
肾苞草 **294084**
肾苞草属 **294062**
肾苞双袋兰 **134347**
肾菜 95862
肾曹都护 397229
肾曹都尉 397229
肾草 58389,95862,275639
肾茶 **95862**,275639,275689
肾茶属 **95860**
肾唇虾脊兰 **65895**
肾豆木属 **161861**
肾豆属 161861
肾萼番薯 **208015**
肾萼金腰 **90351**
肾耳唐竹 **364806**
肾管兰 **265161**
肾管兰属 **265160**
肾果姜饼棕 **202294**
肾果菊 **265210**
肾果菊属 **265209**
肾果猕猴桃 **6565**
肾果木蓝 **206298**
肾果木属 322386
肾果荠 105340
肾果荠属 105338
肾果山柱花 308024
肾果小扁豆 308065
肾果远志 **308024**
肾果獐耳细辛 **48446**
肾果獐耳细辛属 **48444**
肾果棕 **265170**
肾果棕属 **265169**
肾核草 **265173**
肾核草属 **265172**
肾经草 183559,302289
肾气草 112138,410030
肾实椰子属 265202
肾索豆属 **265177**
肾托秋海棠 **50075**
肾西半球拉拉藤 170360
肾腺萝藦 **265150**
肾腺萝藦属 **265149**
肾心羊耳蒜 **232249**
肾形䅟 **143544**
肾形草 284525
肾形草属 194411
肾形角囊胡麻 **83665**
肾形可利果 **96825**
肾形裂壳草 **351353**
肾形黏腺果 **101265**
肾形秋海棠 **50229**
肾形苔草 **76006**
肾形天竺葵 **288482**
肾形野荞麦 **152501**
肾形子黄芪 43063
肾形子黄耆 **43063**
肾炎草 12730,12731
肾阳草 183540
肾药花科 177054
肾药兰 **265166**
肾药兰属 **265164**,327681
肾叶白头翁 **321703**
肾叶报春 **314892**,314521
肾叶变豆菜 345973
肾叶补血草 **230735**
肾叶长蒴苣苔草 **129953**
肾叶臭菘 **381082**
肾叶垂头菊 **110451**
肾叶打碗花 **68737**
肾叶二叶兰 **232909**
肾叶风铃草 **70194**
肾叶风毛菊 **348098**
肾叶合耳菊 **381949**
肾叶虎耳草 349473
肾叶华千里光 365057
肾叶茴芹 **299510**
肾叶火烧兰 147149
肾叶金腰 **90371**
肾叶堇菜 **410484**,410543
肾叶狸藻 **403310**
肾叶龙胆 **173357**
肾叶鹿藿 **333377**
肾叶鹿蹄草 **322870**,322859
肾叶猫尾草 382053
肾叶梅花草 **284509**
肾叶美蟹甲 **34809**
肾叶美洲玄参 **382053**
肾叶木属 **327758**
肾叶蒲儿根 **365057**
肾叶千里光 **359591**
肾叶秋海棠 **49818**
肾叶沙氏木 **350573**
肾叶山蓼 278577
肾叶山蚂蝗 **126574**
肾叶山猪菜 **250779**
肾叶水星草 **193689**
肾叶睡菜 **265197**
肾叶睡菜属 **265195**
肾叶松香草 **364268**
肾叶碎米荠 **72951**,72721,72827
肾叶唐松草 388614
肾叶天胡荽 **200390**
肾叶天剑 68737
肾叶天竺葵 **288385**
肾叶葶苈 **136972**
肾叶橐吾 **229160**,229035,
229049
肾叶万花木 **261101**
肾叶蚊兰 4515
肾叶五异茜 **289603**
肾叶细辛 **37709**
肾叶旋花属 **265199**
肾叶野荞麦 **152428**
肾叶野桐 **243418**
肾叶玉凤花 **184019**
肾叶紫荆 **83795**
肾叶钻花兰 **4515**
肾柱大戟 **265208**
肾柱大戟属 **265206**
肾柱拉拉藤 **170360**
肾籽乌口树 **384921**
肾籽椰 265202
肾籽棕 265204
肾籽棕属 265202
肾子草 191602,407275,407287
肾子桐属 265202
肾子藤 **230090**
肾子藤属 **230089**
肾子椰子 265204
肾子椰子属 265202
肾子棕 **265204**
肾子棕属 **265202**
慎谓瓦松 **275381**
慎火 200784
慎火草 200784
椹 259067,315177,365003
椹圣 300446
升登 328552
升高野荞麦 **152053**
升花花葵 223357
升恐龙 273812
升龙球 400461
升麻 **91011**,6414,41795,91008,
91038,158200,361018,361023
升麻草 37085
升麻根 140716
升麻属 **90994**,360982
升马唐 **130489**
升推 395146
升阳菜 250370
升子树 231403
生艾 35634,36474
生半夏 299724,401152,401156
生贝 168506
生菜 **219493**,219485,219490
生菜花 219485
生草 213036
生扯拢 103944,117965,153914,
175006,179488,308635,362617
生虫树 113438
生川莲 215174
生刺矮瓜 367733
生大黄 329372
生等 328552
生地 327435
生地黄 327435
生地炭 327435
生动酢浆草 **277649**
生番姜 72075
生风草 56382
生根盾齿花 **288860**
生根凤仙花 **205274**
生根冷水花 **299097**
生根茄 **367545**
生根子 5069
生瓜 114201
生果草属 99358
生肌藤 260483,260484
生姜 308529,308572,308641,
418010
生姜材 234045
生姜草 117185
生姜树 231429
生筋藤 58966
生堇 326340
生锦纹 329372
生驹氏马先蒿 **287288**
生军 329366,329372,329401
生马牛皮消 **117597**
生马钱 378948
生毛胡桃 69398,69586
生毛鸡屎藤 367322
生毛将军 55766,367146
生毛漆 177123
生毛梢 367322
生毛虱母头 362590
生毛藤 208077
生毛藤梨 6588
生肉药 313483
生三七 294114
生石花 **233624**
生石花肉锥花 **102332**
生石花属 **233459**
生死还阳 159841
生松 299842
生藤 61103,375237
生藤属 375234
生庭 242169
生血草 284650
生血丹 170445,312450
生烟叶 58966
生鱼芥属 **413273**
生宅茄 367733
生竹 117643
声色草 307656
胜常光萼荷 **8599**
胜沉香 320301
胜春 336485
胜红蓟 11199
胜红蓟属 11194
胜红药 11199
胜利比拉尔绣线菊 **371835**
胜利齿瓣兰 **269088**
胜利哈克 184651
胜利哈克木 **184651**
胜利金合欢 **1690**
胜利箬竹 **206837**

胜利台湾火棘 **322474**
胜利唐菖蒲 **176643**
胜利星 **182163**
胜氏仿杜鹃 **250516**
胜铁力木 300980
胜舄 301871,301952,302068
胜杖草 372247
胜子石蒜 **239268**
绳柄草属 **79295**
绳补骨脂 **319239**
绳草积雪草 **81622**
绳草属 **327963**,370155
绳草状狗尾草 **361888**
绳虫实 **104765**
绳毒 97719
绳盾舌萝藦 **39639**
绳黄麻 104059
绳梨 6553
绳树 121629,197454
绳索百脉根 **237756**
绳索百蕊草 **389877**
绳索长冠田基黄 **266137**
绳索毛托菊 **23471**
绳索木槿 **195239**
绳索小腺萝藦 **225795**
绳索炸果鼠李 **190229**
绳状铁立藤 391869
绳状香料藤 **391869**
省沽油 **374089**
省沽油科 **374114**
省沽油没药 **101560**
省沽油属 **374087**
省瓜 117722
省麦 162312
省区小檗 **52066**
省雀花 161607
省藤 **65782**,65769,65791,121514,347078
省藤属 **65637**
省头草 158118,249232,268438
圣·加布里埃尔枸骨叶冬青 **203560**
圣阿妮塔蓝菊 **163132**
圣安娜灰叶美洲茶 **79936**
圣巴巴拉野荞麦木 **152089**
圣百合 **229870**
圣贝尔纳多金千里光 **279889**
圣贝尔纳多卷舌菊 **380860**
圣贝尼托毛冠菀 **289424**
圣布鲁诺堤加州鼠李 **328633**
圣草 151771
圣草属 **151770**
圣代 358057
圣代长生草 **358057**
圣诞白 159676
圣诞冬青 204114
圣诞伽蓝菜 215102
圣诞果 **88029**
圣诞果科 **88102**
圣诞果属 **88022**
圣诞果肖蝴蝶草 **110665**
圣诞红 159675
圣诞萱草 **389312**
圣诞节仙人掌 351997
圣诞芦莉草 **339779**
圣诞欧石南 **149138**
圣诞秋海棠 **49711**
圣诞树 1165,1168,1380,203545,203660
圣诞树美国冬青 **204116**
圣诞仙人指 **351994**
圣诞蝎尾蕉 **189989**
圣诞星 274823
圣诞椰 **405258**
圣诞椰属 **405253**
圣诞椰子属 405253
圣诞钟 55114,345783
圣诞钟属 345782
圣地杜鹃 331953
圣地红景天 **329945**
圣地亚哥环丝韭 **55647**
圣地亚哥美洲茶 79922
圣地亚哥线莴苣 **375961**
圣典玉 **233603**
圣何塞石棕 **59097**
圣胡安野荞麦木 **152226**
圣护院萝卜 **326589**
圣景天 329945
圣凯瑟琳野荞麦木 **152086**
圣凯文尼漂泊欧石南 **150205**
圣凯文英国石南 150205
圣克拉拉野荞麦 **152570**
圣克利门蒂毛莎草 **396011**
圣克利门蒂美韭 **398784**
圣克利门蒂木姜子 387004
圣克利门蒂四腺木姜子 **387004**
圣克利门蒂星香菊 **123638**
圣克鲁斯软毛蒲公英 **242946**
圣克鲁斯野荞麦木 **151834**
圣劳伦斯卷舌菊 **380924**
圣丽塔卷舌菊 **380958**
圣栎 **324027**
圣铃玉 **272532**
圣罗勒 **268614**
圣麻 346250
圣麻科 346288
圣麻属 346243
圣麻针垫菊 **84522**
圣马太 **246432**
圣马太属 **246429**
圣母百合 229789
圣女果 239158
圣女湖山茶 **69176**
圣佩德罗野荞麦木 **152515**
圣生梅 261212
圣寿生石花 **233674**
圣塔 107976
圣塔虎耳草 349216
圣塔伦黄花稔 **362653**
圣塔属 107840
圣堂杜鹃 **330494**
圣天球 **284685**
圣天丸 284685
圣徒飞蓬 **150945**
圣王球 **182432**
圣温红蝎尾蕉 **190049**
圣仙木 **345776**
圣仙木属 **345773**
圣先子 13225
圣星百合属 274495
圣音毛竹 **297309**
圣愈疮木 181506
圣园 **102272**
圣约翰金丝桃 **201733**
圣云锦 **273820**
圣知子 13225
圣旨椰榆 **401586**
圣烛花 **193538**
圣姿球 **182487**
圣姿丸 182487
圣紫葳 **196110**
圣紫葳属 **196109**
盛冈垂枝樱 **83114**
盛冈桤木 **16312**
盛末花 131616
盛仙玉 **246603**
藤菜 219485
尸儿七 397622
尸花参 **263039**
尸花参属 **263038**
尸利洒树 13595
失隔芥属 29164
失膈荠属 29164
失力草 158118
师姑茸 390128
师古草 396170
师香草 239640
师宗紫堇 **105836**
虱草 124604
虱草花 321570
虱麻柴 313692
虱麻头 399312,402245,402267,415046
虱母草 402245
虱母子 402245
虱婀豆 408839,409085
虱螂草 148028
虱婆草 375343
虱子草 **394380**,139678,318947
虱子草属 394372
虱子南星 **286966**
虱子南星属 **286965**
虱子药 124116,124348
诗人水仙 **262438**
施巴草 278919
施巴蜡 378474
施第芥 376389
施丁草 376683
施丁草属 376682
施拉花属 **352552**
施拉茜属 **352539**
施来氏蓝堇 169168
施莱阿登芸香 **7151**
施莱白花菜 **95786**
施莱拜卧豆 **227073**
施莱斑鸠菊 **406790**
施莱荸荠 **143341**
施莱闭花木 **94537**
施莱闭鞘姜 **107270**
施莱波籽玄参 **396777**
施莱叉叶椰 **6829**
施莱叉枝玉 **263222**
施莱长庚花 **193335**
施莱大戟 **159789**
施莱斗篷草 **14138**
施莱毒瓜 **215734**
施莱独行菜 **225453**
施莱多坦草 **136513**
施莱恩氏寄生 **145597**
施莱菲利木 **296308**
施莱费利菊 **163203**
施莱福木 **142467**
施莱辐射欧石南 **149973**
施莱干若翠 **415484**
施莱杠柳属 **351940**
施莱谷精草 **151469**
施莱灌木帚灯草 **388832**
施莱海神菜 **265528**
施莱合瓣花 **381848**
施莱黑塞石蒜 **193569**
施莱虎眼万年青 **274771**
施莱华美豆 **123538**
施莱黄窄叶菊 **374657**
施莱灰毛菊 **31283**
施莱茴芹 **299532**
施莱剪股颖 **12291**
施莱豇豆 **409041**
施莱金合欢 **1562**
施莱金毛菀 **89904**
施莱茎花豆 **118113**
施莱壳莎 **77211**
施莱可利果 **96836**
施莱拉菲豆 **325138**
施莱兰属 **351952**
施莱蓝花参 **412860**
施莱老鹳草 **174894**
施莱乐母丽 **336044**
施莱肋瓣花 **13858**

施莱棱果桔梗 **315308**
施莱立金花 **218956**
施莱莲 **351951**
施莱莲属 **351950**
施莱良毛芸香 **155851**
施莱鳞果草 **4482**
施莱鹿藿 **333395**
施莱绿洲茜 **410846**
施莱萝藦属 351940
施莱麻疯树 **212214**
施莱马利筋 **38109**
施莱毛子草 **153277**
施莱没药 **101544**
施莱木犀属 **352583**
施莱穆拉远志 **260058**
施莱南非草 **25812**
施莱南非鳞叶树 **326936**
施莱南非仙茅 **371702**
施莱喃果苏木 118113
施莱欧石南 **150024**
施莱气花兰 **9244**
施莱球黄菊 **270995**
施莱球柱草 **63344**
施莱全毛兰 **197569**
施莱日中花 **220669**
施莱肉锥花 **102594**
施莱三芒草 **34024**
施莱莎草 **119545**
施莱鼠尾草 **345377**
施莱树葡萄 **120214**
施莱双距兰 **133938**
施莱粟麦草 **230161**
施莱天胡荽 **200363**
施莱菟丝子 **115136**
施莱驼曲草 **119895**
施莱沃森花 **413404**
施莱西澳兰 **118267**
施莱虾疳花 **86604**
施莱腺柄豆 **7918**
施莱香茶 **303656**
施莱小黄管 **356167**
施莱肖水竹叶 **23617**
施莱肖鸢尾 **258642**
施莱辛格红花槭 **3516**
施莱辛格红槭 3516
施莱鸦嘴玉 **95844**
施莱鸭舌癀舅 **370838**
施莱摘亚苏木 **127425**
施莱胀萼马鞭草 **86101**
施莱治疝草 **193015**
施莱猪屎豆 **112648**
施莱紫金牛 **31595**
施兰地肤 **217359**
施兰克亚木属 352570
施兰木 **352571**
施兰木属 **352570**
施勒异冠藤 **252558**
施雷绿顶菊 **160679**
施雷蔷薇 **336922**
施雷绣线菊 **372082**
施雷紫菀 41217
施里亚山柳菊 **195953**
施利本百蕊草 **389863**
施利本斑鸠菊 **406791**
施利本叉序草 **209932**
施利本赪桐 **96004**
施利本刺橘 **405545**
施利本刺桐 **154717**
施利本大沙叶 **286455**
施利本豆腐柴 **313737**
施利本毒瓜 **132958**
施利本多坦草 **136640**
施利本古夷苏木 **181778**
施利本哈维列当 **186083**
施利本孩儿草 **340375**
施利本黑草 **61859**
施利本黑蒴 **14342**
施利本红瓜 **97834**
施利本黄眼草 **416148**
施利本金莲木 **268259**
施利本九节 **319828**
施利本居维叶茜草 **115303**
施利本咖啡 **99003**
施利本考尔兰 **217886**
施利本克来豆 **108559**
施利本朗加兰 **325475**
施利本镰扁豆 **135611**
施利本链荚木 **274357**
施利本琉璃繁缕 **21424**
施利本六蕊禾 **243539**
施利本裸实 **182777**
施利本马岛翼蓼 **278453**
施利本密穗花 **322150**
施利本牡荆 **411443**
施利本木荚豆 **415691**
施利本木蓝 **206518**
施利本拟大豆 **272373**
施利本扭果花 **377819**
施利本苹婆 **376185**
施利本茄 **367594**
施利本秋海棠 **50286**
施利本热非茜 **384350**
施利本三盾草 **394990**
施利本三萼木 **395338**
施利本三冠野牡丹 **398726**
施利本山刺爵床 **273713**
施利本十万错 **43665**
施利本束尾草 **293222**
施利本树葡萄 **120215**
施利本蒴莲 **7306**
施利本苔草 **76177**
施利本田皂角 **9638**
施利本沃内野牡丹 **413225**
施利本无根藤 **78737**
施利本绣球防风 **227702**
施利本鸭跖草 **101152**
施利本崖豆藤 **254835**
施利本叶下珠 **296754**
施利本忧花 **241704**
施利本獐牙菜 **380350**
施利本猪屎豆 **112649**
施利兰 **351987**
施利兰属 **351985**
施利瘤寄生 **270780**
施利龙胆 **351984**
施利龙胆属 **351983**
施利摩缠绕草 **16182**
施利珀齿瓣兰 **269087**
施楝 **400588**
施伦克委陵菜 **312963**
施罗德卡特兰 **79573**
施罗德天门冬 **39189**
施麻氏卷耳 **83016**
施马白前 **117679**
施马峨参 **28041**
施马虎眼万年青 **274772**
施马楝 **352016**
施马楝属 **352015**
施玛翠雀花 **124571**
施米德棘豆 **279150**
施米茜属 **352049**
施米特假杜鹃 **48341**
施米特肖梭梭 **185196**
施密草属 366632
施密茨白粉藤 **92955**
施密茨百蕊草 **389864**
施密茨扁担杆 **180958**
施密茨大戟 **159790**
施密茨单列木 **257973**
施密茨法道格茜 **161993**
施密茨红蕾花 **416986**
施密茨决明 **78478**
施密茨宽管瑞香 **110172**
施密茨马唐 **130759**
施密茨肖乌桕 **354423**
施密茨一点红 **144967**
施密茨珍珠茅 **354239**
施密茨猪屎豆 **112650**
施密茨壮花寄生 **148846**
施密特垂椒草 **290427**
施密特高山茶藨子 **333910**
施密特老鹳草 **174838**
施密特欧石南 **150025**
施密特婆婆纳 **407337**
施密特脐景天 **401712**
施密特茜 **277435**
施密特茜属 **277434**
施密特青锁龙 **109374**
施密特秋海棠 **50287**
施姆大戟 **159779**
施内尔割鸡芒 **202741**
施内尔九节 **319830**
施内尔小花茜 **286024**
施纳风信子 **352066**
施纳风信子属 **352064**
施奈德白玉树 **139809**
施尼干若翠 **415485**
施普顿乌头 **5595**
施普伦格牛角草 **273194**
施普伦委陵菜 **313013**
施氏长柄花草 **26937**
施氏虫实 104785,104849
施氏粗柄花 **279664**
施氏豆 366698
施氏豆属 366632
施氏非洲水柴胡 **10074**
施氏弗州鸢尾 **208933**
施氏红门兰 **273643**
施氏厚皮树 **221197**
施氏花凤梨 **392041**
施氏尖药木 **4975**
施氏金千里光 **279948**
施氏莱德苔草 **223870**
施氏乱子草 **259696**
施氏马先蒿 **287694**
施氏婆婆纳属 **352791**
施氏朴 **80735**
施氏山楂 110032
施氏天门冬 38985
施氏铁兰 392041
施氏向日葵 **189054**
施氏杨 311164
施氏子孙球 **327304**
施塔德茴芹 **299540**
施塔德前胡 **292853**
施塔多鼠李 **328865**
施塔姆勒线柱兰 **417793**
施塔珀希尔洛洛小檗 51873
施塔普夫大戟 **159877**
施塔普夫狗牙花 **382840**
施塔普夫虎眼万年青 **274788**
施塔普夫画眉草 **147977**
施塔普夫稷 **282259**
施塔普夫黍 **151698**
施塔普夫鼠尾粟 **372847**
施塔普夫庭荠 **18476**
施塔普夫驼蹄瓣 **418766**
施塔普夫旋刺草 **173161**
施泰凤梨 **376498**
施泰凤梨属 **376497**
施泰茜 **373624**
施泰茜属 **373623**
施泰茜松穗茜 **244678**
施泰山柳菊 **195986**
施泰薯蓣属 **374648**
施坦格草 **373672**
施坦格草属 **373670**
施陶半聚果 **138881**

施陶棒叶金莲木　**328410**
施陶闭盔木　**94659**
施陶扁丝卫矛　**364442**
施陶虫果金虎尾　**5940**
施陶大沙叶　**286483**
施陶大穗苏木　**373077**
施陶毒鼠子　**128811**
施陶杜茎大戟　**241890**
施陶多坦草　**136603**
施陶二裂萼　**134101**
施陶番荔枝　94659
施陶番樱桃　**156361**
施陶核果木　**138695**
施陶浆果鸭跖草　**280530**
施陶金莲木　**268267**
施陶马钱　**378894**
施陶魔芋　**20138**
施陶木瓣树　**415817**
施陶拟三角车　**18004**
施陶牛栓藤　**101903**
施陶蒲桃　**382666**
施陶普梭木　**319341**
施陶琼楠　**50611**
施陶秋海棠　**50325**
施陶蒴莲　**7310**
施陶藤黄　**171198**
施陶铁青树　**269682**
施陶瓦帕大戟　**401281**
施陶血桐　**240324**
施陶指腺金壳果　**121171**
施陶紫金牛　**31610**
施特夹竹桃　**377591**
施特夹竹桃属　**377588**
施特赖安吉草　**24554**
施特赖杜楝　**400609**
施特赖琥珀树　**27907**
施特赖鸡头薯　**153062**
施特赖马岛翼蓼　**278417**
施特赖木蓝　**206089**
施特赖青锁龙　**109421**
施特茜属　**377584**
施图芥　**378980**
施图芥属　**378976**
施图肯草属　**378982**
施图萝藦　**378996**
施图萝藦属　**378995**
施瓦车前　**302169**
施瓦茨藤　**352773**
施瓦茨藤属　**352771**
施瓦茨仙人笔　**216704**
施瓦尔列当　**352751**
施瓦尔列当属　**352750**
施瓦兰属　**352774**
施瓦野牡丹　**352745**
施瓦野牡丹属　**352744**
施旺花属　**352753**
施威德槭　**3585**
施威林小檗　**52137**
施威令槭　**3586**
施威氏千里光　**360007**
施韦巴氏锦葵　**286696**
施韦百蕊草　**389866**
施韦斑鸠菊　**406794**
施韦半日花　**188840**
施韦苞叶兰　**58408**
施韦荸荠　**143347**
施韦鼻烟盒树　**270921**
施韦扁担杆　**180960**
施韦赪桐　**96333**
施韦翅苹婆　**320995**
施韦茨藻　**262105**
施韦刺痒藤　**394209**
施韦大沙叶　**286458**
施韦单花杉　**257147**
施韦吊灯花　**195220**
施韦恩氏草　**145566**
施韦非洲马钱树　**27623**
施韦风车子　**100771**
施韦风琴豆　**218004**
施韦福木　**142468**
施韦枸杞　**239111**
施韦画眉草　**147957**
施韦黄芩　**355730**
施韦茴芹　**299533**
施韦鸡头薯　**153041**
施韦剑苇莎　**352340**
施韦浆果鸭跖草　**280529**
施韦金合欢　**1564**
施韦金莲木　**268260**
施韦九节　**319831**
施韦聚花草　**167042**
施韦苦苣菜　**368807**
施韦狼尾草　**289244**
施韦老鸦嘴　**390874**
施韦肋瓣花　**13859**
施韦类苦木　**323552**
施韦镰扁豆　**135612**
施韦列当　**275206**
施韦裂稃草　**351308**
施韦芦荟　**17260**
施韦麻疯树　**212216**
施韦美冠兰　**156998**
施韦密花　**321968**
施韦密穗花　**322151**
施韦绵毛菊　**293470**
施韦绵枣儿　**353056**
施韦母草　**231571**
施韦木蓝　**205828**
施韦尼茨苔草　**76182**
施韦牛角草　**273189**
施韦飘拂草　**166472**
施韦千里光　**360005**
施韦鞘蕊花　**99709**
施韦鞘芽莎　**99444**
施韦青葙　**80465**
施韦群花寄生　**11125**
施韦绒毛巴氏锦葵　**286599**
施韦肉柊叶　**346875**
施韦莎草　**119677**
施韦山蚂蝗　**126599**
施韦黍　**282213**
施韦蒴莲　**7276**
施韦索林漆　**369803**
施韦唐菖蒲　**176530**
施韦莴苣　**219503**
施韦五异茜　**289605**
施韦西非夹竹桃　**275588**
施韦仙人笔　**216705**
施韦肖蝴蝶草　**110687**
施韦楔柱豆　**371538**
施韦绣球防风　**227566**
施韦血桐　**240321**
施韦鸦葱　**354947**
施韦鸭跖草　**101153**
施韦眼子菜　**312261**
施韦樱桃橘　**93279**
施韦蝇子草　**364025**
施韦硬皮豆　**241436**
施韦远志　**308345**
施韦猪毛菜　**344699**
施韦砖子苗　**245533**
施韦紫玉盘　**403575**
施维德挪威槭　3442
施文克茄　**352800**
施文克茄属　**352798**
施文茜　**352803**
施文茜属　**352802**
施文樱桃橘　**93280**
施运氏郁金香　400222
施州龙牙草　11572
狮瓣牡丹草　**224633**
狮齿草属　**224651**
狮齿猫儿菊　**202420**
狮齿蒲公英　**384519**
狮唇兰　**224524**
狮唇兰属　**224523**
狮儿草　200780
狮儿七　397622
狮耳草　224585,349936
狮耳草属　224558
狮耳花　224585
狮耳花属　224558
狮菊　**224553**
狮菊属　**224552**
狮舌细瓣兰　**246111**
狮藤　208067
狮头党　98381
狮头椒　72081
狮头参　98395
狮头石竹　127635
狮王仙人球　**267058**
狮威豆属　224534
狮尾草　**224585**,147349
狮尾草属　224558
狮牙草属　224651
狮牙草状风毛菊　**348481**
狮牙苣属　224651
狮岳菜　311890
狮子菜　311890
狮子草　71279,126465,209872,220032,239608,311890,320426,320435,329897,349936
狮子耳　224585,349936
狮子耳草　349936
狮子耳属　224558
狮子奋迅　**107016**
狮子滚球　177170
狮子花　154163
狮子锦　273813
狮子菌球　177170
狮子笏　159363
狮子簕　159363
狮子七　242691,329897
狮子球　95984
狮子杉　**113710**
狮子术　44218
狮子头　**389219**,31571,329897
狮子头茶梅　**69606**
狮子头鸡爪槭　**3334**
狮子王球　**267047**
狮子王丸　267058
狮子尾　**329000**,138796,147349,224585,282806
狮子尾属　224558
狮子柚　**93711**,93705
狮鬃铁线莲　**95016**
狮足草　**224631**
狮足草科　**224623**
狮足草属　**224625**
湿车前　301909
湿唇兰　**200584**
湿唇兰属　**200581**
湿地白酒草　**103519**
湿地白马利筋　**38058**
湿地斑鸠菊　**406522**
湿地斑叶兰　**179635**
湿地斑叶蓼　**309666**
湿地半边莲　**234597**
湿地荸荠　**143191**
湿地臂形草　**58104**
湿地捕蝇幌　**336157**
湿地春美草　**94342**
湿地鹅河菊　**15017**
湿地鹅河菊属　**15015**
湿地繁缕　**375120**
湿地费利菊　**163291**
湿地风毛菊　**348892**
湿地蒿　**36394**

湿地红毛菀 **323036**
湿地画眉草 **147731**
湿地黄芪 43204
湿地黄耆 **43204**
湿地藿香蓟 **11215**
湿地吉尔苏木 **175644**
湿地金光菊 **339554**
湿地卷舌菊 **380925**
湿地蓝风铃草 **70347**
湿地栎 **324166**
湿地蓼 **309524**
湿地榈属 246671
湿地木花菊 **415676**
湿地木蓝 **206179**
湿地纳茜菜 **262583**
湿地欧石南 **149671**
湿地牵牛 **207876**
湿地茄 **367661**
湿地三裂叶金光菊 **339625**
湿地三芒草 **33889**
湿地松 **299928**
湿地酸模 **340305**
湿地无心菜 **32118**
湿地勿忘草 **260772**
湿地缬草 **404383**
湿地悬钩子 **338190**
湿地旋覆花 **207164**
湿地雪兔子 **348890**
湿地岩黄芪 187946,188028
湿地岩黄耆 **187946**,188028
湿地一点红 **144943**
湿地伊瓦菊 **210468**
湿地异雀麦 20551
湿地银莲花 **24036**
湿地蝇子草 **363557**
湿地玉凤花 **183709**
湿地越橘 **403731**,403780
湿地早熟禾 **305803**,305605,305804
湿地珍珠菜 **239710**
湿地踯躅 85414
湿地踯躅属 85412
湿地猪屎豆 **112335**
湿地紫菀 **40906**
湿萝卜 298093
湿雀麦 **20551**
湿雀麦属 **20548**
湿润欧石南 **149725**
湿伞芹 **267003**
湿伞芹属 **267002**
湿沙天树 113721
湿生桉 **155573**
湿生白蜡 168023
湿生白千层 **248077**
湿生扁蕾 **174225**
湿生布鲁尼木 61339
湿生簕柊 354618
湿生蒂罗花 **385737**
湿生冬青 **204374**
湿生短喉木 **58473**
湿生凤尾葵 139412
湿生狗舌草 **385908**
湿生红千层 **67297**
湿生火绒草 224813
湿生尖苞木 **146070**
湿生金果椰 **139412**
湿生金锦香 **276138**
湿生金丝桃 **202199**
湿生堇菜 410347
湿生苦苣菜 **368842**
湿生阔蕊兰 168326
湿生蓝果树 267850
湿生冷水花 **298866**
湿生栎 324166
湿生鳞叶树 **61339**
湿生裸萼球 **182457**
湿生洛马木 235410
湿生洛美塔 235410
湿生马蹄香 404289
湿生美头火绒草 **224813**
湿生扭瓣花 **235410**
湿生欧石南 **149562**,149309
湿生千里光 **358287**
湿生石南属 372916
湿生鼠麴草 **178259**,178481
湿生碎米荠 **72828**
湿生苔草 **75165**
湿生泰洛帕 385737
湿生葶苈 336250
湿生菀 **212307**
湿生菀属 **212305**
湿生西澳木 **58677**
湿生西伯利亚剪股颖 **12344**
湿生苋 **81896**
湿生苋属 **81895**
湿生伊帕克木 146070
湿生越橘 404027
湿生蜘蛛香 **404289**
湿生猪屎豆 **112773**
湿生紫堇 **105993**
湿生紫菀 **40764**
湿鼠麴草 178090,178475,178481
湿苔草 **74841**
湿苋菜 298093
湿崖紫堇 **105579**
湿燕麦属 20548
湿荫小檗 51744
湿原踯躅 85414
湿沼兰 185200
葹 415046,415057
蒒草 75259
蓍 **3978**,3921,4028
蓍草 3921,4028,4062
蓍草绵叶菊 **152810**
蓍草属 3913
蓍草叶 3921
蓍草叶菊蒿 **383692**
蓍草叶千里光 **358169**
蓍菊属 317790
蓍属 **3913**
蓍叶滇芹 **247715**
蓍叶吉莉草 175669
蓍叶吉莉花 **175669**
蓍叶木 85146
蓍叶木属 85142
蓍叶藏香芹 247715
蓍状艾菊 12989
蓍状亚菊 12989
十八额 176839
十八豇 409096
十八拉文公 221144
十八娘 233078
十八缺 176839
十八缺草 176839,239582
十八学士 111167,111171
十八症 97919,214959,300357,300359,402201
十八爪 327069
十八钻 34141
十瓣云实 64990
十齿花 **132611**
十齿花科 **132612**
十齿花属 **132608**
十瘳楼 119282
十出大戟 **158743**
十出花 123545
十大功劳 **242534**,242487,242494,242507,242508,242517,242563,242597,242608
十大功劳属 **242458**
十大天王 239842
十萼花 132611
十萼花科 132612
十萼花属 132608
十萼茄 238942
十二对草 138482
十二根 38960
十二花属 135153
十二槐花 283625,283630
十二戟 **135151**
十二戟属 **135150**
十二卷 186422
十二卷属 **186251**
十二妹 260113
十二蕊臭矢菜 307141
十二蕊裂叶罂粟 **335639**
十二蕊美苦草 **341469**
十二神属 135153
十二雄蕊海神菜 **265466**
十二雄蕊可利果 **96706**
十二雄蕊龙胆 **341441**
十二雄蕊破布木 **104177**
十二雄蕊商陆 **298104**
十二雄蕊鸵鸟木 **378573**
十二元脚 5100
十二月红春花欧石南 **149153**
十二月花 308403
十冠萝藦 **123464**
十冠萝藦属 **123463**
十花南泽兰 **45275**
十花一枝黄花 **368270**
十角丝瓜 238258
十角芸香 **123364**
十角芸香属 **123363**
十锦芦荟 **17375**,17136
十肋菊 **266395**
十肋菊属 **266394**
十肋石南 **123478**
十肋石南属 **123477**
十肋瘦片菊 **123474**
十肋瘦片菊属 **123473**
十肋芸香 **123482**
十肋芸香属 **123479**
十棱谷精草 **151286**
十棱山矾 **381141**,381366
十里香 94188,260173,276745,381423
十里香属 260158
十两叶 86318
十瘳楼 119282
十裂花 **123395**
十裂花属 **123394**
十裂葵 **123442**
十裂葵属 **123439**
十鳞草 **123386**
十鳞草属 **123385**
十鳞萝藦 **123391**
十鳞萝藦属 **123389**
十六豇豆 409096
十脉斜萼草 **237962**
十蕊白花菜 **123469**
十蕊白花菜属 **123466**
十蕊大参 **241163**
十蕊非洲吉粟草 **175933**
十蕊风车子 **100758**
十蕊萝藦 **123404**
十蕊萝藦属 **123401**
十蕊槭 **2926**
十蕊秋海棠 **49767**
十蕊山莓草 362341
十蕊商陆 298094
十蕊柿 **132123**
十蕊银莲花 **23720**
十三裂日本槭 **3048**
十三年花 8540,320105
十三年花属 8538
十三太保 176222

十胜黄耆 **43160**
十胜蝇子草 **364130**
十数百蕊草 **389660**
十数樟属 **413167**
十万错 **43610**
十万错花 43614
十万错属 **43596**
十万错鸭嘴花 **214340**
十万大山杜鹃 **331819**
十万大山润楠 **240696**
十万大山苏铁 **115895**
十香和 5793,5803
十雄金锦香 **276103**
十雄扩展杜鹃 **330581**
十雄蕊裸果木 **182494**
十雄蕊秋海棠 49767
十样错 134412,308613,308616
十样锦 127607,176222
十样景 127852,176222
十样景花 127654,127852
十药 198745
十叶金鱼藻 83577
十一叶木蓝 **205950**,206573
十一叶雪胆 **191922**
十翼芥 **123420**
十翼芥属 **123418**
十月彼岸樱 83112
十月光红槭 3513
十月寒竹 **87602**
十月红 346527
十月花小蓼 **308683**
十月辉煌卫矛 **157289**
十月橘 **93729**
十月泡 339475
十月青 172831
十月绶草 **372235**
十月文殊兰 **111236**
十指柑 93604
十指香圆 93604
十子澳石南 **123462**
十子澳石南属 **123460**
十子木 123451
十子木属 123443
十子属 123443
十姊妹 336789
十字阿氏莎草 **549**
十字草 218480,239810
十字唇兰属 374457
十字唇柱苣苔草 **87846**
十字豆属 **374441**
十字风车子 100758
十字光柱苋 **218670**
十字果紫草 **113139**
十字果紫草属 **113138**
十字槲寄生 **411008**
十字虎耳草 **349240**
十字虎尾草 **88331**
十字花芳香木 **38849**
十字花费维瓜 **164432**
十字花科 **59661**,**113144**
十字花芸香 **374451**
十字花芸香属 **374450**
十字蓟 **91757**
十字架树 **111101**
十字尖刺联苞菊 **52681**
十字角荆豆属 374441
十字苣苔 **374449**
十字苣苔属 **374445**
十字爵床 **111724**
十字爵床属 **111693**
十字军 **182484**
十字兰 **184053**,183797
十字兰属 374457
十字龙胆 **173364**
十字马唐 **130509**
十字密钟木 **192713**
十字茜属 **113130**
十字肉锥花 **102191**
十字莎草 549
十字山柳菊 **195985**
十字山梅花 **294454**
十字舌多穗兰 **310601**
十字苔草 **74211**
十字西番莲 **111822**
十字西番莲属 **111821**
十字形凤仙花 **205135**
十字形黄芪 42236
十字形黄耆 **42236**
十字形可利果 **96692**
十字形乐母丽 **335931**
十字形马尔泰利木 **245923**
十字形诺罗木犀 **266701**
十字形萨比斯茜 **341612**
十字形舌叶花 **177446**
十字形尾稃草 **402508**
十字形舟蕊秋水仙 **22342**
十字形猪毛菜 **344501**
十字形猪殃殃 **170335**
十字崖爬藤 **387762**
十字野菱 **394454**
十字叶欧石南 **150131**
十字叶属 **113110**
十字远志 **308014**
十字月见草 **269425**
十字珍珠草 111915,296801
十字蜘蛛抱蛋 **39527**
什邡藁吾 **229177**
什邡缘毛毛藁吾 229177
什鸡单 25980
什锦丁香 **382132**
什锦芦荟 **17136**
什锦水果矮鸭嘴花 **214381**
什样锦 176260
什子苗 250228
石艾 35779,259282
石芭蕉 98633,98686,98728,295518
石白菜 52533,52539,283114,409898
石百足 313197
石柏苔草 76316
石斑 283114
石斑木 **329068**,295637,295691,295757,329075
石斑木属 **329056**,295609
石板菜 294123,356512,356702,356841
石板柴 107424
石板还阳 356702
石板青 398262
石半夏 299719
石瓣 158118
石邦藤 393657
石邦子 319833
石蚌寄生 313204
石蚌接骨丹 295511
石蚌树 372114
石蚌腿 125233
石棒绣线菊 372006
石棒子 371868,371894,372006,372117
石蒡子 372067
石宝茶藤 157943
石报春 314921
石抱子 387779
石崩 184997
石崩子 371897
石绷藤 165515
石笔 400722
石笔虎尾兰 **346148**
石笔木 **400722**,400709
石笔木属 **400684**
石壁杜鹃 330193
石壁风 9419,148656
石壁枫 329000
石壁兰 29809
石壁梅 198827
石壁藤 165515,285157
石薜荔 393657
石璧莲 165515
石璧藤 165515
石边采 142694
石边七 134404
石扁兰 267973
石杓麦 191387
石藨子 124891
石槟榔 295518
石菠菜 137155
石博 80764
石薄荷 250370
石补丁 407109
石补钉 407109
石菜 53249,53257
石菜兰 294114,329897
石菜子 105730,389638
石蚕 52533,238135,308893,388114,405027
石蚕属 387989
石蚕香科 388042
石蚕叶半边莲 **234355**
石蚕叶龙面花 **263397**
石蚕叶婆婆纳 **407072**
石蚕叶破坏草 **101951**
石蚕叶天竺葵 **288148**
石蚕叶绣线菊 **371877**
石蚕叶泽兰 **158335**
石草果 295545
石草鞋 198869
石茶 129910
石茶藨 334203
石蝉草 **290305**
石蟾蜍 20338,34355,375904,396247
石蟾薯 375899
石菖蒲 **5821**,5793,5803,208853
石菖藻 404555
石城苔草 **76120**
石秤砣 190094
石穿盘 295518
石串莲 62763,62955,98686
石锤南星 **33361**
石锤山蓟 **92065**
石刺木 280555
石苁蓉 230759,230816
石苁蓉属 230508
石葱 **292611**,148735,267935,267936
石葱属 **292610**
石蹉 393657
石厝新木姜子 **264032**
石打穿 11572,187544,344957
石打佬 211022
石大川 344957
石大骨 178861
石大戟 **159567**
石丹药 349936
石胆草 56063,103944
石蛋七 30065
石灯台 364924
石地斗篷草 **14079**
石地邪蒿 **361550**
石地野牡丹 **233094**
石地野牡丹属 **233093**
石刁柏 **39120**,39014
石吊兰 117008,239967
石吊兰属 239926
石丁香 **263960**
石丁香属 **263958**

石碇佛甲草 **357138**
石冬青 **294219**
石冬青科 **294216**
石冬青属 **294218**
石豆 62799
石豆瓣 357174
石豆兰属 **62530**
石豆毛兰 70384
石堆杜鹃 331512
石耳草 187681
石发 296380
石防风 **293033**,266975
石防风属 **216526**,292758,365885
石榧 82507,82545
石肺筋 173828
石丰腿 295511
石风 329000
石风车子 **100850**
石风丹 70635,179679,294125,309807
石风节 88272
石枫 3549
石枫丹 70635
石枫药 187681
石峰杜鹃 **331772**
石缝铁线芥 **79738**
石缝铁线芥属 **79737**
石缝蝇子草 **363463**
石凤丹 12640
石稃禾 **233086**
石稃禾属 **233085**
石柑儿 313197
石柑属 **313186**
石柑子 **313197**,259898,259900,313195,313207
石柑子属 313186
石橄榄 62955,295518
石纲 295773
石膏翠雀花 **124268**
石膏山乌头 **5539**
石槁 264034
石告杯 226793
石疙瘩 209755
石格菜 72876
石蛤骨 161350
石蛤蜞 396247
石根 356953
石谷皮 414193
石骨草 **380353**
石骨丹 142704
石骨儿 147842
石鼓子 49914
石瓜 76813
石瓜子 134029,134032,290305,290439
石瓜子莲 403983
石光棍 239981
石桂 204544,329068
石桂树 260173
石滚子 142152
石磙子 142152
石果鹤虱 **221751**
石果红山茶 **69260**
石果藜 **276528**
石果藜属 **276526**
石果珍珠茅 **354143**
石海椒 **327553**,209405,232106,295545,367416,392371
石海椒属 **327548**
石合巴 209625
石河树 96496
石河子甘草 **177943**
石核木 **233811**
石核木属 **233809**
石荷叶 103944,349936
石猴子 387779
石胡椒 56382,56392
石胡荽 **81687**,200366
石胡荽属 **81681**,200253
石斛 **125279**,62763,125005,125033,125048,125135,125233,125257
石斛兰属 124957,203348
石斛属 **124957**
石斛朱米兰 **212709**
石葫芦 232106,313197
石蝴蝶 **292554**,103944,200790
石蝴蝶属 **292547**
石虎 161373,161376
石虎耳 87855
石花 **103944**,179202,179580,179586,191387,239967,292581,356953
石花菜 298888
石花子 56063,230524
石黄草 388569
石黄精 78012
石黄连 105868,191914,242487,242563
石黄耆 **42987**
石灰白前 **409422**
石灰杯子菊 **290230**
石灰菜 13091,13146,191666,260922
石灰草 117162,375136
石灰独活 **192248**
石灰风铃草 **69929**
石灰光泽具柄蜡菊 189660
石灰含笑 252832
石灰红月桂 **382744**
石灰花楸 **369389**
石灰黄杨 **64244**
石灰拉拉藤 **170301**
石灰蓝花参 **412608**
石灰苓菊 **214057**
石灰毛子草 **153150**
石灰葡萄 411611
石灰前胡 **292794**
石灰秋海棠 50018
石灰肉锥花 **102110**
石灰沙拐枣 **67004**
石灰山花椒 417188
石灰十二卷 **186555**
石灰石飞蓬 **150984**
石灰树 369389
石灰苏打灰色石南 **149227**
石灰条子 369389
石灰头花草 **82129**
石灰小米草 **160216**
石灰岩芦莉草 **339819**
石灰岩苔草 **74706**
石灰岩绣线菊 **371854**
石灰焰花苋 **294323**
石火草 283115
石火枣 232197
石棘 7985
石夹枫 289632
石夹生 333950
石假繁缕 318513
石碱花 346434
石碱木 324624
石见穿 344957
石箭 171918
石姜草 254265
石将军 78012
石豇豆 **239936**,238038,239967,336211
石交 56392
石椒 56392
石椒草 **56392**,56382
石椒草属 **56380**
石角竹 **47370**,47345
石解 144093,375904
石解骨 288769
石芥菜 73001,129910
石芥花 **125836**,73001
石芥花属 **125831**
石金藤 165624
石筋草 **299017**
石荆芥 265078
石菊花 331257
石蒟 300408
石苣 219485
石决明 360463
石芙明 360463
石柯 **233343**,233153
石柯属 233099
石扣子 275363
石苦草 **292606**
石苦草属 **292605**
石苦蓮 232106
石拉芥 **292652**
石拉芥属 **292651**
石腊红 288297
石腊竹 176796,176799
石辣 7985,158070
石辣椒 260173
石辣蓼 308946
石兰花 127507,264762
石兰香 78012
石栏菜 183158
石蓝 117486,117692
石痨参 314415
石老虎 248765,263960
石老鼠 387779
石楞腿 295511
石李 198769
石里开 299719
石栎 233228
石栎属 **233099**
石栗 **14544**,79004,233228
石栗属 **14538**
石砺翠雀花 **124231**
石砾长庚花 **193273**
石砾春黄菊 **26790**
石砾番薯 **207930**
石砾褐花 **61141**
石砾红蕾花 **416946**
石砾还阳参 **110901**
石砾蓝耳草 **115561**
石砾麦瓶草 **364197**
石砾唐松草 **388679**
石砾野荞麦木 **152279**
石砾舟叶花 **340745**
石连 300980
石莲 **364919**,49974,50131,52929,65040,106350,127921,141808,263272,295518,296380
石莲草 98754,232106
石莲虎耳草 **349360**
石莲花 **139990**,10787,103944,103952,275363,356877,364919
石莲花属 **139970**,364913
石莲簕 65040
石莲藕 328997
石莲属 **364913**
石莲藤 65040,279757
石莲岩松 364919
石莲叶点地梅 **23204**
石莲子 62799
石链子 63032
石凉草 298890
石凉茶 87525,87545
石裂风 232253
石林冷水花 **298911**
石林苔草 **73892**
石淋草 247025

石灵芝 62672,295545
石苓 260168
石苓舅 6251,177822,177845
石柃 260173,382499
石鲮 393657
石流垫柳 **343423**
石榴 **321764**
石榴茶 69156
石榴红钝裂叶山楂 **109794**
石榴红鸡爪槭 **3311**
石榴槲寄生 **411082**
石榴花虎耳兰 **350321**
石榴科 **321777**
石榴兰属 **247651**
石榴生石花 **233475**
石榴属 **321763**
石榴叶金虎尾 243526
石柳 203062
石六轴 331257
石龙 309494
石龙刍 **225661**
石龙刍属 **225659**
石龙芻 213036,213066
石龙胆 173917
石龙花 320607
石龙脷 31446
石龙芮 **326340**,24046,325718
石龙芮毛茛 326340
石龙石尾 62799
石龙藤 165515,198847,393657
石龙尾 **230323**,230307
石龙尾属 **230274**
石龙尾水蓑衣 **200623**
石龙牙草 138331
石龙芽草 138329,138336
石龙眼属 **292621**
石龙叶 403521
石龙珠 304241
石拢藤 166684
石蒌 300548
石碌柑 93561
石碌含笑 **252955**
石榈 59096
石绿竹 **297195**
石栾树 217626
石罗藤 52416
石萝卜 10345,10346
石萝藦 **289925**
石萝藦属 **289924**
石萝藤 52416,52427
石麻 225009
石麻黄 146248
石麻婆子草 129910
石马菜 290305
石马齿苋 356702
石蚂蝗 87860
石蔓 121979
石芒 255886
石芒草 **37414**,265923
石莽草 204507,308946
石茅 **369652**
石茅高粱 369652
石茅古堆菊 **182104**
石茅一枝黄花 **368316**
石枚冬青 **204263**
石梅 198827
石妹刺 51802,52069
石门杜鹃 **331817**
石门鹅耳枥 **77390**
石门坎 747
石门小檗 **51976**
石米 62955,146536,232156
石米努草 **255506**
石密 17627
石棉 87859
石棉白前 **117476**
石棉报春 **314945**
石棉杜鹃 **331818**
石棉过路黄 **239845**
石棉金粟兰 **88285**
石棉麻 414224
石棉南星 **33503**
石棉皮 122438,414193
石棉乌头 **5568**
石棉杨 311556
石棉玉山竹 **416786**
石棉紫堇 **106438**
石面报春 **314341**
石面枇杷 283115
石磨子 934
石母草 78012
石牡丹 414114
石木姜子 **233901**
石苜蓿 239640
石南 295773,331227
石南花 161418
石南金丝桃 **201869**
石南龙 252754
石南漏芦 **329220**
石南美国尖叶扁柏 **85378**
石南茄属 161896
石南柔花 **9001**
石南山梗菜 **234860**
石南属 148941
石南藤 **300548**,198827,300408
石南叶野荞麦木 **152047**
石南芸木属 99458
石南状大戟 **158842**
石南状多头帚鼠麹 **134247**
石南状菲利木 **296204**
石南状格尼瑞香 **178602**
石南状锦绦花 **78627**
石南状良毛芸香 **155837**
石南状林康木 **231214**
石南状罗勒 **268493**
石南状麻点菀 **266525**
石南状麻雀木 **285560**
石南状毛瑞香 **218987**
石南状毛头菊 **151574**
石南状密穗草 **376607**
石南状南非少花山龙眼 **370253**
石南状青锁龙 **108992**
石南状双雄金虎尾 **131234**
石南状鸵鸟木 **378578**
石南状翼柱管萼木 **379054**
石南状尤利菊 **160793**
石南状油芦子 **97305**
石南状远志 **259984**
石南状猪毛菜 **344526**
石南状猪屎豆 **112120**
石楠 **295773**,113438,226113,295361
石楠柴 295773,324283
石楠金菊木 **150328**
石楠属 **295609**
石楠藤 300427
石楠叶白千层 **248093**
石楠叶杜英 **142372**
石楠叶小檗 **52032**
石楠芸木属 99458
石能 326340
石泥鳅 232139
石盘藤 393657
石螃蟹 87859
石泡茶藤 157338
石盆草 256727
石朋子 372117
石彭彭 165623
石彭子 165623
石坪柯 233385
石屏柯 **233385**
石屏木蓝 **206550**
石屏无患子 **346345**
石坡草 **332350**
石坡草属 **332348**
石坡韭 **15597**
石葡萄 387871
石蒲藤 313197
石朴 **80639**,80764
石气柑 313197,393657
石荠菜 73001
石荠苎 **259323**,100239,259284
石荠苎属 **259278**
石墙茶藤 165002
石墙花 **414833**
石墙花属 **414829**
石蔷薇 93161
石芹菜 72876
石琴薯 375899
石青菜 88166
石青蓬 226742
石青子 31396
石清草 37414
石曲菇 178218
石渠黄堇 **106460**
石泉柳 **344104**
石雀还阳 356702
石稔草 299017
石榕 9419,165719
石榕树 **164609**
石如意 138898
石茹 313483
石蕊木 **217872**
石芮 103952
石三甲 267935
石三棱 62985
石三七 87855,183082,183122,239967
石涩 80695
石涩朴 **80695**
石沙参 **7768**
石山巴豆 **112891**
石山菖蒲 52533
石山大青 313621
石山豆腐柴 **313621**
石山槁 233238
石山冠唇花 **254255**
石山掼槽树 17809
石山桂 **91285**
石山桂花 **276287**
石山胡颓子 **141950**
石山虎耳草 **349893**
石山花椒 **417188**
石山金银花 235633
石山旌节花 **373519**
石山苣苔 **292537**
石山苣苔属 **292536**
石山开花 290439
石山莲 62985,364919
石山毛榉 162375
石山木莲 **244424**
石山南星 285657
石山楠 **295351**
石山漆 **393446**
石山守宫木 **348049**
石山薯蓣 **131707**
石山水玉簪 **63972**
石山苏铁 **115859**
石山桃 295518
石山桃属 295510
石山天胡荽 **200271**
石山瓦浆 290439
石山吴萸 161316
石山吴茱萸 **161316**
石山细梗香草 **239572**
石山新木姜子 **264033**
石山秀丽栲 **78964**
石山崖摩 19955

石山崖摩楝 **19955**
石山羊蹄甲 **49032**,49056
石山越南菜 348049
石山蜘蛛抱蛋 **39574**
石山紫玉盘 403519
石山棕 **181803**
石山棕属 **181802**
石珊瑚 336783
石上蟾蜍草 313197
石上菖蒲 5803
石上大丁草 **175215**
石上凤仙 191350
石上瓜子菜 356512
石上海棠 50004
石上葫芦茶 313197
石上蕉 66101
石上开花 357225
石上老鼠耳 356512
石上莲 **273843**,46859,46863,50004,87881,87901,273842,295518
石上莲秋海棠 50004
石上藕 26003,238135
石上藕属 184471
石上秋海棠 50004
石上桃 62984
石上蜈蚣 313206
石上仙桃 295518
石上香 78012
石上羊奶树 10239
石蛇 328997
石蛇床 **233689**,77828
石蛇床属 **233688**
石参 238038,263960
石生奥兆萨菊 279353
石生霸王 418753
石生捕虫堇 **299745**
石生茶藨 **334149**,334203
石生茶藨子 **334203**
石生长 384681
石生长瓣铁线莲 95100
石生车叶草 **39393**
石生齿缘草 **153518**
石生冬青 **204236**
石生杜鹃 **330108**
石生繁缕 375136
石生风铃草 **70116**
石生孩儿参 **318513**
石生海桐 **301394**
石生虎耳草 **349866**
石生黄堇 **106405**
石生黄连 106405
石生黄芪 43011
石生黄耆 **43011**
石生黄杨 64342
石生鸡脚参 **275720**
石生嘉赐木 78153
石生脚骨脆 **78153**
石生堇菜 **410513**
石生景天 357114
石生韭 **15159**
石生老鹳草 174548
石生蓼 **309325**
石生楼梯草 142733
石生螺序草 **371775**
石生麦瓶草 364103
石生麦珠子 **17620**
石生膜瓣豆 **201134**
石生苜蓿 **247467**
石生泡果荠 **196302**
石生蒲桃 **382662**
石生七叶树 **9737**
石生秋海棠 **50018**
石生屈曲花 **203236**
石生柿 **132384**
石生疏毛刺柱 **299245**
石生鼠李 **328628**
石生驼蹄瓣 **418753**
石生委陵菜 **312946**
石生吴萸 161316
石生悬钩子 **339240**
石生崖爬藤 **387844**
石生岩荠 **98030**
石生阴山荠 **416353**
石生蝇子草 **364103**
石生鸢尾 208765
石生越橘 **403983**
石生早熟禾 **305668**
石生针茅 376940
石生竹 297334
石生紫草 **233743**
石生紫菀 **40972**
石狮子 31374,31380,31454
石氏山梅花 294536
石柿花 132135
石薯 20088,179500,284160
石薯属 179485
石薯子 38960
石思仙 156041
石松 300151,301777
石松百蕊草 **389773**
石松彩花 **2257**
石松草 46430
石松菲利木 **296309**
石松赫柏木 **186960**
石松花属 233432
石松蜡菊 **189763**
石松蓝花参 **412740**
石松毛 402245
石松欧石南 **150033**
石松千里光 **359399**
石松日本扁柏 **85321**
石松岩须 78631
石松叶陆均松 **121104**
石松状百蕊草 **389870**
石松状锦绦花 **78631**
石松状天门冬 39075
石松状岩须 78631
石苏 259282
石酸苔 49722
石酸藤 402201
石蒜 **239266**,239257
石蒜还阳 388536
石蒜科 **18861**
石蒜属 **239253**
石蒜头 232117,232364
石蒜文殊兰 **111182**
石笋 390917
石笋还阳 388401
石笋水牛掌 **72596**
石笋一枝花 388569
石塔花 275363
石塔青 191387
石苔草 **76153**
石苔草属 **349024**
石滩翠雀花 **124519**
石滩丝瓣芹 6198
石檀 168086
石棠花 331257
石棠木 329068
石天荞 320912
石田氏红景天 **329889**
石通 94778
石头菜 88166,183080,200802,308946,357123
石头草 88166
石头花 **183158**,30078,183212,183223,233624,292581,299017,308946
石头花瘤果茉莉 **119984**
石头花属 **183157**,233459
石头棵子 134919,134922
石头树 233228
石头虾 86730
石头柚 **93597**
石橐 400675
石苇 273861
石纹彩叶凤梨 **264421**
石蚊虫 62799
石蜈蚣 5821,87859,288605,313206
石蜈蚣草 **355748**
石西洋菜 298888
石隙半日花 **188828**
石隙景天 **357116**
石隙柳 **344050**
石隙罂粟 **282706**
石隙紫堇 **106401**
石虾 232106
石虾公 232252
石下长卿 117643
石仙草 78012
石仙桃 **295518**,62799,62985,98651,98754,134032,232106
石仙桃属 **295510**
石苋菜 191387,298888,299001
石香花 226721
石香芽 259282
石香薷 **259282**
石小豆 157974
石星苹果 **90076**
石玄参 **262777**
石玄参属 **262776**
石旋花 **292592**
石旋花属 **292591**
石血 393657
石鸭儿 232364
石鸭子 66123
石芽枫 249664
石烟 315148,367146
石芫茜 299044
石岩 330082
石岩报春 **314320**
石岩菜 87941
石岩风 58006
石岩枫 **243437**
石岩生堇菜 410536
石岩树 295773
石岩酸饺草 174877
石盐 154971
石眼树 295773
石羊菜 142704
石羊草 142704,315465
石羊果 116863
石杨梅 62799,232106,239967
石异腺草 **25274**
石茵陈 36232
石英岩雏菊 **291339**
石油菜 **298890**,298888
石柚 313197
石萸 62799
石萸肉 295518
石榆 401618
石榆子 80664
石玉 37115
石玉簪 198652
石芋头 65218
石垣栝楼 **396198**
石月 **374428**,374409,374414
石枣 62984,105146,124925,157874
石枣儿 353057
石枣子 **157855**,62672,62799,62832,62955,209405,295545
石藻 62672
石泽兰 239967
石楂子树 124925
石针打不死 263959

石珍芒 37414
石珍茅 265923
石桢楠 231435,233901
石蜘蛛 **299720**,299719
石指甲 103944,357123
石指酸藤 166684
石钟花 292537
石钟花属 292536
石株 313483
石珠 313487
石珠子 179500,313487
石槠 78877,116098
石竹 **127654**,47259,47318,47427,125453,297334,297379
石竹埃若禾 12794
石竹芳香木 **38514**
石竹根 134425,134467
石竹花 79727
石竹花红头菊 **154764**
石竹花毛毡苣苔 **147390**
石竹科 **77980**
石竹木榄 **61254**
石竹属 **127573**
石竹苔草 **74059**
石竹唐菖蒲 **176110**
石竹田繁缕 **52595**
石竹无心菜 **31852**
石竹喜荫花 147390
石竹鸦葱 **354845**
石竹叶 307333
石竹叶繁缕 **374834**
石竹叶节节草 **100989**
石竹叶龙胆 **173327**
石竹叶米努草 **255461**
石竹叶蒲桃 **382503**
石竹蝇子草 **363408**
石竹状彩花 **2224**
石竹状短梗景天 **8423**
石竹状魔杖花 **369983**
石竹状香雪兰 **168161**
石竹仔 **47412**
石竹子 127654,127852,134404,297334,390917
石竹子花 127654,127852
石竹紫莴苣 **239331**
石蓫 125033,125138,125233
石柱花 127654,208917
石柱藤 66643
石柱子花 127654
石桩藤 66643
石锥 233153
石籽苍白菲奇莎 **164568**
石籽桐属 354511
石子陵木 403745
石梓 **178028**
石梓公 198157
石梓属 **178024**
石棕 59096
石棕榈属 298050
石棕属 **59095**
石钻子 71679,341556
时 83238
时花草 239547
时计 285637
时计草 285623
时计果 285623,285637
时令树果 382675
时美中 24213
时田甜茅 **177557**
时雅报春 **314234**
时柚 **93595**
时珍淫羊藿 **147017**
时钟花 400493
时钟花科 **400496**
时钟花属 **400486**
识美 7830,7850
实白薇 117385
实壁竹 **297386**
实榈 116100
实肚竹 **297361**
实果沟瓣花 178004
实海棠 243657
实葫芦 396193,396238
实瓶 296554
实葶葱 **15310**
实心草 **79238**
实心草属 **79237**
实心短枝竹 **172747**
实心寒竹 172747
实心苦竹 **304103**
实心类含羞草 **220105**
实心牧豆树 315554
实心通草 373524,373540
实心竹 **297300**,297233
实枣儿 105146
实枣儿树 105146
实竹 **297233**
实竹子 **87609**
拾栌鬼木 346338
拾栌木 346338
蚀瓣桤叶树 **96556**
蚀齿荚蒾 407802
蚀状虎耳草 **349298**
食虫草 138331
食虫树 274391,274428
食当归 **24345**
食疙瘩 209617
食果白珠 172057
食果白珠树 **172057**
食果库塞木 **218394**
食果蜡烛木 **121114**
食胡荽 81687
食兰 **19126**
食兰属 **19125**
食萝藦属 **113625**
食松 **299926**
食用艾麻 **221581**
食用百簕花 **55312**
食用槟榔青 372467
食用玻玛莉 56758
食用补骨脂 **319178**
食用刺果椰 **156117**
食用楤木 30619
食用大黄 **329388**
食用大戟 **158854**
食用葛 **321431**
食用葛藤 321431
食用黑种草 266241
食用胡卢巴 **397223**
食用黄耆 **42010**
食用蓟 91958
食用金莲花 **399611**
食用块根柱 **288989**
食用榄仁树 **386525**
食用楼梯草 **142654**
食用芦荟 **16807**
食用美人蕉 71169
食用秋海棠 **49802**
食用秋葵 219
食用热非羊蹄甲 **401005**
食用日中花 **251357**
食用三联穗草 **398599**
食用三毛燕麦 **398410**
食用商陆 298093
食用石棕 59099
食用树薯 **244515**,244507
食用双子铁 131429
食用苏铁 **131429**
食用酸浆 **297716**
食用甜菜 **53259**
食用土当归 30619
食用土圞儿 29304
食用瓦帕大戟 **401226**
食用瓦氏茜 **404802**
食用香茶菜 **303289**
食用小萱草 191278
食用缬草 404254
食用羊蹄甲 **49077**
食用异木患 **16079**
食用樱 194481
食用由基松棕 156117
食用昼花 77441
食用昼花属 77429
食用竹叶吊钟 **56758**
食茱萸 417139
莳绘秋 227009
莳绘球 **234924**
莳绘丸 234924
莳橘 93724
莳萝 **24213**
莳萝蒿 **35128**
莳萝藿香 **10407**
莳萝椒 24213
莳萝苗 24213
莳萝属 **24208**
莳萝天竺葵 **288074**
莳萝熊菊 **402749**
莳萝叶球果木 **210236**
莳萝叶紫堇 **105615**
史必草 182537
史必草属 182536
史达橘 93814
史蒂普曼欧丁香 **382347**
史蒂茜 **376395**
史蒂茜属 **376393**
史蒂瓦旱熟禾 **306029**,305579
史蒂文风铃草 **70314**
史蒂文兰 **376391**
史蒂文兰属 **376390**
史多尔挪威槭 **3448**
史惠藤 211695
史君子 324677
史库菊 351917
史库菊属 351909
史马尔鼠尾草 **345378**
史马旋覆花 **207226**
史米诺旱熟禾 **305995**
史密豆属 366632
史密红景天 329957
史密森兰 **366728**
史密森兰属 **366726**
史密氏郁金香 **400221**
史密斯桉 155745
史密斯白粉藤 **92970**
史密斯白鼓钉 **307705**
史密斯斑鸠菊 **406816**
史密斯苞茅 **201571**
史密斯苞芽树 **209006**
史密斯杯柱玄参 **110200**
史密斯北非菊 41618
史密斯背孔杜鹃 **267139**
史密斯扁莎 **322367**
史密斯藨草 **353806**
史密斯冰草 144675
史密斯薄荷 **250449**
史密斯柽柳桃金娘 **261034**
史密斯臭草 **249094**
史密斯酢浆草 **278085**
史密斯大戟 **159849**
史密斯番樱桃 **156357**
史密斯芳香木 **38805**
史密斯附加百合 **315530**
史密斯孤菀 **393420**
史密斯海勒兰 **143850**
史密斯黄钟花 **385462**
史密斯假杜鹃 **48351**
史密斯尖花茜 **278250**
史密斯节节菜 **337395**

史密斯金币花 **41618**
史密斯具根吊灯花 **84219**
史密斯阔距兰 **160702**
史密斯莲花掌 **9067**
史密斯瘤子草 **263243**
史密斯柳 **344126**
史密斯蔓舌草 **243267**
史密斯毛喉斑鸠菊 **323567**
史密斯美瑕豆 **43774**
史密斯拟莞 **352266**
史密斯披碱草 **144478**
史密斯球距兰 **253344**
史密斯曲花 **120598**
史密斯萨比斯茜 **341676**
史密斯塞利瓜 **357869**
史密斯山楂 **110047**
史密斯瘦片菊 **153628**
史密斯鼠李 **328860**
史密斯树萝卜 **10369**
史密斯双钝角芥 **128360**
史密斯天料木 **197722**
史密斯纤细钝柱菊 **280692**
史密斯向日葵 **189059**
史密斯小檗 **52166**
史密斯小花玄参 **355243**
史密斯鸭茅 **121267**
史密斯野荞麦木 **152467**
史密斯原伞树 **260288**
史密斯皱茜 **341148**
史密斯猪毛菜 **344717**
史密斯紫玉盘 **403576**
史佩斯红瑞木 104931
史氏赤车使者 142844
史氏红皮柳 **343956**
史氏黄檀 **121830**
史氏马先蒿 **287682**
史氏忍冬 235798
史氏偃麦草 144675
史氏洋茱萸 **417873**
史塔红景天 329960
史塔基蝴蝶兰 293636
史梯景天 **294128**
史威尼兹莎草 **119549**
史维冷水花 299061
史舟草属 377331
矢本柳 **342952**
矢部扁蕾 **174234**
矢部天胡荽 **200393**
矢部藓状景天 **357038**
矢部小米草 **160294**
矢车草 335151
矢车鸡菊花属 **81550**
矢车菊 **81020**
矢车菊百簕花 **55278**
矢车菊草地山龙眼 **283550**
矢车菊橙菀 **320660**
矢车菊久苓草 **214070**
矢车菊距药草 **81751**
矢车菊科 **81471**
矢车菊列当属 **294280**
矢车菊裸盆花 **216763**
矢车菊属 **80892**
矢车菊甜舌草 **232479**
矢车菊状斑鸠菊 **406212**
矢车菊状刺头菊 **108253**
矢车菊状瘦片菊 **153583**
矢车木 **81548**
矢车木属 **81547**
矢带爵床属 **50922**
矢野蝇子草 **364218**
矢叶垂头菊 **110390**
矢叶橐吾 **229033**
矢叶旋花 **103255**,68686
矢泿堇菜 **410769**
矢竹 **318307**,47402
矢竹属 318277
矢竹仔 **318350**,172741
矢状阔苞菊 305130
矢镞叶蟹甲草 **283866**
豕椒 417282
豕首 77146,208543
使君子 **324677**,324679
使君子金匙树 **64428**
使君子科 **100296**
使君子属 **324669**
使君子藤 100321
使命无花果 **164767**
使香 239640
始滨藜属 30946
始兴斑叶兰 **179702**
始祖鸟 **102026**
屎包子 390128
屎瓜 390128
士卑尔脱小麦 398970
士兵灯心草 **213291**
士富金石斛 **166965**
士林拂尾藻 262018
士林莎草 119020
士蔺拂尾藻 262018
士童 **167690**
士童属 167689
氏冬 400675
世纪树 10787
世界爷 360576
世界爷属 360575
世界爷树属 360575
世纬苣苔 **385838**
世纬苣苔属 **385836**
世纬槭 3598
世英 122532
世尊 **102136**
市葱 167092
市藜 **87186**
示姑 299724
式典 **102090**
饰边欧洲常春藤 **187252**
饰边洋常春藤 187252
饰拂子茅 **65320**
饰冠斑鸠菊 **406652**
饰冠补血草 **230699**
饰冠大果萝藦 **279421**
饰冠灰球掌 **385874**
饰冠露子花 **123935**
饰冠唐菖蒲 **176423**
饰冠延叶菊 **265971**
饰冠鸢尾 **208502**
饰花龙胆 173900
饰锦葵 **236491**
饰锦葵属 **236490**
饰脉树 **101652**
饰脉树属 **101650**
饰球花 **53188**
饰球花科 **53196**
饰球花欧石南 **149080**
饰球花属 **53170**
饰石杜鹃 **331474**
饰岩报春 **314798**
饰岩苣苔 49395
饰叶玉簪 198599
饰颖莩荠 **143114**
饰缘花 385720
饰缘花属 385719
拭戈木 **114809**
拭戈木属 **114808**
是木白树 **379803**
柿 **132219**
柿饼柑 93718
柿瓜 396210,396257
柿糊 112853,142132
柿寄生 355317,385221,410979,411016
柿科 139763
柿兰属 147106
柿苓属 376629
柿栌子 109936
柿模 142152
柿蒲 142152
柿属 132030
柿树 132219
柿树科 **139763**
柿树属 **132030**
柿叶草 308299
柿叶茶茱萸 179442
柿叶野樱 316436
柿叶针垫花 **228104**
柿状薄苞杯花 **226211**
柿状番樱桃 **156201**
柿状铁榄 **362951**
柿状显盘树 **293834**
柿仔 132219
柿子 132219
柿子椒 **72081**,177170
适度奥氏草 **277342**
适度白斑十二卷 **186814**
适度报春 314366
适度草沙蚕 **398105**
适度长庚花 **193300**
适度大沙叶 **286363**
适度丹氏梧桐 **135924**
适度吊兰 **88600**
适度轭草 **191793**
适度番荣莫 **248515**
适度粉报春 **314377**
适度风毛菊 **348536**
适度凤仙花 **205151**
适度金合欢 **1398**
适度堇菜 **410266**
适度景天 **356942**
适度空船兰 **9156**
适度苦瓜掌 **140037**
适度蓝蓟 **141230**
适度芦荟 **17051**
适度马利筋 **38017**
适度扭果花 **377771**
适度欧石南 **149765**
适度蒲公英 **384679**
适度润肺草 **58903**
适度矢车菊 **81209**
适度无心菜 **32077**
适度香茶 **303508**
适度肖鸢尾 **258574**
适度肖紫玉盘 **403612**
适度鸭跖草 **101096**
适度银齿树 **227325**
适度鹰爪花 **35031**
适度玉牛角 **139164**
适度轴榈 **228751**
适度猪屎豆 **112422**
适度紫波 **28492**
适宜杜鹃 331944
筮吹雪 10850
筮舟玉 **377342**
释加果 25898
释迦果 25898
释迦头 25898
嗜盐草属 **184919**
螫麻 **221539**,402847,402946
螫麻子 221538,402847,402869,402946
螫毛果 **97552**
螫毛果属 **97510**
螫蟹花 200955
收丹皮 294114
收敛金合欢 **1429**
收敛两翼木 **20702**
收敛香茅 **117255**
收缩大戟 **159889**
收缩胡卢巴 **397280**

收缩羚角芥 **145178**
收缩玉凤花 **184101**
手苞梧桐 **86636**
手苞梧桐属 **86635**
手萼锦葵 **68491**
手萼锦葵属 **68490**
手儿参 98586,182230
手柑 93604
手瓜 356352
手花手玄参 **244769**
手巾花 1000
手桔 93604
手橘 93604
手筥山蟹甲草 **283874**
手鳞菊 **86639**
手鳞菊属 **86637**
手参 **182230**,98586,307197
手参木 **86633**
手参木属 **86631**
手参属 **182213**
手树 162879,350654
手树属 162876
手腺兰 **86397**
手腺兰属 **86396**
手玄参属 **244734**
手药木 **87809**
手药木属 **87808**
手掌参 182230
手杖菊蒿 **383753**
手杖柿 **132307**
手杖藤 65778
手杖椰属 231799
手杖椰子 **46379**
手杖椰子属 46374,181821
手杖棕 **231803**
手杖棕属 **231799**,332375
手指花科 121183
手指花属 121192
手指柚 253285
手指柚属 253284
手指玉 **121335**
手指玉属 **121333**
守城满山红 331203
守殿玉 **182480**
守宫槐 369037
守宫木 **348041**
守宫木属 **348038**
守良鹅观草 **335502**
守良披碱草 **144465**
守田 289015,299724
守卫棕 198808
守卫棕属 198804
首冠藤 **49058**
首红 162542
首乌 162542
首乌属 **162505**
首乌藤 162542
首阳变豆菜 **345969**
首阳小檗 **51563**
寿宝球 **45895**
寿宝丸 45895
寿城唇柱苣苔草 **87963**
寿丹 167456
寿柑 93679
寿橘 167511
寿李 83238
寿丽生石花 **233557**
寿丽玉 233557
寿脾子 177170
寿蒜芥 365585
寿庭木 122040
寿小槌 **254469**
寿星草 122040
寿星柑 167506
寿星花 215102
寿星橘 167511
寿星日本扁柏 85324
寿星桃 **20954**
寿星头 326616
寿星仙人掌 **385882**
寿竹 **297230**
寿祖 94814
兽花鸢尾属 **389478**
兽南星 **389496**
兽南星属 **389495**
兽犬药 209844
兽石榴属 318733
兽药 209844
授带木 197154
授带木属 197150
绶草 **372247**,191284
绶草属 **372176**
瘦安吉草 **24556**
瘦柄榕 165169,165527
瘦叉柱花 **374492**
瘦刺芹 **154340**
瘦地草 110952,110979
瘦房兰 **209405**
瘦房兰属 **209404**
瘦风轮 96999,97043
瘦甘草 **177925**
瘦梗盐肤木 **332885**
瘦狗还阳 11587
瘦狗还阳草 144023
瘦冠萝藦 **209413**
瘦冠萝藦属 **209412**
瘦果川甘槭 **3762**
瘦果芥 **209399**
瘦果芥属 **209398**
瘦果石竹 182498
瘦果苔草 **75991**
瘦槲寄生 **411115**
瘦花可利果 **96716**
瘦花属 375451
瘦花苔 76513
瘦花肖鸢尾 **258474**
瘦华丽龙胆 173904
瘦桦 **53434**
瘦黄狗 202102
瘦黄芩 355391
瘦瘠柳叶箬 **209053**
瘦瘠伪针茅 **318201**
瘦脊柳叶箬 **209111**
瘦茎鸡头薯 **153068**
瘦茎假毛山柳菊 **195900**
瘦距紫堇 **106019**
瘦柯 233306
瘦蜡菊 **189854**
瘦蓝蓟 **141322**
瘦类华丽龙胆 **173904**
瘦鳞萝藦属 **209406**
瘦鳞帚灯草属 **209421**
瘦龙面花 **263411**
瘦母狗 169561
瘦欧石南 **149761**
瘦片菊属 **153565**
瘦容 336485
瘦弱阿氏莎草 **582**
瘦弱矮船兰 **85134**
瘦弱扁莎 **322237**
瘦弱鹅掌柴 **350736**
瘦弱革花萝藦 **365667**
瘦弱蓝花参 **412825**
瘦弱前胡 292920
瘦弱沙地金合欢 **1524**
瘦弱莎草 **119363**
瘦弱瘦鳞帚灯草 **209441**
瘦弱早熟禾 **306008**
瘦弱茱萸 **225858**
瘦弱猪毛菜 **344620**
瘦莎 **226424**
瘦莎属 **226423**
瘦山芫荽 **107798**
瘦石榴 330358
瘦鼠耳芥属 **184843**
瘦苔草 **76518**
瘦香茶 **303470**
瘦香娇 382477
瘦小百蕊草 **389687**
瘦小本氏兰 **51084**
瘦小长庚花 **193265**
瘦小酢浆草 **278041**
瘦小大戟 **158874**
瘦小短丝花 **221399**
瘦小多穗兰 **310539**
瘦小狒狒花 **46112**
瘦小丰花草 **57308**
瘦小合瓣花 **381836**
瘦小黄管 **356151**
瘦小鸡脚参 **275678**
瘦小金果椰 **139408**
瘦小决明 **78277**
瘦小拉拉藤 **170579**
瘦小蓝花参 **412644**
瘦小立金花 **218929**
瘦小裂稃草 **351275**
瘦小罗顿豆 **237408**
瘦小马唐 **130544**
瘦小芒柄花 **271540**
瘦小毛子草 **153184**
瘦小母草 **231524**
瘦小青锁龙 **108997**
瘦小球距兰 **253324**
瘦小全毛兰 **197527**
瘦小润肺草 **58862**
瘦小莎草 **118707**
瘦小山梗菜 **234465**
瘦小绳草 **328034**
瘦小十二卷 **186420**
瘦小水蜈蚣 **218541**
瘦小四数莎草 **387659**
瘦小唐菖蒲 **176188**
瘦小细莞 **210064**
瘦小硬皮鸢尾 **172664**
瘦小泽菊 **91153**
瘦小猪屎豆 **112132**
瘦野青茅 **127264**
瘦叶谷木 **250082**
瘦叶蓝果树 267857
瘦叶荛花 122520
瘦叶瑞香 **122520**
瘦叶土密树 **60228**
瘦叶雪灵芝 **31965**
瘦叶杨 **311363**
瘦叶蚤缀 31965
瘦叶猪屎豆 **112737**
瘦鱼蓼 301424
瘦枝大戟 **159944**
瘦直省藤 **65681**
瘦茱萸属 **225856**
瘦柱绒毛杜鹃 **331432**
瘦籽勾儿茶 **52457**
瘦紫瓣花 **400092**
书带草 15886,75993,135059,272090
书带木 97262
书带木属 97260
书带水竹叶 260113
书带苔草 **76051**
枢 191629
枢属 191626
姝子草 308816
殊花条斑龙王角 **199092**
梳篦木 67864
梳篦王 67864
梳边小檗 52021
梳齿菊 **286897**
梳齿菊属 **286876**

梳齿山香 **203059**
梳齿悬钩子 **339013**
梳唇砂仁 **19926**
梳唇石斛 125372
梳花佛甲草 357261
梳菊属 286876
梳鳞葫芦 **113980**
梳鳞葫芦属 **113979**
梳脉菊 **145543**
梳脉菊属 **145542**
梳帽卷瓣兰 **62557**
梳帽卷唇兰 62557
梳帽石豆兰 62557
梳叶圆头杉 82542
梳状虎尾草 **88383**
梳状萝藦属 **286852**
梳状雀稗 **285393**
梳状叶彼得费拉 292627
梳状叶石龙眼 **292627**
梳子草 322233
梳子树 9560
淑花杜鹃 **330366**,330516
淑女郁金香 400145
淑气花 13934,243833
菽 177750
菽草 397043
菽草属 396806
菽麻 **112269**
疏瓣舟叶花 **340750**
疏苞巴氏锦葵 **286670**
疏苞百蕊草 389846
疏苞高原香薷 **144017**
疏苞火绒草 224812
疏苞美头火绒草 **224812**
疏长毛柱 299262
疏齿巴豆 **112940**
疏齿苞乌苏里风毛菊 **348906**
疏齿茶 **69547**
疏齿长柱小檗 **51846**
疏齿吊钟花 **145698**
疏齿冬青 204111
疏齿革叶鼠李 328659
疏齿红丝线 238974
疏齿假杜鹃 **48285**
疏齿截萼红丝线 238974
疏齿柳 **344098**
疏齿路边青银莲花 **23826**
疏齿木荷 **350940**
疏齿千里光 360137
疏齿矢车菊 **81271**
疏齿丝瓣芹 6209
疏齿铁线莲 95226
疏齿秃房茶 **69112**
疏齿委陵菜 **312454**
疏齿小檗 **52021**,51846
疏齿绣线菊 372076
疏齿亚菊 **13028**
疏齿银莲花 **23948**,23826
疏齿锥 **79010**
疏齿紫珠 **66909**
疏唇兰 **256378**
疏唇兰属 **256377**
疏唇石斛 **125372**
疏刺齿缘草 **153496**
疏刺刺茶 246949
疏刺大戟 **158782**
疏刺花椒 417282
疏刺花座球 **249600**
疏刺茄 **367413**
疏刺卫矛 **157888**
疏刺五加 **143682**
疏刺虾 **140337**
疏刺仙人柱 **140332**
疏刺悬钩子 **339135**
疏丛长叶点地梅 23220
疏丛苔草 **73615**
疏点红门兰 273513
疏风草 338886
疏刚毛藤山柳 **95532**
疏光花龙胆 **232684**
疏果鹅耳枥 77420
疏果海桐 301294
疏果胡椒 **300422**
疏果假地豆 126373
疏果截萼红丝线 238974
疏果山蚂蝗 **126373**
疏果石丁香 **263959**
疏果苔草 **74775**
疏果玉蕊 48515
疏果藏丁香 263959
疏忽爱染草 **12503**
疏忽车轴草 **396984**
疏忽戴星草 **371005**
疏忽吊灯花 **84208**
疏忽椴 391786
疏忽繁缕 **374975**
疏忽非洲弯萼兰 **197903**
疏忽胡枝子 **226903**
疏忽苦苣菜 **368767**
疏忽蓝刺头 **140768**
疏忽蓼 309629
疏忽裂口花 **379968**
疏忽龙船花 **211154**
疏忽龙血树 **137474**
疏忽芦莉草 **339788**
疏忽鸟足兰 **347839**
疏忽匹菊 **322717**
疏忽蒲公英 **384691**
疏忽萨比斯茜 **341663**
疏忽塞拉玄参 **357607**
疏忽山柳菊 **195877**
疏忽山牵牛 **390844**
疏忽蛇舌草 **269947**
疏忽粟麦草 **230149**
疏忽塔普木 **384401**
疏忽唐棣 **19283**
疏忽头序桑 **403411**
疏忽瓦氏茜 **404840**
疏忽万格茜 404840
疏忽苋 **18805**
疏忽香茶 **303591**
疏忽象根豆 **143487**
疏忽肖木蓝 **253244**
疏忽肖紫玉盘 **403613**
疏忽鸭嘴花 **214526**
疏忽岩黄芪 188023
疏忽岩黄耆 **188023**
疏忽一点红 **144959**
疏忽一枝黄花 **368263**
疏忽蝇子草 **363799**
疏忽远志 **308280**
疏忽种棉木 **46236**
疏花爱波 **147407**
疏花桉 155688
疏花巴纳尔木 **47566**
疏花白莲蒿 **36179**
疏花百蕊草 **389668**
疏花被粉腺花山柑 **64886**
疏花荸荠 **143188**
疏花闭药桂 **374572**
疏花扁莎 **322320**
疏花变豆菜 **346006**
疏花并核果 **283186**
疏花波籽玄参 **396775**
疏花薄花兰 **127954**
疏花糙叶杜鹃 **331757**
疏花草果药 **187469**
疏花草绣球 **73137**
疏花梣 **167951**
疏花叉花草 **130318**
疏花叉序草 **209910**
疏花茶藨 334064,334147
疏花茶藨子 **334064**
疏花缠绕草 **16183**
疏花长被片风信子 **137951**
疏花长柄山蚂蝗 **200728**
疏花长江溲疏 **127089**
疏花长叶点地梅 **23220**
疏花巢菜 **408458**
疏花车前 **302046**,301879
疏花柽柳 383535
疏花齿缘草 **153474**
疏花翅果南星 **222029**
疏花虫实 **104796**
疏花稠李 **280027**
疏花臭茉莉 **96174**
疏花穿心莲 **22403**
疏花唇柱苣苔草 **87896**
疏花刺果卫矛 **157278**
疏花刺林草 **2340**
疏花刺叶 **2563**
疏花刺叶修泽兰 **48530**
疏花翠雀花 **124594**,102833
疏花锉玄参 **21773**
疏花大蒜芥 **365451**
疏花带唇兰 **383153**
疏花单花景天 **257078**
疏花单竹 47427
疏花倒距兰 **21169**
疏花灯心草 **213362**
疏花地榆 **345842**
疏花吊兰 **88561**,88589
疏花丁公藤 **154253**
疏花丁花 **401076**
疏花杜茎山 **241796**
疏花杜鹃 330085
疏花短柄乌头 5071
疏花短角冷水麻 298869
疏花短茎野荞麦 **151879**
疏花盾苞藤 **265791**
疏花多花蓼 **340516**
疏花多叶螺花树 **6401**
疏花鹅耳枥 **77323**
疏花鹅观草 **335395**
疏花耳草 **187624**
疏花二型花 **128516**
疏花繁缕 375136
疏花非洲豆蔻 **9910**
疏花非洲红豆树 **10056**
疏花非洲马钱树 **27601**
疏花非洲砂仁 9910
疏花粉条儿菜 **14506**
疏花风轮菜 **97011**
疏花凤仙花 **205074**
疏花佛甲草 **357261**,356846
疏花斧氏蔷薇 **336831**
疏花伽蓝菜 **215193**
疏花盖萼棕 68616
疏花甘草 **177919**
疏花刚直多穗兰 **310607**
疏花格雷野牡丹 **180394**
疏花沟萼茜 **45020**
疏花钩喙兰 **22092**
疏花光沙蒿 **36038**
疏花过路黄 239821
疏花海韭菜 **397158**
疏花海特木 **188323**
疏花荷莲豆草 **138488**
疏花鹤顶兰 **293525**
疏花黑草 **61807**
疏花黑麦草 **235353**
疏花黑药菊 **259865**
疏花红椿 **392834**
疏花红门兰 **273513**
疏花红钟藤 **134878**
疏花胡卢巴 **397246**
疏花花篱 **27077**
疏花花葱 **307201**

疏花画眉草 **147940**
疏花黄堇 **106065**,106197
疏花黄芪 42496
疏花黄耆 **42496**
疏花黄檀 **121732**
疏花灰毛豆 **386274**
疏花火红苣 **323006**
疏花火炬花 **216984**
疏花火烧兰 **147121**
疏花霍尔蔷薇 **198404**
疏花藿香 254263
疏花鸡矢藤 **280084**
疏花夹竹桃木 139273
疏花假葛缕子 **317503**
疏花假紫草 34639
疏花尖花茜 **278217**
疏花剪股颖 **12133**
疏花姜饼木 **284242**
疏花浆果鸭跖草 **280513**
疏花绞股蓝 **183011**
疏花金果椰 **139410**
疏花金足草 290921
疏花韭 **15344**
疏花嘴签 **179946**
疏花聚药桂 **387890**
疏花卷耳 **82955**
疏花开口箭 70600
疏花看麦娘 **17538**
疏花康定点地梅 **23217**
疏花蜡瓣花 106669,106694
疏花蓝花参 **412723**
疏花榄仁 **386570**
疏花肋瓣花 **13811**
疏花篱蓼 162530
疏花篱首乌 **162530**
疏花李堪木 **228673**
疏花里斯草 257078
疏花理氏蛇舌草 **269966**
疏花利堪蔷薇 228673
疏花裂榄 **64079**
疏花琉璃苣 **57099**
疏花瘤蕊紫金牛 **271059**
疏花柳穿鱼 **231023**
疏花龙船花 **211117**
疏花龙胆 **173576**
疏花鲁谢麻 **337664**
疏花驴喜豆 **271225**
疏花轮果大风子 **77613**
疏花螺序草 **371762**
疏花马尔夹竹桃 **16002**
疏花马蓝 **378126**,130318,130322
疏花马蓝属 130315
疏花马先蒿 **287347**
疏花迈纳木 **246788**
疏花芒柄花 **271432**
疏花毛杯漆 **396334**
疏花毛萼香茶菜 209661
疏花毛茛 **326063**,325879
疏花毛蕊花 **405724**
疏花毛托菊 **23443**
疏花毛子草 **153175**
疏花美登木 **182710**
疏花美韭 **398806**
疏花美木豆 **290877**
疏花美容杜鹃 **330287**
疏花美洲地笋 **239251**
疏花膜苞豆 **201258**
疏花木蓝 **205806**
疏花木犀榄 **270140**
疏花南非蜜茶 **116336**
疏花南蛇藤 80279
疏花拟马岛无患子 **392233**
疏花扭萼凤梨 **377651**
疏花欧蔓 400944
疏花平口花 **302638**
疏花婆婆纳 **407200**
疏花桤叶树 **96498**
疏花槭 **3090**
疏花气花兰 **9220**
疏花荠苎 259284
疏花茜草 **337978**
疏花蔷薇 **336685**
疏花雀麦 **60928**
疏花雀梅藤 **342178**
疏花雀舌兰 **139261**
疏花热美龙眼木 **160321**
疏花软紫草 **34639**
疏花瑞木 106669
疏花赛金莲木 **70735**
疏花三雄兰 **369914**
疏花山姜 **17722**
疏花山黧豆 **222756**
疏花山麻杆 **14203**
疏花山蚂蝗 **126514**,126424
疏花山麦冬 **232636**
疏花山梅花 **294489**
疏花舌唇兰 **302515**
疏花蛇菰 **46859**
疏花蛇舌草 **270042**
疏花蛇藤 80279
疏花神药茱萸 **247698**
疏花省藤 **65721**
疏花圣诞果 **88061**
疏花石豆兰 62780
疏花石斛 **125182**
疏花石枣子 **157864**
疏花矢车菊 **81012**
疏花薯蓣 **131806**,131768
疏花栓皮豆 **259836**
疏花水柏枝 **261280**
疏花水锦树 **413792**
疏花四被列当 **387723**
疏花四轭野牡丹 **387955**
疏花酸模 **340144**
疏花酸藤子 **144780**
疏花娑罗双 **362216**
疏花梭籽堇 **169276**
疏花索岛茜 **68450**
疏花塔花 97011
疏花塔利木 **383364**
疏花苔草 **75084**
疏花唐菖蒲 **176304**
疏花唐松草 388539
疏花天芥菜 **190723**
疏花田皂角 **9570**
疏花铁青树 **269649**
疏花葶苈 **137203**
疏花同花木 **245284**
疏花桐 **369966**
疏花桐属 **369965**
疏花臀果木 **322400**
疏花驼舌草 **179370**
疏花弯管花 **86226**
疏花万朵兰 200584
疏花尾球木 **402480**
疏花卫矛 **157675**
疏花沃伦紫金牛 **413064**
疏花乌头 **5350**
疏花无被麻 **294343**
疏花无叶柽柳 **291038**
疏花无叶莲 **292673**
疏花勿忘草 **260794**
疏花喜阳花 **190426**
疏花虾脊兰 **65976**
疏花狭翅兰 **375667**
疏花仙茅 **114828**
疏花仙人掌 **272943**
疏花腺叶藤 **376529**
疏花香草 **347579**
疏花香茶菜 **303443**
疏花香胶大戟 **20998**
疏花小檗 **51835**
疏花小檫叶悬钩子 338967
疏花小米草 160169
疏花小雀舌兰 139261
疏花小人兰 **178895**
疏花小瓦氏茜 **404898**
疏花肖尔桃金娘 **352469**
疏花肖蝴蝶草 **110679**
疏花肖矛果豆 **294614**
疏花肖木蓝 **253246**
疏花缬草 **404329**
疏花心凤梨 **60552**
疏花绣线梅 **263171**
疏花玄参 **355168**,355213
疏花崖豆藤 254810
疏花岩黄芪 187770
疏花岩黄耆 **187770**
疏花沿阶草 **272135**
疏花羊耳蒜 **232335**
疏花洋茱萸 **417870**
疏花野荞麦 **152379**
疏花野荞麦木 **152280**
疏花野青茅 **127207**
疏花夜香树 **84421**
疏花以礼草 **215935**
疏花异燕麦 **190202**
疏花隐萼椰子 **68616**
疏花隐果野牡丹 **7067**
疏花印度杂脉藤黄 **306738**
疏花樱 **83246**,280027
疏花硬毛耳草 **187676**
疏花鱼藤 **125978**
疏花羽扇豆 **238445**
疏花玉叶金花 **260445**
疏花鸳鸯茉莉 61310
疏花园花 **27574**
疏花早熟禾 **305437**
疏花针茅 **376875**
疏花珍珠茅 **354139**
疏花舟叶花 **340749**
疏花帚菊 **292049**
疏花猪屎豆 **112318**
疏花竹桃木 **139273**
疏花柱蕊紫金牛 **379192**
疏花紫菀 **40803**
疏花紫珠 **66907**,66889
疏黄鞘莎草 **132849**
疏黄鞘莎草属 **132848**
疏节过路黄 **239821**
疏节槐 **369101**
疏节赖草 **228387**
疏节竹 364820
疏金毛铁线莲 95074
疏茎贝母兰 **98745**
疏茎酢浆草 **277928**
疏茎毛茛 **326023**
疏晶楼梯草 **142685**
疏锯齿柳 344098
疏离黑麦草 235353
疏蓼 **309629**
疏裂马先蒿 **287582**,287749
疏裂片蒿 **36137**
疏林苔草 73937
疏鳞杜鹃 **331163**
疏鳞莎草 **119682**
疏麻菜 247725
疏脉奥德草 **269198**
疏脉澳北大戟 **134517**
疏脉半蒴苣苔 **191351**
疏脉赤楠 **382649**
疏脉粗叶木 **222212**
疏脉大参 **241175**
疏脉山香圆 **400526**
疏脉山茱萸 380486
疏脉叶节木 **296836**
疏毛阿拉豆 **13403**

疏毛阿氏莎草 **605**
疏毛白粉藤 **92690**
疏毛白绒草 **227657**
疏毛百蕊草 **389817**
疏毛半边莲 234884
疏毛半日花 **188790**
疏毛苞扁爵床 **292224**
疏毛苞茅 **201551**
疏毛苞叶兰 **58413**
疏毛北方华箬竹 **347381**
疏毛闭花木 **94519**
疏毛臂形草 **58085**
疏毛布雷默茜 **59912**
疏毛草乌头 **5340**
疏毛长庚花 **193315**
疏毛长蒴苣苔草 **129972**
疏毛长圆微孔草 **254357**
疏毛翅茎草 **320917**
疏毛川西蔷薇 336953
疏毛垂果南芥 **30389**
疏毛刺柱属 **299238**
疏毛粗叶木 222133
疏毛翠雀 **124255**
疏毛大花德罗豆 **138103**
疏毛大沙叶 **286477**
疏毛丹尼尔苏木 **122168**
疏毛德康大地豆 **199325**
疏毛德雷马岛翼蓼 **278423**
疏毛东北茶藨 334085
疏毛东非早熟禾 **84943**
疏毛斗篷草 **14110**
疏毛杜鹃 **330576**
疏毛杜鹃花 331757
疏毛短萼齿木 **59005**
疏毛短毛草 **58256**
疏毛恩格勒芥 **145610**
疏毛二分豆 **128910**
疏毛仿杜鹃 **250531**
疏毛非洲豆蔻 **9928**
疏毛非洲砂仁 9928
疏毛狒狒花 **46103**
疏毛腐婢 **313708**
疏毛格雷野牡丹 **180416**
疏毛沟酸浆 **255235**
疏毛冠杜鹃 **331070**
疏毛冠瑞香 **375941**
疏毛光叶蜡菊 **189605**
疏毛海桐叶白英 367503
疏毛核果木 **138638**
疏毛黑塞石蒜 **193565**
疏毛红蕾花 **416979**
疏毛厚壳树 141717
疏毛胡枝子 226924
疏毛虎尾草 **88388**
疏毛虎眼万年青 **274733**
疏毛花椒 **417299**
疏毛黄耆 **42942**
疏毛灰毛豆 **386318**
疏毛积雪草 **81619**
疏毛棘豆 **279076**
疏毛蓟 **91705**
疏毛夹竹桃 **244707**
疏毛夹竹桃属 **244705**
疏毛间花谷精草 **250994**
疏毛剑川乌头 **5245**
疏毛九节 **319844**
疏毛九头狮子草 **291173**
疏毛蒟蒻 20088,20121
疏毛卷花丹 **354747**
疏毛卡斯纳大地豆 **199343**
疏毛可利果 **96788**
疏毛蓝耳草 **115527**
疏毛蓝花参 **412799**
疏毛老鹳草 174865
疏毛棱果桔梗 **315303**
疏毛棱子芹 **304830**
疏毛离兜 **210145**
疏毛龙芽草 11572
疏毛龙爪茅 **121305**
疏毛楼梯草 **142600**
疏毛露子花 **123947**
疏毛芦莉草 **339786**
疏毛落柱木 **300828**
疏毛毛子草 **153257**
疏毛茅膏菜 **138339**
疏毛茅根 **291414**
疏毛蒙松草 **258147**
疏毛磨芋 20136
疏毛魔芋 **20136**
疏毛南烛 239406
疏毛黏腺果 **101260**
疏毛女娄菜 **363454**,363451
疏毛欧石南 **149878**
疏毛飘拂草 **166436**
疏毛平果菊 **196477**
疏毛槭 **3423**
疏毛奇舌萝藦 **255757**
疏毛青锁龙 **109043**
疏毛秋海棠 **50217**
疏毛全毛兰 **197558**
疏毛群花寄生 **11114**
疏毛萨比斯茜 **341668**
疏毛三角车 **334674**
疏毛三距时钟花 **396509**
疏毛三裂老鹳草 **174979**
疏毛山梅花 294538
疏毛山芹 **276766**
疏毛参 175262
疏毛参属 **175259**
疏毛十字爵床 **111748**
疏毛时钟花 **400491**
疏毛暑寒别棘豆 **279163**
疏毛黍 **282274**
疏毛鼠麹木 **44292**
疏毛鼠麹木属 **44290**
疏毛水锦树 **413845**
疏毛水蓑衣 **200639**
疏毛水苎麻 56257
疏毛溲疏 **126958**
疏毛条裂翠雀花 **124527**
疏毛铁苋菜 **1865**
疏毛葶苈 **137185**
疏毛头花草 **82165**
疏毛头状花耳草 **187533**
疏毛瓦莲 **337306**
疏毛瓦帕大戟 **401271**
疏毛委陵菜 **312886**
疏毛吴茱萸 161375
疏毛五角枫 **3174**
疏毛西伯利亚箭头蓼 **291939**
疏毛西康蔷薇 **336953**
疏毛豨莶 363080
疏毛细脉盐肤木 **332690**
疏毛虾疳花 **86577**
疏毛仙茅 **114840**
疏毛肖赪桐 **337449**
疏毛肖水竹叶 **23627**
疏毛肖辛酸木 **327953**
疏毛缬草 **404333**
疏毛绣线菊 **371933**,372014
疏毛续断 **133502**
疏毛悬钩子 **338732**
疏毛旋花 **103233**
疏毛鸭嘴花 **214712**
疏毛崖豆藤 **254802**
疏毛岩蔷薇 **93152**
疏毛异荣耀木 **134572**
疏毛逸香木 **131991**
疏毛银叶七 227657
疏毛银叶铁线莲 **94875**
疏毛尤利菊 **160893**
疏毛油点草 396611
疏毛柚木芸香 **385446**
疏毛愉悦假杜鹃 **48211**
疏毛羽扇豆 **238475**
疏毛玉凤花 **183969**
疏毛圆锥乌头 **5472**
疏毛杂色豆 **47799**
疏毛泽兰 **369958**
疏毛泽兰属 **369957**
疏毛中甸乌头 **5487**
疏毛苎麻 **56257**
疏毛砖子苗 **245505**
疏毛子草 **153287**
疏毛紫波 **28504**
疏毛紫糙苏 **295062**
疏鞘帚灯草 **181998**
疏鞘帚灯草属 **181997**
疏茸红豆 274423
疏柔毛罗勒 **268445**
疏柔毛小檗 **52035**
疏柔毛绣球防风 **227687**
疏柔毛月见草 **269489**
疏蕊刺桐 **154687**
疏蕊无梗花属 **79496**
疏伞楼梯草 **142710**
疏伞柱基木属 **203033**
疏散狼尾草 **289144**
疏散柳穿鱼 **230949**
疏散石龙尾 **230310**
疏散微孔草 **254342**
疏舌橐吾 **229125**
疏生布罗地 398806
疏生韭 **15145**
疏生香青 **21694**
疏松阿福花 **393760**
疏松爱染草 **12499**
疏松白叶藤 **113596**
疏松半边莲 **234591**
疏松贝尔茜 **53087**
疏松补骨脂 **319201**
疏松布吕耶法蒺藜 **162213**
疏松叉序草 **209909**
疏松刺虎耳草 **349120**
疏松翠雀花 **124339**
疏松蒂特曼木 **392493**
疏松毒扁豆 **298008**
疏松毒瓜 **215723**
疏松多穗兰 **310472**
疏松橄榄芹 **142506**
疏松格尼瑞香 **178640**
疏松花篱 **27187**
疏松鸡蛋花 **223471**
疏松鸡蛋花属 **223470**
疏松尖腺芸香 **4823**
疏松睑菊 **55480**
疏松宽肋瘦片菊 **57635**
疏松雷内姜 **327737**
疏松裂口草 **86141**
疏松罗顿豆 **237339**
疏松毛氏苔草 **75425**
疏松南芥 **30336**
疏松南蛇藤风车子 **100385**
疏松泡叶番杏 **138193**
疏松千里光 **359291**
疏松茄 **367301**
疏松日中花 **220689**
疏松萨比斯茜 **341651**
疏松三重草 **397745**
疏松莎草 **119096**
疏松山芫荽 **107781**
疏松圣诞果 **88060**
疏松黍 **281822**
疏松穗状坚果番杏 **387220**
疏松甜茅 **177617**
疏松无心菜 **32260**
疏松伍得木蓝 **206749**
疏松勿忘草 **260813**

疏松香雪兰 **168176**
疏松小黄管 **356105**
疏松绣球菊 **106857**
疏松悬钩子 338732
疏松亚麻荠 **68848**
疏松岩栖水苏 **373422**
疏松银齿树 **227310**
疏松尤利菊 **160821**
疏松舟叶花 **340748**
疏松紫玲玉 **224262**
疏穗阿氏莎草 **579**
疏穗短丝花 **221418**
疏穗狗肝菜 **129278**
疏穗画眉草 **147876**
疏穗碱茅 **321376**
疏穗姜花 187468
疏穗林地早熟禾 **305747**
疏穗马先蒿 **287349**
疏穗莎草 **118765**
疏穗嵩草 **217206**
疏穗梭罗草 **335525**
疏穗梭罗以礼草 215937
疏穗苔草 **74366**,76005
疏穗细叶早熟禾 **305330**
疏穗香薷 **143984**
疏穗小野荞 162320
疏穗小野荞麦 **162320**
疏穗野荞 162304
疏穗野荞麦 **162304**
疏穗野青茅 **127229**
疏穗以礼草 **215937**
疏穗早熟禾 **305664**,305747
疏穗獐毛 8862
疏穗獐茅 **8862**
疏穗竹属 385579
疏穗竹叶草 **272676**
疏苔草 75080
疏头刺子莞 **333515**
疏头过路黄 **239797**
疏头鼠麹草 **301185**
疏头鼠麹草属 **301184**
疏头苔草 **75879**
疏头西方粗糙补血草 **230746**
疏头紫绒草 **161919**
疏头紫绒草属 **161918**
疏细齿紫珠 66909
疏细德罗豆 **138121**
疏细辛 **37613**
疏腺茶藨 334026
疏腺茶藨子 **334026**
疏小叶甘草 **177903**
疏序花楸 369450
疏序黄荆 **411368**
疏序黄帚橐吾 **229247**
疏序苺草 **36732**
疏序肋泽兰 **167120**
疏序肋泽兰属 **167119**
疏序茅香草 **196142**
疏序球花报春 **314564**
疏序唐松草 **388548**
疏序早熟禾 **305922**
疏叶阿瓦尔豆 **186237**
疏叶澳洲杉 **44049**
疏叶八角枫 **13371**
疏叶半毛萝藦 **191624**
疏叶常春菊 58474
疏叶单毛野牡丹 **257533**
疏叶当归 **24389**
疏叶独活 24389
疏叶杜鹃 **330816**,331864
疏叶短喉木 **58474**
疏叶多头帚鼠麹 **134252**
疏叶观音兰 **399092**
疏叶哈克 184645
疏叶哈克木 **184645**
疏叶豪曼草 **186182**
疏叶红皮木 8033
疏叶虎耳草 **349963**
疏叶花椒 417329
疏叶黄眼草 **416096**
疏叶黄银松 **225602**
疏叶火绒草 224954
疏叶鸡血藤 **254813**
疏叶陆均松 225602
疏叶骆驼刺 14638
疏叶美花崖豆藤 254810,254813
疏叶内蕊草 **145426**
疏叶全盖果 **197460**
疏叶雀儿豆 **87254**
疏叶日中花 **220591**
疏叶栓果菊 **222974**
疏叶铁线子 **244588**
疏叶委陵菜 312867
疏叶乌头 **5476**
疏叶腺口花 **8033**
疏叶香根芹 **276458**
疏叶崖豆 254813
疏叶崖豆藤 254810,254813
疏叶野豌豆 **408532**
疏叶远志 **308150**
疏叶燥原禾 **134510**
疏叶总梗委陵菜 **312867**
疏叶钻叶火绒草 224954
疏羽亚菊 13028
疏原鸢尾 **208616**
疏泽兰属 369957
疏展毛茛 324757
疏展香荼菜 **324757**
疏枝翠雀花 **124183**
疏枝大黄 **329345**
疏枝蜂鸟花 **240758**
疏枝金丝桃 **202103**
疏枝麦克勒木 240758
疏枝泡花树 **249409**
疏枝荣耀木 **391572**
疏枝银莲花 **23874**
疏总花毛子草 **153222**
疏总花木蓝 **206162**
疏钻叶火绒草 **224954**
舒安莲属 **352147**
舒安属 352348
舒安须芒草 **22961**
舒巴特萝藦属 **352650**
舒伯特葱 **15724**
舒博斑鸠菊 **406793**
舒博恩氏寄生 **145598**
舒博细线茜 **225772**
舒城刚竹 **297456**
舒城蓼 **309790**
舒城苔草 **76260**
舒尔草 **352680**
舒尔草属 **352679**
舒尔茨北非菊 41616
舒尔茨还阳参 **111009**
舒尔茨金币花 **41616**
舒尔茨列当 **275202**
舒尔茨千里光 **360002**
舒尔茨秋海棠 **50289**
舒尔茨润肺草 **58940**
舒尔茨山柳菊 **195956**
舒尔茨羊角拗 **378456**
舒尔茨帚鼠麹 **377247**
舒尔茨紫玲玉 **224269**
舒尔花属 **352676**
舒尔龙胆 **352674**
舒尔龙胆属 **352667**
舒尔水蓑衣 **200656**
舒嘎千里光 381944
舒格南滨藜 **44640**
舒格南鹅观草 **335493**
舒格南繁缕 **375089**
舒格南拂子茅 **65483**
舒格南高河菜 **247791**
舒格南黄芩 **355729**
舒格南荆芥 **265045**
舒格南两节荠 **108634**
舒格南蓼 **309767**
舒格南驴喜豆 **271265**
舒格南马先蒿 **287666**
舒格南女蒿 **196706**
舒格南蒲公英 **384794**
舒格南沙穗 **148506**
舒格南条果芥 **285020**
舒格南小米草 **160262**
舒格南蝇子草 **364024**
舒格南圆柏 **213921**
舒筋草 114060,272083
舒筋箭羽草 352060
舒筋散 177251
舒筋树 345708
舒筋藤 92741,392274
舒拉蓍 **4025**
舒莱海石竹 **34511**
舒莱红花 **77702**
舒莱蝇子草 **363320**
舒马草 **352700**
舒马草属 **352697**
舒马栎 **324415**
舒曼百蕊草 **389865**
舒曼伴帕爵床 **60326**
舒曼翅苹婆 **320994**
舒曼大沙叶 **286457**
舒曼法道格茜 **161994**
舒曼非洲萼豆 **25173**
舒曼风车子 **100770**
舒曼钩喙兰 **22099**
舒曼厚柱头木 **279847**
舒曼尖花茜 **278248**
舒曼六道木 200
舒曼萝藦 **264488**
舒曼萝藦属 **264486**
舒曼美洲寄生 **295582**
舒曼木属 **352709**
舒曼拟三角车 **18003**
舒曼欧石南 **150026**
舒曼皮埃尔禾 **321417**
舒曼茄 **367595**
舒曼热非夹竹桃 **13311**
舒曼萨比斯茜 **341674**
舒曼三叉羽椰 **59682**
舒曼五星花 **289887**
舒曼杂萼茜 **306722**
舒梅非洲紫罗兰 **342515**
舒默菊 **352724**
舒默菊属 **352722**
舒姆蒲公英 **384804**
舒潘噶丹氏梧桐 **135991**
舒氏风信子 **89175**
舒氏风信子属 **89174**
舒氏细辛 **37719**
舒氏猪殃殃 **170616**
舒松油芦子 **97334**
舒松皱果菊 **327765**
舒展巧玲花 382268
蔬菜独行菜 **225426**
蔬菜非洲豆蔻 **9926**
蔬菜厚敦菊 **277097**
蔬菜蓟 **92268**
蔬菜砂仁 9926
蔬菜树葡萄 **120162**
蔬菜橐吾 **229208**
蔬菜苋 **18773**
蔬食埃塔棕 **161057**
蔬食花菊 4866
蔬食芥 59520
朮 177750
秫 361794
秫稻 275958

秫米草 29430
秫黍 281916
熟大黄 329372
熟瓜 114189
熟季花 13934
熟军 329372
暑草 274237
暑寒别棘豆 **279162**
暑菊 178062
暑气花 13934
暑预 131772
暑预子 131772
暑豫 131772
黍 281916,393491
黍落芒草 300728
黍穈 281916
黍米 281916
黍曲草 178062
黍三毛草 **398499**
黍鼠尾粟 **372793**
黍属 **281274**
黍束尾草 **293227**
黍苔 **75684**
黍粘子 31051
黍状距花黍 **203319**
黍状凌风草 **327588**
黍状凌风草属 **327586**
黍状苔草 75684
黍仔米 361794
署蓣子 131772
鼠鞭草 **199686**
鼠鞭草属 **199678**
鼠查 109936
鼠唇檀香 **260731**
鼠唇檀香属 **260730**
鼠刺 **210364**,210402
鼠刺含笑 **252894**
鼠刺科 **210424**,155155
鼠刺属 **210359**,155130
鼠刺叶金合欢 **1314**
鼠刺叶柯 **233263**
鼠刺叶通宁榕 **165752**
鼠刺叶乌饭树 403863
鼠刺叶小檗 **51778**
鼠刺叶紫珠 **66745**
鼠刺紫金牛 **31441**
鼠大麦 **198327**
鼠蛋草 112667
鼠蛋叶 112667
鼠洞春花欧石南 **149161**
鼠豆 259559
鼠耳 178062
鼠耳草 92555,178062
鼠耳豆属 **143006**
鼠耳芥 **30146**
鼠耳芥属 **30105**
鼠耳玉 **212324**
鼠耳玉属 **212323**
鼠妇草 **147509**
鼠妇画眉草 147509
鼠根菜 371713
鼠姑 280286
鼠冠黄鹌菜 **416402**
鼠鹤虱 221711
鼠花豆属 **261768**
鼠花兰属 260953
鼠迹草 200366
鼠夹蝇子草 **363785**
鼠尖子 31051
鼠见愁 31051
鼠卷耳 82772
鼠芳草属 **371723**
鼠簕千里光 **207339**
鼠簕千里光属 **207338**
鼠梨 323116
鼠李 **328680**,328623,328740,328883
鼠李冬青 203540
鼠李科 **328543**
鼠李木莓 **136858**
鼠李沙棘 196757
鼠李属 **328592**
鼠李纹蕊茜 **341352**
鼠李污生境 103804
鼠李小瓦氏茜 **404904**
鼠李叶箣柊 **354624**
鼠李叶冬青 **204210**
鼠李叶花楸 **369504**
鼠李叶咖啡 **98993**
鼠李叶柳 **344005**
鼠李叶守宫木 **348064**
鼠李叶斯普寄生 **372910**
鼠李异味树 **103804**
鼠李远志 **260047**
鼠李状山漆茎 60083
鼠麦 235315
鼠莽 204544
鼠毛菊 **146573**
鼠毛菊属 **146565**
鼠茅 **412465**
鼠茅属 **412394**,259630
鼠茅状羊茅 **164397**
鼠米 52436
鼠密艾 178062
鼠蓂 264958,265078,345310
鼠木 415869
鼠奶子 165426
鼠皮树 **328587**
鼠皮树属 **328586**
鼠芹 **90924**
鼠曲 178062
鼠曲草毛蕊花 **405710**
鼠曲草小麦秆菊 **381673**
鼠曲齿缘草 **153455**
鼠曲风毛菊 348342
鼠曲果榕 **165727**
鼠曲舅 178367
鼠曲棉 178062
鼠曲山柳菊 **195630**
鼠曲香科 **388217**
鼠曲雪兔子 **348342**
鼠麴草 **178062**,178475,178481
鼠麴草蒿 **35570**
鼠麴草欧石南 **149512**
鼠麴草属 **178056**
鼠麴草状纸花菊 **318979**
鼠麴火绒草 **224840**
鼠麴林地苋 **319026**
鼠麴卵果蓟 **321078**
鼠麴木蜡菊 **189811**
鼠麴木属 **178052**
鼠麴木肖木菊 **240792**
鼠麴蚤草 **321561**
鼠麴紫丹 **243308**
鼠麴紫丹属 **243306**
鼠雀菜 344947
鼠乳根 52436
鼠乳头 52436
鼠色齿舌叶 **377353**
鼠色芦荟 **17064**
鼠莎 119503
鼠舌草 298960
鼠实 265078
鼠矢 105146
鼠矢枣 328550
鼠屎枣 328550
鼠尾 300446
鼠尾巴 401156
鼠尾巴属 260930
鼠尾鞭 29715
鼠尾鞭属 29712
鼠尾草 **345108**,5144,345310,345405
鼠尾草花叉序草 **209931**
鼠尾草花刺桐 **154715**
鼠尾草荆芥 265042
鼠尾草科 **345489**
鼠尾草密钟木 **192695**
鼠尾草矢车菊 **81354**
鼠尾草属 **344821**
鼠尾草香薷 144062
鼠尾草小叶非洲长腺豆 **7513**
鼠尾草叶黄胶菊 **318714**
鼠尾草叶黄芩 **355726**
鼠尾草叶荆芥 **265042**
鼠尾草叶蜡菊 **189743**
鼠尾草叶梨 **323283**
鼠尾草叶千里光 **359963**
鼠尾草叶岩蔷薇 **93202**
鼠尾草状水蜡烛 **139577**
鼠尾草状鸭嘴花 **214785**
鼠尾地榆 345881,345894
鼠尾莪白兰 267936
鼠尾红 337253
鼠尾黄 340367
鼠尾癀 227657,337253
鼠尾锦绦花 **78638**
鼠尾兰属 **260953**
鼠尾马唐 **130674**
鼠尾毛茛 **260940**
鼠尾毛茛属 **260930**
鼠尾南星 33540
鼠尾南星属 33584
鼠尾囊颖草 **341977**
鼠尾牛顿草 372666
鼠尾芩 355387
鼠尾黍 341960
鼠尾粟 **372666**,372659
鼠尾粟科 **372573**
鼠尾粟属 **372574**
鼠尾苔草 **75469**
鼠尾香薷 **144062**
鼠尾岩须 78638
鼠尾鸢尾兰 **267974**
鼠尾蚤草 **321598**
鼠尾掌 **29715**
鼠尾掌属 **29712**
鼠尾紫云菜 **378195**
鼠牙半支 356884,357123
鼠牙半支莲 356884,357123
鼠叶小檗 51778
鼠粘草 31051
鼠粘根 31051
鼠粘子 31051
鼠掌草 174906
鼠掌老鹳草 **174906**
鼠直 178062
鼠梓 229529,328680
蜀柏木 213815
蜀报春 314359
蜀侧金盏花 **8382**
蜀鄂冬青 203614
蜀杭子梢 **70855**
蜀季 13934
蜀季花 13934
蜀椒 **417348**,417161,417180,417301,417330
蜀芥 364545
蜀堇 105846
蜀葵 **13934**
蜀葵属 **13911**,18155
蜀葵叶角胡麻 **315431**
蜀葵叶马拉葵 **242867**
蜀葵叶薯蓣 **131462**
蜀葵叶旋花 102914
蜀柳 383469
蜀楠属 17789
蜀漆 129033

蜀芪花　13934
蜀其花　13934
蜀桑　122438
蜀秫　369600,369720
蜀黍　**369720**,369600,369601
蜀黍属　369590
蜀酸枣　105146
蜀随子　159222
蜀五加　**143634**
蜀西黄芪　43073
蜀西黄耆　**43073**
蜀西香青　**21699**
蜀羊泉　367120,367322,367528,367604
蜀榆　**401455**
蜀再　13934
蜀藏兜蕊兰　**22329**
蜀枣　**418231**,105146
蜀脂　42699,42704,369010
薯　131772
薯豆　142340
薯豆杜英　142340
薯根延胡索　**106066**
薯瓜乳藤　131501
薯莨　**131522**
薯榔　**131675**
薯良　131522
薯粮　131772
薯薯　131772
薯药　131772
薯叶藤　**49069**
薯叶细辛　37624
薯萸　131645
薯语　131645
薯芋　131772
薯芋属　131451
薯蓣　**131772**,131645
薯蓣果　131772
薯蓣果属　193117
薯蓣箭芋　36985
薯蓣疆南星　**36985**
薯蓣科　**131918**
薯蓣阔苞菊　**305088**
薯蓣属　**131451**
薯蓣梧桐　**191024**
薯蓣梧桐属　**191023**
薯蓣叶福王草　313820
薯蓣叶黄蓉花　**121921**
薯蓣叶属　131919
薯蓣叶藤属　**131919**
薯蓣状老鼠簕　**2671**
薯蓣子　**28728**,131772
薯蓣子科　**28732**
薯蓣子属　**28726**
薯蔗　341887,341909
薯仔　131761,367696
薯仔藤　367745
薯子　131458
曙光白亮杨　**311172**
曙光金露梅　312576
曙光山茶　**69191**
曙光玉　**263737**
曙南芥　**376389**
曙南芥属　**376387**
术　**44218**
术活　**41795**
术律草　**139629**
术叶合耳菊　**381922**
术叶菊　381922
术叶千里光　381922
术叶尾药菊　381922
束草　73952,74638
束豆属　**371566**
束根紫堇　**105752**
束梗普拉克大戟　**305150**
束梗玉凤花　**183517**
束果扁担杆　**180740**
束果茶藨　334230
束果茶藨子　**334230**
束果醋栗　334230
束果珊瑚果　**103895**
束果野菱　**394453**
束花报春　314386
束花粉报春　**314386**
束花凤梨　**162860**,392001
束花凤梨属　**162859**
束花凤仙　204900
束花凤仙花　**204900**
束花蓝花参　**412656**
束花蓝钟花　**115349**
束花芒毛苣苔　**9440**
束花茉莉　**180068**
束花茉莉属　**180067**
束花欧石南　**149350**
束花茜　**371557**
束花茜属　**371556**
束花石斛　**125048**
束花属　293151,369254
束花铁马鞭　**226789**
束花紫金牛　**31360**,31369,31455
束寄生　**228812**
束寄生属　**228810**
束绿顶菊　**160672**
束毛阿斯皮菊　**39812**
束毛臂形草　**58075**
束毛海岸桐　**181733**
束毛合花风信子　**123112**
束毛菊　**293199**
束毛菊属　**293198**
束毛卷瓣兰　**62651**
束毛卷耳　**82782**
束毛露兜树　**281005**
束毛牧根草　**298058**
束毛欧石南　**149262**
束毛茜草　**337928**
束毛鞘蕊花　99583
束毛山柳菊　**195597**
束蕊花　194668
束蕊花属　194661
束伞女蒿　**196694**
束伞亚菊　**13021**
束衫菊　**253811**
束衫菊属　**253810**
束生百蕊草　**389690**
束生雀麦　**60718**
束丝菝葜　**366363**
束藤属　126688
束头矢车菊　**81011**
束尾草　**293215**
束尾草属　**293207**
束斜紫草　**301628**
束心兰　14529
束心兰属　14471
束序双稃草　226008
束序苎麻　**56312**
束腰葫芦　219854
束药欧石南　**149895**
束叶番薯　**207754**
束叶花凤梨　**392001**
束叶铁兰　392001
束柊叶属　**293200**
束柱菊　**110291**
束柱菊属　**110290**
束状豇豆　**408877**
束状丝石竹　**183195**
束状雅致溲疏　126922
束状亚菊　13021
束籽远志　**308005**
束紫葳　**371568**
束紫葳属　**371567**
树　392841
树八咱　240628
树八爪龙　346732
树百合　415173
树斑鸠菊　**406109**
树扁竹　267973
树滨藜　**44446**
树波罗　36920
树菠萝　36920
树博考尼　56027
树草莲　25980,26003
树草属　415172
树朝颜　207792
树刺菊木　**48416**
树葱　94444,94483,148735,238318,238329,293598
树丛乱子草　**259687**
树大戟　**158754**
树地瓜　164763,165035
树刁　308635
树吊　308635
树顶叶千里光　**385605**
树冬瓜　76813
树冬瓜树　76813
树都拉　389978
树豆　65146,218721
树杜仲　156041
树番茄　**119974**
树番茄属　**119973**
树番薯　244507
树枫杜鹃　**330362**
树干芋属　147336
树甘草　351741
树葛　244507
树哈克　**184605**
树红花　**77687**
树葫芦　**125750**,93486,93561
树葫芦属　**125749**
树花菜　191197
树花葵　**223392**
树黄连　52320
树黄牛木　110246
树黄芪　42277
树黄耆　**42277**
树黄脂木　**415173**
树火麻　125553
树火麻属　125540
树鸡菊花　**182312**
树鸡屎藤　222115
树假金雀花　**77051**
树尖苞亮泽兰　**33719**
树茭瓜　117008
树胶桉　106805,155720
树胶冷杉　282
树胶杨　311237
树胶状相思树　**1528**
树胶籽漆　**70479**
树蕉瓜　88553
树节　384917
树锦鸡儿　**72180**,72340
树锦葵　**125752**
树锦葵属　**125751**
树救主　204558
树苣苔属　217738
树考来木　**105393**
树辣木　**258937**
树辣子　161373
树兰　11300,146375,238312,404632
树兰属　11273,146371
树梨　323116
树篱苹果　240828
树连藕　122034
树莲花属　9021
树莲藕　122034
树蓼　97865,397932
树芦荟　**16627**,16555,16592
树萝卜　**10344**,10322,10334,

10345,10346
树萝卜属 **10284**
树马齿苋 311956
树马齿苋属 311955
树马桑 **104693**
树曼陀罗 61231
树毛大戟 **125779**
树毛大戟属 **125777**
树莓 338281,338300,338447,
338557,339047
树莓紫荷兰菊 **40936**
树梅 261212,338300
树蜜 198767,198769
树棉 **179876**,179900
树牡荆 411189
树木蓝 **205859**,205962
树木柱 **125523**
树木柱属 **125522**
树皮布榕 165344
树婆罗 36920
树葡萄 **120108**,46198
树葡萄属 **120000**
树蒲属 267922
树杞 31599
树杞叶石楠 295775
树千牛 207792
树牵牛 **207792**
树荨麻 **402914**
树茜 **125757**
树茜属 **125756**
树茄 367146
树茄花 13934
树青 301777
树青属 301760
树屈头鸡 71919
树绒兰 **148790**,148684,148738
树三加 2387
树三七 183082,183122
树山柑 **71693**
树山油柑 **6236**
树商陆 298103
树上茶 190848
树上瓜子 134032
树上虾 125202
树参 **125604**,307923
树参属 **125589**
树生杜鹃 **330552**
树生秋海棠 **49628**
树生越橘 **403799**
树石竹 127596
树薯 244507
树唐棣 **19243**
树头芭蕉 **260281**,260206,
260237
树头菜 **110235**,30604
树头花 **260117**
树头桐 57117
树头桐属 57114,57116
树头麻属 125540
树头木 57115
树头木桐属 57114
树头木属 57114
树头棕属 57116
树土人参 **383292**
树土人参属 **383291**
树猬 366077
树乌 5432
树乌头 5046
树五加 2387,266913
树五蟹甲 **289399**
树西红柿 119974
树仙人掌 **272791**
树形杜鹃 **330111**
树形莲花掌 **9023**
树形蔷薇色杜鹃 330113
树岩黄芪 188091
树眼莲属 134027
树洋茱萸 **417867**
树腰子 161356
树荫苔草 **75103**
树银莲花 **77141**
树银莲花属 **77140**
树罂粟 **125585**
树罂粟属 **125583**
树蛹兰属 **138414**
树羽扇豆 238430
树越橘 **403724**
树脂桉 **155720**
树脂半日花 93161
树脂补骨脂 **319139**
树脂刺头菊 **108392**
树脂大戟 159710
树脂海桐 **301386**
树脂核科 199301
树脂黑罂漆 177541
树脂咖啡 **98992**
树脂蛇鞭菊 **228531**
树脂松 300180
树脂向日葵 **189043**
树脂岩蔷薇 93161
树志楼梯草 **142839**
树志木姜子 **233861**
树仲 157675,233928
树竹 267973
树状阿福花 **39436**
树状奥勒菊木 270186
树状八仙花 199806
树状巴西腺龙胆 **7558**
树状百脉根 **237495**
树状杯漆 **396298**
树状扁担杆 **180680**
树状补骨脂 **319132**
树状补血草 **230602**
树状长管栀子 **107138**
树状柽柳 **383442**
树状大戟 **158494**
树状杜鹃 330111
树状杜鹃花 330111
树状二毛药 **128434**
树状仿龙眼 **254954**
树状纺锤菊 **44117**
树状福来木 **162981**
树状厚敦菊 **277009**
树状黄牛木 **110240**,110246
树状吉诺菜 **175848**
树状假萨比斯茜 **318248**
树状假翼无患子 **318180**
树状假泽兰 **254416**
树状金莲木 **268144**
树状堇菜 **409692**
树状九节 **319417**
树状可利果 **96669**
树状苦苣菜 **368633**
树状狼毒属 **125763**
树状肋果茜 **166805**
树状类沟酸浆 **255156**
树状瘤蕊紫金牛 **271023**
树状麻黄 **146237**
树状马氏夹竹桃 **246035**
树状芒柄花 **271419**
树状牻牛儿苗 **153724**
树状美登木 **246804**
树状美非补骨脂 **276954**
树状美罂粟 **56025**
树状美洲茶 **79911**
树状蒙塔菊 **258194**
树状密枝玉 **252363**
树状木蓝 **205890**
树状欧石南 **149017**
树状欧洲常春藤 **187272**
树状牵牛 **207593**
树状三角车 **334580**
树状山南星 **258320**
树状蛇葡萄 **20296**
树状生石花 **233629**
树状施莱木犀 **352593**
树状石竹 **127596**
树状疏伞柱基木 **203034**
树状舒曼木 **352710**
树状黍 **281345**
树状树紫菀 **270186**
树状栓果菊 **222915**
树状松菊树 **377256**
树状酸藤子 **144719**
树状糖芥 **154385**
树状天轮柱属 125522
树状天门冬 **38933**
树状甜桂 **187412**
树状网蕊茜 **129638**
树状小葵子 **181882**
树状小腺萝藦 **225781**
树状肖毛蕊花 **80499**
树状肖杨梅 **258734**
树状新卡大戟 **56036**
树状烟堇 **169003**
树状异荣耀木 **134558**
树状尤利菊 **160796**
树状羽扇豆 **238430**
树状雨湿木 **60029**
树状窄籽南星 **375729**
树状朱米兰 **212701**
树状猪毛菜 **344510**
树仔菜 348041
树紫藤 **56735**
树紫藤属 **56734**
树紫菀属 **270184**
树棕 329176
竖豆 408393
竖茎鱼藤 125994
竖立鹅观草 **335370**,335371
竖毛鸡眼草 218345
竖毛马唐 **130783**
竖琴芥属 93232
竖藤火梅刺 338516
竖枝景天 329873
莛药 114875
数花堇菜 409851
数珠珊瑚 **334897**
数珠珊瑚科 **334905**
数珠珊瑚属 **334892**
刷把草 146870,320249
刷把头 92066
刷把细辛 110886
刷盒木 236462
刷盒木属 **236461**
刷经寺乌头 **5183**
刷空母树 241513
刷毛玉 267051
刷木 347413
刷木属 218387
刷雀麦 60957
刷头草 88421
刷柱草科 **21788**
刷柱草属 **21780**
刷状斑鸠菊 **406328**
刷状天门冬 **38940**
刷状针蓟草 **377032**
刷子头 88421
刷子椰子 332438
刷棕属 44801
衰老葶苈 **137229**
衰弱苔草 **75445**
栓瓣柏那参 59245
栓瓣罗伞 **59245**
栓翅地锦 **285151**
栓翅爬山虎 285151
栓翅芹 **313524**
栓翅芹属 **313516**

栓翅树属 **135299**
栓翅卫矛 **157793**
栓翅榆 401430
栓果豆 **294229**
栓果豆属 **294226**
栓果菊 283506
栓果菊属 **222907**
栓果马岛无患子 **392236**
栓果芹 **105487**
栓果芹属 **105481**
栓花茜 **379630**
栓花茜属 **379629**
栓壳红山茶 **69484**,69613
栓皮安息香 **379457**
栓皮桉 **155497**
栓皮白桦 **53583**
栓皮春榆 401490
栓皮豆 **259854**
栓皮豆属 **259816**
栓皮桂 **215061**
栓皮桂属 **215060**
栓皮果 **377473**
栓皮果科 **377475**
栓皮果属 **377472**
栓皮红山茶 **69486**,69552
栓皮桦 53583
栓皮冷杉 **403**
栓皮栎 **324532**
栓皮木姜子 **234070**
栓皮木麻黄 **79185**,15950
栓皮槭 **2837**
栓皮苔草 75930
栓皮榆 **401618**
栓皮槠 324453
栓叶安息香 379457
栓叶翅子树 **320849**
栓叶猕猴桃 **6706**
栓榆 **401633**
栓籽掌 **294275**
栓籽掌属 **294273**
栓足龙船花 **211152**
涮涮辣 72100
双巴戟 **258890**
双白皮 248895
双柏苔草 **76259**
双斑叠鞘石斛 **125007**
双斑黄堇 **105651**
双斑西澳兰 **118161**
双斑獐牙菜 380131
双板斑叶兰 179582
双板山兰 274035,274058
双板芋兰 156572
双瓣楞 **167953**
双瓣川犀草 **270333**
双瓣木犀 **276284**
双瓣天竺葵 **288198**
双苞戴星草 **371016**
双苞豆 **132676**
双苞豆属 **132675**
双苞风信子属 **199550**
双苞花 235742,235749,235860,235878
双苞火畦茜 **322959**
双苞苣属 **328507**
双苞连柱菊 **193116**
双苞连柱菊属 **193115**
双苞片灰毛豆 **385969**
双苞片崖豆藤 **254621**
双苞鞘花 241316
双苞藤 235878
双杯兰 **134193**
双杯兰属 **134192**
双杯马岛寄生 **46693**
双杯无患子 **133005**
双杯无患子属 **133004**
双被豆 **131326**
双被豆属 **131319**
双被杜鹃 **330228**
双被木通 **13226**
双被茜 **130000**
双被茜属 **129999**
双臂长足兰 320451
双臂翅足兰 **320451**
双臂兰属 **128393**
双边鹤虱 **221657**
双边栝楼 396257
双边榄仁树 **386479**
双柄兰属 54243
双伯莎属 **54610**
双层楼 284367
双叉草 129196
双叉吊金钱 **84070**
双叉吉莉花 **175683**
双叉卷须菊 260534
双叉莱德苔草 **223844**
双叉马钱 **378660**
双叉麦瓶草 **363409**
双叉菟丝子 **114976**
双叉细柄茅 **321011**
双叉玄参 **355103**
双叉野荞麦 **151862**
双叉子树 157391
双齿百簕花 **55305**
双齿薄花兰 **127939**
双齿车叶草 **39320**
双齿匙花兰 **97965**
双齿葱 15113
双齿大沙叶 **286118**
双齿吊兰 88560
双齿冬青 **203589**
双齿风毛菊 **348476**
双齿稃草属 351162
双齿胡氏木 199449
双齿黄耆 **54716**
双齿黄耆属 **54714**
双齿九节 **319432**
双齿菊 **131367**
双齿菊属 **131365**
双齿裂舌萝藦 **351507**
双齿歧缬草 **404415**
双齿千屈菜属 **133365**
双齿茜 **127361**
双齿茜属 **127360**
双齿苘麻 **864**
双齿秋海棠 **50130**
双齿山茉莉 **199449**
双齿蓍 **3938**
双齿石豆兰 **62585**
双齿四须草 **387503**
双齿旋花 **102956**
双齿野荞麦 **152655**
双齿疣石蒜 **378520**
双齿珍珠萝藦 **245202**
双齿柱兰 **134957**
双齿柱兰属 **134956**
双翅斑鸠菊 **133594**
双翅斑鸠菊属 **133593**
双翅盾 **133605**
双翅盾属 **133602**
双翅果 288897
双翅果属 **77563**
双翅假榆橘 **320087**
双翅金虎尾 **133153**
双翅金虎尾属 **133152**
双翅苣 **393291**
双翅苣属 **393290**
双翅爵床 **133541**
双翅爵床属 **133532**
双翅兰 **133548**
双翅兰属 **133547**
双翅肉被野牡丹 **110590**
双翅舞花姜 **176996**
双翅香椿 392829
双翅银钟树 **184740**
双重仙人掌属 134226
双虫菊 **129478**
双虫菊属 **129476**
双唇独脚金 **377979**
双唇兰 **130043**
双唇兰属 **130037**
双唇婆婆纳 **101919**
双唇婆婆纳属 **101917**
双唇茄 **366985**
双唇象牙参 337077,337086
双唇叶节木 **296830**
双刺棒棰树 **279674**
双刺茶藨 333955
双刺茶藨子 **333955**
双刺红毛柱 **244044**
双刺蒺藜 **395077**
双刺藤 355879
双刺藤属 355868
双带芹 **133224**
双带芹属 **133222**
双带无患子 **54868**
双带无患子属 **54867**
双袋兰 **134326**
双袋兰属 **134258**
双点毛兰 299608
双点苹兰 **299608**
双点獐牙菜 380131
双碟荠 **54690**
双碟荠属 **54634**
双丁 401773
双盾木 **132601**
双盾木属 **132598**
双盾芹 **132853**
双盾芹属 **132851**
双盾无患子 **133125**
双盾无患子属 **133124**
双钝角芥属 **128347**
双轭杯漆 **396304**
双萼观音草 **291139**
双萼景天 **356671**
双萼刘氏草 **228274**
双萼木属 134207
双萼树 **132899**
双萼树属 **132896**
双萼鸭舌癀舅 **370754**
双耳萼 **20816**
双耳萼属 **20814**
双耳格雷野牡丹 **180364**
双耳九节 **319430**
双耳密花豆 **370412**
双耳南星 **33278**
双耳蛇 413842
双飞蝴蝶 49247,89209,179308,285635,400888,400914,400945
双飞燕 116880
双分果片异籽葫芦 **25647**
双粉照水梅 **34464**
双夫草 **133443**
双夫草属 **133442**
双稃草 **226005**
双稃草属 **132720**
双附属物蝇子草 **363249**
双盖玄参属 **129340**
双刚毛岩雏菊 **291301**
双格佩龙胆 **54726**
双格佩龙胆属 **54725**
双隔果 **18539**
双隔果科 **18541**
双隔果属 **18537**
双根藤 137799
双梗大油芒 **372435**
双勾 401773
双沟黄耆 **42082**
双沟木 **219635**

双沟木属 **219634**
双沟芹 **54394**
双沟芹属 **54393**
双钩 401761,401770,401773,401779,401781
双钩锦葵 **133664**
双钩锦葵属 **133663**
双钩老鹳草 **174500**
双钩藤 **401765**,401761,401770,401773,401779,401781
双钩叶 **131405**
双钩叶科 **131401**
双钩叶木科 131401
双钩叶木属 131402
双钩叶属 **131402**
双股箭 12616,12744
双骨草 **132484**
双骨草属 **132482**
双冠大戟属 **129006**
双冠钝柱菊属 **197388**
双冠菊属 **131042**
双冠苣 **218202**
双冠苣属 **218199**
双冠芹属 **133024**
双冠瑞香 **375936**
双冠四丸大戟 **387975**
双冠菀 **133212**
双冠菀属 **133203**
双冠紫葳属 **20654**
双管 174305
双果草 407109
双果大戟 **130002**
双果大戟属 **130001**
双果冬青 **203762**
双果番樱桃 261045
双果繁花桃金娘 **261045**
双果鹤虱属 335103
双果积雪草 **81587**
双果柳 **343106**
双果萝藦 **128258**
双果萝藦属 **128257**
双果马钱 **128262**
双果马钱属 **128260**
双果片飘拂草 **166200**
双果荠 **247852**
双果荠属 **247850**
双果茜 **250684**
双果茜属 **250683**
双果雀稗 **20582**
双果雀稗属 **20580**
双果人字果 **128930**
双果桑 377542
双果桑属 **131035**
双果山黧豆 **222675**
双果属 133410
双果梧桐 **128256**
双果梧桐属 **128255**
双合草 183553,393657,408009
双合豆 **134967**
双合豆属 **134965**
双合合 56312,202146
双核草 **133645**
双核草属 **133644**
双核冬青 **203765**
双核枸骨 203765
双湖假蒜芥 **365382**
双湖碱茅 **321384**
双湖念珠芥 365382
双瑚草 372247
双蝴蝶 **398262**,110298,374089,375028,398269
双蝴蝶属 **398251**
双虎排牙 80221
双花 235633,235742,235749,235860,235878
双花阿盖紫葳 **32543**
双花澳藜 **129855**
双花澳藜属 **129853**
双花巴拿马草 **127572**
双花巴拿马草属 **127571**
双花白斑瑞香 **293794**
双花斑叶兰 **179580**
双花报春 **314311**
双花贝母 **168355**
双花笔花豆 **379239**
双花扁豆 135429
双花草 **128568**
双花草属 **128565**
双花车轴草 **396844**
双花赤宝花 **389997**
双花绸叶菊 **219797**
双花刺椰属 337059
双花灯心草 **212901**
双花兜兰 282814
双花盾舌萝藦 **39614**
双花多毛兰 **396468**
双花萼叶茜 **68385**
双花耳草 **187514**
双花二色种毛苣苔 **129183**
双花番红花 **111498**
双花芳香木 **38442**
双花费内尔茜 **163412**
双花杆腺木 328375
双花狗尾草 **134534**
双花狗尾草属 **134531**
双花狗牙根 **117862**
双花管鸢尾 **367852**
双花龟柱兰 **86804**
双花海特木 **188317**
双花红门兰 169897
双花红丝线 238942
双花胡卢巴 **397202**,397254
双花虎刺 **122031**
双花华蟹甲 **364519**
双花华蟹甲草 364519
双花画眉草 **147535**
双花黄精 **308508**
双花鸡脚参 **275645**
双花蒺藜草 **80810**
双花假卫矛 **254284**
双花角果澳藜 **242896**
双花角蕊莓 **83631**
双花金丝桃 **201892**
双花堇菜 **409729**
双花菊叶苣苔 **10190**
双花聚花澳藜 **134519**
双花决明 **78245**
双花爵床 **290839**
双花爵床属 **290838**
双花克里菊 218202
双花拉加菊 219797
双花蜡菊 **189386**
双花蓝果树 **267872**
双花蓝星花 **33623**
双花老鹳草 **174499**
双花雷氏兰 **328220**
双花类花刺苋 **81658**
双花镰扁豆 **135429**
双花六道木 416841
双花龙葵 **366976**,238942
双花龙舌兰 **10858**
双花驴蹄草 **68163**
双花马蹄豆 **196627**
双花蔓属 231676
双花芒柄花 **271339**
双花毛兰 **148637**
双花梅里野牡丹 **250664**
双花蒙松草 **258107**
双花米努草 **255548**
双花墨药菊 **248582**
双花木 **134010**
双花木姜子 **233854**
双花木科 **134007**
双花木属 **134009**
双花南非葵 **25418**
双花扭萼凤梨 **377648**
双花蓬 **267255**
双花蓬属 **267254**
双花蟛蜞菊 413506,413507
双花千里光 381935
双花蔷薇 **336388**
双花鞘花 **241316**
双花秋海棠 **49658**
双花热带补骨脂 **114426**
双花热美桃金娘 **68632**
双花忍冬 **235677**
双花肉舌兰 **346801**
双花肉泽兰 **264190**
双花萨拉茄 **346509**
双花山茶 **68939**
双花山樱桃 **83186**,83184
双花山楂 109858
双花虱子草 **394381**
双花石豆兰 **62587**
双花石斛 **125158**
双花树属 134009
双花水金凤 **205179**
双花水苏 **373191**
双花水仙 **262417**
双花四轭野牡丹 **387951**
双花苔草 74307
双花藤 235878
双花天门冬 **38947**
双花同花木 **245283**
双花同花桃金娘 **197980**
双花晚香玉 59715
双花万寿菊 **383089**
双花威瑟茄 **414615**
双花尾药千里光 381935
双花委陵菜 **312409**
双花文殊兰 **111177**
双花无心菜 255447
双花西巴茜 **365105**
双花西番莲 **285620**
双花狭蕊藤 **375589**
双花香草 **239559**
双花香豆木 **306243**
双花小金梅草 **202818**
双花肖朱顶红 **296101**
双花泻瓜 **79810**
双花羊玄参 **71942**
双花野豌豆 408406
双花叶乐母丽 **335897**
双花异灰毛豆 **321139**
双花缨柱红树 **111834**
双花硬皮豆 **241415**
双花郁金香 400132
双花圆苞菊 **123775**
双花折叶兰 **366778**
双花猪屎豆 **111955**
双花紫堇 409729
双华巴戟 258918
双环芹 **129707**
双环芹属 **129706**
双环参 183559
双环天芥菜 **190577**
双黄花堇菜 409729
双灰山柳菊 **195458**
双喙虎耳草 **349236**
双喙夹竹桃属 **133158**
双喙桃属 133158
双脊草 130965
双脊草属 130956
双脊荠 383992
双脊荠属 **130956**
双寄生 355317
双荚胡枝子 **226678**
双荚槐 360426

双荚决明 **360426**
双颊果科 129858
双颊果属 129859
双尖蒺藜 **395075**
双尖马利筋 **37845**
双尖秋海棠 **50034**
双尖细梗酢浆草 **278121**
双尖香花芥 **193393**
双尖苎麻 **56098**
双剪菜 84079
双剪草 84079
双江谷精草 **151210**
双江美登木 **246933**
双角萹蓄 **291696**
双角草 **131361**
双角草属 **131335**
双角单花杉 **257107**
双角杜鹃 **330225**
双角凤仙花 204816
双角果马蹄豆 **196677**
双角厚唇兰 **146538**
双角胡麻属 **128376**
双角葫芦 **219824**
双角虎眼万年青 **274533**
双角琥珀树 **27824**
双角菊 **133592**
双角菊属 **133591**
双角兰 **79702**
双角兰属 **79700**
双角菱 394436
双角六带兰 **194489**
双角龙 64983
双角龙面花 **263385**
双角鲁道兰 **339643**
双角萝藦 **135046**
双角萝藦属 **135045**
双角裸茎日中花 **318828**
双角木 **127440**
双角木属 **127439**
双角蒲公英 **384472**
双角茜属 **130050**
双角石兰属 **292653**
双角无脉兰 **5849**
双角雄 **128336**
双角雄属 **128334**
双角羊耳蒜 **232100**
双角柱兰 **128368**
双角柱兰属 **128367**
双角紫罗兰 **246443**
双节山蚂蝗 125576
双节早熟禾 **305403**
双金钱 297013
双筋草 202217
双锦葵 362704
双锦山葡萄 **411541**
双茎柴胡 63579
双茎狸藻 **403190**
双景羽扇豆 **238448**
双距多穗兰 **310338**
双距花属 **128029**
双距爵床属 **128329**
双距兰 **133763**
双距兰属 **133684**
双距野牡丹 **131411**
双距野牡丹属 **131408**
双锯齿秋海棠 **49661**
双锯齿玄参 **355272**
双锯叶玄参 355272
双壳禾属 **130898**
双壳寄生 241316
双孔格雷野牡丹 **180365**
双孔芹属 **54237**
双孔紫金牛 **31428**
双口虎耳草属 **134893**
双口兰 **135013**
双口兰属 **135012**
双葵 **362704**
双葵花 150513
双葵属 **362702**
双阔寄生 **132855**
双阔寄生属 **132854**
双类雀稗 **285381**
双棱斑叶兰 179582
双棱草 **148580**
双棱多穗兰 **310339**
双棱肉锥花 **102085**
双粒小麦 398890
双镰野牡丹 **132835**
双镰野牡丹属 **132834**
双链蕊 **129757**
双链蕊属 **129756**
双辽苔草 **75835**
双列百合 **293670**
双列百合属 **293657**
双列灯心草 **134834**
双列灯心草属 **134832**
双列柳叶菜 **146630**
双裂瓣卷耳 **83014**
双裂北美萝藦 **3790**
双裂刺花蓼 **89055**
双裂酢浆草 **277696**
双裂多穗兰 **310341**
双裂二毛药 **128437**
双裂高河菜 **247769**
双裂龟花龙胆 **86779**
双裂果斧冠花 **356380**
双裂露兜树 **280991**
双裂马齿苋 **311823**
双裂马兜铃 **34122**
双裂毛子草 **153134**
双裂泡花树 **249366**
双裂偏穗草 **181468**
双裂偏穗草属 **181467**
双裂三萼木 **395191**
双裂双袋兰 **134270**
双裂维默桔梗 **414441**
双裂肖鸢尾 **258417**
双裂野芝麻 **220366**
双裂月见草 **269413**
双裂苎麻 **56100**
双鳞盖伊须芒草 **22677**
双鳞夹竹桃 **54745**
双鳞夹竹桃属 **54744**
双鳞狸藻 **403125**
双鳞萝藦属 **133017**
双鳞山榄属 **132654**
双铃草 190956
双翎草 144023
双瘤马都瑞氏木 **329277**
双六道木属 **127330**
双龙瓣豆属 **133358**
双龙麻消 37622
双龙爪茅 **121294**
双隆芋 33349
双鸾菊 5335
双卵凤尾蕉属 131427
双轮瓜 132957
双轮瓜属 **132954**
双轮果 133599
双轮蓼属 **375581**
双脉棒果树 **332388**
双脉都丽菊 **155361**
双脉栲 1082
双脉蓝桉 **155593**
双脉囊苔草 **74754**
双脉碎雪草 160137,160286
双脉苔草 **73878**
双脉苇椰 **174344**
双脉相思树 **1082**
双漫草 230275
双芒蓼 **308885**
双芒三毛草 **398449**
双芒糖蜜草 **249280**
双毛草 **128862**
双毛草属 **128861**
双毛齿萝藦 **55498**
双毛非洲紫罗兰 **342503**
双毛冠草属 **130967**
双毛含羞草 **255020**
双毛假塞拉玄参 **318409**
双毛马钱 **378706**
双毛茜 **130049**
双毛茜属 **130048**
双毛三联穗草 **398589**
双毛藤属 **134522**
双梅蓝 **248847**
双门贝思乐苣苔 **53207**
双米地冷杉 435
双绵菊 **51258**
双绵菊漏芦 **329206**
双绵菊属 **51245**
双面刺 417282
双面假白榄 **212162**
双面针 417282
双眸玉 **233541**
双木鳖 49046
双木蓝 **206004**
双木蟹 49046
双目灵 285677
双囊齿唇兰 269033
双囊大果萝藦 **279415**
双囊鸡脚参 **275646**
双囊阔鳞兰 **302835**
双囊毛柱大戟 **219118**
双囊美冠兰 **156582**
双囊木犀 **131056**
双囊木犀属 **131049**
双排钱 297013
双牌泡果荠 **196305**
双牌阴山荠 **416356**
双泡豆属 **132694**
双胚庭荠 18469
双批七 318501,318507
双皮小丘风车子 **100398**
双片苣苔 **130071**
双片苣苔属 **130069**
双片双孔芹 **54240**
双片卫矛 **128254**
双片卫矛属 **128252**
双飘树 232603
双栖树 7190
双岐卫矛 **157414**
双岐柊叶 **352706**
双岐柊叶属 **352705**
双歧繁缕 374836
双钱荠属 **110546**
双腔塞拉玄参 **357432**
双腔烛台大戟 **158605**
双腔籽 **129367**
双腔籽属 **129366**
双鞘猫尾花 **62483**
双球豆 284473
双球花豆 **284451**
双球芥 **130030**
双球芥属 **130029**
双球芹 **352637**
双球芹属 **352629**
双球西番莲 **285619**
双球形大戟 **158541**
双球银叶花 **32761**
双曲 329327,329397
双曲蓼属 **54757**
双曲蕊 **131231**
双曲蕊属 **131230**
双趋芥 133286
双仁 302289
双乳突舟叶花 **340579**
双蕊败酱 **285821**

双蕊蒂克芸香　**391590**
双蕊盾果金虎尾　**39504**
双蕊刚毛莎　**115636**
双蕊花　**129860**
双蕊花科　**129858**
双蕊花属　**129859**
双蕊黄细心　**56422**
双蕊兰　**132808**
双蕊兰属　**132807**
双蕊柳叶菜属　**132803**
双蕊麻　**263815**
双蕊麻属　**263814**
双蕊肉叶多节草　**191436**
双蕊莎草　**129865**
双蕊莎草属　**129864**
双蕊鼠尾粟　**372650**,372666
双蕊苏木　**134776**
双蕊苏木属　**134775**
双蕊野扇花　**346732**
双蕊叶下珠　**296535**
双蕊窄叶白花菜　**95618**
双润肺草　**58856**
双三银桦　**180657**
双伞芹　**129000**
双伞芹属　**128999**
双色布袋兰　79529
双色叉柱花　**374472**
双色稠李　**316263**
双色翠雀花　**124066**
双色大宝石南　**121067**
双色杜鹃　**330223**
双色凤梨百合　**156018**
双色凤仙花　**204813**
双色钩粉草　**317251**
双色花兰　**129101**
双色花兰属　**129100**
双色花属　129127
双色花苔草　**73873**
双色画眉草　**147533**
双色浆果鸭跖草　**280502**
双色椒草　**290304**
双色堇菜　**409728**
双色菊叶苣苔　**10189**
双色龙胆　173444,174041
双色蔓炎花　**244367**
双色鸟趾堇菜　**410382**
双色蒲公英　**384469**
双色脐果草　**270709**
双色秋海棠　49775
双色石豆兰　**62584**
双色石竹　**127612**
双色铁马鞭　**226925**
双色万代兰　404626
双色万带兰　**404626**
双色仙人球　244010
双色崖豆藤　**254622**
双色叶　**129123**
双色叶属　**129122**
双色展唇兰　**267216**
双扇兰　120371
双扇梅柿　**132130**
双扇梅属　**129491**
双少花木姜子　233854
双舌盾萝藦　**39658**
双舌菊　**163334**
双舌菊属　**163333**
双舌千里光　**358400**
双舌蟹甲草　364519
双舌蝇子草　**363250**
双蛇叶双冠芹　**133031**
双参　**398024**,133077,398025
双参科　**398029**
双参属　**398022**,130023
双深波杯冠藤　**117401**
双肾草　19512,183503,183540,183553,192851,254238,286836,302404,407109
双肾参　179580,179586,182262,183553,183559,286836,408009
双肾藤　49101
双肾子　97719,183559
双生碧玉莲　**59706**
双生灰毛豆　**386372**
双生兰　**129771**
双生类雀稗　285381
双生马先蒿　**287046**
双生脉相思树　**1083**,1082
双生色穗木　**129176**
双生鼠尾粟　**372685**
双生栓翅芹　**313521**
双生甜舌草　**232488**
双生铁苋菜　**1861**
双生隐盘芹　**113555**
双生脂花萝藦　**298152**
双盛豆属　**20745**
双饰萝藦属　**134969**
双室狐尾藻　261344
双室聚藻　261344
双室木五加　125593
双室树参　**125593**
双室鹧鸪花　**395470**
双束鱼藤　**10209**
双束鱼藤属　**10205**
双楯　132601
双楯属　132598
双四斗篷草　**13982**
双穗臂形草　**58082**
双穗斧冠花　**356384**
双穗狼尾草　**289083**
双穗麻黄　**146154**
双穗穆塔卜远志　**259437**
双穗飘拂草　**166518**
双穗芹　**29325**
双穗求米草　**272688**
双穗雀稗　**285426**,285417
双穗水塔花　**54443**
双穗苔草　**74347**
双穗须芒草　**22609**
双穗野黍　**151670**
双穗纸苞帚灯草　**372999**
双索芥属　**129758**
双塔露兜树　**280992**
双台　284367
双条带姬凤梨　**113374**
双条纹吉尔苏木　**175632**
双条纹十二卷　**186315**
双条纹唐菖蒲　**176049**
双铜锤　407109
双头奥赛里苔草　**276228**
双头车轴草　**396843**
双头楼梯草　**142648**
双头粘　407503
双头镇　231568
双凸戟叶蓼　**308886**
双凸樫木　139658
双凸镜波思豆　**57496**
双凸菊　**334497**
双凸菊属　**334495**
双凸蕊兰属　**134224**
双凸芋兰　**265377**
双秃肉柊叶　**346866**
双丸兰属　**315339**
双尾多坦草　**136446**
双尾三指兰　**396626**
双纹蕊茜　**341276**
双屋茜属　**130016**
双膝曲兄弟草　**21286**
双喜草　284367
双线车轴草　**396842**
双线大沙叶　**286120**
双线二叶兰　183581
双线竹芋　66185
双腺大戟　**159726**
双腺花属　**129212**
双腺戟属　**127362**
双腺金合欢　1651
双腺九顶草　**145791**
双腺兰　**127366**
双腺兰属　**127365**
双腺木蓝　**205727**
双腺球花豆　**284450**
双腺乌桕　**346373**
双腺野海棠　**59831**
双小苞火畦茜　**322958**
双小果贝尔茜　**53068**
双小果斗篷草　**13981**
双小果多果树　**304128**
双小花悬钩子　**338972**
双小伞大戟　**158542**
双小伞丹氏梧桐　**135788**
双小伞肖阿魏　**163747**
双小叶怀特风信子　413938
双小叶肋瓣花　**13750**
双心皮草　**87923**,87820
双心皮草属　87815
双心皮毛茎草　**219044**
双新月眉兰　**272436**
双星番杏属　**20527**
双星山龙眼属　**128132**
双星丝粉藻　**20543**
双星丝粉藻属　**20541**
双型庭菖蒲　**365704**
双性拟紫玉盘　**403642**
双雄金虎尾属　**131233**
双雄莎草　**118734**
双雄苏木属　**20657**
双雄椰　**143004**
双雄椰属　**143003**
双修菊　**167001**
双修菊属　**166999**
双须吊兰　**128984**
双须吊兰属　**128983**
双须蜈蚣　231479
双旋角花　**189983**
双旋角花属　**189982**
双穴大戟　**129365**
双穴大戟属　**129363**
双鸭子　18569
双芽　353057
双雅致大戟　**158540**
双眼龙　113039
双眼虾　113039
双药禾　**127496**
双药禾属　**127496**
双药画眉草　**147656**
双药爵床　**127536**
双药爵床属　**127533**
双药芒　**127477**
双药芒属　**127467**
双叶布袋兰　**79545**
双叶长庚花　**193243**
双叶大地豆　**199319**
双叶大戟　**381802**
双叶大戟属　**381801**
双叶吊兰　**88538**
双叶凤梨百合　413938
双叶盖茜　**271945**
双叶红百金花　**81496**
双叶喉唇兰　**87442**
双叶厚唇兰　**146544**
双叶虎眼万年青　**274534**
双叶怀特风信子　**413938**
双叶黄藤　**121492**
双叶卷瓣兰　**63182**
双叶卷唇兰　63182
双叶兰　183662
双叶兰属　232890
双叶乐母丽　**335898**

双叶肋瓣花 **13749**
双叶梅花草 **284510**
双叶美洲水鳖 **143916**
双叶绵枣儿 352886
双叶曲唇兰 282417
双叶舌唇兰 302260
双叶石芥花 **125841**
双叶石榴兰 **247655**
双叶双袋兰 **134265**
双叶网纹杜鹃 **331625**
双叶舞鹤草 242672
双叶细辛 **37590**
双叶鲜黄连 212299
双叶肖蝴蝶草 **110663**
双叶悬钩子 339268
双叶岩地烟堇 **169157**
双叶岩珠 295516
双叶羊耳蒜 232086
双叶锥药花 **101690**
双叶紫堇 105828
双翼豆 288897,288901
双翼豆属 288882
双翼果科 18541
双翼果属 133640
双翼果唐松草 388488
双翼苏木属 288882
双英卜地 384473,384681
双硬皮鸢尾 **172602**
双油管白芷 192245
双鱼骨木 71348
双羽独行菜 **225302**
双羽鬼针草 **54063**
双羽假高粱 **369577**
双羽兰属 **54593**
双羽蓝盆花 **350113**
双羽裂二行芥 **133305**
双羽裂尖刺联苞菊 **52659**
双羽裂苦苣菜 **368788**
双羽裂腺花马鞭草 **176686**
双羽裂鱼黄草 **250759**
双羽洛赞裂蕊树 **238060**
双羽马岛西番莲 **123620**
双羽绵子菊 **222527**
双羽磨石草 **14462**
双羽千里光 **358401**
双羽山芫荽 **107760**
双羽酸模 **339954**
双羽香茶 **303168**
双羽熊菊 **402802**
双羽罂粟 **282521**
双芋属 53691
双圆莲花掌 **9040**
双杂色穗草 **306746**
双褶贝母兰 **98744**
双枝长萼兰 **59267**
双枝飞蓬 **150501**
双枝肋泽兰 **60114**
双枝药属 **129197**
双指马唐 **130458**
双珠草 407109
双珠风信子 **318175**
双珠风信子属 **318174**
双珠母 332284
双柱杜鹃属 **134817**
双柱柃 **160430**
双柱柳 **343110**
双柱萝藦 **133217**
双柱萝藦属 **133216**
双柱莎草属 **129010**
双柱蛇菰 332411
双柱蛇菰属 332409
双柱苏木属 **129487**
双柱苔草 **75492**
双柱头藨草 **353374**
双柱头针蔺 **396013**
双柱紫草 **99361**
双柱紫草属 **99358**
双籽柏 213902
双籽变红花椒 **417327**
双籽桄榔 **32333**
双籽灰毛豆 **386041**
双籽拟老鼠簕 **2578**
双籽藤 32333
双籽藤黄 **171207**
双籽藤属 130057
双籽棕 32333
双籽棕属 **130057**,129679
双子柏 213902
双子冬青 203590
双子苏铁 131429
双子苏铁属 131427
双子素馨 **211795**
双子铁 131429,131435
双子铁属 131427
双子野百合 **112108**
双子棕 32333
双足叶 **133402**
双足叶属 **133400**
霜鳖子 256804
霜不老 59438
霜草 379531
霜垫花 **4415**
霜垫花属 **4414**
霜粉黑果小檗 **51670**
霜果山楂 **109949**
霜鹤 139988
霜红藤 80193
霜降花 195040
霜降胶木 377544
霜降子 131501,408127
霜里红 407503
霜毛婆罗门参 394281
霜梅 34448
霜面草 186301
霜坡虎 165759
霜葡萄 411631
霜叶 80195
霜叶桔梗 **329438**
霜叶桔梗属 **329437**
霜月樱 **316439**
霜柱花属 215805
孀泪花 **392135**
孀泪花属 **392132**
爽快秋海棠 **49771**
爽壮玉 **198494**
水艾 36241
水案板 59148,312085,312090,312190
水八角 **180321**,41733,49782,49886,50087,50148,68189,68217,230322
水八角草 5793,365050
水八角科 **180343**
水八角莲 5110
水八角属 **180292**
水八角状石龙尾 230307
水芭蕉 307322
水芭蕉属 239516
水白 372300
水白菜 14760,234766,257572,277369,314217
水白地黄瓜 410730
水白粉藤 **92764**
水白菊 40410
水白蜡 229593,229627,313717
水白前 **117519**
水白参 363467
水白杂 70575
水白芷 113879
水百步还魂 377884
水百步还魂草 182848
水百合 73157,230058
水百足 218571,366698
水柏枝 **261262**,261284
水柏枝属 **261246**
水柏子 82507,82545
水稗 **140477**,140367
水稗子 49540
水半夏 299719,401160
水伴深乌 348087
水包谷 33319
水抱木 82098
水逼药 375237
水荸艾 **290489**
水笔 215510
水笔树 215510
水笔仔 215510
水笔仔属 215508
水毕鸡 8199
水边兰 348087
水边柳 165429
水边楠 240691
水边蒲桃 382534
水边千斤拔 166862
水边指甲花 204848
水扁九草 213045
水鳖 **200228**,200230,256804
水鳖草 101681
水鳖科 **200235**
水鳖梨 267864
水鳖毛茛 **325957**
水鳖属 **200225**
水滨落新妇 41841
水滨升麻 41841
水滨苔草 76044
水槟榔 71715,71796,345881,345894,348087,351383
水冰片 138482
水波草 167040
水波浪 406992,407430
水波香 230322
水菠菜 406992,407430
水薄荷 **250291**,6039,144046,230275,230322,250370
水卜菜 105846
水菜 59438
水菜花 **277382**,72829,277364
水草 119410,167040,200190,350331,350344,393242
水草蒙 73159
水草属 285390
水侧耳 284628
水侧耳根 239582
水箣竹 47445
水茶子 408127
水柴胡属 **365357**
水昌 5793
水菖 5793
水菖花 141470
水菖蒲 5793,5821
水菖三七 200754
水朝阳 207136
水朝阳草 207136
水朝阳花 146724,146849,207136
水朝阳旋覆花 **207136**
水车前 14760,277369
水车前草 277369
水车前属 277361
水车藤 52450,386897
水沉香 165430
水陈艾 36241
水柽柳 261250
水城翠雀花 **124579**
水城毛茛 **326362**
水城淫羊藿 **147060**
水匙草 **200447**
水匙草属 **200444**

水充草 342396
水川乌 124204
水川芎 269329
水串 337391
水串草 146605,146606
水茨菇 222042
水慈姑 342310,342400,342421,381809
水慈菇 342400
水慈菰 342400
水刺菱 **394440**
水刺芹 **154284**
水刺蕊草 **306958**
水葱 **352278**,166518,213036,294895,352289
水葱属 352158
水搓子 322465
水杏菜 14760
水打棒 125048,125082,125112
水大靛 306963
水大黄 329311
水大活 24293
水单竹 **47405**
水箪竹 47405
水刀豆 310962
水刀莲 332221
水岛绣球 **199789**
水稻清 165429
水灯草 213066,352276
水灯笼 297703
水灯笼草 297711
水灯香 238188
水灯心 213036,213066,213447,352200
水灯心草 143122
水灯盏 214974
水滴 88002
水滴珠 299719
水底龙 329000
水底蜈蚣 329000
水甸附地菜 **397441**
水靛青 288769
水丁黄 231496
水丁香 104059,146724,238188,238211
水丁香属 238150
水丁药 11199
水疔药 239862
水定黄芪 43111
水定黄耆 **43111**
水东哥 **347993**,347996
水东哥寄生 355297
水东哥科 **348003**
水东哥属 **347952**
水东瓜 393109
水冬 203428
水冬哥 364768
水冬瓜 16295,16326,16362,16386,16401,16470,81933,123245,123322,123332,203422,233999,238211,249560,258882,311371,311444,322612,347993,347996,364768,381148,393108,393109
水冬瓜赤杨 16362
水冬瓜科 348003
水冬瓜属 8170,347952,364767
水冬瓜树 16326,16362,16421,16466
水冬瓜子 203422
水冬果 16386,16401
水冬桐 203422
水冻绿 328665
水斗花 400675
水斗叶 292374
水豆瓣 179438,337391
水豆儿 403382
水豆粘 117692
水毒芹 90924
水独活 192312,248543
水对叶莲 **201908**,406992,407430
水盾草 64496
水盾草属 64491
水鹅掌 381814
水耳朵 349936
水番桃 100321
水繁缕 **374749**,260922
水繁缕属 258237,345728
水繁缕叶龙胆 173835
水繁缕叶深红龙胆 **173835**
水芳花 143974
水防风 30930,354801
水防风属 285748
水防己 34176
水飞蓟 **364360**
水飞蓟科 364378
水飞蓟属 **364353**
水飞雉属 271663,364353
水粉花 255711
水粉花头 255711
水粉头 255711
水粉子花 255711
水风 354801
水风轮 249494
水风藤 165430,388661
水枫 3505
水凤仙 204848,205175
水凤仙草 141374
水凤仙花 **204780**
水芙蓉 229,235,242,13934,139584,195032,195040,230275
水茯苓 345952
水浮草 100961
水浮莲 66600,141808,267809,301025
水浮萍 224375,301025
水府苔草 **75317**
水甘草 **20850**,18037,265327,299046
水甘草属 **20844**
水橄榄 345881,345894
水高粱 41812,73842,140367
水膏药 200228
水藁本 **229394**,229284
水葛三七 200754
水蛤蟆叶 14760
水茛 325981
水狗仔 351383,382912
水姑里属 200724
水菇里 200734
水牯草 143530
水瓜 93304,238261,396170
水瓜豆 360463
水瓜栗 **279381**
水瓜子菜 337391
水冠草 **32525**
水冠草属 **32518**
水管草 230275
水管筒 230275
水管心 347996
水鬼蕉 **200941**
水鬼蕉属 **200906**
水鬼蕉叶 200941
水鬼莲 267809
水桂竹 **297388**
水韩信 355391
水韩信草 392884
水蔊菜 262722
水旱莲 141374
水蒿 35185,35430,36241,178062
水禾 **200677**,364360
水禾麻 56195
水禾木 177845
水禾属 **200675**
水合欢 265234
水荷豆 138482
水荷兰 138482
水荷莲 301025
水荷叶 229035,229241,267825
水荷子 239594
水黑三棱 **370062**
水横枝 171253
水横栀 171253
水红骨蛇 309051,309796
水红蒿 35916
水红花 146724,309199,309345,309494,407685
水红花稞 309494
水红花子 309294,309298,309494
水红菊 **279982**
水红菊属 **279981**
水红辣蓼 309624
水红柳 41812
水红木 **407769**
水红木荚蒾 407769
水红袍 239591
水红朴 122700
水红树 295773
水红树花 295675
水红桃 8199
水红子 309494
水荭 **19038**,308739,309494
水荭花 309494
水荭属 **19031**
水荭子 309494
水后竹 **297461**
水厚合 277369
水胡豆 250502
水胡椒 8012,187555,230322,325718,326340
水胡满 96140
水胡桃 **320372**
水壶藤 **402189**
水壶藤属 **402187**
水葫芦 7433,66600,68189,68217,114300,141808,146724,160344,301025,348228
水葫芦杆 332284
水葫芦苗 **184703**
水葫芦苗属 184702
水葫芦七 364522
水葫芦属 141805
水蝴蝶 309877
水虎尾 **139585**
水虎掌草 325718,326340,345988
水花 263272,372300
水花菜 72829
水花毛 322342
水花生 18128
水花石楠 **295758**
水画眉草 **147496**
水桦 53540
水槐 369010
水槐树 320377
水黄 329311
水黄草 86755
水黄瓜香 326340
水黄花 61975,159845,201743
水黄姜 131917
水黄连 8353,50148,86755,105808,105836,106087,106227,106350,106500,146054,242522,380175,

388431,388477,388513,
388632,388667,388669,
388672,388697
水黄莲 41733,146054,380115,
380184,380324
水黄柳 229617
水黄麻 238211
水黄皮 **310962**,254803
水黄皮属 **310950**
水黄芩 355391
水黄芹 296121
水黄相 229601
水黄杨 229617
水黄杨木 307982
水黄凿 8192
水黄枝 171401
水黄竹 47283
水黄柞 204234
水灰菜 87029
水茴草 **345733**
水茴草科 **345725**
水茴草属 **345728**
水茴芹婆婆纳 407029
水茴香 **269299**,230322,373321,
373439
水茴香桉 **155695**
水魂仔 413784
水火树 14544
水火药 204184
水藿香 388114
水鸡花子 171253
水鸡苏 373139,373262
水鸡头 160637,351383
水鸡油 313424
水鸡油属 313411
水鸡仔 351383
水鸡子 351383
水棘针 **19459**
水棘针柳穿鱼 **230889**
水棘针属 **19458**
水棘针叶刺芹 154281
水加槽 8192
水甲花 205279
水枧木 54623
水碱草 18289
水剑草 5793,5803,5821
水剑叶 **377485**
水剑叶科 **377480**
水剑叶属 **377482**
水箭草 139585,342421
水江龙 238230
水姜苞 166462
水姜苔 326340
水将军 234379
水蕉 71181,111167,111171
水蕉花 107271
水角 **200217**
水角风 296408
水角科 **200219**
水角属 **200213**
水接骨丹 146724,406992,
407430
水结梨 267864
水芥菜 262722,277369,365503
水金钗 218480,260121
水金定 413784
水金凤 **205175**
水金刚 229529
水金钩如意 105836,106473,
106500
水金瓜 177170
水金花 **66925**
水金京 **413784**
水金惊 413784
水金口 8199
水金莲花 **267802**
水金铃 8199,18147
水金英 200244
水金英属 200241
水金盏 **247882**
水金盏属 **247881**
水筋骨 114060
水堇 **198680**,326340
水堇菜木属 405276
水堇属 **198676**
水锦花 62134,195269
水锦葵 257583
水锦树 **413842**
水锦树属 **413765**
水荆芥 143974,230322,274237
水惊风 142761
水晶 8199
水晶安祖花 28093
水晶冰粉 265944
水晶葱 **15214**
水晶倒卵罗勒 **268578**
水晶度量草 **256201**
水晶宫南非山梗菜 **234452**
水晶花 88276,277747
水晶花烛 **28093**
水晶假海马齿 **394884**
水晶假萨比斯茜 **318251**
水晶金钩如意草 106500
水晶稞子 **413795**
水晶兰 **258044**,258069
水晶兰科 **258049**
水晶兰属 **258006**,86383
水晶凉粉 265944
水晶葡萄 411979
水晶秋海棠 **49752**
水晶小叶番杏 **169964**
水晶杨梅 **261213**
水晶玉 **102491**
水晶杂萼茜 **306721**
水晶掌 **186679**,186370
水晶直梗栓果菊 **327465**
水镜草 267825
水九节莲 348087
水韭菊 **209875**
水韭菊属 **209874**
水韭叶斑鸠菊 **406445**
水韭叶火炬花 **216980**
水苴仔 238211
水菊 178062
水聚藻 261342
水君子 324677
水浚 23670
水柯 16345,239640,239645
水柯仔 16345,79030
水柯子 16345,16386
水苦槛蓝 **260719**
水苦楝 66620
水苦荬 **407430**,406992
水苦竹 304098
水葵 59148,267825
水葵花 141374,207136,207151
水蜡 229558,401105
水蜡树 **229558**,229472,229529
水蜡树属 229428
水蜡烛 **139602**,306960,401094,
401105,401129
水蜡烛属 **139544**
水蜡烛状排草香 **25383**
水辣菜 35674,325697,326365
水辣根 **34583**
水辣椒 231479,231483,356702
水辣辣 336211
水辣蓼 308877,309199,309494
水辣子 297645,400987
水兰 **228815**,125128,208875,
413514
水兰草 258044
水兰花 146724,331257
水兰属 **228814**
水蓝 206669
水蓝蒂可花 **115463**
水蓝果树 **267850**
水蓝青 138482
水老虎 139585,366698
水老鼠簕 2684
水竻钩 222042
水竻竹 47445
水雷公根 200390
水梨 323268
水梨儿藤 6537
水梨藤 6537
水梨子 123245
水犁避 309877
水栎 324225
水荔枝 6907
水栗 70575,394436,394500
水栗木 274436
水栗子 70575
水帘 372300
水莲 103846,301025
水莲草 267664
水莲花 107271,141808,267327,
267767,284521
水莲藕 348087
水莲沙 107486
水莲雾 **156134**
水凉子 373524
水梁木 54620
水蓼 **309199**,309212,309262,
309564,309616
水蓼沟繁缕 142570
水蓼花 8192
水蓼竹 112491
水林果 144793
水林檎 243551
水灵芝 78623,78645,380175,
380184
水菱 394436
水菱角 342347,394426,394436
水流冰 138482
水流兵 310962
水流豆 71042,310962
水流黄 160637
水流柯 16345
水流平卧福禄考 **295241**
水流藤 259519
水榴子 201942
水柳 **344268**,18048,197963,
343070
水柳柯 16345
水柳属 197960
水柳树 142328,320377
水柳仔 **197963**
水柳仔属 **197960**
水龙 **214258**,139584,238152,
238188,238206,238230
水龙草 312171
水龙胆 173625,173814,173847,
174004
水龙胆草 209617,209711
水龙骨 267280
水龙骨风毛菊 **348661**
水龙骨叶扁柏 85321
水龙骨叶苣 283692
水龙骨叶乳苣 283692
水龙属 **214210**,238150
水龙珠 31396
水蒌 284497
水卢禾 **238556**
水卢禾属 **238554**
水芦荻 295916
水芦荟 294895
水陆丹 160637

水路草 306832
水罗豆 310962
水萝卜 298093,336250,351383,355201,364522
水萝卜属 317904
水落藜 87158
水麻 **123322**,675,56206,56254,123332,197963,298989,299046,299062,309877
水麻黄 78645
水麻蓼 309877
水麻柳 123322,123332,320377
水麻桑 123322,123332
水麻属 **123316**,672,18652
水麻艻 309877
水麻秧 313483
水麻叶 10414,123322,123332,241781,273903,298989,299024,299046
水麻子 123322
水马棒 125048
水马鞭 79727
水马齿 **67393**,67376
水马齿沟繁缕 **142565**
水马齿科 **67334**
水马齿属 **67336**
水马齿苋 296121,357123
水马慈 342421
水马兰 337351
水马铃 309564
水马麻 123332
水马桑 **413613**,104701,123322,337391,345586
水马胎 55768
水马蹄 37622,37680,408056
水马蹄草 7433
水马香果 34154,34162
水麦冬 **397165**,302377
水麦冬科 **212753**
水麦冬属 **397142**
水馒头 165515
水蔓菁 **317925**,317966
水蔓菁属 317904
水芒草 230831
水芒草属 230828
水芒树 13353
水杧果 110251
水茫草 **230831**
水茫草科 **230852**
水茫草属 **230828**
水莽草 398322
水莽藤 398322
水莽子 398322
水毛茛 **48907**,326340
水毛茛属 **48904**
水毛茛状毛茛 **325640**
水毛花 **353889**,352223,352229
水毛玄参 **200561**
水毛玄参属 **200560**
水毛雨久花 **200558**
水毛雨久花属 **200557**
水茅 **354583**
水茅草 65330,213389
水茅属 **354579**
水梅 382610
水萌强 295888
水密花 **100729**
水绵 178019
水棉 178019
水棉花 **23853**,23850,24116,195269
水棉木 12517,165527
水面油 202021
水苗 404555
水漠子 70575
水母鸡果 139782
水母柱科 247687
水牡丹 59880,186269
水木通 96200,348087
水木犀 329114
水奈普野牡丹 **265225**
水南瓜 177170
水南星 **211636**
水南星属 **211635**
水楠 240663
水囊颖草 341960
水拟莞 **352271**
水年七 284605
水鸟苔 74697,74700
水柠檬 285660
水牛草 80815,218480,348087
水牛瓜 **114278**
水牛果属 **362089**
水牛角 **72548**
水牛角属 **72402**
水牛奶 164992,347993
水牛乳树 164609
水牛舌头 339887
水牛膝 18147,205259
水牛掌 72548
水牛掌属 72402
水浓叶 6251
水泡半日花 **188864**
水泡菜 191351,191387
水泡菜叶 191387
水泡草 256212
水泡独行菜 **225473**
水泡冠香桃木 **236404**
水泡绿心樟 **268691**
水泡木 8199,62110,82107,177141,381341
水泡铁筷子 **190958**
水泡小檗 **51398**
水泡缬草 **404482**
水泡叶 191351
水泡舟萼苣苔 **262897**
水硼砂 238211,239566
水蓬蒿 48762
水蓬稞 309494
水蓬砂 238211
水皮花 252514
水皮莲 **267809**
水枇杷 198512,347992,347993
水漂菊 **64945**
水漂菊属 **64944**
水漂沙 338205
水平大果假虎刺 **76930**
水平宽花紫薇 **40709**
水平杉 298248
水萍 224375,342400,372300
水萍草 224375,372300
水匍菜 105846
水葡桃 382582
水葡萄 334157,390170
水葡萄茶藨 334157
水葡萄茶藨子 **334157**
水蒲桃 **382541**,382582
水漆 212127
水奇草 **200556**
水奇草属 **200555**
水蕲 269326
水荠 390213
水千屈菜属 **200438**
水前菜 336250
水前胡 391524
水前寺菜 183066
水荨麻 299024
水茜 **200475**
水茜属 **200472**
水乔菜 339887
水荞 309084
水荞麦 309459
水茄 **367682**,367416
水茄冬 48518
水茄苳 48518
水茄子 9736,277364
水芹 **269326**,59148,269337
水芹菜 30272,113879,266975,269300,269326,269335,320215,325697,325981,326340
水芹菜属 269292
水芹花 320206
水芹三七 276455
水芹属 **269292**
水芹状寄生 **6491**
水芹状寄生属 **6490**
水蘄 269326
水青 345108
水青草 138482
水青干 204047
水青冈 **162386**,16326
水青冈属 **162359**
水青冈树 162386
水青冈叶埃莫藤 145041
水青冈叶纤皮玉蕊 **108166**
水青树 **386851**
水青树科 **386847**
水青树属 **386850**
水球花 366486
水曲 178062
水曲柳 **168023**
水渠拉 167931
水泉 337391
水雀稗 **285496**
水人参 383324
水忍冬 **235749**
水稔 411464
水稔子 411464
水茸角 9560
水榕 94576,164609,165426
水榕属 94571
水榕树 94576,382538
水瑞香 229529
水三棱 213045,353889
水三棱草 88589,212816,353889
水三七 41795,148153,183066,183097,239215,280793,329879,351383,356590
水扫把 270172
水色树 3154
水沙柑子 308965
水沙子 322465
水莎 **200506**,119503
水莎草 **212778**,118957,353707
水莎草属 **212763**
水莎属 **200505**
水筛 **55922**
水筛科 **55935**
水筛属 **55908**
水山姜 **17646**
水山毛榉树 302588
水山野青茅 **127299**
水杉 **252540**
水杉科 **252545**
水杉属 **252538**
水杉树 19357
水伤药 239862
水上浮萍 406992,407430
水上一枝黄花 403108
水蛇麻 **162872**,162871
水蛇麻属 **162868**
水蛇藤属 162868
水社扁莎 322376
水社赤血仔 177181
水社柳 **343587**
水社黍 **281533**
水社算盘子 **177181**
水社野牡丹 248754

水参 23670
水渗 23670
水升麻 41795,41812,56195,247723,290940
水生白蜡树 **168071**
水生薄荷 250291
水生菜 262722
水生草 **263020**
水生草属 **263018**
水生刺子莞 **333608**
水生菰 418080,418096
水生蔊菜 **336242**
水生虎耳草 **349066**
水生还阳草 356530
水生稷 **281342**
水生金币花 **41586**
水生金果椰 **139312**
水生聚花草 **167013**
水生乐母丽 **335886**
水生龙胆 **173242**
水生露兜树 **280982**
水生木蓝 **205663**
水生南非仙茅 **371686**
水生婆婆纳 **407158**
水生千里光 **358280**
水生黍 **282031**
水生酸模 **339925**
水生无鳞草 **14389**
水生鸭嘴花 **214332**
水生眼子菜 **312096**
水生异荣耀木 **134557**
水生薏苡 **99107**
水生藨草 **293708**
水生栀子 **171249**
水虱草 166402
水湿蓼 309442,309831
水湿柳叶菜 146812
水石榴 8192,8199,165527,238188,248727,382582
水石榕 **142328**
水石松 178019
水石衣 **200203**
水石衣属 **200201**
水石梓 346985
水柿 367749
水梳齿菊 **200449**
水梳齿菊属 **200448**
水树 317822
水水草 142689
水水花 337391
水水苏麻 85107
水丝梨 **380602**
水丝梨属 **380586**
水丝麻 **244893**
水丝麻属 **244892**
水丝条 413795
水私梨 380602
水私利 21965
水松 **178019**,82545,317822
水松柏 178019
水松萝 86207,191350
水松属 **178014**
水松药属 337320
水松叶 337368,337391
水苏 **373262**,372300,373126,373139,373173,373274
水苏草 373139
水苏麻 56112,56195,123322,388303
水苏鼠尾草 **345407**
水苏属 **373085**
水苏叶白芷 **192244**
水苏叶刺痒藤 **394129**
水苏叶藤苳草 258859
水苏叶通泉草 **247039**
水宿 5793
水粟包 267320
水粟子 267320
水酸草 337391
水酸模 339925
水酸芝 277776
水蒜 342396
水蒜菜 365503
水蒜芥 **365503**
水穗草科 **200540**
水穗草属 **200542**
水穗科 200540
水穗属 200542
水蓑衣 **200652**,407275
水蓑衣属 **200589**
水塔凤梨属 54439
水塔花 **54456**
水塔花属 **54439**
水苔 73732
水苔草 **73732**
水檀 121714
水汤匙草属 200444
水汤泡 248748
水桃 13376,160344
水藤 **65724**,65697,126007
水藤根 260483,260484
水藤属 65637
水天胡荽 **200385**
水天诛 138482
水田白 **256161**
水田稗 **140466**,140438
水田草 288769
水田繁缕 52597
水田芥 72873,262722
水田芥属 262645
水田七 351383
水田七属 351380
水田荠 72873
水田荠属 262645
水田碎米荠 **72873**
水田雪莲 348521
水田雪莲花 348521
水田雪兔子 **348521**
水甜茅 **177629**,177672
水条 374089
水铁罗木 242244
水通 78429
水通草 9560,213447,213448
水同木 **164985**,165089,165231
水同榕 164985,165089
水茼蒿 107161
水桐 79247,79257,191356,285960,285981
水桐木 164985,165089,285966
水桐楸 79257
水桐树 70575,285960
水桶木 16470
水土香 218480
水团花 **8192**,364768
水团花科 262854
水团花属 **8170**
水退痧 308965
水吞骨 413613
水拖髻 281138
水莞 **270492**
水莞属 **270490**
水万年青 260173
水王孙 200190
水王孙属 200184
水翁 **94576**
水翁菊属 210462
水翁蒲桃 **382623**
水翁属 **94571**
水翁树 94576
水蓊 94576
水蓊属 94571
水瓮菜 262722
水蕹 **29673**,29678
水蕹菜 18128,207590
水蕹科 **29696**
水蕹属 **29643**
水莴苣 234379,277369,406992,407275,407430
水莴笋 234379
水窝窝 146724,406992,407430
水乌梅 218480
水乌头 5424,24024,124204
水蜈蚣 5821,50148,118744,119319,218480,329000
水蜈蚣莎草 **119066**
水蜈蚣属 **218457**
水五加 393108,393109
水五龙 335142
水蛳草属 **278540**
水蛳石南 **289432**
水蛳石南属 **289431**
水细麻 56206,56254
水细辛 37642
水虾公 351383
水虾子草 231483
水下拉 299010
水仙 **262468**,262457
水仙菖蒲 176281
水仙槁 233321
水仙杜鹃 **331749**
水仙花 262468
水仙花草 234363
水仙花葱 **15508**
水仙花杜鹃 **331285**
水仙花鸢尾 **208727**
水仙柯 **233321**
水仙科 **262342**
水仙龙船花 **211133**
水仙属 **262348**
水仙素馨 **211915**
水仙桃 238178,238188
水仙桃草 406992,407275,407430
水仙续断 **133501**
水仙叶球百合 **62427**
水仙银莲花 **23901**
水仙状葱 15508
水仙状韭 15508
水仙状水鬼蕉 **200945**
水蚬 54620
水藓 224375,372300
水苋 **18815**
水苋菜 **19566**,223679,234766,259292,259323,290134,299010,337391
水苋菜琥珀树 **27819**
水苋菜基特茜 **215788**
水苋菜科 **19646**
水苋菜蓼 **308737**
水苋菜属 **19550**
水线草 187555
水相思 13515,121629
水香 94576,158118,239215,239222
水香草 218480,388536
水香柴 201974
水香附 218480,218571
水香蕉 238188
水香蒲 401128
水香薷 **144046**
水香桃 403481
水小蜡 229617
水笑草 111167,111171
水泻 14760
水星波罗 54456
水星草 **193683**
水星草科 **193693**
水星草属 **193676**

水杏 379589
水荇菜 **267801**
水绣球 308946
水须 23670
水玄参 **355061**
水旋复 200228
水旋覆 207136
水栒子 **107583**
水鸭画眉草 **147733**
水鸭脚 **49848**
水鸭婆 141808
水芽豆 138974
水雅各菊 **211290**
水亚木 200038
水芫花 **288927**
水芫花属 **288926**
水芫荽 200366
水沿沟草 79198
水秧草 238188
水羊草 345214
水羊耳 345310
水羊角 37888
水杨 344121
水杨根 343937
水杨花杆 178218
水杨柳 8192,8199,117692,134922,159845,197963,238211,289925,290134,343070,380486
水杨罗 396604
水杨梅 8192,8199,28407,82098,82107,175378,175417,175420,197963,235878,261212,325718
水杨梅蕴 82098
水杨梅属 175375,197960
水杨梅委陵菜 **312633**
水杨树 59823
水杨藤 235878
水洋芋 171918
水摇竹 366486
水药 174877
水椰 **267838**
水椰科 **267843**
水椰属 **267837**
水叶兰 127507
水蚁草 178062
水益母 175417,175420,250370
水银花 235749
水银竹 **206829**
水英 269326
水罂粟 **200244**
水罂粟属 **200241**
水雍花 94576
水油甘 **296701**
水油麻 238211
水游草 223984,223987
水榆 **301804**,32988,401431
水榆花楸 **369303**,32988
水榆属 **301801**
水玉 299724
水玉杯科 **390103**
水玉杯属 **390096**
水玉米 99124
水玉簪 **63971**,257583
水玉簪科 **64000**
水玉簪属 **63949**
水芋 **66600**,99910,99919,143122,143391,342421
水芋科 **66604**
水芋属 **66593**
水远志 392884
水钥莲属 200241
水越橘 404027
水蕴草 **141569**
水蕴草属 **141568**
水蚤萍 414653
水藻 261364
水皂荚 **176864**,64990,408648
水皂角 9560,64990,78429,85232
水泽 14760
水泽兰 146605,158070,265361,290134,360344,406992,407430
水泽马先蒿 **287788**
水泽泻 14725
水泽玉凤花 **184162**
水贼 161639
水贼仔 161639
水樟 91378
水涨菊 66445
水丈葱 352278,352289
水沼异颖草 **284012**
水沼异颖草属 **284010**
水折耳 182849
水蔗 29430
水蔗草 **29430**
水蔗草属 **29422**
水珍珠菜 **306960**
水珍珠菜属 306956
水珍珠草属 139544
水桢 229529
水芝 50998,263272
水芝麻 269509
水栀 171253,171333
水栀子 **171342**,171253,171333,171374
水指甲 204799,204825,204848,205143,205317,337391
水指甲花 204848
水蛭草 269613
水中大戟 **159117**
水中丹 160637
水中芹 320226
水中塞拉玄参 **357549**
水中索林漆 **369768**
水中透骨草 **64452**
水中透骨草属 **64451**
水钟流头 292374
水肿木 301147
水肿药 265395
水种棉木 **46225**
水帚灯草 **200470**
水帚灯草属 **200469**
水珠草 **91524**,91557
水珠麻 123330,298986
水珠子 379589
水猪母乳 337391
水猪母乳属 337320
水竹 **297296**,47427,47494,295916,297239,297359
水竹钵 218480
水竹菜 167040
水竹草 **394093**,100961,260105,272073
水竹草露子花 **123980**
水竹草属 **393987**
水竹花 232261
水竹蒲桃 **382534**
水竹茹 297373
水竹属 260086
水竹笋 337253
水竹消 117486
水竹叶 **260121**,260102,312083
水竹叶草 100961
水竹叶属 **260086**
水竹芋 **388385**,388387
水竹芋属 **388380**
水竹子 100961,297367
水烛 401094,401105,401129
水烛香蒲 **401094**
水苎麻 **56206**,56112,56210,56260,56318,56343,273903
水苎麻草 56110
水柱桐 **200181**
水柱桐属 200180
水柱椰属 200180
水柱椰子 **200183**
水柱椰子属 **200180**
水椎木 197963
水锥叶芥 **379650**
水仔竹 **37284**
水子 165515
水紫菀 320511,320520
水滓蓝 290134
水自环 347993
税氏唇柱苣苔草 **87964**
睡布袋属 **175265**
睡菜 **250502**
睡菜科 **250492**
睡菜属 **250493**
睡地金牛 179308
睡红门兰 273545
睡莲 **267767**,267664,267698,267770
睡莲菜 267767
睡莲大戟 **401268**
睡莲科 **267787**,263281
睡莲属 **267627**
睡莲叶白粉藤 **92860**
睡莲叶刺果泽泻 **140551**
睡莲叶杜鹃 **331364**
睡莲叶花烛 **28112**
睡莲叶老鸦嘴 **390846**
睡莲叶曼森梧桐 **244719**
睡莲叶秋海棠 **50114**
睡眠草 **376905**,376904,376960
睡眠果 407769
睡眠蝇子草 **363181**
睡茄 **414596**,414590,414601
睡茄属 **414586**
睡鼠尾草属 143765
睡香 122532
楯籽木属 39693
顺茶风 122040
顺昌刺葡萄 **411650**
顺昌假糙苏 **283651**
顺风旗 234363
顺河柳 89160
顺河香 37585
顺江龙 295888
顺江木 91333
顺筋草 355494
顺经草 355494
顺捋草 405872
顺宁红丝线 **238976**
顺宁厚叶柯 **233338**
顺宁厚叶石栎 233338
顺宁鸡血藤 214969
顺宁朴 **80737**
顺宁槭 3019
顺宁石栎 **233363**
顺齐豆 97195
顺气药 97195
顺水狼毒 158857
顺水龙 158857,375187
顺心梅 **316571**
舜 195269
舜芒谷 86901
舜英 195149
蕣 195269
蕣花 68713
蕣英 195269
朔北林生蕙草 353676
硕苞蔷薇 **336405**
硕边翠雀花 **124266**
硕葱 15445
硕大蕙草 6874,352187

硕大刺芹 154317
硕大柳叶箬 **209138**
硕大马先蒿 **287293**
硕大鱼藤 125994
硕萼报春 **315083**
硕果芮德木 327418
硕花大瓣毛莨 **326236**
硕花龙胆 **173221**
硕花马先蒿 **287417**
硕桦 **53389**
硕距头蕊兰 **82035**
硕首垂头菊 **110422**
硕首雪兔子 **348354**
硕穗披碱草 **144195**
硕竹属 175588
蒴藋 345586
蒴藋属 345558
蒴果重楼属 **121579**
蒴果西番莲 **285626**
蒴莲 **7234**
蒴莲番薯 **207562**
蒴莲属 **7220**
蒴树 345660,345708
蒴蒴苗 345586
蒴翟 345586
嗽神 351021
嗽血草 362590
嗽药 375343,375351,375355
丝白背杜鹃 332157
丝柏大戟 **158835**
丝瓣剪秋罗 **364213**
丝瓣龙胆 **173429**
丝瓣芹 **6224**,6213
丝瓣芹属 **6196**
丝瓣藤科 375599
丝瓣蝇子草 **363447**
丝瓣玉凤花 **183937**
丝苞杭子梢 70847
丝苞菊 56695
丝苞菊属 56693
丝柄穗顶草 **66335**
丝柄穗顶草属 **66334**
丝柄苔草 **74537**,74032
丝柄紫菀 **40433**
丝草 **12839**,294992,312079,415046
丝草属 12776
丝齿黄耆 **42368**
丝雏菊属 **263202**
丝莼 59148
丝葱 15420,15813
丝带草 **293710**
丝带千里光 365036
丝滴草科 379071
丝滴草属 379076
丝点地梅 23170
丝冬 38960
丝多毛列当 **275107**
丝萼鹅参 **116476**
丝萼爵床属 360698
丝萼龙胆 **173443**
丝粉藻 **117308**
丝粉藻科 **117311**
丝粉藻属 **117296**
丝秆草 **334342**
丝秆草属 **334341**
丝秆黄槽百夹竹 **297363**
丝秆苔草 **74043**
丝秆针茅 **376772**
丝葛藻 417053
丝梗百蕊草 **389692**
丝梗粗叶木 222132
丝梗酢浆草 **277871**
丝梗盖裂果 **256089**
丝梗杭子梢 **70916**
丝梗灰毛豆 **386086**
丝梗假卫矛 **254285**
丝梗剪股颖 **12102**
丝梗楼梯草 **142663**
丝梗米努草 **255484**
丝梗扭柄花 **377919**
丝梗婆婆纳 **407125**
丝梗气花兰 **9212**
丝梗茜草 **337956**
丝梗三宝木 **397361**
丝梗石斛 125036
丝梗石头花 **183198**
丝梗柿 **132156**
丝梗苔草 **74523**
丝梗田皂角 **9537**
丝梗土丁桂 **161436**
丝梗狭苞菊 **375509**
丝梗斜苏菊 **238047**
丝梗熊菊 **402778**
丝梗沿阶草 **272076**
丝梗尤利菊 **160805**
丝梗蛛毛苣苔 **283116**
丝梗紫堇 **105874**
丝瓜 **238261**,396151
丝瓜花 95068
丝瓜南 390164
丝瓜属 **238257**
丝瓜掌 **159305**
丝瓜状南瓜 **114293**
丝冠葱属 **23378**
丝冠萝藦 **263346**
丝冠萝藦属 **263345**
丝冠石蒜属 **23377**
丝管花 **29844**
丝管花科 **29847**
丝管花属 **29842**
丝管木 **29851**
丝管木属 **29850**
丝果大戟 159002
丝果菊属 **360702**
丝蒿 35534,36262
丝合欢 **360659**
丝合欢属 **360657**
丝花花葱 307215
丝花苣苔属 **263320**
丝花茜属 **360669**
丝花蔷薇 **336955**
丝花树属 **360665**
丝花娑罗双 **362222**
丝花玉凤兰 183937
丝胶树 **169229**
丝胶树属 **169226**
丝角全毛兰 **197529**
丝节灯心草 **212999**
丝茎萹蓄 309421
丝茎毒鼠子 **128667**
丝茎短梗景天 **8439**
丝茎风铃草 **69962**
丝茎海石竹 **34517**
丝茎花豆 **118073**
丝茎黄芪 42366
丝茎黄耆 **42366**
丝茎黄芩 **355438**
丝茎金钮扣 **371653**
丝茎蓼 **309421**
丝茎婆婆纳 **407409**
丝茎野荞麦 **152387**
丝茎早萎肖鸢尾 **258494**
丝韭 **15114**
丝蒟蒻薯 382920
丝距榄属 **164462**
丝卷草 301694
丝绢橡皮树 **167954**
丝栲 1384
丝口五加 **360787**
丝口五加属 **360783**
丝葵 **413298**
丝葵属 **413289**
丝兰 **416649**,116880,416607
丝兰科 **416678**
丝兰龙舌草 **53200**
丝兰属 **416535**
丝兰野荞麦 **152393**
丝棱线 197794
丝栗 78920,78927,79004
丝栗栲 **78933**
丝栗槭 3650
丝栗树 78933
丝连皮 156041
丝莲菊 **317117**
丝莲菊属 **317113**
丝楝树 156041
丝裂蒿 35095
丝裂碱毛莨 **184707**
丝裂沙参 **7616**
丝裂亚菊 **13013**
丝裂玉凤花 **183983**,183503
丝鳞斑鸠菊 **406347**
丝鳞花凤梨 **392049**
丝鳞铁兰 392049
丝灵麻 **389189**
丝灵麻属 **389188**
丝柳 **344085**,383469
丝龙舌兰 **10852**
丝路蓟 **91770**
丝脉落新妇 **41788**
丝毛艾纳香 **55820**
丝毛瓣棘豆 279157
丝毛闭鞘姜 **107256**
丝毛草 88589,353889
丝毛臭草 **248975**
丝毛刺头菊 **108321**
丝毛飞廉 **73337**
丝毛槐 **369088**
丝毛栝楼 **396270**
丝毛蓝刺头 **140753**
丝毛列当 **274985**
丝毛柳 **343639**
丝毛柳叶菜 146832
丝毛芦 **295918**
丝毛毛毡草 55820
丝毛猕猴桃 **6608**
丝毛木蓝 **206535**
丝毛槭 **3590**
丝毛雀稗 **285533**
丝毛瑞香 **122458**
丝毛石蝴蝶 **292579**
丝毛相思 1291
丝毛野百合 112682
丝毛叶绣线菊 372016
丝毛玉属 **252697**
丝毛毡草 55754
丝茅 205506,205517
丝茅草 205473,205497
丝茅草根 205506,205517
丝茅七 354801
丝绵草 178265
丝绵吊梅 349936
丝绵木 157675
丝棉草 178062,178265
丝棉木 156041,157345,178265
丝棉木卫矛 157522
丝棉树 156041,157345
丝木棉 88973
丝喃果苏木 118073
丝翘翘 408638
丝鞘杜英属 **360762**
丝绒金合欢 **1525**
丝绒披风黄栌 **107307**
丝绒委陵菜 312969
丝绒卫矛 **157946**
丝肉穗桐属 231799
丝蕊大戟 **226252**

丝蕊大戟属　**226248**
丝蕊属　396434
丝石竹　183158,183191,183222,183223,183225
丝石竹属　183157
丝氏丝兰　416647
丝树　180642
丝丝草　349936
丝丝锥　78959
丝穗金粟兰　**88276**
丝穗木　171546
丝穗木科　**171558**
丝穗木属　**171545**
丝藤属　**259584**
丝铁线莲　**95096**
丝庭菖蒲　**365719**
丝通草　387432
丝头花属　**138423**
丝苇　**329689**
丝苇属　329683
丝线北美香柏　**390601**
丝线草　29430
丝线串铜钱　138273
丝线吊芙蓉　331280,332102
丝线吊金钟　387779
丝线吊铜钟　316127
丝线黏腺果　**101254**
丝小叶镰扁豆　**135475**
丝形草　**328317**
丝形草属　**328316**
丝形草状红毛草　**333026**
丝形吊灯花　**84091**
丝形还阳参　**111012**
丝形鲫鱼藤　**356286**
丝形秋海棠　**49834**
丝形小黄管　**356084**
丝须蒟蒻薯　**382920**
丝悬省藤　**65689**
丝鸭跖草　**101017**
丝叶白鼓钉　**307666**
丝叶补骨脂　**319181**
丝叶彩鼠麹　**154269**
丝叶彩鼠麹属　**154268**
丝叶柴胡　**63705**
丝叶长瓣秋水仙　**250634**
丝叶葱　**15282**
丝叶德兰士瓦浆果莲花　**217087**
丝叶豆　**285041**
丝叶豆属　**285040**
丝叶杜香　223901
丝叶飞蓬　**150631**
丝叶高原毛茛　**326423**
丝叶藁本　**229368**
丝叶葛缕子　**77779**
丝叶谷精草　**151485**,151524
丝叶旱麦瓶草　363611
丝叶蒿　35095
丝叶黄耆　**42568**
丝叶极窄芒柄花　**271305**
丝叶芥　**225803**
丝叶芥属　**225802**
丝叶韭　**15740**
丝叶菊属　**391035**
丝叶苦菜　210541
丝叶苦荬　210541
丝叶苦荬菜　210541
丝叶蜡菊　**199671**
丝叶蜡菊属　**199670**
丝叶肋瓣花　**13770**
丝叶狸藻　**403191**
丝叶鳞冠菊　**225521**
丝叶琉璃繁缕　**21368**
丝叶马蔺　208882
丝叶毛茛　**326117**,326423
丝叶美冠兰　**156703**
丝叶米努草　**255468**
丝叶密钟木　**192583**
丝叶木茼蒿　**32560**
丝叶纳丽花　**265269**
丝叶匹菊　**322641**
丝叶婆罗门参　**394285**
丝叶槭　3650
丝叶芹　**350377**
丝叶芹属　**350360**
丝叶秋水仙　250634
丝叶球柱草　**63253**
丝叶雀稗　**285522**
丝叶莎草　**387654**
丝叶山蚂蚱草　**363611**
丝叶山芹　**276757**
丝叶蓍　**4027**
丝叶石竹　127676
丝叶瘦片菊　**153605**
丝叶鼠麹草　**55230**
丝叶鼠麹草属　**55229**
丝叶嵩草　**217169**
丝叶苔草　**74044**
丝叶唐松草　**388509**
丝叶头状吉莉花　**175678**
丝叶万寿菊　**383091**
丝叶小苦荬　**210541**
丝叶肖嵩草　**97770**
丝叶鸦葱　**354841**
丝叶鸭跖草　**101016**
丝叶雅葱　354841
丝叶眼子菜　**378986**
丝叶翼茎菊　**172438**
丝叶蝇子草　**363686**
丝叶鸢尾　**208558**
丝叶着色鸟娇花　**210797**
丝叶紫堇　**105873**
丝叶紫菀　**40767**
丝衣肋瓣花　**13782**
丝引苔草　**76005**
丝隐药萝藦　**68573**
丝缨花　171546
丝缨花科　171558
丝缨花属　171545
丝缨属　171545
丝颖针茅　**376730**
丝藻　312236
丝枝参　**263292**
丝枝参科　**263288**
丝枝参属　**263291**
丝枝天门冬　**39020**
丝质黄耆　**42089**
丝质榄仁树　**386638**
丝质酸蔹藤　**20221**
丝质香茅　**117148**
丝质小檗　**51368**
丝竹　**297278**
丝柱柳　**343490**
丝柱龙胆　**173444**
丝柱茜　**263356**
丝柱茜属　**263352**
丝柱属　288983
丝柱玉盘属　**145655**
丝状阿氏莎草　**558**
丝状白英　**367328**
丝状糙蕊阿福花　**393744**
丝状带叶兰　**383062**
丝状单花杉　**257121**
丝状灯心草　**213114**
丝状菲奇莎　**164533**
丝状隔距兰　94438
丝状狗肝菜　**129297**
丝状过江藤　**296117**
丝状湖瓜草　**232398**
丝状虎尾草　**88349**
丝状棘豆　278829
丝状剪股颖　12034
丝状剑苇莎　**352326**
丝状姜味草　**253656**
丝状两节荠　**108605**
丝状裂舌萝藦　**351562**
丝状龙舌兰　10852
丝状罗顿豆　**237303**
丝状罗勒　**268496**
丝状麻雀木　**285564**
丝状毛瑞香　**218989**
丝状纳丽花　**265268**
丝状南天竹　**262191**
丝状欧石南　**149435**
丝状泡叶番杏　**138168**
丝状墙草　**284146**
丝状球柱草　**63316**
丝状忍冬　**235962**
丝状山黧豆　**222716**
丝状苔草　**76278**
丝状唐菖蒲　**176196**
丝状鸭嘴草　**209311**
丝状野青茅　127233
丝状银豆　**32808**
丝状针叶藻　**382419**
丝状蛛网卷　**186270**
丝状子楝树　**123458**
丝状棕竹　**329178**
丝状足柱兰　**125529**
丝锥　78874
丝籽爵床　**360777**
丝籽爵床属　**360776**
丝子　114994
丝紫菀　**41230**
司宝　**340786**
司光兰　125365
司卡氏玄参　355236
司科特番樱桃　**156352**
司科特狗尾草　**361898**
司科特金果椰　**139418**
司科特蓝花参　**412862**
司科特林仙翁　**401330**
司科特前胡　**293008**
司科特榕　**165651**
司科特色穗木　**129174**
司科特十二卷　**186723**
司科特天芥菜　**190727**
司科特维吉豆　**409185**
司科特仙人笔　**216706**
司科特獐牙菜　**380351**
司寇拜氏金雀花　121007
司内力银白槭　**3539**
司牛角　**139134**
司氏金雀花　**121007**
司氏柳　**344125**
司氏马先蒿　**287696**,287703
司太氏葱　**15767**
司坦氏松　**300209**
司梯氏海甘蓝　**108637**
司梯氏卷耳　**83032**
司梯氏山楂　**110056**
司梯氏兔耳草　**220196**
司梯氏香花草　**193449**
司梯文氏斗篷草　**14147**
司梯文氏毛茛　**326397**
司梯文氏槭　**3645**
司提温氏牻牛儿苗　**153916**
司天龙　**140270**,140288
司徒兰属　**377301**
司邹氏顶冰花　**169508**
思卡伦红花槭　**3515**
思口莲属　**145258**
思劳苔草　**76292**
思劳竹　**351862**
思劳竹属　**351844**
思簩竹属　351844
思鲁冷水花　**299050**
思茅大青　313754
思茅地黄连　259875,259881

思茅冬青 204398
思茅豆腐柴 **313754**
思茅独活 **192271**
思茅短蕊茶 69685
思茅芙蓉 **194924**
思茅腐婢 313754
思茅葛 321473
思茅过路黄 239626
思茅杭子梢 **70819**
思茅红椿 **392832**
思茅厚皮香 **386731**
思茅胡椒 **300526**
思茅黄肉楠 **6781**
思茅黄檀 **121837**,121623
思茅茴芹 **299583**
思茅鸡血藤 254752
思茅姜 **418021**
思茅姜花 **187466**
思茅椤 **78934**
思茅马兜铃 **34347**
思茅毛花瑞香 **153103**
思茅梅花草 **284616**
思茅木姜子 **234074**
思茅木蓝 **206151**
思茅囊颖草 **341987**
思茅飘拂草 **166488**
思茅苹婆 **376187**
思茅蒲桃 **382671**
思茅茜树 278319
思茅青冈 **116213**
思茅清明花 **49363**
思茅秋海棠 49641
思茅莎草 **119581**
思茅山橙 **249658**
思茅山矾 381341
思茅山梗菜 234379
思茅山桂花 51049
思茅山柰 **215036**
思茅蛇菰 **46872**
思茅食用秋海棠 50133
思茅水锦树 413771
思茅水蜡烛 **139593**
思茅水珍珠菜 139593
思茅四药门花 **387935**
思茅松 **299999**
思茅唐松草 **388666**
思茅藤 **146559**
思茅藤属 **146558**
思茅铁线莲 **95261**
思茅伪针茅 **318200**
思茅狭叶山梗菜 **234379**
思茅香草 **239626**
思茅续断 **133510**
思茅崖豆 254752
思茅崖豆藤 **254752**
思茅野桐 243355
思茅叶下珠 296521
思茅银背藤 **32637**
思茅玉兰 **232598**
思茅远志 **308140**
思茅獐牙菜 380113
思茅猪屎豆 **112729**
思茅蛛毛苣苔 **283123**
思茅槠栎 323944
思茅锥 78934
思茂芍药 **280283**
思摩竹属 249605
思泰西尔阿根廷小檗 **51873**
思藤子 166670
思韦茨马瓞儿 **417512**
思维树 165553
思仙 156041
思益 97719
思仲 156041
思仔 79064
斯巴达桧柏 **213663**
斯倍氏白蜡树 168068
斯比勒雪白山梅花 **294586**
斯波尔丁蝇子草 **364074**
斯达刺头菊 **108410**
斯达画眉草 **147978**
斯达无患子属 **373597**
斯大林格勒百里香 **391162**
斯道克翠雀花 **124605**
斯得香科 **388286**
斯迪菲木属 379273
斯迪菊 **376546**
斯迪菊属 **376544**
斯迪林木属 **377088**
斯迪温矢车菊 **81404**
斯地茜 **374551**
斯地茜属 **374550**
斯蒂恩小檗 52182
斯蒂尔悬钩子 **339297**
斯蒂芬·大卫灰色石南 **149237**
斯蒂文独活 **192382**
斯蒂文苔草 **76371**
斯蒂兹斑鸠菊 **406832**
斯蒂兹戴星草 **371025**
斯蒂兹瓜叶菊 **290830**
斯蒂兹宽肋瘦片菊 **57667**
斯哥佐早熟禾 **305993**
斯格玛凤仙花 **205321**
斯古尔野荞麦木 **152284**
斯胡木属 **352727**
斯花欧石南 **150088**
斯霍勒花 **352463**
斯霍勒花属 **352460**
斯基台冰草 **144459**
斯碱茅 321380
斯卡拉特大戟 **159774**
斯卡拉特哈维列当 **186082**
斯卡拉特树葡萄 **120212**
斯卡雷特奥哈娜马醉木 **298744**
斯卡里南非仙茅 **371703**
斯卡里双距兰 **133939**
斯卡曼春美草 **94360**
斯卡群花寄生 **11124**
斯卡塞拉蒂榕 **165641**
斯卡异翅香 **25612**
斯卡猪屎豆 **112645**
斯堪的那维亚山柳菊 **195950**
斯康吉亚属 362424
斯考莱尔蝇子草 **364028**
斯考勒山柳菊 **195959**
斯考勒斜紫草 **301627**
斯考里山槟榔 299674
斯考氏黄藤 **121525**
斯考氏柳 **344077**
斯考氏美苞棕 **68016**
斯考氏萨拉卡棕 **342577**
斯考氏山槟榔 **299674**
斯考氏蚁棕 **217926**
斯考氏轴榈 **228765**
斯科大戟 **354785**
斯科大戟属 **354783**
斯科克十大功劳 242607
斯科三指兰 **396667**
斯科特刺花蓼 **89113**
斯科特米努草 **255580**
斯科特藤黄 **171188**
斯科特野荞麦 **152588**
斯克波玄参 355236
斯克拉龙番木瓜 **76817**
斯克里布纳千里光 **359122**
斯克罗金雀花 **121012**
斯克瑞文利印度胶榕 **164938**
斯库勒钓钟柳 **289375**
斯库勒紫堇 **106426**
斯库里拟老鼠簕 **2582**
斯库虾海藻 **297185**
斯拉普茄 **367675**
斯拉普舌蕊萝藦 **177351**
斯拉维刺槐 **335003**
斯来草属 366028
斯莱草属 **366028**
斯莱登非洲鸢尾 **27727**
斯莱登花姬 **313919**
斯莱登乐母丽 **336051**
斯莱登芦荟 **17273**
斯莱登青锁龙 **109407**
斯莱登香芸木 **10717**
斯里兰卡巴氏锦葵 **286720**
斯里兰卡川苔草属 **417851**
斯里兰卡桂科 **198548**
斯里兰卡桂属 **198544**
斯里兰卡桂树 91446
斯里兰卡厚壳桂 **113492**
斯里兰卡槐 **368984**
斯里兰卡假龙脑香 133590
斯里兰卡金莲木 **268202**
斯里兰卡苣苔 **85957**
斯里兰卡苣苔属 **85955**,398385
斯里兰卡柯库卫矛 **217775**
斯里兰卡莲属 **262333**
斯里兰卡落叶花桑 **14853**
斯里兰卡杧果 **244411**
斯里兰卡莓属 136832
斯里兰卡美木豆 **290879**
斯里兰卡茜 **135071**
斯里兰卡茜属 **135070**
斯里兰卡群蕊竹 **268120**
斯里兰卡肉桂 91446
斯里兰卡柿 **132365**
斯里兰卡树形杜鹃 **330124**
斯里兰卡天芥菜 **190786**
斯里兰卡天料木 **197652**
斯里兰卡铁青树 **269696**
斯里兰卡腺蓬 **7452**
斯里兰卡香材树科 198548
斯里兰卡香风子 **276413**
斯里兰卡隐棒花 **113544**
斯里兰卡籽漆 **70486**
斯利夫·唐纳德蓝花绿绒蒿 **247103**
斯鲁姆德欧洲山松 **300092**
斯迈思杯漆 **396370**
斯米虫果金虎尾 **5937**
斯米等丝夹竹桃 **210209**
斯米尔盐蓬 **184827**
斯米牛栓藤 **101902**
斯米藤黄 **171193**
斯密德特巴尔干松 **299970**
斯密尔杜鹃 **331858**
斯密尔杜鹃花 331858
斯密斯杜鹃 331859
斯密斯肖蒲桃 **4885**
斯莫尔莪蒁 **366580**
斯莫尔变豆菜 **346002**
斯莫尔葱莲 **417632**
斯莫尔对叶兰 **232966**
斯莫尔花凤梨 **392043**
斯莫尔黄眼草 **416156**
斯莫尔金千里光 **279886**
斯莫尔景天 **357157**
斯莫尔马齿苋 **311936**
斯莫尔氏越橘 **404003**
斯莫尔野荞麦 **152602**
斯莫尔一枝黄花 **368317**
斯内克红毛菀 **323050**
斯诺登草 **366754**
斯诺登草属 **366751**
斯诺登橙菀 **320647**
斯诺登火炬花 **217044**
斯诺登千里光 **360059**
斯诺登野荞麦 **162331**
斯帕蚌壳树 364713
斯帕尔曼香雪兰 **168194**

斯帕弓果藤 **393544**
斯帕赫矢车菊 **81334**
斯帕曼莲子草 **18115**
斯帕木 **369938**
斯帕木属 **369937**
斯帕奇染料木 **173061**
斯帕树 364713
斯帕斯欧丁香 **382332**
斯帕油楠 **364713**
斯潘矮种旋叶松 **299870**
斯佩尔特小麦 **398970**
斯佩金千里光 **279949**
斯佩克斯大戟 **159858**
斯佩克斯苦瓜掌 **140053**
斯佩克斯皱茎萝藦 **333857**
斯佩思桤木 **16462**
斯佩斯小檗 **52172**
斯佩特状山羊草 8724
斯皮葱 **370480**
斯皮葱属 **370479**
斯皮克贝克菊 **52783**
斯皮克干若翠 **415488**
斯皮克肖水竹叶 **23633**
斯皮里刺头菊 **108407**
斯皮里芥 **372934**
斯皮里芥属 **372933**
斯皮里苓菊 **214176**
斯皮里针茅 **376920**
斯珀曼木属 370130
斯普寄生 **372909**
斯普寄生属 **372908**
斯普里千里光 **360095**
斯普菱 **394547**
斯普鲁矛果豆 **235573**
斯普鲁斯小檗 **52180**
斯普罗高山参 **274008**
斯普马齿苋属 **372901**
斯普奈新风轮菜 **65600**
斯普苔草 **76333**
斯普尾隔堇 **20726**
斯普玄参 **355247**
斯奇纳斯图雪白山梅花 **294585**
斯切沃维林图柏 414065
斯切沃维氏柏 **414065**
斯氏桉 **155749**
斯氏白花芍药 **280285**
斯氏白蜡叶皿盘无患子 **223625**
斯氏邦乔木 **63438**
斯氏报春 **315019**
斯氏鼻花 **329563**
斯氏鞭叶兰 **355884**
斯氏薄叶兰 238749
斯氏车叶草 **39407**
斯氏翅果南星 **222031**
斯氏唇柱苣苔 **87969**
斯氏刺核藤 **322553**
斯氏葱 **15775**
斯氏大苏铁 **417021**
斯氏豆属 380065
斯氏二型花 **128537**
斯氏风兰 **25058**
斯氏风信子属 **370899**
斯氏藁本 **229395**
斯氏哥纳香 **179418**
斯氏公主兰 **238749**
斯氏沟宝山 379717
斯氏猴面蝴蝶草 **4090**
斯氏花凤梨 **392044**
斯氏茴芹 **299542**
斯氏假毛地黄 **10156**
斯氏巨兰 **180124**
斯氏克拉特鸢尾 **216632**
斯氏阔蕊兰 **291270**
斯氏拉拉藤 **170648**
斯氏老人须 392044
斯氏狸藻 **403344**
斯氏藜 **87164**
斯氏龙舌兰 **10937**
斯氏马先蒿 **287703**
斯氏牡丹草 **224642**
斯氏南芥 30456
斯氏牛皮消 117692
斯氏平顶金莲木 **294399**
斯氏平舟大戟 **316056**
斯氏瓶子草 **347164**
斯氏蒲公英 384793
斯氏千里光 **360100**
斯氏榕 165766
斯氏乳突球 244220
斯氏塞罗双 **283903**
斯氏石竹 **183253**
斯氏矢车菊 **81403**
斯氏薯蓣 131836
斯氏双鳞山榄 **132657**
斯氏穗花 **317951**
斯氏檀香属 **374380**
斯氏菟丝子 **115138**
斯氏乌头 **5581**
斯氏玄参 **355236**
斯氏悬钩子 339338
斯氏旋子草 **98076**
斯氏栒子 **107691**
斯氏鸦葱 **354948**
斯氏岩雏菊 **291334**
斯氏隐萼豆 **113807**
斯氏玉蕊 **48520**
斯氏脂麻掌 **171750**
斯氏指蕊瓜 **121200**
斯氏柱瓣兰 **146481**
斯塔德兰软枝琉璃繁缕 **21428**
斯塔尔十二卷 **186705**
斯塔夫早熟禾 **306018**
斯塔内鸡头薯 **153061**
斯塔内猪屎豆 **112696**
斯塔南非鳞叶树 **326938**
斯塔皮尔缘毛欧石南 **149201**
斯塔树属 **372975**
斯太温黄芩 **355776**
斯太沃特糙苏 **295200**
斯泰串铃花 **260337**
斯泰恩小檗 52182
斯泰赫菊 373613
斯泰赫菊属 373606
斯泰看麦娘 **17571**
斯泰裂花桑寄生 **295868**
斯泰纳碧玉莲 **59709**
斯泰纳帝王花 **82381**
斯泰纳剑叶玉 **240524**
斯泰纳立金花 **218942**
斯泰纳拟豹皮花 **374054**
斯泰纳皮姆番杏 **294391**
斯泰纳日中花 **220678**
斯泰纳仙花 **395830**
斯泰纳紫波 **28517**
斯泰茜 **376500**
斯泰茜属 **376499**
斯泰石头花 **183252**
斯泰双距兰 **133947**
斯坦阿兰藤黄 **14898**
斯坦堡 376357
斯坦堡属 376350
斯坦德利蒜葡萄 **244712**
斯坦德利狭花柱 **375532**
斯坦蒂夫人拟伊斯鸢尾 **208624**
斯坦顿点地梅 **23302**
斯坦顿风铃草 **70311**
斯坦顿黄蓍 **43080**
斯坦顿绒果芹 **151752**
斯坦顿乌头 **5597**
斯坦顿香青 **21701**
斯坦恩伯格属 376350
斯坦菲尔德非洲豆蔻 **9939**
斯坦菲尔德砂仁 9939
斯坦福白天鹅荷兰菊 **40939**
斯坦福长庚花 **193343**
斯坦福龙骨角 **192456**
斯坦福日中花 **220677**
斯坦福熊果 **31139**
斯坦爵床 **373658**
斯坦爵床属 **373657**
斯坦考夫特林芹 **397738**
斯坦利裂叶番杏 **86151**
斯坦利铁线莲 **95421**
斯坦利远志 **307900**
斯坦利越橘 **404016**
斯坦梅茨拟莞 **352270**
斯坦茜 **373656**
斯坦茜属 **373655**
斯坦氏忍冬 235798
斯坦野牡丹 **373716**
斯坦野牡丹属 **373715**
斯特白叶藤 **113617**
斯特臂形草 **58179**
斯特宾斯菊 **374542**
斯特宾斯菊属 **374541**
斯特宾斯刘氏草 **228304**
斯特宾斯软毛蒲公英 **242964**
斯特宾斯星黄菊 **185801**
斯特草 **374560**
斯特草属 **374558**
斯特恩铁筷子 **190927**
斯特凤仙花 **205332**
斯特拉彻岩白菜 52541
斯特拉契香茶菜 209861
斯特劳斯钩喙兰 **22102**
斯特劳斯吉尔苏木 **175655**
斯特劳斯欧石南 **150091**
斯特里克兰桉 **155752**
斯特里克兰半边莲 **234798**
斯特灵詹姆斯细叶海桐 **301402**
斯特茜 **378553**
斯特茜属 **378552**
斯特三指兰 **396670**
斯特山龙眼 **377421**
斯特山龙眼属 **377420**
斯特树葡萄 **120227**
斯特唐菖蒲 **176562**
斯特鸭跖草 **101162**
斯特藻属 377482
斯腾伯格羽裂矢车菊 **81025**
斯腾栒子 **107692**
斯滕巴豆 **113030**
斯滕白玲玉 **310020**
斯滕光淋菊 **276221**
斯滕菊 **375475**
斯滕菊属 **375474**
斯滕油芦子 **97380**
斯梯文无心菜 **32240**
斯提波斯菊 **104593**
斯提氏报春 **315011**
斯铁心球 **264371**
斯铁心丸 264371
斯通草 **377388**
斯通草属 **377387**
斯通胡斯特绵绒杜鹃 **331052**
斯图阿兰藤黄 **14899**
斯图阿氏蝴蝶兰 **293636**
斯图阿魏 **376495**
斯图阿魏属 **376494**
斯图扁担杆 **180970**
斯图伯尔小檗 **52192**
斯图尔曼暗罗 **307528**
斯图尔曼百簕花 **55427**
斯图尔曼百蕊草 **389886**
斯图尔曼斑鸠菊 **406841**
斯图尔曼半边莲 **234801**
斯图尔曼扁棒兰 **302786**
斯图尔曼戴星草 **371028**

斯图尔曼斗篷草 **14148**
斯图尔曼毒鼠子 **128813**
斯图尔曼多穗兰 **310313**
斯图尔曼凤仙花 **205337**
斯图尔曼伽蓝菜 **215267**
斯图尔曼干鱼藤 **415399**
斯图尔曼海神菜 **265530**
斯图尔曼黑果菊 **44038**
斯图尔曼厚皮树 **221209**
斯图尔曼花篱 **27375**
斯图尔曼黄檀 **121637**
斯图尔曼鸡脚参 **275784**
斯图尔曼鲫鱼藤 **356326**
斯图尔曼假杜鹃 **48363**
斯图尔曼金合欢 **1628**
斯图尔曼蜡菊 **189832**
斯图尔曼榄仁树 **386647**
斯图尔曼老鸦嘴 **390880**
斯图尔曼鹿藿 **333213**
斯图尔曼麻疯树 **212229**
斯图尔曼马齿苋 **311938**
斯图尔曼密穗花 **322155**
斯图尔曼密钟木 **192718**
斯图尔曼魔芋 **20140**
斯图尔曼南洋参 **310238**
斯图尔曼破布木 **104250**
斯图尔曼青葙 **80470**
斯图尔曼柔花 **8997**
斯图尔曼莎草 **119742**
斯图尔曼山柑 **71856**
斯图尔曼十数樟 **413171**
斯图尔曼水蕹 **29688**
斯图尔曼睡莲 **267765**
斯图尔曼文殊兰 **111267**
斯图尔曼五层龙 **342731**
斯图尔曼锡叶藤 **386904**
斯图尔曼香茶 **303703**
斯图尔曼悬钩子 **339315**
斯图尔曼旋覆花 **207237**
斯图尔曼羊大戟 **71593**
斯图尔曼油芦子 **97385**
斯图尔曼猪屎豆 **112713**
斯图尔森南星 **33522**
斯图尔特阿魏 **163713**
斯图尔特多穗兰 **310604**
斯图尔特藁本 **229396**
斯图尔特黄耆 **43093**
斯图尔特老鹳草 **174839**
斯图尔特柳 **343593**
斯图尔特驴喜豆 **271270**
斯图尔特欧石南 **148956**
斯图尔特塞拉玄参 **357680**
斯图尔特罂粟 **282732**
斯图风毛菊 **348821**
斯图惠特爵床 **413968**
斯图棘豆 **279182**
斯图假茼麻 **317128**
斯图芥属 378976
斯图榼藤子 **145919**
斯图莲花掌 **9070**
斯图马岛翼蓼 **278457**
斯图棉 **179929**
斯图榕 **165704**
斯图铁线莲 **95330**
斯图小檗 **52188**
斯图崖豆 254851
斯图亚特石南 148956
斯图罂粟 **282736**
斯图云实属 **379004**
斯托白酒草 **103608**
斯托草属 **377279**
斯托德奥氏草 **277352**
斯托德巴氏锦葵 **286705**
斯托德长须兰 **56921**
斯托德车轴草 **397090**
斯托德多穗兰 **310603**
斯托德假杜鹃 **48361**
斯托德肋瓣花 **13867**
斯托德龙血树 **137500**
斯托德芦荟 **17298**
斯托德软骨草 **219783**
斯托德苔草 **76370**
斯托德天芥菜 **190736**
斯托德悬钩子 **339300**
斯托德旋花 **103311**
斯托德盐肤木 **332863**
斯托德远志 **308385**
斯托德猪屎豆 **112706**
斯托尔克乌头 **5600**
斯托尔兹扁担杆 **180969**
斯托尔兹薄花兰 **127979**
斯托尔兹箣柊 **354629**
斯托尔兹车轴草 **397094**
斯托尔兹刺橘 **405550**
斯托尔兹吊兰 **88631**
斯托尔兹钉头果 **179130**
斯托尔兹杜楝 **400608**
斯托尔兹鹅掌柴 **350784**
斯托尔兹耳梗茜 **277221**
斯托尔兹风兰 **25075**
斯托尔兹黑蒴 **14352**
斯托尔兹厚皮树 **221195**
斯托尔兹金莲木 **268268**
斯托尔兹蜡菊 **189828**
斯托尔兹罗顿豆 **237437**
斯托尔兹美登木 **182717**
斯托尔兹茄 **367635**
斯托尔兹秋海棠 **50330**
斯托尔兹球距兰 **253345**
斯托尔兹山蚂蝗 **126617**
斯托尔兹石豆兰 **63103**
斯托尔兹瘦片菊 **59001**
斯托尔兹鼠尾粟 **372851**
斯托尔兹蒴莲 **7313**
斯托尔兹唐松草 **388682**
斯托尔兹田皂角 **9648**
斯托尔兹纹蕊茜 **341369**
斯托尔兹香茶 **303688**
斯托尔兹新波鲁兰 **263664**
斯托尔兹旋覆花 **207236**
斯托尔兹鸭跖草 **101163**
斯托尔兹崖豆藤 **254786**
斯托尔兹羊耳蒜 **232338**
斯托尔兹翼毛草 **396117**
斯托尔兹银豆 **32912**
斯托尔兹鹰爪花 **35062**
斯托尔兹玉凤花 **184099**
斯托尔兹芋兰 **265438**
斯托尔兹猪屎豆 **112710**
斯托芳香木 **38827**
斯托花 **377297**
斯托花属 **377295**
斯托节柄 225481
斯托卡蜡菊 **189814**
斯托科蓝花参 **412854**
斯托克酢浆草 **278098**
斯托克芳香木 **38828**
斯托克仿龙眼 **254973**
斯托克菲利木 **296319**
斯托克粉刀玉 **155323**
斯托克灌木帚灯草 **388838**
斯托克海神木 **315964**
斯托克火绳树 **152695**
斯托克假岗松 **317357**
斯托克蓝花参 **412893**
斯托克鳞叶树 **61351**
斯托克毛瑞香 **219018**
斯托克木 **377196**
斯托克木属 **377195**
斯托克穆拉远志 **260068**
斯托克内贝树 **262994**
斯托克南非鳞叶树 **326939**
斯托克尼文木 **266424**
斯托克欧石南 **150089**
斯托克泡叶番杏 **138236**
斯托克绳草 **328181**
斯托克圣诞果 **88090**
斯托克双盛豆 **20787**
斯托克水蜡烛 **139592**
斯托克斯白前 **409545**
斯托克斯扁芒草 **122339**
斯托克斯滨藜 **44440**
斯托克斯补血草 **230778**
斯托克斯彩花 **2289**
斯托克斯车前 **302187**
斯托克斯风车子 **100796**
斯托克斯红砂柳 **327228**
斯托克斯黄耆 **43095**
斯托克斯堇菜 **409833**
斯托克斯列当 **275221**
斯托克斯毛束草 **395780**
斯托克斯肉珊瑚 **347032**
斯托克斯沙地芹 **317014**
斯托克斯四齿芥 **386958**
斯托克斯梭梭 **185080**
斯托克斯糖芥 **154547**
斯托克斯鸢尾 **208861**
斯托克斯远志 **308386**
斯托克斯止泻萝藦 **416259**
斯托克唐菖蒲 **176567**
斯托克威尔帚灯草 **414374**
斯托克沃森花 **413410**
斯托克香芸木 **10727**
斯托克椰属 264798
斯托克纸苞帚灯草 **373008**
斯托克帚灯草 **142995**
斯托克紫波 **28518**
斯托克棕属 264798
斯托肯止泻萝藦 **416258**
斯托里火焰兰 **327697**
斯托姆斯灰毛豆 **386317**
斯托姆斯绣球防风 **227711**
斯托木属 374370
斯托普马兜铃 **34343**
斯托千里光 **360108**
斯托酸模 **340273**
斯托无患子 **377193**
斯托无患子属 **377192**
斯托砖子苗 **245551**
斯拖克凤仙花 **205336**
斯脱兰木属 377433
斯脱兰威木 377444
斯脱木属 377433
斯瓦茨三芒草 **34049**
斯瓦科普蒙德猪毛菜 **344732**
斯瓦科日中花 **220695**
斯瓦内尼芬芋 **265221**
斯瓦塞十大功劳 **242649**
斯瓦沙漠蔷薇 **7360**
斯瓦特柴胡 **63848**
斯瓦特老鹳草 **174950**
斯瓦特美非补骨脂 **276992**
斯瓦特欧石南 **149415**
斯瓦特日中花 **220694**
斯瓦特五部芒 **289557**
斯瓦兹库沙漠玫瑰 7351
斯瓦兹库沙漠蔷薇 **7351**
斯万涅特蔷薇 **336980**
斯万涅特委陵菜 **313050**
斯万森木属 380065
斯万苔草 **76463**
斯旺南非萝藦 **323523**
斯旺肉锥花 **102637**
斯旺小米草 **160272**
斯威士百籁花 **55431**
斯威士吊灯花 **84274**
斯威士海神菜 **265519**
斯威士红柱树 **78704**

斯威士金合欢 **1637**
斯威士兰木菊 **129463**
斯威士麻疯树 **212168**
斯威士马岛翼蓼 **278418**
斯威士墨子玄参 **248561**
斯威士木蓝 **206634**
斯威士欧石南 **150108**
斯威士皮尔逊豆 **286803**
斯威士青锁龙 **109438**
斯威士润肺草 **58949**
斯威士塞拉玄参 **357683**
斯威士秀菊木 **157190**
斯威士舟蕊秋水仙 **22390**
斯威特豆 **380102**
斯威特豆属 **380101**
斯韦伦丹安吉草 **24555**
斯韦齐小檗 **52213**
斯维豪繁花杜鹃 **330715**
斯维野牡丹 **380063**
斯维野牡丹属 **380062**
斯维佐夫贝母 168557
斯温顿漆属 **380540**
斯温格尔黄鸠菊 **134812**
斯温格尔枭丝藤 **329244**
斯温萝藦 **380551**
斯温萝藦属 **380550**
斯温纳顿伯萨木 **53020**
斯温纳顿赪桐 **96005**
斯温纳顿钉头果 **179132**
斯温纳顿恩氏寄生 **145600**
斯温纳顿狗肝菜 **129327**
斯温纳顿灰毛豆 **386156**
斯温纳顿假杜鹃 **48368**
斯温纳顿九节 **319617**
斯温纳顿蜡菊 **189848**
斯温纳顿老鸦嘴 **390885**
斯温纳顿芦荟 **17329**
斯温纳顿鹿藿 **333421**
斯温纳顿马缨丹 **221302**
斯温纳顿毛囊草 **298023**
斯温纳顿没药 **101570**
斯温纳顿美冠兰 **157041**
斯温纳顿塞拉玄参 **357684**
斯温纳顿山石榴 **79599**
斯温纳顿双冠芹 **133030**
斯温纳顿香茶 **303708**
斯温纳顿异荣耀木 **134731**
斯温纳顿油芦子 **97386**
斯温尼伯萨木 **53019**
斯文顿补血草 **230786**
斯文顿齿菊木 **86654**
斯文顿毒马草 **362877**
斯文顿卷耳 **83041**
斯文顿蓝蓟 **141320**
斯文顿两节荠 **108640**
斯文顿木茼蒿 **32594**
斯文菊属 **380056**
斯文氏碎米蕨叶马先蒿 **287086**
斯窝伦草属 380074
斯沃伦草 **380075**
斯沃伦草属 **380074**
榅 79064
撕唇阔蕊兰 **291234**
撕唇玉凤花 291234
撕裂巴豆 **112929**
撕裂贝母兰 **98740**
撕裂边龙胆 **173570**
撕裂柄棕属 351006
撕裂波罗栎 **323819**
撕裂补血草 **230652**
撕裂糙缨苣 **392684**
撕裂叉鳞瑞香 **129535**
撕裂橙粉苣 **253927**
撕裂大戟 **159292**
撕裂萼凤仙花 **205064**
撕裂菲奇莎 **164544**
撕裂观音兰 **399090**
撕裂核果木 **138646**
撕裂胡卢巴 **397245**
撕裂蝴蝶玉 **148582**
撕裂瓠果 **290555**
撕裂接骨木 **345672**
撕裂韭 **15408**
撕裂利希草 **228708**
撕裂栎 **324178**,323957
撕裂蓼 **309291**
撕裂流苏刺花蓼 **89078**
撕裂没药 **101439**
撕裂密钟木 **192626**
撕裂拟鸦葱 **354987**
撕裂蔷薇 **336672**
撕裂青冈 **323957**
撕裂秋海棠 **49973**
撕裂三距时钟花 **396512**
撕裂沙穗 **148494**
撕裂山罗花 **248172**
撕裂舌唇兰 **302382**
撕裂石苔草 **349027**
撕裂四室果 **413734**
撕裂天竺葵 **288320**
撕裂铁线子 **244557**
撕裂沃森花 **413359**
撕裂五层龙 **342663**
撕裂五月茶 **28352**
撕裂喜阳花 **190361**
撕裂香花芥 **193404**
撕裂香科科 **388128**
撕裂小托叶堇菜 **409781**
撕裂洋地黄 **130366**
撕裂野丁香 **226132**
撕裂罂粟 **282584**
撕裂蝇子草 **363648**
撕裂玉山竹 **416781**
撕裂蚤草 **321575**
撕裂紫水晶荆芥 **264865**
蕬 114994
死不了 311852
四斑红门兰 **273607**
四瓣果属 193746
四瓣花 **387446**
四瓣花属 **387445**
四瓣寄生 **190856**
四瓣金钗 290439
四瓣金卵叶连翘 167453
四瓣裂马鞭椴 **238243**
四瓣马齿苋 **311921**
四瓣猫爪苋 **93096**
四瓣米仔兰 19970
四瓣泡泡果 **38337**
四瓣蛇根草 **272290**
四瓣田基麻 **200427**
四瓣崖摩 19970
四瓣崖摩楝 **19970**
四瓣玉蕊 **181047**
四瓣玉蕊属 **181046**
四瓣针药野牡丹 **4765**
四苞爵床属 387149
四苞蓝 **387151**
四苞蓝属 **387149**
四倍萼白仙石 **268852**
四被列当属 **387722**
四被楼梯草 **142875**
四被没药 **101515**
四被苋 **414645**
四被苋属 **414644**
四被玄参属 387722
四边大戟 **159690**
四边形水苏 **373469**
四部景天 357066
四层卷耳 **83009**
四齿桉 **155761**
四齿萼草 388179
四齿芥 **386953**
四齿芥属 **386946**
四齿筋骨草 352063
四齿兰属 **387965**
四齿裂舌萝藦 **351641**
四齿欧石南 150131
四齿荠属 386946
四齿十字爵床 **111757**
四齿四棱草 **352063**
四齿兔唇花 **220061**
四齿无心菜 **32173**
四齿蚤缀 32173
四翅桉 **155760**
四翅菝葜 **366336**
四翅大戟 **159961**
四翅豆 319114
四翅风车玉蕊 **100306**
四翅格雷野牡丹 **180447**
四翅谷木 **250084**
四翅观音兰 **399058**
四翅槐 **369130**
四翅假榆橘 **320098**
四翅金虎尾属 387584
四翅老鸦嘴 **390862**
四翅木蓝 **206658**
四翅枪刀药 **202627**
四翅秋海棠 **50214**
四翅沙拐枣 **67082**
四翅石豆兰 **63021**
四翅苏木 **387576**
四翅苏木属 **387575**
四翅田菁 **361446**
四翅维堡豆 **414047**
四翅线柱兰 **417810**
四翅崖豆 **254857**
四翅银钟花 184731
四翅月见草 **269519**
四翅猪屎豆 **112746**
四出黑草 **61850**
四出麻雀木 **285591**
四出鼠尾粟 **372815**
四出因加豆 **206941**
四川艾 **36283**
四川白苞芹 266976
四川白桦 53572
四川白珠 **172066**,172127
四川白珠树 172066
四川报春 **315028**
四川扁桃 20968
四川杓兰 **120448**
四川波罗花 **205552**
四川苍耳七 284588
四川草 291138
四川草沙蚕 **398114**
四川侧柏 390661
四川侧金盏花 8382
四川叉柱花 **374494**
四川茶藨 333914,334206
四川茶藨子 **334206**
四川长柄山蚂蝗 **200745**
四川臭樱 **241503**
四川唇柱苣苔草 **87965**
四川大黄 329372
四川大金钱草 239582
四川大头茶 **179731**
四川当归 **24465**
四川地杨梅 **238695**
四川点地梅 **23309**
四川吊灯花 **84089**
四川吊钟花 **145724**
四川钓樟 231435
四川丁香 **382298**
四川东亚忍冬 **236010**
四川冬青 **204311**
四川独蒜兰 **304276**
四川杜鹃 **331911**

四川鹅绒藤 **117713**
四川飞燕草 124164
四川粉报春 314768
四川风毛菊 **348835**
四川凤仙花 **205349**
四川沟酸浆 **255244**
四川谷精草 **151221**
四川固沙草 **274250**
四川挂苦绣球 **200152**
四川鬼吹箫 **228325**
四川鬼箭 72251
四川鬼箭锦鸡儿 **72251**
四川含笑 252975
四川杭子梢 **70911**
四川合耳菊 **381952**
四川黑老虎 **214960**
四川红淡 8209
四川红柳 **343465**
四川红门兰 310933
四川红杉 **221914**
四川厚皮香 **386730**
四川胡颓子 **141977**
四川胡枝子 **226772**
四川虎刺 **122077**
四川虎耳草 **349956**
四川虎皮楠 122710,122713
四川虎榛子 **276848**
四川花楸 **369520**
四川黄花稔 **362672**
四川黄荆 **411380**
四川黄栌 **107316**
四川黄芪 43044
四川黄耆 **43044**
四川灰木 381390
四川灰岩紫堇 **105688**
四川棘豆 **279164**
四川寄生 **385234**
四川假野芝麻 170026
四川剪股颖 **12061**
四川金钱草 239582
四川金粟兰 **88299**
四川金罂粟 **379233**
四川金盏苣苔 **210191**
四川堇菜 **410622**
四川旌节花 **373576**
四川精黏女娄菜 364181
四川韭 **15794**
四川橘 **93462**
四川卷耳 **83042**
四川拉拉藤 **170359**
四川蜡瓣花 **106689**
四川狼尾草 **289258**
四川冷杉 356
四川离蕊茶 **69684**
四川列当 **275209**
四川裂瓜 **351767**
四川龙胆 **173948**
四川鹿蹄草 **322919**
四川鹿蹄橐吾 229049
四川鹿药 **242703**
四川轮环藤 **116036**
四川裸菀 **256310**
四川落叶松 221914,221930
四川马兜铃 **34147**
四川马先蒿 **287723**
四川蔓茶藨 333914
四川蔓茶藨子 **333914**
四川蔓龙胆 **110333**
四川毛鳞菊 **84974**
四川毛蕊茶 **69266**
四川梅花草 **284518**
四川猕猴桃 6661
四川牡丹 **280180**
四川木姜子 **234006**
四川木蓝 **206637**
四川木莲 **244471**
四川黏萼女娄菜 **364094**
四川鸟足兰 **347907**,347844
四川牛奶菜 **245844**
四川婆婆纳 **407400**
四川蒲桃 **382670**
四川槭 **3648**
四川千金藤 **375903**
四川青荚叶 **191190**
四川青牛胆 **392277**
四川清风藤 **341556**
四川人字果 128941
四川忍冬 **236138**
四川瑞香 122614
四川润楠 **240699**
四川箬竹 48711
四川桑寄生 385234
四川莎草 **119657**
四川山茶 69684
四川山矾 **381390**
四川山梗菜 **234407**
四川山胡椒 **231435**
四川山姜 **17756**
四川山蚂蝗 200745
四川山梅花 **294521**
四川舌喙兰 **191583**
四川蛇根草 **272296**
四川十大功劳 242534
四川石蝴蝶 **292580**
四川石竹 **127880**
四川石梓 **178042**
四川霜柱 215818
四川丝瓣芹 **6223**
四川松寄生 385203
四川嵩草 **217278**
四川溲疏 127093
四川苏铁 **115909**
四川酸蔹藤 **20223**
四川碎米荠 72829
四川苔草 **76461**
四川檀梨 323070
四川糖芥 **154398**
四川藤 **362423**
四川藤山柳 **95548**
四川藤属 **362422**
四川天门冬 **39198**
四川天名精 **77187**
四川头花马先蒿 **287070**
四川兔儿风 **12641**
四川橐吾 229049
四川尾药菊 381952
四川卫矛 **157906**
四川无心菜 **32267**
四川吴萸 161381
四川吴茱萸 **161381**
四川五加 143634
四川菥蓂 **390232**
四川虾脊兰 **66122**
四川香茶菜 **209828**
四川香青 **21707**
四川象牙参 **337104**
四川小檗 **52150**
四川小红门兰 **310933**
四川小米草 **160240**
四川小野芝麻 **170026**
四川新木姜子 **264101**
四川栒子 **107339**
四川沿阶草 **272150**
四川杨 311514
四川野青茅 **65488**
四川野芝麻 170026
四川异黄精 **194050**
四川淫羊藿 **147067**
四川樱 83340
四川樱桃 **83340**
四川玉凤花 **184114**
四川鸢尾 **208834**
四川圆齿狗娃花 **193933**
四川越橘 **403770**
四川早熟禾 **306050**
四川沼兰 **110654**
四川折柄茶 376476
四川蜘蛛抱蛋 **39575**
四川朱砂莲 34147
四川紫茎 **376476**
四川紫萍 **372304**
四川紫菀 **41244**
四刺大戟 **159958**
四刺假杜鹃 **48316**
四刺玉 **242890**
四刺圆筒仙人掌 **116673**
四大金刚 88276,88282,88284,88289,88297
四大块瓦 239770
四大天王 24024,88276,88282,88284,88289,88292,88297,88299,239786,239878,368874,397847
四大王 88297
四代草 88289
四带菊 **387444**
四带菊属 **387443**
四带芹属 **387893**
四锭金卵叶连翘 **167453**
四对草 88276
四朵梅 94748
四轭野牡丹属 **387944**
四萼白仙石 **268855**
四萼凤仙花 **205268**
四萼狸藻 **310138**
四萼狸藻属 **310136**
四萼芦莉草 **339796**
四萼猕猴桃 **6708**
四萼日本六道木 **191**
四萼旋花茄 367632
四萼鸭舌癀舅 **370850**
四萼远志 **308261**
四儿风 88282,88297,239770
四方艾 219996
四方柏 67456,85330
四方草 22407,119041,170289,201743,201942,209861,231479,231503,231555,259284,352060,355391
四方灯盏 110234,110235
四方根 219996
四方梗 187694
四方骨 179408,203062
四方骨属 203036
四方蒿 **143965**,144105,209826
四方盒子草 287605
四方红 337925
四方茎 147084
四方宽筋藤 92741
四方雷公根 176839,239582
四方莲 22407
四方麻 **407460**,62110,317927
四方麻属 **67957**,407449
四方马兰 355391
四方木 346502,346504
四方青 407460
四方全草 231503
四方拳草 231503
四方台 285635
四方藤 92741,92747,92907
四方消 407460
四方形刺子莞 **333601**
四方形大戟 **159689**
四方形芳香木 **38744**
四方形泡叶番杏 **138223**
四方形飘拂草 166530
四方形绳草 **328148**
四方枝节节花 370847

四方枝苦草 388303
四方竹 87607
四方竹属 87547
四方仔 231503
四方钻 92741
四分果运得草 334555
四分爵床属 **387309**
四粉草 **386921**
四粉草科 **386927**
四粉草属 **386920**
四粉块藤 356279
四粉兰属 **387321**
四封草 **386936**
四封草属 **386935**
四稃禾 **386918**
四稃禾属 **386916**
四福花 **387069**
四福花属 **387068**
四隔兰属 387321
四沟欧石南 **149969**
四沟玄参 **387942**
四沟玄参属 **387941**
四钩假杜鹃 **48371**
四冠木 **387738**
四冠木属 **387736**
四管卫矛 **387719**
四管卫矛属 **387718**
四国赤竹 **347303**
四国大叶小檗 52282
四国当归 **24466**
四国杜鹃 **331465**
四国椴 **391743**
四国拂子茅 **65500**
四国谷精草 **151380**
四国桦 **53614**
四国黄耆 **43048**
四国黄芩 **355760**
四国蓟 **92238**
四国荚蒾 **407804**
四国金丝桃 **202154**
四国金腰 **90446**
四国堇菜 **410571**
四国旌节花 **373547**
四国景天 **294127**
四国楝木 **380440**
四国老鹳草 **174900**
四国冷杉 **467**,502
四国龙胆 **173896**
四国落新妇 **41866**
四国落叶松 **221878**
四国南芥 **30447**
四国蒲公英 **384801**
四国蔷薇 **336954**
四国荛花 **414257**
四国山地落新妇 **41867**
四国山地樱 **83324**
四国山梅花 **294532**
四国苔草 **76126**
四国瓦花 **252578**
四国瓦花属 **252577**
四国瓦松 252578
四国香茶菜 **209830**
四国香槐 **94032**
四国蟹甲草 **283868**
四国绣球 **200105**
四国悬钩子 **338576**
四国越橘 **403996**
四国紫珠 **66927**
四果翠雀花 **124638**
四果尖腺芸香 **4844**
四果木 **386834**
四果木科 **386836**
四果木属 **386832**
四果片水蓑衣 **200648**
四果野桐 **243452**
四海波 162951
四合红 187468
四合木 **387116**
四合木属 **387093**
四核草属 386920
四花玻璃菊 **199667**
四花菜叶丹参 345315
四花刺茉莉 **45975**
四花番樱桃 **156343**
四花合耳菊 **381955**
四花菊 **387426**
四花菊属 **387425**
四花染料木 **173038**
四花苔草 **75954**
四花野豌豆 **408636**
四花早熟禾 **306069**
四环素草 298527
四会柑 **93815**,93722
四会十月橘 93815
四基香肉果 **78177**
四季报春 314717,314975
四季菜 35770
四季菜根 329321,339994
四季草 96981,191574
四季成金柑 93636
四季春 **229539**,297013,336485
四季春草 13091
四季葱 15289
四季蝶兰 **270834**
四季丁香 382266
四季豆 71050,294056
四季海秋棠 **50298**
四季海棠 50298
四季红 308946
四季花 4273,14529,35770,172832,272221,336485,355706
四季还阳 294114
四季黄欧洲红豆杉 385320
四季黄千头柏 302733
四季金柑 167511
四季堇菜 **409990**
四季橘 **93636**,93566,93639
四季兰 **116838**,116829
四季萝卜 **326588**
四季抛 **93587**
四季青 62110,96981,96999,157601,157675,203625,257542,260173,279757,291161,308363,308877,337253,407769,407977
四季秋 96981
四季素馨花 211996
四季藤 **92967**
四季香 88289
四季樱草 314717
四季竹 **270438**,87607,125447,304032
四尖蔷薇属 **387140**
四俭草 203062
四角片矮菱 **394516**
四角安龙花 **139497**
四角百蕊草 **389896**
四角苞爵床 **139019**
四角滨藜 **44608**
四角草 231479,407460
四角大柄菱 **394485**
四角大戟 **159960**
四角豆 319114
四角短叶罗汉松 **306458**
四角恩氏寄生 **145599**
四角法道格茜 **162002**
四角法拉茜 **162607**
四角风 100321
四角风车子 **100735**
四角枫 18059
四角格菱 **394477**
四角花姬 **313920**
四角夹子树 376266
四角金 88297,170289
四角茎粉藤 92640
四角菊 **387264**
四角菊属 **387263**
四角刻叶菱 394459
四角老虎兰 **373701**
四角老鼠簕 **2713**
四角乐母丽 **336063**
四角蔺 143374
四角柃 **160617**
四角菱 **394535**,394500,394513
四角鸾凤玉 **43520**
四角马氏菱 394496
四角欧石南 **150130**
四角片链荚豆 **18287**
四角蒲桃 **382675**
四角鞘蕨 **99401**
四角青锁龙 **109452**
四角染料木 **173081**
四角热美爵床 **172556**
四角莎草 **119690**
四角上升二行芥 **133236**
四角绳草 **328194**
四角圣诞果 **88092**
四角石豆兰 **63130**
四角柿 **132429**
四角酸脚杆 **247629**
四角苔花 **27543**
四角天竺葵 **288546**
四角铜锣 392895
四角相似欧石南 **150055**
四角香茶 **303721**
四角猩红爵床 **238768**
四角岩须 78648
四角野菱 394535
四角羽叶楸 376266
四角玉凤花 **184128**
四角月桂卫矛 **223084**
四角越南菜 348059
四角朱樱花 **66687**
四角竹 87607
四脚喜 398262
四筋口干 183122
四君子 324677
四孔草 **115541**
四块瓦 88276,88282,88284,88289,88292,88297,88299,239770,239773,239786,290439,338028
四蓝花参 **412898**
四肋草 387498
四肋豆 **387498**
四肋豆属 **387490**
四肋盆距兰 **171893**
四棱桉 155759
四棱菝葜 **366322**
四棱白粉藤 **92911**
四棱白蜡树 **168079**
四棱菜 157285
四棱草 **352060**,81570,184696,187558,209844,224989,337945,338002,380287,407460
四棱草属 **352059**
四棱茶 157285
四棱豆 **319114**
四棱豆属 **319101**
四棱锋 157285,219996
四棱杆 209713
四棱杆蒿 265078
四棱瓜儿豆 **115323**
四棱果 **172546**
四棱果桉 **155759**
四棱果科 **172548**
四棱果属 **172545**
四棱蒿 143965,144062,209661

四棱黄麻 **104117**
四棱黄皮 **94193**
四棱黄脂木 **415180**
四棱荚银桦 **180654**
四棱假卫矛 254329
四棱尖腺芸香 **4845**
四棱角 209625
四棱芥 102815
四棱芥属 102808
四棱金合欢 **1647**
四棱金丝桃 202179
四棱筋骨草 352060
四棱锦袍木 **197102**
四棱锦绦花 **78648**
四棱茎比佛瑞纳兰 **54248**
四棱茎石斛 **125386**
四棱菊 **18914**
四棱菊属 **18912**
四棱卷瓣兰 63019
四棱柳叶菜 **146905**
四棱麻 62110,363090
四棱牡丹 239602
四棱偏瓣花 **301668**,301682
四棱飘拂草 **166530**,166402,166454
四棱葡萄 **411868**
四棱荠 **178821**
四棱荠属 **178814**
四棱青锁龙 **109169**
四棱秋海棠 **50365**,49594
四棱日本扁柏 85330
四棱鳃兰 **246722**
四棱三百棒 407460
四棱莎草 119674
四棱山梅花 **294558**
四棱石斛 **125332**
四棱柿 **132227**
四棱薯 131458
四棱树 157285,157310
四棱穗莎草 **119769**,119674
四棱乌口树 **385018**
四棱五层龙 **342713**
四棱香 254261,388303
四棱香草 170289
四棱星花木 **68761**
四棱鸭跖草 100735
四棱岩须 78648
四棱叶金合欢 1647
四棱猪屎豆 **112745**
四棱锥口茜 **102776**
四棱子 157355,157547
四楞筋骨草 352060
四楞麻 62110
四楞通 401762
四里麻 65966
四粒茄 **367670**
四两淋 37585
四列百簕花 **55437**
四列帝王花 **82389**
四列龙胆 **173971**
四列藤黄 **171180**
四列叶 **346520**
四列叶属 **346518**
四裂白珠 **172162**
四裂半边花 68064
四裂佛手掌 **77455**
四裂红景天 **329930**
四裂红门兰 **273541**
四裂花黄芩 **355706**
四裂景天 329930
四裂狸藻 **403362**
四裂马齿苋 311921
四裂梅西尔桔梗 **250588**
四裂女娄菜 363950
四裂欧石南 **149968**
四裂片节茎兰 **269232**
四裂苹婆 **376171**
四裂山兰 274050
四裂算盘子 **177105**
四裂无柱兰 **19501**
四裂五芒草 **289732**
四裂五芒草属 **289731**
四裂蝇子草 **363950**
四裂雨久花 **352465**
四裂雨久花属 **352464**
四鳞菊 **161061**
四鳞菊属 **161060**
四鳞石竹 **127885**
四鳞鸵鸟木 **378614**
四瘤菱 **394488**
四乱蒿 4062
四轮草 337945
四轮车 337925
四轮红景天 **329925**
四轮筋草 338028
四轮麻 283607
四轮香 **185252**
四轮香属 **185244**
四轮炸 298869
四马路 364935
四脉金茅 **156490**
四脉菊属 **387348**
四脉麻 **228147**
四脉麻属 **228144**
四脉苎麻 228147
四脉苎麻属 228144
四芒苞景天 357225
四芒刺毛白珠 **172168**
四芒景天 **357225**
四芒菊 **386934**
四芒菊属 **386930**
四锚属 387133
四美草 225009
四米草 934
四面锋 157285
四面戟 157285
四面树 157285
四囊榄属 **387129**
四囊木 **387932**
四囊木属 **387930**
四囊欧石南 **150139**
四能草 338028
四念癀 21339,21340
四皮风 88297
四皮麻 417340
四皮香 175203
四匹瓦 88282,88289
四片含羞草 **255102**
四片孔 200366
四片瓦 239770,338028
四片芸香属 **386977**
四球茶 69686
四仁大戟属 **386962**
四稔 **387717**
四稔属 **387716**
四蕊八角枫 **13388**
四蕊菠菜 **371716**
四蕊柽柳 **383623**,383581
四蕊虫刺爵床 **193045**
四蕊椴 **387282**
四蕊椴属 **387277**
四蕊格林茜 **180487**
四蕊枸杞 **239122**
四蕊含羞草 **255100**
四蕊狐尾藻 **261375**
四蕊花 **387346**
四蕊花属 **387343**
四蕊劳雷仙草 **223029**
四蕊毛茛 **326437**
四蕊毛蕊花 **405786**
四蕊拟陀螺树 **378343**
四蕊诺罗木犀 **266722**
四蕊朴 **80764**
四蕊槭 **3677**
四蕊茜 **238121**
四蕊茜属 **238120**
四蕊丘蕊茜 **182969**
四蕊日本金腰 **90384**
四蕊三角瓣花 **315332**,315334
四蕊山莓草 **138411**
四蕊山莓草属 **138408**
四蕊四轭野牡丹 **387957**
四蕊苋 **267205**
四蕊苋属 **267204**
四蕊熊巴掌 **296421**
四蕊野牡丹 **216103**
四蕊野牡丹属 **216102**
四蕊獐牙菜 **380375**
四蕊猪毛菜 **344738**
四色吊竹梅 **417441**
四色卡特兰 **79553**
四色立金花 **218832**
四射景天 357225
四深裂离瓣寄生 **190864**
四生臂形草 **58183**
四时茶 354660
四时春 13091,79418
四时花 79418
四时橘 260173
四时青 64990
四时竹 304032,318303
四时竹属 364631
四室瓣柱戟 **292297**
四室果科 **413740**
四室果属 **413731**
四室林仙 **387913**
四室林仙属 **387911**
四室萝藦属 **387469**
四室木属 **387914**
四室鼠李 **394775**
四室鼠李属 **394774**
四室旋花 **387286**
四室旋花属 **387285**
四数扁蒴藤 **315372**
四数大沙叶 **286514**
四数干番杏 **33174**
四数格雷野牡丹 **180446**
四数花 **387300**
四数花虎耳草 **349657**
四数花九里香 260164,260178
四数花属 **387299**
四数假虎刺 **76964**
四数金丝桃 **38285**,201877
四数金丝桃科 **38276**
四数金丝桃属 **38279**
四数景天 **357227**
四数九里香 **260178**
四数苣苔 **57902**
四数苣苔属 **57898**
四数龙胆 **173596**
四数龙胆属 **387520**
四数木 **387297**,123029
四数木科 **387291**,123033
四数木属 **387293**,123027
四数牧根草 **298072**
四数莎草属 **387633**
四数台湾山柚 **85934**
四数苋 **323558**
四数苋属 **323557**
四数小金梅草 **202977**
四数须川氏杜鹃 **332021**
四数玄参属 **387711**
四数野牡丹 **248786**
四数獐牙菜 **380385**,380374
四数猪毛菜 **344737**
四数紫金牛 **387630**
四数紫金牛属 **387629**
四蔌木科 123033

四穗毒鼠子 **128823**
四穗狼尾草 **289285**
四穗苔草 **76535**
四穗竹 337910
四台花 191387
四天红 355429
四田菁 **361424**
四头尾药菊 381955
四丸大戟属 **387972**
四尾野菱 394460
四味果 141932
四喜牡丹 95100,95127
四先 239878
四莶 363090
四腺翻唇兰 **193589**
四腺木姜子 **387009**
四腺木姜子属 **386992**
四香花 355706
四鞋木属 **386821**
四蟹甲 **387088**
四蟹甲属 **387071**
四雄大戟 **387477**
四雄大戟属 **387475**
四雄禾属 **387707**
四雄金腰子 **90460**
四雄蕊西番莲 **285705**
四雄五加 **387479**
四雄五加属 **387478**
四须草 **387512**
四须草属 **387502**
四眼草 60064
四眼果 88691,180900
四眼牛夕 88292
四眼叶 60064
四药门花 **387937**
四药门花属 **387933**
四药樟 **387407**
四药樟属 **387392**
四叶澳洲坚果 **240212**
四叶菜 302753,318501
四叶草 88289,170289
四叶茶 31477
四叶橙菀 **320743**
四叶赤才 **225682**
四叶重楼 **284387**
四叶酢浆草 **278124**
四叶大野豌豆 **408558**
四叶胆 173625,173814,173847,174004
四叶蒂可花 **214935**
四叶蒂可花属 **214934**
四叶吊兰 **88635**
四叶豆 408449
四叶豆腐柴 **313723**
四叶独蕊 **412162**
四叶对 88276,88282,88289,88292,88297
四叶对剪草 117424
四叶多荚草 **307755**
四叶二翅豆 **133634**
四叶佛甲草 357066
四叶干裂番杏 **6295**
四叶黄 239770
四叶吉尔苏木 **175651**
四叶箭 88297
四叶金 88284,88289,88297
四叶景天 **357066**
四叶苣苔 **387467**
四叶苣苔属 **387464**
四叶勒珀蒺藜 **335686**
四叶冷水花 **299069**
四叶莲 88297
四叶龙胆 **173970**
四叶葎 **170289**
四叶萝芙木 **327067**
四叶麻 88297
四叶马利筋 **38080**
四叶马先蒿 **287101**
四叶蓬 170289
四叶南非补血草 **10039**
四叶七 88283,88289,170289
四叶茜草 **338027**
四叶琼梅 **252708**
四叶绒毛花 **28196**
四叶沙参 7850
四叶杉叶藻 **196816**
四叶参 98343
四叶绳草 **328195**
四叶石南 150131
四叶水蜡烛 **139580**
四叶王孙 284401
四叶细辛 88265,88282,88289,88292,88297,147013,247039
四叶星 **387462**
四叶星属 **387461**
四叶亚麻 **231950**
四叶野木瓜 374425
四叶一枝花 239547
四叶隐萼豆 **113809**
四叶印茄 207015
四叶玉 **86589**
四叶郁金香 **400241**
四翼金丝桃 **202179**
四翼木属 **387584**
四疣麦冬 **387970**
四疣麦冬属 **387969**
四月飞 256719
四月红 235766,235796
四月泡 338281
四月一枝花 306870
四月子 142088
四枣 142152
四照花 **124925**,124923
四照花科 104880
四照花属 **124880**,51123
四针松 **300171**,299857
四芝麻棵 81570
四柱木科 25584
四柱木属 **387884**,25562
四柱南亚枇杷 **151134**
四锥木 **386838**
四锥木属 **386837**
四籽草藤 408638
四籽谷精草属 **280345**
四籽马蓝 85952
四籽木蓝 **206659**
四籽薯蓣 **196190**
四籽薯蓣属 **196189**
四籽树科 **387306**
四籽树属 **387303**
四籽鸭嘴花 **214846**
四籽野豌豆 **408638**
四子海桐 **301423**
四子莲 88276
四子柳 **344199**
四子马蓝 85952
四子山黄皮 **325447**
四子薯蓣 196190
四子薯蓣属 196189
四子王棘豆 **279168**
四纵列黑草 **61871**
四足柿 **132430**
寺本姬沙参 **7715**
寺院柑 **93848**
似矮生苔草 **76436**
似艾脑属 55860
似冰片香坡垒 **198146**
似长瓣梅花草 **284565**
似朝雾 **244155**
似岛赤竹 **347272**
似多叶委陵菜 **312894**
似粉叶小檗 52006
似横果苔草 **76442**
似狐尾黄芪 43236
似黄钟杜鹃 331044
似火烧兰 147121
似棘豆 **278702**
似荆 399852
似荆属 399851
似卷叶杜鹃 331681
似宽穗扁莎 322327
似狼毒 **375187**
似狼毒属 **375179**
似梨木 268200
似梨木属 268132
似荔枝 374392
似毛枝杜鹃 330508
似黏毛杜鹃 **330774**
似茄排草 239687
似髯花杜鹃 330092
似柔果苔草 76428
似莎苔草 **75895**
似山龙眼杜鹃 331556
似秀雅杜鹃 **330451**
似锈红杜鹃 330265
似絮菊假蓬 **103483**
似血杜鹃 **330808**
似越橘杜鹃 332046
似皱果苔草 **75896**
饲料葫芦草 **87687**
饲料甜菜 **53245**
饲料豌豆 **301055**
饲用甜菜 **53261**
肆梗欧石南 **149515**
肆图特异决明 **360422**
松 300054
松巴毒鼠子 **128822**
松巴番樱桃 **156368**
松柏 299799,300054,300269
松柏钝果寄生 **385189**
松柏虎耳草 **349198**
松柏小赤竹 **347338**
松贝 168605
松边菊 **233824**
松边菊属 **233823**
松鞭菊 233824
松鞭菊属 233823
松草莓 **167610**
松茶 144037
松虫草 350099
松虫草属 350086
松虫草叶荷包花 **66287**
松村报春 **314376**
松村草属 **246420**
松村翻白草 **312745**
松村稷 361728
松村氏拂子茅 **65425**
松村氏谷精草 **151384**
松村氏花楸 **369454**
松村氏蓟 **92190**
松村氏金丝桃 **202226**
松村氏柳 **342938**
松村氏毛当归 **24445**
松村氏苔草 **75310**
松村氏娃儿藤 **400927**
松村氏小米草 **160212**
松村氏野茉莉 379408
松村氏早熟禾 **305720**
松村氏紫白槭 **2781**
松村细辛 **37688**
松打七 314415
松德林补血草 **230783**
松德林二行芥 **133312**
松德林木茼蒿 **32593**
松滴兰 **320853**
松滴兰属 **320852**
松顿荨麻 **403016**
松菲利木 **296279**

松韭羊茅 164383
松风 **329688**
松风草 56382
松风草属 56380
松风玉 **103766**
松根藤 392274
松果凤梨 2625
松果斧突球 **288618**
松果菊 **140081**
松果菊属 **140066**,326957
松果松 300146
松果柱瓣兰 **146484**
松蒿 **296068**
松蒿属 **296061**
松红梅 226481
松胡颓子 385202
松花 144086
松花草 312236
松花江苔草 **75836**
松鸡越橘 **403987**
松吉斗 349909
松吉群花寄生 **11126**
松寄生 238318,241317,385189,385202
松江格菱 **394476**
松江柳 **344163**
松江天名精 **77158**
松筋骨草 **13073**
松筋藤 58966,103362,319833,392274,402194
松菊树属 **377254**
松科 **299594**
松壳络树 216134
松兰 **171870**,114819,404632
松兰属 171825
松岚 **116648**
松笠属 **155201**
松林叉花草 **130321**
松林刺花蓼 **89132**
松林刺子莞 **333658**
松林大戟 **159804**
松林倒座草 174815
松林蝶须 **26419**
松林丁香 **382246**
松林杜鹃 **301516**
松林杜鹃属 **301515**
松林萼距花 **114616**
松林芳香木 **38717**
松林风毛菊 **348651**
松林凤仙 **205226**
松林凤仙花 205226,205227
松林杭子梢 70861
松林红毛菀 **323047**
松林华西龙头草 **247726**
松林金菊 **90229**
松林金丝桃 **201895**
松林老鹳草 **174815**
松林蓼 **309599**
松林苓菊 **214149**
松林龙头草 247726
松林马利筋 **37966**
松林马先蒿 **287519**
松林欧石南 **149909**
松林蒲公英 **384739**
松林棋盘花 **417887**
松林秋海棠 **50163**
松林塞拉玄参 **357630**
松林赛菊芋 **190504**
松林莎草 **119014**
松林山柳菊 **195662**
松林神血宁 309599
松林矢车菊 **81282**
松林嵩草 **217248**
松林苔草 **76123**
松林铁线莲 **94757**
松林托鞭菊 **77227**
松林无心菜 **32140**
松林向日葵 **189041**
松林小芹 **364890**
松林野荞麦 **152289**
松林一枝黄花 **368097**
松林指甲草 **284883**
松林紫露草 **394062**
松林紫云菜 130321
松露球属 55656
松露玉 **55658**
松露玉属 **55656**
松萝 85338,300054,383189,410960
松萝杜 298375
松萝花凤梨 **392052**
松萝铁兰 392052
松毛草 378991
松毛翠 **297019**,297030
松毛翠属 **297015**
松毛杆 320917
松毛火绒草 **224800**
松毛蔺 **143029**,143022
松毛参 389638,389844
松毛枝 46430
松墨 356
松木鞘花 241316
松潘矮泽芹 **85723**
松潘报春 **314851**
松潘叉子圆柏 213911
松潘翠雀花 **124610**
松潘当归 **24479**
松潘鹅耳枥 **77395**
松潘风毛菊 348481
松潘附地菜 **397418**
松潘华千里光 365077
松潘黄堇 **106064**,105562
松潘黄芪 43113
松潘黄耆 **43113**
松潘荆芥 **265069**
松潘韭 **15750**
松潘拉拉藤 **170653**
松潘棱子芹 **304795**
松潘蒲儿根 **365077**
松潘前胡 **293017**
松潘碎米荠 72829
松潘乌头 **5612**
松潘小檗 51553
松潘绣球 **200120**
松潘阴山荠 **416367**
松潘圆柏 **213911**
松皮金合欢 **1365**
松皮九股牛 30707
松皮橘 93717
松气草 56382
松球菠萝 2625
松球凤梨 **2625**
松球凤梨属 **2623**
松球属 2623,145247,155201,320852
松球丸 **155225**
松球玉 145248
松球玉属 145247
松球掌 158958
松瑞香 **122416**
松伞巢凤梨 **266150**
松散矮人芥 **244312**
松散白花菜 **95662**
松散白蓝钝柱菊 **398331**
松散拜卧豆 **227044**
松散斑鸠菊 **406372**
松散杯冠藤 **117557**
松散彩花 **2252**
松散翅果茉莉 **357771**
松散大沙叶 **286319**
松散灯心草 **213049**
松散丁香蓼 **238153**
松散多鳞草 **261318**
松散方晶斑鸠菊 **406031**
松散芳香木 **38515**
松散非洲鸭跖草 **100904**
松散菲利木 **296195**
松散费尔南兰 **163387**
松散费利菊 **163180**
松散光亮欧石南 **149701**
松散禾叶兰 **12450**
松散红蕊樟 **332270**
松散吉粟草 **175936**
松散假杜鹃 **48156**
松散剪股颖 **12076**
松散绞股蓝 183012
松散凯勒瑞香 **215830**
松散考特草 **108144**
松散拉菲豆 **325109**
松散蜡菊 **189304**
松散蓝星花 **33639**
松散雷耶斯茄 **328311**
松散棱果桔梗 **315284**
松散联苞菊 **196940**
松散列当 **275116**
松散苓菊 **214117**
松散龙面花 **263404**
松散毛瑞香 **219001**
松散米仔兰 **11285**
松散密钟木 **192565**
松散膜被雾冰藜 **86863**
松散莫龙木 **256733**
松散木犀草 **327834**
松散穆伦兰 **256475**
松散千里光 **358726**
松散青锁龙 **108973**
松散日中花 **220528**
松散乳突寻灯草 **88913**
松散塞拉玄参 **357482**
松散三芒草 **33832**
松散沙粟草 **317043**
松散蛇婆子 **413152**
松散鼠尾粟 **372653**
松散束柊叶 **293202**
松散双距花 **128049**
松散水蓑衣 **200610**
松散粟麦草 **230131**
松散苔草 **75080**
松散天鹅绒竹芋 **257909**
松散天竺葵 **288329**
松散庭菖蒲 **365771**
松散无柄黍 **374620**
松散无梗桔梗 **175972**
松散无心菜 **31855**
松散五角木 **313967**
松散雾冰藜 **48763**
松散膝花萝藦 **179345**
松散狭喙兰 **375692**
松散小刺爵床 **184242**
松散鸭嘴花 **214577**
松散芽冠紫金牛 **284031**
松散叶梗玄参 **297105**
松散翼核果 **405444**
松散窄冠爵床 **375758**
松散折舌爵床 **321202**
松散指纹瓣凤梨 **413874**
松散中脉梧桐 **390305**
松散皱稃草 **141750**
松散醉鱼草 **62048**
松莎属 **315151**
松生野荞麦 **152189**
松石南 **43452**
松石南属 **43451**
松寿兰 232640,327525
松鼠三芒草 **34028**
松鼠尾 356944
松鼠尾草 **294909**
松鼠尾草属 **294907**

松鼠尾球 **140322**
松鼠尾鼠茅 **412468**
松属 **299780**
松树 300054,300281
松树杜鹃 **331491**
松树桑寄生 385192
松丝 1145
松穗茜属 **244676**
松塔掌 43442
松塔掌属 **43428**
松苔 75080
松藤 66643,351073
松天麻 **171919**
松田苞子草 **389319**
松田花 **246609**
松田花属 **246608**
松田寄生 385189
松田罗汉松 **306486**
松田糯米团 **179490**
松田氏苞子草 389319
松田氏冬青 **203995**
松田氏红淡比 96593
松田氏荚蒾 **407948**,407802
松田氏柃木 160406
松田氏木犀 276362
松田氏囊唇兰 171869
松田氏卫矛 **157709**
松田卫矛 157709
松田野青茅 127217
松田獐牙菜 380273,380391
松梧 85268,216142
松霞 244198
松下杜鹃 **330907**
松下兰 **202767**
松下兰属 **202761**,258006
松下木 **201634**
松下木属 **201633**
松香草 289568,289569,364290
松香草属 **364255**
松香疳药 24425,30798
松香向日葵 **189057**
松心木 401581
松须菜 104690
松序茅香草 **28002**
松雪 **186303**
松杨 141595,380461
松杨木 380461
松野胡颓子 **142079**
松野苦竹 **304069**
松叶百合 **229991**,229803
松叶百蕊草 **389818**
松叶贝梯大戟 **53146**
松叶萹蓄 **308695**
松叶草 170743
松叶柴胡 361603
松叶柽柳桃金娘 **261024**
松叶簇菊木 **257201**
松叶单脉红菊木 **138907**
松叶单头鼠麹木 **240877**
松叶党参 98327
松叶耳草 **187646**
松叶防风 345978,346448,361603
松叶风兰 **24999**
松叶风芹 361603
松叶佛甲草 **356934**
松叶干若翠 **415478**
松叶格尼瑞香 **178671**
松叶灌木豆 **321733**
松叶海神木 **315732**
松叶海石竹 **34495**
松叶蒿 296072
松叶黄酒草 **203114**
松叶灰毛豆 **386234**
松叶鸡蛋参 **98327**
松叶接骨草 296072
松叶金菊木 **150376**
松叶金菀 **301512**
松叶景天 356934
松叶菊 77441,220674
松叶菊属 77429,251025
松叶兰 **301525**,197265,220674
松叶兰属 **301524**,197253
松叶蓼 308695
松叶留菊 **162972**
松叶柳穿鱼 **231077**
松叶马利筋 **37991**
松叶毛茛 **326303**
松叶毛盘花 **181356**
松叶牡丹 311852
松叶木蓝 **206402**
松叶帕洛梯 315732
松叶佩松木 **292033**
松叶皮索尼亚 292033
松叶普尔特木 321733
松叶千里光 **359756**
松叶青兰 **137584**
松叶丘头山龙眼 **369839**
松叶乳浆大戟 158857
松叶沙参 **7765**
松叶山梗菜 **234694**
松叶山柳菊 **195862**
松叶十大功劳 **242615**
松叶黍 **282081**
松叶丝雏菊 **263208**
松叶苔草 **75974**
松叶文竹 **39105**
松叶西风芹 **361603**
松叶邪蒿 361603
松叶银桦 **180632**
松叶尤利菊 **160856**
松叶远志 **308211**
松叶藻 196818
松叶猪毛菜 344611
松荫蓼 309599
松藻 83545
松针红千层 **67287**
松针蓝花参 **412800**
松之雪 186303
松脂泽兰 **158284**
崧根藤 319833
崧筋藤 319833
菘 59595,59600
菘菜 59595
菘蓝 **209232**,209229
菘蓝芥 **176717**
菘蓝芥属 **176716**
菘蓝千里光 **359151**
菘蓝属 **209167**
菘蓝叶翅果菘蓝 **345718**
菘蓝叶独行菜 **225368**
菘蓝叶千里光 **358966**
菘青 209232
菘山早熟禾 **305434**
嵩草 **217121**,217234
嵩草科 **217317**
嵩草属 **217117**
嵩明木半夏 **141931**
嵩明山茶 **69678**
嵩明省沽油 **374102**
嵩香 385055
嵩叶猪毛菜 344426
宋柏 114690
宋半夏 299724
宋氏绶草 **372271**
送春 **116814**
送春布袋兰 **79556**
送春归 336885
搜骨风 70507
搜空瓦 369855
搜山狗 208875
搜山虎 **25451**,5069,25442,44719,70605,97093,116938,117473,159159,159841,172099,208524,208640,226130,300548,331257,331839,417161,417170,417173,417340
搜山虎属 354678
搜山黄 176222
搜山猫 79732
搜涎 161373
搜筵 161373
溲疏 **127072**
溲疏属 **126832**
薮柑子 31477
薮橘 31477
薮苔草 75993
薮苎麻 56181
瘷瓜 256797
苏 290952
苏阿兰 **379627**
苏阿兰属 **379626**
苏埃热西澳兰 **118270**
苏安染料木 **173074**
苏安远志 **308388**
苏巴金合欢 **1434**
苏瓣大苞兰 **379785**
苏瓣石斛 **125177**
苏北碱蒿 35481
苏贝母 168586
苏本兰 **366764**
苏本兰属 **366763**
苏伯兰 366786
苏薄荷 **250322**,250370,268438
苏布雷马钱 **378887**
苏布雷柿 **132405**
苏采木 **184517**
苏刺蔷薇 336965
苏打其柑橘 **93814**
苏打猪毛菜 **344718**
苏大 272090
苏丹草 **369707**
苏丹草属 **374080**
苏丹大地豆 **199369**
苏丹大戟 **159906**
苏丹豆 **97212**
苏丹豆属 **97211**
苏丹凤仙 205346,205444
苏丹凤仙花 **205444**
苏丹禾 **379682**
苏丹禾属 379681
苏丹嘉兰 **177250**
苏丹假杜鹃 **48367**
苏丹荆芥 **265067**
苏丹酒椰 **326646**
苏丹榼藤子 **145920**
苏丹可乐果 99158,99240
苏丹劳德草 **237816**
苏丹肋瓣花 **13871**
苏丹芦莉草 **339821**
苏丹绵枣儿 **353084**
苏丹母草 **231584**
苏丹木槿 **195251**
苏丹破布木 **104148**
苏丹蒲桃 **382566**
苏丹茄 **367649**
苏丹绒毛草 **197331**
苏丹山刺爵床 **273714**
苏丹唐菖蒲 **176577**
苏丹天芥菜 **190751**
苏丹田菁 **361444**
苏丹梧桐属 99157
苏丹香 **135095**
苏丹香属 **135089**
苏丹肖毛蕊花 **80554**
苏丹羊茅 **164342**
苏丹柚木芸香 **385451**

苏岛闭花木 94539
苏德禾属 **379681**
苏迪洛冠须菊 **405970**
苏底山马先蒿 **287718**
苏底提地杨梅 **238706**
苏尔·瑟雷斯八仙花 **199982**
苏方 65060
苏方木 65060
苏方竹 47346
苏枋 65060
苏枋木 65060
苏枋竹 47346
苏风 346448
苏甘大戟 **159792**
苏格德鸢尾 208607
苏格拉底棕属 366806
苏格兰薄荷 250337
苏格兰刺蓟 271666
苏格兰大宝石南 **121061**
苏格兰大戟 159792
苏格兰藁本 **229384**
苏格兰蒿 **35993**
苏格兰蓟 271666
苏格兰假龙胆 **174153**
苏格兰金链花 **218757**
苏格兰留兰香 **250337**
苏格兰欧石南 **149205**
苏格兰蔷薇 336851
苏格兰染料木 172922
苏格兰小粉蔷薇 **336303**
苏格兰岩菖蒲 **392630**
苏格兰岩荠 **98014**
苏格罗克冬青 204292
苏格椰子属 366806
苏合草 **379674**
苏合草属 **379673**
苏合香 **232562**
苏花 235742,235749,235860,235878
苏花藤 235878
苏槐蓝 205782
苏黄 160637
苏黄耆 **43118**,243823
苏藿香 10414
苏吉 329372
苏菅 290968
苏卡风毛菊 **348830**
苏卡千里光 **360162**
苏卡苔草 74685
苏克荸荠 **143361**
苏克草 **379707**
苏克草属 **379706**
苏克卡玛百合 **68802**
苏克蕾禾 **379679**
苏克蕾禾属 379677
苏克毛茛 **325804**
苏克蝇子草 **364090**
苏苦木 **369888**
苏苦木属 **369887**
苏库巴斗花 **196393**
苏快特榈属 366806
苏昆茜 **379710**
苏昆茜属 **379708**
苏拉威西胡椒 300473
苏拉威西蝴蝶兰 **293588**
苏拉威西萝藦 **274115**
苏拉威西萝藦属 **274114**
苏拉威西盘豆 **215295**
苏拉威西盘豆属 **215294**
苏拉威西乌木 132093
苏赖曼草 **379712**
苏赖曼草属 **379711**
苏兰木属 **418481**
苏兰茄属 366863
苏里南白头菊 **96648**
苏里南红豆 **274384**
苏里南克力巴菊 96648
苏里南苦木 364382
苏里南苦玄参 **298528**
苏里南苦油楝 72652
苏里南兰 **354591**
苏里南兰属 **354590**
苏里南肉豆蔻 **261461**
苏里南酸渣树 **72652**
苏里南尾隔堇 **20728**
苏里南蝎尾蕉 **190050**
苏里南鳕苏木 **258375**
苏里南朱缨花 **66686**
苏里南竹 **47309**
苏理木蓝 206564
苏利南合欢 66686
苏利特茜 **379720**
苏利特茜属 **379719**
苏利耶非芥 **181707**
苏联宾草 317081
苏联甘草 **177897**
苏联肉质叶蒿 **36350**
苏联鸢尾 208797,208801
苏联猪毛菜 344743
苏苓氏阿芒多兰 **34578**
苏卢独行菜 **225466**
苏卢风车子 **100405**
苏卢合欢 **13679**
苏卢梅蓝 **248885**
苏卢枣 **418222**
苏罗单竹 351862
苏罗子 9683,9684,9738
苏麻 290940,290968
苏麻德栎 324415
苏麻竹 125477
苏麻竹属 125461
苏马金合欢 **1636**
苏马矢车菊 **81411**
苏马鼠尾草 **345419**
苏门白酒草 103617
苏门答腊安息香 **379423**
苏门答腊八果木 **268819**
苏门答腊八角 **204595**
苏门答腊白酒草 **103617**
苏门答腊荸荠 **143362**
苏门答腊杜鹃 **330159**
苏门答腊短梗玉盘 **399378**
苏门答腊多杯茜 **304178**
苏门答腊富尔南星 **169261**
苏门答腊桄榔 **32342**
苏门答腊合欢 1249
苏门答腊红豆杉 385400
苏门答腊红光树 **216853**
苏门答腊红芽大戟 **217101**
苏门答腊蝴蝶兰 **293637**
苏门答腊黄木小檗 **52387**
苏门答腊黄牛木 **110283**
苏门答腊见血飞 **252758**
苏门答腊金合欢 **1249**
苏门答腊罗汉果 **365335**
苏门答腊萝芙木 **327061**
苏门答腊木蓝 **206629**
苏门答腊木麻黄 **79187**
苏门答腊拟小豆蔻 143362
苏门答腊牵牛 208224
苏门答腊染木树 **346483**
苏门答腊莎草 **379744**
苏门答腊莎草属 **379743**
苏门答腊山榄 **56521**
苏门答腊山榄科 **56523**
苏门答腊山榄属 **56520**
苏门答腊十大功劳 **242647**
苏门答腊松 **300068**
苏门答腊万代兰 **404674**
苏门答腊万带兰 404674
苏门答腊五出百部 **290061**
苏门答腊腺萼木 **260655**
苏门答腊新斯科大戟 **264499**
苏门答腊鹰爪花 **35064**
苏门答腊油楠 **364712**
苏门塔腊棕 212402
苏米阿榈属 368611
苏米特洋白蜡树 **168061**
苏摩那 211848
苏姆绿心樟 **268730**
苏姆早熟禾 **305972**
苏木 **65060**,184517
苏木红 4304
苏木科 65084
苏木蓝 **205782**
苏木奈风毛菊 **348832**
苏木山花葱 **307244**
苏木属 64965
苏木通 94740
苏木帐子 295142
苏穆千里光 **360166**
苏南花属 366863
苏南黄耆 **42879**
苏南宽萼沙参 7854
苏南荠苨 **7854**
苏芡实 160637
苏染草属 89320
苏萨番红花 **111612**
苏萨梅尔棘豆 **279193**
苏萨尼秋海棠 **50346**
苏珊海蔷薇 **184800**
苏珊娜百蕊草 **389891**
苏珊娜大戟 **159915**
苏珊娜青锁龙 **109437**
苏珊娜叶苞帚鼠麹 **20631**
苏舌唇兰 302260
苏史密斯桧柏 **213662**
苏氏报春 314998
苏氏兜兰 **282900**
苏氏番红花 **111614**
苏氏繁缕 375101
苏氏风铃草 **70294**
苏氏花凤梨 **392047**
苏氏桦 **53619**
苏氏芥 **379670**
苏氏芥属 **379669**
苏氏爵床 **379688**
苏氏爵床属 **379686**
苏氏马先蒿 **287686**
苏氏苜蓿 **247473**
苏氏山柳菊 **195955**
苏氏十大功劳 242607,242637
苏氏委陵菜 **312964**
苏氏乌头 **5611**
苏斯科维汉矮樱桃 **316740**
苏苏瓦五星花 **289891**
苏檀木 274412
苏特兰 **380040**
苏特兰属 **380039**
苏特丝兰 **416647**
苏铁 **115884**
苏铁科 **115793**
苏铁属 **115794**
苏铁树 115884
苏头菊属 **89384**
苏沃补血草 320002
苏沃葱 **15793**
苏沃罗夫肖毛蕊花 **80555**
苏亚雷斯棒果树 **332405**
苏亚雷斯丹氏梧桐 **136002**
苏亚雷斯猴面包树 **7035**
苏亚雷斯黄檀 **121835**
苏亚雷斯卡普山榄 **72142**
苏亚雷斯芦荟 **17307**
苏亚雷斯木蓝 **206601**
苏亚雷斯铁线子 **244596**
苏亚雷斯鸭嘴花 **214833**
苏亚雷斯叶节木 **296844**

苏亚雷斯异决明 **360487**
苏亚竹 **366829**
苏亚竹属 **366828**
苏延胡 105720,106380
苏姚紫檀 **320330**
苏叶草 239981
苏叶蒿 88289
苏园子 332221
苏枳壳 93368
苏州节节菜 **337382**
苏州荠苎 **259324**
苏子 290940
苏子草 274237
酥醪绣球 **199862**
酥梨 **323272**
酥油草 164126
俗气花 243833
肃北黄耆 **42668**
肃草 **144482**
肃南桦 **53620**
素白肖鸢尾 **258531**
素方花 **211940**
素功楼梯草 **142862**
素黑簪 186907
素黑簪木 **186907**
素花贝母 **168360**
素花草 362617
素花党参 **98401**
素花凤梨百合 **156028**
素花欧洲百合 **229925**
素黄含笑 **252871**
素柳穿鱼 **231132**
素柰 243675
素强抛 **93818**
素清花 84417
素忍冬 235964
素色獐牙菜 **380206**
素藤花 211940
素香 255711
素心建兰 **116843**
素心腊梅 87526
素心蜡梅 **87526**,87525
素心兰 **116836**
素馨 211848,211940,211990
素馨地锦树 352438
素馨杜鹃 **330956**
素馨花 **211848**,211963
素馨花九节 **319608**
素馨科 127445
素馨茄 367265
素馨属 **211715**
素馨野牡丹 **229680**
素馨叶白英 **367265**
素兴花 211963
素雅斗 125279
素羊茅 **164083**
素英属 211715
素珠果 99124
速生柏 114714
速生草 144661
速生蒿荷木 **197154**
速生赫柏木 **186977**
速生胡颓子 **141981**
速生科林比亚 106824
速生猪屎豆 **112653**
宿瓣胡卢巴 396920
宿瓣堇 **266467**
宿瓣堇属 **266466**
宿苞豆 **362298**
宿苞豆属 **362292**
宿苞果 **261855**
宿苞果科 **261851**
宿苞果属 **261854**
宿苞厚壳树 **141606**
宿苞兰 **113513**
宿苞兰属 **113511**
宿苞秋海棠 **50420**
宿苞山矾 381422
宿苞山猪菜 250794
宿苞石仙桃 **295523**
宿存滨藜 **44568**
宿存短片帚灯草 **142983**
宿存角果帚灯草 **83430**
宿存皮姆番杏 **294390**
宿存苔草 **75761**
宿存紫波 **28503**
宿萼果 **105239**
宿萼果科 **105249**
宿萼果属 **105238**
宿萼厚壳树 141606
宿萼假耧斗菜 283721
宿萼金丝桃 201787
宿萼毛茛 **325897**
宿萼木 **378474**
宿萼木兰属 399855
宿萼木属 **378473**
宿萼枸子 **107722**
宿根白酒草 **103561**
宿根草藤 408262
宿根巢菜 408262
宿根翠菊 67314
宿根缎花 **238379**
宿根风船葛 73201
宿根画眉草 **147875**
宿根假耧斗菜 283721
宿根肋柱花 **235457**
宿根类蜀黍 **155880**
宿根马唐 **130800**
宿根苕子 408262
宿根天人菊 **169575**
宿根香豌豆 222750
宿根亚麻 **231942**
宿根烟草 266035
宿根银扇草 238379
宿根羽扇豆 **238473**,238481
宿根月见草 269486
宿根獐牙菜 **380302**
宿冠草 **182091**
宿冠草属 **182090**
宿冠花 3893
宿冠花科 3894
宿冠花属 3892
宿果银桦 **180650**
宿鳞稠李 **280042**
宿鳞杜鹃 **330099**
宿爿堇 **10443**
宿爿堇属 **10439**
宿芩 355387
宿生早熟禾 **305824**
宿穗稗 **140474**
宿田翁 289015
宿星菜 239645
宿叶马先蒿 **287750**
宿轴菊 **354507**
宿轴菊属 **354504**
宿轴木兰 399856
宿轴木兰属 399855
宿柱白蜡 168112
宿柱白蜡树 168112
宿柱梣 **168112**
宿柱杜鹃 **330398**
宿柱空船兰 **9184**
宿柱三角咪 279744,279748
粟 **361798**,361794
粟百合 230058
粟草 **254515**,254516
粟草属 **254496**
粟草叶播娘蒿 **126119**
粟草叶芳香木 **38665**
粟草叶飞廉 **73416**
粟草叶毛茛 **326089**
粟草叶前胡 **292931**
粟草叶色罗山龙眼 **361206**
粟谷 361794
粟果野桐 **243425**
粟寄生 410979
粟落芒草 **300728**
粟麻 128026
粟麻属 128023
粟麦草科 **230114**
粟麦草属 **230115**
粟米 417417
粟米草 **256719**
粟米草车叶草 **39379**
粟米草荷莲豆草 **138492**
粟米草科 **256684**
粟米草青锁龙 **109183**
粟米草散绒菊 **203469**
粟米草属 **256689**
粟牛茄草 143530
粟苹婆 376110
粟属 361680
粟猪殃殃 **170490**
粟仔越 143530
粟子越 143530
塑草 **177971**
塑草属 **177970**
榡屎 296679
酸巴豆属 **4576**
酸白果 171145
酸斑苋 277747
酸蘸 338703
酸不溜 309056,339887
酸菜 311890
酸菜草 239645
酸草 **395418**,277747
酸草果 50087
酸草属 **395416**
酸查 109936
酸橙 **93332**,93368
酸橙果 **397877**
酸橙果属 **397876**
酸橙花 93368
酸唇草 **4663**
酸唇草属 **4661**
酸刺 196757,196766,342198
酸刺溜 196766
酸刺柳 196757,196766
酸酢草 277747
酸酢浆草 **277664**,277648
酸醋花 195180
酸醋酱 277747
酸醋木 144752
酸醋树 88691
酸醋藤 144752
酸得溜 277747
酸丁 83220
酸豆 **383407**
酸豆短盖豆 **58789**
酸豆戟属 4576
酸豆科 **383403**
酸豆属 **383404**
酸多果 345788
酸多李 135114
酸恶俞 14760
酸尔蔓 278366
酸杆 167300,328345
酸杆杆 49914
酸柑 93332
酸柑子 93495
酸格 1176
酸格刺 1176
酸狗奶子 52049
酸古藤 20348,411589,411590
酸罐罐 239594
酸果 171086,244407,247562
酸果蔓属 278351
酸果树 383407

酸果酸脚杆 **247562**
酸果藤 18562,144752
酸果藤属 18560
酸果叶下珠 **296466**
酸果越橘 278366
酸海檀木 **415560**
酸海棠 **200964**
酸海棠科 **200989**
酸海棠属 **200963**
酸猴儿 50148,167299
酸黄瓜 114171
酸叽叽树 165761
酸鸡藤 144810
酸箕 277747
酸甲藤 79850
酸尖菜 367322
酸姜 309056,339887
酸浆 **297643**,277747,297645,339887
酸浆扁爵床 **292223**
酸浆菜 278577
酸浆草 277747,278577,297645,308953,329338,340075
酸浆木槿 **195101**
酸浆木属 207340
酸浆茄 **114029**
酸浆茄属 **114028**
酸浆实 297645
酸浆属 **297640**
酸浆树 110258
酸蒋 297643
酸酱头 332509
酸角 383407
酸角草 277747
酸饺 383407
酸饺草 277747
酸脚杆 **247579**,49744
酸脚杆格雷野牡丹 **180405**
酸脚杆属 **247526**
酸接木 247623
酸节草 **247462**
酸金牛属 326523
酸酒子 167300
酸桔 93748
酸橘 **93748**,93717
酸苦瓜 300504
酸蓝果树 267859
酸冷果 110030
酸梨 323116,323330,323346
酸梨刺 51374
酸梨子树 323268
酸里红 109936
酸蔹藤 **20220**
酸蔹藤属 **20214**
酸蓼 308697
酸溜草 277747
酸溜酒 278099
酸溜溜 196766,275363,278099,333929,336738,339887
酸溜子 239558
酸榴根 328345
酸柳果 196757
酸麻子 334166
酸马唐 **130605**
酸梅 34442,34448,261212,383407
酸梅草 277747
酸梅簕 342198
酸梅子 109936,407785
酸闷木 407852
酸咪咪 52371
酸迷 339887
酸迷迷草 277747
酸米草 277747
酸米子 237539
酸模 **339887**,329355
酸模老鸦嘴 **390868**
酸模芒 81694
酸模芒属 81692
酸模属 **339880**
酸模叶蓼 **309298**
酸模叶蒴莲 **7275**
酸模叶橐吾 229085,229166
酸母 277747,339887
酸母草 277747
酸母子 338628,338631
酸木 **278389**
酸木瓜 84573
酸木果 171145
酸木槿 **194689**
酸木苹果 163506
酸木属 **278388**
酸木通 339887
酸柠檬 93329
酸盘子 144759
酸胖 266377,266381
酸枇子 277747
酸苹果 **243549**,50087,243659
酸葡萄藤 411623
酸蕅子 144752
酸荞麦 162309
酸蕊花属 278158
酸三姩 45725
酸梢越橘 403915
酸树 178025
酸树芭 393657
酸水草 312220,378991
酸水慈姑 **342330**
酸酸草 277747
酸酸苋 18822
酸塔 275363
酸苔菜 **31607**
酸苔果 144810
酸汤菜 339887
酸汤草 339887
酸汤杆 49722,328345,407785
酸汤竿 49993
酸汤梗 328345
酸汤果 407852
酸汤泡 407852
酸汤叶 28310
酸藤 **309707**,20348,20354,20447,144793,309564,402201
酸藤果 144752
酸藤果属 144716
酸藤木 144752,402201
酸藤属 139945
酸藤头 144752
酸藤子 **144752**,144810,247537
酸藤子科 **144829**
酸藤子属 **144716**
酸通 328345
酸桐木 171155
酸桐子 171145
酸铜子 342198
酸桶芦 328345
酸桶笋 328345
酸筒杆 328345
酸筒根 328345
酸味 342198
酸味补血草 **230510**
酸味菜 311890
酸味草 277747
酸味果 136846
酸味蓝果树 267859
酸味木 204184
酸味蕅 144793
酸味秋海棠 49593,49594
酸味树 28316
酸味子 28341,277747
酸窝窝 275363
酸五棱 45725
酸五月茶 **28341**
酸苋 311890
酸香 121837
酸香树 121860
酸肖地阳桃 **253973**
酸杨梅 261195
酸洋葵 **288052**
酸野荞麦 **152399**
酸叶胶藤 **402201**
酸叶秋海棠 **49596**
酸叶树 28310,278389
酸叶树属 278388
酸叶藤 402201
酸叶下珠 296466
酸叶子 28341
酸移栋 135114
酸益 285859,285880
酸柚寄生 385192
酸掾槠 78927
酸枣 **418175**,88691,109760,109936,198769,418169,418184
酸枣树 88691,418175
酸枣子藤 80141
酸渣树 **72640**
酸渣树属 **72634**
酸楂 109936
酸沼柳叶菜 146634
酸赭 345881
酸芝草 277747
酸枝树 320327
酸猪草 278583
酸竹 **4595**
酸竹属 **4590**
酸子 334250
蒜 **15698**,15726
蒜阿魏 **163709**
蒜瓣果 28407,46198
蒜瓣子草 23670
蒜辫子草 23670
蒜臭母鸡草 292490
蒜臭母鸡草科 292493
蒜臭母鸡草属 292488
蒜葱 15170
蒜果木属 **354727**
蒜红柱树 **78657**
蒜介茄 367617
蒜芥茄 **367617**
蒜藜芦 405571,405598
蒜楝木 **45908**
蒜楝木属 **45906**
蒜楝属 45906
蒜苗七 272057
蒜脑 229872
蒜脑藷 229765,230058
蒜皮苏木 **354735**
蒜皮苏木属 **354732**
蒜葡萄 **244710**
蒜葡萄属 **244709**
蒜树 **198907**
蒜树科 **198909**
蒜树属 **198906**
蒜头 15698
蒜头百合 **230030**
蒜头果 **242984**
蒜头果属 **242983**
蒜头石蚕 388272
蒜头树 302601
蒜头香科 388272
蒜味破布木 104153
蒜味珊瑚 **170787**
蒜味珊瑚属 170786
蒜味珊瑚树属 **170786**
蒜味香科 388272
蒜味香科科 **388272**
蒜香藤 **347092**,54306
蒜香藤属 **347091**

蒜叶大戟 **159798**
蒜叶密钟木 **192704**
蒜叶婆罗门参 **394327**
蒜叶破布木 104153
蒜叶香科科 388272
蒜叶玄参 **355237**
蒜状香科 **388273**
蒜仔 15726
算藜芦 405598
算盘果 70396
算盘花 377941
算盘楼梯草 **142668**
算盘七 110502,232197,308523,309841,366284,377930
算盘七属 377902
算盘珠 177170
算盘竹 **206881**
算盘子 **177170**,177123
算盘子密榴木 254548
算盘子属 **177096**
算珠豆 **402153**
算珠豆属 **402149**
荽 104690
荽味砂仁 **19837**
荽叶委陵菜 **312470**
葰 17656,104690
睢 401094
睢蒲 401094
绥定苓菊 **214182**
绥江凤仙花 **205343**
绥江小檗 51773
绥江玉山竹 **416818**
绥阳雪里见 **33474**
随风子 386504
随经草 274237
随军茶 226698
随身丹 416508
随氏寄生 **363056**
随氏寄生属 **363055**
随氏路边青 **363063**
随氏路边青属 **363057**
随手香 5803,5809,5821,401094,404325
随脂 272090
髓菜 210364
髓黄芩 355386
髓菊木 **212339**
髓菊木属 **212338**
岁菊 8331
岁月变幻滇山茶 **69556**
遂昌冬青 **204303**
遂昌凤仙花 **205342**
遂昌雷竹 **297398**
遂昌早竹 297398
遂川箬竹 **206832**
遂叶卫矛 157466
碎骨风 70507
碎骨红 108583
碎骨还阳 5552,5574,364919
碎骨莲 67864
碎骨木 204217
碎骨仔树 352432
碎骨子 236284
碎花溲疏 **127036**,127013
碎花纸马缨丹 **221241**
碎剪罗 363235
碎锦福禄桐 310199
碎兰花 209753,209796
碎蓝木 226977
碎脉九节 **319550**
碎毛被叶杜鹃 331504
碎米柴 126465
碎米果 144793,261601
碎米花 **331872**,127059,178218
碎米花树 413817
碎米芥 43053
碎米蕨叶黄堇 105730
碎米蕨叶金合欢 **1132**
碎米蕨叶马先蒿 **287084**
碎米蕨叶牻牛儿苗 **153749**
碎米棵 261601
碎米兰 11300,179679
碎米荠 **72802**,43053,72749,72971
碎米荠属 **72674**
碎米荠小芝麻菜 **154084**
碎米荠叶葶苈 **136963**
碎米青 91482
碎米莎草 **119041**
碎米团果 407846
碎米香附 118679
碎米丫 371836
碎米桠 **209811**,371836
碎米知风草 147746,147995
碎米子 342198
碎米子树 381341
碎密花 100039
碎棉 171163
碎石荠属 **176714**
碎石苔 74654
碎石苔草 **74654**
碎束花 204398
碎雪草属 160128
碎叶福禄桐 310208
碎叶青花 178218
碎叶山芹 276748
碎叶芍药 280318
碎叶西风芹 361467
碎叶岩风 **228584**
碎叶子 382497
碎蚁草 178218
碎舟草 **262873**
碎舟草属 **262872**
隧毛欧石南 149195
檖 323116
燧石鼠麹木 **269269**
燧体木科 111819
穗菝葜 **366240**
穗报春属 **56554**
穗杯花属 **385719**
穗鞭地皮消 **283766**
穗刺草 **140107**
穗地杨梅 238697
穗萼叶下珠 **296562**
穗发草 **126086**
穗稃草属 **161110**
穗高球 **244111**
穗高丸 244111
穗果木 332329
穗果茜 **373061**
穗果茜属 **373060**
穗胡卢巴 **397278**
穗花 **317964**
穗花八宝 200805
穗花斑叶兰 179679
穗花半边莲 **234785**
穗花报春 **314298**,315006
穗花薄荷属 **187176**
穗花刺头菊 **108283**
穗花翠雀 124194
穗花翠雀花 **124456**
穗花大黄 329397
穗花地胆草 **143472**,317233
穗花地杨梅 **238697**
穗花杜鹃 331872
穗花菲利木 **296312**
穗花粉条儿菜 **14520**
穗花风信子兰 **34899**
穗花凤梨属 301099
穗花佛甲草 200805
穗花福王草 313848
穗花甘蓝树 **115239**
穗花灌木帚灯草 **388836**
穗花蒿 35197
穗花黑五加 115239
穗花狐尾藻 261364
穗花画眉草 **147973**
穗花槐 **20005**
穗花鸡头薯 **153055**
穗花金合欢 **1455**
穗花荆芥 **264973**
穗花韭 **254945**
穗花韭科 **254947**
穗花韭属 **254944**
穗花卷瓣兰 **62806**,62961
穗花卷唇兰 62806
穗花科 **357396**
穗花库塔龙胆 **108475**
穗花拉菲豆 **325140**
穗花兰 125535
穗花类叶升麻 **6448**
穗花芦荟 **17288**
穗花罗汉松 **306518**
穗花马鞭草 383671
穗花马先蒿 **287689**,287478
穗花麦冬草 **272140**,232640
穗花毛兰 299639
穗花牡荆 **411189**
穗花木蓝 206573
穗花牧根草 **298069**
穗花南蛇藤 80341
穗花念珠藤 18530
穗花婆婆纳 317964
穗花槭 **3629**
穗花棋盘脚树 48518
穗花瑞香 **122426**
穗花赛葵 **243880**
穗花山奈 187432
穗花山桐 243420
穗花山竹子 **171197**
穗花杉 **19357**
穗花杉科 **19353**
穗花杉属 **19356**
穗花蛇鞭菊 **228529**
穗花蛇菰 **46874**,46859
穗花属 **317904**,301099
穗花树兰 28997
穗花水苦荬 317964
穗花塔蒙草 **383671**
穗花檀香 **346219**
穗花唐棣 **19293**
穗花溪荪 46148
穗花溪荪属 46022
穗花苋 **206764**
穗花苋属 **206763**
穗花香薄荷 **390991**
穗花香科 388114
穗花香科科 **388114**
穗花香苦草 203064
穗花玄参 **355246**
穗花血草 **184529**
穗花血根草 184529
穗花岩薄荷 **114529**
穗花盐草 **134842**
穗花偃麦草 **144677**
穗花野丁香 **226119**
穗花一叶兰属 125526
穗花原沼兰 **243130**
穗花沼兰 243130
穗花柊叶 373080
穗花柊叶属 373079
穗花轴榈 **228738**
穗花茱萸属 **373025**
穗霍尔婆婆纳 **197612**
穗荆芥 264973
穗藜 **87146**
穗裂矢车菊 **81243**
穗马拉茜 **242981**

穗婆婆纳　317964
穗荨麻　**403020**
穗蕊大戟　**373015**
穗蕊大戟属　**373014**
穗三毛　398531
穗三毛草　**398531**
穗树苣苔　**217748**
穗苔草　**76328**
穗头菊　**373045**
穗头菊属　**373044**
穗苋树　**86041**
穗苋树属　**86037**
穗形七度灶　369282
穗雄大戟属　**373486**
穗序补血草　**230777**
穗序葱臭木　**139674**
穗序大黄　**329397**
穗序灯头菊　**238937**
穗序灯头菊属　**238935**
穗序鹅掌柴　**350680**
穗序剪股颖　12136
穗序碱茅　**321393**
穗序蔓龙胆　**110330**
穗序木蓝　**206573**
穗序山香　**203064**
穗序铁苋菜　**1991**
穗序橐吾　**229212**
穗序椰属　218789
穗序野古草　37400
穗序钟花草　226516
穗叶合毛菊　**170937**
穗叶藤属　397900
穗叶旋花　**103306**
穗叶远志　**308253**
穗远志　**308376**
穗云实　**65067**
穗踯躅　397862
穗柱榆科　400496
穗柱榆属　400486
穗状百金花　**81536**
穗状百蕊草　**389880**
穗状半花藤　**288976**
穗状伴帕爵床　**60328**
穗状贝尔茜　**53114**
穗状扁芒草　**122292**
穗状冰草　**11883**
穗状糙须禾　**393919**
穗状垂花报春　**315006**
穗状大戟　**159860**
穗状毒马草　**362873**
穗状二裂玄参　**134073**
穗状芳香木　**38808**
穗状非洲鸢尾　**27731**
穗状附生藤　**346846**
穗状附生藤属　**346845**
穗状隔蒴苘　**414533**
穗状寒生羊茅　**164142**
穗状黑三棱　**370042**
穗状红果大戟　**154854**
穗状狐尾藻　**261364**
穗状虎尾兰　**346149**
穗状花椒　**417347**
穗状花洋紫荆　49215
穗状黄莎草　**118605**
穗状棘豆　**279171**
穗状坚果番杏　**387219**
穗状金匙木　**64432**
穗状金果椰　**139421**
穗状警惕豆　**249742**
穗状具柄三芒草　**34042**
穗状爵床　214817
穗状拉赫曼皱稃草　**141776**
穗状蜡瓣花　**106682**
穗状肋瓣花　**13870**
穗状裂蕊紫草　**235048**
穗状林地苋　**319048**
穗状凌风草　**60388**
穗状露兜树　**281131**
穗状罗勒　**268630**
穗状毛蕊花　**405781**
穗状美非补骨脂　**276989**
穗状绵枣儿　**353080**
穗状穆拉远志　**260062**
穗状拟九节　**169365**
穗状欧石南　**149850**
穗状槭　3629
穗状枪刀药　**202618**
穗状球形青葙　**80417**
穗状肉柊叶　**346877**
穗状山芝麻　**190112**
穗状双距花　**128102**
穗状双距兰　**133946**
穗状水蓑衣　**200660**
穗状唐棣　19293
穗状瓦莲　**337316**
穗状弯管花　**86246**
穗状五星花　**289872**
穗状五月茶　28402
穗状腺萼菊　**68293**
穗状香茶　**303682**
穗状香薷　**144095**
穗状香芸木　**10719**
穗状小笠原天麻　**171912**
穗状肖草瑞香　**125772**
穗状肖裂蕊紫草　**141043**
穗状星草菊　**241545**
穗状绣球防风　**227708**
穗状悬钩子　**339326**
穗状薰衣草　223251
穗状鸭嘴花　**214816**
穗状异木患　**16145**
穗状云兰参　**84615**
穗状猪屎豆　**112724**
穗子属　111816
穗子榆　77276,77411,276808
缝瓣脆蒴报春　**314554**
缝瓣繁缕　**375071**
缝瓣无心菜　**31900**
缝瓣蚤缀　31900
缝瓣珍珠菜　**239656**
缝唇石斛　125021
缝果荠　**391472**
缝果荠属　**391471**
缝环唇兰　**305038**
缝裂石竹　**127787**
缝毛荷包牡丹　**128296**
缝蕊藤黄　**391497**
缝蕊藤黄属　**391496**
缝舌兰　**391476**
缝舌兰属　**391475**
缝叶黄眼草　**416062**
缝叶景天　**356572**
缝叶卫矛　**157466**
缝竹属　**166143**
缝柱爵床　**391499**
缝柱爵床属　**391498**
孙必兴早熟禾　**306044**
孙儿茶　279757
孙福蓟　**92182**
孙奶子　315177,365003
孙施　277747
孙氏凤仙花　**205348**
孙祖斑鸠菊　**406848**
荪芜　59575,339887
损瓣爵床属　**217794**
笋瓜　**114288**,114300
笋花蒿　35397
笋尖七　5556
笋兰　**390917**
笋兰属　**390916**
笋椰属　161053
笋子　219487
隼人瓜　356352
娑罗果　9738
娑罗花　376466
娑罗木　80120
娑罗树　9683,80120,362220
娑罗双　**362220**
娑罗双桑寄生　355317
娑罗双属　**362186**
娑罗双树　362220
娑罗双树属　362186
娑罗子　9683,9738
桫罗椰子　**228736**
桫罗椰子属　228729
桫椤　9683,362220
桫椤木属　342581
桫椤树　9683,157285
梭草　156513
梭翅秋海棠　**49864**
梭地姜　**174294**
梭萼梧桐属　**399404**
梭葛草　172779
梭根桔梗　**342104**
梭根桔梗属　**342102**
梭果豆属　235513
梭果革瓣花属　**59813**
梭果黄芪　42208,42348
梭果黄耆　**42348**
梭果尖泽兰　**182535**
梭果尖泽兰属　**182534**
梭果苣　**9773**
梭果苣属　**9771**
梭果爵床属　85937
梭果玉蕊　**48516**,48515
梭花茄　**27557**
梭花茄属　**27556**
梭花石南属　102756
梭景天　**356762**
梭利藤属　368539
梭罗　115884
梭罗巴属　348038
梭罗草　**335521**,215967
梭罗加博　368552
梭罗属　327357
梭罗树　**327371**,9738
梭罗树属　**327357**
梭罗以礼草　**215967**
梭椤子　9683,9684,9738
梭沙韭　**15302**
梭砂贝母　**168391**
梭氏菊属　368527
梭穗姜　**417994**
梭梭　**185064**
梭梭柴　185064
梭梭大列当　**274977**
梭梭属　**185062**
梭柙　172779
梭形摩斯马钱　**259341**
梭形球柱草　**63275**
梭形野荞麦　**152084**
梭叶火把树属　**172538**
梭叶树　232592
梭鱼草　310993
梭鱼草属　310990
梭柱茜属　**44105**
梭籽堇　**169278**
梭籽堇属　**169275**
梭子草科　390937
梭子果　**139784**,139782
梭子果属　**139781**
蓑草　156513
蓑叶子　253385
蓑衣包　131501
蓑衣草　103438,306834,351309,380131
蓑衣果　144793
蓑衣榜　78966

蓑衣莲 40095,215343,380319
蓑衣七 5574
蓑衣槭 3366
蓑衣藤 94748,94899
蓑衣油杉 **216137**
缩苞木属 **113335**
缩刺仙人掌 **273061**
缩短刺头菊 **108218**
缩短单室爵床 **257988**
缩短凤卵草 **296869**
缩短芙兰草 **168873**
缩短钩枝藤 **22050**
缩短光紫黄芩 **355556**
缩短厚膜树 **163397**
缩短胡麻 **361295**
缩短积雪草 **81565**
缩短决明 **78205**
缩短蓼 **308692**
缩短欧石南 **150084**
缩短奇鸟菊 **256258**
缩短千里光 **358160**
缩短热非南星 **21895**
缩短三角车 **334563**
缩短矢车菊 **80894**
缩短唐菖蒲 **175991**
缩短舟叶花 **340549**
缩短猪屎豆 **111852**
缩短柱杯苋 **115710**
缩盖斑鸠菊 115595
缩梗乌头 **5564**
缩花大岩桐寄生 **384054**
缩减无心菜 **32176**
缩茎韩信草 **355514**
缩口丽韭 **128873**
缩芒披碱草 **144263**
缩箬 272684
缩箬属 272611
缩砂密 **19933**,19930
缩砂蔤 19930,19933
缩砂蜜 19933
缩砂仁 19930,19933
缩缩草 119503
缩团扇 272915
缩小百里香 **391170**
缩小谷木 **249941**
缩小金鱼草 **28594**
缩小青锁龙 **109397**
缩小三芒草 **33837**
缩小鸭嘴花 **214453**
缩小舟叶花 **340641**
缩小猪屎豆 **112082**
缩序火焰花 **295019**
缩序铃子香 **86806**
缩序米仔兰 **11276**
缩序卫矛 157386
缩叶黄细心 56420
缩玉 **140583**
所罗豆属 96633
所罗门茶梅 **69595**
所罗门谷椰 **252637**
所罗门木 **413989**
所罗门木姜子 **234066**
所罗门木属 **413988**
所罗门染木树 **346476**
所罗门异苞棕 **194136**
所罗门绉子棕 321174
唢呐草 **256032**
唢呐草属 **256010**
唢呐花 205548
索白拉虎耳草 **349291**
索包草 **366774**
索包草属 **366771**
索草 375809
索翅猪屎豆 **112581**
索单头爵床 **257294**
索岛草 **266327**
索岛草属 **266326**
索岛爵床 **24561**
索岛爵床属 **24560**
索岛茜属 **68447**
索德拜卧豆 **227091**
索德芳香木 **38840**
索德菲利木 **296327**
索德骨籽菊 **276717**
索德火炬花 **217042**
索德欧石南 **150142**
索德前胡 **293044**
索德全毛兰 **197578**
索德手玄参 **244776**
索德双距兰 **133964**
索德无鳞草 **14440**
索德旋覆菊 **207279**
索迪罗高山参 **274007**
索地那白蜡树 168105
索蒂克千里光 **360075**
索多米茄 **367620**
索恩飞蓬 **150606**
索恩蓟 **92366**
索尔叉刺番瓜树 **116574**
索尔非洲番瓜树 116574
索尔海德拟紫玉盘 **403654**
索尔曼番红花 **111596**
索尔特长被片风信子 **137988**
索尔特酢浆草 **278070**
索尔特芳香木 **38780**
索尔特菲利木 **296307**
索尔特狒狒花 **46121**
索尔特立金花 **218939**
索尔特穆拉远志 **260056**
索尔特欧石南 **150014**
索尔特日中花 **220666**
索尔特双距兰 **133931**
索尔特唐菖蒲 **176522**
索尔特驼曲草 **119893**
索尔特鸵鸟木 **378610**
索尔特岩雏菊 **291313**
索尔特银齿树 **227277**
索尔特疣石蒜 **378538**
索尔原沼兰 **243129**
索尔沼兰 243129
索发针斑克木 **47671**
索非老鹳草 **174924**
索非矢车菊 **81385**
索非水芹 **269362**
索非亚波状补血草 **230762**
索非亚瑞香 **122604**
索菲石竹属 **366837**
索菲亚香茅 **117206**
索戈塔黄芪 43066
索戈塔黄耆 **43066**
索格独尾草 **148556**
索格落芒草 **300746**
索根莎草 **118625**
索根苔草 **74118**
索骨丹 335142
索果菊 **126167**
索果菊属 **126166**
索河草 23323
索河花 23323
索花 **366842**
索花属 **366841**
索科多栀子 **171390**
索科罗夫百里香 **391379**
索科特拉萝藦 **366804**
索科特拉萝藦属 **366803**
索科特拉密穗球花木 **311982**
索科特拉秋海棠 **50317**
索科特拉乳香树 **57540**
索科特拉沙漠蔷薇 **7353**
索科特拉水牛角 **72587**
索科特拉四室果 **413736**
索科特拉忧花 **241579**
索科特拉玉凤花 **184068**
索科特拉钟萼草 **231285**
索科特芦荟 **17320**
索克寄生 **366810**
索克寄生属 **366809**
索莱尔石栎 **233367**
索莱特斑克木 47668
索莱特贝克斯 47668
索兰德斑克木 **47668**
索兰德红叶藤 **337757**
索兰德黄耆 **43067**
索郎羊角拗 **378462**
索里亚 368541
索里亚属 368539
索林漆干序木 **89184**
索林漆属 **369746**
索卢韦齐斑鸠菊 **406819**
索仑仙人掌 **273049**
索伦鹿蹄草 322804
索伦廷灯心草 **213459**
索伦野豌豆 **408406**
索伦紫金牛 **368582**
索伦紫金牛属 **368581**
索罗补血草 320002
索罗尔德拟劳德草 **237865**
索罗果 9683,9684,9738
索罗罗 39120
索罗忍冬 **236207**
索马里奥德大戟 **270057**
索马里八瓣果 **133648**
索马里巴豆 **113025**
索马里巴氏锦葵 **286701**
索马里白鼓钉 **307706**
索马里白花羊蹄甲 **49156**
索马里白苋木 **87798**
索马里白叶藤 **113616**
索马里百簕花 **55422**
索马里斑鸠菊 **406594**
索马里半日花 **188845**
索马里棒状苏木 **104322**
索马里豹皮花属 **47036**
索马里杯子菊 **290269**
索马里鼻烟盒树 **270922**
索马里扁担杆 **180725**
索马里薄草 **226551**
索马里叉序草 **209933**
索马里长角豆 **83525**
索马里肠须草 **146011**
索马里车轴草 **397082**
索马里翅盘麻 **320537**
索马里刺毛麻疯树 **212230**
索马里大沙叶 **286220**
索马里单兜 **257641**
索马里单腔无患子 **185384**
索马里吊灯花 **84257**
索马里吊兰 **88626**
索马里毒鱼草 **392215**
索马里独脚金 **378041**
索马里轭果豆 **418540**
索马里二歧草 **404151**
索马里番苦木 **216495**
索马里番薯 **207986**
索马里芙兰草 **168887**
索马里拂子茅 **65399**
索马里福王草 **313885**
索马里斧冠花 **356388**
索马里伽蓝菜 **215099**
索马里干若翠 **415486**
索马里杠柳 **291085**
索马里格尼瑞香 **178704**
索马里梗花槲果 **46788**
索马里冠盖树 **68663**
索马里鬼针草 **54126**
索马里黑钩叶 **22269**
索马里红点草 **223820**
索马里厚皮树 **221203**

索马里虎眼万年青 274593
索马里花椒 417242
索马里画眉草 147970
索马里黄芩 355767
索马里黄檀 121849
索马里鸡脚参 275786
索马里蒺藜属 215832
索马里加永茜 169623
索马里假肉豆蔻 257641
索马里豇豆 409058
索马里角匙丹 83516
索马里金合欢 1137
索马里金丝桃 202156
索马里巨茴香芥 162849
索马里具刺麻疯树 212226
索马里卡尔茜 77222
索马里科豪特茜 217674
索马里空船兰 9180
索马里孔颖草 57588
索马里阔苞菊 305136
索马里喇叭茉莉 4784
索马里蜡菊 189789
索马里兰槐 369120
索马里蓝耳草 115587
索马里狼尾草 289266
索马里离瓣寄生 190839
索马里裂籽茜 103878
索马里六棱菊 220036
索马里龙王角 199069
索马里芦荟 17281
索马里萝藦 413945
索马里萝藦属 413944
索马里麻疯树 212224
索马里麻黄 146254
索马里马瓟儿 417511
索马里马齿苋 311937
索马里马岛翼蓼 278404
索马里毛蕊花 405772
索马里茅根 291419
索马里没药 101404
索马里梅蓝 248882
索马里梅氏大戟 248017
索马里美登木 182789
索马里密刺大戟 158757
索马里棉 179927
索马里魔王杯 347430
索马里木槿 195237
索马里木菊 129456
索马里木蓝 205809
索马里木犀草 327916
索马里南星 33515
索马里囊蕊紫草 120858
索马里拟琉璃草 117894
索马里黏蚤草 321560
索马里牛角草 273138
索马里牛奶木 255377
索马里扭萼寄生 304990
索马里婆婆纳 70659
索马里破布木 104248
索马里茄 367623
索马里苘麻 995
索马里球柱草 63350
索马里热非瓜 160373
索马里榕 164729
索马里三萼木 395341
索马里沙漠蔷薇 7355
索马里砂丘莎草 119590
索马里莎草 119591
索马里山慈姑 207501
索马里山羊豆 169948
索马里蛇舌草 269813
索马里石头花 183220
索马里瘦片菊 182084
索马里鼠尾草 345397
索马里鼠尾粟 372844
索马里双冠芹 133033
索马里水车前 277392
索马里水牛角 72588
索马里水牛角属 368591
索马里四室果 413737
索马里索林漆 369804
索马里唐菖蒲 176547
索马里天竺葵 288520
索马里田菁 361439
索马里甜舌草 232529
索马里土密树 60221
索马里菟丝子 115137
索马里驼蹄瓣 418761
索马里无患子属 196863
索马里五鼻萝藦 289783
索马里五层龙 342728
索马里五蕊簇叶木 329449
索马里希尔德木 196217
索马里仙客来 115979
索马里腺花山柑 64908
索马里相思子 780
索马里香荼菜 303436
索马里香科 388282
索马里香芸灌 388859
索马里肖木蓝 253253
索马里肖水竹叶 23630
索马里绣球防风 227706
索马里玄参属 368588
索马里旋覆花 207233
索马里薰衣草 223330
索马里鸭跖草 101157
索马里鸭嘴花 214508
索马里盐肤木 332855
索马里盐灌藜 185054
索马里叶下珠 296767
索马里一点红 144973
索马里银莲花 24064
索马里忧花 241709
索马里鱼骨木 71467
索马里鱼黄草 250837
索马里羽扇豆 238486
索马里远志 308369
索马里芸苔 59639
索马里蚤草 321605
索马里赭腺木犀草 268308
索马里针茅 376813
索马里指甲草 284901
索马里栉茅 113971
索马里猪屎豆 112676
索马里砖子苗 245546
索马里纵沟玉牛角 139189
索马榆 401618
索脉野牡丹 126732
索脉野牡丹属 126731
索米独活 192355
索米尔风铃草 70307
索米毛茛 326376
索姆委陵菜 313003
索南里苘麻 996
索尼亚蓝菀 40043
索宁崖豆藤 254861
索诺光泽兰 166839
索诺拉鹿角柱 140324
索诺拉千日红 179247
索诺拉筑巢草 379166
索诺门鼠尾草 345399
索诺软毛蒲公英 242962
索契夫女娄菜 248419
索恰山柳菊 195975
索恰苔草 76298
索人衣 53797
索瑞香属 169205
索萨古夷苏木 181779
索萨沃内野牡丹 413227
索氏半日花 188757
索氏丹尼尔苏木 122167
索氏杜鹃 331861
索氏风毛菊 348799
索氏凤仙 205326
索氏卷耳 83030
索氏苦苣菜 368813
索氏老鹳草 174922
索氏棱子芹 304847
索氏三肋果 397983
索氏蜀葵 13942
索氏铁青树 269687
索氏土田七 373638
索氏早熟禾 305998
索氏摘亚苏木 127427
索思补血草 230798
索思峨参 28042
索思小米草 160267
索斯百里香 391380
索斯冰草 11882
索斯独活 192356
索斯蓟 92404
索斯诺夫柴胡 63834
索斯诺夫藜 87162
索斯诺夫斯基驴喜豆 271269
索斯诺夫斯基山柳菊 195981
索斯珀菊 18980
索斯千里光 360074
索斯青锁龙 109410
索斯矢车菊 81386
索斯水苏 373443
索斯野豌豆 408616
索斯紫丹 393276
索索葡萄 411979
索特潘芦荟 17284
索特潘扭果花 377786
索特潘瓦氏茜 404869
索特潘泽菊 91183
索瓦热阿魏 163708
索瓦热半日花 188839
索瓦热多荚草 307753
索瓦热风铃草 70286
索瓦热娄林果 335833
索瓦热苜蓿 247463
索瓦热香科 388267
索瓦热缘翅拟漆姑 370679
索维大戟 159925
索维特风毛菊 348808
索溪峪红果树 377450
索县黄堇 106485
索亚伴帕爵床 60327
索亚叉鳞瑞香 129544
索亚刺橘 405549
索亚花属 369919
索亚假马兜铃 283741
索亚宽耳藤 244700
索亚擂鼓艻 244939
索亚龙血树 137498
索亚毛穗茜 396423
索亚篷果茱萸 88181
索亚热非野牡丹 20523
索亚三萼木 395343
索亚三角车 334687
索亚柿 132406
索亚梭果革瓣花 59817
索亚香料藤 391894
索亚小瓦氏茜 404907
索亚崖豆藤 254844
索亚玉叶金花 260495
索亚砖子苗 245547
索英木属 390424
索英无患子 390432
索英无患子属 390431
索约紫檀 320330
索芸香 126754
索芸香属 126753
索仔草 362590
索兹阿魏 163728
索子果 324677

琐琐 185064
琐琐属 185062
琐阳 118133
锁匙筒 238188
锁地风 338354
锁地虎 175203
锁喉莲 33349
锁链球 **272924**
锁链掌 **272849**,272924
锁梅 338354,338886
锁杉 113703
锁斯诺夫斯基春黄菊 **26885**
锁斯诺夫斯基风铃草 **70308**
锁斯诺夫斯基黄芩 **355772**
锁斯诺夫斯基荆芥 **265051**
锁斯诺夫斯基蓝盆花 **350238**
锁斯诺夫斯基梨 **323307**
锁斯诺夫斯基苓菊 **214173**
锁斯诺夫斯基婆罗门参 **394347**
锁斯诺夫斯基蜀葵 **13943**
锁严子 118133
锁燕 118133
锁阳 **118133**
锁阳科 **118124**
锁阳属 **118127**

## T

它里斯马兜铃 **34351**
塌菜 59512
塌地白菜 59512
塌地草 288749
塌古菜 59512
塌棵菜 **59512**
塔柏 **213658**
塔拜尔木属 382861
塔稗 **140490**
塔波拉大戟 **159926**
塔博大胡椒 **313181**
塔布刺橘 **405553**
塔布尔山栎 **324059**
塔布番樱桃 **156369**
塔布九节 **319751**
塔布马先蒿 **287739**
塔城贝母 168642
塔城滨紫草 **250913**
塔城茶藨子 334048
塔城翠雀花 **124012**
塔城黄芪 42547
塔城黄耆 **42547**
塔城棘豆 **279151**
塔城堇菜 **410640**
塔城荆芥 **265073**
塔城丽豆 67774
塔城柳 **344189**
塔城蒿草 **217286**
塔城郁金香 **400239**
塔岛豆腐柴 **313755**
塔岛老鹳草 **174806**
塔岛山龙眼 **50729**
塔岛山龙眼属 **50728**
塔灯台树 **105002**
塔地火把树 **25955**
塔地火把树属 **25954**
塔儿属 400638
塔尔巴哈彩花 **2291**
塔尔巴赫芳香木 **38855**
塔尔巴赫哈维列当 **186095**
塔尔巴赫虎眼万年青 **274821**
塔尔巴赫琥珀树 **27902**
塔尔巴赫内贝树 **262995**
塔尔巴赫南非少花山龙眼 **370271**
塔尔巴赫日中花 **220702**
塔尔巴赫喜阳花 **190478**
塔尔巴赫香芸木 **10734**
塔尔巴赫肖鸢尾 **258688**
塔尔巴赫硬皮鸢尾 **172700**
塔尔博特杯花玉蕊 **110127**
塔尔博特闭鞘姜 **107280**
塔尔博特波鲁兰 **56752**
塔尔博特长穗渐麻藤 **199185**
塔尔博特大沙叶 **286503**
塔尔博特吊灯花 **84275**
塔尔博特番樱桃 **156370**
塔尔博特非洲萼豆 **25174**
塔尔博特感应草 **54558**
塔尔博特沟萼茜 **45029**
塔尔博特钩藤 **401782**
塔尔博特核果木 **138698**
塔尔博特壶花无患子 **90762**
塔尔博特黄栀子 **337531**
塔尔博特尖叶木 **402645**
塔尔博特九节 **319866**
塔尔博特离根无患子 **29738**
塔尔博特裂花桑寄生 **295869**
塔尔博特龙血树 **137508**
塔尔博特马钱 **378905**
塔尔博特膜苞豆 **201267**
塔尔博特木瓣树 **415819**
塔尔博特牛膝 **4338**
塔尔博特琼楠 **50613**
塔尔博特球柱茜 **177092**
塔尔博特肉果荨麻 **402304**
塔尔博特萨比斯茜 **341680**
塔尔博特三萼木 **395351**
塔尔博特三角车 **334697**
塔尔博特烧麻 402304
塔尔博特肾苞草 **294091**
塔尔博特索亚花 **369926**
塔尔博特围裙花 **262323**
塔尔博特五层龙 **342733**
塔尔博特西非豆 **235200**
塔尔博特狭蕊爵床 **375420**
塔尔博特异木患 **16150**
塔尔博特针茜 **50918**
塔尔博特舟瓣梧桐 **350474**
塔尔迪瓦圆锥绣球 **200048**
塔尔泡刺爵床 **297620**
塔夫画眉草 **147994**
塔盖黄芩 355778
塔冠二球悬铃木 **302583**
塔冠铅笔柏 **341779**
塔冠苏格兰金链花 **218759**
塔果黑三棱 **370090**
塔哈苔草 **76472**
塔汉蒲葵 **234195**
塔河柔毛蒿 **36119**
塔赫猪毛菜 **344733**
塔花 96981,96999,347597
塔花凤梨属 377646
塔花山梗菜 **234715**
塔花属 347446,377646
塔花瓦松 **275358**
塔黄 329363
塔桧 213658
塔基棕榈 **393815**
塔吉克芥 **79363**
塔吉克芥属 **79362**
塔吉克瓦莲 **337317**
塔吉早熟禾 **306159**
塔加美蝎尾蕉 **190065**
塔胶藤 **220947**
塔卡大戟 **382873**
塔卡大戟属 **382872**
塔卡萝藦属 **382874**
塔克大戟 **160014**
塔克拉干以礼草 215966
塔克拉玛干柽柳 383618
塔克曼苔草 **76613**
塔克特谷精草 **151520**
塔克特落新妇 **41848**
塔拉斯刺头菊 **108421**
塔拉斯葱 **15799**
塔拉斯黄芩 **355790**
塔拉斯马先蒿 **287740**
塔拉斯蜀葵 **13946**
塔拉斯葶苈 **137259**
塔拉斯橐吾 **229214**
塔拉乌头 **5618**
塔蓝澳藜 **242736**
塔雷葱 **15800**
塔蕾假卫矛 **254320**
塔里风铃草 **70321**
塔里木柽柳 **383619**
塔里木沙拐枣 67074
塔里森罂粟 **282739**
塔里什春黄菊 **26893**
塔里什牧根草 **43590**
塔里什石竹 **127884**
塔里什水苏 **373457**
塔里什头嘴菊 **82425**
塔里什蝇子草 **364098**
塔里亚属 388380
塔丽亚毛花柱 **395657**
塔利夫苓菊 **214184**
塔利木属 **383356**
塔利西属 383356
塔利亚布凌霄花 **70503**
塔莲属 **409230**
塔龙卫矛 **157640**
塔卵叶补血草 **230703**
塔罗林茄 **367663**
塔落山竹子 **104641**
塔落岩黄芪 187967
塔落岩黄耆 187967
塔麻姆猪毛菜 **344734**
塔马草 **383390**
塔马草属 **383389**
塔马拉刺头菊 **108422**
塔马鲁特染料木 **173076**
塔马马鲁木 **243512**
塔马马鲁梯木 243512
塔马塔夫卢梭野牡丹 **337800**
塔马塔夫马岛无患子 **392237**
塔马塔夫鱼骨木 **71511**
塔毛潘柿 **132224**
塔蒙草 **383670**
塔蒙草属 **383664**
塔米尔兰属 **8891**
塔米茜 **383659**
塔米茜属 **383658**
塔谟千里光 **360181**
塔姆斯茜 **383661**
塔姆斯茜属 **383660**
塔木 **351730**
塔木属 **351729**
塔纳百簕花 **55432**
塔纳扁莎 **322227**
塔纳草 **383682**
塔纳大被爵床 **247876**
塔纳大戟 **159930**

塔纳大沙叶 **286481**
塔纳尔斑鸠菊 **406858**
塔纳尔布洛大戟 **55664**
塔纳尔车前 **302194**
塔纳尔格雷野牡丹 **180445**
塔纳尔含羞草 **255124**
塔纳尔黄胶菊 **318716**
塔纳尔椒草 **290437**
塔纳尔金果椰 **139422**
塔纳尔扭果花 **377825**
塔纳尔秋海棠 **50355**
塔纳尔鸭嘴花 **214842**
塔纳番樱桃 **156371**
塔纳风车子 **100808**
塔纳黄花稔 **362673**
塔纳洛钟花 **235241**
塔纳木蓝 **206640**
塔纳葳 **383883**
塔纳葳属 **383881**
塔纳肖水竹叶 **23640**
塔纳鸭嘴花 **214841**
塔纳崖豆藤 **254856**
塔奈特金鱼藻 **83583**
塔奈特堇菜 **410639**
塔奈特苓菊 **214185**
塔奈特麻花头 **361135**
塔奈特染料木 **173077**
塔奈特矢车菊 **81416**
塔尼班欧洲山松 **300093**
塔尼纳斯柿 **132225**
塔诺大戟 **383917**
塔诺大戟属 **383914**
塔皮木属 **384361**
塔普木属 **384390**
塔普斯科特牛角草 **273199**
塔普桃金娘 **386393**
塔普桃金娘属 **386392**
塔槭 3147
塔奇苏木 **382975**
塔奇苏木属 **382961**
塔冉妥别墅鸡爪槭 **3337**
塔若翠 **383258**
塔山堇菜 **409998**,409993
塔山鼠李 **328653**
塔山樱 280040
塔山泽兰 158173
塔杉 333,30835
塔什干黄芪 43128
塔什干黄耆 **43128**
塔什干岩白菜 **52543**
塔什干岩黄耆 **188140**
塔什克白鲜 **129633**
塔什克波斯石蒜 **401824**
塔什克风毛菊 **348838**
塔什克苓菊 **214183**
塔什克琉苞菊 **199626**
塔什克密金蒿 **307815**
塔什克蒲公英 **384828**
塔什克沙穗 **148511**
塔什克小甘菊 **71104**
塔什克玄参 **355253**
塔什克鸦葱 **354958**
塔什克羊角芹 **8828**
塔什克鸢尾 **208872**
塔什库儿干棘豆 **279198**
塔什库尔干翠雀花 **124633**
塔什库尔干藏荠 **187367**
塔什离子芥 **89019**
塔氏豆 **383262**
塔氏豆属 **383260**
塔氏风铃草 **70320**
塔氏黄盔芹 **415119**
塔氏棱果芥 **382108**
塔氏林仙 **383216**
塔氏林仙属 **383215**
塔氏马先蒿 **287745**
塔氏木 **385412**
塔氏木属 **385411**
塔氏赛糖芥 382108
塔氏矢车菊 **81415**
塔氏头嘴菊 **82424**
塔司马尼木属 385088
塔斯卡洛拉紫薇 **219947**
塔斯马尼亚桉 155640
塔斯马尼亚白珠树 **172161**
塔斯马尼亚柏 67426
塔斯马尼亚独子果 156066
塔斯马尼亚假山毛榉 **266867**
塔斯马尼亚兰 **64018**
塔斯马尼亚兰属 **64017**
塔斯马尼亚陆均松 **121100**
塔斯马尼亚罗汉松 306399
塔斯马尼亚密藏花 **156066**
塔斯马尼亚山菅 **127517**
塔斯马尼亚泰洛帕 385743
塔斯马尼亚尤克里费 156066
塔斯马尼亚芸木 5877
塔斯马尼亚芸木属 5876
塔斯马尼亚皱籽草 **341252**
塔斯曼南美柏 **166725**
塔斯曼亚白珠树 172161
塔松 275363
塔塔尔裸盆花 **216774**
塔塔尔小米草 **160277**
塔塔加龙胆 173958
塔塔卡龙胆 **173958**
塔特小米草 **160281**
塔特蝇子草 **364108**
塔天黄芩 **355798**
塔头狭叶黄芩 **355712**
塔韦豆属 **385155**
塔西提来檬 93330
塔西提香荚兰 **405030**
塔希提柠檬 **93528**
塔希提栀子 **171404**
塔形巴西紫葳 **185416**
塔形白杆 **298363**
塔形碧桃 **20945**
塔形叉鳞瑞香 **129543**
塔形地中海柏木 **114765**
塔形冬青卫矛 **157620**
塔形短丝花 **221449**
塔形多穗兰 **310565**
塔形多汁麻 **265244**
塔形海葱 274746
塔形虎眼万年青 **274746**
塔形筋骨草 13167
塔形景天 275358
塔形筷子芥 **30477**
塔形阔叶椴 **391821**
塔形罗勒 **268600**
塔形毛蕊花 **405756**
塔形美洲椴 **391651**
塔形木兰 **242267**
塔形欧石南 **149961**
塔形欧洲鹅耳枥 77257
塔形欧洲山茱萸 **105117**
塔形千里光 **359843**
塔形日本扁柏 **85314**
塔形鼠尾粟 **372813**
塔形栓皮栎 **324534**
塔形天冬 **38987**
塔形沃森花 **413391**
塔形小刺爵床 **184246**
塔形小花茜 **286022**
塔形小叶杨 **311494**
塔形絮菊 **166016**
塔形洋槐 **334992**
塔形异黄花稔 **16207**
塔形异尖荚豆 **263368**
塔形异株苋 **45992**
塔形银白槭 **3537**
塔形银枞 **276**
塔形玉兰 **242064**
塔形杂种紫杉 **385389**
塔序大青 313722
塔序豆腐柴 **313722**
塔序润楠 **240685**
塔序橐吾 **229227**
塔亚星苹果 **90097**
塔杨 311494
塔银莲属 24177
塔尤泻瓜 **79820**
塔扎芒柄花 **271609**
塔枝银杏 **175833**
塔枝圆柏 **213815**
塔钟花 70247
塔状辐球柏 **6933**
塔状日本柳杉 113701
塔状水苏 **373388**
塔兹西西里风信子 **86060**
塔紫杉 **385357**
獭狗耳 82098
獭头参 98299
獭子树 161356
挞地沙 85232
挞地砂 85232
榻捷木 400722
榻捷木属 400684
踏膀药 409888
踏地草 342251
踏地莲花菜 40334,41380
踏地香 224110
踏地消 200134
踏地杨梅 338205
踏郎 187967
踏郎岩黄芪 187967
踏郎岩黄耆 **187967**
踏郎岩黄蓍 187967
踏皮树 199817
踏斯马尼亚桉 155533
踏天桥 241781
蹋菜 59512
蹋地白菜 59512
蹋棵菜 59512
胎济草 176839
胎生荸荠 **143412**
胎生葱 **15169**
胎生剪股颖 **12105**
胎生景天 **356858**
胎生赖草 **228374**
胎生鳞茎早熟禾 **305422**
胎生羽毛荸荠 **143416**
胎生早熟禾 **305885**
胎生中华早熟禾 **305989**
胎生紫堇 **106592**
台矮柳 343797
台白英 **367208**
台北艾纳香 **55738**
台北安息香 379348
台北杜鹃 **330990**
台北肺形草 **398253**
台北附地草 397411
台北狗娃花 **193977**
台北红淡比 **96602**
台北黄芩 **355787**
台北堇菜 **410289**
台北南星 33476
台北飘拂草 **166400**,166190
台北桤木 **16358**
台北茜草树 **325301**,12517
台北秋海棠 **50351**
台北球子草 **288653**,288658
台北山姜 17770
台北双蝴蝶 398253
台北水苦荬 407287
台北苔 76473
台北苔草 **76473**

台北悬钩子 338433
台北延命草 **209728**,209625
台北杨桐 96602
台北玉叶金花 260472
台莱 59575,59603
台长叶杜鹃 330617
台大松 300264
台党防党 98395
台岛风毛菊 **348430**
台岛稷 281533
台岛景天 356964
台岛络石 393669
台岛泡桐 285978
台岛雀稗 285508
台灯树 380461
台地黄 392424
台地黄属 392423
台东刺花悬钩子 339344
台东大头茶 179745
台东丁癸草 **418339**
台东伽蓝菜 **215272**
台东狗舌草 **385921**
台东狗娃花 **193923**
台东红梅消 338997
台东红门兰 **273653**
台东胡椒 **300479**
台东黄菀 **360177**,385921
台东火刺木 322471
台东鸡屎树 **222242**
台东荚蒾 **408155**
台东兰 273653
台东柳 343321
台东龙胆 **173967**
台东龙眼 310823
台东脉叶兰 **265439**
台东女萎 **95404**
台东七叶莲 284379
台东七叶一枝花 **284379**
台东漆 357881
台东漆属 357877
台东漆树 357881
台东青葙 80473
台东球子草 288644
台东瑞香 **122439**
台东山矾 381148,381260
台东石豆兰 **63120**
台东石栎 233228,233383
台东石楠 **295775**
台东石薯 179498
台东柿 132335
台东苏铁 **115910**
台东天南星 **33537**
台东铁杆蒿 **40024**,193918
台东铁苋 1997
台东细辛 37674
台东苋 1997
台东悬钩子 **339344**
台东紫堇 **105693**
台豆 **135701**,139539
台豆属 **135700**,139537
台尔曼忍冬 **236166**
台菲百合 229845
台风草 361850
台高山杜鹃 331565
台高山柳 344173
台红毛杜鹃 331689
台虎刺 387487
台虎刺属 387484
台黄 329331,329386
台桧 213775
台阶假槟榔 **31014**
台爵床 218273
台爵床属 218272
台榜 **79035**,78933
台兰 116863
台连钱属 380044
台麻 231298
台毛果铁线莲 **95384**
台闽苣苔 **392424**
台闽苣苔属 **392423**
台闽算盘子 **177174**
台磨草 934
台磨盘草 905
台南大油芒 **372434**
台南伽蓝菜 **215149**
台南见风红 231572
台南卷瓣兰 **62829**
台南飘拂草 **166401**
台南石栎 233360
台南水莞 **352187**
台南通泉草 **247045**
台南星 **33332**
台楠 **295361**
台屏无忧树 346506
台钱草 **380046**
台钱草属 **380044**
台琼海桐 **301364**
台琼楠 **50507**
台日土斯虎耳草 **349982**
台三叶铁线莲 **94724**
台杉 383189
台参 98395
台氏百里香 **391384**
台氏管花马先蒿 **287679**
台氏梁王茶 266918
台术 44218
台树 176901
台水毛花 **353896**
台台富施 **93555**
台湾矮柳 343797
台湾艾纳香 55738,55796
台湾爱冬叶 87490,87491
台湾安纳士树 25779
台湾安息香 **379347**
台湾暗罗 307508
台湾八角 **204484**
台湾八角金盘 162895
台湾芭蕉 **260228**
台湾菝葜 **366324**,366414
台湾白点兰 **390503**
台湾白笏草 100233,228011
台湾白花藤 393657
台湾白芨 55563
台湾白及 55563
台湾白兼果 **364778**
台湾白蜡树 167982
台湾白兰花 252849,252851
台湾白木草 100233
台湾白匏子 **243423**,243420
台湾白蓬草 388710
台湾白山兰 40474
台湾白树 **379794**
台湾白松 300083
台湾白桐树 **94055**
台湾白薇 117469
台湾白珠 **172159**,172059
台湾白珠树 172100,172159,239391
台湾百合 **229845**
台湾百两金 31415
台湾柏 213775
台湾败酱 **285826**
台湾斑鸠菊 **406392**
台湾斑叶兰 179620
台湾半蒴苣苔 **191349**
台湾棒花蒲桃 **382672**
台湾宝铎花 134441
台湾杯冠藤 **117469**
台湾蝙蝠草 **89202**
台湾扁柏 **85338**,85268
台湾扁核木 **315174**
台湾扁枝越橘 **403871**
台湾变豆菜 **345996**
台湾杓兰 **120353**
台湾藨草 **353833**,396025
台湾滨藜 44542
台湾滨蔷薇 **336705**
台湾播娘蒿 365503
台湾槽舌兰 197265
台湾草莓 **167620**
台湾草牡丹 95260
台湾草绣球 **73134**
台湾草紫阳花 73120,73134
台湾箣柊 **354621**
台湾梣 167994
台湾茶藨 333978
台湾茶藨子 **333978**
台湾檫木 **347411**
台湾檫树 347411
台湾柴胡 **63692**
台湾长叶杜鹃 330617
台湾常春藤 187325
台湾车前 **301977**
台湾匙唇兰 **352312**
台湾齿唇兰 **269026**
台湾赤瓟 **390175**
台湾赤楠 382535
台湾赤松 300054
台湾赤小豆 408969
台湾赤杨 16345
台湾赤杨寄生 410992
台湾赤杨叶 **16304**
台湾翅果菊 **320513**
台湾翅子树 **320843**
台湾重楼 284367
台湾虫蚁麻 85107
台湾椆 233219
台湾稠梨 280040
台湾稠李 280040
台湾臭椿 **12564**
台湾臭楝 139641
台湾樗树 12564
台湾槌果藤 71751
台湾春兰 116880
台湾春石斛 125279
台湾刺蕊草 **306974**
台湾刺柊 354621
台湾楤木 **30593**,30619,30628
台湾粗榧 **82550**
台湾粗叶木 **222138**
台湾醋栗 333978
台湾翠柏 **67530**
台湾大豆 **177751**
台湾大黄精 308616
台湾大戟 **158906**,159046,159159
台湾大蓟 **92419**
台湾大荚藤 254796
台湾大蕊野牡丹 279479
台湾大溲疏 **127008**
台湾大叶越橘 404061
台湾大枝挂绣球 **200121**
台湾袋唇兰 120353
台湾当归 **24331**,24326
台湾党参 **98341**
台湾倒提壶 **117961**,117986
台湾稻槎菜 **221802**
台湾灯心草 **213341**
台湾狄氏厚壳 141629
台湾地瓜儿苗 **239226**
台湾地杨梅 **238712**,238685
台湾地榆 **345846**,345881,345894
台湾吊钟花 **145733**,145710
台湾丁公藤 **154245**
台湾钉茎 179183
台湾冬葵子 905
台湾冬青 **203821**,203590,

204299
台湾豆兰 **62739**
台湾独活 24326
台湾独蒜兰 **304241**,304218
台湾杜鹃 **330722**
台湾短柄草 **58588**
台湾对叶兰 **264707**
台湾盾座苣苔 **147431**
台湾钝果寄生 **385237**
台湾莪白兰 267958
台湾鹅耳枥 77381
台湾鹅观草 **335312**,335314
台湾鹅掌柴 **350786**
台湾耳草 **187525**
台湾二尾兰 412388
台湾二叶松 300269
台湾二针松 300269
台湾翻唇兰 193592
台湾凡尼兰 405028
台湾梵尼兰 405028
台湾飞蓬 **150789**
台湾肺形草 **398295**
台湾粉口兰 279859
台湾粉条儿菜 **14491**
台湾丰花草 57329
台湾风兰 390503
台湾风铃兰 390503
台湾风轮菜 **97012**
台湾风毛菊 **348419**
台湾风藤 401761
台湾枫香树 232557
台湾蜂斗菜 **292352**
台湾凤蝶兰 **282933**
台湾凤尾蕉 115897
台湾凤仙花 **205352**
台湾佛甲草 **356751**
台湾芙乐兰 295962
台湾芙蓉 **195305**
台湾匐柳 **344176**
台湾福王草 **313822**,267168
台湾附地菜 **397410**
台湾附地草 397410
台湾腹水草 **407461**
台湾馥兰 **295962**
台湾干汗草 259290
台湾绀菊 40976
台湾刚竹 297282
台湾高山杜鹃 **331691**
台湾高山荚蒾 408156
台湾高山柃 160474
台湾高山柳 344173
台湾哥纳香 **179405**
台湾割鸡芒 **202712**,202727
台湾格柃 **160601**
台湾葛 321453
台湾葛藤 **321469**
台湾根节兰 **66074**,65952
台湾勾儿茶 **52423**
台湾钩藤 **401754**,401761
台湾狗舌草 385921
台湾狗娃花 **193948**,193977
台湾狗牙花 **154192**,382822
台湾姑婆芋 16495
台湾谷精草 151257
台湾瓜打子 167096
台湾冠果草 **236482**,342347
台湾光叶蔷薇 336709
台湾广藿香 306974
台湾鬼督邮 12648,12718
台湾桂竹 **297337**
台湾果松 **299802**
台湾海棠 **369394**,243610
台湾海桐 **301363**
台湾海桐花 301364
台湾海枣 295465
台湾含笑 **252849**
台湾寒竹 172741
台湾禾草 127217
台湾禾叶兰 **12449**
台湾合欢 13586
台湾何首乌 162542
台湾核果木 **138611**
台湾核子木 **291482**
台湾褐鳞木 **43462**
台湾黑檀 132351
台湾红斑杜鹃 331565
台湾红淡 8221
台湾红豆 **274392**
台湾红豆杉 385407
台湾红豆树 274392,274393
台湾红果树 **295669**
台湾红兰 19512,310939
台湾红门兰 310939
台湾红丝线 **238962**
台湾红头兰 399976
台湾红榨槭 3209
台湾厚唇兰 **146543**
台湾厚距花 279479
台湾厚壳树 **141691**,141595,
141597
台湾厚朴 266792
台湾胡椒 **300540**,300528
台湾胡麻花 **191069**,191068
台湾胡桃 212595
台湾胡颓子 **141991**
台湾胡枝子 226940
台湾槲寄生 **410972**,410992
台湾糊樗 203814,204396
台湾蝴蝶兰 **293583**,293582
台湾蝴蝶戏珠花 **408039**
台湾虎刺 **122028**
台湾虎皮楠 **122708**
台湾虎尾草 **88351**
台湾花楸 **369498**
台湾华山松 299802
台湾华他卡藤 137799
台湾化香树 302684
台湾黄鹌菜 **416440**,416437
台湾黄柏 294240,294256
台湾黄檗 294240
台湾黄蘗 **294236**,294240,
294256
台湾黄唇兰 89948
台湾黄花茅 **27947**
台湾黄堇 **106508**,105639
台湾黄猄草 **85942**
台湾黄精 308498
台湾黄连 103843,103845
台湾黄麻 104103
台湾黄耆 **42803**
台湾黄杞 145517
台湾黄芩 **355789**,355535
台湾黄肉楠 **234075**
台湾黄瑞木 8221
台湾黄杉 **318599**
台湾黄鳝藤 52423
台湾黄藤 52423
台湾黄土树 **316529**
台湾黄眼草 **416069**
台湾黄杨 64373
台湾灰莉 162346
台湾灰毛豆 **386117**,386210,
386257
台湾灰木 **381206**
台湾茴芹 **299480**
台湾火刺木 322471
台湾火棘 **322471**
台湾火烧兰 **147190**
台湾火筒树 **223937**,223943
台湾藿香 **10408**
台湾鸡屎树 222138
台湾鸡爪草 66224
台湾及已 **88298**,88295
台湾蒺藜 **395145**
台湾蓟 **91982**,92066
台湾嘉赐树 78137
台湾荚蒾 **408156**,407853
台湾假宝铎花 **134413**
台湾假糙苏 **283615**
台湾假繁缕 **389185**
台湾假还阳参 **110627**
台湾假黄鹌菜 110627
台湾假黄杨 138611
台湾假牛繁缕 389185
台湾假山葵 97983
台湾假水晶兰 86390
台湾假吻兰 **99767**
台湾樫木 **139655**
台湾剪股颖 **12029**,12147
台湾姜 **417973**
台湾姜味草 **253661**
台湾胶木 **280440**
台湾接骨草 **345588**
台湾接骨木 345586
台湾节节菜 **337398**
台湾金钗兰 **238316**
台湾金刀木 48510
台湾金瓜 182575
台湾金莲花 **399543**
台湾金石榴 **59865**
台湾金丝桃 **201880**
台湾金粟兰 **88295**
台湾金线兰 25980
台湾金线莲 25980
台湾金腰 **90396**
台湾金足草 **178851**
台湾筋骨草 **13187**,13166
台湾堇菜 **409993**
台湾堇兰 379771
台湾景天 356512,357138
台湾菊 124829
台湾榉 **417547**,417558
台湾苣荬菜 368635
台湾苣苔 147431
台湾瞿麦 **127872**
台湾卷瓣兰 **63122**,62739
台湾卷唇兰 63122
台湾卷丹 229845
台湾卷丹百合 229845
台湾卷耳 **82829**,82924
台湾开唇兰 25980
台湾铠兰 **105532**
台湾栲 78942
台湾柯 233219,233269
台湾柯丽白兰 99775
台湾榼藤子 **145904**,145894,
145899
台湾苦苣苔草 **101686**
台湾苦槠 78942
台湾筷子芥 30268
台湾款冬 292352
台湾阔蕊兰 **291216**
台湾拉拉藤 170352
台湾蜡瓣花 **106656**
台湾兰 116880,310939
台湾蓝盆花 **350185**
台湾狼毒 **375198**
台湾老叶儿树 **313277**,295635
台湾荖藤 **300528**
台湾蕾藤 254854
台湾冷杉 **396**
台湾冷水花 **298978**
台湾梨 **323207**
台湾狸藻 403110
台湾藜 **87019**
台湾藜芦 **405593**
台湾力浪草 **355535**
台湾立浪草 355535

台湾栎 **324467**
台湾连蕊茶 **69327**
台湾链珠藤 18531
台湾凉喉茶 262960,262961
台湾裂唇兰 98586
台湾裂叶秋海棠 49848
台湾林檎 **243610**
台湾鳞花草 **225162**
台湾鳞球花 225162
台湾鳞蕊藤 225708
台湾拎树藤 147342
台湾岭南槭 3731
台湾柃 **160488**,160553
台湾柃木 160553
台湾铃兰 147149,147190
台湾菱 **394433**
台湾菱形常春藤 187325
台湾菱叶常春藤 **187325**
台湾刘寄奴 **263512**
台湾琉璃草 117961
台湾柳 **343321**,1145,389978
台湾柳叶菜 **146901**
台湾龙胆 **173379**,173868
台湾楼梯草 **142598**,142642
台湾楼斗菜 **30048**
台湾露兜树 **281169**
台湾露珠草 91545
台湾芦竹 **37477**
台湾鹿角兰 **310798**
台湾鹿蹄草 **322858**
台湾鹿药 **242683**,242691
台湾鹭草 291216
台湾栾树 **217620**
台湾轮环藤 **116029**
台湾轮叶龙胆 **174080**
台湾罗汉果 **365336**,364778
台湾罗汉松 **306502**
台湾罗勒 **268642**
台湾萝芙木 **327064**
台湾络石 **393647**,393616,393626
台湾马鞍树 **240130**,240124
台湾马槟榔 71751
台湾马瓞儿 **417465**,417472,417492
台湾马兜铃 **34332**,34203,34219
台湾马兰 41335
台湾马蓝 178851
台湾马钱 378675
台湾马桑 **104694**
台湾马先蒿 **287766**
台湾马醉木 **298798**,298734
台湾脉叶兰 265440
台湾蔓露兜 168245
台湾芒 **255904**,255886
台湾猫儿眼睛草 90396
台湾毛楤木 **30628**
台湾毛茛 **326420**,326419
台湾毛花药 48552
台湾毛兰 **148684**
台湾毛连菜 298606
台湾毛柃 **160606**
台湾毛脉蓼 **162546**
台湾毛束草 **395738**,395736
台湾帽蕗 256019
台湾莓 339349
台湾美登木 **182687**
台湾美冠兰 **156572**,156660
台湾猕猴桃 **6535**,6530
台湾米仔兰 **11293**
台湾蜜茱萸 249166
台湾绵穗苏 **100233**
台湾皿兰 223658
台湾明萼草 **340377**
台湾磨芋 20088
台湾魔芋 **20088**
台湾牡丹藤 95260
台湾木姜子 **233937**,233832,234075
台湾木槿 195305
台湾木兰 283418
台湾木蓝 **206639**
台湾木通 13219
台湾目贼芋 327672,327676
台湾南芥 **30268**
台湾南星 33332
台湾囊唇兰 171847
台湾拟囊唇兰 **342013**
台湾拟水晶兰 86390
台湾拟西番莲 7245
台湾拟线柱兰 417804
台湾黏冠草 **261073**
台湾念珠藤 **18531**
台湾牛齿兰 **29814**
台湾牛筋藤 **242976**
台湾牛奶菜 **245805**
台湾牛皮消 117469
台湾牛膝 4269
台湾奴草 **256178**
台湾女萎 94916
台湾女贞 **229432**,229587
台湾糯米条 **114**,113
台湾糯米团 **179494**
台湾欧蔓 **400969**
台湾排香 **239553**
台湾泡果荠 196299
台湾泡桐 **285978**,285966
台湾盆距兰 **171847**
台湾披碱草 **144308**
台湾枇杷 **151144**
台湾苹果 243610
台湾苹兰 **299614**
台湾苹婆 **376092**
台湾萍蓬草 **267327**
台湾婆婆纳 **407403**
台湾破布木 **104203**
台湾破伞菊 381818
台湾铺地蜈蚣 107516
台湾蒲公英 **384554**,384681
台湾蒲桃 **382535**
台湾朴 80764
台湾朴树 80764
台湾桤木 **16345**
台湾槭 **3654**
台湾麒麟叶 **147342**
台湾杞李参 125604
台湾荠苎 **259290**,259284
台湾千金藤 **375897**,375833
台湾千里光 356512
台湾千年健 **197793**
台湾前胡 **292857**
台湾荨麻 **403026**
台湾蔷薇 **336793**
台湾鞘蕊花 **99581**
台湾琴柱草 345254
台湾梫木 298734
台湾青冈 **116150**
台湾青荚叶 **191192**,191173
台湾青木香 **348323**,348256
台湾青牛胆 **392253**,365336
台湾青藤 **204634**,290841
台湾青葙 **80473**
台湾青芋 99918
台湾清风藤 341570
台湾蜻蛉兰 302307
台湾蜻蜓兰 302307
台湾苘麻 905
台湾琼榄 **179442**
台湾琼楠 **50514**
台湾秋海棠 **50352**
台湾球兰 137799
台湾缺齿红丝线 **238956**
台湾雀稗 **285448**,285508
台湾雀麦 **60724**
台湾雀梅藤 **342205**,342198
台湾髯管花 **172882**,172885
台湾荛花 **414265**
台湾人面竹 297203,297282
台湾人心药 73134
台湾人字果 **128923**
台湾日紫参 345254
台湾绒兰 148684
台湾榕 **164992**
台湾肉豆蔻 **261412**
台湾肉桂 91351
台湾肉兰 346900
台湾如意草 410412
台湾乳豆 **169650**
台湾瑞木 **106684**
台湾瑞香 **122377**
台湾赛楠 **266792**
台湾三尖杉 82550
台湾三角枫 2815
台湾三角槭 **2815**
台湾三毛草 **398547**
台湾三七草 183084
台湾沙参 **7702**
台湾山白兰 40474
台湾山茶 **69636**,69216
台湾山茶花 **69216**
台湾山橙 **249649**
台湾山酢浆草 **277650**
台湾山地杜鹃 **331428**,330901
台湾山豆根 **155890**,155892
台湾山矾 **381315**,381104,381206
台湾山芙蓉 195305
台湾山附子 24074
台湾山柑 **71751**
台湾山桂花 **241818**,241844
台湾山黑扁豆 138929,138943
台湾山黑豆 **138929**
台湾山鸡椒 233884
台湾山姜 17674
台湾山芥 **47962**
台湾山菊 **162624**
台湾山苦荬 320513
台湾山兰 346900
台湾山楝 28997
台湾山柳 **344173**,344176
台湾山龙眼 189948
台湾山麻杆 **14219**,14199,14217
台湾山马薯 366573
台湾山茉莉芹 273979
台湾山漆茎 **60061**
台湾山荠 137228
台湾山蔷薇 336914
台湾山楸 364997
台湾山莴苣 320513
台湾山香圆 **400522**
台湾山芎 **101831**
台湾山薰香 273979
台湾山樱花 83158
台湾山柚 **85935**
台湾山柚属 **85932**
台湾杉 **383189**
台湾杉科 **383197**
台湾杉木 **114548**
台湾杉属 **383188**
台湾鳝藤 **25933**
台湾商陆 298093
台湾舌唇兰 **302531**
台湾蛇床 **97720**
台湾蛇菰 **46824**
台湾蛇莓 138793
台湾射干 **50671**
台湾深柱梦草 **265356**,265358
台湾省藤 **65697**

台湾师古草 396170
台湾十大功劳 242563,242608
台湾十字爵床 **111774**
台湾石笔木 **400730**,322612
台湾石吊兰 239967
台湾石豆兰 **62571**,63122
台湾石柑 **313210**
台湾石斛 **125378**,125257,125279
台湾石栎 **233219**
台湾石楠 **295729**
台湾矢竹 **172741**
台湾柿 **132336**,132335,132351
台湾疏花苔 **74343**
台湾疏花苔草 **76477**
台湾鼠刺 **210402**
台湾鼠李 **328700**
台湾鼠尾草 **345254**
台湾薯蓣 **131593**
台湾树兰 11293
台湾树参 **125634**,125604
台湾双蝴蝶 398295
台湾双瓶梅 24074
台湾双叶兰 264704
台湾水东哥 **347996**
台湾水锦树 **413827**
台湾水苦荬 407403
台湾水龙 238230
台湾水龙草 **238230**
台湾水马齿 67388
台湾水青冈 **162380**
台湾水丝梨 **380590**
台湾水藤 65697
台湾水莞 352293
台湾水蕹 **29690**
台湾水玉杯 **390099**
台湾水猪母乳 337353
台湾水竹叶 **260097**,260095
台湾丝瓜花 95148
台湾松 300083,300269,383189
台湾松兰 171847
台湾溲疏 **127114**
台湾苏铁 **115912**
台湾素馨 211938,212052
台湾酸脚杆 247564,279479
台湾算盘子 **177148**
台湾碎米荠 **72983**
台湾碎雪草 160148,160286
台湾穗花杉 **19363**
台湾梭罗 **327362**
台湾梭罗树 327362
台湾唢呐草 **256019**
台湾苔草 **73877**
台湾坛花兰 2080,2081
台湾唐松草 **388710**
台湾糖星草 238685
台湾藤麻 **315476**
台湾藤漆 **332746**
台湾天胡荽 200261,200366
台湾天芥菜 **190630**
台湾天料木 197659
台湾天南星 33332
台湾天芹菜 190630
台湾天仙果 164992
台湾天竺桂 **91438**
台湾铁椆 116104
台湾铁大乌 388710
台湾铁坚杉 216125
台湾铁坚油杉 216125
台湾铁杉 **399901**
台湾铁苋 1781
台湾铁苋菜 **1781**
台湾铁线莲 **95042**,94916
台湾葶苈 **137228**
台湾通泉草 **246978**
台湾筒距兰 **392352**
台湾头蕊兰 **82075**
台湾秃连蕊茶 69706
台湾土常山 **200124**
台湾土沉香 **161657**
台湾土当归 **30773**
台湾土党参 **116258**,70403
台湾土防己 116029
台湾土茯苓 366414
台湾土圞儿 **29307**
台湾兔儿风 **12671**
台湾兔儿伞 **381818**
台湾菟丝子 **115053**
台湾臀果木 316436
台湾橐吾 **229078**
台湾娃儿藤 **400909**,400945
台湾万代兰 282933
台湾万寿竹 **134441**
台湾尾瓣舌唇兰 302406
台湾尾叶悬钩子 **339435**
台湾委陵菜 **313086**
台湾蚊母树 **134932**
台湾蚊子草 **166092**
台湾吻兰 **99775**
台湾莴苣 320513
台湾乌木 132351
台湾乌头 **5204**,5214
台湾乌心石 252851
台湾无柱兰 **19499**
台湾五加 56530
台湾五加属 56526
台湾五裂槭 **3278**
台湾五味子 351012
台湾五须松 300083
台湾五叶参 289629
台湾五叶松 300054,300083
台湾五月茶 **28349**
台湾五针松 **300083**
台湾雾水葛 **313484**,313483
台湾西瓜 **93289**
台湾西施花 330617
台湾溪桫 139655
台湾锡生藤 116029
台湾锡杖花 **258041**,258044
台湾鳚茅 **131009**
台湾喜冬草 **87491**
台湾喜普鞋兰 120353
台湾细辛 **37615**
台湾细圆藤 **290841**
台湾虾脊兰 **65886**
台湾狭叶艾 **36302**
台湾夏枯草 **316133**
台湾纤花草 389185
台湾苋 18795
台湾线柱苣苔 333742
台湾线柱兰 417768
台湾相思 **1145**,1530
台湾相思树 1145
台湾香茶菜 209625,324747
台湾香荚兰 **405028**
台湾香科科 **388289**
台湾香檬 **93448**,93823
台湾香薷 **144067**
台湾香叶树 **231301**
台湾小檗 **51811**
台湾小唇兰 200771
台湾小蝶兰 310939
台湾小红门兰 **310939**
台湾小花琉璃草 117961
台湾小豇豆 **408973**,408969
台湾小米草 **160286**
台湾小绳兰 154872
台湾小叶鸡血 **254814**
台湾小叶槌藤子 **145894**
台湾小叶葡萄 **411680**
台湾小叶石楠 **295749**
台湾小叶崖豆 254814
台湾小叶崖豆藤 254814
台湾小柱兰 243084
台湾肖菝葜 **194127**,318450
台湾肖楠 67530
台湾楔冠草 **179183**
台湾蝎子草 **175882**,175877
台湾心基溲疏 127114
台湾新耳草 **262959**
台湾新木姜子 **264015**
台湾新乌檀 **264222**
台湾芎藭 97720
台湾绣球 199800
台湾绣线菊 **371912**
台湾玄参 355120,355272
台湾悬钩子 **338425**,338850,339347
台湾血桐 **240322**
台湾栒子 **107575**
台湾鸭腱藤 **145908**,145899,145904
台湾鸭脚木 350786
台湾崖豆藤 **254854**
台湾崖爬藤 **387774**,387825
台湾雅楠 295361
台湾延胡索 209826
台湾延龄草 **397620**
台湾延命草 **324887**,209767
台湾岩荠 **97983**
台湾岩扇 **362244**,362251
台湾岩芋 **327672**
台湾沿阶草 272085
台湾眼树莲 **134037**
台湾羊耳蒜 **232333**,232139
台湾羊茅 **163969**,164008
台湾羊桃 6567
台湾杨桐 **8221**
台湾咬人猫 402916
台湾野百合 112013
台湾野稗 140367
台湾野薄荷 **274240**,274237
台湾野核桃 **212596**
台湾野蓟 91967
台湾野梨 **323314**,323207
台湾野茉莉 **379408**
台湾野牡丹藤 **247564**
台湾野木瓜 **374400**,13219,374425
台湾野蔷薇 336783,336793
台湾野青茅 127217
台湾野扇花 346747
台湾野桐 243453
台湾野鸦椿 **160963**
台湾野苎麻 56140
台湾夜来香 **385757**
台湾一点广 265440
台湾一叶兰 304218,304241
台湾异型兰 **87463**
台湾异燕麦 190130
台湾异叶苣苔 **414006**
台湾薏苡 **99115**
台湾翼核果 405445
台湾茵芋 **365924**
台湾银背藤 **32623**
台湾银莲花 **24074**
台湾银线兰 **25980**
台湾隐柱兰 **113863**
台湾蝇子草 **363772**,248269
台湾油点草 **396588**
台湾油芒 **372412**
台湾油杉 **216125**
台湾盂兰 223658
台湾鱼木 **110216**
台湾鱼藤 126007,254796,254854
台湾榆 401642
台湾羽叶千里光 263512

台湾羽叶参 **289629**
台湾玉蕊 48510
台湾玉叶金花 **260499**,260483
台湾芋兰 **265440**,156572,156660
台湾鸢尾 **208574**
台湾圆果海桐 301286,301294,301350
台湾远志 **307919**
台湾月桃 17674
台湾越橘 404061
台湾云杉 **298375**
台湾云实 64983
台湾早熟禾 **306056**,305617
台湾蚤缀 **32136**
台湾皂荚 **176870**
台湾泽兰 **158063**
台湾箦藻 55918
台湾窄叶青冈 **116200**
台湾窄叶榕 164996
台湾掌叶槭 **3361**,2942
台湾柘树 240813
台湾蔗草 341858
台湾蔗茅 341858
台湾珍珠菜 **239872**,239597
台湾珍珠花 **239395**
台湾榛 **106735**
台湾蜘蛛抱蛋 **39534**
台湾蜘蛛兰 **383063**
台湾指柱兰 **86723**,86670
台湾钟馗兰 2081
台湾帚菊 **292077**
台湾猪肚木 71381
台湾猪殃殃 **170658**,170513
台湾槠 78942
台湾竹 **297282**
台湾竹柏 306431
台湾竹节兰 29814
台湾竹茎兰 **399655**
台湾竹叶草 **272629**
台湾竹叶兰 29814
台湾苎麻 56140
台湾椎栗 78942
台湾锥 **78942**
台湾锥花 179177
台湾锥栗 78942
台湾紫丹 **393267**
台湾紫花鼠尾草 345254
台湾紫菊 **267168**
台湾紫菀 **41335**
台湾紫珠 66779
台湾钻地风 **351795**,351787
台湾醉魂藤 **194157**
台湾醉鱼草 **62015**
台乌 231298,264041
台乌药 231298
台乌珠 231322
台西大戟 159927
台西地锦 **159927**
台线漆属 177540
台芎 229309
台岩紫菀 **40474**
台油木 **276940**
台油木属 **276939**
台芋 **99918**
台原兰 185755
台原兰属 185753
台粤小连翘 **202173**
台蔗茅 **341858**
台中叉柱兰 **86720**
台中粗叶木 222242
台中豆兰 63084
台中杜鹃 330901,331428
台中黄肉楠 6800
台中荚蒾 **407853**
台中假土茯苓 194127,318450
台中桑寄生 **236788**
台中石豆兰 63084
台中鼠李 **328793**
台中苔草 **75181**
台中铁线莲 **95392**
台中指柱兰 86720
台竹 297215,297435
抬板蕉 99919
抬板七 99919
抬甘 93734
抬洛藤 157473
抬头地杨梅 238610
苔 74339
苔菜 59438,105846
苔草 **75527**,74339
苔草禾 **118407**
苔草禾属 **118406**
苔草属 **73543**
苔草状拖鞋兰 **295877**
苔地丹氏梧桐 **135933**
苔地番樱桃 **156305**
苔地风兰 **24966**
苔地红光树 **216864**
苔地瘤蕊紫金牛 **271074**
苔地楼梯草 **142752**
苔地毛茛 **325943**
苔地莓系 **305416**
苔地扭果花 **377777**
苔地欧石南 **149779**
苔地球百合 **62425**
苔地西澳兰 **118233**
苔地原沼兰 **243088**
苔地沼兰 243088
苔哥刺 158456
苔灌木属 **256364**
苔花 **27542**
苔花凤梨 392052
苔花属 **27539**
苔间丝瓣芹 **6218**
苔芥 59603
苔景天 **356468**
苔绿棒头草 **310134**
苔千里光 356468
苔珊瑚 265358
苔生丝瓣芹 6218
苔属 73543
苔水花 298945,299006,299010
苔穗嵩草 **217138**
苔藓柽柳 **383631**
苔藓虎耳草 **349886**
苔藓朗加兰 **325473**
苔藓南非桔梗 **335602**
苔藓扭果花 **377778**
苔藓状点地梅 **23237**
苔藓状软骨草 **219778**
苔藓状蛇舌草 **269909**
苔藓状蚤缀 31778
苔藓紫绒草 **222460**
苔叶千里光 358717
苔叶水车前 **277414**
苔原飞蓬 **150700**
苔原山冠菊 **274123**
苔状嵩草 **217285**
苔状小报春 **314686**
苔状种阜草 **256452**
菭草属 217416
薹 353587
太白艾 13044
太白贝母 **168575**
太白杓兰 **120458**
太白柴胡 **63616**
太白楤木 **30771**
太白翠雀花 **124617**
太白淡黄香青 **21572**
太白杜鹃 **331588**,331915
太白飞蓬 **151000**
太白杭子梢 **70842**
太白红杉 **221934**
太白虎耳草 **349350**,349382
太白花楸 **369531**
太白黄连 369895
太白黄耆 188138
太白金钱槭 **133601**
太白金腰 **90459**
太白韭 15626
太白菊 40440
太白棱子芹 **304796**
太白冷杉 356
太白丽参 287170
太白蓼 **309848**,309393
太白柳 **344169**
太白六道木 122
太白龙胆 **173239**
太白落叶松 221934
太白美花草 **66718**
太白米 266896
太白米属 266893
太白牡丹 **280279**
太白七 364181
太白秦艽 173617,174074
太白球 **140620**
太白忍冬 **236140**
太白三七 392786,392797
太白山葱 **15626**
太白山杭子梢 **70847**,70842
太白山蒿 **36360**
太白山黄芪 43121
太白山黄耆 **43121**
太白山毛茛 **326223**
太白山鸟巢兰 **264744**
太白山苔草 **76476**
太白山橐吾 **229021**
太白山五加 2505
太白山蟹甲草 **283859**
太白山紫斑牡丹 280279
太白山紫穗报春 **314434**
太白参 287145,287170
太白深灰槭 **2827**
太白溲疏 **127113**
太白土高丽参 287170
太白橐吾 229055
太白丸 140620
太白乌头 **5616**
太白五加 **2505**
太白细柄茅 **321008**
太白小紫菀 136339,229055
太白雪灵芝 **32269**
太白岩黄芪 188138
太白岩黄耆 **188138**
太白阳参 287145
太白杨 311444
太白洋参 287145
太白野豌豆 **408622**
太白银莲花 **24073**
太白诸葛菜 **275874**
太白紫堇 **106495**
太贝 168575
太仓薄荷 250370
太刀岚 375496
太肥瓜 385657
太肥瓜属 385650
太古生石花 **233483**
太古玉 233483
太官 15289
太果木 **391585**
太果木科 **391583**
太果木属 **391584**
太湖苔草 **76475**
太极草 114060
太极子 71796,71797
太加风毛菊 348889
太拉菊 **386426**

太拉菊属 **386425**
太拉蜜散 **93553**
太留玉 **263752**
太留智利球 **264374**
太龙金合欢 **1648**
太隆腺荚果 **7418**
太鲁阁艾 **36303**
太鲁阁叉柱兰 86725
太鲁阁大戟 **159934**,158857
太鲁阁当归 **24484**
太鲁阁独活 24484
太鲁阁鹅耳枥 77302
太鲁阁胡颓子 **142204**
太鲁阁黄杨 **64323**
太鲁阁榉 417558
太鲁阁栎 324467
太鲁阁龙胆 **173957**
太鲁阁木斛 166966
太鲁阁木蓝 **206466**
太鲁阁千金榆 77302
太鲁阁千里光 **360191**
太鲁阁蔷薇 **336871**
太鲁阁秋海棠 **50356**
太鲁阁蛇菰 46859
太鲁阁石楠 295773
太鲁阁苔 75937
太鲁阁苔草 **75937**
太鲁阁小檗 **52215**
太鲁阁小米草 **160275**
太鲁阁绣线菊 **372094**
太鲁阁指柱兰 86725
太鲁阁猪殃殃 **170661**
太罗额柚 **93847**
太米尔女娄菜 **248429**
太米尔早熟禾 **306054**
太姆卡脱 93677
太奈 384681
太尼草 **383043**
太尼草属 **383041**
太尼蒲太 **93829**
太平冬青 204299
太平杜鹃 330358
太平红淡比 96606
太平花 294509
太平乐 **155306**
太平莓 **338942**
太平南丹参 345135
太平球 **140133**
太平山冬青 **204292**,204299
太平山对叶兰 264743
太平山红淡比 **96606**
太平山荚蒾 407850
太平山壳骨 **317282**
太平山鼠尾草 **345135**
太平山双叶兰 264743
太平山苔 76205
太平山细辛 **37737**
太平山杨桐 96606
太平山樱 **316549**
太平山樱花 316549
太平圣瑞花 294509
太平丸 140133
太平喜花草 **148096**
太平悬钩子 339067
太平杨桐 96606
太平洋白冷杉 407
太平洋百脉根 **237706**
太平洋滨藜 **44562**
太平洋车轴草 **396996**
太平洋虫实 **104823**
太平洋灯心草 **213217**
太平洋豆瓣绿 **290399**
太平洋杜鹃 **331171**
太平洋杜香 **223892**
太平洋海岸枫 3127
太平洋荷莲豆草 **138478**
太平洋红果接骨木 **345579**
太平洋胡桃 56033,207000
太平洋胡桃属 206998
太平洋花楸 **369525**
太平洋花葱 **307233**
太平洋黄芩 355674
太平洋剪股颖 **12008**
太平洋结缕草 **418439**
太平洋菊 89659
太平洋梾木 **105130**
太平洋冷杉 **407**,280
太平洋李 **316833**
太平洋栗 207000
太平洋莲叶桐 **192912**
太平洋蓼 **309505**
太平洋柳 **343596**
太平洋龙舌兰 **10959**
太平洋露珠草 **91581**
太平洋玛都那木 334976
太平洋玛都那树 334976
太平洋毛茛 **326167**
太平洋莓 338942
太平洋木槿 **195077**
太平洋女贞 **229580**
太平洋飘拂草 **166431**
太平洋乔杜鹃 30885
太平洋乔鹃 30885
太平洋拳参 309505
太平洋肉角藜 **346770**
太平洋莎草 **119337**
太平洋柿 **132285**
太平洋丝石竹 183223
太平洋四照花 105130
太平洋酸模 **340289**
太平洋苔草 **73961**
太平洋唐棣 **19259**
太平洋铁木 207015
太平洋茼蒿 **89659**
太平洋委陵菜 **312365**
太平洋榅桲 372467
太平洋熊耳草 **11209**
太平洋鸭舌癀舅 **370773**
太平洋岩白菜 **52530**
太平洋药用双曲蓼 **54800**
太平洋野黍 **151686**
太平洋银枞 280
太平洋棕 **315386**
太平洋棕属 **315376**
太平紫花鼠尾草 345135
太普山柳菊 **196034**
太山柳 344170
太特香茶 **303719**
太西太西 **93676**
太行阿魏 **163660**
太行白前 **117715**
太行花 **383117**
太行花属 **383115**
太行荆 **411472**
太行菊 **272588**
太行菊属 **272585**
太行梨 **323312**
太行米口袋 **181689**
太行山藨草 **353789**
太行山玄参 355254
太行山针蔺 **396024**
太行铁线莲 **95051**
太行玄参 **355254**
太行榆 **401635**,401550
太阳草 126465,308529,308572,308641,308816,308946,329338,340075
太阳岛光沙蒿 **36033**
太阳花 **175129**,40315,308946,308953,311852,357123
太阳菊 339574,339581
太阳菊属 175107
太阳麻 112269
太阳木 313611
太阳楠 **29627**
太阳楠卡普山榄 **72125**
太阳楠属 **29626**
太阳神 **137377**
太阳耀斑扶芳藤 157492
太洋虾 **140278**
太原莒 23701
太原黄芪 43122
太原黄耆 **43122**
太原朴 **80754**
太子凤仙花 **204766**
太子参 84163,318501,318507,364103
太子参属 318489
泰北粗叶木 **222265**
泰北大黄栀子 **337524**
泰北红毛蓝 **323063**
泰北鸡屎树 222265
泰北山黄皮 **325427**
泰北五月茶 **28401**
泰伯赪桐 **337459**
泰伯风车子 **100406**
泰伯木蓝 **206638**
泰伯蛇舌草 **270014**
泰伯树葡萄 **120235**
泰伯壮花寄生 **148847**
泰草属 **385809**
泰德荆芥 **265079**
泰德羽裂毛托菊 **23459**
泰迪熊向日葵 **188913**
泰豆 **9855**
泰豆属 **9851**
泰尔汉姆丽桃叶风铃草 70218
泰尔决明 **78502**
泰尔森环蕊木 **386753**
泰尔森环蕊木属 **386752**
泰国阿芙苏木 10109
泰国安息香 379311,379471
泰国巴豆 **113033**
泰国白前 **117716**
泰国苞茅 **201588**
泰国波罗蜜 36928
泰国沉香 29973
泰国齿叶茜 **199760**
泰国川苔草属 **185297**
泰国垂茉莉 **96096**
泰国大风子 **199744**
泰国大果茜 **167525**
泰国大花草 **325063**
泰国大花爵床 **245102**
泰国大花爵床属 **245101**
泰国德里蒙达兰 138518
泰国杜鹃 **331910**
泰国杜鹃花 331910
泰国耳叶马蓝 **290929**
泰国番荔枝属 **108550**
泰国格脉树 **268334**
泰国狗牙花 154192,382822
泰国过路黄 **239846**
泰国红光树 **216825**
泰国红厚壳 67866
泰国黄果木 268334
泰国黄叶树 **415147**
泰国吉祥草 **370409**
泰国姜属 **366631**
泰国锦葵属 **389474**
泰国爵床 **180201**
泰国爵床属 **180200**
泰国兰 **388349**
泰国兰属 **388348**
泰国林地兰 **138518**
泰国龙眼 131061
泰国杧果 **244409**
泰国米仔兰 **11306**

泰国缅茄 **10109**
泰国木莲 **244440**
泰国莎草属 **216190**
泰国山黄皮 **325424**
泰国省藤 **65789**
泰国十大功劳 242517
泰国嵩草 **217282**
泰国苏铁 115897
泰国坛花兰 **2083**
泰国瓦理棕 **413099**
泰国舞花姜 **177000**
泰国细脉红光树 **216902**
泰国狭叶红光树 **216790**
泰国腺萼木 **260649**
泰国腺蓬 **7451**
泰国鸭跖草属 9760
泰国野葛 **321452**
泰国胀药野牡丹 **400760**
泰国珠子木 **296455**
泰国紫堇 **106439**,106067
泰国紫薇 **219957**,219965
泰国棕 **216101**
泰国棕属 **216100**
泰禾属 **296092**
泰花 **362322**
泰花属 **362321**
泰来藻 388360
泰来藻属 388357
泰莱吉半边莲 **234818**
泰莱吉凤仙花 **205147**
泰莱吉千里光 **360198**
泰兰属 **141364**
泰兰特大翼橙 **93523**
泰勒阿氏莎草 **622**
泰勒白绒玉 **105383**
泰勒波籽玄参 **396778**
泰勒刺核藤 **322556**
泰勒丹氏梧桐 **136008**
泰勒单瓣豆 **257735**
泰勒独活 **192384**
泰勒多坦草 **136658**
泰勒芳香木 **38836**
泰勒观音兰 **399110**
泰勒鬼针草 **54149**
泰勒核果木 **138699**
泰勒黄梁木 **59959**
泰勒剪股颖 **12370**
泰勒金合欢 **1640**
泰勒菊 **400817**
泰勒菊属 **400816**
泰勒莱德苔草 **223871**
泰勒裂舌萝藦 **351671**
泰勒梅蓝 **248886**
泰勒美冠兰 **157051**
泰勒木蓝 **206644**
泰勒木属 **400813**
泰勒拟长柄芥 **241244**
泰勒欧石南 **150114**
泰勒秋海棠 **50358**
泰勒肉锥花 **102643**
泰勒三萼木 **395311**
泰勒莎草 **119515**
泰勒山石榴 **79600**
泰勒斯通草 **377391**
泰勒歪果帚灯草 **71255**
泰勒弯穗夹竹桃 **22151**
泰勒细茎远志 **308401**
泰勒纤冠藤 **179310**
泰勒香科 **388291**,388288
泰勒肖水竹叶 **23642**
泰勒肖香豆木 **377108**
泰勒绣球菊 **106867**
泰勒旋刺草 **173164**
泰勒鸭舌癀舅 **370851**
泰勒叶下珠 **296784**
泰勒猪牙花 **154947**
泰勒砖子苗 **245567**
泰龙散绒菊 **203484**
泰龙苋 **18730**
泰隆苋 **18831**
泰洛帕属 385734
泰米尔群蕊竹 **268119**
泰米群花寄生 **11129**
泰木属 **385815**
泰纳萝藦属 **385823**
泰南齿菊木 **86655**
泰南山柳菊 **196025**
泰南水仙 **262388**
泰南香科 **388290**
泰南异耳爵床 **25715**
泰尼风信子属 **385840**
泰宁六道木 200
泰诺雷斑鸠菊 **406864**
泰诺雷卷耳 **82747**
泰诺雷绵毛菊 **293474**
泰诺雷苜蓿 **247482**
泰球兰 198850
泰森贝克菊 **52798**
泰森伯萨木 **53022**
泰森酢酱草 **278132**
泰森菲利木 **296335**
泰森火炬花 **217049**
泰森蜡菊 **189872**
泰森蓝盆花 **350278**
泰森漏斗花 **130238**
泰森南非禾 **290041**
泰森欧石南 **150183**
泰森千里光 **360274**
泰森山莴苣 **219586**
泰森鼠尾草 **345448**
泰森薯蓣 **131888**
泰森双袋兰 **134362**
泰森双距兰 **133971**
泰森水苏 **373477**
泰森驼曲草 **119913**
泰森新波鲁兰 **263666**
泰森尤利菊 **160900**
泰森玉凤花 **184157**
泰森止泻萝藦 **416264**
泰山白首乌 117412
泰山椴 **391834**
泰山谷精草 **151517**
泰山何首乌 117412
泰山花楸 **369529**
泰山堇菜 **410626**
泰山韭 **15798**
泰山柳 **344170**
泰山母草 **231586**
泰山木兰 242135
泰山前胡 **293071**
泰山琼花荚蒾 **408111**
泰山苋 **18825**,18801
泰山盐肤木 **332881**
泰山野樱花 **83321**
泰山竹 47516
泰氏布里滕参 **211543**
泰氏光萼荷 **8594**
泰氏菊 **385616**
泰氏菊属 **385614**
泰氏榈属 212401
泰氏马先蒿 **287747**
泰树 **385571**
泰树属 **385570**
泰顺杜鹃 **331917**
泰顺凤仙花 **205353**
泰斯蒂荸荠 **143372**
泰斯蒂扁莎 **322372**
泰斯蒂茨藻 **262112**
泰斯蒂大沙叶 **286513**
泰斯蒂割鸡芒 **202744**
泰斯蒂擂鼓艻 **244945**
泰斯曼贝尔茜 **53120**
泰斯曼大托叶金壳果 **241948**
泰斯曼单苞藤 **148461**
泰斯曼鹅掌柴 **350789**
泰斯曼非洲阔瓣豆 **160912**
泰斯曼风车子 **100815**
泰斯曼钩毛菊 **201701**
泰斯曼核果木 **138700**
泰斯曼鸡头薯 **153074**
泰斯曼加纳籽 **181087**
泰斯曼可拉木 **99268**
泰斯曼蜡烛木 **121129**
泰斯曼离根无患子 **29739**
泰斯曼龙血树 **137513**
泰斯曼朴 **80763**
泰斯曼三角车 **334698**
泰斯曼山地榄 **346230**
泰斯曼索林漆 **369807**
泰斯曼五层龙 **342734**
泰斯曼细线茜 **225776**
泰斯曼细爪梧桐 **226276**
泰斯曼叶下珠 **296790**
泰斯曼一点红 **144984**
泰斯曼异木患 **16154**
泰斯曼摘亚苏木 **127429**
泰斯曼鹧鸪花 **395546**
泰斯曼紫檀 **320333**
泰斯木属 **386812**
泰斯塔桃 **316648**
泰斯图丝花茜 **360689**
泰梭罗 **327373**
泰索尼木薯 **244514**
泰塔斑鸠菊 **406862**
泰塔多穗兰 **310619**
泰塔非洲紫罗兰 **342516**
泰塔谷木 **250081**
泰塔假杜鹃 **48369**
泰塔九节 **319865**
泰塔美冠兰 **157045**
泰塔拟乌拉木 **178951**
泰塔茄 **367659**
泰塔土密树 **60227**
泰塔崖豆藤 **254787**
泰塔羊蹄甲 **49236**
泰塔猪屎豆 **111934**
泰特鼻烟盒树 **270932**
泰特大戟 **159962**
泰特凤仙花 **205362**
泰特雷瑟属 387914
泰特密钟木 **192721**
泰特牡荆 **411406**
泰特木果大风子 **415940**
泰特茄 **367671**
泰特榕 **165746**
泰特弯管花 **86212**
泰特希尔梧桐 **196340**
泰特绣球防风 **227719**
泰特盐肤木 **332882**
泰云算盘子 **177186**
泰樟 **385789**
泰樟属 **385787**
泰竹 **391460**
泰竹属 **391457**
贪报草 266060
摊地蜈蚣 187544
滩疤树 238354
滩板救 159222
滩贝母 168438
滩地韭 **15552**
坛萼马先蒿 **287791**
坛萼泡囊草 **297886**
坛罐花科 **365123**
坛罐花属 **365118**
坛果桉 **155770**
坛果菊 **150386**
坛果菊属 **150385**
坛果拟水晶兰 258069

坛果山矾　**381447**,381423
坛花兰　**2081**,2079
坛花兰属　**2071**
坛花木犀　**276402**
坛花蓬　**362029**
坛花蓬属　**362028**
坛花树萝卜　**10342**
坛花糖茶藨　**333965**
坛花蜘蛛抱蛋　**39581**
坛丝韭　**15893**
坛腺棋子豆　**116591**
坛状白瑟木　**46654**
坛状百蕊草　**389908**
坛状斗篷草　**14163**
坛状鬼针草　**54178**
坛状红点草　**223822**
坛状可拉木　**99272**
坛状苦瓜掌　**140055**
坛状裂稃草　**351324**
坛状龙王角　**199081**
坛状马钱　**378935**
坛状牧根草　**43594**
坛状欧石南　**150198**
坛状坡梯草　**290195**
坛状萨比斯茜　**341686**
坛状束花欧石南　**149351**
坛状水苋菜　**19637**
坛状娃儿藤　**400985**
坛状小金梅草　**202984**
坛状樱桃　**83227**
昙花　**147291**,200713
昙花科　71235
昙花属　**147283**
昙华　71186
昙华科　71235
昙华属　71156
昙石南属　**372916**
谈蒂里耶细叶芹　**84766**
痰宫劈历　299724
痰火草　260090
痰切豆　333456
痰水草　260090
痰五加　387822
痰药　157355,157547,239786
谭氏报春　315036
谭氏早熟禾　**306060**
潭清苏铁　**115913**
檀　121714,320327,320412
檀花青　381341
檀桓　294231
檀梨　**323069**
檀梨属　**323066**
檀栗属　**286573**
檀木　18192,121714
檀茜草属　**346182**
檀属　121607
檀树　121714,320412
檀香　**346210**
檀香红叶藤　337733
檀香樫木　**139660**
檀香科　**346181**
檀香梅　87525
檀香山苦槛蓝　**260722**
檀香蓍　**4022**
檀香属　**346208**
檀香树　346210
檀香线　238318
檀香紫檀　**320327**
檀枣属　**100023**
鐔花兰　2081
坦巴昆达田皂角　**9652**
坦波尔马岛无患子　**392238**
坦德马岛寄生　**46699**
坦噶尼喀安龙花　**139498**
坦噶尼喀暗罗　**307532**
坦噶尼喀白藤菊　**254461**
坦噶尼喀百簕花　**55433**
坦噶尼喀斑鸠菊　**406859**
坦噶尼喀苞叶兰　**58426**
坦噶尼喀触须兰　**261835**
坦噶尼喀钉头果　**179133**
坦噶尼喀豆腐柴　**313756**
坦噶尼喀非洲紫罗兰　**342517**
坦噶尼喀灰毛豆　**386333**
坦噶尼喀尖花茜　**278241**
坦噶尼喀金合欢　**1639**
坦噶尼喀九节　**319867**
坦噶尼喀美冠兰　**157049**
坦噶尼喀群花寄生　**11128**
坦噶尼喀色穗木　**129148**
坦噶尼喀莎草　**119660**
坦噶尼喀山蚂蝗　**126627**
坦噶尼喀猪殃殃　**170660**
坦噶尼卡赪桐　**96379**
坦噶尼卡龙王角　**199073**
坦噶尼卡木蓝　**206641**
坦噶尼卡枪刀药　**202626**
坦杧果　**383907**
坦杧果属　**383906**
坦纳薄花兰　**127984**
坦纳假滨紫草　**318007**
坦纳聚花草　**167043**
坦纳三指兰　**396672**
坦纳肖赪桐　**337461**
坦皮科碱蓬　**379607**
坦萨尼紫菀　**41340**
坦桑尼亚阿氏莎草　**621**
坦桑尼亚百簕花　**55434**
坦桑尼亚苞爵床　**139020**
坦桑尼亚刺橘　**405514**
坦桑尼亚大被爵床　**247877**
坦桑尼亚番荔枝属　**346033**
坦桑尼亚费雷茜　**163370**
坦桑尼亚钩枝藤　**22066**
坦桑尼亚哈维列当　**186090**
坦桑尼亚假杜鹃　**48299**
坦桑尼亚龙船花　**211183**
坦桑尼亚毛翅远志　**308042**
坦桑尼亚茜草属　**385796**
坦桑尼亚三角车　**334709**
坦桑尼亚树葡萄　**120113**
坦桑尼亚水蜈蚣　**218634**
坦桑尼亚藤黄　**171205**
坦桑尼亚肖蝴蝶草　**110690**
坦桑尼亚肖鸢尾　**258667**
坦桑尼亚野黍　**151663**
坦桑尼亚异环藤　**25403**
坦桑尼亚异木患　**16151**
坦桑尼亚硬衣爵床　**354391**
坦桑尼亚掷爵床　**139897**
坦桑准鞋木　**209546**
坦桑紫玉盘　**403583**
坦上黄　202021
坦苏日本柳杉　**113704**
毯利大风子　**199750**
炭包包　35136
炭栎　**324528**
炭栗树　87729
炭沼藓草属　246761
探春　211821,407837
探春花　**211821**
探花　294540
探芹草　200430
探芹草属　200411
探险芥属　**365997**
探险者芥　**365998**
探险者圆柏　**213926**
汤波森香薷　**144103**
汤菜　59539
汤池八宝　**200806**
汤饭子　408127
汤加扁担杆　**180745**
汤姆矮船兰　**85132**
汤姆草胡椒　**290445**
汤姆凤仙花　**205377**
汤姆旱金莲　**399602**
汤姆菊　**392723**
汤姆菊属　**392720**
汤姆美非补骨脂　**276993**
汤姆努西木　**267399**
汤姆秋海棠　**50368**
汤姆塞拉玄参　**357694**
汤姆森黄耆　**43152**
汤姆森假百合　**266902**
汤姆森小檗　**52224**
汤姆生脐橙　**93784**
汤姆素馨　**212035**
汤姆宿苞果　**261858**
汤姆逊风铃花　998
汤姆逊杭子梢　**70901**
汤姆逊红叶藤　**337762**
汤姆鸭嘴花　**214847**
汤普森短筒倒挂金钟　**168770**
汤普森飞蓬　**150850**
汤普森风铃花　**998**
汤普森景天属　**390325**
汤普森萨巴木　**341395**
汤普森石豆兰　**63133**
汤普森无心菜　**31917**
汤普森焰花苋　**294335**
汤普森野荞麦　**152518**
汤普森针垫菊　**84533**
汤普森锥花　**179207**
汤气草　187555
汤森凤仙花　205379
汤森赫柏木　**186980**
汤森兰　**393425**
汤森兰属　**393424**
汤山樱　**83140**
汤参　280741
汤生草　407503
汤湿草　247025
汤氏赪桐　96387
汤氏大戟　159967
汤氏杜鹃　331971
汤氏葛藤　**321445**
汤氏盒果藤　**103379**
汤氏时钟花　**400492**
汤氏丝兰　**416654**
汤氏小米草　**160285**
汤氏鹰爪花　**35065**
汤氏獐牙菜　**380386**
汤乌普　297882
蓎　298093
唐　114994
唐白菜　**59345**
唐波凯茨　**63125**
唐波凯茨薄苞杯花　**226221**
唐波凯茨马岛外套花　**351723**
唐波勒福谢山榄　**162965**
唐波勒铁线子　**244601**
唐菖蒲　**176222**,176260
唐菖蒲属　**175990**
唐菖蒲沃森花　**413349**
唐充　354691
唐椿　69552
唐大黄　329331,329386
唐棣　**19292**,19248,83238
唐棣属　**19240**
唐棣子　109936
唐豆　294056
唐豆梨　323110
唐杜鹃　331839
唐杜仲　156041
唐古韭　15801
唐古拉齿缘草　**153545**
唐古拉翠雀花　**124625**
唐古拉点地梅　**23312**

唐古拉独花报春 270731
唐古拉虎耳草 **349446**
唐古拉婆婆纳 **407431**
唐古拉苔草 **76486**
唐古柳叶菜 **146902**
唐古碎米荠 73001
唐古特白刺 266381
唐古特报春 315033
唐古特扁桃 **20968**
唐古特刺 266381
唐古特大黄 329372,329401
唐古特东莨菪 25457
唐古特风毛菊 348845
唐古特红景天 **329963**
唐古特虎耳草 **349976**
唐古特火烧兰属 191620
唐古特角盘兰 192862
唐古特韭 **15801**
唐古特莨菪 25457
唐古特轮叶马先蒿 **287807**
唐古特马尿泡 316956
唐古特毛茛 326422
唐古特泡泡刺 266381
唐古特青兰 137672
唐古特忍冬 236144
唐古特瑞香 **122614**
唐古特山莨菪 25447
唐古特碎米荠 **73001**
唐古特铁线莲 95345
唐古特橐吾 **229216**
唐古特乌头 5621
唐古特缬草 404367
唐古特蟹甲 364522
唐古特蟹甲草 364522
唐古特雪莲 **348845**
唐古特延胡索 **106506**
唐古特岩黄芪 188139
唐古特岩黄耆 **188139**
唐古特莸 78037
唐谷耳黄芪 43164
唐胡桃 212636
唐加祺凤仙花 **205358**
唐豇 294056
唐芥 30387
唐金柑 93636,93639
唐金橘 93639
唐金球 **244020**
唐进苔草 **76484**
唐菊 **136133**
唐橘 310850
唐莲 332221
唐麻 71218
唐绵 37888
唐棉 37888
唐木槿 **194844**
唐纳德·朗兹密穗蓼 **291660**
唐纳德·维曼普雷斯顿丁香 **382252**
唐纳德湖北海棠 **243631**
唐纳德金大果柏木 **114727**
唐纳森番薯 **207767**
唐纳森猪屎豆 **112589**
唐宁草 **136873**
唐宁草属 **136872**
唐琴球 **243997**
唐琴丸 243997
唐楸子 212636
唐人稗 289116
唐山茶 69552
唐杉 113696
唐扇 **17453**
唐扇属 17433
唐摄 217361
唐氏驴喜豆 **271275**
唐氏委陵菜 **313076**
唐氏早熟禾 **306061**
唐薯 207623
唐藷 207623
唐松草 **388428**,388481,388513
唐松草党参 **98419**
唐松草人字果 210291
唐松草属 **388397**
唐松草叶扁果草 **210291**
唐松草叶泡林藤 **285934**
唐松草状扁果草 210291
唐松草状红毛七 79733
唐松叶弓翅芹 **31329**
唐溲疏 127032
唐桐 96147,96356
唐弯管花 **86213**
唐莴苣 53257
唐小豆 765
唐则 333
唐猪屎豆 **112091**
唐竹 **364820**
唐竹属 **364783**
唐子球 **182434**
唐子丸 182434
唐棕榈属 85420
棠 323110
棠棣 83238,109936
棠杜梨 323259,323268
棠菊 406222
棠壳子树 80661
棠梨 166786,323110,323251,323346
棠梨刺 323251
棠梨木 243649
棠梨属 323076
棠棣 109936
棠棣子 109933,109936
棠球 336675
棠叶悬钩子 **338784**
棠蒸梨 243657
塘婢粘 327069
塘边藕 348087
塘橙 **93342**
塘地菜 277369
塘葛菜 336193,336211
塘谷耳黄芪 43164
塘谷耳黄耆 43164
塘角鱼竻 278323
塘麻 1000
塘虱角 **313753**
塘莺蓮 336675
蓎藙 417180,417330
糖桉 **155542**,155531
糖白槭 3532
糖包果 36942
糖钵 336405,336675
糖菜 53249
糖茶 62110
糖茶藨 **333962**,334025
糖茶藨子 **334025**,333962
糖橙 93515
糖刺果 336675
糖豆 **259401**
糖豆属 **259400**
糖枫 3549
糖梗 341909
糖罐 336675
糖罐梨 323268
糖罐头 142152,336675
糖罐子 336675
糖果 336675
糖果草 71273,187501,308173
糖果木 **99467**
糖果木属 **99458**
糖禾属 **379677**
糖胡萝卜 **43807**
糖胡萝卜属 **43790**
糖鸡子 306493
糖胶树 **18055**,232565
糖芥 **154414**,154380,154418,154424
糖芥绢毛菊 **369865**,369854
糖芥千里光 **358830**
糖芥属 **154363**
糖芥状南芥 **30256**
糖橘子 336675
糖梨 323116,323268
糖萝卜 53249,53255
糖馒头 165515
糖蜜草 **249303**
糖蜜草属 **249270**
糖泡 339080
糖泡刺 339259
糖泡叶 339080
糖葡萄 **411903**
糖朴 80673
糖槭 **3549**,3218
糖漆 332751
糖球 336675
糖球子硬苞蔷薇 336405
糖山楂 **110050**
糖树 32343
糖松 **300011**
糖藤 258905
糖甜越橘 **404040**
糖香树 232565
糖盐肤木 **332751**
糖椰属 57116
糖椰子属 32330
糖莺子 336675
糖樱筘 336675
糖玉米豆属 259400
糖棕 **57122**,32343
糖棕科 **57111**
糖棕属 **57116**
螳螂草 383009
螳螂跌打 **313207**
螳螂果 336675
螳螂姜 **244732**
螳螂姜属 **244731**
糖晶兰 **16241**
糖晶兰属 **16240**
烫耙苗 65040
烫伤草 56382,106004
绦柳 **343673**
掏马桩 166880
洮河风毛菊 **348678**
洮河红景天 **329883**
洮河棘豆 **279197**
洮河冷杉 356
洮河柳 **344181**
洮河小檗 **51703**,51471
洮南灯心草 **213502**
洮州当归 **24506**
桃 **20935**
桃柏松 306506
桃宝球 **327317**
桃宝丸 327317
桃不桃柳不柳 291082
桃采木 **184516**
桃茶 69411
桃豆 90801
桃儿七 **365009**
桃儿七科 306607
桃儿七属 **365005**
桃耳七 365009
桃冠球 182435
桃冠玉 **182435**
桃鬼球 **284691**
桃果大戟 **97872**
桃果大戟属 **97871**
桃果榈 46376
桃果椰子属 46374
桃红多色鼠尾草 **345069**

桃红蝴蝶兰 293600
桃红花子孙球 **327254**
桃红木桉 **106807**
桃红双线竹芋 **66188**
桃红蝎尾蕉 **190064**
桃红紫茉莉 57857
桃花薄子木 **226503**
桃花钗 **34550**,34560
桃花杜鹃 **331559**
桃花杜属 215411
桃花芦 148915
桃花猕猴桃 6678
桃花心桉 **155766**
桃花心木 **380528**,380527
桃花心木属 **380522**
桃花圆筒仙人掌 **116638**
桃寄生 385192
桃金娘 **332221**
桃金娘科 **261686**
桃金娘诺罗木犀 **266715**
桃金娘属 **332218**
桃金娘叶橙 93389,93643
桃金娘叶香豌豆 **222778**
桃科 **20876**
桃榄 **313338**
桃榄属 **313325**
桃丽球 **234909**
桃丽丸 234909
桃笠球 **234939**
桃笠丸 234939
桃柳藤 162542
桃榈 46376
桃榈属 46374
桃轮球 **234968**
桃轮丸 234968
桃木寄生 355317
桃南瓜 **114302**,114288,114300
桃娘 332221
桃仁 223117
桃色枸杞 **239026**
桃色合欢 **13584**
桃色立金花 **218935**
桃色女娄菜 248269
桃色忍冬 236146
桃色无心菜 **32068**
桃参 383324
桃实 306502,306506
桃实望春玉兰 **242005**
桃属 **20885**
桃松 82507
桃榅 142298
桃香木 248092
桃香球 **140868**
桃香丸 140868
桃形姬沙参 **7712**
桃熏玉 **264352**
桃燻玉 **263743**
桃艳球 **234965**
桃艳丸 234965
桃叶橙 **93783**
桃叶槌果藤 71831
桃叶杜鹃 **330084**,330094
桃叶风铃草 **70214**
桃叶冠须菊 **405962**
桃叶鬼针草 **53873**
桃叶海神木 **315810**
桃叶黄杨 64259
桃叶尖苞亮泽兰 **33723**
桃叶金合欢 **1481**
桃叶蓼 309570
桃叶柃 **160584**,160439
桃叶帕洛梯 315810
桃叶千里光 **359724**
桃叶青荚叶 **191169**
桃叶山楂 **109928**
桃叶珊瑚 **44893**,44911,44915
桃叶珊瑚科 **44957**
桃叶珊瑚属 **44887**
桃叶珊瑚叶稠李 **316610**
桃叶珊瑚叶洋白蜡树 **168058**
桃叶石楠 **295757**
桃叶鼠李 **328739**
桃叶双眼龙 112927
桃叶桃 265327
桃叶通宁榕 **165755**
桃叶驼曲草 **119874**
桃叶韦伯西菊 405962
桃叶卫矛 **157345**,157559,157570,157879
桃叶鸦葱 **354952**
桃叶雅葱 354952
桃叶异木患 **16126**
桃榛 135114
桃园草 416069
桃园马兰 **41341**
桃园石龙尾 **230324**
桃圆蔺 143042
桃源境 109452
桃源蔷薇 **336798**
桃源野桐 **243448**
桃簪草 260110
桃朱术 124039
桃状杧果 244407
桃仔 20935
桃子草 402245
桃棕属 46374
陶贝特春黄菊 **26894**
陶恩氏红门兰 **273681**
陶尔菊 **392658**
陶尔菊属 **392657**
陶尔罂粟 **282745**
陶尔圆筒仙人掌 **116642**
陶格茜 **390291**
陶格茜属 **390290**
陶卡尔菊 89657
陶卡尔苔草 **76553**
陶卡尔茼蒿 **89657**
陶卡尔细辛 **37746**
陶卡尔绣球 **199921**
陶拉纳鲁黄梁木 **59958**
陶拉纳鲁鸡矢藤 **280111**
陶来杨 311308
陶兰加之星木茼蒿 **32571**
陶蓝风信子 **199587**
陶米尼亚利桑那白蜡树 **168133**
陶萨木 393305
陶萨木属 393304
陶施草属 **385138**
陶氏毛茛 **326439**
陶氏落草 **217575**
陶氏忍冬 **236175**
陶氏山柳菊 **196028**
陶氏小麦 **398980**
陶氏紫菀 **41377**
陶松 **300288**
陶图斯白木槿 **195290**
陶土酢浆草 **277685**
陶土棘豆 **279133**
陶土马唐 **130438**
陶朱术 80381
萄果 214969
萄涧菊 25504
套果草 **389095**
套果草属 **389094**
套茜属 **291005**
套鞘苔草 **75311**
套鞘早熟禾 **306107**
套叶馥兰 **295958**
套叶兰 116813,267994
套叶兰属 **196459**
套叶石斛 125121
套叶鸢尾兰 **267994**
套折风兰 **24837**
套折可利果 **96666**
套折林莎 **263530**
套折唐菖蒲 **176182**
忑芭蕉 70575
特桉 106798
特奥多尔黄眼草 **416169**
特奥桔梗 **389441**
特奥桔梗属 **389439**
特别多穗兰 **310555**
特别日中花 **220647**
特德利白藤菊 **254462**
特丁石蒜属 **385538**
特恩布尔金合欢 **1673**
特非瓜 **385657**
特非瓜属 **385650**
特费瓜属 385650
特格碧波 **54365**
特格观音兰 **399137**
特格筒叶玉 **116629**
特克纳苍菊 **280599**
特克斯黄芪 43142
特克斯黄耆 **43142**
特克斯锦鸡儿 **72361**
特克斯橐吾 **229077**
特库瓜 **385536**
特库瓜属 **385535**
特拉布虎耳草 **349993**
特拉布特里莫兰 **230443**
特拉布特琉璃苣 **57105**
特拉布特梯牧草 **294997**
特拉布特旋花 **103337**
特拉布特岩蔷薇 **93140**
特拉大戟 **394239**
特拉大戟属 **394236**
特拉橄榄属 **394574**
特拉禾属 **393885**
特拉华美洲榆 **401436**
特拉诺瓦湖北小檗 **51648**
特拉普内尔隐萼异花豆 **29055**
特拉软紫草 **34646**
特拉塞蓟 **92450**
特拉氏乌头 **5636**
特拉斯棘豆 **279196**
特拉苔草 **76574**
特拉西半带菊 **191711**
特拉西刺子莞 **333709**
特拉西翠雀花 **124169**
特拉西飞蓬 **151019**
特拉西禾叶金菀 **301509**
特莱亮丝草 **11364**
特莱斯萝藦 **385644**
特莱斯萝藦属 **385643**
特兰委陵菜 312351
特兰蝇毒草 **82182**
特朗小米草 **160288**
特劳布葱莲 **417634**
特劳布石蒜 **239282**
特劳布文殊兰 **111159**
特劳葱 **15829**
特劳兰 **394580**
特劳兰属 **394579**
特劳氏蒿 **36396**
特劳特百里香 **391390**
特劳特风铃草 **70338**
特劳特革叶荠 **378302**
特劳特棘豆 **279214**
特劳特荆芥 **265090**
特劳特苓菊 **214193**
特劳特牧根草 **43593**
特劳特苜蓿 **247486**
特劳特鼠尾草 **345435**
特勒菊属 385614
特雷尔山柳菊 **196038**
特雷火烧兰 **147243**
特雷桔梗属 **394619**

特雷兰 **394777**
特雷兰属 **394776**
特雷屈尔丝叶菊 **391052**
特雷氏杜鹃 331987
特里布疗齿草 **268989**
特里布内丽杯角 **198076**
特里哈特大沙叶 **286523**
特里汉平卧婆婆纳 **407302**
特里卷边十二卷 **186559**
特里利斯仙人掌 **272810**
特里列斯海特木 **188342**
特里列斯裂托叶椴 **126774**
特里列斯热非黏木 **216596**
特里桑属 394601
特里特葱莲 **417635**
特立阔变豆 **302864**
特立尼达爵床 **210311**
特立尼达爵床属 **210310**
特立尼达野牡丹 **263036**
特立尼达野牡丹属 **263035**
特丽兰属 394776
特利异雄蕊 **373586**
特林芹拉拉藤 **170712**
特林芹属 **397729**
特鲁柽柳 **383629**
特鲁兰 **399700**
特鲁兰属 **399699**
特鲁皮尼白藤菊 **254463**
特鲁皮尼贝尔茜 **53124**
特鲁皮尼大沙叶 **286529**
特鲁皮尼多穗兰 **310629**
特鲁皮尼尖花茜 **278266**
特鲁皮尼狸藻 **403375**
特鲁皮尼琼楠 **50618**
特鲁皮尼水蕹 **29692**
特鲁茜 **399738**
特鲁茜属 **399736**
特鲁特尔露子花 **123982**
特鲁特尔舟叶花 **340946**
特鲁希约小檗 **52272**
特伦野牡丹 **394704**
特伦野牡丹属 **394702**
特罗德火烧兰 **147245**
特罗尔小檗 **52271**
特罗菊 **399564**
特罗菊属 **399556**
特罗马属 385719
特罗尚非洲野牡丹 **68270**
特罗塔白粉藤 **93011**
特罗塔异荣耀木 **134741**
特罗塔云实 **65074**
特罗伊斯基荆芥 **265091**
特罗伊斯基矢车菊 **81439**
特洛尔菲奇莎 **164600**
特洛尔假滨紫草 **318014**
特洛尔水东哥 **347999**
特洛尔菀花木 **41545**
特洛尔细莞 **210110**
特洛伊黄芪 43191
特洛伊黄耆 **43191**
特洛伊鸢尾 **208910**
特美牡丹柱 190240
特莫拉小檗 **52220**
特纳半日花 **188853**
特纳草属 400486
特纳臭草 **249101**
特纳盖黄金菊 **85527**
特纳花属 389396
特纳姜味草 **253719**
特纳毛莨 **326482**
特纳木茼蒿 **32595**
特纳欧石南 **150182**
特纳千里光 **360203**
特纳属 400486
特纳树 400489
特纳水牛角 **72606**
特纳四脉菊 **387389**
特纳腺果层菀 **219715**
特纳紫波 **28522**
特南茜 **385848**
特南茜属 **385847**
特宁草 390341
特宁草属 390336
特佩厚皮香 **386733**
特朋堡鸡爪槭 **3336**
特丘林属 394601
特萨菊 386765
特萨菊果秋海棠 50364
特萨菊属 386764
特氏翠雀花 **124645**
特氏繁瓣花 **228306**
特氏红花荷 **332212**
特氏老鹳草 **174973**
特氏茅膏菜 **138363**
特氏田菁 **361449**
特氏线衣草 **395948**
特瘦罗浮槭 **2954**
特殊斑鸠菊 **406671**
特殊棒毛萼 **400790**
特殊糙蕊阿福花 **393774**
特殊兜兰 **282887**
特殊桤木 **16313**
特殊青锁龙 **109247**
特殊三齿萝藦 **396732**
特殊绳草 **328127**
特斯曼杯漆 **396320**
特斯曼爵床 **386792**
特斯曼爵床属 **386791**
特斯曼苏木属 **386777**
特斯曼野牡丹 **386794**
特斯曼野牡丹属 **386793**
特斯木 **264587**
特斯木属 **264586**
特瓦坎荨麻刺 **97742**
特威迪飞蓬 **151027**
特威迪凤仙花 **205413**
特威迪芦荟 **17365**
特威迪猫爪苋 **93098**
特威迪叶梗玄参 **297129**
特威迪玉凤花 **184156**
特威斯野荞麦 **152549**
特维特氏苹婆 **376195**
特沃斑鸠菊 **406871**
特沃芦荟 **17337**
特喜无患子 **392592**
特喜无患子属 **392591**
特香触须兰 **261796**
特谢拉大戟 **159939**
特谢拉伽蓝菜 **215274**
特谢拉海神菜 **265531**
特谢拉黄檀 **121840**
特谢拉鹿藿 **333422**
特谢拉木蓝 **206645**
特谢拉千里光 **360197**
特谢拉猪屎豆 **112736**
特异补血草 **230645**
特异杜鹃 331824
特异荚蒾 407894
疼耳草 349936
疼骨消 309199
腾冲慈姑 **342419**
腾冲楤木 **30775**
腾冲大青 313738
腾冲灯台报春 **314242**
腾冲豆腐柴 **313738**
腾冲独活 **192380**
腾冲杜鹃 **330591**
腾冲过路黄 **239878**
腾冲杭子梢 **70823**
腾冲红花油茶 69552
腾冲厚朴 198700
腾冲茴芹 **299414**
腾冲箭竹 **162750**
腾冲姜花 **187473**
腾冲栲 **79067**
腾冲冷水花 298939
腾冲柳 **344193**
腾冲落地梅 239878
腾冲芒毛苣苔 **9483**
腾冲木荷 350914
腾冲木蓝 **206101**
腾冲南星 **33534**
腾冲囊瓣芹 320255
腾冲秋海棠 **49728**
腾冲秋牡丹 23848
腾冲石斛 125412
腾冲柿 **132163**
腾冲薯蓣 **131507**
腾冲卫矛 **157913**
腾冲野古草 **37431**
腾冲异形木 **16023**
腾冲银莲花 **24077**
腾冲玉山竹 **416770**
腾唐松草 388572,388583
腾越荚蒾 **408160**
腾越金足草 130317
腾越枇杷 **151174**
腾越紫菀 **41161**
滕博扁担杆 **180981**
滕博毛莨 **326427**
滕达古尔大沙叶 **286506**
滕田赤竹 **347245**
滕田苔草 **74606**
滕田樟 **91289**
藤 414576
藤艾纳香 55712,55769
藤八仙 199800
藤八爪 31364
藤霸王 400945
藤白芍 117637
藤贝车轴草 **397115**
藤本百合水仙属 56755
藤本福王草 **313880**
藤本尖泽兰 **193786**
藤本尖泽兰属 **193784**
藤本亮泽兰 **346296**
藤本亮泽兰属 **346295**
藤本黏头婆 362521
藤本日日春 409335
藤本水百合 56759
藤本无针苋 **184235**
藤本无针苋属 **184234**
藤本夜关门 32650
藤本竹叶吊钟 **56759**
藤菜 48689
藤草 408016
藤草乌 5247
藤茶 20360,20420
藤长苗 **68701**
藤常山 199800
藤翅果 **196862**
藤翅果属 **196854**
藤春 **17628**,121634
藤春属 **17623**
藤椿 307506
藤刺瓜 **117433**
藤大青 313735
藤带禾 **20268**
藤带禾属 **20267**
藤单竹 **47305**
藤箪竹 47305
藤灯果 366284
藤地莓 **146526**
藤地莓属 **146522**
藤豆 218721
藤豆腐柴 **313735**
藤豆属 259479
藤杜仲 157269,157272,157276,

157278,182366,393625,402190,402194
藤儿菜 48689
藤儿乌 5247
藤防己 34176
藤肥皂 104059
藤甘豆 200736
藤勾子 336675
藤构 **61102**,61101,414216
藤瓜 6515
藤桂 **280616**
藤桂属 **280615**
藤海桐属 54432
藤诃子属 100309
藤荷包牡丹 8299
藤荷包牡丹属 8298
藤红毛草 **333006**
藤胡颓子 141999
藤花 259566,414576
藤花菜 414554,414576
藤花椒 417329
藤槐 **58006**
藤槐属 **58005**
藤黄 **171113**,171144,172779
藤黄科 97266,182119
藤黄连 164458,392223
藤黄属 171046
藤黄檀 **121703**,121634,121810
藤火把花 100044
藤樫氏香茶菜 **209616**
藤金合欢 **1142**,1606,1691
藤堇 **83414**
藤堇属 **83412**
藤菊 **92522**,383103,406854
藤菊属 **92513**
藤橘 283509,313189,313197
藤卷马蹄香 **37650**
藤苦参 377856
藤葵 48689
藤蓝 124963
藤篮果 177123
藤老君须 400888
藤梨 6515,6553
藤利棕 126690
藤蓼 6682
藤铃儿草 128318
藤铃儿草属 128288
藤铃儿属 128288
藤留菊 **162976**
藤留菊属 **162975**
藤龙眼 166675
藤露 48689
藤露兜 **168249**
藤露兜属 **168238**
藤露兜树 168245
藤露兜树属 168238
藤罗 70507
藤罗菜 48689
藤罗草 70507
藤罗花 414576
藤萝 **414585**,414576
藤萝花 414554
藤络 393657
藤麻 **315465**,80207,142704,315476
藤麻黄 **146234**,146136
藤麻属 **315461**
藤麻叶福斯麻 **167389**
藤满山香 18509
藤毛木槲 144753
藤牡丹 **132878**,220729
藤牡丹属 **132874**
藤木 80195
藤木槲 144752,144753
藤木槲属 144716
藤木通 137795
藤娘 **234941**
藤牛七 406102,406272
藤牛膝 375000
藤皮黄 249664
藤葡蟠 **61101**,61102
藤七 26265,34375,48689
藤槭 **2893**
藤漆 **287988**
藤漆属 **287986**
藤茄 367596
藤稔 247623
藤荣球 **354302**
藤榕 **165096**
藤三七 26265,406102
藤三七属 26264
藤三七雪胆 **191954**
藤色马缨丹 **221266**
藤山柳 **95543**
藤山柳属 **95471**
藤山丝 13525
藤商陆 207988
藤蛇床 **97706**
藤蛇总管 244985
藤黍 **281995**
藤属 65637
藤酸公 125794
藤檀 121703
藤藤菜 207590
藤藤侧耳根 239582
藤藤黄 34276
藤天蓼 6682
藤桐 256804
藤桐子 256804
藤菀 **20188**
藤菀属 **20187**
藤卫矛 157473
藤乌 5177,5247,5251,5612,5668
藤乌头 5247,5558
藤五加 **143628**,70507,387822,387825
藤五加狭叶变型 2433
藤五甲 387822
藤细辛 400945
藤相思树 1107,1116,1308
藤香 121703,125794
藤香槐 **94031**
藤蟹甲 **283160**
藤蟹甲属 **283159**
藤绣球 **200059**,199800
藤序络石 393625
藤续断 32657
藤血竭 121493
藤崖椒 417329
藤芫荽 **196257**
藤芫荽属 **196256**
藤叶细辛 54520,400945
藤叶相思树 **1116**
藤隐瓣火把树 **12897**
藤榆属 **20212**
藤芋 147338
藤芋属 **353121**
藤枣 **143558**
藤枣属 **143557**
藤泽兰 **276420**
藤泽兰属 **276419**
藤柘 **240820**
藤枝秋海棠 **50361**
藤枝竹 **47321**
藤仲 88897,88902,402194
藤竹 **131288**,351857
藤竹草 **281753**,282162,282200
藤竹属 **131277**
藤状斑鸠菊 **394720**
藤状斑鸠菊属 **394719**
藤状黄蓉花 **121934**
藤状火把花 **100044**
藤状美登木 **246952**
藤状炮仗花 100044
藤状远志 308415
藤子暗消 34375,285613,375836,375857
藤子草乌 5598
藤子杜仲 182366,245832
藤子甘草 125959
藤子化石胆 182366
藤子内消 375836
藤子三七 26265
藤紫珠 **66805**
梯臂形草 **58165**
梯翅蓬 344609
梯翅蓬属 **96884**
梯尔开蝇子草 **364125**
梯弗里斯百里香 **391387**
梯弗里斯看麦娘 **17574**
梯弗里斯蓼 **309892**
梯姑 154647,154734
梯沽 154734
梯花属 **96883**
梯枯 154734
梯拉状石龙尾 **230327**
梯来风毛菊 **348863**
梯里亚可拉 391869
梯林虎耳草 **349992**
梯灵山柳菊 **196036**
梯马唐 **130757**
梯脉越橘 **403984**,404018
梯脉紫金牛 31585,31594
梯莫莱瑞香 391006
梯木 392088
梯木属 392086
梯牧草 **294992**
梯牧草车轴草 **397006**
梯牧草洛氏禾 **337281**
梯牧草属 **294960**
梯牧草铁苋菜 **1958**
梯牧草状天蓝草 **361622**
梯牧落草 **217501**
梯普木 392345
梯普木属 392342
梯氏彩花 **2295**
梯氏革瓣花 **356016**
梯氏木蓝 206661,206761
梯氏无患子 **391635**
梯氏无患子属 **391634**
梯托黄芩 **355811**
梯形风兰 **25052**
梯形基氏婆婆纳 **216287**
梯玄参属 **385544**
梯叶花楸 **369516**
梯叶围涎树 **301159**
提贝斯提百脉根 **237773**
提贝斯提博尔德风铃草 **69923**
提贝斯提二行芥 **133233**
提贝斯提剪股颖 **12383**
提贝斯提荆芥 **265083**
提贝斯提蓝花参 **412902**
提贝斯提毛蕊花 **405791**
提贝斯提天仙子 **201404**
提贝斯提五星花 **289894**
提贝斯提线茎风铃草 70043
提贝斯提香桃木 **261759**
提贝斯提肖毛蕊花 **80556**
提贝斯提薰衣草 **223259**
提贝斯提针禾 **377021**
提贝斯提针茅 **376942**
提贝斯提指甲草 **284747**
提布椴 28963
提德曼白血红茶藨子 **334199**
提灯花 345783
提灯花属 345782
提灯莓属 371593

提格雷春黄菊 **26899**
提脚龙 248748
提枯肠 31578
提娄 239215
提摩藤属 121486
提莫非维小麦 **398981**
提母 23670
提琴叶贺得木 198518
提琴叶榕 165426
提琴叶旋花 103171
提琴状盆距兰 171878
提青 272090
提坦魔芋 **20145**
提心吊胆 265395
提云草 52436
提宗龙胆 **173930**
稊 73842
蝭母 23670
蹄瓣根 418641
蹄瓣藤 **401836**
蹄瓣藤属 **401835**
蹄铁柱头科 198217
蹄铁柱头属 198214
蹄叶橐吾 **229035**
蹄叶紫菀 229035
蹄状黄心树 240588
体菜 59595
剃刀柄 383009
剃头草 393657
悌兰德细亚属 391966
替代阿魏 **163742**
替代刺头菊 **108442**
替代黄耆 **43224**
替代马利筋 **38162**
替代鸢尾 **208928**
嚏根草 190944
嚏根草属 190925
嚏木 228166
嚏树科 320029
嚏树属 320032
天宝花 7343
天宝花属 7333
天宝蕉 260250
天宝球 354316
天宝山小檗 51943
天扁韭 15220
天槟榔 305202
天菠萝 36920
天菜子 336211
天草 216637
天草杜鹃 **330072**
天草黏柱杜鹃 **332083**
天城 **163459**
天城杜鹃 **330543**
天城锦 163458
天城山锦带花 **413583**
天城山宽距兰 **416379**
天城山蟹甲草 **283788**
天城绣球 **199788**
天池参 24411
天池碎米荠 **72717**
天窗孤菀 **393391**
天赐玉 **182471**
天枞 317822
天葱 262468
天葱花 262468
天打锤 118642
天灯笼 61572,297645,367322
天灯笼草 297645
天灯芯 175203
天地豆 367416
天地花 138354
天吊冬 23323
天吊瓜 238261
天吊藤 401773
天吊香 276090
天丁 176901
天冬 38906,38960,38985,39087
天冬草 **38985**,38960,38983
天冬属 38904
天冬叶龙胆 **173265**
天斗 280213
天豆 64990,326340
天峨槭 **3746**
天峨娃儿藤 **400893**
天峨香草 **239852**
天峨蜘蛛抱蛋 **39524**
天鹅抱蛋 183559
天鹅蛋 14760,140872,284358,392269
天鹅枫 347413
天鹅河哈克 184613
天鹅河哈克木 **184613**
天鹅湖三裂绣线菊 **372119**
天鹅金地中海柏木 **114756**
天鹅兰属 **116516**,307859
天鹅绒 138888
天鹅绒草 418453
天鹅绒豆灌木 315557
天鹅绒荷兰菊 **40938**
天鹅绒毛卫矛 157946
天鹅绒球 **244012**
天鹅绒三七 183056
天鹅绒桐花 366715
天鹅绒叶属 230244
天鹅绒叶越橘 **403915**
天鹅绒之夜灰色石南 **149238**
天鹅绒竹芋 **257910**
天鹅绒竹芋属 **257906**
天蛾槭 3746
天浮萍 301025
天府虾脊兰 **65946**
天盖百合 **168434**,230058
天干果 61671
天干果属 61665
天罡草 153914,175006
天葛菜 336193,416437
天根不倒 166880
天狗 **93466**,93849,135264
天狗胆 135264
天狗橘 **93849**
天垢子 233078
天谷 99124
天瓜 219851,367775,396210,396257,417470
天瓜叶 159092,159286
天罐子 276098
天贵卷瓣兰 **63135**
天海螺 98343
天合芋 16512
天河芋 16512,222042
天荷 16512
天荷叶 349936
天后滨藜 **44530**
天胡荽 **200366**,200261
天胡荽金腰 **90380**
天胡荽科 **200248**
天胡荽属 **200253**
天瓠 85972,219843
天花 259739
天花粉 182575,390149,390153,396170
天荒龙 **158614**
天黄豆树 1219
天黄七 294125
天簧七 294125
天晃 **389216**
天惠球 **167692**
天惠丸 167692
天基草 355391
天棘 38960
天际线无刺美国皂荚 **176913**
天蓟 44218
天见杜鹃 **331066**
天见花椒 **417156**
天见槭 **2776**
天剑草 68713
天将果 252514
天浆 321764
天浆壳 252514
天椒 417330
天角刺 417340
天角椒 417340
天脚板 44893
天芥 44218
天芥菜 **190622**,143464,190559,190651
天芥菜草 409898
天芥菜科 **190538**
天芥菜美紫薇 **219938**
天芥菜属 **190540**
天芥叶 397419
天津沙苑子 42177
天锦章属 8417
天精 239011,239021
天精草 239011,239021
天灸 325981
天韭 15306,15558,15868
天臼 139629
天苴 260208
天壳草属 **98460**
天奎草 106004
天葵 **357919**,48689,49837,188908,243810,243866,265395,322852
天葵草 357919
天葵海棠 50073
天葵属 **357918**
天葵叶紫堇 **106428**,105640,106291
天魁 280213
天来生石花 **233580**
天兰草 221238
天蓝 247366
天蓝暗毛黄耆 **42038**
天蓝报春 314257
天蓝变豆菜 **345944**
天蓝布朗兰 **61174**
天蓝草 **361615**
天蓝草属 **361611**
天蓝草鸭嘴花 **214802**
天蓝赪桐 **337423**
天蓝雏菊 **50817**
天蓝串铃花 260299
天蓝刺芹 **154300**
天蓝刺头 140697
天蓝大戟 **158595**
天蓝大克美莲 **68804**
天蓝倒提壶 **117909**
天蓝短丝花 **221370**
天蓝钝裂银莲花 **23962**
天蓝耳草 **187526**
天蓝耳梗茜 **277188**
天蓝纺锤菊 **44122**
天蓝飞蓬 **150488**
天蓝非洲长腺豆 **7486**
天蓝谷木 **249923**
天蓝光萼荷 **8555**
天蓝旱金莲 **399598**
天蓝蒿 **35229**
天蓝红花 **77691**
天蓝胡卢巴 397208
天蓝花紫菀 **41524**
天蓝灰毛豆 **385983**
天蓝基花莲 **48654**
天蓝尖瓣花 **278547**
天蓝尖瓣木 278547,400750
天蓝荆芥 **264878**

天蓝韭 **15220**
天蓝卷舌菊 **380943**
天蓝科豪特茜 **217669**
天蓝蓝莸 **77997**
天蓝裂口花 **379864**
天蓝琉璃草 **117941**
天蓝柳 **342977**
天蓝柳叶卷舌菊 **380964**
天蓝龙胆 **173311**
天蓝龙面花 **263382**
天蓝漏芦 140697
天蓝驴臭草 **271736**
天蓝罗顿豆 **237240**
天蓝麦氏草 256601
天蓝毛麝香 **7979**
天蓝没药 **101328**
天蓝梅西尔桔梗 **250576**
天蓝美洲茶 **79916**
天蓝美洲接骨木 **345648**
天蓝密穗花 **322096**
天蓝木槿 **195278**
天蓝木蓝 **205802**
天蓝苜蓿 **247366**
天蓝拟牧根草鸭舌癀舅 **370825**
天蓝牛舌草 21949
天蓝扭果花 **377678**
天蓝匍卧木紫草 **233436**
天蓝葡萄风信子 **260306**
天蓝塞拉玄参 **357441**
天蓝赛亚麻 **266201**
天蓝三芒草 **33804**
天蓝三色牵牛 **208251**
天蓝沙参 **7620**
天蓝山刺爵床 **273711**
天蓝山柳菊 **195999**
天蓝十二卷 **186306**
天蓝水茫草 **230836**
天蓝水蓑衣 **200603**
天蓝水蕹 **29653**
天蓝四数龙胆 **387521**
天蓝松毛翠 297019
天蓝苔草 **74085**
天蓝唐菖蒲 **176091**
天蓝猬莓 1744
天蓝香雪兰 **168177**
天蓝绣球 **295288**
天蓝绣球属 **295239**
天蓝续断 **133461**
天蓝鸭舌癀舅 **370750**
天蓝鸭嘴花 **214395**
天蓝延药睡莲 **267725**
天蓝野茼蒿 **108735**
天蓝翼雄花 **320152**
天蓝淫羊藿 **146972**
天蓝硬衣爵床 **354373**
天蓝泽兰 **158050**
天蓝紫立金花 **218928**
天蓝钻喙兰 **333727**
天狼 **287908**
天狼属 **403083**
天老星 33245,33260,33295,299724
天老昨 33349
天良草 170289
天凉伞 33349
天蓼 6682,308739,309494
天蓼木 6682
天料 197685
天料木 **197659**
天料木科 **345760**
天料木属 **197633**
天灵草 80381
天灵芋 299719
天岭 **264812**
天六谷 20132
天龙 359232
天龙柱 183373
天龙子 31051
天栌 31322
天栌属 31311
天伦兜兰 **282907**
天轮柱 83890
天轮柱属 83855,357735
天罗 238261
天罗布瓜 238261
天罗瓜 238261
天罗网 417488
天罗絮 238261
天萝卜 298093
天落星 299724
天麻 **171918**
天麻公子 46863
天麻花 123077
天麻美冠兰 **156721**
天麻属 **171905**
天麻子 387432
天麻子果 334435
天蔓菁 77146
天蔓精 77146
天蔓青 77146
天芒针 260110
天毛草 144975
天门 38960
天门草 288762
天门冬 **38960**,39014,39069,39223
天门冬补血草 **230522**
天门冬芳香木 **38430**
天门冬科 **38886**
天门冬蓝花参 **412592**
天门冬木蓝 **205682**
天门冬属 **38904**
天门冬肖柳穿鱼 **262266**
天门冬肖木蓝 **253225**
天门冬叶远志 **259939**
天门冬尤利菊 **160759**
天门精 77146
天虋冬 38960
天蒙 16512
天名精 **77146**,77160,363090
天名精属 **77145**
天明精 77146,345310
天木蓼 6682
天木香 276745
天目贝母 **168491**
天目变豆菜 **346005**
天目当归 **24490**
天目地黄 **327433**
天目杜鹃 330722,330727
天目旱竹 297475
天目蒿 36321
天目金粟兰 **88302**
天目藜芦 405633
天目木姜子 **233847**
天目木兰 416684
天目朴 **80612**
天目槭 **3628**
天目琼花 408009,408098
天目瑞香 122454
天目山凤仙花 **205382**
天目山景天 **357228**
天目山蓝 **291181**
天目山苔草 **76549**
天目山蟹甲草 **283843**
天目山隐子草 **94621**
天目铁木 **276816**
天目续断 **133518**
天目雪胆 **191927**
天目玉兰 **416684**
天目早竹 **297475**
天目珍珠菜 **239884**
天目紫茎 **376442**,376478
天目紫荆 83785
天南星 **33349**,20125,20132,33245,33260,33264,33266,33295,33319,33325,33330,33331,33335,33338,33369,33397,33505,33509,33564,401161
天南星科 **30491**
天南星属 **33234**
天农杜鹃 **330076**
天农谷精草 **151222**
天农世溲疏 **127024**
天女 392406
天女盔 **392414**
天女冠 **392418**
天女花 **279249**,279250
天女花属 **279247**
天女木兰 279249
天女扇 **392410**
天女裳 **17445**
天女属 392405
天女影 **392416**
天女云 **17447**
天女簪 **392408**
天女之舞 **17459**
天藕 312502
天藕儿 312502
天抛子 367120,367322,367416
天泡 297645
天泡草 159069,200228,297645,297650,297703,297712,367120,367416
天泡草铃儿 297645
天泡果 297643,297645,297703,367416
天泡子 297703,297712,367416
天砲 367416
天蓬草 **375126**,115050,275363,299376,348617,367146,374731,412750
天蓬草舅 413549
天蓬伞 335142
天蓬子 **44719**
天蓬子属 **44717**
天篷豆 **129714**
天篷豆属 **129711**
天平冠 182479
天平兰 **418794**
天平兰属 **418793**
天平球 **182479**
天平山淫羊藿 **147029**
天平丸 182479
天婆罗 36920
天葡萄 276098
天荠 73337
天荞麦 162309
天桥草 407503
天茄 208264
天茄菜 367416
天茄儿 **207570**
天茄果 366910
天茄苗儿 367416
天茄子 123065,208264,367241,367416,367682,367733,367735
天芹菜 190630
天芹菜属 190540
天青白扭 338628,338631
天青菜 291161
天青地白 12635,21616,56229,142242,178237,273903,312450,312502,338985,379233
天青地白草 178237,338985
天青地白扭 338628,339024
天青地红 13091,31403,31511,59857,144960,183066,183097,272221,272302,349936,

351081,359253,359598
天青地紫 308149
天青红 359980
天清下白 142214
天球草 6907
天全斑叶兰 **179716**
天全茶藨 334236
天全茶藨子 **334236**
天全钓樟 **231453**
天全凤仙花 **205381**
天全黄芪 42757
天全黄耆 **42757**
天全黄芩 **355810**
天全囊瓣芹 **320253**
天全牛膝 115731
天全蒲公英 **384446**
天全槭 **3649**
天全柔毛绣球 **200138**
天全尾叶五加 **2372**
天全虾脊兰 **65941**
天全岩白菜 **52542**
天全野丁香 226097
天全淫羊藿 **146992**
天全银莲花 **23990**
天全紫堇 **106171**
天全紫菀 **41376**
天然白虎汤 93304
天然草 34185
天然子 243675
天人草 228002
天人草属 100232
天人菊 **169603**
天人菊属 **169568**
天人莱氏菊 **223484**
天人舞 **215220**,215097
天茹儿 208264
天山白鹃梅 **161757**
天山百合 **230057**
天山百里香 **391231**
天山苞裂芹 **352694**
天山报春 **314713**,314948
天山贝母 168624
天山彩花 **2294**
天山侧金盏花 **8383**
天山梣 **168105**
天山茶藨 334094
天山茶藨子 **334094**
天山柴胡 **63859**
天山翅果草 **334556**
天山刺头菊 **108426**
天山翠雀花 **124643**
天山大黄 **329415**
天山大戟 **159967**
天山点地梅 **23250**
天山短舌菊 58043
天山对叶兰 **264748**
天山多榔菊 **136378**
天山鹅观草 **335526**
天山方枝柏 213877
天山飞蓬 **151018**
天山风毛菊 **348474**
天山福寿草 8383
天山沟子芹 **45071**
天山狗舌草 **385924**
天山海罂粟 **176734**
天山鹤虱 **221764**
天山花楸 **369536**
天山桦 **53625**
天山还阳参 **111059**
天山黄堇 **106527**,106427
天山黄芪 42600
天山黄耆 **42600**
天山棘豆 **279208**
天山蓟 **91724**
天山假狼毒 **375215**
天山碱茅 **321404**
天山金腰子 **90461**
天山堇菜 **410662**
天山韭 **15823**,15807
天山卷耳 **83059**
天山筐柳 **343568**
天山拉拉藤 **170667**
天山蜡菊 **189859**
天山赖草 **228392**
天山蓝刺头 **140820**
天山肋柱花 235447
天山棱子芹 **304817**
天山丽豆 **67787**
天山亮蛇床 **357828**
天山蓼 309889
天山苓菊 **214189**,214074
天山琉璃草 **118022**
天山瘤果芹 **393864**
天山柳 **344203**
天山柳叶菜 **146919**
天山龙胆 173982
天山耧斗菜 **30076**
天山落芒草 **276062**
天山麻花头 361076
天山马先蒿 **287760**
天山麦秆菊 189859
天山牻牛儿苗 **153922**
天山毛茛 **326248**
天山毛花楸 **369538**
天山木花菊 **415677**
天山木通 95302
天山苜蓿 247507
天山囊果紫堇 **105872**
天山娘 305202
天山扭藿香 **236274**
天山披碱草 **144496**
天山匹菊 **322750**
天山婆婆纳 **407415**
天山蒲公英 **384832**
天山槭 **3587**
天山千里光 **360214**
天山芹 **169698**
天山芹属 **169697**
天山秦艽 **173982**
天山忍冬 **236174**
天山乳菀 **169803**
天山软紫草 **34647**
天山三角草 397508
天山沙参 **7678**
天山山楂 **110087**,109685
天山神香草 **203105**
天山蓍 **185260**
天山蓍属 **185259**
天山石头花 **183260**
天山石竹 **127888**
天山矢车菊 **81161**
天山鼠麹草 **178240**
天山酸模 **340285**
天山穗草 **148512**
天山苔草 **76550**
天山条果芥 **284974**
天山铁线莲 **95373**
天山葶苈 **137107**
天山兔唇花 **220094**
天山菟丝子 **115143**
天山橐吾 229117
天山橐吾千里光 **229228**
天山委陵菜 **313075**
天山乌头 **5631**
天山鲜卑花 **362398**
天山小甘菊 **71105**
天山邪蒿 361606
天山邪蒿属 361605
天山新塔花 **418141**
天山绣线菊 **372104**
天山悬钩子 339240
天山雪莲 366092
天山雪莲花 348392
天山雪莲属 366091
天山鸦葱 **354962**,354966
天山雅葱 354966
天山岩黄芪 188094
天山岩黄耆 **188094**
天山岩参 **90871**
天山羊茅 **164357**,163791
天山野青茅 **127314**
天山异燕麦 **190199**
天山银莲花 **23921**
天山罂粟 **282743**,282525
天山樱 83345
天山樱桃 **83345**
天山蝇子草 **364128**
天山羽衣草 **14159**
天山郁金香 **400242**
天山鸢尾 **208690**
天山圆柏 213902,213932
天山云杉 **298429**,298426
天山早熟禾 **306071**,305664
天山泽芹 **53157**
天山泽芹属 **53154**
天山针茅 **376936**
天山猪毛菜 **344583**
天山紫草 **233784**,233731
天山紫堇 106427
天上百合 229836
天上一枝龙 244343
天蛇木 187598
天生白虎汤 93304
天生草 135060
天生术 44218
天生子 164763
天盛豆属 **98495**
天师果 164947
天师栗 **9738**,9683
天使 **102652**
天使钓竿属 130187
天使菊 **24530**
天使菊属 **24529**
天使面蔷薇 **336285**
天鼠刺 242563
天水大黄 329372
天水风毛菊 **348859**
天水合欢 **13581**
天水小檗 **52253**
天水蚁草 178218
天丝瓜 238261
天司球 **107009**
天松散 162309
天粟米 18788
天蒜 **15563**,15306,15558,
15868,127507,353057
天台 231298
天台鹅耳枥 **77399**
天台高大槭 2786
天台黄枝槭 2786
天台阔叶槭 **2786**
天台蜜橘 93732
天台山蜜橘 93732,93748
天台水青冈 **162437**
天台溲疏 126926
天台铁线莲 **95222**
天台乌 231298
天台乌药 231298
天台小檗 51845
天台猪屎豆 **112751**
天堂百合 **283300**
天堂茶梅 **69601**
天堂杜鹃 **331978**,330440
天堂瓜馥木 **166689**
天堂果 **223778**
天堂果属 98532
天堂鸟 377576
天堂鸟蕉 377576

天堂山冬青 **203941**
天堂万年青 **130140**
天桃木 244407
天藤 198767,198769
天蹄 410721
天天开 225009
天天茄 367416
天田盏 355514
天童锐角槭 **2773**
天秃 14760
天王七 88289,397847
天王球 182441
天王丸 182441
天文草 4870
天文冬 38960
天芜菁 77146
天蜈蚣 114539
天下棰 402245
天下无敌手 125548
天仙草 139678
天仙果 **164671**,164688,164947,164992,165100,165628,285639
天仙菊 94899
天仙藤 **164458**,34154,34162,34203
天仙藤属 **164456**
天仙子 **201389**,201377
天仙子科 **201369**
天仙子属 **201370**
天仙子星牵牛 **43348**
天香 229730,229900
天香百合 **229730**
天香菜 368771
天香褐色博龙香木 **57269**
天香炉 276090
天香藤 **13525**
天香油 259323,259324
天小豆 126465
天邪鬼 84305
天心壶 **20049**
天星 388559
天星草 151257,200261,200366
天星地白子 12663
天星吊红 308397
天星根 203540
天星花 23323
天星木 203540,203578,360935,417273
天星藤 **180215**
天星藤属 **180211**
天星子 367241,367733
天性草 348087
天雄 5193
天雪米 18788
天盐 332509
天药膏 375870
天芋 16512
天圆子 396210,396257
天泽兰 **383636**
天泽兰属 **383635**
天章 8429
天章属 8417
天针 122040
天芝 233078
天芝麻 205279,331257,365296,373139,373262,373346
天炙 325697
天竹 117643,262189
天竹七 234766
天竹参 110979
天竹子 262189
天竺 262189
天竺草 221238
天竺桂 **91351**,91438
天竺葵 **288297**
天竺葵花牻牛儿苗 **153889**
天竺葵麻疯树 **212197**
天竺葵属 **288045**
天竺葵叶仙客来 **115976**
天竺牡丹 121561
天竺山前胡 **292768**
天竺参 110798
天竺藤 **65787**
天烛 262189
天主阁 **395634**
天柱蔊菜属 336164
天柱山罗花 **248159**
天祝黄堇 **106529**
天祝铁线莲 95302
天鰦 238261
天梓树 70575
天紫苏 104072
天棕 114838
添钱果 366910
田艾 178062,178355
田艾草 370958
田艾蒿 36474
田岸柴 239640,239645
田边草 231479
田边菊 39928,193932,201942,215343
田边木 28331
田槟榔 231483
田菠菜 301871,301952
田菜 257572
田草 37379
田雏菊 **128475**
田雏菊属 **128474**
田川腹水草 **407501**
田川氏柳 344167
田川氏兔儿伞 **381823**
田春黄菊 **26746**
田唇乌蝇翼 366698
田刺芹 154301
田葱 **294895**
田葱科 **294886**
田葱属 **294892**
田村氏铁线莲 **95344**,95345
田村铁线莲 95344
田达罗树 **10128**
田大戟 **158407**
田代拂子茅 **65499**
田代蓟 **92431**
田代堇菜 **410641**
田代善景天 **357327**
田代善溲疏 **127127**
田代氏八角 204598
田代氏芭蕉 260236
田代氏齿唇兰 **269046**
田代氏大戟 159092,159286
田代氏黄芩 **355794**
田代氏黄芩 355494
田代氏茴芹 **299549**
田代氏荚蒾 **408159**
田代氏马蓝 378231
田代氏南星 **33408**
田代氏乳豆 **169657**
田代氏沙参 **7845**
田代氏蛇根草 **272228**
田代氏石斑木 329075
田代氏鼠尾草 **345426**
田代氏铁线莲 95350
田代氏泽兰 **158333**,158090
田代氏獐牙菜 **380368**
田代氏珍珠菜 **239877**
田代薯 382923
田代苔草 **76491**
田代小赤竹 **347340**
田刀柄 383009
田地大戟 **159802**
田地菊 89704
田地苜蓿 **247242**
田斗篷草 **13966**
田豆 408393
田独活 254548
田独活属 254546
田繁缕 **52592**
田繁缕青锁龙 **108849**
田繁缕属 **52587**
田方骨 **179408**
田风铃草 **69902**
田芙蓉 402250
田浮草 238188
田福花 102933
田干菜 29673
田干草 **29678**
田干草属 29643
田高粱 166329
田高槭 3149
田葛菜 336211
田葛缕子 **77777**
田葛藤 321441
田根草 230322
田梗草科 **200476**
田梗草属 **200482**
田贡蒿 77777
田牯七 309711
田贯草 302068
田蒿 35466
田和代氏杜鹃 **330630**
田和代氏鸡屎树 **222281**
田和代氏山矾 **381371**
田和代氏泽兰 **158023**
田胡蜘蛛 126396
田花斑鸠菊 **406057**
田花菊 **11535**
田花菊属 **11531**
田花菊小魔南景天 **257071**
田黄蒿 77777
田黄菊 413514
田鸡草 375884,405872
田鸡脚 339887
田基豆 366698
田基黄 **180177**,161538,201942,366698,394811
田基黄山黄菊 **25525**
田基黄属 **180163**
田基麻 **200430**
田基麻科 **200435**,200476
田基麻属 **200411**,262120
田基王 201942
田基苋 201942
田间半夏 401156
田间葛缕子 **77840**
田间黑种草 **266242**
田间苔草 **75399**
田间庭菖蒲 **365764**
田间菟丝子 114986
田间鸭嘴草 **209356**
田角公 338516
田芥菜仔 55749
田菁 **361370**,131485,361427
田菁属 **361350**
田菁猪屎豆 111868
田景天 356468
田菊 215343,239566
田卷耳 82680
田里心 299724
田连藕 342347
田蓼草 238211
田林杜鹃 331977
田林姜花 **187477**
田林楼梯草 **142877**
田林马银花 **331977**
田林细子龙 **19421**
田柳榆 401581
田柳榆 401581
田螺菜 97043,239222

田螺草 1790
田螺柴 381423
田螺虎树 49046
田螺掩 165515,288901,368872
田麻 **104046**,104040
田麻科 391860
田麻属 **104039**,180665
田苗树 300980
田母 338516
田纳西繁缕 **374806**
田纳西黄眼草 **416168**
田纳西松果菊 **140090**
田纳西眼子菜 **312277**
田南星 299721
田萍 224375,372300
田婆茶 20360
田蒲 142152
田蒲茶 20327
田七 28044,280771
田漆 280771
田千里光 356468
田蔷薇 336650
田芹菜 325697,345365
田青属 361350
田雀麦 60634
田三白 348087
田三七 280771,294114,401160
田生三叶草 397096
田石梅 238178
田薯 131458,131772,207623,
284160,313483
田水柴胡 **365362**
田素香 231544
田素馨 231483,231568
田蒜 **15118**
田蒜芥 365398
田穗戟 12433
田穗戟属 12430
田尾草 278919
田乌串 214807
田香草 230275,230322
田香蕉 231544
田熊史达橘 **93833**
田玄参 **364774**
田玄参属 **364773**
田旋花 **102933**
田亚麻科 200476
田芫荽 200366
田阳鹅耳枥 77345
田阳风车藤 196849
田阳风筝果 **196849**
田阳魔芋 **20144**
田阳香草 **239883**
田野阿福花 **393719**
田野白芥 364557
田野百蕊草 **389611**
田野瓣鳞花 **167768**
田野薄荷 **250294**,250370
田野草莓 **167602**
田野刺芹 154301
田野芳香木 **38456**
田野狗舌草 385903
田野黑麦草 **235303**
田野黑种草 266216
田野火焰草 **79118**
田野蒺藜草 **80830**
田野假龙胆 **174122**
田野姜饼树 284199
田野金盏菊 66395
田野堇菜 409703
田野荆芥 **264895**
田野卷耳 82680
田野克瑙草 216753
田野苦荬菜 368635
田野乐母丽 **336013**
田野柳穿鱼 **230898**
田野龙胆 **173318**
田野裸盆花 **216753**
田野毛茛 **325612**
田野没药 **101330**
田野莓 **338119**
田野美冠兰 **156608**
田野米努草 **255452**
田野拟漆姑 370696
田野千里光 **359632**
田野蔷薇 **336364**
田野窃衣 **392968**
田野青锁龙 **108868**
田野山柳菊 **195474**
田野石竹 **127630**
田野水苏 **373125**,362825
田野丝毛飞廉 **73339**
田野天竺葵 **288129**
田野铁苋菜 **1789**
田野庭荠 **18349**
田野驼曲草 **119811**
田野豌豆 301055
田野五星花 **289787**
田野勿忘草 **260760**
田野肖阿魏 **163748**
田野新风轮 **65539**
田野新风轮菜 **96969**
田野鸭舌癀舅 **370748**
田野烟堇 **168972**
田野叶下珠 **296484**
田野一点红 **144892**
田野柚木芸香 **385424**
田野指甲藤 **307353**
田野指腺金壳果 **121146**
田野钟萼草 **231278**
田野舟叶花 **340884**
田野猪屎豆 **111989**
田油麻 190094
田园安息香 **379322**
田园大黄 329386
田园卵形小头紫菀 **40848**
田园欧防风 **285742**
田园乌头 **5280**
田皂荚属 9489
田皂角 9560
田皂角风琴豆 **217972**
田皂角属 9489
田芝麻棵 224989
田蛭草 231568
田中蓟 92425
田中逵 60064
田中氏风毛菊 **348841**
田中氏福王草 **313894**
田中氏蓟 **92425**
田中氏堇菜 **410756**
田中氏南芥 **30467**
田中氏山矾 **381429**
田中氏山尖子 **283824**
田中氏省藤 **65797**
田中氏碎米荠 **73000**
田中氏卫矛 **157910**
田中氏野珠兰 375821
田中香柠檬 **93407**
田中游草 223984,223992
田珠 265944
田子苔草 **73574**
田紫草 **233700**
田字草 277747
甜艾 35167,35770
甜巴旦杏 20897
甜白延龄草 **397615**
甜柏科 **228634**
甜柏属 **228635**
甜半夜 198769
甜棒槌 141999,142152
甜棒锤 141999
甜棒子 142152
甜荸荠 **143123**
甜扁桃 20897
甜槟榔青 **372467**
甜菜 **53249**,53257,53266,
239011,239021,348041
甜菜科 **53277**
甜菜属 **53224**
甜菜树 **416738**
甜菜树属 **416737**
甜菜仔 239021
甜菜子 35770,239021
甜草 177893,177915,177947,
187529
甜草根 205506,308613,308616
甜草苗 177947
甜茶 **338252**,52416,129033,
187581,187625,199792,
199817,200108,233174,
233295,233348,260483,
260650,381272,408127,411849
甜茶藨子 **333981**
甜茶树 116240
甜茶藤 20360
甜搀莓 338252
甜橙 93765
甜川牛膝 115731
甜慈 47264
甜刺金合欢 1324
甜大戟 **158805**
甜大戟属 **177864**
甜大节竹 **206872**
甜大薯 244512
甜胆草 117368
甜党 98403,98423
甜地丁 181693
甜豆 315557
甜豆茄棵 367416
甜独活 **192259**
甜枫 3549,232565
甜甘豆属 **290774**
甜秆高粱 369700
甜高粱 **369633**,369700
甜格缩缩草 13133
甜根子 177893,177915,177947
甜根子草 **341912**
甜瓜 **114189**,114245
甜瓜菜瓜 114194
甜瓜属 114108
甜桂属 **187409**
甜果儿 142152
甜果来昂堇菜木 **224547**
甜果木通 13238
甜果藤 244985
甜果藤属 244984
甜果西番莲 **285662**
甜过江藤 232501
甜瓠 219843,219848,219851
甜桦 53505
甜黄精 308529,308572,308641
甜黄茅 194040
甜灰薄荷 **307282**
甜茴香 **167146**
甜假杜鹃 **48159**
甜假虎刺 **76894**
甜箭竹 **162725**
甜胶藤 **220846**
甜酒棵 327435
甜桔梗 7853
甜菊 376415
甜菊花 124826
甜菊木 **49384**
甜菊木属 **49382**
甜菊属 376405
甜橘 93698
甜苣 **187712**,368635
甜苣属 **187709**

甜栲 **78903**
甜来母 **93536**
甜榄 244605
甜栗 78790,78811
甜柳穿鱼 **230953**
甜鹿脯 298093
甜鹿角海棠 **43328**
甜轮叶菊 **161175**
甜萝卜 **53255**,53249
甜萝卜缨子 73098
甜麻 **104059**,104057
甜茅 **177560**,177559,341912
甜茅臂形草 **58096**
甜茅属 **177556**
甜没药 **101367**
甜没药属 261576
甜梅 34475
甜木薯 **244506**
甜娘 248778
甜柠檬 **93534**
甜牛大力 66648
甜牛膝 115731
甜欧石南 **149369**
甜欧洲李 20890
甜皮鸡蛋果 **238113**
甜七 280793
甜荞 162309,162312
甜荞莲 309711
甜荞麦 162312
甜芹 261585
甜芹属 261576
甜热美山龙眼 **282436**
甜日中花 **220534**
甜肉围涎树 **301134**
甜三七 392797
甜山地葡萄 411805
甜山核桃 **77912**,77902
甜舌草 **232487**
甜舌草属 **232457**
甜石莲 263272
甜石棕 **59098**
甜实欧洲小檗 **52336**
甜矢车菊 **81408**
甜薯 131577,207623
甜水仙 262414
甜酸叶 144752
甜笋竹 **297270**
甜糖高粱 **369700**
甜糖木 29761
甜藤 235878,280097
甜藤黄 **171092**
甜甜 367416
甜味扁桃 **20897**
甜西伯利亚白芷 **192368**
甜香暗罗 **307529**
甜香奥勒菊木 270205
甜香白千层 248118
甜香茶菜 **303322**
甜香杜鹃 330110
甜香哈克 184602
甜香哈克木 **184602**
甜香露兜树 281089
甜香罗勒 268523
甜香罗簕 268523
甜香树紫菀 **270205**
甜香杨梅 261162
甜香异决明 360466
甜心花烛 **28076**
甜杏 20890
甜绣球 **199869**
甜栒子 **107694**
甜杨 **311509**
甜杨梅 **261162**
甜洋槐 176903
甜叶菝葜 **366348**
甜叶黄耆 **42417**
甜叶菊 **376415**
甜叶菊属 **376405**
甜叶木 177165
甜叶山矾 **381441**
甜叶算盘子 **177165**
甜叶舟萼苣苔 **262900**
甜叶紫堇 105938
甜一枝黄花 368290
甜罂粟 **282737**
甜樱桃 83155
甜玉米 **417433**
甜远志 308359
甜越橘 403798
甜赞哈木 **417041**
甜枣 142214
甜钟花 228180
甜钟花木藜芦 **228180**
甜槠 **78927**,78916
甜槠栲 78927
甜竹 125453,125482,125500,297263,297281
甜锥 78927
甜仔茶 187501
甜紫菀 41342
菾菜 53249,53257
忝仔草 143530
舔菜 367322
挑战者春花欧石南 **149152**
岧 352284
条 93579
条斑糙蕊阿福花 **393790**
条斑虎眼万年青 **274854**
条斑立金花 **218968**
条斑龙舌兰 10794
条斑龙王角 **199091**
条斑庙铃苣苔 **366719**
条斑十二卷 **186648**
条斑坛花兰 2080
条斑肖水竹叶 **23658**
条瓣舌唇兰 **302517**
条苞厚皮香 **386719**
条赤芍 280155
条唇阔蕊兰 **291218**
条党 98417
条冠萝藦 **237204**
条冠萝藦属 **237203**
条果高原芥 **89253**
条果芥属 **284969**
条蒿 36363
条花罗氏草 98800
条黄芩 355387
条裂巴西萝藦 **20603**
条裂白尖桦 **53578**
条裂白山前胡 **292944**
条裂百蕊草 **389754**
条裂垂花报春 **314224**
条裂垂头菊 **110404**
条裂翠雀花 **124526**
条裂大黄 **329347**
条裂东方堇菜 **410327**
条裂伽蓝菜 **215183**
条裂虎耳草 349529
条裂黄堇 **106083**
条裂黄藤 **121508**
条裂火炬树 **332917**
条裂吉莉花 **175687**
条裂勘察加假升麻 **37067**
条裂老鹳草 **174569**
条裂龙胆 **173572**
条裂路边青 175423
条裂牻牛儿苗 **153825**
条裂美丽柏 67422
条裂欧洲榛 **106711**
条裂皮山核桃 77905
条裂山核桃 77905
条裂神香草叶泽兰 **158156**
条裂苔藓虎耳草 **349887**
条裂土耳其栎 **323747**
条裂委陵菜 **312701**
条裂夏枯草 **316116**
条裂香漆 **332479**
条裂向日葵 **188986**
条裂叶报春 **314555**
条裂叶茄 367289
条裂银白槭 **3544**
条裂鸢尾兰 **267960**
条裂泽兰 **158187**
条裂紫堇 106083
条柳 343673
条龙胶树 377544
条隆胶 377544
条绿鸡爪槭 3301
条曼轴榈 **228768**
条芩 355387,355484
条沙参 176923
条参 191316,247177,354801,369860,374539
条参马先蒿 287478
条薯 131458,131460
条穗苔草 **75488**
条纹埃及基氏婆婆纳 **216247**
条纹澳非萝藦 **326787**
条纹白粉藤 **92977**
条纹百蕊草 **389914**
条纹半日花 **188871**
条纹棒毛萼 **400803**
条纹报春 314936,315099
条纹蕙草 **353551**
条纹彩花 **2290**
条纹菖蒲 **5805**
条纹长枝竹 **47252**
条纹巢菜 **408618**
条纹葱 15779
条纹大戟 **159890**
条纹单苞菊 **257707**
条纹单头爵床 **257303**
条纹灯心草 **213473**
条纹吊兰 88558
条纹盾舌萝藦 **39643**
条纹钝叶草 **375775**
条纹多穗兰 **310642**
条纹二行芥 **133328**
条纹法车前 **301838**
条纹芳香木 **38748**
条纹菲利木 **296342**
条纹狒狒花 **46141**
条纹分药花 **291435**
条纹风车子 **100709**
条纹风铃草 **70315**
条纹凤凰竹 47350
条纹凤梨百合 **156023**
条纹凤尾竹 47347
条纹凤仙花 **205439**
条纹芙兰草 **168895**
条纹藁本 229398
条纹革花萝藦 **365675**
条纹隔距兰 **94472**
条纹骨籽菊 **276710**
条纹豪特茜 **217736**
条纹赫柏木 **186969**
条纹黑蒴 **14355**
条纹厚皮树 **221214**
条纹胡萝卜 **123225**
条纹花荠婆 **376191**
条纹花盏 **61412**
条纹黄耆 **43096**
条纹黄芩 **355777**
条纹灰毛豆 **386364**
条纹灰毛菊 **31308**
条纹积雪草 **81643**
条纹假葱 **266959**
条纹假杜鹃 **48389**

条纹坚果番杏 **387224**
条纹金雀花 **121028**
条纹近无叶青锁龙 **109427**
条纹嘴签 **179950**
条纹巨草竹 175611
条纹可利果 **96876**
条纹魁伟玉 **159083**
条纹蓝花参 **412919**
条纹棱果桔梗 **315317**
条纹藜 **87175**
条纹利帕豆 **232063**
条纹林地苋 **319055**
条纹柳穿鱼 **231139**
条纹龙胆 **173935**
条纹龙牙草 11598
条纹芦荟 **16969**
条纹罗顿豆 **237461**
条纹马岛无患子 **392113**
条纹马兜铃 **34223**
条纹马先蒿 **287361**
条纹毛兰 **148796**
条纹毛瑞香 **219019**
条纹没药 **101588**
条纹美非补骨脂 **276991**
条纹美人蕉 **71177**
条纹南非鳞叶树 **326944**
条纹鸟足兰 **347922**
条纹欧瑞香 **391026**
条纹欧石南 **149921**
条纹疱茜 **319991**
条纹苹婆 376191
条纹槭 **3393**
条纹千里光 **359361**
条纹铅口玄参 **288675**
条纹前胡 **293024**
条纹茜 **378071**
条纹茜属 **378070**
条纹鞘芽莎 **99446**
条纹苘麻 997
条纹球百合 **62449**
条纹曲花 **120604**
条纹日中花 **220720**
条纹柔花 **8908**
条纹乳豆 **169655**
条纹赛德旋花 **356444**
条纹三指兰 **396686**
条纹山核桃 **77905**
条纹山柳菊 **196085**
条纹珊瑚兰 **104016**
条纹施图肯草 **378993**
条纹十二卷 186422
条纹石头花 **183269**
条纹柿 **132465**
条纹手玄参 **244879**
条纹瘦鳞帚灯草 **209464**
条纹黍 **369719**
条纹鼠尾草 **345473**
条纹蜀葵 **13944**
条纹双被豆 **131327**
条纹双距兰 **133827**
条纹双盛豆 **20793**
条纹水麦冬 **397168**
条纹水芹 **269372**
条纹唐菖蒲 **176652**
条纹糖果木 **99474**
条纹天门冬 **39219**
条纹庭菖蒲 365803
条纹凸萝藦 **141420**
条纹鸵鸟木 **378612**
条纹挖耳草 403351
条纹歪果帚灯草 **71256**
条纹五蕊簇叶木 **329452**
条纹细莞 **210092**
条纹下盘帚灯草 **202487**
条纹苋菜 **18764**
条纹腺花山柑 **64911**
条纹小蚌花 **332298**
条纹小麦秆菊 **381686**
条纹小芝麻菜 **154134**
条纹小爪漆 **253752**
条纹肖鸢尾 **258713**
条纹鸭嘴花 **214823**
条纹亚麻 **231963**
条纹盐肤木 **332958**
条纹野荞麦 **152490**
条纹叶吊兰 **88537**
条纹叶下珠 **296811**
条纹意大利苜蓿 **247326**
条纹银桦 180651
条纹隐子草 **94635**
条纹蝇子草 **363428**
条纹永菊 **43933**
条纹尤利菊 **160903**
条纹油芦子 **97393**
条纹舟蕊秋水仙 **22388**
条纹舟叶花 **340974**
条纹猪屎豆 **112804**
条纹紫花鼠麴木 **21877**
条纹紫露草 394093
条悬木 302592
条悬木科 302229
条叶艾纳香 55775
条叶百合 **229775**
条叶叉歧繁缕 374842
条叶长喙韭 **15407**
条叶车前 **302050**,302107
条叶齿缘草 **153456**
条叶垂头菊 **110407**
条叶唇柱苣苔 **87935**
条叶吊石苣苔 **239975**
条叶东俄芹 **392800**
条叶狒狒花 46148
条叶弓翅芹 **31327**
条叶红景天 329897
条叶虎耳草 **349555**,349980
条叶蓟 **92132**,92145
条叶角盘兰 **192838**,192830,291196
条叶可利果 **96774**
条叶阔蕊兰 **291196**
条叶冷水花 **298959**
条叶连蕊芥 136173
条叶龙胆 **173625**
条叶楼梯草 **142857**
条叶芒毛苣苔 **9446**
条叶毛茛 **326034**
条叶猕猴桃 6598
条叶忍 236037
条叶榕 165429
条叶肉叶荠 **59782**
条叶蕊帽忍冬 **236037**
条叶舌唇兰 **302388**
条叶丝瓣芹 **6202**
条叶庭荠 **18407**,18403
条叶香草 **239896**
条叶小檗 52287
条叶旋覆花 207165
条叶崖爬藤 **387801**
条叶岩风 **228587**
条叶盐芥 **389199**
条叶银莲花 **23763**
条叶猪屎豆 112340,112342
条叶紫金牛 **31504**
条枝草 239967
条竹 391460
条竹属 391457
条状山莴苣 **219600**
条子 83340
条子芩 355363,355387,355484
笤柴胡 63562
跳八丈 60078,182366
跳皮树 167974
跳虱草 53797
跳松 82545
跳鱼草 141374
贴苞灯心草 **213545**
贴地风 175203
贴地消 175203
贴梗海棠 84573
贴梗海棠属 **84549**
贴梗黄精 **308496**
贴梗木瓜 84573
贴骨草 117965
贴骨伞 381814
贴骨散 117908,117965,381814
贴茎蓼属 308667
贴毛箭竹 **162637**
贴毛折柄茶 376490
贴毛苎麻 **56238**
贴生白粉藤 **92598**
贴生肥根兰 **288623**
贴生狗舌草 **358190**
贴生接骨木 **345561**
贴生卷舌菊 **380834**
贴生莲座钝柱菊 **290725**
贴生墨西哥菊 290725
贴生欧石南 **148979**
贴生三角车 **334566**
贴生鼠麴草 178061
贴生香青 178061
贴生香芸木 **10564**
贴生异赤箭莎 **147375**
贴生帚叶联苞菊 **114459**
贴松 **93687**
贴叶奥兆萨菊 279343
贴叶新蜡菊 **279343**
铁桉 155743
铁巴克木 **46338**
铁巴掌 72394
铁斑鸠 313197,313206
铁板草 313197
铁板道 117965
铁板道人 106432
铁板膏药 375870
铁板膏药草 375884
铁板还阳 22174
铁板青 247722,398262
铁棒槌 5039,5069,5123,5200
铁棒锤 **5483**,118133,301384
铁棒七 5564
铁包金 **52436**,52418,52450,80221,328665,328760,402267
铁倍树 332775
铁荸荠 **118822**,56637
铁边 113612
铁鞭草 226793
铁扁担 34154,34162,50669,208640,208875,335760,414162
铁扁担根 208640
铁饼鬼针草 **53879**
铁葧脐 143122,143391
铁菜子 35674,336193,336211
铁蚕茜 **362890**
铁蚕茜属 **362889**
铁草 169647
铁草鞋 **198885**,157473,198869,198882
铁柴胡 183222
铁铲头 229033,299395
铁场豆 64990
铁秤锤 138331,209625
铁秤砣 79850,131501,162542,221538,312478,312565,312571,375833
铁尺草 170743
铁尺树 260415
铁椆 116100
铁刺秆菜 92066

铁刺苓 366284
铁打杵 146966,147013,147039,147048,147075,261601
铁打苗 28548
铁打王 234098
铁大乌草 388569
铁带藤 387837
铁刀木 **360481**,121779
铁刀木属 78204
铁刀苏木属 78204
铁道板 117965
铁灯草 213447
铁灯台 33309,33473,284293,284319,284367,284378,284402
铁灯兔儿风 12676
铁灯碗 1790
铁灯心 213036,213066
铁灯盏 81570,143464,284367,355494
铁灯柱 143464
铁钓竿 **407504**
铁丁角 209625
铁丁镜 143464
铁钉菜 200652
铁钉角 209625
铁钉树 231334
铁钉头 209625
铁东木 46198
铁冬青 **204217**,259881
铁冬苋 162616
铁豆柴 208640
铁豆秧 408284
铁麸盐树 294231
铁麸杨 332791
铁干 **34420**
铁杆蒿 35560,36185,193939
铁杆花儿结子 199846
铁杆椒 417216
铁杆蔷薇 **336870**
铁杆升麻 41795,41844
铁杆水草 191350
铁杆威灵仙 94814
铁杆香 138888
铁杆茵陈 365296
铁秆柴 **394934**
铁秆蒿 36177,398134
铁钢叉 87525
铁筶杯 143464
铁根薯 131734
铁梗半支 356702
铁梗报春 **314977**
铁梗山半支 356702
铁箍蔓草 179488
铁箍散 **351081**,26624,52435,96981,117965,195040,231355,313692,345708
铁骨人参 222085
铁骨伞 33325,159027,414193
铁骨散 52435,117908,139612,345708,351054,351056,351069,351080,414193
铁骨扇 20356
铁骨藤 25928
铁骨头 291061
铁骨消 77156
铁骨银参 222153,222172
铁拐山药 131772
铁拐子 242688,242691
铁贯藤 390767
铁光棍 52468
铁桂皮 231444
铁滚子 328695
铁棍草 355391
铁棍子 284588
铁果 14544
铁海鸥 115912
铁海棠 **159363**
铁焊椒 291161
铁蒿 24116,35185,35674
铁核桃 212652
铁黑汉条 371884
铁红毛兰 **148677**
铁胡蜂 11572
铁花 5100
铁花麦 162309
铁桦子 53510
铁火钳 41795
铁加杯 198827
铁夹藤 291046
铁荚果属 **276827**
铁甲大戟 **158586**
铁甲将军 60064
铁甲将军草 162309
铁甲秋海棠 **50067**
铁甲球 158586
铁甲树 306493
铁甲松 115884,300054
铁甲藤 6693
铁甲丸 158586
铁甲子 379457
铁尖草 **362825**
铁尖草属 362728
铁坚杉 216120
铁坚油杉 **216120**
铁箭矮陀 78366,85232
铁箭风 308123
铁箭头 147048
铁箭岩陀 206573
铁将 324436
铁将军 67864
铁橿树 324251
铁匠树 324436
铁交杯 12635,398262
铁蕉 115884
铁角蕨叶尖尾樱桃 **316243**
铁角蕨叶卡特莱纳铁木 239412
铁角蕨叶欧洲花楸 **369340**
铁角蕨叶欧洲水青冈 **162403**
铁角蕨叶银桦 **180566**
铁角棱 209625
铁角凌霄 385508
铁脚板 198827
铁脚草乌 124507
铁脚柴 237191
铁脚梨 84573,317602
铁脚莲 138933,329975
铁脚灵仙 94778,94814,178861
铁脚锁 **152851**
铁脚锁属 **152850**
铁脚万年青 291161
铁脚威灵 94830,138897
铁脚威灵仙 **94915**,94814,95358,95396,138897
铁脚樟 231429
铁节草 179488
铁金拐 368073
铁金铜 402118
铁锦草 308816
铁精草 361370
铁菊 19691
铁苦散 204544
铁筷子 **190956**,85875,87525,159841
铁筷子科 **190882**
铁筷子属 **190925**
铁兰 392026
铁兰属 391966
铁兰银叶凤香 **187138**
铁栏杆 234715,234759,393657
铁榄 **365084**,61263
铁榄属 **362902**,365082
铁老鼠 20408
铁簕鞭棵棵 342189
铁垒 198189
铁棱 154971,252370
铁棱角 209625
铁梨木 154971
铁篱笆 52320,280555,345586
铁篱寨 310850
铁里木 329068
铁力木 **252370**,154971,234170
铁力木属 **252369**
铁立藤 391893
铁立藤属 391861
铁栎 116100
铁栎柴 323751
铁栗木 154971,252370
铁连草 104350
铁连环 66005,66099
铁凉伞 31396,31403,159841,381814
铁林刺 399879
铁林杆 59127
铁灵花 **80712**
铁灵仙 94814
铁凌 **198189**
铁菱角 146966,147013,147039,147048,147075,209748,209784,240068,366284,366343,394500,394560
铁菱角三七 26624
铁菱角属 394559
铁龙川石 166861
铁龙角 209625
铁炉散 203625
铁卵子 14527
铁罗 28997,159975
铁罗汉 5114,183097
铁罗伞 239527
铁罗伞属 239525
铁椤 **19972**
铁骡子 373274
铁麻鞭 405872
铁麻干 224989
铁麻杆 224989
铁马鞭 **226924**,4259,39532,226742,309602,328617,373507,388181,405872
铁马鞭胡枝子 226924
铁马齿苋 309602
铁马豆 43053,206240,222807,222828,361384,362300
铁马胡烧 368994
铁马莲 405872
铁猫刺 103065
铁帽子 265395
铁门杉 **4908**
铁门杉科 **4910**
铁门杉属 **4906**
铁米兰 11292
铁米仔兰 **11292**
铁糸草 301694
铁苗柴胡 63594
铁木 **276808**,32343,49898,154971,250065
铁木桉 **155743**
铁木豆属 **380081**
铁木属 **276801**
铁牛杆子 65871
铁牛皮 **122505**,122438,122532
铁牛七 5483
铁牛入石 97933,97938,165033,165037,165426,405447
铁牛钻石 166675,341556
铁扭边 197772
铁扭子 138329
铁钮子 138331,312478
铁爬树 232252

铁耙梳 232252
铁螃蟹 142819
铁炮百合 229900,229905
铁炮瓜属 139851
铁泡桐 373569
铁皮桉 155545
铁皮桦 **53573**
铁皮兰 125033
铁皮青 254548
铁皮石斛 **125288**,125033,125257,125390
铁片草 308816
铁坡垒 **198149**
铁破锣 **49576**
铁破锣属 **49575**
铁蒲扇 340141
铁枪桐 96200
铁蔷薇 **239413**
铁蔷薇属 **239411**
铁锹树 125639
铁青草 187681
铁青冈 116100,233209,324436
铁青树 269663
铁青树科 **269640**
铁青树属 **269642**
铁青树小瓦氏茜 **404902**
铁拳随 71387
铁拳头 **371632**,4866,4870,26624,81687,162309,209748
铁伞 31403
铁散沙 291061
铁散仙 79850
铁扫把 39075,46430,56392,110886,135215,143965,187548,206445,217361,226742,249232,296522
铁扫把子 217361
铁扫手 405872
铁扫帚 72342,94814,143464,205752,208543,217361,226742,226860
铁扫帚苗 139681
铁扫竹 205752
铁色 138641,138649,241513,241519,244551
铁色草 220126,316127
铁色花 220126
铁色花椒 **417193**
铁色箭 **239271**,239257
铁色马唐 **130773**
铁色属 138575
铁色树 138649
铁山矾 **381372**
铁杉 **399879**,399923
铁杉属 **399860**
铁珊 346995
铁搧帚 94814
铁扇三叶豆 **404689**
铁扇三叶豆属 **404688**
铁扇子 208939
铁生姜 209625
铁十字秋海棠 50067
铁石鞭 116032
铁石茶 331239
铁石榴 389978
铁石元 209617
铁石子 162309,162335
铁屎米 71348,71455
铁屎楠 6809,234075
铁梳子 65915,242691
铁树 87729,104350,104367,115884,115897,159975,250065
铁树果 115812
铁树黄连 52320
铁树子花 237191
铁刷把 78645,110798,389769
铁刷子 159029,206583,366284,371860
铁丝报春 314977
铁丝草 272064,299061,301694
铁丝根 94814
铁丝灵仙 366485
铁丝牡丹 95272
铁丝岩陀 83650
铁苏棵 144086
铁苏木属 **29956**
铁苏苏 144086
铁桫椤树 107549
铁藤 65033,108700,116031,337729,342169
铁桐 14544
铁铜盘 162616
铁铜盆 162616
铁头枞 393058
铁头榧 393058
铁头和尚 5251
铁乌散 414193
铁蜈蚣 159222
铁锡杖 360102
铁洗帚 308123
铁筅箒 53801
铁苋菜 **1790**,1894
铁苋菜刺痒藤 **394117**
铁苋菜大戟 **158388**
铁苋菜科 **2026**
铁苋菜属 **1769**
铁苋属 1769
铁线八草 226742
铁线草 117859,126396,159092,159286,393657
铁线风 308123
铁线根 94814
铁线海棠 23850
铁线还阳 388569
铁线蕨叶布里滕参 **211476**
铁线蕨叶草地山龙眼 **283545**
铁线蕨叶黄堇 **105566**
铁线蕨叶黄麻 **104065**
铁线蕨叶麻疯树 **212107**
铁线蕨叶牻牛儿苗 **153727**
铁线蕨叶秋海棠 **49638**
铁线蕨叶人字果 128923
铁线蕨叶鼠尾草 **344829**
铁线蕨叶松 **299804**
铁线蕨叶唐松草 388573
铁线蕨叶叶枝杉 **296957**
铁线蕨叶状毛连菜 **298560**
铁线莲 **94910**,94748,94946,95038,95179
铁线莲爱特史迪斯 10973
铁线莲白藤菊 **254454**
铁线莲翅子藤 **235212**
铁线莲属 **94676**
铁线莲叶阿魏 **163589**
铁线莲状党参 **98290**
铁线莲状马兜铃 **34149**
铁线马齿苋 159092,159286
铁线山柳属 95471
铁线鼠尾草 **344848**
铁线树 231322
铁线藤 375884
铁线透骨草 94704,95029,95031
铁线尾 62110
铁线夏枯 220126,316127
铁线夏枯草 143967,316127
铁线子 **244551**,244605
铁线子属 **244520**
铁香樟 240723
铁象杆 393449
铁橡 324436
铁橡栎 **323777**
铁橡树 324436
铁橡子树 324436
铁心木 **252629**,252625
铁心木属 252607
铁心球 **322989**
铁心丸 322989
铁信 393657
铁锈合欢 13554
铁锈色黄檀 121678
铁锈色蛇藤 100066
铁锈色洋地黄 130358
铁锈叶灰木 381143
铁锈叶山矾 381143
铁锈榆 401476
铁血藤 108700
铁血子 66224
铁叶菝葜 366438
铁茵陈 104059
铁油杉 399914
铁油杉属 399860
铁雨伞 8760,31396,31408,31502
铁雨伞草 365296
铁玉蜀黍 99124
铁云实 65008
铁凿草 239582
铁凿王 239582
铁枣 4981
铁皂角 78366,206445
铁枕头 312478,312571
铁指甲 356884
铁轴草 **388247**
铁帚把 202086,261601
铁帚尾 62110
铁槠 116153,116156
铁竹 **163570**
铁竹属 **163567**
铁烛台 143464
铁柱台 143464
铁抓子草 77156
铁仔 **261601**,261655
铁仔大戟 159417
铁仔冬青 **203632**
铁仔杜鹃 331301
铁仔厚柱头木 286748
铁仔柳 **343743**
铁仔美登木 **246884**
铁仔南洋参 **310228**
铁仔茄 **367403**
铁仔石南 **223596**
铁仔石南属 **223594**
铁仔属 **261598**
铁仔鸵鸟木 **378598**
铁仔形大戟 **159417**
铁仔崖翠木 **286748**
铁仔叶杜鹃 **331301**
铁仔叶柳 **343776**
铁仔叶群花寄生 **11108**
铁仔叶三角车 **334661**
铁足板 198869
帖木儿草 392095
帖木儿草属 392091
帖氏飞廉 **73508**
厅矢车菊 **81352**
听邦树萝卜 **10357**
廷拜克离克卫矛 **157291**
廷吉阿魏 **163732**
廷珀曼斑鸠菊 **406881**
廷珀曼豪曼草 **186217**
廷珀曼油芦子 **97389**
廷西山茶 **69160**
亭炅独生 382477
亭花 **365911**
亭花属 **365910**
亭立 63998
亭立水玉簪 **63998**
亭娘 248778

亭藤 205876
亭叶爵床 **352878**
亭叶爵床属 **352877**
庭菖蒲 **365695**,365743
庭菖蒲属 **365678**
庭菖蒲肖鸢尾 **258648**
庭菖蒲鸢尾 **208839**
庭芥属 18313
庭芥夏至草 **245728**
庭梅 83277,316705
庭荠 **18374**,18469
庭荠黄耆 **41970**
庭荠属 **18313**
庭荠曙南芥 **376388**
庭荠夏至草 **245727**
庭荠状亚麻荠 **68841**
庭荠紫菀木 41748
庭藤 **205876**
庭园銑菊 339581
庭园胡颓子 **142027**
庭园木半夏 **142102**
庭园欧芹 292694
庭园苔草 74190
庭园绣球 **199900**
庭园鸭跖草 **100970**
庭院椵 370136
庭院椵属 **370130**
庭院饭沼紫菀 **40610**
庭院芳香木 **38474**
庭院金光菊 **339581**
庭院茄 **367601**
庭院秋海棠 **49932**
庭院铣菊 339581
莛菊属 79784
莛子藨 **397847**
莛子藨属 **397828**
葶花 365905
葶花草属 365904
葶花脆蒴报春 **314932**
葶花凤仙花 **205305**
葶花卵叶报春 314184
葶花鼠尾草 345021
葶花水竹叶 **260095**
葶花香草 **239841**
葶花雪山鼠尾草 **345021**
葶芥 **203150**,253956
葶芥属 **203149**
葶茎天名精 **77186**
葶菊 **79786**
葶菊属 **79784**
葶立报春 314394
葶立钟报春 **314394**
葶苈 **137133**,336196,336211,336250
葶苈虎耳草 **349277**
葶苈科 **137309**
葶苈属 **136899**,336166
葶苈叶风铃草 **70005**
葶苈子 154019,225295,243164,374731
葶荠属 287948
葶状藁本 229383
挺澳隐黍 **94582**
挺拔仙灯 67635
挺斗篷草 **14130**
挺秆草 **307253**
挺秆草属 **307252**
挺金丝桃 201845
挺茎贝母兰 **98737**
挺茎遍地金 201845
挺茎金丝桃 **201845**
挺举柴胡 **63736**
挺立卷瓣兰 **62713**
挺香 134938
挺叶芳香木 **38767**
挺叶柯 **233264**
挺叶莎草 **119496**
挺叶肖鸢尾 **258632**
挺柱茴芹 **299515**
通贝里安龙花 **139500**
通贝里百蕊草 **389898**
通贝里滨藜 **44674**
通贝里伯纳旋花 **56867**
通贝里布里滕参 **211541**
通贝里车桑子 **135211**
通贝里齿叶灰毛菊 **185364**
通贝里粗齿绣球 **200100**
通贝里二裂萼 **134103**
通贝里番薯 **208240**
通贝里菲利木 **296328**
通贝里狒狒花 **46154**
通贝里火炭母 **308974**
通贝里栲 **78917**
通贝里拉菲豆 **325086**
通贝里拉拉藤 **170663**
通贝里蓝花参 **412901**
通贝里狼尾草 **289287**
通贝里凌霄 **70509**
通贝里落新妇 **41852**
通贝里蔓舌草 **243268**
通贝里穆拉远志 **260072**
通贝里南非草 **25813**
通贝里南星 **33536**
通贝里拟藨草 **353178**
通贝里欧石南 **150146**
通贝里坡柳 135211
通贝里千里光 **360218**
通贝里茜草 **338036**
通贝里肉珊瑚 **347034**
通贝里润肺草 **58953**
通贝里莎草 **119695**
通贝里山芫荽 **107825**
通贝里石竹 **127886**
通贝里水苏 **373465**
通贝里松 **299781**
通贝里天山泽芹 **53158**
通贝里喜阳花 **190471**
通贝里苋 **18833**
通贝里线叶粟草 **293936**
通贝里莕菜 **267829**
通贝里绣球 **200125**
通贝里旋花 **103335**
通贝里亚麻 **231995**
通贝里淫羊藿 **147004**
通贝里蝇子草 **364126**
通贝里尤利菊 **160894**
通贝里油芦子 **97388**
通贝里玉簪 **198628**
通贝里鸢尾 **208894**
通贝里栀子 **171409**
通贝里脂麻掌 **171644**
通贝里皱稃草 **141789**
通菜 207590
通菜蓊 207590
通草 13225,13238,350708,373524,373535,373540,373556,373578,387432
通草棍 373524,373540
通草树 373540
通肠香 21682
通常金黄蓟 354651
通城虎 **34185**,296734,392559
通刺 30604
通达灰毛豆 **386344**
通大海 159841,240765,376137,376184,387432
通杜木 **392766**
通杜木属 **392765**
通耳草 349936
通梗花 123
通骨消 176839,327069,390787
通关草 230275
通关散 137795,142596,245852
通关藤 **245852**
通光散 137795,245852
通光藤 245852
通棍 373540
通花 373524,373569,387432
通花草 354660
通花常山 200157
通花龟背竹 **258174**
通花五加 387432
通加天竺葵 **288551**
通江百合 230029
通江细辛 **37747**
通筋草 239594
通经草 146724,146937,355391,375000,375041,404230,404272
通兰 390917
通兰卵花甜茅 177668
通灵草 235878
通落月桃 17770
通麦栎 **324091**,324505
通麦虾脊兰 **65972**
通麦香茅 **117267**
通卖栎 **324505**
通脉丹 400934
通奶草 **159102**
通宁牛栓藤 **101907**
通宁榕 **165748**
通宁肖九节 **402068**
通宁鱼骨木 **71515**
通气跌打 204625
通气香 166684,351080
通墙虎 417329
通泉草 **247025**
通泉草属 **246964**
通乳草 98343,126389
通氏百蕊草 **389699**
通氏飞蓬 **151008**
通氏栲 78917
通氏老鹳草 174966
通氏列当 **390909**
通氏列当属 **390907**
通氏凌霄 70509
通氏绣球 200125
通氏亚洲木犀 **276260**
通丝竹 304032
通太海 228330
通特卫矛 **392820**
通特卫矛属 **392819**
通天霸 144752
通天草 12635,143122,143391
通天大黄 240765
通天袋 5574
通天河锦鸡儿 **72255**,72333
通天河岩黄芪 187916
通天河岩黄耆 **187916**
通天蜡烛 46859,46868
通天连 400914
通天莲 **400914**
通天七 397836
通天窍 81687
通天行 127041
通天烛 46868
通天柱杖 4273
通条花 191173,373556
通条柳 373540
通条木 373540
通条树 373540
通条叶 373556
通脱木 **387432**,350747
通脱木属 **387428**
通心草 111915,191157
通心韭菜 417613
通心蓉 111915
通心条 285960
通心竹 240765

通性草 308123
通血图 383407
通血香 214967,383407
通炎散 137795
通幽 78227
蓪 387432
蓪草 387432
蓪梗花 123
蓪木 13225
同白秋鼠麴草 **178220**
同瓣草 210318
同瓣草属 196487,210313
同瓣萼距花 **114597**
同瓣花半边莲 **234589**
同瓣花属 **210313**,223040
同瓣黄堇 **105987**
同瓣堇菜 **410106**
同被马钱属 **99095**
同齿车轴草 **396940**
同齿樟味藜 **70464**
同春箬竹 **206834**
同萼树 **84374**
同萼树属 **84373**
同嘎乌头 **5273**
同盖山柳菊 **195657**
同蒿 89481,89704
同蒿菜 89481,89704
同花刺菊木 **34598**
同花刺菊木属 **34596**
同花母菊 **246375**
同花木属 **245281**
同花属 197619
同花桃金娘属 **197979**
同花玉凤花 **183735**
同江细辛 37747
同金雀花属 **385669**
同距凤仙花 **205015**
同裂胡枝子 **226838**
同裂蝇子草 **363180**
同鳞蓟 **92029**
同鳞蜡菊 **189457**
同鳞黍 **281774**
同毛画眉草 **147728**
同柰 215035
同配春黄菊 **26798**
同配辐枝菊 **21255**
同蕊草 333735
同色奥佐漆 **279279**
同色菝葜 **366340**
同色白点兰 **390532**
同色扁担杆 **180738**
同色藨草 **353935**
同色酢浆草 **277737**
同色大果萝藦 **279420**
同色德渊堇菜 **410665**
同色灯心草 **213018**
同色蝶花百合 **67578**
同色兜兰 **282806**
同色范库弗草 404614
同色桴栎 **324385**
同色干若翠 **415454**
同色钩叶委陵菜 **312353**
同色管花鸢尾 **382404**
同色光紫黄芩 **355555**
同色红点草 **223794**
同色画兰 **180245**
同色灰叶哈利木 **184793**
同色金石斛 **166960**
同色蜡梅 87526
同色瘤瓣兰 **270801**
同色茅莓 **338987**
同色尼泊尔百合 **229960**
同色欧石南 **149279**
同色三萼木 **395205**
同色山柳菊 **195545**
同色双穗水塔花 **54444**
同色水塔花 54457
同色田菁 **361375**
同色铁线子 **244535**
同色西伯利亚红树莓 **338568**
同色香青 **21528**
同色小檗 **51486**
同色须弥香青 **21678**
同色悬钩子 **338275**
同色鹰爪花 **35020**
同色折瓣花 **404614**
同色帚菊 **292053**
同色紫背堇菜 **410751**
同色足詔子 **306590**
同色钻地风 **351798**
同位牡荆 **411305**
同心彩叶凤梨 **264412**
同心凤仙花 205015
同心结 285056
同心结属 **285055**
同形豹皮花 **373828**
同形裂片胡枝子 226838
同形沼地兰 **143442**
同型避日花 296110
同序守宫木 348041
同序岩高兰 **145057**
同叶钓钟柳 **289357**
同叶风铃草 **70093**
同叶麻花头 **361067**
同翼秋海棠 **49950**
同颖落芒草 300702
同优狗尾草 **361784**
同钟花 **197895**
同钟花属 **197894**
同州白蒺藜 42208
同株碱蓬 **379571**
同株没药 **101465**
同株泻根 **61518**
茼菜红景天 329850
茼蒿 **89481**,35132,35674,89704
茼蒿菜 89481
茼蒿菊 32563,89481
茼蒿莱氏菊 **223478**
茼蒿属 **89402**
茼蒿叶异果菊 **131158**
茼蒿状熊菊 **402763**
桐 285981
桐蒿草 35282
桐花 195311
桐花菜 54042
桐花杆 14184
桐花树 **8646**,284497
桐花树科 **8651**
桐花树属 **8645**,284490
桐栗 233295
桐麻 233,1000,166627
桐麻树 166627
桐麻碗 166627
桐毛耳 166627
桐棉 **389946**,389941
桐棉属 **389928**
桐木 233295,285960,285981
桐木寄生 411016
桐木树 96200,261976,285960,285981,306429
桐皮子 414193
桐青 139062
桐树 406016
桐树寄生 410979,411048
桐树属 350904
桐叶柯 233409
桐叶槭 3462
桐叶千斤藤 **375872**
桐叶千金藤 **375861**
桐叶藤 351802
桐叶野茉莉 **379406**
桐油 406016
桐油树 28997,212127,406018
桐针树 233168
桐状槭 2837,3425
桐子 406016
桐子果银杏 **175825**
桐子寄生 410979
桐子树 406016,406018
铜班道 285834
铜棒锤 106083
铜壁关凤仙花 **205390**
铜草 144093
铜秤锤 392248,392269
铜川大戟 **159984**
铜棰子 336485
铜锤 176222,326340
铜锤草 170142,277776,296121,313564,363090,371645
铜锤玉带草 **313564**,234303
铜锤玉带草属 **313552**
铜锤紫堇 106083
铜灯台 23779,284378
铜调羹 12635
铜骨七 23779
铜鼓罗浮槭 **2957**
铜鼓槭 2957
铜光大理石状华贵草 **53139**
铜光冬青 **203743**
铜蒿 89481
铜红兜舌兰 **282905**
铜红观音芋 16496
铜红椒草 **290386**
铜红鸢尾 208578
铜花肉锥花 **102158**
铜花黍 **281530**
铜黄沟酸浆 **255198**
铜将军 43721
铜交杯 385903,398262
铜脚威灵 12744
铜脚威灵仙 95022,95358,345941
铜脚葳灵 138897
铜脚一枝蒿 56382,56392
铜景天 **356968**
铜扣菊 107766
铜扣菊属 107747
铜筷子 365009
铜灵仙 95358
铜陵黄花贝母 168491
铜陵天目贝母 168491
铜绿巴豆 **112986**
铜绿大戟 **158400**
铜绿费雷茜 **163367**
铜绿金匙树 **64427**
铜绿蔓绿绒 **294823**
铜绿糅皮木 64427
铜绿山矾 **381100**
铜绿山柳菊 **195446**
铜罗 308893
铜罗汉 254900
铜罗球 **103753**
铜罗伞 205876,205880
铜罗丸 103753
铜锣草 117643
铜锣桂 113436
铜锣七 375860
铜毛马蓝 **320105**
铜毛紫云菜 320105
铜魔巴塔林郁金香 **400128**
铜牛皮 122431,122549
铜盘一枝香 385903
铜盆花 **31540**
铜皮 242,5046
铜皮兰 125257,125417
铜皮石斛 125257
铜皮铁箍 20220
铜钱安龙花 **139480**

铜钱暗消 375836,375857
铜钱白珠 172127
铜钱百里香 **391306**
铜钱草 23323,23779,81570,126623,128964,176839,200261,200274,200312,200366,239582,284628,349936
铜钱柴 231298
铜钱缠绕草 **16179**
铜钱大地豆 **199339**
铜钱根 375836
铜钱花 21568,21580,131191,239582
铜钱花草 208077
铜钱花属 131147
铜钱还阳 103941
铜钱灰毛黄耆 **42522**
铜钱基花莲 **48670**
铜钱节节菜 **337374**
铜钱巨茴香芥 **162838**
铜钱类香桃木 **261700**
铜钱琉璃繁缕 **21407**
铜钱芦莉草 **339774**
铜钱驴喜豆 **271238**
铜钱罗勒 **268575**
铜钱麻黄 362298
铜钱木蓝 **206310**
铜钱枪刀药 **202588**
铜钱沙 126623
铜钱射 126389
铜钱射草 126623
铜钱石豆兰 **62943**
铜钱柿 **132324**
铜钱树 **280548**,231298,280555,297013
铜钱树属 280539
铜钱藤 362298
铜钱乌金 37608
铜钱细辛 **37608**
铜钱小米草 **160184**
铜钱鸭嘴花 **214656**
铜钱野荞麦木 **152332**
铜钱叶白珠 172127
铜钱叶白珠树 **172127**
铜钱叶草 239755
铜钱叶黄鸠菊 **134805**
铜钱叶冷水花 **298991**
铜钱叶蓼 **309474**
铜钱叶母草 231553
铜钱叶扭萼寄生 **304986**
铜钱叶忍冬 **235992**
铜钱叶神血宁 309474
铜钱叶素馨 **211933**
铜钱叶粟麦草 **230163**
铜钱叶天竺葵 **288389**
铜钱叶下珠 **296686**
铜钱叶小檗 **51968**
铜钱叶藻百年 **161566**
铜钱玉带 176839
铜钱珍珠菜 **239755**
铜色百蕊草 **389656**
铜色苞爵床 **138999**
铜色北美乔柏 **390649**
铜色杜鹃 **332078**
铜色盾苞藤 **265785**
铜色含笑 **252807**
铜色胡颓子 141979
铜色灰毛菊 **31208**
铜色姬凤梨 **113371**
铜色狼尾草 **289250**
铜色乐母丽 **335963**
铜色龙须玉 **212501**
铜色毛毡苣苔 **147386**
铜色美人红花鱼鳔槐 **100183**
铜色桤叶树 **96528**
铜色肉锥花 **102495**
铜色塞拉玄参 **357471**
铜色鼠尾 344834
铜色树 **327661**
铜色树属 **327659**
铜色酸模 **340009**
铜色苔草 **74621**
铜色头苔草 **74579**
铜色倭毛茛 **325823**
铜色叶胡颓子 141979
铜色一枝黄花 **368056**
铜色紫心喜荫花 **147392**
铜色紫云菜 320105
铜山阿魏 **163661**
铜身铁骨 240133
铜丝绊 387822,387825
铜丝草 146966,147013,147039,147048,147075
铜丝金 117859
铜丝线 387825
铜苔 75641
铜苔草 **74228**
铜威灵 95358
铜威灵仙 94910
铜眼狮 187544
铜叶刺 51336
铜叶钟花杜鹃 **330304**
铜芸 346448
铜针刺 52131,52169
铜针木 122040
铜纸树 **101408**
铜梓树 347413
铜钻 244985
童梁 289015
童山白兰 179631
童参 318501,318507
童氏老鹳草 174966
童氏凌霄 70509
童氏落新妇 41852
童氏小檗 52225
童氏绣球 200125
童氏萱草 191318
童氏淫羊藿 **147003**
童颜草 **11140**
童颜草属 **11139**
童子骨 161356
童子参 398025
童子益母草 224989
潼蒺藜 42208
统天草 91816,402118
统天袋 5574
统仙袋 5574
桶柑 93734
桶钩藤 328700
桶栎 323625
桶罗伞 205876
桶仔竹 47250
桶棕属 100027
筒瓣花 144848
筒瓣花属 27655,144847
筒瓣兰 **27657**
筒瓣兰属 **27655**
筒苞美花莲 **184257**
筒被菝葜 **366588**
筒刺树 **167557**
筒萼木 **99814**
筒萼木属 **99804**
筒凤梨 **71150**
筒凤梨属 **71149**,54439
筒冠花 **365193**
筒冠花属 **365192**
筒冠萝藦 **367867**
筒冠萝藦属 **367866**
筒桂 91302
筒果椴 391807
筒果木蓝 **205858**
筒果木犀 **276279**
筒花桉 **155551**
筒花贝母 **168604**
筒花杜鹃 332000
筒花苣苔 **60290**
筒花苣苔属 **60289**
筒花开口箭 **70602**
筒花龙胆 **174022**
筒花马铃苣苔 **273887**
筒花芒毛苣苔 **9485**
筒花毛嘴杜鹃 **332000**
筒花木 172099
筒花木藜芦 **228178**
筒花山踯躅 **330980**
筒花肾形草 194417
筒距槽舌兰 **197272**
筒距兰 **392353**
筒距兰属 **392346**
筒距舌唇兰 **302536**
筒爵床 **116686**
筒爵床属 **116685**
筒兰 **399992**
筒兰属 **399989**
筒鞘蛇菰 **46841**
筒鞘斯托草 **377284**
筒穗草 175242
筒穗草属 175241
筒穗无耳沼兰 **130181**
筒筒草 1790
筒叶长筒莲 **108045**
筒叶虎尾兰 346070
筒叶菊 **359991**
筒叶玉属 **116623**
筒枝念珠掌 **186154**
筒轴草 337555
筒轴茅 **337555**
筒轴茅瘦鳞帚灯草 **209452**
筒轴茅属 **337544**
筒轴茅皱颖草 **333827**
筒状凤梨属 54439
筒状蛇鞭菊 **228454**
痛必灵 121703
痛风麻疯树 212202
痛骨消 309199
偷筋草 315028
偷偷还阳 314331
头白盘菊 **253020**
头薦草 352205
头刺 72362
头刺草 **82147**
头刺草属 82113
头刺爵床 **81999**
头刺爵床属 **81998**
头刺头菊 **108222**
头楤木 **82110**
头楤木属 **82109**
头顶一颗珠 191574,397568,397622
头顶一颗珠属 397540
头顶一枝草 175203
头顶一枝花 239638
头顶一枝香 175203
头顶珠 397568,397622
头发草 67050
头梗苓菊 **214058**
头梗芹 **82405**
头梗芹属 **82403**
头梗玉蕊 **107110**
头梗玉蕊属 **107109**
头灌茜 **107089**
头灌茜属 **107088**
头果桉 **155528**
头果莎 **82202**
头果莎属 **82200**
头花杯苋 **115704**
头花草 **82139**
头花草科 68333

头花草属 **82113**,68331
头花赤瓟 **390115**
头花刺子莞 **333511**
头花丛生苔草 **74077**
头花大黄 329337
头花大青 **96000**
头花独行菜 **225322**
头花杜鹃 **330324**
头花蒽草 115704
头花飞廉 **73327**
头花菲利木 **296178**
头花粉条儿菜 **14478**
头花风铃草 **70065**
头花凤梨属 **180535**
头花狗肝菜 **129241**
头花花凤梨 **391987**
头花黄耆 **42164**
头花黄杨 **64248**
头花灰毛豆 **385996**
头花吉莉草 175677
头花金足草 178861
头花九节 **319476**
头花韭 **15324**
头花黎豆 259559
头花蓼 **308946**,308953
头花龙胆 **173333**
头花马蓝 178840
头花马蓝属 178838
头花马先蒿 **287069**
头花芒柄花 **271354**
头花楠属 82436
头花婆婆纳 **407059**
头花千金藤 375833
头花荨麻 223679
头花染料木 **172927**
头花塞拉玄参 **357445**
头花砂仁 **19921**
头花莎草 **118618**
头花山兰 **274069**,274037
头花山蚂蝗 **126282**
头花石豆兰 **62616**
头花属 81945,180535
头花水玉簪 **63960**
头花丝石竹 183180
头花四方骨 203044
头花苔草 **74076**
头花铁兰 391987
头花仙茅 114819
头花香苦草 203062
头花香薷 **143970**
头花象牙参 **337074**
头花缬草 **404239**
头花星牵牛 **43345**
头花绣球防风 **227640**
头花旋带麻 **183357**
头花崖藤 **13449**
头花烟堇 **302659**
头花烟堇属 **302656**
头花银背藤 **32618**
头花蝇子草 **363308**
头花猪屎豆 **112383**
头花柱婆婆纳 407059
头花紫堇 **105698**
头喙苣属 82411
头蓟 **91856**
头巾百合 229922
头巾草 355733
头巾杜鹃 331254
头巾堇菜 **410306**
头巾马银花 **331254**
头九节 **81975**
头九节属 **81945**
头嘴菊属 82411
头盔兰属 105518
头林心 402201
头淋沁 402201
头露兜树 **281099**
头毛鼠李 **395625**
头毛鼠李属 **395619**
头木槿 **82234**
头木槿属 **82232**
头木茜 **82229**
头木茜属 **82228**
头婆 402245
头钳模 139959
头蕊兰 **82060**,82051
头蕊兰属 **82028**
头蕊偏穗草属 **82458**
头石竹 **127608**
头穗莎草 118957
头穗竹属 82440
头疼花 122438
头腾汉湖北小檗 **51649**
头天轮柱属 99430
头痛花 122438
头痛棵 321672
头痛皮 122438
头形杉 82507
头序报春 **314212**
头序杯苋 115704
头序赤车 **288717**
头序臭黄荆 313749
头序楤木 **30623**
头序大黄 **329337**
头序甘草 177932
头序格尼瑞香 **178709**
头序钩喙兰 **22088**
头序瓜馥木 166685
头序花属 82113
头序黄芪 42471
头序黄耆 **42471**
头序金锦香 **276089**
头序麦瓶草 363295
头序荛花 **414147**
头序瑞香 **122610**
头序桑 **403410**
头序桑属 **403409**
头序歪头菜 **408516**
头序无柱兰 **19504**
头序绣球防风 **227571**
头序蝇子草 **363295**
头叶过路黄 239786
头叶沙穗 **148476**
头晕菜 360463
头晕花 221238
头晕药 175417,175420
头中草 355733
头柱灯心草 **212994**
头柱苋 **266956**
头柱苋属 **266955**
头状阿尔玛豆 **16270**
头状阿氏莎草 **541**
头状安瓜 **25143**
头状安龙花 **139441**
头状奥萨野牡丹 **276492**
头状八宝 **200805**
头状白绒草 227571
头状百金花 81495
头状百里香 **391119**
头状百蕊草 **389631**
头状拜卧豆 **227039**
头状斑鸠菊 **406213**
头状报春石南 **371549**
头状杯蕊杜鹃 **355929**
头状杯苋 115704
头状杯柱玄参 **110179**
头状本氏茱萸 124891
头状萹蓄 **291714**
头状布罗地 128870
头状布切木 **61680**
头状草 **77102**
头状草地山龙眼 **283549**
头状草属 **77101**
头状叉柱花 **374474**
头状缠绕草 **16176**
头状刺草 **140105**
头状刺核藤 **322523**
头状大青 **95987**
头状灯心草 **212988**
头状地杨梅 **238600**
头状东北红豆杉 385357
头状豆木 **352495**
头状杜鹃 330324
头状多头茱萸 **307770**
头状鹅掌柴 **350671**
头状二裂玄参 **134058**
头状繁果茜 **304150**
头状芳香木 **38464**
头状仿龙眼 **254956**
头状风车子 **100379**
头状风铃草 70058
头状风琴豆 **217978**
头状高恩兰 **180010**
头状高山参 **273993**
头状格雷野牡丹 **180368**
头状格尼瑞香 **178583**
头状钩喙兰 **22087**
头状狗肝菜 **129239**
头状古柯 **155063**
头状寡果鱼骨木 **71445**
头状哈尔特婆婆纳 **185992**
头状荷马芹 **192755**
头状黑草 **61756**
头状胡枝子 **226729**
头状花耳草 **187532**
头状花韭 128870
头状花霞草 183182
头状画眉草 **147568**
头状灰毛豆 **385994**
头状吉莉花 **175677**
头状假杜鹃 **48129**
头状假金鸡纳 **219652**
头状尖头花 6039
头状姜 **417969**
头状洁穗禾 **79427**
头状景天 200805
头状克鲁茜 **113163**
头状空竹 **82442**
头状昆明冬青 **203951**
头状蜡菊 **189232**
头状蓝花参 **412620**
头状蓝星花 **33625**
头状榄仁树 **386503**
头状藜 **86984**
头状丽韭 **128870**
头状利帕豆 **232044**
头状联冠紫绒草 **378998**
头状蓼 309459
头状裂花桑寄生 **295829**
头状裂蕊紫草 **234987**
头状鳞花草 **225147**
头状瘤蕊紫金牛 **271030**
头状龙胆 **173321**
头状龙爪茅 **121290**
头状露兜树 **280998**
头状芦荟 **16687**
头状鹿藿 **333176**
头状马先蒿 **287067**
头状脉刺草 **265678**
头状毛瑞香 **218981**
头状毛麝香 **7985**
头状美登木 **182672**
头状密穗花 **322099**
头状密头帚鼠麹 **252416**
头状木蓝 **205779**
头状南非青葙 **192774**
头状南非帚灯草 **38356**
头状拟拉氏芸香 **327119**

头状鸟娇花 **210727**
头状欧石南 **149143**
头状婆罗门参 **394268**
头状千里光 **358510**,385917
头状枪刀药 **202522**
头状青兰 **137670**
头状丘头山龙眼 **369827**
头状球百合 **62360**
头状群蕊竹 **268114**
头状热美两型豆 **99951**
头状热美萝藦 **385095**
头状萨比斯茜 **341605**
头状沙拐枣 **67008**
头状莎草 **118612**
头状山人参 273993
头状山香 **203044**
头状施拉茜 **352543**
头状石头花 **183180**
头状石竹 **127632**
头状矢车菊 **80989**
头状手玄参 **244768**
头状栓果菊 **222923**
头状双距兰 **133734**
头状水莎草 **212782**
头状水玉簪 **63959**
头状丝叶球柱草 **63258**
头状四照花 **124891**
头状穗莎草 **118957**
头状苔草 **74046**
头状糖芥 **154419**
头状天竺葵 **288133**
头状葶苈 **137255**
头状菟丝子 **114989**
头状莴苣 219489
头状五层龙 **342603**
头状仙人笔 **216659**
头状腺果藤 **300951**
头状香科 **388037**
头状香芸木 **10584**
头状小齿玄参 **253428**
头状小黄管 **356053**
头状小雄蕊龙胆 **383979**
头状小野牡丹 **248796**
头状小叶金雀豆 **21791**
头状肖尔桃金娘 **352468**
头状肖蒙蒂苋 **258308**
头状缬草 **404236**
头状新塔花 **418124**
头状星毛卷萼锦 **384414**
头状秀丽莎草 **118485**
头状雪衣鼠麴木 **87784**
头状鸭舌癀舅 **370758**
头状鸭跖草 **100953**
头状烟堇 **169027**
头状叶覆草 **297513**
头状叶梗玄参 **297101**
头状夜茉莉 **267423**
头状异尖荚豆 **263362**
头状樱草 314212
头状永菊 **43822**
头状玉簪 **198593**
头状蚤缀 **31803**
头状鹧鸪花 **395475**
头状直序小檗 **51984**
头状指甲草 **284788**
头状帚鼠麴 **377206**
头状紫杉 385357
头足草 **77099**
头足草属 **77096**
头嘴菊 **82418**
头嘴菊属 **82411**
头嘴苣属 82411
透地连珠 214959
透地龙 112871,144752,166888
透骨白 204799
透骨草 **295986**,4273,94704,94946,95031,166462,172099,176839,200390,204799,205580,228175,239582,247452,295984,345708,370512,370515,405872,408262,408278
透骨草科 **296006**
透骨草属 **295978**
透骨风 56260,56343,166462,176839,239582,402916
透骨红 204799
透骨香 172099
透骨消 13091,162309,162335,172074,172099,176815,176824,176839,176844,239582,262249
透光草 260164
透鬼消 162309
透茎冷水花 **299024**
透茎冷水麻 299024
透镜籽科 3901
透镜籽属 3902
透明宝草 186679
透明边树萝卜 **10316**
透明薄花兰 **127966**
透明草 290401,298974,299010
透明触须兰 **261825**
透明刺子孙球 **327277**
透明滴翠玉 **102451**
透明凤仙花 **204902**
透明狗肝菜 **129267**
透明灌木帚灯草 **388821**
透明湖瓜草 **232415**
透明虎耳草 **349768**
透明菊 **199639**
透明菊属 **199637**
透明老鸦嘴 **390807**
透明鳞荸荠 **143298**
透明卵形天竺葵 **288403**
透明麻 204820
透明麦氏草 **256606**
透明木蓝 **206370**
透明拟长柄芥 **241243**
透明欧石南 **149880**
透明青锁龙 **109249**
透明球百合 **62466**
透明日中花 **251546**
透明肉锥花 **102494**
透明沙拐枣 **67058**
透明山柳菊 **195843**
透明蛇根草 **272276**
透明石豆兰 **62788**
透明鼠尾粟 **372801**
透明水玉簪 **63966**
透明唐菖蒲 **176259**
透明菟丝子 **115044**
透明万寿菊 383097
透明卫矛 157784
透明细辛 **37700**
透明小刺蛇舌草 **269806**
透明小芜萍 **414685**
透明叶卫矛 **157784**,157675
透明针茅 **376801**
透明朱米兰 **212719**
透鞘花属 **62275**
透血红 4304
凸瓣苣苔 **22163**
凸边雀麦 **60807**
凸额马先蒿 **287112**
凸方枝树 **270479**
凸浮萍 **224366**
凸柑 93717,93728
凸果贵阳槭 2784
凸果菊 **258344**
凸果菊属 **258343**
凸果阔叶槭 **2784**
凸果桐属 156113
凸花草 **374530**
凸花草属 **374529**
凸花椰属 306546
凸花紫金牛 **144833**
凸花紫金牛属 **144832**
凸火焰草 **79124**
凸尖倒卵叶紫麻 273913
凸尖杜鹃 **331851**
凸尖花椒 417329
凸尖蒲公英 **384509**,384628
凸尖榕 **165764**
凸尖唐菖蒲 **176144**
凸尖卫矛 **157400**
凸尖枸子 **107348**
凸尖羊耳菊 **138890**
凸尖野百合 111915
凸尖叶青蛇藤 **291050**
凸尖越橘 **403792**
凸尖皱褶马先蒿 **287522**
凸尖紫麻 **273913**
凸镜芳香木 **38634**
凸镜苔草 **75106**
凸孔角盘兰 **192837**,291199
凸孔阔蕊兰 **291199**
凸孔坡参 **183393**
凸肋斑鸠菊 **244889**
凸肋斑鸠菊属 **244887**
凸类野百合 111915
凸萝藦属 **141416**
凸脉扁莎 **322350**
凸脉丁香 **382308**
凸脉冬青 **203947**,203779
凸脉杜鹃 **330874**
凸脉飞燕草 **102842**
凸脉附地菜 **397411**
凸脉高粱 369671
凸脉猕猴桃 **6521**
凸脉千里光 **360301**
凸脉球兰 **198877**
凸脉苔草 75048
凸脉茵芋 **365945**
凸脉越橘 **404020**
凸起金合欢 **1496**
凸起相思树 1496
凸头杜鹃 331851
凸纹杜鹃 **331131**
凸纹青锁龙 **109047**
凸斜叶榕 165762
凸叶杜鹃 **331458**,331851
凸叶小檗 52131
秃败酱 285831
秃瓣杜英 **142320**
秃荸荠 **143076**
秃柄锦香草 **296400**
秃柄小檗 **52085**
秃茶 69097
秃疮花 **129571**,129564
秃疮花属 **129563**
秃雌杜英 142327
秃刺蒴麻 **399245**
秃斗篷草 **14006**
秃萼红淡 8221
秃萼虎耳草 **349687**
秃萼黄芪 42609
秃萼黄耆 **42609**,42634,42648
秃萼台湾杨桐 **8225**,8221
秃萼筒黄耆 **42404**
秃繁缕 **374970**
秃房茶 **69111**
秃房杜鹃 330854
秃房弯蒴杜鹃 **330854**
秃房紫茎 **376444**
秃飞廉 **73420**
秃飞蓬 **150528**
秃梗连蕊茶 **69052**

秃梗露珠草 **91546**
秃梗槭 **3096**
秃冠菊 **293558**
秃冠菊属 **293556**
秃冠小轮叶越橘 **404037**
秃果白珠 **172106**
秃果华千里光 365050,365070
秃果夹竹桃 **293117**
秃果夹竹桃属 **293116**
秃果堇菜 410403
秃果菊 **293561**
秃果菊属 **293559**
秃果毛花猕猴桃 **6591**
秃果蒲儿根 **365070**
秃果千里光 365050
秃含笑 **252886**
秃红紫珠 **66922**
秃华椴 **391687**
秃灰毛豆 386264
秃喙苔草 76784
秃荚蒾 **408009**
秃尖尾枫 **66854**
秃节荻 **394928**
秃金锦香 **276152**
秃筋骨草 13097
秃茎虎耳草 **349986**
秃茎冷水花 **299090**
秃茎荨麻 402855,402884
秃净灰毛豆 **386264**
秃净冷水花 299090
秃净木姜子 233954
秃净山鸡椒 233954
秃菊 **293555**
秃菊属 **293553**
秃蜡瓣花 **106678**,106671
秃莱克草 223703
秃莱切草 **223703**
秃肋连蕊茶 **69099**
秃裸马先蒿 **287161**
秃毛冬青 **204185**
秃女子草 207224
秃糯米椴 391726
秃钱芹属 252660
秃鞘箭竹 **162749**
秃蕊杜英 **142327**
秃蕊瘤果茶 **69731**
秃扫儿 217372
秃山白树 365094
秃山茶 **69097**,69111
秃杉 **383191**,383189
秃杉属 383188
秃石茅 **369653**
秃蒜 239266
秃穗马唐 **130786**
秃头花子 97719
秃头苣 **293575**
秃头苣属 **293574**
秃小耳柃 **160452**
秃序海桐 **301417**
秃悬钩子 **338922**
秃叶党参 **98314**
秃叶亨氏红豆 274419
秃叶红豆 274419
秃叶虎耳草 **349922**
秃叶花椆木 274419
秃叶黄檗 **294240**
秃叶黄皮树 294240
秃玉山蝇子草 **363776**,363497
秃鹧鸪花 395481
秃枝润楠 **240608**
秃柱台湾杨桐 **8223**
秃子花 129571,230544
秃子花子 97719
秃子楝树 **123450**
突变安息香 379321
突齿兰属 **86271**
突出石豆兰 **62914**
突点秋海棠 50209
突隔梅花草 **284525**
突果菀属 **182820**
突果眼子菜 312083
突尖香茶菜 **209780**
突尖紫堇 **106169**
突节老鹳草 **174684**,174671
突厥灯心草 **213554**
突厥多榔菊 136379
突厥红砂 327231
突厥红砂柳 **327231**
突厥假香芥 **317565**
突厥蔷薇 **336514**
突厥斯坦毛蕊花 **405794**
突厥斯坦猪毛菜 **344756**
突厥野青茅 **65509**
突厥益母草 **225019**
突厥隐花草 **113318**
突厥鸢尾属 **13409**
突肋茶 **69012**
突肋海桐 **301259**
突脉冬青 204290
突脉海桐 301259
突脉金丝桃 **202104**
突脉青冈 **116088**
突脉秋海棠 **50231**
突脉榕 165830
突脉血色卫矛 157860
突囊芹 **177203**
突囊芹属 **177202**
突尼斯相思树 **1653**
突起阿冯苋 **45775**
突起短片帚灯草 **142984**
突氏欧夏至草 **245769**
突托蜡梅 **87520**
突药瘦片菊 **218055**
突药瘦片菊属 **218054**
菟 326616
菟子 326616
图阿斯核果木 **138702**
图奥勒米葱 **15849**
图奥勒米猪牙花 154948
图贝花属 399940
图德兰属 399699
图迪达谷精草 **151535**
图迪休姆颤毛萝藦 **399579**
图迪休姆泡叶番杏 **138248**
图恩十二卷 **186470**
图尔百里香 **391391**
图尔报春 **315056**
图尔草属 **264787**
图尔串铃花 **260340**
图尔葱 **15827**
图尔嘎假木贼 **21065**
图尔嘎蒲公英 **384839**
图尔嘎矢车菊 **81440**
图尔嘎猪毛菜 **344755**
图尔盖风毛菊 **348889**
图尔盖黄芩 **355825**
图尔盖针茅 **376695**,376930
图尔假芝麻芥 **317300**
图尔堇菜 **410700**
图尔锦葵 **54472**
图尔锦葵属 **54471**
图尔卡纳百簕花 **55446**
图尔卡纳大戟 **160020**
图尔卡纳芦荟 **17364**
图尔卡纳罗勒 **268517**
图尔凯维契鸦葱 **354972**
图尔克草属 **400469**
图尔克金果椰 **139428**
图尔克马岛外套花 **351724**
图尔克石豆兰 **63157**
图尔南芥 **30476**
图尔诺葱 **15668**
图尔鼠尾粟 **372860**
图尔蜀葵 **13949**
图尔网状赛金莲木 **70744**
图尔香附子 **119721**
图弗诺扁担杆 **180993**
图弗诺柴龙树 **29608**
图弗诺番樱桃 **156377**
图弗诺福谢山榄 **162966**
图弗诺谷木 **250086**
图弗诺花椒 **417352**
图盖拉大戟 **160016**
图盖拉千里光 **360264**
图盖拉双距花 **128106**
图古尔矢车菊 **81430**
图拉尔滨藜 **44683**
图拉金鱼藤 **100128**
图拉鸾凤玉 **43522**
图莱亚尔大戟 **160017**
图莱亚尔丹氏梧桐 **136020**
图莱亚尔干若翠 **415495**
图莱亚尔合欢 **13684**
图莱亚尔类链荚木 **274336**
图莱亚尔芦荟 **17362**
图兰安波菊 18983
图兰蒿 **400429**
图兰蒿属 **400428**
图兰猪毛菜 **400426**
图兰猪毛菜属 **400424**
图里蒲公英 **384840**
图里无患子属 **393219**
图里亚尼感应草 **54560**
图林百簕花 **55438**
图林斑鸠菊 **406878**
图林半边莲 **234826**
图林大戟 **159969**
图林瓜 **114259**
图林兰 **390687**
图林兰属 **390686**
图林蓝花参 **412900**
图林狼尾草 **289286**
图林马岛翼蓼 **278460**
图林木菊 **129464**
图林佩迪木 **286953**
图林肖水竹叶 **23598**
图林叶下珠 **296793**
图鲁罕斗篷草 **14161**
图罗尔黄耆 **43198**
图马车轴草 **397122**
图马瓜 **400311**
图马瓜属 **400310**
图门黄芩 **355824**
图门苔草 **76618**
图米金千里光 **279929**
图米栎 **324493**
图内福尔锦葵 **243853**
图内福尔蓝刺头 **140821**
图内福尔柳叶菜 **146910**
图内福尔芒柄花 **271620**
图内福尔婆婆纳 **407257**
图内福尔水苏 **373467**
图内金代菊 181930
图内特阿魏 **163738**
图内特补血草 **230812**
图内特车前 **302206**
图内特车轴草 **397123**
图内特毒马草 **362882**
图内特拉拉藤 **170713**
图内特列当 **275231**
图内特酸模 **340296**
图内特蝇子草 **364141**
图内特猪毛菜 **344753**
图纳栎 **324512**
图奈缘翅拟漆姑 **370680**
图呐特针茅 **376839**
图平柿 **132440**
图森木 **393306**

图森木属 **393304**
图森特木瓣树 **415823**
图森特五层龙 **342755**
图舍秋海棠 **50366**
图氏棒果树 **332406**
图氏川苔草 **400045**
图氏川苔草属 **400044**
图氏大戟 **159968**
图氏独行菜 **225472**
图氏番红花 **111621**
图氏谷木 **250085**
图氏核果木 **138701**
图氏蝴蝶草 **392944**
图氏黄芩 **355813**
图氏鸡矢藤 **280112**
图氏稷 **282333**
图氏马岛无患子 **392114**
图氏马铃果 **412118**
图氏马唐 **130799**
图氏木蓼 **44282**
图氏蟛蜞菊 **413558**
图氏染料木 **173084**
图氏热非夹竹桃 **13313**
图氏忍冬 **236198**
图氏柿 **132433**
图氏乌口树 **385036**
图氏枭丝藤 **329245**
图氏岩黄耆 **188161**
图氏郁金香 **400244**
图氏鸢尾 **208911**
图文黄芩 **355826**
图西德牻牛儿苗 **153927**
图西德蛇舌草 **270024**
图西德蝇子草 **364132**
图扎拉 217615
图紫葳 **393303**
图紫葳属 **393302**
涂藤 187581
涂藤头 187581
荼 352284,368771
荼草 368771
荼縻花 339195
屠还阳参 110785
屠氏风铃草 **70346**
屠氏葶苈 **137282**
稌 275958
蒤 328345
酴醿 339195
土艾叶 36153
土八角 204526,204558,204590
土巴豆 401156
土巴夫属 400050
土巴戟 97919,122077,202632,258923,322423
土巴椒 417173
土坝天 414220
土霸王 240765
土白菜 59595
土白果 123245
土白芨 37115,302280,370402
土白及 302280
土白蔻 17740
土白连 173811
土白蔹 117390,367775,417470
土白前 135258,175203
土白芍 7234,114838
土白参 409113
土白术 44218,381187
土白头翁 24090,24116,178062
土白芷 97017,138888,276745,381423
土百部 39014,39075,116851
土败酱 398024
土稗子 73842
土半边莲 313575
土半夏 **401152**,20136,33359,299724,401156,401160
土半夏属 401148
土北芪 414813
土贝 56659,168586
土贝母 56659,115589,168586,207497
土荜茇 300354
土荜茇 300354
土萆薢 131597,194120,366338
土冰片 55693
土薄荷 96981,250370,250439,250450,355706
土布艾荨麻属 **185822**
土菜 312502
土蚕子 220359
土苍术 135264
土草果 19871
土茶 110258,143967,203961
土茶叶 328861
土柴胡 35674,41317,143464,218480,276745,411362
土菖蒲 5793
土常山 **200033**,37888,52049,96028,96200,129033,131734,199792,199817,200017,200038,200071,200108,200125,200126,200134,294540,313692,313717,381341,381452,411362
土常山属 199787
土场白头婆 **158173**
土沉香 **29983**,91287,91425,112871,157740,161639
土沉香属 161628
土澄茄 233882
土虫草 373222,373439
土臭烟 367146
土樗仔 298516
土杵虾公 125202
土春根 366548
土椿树 332509
土苁蓉 46868
土大风子 254796
土大黄 **329362**,178861,275403,329321,329327,329331,329338,329342,329365,329386,329388,339925,339983,339994,340089,340114,340116,340141,340151,340178
土大茴 204544
土大戟 **160019**,159841
土大芩 355484
土大桐子 31051
土大香 204526,204590,351056
土丹棘豆 **279223**
土丹皮 31396,346738,346743
土丹参 337925,345143,345144
土胆草 117364,117368,173625
土疸药 380113,380115,380252
土蛋 29304,250796
土当归 **30619**,24336,24358,24411,24425,28044,220729,276745,276748,298093,299376,361606,408241
土当归属 30587
土当归叶蛇葡萄 20329
土党参 7234,70396,98299,98309,98343,98373
土党参属 **116253**
土地骨皮 96028
土地瓜 403795
土地黄 205557,205568,275810
土地榆 230759,328345
土地子 138331
土靛 47845
土丁桂 **161418**
土丁桂属 **161416**
土冬虫草 373222
土冬瓜 298093
土冬花 7433,151162
土冬青 88589,231324
土豆 30498,367696,383009
土豆草 89207
土豆儿 367696
土豆根 206140,369141
土豆子 20928
土杜仲 88897,88902,157345,157355,157473,157559,157675,402194,402245
土儿红 345881
土耳其变豆菜 **346009**
土耳其侧金盏花 **8352**
土耳其长筒补血草 **320002**
土耳其刺花蓼 **89116**
土耳其大鳍菊 **271702**
土耳其豆 366627
土耳其番红花 **111537**
土耳其粉红鼠尾草 345379
土耳其光栎 **324087**
土耳其旱叶草 415440
土耳其蒿 **401209**
土耳其蒿属 **401208**
土耳其禾属 **274026**
土耳其花楸 **369548**
土耳其槐 **369053**
土耳其黄杨 64345
土耳其景天 **356999**
土耳其桔梗属 161026
土耳其菊蒿 **307298**
土耳其菊蒿属 **307297**
土耳其宽叶鸦葱 **354887**
土耳其冷杉 314
土耳其栎 **323745**
土耳其密花草 **415440**
土耳其牧根草属 **43595**
土耳其葡萄 **411782**
土耳其歧缬草 **404480**
土耳其气囊豆 100187
土耳其秋水仙 **99315**
土耳其雀麦 **61003**
土耳其山灌 **136771**
土耳其山灌属 **136770**
土耳其石头花 **183233**
土耳其栓翅芹属 **141883**
土耳其水苏 373166
土耳其斯坦矮卫矛 **157742**
土耳其斯坦白鹃梅 **161743**
土耳其斯坦菠菜 **371717**
土耳其斯坦侧金盏花 8385
土耳其斯坦长蕊琉璃草 **367828**
土耳其斯坦齿缘草 **153552**
土耳其斯坦翅果草 **334557**
土耳其斯坦刺头菊 **108436**
土耳其斯坦葱 **15851**
土耳其斯坦翠雀花 **124457**
土耳其斯坦大黄 **329408**
土耳其斯坦大麦草 **198373**
土耳其斯坦独尾草 **148560**
土耳其斯坦繁缕 **375116**
土耳其斯坦凤仙花 **205212**
土耳其斯坦沟子芹 **45073**
土耳其斯坦蒿 **35333**
土耳其斯坦花楸 369549
土耳其斯坦黄花烟堇 169197
土耳其斯坦棘豆 **279027**
土耳其斯坦蓟 **92455**
土耳其斯坦假报春 **105507**
土耳其斯坦假木贼 **21066**
土耳其斯坦碱蓬 379594
土耳其斯坦节节木 **36820**
土耳其斯坦筋骨草 13190

土耳其斯坦毛茛 **326481**
土耳其斯坦美冠兰 **157069**
土耳其斯坦拟金莲草 **202651**
土耳其斯坦枇杷柴 327231
土耳其斯坦飘拂草 **166549**
土耳其斯坦婆罗门参 **394354**
土耳其斯坦槭 **3726**
土耳其斯坦蔷薇 **337002**
土耳其斯坦雀儿豆 **87265**
土耳其斯坦涩荠 **243246**
土耳其斯坦沙拐枣 **67085**
土耳其斯坦沙棘 196783
土耳其斯坦山柳菊 **196052**
土耳其斯坦山楂 **110096**
土耳其斯坦石头花 **183264**
土耳其斯坦石竹 127892
土耳其斯坦矢车菊 **81441**
土耳其斯坦鼠尾草 **345447**
土耳其斯坦水苏 **373476**
土耳其斯坦四翅沙拐枣 **67072**
土耳其斯坦唐棣 **19297**
土耳其斯坦天门冬 **39242**
土耳其斯坦条果芥 **285032**
土耳其斯坦庭荠 **18485**
土耳其斯坦葶苈 137253
土耳其斯坦无心菜 **32290**
土耳其斯坦无叶豆 **148448**
土耳其斯坦香花芥 317565
土耳其斯坦小檗 51717
土耳其斯坦缬草 **404252**
土耳其斯坦岩黄耆 **188160**
土耳其斯坦郁金香 **400246**,400181
土耳其斯坦针茅 **376956**
土耳其斯坦猪毛菜 **344618**
土耳其四斯坦罗马风信子 **50778**
土耳其松 **299827**
土耳其碎米荠 **297821**
土耳其碎米荠属 **297820**
土耳其唐菖蒲 176122
土耳其菟葵 148104
土耳其仙客来 115939
土耳其鸦葱 **354971**
土耳其益母草 225019
土耳其郁金香 **400112**,400246
土耳其榛 **106720**,106724
土耳其芝麻菜 154019
土番薯 375870
土蕃大黄 329372
土防风 97043,140716,147084,201942,219996,292873,367322
土防己 97947,116017,116020,132931,375904,392223
土飞七 242691
土榧子 385409
土枫藤 187307
土伏虱 363090
土茯苓 **366338**,129068,129080,162336,194120,366284,366311,366364,366414
土茯苓属 194106
土附子 5335,226721
土甘草 747,765,768,125959,167284,203578,254796,254813,260483,260484,295064,298989,299086,354660
土甘草豆 765
土高丽参 383324,409113
土藁本 266975
土公英 143464
土狗尾 402118,402119
土古藤 252514
土谷仿杜鹃 **250527**
土骨皮 96083,324384
土鼓藤 187307,285157
土瓜 165759,207623,250796,279732,390128,396166,396170,417488
土瓜狼毒 **159631**
土瓜蒌 390164
土瓜藤 250854
土官村乌头 **5650**
土广木香 375870
土桂 91351
土桂皮 91276,91397
土恒山 241781
土红花 92066,195149,221238
土红蓝 291161
土红参 187532,383324
土厚朴 145517,198699,232595,325007
土花 202767,235742
土花粉 417470
土花椒 417161,417173,417340
土花蓝 285841
土花旗参 383324
土淮山 131645
土淮山药 131592
土黄白花楸 **369326**
土黄白面子树 369326
土黄柏 51360,52169,52320,242487,242563,275403,328665
土黄檗 51845,52320
土黄草 125005
土黄柴 381341
土黄瓜树 80596
土黄花 191284
土黄鸡 166888
土黄姜 131877
土黄连
土黄芩 105808
土黄芪 **266465**,24024,72342,165671,166888,243823,243862,313692,362617
土黄芪属 **266463**
土黄耆 52418,166888,247456
土黄芩 23796,24024,51811,106537,242522,355363,355429,355800
土黄条 216085
土茴香 24213,167156
土活血 345142
土藿香 10414,144062,147084
土鸡蛋 29304
土鸡冠 80381
土鸡血 66643
土鸡爪黄连 122040
土蒺藜 395146
土加藤 179488,187581
土箭七 414162
土箭芪 414143,414162
土姜活 187432
土姜树 77411
土橿 229617
土降香 121670
土竭力 309711
土芥菜 416437
土金茶 355387
土金茶条 355387
土金刚 229529
土金针 191284
土筋 194020
土槿 317822
土槿皮 94576
土经丸 387779
土荆 317822
土荆芥 **139678**,19459,97043,99313,139693,143962,144086,176839,249494,259281,259282,259284,259313,259323,259324,264897,345310,405872
土荆芥属 139677
土荆芥穗 225475
土精 280741,280793
土桔梗 7853,69972,279757,363403,363467
土橘 **93428**
土瞿麦 14529
土菌子 46835
土坎米兰 11285
土坎米仔兰 11285
土可曼酒神菊 46265
土克曼棘豆 **279224**
土口芪 402245
土蔻 17674
土苦参 320435
土库曼爱伦藜 **8854**
土库曼白花菜 **95810**
土库曼荸荠 **143395**
土库曼扁桃 **20976**
土库曼滨藜 **44684**
土库曼并核果 **283191**
土库曼车叶草 **39418**
土库曼翅果菘蓝 **345721**
土库曼刺头菊 **108435**
土库曼葱 **15850**
土库曼粗根补血草 **82409**
土库曼粗枝猪毛菜 **344500**
土库曼翠雀花 **124659**
土库曼大戟 **158991**
土库曼大蒜芥 **365643**
土库曼盾形草 **288824**
土库曼枸杞 **239128**
土库曼蒿 **36429**
土库曼合被虫实 **27562**
土库曼胡卢巴 **397289**
土库曼还阳参 **111066**
土库曼茴芹 **299573**
土库曼假狼毒 **375216**
土库曼假狼紫草 **266626**
土库曼金眼菊 **409172**
土库曼酒神菊 **46265**
土库曼菊蒿 **383867**
土库曼梨 **323329**
土库曼链翅芹 **274372**
土库曼柳穿鱼 **231165**
土库曼毛蕊花 **405793**
土库曼米努草 **255595**
土库曼苹果 **243730**
土库曼婆婆纳 **407426**
土库曼槭 **3725**
土库曼前胡 **293052**
土库曼山楂 **110095**
土库曼嗜盐草 **184926**
土库曼鼠尾草 **345445**
土库曼蜀葵 **13948**
土库曼水苏 **373475**
土库曼唐菖蒲 **176612**
土库曼天芥菜 **190764**
土库曼天仙子 **201405**
土库曼甜茅 177648
土库曼驼蹄瓣 **418774**
土库曼勿忘草 **260901**
土库曼小檗 **52284**
土库曼小头菊 **253210**
土库曼肖阿魏 **163767**
土库曼肖草瑞香 **125773**
土库曼新塔花 **418142**
土库曼玄参 **355260**
土库曼鸦葱 **354970**
土库曼盐美人 184926
土库曼樱桃 **83353**
土库曼蝇子草 **364143**
土库曼郁金香 **400245**
土库曼针茅 **376953**
土库曼猪毛菜 **344754**

土库曼醉鱼草　**62188**
土癞蜘蛛香　37642
土兰柳　344230
土兰条　107729,407785,408118
土梨　323110
土里开花　37622,37624,418002
土里蜈蚣　39532
土里珍珠　138329
土力黄耆　**43194**
土利奥布得利藤　397813
土连材　408118
土连翘　**201066**,201080,201775,202021,202070,301279,301366,331257
土连翘属　**201057**
土连树　407954
土楝子　248925
土良姜　187468
土凉薯　29304
土鳞菊　**225528**
土鳞菊属　**225526**
土灵仙　91575,94814
土灵芝　308529,308572,308641
土灵芝草　8760
土苓树　157559
土羚羊　96083,129243
土龙草　285859
土砻盾　934
土漏芦　135060
土露子　30498
土卤　37622
土鲁罕鹅观草　**335557**
土栾树　408118
土栾条　408118
土圞儿　**29304**
土圞儿属　**29295**
土伦吊灯花　**84286**
土伦柳　344230
土罗汉果　285637
土萝卜　279732
土麻黄　110886,211749,340075
土麻仁　56126
土马鞭　405872
土马兜铃　191943
土马豆　389540
土麦冬　88589,232640,236284,272090
土麦冬属　232617
土杧果　122717
土毛地黄　392424
土门无心菜　**32289**
土蒙花　62110,138888
土密树　**60230**
土密树斑鸠菊　**406166**
土密树属　**60162**
土密树小花茜　**285997**
土密藤　**60225**
土蜜树　60230
土蜜树属　60162
土明参　90601
土明原树　235530
土默特鼠李　**328817**
土默特栒子　**107712**
土母鸡　298093
土牡丹　23854
土牡丹花　331202
土木鳖　256804,414576
土木瓜　76813,116546,317602,415096
土木通　94748
土木香　**207135**,34162,34348,34375,97933,97947,214972,231298
土奈佛特黄芩　355813
土南星　20071,20115,20132,20147,33349
土楠　**145318**,113438
土楠属　**145315**
土鸟黐科　46888
土牛党七　364701
土牛七　4259,58966,400913
土牛入石　97919,97933
土牛藤　374392
土牛夕　4304
土牛膝　**4259**,4263,4269,4273,4304,42074,58966,77146,158070,400913
土泡参　394327
土枇杷　316127,403521
土瓶草　**82561**
土瓶草科　**82490**
土瓶草属　**82560**
土蒲公英　143464,222909
土七厘丹　114819
土千年剑　403832
土千年健　403832
土前胡　260169,292924
土茜草　170225,170743,337945,338028
土羌活　24116,24393,187432
土墙花　237191
土茄子　248748
土芹菜　24411
土秦艽　85875
土青木香　34154,34162
土丘堇　409958
土鳅菜　35770
土人节柱　279489
土人参　**383324**,7830,7850,24411,69972,70396,85972,92066,92313,239222,276748,287438,302753,312502,317036,373439,383345,400913
土人参科　**383273**
土人参属　**383293**
土人团扇　**273005**
土忍冬　235691,235742
土肉桂　**91389**,91265,91276,91282,91351,91429
土三加皮　143694
土三金丝桃　201732
土三棱　118798
土三七　26265,26624,35770,61572,183097,200784,215110,260093,280752,280756,280814,284382,294114,308969,309711,329897,340141,356503,356884,357123,359253,364919,373635
土三七属　183051
土色肉锥花　102499
土沙莲　5556
土沙雀麦　**61006**
土沙参　43577,69972,70396,183801
土沙苑子　112491
土砂仁　17656,17695,17727,17774,19827,19833,19852,19871,19878,187432
土莎连　5556
土莎莲　5549
土山爆仗根　42699,42704
土山芥　416437
土山奈　79727
土山柰　255711
土山肉桂　91282
土山薯　131734
土杉　306457,306502,383189
土射干　208524
土麝　34162
土麝香　215011
土参　24411,70396,196693,280793,354813,374841,383324,412750
土升麻　14594,41795,158161,158200,285880,313471
土生地　183082,205566,205568,205571
土石蚕　373274
土石莲　65040
土首乌　131501
土薯　131645,131772
土薯蓣　131531
土水莲　52320
土松　306457
土苏木　110251
土酥　326616
土太片　366338
土太子参　85951
土坛树　**13384**
土檀香　276887
土塘　16512
土藤　65697,258910,290843
土天冬　39223
土天麻　291202
土田七　**373635**,28044,135264,183082,280752,373638
土田七属　**373633**
土田榿木　**16310**
土田薯　131531
土兔儿风　12724
土兔耳风　12724
土王瓜　396170
土文花　218347
土文术　114878
土莴苣　320515
土乌药　231298,354598
土五加皮　165671,187581
土五味子　384917
土犀角　13091,345310
土细草　182848
土细辛　37585,37622,37648,37653,37672,37680,81570,88276,88284,88289,117643,291161,325718,400888,400945,404285,409888
土夏枯草　7985,340367
土仙丹　248925
土苋菜　18822
土香草　119503,259282
土香榧　82545
土香茹草　259323
土香薷　143974,144002,144003,144095,259282,259324,274237
土香薷草　259323
土心肝　46848
土星冠　**264387**
土杏　37622
土荇　37622
土续断　116829
土玄胡　106380
土玄参　28548,295216,355148
土血竭　309507,309716
土鸭胆子　122669
土烟　367146
土烟草　266060
土烟叶　367146,375274
土延胡　106380
土羊乳　70396
土洋参　70396,92066,98343,135059,135060,302439,312502,364103,383324,394327,398024
土一枝蒿　4062
土茵陈　35282,36232,178062,201605,209826,257542,259323,274237,287605,296068,365296

土银花　235691,235742,236066,236180
土蛹　373439
土萸肉　142152
土玉桂　264069
土玉兰　286836
土玉竹　286836,348087
土芋　131501
土元胡　**105995**,105720,106380,106564
土泽兰　368073
土樟　91420
土芝　16501,99910,99919
土知母　60230,208640,208875,260113
土质汗　224989
土中王　198847
土中闻　337109
土竹黄　47475
土著滨藜　**44689**
土著稻槎菜　**221789**
土著黄果山楂　**109599**
土著柳叶菜　**146632**
土著荠　**29354**
土著荠属　**29353**
土著茄　**367114**
土著苔草　**76674**
土著悬钩子　**338075**
土著羊茅　**164016**
土著早熟禾　**305880**
土庄花　372067
土庄绣线菊　**372067**
土子　29304
土紫蔻　342347
土紫菀　236482
土佐报春　**315051**
土佐杜鹃　**331985**
土佐金丝桃　**202192**
土佐金腰　**90464**
土佐景天　**357232**
土佐南星　**33543**
土佐水木　106682
土佐纤细玉簪　**198621**
土佐绣线菊　**372112**
土佐旭　**93850**
土佐苎麻　**56342**
吐大戟　**159150**
吐甘草　203540
吐根　**81970**
吐根鼠鞭草　**199698**
吐根属　**262540**,81945
吐金草　81687
吐兰柳　**344230**
吐丽松　300288
吐鲁番锦鸡儿　**72370**
吐鲁番橐吾　**229235**
吐鲁树属　261549
吐氏兰属　394579
吐丝子　114994
吐泻道氏瓜　**136893**
吐泻道耶瓜　136893
吐血草　12635,294114,329365,340141
吐血丹　399601
吐血丝　114994
吐血丝子　114994
吐烟草　288767
吐烟花　**288767**
兔草属　220252
兔唇花　220069,220088
兔唇花属　**220050**
兔唇紫堇　**106054**
兔打伞　229066,381814
兔儿菜　210525
兔儿草　170142,286836
兔儿草子　403687
兔儿肠　258905
兔儿风　12616,12640,175203
兔儿风花蟹甲草　283787
兔儿风属　**12599**
兔儿风蟹甲草　**283787**
兔儿风叶细筒苣苔　**219788**
兔儿苗　68686,68713
兔儿牡丹　220729
兔儿奶　354813
兔儿伞　**381814**,283806,381820
兔儿伞属　**381813**
兔儿尾苗　**317927**,239594
兔儿须　114994
兔耳草　**220167**,12635,68686,215277,220166,220180,220202,286836
兔耳草属　**220155**
兔耳大麦　**198316**
兔耳防风　299376
兔耳风　12640,175203,178061
兔耳风属　12599
兔耳花　115965
兔耳箭　12635
兔耳金边草　12635
兔耳兰　116938
兔耳苗　68701
兔耳苔草　**75116**
兔耳尾苗　317927
兔耳一枝箭　**299234**,12635,175203
兔耳一枝箭属　**299230**
兔耳状石斛　**125217**
兔耳子草　224899
兔狗尾　402118,402119
兔黄花　**114517**
兔黄花属　**114516**,90484
兔迹草　**141445**
兔迹草属　**141444**
兔菊木　**236500**
兔菊木属　**236495**
兔菊属　34655,220108
兔苣　**220145**
兔苣属　**220135**,369849
兔兰　**225732**
兔兰属　**225731**
兔毛蒿　35505,166066
兔丘　114994
兔蕊菊　**220251**
兔蕊菊属　**220249**
兔丝子　114994
兔藤　114994,115050
兔尾草　**220254**,402118,402132
兔尾草属　220252,317904,402106
兔尾禾拂子茅　**65393**
兔尾禾属　**220252**
兔尾黄耆　**42570**
兔尾状黄芪　42570
兔尾状黄耆　42570
兔烟花　**127931**
兔烟花属　**127927**
兔眼越橘　**403730**,404050
兔叶菊属　**220108**
兔竹　308529,308572,308641
兔仔菜　210525,210540,210567
兔仔草　210567
兔仔肠　258905
兔子菜　210525,210540
兔子草　405872,407430
兔子肠　258905
兔子耳　34275
兔子拐棒　275010
兔子拐棍　275010
兔子拐杖　275010,275363
兔子花　115965
兔子毛　166066
兔子腿　275010
兔子油草　23670
兔足糙缨苣　**392685**
兔足三叶草　396828
菟瓜　390128,396170
菟核　20408
菟槐　369010
菟葵　**148112**,23701,148104,148110,243810,243862,243866,357919
菟葵属　**148101**
菟葵银莲花　23807
菟葵状银莲花　**23807**
菟累　114994
菟芦　114994
菟缕　114994
菟丝　114994
菟丝子　**114994**,114972,115050
菟丝子科　**115155**
菟丝子属　**114947**
菟丝子状长被片风信子　**137920**
菟奚　400675
菟荚　400675
团巴草　279053
团葱　15450
团丛报春　314259
团垫黄芪　42017
团垫黄耆　**42017**
团花　**263983**
团花百蕊草　**389707**
团花斑鸠菊　**406422**
团花草　6039
团花粗叶木　**222147**
团花灯心草　**213458**,213127
团花滇紫草　**271771**,271790
团花冬青　**203851**
团花杜鹃　**330094**
团花杜楝　**400571**
团花灰毛豆　**386080**
团花棘豆　278854
团花假卫矛　**254288**,254295
团花绢毛苣　369860
团花龙船花　**211065**
团花龙舌兰　**10862**
团花马先蒿　**287688**
团花奶浆根　117747
团花牛奶菜　**245812**
团花欧石南　**149179**
团花蒲桃　**382516**
团花茜属　**10512**
团花莎草　118957
团花山矾　**381221**
团花珊瑚果　**103911**
团花石豆兰　**62588**
团花属　**263982**,59936
团花溲疏　126940
团花驼舌草　**179374**
团花腺萼木　**260619**
团花新木姜子　**264054**
团花须芒草　**22688**
团花栒子　107520
团花鸭脚木　350699
团积异叶木　**25583**
团集阿拉豆　**13400**
团集百簕花　**55333**
团集百蕊草　**389645**
团集斑鸠菊　**406253**
团集臂形草　**58095**
团集萹蓄　**291770**
团集叉序草　**209887**
团集车叶草　**39348**
团集刺橘　**405510**
团集刺芹　**154320**
团集刺子莞　**333589**
团集大戟　**158961**
团集单花杉　**257127**

团集顶毛石南 **6377**
团集斗篷草 **14039**
团集毒鼠子 **128681**
团集短毛瘦片菊 **58997**
团集番樱桃 **156125**
团集俯垂珍珠茅 **354070**
团集刚毛沟宝山 327271
团集红柱树 **78672**
团集画眉草 **147699**
团集鸡头薯 **152930**
团集假泽兰 **254433**
团集坚果粟草 **7530**
团集姜味草 **253664**
团集金丝桃 **201899**
团集聚花草 **167025**
团集开小菲尔欧石南 **149122**
团集壳莎 **77209**
团集宽花紫菀 **40707**
团集宽肋瘦片菊 **57624**
团集蜡菊 **189398**
团集蓝蓟 **141182**
团集良毛芸香 **155841**
团集龙血树 **137408**
团集麻迪菊 241533
团集毛蕊花 **405709**
团集毛瑞香 **218996**
团集密毛紫绒草 **222457**
团集母草 **231498**
团集木蓝 **206022**
团集苜蓿 **247297**
团集南非桔梗 **335594**
团集牛舌草 **21918**
团集牛舌苣 **191019**
团集努西木 **267381**
团集欧石南 **149265**
团集平口花 **302635**
团集平铺圆柏 **213794**
团集青锁龙 **109045**
团集群花寄生 **11092**
团集日中花 **220567**
团集瑞香 **122447**
团集塞拉玄参 **357522**
团集赛德旋花 **356423**
团集散绒菊 **203466**
团集色罗山龙眼 **361193**
团集莎草 **118646**
团集山柳菊 **195629**
团集矢车菊 **81088**
团集酸脚杆 **247568**
团集苔草 **74182**
团集唐菖蒲 **176241**
团集天芥菜 **190636**
团集田繁缕 **52603**
团集驼峰楝 **181556**
团集威尔帚灯草 **414365**
团集无心菜 **31736**
团集虾疳花 **86533**
团集香科 **388095**
团集小檗 **51673**
团集小钟桔梗 **253308**
团集星草菊 **241533**
团集星粟草 **176956**
团集旋花 **103064**
团集盐生草 184951
团集玉牛角 **139151**
团集藻百年 **161542**
团集脂麻掌 **171672**
团集舟叶花 **340554**
团集猪毛菜 **344557**
团集猪屎豆 **112036**
团集醉鱼草 **62065**
团经药 176824,176839,239582
团聚百蕊草 **389706**
团聚姜 **418026**
团聚柳叶马鞭草 **405813**
团聚欧洲常春藤 **187233**
团聚苔草 **76295**
团聚尾药菊 381937
团聚洋常春藤 187233
团聚叶溲疏 **126940**
团聚泽兰 **158028**,11154
团矛姜 418026
团球火绒草 **224822**
团伞花山矾 381221
团伞绿心樟 **268707**
团伞女蒿 **196696**
团伞岩黄耆 **187909**
团伞蝇子草 **363932**
团扇芥 53038
团扇芥属 53034
团扇葵 106999
团扇葵属 106984
团扇蔓绿绒 **294812**
团扇槭 3034
团扇荠 **53038**
团扇荠属 **53034**
团扇薯蓣 131734
团扇叶秋海棠 50004
团扇棕 **228741**
团水麻 56112
团穗格罗大戟 **181311**
团穗苔草 **73614**
团棠二 336885
团糖二 336885
团香 213943
团香果 **231380**
团序苔草 73614
团叶八爪金龙 31371
团叶白杨 311193
团叶单侧花 275482
团叶豆棕 390467
团叶杜鹃 **331400**
团叶鹅儿肠 138482
团叶景天 **356771**
团叶马先蒿 287639
团叶毛莨 **325883**
团叶猕猴桃 **6619**
团叶南烛 239378
团叶绣球 372117
团叶杨 311193,311459,311461
团叶越橘 **403767**
团叶子 240278
团芋 179262,197794,376382
团圆果 416313
团圆拿司竹 **262758**
团竹 **162723**
团状福禄草 **32145**
团状雪灵芝 32145
团子菊 188402
推山花 364919
蓷 224989,224996,225009
蓷蘽 411686
退弹草 232106
退风使者 267152,267154
退骨王 352432
退化科 123587
退化蚤缀 32176
退黄藤 287989
退节草 344947
退毛来江藤 **59125**
退毛马先蒿 **287237**
退蛆草 402144
退热止泻木 **197184**
退烧草 226742
退水千 229060
退缩茶豆 **85251**
退缩德罗豆 **138118**
退缩多球茜 **310281**
退缩多坦草 **136488**
退缩非洲紫菀 **19336**
退缩黑草 **61852**
退缩间花谷精草 **250997**
退缩九节 **319894**
退缩木蓝 **206469**
退缩热非丁香蓼 **238225**
退缩驼曲草 **119883**
退缩鱼黄草 **250829**
退血草 13091,13146,239591,239861,309564,405872
退秧竹 297373
蜕叶金腰 **90376**
褪粉猕猴桃 **6672**
褪色澳非萝藦 **326736**
褪色红山茶 **68892**
褪色九节 **319499**
褪色柳 **343302**
褪色扭连钱 **245693**
褪色蒲公英 **384518**
褪色血红杜鹃 **331739**
褪色紫色皂百合 **88482**
屯鹿月桃 **17770**
屯鹿紫金牛 31371
豚鼻花属 365678
豚草 **19145**,19142,19191
豚草蒿 **35502**
豚草科 **19197**
豚草属 **19140**
豚草叶糙果芹 **393952**
豚母乳 165390
豚尾芩 355387
豚榆系 345881
臀果木 **322412**
臀果木属 **322386**
臀形果 322412
臀形果属 322386
臀形木属 322386
托巴茜 **392507**
托巴茜属 **392506**
托鞭菊 77233
托鞭菊属 **77223**
托柄菝葜 **366311**
托波野牡丹 **392854**
托波野牡丹属 **392853**
托达罗草 **392553**
托达罗草属 **392552**
托恩半轭草 **191814**
托恩草 **390405**
托恩草属 **390402**
托恩花椒 **417351**
托恩芦荟 **17338**
托恩鹿藿 **333424**
托恩曲花 **120606**
托恩双袋兰 **134358**
托恩拖姆西尔柳 **344206**
托恩银毛球 **244245**
托尔贝克大沙叶 **286515**
托尔丹氏梧桐 **136012**
托尔蝶花百合 **67631**
托尔顶片草 **6369**
托尔格雷野牡丹 **180449**
托尔木荚豆 **415692**
托尔纳草属 **393021**
托尔茄 **367680**
托尔酸脚杆 **247630**
托尔图茜 **393120**
托尔图茜属 **393119**
托尔委陵菜 **313077**
托尔西非白花菜 **61717**
托尔野茼蒿 **108768**
托夫丝兰 **416548**
托福木 **393372**
托福木属 **393371**
托古黄芩 **355812**
托花红景天 **329960**
托卡朴 **80768**
托考野牡丹 **392525**
托考野牡丹属 **392516**
托壳果 233849

托可逊蒲公英 **384836**
托克茜属 **392539**
托克逊黄芪 43161
托克逊黄耆 **43161**
托拉尔卫矛 **393035**
托拉尔卫矛属 **393034**
托拉纳尔露兜树 **281156**
托勒金合欢 1652
托雷百簕花 **55440**
托雷赪桐 **96006**
托雷大戟 **159985**
托雷短盖豆 **58795**
托雷尔沟瓣 **178006**
托雷尔黄牛木 **110284**
托雷尔菊 **390392**
托雷尔菊属 **390387**
托雷谷木 **250087**
托雷金合欢 **1652**
托雷老鸦嘴 **390889**
托雷芦荟 **17342**
托雷鹿藿 **333427**
托雷马鞭草 **86103**
托雷密钟木 **192728**
托雷木 **264589**
托雷木瓣树 **415822**
托雷木槿 **195324**
托雷木蓝 **206675**
托雷木属 **264588**
托雷拟大豆 **272376**
托雷破布木 **104259**
托雷山薄荷 **321962**
托雷苔草 **223876**
托雷维斯木 **411154**
托雷纹蕊茜 **341372**
托雷亚腺牧豆树 315558
托雷野荞麦 **152608**
托雷异木患 **16158**
托雷远志 **308411**
托雷猪笼草 **264855**
托雷猪屎豆 **112754**
托里阿魏 **163651**
托里桉 106824,155763
托里贝母 **168591**
托里荸荠 **143212**
托里滨藜 **44675**
托里刺子莞 **333707**
托里灯心草 **213531**
托里鹅绒藤 **117724**
托里风毛菊 **348888**
托里枸杞 **239123**
托里禾属 **392659**
托里花篱 **27394**
托里黄耆 **43267**
托里黄细心 **56505**
托里碰茅属 **393098**
托里麻黄 **146260**
托里拟莞 **352281**
托里球 **393096**
托里球属 **393095**
托里软毛蒲公英 **242966**
托里伞房花桉 **106824**
托里氏蜡棕 **103738**
托里四脉菊 **387387**
托里酸模 340084
托里苔草 **76563**
托里虾海藻 **297187**
托里苋 **18835**
托里腺牧豆树 **315558**
托里罂粟 282597
托列里桉 155763
托龙眼 **393031**
托卢卡十大功劳 **242653**
托卢卡缅草 **404371**
托卢兰 **392707**
托卢兰属 **392704**
托盧 239021
托路胶树 261561
托伦贝尔茜 **53121**
托伦草胡椒 **290444**
托伦刺桐 **154729**
托伦毒鼠子 **128824**
托伦杜楝 **400610**
托伦番樱桃 **156376**
托伦画眉草 **148009**
托伦惠特爵床 **413972**
托伦浆果鸭跖草 **280531**
托伦胶藤 **220985**
托伦莱德苔草 **223875**
托伦裂稃草 **351322**
托伦落萼旋花 **68365**
托伦毛穗茜 **396426**
托伦美冠兰 **157054**
托伦密毛大戟 **322024**
托伦琼楠 **50616**
托伦热非黏木 **216595**
托伦三联穗草 **398647**
托伦索林漆 **369808**
托伦崖豆藤 **254859**
托伦异荣耀木 **134737**
托罗芦荟 **17340**
托罗枪刀药 **202630**
托罗鞘蕊花 **99733**
托罗群花寄生 **11130**
托罗鸭嘴花 **214855**
托马草属 **392718**
托马三角车 **334700**
托马森斑鸠菊 **406876**
托马森柴胡 **63858**
托马森赪桐 **96388**
托马森滇紫草 **271836**
托马森独活 **192385**
托马森凤仙花 **205379**
托马森火炬花 **217043**
托马森空船兰 **9185**
托马森宽带芹 **303006**
托马森类沟酸浆 **255178**
托马森离瓣寄生 **190865**
托马森鹿角柱 **140221**
托马森芒柄花 **271611**
托马森美冠兰 **157055**
托马森木蓝 **206666**
托马森牧根草 **43591**
托马森篷果茱萸 **88185**
托马森枪刀药 **202629**
托马森塞拉玄参 **357695**
托马森鼠麴草 **178473**
托马森糖芥 **154556**
托马森鸵鸟木 **378616**
托马森肖鸢尾 **258672**
托马森悬籽茜 **110479**
托马森银莲花 **24085**
托马森忧花 **241715**
托马森玉凤花 **184134**
托马森猪屎豆 **112189**
托马斯合萼山柑 **390057**
托马斯金合欢 **1649**
托马斯立金花 **218945**
托马斯毛鳞大风子 **122897**
托马斯牡荆 **411459**
托马斯鸟娇花 **210936**
托马斯普通忍冬 **236025**
托马斯球百合 **62453**
托马斯三角车 **334699**
托马斯氏乌口树 **385035**
托马斯柿 **132432**
托马斯树葡萄 **120241**
托马斯粟落芒草 **300729**
托马斯苔草 **76541**
托马斯小黄管 **356180**
托马斯肖鸢尾 **258671**
托马斯岩芥菜 **9819**
托马斯野荞麦 **152517**
托马斯榆 **401638**
托马斯猪屎豆 **112748**
托马斯紫金牛 **31499**
托马斯紫玉盘 **403584**
托马西尼番红花 **111617**
托玛欧石南 **150143**
托玛斯木 390311
托玛斯木属 390303
托玛早熟禾 305364
托曼木 **390296**
托曼木科 **390301**
托曼木属 **390293**
托芒斯克里布兰 **111122**
托毛匹菊 **322696**
托木尔峰棘豆 **278777**
托木尔峰密叶杨 **311526**
托木尔黄芪 42306
托木尔黄耆 **42306**
托木尔鼠耳芥 264609
托穆尔拟南芥 264609
托穆尔鼠耳芥 264609
托内棒叶金莲木 **328429**
托内贝尔茜 **53122**
托内非洲豆蔻 **9947**
托内非洲砂仁 9947
托内哈维列当 **186091**
托内老鸦嘴 **390887**
托内离兜 **210152**
托内密毛大戟 **322025**
托内牡荆 **411460**
托内拟阿尔加咖啡 **32497**
托内肉果荨麻 **402306**
托内烧麻 402306
托内水蓑衣 **200668**
托内肖九节 **402067**
托内崖豆藤 **254860**
托内舟瓣梧桐 **350475**
托纳刺子莞 **333706**
托纳翠雀花 **124673**
托纳藤 **390409**
托纳藤属 **390407**
托纳野荞麦木 **152522**
托南德扁芒草属 **390331**
托尼谷精草 **392806**
托尼谷精草属 **392805**
托尼毛拉豆 299153
托尼毛柱豆 **299153**
托尼婆婆纳 **392768**
托尼婆婆纳属 **392767**
托盘 338250,338300,338516
托盘椆 116172
托盘果 243823
托盘幌 297837
托盘幌属 297833
托盘棵 243823
托盘莲花掌 **9074**
托盘青冈 **116172**
托皮卡松果菊 **140070**
托齐列当 **393570**
托齐列当属 **393568**
托施小蓝豆 **205604**
托食茶 97919
托氏草 **392743**
托氏草属 **392742**
托氏兰 **388318**
托氏兰属 **388317**
托氏丝兰 **416657**
托氏苏铁 115915
托斯卡纳蓝迷迭香 **337193**
托特桉 **155762**
托特灰毛豆 **386337**
托特针垫花 **228112**
托瓦尔尾萼兰 **246120**
托腰散 117637
托叶拜卧豆 **227088**
托叶半日花 **188850**

托叶鼻烟盒树 **270927**
托叶齿豆属 **56737**
托叶春黄菊 **26887**
托叶刺痒藤 **394215**
托叶大沙叶 **286488**
托叶丹氏梧桐 **135999**
托叶短盖豆 **58785**
托叶短毛山楂 **109968**
托叶短片帚灯草 **142994**
托叶多坦草 **136552**
托叶仿花苏木 **27774**
托叶非砂仁 9940
托叶非洲豆蔻 **9940**
托叶非洲砂仁 9940
托叶格雷野牡丹 **180440**
托叶谷精草 **151508**
托叶光柱泽兰 **217111**
托叶禾鼠麴费利菊 **163149**
托叶合欢 13515
托叶核果木 **138696**
托叶黄梁木 **59957**
托叶黄檀 **121831**
托叶黄眼草 **416068**
托叶吉尔苏木 **175654**
托叶吉沃特大戟 **175980**
托叶假樟 **313220**
托叶假樟科 **313222**
托叶假樟属 **313219**
托叶警惕豆 **249741**
托叶冷水花 298935
托叶两栖蓼 **308758**
托叶柳 **342948**
托叶龙牙草 **11546**
托叶楼梯草 **142757**
托叶马络葵 **243480**
托叶曼杂萼茜 **306724**
托叶猫尾木 245629
托叶矛材 **136250**
托叶帽柱木 256120
托叶梅蓝 **248884**
托叶梅氏大戟 **248019**
托叶穆拉远志 **260067**
托叶拟九节 **169329**
托叶黏鹿藿 **333453**
托叶茜 **377068**
托叶茜属 **377064**
托叶鞘瘦鳞帚灯草 **209446**
托叶秋海棠 **50329**
托叶榕 **164883**
托叶三盾草 **394992**
托叶三角车 **334690**
托叶三指兰 **396669**
托叶山楂 **110058**
托叶舌瓣 **177366**
托叶神秘果 **381998**
托叶薯蓣 **131854**
托叶树葡萄 **120230**
托叶苏铁 **373674**
托叶苏铁科 **373678**
托叶苏铁属 **373673**
托叶藤黄 **171199**
托叶天料木 **197724**
托叶天门冬 **39216**
托叶天竺葵 **288529**
托叶田皂角 **9647**
托叶铁 373674
托叶铁科 373678
托叶铁属 373673
托叶土密树 60225
托叶瓦帕大戟 **401282**
托叶网脉夹竹桃 **129673**
托叶莴苣 **219544**
托叶五月茶 **28405**
托叶喜盐草 **184983**
托叶腺萼木 **260653**
托叶肖木蓝 **253249**
托叶悬钩子 **338419**
托叶银豆 **32911**
托叶樱 83332
托叶樱桃 **83332**
托叶硬皮豆 **241438**
托叶扎农银豆 **32939**
托叶舟瓣梧桐 **350473**
托叶猪屎豆 **112709**
托叶状车轴草 **397092**
托叶状榉树 **417559**
托叶状密钟木 **192716**
托叶状日中花 **220683**
托叶状肉珊瑚 **347031**
托叶状萨比斯茜 **341679**
托叶状三芒草 **34046**
托叶状天门冬 **39215**
托叶状燕麦 **45601**
托伊斑鸠菊 **406870**
托伊谷精草 **151521**
托泽兰 **211425**
托泽兰属 **211424**
托竹 **318294**
托兹露兜树 **281152**
托兹萝藦 **390438**
托兹萝藦属 **390437**
托兹魔芋 **20143**
托兹秋海棠 **50170**
托兹小黄管 **356179**
托兹崖豆藤 **254858**
拖把欧洲山松 **300090**
拖把中欧山松 300090
拖地莲 187544
拖鞋白点兰 **390496**
拖鞋风兰 **24756**
拖鞋花 287853
拖鞋兰 282889
拖鞋兰属 **295875**,282768
拖鞋石斛 125082
拖竹 318294
莌 387432
脱苞韭 15226
脱被爵床 **46986**
脱被爵床属 **46985**
脱辟木 400377
脱辟木属 400376
脱肠草 192965
脱肠草属 192926
脱萼鸦跖花 **278469**
脱骨丹 336675
脱冠菊属 **282967**
脱冠落苞菊 **300780**
脱冠落苞菊属 **300775**
脱喙芥 234158
脱喙芥属 234154
脱喙荠 **234158**
脱喙荠属 **234154**
脱节草 191227
脱节藤 178555
脱壳树 96505
脱力草 11572,53797,363467
脱萝 394757
脱落澳洲苦马豆 **380070**
脱落白叶藤 **113582**
脱落荸荠 **143070**
脱落长被片风信子 **137930**
脱落大戟 **158744**
脱落吊灯花 **84060**
脱落凤卵草 **296875**
脱落库萝藦 **114904**
脱落蓼 **309038**
脱落泡叶番杏 **138162**
脱落普拉克大戟 **305152**
脱落青锁龙 **108954**
脱落莎草 **118710**
脱落山柑 **71728**
脱落紫玉盘 **403454**
脱毛桉叶悬钩子 **338367**
脱毛川西假稠李 **241508**
脱毛大叶勾儿茶 **52431**
脱毛杜鹃 330576
脱毛弓茎悬钩子 **338416**
脱毛冠萼花楸 **369373**
脱毛黄芩 **355455**
脱毛黄腺香青 **21517**
脱毛龙胆 **173661**
脱毛破布木 **104188**
脱毛琴叶悬钩子 **338953**
脱毛雀梅藤 **342219**
脱毛十二卷 **186443**
脱毛石楠 **295722**
脱毛天剑 68701
脱毛乌蔹莓 **79834**
脱毛喜阴悬钩子 **338812**
脱毛绣线菊 **372130**
脱毛枸子 107428
脱毛银背柳 **343352**
脱毛银叶委陵菜 **312715**
脱毛玉叶金花 **260420**
脱毛圆锥悬钩子 **338957**
脱毛皱叶鼠李 **328845**
脱毛总梗委陵菜 **312869**
脱皮桉 **155556**
脱皮常山 200071
脱皮狗肝菜 **129252**
脱皮厚皮树 **221149**
脱皮锦鸡儿 **72220**
脱皮卡比茜 **71618**
脱皮龙 199853
脱皮马齿苋 **311837**
脱皮山茉莉 **199453**
脱皮树 **298659**,199453,199455,248104
脱皮树科 **298655**
脱皮树属 **298657**
脱皮藤 113612
脱皮藤属 **822**
脱皮腺荚果 **7401**
脱皮榆 **401550**,401581
脱皮皱茜 **341115**
脱鞘草科 139943
脱鞘草属 139940
脱绒蛇葡萄 **20454**
脱绒委陵菜 **312531**
脱叶换锦 239257
脱叶棘豆 **278833**
脱叶菊 **116278**
脱叶菊属 **116275**
脱衣菊属 **265752**
脱轴木属 383236
驮子草 392668
陀弗利亚圆柏 213752
陀果齿缘草 **153507**
陀罗果花苜蓿属 **249516**
陀罗果雪胆 **191971**
陀螺艾 224989
陀螺澳三芒草 **20700**
陀螺茶藨子 **334247**
陀螺风铃草 **70345**
陀螺果 **136064**,249560
陀螺果科 **136065**
陀螺果秋海棠 **50364**
陀螺果属 **136062**,249557
陀螺果枸子 **107714**
陀螺桧 **213851**
陀螺棘豆 **278959**,41941
陀螺假龙脑香 133588
陀螺金菊木 **150356**
陀螺钮 246850
陀螺日中花 **220703**
陀螺山芫荽 **107826**
陀螺树属 **378319**
陀螺虾疳花 **86614**

陀螺邪蒿 **361590**
陀螺形斑鸠菊 **406896**
陀螺形臂形草 **58191**
陀螺形盾盘木 **301570**
陀螺形多坦草 **136674**
陀螺形潘考夫无患子 **280871**
陀螺形蔷薇 **337001**
陀螺形小金梅草 **202981**
陀螺形蝇子草 **364142**
陀螺枸子 107714
陀螺叶龙脑香 133588
陀螺状龙脑香 133588
陀螺紫菀 **41441**,41442
陀旋花属 **400430**
驼背兰 **199714**
驼背兰属 **199713**
驼齿猕猴桃 **6534**
驼风苦豆子 369024
驼峰花属 175494
驼峰楝 **181552**
驼峰楝属 **181544**
驼峰藤 **250868**
驼峰藤属 **250867**
驼花属 378555
驼兰 **119972**
驼兰属 **119970**
驼鹿榆 401620
驼曲巴西大戟 **14614**
驼曲草科 **119925**
驼曲草属 **119792**
驼曲苦豆子 **369024**
驼绒蒿 218121
驼绒藜 **218122**
驼绒藜属 **218116**
驼舌草 **179380**
驼舌草属 **179368**
驼蜀黍 **119962**
驼蜀黍属 **119961**
驼蹄瓣 **418641**
驼蹄瓣属 **418585**
驼药茄 **119786**
驼药茄属 **119785**
驼缘荠属 **114633**
驼柱姜 **120270**
驼柱姜属 **120269**
驼柱野牡丹 **120273**
驼柱野牡丹属 **120271**
鸵鸟花属 **378555**
鸵鸟木属 **378560**
橐吾 **229179**,162616,400675
橐吾华千里光 365064
橐吾属 **228969**
橐吾状蒲儿根 **365064**
橐吾紫菀 229049
椭苞爵床 **337261**
椭果黄堇 **105855**
椭果绿绒蒿 **247116**
椭果葶苈 **137148**
椭果紫堇 106270
椭蕾木兰 416701
椭蕾玉兰 **416701**,242082
椭叶滨藜 44554
椭叶花锚 184696
椭叶龙胆 **173208**
椭叶苜蓿 **247455**
椭叶南烛 239392
椭叶小舌紫菀 **40007**
椭叶云实 **65003**
椭榆 **401503**
椭圆阿顿果 **44818**
椭圆埃利茜 **153407**
椭圆爱波 **147406**
椭圆安瓜 **25145**
椭圆巴戟 **258887**
椭圆白坚木 **39695**
椭圆白木 362175
椭圆斑鸠菊 **385061**
椭圆斑鸠菊属 **385060**
椭圆半日花 **188661**
椭圆荸荠 **143127**
椭圆鼻烟盒树 **270917**
椭圆伯南大戟 **56879**
椭圆薄苞杯花 **226212**
椭圆布朗椴 **61196**
椭圆草胡椒 **290332**
椭圆齿果草 344351
椭圆齿花卫矛 **27652**
椭圆齿叶乌桕 **362175**
椭圆赤宝花 **390002**
椭圆粗糙黑蒴 **248714**
椭圆粗叶木 **222130**
椭圆大柱兰 **247951**
椭圆袋叶茜 **64434**
椭圆丹氏梧桐 **135834**
椭圆刀囊豆 **415607**
椭圆倒卵奥佐漆 **279313**
椭圆顶冰花 **169414**
椭圆独蕊 **412147**
椭圆杜英 **142399**,142396
椭圆短衣菊 58493
椭圆多坦草 **136493**
椭圆鹅绒藤 **117457**
椭圆芳香木 **38527**
椭圆非洲面包桑 **394615**
椭圆非洲木菊 **58493**
椭圆风轮菜 **96989**
椭圆柑 **93671**
椭圆高恩兰 **180011**
椭圆格莱薄荷 **176855**
椭圆钩藤 **401752**
椭圆灌木帚灯草 **388790**
椭圆广东绣球 199936
椭圆果剑叶木姜子 **233968**
椭圆果栎 323871
椭圆果木姜子 233968
椭圆果南蛇藤 **80262**
椭圆果葶苈 **136989**
椭圆果雪胆 **191917**
椭圆哈克 184604
椭圆哈克木 **184604**
椭圆哈勒木 **184874**
椭圆海岸桐 **181735**
椭圆海寿花 **311000**
椭圆含羞草 **255027**
椭圆亨里特野牡丹 **192045**
椭圆红柿 132335
椭圆后毛锦葵 **267193**
椭圆胡卢巴 **397262**
椭圆壶花无患子 **90731**
椭圆黄芩 **355433**
椭圆火石花 **175152**
椭圆鸡骨常山 **18037**
椭圆鸡脚参 **275675**
椭圆鸡头薯 **152913**
椭圆鲫鱼藤 **356275**
椭圆假杜鹃 **48162**
椭圆尖大戟 **4627**
椭圆姜花 **187441**
椭圆姜味草 **253654**
椭圆胶木 **280439**
椭圆角蕊莓 **83632**
椭圆脚骨脆 **78155**
椭圆金丝桃 201844
椭圆荆芥 **264914**
椭圆菊三七 183086
椭圆橘香木 **247517**
椭圆卡德藤 **79365**
椭圆卡尔亚木 171546
椭圆可利果 **96801**
椭圆阔苞菊 **305117**
椭圆拉菲豆 **325110**
椭圆蓝桔梗 **115444**
椭圆蓝星花 **33644**
椭圆乐母丽 **335943**
椭圆冷水花 298913
椭圆栎 323871
椭圆亮泽兰 **111360**
椭圆裂蕊树 **219175**
椭圆伦内尔茜 **327760**
椭圆螺花树 **372148**
椭圆麻疯树 **212133**
椭圆马岛甜桂 **383643**
椭圆马岛翼蓼 **278429**
椭圆马铃苣苔 **273851**
椭圆马山茶 **382864**
椭圆马醉木 239392
椭圆毛茛 **325893**
椭圆毛枝梅 **395676**
椭圆玫瑰木 268357
椭圆玫瑰树 268357
椭圆美登木 **182686**
椭圆美冠兰 **156903**
椭圆美洲单毛野牡丹 **257679**
椭圆美洲盖裂桂 **256660**
椭圆美洲槲寄生 **125673**
椭圆米仔兰 11291
椭圆密藏花 156067
椭圆密钟木 **192574**
椭圆皿花茜 **294367**
椭圆莫里森山柑 **258973**
椭圆墨药菊 **248592**
椭圆木姜子 **233895**
椭圆木棉 **56789**
椭圆穆里野牡丹 **259421**
椭圆拟风兰 **24667**
椭圆纽卡草 **265887**
椭圆潘树 **280831**
椭圆疱茜 **319974**
椭圆皮雄榄 **298461**
椭圆枇杷 **151154**
椭圆偏穗姜 417981
椭圆杞莓 **316983**
椭圆墙草 **284144**
椭圆蔷薇 **336650**
椭圆球果猪屎豆 **112777**
椭圆曲管桔梗 **365164**
椭圆全苞角囊胡麻 **83662**
椭圆全缘冬青 **203909**
椭圆全缘轮叶 **94264**
椭圆塞斯茄 **361632**
椭圆三角车 **334617**
椭圆沙地马鞭草 699
椭圆沙马鞭 **699**
椭圆山靛 **250606**
椭圆山桂花 **51032**
椭圆山羊麦 8695
椭圆山竹子 171201
椭圆珊瑚果 **103902**
椭圆扇舌兰 **329656**
椭圆施米茜 **352051**
椭圆双钝角芥 **128350**
椭圆丝穗木 **171546**
椭圆四翼木 **387594**
椭圆酸模 **340040**
椭圆穗苋树 **86040**
椭圆天芥菜 190614
椭圆图里无患子 **393224**
椭圆乌桑巴拉大戟 **160033**
椭圆线柱苣苔 **333739**
椭圆香茶菜 **303279**
椭圆香芸木 **10681**
椭圆小兜草 **253353**
椭圆肖木菊 **240780**
椭圆肖鼠李 **328576**
椭圆形报春 **314336**
椭圆悬钩子 **338347**
椭圆枸子 **107440**
椭圆芽冠紫金牛 **284024**

椭圆亚麻藤 **199154**
椭圆野荞麦 **152582**
椭圆叶艾麻 **221584**
椭圆叶安匝木 **310761**
椭圆叶白千层 **248092**
椭圆叶白前 **117395**
椭圆叶柽柳桃金娘 **260986**
椭圆叶赪桐 **96254**
椭圆叶齿果草 344351
椭圆叶杜鹃 330617
椭圆叶盾翅藤 **39673**
椭圆叶盾舌萝藦 **39638**
椭圆叶多球茜 **310266**
椭圆叶恩格勒芥 **145609**
椭圆叶二歧草 **404130**
椭圆叶粉花绣线菊 371977
椭圆叶斧丹 **45800**
椭圆叶覆草 **297514**
椭圆叶灌木星毛苋 **391603**
椭圆叶红点草 **223814**
椭圆叶猴耳环 **30967**
椭圆叶胡椒 **300553**
椭圆叶胡枝子 **226976**
椭圆叶花椒 417290
椭圆叶花锚 **184696**
椭圆叶槐 **369147**
椭圆叶鸡头薯 **152912**
椭圆叶胶木 280440
椭圆叶金丝桃 **201844**
椭圆叶旌节花 **373520**
椭圆叶卷耳 82910
椭圆叶蜡菊 **189318**
椭圆叶冷水花 **298913**
椭圆叶冷水麻 298913
椭圆叶莲桂 **123604**
椭圆叶蓼 **309078**
椭圆叶鹿蹄草 322823
椭圆叶马钱 378761
椭圆叶米仔兰 **11291**
椭圆叶木半夏 **142092**
椭圆叶木姜子 234048
椭圆叶木槿 **195070**
椭圆叶木兰 416727
椭圆叶木蓝 **205783**
椭圆叶木莲 **244460**
椭圆叶坡垒 **198175**
椭圆叶桤木 **16338**
椭圆叶青兰 **137619**
椭圆叶拳参 309078
椭圆叶山桂花 **51040**
椭圆叶山荆子 **243578**
椭圆叶山柳菊 **195829**
椭圆叶石楠 **295636**
椭圆叶石月 **374414**,374428
椭圆叶树兰 11291
椭圆叶双距兰 **133879**
椭圆叶水甘草 20850
椭圆叶水麻 **123323**
椭圆叶娑罗双 **362214**
椭圆叶藤黄 **171158**
椭圆叶天芥菜 **190614**,160325
椭圆叶乌口树 **385040**
椭圆叶无苞粗叶木 **222225**
椭圆叶下珠 **296698**
椭圆叶延药睡莲 **267726**
椭圆叶银齿树 227379
椭圆叶玉兰 **242082**
椭圆叶月桃 **17731**,17693
椭圆叶越橘 **403970**
椭圆叶猪屎豆 **112486**
椭圆叶紫花卫矛 **157804**
椭圆伊西茜 **209486**
椭圆异色绣球防风 **227590**
椭圆异籽葫芦 **25662**
椭圆银枝盐肤木 **332700**
椭圆硬点山柑 **376338**
椭圆硬皮豆 **241425**
椭圆玉叶金花 **260409**
椭圆玉竹石南 **257995**
椭圆柱瓣兰 **146410**
椭圆紫花鼠麹木 **21871**
椭圆钻地风 **351786**

## W

娃草 **308613**,**308616**
娃儿菜 **412750**
娃儿草 **348256**,**412750**
娃儿藤 **400945**,400888,400987
娃儿藤火炬花 **217048**
娃儿藤属 **400844**
娃利嘉榈属 413085
娃娃皮 414216
娃娃拳 180700,337925
娃娃山矮柳 **343808**
娃娃山柳 343808
挖不尽 144752
挖耳草 **403119**,77146,77149,77156,77182,144960,151257,355429,355763
挖耳草属 403095
挖耳朵草 151257
挖耳子草 77172,77183
洼瓣花 **234234**
洼瓣花属 **234214**
洼点蓼 **309144**
洼皮冬青 **204092**
窊木 65060
蛙氅草 239640
蛙皮藤 242975
蛙食草 **200230**
蛙食水鳖 200230
瓦宝塔 275363
瓦布贝母 168385
瓦草 363665,364094,364103,364181
瓦草参 364094
瓦葱 275363
瓦达三萼木 **395354**
瓦丹氏梧桐 **136031**
瓦德枸子 107726
瓦迪早熟禾 306151
瓦蒂香属 405153
瓦杜尔吊灯花 **84295**
瓦杜尔水牛角 **72609**
瓦顿报春 315109
瓦顿马岛无患子 **392240**
瓦恩矢车菊 **81445**
瓦尔·普鲁德雷漂泊欧石南 **150206**
瓦尔报春 **315113**
瓦尔贝里刺痒藤 **394231**
瓦尔贝里合瓣花 **381851**
瓦尔贝里榼藤子 **145928**
瓦尔贝里双稃草 **132778**
瓦尔草 **413156**
瓦尔草属 **413155**
瓦尔赪桐 **96440**
瓦尔齿舌玉 **275603**
瓦尔刺头菊 **108444**
瓦尔粗梗苋 **18693**
瓦尔德风铃草 **70365**
瓦尔德蓟 **92487**
瓦尔德兰属 **346297**
瓦尔德没药 **101592**
瓦尔德塞挪威槭 **3445**
瓦尔德山谷锦熟黄杨 **64357**
瓦尔德斯戈丹草 **172041**
瓦尔德斯花葵 **223399**
瓦尔的夫小檗 52295
瓦尔蒂夫小檗 **52295**
瓦尔豆属 **413115**
瓦尔火鹤花 **28129**
瓦尔加斯苔草 **75713**
瓦尔金合欢 **1701**
瓦尔莱德苔草 **223878**
瓦尔兰 **405077**
瓦尔兰属 **405076**
瓦尔马先蒿 **287822**
瓦尔毛茛 **326496**
瓦尔毛金丝桃 **202188**
瓦尔美刺球 **140624**
瓦尔美登木 **246953**
瓦尔纳卡特兰 79556
瓦尔飘拂草 **166552**
瓦尔茜 **413174**
瓦尔茜属 **413173**
瓦尔什百子莲 **10282**
瓦尔绶草属 **413252**
瓦尔鼠刺 **404192**
瓦尔鼠刺属 **404190**
瓦尔斯泽维奇小檗 **52358**
瓦尔索波蒲公英 **384849**
瓦尔特·欧文虎耳草 **349042**
瓦尔特冠须菊 **405975**
瓦尔特画眉草 **148046**
瓦尔特山荆子 **243558**
瓦尔特粟米草 **256729**
瓦尔特尤利菊 **160907**
瓦尔特舟蕊秋水仙 **22394**
瓦尔韦德莲花掌 **9078**
瓦尔西非椰 **354514**
瓦尔狭蕊爵床 **375422**
瓦尔肖竹芋 **66214**
瓦尔羊蹄甲 **49246**
瓦尔罂粟 **282748**
瓦嘎山柳菊 **196076**
瓦格曼斯三角车 **334706**
瓦格曼斯柿 **132468**
瓦格曼斯细爪梧桐 **226279**
瓦格纳十大功劳 **242660**
瓦格纳小檗 **51700**
瓦格纳尤利菊 **160906**
瓦格十大功劳 242660
瓦格塔 385738
瓦哈恩蒿 **36443**
瓦哈卡塔花 **347606**
瓦红南美刺莲花 **65134**
瓦胡臭荛花 **414174**
瓦湖岛鼠尾草 **344975**
瓦花 200784,218358,275363,356953
瓦花草 218358
瓦吉尔大戟 **158712**
瓦吉尔裂籽茜 **103880**
瓦吉尔没药 **101333**
瓦吉尔柿 **132469**
瓦吉尔肖木蓝 **253255**
瓦捷琉璃草 **118036**
瓦捷水仙 **262476**
瓦卡塔荷兰榆 **401529**
瓦科小檗 52345
瓦克罕荆芥 **265098**

瓦克老鹳草 **175001**
瓦坑头 383324
瓦拉她属 16251
瓦拉木 404525
瓦拉木属 **405276**,404524
瓦拉斯乌头 **5355**
瓦拉玄参属 **412947**
瓦来黄耆 **43211**
瓦来斯木属 404526
瓦来西亚 404527
瓦来西亚属 404526
瓦莱尔克凤仙花 205444
瓦莱里立金花 **218958**
瓦莱木 **404525**
瓦莱木属 **404524**
瓦莱斯落草 **217578**
瓦兰豆蔻 **19935**
瓦兰加拉金合欢 **1034**
瓦朗茜拉拉藤 **170726**
瓦朗茜属 **404172**
瓦勒美冠兰 **157094**
瓦勒秋海棠 **50386**
瓦勒双距兰 **133985**
瓦勒玉凤花 **184199**
瓦勒朱米兰 **212748**
瓦里阿氏莎草 **630**
瓦里夫彩花 **2298**
瓦里虎耳草 **350037**
瓦里悬钩子 **339474**
瓦理椰属 413085
瓦理棕 **413090**
瓦理棕属 **413085**
瓦立克梭罗 **327385**
瓦丽鼠尾粟 **372885**,372888
瓦利赫小檗 **52345**
瓦利卡莱九节 **319904**
瓦利卡莱沃内野牡丹 **413229**
瓦利兰 **413246**
瓦利兰属 **413243**
瓦利斯花烛 **28139**
瓦利肖鸢尾 **258697**
瓦利亚塞白粉藤 **93034**
瓦利亚塞粗叶木 **222304**
瓦利异果菊 **131197**
瓦栗子树 78802
瓦莲花 275363
瓦莲属 **337292**
瓦楝 **405231**
瓦楝属 **405230**
瓦龙刘氏草 **228267**
瓦伦蒂多穗兰 310638
瓦伦蒂羊茅 **164381**
瓦伦丁山谷马醉木 **298746**
瓦伦特多穗兰 **310638**
瓦伦特芝麻菜二行芥 **133267**
瓦洛氏假万带兰 **404755**
瓦明兰 **413193**
瓦明兰属 **413192**
瓦那刺芹 **154353**
瓦尼苔草 **75702**
瓦霓草 239645
瓦鸟柴 87525
瓦弄杜鹃 **332092**
瓦奴亚椰属 297899
瓦努锤籽草 **12882**
瓦努科小檗 **51705**
瓦努特瓦帕大戟 **401286**
瓦帕大戟属 **401210**
瓦齐白泽兰 **158036**
瓦齐花 **405130**
瓦齐花属 **405129**
瓦齐尖膜菊 **201336**
瓦齐金灌菊 **90564**
瓦齐栎 **324537**
瓦齐膜质菊 201336
瓦齐鼠尾草 **345452**
瓦齐仙人掌 **273093**
瓦齐延龄草 **397628**
瓦齐岩雏菊 **291337**
瓦齐眼子菜 **312288**
瓦钦雪山小檗 52029
瓦萨绿顶菊 **193132**
瓦萨罗斯卡 407571
瓦萨罗斯卡属 407570
瓦萨木 407571
瓦萨木属 407570
瓦塞文殊兰 **111275**
瓦赛蓟 **92043**
瓦瑟罗双距兰 **133978**
瓦山安息香 **379427**
瓦山方竹 87616
瓦山槐 **369162**
瓦山栲 **78884**
瓦山龙胆 **174070**
瓦山鼠尾草 **345082**
瓦山水胡桃 320359
瓦山卫矛 157374
瓦山野丁香 **226112**
瓦山锥 78884
瓦参 383324
瓦氏白鹤芋 370345
瓦氏滨藜 **44695**
瓦氏齿瓣兰 **269089**
瓦氏齿叶冬青 203704
瓦氏刺花蓼 **89130**
瓦氏葱 **15885**
瓦氏粗叶木 222305
瓦氏大翅蓟 **271706**
瓦氏大克美莲 **68805**
瓦氏大岩桐 **364766**
瓦氏灯心草 **213566**
瓦氏地杨梅 238717
瓦氏钓钟柳 **289383**
瓦氏冬青 204398
瓦氏杜鹃 332047
瓦氏二弯苣苔草 **129724**
瓦氏风车子 100850
瓦氏风铃草 **70353**
瓦氏凤仙 205444
瓦氏凤仙花 **205442**,205444
瓦氏葛藤 321473
瓦氏沟管兰 **367801**
瓦氏枸骨叶冬青 **203564**
瓦氏黑罂漆木 248538
瓦氏胡椒 300548
瓦氏胡蒜 **15729**
瓦氏花凤梨 **392058**
瓦氏花叶卡特兰 **79567**
瓦氏黄花小二仙草 **185014**
瓦氏节节菜 337405
瓦氏金丝桃 **394817**
瓦氏卡特兰 79557
瓦氏康达木 **101744**
瓦氏宽萼豆 **302940**
瓦氏拉拉藤 **170733**
瓦氏兰属 **413254**
瓦氏蓝堇 169183
瓦氏老鹳草 175003
瓦氏老虎兰 **373704**
瓦氏藜 **87191**
瓦氏鬣蜥棕 203513
瓦氏龙胆 174066
瓦氏驴喜豆 **271279**
瓦氏绿心樟 **268737**
瓦氏马兜铃 **34370**
瓦氏马拉瓜 **245006**
瓦氏马来茜 **377534**
瓦氏马先蒿 287823
瓦氏米尔顿兰 **254939**
瓦氏落草 **217577**
瓦氏千里光 **360336**
瓦氏茜方枝树 **270478**
瓦氏茜属 **404757**
瓦氏球柄兰 **255942**
瓦氏球柱草 **63378**
瓦氏群蕊竹 **268122**
瓦氏十大功劳 **242661**
瓦氏石蒜 **404581**
瓦氏石蒜属 **404575**
瓦氏水猪母乳 337405
瓦氏铁兰 392058
瓦氏万代兰 **404683**
瓦氏委陵菜 **313093**
瓦氏苋 **18850**
瓦氏小麦 **399004**
瓦氏小沿沟草 **100014**,100019
瓦氏岩雏菊 **291340**
瓦氏月之宴 **327327**
瓦氏芸香属 **413261**
瓦氏早熟禾 **306151**
瓦氏泽泻 **14789**
瓦氏智利球 **264377**
瓦氏柱瓣兰 **146504**
瓦氏棕榈 **393816**
瓦霜 275363
瓦松 **275363**,275356,356877,356953
瓦松青锁龙 **108935**
瓦松属 **275347**
瓦索茄属 **405143**
瓦塔 275363
瓦泰豆属 **405146**
瓦泰里属 405149
瓦泰洛多穗兰 **310647**
瓦泰洛含羞草 **255140**
瓦泰洛牡荆 **411491**
瓦泰洛树葡萄 **120262**
瓦泰特里亚属 405153
瓦特戴星草 **371041**
瓦特风车子 **100855**
瓦特斧形观音兰 **399129**
瓦特凯纹蕊茜 **341338**
瓦特凯远志 **308433**
瓦特凯猪屎豆 **112790**
瓦特克鬼针草 **54154**
瓦特木 **66976**
瓦特木属 **405153**,66975
瓦特疱茜 **319992**
瓦特茜树 **12543**
瓦特三脉紫菀 **39998**
瓦特森藜 **87203**
瓦特鲨口兰 **292141**
瓦特山楂 **110111**
瓦特柿 **132471**
瓦特束柊叶 **293205**
瓦特维氏柏 **414066**
瓦特小秋海棠 **50436**
瓦特盐鼠麹 **24546**
瓦图曼德里番樱桃 **156389**
瓦托豆 **405190**
瓦托豆属 **405188**
瓦韦罗夫刺头菊 **108440**
瓦韦罗夫小麦 **399003**
瓦维糙苏 **295225**
瓦维葱 **15863**
瓦维黑麦 **356255**
瓦维洛夫山羊草 **8745**
瓦屋山悬钩子 **339471**
瓦屋宿柱苔 **76737**
瓦屋苔草 **76749**,76737
瓦屋小檗 **51655**
瓦西里拉拉藤 **170734**
瓦西里蒲公英 **384850**
瓦腺木 **404107**
瓦腺木属 **404105**
瓦心草 202146
瓦扬风铃草 **70354**
瓦扬乐母丽 **336078**

瓦扬三翅菊 **398230**
瓦叶藤 9852
瓦伊扁莎 **322383**
瓦伊忧花 **241614**
瓦玉 275363
瓦札里斯坦小檗 51417
瓦震报春 315115
瓦指甲 356877,364919
瓦子草 126603,337253
瓦鬃 275363
佤箭竹 162744
歪桉 155672
歪把海棠 **243671**
歪脖子果 171086,171221
歪翅漆 **237997**
歪翅漆属 **237996**
歪盾蜘蛛抱蛋 **39565**
歪冠大青 **96034**
歪冠苣苔属 333083
歪冠苦苣苔 333086
歪果菊 **25370**
歪果菊属 **25367**
歪果茉莉属 119981
歪果片棕 **237972**
歪果片棕属 **237971**
歪果线莴苣 **375990**
歪果帚灯草属 **71241**
歪环防己 25407
歪环防己属 25401
歪脚龙竹 **125509**
歪榕 **165390**
歪头菜 **408648**
歪头花 61119
歪头花属 **61118**
歪头盆距兰 **171896**
歪头小檗 51548
歪歪果 171221
歪斜麻花头 **361110**
歪叶冷水花 298897
歪叶冷水麻 299017
歪叶柃 160561
歪叶猕猴桃 6617
歪叶秋海棠 **49641**
歪叶榕 **164885**
歪叶山蓟菜 **161140**
歪叶子兰 300359
歪子杜鹃 **304603**
歪子杜鹃属 **304601**
歪嘴苔草 **73688**
外阿拉扁芒菊 **413020**
外阿拉棘豆 **279213**
外阿赖翅鹤虱 **225099**
外阿穆达尔刺头菊 **108430**
外阿穆达尔大戟 **159990**
外阿穆达尔碱蓬 **379613**
外阿穆达尔沙穗 **148513**
外阿穆达尔天芥菜 **190757**
外阿穆达尔泻根 **61538**
外阿穆达尔猪毛菜 **344748**
外包菊属 **328978**
外苞狗舌草 **335019**
外苞狗舌草属 **335018**
外贝加尔湖莓系 306082
外贝加早熟禾 **306082**
外菖蒲 23701
外翅菊属 **86012**
外刺芹 **161705**
外刺芹属 **161704**
外尔非榈属 413722
外盖茜属 **141395**
外高加索百里香 **391389**
外高加索葶苈 **143384**
外高加索边独活 **192391**
外高加索柽柳 **383432**
外高加索虎眼万年青 **274813**
外高加索荆芥 **265088**
外高加索拉拉藤 **170690**
外高加索蓝刺头 **140823**
外高加索联药花 **380777**
外高加索列当 **275227**
外高加索铃兰 **102883**
外高加索驴喜豆 **271277**
外高加索麻花头 **361141**
外高加索毛蕊花 **405792**
外高加索茄 **367687**
外高加索瑞香 **122622**
外高加索三肋果 **397987**
外高加索石竹 **127889**
外高加索矢车菊 **81435**
外高加索雪花莲 **169731**
外高加索岩风 **228605**
外高加索远志 **308412**
外贡顺 29983
外国脱力草 53913
外果木科 **161709**
外果木属 **161710**
外果莎 **161717**
外果莎属 **161716**
外海千里光 **360236**
外红消 20348,214959
外吉尔康苓菊 **214191**
外吉尔康眉兰 **272497**
外吉尔康岩芥菜 **9820**
外吉尔康猪毛菜 **344747**
外卷白蓬草 388638
外卷白叶树 **227925**
外卷糙蕊阿福花 **393778**
外卷颤毛萝藦 **399577**
外卷赪桐 **96301**
外卷大被爵床 **247873**
外卷大沙叶 **286431**
外卷单头鼠麹木 **240879**
外卷海神木 **315940**
外卷红点草 **223817**
外卷灰毛菊 **31274**
外卷棘豆 **279122**
外卷蜡菊 **189708**
外卷裂口花 **379996**
外卷迷迭香 **22455**
外卷莫恩远志 **257486**
外卷欧石南 **149987**
外卷青锁龙 **109320**
外卷三萼木 **395334**
外卷山菅 **127516**
外卷神秘果 **381996**
外卷鼠麹木属 **22187**
外卷索林漆 **369798**
外卷唐松草 **388638**
外卷驼曲草 **119885**
外卷网菊 **262609**
外卷肖观音兰 **399174**
外卷肖鸢尾 **258631**
外卷硬核木 **269577**
外来巴豆 **112834**
外来百脉根 **237720**
外来臂形草 **58054**
外来补血草 **230711**
外来赪桐 **96266**
外来大戟 **158940**
外来杜鹃 **331469**
外来菲利木 **296235**
外来风信子属 **310731**
外来画眉草 **147474**
外来黄耆 **42873**
外来黄芩 355391
外来鸡玄参 **362408**
外来蓟 **91900**
外来荆芥 **264880**
外来榼藤子 21308
外来辣木 **258949**
外来兰属 **415296**
外来联苞菊 **196933**
外来马齿苋 **415267**
外来马唐 **130572**
外来南美豆 **21308**
外来欧夏至草 **245757**
外来萍蓬草 **267276**
外来山柳菊 **195619**
外来山羊草 **8710**
外来省藤 **65767**
外来苔草 **75757**
外来夏至草 245757
外来香科 **388009**
外来玄参 **355216**
外来异决明 **360469**
外来异鳞菊 **193826**
外来异荣耀木 **134684**
外来蝇子草 **363236**
外来疣石蒜 **378519**
外来藏红卫矛 **78583**
外来猪屎豆 **112515**
外裂藤属 **161781**
外马尔文矢车菊 **80973**
外囊草 **161838**
外囊草属 **161837**
外倾巴考婆婆纳 **46355**
外倾苞萼玄参 **111654**
外倾葶苈 **143115**
外倾补血草 **230597**
外倾臭草 **249000**
外倾大沙叶 **286184**
外倾短绒毛南芥 **30408**
外倾萼 **21318**
外倾萼属 **21316**
外倾枸杞 **239033**
外倾灰毛豆 **385997**
外倾鸡头薯 **152904**
外倾坚果番杏 **387166**
外倾金钮扣 **371651**
外倾镰扁豆 **135451**
外倾裂叶鸦葱 **354883**
外倾绿洲茜 **410851**
外倾罗顿豆 **237275**
外倾罗勒 **268485**
外倾麻疯树 **212129**
外倾毛柱帚鼠麹 **395884**
外倾密钟木 **192557**
外倾色罗山龙眼 **361181**
外倾山榄 **139904**
外倾山榄属 **139902**
外倾圣诞果 **88034**
外倾十大功劳 **242461**
外倾田繁缕 **52598**
外倾驼蹄瓣 **418628**
外倾无舌黄菀 **209571**
外倾勿忘草 **260785**
外倾香茶 **303247**
外倾小金梅草 **202835**
外倾肖荣耀木 **194292**
外倾亚麻 **231896**
外倾忧花 **241611**
外倾尤利菊 **160780**
外倾玉凤花 **183550**
外倾直玄参 **29909**
外倾舟叶花 **340638**
外倾紫菀 **40300**
外曲马岛外套花 **351713**
外曲日中花 **220512**
外曲天门冬 **38980**
外蕊木属 **161821**
外蕊莎草 **161739**
外蕊莎草属 **161738**
外沙佛棕 407521
外沙佛棕属 407520
外沙苑 42131
外伸长须兰 **56913**
外伸齿斗篷草 **14114**
外伸迪萨兰 133895

外伸番薯 **208106**
外伸凤仙花 **205242**
外伸蒿 **36089**
外伸链荚豆 **18277**
外伸木蓝 **206419**
外伸双距兰 **133895**
外伸鱼黄草 **250817**
外穗苔草 **73576**
外套花 292668
外弯龙胆 **173803**
外乌拉尔苓菊 **214192**
外腺菊 **143854**
外腺菊属 **143853**
外项木 171568
外伊犁阿魏 **163733**
外伊犁刺头菊 **108429**
外伊犁黄芪 43175
外伊犁黄耆 **43175**
外伊犁荆芥 **265089**
外玉山剪股颖 **12387**,12147
外玉属 **141439**
外折豹皮花 **373782**
外折臂形草 **58079**
外折糙叶狒狒花 **46129**
外折单头鼠麹木 **240873**
外折毒鼠子 **128647**
外折短舌菊 **58040**
外折二球绣球防风 **227583**
外折红金梅草 **332188**
外折灰毛豆 **386027**
外折荚山蚂蝗 126373
外折蜡菊 **189704**
外折龙面花 **263402**
外折美登木 **246829**
外折蜜兰 **105542**
外折木蓝 **205875**
外折欧石南 **149339**
外折日中花 **220521**
外折矢车菊 **81029**
外折鼠麹草 **178151**
外折苔草 **74277**
外折糖芥 **154442**
外折天冬 **39186**
外折天门冬 **38982**
外折苋 **18701**
外折绣球防风 **227582**
外折叶密穗花 **322102**
外折远志 **308018**
外折芸苔 **59374**
外柱豆 **161831**
外柱豆属 **161829**
弯阿多鹅参 **116458**
弯巴钩子 31051
弯把钩子 31051
弯斑鸠菊 **406196**
弯瓣兜兰 **282822**
弯瓣木 **70700**
弯瓣木属 **70699**
弯瓣攀缘兰 146383
弯苞大丁草 **175145**
弯苞对节刺 198243
弯苞风毛菊 348706
弯苞瘦鳞帚灯草 **209428**
弯苞橐吾 **229011**
弯被贝母 **168548**
弯边唐菖蒲 **176143**
弯边玄参 **70547**
弯边玄参属 **70546**
弯柄菝葜 **366544**
弯柄刺天茄 **367249**
弯柄苔草 **75289**
弯柄紫堇 **105925**
弯齿毒马草 **362774**
弯齿盾果草 **391420**
弯齿风毛菊 **348675**
弯齿黄芪 42133
弯齿黄耆 **42133**
弯齿千里光 **360344**
弯齿鼠尾草 **344935**
弯翅芥属 **70702**
弯翅色木槭 **3190**
弯翅猪毛菜 **344481**
弯垂以礼草 **215952**
弯春黄菊 **26743**
弯唇兰属 **70671**
弯刺钝柱菊 **53169**
弯刺钝柱菊属 **53167**
弯刺方竹 **87645**
弯刺芳香木 **38756**
弯刺花座球 249586
弯刺金合欢 **1117**
弯刺爵床 **119779**
弯刺爵床属 **119778**
弯刺木香 336380
弯刺苹果仙人掌 **272875**
弯刺普氏卫矛 **321930**
弯刺蔷薇 **336380**
弯刺茄 **367004**
弯刺山黄皮 **325295**
弯刺士童 **167694**
弯刺头菊 **108251**
弯刺仙人掌 **272848**
弯刺小瓦氏茜 **404893**
弯刺智利球 **264345**
弯刀叶脂麻掌 **171609**
弯短距乌头 **5077**
弯萼豆 **119936**
弯萼豆属 **119933**
弯萼金丝桃 **201826**
弯萼兰 **120726**
弯萼兰属 **120723**
弯耳鬼箭 **72254**
弯芳香木 **38755**
弯风车子 **100378**
弯根酢浆草 **277719**
弯根秋水仙 **70558**
弯根秋水仙属 **70557**
弯梗菝葜 **366231**,366544
弯梗风兰 **24805**
弯梗芥 **228957**
弯梗芥属 **228955**
弯梗拉拉藤 170694
弯梗普拉特小檗 52062
弯梗树葡萄 **120050**
弯梗谢尔茜 **362107**
弯梗紫金牛 **31589**,31420
弯梗紫堇 **106295**
弯弓黄耆 41998
弯管钩粉草 **317252**
弯管花 **86207**
弯管花属 **86192**
弯管姜 **418018**
弯管列当 **274987**
弯管马先蒿 **287132**
弯管水玉簪 **70711**
弯管水玉簪属 **70709**
弯光萼荷 **8590**
弯鬼针草 **53812**
弯果巴龙萝藦 **48466**
弯果草 **119950**
弯果草茨藻 **262042**
弯果草科 **119954**
弯果草属 **119940**,119956
弯果唇柱苣苔草 **87847**
弯果茨藻 **262018**
弯果翠雀花 **124097**
弯果杜鹃 **330311**
弯果盾果草 391420
弯果葶菜 **336191**
弯果鹤虱属 335103
弯果胡卢巴 **397192**
弯果胡芦巴 **397238**
弯果黄堇 105693,106214
弯果假滨紫草 **318005**
弯果桔梗 **119959**
弯果桔梗属 **119956**
弯果苣苔属 120501
弯果苦豆子 369122
弯果萝藦属 **70525**
弯果拟蒺藜 **395060**
弯果婆婆纳 **407049**
弯果秋海棠 **49758**
弯果薯蓣 **131541**
弯果蒜芥 365482
弯果乌头 **5529**
弯果五加 **114628**
弯果五加属 **114626**
弯果小檗 **51420**
弯果紫草属 **256746**
弯果紫堇 **105795**
弯红千层 **67290**
弯花阿利茜 **14648**
弯花背翅菊 **267143**
弯花叉柱花 **374475**
弯花点地梅 **23141**
弯花独脚金 **377992**
弯花耳冠菊 **277292**
弯花法道格茜 **161933**
弯花黄芪 42371
弯花黄耆 **42371**
弯花稷 281532
弯花芥属 **156426**
弯花筋骨草 **13068**
弯花茎狒狒花 **46044**
弯花马蓝 **320117**
弯花扭萼寄生 **304981**
弯花欧石南 **149309**
弯花婆婆纳属 **70644**
弯花茜属 **22120**
弯花雀梅藤 **342186**
弯花日中花 **220516**
弯花黍 **281532**
弯花黍属 **119986**
弯花属 70497
弯花桃金娘 **114625**
弯花桃金娘属 **114623**
弯花玄参属 70644
弯花鸭嘴花 **214402**
弯花焰爵床 295022
弯花银钮扣 **344325**
弯花柱黄精 308528
弯花紫堇 105778,105785
弯花紫云菜 320117
弯花醉鱼草 62015
弯花醉鱼木 62015
弯喙慈姑 **342363**
弯喙果属 246642
弯喙黄芪 42135
弯喙黄耆 **42135**
弯喙角果毛茛 **83439**
弯喙马先蒿 **287292**
弯喙木蓝 **205857**
弯喙南方针果芹 **350409**
弯喙欧石南 **149318**
弯喙苔草 **75076**
弯喙乌头 **5096**
弯棘茅 **145099**
弯尖贝母 **168333**
弯尖杜鹃 **332148**,330028
弯尖叶杜鹃 330028
弯碱草 **24249**
弯角四齿芥 **386955**
弯角朱米兰 **212708**
弯金菊 **90175**
弯茎风兰 **24804**
弯茎枸杞 **239049**
弯茎猴耳环 **301136**
弯茎还阳参 **110806**

弯茎近缘吊兰 **88531**
弯茎卷舌菊 **380966**
弯茎龙胆 **173453**
弯茎水马齿 **67349**
弯茎驼花 **378557**
弯颈苔草 **74241**
弯距艾克勒风兰 **24828**
弯距翠雀花 **124098**
弯距风兰 **24803**
弯距凤仙花 **205279**
弯距突齿兰 **86273**
弯距紫堇 **105776**
弯堪蒂桐属 119963
弯苦苣菜 **368680**
弯赖特野荞麦 **152669**
弯老腰 408516
弯良毛芸香 **155839**
弯裂片南胶藤 **220828**
弯鳞无患子属 **70541**
弯瘤寄生 **270776**
弯龙骨 **70810**,70842
弯龙骨属 70781
弯洛克小叶黄杨 **64287**
弯脉斗篷草 **14003**
弯脉马钱 **378669**
弯脉榕 **164644**
弯脉石枣子 **157860**
弯脉素馨 **211772**
弯脉弯管花 **86202**
弯脉异木患 **16057**
弯芒乱子草 **259646**
弯芒蔗茅 **148865**
弯毛臭黄荆 **313679**
弯毛黄耆 **42136**
弯毛孔岩草 **218358**
弯毛楼梯草 **142636**
弯毛乱子草 **259645**
弯毛玉山竹 416766,416776
弯毛子草 **153191**
弯内蕊草 **145425**
弯囊苔草 74339
弯胚树科 98098
弯胚树属 98100
弯气花兰 **9203**
弯鞘蕊花 **99536**
弯曲百里香 **391187**
弯曲酢浆草 **277744**
弯曲斗篷草 **14061**
弯曲短柄草 **58586**
弯曲多坦草 **136471**
弯曲鹅观草 **335308**
弯曲海神木 **315768**
弯曲加拿大紫荆 **83759**
弯曲赖草 **228361**
弯曲亮叶银桦 **180585**
弯曲披碱草 **144476**
弯曲枪刀药 **202549**
弯曲球形蒴莲 **7252**
弯曲日中花 **220555**
弯曲扇桐属 119988
弯曲石豆兰 **63163**
弯曲碎米荠 **72749**
弯曲天门冬 **39026**
弯曲天南星 33540
弯曲延龄草 **397563**
弯曲野荞麦木 **151981**
弯曲叶下珠 **296612**,296565
弯曲玉山竹 **416776**
弯缺泡果荠 **196307**
弯缺岩荠 **98038**
弯缺阴山荠 **416358**
弯肉花兰 **346546**
弯蕊豆属 **70497**
弯蕊花属 70518
弯蕊芥 **238017**,72944,238008
弯蕊芥属 **238005**
弯蕊苣苔属 120501
弯蕊开口箭 **70635**
弯蕊石蕊芥 72786,238011
弯蕊碎米荠 **238015**
弯蕊天竺葵 **288188**
弯舌多穗兰 **310354**
弯双轮蓼 **375583**
弯蒴杜鹃 **330853**
弯丝草属 70922
弯穗 144353
弯穗补血草 **230595**
弯穗草 **335284**
弯穗草属 **131214**
弯穗狗牙根 **117881**
弯穗夹竹桃属 **22135**
弯穗蔛 300346
弯穗狼尾草 **289176**
弯穗木 **70765**
弯穗木属 **70763**
弯穗黍 **377955**
弯穗黍属 **377953**
弯穗脂麻掌 **171650**
弯苔草 **74249**
弯头高粱 **369601**
弯头红毛苋 **323019**
弯尾冬青 203744
弯尾卫矛 157675
弯心刺红珠 **51558**
弯心刺红珠小檗 51558
弯形哈克 184632
弯形哈克木 **184632**
弯形蔺 **143158**
弯雄蕊杜鹃 330314
弯腰果 418207
弯腰树 418207
弯药海桐属 **70639**
弯药龙胆 **173367**
弯药茜 **166946**
弯药茜属 **166944**
弯药树 **100108**
弯药树科 **100109**
弯药树属 **100107**
弯叶白千层 **248124**
弯叶糙蕊阿福花 **393746**
弯叶大戟 **158734**
弯叶冬青 **203744**
弯叶画眉草 **147612**
弯叶金合欢 **1235**
弯叶冷水花 **298897**
弯叶裂蕊紫草 **234994**
弯叶龙胆 **173369**
弯叶芦荟 **16829**
弯叶罗汉松 **306511**
弯叶囊距兰 38189
弯叶鸟舌兰 **38189**
弯叶泡叶番杏 **138161**
弯叶日中花 **220517**,177469
弯叶山柳菊 **195558**
弯叶树 49247
弯叶丝兰 **416610**
弯叶嵩草 **217150**
弯叶无毛谷精草 **224226**
弯叶无心菜 **32046**
弯叶须芒草 **22595**
弯叶鸢尾 **208510**
弯叶枣 418164
弯月杜鹃 **331216**,331218
弯云实 **65053**
弯折巢菜 **408374**
弯枝百脉根 **237521**
弯枝黄檀 **121647**
弯枝桧 213883
弯枝锦鸡儿 **72184**
弯枝鸟娇花 **210826**
弯枝乌头 **5195**
弯轴风信子 **203492**
弯轴风信子属 **203491**
弯轴花椒 417329
弯柱大风子 **70567**
弯柱大风子属 **70565**
弯柱杜鹃 **330314**,389577
弯柱杜鹃属 389570
弯柱科 179531
弯柱兰 **120788**
弯柱兰属 **120786**
弯柱欧石南 **149320**
弯柱山楂 **109785**
弯柱唐松草 **388708**
弯柱芎属 101820
弯柱羊耳蒜 232114
弯锥香茶菜 **209761**
弯籽木 **98104**
弯籽木科 **98098**
弯籽木属 **98100**
弯子杧果 **244392**
弯子木科 98098
弯棕 120278
弯棕属 119988,120275
弯嘴马先蒿 287675
弯嘴苔草 74339
湾豆 408393
湾洪 179262,376382
湾流南天竹 **262194**
蜿蜒杜鹃 **330264**
蜿蜒飞蓬 **150851**
蜿蜒蓟 **91936**
蜿蜒金菊木 **150358**
蜿蜒卷舌菊 **380861**
蜿蜒米努草 **255520**
蜿蜒山金车 **34685**
蜿蜒香茅 117171
蜿蜒向日葵 **188965**
蜿蜒小檗 **51621**
蜿蜒岩黄耆 **187877**
蜿蜒蝇子草 **364052**
蜿枝嘉赐树 78118
蜿轴鹅观草 **335498**
蜿轴披碱草 **144462**
豌豆 **301070**,301055,408571
豌豆跌打 128318
豌豆甘蜜树 **263060**
豌豆根紫堇 **106558**
豌豆花 222707
豌豆尼克樟 263060
豌豆七 128318,329879,329975
豌豆榕 **165468**
豌豆属 **301053**
豌豆树 **61038**
豌豆树属 **61036**
豌豆形苔草 **75792**
豌豆状巢菜 **408543**
丸佛手柑 93603
丸山白英 **367330**
丸山胡枝子 **226891**
丸山蓟 **92189**
丸山菊 **89550**
丸山蒲公英 **384663**
丸山紫菀 **40835**
芄兰 252514
完美婆罗门参 **394317**
完美细辛 **37701**
完全皱颖草 **333822**
玩儿草 412750
玩耍秋海棠 **50035**
顽纠占 329000
宛田红花油茶 69513
宛田猕猴桃 **6725**
宛童 355317,385192
晚白柚 **93589**
晚宝球 **327316**
晚报春 **314271**
晚抱茎苦荬菜 283400

晚滨菊 **227526**,227455
晚刺花座球 **249588**
晚光 **86517**
晚红瓦松 **275359**,218358,275363,275375,275394
晚红玉 307269
晚红玉属 307265
晚花报春 **315042**
晚花大丁草 **175217**
晚花德国忍冬 **236026**
晚花吊钟花 **145719**
晚花杜鹃 **331799**
晚花古堆菊 **182111**
晚花卵叶报春 315042
晚花普通忍冬 236026
晚花水仙 **262454**
晚花四喜牡丹 95145
晚花绣球藤 **95145**
晚花悬钩子 **339354**
晚花杨 **311163**
晚花一枝黄花 368106
晚花玉簪 198648
晚花郁金香 **400240**
晚花圆锥绣球 200048
晚花蜘蛛眉兰 **272434**
晚芦荟属 193224
晚绿花楸 **369515**
晚木犀 **193369**
晚木犀属 **193368**
晚莎草 212778
晚山茶 69156
晚熟车轴草 **397067**
晚熟单头爵床 **257293**
晚熟飞廉 **73457**
晚熟蒿 **36276**
晚熟黄蜡菊 **189178**
晚熟金雀花 **120974**
晚熟卷舌菊 **380947**
晚熟蜡菊 **189766**
晚熟马蹄豆 **196642**
晚熟婆罗门参 **394344**
晚熟蒲公英 **384798**
晚熟洼瓣花 234234
晚熟西西里风信子 **86057**
晚熟香薷 **144090**
晚熟小滨菊 227526
晚熟樱桃 **316787**
晚熟蝇子草 **363733**
晚丝石竹 **183245**
晚松 **300195**
晚碎红 351266
晚苔草 **76230**
晚梯牧草 **294996**
晚王柑 **93471**
晚霞红花槭 **3514**
晚霞红槭 3514
晚香玉 **307269**
晚香玉属 **307265**
晚绣花球 369515
晚绣球 369515
晚叶柳 **344090**
晚叶山杨 **311282**
晚樱 83311
晚柚 93591
莞 **352289**,213066,352278
莞草 365974
莞草属 353179
莞花 122438
莞兰属 352298
莞蒲 352278,352289
莞属 353179
莞荽 104690
莞蓑 104690
婉娜小檗 52306
菀不留 276091
菀花木 **41542**
菀花木属 **41541**
菀桃木属 **41689**
椀树 48993
皖鄂丹参 **345289**
皖赣小檗 51454
皖景天 **356850**
皖南贝母 168586
皖南景天 **357295**
畹町姜 **418027**
碗苞麻花头 **361015**
碗边迎红杜鹃 **331292**
碗唇兰属 **350494**
碗萼兰属 350479
碗儿芹 24291,24340
碗花草 **390767**
碗头青 35674
碗钟杜鹃 331044
碗仔花 **207839**
万把钩 31051
万宝 **360027**,359880
万病仙草 22407
万博扭果花 **377736**
万昌桦 53400
万重花 406667
万重山 **159153**
万刺藤 243437
万打棍 189918
万代凤蝶兰 **282936**
万代兰 197254,404629
万代兰石竹 **127989**
万代兰属 **404620**
万代杉 113700,113717
万代指甲兰 9315
万带兰 197254
万带兰属 404620
万带指甲兰 9315
万点金 203578
万豆子 177170
万毒虎 227654
万朵刺 336408,336519
万恩曼属 413682
万戈藤 92741
万格茜属 404757
万根丹 88289
万根鼠茅 **413163**
万根鼠茅属 **413161**
万果麻属 261299
万果木属 **261299**
万花补血草 230688
万花戟 **261245**
万花戟属 **261244**
万花木 261399
万花木属 **261099**
万花山小檗 **52356**
万花梢 134467
万花针 417161,417340
万吉杉 113710
万佳藤 **281227**
万解薯 207988
万斤 331239
万金葵 195257
万金茸 41342
万金子 411464
万京 411464
万京子 411464
万经棵 331239
万荆 411464
万钧柏 **213633**
万里果 377538
万里香 172099,260173,301230
万里云 407503
万两金 31387
万灵草 373507
万灵木属 413682
万铃树 **198155**
万龙 31396
万年 13238
万年扒 165759
万年草 311852,356884
万年春 **228614**,346743
万年刺 159363
万年蒿 35560,36177,36185,363718
万年兰 **169249**
万年兰属 169242
万年木 198140
万年攀 70600
万年蓬 36185,36460
万年荞 **162336**,162309,162335
万年青 **335760**,11348,11363,38983,40123,64243,64248,64369,66789,66833,66840,70600,70607,78645,111167,111171,122378,122431,142717,142719,157473,164833,164834,165057,165307,165844,195311,204413,221144,228603,274428,279744,291161,301230,308359,329009,346743,400397
万年青矮陀陀 122431
万年青草 351150
万年青属 **335758**
万年青树 54620,221144
万年梢 70833
万年薯 92791
万年松 **32003**,32269
万年桃 62799,62955
万年藤 13225,13238,34268,94740,94899
万年阴 165841,165844
万年枣 295461
万年枝 203625
万宁柯 **233201**
万宁蒲桃 **382572**,382599
万宁石栎 233201
万普顿日中花 **220710**
万齐春桃玉 **131314**
万齐狒狒花 **46165**
万齐肉锥花 **102111**
万齐紫波 **28523**
万权榕 165310
万山木莲 **244427**
万氏黄皮 **94222**
万氏寄生 **405057**
万氏寄生属 **405056**
万氏日中花 **220711**
万世竹 117390
万守果 198769
万寿果 76813,198769,367522
万寿果科 76820
万寿果属 38322
万寿花肿柄菊 **392436**
万寿黄窄叶菊 **374659**
万寿菊 **383090**,383103,418043
万寿菊属 **383087**
万寿兰 111171
万寿木寄生 411016
万寿匏 76813
万寿尤利菊 **160889**
万寿竹 **134425**,134420,134467,262189
万寿竹属 **134417**
万岁藤 38960
万岁枣 295461
万桃花 123065,123077,367682
万头果 190106
万头花凤梨 **180538**
万头菊 **261303**
万头菊属 **261302**
万维大沙叶 **286542**

万维裸实 **182799**
万维鱼骨木 **71523**
万物相 **400795**
万绣玉 **284682**
万序枝竹属 **261307**
万药归宗 327069
万叶马先蒿 **287447**
万雨金 31396
万源小檗 **51915**
万丈红 214959
万丈洁 328997
万丈龙 34154,34162,34363
万丈深 **110952**,110798,110886,110920,163686,387432
万丈丝 250794
万丈藤 34185
万枝莓 339162
万枝竹属 261307
万珠玉 **182481**
万字果 198767,198769
万字金银 393657
万字路 13353
万字茉莉 393657
腕带花 **77481**
腕带花科 **77479**
腕带花属 **77482**
尪子 15726
汪喉和 34210
汪王帚 217361
亡药 328665
王桉 **155719**
王八叉 54158
王八骨头 235929
王八柳 343388
王百合 230019
王宝瓜 34154
王贝母 **168430**
王不流行 403687
王不留 403687
王不留行 165515,201995,202104,248269,297703,362672,403687
王不留行属 403686
王刍 36647,308816
王刀豆 **71071**
王杜鹃 330205
王柑 93649
王根柱椰属 208366
王公秋海棠 **50220**
王宫殿 **102457**
王瓜 **396170**,114245,390128,390164,390180,396166,396210,396257
王瓜草 366284,409898
王瓜酸 277747
王冠百合 230019
王冠果科 722
王冠龙 **163443**
王冠秋海棠 **49774**
王冠玉 **182482**
王国之角蓝花丹 **305174**
王侯大头苏铁 **145241**
王侯蒿 36097
王蝴蝶 275403
王桦 53520
王黄瓜 34154
王彗 217361
王篲 217361
王记叶 61975
王椒 417330
王君树 83736
王卡特兰 **79554**
王开唇兰 **25999**
王兰 416538
王藜 **86970**
王连 103828,103846
王莲 **408734**
王莲属 **408733**
王灵仁 291161
王留 403687
王马 308613,308616
王母钗 118744
王母牛 403687
王母片 403687
王母珠 297643,297703
王牡牛 403687
王尼爪榈属 412286
王女 114994
王欧石南 **150265**
王牌帚石南 **67507**
王婆奶 142152
王菩 396210,396257
王权胶希丁香 **382185**
王榕 **165633**
王如意 96999
王箬棕 **341424**
王十二卷 **186642**
王石斛 **125334**
王石竹 **193217**
王氏白马芥 **46615**
王氏半蒴苣苔 **191395**
王氏唇柱苣苔草 **87990**
王氏钩藤 401786
王氏栎 **324551**
王氏朴 **80779**
王氏秋海棠 50400
王氏石斛 **125410**
王氏素馨 212018
王氏乌口树 **385047**
王氏小檗 52355
王室瓜 34154
王素馨 **211928**
王酸蔹藤 **20236**
王孙 42699,42704,284382,284406,369010
王塔形短丝花 **221450**
王坛子 94207
王檀子 94207
王翁 13238
王犀角 373821
王夏风信子 **170832**
王肖鸢尾 **258629**
王椰属 337873
王爷葵 392432
王芋 131772
王杖苞叶兰 **58421**
王杖草地山龙眼 **283563**
王杖芳香木 **38786**
王杖非洲豆蔻 **9935**
王杖鸟足兰 **347900**
王杖砂仁 9935
王帚 217361
王竹 47530
王棕 **337885**
王棕属 **337873**
网苞菊 **303086**
网苞菊属 **303080**
网苞蒲公英 **384556**
网苞藤 **328272**
网苞藤属 **328271**
网边芸香 **129658**
网边芸香属 **129657**
网翅远志 **308023**
网刺榈属 398824
网地柱 **94553**
网萼母草 **231508**
网萼木 **172858**
网萼木属 **172852**
网萼叶茜 **68393**
网盖水玉簪 **129702**
网盖水玉簪属 **129701**
网梗草 **209603**
网梗草属 **209597**
网瓜 **114239**
网果翠雀花 **124181**
网果褐叶榕 **165511**
网果筋骨草 **13097**
网果锦葵 **129647**
网果锦葵属 **129646**
网果槿属 **335797**
网果裂颖茅 **132793**
网果梅叶榕 165511
网果酸模 **339983**
网果珍珠茅 **354260**
网果棕 **129650**
网果棕属 **129649**
网禾 **290894**
网禾属 **290893**
网黄耆 **42974**
网韭 **15241**
网菊属 **262608**
网篱笆 **129675**
网篱笆属 **129674**
网柳 **344003**
网轮菀 **268685**
网络崖豆藤 **66643**
网麦莠竹 **254042**
网脉 80728
网脉阿比西尼亚柿树 **132035**
网脉巴豆 **112876**
网脉臂形草 **58080**
网脉扁担杆 **180936**
网脉补血草 **129656**
网脉补血草属 **129655**
网脉长筒莲 400795
网脉柽柳桃金娘 **261027**
网脉翅子树 **320846**
网脉唇石斛 125183
网脉刺萼野牡丹 **81842**
网脉粗花野牡丹 **279405**
网脉大黄 **329385**
网脉冬青 **204207**
网脉斗篷草 **14128**
网脉杜茎山 **241826**
网脉杜鹃 **330594**
网脉椴树 391808
网脉多鳞木 **309986**
网脉多叶螺花树 **6404**
网脉番红花 **111582**
网脉番荔枝 25882
网脉繁缕 **375074**
网脉凤仙花 **205282**
网脉扶芳藤 **157504**
网脉干若翠 **415479**
网脉桂 **91420**
网脉杭子梢 **70880**
网脉合龙眼 **381603**
网脉核果木 **138679**
网脉红头菊 **154765**
网脉胡卢巴 **397206**
网脉虎皮楠 **122721**
网脉灰栒子 107448
网脉鸡爪槭 **3343**
网脉稷 281863
网脉鲫鱼藤 **356318**
网脉夹竹桃属 **129666**
网脉假牛栓藤 **317574**
网脉假卫矛 **254321**
网脉洁根菊 **11385**
网脉九节 **319800**
网脉雷诺木 **328326**
网脉栗豆藤 **11048**
网脉柳穿鱼 **231106**
网脉柳兰 **85882**
网脉马钱 **378872**
网脉猕猴桃 **6579**
网脉米尔豆 **255784**
网脉木犀 **276393**

网脉欧李　83189
网脉泡泡　38334
网脉泡泡果　**38334**
网脉葡萄　**412004**
网脉朴　**80728**
网脉槭　**3495**
网脉茄　**367557**
网脉琼楠　**50619**
网脉秋海棠　50409
网脉全缘轮叶　**94274**
网脉冉布檀　**14373**
网脉肉托果　**357883**
网脉肉翼无患子　**346929**
网脉润楠　**240687**
网脉三萼木　**395333**
网脉三角果　**397306**
网脉三叶薯　131630
网脉山道楝　**345790**
网脉山胡椒　231393
网脉山龙眼　**189949**
网脉珊瑚木　**223836**
网脉珊瑚木属　**223833**
网脉珊瑚属　223833
网脉十大功劳　**242631**
网脉石上莲　273843
网脉柿　**132369**
网脉守宫木　**348063**
网脉四川马先蒿　**287725**
网脉四翼木　**387620**
网脉溲疏　**127060**
网脉酸藤子　**144802**
网脉索林漆　**369797**
网脉唐松草　**388636**
网脉图里无患子　**393227**
网脉橐吾　**229018**
网脉弯穗胶藤　**220949**
网脉卫矛　**157402**
网脉无患子属　**129659**
网脉喜光花　**6478**
网脉橡子木　**46896**
网脉小檗　**52108**
网脉小红钟藤　**134873**
网脉肖鸢尾　**258630**
网脉雄穗茜　**373040**
网脉悬钩子　**339172**
网脉旋蒴苣苔　283115
网脉栒子　**107648**
网脉崖爬藤　**387840**
网脉亚麻藤　**199174**
网脉野桐　**243442**
网脉叶柳　344003
网脉叶忍冬　236066
网脉叶酸藤果　144802
网脉叶酸藤子　144802
网脉叶下珠　**296737**
网脉油芦子　**97302**
网脉油麻藤　**259563**
网脉玉凤花　**184023**
网脉鸢尾　**208788**
网脉月桂卫矛　**223082**
网脉越被藤　**201676**
网脉越橘　**403791**
网脉种子棕属　129679
网脉帚菊木　**260551**
网脉蛛毛苣苔　**283115**
网脉紫薇　**219975**
网茅属　370155
网膜木　201066
网膜木属　201057
网膜籽　201066
网木　**68064**
网木属　**68063**
网坡垒　198189
网鞘蛤兰　**101709**
网鞘毛兰　**148722**
网球花　**184428**,184372,350312
网球花科　**184343**
网球花属　**184345**
网蕊茜属　**129636**
网实桐属　129649
网实椰子属　129649,129679
网实棕属　**129679**
网柿　**132348**
网丝皮　292374
网酸模　**340225**
网纹菠萝　412348
网纹草属　166706
网纹杜鹃　**331623**
网纹杜鹃花　331623
网纹凤梨　412348
网纹孤顶花　**196454**
网纹果翠雀花　124181
网纹胡卢巴　397206
网纹蝴蝶兰　**293638**
网纹鸡爪槭　**3327**
网纹丽穗凤梨　**412348**
网纹牻牛儿苗　174717
网纹茜　**370869**
网纹茜属　**370863**
网纹悬钩子　**338260**
网纹羊蹄甲　**49217**
网纹芋属　**83713**
网纹舟舌兰　**224350**
网虾夷山柳　**343754**
网狭叶羽扇豆　**238425**
网腺层菀　**253486**
网腺层菀属　**253485**
网腺叶忍冬　236066
网香瓜　**114214**
网须木属　263958
网檐南星　**33557**
网眼火红杜鹃　**331326**
网眼龙胆　174066
网眼肉托果　357883
网叶斑鸠菊　**406737**
网叶丁香　382276
网叶兰　**129677**
网叶兰属　**129676**
网叶栎　**324326**,324353
网叶柳兰　85882
网叶马兜铃　**34307**
网叶马铃苣苔　**273879**
网叶木蓝　**206476**
网叶茜属　**31341**
网叶三被藤　**396524**
网叶山胡椒　**231393**
网叶悬钩子　**339302**
网叶钟报春　**314894**
网皱柳　344003
网状安息香　**379438**
网状巴布亚木　**283034**
网状白毛玉凤花　**183787**
网状臂形草　**58160**
网状补血草　230543
网状刺蒴麻　**399310**
网状灯盘无患子　**238930**
网状邓博木　**123715**
网状地桃花　**402252**
网状顶冰花　**169497**
网状毒鼠子　**128790**
网状盾蕊樟　**39726**
网状多穗兰　**310571**
网状格雷野牡丹　**180425**
网状核果木　**138686**
网状厚敦菊　**277132**
网状环蕊木　**183349**
网状黄目菊　**46552**
网状黄苏木　**302612**
网状喙芒菊　**279259**
网状基花莲　**48677**
网状豇豆　**409030**
网状决明　**78468**
网状可拉木　**99255**
网状可利果　**96827**
网状克勒草　**95858**
网状块荆芥　**265093**
网状蓝刺头　**140775**
网状链荚豆　**18281**
网状列当　**275195**
网状留菊　**162973**
网状瘤果夹竹桃　**101760**
网状龙王角　**199006**
网状马岛芸香　**210505**
网状马蹄豆　**196622**
网状毛瓣瘦片菊　**182051**
网状美冠兰　**156967**
网状美洲野牡丹　**180059**
网状密穗花　**322144**
网状木姜子　**234046**
网状南非桔梗　**335608**
网状拟库潘树　**114591**
网状欧石南　**149022**
网状欧文楝　**277641**
网状佩肖木　**288029**
网状坡梯草　**290194**
网状婆罗门参　**394336**
网状普韦特奥佐漆　**279324**
网状塞内加尔番荔枝　**25887**
网状塞战藤　**360942**
网状赛金莲木　**70743**
网状十大功劳　**242513**
网状十二卷　**186673**
网状双距兰　**133916**
网状水苏　**373393**
网状四棱荠　**178831**
网状菘蓝　**209224**
网状藤留菊　**162978**
网状天仙子　**201402**
网状铁线莲　**95288**
网状纹蕊茜　**341268**
网状无鳞草　**14433**
网状五层龙　**342717**
网状喜阳花　**190377**
网状显著奥佐漆　**279293**
网状香豆木　**306284**
网状鸭嘴花　**214762**
网状叶下珠　**296536**,296734
网状异果菊　**131164**
网状蝇子草　**363980**
网状鸢尾　208788
网状越橘　**403978**
网状珍珠茅　**354225**
网状止泻萝藦　**416248**
网状竹　**297435**
网籽草　**129691**
网籽草属　**129690**
网籽毒鼠子　**128653**
网籽度量草　**256218**
网籽芥　**31336**
网籽芥属　**31335**
网籽锦葵　**31334**
网籽锦葵属　**31333**
网籽柳叶菜　**146838**
网籽桐属　129679
网籽椰属　129649
网子度量草　256218
网子七　5574
网子椰子属　129679
枉开口　356884,357123
菵草　**49540**,177559,204544
菵草属　**49532**
菵米　49540
惘花　195311
忘母牛　298093
忘藤菊　**268068**
忘藤菊属　**268067**
忘萱草　191284
忘忧　191284

忘忧草 191284,191312
旺巴利苞茅 **201587**
旺草 147084
旺格短盖豆 **58800**
旺梨草 296121
旺盛球 **140876**
旺盛丸 140876
旺业甸乌头 **5679**
望北京属 315461
望春花 416686,416694,416707,416721
望春木兰 416686
望春玉兰 **416686**
望冬草 265916,265923
望冬草属 265915
望冬红 367322
望峰玉 **242883**
望峰玉属 **242878**
望果 244397,296554
望见消 5821
望江哺鸡竹 **297402**
望江南 **360463**,85232,229066,255098,360483
望江南决明 360463
望江青 373139,373262,373346
望镰倒 126958
望楼柯 **233224**
望谟崖摩 19962
望谟崖摩楝 **19962**
望日莲 188908
望山棵 78137
望水檀 121714
望水王仙桃 134032
望天芹 276768
望天树 **362197**
望天树属 283891
望月 **244179**
望月樱 **83128**
望云龙 **186107**
望云龙属 **186105**
望云柱 245252
望子 13225
危地马拉巴豆 **112900**
危地马拉椴 **292431**
危地马拉椴属 **292430**
危地马拉核桃 **212628**
危地马拉花烛 **28086**
危地马拉黄檀 **121848**
危地马拉菊 **114055**
危地马拉菊属 **114054**
危地马拉卡特兰 **79574**
危地马拉冷杉 **386**
危地马拉罗汉松 **306437**
危地马拉牛奶木 **108148**
危地马拉茜属 **237156**
危地马拉珊瑚藤 **28421**
危地马拉铁苋菜 **1886**
危地马拉蝎尾蕉 **190067**
危地马拉朱樱花 66666
危地马拉茱萸 **277439**
危地马拉茱萸属 **277437**
危地马拉棕 **400029**
危地马拉棕属 **400028**
威德曼草 **414075**
威德曼草属 **414072**
威尔阿氏莎草 **631**
威尔巴豆 **113058**
威尔百里香 **391398**
威尔闭花木 **94542**
威尔扁担杆 **181021**
威尔朝鲜花楸 **369369**
威尔大戟 **160079**
威尔德芦荟 **17412**
威尔顿平铺圆柏 **213803**
威尔顿平枝圆柏 213803
威尔多榔菊 **136384**
威尔多尼平铺圆柏 213803
威尔芳香木 **38871**
威尔菲利木 **296345**
威尔弗莱明代茶冬青 **204394**
威尔甘蜜树 **263067**
威尔狗尾草 **361967**
威尔瓜属 **414283**
威尔金森指甲草 **284908**
威尔克大花林荫银莲花 **23929**
威尔肯飞蓬 **151070**
威尔龙骨角 **192462**
威尔玛太属 414429
威尔曼大被画眉草 **147790**
威尔曼花球玉 **139837**
威尔毛蕊花 **405799**
威尔莫特百合 229831
威尔莫特尼泊尔委陵菜 **312809**
威尔莫特小姐高加索蓝盆花 **350122**
威尔莫特鸢尾 **208940**
威尔尼克樟 263067
威尔蓍 **4061**
威尔矢车菊 **81460**
威尔士虫实 **104862**
威尔士假龙胆 **174164**
威尔士卷舌菊 **381011**
威尔士亲王平铺圆柏 **213800**
威尔氏莓 339475
威尔双袋兰 **134367**
威尔斯王子平铺圆柏 213800
威尔斯王子平枝圆柏 213800
威尔苔草 **76756**
威尔藤黄 **171116**
威尔头花草 **82187**
威尔乌头 **5689**
威尔下盘帚灯草 **202491**
威尔肖木槿 **194679**
威尔逊百合 **230076**
威尔逊芦荟 **17413**
威尔逊蒲桃 **382683**
威尔逊山梅花 **294553**
威尔逊溲疏 **127124**
威尔逊旋花属 **414434**
威尔逊银桦 **180663**
威尔逊榆 **401647**
威尔逊郁金香 **400253**
威尔银毛球 **244263**
威尔掌属 **414293**
威尔舟叶花 **340979**
威尔帚灯草属 **414351**
威尔猪屎豆 **112812**
威甘德苔草 **76755**
威根麻属 **414092**
威根麻烟草 **266064**
威海鼠尾草 **345481**
威汉氏柳 344273
威克汉姆银桦 **180661**
威克罗锦帚石南 67470
威克沃火焰帚石南 **67509**
威肯斯芦荟 **17409**
威拉百簕花 **55350**
威拉斑鸠菊 **406425**
威拉扁爵床 **292209**
威拉布里滕参 **211508**
威拉茶豆 **85219**
威拉多肋菊 **304434**
威拉尔德金合欢 **1705**
威拉飞蓬 **150578**
威拉非洲长腺豆 **7494**
威拉非洲木菊 **58498**
威拉谷木 **249980**
威拉哈维列当 **186064**
威拉红柱树 **78680**
威拉厚敦菊 **277064**
威拉画眉草 **147730**
威拉黄眼草 **416077**
威拉灰毛豆 **386105**
威拉藿草 **197994**
威拉鸡头薯 **152864**
威拉豇豆 **409101**
威拉决明 **78327**
威拉科豪特茜 **217697**
威拉宽肋瘦片菊 **57628**
威拉蜡菊 **189634**
威拉老鸦嘴 **390805**
威拉离瓣寄生 **190837**
威拉丽冠菊 **68043**
威拉镰扁豆 **135505**
威拉鹿藿 **333273**
威拉木槿 **194930**
威拉木蓝 **206102**
威拉牛角草 **273163**
威拉蒲桃 **382554**
威拉三联穗草 **398611**
威拉束尾草 **293214**
威拉树葡萄 **120096**
威拉水苏 **373249**
威拉蒴莲 **7264**
威拉唐菖蒲 **176257**
威拉铁苋菜 **1899**
威拉须芒草 **22638**
威拉旋覆花 **207144**
威拉鸭舌癀舅 **370794**
威拉鸭跖草 **101046**
威拉玉凤花 **183705**
威拉远志 **308112**
威拉猪屎豆 **112225**
威兰氏东爪草 **391959**
威兰氏猪殃殃 **170727**
威乐比属 414415
威勒尔超级大滨菊 **227471**
威利马先蒿 **287829**
威利斯川苔草 **414400**
威利斯川苔草属 **414399**
威廉·布坎南苏格兰大宝石南 **121064**
威廉·罗宾逊欧丁香 **382367**
威廉·普菲尔间型圆柏 213655
威廉桂 **414393**
威廉桂属 **414391**
威廉马先蒿 **287828**
威廉敏娜皇后剑叶鸢尾 **208949**
威廉姆斯欧石南 **148963**
威廉姆斯展枝石南 **148965**
威廉姆野荞麦 **152366**
威廉森大戟 **160087**
威廉森龙面花 **263469**
威廉森美冠兰 **157101**
威廉森木蓝 **206742**
威廉森双盛豆 **20796**
威廉森司徒兰 **377320**
威廉氏杜鹃 332110
威廉斯伯克雷廷西洋梨 **323145**
威廉斯堇菜 **409623**
威廉斯拟莞 **352253**
威廉斯欧石南 **150271**
威廉斯色罗山龙眼 **361230**
威廉斯氏沟繁缕 **142580**
威廉斯苔草 **76759**
威廉斯乌头 **5690**
威廉斯五星花 **289822**
威廉斯肖观音兰 **399177**
威廉斯蝇子草 **364215**
威廉西金茜 **362435**
威灵菊 138897
威灵仙 **94814**,94899,94910,95113,95396,138897,348197,366566,407434,407485
威吕斯克苔 76760
威尼单冠毛菊 **185592**
威尼夫尔德·吉尔曼克利夫兰鼠尾草 **344974**

威尼斯南星属 **24184**
威尼斯野牡丹 **385113**
威尼斯野牡丹属 **385112**
威尼帚灯草 **414469**
威尼帚灯草属 **414468**
威宁翠雀花 **124693**
威宁短柱茶 69589
威宁小檗 **52364**
威瑟茄属 **414608**
威森泻属 **414085**
威蛇 312690
威氏白千层 **248126**
威氏百合 **229831**
威氏报春花 315123
威氏长筒莲 **108088**
威氏齿瓣兰 **269090**
威氏大青 **337466**
威氏迪奥豆 131328
威氏帝杉 318599
威氏冬青 204401
威氏杜鹃 331037,332104
威氏二型花 **128561**
威氏矾根 **194441**
威氏凤仙花 **205449**
威氏格朗东草 **176680**
威氏胡颓子 142207
威氏槲果 **46800**
威氏花楸 369565
威氏槐 94035
威氏黄柏 **294256**,294240
威氏金合欢 **1704**
威氏卷耳 83108
威氏蓝堇 169183
威氏榄 **71033**
威氏冷杉 **510**
威氏柳 344277
威氏龙舌兰 **10961**
威氏露兜树 281169
威氏蔓桐花 **246659**
威氏毛蕊花 **405798**
威氏莓 339475
威氏米钮草 **255608**
威氏木蓝 **206744**
威氏牛角草 **273210**
威氏葡萄 412004
威氏忍冬 236214
威氏柔荑铁苋菜 **1780**
威氏双被豆 **131328**
威氏唐菖蒲 **176666**
威氏铁苋 2011
威氏锡叶藤 **386906**
威氏细花兰 85139
威氏仙人掌属 414293
威氏小米草 **160292**
威氏绣球防风 **227738**
威氏绣线菊 372135
威氏悬铃花 **243955**
威氏枸子 **107728**
威氏阴山荠 416320
威氏隐棒花 **113545**
威氏鸢尾 208941
威氏醉鱼草 **61957**
威斯椴 **413910**
威斯椴属 **413909**
威斯康星钓钟柳 **289347**
威斯康星柳 **343112**
威斯康星柳叶菜 **146943**
威斯康星悬钩子 **339476**
威斯利白珠树 **172048**
威斯利红果小檗 **52120**
威斯利小檗 **52379**
威斯利珍珠威斯利白珠树 **172050**
威斯纳泽泻 **414521**
威绥 308616
威特刺蕊草 **307012**
威特凤仙花 **205448**
威特扭瓣时钟花 **377901**
威特排草香 **25397**
威特斯坦丝花苣苔 **263331**
威特香科 **388313**
威特绣球防风 **227737**
威特鸢尾 **414623**
威特鸢尾属 **414619**
威提亚皱子棕 **321176**
威信小檗 **52366**
威岩仙 79732
威岩仙属 79730
隈支 240813
隈枝 240813
葨芝 240813
葨芝属 114319
葳菜 403382
葳芥属 199505
葳灵仙 94748,94814,138897
葳苓仙 94814
葳蕤 308613,308616
葳参 308613,308616,308635
葳严仙 79732
葳岩仙属 79730
微凹安迪尔豆 **22223**
微凹斑鸠菊 **406532**
微凹藏蕊花 **167193**
微凹草胡椒 **290413**
微凹车轴草 **397056**
微凹春黄菊 **26869**
微凹慈姑 **342435**
微凹大戟 **159713**
微凹冬青 **204208**
微凹杜楝 **400601**
微凹短柄草 **58614**
微凹多穗兰 **310572**
微凹甘蓝豆 22223
微凹甘蓝皮豆 22223
微凹古柯 **155106**
微凹虎耳草 **349846**,349717
微凹黄檀 121803
微凹灰毛豆 **386282**
微凹回欢草 **21131**
微凹棘豆 **279121**
微凹鲫鱼藤 **356319**
微凹坚果番杏 **387206**
微凹决明 **78469**
微凹莫利木 **256567**
微凹牡丹 33212
微凹鸟足兰 **347887**
微凹牛果藤 337772
微凹欧石南 **149348**
微凹薯蓣 **131809**
微凹水苋菜 **19620**
微凹酸藤子 **144792**
微凹土密树 **60212**,60223
微凹无斑虎耳草 **349717**
微凹象牙参 **337111**
微凹岩牡丹 **33212**
微凹眼子菜 **312274**
微凹羊蹄甲 **49219**
微凹叶景天 **357080**
微凹叶山马菜 **280952**
微凹叶山马茶 280952
微凹鹧鸪花 **395529**
微凹脂麻掌 **171642**
微白奥佐漆 **279273**
微白白花菜 **95611**
微白长药芥 **373708**
微白菲奇莎 **164489**
微白含羞草 **254984**
微白黄芩 **355353**
微白金合欢 **1035**
微白榄仁树 **386453**
微白蕾丽兰 **219669**
微白马兜铃 **34103**
微白密头帚鼠麹 **252406**
微白欧石南 **148989**
微白泡叶番杏 **138138**
微白蒲公英 **384429**
微白茄 **366931**
微白塞拉玄参 **357412**
微白石竹 **127579**
微白鼠尾粟 **372582**
微白唐菖蒲 **176008**
微白线叶粟草 **293899**
微白岩蔷薇 93124
微白蚤草 **321512**
微白泽菊 **91113**
微白直药萝藦 **275472**
微斑唇柱苣苔 **87926**
微瓣雪茄花 114611
微苞肖杨梅 **258749**
微糙白酒草 **103595**
微糙百蕊草 **389858**
微糙布雷默茜 **59914**
微糙刺头菊 **108398**
微糙非洲紫菀 **19341**
微糙费利菊 **163274**
微糙干若翠 **415483**
微糙格尼瑞香 **178695**
微糙灌木帚灯草 **388830**
微糙黑草 **61858**
微糙红点草 **223818**
微糙黄眼草 **416146**
微糙基花莲 **48679**
微糙吉粟草 **175949**
微糙棘豆 **279147**
微糙剑叶蛇舌草 **269877**
微糙九节 **319825**
微糙飘拂草 **166469**
微糙丘头山龙眼 **369842**
微糙塞拉玄参 **357667**
微糙三脉紫菀 **39989**
微糙莎草 **119483**
微糙山白菊 39989
微糙山柳菊 **195845**
微糙鼠尾草 **344865**
微糙水苏 **373134**
微糙粟麦草 **230159**
微糙唐菖蒲 **176527**
微糙糖蜜草 **249328**
微糙天门冬 **39184**
微糙歪果菊 **25371**
微糙肖毛蕊花 **80549**
微糙绣球菊 **106843**
微糙鸭嘴花 **214791**
微糙叶当归 **24463**
微糙蝇子草 **364016**
微糙舟叶花 **340894**
微糙紫菀 39989
微糙紫玉盘 **403572**
微齿格雷野牡丹 **180407**
微齿桂樱 223123
微齿冷水麻 299037
微齿楼梯草 **142742**
微齿山梗菜 **234436**
微齿腺叶桂樱 **223123**
微齿眼子菜 **312170**
微唇马先蒿 **287433**
微刺斗篷草 **14155**
微刺凤仙花 **204922**
微刺菊 **363006**
微刺菊属 **363002**
微刺鹿角柱 **140329**
微刺罗汉松 **306519**
微刺卫矛 **157283**
微刺虾 140329
微刺伊朗蒿 **36073**
微粗蔓芹 393951
微粗毛楼梯草 **142851**
微点荠苎 259323

微萼凤仙 205149
微萼凤仙花 **205149**
微耳大节竹 **206897**
微方菊 **207389**
微方菊属 **207388**
微秆草 **329739**
微秆草属 **329738**
微刚毛史密斯拟莞 **352268**
微梗吊兰 **88632**
微冠鹅绒藤 **117456**
微冠菊 **285360**
微冠菊属 **285359**
微果草 253200
微果草属 253197,253203
微果层菀 **207461**
微果层菀属 **207459**
微果冬青 204217
微果野桐 **243369**
微果紫草 **253204**
微果紫草属 **253203**
微核草属 253203
微红桉 155725
微红白花菜 **95776**
微红补血草 **230728**
微红赪桐 **96313**
微红葱 15680
微红风兰 **25041**
微红红金梅草 **332191**
微红黄眼草 **416144**
微红克里昂草 **95830**
微红米尔库格木 260963
微红秋海棠 **50257**
微红软骨草 **219781**
微红润肺草 **58935**
微红山柳菊 **196014**
微红水苏 **373415**
微红酸脚杆 **247615**
微红温美桃金娘 **260963**
微红乌檀 262823
微红绣线菊 **371791**
微红血豆 **29704**
微红血豆属 **29703**
微虎耳草 **349757**
微花白前 **117678**
微花棒头草 **310124**
微花本氏兰 **51115**
微花糙被萝藦 **393800**
微花单裂萼玄参 **187052**
微花毒鼠子 **128754**
微花法鲁龙胆 **162794**
微花菲利木 **296260**
微花菲奇莎 **164559**
微花风车子 **100681**
微花格里杜鹃 **181225**
微花黑草 **61848**
微花节节菜 **337345**
微花金合欢 **1389**
微花荆芥 **265022**
微花九节 **319519**
微花咖啡 **98966**
微花兰属 **374699**,85136
微花乐母丽 **335998**
微花连蕊茶 **69368**
微花镰扁豆 **135550**
微花链荚豆 **18275**
微花柳叶菜 146775
微花龙船花 **211131**
微花卢迪木 **238129**
微花鲁佩尔车轴草 **397063**
微花罗勒 **268567**
微花马瓞儿 **417491**
微花马唐 **130726**
微花毛子草 **153234**
微花密钟木 **192651**
微花茉莉 **113421**
微花茉莉属 **113417**
微花木蓝 **206261**
微花欧石南 **149967**
微花平伏水苏 **373383**
微花蔷薇属 **29018**
微花秋海棠 **50084**,50079
微花球心樟 **12765**
微花忍冬 **235760**
微花肉锥花 **102469**
微花桑伯格青锁龙 **109460**
微花山马菜 **280940**
微花双距花 **128073**
微花藤 **207357**
微花藤属 **207354**
微花天门冬 **39094**
微花香茶 **303504**
微花小翅卫矛 **141917**
微花小黄管 **356126**
微花小爪漆 **253751**
微花肖水竹叶 **23565**
微花鸭舌癀舅 **370812**
微花鸭嘴花 **214631**
微花野豌豆 **408492**
微花隐萼豆 **113803**
微花芸苔 **59653**
微花猪毛菜 **344455**
微花猪屎豆 **112393**
微花紫薇 **219961**
微黄菊 **262146**
微黄菊属 **262145**
微棘豆 279107
微尖苞黄芩 **355351**
微尖黄芩 355351
微尖栲 **79032**
微金间型连翘 **167441**
微堇菜 **410241**,410105
微茎 229390
微晶楼梯草 **142780**
微孔草 **254366**
微孔草属 **254335**
微兰属 254192
微肋菊属 **167577**
微裂阿魏 **163678**
微裂鹿藿 **333420**
微裂麻疯树 **212200**
微裂蒲公英 **384673**
微裂茄 **367641**
微裂水苏 **373452**
微裂透骨草 **191426**
微裂透骨草属 **191425**
微裂玄参属 191425
微裂银莲花 **24069**
微鳞楼梯草 **142744**
微绿苎麻 **56241**
微脉冬青 **204371**
微芒菊 **180503**
微芒菊属 **180502**
微毛布荆 **411422**,411421
微毛布惊 411422
微毛糙苏 **295174**
微毛赪桐 **96121**
微毛刺核藤 **322549**
微毛丛林白珠 **172073**
微毛大沙叶 **286421**
微毛大叶冬青 **203962**
微毛吊灯花 **84182**
微毛丁癸草 **418351**
微毛杜鹃 331540
微毛短盖豆 **58772**
微毛短穗肉柊叶 **346868**
微毛鹅观草 **335471**
微毛反折柳穿鱼 **231097**
微毛芳香木 **38738**
微毛费利菊 **163264**
微毛伽蓝菜 **215237**
微毛果珍珠茅 354131,354141
微毛好望角九节 **319469**
微毛呵子 **386506**
微毛虎眼万年青 **274742**
微毛花欧石南 **149945**
微毛画眉草 **147919**
微毛茴芹 **299502**
微毛桧 **213932**
微毛基利海神菜 **265479**
微毛加永茜 **169621**
微毛假杜鹃 **48304**
微毛金莲木 **268243**
微毛金毛菀 **89900**
微毛筋骨草 **13084**
微毛可拉木 **99180**
微毛可利果 **96864**
微毛蓝花参 **412883**
微毛老鸦嘴 **390859**
微毛柃 **160490**
微毛楼梯草 **142743**
微毛芦荟 **17339**
微毛鹿藿 **333369**
微毛落苞菊 **209016**
微毛落苞菊属 **209015**
微毛毛柱南星 **379144**
微毛牡荆 **411416**
微毛佩迪木 **286949**
微毛披碱草 **144434**
微毛飘拂草 **166447**
微毛千里光 **359833**
微毛全毛兰 **197562**
微毛雀麦 **60999**
微毛忍冬 **235746**
微毛山矾 **381452**
微毛山梗菜 **234707**
微毛施韦肉柊叶 **346876**
微毛十字爵床 **111752**
微毛鼠鞭草 **199704**
微毛树葡萄 **120190**
微毛素馨 **211970**
微毛唐菖蒲 **176467**
微毛唐松草 **388549**
微毛天门冬 **38919**
微毛土密树 **60186**
微毛微花兰 **374713**
微毛纹蕊茜 **341360**
微毛瓮梗桉 **24609**
微毛无心菜 **32314**
微毛西风芹 **361467**
微毛希尔德木 **196213**
微毛仙人掌 **273024**
微毛香茶 **303603**
微毛小檗 **52263**
微毛小花欧石南 **149843**
微毛小盘木 **253422**
微毛小雀麦 **60579**
微毛血见愁 **388308**
微毛鸭嘴花 **214749**
微毛偃伏九节 **319782**
微毛野樱桃 83171
微毛叶肉柊叶 **346874**
微毛异色欧石南 **149357**
微毛异籽葫芦 **25673**
微毛隐萼豆 **113793**
微毛樱草杜鹃 **331540**
微毛樱桃 **83171**
微毛蝇子草 **364131**
微毛圆唇苣苔 **183319**
微毛越南山矾 **381151**
微毛早锦带花 **413623**
微毛珍珠茅 354131,354141
微毛栀子皮 210443
微毛掷爵床 **139867**
微毛胄爵床 **272702**
微毛爪哇唐松草 **388542**
微毛紫丹 **393264**
微囊菊 **329303**
微囊菊属 **329301**

微黏酢酱草 278151
微黏蒿 35270
微黏警惕豆 249744
微黏拟阿福花 39495
微黏欧石南 148972
微黏千里光 360319
微黏山柳菊 196087
微黏细毛欧石南 149556
微黏紫菀 41495
微泡毛子草 153235
微片菊 181756
微片菊属 181755
微萍 414653
微萍科 414678
微萍属 414649
微翘坡垒 198194
微缺爱地草 174361
微缺补血草 230616
微缺大地豆 199333
微缺冬瓜 50996
微缺盾形草 288823
微缺古柯 155077
微缺巨茴香芥 162825
微缺卷团 335827
微缺决明 78274
微缺卡迪豆 64938
微缺娄林果 335827
微缺鹿藿 333226
微缺罗林木 335827
微缺美登木 182687
微缺蒙松草 258114
微缺木蓝 205944
微缺诺罗木犀 266704
微缺偏管豆 301712
微缺日中花 220541
微缺三盾草 394966
微缺无带豆 8073
微缺无心菜 31867
微缺仙花 395801
微缺肖毛蕊花 80545
微缺新米尔蓼 264185
微缺亚麻圣诞果 88063
微缺野苋 18672
微缺朱缨花 66668
微缺猪屎豆 112112
微绒花小檗 52263
微绒毛独活 192383
微绒毛凤仙花 205388
微绒毛山柑 71895
微绒绣球 199891
微茸毛凤仙花 205388
微柔毛并头黄芩 355739
微柔毛春桃玉 131312
微柔毛花椒 417300
微柔毛棘豆 279102
微弱星苔草 76229
微舌黄竹仔 47340
微舌菊 163020
微舌菊属 163019
微酸欧文楝 277638
微酸秋海棠 49593
微酸蛇葡萄 20283
微穗莨草 36672
微挺重寄生 293195
微头花楼梯草 142741
微凸大戟 159403
微凸飞蓬 150792
微凸海神木 315891
微凸拉拉藤 170505
微凸密钟木 192654
微凸舒曼厚柱头木 279848
微凸香芸木 10668
微凸枸子 107622
微凸银须草 12834
微秃耳稃草 171495
微托叶法蒺藜 162287
微弯菊 400745
微弯菊属 400744
微纹生石花 233524
微纹玉 233524
微无心菜 32075
微西澳兰 118230
微细畦畔飘拂草 166500
微腺亮泽兰属 272388
微腺修泽兰 101766
微腺修泽兰属 101765
微香冬青 204287
微小阿冯苋 45781
微小白鹤灵芝 329470
微小白酒草 103575
微小百金花 81515
微小百簕花 55405
微小百脉根 237636
微小棒毛萼 400791
微小苞萼玄参 111661
微小报春 314646,314650
微小荸荠 143216
微小鼻花 329543
微小叉鳞瑞香 129542
微小车前 302152
微小赪桐 96292
微小齿缘玉 269121
微小翅鹤虱 225095
微小臭草 249044
微小触须兰 261830
微小刺葵 295478
微小刺头菊 108343
微小刺子莞 333666
微小酢浆草 277968
微小大地豆 199356
微小大戟 159532
微小大麦 198344
微小单花景天 257083
微小灯心草 213504
微小吊兰 88613
微小顶冰花 169479
微小毒马草 362860
微小多穗兰 310511
微小二裂委陵菜 312421
微小法鲁龙胆 162796
微小番樱桃 156341
微小繁缕 375043
微小芳香木 38534
微小飞蓬 150807
微小非洲紫罗兰 342513
微小狒狒花 46083
微小风兰 25016
微小风铃草 69924
微小凤尾葵 139408
微小浮萍 224378
微小附属物兰 315618
微小附药蓬 266434
微小复苏草 275314
微小格雷野牡丹 180422
微小沟繁缕 142572
微小谷木 250019
微小海神菜 265490
微小海神木 315888
微小黑草 61847
微小黑钩叶 22266
微小黑果菊 44037
微小黑塞石蒜 193567
微小红光树 216860
微小红蕾花 416983
微小胡萝卜 123211
微小还阳参 110970
微小黄管 356125
微小黄眼草 416136
微小灰毛豆 386270
微小灰毛菊 31271
微小鸡脚参 275724
微小鸡头薯 153021
微小豇豆 409020
微小胶草 181159
微小胶菀 181159
微小金果椰 139383
微小九节 319691
微小聚花草 167036
微小卷瓣兰 62989
微小卷舌菊 380974
微小拉拉藤 170486
微小莱德苔草 223865
微小蓝花参 412757
微小蓝蓟 141192
微小蓝星花 33689
微小狼尾草 289126
微小立金花 218897
微小良盖萝藦 161008
微小琉璃繁缕 21394
微小芦荟 17331
微小罗顿豆 237367
微小马利筋 38079
微小芒柄花 271450
微小毛瑞香 219014
微小毛叶芳香木 38532
微小毛子草 153266
微小虻眼草 136222
微小米努草 255561
微小密花双盛豆 20760
微小密毛紫绒草 222458
微小密钟木 192650
微小木槿 195129
微小穆拉远志 260016
微小纳丽花 265291
微小南非禾 290019
微小南非仙茅 371701
微小南星 33414
微小囊鳞莎草 38242
微小拟风兰 24680
微小拟辛酸木 138029
微小鸟足兰 347885
微小牛舌草 21974
微小潘树 280837
微小瓶头草 219901
微小婆罗门参 394335
微小婆婆纳 407231
微小千里光 359493
微小茄 239693
微小青锁龙 109163
微小秋海棠 50083
微小秋水仙 99339
微小球柱草 63330
微小肉锥花 102392
微小三尖草 395026
微小三雄仙茅 285993
微小三指兰 396655
微小莎草 119215,119422
微小山梗菜 234466
微小山芫荽 107811
微小蛇舌草 269957
微小石豆兰 62916
微小手玄参 244850
微小兽花鸢尾 389486
微小瘦鳞帚灯草 209450
微小黍 282147
微小鼠尾粟 372771
微小双袋兰 134345
微小双距兰 133959
微小双曲蓼 54807
微小双药芒 127495
微小水玉簪 63994
微小粟米草 256715
微小随氏路边青 363067
微小碎米荠 72900
微小唐菖蒲 176481
微小糖芥 154466
微小天蓝苔草 74086
微小天竺葵 288367

微小葶苈 **137035**
微小托叶堇菜 **409775**
微小万寿菊 **383105**
微小微花蔷薇 **29029**
微小文殊兰 **111229**
微小无鳞草 **14432**
微小伍尔秋水仙 **414893**
微小勿忘草 **260851**
微小喜阳花 **190420**
微小细莞 **210037**
微小香芸木 **10663**
微小小金梅草 **202948**
微小肖地中海发草 **256595**
微小肖水竹叶 **23596**
微小绣球防风 **227647**
微小须芒草 **22932**
微小鸭嘴花 **214629**
微小崖角藤 **329014**
微小叶黄耆 **42727**
微小叶拟洋椿 **80055**
微小一枝黄花 **368237**
微小异果苣 **193797**
微小鹰嘴豆 **90822**
微小硬皮鸢尾 **172640**
微小永菊 **43876**
微小油杉寄生 **30911**
微小圆币草 **367767**
微小远志 **308193**
微小藻百年 **161526**
微小皱稃草 **141770**
微小猪屎豆 **112591**
微小紫波 **28509**
微笑杜鹃 **330901**
微心杜鹃 **330150**
微心毛柃 160454
微心叶毛柃 **160607**
微星毛鸭母树 350747
微形草 **226608**
微形草科 **226606**
微形草属 **226607**
微形龙胆 **173637**
微型扶芳藤 **157486**
微序楼梯草 **142741**
微药花属 **141902**
微药假龙爪茅 5871
微药剪股颖 **12199**,12201
微药碱茅 **321337**
微药金茅 **156473**
微药羊茅 **164106**
微药野青茅 **127280**
微药獐毛 8874
微药獐茅 **8874**
微叶番樱桃 **156199**
微叶狗肝菜 **129294**
微叶虎耳草 **349996**
微叶蓼 **309411**
微叶罗汉松 306425
微叶欧石南 **149762**
微叶鸭嘴花 **214632**
微叶猪毛菜 **344632**
微叶紫波 **28491**
微翼枝小檗 51683
微硬毛梗小檗 51725
微硬毛建草 **137642**
微硬毛秋海棠 **49924**
微硬毛鼠尾草 **344931**
微硬毛苔 74806
微硬毛苔草 **74806**
微硬毛小檗 **51725**
微圆齿卷瓣兰 **63110**
微展赛菊芋 **190507**
微皱乌冈栎 **324285**
微柱麻 **85107**
微柱麻属 **85106**
微籽 **46966**,46968
微籽龙胆 **173388**
微籽属 46962
微子葶菜 336187
微子金腰 **90412**
微子菊 **253969**
微子菊属 **253967**
微紫草 **269582**
微紫草属 **269580**
薇 408407,408423,408571
薇菜 408407,408571
薇草 117385,117734
薇甘菊 254443
薇甘菊属 254414
薇拉胡卢巴 **397292**
薇山扁豆 408407
薇芜 229309
薇早熟禾 **306130**
巍山黄芩 **355847**
巍山茴芹 **299578**
巍山香科 388144
巍山香科科 **388144**
为鲁居 295888
韦比氏委陵菜 **313113**
韦伯鲍尔鸡蛋茄 **344376**
韦伯鲍尔小檗 **52362**
韦伯多鳞木 **309989**
韦伯风毛菊 **348933**
韦伯芥 **413468**
韦伯芥属 **413467**
韦伯龙舌兰 **10945**
韦伯木麒麟 **290716**
韦伯群戟柱 **224340**
韦伯氏蔷薇 337012
韦伯世纪龙舌兰 **10960**
韦伯斯特千里光 **359580**
韦伯西菊 **405936**
韦伯西菊属 405911
韦伯玉凤花 **184200**
韦伯掌 413475
韦伯掌属 413472
韦伯柱 **413475**
韦伯柱属 **413472**
韦布糙缨苣 **392698**
韦布车前 **302211**
韦布齿菊木 **86656**
韦布瓜叶菊 **290832**
韦布苦苣菜 **368849**
韦布蓝蓟 **141349**
韦布蓝盆花 **350285**
韦布芦竹 **37511**
韦布毛托菊 **23472**
韦布米努草 **255607**
韦布木茼蒿 **32597**
韦布窃衣 **393008**
韦布矢车菊 **81458**
韦布夏枯草 **316159**
韦布邪蒿 **361602**
韦布雅致基氏婆婆纳 **216268**
韦布羽裂毛托菊 **23460**
韦布远志 **308459**
韦布猪毛菜 **344776**
韦达百合 **230024**
韦达尔旋花 **103382**
韦大戟 **413918**
韦大戟属 **413917**
韦德尔川苔草 **413487**
韦德尔川苔草属 **413486**
韦德尔全叶獐耳细辛 **71600**
韦德尔小檗 **52363**
韦德尔棕 **253348**
韦德尔棕属 **253347**
韦德曼芥 **413887**
韦德曼芥属 **413886**
韦德苏铁 **115918**
韦德猪毛菜 **344775**
韦厄黍 **282386**
韦尔安龙花 **139504**
韦尔澳非萝藦 **326789**
韦尔白粉藤 **93037**
韦尔白花菜 **57449**
韦尔白酒草 **103649**
韦尔白瑟木 **46670**
韦尔百簕花 **55451**
韦尔百蕊草 **389918**
韦尔斑鸠菊 **406937**
韦尔半边莲 **234875**
韦尔半轭草 **191817**
韦尔伴帕爵床 **60319**
韦尔棒叶金莲木 **328431**
韦尔苞茅 **201586**
韦尔苞叶兰 **58409**
韦尔贝克菊 **52801**
韦尔荸荠 **143413**
韦尔扁爵床 **292237**
韦尔薄花兰 **127990**
韦尔赪桐 **96441**
韦尔尺冠萝藦 **374166**
韦尔茨藻 **262114**
韦尔刺橘 **405558**
韦尔刺蒴麻 **399350**
韦尔大地豆 **199372**
韦尔单列木 **257977**
韦尔德暗罗 **307533**
韦尔德百脉根 **237786**
韦尔德伴孔旋花 **252527**
韦尔德耳梗茜 **277191**
韦尔德二毛药 **128470**
韦尔德法道格茜 **162016**
韦尔德番薯 **208281**
韦尔德黄栀子 **337497**
韦尔德九节 **319892**
韦尔德鹿藿 **333446**
韦尔德三萼木 **395357**
韦尔德乌口树 **385043**
韦尔德肖赪桐 **337464**
韦尔德旋花 **103380**
韦尔德盐肤木 **332967**
韦尔德鱼黄草 **250856**
韦尔德猪屎豆 **112791**
韦尔德爪哇大豆 **264240**
韦尔登车前 **302212**
韦尔登番红花 **111504**
韦尔迪澳非萝藦 **326785**
韦尔迪假杜鹃 **48384**
韦尔迪克绵枣儿 **353098**
韦尔迪毛囊草 **298024**
韦尔迪双距兰 **133982**
韦尔迪玉凤花 **184183**
韦尔地胆草 **143476**
韦尔吊灯花 **84171**
韦尔短冠草 **369212**
韦尔短丝花 **221472**
韦尔多肋菊 **304467**
韦尔法道格茜 **162018**
韦尔番薯 **208297**
韦尔番樱桃 **156391**
韦尔费利菊 **163293**
韦尔芙兰草 **168905**
韦尔富斯草 **168803**
韦尔伽蓝菜 **215290**
韦尔格尼瑞香 **178731**
韦尔狗肝菜 **129337**
韦尔谷精草 **151541**
韦尔海神木 **315995**
韦尔合瓣花 **381853**
韦尔合欢 **13696**
韦尔黑草 **61882**
韦尔黑蒴 **14357**
韦尔红果大戟 **154861**
韦尔琥珀树 **27916**
韦尔画眉草 **148048**
韦尔黄眼草 **416180**
韦尔灰毛豆 **386352**

韦尔鸡头薯 153088
韦尔脊被苋 281220
韦尔假杜鹃 48393
韦尔节节菜 337406
韦尔芥 413185
韦尔芥属 413184
韦尔金合欢 1702
韦尔九节 319908
韦尔空船兰 9189
韦尔苦瓜 256896
韦尔蓝花参 412923
韦尔老鸦嘴 390895
韦尔狸藻 403402
韦尔裂舌萝藦 351696
韦尔裂叶番杏 86152
韦尔瘤萼寄生 270961
韦尔楼梯草 142892
韦尔鹿藿 333301
韦尔萝藦 404166
韦尔萝藦属 404165
韦尔曼白粉藤 93036
韦尔曼鹿藿 333458
韦尔曼三角车 334711
韦尔曼盐肤木 332964
韦尔毛囊草 298025
韦尔美登木 246954
韦尔美冠兰 157098
韦尔蒙森牡荆 411484
韦尔蒙森脐果山榄 270667
韦尔蒙森柿 132458
韦尔蒙森五层龙 342756
韦尔蒙森血桐 240334
韦尔蒙森鸭跖草 101191
韦尔蒙森崖豆藤 254659
韦尔绵枣儿 353112
韦尔默朗杜茎大戟 241892
韦尔母草 231597
韦尔木 413716
韦尔木菊 129468
韦尔木蓝 206736
韦尔木属 413715
韦尔木犀榄 270074
韦尔奈风轮菜 97058
韦尔尼白前 409557
韦尔鸟足兰 347939
韦尔奇佛州四照花 105032
韦尔枪木 139238
韦尔鞘蕊花 99743
韦尔茄 367742
韦尔曲花 120611
韦尔肉珊瑚 347035
韦尔塞拉玄参 357718
韦尔三萼木 395362
韦尔三角车 334708
韦尔珊瑚果 103932
韦尔圣诞果 88055
韦尔十万错 43677
韦尔鼠尾粟 372886
韦尔栓果菊 222997
韦尔双距兰 133987
韦尔水车前 277415
韦尔蒴莲 7324
韦尔素馨 212057
韦尔唐菖蒲 176639
韦尔糖蜜草 249344
韦尔铁线莲 95453
韦尔文殊兰 111276
韦尔西非丝藤 382431
韦尔香茶 303763
韦尔肖蝴蝶草 110694
韦尔肖木蓝 253256
韦尔肖水竹叶 23654
韦尔肖鸢尾 258703
韦尔绣球防风 227735
韦尔旋覆花 207261
韦尔羊耳蒜 232366
韦尔羊角拗 378469
韦尔叶下珠 296814
韦尔异被风信子 132592
韦尔异荣耀木 134747
韦尔玉凤花 184201
韦尔云实 65081
韦尔獐牙菜 380409
韦尔鹧鸪花 395555
韦尔珍珠茅 354276
韦尔直玄参 29953
韦尔猪毛菜 344757
韦尔紫瓣花 400094
韦尔紫玉盘 403600
韦嘉夫桐属 407520
韦坚草 412510
韦坚草属 412509
韦坚龙胆 174061
韦坚斯基亮毛菊 9770
韦坚斯基婆罗门参 394359
韦管 389314
韦克杜楝 400617
韦克菲尔德斑鸠菊 406935
韦克菲尔德大戟 160073
韦克菲尔德内蕊草 145447
韦克菲尔德秋海棠 50397
韦克菲尔德曲花 120595
韦克菲尔德榕 165859
韦克锦葵 413881
韦克锦葵属 413880
韦莱奥佐漆 279337
韦莱老鼠簕 2714
韦莱诺夫斯基蓝盆花 350284
韦莱茄 367699
韦莱日中花 220704
韦勒百脉根 237785
韦勒姜味草 253735
韦勒柳穿鱼 231192
韦勒乌头 5686
韦里奇蓟 92492
韦列西伯利亚看麦娘 230221
韦卢拂子茅 65523
韦略列当 405319
韦略列当属 405318
韦伦木蓝 205937
韦伦斯巴豆 113056
韦伦斯蓼 309965
韦伦斯牡荆 411492
韦伦斯肖九节 402074
韦伦斯崖豆藤 254881
韦罗滨藜 44584
韦罗草海桐 407513
韦罗草海桐属 407512
韦罗短片帚灯草 142999
韦洛秋海棠 50389
韦纳契翠雀花 124686
韦纳契蓟 91942
韦尼格三光球 140286
韦奇伍德剑叶鸢尾 208950
韦塞尔芥 407542
韦塞尔芥属 407541
韦瑟里尔野荞麦 152661
韦瑟斯比慈姑 342340
韦什葱 15867
韦氏阿开木 55599
韦氏鼻烟盒树 270936
韦氏蝉翼藤 356374
韦氏尺冠萝藦 374165
韦氏刺头菊 108443
韦氏大风子 199758
韦氏大枫子 199758
韦氏杜茎山 241849
韦氏杜鹃 331280
韦氏多榔菊 136337
韦氏恩科木 270936
韦氏风毛菊 348929
韦氏凤梨 414639
韦氏凤梨属 414636
韦氏厚皮树 221215
韦氏槲果 46774
韦氏环裂豆 116283
韦氏戟叶柳 343468
韦氏假香芥 317566
韦氏见血封喉 28251
韦氏姣丽球 400463
韦氏金山葵 380561
韦氏利兰 232695
韦氏裂药防己 86138
韦氏露兜树 281172
韦氏牡荆 411493
韦氏木犀榄 270176
韦氏拟芸香 185689
韦氏坡垒 198198
韦氏歧缬草 404483
韦氏三芒草 33897
韦氏莎草 413483
韦氏莎草属 413482
韦氏水蜈蚣 218652
韦氏酸藤子 144825
韦氏唐菖蒲 176153
韦氏蝟菊 270249
韦氏莴苣 219614
韦氏勿忘草 260917
韦氏显柱苋 245125
韦氏香蒲 401139
韦氏小芜萍 414691
韦氏星苹果 90103
韦氏燕麦 45621
韦氏叶下珠 296806
韦氏鸢尾 208936
韦氏远志 308460
韦氏猪屎豆 112809
韦斯顿野荞麦 152331
韦斯菊属 414924
韦斯塞里德阿魏 163741
韦斯塞里德酸模 340013
韦斯特费利菊 163294
韦斯特瘦片菊 182088
韦斯特远志 308463
韦特斯坦小檗 52367
韦廷棕 413925
韦廷棕属 413924
韦驮花 200713
韦韦苗科 412044
韦韦苗属 412036
围包草 291138
围花盘树科 290895
围夹草 260090
围盘树 290897
围盘树科 290895
围盘树属 290896
围裙花 262312
围裙花科 262326
围裙花属 262303
围裙水仙 262361
围绕白芷 24318
围绕百里香 391151
围绕蜡菊 189685
围绕南非萝藦 323498
围绕拟劳德草 237851
围绕欧石南 149204
围绕飘拂草 166258
围绕黍 281467
围绕肖皱籽草 250930
围绕舟叶花 340606
围涎树 301128,301147
围涎树属 301117
围柱兰属 145286
桅花素馨 211887
惟丽杜鹃 332110
惟那木 403738
惟我独尊圆锥绣球 200049
维奥石头花 183268

维堡豆属 **414021**
维堡罗顿豆 **237458**
维茨蓝小蓝刺头 140777
维茨蓝硬叶蓝刺头 **140777**
维茨山楂叶槭 2913
维茨新西兰朱蕉 **104343**
维茨绣球 **199983**
维达尔风铃草 **70362**
维达尔红光树 **216910**
维达尔花葵 **223400**
维达尔马络葵 **243495**
维达茜 **408743**
维达茜属 **408740**
维德萝藦 **414071**
维德萝藦属 **414070**
维德曼春黄菊 **26906**
维德曼蛇舌草 **270040**
维登早熟禾 **306129**
维多利亚岑 155719
维多利亚多穗兰 **310639**
维多利亚钩藤 **401740**
维多利亚光萼荷 **8597**
维多利亚灰毛豆 **386206**
维多利亚锦带花 **413601**
维多利亚女王兜兰 **282913**
维多利亚女王石斛 **125407**
维多利亚山芎 **101840**
维多利亚碎米荠 **73033**
维多利亚一串蓝 **345025**
维多利亚舟叶花 **340971**
维尔德斑鸠菊 **406128**
维尔德大戟 **160086**
维尔德单花景天 **257091**
维尔德伽蓝菜 **215291**
维尔德谷精草 **151544**
维尔德黑草 **61883**
维尔德苦苣菜 **368854**
维尔德琉璃草 **118037**
维尔德鹿藿 **333459**
维尔德木蓝 **206741**
维尔德欧石南 **150270**
维尔德绒萼木 **64450**
维尔德三芒草 **34082**
维尔德珊瑚果 **103933**
维尔德沃内野牡丹 **413230**
维尔德锡生藤 **92566**
维尔德异荣耀木 **134749**
维尔独活 **192398**
维尔吉亚恩氏菊 **145202**
维尔吉亚延龄草 397598
维尔吉亚盐角草 342900
维尔考姆车轴草 **397010**
维尔考姆毛连菜 **298646**
维尔克斯秋海棠 **50408**
维尔罗马风信子 **50779**
维尔曼大戟 **160088**
维尔曼露子花 **123993**
维尔曼沃森花 **413421**
维尔莫林金露梅 **312592**
维尔莫林小檗 **52311**
维尔莫特春桃玉 **131316**
维尔姆斯杯柱玄参 **110202**
维尔姆斯贝克菊 **52794**
维尔姆斯格尼瑞香 **178732**
维尔姆斯光柱苋 **218675**
维尔姆斯过江藤 **232538**
维尔姆斯假杜鹃 **48395**
维尔姆斯金丝桃 **202219**
维尔姆斯警惕豆 **249745**
维尔姆斯苦苣菜 **368855**
维尔姆斯蜡菊 **189897**
维尔姆斯罗顿豆 **237462**
维尔姆斯美非补骨脂 **276998**
维尔姆斯母草 **231599**
维尔姆斯牡荆 **411385**
维尔姆斯南非草 **25815**
维尔姆斯前胡 **293075**
维尔姆斯莎草 **119760**
维尔姆斯树葡萄 **120263**
维尔姆斯蒴莲 **7327**
维尔姆斯四数玄参 **387715**
维尔姆斯铁苋菜 **2020**
维尔姆斯沃森花 **413422**
维尔姆斯旋果花 **377840**
维尔姆斯盐肤木 **332968**
维尔姆斯银豆 **32934**
维尔姆斯远志 **308464**
维尔纳拂子茅 **65521**
维尔纳虎耳草 **350039**
维尔纳绵枣儿 **353113**
维尔纳生石花 **233686**
维尔纳香科 **388312**
维尔切克澳非萝藦 **326790**
维尔切克百蕊草 **389922**
维尔切克景天 **357298**
维尔切克琼楠 **50628**
维尔切克山柑 **334843**
维尔切克糖芥 **154564**
维尔切克猪屎豆 **112810**
维尔沙费尔特小檗 **52309**
维尔沃斯木瓣树 **415828**
维夫棕属 413722
维弗利春石南 **149170**
维甘木属 414092
维格尔禾 409191
维格尔禾属 409190
维格菊属 409147
维格肉锥花 **102664**
维基尼鸢尾 208932
维基耶白酒草 **103642**
维基耶大戟 **160052**
维基耶番樱桃 **156392**
维基耶风兰 **25108**
维基耶格雷野牡丹 **180455**
维基耶黄檀 **121853**
维基耶灰毛豆 **386356**
维基耶金合欢 **1692**
维基耶蜡菊 **189892**
维基耶芦荟 **17398**
维基耶马岛寄生 **46701**
维基耶囊颖草 **341999**
维基耶欧石南 **150235**
维基耶枪刀药 **202643**
维基耶石豆兰 **63174**
维基耶柿 **132462**
维基耶酸脚杆 **247637**
维基耶瓦莲 **337319**
维基耶异决明 **360496**
维基耶鱼骨木 **71529**
维吉豆属 **409173**
维吉豆状鲍迪豆 57970
维吉尔豆 **410873**
维吉尔豆属 410869
维吉禾 **409191**
维吉禾属 **409190**
维吉尼亚滨紫草 250914
维吉尼亚地笋 **239248**
维吉尼亚堆心菊 188442
维吉尼亚胡枝子 227012
维吉尼亚蓟 92476
维吉尼亚六柱兜铃 194591
维吉尼亚龙胆 **48592**
维吉尼亚蔷薇 337007
维吉尼亚雀麦 60867
维吉尼亚松 300296
维吉尼亚铁苋菜 2008
维吉尼亚铁线莲 **94844**
维吉尼亚鸢尾 208932
维忌加里亚 171556
维加点地梅 **23325**
维加利沙穗 **148516**
维加木 **405249**
维加木属 **405248**
维康草 414095
维康草属 414092
维克斯堡悬钩子 **339440**
维克托·莱蒙尼欧丁香 **382365**
维克托兰龙胆 **174057**
维克托月见草 **269521**
维拉尔玫瑰树 **268362**
维拉尔睡菜属 **409279**
维拉雷乐母丽 **336081**
维拉马先蒿 **287795**
维拉木 **409256**
维拉木属 **409251**
维莱齿舌叶 **377369**
维莱尔斯番樱桃 **156393**
维莱尔斯含羞草 **255135**
维莱尔斯矢车鸡菊花 **81561**
维莱特梳状萝藦 **286864**
维兰德大戟 **414080**
维兰德大戟属 **414079**
维勒茜 **409270**
维勒茜属 **409266**
维力棘豆 **279233**
维利尔斯丁克兰 **131268**
维利尔斯蝴蝶玉 **148610**
维利尔斯日中花 **220718**
维利尔斯五层龙 **342747**
维列纳核果木 **138711**
维列纳红柱树 **78708**
维列纳木槿 **195340**
维林比拉白蒂罗花 **385742**
维林比拉白极美泰洛帕 385742
维林图柏属 414058
维罗尼亚椰属 405251
维洛莫尔裂叶番杏 **86153**
维玛木属 413682
维米苦拉棘豆 **279234**
维默桔梗属 **414439**
维默卫矛属 **414452**
维姆山柳菊 **196095**
维纳斯异檐花 **397757**
维尼菊 **409580**
维尼菊属 **409579**
维涅澳非萝藦 **326786**
维涅伯纳旋花 **56869**
维涅大戟 **181316**
维涅仿花苏木 **27776**
维涅裂花桑寄生 **295872**
维涅破布木 **104269**
维涅柿 **132461**
维涅乌口树 **385044**
维涅肖翅子藤 **196609**
维诺绵枣儿 **353114**
维诺鸢尾 **208943**
维奇安祖花 28138
维奇白珠 **172171**
维奇报春花 315080
维奇长蒴苣苔 129951
维奇赤竹 347324
维奇冬青 **204167**
维奇杜鹃 **332052**
维奇加里亚 171556
维奇荚蒾 **408210**
维奇假五加 135083
维奇卡尔亚木 171556
维奇孔雀木 **135083**
维奇露兜树 **281139**
维奇爬山虎 **285159**
维奇秋海棠 **50388**,50251
维奇沙参 **7879**
维奇山楂叶槭 **2913**
维奇氏美洲茶 **79977**
维奇丝穗木 **171556**
维奇虾脊兰 **66110**
维奇肖竹芋 **66211**
维奇茵芋 **365947**

维奇栀子 **171259**
维奇猪笼草 **264857**
维琪杜鹃 **332061**
维契棕 405258
维契棕属 405253
维塞球百合 **62468**
维赛木 **407571**
维赛木属 **407570**
维瑟簇花 **120892**
维瑟福雷铃木 **168276**
维舍野荞麦 **152658**
维氏柏 **414059**
维氏柏属 **414058**
维氏苞舌兰 **370404**
维氏报春 315080
维氏带菊 370120
维氏缝籽木 **172713**
维氏骨冠斑鸠菊 **370120**
维氏桄榔 **32349**
维氏海芋 **16531**
维氏花烛 **28138**
维氏龙舌兰 **10956**
维氏楼斗菜 **30080**
维氏马先蒿 **287813**
维氏披碱草 **144541**
维氏蔷薇 **337015**
维氏秋水仙 **99354**
维氏染料木 **173128**
维氏山龙眼属 **410930**
维氏珊瑚兰 **104023**
维氏肖竹芋 66211
维氏眼天 **272543**
维斯花属 **411155**
维斯木属 **411140**
维斯欧薄荷 **250392**
维斯山柑 **414518**
维斯山柑属 **414517**
维斯塔袖珍椰子 **85439**
维斯特灵属 413911
维斯特木 **407573**
维斯特木属 **407572**
维斯特燕麦 **45393**
维斯舟蕊秋水仙 **22395**
维他金英 243526
维塔丁尼亚属 412022
维太菊属 412022
维特百蕊草 **389923**
维特贝格芳香木 **38872**
维特贝格尖腺芸香 **4848**
维特臂形草 **58209**
维特伯格菲利木 **296346**
维特伯格欧石南 **150273**
维特伯格泡叶番杏 **138258**
维特伯格千里光 **360348**
维特伯格十二卷 **186845**
维特伯格瘦鳞帚灯草 **209466**
维特伯格远志 **308466**
维特伯格针垫花 **228119**
维特大地豆 **199375**
维特大戟 **160091**
维特丹氏梧桐 **136033**
维特非洲豆蔻 **9951**
维特凤仙花 **204832**
维特狗肝菜 **129338**
维特黄花木棉 98117
维特决明 **78524**
维特宽肋瘦片菊 **57673**
维特蜡菊 **189899**
维特兰属 **411169**
维特蓝花参 **412924**
维特马岛翼蓼 **278427**
维特曼柴胡 **63869**
维特茜 **414633**
维特茜属 **414632**
维特鞘蕊花 **99744**
维特莎草 **119762**
维特山柑 **334844**
维特山蚂蝗 **126673**
维特驼曲草 **119839**
维特弯籽木 **98117**
维特肖鸢尾 **258704**
维特旋果花 **377841**
维特叶下珠 **296817**
维特异荣耀木 **134623**
维特远志 **308467**
维提布利木 55214
维提橘 **93865**
维图木蓝 **206745**
维维安假狼紫草 **266631**
维维安荆芥 **265104**
维维安麦瓶草 **364188**
维维帕切苏格兰欧石南 **149239**
维西贝母兰 **98757**
维西槽舌兰 **197273**
维西长柄槭 **3123**
维西长叶柳 **343882**
维西纯红杜鹃 **331867**
维西冬青 204395
维西多刺小檗 51533
维西鹅耳枥 77350
维西尔美国花柏 85300
维西风毛菊 **348809**
维西凤仙花 **205446**
维西虎耳草 **349501**
维西花楸 **369465**
维西黄堇 **106600**
维西黄芪 43240
维西黄耆 **43240**
维西堇菜 **410760**,409714
维西柳 **344269**
维西芦荟 **17397**
维西马先蒿 **287827**,287308
维西美 405358
维西美属 405356
维西蔷薇 **337013**
维西溲疏 **127016**
维西碎米荠 **73041**
维西乌头 **5687**
维西无心菜 32312
维西显叶柳 343882
维西香茶菜 **209866**
维西小檗 **52365**,52355
维西栒子 107722
维西银莲花 **23964**
维西缘毛杨 **311279**
维西榛 **106784**
维西钻地风 **351785**
维希安驴臭草 **271843**
维州稠李 316918
维州腹水草 407507
维州流苏树 87736
维州木兰 242341
维州钮扣草 131361
维州松 **300296**
维州铁木 276818
鮠木属 298703
伟宝球 **327274**
伟宝丸 327274
伟刺仙人球 163451
伟凤龙 **140845**
伟冠龙 **163463**
伟冠柱 **57408**
伟兰氏山柳菊 **196073**
伟壮玉 **163422**
伪八角枫 13347
伪菝葜 185760
伪苞亮丝草 **11358**
伪槟榔青 **266982**
伪槟榔青属 **266981**
伪粉枝柳 **344028**
伪果藤属 135710
伪蒿柳 **344071**
伪黄杨木 105023
伪苦苣苔属 120501
伪毛荠宁 **275537**
伪木荔枝 172885
伪木荔枝属 172881
伪泥胡菜 **361023**,358607
伪矢车菊 **81028**
伪铁杆草属 317192
伪藓状景天 356965
伪香豆 **393043**
伪香豆属 **393041**
伪形高山紫菀 **40021**
伪叶秋海棠 **50200**
伪叶竹柏科 296953
伪茵陈 35119,35128
伪针茅 **318196**,318202
伪针茅属 **318193**
尾瓣粉昼花 **262144**
尾瓣舌唇兰 **302404**
尾瓣水牛角 **72431**
尾瓣肖宾树 **283243**
尾苞南星属 **402656**
尾苞紫云菜 **378193**
尾齿糙苏 **295223**
尾唇斑叶兰 179620
尾唇根节兰 **65902**,65881
尾唇兰 **402492**
尾唇兰属 **402490**
尾唇羊耳蒜 **232206**,232322
尾独活 24393
尾盾草 **212528**
尾盾草属 **212526**
尾萼风车子 **100383**
尾萼光萼荷 **8552**
尾萼卷瓣兰 **62626**
尾萼卷唇兰 62626
尾萼开口箭 **70626**
尾萼兰属 246101
尾萼蔷薇 336471
尾萼山梅花 **294423**
尾萼无叶兰 **29214**
尾萼细辛 **37582**
尾萼紫堇 **106582**
尾稃臂形草 **58196**
尾稃草 **402553**
尾稃草属 **402497**
尾隔堇 **20722**
尾隔堇属 **20719**
尾冠萝藦 **402678**
尾冠萝藦属 **402677**
尾果锦葵属 **402484**
尾蒿 **35315**
尾花兰属 **402668**
尾花细辛 **37585**
尾棘豆 **278774**
尾脊草 239594
尾假叶柄草 **86190**
尾尖风毛菊 **348762**
尾尖合耳菊 **381919**
尾尖茴芹 **299380**
尾尖假卫矛 254287
尾尖链珠藤 **18498**
尾尖马褂兰 295878
尾尖毛喉龙胆 **173438**
尾尖爬藤榕 165626
尾尖石仙桃 **295534**
尾尖铁线莲 **94808**,94695
尾尖拖鞋兰 **295878**
尾尖尾药菊 381919
尾尖叶黄瑞木 **8212**
尾尖叶柃 160406
尾尖叶绣线梅 263164
尾尖叶中华绣线梅 263164
尾尖异株荨麻 **402888**
尾酒草 **317578**
尾酒草属 **317575**

尾濑萍蓬草 **267322**
尾濑鱼鳞云杉 **298313**
鲔兰 **391405**
鲔兰属 **391404**
尾裂翠雀花 **124112**
尾裂玉叶金花 **260392**
尾鳞菊 **402579**
尾鳞菊属 **402578**
尾铃山杜鹃 **331417**
尾瘤果堇 **275491**
尾龙胆 **402577**
尾龙胆属 **402576**
尾萝卜 **326621**
尾毛菊 **402587**
尾毛菊属 **402584**
尾囊草 **402652**
尾囊草属 **402651**
尾囊果 402652
尾婆婆纳 **402655**
尾婆婆纳属 **402654**
尾萿草 **217435**
尾芩 355387
尾琼楠 **50483**
尾球木 **402477**
尾球木属 **402471**
尾参 308613,308616
尾丝钻柱兰 **288599**
尾穗鹅掌柴 **350798**
尾穗默顿苔草 **75343**
尾穗嵩草 **217139**
尾穗苔草 **74072**
尾穗苋 **18687**
尾头小赤竹 **347341**
尾藤 4304
尾香木 **402582**
尾香木属 **402581**
尾小籽风信子 **143762**
尾药斑鸠菊 **246426**
尾药斑鸠菊属 **246425**
尾药长被片风信子 **138001**
尾药大戟 **402103**
尾药大戟属 **402099**
尾药菊属 381918
尾药萝藦属 **79686**
尾药木 **375379**
尾药木科 **375371**
尾药木属 **375372**
尾药千里光属 381918
尾药瘦片菊属 **273251**
尾药菀斑鸠菊 **406716**
尾药菀属 **315181**
尾药紫绒草 **238086**
尾药紫绒草属 **238085**
尾叶阿迈茜 **18553**
尾叶桉 **155771**
尾叶巴豆 **112856**
尾叶白珠 **172080**
尾叶白珠树 172080
尾叶梣 **167935**,168116
尾叶槌果藤 71916
尾叶刺桑 **377546**
尾叶粗叶木 **222300**
尾叶大沙叶 **286535**
尾叶冬青 **204401**,204088
尾叶杜鹃 **332041**
尾叶鹅掌柴 **350768**
尾叶耳草 **187540**
尾叶发汗藤 95401
尾叶法拉茜 **162609**
尾叶风毛菊 **348191**
尾叶沟果茜 **18608**
尾叶桂花 **276272**
尾叶黑钩叶 226328
尾叶黑面叶 60080
尾叶红淡 8221
尾叶花楸 **369527**
尾叶槐 **368975**
尾叶环毛菊 **290866**
尾叶黄堇菜 410708
尾叶黄芩 **355402**
尾叶灰木 381423
尾叶茴芹 299380
尾叶鸡桑 **259117**,259099
尾叶几内亚蒲桃 **382560**
尾叶假耳草 262970
尾叶柯 **233136**
尾叶离根无患子 **29740**
尾叶李榄 87710
尾叶梁王茶 **266917**,266922
尾叶柃 160406
尾叶马槟榔 71916
尾叶马蓝 **320138**
尾叶马利筋 **38153**
尾叶马尼尔豆 **244615**
尾叶马钱 378948
尾叶芒毛苣苔 **9481**
尾叶猫乳 **328546**
尾叶蒙桑 **259172**
尾叶密花素馨 **211781**
尾叶木 94539
尾叶木蓝 **205784**
尾叶木属 94498
尾叶木犀榄 **270075**
尾叶那藤 **374430**
尾叶欧李 83191
尾叶漆 393443
尾叶千里光 **360284**
尾叶茜草 **337994**
尾叶枪刀药 **202640**
尾叶蔷薇 **336471**
尾叶青藤 **204646**
尾叶秋海棠 **50383**
尾叶球兰 **198874**
尾叶屈奇茜 **218441**
尾叶雀梅藤 **342195**
尾叶雀舌木 **226328**
尾叶榕 **165102**,164981
尾叶山茶 68970
尾叶山矾 381423
尾叶山柑 71916
尾叶山胡椒 231313
尾叶山黧豆 **222692**
尾叶山素英 212052
尾叶石栎 233136
尾叶守宫木 **348070**
尾叶树萝卜 **10312**
尾叶树葡萄 **120249**
尾叶树属 402605
尾叶台湾杨桐 8221
尾叶苔草 **73546**
尾叶铁苋菜 **1771**
尾叶铁线莲 **95401**
尾叶弯管花 **86203**
尾叶五加 **2370**
尾叶细爪梧桐 **226277**
尾叶纤穗爵床 **226513**
尾叶香茶菜 **209665**
尾叶小檗 51643
尾叶新耳草 **262970**
尾叶绣球 **199852**
尾叶悬钩子 **338238**,338850,339435
尾叶血桐 **240278**
尾叶崖豆藤 **254869**
尾叶崖爬藤 **387754**
尾叶崖藤 **13462**
尾叶野木瓜 374430
尾叶异形木 **16032**
尾叶异雄蔷薇 **283980**
尾叶樱 83191
尾叶樱桃 **83191**
尾叶鱼藤 **125947**
尾叶远志 **307982**
尾叶越橘 **403818**
尾叶樟 **91327**
尾叶中华绣线梅 **263164**
尾叶珠子木 **296448**
尾叶紫金牛 **31378**
尾叶紫薇 **219915**
尾叶柞木 **415898**
尾张伴帕爵床 **60316**
尾张大沙叶 **286398**
尾张冬青 **203538**
尾张九节 **319731**
尾张鳞蕊藤 **225714**
尾张木槿 **195073**
尾张蒲桃 **382642**
尾状巴豆 112856
尾状稗 **140382**
尾状斑鸠菊 **406494**
尾状杯籽茜 **110137**
尾状笔花莓 **275449**
尾状闭花木 **94504**
尾状长萼兰 **59268**
尾状灯心草 **213479**
尾状短丝花 **221426**
尾状盾盘木 **301557**
尾状盾蕊樟 **39708**
尾状多穗兰 **310360**
尾状芳香木 **38718**
尾状凤卵草 **296872**
尾状沟萼茜 **45010**
尾状沟果茜 **18593**
尾状黑簪木 **186915**
尾状红头菊 **154762**
尾状荒野蒿 **35244**
尾状灰毛菊 **31202**
尾状加州藜芦 **405582**
尾状箭根南星 **382938**
尾状金果椰 **139325**
尾状凯木 **215666**
尾状库卡芋 **114378**
尾状蓝花参 **412913**
尾状老鼠簕 **2669**
尾状肋瓣花 **13759**
尾状类牛角草 **273220**
尾状裂托叶椴 **126767**
尾状漏斗花 **130195**
尾状绿心樟 **268696**
尾状马褂兰 295878
尾状魔力棕 **258768**
尾状内雄楝 **145955**
尾状南非少花山龙眼 **370246**
尾状南杞莓 **389392**
尾状鸟蕉 **377557**
尾状牛角草 **273142**
尾状牛皮消 117597
尾状气花兰 **9205**
尾状千里光 **358524**
尾状枪刀药 **202525**
尾状琴木 **93239**
尾状秋英 **107167**
尾状热非夹竹桃 **13275**
尾状日中花 **220501**
尾状柔花 **8922**
尾状肉翼无患子 **346927**
尾状三角车 **334601**
尾状散花帚灯草 **372561**
尾状山羊草 **8667**
尾状石豆兰 **63071**
尾状双稃草 **132734**
尾状塔利木 **383359**
尾状细瓣兰 **246104**
尾状细辛 37582
尾状狭团兰 **375482**
尾状香茶 **303206**
尾状小黄管 **356055**
尾状小舌菊 **253463**

尾状异地榆 **50981**
尾状忧花 **241602**
尾状鱼藤 **125946**
尾状羽扇豆 **238438**
尾状羽棕 32333
尾状止泻萝藦 **416265**
尾状舟叶花 **340602**
尾状猪屎豆 **112006**
尾状苎麻 **56107**
尾籽假山槟榔 **318137**
尾籽菊属 **402660**
尾子菊 **402663**
尾子菊属 402660
苇 295888
苇被草 **352144**
苇被草属 **352143**
苇草 318150
苇草兰 **37115**
苇草兰属 37109
苇梗茜属 **71139**
苇谷草 **289568**
苇谷草属 **289563**
苇谷属 289563
苇禾 **352106**
苇禾属 **352102**
苇菅 **389314**
苇节荠属 **352132**
苇茎 418095
苇茎百合 **352124**
苇茎百合属 **352120**
苇陆苔草 **76760**
苇仙人棒 **329694**
苇仙人棒属 186151
苇羊茅 163819
苇椰 **174347**
苇椰属 **174341**
苇叶番杏属 **65626**
苇叶獐牙菜 **380405**
苇状单蕊草 **91236**
苇状非洲豆蔻 **9879**
苇状非洲砂仁 9879
苇状拂子茅 **65277**
苇状高粱 **369605**
苇状寒剪股颖 **31024**
苇状狐茅 163819
苇状假匹菊 **329805**
苇状看麦娘 **17512**
苇状劳德草 **237802**
苇状雀麦 **60886**
苇状热尔异燕麦 **190154**
苇状砂禾 **19771**
苇状肖皱籽草 **250928**
苇状羊茅 **163819**
苇状杂雀麦 **350617**
苇子 295888
苇子草 295888
苇棕属 174341
委东秋海棠 **50404**
委陵菜 **312450**,312502,312690,312734
委陵菜科 **313121**
委陵菜老鹳草 **174830**
委陵菜属 **312322**
委陵菜叶蒿 **36091**
委陵菊 **124845**
委陵无尾果 **100146**
委陵悬钩子 **339092**
委内瑞拉葱莲 **417638**
委内瑞拉凤梨 **45873**
委内瑞拉凤梨属 **45872**
委内瑞拉夹竹桃属 **344388**
委内瑞拉金莲木 **7207**
委内瑞拉金莲木属 **7205**
委内瑞拉锦葵 **335807**
委内瑞拉锦葵属 **335806**
委内瑞拉蔻木 **410929**
委内瑞拉兰 **373651**
委内瑞拉兰属 **373650**
委内瑞拉落腺豆 **300647**
委内瑞拉南美肉豆蔻 410929
委内瑞拉破布木 104185
委内瑞拉茜 **138910**
委内瑞拉茜属 **138909**
委内瑞拉莎草 **333073**
委内瑞拉莎草属 **333072**
委内瑞拉双柄兰属 **181519**
委内瑞拉王椰 **337886**
委内瑞拉王棕 337886
委内瑞拉芸香 **341089**
委内瑞拉芸香属 **341088**
委蛇 308616
委萎 308613,308616
委西欧石南 **150200**
委西唐菖蒲 **176623**
委珠豆 **245223**
委珠豆属 **245222**
萎 36241,308613
萎瓣花 **238721**
萎瓣花科 **238723**
萎瓣花属 **238720**
萎草属 **245056**
萎蒿 36241
萎花属 **245040**
萎软风毛菊 **348318**
萎软凤仙花 **204954**
萎软石蝴蝶 **292555**
萎软香青 **21567**
萎软绣球防风 **227597**
萎软紫菀 **40440**
萎蕤 308506,308529,308572,308613,308616,308641
萎弱肖凤卵草 **350526**
萎缩斑膜芹 **199648**
萎缩扁茎帚灯草 **302696**
萎缩补血草 **230605**
萎缩赤竹 **347329**
萎缩大戟 **158763**
萎缩大油芒 **372408**
萎缩单头爵床 **257257**
萎缩灯心草 **213044**
萎缩翡翠塔 **256978**
萎缩花篱 **27071**
萎缩黄胶菊 **318686**
萎缩宽带芹 **302999**
萎缩扭曲乐母丽 **336072**
萎缩飘拂草 **166238**
萎缩千里光 **358713**
萎缩甜茅 **177586**
萎缩沃恩木蓝 **405200**
萎缩香青 **21562**
萎藤 **154958**
萎香 308613,308616
萎移 308613
萎簃 308616
猥草 **203127**
猥毛松 299925
猥莓 **338342**
猥实 217787
猥实属 217785
猥状哈克 184606
猥状哈克木 **184606**
猥状虎耳草 **349297**
蔿子 160637
卫肚边 157285
卫尖菜 157285
卫克哈斯特武当玉兰 **242315**
卫矛 **157285**,157310,157522
卫矛科 **80127**
卫矛瘤蕊紫金牛 **271043**
卫矛裸实 **182763**
卫矛属 **157268**
卫矛叶杜鹃 330622
卫矛叶连蕊茶 **69058**
卫矛叶链珠藤 18516
卫矛叶念珠藤 18516
卫矛叶蒲桃 **382532**
卫美玉 **140258**
卫塞尔花柏 **85300**
卫生草 157473
卫士万年青 **130141**
卫氏大风子 199758
卫氏溲疏 127121
卫斯里美国扁柏 85300
卫斯里营火多花蓝果树 **267870**
卫与 365974
卫兹伍德黄叶春石南 **149171**
卫足 13934,243862
卫足葵 13934
未名鸢尾 **208729**
未时花 255711
未膝 4304
未央柳 202143
未摘花 **329713**
未知果 185744
未知果科 185742
未知果属 185743
味草 269613
味噌草 269613
味极苦姜黄 114857
味连 103828
味牛膝 4304,320122,378152
畏草 269613
畏差草 765
畏芝 110251
胃寒草 292937
胃软草 234379
胃痛草 126471
胃药 135258
胃液椴 **200403**
胃液椴属 **200402**
胃益母草 224976
胃友 346743
菋 351021
喂香壶 118957
渭柳 **344302**
猬草属 **203124**
猬草卫矛 157332
猬刺棘豆 **278899**
猬豆 **151078**
猬豆属 **151077**
猬菊属 270227,383210
猬毛云实 65002
猬莓 **338213**
猬莓属 1739
猬实 217787
猬实属 217785
猬头菊属 **140205**
猬状虎耳草 349297
猬状仙人球属 140842
猬籽玉属 **140981**
蔚 35674,205580,225009
蔚蓝胡卢巴 **397196**
蔚香 229390
慰山柳菊 **195841**
蝟草属 203124
蝟菊 **270239**
蝟菊属 **270227**
蝟实 **217787**
蝟实属 **217785**
魏贝尔浆果鸭跖草 **280534**
魏德曼草 414075
魏德曼草属 414072
魏厄木 **413654**
魏厄木属 **413636**
魏冈紫玲玉 **224271**
魏刚角匙丹 **83518**
魏忌绣线菊 372127
魏橘 **93868**

魏里希茼蒿 **89768**
魏曼树属 413682
魏朴来母 93868
魏去疾 163618,163711
魏氏茶藨 334262
魏氏刺穿心莲 **22413**
魏氏大风子 199758
魏氏杜鹃 331707
魏氏胡颓子 142214
魏氏还阳参 **111091**
魏氏黄柏 294256
魏氏黄水枝 **391526**
魏氏箭毒木 28257
魏氏金茅 **156507**
魏氏马先蒿 **287830**
魏氏明石球 **140298**
魏氏葡萄 412004
魏氏强刺球 163483
魏氏五加 143701
魏氏仙人柱属 413472
魏氏杨 311568
魏氏云南海棠 243733
温策尔海芋 **16534**
温大青 178861
温旦革子 415096
温得和千里光 **360346**
温德尔布鲁克灰色石南 **149240**
温顿小檗 **52378**
温莪术 114880
温哥华金毛染料木 **173034**
温哥华冷杉 **280**
温哥华木茼蒿 **32572**
温和黄耆 **42084**
温克尔月华玉 **287926**
温克勒非洲水玉簪 **10087**
温克勒红光树 **216913**
温克勒芥 **414475**
温克勒芥属 **414474**
温克勒可拉木 **99278**
温克勒苓菊 **214197**
温克勒前胡 **293076**
温克勒山香 **203070**
温克勒氏葱 15895
温克勒索林漆 **369813**
温克勒苔草 **414479**
温克勒苔草属 **414478**
温克勒天人菊 **169571**
温克勒瓮萼豆木 **68127**
温克勒乌头 **5692**
温克勒鸢尾 **208942**
温曼木属 **413682**
温美葫芦 **29537**
温美葫芦属 **29536**
温美桃金娘属 **260961**
温美无患子 **390084**
温美无患子属 **390082**
温南茄 **367745**
温朴 242234
温普 404051
温泉半边莲 **234822**
温泉荸荠 **143108**
温泉翠雀花 **124697**
温泉光淋菊 **276223**
温泉蒿 **35150**
温泉湖瓜草 **232427**
温泉虎眼万年青 **274805**
温泉黄芪 43241
温泉黄耆 **43241**
温泉棘豆 **279172**
温泉金果椰 **139424**
温泉柳叶菜 **146918**
温泉蔷薇 **336312**
温泉塞拉玄参 **357693**
温泉鼠尾草 **345429**
温泉睡莲 **267776**
温泉四数莎草 **387696**
温泉勋章花 **172363**
温泉延叶菊 **265981**
温柔裂口花 **379982**
温柔木蓝 **206405**
温柔止泻木 **197197**
温莎公爵天蓝绣球 **295309**
温氏番樱桃 **156390**
温氏瘤指玉 **203517**
温氏能加棕 **263552**
温氏肉木香 **310678**
温氏石豆兰 **63184**
温氏水塔花 **54440**
温氏睡莲 **267782**
温氏酸蔹藤 **20262**
温氏莴苣 **219615**
温氏崖豆藤 **254875**
温氏月华玉 **287885**
温蜀橘 **93521**
温斯钝果寄生 **385248**
温菘 59575,326616
温宿黄芪 43242
温宿黄耆 **43242**
温特芦荟 **16766**
温特木茼蒿 **32598**
温特牛膝 **4347**
温特欧石南 **150272**
温特驼曲草 **119890**
温特沃斯三裂叶荚蒾 **408191**
温特针垫花 **228118**
温郁金 **114880**,114859
温州长蒴苣苔 **129887**
温州箪竹 47530
温州冬青 **204400**
温州六道木 177
温州络石 393626
温州蜜柑 **93736**
温州蓬莪茂 114880
温州葡萄 **412002**
榅桲 **116546**
榅桲木波罗蜜 36910
榅桲属 **116532**
榅桲叶千里光 **366879**
榅枫树 299799
文采唇柱苣苔草 **87991**
文采翠雀花 **124695**
文采苣苔 **413863**
文采苣苔属 **413862**
文采楼梯草 **142891**
文采毛茛 **326497**
文策尔车轴草 **397132**
文策尔福来木 **163004**
文策尔海神木 **316004**
文策尔勒珀兰 **335699**
文策尔芸香 **413865**
文策尔芸香属 **413864**
文昌公坡 240720
文昌碱茅 **321405**
文昌润楠 **240720**
文昌锥 **79068**
文川翠雀花 **124694**
文达爵床 **409576**
文达爵床属 **409575**
文达鹿藿 **333444**
文大海 172779
文旦 **93590**,93468,93579
文旦柚 **93468**
文德兰单苞藤 **148462**
文德兰美冠兰 **157100**
文德兰欧石南 **150266**
文德兰旋果花 **377839**
文德五层龙 **342605**
文鼎玉 **246601**
文定果 **259910**
文定果科 **259911**
文定果属 **259907**
文豆 409025
文蛤 332509,332775,332791
文蛤海 37115
文官果 415096
文官花 413591
文冠果 **415096**
文冠果属 **415094**
文冠花 415096
文冠木 415096
文冠树 415096
文光果 336885,415096
文虎 7830,7850
文克草 **409583**
文克草属 **409582**
文来薯 207623
文来藷 207623
文兰代榈属 413853
文兰树 111167,111171
文林果 243551
文林郎果 243551,243675
文木 132137,393077
文内十大功劳 **242605**
文鸟 163453
文鸟丸 **163453**
文鸟香 198655
文钱红 138273
文且 14760
文雀邦乔木 **63436**
文雀西亚木 63436
文森特水苏 **373479**
文山八角 **204601**
文山百合 **230073**
文山粗筒苣苔 **60285**
文山粗叶木 **346477**,222159
文山兜兰 **282923**
文山杜鹃 **332101**
文山鹅掌柴 **350693**
文山凤仙花 **205447**
文山鹤顶兰 **293547**
文山红柱兰 **117100**
文山胡颓子 **142244**
文山虎头兰 117100
文山花椒 417226
文山黄芩 **355848**
文山鸡屎树 **222108**,346477
文山蓝果树 **267876**
文山柃 **160626**
文山毛蕊茶 **69760**
文山木姜子 233940
文山蒲桃 **382682**
文山青紫葛 **93038**
文山清风藤 **341485**
文山秋海棠 **50405**
文山润楠 **240722**
文山山茶 69760
文山山矾 381221
文山山柑 **71744**
文山蛇根草 **272305**
文山石仙桃 **295543**
文山苔草 **76751**
文山铁线莲 **95454**
文山无柱兰 **19539**
文山雪胆 **191966**
文氏草 **413859**
文氏草属 **413857**
文氏马先蒿 287086
文氏香茅 117273
文氏椰属 413853
文氏棕属 413853
文柿 **132312**
文殊兰 **111171**,111167
文殊兰属 **111152**
文殊球 **163469**
文殊丸 163469
文术 114875
文水野丁香 **226082**
文塔木 **405055**

文塔木属 **405054**
文特尔大戟 **160045**
文特尔红点草 **223823**
文特尔香茶 **303746**
文特原沼兰 **243147**
文特沼兰 243147
文藤 **244327**
文藤属 **244320**
文天祥 389224
文头果 165515
文头榔 165515
文王一支笔 46841
文无 24475
文武实 259067
文西黄褥花 243526
文希 7830,7850
文仙果 164763
文先果 164763,336885
文县贝母 168563
文县重楼 **284415**
文县大黄 329372
文县飞蛾槭 **3269**
文县海桐 **301287**
文县黄芪 43244
文县黄耆 **43244**
文县锦鸡儿 **72375**
文县楼梯草 **142894**
文县石栎 **233418**
文县卫矛 **157964**
文县乌桕 346376
文县杨 **311566**
文县阴山荠 **416365**
文县远志 **308462**
文县紫堇 **105611**
文心兰 **270815**,270841
文心兰属 270787
文星草 151243,151257
文雅杜鹃 330675
文元党 98401
文章草 143682
文章柳 298093
文章树 240842
文珠兰 111167,111169,111170,111171
文珠兰属 111152
文竹 **39195**
文字芹 **180145**
文字芹属 **180144**
纹瓣花 **383052**
纹瓣花属 **383050**
纹瓣兰 **116781**
纹瓣悬铃花 997
纹苞风毛菊 **348499**
纹苞菊 **341028**
纹苞菊属 **341026**
纹党 98395
纹果杜茎山 **241839**
纹果菊 **192038**
纹果菊属 **192037**
纹果紫堇 **106487**
纹荚相思 **1066**
纹茎黄芪 43112
纹茎黄耆 **43112**
纹桔梗 **180128**
纹桔梗属 **180127**
纹皿柱兰 223668
纹千年木 137387
纹鞘箭竹 **162722**
纹茄 **180147**
纹茄属 **180146**
纹蕊茜属 **341264**
纹伞芹 **110585**
纹伞芹属 **110583**
纹星兰 62536
纹叶粗糙费利菊 **163247**
纹叶凤梨 **412357**
纹叶伽蓝菜 61568
纹叶丽穗凤梨 412357
纹叶木槿 217
纹叶千里光 **360122**
纹叶青冈栎 **116106**
纹叶肖木蓝 **253243**
纹柱瓜属 **341255**
纹籽芥 **180150**
纹籽芥属 **180149**
闻骨草属 273830
蚊艾 36177
蚊草 290968
蚊惊树 11300
蚊兰 4513
蚊兰属 4511
蚊母草 **407275**
蚊母树 **134946**,134922
蚊母树属 **134918**
蚊树 411568
蚊蚊草 147815
蚊烟柴 411362
蚊仔花 219970
蚊仔树 155722
蚊兹草 411362
蚊子艾 36460
蚊子草 **166110**,81687,147593,147883,259282,363467,406992,407430
蚊子草属 **166071**
蚊子柴 411362
蚊子花 219933,388465
蚊子木 229626
蚊子树 134946,401581
吻兰 **99773**
吻兰属 **99770**
吻莽 172779
吻头 30604
紊草 **335278**,144259
紊蒿 **141898**
紊蒿属 **141897**
紊乱刺子莞 **333656**
紊乱豆腐柴 **313712**
紊乱谷精草 **151430**
紊乱蓟 **91704**
紊乱柳叶箬 **209049**
紊乱美苞棕 **68015**
紊乱木蓝 **206635**
紊乱山蚂蝗 **126517**
紊乱轴榈 **228733**
紊纹杜茎山 **241755**
稳齿菜 265078
稳牙参 7830,7850
问客杜鹃 **330079**
问客香豌豆 **222792**
汶川柴胡 **63868**
汶川独活 **192397**
汶川杜鹃 330893
汶川褐毛杜鹃 **332096**
汶川虎耳草 **350038**
汶川金盏苣苔 **210184**
汶川景天 **357297**
汶川韭 **15891**
汶川柳 **343793**
汶川龙胆 **174073**
汶川碎米荠 **72748**,73023
汶川娃儿藤 **400936**
汶川弯蕊芥 **238027**
汶川委陵菜 **313112**
汶川无尾果 **100143**
汶川小檗 51361
汶川星毛杜鹃 **330155**
翁阿鲁 5621
翁宝球 **327297**
翁宝属 327250
翁宝丸 327297
翁比尔砖子苗 **245586**
翁布尔树葡萄 **120163**
翁布尔腺荚果 **7415**
翁草 321672
翁达颤毛萝藦 **399580**
翁东白绵枣儿 **352990**
翁格尔 5621
翁格木属 **401828**
翁格那木属 401828
翁锦 **140239**
翁狮子 **299259**
翁氏风车子 **100404**
翁氏水苋菜 **19633**
翁头仙人柱 82211
翁团扇 **45265**
翁犀角 **373982**
翁玉 **244122**,244183
翁柱 **82211**
翁柱属 **82204**
翁仔树 189918
蓊菜 207590
瓮半夏 401152,401156
瓮菜 207590
瓮菜黄 401152,401156
瓮菜癀 409975,410412
瓮登木 248727
瓮萼豆属 **68113**
瓮梗桉属 **24603**
瓮花莓 **222639**
瓮花莓属 **222638**
瓮花玉莲 **139979**
瓮芹 **24641**
瓮芹属 **24640**
瓮腺夹竹桃 **24269**
瓮腺夹竹桃属 **24268**
瓮柱大戟 **24660**
瓮柱大戟属 **24659**
蕹菜 **207590**
倭番石榴 318745
倭瓜 114292,114294,114300
倭海棠 84556
倭菊 **266319**
倭菊属 **266317**
倭毛茛 325820
倭木 113685
倭青草 100961,100990
倭小豆 294030
倭形竹 206898
倭羽扇豆 **238469**
倭竹 **362131**,362123
倭竹属 362121
涡潮 246601
莴菜 219485
莴苣 **219485**,219487
莴苣菜 219485
莴苣菊属 **219630**
莴苣科 **219621**
莴苣莲 282685
莴苣属 **219206**
莴苣笋 **219488**,219487
莴苣叶紫云菜 **378170**
莴笋 **219487**,219485
莴笋花 **107246**
莴荀 219487
窝贝 168491
窝丢 198745
窝儿七 132685,139629
窝儿参 132685
窝尔白三七 242688
窝瓜 114292
窝穴素馨 **211832**
窝竹 **162648**
窝籽科 400496
窝籽属 400486
蜗儿菜 **373122**,373439
蜗壳苜蓿 247407
蜗壳南星 33509

蜗牛草 247469
蜗牛虎耳草 **349190**
蜗牛花 **408862**
蜗牛兰属 **98085**
蜗轴草 **256429**
蜗轴草属 **256428**
我立丁子花 367528
我立神花 298589
我你他棕属 412286
沃·奥尔米亚利桑那白蜡树 **168129**
沃班红腺澳山月桂 **26184**
沃伯格凤仙花 **205445**
沃伯格五星花 **289903**
沃达龙胆 **414853**
沃达龙胆属 **414852**
沃大戟 **412131**
沃大戟属 **412129**
沃德粗叶木 222313
沃德海神菜 **265536**
沃德间型红豆杉 **385393**
沃德卵莞 **271917**
沃杜柳 **344241**
沃顿玛丽木茼蒿 **32569**
沃恩酒瓶椰子 **201363**
沃恩木蓝属 **405198**
沃尔德小檗 **52357**
沃尔鹅参 **116515**
沃尔凤仙花 **205451**
沃尔夫凹乳芹 **408248**
沃尔夫滨藜 **44697**
沃尔夫茶藨 334269
沃尔夫茶藨子 **334269**
沃尔夫圆筒仙人掌 **116680**
沃尔夫早熟禾 **306152**
沃尔禾属 **404158**
沃尔卡默柠檬 **93866**
沃尔克凤仙花 **205440**
沃尔克莎 **412240**
沃尔克莎属 **412239**
沃尔孔斯基蚤草 **321618**
沃尔榄仁树 **386666**
沃尔毛茛 **326495**
沃尔普勒斯登胶皮枫香树 **232575**
沃尔恰恩克山柳菊 **196096**
沃尔茄 **367708**
沃尔什滨藜 **44412**
沃尔什美非棉 **90967**
沃尔特·巴特爪瓣鸢尾 **208916**
沃尔特菝葜 **366621**
沃尔特邓博木 **123720**
沃尔特卷舌菊 **381010**
沃尔特小檗 **52354**
沃格盾柱木 **288902**
沃格尔伴帕爵床 **60336**
沃格尔刺核藤 **322561**
沃格尔刺篱木 **166790**
沃格尔刺桐 **154743**
沃格尔刺痒藤 **394228**
沃格尔单花杉 **257153**
沃格尔杜楝 **400614**
沃格尔二行芥 **133346**
沃格尔佛荐草 **126751**
沃格尔黑蒴 **14356**
沃格尔黄耆 **43231**
沃格尔甲壳菊 **262884**
沃格尔茎花豆 **118118**
沃格尔九节 **319898**
沃格尔老鸦嘴 **390897**
沃格尔马钱树 **27628**
沃格尔母草 **231596**
沃格尔喃果苏木 118118
沃格尔前胡 **293066**
沃格尔榕 **165852**
沃格尔萨比斯茜 **341691**
沃格尔十万错 **43676**
沃格尔树葡萄 **120260**
沃格尔水囊衣 **200672**
沃格尔硬衣爵床 **354394**
沃格尔珍珠茅 **354275**
沃格尔栀子 **171422**
沃格双翼苏木 288902
沃汉姆金细叶海桐 **301409**
沃京雀麦 **61032**
沃坎加树 412079,412102
沃坎十大功劳 **242659**
沃克凤仙花 **205443**
沃克龙舌兰 **10962**
沃克欧石南 **150263**
沃克西非豆 **235201**
沃克紫菀 **40081**
沃肯楝 **248928**
沃拉桉 **155677**
沃拉芦荟 **17414**
沃拉斯顿半边莲 **234881**
沃拉斯顿秋海棠 **50410**
沃拉斯顿杂色豆 **47829**
沃拉小檗 **52360**
沃劳山柳菊 **196097**
沃乐尔欧洲常春藤 **187269**
沃乐尔洋常春藤 187269
沃勒列之光英国石南 150206
沃勒米杉 414713
沃勒米杉属 414712
沃雷鸢尾 **208937**
沃里独尾草 **148561**
沃里赫冠瓣 **236420**
沃利克报春茜 **226244**
沃利克彩果棕 **203513**
沃利克丹氏梧桐 **136030**
沃利克独活 **192396**
沃利克节节菜 **337405**
沃利克栎 **324550**
沃利克蓼 **292007**
沃利克裸实 **182803**
沃利克马先蒿 **287823**
沃利克缅甸漆木 **248538**
沃利克秋海棠 **50399**
沃利克萨拉卡棕 **342579**
沃利克瘦鳞帚灯草 **209465**
沃利克四数莎草 **387704**
沃利克酸海棠 **200986**
沃利克铁线莲 **95452**
沃利克小沿沟草 **100019**
沃利克旋花 **103387**
沃利克崖摩楝 **19973**
沃利克油楠 **364717**
沃利克榆 **401645**
沃利克舟梧桐 **350447**
沃利岩芥菜 **9823**
沃利鸢尾 208937
沃伦直立委陵菜 **312914**
沃伦紫金牛属 **413059**
沃罗诺黄芩 **355850**
沃麻属 244892
沃姆阿氏莎草 **632**
沃姆链荚木 **274368**
沃内克吊兰 **88644**
沃内克多坦草 **136688**
沃内克曲蕊卫矛 **70777**
沃内克索林漆 **369812**
沃内克天门冬 **39256**
沃内克崖豆藤 **254879**
沃内野牡丹属 **413196**
沃纳菊属 413889
沃纳菊叶金千里光 **279958**
沃纳姆三萼木 **395363**
沃纳姆谢尔茜 **362110**
沃纳姆针茜 **50920**
沃佩大戟 **405219**
沃佩大戟属 **405218**
沃瑞氏钩叶藤 303100
沃瑞氏山槟榔 **299681**
沃森桉 **155775**
沃森飞蓬 **151068**
沃森花 **413420**
沃森花属 **413315**
沃森假盐菊 **317555**
沃森尖苞蓼 **278674**
沃森胶藤 **221004**
沃森金菊木 **150381**
沃森苦瓜掌 **140058**
沃森木兰 **242352**
沃森唐菖蒲 **176661**
沃森椰 **264237**
沃森椰属 **264236**
沃森野荞麦 **152660**
沃氏报春 **315127**
沃氏荸荠 **143418**
沃氏柴胡 **63870**
沃氏车叶草 **39420**
沃氏串铃花 **260341**
沃氏春黄菊 **26907**
沃氏大戟 **160093**
沃氏冬青 **204396**
沃氏斗篷草 **14172**
沃氏杜鹃 332093
沃氏盾形草 **288825**
沃氏风铃草 **70367**
沃氏虎眼万年青 **274851**
沃氏花楸 **369566**
沃氏灰毛豆 386368
沃氏假轮叶 **412313**
沃氏假轮叶属 **412312**
沃氏金链花 **218755**
沃氏兰花蕉属 **414700**
沃氏栎 **324558**
沃氏苓菊 **214198**
沃氏米努草 **255609**
沃氏欧夏至草 **245774**
沃氏蒲公英 **384854**
沃氏蔷薇 **414774**
沃氏蔷薇属 **414772**
沃氏茄 **367748**
沃氏球柱草 **63380**
沃氏赛金莲木 **70755**
沃氏山黧豆 **222863**
沃氏山柳菊 **196098**
沃氏矢车菊 **81461**
沃氏蜀葵 **13950**
沃氏水苏 **373481**
沃氏糖槭 **3578**
沃氏乌头 **5696**
沃氏香花芥 **193457**
沃氏小米草 **160293**
沃氏新塔花 **418143**
沃氏悬钩子 **339477**
沃氏雪花莲 **169732**
沃氏雪莲花 169732
沃氏鸭茅 **121273**
沃氏岩芥菜 **9822**
沃氏硬蕨禾 **354493**
沃氏早熟禾 **306153**
沃氏止泻木 **197203**
沃氏猪屎豆 **112808**
沃斯老鸦嘴 **390899**
沃斯芦荟 **17406**
沃斯南多穗兰 **310650**
沃斯沃氏金链花 **218756**
沃套野牡丹属 **412308**
沃特大戟 **160078**
沃特尔稠李 **316616**
沃特尔欧洲赤松 300237
沃特尔枸子 **107727**
沃特雷利欧洲赤松 **300237**
沃特林顿小檗 **52359**
沃特露子花 **123992**

沃特罗勒 **268674**
沃特迈耶南非石蒜 **56607**
沃特迈耶青锁龙 **108837**
沃特迈耶日中花 **220722**
沃特迈耶唐菖蒲 **176659**
沃特迈耶疣石蒜 **378547**
沃特迈耶紫波 **28529**
沃特木槿 **195353**
沃特千里光 **360337**
沃特山蜡菊 **189898**
沃特山塞拉玄参 **357722**
沃特树葡萄 **120264**
沃特桃金娘 **413312**
沃特桃金娘属 **413311**
沃特紫波 **28530**
沃韦尔斑鸠菊 **406941**
沃维尔克警官冬花欧石南 **149545**
沃谢沙刺花 **235188**
沃耶拉特獐牙菜 **380414**
沃伊夹竹桃 **414786**
沃伊夹竹桃属 **414785**
沃伊龙胆 **412329**
沃伊龙胆属 **412327**
沃泽维奇属 413261
沃兹沃思日中花 **220724**
卧刺李 **76915**
卧蛋草 159092,159286
卧吊兰 117008
卧儿菜 356685,357174
卧花凤梨属 134756
卧桧 **213760**
卧茎唇柱苣苔草 **87890**
卧茎景天 357123
卧茎蛇目菊 346304
卧茎同篱生果草 99361
卧茎夜来香 **385759**
卧龙 **151634**
卧龙斑叶兰 **179715**
卧龙豹皮樟 **233881**
卧龙胆 **173743**
卧龙独活 **192400**
卧龙杜鹃 **332115**
卧龙黄芪 43252
卧龙黄耆 **43252**
卧龙沙棘 **196769**
卧龙乌头 **5693**
卧龙玉凤花 **184205**
卧龙柱 **185920**,185925,185915
卧龙柱属 **185912**,185155
卧马鞭草 **405893**
卧牛 171622
卧生水柏枝 **261291**
卧银花 63872
卧子柏 121105
卧子松 121105,178019
渥丹 229811
渥丹百合 **229811**
渥太华小檗 **51991**
乌·特·可拉利夫爱尔兰欧石南 **149404**
乌白饭草 308965
乌柏茹 375896
乌柏薯 375896
乌班吉闭鞘姜 **107283**
乌班吉稻 **275978**
乌班吉恩格勒山榄 **145627**
乌班吉风琴豆 **217993**
乌班吉谷木 **250040**
乌班吉灰毛豆 **386215**
乌班吉鸡头薯 **153049**
乌班吉老鸦嘴 **390849**
乌班吉鳞花草 **225198**
乌班吉毛梗木蓝 **206683**
乌班吉绵枣儿 **352992**
乌班吉牡荆 **411479**
乌班吉木蓝 **206335**
乌班吉茄 **367698**
乌班吉三角车 **334669**
乌班吉天料木 **197708**
乌班吉星苹果 **90099**
乌班吉银背藤 **32664**
乌班吉柚木芸香 **385445**
乌邦博单蕊麻 **45213**
乌邦博十二卷 **186511**
乌棒子 307982
乌胞 338964
乌卑树 172099
乌藨连 410710
乌藨莲 410275
乌藨子 338250,338964
乌伯锦绣玉 **284705**
乌伯裸萼球 **182486**
乌哺鸡竹 **297499**
乌布春黄菊 **26903**
乌材 **132145**
乌材柿 132145,132309
乌材仔 132145
乌草 345108,403738
乌草根 138897
乌茶 132260
乌茶子 346408
乌槎 328680
乌槎树 328680
乌槎子 328680,328760
乌巢兰 264765
乌巢子 328680
乌吹 50669
乌椿 132279
乌茨 143122,143391
乌刺仔 280555
乌丹虫实 104755
乌丹蒿 **36553**
乌当归 24502
乌得白蜡树 168124
乌德花 **414733**
乌德花属 **414732**
乌德芥 **277454**
乌德芥属 **277452**
乌德银莲花 **24103**
乌爹泥 1120
乌丁 1120
乌丁泥 1120
乌疔草 366934,367416
乌兜 345978
乌豆 177750,177777
乌豆草 345978
乌豆根 369107
乌毒 5193,5247
乌独 5193
乌独活 24502
乌肚子 332221
乌多年 405447
乌尔巴尼亚番薯 **208273**
乌尔巴尼亚蝴蝶玉 **148609**
乌尔巴尼亚勒珀兰 **335698**
乌尔巴尼亚羊蹄甲 **49245**
乌尔巴诺芥属 402176
乌尔班草 **402169**
乌尔班草属 **402165**
乌尔班芥 **402178**
乌尔班芥属 **402176**
乌尔班罗汉松 **306524**
乌尔班萨比斯茜 **341685**
乌尔班塔奇苏木 **382987**
乌尔班心叶柳 **343170**
乌尔施丹氏梧桐 **136022**
乌尔施番樱桃 **156387**
乌尔施风兰 **25100**
乌尔施福谢山榄 **162967**
乌尔施谷木 **250092**
乌尔施黄檀 **121851**
乌尔施火畦茜 **322972**
乌尔施榄仁树 **386664**
乌尔施马岛无患子 **392239**
乌尔施柿 **132447**
乌尔苏早熟禾 **306116**
乌饭 403899
乌饭草 239391,262189,403738
乌饭果 403832
乌饭瑞香 **122527**
乌饭树 403738,404061
乌饭树哈克哈克 184623
乌饭树哈克木 **184623**
乌饭树科 403706
乌饭树属 403710
乌饭树叶蓼 **309933**
乌饭藤 308965
乌饭叶 403738
乌饭叶矮柳 **344237**
乌饭叶菝葜 **366476**
乌饭子 403738,403760,403832,403880
乌肺叶 144807
乌风七 183122
乌芙蓉 230816
乌覆 13238
乌覆子 13225
乌噶姆阿魏 **163740**
乌噶姆棘豆 **279226**
乌噶姆碱草 **24267**
乌噶姆疆紫草 **241398**
乌噶姆丝叶芹 **350380**
乌干达阿氏莎草 **627**
乌干达稗 **140502**
乌干达斑鸠菊 **406897**
乌干达扁担杆 **181004**
乌干达薄花兰 **127988**
乌干达虫果金虎尾 **5941**
乌干达刺痒藤 **394224**
乌干达大戟 **160023**
乌干达毒鼠子 **128839**
乌干达短冠草 **369244**
乌干达菲氏莎草 **118885**
乌干达狗牙根 **117869**
乌干达合欢 **13536**
乌干达核果木 **138703**
乌干达红柱树 **78677**
乌干达尖花茜 **278268**
乌干达节茎兰 **269238**
乌干达金莲木 **268211**
乌干达茎花豆 **118050**
乌干达空船兰 **9186**
乌干达宽肋瘦片菊 **57671**
乌干达狼杷草 **54172**
乌干达藜 **87185**
乌干达木蓝 **206702**
乌干达喃果苏木 118050
乌干达琼楠 **50622**
乌干达球距兰 **253318**
乌干达热非夹竹桃 **13314**
乌干达软叶合欢 **13614**
乌干达山柳菊 **196054**
乌干达山莴苣 **219587**
乌干达弯管花 **86249**
乌干达香茶 **303735**
乌干达夜香牛 **406235**
乌干达玉凤花 **184158**
乌干达针囊葫芦 **326666**
乌杆子 132145
乌柑 43721
乌柑属 **362032**,43718
乌柑仔 43721
乌橄榄 71015
乌冈栎 **324283**
乌冈子 328680
乌岗姆鹅观草 **335558**
乌岗山栎 324283

乌罡子 328680
乌格 13635
乌根草 138897
乌梗子 191387,288762
乌古科豪特茜 **218012**
乌古猪屎豆 **112770**
乌骨草 37352
乌骨胆草 94814
乌骨风 178555
乌骨鸡 24024,175417,291046
乌骨麻 142844
乌骨七星剑 48241
乌骨四方枝节节花 370847
乌骨藤 166659,245852
乌贯木 382522
乌归菜 367416
乌龟抱蛋 375836
乌龟草 239717
乌龟七 375860
乌龟抢蛋 375848
乌龟梢 375836,375860,375861,375904
乌龟藤 166659
乌龟条 375860
乌龟桐 406019
乌果 249560
乌哈木 **145991**
乌哈木属 **145990**
乌禾 73842
乌赫酢浆草 **278078**
乌赫厚壳树 **141718**
乌赫群花寄生 **11132**
乌赫铁线莲 **95395**
乌赫玉凤花 **184159**
乌虎藤 375870
乌花贝母 168563,168605
乌花牡丹 280186
乌喙 5335
乌鸡白 59512
乌鸡骨 154971,203578,301147
乌鸡母 379347
乌鸡婆 298093
乌鸡腿 345586
乌基尔远志 **308372**
乌荚蒾 407715
乌姜 **417997**,114875
乌脚绿 **125447**
乌脚绿竹 **47397**,125447
乌脚木 381366
乌阶 54158
乌金草 37590,37706,380126
乌金草属 211597
乌金丹 175378
乌金七 37642
乌金散 380184
乌金藤 52436
乌金野烟 77177
乌金钟 313564
乌筋七 200754
乌荆子 316819
乌荆子李 316470
乌韭 272090
乌臼 346408
乌臼木 346408
乌臼属 346361
乌桕 **346408**
乌桕属 **346361**
乌桕树 346408
乌卡刺痒藤 **394223**
乌卡单头爵床 **257300**
乌卡古鲁凤仙花 **205415**
乌卡古鲁琉璃草 **118026**
乌卡古鲁鸭嘴花 **214868**
乌卡古鲁叶下珠 **296800**
乌卡芦荟 **17366**
乌卡马缨丹 **221312**
乌卡脉刺草 **265703**
乌卡姆假杜鹃 **48378**
乌卡姆柔花 **9007**
乌卡水牛角 **72457**
乌卡一点红 **144987**
乌卡异耳爵床 **25719**
乌卡猪屎豆 **112771**
乌凯雷韦茄 **367700**
乌凯雷韦树葡萄 **120245**
乌壳鳗竹 **297271**
乌壳子 199748
乌克兰百里香 **391392**
乌克兰顶冰花 **169520**
乌克兰蓟 **92459**
乌克兰婆罗门参 **394355**
乌克兰窃衣 **393007**
乌克兰山萝卜 **350279**
乌克兰山楂 **110097**
乌克兰丝石竹 **183265**
乌克兰酸模 **340298**
乌克兰特林芹 **397740**
乌克兰勿忘草 **260902**
乌克兰亚麻 **232000**
乌克兰岩黄芪 188162
乌克兰岩黄耆 **188162**
乌克兰针茅 **376958**
乌口果 142306,142412
乌口簕 417329
乌口木 381379
乌口树 381379,382522,384917,384988,395182
乌口树大沙叶 **286505**
乌口树属 **384909**
乌口仔 52436
乌库早熟禾 **306133**
乌拉 217626
乌拉草 **75348**,76677
乌拉尔翠雀花 **124669**
乌拉尔大戟 **159663**
乌拉尔多叶山柳菊 **195867**
乌拉尔鹅观草 **335560**
乌拉尔飞蓬 **151043**
乌拉尔风铃草 **70366**
乌拉尔风毛菊 **348900**
乌拉尔拂子茅 **65511**
乌拉尔甘草 177947
乌拉尔棘豆 **279228**
乌拉尔金莲花 **399547**
乌拉尔菊蒿 **383872**
乌拉尔棱子芹 **304766**
乌拉尔柳叶菜 **146930**
乌拉尔马先蒿 **287790**
乌拉尔麦瓶草 **364149**
乌拉尔山柳菊 **196071**
乌拉尔石竹 **127893**
乌拉尔丝石竹 **183266**
乌拉尔苔草 **76647**
乌拉尔兔耳草 **220201**
乌拉尔岩参 **90872**
乌拉尔银莲花 **24107**
乌拉尔蝇毒草 **82183**
乌拉尔远志 **308430**
乌拉圭大风子 **31712**
乌拉圭大风子属 **31710**
乌拉圭含羞草 **255134**
乌拉圭孔雀花 **198798**
乌拉圭马鞭草 **405869**
乌拉圭蒲苇 105456
乌拉圭水鳖 143918
乌拉花 5144
乌拉木属 **277463**
乌拉纳 83220
乌拉柰 83220
乌拉索夫马先蒿 **287821**
乌拉特黄芪 42493
乌拉特黄耆 **42493**
乌拉特绣线菊 **372123**
乌拉特针茅 **376791**
乌拉吐扁桃 **20979**
乌喇柰 83220
乌来闭口兰 94478
乌来草 315476
乌来冬青 **204365**
乌来杜鹃 330990
乌来隔距兰 94478
乌来假吻兰 **99763**
乌来卷瓣兰 **62873**
乌来卷唇兰 62873
乌来栲 79064
乌来柯 79064
乌来麻 315465,315476
乌来麻属 315461
乌来荛花 414222
乌来石豆兰 62873
乌来石山桃 **295541**,295516
乌来月桃 17772
乌赖树 13578
乌榄 **71015**
乌榄寄生 125667
乌郎藤 49046
乌雷公 373139
乌雷加五层龙 **342664**
乌雷加紫金牛 **31627**
乌垒 123454
乌垒泥 1120
乌梨 267864
乌李楝 52436
乌里希大戟 **160025**
乌里希风轮菜 **97049**
乌里希密钟木 **192732**
乌里希天门冬 **39243**
乌里希纹蕊茜 **341373**
乌里紫檀 **320337**
乌力果 132134
乌蔹 20360
乌蔹草 79850
乌蔹莓 **79850**,387763,387785
乌蔹莓属 **79831**
乌蔹莓五加 **143582**
乌蔹莓叶五加 143582
乌凉 367682
乌蓼 308816
乌菱 **394426**,394436
乌柳 **343193**,343691
乌龙 97947
乌龙摆尾 339360,339361,339475
乌龙草 418335
乌龙茶 69634
乌龙根 52436
乌龙过江 371645
乌龙毛 287454,338292
乌龙木 64369
乌龙藤 103862
乌龙须 104701,338292,339080
乌隆斑纹漆木 43480
乌隆迪百蕊草 **389909**
乌隆迪大沙叶 **286537**
乌隆迪还阳参 **111071**
乌隆迪罗勒 **268663**
乌隆迪千里光 **360285**
乌隆迪星漆木 **43480**
乌隆迪绣球防风 **227728**
乌隆迪藨草 **293773**
乌隆迪玉凤花 **184174**
乌卢古尔阿兰藤黄 **14901**
乌卢古尔百蕊草 **389905**
乌卢古尔斑鸠菊 **406186**
乌卢古尔伴帕爵床 **60334**
乌卢古尔杯漆 **396377**
乌卢古尔多穗兰 **310633**
乌卢古尔多坦草 **136675**

乌卢古尔非洲奇草 **15974**
乌卢古尔凤仙花 **205417**
乌卢古尔红瓜 **97844**
乌卢古尔红果大戟 **154858**
乌卢古尔花篱 **27417**
乌卢古尔火烧兰 **147246**
乌卢古尔积雪草 **81637**
乌卢古尔豇豆 **408889**
乌卢古尔金鸡菊 **104615**
乌卢古尔茎花豆 **118117**
乌卢古尔嘴签 **179960**
乌卢古尔没药 **101584**
乌卢古尔木蓝 **206481**
乌卢古尔南星 **33546**
乌卢古尔喃果苏木 118117
乌卢古尔茄 **367702**
乌卢古尔热非时钟花 **374063**
乌卢古尔榕 **165408**
乌卢古尔神秘果 **382001**
乌卢古尔树葡萄 **120143**
乌卢古尔丝花茜 **360683**
乌卢古尔四丸大戟 **387980**
乌卢古尔五星花 **289898**
乌卢古尔鸭嘴花 **214870**
乌卢古尔硬衣爵床 **354393**
乌卢套棘豆 **279126**
乌鲁巴豆 **113052**
乌鲁芬草属 414829
乌鲁古海岸桐 **181745**
乌鲁姆郁金香 **400249**
乌鲁木齐风毛菊 348665
乌鲁木齐黄耆 **43254**
乌鲁木齐岩黄芪 188119
乌鲁木齐岩黄耆 **188119**
乌鲁塔夫菊蒿 **383869**
乌伦古黄耆 **43208**
乌麻 361317
乌麻花 71218
乌麦 45448,45495,162312
乌麦属 45363
乌樠木 132137
乌毛蕨叶十大功劳 **242580**
乌眉 132145
乌莓 339270
乌梅 34448,383407
乌梅炭 34448
乌梅泽兰 **158351**
乌梅子 351021
乌楣 382522
乌楣栲 **78963**
乌蒙杓兰 **120472**
乌蒙杜鹃 **332118**,331871
乌蒙黄堇 **106062**
乌蒙茴芹 **299574**
乌蒙宽叶杜鹃 **331871**
乌蒙冷杉 479
乌蒙绿绒蒿 **247199**
乌蒙小檗 **52380**
乌蒙紫晶报春 **315098**
乌米饭树 403738
乌面草 129243
乌面马 305202
乌面马属 305167
乌墨 **382522**,382569
乌墨蒲桃 382522
乌姆布芳香木 **38876**
乌姆加尼海葱 **402447**
乌姆加尼千里光 **360282**
乌姆普夸长官南天竹 **262201**
乌木 **132137**,132145,132260,132279,132303,382522,382569,384988
乌木黄檀 121750
乌木兰 122933
乌木莓 335760
乌木柿 132137
乌木属 132030
乌木相思 1384
乌穆塔利旋果花 **377832**
乌那拉斯卡蒿 **36440**
乌楠 385531
乌尼奥尔鸭嘴花 **214878**
乌尼奥尔夜来香 **385760**
乌尼拉希含羞草 **255084**
乌尼拉希金果椰 **139393**
乌尼拉希鸭嘴花 **214668**
乌尼拉希银背藤 **32648**
乌尼群花寄生 **11133**
乌尼韦风兰 **24978**
乌尼韦凤仙花 **205198**
乌尼韦蜡菊 **189623**
乌尼韦蒲桃 **382638**
乌尼韦柿 **132341**
乌泥藤 258923
乌奴龙胆 **174032**
乌女 308616
乌杷 54158
乌泡 338292,338354,338964,339080,339259,339270,339360,339361
乌泡刺 339360
乌泡倒触伞 338292
乌泡莲 410710
乌泡子 **338964**
乌彭巴斑鸠菊 **406907**
乌彭巴非洲长腺豆 **7514**
乌彭巴合瓣花 **381850**
乌彭巴拟大豆 **272379**
乌彭巴肖鸢尾 **258696**
乌彭贝大地豆 **199371**
乌彭贝多肋菊 **304465**
乌彭贝番薯 **207952**
乌彭贝宽肋瘦片菊 **57672**
乌彭贝蓝花参 **412916**
乌彭贝螺叶瘦片菊 **127183**
乌彭贝落萼旋花 **68366**
乌彭贝山黄菊 **25556**
乌彭贝酸藤子 **144818**
乌彭贝田皂角 **9661**
乌彭贝鸭嘴花 **214880**
乌皮茶 **322612**
乌皮茶属 322564
乌皮浮儿 312502
乌皮九芎 379347
乌皮龙 116019
乌皮石苓 132153
乌皮石柃 132153
乌皮藤 49046
乌榸 132339
乌婆树 160446
乌葡萄 **411811**
乌蒲 50669
乌七 183097
乌漆臼 60064
乌漆血 60064
乌恰贝母 **168401**
乌恰彩花 **2273**
乌恰翠雀花 **124701**
乌恰顶冰花 **169475**
乌恰风毛菊 **348614**
乌恰戈尔诺黄耆 **43059**
乌恰还阳参 **110872**
乌恰黄芪 43059
乌恰黄耆 **42682**
乌恰茄 **367468**
乌恰岩黄芪 187875
乌恰岩黄耆 **187875**
乌前 132414
乌寝花属 402743
乌麸花 68713
乌全胡 30065
乌却 205554
乌人参 25980
乌绒 13578
乌绒树 13578
乌肉鸡 31371
乌萨拉姆南方崖豆藤 **254872**
乌萨拉姆柿 **132451**
乌萨拉姆崖豆藤 **254871**
乌桑 83769,83785
乌桑巴拉阿诺木 **26156**
乌桑巴拉白花菜 **95811**
乌桑巴拉白藤菊 **254464**
乌桑巴拉斑鸠菊 **406911**
乌桑巴拉叉鳞瑞香 **129547**
乌桑巴拉车轴草 **397129**
乌桑巴拉大戟 **113090**
乌桑巴拉大戟属 **113088**
乌桑巴拉大沙叶 **286078**
乌桑巴拉恩格勒豆 **145617**
乌桑巴拉非洲豆蔻 **9949**
乌桑巴拉非洲砂仁 9949
乌桑巴拉凤仙花 **205425**
乌桑巴拉福来木 **163003**
乌桑巴拉腐草 **182627**
乌桑巴拉核果木 **138705**
乌桑巴拉红果大戟 **154860**
乌桑巴拉琥珀树 **27912**
乌桑巴拉花椒 **417367**
乌桑巴拉画眉草 **148029**
乌桑巴拉黄果木 **243989**
乌桑巴拉假杜鹃 **48380**
乌桑巴拉见血封喉 **28253**
乌桑巴拉金合欢 **1537**
乌桑巴拉九节 **319885**
乌桑巴拉决明 **78516**
乌桑巴拉可拉木 **99273**
乌桑巴拉苦斑鸠菊 **406187**
乌桑巴拉老鸦嘴 **390891**
乌桑巴拉冷水花 **299081**
乌桑巴拉鹿藿 **333439**
乌桑巴拉罗汉松 **306525**
乌桑巴拉毛盘鼠李 **222428**
乌桑巴拉帽柱茜 **256242**
乌桑巴拉美登木 **182712**
乌桑巴拉内蕊草 **145445**
乌桑巴拉欧石南 **149734**
乌桑巴拉茄 **367712**
乌桑巴拉鹊肾树 **377545**
乌桑巴拉热非时钟花 **374064**
乌桑巴拉榕 **165812**
乌桑巴拉山阿佛罗汉松 9995
乌桑巴拉山非洲罗汉松 **9995**
乌桑巴拉山马钱 **378937**
乌桑巴拉舍夫豆 **350815**
乌桑巴拉四数莎草 **387700**
乌桑巴拉酸模 **340300**
乌桑巴拉唐菖蒲 **176622**
乌桑巴拉桃榄 **313330**
乌桑巴拉天门冬 **39248**
乌桑巴拉微花藤 **207376**
乌桑巴拉五星花 **289845**
乌桑巴拉西澳兰 **118286**
乌桑巴拉细爪梧桐 **226278**
乌桑巴拉香茶 **303744**
乌桑巴拉肖囊大戟 **115661**
乌桑巴拉肖水竹叶 **23652**
乌桑巴拉肖玉盘木 **403636**
乌桑巴拉绣球防风 **227680**
乌桑巴拉鸭嘴花 **214449**
乌桑巴拉洋吊钟 **215282**
乌桑巴拉獐牙菜 **380396**
乌桑巴拉朱米兰 **212747**
乌桑巴拉紫丹 **393280**
乌桑古百蕊草 **389910**
乌桑古大戟 **158689**
乌桑古柔冠菊 **236400**
乌桑柿 **132448**

乌桑树 83787
乌骚风 291046
乌沙草 344957
乌沙夫斑鸠菊 **406910**
乌沙夫格尼瑞香 **178727**
乌沙夫远志 **308431**
乌沙莓 338292
乌痧草 345418
乌痧头 52436
乌莲 50669
乌翣 50669
乌山黄檀草 126603
乌山锦 17300
乌扇 50669
乌梢蛇 52418
乌苕子刺 328760
乌蛇 132145
乌蛇草 179488
乌蛇根 178555
乌蛇木 132309
乌参 404285
乌身香槁 91443,264046
乌椹 259067
乌氏当药 380415
乌氏阔变豆 **302865**
乌氏蓝盆花 **350281**
乌市黄芪 43254
乌市黄耆 43254
乌柿 **132089**,132145
乌树 13578
乌双龙胆 174032
乌松布拉类沟酸浆 **255179**
乌苏贝母 **168631**,168591
乌苏黑草 **61877**
乌苏里八宝 **200814**
乌苏里白饭树 **167094**
乌苏里百里香 **391393**
乌苏里荸荠 **143201**
乌苏里茶藨 334249
乌苏里茶藨子 **334249**
乌苏里大豆 177777
乌苏里风毛菊 **348902**
乌苏里谷精草 **151536**
乌苏里蒿 **36442**
乌苏里狐尾藻 **261377**
乌苏里黄芩 355669,355675
乌苏里碱蓬 379598
乌苏里金鱼藻 261377
乌苏里锦鸡儿 **72373**
乌苏里景天 **357271**,329836
乌苏里聚藻 261377
乌苏里苦麻 348902
乌苏里拉拉藤 **170724**
乌苏里李 316900
乌苏里蓼 **309926**
乌苏里毛茛 **326487**
乌苏里蜜柑草 296803
乌苏里鸟巢兰 **264750**
乌苏里葡萄 411540
乌苏里蒲公英 **384846**
乌苏里荨麻 **402947**
乌苏里蔷薇 **337005**
乌苏里山马薯 366548
乌苏里舌唇兰 302549
乌苏里鼠李 **328882**,328684
乌苏里酸模 **340270**
乌苏里苔草 **76651**
乌苏里甜茅 **177677**,177618
乌苏里葶苈 **137286**
乌苏里橐吾 228999
乌苏里委陵菜 **312944**
乌苏里无喙兰 **197449**
乌苏里小米草 **160290**
乌苏里绣线菊 371877
乌苏里野苦麻 348902
乌苏里叶下珠 296803
乌苏里鸢尾 **208700**
乌苏里早熟禾 **306119**
乌苏里泽芹 365871
乌苏裂花桑寄生 **295870**
乌苏纳和马塔兔唇花 **220095**
乌苏橐吾 **228999**
乌苏早熟禾 306119
乌酸木 407785
乌酸桃 332509
乌蒜 239266
乌塌菜 59512
乌蹋菜 59512
乌檀 **262823**,262822
乌檀贝尔茜 **53100**
乌檀科 **262854**
乌檀桑 **262857**
乌檀桑属 **262856**
乌檀属 **262795**
乌炭子 308965
乌桃叶 332509
乌特雷菊 **277615**
乌特雷菊属 **277614**
乌藤 **403587**,49046,403585
乌藤菜 35136,53797
乌提子 248727
乌天麻 **171923**
乌甜树 411420
乌通 259566
乌头 **5100**,5019,5041,5052,5193,5335,5543,5585,5616,160637
乌头风 7985
乌头老鹳草 174447
乌头力刚 94814
乌头荠 **155985**
乌头荠属 **155984**
乌头属 **5014**
乌头双距兰 **133685**
乌头叶八幡草 **58019**
乌头叶白蔹 20284
乌头叶菜豆 408829
乌头叶豇豆 **408829**
乌头叶老鹳草 **174447**
乌头叶麻疯树 **212101**
乌头叶毛茛 **326113**
乌头叶荨麻刺 **97739**
乌头叶日本槭 3035
乌头叶蛇葡萄 **20284**
乌头叶羽扇槭 3035
乌哇子 411686
乌维拉马利筋 **38155**
乌尾丁 204184
乌萎 308613,308616
乌温扎蛇舌草 **270032**
乌文木 132137
乌蚊子 379327
乌西山柳菊 **196072**
乌犀 176881,176901
乌犀树 176881
乌腺金丝桃 201761
乌小天冬 39075
乌心草 141374
乌心红豆 274393
乌心楠 **295410**
乌心石 **252851**,252849,306493
乌心石舅 283418
乌心石属 252803
乌鸦不企树 417173
乌鸦圪 49046
乌鸦果 **403832**
乌鸦七 308641
乌鸦藤 182384
乌鸦子 143665
乌牙树 57695
乌芽竹 **297202**
乌烟 282717
乌烟桃 332509
乌盐泡 332509
乌杨 54620,54623
乌杨梅 **261214**
乌药 **231298**,5100,5106,5200,96449,97919,124020,231300,264041
乌药公 231300
乌药苗 231424
乌药珠 231322
乌药竹 125453,125495
乌叶木荷 350949
乌叶柚 **93599**
乌叶竹 **47501**
乌叶子 350949
乌蝇草 138273
乌蝇叶 296522
乌蝇翼 296522,418335
乌蝇翼草 418335
乌尤伊花篱 **27426**
乌尤伊绵枣儿 **353097**
乌油蒿 **36024**
乌鱼刺 366466
乌羽玉 **236425**
乌羽玉属 **236423**
乌芋 143122,143391,342400
乌鸢 208875
乌元参 355201
乌园 208875
乌猿薰 137353
乌猿蔗 2046,137353
乌苑藤 258923
乌云盖雪 178237,402267
乌云干达虎斑楝 **237918**
乌云墨 132279
乌云散 **139618**
乌云树 13578
乌扎拉藤 416265
乌扎蒲公英 **384845**
乌樟 91287,231334,240707
乌趾草 237539
乌珠茅 293296
乌珠子 8256
乌竹 **297476**,297367,297375
乌竹仔 297375
乌爪簕藤 65077
乌仔蔓 199382
乌兹别克郁金香 400125
乌兹氏疣球 244261
乌子 160551
乌子草 247008
乌子麻 414193
乌子树 381341
乌祖多伊百簕花 **55448**
乌祖多伊臂形草 **58197**
乌祖多伊画眉草 **148030**
乌祖苔草 **76654**
乌嘴豆 408638
乌尊季沃凤仙花 **205426**
乌尊季沃感应草 **54562**
乌尊季沃火畦茜 **322973**
乌尊季沃梅氏大戟 **248020**
乌尊季沃柿 **132453**
乌尊季沃双袋兰 **134363**
乌尊季沃乌口树 **385042**
污白冠毛蓟 91753
污白欧石南 **149571**
污槽树 28316
污点红点草 **223809**
污点南非针叶豆 **223553**
污粉条儿菜 14486
污褐瘦鳞帚灯草 **209433**
污花滇紫草 **271757**,242398
污花风毛菊 **348800**
污花胀萼紫草 **242398**
污蜡菊 **189791**

污肋瓣花 **13865**
污毛粗叶木 **222153**,222172
污毛降龙草 **191393**
污毛菊属 299686
污毛栎 324150
污毛香青 **21660**
污木属 **341213**
污泥蓼 **309337**
污泥委陵菜 **313007**
污鞘莎草 **118927**
污染千里光 360096
污色棘豆 **279170**
污色蝇子草 **363621**
污生境属 103782
污苔草 **76301**
污托栎 **116095**
污浊八宝 **200800**
污浊巴特西番莲 **48548**
污浊橙菀 **320737**
污浊尖萼无患子 **377406**
污浊狼尾草 **289267**
污浊类花刺苋 **81673**
污浊苓菊 **214172**
污浊鹿藿 **333407**
污浊绵毛菊 **293472**
污浊女娄菜 248423
污浊莎草 **119587**
污浊十二卷 **186736**
污浊小麦秆菊 **381682**
污浊鱼骨木 **71499**
污浊柱蕊紫金牛 **379199**
巫山党 98417
巫山杜鹃 **331681**
巫山繁缕 **375145**
巫山胡颓子 **142247**
巫山黄芪 43256
巫山黄耆 **43256**
巫山堇菜 **410060**
巫山柳 343366
巫山牛奶子 142247
巫山新木姜子 **264114**
巫山悬钩子 **339480**
巫山淫羊藿 **147075**
巫山帚菊 **292082**
巫溪泡花树 **249465**
巫溪箬竹 **206840**
巫溪银莲花 **24034**
巫溪紫堇 **105671**
屋得金合欢 1601
屋顶长生草 358062
屋顶长生花 358062
屋顶刀囊豆 **415616**
屋顶杜鹃 **331943**
屋顶非洲豆蔻 **9946**
屋顶非洲砂仁 9946
屋顶须芒草 **23046**
屋顶叶苞帚鼠麹 **20632**
屋顶鸢尾 208875
屋顶舟叶花 **340936**
屋顶棕 390463
屋顶棕属 390451
屋根草 111050
屋脊黄耆 **43140**
屋加风 350799
屋久岛斑叶兰 **179630**
屋久岛长射当归 **24397**
屋久岛车前 **301885**
屋久岛当归 **24508**
屋久岛杜鹃 **331237**
屋久岛多茎剪刀草 **97037**
屋久岛繁缕 **374868**
屋久岛仿杜鹃 **250533**
屋久岛风毛菊 **348572**
屋久岛海州常山 **96408**
屋久岛蒿 **35671**
屋久岛胡颓子 **142251**
屋久岛花椒 **417375**
屋久岛黄芩 **355724**
屋久岛蓟 **92498**
屋久岛金丝桃 **201972**
屋久岛堇菜 **410744**
屋久岛拉拉藤 **170564**
屋久岛冷水花 **298980**
屋久岛柃 **160629**
屋久岛龙胆 **174079**,174080
屋久岛楼梯草 **142898**
屋久岛马醉木 **298757**
屋久岛梅花草 **284602**
屋久岛南星 **33401**
屋久岛蔷薇 **336653**
屋久岛荛花 **414240**
屋久岛山地杜鹃 **332134**
屋久岛山地短距舌唇兰 **302266**
屋久岛山地悬钩子 **338950**
屋久岛山罗花 **248184**
屋久岛蛇菰 **46885**
屋久岛生杜鹃 **332133**
屋久岛鼠李 **328671**
屋久岛苔草 **76777**
屋久岛卫矛 **157970**
屋久岛细辛 **37761**
屋久岛纤细玉簪 **198622**
屋久岛香青 **21698**
屋久岛小苦荬 **210551**
屋久岛蟹甲草 **283882**
屋久岛新耳草 **262964**
屋久岛星穗苔草 **75607**
屋久岛绣球 **199952**
屋久岛悬钩子 **338610**
屋久岛羊茅 **164023**
屋久岛盂兰 **223659**
屋久岛越橘 **404062**
屋久岛泽兰 **158373**
屋久岛帚菊 **292084**
屋久岛紫菀 **41511**
屋卷绢 358062
屋上无根草 275363
屋生还阳参 111050
屋松 275363
屋周 335760
无白草 6907
无斑八仙花 **199967**
无斑百合 229747
无斑贝母 168523
无斑粗茎爱染草 **12501**
无斑滇百合 **229747**
无斑点黄芩 **355489**
无斑吊兰 **88580**
无斑兜兰 **282837**
无斑二歧白鹤灵芝 **329465**
无斑风铃草 **70235**
无斑红百合 229747
无斑虎耳草 **349713**
无斑黄花狸藻 **403109**
无斑马氏短梗景天 **8474**
无斑梅花草 **284530**
无斑墨西哥灯笼果 **297713**
无斑山姜 **17670**
无斑藤黄 **171097**
无斑田代氏獐牙菜 **380369**
无斑无茎四脉菊 **387352**
无斑小籽春桃玉 **131308**
无斑鞋木 **52882**
无斑羊乳 **98345**
无斑叶猪牙花 **154929**
无斑玉牛角 **139156**
无斑獐牙菜 **380128**
无斑帚状欧石南 **149428**
无瓣安匝木 **310755**
无瓣扁担杆 **180679**
无瓣彩虹花 **136393**
无瓣重楼 **284403**
无瓣繁缕 375033
无瓣芙兰草 **168835**
无瓣海桑 **368914**
无瓣蔊菜 **336193**
无瓣颌兰 **174264**
无瓣红厚壳 **67852**
无瓣火把树属 **98172**
无瓣基花莲 **48651**
无瓣荚蒾叶悬钩子 **339449**
无瓣假榆橘 **320084**
无瓣金莲木 **268143**
无瓣李堪木 **228665**
无瓣利堪蔷薇 228665
无瓣裸木犀 **265603**
无瓣毛茛 **394589**
无瓣毛茛属 **394583**
无瓣矛材 **136247**
无瓣女娄菜 **248255**
无瓣漆姑草 **342226**
无瓣日本山繁缕 **375119**
无瓣山踯躅 **330969**
无瓣鼠尾毛茛 **260931**
无瓣天竺葵 **288082**
无瓣希尔梧桐 **196326**
无瓣狭喙兰 **375680**
无瓣悬钩子 **338135**
无瓣逸香木 **131943**
无瓣樱桃 83145
无瓣蝇子草 **363193**
无瓣枣 **418149**
无瓣珍珠菜 239633
无瓣指甲木 **128890**
无瓣指甲木属 **128889**
无苞白玉树 **139794**
无苞百蕊草 **389677**
无苞杓兰 **120302**
无苞刺莲花 **28871**
无苞刺莲花属 **28868**
无苞粗叶木 **222224**,222163
无苞酢浆草 **277815**
无苞大戟 159841
无苞毒马草 **362839**
无苞繁缕 **374872**
无苞费利菊 **163187**
无苞风信子属 **315583**
无苞海石竹 **34512**
无苞黑草 **61777**
无苞花 **4781**
无苞花属 4777
无苞茴芹 **299404**
无苞鸡屎米 222169
无苞鸡屎树 **222169**
无苞寄生 **14455**
无苞寄生属 **14454**
无苞芥 **270462**
无苞芥属 **270460**
无苞宽萼豆 **302939**
无苞劣玄参 **28267**
无苞楼梯草 **142653**
无苞欧石南 **149375**
无苞片帝王花 **82323**
无苞片咖啡 **98910**
无苞片威尔瓜 **414284**
无苞软骨瓣 **88829**
无苞沙穗 **148479**
无苞石竹 **238727**
无苞石竹属 **238726**
无苞双脊荠 **130958**
无苞香蒲 **401120**
无苞绣球防风 **227591**
无苞野荞麦 **152140**
无被麻属 **294340**
无被木犀属 265602
无被蒲公英 **384569**
无被桑属 **94122**
无比玉 **175504**

无边苞翠雀花 **124197**
无边柽柳桃金娘 **260987**
无边金虎尾 **243525**
无边金腺鸡头薯 **152891**
无边裂床兰 **130997**
无边帽唇兰 **68627**
无边穆里野牡丹 **259422**
无边猪屎豆 **112113**
无鞭藤 **306947**
无鞭藤属 **306946**
无柄桉 155616
无柄扁担杆 **180965**
无柄草科 21788
无柄草属 21780
无柄长叶假糙苏 **283631**
无柄虫实附地菜 **397403**
无柄垂子买麻藤 **178559**
无柄刺萼野牡丹 **81843**
无柄刺黄柏 242538
无柄刺葵 295453
无柄大戟 159833
无柄大舌小花苔草 **75700**
无柄独子果 **297795**
无柄杜鹃 **332097**
无柄多色戴尔豆 **121907**
无柄多坦草 **136643**
无柄法道格茜 **161995**
无柄繁缕 **375093**
无柄凤梨属 113364
无柄佛堤豆 **298686**
无柄甘蓝树 **115237**
无柄感应草 **54548**
无柄沟酸浆 **255242**
无柄钩藤 401779
无柄狗牙花 **382838**
无柄光囊苔草 **224235**
无柄广叶桉 **155477**
无柄果钩藤 401773,401779
无柄红光树 **216889**
无柄厚皮树 **221202**
无柄湖北十大功劳 242538
无柄互叶紫绒草 **44000**
无柄花 **29539**
无柄花非生木 297795
无柄花瓜子金 **307927**,308081
无柄花蔊菜 **336268**
无柄花灰叶 **386308**
无柄花科 **29535**
无柄花棱果芥 382105
无柄花栎 324278
无柄花茄 **367611**
无柄花日光雪莲 **348561**
无柄花石龙尾 230323
无柄花梳菊 **286903**
无柄花属 **29538**
无柄黄花柳 **344120**
无柄黄锦带 130254
无柄黄芩 355748
无柄鸡爪槭 **3364**
无柄积雪草 **81625**
无柄金雀花 120899
无柄金丝桃 **201765**
无柄金足草 130322
无柄荆芥 **265047**
无柄柯克大戟 **401242**
无柄蜡菊 **189778**
无柄梾木 **105190**
无柄蓝桔梗 **115457**
无柄老鸦嘴 **390876**
无柄棱果芥 **382105**
无柄棱果桔梗 **315309**
无柄柳 343037
无柄柳穿鱼 **231130**
无柄裸柱菊 **368536**
无柄马先蒿 **287012**
无柄蔓龙胆 **110329**
无柄毛草龙 **238190**
无柄爬藤榕 165627
无柄婆婆纳 317945,317968
无柄蒲桃 **382490**
无柄茜兰芥 382105
无柄琼楠 **50606**
无柄秋海棠 **50302**
无柄赛糖芥 382105
无柄沙参 **7835**
无柄山柑 **71893**
无柄山蚂蝗 **126605**
无柄施米茜 **352055**
无柄石笔木 400719,400726
无柄石豆兰 **62566**
无柄石泉柳 **344107**
无柄柿 **132386**
无柄黍 **374619**
无柄黍属 **374615**
无柄鼠尾草 **345387**
无柄鼠尾毛茛 **260949**
无柄水苏 **373434**
无柄水苋菜 **19621**
无柄溲疏 **126934**
无柄穗花 **317945**
无柄卫矛 **157899**
无柄五层龙 **342724**
无柄西风芹 **361569**
无柄西印度茜 **179550**
无柄稀花鸡头薯 **153053**
无柄喜光花 **6480**
无柄细钟花 **403675**
无柄象牙参 **337102**
无柄小茄 **239689**
无柄小人兰 178896
无柄小叶榕 164834
无柄小籽金牛 **383975**
无柄肖长苞杨梅 **101661**
无柄肖木蓝 **253247**
无柄邪蒿 361569
无柄心形异荣耀木 **134723**
无柄新乌檀 **264224**
无柄雅榕 **164834**
无柄延龄草 **397609**
无柄叶安龙花 **139493**
无柄叶百脉根 **237751**
无柄叶半脊荠 **191535**
无柄叶苞爵床 **139017**
无柄叶布里滕参 **211535**
无柄叶柽柳桃金娘 **261033**
无柄叶赪桐 **96343**
无柄叶带梗革瓣花 **329257**
无柄叶红瓜 **97836**
无柄叶勒珀蒺藜 **335683**
无柄叶雷内姜 **327747**
无柄叶栎 324278
无柄叶菱叶藤 **332323**
无柄叶莫利木 **256568**
无柄叶木犀草 **327915**
无柄叶南非针叶豆 **223589**
无柄叶扭柄花 **377934**
无柄叶葡萄 **411916**
无柄叶山梗菜 234766
无柄叶树葡萄 **120221**
无柄叶双盖玄参 **129348**
无柄叶水苏 **373433**
无柄叶油芦子 **97377**
无柄叶胀萼马鞭草 **86104**
无柄一叶兰 191602
无柄异荣耀木 **134724**
无柄异叶海桐 **301293**
无柄银齿树 **227379**
无柄玉叶金花 **260492**
无柄越橘 404011
无柄折叶兰 **366792**
无柄止泻萝藦 **416253**
无柄纸叶榕 **164797**
无柄舟叶花 **340903**
无柄猪屎豆 **112668**
无柄柱天芥菜 **190732**
无柄紫堇 105810
无柄紫珠 66837
无柄醉鱼草 **62162**
无不愈 38960
无槽冬青 203792
无齿艾蒿 **35170**
无齿齿果草 344349
无齿大沙叶 **286198**
无齿萼果庭荠 **18347**
无齿海滨芥 **65175**
无齿华苘麻 **990**
无齿卷瓣兰 **62704**
无齿两节荠 **108604**
无齿蒌蒿 **36251**
无齿毛蕊茶 **69054**
无齿美酸模 **340215**
无齿青冈 **116190**,116191
无齿庭荠 **18471**
无齿兔耳兰 **116921**,116938
无齿锡叶藤 **386868**
无齿小檗 **51580**
无齿岩芥菜 **9796**
无齿鸢尾兰 **267939**
无齿圆苞山罗花 **248177**
无齿舟叶花 **340664**
无翅贝克菊 **52767**
无翅风车子 **100457**
无翅钩喙芥 **57195**
无翅果槐 **369073**
无翅果秋海棠 **49626**
无翅黑金盏 **266672**
无翅黑籽水蜈蚣 **218564**
无翅黄杞属 14583
无翅柳叶芹 121048
无翅裸锯花 **315196**
无翅梅农芥 **250274**
无翅缅甸漆木 **248528**
无翅拟漆姑 **370696**
无翅坡垒 198189
无翅秋海棠 **49594**,49626
无翅莎草 118841
无翅山黧豆 **222802**
无翅参薯 **131581**
无翅施图芥 **378977**
无翅薯蓣 **57189**
无翅薯蓣属 **57187**
无翅粟麦草 **230152**
无翅苔草 **75837**
无翅兔儿风 **12613**
无翅豚草 **19143**
无翅尾药菊 381958
无翅肖凤卵草 **350527**
无翅异蜡花木 **113103**
无翅猪毛菜 **344606**
无慈 25442
无刺安迪尔豆 **22218**
无刺安迪拉豆 22218
无刺巴西含羞草 **255021**
无刺菝葜 **366447**
无刺百簕花 **55319**
无刺菠菜 **371714**
无刺茶藨子 **334210**
无刺齿稃草 **351176**
无刺椿叶花椒 **417140**
无刺刺藜 86953
无刺大翅蓟 **271689**
无刺大风子 270897
无刺大戟 **159135**,158509
无刺儿茶 **1125**
无刺非洲马钱树 **27592**
无刺伏牛花 122028
无刺甘蓝皮豆 22218
无刺格菱 **394529**

无刺贡山悬钩子 **338479**
无刺含羞草 **255056**,255053
无刺华东菝葜 **366574**
无刺槐 **334982**
无刺黄瓜 114246
无刺黄杨叶小檗 **51403**
无刺鸡脚山楂 **109637**
无刺蒺藜 **395078**
无刺金合欢 **1642**
无刺金莲木 **268198**
无刺金鱼藻 **83553**
无刺锦鸡儿 **72377**
无刺茎荨麻 **402884**,402855
无刺柯桠豆 22218
无刺空心泡 **339202**
无刺块蚁茜 **261487**
无刺莱勃特 220310
无刺兰伯特木 **220310**
无刺藜 **86953**
无刺两歧五加 **143591**
无刺蓼 **291955**
无刺鳞果草 370895
无刺鳞水蜈蚣 218488
无刺鳞籽草 **370895**
无刺琉球楤木 **30750**
无刺芦荟 **16913**
无刺驴喜豆 **271222**
无刺曼陀罗 **123081**,123077
无刺芒刺果 1751
无刺毛白珠 **172167**
无刺毛腹无患子 **151736**
无刺毛秦椒 **417305**
无刺美国皂荚 **176904**
无刺牛叠肚 **338302**
无刺欧石南 **149842**
无刺蔷薇 **336649**
无刺青花椒 **417333**
无刺日本皂荚 **176882**
无刺肉茎牻牛儿苗 **346652**
无刺缫丝花 **336887**
无刺沙针 **2637**
无刺十大功劳 242637
无刺鼠李 328604,328695
无刺双钝角芥 **128354**
无刺水晶掌 **186688**
无刺水苏 **373091**
无刺蒴莲 **7265**
无刺苏铁 **115838**
无刺檀梨 **323070**
无刺藤 300955
无刺天竺葵 **288080**
无刺铁榄 **362950**
无刺微小永菊 **43877**
无刺莴苣 **219375**
无刺乌炮 339080
无刺乌泡 339259
无刺五加 **143684**,143591
无刺仙人掌 **272861**,272830
无刺小檗 51403
无刺悬钩子 **338948**,339188
无刺洋槐 334982,334995
无刺野古草 **37430**
无刺野荞麦 **152157**
无刺硬核 **354503**
无刺鱼骨木 **71392**
无刺榆叶悬钩子 **339427**
无刺枣 **418173**
无刺掌叶悬钩子 **339032**
无刺猪毛菜 **344579**
无刺紫鱼苜蓿 **247399**
无莿根 20327
无带豆属 **8072**
无敌圆锥绣球 200049
无地生根 78731,392274
无地生须 392274
无点加拿大百合 **229786**
无顶腺虎耳草 **349414**
无定短苦木 **18218**
无定形茄 **367713**
无毒莎草 **118839**
无萼齿野豌豆 **408384**
无萼木 **38302**
无萼木属 **38301**
无萼烟堇 **169004**
无耳草海桐 **128118**
无耳草海桐属 **128117**
无耳赤胫散 **309715**
无耳兰 **26205**
无耳兰属 **26199**
无耳镰序竹 **137848**
无耳少穗竹 **270425**
无耳唐竹 **364788**
无耳藤竹 **131283**
无耳闻雪 260208
无耳沼兰 **130185**
无耳沼兰属 **130177**
无粉报春 **314331**
无粉刺红珠 **51559**
无粉海仙花 **314829**
无粉头序报春 **314217**
无粉小檗 51841
无粉锥果椆 116141
无粉锥果栎 **116141**
无风独摇草 98156,98159
无风自动草 175203
无附属物包被滨藜 **44692**
无盖侧金盏 8349
无盖蝴蝶玉 **148564**
无盖双距兰 **133697**
无刚毛荸荠 **143179**
无刚毛赤箭莎 **352409**
无刚毛陶土马唐 **130439**
无隔芥属 373642
无隔囊木棉 **246299**
无隔囊木棉属 **246297**
无隔荠属 **373642**
无根草 78731,114994,115050
无根草属 78726
无根浮萍 414653
无根花 115123
无根萍 414653
无根萍属 414649
无根藤 **78731**,114994,115050
无根藤科 **78742**
无根藤属 **78726**
无根藤菟丝子 **114992**
无根藤驼花 **378556**
无根状茎荸荠 **143058**
无梗阿比西尼亚山芫荽 **107750**
无梗阿利茜 **14655**
无梗艾纳香 **55823**
无梗白雪叶 **32507**
无梗斑鸠菊属 **225247**
无梗鲍氏木 **48978**
无梗柽柳 **261689**
无梗柽柳属 **261687**
无梗齿缘草 **153533**
无梗丛生红毛苋 **323049**
无梗大沙叶 **286119**
无梗大岩桐寄生 **384252**
无梗钓樟 231455
无梗短冠榄仁树 **386485**
无梗盾锦葵 **288798**
无梗法拉茜 **162602**
无梗风毛菊 **348152**
无梗高山参 **274006**
无梗谷精草 **151484**
无梗瓜栗 **279390**
无梗果芹 **29546**
无梗果芹属 **29545**
无梗海因兹茜 **196401**
无梗花鲍耶尔 48978
无梗花柽柳桃金娘 **261032**
无梗花赤宝花 **390028**
无梗花大岩桐寄生 **384016**
无梗花黑蒴 **14347**
无梗花嘉兰 **177246**
无梗花咖啡 **99005**
无梗花栎 324278
无梗花潘考夫无患子 **280866**
无梗花皮雄榄 **298463**
无梗花十二卷 **186727**
无梗花肖木菊 **240794**
无梗花星牵牛 **43353**
无梗花异囊菊 **194246**
无梗花指甲草 **284897**
无梗花醉畜豆 **334489**
无梗黄肉楠 **6818**
无梗灰毛菊 **31289**
无梗火焰草 **79135**
无梗蓟 **92361**
无梗假桂钓樟 **231455**
无梗假卫矛 **254325**
无梗接骨木 **345679**
无梗桔梗属 **175971**
无梗橘香木 **247522**
无梗苦瓜 **256876**
无梗拉拉藤 **170634**
无梗离瓣寄生 **190831**
无梗丽唇夹竹桃 **66963**
无梗栎 **324278**
无梗林茨桃金娘 **334726**
无梗鳞球穗 **340529**
无梗鳞球穗属 **340528**
无梗苓菊 **214039**
无梗龙胆 **173184**
无梗楼梯草 142761
无梗洛尔紫金牛 **235277**
无梗毛蕊花 **405767**
无梗磨石草 **14469**
无梗南美杜鹃 **67944**
无梗南美纳茜菜 **209495**
无梗拟蒺藜 **395061**
无梗欧石南 **150038**
无梗皮尔逊豆 **286800**
无梗槭叶兔儿风 **12602**
无梗茄 **366905**
无梗群腺芸香 **304552**
无梗忍冬 **235669**
无梗日中花 **251090**
无梗山榄属 210194
无梗石笔木 **400719**
无梗石蒜属 **29560**
无梗柿 **132085**
无梗水石衣 **200207**
无梗沃内野牡丹 **413226**
无梗五加 **143665**
无梗西非囊萼花 **153394**
无梗喜阳花 **190444**
无梗小檗 **52111**
无梗小金梅草 **202966**
无梗小叶榕 164834
无梗泻瓜 **79819**
无梗星状茄 **367612**
无梗药费雷茜 **163368**
无梗药紫金牛属 **46406**
无梗叶金雀花 **121011**
无梗忧花 **241706**
无梗雨湿木 **60028**
无梗圆叶茜 **116306**
无梗越橘 **403851**
无梗藻百年 **161577**
无梗泽兰 **158315**
无梗猪屎豆 **112667**
无梗柱卫矛属 **29569**
无梗砖子苗 **245343**
无梗棕苞金绒草 **333126**
无拱长假滨紫草 **318003**

无姑 401556
无骨苎麻 43682
无冠斑鸠菊 **185786**
无冠斑鸠菊属 **185785**
无冠糙毛菊 **7579**
无冠糙毛菊属 **7578**
无冠翅瓣黄堇 **106333**
无冠倒吊笔 **414815**
无冠高茎紫堇 **105852**
无冠黄安菊 **64809**
无冠黄安菊属 **64806**
无冠加拿大葱 **15150**
无冠金钩如意草 105836
无冠苣 **44297**
无冠苣属 **44296**
无冠克什米尔紫堇 105843
无冠菱 **394478**,394463
无冠萝藦属 **39891**
无冠毛蜡菊 **189321**
无冠毛马兰 **215345**
无冠毛一点紫 **144996**
无冠坡梯草 **290182**
无冠山柳菊 **197001**
无冠山柳菊属 **197000**
无冠鼠麹草 **147440**
无冠鼠麹草属 **147438**
无冠鼠麹木 **184335**
无冠鼠麹木属 **184333**
无冠藤 7088
无冠藤属 7087
无冠细叶黄堇 106070
无冠折曲黄堇 **106478**
无冠紫堇 **105843**
无冠紫绒草 **378975**
无冠紫绒草属 **378973**
无管藁本 **229369**,229368
无光菊 **220463**
无光菊属 **220462**
无果梗基花莲 **48682**
无害马钱 **378763**
无核橘 93736
无护蓟 **92055**
无花梗白前 **117680**
无花梗鹤虱 **221745**
无花梗茎花豆 **118114**
无花梗蓝花参 **412864**
无花梗类繁缕 **375164**
无花梗罗马风信子 **50775**
无花梗马森风信子 **246159**
无花梗木蓝 **206539**
无花梗南非蜜茶 **116345**
无花梗喃果苏木 118114
无花梗拟紫玉盘 **403653**
无花梗叶饰木 **296977**
无花梗异耳爵床 **25714**
无花果 **164763**,3462,165515,165821
无花果藨草 **353409**
无花果黄葵 **224**
无花果毛茛 **325820**
无花果木槿 **194870**
无花果榕 **165826**
无花果肉锥花 **102213**
无花果属 164608
无花果叶扁豆 135474
无花果叶九节 **319863**
无花果叶镰扁豆 **135474**
无花果叶蜀葵 **13945**
无花千金藤 375854
无患树 346338
无患子 **346338**,346333
无患子科 **346316**
无患子属 **346323**
无患子叶鸡血藤 254830
无患子叶崖豆藤 **254830**
无槵 346338
无喙齿冠菊 261081
无喙赤箭 171908
无喙粉苞苣 88761
无喙兰 **197447**
无喙兰属 **197446**
无喙榄仁树 **386465**
无喙绿穗苔草 **74114**
无喙囊苔草 **74259**
无喙黏冠草 261081
无喙鸟巢兰 **264737**,197448
无喙苔草 **73770**,76605
无喙天麻 **171908**
无喙线叶苔草 **74520**
无喙烟堇 **169062**
无脊葶苈 **143125**
无脊虎眼万年青 274513
无脊柯属 **24231**
无尖安龙花 **139478**
无尖苞茅 **201490**
无尖刺头菊 **108418**
无尖单色欧石南 **150195**
无尖短舌菊 **58045**
无尖棘豆 **279189**
无尖胶鳞禾 **143781**
无尖鳞翅草 **225084**
无尖鸟足兰 **347837**
无尖欧石南 **150016**
无尖破布木 **104195**
无尖十二卷 **186570**
无尖鼠尾草 **345414**
无尖塔花 **347599**
无尖肖梅莱爵床 **271880**
无尖真穗草 **160988**
无尖中芒菊 **81786**
无尖猪毛菜 **344639**
无尖猪屎豆 **112096**
无尖紫波 **28494**
无角菱 **394414**
无角龙面花 **263375**
无角蒙迪藤 **257212**
无角蒲公英 **384529**
无角止泻萝藦 **416184**
无节草 25923
无节草属 25922
无节大戟 **158454**
无节歧缬草 **404397**
无睫毛虎耳草 **349287**
无茎阿福花 39450
无茎巴索拉兰 **59255**
无茎白冠黑药菊 **89341**
无茎百子莲 **10253**
无茎斑鸠菊 **406043**
无茎苞花草 **212419**
无茎报春 **314087**,315101
无茎扁莎 **322181**
无茎藏掖花 **97583**
无茎草科 49306
无茎草属 49300
无茎叉毛菊 **415552**
无茎叉毛菊属 **415545**
无茎车轴草 **396808**
无茎刺苞菊 **76990**
无茎刺苞木 76990
无茎刺葵 **295453**
无茎大翅蓟 **271667**
无茎带药椰 **383028**
无茎灯头菊 **313949**
无茎灯头菊属 **313947**
无茎等柱菊 **210301**
无茎狄棕 139303
无茎吊兰 **88549**
无茎法鲁龙胆 **162780**
无茎番杏 **12892**
无茎番杏属 **12888**
无茎风车草 **180268**
无茎凤仙花 **204760**
无茎孤菀 **393396**
无茎光籽芥 **224212**
无茎桂竹香 154465
无茎过路黄 239549
无茎海神木 **315709**
无茎后毛锦葵 **267190**
无茎虎尾兰 **346065**
无茎黄鹌菜 **416479**
无茎黄芪 41912
无茎黄耆 **41912**
无茎黄蓍 41912
无茎灰毛菊 **31178**
无茎棘豆 **278936**
无茎蓟 **91713**
无茎尖膜菊 **201296**
无茎菅 **389351**
无茎芥 287957
无茎金果椰 **139303**
无茎锦葵 **2745**
无茎锦葵属 **2743**
无茎苣苔 191384
无茎苣苔花 **177518**
无茎卷序牡丹 **91097**
无茎康氏掌 **102820**
无茎克拉布爵床 **108505**
无茎苦苣菜 **368627**
无茎蓝花参 **412573**
无茎丽豆 **67772**
无茎沥青补骨脂 **54840**
无茎亮蛇床 **357793**
无茎柳 **344116**
无茎龙胆 173184,173202,173778
无茎龙血树 **137331**
无茎漏芦 **329201**
无茎绿香青 **21727**
无茎麻花头 **361076**
无茎马齿苋 **65829**
无茎麦瓶草 **363144**,363399
无茎牻牛儿苗 **153716**
无茎茅膏菜 **138262**
无茎膜质菊 201296
无茎磨石草 **14461**
无茎纳韦凤梨 **262928**
无茎南美刺莲花 **55852**
无茎南美萼角花 57034
无茎南美苦苣苔 **175297**
无茎拟阿福花 **39450**
无茎鸟娇花 **210691**
无茎牛眼萼角花 **57034**
无茎盆距兰 **171875**
无茎荠 287957
无茎荠属 287948
无茎千里光 **358165**
无茎秋海棠 **49592**
无茎雀儿豆 **87233**
无茎柔花 **9000**
无茎肉舌兰 **346798**
无茎三棒吊兰 **396563**
无茎三棱黄眼草 **649**
无茎伞花菊 **161222**
无茎山槟榔 **299650**
无茎山金车 **34657**
无茎石竹 **127850**
无茎蜀葵 **13914**
无茎栓翅芹 **313517**
无茎栓果菊 222909
无茎四脉菊 **387349**
无茎粟米草 **256711**
无茎糖芥 **154465**
无茎天竺葵 **288049**
无茎条果芥 224212
无茎苇椰 **174342**
无茎委陵菜 312325
无茎文珠兰 **111155**
无茎勿忘草 **260897**

无茎西瓦菊 **193375**
无茎线形直玄参 **29925**
无茎香茶菜 **303126**
无茎小疮菊 **171476**
无茎悬钩子 **338078**
无茎旋覆花 **207026**
无茎翼茎菊 **172403**
无茎银灌戟 **32965**
无茎隐花凤梨 113365
无茎樱草 315101
无茎蝇子草 363144
无茎鸢尾兰 267923
无茎月见草 **269396**
无茎藻百年 **161581**
无茎窄黄花 **375788**
无茎锥花 **179175**
无距保山乌头 **5426**
无距宾川乌头 **5170**
无距杜英属 **3800**
无距凤仙花 **205121**
无距格雷野牡丹 **180375**
无距红门兰 169906
无距花 **374076**
无距花科 199301
无距花属 **374070**
无距画兰 **180248**
无距角盘兰 **192841**
无距堇 **2768**
无距堇属 **2766**
无距兰 169906
无距兰属 **3811**
无距龙面花 **263395**
无距耧斗菜 **30024**
无距鸟足兰 **347766**
无距气花兰 **9209**
无距双距兰 **133764**
无距天葵 30024
无距西澳兰 **118151**
无距虾脊兰 **66106**
无距小白撑 **5436**
无距小花黄堇 **105838**
无距淫羊藿 **146984**
无距总状凤仙花 **205270**
无卷须巢菜 **408593**
无卷须西瓜 **93299**
无孔光花草 **373666**
无孔金丝桃 **201909**
无孔兰属 **5779**
无孔微孔草 **254343**
无孔眼子菜 **312030**
无口草 **41878**
无口草属 **41876**
无口丽桃叶风铃草 **70217**
无辣蓼 309212,309644
无棱肉锥花 **102184**
无棱油瓜 197073
无棱皱波黄堇 105763
无梁藤 117751
无量山箭竹 **162764**
无量山柃 **160627**
无量山山矾 **381456**,381100
无量山小檗 **52381**
无量藤 115050
无裂槭叶铁线莲 **94678**
无鳞草属 **14384**
无鳞杜鹃 331683
无鳞柯 233292
无鳞麦瓶草 363443
无鳞蝇子草 **363443**
无漏果 295461
无漏子 295461
无鲁比拉斯刺美国皂荚 **176911**
无路花 100173
无脉百里香 **391180**
无脉大油芒 **372437**
无脉海神木 **315793**
无脉鸡爪簕 **278318**
无脉兰属 **5848**
无脉米伦苔草 **75435**
无脉木犀 **276286**
无脉木犀榄 **270071**
无脉山茶 **69404**
无脉苔草 **74453**
无脉相思 1049
无脉相思树 **1049**
无脉小檗 **51967**
无脉绣球菊 **106847**
无脉野牡丹 **256779**
无脉野牡丹属 **256778**
无蔓巢菜 **224483**
无芒 **364509**
无芒稗 **140403**
无芒长嘴苔草 **75190**
无芒对穗草 171516
无芒鹅观草 **335444**
无芒耳稃草 **171516**
无芒发草 **126054**
无芒葛氏草 171516
无芒虎尾草 88352
无芒画眉 147888
无芒画眉草 **147888**
无芒涧草 87355
无芒金茅 **156472**
无芒莛草 **36728**
无芒毛建草 137599
无芒披碱草 **144487**
无芒雀麦 **60760**
无芒山涧草 **87355**
无芒山羊草 **8691**
无芒苔草 **74418**
无芒鸭嘴草 **209345**
无芒羊茅 **164095**
无芒药 **172253**
无芒药属 **172248**
无芒以礼草 **215947**
无芒隐子草 **94631**
无芒竹叶草 **272638**
无毛矮柳 **343030**
无毛澳洲鸢尾 **285790**
无毛白前 **409447**
无毛白透骨消 **176815**
无毛百脉根 **237617**
无毛斑鸠菊 **406369**
无毛宝兴木姜子 234004
无毛荸荠 **143159**,143073
无毛比斯小檗 **51354**
无毛臂形草 **58204**
无毛变叶葡萄 411853
无毛伯特鱼骨木 **71332**
无毛薄叶委陵菜 **312501**
无毛薄叶新耳草 **262962**
无毛薄子木 226472
无毛布朗椴 **61197**
无毛糙叶花椒 417282
无毛草胡椒 **290349**
无毛草芍药 **280248**
无毛长蕊柳 **343632**
无毛长蕊绣线菊 **372013**
无毛长尾冬青 **203989**
无毛长圆叶梾木 **380476**
无毛丑柳 **343525**
无毛臭黄荆 **313632**
无毛川滇绣线菊 **372080**
无毛川麸杨 **332970**
无毛川梨 **323253**
无毛川柳 **343513**
无毛川西黄芪 42229
无毛川西黄耆 **42229**
无毛川藏蒿 **36362**
无毛垂头菊 **110446**
无毛刺萼三棱柱 **413884**
无毛刺橘 **405508**
无毛刺蒴麻 **399239**
无毛刺头菊 **108291**
无毛刺叶石楠 **295755**
无毛粗糙黄堇 **106408**
无毛翠竹 **304009**
无毛大艾 55783
无毛大蒜芥 **365416**
无毛大托叶金壳果 **241944**
无毛大砧草 **337921**
无毛大籽筋骨草 **13138**
无毛单花木姜子 **135138**
无毛淡红忍冬 **235634**
无毛灯笼花 **10323**
无毛滇榄仁 386538
无毛滇南赤车 288754
无毛滇南山蚂蝗 **126463**
无毛滇西冬青 **203825**
无毛丁癸草 **418350**
无毛冬青 **203847**
无毛兜舌兰 282904
无毛斗篷草 **14060**
无毛独根草 **274157**
无毛独一味 **220337**
无毛杜鹃 330644
无毛短瓣玉盘 **143875**
无毛短梗冬青 203902
无毛短舌菊 **58048**
无毛对叶兰 **264743**
无毛对叶野桐 **243410**
无毛多花仿杜鹃 **250526**
无毛多花虎耳草 **349490**
无毛多舌飞蓬 **150802**
无毛鹅绒委陵菜 **312369**
无毛萼叶茜 **68388**
无毛法尔特爵床 **166047**
无毛范氏繁缕 **374881**
无毛飞蓬 **150425**
无毛粉白菊 **341452**
无毛粉花绣线菊 **371972**
无毛粉条儿菜 **14494**
无毛风箱果 **297842**
无毛缝籽木 **172711**
无毛覆盆子 **338593**
无毛甘草 177893
无毛更里山胡椒 **231375**
无毛沟酸浆 **255203**
无毛谷精草 **224222**
无毛谷精草属 **224221**
无毛冠毛锦葵 **111304**
无毛光果悬钩子 **338469**
无毛果属 **5002**
无毛寒原荠 **29171**
无毛旱雀麦 **60992**
无毛合欢 **13565**
无毛河谷木 **404529**
无毛黑果冬青 **203582**
无毛花楸 **369397**
无毛滑黄檀 **121691**
无毛画眉草 **147757**,147888
无毛黄花草 **34407**
无毛黄精 **308551**
无毛黄芪 43040
无毛黄耆 **43040**
无毛黄叶槐 **368989**
无毛灰岩香茶菜 **209643**
无毛灰叶冬青 **204335**
无毛灰叶柳 344143
无毛火炬树 332608
无毛蓟 **91991**
无毛假金雀花 **77056**
无毛假泽山飞蓬 **150898**
无毛坚硬一枝黄花 **368355**
无毛姜花 **187453**
无毛金腰 **90367**
无毛堇菜 410303
无毛嘴签 **179941**

无毛苣苔花 **177519**
无毛聚花草 **167018**
无毛卷耳 **82697**
无毛蕨麻 312369
无毛卡惹拉黄堇 **106015**
无毛宽带芹 **303007**
无毛蓝蕊野牡丹 **115329**
无毛狼尾草 **289206**
无毛老牛筋 31969
无毛老鸦嘴 **390780**
无毛李叶绣线菊 **372055**
无毛丽菀 **155809**
无毛蓼 309419
无毛裂蕊紫草 **235011**
无毛柳叶菜 **146612**
无毛龙面花 **263453**
无毛龙眼睛 296735
无毛漏斗苣苔 **129833**
无毛猫儿菊 202404
无毛毛地黄鼠尾草 **345003**
无毛毛萼红果树 377438
无毛蜜茱萸 **249163**
无毛明柱南蛇藤 80329
无毛牡荆 **411279**
无毛木根菊 **415849**
无毛牧豆树 315565
无毛南芥 **30299**
无毛南蛇藤 **80329**
无毛南香桃木 **45296**
无毛牛尾蒿 **36340**
无毛怒江冬青 203825
无毛女娄菜 363451
无毛欧石南 **149039**
无毛佩肖木 **288022**
无毛蓬虆 **338522**
无毛披针叶鼠李 328756
无毛坡垒 **198152**
无毛坡梯草 **290184**
无毛蒲公英 **384614**,384560
无毛朴 80643
无毛普梭木 **319305**
无毛漆姑草 **342290**
无毛千里光 **358962**
无毛千屈菜 **240072**,240050
无毛浅灰热非茜 **384323**
无毛茄 **44295**
无毛茄属 **44293**
无毛青藤 **204623**
无毛秋海棠 49874
无毛俅江花楸 **369442**
无毛忍冬叶冬青 203995
无毛日本龙牙草 **11584**
无毛日本络石 **393619**
无毛榕 **165053**
无毛肉叶荠 **59763**
无毛塞檀香 **84350**
无毛色赤杨 **16469**
无毛砂仁 **19855**
无毛山地糙苏 **295164**
无毛山地榄 **346227**
无毛山胡椒 **231434**,231375
无毛山尖子 **283825**
无毛山麻杆 **14196**
无毛山小橘 177893
无毛山芫荽 **107770**
无毛山楂 **109937**
无毛扇苞黄堇 **106389**
无毛石楠 295813
无毛饰岩报春 **314799**
无毛梳齿菊 **286890**
无毛疏果假地豆 **126374**
无毛鼠尾草 345003
无毛水黄皮 310962
无毛松下兰 **258019**
无毛溲疏 126933
无毛田皂角 **9542**
无毛条果芥 **285007**
无毛通氏飞蓬 **151010**
无毛土库曼大戟 **158995**
无毛兔唇花 **220064**
无毛网脉柿 **132370**
无毛威氏大青 **337467**
无毛委陵菜 **312528**
无毛卫矛 157545
无毛乌蔹莓五加 **143583**
无毛乌头 **5233**
无毛五加 143634
无毛峡谷葡萄 **411557**
无毛狭果葶苈 **137243**
无毛狭叶香茶菜 **209627**
无毛仙灯 **67608**
无毛仙茅 114827
无毛香根 **47124**
无毛小果叶下珠 **296735**
无毛小花豆 **226159**
无毛小芒虎耳草 **349071**
无毛小舌紫菀 **40006**
无毛小叶委陵菜 **312770**
无毛小叶栒子 **107560**
无毛蟹甲草 **283871**
无毛绣线菊 371972
无毛旋梗忍冬 **236126**
无毛雪婆婆纳 **87782**
无毛雪茜 **87741**
无毛鸭绿报春 **314519**
无毛崖爬藤 **387825**
无毛亚利桑那白蜡树 **168132**
无毛亚麻荠 68860
无毛盐肤木 **332627**
无毛洋地黄 130368
无毛野芹菜 326340
无毛叶风毛菊 **348333**
无毛叶黄芪 43065
无毛叶黄耆 **43065**
无毛叶杨 332970
无毛蚓果芥 **264613**
无毛莺树 **235813**
无毛樱草 314435
无毛蝇子草 **363498**
无毛油桃木 **77944**
无毛鱼篮苣苔 **202452**
无毛羽衣草 **14037**
无毛圆叶小石积 **276552**
无毛云南崖爬藤 **387873**
无毛鹧鸪花 395481
无毛直凤梨 **275577**
无毛纸叶冬青 **203619**
无毛紫茉莉 **255702**
无毛紫菀 40781
无毛紫枝柳 **343479**
无名臂形草 **58112**
无名草 13102
无名断肠草 49886
无名木 301005
无名苔草 **73710**
无名相思草 49886
无名印 345881
无名鸢尾 **208639**
无名子 301005
无膜片非洲紫菀 **19326**
无囊长距紫堇 **106094**
无娘藤 78731,114994,115050,115123
无娘藤米米 114994
无盘核果木 **138688**
无盘花 **8294**
无盘花属 **8293**
无盘猪毛菜 **344429**
无皮树 219933
无鞘谷精草 **294853**
无鞘谷精草属 **294852**
无鞘橐吾 229055
无髯猕猴桃 **6668**
无人岛蒲葵 234167
无绒黏毛蒿 **35893**
无乳突杜鹃 331441
无乳突羊舌树 **381218**
无蕊喙赤箭 171908
无色火烧兰 147149
无色空船兰 **9141**
无色鳞矢车菊 **81108**
无色马唐 **130602**
无色南非帚灯草 **67919**
无色西劳兰 **415705**
无舌川西小黄菊 **322749**
无舌大吴风草 **162619**
无舌狗娃花 **193937**
无舌灌木紫菀木 **41754**
无舌花紫菀木 41754
无舌黄安菊 **228428**
无舌黄安菊属 **228425**
无舌黄菀 **209582**
无舌黄菀属 **209562**
无舌喙兰属 **11367**
无舌裂舌萝藦 **351550**
无舌千里光 358747
无舌三肋果 **397962**
无舌沙紫菀属 **227097**
无舌山黄菊 **413755**
无舌山黄菊属 **413754**
无舌条叶垂头菊 **110408**
无舌兔黄花 **193476**
无舌兔黄花属 **193474**
无舌万寿菊 **383088**
无舌腺瓣古柯 **263076**
无舌异羽千里光 **358747**
无舌紫菀属 46210
无声虎 329372
无石子 324050
无实子 328680
无食子 324050
无饰阿比西尼亚旋瓣菊 **412257**
无饰大戟 **159141**
无饰吊灯花 **84129**
无饰吊兰 **88582**
无饰豆属 **5827**
无饰飞蓬 **150860**
无饰蜡菊 **189450**
无饰绿心樟 268708
无饰泡叶番杏 **138187**
无饰千里光 **358915**
无饰肉锥花 **102280**
无饰石豆兰 **62803**
无饰鼠麹草 **178230**
无饰无心菜 **31960**
无饰蚤缀 31960
无霜草 **6392**
无霜草属 **6391**
无水自动草 407275
无丝姜花 **187439**
无穗柄苔草 **74918**
无葶脆蒴报春 **314357**
无葶霍赫草 **197139**
无葶硬皮鸢尾 **172596**
无头草 78731
无头厚香 218480
无头千叶兰 12449
无头藤 78731,115050
无头香附 218480
无尾果 **100139**
无尾果属 **100132**
无尾尖龙胆 **173414**
无尾水筛 **55913**
无尾药属 43765
无味艾叶芹 **418364**
无味比佛瑞纳兰 **54247**
无味葱属 **389385**
无味蒿 35411

无味姜味草 **253677**
无味金丝桃 **201937**
无味龙蒿 **35416**
无味母菊 **246384**,397964
无味木犀草 **327857**
无味榕 **165163**
无味肉豆蔻 **261435**
无味山梅花 **294479**
无味苔草 **75899**
无味天竺葵 **288308**
无味五鼻萝藦 **289781**
无味五福花 **8397**
无味杨梅 **261176**
无纹舟叶花 **340666**
无锡龙胆 **173653**
无线蒲公英 **384547**
无限杜鹃 330099
无腺桉叶悬钩子 **338368**
无腺白叶莓 **338631**,338628
无腺棒果芥 273968
无腺柄悬钩子 **338428**
无腺补骨脂 **319176**
无腺茶藨 333902
无腺茶藨子 **333902**
无腺刺翼果 **140897**
无腺翠雀花 **124193**
无腺东川画眉草 **147795**
无腺杜鹃 **330850**
无腺干若翠 **415456**
无腺贡山悬钩子 **338478**
无腺狗牙花 **382778**
无腺谷木 **249950**
无腺光果悬钩子 **338468**
无腺光滑悬钩子 **339410**
无腺花旗杆 136173
无腺花旗竿 136173
无腺黄瑞木 **8219**
无腺灰白毛莓 **339361**
无腺老鹳草 175003
无腺里白悬钩子 **339230**
无腺林泽兰 **158202**
无腺林泽兰花 **158205**
无腺橉木 **316266**
无腺柳叶箬 209048
无腺络石 393642
无腺毛甘草 **177886**
无腺木属 **181528**
无腺欧石南 **149380**
无腺偏僻杜鹃欧石南 **149395**
无腺十字爵床 **111728**
无腺树葡萄 **120181**
无腺松村氏小米草 **160213**
无腺铁苋菜 **1853**
无腺吴茱萸 **161333**
无腺豨莶 **363094**
无腺狭果蝇子草 **363556**
无腺腺梗豨莶 363094
无腺小果香草 **239737**
无腺杨桐 8219
无腺野海棠 **59825**
无腺掌叶悬钩子 **339030**
无腺茱萸 161333
无香山梅花 **294478**
无香味石斛 **124995**
无香薰衣草 **223312**
无香指橘 **253290**
无邪鸟巢凤梨属 266148
无心菜 **32212**,59595,207590,262722,299724
无心菜属 **31727**
无心草 178062,178475,178481,285849
无心银杏 **175828**
无雄斑鸠菊 **406084**
无雄草胡椒 **290337**
无雄山茶 **69195**
无须菝葜 334773
无须菝葜属 **329671**,334771
无须杜鹃 **330912**
无须菲利木 **296230**
无须风车子 **100532**
无须革花萝藦 **365666**
无须角茴香 **201611**
无须牛尾菜 **366489**
无须藤 **334773**,198576
无须藤科 **334769**
无须藤属 **334771**,329671
无须五头蕊 **82255**
无须希毛冠雏菊 **84937**
无须鸭跖草 **101048**
无须野豌豆 **408383**
无爷藤 78731
无叶 98136
无叶白粉藤 **92608**
无叶白花丹 **305171**
无叶柄麻花头 **360994**
无叶柄苔草 **73719**
无叶博巴鸢尾 **55947**
无叶补骨脂 **319131**
无叶补血草 **46735**
无叶补血草属 **46734**
无叶草 78731
无叶柽柳 **383437**
无叶刺灌卫矛 **2640**
无叶粗距兰 **279642**
无叶大戟 **158460**
无叶灯心草 213165
无叶豆 **148444**,370202
无叶豆属 **148441**,370191
无叶杜鹃兰 **110501**
无叶分枝皱稃草 **141772**
无叶腐草 182621
无叶杠柳 **291037**
无叶光花龙胆 **232678**
无叶旱苋 **415516**
无叶虎耳草 **349065**
无叶虎舌兰 147307
无叶花 **29190**
无叶花白粉藤 **92609**
无叶花科 **29184**
无叶花球花木 **177032**
无叶花属 **29188**
无叶假木贼 **21028**
无叶金合欢 **1053**
无叶金雀花属 **267182**
无叶菊 **215610**
无叶菊属 **215609**
无叶兰 **29216**,223647
无叶兰属 **29212**
无叶莲 **292674**,292673
无叶莲科 **292676**
无叶莲属 **292671**
无叶林地苋 **319006**
无叶裸露德弗草 **127144**
无叶麻黄 **146141**
无叶毛子草 **153120**
无叶美冠兰 **157110**
无叶蒙特婆婆纳 **258329**
无叶米尔豆 **255774**
无叶魔芋 **20047**
无叶飘拂草 **166182**
无叶婆婆纳 **407008**
无叶荠苎 **259288**
无叶青锁龙 **108814**
无叶球距兰 **253316**
无叶全毛兰 **197513**
无叶沙拐枣 **66998**
无叶山柑 **71689**
无叶石斛 124996
无叶双袋兰 **134264**
无叶水芹 269323
无叶四室木 **387916**
无叶粟草 **240346**
无叶粟草属 **240345**
无叶藤 114994,346995
无叶藤属 346993
无叶天门冬 **38932**
无叶田皂角 **9497**
无叶西澳兰 **118156**
无叶西澳木 **58676**
无叶狭喙兰 **375681**
无叶苋 **36586**
无叶苋属 **36584**
无叶腺花山柑 **64875**
无叶香果兰 404979
无叶香荚兰 **404979**
无叶肖木蓝 **253224**
无叶盐沼卷舌菊 **381001**
无叶银兰 **82048**
无叶鸢尾 **208447**
无叶直萝藦 **275621**
无叶指柱兰 86725
无叶猪毛菜 **344444**
无叶猪屎豆 **111883**
无叶紫莴苣 **239323**
无夷 401556
无翼虎耳草 **349938**
无翼假龙脑香 **133554**
无翼柳叶芹 **121048**
无翼坡垒 198189
无翼赛罗双 **283892**
无翼山黧豆 222802
无翼苋 **29863**
无翼苋属 **29862**
无翼簪 **29889**
无翼簪属 **29888**
无缨千里光 358784
无缨橐吾 **228992**
无忧花 **346504**
无忧花属 **346497**
无忧华 **234964**
无忧树 346502,346504
无忧树属 346497
无油管蛇床 **97722**
无油樟 **19107**
无油樟科 **19108**
无油樟属 **19106**
无疣菝葜 **366484**
无针苋 **29040**
无针苋属 **29039**
无枝粉刀玉 **155321**
无知果科 185742
无知果属 185743
无知小檗 51754
无柱黑三棱 **370071**
无柱花科 39876
无柱花属 39874
无柱兰 **19512**
无柱兰属 **19498**
无柱十大功劳 242608
无柱苋 **293120**
无柱苋属 **293118**
无爪虎耳草 **349279**,349802
无鬃毛建草 **137599**
无籽欧楂 **252311**
无籽欧洲小檗 **52338**
无籽泡桐 285956
无子蟛蜞菊 **413505**
吴苍术 44205
吴风草状蟹甲草 **283808**
吴凤柿 244605
吴福花 414718
吴福花属 414716
吴魂玉 **163421**
吴鸡 160637
吴葵 13934
吴牡丹 280286
吴楸 161373

吴氏凤仙花 **205452**
吴氏花凤梨 **392060**
吴氏宽框荠 **302794**
吴氏秋海棠 **50431**
吴氏雀稗 285533
吴氏蛇根草 **272306**
吴氏石笔木 322628
吴氏铁兰 392060
吴氏香茶菜 209617
吴氏圆果灯心草 **212837**
吴檀 374731
吴桃 212636
吴兴铁线莲 **95022**
吴于 161373
吴萸 161373
吴萸叶五加 **170902**
吴萸叶五加属 170898
吴芋 161373
吴茱叶五加 2387
吴茱萸 **161373**,161375,161376
吴茱萸属 **161302**
吴茱萸五加 2387
吴茱萸叶五加 **2387**
吴茱萸柚木芸香 **385430**
吴竹 **116667**,297203,297338
芜 59575,411686
芜草 239640
芜甘蓝 59541
芜姑 401556
芜菁 59575,59603
芜菁鹅绒藤 **117619**
芜菁风铃草 **70254**
芜菁甘蓝 59507
芜菁还羊参 110920
芜菁还阳参 **110920**
芜菁芥 59493
芜菁千里光 **359555**
芜菁天竺葵 **288473**
芜菁形蓝花参 **412765**
芜菁叶艾纳香 **55792**
芜菁叶矢车菊 **81228**
芜萍 **414653**
芜萍科 **414678**
芜萍兰属 **264817**
芜萍属 **414649**
芜荑 401556
梧 166627
梧桐 **166627**,285960,285966
梧桐科 **376218**
梧桐槭 **2963**
梧桐属 **166612**
梧桐杨 **311441**
梧桐叶安息香 **379431**
梧桐子 166627
梧州寄生茶 385192
莁荑 401556
蜈蚣柏 390680
蜈蚣波思豆 **57500**
蜈蚣草 **148251**,3914,3921,4062,39532,39557,90108,94464,113612,117643,148735,159092,159286,187510,187544,218480,234363,239582,240068,288605,296072,313206,317924,317925,402144,409816
蜈蚣草属 **148249**
蜈蚣刺 417277
蜈蚣蒿 3921,3978
蜈蚣金钗 171847
蜈蚣兰 **288605**
蜈蚣兰属 94425
蜈蚣柳 320377
蜈蚣七 72876,120349,120396,142844,272085,280793,308772,309841,317036,354131,354141,365036
蜈蚣七根 272090
蜈蚣三七 23817
蜈蚣苔草 **76206**
蜈蚣藤 78731,79860,79896,313206,319833,417277
蜈蚣杨柳 9560
蜈蚣竹 197772
五霸蔷 62110
五百津玉 **153354**
五瓣柄果木 255951
五瓣打碗花 **68688**
五瓣红山茶 **69468**,69552
五瓣花 153914,175006
五瓣寄生 190848
五瓣景天 **357013**
五瓣莲属 363057
五瓣梅 247025
五瓣猕猴桃 **6677**
五瓣桑寄生 190848
五瓣桑寄生属 190830
五瓣沙晶兰 **148530**
五瓣旋花 **103184**
五瓣杨 **311583**
五瓣野牡丹 **248787**
五瓣子楝树 **123457**,123448
五苞萼木槿 **283049**
五苞萼木槿属 **283048**
五苞山柑属 **307046**
五宝照水梅 **34463**
五倍柴 332509
五倍树 332509,332662
五倍叶 24024
五倍子 332509,332775
五倍子长叶欧石南 **149680**
五倍子柽柳 383491
五倍子苗 332509
五倍子欧石南 **150250**
五倍子树 332509
五被花 **289428**
五被花属 **289427**
五鼻萝藦属 **289773**
五部芒属 **289543**
五彩阁 **159705**
五彩海红豆 7190
五彩花 221238
五彩椒 72072
五彩琴叶椒草 **290319**
五彩球 **244055**
五彩石竹 127607
五彩松 85345
五彩苏 **99711**
五彩苏属 367870
五彩糖芥 86427
五彩天蓝绣球 **295299**
五彩铁树 104367
五彩丸 244055
五彩魏 163618,163711
五彩狭管石蒜 **375610**
五彩狭管蒜 375610
五彩芋 **65218**
五彩芋科 **65210**
五彩芋属 **65214**
五彩朱蕉 **104376**
五层龙 **342709**
五层龙科 **342759**
五层龙属 **342581**
五层楼属 342581
五叉沟乌头 5697
五叉虎 234098
五叉牛奶 165671
五叉弯管花 **86237**
五叉香芸木 **10686**
五钗松 300130
五齿草 317400
五齿草属 317399
五齿大卫氏马先蒿 **287147**
五齿萼 **317400**
五齿萼属 **317399**
五齿荷马芹 **192764**
五齿厚敦菊 **277128**
五齿莱恩野牡丹 **223530**
五齿里恩野牡丹 223530
五齿耙 153914,175006
五齿茜 **290155**
五齿茜属 **290152**
五齿芹 207659
五齿香 **289442**
五齿香属 **289440**
五齿叶垫柳 **343813**
五齿永菊 **43902**
五翅角翅卫矛 157393
五翅莓 **289750**
五翅莓属 **289744**
五翅藤属 101774
五出阿冯苋 **45776**
五出百部 **290060**
五出百部科 **290063**
五出百部属 **290059**
五出百脉根 **237736**
五出拱垂酢浆草 **278050**
五出罗顿豆 **237409**
五出瑞香 **290080**
五出瑞香属 **290079**
五出树葡萄 **120193**
五出素馨 **211976**
五除叶 161382
五唇兰 **136320**
五唇兰属 **136312**
五刺茶藨 333894
五刺金鱼藻 **83577**
五刺蕊爵床 **290213**
五刺蕊爵床属 **290212**
五刺玉 **140578**
五寸刀 400519
五寸铁树 400518
五大湖悬钩子 **339040**
五大洲牡丹 **280288**
五德藤 280097
五德子 233078
五灯草 159027
五灯头草 159027
五地茄 366934,367416
五蒂柿 **132112**
五点草 159027
五毒 5100
五毒草 162309,308974,309564,365296
五毒根 5335
五朵云 23323,24024,139628,159027,159101
五萼冷水花 **298877**
五方草 311890
五风藤 13225,197213,197232
五枫藤 197213,197232
五凤草 159027
五凤朝阳草 287605
五凤花 345214
五凤灵枝 159027
五福花 **8399**,414718
五福花科 **8406**
五福花鼠尾草 **344831**
五福花属 **8396**
五福花叶毛茛 **325539**
五福脔 20408
五刚毛剪股颖 **12269**
五刚毛异燕麦 **190188**
五隔草 289696
五隔草属 289693
五根草 301871,301952
五根果 88691
五根树 393626

五狗卧花心 68088
五谷草 213066
五冠黄牛木 **110272**
五果翠雀花 **124582**
五果柯特葵 **217955**
五果片鹧鸪花 **395527**
五痕蝇子草 **363483**
五痕指甲兰 **9305**
五虎草 312690,325981
五虎刺 143694
五虎噙血 312450
五虎通城 34185
五虎下山 312690,387785
五虎下西川 5142
五虎下西山 159159
五花 143642
五花百蕊草 **389835**
五花草 21519
五花橙菀 **320730**
五花刺头菊 **108367**
五花党参 98352
五花槲寄生 **411090**
五花金琥 **140149**
五花马钱 **378854**
五花密头帚鼠麹 **252466**
五花七 347078
五花须菊 **405961**
五花血藤 49046,347078
五花血通 347078
五花雅克旋花 **211360**
五花岩雏菊 **291328**
五花紫金牛 **31357**,31380
五环椆 116176
五环青冈 **116176**
五戟 308974
五脊安兰 383179
五脊毛兰 299633
五脊苹兰 **299633**
五加 143642,143677,143682
五加风 350776,387432
五加蕻 143642
五加蕻豹漆 143642
五加科 **30800**
五加皮 125604,143642,143657,143682,143694,239927,339075,350699,350776,350799,387822
五加前胡 **374563**
五加前胡属 **374562**
五加属 **143575**
五加藤 197213
五加通 193900
五加叶黄连 103845
五加叶牵牛 207988
五加芸香 30808
五佳 143642
五甲莲 336509
五甲皮 345586
五甲藤 79850
五尖槭 **3137**
五俭藤 92747
五箭杜鹃 **331594**
五将草 79850
五跤梨 61263,329765
五角白粉藤 **92916**
五角大戟 **159554**
五角丹氏梧桐 **135949**
五角颠茄 367241,367733
五角萼花茄 **367491**
五角番木瓜 **76814**
五角菲奇莎 **164579**
五角风车子 **100698**
五角枫 2944,3154,3714,345941
五角谷精草 **151445**
五角蝴蝶玉 **148592**
五角加皮 387432
五角金合欢 **1475**
五角金鱼藻 83577
五角决明 **78466**
五角栝楼 **396254**
五角勒古桔梗 **224070**
五角连 91024
五角莲 6414,41733,41735
五角苓 231553
五角瘤蕊紫金牛 **271087**
五角马先蒿 **287509**
五角毛柱 **299263**
五角木 **313976**
五角木属 **313956**
五角葡萄 411735
五角槭 3154
五角茄 367357
五角松塔掌 **43442**
五角菟丝子 **115099**
五角卫矛 **157393**
五角希莶草 **352645**
五角小刺风卵草 **296902**
五角星草 23323
五角星花 323465
五角叶老鹳草 174567
五角叶葡萄 411735
五角芸香 **289415**
五角芸香属 **289413**
五角展唇兰 **267217**
五脚里 61258,61263
五脚树 3714
五节大岩桐寄生 **384202**
五节芒 **255849**
五斤草 301871,301952
五金草 399507
五筋草 71181
五君树 83736,83740
五孔萝藦 **289388**
五孔萝藦属 **289387**
五来 289925
五郎草 7982
五雷火 23850
五雷箭 221238
五雷消 231303
五肋百里香 391347
五肋草 **289730**
五肋草属 **289729**
五肋大戟 **159692**
五肋地椒 391347
五肋菊 **186040**
五肋菊属 **186039**
五肋楼梯草 **142806**
五累草 337253
五棱蔗草 **352162**
五棱番木瓜 **76812**
五棱秆飘拂草 **166454**,166402
五棱果 45725
五棱花 **289509**
五棱花属 **289505**
五棱茎山蚂蝗 126307
五棱苦丁茶 **204155**
五棱飘拂草 166402
五棱茜属 **289511**
五棱莎草 **71633**
五棱莎草属 **71632**
五棱水葱 **352282**
五棱水蜡烛 **139579**
五棱子 45725,157761,324677
五梨跤 61258,329765
五里藤 49046
五里香 219933,260173,305100,404316
五粒关草 218643
五莲杨 **311576**
五敛莓 **403094**
五敛莓属 **403093**
五敛子 45725
五凉草 7982
五列木 **289702**
五列木红山茶 **68998**,69552
五列木科 **289699**
五列木属 **289700**
五列绳草 **328150**
五裂杯子菊 **290264**
五裂彩花 **2279**
五裂草属 289929
五裂层菀属 **255619**
五裂茶藨 334094
五裂兜铃 **141838**
五裂兜铃属 **141836**
五裂斗篷草 **14125**
五裂杜鹃 **330532**,331533
五裂蒿 **36134**
五裂红瓜 **97827**
五裂红柱兰 **117101**
五裂黄连 **103845**
五裂黄毛槭 **2981**
五裂狼杷草 **54166**
五裂老鹳草 174676
五裂毛茛 325515
五裂牧野杜鹃 **331189**
五裂片木芫荽 **228776**
五裂片天竺葵 **288462**
五裂苹婆 **376172**
五裂槭 **3277**
五裂漆 **290050**
五裂漆属 **290049**
五裂千里光 **359853**
五裂锐角槭 **2772**
五裂三指兰 **396661**
五裂碎米荠 **72794**
五裂兔儿风 **12679**
五裂团集欧石南 **149266**
五裂蟹甲草 **283862**
五裂悬钩子 **338758**
五裂叶旱金莲 399606
五裂叶薯蓣 **131804**
五鳞尖膜菊 **201324**
五鳞菊 **289528**
五鳞菊属 **289526**
五鳞膜质菊 201324
五岭长柱小檗 **51847**
五岭管茎过路黄 **239639**
五岭龙胆 **173378**
五岭细辛 **37758**
五岭小檗 51847
五铃花 30090
五柳豆 **289435**
五柳豆属 **289434**
五龙草 79850
五龙根 165111
五龙会 402267
五龙兰 221238
五龙鳞 **13585**
五龙皮 3154
五龙山鹅观草 **335350**
五路白 348087
五轮苜蓿 **247419**
五脉白花菜 **95768**
五脉白千层 **248114**
五脉百里香 391347
五脉地椒 391347
五脉非洲鸢尾 **27720**
五脉费利菊 **163266**
五脉刚毛省藤 **65775**
五脉槲寄生 **411061**
五脉画眉草 **147931**
五脉瘤萼寄生 **270956**
五脉绿绒蒿 **247175**
五脉毛叶槭 **3634**
五脉木里槭 **3213**
五脉坡垒 **198180**
五脉千里光 **359858**

五脉山黧豆　222828
五脉香豌豆　222828
五脉小向日葵　**188575**
五脉斜萼草　**237960**
五脉叶绿绒蒿　247175
五脉叶香豌豆　222828
五脉异荣耀木　**134702**
五脉藻百年　**161569**
五脉爪唇兰　**179296**
五毛丹氏梧桐　**135961**
五毛虎尾草　**88395**
五毛莱氏菊　**223494**
五毛丝叶菊　**391042**
五矛茜　**289533**
五矛茜属　**289532**
五枚筐　362131
五梅草　182915
五梅子　351021
五皿木　**290048**
五皿木属　**290047**
五膜草　**289696**
五膜草科　**289698**
五膜草属　**289693**
五母那包　345845
五木香　44881
五拿绳　13225
五年桐　406018
五披风　312690
五皮草　312690
五皮风　312690
五皮枫　312690
五匹草　23850
五匹风　312690,345941
五匹青　**320248**
五匹青囊瓣芹　320248
五片果木槿属　**383352**
五片黄花稔　**362611**
五棍木　289435
五棍木属　289434
五气朝阳草　175378,175417
五气朝阴草　175420
五钱草　43682
五浅裂西澳兰　**118256**
五曲萝藦　**289465**
五曲萝藦属　**289464**
五稔子　157675
五日小米草　**160178**
五日绣球　**199919**
五软木属　289431
五蕊茶科　271119
五蕊柽柳　**383591**,383595
五蕊刺蒴麻　**399295**
五蕊簇叶木属　**329443**
五蕊翠雀花　**124479**
五蕊单室茱萸　**246217**
五蕊第伦桃　130922
五蕊东爪草　**391953**
五蕊盾果金虎尾　**39509**
五蕊仿杜鹃　**250528**
五蕊非洲紫葳　**265881**
五蕊红果大戟　**154845**
五蕊虎皮楠　122713
五蕊花　289324
五蕊花椒　**417297**
五蕊花属　289314
五蕊蒺藜　**395130**
五蕊寄生　**125667**
五蕊寄生科　**125660**
五蕊寄生属　**125661**
五蕊假海马齿　416898
五蕊坚果番杏　**387198**
五蕊碱蓬　**379495**
五蕊节节菜　**337389**
五蕊卷耳　**82961**
五蕊老牛筋　**32148**
五蕊栗豆藤　**11038**
五蕊裂盖海马齿　**416898**
五蕊柳　**343858**
五蕊矛口树　**235598**
五蕊莓　362363
五蕊梅　362361
五蕊梅属　362339
五蕊美洲苦木　**298500**
五蕊黏腺果　**101259**
五蕊糯米团　**179495**
五蕊青锁龙　**109255**
五蕊荣耀木　**391577**
五蕊肉叶多节草　**191437**
五蕊山巴豆　28381
五蕊山石榴　**79593**
五蕊山楂　**109924**
五蕊石薯　179495
五蕊水猪母乳　337389
五蕊唢呐草　**256037**
五蕊铁青树　**269676**
五蕊五齿茜　**290156**
五蕊五星藤　**122352**
五蕊五月茶　**28378**
五蕊雾水葛　**313463**
五蕊线球草　**290065**
五蕊线球草属　**290064**
五蕊小黄管　**356139**
五蕊楔翅藤　371421
五蕊星粟草　176955
五蕊叶下珠　**296709**
五蕊油柑　**296785**
五蕊扎利草　416898
五蕊枝莎　**79747**
五蕊种阜草　**256457**
五三竹　297203
五色草　18095,99712,293709
五色大统领　389210
五色花　221238
五色椒　72072,72074
五色菊　**58671**
五色菊属　**58669**
五色林檎　243551
五色梅　221238,418058
五色梅花　221238
五色柰　243551
五色紫菀　**39915**
五山柳苏木　289435
五山柳苏木属　289434
五舌草　**289503**
五舌草属　**289500**
五射线厚敦菊　**277129**
五深裂滨藜　**44507**
五深裂西澳兰　**118257**
五深裂熊菊　**402808**
五十岚龙胆　**173199**
五十铃玉　163329
五时合　296801
五室柏那参　59232
五室茶　68927,69686
五室第伦桃　130922
五室椴　**289410**
五室椴属　**289407**
五室火绳　**152692**
五室金花茶　**68927**
五室连蕊茶　**69669**
五室罗伞　**59232**
五室忍冬　**236052**
五薯叶　94191
五数花　**289561**
五数花属　**289560**
五数苣苔　**57900**
五数离蕊茶　**69466**
五数木　**289727**
五数木属　**289726**
五数南洋参　**310232**
五数千里光　**359716**
五数热美野牡丹　**50862**
五数日本杜鹃　**330952**
五数水芹　**269307**
五数野牡丹属　**290200**
五穗苔草　**75755**
五台埃氏马先蒿　**287019**
五台虎耳草　**350018**
五台金腰　**90448**
五台金银花　**235905**
五台锦鸡儿　**72313**
五台栎　**324559**
五台龙胆　173617
五台秦艽　**174074**,173617
五台山棘豆　**279237**
五台山苔草　**75415**
五台山延胡索　**105992**
五台山益母草　**225023**
五台早熟禾　**305763**
五提茄　367733
五蹄风　11572
五桐子　403899
五头蕊属　**82254**
五托香　31477
五味　351021
五味菜　28316
五味草　105836,106473,106500
五味藤　351044,356367
五味叶　28316
五味子　**351021**,28316,214971,351034,351089,351095,351100,351103
五味子科　**351121**
五味子属　**351011**
五乌拉叶　217626
五腺苣苔　**289474**
五腺苣苔属　**289468**
五腺清风藤　**341543**
五香　44881
五香八角　204603
五香草　21533,117181,259282,259323,259324,274237
五香花　21705
五香藤　280097,351080
五香血藤　214974,351080,351081,351103
五小叶槭　3396
五小叶碎米荠　**72929**
五蟹甲属　**289397**
五心花　202021
五星草　23323,189073,312690
五星国徽属　373719
五星蒿　48762
五星花　**289831**
五星花属　**289784**
五星黄　239661
五星藤　**122353**
五星藤属　**122350**
五行菜　311890
五行草　311890
五雄白珠　**172148**
五雄白珠树　172148
五雄吉贝　80120
五雄卷耳　**83020**
五雄蕊常山　**129040**
五雄蕊火焰树　**370377**
五雄蕊溪杪　**88123**
五雄蕊崖椒木　**162132**
五雄摘亚苏木　**127416**
五须松　299799
五血藤　347078
五丫果科　130928
五桠果　**130919**
五桠果科　**130928**
五桠果属　**130913**
五桠果叶木姜子　**233891**
五眼草　373222
五眼果　88691

五眼睛果 88691
五眼子 258910
五叶白 348087
五叶白粉藤 **92704**
五叶白花菜 **95759**
五叶白叶莓 **338633**
五叶白叶委陵菜 **312724**
五叶闭果薯蓣 **325191**
五叶草 153914,174755,175006,237539
五叶草莓 **167645**
五叶长穗木通 13219
五叶朝颜 **207873**
五叶赤瓟 **390153**
五叶赤爮 390190
五叶重楼 284319
五叶酢浆草 **278019**
五叶地锦 **285136**
五叶豆棕 390463
五叶杜鹃 **331593**,331462
五叶杜鹃花 331593
五叶盾柱芸香 **288920**
五叶芳香木 **38745**
五叶粉藤 92704
五叶瓜藤 **197213**
五叶红梅消 338997
五叶槐 **369045**
五叶黄精 **308495**
五叶黄连 **103843**,103845
五叶黄皮 **94215**
五叶黄钟木 **382722**
五叶灰绿小冠花 **105319**
五叶灰毛豆 **386229**
五叶鸡头薯 **152999**
五叶鸡爪茶 **339075**
五叶加那利豆 **136752**
五叶假龙胆 **174148**
五叶金鱼藻 83577
五叶菊属 198222
五叶栝楼 396255
五叶拉拉藤 **170584**
五叶老鹳草 **174567**
五叶联 153914,175006
五叶龙胆 **174056**,174148
五叶路刺 143642
五叶罗顿豆 **237391**
五叶麻花头 **361117**
五叶毛鞘木棉 **153365**
五叶茅莓 **338997**
五叶莓 **338606**,79850,312690
五叶绵果悬钩子 **338722**
五叶木 143642
五叶木蓝 **206387**
五叶木通 **13221**,13225,374392,374420
五叶南洋参 **310207**
五叶茑 79850
五叶牛奶木 **108151**
五叶爬山虎 285136
五叶泡 338265
五叶槭 **3396**
五叶漆 **393469**
五叶漆树 **332766**
五叶茄 207659
五叶青藤 **204643**
五叶茹 207659
五叶山仿杜鹃 **250514**
五叶山拂子茅 **65256**
五叶山莓草 **362358**
五叶山芹菜 345996
五叶山苔草 **73553**
五叶山小橘 177819,177846
五叶蛇莓 312690
五叶蛇葡萄 **20435**
五叶参 183023,289632
五叶参属 289627
五叶十大功劳 **242624**
五叶石芥花 **125858**
五叶筐 362131
五叶薯蓣 **131759**
五叶双花委陵菜 **312411**
五叶松 299799
五叶藤 79850,200301,207659
五叶铁线莲 **95271**,30955
五叶铁线莲属 30953
五叶悬钩子 **339149**,338606,338728
五叶崖爬藤 387822
五叶异木患 **16076**
五叶鱼黄草 **250822**
五叶杂藤 199392
五叶钟花树 382722
五叶猪屎豆 **112513**
五叶竹 362131
五异茜属 **289576**
五翼草海桐 **289754**
五翼草海桐属 **289753**
五翼果 **236448**
五翼果科 **236445**
五翼果属 **236447**
五翼丝苇 **329706**
五月艾 **35634**,35167,36097,36474,250794
五月茶 **28316**
五月茶科 **376594**
五月茶属 **28309**
五月瓜藤 197213
五月红 211067,338985
五月红薰刺 338985
五月花 **242715**,211067
五月花森林老鹳草 **174952**
五月花属 **242714**
五月皇后东方罂粟 **282652**
五月菊 67314
五月腊 197213
五月莲 231496
五月泡 338281
五月蔷薇 336733
五月山楂 **110006**
五月上树风 301294,301356
五月霜 21580
五月水仙 **262414**
五月藤 197213,197232
五月五 79850
五月雪道氏福禄考 **295265**
五月杨 311155
五月智利檀 **324640**
五月朱米兰 **212727**
五岳朝天 23323
五宅茄 367241,367733
五盏灯 159027
五掌楠 **264059**
五杖毛 **289763**
五杖毛属 **289762**
五针白皮松 **300208**
五针金鱼藻 83577
五针苣苔属 **289759**
五针松 300130
五枝木 **289391**
五枝木属 **289389**
五枝苏木属 **211364**
五指草 130825
五指丁茄 367357
五指风 411362,411420
五指枫 223943
五指柑 93604,411362,411373
五指疳 411420
五指合果芋 **381856**
五指姜 234098
五指狸藻 **403280**
五指莲 284293
五指莲重楼 **284293**
五指毛桃 165111,165671
五指那藤 **374429**
五指牛奶 165111,165671
五指槭 **3029**
五指茄 367357
五指青 234098
五指球序蒿 **371148**
五指全毛兰 **197557**
五指榕 165671
五指肉唇兰 116522
五指山椆 233300,233351
五指山冬青 203860
五指山蓝 **291165**
五指山参 242
五指山石豆兰 **63188**
五指山柿 132422
五指手药木 87809
五指树 318062
五指天鹅兰 **116522**
五指通 350706
五指香 165671
五指香橼 93604
五柱茶 **69474**,69552
五柱滇山茶 69782
五柱鹅掌柴 **350759**
五柱红砂 327212
五柱红砂柳 **327212**
五柱绞股蓝 **183022**
五柱柃 **160578**
五柱毛毡苔 138273
五柱枇杷柴 327212
五爪风 312690,338728
五爪虎 312690
五爪花 165671
五爪金 20335,241176
五爪金叉 267935
五爪金花 207659
五爪金龙 **207659**,79850,94830,207988,219933,312690,374392,387785,387822,387825,387871
五爪兰 35016
五爪龙 20335,20338,70507,79850,122700,126717,165111,165671,199392,207659,207988,250859,312690,312931,337925,374968,387785,387819
五爪龙草 79850
五爪楠 264090
五爪三七 215110
五爪薯 207988
五爪桃 165671
五爪藤 20408,79850,195257,338728
五爪桐 406019
五爪野金龙 374392
五爪叶 20408
五爪竹 **206905**
五转七 397836,397847
五子 351021
五子登科 367357
五子莲 284325
五子山楂 109924
五纵沟鸭舌癀舅 **370832**
五足驴 329745
午鹤草 242672
午鹤草属 242668
午后半日花 **188809**
午后花仙花 **395823**
午后花肖水竹叶 **23592**
午里香 11300
午时合 297013,308081,308145,308392
午时花 **289684**,311852,356884
午时花属 **289682**

午时葵属 93120
午时灵 297013
午香草 21533
午星草 60777
伍茨歧缬草 **404484**
伍得扁担杆 **181022**
伍得伯恩日中花 **220723**
伍得叉序草 **209942**
伍得长庚花 **193360**
伍得长筒莲 **108092**
伍得大戟 **160092**
伍得大头苏铁 **145245**
伍得吊灯花 **84152**
伍得盾舌萝藦 **39645**
伍得番荔枝 **414731**
伍得番荔枝属 **414729**
伍得番樱桃 **156395**
伍得格尼瑞香 **178733**
伍得海神菜 **265538**
伍得赫顿兰 **199531**
伍得厚壳桂 **113493**
伍得虎尾草 **88423**
伍得鸡头薯 **153090**
伍得蜡菊 **189901**
伍得蓝星花 **33712**
伍得老鸦嘴 **390900**
伍得离瓣寄生 **190868**
伍得里奥萝藦 **334750**
伍得瘤子菊 **297586**
伍得柳 **344279**
伍得芦莉草 **339832**
伍得鹿藿 **333460**
伍得萝藦属 **414721**
伍得麻疯树 **212245**
伍得马利筋 **38176**
伍得没药 **101593**
伍得美登木 **182804**
伍得密钟木 **192745**
伍得木蓝 **206747**
伍得木犀榄 **270178**
伍得拟辛酸木 **138036**
伍得鸟足兰 **347840**
伍得牛角草 **273212**
伍得欧石南 **150274**
伍得树葡萄 **120265**
伍得双袋兰 **134368**
伍得双距兰 **133992**
伍得酸模 **340317**
伍得苔草 **76761**
伍得唐菖蒲 **176667**
伍得天竺葵 **288591**
伍得甜舌草 **232540**
伍得狭舌兰 **375579**
伍得香茶 **303361**
伍得象根豆 **143494**
伍得小金梅草 **202990**
伍得肖水竹叶 **23657**
伍得翼荚豆 **68154**
伍得银豆 **32935**
伍得玉凤花 **184206**
伍得远志 **308469**
伍得獐牙菜 **380201**
伍得珍珠茅 **354277**
伍得紫盏花 **171584**
伍德布里奇木槿 **195292**
伍德斗篷草 **14171**
伍德恩氏寄生 **145603**
伍德黑药花 **248679**
伍德金合欢 **1601**
伍德藜芦 **405649**
伍德罗龙舌兰 **10963**
伍德沃德桉 **155776**
伍德沃德北美香柏 390626
伍德止泻萝藦 **416270**
伍顿翠雀花 **124698**
伍顿千里光 **360350**
伍顿三翅萼 398243
伍顿沙烟花 **398243**
伍顿野荞麦 **152662**
伍尔夫白瑟木 **46671**
伍尔夫菊属 **414840**
伍尔兰 **414847**
伍尔兰属 **414846**
伍尔秋水仙属 **414861**
伍花莲 20136
伍赖芦荟 **17415**
伍勒萨箬棕 **341431**
伍雷十二卷 **186819**
伍氏红光树 **216914**
伍氏黄耆 **43253**
伍氏锦袍木 **197104**
伍氏栗豆藤 **11067**
伍氏亮腺大戟 **7595**
伍氏无鳞草 **14442**
伍斯安登八仙花 **199962**
伍须柳 **344285**
伍兹酸模 **340217**
伍兹鸭嘴花 **214901**
妩媚大戟 **158750**
武菜 207590
武藏淡竹叶 **236285**
武藏库页苔草 **76122**
武藏苔草 **73563**
武藏羊茅 **164287**
武当菝葜 **366502**
武当木兰 416721
武当铁线莲 95297
武当玉兰 **416721**
武都棘豆 **278887**
武都荛花 **414188**
武都苔草 **76766**
武尔芬乌头 **5698**
武尔坎金菊木 **150375**
武夫氏金雀花 **121030**
武冈繁缕 **375147**,375145
武冈尾叶冬青 204402
武岗悬钩子 **339073**
武功山冬青 **204404**
武功山泡果荠 **196289**
武功山飘拂草 **166564**
武功山岩荠 **98002**
武功山阴山荠 **416339**,196289
武海马尔斑鸠菊 **406930**
武海马尔藏蕊花 **167196**
武海马尔咖啡 **99018**
武海马尔萝藦 **412182**
武海马尔萝藦属 **412180**
武海马尔异籽葫芦 **25689**
武汉葡萄 **412005**
武辉球 **182416**
武辉丸 182416
武吉 9683,9684,9738
武加鞘蕊花 **99745**
武甲老鹳草 **175007**
武甲山豆樱 **83229**
武甲山樱 **83141**
武烈柱 **273815**
武陵槭 3749
武陵榛 **106785**
武隆前胡 **293078**
武隆细辛 **37759**
武伦柱 279490
武伦柱属 279482
武鸣杜鹃 **332119**
武鸣鼠李 **328902**
武宁大节竹 **206907**
武山苔草 **76765**
武山野豌豆 **408710**
武神球 **284679**
武神丸 284679
武士柳枝稷 **282369**
武氏长生草 **358066**
武氏虎眼万年青 274851
武氏沙参 **7843**
武氏眼子菜 **312290**
武氏远志 **308468**
武田虎耳草 **349530**
武田灰毛婆婆纳 **407054**
武田婆婆纳 **407234**
武田秋假龙胆 **174108**
武田舌唇兰 **302533**
武田氏报春 **315029**
武田松毛翠 **297022**
武田兔耳草 **220200**
武田羊茅 **164351**
武威 70507
武威秋海棠 49686
武威山茶 **68957**,68970
武威山冬青 203814
武威山枇杷 **151145**
武威山秋海棠 **49686**
武威山台湾枇杷 151145
武威山新木姜子 **264031**
武威新木姜子 264031
武卫柱 **279493**
武希梅纳灰毛豆 **386369**
武希腺龙胆 **382958**
武靴藤 182384,378386
武靴藤属 182361
武叶菊属 198222
武夷华千里光 365081
武夷兰 25063
武夷兰属 24687
武夷蒲儿根 **365081**
武夷桤叶树 **96555**
武夷槭 **3755**
武夷千里光属 365035
武夷青篱竹 **270452**
武夷山八角 **204606**
武夷山茶竿竹 318356
武夷山茶秆竹 **318356**
武夷山杜鹃 **332120**
武夷山方竹 **87612**
武夷山花楸 **369310**
武夷山空心泡 **339206**
武夷山苦竹 **304117**
武夷山石楠 **295818**
武夷山苔草 **76767**
武夷山天麻 **171961**
武夷山玉山竹 **416824**
武夷四照花 **124887**
武夷唐松草 **388720**
武夷小檗 **52382**
武夷悬钩子 **338657**
武义苔草 **76416**
武勇球 **140242**
武勇丸 140242,140327
武藏苦荬菜 **210648**
武藏玄参 **355195**
武藏野 272796
武藏野萹蓄 **291868**
武藏野委陵菜 **312323**
武者团扇 **106961**
侮莱迪斯拉维欧洲椴 **391708**
舞草 **98159**,282685
舞草属 **98152**
舞荻 98159
舞点枪刀药 202595
舞钢玉兰 **242361**
舞鹤草 **242672**,242680
舞鹤草属 **242668**
舞花姜 **176995**
舞花姜属 **176985**
舞龙球 **103740**
舞龙丸 103740
舞女花 **413481**,176996
舞女花属 176985
舞翁柱 **82210**

舞星　**244005**
舞阳贝母　168344
舞子　**102410**
舞子草　**283643**,283623
兀鹰石竹　**127902**
勿忘草　**260868**,260747,260838,260892
勿忘草属　**260737**
勿忘草状附地菜　397441
勿忘草状鹤虱　221711
勿忘草状岩须　78638
勿忘我　230761
务川悬钩子　**339479**
戊己芝　308538
戊土　386500
芴草　416127
芴草科　415975
芴草属　415990
物罗　69651
物氏古夷苏木　**181780**
物茭　99124
婺源安息香　**379476**
婺源凤仙花　**205453**
婺源槭　**3756**
婺源鼠尾草　**344954**
靰鞡草　75348
靰鞡花　5294,5335
靰鞡花蓝　5294
雾冰草　48762
雾冰草属　48753
雾冰藜　**48762**
雾冰藜属　**48753**
雾岛杜鹃　331370
雾岛踯躅　331370
雾灵柴胡　**63828**
雾灵葱　15769
雾灵当归　24436
雾灵丁香　**382386**
雾灵独活　24436
雾灵风毛菊　**348209**
雾灵景天　329866
雾灵韭　**15769**
雾灵落叶松　**221951**,221939
雾灵蒲公英　384509,384681
雾灵沙参　**7894**
雾灵山并头黄芩　**355757**
雾灵乌头　5472
雾灵香花草　193426
雾灵香花芥　**193426**
雾栖球　**244261**
雾栖丸　244261
雾社黄肉楠　**6800**
雾社木姜子　6800
雾社山樱花　**316852**
雾社悬钩子　**338748**
雾社樱花　316852
雾社桢楠　240728
雾社蜘蛛抱蛋　**39563**
雾社指柱兰　**86713**,86707
雾水草　178061
雾水葛　**313483**,179488
雾水葛属　**313411**
雾水沙　81687
雾水藤　78731,115050
雾台秋海棠　**50412**
雾状虎尾兰　**346139**

## X

夕柏属　**193472**
夕波　**123909**
夕刀鸢尾　**193532**
夕刀鸢尾属　**193530**
夕干番杏　**33182**
夕虹　**163450**
夕花长被片风信子　**137941**
夕回欢草　**21154**
夕佳鸡爪槭　**3314**
夕句　220126,316127
夕丽花　**193463**
夕丽花科　**193461**
夕丽花属　**193462**
夕麻属　**193464**
夕茅属　**193523**
夕茉莉属　**193498**
夕泡叶番杏　**138256**
夕茄　**367721**
夕青藤　**204658**
夕雾　**192445**,244155
夕肖鸢尾　**258709**
夕燻球　**182451**
夕燻丸　182451
夕阳帚石南　**67506**
夕照丸　45887
西阿虎耳草　**349988**
西阿拉黄檀　**121650**
西岸杜鹃　**330277**
西澳班克木　**47656**
西澳禾属　**389106**
西澳锦葵　**60430**
西澳蜡花　122786
西澳兰属　**118147**
西澳木槿属　**60428**
西澳木属　**58675**
西澳鼠李　**363041**
西澳鼠李属　**363040**
西澳洲禾木胶　**415178**
西澳朱蕉　**49303**
西澳朱蕉科　**49306**
西澳朱蕉属　**49300**
西巴德属　362339
西巴黄芪　42590
西巴黄耆　**42590**
西巴龙胆　**365117**
西巴龙胆属　**365116**
西巴茜　**365106**
西巴茜蛇舌草　**269998**
西白花芦荟　**16965**
西班牙白菜　**59567**
西班牙半日花　**188585**
西班牙扁柄草　**220284**
西班牙藨草　**353462**
西班牙菜蓟　117770
西班牙长生草　**358036**
西班牙车轴草　**396909**
西班牙雏菊　**50809**
西班牙刺柏　213969
西班牙刺苞菊　**77003**
西班牙大蒜芥　**365407**
西班牙地黄　355064
西班牙地杨梅　**238625**
西班牙对粉菊　**280416**
西班牙番红花　**111488**
西班牙风信子　**145487**
西班牙风信子属　**145478**
西班牙辐枝菊　**21266**
西班牙甘草　177905
西班牙瓜　**114212**
西班牙红栎　323894
西班牙胡萝卜　**123150**
西班牙黄杨　**64240**
西班牙桧　**213969**
西班牙芥　**56679**
西班牙芥属　**56677**
西班牙金雀儿　120909
西班牙金雀花　120909,120979
西班牙金鱼草　**28610**
西班牙锦葵　**243790**
西班牙荆芥　**264950**
西班牙景天　**356950**,356802
西班牙蓝铃花　199553
西班牙蓝钟花　199553
西班牙雷内姜　**327751**
西班牙冷杉　**442**
西班牙栎　**324010**,323894
西班牙栗　78811
西班牙两节荠　**108615**
西班牙列当　**275184**
西班牙隆果番杏　**12917**
西班牙芒柄花　**271415**
西班牙拟芸香　**185646**
西班牙欧前胡　**205533**
西班牙欧石南　**149703**,149046
西班牙披碱草　**144332**
西班牙槭　**3030**
西班牙荨麻　**402994**
西班牙茄　**397481**
西班牙茄属　**397479**
西班牙染料木　**172982**
西班牙忍冬　**236027**
西班牙润尼花　327751
西班牙三叶草　**126658**,126411
西班牙沙刺花　**235167**
西班牙山蚂蝗　126411
西班牙狮齿草　**224680**
西班牙石南　149046
西班牙石头花　**183257**
西班牙矢车菊　81373
西班牙鼠尾草　**345083**,345158
西班牙栓皮栎　324453
西班牙双苞风信子　**199553**
西班牙水仙　**262473**
西班牙水玄参　**355064**
西班牙丝兰　**416583**
西班牙葶苈　**137023**
西班牙王棕　**337882**
西班牙网菊　**31332**
西班牙网菊属　**31331**
西班牙委陵菜　**312663**
西班牙无心菜　**31944**
西班牙仙人掌　**272889**
西班牙香薄荷　**390987**
西班牙小檗　**51726**
西班牙小金雀　172982
西班牙新塔花　**418129**
西班牙絮菊　**165980**
西班牙悬垂冷杉　449
西班牙旋子草　**98074**
西班牙血橙　**93768**
西班牙薰衣草　223334
西班牙鸦葱　**354870**
西班牙鸭茅　**121240**
西班牙洋地黄　**130395**
西班牙野牡丹　**351401**
西班牙野牡丹属　**351399**
西班牙蝇子草　**363488**
西班牙羽扇豆　**238454**
西班牙鸢尾　208946
西班牙蚤草　**321589**
西班牙芝麻菜　**154041**
西班牙芝麻芥　**154063**
西班牙纸草　**376931**
西班牙紫草　**183312**

西班牙紫草属 **183311**
西邦大戟 **362331**
西邦大戟属 **362329**
西邦五层龙 **342676**
西保德小檗 52151
西北百合 229829
西北贝母 168523
西北部山楂 **109676**
西北苍术 44208
西北草芍药 280154
西北臭草 249066
西北对叶兰 **232903**
西北风毛菊 **348646**
西北甘草 177897
西北枸杞 239023
西北蒿 **36088**
西北厚叶报春 314450
西北黄芪 42363
西北黄耆 **42363**
西北假鼠麹草 **317773**
西北绢蒿 **360857**
西北狼毒 158895,375187
西北狸藻 **403311**
西北柳 **344099**
西北米努草 255512
西北蔷薇 **336519**
西北沙柳 343914
西北山萮菜 **161129**
西北天门冬 **39141**
西北小檗 52149
西北缬草 404367
西北栒子 **107729**
西北莸 78037
西北蚤缀 32151
西北沼委陵菜 **100259**
西北针茅 **376910**
西贝母 168506
西比补血草 **230758**
西边兰 327525
西表橘 **93502**
西表木犀 **276341**
西表山矾 **381289**
西表舌唇兰 **302520**
西表树参 **125620**
西表紫珠 **66883**
西波尔新木姜子 264090
西伯尔安息香 **379454**
西伯尔菲利木 **296317**
西伯尔蒿 **36285**
西伯尔黄耆 **43045**
西伯尔金合欢 **1592**
西伯尔绢蒿 **360875**
西伯尔芒柄花 **271589**
西伯尔木蓝 **206552**
西伯尔青锁龙 **109404**
西伯尔三芒草 **34032**
西伯尔瘦鳞帚灯草 **209457**
西伯番红花 **111597**
西伯姬天女 **263924**
西伯里亚冷杉 **476**
西伯利亚矮红瑞木 **104928**
西伯利亚白刺 266377
西伯利亚白前 117721
西伯利亚白杨 311509
西伯利亚白芷 **192367**,192352
西伯利亚百里香 **391378**
西伯利亚百蕊草 389844
西伯利亚败酱 **285870**
西伯利亚斑叶红瑞木 **104929**
西伯利亚报春 **314948**,314713
西伯利亚贝母 **168478**
西伯利亚匕果芥 **326832**
西伯利亚滨菊 **227528**
西伯利亚滨藜 **44646**
西伯利亚冰草 **11735**
西伯利亚补血草 **230631**
西伯利亚草木犀 **249213**
西伯利亚茶藨 333894
西伯利亚茶藨子 **334208**
西伯利亚长柄棘豆 **278978**
西伯利亚虫实 **104844**
西伯利亚臭草 **248951**
西伯利亚春美草 **94362**
西伯利亚刺柏 **213934**
西伯利亚醋栗 333894
西伯利亚鞑靼忍冬 **236153**
西伯利亚大麦 **198360**
西伯利亚大蒜芥 14964
西伯利亚地杨梅 **238694**
西伯利亚独活 **192352**
西伯利亚独行菜 **225455**
西伯利亚杜鹃 **330511**
西伯利亚杜松 213934
西伯利亚椴 **391832**
西伯利亚多花风铃草 **70224**
西伯利亚番薯 250831
西伯利亚繁缕 **375094**
西伯利亚光稃茅香 **196135**
西伯利亚光稃香草 196135
西伯利亚海石竹 **34562**
西伯利亚蒿 **35101**,166066
西伯利亚红瑞木 **104930**
西伯利亚红树莓 **338566**
西伯利亚红松 **300197**
西伯利亚狐尾藻 **261360**
西伯利亚虎耳草 349895
西伯利亚互叶金腰 90331
西伯利亚花锚 184691
西伯利亚花楸 **369521**
西伯利亚花葱 **307243**
西伯利亚还阳参 **111019**
西伯利亚黄果 **243686**
西伯利亚黄精 308641
西伯利亚黄芩 **355799**
西伯利亚火绒草 224893
西伯利亚假报春 **105505**
西伯利亚剪股颖 **12323**
西伯利亚剪秋罗 363691
西伯利亚碱茅 **321385**
西伯利亚箭头蓼 **291937**
西伯利亚接骨木 **345692**
西伯利亚芥 **179789**
西伯利亚芥属 **179788**
西伯利亚金莲花 **399541**
西伯利亚锦鸡儿 **72340**
西伯利亚菊 166066
西伯利亚绢毛蓼 **309777**
西伯利亚看麦娘 **230220**
西伯利亚看麦娘属 **230219**
西伯利亚蓝刺头 140722
西伯利亚蓝绣球 **295318**
西伯利亚蓝珠草 **61369**
西伯利亚老鹳草 174906
西伯利亚离子芥 **89013**
西伯利亚蓼 **309792**
西伯利亚林石草 413034
西伯利亚菱 **394542**
西伯利亚领苞风信子 **276949**
西伯利亚龙胆 **173893**
西伯利亚耧斗菜 **30074**
西伯利亚驴喜豆 **271267**
西伯利亚绿顶菊 **160681**
西伯利亚罗布麻 **29514**
西伯利亚萝卜 **342541**
西伯利亚萝卜属 **342540**
西伯利亚落叶松 **221944**
西伯利亚马先蒿 **287673**
西伯利亚麦瓶草 363691
西伯利亚牻牛儿苗 **153910**
西伯利亚蒙蒂苋 **258273**,94362
西伯利亚绵枣儿 **353065**
西伯利亚苜蓿 **247471**
西伯利亚牛鞭草 **191251**
西伯利亚牛皮消 **117346**
西伯利亚牛舌草 61366
西伯利亚婆罗门参 **394345**
西伯利亚婆婆纳 **407371**,407434
西伯利亚蒲公英 **384805**
西伯利亚桤木 **16473**
西伯利亚奇异翠雀花 **124386**
西伯利亚落草 **217565**
西伯利亚牵牛 250831
西伯利亚青兰 265048
西伯利亚雀麦 **60969**
西伯利亚乳苣 219513,219806
西伯利亚三毛草 **398528**
西伯利亚沙棘 **196777**
西伯利亚砂引草 393269
西伯利亚山地桤木 **16362**
西伯利亚山芥 **47956**
西伯利亚山莴苣 219806
西伯利亚神血宁 309792
西伯利亚蓍 **4028**
西伯利亚石芥花 **125861**
西伯利亚鼠麹草 **178409**
西伯利亚松 300197
西伯利亚嵩草 **217283**
西伯利亚酸模 **340256**
西伯利亚索包草 **366775**
西伯利亚唐松草 388428
西伯利亚糖芥 **154505**
西伯利亚铁线莲 **95302**
西伯利亚庭荠 **18469**
西伯利亚葶苈 **137237**
西伯利亚茼蒿 **89723**
西伯利亚菟葵 148111
西伯利亚橐吾 229179
西伯利亚猥草 **203142**
西伯利亚莴苣 **219513**
西伯利亚乌头 **5055**
西伯利亚无芒雀麦 60969
西伯利亚香薷 250831
西伯利亚小檗 **52149**
西伯利亚小萝卜 326832
西伯利亚小米草 **160266**
西伯利亚小矢车菊 **81378**
西伯利亚邪蒿 228599
西伯利亚杏 **34470**
西伯利亚亚麻 231942
西伯利亚岩白菜 **52540**
西伯利亚岩高兰 145073
西伯利亚岩黄芪 188104
西伯利亚岩黄耆 **188104**
西伯利亚羊茅 **164315**
西伯利亚野大麦 198360
西伯利亚野麦 144466
西伯利亚樱桃 **83325**
西伯利亚蝇子草 **364062**,363691
西伯利亚鱼黄草 250831
西伯利亚榆 401602
西伯利亚羽衣草 **14143**
西伯利亚鸢尾 **208829**,208806
西伯利亚远志 **308359**
西伯利亚云杉 **298382**
西伯利亚早熟禾 **305973**,305412
西伯利亚沼柳 344031
西伯利亚珍珠梅 **369277**
西伯利亚猪牙花 154946
西伯利亚紫丹 **393269**
西伯利亚紫椴 **391665**
西伯利亚紫堇 106453
西伯利亚紫菀 **41257**
西伯马先蒿 **287674**
西博决明 **78484**
西博氏肉桂 91426
西博氏卫矛 157879
西博苎麻 56140
西布索普刺梗芹 **140643**

西布索普虎耳草 **349904**
西布索普紫草 **233780**
西布雅榕 **165663**
西部白树 **379805**
西部白松 300082
西部白橡树 323625
西部北美紫草 **271857**
西部捕虫堇 **299751**
西部糙叶一枝黄花 **368345**
西部草原舌唇兰 **302487**
西部翠雀花 **124280**
西部大花山楂 **109821**
西部毒芹 **90923**
西部非洲紫罗兰 **342498**
西部枫 3127
西部橄榄芹 **142508**
西部高原野荞麦 **151873**
西部鬼针草 **53773**
西部海马齿 **361677**
西部蔊菜 **336272**
西部荒野蒿 **35246**
西部黄松 300153
西部几内亚蒲桃 **382558**
西部渐尖二型花 **128481**
西部金合欢 **1447**
西部金菊木 **150320**
西部金千里光 **279916**
西部苓菊 **214074**
西部马茄 **367102**
西部毛蓍 **3957**
西部美国当归 **24304**
西部拟小雀瓜 **115999**
西部热美龙眼木 **160323**
西部萨尼仙茅 **346023**
西部沙地樱桃 **83157**
西部山地卷舌菊 **380989**
西部石竹 **127723**
西部双曲蓼 **54772**
西部丝叶眼子菜 **378989**
西部四国香荠菜 **209832**
西部苔草 **74871**
西部特非瓜 **385654**
西部豚草 19179
西部五星花 **289886**
西部仙人掌 **272993**
西部心叶卷舌菊 **380883**
西部野蔷薇 **337026**
西部银色卷舌菊 **380980**
西部蝇子草 **363836**
西部硬杆拟莞 **352165**
西部沼地水鬼蕉 **200940**
西部沼泽卷舌菊 **380991**
西部珍珠萝藦 **245203**
西部梓木 79260
西部紫菀 215350
西昌翠雀花 **124702**
西昌党参 98423
西昌地桃花 **402259**
西昌杜鹃 **332127**,330083
西昌凤兰 **263869**
西昌厚朴 244449,279251
西昌黄花稔 **362698**
西昌黄杉 **318602**
西昌十大功劳 **242493**
西昌香茅 **117274**
西昌小檗 **51773**
西昌栒子 **107471**
西昌眼子菜 **312292**
西昌野薄荷 **250333**
西赤非铁青木 271133
西赤非铁青属 **271132**
西畴重楼 **284308**
西畴鹅耳枥 **77275**
西畴附地菜 **397425**
西畴含笑 **252857**
西畴猴欢喜 **366083**
西畴胡颓子 **142248**
西畴花椒 **417374**
西畴黄芩 **355764**
西畴结香 **141471**
西畴君迁子 **132397**
西畴楼梯草 **142896**
西畴泡花树 **249481**
西畴槭 **3603**
西畴青冈 **116198**
西畴琼楠 **50609**
西畴榕 **165871**
西畴瑞香 **122634**
西畴润楠 **240698**
西畴石斛 **125419**
西畴酸脚杆 247562
西畴苔草 **76262**
西畴卫矛 **157791**
西畴悬钩子 **339488**
西畴崖爬藤 **387853**
西畴油丹 **17811**
西畴油果樟 **381799**
西畴锥 **79069**
西雏菊属 **43295**
西川白前 117443
西川鹅绒藤 117443
西川红景天 **329833**
西川韭 **15897**
西川朴 **80777**
西穿心莲 **22408**
西垂茉莉 **96111**
西茨蒺藜 **357340**
西茨蒺藜属 **357338**
西刺穿心莲 22408
西村榕 **165378**
西村氏蜜茱萸 **249156**
西村悬钩子 **338885**
西达雷姚西诺日本樱花 **316934**
西大黄 329366,329372
西大洋兰 **415271**
西大洋兰属 **415270**
西当归 24475
西党 98395,98401
西地野荞麦 **152468**
西地中海芥 **54852**
西地中海芥属 **54849**
西蒂可花 **417599**
西蒂可花属 **417598**
西恩法道格茜 **161942**
西恩瓠果 **290551**
西恩驴喜豆 **271268**
西恩矢车菊 **81381**
西恩鼠李 **328859**
西尔豆 **380634**
西尔加香科 **388104**
西尔驴喜豆 **271199**
西尔石竹 **127699**
西尔斯山羊草 **8722**
西尔斯郁金香 **400143**
西尔万欧石南 **150110**
西尔维亚白粉藤 **92988**
西尔维亚斑鸠菊 **406856**
西尔维亚赪桐 **96374**
西尔维亚刺头菊 **108419**
西尔维亚画眉草 **147992**
西尔维亚灰毛豆 **386332**
西尔维亚尖刺联苞菊 **52672**
西尔维亚美冠兰 **157042**
西尔维亚猪屎豆 **112727**
西尔悬钩子 **338311**
西番谷 18788,18810
西番果 285637
西番菊 188908,383090,383103
西番葵 188908
西番莲 **285623**,121561,285637,285639
西番莲科 **285725**
西番莲属 **285607**
西番麦 417417
西蕃莲 285623
西方阿尔丁豆 **14267**
西方阿拉戈婆婆纳 **30581**
西方桉 **155674**
西方澳新旋花 **310015**
西方澳洲鸢尾 **285796**
西方巴瑟苏木 64124
西方白花黄芩 **355773**
西方白香楠 14941
西方百合 **230066**
西方百蕊草 **389804**
西方斑唇珊瑚兰 **104000**
西方斑鸠菊 **406447**
西方贝克斯 47656
西方碧冬茄 **292752**
西方边花紫金牛 **172494**
西方扁秆燕麦 **45544**
西方扁莎 **322326**
西方博巴鸢尾 **55965**
西方布袋兰 **68543**
西方布瑟苏木 **64124**
西方蚕豆木蓝 **206720**
西方苍耳 **415033**
西方草木犀 **249229**
西方长尖莎草 **119122**
西方长距风兰 **24926**
西方长叶大戟 **159264**
西方长柱灯心草 **213234**
西方车叶草 **39380**
西方车轴草 **396988**
西方赤竹 **347262**
西方川蔓藻 **340491**
西方春花欧石南 **149175**
西方粗糙补血草 **230744**
西方翠雀 124423
西方翠雀花 **124423**
西方大花风轮菜 **97000**
西方大花木槿 **194901**
西方大花细辛 **37629**
西方大叶粗叶木 **222149**
西方大玉凤花 **183828**
西方灯心草 **213337**
西方点地梅 **23243**
西方吊灯花 **84193**
西方杜鹃 **331383**
西方杜英 **142366**
西方短冠爵床 **58982**
西方短果大蒜芥 **365584**
西方对叶多节草 **266387**
西方多花蓼 **340520**
西方多叶杜鹃 **331513**
西方多叶苔草 **75443**
西方鹅耳枥 77256
西方法拉茜 **162595**
西方芳香木 **38722**
西方分尾菊 **405096**
西方风铃草 **70199**
西方风箱树 **82098**
西方刚果木蓝 **205827**
西方哥伦比亚野牡丹 **199200**
西方谷 18788
西方谷木 **249953**
西方谷田蟹甲草 **283884**
西方灌丛蝇子草 **363469**
西方龟背竹 **258176**
西方鬼针草 **54028**
西方海神木 **315871**
西方禾叶兰 **12456**
西方河柳 **343392**
西方核果木 **138671**
西方褐果苔草 **73953**
西方鹤顶兰 **293524**
西方红车轴草 **397059**
西方红花酢浆草 **278064**

西方红木 405223
西方红木属 405220
西方狐尾草 45531
西方壶小檗 51462
西方湖瓜草 232413
西方互苞盐节木 14941
西方花葱 307232
西方花葶翠雀花 124566
西方化石花 275892
西方桦 53540
西方槐 369090
西方还阳参 110934
西方黄连 103839
西方灰白苔草 73626
西方灰杜鹃 330322
西方桧 213834
西方蓟 92249
西方假龙胆 174149
西方碱蓬 379576
西方姜饼木 284256
西方胶黄耆 43173
西方金顶菊 161096
西方金光菊 339595
西方金果椰 139392
西方金黄蓟 354652
西方金银莲花 267820
西方巨茴香芥 162840
西方苦黄耆 41971
西方宽叶大戟 159599
西方奎茨卫矛 324590
西方蓝果接骨木 345578
西方劳氏石蒜 326979
西方黧豆 259557
西方栎 324247
西方镰扁豆 135647
西方疗伤绒毛花 28208
西方林地早熟禾 305946
西方瘤果夹竹桃 101759
西方柳 343850
西方柳叶酸模 340079
西方龙船花 211138
西方龙牙草 11589
西方鲁斯特茜 341035
西方绿顶菊 160655
西方卵果黄耆 43151
西方落叶松 221917
西方麻叶荨麻 402875
西方马比戟 240191
西方马蹄金 128965
西方芒柄花 271408
西方杧果 244405
西方牻牛儿苗 153813
西方毛唇鼠尾草 345138
西方毛萼山梗菜 234588
西方毛飞蓬 150743
西方毛茛 326135
西方毛梗黍 281805
西方毛果扁担杆 180997
西方毛核木 380748
西方毛蓍 3990
西方毛穗马先蒿 287343
西方毛头车轴草 396891
西方毛叶苔草 74810
西方梅花草 284582
西方美花石斛 125327
西方美丽桉 155709
西方密花百蕊草 389832
西方密花灯心草 213309
西方母菊 246381
西方木果山龙眼 415729
西方穆拉远志 260026
西方纳茜菜 262580
西方尼克菊 265989
西方拟阿福花 39484
西方拟扁果草 145497
西方拟劳德草 237861
西方拟漆姑 370620
西方牛角草 273204
西方盘桐树 134139
西方疱茜 319975
西方佩氏苞杯花 291473
西方皮雄榄 298462
西方铺地香 391373
西方朴 80698
西方漆姑草 342247
西方脐戟 270620
西方杞莓 316996
西方千里光 358918
西方乳突球 244175
西方润肺草 58911
西方三角车 334609
西方三孔草 398829
西方三孔独蕊草 398829
西方三叶草 396988
西方山地蝇子草 364088
西方山麻杆 14211
西方山银莲花 23969
西方山月桂 215404
西方珊瑚花属 211338
西方舌毛菊 177358
西方绳柄草 79299
西方石蚕 388032
西方石竹 127689
西方鼠尾草 345269
西方双冠苣 218212
西方双泡豆 132700
西方水鬼蕉 200946
西方水蒲桃 382474
西方水蜈蚣 218458
西方蒴莲 7231
西方斯来草 366030
西方宿根羽扇豆 238474
西方酸脚杆 247600
西方酸模 340157
西方穗花茱萸 373032
西方唐松草 388602
西方天蓝木蓝 205803
西方田梗草 200487
西方甜茅 177639
西方条纹鸭嘴花 214827
西方铁线莲 95168
西方庭菖蒲 365763
西方铜钱叶忍冬 235993
西方维图木蓝 206746
西方卫矛 157751
西方蚊子草 166109
西方无患子 346336
西方希尔安龙花 139462
西方细爪梧桐 226272
西方狭被莲 375456
西方仙花 395819
西方线叶野荞麦 152286
西方线柱兰 417771
西方腺柳 343417
西方香茶 303538
西方香科科 388166
西方香雪兰 168181
西方向日葵 189017
西方小瓠果 290533
西方小花角蒿 205608
西方小罂粟 247095
西方肖赪桐 337457
西方肖米尔大戟 304535
西方肖玉盘木 403633
西方鞋木 52895
西方欣珀疱茜 319987
西方须菊 405959
西方悬钩子 338909
西方血桐 240301
西方亚麻属 193484
西方烟堇 169125
西方岩菖蒲 392628
西方羊茅 164112
西方野葡萄 411603
西方野莴苣 219403
西方一枝黄花 368289
西方异翠凤草 290470
西方异色鼠尾草 345005
西方异形南星 16198
西方异形芹 193881
西方异叶苹婆 376104
西方异叶眼子菜 312091
西方银莲花 23971
西方隐花木蓝 205850
西方硬蓟 92256
西方油麻藤 259557
西方玉凤花 183914
西方圆叶山楂 110003
西方缘翅拟漆姑 370678
西方缘毛夹竹桃 18941
西方越橘 403924
西方泽兰 158240
西方摘亚苏木 127412
西方沼泽鼠麹草 178332
西方直立铁线莲 95173
西方纸桦 53549
西方帚状千里光 360081
西方皱茜 341117
西方猪毛菜 344739
西方猪屎豆 112473
西方紫茎泽兰 11168
西方紫荆 83798
西方紫露草 394050
西方紫穗槐 20019
西防风 346448,361538
西非埃乐果 9866
西非昂香脂树 103696
西非白花菜属 61711
西非刺篱木 134541
西非刺篱木属 134540
西非大风子 64395
西非大风子属 64394
西非大戟 185176
西非大戟属 185175
西非代德苏木 129736
西非单性榄属 44862
西非豆属 235198,69830
西非豆藤 69835
西非豆藤属 69830
西非毒胡萝卜 388881
西非毒鼠子 128835
西非多蕊豆 310664
西非多蕊豆属 310663
西非割花野牡丹 27489
西非钩叶属 184262
西非合欢 13703
西非合欢木 13703
西非红豆树 290876
西非厚皮树 221131
西非葫芦属 47157
西非花椒 417336
西非黄苹婆 376150
西非灰毛豆 386368
西非夹竹桃属 275580
西非金合欢 1427
西非金橡实 46509
西非金橡实属 46508
西非酒棕 326649
西非橘 8793
西非橘属 8790
西非爵床 10018
西非爵床属 10017
西非苦木 208417
西非苦木属 208416
西非榄 44863
西非榄属 44862
西非狼尾草 289057
西非荔枝果 55596,114581

西非蓼　**9986**
西非蓼属　**9985**
西非萝藦属　**48832**
西非麻疯树　212202
西非蔓　**139025**
西非蔓属　**139024**
西非牡荆　**411258**
西非南星　**28772**
西非南星属　**28770**
西非囊萼花　**153392**
西非囊萼花属　**153391**
西非囊萼木　**217930**
西非囊萼木属　**217929**
西非黏木　**126015**
西非黏木属　**126014**
西非漆　**184503**
西非漆属　**184502**
西非柿木　**132128**
西非水玉簪　**126684**
西非水玉簪属　**126682**
西非丝藤属　**382427**
西非苏木属　122151
西非乌木　132299
西非香脂苏木　**103723**
西非羊角拗　**378445**
西非椰　**354512**
西非椰属　**354511**
西非野牡丹　**65124**
西非野牡丹属　**65123**
西非叶　184263
西非叶属　184262
西非银网叶　**10018**
西非银网叶属　**10017**
西非枳属　8790
西非茱萸　**223409**
西非茱萸属　**223408**
西非竹芋　**9989**,388921
西非竹芋属　**9988**
西非紫檀　**320293**
西风　229296,361538,361580
西风古　18810
西风谷　18734,18810
西风芹　361526
西风芹属　**361456**
西风竹　242534
西弗里斯兰林地鼠尾草　345249
西府海棠　**243657**,83167,243703
西高石竹　**127819**
西藁本　229390
西格尔大戟　**159808**
西格兰属　**357328**
西贡海棠果　67867
西贡胡桐　**67867**
西贡蕉　260253
西贡肉桂　**91423**
西枸杞　239011
西谷椰属　252631
西谷椰子　252634,252636
西谷椰子属　**252631**
西谷棕属　252631
西固赤爬　**390165**
西固杜鹃　**332129**
西固凤仙花　**205183**
西固小檗　**51326**
西固紫菀　**41265**
西瓜　**93304**,93289
西瓜红紫薇　**219948**
西瓜皮豆瓣绿　**290299**
西瓜皮椒草　290299
西瓜属　**93286**
西瓜树　177170
西瓜叶茄　**367042**
西归　24475
西归芹　**361606**
西归芹属　**361605**
西国草　338250
西国米　252636
西果蔷薇属　**193493**
西海岸堇菜　**410008**
西海杜鹃　**330986**
西豪特千里光　**360048**
西河柳　117692,261250,383469,383595
西红花　111589
西红柿　239157
西湖柳　383469
西葫芦　**114300**
西花椒属　115167
西桦　**53342**
西黄芪　42453
西黄芪胶树　42453
西黄耆　**42453**
西黄芩　**355400**
西黄松　**300153**
西吉　329372
西加皮　350706
西加矢车菊　**81110**
西加小冠花　**105287**
西加云杉　298435
西江秋海棠　**49847**
西疆短星菊　**58280**
西疆飞蓬　**150737**
西疆韭　**15819**
西疆蒲公英　384467
西金茜属　**362424**
西茎龙胆　398289
西嚼　229461
西开片　329372
西康凹乳芹　408247
西康扁桃　20968
西康赤松　299886
西康杜鹃　331828
西康挂苦绣球　200152
西康胡氏木　199455
西康花楸　**369490**
西康黄芪　42550
西康黄耆　42550
西康桧　213972
西康金腰　**90451**
西康冷杉　379
西康木兰　279251
西康蔷薇　336952
西康溲疏　**127101**
西康天女花　**279251**
西康绣线梅　**263172**
西康栒子　**107685**
西康岩黄芪　187985
西康岩黄耆　187985
西康野青茅　**127295**
西康油松　299886
西康玉兰　279251
西康圆柏　213972
西康云杉　298248
西科斯刺桐　**154618**
西科斯杂种紫杉　385390
西壳椰子　**252634**
西壳叶属　252631
西可早熟禾　**305978**
西克莫榕　165726
西克斯属　362460
西肯贝格全能花　**280906**
西来稗　140414
西兰木科　210517
西劳兰属　**415704**
西蕾丽蝴蝶兰　293633
西里伯橙　**93422**
西里伯斯雷楝　**327557**
西里尔芦荟　**16748**
西里拉　120488
西里拉科　120490
西里拉属　120485
西里蒲公英　**384498**
西里西卡冷杉　314
西里西亚冷杉　**314**
西里西亚仙客来　**115939**
西里西亚雪花莲　**169709**
西里西亚鸢尾　**208644**
西里西亚掌根兰　**121369**
西丽草　193463
西丽草科　193461
西丽草属　193462
西利蝇子草　**364045**
西莲宝　**93324**
西林大戟　**159777**
西林蜘蛛抱蛋　**39582**
西陵知母　23670
西柳　**343930**
西卢兰　**365341**
西卢兰属　**365340**
西伦山柳菊　**195968**
西罗伞　**31351**
西萝卜　227574
西螺柑　93717
西马巴苦木　364374
西马伦野荞麦　**151809**
西玛柳　**344080**
西曼李海木　238245
西曼马鞭椴　**238245**
西曼五加　**357333**
西曼五加属　**357331**
西曼星香　**41652**
西美蜡梅　68329
西美山铁杉　399916
西美喜林芋　**294841**
西美夏蜡梅　**68329**
西门肺草　381035
西门肺草属　381024
西门高山参　**274005**
西门木　415558
西门木桉　155654
西门氏大丁草　**224117**
西门铁线莲　**95311**
西门五加　2495
西盟黄檀　**121858**
西盟姜花　**187482**
西盟林地苋　**319023**
西盟魔芋　**20151**,20101
西盟悬钩子　**339085**
西蒙德木　364450
西蒙德木科　364451
西蒙德木属　364447
西蒙短毛草　**58257**
西蒙鬼臼　365009
西蒙卷舌菊　**380985**
西蒙茄　**380671**
西蒙茄属　**380670**
西蒙氏栒子　**107687**
西蒙斯赛德旋花　**356439**
西蒙斯十大功劳　**242641**
西蒙斯唐菖蒲　**176584**
西蒙斯小檗　**52159**
西蒙斯栒子　107687
西蒙五加　2495
西蒙皱皮木瓜　**84576**
西米杜鹃　331832
西米尔茜属　**364416**
西米苏铁　115812
西米椰子　**252633**,252634
西米椰子属　252631
西米兹花　**364409**
西米兹花属　**364407**
西米兹属　364407
西米棕　**252636**
西摩尔列当属　**362045**
西摩列当　**362046**
西茉莉属　193498
西莫百蕊草　**389892**
西莫邦氏婆婆纳　**47555**

西莫黑草 **61869**
西莫黄眼草 **416167**
西莫蜡菊 **189849**
西莫西澳兰 **118277**
西莫小金梅草 **202976**
西莫肖蝴蝶草 **110689**
西姆番樱桃 **156353**
西姆芳香木 **38802**
西姆菲利木 **296311**
西姆风轮菜 **97048**
西姆拉枸杞小檗 **51892**
西姆芦荟 **17271**
西姆欧石南 **150053**
西姆柿 **132399**
西姆鼠麹草 **178412**
西姆斯铁线莲 **95038**
西姆土沉香 **161677**
西姆希尔蒲公英 **384803**
西姆仔榄树 **199436**
西木通 94899
西那 389533
西奈苞茅 **201570**
西奈姜味草 **253718**
西奈拉拉藤 **170633**
西奈马利筋 **38117**
西奈茄 **367614**
西奈玄参 **355242**
西奈早熟禾 **305984**
西奈诸葛芥 **258817**
西南艾菊 196693
西南澳寄生 **44078**
西南澳寄生属 **44077**
西南澳兰 **137750**
西南澳兰属 **137749**
西南澳洲柏 **67423**
西南八角枫 13362
西南八角莲 **139610**
西南巴戟 **258917**
西南菝葜 **366262**
西南白山茶 **69497**
西南白头翁 **321691**
西南报春 314342
西南糙皮桦 53635
西南草莓 **167629**
西南齿唇兰 **269022**
西南刺桐 **154658**
西南楤木 **30794**,289672
西南粗糠树 **141618**
西南粗叶木 **222155**
西南大戟 **158502**,159101
西南大头蒿 **36306**
西南灯心草 **213166**
西南地宝兰 **174307**
西南点地梅 23156
西南吊兰 **88602**
西南鹅掌柴 350726
西南翻唇兰 85451
西南繁缕 374832
西南非萝藦属 **223426**
西南非茜草 **20495**
西南非茜草属 **20490**
西南非鸢尾 **415294**
西南非鸢尾属 **415292**
西南风车子 **100500**
西南风铃草 **69972**
西南莩草 **361750**
西南附地菜 **397391**
西南杠柳 291061
西南挂苦绣球 200148
西南鬼灯檠 **335153**
西南杭子梢 **70799**
西南蒿 **36295**
西南红豆杉 385404,385409
西南红山茶 69494
西南胡麻草 **81726**
西南蝴蝶草 **392899**
西南蝴蝶兰 293648
西南虎刺 **122084**
西南虎耳草 **349906**
西南花楸 **369501**
西南华千里光 365036
西南桦 53342
西南桦木 53342
西南槐 **369107**
西南槐树 369107
西南环带草 **28802**
西南黄精 **308648**,308572
西南黄芩 355363
西南黄檀 **121623**
西南黄杨叶枸子 **107379**
西南蓟罂粟 **32444**
西南荚蒾 **408221**
西南假耳草 262971
西南尖药兰 **132671**
西南菅草 **389352**
西南金丝梅 201919
西南金丝桃 **201919**
西南茛草 **36730**
西南开唇兰 269022
西南拉拉藤 170354
西南蜡梅 **87515**
西南冷水花 299017
西南冷水麻 299017
西南犁头尖 **401170**
西南琉璃草 **118034**
西南露珠草 91512
西南鹿蹄草 322826
西南鹿药 **242686**
西南轮环藤 **116040**
西南落新妇 41852
西南落叶松 221881
西南马陆草 **148250**
西南马先蒿 287324
西南猫尾木 **245629**
西南猫尾树 245629
西南毛茛 **325832**
西南美爵床 **416301**
西南美爵床属 **416300**
西南米槠 78880
西南牡蒿 **36059**
西南木瓜 84553
西南木荷 **350949**
西南木蓝 **206270**
西南牧根草 43579
西南囊苞花 398024
西南女娄菜 363403
西南泡花树 **249469**
西南蓬子菜 **170767**
西南飘拂草 **166531**
西南千金藤 **375901**
西南千里光 **359816**
西南茜草 338028
西南茜树 325341
西南蔷薇 **336800**
西南青荚叶 191157
西南忍冬 **235681**
西南赛楠 266789
西南山茶 **69494**
西南山梗菜 **234759**
西南山决明 78268
西南山兰 **274034**
西南山梅花 294451
西南蓍 4062
西南蓍草 4062
西南石豆兰 **62553**
西南手参 **182262**
西南鼠李 328848
西南双药芒 **127486**
西南水马齿 **67356**
西南水芹 **269309**
西南水苏 **373274**
西南四照花 105063
西南松 300153
西南宿苞豆 **362306**
西南苔草 **73836**
西南唐松草 **388497**
西南桃叶卫矛 157560
西南天门冬 **39102**
西南铁线莲 **95258**
西南臀果木 **322413**
西南尾药菊 381929
西南委陵菜 **312627**
西南卫矛 **157559**
西南文殊兰 **111214**
西南文珠兰 111214
西南乌头 **5177**,5668
西南无心菜 **31908**
西南五叶参 289672
西南五月茶 **28310**
西南细辛 37642
西南虾脊兰 **65977**
西南线委陵菜 **312730**
西南香果兰 404978
西南香陵菜 312627
西南香楠 325341
西南向日葵 **188903**
西南小檗 **52189**,51319,52396
西南缬草 404272,404316
西南新耳草 **262971**
西南绣球 **199865**
西南萱草 **191283**
西南悬钩子 **338158**
西南栒子 **107451**
西南亚芥 **418494**
西南亚芥属 **418493**
西南沿阶草 **272111**
西南杨 **311468**
西南野丁香 **226127**
西南野古草 **37400**
西南野黑樱 **316791**
西南野黄瓜 **114249**
西南野木瓜 **374391**
西南野黍 **151675**
西南野豌豆 **408512**
西南叶下珠 **296797**
西南一年生卷舌菊 **380997**
西南移柛 135114
西南移柭 135114
西南异燕麦 190211
西南银莲花 **23779**
西南樱 **316400**,83198
西南樱桃 **83198**,83171,316400
西南蝇子草 **363403**
西南羽叶参 **289672**
西南鸢尾 **208474**
西南圆头蒿 **36297**
西南远志 **308012**,308457
西南越橘 **403880**
西南獐牙菜 **380160**
西南蔗茅 **148883**
西南紫金牛 31389
西尼博龙香木 **57266**
西宁大黄 329372
西宁披碱草 **144281**
西柠檬 93539
西诺·玛如木槿 **195282**
西欧甘松香 **404238**
西欧绿绒蒿 **247113**
西欧香菖 208565
西欧蝇子草 363477
西欧鸢尾 208565
西帕木科 365123
西帕木属 365118
西朴 80698
西奇缬草 **404355**
西茜草 187697
西芩 355387
西秦艽 173615

西青果　386504
西倾山黄芪　43261
西倾山黄耆　**43261**
西倾山马先蒿　**287833**
西热菊属　363073
西忍冬　**236113**
西日本蓟　**92258**
西荣红千层　**67274**
西萨摩亚棕属　97072
西沙尔琼麻　10940
西沙黄细心　56437
西沙灰毛豆　**386167**
西沙灰叶　386167
西沙泽芹　365871
西山草　362341
西山堇菜　**410053**
西山委陵菜　**313000**
西山小檗　**52355**
西山羊茅　**164120**
西山银穗草　227953
西杉木　114539
西参　280799
西升麻　91011
西施格树　7190
西施花　**330617**,331065
西施石斛　125296
西施仙人柱　83874
西氏报春　**314951**
西氏北美毛唇兰　**67896**
西氏波斯石蒜　**401822**
西氏梣　168100
西氏飞蓬　**150966**
西氏蓟　**92390**
西氏荚蒾　**408131**
西氏假麻菀　**317844**
西氏堇菜　**410576**
西氏菊属　364507
西氏栲　**79022**
西氏狼尾草　**289261**
西氏类麻菀　317844
西氏连翘　**167468**
西氏柳　**344112**
西氏毛茛　326365
西氏飘拂草　**166478**
西氏槭　**3604**
西氏肉桂　**91426**
西氏鼠尾草　**345389**
西氏溲疏　**127099**
西氏穗花　**317963**
西氏铁线莲　**95312**
西氏卫矛　**157879**
西氏小檗　**52151**
西氏杨　311480
西氏樱桃　**83326**
西氏蝇子草　**364064**
西氏越橘　**403998**
西氏榛　**106777**
西氏直立榕　**164956**
西氏紫瓣花　**400091**
西蜀丁香　**382190**,382153
西蜀椴　**391738**
西蜀海棠　**243665**
西蜀梾木　380510
西蜀苹婆　**376129**
西蜀山柳　96526
西蜀使君子　324679
西蜀四照花　380510
西蜀榆　**401553**,401455
西双版纳粗榧　**82541**
西双版纳崖爬藤　**387868**
西双紫薇　**219980**
西塔茅　**127211**
西苔栗属　136832
西太白黄芪　43263
西太白黄耆　**43263**
西太白棘豆　**279166**
西特恩小檗　**51475**
西特喀云杉　**298435**
西天麦　417417
西天门冬　**38951**
西天山驼舌草　**179379**
西田虎耳草　**349699**
西条萍蓬草　**267275**
西土蓝　59532
西瓦菊属　**193372**
西湾翠雀花　124585
西湾山楂　**109963**
西王母杖　239021
西威花属　364338
西维尔虎耳草　**349905**
西五味　351054
西五味子　351021,351089
西西里草　**56884**
西西里草木犀　**249225**
西西里草属　**56881**
西西里刺苞菊　**77016**
西西里鹅观草　**335454**
西西里肥皂草　**346443**
西西里风信子　**86056**
西西里风信子属　**86054**
西西里黄韭兰　**376357**
西西里金鱼草　**28655**
西西里金盏花　**66434**
西西里卷耳　**83026**
西西里冷杉　**426**
西西里林地石竹　**127879**
西西里芒柄花　**271588**
西西里眉兰　**272487**
西西里绵果芹　**64796**
西西里纽禾　**126204**
西西里欧石南　**150050**
西西里漆　332533
西西里漆树　**332533**
西西里蔷薇　**336947**
西西里山柑　**71858**
西西里鼠茅　**412484**
西西里糖胡萝卜　**43805**
西西里土牛膝　**4270**
西西里旋花　**103281**
西西里野豌豆　**408613**
西西里蚤草　**321602**
西喜马拉雅冷杉　439
西喜马拉雅莓系　305927
西喜马拉雅银冷杉　439
西喜马拉雅榆　**401643**
西香薷　144093
西芎　229309,229390
西宣兰　**92506**
西宣兰属　**92504**
西雅椰子属　380553
西雅棕　380556
西亚糙苏　295185
西亚番红花　**111571**
西亚肥皂草　**346428**
西亚格兰特菊　**180196**
西亚韭　**15262**
西亚菊　**98261**,207132
西亚菊蒿　**383762**
西亚菊属　**98260**
西亚龙胆　**173886**
西亚骆驼刺　14631
西亚蒲公英　**384827**
西亚槭　**2890**
西亚脐果草　**270684**
西亚蔷薇　336563
西亚绒毛花属　**120901**
西亚鼠尾草　**345244**
西亚香茅　**117192**
西亚雪柳　**167235**
西亚圆柏　213763
西亚紫荆　83809
西洋白花菜　**95835**,95796
西洋白花菜属　**95834**
西洋白头翁　**321700**
西洋柏木　114753
西洋滨菊　227512,227533
西洋菜　48689,262722
西洋菜干　262722
西洋赤接骨木　345660
西洋丁香　382329
西洋杜鹃　331383
西洋风蝶菜　95796
西洋风蝶草　95796
西洋凤梨属　182149
西洋谷　18687
西洋红　345405
西洋红豆杉　385302
西洋接骨木　**345631**
西洋鞠　285623
西洋菊　26900
西洋梨　**323133**,323151
西洋李　**316470**,316382
西洋李花　**316485**
西洋玫瑰树　**263199**
西洋牛蒡　394327
西洋苹果　243675,243711
西洋蒲公英　384714
西洋茜草　338038
西洋蔷薇　336474
西洋人参　280799
西洋山梅花　**294507**,294426
西洋山楂　109790
西洋参　**280799**,280788,364103
西洋蓍草　263199
西洋石竹　127700
西洋水杨梅　219933
西洋万年青　264426
西洋万年青属　264406
西洋夏雪草　166125
西洋毡绒苹果　**243589**
西洋榛子　106703
西洋醉蝶花　**95796**
西腰葫芦　93297
西茵陈　36232
西银柴胡　374841
西印第安兰属　61087
西印度巴豆　**112888**
西印度白塞木　268344
西印度醋栗　**90781**,296466
西印度大戟　**135041**
西印度大戟属　**135040**
西印度豆薯　**279737**
西印度毒漆树　332713
西印度杜鹃花属　381013
西印度胡椒　300330
西印度花椒　**417230**
西印度黄栌科　61291
西印度黄栌属　61283
西印度接骨木　**345703**
西印度距花黍　**203318**
西印度爵床　**379791**
西印度爵床属　**379790**
西印度李叶豆　200844
西印度茉莉　305213
西印度南瓜　114288
西印度茜属　**179537**
西印度青葙　**80443**
西印度榕　**164629**
西印度伞芹　**194097**
西印度伞芹属　**194096**
西印度山黄麻　**394648**
西印度鼠尾粟　372666
西印度驼峰楝　**181559**
西印度香瓜　114122
西印度玄参　**400032**
西印度玄参属　**400030**
西印度盐肤木　**332713**
西印度椰子　337883

西印度樱桃 259910
西印度樱桃属 259907
西印度真穗草 **160991**
西印度猪屎豆 112757
西印万灵木 413701
西印温曼木 **413701**
西柚属 11391
西游草 223984
西域百蕊草 389718,389768,389769
西域丁座草 57434
西域鬼吹箫 **228328**
西域黄芪 42921
西域黄耆 **42921**
西域荚蒾 **407958**
西域碱茅 **321377**
西域旌节花 **373540**
西域蜡瓣花 **106650**
西域龙胆 **173343**
西域青荚叶 191157
西域橐吾 **229226**
西域詹匐 171253
西藏阿拉善马先蒿 **286981**
西藏暗罗 **307493**
西藏凹乳芹 **408247**
西藏八角 **204524**
西藏八角莲 **139625**
西藏菝葜 **366344**,366319
西藏白苞芹 **266977**
西藏白皮松 299953
西藏白珠 **172173**
西藏百合 **229977**
西藏柏 114775
西藏柏木 **114775**
西藏斑籽 46965
西藏斑籽木 **46965**
西藏半边莲 **234827**
西藏报春 **315049**
西藏贝母 **168640**
西藏扁芒菊 **413009**
西藏杓兰 **120461**
西藏苍白风铃草 **70205**
西藏糙苏 **295208**,295227
西藏草莓 **167640**
西藏草乌 5051
西藏茶藨 334270
西藏茶藨子 **334270**
西藏柴胡 63691,63748
西藏长春木 250874
西藏长叶松 300186
西藏车前 **302199**
西藏赪桐 96392
西藏赤瓟 390180
西藏稠 233420
西藏川木香 **135741**
西藏大豆蔻 **198476**
西藏大黄 **329407**
西藏大戟 **159974**,159888
西藏大青 **96392**
西藏单侧花 **275483**
西藏单球芹 **185704**
西藏党参 **98431**
西藏灯心草 **213527**
西藏地不容 **375854**
西藏地杨梅 **238631**
西藏滇紫草 **271846**
西藏点地梅 **23224**,23204
西藏吊灯花 **84211**
西藏钓樟 **231423**
西藏冬青 **204407**
西藏豆瓣菜 **262751**
西藏独花报春 **270740**
西藏杜鹃 330876,331213
西藏短葶飞蓬 **150515**
西藏短星菊 58280
西藏短爪黄堇 **105833**
西藏对叶黄堇 **106536**,106535
西藏对叶兰 **264722**
西藏钝叶单侧花 275483
西藏多榔菊 **136376**
西藏鹅观草 **335529**
西藏鹅绒藤 **117515**
西藏鹅掌柴 **350803**
西藏繁缕 **375114**
西藏风吹箫 228335
西藏风毛菊 **348861**
西藏凤仙花 **204881**
西藏附地菜 **397473**
西藏高山黄堇 106535
西藏高山紫堇 **106535**
西藏藁本 **229415**
西藏割舌树 **177858**
西藏隔距兰 **94452**
西藏弓果藤 **393532**
西藏沟酸浆 **255256**
西藏沟子荠 **383997**
西藏固沙草 **274255**
西藏瓜叶乌头 **5267**
西藏鬼吹箫 **228335**
西藏鬼臼 365009
西藏孩儿参 **318517**
西藏含笑 **252899**
西藏寒原荠 **29177**
西藏杭子梢 **70784**
西藏核果茶 **322624**
西藏红豆杉 **385404**,300186
西藏红萼黄堇 **106400**
西藏红花 111589
西藏红景天 **329967**
西藏红杉 **221881**
西藏厚喙菊 **138780**
西藏厚棱芹 **279653**
西藏胡黄连 264318
西藏胡椒 **300450**
西藏胡颓子 **142250**
西藏胡枝子 **226818**
西藏虎耳草 **349990**
西藏虎皮楠 122691
西藏虎头兰 **117090**
西藏花椒 417294
西藏花木通 95258
西藏花旗杆 **136194**
西藏花旗竿 136194
西藏还羊参 110798
西藏还阳参 110798
西藏黄堇 **106531**
西藏黄精 **308663**
西藏茴芹 **299585**
西藏鸡爪草 399539
西藏荚蒾 **408165**
西藏假鹤虱 153553
西藏箭竹 **162708**
西藏姜味草 **253734**
西藏角果碱蓬 **379511**
西藏角蒿 205591
西藏角盘兰 **192870**
西藏金丝桃 **201922**
西藏筋骨草 13133
西藏堇菜 **410149**
西藏锦鸡儿 **72346**
西藏荆芥 **265084**
西藏景天 329884
西藏九节 **319532**
西藏韭 15819
西藏绢蒿 **360882**
西藏柯 **233420**
西藏宽花紫堇 **106059**
西藏宽裂黄堇 **106063**
西藏阔蕊兰 **291206**
西藏蓝刺头 140819
西藏狼尾草 **289141**
西藏棱子芹 **304809**,304808
西藏冷杉 480
西藏梨藤竹 **249610**
西藏藜 **87182**
西藏栎 **324119**
西藏良姜 187467
西藏蓼 **309891**
西藏列当 **275002**
西藏裂瓜 **351774**
西藏鳞果草 **4489**
西藏琉璃草 **118017**
西藏瘤果芹 **393865**
西藏柳 **344294**
西藏龙船花 **211192**
西藏龙胆 173520,173988
西藏鹿蹄草 **322802**
西藏绿绒蒿 **247122**
西藏罗伞 **59247**
西藏螺序草 **371784**
西藏落叶松 221881
西藏麻黄 146197
西藏马兜铃 **34200**
西藏马蓝 **320137**
西藏马先蒿 **287761**,287483
西藏蔓生黄堇 **105667**
西藏牻牛儿苗 **153923**
西藏猫乳 **328552**
西藏毛冠菊 **262228**
西藏毛脉杜鹃 **331349**
西藏茅瓜 **367780**
西藏梅花草 **284623**
西藏美叶花楸 **369553**
西藏棉叶栉 264250
西藏牡竹 **125513**
西藏木瓜 **84591**
西藏木姜子 **234078**
西藏木莲 **244425**
西藏南芥 **30472**
西藏拟鼻花马先蒿 **287620**
西藏念珠芥 **264637**
西藏牛皮消 **117675**
西藏扭藿香 **236278**
西藏扭连钱 245699
西藏泡囊草 **297883**
西藏披碱草 **144497**
西藏坡垒 **198193**
西藏婆婆纳 **407416**,407352
西藏蒲公英 384833
西藏蒲桃 **382684**
西藏朴 **80786**
西藏槭 3692
西藏千金藤 375854
西藏千里光 **360220**
西藏荨麻 **403031**
西藏茜草 **338037**
西藏蔷薇 **336990**
西藏芹叶荠 **366134**
西藏秦艽 **173988**
西藏青冈 **116216**
西藏青果 386504
西藏青荚叶 191157
西藏青篱竹 **87637**
西藏青梅 **405177**
西藏琼楠 **50629**
西藏球兰 **198897**,198862
西藏缺裂报春 **314107**
西藏雀稗 45833
西藏忍冬 236070
西藏肉叶荠 **59778**
西藏乳苣 **259774**
西藏软紫草 34624
西藏瑞香 **122618**
西藏润楠 **240725**
西藏三瓣果 **395373**
西藏三毛草 **398565**
西藏三七草 183080
西藏桑 259191

西藏沙棘　**196780**
西藏沙枣　142085
西藏山胡椒　**231396**
西藏山龙眼　**189955**
西藏山茉莉　**199455**
西藏珊瑚苣苔草　**103960**
西藏蛇头荠　383997
西藏神血宁　309891
西藏十大功劳　**242502**
西藏石栎　233420
西藏鼠耳芥　30472
西藏鼠李　**328903**
西藏鼠尾草　**345480**
西藏薯蓣　**131913**
西藏树萝卜　**10379**
西藏栓果菊　**222996**
西藏双药芒　**127483**
西藏水锦树　**413787**
西藏水马齿　**67358**
西藏水苏　**373466**
西藏水苏属　**250249**
西藏水杨梅　**175454**
西藏丝瓣芹　**6226**
西藏嵩草　**217299**,217274
西藏溲疏　**126971**
西藏素方花　**211952**
西藏素馨　**212071**
西藏酸蔹藤　**20263**
西藏酸模　**340186**
西藏桃　20926
西藏桃叶珊瑚　44911
西藏天门冬　**39234**
西藏铁线莲　**95352**,94980
西藏葶苈　**137266**
西藏通泉草　**247043**
西藏通脱木　**387435**
西藏土当归　**30783**
西藏洼瓣花　**234241**
西藏微孔草　**254370**
西藏委陵菜　**313114**
西藏卫矛　**157925**
西藏蝟菊　**270248**
西藏乌头　**5051**
西藏无柱兰　**19534**
西藏五福花　**8405**
西藏五加　**2521**
西藏西风芹　**361545**
西藏菥蓂　**390210**
西藏细距堇菜　**410757**
西藏虾脊兰　**66061**
西藏线茎风铃草　**70043**
西藏线叶嵩草　217299
西藏香茶菜　**209862**
西藏香青　**21711**
西藏香竹　**87646**
西藏小檗　**52255**,51691,51800,52223
西藏小麦　**398842**
西藏小叶忍冬　235910
西藏斜叶榕　**165762**
西藏新木姜子　**264070**
西藏新小竹　324933
西藏绣线菊　**372136**
西藏须芒草　**22833**
西藏悬钩子　**339370**
西藏旋覆花　**207113**
西藏雪莲花　348870
西藏熏倒牛　54198
西藏栒子　**107707**,107533
西藏鸭首马先蒿　**287000**
西藏崖爬藤　**387869**
西藏亚菊　**13038**
西藏延龄草　**397568**
西藏岩黄芪　187984,188187
西藏岩黄耆　**188187**
西藏岩梅　**127925**
西藏岩参　**90864**
西藏岩隙玄参　**355086**
西藏盐生草　**184952**
西藏眼子菜　312190
西藏羊耳兰　232360
西藏羊茅　**164362**
西藏野丁香　**226142**
西藏野扇花　346731
西藏野豌豆　**408641**
西藏野樱桃　83312
西藏银莲花　**24088**
西藏樱桃　**316478**
西藏蝇子草　**364129**,363771
西藏羽苞芹　**273937**
西藏玉凤花　**184136**
西藏玉山竹　**416825**
西藏芋兰　**265442**,265373
西藏鸢尾　**208492**
西藏圆柏　213972
西藏远志　308012
西藏越橘　**403979**,403920
西藏云杉　298437
西藏早熟禾　**306074**
西藏燥原荠　**321099**
西藏獐牙菜　380387
西藏针苞菊　395967
西藏珍珠梅　**369288**
西藏榛树　106734
西藏指甲草　**284761**
西藏栉叶蒿　**264250**
西藏中麻黄　**146197**
西藏苎麻　**56336**
西藏紫锤草　**234721**
西藏紫花报春　315125
西藏紫堇　106535
西藏紫菀　41285
西詹异荣耀木　**134725**
西竹　308613,308616
西爪哇巨竹　**175609**
西爪哇拿司竹　**262762**
西爪哇藤竹　**131285**
吸管堪蒂榈属　365198
吸吸草　220359
吸血草　362590
吸枝龙血树　137504
吸枝棕榈　**393810**
希巴氏锦葵　**286689**
希稗　186967
希波利特棘豆　**278880**
希博尔荚蒾　408131
希茨草　**352644**
希茨草属　**352643**
希德鳄梨　**291609**
希德考特薰衣草　**223254**
希德兰属　**350890**
希德十大功劳　**242634**
希厄斯大爪草　**370523**
希恩苓菊　**214171**
希尔安龙花　**139460**
希尔刺橘　**405516**
希尔刺痒藤　**394211**
希尔德奥氏草　**277336**
希尔德白瑟木　**46641**
希尔德百簕花　**55341**
希尔德斑鸠菊　**406407**
希尔德扁莎　**322262**
希尔德草胡椒　**290358**
希尔德赪桐　**96120**
希尔德刺痒藤　**394157**
希尔德大戟　**159061**
希尔德豆腐柴　**313646**
希尔德多坦草　**136512**
希尔德番薯　**207857**
希尔德风车子　**100531**
希尔德钩粉草　**317261**
希尔德鬼针草　**53941**
希尔德含羞草　**255043**
希尔德槲寄生　**411039**
希尔德画眉草　**147717**
希尔德黄蓉花　**121936**
希尔德黄檀　**121708**
希尔德灰毛豆　**386096**
希尔德火炬花　**216974**
希尔德假杜鹃　**48188**
希尔德金果椰　**139353**
希尔德金合欢　**1286**
希尔德卷瓣兰　**62777**
希尔德决明　**78322**
希尔德辣木　**258943**
希尔德类沟酸浆　**255166**
希尔德棱果桔梗　**315289**
希尔德瘤蕊紫金牛　**271053**
希尔德芦荟　**16888**
希尔德麻疯树　**212150**
希尔德毛束草　**395754**
希尔德茅根　**291401**
希尔德没药　**101412**
希尔德美非棉　**90959**
希尔德木槿　**194921**
希尔德木属　**196205**
希尔德扭果花　**377732**
希尔德纽敦豆　**265905**
希尔德潘考夫无患子　**280857**
希尔德苹果蒺藜　**249623**
希尔德千里光　**359048**
希尔德茄　**367211**
希尔德树葡萄　**120093**
希尔德水苏　**373239**
希尔德天芥菜　**190644**
希尔德无患子　**240888**
希尔德梧桐　**135862**
希尔德肖大岩桐寄生　**270500**
希尔德旋花　**103079**
希尔德羊蹄甲　**49121**
希尔德叶下珠　**296603**
希尔德羽叶楸　**376275**
希尔德远志　**308101**
希尔德月见草　**269506**
希尔德杂色穗草　**306747**
希尔德蚤草　**321564**
希尔德胀萼马鞭草　**86081**
希尔德珍珠茅　**354113**
希尔德枝柱头旋花　**93997**
希尔吊灯花　**195227**
希尔叠珠树　**13203**
希尔独子果　156059
希尔恩扁担杆　**180812**
希尔恩邓博木　**123684**
希尔恩鹅耳枥叶扁担杆　**180721**
希尔恩画眉草　**147716**
希尔恩金莲木　**268187**
希尔恩龙船花　**211106**
希尔恩木槿　**194893**
希尔恩赛金莲木　**70731**
希尔恩外盖茜　**141399**
希尔恩弯管花　**86218**
希尔恩一点红　**144924**
希尔恩油戟　**142493**
希尔非洲三尖鳞茜草　**394844**
希尔凤仙花　**205316**
希尔格紫草属　**196237**
希尔黄杨　**64260**
希尔黄指玉　**383922**
希尔鸡头薯　**153047**
希尔蓟　**92027**
希尔间型红豆杉　**385391**
希尔康氨草　**136263**
希尔康孝艾　**290485**
希尔康雏菊　**50818**
希尔康冬青　**203904**
希尔康斗篷草　**14059**
希尔康虎眼万年青　**274651**

希尔康黄杨 **64263**
希尔康荠菜 **72053**
希尔康蜀葵 **13923**
希尔康玄参 **355143**
希尔康悬钩子 **338552**
希尔康野菱 **394458**
希尔康野豌豆 **408431**
希尔康鸢尾 **208634**
希尔列当 **196112**
希尔列当属 **196111**
希尔芦荟番杏 **17441**
希尔曼滨藜 **44319**
希尔曼野荞麦木 **152121**
希尔密藏花 **156059**
希尔魔芋 **20089**
希尔拟崖椒 **162184**
希尔鸟足兰 **347909**
希尔扭瓣时钟花 **377898**
希尔平口花 **302637**
希尔茜 **196254**
希尔茜属 **196247**
希尔榕 **165314**
希尔森扭果花 **377733**
希尔森梧桐 **135863**
希尔森玉凤花 **183692**
希尔施香芸灌 **388856**
希尔沃特实生鸟花楸 **369346**
希尔梧桐 **196330**
希尔梧桐属 **196323**
希尔雾水葛 **313477**
希尔仙人笔 **216649**
希尔须芒草 **22957**
希尔旋覆花 **207232**
希尔眼子菜 **312140**
希尔异黄花稔 **16205**
希尔尤克里费 156059
希尔鱼蓟 **92328**
希尔芋兰 **265435**
希尔猪屎豆 **112669**
希高山茶 **69174**
希金斯十大功劳 **242556**
希考坦飞蓬 **150953**
希克尔竹 **195367**
希克尔竹属 **195365**
希克曼蓼 **309181**
希克斯间型红豆杉 385390
希克斯十大功劳 **242555**
希客竹 195367
希客竹属 195365
希肯葱 **350874**
希肯葱属 **350872**
希肯花 **350871**
希肯花属 **350869**
希拉尔迪蔷薇 **336946**
希拉里刺头菊 **108302**
希拉里禾属 **196196**
希拉利落芒草 300717
希拉芸香 **362087**
希拉芸香属 **362086**
希腊贝母 **168415**
希腊侧金盏花 **8351**
希腊刺大戟 **158391**
希腊大戟 **158977**
希腊地榆 345440
希腊顶冰花 **169435**
希腊毒马草 **362869**
希腊番红花 111621
希腊杠柳 **291063**
希腊花楸 **369403**
希腊黄耆 **42439**
希腊姜味草 **253666**
希腊榉 **417535**
希腊苣苔 **211560**
希腊苣苔属 **211559**
希腊蓝盆花 **350225**
希腊冷杉 **306**
希腊荔莓 30880
希腊骆驼刺 **14633**
希腊毛地黄 130369
希腊绵毛菊 **293431**
希腊牛至 **274210**
希腊槭 3013
希腊瑞香 122470
希腊鼠尾草 **345440**
希腊束尾草 293211
希腊苏草 345440
希腊酸模 **340006**
希腊碎米荠 **72785**
希腊塔花 **347543**
希腊苔草 **76412**
希腊勿忘草 **260803**
希腊香科 **388002**
希腊旋子草 **98075**
希腊岩蔷薇 **93212**
希腊翼果苣 **201419**
希腊翼首花 320441
希腊银莲花 23724
希莱尔北美乔柏 390653
希莱氏蝴蝶兰 **293633**
希兰番薯 **207860**
希兰灰木 **381392**
希兰梅蓝 **248858**
希兰木蓝 **206080**
希兰黏腺果 **101252**
希乐棕属 **350635**
希勒兰 **196239**
希勒兰属 **196238**
希雷半边莲 **234370**
希雷裂舌萝藦 **351655**
希雷木蓝 **205795**
希雷小米草 **160273**
希雷玉凤花 **183491**
希里北美乔柏 **390653**
希里荷兰榆 **401525**
希里柔冬青 **204061**
希利荚蒾 407884
希利亚德蜡菊 **189430**
希利亚德裂舌萝藦 **351592**
希利亚德香茶 **303374**
希利亚德舟冠菊 **117128**
希林脱冠菊 **282971**
希卢灰毛豆 **386309**
希罗·福库林钝齿冬青 **203678**
希罗香科 **388156**
希麻巴属 364365
希马巴属 364365
希马类苦木 **323553**
希美莉 185169
希门花烛 **28106**
希蒙德木 364450
希蒙德木科 364451
希蒙德木属 364447
希蒙木科 364451
希蒙木属 364447
希茉莉 185169
希那 360825
希纳德木属 381475
希尼安加刺蒴麻 **399327**
希尼安加黄花稔 **362660**
希尼安加没药 **101332**
希尼安加木蓝 **206606**
希尼安加破布木 **104167**
希尼安加黍 **282238**
希尼安加树葡萄 **120223**
希帕卡利玛属 202373
希普谷精草 **151468**
希普类鹰爪 **126713**
希普美洲藤 **126690**
希普无患子 **196493**
希普无患子属 **196491**
希契科克地杨梅 **238626**
希契科克庭菖蒲 **365759**
希契科克纤维鞘草 **379295**
希钦姜 **197012**
希钦姜属 **197011**
希区科克竹 197010
希区科克竹属 197009
希萨尔 **63497**
希萨尔彩花 **2240**
希萨尔长瓣秋水仙 **250636**
希萨尔大黄 **329341**
希萨尔垫报春 **131420**
希萨尔飞蓬 **150694**
希萨尔拂子茅 **65364**
希萨尔堇菜 **410080**
希萨尔蓼 **309186**
希萨尔匹菊 **322691**
希萨尔前胡 **292888**
希萨尔蔷薇 **336633**
希萨尔秋水仙 250636
希萨尔雀儿豆 **87243**
希萨尔沙穗 **148487**
希萨尔水苏 **373247**
希萨尔葶苈 **137033**
希萨尔鸦葱 **354871**
希萨尔郁金香 **400175**
希萨尔早熟禾 **305585**
希施百里香 **391363**
希施贝格美冠兰 **156757**
希施贝格球距兰 **253328**
希施鼻花 **329562**
希施春黄菊 **26880**
希施刺头菊 **108399**
希施灯心草 **213435**
希施斗篷草 **14136**
希施多榔菊 **136373**
希施风铃草 **70296**
希施虎眼万年青 **274770**
希施棘豆 **279149**
希施蓟 **92370**
希施碱茅 **321380**
希施荆芥 **265044**
希施拉拉藤 **170615**
希施兰 **196985**
希施兰属 **196984**
希施苓菊 **214168**
希施毛地黄 **130389**
希施蒲公英 **384793**
希施山柳菊 **195952**
希施狮齿草 **224736**
希施蓍 **4024**
希施酸模 **340253**
希施瓦莲 **337310**
希施鸦葱 **354946**
希施岩黄耆 **188087**
希施紫菀木 **41759**
希氏对叶花 **304357**
希氏海葱 **402370**
希氏蝴蝶兰 293633
希氏假短冠草 **318462**
希氏剪秋罗 364064
希氏金鱼藤 **100126**
希氏菊 219714
希氏猫尾木 **135314**
希氏膨头兰 **401058**
希氏山龙眼属 **195374**
希氏石斛 **125189**
希氏水青冈 162368
希氏苔草 **74816**
希氏铁杉 399923
希氏无冠黄安菊 **64808**
希氏腺果层菀 **219714**
希氏小檗 **51723**
希氏旭日菊 **317364**
希氏蝇子草 **363548**
希氏鸢尾 **208826**
希氏竹 **197010**
希氏竹属 **197009**

希斯肯早熟禾 **305955**
希斯洛普龙王角 **199010**
希斯洛普木蓝 **206086**
希斯洛普铁海棠 **159371**
希陶苔草 **76607**
希陶钻地风 351785
希特巴豆 **113013**
希特海葡萄 **97864**
希特帕翁葵 286689
希特塞战藤 **360943**
希藤 196526
希藤科 196616
希藤属 196501
希望百合 **229967**
希望球 **244001**
希望山茶 **69159**
希望丸 244001
希绾草 321441
希仙 363090
昔兰尼半日花 **188651**
昔兰尼补血草 **230594**
昔兰尼莱蓟 **117779**
昔兰尼苍菊 **280582**
昔兰尼长叶车前 **302038**
昔兰尼车前 **301948**
昔兰尼车叶草 **39335**
昔兰尼春黄菊 **26775**
昔兰尼大翅蓟 **271682**
昔兰尼倒距兰 **21168**
昔兰尼滇紫草 **271749**
昔兰尼二行芥 **133333**
昔兰尼灌丛蝇子草 **363470**
昔兰尼禾属 **120484**
昔兰尼疆南星 **36984**
昔兰尼荆芥 **264905**
昔兰尼景天 **356657**
昔兰尼蓝刺头 **140690**
昔兰尼乐母丽 **335936**
昔兰尼列当 **275041**
昔兰尼罗马风信子 **50750**
昔兰尼牻牛儿苗 **153797**
昔兰尼毛连菜 **298578**
昔兰尼膜萼花 **292659**
昔兰尼木紫草 **233441**
昔兰尼苜蓿 **247274**
昔兰尼牛至 **274209**
昔兰尼欧石南 **150051**
昔兰尼千里光 **359314**
昔兰尼石竹 **127827**
昔兰尼矢车菊 **81021**
昔兰尼香科 **388065**
昔兰尼烟堇 **169085**
昔兰尼异肋菊 **193847**
昔兰尼蝇子草 **363394**
昔兰尼针果芹 **350410**
昔兰尼治疝草 **192946**
昔兰尼猪毛菜 **344505**
昔兰尼紫罗兰 **246481**
析目 390213
析伤木 407989
矽镁马先蒿 **287677**
奚毒 5335
奚氏水青冈 162368
奚芋头 16512
菥 243810
悉尼蓝桉 **155732**
悉尼相思树 1358
惜春生石花 **233473**
惜春玉 233473
惜阴兜舌兰 282911
菥蓂 **390213**,72038
菥蓂科 **390275**
菥蓂属 **390202**
皙 418169
犀角 373836
犀角属 373719
犀角细辛 117523
稀薄虎尾草 **88336**
稀薄蒲公英 **384523**
稀薄日中花 **220529**
稀糙伏毛坡油甘 **366662**
稀齿翻白草 **312747**
稀齿厚敦菊 **277120**
稀齿蓝花参 **412789**
稀齿楼梯草 **142637**
稀齿驴喜豆 **271247**
稀刺苍耳 415050
稀刺茄 **367628**
稀果杜鹃 **331395**
稀花八角枫 **13354**
稀花巴特杜茎大戟 **241857**
稀花百里香 **391357**
稀花百蕊草 **389841**
稀花刺子莞 **333669**
稀花大溲疏 **127006**
稀花丹氏梧桐 **135964**
稀花多头玄参 **307627**
稀花格尼瑞香 **178708**
稀花黑草 **61853**
稀花厚敦菊 **277148**
稀花黄堇 **105835**
稀花鸡头薯 **153052**
稀花菊头桔梗山梗菜 **234557**
稀花老鹳草 **174925**
稀花蓼 **309054**
稀花柳叶菜 146605
稀花罗顿豆 **237429**
稀花木蓝 **205912**
稀花槭 **3371**
稀花雀麦 **60810**
稀花染料木 **173100**
稀花日中花 **220673**
稀花酸模 **329384**
稀花娑罗双 362216
稀花苔草 **75038**
稀花唐松草 **388633**
稀花天芥菜 **190720**
稀花铁青树 **269654**
稀花通泉草 **247017**
稀花勿忘草 **260880**
稀花香茶菜 **303260**
稀花小钟桔梗 **253312**
稀花盐花蓬 **184671**
稀花远志 **308370**
稀花樟 91354
稀花樟树 **91412**
稀花胀萼马鞭草 **86100**
稀花舟叶花 **340866**
稀花紫堇 105835
稀见槐 **369003**
稀节披碱草 **144374**
稀蓝花参 **412836**
稀裂水鳖 **270324**
稀裂水鳖属 **270322**
稀裂圆唇苣苔 **183321**
稀脉浮萍 **224385**
稀脉桤叶树 **96506**
稀毛大黄柳 **343978**
稀毛地杨梅 **238702**
稀毛黄堇 105835
稀毛槭 3371
稀毛十字爵床 **111758**
稀毛手玄参 **244841**
稀毛天芥菜 **190722**
稀毛香青 21580
稀米菜 375817
稀髯毛茄 **367483**
稀蕊唐松草 **388605**
稀少长药兰 **360623**
稀少富斯草 **168799**
稀少穆拉远志 **260045**
稀少绳草 **328153**
稀少小黄管 **356156**
稀射线前胡 **292969**
稀射线蛇床 **97726**
稀射线西风芹 **361548**
稀疏豹皮花 **373959**
稀疏车前 **302154**
稀疏谷精草 **151450**
稀疏木槿 **195238**
稀疏木蓝 **206569**
稀疏欧石南 **149984**
稀疏润肺草 **58932**
稀疏香科 **388130**
稀疏羊耳蒜 **232306**
稀疏银齿树 **227356**
稀疏纸苞帚灯草 **373006**
稀疏砖子苗 **245523**
稀树草原蛇鞭菊 **228516**
稀穗莎草 **119095**
稀穗以礼草 **215936**
稀穗早熟禾 **305646**
稀头鳞花草 **225222**
稀头帚鼠麹 **252454**
稀吐 124311
稀翁玉 **103760**
稀须菜 283388
稀序卫矛 **157674**
稀叶金毛菀 **89905**
稀叶麻点菀 **266527**
稀叶麦瓶草 **363879**
稀叶藤 400942
稀叶远志 **308292**
稀叶猪屎豆 **112678**
稀银豆 **32882**
稀有小檗 51773
稀子黄堇 **106207**
溪岸奥勒菊木 270188
溪岸凤仙花 **205285**
溪岸鬼针草 **54088**
溪岸黄芩 355391
溪岸千里光 **359903**
溪岸水芹 269337
溪岸延龄草 397607
溪百合 **262131**
溪百合属 **262130**
溪边巴豆 **113005**
溪边长庚花 **193327**
溪边地胆 368898
溪边钉头果 **179108**
溪边短丝花 **221453**
溪边二裂萼 **134098**
溪边蜂斗草 **368898**
溪边凤仙花 **205286**
溪边红果大戟 **154851**
溪边黄芩 355391
溪边九节 **319548**
溪边聚花草 **167037**
溪边蓝花参 **412847**
溪边冷水花 **299035**
溪边柳 **344016**
溪边芦莉草 **339802**
溪边麦氏草 **256607**
溪边毛腹无患子 **151738**
溪边毛核木 **380756**
溪边牡荆 **411428**
溪边欧石南 **149994**
溪边桑勒草 **368889**,368898
溪边桑簕草 368898
溪边山梗菜 **234730**
溪边瘦鳞帚灯草 **209451**
溪边水芹 269337
溪边水苏 **373413**
溪边五层龙 **342719**
溪边肖鸢尾 **258635**
溪边羊耳蒜 **232308**
溪边野古草 **37374**
溪边异叶木槿 **194839**

溪边异籽葫芦 **25678**
溪边翼茎菊 **172419**
溪边玉叶金花 **260487**
溪边远志 **308308**
溪边早熟禾 **305932**
溪边枣 **418204**
溪边紫玉盘 **403568**
溪菖 5821
溪菖蒲 5793
溪风信子属 **262143**
溪梗属 262125
溪沟草 209826
溪钩树 320377
溪虎耳草 349851
溪黄草 **209826**,209753,209861
溪黄花 **100086**,209753
溪黄花属 **100085**
溪黄香 209755
溪蓟 **92350**
溪间楼梯草 **142821**
溪涧楼梯草 142821
溪椒 392559
溪堇菜 **409958**,409962,410008
溪榉 320377
溪口树 320377
溪柳 117643,135215,320377
溪麻 224989
溪麻柳 320377
溪棉条 8192
溪南山南星 33332
溪楠 **215751**
溪楠属 **215749**
溪畔伴帕爵床 **60322**
溪畔冬青 **203981**
溪畔杜鹃 **331661**
溪畔黄球花 **360701**
溪畔黄杨 **64316**
溪畔狼尾草 **289231**
溪畔落新妇 **41841**
溪畔毛茛 **326313**
溪畔美洲草锦葵 **204423**
溪畔秋海棠 **50245**
溪畔柔花 **8983**
溪畔莎草 **119497**
溪畔蛇根草 **272218**
溪畔十万错 **43656**
溪畔树紫菀 **270188**
溪畔委陵菜 **312936**
溪畔延龄草 **397607**
溪畔银莲花 24024
溪畔紫草 **250909**
溪畔紫堇 105957
溪旁矮柳 **344017**
溪瓢羹 117486
溪山梗菜 **234562**
溪参 **262136**
溪参属 **262135**
溪生半柱花 360701
溪生谷精草 **151306**
溪生沙棘 **196761**
溪生水杨梅 175444
溪生苔草 **74577**
溪水苔草 **74592**
溪荪 **208806**,5793,208740
溪桫 **88121**
溪桫属 **88111**
溪桃 61975
溪藤 121514
溪头风兰 **390525**
溪头卷瓣兰 62958
溪头秋海棠 **49716**
溪头石豆兰 **62630**
溪头羊耳蒜 **232202**,232125
溪头野木瓜 374417
溪头紫参 345077,345140
溪肖椰子 **68641**
溪蓿 208806
溪岩杜鹃 331303
溪杨 320377
溪泽兰 **362160**
溪泽兰属 **362159**
溪棕 327111
溪棕属 327100
葸菜 326616
锡安山飞蓬 **150964**
锡安山球序蒿 **371150**
锡安山野荞麦 **152677**
锡安山异囊菊 **194278**
锡波川苔草属 **91489**
锡达伯格菲奇莎 **164509**
锡达伯格狒狒花 **46040**
锡达伯格乐母丽 **335918**
锡达伯格双距兰 **133733**
锡达伯格双盛豆 **20751**
锡达伯格无梗石蒜 **29563**
锡达伯格喜阳花 **190290**
锡达伯格舟叶花 **340603**
锡达淋菊 **276199**
锡达蒙特长庚花 **193255**
锡达蒙特肖鸢尾 **258436**
锡达蒙特硬皮鸢尾 **172582**
锡达莫斑鸠菊 **406813**
锡达莫鼻烟盒树 **270925**
锡达莫番薯 **208186**
锡达莫美登木 **182656**
锡达莫水蜈蚣 **218585**
锡达莫绣球防风 **227542**
锡尔斑膜芹 **199649**
锡尔达里亚刺头菊 **108420**
锡尔灯心草 **213177**
锡尔假木贼 **21046**
锡尔塔蝇子草 **363323**
锡尔塔杂雀麦 **350618**
锡尔岩黄耆 **187948**
锡格裂花桑寄生 **295871**
锡浩特杜鹃 **331823**
锡浩特橐吾 **229195**
锡浩特乌头 **5570**
锡花缘毛夹竹桃 **18943**
锡加云杉 298435
锡金白蜡 168103
锡金报春 314961
锡金杯禾 **115679**
锡金杯禾属 **115678**
锡金梣 **168103**
锡金粗叶木 **222269**
锡金大戟 159845
锡金倒吊笔 **414817**
锡金灯心草 **213450**
锡金冬青 **204270**
锡金杜英 **142385**
锡金鬼臼 365009
锡金海棠 **243699**
锡金红果冬青 204270
锡金红丝线 **238971**
锡金黄花茅 **28005**,27945
锡金黄耆 **43047**
锡金剪股颖 **12306**
锡金金锦香 **276166**
锡金堇菜 **410580**
锡金锦鸡儿 **72357**
锡金景天 **356763**
锡金菊 **124831**
锡金肋柱花 **235466**
锡金冷杉 **341**
锡金柳 **344113**
锡金柳叶菜 146881
锡金柳叶箬 **209126**
锡金龙胆 **173895**
锡金龙竹 **125508**
锡金鹿蹄草 **322910**
锡金罗汉果 **365334**
锡金麻黄 **146250**
锡金马蓝 **320128**
锡金蒲公英 **384806**
锡金槭 **3610**
锡金茜草 **338031**
锡金秋海棠 **50305**
锡金榕 165719
锡金三毛草 398526
锡金山柑 **71860**
锡金十大功劳 242597
锡金鼠尾草 **345390**
锡金栓果芹 **105484**
锡金丝瓣芹 **6213**
锡金嵩草 **217284**
锡金酸蔹藤 **20257**
锡金铁线莲 **95298**
锡金葶苈 **137238**
锡金无毛小檗 52153
锡金响盒子 **199466**
锡金小檗 **52153**
锡金悬钩子 **339272**
锡金岩黄芪 188105
锡金岩黄耆 **188105**,187985
锡金叶下珠 **296758**
锡金羽叶花 **4996**
锡金鸢尾 **208836**
锡金越橘 404000
锡金早熟禾 **305980**
锡金猪殃殃 170222
锡金紫菀 **41264**
锡金醉鱼草 62114
锡京堇菜 410580
锡卡扁担杆 **180992**
锡卡多坦草 **136667**
锡卡番樱桃 **156375**
锡卡木蓝 **206665**
锡拉昆明十大功劳 242517
锡兰菝葜 **366624**
锡兰稗 **140414**
锡兰钗子股 238329
锡兰车前 **302217**
锡兰川苔草 **417854**
锡兰刺葵 **295490**
锡兰醋栗 136846
锡兰单叶豆 **143871**
锡兰倒提壶 117965
锡兰杜鹃 **332159**
锡兰杜英 142382
锡兰缎 88663
锡兰橄榄 **71034**,142382
锡兰沟瓣 **178008**
锡兰禾叶兰 **12463**
锡兰红子木 **155037**
锡兰蝴蝶木 71935
锡兰虎尾兰 **346173**
锡兰假锐药竹 **318643**
锡兰羯布罗香 133590
锡兰金锦香 **276159**
锡兰金莲木 **268276**
锡兰栎树 351968
锡兰莲 **262337**,262335
锡兰琉璃草 **118038**
锡兰龙脑香 **133590**
锡兰馒头果 177192
锡兰毛束草 **395788**
锡兰莓 136846
锡兰霉草 352873
锡兰囊稃竹 **225847**
锡兰佩奇木 **292419**
锡兰蒲桃 **382686**
锡兰群蕊竹 268120
锡兰榕 **165758**
锡兰肉桂 **91446**
锡兰山柑 71935
锡兰桃金娘 296672
锡兰臀果木 **322415**

锡兰文殊兰　**111280**
锡兰乌口树　**385049**
锡兰小檗　**51443**
锡兰行李叶椰子　106999
锡兰绣球防风　227554
锡兰鸭嘴花　**214907**
锡兰叶下珠　296672
锡兰异木患　**16170**
锡兰鹰爪花　**35071**
锡兰玉心花　385049
锡兰樟　91446
锡林麦瓶草　363977
锡林婆婆纳　**407439**
锡林沙参　**7823**
锡林蝇子草　**363977**
锡盟沙地榆　**401617**
锡米报春　**315088**
锡米长被片风信子　**137993**
锡米车轴草　**397080**
锡米风信子　**86059**
锡米拉拉藤　**170632**
锡米毛茛　**326370**
锡米婆婆纳　**407377**
锡米荨麻　**403014**
锡米塔花　**347627**
锡米苔草　**76277**
锡米羊茅　**164320**
锡米早熟禾　**305983**
锡那罗亚鼠尾草　**345392**
锡南婆婆纳　**407253**
锡潘茜属　**365102**
锡朋草　238318
锡朋槌果藤　71919
锡萨尔黄芩　**355478**
锡山牛至　**274234**
锡生藤　**92555**,92560
锡生藤属　**92523**
锡斯基尤扁果草　**145500**
锡斯基尤橙粉苣　**253930**
锡斯基尤蝶花百合　**67620**
锡斯基尤飞蓬　**150542**
锡斯基尤金千里光　**279921**
锡斯基尤藜芦　**405599**
锡特卡繁缕　**374769**
锡特卡柳　**344122**
锡叶　386897
锡叶藤　**386897**
锡叶藤科　**386907**,130928
锡叶藤属　**386853**
锡杖花　202767
锡杖花属　202761,258006
锡珍灯心草　**213107**
锡珍雀麦　**60974**
榽槛　80739
蜥蜴翠雀花　**124563**
蜥蜴角　**72486**
蜥蜴角属　**348019**
蜥蜴兰　**348015**
蜥蜴兰属　**348012**,196372
蜥蜴紫草　**348009**
蜥蜴紫草属　**348008**
豨椒　417282
豨莶　**363090**,363093
豨莶草　147084,295132,295215,295216,363090
豨莶属　**363073**
膝瓣大渡乌头　**5209**
膝瓣乌头　**5219**
膝柄木　**53679**
膝柄木属　**53678**
膝齿肉柊叶　**346872**
膝冠萝藦　**375241**
膝冠萝藦属　**375240**
膝冠叶下珠　**296591**
膝果小二仙草　**179271**
膝果小二仙草属　**179268**
膝花露草　**29858**
膝花露花　29858
膝花萝藦属　**179342**
膝距显柱乌头　5608
膝曲白芷　24355
膝曲冰草　**11736**
膝曲长穗三芒草　**33915**
膝曲地中海芥　**196954**
膝曲吊灯花　**84095**
膝曲冬青　**203840**
膝曲多穗兰　**310414**
膝曲非洲奇草　**15971**
膝曲狒狒花　**46063**
膝曲风兰　**24865**
膝曲红毛菀　**323020**
膝曲虎眼万年青　**274626**
膝曲黄耆　**42397**
膝曲碱茅　**321286**
膝曲卷瓣兰　**63030**
膝曲看麦娘　**17527**
膝曲可利果　**96734**
膝曲芦莉草　**339727**
膝曲路边青　**175411**
膝曲马布里玄参　**240204**
膝曲美丽扇舌兰　**329662**
膝曲密钟木　**192595**
膝曲膨基鸭跖草　**175488**
膝曲千里光　**359670**
膝曲塞拉玄参　**357517**
膝曲山羊草　**8674**
膝曲黍　**281645**
膝曲鼠茅　**412424**
膝曲乌蔹莓　**79847**
膝曲香芸木　**10626**
膝曲肖米努草　**329787**
膝曲莠竹　**254010**
膝曲玉凤花　**183655**
膝曲状黄藤　**121496**
膝穗针蒴草　**376988**
膝叶单头爵床　**257265**
膝柱胡颓子　**141996**
膝柱花　**179533**
膝柱花科　**179531**
膝柱花属　**179532**
膝柱兰　**179286**
膝柱兰属　**179285**
膝爪显柱乌头　**5608**
鳛沼报春　314453
槢状黄芪　42696
槢状黄耆　42696
歙术　44218
蟋蟀草　117859,143530
蟋蟀草属　143512
蟋蟀苔草　**74438**
鳛茅　**131018**
鳛茅属　131006
鳛耀茅属　**131006**
习见蓼　**309602**
习见莎草　**119740**
习氏苔草　**76273**
习水报春　**314590**
习水秋海棠　**50416**
习威氏蒿　36286
席草　119162,213036,213066,352284,353889
席箕草　4163
席勒氏卡特兰　**79572**
席氏椤　168100
席氏杜鹃　331776
席氏蓟　92390
席氏荚蒾　408131
席氏椤　79022
席氏连翘　167468
席氏柳　344112
席氏米槠　78916
席氏木蓝　206636
席氏南山堇菜　409819
席氏槭　3604
席氏山茄　**367365**
席氏水青冈　162368
席氏溲疏　127099
席氏素馨　211996
席氏铁杉　399923
席氏葶苈　**351247**
席氏葶苈属　**351245**
席氏卫矛　157879
席氏五加　143677
席氏小檗　52151
席氏樱桃　83326
席氏蝇子草　364064
席氏越橘　403998
席氏榛　106777
席氏直立榕　164956
席氏苎麻　56140
席希特羊耳蒜　**232211**
席状针蔺　**143165**
席子地锦苗　**85795**
媳妇菜　404316
蓆草　352223,352284,353889
菥　263272
橄树　258882
枲　71218
枲耳　415046
枲实　71218
洗　418169
洗草　361877,361935
洗锅罗瓜　238261
洗衫　346338
洗手果　346338
洗手叶　231355
洗碗叶　367146
洗澡花　255711
洗澡叶　172099
洗瘴丹　31680
喜爱花科　294625
喜巴早熟禾　**305590**
喜斑鸠菊　**406150**
喜报杜鹃　330651
喜报三元　239157
喜冰虫实　**104751**
喜查花　**85905**
喜查花属　**85904**
喜德女贞　**229536**
喜冬草　**87485**
喜冬草属　**87480**
喜冬树　87485
喜风野荞麦　**151815**
喜峰芹　**105469**
喜峰芹属　**105467**
喜钙百蕊草　**389714**
喜钙大戟　**159017**
喜钙多坦草　**136508**
喜钙法蒺藜　**162231**
喜钙孤菀　**393403**
喜钙环带草　**28803**
喜钙黄耆　**42748**
喜钙假木贼　**21042**
喜钙芦荟　**16676**
喜钙眠雏菊　**414978**
喜钙欧石南　**149124**
喜钙俑茎草　**315156**
喜钙俑茎草属　**315155**
喜钙蔷薇　**336290**
喜钙莎草　**118974**
喜钙无心菜　**31940**
喜钙仙人笔　**216673**
喜钙香科　**388101**
喜钙肖水竹叶　**23597**
喜钙野荞麦　**152115**
喜钙远志　**308094**
喜钙猪毛菜　**344562**
喜高九节　**319745**

喜高山葶苈 **137156**
喜沟玄参 **86011**
喜沟玄参属 **86010**
喜光花 **6476**,6469
喜光花属 **6466**
喜光黄耆 **42650**
喜光卷舌菊 **380894**
喜光唐松草 **388530**
喜果野葡萄 79878
喜寒菊 **319941**
喜寒菊属 **319938**
喜寒婆婆纳 **87793**
喜寒婆婆纳属 **87791**
喜寒玄参属 87791
喜旱莲子草 **18128**
喜花 141470
喜花草 148087,317250,388406,388410
喜花草属 148053
喜灰岩飞蓬 **150708**
喜鸡菊花 **182313**
喜极禾属 31085
喜碱风车子 **100660**
喜碱鸢尾 208606
喜旧花 367696
喜兰山环蕊木 **138627**
喜冷红景天 **329829**,329830
喜栎小苞爵床 **339714**,283763
喜林风毛菊 **348818**
喜林芋 **294814**,294792
喜林芋属 **294785**
喜林芋叶秋海棠 **50385**
喜林芋状秋海棠 **50159**
喜岭报春 314507
喜马八角 204524
喜马白蜡树 167975
喜马报春 314310
喜马灯心草 **213153**
喜马独尾草 **148543**
喜马红景天 329882
喜马拉雅八角 204524,204605
喜马拉雅白桦 **53481**
喜马拉雅白蜡树 167975
喜马拉雅白皮松 **299953**
喜马拉雅百蕊草 **389718**
喜马拉雅柏 114775
喜马拉雅柏木 114775
喜马拉雅贝母 168405
喜马拉雅并核果 **283180**
喜马拉雅波罗花 **205560**
喜马拉雅草苁蓉 57434
喜马拉雅茶藨 334025
喜马拉雅柴胡 **63686**,63841
喜马拉雅长茎柴胡 **63716**
喜马拉雅长叶松 **300186**
喜马拉雅常春藤 **187292**
喜马拉雅稠李 280018
喜马拉雅臭樱 **241500**
喜马拉雅垂头菊 **110376**
喜马拉雅大黄 **329414**
喜马拉雅大戟 159002,159888
喜马拉雅当归 **24302**
喜马拉雅地锦 285144
喜马拉雅点地梅 **23196**,23281
喜马拉雅丁香 **382153**
喜马拉雅东莨菪 25447
喜马拉雅鹅观草 **335338**
喜马拉雅矾根 **194423**
喜马拉雅高原芥 **89233**,126154
喜马拉雅藁本 229319
喜马拉雅葛藤 321473
喜马拉雅鬼臼 **306625**
喜马拉雅含笑 252899
喜马拉雅含羞草 **255044**
喜马拉雅鹤虱 **221688**
喜马拉雅红豆杉 385404
喜马拉雅红光树 **216810**
喜马拉雅红景天 **329882**
喜马拉雅红杉 **221891**
喜马拉雅胡卢巴 **397216**
喜马拉雅胡颓子 **142039**
喜马拉雅虎耳草 **349134**
喜马拉雅虎皮楠 **122691**
喜马拉雅花楸 369375
喜马拉雅黄耆 **42489**
喜马拉雅黄杨 **64380**
喜马拉雅茴芹 **299496**
喜马拉雅鸡薯豆 152943
喜马拉雅碱茅 **321297**
喜马拉雅旌节花 373540
喜马拉雅菊蒿 **383751**
喜马拉雅看麦娘 **17536**
喜马拉雅栝楼 **396193**,396238
喜马拉雅蜡瓣花 106650
喜马拉雅辣根菜 287957
喜马拉雅老鹳草 **174653**
喜马拉雅肋柱花 **235434**
喜马拉雅棱子芹 304808
喜马拉雅冷杉 **480**
喜马拉雅丽龙胆 **174047**
喜马拉雅楝 **371171**
喜马拉雅楝属 **371168**
喜马拉雅亮蛇床 **357796**
喜马拉雅琉璃草 **118006**
喜马拉雅柳 **343487**
喜马拉雅柳兰 **85886**
喜马拉雅柳叶菜 146870
喜马拉雅柳叶箬 **209070**
喜马拉雅龙胆 **173520**,174047
喜马拉雅鹿藿 **333262**
喜马拉雅驴臭草 **271819**
喜马拉雅乱子草 **259670**
喜马拉雅落叶松 221891
喜马拉雅马蓝 **378086**
喜马拉雅莓系 305579
喜马拉雅猕猴桃 **6697**
喜马拉雅米口袋 181642,391539
喜马拉雅密叶红豆杉 385376
喜马拉雅木蓝 **206079**
喜马拉雅木犀 276396
喜马拉雅木苋 **57454**
喜马拉雅爬山虎 285144
喜马拉雅披碱草 **144330**
喜马拉雅婆婆纳 **407151**
喜马拉雅朴 **80635**
喜马拉雅槭 2836
喜马拉雅荨麻 **402854**
喜马拉雅茜草 **337966**
喜马拉雅芹属 **206909**
喜马拉雅青荚叶 **191157**
喜马拉雅清香桂 346747
喜马拉雅雀麦 **60741**
喜马拉雅沙参 **7661**
喜马拉雅山荆子 **243571**,243687
喜马拉雅芍药 280197
喜马拉雅麝香蔷薇 336408
喜马拉雅手参 **182252**
喜马拉雅鼠耳芥 113148
喜马拉雅双花悬钩子 **338189**
喜马拉雅松 300186
喜马拉雅嵩草 **217265**
喜马拉雅穗三毛 **398545**
喜马拉雅苔草 **75525**
喜马拉雅桃叶珊瑚 **44911**
喜马拉雅梯牧草 **294980**
喜马拉雅天冬 39165
喜马拉雅天胡荽 **200307**
喜马拉雅铁杉 399896
喜马拉雅庭荠 **18375**
喜马拉雅臀果木 **322403**
喜马拉雅五加属 **218770**
喜马拉雅香柏 80087
喜马拉雅香茅 **117234**,117190
喜马拉雅小檗 **51724**
喜马拉雅小沿沟草 **79213**
喜马拉雅筱竹 **196346**
喜马拉雅筱竹属 **196343**
喜马拉雅心叶报春 **314269**
喜马拉雅玄参 **355138**
喜马拉雅悬钩子 **339101**
喜马拉雅栒子 **107354**,107539
喜马拉雅鸭茅 **121238**
喜马拉雅崖爬藤 **387842**
喜马拉雅岩白菜 52541
喜马拉雅岩梅 **127913**
喜马拉雅野古草 37400
喜马拉雅野青茅 **127247**
喜马拉雅野扇花 346747
喜马拉雅银桦 53635
喜马拉雅蝇子草 **363544**
喜马拉雅芋兰 **265398**
喜马拉雅圆柏 213807,213873
喜马拉雅云杉 **298437**,298436
喜马拉雅早熟禾 **305918**,305579
喜马拉雅樟属 91244
喜马拉雅针茅 **376796**
喜马拉雅紫茉莉 278287
喜马拉雅紫菀 **41371**,40568
喜马拉雅醉鱼草 61989
喜马拉雅恋岩花属 **94127**
喜马牡丹 280197
喜马木犀榄 **270165**
喜马山旌节花 373540
喜马山栝楼 396238
喜马细画眉草 **147466**
喜马旋覆花 **207213**
喜马玉山竹 **416747**
喜马越橘 403814
喜马云杉 298436
喜马紫草 **210493**
喜马紫草属 **210492**
喜木堇菜 410493
喜普鞋兰属 120287
喜泉卷耳 **82818**
喜雀苣苔属 274465
喜鹊苣苔 **274471**,274466
喜鹊苣苔属 **274465**
喜沙阿魏 **163606**
喜沙臂形草 **58148**
喜沙并头黄芩 355737
喜沙刺头菊 **108376**
喜沙酢浆草 **278027**
喜沙大戟 **158429**
喜沙独行菜 **225362**
喜沙短叶青锁龙 **108861**
喜沙芳香木 **38414**
喜沙非洲钩藤 **401745**
喜沙甘蜜树 **263061**
喜沙花椒 **417315**
喜沙画眉草 **147914**
喜沙黄麻 **104113**
喜沙黄芪 41975,41976
喜沙黄耆 **41975**,41976
喜沙黄芩 **355737**
喜沙金果椰 **139406**
喜沙蓝花参 **412812**
喜沙苓菊 **214157**
喜沙龙面花 **263451**
喜沙马氏乐母丽 **335990**
喜沙梅花草 **284523**
喜沙木蓝 **205671**
喜沙木属 148354
喜沙尼克樟 263061
喜沙千里光 **358807**
喜沙青锁龙 **108810**
喜沙热非茜 **384346**
喜沙塞拉玄参 **357639**
喜沙山柳菊 **195889**

喜沙十万错 **43600**
喜沙无舌黄菀 **209566**
喜沙香茶 **303600**
喜沙小籽拟漆姑 **370683**
喜沙肖木蓝 **253221**
喜沙隐盘芹 **113552**
喜沙圆武扇 **272917**
喜沙直穗偃麦草 **144641**
喜沙舟蕊秋水仙 **22377**
喜沙猪屎豆 **112568**
喜砂棘豆 **278703**
喜山白粉藤 **92873**
喜山萹蓄 **291885**
喜山补骨脂 **319219**
喜山簕柊 **354622**
喜山柴胡 63686
喜山车前 **302002**
喜山重楼 **284381**
喜山刺桐 **154698**
喜山酢浆草 **277995**
喜山翠雀花 **124432**
喜山单花杉 **257141**
喜山红蕾花 **416970**
喜山槲寄生 **411080**
喜山茴芹 **299487**
喜山金果椰 **139394**
喜山九节 **319730**
喜山卷序牡丹 **91101**
喜山蜡菊 **189627**
喜山类沟酸浆 **255175**
喜山两头毛 **20593**
喜山柳叶菜 146870
喜山马利筋 **38044**
喜山牻牛儿苗 **153882**
喜山毛蕊花 **405742**
喜山毛子草 20593
喜山欧石南 **149815**
喜山气花兰 **9229**
喜山青牛胆 **392266**
喜山球锥柱寄生 **177017**
喜山三冠野牡丹 **398718**
喜山双距兰 **133874**
喜山水马齿 **67374**
喜山水苏 **373342**
喜山苔草 **75623**
喜山天竺葵 **288399**
喜山葶苈 **137155**
喜山五部芒 **289554**
喜山肖茜树 **12547**
喜山星芥 **99092**
喜山罂粟 **282646**
喜山远志 **308034**
喜山舟瓣梧桐 **350460**
喜湿班克木 **47657**
喜湿狗舌草 **359087**
喜湿鯱玉 **354325**
喜湿蓟 **92042**
喜湿箭竹 **162700**
喜湿兰 **191072**
喜湿兰属 **191071**
喜湿龙胆 **173502**
喜湿马利筋 **37967**
喜湿山黧豆 **222729**
喜湿黍 **281737**
喜湿鼠麴草 **178475**
喜湿野牡丹 **265350**
喜湿野牡丹属 **265349**
喜湿蚓果芥 **264617**
喜湿紫堇 **106125**
喜石八宝 **200818**
喜石黄堇 **106269**
喜石黄芪 42878
喜石黄耆 **42878**
喜石茴芹 **299462**
喜石箭袋草 **144141**
喜石苓菊 **214122**
喜石芦莉草 **339758**
喜石欧石南 **149674**
喜石针茅 **376842**
喜氏堇菜 **410579**
喜氏相思 **1602**
喜事草 215343
喜树 **70575**
喜树蕉 294814
喜树南洋凌霄 **385502**
喜树属 **70574**
喜水阿氏莎草 **574**
喜水长庚花 **193280**
喜水非洲钩藤 **401743**
喜水谷精草 **151329**
喜水茴芹 **299438**
喜水蓟 **92044**
喜水疆南星 **37001**
喜水马唐 **130603**
喜水雀稗 **285450**
喜水水苏 **373251**
喜水水蓑衣 **200618**
喜水酸渣树 **72642**
喜水弯鳞无患子 **70544**
喜水锡叶藤 **386875**
喜水肖九节 **401984**
喜水泽菊 **91118**
喜水栀子 **171302**
喜苏 203095
喜苏属 203079
喜铁小花茜 **286025**
喜铜大戟 **158719**
喜铜基花莲 **48657**
喜铜间花谷精草 **250988**
喜铜蓝耳草 **115543**
喜铜球柱草 **63249**
喜铜铁苋菜 **1828**
喜铜猪屎豆 **112048**
喜温虎眼万年青 **274806**
喜西柴胡 **63841**
喜硝球序蒿 **371149**
喜硝猪毛菜 **344644**
喜硝猪毛菜属 **266389**
喜雪菲利木 **296180**
喜雪欧石南 **149189**
喜雪细茎双曲蓼 **54822**
喜雪缬草 **404242**
喜雪紫堇 **105741**
喜岩白斑十二卷 **186815**
喜岩布里滕参 **211484**
喜岩翅鹤虱 **225097**
喜岩大戟 **159565**
喜岩风车子 **100701**
喜岩风铃草 **70220**
喜岩海葱 **402416**
喜岩姬沙参 **7713**
喜岩堇菜 **410515**,409975
喜岩聚花草 **167012**
喜岩蜡菊 **189746**
喜岩裂口花 **379867**
喜岩芦荟 **16678**
喜岩绿洲茜 **410847**
喜岩罗杰麻 **335746**
喜岩蔓桐花 **246657**
喜岩奈纳茜 **263546**
喜岩欧石南 **149893**
喜岩鞘蕊花 **99676**
喜岩手玄参 **244761**
喜岩斜杯木 **301698**
喜岩缬草 **404330**
喜岩蝇子草 **363692**
喜炎番薯 **208125**
喜炎蓝花参 **412826**
喜炎美冠兰 **156953**
喜炎南非禾 **290020**
喜炎十字爵床 **111756**
喜炎肖鸢尾 **258622**
喜盐百脉根 **237635**
喜盐草 **184979**
喜盐草科 **184985**
喜盐草属 **184967**
喜盐长冠田基黄 **266128**
喜盐粗毛阿氏莎草 **568**
喜盐大籽藜 **87082**
喜盐格雷野牡丹 **180389**
喜盐黄芪 41965,43000
喜盐黄耆 **41965**,43000
喜盐黄蓍 41965
喜盐莎草 **119013**
喜盐鼠尾粟 **372695**
喜盐薯蓣 **131779**
喜盐唐菖蒲 **176246**
喜盐庭菖蒲 **365753**
喜盐野荞麦 **152154**
喜盐异木患 **16099**
喜盐鸢尾 **208606**
喜盐杂色豆 **47702**
喜阳长匍匐枝苔草 **74887**
喜阳葱 **367761**
喜阳葱属 **367758**
喜阳赫柏木属 190245
喜阳花属 **190261**
喜阳火炬姜 **265966**
喜阳囊蕊紫草 **120848**
喜阳尼古拉姜 265966
喜叶子 212019
喜翼矛果豆 **235564**
喜阴草属 352863
喜阴唇柱苣苔 87984
喜阴委陵菜 **313090**
喜阴一枝黄花 **368383**
喜荫草 **352875**
喜荫草属 **352863**
喜荫唇柱苣苔 **87984**
喜荫花 147386
喜荫花属 147384
喜荫黄芩 **355732**
喜荫筋骨草 **13183**
喜荫悬钩子 **338808**
喜雨草 **270588**
喜雨草属 **270587**
喜雨大沙叶 **286394**
喜雨番樱桃 **156322**
喜雨浆果鸭跖草 **280521**
喜雨九节 **319729**
喜雨榄仁树 **386597**
喜雨香茶 **303540**
喜雨羊蹄甲 **49180**
喜悦大花天竺葵 **288266**
喜悦秋水仙 **99324**
喜悦球 **140297**
喜悦石栎 233103
喜悦小檗 51297
喜悦榆 **401447**
喜沼凤仙花 **205091**
喜沼毛茛 **326392**
葈耳 415057
戏班须 400958
系果 **185746**
系果属 **185745**
系花 **185744**
系花科 **185742**
系花属 **185743**
系系草 349936
系系筷子 231401
系系叶 349936
细阿佛罗汉松 9994
细埃弗莎 **161285**
细矮鳞茅 **131026**
细艾 35674
细艾叶 **35788**
细安第斯桔梗 **329736**
细奥萨野牡丹 **276500**

细澳洲球豆 **371129**
细八棱麻 322423
细巴尔果 **46920**
细巴厘禾 **284112**
细巴南野牡丹 **68826**
细巴西盔豆 **108672**
细白鼓钉 **307717**
细白冠黑药菊 **89343**
细白花草 35136
细白火草 21612
细白沙藤 197245
细白水蜈蚣 **218468**
细斑驳芹 **142513**
细斑粗肋 11332
细斑粗肋草 11332
细斑亮丝草 **11332**
细斑香蜂草 257184
细瓣柽柳 **383555**
细瓣兜兰 282834
细瓣兜舌兰 282834
细瓣耳草 **187602**
细瓣兰属 **246101**
细瓣勒珀蒺藜 **335672**
细瓣拟娄林果 **335838**
细瓣派珀兰 **300572**
细瓣石斛 125317
细瓣石竹 **127755**
细瓣羊耳蒜 232282
细棒茎草 **328390**
细棒毛萼 **400806**
细棒头草 **310133**
细棒状一枝黄花 **368439**
细苞澳洲鸢尾 **285799**
细苞虫实 **104850**
细苞非洲鸭跖草 **100907**
细苞藁本 **229301**
细苞胡椒 **300379**
细苞金银花 236104
细苞忍冬 **236104**
细苞水马齿 **67392**
细苞叶兰 **58427**
细苞银背藤 **32653**
细报春石南 **371550**
细杯药草 **107837**
细被石豆兰 **62847**
细本葡萄 411669
细荸荠 **143189**
细笔兰属 154871
细边露兜树 **281151**
细边石竹 **127754**
细鞭打 126465
细鞭露兜树 **281150**
细鞭柱鸢尾 **246207**
细藨草 **353457**
细藨草属 **416999**
细柄百两金 **31415**
细柄半枫荷 **357977**
细柄扁果石南 **301815**
细柄草 **71608**
细柄草属 **71602**,321004
细柄柴胡 **63679**
细柄刺黄柏 242542
细柄繁缕 **375050**
细柄粉叶小檗 52070
细柄风车子 **100812**
细柄凤仙 **204991**,205081
细柄凤仙花 **205081**
细柄附地菜 397416
细柄沟瓣 177993
细柄沟瓣木 **177993**
细柄杭子梢 70793
细柄湖北小檗 51643
细柄花椒 417226
细柄黄堇 **106518**
细柄黄芪 42438
细柄黄耆 **42438**
细柄茴芹 **299417**
细柄嘉赐木 78134
细柄嘉赐树 78134
细柄脚骨脆 **78134**
细柄九节 **319871**
细柄柯 **233247**,233151
细柄鳞菊 **306572**
细柄龙舌兰 **10863**
细柄罗伞 **31617**
细柄买麻藤 **178537**
细柄蔓龙胆 **110310**
细柄茅 **321016**
细柄茅属 **321004**
细柄没药 **101572**
细柄梅泽木 252770
细柄密榴木 254559
细柄木 244427
细柄木通 **95211**
细柄槭 **2846**
细柄茄 **367187**
细柄芹属 185935
细柄少穗竹 **270431**
细柄十大功劳 242542
细柄石豆兰 **63104**
细柄石栎 233151,233247
细柄黍 **282286**
细柄薯蓣 **131873**
细柄水竹叶 **260124**
细柄纹蕊茜 **341307**
细柄无心菜 **31899**
细柄楔叶榕 **165793**
细柄新木姜子 264114
细柄蕈树 **18198**
细柄杨桐 8220
细柄野荞 162316
细柄野荞麦 **162316**
细柄野青茅 **127233**
细柄芋 **185305**
细柄芋属 **185304**
细柄折柄茶 376447
细柄针筒菜 **373324**
细柄紫菀 **41366**
细波齿马先蒿 **287125**
细薄叶荠苨 7799
细薄叶沙参 **7799**
细布里滕参 **211539**
细糙苏 **295206**
细草 37638,37722,83545,110886,125257,308359,308403
细草乌 124171,124630,124711
细草原莎草 **119140**
细层菀木 **387337**
细叉梅花草 **284588**
细柴胡 **63855**
细长矮缕子 **85837**
细长白果瓜 **249845**
细长白瑟木 **46637**
细长白鼠麹 **405306**
细长扁担杆 **180801**
细长扁莎 **322261**
细长冰草 **11743**
细长柄山蚂蝗 200732
细长叉序草 **209899**
细长赤竹 **347217**
细长刺子莞 **333600**
细长大沙叶 **286245**
细长独脚金 **378007**
细长非洲奇草 **15972**
细长梗拟风兰 **24673**
细长虎耳草 349700
细长虎尾兰 **346087**
细长花子孙球 **327273**
细长黄细心 **56441**
细长喙苔草 **74154**
细长鸡头薯 **152937**
细长假香芥 **317559**
细长节茎兰 **269214**
细长金筒球 **244070**
细长锦鸡尾 **186356**
细长可利果 **96737**
细长乐母丽 **335958**
细长鳞果棕 **225495**
细长罗汉松 306435
细长绵枣儿 **352903**
细长拟风兰 **24670**
细长泡叶番杏 **138180**
细长飘拂草 **166272**
细长千金子 226036
细长球兰 **198846**
细长润肺草 **58876**
细长赛亚麻 **266198**
细长莎草 **119131**
细长树葡萄 **120081**
细长水蓑衣 **200615**
细长唐菖蒲 **176233**
细长天竺葵 **288261**
细长娃儿藤 **400895**
细长腺山柳菊 **195669**
细长香荼菜 **303349**
细长小赤竹 **347352**
细长盐肤木 **332626**
细长叶斑鸠菊 **406444**
细长叶石斛 **125229**
细长叶弯管花 **86222**
细长异被风信子 **132545**
细长蝇子草 **363515**
细长圆筒仙人掌 **116672**
细长早熟禾 **305888**
细长珍珠茅 **354106**
细长枝木蓝 **206124**
细长枝染料木 **173021**
细长枝素馨花 **211846**
细长脂麻掌 **171673**
细长柱糖芥 **154484**
细长紫波 **28465**
细肠须草 146015
细柽柳 383622
细柽柳桃金娘 **260996**
细匙叶蒙蒂苋 **258275**
细齿阿魏 **163730**
细齿凹脉芸香 **145090**
细齿澳非萝藦 **326737**
细齿白珠 172099
细齿百簕花 **55419**
细齿扁担杆 **180837**,180888
细齿滨紫草 **250910**
细齿博龙香木 **57263**
细齿薄荷木 **315598**
细齿草木犀 **249212**
细齿车前 **302171**
细齿稠李 **280040**
细齿刺头菊 **108424**
细齿酢浆草 **277982**
细齿大戟 **158534**
细齿倒挂金钟 **168745**
细齿灯台莲 33505
细齿钓钟柳 **289376**
细齿冬青 **203759**
细齿斗篷草 **14007**
细齿杜鹃 **331807**
细齿杜鹃花 331807
细齿短柄稠李 **280013**
细齿盾柱 **304900**
细齿鹅耳枥 **77346**
细齿洱源小檗 51856
细齿风毛菊 348425
细齿谷精草 **151293**
细齿海神木 **315782**
细齿合集芥 **382050**
细齿黄耆 **41985**
细齿假还阳参 **110606**
细齿剑形青锁龙 **109101**

细齿金莲木 **268261**
细齿金丝桃 **201833**
细齿金盏藤 **95079**
细齿堇菜 **410239**
细齿卷瓣兰 **62684**
细齿康乃馨苔草 **74549**
细齿栲 79010
细齿克雷布斯勋章花 **172301**
细齿宽叶猫尾花 **62491**
细齿冷水花 **299040**
细齿狸藻 **403152**
细齿镰头大地豆 **199331**
细齿瘤蕊紫金牛 **271038**
细齿龙面花 **263403**
细齿龙舌 10855
细齿露子花 **123861**
细齿芦荟 **17268**
细齿绿刺十二卷 **186338**
细齿马鞭草 **405897**
细齿马铃苣苔 **273841**
细齿马先蒿 **287015**
细齿没药 **101549**
细齿密穗草 **376613**
细齿密叶槭 **2900**
细齿缅甸姜 **373596**
细齿木犀 **276243**
细齿南星 **33496**
细齿扭果花 **377705**
细齿欧石南 **149345**
细齿泡果冷水花 **298940**
细齿平口花 **302628**
细齿气花兰 **9208**
细齿千金榆 77346
细齿千里光 **360041**
细齿茄 **367094**
细齿蕊小檗 **269174**
细齿锐裂蚤草 **321568**
细齿桑 259191
细齿山柳菊 **195562**
细齿山芝麻 **190102**
细齿十大功劳 **242576**
细齿水蛇麻 **162871**
细齿水杨槭 2899
细齿司徒兰 **377308**
细齿桃叶珊瑚 **44904**
细齿天南星 33316
细齿天竺葵 **288192**
细齿菟丝子 **115005**
细齿乌饭 **403993**
细齿无舌黄菀 **209584**
细齿西南水苏 **373277**
细齿锡金槭 **3613**
细齿香茶 **303667**
细齿小茉莉 **199454**
细齿蕈 18201
细齿蕈树 **18201**
细齿崖爬藤 **387815**,387845
细齿岩黄芪 187853
细齿岩黄耆 **187853**
细齿野牡丹 **375564**
细齿野牡丹属 **375563**
细齿叶柃 **160553**,160503
细齿异荣耀木 **134605**
细齿异野芝麻 **193817**
细齿异籽葫芦 **25660**
细齿樱 83312
细齿樱桃 **83312**
细齿玉凤花 **184077**
细齿舟叶花 **340902**
细齿锥 79010
细齿锥花 **179190**,179195
细齿紫麻 **273920**
细赤箭 171937
细翅芳香木 **38637**
细翅茴香芥 **162852**
细翅千里光 **359309**
细翅卫矛 157376
细臭灵丹 404269
细川氏蓟 92037
细川氏天名精 **77164**,77181
细川氏玉凤兰 183703
细垂桉 **155740**
细槌楝 **243285**
细刺百簕花 **55424**
细刺百蕊草 **389882**
细刺拜卧豆 **227085**
细刺杯子菊 **290271**
细刺车前 **302178**
细刺车叶草 **39406**
细刺橙菀 **320738**
细刺赤竹 **347305**
细刺刺头菊 **108324**
细刺大戟 **159945**
细刺大蒜芥 **365624**
细刺冬青 203901
细刺杜鹃 331877
细刺芳香木 **38812**
细刺飞廉 **73387**
细刺狗肝菜 **129324**
细刺枸骨 **203901**
细刺海石竹 **34565**
细刺鹤虱 **221761**
细刺厚敦菊 **277149**
细刺茴香芥 **162851**
细刺睑子菊 **55469**
细刺金合欢 **1643**
细刺栲 79045
细刺榼藤子 **145918**
细刺空船兰 **9181**
细刺苦槠 78967
细刺蓝花参 **412870**
细刺毛蓼 **308879**,309348
细刺美登木 **182790**
细刺木半夏 142074
细刺南非针叶豆 **223591**
细刺蔷薇 336320
细刺染料木 **173072**
细刺天门冬 **39205**
细刺五加 **143676**
细刺仙人掌 **272980**
细刺香芸木 **10720**
细刺楔形大戟 **158715**
细刺衣黍 **140594**
细刺芸苔 **59642**
细刺早熟禾 **305967**
细刺中亚南星 **145017**
细葱 **15328**
细酢浆草 **278122**
细醋栗 334232
细簇补血草 **230577**
细脆枝耳稃草 **171527**
细大齿阿登芸香 **7147**
细大地豆 **199370**
细大距野牡丹 **240980**
细大绳 180768
细大穗扁莎 **322291**
细大油芒 **372431**
细带药椰 **383029**
细戴尔豆 **121882**
细单苞菊 **257701**
细单列大戟 **257915**
细单竹 **47406**
细箪竹 47406
细德罗豆 **138120**
细灯心草 **213138**,213008,
213137,213507
细荻 **394937**
细地杨梅 **238657**
细颠茄 367241,367518,367733
细点齿腺木 **268930**
细点根节兰 65869
细点花凤梨 **392038**
细点南蛇藤 80285
细点苏木 **418467**
细点苏木属 **418465**
细点酸脚杆 **247566**
细点铁兰 392038
细点纹十二卷 **186304**
细迭子草 57689
细叠子草 57678,57681,57689
细顶片草 **6368**
细顶叶菊 **335030**
细冬青 204184
细豆 **165889**
细豆兰 62571
细豆属 **165888**,21442
细毒瓜 **132959**
细毒蒜 405614
细独角马骝 377973
细独鳞草 **29146**
细短丝花 **221465**
细短柱兰 **58812**
细盾果金虎尾 **39505**
细多穗兰 **310620**
细多头玄参 **307634**
细多心芥 **304123**
细莪术 **114866**
细鹅毛竹 **362126**
细厄瓜多尔苋 **59807**
细萼巴氏锦葵 **286651**
细萼扁蕾 **174211**
细萼茶 **69456**
细萼雌足芥 **389282**
细萼酢浆草 **277930**
细萼吊石苣苔 **239977**,239948
细萼富氏锦葵 **168811**
细萼连蕊茶 **69727**
细萼驴蹄草 **68181**
细萼毛蕊茶 69727
细萼日中花 **220594**
细萼沙参 **7617**
细萼天仙子属 **30985**
细萼尾果锦葵 **402487**
细萼银莲花 **23816**
细萼展花斑鸠菊 **406319**
细萼舟叶花 **340753**
细恩德桂 **145337**
细二列春池草 **273708**
细防风 110952,110979
细非洲罗汉松 **9994**
细非洲马龙戟 **244988**
细菲奇莎 **164593**
细榧 393062
细粉腺茎树葡萄 **120006**
细风兰 **24707**
细风轮菜 **96999**
细风藤 214974
细佛荐草 **126749**
细弗尔夹竹桃 **167415**
细芙兰草 **168901**
细辐射枝藨草 **353411**
细盖黄芩 **355568**
细盖枪刀药 **202573**
细干哈克 184608
细干哈克木 **184608**
细干糖芥 **154493**
细杆沙蒿 **35856**
细秆萤蔺 **352202**
细竿筇竹 87564
细秆荸荠 **143207**
细秆藨草 **210080**
细秆甘蔗 **341840**
细秆湖瓜草 **232426**
细秆金茅 156471
细秆筇竹 **87564**
细秆莎草 **118959**
细秆穗莎草 **119674**
细秆苔草 **74032**

细秆羊胡子草 **152759**
细秆椰子属 231799
细秆萤蔺 352200
细秆早熟禾 **306067**
细刚毛刺蒴麻 **399326**
细刚毛红头菊 **154780**
细刚毛欧石南 **150046**
细刚毛绮丽苔草 **76203**
细刚毛青锁龙 **109393**
细刚毛三芒草 **34054**
细杠木 85232
细割花野牡丹 **27491**
细阁柱 **225978**
细阁柱属 **225974**
细革果 **145028**
细革果属 **145027**
细格佩特龙胆 **178789**
细葛缕子 **77785**
细根菖蒲 **5801**
细根红旗花 351884
细根灰毛菊 **31243**
细根姜 **417995**
细根茎黄精 **308552**
细根茎三齿稃 **381063**
细根茎苔草 **75963**
细根茎甜茅 **177621**
细根茎珍珠茅 **354203**
细根蜡菊 **189515**
细根马先蒿 **287352**
细根穆拉远志 **260006**
细根特紫金牛 **174258**
细根勿忘草 **260809**
细根鸢尾 **208688**
细根珍珠茅 354203
细梗巴布亚木 **283035**
细梗白前 **117492**
细梗柏那参 59216
细梗棒果榕 **165712**
细梗宝锭草 **175499**
细梗草莓 167617
细梗茶藨子 334232
细梗酢浆草 **278120**
细梗大荚藤 9852
细梗大沙叶 **286242**
细梗淡红荚蒾 **407826**
细梗兜蕊兰 **22321**
细梗兜舌兰 282900
细梗杜茎山 **241798**
细梗短瓣玉盘 **143876**
细梗耳草 **187684**
细梗番薯 **208233**
细梗风兰 **25087**
细梗凤仙花 204991
细梗附地菜 **397416**
细梗勾儿茶 **52437**
细梗沟瓣 177997
细梗沟瓣木 **177997**
细梗钩子棕 **271000**
细梗狗尾草 **361772**
细梗杭子梢 70793
细梗好望角番樱桃 **156158**
细梗黑钩叶 **22253**
细梗红荚蒾 407826
细梗红棕子 **380454**
细梗胡枝子 **227009**
细梗花刺蒴麻 **399333**
细梗黄鹌菜 **416425**
细梗黄芪 42761
细梗黄耆 **42761**
细梗黄瑞木 **8220**
细梗灰毛豆 **386070**
细梗惠特木 9852
细梗荚蒾 407826
细梗箭花藤 **168312**
细梗金莲木 **268185**
细梗锦香草 **296387**
细梗苦豆 **123270**
细梗蜡菊 **189405**
细梗肋隔芥 **304676**
细梗林地苋 **319028**
细梗琉璃繁缕 **21371**
细梗瘤蕊紫金牛 **271052**
细梗露兜树 **281063**
细梗路边青 **175413**
细梗绿绒蒿 **247125**
细梗罗伞 **59216**
细梗络石 **393650**,393616
细梗马岛翼蓼 **278437**
细梗毛顶兰 **385709**
细梗毛头菊 **151623**
细梗茅根 **291407**
细梗美登木 **182707**,182710,246849,246872
细梗美洲槲寄生 **125675**
细梗密榴木 254548
细梗密束花 9852
细梗膜苞豆 **201256**
细梗木蓝 **206649**
细梗木五加 125609
细梗扭果花 **377754**
细梗女贞 **229646**
细梗诺罗木犀 **266705**
细梗欧石南 **149657**
细梗千里光 **359242**
细梗蔷薇 **336615**
细梗荞麦 162316
细梗青荚叶 **191161**
细梗全柱草 **197505**
细梗肉泽兰 **264192**
细梗沙棶 **104974**
细梗山蚂蝗 200732
细梗十大功劳 242542
细梗石头花 183223
细梗柿 **132181**
细梗树葡萄 **120229**
细梗树参 **125609**
细梗双饰萝藦 **134975**
细梗水牛角 **72492**
细梗丝瓣芹 **6210**
细梗丝石竹 183223
细梗松毛翠 **297027**
细梗溲疏 **126946**
细梗酸薮藤 **20233**
细梗苔草 **75128**,76501
细梗天料木 **197682**
细梗天竺葵 **288260**
细梗田皂角 **9549**
细梗铁线莲 **95355**
细梗通泉草 246981
细梗弯喙乌头 **5098**
细梗无舌沙紫菀 **227131**
细梗吴茱萸叶五加 **2391**
细梗锡生藤 **92575**
细梗细齿没药 **101550**
细梗细冠杂色豆 **47763**
细梗狭花木 **375433**
细梗腺花山柑 **64909**
细梗香草 **239571**
细梗小檗 **52222**,51691
细梗肖禾叶兰 **306176**
细梗楔苞楼梯草 **142639**
细梗玄参 **355255**
细梗栒子 107703
细梗鸭嘴花 **214845**
细梗盐肤木 **332624**
细梗焰子木 **110493**
细梗羊耳蒜 **232178**
细梗杨桐 8220
细梗漾濞荚蒾 **407749**
细梗野荞麦 **152104**
细梗一点红 **144982**
细梗隐距兰 **113501**
细梗尤利菊 **160772**
细梗油丹 **17799**
细梗鸢尾 **208595**
细梗远志 **308089**
细梗月菊 **292131**
细梗云南葶苈 **137299**
细梗舟被姜 **350451**
细梗舟叶花 **340698**
细梗皱壁无患子 **333787**
细梗紫菊 **267171**
细梗紫麻 **273905**
细梗紫玉盘 **403479**
细沟果紫草 **286910**
细钩毛草 317227
细钩毛黍 **317227**
细姑木 414813
细孤菀 **393408**
细孤泽兰 **197136**
细古纳兰 **181942**
细骨风 172832
细冠果商陆 **236321**
细冠萝藦属 **375749**
细冠膜菊 **201280**
细冠悬钩子 **338736**
细冠杂色豆 **47761**
细管丁香 382200
细管杜鹃 **331884**
细管伽蓝菜 **215266**
细管哈维列当 **186088**
细管黑塞石蒜 **193573**
细管黄芩 **355567**
细管姜 **226439**
细管姜属 **226438**
细管蓝蓟 **141313**
细管芦荟 **16963**
细管马先蒿 **287255**
细管曲花 **120565**
细管手玄参 **244815**
细管唐菖蒲 **176312**
细管陀旋花 **400445**
细管委内瑞拉夹竹桃 **344392**
细管鸢尾 **325038**
细管鸢尾属 **325034**
细灌瑞香 **137769**
细灌瑞香属 **137767**
细龟背竹 **258181**
细果长蒴苣苔草 **129973**
细果川甘槭 3762
细果翠雀花 **124344**
细果丁香蓼 **238180**
细果冬青 204050
细果槐 **369066**
细果黄花稔 **362674**
细果黄耆 **43199**
细果豇豆 **409061**
细果角茴香 **201612**
细果金合欢 **1349**
细果金莲花叶猪屎豆 **112297**
细果荆 1349
细果毛脉槭 **3483**
细果木蓝 **206168**,206692
细果歧缬草 **404436**
细果山石榴 **79598**
细果水苋 **270491**
细果嵩草 **217289**
细果苔草 **76350**
细果田菁 **361398**
细果铁冬青 204217
细果肖阿魏 **163752**
细果崖豆藤 **254753**
细果野菱 **394459**,394496
细果异檐花 **397758**
细果猪屎豆 **112328**
细果紫堇 **106067**
细海勒兰 **143844**
细号痈壳草 407164

细号角毛兰 **396143**
细禾叶兰 **12461**
细禾叶香豌豆 222832
细核苞芽树 **209008**
细核瓦帕大戟 **401214**
细鹤虱 221761
细黑豆 177777
细黑升麻 158161
细黑心 13635
细红背叶 144960
细红花 **77746**
细红皮柳 **343949**
细红藤 203023
细虎耳草 **349816**
细虎尾兰 **346086**
细互叶非洲紫菀 **19320**
细花阿福花 **39440**
细花八宝树 **138726**
细花白千层 248110
细花百部 **375349**
细花百金花 **81539**
细花百日菊 418060
细花斑鸠菊 **406513**
细花包 276090
细花扁蒴藤 **315360**
细花滨藜 **44435**
细花波思豆 **57497**
细花补骨脂 **319251**
细花彩花 **2293**
细花草 218347,388410
细花侧穗莎 **304875**
细花长裂茜 **135367**
细花长莎草 **119134**
细花柽柳桃金娘 **260995**
细花刺参 258859
细花葱 **15811**
细花大麦 **198307**
细花戴克茜 **123523**
细花滇紫草 **271777**
细花迭裂黄堇 105805
细花丁香蓼 **238207**
细花顶冰花 **169512**
细花冬青 **203861**
细花豆 **223618**
细花豆属 **223617**
细花杜鹃 331249
细花短蕊茶 **69437**
细花厄斯兰 **269554**
细花法拉茜 **162605**
细花番荔枝 **25904**
细花仿花苏木 **27760**
细花飞廉 **73413**
细花风信子属 **328481**
细花凤卵草 **296904**
细花凤仙 205333
细花福王草 **313844**
细花根节兰 65966
细花梗杭子梢 **70793**
细花梗黑塞石蒜 **193575**
细花梗青锁龙 **109449**
细花梗索马里花椒 **417243**
细花梗猪屎豆 **112740**
细花古朗瓜 **181981**
细花冠唇花 **254269**
细花管萼兰 **45123**
细花管舌爵床 **365279**
细花含羞草 **255126**
细花合丝韭 **53219**
细花合丝莓 **347678**
细花黑籽马岛相思子 **762**
细花胡枝子 **226876**
细花蝴蝶兰 **293614**
细花画眉草 **147692**
细花黄堇 **106182**
细花黄精 **308631**
细花黄芩 **355808**
细花黄钟花 **385497**
细花灰毛豆 **386069**
细花火把花 100039
细花鸡血藤 254752
细花基特茜 **215783**
细花蓟 **92437**
细花假连翘 **139075**
细花剪股颖戟 **12435**
细花胶藤 **220893**
细花荆芥 **265076**,264939,265078
细花九节 **319565**
细花具柄三芒草 **34039**
细花科若木 **99155**
细花苦玄参 **239481**
细花拉伊木 **325178**
细花兰 **116986**
细花肋柱花 **235449**
细花利奥风信子 **225036**
细花列当 **275117**
细花乱子草 **259708**
细花罗顿豆 **237227**
细花罗勒 **268644**
细花麦家公 **62301**
细花牻牛儿苗 **153888**
细花毛花苋 **179854**
细花美洲槲寄生 **125689**
细花米努草 **255485**
细花密头帚鼠麹 **252478**
细花密钟木 **192569**
细花内蕊草 **145441**
细花拟毛轴莎草 **119420**
细花欧薄荷 **250388**
细花欧石南 **149654**
细花泡花树 **249429**
细花楸 **369401**
细花忍冬 **236115**
细花绒兰 148763
细花肉舌兰 **346806**
细花乳豆 **169660**
细花软叶兰 392347
细花瑞香 **122619**
细花塞斯茄 **361633**
细花山兰 **274045**,274058
细花蛇根草 **272272**
细花矢车菊 **81418**
细花树萝卜 **10311**
细花水苏 **373231**
细花丝花树 **360667**
细花苔草 **76513**
细花唐菖蒲 **176589**
细花田穗戟 12435
细花铁线莲 **95351**
细花鸵鸟木 **378589**
细花莴苣 375712
细花乌头 **5356**
细花西印度茜 **179544**
细花虾脊兰 **66005**
细花线纹香茶菜 **209757**
细花香茶 **303713**
细花香尾禾 **262528**
细花小边萝藦 **253581**
细花小火穗木 **269108**
细花肖尔桃金娘 **352470**
细花肖缬草 **163048**
细花肖朱顶红 **296102**
细花蝎尾菊 **217606**
细花缬草 **404307**
细花星果凤梨 **311784**
细花秀丽火把花 **100039**
细花鸭嘴花 **214580**
细花野黍 **151703**
细花伊西茜 **209487**
细花樱 83292
细花樱桃 **83292**
细花硬皮豆 **241439**
细花玉凤花 **183820**
细花玉凤兰 291234
细花玉叶金花 **260446**
细花远志 **308188**
细花云叶兰 265123
细花摘亚苏木 **127395**
细花窄裂缬草 **404360**
细花獐牙菜 **380217**
细花沼兰 **242994**
细花针 122040
细花柱蕊紫金牛 **379193**
细花紫草 **233782**
细花紫珠 **66871**
细画眉草 **147465**
细画眉草属 **147463**
细环草 125257
细黄鹌菜 416484
细黄草 125176
细黄花 399212
细黄花茅 **28007**
细黄剑草 **77758**
细黄金梢 55136
细黄酒草 **203113**
细黄毛草 63253
细黄蓍 **42608**
细黄茄 367241,367733
细黄藤 **121510**
细黄眼草 **416165**
细黄药 344347
细喙翅果菊 **320522**
细喙番薯 **208234**
细喙棘豆 **279201**
细喙菊属 **226377**
细喙肖木蓝 **253251**
细喙针禾 377035
细喙针翦草 **377035**
细喙猪屎豆 **112742**
细活血 409124
细火草 224840
细基丸 **307489**
细蓟 **92435**
细荚二行芥 **133314**
细荚合欢草 **126177**
细荚巨茴香芥 **162857**
细架金石榴 276090
细假枝端花 **318558**
细尖白叶藤 **113571**
细尖碧玉莲 **59703**
细尖翅子藤 **235208**
细尖刺头菊 **108235**
细尖大地豆 **199314**
细尖滇紫草 **271732**
细尖丁癸草 **418325**
细尖毒鱼草 **392180**
细尖盾蕊樟 **39706**
细尖菲利木 **296151**
细尖风车子 **100332**
细尖凤仙花 **204777**
细尖格雷野牡丹 **180360**
细尖格尼瑞香 **178574**
细尖寡头鼠麹木 **327602**
细尖槲寄生 **410977**
细尖花茜 **278263**
细尖黄蓍 **41995**
细尖蓟 **91744**
细尖壳萼玄参 **177533**
细尖可利果 **96667**
细尖连蕊茶 **69435**
细尖蓼 **309366**
细尖柳 **343358**
细尖马兜铃 34357
细尖拟马岛无患子 **392230**
细尖坡垒 **198130**
细尖山柳菊 **195465**
细尖矢车菊 **80932**
细尖双角草 **131337**

细尖塔卡萝藦 **382877**
细尖太行铁线莲 95214
细尖娃儿藤 **400850**
细尖温美桃金娘 **260962**
细尖乌口树 **88712**
细尖香芸木 **10570**
细尖小檗 **51318**,51317
细尖肖观音兰 **399147**
细尖熊菊 **402793**
细尖栒子 **107345**
细尖盐肤木 **332473**
细尖叶石南 61223
细尖硬衣爵床 **354370**
细尖玉凤花 **183419**
细尖胀基芹 **269275**
细间型扁莎 **322269**
细姜味草 **253721**
细浆果莲花 **217071**
细豇豆 **409109**
细角凤仙花 **205082**
细角果澳藜 **242897**
细角柳穿鱼 **231027**
细角楼梯草 **142872**
细角葇斗菜 **30051**
细角蒲公英 **384627**
细角双距兰 **133961**
细角野菱 **394496**
细脚巴 132186
细脚凤仙花 **205083**
细节节花 187544
细金不换 308123
细金草 307927,308398
细金牛 307927
细金牛草 307927,308398
细金香炉 276090
细金鱼藻 **83578**,83573
细茎阿魏 **163623**
细茎安龙花 **139456**
细茎霸王 418607
细茎百蕊草 **389756**
细茎斑种草 57689
细茎扁豆 135637
细茎波华丽 57958
细茎叉喙兰 **401798**
细茎茨藻 **262108**
细茎葱 **15810**
细茎酢浆草 **277894**
细茎翠雀花 **124408**
细茎大豆 177722
细茎大戟 **159236**
细茎灯心草 **213137**
细茎地中海菊 **19651**
细茎鹅不食 32015
细茎耳冠草海桐 **122112**
细茎番薯 **208232**
细茎飞蓬 **151004**
细茎钩喙兰 **22103**
细茎寒丁子 **57958**
细茎鹤顶兰 82088,293523
细茎黑三棱 **370107**
细茎红门兰 **273421**
细茎黄鹌菜 416489
细茎黄芪 42723,43143
细茎黄耆 **43143**,42723
细茎茴芹 **299553**
细茎假毛山柳菊 **195901**
细茎豇豆 **408900**
细茎爵床 **375780**
细茎爵床属 **375779**
细茎镰扁豆 **135637**
细茎蓼 **309106**,309870
细茎裂床兰 **131000**
细茎裂口花 **380012**
细茎琉璃繁缕 **21430**
细茎龙胆 **173706**
细茎芦荟 **16857**
细茎驴蹄草 **68222**
细茎螺状卷瓣兰 **62645**
细茎麻疯树 **212232**
细茎马先蒿 **287751**,287245
细茎蔓乌头 5674
细茎毛兰 116622
细茎毛香火绒草 **224951**
细茎母草 **231562**
细茎欧石南 **150119**
细茎盆距兰 **171862**
细茎偏瓣花 **301682**
细茎蒲包花 **66288**
细茎千里光 **360204**
细茎荞麦 162316
细茎青锁龙 **109447**
细茎秋海棠 **49785**
细茎三叶草 **396896**
细茎山柳菊 **195735**
细茎省藤 65700
细茎石斛 **125257**,125218,
125361
细茎石竹 **127892**
细茎黍 **281670**
细茎双蝴蝶 **398270**
细茎双曲蓼 **54821**
细茎四分爵床 **387314**
细茎天竺葵 **288541**
细茎兔儿风 **12734**
细茎驼蹄瓣 **418607**
细茎橐吾 **229055**
细茎乌头 **5628**
细茎无舌沙紫菀 **227126**
细茎仙人杖 **267608**
细茎香茶 **303712**
细茎旋花豆 **98065**
细茎羊耳蒜 **232122**
细茎银莲花 **23713**
细茎蝇子草 **363682**
细茎有柄柴胡 **63783**
细茎鸢尾 208797
细茎圆筒仙人掌 **116665**
细茎远志 **308400**
细茎沼兰 **110646**
细茎针茅 **376934**
细茎皱茜 **341156**
细茎柱兰 **116622**
细茎紫菀 **40526**
细井拟莞 **352228**
细井桤木 **16311**
细井苔草 **73556**
细颈东俄芹 **392788**
细颈葫芦 219843,219844,
295518
细颈瓶柄花草 **26916**
细九尺 276090
细九节 **319787**
细酒瓶兰 **49340**
细橘香木 **247519**
细距薄花兰 **127986**
细距兜被兰 **264770**
细距凤仙花 **204831**
细距鹤顶兰 293523
细距黄堇 **106516**
细距堇菜 **410647**,410757
细距葇斗菜 **30026**,30051
细距舌唇兰 **302260**
细距蓍 **3968**
细距西澳兰 **118280**
细距玉凤花 **183896**
细距紫堇 **105616**
细锯齿大戟 158534
细锯叶地锦 158534
细卷鸦葱 **354840**
细绢毛斗篷草 **14140**
细卡斯纳西澳兰 **118218**
细看麦娘 **17572**
细科豪特茜 **217733**
细可利果 **96857**
细孔绿心樟 **268721**
细孔叶菊 **311716**
细孔紫金牛 **31564**
细恐龙角 **105441**
细口袋花 285917
细苦蒿 103436
细苦苣菜 **368724**
细宽盾草 **302913**
细蓝花参 **412891**,412750
细蓝盆花 **350254**
细虆子草 57689
细虆子草属 57675
细类银须草 **12874**
细类皱籽草 **215605**
细棱大戟 160062
细粒独行菜 73090
细粒虎耳草 **349419**
细粒玉 **267057**
细连翘 202070,202204
细镰形觿茅 **131011**
细蓼仔 117735
细裂白苞蒿 35774
细裂白头翁 **321715**
细裂白芷 **192277**,192309
细裂半箭鱼黄草 **250827**
细裂草玉梅 23816
细裂川鄂乌头 **5269**
细裂垂头菊 **110383**
细裂春黄菊 **26897**
细裂东北茴芹 **299556**
细裂东谷芹 392791
细裂对叶赪桐 **337436**
细裂福王草 **313792**
细裂藁本 **229403**,229367
细裂哥伦比亚铁线莲 **94850**
细裂光叶盐肤木 **332610**
细裂果红 **260690**
细裂合龙眼 **381604**
细裂胡萝卜 **123224**
细裂胡桃 **212639**
细裂黄鹌菜 **416416**
细裂火炬树 332917
细裂堇菜 **409819**
细裂菊 **238731**
细裂菊属 **238730**
细裂拉吉茜 **220269**
细裂蓝花参 **412897**
细裂棱子芹 **304804**
细裂辽藁本 **229345**
细裂裸果木 **182497**
细裂马先蒿 287754
细裂蔓绿绒 **294794**
细裂猫爪草 **326432**
细裂毛茛 **326429**
细裂梅花草 **284558**
细裂南洋参 310200
细裂挪威槭 3437
细裂匹菊属 **334385**
细裂片骨籽菊 **276642**
细裂片罗顿豆 **237343**
细裂片梅西尔桔梗 **250581**
细裂蒲公英 **384831**,384572
细裂槭 **3637**
细裂千里光 359242
细裂前胡 **292920**
细裂芹 **185939**,185938
细裂芹属 **185935**
细裂秋海棠 49974,50130
细裂珊瑚油洞 212186
细裂芍药 280318
细裂水芹 269368
细裂丝瓣芹 6203
细裂丝叶菊 **391050**
细裂松香草 **364290**

细裂碎米荠 **72715**
细裂条叶丝瓣芹 **6203**
细裂头花烟堇 **302664**
细裂委陵菜 **312453**
细裂西风芹 **361585**
细裂香菊 124806
细裂小报春 **315046**
细裂小叶委陵菜 **312765**
细裂熊菊 **402823**
细裂薰衣草 **223344**
细裂亚菊 **13023**
细裂烟管蓟 **92301**
细裂岩雏菊 **291308**
细裂叶白苞蒿 **35774**
细裂叶蒿 **35759**,36363
细裂叶鸡桑 **259104**
细裂叶荆芥 264869
细裂叶莲蒿 **35560**
细裂叶马先蒿 **287171**
细裂叶葡萄 **411985**
细裂叶肉茎牻牛儿苗 **346655**
细裂叶桑 259104
细裂叶松蒿 **296072**
细裂叶尤利菊 **160746**
细裂银莲花 **24089**,23816
细裂蝇子草 **364083**
细裂尤利菊 **160890**
细裂玉凤花 **183778**
细裂芸香 **185674**
细裂张开天竺葵 **288427**
细鳞鹅观草 335440
细鳞非洲豆蔻 **9912**
细鳞非洲砂仁 9912
细鳞光果鼠麹草 **224161**
细鳞果藤属 261090
细鳞蓟 **92440**
细鳞荚蒾 408141
细鳞千里光 **358305**
细鳞莎草 **119102**
细鳞坛状鬼针草 **54179**
细鳞藤本尖泽兰 **193785**
细鳞椰属 97066
细留菊 **162971**
细柳报春 314441
细龙船花 **211184**
细龙胆 173811
细芦子藤 300460
细鲁斯特茜 **341033**
细绿补血草 **230814**
细绿藤 154958
细乱子草 **198923**
细乱子草属 **198922**
细罗顿豆 **237446**
细罗伞 **31604**,31351,31450
细罗伞树 31502
细洛氏花葱 **337139**
细麻药 371645
细马岛啤酒藤 **63884**
细马岛甜桂 **383644**
细马岛翼蓼 **278459**
细马利旋花 **245304**
细马先蒿 287149
细麦卡婆婆纳 **247073**
细麦瓶草 363509,363516
细麦藤 94700
细脉斑鸠菊 **406086**,406102,406272
细脉槟榔青 **372483**
细脉巢菜 408672
细脉赤楠 382533
细脉吊兰 **88590**
细脉冬青 **204370**
细脉豆腐柴 **313763**
细脉风琴豆 **217985**
细脉海桐 **301436**
细脉红光树 **216901**
细脉红柱树 **78683**
细脉花篱 **27432**
细脉基特茜 **215785**
细脉豇豆 **409111**
细脉肋枝兰 **304930**
细脉黧豆 259487
细脉栗豆藤 **11054**
细脉瘤蕊紫金牛 **271106**
细脉马岛山龙眼 **130942**
细脉美冠兰 **157081**
细脉牡荆 **411483**
细脉木犀 **276309**
细脉蒲桃 382533
细脉茜 **226421**
细脉茜属 **226420**
细脉莎草 **107215**
细脉莎草属 **107214**
细脉苔草 **75126**
细脉田皂角 **9662**
细脉线茎豇豆 **408884**
细脉小檗 **51553**
细脉绣球防风 **227637**
细脉盐肤木 **332689**
细脉野豌豆 **408686**
细脉折舌爵床 **321203**
细脉栀子 **171411**
细蔓点地梅 **23152**
细蔓委陵菜 **312925**
细芒毛苣苔 **9437**
细芒羊茅 **164330**
细毛 **7847**
细毛安龙花 **139463**
细毛巴戟 **258912**
细毛巴龙萝藦 **48467**
细毛报春 **314856**
细毛臂形草 **58093**
细毛滨海千里光 **359365**
细毛糙蕊阿福花 **393733**
细毛唇兰 **151649**
细毛酢浆草 **277720**
细毛当归 **24485**
细毛倒挂金钟 **168788**
细毛灯心草 **212986**
细毛顶兰 **385710**
细毛冬青 204239
细毛钩果列当 **328925**
细毛谷蓼 91575
细毛海神木 **315944**
细毛含笑 252818
细毛蒿 **36368**
细毛核果木 **138593**
细毛虎眼万年青 **274646**
细毛画眉草 **147774**
细毛黄耆 **42490**
细毛黄窄叶菊 **374655**
细毛灰毛豆 **386047**
细毛灰毛菊 **31235**
细毛火烧兰 **147196**
细毛基花莲 **48662**
细毛金锦香 276914
细毛茎苔草 **75120**
细毛居维叶茜草 **115290**
细毛苦梓 252818
细毛苦梓含笑 **252818**
细毛拉拉藤 **170583**
细毛兰草 **34797**
细毛蓝花参 **412701**
细毛狸藻 **403293**
细毛栎 324489
细毛亮泽兰 **166842**
细毛亮泽兰属 **166841**
细毛留菊属 **198935**
细毛马瓞儿 **417457**
细毛梅氏大戟 **248016**
细毛密钟木 **192612**
细毛木莓 **136847**
细毛木紫草 **233440**
细毛欧石南 **149553**
细毛帕洛梯 315944
细毛泡叶番杏 **138154**
细毛婆婆纳 **407058**
细毛前胡 **292772**
细毛秋海棠 **50007**
细毛全冬 204239
细毛日中花 **220499**
细毛润楠 **240706**
细毛塞拉玄参 **357566**
细毛扇骨木 295808
细毛狮齿草 **224687**
细毛石莲花 **140002**
细毛四数莎草 **387644**
细毛嵩草 217130
细毛苔 74032
细毛苔草 76219
细毛探春 211867
细毛汤姆逊银莲花 **24086**
细毛天竺葵 **288132**
细毛西澳兰 **118210**
细毛细辛 79732
细毛香茶菜 **209698**
细毛新风轮菜 **65586**
细毛兄弟草 **21290**
细毛旋刺草 **173156**
细毛鸭嘴草 **209285**,209321
细毛叶梗玄参 **297110**
细毛叶树 240278
细毛银背藤 **32661**
细毛榆橘 **320066**
细毛蚤缀 31787
细毛樟 **91439**
细毛针垫花 **228111**
细毛珍珠茅 **354116**
细毛直穗鹅观草 **144327**
细毛纸苞紫绒草 **399479**
细毛猪毛菜 **344566**
细莓系 306067
细梅花草 **284601**
细梅树 298722
细梅索草 **252272**
细美苦草 **341467**
细美酸脚杆 247566
细美罂粟 **56028**
细美洲盖裂桂 **256664**
细美洲三角兰 **397320**
细迷马桩棵 362617
细米草 234363
细米芥 14529
细米油珠 66913
细米橡 78877
细密草 96999
细密头帚鼠麹 **252479**
细棉花 100039
细棉木 327366
细默尔椴 **256649**
细母猪藤 416529
细木 122040
细木蓝 **206651**
细木南 229461
细木通 **95340**,95226,95272
细南蛇 1466
细囊苔草 **74170**
细囊子草 **245905**
细拟灯心草 **213042**
细黏糙蕊阿福花 **393750**
细黏多穗兰 **310420**
细黏蓟罂粟 **32422**
细黏类花刺苋 **81664**
细黏荨麻 **402922**
细黏鞘蕊花 **99591**
细黏肖鸢尾 **258510**
细黏羊耳蒜 **232177**
细黏远志 **308088**

细黏掌寄生　**211007**
细牛草　307927
细牛角仔树　37888
细牛舌片　40334,41380
细纽扣　367241
细女娄菜　**248435**
细女贞　**229460**
细欧石南　**150125**
细帕里苣苔　**280479**
细泡叶番杏　**138195**
细彭内尔芥　**289002**
细膨头兰　**401062**
细膨胀木茼蒿　**32552**
细皮青冈　323630
细皮榆　**401603**
细偏穗草　**326560**
细匍匐茎水葱　352212
细落草　217441
细前胡　**293031**
细荨麻　402847,402855
细茜草　170193
细腔属　375551
细巧碎米荠　**72944**,238017
细茄　10129
细芩　355387
细芹叶堇　409816
细青蒿　35132
细青皮　**18197**
细清漆树　60064
细秋海棠　49885
细秋水仙　**414906**
细曲管桔梗　**365166**
细曲叶龙掌　**186348**
细雀麦　**60735**
细热美朱樱花　**417390**
细日中花　**220699**
细绒忍冬　236104
细绒子树　**324603**
细柔毛栒子　107720
细柔樱草　315045
细肉叶芥　**59738**
细乳甲菊　**389141**
细软茴芹　**299418**
细软锦葵　**242919**
细软兰　**185320**
细蕊红树　83946
细蕊红树属　83939
细蕊霍尔木　**198467**
细蕊清风藤　**341520**
细锐果鸢尾　**208592**,208589
细润肺草　**58952**
细弱斑种草　**57685**
细弱草莓　167617
细弱刺头菊　**108423**
细弱单头爵床　**257256**
细弱灯心草　213507
细弱点地梅　**23184**
细弱顶冰花　**169510**
细弱耳稃草　**171528**
细弱飞蓬　**151003**
细弱葛氏草　171528
细弱海棠　243723
细弱猴面蝴蝶草　**4084**
细弱虎耳草　**349305**
细弱黄芪　42723
细弱黄耆　**42723**
细弱灰栒子　107468
细弱剪股颖　**12034**
细弱金绒草　**48686**
细弱金绒草属　**48685**
细弱金腰　**90397**
细弱京风毛菊　**348202**
细弱柳叶箬　**209130**
细弱落芒草　**300724**
细弱欧石南　**150117**
细弱千里光　**359697**
细弱莎草　**118481**
细弱山葥菜　**161159**
细弱鼠尾草　**345188**
细弱香青　**21710**
细弱小米草　**160283**
细弱绣线菊　**371924**
细弱栒子　**107468**
细弱羊茅　163958
细弱隐子草　**94599**
细弱鸢尾　**208885**
细弱早熟禾　**305760**
细弱紫绒草　13421
细弱紫绒草属　13420
细塞拉玄参　**357688**
细三对节　322423
细三合　295401
细三角藤　375833
细三棱黄眼草　**652**
细三芒草　**34055**
细三尾兰　**398435**
细三叶法道格茜　**162009**
细散花帚灯草　**372563**
细桑德尔草　**368862**
细沙虫草　388012,388179
细沙毛　320245
细沙扭　312502
细纱药兰　**68521**
细砂仁　**19896**
细山薄荷　**321961**
细山马栗　399296
细山药　131462
细杉树　301291
细舌短毛紫菀　**40165**
细舌茄　**226196**
细舌茄属　**226194**
细蛇沤　338985
细蛇鼠尾掌　**29717**
细射线多坦草　**136664**
细射叶椰子　**6853**
细深山黄堇　**106238**,106227
细神药茱萸　**247697**
细生地　327435
细石榴花　**331900**
细石榴树　332025
细瘦刺子莞　**333597**
细瘦杜鹃　**331963**
细瘦鹅观草　**335411**
细瘦胡麻草　**81734**
细瘦孔颖草　**57557**
细瘦六道木　**127**
细瘦马先蒿　**287245**
细瘦米口袋　**181659**
细瘦木茼蒿　**32582**
细瘦披碱草　**144354**
细瘦溲疏　126946
细瘦苔草　**73560**
细瘦悬钩子　**338776**
细瘦獐牙菜　**380372**
细疏花苔草　**74687**
细鼠尾粟　**372858**
细刷柱草　**21781**
细双齿千屈菜　**133375**
细双花草　**128587**
细双距兰　**133963**
细水蜡烛　**139561**
细水麻　142694
细蒴苣苔　**225896**
细蒴苣苔属　**225895**,326677
细丝雏菊　**263205**
细丝韭　15813
细丝兰　**416545**
细丝栃　77420
细丝灵麻　**389190**
细丝毛金合欢　1291
细丝山柳菊　**195738**
细丝藤　252514
细丝雅葱　354926
细丝枝参　**263297**
细四室木　**387920**
细四须草　**387511**
细四叶葎　170289
细四翼木　**387598**
细穗白鼓钉　**307718**
细穗贝壳杉　**10501**
细穗补血草　**230659**
细穗彩花　**2254**
细穗草　**226599**
细穗草属　**226585**
细穗茶藨　**334014**
细穗长筒补血草　**320000**
细穗长嘴苔草　**75192**
细穗肠须草　**146015**
细穗柽柳　**383542**
细穗醋栗　334014
细穗寸草　**74411**
细穗毒麦　235353
细穗杜鹃　330871
细穗盾盘木　**301560**
细穗鹅观草　**335552**
细穗二裂玄参　**134071**
细穗风兰　**25088**
细穗芙兰草　**168856**
细穗腹水草　**407500**,407498
细穗高山桦　**53409**
细穗海蓝肉穗棕　**283463**
细穗黑草　**61809**
细穗荭三七　309843
细穗花巴豆　**112936**
细穗花灰叶　**386144**
细穗花落葵薯　**26266**
细穗灰毛豆　**386265**
细穗尖被苋　**4450**
细穗碱茅　**321234**
细穗金足草　178863
细穗爵床　244290
细穗康斯大戟　**101700**
细穗榼藤子　**145885**
细穗拉赫曼田皂角　**9623**
细穗榄仁树　**386646**
细穗类雌足芥　**389268**
细穗藜　**87037**
细穗裂蕊树　**219177**
细穗裂柱远志　**320629**
细穗林地苋　**319032**
细穗柳　**344195**
细穗裸柱草　**182813**
细穗裸柱花　182813
细穗买麻藤　**178544**
细穗密花香薷　**144005**
细穗摩洛哥百里香　**391267**
细穗囊大戟　**389073**
细穗拟库潘树　**114587**
细穗婆罗刺　**57234**
细穗青葙　**80428**
细穗曲蕊马蓝　**178863**
细穗雀舌兰　**139259**
细穗绳草　**328084**
细穗十万错　**43635**
细穗十字爵床　**111765**
细穗石豆兰　**62849**
细穗四翼木　**387625**
细穗宿柱苔　**74692**
细穗苔草　**76522**,75192
细穗铁荸荠　**118829**
细穗兔儿风　**12730**
细穗细管鸢尾　**325037**
细穗细莞　**210025**
细穗狭蕊爵床　**375417**
细穗香茅　**117214**
细穗香薷　144005
细穗小百蕊草　**389585**
细穗玄参　**355034**,405685

细穗玄参属 **355033**
细穗野山药 **131652**
细穗野黍 **151679**
细穗叶覆草 **297516**
细穗玉凤花 **184126**
细穗杂色豆 **47759**
细穗折舌爵床 **321204**
细穗支柱蓼 **309843**
细穗支柱拳参 309843
细穗柱苔 74692
细锁梅 339162
细塔欧洲云杉 **298209**
细檀香属 **226234**
细坦麦 **365821**
细坦麦属 **365819**
细唐松草 **388688**
细特喜无患子 **311990**
细藤周公 403481
细梯牧草 **295005**
细天麻 **171937**
细天山芹 **169699**
细天竺葵 **288333**
细条补血草 **230748**
细条匙叶草 230748
细条党参 98373
细条柳 **344081**
细条参 176923
细条纹飘拂草 **166516**
细条纹十二卷 **186447**
细条纹鸭嘴花 **214831**
细条星全菊 **197383**
细铁苋菜 **1783**
细葶嵩草 19512
细葶无柱兰 19512
细葶虾脊兰 82088
细通草 409898
细筒唇柱苣苔草 **87988**
细筒短丝花 **221377**
细筒苣苔 **219789**
细筒苣苔属 **219787**
细头背翅菊 **267146**
细头刺头菊 **108326**
细头黄耆 **42602**
细头间黑莎 **252237**
细头金顶菊 **161088**
细头金星菊 **89958**
细头苦苣菜 **368743**,368633
细头蜡菊 **189513**
细头毛花 84805
细头毛药菊 **84805**
细头蕊兰 **82053**
细头山柳菊 **195564**
细头眼子菜 **312032**
细头一点红 **144940**
细头永菊 **43868**
细弯刺头菊 **108325**
细莞 210080
细莞属 **209945**
细万序枝竹 **261309**
细网纹仙客来 **115952**
细尾鹅观草 **335403**
细尾冷水花 **298968**
细尾冷水麻 298968
细尾楼梯草 **142869**
细尾叶粗叶木 222285
细尾硬黑麦草 **235355**
细苇被草 **352145**
细纹阿氏莎草 **619**
细纹酢浆草 **277931**
细纹勾儿茶 52436
细纹芦荟 17300
细纹山柳菊 **195737**
细纹柱瓜 **341259**
细倭竹 362126
细莴苣 **375712**
细莴苣属 **375710**
细沃伦紫金牛 **413063**
细屋根草 **111051**
细无梗斑鸠菊 **225256**
细无脊草 **5853**
细无脊草属 **5852**
细芜萍 **414652**
细蜈蚣草 313206
细五角木 **313965**
细五星花 **289892**
细五月茶 28341
细西非南星 **28786**
细细喙菊 **226379**
细狭瓣芥 **375627**
细狭翅兰 **375665**
细狭穗草 **375744**
细仙人球 327283
细仙玉 **246593**
细苋 18848
细线酢浆草 **277941**
细线花篱 **26974**
细线堇菜 **410014**
细线柳穿鱼 **231030**
细线茜属 **225739**
细线球柱草 **63299**
细线形吊灯花 **84151**
细线叶粟草 **293919**
细线舟叶花 **340761**
细腺萼木 260624
细腺山柳菊 **195734**
细腺细柱柳 **343453**
细腺翼核果 **405449**
细香草 117185
细香葱 15170,15708,15709
细香薷 259282
细祥笏果 166773
细枭豆 **28875**
细小叉柱兰 **86716**
细小长春花 **409346**
细小花紫堇 **106149**
细小棘豆 **279107**
细小剪股颖 **12375**
细小金黄凤仙花 **205455**
细小景天 **357189**
细小卷耳 82994
细小拉拉藤 **170662**
细小蓝花参 **412885**
细小蓼 **308678**
细小马先蒿 **287432**
细小米草 **160222**
细小窃衣 **393006**
细小秋海棠 **50082**
细小沙拐枣 **67081**
细小莎草 **118962**
细小石头花 **183221**
细小鼠茅 **412507**
细小线叶粟草 **293934**
细小香茅 **117215**
细小叶栒子 **107567**
细小轴榈 **228761**
细小籽金牛 **383963**
细小钻叶草 **253032**
细肖风车子 **390066**
细肖蝴蝶草 **110692**
细楔点鸢尾 **371517**
细心叶蒲桃 **382521**
细辛 **37722**,37636,37638,
37642,37653
细辛幌子 301694
细辛锦香草 **296368**
细辛科 **37543**
细辛属 **37556**
细辛叶报春 **314131**
细辛叶鹿蹄草 **322787**
细辛叶獐牙菜 **380118**
细星毛卷萼锦 **384415**
细星毛桤叶树 **96532**
细星绒草 **41567**
细星状酢浆草 **278090**
细形苔草 **76515**
细须草 389638,389768,389769
细须翠雀 124585
细须翠雀花 **124585**
细须缬草 404230
细序鹅掌柴 **350787**
细序柳 **343461**
细序三宝木 **397367**
细序嵩草 **217118**
细序苔草 **76519**
细序弯管花 **86228**
细序苎麻 **56165**
细旋花 **103138**
细旋叶菊 **276444**
细鸭舌癀舅 **370852**
细牙家 360935
细芽冠紫金牛 **284028**
细雅碱茅 **321396**
细雅洁缅茄 **10112**
细雅小米草 **160166**
细亚麻 **231986**
细亚锡饭 65670
细岩芹 **126808**
细岩芹属 **126807**
细眼子菜 **312045**
细羊巴巴花 100032
细羊角 179308
细杨柳 4062,197963
细样倒扣草 115738
细样鲫鱼草 187510
细样苦荬 285849
细样买麻藤 178555
细样墨菜 200652
细样猪菜藤 **194467**
细药 40334,41380,150513
细野菝子 143965
细野麻 56318
细野珠兰 **375816**
细叶阿盖紫葳 **32545**
细叶阿米 19672
细叶埃明九节 **319529**
细叶矮熊菊 **402796**
细叶矮泽芹 **85724**
细叶艾 35483,35794,36474
细叶艾纳香 **55833**
细叶爱波 **147409**
细叶安龙花 **139469**
细叶安纳士树 25779
细叶桉 **155756**
细叶巴戟 258910
细叶巴戟天 258910
细叶菝葜 366324
细叶白背牛尾菜 **366488**
细叶白鼓钉 **307716**
细叶白蓝钝柱菊 **398332**
细叶白千层 **248109**
细叶白前 117721
细叶白头翁 **321716**,321672
细叶百部 39120,375349
细叶百合 230009
细叶百脉根 **237768**,237664
细叶拜卧豆 **227090**
细叶半边莲 **234349**
细叶半日花 **188734**
细叶苞芽树 **209007**
细叶抱茎景天 **356529**
细叶北韭 **15193**
细叶篦齿眼子菜 **312217**
细叶扁穗草 **55899**
细叶变叶木 **98202**,98190
细叶驳骨兰 172832
细叶补血草 **230658**
细叶布里滕参 **211540**
细叶布留芹 **63482**

细叶布切木　**61700**
细叶彩花　**2220**
细叶菜　160503
细叶糙果芹　**393940**
细叶草　201942
细叶草沙蚕　**398087**
细叶草乌　5335
细叶叉尾菊　**288008**
细叶茶　69694
细叶茶梨　25774,25779
细叶柴胡　63562,63813
细叶蟾蜍草　**62269**
细叶菖蒲　**5809**
细叶长蕊绣线菊　**372015**
细叶长舌蓍　**320063**
细叶巢菜　408624
细叶车前　302050,302107
细叶橙菀　**320742**
细叶齿蕊小檗　**269178**
细叶椆　233351
细叶丑婆草　187510
细叶臭草　**249081**
细叶臭牡丹　96028
细叶春兰　116887,117035
细叶茨藻　**262109**
细叶刺参　258859,258863
细叶刺痒藤　**394218**
细叶刺针草　54042
细叶刺子莞　**333560**
细叶葱　15813
细叶丛菔　**368566**
细叶酢浆草　**278119**
细叶寸草　**74408**
细叶达尔文菊　**122802**
细叶鞑靼补血草　**230789**
细叶大刺芳香木　**38819**
细叶大花高葶苣　**11457**
细叶大戟　158857
细叶大伞草　**242802**
细叶大沙叶　**286239**
细叶单兜　**257659**
细叶单头鼠麹草　**254913**
细叶单头鼠麹木　**240882**
细叶当药　380273,380391
细叶德普茜　**125901**
细叶邓博木　**123694**
细叶地锦草　159971
细叶地榆　**345917**
细叶滇前胡　357834
细叶垫菊　**209395**
细叶垫菊属　**209394**
细叶吊灯花　**84146**
细叶顶冰花　**169511**
细叶东北羊角芹　8818
细叶东俄芹　**392801**
细叶东谷芹　392801
细叶冬青　203908,204184,204239,204388
细叶斗鱼草　**6154**
细叶毒胡萝卜　**388883**
细叶毒芹　**90940**,90935
细叶杜鹃　**331830**,331350
细叶杜鹃花　331830
细叶杜香　**223909**,223901
细叶杜仔　233278
细叶短筒倒挂金钟　**168775**
细叶短柱茶　**69363**
细叶短柱油茶　**68955**
细叶堆心菊　**188427**,188437
细叶莪白兰　**267946**
细叶鹅观草　335263,335371
细叶萼距花　114605
细叶颚唇兰　246727
细叶二行芥　**133313**
细叶发草　**126055**
细叶法拉茜　**162606**
细叶法氏火绒草　**224834**
细叶番苦木　**216501**
细叶番杏　**181970**
细叶番杏属　**181969**
细叶繁缕　374882
细叶芳香木　**38607**
细叶防风　228583,346448
细叶飞扬草　159971
细叶费菜　294114
细叶费利菊　**163200**
细叶风毛菊　**348410**
细叶风竹属　390451
细叶福禄考　**295327**
细叶福禄桐　**310200**
细叶干番杏　**33170**
细叶甘薯　**207938**
细叶藁本　**229404**,340463
细叶葛缕子　**77845**
细叶勾儿茶　52436
细叶姑婆芋　16512
细叶谷木　**250065**
细叶贯菜子　284160
细叶广布野豌豆　**408356**
细叶鬼针草　54042
细叶孩儿参　**318515**
细叶海南水锦树　**413801**
细叶海桐　**301398**,301297
细叶旱稗　**140408**,140367
细叶旱芹　**116384**
细叶旱芹属　**116381**
细叶蒿　35132,35856
细叶蒿草　260113
细叶蒿柳　**344245**
细叶荷莲豆草　**138489**
细叶黑草　**61870**
细叶黑三棱　370100,370102
细叶红黄草　383107
细叶红千层　**67250**
细叶胡颓子　**142133**
细叶胡枝子　**226828**
细叶虎刺　122028
细叶虎耳草　**349309**
细叶虎眼万年青　**274799**
细叶花凤梨　**392048**
细叶华西绣线菊　**371992**
细叶画眉草　**147847**
细叶槐　369037
细叶还阳参　**110807**
细叶黄　201942
细叶黄鹌菜　**416490**
细叶黄花香　201873
细叶黄堇　**106141**
细叶黄棵木　262822
细叶黄连　**103827**
细叶黄皮　**94174**,94203
细叶黄芪　42697
细叶黄耆　**42697**,41987
细叶黄芩　**355374**
细叶黄肉刺　392559
细叶黄乌头　**5052**,5055
细叶黄馨　211956
细叶黄杨　64243,64248,64254,64369
细叶火草　224110
细叶火柴枝树　407930
细叶芨芨草　**4127**
细叶鸡骨草　747
细叶鸡爪槭　3309
细叶棘豆　**278846**
细叶蓟　92145,92384
细叶加藤蚤缀　**31978**
细叶榎草　**1794**
细叶假糙苏　283616
细叶假繁缕　318515
细叶假花生　126389
细叶假黄鹌菜　110615
细叶假金鸡纳　**219653**
细叶假肉豆蔻　257659
细叶假叶树　**340991**
细叶假樟　231324
细叶尖叶杜英　142273
细叶剪刀股　210623
细叶剪股颖　**12121**,12413
细叶碱茅　**321400**
细叶见风消　231303
细叶剑山　**139262**
细叶姜饼木　**284277**
细叶疆菊　**382098**
细叶角茴香　201605
细叶接骨木　155088
细叶结缕草　**418453**,418439
细叶金被藤黄　**89857**
细叶金不换　307927,308398
细叶金顶菊　**161100**
细叶金合欢　**1275**
细叶金老梅　**313065**
细叶金丝桃　**201903**
细叶金午时花　362478
细叶金鱼藤　**100118**
细叶荆芥　265078
细叶景天　**356696**,356758
细叶韭　**15813**
细叶酒饼木　403438
细叶菊　**124824**
细叶菊艾　13037
细叶卷耳　82692,83036
细叶卷毛梾木　**380513**
细叶决明　**78368**
细叶卡普山榄　**72129**
细叶楷木　301006
细叶空喙苔草　**333100**
细叶空心柴　127026
细叶孔雀草　383107
细叶苦菜　210539
细叶苦荬　210539
细叶苦荬菜　210539,283388
细叶库尔特龙胆　**114913**
细叶库卡芋　**114409**
细叶昆氏红光树　**216838**
细叶蜡菊　**189855**
细叶莱德苔草　**223873**
细叶莱克草　223706
细叶莱切草　**223706**
细叶兰　126465
细叶兰邯千金榆　77382
细叶蓝花参　**412896**,412750
细叶蓝梅　153479
细叶蓝钟花　**115347**
细叶榄仁树　386488
细叶肋瓣花　**13873**
细叶类米仔兰　**11322**
细叶冷水花　**299048**
细叶冷水麻　299048
细叶狸藻　**403252**
细叶离药草　**375319**
细叶犁避　309629
细叶藜　**87070**
细叶立金花　**218835**,218853
细叶连蕊茶　**69443**
细叶两型萼杜鹃　**133394**
细叶亮蛇床　**357834**
细叶亮泽兰　**111367**
细叶蓼　**309853**,117735,308777,309909
细叶零余子　365872
细叶零余子草　192851
细叶零子人参　365872
细叶瘤子菊　**297576**
细叶柳　**344194**
细叶柳子　187565
细叶六月雪　39966
细叶龙胆　**173850**,173811,

398289
细叶龙骨角 **192459**
细叶龙鳞草 747
细叶龙吐珠 187681
细叶卢南木 **238368**
细叶鹿蹄草 87485,322787
细叶卵果黄芪 42447
细叶卵果黄耆 **42447**
细叶罗顿豆 **237318**
细叶罗锅底 417081
细叶罗汉松 **306435**
细叶萝卜叶 **123129**
细叶裸实 182692
细叶骆驼蓬 287983
细叶落地生根 **215288**
细叶落豆秧 408352
细叶麻点菀 **266530**
细叶马岛甜桂 **383645**
细叶马甲 327382
细叶马料梢 226739
细叶马蔺 208882
细叶马唐 **130793**
细叶马蹄果 **316033**
细叶马先蒿 287705
细叶麦门冬 **232619**,232623
细叶麦瓶草 **363331**
细叶馒头果 177162,177174
细叶曼氏短冠草 **369225**
细叶蔓茎麦瓶草 **363963**
细叶毛赤杨 16464
细叶毛萼麦瓶草 363963
细叶毛茛 209844
细叶毛花 84813
细叶毛节鹅观草 **335263**
细叶毛鳞大风子 **122889**
细叶毛水苏 **373244**
细叶毛头菊 **151622**
细叶毛药菊 **84813**
细叶茅草 117162
细叶梅西尔桔梗 **250583**
细叶美鳞鼠麹木 **67096**
细叶美女樱 **405896**
细叶美远志 **308348**
细叶美洲槲寄生 **125690**
细叶米口袋 181687
细叶米钮草 **255586**
细叶苗竹 351853
细叶磨石草 **14470**
细叶蘼苓草 258863
细叶母草 **231587**
细叶姆西草 **260373**
细叶木川芎 **266926**
细叶木番薯 **207676**
细叶木蓝 **205651**,206181
细叶木犀草 327866
细叶牧地香豌豆 222807
细叶牧根草 **298071**
细叶穆拉远志 **260071**
细叶南非针叶豆 **223568**
细叶南美萼角花 57039
细叶南美漆 **233796**
细叶南香桃木 **45301**
细叶南亚槲寄生 **175799**
细叶南洋杉 30848
细叶楠 **295369**,6762,240604,
240726
细叶囊瓣芹 320245
细叶囊蕊白花菜 **298003**
细叶拟滨篱菊 **78621**
细叶拟穗花薄荷 **187194**
细叶黏头揺 399312
细叶牛奶树 165231
细叶牛乳木 165828
细叶牛眼萼角花 **57039**
细叶女蒌 95077
细叶欧石南 **150121**
细叶泡花树 249429
细叶皮雷禾 **300870**
细叶飘拂草 **166444**
细叶婆婆纳 317924,317925
细叶蒲桃 **382533**
细叶普梭木 **319344**
细叶七星剑 259281,259282
细叶槭 **3099**
细叶漆姑草 **370720**
细叶棋盘脚树 48518
细叶千斤拔 **166876**
细叶千里光 **360205**
细叶前胡 **293032**,292937
细叶钱凿口 200366
细叶茜草 **338034**,170193
细叶羌活 **267158**
细叶鞘蕊花 **99629**
细叶窃衣 **392993**
细叶芹 **84768**,63482,84773
细叶芹菜 29327
细叶芹属 **84723**
细叶青 204184,204642
细叶青风藤 300427
细叶青冈 **116112**
细叶青蒿 36232
细叶青鸡冠 18795
细叶青蒌藤 300427
细叶青藤 356324
细叶丘头山龙眼 **369846**
细叶秋海棠 **50363**
细叶秋鼠麹草 **178224**
细叶曲管桔梗 **365168**
细叶全能花 **280910**
细叶犬蓼 309909
细叶犬枇杷 164956
细叶雀翘 309629
细叶荛花 **414203**
细叶忍冬 **235955**,236116
细叶日本高山飞蓬 **150449**
细叶日本薯蓣 **131647**
细叶日中花 **220697**
细叶日中花属 220464
细叶绒毛地肤 **217383**
细叶榕 164688,165307
细叶榕树 165307
细叶榕藤 402201
细叶柔柱亮泽兰 **111374**
细叶瑞氏木 **329280**
细叶洒金溶 98202
细叶塞拉玄参 **357687**
细叶鳃兰 **246727**
细叶三花冬青 204388
细叶三脉紫菀 **39993**
细叶桑给巴尔五星花 **289912**
细叶色穗木 **129175**
细叶沙参 **7618**,7828,7850,
412750
细叶沙针 **276893**
细叶砂引草 **393273**
细叶山艾 **35964**,35237
细叶山茶 **69694**
细叶山橙 249649
细叶山柑 **71782**
细叶山黄麻 394635
细叶山景天 **356758**
细叶山柳菊 **195739**
细叶山萝卜 350129,350173
细叶山蚂蝗 **126368**
细叶山梅花 **294501**,294556
细叶山飘风 356696
细叶山芹 **276778**
细叶山紫苏 19459
细叶山字草 94140
细叶芍药 **280318**
细叶蛇鞭菊 **228542**
细叶蛇叶草 187565
细叶蛇总管 115738
细叶蓍 **3967**
细叶十大功劳 242517,242534
细叶石斑木 **329095**,295761
细叶石柑 313206
细叶石斛 **125176**
细叶石椒 56392
细叶石芥菜 73018
细叶石芥花 **125863**
细叶石头花 **183212**
细叶石仙桃 **295516**
细叶守宫木 **348052**,348059
细叶蔬果海桐 **301297**
细叶鼠刺 210370
细叶鼠李 328760,328892
细叶鼠麹草 **178237**,178224,
178235
细叶竖立鹅观草 **335371**
细叶双距兰 **133962**
细叶双阔寄生 **132857**
细叶双凸菊 **334502**
细叶双眼龙 112927
细叶水丁香 238178
细叶水繁缕 **264266**
细叶水繁缕属 **264265**
细叶水麻 142694
细叶水芹 269309,269312
细叶水榕树 165429
细叶水苏 **373459**
细叶水团花 **8199**
细叶水苋 19566
细叶丝兰 416595
细叶丝鞘杜英 **360767**
细叶斯帕木 **369940**
细叶四喜牡丹 94957
细叶四叶葎 170696
细叶四锥木 **386840**
细叶松 **300278**,298449
细叶嵩草 217169
细叶素馨 **211732**
细叶酸脚杆 **247581**
细叶酸模 **340278**
细叶算盘子 177174
细叶碎米荠 **73018**
细叶穗花 **317924**,317925
细叶塔诺大戟 **383918**
细叶台湾榕 **164995**
细叶苔 **76354**
细叶苔草 74408
细叶唐松草 **388551**
细叶唐竹 **364819**
细叶糖芥 **154492**
细叶藤柑 313206
细叶藤橘 313206
细叶天芥菜 **190738**
细叶天门冬 **39229**
细叶天使菊 **24532**
细叶天仙果 164995
细叶田皂角 **9572**
细叶铁兰 392048
细叶铁牛入石 97933,97938
细叶铁苋 **1872**
细叶铁线莲 94704
细叶庭荠 **18482**
细叶通泉草 **247030**
细叶突果菀 **182821**
细叶土兰 117102
细叶豚草 **19189**
细叶晚熟卷舌菊 **380952**
细叶万年青 327525
细叶万寿菊 383107
细叶万丈深 110886
细叶威灵仙 **94817**
细叶维堡豆 **414046**
细叶维氏山龙眼 **410932**
细叶委陵菜 312797

细叶文策尔芸香 **413867**
细叶蚊母树 134932
细叶蚊子草 **166073**
细叶乌蔹莓 **79888**,79850
细叶乌苏里蓼 **309929**
细叶乌头 **5019**,5403
细叶乌心石 **252850**
细叶乌药 231300
细叶无毛谷精草 **224230**
细叶无饰豆 **5832**
细叶五裂层菀 **255622**
细叶西伯利亚蓼 **309795**
细叶西伯利亚神血宁 309795
细叶西方红木 **405224**
细叶喜阳花 **190367**
细叶细花忍冬 **236116**
细叶细圆齿火棘 322459
细叶下珠 **296789**
细叶仙人笔 **216678**
细叶线萵苣 **375984**
细叶线柱兰 **417808**,417795
细叶香茶菜 **209842**,209844
细叶香桂 91429
细叶香蒲 401128
细叶香薷 259282
细叶香豌豆 222807
细叶向日葵 **295343**
细叶小檗 **52049**
细叶小兜草 **253359**
细叶小花锦鸡儿 **72352**
细叶小痂豆 **319270**
细叶小豇豆 **408975**,408969
细叶小苦荬 **210539**
细叶小麦门冬 232619
细叶小蓬草 **103448**
细叶小叶芹 8818
细叶小叶枸子 107567
细叶筱 209059
细叶肖蝴蝶草 **110691**
细叶邪蒿 361495
细叶星花木 **68758**
细叶熊菊 **402821**
细叶秀竹 36647
细叶绣线菊 372015
细叶袖珍南星 **53707**
细叶絮菊 **166036**
细叶萱草 191312
细叶悬钩子 338748
细叶旋覆花 **207105**
细叶雪茄花 114605
细叶勋章花 **172362**
细叶鸦葱 **354926**,354801
细叶鸦胆子 **61218**
细叶鸭跖草 **100972**
细叶亚菊 **13037**
细叶亚麻 **231992**
细叶亚婆巢 187510
细叶亚婆潮 **187512**
细叶亚婆钱 187510
细叶岩黄耆 **188142**
细叶羊胡子草 **152782**
细叶杨梅 261122
细叶椰子属 332434
细叶野丁香 226099
细叶野花生 226739
细叶野牡丹 **248754**
细叶野荞麦木 **152227**
细叶野山药 131647,131652
细叶野豌豆 **408624**
细叶叶线草 **296363**
细叶异被风信子 **132583**
细叶异燕麦 **190158**
细叶益母草 **225009**
细叶银莲花 **24080**
细叶隐棱芹 **29086**
细叶蝇子草 363516
细叶油柑 296809
细叶油树 296809
细叶莜 209059
细叶莠竹 36647
细叶榆 401581
细叶羽衣木 180655
细叶雨树 **345524**
细叶鸢尾 **208882**,208595
细叶远志 **308156**,308164,
308403,308457
细叶月桂 91429
细叶云南松 **300308**
细叶云南无心菜 **32323**
细叶云杉 298449
细叶早熟禾 **305328**
细叶泽兰 **158197**
细叶泽芹 365872
细叶獐牙菜 **380273**,380391
细叶樟 231298
细叶胀基芹 **269276**
细叶沼柳 **344031**
细叶针茅 **376836**
细叶芝麻铃 112667
细叶脂麻掌 **171619**
细叶周至柳 **344180**
细叶绉子棕 **321162**
细叶朱蕉 **104372**,104366
细叶珠芽蓼 **309958**
细叶珠芽拳参 309958
细叶猪笼草 **264853**
细叶猪毛菜 **344694**,344743
细叶猪屎豆 360493
细叶猪殃殃 170696
细叶竹蕉 137447
细叶柱蕊紫金牛 **379200**
细叶子 108587,160502
细叶紫金牛 31571
细叶紫堇 106141
细叶紫陵树 382499
细叶紫蓬菊 **377870**
细叶紫珠 66897
细叶棕竹 329182
细叶钻形蓝花参 **412888**
细异光萼荷 **275440**
细异药莓 **131082**
细繭草 293743
细银豆 **32917**
细银灌戟 **32970**
细蝇子草 **363509**,363516
细勇夫草 **390442**
细由花苣苔 **24206**
细鱼眼 296565
细羽飞蓬 **150672**
细羽樱草 314838
细玉 102486
细圆齿 **15209**
细圆齿百里香 **391160**
细圆齿博龙香木 **57262**
细圆齿斗篷草 **14151**
细圆齿杜鹃 **330475**
细圆齿凤仙花 **204880**
细圆齿火棘 **322458**
细圆齿可利果 **96690**
细圆齿裂唇兰 **351414**
细圆齿马先蒿 287125
细圆齿拟芸香 **185634**
细圆齿青锁龙 **108939**
细圆齿涩荠 **243188**
细圆齿鼠李 **328673**
细圆齿仙女木 **138449**
细圆齿香荚兰 **404986**
细圆齿小檗 **51514**
细圆齿盐肤木 **332538**
细圆齿异荣耀木 **134589**
细圆齿柚木芸香 **385425**
细圆榧 393061
细圆菊属 290814
细圆藤 **290843**
细圆藤属 **290840**
细月菊 **292126**
细芸香 **226556**
细芸香属 **226555**
细早熟禾 **305469**
细泽泻 **14727**
细窄籽南星 **375734**
细毡毛忍冬 236104
细张口紫葳 **123997**
细针果 413565
细针蔺 **143365**
细枝阿玛草 **18619**
细枝白千层 **248097**
细枝百簕花 **55436**
细枝蔗草 353411
细枝薄荷木 **315607**
细枝补血草 **230791**
细枝茶藨 334232
细枝茶藨子 **334232**,334264
细枝长序鼠麹草 **178517**
细枝柽柳桃金娘 **261004**
细枝刺头菊 **108327**
细枝大伞草 **242797**
细枝丁香 382298
细枝冬青 **204351**
细枝杜鹃 **330075**
细枝耳冠草海桐 **122105**
细枝番杏 **12975**
细枝飞廉 **73390**
细枝附药蓬 **266433**
细枝狗娃花 193983
细枝枸杞 **239121**
细枝杭子梢 **70899**
细枝赫柏木 **186944**
细枝鹤虱 **221766**
细枝胡枝子 **226997**
细枝黄耆 **42603**
细枝桧 341724
细枝荚蒾 **407917**
细枝箭竹 **162753**
细枝金莲木 **268210**
细枝金眼菊 **90005**
细枝克劳凯奥 105240
细枝林生杜鹃 **331093**
细枝柃 **160535**
细枝柃木 160535
细枝瘤蕊紫金牛 **271061**
细枝柳 **343601**,343440
细枝龙血树 **137387**,137419
细枝芒石南 **227971**
细枝蒙古柳 **343440**
细枝木半夏 **142112**
细枝木蓝 **206170**
细枝木蓼 **44259**
细枝木麻黄 **79157**
细枝欧石南 **149655**
细枝佩肖木 **288023**
细枝飘拂草 **166378**
细枝蒲桃 **382667**
细枝千里光 **360314**
细枝雀麦 **60812**
细枝绒子树 **324605**
细枝莎草 **119101**
细枝山竹子 **104643**
细枝瘦鳞帚灯草 **209439**
细枝疏毛刺柱 **299265**
细枝水合欢 **265230**
细枝苔草 **75125**
细枝天冬 39253
细枝天门冬 **38931**,39238
细枝田皂角 **9654**
细枝童颜草 **11141**
细枝无舌沙紫菀 **227121**
细枝无心菜 **32015**

细枝五层龙 **342669**
细枝苋 **18724**
细枝小檗 **52318**
细枝邪蒿 **361522**
细枝绣球 **199885**
细枝绣线菊 **372023**
细枝悬钩子 **338105**
细枝栒子 **107703**,107468
细枝岩黄芪 188088
细枝岩黄蓍 **188088**
细枝盐爪爪 **215329**
细枝野荞麦木 **152225**
细枝叶下珠 **296633**
细枝银齿树 **227392**
细枝银桦 **180647**
细枝隐棱芹 **29087**
细枝榆 **401613**
细枝越橘 **404050**
细枝早熟禾 **305651**
细枝猪屎豆 **112741**
细直枝木麻黄 15953
细指厚敦菊 **277074**
细指花葱属 **226072**
细中脉梧桐 **390315**
细钟花 226062
细钟花科 **403679**
细钟花属 **403665**,226058
细种节节花 187544
细种五爪龙 207988
细舟苞鼠麹草 **135019**
细轴仿花苏木 **27765**
细轴马唐 **130630**
细轴蒲桃 **382673**
细轴荛花 **414224**
细帚菊木 **260537**
细皱香薷 144086
细皱籽草 **341254**
细株短柄草 **58625**
细珠短柄草 58625
细猪殃殃 170662
细竹草 218480
细竹篙草 260110,260113
细竹蒿草 **260113**,260093
细竹壳菜 260110
细竹壳草 260110
细竹丫草 125176
细竹叶高草 260121
细柱孛荠 **143190**
细柱榄 **226527**
细柱榄属 **226526**
细柱亮泽兰 **79105**
细柱亮泽兰属 **79103**
细柱柳 **343444**
细柱茜 **226525**
细柱茜属 **226523**
细柱秋海棠 285645
细柱球距兰 **253331**
细柱肉锥花 **102089**
细柱丝兰 **416653**
细柱五加 **143642**
细柱西番莲 **285703**,285645
细柱苋 **130333**
细柱苋属 **130328**
细柱罂粟属 379207
细抓 65895
细爪梧桐属 **226255**
细锥香茶菜 **209646**
细籽灯心草 **213212**
细籽柳叶菜 **146775**
细籽麻黄 **146243**
细籽木属 226450
细籽苔草 **74555**
细籽香芸木 **10653**
细籽棕 **32341**
细子灯心草 213212
细子蔊菜 336187
细子莲 382499
细子龙 **19418**
细子龙属 **19417**
细子麻黄 146243
细子木属 226450
细子树属 226450
细棕竹 **329182**
细总苞蝇子草 **363581**
细足扁担杆 **180850**
细足茜 **328496**
细足茜属 **328495**
细足蕊南星 **306304**
细嘴毛茛 **326027**
郄蝉草 345214
绤綈 24475
隙居兰 **334529**
隙居兰属 **334528**
隙居扭果花 **377810**
隙居喜阳花 **190429**
隙叶斗篷草 **14137**
虾筏草 146605,146606
虾柑草 363090
虾疳草 363090
虾疳花 **86496**
虾疳花属 **86480**
虾公菜 315465
虾公草 15912,125202
虾公叉树 197963
虾公岔树 197963
虾公木 60182
虾公须 56125
虾海藻 297183,297185
虾海藻属 **297181**
虾蚶菜 18147
虾蚶草 18147,410979
虾花 414718
虾脊兰 **65921**
虾脊兰属 **65862**
虾脚寄生 410979
虾辣眼 160442
虾蠊菜 18147
虾蟆草 298929,345310
虾蟆地苔草 74283
虾蟆蓝 77146
虾蟆腿 309468
虾蟆衣 301871,301952
虾蟆鹰爪草 **186564**
虾钳菜 18147
虾钳菜属 18089
虾钳草 54048
虾钳属 18089
虾箝草 53801
虾青石斛 125202,125224
虾参 308893
虾尾 295729
虾尾草 53801
虾尾兰 **283706**
虾尾兰属 **283704**
虾尾山蚂蝗 126601
虾箱须 400945
虾须草 **362083**,8884,83545,167284
虾须草属 **362082**
虾须豆 167284
虾须木 **413828**
虾衣草 66725
虾衣草属 66722,137813
虾衣花 **66725**
虾衣花属 **66722**,137813
虾夷白花绣线菊 372012
虾夷百合 229828
虾夷葱 15709
虾夷单果槭 **3205**
虾夷花 66725
虾夷剪股颖 **12285**
虾夷筋骨草 **13191**
虾夷堇菜 **409772**
虾夷老鹳草 **175023**
虾夷柳 **343549**,343578
虾夷朴 **80600**
虾夷七叶树 **9690**
虾夷蔷薇 **336652**
虾夷忍冬 **235811**
虾夷山柳 **343753**
虾夷山萩 226698
虾夷山楂 **109780**
虾夷松 298307
虾夷兔耳草 **220203**
虾夷乌头 **5707**
虾夷小绣线菊 **372009**
虾夷辛夷 **242171**
虾夷延胡索 105594
虾夷杨 **311361**
虾夷鱼鳞云杉 298307
虾夷云杉 298307
虾夷珍珠梅 **369280**
虾藻 312079
虾仔草属 255148
虾仔海棠 **50012**
虾仔兰 232139
虾子草 **255150**,106350,187681,263020,296121
虾子草属 **255148**,263018
虾子花 **414718**
虾子花属 **414716**
虾子七 309507
瞎果羔贝 348487
瞎妮子 393491
瞎眼草 218347
瞎眼蛇药 239597
狎客 211990
峡谷飞蓬 **150832**
峡谷金灌菊 **90559**
峡谷林金缕梅 **185131**
峡谷葡萄 **411556**
峡谷岩雏菊 **291306**
峡谷野荞麦 **152233**
狭瓣八仙花 199792
狭瓣菝葜 366271
狭瓣贝母兰 **98728**
狭瓣雌足芥 **389293**
狭瓣单兜 **257657**
狭瓣德罗豆 **138111**
狭瓣吊灯花 84287
狭瓣纺锤毛茛 **326031**
狭瓣粉蝶兰 **302523**,302519
狭瓣粉条儿菜 **14533**
狭瓣风车子 **100327**
狭瓣狗牙花 **154141**
狭瓣虎耳草 **349809**
狭瓣花 **375426**
狭瓣花属 **375423**
狭瓣黄瑞木 **8246**
狭瓣假肉豆蔻 257657
狭瓣芥属 **375623**
狭瓣辣木 **258957**
狭瓣类雌足芥 **389271**
狭瓣龙胆 **173226**
狭瓣毛茛 **326393**
狭瓣木 **379748**
狭瓣木属 **379747**
狭瓣染料木 **173073**
狭瓣瑞香 **122367**
狭瓣舌唇兰 **302519**
狭瓣葶苈 **137246**
狭瓣无心菜 **31762**
狭瓣西澳兰 **118154**
狭瓣杨桐 8246
狭瓣银叶花 **32691**
狭瓣鹰爪 35015
狭瓣鹰爪花 **35015**
狭瓣玉凤花 **184085**

狭瓣玉凤兰 184085
狭瓣玉盘 **122839**
狭瓣玉盘属 **122838**
狭瓣柱瓣兰 **146482**
狭瓣紫薇 **219968**
狭棒兰 **375560**
狭棒兰属 **375558**
狭苞白缘蒲公英 **384751**
狭苞斑种草 **57681**
狭苞薄叶天名精 **77171**
狭苞短毛紫菀 **40161**
狭苞谷精草 **151227**
狭苞黄藤 **121488**
狭苞菊 **375508**
狭苞菊属 **375507**
狭苞马兰 **215348**
狭苞蒲公英 384751
狭苞塞拉玄参 **357419**
狭苞兔耳草 **220160**
狭苞橐吾 **229060**
狭苞巍山香科科 **388145**
狭苞香青 **21702**
狭苞悬钩子 **338134**
狭苞雪莲 **348400**
狭苞异叶虎耳草 **349265**
狭苞云南紫菀 **41521**
狭苞紫菀 **40420**
狭北方华箬竹 **347380**
狭被莲属 **375451**
狭被楼梯草 **142604**
狭被苔草 **76187**
狭变凤头黍 **6101**
狭变基丝景天 **301047**
狭柴胡 **63775**
狭长斑鸠菊 **406123**
狭长花沙参 **7643**
狭长鸡桑 259111
狭尺冠萝藦 **374138**
狭齿水苏 **373385**
狭齿松潘荆芥 **265070**
狭齿香茶菜 **324882**
狭齿崖豆藤 **254604**
狭翅白芷 192381
狭翅柏那参 59199
狭翅伴帕爵床 **60329**
狭翅独活 **192381**
狭翅钩柱唐松草 **388707**
狭翅果属 341223
狭翅果卫矛 157725
狭翅桦 **53436**
狭翅兰属 **375660**
狭翅龙胆 173552
狭翅罗伞 59199
狭翅兔儿风 **12614**
狭翅尾药菊 381951
狭翅卫矛 **157725**
狭翅纤齿卫矛 **157541**
狭翅羊耳蒜 **232089**
狭唇粉蝶兰 302519
狭唇火烧兰 **147168**
狭唇角盘兰 **192828**
狭唇卷瓣兰 **62738**
狭唇卷唇兰 62738
狭唇兰属 346686
狭唇马先蒿 **287006**
狭唇玉凤花 **184083**
狭刺茄 **366944**
狭刀豆 **71055**
狭迭叶楼梯草 **142824**
狭盾舌萝藦 **39613**
狭多坦草 **136598**
狭萼白透骨消 **176814**
狭萼半边莲 234628
狭萼报春 **315007**
狭萼扁担杆 **180678**
狭萼杓兰 120364
狭萼糙苏 **295219**
狭萼茶藨 334057
狭萼茶藨子 334232
狭萼粗距翠雀花 **124446**
狭萼倒卵叶野木瓜 **374426**
狭萼吊石苣苔 **239954**
狭萼豆兰 **63092**,62696
狭萼杜鹃 **331933**
狭萼钝叶野木瓜 374426
狭萼多毛悬钩子 **338728**
狭萼风吹箫 **228326**
狭萼风仙花 **205065**
狭萼狗牙花 154141
狭萼冠唇花 **254266**
狭萼鬼吹箫 228326
狭萼荷包果 415241
狭萼虎耳草 **349161**
狭萼假报春 **105506**
狭萼苦瓜 **256784**
狭萼毛茛 **325579**
狭萼片芒毛苣苔 **9486**
狭萼茜属 **375709**
狭萼石豆兰 62696
狭萼双翅金虎尾 **133154**
狭萼通泉草 **246966**
狭萼菟丝子 **115140**
狭萼腺萼木 **260651**
狭萼缨冠萝藦 **166153**
狭萼折柄茶 376441
狭萼珍珠菜 239862
狭萼中型树萝卜 **10320**
狭萼紫金牛 **31613**
狭萼紫茎 **376441**
狭耳箣竹 **47185**,47184
狭耳簕竹 47185
狭耳坭竹 **47184**
狭发草 **126027**
狭番茱萸 **248507**
狭缝芹 235420
狭缝芹属 235414
狭复叶葡萄 411772
狭盖桃金娘 **375748**
狭盖桃金娘属 **375747**
狭沟冬青 203777
狭沟双角草 **131339**
狭钩藤 **401747**
狭冠长蒴苣苔草 **129971**
狭冠冬青 **203529**
狭冠红槭 3515
狭冠花 367867
狭冠花属 367866
狭冠黎巴嫩雪松 **80106**
狭冠欧洲赤松 300229
狭管黄芩 **355775**
狭管尖泽兰 **101756**
狭管尖泽兰属 **101755**
狭管马先蒿 **287756**
狭管忍冬 **236117**
狭管石蒜属 **375604**
狭管蒜属 375604
狭管紫草属 375725
狭果波氏桔梗 **311039**
狭果草栝楼 396177
狭果茶藨 334220
狭果秤锤树 **364957**
狭果灯心草 **212800**
狭果冬青 **204275**
狭果狒狒花 **46139**
狭果鹤虱 **221742**
狭果猫尾木 **135329**
狭果囊苔草 **73700**
狭果歧缬草 **404413**
狭果日本白蜡树 **168003**
狭果日本皂荚 **176886**
狭果师古草 **396177**,396170
狭果树属 375510
狭果穗花马先蒿 **287691**
狭果梭柱茜 **44110**
狭果条果芥 **285022**
狭果葶苈 **137242**
狭果楔柱豆 **371540**
狭果薏苡 **99138**
狭果银钟花 **184751**
狭果蝇子草 **363555**
狭海神木 **315725**
狭合头鼠麹木 **381702**
狭胡椒 300341
狭花大戟 **158448**
狭花灯心草 **212805**
狭花迭裂黄堇 **105805**
狭花凤仙 204773
狭花凤仙花 **204773**,205333
狭花旱苋 **415515**
狭花黄耆 **41986**
狭花苣苔 **375463**
狭花苣苔属 **375460**
狭花堪察加景天 **356857**
狭花林地苋 **319049**
狭花马钱 378648
狭花芒毛苣苔 **9487**
狭花木 **375434**
狭花木麒麟 **290714**
狭花木属 **375432**
狭花穆拉远志 **259934**
狭花牛奶菜 **245849**
狭花欧石南 **150086**
狭花欧氏马先蒿 **287472**
狭花曲花 **120602**
狭花苔草 **76348**
狭花心萼薯 **25325**,207791
狭花越橘 **404022**
狭花柱属 **375516**
狭花紫堇 **105617**
狭灰叶欧石南 **149930**
狭喙兰 **375699**
狭喙兰属 **375678**
狭基番薯 **208208**
狭基红褐柃 160593
狭基线纹香茶菜 **209755**
狭戟片蒲公英 384628
狭加州暗飞蓬 **150931**
狭荚黄芪 43085
狭荚黄耆 **43085**
狭尖刺联苞菊 **52649**
狭尖叶粗叶木 **222285**,222138
狭尖叶桂樱 **223135**
狭碱茅 **321227**
狭角玉凤花 **184082**
狭节兰属 **375801**
狭金果椰 **139309**
狭金莲木 **268140**
狭茎栗寄生 **217907**
狭矩芒毛苣苔 9422
狭矩叶芒毛苣苔 **9422**
狭距美冠兰 **157025**
狭距紫堇 **106043**
狭壳莎 **77200**
狭盔高乌头 **5575**
狭盔马先蒿 **287698**
狭盔乌头 **5036**
狭蓝刺头 **140657**
狭蓝耳草 **115525**
狭类沟酸浆 **255155**
狭镰扁豆 **135410**
狭裂白蒿 **35723**
狭裂拜卧豆 **227086**
狭裂瓣蕊唐松草 **388617**
狭裂薄叶铁线莲 **94958**
狭裂当归 **24480**
狭裂福禄考 **295258**
狭裂黄连 **103829**
狭裂假福王草 **283686**

狭裂假盖果草 **318185**
狭裂金眼菊 **409169**
狭裂蓝盆花 **350093**
狭裂老鹳草 **174463**
狭裂马蹄莲 **417100**
狭裂马先蒿 **287007**
狭裂名贵细辛 **192137**
狭裂墨苜蓿 **334318**
狭裂牡丹 280186
狭裂三角齿马先蒿 **287769**
狭裂山西乌头 **5583**
狭裂食用苏铁 **131430**
狭裂太行铁线莲 **95052**
狭裂乌头 **5531**
狭裂延胡索 106370,106564
狭裂泽兰 **158041**
狭裂中印铁线莲 **95377**
狭裂珠果黄堇 106466
狭裂准噶尔乌头 5303
狭裂紫花前胡 **24341**
狭鳞栎 **323581**
狭鳞山柳菊 **195989**
狭菱裂乌头 **5103**
狭菱形翠雀花 **124037**
狭柳兰 **85553**
狭芦荟 **16581**
狭鹿藿 **333412**
狭绿叶胡枝子 **226723**
狭脉石枣子 157860
狭莫恩远志 **257475**
狭木蓝 **205647**
狭囊苔草 **74333**,74217
狭披针流苏罗勒 **268499**
狭披针叶山茶 **69199**
狭皮 167999
狭浅裂鸡骨常山 **18032**
狭浅裂苦瓜掌 **140018**
狭腔芹 **375552**
狭腔芹属 **375551**
狭曲足南星 **179276**
狭日中花 **220681**
狭蕊爵床属 **375411**
狭蕊肉锥花 **102440**
狭蕊十字爵床 **111764**
狭蕊藤属 **375586**
狭三叶赪桐 **96412**
狭伞画眉草 **147981**
狭山黧豆 **222676**
狭舌垂头菊 **110463**
狭舌多榔菊 **136375**
狭舌兰 **375575**
狭舌兰属 **375573**
狭舌毛冠菊 **262221**
狭舌米尔顿兰 **254938**
狭矢叶海芋 **16517**
狭室马先蒿 **287701**
狭柿叶草 **308302**
狭穗八宝 **200780**
狭穗草 **375746**
狭穗草属 **375742**
狭穗大麦 **198369**
狭穗大锥剪股颖 **12195**
狭穗鹅观草 **335207**
狭穗景天 200780
狭穗孔岩草 **218362**
狭穗阔蕊兰 **291202**
狭穗雷内姜 **327748**
狭穗露兰 291202
狭穗鹭兰 184085,291202
狭穗毛穗茜 **396424**
狭穗披碱草 **144166**
狭穗塞拉玄参 **357679**
狭穗舌唇兰 291202
狭穗石莲 218358,218362
狭穗石莲花 218358
狭穗苔草 **74915**
狭穗瓦松 218358
狭穗玉凤花 184085
狭穗玉凤兰 291202
狭穗针茅 **376899**
狭头风毛菊 **348266**
狭头蕊偏穗草 **82461**
狭头橐吾 229202
狭团兰属 **375480**
狭托叶堇菜 **409690**
狭沃森花 **413319**
狭无鳞草 **14421**
狭夏枯草 316146
狭线叶猪屎豆 112342
狭小花肖观音兰 **399167**
狭小葵子 **181908**
狭肖鸢尾 **258392**
狭序翠雀花 **124699**,124036
狭序鸡矢藤 **280109**
狭序孔岩草 218362
狭序拉拉藤 **170610**
狭序泡花树 **249431**
狭序唐松草 **388431**
狭序异燕麦 190192
狭鸭跖草 **100924**
狭雅致大戟 **159148**
狭叶矮柳叶菜 **146651**
狭叶矮探春 211872
狭叶矮紫穗槐 **20006**
狭叶艾 35136,35634,35794,36241
狭叶艾纳香 **55775**,55833
狭叶安兰 383120
狭叶安龙花 **139439**
狭叶桉 **155483**,155487,155716
狭叶奥勒菊木 270199
狭叶奥里木 **277472**
狭叶奥塔特竹 276923
狭叶澳洲常春木 **250946**
狭叶澳洲福木 **142435**
狭叶八月瓜 13225,197213
狭叶巴都菊 46942
狭叶巴戟 258873
狭叶巴戟天 258879
狭叶巴克木 **46334**
狭叶巴厘禾 **284108**
狭叶白蝶花 286835
狭叶白蝶兰 **286835**
狭叶白花地丁 **410370**
狭叶白花含笑 **252928**
狭叶白花野大豆 **177779**
狭叶白芨 55572
狭叶白蜡树 **167910**
狭叶白千层 **248084**
狭叶白前 **117694**
狭叶白鲜 **129627**
狭叶白芷 192320
狭叶百部 375346
狭叶百日菊 418038
狭叶柏那参 **59208**,59194
狭叶败酱 285819
狭叶斑鸠菊 **406095**
狭叶斑茅 **341894**
狭叶斑籽 46963
狭叶斑籽木 **46963**
狭叶半边莲 **234303**
狭叶半夏 299725
狭叶杯籽 **110150**
狭叶鼻花 **329510**
狭叶比迪木 **78611**
狭叶笔花豆 **379238**
狭叶薜荔 165619,165624
狭叶萹蓄 **308837**
狭叶柄果海桐 301373
狭叶菜豆 408969
狭叶苍山黄堇 **105819**
狭叶草苞鼠麹草 **306702**
狭叶草原石头花 **183186**
狭叶草原丝石竹 183186
狭叶草原霞草 183186
狭叶梣 **167926**,167910
狭叶叉柱花 **374496**
狭叶茶 **68904**
狭叶茶秆竹 318330
狭叶柴胡 **63772**,63813
狭叶长白沙参 **7748**
狭叶长梗茶 **69101**
狭叶长管菊 **89188**
狭叶长舌茶竿竹 318330
狭叶长舌茶秆竹 **318330**
狭叶长药八宝 **200804**
狭叶长柱琉璃草 **231244**
狭叶齿蕊小檗 **269172**
狭叶齿缘草 **153424**
狭叶赤车 **288773**
狭叶赤竹 **347306**
狭叶重楼 **284378**
狭叶虫刺爵床 **193044**
狭叶绸叶菊 **219796**
狭叶椆 116200
狭叶串钱柳 67278
狭叶垂钉石南 **379277**
狭叶垂盆草 357123
狭叶垂头菊 **110345**
狭叶垂序木蓝 **206376**
狭叶慈姑 342421
狭叶刺果卫矛 157966
狭叶刺果泽泻 **140538**
狭叶刺黄花稔 **362663**
狭叶刺茉莉 **45972**
狭叶刺木蓼 **44277**
狭叶刺蕊草 **306969**
狭叶刺头菊 **108412**
狭叶丛菔 **368572**,368571
狭叶粗糙龙胆 **173858**
狭叶粗齿绣球 **200096**
狭叶粗涩溲疏 **127077**
狭叶酢浆草 277889
狭叶簇生喜泉卷耳 **82824**
狭叶翠凤草 **301103**
狭叶达维木 **123274**
狭叶大柄冬青 **204010**
狭叶大胡椒 **313175**
狭叶大花珍珠梅 369289
狭叶大戟 **158640**
狭叶大叶藻 **418380**
狭叶带唇兰 **383120**
狭叶戴星草 **370961**
狭叶黛粉叶 **130115**
狭叶单裂苣苔 **257838**
狭叶弹裂碎米荠 72831
狭叶当归 **24293**
狭叶倒卵叶野木瓜 374426
狭叶狄棕 139310
狭叶地瓜儿苗 239215,239224
狭叶地桂 85416
狭叶地杨梅 **238570**
狭叶地榆 345917
狭叶点地梅 **23303**
狭叶吊灯花 **84269**
狭叶吊兰 **88550**
狭叶钓樟 231303
狭叶钓钟柳 **289320**
狭叶蝶须 **26603**
狭叶钉头果 **179134**
狭叶东北防风 192320
狭叶东北老鹳草 **174587**
狭叶东北牛防风 192320
狭叶冬青 **203626**,203798
狭叶兜舌兰 **282821**
狭叶豆蔻 **19865**,9878
狭叶独脚金 **377972**
狭叶独尾草 **148558**

狭叶杜香 223909
狭叶杜英 142351
狭叶短柄吊钟花 **145730**
狭叶短毛独活 **192320**
狭叶短序黑三棱 **370067**
狭叶短檐苣苔 **394677**
狭叶短野牡丹 **58553**
狭叶钝果寄生 **385213**
狭叶多脉胡椒 **300519**
狭叶鹅耳枥 **77292**
狭叶鹅观草 **335506**
狭叶鹅毛竹 362136
狭叶鹅掌柴 350747
狭叶鹅掌藤 **350652**
狭叶萼距花 **114605**
狭叶耳唇兰 **277244**
狭叶番红花 **111485**,111612
狭叶番泻 78227
狭叶番泻树 78227
狭叶方竹 **87550**,87567
狭叶芳香木 **38824**
狭叶芳香紫菀 **40951**
狭叶非洲豆蔻 **9878**
狭叶非洲砂仁 9878
狭叶肺草 321636
狭叶费菜 **294119**
狭叶分药花 **291429**
狭叶粉苞苣 88776
狭叶粉花绣线菊 371964
狭叶粉条儿菜 14533
狭叶风毛菊 **348146**
狭叶枫寄生 411048
狭叶缝线海桐 **301368**
狭叶扶芳藤 **157496**
狭叶福克萝藦 **167123**
狭叶福木犀 **167323**
狭叶福斯麻 **167382**
狭叶福王草 **313791**
狭叶附地菜 **397398**
狭叶甘遂 375187
狭叶高山栎 116200
狭叶钩粉草 **317256**
狭叶狗尾草 **361946**
狭叶枸骨叶冬青 **203547**
狭叶谷精草 **151229**
狭叶谷木 **249989**
狭叶瓜子金 **308124**
狭叶光萼荷 **8547**
狭叶桂 **91333**
狭叶桂北木姜子 **234069**
狭叶桂樱 **316508**,223155
狭叶果寄生 385213
狭叶果子蔓 **182164**
狭叶哈根木 **184762**
狭叶孩儿参 318515
狭叶海金子 **301301**
狭叶海神木 **315742**
狭叶海桐 **301369**,301225,301286
狭叶含笑 **252813**,252928
狭叶韩信草 355391
狭叶汉城蝇子草 **364049**
狭叶蒿 35779,35916,36241
狭叶蒿荷木 **197151**
狭叶荷秋藤 **198856**,198847
狭叶褐脉槭 **3530**
狭叶赫柏木 **186949**
狭叶黑桉 **155666**
狭叶黑钩叶 **22272**
狭叶黑花糙苏 **295147**
狭叶黑三棱 **370100**,370030
狭叶黑簪木 **186898**
狭叶黑紫兰 **266259**
狭叶红粉白珠 **172087**
狭叶红光树 **216785**
狭叶红花灰叶 386001
狭叶红灰毛豆 **386001**
狭叶红景天 **329897**
狭叶红皮柳 **343947**
狭叶红千层 **67278**
狭叶红紫珠 **66914**
狭叶胡椒 **300333**
狭叶壶花无患子 **90759**
狭叶虎耳草 **349063**
狭叶虎皮楠 **122664**
狭叶花椒 **417345**
狭叶花佩菊 **161887**
狭叶花楸 **369510**
狭叶花柱草 **379081**
狭叶华北白前 **117503**
狭叶华南木姜子 **233936**
狭叶华泽兰 158187
狭叶滑叶藤 **94895**
狭叶画眉草 **147979**
狭叶槐 **369125**
狭叶环蕊木 **183346**
狭叶黄精 **308647**
狭叶黄牛奶树 381148
狭叶黄芪 41987
狭叶黄耆 **41987**
狭叶黄芩 **355711**
狭叶黄檀 **121829**
狭叶黄藤 **121487**
狭叶黄星 **182159**
狭叶黄杨 **64378**
狭叶幌伞枫 **193901**
狭叶灰绿铁线莲 95031
狭叶灰叶柳 **344142**
狭叶茴香 204544
狭叶茴香砂仁 **155397**
狭叶喙芒菊 **279254**
狭叶火焰草 **79116**
狭叶鸡蛋花 **305240**
狭叶鸡骨常山 **18031**
狭叶鸡桑 **259111**
狭叶鸡矢藤 **280110**
狭叶鸡血藤 66646
狭叶鸡眼藤 **258879**,258873
狭叶基氏婆婆纳 **216262**
狭叶棘豆 **279178**
狭叶蓟 91864,92132
狭叶加岛兰 **261911**
狭叶加兰苹果 **243585**
狭叶加勒比豆 **50664**
狭叶加州倒挂金钟 **417408**
狭叶荚蒾 407850
狭叶假糙苏 **283624**,283627
狭叶假繁缕 318515
狭叶假马鞭 **373492**
狭叶假女贞 **294762**
狭叶假人参 **280788**,280752,280793
狭叶尖头叶藜 **86893**
狭叶剪秋罗 363691
狭叶碱毛茛 **184709**
狭叶姜花 **187419**
狭叶姜黄 **114858**
狭叶豇豆 **408831**
狭叶椒草 **290348**
狭叶角盘兰 192851
狭叶金疮小草 **13095**
狭叶金果椰 **139310**
狭叶金虎尾 **243522**
狭叶金鸡菊 104531
狭叶金鸡纳 91075
狭叶金菊 **90160**
狭叶金石斛 **166956**
狭叶金丝桃 201710,201979
狭叶金粟兰 **88265**
狭叶金眼菊 **409170**
狭叶金鱼草 231183
狭叶金盏苣苔 **210185**
狭叶锦鸡儿 **72351**,72354
狭叶荆芥 **265052**
狭叶旌节花 **373563**
狭叶卷耳 **82692**
狭叶绢毛悬钩子 **338752**
狭叶决明 78368
狭叶爵床 **337257**
狭叶咖啡 **99008**
狭叶康定柳 **343835**
狭叶可可 **389401**
狭叶苦菜 210572
狭叶苦豆 **123269**
狭叶库塞木 **218388**
狭叶块蚁茜 **261484**
狭叶拉加菊 219796
狭叶拉拉藤 **170355**
狭叶蜡花木 **153328**
狭叶蜡菊 **189131**,189458
狭叶蜡莲八仙花 200110
狭叶蜡莲绣球 **200110**
狭叶兰香草 **78015**,78012
狭叶蓝刺头 **140733**
狭叶蓝钟藤 **368540**
狭叶榄仁树 **386458**
狭叶类牧根草 **298077**
狭叶藜 **86927**
狭叶藜芦 **405636**
狭叶李 **316219**
狭叶栎 **324449**,116200
狭叶镰扁豆 **135651**
狭叶链珠藤 **18523**
狭叶凉喉茶 187681
狭叶亮丝草 **11336**
狭叶蓼 **308777**
狭叶烈臭玉蕊 **182027**
狭叶裂瓣雪轮 **363655**
狭叶林地兰 **138528**
狭叶林皮棕 **138533**
狭叶林仙苣苔 **262290**
狭叶岭南花椒 417170
狭叶苓菊 **214178**
狭叶柃 160602
狭叶瘤果茶 **69146**,69549
狭叶柳叶卫矛 157852
狭叶六道木 92
狭叶龙胆 **173230**,174004
狭叶龙舌兰 **10797**,10816
狭叶龙舌兰麻 10816
狭叶龙头草 **247733**
狭叶龙血树 **137499**,137337
狭叶楼梯草 **142717**,142719
狭叶露珠草 **91510**
狭叶鹿饭 165203
狭叶路边青 4988
狭叶罗汉松 **306467**
狭叶罗伞 **59194**
狭叶萝芙木 **327084**
狭叶萝藦 291082
狭叶裸菀 **256303**
狭叶落地梅 **239773**
狭叶落新妇 **41843**
狭叶马比戟 **240182**
狭叶马鞭草 **405888**
狭叶马兜铃 **34319**,34206
狭叶马兰 **215349**
狭叶马钱 378648
狭叶马牙黄堇 **106134**
狭叶马缨杜鹃 **330547**
狭叶马缨花 330547
狭叶麦利塔木 250946
狭叶蔓榕 165734
狭叶蔓乌头 5674
狭叶芒毛苣苔 **9423**
狭叶毛地黄 130369
狭叶毛水甘草 **20862**
狭叶毛水苏 **373142**

狭叶毛细管箭竹 **276923**
狭叶美国山楂子 243585
狭叶美汉花 247733
狭叶美人蕉 **71161**
狭叶美洲盖裂桂 **256656**
狭叶美洲卫矛 **157316**
狭叶蒙松草 **258098**
狭叶迷延胡索 **105607**
狭叶米口袋 **181687**
狭叶米面蓊 **61930**
狭叶米碎花 331575
狭叶米碎木 **123449**
狭叶密花树 241790,261626
狭叶墨西哥蒿 **35906**
狭叶母草 **231544**,231587
狭叶牡丹 **280186**
狭叶牡蒿 35130
狭叶牡蒿 **35130**
狭叶木姜子 233840
狭叶木蓝 **206585**
狭叶木莲 244479
狭叶木蓼 **44249**
狭叶木皮棕 138533
狭叶木犀 **276261**,276362
狭叶木犀榄 **270152**
狭叶牧野氏龙胆 **173623**
狭叶穆塔卜远志 **259436**
狭叶南边杜鹃 **331223**
狭叶南钓樟 **264091**
狭叶南方杜鹃 331223
狭叶南五味子 **214950**
狭叶南星 **33258**
狭叶南亚枇杷 **151133**
狭叶南洋杉 30841
狭叶南洋参 **310227**
狭叶南烛 239398
狭叶牛奶木 **255269**
狭叶牛皮消 117486,117692
狭叶牛尾菜 **366557**
狭叶牛膝 4304
狭叶纽扣花 **194662**
狭叶女儿茶 66817
狭叶女贞 **229436**
狭叶糯米树 407895
狭叶糯米团 **179500**,179495
狭叶欧百里香 **391369**
狭叶欧蔓 400944
狭叶欧女贞 294762
狭叶欧亚旋覆花 **207056**
狭叶欧洲白蜡 **167956**
狭叶欧洲卫矛 **157440**
狭叶帕洛梯 315742
狭叶排草 88282,239773
狭叶泡花树 **249359**
狭叶佩松木 **292030**
狭叶盆距兰 **171865**
狭叶蓬莱葛 **171440**
狭叶皮索尼亚 292030
狭叶苹果 **243550**
狭叶苹果萝藦 **249265**
狭叶坡垒 **198140**
狭叶葡萄 **411973**
狭叶蒲桃 **382679**
狭叶朴 80600
狭叶七叶一枝花 284378
狭叶歧繁缕 374841
狭叶荠苎 259323
狭叶千里光 360104
狭叶荨麻 **402847**
狭叶茜草 **337945**,338040
狭叶茜树 **12521**
狭叶蔷薇 **336570**
狭叶茄 **366943**
狭叶青海大戟 159193
狭叶青蒿 35411,35538
狭叶青苦竹 **304019**,347361
狭叶青藤 **204649**
狭叶清香桂 346745
狭叶求米草 **272691**
狭叶球核荚蒾 **408058**
狭叶球葵 **370938**
狭叶曲花 **120537**
狭叶染料木 **172908**,103789
狭叶荛花 **414129**
狭叶忍冬 **235665**,235874
狭叶日本安息香 **379380**
狭叶日本粗榧 **82528**
狭叶日本六道木 **186**
狭叶日本萍蓬草 **267290**
狭叶日本鼠李 **328741**
狭叶日本猪殃殃 **170430**
狭叶榕 165429
狭叶肉桂树 **91437**
狭叶肉叶荠 59758
狭叶蕊叶藤 **376556**
狭叶瑞香 **122526**
狭叶瑞香狼毒 **375191**
狭叶润楠 **240686**
狭叶萨瓦杜 344799
狭叶赛黑桦 **53612**
狭叶赛爵床 **67826**
狭叶三脉紫菀 **39958**
狭叶三芒蕊 **398056**
狭叶沙地马鞭草 691
狭叶沙马鞭 **691**
狭叶沙木蓼 **44252**
狭叶沙参 **7649**
狭叶沙生大戟 **159194**,159193
狭叶砂引草 393273
狭叶山茶 68904
狭叶山地猪屎豆 **112433**
狭叶山矾 **381145**
狭叶山柑 71679
狭叶山梗菜 **234376**
狭叶山胡椒 **231303**
狭叶山黄麻 **394631**
狭叶山姜 **17682**
狭叶山金银 94895
狭叶山苦荬 **210572**
狭叶山兰 **274050**
狭叶山榄 **301770**
狭叶山黧豆 **222748**
狭叶山罗花 **248208**
狭叶山蚂蝗 **126616**
狭叶山芹 **276777**,276768
狭叶山香圆 **400532**
狭叶山血丹 **31503**
狭叶山野豌豆 **408269**
狭叶山油麻 394631
狭叶山月桂 **215387**
狭叶山踯躅 **330968**
狭叶少花酸藤子 144779
狭叶舌唇兰 302519
狭叶蛇根草 272212
狭叶蛇葡萄 **20341**
狭叶射线滇山茶 **69560**
狭叶神香草 **203082**
狭叶神血宁 308777
狭叶圣罗勒 **268616**
狭叶十大功劳 **242476**,242534
狭叶石笔木 322596
狭叶石斛 **125228**
狭叶石头花 **183259**,183186
狭叶石竹 **127820**
狭叶矢车菊 **81175**
狭叶授带木 197151
狭叶梳菊 **286877**
狭叶鼠麴草 178355
狭叶束尾草 **293216**
狭叶双伯莎 **54611**
狭叶双扇梅 **129492**
狭叶水甘草 20846
狭叶水蓼 **309203**
狭叶水塔花 54454
狭叶水竹叶 **260101**,260105
狭叶水竹芋 **388381**
狭叶丝兰 **416540**
狭叶丝石竹 183212
狭叶斯迪菲木 379277
狭叶四叶葎 **170290**
狭叶四照花 **124882**
狭叶松 **300065**
狭叶松果菊 **140067**
狭叶溲疏 **126924**
狭叶酸浆 **297641**
狭叶酸模 **340269**
狭叶碎米荠 **72994**,238028
狭叶塔里亚 388381
狭叶台南星 33332
狭叶台湾肺形草 **398298**,398253
狭叶苔草 76354
狭叶太行铁线莲 95052
狭叶唐松草 **388421**,388556
狭叶桃叶珊瑚 **44900**,44893,44911
狭叶藤五加 **143633**
狭叶天料木 197723
狭叶天南星 33332
狭叶天人菊 **169589**
狭叶天仙果 164671,165203
狭叶天竺桂 91333
狭叶甜茅 177661
狭叶条果芥 **285029**
狭叶铁草鞋 **198888**,198885
狭叶庭菖蒲 **365685**,365747
狭叶通泉草 **247001**
狭叶土沉香 **161631**
狭叶土茯苓 **194107**
狭叶土三七 294119
狭叶兔儿风 **12606**,12743
狭叶驼曲草 **119900**
狭叶橐吾 229202
狭叶瓦尔蒂夫小檗 **52296**
狭叶歪头菜 **408654**
狭叶弯蕊芥 **238028**
狭叶微孔草 **254368**,254342
狭叶微腺亮泽兰 **272389**
狭叶韦斯菊 **414928**
狭叶围涎树 **301145**
狭叶维斯木 **411142**
狭叶委陵菜 **313016**
狭叶卫矛 **157934**
狭叶文殊兰 **111164**
狭叶文藤 **244323**
狭叶蚊母树 **134947**,134929
狭叶倭竹 **362136**
狭叶乌蔹莓 **79868**
狭叶乌头 5674
狭叶无梗接骨木 **345686**
狭叶无毛通氏飞蓬 **151013**
狭叶无心菜 **32318**
狭叶五加 **143701**,2505
狭叶五味子 214974,351066,351081
狭叶五星花 **289838**
狭叶五月茶 28390
狭叶雾水葛 **313485**
狭叶西南红山茶 69504
狭叶西藏珍珠梅 **369289**
狭叶希帕卡利玛 202375
狭叶虾脊兰 **65879**
狭叶虾夷朴 **80659**
狭叶霞草 183158
狭叶下被桃金娘 **202375**
狭叶下田菊 **8005**
狭叶夏枯草 **316146**
狭叶纤枝金丝桃 **201979**
狭叶显柱南蛇藤 80330

狭叶腺萼木 **260608**
狭叶相思树 **1623**
狭叶香彩雀 **24522**
狭叶香茶菜 **209628**
狭叶香港楠木 240562
狭叶香港远志 **308109**
狭叶香根 **47147**
狭叶香科 **388184**
狭叶香蒲 401094
狭叶香薷 144088
狭叶向日葵 **188906**
狭叶向天盏 355391
狭叶小檗 **52184**,51677,52169
狭叶小疮菊 **171477**
狭叶小金梅草 **202802**
狭叶小美国薄荷 **257196**
狭叶小漆树 **393450**
狭叶小雀花 **70869**
狭叶小舌紫菀 **40005**
狭叶小头紫菀 **40846**
狭叶小眼子菜 **312241**
狭叶肖柽柳桃金娘 **261048**
狭叶肖假叶树 **245681**
狭叶蝎尾蕉 **189990**
狭叶辛酸木 **138056**
狭叶新斯科大戟 **264495**
狭叶兴山小檗 51336
狭叶绣球 **199938**,200106
狭叶绣线菊 **371964**
狭叶旋覆花 207165
狭叶雪下红 **31635**
狭叶血红西氏卫矛 **157884**
狭叶薰衣草 **223345**
狭叶栒子 107549,107672
狭叶鸦葱 **354888**,354930
狭叶鸭脚木 350652,350747
狭叶鸭舌草 **257587**
狭叶鸭跖草 **100922**
狭叶鸭嘴花 **214737**
狭叶牙刷树 **344799**
狭叶崖豆树 254812
狭叶崖爬藤 **387845**,387785
狭叶崖子花 301286
狭叶亚麻 **231880**
狭叶烟草 **266061**
狭叶岩园葶苈 **57239**
狭叶沿阶草 **272147**
狭叶盐肤木 **332862**
狭叶眼子菜 **312046**
狭叶杨 **311233**
狭叶杨梅黄杨 **64329**
狭叶杨桐 **8207**,8218
狭叶洋地黄 130369
狭叶洋芋 65237
狭叶野葱 354930
狭叶野大豆 177782
狭叶野丁香 **226121**
狭叶野牡丹 280186
狭叶野青茅 **65270**
狭叶野豌豆 408284
狭叶野鸢尾 365747
狭叶叶下珠 **296475**
狭叶一担柴 **99968**
狭叶一枝黄花 367965
狭叶伊瓦菊 **210466**
狭叶蚁棕 **217919**
狭叶异型花繁缕 **374860**
狭叶异型柳 **343311**
狭叶益母草 225009
狭叶阴香 91333
狭叶银白羽扇豆 238433
狭叶银边南洋参 **310209**
狭叶银莲花 **23960**
狭叶银毛羽扇豆 **238433**
狭叶银叶树 **192485**
狭叶隐果莎草 **68620**
狭叶罂粟 **282511**
狭叶蝇子草 **364079**
狭叶油茶 **69252**
狭叶疣囊苔草 **75676**
狭叶鱼黄草 **250844**
狭叶榆 **401573**
狭叶羽扇豆 **238422**
狭叶玉山黄菀 359568
狭叶玉簪 **198624**,198608
狭叶愈疮木 **181504**
狭叶鸢尾兰 **267935**
狭叶圆穗蓼 **309362**
狭叶圆穗拳参 309362
狭叶圆叶筋骨草 **13156**
狭叶远志 308109
狭叶越橘 **403716**
狭叶芸香 **341043**
狭叶早花悬钩子 **339097**
狭叶早越橘 **403933**
狭叶蚤休 284378
狭叶藻百年 **161580**
狭叶泽兰 **158196**
狭叶泽泻 14725
狭叶獐牙菜 **380113**
狭叶樟 91333
狭叶珍珠菜 **239781**
狭叶珍珠花 **239398**
狭叶珍珠梅 369289
狭叶砧草 **170250**
狭叶栀子 **171401**,171246,171374
狭叶帚菊 **292043**
狭叶珠光香青 **21607**
狭叶猪屎豆 **112475**,41961,112340,112342
狭叶竹节参 **280752**,280788
狭叶竹茎兰 **399636**
狭叶竹属 262755
狭叶竹叶草 **272678**
狭叶锥果玉 **101810**
狭叶锥莫尼亚 138528
狭叶紫草 **233749**
狭叶紫花卫矛 **157802**
狭叶紫金牛 **31446**
狭叶紫堇 **105618**
狭叶紫柳 343949
狭叶紫毛兜兰 282918
狭叶紫菀 40728
狭叶紫薇木 **219910**
狭叶紫玉盘 **403543**
狭叶紫珠 66817,66914
狭叶紫锥花 140067
狭叶总梗委陵菜 **312875**
狭叶总序桂 294762
狭叶醉鱼草 61975
狭异叶马兜铃 **34206**
狭翼风毛菊 **348329**
狭翼荚豆 **68148**
狭翼驼蹄瓣 **418768**
狭虉草 **293706**
狭颖鹅观草 **335440**
狭颖披碱草 **144403**,335440
狭颖早熟禾 **305331**
狭羽毛叶异决明 **360420**
狭缘毛叶球柱草 **63237**
狭窄半日花 **188588**
狭窄大戟 **159711**
狭珍珠茅 **354008**
狭枝旋花 **103309**
狭指蒴莲 **7311**
狭猪屎豆 **112704**
狭竹节参 **280751**
狭锥福王草 **313820**
狭籽前胡 **293021**
狭子属 226450
霞草 **183246**,183191,183222
霞草属 183157
霞草状繁缕 374841
霞红报春 314157
霞红灯台报春 **314157**
霞山大戟 **159839**,159159
霞山坭竹 **47532**
下巴子 355846
下白鼠麹草 178218
下白亚菊 **13002**
下被桃金娘属 **202373**
下被帚灯草属 **202666**
下草 13104
下垂白果瓜 **249843**
下垂白千层 **248076**
下垂百子莲 **10267**
下垂斑叶兰 179672
下垂杯穗茜 **355963**
下垂北美香柏 **390628**
下垂菜豆 **293989**
下垂长叶欧石南 **149681**
下垂橙粉苣 **253936**
下垂葱 **15595**
下垂盾舌萝藦 **39620**
下垂鹅绒藤 **117649**
下垂芳香木 **38707**
下垂防己 97937
下垂非洲紫罗兰 **342500**
下垂鸽兰 **291130**
下垂哈甫木 185900
下垂海神木 **315917**
下垂虎眼万年青 **274727**
下垂黄皮花树 413818
下垂火畦茜 **322967**
下垂吉莉花 **175681**
下垂矩圆红光树 **216868**
下垂决明 **78445**
下垂克里布兰 **111121**
下垂苦苣菜 **368784**
下垂苦蘵 **297653**
下垂柳 **342942**
下垂龙王角 **199045**
下垂麻雀木 **285589**
下垂芒柄花 **271509**
下垂毛瑞香 **219010**
下垂木防己 **97937**
下垂穆拉远志 **259970**
下垂黏胶欧石南 **150253**
下垂鸟娇花 **210906**
下垂欧石南 **149341**
下垂平滑紫茉莉 **255717**
下垂脐景天 **401707**
下垂忍冬 **235757**
下垂沙普塔菊 85996
下垂莎草 **119361**
下垂山柳菊 **195844**
下垂山蚂蝗 **126339**
下垂石豆兰 63079
下垂鼠尾草 **345298**
下垂树葡萄 **120178**
下垂丝兰 **416595**
下垂苔 75742
下垂苔草 **75742**
下垂天门冬 **39140**
下垂歪头花 **61122**
下垂喜阳花 **190407**
下垂仙人笔 **216692**
下垂香茶 **303571**
下垂香花芥 **193428**
下垂小檗 51531
下垂肖五蕊寄生 **269284**
下垂肖鸢尾 **258460**
下垂蝎尾蕉 **190036**
下垂泻瓜 **79817**
下垂鸭跖草 **100988**
下垂崖豆 254801
下垂延龄草 **397547**

下垂阳帽菊　**85996**
下垂逸香木　**131960**
下垂意大利鼠李　**328599**
下垂玉凤花　**183556**
下洞底　71679,71798
下斗米蒿　**89410**
下风草　179438
下个棕属　380553
下关溲疏　127059
下光野荞麦　**152589**
下果藤　179947
下果藤属　179940
下合花　1790
下花叉序草　**209904**
下花落芒草　**300704**
下花细辛　**37646**
下加利福尼亚州鹿角柱　140222
下江忍冬　**235964**
下江委陵菜　**312728**
下枯草　220126
下裂萝藦　**202701**
下裂萝藦属　**202700**
下龙骨石豆兰　**63164**
下龙新木姜子　**264020**
下吕细辛　**37591**
下绿斗篷草　**14058**
下马南非葵　**25415**
下马仙　159540
下奶藤　159845,245852
下奶药　191316
下盘帚灯草属　**202461**
下倾沃森花　**413354**
下倾肖鸢尾　**258524**
下曲茴芹　**299509**
下曲堇菜　**409883**
下日狼　177191
下乳草　164996,165426,165429
下山虎　20868,112927,172099,258910,298093,392559,417282
下山虎子　336675
下山黄　172099
下山连　142704,315465
下山蜈蚣　313206
下舌假叶树　340994
下搜山　208806
下搜山虎　208640
下田菊　**8012**
下田菊属　**8004**,395685
下田细辛　**37689**
下通草　85232
下弯东亚文殊兰　**111169**
下弯杜鹃　**331612**
下弯发草　**126102**
下弯欧洲云杉　**298210**
下弯茄　**367558**
下弯苔草　**76014**
下弯延龄草　397599
下位麻疯树　**212158**
下向千里光　359885
下延巴茨列当　**48613**
下延刺子莞　**333540**
下延翠柏　228639
下延杜英　**142306**
下延凤卵草　**296876**
下延格尼瑞香　**178596**
下延古当归　30931
下延海神木　**315780**
下延厚敦菊　**277040**
下延槲寄生　**411012**
下延灰毛菊　**31211**
下延假狼紫草　**266601**
下延尖刺联苞菊　**52686**
下延金合欢　1168
下延蓝花楹　**211236**
下延棱果桔梗　**315283**
下延棱子芹　304787
下延芦荟　**16754**
下延鲁斯木　**341004**
下延木犀草　**327830**
下延南非桔梗　**335586**
下延偶雏菊　**56712**
下延千里光　**358688**
下延茄　**367086**
下延柔冠田基黄　**193850**
下延莎草　**119030**
下延山柳菊　**195560**
下延甜柏　**228639**
下延头花草　**82132**
下延显冠萝藦　**147400**
下延相思树　1168
下延香茶　**303248**
下延香松　228639
下延香芸木　**10602**
下延崖角藤　328997
下延羊耳菊　**207099**
下延野荞麦　**152321**
下延叶刺头菊　**108264**
下延叶古当归　**30931**
下延叶排草　239608
下延翼茎菊　**172432**
下延雨湿木　**60032**
下延舟叶花　**340639**
下延帚叶联苞菊　**114448**
下野赤竹　**347207**
下银风毛菊　**348381**
下银脱冠菊　**282968**
下银细毛留菊　**198940**
下银小花豆　**226162**
下银猪屎豆　**112232**
下箴刺桐　154673
下紫细辛　37674
下座茜　**202365**
下座茜属　**202360**
吓虎打　5105
吓唬草　54555
夏矮小米草　**160247**
夏柏　217361
夏鼻花　**329505**
夏闭草　218347
夏波　404011
夏菠　403899,404011
夏薄荷属　347446
夏布袋兰　**79550**
夏侧金盏花　**8325**
夏橙　**93577**,93340
夏赤箭　171934
夏椿　376466
夏丹参　345214
夏丁香醉鱼草　**62035**
夏冬青　**100250**
夏冬青属　**100249**
夏豆　408393
夏短毛小米草　**160246**
夏风信子　**170828**
夏风信子属　**170827**
夏凤兰　**116776**
夏弗塔雪轮　**364023**
夏福寿草　8325
夏瓜　93304
夏河蒿草　**217288**
夏河缬草　**404390**
夏河云南紫菀　**41522**
夏花　64966
夏花兜兰　**282770**
夏花绶草　**372178**
夏花云实　**64966**
夏黄草　42208
夏黄芪　42208
夏黄耆　42208
夏季罗氏小米草　**160248**
夏季石藤　127093
夏芥　59438
夏堇　392905
夏菊　207046,207151
夏鹃　330917
夏枯菜　316127
夏枯草　**316127**,13091,97043,220126,224989,316097
夏枯草鸡头薯　**153009**
夏枯草属　**316095**
夏枯草五异茜　**289600**
夏枯草止泻萝藦　**416246**
夏枯草状鼠尾草　**345326**
夏枯草状水蓑衣　**200645**
夏枯花　220126
夏枯头　220126,316127
夏腊梅属　68306
夏蜡梅　**68308**
夏蜡梅属　**68306**
夏兰　116829,116863
夏蓝雪花　**305194**
夏丽胡枝子　**226699**
夏栎　324335
夏洛特加兰苹果　**243584**
夏洛特美国海棠　243584
夏洛特美国山楂子　243584
夏毛益母草　85058
夏梅　68308
夏蜜柑　93340
夏眠鸢尾　**208601**
夏木姜子　**233831**
夏欧石南　**148984**
夏皮楠　377446
夏皮楠属　377433
夏飘拂草　**166164**
夏菩提树　391817
夏葡萄　**411531**
夏普苦瓜掌　**140048**
夏日红色槭　**3501**
夏日惊奇红色槭　**3502**
夏日狂欢蜀葵　**13937**
夏日时光柽柳　**383599**
夏日时光极大杜鹃　**331208**
夏日中花　**220468**
夏蛇鞭菊　**228437**
夏水仙　170828,239280
夏水仙属　170827
夏斯塔红果冷杉　412
夏菘　59595
夏苏木　64966
夏蒜　15726
夏塔花　**347638**
夏台　59438
夏苔草　**73610**
夏天麻　**171934**
夏天无　**105810**
夏天竺葵　**288060**
夏天棕　105810
夏田繁缕　**52589**
夏甜瓜　**114195**
夏娃欧洲常春藤　**187240**
夏娃天蓝绣球　**295294**
夏娃洋常春藤　187240
夏威夷白饭树　**167087**
夏威夷大叶草　**181956**
夏威夷杜英　**142289**
夏威夷鬼针草　**53813**
夏威夷果　240210
夏威夷金合欢　**1334**
夏威夷九节　**319573**
夏威夷蒟蒻薯　**382918**
夏威夷葵属　315376
夏威夷鳞果草　370894
夏威夷鳞籽草　**370894**
夏威夷木槿　**194722**
夏威夷木犀　**276395**
夏威夷山蚂蝗　**126596**
夏威夷绣球属　**61094**

夏威夷苎麻 **56164**
夏威夷棕属 315376
夏无影 401167
夏无踪 138329,138331,208445,357919
夏西伯利亚箭头蓼 **291938**
夏西木 **171038**
夏西木属 171037
夏香 **121575**
夏香属 **121574**
夏橡 324335
夏橡树 324335
夏熊果 **31113**
夏须草 **389568**
夏须草属 **389567**
夏雪滴花 227856
夏雪假龙头花 **297985**
夏雪蔓 162509
夏雪片莲 **227856**
夏雪万年青 **130094**
夏一枝黄花 **368375**
夏疣石蒜 **378517**
夏至草 **220126**,245770
夏至草属 **220117**,245723
夏至草叶水苏 **373304**
夏至草叶香茶 **303512**
夏至草叶胀萼马鞭草 **86091**
夏至草叶醉鱼草 62123
夏至矢车菊 **81382**
夏粥 151144
夏紫罗兰 **246479**
厦门老鼠簕 **2673**
厦门小冠花 105275
仙巴掌 272856,272987
仙白草 41442,135264
仙白紫菀 **41442**
仙柏 399879
仙半夏 299724
仙宝属 395791
仙笔鹤顶兰 **293491**
仙鞭草 57984
仙鞭草属 57977
仙草 77178,252242
仙草根 98395
仙草节节菜 **337394**
仙草舅 **252246**,252242
仙草柔花 **8993**
仙草属 252241
仙葱 352960
仙葱属 402314
仙达 137487
仙丹 211067
仙丹花 **211177**,211067
仙丹花属 211029
仙灯 **67555**,67595
仙灯属 67554
仙钓竿 130229
仙顶梨 323332
仙豆 408393
仙鹅抱蛋 183559,232261
仙甘藤 260483,260484
仙姑草 103828
仙鹤草 11546,11552,11572,11587,75769,329471
仙鹤莲 314717
仙鹤灵芝草 329471
仙湖苏铁 **115824**
仙花 **395798**
仙花属 **395791**
仙花圆锥绣球 200055
仙火花 **405359**
仙火花属 **405356**
仙加木 216214
仙境 **182415**
仙境喷泉青葙 **80382**
仙境香雪球 **235092**
仙居苦竹 **304037**
仙橘 93588
仙客来 **115965**,115949
仙客来垂头菊 **110372**
仙客来蒲儿根 **365041**
仙客来属 **115931**
仙客来水仙 **262395**
仙客来叶华千里光 365041
仙兰 263867
仙丽球 **244006**
仙丽丸 244006
仙蓼 346527
仙灵草 346527
仙灵毗 146966,147013,147039,147048,147075
仙灵脾 146966,146995,147013,147039,147048,147075
仙柳 343070
仙履兰属 120287,282768
仙蔓 **357899**
仙蔓属 **357898**
仙毛 114838
仙茅 **114838**,260093
仙茅科 202786
仙茅参 114838,354801
仙茅属 **114814**
仙茅摺唇兰 399641
仙茅状南非仙茅 **371689**
仙牛桃 23323
仙女 138831
仙女杯 **138831**
仙女杯属 **138829**
仙女盃 138831
仙女风铃草 69970
仙女果 239158
仙女花 52561
仙女菊属 202387
仙女兰 **263829**
仙女兰属 **263826**
仙女木 **138461**
仙女木属 **138445**
仙女扇 **94134**
仙女圆锥丝石竹 **183226**
仙桥草 407503
仙人伴 252242
仙人拌 252242
仙人棒 186156
仙人棒槲寄生 **411098**
仙人棒属 **329683**
仙人宝 200798
仙人笔 **216654**
仙人笔千里光 **359233**
仙人笔属 **216647**
仙人鞭 267605
仙人鞭属 267603
仙人草 252242
仙人搭桥 338985,407503
仙人冻 252242
仙人冻属 252241
仙人对坐草 239582
仙人对座草 406992,407430
仙人饭 308572
仙人斧 288616
仙人阁 **261708**
仙人谷 18687
仙人骨 326616
仙人结 **385873**
仙人镜 273003,273035
仙人球 **140891**,140872,140876
仙人球属 **140842**,140111,140652
仙人拳 140872,272856
仙人拳属 83855
仙人撒网 413149
仙人杉 113693
仙人树 290713
仙人藤 290701
仙人条 267605
仙人头 326616
仙人涎 138273
仙人血树 31423
仙人蕈 236425
仙人一把遮 295986
仙人掌 **272856**,50669,272830,272869,272891,272987,273103
仙人掌波思豆 **57501**
仙人掌大戟 **159499**
仙人掌科 **64822**
仙人掌利奇萝藦 **221985**
仙人掌属 **272775**
仙人掌松叶菊 **252044**
仙人杖 **267605**,297203,297337,297373,297486,304000
仙人杖属 **267603**
仙人针 213447
仙人指 **351997**
仙人指甲 356702
仙人指甲兰 356457
仙人指属 **351993**
仙人柱 83893,83911
仙人柱属 83855,85163
仙术 44208
仙素莲 **92640**,411868
仙台大戟 **159813**
仙台当归 **24284**
仙台柳 **344082**
仙台苔草 **76226**
仙桃 36942,272891
仙桃草 19566,159092,159286,190094,406992,407275,407358,407430
仙翁球 **157171**
仙翁丸 157171
仙叶因宝草 202151
仙遗粮 366338
仙影掌 **83893**,376364
仙影掌属 **83855**,376363
仙枣 295461
仙沼子 13225
先锋春番红花 **111632**
先锋湿地越橘 **403783**
先花象牙参 **337097**
先骕栎 **324014**
先志摩柃 **160596**
纤苞狗娃花 **193946**
纤苞茉莉 **114945**
纤苞茉莉属 **114944**
纤柄菝葜 **366528**
纤柄报春 **315047**
纤柄脆蒴报春 **314442**
纤柄红豆 **274409**
纤柄香草 **239637**
纤柄肖菝葜 366528
纤柄皱叶报春 **314903**
纤草 63977
纤草水玉簪 **63977**
纤齿柏那参 59197
纤齿冬青 **203633**
纤齿枸骨 203633
纤齿黄芪 42437
纤齿黄耆 **42437**
纤齿罗伞 **59197**
纤齿卫矛 **157540**
纤刺冬青 203633
纤刺菊属 **377137**
纤椴 **391722**
纤萼番薯 **207822**
纤粉菊 **46511**
纤粉菊属 **46510**
纤杆蒿 **35365**
纤杆沙蒿 35365
纤秆珍珠茅 **354197**

纤梗风兰 **24874**
纤梗蒿 **36075**
纤梗茜草 **338035**
纤梗青牛胆 **392248**
纤梗日中花 **220570**
纤梗山胡椒 **231360**
纤梗细辛 **37627**
纤梗腺萼木 **260624**
纤梗朱米兰 **212715**
纤梗珠 **43381**
纤梗珠属 **43380**
纤冠藤 **179308**
纤冠藤属 **179301**
纤管马先蒿 **287354**
纤蒿 360835
纤花北美月见草 **387580**
纤花草科 389181
纤花草属 389183
纤花冬青 203861
纤花耳草 **187681**
纤花法拉茜 **162581**
纤花飞廉 **73504**
纤花根节兰 65966
纤花狗牙花 **154197**,382766
纤花虎眼万年青 **274636**
纤花金盘 191926
纤花龙船花 **211100**
纤花轮环藤 **116013**
纤花蒲桃 **382597**
纤花千金藤 **375857**
纤花千里光 **358985**
纤花鼠李 **328758**
纤花雪胆 191926
纤花玉叶金花 **260501**
纤茎遍地金 **202018**
纤茎大戟 **158975**
纤茎金丝桃 **201877**
纤茎堇菜 **410654**
纤茎阔蕊兰 **291245**
纤茎马先蒿 **287753**
纤茎秦艽 **173966**
纤裂马先蒿 **287754**
纤柳 **343880**
纤脉桉 **155622**
纤脉苔草 **76517**
纤脉盐肤木 **332884**
纤毛安龙花 **139485**
纤毛半日花 **188753**
纤毛灯心草 213114
纤毛点地梅 **23144**
纤毛杜鹃 330402
纤毛多叶蚊子草 **166105**
纤毛鹅观草 **335258**
纤毛萼鱼藤 125986
纤毛耳稃草 **171492**
纤毛葛氏草 171492
纤毛谷精草 **151399**
纤毛龟背菊 **317092**
纤毛赫克楝 **187147**
纤毛虎眼万年青 **274552**
纤毛画眉草 **147598**
纤毛蓟 **91879**
纤毛可利果 **96809**
纤毛蓝花参 **412614**
纤毛丽杯角 **198068**
纤毛莲花掌 **9035**
纤毛柳叶箬 **209047**
纤毛龙胆 **173342**
纤毛芦苇 **295889**
纤毛马唐 130489
纤毛披碱草 **144238**
纤毛婆婆纳 407079
纤毛前胡 **292805**
纤毛秋海棠 **49695**
纤毛沙地南非萝藦 **323490**
纤毛驼峰楝 **181564**
纤毛尾十二卷 **186448**
纤毛文殊兰 **111245**
纤毛无鳞草 **14430**
纤毛仙灯 **67595**
纤毛仙人掌 **273012**
纤毛香茶 **303582**
纤毛香芸木 **10689**
纤毛小桃金娘 **253740**
纤毛熊菊 **402801**
纤毛鸭嘴草 **209321**
纤毛亚麻 **231911**
纤毛亚麻荠 **68857**
纤毛羊茅 **163881**
纤毛野青茅 **127202**
纤毛叶梗玄参 **297099**
纤毛叶芦荟 16709
纤毛叶树萝卜 **10300**
纤毛翼茎菊 **172460**
纤毛隐棒花 **113530**
纤毛珍珠茅 **354052**
纤毛舟冠菊 **117130**
纤毛皱茎萝藦 **333854**
纤美文竹 **39148**
纤枭凤仙花 **205028**
纤皮玉蕊属 **108163**
纤鞘香茅 **117167**
纤雀麦属 **265872**
纤弱二型花 **128562**
纤弱飞蓬 **151005**
纤弱沟酸浆 **255208**
纤弱胡卢巴 **397281**
纤弱黄芩 **355428**
纤弱龙胆 173373
纤弱莎草 **119648**,119139
纤弱蛇根草 **272208**
纤弱鼠麹草 **178176**
纤弱苔草 74032
纤弱委陵菜 **312647**
纤弱圆锥豹皮花 **373924**
纤弱早熟禾 **305703**
纤瘦鹅观草 **335330**
纤瘦披碱草 **144214**
纤瘦槭 **2996**,3131
纤穗彩花 **2253**
纤穗爵床 **226516**
纤穗爵床属 **226511**
纤穗柳 343040,343047
纤葶粉报春 **314436**
纤维桉 **155580**
纤维菠萝 8571
纤维葱 **15279**
纤维大沙叶 **286152**
纤维鹅观草 **335307**
纤维凤梨 **8571**
纤维海石竹 **34516**
纤维桐属 225037
纤维马唐 **130550**
纤维鞘柄茅 **99996**
纤维鞘草 **379294**
纤维鞘草属 **379293**
纤维青菅 **73925**
纤维眼子菜 **312118**
纤维质长庚花 **193267**
纤维质酢浆草 **277838**
纤维质火炬花 **216963**
纤维质金果椰 **139344**
纤维质乐母丽 **335946**
纤维质芦荟 **16824**
纤维质南非韭 **25794**
纤维质鼠尾粟 **372676**
纤尾桃叶珊瑚 **44907**
纤细阿登芸香 **7131**
纤细阿尔禾 **18231**
纤细阿魏 **163717**
纤细埃克金壳果 **161696**
纤细矮船兰 **85122**
纤细安龙花 **139457**
纤细澳柏 67419
纤细澳蜡花 **85853**
纤细澳迷迭香 **413913**
纤细澳洲柏 67419
纤细巴南野牡丹 **68822**
纤细白鹤灵芝 **329466**
纤细白绒玉 **105378**
纤细百里香 **391403**
纤细百蕊草 **389712**
纤细半边莲 **234513**
纤细半箭鱼黄草 **250828**
纤细半蒴苣苔 **191359**
纤细膀胱豆 **100175**
纤细棒芒草 **106936**
纤细棒毛仙灯 **67572**
纤细苞萼玄参 **111656**
纤细苞茅 **201505**
纤细荸荠 **143328**
纤细滨藜 **44569**
纤细冰草 **144498**
纤细并核果 **283179**
纤细博巴鸢尾 **55955**
纤细薄荷 **250368**
纤细糙叶松香草 **364308**
纤细草莓 **167617**
纤细草沙蚕 **398116**
纤细层菀木 **387335**
纤细叉开芳香木 **38519**
纤细叉臀草 **129553**
纤细叉枝补血草 **8636**
纤细茶藨 334074
纤细茶藨子 **334074**
纤细茶竿竹 318296
纤细茶秆竹 **318296**
纤细柴胡 **63680**
纤细长被山榄 **124724**
纤细长庚花 **193274**
纤细长筒莲 **107919**
纤细长叶蓝花草 **115567**
纤细车桑子 **135197**
纤细车叶草 **39349**
纤细柽柳 **383622**
纤细柽柳桃金娘 **261035**
纤细触须兰 **261801**
纤细唇果夹竹桃 **87428**
纤细茨藻 **262039**
纤细慈姑 **342420**
纤细酢浆草 **277872**
纤细簇生委陵菜 **313089**
纤细翠雀花 **124235**
纤细大戟 **159905**
纤细大蒜芥 **365625**
纤细大叶藻 **418394**
纤细单花针茅 **262621**
纤细单桔梗 **257791**
纤细德普茜 **125900**
纤细吊石苣苔 **239944**
纤细钓钟柳 **289346**
纤细东俄芹 **392790**
纤细豆腐柴 **313640**
纤细毒鱼草 **392199**
纤细杜若 **307321**
纤细短柄树萝卜 **10290**
纤细短丝花 **221408**
纤细短种脐草 **396708**
纤细盾舌萝藦 **39629**
纤细钝柱菊属 **282438**
纤细多花蓼 **340525**
纤细多头玄参 **307608**
纤细多枝勿忘草 **260856**
纤细鹅绒藤 **117712**
纤细二分豆 **128902**
纤细二行芥 **133271**
纤细芳香木 **38472**
纤细非洲狗尾草 **361909**

纤细菲利木 296224
纤细菲奇莎 164536
纤细风吹箫 228330
纤细风毛菊 348349,348318
纤细扶芳藤 157501
纤细福王草 313798
纤细高迪草 172034
纤细戈丹草 172034
纤细割花野牡丹 27484
纤细革叶荠 378294
纤细革颖草 371489
纤细沟萼桃金娘 68403
纤细钩足豆 4896
纤细狗尾草 361773
纤细枸骨 203633
纤细灌木帚灯草 388799
纤细鬼吹箫 228330
纤细哈马豆 185207
纤细海伯尼亚常春藤 187287
纤细海罂粟 176757
纤细蒿菀 240419
纤细合龙眼 381599
纤细合宜草 130858
纤细核果木 138622
纤细赫克曼扭果花 377731
纤细鹤草 363516
纤细黑斑菊 179812
纤细黑钩叶 22276
纤细黑果菊 44028
纤细黑蒴 14314
纤细亨勒茜 192003
纤细红蕾花 416948
纤细红毛帚灯草 330015
纤细厚叶兰 279628
纤细狐地黄 151112
纤细狐尾藻 261374
纤细胡卢巴 397206
纤细胡芦巴 397235
纤细胡萝卜 123181
纤细湖瓜草 232399
纤细槲寄生 411031
纤细蝴蝶草 392918
纤细蝴蝶玉 148577
纤细虎耳草 349985,349350
纤细虎尾兰 346150
纤细花荆芥 264939
纤细花楸 369388,369401
纤细划雏菊 111683
纤细还阳参 110767
纤细黄鹌菜 416484
纤细黄花茅 27943
纤细黄堇 105947
纤细黄眼草 416173
纤细火绒草 224847
纤细基裂风信子 351364
纤细基特茜 215765
纤细鲫鱼藤 356291
纤细加拿大铁杉 399871
纤细加那利豆 136747
纤细假糙苏 283616
纤细假葱 266965
纤细假塞拉玄参 318410
纤细假山扁豆 78282
纤细尖被苋 4444
纤细尖花茜 278211
纤细尖腺芸香 4817
纤细碱茅 321401
纤细箭花藤 168314
纤细豇豆 408902
纤细羯布罗香 133562
纤细金帽花 371120
纤细金丝桃 201902
纤细金田菊 222607
纤细金腰 90366
纤细金盏花 66422
纤细堇菜 410014
纤细景天 356774
纤细具齿可利果 96701
纤细卷耳 82861
纤细绢蒿 360835
纤细决明 78315
纤细空船兰 9137
纤细苦苣菜 368821
纤细苦荬菜 210539
纤细阔蕊兰 291224
纤细拉拉藤 170345
纤细赖草 228390
纤细蓝刺头 140715
纤细蓝花参 412691
纤细狼尾草 289120
纤细老鹳草 174634,174877
纤细老挝龙胆 108545
纤细冷水花 298926
纤细理氏蛇舌草 269964
纤细栎 323972
纤细栗豆藤 11001
纤细联苞菊 196946
纤细蓼 309866
纤细列当 275075
纤细裂蕊紫草 235013
纤细鳞叶灌 388738
纤细苓菊 214091
纤细留兰香 250368
纤细瘤耳夹竹桃 270861
纤细瘤蕊紫金牛 271051
纤细瘤子草 263245
纤细柳穿鱼 231142
纤细六道木 188
纤细龙胆 173944
纤细龙骨角 192440
纤细龙面花 263419
纤细龙脑香 133562
纤细漏斗花 130205
纤细露子花 123881
纤细卢梭野牡丹 337794
纤细芦荟 16859
纤细鲁斯特茜 341038
纤细驴臭草 271773
纤细绿顶菊 160654
纤细轮环藤 116017
纤细罗顿豆 237319
纤细罗汉松 306435
纤细罗伞 59197
纤细麻迪菊 241534
纤细马兰 215346
纤细马先蒿 287246
纤细麦克无患子 240887
纤细脉刺草 265682
纤细曼氏地杨梅 238644
纤细芒 255887
纤细猫尾花 62488
纤细毛茛 326408
纤细毛冠菀 289425
纤细毛口野牡丹 85009
纤细毛兰 148692
纤细毛盘花 181354
纤细毛瑞香 218997
纤细毛头蓼 263285
纤细毛子草 153288
纤细美登木 182711
纤细美冠兰 156728
纤细美林仙 50804
纤细美洲槲寄生 125676
纤细米努草 255592
纤细密集罗顿豆 237279
纤细密穗花 322110
纤细密钟木 192601
纤细眠雏菊 414975
纤细绵石菊 318810
纤细棉毛苋 168691
纤细魔芋 20084
纤细木蓝 206028
纤细木茼蒿 32575
纤细内蕊草 145430
纤细纳丽花 265275
纤细纳托尔米努草 255546
纤细南非葵 25425
纤细南非玄参 191545
纤细南非帚灯草 67917
纤细南美刺莲花 65137
纤细南盘龙参 372254
纤细囊髓香 252603
纤细尼润兰 265275
纤细拟阿福花 39469
纤细拟舌喙兰 177382
纤细拟洋椿 80052
纤细拟芸香 185673
纤细牛至 274239
纤细努西木 267383
纤细女娄菜 248334
纤细欧石南 149516
纤细飘拂草 166343
纤细平原茜 48900
纤细婆罗门参 394292
纤细匍匐软荚豆 386420
纤细千金藤 375856
纤细千里光 358988
纤细荨麻 402923
纤细枪刀药 202557
纤细茄 367183
纤细球头欧石南 149502
纤细雀麦 60731
纤细雀梅藤 342169
纤细雀舌水仙 274864
纤细群花寄生 11093
纤细荛花 414185
纤细日本扁柏 85318
纤细日本俯卧叠鞘兰 85483
纤细日本松毛翠 297033
纤细日本小叶黄杨 64304
纤细柔软紫菀 40441
纤细肉根草 413071
纤细肉泽兰 264191
纤细肉锥花 102244
纤细润肺草 58875
纤细萨比斯茜 341638
纤细塞拉玄参 357528
纤细塞里瓜 362056
纤细三齿芳香木 38847
纤细三芒草 33867
纤细色罗山龙眼 361194
纤细色颖南非禾 290012
纤细沙拐枣 67029
纤细沙戟 89323
纤细砂垂穗草 88882
纤细莎草 118565
纤细山槟榔 299662
纤细山矾 381356
纤细山莓草 362380
纤细山牵牛 390785
纤细蛇鞭菊 228471
纤细绳草 328186
纤细省藤 65700
纤细十大功劳 242546
纤细石南 149516
纤细矢车菊 81230
纤细柿 132180
纤细绶草 372214
纤细疏散柳穿鱼 230950
纤细黍 282278
纤细黍草 281618
纤细鼠茅 412439
纤细鼠尾粟 372855
纤细薯蓣 131607
纤细栓果菊 222937
纤细双齿裂舌萝藦 351510
纤细双冠苣 218207
纤细双距花 128060

纤细双扇梅 **129493**
纤细水卢禾 **238558**
纤细水竹叶 **260120**
纤细丝合欢 **360661**
纤细丝枝参 **263293**
纤细斯通草 **377389**
纤细四分爵床 **387320**
纤细四室果 **413733**
纤细嵩草 **217311**
纤细粟米草 **256705**
纤细碎米荠 **72784**
纤细苔草 **75760**
纤细唐菖蒲 **176231**
纤细天蓝草 **361620**
纤细天竺葵 **288259**
纤细条纹积雪草 **81645**
纤细铁海棠 **159366**
纤细葶苈 **137009**
纤细通泉草 **246981**
纤细头蕊兰 82053
纤细头蕊偏穗草 **82463**
纤细头穗竹 82452
纤细突果苋 **182825**
纤细土丁桂 **161421**
纤细土圞儿 **29305**
纤细兔儿风 12645
纤细托尔纳草 **393027**
纤细托南德扁芒草 **390332**
纤细驼曲草 **119821**
纤细橐吾 **229222**
纤细娃儿藤 **400894**
纤细晚熟卷舌菊 **380949**
纤细万花木 **261109**
纤细微花兰 **374706**
纤细维斯特灵 413913
纤细苇禾 **352103**
纤细委陵菜 **312649**
纤细卫矛 **157546**
纤细沃尔夫滨藜 **44698**
纤细乌口树 **384953**
纤细乌蔹莓 **79848**
纤细乌头 **5235**
纤细无茎百子莲 **10255**
纤细无鳞草 **14410**
纤细五裂层菀 **255627**
纤细五枝苏木 **211367**
纤细五爪金龙 **207660**
纤细西澳兰 **118274**
纤细西番莲 **285645**
纤细鱺茅 **131013**
纤细仙花 **395804**
纤细仙人笔 **216670**
纤细显柱苋 **245124**
纤细苋菜 **19588**
纤细线叶粟草 **293914**
纤细线柱兰 **417739**
纤细腺龙胆 **382949**
纤细香茶菜 **303348**
纤细香胶大戟 **20992**
纤细襄瓣芹 **320220**
纤细小百蕊草 **389582**
纤细小棒豆 **106917**
纤细小花南非萝藦 **323521**
纤细小黄管 **356092**
纤细小苦荬 210539
纤细小莱克荠 **227021**
纤细小蓼 **309859**
纤细肖蝴蝶草 **110670**
纤细新麦草 **317078**
纤细星草菊 **241534**
纤细萶菜 **267828**
纤细絮菊 235267
纤细悬钩子 **338546**
纤细雪花莲 **169712**
纤细鸦葱 **354862**
纤细鸭跖草 **280509**
纤细崖豆藤 **254709**
纤细亚菊 **13001**
纤细亚麻 **231906**
纤细延龄草 **397569**
纤细岩雏菊 **291314**
纤细岩地软毛蒲公英 **242959**
纤细盐肤木 **332796**
纤细盐角草 **342864**
纤细眼子菜 **312052**
纤细雁茅 131013
纤细羊胡子草 **152788**
纤细羊角拗 **378397**
纤细野荞麦 **152100**
纤细野茼蒿 **108743**
纤细野豌豆 **408417**
纤细腋生菲利木 **296157**
纤细一点红 **144983**
纤细异赤箭莎 **147380**
纤细异株荨麻 **402890**
纤细淫羊藿 **147037**
纤细蝇子草 **363514**,363516
纤细莠竹 **254013**
纤细羽衣草 **14042**
纤细玉簪 **198619**
纤细鸢尾 **208597**
纤细蚤缀 **32120**
纤细藻百年 **161550**
纤细泽菊 **91161**
纤细泽兰库恩菊 **60121**
纤细沼泽勿忘草 **260870**
纤细针垫花 **228070**
纤细针茅 **376793**
纤细枝寄生 **93960**
纤细止泻萝藦 **416261**
纤细钟花苣苔 **98234**
纤细舟叶花 **340699**
纤细帚菊木 **260553**
纤细皱茜 **341123**
纤细皱颖草 **333815**
纤细朱那木 **211594**
纤细猪屎豆 **112725**
纤细竹 **297223**
纤细柱瓣兰 **146424**
纤细紫堇 105947
纤细紫石蚕 **388044**
纤细紫菀 **40479**
纤细纵脉菀 **304682**
纤小猕猴桃 **6622**
纤小绶草 **372275**
纤小蝇子草 **363508**
纤序柳 **343040**
纤序鼠李 328794
纤眼子菜 378986
纤叶钗子股 **238312**
纤叶匙叶草 230791
纤叶伽蓝菜 61564
纤叶蒿 **36273**
纤叶椆 161057
纤叶椆属 161053
纤叶美花莲 **184253**
纤叶芹 116384
纤叶洒金榕 98194
纤叶椰属 161053
纤叶野荞麦 **152054**
纤叶棕 **161058**
纤枝矮杜鹃 **331018**
纤枝艾纳香 **55839**
纤枝槌果藤 71802
纤枝钓樟 **231363**
纤枝冬青 **203863**
纤枝喉毛花 **100282**
纤枝花属 130187
纤枝稷 281438
纤枝金丝桃 **201978**
纤枝南美鼠刺 **155153**
纤枝蒲桃 **382476**
纤枝山柑 71925
纤枝兔儿风 **12645**
纤枝香青 **21577**
纤枝野丁香 **226130**
纤轴楠 **295411**
籼稻 **275962**
籼米 361794
籼粟 361794
莶子草 368073
鲜白头 353057
鲜宝球 **327315**
鲜宝丸 327315
鲜卑花 **362396**
鲜卑花属 **362392**
鲜卑紫菀 41257
鲜菖蒲 5803
鲜豆苗 408648
鲜荷莲报春 314717
鲜鹤莲报春 314717
鲜红草 174906
鲜红巢凤梨 **266157**
鲜红凤梨 182172
鲜红果红花槭 **3521**
鲜红花巢凤梨 266157
鲜红华西蔷薇 **336779**
鲜红网球花 350321
鲜红柱挪威槭 **3427**
鲜黄北美香柏 **390610**
鲜黄酢浆草 **277843**
鲜黄单桔梗 **257793**
鲜黄杜鹃 **332125**
鲜黄番红花 **111535**
鲜黄乐母丽 **335949**
鲜黄连 **301694**
鲜黄连属 **301692**
鲜黄列当 **275058**
鲜黄欧亚槭 **3470**
鲜黄四分爵床 **387313**
鲜黄塔柏 **390611**
鲜黄小檗 **51548**,52131
鲜黄叶多花梾木 **105029**
鲜黄鸢尾 **208507**
鲜菊属 **326513**
鲜苦楝 61208
鲜丽芥 **265308**
鲜丽芥属 **265307**
鲜绿草胡椒 **290371**
鲜绿刺核藤 **322542**
鲜绿刺头菊 **108317**
鲜绿杜鹃 **331037**
鲜绿锦鸡儿 **72268**
鲜绿楼梯草 **142703**
鲜绿异木患 **16105**
鲜芹味科 393367
鲜蕊藤 225702,225712
鲜蕊藤属 225699
鲜色苞芽树 **208998**
鲜色斗篷草 **14072**
鲜色鸭嘴花 **214566**
鲜石斛 125033
鲜瓦松 275363
鲜薤白 353057
鲜新黄连属 212296
鲜玉彦 **102216**
鲜支 171253
暹罗安息香 379311
暹罗草 **216099**
暹罗草属 **216098**
暹罗花 11300
暹罗苦楝 **45909**
暹罗龙船花 **211171**
暹罗柿 **132396**
暹罗柿木 132396
暹罗苏铁 115897
暹罗腺萼木 **260647**
暹罗香菜 143991

暹罗苎麻 56312
暹逻竹 391460
弦月 216637
贤育柳叶箬 209075
咸 355201
咸卜子菜 44400
咸草 24385,118744
咸端 355201
咸丰草 53797,54054
咸匏柴 142044,142132
咸匏头 142152
咸沙草 117859
咸沙木 376266
咸水矮让木 45746
咸水草 119162
咸酸草 277747
咸酸果 144752
咸酸蕻 144793
咸酸甜 277747
咸虾草 11199
咸虾茶 383009
咸虾花 **406667**,11199,406817
咸鱼草 383009
咸鱼柯 233264
咸鱼郎树 179191
咸鱼石栎 233264
咸鱼头 94068,258910
咸鱼头属 94051
咸鱼汁树 408123
涎麻子 199382
涎衣草 217361
舷叶橐吾 229013
显桉 **155670**
显苞灯心草 **212923**
显苞过路黄 **239827**
显苞火筒树 223930
显苞楼梯草 **142625**
显苞芒毛苣苔 **9427**
显苞三萼木 **395193**
显苞穗花马先蒿 **287690**
显苞乌头 **5073**
显苞仙火花 **405358**
显苞绣球 199911
显齿蛇葡萄 **20360**
显刺大戟 **159864**
显刺芳香木 **38814**
显刺蓟 **92410**
显刺蓝刺头 **140773**
显豆属 **49273**
显萼杜鹃 **330640**
显萼紫堇 **105690**
显耳玉山竹 **416750**
显稃早熟禾 **305601**
显梗风毛菊 **348639**
显冠萝藦属 **147399**
显果苔草 **75770**
显花蓼 **309264**
显脊雀麦 60659
显胶枞 287
显茎兔耳草 220164
显距堇菜 409796
显孔崖爬藤 **387798**,387868
显盔马先蒿 **287228**
显肋糙毛菊属 **232018**
显棱粟麦草 **230128**
显丽杜鹃 330932
显鳞胶枞 287
显鳞香脂冷杉 **287**
显龙胆属 **313928**
显绿杜鹃 **332077**
显脉安匝木 **310753**
显脉暗毛黄耆 **42044**
显脉百里香 **391302**
显脉柏寄生 385190
显脉报春 **314225**
显脉垂头菊 **110418**
显脉大参 **241161**
显脉冬青 **203779**
显脉杜英 **142310**
显脉钝果寄生 **385190**
显脉翻白草 312811
显脉芬德勒美洲茶 **79927**
显脉红花荷 332207
显脉虎皮楠 **122717**
显脉黄芩 **355715**
显脉寄生 385211
显脉荚蒾 **407964**
显脉金花茶 **69059**
显脉凯木 **215674**
显脉柯 233179
显脉榼藤子 **145898**
显脉拉拉藤 **170445**
显脉榄仁树 **386608**
显脉柳叶菜 **146795**
显脉龙血树 **137470**
显脉楼梯草 **142727**
显脉罗伞 **59250**
显脉牻牛儿苗 **153876**
显脉猕猴桃 **6720**
显脉密花豆 **370420**
显脉木 **60426**
显脉木兰 **232596**
显脉木兰钝果寄生 385211
显脉木兰寄生 385211
显脉木属 **60422**
显脉木犀 **276311**
显脉囊颖草 341993
显脉拟九节 **169354**
显脉欧李 83189
显脉坡垒 **198173**
显脉棋子豆 **116593**
显脉千里光 **171042**
显脉千里光属 **171041**
显脉青藤 **204638**
显脉榕 165231
显脉软锦葵 **242920**
显脉山黧豆 **222854**
显脉山绿豆 **126580**
显脉山莓草 **362360**
显脉石蝴蝶 **292572**
显脉石墙花 414836
显脉四季兰 **117017**
显脉松寄生 385190
显脉苔草 **74998**
显脉天料木 **197710**
显脉娃儿藤 400868
显脉委陵菜 **312811**
显脉乌头 **5658**
显脉香茶菜 **209784**
显脉香豌豆 **222781**
显脉小檗 **52029**,51982
显脉新木姜子 **264082**
显脉旋覆花 **138897**
显脉旋果花 **377834**
显脉雪兔子 **348203**
显脉羊蹄甲 **49103**
显脉野木瓜 374393
显脉茵芋 **365951**
显脉鸢尾兰 **267923**
显脉早熟禾 **305770**
显脉泽兰 **70494**
显脉泽兰属 **70493**
显脉獐牙菜 **380287**
显脉掌叶树 59250
显脉胀果树参 **125619**
显脉紫金牛 **31353**
显芒以礼草 **215949**
显囊黄堇 **105729**
显盘树属 **293832**
显鞘风毛菊 **348729**
显丘多枝刺菊木 **90627**
显丘奎菊 90627
显穗苔草 **74883**
显突肉锥花 **102421**
显腺矢车菊 **81232**
显腺紫金牛属 **180082**
显序微孔草 **254339**
显芽紫堇 **105884**
显药尖泽兰属 **45862**
显叶金莲花 **399532**
显叶柳 **343881**
显异杜鹃 331538
显异苔草 **74448**
显异唐菖蒲 **176273**
显颖草 **293264**
显颖草属 **293263**
显轴买麻藤 **178535**
显柱菊 **293843**
显柱菊属 **293841**
显柱兰 **376588**
显柱兰属 **376587**
显柱楼梯草 **142845**
显柱南蛇藤 **80328**
显柱乌头 **5605**,5335
显柱苋 **245123**
显柱苋属 **245122**
显著奥佐漆 **279291**
显著澳非萝藦 **326753**
显著巴拿马草 **77040**
显著菝葜 **366401**
显著白穗茅 **87750**
显著半边莲 **234546**
显著杯冠藤 **117525**
显著杯蕊杜鹃 **355936**
显著贝克菊 **52722**
显著布罗地 **60481**
显著长庚花 **193281**
显著葱 **15367**
显著酢浆草 **277906**
显著大戟 **158683**
显著德雷蜜花 **248939**
显著邓博木 **123686**
显著吊灯花 **84130**
显著吊兰 **88581**
显著冬青 **203906**
显著斗篷草 **14062**
显著毒鼠子 **128700**
显著盾蕊樟 **39714**
显著非洲水玉簪 **10083**
显著非洲紫罗兰 **342491**
显著菲利木 **296234**
显著粉蝶花 263505
显著格尼瑞香 **178628**
显著狗牙花 **382797**
显著瓜 **114172**
显著灌木帚灯草 **388803**
显著海葱 **402374**
显著海罂粟 **176740**
显著蒿状大戟 **158791**
显著郝瑞木棉 88971
显著红苏木 **46567**
显著蝴蝶玉 **148581**
显著虎尾兰 **346067**
显著黄芩 **355518**
显著灰伞芹 **176767**
显著火炬花 **216978**
显著金合欢 **1444**
显著蓝花参 **412711**
显著老鼠簕 **2676**
显著立金花 **218873**
显著莲座半日花 **399958**
显著漏斗花 **130208**
显著露子花 **123897**
显著芦荟 **16908**
显著鹿藿 **333276**
显著落萼旋花 **68353**
显著马利筋 **37907**
显著马蹄果 **316024**

显著马先蒿 **287294**
显著毛子草 **153208**
显著美花草 **66708**
显著美人树 **88971**
显著木莲 244449
显著南非帚灯草 **38361**
显著欧石南 **149268**
显著佩耶茜 **286760**
显著千里光 **358801**
显著日中花 **220511**
显著润肺草 **58883**
显著色罗山龙眼 **361198**
显著山楂 **109678**
显著绳草 **328071**
显著十二卷 **186417**
显著鼠尾草 **345099**
显著双距花 **128063**
显著双球芹 **352632**
显著水穗草 **200545**
显著铁线子 **244594**
显著娃儿藤 **400873**
显著无心菜 **31961**
显著锡生藤 **92542**
显著细莞 **210016**
显著相思树 **1612**
显著香茶 **303408**
显著香芸木 **10642**
显著小檗 **51766**
显著小米草 **160176**
显著肖香豆木 **377107**
显著肖鸢尾 **258525**
显著蝎尾蕉 **190021**
显著枸子 107601
显著鹰爪花 **35019**
显著硬皮鸢尾 **172618**
显著硬衣爵床 **354381**
显著园花 **27573**
显著钟花树 **382719**
显著舟叶花 **340723**
显著猪屎豆 **112247**
显著醉鱼草 **61955**
显籽草 **293296**
显籽草属 **293293**
显子草 293296
显子草属 293293
蚬草 1790
蚬花 372050
蚬壳草 128964
蚬壳花椒 **417216**
蚬木 **161622**,161627
蚬木属 **161621**
蚬肉海棠 50298
蚬肉秋海棠 50298
筅帚草 166402
藓丛粗筒苣苔 **60279**
藓丛毛茛 **326111**
藓丛悬钩子 **339289**
藓地禾 **256354**
藓地禾属 **256353**
藓地无心菜 **32095**
藓芳香木 **38589**
藓果草 61450
藓果草属 61449
藓虎耳草 **349680**
藓茎景天 **356692**
藓菊属 **371232**,326513
藓蜡菊 **189440**
藓兰 **61448**
藓兰属 **61446**
藓生龙胆 **173651**
藓生马先蒿 **287438**
藓石南 **185904**
藓石南属 **185903**
藓蒴报春 61450
藓蒴报春属 61449
藓苔草 **256363**
藓苔草属 **256361**
藓叶卷瓣兰 **63035**
藓尤利菊 **160808**
藓状灯心草 **212928**
藓状佛甲草 357036
藓状虎耳草 **349496**
藓状火绒草 **224911**
藓状景天 **357036**,356692
藓状马先蒿 **287439**
藓状漆姑草 342290
藓状雪灵芝 **31778**
藓缀 **327487**
藓缀属 **327486**
苋 **18836**,18670,18776
苋菜 18670,18776,18836,371713
苋菜蓝 298093
苋菜三七 239591
苋草 371713
苋菊 67698
苋菊属 67695
苋科 **18646**
苋陆 298093
苋桥薄荷 250370
苋属 **18652**
苋叶林地苋 **319020**
苋轴藜 45844
苋状刺蕊草 **306957**
现代蔷薇 **336640**
现代月季 336640
线白穗莎草 **119257**
线柏 **85348**
线瓣翠雀花 **124350**
线瓣软紫草 **34619**
线瓣石豆兰 **62766**
线瓣苋 **19596**
线瓣蝇子草 **363688**
线瓣玉凤花 **183637**
线瓣玉凤兰 **183554**,184085
线瓣舟叶花 **340682**
线瓣朱米兰 **212725**
线苞 61932
线苞八仙花 200071
线苞大戟 **159248**
线苞果属 328507
线苞黄芪 42856
线苞黄耆 **42856**
线苞棘豆 **278969**
线苞菊 **124823**
线苞两型豆 **20572**
线苞芦莉草 **339756**
线苞米面蓊 61932
线苞木蓝 205698
线苞山柳菊 195860
线苞异型豆 20572
线杯杜鹃 331111
线被片谷精草 **151353**
线柄报春 **314391**
线柄大花小檗 51943
线柄苔草 **74524**
线茶 308403
线柴胡 63756
线齿瓣延胡索 **106370**,106564
线齿葱 **15281**
线齿滇常山 **96450**
线齿沙参 7616
线慈姑 342396
线党 98365
线党参 **98354**
线萼奥米茜 **270599**
线萼白前 **117570**
线萼粗叶木 **222215**
线萼杜鹃 **331115**
线萼凤仙花 **205093**
线萼钩藤 401768
线萼红景天 **329915**
线萼金花树 55136
线萼九节 **319646**
线萼瘤蕊紫金牛 **271062**
线萼梅鲁凤仙花 **205137**
线萼欧石南 **149272**
线萼山梗菜 **234628**
线萼五层龙 **342638**
线萼针刺悬钩子 **339134**
线萼蜘蛛抱蛋 39551
线萼蜘蛛花 **364344**
线儿茶 308403
线耳黄芪 42620
线耳黄耆 **42620**
线甘蔗 **341856**
线秆非奇莎 **164532**
线梗扁担杆 **180779**
线梗粗叶木 **222132**
线梗大青 **96071**
线梗非洲擂鼓芳 **244899**
线梗胡椒 **300483**
线梗金腰 **90361**
线梗拉拉藤 **170323**
线梗蓝花参 **412676**
线梗墨西哥锦葵 **252675**
线梗木蓝 **205984**
线梗曲蕊卫矛 **70775**
线梗山梗菜 **234479**
线梗肾腺萝藦 **265151**
线梗梳齿菊 **286885**
线梗黍 **281931**
线梗田皂角 **9595**
线梗萎草 **245063**
线梗柱状苦瓜掌 **140023**
线沟黄耆 **43212**
线冠蓟 92210
线冠莲 **256066**
线冠莲属 **256064**
线管鸭舌癀舅 **370777**
线果东南亚杠柳 **385609**
线果兜铃属 **390413**
线果高原芥 **89251**
线果吉祥草 **9761**
线果吉祥草属 **9760**
线果芥 **102815**
线果芥属 **102808**
线果扇叶芥 **126156**
线果水壶藤 **402192**
线果葶苈 137065
线果弯梗芥 **228960**
线果羽叶楸 **376282**
线花大戟 **158890**
线花爵床 **231204**
线花爵床属 **231203**
线花南星 **33406**
线喙鬼针草 **53761**
线鸡脚 276135
线基紫堇 **106184**
线棘豆 **278829**
线假牛鞭草 **283655**
线角风兰 **24845**
线角凤仙花 **204948**
线角双距兰 **133782**
线角玉凤花 **183620**
线芥 265078
线茎布里滕参 **211497**
线茎地中海菊 **19652**
线茎斗篷草 **14025**
线茎繁缕 **374882**
线茎芳香木 **38546**
线茎风铃草 **70025**
线茎厚敦菊 **277051**
线茎虎耳草 **349308**
线茎豇豆 **408883**
线茎可利果 **96726**
线茎蓼 26624
线茎芒柄花 **271392**

线茎毛瑞香 **218991**
线茎毛子草 **153186**
线茎美冠兰 **156702**
线茎木蓝 **205978**
线茎纳瓦草 **262920**
线茎南非草 **25795**
线茎茄 **367158**
线茎青锁龙 **109002**
线茎日中花 **220553**
线茎绳草 **328038**
线茎苔草 **76610**
线茎无梗桔梗 **175973**
线茎喜阳花 **190337**
线茎野豌豆 **408403**
线茎远志 **308054**
线茎獐牙菜 **380209**
线茎猪屎豆 **112143**
线菊木 **183152**
线菊木属 **183151**
线嘴菊属 376052
线卷边十二卷 **186558**
线口瑞香属 **231810**
线口香属 231810
线兰 116851
线蓼 **291755**
线裂齿瓣延胡索 **106568**
线裂东北延胡索 105599
线裂杜鹃 **331110**,331604
线裂辐枝菊 **21257**
线裂拐芹 **24434**
线裂鸡爪槭 **3356**
线裂老鹳草 **174919**,174706
线裂棱子芹 **304818**
线裂毛莨 **326033**,326117
线裂迷延胡索 **105599**
线裂绵穗柳 **343348**
线裂棉穗柳 343348
线裂鸟爪堇菜 **410388**
线裂片鬼针草 **53989**
线裂片黄窄叶菊 **374656**
线裂片茴芹 **299461**
线裂片三萼木 **395272**
线裂片鸵鸟木 **378590**
线裂山芫荽 **107782**
线裂叶百脉根 237509
线裂紫堇 **106076**
线鳞坚桦 **53380**
线鳞萝藦 **256053**
线鳞萝藦属 **256052**
线鳞芸香 **263334**
线鳞芸香属 **263333**
线柳 343070
线螺叶瘦片菊 **127178**
线麻 56229,56317,71218,
402886
线麻子花 11549,11572
线马唐 **130554**,130612
线木通 94964,95226
线皮异木麻黄 **15948**
线脐籽 **332450**
线脐籽属 **332449**
线球草属 353986
线球菊 180177
线球菊属 180163
线球香属 10557
线绒菊属 49560
线三毛燕麦 **398402**
线舌垂头菊 110463
线舌石豆兰 **62856**
线舌紫菀 **40135**
线鼠鞭草 **199695**
线鼠麹 **324654**
线鼠麹属 **324653**
线四数莎草 **387664**
线穗蒿草 217140
线穗苔草 75488
线穗鸭嘴花 **214597**
线苔草 **74497**,75792
线条大果萝藦 **279446**
线条钉头果 **179065**
线条楼梯草 142717
线条芒毛苣苔 **9450**
线桐树 96200
线托大沙叶 **286211**
线托叶锦葵 **360513**
线托叶锦葵属 **360512**
线托叶三萼木 **395234**
线托叶猪屎豆 **112338**
线尾榕 **164981**
线纹百蕊草 **389762**
线纹金雀花 **121015**
线纹柳穿鱼 **231173**
线纹美非补骨脂 **276997**
线纹香茶菜 **209753**,209755
线纹小麦秆菊 **381689**
线纹月之宴 **327325**
线莴苣属 **375955**
线苋 **18714**
线香草 117643,372666
线香石南 **61432**
线香石南属 61430
线小叶土连翘 **201085**
线星莎 **6868**
线形埃斯列当 **155237**
线形澳洲兰 **173174**
线形拜卧豆 **227061**
线形半轭草 **191790**
线形邦普花葱 **57009**
线形杯冠藤 **117568**
线形本州葶苈 **137145**
线形扁爪刺莲花 **292270**
线形滨藜 **44508**
线形柄鳞菊 **306571**
线形博巴鸢尾 **55950**
线形草沙蚕 **398078**
线形慈姑 **342336**
线形粗毛阿氏莎草 **567**
线形大戟 **158892**
线形单毛野牡丹 **257534**
线形单头爵床 **257273**
线形倒置卷瓣兰 **63034**
线形等舌兰 **209558**
线形地榆 345881,345894
线形垫菊 **729**
线形吊灯花 **84149**
线形短片帚灯草 **142955**
线形钝柱紫绒草 **87299**
线形多脉川苔草 **310098**
线形多头玄参 **307601**
线形耳冠草海桐 **122106**
线形飞蓬 **150758**
线形风车子 **100593**
线形凤仙花 **205092**
线形高原芥 **89241**
线形格兰马草 **57927**
线形沟果紫草 **286913**
线形黄酒草 **203111**
线形黄芩 **355574**
线形黄眼草 **416061**
线形灰毛菊 **31244**
线形鲫鱼藤 **356300**
线形加利亚草 **18183**
线形节节菜 **337341**
线形金菊木 **150330**
线形瞿麦 183222,183225
线形卷叶杜鹃 **331679**
线形拉赫曼皱稃草 **141775**
线形蜡菊 **189521**
线形类花刺苋 **81662**
线形黎可斯帕 228081
线形镰花番荔枝 **137820**
线形良盖萝藦 **161000**
线形裂果葫芦 **351392**
线形鳞盖草 **374601**
线形马岛翼蓼 **278439**
线形马卡野牡丹 **240221**
线形茅膏菜 **138289**,138304
线形蒙蒂苋 **258258**
线形米努草 **255508**
线形密叶花 **322054**
线形魔力棕 **258772**
线形墨西哥茜 **129848**
线形木蓝 **205981**
线形穆拉远志 **259989**
线形南非蜜茶 **116324**
线形南非帚灯草 **67915**
线形南亚槲寄生 **175795**
线形拟灯心草 **213040**
线形拟拉氏芸香 **327120**
线形欧石南 **149438**
线形膨头兰 **401056**
线形偏穗草 **326561**
线形婆婆纳 **407124**
线形青锁龙 **109017**
线形球根牵牛 **161769**
线形润肺草 **58890**
线形三毛草 **398488**
线形纱药兰 **68517**
线形莎草 **118881**
线形山梗菜 **234472**
线形肾管兰 **265162**
线形绳草 **328039**
线形十万错 **43637**
线形四室木 **387919**
线形蒿草 **217156**,217261
线形天芥菜 **190664**
线形天门冬 **39063**
线形豚草 **19173**
线形托考野牡丹 **392523**
线形无茎柔花 **9002**
线形喜盐草 **184980**
线形细喙菊 **226380**
线形小本氏寄生 **253123**
线形小齿玄参 **253431**
线形小黄管 **356108**
线形小金梅草 **202853**
线形小塞氏兰 **357376**
线形小叶番杏 **169972**
线形小钟桔梗 **253310**
线形斜唇卫矛 **86358**
线形心舌兰 **104279**
线形鸭舌癀舅 **370776**
线形眼子菜 378991
线形叶苞繁缕 **374809**
线形叶丛菔 368563
线形异刺爵床 **25259**
线形翼鳞野牡丹 **320583**
线形针垫花 **228081**
线形直玄参 **29924**
线形紫垫菀 **219720**
线性朱砂莲 **290099**
线序剪股颖 **12082**
线序椰属 231799
线药算盘子 **177114**
线药珍珠菜 **239862**
线野荞麦 **151897**
线叶埃滕哈赫蓝花参 **412911**
线叶八月瓜 **197241**
线叶白鼓钉 **307684**
线叶白千层 **248105**
线叶白绒草 **227626**
线叶百部 375346
线叶百合 **229912**
线叶百蕊草 **389763**
线叶半夏 **299725**
线叶宝石冠 **236248**
线叶杯冠藤 **117527**
线叶北千里光 **358773**

线叶笔草 **318151**
线叶萹蓄 **309526**
线叶柄果海桐 **301373**
线叶博耶尔团花茜 **10520**
线叶补血草 **230665**
线叶布罗地 **60462**
线叶彩花 **263903**
线叶彩花属 **263902**
线叶糙苏 **295133**
线叶叉繁缕 374842
线叶柴胡 **63562**,63756
线叶长被片风信子 **137932**
线叶长穗兽花鸢尾 **389490**
线叶车前 301868
线叶车桑子 **135234**
线叶柽柳桃金娘 **261005**
线叶橙粉苣 **253933**
线叶池杉 **385255**
线叶齿瓣延胡索 106370,106564
线叶虫实 **104777**
线叶椆 233264
线叶垂穗芥 **265671**
线叶垂头菊 110407
线叶春兰 **116887**
线叶唇柱苣苔 **87901**
线叶茨藻 **262027**
线叶雌足芥 **389283**
线叶刺子莞 **333570**
线叶丛菔 **368563**,59769
线叶粗叶木 **222216**
线叶大戟 **159249**
线叶大沙叶 **286327**
线叶大头斑鸠菊 **227150**
线叶丹氏梧桐 **135895**
线叶单脉青葙 **220211**
线叶德雷马岛翼蓼 **278421**
线叶地榆 345845
线叶垫菊 **730**
线叶吊兰 **88592**
线叶丁癸草 **418334**
线叶丁香蓼 **238178**
线叶顶冰花 169420
线叶冬青 **203801**
线叶杜鹃 **331113**
线叶短星菊 **58275**
线叶盾果金虎尾 **39507**
线叶多肋菊 **304444**
线叶耳草 187612
线叶二歧草 **404133**
线叶二型花 **128525**
线叶二型腺毛 **64386**
线叶二药藻 184940
线叶繁缕 **374842**
线叶方竹 **87567**
线叶芳香木 **38643**
线叶芳香木翼茎菊 **172417**
线叶飞蓬 **150423**
线叶粉苞苣 **88771**
线叶粉苞鼠麹草 **352109**
线叶风兰 **24922**
线叶风毛菊 348350,348731
线叶佛来明豆 166876
线叶岗松 **46436**
线叶杠柳 **291071**
线叶藁本 **229325**,229368
线叶格拉紫金牛 180086
线叶格雷玄参 **180041**
线叶格尼瑞香 **178643**
线叶拱顶金虎尾 **68773**
线叶孤泽兰 **197133**
线叶古巴花 **114040**
线叶古堆菊 **182100**
线叶观音兰 **399094**
线叶桂竹香 **86447**
线叶过柱花 **379097**
线叶海神菜 **265483**
线叶海神木 **315857**
线叶蒿 **36348**
线叶豪曼草 **186197**
线叶禾 **263337**
线叶禾属 **263336**
线叶合丝鸢尾 **197852**
线叶黑钩叶 **22250**
线叶黑三棱 **370030**
线叶红花 **77727**
线叶红景天 329897
线叶厚敦菊 **277075**
线叶湖边龙胆 **173432**
线叶槲寄生 **411023**
线叶虎耳草 **349980**
线叶花凤梨 **392005**
线叶花旗杆 **136187**,136173
线叶花旗竿 136173
线叶画眉草 **148003**
线叶槐 **369057**
线叶黄顶菊 **166822**
线叶黄堇 **106085**
线叶黄芪 42784,43247
线叶黄耆 **42784**
线叶黄细心 **56454**
线叶黄杨 **64271**
线叶喙果层菀 **210977**
线叶火炬花 **216988**
线叶火绒草 **224896**
线叶棘豆 278829
线叶蓟 **92145**,92132
线叶加那利芥 **284725**
线叶假杜鹃 **48231**
线叶假面花 **17481**
线叶尖被苋 **4441**
线叶碱茅 **321283**
线叶建兰 **117106**
线叶胶壁籽 **99859**
线叶节芒草 **36841**
线叶金合欢 **1168**
线叶金鸡菊 104531
线叶金菊木 **150329**
线叶金茅 318154
线叶金丝杜仲 157684
线叶筋骨草 **13131**
线叶锦鸡儿 72322
线叶荆芥 **264983**
线叶九节 **319645**
线叶菊 **166066**,227453
线叶菊属 **166065**
线叶具翅千屈菜 **240028**
线叶锯伞芹 **315228**
线叶爵床 **337249**
线叶卡尔脊被苋 **281185**
线叶卡尔茜 **77218**
线叶壳莎 **77208**
线叶可利果 **96729**
线叶苦苣菜 **368709**
线叶块茎豆 **264400**
线叶宽盾草 **302912**
线叶拉拉藤 **170461**
线叶蜡菊 **189522**
线叶莱德苔草 **223859**
线叶蓝毒鱼草 **392188**
线叶蓝桔梗 **115446**
线叶劳德草 **237819**
线叶肋泽兰属 **317456**
线叶类雌足芥 **389269**
线叶连蕊茶 **69750**
线叶联苞菊 **196948**
线叶镰扁豆 **135528**
线叶两歧飘拂草 **166250**
线叶蓼 309526
线叶裂柱远志 **320628**
线叶柃 **160529**
线叶柃木 **160507**
线叶琉璃草 270705
线叶柳 **344273**
线叶龙胆 **173591**,173432
线叶龙舌兰 **10800**
线叶露西寄生 **239507**
线叶芦荟 **16968**
线叶罗顿豆 **237345**
线叶裸盘菊 **182544**
线叶裸盆花 138304
线叶落地生根 **61564**
线叶马比戟 **240185**
线叶马鞭草 **199539**
线叶马鞭草属 **199538**
线叶马兜铃 **34282**
线叶马棘 206181
线叶曼氏短冠草 **369223**
线叶蔓茎蝇子草 **363973**
线叶毛花 84806
线叶毛花海桐 **86405**
线叶毛鳞菊 84953
线叶毛药菊 **84806**
线叶茅膏菜 **138304**,138267
线叶帽忍冬 236037
线叶梅农芥 **250275**
线叶美冠兰 **157008**
线叶美国扁柏 **85279**
线叶密钟木 **192633**
线叶膜冠菊 **201171**
线叶磨石草 **14464**
线叶母草 **231538**
线叶木蓝 **205980**
线叶纳塔尔虫果金虎尾 **5925**
线叶南非针叶豆 **223570**
线叶南美萼角花 57037
线叶南天竹 262189
线叶南星 **33395**
线叶南洋参 **310186**,310195
线叶囊花瑞香 **389092**
线叶囊蕊紫草 **120853**
线叶黏胶花 99859
线叶牛眼萼角花 **57037**
线叶诺罗木犀 **266710**
线叶蓬莱葛 171440,171456
线叶平托田基黄 **180347**
线叶平原茜 **48896**
线叶婆婆纳 **407123**
线叶铺展鸟娇花 **210873**
线叶蒲桃 **382583**
线叶千斤拔 166876
线叶千里光 **359496**,358773
线叶千屈菜 **240055**
线叶琴果芥 **239496**
线叶青兰 **137608**,137587
线叶青葙 **80469**
线叶球兰 **198865**
线叶曲管桔梗 **365169**
线叶雀梅藤 **342168**
线叶雀舌木 **226333**
线叶荛花 **414210**,414261
线叶日本大萼杜鹃 **331174**
线叶柔软千里光 **358883**
线叶肉被藜 **328531**
线叶乳籽菊 **389158**
线叶软紫草 **34628**
线叶润肺草 **58864**
线叶塞拉玄参 **357569**
线叶赛亚麻 **266204**
线叶三指兰 **396635**
线叶沙袋鼠 270216
线叶沙蒿 **35380**
线叶莎草 **118442**
线叶山地芹 **275289**
线叶山尖子 283837
线叶山黧豆 **222807**
线叶山罗花 **248185**
线叶山蚂蝗 **126442**
线叶山土瓜 **250798**

线叶山芫荽 **107773**
线叶上蕊花葱 **148931**
线叶深波三翅菊 **398224**
线叶十字兰 **183797**
线叶石斛 **125003**,125051
线叶矢车菊 81111
线叶手玄参 **244818**
线叶瘦片菊 **286036**
线叶瘦片菊属 **286034**
线叶梳齿菊 **286893**
线叶黍 **281615**
线叶树萝卜 **10328**
线叶树紫菀 **270216**
线叶双唇独脚金 **377983**
线叶双骨草 **132483**
线叶水甘草 **20853**
线叶水蜡烛 **139569**
线叶水马齿 **67361**
线叶水芹 **269335**
线叶水苏 **373205**
线叶丝瓣芹 6222
线叶丝雏菊 **263206**
线叶丝兰 416593
线叶丝石竹 **183213**
线叶四脉菊 **387371**
线叶四蟹甲 **387078**
线叶嵩草 **217131**
线叶宿柱苔 73663,74029,74497,75792
线叶粟草青锁龙 **108788**
线叶粟草属 **293898**
线叶粟米草 **256695**
线叶酸脚杆 **247582**
线叶缩苞木 **113341**
线叶塔花 **347587**
线叶台湾榕 164996
线叶唐菖蒲 **176315**
线叶铁兰 392005
线叶庭荠 18403
线叶葶苈 **137091**
线叶筒距舌唇兰 **302537**
线叶头花草 **82150**
线叶弯果萝藦 **70536**
线叶威森泻 **414086**
线叶威斯纳泽泻 **414520**
线叶苇节荠 **352133**
线叶卫矛 **157684**
线叶乌头 **5357**
线叶无梗皮尔逊豆 **286801**
线叶无心菜 **32154**
线叶西洋接骨木 **345637**
线叶希尔德木 **196209**
线叶喜阳花 **190376**
线叶狭瓣芥 **375626**
线叶鲜丽芥 **265309**
线叶显腺紫金牛 **180086**
线叶陷脉冬青 **203757**
线叶香茶菜 **303455**
线叶香蒲 401120
线叶香青 21616
线叶香叶子 **231343**
线叶小报春 **315024**
线叶小檗 **51863**
线叶小花女贞 **229547**
线叶小金梅草 **202880**
线叶肖阿魏 **163754**
线叶肖草瑞香 **125769**
线叶肖蛇木 **251014**
线叶蝎尾菊 **217604**
线叶絮菊 **165987**
线叶悬子苣苔 **110559**
线叶旋覆花 **207165**
线叶旋梗忍冬 **236125**
线叶旋花 **103110**
线叶鸭舌癀舅 **370774**
线叶崖豆藤 **66646**
线叶盐鼠麹 **24538**
线叶眼子菜 312236
线叶羊茅 **163958**
线叶野百合 112340
线叶野大豆 **177780**
线叶野荞 162321
线叶野荞麦 **162321**
线叶野黍 **151673**
线叶异花孩儿参 **318499**
线叶异芒草 **130875**
线叶异片芹 **25736**
线叶异燕麦 **190150**
线叶银背藤 **32633**
线叶银桦 **180615**
线叶蝇子草 **363489**,363973
线叶忧花 **241626**
线叶鱼黄草 **250801**
线叶玉凤花 183797
线叶郁金香 **400191**
线叶圆冠木 **11401**
线叶月见草 **269461**,269509
线叶月眼芥 **250207**
线叶云南忍冬 **236230**
线叶蚤缀 31787
线叶藻 312206
线叶藻百年 **161557**
线叶泽兰 **158211**
线叶沼生香豌豆 222807
线叶珍珠菜 **239715**
线叶蜘蛛抱蛋 **39551**
线叶钟穗花 **293170**
线叶帚菊木 **260543**
线叶胄爵床 **272700**
线叶皱鳞菊 **333781**
线叶珠光香青 21616
线叶猪屎豆 **112340**
线叶竹蕉 **137373**
线叶紫茉莉 **255723**
线叶紫菀 **40728**,40420
线叶菹 312170
线衣草属 **395897**
线颖囊鳞莎草 **38225**
线枝草属 263291
线枝蒲桃 382476
线枝染料木 **173020**
线舟叶花 **340598**
线柱苣苔 **333745**,333734
线柱苣苔属 **333733**
线柱兰 **417795**
线柱兰属 **417698**,19498
线柱头萝藦属 **256068**
线状澳非萝藦 **326759**
线状巴龙萝藦 **48469**
线状藨草 353557
线状酢浆草 **277940**
线状大果萝藦 **279445**
线状大西洋苔草 **73786**
线状丁癸草 **418342**
线状钉头果 **179026**
线状多蕊石蒜 **175337**
线状芳香木 **38645**
线状费利菊 **163233**
线状海神菜 **265482**
线状黑蒴 **14325**
线状红鞘紫葳 **330002**
线状花瞿麦 183191
线状灰毛豆 **386150**
线状可拉木 **99221**
线状镰扁豆 **135529**
线状良毛芸香 **155844**
线状龙面花 **263432**
线状毛茛 48915
线状美登木 **182730**
线状美洲槲寄生 **125674**
线状南非萝藦 **323511**
线状南非青葙 **192783**
线状拟离药草 **375332**
线状匍匐茎藨草 **353557**
线状塞拉玄参 **357570**
线状色罗山龙眼 **361204**
线状山梗菜 **234601**
线状蛇舌草 **269778**
线状水蓼 **291787**
线状水苏 **373293**
线状水蓑衣 **200625**
线状穗莎草 **119111**
线状胎座科 268794
线状喜阳花 **190375**
线状香茶菜 **303456**
线状肖地阳桃 **253974**
线状绣球防风 **227604**
线状勋章花 **172309**
线状异环藤 **25409**
线状异荣耀木 **134660**
线状蝇子草 **363689**
线状永菊 **43847**
线状尤利菊 **160823**
线状皱波卡柿 **155931**
线足紫堇 **106215**
线嘴苣 **376053**
线嘴苣属 **376052**
宪麻子 71218
陷边链珠藤 **18513**
陷孔木科 266514
陷孔木属 266482
陷脉大沙叶 **286161**
陷脉冬青 **203754**
陷脉谷木 **249983**
陷脉裂稃草 **351283**
陷脉苓菊 **214101**
陷脉美洲茶 79943
陷脉牡荆 **411299**
陷脉石楠 **295704**
陷脉鼠李 **328623**
陷脉悬钩子 **338615**
陷脉栒子 107499
陷脉鱼骨木 **71390**
陷脉樟 **91339**
陷毛桑 **313513**
陷毛桑属 **313512**
陷托斑鸠菊 **13446**
陷托斑鸠菊属 **13445**
陷药玉盘 **342154**
陷药玉盘属 **342153**
献干粮 243823
献瑞螺序草 **371764**
献岁花 **8332**
献岁菊 8331
腺阿诺 26183
腺阿诺草 26183
腺澳山月桂 **26183**
腺白珠属 **386394**
腺斑柳叶箬 **209031**
腺斑山矾 381422
腺斑悬钩子 339194
腺瓣柄泽兰属 **395876**
腺瓣古柯属 **263071**
腺瓣虎耳草 **350035**
腺瓣亮泽兰 **84449**
腺瓣亮泽兰属 **84448**
腺瓣落苞菊属 **111375**
腺瓣舍夫豆 **350811**
腺瓣修泽兰 **191038**
腺瓣修泽兰属 **191037**
腺苞柄泽兰 **263792**
腺苞柄泽兰属 **263791**
腺苞杜鹃 **330025**
腺苞狗舌草 **385887**
腺苞金足草 **178852**
腺苞马蓝 178852
腺苞蒲儿根 **365051**
腺苞水苏 **373227**

腺背长粗毛杜鹃 **330478**
腺背蓝 **7104**
腺背蓝属 **7103**
腺被忍冬 235821
腺柄杯萼杜鹃 **331504**
腺柄豆 **7919**
腺柄豆属 **7915**
腺柄杜鹃 331504
腺柄号角树 80004
腺柄砂纸桑 80004
腺柄山矾 **381095**
腺柄西番莲 **285610**
腺柄杨 311193
腺柄蚁栖树 **80004**
腺草莓树 **30883**
腺层菀 **306553**
腺齿胶草 **181094**
腺齿警惕豆 **249714**
腺齿猕猴桃 6697
腺齿木科 397656
腺齿木属 397653
腺齿蔷薇 **336345**
腺齿省沽油 **374108**
腺齿纹蕊茜 **341267**
腺齿细毛留菊 **198936**
腺齿越橘 **403925**
腺齿紫金牛 **31387**
腺床大戟 **7462**
腺床大戟属 **7454**
腺唇大戟 **158396**
腺唇兰 **7444**
腺唇兰属 **7443**
腺刺杜鹃 331255
腺刺橘 **405509**
腺刺马银花 **331255**
腺葱 **15320**
腺带黄鸠菊 **134798**
腺德氏凤梨 **126828**
腺地榆 **345890**
腺点阿比西尼亚水蕹 **29647**
腺点巴豆 **112895**
腺点鲍尔斯草 **58000**
腺点彼得豆 **292436**
腺点扁担杆 **180797**
腺点捕虫堇 **299743**
腺点叉序草 **209898**
腺点粗糙黑钩叶 **22229**
腺点单毛野牡丹 **257528**
腺点稻槎菜 **221781**
腺点丁香蓼 **238171**
腺点盾舌萝藦 **39628**
腺点多花紫茉莉 **255733**
腺点风毛菊 **348336**
腺点狗肝菜 **129259**
腺点光叶蔷薇 **336700**
腺点黑蒴 **14313**
腺点红花马缨丹 **221304**
腺点灰菀 **130267**
腺点加维兰 **172235**
腺点假海马齿 **394889**
腺点尖裂菊 **278498**
腺点睫毛旋覆花 **207083**
腺点金鸡菊 **104500**
腺点橘香木 **247518**
腺点莱氏菊 **223485**
腺点老鸦嘴 **390781**
腺点裂口花 **379917**
腺点麻叶铁苋菜 **1913**
腺点毛头菊 **151582**
腺点毛托菊 **23426**
腺点密钟木 **192599**
腺点南非禾 **289980**
腺点女娄菜 **248239**
腺点欧石南 **149492**
腺点柔毛蓼 **309811**
腺点三距时钟花 **396502**
腺点沙穗 **148483**
腺点山矾 381422
腺点双冠苣 **218204**
腺点四翼木 **387597**
腺点兔叶菊 **220111**
腺点苇谷草 **289567**
腺点莴苣 **219332**
腺点无毛甘草 177897
腺点无毛谷精草 **224227**
腺点无毛山小橘 177897
腺点无舌沙紫菀 **227112**
腺点无心菜 **31828**
腺点西非刺篱木 **134542**
腺点小舌紫菀 **40004**
腺点旋覆花 **207121**
腺点野荞麦 **152094**
腺点叶苣苔 **296865**
腺点蝇子草 **363285**
腺点油瓜 **197073**
腺点缘毛柳叶菜 **146664**
腺点针药野牡丹 **4764**
腺点钟穗花 **293167**
腺点紫金牛 31502
腺点紫菀 40004
腺点紫叶 **180272**
腺独行菜 225295
腺盾大戟 **7586**
腺盾大戟属 **7585**
腺萼矮野牡丹 **253535**
腺萼半蒴苣苔 **191358**
腺萼长蒴苣苔草 **129871**
腺萼唇柱苣苔 **87819**
腺萼豆 **7374**
腺萼豆属 **7373**
腺萼杜鹃 330198
腺萼凤仙花 **204984**
腺萼腹花苣苔 **171603**
腺萼红果悬钩子 **338362**
腺萼金合欢 **1032**
腺萼菊属 **68276**
腺萼老鸦嘴 **390695**
腺萼落新妇 **41847**
腺萼马蓝 178861
腺萼马银花 **330193**
腺萼木 **260623**,260650,378474
腺萼木属 **260607**,378473
腺萼伞花蔷薇 **336739**
腺萼手玄参 **244736**
腺萼碎米荠 **72992**
腺萼悬钩子 **338471**
腺萼异荣耀木 **134626**
腺萼蝇子草 **363151**
腺萼越橘 **403972**
腺萼紫葳属 **250104**
腺房杜鹃 **330026**
腺房红萼杜鹃 **331210**
腺房黄毛杜鹃 **331708**
腺房火红杜鹃 **331327**
腺房棕背杜鹃 **330070**
腺盖管蕊西番莲 **23367**
腺盖黄芩 **355344**
腺梗菜 7433
腺梗菜属 7427
腺梗刺头菊 **108220**
腺梗大戟 **158398**
腺梗等苞紫菀 **40590**
腺梗吊钟花 **145695**
腺梗杜鹃 **330044**,331032
腺梗两色杜鹃 **330569**
腺梗绵果悬钩子 **338723**
腺梗欧石南 **150065**
腺梗佩肖木 **288020**
腺梗气花兰 **9192**
腺梗蔷薇 **336558**
腺梗树葡萄 **120012**
腺梗四轭野牡丹 **387945**
腺梗豨莶 **363093**
腺梗显药尖泽兰 **45863**
腺梗腺萼紫葳 **250105**
腺梗香茶菜 **303131**
腺梗小头蓼 **309390**
腺梗叶覆草 **297508**
腺梗伊斯伍德无心菜 **31863**
腺梗云实 **65016**
腺梗紫金牛 **31349**
腺冠夹竹桃 **375277**
腺冠夹竹桃属 **375276**
腺冠醉鱼草 **61963**
腺管舟冠菊 **117127**
腺果柄泽兰 **48533**
腺果柄泽兰属 **48532**
腺果布氏菊 60099
腺果层菀属 **219706**
腺果橙菀 **320640**
腺果刺蔷薇 **336328**
腺果大叶蔷薇 **336728**,336328
腺果豆 7423
腺果豆属 7379
腺果杜鹃 **330515**
腺果菊 **7377**,317791
腺果菊属 **7375**,317790
腺果蜡瓣花 **106640**
腺果蜡菊 **189104**
腺果肋泽兰 **60099**
腺果亮泽兰 **111370**
腺果亮泽兰属 **111368**
腺果苓菊 **214030**
腺果毛瓣瘦片菊 **182036**
腺果木蓝 **205622**
腺果木属 300941
腺果拟球兰 **177217**
腺果蔷薇 **336554**
腺果瘦片菊 **128005**
腺果瘦片菊属 **128004**
腺果树葡萄 **120005**
腺果水冬瓜 300944
腺果藤 **300944**
腺果藤番薯 **208096**
腺果藤花风车子 **100704**
腺果藤科 **300967**
腺果藤属 **300941**
腺果香芥 317565
腺果修泽兰 **111838**
腺果修泽兰属 **111837**
腺果悬钩子 **338473**
腺果猪屎豆 **111864**
腺海棠 **101606**
腺海棠属 **101605**
腺花安歌木 **24644**
腺花长尾菊 **375387**
腺花滇紫草 **271728**
腺花杜鹃 **330024**
腺花金莲木 **7172**
腺花金莲木属 **7171**
腺花爵床 **7997**
腺花爵床属 **7995**
腺花卡德兰 **64926**
腺花蓼 309644
腺花马鞭草属 **176683**
腺花毛蓼 309644
腺花茅莓 **338993**
腺花女娄菜 363218
腺花旗杆 131137,136163
腺花山柑属 **64873**
腺花树葡萄 **120004**
腺花松毛翠 **297026**
腺花腺瓣柄泽兰 **395877**
腺花香茶菜 **209617**
腺花叶滇苦菜 **368650**
腺花蝇子草 **363153**
腺花永菊 **43815**
腺桦 **53454**

腺灰岩紫地榆 **174620**
腺喙玉凤花 184038
腺基黄 **259458**
腺基黄属 **259457**
腺荚白粉藤 **92596**
腺荚豆 **270527**
腺荚豆属 **270526**
腺荚果属 **7379**
腺胶藤 **220860**
腺椒树 **199104**
腺椒树属 **199102**
腺角风车子 **100315**
腺茎白花丹 **305184**
腺茎独行菜 225295
腺茎短叶柳叶菜 **146641**
腺茎鸡脚参 **275625**
腺茎柳叶菜 **146709**,146587,146641
腺茎树葡萄 **120007**
腺茎小米草 **160129**
腺茎悬钩子 **338470**
腺荆芥 **264935**
腺菊 7175
腺菊木 **289691**
腺菊木属 **289690**
腺菊属 7174
腺口花属 **8031**
腺阔鳞兰 **302839**
腺蜡瓣花 106640
腺肋花椒属 34845
腺粒委陵菜 **312651**
腺疗齿草 **268966**
腺裂杜鹃 **331604**
腺鳞草 380181
腺鳞草婆婆纳 **406988**
腺鳞草属 **21329**
腺鳞粗糙禾叶金菀 **301502**
腺鳞杜香 **223894**
腺鳞果槐 **369034**
腺柃 **160475**
腺瘤兰属 **7569**
腺瘤蒲桃 **382680**
腺柳 **343185**
腺柳叶菜 146709
腺龙胆 **173334**
腺龙胆属 **382944**
腺鹿藿 **333135**
腺螺叶瘦片菊 **127179**
腺脉蒟 **300349**
腺脉野木瓜 **374393**
腺蔓蝇子草 **363970**
腺芒虎耳草 **349588**
腺毛白珠 172052,172054
腺毛白珠树 **172052**
腺毛柏拉木 **55145**
腺毛半蒴苣苔 **191383**
腺毛萹蓄 **291769**
腺毛冰川茶藨 **333993**
腺毛播娘蒿 **126131**
腺毛草科 64384
腺毛草属 64385
腺毛茶藨 333986,334073
腺毛茶藨子 **333986**,334073
腺毛长串茶藨 334073
腺毛长蒴苣苔草 **129904**
腺毛长序茶藨子 **334073**
腺毛长总序茶藨 334073
腺毛垂柳 **343078**
腺毛垂头菊 **110391**
腺毛刺萼悬钩子 **338102**
腺毛刺槐 **334966**
腺毛刺榛 **106734**
腺毛翠雀 124245
腺毛翠雀花 **124245**,124291
腺毛大红泡 **338376**
腺毛短星菊 **58278**
腺毛多花蔷薇 **336786**
腺毛鹅不食 31795
腺毛萼花柱草属 274130
腺毛繁缕 **375008**
腺毛飞蛾藤 131247
腺毛飞蓬 **150617**
腺毛肺草 **321639**
腺毛粉条儿菜 **14495**
腺毛粉枝莓 **338185**
腺毛风毛菊 **348335**,348397
腺毛福王草 **313824**
腺毛甘草 177897
腺毛高粱泡 **338704**
腺毛蒿 **36471**
腺毛合耳菊 **381950**
腺毛黑种草 **266230**
腺毛虎耳草 **349607**
腺毛花米尔贝利豆 255778
腺毛花米尔豆 **255778**
腺毛黄脉莓 **339487**
腺毛黄芩 **355345**,355846
腺毛加查乌头 **5120**
腺毛剪秋罗 364219
腺毛箭头唐松草 **388670**
腺毛金花树 **55151**
腺毛锦香草 **296422**
腺毛茎翠雀花 **124291**
腺毛菊 **7583**
腺毛菊苣 **90900**
腺毛菊属 **7581**
腺毛榼藤子 **145876**
腺毛老鹳草 174536
腺毛离子芥 **89021**
腺毛藜属 139677
腺毛耧斗菜 **30059**
腺毛落叶黄安菊 **364689**
腺毛马蓝 **320122**
腺毛毛榛 **106754**
腺毛莓 **338088**
腺毛莓叶悬钩子 **338430**
腺毛米饭花 **403866**
腺毛米钮草 **255438**
腺毛米努草 **255489**
腺毛密刺悬钩子 **339329**
腺毛木蓝 **206510**
腺毛尼泊尔蓼 **291872**
腺毛念珠芥 131137
腺毛欧石南 **149493**
腺毛泡花树 **249393**,249425
腺毛漆姑草 342259
腺毛千斤拔 **166866**
腺毛千里光 **358965**
腺毛蔷薇 336554
腺毛青木香 348336
腺毛山柑 **64885**
腺毛山柳菊 **195797**
腺毛疏花穿心莲 **22404**
腺毛树葡萄 **120079**
腺毛霜柱 215810
腺毛水竹叶 **260115**
腺毛酸藤子 **144753**
腺毛唐松草 **388510**
腺毛藤菊 **92520**
腺毛铁仔 **261606**
腺毛瓦莲 **337294**
腺毛尾药菊 381950
腺毛委陵菜 **312734**
腺毛萎软紫菀 **40449**
腺毛乌饭树 **403839**
腺毛喜阴悬钩子 **338814**
腺毛香简草 **215810**
腺毛小报春 **315108**
腺毛须药草 22404
腺毛悬钩子 338922
腺毛岩白菜 52510
腺毛叶苞点地梅 **23278**
腺毛叶老牛筋 **31795**
腺毛异蕊芥 131137
腺毛阴行草 **365298**
腺毛淫羊藿 **146994**
腺毛蝇子草 **364219**
腺毛莸 **78035**
腺毛越橘 403866
腺毛蚤缀 31795,31925
腺毛掌裂蟹甲草 **283855**
腺毛紫苞风毛菊 **348397**
腺毛紫菊 **267169**
腺没药 **101396**
腺绵枣 **263084**
腺绵枣属 **263082**
腺茉莉 **96011**
腺木叶蛇根草 **272261**
腺牧豆树 **315557**
腺奈普野牡丹 **265226**
腺鸟足画眉草 **147696**
腺牛至 **274238**
腺蓬 **7450**
腺蓬属 **7446**
腺葡萄 411890
腺漆姑草 342251
腺绒杜鹃 **331094**
腺肉菊 **46503**
腺肉菊属 **46502**
腺蕊杜鹃 **330439**
腺蕊花科 178906
腺蕊花属 178904
腺塞拉玄参 **357408**
腺伞芹 **7968**
腺伞芹属 **7967**
腺舌菊 **7520**
腺舌菊属 **7519**
腺舌美冠兰 **156530**
腺蛇藤 **100068**
腺黍 **281299**
腺鼠刺 **210382**
腺鼠麹 **151654**
腺鼠麹属 **151653**
腺树葡萄 **120257**
腺粟草属 230115
腺穗鼠尾草 **344828**
腺穗胀萼马鞭草 **86066**
腺体大戟 **158950**
腺体杜鹃 330763
腺体二室蕊 **128279**
腺体黄芩 **355456**
腺体绢蒿 **360834**
腺体肯尼亚安龙花 **139466**
腺体苦苣菜 **368667**
腺体蓝花参 **412686**
腺体莲花掌 **9042**
腺体木蓝 206018
腺体纽敦豆 **265902**
腺体欧石南 **149491**
腺体匹菊 **322688**
腺体枪刀药 **202554**
腺体十万错 **43626**
腺体时钟花 **7365**
腺体时钟花属 **7364**
腺体柿 **132173**
腺体黍 **281656**
腺体蒴莲 **7262**
腺体松毛翠 **297025**
腺体驼曲草 **119847**
腺体小叶番杏 **169975**
腺头斑鸠菊 **406047**
腺头单花景天 **257070**
腺头葳 **7370**
腺头葳属 **7368**
腺托草 **275434**
腺托草属 **275432**
腺托囊萼花属 **323416**
腺香莸属 73220

腺香芸木 **10631**
腺序点地梅 **23109**
腺序一笼鸡 283361
腺羊蹄甲属 **7561**
腺药刺痒藤 **394118**
腺药豇豆 **408832**
腺药菊 **29799**
腺药菊属 **29798**
腺药马泰木 **246248**
腺药珍珠菜 239862
腺叶暗罗 **307527**
腺叶扁刺蔷薇 **336982**
腺叶荼蘼花 336897
腺叶长白蔷薇 **336661**
腺叶稠李 223117
腺叶川木香 **135732**
腺叶酢浆草 **277666**
腺叶大红蔷薇 **336919**
腺叶大青 313638
腺叶大头斑鸠菊 **227141**
腺叶大叶蔷薇 **336326**
腺叶单列木 **257923**
腺叶豆腐柴 **313638**
腺叶杜茎山 **241804**
腺叶杜英 **142397**,142345,142396
腺叶钝柱菊 **19239**
腺叶钝柱菊属 **19238**
腺叶峨眉蔷薇 **336826**
腺叶非洲夜来香 **290740**
腺叶桂樱 **223117**
腺叶厚膜树 **163398**
腺叶灰菀 130266
腺叶荚蒾 **407924**
腺叶菊 **7903**
腺叶菊属 **7898**
腺叶绢毛蔷薇 **336934**
腺叶拉拉藤 **170395**
腺叶离蕊茶 **69465**
腺叶裂苞火把树 **351735**
腺叶柳 **342965**
腺叶绿顶菊属 **193125**
腺叶卵果蔷薇 **336622**
腺叶罗杰麻 **335743**
腺叶马钱 **378791**
腺叶莓 **107206**
腺叶莓属 **107205**
腺叶木犀榄 **270155**
腺叶欧石南 **149520**
腺叶蓬藥 338704
腺叶桤叶树 **96502**
腺叶蔷薇 **336659**
腺叶青蓝 **206018**
腺叶忍冬 235860,236066
腺叶山矾 **381094**
腺叶鳝藤 **25945**
腺叶石岩枫 **243347**,243439
腺叶时钟花 **300886**
腺叶时钟花属 **300884**
腺叶鼠麹草属 393432
腺叶属 7333
腺叶素馨 **212018**
腺叶藤 **376536**
腺叶藤属 **376524**
腺叶铁苋菜 **1867**
腺叶维拉木 **409254**
腺叶委陵菜 **312327**
腺叶西方亚麻 **193485**
腺叶腺柳 **343188**
腺叶香茶菜 **303129**
腺叶悬钩子蔷薇 **336897**
腺叶杨桐 **8260**
腺叶野樱 223117
腺叶樱桃 **83207**
腺叶泽兰 158038
腺叶帚菊 **292065**
腺叶猪殃殃 170395
腺叶醉鱼草 **62045**
腺异蕊芥 **131137**
腺隐藏禾 **113518**
腺羽菊 **7175**
腺羽菊属 **7174**
腺缘山矾 **381214**
腺樟脑异囊菊 **194196**
腺枝杜鹃 **330028**
腺枝葡萄 **411526**
腺枝山柳菊 **195445**
腺枝一枝黄花 **368479**
腺质邦乔木 **63437**
腺质花旗杆 131137
腺质牧豆树 315557
腺质山辣椒 **382787**
腺柱杜鹃 **330030**,330794,330799
腺柱菊 8038
腺柱菊属 8034
腺柱兰属 **8044**,417698
腺柱山光杜鹃 **331407**
腺柱蟹甲草 **283786**
腺状酢浆草 **277665**
腺锥黍 **281657**
腺籽修泽兰 **139510**
腺籽修泽兰属 **139508**
乡城百合 **230077**
乡城翠雀花 124299
乡城黄芪 43003
乡城黄耆 **43003**
乡城韭 **15896**
乡城马先蒿 **287832**
乡城南星 **33567**
乡城乌头 **5700**
乡城无心菜 **32316**
乡城岩黄芪 188110
乡城岩黄耆 **188110**
乡城杨 **311578**
乡村鼻花 **329559**
乡村绿榉树 **417557**
乡村欧石南 **150009**
乡间假糙苏 283637
乡土竹 **47311**
芗萁 361794
相等灰毛豆 **385929**
相等轮生远志 **308440**
相等子 389978
相仿苔草 **76283**
相仿小檗 52131
相仿珍珠菜 **239854**
相近冠唇花 **254242**
相近千里光 **360312**
相近山马茶 **382729**
相近芋兰 **265369**
相岭南星 **33513**
相马氏艾 36302
相马氏摺唇兰 399634
相马莠竹 254043
相马莠竹属 **307435**
相思 1145
相思草 12645,49886,266060,379531
相思豆 765,274435
相思豆属 738
相思格 7187,7190
相思红豆 274421
相思寄生 385192
相思木 274401,274433
相思鸟 **256260**
相思树 1107,1145,7190,80767,274399
相思树寄生 385192
相思树属 1024
相思藤 765
相思叶寄生 411065
相思仔 1145
相思子 **765**,747,274401,274433
相思子红豆 **274407**
相思子属 **738**
相思子维吉尔豆 410878
相槵豆 765
相槵子 765
相似百蕊草 **389890**
相似半轭草 **191801**
相似棒果树 **332403**
相似棒毛萼 **400800**
相似豹皮花 **373985**
相似扁担杆 **180967**
相似长柔毛野豌豆 **408701**
相似戴星草 **371001**
相似倒置矢车菊 **81333**
相似蝶花百合 **67626**
相似短丝花 **221459**
相似番薯 **207704**
相似飞蓬 **150567**
相似风车子 **100779**
相似格尼瑞香 **178701**
相似谷木 **249904**
相似蝴蝶玉 **148605**
相似虎眼万年青 **274779**
相似鸡头薯 **153050**
相似假塞拉玄参 **318423**
相似假足萝藦 **283675**
相似卷瓣兰 **63107**
相似苦瓜掌 **140051**
相似蜡菊 **189566**
相似蓝花参 **412796**
相似狸藻 **403333**
相似丽杯花 **198075**
相似栎 **324422**
相似鳞花草 **225201**
相似苓菊 **214146**
相似龙王角 **199067**
相似毛连菜 298640
相似魔芋 **20066**
相似南非少花山龙眼 **370261**
相似拟扁芒草 **122338**
相似欧石南 **149835**
相似膨舌兰 **172011**
相似千里光 **359490**
相似青锁龙 **109406**
相似塞拉玄参 **357626**
相似三芒草 **34033**
相似绳草 **328172**
相似石豆兰 **62567**
相似石斛 **124964**
相似黍 **282241**
相似鼠尾粟 **372638**
相似树葡萄 **120225**
相似双袋兰 **134351**
相似双距兰 **133942**
相似双星山龙眼 **128139**
相似酸海棠 **200983**
相似天芥菜 **190733**
相似天门冬 **39201**
相似团花茜 **10514**
相似驼曲草 **119799**
相似弯管花 **86197**
相似维吉豆 **409186**
相似萎草 **245078**
相似无心菜 **31834**
相似细辛 **37730**
相似虾脊兰 66046
相似小檗 **51494**
相似小甘菊 **71103**
相似肖九节 **319422**
相似肖鸢尾 **258647**
相似野扇花 346727
相似叶梗玄参 **297116**
相似一点红 **144971**
相似硬皮鸢尾 **172689**

相似针垫花 **228091**
相似舟叶花 **340564**
相似朱米兰 **212741**
相似猪屎豆 **112673**
相似紫波 **28515**
相星根 203578
香阿福花 39438
香阿福花属 39435
香阿魏 **163612**,163610
香艾 35167,36241,55687,288268,305092
香艾纳 55687
香艾斯卡罗 155137
香桉 106793
香巴豆 **112839**
香巴戟 351081
香巴茅 117153
香巴氏锦葵 **286666**
香芭茅 117153
香白茎牻牛儿苗 **153868**
香白蜡树 168103
香白千层 **248075**
香白星花 **227819**
香白芷 24325,24326,24424,192243,192249,192345,192348,276745
香白珠 403899
香百合 229966
香柏 **213857**,80087,114690,213943,302721,390587
香柏树 114690
香棒叶蝴蝶兰 283601
香棒叶拟蝶兰 **283601**
香报春 314128
香鼻烟盒树 **270901**
香蓖 17661
香边花紫金牛 **172491**
香扁柏 114690
香变豆菜 **345986**
香槟秀美山茶 **69167**
香柄树 407977
香波华丽 57955
香波龙属 57257
香薄荷 250450,250457
香薄荷属 **390985**
香布兰克雪白山梅花 **294570**
香材 29983
香材木科 257424
香材树 **257423**
香材树科 **257424**
香材树属 **257422**
香彩雀 **24523**
香彩雀属 **24519**
香菜 104690,144093,154316,219485,259282,268438
香菜花 183231
香菜仔 268438
香草 **158324**,5821,7982,21643,27967,143974,144093,147671,158118,158161,201942,239571,239640,239854,250291,253637,259282,259323,259324,268438,274237,288268,299395,308877,327896,341064,397229,404285,404316,405017
香草百里香 **391361**
香草荆芥 **265043**
香草兰 405017
香草穆拉远志 **260054**
香草婆 376110
香草属 **347446**,196116,239543,404971
香草仔 404367
香草子 397229,404285
香梣 **167949**
香叉叶草 **177454**
香茶藨 334127
香茶藨子 **334127**
香茶菜 **209625**,209717,209748,209826
香茶菜属 **209610**,303125
香茶菜状刺蕊草 **306997**
香茶属 **303125**
香茶树属 303125
香茶茱萸属 **71541**
香柴 46430,91282
香柴胡 63813
香菖蒲 5821
香长管角胡麻 **108659**
香长角胡麻 **315436**
香车叶草 170524
香柽柳桃金娘 **261037**
香橙 **93515**,93649
香匙花兰 **97966**
香椿 **392841**
香椿木 249359
香椿属 **392822**
香椿树 392841
香唇兰属 **276446**
香刺 280814
香刺柏 **213738**,213889,213969
香刺子莞 **333645**
香葱 **15170**,15289,15709
香丛科 261540
香丛属 261541
香大黄 329366,329372,329401
香大活 24293,24325
香大戟 **159340**
香带花 96147
香待霄草 269475
香单角胡麻 315436
香迪里菊 135050
香冬青 **204280**
香斗花 96147
香豆 133629,294010,397229
香豆腐柴 **313706**
香豆蔻 **19923**
香豆木 **306249**
香豆木属 **306236**
香豆属 133626
香豆子 90801,397229
香独活 24306,24441
香短星菊 **58264**
香断节莎 **393205**
香缎木 83534
香墩草 272090
香鹅掌柴 **350756**
香二翅豆木 **133629**
香仿花苏木 **27757**
香榧 **393062**,393061
香榧草 147746,147995
香狒狒花 **46097**
香酚草 **117165**
香粉木 80767
香粉叶 **231424**
香风茶 87521,87542
香风子 **276411**
香风子属 **276410**
香蜂草属 257157
香蜂斗菜 **292353**
香蜂斗叶 292353
香蜂花 **249504**,249499
香芙木 **352435**,352432
香芙木科 352444
香芙木属 352430
香芙蓉 18966,81219,194881
香芙蓉属 18946
香浮萍 70396
香浮参 70396
香附 118744,119503
香附草 21533
香附子 **119503**
香盖 244397
香柑 93332
香港安兰 383145
香港巴豆 **112905**
香港百合 **229755**
香港斑叶兰 **179719**
香港斑叶鸭脚木 **350655**
香港赤竹 **347307**
香港椿 69135
香港葱臭木 139653
香港大沙叶 **286264**
香港大头茶 179745
香港带唇兰 **383145**
香港倒稔子 171221
香港兜兰 282889
香港杜鹃 **330879**
香港耳草 **187696**
香港翻唇兰 **193648**
香港凤仙花 **205019**
香港瓜馥木 **166693**
香港过路黄 **239549**
香港红山茶 69135
香港厚壳桂 113438
香港胡颓子 **142213**
香港花隔距兰 **94447**
香港黄檀 **121756**
香港檵木 387937
香港樫木 **139653**
香港金柑 167499
香港金橘 167516
香港金线兰 **26014**
香港卷瓣兰 **63155**
香港黎豆 **259547**
香港马鞍树 **240122**
香港马兜铃 **34372**
香港馒头果 177192
香港毛兰 **148687**
香港毛蕊茶 **68920**
香港磨芋 20124
香港魔芋 **20124**
香港木兰 **232593**,232594
香港楠木 240570
香港蒲桃 **382575**
香港琼楠 **50524**
香港秋海棠 **49930**
香港山茶 **69135**
香港绶草 **372212**
香港双袋兰 **134324**
香港双蝴蝶 **398290**
香港水玉簪 **63962**
香港四照花 **105056**
香港算盘子 177192
香港苔草 **75149**
香港伪土茯苓 194114
香港细辛 **37645**
香港新木姜子 **264035**
香港鸭脚木 **350656**,350756
香港蚜豆 254792
香港崖豆藤 **254792**
香港崖角藤 329000
香港银柴 29761
香港鹰爪 35018
香港鹰爪花 **35018**
香港油麻藤 259493
香港玉凤花 **183524**
香港玉兰 232593,232594
香港远志 **308108**
香港柘 **114325**
香港针房藤 329000
香港珍珠茅 354219
香膏大戟 **158509**
香膏杜鹃 **330200**
香膏萼距花 **114598**
香膏核果树 **199299**
香膏假弹树 199299

香膏科 199301
香膏苦瓜 256786
香膏木科 199301
香膏石龙尾 **230279**
香膏矢车菊 **80957**
香槁树 91429,240595,240711
香藁本 229344,229390,266975
香疙瘩 276887
香格木 **154983**
香葛藤 332477
香根 **47139**
香根草 **407585**
香根草属 **407579**
香根芹 **276455**,276458
香根芹属 **276450**
香根属 **47117**
香根藤 375237
香根鸢尾 **208744**,208565
香梗花九节 **319750**
香梗芋艿 99910
香构 414162,414216
香菇草 37585
香菇柴 142340
香瓜 114189,114213,317602
香瓜对 246478
香瓜属 114108
香瓜子 285639
香灌菊 **228554**
香灌菊属 **228552**
香灌木科 **261540**
香灌木属 **261541**
香鬼督邮 12635
香桂 **91429**,91282,91392,91397,91420,223454,264015,264074
香桂檬 223011
香桂楠 91276
香桂皮 91429
香桂树 243427
香桂樟 231298
香桂子 91265,233996,234045,240723,263759
香桂子树 264041
香桂梓 231298
香棍子 91425
香果 113436,145024,229309,231324,231380,264046,382582
香果花椒 **417369**
香果兰 404978,404990,405027
香果兰属 404971
香果木 145024
香果属 261525
香果树 **145024**,231324,231334,365034
香果树属 **145023**
香果心叶葡萄 **411633**
香果新木姜子 **264046**
香果云实 **47089**
香果云实属 **47088**
香海仙报春 **315123**
香海仙花 **413579**
香旱芹 114503
香蒿 **35501**,21516,35132,35308,35411,35674,36177,36232,36307,360854
香蒿花 35132
香禾叶兰 **12447**
香合欢 **13635**
香赫柏木 **186965**
香黑种草 266241
香红黄草 383097
香喉 91392
香湖 91392
香蝴蝶兰 293605
香虎耳草 **349304**
香花暗罗 **307524**
香花白杜鹃 **330405**
香花报春 **314128**
香花菜 250349,250450
香花草 94241,117150,259284,259323,268438
香花草属 193387
香花茶 **69654**
香花茶藨 334127
香花刺 336378
香花杜鹃 330405,331387
香花桂 113436
香花果 285639
香花黄精 308613
香花黄皮 **94214**
香花鸡血藤 66624
香花芥 **94241**
香花芥属 **193387**
香花毛兰 **148705**
香花木 370869,399856
香花木姜子 **234026**
香花木犀 **276399**
香花泡花树 249391
香花枇杷 **151155**
香花蒲桃 382633
香花茜 **188196**
香花茜属 **188194**
香花青兰 **137677**
香花秋海棠 **49898**,49648
香花球兰 **198869**
香花藤 **10229**,10219,211918
香花藤属 **10214**
香花虾脊兰 **66022**
香花崖豆藤 **66624**
香花岩豆藤 370422
香花羊耳蒜 **232261**
香花椰子属 14862
香花郁金香 400227
香花蜘蛛兰 **30533**
香花指甲兰 **9302**
香花柱瓣兰 **146421**
香花子 137613,268438
香花紫堇 **105883**
香花棕 **14863**
香花棕属 **14862**
香华丽百合 **229966**
香画眉草 **147986**
香桦 **53479**
香槐 **94035**,94020
香槐属 **94014**
香黄 93603,93869
香黄果木 **243988**
香黄花茅 27969
香黄精 308613
香黄葵 235
香黄连木 300994
香黄芪 42815
香黄耆 **42815**
香灰莉 162348
香桧 213969
香蕙 260208
香霍丽兰 **198688**
香鸡归 175417
香吉利子 235796
香戟叶菊 **186137**
香加皮 291082
香荚兰 **404990**,405010,405017
香荚兰科 **405035**
香荚兰属 **404971**
香荚蒾 **407837**
香假金雀花 **77058**
香假鼠麴草 **317732**
香尖柱鼠麴草 **412938**
香剪绒花 127635
香简草 **215818**
香简草属 **215805**
香姜 **17661**
香姜味草 253655
香胶 6811
香胶大戟 **20999**
香胶大戟属 **20990**
香胶橘 **47092**
香胶橘属 **47090**
香胶木 6811,80709,233928,240711,264034
香胶蒲桃 **382485**
香胶腾 144793
香胶叶 91282
香椒 417180,417330,417340
香椒槁 233849
香椒属 299321
香椒子 417180,417330
香蕉 **260250**,260253
香蕉草 288769
香蕉瓜 **362419**
香蕉瓜属 **362416**
香蕉兰 2046
香蕉木兰 **242096**
香秸颗 30618
香结 329372
香芥 **94233**
香芥属 **94232**,18313,193387
香金光菊 **339617**
香堇 410320,410336
香堇菜 **410320**
香锦葵 **243803**
香近豆 94035
香茎鸢尾 208600
香荆芥 144096,265078,268438
香荆芥花 10414
香晶兰 **258091**
香晶兰属 **258090**
香景天 329866
香菊 111826
香橘草 **22836**
香决明 **360466**
香蕨木 101667
香蕨木属 101664
香军树 83698
香菌椆 233305
香菌柯 **233305**
香菌石栎 233305
香柯树 302721
香科 388279,388294
香科斑鸠菊 **406869**
香科科 **388279**
香科科属 **387989**
香科列当 **275225**
香科枪刀药 **202628**
香科属 387989
香科叶半轭草 **191813**
香科叶马先蒿 **287594**
香科叶塞拉玄参 **357692**
香科状婆婆纳 **407019**
香苦草 35132,203066
香苦草属 203036
香葵 235
香阔苞菊 305115
香阔距兰 **160700**
香蜡瓣花 106637,106643
香蜡菊 **189409**
香辣根 34590
香辣烟 21533
香兰 **185755**,34837
香兰菊 **405047**
香兰菊属 **405045**
香兰属 **185753**,34835
香榄木 64072
香茎 300354
香肋瓣花 **13788**
香棱子芹 273937
香梨 18192
香黎草 139678

香藜 **139682**
香李 107583
香李蔷薇 **336287**
香里陈 34273
香里藤 34219,34273
香丽木 231403
香丽球 **140865**
香丽丸 140865
香栗豆藤 **10996**
香蓼 **309951**,309946
香料绵果芹 **64785**
香料娘 72038
香料藤 **391893**
香料藤属 **391861**
香裂榄 **64072**
香铃草 195326
香柳 141932
香柳穿鱼 **231062**
香龙 **192438**
香龙草 80260,201761
香龙血树 **137397**,137382
香龙牙草 **11594**
香蒌 300354
香露兜 **280974**,281089
香芦子 239215
香炉草 274237,363368
香炉峰 244081
香栾 93368,93579
香落叶 233882
香麻 27967,117153
香麻黄花 **146273**
香马料 249232
香麦 45566
香曼陀罗 **123071**
香杧果 **244406**
香毛鞭菊 **397526**
香毛草 **404306**,404367
香毛唐松草 388510
香茅 **117153**,27967,117181,117204,117218,178062,259282
香茅草 117153,117162,117181
香茅筋骨草 117162
香茅属 **117136**,196116
香茅樟 91381
香没药 261585
香莓 338917,339130,339135
香檬 93539
香米仔兰 **11303**
香密钟木 **192719**
香缅杜鹃 332032
香缅树杜鹃 **332032**
香面叶 **231313**
香明草 144086
香魔力棕 **258769**
香魔芋 **20123**
香母菊 246375,346281
香木 67698,114539
香木瓜 84573
香木菊 **67698**
香木菊属 **67695**
香木兰 **34837**
香木兰属 **34835**
香木莲 **244423**
香木属 67695
香木缘瓜 356352
香苜蓿 397229
香穆雷特草 **260129**
香柰 215011
香南美鼠刺 **155137**
香楠 **12517**,91424,240726,325301
香拟婆婆纳 186965
香拟五异茜 **289620**
香柠檬 **93631**,93408
香欧石南 **150097**
香欧洲没药 **261585**
香帕翁葵 286666
香排草 239571
香攀缘兰 146421
香盘花南星 **27643**
香泡树 93603
香佩兰 158118,268438
香皮茶科 43973
香皮茶属 43971
香皮槁 240679
香皮桂属 129717
香皮树 **249390**,240576
香苹婆 **376110**
香坡垒 198176
香蒲 **401129**,5793,114292,225664,401094,401112,401120
香蒲科 **401140**
香蒲葵 234193
香蒲狼尾草 289116
香蒲欧薄荷 **250391**
香蒲属 **401085**
香蒲桃 **382633**,382477
香蒲叶鸢尾 208913
香普兰山楂 **109591**
香漆 **332477**
香漆柏属 386941
香漆树 332477
香奇唇兰 **373702**
香荠 259282
香荠菜 72038,336211
香荠属 18313
香千年健 **197786**
香千年木 137397
香前胡 276745
香茜 **76978**,104690
香茜草属 370863
香茜科 **76980**
香茜属 **76976**
香茜藤 13635
香鞘蕊花 **99519**
香芹 **228597**,29327
香芹娘 72038
香芹属 228556
香青 **21682**,21533,21596,21643,21724,213943
香青蒿 35132,35308,35674
香青兰 **137613**
香青属 **21506**
香青藤 **204612**
香秋海棠 **50121**,49898
香楸 96398
香楸藤 243427
香曲花 **120605**
香雀花 **121013**
香人乳 165426
香忍冬 235796
香戎 259282
香绒安菊 **183044**
香茸 144093,259282
香柔花 **8998**
香茱 144093
香肉果 **78175**
香肉果属 **78172**
香茹 **177285**,144093,177325,259282,274237
香茹草 143974,259282,259323,274237
香茹属 **177284**,177317
香薷 **143974**,10414,78042,143962,144002,144003,144014,144053,144091,144093,254262,259282,264897,274237
香薷草 143974,250323,250370,259282,274237
香薷柔花 **8934**
香薷属 **143958**
香薷状刺蕊草 **306970**
香薷状霜柱 215807
香薷状香简草 **215807**
香乳草 **259044**
香蕊 91287
香蕊木 91287
香润楠 **240726**
香三足花 **398049**
香伞木 **261567**
香伞木属 **261566**
香色衣菊 89299
香莎草兰 116809
香杉 114539,114548,213943
香善菜 72038
香蛇麻 199384,199386
香神麻菊 **346281**
香神圣亚麻 346281
香蓍草 **3917**
香石斛 125264
香石龙尾 **230300**,230275
香石蒜 **239262**
香石藤 351054,351056,351066,351069,351098
香石竹 **127635**,127713
香矢车菊 **81219**,18966
香柿 **132164**
香手参 **182261**
香绶草 **372232**
香薯蓣 207623
香树 91277,231342,302721,392841
香树木科 257424
香树皮 91429
香树属 21003
香树子 233882
香水白掌 **370333**
香水菜 190559
香水草 **190702**,190559
香水花 102867,336378
香水花科 **55117**
香水花属 **55112**
香水兰 158118
香水兰草 158118
香水梨 **323250**
香水茅 117218
香水木 190559,232483
香水树 70960
香水水草 355387,355712
香水塔花 54456
香水月季 **336813**
香睡莲 **267730**
香丝菜 167156,290968
香丝草 **103438**,35132
香丝石竹 183222
香丝树 1145
香松 262497
香松属 228635
香苏 290940,295074,295132,337253,373139
香苏草 144086
香苏茶 143967
香苏子 351016
香素馨 61304
香酸唇草 **4669**
香荽 104690,290940
香索岛茜 **68448**
香坛花兰 2081
香檀 243427
香探春 407837
香唐松草 388510,388513
香糖树 240256
香桃木 **261739**,401672
香桃木金合欢 **1413**
香桃木马钱 **378826**
香桃木矛口树 **235596**
香桃木山矾 **381323**

香桃木属　**261726**
香桃木田花菊　**11537**
香桃木熊果　**31124**
香桃木叶白瑟木　**46658**
香桃木叶赪桐　**96238**
香桃木叶冬青　204078
香桃木叶格尼瑞香　**178653**
香桃木叶厚壳桂　**113475**
香桃木叶黄牛木　**110269**
香桃木叶拉菲豆　**325126**
香桃木叶利帕豆　**232054**
香桃木叶鳞花草　**225195**
香桃木叶迷迭香　**22441**
香桃木叶染料木　**173018**
香桃木叶塞拉玄参　**357603**
香桃木叶山柑　**71821**
香桃木叶柿　**132314**
香桃木叶鼠李　**328789**
香桃木叶双星山龙眼　**128138**
香桃木叶细毛留菊　**198945**
香桃木叶下珠　**296671**
香桃木叶香胶大戟　**20997**
香桃木远志　**257479**
香桃叶栎　**324210**
香桃叶坡垒　**198172**
香藤　18529,166655,166675,280097
香藤刺　121703
香藤风　166675
香藤根　214972
香天冬草　**38974**
香天芥菜　**190746**
香天竺葵　**288396**
香田荠　72038
香甜杜鹃　**331387**
香甜哈克　184641
香甜哈克木　**184641**
香甜合生果　**235538**
香甜落腺豆　**300650**
香甜曼陀罗木　61242
香甜蔷薇　**336538**
香甜唐菖蒲　**176414**
香甜相思　1630
香甜相思树　**1630**
香甜锥头麻　**307045**
香铁筷子　**190945**
香通　91287
香桐　166627
香头草　119503,257583,268438
香托鞭菊　**77230**
香弯药茜　**166945**
香豌豆　**222789**,222707
香豌豆属　222671
香豌豆藤　**133408**
香豌豆藤属　**133405**
香莞木　**300316**
香莞木属　**300315**
香万朵兰　**404748**
香万寿菊　**383097**
香维维安蔷薇　**336310**
香尾禾属　**262509**
香味草属　187176
香味嘉赐木　78123
香味嘉赐树　78123
香味假葱　266965
香味兰　**261535**
香味兰属　**261532**
香味桑寄生　**236920**
香味叶　263754
香味泽兰　**158158**
香沃森花　**413366**
香卧龙柱　**185918**
香无患子　**285933**
香无患子属　**285928**
香五加皮　291082
香西米尔茜　**364419**
香仙人球　**244101**
香线柱兰　**417772**
香腺瓣落苞菊　**111385**
香肖楠　228639
香肖鸢尾　**258468**
香蟹　204544
香信　154316
香修尾菊　**28550**
香戌　144093
香须公　238188
香须树　13635
香雪　382222
香雪丁香　**382222**
香雪兰　**168183**
香雪兰属　**168153**
香雪球　**235090**
香雪球属　**235065**
香雪山梅花　**294491**
香雪庭荠属　**198411**
香血藤　351081,351095
香熏倒牛　54198
香牙蕉　260250,260253
香烟草花　266035
香杨　**311368**
香杨梅　261162
香洋椿　80030
香洋葵　288268
香摇边　117643
香野扇花　346743
香叶　231424,231427,233882,263759,288268,414216
香叶草　268438
香叶菖蒲　**5822**
香叶多香果　299328
香叶蒿　**36173**
香叶木　370869
香叶木马桑　104700
香叶木属　**185179**,131938,370863
香叶芹　**84773**
香叶芹属　84723
香叶山胡椒　231342
香叶山竹子　**171101**
香叶树　**231324**,25773,91330,231355,231424,263759,301006,328562
香叶丝石竹　183212
香叶天竺葵　**288268**
香叶万寿菊　383097
香叶樟　91330
香叶芝麻　144023
香叶众香树　**299328**
香叶子　**231342**,172074,231298,231324,231355,233880,263759,414147
香叶子树　91363,91397,91432,231303
香叶梓树　231355
香一枝黄花　368290
香衣草　**223288**
香依兰　70960
香仪　354660
香茵芋　**365929**,365974
香荫树　**201240**
香荫树属　**201238**
香银柴　**29765**
香银齿树　**227401**
香银钩花　**256226**
香银桦　**180575**
香鹰爪花　**35013**
香蝇子草　**363840**
香油罐　77178,154019
香油果　231313
香油树　231313
香柚　93604
香莸　**78000**
香羽叶楸　**376292**
香玉兔兰　**137879**
香芋　30498,131501,179262,197794,376382
香芋属　376380
香浴草　**223313**,223251
香鸢尾属　111455
香圆　**93869**,93603,93604
香圆叶茜　**116304**
香橼　**93603**
香橼花杜鹃　330422
香月季花　**336489**
香月见草　**269475**,269509
香芸灌属　**388853**
香芸火绒草　**224850**
香芸木　**10696**
香芸木菲利木　**296144**
香芸木密头帚鼠麹　**252405**
香芸木属　**10557**
香藏咖啡　**266768**
香枣　295461
香泽兰　**158043**,89299
香泽兰属　**89294**
香泽仙花　**264163**
香窄叶法道格茜　**161998**
香沾树　91265
香盏花　96147
香樟　91277,91287,91330,91363,91392,91425
香樟木　91287
香针树　201710
香汁金娘　**261575**
香汁金娘属　**261574**
香芝麻　144086
香芝麻蒿　144086
香芝麻棵　190100
香芝麻叶　144023
香枝草　**209470**
香枝草属　**209469**
香枝黏草　**264550**
香枝黏草属　**264549**
香枝漆　**332502**,332477
香脂白杨　311237
香脂果豆　**261526**
香脂菊蒿　**383712**
香脂冷杉　**282**
香脂莲花掌　**9030**
香脂木豆　261561
香脂木豆属　261549
香脂树　**261561**
香脂树属　103691
香脂四囊榄　**387130**
香脂苏木　**179846**
香脂苏木属　**179845**,103691
香脂茼蒿　383712
香脂杨　311237
香蜘蛛兰　59270
香指甲兰　9302
香智利桂　**223011**
香朱蕉　104339
香珠　71169
香猪殃殃　170524
香竹　**87633**,82452,87634,87636,87640,87641
香竹属　**87630**,82440
香竹竽　**261531**
香竹竽属　**261530**
香爪鸢尾　208914
香籽属　**261537**
香子　167156
香子豆　90801
香子含笑　**252885**
香子兰　404978,405017
香子兰菊　405047
香子兰属　404971
香子楠　252885

香紫罗兰 **246494**,246521
香紫蓬菊 **377868**
香紫苏 144062
香紫檀 320327
香棕 332438
香棕榈兰 104339
香棕属 332434
湘椴 391704
湘鄂柳 **343367**
湘防己 132929
湘赣艾 **35527**
湘赣艾蒿 35527
湘赣蒿 35527
湘桂栝楼 **396200**
湘桂马铃苣苔 **273888**
湘桂桑 259202
湘桂柿 **132476**
湘桂新木姜子 **264057**
湘桂羊角芹 **8821**
湘柳 **343079**
湘南球 **395643**
湘南丸 395643
湘南星 **33353**
湘楠 **295370**
湘朴 80739
湘砂仁 17695
湘西长柄山蚂蝗 **200730**
湘西柯 **233253**
湘西青冈 **116214**
湘西苔草 **76772**
湘阳球 **395635**
湘阳丸 366824
缃枝 233078
箱根草 **184656**
箱根草属 **184655**
箱根草绣球 **73128**
箱根当归 **24366**
箱根多叶蚊子草 **166099**
箱根拂子茅 127243
箱根锦带花 **413573**
箱根乱子草 **259669**
箱根蔷薇 **336830**
箱根青篱竹 **37196**
箱根人字果 **128934**
箱根山苔草 **74736**
箱根苔草 **74737**
箱根野青茅 **127243**
箱果茜 **389101**
箱果茜属 **389099**
箱花欧石南 **149964**
襄瓣顶冰花 **169499**
襄阳山樱 83184
襄阳山樱桃 83184
襄阳樱 83184
襄阳樱桃 **83184**
櫰木 32343
镶边报春 314581
镶边吊兰 **88557**
镶边金庭荠 **45195**
镶边土耳其栎 323746
镶边旋叶铁苋 **2012**
镶边银短叶虎尾兰 **346166**
镶边璎珞洋吊钟 215143
镶边圆叶南洋参 **310177**
镶边朱蕉 137487
翔凤 **86572**
响菇菜 243862
响盒子 **199465**
响盒子属 **199464**
响亮草 112138
响铃草 111879,112138,112340,112667,195326,297650,297712
响铃豆 **111879**
响铃果 276130,276144
响铃金锦香 **276144**
响铃子 112138,191926,297711,379336
响毛杨 **311443**
响泡子 297712
响天钟 276090
响尾花 **59812**
响尾花属 **59810**
响尾蛇草 196077
响尾蛇竹竽 66165
响亚麻 **232003**
响杨 311281,311530
响叶杨 **311193**,311459,311461
响叶子杨 311530
响子竹 **56953**
向地杜鹃 **330356**
向日垂头菊 **110397**
向日冬青 203980
向日菊属 **295341**
向日葵 **188908**,243862
向日葵阿斯皮菊 **39773**
向日葵半日花 **188710**
向日葵冠须菊 **405941**
向日葵金丝桃 **201914**
向日葵科 **188561**
向日葵列当 274987
向日葵密钟木 **192609**
向日葵蟛蜞菊 **413521**
向日葵属 **188902**
向日葵韦斯菊 **414937**
向日葵叶蜡菊 **189422**
向日樟 91359
向天草 275363
向天葫芦 59842,276098,276135
向天黄 34406
向天石榴 276090
向天蜈蚣 361370
向天盏 355391,355494
向阳花 170142,188908,244343
向阳花属 244340
向阳柯 **233111**
向阳莎草 **118503**
向阳鸭舌癀舅 **370743**
向阳异荣耀木 **134556**
项开口 291138,291161
项链杜鹃 332155
项链冷水花 298981
项圈草 **290888**
项圈草属 **290886**
项圈大戟属 **244654**
象贝 168586
象贝尔茜 **53108**
象贝母 168586
象鼻草 190651
象鼻花 33335,204848
象鼻黄苹婆 **376174**
象鼻癀 190651
象鼻兰 **266857**
象鼻兰属 **266856**
象鼻老鼠芋 **33588**
象鼻莲 17383
象鼻马先蒿 287617
象鼻南星 33319
象鼻藤 121760,121860
象鼻竹 **249617**
象鼻子 33319
象草 **289218**
象胆 17381
象豆 145899
象耳草 145994
象耳豆 145993,145994
象耳豆属 **145992**
象耳朵 31051,393110
象耳朵叶 129992
象耳蝴蝶兰 **293606**
象耳科西嘉常春藤 **187206**
象耳榕 **164661**
象耳芋 99919
象风兰 **24830**
象甘蔗 107271
象根豆属 **143477**
象谷 282717
象脚草 **186545**
象脚兰 416581
象脚王兰 **416581**
象橘 163502
象橘属 163499
象蜡树 **168068**
象马 24475
象木苹果 163502
象南星 **33319**
象皮木 18055
象皮藤 356367
象蒲 **401107**
象泉亚菊 13001
象莎草 **118797**
象酸蔹藤 **20230**
象天雷 346738
象天南星 33295,33319
象头花 **33335**
象头蕉 **145849**
象头马先蒿 287813
象头细瓣兰 **246107**
象腿芭蕉 145833
象腿蕉 **145833**
象腿蕉属 **145823**
象尾菜 115897
象尾草 125109
象形文字蝴蝶兰 293608
象牙白 116978
象牙白白叶藤 **113584**
象牙白桂竹香 **154431**
象牙白花兰 116823
象牙白金合欢 **1191**
象牙白老虎兰 **373688**
象牙白乐母丽 **335941**
象牙白欧石南 **149376**
象牙白泡叶番杏 **138165**
象牙白葡萄风信子 **260312**
象牙白热非瓜 **160366**
象牙白香科 **388073**
象牙白野鸦椿 **160955**
象牙白皱稃草 **141753**
象牙草 **186776**,263867
象牙哈克 184614
象牙哈克木 **184614**
象牙海岸格木 **154976**
象牙海岸榄仁 **386563**
象牙海岸桃花心木 **216205**
象牙海棠 345405
象牙红 154643,154734,345405
象牙花 **154721**
象牙蓟 **364357**
象牙木 **297044**,46955
象牙木属 **297040**
象牙女王白果光滑冬青 **203850**
象牙球 **107023**,140127
象牙软叶丝兰 **416596**
象牙色椒草 **290331**
象牙色老虎兰 373688
象牙色贴梗海棠 **84554**
象牙莎草 **120375**
象牙参 **337099**,337086,337109
象牙参属 **337065**
象牙柿 **132153**
象牙树 132153
象牙树属 **240137**
象牙塔钝齿冬青 **203676**
象牙苔草 **74421**
象牙藤 **143448**
象牙藤属 **143447**
象牙弯木 **61918**
象牙弯木属 **61917**
象牙丸 107023

象牙仙人球　107023
象牙仙人柱　**334864**
象牙椰属　298050
象牙椰子　98552,298051
象牙椰子属　298050
象牙状格木　154976
象牙棕　**298051**
象牙棕属　**298050**
象洋红　345405
象子木属　46892
象足瘤蕊紫金牛　**271041**
象足树葡萄　**120066**
橡根藤　411735
橡胶草　**384606**
橡胶金菊木　**150332**
橡胶榕　164925
橡胶桑　**79111**
橡胶桑属　**79108**
橡胶树　**194453**,165398
橡胶树属　**194451**
橡胶藤　182366,393642
橡胶尤伯球　401334
橡扣树　**98552**
橡扣树属　**98549**
橡栎　323611
橡栗　323611
橡皮草　12635,43682
橡皮柴　243320
橡皮木　18055
橡皮树　164925
橡实　323875
橡属　323580
橡树　323611,323814,324335
橡树假山毛榉　**266879**
橡土蜜树　60167
橡椀树　323611,324384
橡碗树　323611,323630
橡形木属　46767
橡子班克木　**47645**
橡子木科　**46809**
橡子木属　**46892**
橡子树　323611,323942,324173
枭豆　**28874**
枭豆属　**28873**
枭丝藤　**329240**
枭丝藤属　**329238**
削刀蓝刺头属　**317100**
削疳子　324677
枵枣七　142844
消毒草　126465
消毒药　410730
消风草　402250
消黄散　52474,52484,126465,161350
消癀药　204217
消结草　117486
消米虫　377973
消山虎　115595
消山药　414193
消失山柳菊　**195569**
消食花　39928
消食树　97919
消息草　103438
消息花　1219
消炎草　11199,345108,388303
逍遥草　126465
逍遥堇花哈登柏豆　**185765**
逍遥竹　117643
鸮萝　114994
萧　35282
萧氏罗氏马先蒿　287642
萧氏马先蒿　**287642**
萧特黄蝉　14881
箫箕藤　179488
箫科　280960
箫属　280917
藠　24325,24326
小阿福花　**39441**
小阿拉苏木　**30820**
小阿拉苏木属　**30819**
小阿里山赤车使者　288762
小阿西达　43682
小埃梅木　200190
小埃姆斯兰　**19414**
小埃姆斯兰属　**19413**
小矮桦　**53528**
小矮人芥　**244314**
小矮泽芹　**85721**,85719
小艾　35483,35788,115641
小艾蒿　35634
小艾里爵床　**144622**
小艾叶　36286
小安第斯桔梗　**329737**
小安龙花　**139438**
小安蒙草　**19756**
小鞍叶羊蹄甲　**49027**
小暗消　97933,377856
小凹萼兰　**335172**
小凹萼兰属　**335171**
小凹脉芸香　**145084**
小凹脉芸香属　**145082**
小凹叶木蓝　**205947**
小奥莫勒茜　**197958**
小奥莫勒茜属　**197957**
小奥赛里苔草　**276230**
小八角　204558
小八角莲　**139612**
小八棱麻　322423
小八里麻　283787
小巴布亚茜草　**407525**
小巴茨列当　**48636**
小巴茨列当属　**48635**
小巴豆　**113040**,159222
小巴尔果　**46923**
小巴拉圭绥草　**407623**
小巴拉圭绥草属　**407622**
小巴纳德肖鸢尾　**258408**
小巴氏葵　**48798**
小巴氏葵属　**48796**
小巴西果　**223770**
小巴西青兰　**115327**
小芭蕉　71181,198639,260217
小芭蕉头　71181
小疤秋海棠　**50328**
小拔毒　362672
小菝葜　**366257**,366466
小霸王　**161632**,64990,161657,400945
小掰角　245826
小白菜　59595
小白撑　**5429**,5088
小白蝶兰　286832
小白豆蔻　19836
小白蛾兰　390527
小白峰掌　**181458**
小白根菊　178237
小白蒿　35505,35957,36032,36232
小白花　331826
小白花菜属　**95822**
小白花草　259898,259900,378024
小白花地榆　**345921**
小白花杜鹃　331239
小白花鬼针　**54054**,54059
小白花鬼针草　54059
小白花牛至　**274236**
小白花苏　378024
小白花小蔓长春花　**409343**
小白桦斗篷草　**14084**
小白芨　**55563**,27657,55574,274036,304313
小白及　55563,55575
小白解　245814
小白堇菜　**410189**
小白锦　115340
小白锦玉　**209509**
小白酒草　**103554**,103446
小白菊　**50795**,103438,124785,227453,322724
小白菊属　**50793**,227452
小白卷舌菊　**380975**
小白蔻　17649
小白蜡　229485
小白蜡树　168100,229593
小白藜　**87053**
小白栎　323881
小白栎青冈树　323881
小白蔹　117640
小白龙须　368073
小白棉　115365
小白蓬草　388572
小白皮栎　323881
小白芪　42189
小白前　245814
小白沙　142694
小白蛇根　158043
小白石枣　243723
小白淑气花　243833
小白睡莲　**267649**
小白苏格兰欧石南　**149207**
小白穗茅　**87753**
小白藤　**65644**
小白头翁　24116,224872
小白薇　117473,400987
小白缬草　**404439**
小白颜树　29009
小白药　180768,245814,245826
小白叶　59127
小白叶冷杉　**502**
小白叶树　**227923**
小百部　39014,39120,39195
小百合　**229952**
小百金花　**81506**
小百簕花　**253171**
小百簕花属　**253166**
小百日草　**418052**,418038
小百日菊　**418038**
小百蕊草属　**389580**
小柏属　253163
小败火草　407164
小斑豹皮花　**373926**
小斑大沙叶　**286359**
小斑法道格茜　**161988**
小斑刚竹　**297431**
小斑虎耳草　**349827**
小斑黄胶菊　**318711**
小斑鲫鱼藤　**356314**
小斑九节　**319860**
小斑居内马鞭草　**213587**
小斑三齿萝藦　**396729**
小斑素馨　**211975**
小斑羊耳蒜　**232298**
小斑叶兰　**179685**
小斑舟叶花　**340855**
小板栗　78889
小半边钱　128964
小半圆叶杜鹃　**331972**
小瓣阿比西尼亚蓝花参　**412572**
小瓣澳蜡花　**85856**
小瓣败蕊谷精草　**336111**
小瓣柽柳桃金娘　**261011**
小瓣翠雀花　**124383**
小瓣丹氏梧桐　**135947**
小瓣萼距花　**114611**
小瓣谷精草　**151401**
小瓣圭奥无患子　**181866**
小瓣颌兰　**174267**

小瓣金花茶 **69452**,69491
小瓣卷耳 **82952**
小瓣狸藻 **403250**
小瓣密钟木 **192648**
小瓣木蓝 **206250**
小瓣女娄菜 248255
小瓣青灰木槿 **194767**
小瓣青锁龙 **108793**
小瓣石竹 **127771**
小瓣双距兰 **133846**
小瓣塔奇苏木 **382979**
小瓣天竺葵 **288420**
小瓣葶苈 **137111**
小瓣委陵菜 313047
小瓣小檗 **51798**
小瓣蝇子草 **363754**
小瓣硬瓣苏木 **354452**
小瓣醉蝶花 **95754**
小蚌花 **332297**
小棒豆属 **106916**
小棒蓝花参 **412627**
小棒紫堇 **105745**
小苞埃利姆欧石南 **149384**
小苞白玉树 **139806**
小苞斑鸠菊 **406163**
小苞半蒴苣苔 **191378**
小苞报春 **314180**
小苞迪普劳 **133014**
小苞帝王花 **82354**
小苞钝子菊 **19073**
小苞萼玄参 **111659**
小苞番薯 **208199**
小苞沟酸浆 **255194**
小苞花草 **212429**
小苞花草属 **212428**
小苞黄精 **308610**
小苞黄脉爵床 **345771**
小苞黄芪 42909
小苞黄耆 **42909**
小苞棘豆 **278753**
小苞姜花 **187462**
小苞金穗花 **39437**
小苞爵床 371554
小苞爵床属 **113745**,371553
小苞芦荟 **17122**
小苞马来茜 **377525**
小苞毛茛 **326090**
小苞米 33349
小苞木蓝 **205740**
小苞木里翠雀花 **124395**
小苞欧石南 **150213**
小苞片贝尔茜 **53070**
小苞片黄檀 **121642**
小苞片灰毛豆 **385976**
小苞片美非补骨脂 **276958**
小苞片润肺草 **58828**
小苞片山芫荽 **107761**
小苞片兽花鸢尾 **389479**
小苞片肖水竹叶 **23506**
小苞萨比斯茜 **341599**
小苞塞拉玄参 **357622**
小苞十大功劳 242497
小苞水蜈蚣 **218567**
小苞瓦松 **275396**
小苞无鳞草 **14390**
小苞雪莲 **348689**
小苞鸭跖草 **101095**
小苞叶苔草 **76418**
小苞叶芋 **370343**
小苞远志 **307959**
小苞指甲木 **235110**
小宝铎草 **134477**
小宝石巴尔干松 **299969**
小宝石北美香柏 **390608**
小宝石广玉兰 **242140**
小宝石兰 **108651**
小宝石兰属 **265926**
小宝石挪威云杉 298201
小宝石欧洲云杉 **298201**
小报春 **314408**,314648
小鲍氏木 **48985**
小鲍氏木属 **48982**
小暴格蚤 261601
小杯大戟 **159529**
小杯红景天 **329953**
小杯木蓝 **206078**
小杯水鬼蕉 **200950**
小北艾 35634
小北美香柏 **390612**,390615
小北美罂粟 **31083**
小北石南 **31038**
小背笼 276090
小被单草 114060,374968
小被狗肝菜 **129292**
小被老鸦嘴 **390838**
小本白花草 161418
小本垂叶榕 **164689**
小本拱垂酢浆草 **278049**
小本苦林盘 139062,139067
小本乳汁草 159971
小本蛇药草 316127
小本土荆芥 259284
小荸荠 **143214**
小荸荠艾 **290472**
小荸荠艾属 **290471**
小鼻花 **329521**
小匕果芥 **326810**
小匕果芥属 **326809**
小笔管菜 308613,308616
小笔花豆 **379248**
小笔花莓 **275451**
小闭荚藤属 **246178**
小萆薢 131840,131877,366338,366447
小辟荔 165520
小篦茅 **114000**
小避霜花 300970
小避霜花属 300968
小边灰毛豆 **386174**
小边萝藦属 **253548**
小边玄参 **141911**
小边玄参属 **141910**
小萹蓄 309602
小鞭山柳菊 **195595**
小扁担杆 **181032**
小扁担杆属 **181030**
小扁豆 **308397**,112729,224473,315263
小扁豆属 224471
小扁瓜 362461
小扁瓜属 362460
小扁蕾 **174224**
小扁芒菊属 **14908**
小扁毛菊 **14916**
小扁盘木犀草 **197783**
小扁莎 **322295**
小扁藤 387779
小扁枝豆 **77054**
小便草 201761
小辫儿 41342
小辫子 41342
小杓兰 147149
小藨草 352278
小滨菊 **227453**
小滨菊属 **227452**
小滨藜 **44382**
小柄果海桐 **301290**
小柄壶卢 219844
小柄卷舌菊 **380945**
小柄腺山扁豆 **85250**
小柄紫堇 105846
小波拉叶 323814
小波斯菊 104598,107168
小波斯石蒜 **401820**
小菠萝 113365
小伯纳德百合 **27189**
小驳骨 172832,317267
小驳骨丹 172832
小博龙香木 **57254**
小博龙香木属 **57251**
小薄荷 10414,249494,264897
小薄竹属 318485
小檗 51301,51314,52049,52149,52225,52322,52345,52371
小檗大戟 **154813**
小檗基花莲 **48655**
小檗科 **51261**
小檗美登木 **182664**
小檗木槿 **194744**
小檗属 **51268**
小檗叶蔷薇 **336385**,336849
小檗叶山楂 **109555**
小檗叶十大功劳 242522
小檗叶石楠 **295640**
小檗状裸实 182664
小檗状美登木 182664
小檗状帚菊 292044
小补血草 **230681**
小布洛华丽 61119
小彩色紫苏 99712
小彩叶草 **99693**
小彩叶紫苏 99711,99712
小菜子七 200754
小蚕豆 **408395**
小仓狐尾藻 261355
小苍耳七 284575
小苍兰属 168153
小苍蝇翅草 159092,159286
小糙果茶 **69692**
小糙果紫堇 **106544**
小糙皮山核桃 77920
小糙苏 **295129**
小糙野青茅 **127294**
小草 **253276**,253277,308359,308403,389638
小草根 308403
小草海桐 350331
小草胡椒 **290361**
小草寇 **17686**
小草蔻 17649
小草莓 138796
小草面瓜 177103
小草沙蚕 **398108**,398078
小草属 **253266**
小草乌 5100,5200,105622,124171,124237,124252,124630,124711
小草钟 **141511**
小侧柏 253164
小侧柏属 253163
小侧出齿龙舌兰 **10911**
小侧金盏花 **8374**
小簕竹 **47275**
小梣叶悬钩子 338967,338999
小叉叶委陵菜 312418
小杈叶槭 **3499**
小茶叶 201761
小柴胡 **63850**,63608,63681,63683,63813,362490,362617
小菖兰 168183
小菖兰属 168153
小菖蒲 23701
小长瓣竹芋 **100886**
小长被片风信子 **137962**
小长春花 **79416**,409339
小长庚花 **193299**
小长尖丹氏梧桐 **135898**

小长茎苔草 **76238**
小长距兰 302439
小长柔毛大柱芸香 **241374**
小长生草 **358054**
小长生草属 337292,358012
小长蒴苣苔 87972
小长尾连蕊茶 **69433**
小长尾毛蕊茶 **68971**
小长叶野荞麦 **152242**
小长疣仙人球 135691
小肠风 300435
小肠枫 384988
小常春藤 **187353**
小常春藤属 **187352**
小常山 322423
小巢菜 **408423**,408484
小巢豆 408423
小朝天罐 276090
小朝阳 402245
小车前 **302107**,301879,301952
小车叶草 **39338**,170420
小扯根菜属 **290126**
小匙兰 384389
小匙兰属 384388
小匙麝香萼角花 **259244**
小匙鼠麹草 **178425**
小齿巴茨列当 **48626**
小齿白粉藤 **92835**
小齿半边莲 **234385**
小齿唇兰 **269018**
小齿酢浆草 **277965**
小齿大萼假杜鹃 **48176**
小齿大戟 **158762**
小齿顶毛石南 **6384**
小齿斗篷草 **14086**
小齿发汗藤 95401
小齿费尔南兰 **163384**
小齿费利菊 **163177**
小齿风铃草 **70170**
小齿果草 344349
小齿黄芪 42725
小齿黄耆 **42725**
小齿喙果苔草 **75903**
小齿假琉璃草 **283270**
小齿金须茅 **90142**
小齿堇菜 **410570**
小齿可利果 **96702**
小齿蓝花参 **412649**
小齿冷水花 **299059**,298923
小齿柳 **344159**
小齿柳叶菜 **146879**
小齿龙胆 **173636**
小齿芦荟 **17124**
小齿驴菊木 **271716**
小齿麻疯树 **212181**
小齿马岛金虎尾 **294632**
小齿马泰木 **246252**
小齿芒毛苣苔 **9433**
小齿密头帚鼠麹 **252474**
小齿欧石南 **149653**
小齿软果栒子 **242908**
小齿三角车 **334656**
小齿山蟹甲 **258291**
小齿石竹 **127826**
小齿苔草 **75360**
小齿铁线莲 95401
小齿头花草 **82161**
小齿托克茜 **392549**
小齿腺果亮泽兰 **111369**
小齿香草 **347631**
小齿新塔花 **418127**
小齿玄参属 **253425**
小齿野靛棵 **244293**
小齿叶冬青 **203696**
小齿叶灰毛菊 **185359**
小齿叶柳 **343840**
小齿叶千里光 **358642**
小齿玉叶金花 **260459**
小齿缘玉 **269119**
小齿沼生杜鹃 **332087**
小齿锥花 **179195**
小齿钻地风 351802
小赤车 **288749**
小赤箭莎 **253891**
小赤箭莎属 **253888**
小赤麻 **56318**,56195,299058
小赤竹属 **347334**
小翅风车子 100322
小翅冠毛锦葵 **111310**
小翅冠须菊 **405955**
小翅假泽兰 **254439**
小翅坚果番杏 **387187**
小翅拟雷氏兰 **328226**
小翅普罗兰 **315513**
小翅千里光 **359476**
小翅苔草 **75364**
小翅卫矛属 **141914**
小翅五蕊蒺藜 **395132**
小翅岩黄耆 **188186**
小翅盐肤木 **332777**
小翅鱼藤 **125988**
小重楼 **284370**,284293,284378
小虫儿卧单 159092,159286
小虫儿卧蛋 159092,159286
小虫卧单 159092,159286
小虫芋 16495
小丑大叶醉鱼草 **62025**
小丑角兰 **369177**
小丑角兰属 **369175**
小臭草 **249043**
小臭牡丹 345586
小雏兰 19512
小川堇菜 **409616**
小川菊 **124836**
小川莎草 **118437**
小川茼蒿 **89409**
小川绣线菊 **372036**
小川续断属 **133447**
小穿鞘花 **19496**
小串鱼 407453
小疮菊 **171478**
小疮菊属 **171475**
小窗孔椰 **327541**
小垂花百子莲 **10266**
小垂花报春 **314927**
小垂头菊 **110416**,110403
小槌 **102710**
小槌兰 **243289**
小槌兰属 **243287**
小槌球属 **254466**
小槌属 254466
小锤大戟 **159301**
小锤石豆兰 **62886**
小锤紫波 **28486**
小春美草 **94382**
小春美草属 **94380**
小纯白多穗兰 **310644**
小唇兜舌兰 282791
小唇姜 **383957**
小唇姜属 **383956**
小唇兰 **263775**,154872
小唇兰属 **263774**,154871
小唇马先蒿 **287429**
小唇美冠兰 **156920**
小唇盆距兰 **171881**
小唇柱苣苔 **87972**
小茨藻 **262089**
小慈姑 **342394**,18569,342385
小刺安迪尔豆 **22221**
小刺百簕花 **55300**
小刺棒棕 **46381**
小刺苞萼玄参 **111658**
小刺彩花 **2231**
小刺叉 54042
小刺柴胡 **63846**
小刺长被片风信子 **137956**
小刺刺头菊 **108304**
小刺大戟 **158811**
小刺单冠毛菊 **185566**
小刺儿菜 **82022**
小刺二毛药 **128446**
小刺法蒺藜 **162243**
小刺芳香木 **38811**
小刺凤卵草 **296900**
小刺盖 82022
小刺甘蓝豆 22221
小刺古施蓟 **91986**
小刺骨籽菊 **276703**
小刺瓜 117433
小刺果冷水花 299049
小刺果椰 **156115**
小刺鹤虱 **221661**
小刺花 336509
小刺槐 **335013**
小刺黄芩 **355604**
小刺黄藤 **121517**
小刺蒺藜 **395126**
小刺蓟 **91937**
小刺金雀 **151087**
小刺金雀属 **151086**
小刺爵床属 **184239**
小刺劳德草 **237813**
小刺莲花 **234260**
小刺莲花属 **234257**
小刺联苞菊 **114452**
小刺露兜树 **281101**
小刺芦荟 **17030**
小刺绿顶菊 **160684**
小刺马盖麻 **10817**
小刺马钱 **378676**
小刺芒刺果 **1760**
小刺毛假糙苏 **283650**
小刺毛树 96116
小刺没药 **101558**
小刺欧洲金须茅 **90126**
小刺片豆 **81818**
小刺青兰 **137665**
小刺乳突球 244147
小刺蕊草 **306988**
小刺山柑 **71803**
小刺蛇鞭柱 **357749**
小刺蛇舌草 **269805**
小刺十字爵床 **111762**
小刺石豆兰 **62784**
小刺蒴麻 399197
小刺苔 75361
小刺头 82022
小刺头菊 **108386**
小刺仙人掌 **273055**
小刺小檗 **52176**
小刺鸭跖草 **100999**
小刺鸭嘴花 **214818**
小刺痒藤 **394179**
小刺逸香木 **131963**
小刺榆 191629
小刺云杉 298437
小刺枝豆 **161296**
小刺直玄参 **29944**
小刺猪毛菜 **344723**
小刺竹 87635
小刺紫沙玉 **32353**
小葱 **15477**,15726
小葱叶兰属 **254220**
小楤叶悬钩子 338967
小丛点地梅 **23230**
小丛红景天 **329866**
小丛立仙人掌 **272807**
小丛生棘豆 **278762**

小丛生龙胆 **173978**
小粗糠树 141683
小粗毛红光树 **216900**
小粗筒苣苔 **60268**
小粗柱大戟 **279869**
小粗柱大戟属 **279868**
小簇叶椰 **295032**
小簇叶椰属 **295029**
小脆蒴报春 **314288**
小村党参 **98346**
小村谷精草 **151419**
小村苔草 **75609**
小寸金黄 **239617**
小达尔文兰 **122795**
小达尔文兰属 **122793**
小打碗花 **68742**
小大黄 **329380**,329324,329330
小大戟 **158869**
小大蒜芥 389199
小带药椰 **383031**
小袋禾 **253508**
小袋禾属 **253501**
小袋兰 **253767**
小袋兰属 **253764**
小袋鼠爪 **25219**
小丹参 337916,344947,344957,345214,345315,345324,345485
小单被藜 **253738**
小单被藜属 **253736**
小单兜 **257652**
小单花荠 **287953**
小单药爵床 **29135**
小单药爵床属 **29134**
小单叶酢浆草 **277970**
小淡红荚蒾 **407831**
小刀豆 71040,218721
小刀豆藤 411464
小刀树 161607,161610
小刀形黄檀 121661
小刀玉凤花 **183531**
小倒钩刺 338317
小倒卵叶景天 **356946**
小稻槎菜属 **221807**
小德卡草 **123434**
小德卡草属 **123433**
小德律阿斯兰 **138422**
小灯笼草 **215160**,215110
小灯台 345418
小灯台草 345418
小灯台树 18055
小灯心草 **212929**
小灯盏 128964
小灯盏菜 128964
小登茄 367682
小迪 **102150**
小迪萨兰 **134197**
小迪萨兰属 **134196**
小迪萨兰玉凤花 **183583**
小笛 **102270**
小地耳草 201942
小地肥枝 242707
小地黄连 259875
小地黄莲 **264317**
小地梨 373439
小地罗汉 178237
小地扭 231546,231553
小地松 224800,224961
小地榆 **345860**,370503
小地中海发草 **290797**
小地棕 114838
小蒂姆北美香柏 **390623**
小滇芎 **297953**
小颠茄 367241,367733,367735
小颠茄子 201389
小点地梅 **23182**
小电灯花 **97755**
小垫黄芪 42953
小垫黄耆 **42953**
小垫柳 **343119**
小钓鱼竿 407453
小蝶兰 **293623**,293648
小蝶兰属 310859
小丁花 145694
小丁克兰 **131266**
小丁木 145694
小丁茄 367518
小丁香 308359,308363
小疔药 238211
小顶冰花 **169446**,169420,169479,169513
小顶花桔梗 **128130**
小顶花桔梗属 **128129**
小定药 146960
小冬瓜 145024
小冬青 204341
小冬青叶小裂缘花 **351447**
小冬桃 142298
小冻绿树 **328842**
小兜草 **253351**
小兜草属 **253350**
小兜蕊兰 **22326**
小斗篷草 **14087**
小豆 **408982**,18289,408839
小豆柴 206445,239391,239406
小豆豉杆 350757
小豆岛连翘 **167470**
小豆蔻 **143502**,19836,19870,19910
小豆蔻属 **143499**
小豆兰 62571
小豆藤 56392
小毒芋 376382
小独根 162542,259875
小独花报春 **270736**
小独活 44719
小独角莲 33288,33335,401156
小独脚莲 33288,33335,401156
小独蒜 15450
小独行菜属 253518
小杜鹃 331243
小杜鹃花 **48403**,331057
小杜鹃花属 **48402**
小杜鹃兰 383132
小杜楝 **400589**
小杜若 **307333**
小杜仲 375237
小渡铁线莲 **95195**
小短梗景天 **8482**
小短梗玉盘 **399380**
小短尖狒狒花 **46087**
小短尖虎耳草 **349672**
小短尖球柱草 **63309**
小短茎野荞麦 **151882**
小短野牡丹 **58559**
小短叶欧石南 **149308**
小短叶唐菖蒲 **176142**
小断草属 **379662**
小对节刺 198243
小对节生 245826
小对经草 146849
小对叶草 96398,117643,201761,201853,201942,202086
小对叶返顾马先蒿 **287592**
小对叶藤 **250156**
小对叶藤属 **250154**
小对月草 201853,202086,202151
小盾杜鹃 331446
小盾芥 **44069**
小盾芥属 **44068**
小盾秋海棠 **50296**
小盾头木属 **50966**
小钝楔齿瓣虎耳草 **349355**
小多丽特香雪球 **235091**
小多脉川苔草 **310094**
小多脉川苔草属 **310093**
小多穗兰 **310507**
小多头玄参 **307600**
小多叶酢浆草 **278018**
小朵林 301230
小朵令箭荷花 **266651**
小惰雏菊 **29104**
小鹅菜 368771
小鹅儿肠 84040,356696
小鹅耳枥 77373
小蛾兰 293598
小恶鸡婆 82022,92384
小萼斑鸠菊 **406192**
小萼棒伞芹 **328433**
小萼菜豆树 **325000**
小萼翅籽草海桐 **405301**
小萼粗叶木 **222230**
小萼达维木 **123282**
小萼大戟 **253908**
小萼大戟属 **253906**
小萼冬红 **197365**
小萼杜鹃 **331245**
小萼番薯 **207996**
小萼飞蛾藤 131243
小萼佛甲草 **356937**
小萼瓜馥木 **166672**
小萼海特木 **188329**
小萼厚壳树 **141672**
小萼景天 356937
小萼九节 **319692**
小萼狸藻 **403249**
小萼绿乳 **148332**
小萼马先蒿 **287428**
小萼木蓝 **206245**
小萼茜 **253131**
小萼茜属 **253130**
小萼日中花 **220614**
小萼蛇舌草 **269903**
小萼素馨 **211907**
小萼香芸木 **10660**
小萼小刺爵床 **184243**
小萼鸭嘴花 **214399**
小萼芽冠紫金牛 **284035**
小萼岩黄耆 **188002**
小萼异隔蒴苘 **16247**
小萼折柄茶 376447
小儿腹痛草 380298
小儿还魂草 41196
小儿拳 367322
小儿血参 173828
小耳巴布亚木 **283027**
小耳柄鳞菊 **306568**
小耳雌足芥 **389275**
小耳朵草 1790
小耳海勒兰 **143842**
小耳环 134032
小耳距苞藤 **369898**
小耳悬子苣苔 **110558**
小耳褶龙胆 **173534**
小二棱黄眼草 **415995**
小二仙草 **179438**,261364
小二仙草科 **184993**
小二仙草属 **179432**,184995
小二叶兰 **232905**
小发散 341504
小法道茜属 **162023**
小法伦大戟 **162446**
小法罗海 192278,192312
小番红花 **111557**
小番茄 239157
小翻白草 312446
小繁缕 **375070**
小返魂 296471,296679

小方杆 380184
小方秆草 249494
小方竹 **87557**
小防风 77784
小飞廉属 **73238**
小飞龙掌血 **392560**
小飞蓬 103446
小飞扬 159102,159634,159971
小飞扬草 159971,170193
小飞雉 364360
小非洲菊属 86025
小肥皂草 **346439**
小肥猪 295986
小肥猪藤 95265
小肺金草 14529
小肺筋草 14494,14529
小费利菊 **163242**
小粉风车属 **15012**
小粉夹竹桃 **265333**
小粉丽荷兰菊 **40932**
小粉绿钻地风 351806
小粉团 204799
小风寒 239597
小风兰 **24947**,390502
小风毛菊 **348534**
小风藤 187280,204217
小蜂斗草 **368887**
小蜂室花 **203179**
小蜂室花白花菜 **95705**
小蜂室花属 **203175**,9785,157193
小凤凰木 **123810**
小凤梨 **21486**
小凤梨属 113364
小佛肚竹 **47509**
小佛手银杏 **175829**
小佛指甲 356884
小弗里斯大戟 **158924**
小伏毛丝花苣苔 **263329**
小扶芳藤 **157503**
小扶桑 243929,243932
小芙兰草 **168876**
小芙蓉 **259884**
小芙蓉花 383103
小枹丝栗 78944
小浮萍 224375,372300
小浮水青锁龙 **109203**
小浮叶眼子菜 312203
小福王草 **313776**
小福王草属 **313775**
小付心草 201942
小附生藤属 **245138**
小附属物刺头菊 **108416**
小复活刘氏草 228299
小盖伊柳叶菜 **172269**
小干松 299869
小甘菊 **71090**
小甘菊属 **71085**
小甘槭 3761
小甘肃蒿 **35524**
小柑 253627
小柑属 253626
小疳药 201845,202217
小感应草 54548
小刚毛矮灌茜 **322431**
小刚毛菝葜 **366408**
小刚毛百蕊草 **389872**
小刚毛虎耳草 **349411**
小刚毛水苏 **373147**
小刚毛苔草 **75358**
小刚毛天竺葵 **288515**
小刚毛仙花 **395828**
小高岑花楸 **369513**
小藁本 **229265**
小藁本属 **229264**
小哥伦比亚野牡丹 **199199**
小格拉紫金牛 180088
小格罗兰 **177315**
小葛瓢 117339
小葛藤 97947
小葛香 250228
小蛤蟆碗 128964
小隔山草 252513
小根菜 15450
小根刺麻树 **268020**
小根花兰 **329719**
小根花兰属 **329718**
小根节兰 65879
小根马先蒿 **287382**
小根蒜 15450
小根占 93647
小梗黄肉楠 6809,234075
小梗毛花薯蓣 **131626**
小梗木姜子 6809,234075
小梗偏穗草 **414467**
小梗偏穗草属 **414466**
小梗蒲桃 **382614**
小梗曲足南星 **179281**
小梗三萼木 **395322**
小梗属 376314
小梗丝叶菊 **391041**
小梗苔草 **75362**
小梗紫露草 **394059**
小公公 309507
小公女 **102249**
小公主粉花绣线菊 **371953**
小功劳 319461,319771,319837,319898
小勾儿茶 **52481**
小勾儿茶属 **52477**
小沟繁缕 **142585**
小沟繁缕属 **142584**
小沟稃草 25333
小沟克拉莎 **93919**
小沟石斛 **125371**
小钩耳草 187691
小钩叶藤 **303094**
小狗骨柴 133186
小狗木 202021
小狗皮 122571
小狗尾草 361877
小狗响铃 112138
小构皮 122567
小构树 **61103**,61101,414254
小姑娘草 54555
小姑娘茶 241775
小姑娘果 171223
小孤挺花 **196445**
小孤菀 **393411**
小谷精草 **151356**,151257,151268
小瓜多禾 **181487**
小瓜多禾属 **181479**
小瓜多竹属 181479
小关门 218347
小冠花 **105276**,105275,105324
小冠花灰毛豆 **386010**
小冠花属 **105269**
小冠稷 281512
小冠军北美香柏 **390607**
小冠萝藦属 **254067**
小冠茜 **270308**
小冠茜属 **270307**
小冠全能花 **280902**
小冠莎草 **119206**
小冠线莴苣 **375966**
小冠薰 **48727**
小冠薰属 **48724**
小冠远志 **308192**
小管臂兰 **58223**
小管柽柳桃金娘 **261012**
小管赪桐 **96259**
小管唇姜 **365266**
小管红蕾花 **416963**
小管花党参 **98374**
小管兰 **367834**
小管兰属 **367833**
小管拟山芝麻 **190120**
小管婆罗刺 **57233**
小管曲丝花 **70926**
小管仲 312652,312653
小灌齿缘草 **153453**
小灌木木犀草 **327846**
小灌木南芥 **30270**
小灌木匹菊 **322683**
小灌木状青兰 137587
小灌木状水苏 **373219**
小光高粱 369678
小光花咖啡 **318795**
小光山柳 **344293**
小光头黍 **281482**
小广藤 290843
小广西过路黄 **239548**
小龟背竹 **258166**,258170
小龟姬 171688
小鬼百合 229887
小鬼叉 54042,54158
小鬼叉子 54042
小鬼钗 54158
小鬼葱 213447
小鬼兰 **224428**
小鬼兰属 **224426**
小鬼伞 381814
小鬼针 53797
小贵凤卵 **304347**
小桂皮 91282
小果 177845
小果阿尔泰葶苈 **136921**
小果阿福花 39328
小果阿氏莎草 **588**
小果阿魏 **163676**
小果桉 **155652**
小果氨草 **136265**
小果菝葜 **366309**
小果白刺 **266377**
小果白蜡树 168043
小果白蓬草 388583
小果白叶冷杉 499
小果拜卧豆 **227065**
小果鲍厄尔滨藜 **44618**
小果荸荠 **143287**
小果匕果芥 **326842**
小果扁担杆 **180871**
小果藨草 **353618**
小果滨藜 **253488**
小果滨藜属 **253487**
小果博落回 **240769**
小果草 **253200**
小果草海桐 **350337**
小果草属 **253197**
小果侧金盏花 **8367**
小果茶藨 334262
小果茶藨子 **334262**
小果沉香 **29978**
小果柽柳桃金娘 **261010**
小果秤锤树 **364954**
小果齿果草 **344349**
小果齿缘草 **153535**
小果椆 233317
小果垂丝卫矛 **157763**
小果垂枝柏 **213889**
小果刺头菊 **108340**
小果刺子莞 **333634**
小果大茨藻 **262074**
小果大花青藤 **204626**
小果大戟 **159357**
小果大戟属 **253297**
小果大节茜 **241037**

小果大叶漆 **393462**
小果袋戟 **290571**
小果单兜 **257651**
小果单干木瓜 **405120**
小果单节假木豆 **125578**
小果刀豆 **71040**
小果倒地铃 **73208**,73207
小果德普茜 **125898**
小果德钦杨 **311345**
小果滇紫草 **271805**
小果调羹树 189976
小果丁香蓼 **238185**
小果东澳木 **725**
小果冬青 **204050**
小果冬藤 6546
小果短柱茶 **69006**
小果盾翅藤 **39684**
小果盾果荠 **97457**
小果方枝柏 213807
小果榧 393061
小果榧树 393061
小果风铃草 69972
小果腐花木 **346466**
小果富士山冷杉 **499**
小果刚毛荸荠 **143346**
小果革叶槭 **2907**
小果钩藤 **401769**
小果枸杞 **238999**
小果骨籽菊 **276645**
小果果 367416
小果海红豆 **7187**
小果海木 395482
小果海棠 243657
小果海棠木 67864
小果海特木 **188331**
小果海桐 **301356**
小果含笑 **252930**
小果寒原荠 **29172**
小果禾 **253855**
小果禾属 **253852**
小果核果茶 **322596**
小果核桃 212627
小果鹤虱 **221705**
小果黑三棱 **370080**
小果红光树 216822
小果红莓苔子 **278360**
小果厚壳桂 **113471**,113470
小果厚皮树 **221178**
小果厚柱头木 **279842**
小果虎耳草 **349642**
小果虎克小檗 **51736**
小果槐 369066
小果黄腊果 374385
小果黄芪 42893
小果黄耆 **43284**,42893
小果灰桉 **155706**
小果极细刺子莞 **333703**
小果急流茜 **87504**
小果棘豆 **279013**
小果荚髓苏木 **126804**
小果假槟榔青 **318482**
小果假肉豆蔻 257651
小果剑叶蛇舌草 **269875**
小果角果铁 **83686**
小果角果泽米 83686
小果角碱蓬 **379510**
小果绞股蓝 **183033**
小果金花茶 **69481**,69357
小果锦葵 **243800**
小果近光滑小檗 **52205**
小果咖啡 98857
小果卡德藤 **79372**
小果康氏掌 **102824**
小果榜 78939
小果柯 **233317**
小果可拉木 **99202**
小果苦橙 **93635**
小果苦苣菜 **368764**
小果苦油楝 72644
小果蜡瓣花 **106658**
小果蓝堇 **169102**
小果藜属 253487
小果蓼 **309528**
小果劣参 **255987**
小果裂果漆 **393459**
小果岭南槭 **3731**
小果菱 394459,394496
小果柳杉 113721,385355
小果龙常草 **128015**
小果露兜 281039
小果螺序草 **371771**
小果马比戟 **240188**
小果马岛小金虎尾 **254065**
小果马茴香 **196739**
小果马来茜 **377530**
小果毛腹无患子 **151729**
小果毛蕊茶 **69743**
小果毛穗茜 **396421**
小果没药 **101497**
小果梅 **316570**
小果美古茜 **141923**
小果美洲梨 **323084**
小果米饭花 239392
小果木瓜红 **327421**
小果木槿 **195024**
小果木蓝 **206246**
小果木通 95226
小果木犀草 **327887**
小果南蛇藤 **80206**
小果南烛 239392
小果囊苔草 **75170**
小果囊颖草 **341975**
小果拟阿福花 39328
小果女贞 **229549**
小果排草 239699,239735
小果泡泽木 **311681**
小果婆罗门参 394334
小果婆婆纳 **407228**
小果葡萄 **411568**
小果蒲公英 **384636**
小果蒲芦 219854
小果朴 80610
小果普伦卫矛 **304475**
小果七翅芹 **192213**
小果七叶树 **9731**
小果桤叶树 **96546**
小果奇异栗豆藤 **11037**
小果歧缬草 **404441**
小果千金榆 77278
小果荨麻 **402855**
小果蔷薇 **336509**,336783
小果青皮木 **352437**
小果青藤 204626,204639
小果球葵 **370951**
小果球柱草 **63324**
小果忍冬 **235902**
小果日本紫珠 **66826**
小果绒毛漆 **393496**
小果榕 165037
小果肉托果 **357882**
小果软骨瓣 **88835**
小果润楠 **240645**
小果三翅菊 **398202**
小果三角果 **397304**
小果沙地榼藤子 **145862**
小果沙拐枣 **67048**,67070
小果砂萝卜 **19725**
小果山菠萝 **281157**
小果山龙眼 **189918**
小果山葡萄 411568
小果上叶 62763,62955
小果蛇舌草 **269904**
小果十大功劳 **242494**
小果石笔木 322596
小果石栎 233317
小果食果蜡烛木 **121115**
小果矢车菊 **81206**
小果柿 **132454**
小果鼠李 **328786**
小果双碟荠 **54703**
小果双毛藤 **134527**
小果斯胡木 **352733**
小果斯诺登草 **366753**
小果松科 **254088**
小果松属 **254090**
小果菘蓝 **209215**
小果酸浆 297711
小果酸模 **340135**
小果酸渣树 **72644**
小果唐菖蒲 **176369**
小果唐松草 **388569**
小果桃叶卫矛 157561
小果条果芥 **285001**
小果铁冬青 204217
小果葶苈 **137110**
小果驼蹄瓣 **418714**
小果网脉无患子 **129661**
小果微花蔷薇 **29025**
小果微花藤 **207377**
小果微孔草 **254363**
小果卫矛 **157721**
小果屋顶棕 **390460**
小果无梗五加 **143667**
小果五叶参 289637
小果西南卫矛 157561
小果西氏溲疏 **127085**
小果希尔茜 **196253**
小果席氏溲疏 127085
小果细脉莎草 **107220**
小果显脉青藤 **204639**
小果陷孔木 **266504**
小果香柏 213854,213857
小果香草 **239735**,239699
小果香椿 392837
小果香桧 213854,213857
小果香芸木 **10661**
小果响叶杨 **311196**
小果小豆蔻 **143504**
小果小萝卜 326842
小果小穗无患子 **142916**
小果肖长苞杨梅 **101660**
小果兴安虫实 **104759**
小果修泽兰 **17470**
小果秀丽莓 **338123**
小果锈毛五叶参 **289637**
小果旋带麻 **183359**
小果雪兔子 **348786**
小果丫蕊花 **416504**
小果亚麻荠 **68850**
小果岩荠 **98015**,416320
小果岩生莎草 **119525**
小果野蕉 **260199**
小果野葡萄 411568
小果野桐 **243391**,243369
小果叶下珠 **296734**,296695
小果阴山荠 **416320**,98015
小果银毛球 **244152**
小果罂粟 **282610**
小果樱桃 **83257**
小果油桃木 **77945**
小果榆 **401569**
小果约斯盾果荠 **97448**
小果越橘 278360,278366
小果芸香 **341070**
小果枣 **418197**
小果藻百年 **161561**
小果皂荚 **176865**,176869
小果鹧鸪花 **395482**

小果珍珠花 **239392**,239395
小果芝麻芥 **154066**
小果栀子 171374
小果中华槭 **3622**
小果皱子棕 **321171**
小果猪屎豆 **112407**
小果爪萼帚灯草 **271896**
小果锥 **78939**
小果准噶尔栒子 **107689**
小果子蔓 **182174**
小果紫花槭 **3480**
小果紫苜蓿 **247459**
小果紫杉 385355
小果紫薇 **219960**,219970
小过路黄 201845,202086,239582,239597
小过桥风 176839
小过山龙 329000,329009
小哈芥属 **199505**
小孩拳 167092,337925
小海豆 **245291**
小海老草 66725
小海米 75930
小海神木 **315897**
小海特木 **188332**
小含笑 **252985**
小含笑属 **252982**
小寒金菊 **199229**
小寒药 337253,375836,407458
小韩信草 355391
小焊菜 **215559**
小焊菜属 **215557**
小汗淋草 202086
小旱稗 **140384**
小旱金莲 **399604**
小旱莲 201761
小旱莲草 202086
小旱苗蓼 309298
小蒿 **36577**
小蒿属 **36576**
小蒿子 36241
小豪华菠萝 **324579**
小豪曼草 **186199**
小好运黛粉叶 **130123**
小号布纱 226739
小号苍蝇翼 218347
小号风沙藤 214972
小号虎舌癀 231568
小号鸡舌癀 260110
小号犁头树 382499
小号乳仔草 159634
小号山东瓜 34188
小号向天盏 355391
小号野花生 18289
小号一包针 177285,177325
小号一枝香 201942
小诃子 386460
小禾镰草 170193
小合头椴 **94108**
小和尚藤 336509
小核冬青 **204058**
小核果树 **199305**
小核果树属 **199303**
小核桃 **212627**,77887
小荷包 307923
小荷包牡丹 128314
小荷苞 307923
小荷草 60259
小荷枫 125604
小盒子草 6907
小褐鳞木属 **43466**
小赫内草 **197083**
小黑斑观音兰 **399068**
小黑地十二卷 **186468**
小黑根 138897
小黑果 261621,407685
小黑节草 337253
小黑救荒野豌豆 **408580**
小黑孔欧石南 **149752**
小黑麦 **356253**
小黑鳗藤 **376019**
小黑鳗藤属 **376017**
小黑毛落苞菊 **55100**
小黑毛落苞菊属 **55099**
小黑面神 **60072**,60066
小黑牛 5046,5335,5424,5432,5436,5635,291061,401176
小黑牛筋 107549
小黑三棱 **370096**,370088,370102
小黑三叶草 **396985**
小黑升麻 406320
小黑藤 375836,375857
小黑杨 **311191**
小黑药 138897,345941,345969,355100
小亨伯特锦葵 **199262**
小亨伯特锦葵属 **199260**
小横蒴苣苔 **49397**
小红萆薢 366338,366447
小红草 308946
小红草乌 345485
小红橙 **93343**,93344
小红葱 **143571**,143573
小红翠玉 **102657**
小红丹参 345439
小红党参 345485
小红点草属 **223825**
小红豆 191574
小红豆杉 **385370**
小红枫 277884
小红芙蓉 242
小红果 28997,199449,204053,401346
小红果属 401345
小红蒿 115641
小红花 100044,344980
小红花寄生 **355318**
小红活麻 56318
小红夹竹桃 **265334**
小红荚蒾 407831
小红筋草 159092,159286
小红菊 **124778**
小红橘 93721
小红栲 **78877**
小红蕾花 **416964**
小红柳 **343692**,343691
小红门兰属 **310859**
小红米果 66913
小红蜜柑 93721
小红木头树 386712
小红袍 26625,200301,243932,351080
小红瓶兰 **332225**
小红人 308969
小红参 **170354**,170361,170696,276098,338028,338044,344957,345439,345485
小红薯 208023
小红树属 **26186**
小红苏 144014
小红蒜 143571,143573
小红藤 285144,308946,338003,338028,351069,361384,387785,387822,387825
小红头 407275
小红头菊 **154775**
小红悬钩子 **339124**
小红药 81727,338044,387822,387825
小红叶藜 **87151**
小红钟藤属 **134867**
小红仔珠 **60075**,60053,60083
小喉滇紫草 242400
小厚敦菊 **277126**
小厚叶兰 **279631**
小狐茅状雪灵芝 **31896**
小胡瓜属 **253897**
小胡黄连 264317
小胡椒 231444
小胡萝卜 **123215**
小胡麻 224989,361317
小胡颓子 **142190**
小壶大黄栀子 **337532**
小壶藤属 402187
小葫芦 **219854**,219843
小槲栎树 323630
小槲树 **324464**
小虎耳草 **350066**,23323,349936
小虎耳草属 **350064**
小虎尾 **346096**
小虎掌草 325697,325718
小瓠果属 **290522**
小瓠花 250831
小花阿比西尼亚马唐 **130409**
小花阿拉戈婆婆纳 **30582**
小花阿赖山黄芪 43005
小花阿赖山黄耆 **43005**
小花阿兰藤黄 **14896**
小花阿氏紫草 **20840**
小花阿斯草 **39843**
小花埃利茜 **153409**
小花埃塞俄比亚猪屎豆 **111973**
小花矮锦鸡儿 **72330**
小花矮龙胆 **174069**
小花安迪尔豆 **22222**
小花安瓜 **25153**
小花暗罗 **307497**
小花奥多豆 **268873**
小花奥里木 **277536**
小花奥列兰 **274163**
小花奥萨野牡丹 **276507**
小花澳龙骨豆 **210342**
小花八角 **204558**
小花八角枫 **13362**
小花八月瓜 197247
小花巴布亚木 **283032**
小花巴厘禾 **284119**
小花巴纳尔木 **47571**
小花巴婆 38330
小花白果棕 390463
小花白千层 **248110**
小花白千里光 **356505**
小花白桐树 **94083**
小花白头菊 **96647**
小花白头翁 321665
小花白辛树 **320885**
小花百部 375349
小花百合 229762
小花百脉根 **237711**
小花百日菊 **418060**
小花拜卧豆 **227071**
小花斑鸠菊 **406664**,406228
小花斑纹矢车菊 **81406**
小花斑籽 46969
小花斑籽木 **46969**
小花半蒴苣苔 **191379**
小花半育花 **191477**
小花瓣加拿大唐棣 **19252**
小花棒室吊兰 **106982**
小花苞爵床 **139013**
小花报春茜 **226242**
小花报春石南 **371551**
小花杯冠藤 **117454**
小花贝格欧石南 **149079**
小花贝母 **168490**,168469,168538
小花被禾 **293953**

小花比克茜 **54386**
小花碧冬茄 **292753**
小花扁棒兰 **302778**
小花扁刺爵床 **370288**
小花扁担杆 **180703**
小花扁圆柳 **343784**
小花杓兰 **120414**
小花薄荷 **250400**
小花布拉兰 **58243**
小花布郎兰 **61188**
小花布里滕参 **211520**
小花彩花 **2271**
小花彩云木 **381479**
小花菜棕 **341423**
小花槽舌兰 38191
小花草 148524,368887
小花草地风毛菊 **348135**
小花草科 148520
小花草木犀 **249237**,249218
小花草属 148523
小花草丝兰 **193229**
小花草玉梅 **24028**
小花侧花茱萸 **304614**
小花层菀属 **141905**
小花叉果菊 129526
小花叉序草 **209924**
小花茶藨 334076
小花茶豆 **85209**
小花钗子股 **238309**
小花蟾蜍草 **62264**
小花长串茶藨 **334076**
小花长花柳 343620
小花长角胡麻 **315438**
小花长柔毛柿 **132464**
小花长药兰 **360629**
小花常山 **129039**
小花车前 **302196**
小花车轴草 **396977**
小花柽柳 **383581**
小花柽柳桃金娘 **261009**
小花橙 **93634**
小花匙唇兰 **352307**
小花翅瓣黄堇 **106335**
小花翅柄泡果荠 **196273**,196299
小花翅梧桐 **320505**
小花春美草 **94343**
小花唇果夹竹桃 **87430**
小花唇叶玄参 **86372**
小花刺菊木 **48419**
小花刺球果 **218082**
小花刺参 **258865**,258849
小花刺薯蓣 **131837**
小花刺蒴麻 **399277**
小花刺苇 **239356**
小花刺苇属 **239355**
小花刺续断 258865
小花刺针草 54042
小花葱 **15852**
小花粗茎爱染草 **12502**
小花粗叶木 **222229**
小花簇叶兰 **135066**
小花达维木 **123284**
小花大刺爵床 **377501**
小花大果龙胆 **240958**
小花大戟 **159354**
小花大距野牡丹 **240983**
小花大伞草 **242799**
小花大沙叶 **286356**
小花大参 **241173**,241179
小花大芽博巴鸢尾 **55960**
小花大羽叶鬼针草 **54082**
小花代德苏木 **129739**
小花戴尔木蓝 **205933**
小花单干木瓜 **405121**
小花单裂萼玄参 **187059**
小花单脉青葙 **220213**
小花单囊婆婆纳 **257719**
小花单室茱萸 **246216**
小花单枝竹 **56954**
小花淡紫百合 **229762**
小花党参 **98373**
小花倒挂金钟 **168780**
小花倒提壶 117986
小花德里野牡丹 **137887**
小花灯台报春 **314835**
小花灯心草 **212866**
小花等瓣两极孔草 **181054**
小花迪波兰 **133397**
小花迪布木 **138757**
小花地不容 **375890**
小花地瓜儿苗 239235
小花地笋 **239235**
小花地杨梅 **238678**
小花地榆 345310,345921
小花地中海豆 **36961**
小花第伦桃 130922
小花滇紫草 **271759**
小花吊兰 **88589**
小花丁花 **401078**
小花丁香蓼 **238200**
小花顶冰花 **169467**
小花顶毛石南 **6382**
小花顶叶菊 **335033**
小花东俄洛黄芪 43165
小花兜兰 282867
小花斗篷草 **14162**
小花豆属 226144
小花毒鼠子 **128778**
小花独蕊 **412160**
小花独焰禾 **148213**
小花杜鹃 **331249**,330716,
330717,331239,331240
小花杜楝 **400594**
小花杜英 **142357**
小花短冠草 **369232**
小花短茎野荞麦 **151881**
小花短距乌头 **5079**
小花短丝花 **221430**
小花短硬毛欧石南 **149554**
小花短柱兰 **58809**
小花椴 **391749**
小花堆桑 **369821**
小花对叶兰 **264746**
小花盾叶薯蓣 **131846**
小花盾柱芸香 **288919**
小花盾籽茜 **342127**
小花多被野牡丹 **304170**
小花多角果 **307783**
小花多球茜 **310270**
小花多穗兰 **310540**
小花峨眉翠雀花 **124429**
小花恩氏寄生 **145595**
小花耳草 **187677**
小花耳梗茜 **277206**
小花二翅豆 **133628**
小花二弯苣苔 **129723**
小花法车前 **301836**
小花法拉茜 **162589**
小花番薯 **207994**
小花矾根 **194426**
小花繁缕 **374986**
小花范库弗草 404619
小花方枝树 **270473**
小花方竹 **87587**
小花芳香木 **38702**
小花非洲耳茜 **277275**
小花非洲马钱树 **27611**
小花菲岛茜 **313536**
小花菲利木 **296274**
小花菲奇莎 **164558**
小花狒狒花 **46075**
小花分枝鸵鸟木 **378601**
小花风车子 **100322**
小花风铃草 **70106**
小花风轮菜 **97029**
小花风毛菊 **348626**
小花风琴豆 **217990**
小花风筝果 **196842**
小花凤仙花 **205141**,205216
小花佛手掌 **77437**
小花弗尔夹竹桃 **167419**
小花拂子茅 **65337**
小花福氏凤梨 **167530**
小花辐射缬草 **404469**
小花俯卧叠鞘兰 **85485**
小花盖尔平木 **170821**
小花盖耶芸香 **172478**
小花干若翠 **415476**
小花甘蓝豆 22222
小花甘蓝皮豆 22222
小花杠柳 291089
小花高粱 **369686**
小花高山龙胆 **173202**
小花高葶苣 **11495**
小花高原韭 **15377**
小花格里杜鹃 **181230**
小花格尼瑞香 **178666**
小花根特紫金牛 **174257**
小花贡甲 **240854**
小花勾儿茶 **52448**
小花钩刺苋 **321806**
小花钩喙兰 **22096**
小花钩足豆 **4899**
小花狗尾草 **361856**
小花古朗瓜 **181992**
小花瓜多竹 **181478**
小花冠顶兰 **6186**
小花冠花树 **68588**
小花灌木查豆 **84461**
小花光叶豆 **22311**
小花光叶豆属 **22310**
小花光泽兰 **166838**
小花桄榔 **32340**
小花广布黄耆 **42385**
小花鬼针草 **54042**,54082
小花桂雄 **122358**
小花海特木 **188328**
小花海因斯茜 **188285**
小花蔊菜 **336229**
小花汉珀锦葵 **185219**
小花旱麦瓶草 **363609**
小花杭子梢 **70797**
小花蒿 36059,360835
小花壕草 **365350**
小花禾叶兰 **12457**
小花合丝莓 **347680**
小花赫柏木 **186966**
小花赫克楝 **187149**
小花鹤顶兰 293494
小花黑草 **61823**
小花黑漆 **248485**
小花黑药花 **248662**
小花黑种草 **266229**
小花亨里特野牡丹 **192053**
小花红豆草 271232
小花红花荷 **332210**
小花红蕾花 **416974**
小花红泡刺藤 **338890**
小花红树 **329767**
小花红叶藤 **337749**
小花后毛锦葵 **267201**
小花后蕊苣苔 **272590**
小花厚敦菊 **277106**
小花厚膜树 **163404**
小花厚叶兰 **279630**
小花胡麻 **361329**
小花壶花无患子 **90748**
小花湖瓜草 **232404**

小花蝴蝶草 **392927**
小花虎耳草 **349977**,349736
小花虎耳草属 **253069**
小花花椒 **417271**
小花花菱草 **155185**
小花花佩菊 **161883**
小花花旗杆 **136179**
小花花旗竿 136179
小花花楸 **369462**
小花花葱 **307234**
小花画眉草 **147864**
小花还阳参 **110896**
小花环花兰 **361257**
小花荒漠喜阳花 **190314**
小花黄蝉 14881
小花黄剑草 **77757**
小花黄堇 **106350**
小花黄蕾丽兰 **219678**
小花黄梨木 **56972**
小花黄芪 43165
小花黄耆 **43165**
小花黄芩 355428
小花黄檀 **121788**
小花灰毛豆 **386183**
小花回欢草 **21085**
小花回柱木 **203526**
小花喙馥兰 **333121**
小花火炬花 **217012**
小花火绒草 **224904**
小花火烧兰 147149
小花火焰草 **79131**
小花霍尔蔷薇 **198405**
小花鸡头薯 **152992**
小花姬凤梨 **113372**
小花姬花蔓柱 **414430**
小花吉利镰扁豆 **135514**
小花吉诺菜 **175853**
小花棘豆 **278842**
小花几内亚蒲桃 **382559**
小花戟叶火绒草 **224825**
小花季氏卫矛 **418064**
小花假糙苏 **283638**
小花假杜鹃 **48283**
小花假番薯 208255
小花假海马齿 **394899**
小花假鹤虱 **153549**
小花假狼紫草 **266611**
小花假龙头花 **297981**
小花假路边青 **283330**
小花假毛地黄 **10148**
小花假卫矛 **254312**
小花假泽兰 **254438**
小花尖瓣紫堇 **106222**
小花尖叶木 **402635**,402624
小花剪股颖 **12201**
小花姜花 **187467**
小花降龙草 191359
小花胶藤 **220906**
小花椒 417330
小花角蒿 **205607**
小花角花葫芦 **83593**
小花角茴香 **201616**
小花接骨木 345629
小花金被藤黄 **89854**
小花金花茶 **69355**,69480
小花金鸡纳 **91079**
小花金鸡纳树 91079
小花金莲花 **399520**
小花金莲木 **268223**
小花金梅 **312347**,312659
小花金钱豹 70398
小花金丝桃 **202029**
小花金挖耳 **77181**
小花金银花 235929
小花筋骨草 **13164**
小花锦葵 **243810**
小花锦竹草 **67148**
小花荆豆 **401398**
小花荆芥 **264995**
小花旌节花 **373567**
小花菊 366092
小花菊属 366091
小花矩圆红光树 **216867**
小花矩圆叶豇豆 **408994**
小花苣苔 **88002**
小花苣苔花 **177522**
小花苣苔属 **87994**
小花距苞藤 **369905**
小花决明 **78278**
小花卡德藤 **79374**
小花卡尔蒺藜 **215384**
小花卡尔平木 170821
小花卡利茄 **66537**
小花卡林玉蕊 76839
小花凯木 **215676**
小花凯氏兰 **215795**
小花科林花 **99839**
小花科丘茜 **217390**
小花科若木 **99156**
小花可利果 **96779**
小花克力巴菊 96647
小花空树 **99057**
小花蔻木 **410923**
小花苦槛蓝 260720
小花库卡芋 **114395**
小花库页朗氏堇菜 **410173**
小花宽瓣黄堇 **105934**
小花宽管瑞香 **110167**
小花宽叶赛德旋花 **356433**
小花宽叶十万错 **43625**
小花奎茨卫矛 **324591**
小花葵 **188941**
小花昆盖猪屎豆 **112292**
小花栝楼 **396245**
小花阔蕊兰 **291189**
小花蜡梅 **87530**
小花梾木 **380484**
小花蓝花参 **412729**
小花蓝堇 **169136**
小花蓝绿叶异决明 **360447**
小花蓝盆花 **350209**
小花老鹳草 **174805**
小花老虎刺 **320604**,320603
小花老鼠刺 210407
小花老鼠簕 **2672**
小花雷尔苣苔 **327592**
小花雷耶斯茄 **328312**
小花肋柱花 **235455**,235461
小花类莪利禾 **284720**
小花类花刺苋 **81669**
小花类虾衣花 **137810**
小花离子芥 **89008**
小花藜芦 **405615**
小花李堪木 **228676**
小花立方花 **115775**
小花丽杯角 **198066**
小花利堪蔷薇 228676
小花莲子草 **18120**
小花链荚豆 **249556**
小花链荚豆属 **249555**
小花凉粉草 **252244**
小花蓼 **309442**
小花裂果葫芦 **351394**
小花裂花兰 **84539**
小花林地兰 **138526**
小花林莎 **263532**
小花鳞果草 **4474**
小花鳞菊 **123867**
小花鳞蕊藤 **225715**
小花菱草 **155186**
小花琉璃草 **117986**
小花琉璃繁缕 **21346**
小花瘤瓣兰 **270835**
小花柳穿鱼 **231044**
小花柳叶菜 **146834**
小花柳叶箬 **209048**
小花六带兰 **194492**
小花龙面花 **263446**
小花龙舌兰 **10922**
小花龙头木 **76839**
小花龙血树 **137466**,137353
小花龙牙草 **11568**
小花楼斗菜 **30068**
小花漏斗花 **130222**
小花露籽草 **277431**,277430
小花露子花 **123941**
小花卢贡萝藦 **238292**
小花卢南木 **238367**
小花鹿藿 **333320**,333323
小花鹿角藤 **88899**
小花驴喜豆 **271232**
小花轮果石南 **399424**
小花轮环藤 116038
小花轮钟草 **70408**
小花罗顿豆 **237388**
小花罗勒 **268565**
小花螺药芸香 **372173**
小花裸茎日中花 **318887**
小花裸实 **182753**
小花洛克兰 **235135**
小花落萼旋花 **68361**
小花落芒草 **300735**
小花麻黄花 **146274**
小花马岛外套花 **351719**
小花马兜铃 **34377**
小花马克萨斯刺莲花 **301752**
小花马拉瓜 **245004**
小花马莱戟 **245175**
小花马利埃木 **245672**
小花马蹄黄 **370504**
小花马蹄金 128964
小花马先蒿 **287427**
小花马雄茜 **240534**
小花麦瓶草 363259
小花满山白 331795
小花漫游石蒜 **404089**
小花蔓泽兰 254438
小花芒毛苣苔 **9469**
小花芒石南 **227968**
小花牻牛儿苗 **153865**
小花毛瓣亚麻 **187081**
小花毛地黄 **130374**
小花毛顶兰 **385711**
小花毛茛 **326194**
小花毛果草 **222354**
小花毛果覆盆子 338890
小花毛果拟南芥 **30120**
小花毛核木 **380749**
小花毛建草 **137611**
小花毛口萝藦 **219113**
小花毛鞘木棉 **153363**
小花帽柱桃金娘 **299140**
小花莓 338413
小花梅花草 **284603**
小花梅莱爵床 **249550**
小花梅蓝 **248871**
小花梅里野牡丹 **250677**
小花梅农芥 **250277**
小花美登木 **246905**
小花美非补骨脂 **276978**
小花美观糙苏 **295166**
小花美冠兰 **156919**
小花美丽魔杖花 **370005**
小花美女樱 **405881**
小花美洲盖裂桂 **256671**
小花美洲野牡丹 **180058**
小花檬果樟 **77961**
小花蒙古蒿 36453

小花猕猴桃　**6645**
小花米口袋　181693
小花米努草　**255527**
小花米氏田梗草　**254922**
小花密钟木　**192671**
小花缅茄　**10125**
小花膜鳞菊　**201126**
小花磨盘草　**907**
小花墨矛果豆　**414335**
小花墨药菊　**248601**
小花摩苓草　258865
小花母草　**231557**
小花牡蒿　36059
小花牡荆　**411343**
小花木　81858
小花木瓣树　**415807**
小花木荷　**350937**
小花木槿　**195011**
小花木茎火绒草　**224946**
小花木兰　279249
小花木兰杜鹃　**331362**
小花木蓝　**206244**
小花木榄木　**61266**
小花木奶果　**46195**
小花木属　81857
小花木通　94953
小花木茼蒿　**32576**
小花穆坪紫堇　**105888**
小花南非萝藦　**323517**
小花南非针叶豆　**223583**
小花南芥　**30174**
小花南美肉豆蔻　410923
小花南香桃木　**45299**
小花楠　**295384**
小花尼克木　**263030**
小花尼索尔豆　**266342**
小花尼索桐　**265580**
小花尼文木　**266417**
小花拟翅萼树　**120492**
小花拟风兰　**24679**
小花拟娄林果　**335839**
小花拟球兰　**177224**
小花拟山黄麻　**283977**
小花拟托福木　**393386**
小花拟乌拉木　**178947**
小花拟悬子苣苔　**110568**
小花黏腺果　**101257**
小花鸟娇花　**210827**
小花鸟足兰　**347869**
小花聂拉木龙胆　**173672**
小花牛齿兰　**29818**
小花牛舌草　21959
小花牛至　**274228**
小花扭柄花　**377933**
小花扭果花　**377767**
小花脓疮草　**282487**,282479
小花女贞　**229546**
小花诺林兰　**266503**
小花欧活血丹　**176835**
小花欧石南　**149838**
小花欧夏至草　**245756**
小花欧洲水毛茛　**325583**
小花帕劳锦葵　**280455**
小花潘达加　280940
小花盘金藤　**134111**
小花泡泡果　**38330**
小花泡桐　**285983**,96200
小花泡叶番杏　**138216**
小花疱茜　**319977**
小花佩肖木　**288028**
小花彭内尔芥　**289004**
小花偏穗草　**326564**
小花平托田基黄　**180348**
小花苹果萝藦　**249269**
小花苹婆　**376142**,376155
小花坡垒　**198178**,198168
小花破布木　**104227**
小花葡萄风信子　**260328**
小花蒲公英　**384732**
小花蒲葵　**234188**
小花蒲桃　382570
小花普里特风琴豆　**217998**
小花普梭木　**319330**
小花普谢茜　**313245**
小花七叶树　**9719**
小花桤叶树　**96473**
小花槭　3147
小花漆姑草　**342252**
小花棋盘花　**417915**
小花杞莓　**316993**
小花荠苎　**259281**
小花落草　**217449**,217494
小花千岛獐牙菜　**380379**
小花荨麻　402854
小花钱木　**270976**
小花茜　**286014**
小花茜属　**285994**
小花茜树　**12526**
小花墙草　284160
小花蔷薇　**336741**
小花鞘柄茅　**100009**
小花鞘蕊花　**99670**
小花茄　**367386**
小花秦岭藤　**54526**
小花青兰　**137624**
小花青藤　**204642**
小花清风藤　**341539**
小花蜻蜓兰　302549
小花秋海棠　**50079**,50151,50395
小花秋英　**107170**
小花球百合　**62364**
小花曲花　**120542**
小花屈奇茜　**218438**
小花全毛兰　**197555**
小花全毛欧石南　**149559**
小花全缘轮叶　**94273**
小花雀儿豆　**87253**
小花雀梅藤　**342181**
小花雀舌水仙　**274866**
小花髯毛乌头　**5056**
小花荛花　**414235**,414259
小花热非夹竹桃　**13303**
小花热美两型豆　**99955**
小花热美萝藦　**385097**
小花人字果　**128933**,128923
小花忍冬　**235954**,235760,236158
小花荵　**307189**,307215
小花荵属　**307188**
小花日本安息香　**379382**
小花日本六道木　**184**
小花日本马醉木　**298751**
小花日本鼠李　**328747**
小花绒毛石楠　295772
小花柔花　**8969**
小花肉被蓝澳藜　**145267**
小花肉舌兰　**346804**
小花肉叶长柄芥　**349007**
小花软兰　**185318**
小花软毛蒲公英　**242935**
小花软坡垒　**198168**
小花软枝黄蝉　**14876**
小花瑞氏木　**329278**
小花瑞香楠　122358
小花润肺草　**58900**
小花润楠　**240668**
小花鳃兰　**246717**
小花赛菊芋　**190524**
小花三翅萼　398242
小花三重草　**397746**
小花三萼木　**395285**
小花三角车　**334671**
小花三角果　**397303**
小花三肋果　**397975**
小花三脉紫菀　**39970**
小花三芒蕊　**398059**
小花三毛燕麦　**398421**
小花三叶草　**397002**
小花沙蒿菀　**33038**
小花沙参　**7697**
小花沙生蔗茅　**148910**
小花沙生猪屎豆　**112119**
小花沙烟花　**398242**
小花沙扎尔茜　**86345**
小花山茶　**69201**,69079
小花山地银钟花　**184737**
小花山柑　**71805**
小花山黄麻　**394652**
小花山涧草　**87354**
小花山姜　**17653**
小花山萝卜　**350203**
小花山马茶　280940
小花山蚂蚱草　363609
小花山莓草　**362356**
小花山茉莉　199451
小花山柰　**215028**
小花山南芥　30174
小花山桃草　**172203**
小花山小橘　**177845**
小花山猪菜　250792
小花山紫莲　**188255**
小花珊瑚兰　104009
小花舌唇爵床　**177300**
小花舌唇兰　**302441**
小花蛇根草　**272241**
小花蛇舌草　**269973**
小花肾苞草　**294083**
小花肾形草　194426
小花生藤　237539
小花蓍　**3976**
小花石豆兰　**62915**
小花石缝蝇子草　**363465**
小花石膏翠雀花　**124269**
小花石芥花　**125856**
小花石龙尾　**230311**
小花石楠　**295772**,295747
小花石荠苎　259281
小花矢车菊　**81268**,81398
小花使君子　**324671**,324672
小花手玄参　**244839**
小花瘦鼠耳芥　**184845**
小花鼠鞭草　**199702**
小花鼠刺　**210407**
小花鼠尾草　345310
小花鼠尾粟　**372765**
小花薯蓣　**131716**
小花树锦葵　**125754**
小花栓皮豆　**259839**
小花双袋兰　**134320**
小花双距花　**128084**
小花双距兰　**133872**
小花双毛草　**128863**
小花双钱荠　**110549**
小花双盛豆　**20769**
小花双柱杜鹃　**134821**
小花水柏枝　**261296**
小花水丁香　238207
小花水东哥　**347974**
小花水茴草　**345731**
小花水金凤　**205181**
小花水锦树　**413808**
小花水卢禾　**238559**
小花水毛茛　**48909**
小花水苏　**373308**,295048
小花睡布袋　**175275**
小花睡莲　**267715**
小花丝瓣蝇子草　**363448**
小花丝颖针茅　**376731**

小花丝柱龙胆 **173445**
小花斯胡木 **352734**
小花四萼远志 **308262**
小花四粉兰 **387326**
小花四片芸香 **386986**
小花四室木 **387922**
小花四雄五加 **387480**
小花四翼木 **387616**
小花松叶菊 77437
小花溲疏 **127032**
小花苏木 **375365**
小花苏木属 375364
小花酸脚杆 **247594**
小花酸藤子 **144762**,144778
小花算盘七 377933
小花碎米荠 **72920**
小花梭翅秋海棠 **49865**
小花梭叶火把树 **172539**
小花梭籽堇 **169277**
小花塔利木 **383365**
小花塔莲 **409237**
小花台湾异型兰 87463
小花苔草 **75698**
小花汤普森景天 **390326**
小花糖芥 **154424**
小花特伦野牡丹 **394703**
小花藤 **203336**
小花藤属 **253135**,203321
小花天芥菜 **190676**
小花天竺葵 **288310**
小花田皂角 **9580**
小花甜甘豆 **290779**
小花甜叶菊 **376409**
小花庭菖蒲 **365780**
小花庭荠 **18452**
小花葶苈 **137180**
小花同花木 **245286**
小花土党参 70398
小花土连翘 **201082**
小花土密树 **60192**
小花土人参 **383327**
小花兔黄芪 42571
小花兔尾黄耆 **42805**
小花兔尾状黄芪 42571
小花兔尾状黄耆 **42571**
小花托福木 **393375**
小花托考野牡丹 **392535**
小花托里贝母 168591
小花瓦莲 **337318**
小花歪果帚灯草 **71249**
小花弯管花 **86253**
小花万代兰 **404659**,404630
小花万带兰 404659
小花万寿菊 **383099**
小花望峰玉 242886
小花微花兰 **374710**
小花微籽 46969
小花委陵菜 **312762**
小花翁柱 **256251**
小花翁柱属 **256248**
小花乌头 **5498**
小花无苞刺莲花 **28870**
小花无毛漆姑草 **342292**
小花无心菜 **31911**
小花无须菝葜藤 **329677**
小花五角木 **313975**
小花五味子 **351069**
小花五味子藤 351069
小花五星花 **289858**
小花五桠果 **130922**
小花勿忘草 **260833**
小花西方亚麻 **193486**
小花西南非茜草 **20496**
小花西藏微孔草 **254372**
小花希纳德木 381479
小花菥蓂 **390248**
小花犀角属 139133
小花锡叶藤 **386890**
小花细柄茅 **321012**
小花细果田菁 **361400**
小花细辛 **37699**,37674
小花细叶地榆 **345924**
小花细叶剪股颖 **12122**
小花细枝田皂角 **9656**
小花细爪梧桐 **226266**
小花狭翅兰 **375671**
小花狭唇兰 **346713**
小花狭距紫堇 106159
小花下田菊 **8016**
小花夏西木 **171039**
小花仙客来 **115964**,115942
小花仙人柱属 253092
小花线纹香茶菜 **209759**
小花线柱头萝藦 **256074**
小花腺萼菊 **68283**
小花腺瘤兰 **7572**
小花腺托囊萼花 **323431**
小花相似欧石南 **149836**
小花香茶 **303561**
小花香槐 **94020**
小花香科 388178
小花香棵 144023
小花香芸木 **10743**
小花向日葵 **189025**
小花小檗 **51928**,52371
小花小齿玄参 **253437**
小花小袋禾 **253507**
小花小冠花 **105301**
小花小褐鳞木 **43470**
小花小花豆 **226169**
小花小黄管 **356120**
小花小金盏 **270292**
小花小蓼 **308682**
小花小米草 **160219**
小花小蒜芥 **253956**,203150
小花小托叶堇菜 **409773**
小花小药玄参 **253059**
小花小叶滇紫草 271759
小花小籽金牛 **383970**
小花肖菝葜 **194123**
小花肖尔桃金娘 **352472**
小花肖观音兰 **399166**
小花肖禾叶兰 **306174**
小花肖蝴蝶草 **110682**
小花肖尖瓣花 **351871**
小花肖毛蕊花 **80539**
小花肖蒙蒂苋 **258309**
小花肖囊唇兰 **38203**
小花肖树苣苔 **283430**
小花肖双花木 **283294**
小花斜唇卫矛 **86361**
小花缬草 **404309**
小花泻瓜 **79814**
小花新疆忍冬 **236158**
小花星刺 **327568**
小花星宿草 239738
小花绣球防风 **227734**
小花锈毛槐 **369109**
小花须蕊忍冬 235822
小花须柱草 **306802**
小花序杜鹃 332154
小花玄参 **355245**
小花悬钩子 **338970**,338886
小花悬子苣苔 **110562**
小花牙刷树 **344808**
小花雅葱 354913
小花亚菊 13021
小花烟 266053
小花烟堇 **169100**
小花延龄草 **397590**
小花岩蔷薇 **93192**
小花盐肤木 **332761**
小花盐角草 **253296**
小花盐角草属 **253295**
小花焰花苋 **294330**
小花羊耳蒜 **232275**,232117,232290
小花羊角拗 **378430**
小花羊奶子 **142081**
小花洋地黄 130374
小花洋竹草 67148
小花仰卧漆姑草 **342281**
小花腰骨藤 203330
小花野葛 **321464**
小花野古草 **37417**
小花野青茅 **127276**
小花野苏子 287259
小花野豌豆 **408531**
小花叶 92724
小花叶底红 **296385**
小花叶覆草 **297518**
小花叶槭 3499
小花夜香牛 **406228**
小花夜香树 **84420**
小花夷地黄 **351965**
小花异尖荚豆 **263364**
小花异裂菊 **194011**,194013
小花异形木 **16025**
小花异籽藤 **26138**
小花意大利决明 360447
小花翼柱管萼木 **379057**
小花银豆 **32868**
小花银钩花 **256232**
小花银莲花 **23980**
小花银钟花 184749
小花隐籽田基麻 **156074**
小花鹰爪豆 **370205**
小花鹰爪枫 **197247**
小花鹰爪花 **35042**
小花蝇子草 **363259**
小花硬瓣苏木 **354451**
小花硬坡垒 198178
小花硬丝木棉 **354463**
小花鱼骨木 **71454**
小花羽裂荠 **368949**
小花玉凤花 **183392**
小花玉牛角 **139165**
小花玉叶金花 **260472**
小花鸢尾 **208853**
小花鸢尾兰 **267970**
小花鸢尾属 **253096**
小花缘毛夹竹桃 **18942**
小花远志 **308398**,307927
小花远志黄堇 **106279**
小花月见草 **269481**
小花杂花豆 **306717**
小花杂花豆属 **306716**
小花杂蕊草 **381744**
小花皂百合 **88475**
小花窄萼凤仙花 **205335**
小花窄管爵床 **375723**
小花杖 **417521**
小花杖属 **417520**
小花沼茜 **230362**
小花折瓣花 **404619**
小花折柄茶 376455
小花折舌爵床 **321206**
小花折叶兰 **366790**
小花鹧鸪花 **395513**
小花针茅 **376868**
小花蜘蛛抱蛋 **39560**
小花直果草 **397908**
小花止泻萝藦 **416240**
小花指被山柑 **121180**
小花中美紫葳 **20744**
小花柊叶 **296046**,296049
小花钟珊瑚 194426
小花舟叶花 **340826**

小花皱茜 **341143**
小花猪毛菜 **344655**
小花蛛毛苣苔 **283135**
小花柱蕊紫金牛 **379194**
小花柱属 253092,417520
小花锥花 **179200**
小花锥莫尼亚 138526
小花锥柱草 **102793**
小花籽漆 **70483**
小花紫草 233760
小花紫金牛 **31458**
小花紫堇 **106159**,106350
小花紫茎 **376455**
小花紫罗兰 **246526**,246478
小花紫铆 **64149**
小花紫穗兰 **311758**
小花紫菀 39970
小花紫薇 **219959**
小花紫玉盘 **403569**
小花紫云英 **42810**
小花足留子 **306592**
小花嘴乌头 **5414**
小华草 91432
小华雀麦 **60973**
小华盛顿百合 **230071**
小铧叶 399212
小化血 202217
小化血草 14297
小画眉草 **147815**
小桦 **53530**
小桦木 53379
小槐花 **269613**,126389
小槐花属 **269612**
小还魂 172832,201942,338985
小还阳参 **110936**,110916
小环草 125233,125257
小环翅芹 **392871**
小环多毛兰 **396465**
小环蓝花参 **412584**
小环丝韭 **55653**
小黄 328883,329330
小黄柏 52131
小黄斑兰 19499
小黄檗 51374
小黄檗刺 51284
小黄草 125233,125279,238322
小黄刺条 72180
小黄断肠草 105947
小黄飞蓬 **150543**
小黄蛤 207219
小黄狗皮 414216
小黄构 **414216**
小黄管 **356122**
小黄管青锁龙 **109379**
小黄管属 **356034**
小黄果 80273,162346
小黄花 201773,202070,202204,207151,211931
小黄花百合 229956
小黄花菜 **191312**
小黄花茶 **69329**
小黄花龙胆 **174076**
小黄花茅 **28001**
小黄花木 **300688**
小黄花稔属 **362712**
小黄花石斛 **125202**
小黄花苏木 **133636**
小黄花苏木属 **133635**
小黄花鸢尾 **208715**
小黄花子 207151
小黄金鸭嘴草 **209362**
小黄精 **308656**
小黄菊 322730
小黄菊属 322640
小黄蜡果 **374385**
小黄乐母丽 **335951**
小黄连 52371,86755,122040,131873,369141
小黄连刺 52371
小黄连树 294238
小黄柳 343438
小黄泡 339014
小黄泡刺 338317
小黄泡子 338554
小黄皮 **94188**,253628
小黄芪 42189,279185
小黄耆木蓝 **205687**
小黄芩 **355609**,355363,355570,355641
小黄忍冬 **236227**
小黄伞 395480
小黄散 161350
小黄色杓兰 **120423**
小黄鳝藤 398263
小黄树 238106
小黄素馨 211863
小黄檀 **121867**,121760
小黄檀属 **121864**
小黄藤 121517,138975,414576
小黄心草 202146
小黄心叶蔓绿绒 294828
小黄馨 211863
小黄杨 64369
小黄杨叶栒子 107380
小黄药 56382,308739,362672,409888
小黄橡 78927
小黄栀花 171374
小黄钟花 **385519**
小黄钟花属 **385517**
小黄紫堇 **106355**
小晃玉 **168329**
小灰果 172162
小灰蒿 35912
小灰绿蓼 **308696**
小回回蒜 325697,325718
小茴 167156
小茴香 24213,167156,259282,265078
小茴香属 114502
小喙荸荠 **143331**
小喙刺子莞 **333527**
小喙翻唇兰 85455
小喙菊属 **253870**
小喙鸟足兰 **347827**
小喙唐松草 **388647**
小喙天竺葵 **288421**
小喙玉凤花 **183963**
小活血 170354,333950,338044,345142,345310
小活血龙 337925
小火草 21549,178237,224110,224840
小火麻草 218480
小火绒草 224840
小火烧兰 147121
小火绳 180768
小火穗木 **269107**
小火穗木属 **269106**
小火焰兰 **327699**
小火焰兰属 **327698**
小霍尔蔷薇 **198409**
小霍尔蔷薇属 **198406**
小藿香蓟 **11149**
小藿香蓟属 **11148**
小芨芨草 **4123**
小鸡菜 105680
小鸡草 374968,375007
小鸡草属 258237
小鸡蛋花 **253803**
小鸡蛋花属 **253802**
小鸡根 308359,308403
小鸡骨常山 18047
小鸡冠兰属 157145
小鸡花 307923,308416
小鸡黄瓜 367775
小鸡角刺 82022,92384
小鸡脚黄刺 52371
小鸡棵 308403
小鸡毛毽树 198174
小鸡藤 138934
小鸡藤属 138928
小鸡条 231303
小鸡腿 308403,347842
小鸡爪槭 **3366**
小姬冠兰 **157147**
小姬苗 256161
小基隆毛茛 **325938**
小吉莱特大戟 **158947**
小吉通 294540
小极光球 155213
小急解索 234363
小戟山柳菊 **196003**
小蓟 73337,82022,91864,92066,92145,92384,368675
小蓟草 82022
小蓟姆 82022,92384
小加蓬 103438
小痂豆属 **319267**
小荚豆属 **253547**
小荚葶苈 **137181**
小假奥尔雷草 **318228**
小假苦菜 **38348**
小假马蹄香 229009
小假肉豆蔻 257652
小假升麻 **37083**
小假香薷 **144083**
小假心兰 **317527**
小尖风毛菊 **348543**
小尖堇菜 **410278**
小尖囊兰 **293639**
小尖叶越橘 **404010**
小尖隐子草 **94615**
小坚果 240210
小坚轴草 **385817**
小菅草 **389357**,389352
小剪苔草 75335
小睑子菊 **55466**
小碱蒿 35128
小碱蓬 **379565**
小见肿消 184696
小建兰属 116755
小剑泽赫大沙叶 **286558**
小箭草 356590
小箭叶蓼 309796
小姜草 253637
小将军 96009,179685,179694
小豇豆 408969
小椒草 **290405**,290439
小角彩果棕 **203505**
小角刺 415891
小角芳香木 **38498**
小角果卫矛 157391
小角海罂粟 **176728**
小角胡卢巴 **397211**
小角黄耆 **42220**
小角鬣蜥棕 203505
小角绳草 **328003**
小角螯毛果 **97522**
小角藤 333215
小角雄兰属 **161489**
小角玉凤花 **183861**
小角柱花 83644
小脚筒兰 299603
小脚威灵仙 94865
小接骨 96904,172832,187666,231479
小接骨草 172832

小接骨茶 31477
小接骨丹 12616,20400,157684,187558,345586,345679
小接骨木 172832
小节节花 187558
小节眼子菜 **312194**
小睫毛雪白山梅花 **294575**
小截果柯 **233402**
小截枝锦鸡尾 **186795**
小金扁豆 224473
小金不换 307927,308123,308398
小金钗 125233,125257
小金疮草 355514
小金唇兰 **89936**
小金唇兰属 **89934**
小金冬青 **204406**
小金独活 **192401**
小金耳环 267935
小金瓜 239157
小金海棠 **243731**
小金合欢 **1729**,1102,1142
小金合欢属 **1723**
小金虎耳草 **349288**
小金花 388572,388583
小金花茶 **69357**,69481
小金黄芪 43258
小金黄耆 **43258**
小金菊木 **150331**
小金栗 **89971**
小金莲花 **399524**
小金莲木 **268286**
小金莲木属 **268278**
小金茅 156471
小金梅 202812,413034
小金梅草 **202812**
小金梅草属 **202796**
小金梅筐 239255
小金梅属 202796
小金梅叶 202812
小金牛草 307927,308398
小金盆 308123
小金钱 128964,200261
小金钱草 128964,200261
小金青釭 269613
小金雀 173082,201761,201853
小金雀属 85387,172898
小金石榴 59846
小金丝桃 **202117**,201761,202086
小金锁梅 202812
小金藤 392559
小金田菊 **222615**
小金筒球 **244066**
小金挖耳 77181
小金星春石南 **149155**
小金血丹 12661
小金腰带 414193
小金银花 235798,236014
小金英 336783,390542
小金樱 **336983**,336509,336625,336783
小金樱子 336983
小金盏花 **66395**
小金盏属 **270288**
小金钟 201761,276090
小筋骨藤 398263,398308
小堇菜 **410105**,410326
小堇棕 413090
小堇棕属 413085
小锦草 **159911**
小锦花 62134
小锦葵 **243957**,243746,243823
小锦葵属 **243956**
小锦兰 25928
小锦袍木 **197107**
小锦袍木属 **197106**
小锦芋 65229
小锦枝 142694
小荩草 **36692**
小茎风信子 **233074**
小茎风信子属 **233073**
小茎柳 **342940**
小茎叶天冬 39223
小茎叶天门冬 39087
小荆 411373
小荆豆 **401395**
小荆芥 143974,264897
小精灵宽叶山月桂 **215397**
小精灵美丽冠香桃木 **236412**
小景天 **356743**,356612
小景天属 **356452**
小九古牛 114060
小九股牛 114060,363516
小九节 **319689**
小九节铃 387825
小九龙盘 262249,327525
小九狮子草 95272
小九子母 **135085**
小九子母属 **135084**
小韭 15486
小韭兰 417630
小酒瓶花 211749
小酒药花 173811
小救驾 81687,239661,404316
小桔公 339163
小菊花 299376
小菊花参 173412,173842
小菊头桔梗 **211689**
小菊头桔梗属 **211687**
小矩圆福尔克旋花 **162501**
小苣苔花属 **177513**
小具鞘青锁龙 **109484**
小据 308403
小距大戟 **270295**
小距大戟属 **270294**
小距凤仙花 **205143**
小距毛子草 **153149**
小距帕里紫堇 **106039**
小距茜 **303941**
小距茜属 **303940**
小距纤细黄堇 **105948**
小距药花 **81712**
小距药花属 **81711**
小距紫堇 **105622**
小锯锯藤 170289,170445
小锯藤 170193,170199
小锯叶草 4056
小锯子草 170193
小聚花溲疏 **126902**
小瞿麦 201853
小卷苞竹芋 **345768**
小卷苞竹芋属 **345767**
小卷耳 82994
小绢菊 **262277**
小绢菊属 **262276**
小决明 **78444**,360493
小蕨马先蒿 287204
小卡丽娜兰 **66370**
小卡特兰 79566
小卡特兰属 **79582**
小开菲尔欧石南 **149121**
小凯菲尔马钱 **378688**
小楷槭 **3064**
小看麦娘木蓝 **205631**
小糠草 **11972**
小糠草属 11968
小科雷兰 **94546**
小壳横条阿氏莎草 **624**
小可爱花属 **85864**
小克雷芥 **218194**
小克雷芥属 **218193**
小克利木属 **89215**
小克麻 362672
小空竹 **82450**
小孔龟背竹 **258169**
小孔雀豆 274391
小孔榕 **165002**
小孔双花草 **128575**
小孔肖鸢尾 **258479**
小孔叶菊 **311720**
小孔颖草 **57573**
小口袋花 120357
小口苔草 **75368**
小扣子兰 62799,295518
小苦菜 367416
小苦草 388303
小苦耽 297650,297712
小苦胆草 380418
小苦丁茶 203745
小苦兜 396170
小苦根琉维草 **228299**
小苦瓜 **256832**,390159
小苦苣 210525
小苦苣菜属 **368618**
小苦楝 61208
小苦荬 **210527**,110785,210525
小苦荬菜 210525
小苦荬属 **210519**
小苦麦菜 210525
小苦参 112340,206534
小苦藤菜 239661
小苦药 183023
小苦竹 **304109**
小块根无心菜 32096
小块沿阶草 **272157**
小宽刺爵床 **294365**
小葵子 **181873**
小葵子属 **181872**
小拉马藤 170289
小拉蛇 79896
小喇叭花 5144
小蜡 **229617**
小蜡瓣花 106680
小蜡菊 **59033**,190819
小蜡菊属 **59032**,189093,415385
小蜡树 168100,229472,229593,229617
小辣椒 **72113**,72073
小辣蓼 309624
小辣子 231300
小来哈特棕 327541
小莱克草 223701
小莱克荠属 **227017**
小莱切草 **223701**
小梾木 **380486**
小赖藤 392252
小濑谷精草 **151421**
小濑小苦荬 **210534**
小癞疙瘩 209753
小兰 **116936**
小兰花 137613,187532,208517
小兰花烟 295215
小兰青 307927,308398
小兰屿蝴蝶兰 **293600**
小蓝 309893
小蓝刺头 140753,140776
小蓝豆属 **205596**
小蓝冠菊 **269622**
小蓝冠菊属 **269621**
小蓝花丹 305163
小蓝花丹属 305162
小蓝花地丁 308363
小蓝花棘豆 278842
小蓝花烟 295215
小蓝青 206626
小蓝万代兰 **404630**
小蓝雪 83644

小蓝雪草　305163
小蓝雪花　**83644**,305163
小蓝雪花属　305162
小蓝血花属　305162
小蓝针花　**61387**
小蓝针花属　**61386**
小郎伞　30590,31604,253627
小狼毒　56392,159631,159845,375187
小狼毒石南　**30945**
小狼花兰　**239151**
小狼菊木　**239288**
小莨菪　**25443**,201377
小老鸹眼　20408
小老鹳草　**174854**
小老鼠簕　**2069**
小老鼠簕属　**2066**
小老鸦嘴　**390913**
小老鸦嘴属　**390911**
小勒竹　47275
小簕竹　47275
小雷迪禾　**324989**
小雷迪禾属　**324988**
小雷公子　407852
小雷氏兰　**328224**
小雷氏兰属　**328223**
小蕾望春玉兰　**242007**
小櫐子　325718
小肋瓣花　**13874**
小肋五月茶　**28323**
小肋泽兰属　60158
小擂鼓艻　**244928**
小狸藻　403220,403252
小犁头　37653
小犁头草　410730
小篱竹　**37189**
小藜　**87158**,87007
小藜芦　405614
小礼花　54555
小李紫薇　**219941**
小里白凤仙花　**205027**
小丽草　**98457**,127284
小丽草属　**98446**
小丽葱　**15112**
小丽风兰　**24944**
小丽茅　**127284**
小利比草属　228659
小利顿百合属　234146
小利柑　296801
小利帕木　**341219**
小栗仙人球　**264125**
小栗叶　108585
小栗子树　116100
小笠原斑叶兰　**179585**
小笠原半边莲　**234327**
小笠原钗子股　**238307**
小笠原刺子莞　**333490**
小笠原当归　**24381**
小笠原杜鹃　**330233**
小笠原海桐　**301226**
小笠原红丝线　**238951**
小笠原胡椒　**290308**
小笠原荚蒾　**407898**
小笠原假还阳参　**110604**
小笠原筋骨草　**13057**
小笠原景天　**356843**
小笠原九节　**319437**
小笠原苦槛蓝　**260710**
小笠原栝楼　**396240**
小笠原列当　**302884**
小笠原列当属　**302883**
小笠原柃木　**160510**
小笠原龙珠　**400000**
小笠原露兜　280993
小笠原露兜树　**280993**
小笠原芒　**255828**
小笠原木姜子　**264029**
小笠原飘拂草　**166387**
小笠原蒲葵　**234167**
小笠原朴　**80590**
小笠原榕　**164711**
小笠原润楠　**240559**
小笠原三芒草　**33775**
小笠原桑　**259121**
小笠原山矾　**381124**
小笠原山榄　**301769**
小笠原舌唇兰　**302262**
小笠原石豆兰　**62591**
小笠原檀香　**346211**
小笠原藤露兜　**168243**
小笠原藤麻　**315464**
小笠原天麻　**171911**
小笠原土丁桂　**161430**
小笠原卫矛　**157343**
小笠原五加属　**56967**
小笠原线柱兰　**417713**
小笠原斜柱棕　**97076**
小笠原新西兰圣诞树　**252609**
小笠原悬钩子　**338196**
小笠原羊角藤　**258924**
小笠原越橘　**403734**
小笠原沼兰　**243010**
小笠原栀子　**171266**
小笠原苎麻　**56105**
小粒车前子　301952
小粒稻　**275946**
小粒蒿　167092
小粒咖啡　98857
小粒苔草　**74982**
小粒小扁豆　224473
小粒野生稻　275946
小粒玉　284678
小连翘　**201853**,201761,201942,201995,202146
小莲花　357189
小莲花草　234363
小莲枝　30908
小镰酢浆草　**277836**
小镰飘拂草　**166309**
小良姜　17655,17733
小凉伞　31380,31502,239773
小凉藤　260483,260484
小两节荠　**108645**
小两节荠属　**108644**
小亮苞蒿　**35863**
小亮耳参　**280134**
小亮耳参属　**280132**
小疗齿草　**268956**
小疗齿草属　**268954**
小蓼　**309395**,309564
小蓼花　308957,309442
小蓼属　**308667**
小蓼子草　308877,308879,309262,309468
小列当　275135
小裂齿蒿　35560
小裂蒿　36012
小裂兰属　**351465**
小裂木通　95201
小裂片澳非萝藦　**326762**
小裂片八角金盘　**162886**
小裂片对叶蒴榈　**337440**
小裂片火畦茜　**322963**
小裂片鸡蛋茄　**344371**
小裂片蓝花参　**412735**
小裂片梅莱爵床　**249548**
小裂片蒲公英　**384731**
小裂片苘麻　**850**
小裂片止泻萝藦　**416217**
小裂山柳菊　**195793**
小裂叶荆芥　**264869**
小裂缘花属　**351439**
小裂缘兰属　**65208**
小林碱茅　**321317**,321296
小林兰属　242993
小林神果　**163506**
小林乌口树　384917
小鳞刺橘　**405520**
小鳞刺蒴麻　**399268**
小鳞豆腐柴　**313672**
小鳞独行菜　**253521**
小鳞独行菜属　**253518**
小鳞杜鹃　331089
小鳞番薯　**207937**
小鳞画眉草　**147976**
小鳞灰毛豆　**386142**
小鳞荚蒾　408074
小鳞尖花茜　**278219**
小鳞姜味草　**253688**
小鳞茎裂唇兰　**351407**
小鳞茎文殊兰　**111240**
小鳞韭　**15473**
小鳞可利果　**96771**
小鳞裂唇兰　**351422**
小鳞梅藤大戟　**252643**
小鳞美洲盖裂桂　**256667**
小鳞木蓝　**206166**
小鳞南美菰　**270591**
小鳞片金果椰　**139409**
小鳞片石竹　**127770**
小鳞茜　**372960**
小鳞茜属　**372959**
小鳞秋海棠　**50323**
小鳞塞拉玄参　**357562**
小鳞山榄属　**253776**
小鳞苔草　74638
小鳞沃森花　**413363**
小鳞悬钩子　**338735**
小鳞野牡丹　**253526**
小鳞野牡丹属　**253522**
小灵草　224110
小苓菊　**214202**
小苓菊属　**214201**
小凌风草　**253175**,60383
小凌风草属　**253173**
小凌霄花　**70501**
小凌霄花属　**70500**
小菱叶茴芹　**299513**
小菱叶蓝钟花　**115396**,115347
小零余子草　22326
小刘寄奴　202086
小流苏边脉　**60044**
小流苏边脉属　60043
小琉璃繁缕　**21412**
小琉璃紫草　**83929**
小琉球鳞花草　**225218**
小琉球鳞球花　225218
小琉球马齿苋　**311867**
小硫色山柳菊　**196019**
小瘤瓣兰　**270839**
小瘤刺蕊草　**307008**
小瘤果茶　**69447**
小瘤羯布罗香　133587
小瘤锦绣玉　**284704**
小瘤兰属　**297595**
小瘤龙脑香　**133587**
小瘤蒲公英　384681
小瘤乳突球　**244157**
小瘤叶兰　**270981**
小柳　343360
小柳穿鱼　**231046**
小柳拐　211821,211822
小柳叶菜　146605
小柳叶箬　209048
小六谷　380514
小六角　124925
小六月寒　78012,78037
小六柱兜铃　**194582**

小龙船花　211105
小龙胆　**173708**,173596,173767,173917
小龙胆草　173767,173811,380418
小龙兰　**137742**
小龙兰属　**137741**
小龙南星属　**137707**
小龙盘参　291189
小龙莎　**253443**
小龙莎属　**253442**
小龙舌兰　**10927**
小龙牙　312690
小龙牙草　312690
小露兜　**281026**,281039
小露兜树　**281039**
小芦藜　102867
小芦铃　102867
小鲁福苣苔　**339848**
小鲁玛木　**238339**
小录果　191173
小鹿藿　**333323**
小鹿角兰　38194
小鹿衔　12635,161418
小鹿衔草　161418
小鹿药　242691
小鹭鸶草　135060
小鹭鸶兰　**135060**
小驴菊木　**271723**
小驴喜豆　**271233**
小绿刺　**71916**
小绿虎耳草　**349647**
小绿芨　63032,98633,98728
小绿芀　62763
小绿鸟娇花　**210956**
小绿牛角藤　117640
小绿皮杜仲　157507
小绿升麻　24024
小绿石豆兰　62763
小绿苔草　**76701**
小绿细辛　412750
小绿眼菊　**52833**
小卵果猪屎豆　**112479**
小卵花欧石南　**149510**
小卵叶连蕊茶　**69451**
小卵锥　**271920**
小轮菊　**325159**
小轮菊属　**325154**
小轮射芹　**6940**
小轮叶越橘　**404036**
小罗汉松　**306469**
小罗伞　31371,31396,31435,31502,31511,31630,158070,259881
小罗伞树　31391
小萝卜　326833
小萝卜大戟　**159700**
小萝卜属　326812
小螺草　379531
小螺草属　**189963**
小螺旋萝藦　**372282**
小螺旋萝藦属　**372281**
小裸冠菀　**318771**
小洛朗花篱　**27186**
小洛氏禾　**337282**
小洛氏花葱　**337141**
小络西花　**235197**
小络西花属　**235196**
小骆驼蓬　287983
小落豆　177777
小落豆秧　177777
小落花生　70904
小落芒草　**300714**
小麻　71218
小麻疙瘩　300359
小麻黄　146159,146215,146219
小麻藤果　79858
小麻药　371645
小马鞍叶羊蹄甲　49027
小马包　114128
小马鞭草　115738
小马层子　42696
小马齿苋　311921
小马达加斯加菊　**29554**
小马岛寄生　**46696**
小马岛金虎尾　**254060**
小马耳朵　57689
小马拉瓜　**245005**
小马利筋　**38076**
小马铃苣苔　**273873**
小马鲁木属　**243514**
小马尼尔豆　**244614**
小马尿蒿　35282
小马泡　**114128**
小马钱　**378816**
小马茹　315177,365003
小马森欧石南　**149742**
小马唐　**130834**,130730
小马唐属　**130833**
小马蹄草　128964
小马蹄当归　68189,68217
小马蹄豆　**196643**
小马蹄金　128964
小马香　128964
小迈尔斯葱　**254405**
小麦　**398839**
小麦冬　232630,232640,272090,397165
小麦秆菊属　**381658**,190791
小麦剪秋罗　363331,363337
小麦门冬　232630
小麦三芒草　**34060**
小麦属　**398834**
小麦仙翁　**11954**
小麦肖观音兰　**399175**
小麦异籽葫芦　**25686**
小麦舟叶花　**340625**
小脉红花荷　**332207**
小脉夹竹桃木　139271
小脉绿心樟　**268699**
小脉芹　**253801**
小脉芹属　**253799**
小脉樟桂　268699
小脉帚菊木　**260546**
小脉竹桃木　**139271**
小馒头草　129070
小蔓　411464
小蔓长春花　**409339**
小蔓黄菀　**358637**,359983
小蔓桐花　**246649**
小蔓桐花属　**246647**
小芒苞车前　301868
小芒草　289015
小芒虎耳草　**349069**
小芒毛苣苔　**253026**
小芒毛苣苔属　**253025**
小芒十大功劳　**242486**
小猫耳蝶花百合　**67583**
小猫眼　309459
小猫子草　59839
小毛白花菜　**95806**
小毛百蕊草　**389791**
小毛北枳椇　198784
小毛扁爵床　**292217**
小毛齿萝藦　**55503**
小毛刺通草　**394763**
小毛德里野牡丹　**137886**
小毛多角果　**307782**
小毛萼獐牙菜　**380229**
小毛茛　326273,326431
小毛茛泽泻　**325269**
小毛钩儿花兰　82044
小毛冠雏菊　**84923**
小毛冠菀　**289420**
小毛含笑　**252932**
小毛花　84809
小毛花木犀　**101619**
小毛花小檗　**51924**
小毛鸡屎树　**222159**,346477
小毛假木贼　**21044**
小毛姜花　**187481**
小毛茎草　**219050**
小毛蒟　300548
小毛兰　**148775**
小毛里塔尼亚大戟　**159324**
小毛蓼　308877,308879
小毛琉璃草　**118002**
小毛毛花　71699
小毛前胡　**292987**
小毛茜　**55249**
小毛茜属　**55248**
小毛鞘蕊花　**99647**
小毛瑞桐　**246673**
小毛舌兰　395871
小毛穗茜　**84998**
小毛穗茜属　**84997**
小毛苔草　**75369**
小毛铜钱菜　176839,313197
小毛头鸭舌癀舅　**370761**
小毛网脉无患子　**129663**
小毛觿茅　**131028**
小毛香　224872,248732
小毛香艾　224893,224913
小毛小檗　51924
小毛药　312450
小毛药菊　**84809**
小毛叶子草　209659
小毛异囊菊　**194270**
小毛毡苔　138354
小毛猪毛菜　**344629**
小矛香艾　224893
小茅膏菜　**138340**
小茅香　138888
小帽桉　**155654**
小么公　309507
小梅尔芥　**245167**
小梅花草　284607
小梅花树　157966
小美冠兰　157147
小美冠兰属　157145
小美国薄荷　**257197**
小美国薄荷属　**257194**
小美丽囊萼花　**67323**
小美茜　**41782**
小美茜属　**41781**
小美石斛　125013
小美味芹　366743
小美杨　311192
小美洲绣球属　**163316**
小猛虎　338265
小蒙蒂苋　**258259**
小蒙蒿子　**21858**
小迷惑十二卷　**186390**
小迷马桩　362672
小米　361794
小米蕉　338703
小米草　**160239**,160254
小米草芒柄花　**271388**
小米草属　**160128**
小米草状百蕊草　**389686**
小米柴　239391
小米饭　157761
小米饭树　142088
小米干饭　65670
小米花　372050
小米黄芪　43008
小米黄耆　**43008**
小米椒　**72100**

小米菊 170142
小米菊属 170137
小米瞿麦 183225
小米空木 **375817**
小米空木属 **375811**
小米口袋 181693
小米口袋花 120357
小米辣 72100
小米麻草 85107
小米马先蒿 **287194**
小米努草 **255575**
小米泡 338703
小米团花 66789
小米玉 **259329**
小米玉属 **259328**
小米紫 239406
小密花伽蓝菜 **215131**
小密毛大戟 **322017**
小密绒草 **253785**
小密石斛 125075
小密细藤 351066,351069
小密早熟禾 **305475**
小蜜蜂兰 116863
小绵石菊 **318802**
小棉 179900
小棉毛苋 **168696**
小棉毛苋属 **168695**
小面瓜 60078,60080
小面锣 265442
小膜苞芹 304817
小膜草属 **200875**
小膜菊 **201015**
小膜菊属 **201012**
小磨石草 **14468**
小魔南景天 **257066**
小魔南景天属 **257065**
小沫叶山梗菜 **234847**
小莫顿草 **259058**
小莫里斯小叶黄杨 **64295**
小母菊 **246336**
小母猪藤 79850
小牡丹 195149
小牡丹草 **224644**
小木艾 35146
小木倒挂金钟 168740
小木槿 **195095**
小木蓝 **205966**
小木蓝属 **253219**
小木莲 165619,165623,165624
小木芦荟 16592
小木麻黄 **79182**,15953,79178
小木米藤 178555
小木漆 393491
小木通 **94748**,94740,94778,94814,94830,94894,94964,95068,95226,95340,126465,137795
小木茼蒿 **32577**
小木犀草 **327936**
小木夏 397229
小木杨梅 326340
小木银莲花 **24010**
小牧豆寄生 **315543**
小牧豆树 **315546**
小牧豆树属 **315545**
小苜蓿 **247381**
小幕草属 253980
小穆尔芥属 **260080**
小内消 173811
小内足草 **145095**
小纳丽花 **265277**
小奶汁草 159634
小南边杜鹃 **330683**
小南非毛茛 217090
小南非仙茅 **371697**
小南瓜 **114315**
小南瓜属 **114314**
小南美川苔草 **29277**
小南美金虎尾 **4855**
小南木香 34203,34375
小南强 211990
小南蛇藤 **80265**,80168
小南苏 329000,329009
小南星 **33449**,33476,33574
小楠 240707
小楠木 6778,240707
小囊唇兰属 342011
小囊吊灯花 **84173**
小囊杜鹃 **332059**
小囊风兰 **25044**
小囊果苔草 **76435**
小囊黄芩 **355607**
小囊灰脉苔草 **73727**
小囊距兰 38193
小囊兰 **253886**
小囊兰属 **253883**
小囊鳞莎草 **38245**
小囊马唐 **130744**
小囊南非鳞叶树 **326935**
小囊牛角草 **273188**
小囊山珊瑚 170036
小囊山珊瑚兰 **170036**
小囊双距花 **128099**
小囊西澳兰 **118263**
小囊芸香属 **253394**
小囊猪屎豆 **112635**
小闹杨 367241,367733
小能加棕 **263555**
小能加棕属 **263553**
小坭竹 47275
小拟雏菊 **50843**
小拟风兰 **24678**
小拟钩叶藤 **303100**
小拟胡麻 **361277**
小腻药 344349
小年药 301230,301266,362672
小黏狗苔 131645
小黏榔 313471
小黏连 110952
小黏染子 221645,221685,221711,221727,221758
小黏药 91276,179488,301230
小黏叶 231324
小黏子草 200739,200742
小念珠芥 **264627**
小鸟不企 30590
小鸟巢兰 264651
小鸟巢兰属 197446
小鸟棘豆 278729
小鸟足豆 **274888**
小鸟足兰 **347826**
小牛蒡 **31056**
小牛鞭草 **191250**
小牛箍口 191666
小牛角草 105808
小牛力 254813
小牛舌 **171705**
小牛舌草 **21920**,22002
小牛舌草属 **22000**
小牛胃花 41844
小牛扎口 82022,92384
小牛至 **274221**
小扭果花 **377803**
小扭叶罗汉松 **328276**
小怒江红山茶 69589
小怒江山茶 69589
小欧内野牡丹 **153672**
小欧芹 **29332**
小欧石南 **149839**
小欧洲常春藤 **187280**
小爬角 245826
小帕洛梯 315897
小排草 208589
小攀龙 146536
小盘木 **253413**
小盘木科 280960
小盘木属 **253409**
小判草 60379
小胖药 265395
小炮仗星 182167
小泡虎耳草 **349138**
小泡花树 **249468**
小泡芥 **297639**
小泡芥属 **297638**
小泡九节 **319453**
小泡米氏野牡丹 **253006**
小泡通 211884,350747
小泡通树 350747
小硼砂 239566
小蓬 **262260**
小蓬草 **103446**
小蓬蒿 35788
小蓬属 **262259**
小蓬竹 **20199**,20200
小皮刺水苏 **373088**
小皮刺岩黄耆 **187754**
小皮雷禾 **300873**
小皮雷禾属 **300872**
小皮氏菊 **300844**
小皮氏菊属 **300843**
小枇杷 330691
小匹菊 322730
小片齿唇兰 332337
小片谷精草 **151426**
小片菱兰 **332337**
小偏僻杜鹃属 **148200**
小飘儿菜 416508
小飘拂草 **166183**
小平柱菊 **384888**
小苹果属 253626
小苹婆 376119
小瓶头草 **219898**
小瓶子草 **347153**
小萍蓬草 267320
小萍子 372300
小婆婆纳 **407358**
小珀菊 **18971**
小破得力 57329
小破坏草属 11176
小匍匐枝谷精草 **151425**
小葡萄 411568
小葡萄茶藨 **334155**
小蒲公英 144975,202400
小七叶树 9720
小七指报春 **314940**
小漆树 **393449**
小歧缬草 **404467**
小畦畔莎草 **118987**
小骑士兰 196460
小旗唇兰 218296
小绮春 **153956**
小气球豆 **380034**
小千金 157282,157321
小千里光 356612
小阡草 170743
小前胡 106214,292982
小荨麻 209669,402847,402884,402886,403039
小钱儿豆 **268082**
小钱儿豆属 **268081**
小钱花 243833
小钱龙胆属 **268074**
小茜草 170193,337989,337993,338002,338044
小蔷薇 336542
小乔菜 408638
小乔木多球茜 **310254**
小乔木厚敦菊 **277010**

小乔木假杜鹃 **48098**
小乔木坚果番杏 **387158**
小乔木蜡菊 **189143**
小乔木拟芸香 **185624**
小乔木山竹子 **171056**
小乔木仙人掌 **272793**
小乔木鸭嘴花 **214333**
小乔木芸香 **341044**
小乔木紫金牛 **31454**
小巧百蕊草 **389789**
小巧假鼠麹草 **317756**
小巧阔蕊兰 **291251**
小巧舌唇兰 **302378**
小巧羊耳蒜 **232133**
小巧羊蹄甲 **49254**
小巧玉凤花 **183581**
小翘 201853
小鞘蕊花 99711
小鞘蕊花属 99506
小茄 **239687**,239582,239617,239661
小窃衣 **392992**
小窃衣属 **79614**
小芹菜 293033
小芹当归 276768
小芹属 **364872**
小秦艽 173373,173378,173387,173814
小琴丝竹 **47346**
小青 31477,129243,179685,179694,206669,295984,295986,313692
小青菜 59595
小青草 309877,337253,388406
小青胆 327525
小青冈 323875
小青根 206626
小青海锦鸡儿 **72207**
小青黄 157974
小青蓝 206669
小青龙 329003
小青皮 276887
小青蛇 291061
小青树 313692,313717
小青藤 97933,97947,103862,250228,375870
小青藤香 116032
小青香 276887
小青杨 **311436**
小青叶 337253
小青鱼胆 173811,380113,380115,380252
小轻藤 392252
小清喉 279744
小清奇 224110
小庆果 403760
小琼棕 90622
小丘百部 **375339**
小丘闭花木 94506
小丘风车子 **100397**
小丘绣球防风 **227547**
小秋拂子茅 **65294**
小秋海棠 **50140**,50082,50143
小秋海棠属 **50434**
小秋葵 195326
小求米草 272696
小球桉少 155589
小球荸荠 **143161**
小球大戟 **159360**,159069
小球大沙叶 **286236**
小球芳香木 **38570**
小球沟宝山 **327261**
小球果白刺 **266378**
小球蒿 **35547**
小球合声木 **380699**
小球花蒿 **35957**
小球花酒神菊 46241
小球花属 253631
小球棘豆 **279016**
小球金丝桃 **201898**
小球锦绦花 **78632**
小球九节 **319559**
小球葵 195326
小球兰 **198903**
小球兰属 **198902**
小球瘤蕊紫金牛 **271073**
小球露兜树 **281033**
小球芦荟 **16854**
小球罗顿豆 **237317**
小球毛柱帚鼠麹 **395889**
小球木犀草 **327855**
小球欧石南 **149908**
小球荨麻 **402992**
小球球距兰 **253326**
小球山柳菊 **195794**
小球扇舌兰 **329645**
小球水芹 **269321**
小球水蜈蚣 **218568**
小球穗扁莎 **322242**
小球穗香薷 144100
小球驼曲草 **119834**
小球西澳兰 **118202**
小球肖杨梅 **258750**
小球心樟 **12767**
小球圆盘玉 **134122**
小球种棉木 **46241**
小球柱茜 **177091**
小球状金果椰 **139399**
小球子草 288656
小曲管花 120542
小蛆药 295986
小泉白桐树 **94057**
小泉蒿 **35742**
小泉桦 **53452**
小泉蓟 **91806**
小泉柳 **342934**
小泉三毛草 **398486**
小泉氏大豆 **177739**
小泉氏灰木 **381177**
小泉氏苦竹 **304073**
小泉氏马先蒿 **287315**
小泉氏飘拂草 **166383**
小泉氏山矾 381423
小泉氏蟹甲草 **283784**
小泉氏紫菀 **40577**
小泉橐吾 **229221**
小泉蟹甲草 **283834**
小泉绣球 **199856**
小泉紫堇 106218
小泉紫菀 **41282**
小拳头 81687
小雀稗 **285463**
小雀儿麻 414217
小雀瓜 **115995**
小雀瓜属 **115990**
小雀花 70866
小雀麦属 **60566**
小雀舌兰 139256
小雀舌兰属 139254
小髯毛龙面花 **263384**
小髯鸢尾 **208458**
小热美马钱 **57019**
小人草 765
小人兰属 **178893**
小人球 **167693**
小人参 98286
小人血草 86755
小人血七 86755
小日本腹水草 **407467**
小日本柳叶箬 **209107**
小绒菊木 **334382**
小绒菊木属 **334381**
小绒毛蔷薇 **336993**
小茸毛塞罗双 **283905**
小肉片萝藦 **346828**
小肉穗草 346936
小肉锥花 **102384**
小乳梗木 **169694**
小乳汁草 159971
小软叶兰 268004
小蕊金莲木 **306715**
小蕊金莲木属 **306714**
小蕊鸟娇花 **210848**
小蕊欧石南 **149757**
小蕊使君子 **248043**
小蕊使君子属 **248042**
小蕊微片菊 **181757**
小蕊叶下珠 **296658**
小瑞香 **414177**,122431
小润肺草 **58902**
小箬竹 **206824**
小箬竹属 347334
小箬棕 **341411**,341421
小塞拉玄参 **357504**
小塞氏兰属 **357374**
小鳃兰属 **246730**
小赛格多 402194
小赛莨菪 25443
小三萼兰 **210335**
小三萼木 **395319**
小三角果 **397313**
小三角果属 **397312**
小三颗针 52371
小三棱 119503
小三棱草 197895
小三棱黄眼草 **655**
小三脉猪殃殃 **170438**
小三芒景天 **357237**
小三条筋子树 403899,404011
小三叶鬼针草 54059
小三叶碎米荠 73023
小三翼风毛菊 **348882**
小三指玉凤花 **184149**
小伞报春 **314943**
小伞贝克菊 **52799**
小伞臂形草 **58193**
小伞大沙叶 **286494**
小伞毒鼠子 **128840**
小伞多穗兰 **310613**
小伞骨苞帚鼠麹 **219102**
小伞虎耳草 **350007**,349375
小伞花繁缕 **375044**
小伞花楸 **369550**
小伞花野荞麦 **152592**
小伞黄蓍 **43108**
小伞黄细心 **56503**
小伞积雪草 **81638**
小伞剪股颖 **12406**
小伞九节 **319783**
小伞蜡菊 **189874**
小伞蓝花参 **412912**
小伞老鹳草 **174586**
小伞李 **316890**
小伞瘤蕊紫金牛 **271104**
小伞露兜树 **281162**
小伞鹿藿 **333321**
小伞罗顿豆 **237452**
小伞美登木 **246943**
小伞蒙松草 **258160**
小伞千里光 **360280**
小伞芹属 **253894**
小伞青锁龙 **109477**
小伞榕 **165805**
小伞莎草 **119212**
小伞山羊草 8737
小伞蛇舌草 **270028**
小伞碎米荠 **73027**
小伞天门冬 **39244**

小伞庭荠　**18488**
小伞纹蕊茜　**341374**
小伞腺荚果　**7422**
小伞腺龙胆　**382957**
小伞肖鸢尾　**258689**
小伞序泽兰库恩菊　**60119**
小伞叶节木　**296845**
小伞银豆　**32926**
小伞远志　**308427**
小伞舟叶花　**340951**
小伞状春花　329077
小桑树　259097
小桑子　325718
小色颖南非禾　**290014**
小涩荠　243230
小沙地马鞭草　706
小沙冬青　19778
小沙拐枣　**67070**
小沙马鞭　**706**
小沙蓬　**11616**
小砂蒿　35856,36557
小山艾　103438,103446
小山槟榔属　225554
小山菠菜　390213
小山茶　143967
小山豆根　375847,375903
小山飞蓬　**150555**
小山厚喙荠属　**350962**
小山芥　**47948**
小山韭　**15564**
小山菊　**124838**
小山辣子　160954
小山兰　**274040**,274036
小山黧豆　**222775**,222825
小山柳　96469
小山萝卜　320513
小山萝过路黄　**239734**
小山蚂蝗　**126565**,200742
小山飘风　**356736**
小山飘拂草　**166271**
小山漆茎　60053,60083
小山牵牛　390913
小山牵牛属　390911
小山稔　382483
小山莎草　**218053**
小山莎草属　**218052**
小山石榴　**79594**
小山氏鼠尾草　**345148**
小山苏　144086
小山蒜　15564
小山苔草　**73555**,75639
小山桃儿七　190956
小山盐肤木　**332913**
小山莃菜　161149
小山月桂　**215410**
小山月桂属　**215409**
小山棕属　225554
小珊瑚花　**120530**
小珊瑚花属　**120527**
小疝气草　380353
小扇兰属　**329667**
小扇木　106649
小商陆　334897
小上石百足　329000
小哨姜黄　131754
小舌垂头菊　**110413**
小舌唇兰　**302439**
小舌非洲紫菀　**19334**
小舌粉白菊　**341453**
小舌风毛菊　**348497**
小舌黑斑菊　**179803**
小舌蝴蝶兰　**293612**
小舌火烧兰　147149
小舌金田菊　**222614**
小舌菊　**253476**
小舌菊属　**253450**
小舌蜜兰　**105548**
小舌千里光　**359479**
小舌球距兰　**253335**
小舌三角车　**334657**
小舌山芫荽　**107791**
小舌腺果层菀　**219712**
小舌星唇兰　**375222**
小舌岩雏菊　**291325**
小舌玉凤花　**183801**
小舌紫菀　**40002**
小蛇根草　272218,272282
小蛇菰　**46860**
小蛇莲　191896
小蛇麻　162872
小蛇莓　312446
小蛇木　**141047**
小蛇木属　**141046**
小舍特尔南星属　**352513**
小麝香兰属　**260292**
小伸筋　134420
小伸筋草　134467,187532,191574,369241
小神砂草　312522
小升麻　**91024**,41795
小生地　117965,327435
小绳兰　154872
小省藤　**65700**
小狮菊属　**85494**
小狮子　31380
小狮子草　**191326**
小狮子草属　**191325**
小狮子球　**167704**
小狮子丸　167704
小狮足草　**224639**
小十八风藤　403521
小十二卷　**186548**
小十字爵床　**111782**
小十字爵床属　**111780**
小石八宝　**200801**
小石斑木　**329077**
小石蚕　**387987**
小石蚕属　**387986**
小石菖蒲　5803,5821
小石豆兰　**62919**,62696
小石果连蕊茶　**69441**
小石胡荽　81687
小石斛　125257
小石蝴蝶　**292571**
小石花　**103940**
小石积　**276534**,276544,276550
小石积属　**276533**
小石芥　298888
小石莲花　**139992**
小石榴　336675
小石榴树　238211
小石榴叶　238211
小石楠属　22418
小石参　69972
小石生　333950
小石松欧石南　**149707**
小石蒜　**239269**
小石苔草　**349030**
小石仙桃　295516
小石枣　243630
小石枣子　232156
小石竹　**127529**,127802
小石竹属　**127528**
小实孔雀豆　7187
小实女贞　229549,229617
小矢车木　**81563**
小矢车木属　**81562**
小室野荞麦木　**152261**
小柿　**132460**,132264
小柿花　132238
小柿子　60078,60080
小螫毛果　**97509**
小螫毛果属　**97508**
小手参　182216
小手玄参　**244789**
小手掌参　302549
小兽南星　**389498**
小绶草　**372274**
小叔敬花　243840
小疏毛仙茅　**114842**
小舒筋　170218,338044
小熟季花　243833
小暑草　224989
小黍菊　243840
小鼠耳芥　**30101**,270462
小鼠耳芥属　**30099**
小鼠茅　**412501**
小鼠茅属　**412496**
小鼠皮　122431
小鼠尾粟　**372782**
小蜀葵　243850,243862
小蜀芪　13934
小薯藤　250854
小薯蓣梧桐　**191022**
小薯蓣梧桐属　**191021**
小束豆属　**226185**
小树林山楂　**109809**
小树柳　**343041**
小树葡萄　**120180**
小树叶下珠　**296660**
小双唇兰　**130041**
小双飞蝴蝶　278618
小双花金丝桃　**201894**,201892
小双花石斛　**125361**
小双距兰　**133849**
小双距野牡丹　**131415**
小双距野牡丹属　**131414**
小双瓶梅　23811
小双叶兰　232919
小水毛茛　**48915**
小水苔草　**73737**
小水田荠　72873
小水莞　**352274**,352276
小水蜈蚣　**218660**
小水蜈蚣属　**218657**
小水仙　**262420**,262433
小水杨梅　326340
小水药　142761
小水玉簪　**63950**,182621
小睡莲秋海棠　**49938**
小丝瓜　117721
小丝茎草　**252785**
小丝茎草属　**252783**
小丝兰　**416603**
小思茅香草　**239627**
小斯胡木属　**352735**
小斯温顿漆　**380547**
小四轭野牡丹　**387956**
小四粉兰　**387324**
小四块瓦　88265
小松菜　**59607**
小松笠　**155213**
小松绿　**356955**
小松毛茶　143967
小松球　155213
小松氏杜鹃　**331014**
小溲疏　126946
小苏金　259323
小苏铁　**253401**
小苏铁属　**253399**
小粟包　267320
小酸浆　**297703**,297650,297712
小酸茅　277747
小酸苗　277747
小酸模　**339897**
小酸竹　**4604**
小蒜　15450,15698,15709,15726
小蒜芥属　**253949**,203149,

264603
小碎米荠 **253196**
小碎米荠属 **253195**
小穗稗 **140450**
小穗扁担杆 **180877**
小穗虫实 **104809**
小穗臭草 248975
小穗粗稗 **140453**
小穗发草 **126045**
小穗凤仙花 **205145**
小穗甘蓝树 **115213**
小穗花涩树 **378966**
小穗花薯蓣 **131849**
小穗蓟 **92198**
小穗坎棕 85434
小穗立方花 **115770**
小穗裂稃草 **351294**
小穗柳 **343691**
小穗美洲槲寄生 **125685**
小穗四数莎草 **387677**
小穗四叶绳草 **328196**
小穗苔草 **74307**
小穗唐菖蒲 **176373**
小穗甜茅 **177661**
小穗铁脚锁 **152852**
小穗无患子 **142915**
小穗无患子属 **142913**
小穗线球香 10719
小穗橡子木 **46894**
小穗鸭嘴花 **214690**
小穗烟堇 **169103**
小穗眼子菜 **312179**
小穗野黍 **151687**
小穗早熟禾 **305731**
小穗苎麻 **56119**
小穗砖子苗 **245560**
小蓑衣藤 **94953**,95226
小索灌 **370230**
小索灌属 **370229**
小塔草 **400633**
小塔草属 **400632**
小塔马草 **383387**
小塔马草属 **383386**
小苔草 **75709**
小苔参 369149
小檀香 **262252**
小檀香科 **262253**
小檀香属 **262251**
小唐菖蒲 **176187**
小唐松草 388572
小糖芥 **154544**
小桃 **140331**
小桃儿七 190956
小桃果大戟 **97873**
小桃红 49886,50087,204799
小桃花 52436
小桃花心木 **380526**
小桃金娘属 **253739**
小桃榄属 **405053**
小桃树 234379
小桃叶蓼 **309577**
小套桉 **155655**
小藤铃儿草 128316
小藤属 121486
小藤仲 157473
小提琴状贝母兰 **98715**
小提药 191316
小天冬 39014,39087,39156
小天狗 186776
小天芥菜 **190552**
小天蓝绣球 **295267**
小天老星 299724
小天蓼 6682
小天门冬 **39092**
小天南星 33476,299724
小天青 312652,312653
小天蒜 405614
小天仙子 **201377**,201401
小田葱 **294890**
小田葱属 **294889**
小田基黄 201942
小田基王 201942
小甜草 274237
小甜大节竹 **206902**
小甜水茄 410108
小条斑虎眼万年青 **274853**
小条纹猪屎豆 **112805**
小铁箍 179488
小铁果 407685
小铁木 288762
小铁牛 209872
小铁树 262189
小铁苏 144086
小铁藤 211749
小铁苋菜 **1927**
小铁仔 261601
小町 **267051**
小町草 363882
小庭菖蒲 **365781**
小庭荠 **18432**,18374
小葶菊 124838
小葶苈 **137319**,336193
小葶苈属 **137313**
小通草 216085,373540,373556,373568
小通花 52450,216085,373524,373540,373569
小桐树 406016
小桐子 212127
小铜草 308946
小铜锤 4870,191574,313562,313564,320426,371645
小铜钱草 128964,345418
小铜钟属 371627
小童氏淫羊藿 147004
小头阿氏莎草 **589**
小头桉 **155525**
小头百蕊草 **389788**
小头报春 **314218**
小头扁担杆 **180719**
小头薄雪火绒草 **224880**
小头叉臀草 **129554**
小头长冠田基黄 **266115**
小头翅绫断 **320416**
小头翅绫断属 **320415**
小头刺头菊 **108341**
小头刺叶 **2564**
小头刺子莞 **333635**
小头葱 **15853**
小头大白杜鹃 **330527**
小头大戟 **159528**
小头稻花 299310
小头稻花木 **299310**
小头灯心草 **212996**
小头等柱菊 **210304**
小头蝶须 **26452**
小头堆心菊 **188428**
小头耳冠菊 **277297**
小头番薯 **207730**
小头反曲三叶草 **397053**
小头飞廉 **73312**,73467
小头菲奇莎 **164508**
小头费利菊 **163240**
小头风毛菊 **348239**
小头格尼瑞香 **178648**
小头孤菀 **393410**
小头古堆菊 **182103**
小头冠膜菊 **201278**
小头好望角杜鹃花 **381047**
小头红 407275
小头红头菊 **154774**
小头湖瓜草 **232405**
小头花杜鹃 330324
小头花香薷 **143973**
小头黄芪 42713
小头黄耆 **42713**
小头灰毛菊 **31251**
小头加涅豆 **169537**
小头假麻菀 **317843**
小头假鼠麹草 **317759**
小头尖头花 **6006**
小头胶草 181139
小头胶菀 **181139**
小头荆芥 **264996**
小头菊 **253208**
小头菊属 **253207**
小头壳莎 **77204**
小头苦斑鸠菊 **406190**
小头宽肋瘦片菊 **57645**
小头蓝花参 **412621**
小头类麻菀 317843
小头莲座钝柱菊 **290726**
小头凉喉茶 187532
小头蓼 **309389**
小头鳞盖草 **374603**
小头隆脉菊 **328976**
小头露兜树 **281081**
小头伦内尔茜 **327761**
小头猫儿菊 **202426**
小头毛麝香 **7989**
小头毛头菊 **151591**
小头毛菀 **418824**
小头蒙塔菊 **258205**
小头墨西哥菊 290726
小头母菊 **246325**
小头木雏菊 **350355**
小头偶雏菊 **56713**
小头平柱菊 **384890**
小头蒲公英 **384670**
小头鞘芽莎 **99441**
小头青锁龙 **108881**
小头染料木 **173007**
小头热美朱樱花 **417391**
小头软被菊 **185348**
小头塞拉玄参 **357444**
小头山金车 **34718**
小头山柳菊 **195806**
小头蛇鞭菊 **228488**
小头鼠麹草 **178286**
小头双伯莎 **54615**
小头水团花 **8186**
小头斯塔树 **372978**
小头天人菊 **169595**
小头头嘴菊 **82419**
小头兔菊木 **236498**
小头菟丝子 **115078**
小头橐吾 **229108**
小头尾药菊 **53291**
小头尾药菊属 **53289**
小头西班牙雏菊 **50810**
小头向日葵 **188999**
小头小水蜈蚣 **218658**
小头小向日葵 **188572**
小头肖瑞香 **122654**
小头肖山芫荽 **304189**
小头序蝇子草 **363296**
小头絮菊 **166001**
小头盐鼠麹 **24540**
小头叶苞瘦片菊 **296942**
小头伊瓦菊 **210481**
小头银背蓟 **220785**
小头银齿树 **227322**
小头永菊 **43874**
小头月菊 **292133**
小头直冠菊 **2051**
小头帚菊木 **260545**
小头帚叶联苞菊 **114460**
小头猪屎豆 **112595**

小头状刺子莞 **333504**
小头状姜味草 **253646**
小头状藜 **86983**
小头状苔草 **74049**
小头状新塔花 **418125**
小头紫菀 **40845**
小透骨草 **295988**,172099
小土人参属 **383277**
小兔儿风 **12686**
小兔耳草 **220188**
小兔叶菊 **220113**
小团扇荠 225475
小团叶 32668
小退赤 313692
小退火草 345418
小托福木 **393379**
小托福木属 **393378**
小托盘 338250
小托叶楂楝 **243286**
小托叶圭奥无患子 **181868**
小托叶荚蒾 **408231**
小托叶堇菜 **409784**
小托叶九节 **319738**
小托叶罗顿豆 **237436**
小托叶崖豆藤 **254850**
小陀螺卷舌菊 **381005**
小陀螺紫菀 381005
小娃娃皮 **122452**
小挖耳草 355391
小洼瓣花 234238
小瓦利兰 **413248**
小瓦利兰属 **413247**
小瓦氏茜属 **404892**
小瓦松 **275386**
小歪头菜 **408650**
小弯花婆婆纳 **70655**
小豌豆 **301076**
小碗碗草 128964
小万年草 357189
小万年青 70605,308363
小万寿菊 **383107**,383099,383103
小王不留行 201942
小网皮彻铁线莲 **95241**
小微孔草 **254377**
小微萍属 414679
小煨罐 278602
小韦豆 **413470**
小韦豆属 **413469**
小维堡豆属 **414050**
小尾萼蔷薇 336379
小尾光叶 276098
小尾欧石南 **149922**
小尾伸根 400888
小尾崖爬藤 387838
小尾一点红 **144952**
小苇草 **253188**
小苇草属 **253183**
小苇状假匹菊 **329806**
小卫矛 **157737**
小文克草属 **409584**
小文氏草 **413860**
小文殊兰 **111241**
小纹草 99711
小纹冬青卫矛 **157609**
小蚊子草 **166111**
小莴苣属 **219625**
小沃伊龙胆 **412332**
小沃伊龙胆属 **412331**
小卧龙柱属 **185926**
小乌泡 338317,338964
小乌纱 147176
小乌头 **5008**,128935,357919
小乌头属 **5007**
小屋顶舟叶花 **340937**
小无花果 165426,165841,165844
小无心菜 **32220**,31968,32075,32212
小吴风草 381820
小吴茱萸 **161398**
小吴茱萸属 **161397**
小芜萍 **414667**
小芜萍属 **414679**
小五彩苏 **99712**
小五蕊五齿茜 **290157**
小五台山风毛菊 **348837**
小五台山小檗 52149
小五爪金龙 387785,387822,387845
小五爪龙 312931,387825
小勿忘草 **260837**,260813
小西番莲 **285671**
小西红柿 239157
小西赛楠 266792
小西杜鹃 330901
小西氏灰木 **381260**,381148
小西氏楠 266792
小西氏榕 165823
小西氏赛楠 266792
小西氏山矾 381148
小西氏石栎 233278
小西氏铁杪椤 **107516**
小西氏芋 **99926**,99928
小奚斯马醉木 **298740**
小溪洞杜鹃 **332126**
小溪畔飘拂草 166164
小豨莶 363080
小鳓茅 **131029**
小喜普鞋兰 120341
小喜盐草 **184977**
小喜阳花 **190390**
小喜荫草 352869
小细木蓝 **206652**
小细辛 308363
小细叶芹 **84744**
小细叶山梅花 294501
小虾疳花 **86560**
小虾花 66725,214379
小虾衣花属 **137813**
小狭被莲 **375429**
小狭被莲属 **375427**
小狭叶青荚叶 191167
小夏蜜柑 **93834**
小夏欧石南 **148985**
小夏至草 **220125**
小仙丹花 211105,211153
小仙龙船花 **211153**
小仙茅 202812
小仙茅属 202796
小仙人鞭 85165
小仙人球 167704
小仙人元宝 171705
小仙人掌 276887
小仙桃 247002
小仙桃草 247002,363467
小纤毛蓝花参 **412615**
小纤细鸢尾 208715
小显腺紫金牛 **180088**
小显著红苏木 **46568**
小苋 **18808**,18670
小线叶虎耳草 **349311**
小线叶膜冠菊 **201177**
小线叶粟草 **293912**
小线柱兰 **417821**
小线柱兰属 **417820**
小腺萼木 **260639**
小腺冠夹竹桃 **375279**
小腺果藤 **300970**
小腺果藤属 **300968**
小腺虎眼万年青 **274795**
小腺画眉草 **147987**
小腺假木贼 **21051**
小腺假鼠麹草 **317758**
小腺萝藦属 **225779**
小腺麻疯树 **212139**
小腺塞拉玄参 **357589**
小腺树葡萄 **120146**
小腺托囊萼花 **323428**
小腺无舌沙紫菀 **227122**
小腺无心菜 **31925**
小香 167156
小香艾 36162
小香材树 **257428**
小香材树属 **257425**
小香草 253637,341064,404367
小香茶 143967
小香茶菜属 **324712**
小香瓜 **114099**
小香瓜属 **114092**
小香花菜 183225
小香茅草 117162
小香蒲 **401128**
小香薷 **253635**,143967,144076,253637,259282
小香桃木 **261696**
小香桃木属 **261694**
小香藤 166675
小香圆 400540
小香樟 231374
小香芝麻叶 144086
小香枝黏草 **264552**
小香枝黏草属 **264551**
小香竹 **87634**
小箱裯 233112
小箱柯 **233112**
小箱石栎 233112
小响铃 111879
小向日葵 **188577**,188936
小向日葵属 **188564**
小橡胶金菊木 **150349**
小橡树 323942
小小斑叶兰 **179718**
小小叶灰毛豆 **386278**
小小籽金牛 **383969**
小肖辛酸木 **327952**
小肖鸢尾 **258571**
小蝎尾豆 **354760**
小缬草 **404367**,404306
小缬草属 398022
小鞋木豆属 **253158**
小蟹甲草 **255790**
小蟹甲草属 **255788**
小心叶薯 **208023**
小辛 37638,37722
小新木姜子 **264107**
小新塔花 **418140**
小星洞果漆 **28751**
小星斗篷草 **14146**
小星花葱 **254080**
小星花葱属 **254079**
小星老虎刺 **320610**
小星毛马络葵 **243479**
小星美丽冠香桃木 **236410**
小星芹 **43311**
小星山柳菊 **195792**
小星宿草 389768,389769
小星穗水蜈蚣 **218491**
小星穗苔草 **73696**
小星苔草 **76342**
小星无心菜 **32074**
小星鸭脚木 350747
小星翼萼茶 **41697**
小星状油芦子 **97381**
小型报春 **314724**
小型匙叶虎耳草 **349191**
小型凤梨属 113364
小型青荚叶 **191167**

小型小芸木　**253630**
小型油点草　**396592**,396588
小型珍珠茅　**354185**
小荇菜　267807
小莕菜　**267807**
小雄戟属　**253037**
小雄蕊景天　**357009**
小雄蕊龙胆属　**383978**
小雄属　253037
小熊胆　210387
小休伯野牡丹　**198927**
小休氏茜草　**198714**
小秀菊　**402183**
小秀菊属　**402182**
小绣球　187691,187694
小须唇兰　306879
小序九节　**319690**
小絮菊　**235267**
小蓄片　218347
小萱　171673
小萱草　**191272**,191312
小玄参　**355189**
小悬铃花　**243932**,243929
小悬足葫芦　**110488**
小旋覆花　207224
小旋花　68686,102926,102933
小穴椰子　**240106**
小穴椰子属　**240105**
小穴棕属　240105
小雪花　**32527**,39928
小雪花莲雪白山梅花　**294579**
小雪里梅　173811
小雪人参　226989
小雪日本茵芋　**365934**
小雪紫薇　**219943**
小血光藤　171440
小血红曲花　**120593**
小血散　338028
小血藤　9852,170218,214950,214972,337925,337934,338002,338017,351054,351056,351066,351071,351080,351081,413563
小血转　133490
小鸦葱　**354956**,354926
小鸦跖花　**278480**
小鸭舌癀舅　**370831**
小鸭嘴草　**209341**
小鸭嘴花　**214470**
小牙草　**125872**
小牙草属　**125868**
小牙皂　176901
小芽虎耳草　**349375**,349374
小芽新木姜子　**264081**
小雅阿氏莎草　**590**
小雅致蜡菊　**189187**
小亚山羊草　**8669**
小亚细亚巢菜　**408322**
小亚细亚风铃草　**70087**
小亚细亚雀麦　**60626**
小亚细亚菘蓝　**209182**
小亚细亚旋子草　**98072**
小亚细亚鱼鳔槐　**100171**
小亚细亚远志　**307910**
小烟花莓　**305260**
小延边草　218347
小芫花　**122528**
小岩白菜　87980,273859
小岩匙　52929
小岩地扁芒草　**137807**
小岩黄花　**292503**
小岩居香草　**239840**
小岩苣苔　**370498**
小岩苣苔属　**370497**
小岩青菜　60278
小岩桑　259097
小岩山吹　**243262**
小岩生榕　**165472**
小岩桐　**364742**
小岩莴苣　**299687**
小沿沟草　**79214**
小沿沟草属　**79212**,99987
小盐大戟　184950
小盐大戟属　253759
小盐芥　**389198**
小盐灶菜　296068
小盐灶草　296068
小奄美秀丽莓　**338125**
小偃伏九节　**319786**
小眼彩虹花　**136409**
小眼非洲耳茜　**277277**
小眼凤卵草　**296888**
小眼老鸦嘴　**390848**
小眼泡叶番杏　**138211**
小眼时钟花　**400490**
小眼树莲　134040
小眼娃儿藤　**400941**
小眼子菜　**312236**
小艳丽欧石南　**149951**
小羊耳蒜　**232156**
小羊角拗　393549
小羊角兰　241179
小羊角扭　182384
小羊角藤　393549
小羊茅　**164421**
小羊茅属　**164420**
小羊奶果　142242
小羊膻　299376
小羊桃　6525
小羊蹄　**340147**,340023
小杨柳　28407,146724
小洋花　295267
小洋芋　205227
小洋紫苏　99686,99711,99712
小样刺米草　91864,92132
小药八旦子　**105720**
小药大麦草　198346
小药壶卢　219844
小药假高粱　**369580**
小药碱茅　**321338**
小药欧石南　**149140**
小药室桉　**155537**
小药酸脚杆　**247595**
小药藤黄　**253067**
小药藤黄属　**253065**
小药玄参　**253061**
小药玄参属　**253057**
小药早熟禾　**305729**
小药猪毛菜　**344627**
小鹞落苔草　**75639**
小野艾　35634
小野百合　112447
小野臭草　249060
小野老鹳草　**174779**
小野麻豌　408423
小野麻豌豆　408423
小野牡丹属　**248791**
小野婆婆纳　**407261**
小野荞　162319
小野荞麦　**162319**
小野屈曲花　**385552**
小野人血草　86755
小野鼠尾草　**345338**
小野茼蒿　**89405**
小野烟　207046
小野衣　**109446**
小野芋　179262,401156
小野芝麻　**170021**
小野芝麻属　**170015**,220326
小野栀子　**171250**
小野珠兰　375817
小叶阿比西尼亚蔷薇　**336319**
小叶阿查拉　45955
小叶阿芙泽尔黄檀　**121612**
小叶阿氏木　**45955**
小叶阿斯草　**39842**
小叶埃斯列当　**155239**
小叶矮探春　**211872**
小叶矮枸子　**107418**
小叶艾　35483,35794
小叶爱楠　10322,10334
小叶安龙花　**139474**
小叶安息香　**379474**
小叶桉　**155685**,155517,155578
小叶奥勒菊木　270190
小叶奥萨野牡丹　**276508**
小叶澳洲铁扫帚　**161048**
小叶八角　**204571**
小叶八角枫　**13365**
小叶八仙草　170222
小叶八仙花　**199877**,200077
小叶巴尔果　**46922**
小叶菝葜　**366466**
小叶白斑花菊　**4872**
小叶白斑瑞香　**293800**
小叶白笔　381310
小叶白点兰　**390506**
小叶白蜡　167931
小叶白蜡树　**167931**,168100
小叶白辛树　**320880**
小叶白颜树　29009
小叶白叶藤　**113599**
小叶百合　229845
小叶百两金　**31414**
小叶百蕊草　**389790**
小叶半轭草　**191800**
小叶半枫荷　**357973**
小叶半脊荠　**191533**
小叶半育花　**191474**
小叶伴孔旋花　**252525**
小叶棒果树　**332401**
小叶苞菊　**212295**
小叶苞菊属　**212294**
小叶北美瓶刷树　**167543**
小叶被禾　**293955**
小叶鼻叶草　**329589**
小叶秘鲁藤黄　**323483**
小叶薜荔　**165520**
小叶臂兰　**58222**
小叶编织夹竹桃　**303074**
小叶萹蓄　309602
小叶扁担杆　**180702**,180703
小叶扁担杆子　180925
小叶扁爵床　**292221**
小叶扁鞘飘拂草　**166228**
小叶扁轴木　**284482**
小叶滨藜　**44422**
小叶滨柃　**160460**
小叶柄唇兰　**306540**
小叶柄花　**97490**
小叶柄花属　**97489**
小叶薄荷　**250401**,268438,274237,418123,418126,418131
小叶薄花兰　**127957**
小叶薄子木　**226465**
小叶捕鱼木　180925
小叶不红　259281
小叶布里滕参　**211521**
小叶布氏长阶花　**186939**
小叶布氏菊　**60135**
小叶彩花　**2227**
小叶彩纹草　**99686**
小叶草本风车子　**100516**
小叶草海桐　**350331**
小叶侧花木藜芦　**228171**
小叶梣　**168053**,167931,168014
小叶叉序草　**209925**
小叶茶　143967,201761

小叶茶藨 334166
小叶茶藨子 **334017**
小叶茶梅 69705
小叶茶碗樱 83271
小叶蝉翼藤 **356369**
小叶长梗星粟草 **176958**
小叶长花柳 **343620**
小叶长毛野丁香 **226116**
小叶长毛紫绒草 **238082**
小叶长柔毛野豌豆 **408699**
小叶橙菀 **320691**
小叶赤宝花 **390023**
小叶赤车 288715
小叶赤麻 **56322**
小叶赤楠 382499
小叶虫蕊大戟 **113081**
小叶绸叶菊 **219800**
小叶臭椿 **12561**
小叶臭黄皮 94191
小叶臭味新耳草 **262967**
小叶臭鱼木 313692
小叶川滇蔷薇 **336966**
小叶川芎 229309
小叶垂头菊 **110414**
小叶垂籽树 **113984**
小叶唇叶玄参 **86373**
小叶唇柱苣苔 **87938**
小叶刺风 122040
小叶刺果卫矛 157418
小叶刺椒 417277
小叶刺李 **76913**
小叶刺球果 **218083**
小叶刺痒藤 **394188**
小叶楤木 **30666**
小叶粗筒苣苔 **60280**
小叶粗叶木 **222231**
小叶达里木 192497
小叶大翅驼蹄瓣 **418703**
小叶大萼警惕豆 **249733**
小叶大盖锦葵 **247965**
小叶大果蜡瓣花 106664
小叶大花溲疏 **126960**
小叶大戟 **159299**,159057,159358
小叶大节竹 **206894**
小叶大青 313710
小叶大伞草 **242800**
小叶大沙叶 **286358**
小叶大头岩雏菊 **291324**
小叶大叶柳 **343658**
小叶带毛乌梢 226989
小叶戴克茜 **123520**
小叶单花杉 **257142**
小叶单裂橄榄 **185410**
小叶当年枯 **31321**
小叶党参 98397
小叶刀揪草 356884
小叶倒挂金钟 **168778**
小叶德卡寄生 **123381**
小叶德拉蒙德芸香 **138391**
小叶德纳姆卫矛 **125808**
小叶德普茜 **125899**
小叶灯台树 18052
小叶灯心草 213569
小叶等蕊山榄 **210200**
小叶狄安娜茜 **238096**
小叶地不容 **375902**
小叶地丁草 308123
小叶地豇豆 72749
小叶地锦 **285102**,159057
小叶地笋 **239194**
小叶滇边蔷薇 **336574**
小叶滇杨 **311585**
小叶滇越杜英 142373
小叶滇紫草 **271828**
小叶点地梅 **23234**
小叶垫报春 **131424**
小叶吊石苣苔 **239959**
小叶钓樟 231300
小叶蝶须 **26470**
小叶丁癸草 **418343**
小叶丁香 **156136**,382257,382266,382477
小叶东南亚茜 **415244**
小叶冬青 204239,204418
小叶冬青卫矛 **157610**
小叶冻绿 328892
小叶冻青 229529
小叶兜兰 **282788**
小叶斗鱼草 **6152**
小叶豆瓣菜 **262707**,336232
小叶豆腐柴 **313710**
小叶豆兰 63139
小叶独活 121045
小叶独蒜兰 **304283**
小叶杜茎山 **241815**
小叶杜鹃 **331449**,330324,330338,331057,331975
小叶杜香 **223911**
小叶度量草 **256215**
小叶短盖豆 **58758**
小叶短野牡丹 **58561**
小叶短柱茶 **69110**
小叶椴 391781,391807
小叶对口兰 264752
小叶对叶兰 **264703**,264739
小叶盾蕊樟 **39723**
小叶钝果寄生 **385202**
小叶多鳞木 **309985**
小叶多球茜 **310278**
小叶多腺鞘冠帚鼠麹 **144688**
小叶多叶螺花树 **6402**
小叶鹅耳枥 **77345**,77393,77411
小叶鹅绒藤 **117373**
小叶鹅掌柴 **350757**
小叶鄂报春 **314303**
小叶萼叶茜 **68391**
小叶耳梗茜 **277197**
小叶耳冠草海桐 **122108**
小叶耳基豆蔻 **277230**
小叶二节翅 **130867**
小叶二裂金虎尾 **127351**
小叶二毛药 **128460**
小叶法道格茜 **161985**
小叶法国蔷薇 **336589**
小叶番石榴 318745
小叶番杏 **170005**
小叶番杏属 **169953**
小叶范氏冬青 203834
小叶梵天花 **402269**
小叶芳香木 **38664**
小叶非洲马钱树 **27608**
小叶非洲毛药茶茱萸 **222077**
小叶非洲木菊 **58501**
小叶菲岛茜 **313535**
小叶榧树 **393088**
小叶肺形草 398289
小叶粉囊寄生 **20989**
小叶粉叶栒子 **107464**
小叶风车子 **100627**
小叶风琴豆 **217994**
小叶风绳 165619,165624
小叶风藤 165624
小叶风仙花 **205216**
小叶佛堤豆 **298684**
小叶佛塔树 47641
小叶弗尔夹竹桃 **167418**
小叶扶芳藤 **157512**
小叶福瑟吉拉木 167543
小叶福谢山榄 **162963**
小叶盖裂果 **256093**
小叶干花豆 **167286**
小叶干裂番杏 **6294**
小叶干葶苈 **415402**
小叶甘橿 231334
小叶甘松菀 **262486**
小叶岗松 **46425**
小叶高河菜 **247778**
小叶高加索菊 **79685**
小叶高山柏 **213958**
小叶高山杜鹃 **331058**
小叶戈策金合欢 **1259**
小叶格雷野牡丹 **180406**
小叶格拿稍 61267
小叶格尼木 **201654**
小叶格尼瑞香 **178649**
小叶葛藟 **411697**,411686
小叶弓果黍 **120638**
小叶弓果藤 **393547**
小叶勾儿茶 52413,52435
小叶沟果茜 **18601**
小叶沟麻疯树 **212209**
小叶谷木 250065
小叶骨籽菊 **276649**
小叶瓜子草 308123
小叶管药野牡丹 **365130**
小叶光板力刚 95396
小叶圭奥无患子 **181865**
小叶鬼针草 **54008**
小叶锅巴草 187565
小叶过路黄 239775
小叶海岸金合欢 **1713**
小叶海檀木 **415559**
小叶海特木 **188338**
小叶海桐 **301359**
小叶含羞草 **255074**
小叶韩信草 **355510**
小叶蔊菜 **336232**
小叶杭子梢 **70839**,70911
小叶合欢 66686
小叶合声木 **380701**
小叶河草 **312308**
小叶河草属 **312305**
小叶核果木 **138674**
小叶荷包牡丹 **128314**
小叶褐沙蒿 **35665**,35739
小叶鹤望兰 **377565**
小叶黑柴胡 **63833**
小叶黑尔漆 **188224**
小叶黑椋子 **105160**
小叶黑鳗藤 245849
小叶黑面神 **60083**,60066,60078
小叶黑面叶 60078
小叶红 18101
小叶红刺头 **1751**
小叶红淡比 **96627**
小叶红点草 **223816**
小叶红豆 **274412**,274434
小叶红瓜 **97815**
小叶红光树 **216822**
小叶红果接骨木 345667
小叶红厚壳 67859
小叶红花栒子 **107662**
小叶红景天 **329939**,329877
小叶红乳草 159299
小叶红丝线 337945
小叶红藤 285117
小叶红叶藤 **337729**
小叶红营 382476
小叶厚壳树 77067
小叶厚皮香 **386720**
小叶厚叶兰 **279632**
小叶胡麻草 253200
小叶胡颓子 142124,142214
小叶槲树 324173
小叶蝴蝶兰 293636
小叶虎刺 **122041**
小叶虎耳草 **349653**

小叶虎皮楠 **122712**
小叶花椒 **417295**
小叶花葵 **223377**
小叶花楸 **369464**
小叶华北绣线菊 **371918**
小叶华西小石积 **276546**
小叶桦 **53525**,53527
小叶槐 **369067**
小叶黄白香薷 **144065**
小叶黄檗 51665
小叶黄花稔 **362494**,362490
小叶黄华 389518
小叶黄荆 411379
小叶黄麻 **104108**
小叶黄牛木 **110268**
小叶黄皮 **94203**
小叶黄芪 42505,42893
小叶黄耆 **42505**
小叶黄鳝藤 52436
小叶黄苏木 **302611**
小叶黄檀 **121755**
小叶黄杨 **64285**,64243,64369,64375
小叶黄杨叶栒子 **107380**
小叶黄栀子 171401
小叶灰藋 87158
小叶灰毛豆 **386224**
小叶灰毛莸 **78009**
小叶火绒草 **224907**
小叶火烧兰 **147183**,147238
小叶鸡骨柴 **144030**
小叶鸡脚参 **275741**
小叶鸡纳树 91075
小叶鸡屎树 222231,222305
小叶鸡眼藤 258910
小叶基花莲 **48672**
小叶吉灌玄参 **175554**
小叶吉诺菜 **175851**
小叶棘豆 **279014**,278846
小叶寄生 355318
小叶寄树兰 335040
小叶稷 128525
小叶鲫鱼藤 **356309**
小叶加勒比豆 **50665**
小叶加州桂 **401674**
小叶荚蒾 **408019**,407802
小叶假滨紫草 **318009**
小叶假糙苏 **283625**
小叶假剑木 **318638**
小叶假耧斗菜 283726
小叶假塞拉玄参 **318415**
小叶假山月桂 **215413**
小叶假紫荆 **83748**
小叶尖苞木 **146073**
小叶尖大戟 **4630**
小叶樫木 **139639**
小叶碱蓬 **379566**
小叶箭竹 **162731**
小叶姜饼木 **284257**
小叶姜饼树 284257
小叶姜味草 **253699**
小叶豇豆 **408976**
小叶胶藤 **220932**
小叶角蕊莓 **83634**
小叶金不换 172832
小叶金刀木 48515
小叶金耳环 26003
小叶金花茶 69015
小叶金花小檗 52371
小叶金鸡舌 178237
小叶金老梅 289718
小叶金露梅 **289718**,313065
小叶金毛菀 **89888**
小叶金钱草 200366
小叶金雀豆属 **21789**
小叶金雀花 72285
小叶金丝桃 202086
小叶金腰带 122438,414193
小叶金银花 235910,235952
小叶金鱼花 **100122**
小叶锦鸡儿 **72285**
小叶荩草 **36682**
小叶荆 **411379**
小叶旌节花 **373561**,373540
小叶九重葛 57857
小叶九节 319880
小叶九里香 **260171**
小叶居内马鞭草 **213586**
小叶菊 **124844**
小叶菊蒿 **383797**
小叶橘香木 **247521**
小叶榉 417563
小叶聚花荚蒾 **407874**
小叶聚花马先蒿 **287104**
小叶军刀豆 **240496**
小叶喀麦隆凤仙花 **205045**
小叶卡恩桃金娘 **215519**
小叶卡普山榄 **72134**
小叶卡萨茜 **78075**
小叶康定冬青 **203834**
小叶栲 **78880**
小叶榼藤 145894
小叶壳木 250065
小叶孔裂药木 218083
小叶孔药大戟 **311666**
小叶孔药花 **311650**
小叶苦瓜 **256858**
小叶苦槛蓝 **260720**
小叶库塞木 **218393**
小叶库兹粗叶木 **222202**
小叶宽萼桤叶树 **321830**
小叶宽蕊大戟 **302823**
小叶栝根 333323,333324
小叶拉加菊 219800
小叶拉穆列当 **220446**
小叶拉氏木 **221981**
小叶拉瓦野牡丹 **223416**
小叶蜡瓣花 **106680**
小叶蜡菊 **189559**
小叶辣蓼 309199
小叶来江藤 59127
小叶梾木 380486
小叶兰罗汉松 306529
小叶兰筛朴 345667
小叶蓝被草 **115513**
小叶蓝丁香 **382205**
小叶蓝花参 **412787**
小叶蓝桔梗 **115452**
小叶蓝钟花 **115395**
小叶澜沧豆腐柴 **313689**
小叶榄 **71014**
小叶老鸦嘴 **390850**
小叶涝豆 222852
小叶勒珀蒺藜 **335678**
小叶雷氏兰 **328222**
小叶类链荚木 **274334**
小叶冷水花 **298974**
小叶冷水麻 298974
小叶梨果寄生 **355315**
小叶梨状越橘 403872
小叶犁头草 409716
小叶藜 **86921**,87158
小叶李榄 270156
小叶鲤鱼胆 363467
小叶力刚 95358
小叶栎 **323751**
小叶连翘 201761,202151
小叶莲 365009
小叶链荚豆 **18295**
小叶两列栒子 **107600**
小叶亮蛇床 **357789**
小叶蓼 **309042**
小叶裂苞火把树 **351737**
小叶裂榄 **64080**
小叶鳞隔堇 **334695**
小叶柃木 **160508**
小叶凌霄莓 **124759**
小叶铃子香 **86816**
小叶菱叶藤 **332317**
小叶流苏罗勒 **268502**
小叶留兰香 **250453**
小叶琉球女贞 **229525**
小叶瘤萼寄生 **270960**
小叶瘤兰 **297598**
小叶瘤蕊紫金牛 **271072**
小叶瘤子海桐 **271007**
小叶瘤子菊 **297578**
小叶柳 **343516**,343668,344004
小叶六道木 **200**
小叶龙船花 211068
小叶龙鳞草 747
小叶龙眼独活 30680
小叶龙竹 **125467**
小叶楼梯草 **142784**
小叶卢楝 **337891**
小叶卢梭野牡丹 **337799**
小叶芦 5335,8884
小叶鹿蹄草 **322852**
小叶绿帕布兰 **279362**
小叶葎 **170222**
小叶轮果大风子 **77615**
小叶轮钟草 **116257**
小叶罗汉松 **306407**,306469
小叶螺序草 **371772**
小叶落新妇 **41828**
小叶麻 273903
小叶马鞍叶 49027
小叶马比戟 **240196**
小叶马瓟儿 **417498**
小叶马岛甜桂 **383648**
小叶马岛外套花 **351717**
小叶马尔塞野牡丹 **245132**
小叶马拉茜 **242979**
小叶马利埃木 **245673**
小叶马铃苣苔 **273855**
小叶马罗蔻木 **246640**
小叶马肉豆 **239539**
小叶马蹄金 **128966**
小叶马蹄细辛 37648
小叶马蹄香 **37648**
小叶马雄茜 **240535**
小叶马缨丹 221284
小叶买麻藤 **178555**
小叶迈纳木 **246790**
小叶麦冬 272090
小叶麦利安木 248941
小叶蔓绿绒 **294837**
小叶芒毛苣苔 **9470**
小叶芒石南 **227967**
小叶牻牛儿苗 **153864**
小叶猫乳 328565
小叶毛背柄泽兰 **237898**
小叶毛刺椴 **211616**
小叶毛茛 **326084**,325901
小叶毛果芸香 **299170**
小叶毛兰 396476
小叶毛葡萄 411573
小叶毛鞘兰 **396476**
小叶毛鞘木棉 **153364**
小叶毛头菊 **151592**
小叶毛子草 **153251**
小叶毛紫珠 **66875**
小叶帽柱木 **256121**
小叶梅漆 **161673**
小叶美被杜鹃 **330296**
小叶美花崖豆藤 254814
小叶美丽囊萼花 **67322**
小叶蒙蒂苋 **258263**

小叶蒙松草　**258145**
小叶弥勒糙果茶　**69366**
小叶猕猴桃　**6647**
小叶米尔豆　**255781**
小叶米兰　11302
小叶米奇豆木　252992
小叶米切尔森豆　252992
小叶米筛草　372050
小叶米筛柴　226742
小叶米氏豆　**252992**
小叶米仔兰　**11302**
小叶密花远志　**308419**
小叶密穗花　**322135**
小叶蜜蜂花　**249507**
小叶蜜花　**248941**
小叶缅甸爵床　**64156**
小叶皿花茜　**294372**
小叶摩斯马钱　**259360**
小叶莫桑比克田皂角　**9589**
小叶墨西哥茜　**129850**
小叶牡荆　**411347**
小叶木槿　**195008**
小叶木兰　**241960**
小叶木蓝藤　254814
小叶木犀　**276373**,276362
小叶木犀草　**327888**
小叶木犀榄　**270156**
小叶木帚枸子　**107425**
小叶木帚子　107425
小叶穆拉远志　**260034**
小叶穆里野牡丹　**259425**
小叶奶树　165426
小叶奈纳茜　**263547**
小叶南非管萼木　**58684**
小叶南非禾　**289997**
小叶南非鳞叶树　**326930**
小叶南非柿　**132058**
小叶南美川苔草　**29278**
小叶南美金虎尾　**4856**
小叶南洋杉　30846,30848
小叶南烛　**403739**
小叶楠　**295383**,240707
小叶囊果堇　**21890**
小叶嫩蒲紫　295403
小叶尼布龙胆　**263000**
小叶拟长距翠雀花　**124189**
小叶拟九节　**169345**
小叶拟热非桑　**57480**
小叶拟山月桂　215413
小叶拟舌喙兰　**177385**
小叶鸟梢　70833
小叶牛奶木　**255361**
小叶牛奶子　**142236**,165430
小叶牛栓藤　337729
小叶牛膝　**4319**
小叶牛心菜　201761
小叶牛至　**274229**
小叶女贞　**229593**,229599
小叶糯米团　179494
小叶欧瑞香　**391012**
小叶欧洲椴　391691
小叶欧洲接骨木　**345667**
小叶爬山虎　**285167**
小叶爬崖香　**300510**,300338
小叶泡桐　285956
小叶佩肖木　**288026**
小叶枇杷　**151172**,330092,
330338
小叶平截沙扎尔茜　**86327**
小叶平枝灰栒子　107490
小叶平枝栒子　**107490**
小叶苹婆　**376155**
小叶萍蓬草　**267309**
小叶破布木　**104228**
小叶破铜钱　200366
小叶葡萄　**411929**,411680
小叶蒲公英　**384564**
小叶蒲桃　**382604**,382499
小叶朴　80596,80695,80739
小叶槭　**3676**
小叶漆　**332716**
小叶杞莓　**316992**
小叶气球豆　**380035**
小叶荠　259281
小叶荠苎　259281
小叶千里光　**359678**
小叶前胡　**292929**
小叶钱凿草　200366
小叶茜草　**338024**
小叶枪弹木　255361
小叶枪刀药　**202582**
小叶蔷薇　**337022**
小叶乔木癣豆　**319354**
小叶巧玲花　**382266**
小叶鞘蕊　**367909**
小叶芹　8811,269326
小叶芹幌子　293033
小叶琴丝竹　**47351**
小叶青　38960,52435,135264,
179685,179694
小叶青冈　**116153**,323875,
324100
小叶青冈栎　116112
小叶青海柳　**343973**
小叶青荚叶　**191189**,191167
小叶青木　**44934**
小叶青皮槭　**2866**
小叶青藤仔　**211919**
小叶琼楠　**50564**
小叶秋海棠　**50143**,49845
小叶求米草　**272696**
小叶球核荚蒾　**408059**
小叶球穗胡椒　**300533**
小叶雀舌木　**226335**
小叶雀首兰　**274482**
小叶群花寄生　**11105**
小叶染木树　**346492**
小叶热非夹竹桃　**13306**
小叶热美龙胆　**380652**
小叶忍冬　**235952**
小叶日本槭　**3037**
小叶日本鼠李　**328745**
小叶日本崖豆　**414570**
小叶日本紫珠　**66827**
小叶绒安菊　**183050**
小叶绒子树　**324611**
小叶榕　**165320**,164688,164833,
165307
小叶肉被藜　**328534**
小叶肉实树　**346982**
小叶肉穗草　**346957**
小叶蕊叶藤　**376560**
小叶瑞木　**106664**,106656,
106669
小叶瑞香　**122470**,122410
小叶润肺草　**58842**
小叶塞波德槭　3608
小叶塞罗双　**283901**
小叶赛德旋花　**356435**
小叶赛山梅　**379328**
小叶三点金　**126465**
小叶三点金草　126465
小叶三萼木　**395286**
小叶三花六道木　**195**
小叶三尖杉　82512
小叶三颗针　52371
小叶伞花树　258910
小叶散爵床　**337235**,337238
小叶桑　**259164**,259097
小叶桑寄生　**236751**
小叶沙冬青　19778
小叶山菜豆　126465
小叶山茶　69443,69705
小叶山豆　**274020**
小叶山豆属　**274019**
小叶山红萝卜　371240
小叶山黄麻　394631
小叶山鸡茶　190836
小叶山柳菊　**195605**
小叶山绿豆　126465
小叶山蚂蝗　126465
小叶山毛柳　**343926**
小叶山梅花　**294487**,294501
小叶山米麻　107675
小叶山木豆　125577
小叶山漆茎　60078
小叶山齐　329795
小叶山芹　**276775**
小叶山樣子　**61672**
小叶山柿　132135
小叶山水芹　28044
小叶山桃花心木　**83818**
小叶山月桂　**215402**
小叶山楂　**109846**,109650,
109936
小叶舌叶花　**177502**
小叶蛇莓　**138801**
小叶蛇葡萄　**20352**,20334
小叶蛇舌草　**269906**
小叶蛇针草　231503
小叶蛇总管　209625
小叶肾索豆　**265180**
小叶施米茜　**352054**
小叶施密特茜　**277436**
小叶十大功劳　**242590**
小叶石棒子　372067
小叶石豆兰　**63139**
小叶石芥花　**125854**
小叶石楠　**295747**
小叶石薯　179494
小叶石头花　**183218**
小叶石梓　**178029**
小叶史蒂茜　**376397**
小叶柿　**132347**,132135,132303
小叶黍　**282039**
小叶鼠李　**328816**,328626
小叶鼠尾草　**345213**
小叶薯莨　131485
小叶树科　61360
小叶树木科　61360
小叶树杞　31578
小叶树紫菀　**270190**
小叶双齿千屈菜　**133379**
小叶双袋兰　**134338**
小叶双蝴蝶　**398289**,173706
小叶双花耳草　**187515**
小叶双角木　**127442**
小叶双泡豆　**132699**
小叶双盛豆　**20778**
小叶双眼龙　112927
小叶水锦树　**413793**,413801
小叶水蜡树　229593
小叶水蓑衣　**200611**
小叶水团花　8199
小叶水杨梅　8199
小叶丝鞘杜英　**360768**
小叶丝叶芹　**350373**
小叶斯科大戟　**354786**
小叶四方草　231503
小叶四尖蔷薇　**387145**
小叶四室木　**387925**
小叶四喜牡丹　95143
小叶四叶葎　170696
小叶四翼木　**387617**
小叶松　164875
小叶苏子　143974
小叶素馨　211872
小叶酸脚杆　**247605**

小叶酸梅子 **407791**
小叶酸竹 **4592**
小叶蒜树 **198908**
小叶碎米荠 **72897**,72920
小叶穗花香科科 **388118**
小叶穗子榆 276816
小叶娑罗双 **362215**
小叶台湾百合 229845
小叶唐松草 388492,388598
小叶唐竹 270451
小叶桃花心木 380528
小叶藤黄 **171162**
小叶藤榕 **164656**
小叶天胡荽 **200333**
小叶天香薷 259324
小叶天香油 259324
小叶田菁 **361408**
小叶铁包金 52413,52436
小叶铁屎米 71455
小叶铁树 104366
小叶铁苋 1927
小叶铁线莲 **95151**,95121,95201
小叶铁线子 **244569**
小叶铁仔 **261608**,261601
小叶同金雀花 **385678**
小叶铜钱白珠 **172129**
小叶铜钱草 200261,200329,200366
小叶筒冠花 365193
小叶土连翘 **201083**
小叶土密树 **60193**
小叶兔儿风 **12693**
小叶团花 8199
小叶驼药茄 **119787**
小叶橐吾 **229130**
小叶娃儿藤 **400887**
小叶瓦氏茜 **404850**
小叶弯管花 **86236**
小叶弯花桃金娘 **114624**
小叶万年青 327525
小叶网纹杜鹃 **331628**
小叶微柱麻 **85110**
小叶维默卫矛 **414455**
小叶委陵菜 **312764**
小叶萎草 **245071**
小叶卫矛 **157294**,254312
小叶猬莓 1751
小叶纹蕊茜 **341344**
小叶蚊母树 **134919**,134932
小叶瓮梗桉 **24604**
小叶沃里赫冠瓣 **236421**
小叶沃内野牡丹 **413218**
小叶乌椿 132145
小叶乌饭树 403739
小叶乌头 **5477**
小叶乌药 **231300**
小叶污生境 103808
小叶无苞花 **4783**
小叶无萼齿野豌豆 **408386**
小叶无梗接骨木 **345695**
小叶无距杜英 **3809**
小叶无饰豆 **5830**
小叶五棱茜 **289521**
小叶五香血藤 94894
小叶五星花 **289869**
小叶五异茜 **289591**
小叶五月茶 **28407**
小叶舞草 **98157**
小叶西非萝藦 **48835**
小叶西氏槭 **3608**
小叶席氏槭 3608
小叶喜林芋 **294825**
小叶细弱栒子 **107469**
小叶细辛 37648
小叶细辛草 37617
小叶下珠 **296704**,296785
小叶仙人草 96981,96999
小叶线叶粟草 **293923**
小叶腺果层菀 **219713**
小叶腺花爵床 **7998**
小叶腺托囊萼花 **323427**
小叶相思子 **764**
小叶香 341064
小叶香茶菜 **209792**
小叶香豆木 **306271**
小叶香槐 **94029**
小叶香薷 259282,259324
小叶响叶杨 **311198**
小叶橡胶树 **165586**
小叶小博龙香木 **57255**
小叶小檗 **52014**,52371
小叶小翅卫矛 **141918**
小叶小兜草 **253357**
小叶小瓠果 **290537**
小叶小花虎耳草 **253084**
小叶小花棘豆 278846
小叶小花茜 **286015**
小叶小黄素馨 211872
小叶小金梅草 **202937**
小叶小米草 **160221**
小叶小土人参 **383286**
小叶小香桃木 **261697**
小叶肖阿魏 **163759**
小叶肖尖瓣花 **351870**
小叶欣珀木蓝 **206514**
小叶新几内亚漆 **160383**
小叶兴山五味子 **351049**
小叶星蕊大戟 **6923**
小叶星宿菜 239770,239775
小叶星粟草 **176952**
小叶休伯野牡丹 **198928**
小叶绣球藤 **95143**
小叶绣球绣线菊 **371843**
小叶袖珍椰子 **85436**
小叶锈毛槐 **369106**
小叶叙利亚枣 **418217**
小叶悬钩子 **339349**,338985
小叶旋覆花 207224
小叶旋叶菊 **276440**
小叶雪球荚蒾 **408042**
小叶雪松 80085
小叶薰陆香 **300993**
小叶栒刺木 107490
小叶栒子 **107549**
小叶鸦儿芦 5335
小叶鸦鹊饭 65670
小叶鸭脚力刚 94740
小叶鸭脚木 350654,350706
小叶鸭鹊饭 65670
小叶鸭嘴花 **214626**
小叶崖豆藤 **254873**,254814
小叶崖爬香 **300338**
小叶亚麻荠 **68854**
小叶岩黄耆 126465
小叶盐角木属 **354526**
小叶眼树莲 134040
小叶眼子菜 312083
小叶羊角芹 **8818**
小叶羊角藤 258910
小叶杨 **311482**,311265
小叶杨柳 8199
小叶杨梅 261155
小叶杨桐 96627
小叶洋蔷薇 **336477**
小叶洋茱萸 **417872**
小叶野扁豆 **138973**
小叶野丁香 **226099**
小叶野海棠 **59862**
小叶野灰菜 87037
小叶野决明 389518
小叶野茉莉 379474
小叶野牡丹 248754
小叶野枇杷 330592
小叶野漆 **393484**
小叶野荞麦木 **152373**
小叶野山楂 **109658**
小叶野扇花 **346735**,346732
小叶野石榴花 **46914**
小叶叶覆草 **297519**
小叶叶下珠 **296661**
小叶腋生菲利木 **296161**
小叶一枝黄花 **368233**
小叶伊帕克木 146073
小叶伊西茜 **209488**
小叶异萼豆 **283162**
小叶异耳爵床 **25710**
小叶异味树 **103808**
小叶异药莓 **131091**
小叶异籽葫芦 **25671**
小叶意大利蜡菊 **189460**
小叶翼兰 **320167**
小叶淫羊藿 **147031**
小叶银豆 **32850**
小叶银合欢 **227434**
小叶银叶树 192497
小叶隐萼异花豆 **29049**
小叶隐匿大戟 **7058**
小叶樱桃 **83271**
小叶鹦鹉刺 **319088**
小叶鹰嘴豆 **90821**
小叶蘡薁 **411961**
小叶硬田螺 379331
小叶硬叶柳 **344074**
小叶永菊 **43875**
小叶忧花 **241677**
小叶尤利菊 **160832**
小叶油茶 69416,69594
小叶油楠 **364711**
小叶疣点卫矛 **157950**
小叶鱼骨木 **71455**
小叶鱼藤 **125987**,254814
小叶榆 **401604**,401581
小叶鸢尾兰 **267958**
小叶圆葶补血草 **230796**
小叶远志 308359
小叶月桂 276373
小叶月菊 **292134**
小叶岳桦 **53425**
小叶越橘 **403956**
小叶云南冬青 **204418**
小叶云南虎榛子 **276850**
小叶云实 **65038**
小叶杂分果鼠李 **399752**
小叶藏红卫矛 **78580**
小叶枣 **418188**
小叶泽菊 **91209**
小叶章 **127196**
小叶樟 **91280**,91287,91421
小叶樟叶槭 **2892**
小叶折柄茶 **185970**
小叶鹧鸪花 **395510**
小叶针柱茱萸 **329138**
小叶珍珠菜 **239775**
小叶珍珠风 66762
小叶珍珠花 403880
小叶枝刺远志 **2167**
小叶枝寄生 **93962**
小叶脂麻掌 **171724**
小叶指被山柑 **121181**
小叶指腺金壳果 **121170**
小叶中华青荚叶 **191150**
小叶种茶 69634
小叶舟瓣梧桐 **350470**
小叶舟叶花 **340827**
小叶帚菊 292063
小叶帚菊木 **260547**
小叶帚鼠麴 **377229**
小叶帚状克劳凯奥 105244

小叶帚状宿萼果 **105244**
小叶皱果茶 **69570**
小叶珠 308593
小叶猪肚刺 162196
小叶猪屎豆 **112411**
小叶猪殃殃 **170696**
小叶槠 78877
小叶竹松柏 306529
小叶子重楼 284378
小叶子厚朴 244449
小叶紫波 **28489**
小叶紫椴 **391666**
小叶紫堇 106141
小叶紫莲菊 **302668**
小叶紫珠 **66888**,65670
小叶紫珠菜 66833
小叶钻石风 165033,165037
小叶嘴乌头 **5415**
小叶醉鱼草 61971
小叶佐勒铁豆 **418263**
小叶柞 324173
小叶柞树 324173
小夜毫 226860
小夜曲普雷斯顿丁香 **382255**
小夜雨日本槭 **3052**
小腋花硬皮豆 **241412**
小一点红 **144960**,144997
小一点红属 144993
小一口血 23323
小一面锣 265373,265442
小一枝箭 12663,12730,12731,175147,175203
小伊利椰子属 208372
小伊奇得木 141047
小伊奇得木属 141046
小伊藤氏蝇子草 **363625**
小依兰 **70961**
小依力棕 208373
小依力棕属 208372
小夷兰 70961
小蚁药 201942
小异被赤车 **288730**
小异疆南星 **33188**
小异芒草 **130879**
小益母草 97043,220126
小翼萼茜 **320171**
小翼果霸王 418741
小翼果驼蹄瓣 **418741**
小翼缬草 **14701**
小翼玉 **253823**
小翼玉属 **253816**
小翼轴草 **376234**
小翼轴草属 **376232**
小虉草 **293743**
小淫羊藿 388536
小银茶匙 164992
小银柴 **29729**
小银柴属 **29727**
小银寄生属 **253128**
小银莲花 **23811**
小银莲花属 **24132**
小银须草 **12862**
小银须草属 **12859**
小银叶桉 155710
小银叶蒿 **35175**
小隐距兰 **113504**
小英雄 308123
小罂粟 **282740**,247095,282617
小罂粟属 **247088**
小樱黄芪 42165
小樱黄耆 **42165**
小樱桃 83314
小鹰芹属 **45979**
小鹰爪草 **186655**
小迎风草 128964
小颖短柄草 **58622**
小颖鹅观草 **335456**
小颖沟稃草 **25333**,25346
小颖果草 **225963**
小颖果草属 **225961**
小颖拟莞 **352221**
小颖披碱草 144170
小颖浅黄扁莎 **322226**
小颖莎草 **119207**
小颖羊茅 **164198**
小颖异燕麦 **190193**
小硬琥珀树 **27894**
小硬毛欧石南 **149552**
小硬蕊花 **181603**
小硬蕊花属 **181601**
小由基松棕 156115
小油菜 59595
小油点草 **396607**,396588,396592
小油木 345708
小疣伴帕爵床 **60335**
小疣大戟 **160049**
小疣兜舌兰 282810
小疣杜鹃 **332057**
小疣谷木 **250093**
小疣槲寄生 **411113**
小疣卷瓣兰 **63171**
小疣离瓣寄生 **190866**
小疣蔓舌草 **243270**
小疣匍匐风铃草 **70262**
小疣榕 **165837**
小疣山楂 **110102**
小疣生石花 **233680**
小疣瓦帕大戟 **401287**
小疣纹蕊茜 **341376**
小疣伍得萝藦 **414728**
小疣紫波 **28526**
小鱼辣树 407802
小鱼荠苎 **259284**
小鱼仙草 259284,259323
小鱼眼草 **129070**
小鱼眼菊 129070
小羽裂蔓绿绒 **294803**
小羽千里光 **359760**
小羽扇豆 **238483**
小雨湿木属 **60043**
小玉兔兰 **137876**
小玉兔兰属 **137875**
小玉叶金花 260472
小玉簪 **198635**
小玉竹 **308562**,134403,308567,308616,308632
小鸢尾 **208768**,210816,210843
小鸢尾属 210689
小元宝 131254
小元宝草 128964,201853,201942
小元柴 381423
小原紫菀 **41290**
小圆阿氏莎草 **591**
小圆币草 **367765**
小圆丝石竹 **183202**
小圆泻 14760
小圆叶冬青 **204090**
小圆叶蔓绿绒 **294828**
小圆叶野木瓜 374426
小圆柱巴氏锦葵 **286604**
小圆柱露兜树 **281003**
小圆柱瓦朗茜 **404174**
小圆锥九节 **319829**
小远志 308123,308363,308397
小约翰垂枝红千层 **67306**
小约翰红千层 **67270**
小月光花 208264
小月季 336490
小月季花 **336490**
小越橘 **404052**,404051
小云间杜鹃 **389575**
小云兰参 **84596**
小云木 253628
小云雀 358052
小芸木 **253628**
小芸木属 **253626**
小芸香木属 253626
小晕药 309711
小杂色豆属 **47831**
小藏苔草 **76539**
小早花百子莲 **10277**
小早苗蓼 309751
小早熟禾 **305814**
小藻百年 **161547**
小藻百年属 **161525**
小皂 176901
小皂百合 **88478**
小皂荚 176901
小皂角 176869,176897
小燥原禾 **134512**
小泽杜鹃 **331000**
小泽兰 239215,239222,239967
小泽兰属 254414
小泽芹 **365871**
小泽泻 **14751**
小扎恩十二卷 **186849**
小粘连 110979
小粘药 94894,362672
小粘叶 94894
小獐耳细辛 192139
小獐毛 8860,8862,8878
小獐茅 **8878**
小樟木 295360
小掌唇兰 **374459**
小掌叶补血草 230631
小掌叶毛茛 **325901**
小杖花 **391428**
小杖花属 **391426**
小沼兰 **268004**
小沼兰属 **268003**
小沼泽欧石南 **150082**
小赭爵床 **88989**
小柘树 240813
小浙皖荚蒾 **408227**
小针葵 295465
小针裂叶绢蒿 **360812**
小针蔺属 **353158**
小针茅 376940
小针茅草 **257628**
小针茅状草属 **257627**
小针叶苋 **396489**
小针叶苋属 **396488**
小珍珠菜属 139544
小珍珠茅 **354161**
小榛树 106751
小征鸡舌癀 260107
小卮子 171253
小芝麻菜属 **154073**
小枝鲍迪木 **57970**
小枝大沙叶 **286360**
小栀子 171253
小脂麻掌 **171688**
小蜘蛛香 404269,404272
小直瓣苣苔 22166
小纸苞紫绒草 **399482**
小纸指甲草 **284811**
小指甲花 204969
小指裂蒿 **36399**
小指萝藦 **253405**
小指萝藦属 **253404**
小指天椒 **72093**
小智利桃金娘 **19946**
小智利桃金娘属 **19945**
小钟花 266474
小钟花属 266470
小钟夹竹桃 **77865**

小钟夹竹桃属 **77864**
小钟假塞拉玄参 **318420**
小钟桔梗属 **253306**
小钟鸟娇花 **210901**
小钟沙参 7673
小钟穗花 **293171**
小钟栀子 **171272**
小种茶 241815
小种阜草 **256439**
小种阜草属 **256436**
小种黄 202086
小种癀药 202086
小种龙狗尾 275761
小种棉木 **46207**
小种棉木属 **46206**
小种楠藤 144793
小种三七 294114
小种夜关门 226742
小舟卡利草 67150
小舟叶花 **340674**
小舟叶花属 **340988**
小轴藜 **45848**
小胄爵床 **272701**
小皱稃草 **141765**
小皱果茶 69570
小骤尖菲利木 **296190**
小朱蕉 104366
小朱兰 **306879**
小朱缨花 66686
小侏儒草属 322978
小株鹅观草 **335435**
小株格尼瑞香 **178650**
小株红景天 **329878**
小株披碱草 **144550**
小株球穗香薷 **144100**
小株小蕊鸟娇花 **210850**
小株肿胀欧石南 **150176**
小株紫堇 **106013**
小珠茅属 132787
小珠舞花姜 **176997**
小珠薏苡 **99146**
小猪耳朵 248269
小猪胶树 **97270**
小猪胶树属 **97269**
小猪獠参 372247
小猪屎豆 **112447**
小猪殃殃 **170702**
小竹根 134425
小竹桃 **139278**
小竹桃属 **139277**
小竹椰子属 139300
小竹叶菜 101085,167040
小竹叶柴胡 **63747**
小竹叶防风 110773
小竹叶兰 37115
小竹芋 66169
小竺原黄槿 **194751**
小苎麻 56119,56195,402855
小柱大白杜鹃 330527
小柱芥属 **254082**
小柱兰 243084
小柱兰属 **254094**
小柱美丽柏 67414
小柱青锁龙 **108904**
小柱热非夹竹桃 **13297**
小柱水蜈蚣 **218570**
小柱头草属 254094
小柱头芦荟 **17031**
小柱头日中花 **220615**
小柱头银杯玉 **129595**
小柱悬钩子 **338269**
小柱玉凤花 **184103**
小柱紫玉盘 **403455**
小爪漆属 **253745**
小砖子苗 **245480**
小锥花黄堇 **106526**,105763
小锥花石南 **102757**
小锥药花 **101691**
小籽春黄菊 **26828**
小籽春桃玉 **131307**
小籽费利菊 **163241**
小籽风信子 **143764**
小籽风信子属 **143759**
小籽盖裂果 **256094**
小籽沟子荠 130960
小籽蔊菜 **336237**
小籽画眉草 **147811**
小籽加那利香雪球 **235072**
小籽碱蓬 **379567**
小籽豇豆 **408967**
小籽胶籽花 **99864**
小籽绞股蓝 **183014**
小籽接骨木 **345629**
小籽金牛属 **383961**
小籽卷耳 **82922**
小籽孔雀豆 7187
小籽口药花 **211404**
小籽拉拉藤 **170478**
小籽麻黄 **146212**
小籽马瓞儿 **417490**
小籽买麻藤 **178548**
小籽芒柄花 **271622**
小籽毛腹无患子 **151730**
小籽密毛大戟 **322016**
小籽密枝圆柏 341724
小籽拟漆姑 **370681**
小籽蒲公英 **384674**
小籽漆 **70481**
小籽千里光 **359480**
小籽秋海棠 **50080**
小籽泉沟子荠 **383993**
小籽萨拉茄 **346511**
小籽糖芥 **154483**
小籽野葡萄 **411785**
小籽藹草 293743
小籽鱼鳞云杉 **298318**
小籽獐牙菜 **380263**
小籽紫堇 **106156**
小子房杜鹃 331240
小子密枝圆柏 213748
小紫波 **28490**
小紫草 345881
小紫果槭 **2903**
小紫含笑 147176
小紫花菜 345988
小紫花蘘吾 **229024**
小紫黄芩 **355608**
小紫金牛 **31380**,31571
小紫莲菊属 **302669**
小紫舌唇兰 **302491**
小紫苏 **290989**,144086
小紫苏属 **290988**
小紫菀 136339
小紫苑属 150414
小紫指兰 **273605**
小紫珠 65670
小棕包 114828,114838,208496,405614
小棕苞 114838
小棕苞金绒草 **333125**
小棕兰 **48007**
小棕兰属 **48006**
小棕皮 14519,14520
小棕皮头 208496
小棕树 388410
小棕香 192830
小总花柳穿鱼 **231069**
小总花双距花 **128089**
小总花香豆木 **306283**
小总花忧花 **241690**
小总花鱼骨木 **71472**
小总序凤仙花 **205272**
小总序莱克草 223704
小总序莱切草 **223704**
小走游草 387822
小足蜡菊 **189560**
小足伞花菊 **161249**
小足苔草 75362
小足絮菊 **166002**
小钻 214972
小钻地风 351066
小钻骨风 214972
小钻花兰 **4502**
小钻花兰属 **4501**
小钻杨 **311192**
小钻叶草 **253031**
小钻叶草属 **253029**
小嘴蓝堇 **169155**
小嘴苔草 75179
小嘴乌头 **5416**
晓花茜 **146060**
晓花茜属 **146059**
晓晃玉 **175513**
晓潜龙 148144
晓山 **102503**
晓映球 **247667**
晓映丸 247667
晓云 **249595**
晓粧玉 **284681**
筱悬叶瓜木 13376
筱竹 **388761**,162752,388748
筱竹属 **388747**,162635
孝梗 23670
孝顺竹 **47345**
孝顺竹属 47174
孝竹 47264
肖阿尔韦斯草 **303120**
肖阿尔韦斯草属 **303116**
肖阿拉树 **290787**
肖阿拉树属 **290786**
肖阿魏属 **163746**
肖暗罗 **163325**
肖暗罗属 **163324**
肖澳柏属 **266830**
肖巴豆 **82216**
肖巴豆属 **82214**
肖巴尔兰 **86268**
肖巴尔兰属 **86267**
肖菝葜 **194120**,194114
肖菝葜属 **194106**
肖白花菜 **210173**
肖白花菜属 **210170**
肖柏属 228635
肖北美前胡 **99042**
肖北美前胡属 **99040**
肖本氏兰属 51123
肖鼻叶草属 **287944**
肖扁爵床 **317380**
肖扁爵床属 **317371**
肖藨草 **20730**
肖藨草属 **20729**
肖宾树 **283242**
肖宾树属 **283241**
肖冰草属 **136798**
肖菠萝球 **337135**
肖菠萝球属 **337134**
肖博落回 56025
肖布雷木 **198912**
肖布雷木属 **198910**
肖糙果茶 **69430**
肖叉序草 **301739**
肖叉序草属 **301737**
肖叉枝滨藜 **244669**
肖叉枝滨藜属 **244668**
肖檫木属 **318360**
肖长苞杨梅属 **101658**
肖长柄杜英 142393
肖长管山茶属 **248811**

肖长尖连蕊茶 **69671**
肖长尖毛蕊茶 69671
肖长芒菊 **77240**
肖长芒菊属 **77239**
肖柽柳桃金娘 **261049**
肖柽柳桃金娘属 **261047**
肖赪桐属 **337416**
肖翅果草属 **54424**
肖翅子藤 **196526**
肖翅子藤属 **196501**
肖刺棒棕 **181824**
肖刺棒棕属 **181821**
肖刺葵 **347076**
肖刺葵属 **347074**
肖刺衣黍属 **86114**
肖大岩桐寄生属 **270496**
肖单花番荔枝属 **44093**
肖单口爵床 **285945**
肖单口爵床属 **285938**
肖德弗草属 **301458**
肖地阳桃属 **253971**
肖地杨梅属 **139828**
肖地榆绵子菊 **222532**
肖地榆属 **313129**
肖地中海发草属 **256592**
肖滇紫草 **306597**
肖滇紫草属 **306595**
肖吊钟花属 **399031**
肖丁香 194068
肖独脚金 **283988**
肖独脚金属 **283987**
肖杜楝属 **400620**
肖短冠草 **283935**
肖短冠草属 **283934**
肖鹅绒藤属 **167213**
肖恩大戟属 **362184**
肖尔洞果漆 **28754**
肖尔桃金娘属 **352467**
肖尔舟叶花 **340896**
肖耳壶石蒜 **301651**
肖耳壶石蒜属 **301650**
肖梵天花 402245
肖仿花苏木 **397992**
肖仿花苏木属 **397989**
肖粉凌霄 306706
肖粉凌霄属 306704
肖粉绿木蓝 **206347**
肖风车子属 **390065**
肖风木 16007
肖凤梨 **123634**
肖凤梨属 **123633**
肖凤卵草属 **350516**
肖佛手瓜 **307129**
肖佛手瓜属 **307128**
肖高粱 **318469**
肖高粱属 **318468**
肖藁本属 **139731**
肖格尼木 **283323**
肖格尼木属 **283322**
肖弓果藤 **292109**
肖弓果藤属 **292104**
肖观音兰属 **399145**
肖哈尔卫矛 **186033**
肖哈尔卫矛属 **186032**
肖海马齿属 394879
肖禾叶兰属 **306172**
肖黑蒴属 **248691**
肖红果大戟 **123583**
肖红果大戟属 **123581**
肖红树 **288699**
肖红树科 **288700**
肖红树属 **288698**
肖红芽大戟 **283426**
肖红芽大戟属 **283424**
肖红叶藤 **346198**
肖红叶藤属 **346194**
肖红钟藤 **293259**
肖红钟藤属 **293255**
肖狐狸苔草 **76718**
肖葫芦属 **7923**
肖蝴蝶草属 **110659**
肖虎耳草 **78081**
肖虎耳草属 **78080**
肖花篱 **127458**
肖花篱属 **127457**
肖画眉草 **376512**
肖画眉草属 **376511**
肖还阳参 **293246**
肖黄栌 158700
肖黄耆 **153947**
肖黄耆属 **153945**
肖黄檀 **105368**
肖黄檀属 **105367**
肖茴芹 **13723**
肖茴芹属 **13721**
肖吉莉花 **175713**
肖吉莉花属 **175709**
肖加利亚草属 **412071**
肖假叶树 **245682**
肖假叶树属 **340989**
肖尖瓣花属 **351867**
肖胶漆树 **373628**
肖胶漆树属 **373627**
肖金腰箭属 248574
肖金叶树属 **170872**
肖锦葵属 **362709**
肖槿 389941
肖槿属 389928
肖荆芥 **301091**
肖荆芥属 **301087**
肖九节属 **401928**
肖距药姜 **283194**
肖距药姜属 **283193**
肖柯属 **285203**
肖克拉花 **193808**
肖克拉花属 **193806**
肖克利野荞麦 **152459**
肖肯棕属 85842
肖拉拉藤 **327583**
肖拉拉藤属 **327579**
肖梾木属 **389239**
肖赖草 **242970**
肖赖草属 **242969**
肖蓝盆花属 **365886**
肖榄属 **302599**
肖狼紫草 **283933**
肖狼紫草属 **283932**
肖老乐柱属 **317685**
肖藜芦 **2765**
肖藜芦属 **2763**
肖丽草 **98455**
肖丽唇夹竹桃 **146311**
肖丽花球属 **247664**
肖丽花属 **317869**
肖亮蛇床 **283780**
肖亮蛇床属 **283779**
肖亮叶芹 **283922**
肖亮叶芹属 **283921**
肖疗齿草属 **241378**
肖蓼属 **5755**
肖裂蕊紫草属 **141040**
肖鳞果苣 **68375**
肖鳞果苣属 **68374**
肖苓菊 **291441**
肖苓菊属 **291440**
肖柃 96586
肖柃属 96576
肖柳穿鱼属 **262264**
肖笼鸡 **385067**,385068
肖笼鸡属 **385065**
肖路边青属 **271116**
肖绿心樟 **313490**
肖绿心樟属 **313489**
肖伦内尔茜 **130018**
肖轮环藤属 **283257**
肖落腺豆 **283669**
肖落腺豆属 **283668**
肖麻疯树属 **304530**
肖马 瓞儿属 **354667**
肖猫儿菊属 **194657**
肖猫乳鼠李 **121965**
肖猫乳属 **121963**
肖毛口草属 **152841**
肖毛兰 **260589**
肖毛兰属 **152844**
肖毛蕊花属 **80495**
肖毛毡苣苔 **17953**
肖毛毡苣苔属 **17951**
肖矛果豆属 **294607**
肖茅膏菜属 **337217**
肖没药 **366738**
肖没药属 **366737**
肖玫瑰树属 **263196**
肖梅莱爵床 **271879**
肖梅莱爵床属 **271878**
肖梅蓝 **283488**
肖梅蓝属 **283487**
肖霉草属 **218773**
肖美头菊属 66949
肖蒙蒂苋属 **258306**
肖绵枣儿属 **48436**
肖棉 **153381**
肖棉属 **153379**
肖母草 **351903**
肖母草属 **351900**
肖牡荆 **284064**
肖牡荆属 **284063**
肖木槿 **194678**
肖木槿属 **194677**
肖木菊属 **240776**
肖楠 67529,67530
肖楠木 67530
肖楠木屋 115912
肖楠属 67526,228635
肖囊唇兰 **38204**
肖囊唇兰属 **38199**
肖囊大戟属 **115654**
肖念珠芥属 **393123**
肖牛齿兰 **29824**
肖牛齿兰属 **29823**
肖牛耳菜 245854
肖牛耳藤 245854
肖扭连钱属 **297085**
肖疱茜 **252260**
肖疱茜属 **252256**
肖瓶子草属 347144
肖坡垒 **298812**
肖坡垒属 **298808**
肖婆麻 190103
肖破布木 **405088**
肖破布木属 **405086**
肖蒲桃 **4879**
肖蒲桃桉 155470
肖蒲桃属 **4877**
肖普通山柳菊 **196092**
肖千金藤 **290853**
肖千金藤属 **290852**
肖前胡 **215044**
肖前胡属 **215043**
肖茜树 **12546**
肖茜树属 **12545**
肖全缘轮叶 **416864**
肖全缘轮叶属 **416862**
肖鹊肾树属 **366087**
肖染料木属 **320812**
肖荣耀木属 **194282**
肖乳香 **350995**
肖乳香属 **350980**

肖锐尖灯心草 **285813**
肖瑞香 **122655**
肖瑞香属 **122653**
肖鳃兰属 **266353**
肖三尖草 **301644**
肖三尖草属 **301638**
肖伞芹 **25626**
肖伞芹属 **25624**
肖散血丹属 **227930**
肖散柱茶 **69274**
肖山柰 **283413**
肖山柰属 **283412**
肖山芫荽 **304185**
肖山芫荽属 **304183**
肖韶子 131058
肖韶子龙眼 **131059**
肖蛇木属 **251012**
肖射干 **284068**
肖射干属 **284066**
肖神秘果属 **400099**
肖十二卷芦荟 **16706**
肖石笔木 **400711**
肖石南番樱桃 **156333**
肖石南属 **294639**
肖石南状欧石南 **149897**
肖石楠 **7944**
肖石楠属 **7939**
肖氏芳香木 **38799**
肖氏枸杞 **239113**
肖氏肋瓣花 **13864**
肖氏龙舌兰 **10938**
肖氏球果蓝堇 169168
肖氏球果紫堇 169168
肖氏猪殃殃 170616
肖梳状萝藦 **272045**
肖梳状萝藦属 **272044**
肖鼠李属 **328570**
肖鼠麴草属 **197937**
肖鼠尾草属 **352556**
肖薯蓣 **386801**
肖薯蓣果 **193118**
肖薯蓣果科 **193119**
肖薯蓣果属 **193117**
肖薯蓣属 **386798**
肖树苣苔属 **283429**
肖双花木 **283293**
肖双花木属 **283292**
肖水繁缕属 **258281**
肖水鬼蕉 **209524**
肖水鬼蕉属 **209521**
肖水竹叶属 **23483**
肖酸浆 **161763**
肖酸浆属 **161759**
肖梭梭属 **185191**
肖塔卡萝藦属 **292497**
肖特白峰掌 **181459**
肖特巨盘木 **166984**
肖特卷舌菊 **380983**
肖特氏银叶凤香 **187136**
肖特苔草 **76256**
肖特一枝黄花 **368397**
肖提巨盘木 166984
肖铁榄属 **257981**
肖头九节 **283205**
肖头九节属 **283202**
肖头蕊兰属 **82082**
肖土楠 **59679**
肖土楠属 **59678**
肖土人参 **383276**
肖土人参属 **383275**
肖碗唇兰 **387128**
肖碗唇兰属 **387126**
肖网纹芋 **329286**
肖网纹芋属 **329282**
肖维兰德大戟 **292247**
肖维兰德大戟属 **292246**
肖卫矛属 **161465**
肖蜗轴草 **256432**
肖蜗轴草属 **256431**
肖乌桕属 **354411**
肖乌口树属 **88704**
肖五蕊寄生属 **269280**
肖五星花 **283594**
肖五星花属 **283588**
肖西非合欢 **13694**
肖犀角 360102
肖喜阳花 **394718**
肖喜阳花属 **394716**
肖细莞 **353159**
肖腺果藤属 81929
肖香草 **299161**
肖香草属 **299159**
肖香荼菜 **324912**
肖香荼菜属 **324910**
肖香豆木属 **377105**
肖香荚兰属 **405039**
肖香蕨木属 101658
肖香桃木 **261692**
肖香桃木属 **261691**
肖香味桑寄生 **236974**
肖肖恩荚蒾 **408036**
肖缬草属 **163033**
肖蟹爪 329681
肖辛酸木 **327949**
肖辛酸木属 **327948**
肖绣球防风 **210120**
肖绣球防风属 **210119**
肖悬钩子属 **337893**
肖雪晃 59163
肖鸭嘴花 **8078**
肖鸭嘴花属 **8074**
肖亚马孙石蒜 **246289**
肖亚马孙石蒜属 **246288**
肖岩芥菜属 **157193**
肖燕麦草属 **317207**
肖羊菊 **34788**
肖羊菊属 **34786**
肖羊茅 **317463**
肖羊茅属 **317459**
肖杨梅属 **258732**
肖椰夹竹桃 **16250**
肖椰夹竹桃属 **16249**
肖椰子 **68640**
肖椰子属 **68639**
肖野胡瓜 **318441**
肖野胡瓜属 **318440**
肖野牡丹 248765
肖野桐 **126831**
肖野桐属 **126830**
肖野芝麻属 **220326**
肖叶柄花属 **263725**
肖叶下珠属 **318125**
肖伊瓦菊属 88979
肖异冠藤 **347442**
肖异冠藤属 **347440**
肖异木患 **16132**
肖隐籽芥 **395668**
肖隐籽芥属 **395666**
肖樱叶柃 **160585**
肖勇夫草 **401070**
肖勇夫草属 **401069**
肖玉凤花属 **258313**
肖鸢尾 **258529**
肖鸢尾属 **258380**
肖月见草番薯 **208033**
肖泽兰 **158011**
肖泽兰属 **158010**
肖针茅属 **241006**
肖珍珠菜属 **374661**
肖皱籽草属 **250927**
肖朱顶红属 **296096**
肖猪屎豆属 **179361**
肖竹芋 **66185**,66200
肖竹芋属 **66157**
肖紫草 230286
肖紫花景天 **357202**
肖紫葳 **283106**
肖紫葳属 **283105**
肖紫玉盘属 **403602**
哮喘草 75131,400945
哮灵草 126465,126651
效脚绿 125453
校欑 116100,116150
校力 78942,233104,324532
校力坪环蕊木 **138641**
校力坪铁色 138634,138641
校栎 233104
校栗 233104
笑布袋 **203254**
笑布袋属 **203251**
笑花草 355494
笑天龙 372247
笑细辛 **37625**
笑靥花 372050,372053
笑鸢尾 **172724**
笑鸢尾属 **172723**
楔 83284
楔瓣奥利兰 **274296**
楔瓣花 **371409**
楔瓣花科 **371413**
楔瓣花属 **371406**
楔苞楼梯草 **142638**
楔苞山柳菊 195797
楔翅藤 **371421**,371419
楔翅藤属 **371416**
楔翅远志 **308374**
楔刺爵床 **370901**
楔刺爵床属 **370900**
楔点鸢尾属 **371513**
楔梗禾 **371503**
楔梗禾属 **371499**
楔冠草 179177
楔果金虎尾属 **371364**
楔果芹 **371403**
楔果芹属 **371400**
楔花轮生远志 **308442**
楔基虎耳草 349895
楔基腺柃 **160476**
楔基苎麻 **56233**
楔尖鼻烟盒树 **270893**
楔裂毛茛 **325746**
楔鳞茅属 371488
楔脉榕 165513
楔囊苔草 **76015**
楔片草 **370928**
楔片草属 **370927**
楔起翅 371422
楔蕊牡丹 **45804**
楔蕊牡丹属 **45803**
楔伞芹 **371507**
楔伞芹属 **371506**
楔舌橐吾 **229010**
楔桃 83284
楔湾缺秦艽 **173679**
楔心藤 **371405**
楔心藤属 **371404**
楔形百里香 **391163**
楔形滨藜 **44408**
楔形薄花兰 **127945**
楔形藏蕊花 **167186**
楔形长筒莲 **107890**
楔形赪桐 **337425**
楔形酢浆草 **277782**
楔形翠雀花 124156
楔形大戟 **158710**
楔形杜楝 **400587**
楔形耳冠草海桐 **122096**
楔形菲利木 **296199**

楔形狒狒花 **46042**
楔形格尼瑞香 **178592**
楔形合龙眼 **381598**
楔形厚敦菊 **277036**
楔形黄牛木 **110253**
楔形灰毛菊 **31207**
楔形尖刺联苞菊 **52683**
楔形金匙树 **64431**
楔形锯伞芹 **315227**
楔形可利果 **96693**
楔形肯度里亚 **194664**
楔形莲桂 **123602**
楔形莲花掌 **9037**
楔形罗什紫草 **335100**
楔形木蓝 **205852**
楔形拟蛋黄榄 **411178**
楔形潘考夫无患子 **280867**
楔形群腺芸香 **304549**
楔形热非野牡丹 **20504**
楔形绒莞木 **335129**
楔形糅皮木 64431
楔形肉果荨麻 **402289**
楔形烧麻 402289
楔形蓍 **3945**
楔形束蕊花 194664
楔形树葡萄 **120046**
楔形双距花 **128045**
楔形水苏 **373186**
楔形穗花茱萸 **373027**
楔形西澳兰 **118180**
楔形喜阳花 **190309**
楔形狭穗苔草 **76366**
楔形香茶菜 **303236**
楔形蟹甲草 **283783**
楔形悬铃木 **302578**
楔形鸭跖草 **100986**
楔形鸭嘴花 **214435**
楔形崖藤 **13451**
楔形叶梗玄参 **297104**
楔形叶鱼藤 125951
楔形异果菊 **131160**
楔形鹰嘴豆 **90808**
楔形硬毛山麻杆 **14195**
楔形尤利菊 **160777**
楔药花 **371509**
楔药花科 **371511**
楔药花属 **371508**
楔药秋海棠属 **371390**
楔叶白桦 **53574**
楔叶半边莲 **234393**
楔叶半育花 **191471**
楔叶扁担杆 **180747**
楔叶糙苏 **295094**
楔叶层莞 **306551**
楔叶叉柱花 **374487**
楔叶茶藨 333955
楔叶长白茶藨 334056
楔叶长白茶藨子 **334056**
楔叶唇果夹竹桃 **87426**
楔叶慈姑 **342325**
楔叶刺冠菊 **68082**
楔叶刺茄 **180028**
楔叶刺枝钝柱菊 **316072**
楔叶酢浆草 **277901**
楔叶大果花楸 **369458**
楔叶大花溲疏 126846
楔叶大戟 **158716**
楔叶大托叶金壳果 **241940**
楔叶单列大戟 **257914**
楔叶等瓣两极孔草 **181050**
楔叶邓博木 **123673**
楔叶滇芎 **297946**
楔叶东北杨 **311331**
楔叶冬青 **204172**
楔叶豆腐柴 **313669**
楔叶豆梨 **323123**
楔叶独行菜 **225338**
楔叶杜鹃 **330485**
楔叶短瓣玉盘 **143873**
楔叶短梗景天 **8503**
楔叶方晶斑鸠菊 **406028**
楔叶根特紫金牛 **174252**
楔叶沟果茜 **18594**
楔叶过江藤 **232485**
楔叶红茎黄芩 **355859**
楔叶厚皮树 **221147**
楔叶槲寄生 **411009**
楔叶虎耳草 **349227**
楔叶喙果层莞 **210976**
楔叶胶藤 **220837**
楔叶金腰 **90385**
楔叶菊 **124780**
楔叶宽肋瘦片菊 **57615**
楔叶勒珀蒺藜 **335662**
楔叶雷诺木 **328323**
楔叶疗肺虎耳草 **234268**
楔叶蓼 **309909**
楔叶裂壳草 **351350**
楔叶柃 **160449**
楔叶菱叶藤 **332326**
楔叶柳 **343256**
楔叶葎 **170218**
楔叶马蓝 **378113**
楔叶毛茛 **325743**
楔叶茅膏菜 **138280**
楔叶没药 **101356**
楔叶梅里野牡丹 **250667**
楔叶美洲茶 79977
楔叶猕猴桃 **6595**
楔叶密榴木 254551
楔叶密钟木 **192553**
楔叶木蓝 **205853**
楔叶南美苦苣苔 **175299**
楔叶南山藤 **137787**
楔叶南蛇藤 **80168**
楔叶囊瓣芹 **320213**
楔叶榕 **165791**
楔叶柔花 **8919**
楔叶沙木 **148357**
楔叶山莓草 **362344**
楔叶山杨 **311283**
楔叶山楂 **110052**
楔叶双盛豆 **20754**
楔叶菘蓝 209225
楔叶塔韦豆 **385159**
楔叶唐松草 **388594**
楔叶铁线子 **244538**
楔叶茼蒿 **89404**
楔叶委陵菜 **312483**
楔叶西风芹 **361477**
楔叶响叶杨 **311194**
楔叶小檗 **51517**
楔叶小红钟藤 **134869**
楔叶鞋籽橄榄 **110700**
楔叶绣球防风 **227580**
楔叶绣线菊 **371860**
楔叶玄参 **355120**
楔叶悬钩子 **338307**
楔叶盐肤木 **332541**
楔叶杨 311194
楔叶野独活 **254551**
楔叶永菊 **43830**
楔叶鱼藤 **125951**
楔叶越被藤 **201674**
楔叶泽兰 **158102**
楔叶獐牙菜 **380172**
楔叶胀萼马鞭草 **86073**
楔翼锦鸡儿 **72213**
楔颖草 **29454**
楔颖草属 **29449**
楔窄叶番荔枝 **25900**
楔柱豆属 **371519**
楔状美洲茶 **79921**
歇地龙胆 173378
蝎毒草属 295978
蝎虎霸王 418721
蝎虎草 325718,418721
蝎虎驼蹄瓣 **418721**
蝎荚草属 354755
蝎尾斑鸠菊 **406799**
蝎尾彩花 **2287**
蝎尾豆属 **354755**
蝎尾黄耆 **43027**
蝎尾蕉 **190031**
蝎尾蕉科 **190073**
蝎尾蕉丽穗凤梨 **412356**
蝎尾蕉属 **189986**
蝎尾堇菜 **410544**
蝎尾菊 **217607**
蝎尾菊属 **217600**
蝎尾蜡菊 **189761**
蝎尾芦荟 **17261**
蝎尾脐果草 **270716**
蝎尾染料木 **173056**
蝎尾山蚂蝗 **126601**
蝎尾小冠花 **105310**
蝎尾肖缬草 **163062**
蝎尾鸢尾 **208816**
蝎尾状黄耆 **43026**
蝎尾状铁青树 **269685**
蝎序金足草 130322
蝎序马兰 130322
蝎子草 **175879**,175877,200802,221552,294114,299724,402847,402869,402946,402992
蝎子草属 **175865**
蝎子花 105846
蝎子麻 403009
蝎子七 309360,309954
蝎子荨麻 **403009**
蝎子旃那 **105281**
蝎子掌 200802
协和小檗 **52231**
邪蒿 35132,35308,228597,361526
邪蒿属 228556,361456
邪魔龙舌兰 **10954**
挟剑豆 71050
斜艾纳香 **55795**
斜瓣翻唇兰 **193616**
斜杯木属 **301697**
斜齿马先蒿 **287683**
斜唇卫矛属 **86357**
斜对叶 418335
斜萼糙苏 **295118**
斜萼草 **237961**
斜萼草属 **237957**
斜凤凰花 **295430**
斜冠菊 **301656**
斜冠菊属 **301655**
斜冠歧缬草 **404462**
斜管苣苔属 394672
斜果菊 **301620**
斜果菊属 **301619**
斜果山羊豆 **169938**
斜果挖耳草 **403257**
斜核草 **237968**
斜核草属 **237966**
斜喉兔唇花 **220082**,220063
斜花龙胆 173387
斜花石蒜 **237952**
斜花石蒜属 **237950**
斜花黍 **301604**
斜花黍属 **301603**
斜花雪山报春 **314737**
斜基粗叶木 **222095**,222305
斜基鸡屎树 222305
斜基绿赤车 **288782**

斜基叶柃 **160561**
斜假水青冈 266879
斜茎黄芪 42594
斜茎黄耆 **42594**
斜茎青叶胆 380298
斜茎獐牙菜 **380298**
斜口苔草 **75562**
斜里苔草 **73828**
斜裂蓝刺头 **140757**
斜脉桉 **155631**
斜脉暗罗 **307523**
斜脉粗叶木 **222237**,222302
斜脉猴欢喜 **366075**
斜脉壶花无患子 **90750**
斜脉假卫矛 **254313**
斜脉胶桉 **155614**
斜脉石楠 **295743**
斜毛草 **301709**
斜毛草属 **301708**
斜盘无患子 **237982**
斜盘无患子属 **237981**
斜坡鹿藿 **333189**
斜蒲公英 **384702**
斜倾报春 314228
斜倾报春花 314228
斜榕 **165388**
斜蕊夹竹桃属 **97124**
斜蕊樟 **97071**
斜蕊樟属 **97068**,228688
斜沙戟 **89324**
斜升福禄考 **295244**
斜升老鹳草 **174478**
斜升龙胆 173387
斜升秦艽 **173387**
斜生桉 **155673**
斜生扁芒草 **122210**
斜生藏蕊花 **167190**
斜生吉尔苏木 **175647**
斜生龙胆 173387
斜生欧石南 **149803**
斜生奇鸟菊 **256259**
斜生象根豆 **143484**
斜苏菊 **238048**
斜苏菊属 **238046**
斜尾叶黄芩 **355403**
斜纹粗肋草 **11335**
斜纹朱蕉 **104371**
斜小叶红叶藤 **337741**
斜须裂稃草 **351277**
斜序萨比斯茜 **341657**
斜玄参属 **21807**
斜药大戟 **301609**
斜药大戟属 **301606**
斜药桑寄生 **237947**
斜药桑寄生属 **237944**
斜叶桉 **155672**
斜叶百里香 **391220**
斜叶扁担杆 **180926**
斜叶澄广花 **275320**
斜叶酢浆草 **277984**
斜叶大风子 **296963**
斜叶大风子属 **296959**
斜叶点柱花 **235387**
斜叶龟背竹通花 258175
斜叶龟头花 **86795**
斜叶红叶藤 **337742**
斜叶黄檀 **121793**
斜叶菊 **178872**
斜叶菊属 **178871**
斜叶蒟 **300507**
斜叶萱苔属 **237988**
斜叶库卡芋 **114392**
斜叶梾木 **105133**
斜叶链合欢 **79481**
斜叶柃 160561
斜叶马铃苣苔 **273877**
斜叶马钱 **378713**
斜叶南水青冈 266879
斜叶破布木 **104220**
斜叶秋海棠 **50117**
斜叶曲花 **120576**
斜叶榕 **165761**,165762
斜叶柿 **132328**
斜叶索林漆 **369789**
斜叶檀 121793
斜叶醉鱼草 **62051**
斜倚箭竹 **162669**
斜倚皮姆番杏 **294389**
斜倚酸藤子 **144746**
斜翼 **301691**
斜翼芥 **237994**
斜翼芥属 **237993**
斜翼科 **301687**
斜翼属 **301688**
斜钟杜鹃 **331636**,330148
斜柱百合属 **97080**
斜柱苣苔 238038
斜柱苣苔属 238030
斜柱漆 **238045**
斜柱漆属 **238044**
斜柱头榈属 97072
斜柱椰属 97072
斜柱棕 **97075**
斜柱棕属 **97072**
斜籽榈 **97067**
斜籽榈属 **97066**
斜子棕属 97066
斜紫草 **301625**
斜紫草属 **301623**
缬草 **404316**,404261,404325
缬草大戟 **160038**
缬草菊三七 **183146**
缬草科 **404392**
缬草属 **404213**
缬草肖毛蕊花 **80558**
缬花紫金牛 **404493**
缬花紫金牛属 **404492**
鞋板芋 20125
鞋杓兰 120310
鞋底叶树 240268
鞋木属 **52843**
鞋头千里光 381927
鞋头树 96200
鞋形草属 66252
鞋状德雷马利筋 **37904**
鞋籽橄榄 **110702**
鞋籽橄榄属 **110699**
泻苍耳 **415004**
泻根 **61485**,61497
泻根黄瓜 **114130**
泻根科 **61546**
泻根属 **61464**
泻根叶花葵 **223360**
泻根叶尖喙牻牛儿苗 **153884**
泻根叶密钟木 **192532**
泻根叶南非葵 **25419**
泻根叶千里光 **358443**
泻瓜 **79806**
泻瓜属 **79805**
泻湖禾属 230336
泻金鱼草 **28668**
泻痢草 11572,161418
泻鼠李 328642,328701
泻薯 **103211**
泻下土密树 **60171**
泻亚麻 **231884**
泻叶 78227
泻叶茶 78227
屑片丝兰 416646
谢贝利大戟 **159836**
谢得水苏 **373428**
谢尔登千里光 **360047**
谢尔登银毛球 **244226**
谢尔地杨梅 **238637**
谢尔独活 **192351**
谢尔花烛 **28130**
谢尔曼狗舌草 **385905**
谢尔曼野荞麦 **152571**
谢尔默宗风兰 **24771**
谢尔默宗蜡菊 **189239**
谢尔默宗酸脚杆 **247543**
谢尔蒲公英 **384792**
谢尔茜属 **362099**
谢尔桃金娘 **216558**
谢尔桃金娘属 **216557**
谢飞紫玉盘 **403574**
谢菲尔德公园多花蓝果树 **267869**
谢夫勒巴豆 **113012**
谢夫勒扁丝卫矛 **364441**
谢夫勒大戟 **159776**
谢夫勒都丽菊 **155383**
谢夫勒多角果 **307785**
谢夫勒番樱桃 **156351**
谢夫勒九节 **319827**
谢夫勒可拉木 **99260**
谢夫勒龙船花 **211168**
谢夫勒马钱 **378881**
谢夫勒拟乌拉木 **178950**
谢夫勒茄 **367590**
谢夫勒赛金莲木 **70746**
谢夫勒三角车 **334682**
谢夫勒山柑 **71742**
谢夫勒蒴莲 **7269**
谢夫勒陀螺树 **378334**
谢夫勒悬钩子 **339242**
谢夫针禾 377031
谢夫针蓟草 **377031**
谢弗棒毛萼 **400799**
谢弗酢浆草 **278073**
谢弗费利菊 **163202**
谢弗魔星兰 **163537**
谢弗茜 **362063**
谢弗茜属 **362062**
谢弗秋海棠 **50282**
谢弗三芒草 **34020**
谢弗手玄参 **244863**
谢拉德草 362097
谢勒水仙 **350825**
谢勒水仙属 **350823**
谢勒壮花寄生 **148845**
谢里登金扶芳藤 **157490**
谢里夫乌头 **5567**
谢利夫水苏 **373421**
谢伦番杏 **12965**
谢马花楸 **369518**
谢米诺夫棘豆 **279154**
谢明诺夫冷杉 **471**
谢婆菜 406992,407430
谢三娘 211812,305185
谢氏贝母 **168557**
谢氏匹菊 **322741**
谢氏杞李葠 125604
谢氏榕 165310
谢氏十大功劳 **242638**
谢氏矢车菊 **81359**
谢氏小锦葵 **243958**
谢氏岩黄芪 188094
谢氏岩黄耆 188094
谢氏紫堇 106431
谢特二行芥 **133303**
榭榴 321764
薢宝 253385
薢草川 131501
薢草 64184
薢草属 64180
薢茩 394500
蟹草泽兰 **158059**

蟹橙 93515
蟹钓草属 398437
蟹胡草 418721
蟹甲草 **283814**
蟹甲草棒毛萼 **400771**
蟹甲草厚敦菊 **277022**
蟹甲草尖苞亮泽兰 **33720**
蟹甲草梁子菜 **148154**
蟹甲草属 **283781**
蟹甲草叶福王草 **313802**
蟹甲菊 283871
蟹甲木 **125433**
蟹甲木属 **125431**
蟹甲状酸模 329345
蟹角胆藤 211918
蟹壳草 26624,176839,349936
蟹目草 231479,231503
蟹目周 66879
蟹钳草 53801,54048
蟹钳叶羊蹄甲 **49037**
蟹眼豆 765
蟹珠草 407503
蟹珠眼草 95358
蟹爪 418532
蟹爪花 418532
蟹爪花属 **418529**
蟹爪寄生 410979
蟹爪兰 **418532**
蟹爪兰属 418529
蟹爪属 351993,418529
蟹足霸王鞭 418532
蟹足霸王树 352000
蟹足霸王树属 351993
心爱杜鹃 330626
心瓣翠雀花 **124146**
心瓣黑顶黄堇 **106190**
心瓣花 **73175**
心瓣花属 **73174**
心瓣蝇子草 **363297**
心被爵床属 **88170**
心被旋花属 **73147**
心不干 70600,297711
心不死 197254
心草 198485,304817
心唇金钗兰 **238310**
心唇兰 **73146**
心唇兰属 **73145**
心唇细柱球距兰 **253332**
心唇虾脊兰 **65901**
心唇沼兰 **110653**
心胆草 146840,146849
心萼凤仙花 205005
心萼李果鹤虱 **335109**
心萼薯 **25316**
心萼薯属 **25315**
心萼双距花 **128043**
心萼旋花 **104286**
心萼旋花属 **104285**
心萼猪屎豆 **111933**
心肺草 12640,345944
心冠白前 **409428**
心果阿氏莎草 **542**
心果裂柱远志 **320626**
心果囊瓣芹 **320210**
心果拟九节 **169324**
心果婆婆纳 **407063**
心果山核桃 **77889**
心果湿地鹅河菊 **15016**
心果小扁豆 **308122**
心虎耳草 **349202**
心花凤梨属 71149
心花舌兰 360591
心花属 71149
心慌草 152753
心火草 337253
心基大白杜鹃 **330525**
心基杜鹃 **331401**
心基六叶野木瓜 374428
心基山柳菊 **195520**
心基扇叶毛茛 **325817**
心基叶溲疏 **126873**
心裂吊灯花 **84198**
心卵叶四轮香 **185246**
心木 83736
心启兜兰 282832
心启兰 **288993**
心启兰属 **288992**
心球石豆兰 **62618**
心舌兰 **104282**
心舌兰属 **104278**
心托冷水花 **298899**
心托叶灰毛豆 **386008**
心纹冬青卫矛 **157608**
心楔叶毛白杨 **311531**
心兴果 **199404**
心形阿顿果 **44816**
心形埃克金壳果 **161695**
心形白苞菊 **203351**
心形百蕊草 **389647**
心形棒毛萼 **400772**
心形滨藜 **44356**
心形长管菊 **89189**
心形车前 **301907**
心形齿瓣兰 **269063**
心形刺核藤 **322528**
心形大丁草 **175141**
心形大黄 **329319**
心形大戟 158857
心形单裂萼玄参 **187026**
心形倒卵罗勒 **268577**
心形杜鹃 331401
心形恩氏寄生 **145577**
心形耳冠菊 **277291**
心形二裂金虎尾 **127347**
心形番樱桃 **156247**
心形方晶斑鸠菊 **406027**
心形芳香木 **38497**
心形凤仙花 **204872**
心形弗尔夹竹桃 **167411**
心形腐蛛草 **105445**
心形沟萼桃金娘 **68401**
心形冠膜菊 **201276**
心形海神菜 **265461**
心形海神木 **315769**
心形核桃 **212602**
心形赫普苣苔 **192160**
心形厚壳桂 **113439**
心形黄胆木 261526
心形黄皮 **94177**
心形黄杨 **64252**
心形灰毛豆 **386007**
心形鸡头薯 **152897**
心形假杜鹃 **48137**
心形假岗松 **317354**
心形尖紫葳 **115178**
心形浆果莲花 **217077**
心形栝楼 396162
心形拉拉藤 **170329**
心形蓝花参 **412639**
心形郎德木 **336100**
心形裂舌萝藦 **351534**
心形林倾草 **200697**
心形龙头草 **247721**
心形芦莉草 **339699**
心形罗氏锦葵 **335022**
心形落萼旋花 **68349**
心形马岛芸香 **210502**
心形毛子草 **153166**
心形美登木 **246827**
心形密藏花 156063
心形密钟木 **192550**
心形扭花芥 **377638**
心形欧石南 **149276**
心形千年健 **197790**
心形茄 **367052**
心形青锁龙 **108923**
心形琼楠 **50587**
心形热美两型豆 **99952**
心形日本核桃 212624
心形肉锥花 **102146**
心形萨比斯茜 **341611**
心形塞利瓜 **357867**
心形沙拐枣 **67013**
心形舒曼萝藦 **264487**
心形双饰萝藦 **134973**
心形双羽裂尖刺联苞菊 **52660**
心形酸模 **339992**
心形天竺葵 **288165**
心形娃儿藤 **400874**
心形弯花芥 **156430**
心形微糙柿 **132387**
心形薇甘菊 254424
心形萎草 **245061**
心形五层龙 **342643**
心形香豆木 **306256**
心形香水花 **55113**
心形鸭嘴花 **214426**
心形岩芥菜 **9793**
心形叶梗玄参 **297103**
心形叶橐吾 229202
心形伊独活 **12749**
心形异荣耀木 **134586**
心形异色单列木 **257936**
心形翼药花 **320200**
心形银齿树 **227255**
心形油芦子 **97298**
心形纸桦 53549
心形舟舌兰 **224351**
心形猪屎豆 **112038**
心形醉鱼草 **62004**
心煊绣球 199931
心檐南星 **33299**
心药兰 **104142**
心药兰属 **104141**
心叶阿比西尼亚水蕹 **29646**
心叶阿玛草 **18617**
心叶阿延梧桐 **45871**
心叶艾麻 **221541**
心叶桉 **155538**
心叶凹唇姜 **56535**
心叶奥兆萨菊 279349
心叶澳洲常春木 **250949**
心叶八宝 **200796**
心叶巴尔番薯 **207619**
心叶巴纳尔木 **47562**
心叶百合 **229822**,73159
心叶斑籽 46971
心叶斑籽木 **46971**
心叶半夏 **299719**
心叶报春 **314774**,314521
心叶波思豆 **57492**
心叶薄荷 **250468**
心叶糙苏 **295185**
心叶茶匙黄 **410652**
心叶巢菜 **408348**
心叶柽柳桃金娘 **260983**
心叶赤瓟 390119
心叶垂头菊 **110367**
心叶春美草 **94311**
心叶春雪芋 197796
心叶唇柱苣苔草 **87842**
心叶刺果泽泻 **140543**
心叶刺蓼树 **306655**
心叶刺蒴麻 **399215**
心叶刺痒藤 **394142**
心叶粗花野牡丹 **279401**
心叶粗肋草 11340
心叶脆蒴报春 **315036**

心叶大白杜鹃 330525
心叶大百合 **73158**,73159
心叶大刺爵床 **377497**
心叶大合欢 **30963**
心叶大黄 **329309**
心叶大戟 **159854**
心叶大岩桐寄生 **384056**
心叶代亚龙胆 **123614**
心叶带唇兰 **383127**
心叶单花红丝线 **238960**
心叶单孔药香 **257768**
心叶单毛野牡丹 **257525**
心叶党参 **98308**,98286
心叶刀囊豆 **415606**
心叶钓钟柳 **289333**
心叶独行菜 **225333**
心叶独子果 156063
心叶椴 **391699**,391691
心叶钝柱菊属 **213598**
心叶多榔菊 **136349**,136365
心叶鹅耳枥 77276
心叶鄂报春 314131
心叶二毛药 **128441**
心叶法拉茜 **162577**
心叶番薯 **207714**
心叶番樱桃 **156187**
心叶非洲豆蔻 **9889**
心叶非洲砂仁 9889
心叶非洲梧桐 99181
心叶风铃草 **69977**
心叶风毛菊 **348228**
心叶蜂鸟花 **240753**
心叶甘泉豆 **89135**
心叶革叶荠 **378292**
心叶谷蓼 91537
心叶谷木 **249927**
心叶冠香桃木 **236405**
心叶管药野牡丹 **365127**
心叶光花龙胆 **232680**
心叶光滑秋海棠 **49875**
心叶海甘蓝 108599
心叶海棠猕猴桃 **6663**
心叶海州常山 **96401**
心叶合欢 30963
心叶核果茶 **322588**
心叶荷莲豆草 **138473**
心叶黑锡生藤 **92550**
心叶红点草 **223797**
心叶红瓜 **97790**
心叶红丝线 238960
心叶猴耳环 30963,41913
心叶猴欢喜 **366046**
心叶蝴蝶草 **392897**
心叶虎耳草 349627
心叶虎耳革 **349152**
心叶华娜芹 **198916**
心叶化石花 **275888**
心叶桦 **53387**
心叶黄瓜菜 **283397**
心叶黄花报春 **315068**
心叶黄花稔 **362523**
心叶黄芩 **355418**,355643
心叶黄水枝 **391522**
心叶幌伞枫 **193905**
心叶灰绿龙胆 **174085**
心叶火豌豆 89135
心叶鸡蛋参 **98295**
心叶鸡头薯 **152899**
心叶稷 **281984**
心叶荚蒾 **407759**,407964
心叶假面花 **17490**
心叶假水苏 **373069**
心叶假泽兰 **254427**
心叶箭药藤 **50932**
心叶金合欢 **1119**
心叶金鸡菊 **104468**
心叶金鸡纳 **91066**
心叶金丝桃 **201822**
心叶金眼菊 **409152**
心叶堇菜 **409837**,410790
心叶锦竹草 **67143**
心叶荆芥 **264925**,264897
心叶旌节花 373537
心叶景天 200796
心叶九眼独活 30619
心叶韭 15559
心叶救荒野豌豆 **408574**
心叶聚合草 **381030**
心叶卷舌菊 **380856**
心叶凯克婆婆纳 **215688**
心叶可拉 99181
心叶可拉木 **99181**
心叶可利果 **96751**
心叶克鲁科吊兰 **88587**
心叶宽筋藤 392250
心叶葵兰 383127
心叶栝楼 **396162**
心叶蜡菊 **189267**
心叶蓝星 **115431**
心叶蓝钟花 **115345**
心叶老鸦嘴 **390746**
心叶勒珀蒺藜 **335661**
心叶肋泽兰 **60112**
心叶肋柱花 **235441**
心叶类没药 **366741**
心叶棱子芹 **304839**
心叶冷水花 298874
心叶梨 **323152**
心叶栗豆藤 **10986**
心叶镰扁豆 **135437**
心叶两节荠 **108599**
心叶两型萼杜鹃 **133390**
心叶裂口花 **379882**
心叶裂舌萝藦 **351535**
心叶鳞花木 **225669**
心叶凌霄莓 **124758**
心叶留兰香 250468
心叶琉璃草 **118023**
心叶瘤萼寄生 **270951**
心叶柳 **343168**,343343
心叶柳叶箬 **209134**
心叶龙眼独活 30680
心叶露珠草 91537
心叶绿萝 294837
心叶螺序草 **371751**
心叶落葵薯 26265
心叶麻疯树 **212116**
心叶马岛甜桂 **383642**
心叶马利旋花 **245298**
心叶马铃苣苔 **273848**
心叶麦克勒木 240755
心叶蔓绿绒 294798,294827
心叶芒石南 **227963**
心叶毛瓣瘦片菊 **182042**
心叶毛茛 **325705**
心叶毛蕊茶 **69010**
心叶毛穗马鞭草 **219106**
心叶帽花木 **256133**
心叶梅花草 **284520**
心叶梅里野牡丹 **250666**
心叶梅滕大戟 **252641**
心叶美洲单毛野牡丹 **257678**
心叶蒙蒂苋 **258243**
心叶蒙自虎耳草 349627
心叶猕猴桃 **6518**
心叶米兰 11282
心叶米仔兰 **11282**
心叶密藏花 **156063**
心叶密叶杨 **311525**
心叶密钟木 **192551**
心叶茉莉 **211997**,211960
心叶母草 **404712**,231479
心叶木 **184678**
心叶木防己 **97902**
心叶木槿 **195000**
心叶木蓝 **205833**
心叶木属 **184677**
心叶那藤 374428
心叶南非木姜子 387006
心叶黏冠草 **261085**
心叶茑萝 **323457**,207845
心叶牛眼菊 385616
心叶牛至 **274201**
心叶扭果花 **377695**
心叶盘金藤 **134110**
心叶婆婆纳 317909
心叶破布木 104251
心叶葡萄 **411631**
心叶蒲桃 **382519**
心叶普林木 **305001**
心叶七花菊 **192175**
心叶脐戟 **270618**
心叶千里光 **358604**
心叶茜草 337925
心叶茄 **367012**
心叶青牛胆 **392250**
心叶青锁龙 **108924**
心叶青藤 **204615**,97902
心叶秋海棠 **49971**,49878
心叶球柄兰 383127
心叶球花 177035
心叶球花木 **177035**
心叶球兰 **198836**,198835
心叶曲管桔梗 **365158**
心叶曲枝山蚂蝗 **126349**
心叶雀梅藤 **342203**
心叶雀舌 226325
心叶雀舌木 **226325**
心叶忍冬 **236120**
心叶日本鹅耳枥 **77313**
心叶日本核桃 **212624**
心叶日中花 29855
心叶绒安菊 **183042**
心叶榕 **165602**
心叶肉果荨麻 **402288**
心叶瑞木 **106660**
心叶三芒蕊 **398057**
心叶桑 259097
心叶沙参 **7629**,7853
心叶沙穗 **148477**
心叶山葱 **15559**
心叶山桂花 **51031**
心叶山黑豆 **138933**
心叶山金车 **34699**
心叶山柳菊 **195521**
心叶山麻杆 **14182**
心叶山蚂蝗 **126300**,126349
心叶山梅花 **294425**
心叶山土瓜 **250772**
心叶山香圆 **400545**
心叶山蓊菜 **161125**
心叶山楂 109931
心叶烧麻 402288
心叶舌喙兰 **191591**
心叶蛇根草 **272193**
心叶蛇葡萄 **20334**
心叶升麻 **91007**,91037
心叶石笔木 322588
心叶石蚕 **73221**
心叶石蚕属 **73220**
心叶石月 374428
心叶饰球花 **53181**
心叶黍 281984
心叶树属 184677
心叶双齿千屈菜 **133372**
心叶双蝴蝶 **398265**
心叶双距花 **128044**
心叶水柏枝 **261290**,261285

心叶水团花 184678
心叶水杨梅 184678
心叶睡莲 **267674**
心叶蒴莲 7233
心叶四川堇菜 **410624**
心叶四腺木姜子 **387006**
心叶素馨 **211960**
心叶宿萼木 **378477**
心叶酸浆 297665
心叶酸脚杆 **247545**
心叶碎米荠 **72724**,275869
心叶桃 **20906**
心叶藤山柳 **95483**
心叶天名精 **77155**
心叶天竺葵 **288169**
心叶铁线莲 **95273**
心叶兔儿风 **12616**
心叶兔耳风 12616
心叶豚草 **19156**
心叶驼绒藜 **218129**
心叶橐吾 **229107**
心叶尾稃草 **402506**
心叶尾药菊 **381932**
心叶乌蔹莓 **79840**
心叶无梗斑鸠菊 **225253**
心叶五角木 **313963**
心叶五叶参 **289664**
心叶西澳兰 **118174**
心叶西番莲 **285636**
心叶西果蔷薇 **193494**
心叶西金茜 **362426**
心叶西米尔茜 **364418**
心叶西民素馨 211997
心叶西亚龙胆 **173887**
心叶希帕卡利玛 202376
心叶席氏素馨 211960
心叶喜林芋 294810
心叶喜树蕉 **294798**
心叶细辛 **37754**
心叶下被桃金娘 **202376**
心叶香草 **239601**
心叶香芸木 **10594**
心叶向日葵 **189003**
心叶小檗 **52114**
心叶小花苣苔草 **87997**
心叶肖柽柳桃金娘 **261050**
心叶肖杨梅 **258741**
心叶缬草 404285
心叶新蜡菊 **279349**
心叶莕菜 **267806**
心叶崖藤 **13450**
心叶岩白菜 52514
心叶岩芥菜 **9790**
心叶岩蔷薇 **93194**
心叶岩扇 362255
心叶羊耳蒜 **232125**
心叶洋竹草 67143
心叶野靛棵 **244284**
心叶野海棠 **59842**
心叶野荞 162314
心叶野荞麦 **162314**
心叶伊东杜鹃 330998
心叶异片萝藦 **25729**
心叶异荣耀木 **134587**
心叶异药花 **167297**
心叶异柱马鞭草 **315409**
心叶淫羊藿 146966
心叶隐棒花 **113531**
心叶尤克里费 156063
心叶油桐 406016
心叶元宝槭 **3715**
心叶月见草 **269423**
心叶杂色豆 **47716**
心叶獐耳细辛 **192123**
心叶獐牙菜 **380166**
心叶折柄茶 376435
心叶针柱茱萸 **329128**
心叶帚菊 **292047**
心叶珠子参 98295
心叶诸葛菜 **275869**
心叶紫金牛 **31509**
心叶紫茎 **376435**
心叶紫茉莉 **255735**
心叶紫菀 **40256**
心叶紫朱草 **14837**
心叶醉魂藤 **194165**
心翼果 **73190**
心翼果科 **73181**
心翼果属 **73184**
心愿报春 **314758**
心脏叶半边莲 234351
心脏叶茑萝 323457
心泽兰 **158100**
心掌根兰 **121370**
心状梨叶悬钩子 **339068**
心籽绞股蓝 **183002**
心籽苦瓜 **256796**
心籽肖山芫荽 **304188**
忻城蜘蛛抱蛋 **39518**
芯芭 116747
芯芭属 **116745**
芯玛芭 116747
辛菜 59438
辛迪苏格兰欧石南 **149217**
辛芳 59438
辛菲草 381029
辛甘豆属 **364725**
辛格麦瓶草 **364093**
辛格欧石南 **150112**
辛果漆 **138045**
辛果漆属 **138043**,197335
辛加山蛇床 **97731**
辛家山蟹甲草 **283881**
辛芥 59438
辛卡波尔合瓣花 **381852**
辛考沙梨 **323270**
辛苦草 307656
辛库杜鹃 **331778**
辛辣苍耳 **415042**
辛辣车叶草 **39351**
辛辣黄耆 **43222**
辛辣景天 356468
辛辣蓼 **308700**
辛辣毛茛 **325515**
辛辣木 138058
辛辣木科 414486
辛辣木属 138051
辛辣十字爵床 **111755**
辛莱单药爵床 29126
辛麻 229,233
辛米 361794
辛木 **364733**
辛木科 348978
辛木属 **364732**
辛拿叶 78227
辛普森葱莲 **417631**
辛普森番樱桃 261045
辛普森飞凤玉 **214923**
辛普森接骨木 345703
辛普森绶草 **372246**
辛普森卧龙柱 **185924**
辛普森野荞麦木 **152285**
辛矧 416707
辛氏黄檗 294240
辛氏黄芪 43049
辛氏黄耆 43049
辛氏铠兰 105531
辛氏盔兰 105531
辛氏列当 **275211**
辛氏泡花树 **249391**
辛氏铁线莲 **95314**
辛氏星星松香草 **364263**
辛氏鸢尾 208838
辛氏钻花兰 **4516**
辛松 **300168**
辛酸八角 138058
辛酸八角属 138051
辛酸木 **138058**
辛酸木属 **138051**
辛太虎眼万年青 **274782**
辛脱克樟 **91428**
辛叶菊 **138049**
辛叶菊属 **138047**
辛叶樟属 **138037**
辛夷 198698,242169,416686,416688,416694,416707,416721
辛夷木兰 242169
辛夷润楠 **240606**
辛夷桃 416686,416694,416707,416721
辛雉 416686,416694,416721
辛众香树 **299323**
欣巴蒲桃 **382520**
欣巴柿 **132394**
欣贝老鸦嘴 **390873**
欣顿茜属 196418
欣可利楼斗菜 **30040**
欣克利布氏菊 **60127**
欣克利栎 **324006**
欣克利楼斗菜 **30019**
欣佩厚皮树 221193
欣珀阿氏莎草 **612**
欣珀巴豆 **113014**
欣珀巴氏锦葵 **286690**
欣珀白花菜 **95785**
欣珀白酒草 **103597**
欣珀百脉根 **237746**
欣珀半边莲 **234744**
欣珀棒头草 **310128**
欣珀棒籽花 **328465**
欣珀苞茅 **201569**
欣珀薄花兰 **127977**
欣珀侧冠萝藦 **304881**
欣珀侧花木蓝 **206527**
欣珀长瓣秋水仙 **250646**
欣珀车轴草 **397071**
欣珀齿叶灰毛菊 **185362**
欣珀大戟 **159778**
欣珀单桔梗 **257813**
欣珀短柄草 **58617**
欣珀短丝花 **221455**
欣珀飞廉 **73480**
欣珀伽蓝菜 **215255**
欣珀谷精草 **151465**
欣珀鬼针草 **54103**
欣珀蒿 **36223**
欣珀合欢 **13667**
欣珀厚皮树 **221193**
欣珀槲寄生 **411103**
欣珀黄麻 **104123**
欣珀黄耆 **43019**
欣珀茴芹 **299531**
欣珀火炬花 **217033**
欣珀鸡脚参 **275769**
欣珀蓟 **92368**
欣珀豇豆 **409040**
欣珀卡柿 **155970**
欣珀宽肋瘦片菊 **57659**
欣珀蜡菊 **189754**
欣珀榄仁树 **386634**
欣珀藜 **87006**
欣珀蓼 **309763**
欣珀林地苋 **319043**
欣珀鳞果草 **4481**
欣珀瘤萼寄生 **270958**
欣珀露子花 **123966**
欣珀鹿藿 **333394**
欣珀鹿头 **199034**

欣珀没药 **101543**
欣珀茉莉花 **211992**
欣珀木菊 **129447**
欣珀木蓝 **206512**
欣珀南山藤 **137794**
欣珀鸟足兰 **347901**
欣珀疱茜 **319986**
欣珀千里光 **359996**
欣珀青锁龙 **109366**
欣珀秋水仙 250646
欣珀全毛兰 **197568**
欣珀韧果檀香 **276865**
欣珀莎草 **119543**
欣珀珊瑚果 **103924**
欣珀十万错 **43662**
欣珀石豆兰 **63075**
欣珀鼠尾草 **345374**
欣珀薯蓣 **131829**
欣珀水苏 **373429**
欣珀酸蔹藤 **20255**
欣珀塔韦豆 **385168**
欣珀田皂角 **9635**
欣珀五星花 **289885**
欣珀相思子 **777**
欣珀香荼菜 **209818**
欣珀小金梅草 **202958**
欣珀小葵子 **181900**
欣珀肖鸢尾 **258641**
欣珀信筒子 **144808**
欣珀鸭嘴花 **214796**
欣珀银豆 **32901**
欣珀尤克勒木 155970
欣珀玉凤花 **184052**
欣珀早熟禾 **305952**
欣珀蚤草 **321600**
欣珀珍珠茅 **354236**
欣珀砖子苗 **245531**
欣普夫高山参 **274004**
欣齐钉头果 **179114**
欣氏豆腐柴 **313736**
欣氏兰 **196417**
欣氏兰属 **196416**
欣氏茜属 **196418**
欣兹奥佐漆 **279334**
欣兹贝克菊 **52773**
欣兹扁担杆 **180955**
欣兹大果萝藦 **279464**
欣兹大戟 **351005**
欣兹大戟属 **351004**
欣兹独行菜 **225451**
欣兹海神菜 **265523**
欣兹胡麻 **361339**
欣兹尖果莎草 **278310**
欣兹金绒草 **294904**
欣兹堇 **351000**
欣兹堇属 **350999**
欣兹荆芥叶草 **224604**
欣兹联苞菊 **196945**
欣兹龙胆 **351002**
欣兹龙胆属 **351001**
欣兹毛子草 **153275**
欣兹木槿 **195214**
欣兹木菊 **129449**
欣兹木蓝 **206516**
欣兹鸟足兰 **347902**
欣兹润肺草 **58937**
欣兹三针草 **398365**
欣兹莎草 **119544**
欣兹珊瑚果 **103925**
欣兹石豆兰 **63076**
欣兹时钟花 **396511**
欣兹碎米荠 **72965**
欣兹田皂角 **9636**
欣兹微肋菊 **167581**
欣兹苋 **18818**
欣兹象根豆 **143491**
欣兹翼茎菊 **172469**
欣兹硬皮鸢尾 **172681**
欣兹忧花 **241703**
欣兹远志 **308342**
欣兹猪屎豆 **112647**
欣兹紫盏花 **171580**
新阿比西尼亚盐肤木 **332620**
新阿拉斯加蝶须 **26415**
新阿拉斯加桦 **53533**
新安息香属 **264571**
新奥布膜苞豆 **201262**
新澳翅柱兰属 **231667**
新澳蛎花属 264566
新澳洲鸢尾 **264260**
新澳洲鸢尾属 **264257**
新巴黄芪 42501
新巴黄耆 **42501**
新巴拉森斑鸠菊 **406631**
新巴料草 **264256**
新巴料草属 **264255**
新巴氏锦葵 **263598**
新巴氏锦葵属 **263597**
新巴西禾属 **329290**
新白令芥属 **394410**
新棒果香 **263610**
新棒果香属 **263609**
新豹皮花大戟 **159451**
新贝克千里光 **359574**
新本氏兰 **263642**
新本氏兰属 **263641**
新蔗草属 **264492**
新宾哈米亚属 263650
新波鲁兰属 **263662**
新博尔卡婆婆纳 **407254**
新博瑟大戟 **159430**
新布洛斯乌头 **5655**
新常绿漆 **332517**
新城鹅耳枥 **77302**
新齿叶风毛菊 **348554**
新垂穗草 **263672**
新垂穗草属 **263671**
新刺黄耆 **42789**
新粗管马先蒿 **287456**
新达乌逊属 263800
新戴普司桐属 263836
新单蕊黄芪 42788
新单蕊黄耆 **42788**
新淡红大戟 **159447**
新岛荚蒾 **407705**
新地肤属 **263974**
新店奥图草 277430
新店当药 380354
新店悬钩子 339055
新店獐牙菜 **380354**
新蝶豆 263807
新蝶豆属 263806
新蝶须 **26427**
新冬青科 294216
新冬青属 294218
新都桥乌头 5633
新都嵩草 **217261**
新豆腐柴 **264583**
新豆腐柴属 **264580**
新杜鹃 331768
新多节草大戟 **159445**
新多穗苔草 **75494**
新多头金绒草蜡菊 **189592**
新俄黄芩 **355625**
新耳草 **262969**,262966
新耳草属 **262956**
新反折大戟 **159446**
新芳香草 **263587**
新芳香草属 **263586**
新绯红大戟 **159432**
新粉绿大戟 **159436**
新风车草 **263701**
新风车草属 **263700**
新风兰 **263867**
新风兰属 **263865**
新风轮 65573
新风轮菜 **65573**
新风轮菜属 **65528**
新风轮鞘蕊 **367878**
新风轮属 65528
新风轮塔花 65603
新凤梨属 264406
新港山斑叶兰 179700
新高山荚蒾 407696
新高山剪股颖 **12145**
新高山景天 356947
新高山鹿蹄草 322858
新高山女娄菜 363774
新高山斯脱兰木 **377457**
新高山绣线菊 372021
新戈斯大戟 **159437**
新格拉凤梨属 263892
新梗花大戟 **159444**
新沟浮草属 **263590**
新钩喙兰 **328972**
新钩喙兰属 **328971**
新光滑大戟 **159435**
新光毛茛 **326119**
新孩儿草 218347
新海岸桐 **392121**
新海岸桐属 **392120**
新含羞草 **264188**
新含羞草属 **264187**
新蒿 **35998**
新禾草属 385816
新亨伯特大戟 **159439**
新亨伯特锦葵 **263950**
新亨伯特锦葵属 **263948**
新花刺苋 **263723**
新花刺苋属 **263721**
新华蔗草 **353655**
新华箬竹 **264461**
新华箬竹属 **264459**
新滑桃树 **264644**
新滑桃树属 **264643**
新黄胆木属 264218
新黄梁木 **263689**
新黄梁木属 **263688**
新黄淫羊藿 147073
新会橙 **93787**
新会柑 93719
新惠铁线莲 **95459**
新火绒草属 **227835**
新霍尔果斯 **42787**
新霍尔肉锥花 **102497**
新吉莱特大戟 **159434**
新几内亚瓣蕊花 169849
新几内亚贝壳杉 **10502**
新几内亚酢浆草 **277952**
新几内亚大戟 **25765**
新几内亚大戟属 **25764**
新几内亚单花兰属 **257097**
新几内亚多花杜鹃 **331500**
新几内亚番荔枝 **49404**
新几内亚番荔枝属 **49402**
新几内亚凤仙 205444
新几内亚橄榄属 **337208**
新几内亚禾属 **299734**
新几内亚胡椒 **300551**
新几内亚火把树属 12894
新几内亚尖苞木属 **123396**
新几内亚菊 **267228**
新几内亚菊属 **267227**
新几内亚苣苔 **360531**
新几内亚苣苔属 **360530**
新几内亚爵床 **68275**
新几内亚爵床属 **68274**,211389
新几内亚卡德兰 **64931**

新几内亚楼梯草　**142655**
新几内亚陆均松　**121107**
新几内亚萝藦　377894
新几内亚萝藦属　377893
新几内亚落舌蕉　351153
新几内亚牡荆　**411237**
新几内亚木麻黄属　84431
新几内亚拿司竹　**262761**
新几内亚婆婆纳　**126822**
新几内亚婆婆纳属　**126821**
新几内亚漆属　**160380**
新几内亚山榄　**242373**
新几内亚山榄属　**242372**
新几内亚山柚子　**175982**
新几内亚山柚子属　**175981**
新几内亚杉属　**392404**
新几内亚珊瑚桂　**223240**
新几内亚舌蕊花　**169849**
新几内亚石斛属　**257156**
新几内亚卫矛　**59277**
新几内亚卫矛属　**59276**
新几内亚五加　**21450**
新几内亚五加属　**21449**
新几内亚香材树　**27535**
新几内亚香材树属　**27534**
新几内亚指橘　**253293**
新几内亚绉子棕　321174
新几内亚竹属　**264136**
新几内亚棕　**333839**
新几内亚棕属　**333838**
新加兰鹅掌藤　**350782**
新加坡矮粉白鸡蛋花　**305222**
新加坡白鸡蛋花　**305223**
新加坡栎　**323785**
新加永茜属　**263874**
新嘉宝果属　236403
新嘉兰　**263886**
新嘉兰属　**263885**
新荚莲叶悬钩子　**338876**
新尖瓣花属　**252597**
新姜草　**179516**
新姜草属　**179515**
新疆阿魏　**163711**,163586
新疆爱伦藜　**8850**
新疆霸王　418760
新疆白桦　53563
新疆白芥　**364557**
新疆百合　**229929**
新疆百脉根　**237609**
新疆报春　314700
新疆贝母　**168624**,168401
新疆萹蓄　**309766**
新疆扁芒菊　413021
新疆冰草　**11876**
新疆补血草　**230737**
新疆彩花　**2281**
新疆柴胡　**63623**,63695
新疆长叶柳　342973
新疆齿缘草　**153542**
新疆除虫菊　322649
新疆刺苞菊　76994
新疆翠雀花　**124581**
新疆大花龙胆　**173486**
新疆大黄　329318,329415
新疆大戟　158857
新疆大蒜芥　**365529**
新疆大叶榆　401549
新疆党参　**98312**,98290
新疆倒提壶　118008
新疆顶冰花　169470
新疆短舌菊　58041
新疆鹅观草　**335510**,144474
新疆遏蓝菜　390231
新疆方枝柏　**213873**
新疆防风　228583,346448
新疆飞蓬　**150968**
新疆风铃草　**69881**,70058
新疆风毛菊　**348118**
新疆枸杞　**239030**
新疆海罂粟　**176754**
新疆旱禾　**148389**
新疆鹤虱　**221773**
新疆花葵　**223361**
新疆花楸　**369549**
新疆花荵　307197
新疆还阳参　110788
新疆黄华　389557
新疆黄堇　**105939**
新疆黄精　**308639**
新疆黄芪　42580
新疆黄耆　**43056**,42580,42594
新疆黄芩　355765
新疆火烧兰　**147195**
新疆棘豆　**279165**
新疆蓟　**92375**
新疆假龙胆　**174163**
新疆芥属　89223
新疆筋骨草　**13190**
新疆锦鸡儿　**72371**,72200
新疆韭　**15296**,15194
新疆绢蒿　**360848**,360857
新疆拉拉藤　**170777**
新疆蓝刺头　140776
新疆蓝盆花　**350288**
新疆老鹳草　**175019**
新疆棱子芹　**304850**
新疆冷杉　476
新疆梨　**323306**
新疆藜　**185052**,8850
新疆藜芦　405604
新疆藜属　8848,185048
新疆丽豆　**67786**
新疆蓼　309531,309766
新疆柳穿鱼　**230870**
新疆柳叶菜　**146609**,146775
新疆龙胆　**173747**,174066
新疆龙牙草　11552
新疆龙芽草　11572
新疆鹿蹄草　**322932**
新疆落芒草　**300747**
新疆落叶松　221944
新疆麻花头　**361119**
新疆麻菀　**231838**
新疆牻牛儿苗　**153911**
新疆猫儿菊　**202424**
新疆毛茛　**326377**,326365
新疆毛连菜　**298640**
新疆梅花草　**284556**
新疆米努草　255504
新疆木通　95302
新疆苜蓿　**247468**
新疆南芥　**30205**
新疆女蒿　**196698**
新疆披碱草　**144474**,335510
新疆匹菊　**322644**
新疆珀菊　18983
新疆千里光　359158
新疆羌活　24483
新疆秦艽　**174066**,173982
新疆忍冬　236146
新疆绒果芹　**151751**
新疆乳菀　**169796**
新疆三肋果　**397964**
新疆沙冬青　**19778**
新疆沙拐枣　67038
新疆沙参　**7682**
新疆山黧豆　**222720**
新疆山柳菊　**195692**,195921
新疆芍药　**280154**
新疆鼠李　**328861**
新疆鼠尾草　**344999**
新疆栓翅芹　**313523**
新疆水八角　180321
新疆粟米草　256695
新疆酸模　340221
新疆蒜　**15662**
新疆苔草　**76622**
新疆唐松草　388572
新疆桃　**20914**
新疆天芥菜　**190562**
新疆天门冬　**39111**
新疆庭荠　**18427**
新疆兔唇花　**220096**
新疆驼蹄瓣　**418760**
新疆橐本　101839
新疆橐吾　**229252**
新疆卫矛　157876
新疆蝟菊　**270243**
新疆乌头　**5572**,5041
新疆五针松　300197
新疆菥蓂　**390231**
新疆细叶芹　**84758**
新疆香堇　**410336**
新疆小麦　**398937**
新疆缬草　**404267**
新疆新麦草　317083
新疆续断　**133519**
新疆玄参　**355137**
新疆雪莲　348392
新疆雪莲花　348392
新疆亚菊　**12997**
新疆杨　**311226**
新疆野决明　**389557**
新疆野苹果　**243698**
新疆野豌豆　**408350**
新疆一支蒿　36166
新疆一枝黄花　368480
新疆异株荨麻　**402893**
新疆益母草　225019
新疆银穗草　**227953**
新疆罂粟属　335624
新疆郁金香　**400224**
新疆鸢尾　208607
新疆元胡　**105936**,106414
新疆圆柏　213902
新疆远志　**308116**
新疆云杉　298382
新疆早熟禾　**306136**
新疆皂荚　176903
新疆皂角　176903
新疆獐毛　8870
新疆獐茅　**8870**
新疆针茅　**376908**
新疆种阜草　**256459**
新疆猪毛菜　**344716**
新疆猪牙花　**154946**
新疆紫草　34615,34618,34624
新疆紫罗兰　**246554**
新堇兰属　207446
新喀澳洲柏　**67425**
新喀岛尖苞木　**115677**
新喀岛尖苞木属　**115676**
新喀豆属　36766
新喀番樱桃属　215502
新喀海桐　**291000**
新喀海桐属　**290998**
新喀兰　**148938**
新喀兰属　**148936**
新喀里多尼亚柏　67425,263707
新喀里多尼亚柏属　263706
新喀里多尼亚楝　**27545**
新喀里多尼亚楝属　**27544**
新喀里多尼亚陆均松　**121086**
新喀里多尼亚南洋杉　**30834**
新喀里多尼亚杉　30838
新喀里多尼亚棕属　48751
新喀陆均松属　**252394**
新喀茜　**72117**

新喀茜属 **72116**
新喀桑寄生 **400372**
新喀桑寄生属 **400371**
新喀山龙眼 **49369**
新喀山龙眼属 **49367**
新喀石斛属 **57879**
新喀五加 **145809**
新喀五加属 **145808**
新喀香桃属 **97227**
新喀远志 **46960**
新喀远志属 **46959**
新喀芸香 **57962**
新喀芸香属 **57961**
新卡大戟属 **56035**
新卡利登柏 67425
新卡利登麦珠子 **17618**
新康氏白酒草 **103545**
新壳果 **263715**
新壳果属 **263712**
新克里布兰属 **263784**
新孔雀肖鸢尾 **258588**
新库尔斯斑鸠菊 **406621**
新库页蒲公英 **384692**
新阔带芹 **264326**
新阔带芹属 **264324**
新蜡花木属 **264484**
新蜡菊属 **279341**
新莱泰斯图琼楠 **50571**
新蓝卷木 **263856**
新蓝卷木属 **263855**
新莨菪 44719
新莨菪属 354678
新黎明蔷薇 **336293**
新丽 **82312**
新丽花球 **264135**
新丽花球属 **264134**
新裂瓜 **351760**
新林地毛茛 **326130**
新林毛茛 **325502**
新硫黄淫羊藿 **147073**
新瘤子草属 **264230**
新龙常草属 **264198**
新鲁豆 **264455**
新鲁豆属 **264454**
新绿阁 **105437**
新绿玉 **163440**
新绿舟叶花 **340809**
新绿柱 **375533**
新绿柱属 375516
新罗薄荷 176839
新罗荆 265078
新罗松 300006
新罗西矢车菊 **81246**
新马岛无患子 **264593**
新马岛无患子属 **264592**
新玛丽卡属 264158
新玛丽雅 264163
新玛丽雅属 264158
新麦草 **317081**
新麦草属 **317073**
新麦氏草属 264198
新毛梗兰属 **264575**
新帽花木 **264195**
新帽花木属 **264194**
新美丽风毛菊 **348553**
新美洲野牡丹 **414857**
新美洲野牡丹属 **414856**
新蒙花 141470
新米尔蓼属 264184
新墨西哥滨藜 **44555**
新墨西哥刺槐 **334974**
新墨西哥翠雀花 **124409**
新墨西哥戴尔豆 **121898**
新墨西哥飞蓬 **150813**
新墨西哥福木犀 **167326**
新墨西哥蒿 **35978**
新墨西哥蓟 **92222**
新墨西哥尖膜菊 **201303**
新墨西哥金千里光 **279927**
新墨西哥龙舌兰 **10920**
新墨西哥膜质菊 201303
新墨西哥啤酒花 **199389**
新墨西哥山蚂蝗 **126474**
新墨西哥双葵 **362705**
新墨西哥丝兰 **416625**
新墨西哥田基麻 **23101**
新墨西哥田基麻属 **23100**
新墨西哥夕茅 **193525**
新墨西哥悬钩子 **338319**
新墨西哥亚麻 **231935**
新墨西哥岩雏菊 **291335**
新牡丹 **263820**
新牡丹草属 182631
新牡丹属 **263819**,182631
新木姜 264021
新木姜子 **264021**,264090
新木姜子属 **264011**
新木棉 **263694**
新木棉属 **263693**
新南威尔士檫木香 **136768**
新南威尔士角瓣木 **83535**
新尼氏椰子属 264236
新念珠芥属 264603
新娘白鹃梅 **161742**
新娘的面纱扶桑 **195153**
新娘灯 61572
新娘扶桑 **195154**
新娘异株假升麻 **37061**
新聂口森榈属 264236
新宁唇柱苣苔草 **87992**
新宁金丝桃 **201918**
新宁楼梯草 **142897**
新宁毛茛 **326498**
新宁新木姜子 **264097**
新牛奶木 **263782**
新牛奶木属 **263781**
新诺鸢尾 **370013**
新帕特森虎眼万年青 **274706**
新佩里耶黄檀 **121768**
新蓬莱葛属 263885
新平和 **244098**
新婆大戟属 **134835**
新匍匐大戟 **159453**
新蒲公英属 **264578**
新奇垂叶榕 **164692**
新茜草属 **263654**
新强刺球 **263691**
新强刺球属 **263690**
新桥 **185922**
新桥毛龙柱 **151636**
新群戟柱 **263992**
新群戟柱属 **263989**
新热带核桃 **212630**
新日蔷薇 **336294**
新柔木豆 **263584**
新柔木豆属 **263582**
新三宝木 **264647**
新三宝木属 **264645**
新伞芹 **264490**
新伞芹属 **264489**
新散尾葵 263843
新散尾葵属 263836
新山地大戟 **159442**
新山香属 **263964**
新舍瓦豆 **263731**
新舍瓦豆属 **263730**
新生刺楸 2421
新生山柳 **343760**
新生五加 **2421**
新生杨 **311157**
新圣诞椰 **264800**
新圣诞椰属 **264798**
新世界 **58303**
新世界属 **58301**
新手参属 **264006**
新树参属 318061
新司氏斗篷草 **14095**
新斯科大戟 **264498**
新斯科大戟属 **264494**
新斯泰纳日中花 **220626**
新菘蓝芥 **264585**
新菘蓝芥属 **264584**
新酸橙 **93647**
新唢呐草 385720
新唢呐草属 385719
新塔翠雀花 **124629**
新塔花 **418123**,347560
新塔花属 **418119**
新苔草 **75538**
新坦直总状花序小檗 **51989**
新特尼斯荆芥 **265050**
新天地 **182476**
新条纹大戟 **159454**
新头状大戟 **159431**
新维氏椰子属 264798
新伟奇榈属 264798
新翁玉属 264332
新乌桕属 **264505**
新乌檀 **264219**
新乌檀属 **264218**
新五瓣莲 **267238**
新五瓣莲属 **267237**
新五桠果 **263809**
新五桠果属 **263808**
新五异茜 **264273**
新五异茜属 **264271**
新雾冰藜 **263623**
新雾冰藜属 **263622**
新西兰奥勒菊木 270206
新西兰贝壳杉 **10494**
新西兰菠菜 387221
新西兰草 229694
新西兰草属 **175806**,229693
新西兰稻花木 **299313**
新西兰丁香 190247
新西兰鹅掌柴 **350682**
新西兰二唇花 **212531**
新西兰赫柏木 **186940**
新西兰槐 **369111**
新西兰灰皮假山毛榉 **266874**
新西兰假人参 **318070**
新西兰角瓦拉木 212531
新西兰锦葵 **301613**
新西兰锦葵属 **301610**
新西兰卡瓦胡椒 **241210**
新西兰铠兰属 **364728**
新西兰苦马豆属 **258297**
新西兰昆廷树 **324661**
新西兰蓝花参 **412581**
新西兰老鹳草 **174874**
新西兰类月桂 223012
新西兰柳叶菜 **146644**
新西兰龙眼 216922
新西兰龙眼属 **393030**,216920
新西兰陆均松 121094
新西兰罗汉松 **306522**,316086
新西兰裸枝豆属 88916
新西兰麻 **295600**
新西兰麻科 295590
新西兰麻属 295594
新西兰马桑 **104702**
新西兰芒刺果 **1752**
新西兰牡荆 **411329**
新西兰纳梯木 **216922**
新西兰琼楠 **50636**
新西兰山芫荽 **107821**
新西兰圣诞树 **252613**
新西兰圣诞树属 **252607**

新西兰鼠麹草 **178243**
新西兰树紫菀 **270206**
新西兰溲疏 **126981**
新西兰天胡荽 **200341**
新西兰铁树 104359
新西兰猬莓 1752
新西兰肖柏 228636
新西兰萱草 **191317**
新西兰玄参属 **187006**
新西兰亚麻 **231925**
新西兰椰属 332434
新西兰异柱菊 **225890**
新西兰银松 244665
新西兰智利桂 **223012**
新西兰朱蕉 104339
新西兰紫金牛 **143758**
新西兰紫金牛属 **143757**
新希腊胡椒 **300466**
新细瓣兰属 **247962**
新细刺大戟 **159450**
新细梗露兜树 **281087**
新夏橙 93834
新香草 129992
新香桃木 **264217**
新香桃木属 **264216**
新小花大戟 **159443**
新小竹 **264180**,324933
新小竹属 **264175**
新缬草属 404394
新泻根属 **263563**
新泻莎草 **119259**
新泻碎米荠 **72909**
新心树 240588
新星木兰 242291
新型兰 **263911**
新型兰属 **263910**
新绣球茜 **263832**
新绣球茜属 **263830**
新雅紫菀 **40907**
新羊耳兰 232322
新耀花豆属 36766
新野桐属 **263673**
新伊萨卢蜡菊 **189593**
新银合欢 **227431**
新隐萼椰子 **263710**
新隐萼椰子属 **263708**
新隐盘芹 **263788**
新隐盘芹属 **263787**
新英格兰蔗草 **56646**
新英格兰薄子木 **226470**
新英格兰拂子茅 **65491**
新英格兰堇菜 **410301**
新英格兰卷舌菊 **380930**
新英格兰苔草 **75539**
新英格兰桃心木 83311
新蝇子草属 **264794**
新玉 **327269**
新玉叶金花属 **264215**
新圆盘玉 **263812**
新圆盘玉属 **263811**
新源贝母 168624
新源翠雀花 **124388**
新源假稻 223992
新源蒲公英 **384860**
新月 359991
新月光淋菊 **276212**
新月花属 238369
新月华玉属 **264229**
新月见草属 **263933**
新月堇菜 **410741**
新月茅膏菜 **138331**
新月眉兰 **272454**
新月日中花 **220602**
新月酸浆 **297698**
新月酸模 **340112**
新月田皂角 **9640**
新月仙人笔 **216680**
新月线柱兰 **417757**
新月玄参 **355176**
新月叶木槿 **194980**
新月异合欢 162473
新月银豆 **32843**
新月猪屎豆 **112364**
新月紫玲玉 **224264**
新月紫罗兰 **246507**
新越竹属 263944
新藏假紫草 34615,233731
新泽米尔蒲公英 **384698**
新泽仙花 **264161**
新泽仙属 **264158**
新窄药花属 **264553**
新樟 **263759**
新樟属 **263753**
新砧草 **170256**
新智利球属 **263732**,264332
新雉 211931,416686,416694,416707,416721
新舟叶兰属 **264457**
新皱波大戟 **159433**
新竹地锦 **159086**
新竹腹水草 **407455**,407453
新竹堇菜 **410572**
新竹山姜 17754
新竹石斛 125128
新竹莞 333480
新竹叶下珠 296695
新竹油柑 296695
新竹油菊 124812
新竹油树 296695
新柱瓣兰属 **269564**
新桩玉 **32723**
新锥足芹 **263780**
新锥足芹属 **263779**
新紫柳 **343763**
新紫玉盘属 **264795**
薪草 252242
薪青树 164652
馨丽球 **140881**
馨香木兰 **232599**
馨香玉兰 232599
信浓茶藨子 **334209**
信浓赤竹 **347292**
信浓大戟 **159847**
信浓火绒草 **224932**
信浓蓟 **92388**
信浓金丝桃 **201959**
信浓景天 **356847**
信浓芒 **255871**
信浓蓬子菜 **170746**
信浓山石竹 **127834**
信浓石竹 **127833**
信浓鼠李 **328744**
信浓斯氏穗花 **317958**
信浓松毛翠 **297017**
信浓苔草 **74299**
信浓葶苈 **137223**
信浓通泉草 **246987**
信浓香茅 **117252**
信筒子 144752,144793
信筒子山榄 415239
信筒子属 144716
信宜杜鹃 330676
信宜锦香草 **296426**
信宜毛柃 **160623**
信宜木荷 **350955**
信宜苹婆 **376193**
信宜槭 **3647**
信宜秋海棠 49899
信宜润楠 **240719**
信宜少穗竹 **270432**
信宜石竹 **47463**
信宜柿 **132421**
信州白花红莓苔子 **278363**
信州北岳报春 **314888**
信州北岳龙胆 **173863**
信州北岳穗花 **317934**
信州北岳葶苈 **137056**
信州北岳野芝麻 **220348**
信州北岳早熟禾 **305558**
信州落叶松 221894
焮麻 402869
焮麻桐 313471
焮毛麻疯树 **212238**
焮毛梧桐 **376205**
兴安白头翁 **321676**
兴安白芷 24325
兴安百里香 **391167**
兴安薄荷 **250353**,250370,250443
兴安苍柏 213752
兴安茶藨 **334147**,334117
兴安柴胡 **63827**
兴安齿缘草 19045
兴安虫实 **104758**
兴安翠雀花 **124296**
兴安点地梅 23182
兴安蝶须 26385
兴安独活 **192255**
兴安杜鹃 **330495**
兴安杜鹃花 330495
兴安短柄草 58604
兴安短毛野青茅 **65507**
兴安鹅不食 31787
兴安繁缕 **374794**
兴安费菜 **294121**
兴安风铃草 70271
兴安旱麦瓶草 **363617**,363516
兴安红景天 **329961**
兴安胡枝子 **226751**
兴安花荵 **307196**
兴安黄芪 42258
兴安黄耆 42258
兴安桧 213752
兴安接骨木 345709
兴安堇菜 **410010**
兴安锦鸡儿 **72288**
兴安景天 294121
兴安拉拉藤 170340
兴安老鹳草 **174729**
兴安藜芦 **405585**
兴安蓼 291663,308717
兴安柳 **343497**
兴安龙胆 173373
兴安鹿蹄草 **322814**
兴安鹿药 **242679**
兴安落叶松 221866
兴安马银花 **332130**,331254
兴安麦瓶草 363617
兴安毛茛 **326375**
兴安毛连菜 **298580**
兴安莓系 305380
兴安梅花草 **284634**
兴安木蓼 **44260**
兴安楠木 295349
兴安牛防风 192278
兴安女娄菜 **248298**,364072
兴安蒲公英 **384548**,384628
兴安槭 2871
兴安前胡 **292780**
兴安乳菀 **169773**
兴安沙参 **7744**
兴安蛇床 **97703**
兴安升麻 **91008**
兴安石防风 292780
兴安石竹 **127682**
兴安水柏枝 261254
兴安丝石竹 183185
兴安松 300197

兴安苔草 **74101**
兴安糖芥 154451
兴安天门冬 **38977**
兴安乌头 **5032**
兴安小檗 **52388**
兴安芯芭 116747
兴安绣线菊 371877
兴安悬钩子 **338243**
兴安眼子菜 **312293**
兴安羊胡子苔草 **73994**
兴安杨 **311350**
兴安野青茅 **127321**
兴安一枝黄花 368502
兴安益母草 **224978**,225015
兴安鱼鳞云杉 298307
兴安圆柏 **213752**
兴安圆叶堇菜 **409762**
兴安獐牙菜 380184
兴安梓叶槭 **2871**
兴都库什阿魏 **163629**
兴果属 **199402**
兴津川南星 **33347**
兴凯赤松 **299914**,300272
兴凯光沙蒿 **36039**
兴凯湖松 **300272**,299914
兴凯松 300272
兴隆八宝 **200778**
兴隆茶 294471
兴隆连蕊芥 **382015**
兴隆山棘豆 **279239**
兴隆山毛茛 **326426**
兴仁金线兰 **26011**
兴仁龙胆 **174077**
兴仁女贞 **229667**
兴山荚蒾 408056
兴山景天 **357299**
兴山蜡树 229466
兴山柳 **343695**
兴山马醉木 298722
兴山木蓝 **205879**
兴山清风藤 **341546**
兴山唐松草 **388721**
兴山五味子 **351063**
兴山小檗 **52157**
兴山绣球 408056
兴山绣线菊 **371932**
兴山樱桃 280027
兴山榆 **401454**
兴山醉鱼草 62019
兴氏核桃 212612
兴文胡颓子 **142249**
兴文小檗 **52389**
兴阳草 146977
兴义白楠 **295390**
兴义顶头马兰 385068
兴义楠 295390
兴义秋海棠 **50414**
兴义香草 **239738**
星桉 **155750**
星白菊 197592
星白菊属 197591
星百蕊草 **389614**
星瓣福禄考 **295272**
星苞滨藜 **44634**
星苞火绒草 224961
星苞蓼属 **362995**
星苞矢车菊 **80981**
星被山柑 **127327**
星被山柑属 **127326**
星藨属 6873
星草 **14486**
星草菊 **241543**
星草菊属 **241523**
星翅菊属 **41721**
星唇兰属 **375219**
星雌椰属 41647
星刺 **327561**
星刺百簕花 **55265**
星刺大戟 **159882**
星刺豆属 **41883**
星刺菊 **81832**
星刺菊属 **81825**
星刺栲 78932
星刺属 327559
星刺卫矛 **157281**
星刺卫矛属 **327559**
星刺锥 **79027**
星大海 376184
星带菊 191705
星带菊属 191697
星点黛粉叶 130096
星点龟背芋 258178
星点龟背竹 **258178**
星点花叶万年青 **130096**
星点马蹄莲 417097
星点木 137409
星点秋海棠 49603
星点藤 **147347**,353126
星兜 43493
星毒鼠子 **128676**
星对菊 **191696**
星对菊属 **191693**
星萼杜鹃 332093
星萼短茄 **58229**
星萼金丝桃 **202164**
星萼龙胆 **173266**
星萼木蓝 **205686**
星萼野牡丹 **43363**
星萼野牡丹属 **43362**
星萼獐牙菜 **380119**
星隔芹属 **43559**
星梗芹 **306332**
星梗芹属 **306331**
星冠 43493
星冠萝藦 **41741**
星冠萝藦属 **41740**
星冠属 43492
星冠水仙 262405
星光垂叶榕 **164696**
星光红鸡蛋花 **305233**
星光劳尔本木兰 241959
星光洛氏玉兰 **241959**
星果草 **41735**
星果草属 **41732**
星果草叶秋海棠 **49639**
星果刺蒴麻 **399193**
星果刺椰子属 43372
星果大戟 **43413**
星果大戟属 **43412**
星果凤梨 **311783**
星果凤梨属 **311780**
星果佛甲草 **356473**
星果碱蓬 379604
星果鹿药 **366211**
星果榈属 43372
星果属 311780
星果藤 398684
星果藤属 398681
星果泻属 121993
星果椰属 43372
星果椰子 43373
星果椰子属 43372
星果泽泻 **121995**
星果泽泻科 **121989**
星果泽泻属 **121993**
星果紫草属 6739
星果棕 **43376**
星果棕属 **43372**
星红仙人球 43493
星虎斑木 137409
星虎耳草 349932
星花 **41559**
星花彼岸樱 316839
星花草 **412702**
星花草属 **82464**
星花灯心草 **213045**
星花粉条儿菜 **14498**
星花凤梨 **197145**
星花凤梨属 **197143**,182149
星花碱蓬 **379604**
星花苣苔 **41553**
星花苣苔属 **41551**
星花科 **41539**
星花兰 **241230**,25063
星花兰属 **241217**
星花蓝盆花 **350240**
星花鹿药 366211
星花马钱 **378649**
星花绵枣儿 **352883**
星花木兰 **242331**
星花木属 **68755**
星花木五加 125641
星花蛇根草 **272179**
星花属 **41558**,197143
星花水蓑衣 **200596**
星花睡莲 267723
星花蒜 **15226**
星花绣线菊 371981
星花淫羊藿 **147065**
星花疣蕊樟 **401015**
星花玉兰 **416723**,242331
星花郁金香 400229,400230
星黄菊属 **185798**
星黄耆 **42024**
星喙棕 **6862**
星喙棕属 **6861**
星坚果棕属 43372
星芥 **99089**
星芥属 **99086**
星金锦香 276170
星菊 **231607**
星菊属 **231606**
星卷耳 **82688**
星柯克虎尾兰 **346105**
星肯坡垒 198193
星孔雀 **186153**
星葵 **243887**
星狸藻 **403346**
星藜 **87165**
星粒马齿苋 **311894**
星恋 **244131**
星裂籽 **351357**
星裂籽属 **351355**
星鳞菊属 **6833**
星龙血树 **137409**
星萝卜 **43418**
星萝卜属 **43417**
星芒赫雷草 193118
星芒荚蒾 407958
星芒假龙脑香 **133584**
星芒克榴木 108585
星芒洛梅续断 **235495**
星芒塞罗双木 283904
星芒鼠麴草 **178232**
星芒纤纤皮玉蕊 **108171**
星芒止泻萝藦 **416257**
星毛柏那参 59244
星毛苞爵床 **138995**
星毛补血草 **230716**
星毛虫实 **104773**
星毛椆 233344
星毛稠李 **280054**
星毛滇紫草 **271831**
星毛杜鹃 **331032**,330155
星毛短舌菊 **58047**
星毛鹅掌柴 **350747**
星毛繁缕 375136
星毛冠盖藤 **299112**

星毛灌 **58691**
星毛灌属 **58689**
星毛胡颓子 142199
星毛花楸珍珠梅 369282
星毛华楸珍珠梅 369282
星毛黄眼草 **416003**
星毛戟 89328
星毛戟属 89320
星毛假杜鹃 **48358**
星毛角桂花 83643
星毛芥属 53045
星毛金锦香 **276170**,276166
星毛锦葵 **41768**
星毛锦葵属 **41766**
星毛菊属 **247083**
星毛卷萼锦 **384413**
星毛卷萼锦属 **384412**
星毛柯 **233344**
星毛蜡瓣花 **106683**
星毛栎 **324443**
星毛栗尖草属 176941
星毛楝 **43556**
星毛楝属 **43554**
星毛檞木稠李 280054
星毛罗伞 **59244**
星毛马络葵 **243476**
星毛美国野茉莉 379306
星毛猕猴桃 **6703**
星毛米团花 **228011**
星毛南火绳 152684
星毛青棉花 299112
星毛石栎 233344
星毛树 **268784**
星毛树科 **268794**
星毛树属 **268779**
星毛苏木属 80885
星毛粟米草 176949
星毛唐松草 **388449**
星毛糖芥 **154513**
星毛庭荠 **18404**
星毛葶苈 **137046**
星毛委陵菜 **312325**
星毛纤皮玉蕊 **108164**
星毛苋属 **391593**
星毛小金梅草 **202972**
星毛秀柱花 **161024**
星毛鸭脚木 350747
星毛崖摩 19967
星毛崖摩楝 **19967**
星毛羊奶子 **142199**
星毛芸香 **41656**
星毛芸香属 **41654**
星毛珍珠梅 **369282**
星毛紫金牛 **31538**
星玫瑰雪白山梅花 **294574**
星美苦草 **341471**
星美人 279639
星木菊 **8063**
星木菊属 **8062**
星苜蓿 **334340**
星盘菊 **77037**
星盘菊属 **77036**
星盘玉 **140885**
星捧月科 29184
星苹果 **90032**
星苹果属 90007
星萍果 90032
星匍茎鼠麹草 **155875**
星期日丁香 **382134**
星漆木属 **43472**
星漆属 43472
星千年木 137409
星牵牛 208255
星牵牛属 **43344**
星茄 **367587**,367596
星芹属 43306
星球 **43493**
星球属 43492
星全菊属 **197378**
星绒草 **41570**
星绒草属 **41565**
星蕊大戟属 **6909**
星蕊榈属 41647
星蕊棕 **41649**
星蕊棕属 **41647**
星色草 259281,307656
星莎 6865
星莎属 6864
星舌紫菀 **40091**
星世界 **244219**
星室麻 **43544**
星室麻属 **43543**
星拭草 115595
星宿菜 239566,239640,239645
星宿菜属 239543
星宿草 129068,129070,239645,342251
星粟草 **176949**
星粟草百脉根 **237629**
星粟草番杏 **12940**
星粟草科 **176938**
星粟草属 **176941**
星穗草属 **6864**
星穗苔草 **75604**
星苔 76342
星藤芋 **353126**
星天角 **373800**
星头大果萝藦 **279468**
星头谷精草属 **6746**
星头藤黄 **6929**
星头藤黄属 **6927**
星霞树 18192
星腺菊 **218454**
星腺菊属 **218453**
星香 **41651**
星香草 200366
星香菊 **123653**
星香菊属 **123636**
星香属 **41650**
星箱草 **41576**
星箱草花絮菊 **165919**
星箱草属 **41575**
星箱草旋叶菊 **276434**
星星草 **321397**,147593,147815,147883
星星蒿 215343,215348
星星松香草 **364259**
星形柴胡 **63838**
星形大叶早樱 **316839**
星形多刺苍菊 **280586**
星形多脉番薯 **208279**
星形番红花 **111610**
星形非洲紫菀 **19323**
星形福禄考 **295320**
星形狗牙花 **382841**
星形金盏花 **66463**
星形柯特葵 **217957**
星形悬钩子 **339298**
星形针果芹 **350431**
星秀草 173811,200366,342251
星秀花 173811
星序楼梯草 **142606**
星亚麻 **41663**
星亚麻琉璃繁缕 **21389**
星亚麻属 **41661**
星叶 91597
星叶草 **91597**
星叶草科 **91598**
星叶草属 **91596**
星叶格尼瑞香 **178712**
星叶罗伞 350648
星叶秋海棠 49915
星叶球 43493
星叶属 91596
星叶丝瓣芹 **6198**
星叶兔儿伞 283835
星叶蟹甲草 **283835**
星叶银桦 **180567**
星夜氏皱子棕 **321165**
星乙女 109266
星银菊属 **32959**
星影丸 244238
星莠草 **129080**,129070
星玉兰 242331
星芋 20132
星月夜 **244243**
星云阁 **299246**
星云华箬竹 **347202**
星云黄脉赤竹 **347270**
星云火鹤花 **28125**
星云九节 **319706**
星云马来薄竹 **216392**
星云青苦竹 **304015**
星云鼠尾粟 **372781**
星云盐肤木 **332732**
星早熟禾 **306154**
星战瓜叶菊 **290825**
星栀子 **171408**
星钟花属 198969
星皱果菊 **327767**
星柱南星 **41743**
星柱南星属 **41742**
星柱树参 **125641**
星砖子苗 **245356**
星状巴豆 **113031**
星状白鼓钉 **307709**
星状斑鸠菊 **406833**
星状布里滕参 **211537**
星状布罗地 **60522**
星状车轴草 **397089**
星状刺果藜 48762
星状刺头菊 **108411**
星状酢浆草 **278088**
星状大戟 **159881**
星状单桔梗 **257811**
星状棣棠花 **216095**
星状蝶花百合 **67622**
星状斗篷草 **14145**
星状短刺槠 78967
星状芳香木 **38582**
星状非洲木菊 **58509**
星状风铃草 **70312**
星状风毛菊 348812
星状黑谷精草 **151236**
星状黑塞石蒜 **193572**
星状红光树 **216895**
星状胡卢巴 **397279**
星状虎耳草 **349932**
星状还阳参 **111077**
星状黄蓍 **43084**
星状假杜鹃 **48360**
星状景天 **357175**
星状科豪特茜 **217730**
星状空船兰 **9183**
星状蜡菊 **189808**
星状蓝花参 **412875**
星状老鸦嘴 **390879**
星状乐母丽 **336054**
星状两极孔草 **265718**
星状龙胆 **173925**
星状露兜树 **281133**
星状芦莉草 **339817**
星状鹿药 **242701**
星状马齿苋 **311900**
星状马利筋 **38124**
星状麦瓶草 364076
星状牻牛儿苗 **153913**
星状密钟木 **192714**

星状牡荆　**411452**
星状欧石南　**149111**
星状青兰　**137668**
星状秋海棠　**50327**
星状日本辛夷　**242172**
星状润肺草　**58946**
星状色罗山龙眼　**361222**
星状山柳菊　**195988**
星状扇舌兰　**329664**
星状手玄参　**244867**
星状双苞苣　**328520**
星状双盖玄参　**129349**
星状唐菖蒲　**176563**
星状天门冬　**39214**
星状无鳞草　**14437**
星状细辛　**37734**
星状狭花柱　375533
星状仙花　**395831**
星状仙人球属　**43492**
星状雪兔子　**348812**
星状异细辛　**194371**
星状银齿树　**227391**
星状蝇子草　**364076**
星状油芦子　**97340**
星状鱼黄草　**250839**
星状种阜草　**256455**
星状猪毛菜　**344726**
星紫菊　**212328**
星紫菊属　**212326**
星棕属　43372
猩红白千层　**248095**
猩红半边莲　**234592**
猩红薄荷木　**315596**
猩红大戟　159675
猩红杜鹃　**330741**,332054
猩红凤梨美丽鼠尾草　**345017**
猩红果枸子　**107396**
猩红海绿　21339
猩红旱柳　**343669**
猩红红千层　**67286**
猩红花子孙球　**327258**
猩红华丽木瓜　**84588**
猩红黄细心　56413
猩红火棘　322454
猩红吉莉花　**175673**
猩红爵床属　**238765**
猩红库塞木　**218389**
猩红梨果山楂　**109688**
猩红柳　**342975**
猩红路边青　**175442**
猩红苜蓿　396934
猩红平滑山楂　**109792**
猩红球葵　**370942**
猩红五味子　351095
猩红西番莲　**285632**
猩红仙人笔　**216668**
猩红小室野荞麦木　**152283**
猩红悬铃果　**207341**
猩红椰属　120779
猩红椰子属　120779
猩红野荞麦　**152678**
猩红叶藤　**337705**
猩红伊奥奇罗木　207341
猩红与金黄傲大贴梗海棠
**84584**
猩红紫茉莉　**255691**
猩猩草　**158727**,159046
猩猩吹雪　**94560**
猩猩冠柱　**34970**
猩猩冠柱属　**34966**
猩猩花　997
猩猩木　**299702**,159675
猩猩木属　**307076**
猩猩木叶多坦草　**136597**
猩猩球　**244235**,244234
猩猩裙　191065
猩猩丸　244234,244235
猩猩椰子　**120780**,120782
猩猩椰子属　120779
猩锈臭草　56382
腥藤　154958
行柑　**93722**
行李桐属　106984
行李叶椰子　106999
行李叶椰子属　106984
行路蜈蚣　187510
行仪芝　117859
邢氏苦竹　318303
邢氏藜芦　405633
形虞　163618,163709,163711
醒酒花　66395
醒狮粉红蕉　**190008**
醒狮蝎尾蕉　**190009**
醒头草　158118
醒头香　239640
醒心杖　308403
杏　**34475**
杏菜　267825
杏公须　267825
杏果椰属　413722
杏核朴　**80717**
杏花　34475
杏黄宝石巴塔林郁金香　**400126**
杏黄垂枝针垫花　**228050**
杏黄兜兰　**282779**
杏黄凤仙花　**204784**
杏黄苘麻　**914**
杏黄山楂　**109535**
杏黄爪唇兰　**179289**
杏寄生　237077
杏梨　323086
杏李　**316813**
杏梅　34442,34448,316382
杏仁桉　**155478**
杏仁厚壳桂　**113426**
杏仁花　10414
杏仁树　34475
杏桑寄生　237077
杏参　7853
杏实　34475
杏属　**34425**
杏树　34475
杏桃　316210
杏香裂瓣芥　**351778**
杏香兔儿风　**12635**
杏叶斑鸠菊　406083
杏叶菜　7853
杏叶椆　233104
杏叶防风　299376
杏叶茴芹　**299376**
杏叶柯　**233104**
杏叶梨　**323093**
杏叶梅　34448
杏叶木姜子　233104
杏叶沙参　**7763**,7830,7853
杏叶石栎　233104
杏叶溲疏　126963
杏叶兔儿风　12730
杏叶兔耳风　12731
杏叶直叶椆　44802
杏籽栝楼　**396279**
杏子　34475
幸福丸　244124
幸福虾　**140290**
幸运刺桐　154687
幸运星平枝栒子　**107487**
荇菜　267825
荇菜科　250492
荇菜属　267800
荇丝菜　267825
莕　267825
莕菜　**267825**
莕菜属　**267800**
莕公须　267825
莕丝菜　267825
凶恶莲花掌　**9046**
兄弟草属　**21281**
兄弟格尼瑞香　**178608**
兄弟褐花　**61140**
兄弟良盖萝藦　**161001**
兄弟裂口花　**379985**
兄弟木荚豆　**415684**
兄弟婆婆纳　**407128**
兄弟肉锥花　**102224**
兄弟瘦鳞帚灯草　**209432**
兄弟双星山龙眼　**128137**
兄弟星　**41889**
兄弟星属　**41888**
兄弟止泻萝藦　**416213**
兄弟帚灯草　**388794**
匈罗侧金盏花　**8384**
匈牙利丁香　**382180**
匈牙利椴　**391747**
匈牙利番红花　**111495**
匈牙利沟繁缕　**142569**
匈牙利老鼠簕　**2683**
匈牙利栎　**323917**
匈牙利龙胆　**173701**
匈牙利瑞香　**122376**
匈牙利三叶草　**396999**
匈牙利莎草　212774
匈牙利山楂　**109868**
匈牙利糖芥　154513
匈牙利茼蒿　**89695**
匈牙利小白蓬草　388583
匈牙利野豌豆　408527
匈牙利鸢尾　208919
芎蕉　260250,260253
芎穷属　97697
芎藭　229309,229371
胸骨状斑鸠菊　**406670**
胸骨状掷爵床　**139891**
雄胞囊草　120508
雄长蕊琉璃草　**367825**
雄葱　15861
雄丁香　382477
雄豆　177750
雄飞玉　**86612**
雄虎刺　280555
雄花大戟　**27920**
雄花大戟属　**27919**
雄黄　131734
雄黄草　86755
雄黄豆　78336,78338
雄黄花　363235
雄黄兰　**111464**
雄黄兰属　**111455**
雄黄连　328345
雄黄莲　162516
雄黄牡丹　**79145**
雄黄牡丹属　**79144**
雄黄七　131522
雄喙萝藦　**332992**
雄喙萝藦属　**332990**
雄鸡豆梨　**323118**
雄鸡树　234092
雄叫武者　**242722**
雄叫武者属　**242720**
雄杰茜　**273730**
雄杰茜属　**273729**
雄兰属　**23104**
雄毛紫草　**222317**
雄毛紫草属　**222316**
雄漆　**23393**
雄漆属　**23392**
雄前胡　276745
雄蕊葱　**15764**
雄蕊根花　**10192**

雄蕊驴臭草 **271830**
雄蕊青兰 163089
雄蕊雀麦 **60982**
雄蕊状鸡脚参 **275642**
雄穗茜 **373041**
雄穗茜属 **373036**
雄伟美洲榆 **401433**
雄性梾木 **105120**
雄枝黑三棱 **370028**
雄壮杜鹃 331182
熊巴耳 296371,296373
熊巴树 199455
熊巴掌 296371
熊保兰属 **352477**
熊葱 **15861**
熊胆草 **103436**,96970,209753,209755,209826,341064,355429
熊胆木 204217
熊胆树 262822,298516
熊胆树皮 78120
熊胆藤 125794
熊当归 **24468**
熊耳报春 **314143**
熊耳草 11206
熊耳菊属 31176
熊耳毛蕊花 405788
熊谷草 120371
熊果 **31142**,404051
熊果科 **31101**
熊果梾木 **104949**
熊果柳 **344236**
熊果属 **31102**
熊果树 334976
熊果越橘 **403728**
熊脚杯苞菊 **310035**
熊菊属 **402743**
熊菊状尤利菊 **160902**
熊柳 52435
熊柳藤 52418
熊猫之友 106243
熊猫紫堇 **106243**
熊毛细辛 **37662**
熊葡萄属 31102
熊苔草 **76650**
熊尾草 275720
熊无心菜 **32298**
熊野荞麦 **152613**
熊岳大扁杏 **34480**
熊掌 391632
熊掌草 35674,165671
熊掌草属 374070
熊掌蒿 35674
熊竹 347324
熊爪玉 **45236**
熊足芹 **31097**
熊足芹属 **31096**
休伯木棉 **198931**
休伯木棉属 **198930**
休伯特宝石西伯番红花 **111599**
休伯野牡丹 **198925**
休伯野牡丹属 **198924**
休得布朗大头苏铁 145228
休德荚髓苏木 **126800**
休考岩雏菊 **291316**
休雷氏椰子属 350635
休伦湖菊蒿 **383768**
休伦湖舌唇兰 **302360**
休宁荛花 **414221**
休宁通泉草 **247051**
休宁小花苣苔草 **88006**
休氏贝母兰 **98674**
休氏蟾芥 **296012**
休氏重瓣偏翅唐松草 **388478**
休氏剪股颖 12136
休氏金鸡纳 **91070**
休氏马先蒿 287672
休氏木麻黄 79166
休氏茜草科 **198727**
休氏茜草属 **198703**
休氏苔草 **74838**
休氏菥蓂 **390236**
休氏延龄草 **397551**
休斯敦朱缨花 **66675**
休斯花葱 **199520**
休斯花葱属 **199519**
休斯平铺圆柏 **213795**
休伊特番薯 **207726**
休伊特木蓝 **206075**
休羽 395146
修翅菊 **263969**
修翅菊属 **263968**
修脆 131645,131772
修道士大头紫菀 **39912**
修德曼仙女木 **138463**
修花马先蒿 **287172**
修化前胡 **293007**
修林肋翅苋 **304702**
修罗八荒 **192436**
修女欧丁香 **382364**
修仁石斛 **125420**
修尾菊 **28551**
修尾菊属 **28549**
修仙果 144021
修泽兰 **17467**
修泽兰属 **17466**
修枝荚蒾 **407715**
羞草 255098
羞凤梨属 264406
羞寒花 139629
羞花兰 **352308**,352312
羞礼花 54555
羞礼花属 54532
羞怯杜鹃 **331578**
羞怯凤仙花 **205261**
羞怯樱 **316913**
羞怯紫茉莉 **255743**
羞涩本氏兰 **51120**
羞涩短丝花 **221469**
羞涩风兰 **25103**
羞涩露子花 **123988**
羞涩芦荟 **17390**
羞涩纳丽花 **265288**
羞涩扭果花 **377795**
羞涩欧石南 **150220**
羞涩日中花 **220713**
羞涩苔草 **75926**
羞涩无患子 **90763**
羞涩肖鸢尾 **258707**
羞涩亚伞状苔草 **76447**
羞涩鱼黄草 **250857**
羞涩猪屎豆 **112582**
羞天草 16512
羞天花 139629
羞叶紫云木 211239
秀苞败酱 **285872**
秀彩球 **244072**
秀墩草 75993,272090
秀管爵床 **160971**
秀管爵床属 **160970**
秀贵甘蔗 341887
秀果黄藤 **121490**
秀花马先蒿 **286997**
秀剑球 **242886**
秀剑丸 242886
秀菊木属 **157183**
秀榄 **160968**
秀榄属 **160967**
秀丽凹萼兰 **335164**
秀丽白粉藤 **92604**
秀丽百合 **229723**
秀丽斑鸠菊 **406078**
秀丽斑叶兰 **179714**
秀丽报春 **314120**
秀丽糙被萝藦 **393793**
秀丽车轴草 **396820**
秀丽刺头菊 **108230**
秀丽楤木 **30626**
秀丽翠雀花 **124691**
秀丽钉头果 **178983**
秀丽兜兰 **282911**
秀丽芳香木 **38407**
秀丽菲利木 **296149**
秀丽费利菊 **163135**
秀丽风毛菊 **348127**
秀丽风卵草 **296870**
秀丽格尼木 **201649**
秀丽谷木 **249894**
秀丽灌木帚灯草 **388771**
秀丽海桐 **301378**
秀丽画眉草 147995
秀丽黄芩 **355360**
秀丽火把花 **100037**
秀丽假杜鹃 **48090**
秀丽假人参 **280791**,280771
秀丽假五加 135081
秀丽角盘兰 **192873**
秀丽卡特兰 **79534**
秀丽栲 78963
秀丽蓝盆花 **350092**
秀丽老鸦嘴 **390709**
秀丽乐母丽 **335884**
秀丽柳 **343341**
秀丽龙胆 **173290**
秀丽芦莉草 **339665**
秀丽驴喜豆 **271171**
秀丽绿绒蒿 **247193**
秀丽落新妇 **41787**
秀丽马先蒿 **287794**
秀丽莓 **338121**
秀丽密钟木 **192512**
秀丽木蓝 **205642**
秀丽南非补血草 **10033**
秀丽鸟足兰 **347703**
秀丽欧石南 **149004**
秀丽炮仗花 100037
秀丽婆婆纳 **406986**
秀丽槭 **2944**
秀丽蔷薇 **336542**
秀丽球 **234935**
秀丽曲苞芋 **179260**
秀丽热非野牡丹 **20502**
秀丽日中花 **220474**
秀丽三七 280791
秀丽莎草 **118484**
秀丽舌唇兰 **302248**
秀丽生石花 **233653**
秀丽十万错 **43601**
秀丽石豆兰 **62554**
秀丽石头花 **183267**
秀丽石竹 **127861**
秀丽鼠刺 **210360**
秀丽双距兰 **133695**
秀丽水柏枝 **261259**
秀丽四照花 **105059**
秀丽溲疏 **126921**
秀丽苔草 **75449**
秀丽铁线莲 **94969**
秀丽兔儿风 **12630**
秀丽弯穗夹竹桃 **22137**
秀丽丸 234935
秀丽沃森花 **413318**
秀丽虾疳花 **86487**
秀丽香豆木 **306237**
秀丽小赤竹 **347359**
秀丽缬草 **404384**,404270
秀丽绣球绣线菊 **371837**
秀丽悬钩子 338121
秀丽岩芋 **327675**

秀丽野海棠 **59823**
秀丽异果菊 **131196**
秀丽异籽葫芦 **25641**
秀丽远志 **307909**
秀丽针翦草 **376973**
秀丽珍珠花 **239376**
秀丽舟瓣梧桐 **350455**
秀丽猪屎豆 **111886**
秀丽锥 78963
秀丽紫波 **28437**
秀铃玉 **272535**
秀眉球 **244193**
秀眉丸 244193
秀眉玉 **32743**
秀美山茶 **69170**
秀蔷薇 336625
秀蕊莎草 **161216**
秀蕊莎草属 **161215**
秀山金萼杜鹃 **330395**
秀雄剪股颖 **12127**
秀雄蒲公英 **384573**
秀雄异燕麦 **190155**
秀雅杜鹃 **330452**,330107
秀炎 82332
秀炎花 **82332**
秀叶桉 **155543**
秀叶箭竹 162765
秀英 211938
秀英冬青 **203896**
秀英花 **362182**,211938
秀英花属 **362181**
秀英藤 211812
秀英卫矛 **157582**
秀英竹 **270449**
秀柱花 **161023**
秀柱花属 **161020**
绣边仙人掌 **273090**
绣边竹芋 **66207**
绣墩草 272090
绣花针 76962,122040,182683
绣毛苏铁 **115826**
绣球 **199956**,200038,371836,407939
绣球八仙 200126
绣球百合 350313
绣球草 97043,227574,308946,333672
绣球葱 15445,15665
绣球防风 **227574**,227739,388247
绣球防风属 **227537**
绣球花 8199,198827,199800,199956,199986,200063,200784,211105,407939,408034
绣球花科 **200160**
绣球花属 407645
绣球花藤 198827
绣球荚蒾 **407939**
绣球荆芥属 224558
绣球菊属 **106839**
绣球科 200160
绣球兰属 310787
绣球柳 8199
绣球茜 **138986**
绣球茜草 138986
绣球茜草属 138985
绣球茜属 **138985**
绣球蔷薇 **336612**
绣球属 **199787**
绣球丝石竹 **183203**
绣球松 **39171**
绣球藤 **95127**,95272
绣球秃荚蒾 **408011**
绣球香 214967
绣球小冠花 **105324**
绣球绣线菊 **371836**
绣球叶 198827
绣球钻地风 **351793**
绣线花 372153
绣线花属 372151
绣线菊 371944,371971,372075,372101
绣线菊科 **372142**
绣线菊属 **371785**
绣线菊叶千里光 **360094**
绣线梅 **263178**,263161
绣线梅科 **263188**
绣线梅属 **263142**
绣衣花 94138
袖苞椰属 244495
袖扣果 367733
袖扭果 367146
袖蒲 **151635**
袖浦 185921
袖珍斑叶兰 179685
袖珍北美香柏 **390604**
袖珍波斯尼亚松 299969
袖珍垫报春 **131425**
袖珍美国花柏 85290
袖珍南星 **53701**
袖珍南星属 **53691**
袖珍欧洲山松 **300087**
袖珍睡莲 **267671**
袖珍仙人球 **107035**
袖珍椰属 85420
袖珍椰子 **85425**,85426
袖珍椰子属 **85420**
袖珍中欧山松 300087
袖珍帚状石南 **150028**
袖棕 **244496**
袖棕属 **244495**
锈斑角茴香 **201607**
锈苞蒿 **35626**
锈背耳叶马蓝 **290924**
锈背野靛棵 **244287**
锈草 60278,238957
锈刺仙人掌 **272888**
锈地杨梅 238675
锈点刺毛苔草 **76242**
锈点苔草 **75909**,73893,76242
锈点仙灯 67644
锈钉子 70822
锈冠菊 **402467**
锈冠菊属 **402465**
锈果苔草 **75347**
锈红桉 **155726**
锈红白粉藤 **92939**
锈红豹皮花 **373968**
锈红翅子藤 **235227**
锈红刺头菊 **108397**
锈红蝶豆 **97200**
锈红杜鹃 **330449**,330265
锈红芳香木 **38773**
锈红格雷野牡丹 **180430**
锈红哈克 184590
锈红哈克木 **184590**
锈红荚蒾 **408095**
锈红裂舌萝藦 **351649**
锈红毛杜鹃 **330265**
锈红拟瓦氏茜 **404932**
锈红欧石南 **150001**
锈红蔷薇 **336557**
锈红忍冬 235790
锈红色珍珠茅 **354186**
锈红石豆兰 **63051**
锈红天竺葵 **288493**
锈红弯花茜 **22132**
锈红纹蕊茜 **341353**
锈红因加豆 **206946**
锈红圆齿翅子藤 **235217**
锈红猪屎豆 **112629**
锈花法氏金腰 **90359**
锈花胡颓子 **141995**
锈花轴榈 **228737**
锈黄巴氏锦葵 **286619**
锈黄柽柳桃金娘 **260976**
锈黄厄斯特兰 **269569**
锈荚藤 **49075**
锈茎楼梯草 **142657**
锈茎螺序草 **371757**
锈列当 **275055**
锈鳞木犀榄 270089
锈鳞飘拂草 **166313**
锈鳞苔草 76226
锈绿砖子苗 **245421**
锈脉安匝木 **310771**
锈脉蚊子草 **166131**
锈毛安匝木 **310770**
锈毛白粉藤 92598
锈毛白蜡 167974
锈毛白枪杆 167974
锈毛柏那参 59201
锈毛闭花木 **94540**
锈毛草 **362726**
锈毛草莓 167632
锈毛草属 **362725**
锈毛梣 **167974**
锈毛长柄地锦 **285109**
锈毛刺葡萄 **411649**
锈毛粗筒苣苔 **60286**
锈毛丁公藤 **154239**
锈毛冬青 **203808**
锈毛杜鹃 330445
锈毛杜英 **142337**
锈毛短筒苣苔 **56366**
锈毛钝果寄生 **385207**
锈毛仿杜鹃 **250513**
锈毛风毛菊 348228
锈毛哥纳香 179408
锈毛弓果藤 **393530**
锈毛桂 **91447**
锈毛过路黄 **239620**
锈毛海州常山 96398,96400
锈毛槐 **369104**
锈毛黄猄草 **85943**
锈毛黄皮 **94194**
锈毛寄生 385207
锈毛寄生五叶参 289660
锈毛鲫鱼藤 **356285**
锈毛金腰 **90349**
锈毛康定五加 **2429**
锈毛梨果寄生 **355302**
锈毛两型豆 **20576**
锈毛楼梯草 **142748**
锈毛罗伞 **59201**
锈毛络石 **393642**
锈毛麻辣子藤 154239
锈毛马蓝 85943
锈毛马铃苣苔 **273850**
锈毛莓 **339162**,339163
锈毛木兰 279248,279250
锈毛木莲 **244481**,244466
锈毛扭瓣花 **235406**
锈毛爬山虎 **285161**
锈毛泡桐 285981
锈毛棋子豆 **116589**
锈毛千斤拔 **166861**
锈毛茄属 178802
锈毛青藤 **204651**
锈毛清明花 **49364**
锈毛雀梅藤 342192
锈毛忍冬 **235790**
锈毛山龙眼 **189959**
锈毛山小橘 **177835**
锈毛蛇葡萄 **20394**
锈毛蛇藤 **100066**
锈毛石斑木 **329061**
锈毛石花 **103950**

锈毛树萝卜 **10288**
锈毛树参 59201
锈毛宿苞豆 **362295**
锈毛梭子果 **139782**
锈毛天女花 279248
锈毛铁线莲 **95077**
锈毛尾药菊 381940
锈毛乌蔹莓 **79855**
锈毛吴茱萸五加 2388
锈毛吴茱萸叶五加 **2388**
锈毛五叶参 **289636**
锈毛西南花楸 **369502**
锈毛喜马拉雅崖爬藤 **387843**
锈毛绣球 **199947**
锈毛旋覆花 **207142**
锈毛旋蒴苣苔 283125
锈毛崖豆藤 **66647**
锈毛野桐 **243319**
锈毛野枣 418197
锈毛叶野枣 418197
锈毛银桦 **180569**
锈毛鱼藤 **125960**
锈毛榆 401476
锈毛羽叶参 289636
锈毛圆叶白粉藤 **92935**
锈毛掌叶树 59201
锈木荚苏木 **146113**
锈绒毛树葡萄 **120141**
锈色安息香 **379344**
锈色巴豆 **112892**
锈色巴伊锦葵 **46707**
锈色白莲蒿 **274274**
锈色扁担杆 **180776**
锈色柄鳞菊 **306570**
锈色波克斯九节 **319762**
锈色波拉菊 **307308**
锈色彩果棕 **203507**
锈色柽柳桃金娘 **260990**
锈色赤箭莎 **352385**
锈色虫果金虎尾 **5908**
锈色垂绒菊 **114416**
锈色刺头菊 **108288**
锈色达林木 **122755**
锈色大蝶花豆 **241254**
锈色单花杉 **257120**
锈色豆腐柴 **313628**
锈色独蕊 **412148**
锈色杜鹃 330069,330695,331683
锈色杜纳尔茄 **138961**
锈色短瓣玉盘 **143874**
锈色多叶单花杉 **257123**
锈色恩德桂 **145335**
锈色耳冠草海桐 **122100**
锈色耳冠菊 **277293**
锈色二列花 **284935**
锈色二裂金虎尾 **127348**
锈色方晶斑鸠菊 **406030**
锈色仿花苏木 **27756**
锈色菲奇莎 **164531**
锈色古柯 **155081**
锈色灌木荷包花 **66277**
锈色广玉兰 **242138**
锈色合欢 **13554**
锈色荷花玉兰 242138
锈色黑漆 **248484**
锈色花楸 **369387**
锈色黄檀 **121678**
锈色基特茜 **215763**
锈色急流茜 **87502**
锈色假牛筋树 **317863**
锈色尖耳野牡丹 **4739**
锈色金合欢 **1223**
锈色凯木 **215667**
锈色可利果 **96720**
锈色苦香木 **364370**
锈色宽萼豆 **302926**
锈色类短瓣玉盘 **143879**
锈色擂鼓芳 **244913**
锈色栗豆藤 **11050**
锈色链荚豆 **18260**
锈色亮盘无患子 **218782**
锈色鬣蜥棕 203507
锈色鳞盖草 **374599**
锈色瘤果漆 **270965**
锈色鲁斯特茜 **341032**
锈色鹿藿 **333232**
锈色罗汉松 316086
锈色洛马山龙眼 235406
锈色马利埃木 **245666**
锈色麦珠子 **17615**
锈色毛盘鼠李 **222426**
锈色毛穗马鞭草 **219107**
锈色梅里野牡丹 **250668**
锈色密花树 **326530**
锈色牡荆 **411266**
锈色木蓝 205806
锈色内卷鼠麹木 **237182**
锈色南非槐 **410879**
锈色南洋参 **310193**
锈色南烛 **239379**
锈色拟蛋黄榄 **411180**
锈色拟娄林果 **335837**
锈色潘树 **280832**
锈色坡垒 **198150**
锈色普梭木 **319301**
锈色槌木 **16397**
锈色杞莓 **316985**
锈色鞘蕊花 **99574**
锈色冉布檀 **14363**
锈色热美山龙眼 **282434**
锈色榕 165586
锈色萨比斯茜 **341626**
锈色塞拉玄参 **357508**
锈色三角车 **334621**
锈色散花帚灯草 **372562**
锈色莎草 **118867**
锈色蛇藤 100066
锈色肾索豆 **265179**
锈色石山苣苔 **292540**
锈色螫毛果 **97526**
锈色双距兰 **133781**
锈色双雄苏木 **20658**
锈色水蜈蚣 **218544**
锈色丝头花 **138429**
锈色四数莎草 **387663**
锈色四须草 **387506**
锈色索林漆 **369762**
锈色苔草 **74499**
锈色坦噶尼喀九节 **319869**
锈色唐菖蒲 **176195**
锈色铁刀苏木 **78298**
锈色土密树 **60179**
锈色托考野牡丹 **392522**
锈色纹蕊茜 **341299**
锈色无瓣火把树 **98174**
锈色无距杜英 **3803**
锈色西果蔷薇 **193495**
锈色腺托囊萼花 **323421**
锈色小麦秆菊 **381671**
锈色新蜡菊 **279346**
锈色雪莲 **348396**
锈色崖豆藤 **254696**
锈色崖藤 **13454**
锈色羊耳蒜 **232157**
锈色羊头卫矛 **34791**
锈色洋地黄 **130358**
锈色野桃 **216357**
锈色异木患 **16084**
锈色银钩花 **256225**
锈色柚木芸香 **385431**
锈色于维尔无患子 **403063**
锈色玉叶金花 **260416**
锈色针柱茱萸 **329130**
锈色珍珠茅 **354092**
锈色直萼木 **68441**
锈色轴榈 228737
锈色皱茜 **341118**
锈色蛛毛苣苔 **283125**
锈山茶 143967
锈铁棒 118133
锈铁锤 118133
锈芽冠紫金牛 **284025**
锈叶杜鹃 **331826**
锈叶仿杜鹃 250513
锈叶灰木 381143
锈叶琼楠 **50575**
锈叶秋海棠 **49831**
锈叶榕 165586
锈叶新木姜 264034
锈叶新木姜子 **264034**
锈叶悬钩子 **338451**
锈叶野牡丹 43462
锈叶鱼藤 125960
锈枝红豆 **274390**
戌菽 417417
盱子 97719
须 59575,339887
须瓣开口箭 70607
须苞秋海棠 **49836**
须苞石竹 **127607**
须边岩扇 **351450**
须草 335307
须川女贞 **229650**
须川氏杜鹃 **332018**
须川氏槭 **3718**
须川氏忍冬 **236196**
须川氏山金车 **34781**
须川氏仙女木 138460
须川樱桃 **83137**
须唇兰属 306847
须唇羊耳蒜 **232094**
须冠菊属 **417823**
须花草 **142531**
须花草属 **142530**
须花翠雀花 **124176**
须花锦香草 **296418**
须花参 31769
须花藤 **172850**
须花藤属 **172848**
须花无心菜 **32142**
须花猪殃殃 170294
须喙兰属 **91611**
须久轮玉 **148144**
须具利 334250
须距桔梗属 **81868**
须良毛芸香 **155842**
须鳞鼠麹草 **306921**
须鳞鼠麹草属 **306920**
须龙藤 116031
须捋草 405872
须芒草 **272619**,23086
须芒草科 **23093**
须芒草属 **22476**
须毛扁莎 **322222**
须毛海神木 **315832**
须毛堇菜 **410740**,410555
须毛可拉木 **99189**
须毛露子花 **123898**
须毛马先蒿 **287773**
须毛囊鳞莎草 **38222**
须毛欧石南 **149595**
须毛飘拂草 **166322**
须毛深山堇菜 **410555**
须毛水锦树 413832
须毛唐菖蒲 **176275**
须毛仙灯 **67565**
须毛仙花 **395810**

须毛猪屎豆 **112254**
须弥巴戟 **258928**
须弥菜 321473
须弥垂头菊 110376
须弥大黄 329414
须弥葛 **321473**
须弥沟子荠 **383994**
须弥孩儿参 **318503**
须弥红豆杉 385404
须弥虎耳草 349134
须弥芥 **113148**
须弥芥属 **113146**
须弥冷水花 298937
须弥千里光 **359246**
须弥荨麻 402854
须弥茜树 **196352**
须弥茜树属 **196351**
须弥山 **155223**
须弥扇叶芥 **126154**,89233
须弥香青 **21676**
须弥蝇子草 363544
须弥早熟禾 **305579**
须弥紫菀 **40568**
须蕊发汗藤 95258
须蕊木属 178916
须蕊忍冬 **235732**
须蕊铁线莲 **95245**
须参 400888
须穗假高粱 **369583**
须头草 **111788**
须头草属 **111787**
须须草 147995
须药草 22403
须药草属 22400
须药欧石南 **149928**
须药藤 **375237**
须药藤属 **375234**
须叶菊科 260557
须叶菊属 260530
须叶藤 **166797**
须叶藤科 **166801**
须叶藤属 **166795**,375234
须玉凤花 **183417**
须则 418131
须柱草 **306799**
须柱草属 **306798**
须柱杜鹃 330941
徐长卿 **117643**
徐长卿属 **322165**
徐毒草 365296
徐福之酒瓮 7251
许尔里曼叉叶椰 **6828**
许格小檗 **51741**
许氏草 196490
许氏草属 **223040**,196487
许氏密穗马先蒿 **287157**
许氏山楂 **110033**
许树 96140
许枝洋槐 335013
栩 323611
旭波 **324919**
旭波属 **324918**
旭峰 82282
旭峰花 **82282**
旭柑 **93326**
旭兰属 143438
旭日金鸡菊 **104507**
旭日菊属 **317361**
旭日裂柱莲 **351888**
旭虾 **140215**
序柄猴面蝴蝶草 **4086**
序柄蝴蝶草 392948
序柄南美苦苣苔 **175302**
序柄千里光 359242
序梗镰叶铁线莲 **95336**
序梗女贞 229587
序花芳香木 **38705**
序花欧石南 **149864**
序花山芫荽 **107806**
序利亚蒲公英 384827
序托冷水花 **299033**
序叶苎麻 **56112**,56110
叙尔贝赫球百合 **62451**
叙胡椒 **300469**
叙里亚类甘草 **177958**
叙利亚白蜡树 **168114**
叙利亚滨藜 **44421**
叙利亚刺柏 **213763**
叙利亚豆瓣菜 **83951**
叙利亚豆瓣菜属 **83950**
叙利亚毒马草 **362878**
叙利亚假木贼 **21061**
叙利亚菊属 **45329**
叙利亚狼草 **239138**
叙利亚狼草属 **239137**
叙利亚李 **316394**
叙利亚马利筋 **38135**
叙利亚牧豆树 **315554**
叙利亚牛至 **274226**
叙利亚婆婆纳 **407399**
叙利亚槭 **3651**
叙利亚石头花 **183270**
叙利亚矢车菊 **80954**
叙利亚鼠尾草 **345422**
叙利亚酸模 **340277**
叙利亚头花草 **82173**
叙利亚弯翅芥 **70706**
叙利亚狭叶白蜡树 168114
叙利亚玄参 **355252**
叙利亚鹰嘴豆 **90805**
叙利亚蝇毒草 82173
叙利亚圆柏 213763
叙利亚芸香 341047
叙利亚枣 **418216**
叙利亚指甲草 **284900**
叙浦杏 **34438**
叙永梅花草 **284610**
叙永小檗 **51740**
畜瓣 308816
畜菖子 13225
绪方八角 **204482**
绪方南星 **33440**
绪方溲疏 **127031**
续毒 158895,375187
续断 133454,133463,133490,
220346,220359,295215,
368649,402190
续断菊 368649
续断科 133444
续断状蓟 **91913**
续骨草 345708
续骨木 345708
续筋草 116938,374914
续筋根 68713
续卷耳 **82946**
续命筒 393492
续随子 **159222**,71762
续弦胶 346448
续则 418126
絮瓜 238261
絮菊 **165915**
絮菊蜡菊 **189342**
絮菊欧石南 **149434**
絮菊鼠麴草 **178181**
絮菊属 **165906**
絮菊腺果层菀 **219711**
絮菊蚤草 **321557**
絮菊状伞花菊 **161240**
蓄 308816,339994
蓄蔓 308816
蕒 133454
蕒断 133454
蓿草 247456
轩兰 263867
宣城苔草 **76774**
宣恩牛奶菜 **245865**
宣恩盆距兰 **171899**
宣木瓜 84573
宣威金足草 178839
宣威乌头 **5438**
宣威一枝蒿 5438
萱 191312,410275,410710
萱草 **191284**,191266,191289,
191312,191316
萱草花 50669
萱草科 **191260**
萱草属 **191261**
萱根子 159172
萱小金梅草 **202869**
萱叶萎 300359
蕿 191312
玄果搜花 348703
玄胡 105594,106380
玄胡索 105594,106609
玄及 351021
玄麻 313471
玄麻根 179488
玄参 **355201**,23701,355067,
355181
玄参科 **355276**
玄参属 **355039**
玄参叶棒籽花 **328466**
玄参叶藿香 **10420**
玄台 355135,355201
玄武精 355201
玄武岩苏铁 **115803**
玄武柱 **140219**
悬垂百蕊草 **389803**
悬垂苞茅 **201547**
悬垂大青 **96036**
悬垂大岩桐寄生 **384066**
悬垂丁香 167456
悬垂杜鹃 331458
悬垂恩氏菊 **145196**
悬垂番红花 **111482**
悬垂风铃兰 390522
悬垂风仙花 **205219**
悬垂桴栎 **324386**
悬垂富士山锦带花 **413572**
悬垂鹤虱 335118
悬垂黄芪 42283
悬垂黄耆 **42283**
悬垂荚蒾 **408151**
悬垂角茴香 **201618**
悬垂接骨木 **345652**
悬垂卷耳 **82935**
悬垂卷须兰 91612
悬垂柳叶菜 **146803**
悬垂龙舌兰 **10923**
悬垂漏斗花 **130225**
悬垂乱子草 **259641**
悬垂马利筋 **37897**
悬垂南非萝藦 **323520**
悬垂南蛇藤 80273
悬垂欧石南 **149798**
悬垂千里光 **359162**
悬垂青锁龙 **108966**
悬垂秋海棠 **50154**
悬垂球花豆 **284469**
悬垂日中花 **220527**
悬垂莎草 **118667**
悬垂山金车 **34732**
悬垂苔草 **75556**
悬垂肖鸢尾 **258609**
悬垂星黄菊 **185800**
悬垂须喙兰 **91612**
悬垂羊茅 **164109**
悬垂野荞麦 **152334**

悬垂皱稃草 **141784**
悬垂竹叶疏筋 309085
悬垂紫玉盘 **403456**
悬刀 176881,176901
悬刀树 176881
悬沟子多色鼠尾草 **345070**
悬钩 338281
悬钩木 339047,339240
悬钩子 **338945**,338281,338300
悬钩子蔷薇 **336896**
悬钩子属 **338059**
悬果海瑟 201618
悬果黄堇 105832
悬果堇菜 **410396**
悬果茜 **110539**
悬果茜属 **110538**
悬果紫堇 **105840**
悬瓠 219848
悬花水锦树 **413818**
悬阶草科 403679
悬铃草 407503
悬铃果 **207342**
悬铃果属 **207340**
悬铃花 **243929**,243951
悬铃花属 **243927**
悬铃木 **302575**,302582,302592
悬铃木丹氏梧桐 **135952**
悬铃木科 **302229**
悬铃木拉夫山榄 **218749**
悬铃木槭 3462
悬铃木秋海棠 **50166**
悬铃木柿 **132354**
悬铃木属 **302574**
悬铃木叶卡夫木棉 **79780**
悬铃木叶木槿 **195107**
悬铃木叶茄 **367506**
悬铃木叶苎麻 **56260**
悬铃叶苎麻 56260,56343
悬蕊桤 **110484**
悬蕊桤属 **110483**
悬蕊千屈菜属 **110497**
悬石 393657
悬丝灯心草 **213115**
悬丝吊灯花 **84092**
悬丝欧石南 **149441**
悬丝参属 **35073**
悬丝绣线菊 166132
悬苔草 **75880**
悬条木 302588
悬莵 213066
悬莞 213066
悬崖桉 **155549**
悬崖长被片风信子 **137919**
悬崖光淋菊 **276203**
悬崖红点草 **223798**
悬崖红千层 **67263**
悬崖虎眼万年青 **274579**
悬崖蓟 **92456**
悬崖金菊木 **150317**
悬崖景天 **110530**
悬崖景天属 **110529**
悬崖蜡菊 **189273**
悬崖芦荟 **16741**
悬崖青锁龙 **108937**
悬崖球百合 **62369**
悬崖野荞麦 **152457**
悬崖异囊菊 **194276**
悬岩棘豆 **279137**
悬岩马先蒿 **287538**
悬叶异木患 **16137**
悬竹 20193
悬竹属 **20192**
悬籽茜属 **110471**
悬子苣苔属 **110556**
悬足葫芦 **110489**
悬足葫芦属 **110487**
旋瓣菊属 **412252**
旋苞隐棒花 **113540**
旋扁蕾 174212
旋刺草属 **173148**
旋刺仙人球 244026
旋带麻属 **183355**
旋萼花属 377646
旋萼子孙球 **327303**
旋风草 224989
旋风玉 **163423**
旋葍花 68713
旋复花属 207025
旋覆梗 207151
旋覆花 **207151**,25504,207046,207136
旋覆花冠须菊 **405944**
旋覆花科 **207270**
旋覆花属 **207025**
旋覆花蚤草 **321571**
旋覆菊属 **207271**
旋覆菀 **207292**
旋覆菀属 **207288**
旋梗忍冬 **236122**
旋梗野牡丹 **131290**
旋梗野牡丹属 **131289**
旋果草属 335103
旋果花 **377804**
旋果花属 377652
旋果蚊子草 **166125**
旋花 **68713**,68692,68724,103211,103340
旋花大戟 **158687**
旋花吊灯花 **84048**
旋花豆 98065
旋花豆属 **98064**
旋花盒果藤 208035
旋花菊 371741
旋花菊属 371740
旋花科 **102892**
旋花苦 68686
旋花苗 68713
旋花茄 **367632**
旋花秋海棠 **49735**
旋花属 **102903**
旋花薯蓣 **131535**
旋花树科 346823
旋花树属 346812
旋花藤 32657
旋花天芥菜 **190592**
旋花羊角拗 **378401**
旋花羊角拗属 378363
旋花叶番薯 **207707**
旋花叶天竺葵 **288144**
旋花异囊菊 **194220**
旋花状苞叶藤 55605
旋喙马先蒿 **287271**
旋荚木 283134
旋荚相思树 1302
旋茎谢尔茜 **362114**
旋苣 **131295**
旋苣属 **131293**
旋卷大戟 **158794**
旋卷耳藤菊 **199251**
旋卷虎眼万年青 **274847**
旋卷花凤梨 **391989**
旋卷槭 2893
旋卷千里光 **360326**
旋卷黍 **282381**
旋卷铁兰 391989
旋卷舟蕊秋水仙 **22393**
旋葵 **242869**
旋栗 78795
旋鳞莎草 **119196**
旋龙 192448
旋毛山柳菊 **195992**
旋苜蓿 **247327**
旋囊南星 **401180**
旋囊南星属 **401179**
旋扭薄果荠 **198482**
旋扭狗娃花 **193936**
旋扭花美冠兰 **157029**
旋扭黄耆 **42299**
旋扭假叶树 **341002**
旋扭可利果 **96739**
旋扭千里光 **359884**
旋扭山蚂蝗 **126316**
旋扭绶草 **372272**
旋扭苔草 **76186**
旋扭西风芹 361587
旋扭香桃木 **261740**
旋扭邪蒿 361587
旋扭野荞麦 **151945**
旋扭银豆 **32920**
旋扭蝇子草 **364192**
旋片木 **372316**
旋片木属 **372314**
旋槭 2893
旋蕊草 **98097**
旋蕊草属 **98096**
旋生蛇菰 **46832**,46882
旋氏溲疏 127088
旋蒴苣苔 **56063**,56050
旋蒴苣苔属 **56044**
旋丝卫矛属 **190123**
旋涛草 345310
旋序黑三棱 **370064**
旋药花 377626
旋叶葱 **15341**
旋叶菊 **276439**
旋叶菊属 **276432**
旋叶亮泽兰 **266819**
旋叶亮泽兰属 **266818**
旋叶柳杉 113703
旋叶日本柳杉 **113703**
旋叶松 299869
旋叶苏铁 **241465**,115812
旋叶香青 **21549**
旋叶鹰爪草 186501
旋异灰毛豆 **321141**
旋翼果 **183300**
旋翼果科 **183297**
旋翼果属 **183299**
旋泽兰属 **134962**
旋柱兰属 **258987**
旋转木马亮红新西兰圣诞树 **252611**
旋子草属 **98070**
旋子藤 **372346**
旋子藤属 **372344**
癣草 159557,329471,339887,340089
癣豆属 **319351**
癣药 329365,340141
癣药草 159069,340116
炫光大花天人菊 **169587**
炫耀 **344385**
绚烂生石花 **233606**
绚烂玉 233606
绚丽决明 360485
眩美玉 **267061**
靴经草 239558
靴兰 **273316**
靴兰属 **273313**
薛氏胡桃 212626
薛氏箭竹 162699
薛氏兰 **117034**
穴菜 307197
穴刺爵床 **394671**
穴刺爵床属 **394670**
穴果木 **98810**
穴果木属 **98808**
穴盘木 **98558**

穴盘木属 **98555**
穴丝芥 98764
穴丝芥属 98762
穴丝荠 **98764**
穴丝荠属 **98762**
穴穗棕 **321175**
穴乌萝卜 137065
穴种 5335
穴籽藤属 218793
学老麻 55693
雪桉 **155667**
雪白巴豆 **112972**
雪白巴尔葱 **15108**
雪白巴厘禾 **284115**
雪白白鼓钉 **307689**
雪白北疆风铃草 **70055**
雪白贝克菊 **52736**
雪白本氏兰 **51113**
雪白薄荷木 **315604**
雪白长毛紫绒草 **238084**
雪白车前 **302113**
雪白柽柳桃金娘 **261016**
雪白刺子莞 **333642**
雪白大须边岩扇 **351458**
雪白单花兔儿风 **128115**
雪白稻花木 **299311**
雪白帝王花 **82351**
雪白兜兰 **282882**
雪白杜鹃 331346
雪白钝柱紫绒草 **87300**
雪白二列黑面神 **60059**
雪白法道格茜 **161978**
雪白繁花钝柱菊 **307461**
雪白芳香木 **38678**
雪白飞蓬 **150820**
雪白禾叶兰 **12455**
雪白花绣线菊 **372115**
雪白环毛草 **116444**
雪白黄眼草 **416117**
雪白棘豆 **279039**
雪白尖腺芸香 **4831**
雪白苣苔属 **266307**
雪白蜡菊 **189600**
雪白苓菊 **214140**
雪白柳泽风毛菊 **348954**
雪白罗汉松 **306509**
雪白马修斯芥 **246284**
雪白脉刺草 **265688**
雪白茅香 **27968**
雪白帽花木 **256135**
雪白美丽锦带花 **413581**
雪白蒙松草 **258139**
雪白绵枣儿 **352981**
雪白墨药菊 **248600**
雪白木蓝 **206304**
雪白南美刺莲花 **65136**
雪白泥胡菜 **191673**
雪白欧石南 **149188**
雪白千里光 **359592**
雪白鞘柄茅 **99992**
雪白鞘蕊 **367903**
雪白秋水仙 **99336**
雪白球 **244018**
雪白日本活血丹 **176829**
雪白锐尖白珠树 **172122**
雪白瑞凤玉 **43504**
雪白三角果 **397305**
雪白山梅花 **294565**
雪白舌唇兰 **302453**
雪白蛇鞭菊 **228532**
雪白瘦片菊 **182073**
雪白树葡萄 **120158**
雪白双距兰 **133859**
雪白睡莲 **267664**
雪白丝头花 **138434**
雪白贴梗海棠 **84575**
雪白头蕊兰 **82032**
雪白丸 244018
雪白委陵菜 **312818**
雪白蝟菊 **270242**
雪白乌苏里风毛菊 **348908**
雪白五色菊 **58673**
雪白夕刀鸢尾 **193531**
雪白西印度茜 **179546**
雪白线柱头萝藦 **256073**
雪白向日葵 **189010**
雪白小扁芒菊 14916
雪白星毛芸香 **41655**
雪白星绒草 **41569**
雪白絮菊 **166007**
雪白勋章花 **172321**
雪白扬氏淫羊藿 **146958**
雪白杨 **311416**
雪白药水苏 **53303**
雪白野荞麦 **152306**
雪白异齿北海道小报春 **314286**
雪白益母草 **224990**
雪白银白杨 **311209**
雪白银毛菀 **392732**
雪白罂粟 **282616**
雪白蝇子草 **363814**
雪白鼬蕊兰 **169875**
雪白玉凤花 **183903**
雪白玉叶金花 **260467**
雪白展枝胡枝子 **226914**
雪白沼沙参 **7729**
雪白朱砂莲 **290103**
雪白锥花 **179196**
雪白醉鱼草 62131
雪百合 87759
雪百合属 87757
雪宝花 87759
雪宝花属 87757
雪报春 314697
雪贝母 168391
雪波 **162906**
雪菜 59458
雪草 **266311**
雪草属 **266309**
雪层杜鹃 **331346**
雪茶藨 334126
雪茶藨子 **334126**
雪橙 **93788**
雪雏菊 **135359**
雪雏菊属 **135358**
雪丛黑面神 60057
雪胆 **191903**,191896,191943
雪胆属 **191894**
雪滴花属 169705
雪迪亚草 362097
雪笛 244240
雪笛球 **244240**
雪笛丸 244240
雪地矮延龄草 397584
雪地春美草 **94336**
雪地蒿 **36308**
雪地虎耳草 **349175**
雪地黄芪 42796
雪地黄耆 **42796**
雪地棘豆 **278784**
雪地开花 122532
雪地扭藿香 **236277**
雪地扭连钱 **245695**
雪地欧石南 **149793**
雪地山金车 **34720**
雪地野荞麦 **152360**
雪地早熟禾 **305919**
雪丁草 138796
雪冬花 122532
雪冻花 122532
雪豆 294010,301070
雪堆大宝石南 **121069**
雪堆东瀛绣线菊 **372032**
雪堆日本绣线菊 372032
雪峰山梭罗 **327387**
雪峰山崖豆藤 **66627**
雪峰虾脊兰 **65967**
雪峰崖豆藤 66627
雪佛凤梨 **87293**
雪佛凤梨属 **87292**
雪佛兰属 87292
雪佛里椰子 85437
雪柑 **93801**,93765
雪冠玉 **182448**
雪光 59164
雪光花 **87759**
雪光花属 **87757**
雪果 273903,380736,380758
雪果毛核木 380736
雪果木属 **87661**
雪果属 380734
雪蒿 **35915**
雪荷 348392
雪荷花 348294,348392,348465
雪后龙血树 **137376**
雪花 32527,122532
雪花百合 87759
雪花百合属 87757
雪花草 169719,209811
雪花常绿屈曲花 **203240**
雪花匙叶茅膏菜 **138355**
雪花丹 **305175**
雪花杜鹃 330385
雪花风车子 **100389**
雪花高山瞿麦 **127854**
雪花构 122567
雪花胡枝子 **226701**
雪花堇菜 **410043**
雪花莲 **169719**
雪花莲科 **169701**
雪花莲属 **169705**
雪花裂口花 **379883**
雪花马缨丹 **221245**
雪花皮 141470
雪花茜堇菜 **410405**
雪花沙参 7674
雪花石膏杂种金莲花 **399486**
雪花属 32518
雪花树 141470
雪花水仙 227875
雪花水仙属 227854
雪花桃叶风铃草 **70215**
雪花香荠菜 **324741**
雪花银莲花 24071
雪花罂粟 146054
雪花獐牙菜 **380235**
雪环木 **265857**
雪环木属 **265856**
雪皇后斑马热美爵床 29131
雪皇后单药爵床 **29131**
雪晃 **59164**
雪晃木 380736
雪晃属 **59158**
雪火珊瑚樱 **367526**
雪见草 345310
雪芥 **284717**
雪芥属 **284716**
雪荆芥 245695
雪韭 **15356**
雪苣 **325075**
雪苣属 **325068**
雪绢 394075
雪兰地属 362095
雪兰娜香豌豆 **222795**
雪兰山菊 84956
雪梨 **323311**,323246
雪梨蓝桉 155732
雪梨檀 346210

雪莉仙灯 **67648**
雪里高 387785
雪里红 59458
雪里蕻 **59458**
雪里花 87521,87525,374731
雪里见 **33473**
雪里开 94989,141470,392248,392269
雪里开花 13091,31396,142844,272221,374731
雪里梅 173811,272221
雪里明 173811
雪里蟠桃 117523
雪里青 13091,59512,201605,201612,345310,409898
雪里伞 381814
雪里洼 72285
雪里珠 31477
雪莲 8331,348294,348392,348465,348521
雪莲花 **348392**,8331,169719,348294,348465,348521
雪莲花属 169705
雪莲球 **234925**
雪莲属 348089
雪莲丸 234925
雪灵芝 **31777**,31971,78628,78645
雪灵芝状繁缕 374827
雪岭蒿 360872
雪岭杉 298426
雪岭云杉 **298426**
雪铃花 227875
雪铃花属 367762
雪柳 **167233**,167235,372101
雪柳属 **167230**
雪龙胆 **173642**
雪龙美被杜鹃 **330297**
雪轮属 363141
雪毛杜鹃 **331531**,331503
雪眉同气 218721
雪莓 380758
雪莓属 380734
雪梅 198827
雪梦球 **244214**
雪梦丸 244214
雪木千里光 **125718**
雪鸟帽子 272981
雪女王栎叶绣球 **200067**
雪欧石南 149147
雪片栎叶绣球 **200066**
雪片莲 **227875**
雪片莲科 **227851**
雪片莲属 **227854**
雪婆婆纳 **87780**
雪婆婆纳属 **87779**
雪茜属 **87737**
雪茄花 114601,114606
雪茄花属 114595
雪茄树 79260
雪丘燕子花 **208674**
雪球 140872
雪球点地梅 **23266**
雪球虎耳草 349700
雪球花 184347,198827,199986
雪球花属 184345
雪球荚蒾 **408027**,407989
雪球蜡菊 **189242**
雪球欧洲荚蒾 **407997**
雪球苘麻 **929**
雪球日本安息香 **379378**
雪球藤 94899
雪球玉 **287895**
雪球帚石南 **67502**
雪泉李 **316169**
雪人参 206583
雪绒花属 224767
雪如米 55575
雪三七 30162,280793,329330,329350
雪散草 **232215**,232197
雪莎草 **119269**
雪山艾 **36427**
雪山报春 **314697**
雪山贝母 168391
雪山茶 69207
雪山大戟 159002
雪山当归 **24352**
雪山点地梅 23294
雪山冬青 204356
雪山杜鹃 **330040**
雪山翻白草 313086
雪山甘草 295064
雪山厚叶报春 314201
雪山箭竹 **162702**
雪山堇菜 **410691**
雪山藜芦 **405634**
雪山林 279757
雪山苓 279757
雪山马兰 **41337**
雪山芪 42063
雪山茄 367733
雪山鼠尾 345019
雪山鼠尾草 **345019**
雪山乌头 **5702**
雪山无心菜 **32209**
雪山小报春 **314648**
雪山小檗 52029
雪山栒子 **107717**
雪山野荞麦 **152303**
雪山一支蒿 5088,5327
雪山一枝蒿 105622
雪山蚤缀 32209
雪上一枝蒿 5069,5071,5382,5429,5438,5483,5520
雪参 247177
雪生水仙 262424
雪黍 **281457**
雪水仙 **262424**
雪松 **80087**,329853
雪松马鞭草 **405864**
雪松属 **80074**
雪苔草 75525
雪条参 374539
雪铁芋 **417031**,65239
雪铁芋属 417026
雪汀菜 191387
雪头菲利木 **296179**
雪头开花 52533
雪头球 **244031**
雪头丸 244031
雪头砖子苗 **245371**
雪突 66853
雪兔 348487
雪兔子 **348344**,348294,348465,348487
雪委陵菜 312818
雪卫德挪威槭 **3442**
雪乌 5362,5452,5621
雪溪球 **140569**
雪溪丸 140569
雪下红 **31630**
雪线地杨梅 **238667**
雪线虎耳草 **349700**
雪线毛茛 **326128**
雪线蒲公英 **384696**
雪线漆姑草 **342268**
雪线葶苈 **137146**
雪线委陵菜 312818
雪线云南葶苈 **137304**
雪香兰 **187495**
雪香兰属 **187491**
雪香木 248076
雪绣玉 **284695**
雪压花 369420
雪彦南星 **33495**
雪央 118133
雪杨 167235
雪药 262249
雪叶风毛菊 **348206**
雪叶棘豆 **278785**
雪叶菊 358394
雪叶科 32510
雪叶莲 358395
雪叶木 **32514**
雪叶木科 **32510**
雪叶木属 **32513**
雪叶属 32502
雪衣 **244132**
雪衣鼠麹木属 **87783**
雪芋属 417026
雪月花 **244061**
雪毡雾水葛 **313456**
雪獐牙菜 **380364**
鳕苏木属 **258372**
血百合 350312
血百合属 350306
血柏 385405
血布袋 1790
血材金合欢 **1267**
血草 294123
血草科 **184524**
血草属 **184526**
血陈根 347078
血春藤 307517
血大虹 **163447**
血大黄 340116
血当 329365
血当归 50087,131522,183097,309711,309716,339983,340141,381934
血党 31371,31502
血地 162509
血地胆 162509
血地红 78628
血疔草 138796
血墩七 309841
血防藤 66643
血榧 82507,82545,385407
血风 370422
血风草 159092,159286,209826
血风根 405447
血风藤 66624,66637,347078,370422,405447
血枫 31455
血枫藤 259486,405447
血芙蓉 388303
血格 183097
血根 219030
血根草 **345805**
血根草属 **345803**,184526
血根属 345803
血沟丹 355860
血枸子 239011
血管草 345561
血管欧石南 **149531**
血灌肠 347078
血灌皮 66643
血果藤 **184487**
血果藤属 **184486**
血果小檗 **51694**
血汗草 78012,78039
血和散 272221
血和山 142844
血红奥萨野牡丹 **276514**
血红白叶藤 **113610**
血红半日花 **188836**
血红蓖麻 **334438**

血红薄叶兰 238740
血红薄子木 **226502**
血红彩叶凤梨 **264414**
血红茶藨子 **334189**
血红茶木属 **221526**
血红长被片风信子 **137989**
血红簇花 **120891**
血红大理杜鹃 330265
血红大岩桐 **364753**,364756
血红迪萨兰 133932
血红斗篷草 **14134**
血红杜鹃 **331726**,331743
血红杜斯豆 **139113**
血红盾苞藤 **265795**
血红芳香木 **38781**
血红非洲箭毒草 **57028**
血红非洲石蒜 57028
血红费尔南兰 **163391**
血红根 345805
血红公主兰 **238740**
血红瓜叶菊 **290818**
血红花白瑟木 **46639**
血红花海神木 **315923**
血红黄眼草 **416145**
血红鸡爪槭 **3346**,3303
血红蓟罂粟 **32451**
血红假海马齿 **394909**
血红假萨比斯茜 **318260**
血红间刺兰 **252282**
血红箭叶蔓绿绒 **294836**
血红蕉 **260268**
血红金鱼藤 **100125**
血红锦带花 **413606**
血红茎树 214308
血红口桉 155603
血红口欧石南 **149530**
血红块茎苣苔 364753
血红老鹳草 **174891**
血红乐母丽 **336042**
血红类秋海棠 **380644**
血红莲花掌 **9036**
血红裂稃草 **351307**
血红裂蕊紫草 **235041**
血红六出花 **18069**
血红鲁迪亚肉锥花 **102574**
血红美冠兰 157110
血红密舌兰 **380782**
血红木蓝 **206503**
血红木茼蒿 **32583**
血红囊花瑞香 **389093**
血红拟芸香 **185666**
血红欧石南 **149297**
血红普梭草 319301
血红普梭木 319301
血红枪刀药 **202608**
血红曲花 **120591**
血红肉果兰 **120764**
血红山梗菜 234852
血红山柳菊 **195553**
血红石豆兰 **63066**
血红石斛 **125351**
血红鼠尾粟 **372824**
血红树兰 **146429**
血红双距兰 **133932**
血红水牛角属 **345800**
血红松果菊 **140087**
血红宿苞兰 113515
血红酸模 **340249**
血红蒜臭母鸡草 292491
血红穗荸荠 **143302**
血红苔草 **76144**
血红唐菖蒲 **176140**
血红唐棣 19290
血红托考野牡丹 **392538**
血红网球花 **184456**
血红温曼木 **413704**
血红蜗牛兰 **98092**
血红无柱苋 **293119**
血红西氏卫矛 **157882**
血红苋 **18743**
血红香茶 **303651**
血红小檗 **52130**
血红悬钩子 **339236**
血红隐冠石蒜 **113841**
血红远志 **308331**
血红猪笼草 **264852**
血红紫蓝大岩桐 **364756**
血猴爪 31371
血葫芦 131522
血糊藤 351081
血花鼻花 **329531**
血花茜草 337964
血花网木 **68066**
血花玄参 **355134**
血还魂 59844
血见仇 214308
血见愁 **388303**,1790,30061,30068,30077,43682,87048,159092,159286,170193,170199,220126,230544,238942,260110,260113,337925,373262,392559,394076,394088,394093
血见愁老鹳草 **174647**,174885
血见飞 392559
血剑草科 415424
血箭草 345881
血胶树 139782
血胶树属 139781
血竭 121493,137353
血筋草 12640,12724,159286
血筋藤 66637,370422
血经草 26624,59857,239558,239862,272221,272302,345978,388569
血经基 159092,159286
血晶兰 **346785**
血晶兰属 **346784**
血榉 417552
血蒟 34185
血蔻木 **184489**
血蔻木属 **184488**
血兰 25966
血兰属 **184496**
血理箭 33397
血莲 **184372**,348845
血莲肠 392559
血鳞扁莎 **322339**
血留参 146724
血龙胆 173811
血龙藤 370422
血蒌 34185
血路草 48241
血绿黄芩 **355466**
血满草 345561,345586
血莽草 345561
血毛布雷默茜 **59906**
血母 131522
血牡丹 183097
血木豆属 184513
血木瓜 177170
血木通 347078,351069
血南星 33325
血泡木 177170
血盆草 **344947**,344945
血皮菜 183066
血皮草科 184524
血皮槭 **3003**
血匹菜 183066,183097
血七 162509,183097
血杞子 239011
血秦归 30589
血人参 206583,226721
血蕊大戟 **184507**
血蕊大戟属 **184505**
血三七 5556,131522,162516,183082,183097,308772,309507,309841,329879,335153,339983,340151
血散薯 **375840**
血色葛缕子 77774
血色卫矛 157855
血色枸子 **107676**
血色猪果列当 **201350**
血山草 294114
血山根 345214
血舌山柳菊 **195648**
血参 131580,131759,280741,280771,280793,345214,345219,413563,413565
血参根 345214
血生根 345214
血树 **411146**
血水草 **146054**
血水草属 **146053**
血丝草 239640,239645
血丝罗伞 319810
血苏木属 184513
血穗苔草 **74726**
血檀 320278
血藤 66637,66643,66648,108700,214959,214967,259486,259535,328345,337925,347078,351021,351054,370422
血藤暗消 34185
血藤属 259479
血通 347078
血桐 **240325**,240268
血桐属 **240226**
血桐子 299017
血头莎草 **118975**
血头朱缨花 66673
血娃 131522
血乌 5247,5251,23779
血蜈蚣 49974,134404
血五甲 79850
血苋 **208349**
血苋属 **208344**
血腺蕊 **191220**
血腺蕊属 **191219**
血香菜 250439,250450
血叶兰 **238135**
血叶兰属 **238133**
血叶芦荟 **16874**
血罂粟 345805
血榆 417552
血珠小檗 **51982**
血槠 79017,323599
血籽大戟 **184501**
血籽大戟属 **184499**
血籽马钱 **184532**
血籽马钱属 **184530**
血紫秋英 **107160**
勋章风信子 **199588**
勋章花 **172348**
勋章花联苞菊 **196943**
勋章花属 **172276**
勋章菊属 172276
熏 239640
熏宝球 **327312**
熏宝丸 327312
熏草 239640
熏倒牛 **54196**
熏倒牛科 **54199**
熏倒牛属 **54194**
熏陆香 300994
熏梅 34448

熏渠　163618,163711
熏染球　**182413**
熏染丸　182413
熏桑　252514
熏香　239640
熏衣草　239640
薰　268438
薰草　268438,268614
薰大将　**114477**
薰大将属　**114473**
薰骨藤　34219
薰陆　300990
薰陆树　301002
薰陆香　**300990**
薰渠　163709
薰牙子　201389
薰衣草　**223251**
薰衣草飞蓬　**150604**
薰衣草蜡菊　**189499**
薰衣草列当　**275115**
薰衣草棉　346250
薰衣草属　**223248**
薰衣草叶斑鸠菊　**406502**
薰衣草叶密钟木　**192629**
薰衣草叶欧石南　**149645**
薰衣草叶千里光　**359288**
薰衣草叶鼠尾草　**345158**
薰衣草叶水苏　**373288**
薰衣草银桦　**180612**
薰衣鼠尾草　345164
薰衣苏草　345379
薰状蛇菰　46826
曛冠玉　**182470**
曛龙玉　**264362**
曛桃球　**234903**
曛桃丸　234903
曛装玉　**182468**
寻风藤　341513,364986,364989
寻骨风　34219,34275,52131,138888,158161
寻乌阴山荠　**416361**
寻邬弯缺泡果荠　**196310**
巡骨风　34275,176839,239582
巡山虎　112927
荀瓜　114288
栒刺木　107486
栒刺子　107486
栒子安匝木　**310759**
栒子厚皮树　**221145**
栒子木　107583
栒子属　**107319**
栒子叶柳　**343565**
栒子状假醉鱼草　105240
栒子状坡梯草　**290173**
栒子状宿萼果　**105240**
栒白木　167940
栒木　168076
焞麻　402869
逊尼金杯花　**199409**
逊瓦氏茜　**404811**
逊万格茜　404811
巽他刺通草　**394762**
蕈树　**18192**
蕈树科　**18209**
蕈树属　**18190**
蕈状荷包藤　**8302**
蕈状山缘草　8302

## Y

丫瓣兰　**416521**
丫瓣兰属　**416520**
丫蛋子　61208
丫枫小树　165111,165671
丫角枫　2944
丫角槭　3615
丫角树　3615
丫口合耳菊　**381960**
丫口千里光　381960
丫口尾药菊　381960
丫雀扭　247366
丫蕊花　**416508**
丫蕊花属　**416501**
丫蕊苔草　**76783**
丫头还阳　60287
丫形紫茉莉　**255681**
丫药花　416508
丫治竹　189073
压扁谷精草　**151276**
压惊子　13225
压密矢车菊　80907
压抑委陵菜　**312496**
压竹花　23854
押不芦　123065
押田赤竹　**347264**
鸦椿卫矛　**157453**
鸦葱　**354813**,354878
鸦葱属　**354797**
鸦胆　61208
鸦胆树　61208
鸦胆子　**61208**,161630
鸦胆子属　**61199**
鸦旦子　61208
鸦蛋子　61208
鸦枫　165671
鸦谷　18687
鸦臼　346408
鸦麻　231942,232001
鸦片　282717
鸦片花　247119,247139,282717
鸦片七　155903
鸦雀草　100961
鸦雀饭　66779
鸦鹊板　66779
鸦鹊饭　66879
鸦头　5335
鸦头梨　249560
鸦头梨属　249557
鸦衔草　34615,233731
鸦御草　233731
鸦跖花　**278473**
鸦跖花金腰　**90425**
鸦跖花属　**278466**
鸦嘴玉属　**95838**
桠雀兰　82051
桠腰葫芦　219854
鸭巴前胡　**24340**,24337
鸭巴芹　24340,345948
鸭巴掌　326340
鸭边窝　209844
鸭草　285507
鸭吃草　312090
鸭船层纸　275403
鸭葱叶丝石竹　**183243**
鸭达木　350706
鸭胆子　61208
鸭胆子属　61199
鸭旦子　61208
鸭蛋花　**69805**
鸭蛋花属　**69804**
鸭蛋子　61208
鸭儿菜　257583
鸭儿草　257583,406992,407275,407430
鸭儿蔑　147084
鸭儿芹　**113879**,113872
鸭儿芹属　**113868**
鸭儿芹叶当归　**24322**
鸭儿嘴　257583
鸭公青　52436,52474,52484,96028,172831,209232,274391,274399,274428
鸭公树　**264039**
鸭公藤　52474,52484
鸭公头　52450,52474,52484
鸭海棠　59881
鸭腱藤　**145909**,145899,145904
鸭腱藤属　145857
鸭脚　35136,175813
鸭脚艾　35770
鸭脚稗　143522
鸭脚稗属　143512
鸭脚斑　345957
鸭脚板　8760,113879,125604,215442,296121,301871,301952,325718,325981,345948,350706
鸭脚板草　100961,113879,326365
鸭脚板芹　113879
鸭脚板树　301279,301366
鸭脚菜　35770,115526
鸭脚草　100961,143530,175006,260121
鸭脚茶　**59881**
鸭脚当归　24336
鸭脚风　214308
鸭脚枫　54620
鸭脚瓜子　256719
鸭脚瓜子草　256719
鸭脚荷　125604
鸭脚黄连　41733,242517
鸭脚节　4259
鸭脚葵　243862
鸭脚老鹳草　175006
鸭脚莲　374392,374409,381814
鸭脚蓼　309641
鸭脚罗伞　**59207**
鸭脚木　18055,125604,305226,350654,350670,350674,350706,350726,350728
鸭脚木属　350646
鸭脚七　91011,345989
鸭脚前胡　24336
鸭脚青　100961
鸭脚参　312502
鸭脚树　18055
鸭脚树属　18027
鸭脚粟　143522
鸭脚藤　374392
鸭脚子　175813
鸭嘴花属　214304
鸭距粟　143522
鸭卡　367682
鸭口草　375770
鸭苦瓜　396210,396257
鸭脷草　231483,257583
鸭绿报春　**314514**
鸭绿繁缕　374882
鸭绿江　328997
鸭绿苔草　**74934**
鸭绿乌头　**5292**
鸭麻菜　361018
鸭麻木　350747

鸭茅 **121233**
鸭茅属 **121226**
鸭茅状磨擦禾 398139
鸭母草 224989,231496
鸭母桂 91276
鸭母树 350706
鸭母树属 350646
鸭蝴草 **285507**
鸭屁股 208875
鸭雀子窝 374802
鸭雀嘴 62799
鸭鹊草 100961
鸭色盖 211891
鸭山柑 **71852**
鸭舌草 **257583**,55918,210623,217361,231496,342396,394088
鸭舌瓜子 308109
鸭舌红 394093
鸭舌黄 394088
鸭舌癀 57296,231496,296121,334338
鸭舌癀舅 **370744**,57296
鸭舌癀舅尖果茜 **77127**
鸭舌癀舅瘦片菊 **182085**
鸭舌癀舅香花茜 **188195**
鸭舌癀属 296114
鸭舌母草 231483
鸭舌疝 115526,115589
鸭舌疝属 115521
鸭舌头 260110,342396
鸭舌子 342396
鸭肾参 302439
鸭食草 100961
鸭食花 42258
鸭屎草 129033
鸭屎瓜 396210,396238,396257
鸭屎瓜子 256804
鸭屎树 328713
鸭屎条 416437
鸭首马先蒿 **286999**
鸭蹄黍 281916
鸭头梨 **249560**
鸭头梨属 **249557**
鸭尾银杏 **175830**
鸭香 268438
鸭雄青 274379
鸭叶枸杞 **239017**
鸭叶小齿玄参 **253426**
鸭皂树 1219
鸭掌稗 143522
鸭掌草 121285
鸭掌柴 125604
鸭掌芹 345948
鸭掌树 175813
鸭掌粟 143522
鸭跖草 **100961**,100990
鸭跖草科 **101200**
鸭跖草属 **100892**
鸭跖草叶柴胡 63608
鸭跖花叶报春 **314768**
鸭趾草叶沼兰 **243025**
鸭趾草状凤仙花 **204864**
鸭爪稗 143522
鸭爪粟 143522
鸭状伯兰藜 **86961**
鸭仔菜 257583
鸭仔草 100961,263020
鸭仔花 172831
鸭子菜 100961
鸭子草 143967,312090,313206
鸭子花 172831,214308
鸭子花属 214304
鸭子食 210548,215343,320515
鸭足板 325697
鸭足状磨擦草 398139
鸭嘴菜 257583
鸭嘴草 **209288**
鸭嘴草属 **209249**
鸭嘴草状沟颖草 **357364**
鸭嘴花 **214308**,29301
鸭嘴花叉序草 **209907**
鸭嘴花科 **214908**
鸭嘴花属 **214304**,8074
鸭嘴黄 296121
鸭嘴癀 231479,231568
鸭嘴簕 252754
鸭嘴马先蒿 287014
牙城球 **400458**
牙城丸 400458
牙齿草 **312085**,312090,312138,312228
牙齿硬 319461
牙虫草 14529
牙疳药 187694
牙膏 176901
牙疙瘩 404051
牙疙疸 404051
牙格达 141932
牙根消 150464
牙尖草 29430
牙蕉 260208
牙节 137799
牙金药 406772
牙克贝千里光 359158
牙买加 **390463**
牙买加巴拿马草 **77041**
牙买加白桂皮 **71134**
牙买加柏雷木 **61427**
牙买加报春木茼蒿 **32568**
牙买加笔花豆 **379247**
牙买加长穗木 373507
牙买加冲天柱 **83885**
牙买加毒鱼豆 **300937**
牙买加多鳞菊 **66357**
牙买加古柯 **155055**
牙买加红豆 **274405**
牙买加胡椒 299325
牙买加苦木 **298510**
牙买加苦树 298510
牙买加罗汉松 **306418**
牙买加马鞭草 **405857**
牙买加马齿苋 **311860**
牙买加美菊 66357
牙买加漆树 **259327**
牙买加漆树属 **259326**
牙买加千金子 **226036**
牙买加楸 **79256**
牙买加箬棕 **341415**
牙买加三翅藤属 **7097**
牙买加山柑 **71726**
牙买加山茱萸 300937
牙买加香瓜 **114122**
牙买加蝎尾蕉 **189987**
牙买加血红茶木 **221527**
牙门太 336738
牙皮弯 254252
牙签草属 19659
牙拾草 312090
牙刷草 143967,355391
牙刷花 143962
牙刷树 **344804**,45974,71292
牙刷树科 **344816**
牙刷树属 **344798**
牙痛草 113879,201389,257542,261065,261081,261601,320917
牙痛药 150796
牙痛子 201389
牙陷药 40334,41380
牙香树 29983
牙硝 283134
牙鹰簕 338985
牙痈草 117986
牙皂 176901
牙皂角 176901
牙栉茅 **113955**
牙肿消 150464
牙竹麻 104350
牙蛀消 117643
牙仔草 934
芽菜 69634
芽冠紫金牛属 **284013**
芽胡 63813
芽虎耳草 **349374**
芽花三齿萝藦 **396718**
芽姜 **17690**
芽茎谷精草属 **55133**
芽鳞吊钟花 **145710**
芽鳞茅膏菜 **138341**
芽皮刀 64990
芽茜属 **153676**
芽曲藤 374420
芽生补血草 **230590**
芽生虎耳草 **349376**
芽铁榄 **362953**
芽眼子菜 **312240**
芽猪毛菜 **344546**
芽竹 **297447**
芽爪子 114838
芽子木 160954
匡花子 301294
崖白菜 **394838**
崖白菜属 **394835**
崖柏 **390661**,302721
崖柏科 **390665**
崖柏属 **390567**
崖柏树 213634,390661
崖壁杜鹃 **331755**
崖翠木 **286749**
崖翠木属 **286746**
崖豆花 66647
崖豆花属 254596
崖豆藤 66624,243392
崖豆藤属 **254596**,66615
崖豆藤野桐 **243392**
崖儿藤 66643
崖胡椒 417180
崖胡子草 152753
崖花 301279
崖花海桐 301294
崖花树 301426
崖花子 **301426**,301279,301294,301360
崖花子树 301426
崖桦 53405
崖姜草 258044
崖椒 417161,417282,417330,417373
崖椒裂榄 **64073**
崖椒属 **162035**
崖角藤 329000
崖角藤属 **328990**
崖荆草 152753
崖柯 **233106**
崖荔子 165623
崖柳 **343388**,344286
崖马桑 199800
崖摩楝属 **19952**
崖木瓜 415096
崖楠 **295415**
崖爬藤 **387822**,13456,165002
崖爬藤属 **387740**,13447
崖颇簕属 320594
崖婆簕 320607
崖漆树 298516
崖青冈树 116100
崖青叶 56063
崖桑 259165
崖生虎耳草 349866

崖生五叶杜鹃　331462
崖石榴　165623
崖柿　**132104**,132135
崖刷子　77306
崖松　356696
崖蒜　15868
崖藤　**13456**,205876
崖藤寄生属　346469
崖藤属　**13447**,387740
崖头杉　82507,82545,393058
崖头杉树　82507
崖乌头草　5520
崖县闭花木　94540
崖县扁担杆　**180732**
崖县风车子　**100674**
崖县牵牛　207981
崖县球兰　**198863**
崖县叶下珠　**296476**,296522
崖香　29983
崖樱桃　**83308**
崖榆　401519
崖枣树　80739,328726
崖州地黄连　**259893**
崖州耳草　**187705**
崖州留萼木　**54881**
崖州乌口树　**384977**
崖州野百合　112819
崖州猪屎豆　**112819**
崖州竹　**47483**
崖子花　301356,301373,301426
崖棕　76264,181803
哑蕉　130135
哑口子　366910,367735
雅艾　35088
雅安粉条儿菜　**14536**
雅安厚壳桂　**113496**
雅安老鹳草　**175020**
雅安紫云菜　**378177**
雅布赖风毛菊　**348941**
雅葱　262468,354801,354813
雅葱属　354797
雅大花杓兰　**120402**
雅胆子　61208
雅胆子属　61199
雅灯心草　**213014**
雅东粉报春　**314389**
雅斗　125279
雅顿爵床　**211390**
雅顿爵床属　**211389**
雅恩十二卷　**186489**
雅恩苔草　**74937**
雅恩着色十二卷　**186606**
雅儿姿　**108952**
雅凤球　**244173**
雅凤丸　244174
雅格诺勃针茅　**376807**
雅各菊百脉根　**237654**
雅各菊风铃草　**70094**
雅各菊木茼蒿　**32553**
雅各扭花芥　**377636**
雅各尾药菊　381960
雅谷火绒草　**224858**
雅观莎草　**119535**
雅灌　**275398**
雅灌属　**275397**
雅旱　338516
雅花单桔梗　**257783**
雅花球锥柱寄生　**177011**
雅花野牡丹　**86022**
雅花野牡丹属　**86021**
雅黄　329372
雅加松　**300056**
雅江报春　**314504**
雅江臭草　**249111**
雅江翠雀花　**124703**
雅江滇紫草　**271848**
雅江点地梅　**23344**
雅江甘肃马先蒿　287306
雅江杭子梢　70911
雅江棱子芹　**304763**
雅江马先蒿　**287306**
雅江苔草　**76776**
雅江乌头　**5701**
雅江野丁香　**226079**
雅江早熟禾　**305499**
雅江紫堇　**106611**
雅洁兜兰　282791
雅洁杜鹃　330615
雅洁粉报春　**314262**
雅洁细茄　**10110**
雅洁小檗　**51483**
雅韭　**15263**
雅凯非洲野牡丹　**68251**
雅凯凤仙花　**205013**
雅凯琼楠　**50538**
雅凯肖荣耀木　**194294**
雅凯鹰爪花　**35022**
雅坎糙蕊阿福花　**393756**
雅坎兰属　**211380**
雅坎牻牛儿苗　**153768**
雅坎木属　**211369**
雅克曼铁线莲　**95036**
雅克蒙杯冠藤　**117530**
雅克蒙点地梅　**23267**
雅克蒙黑黍草　**248478**
雅克蒙茴香芥　**162832**
雅克蒙葡萄　**411753**
雅克蒙猪毛菜　**344582**
雅克山千里光　**359164**
雅克黍　**416285**
雅克黍属　**416284**
雅克苔草　**74921**
雅克旋花属　**211357**
雅克杨　**311360**
雅克樱桃　**83233**
雅库蒿　35671
雅库蔷薇　336653
雅库特冰草　**11754**
雅库特齿缘草　**153466**
雅库特剪股颖　**12151**
雅库特柳　**343544**
雅库特毛茛　**325980**
雅库特米努草　**255499**
雅库特千里光　**359165**
雅库特沙参　**7672**
雅库特菘蓝　**209200**
雅库特苔草　**74932**
雅库特委陵菜　**312687**
雅库特小米草　**160189**
雅库羊茅　164023
雅奎葱　15375
雅兰属　**10196**
雅丽长须兰　**56919**
雅丽大戟　**158822**
雅丽多穗兰　**310395**
雅丽红蕾花　**416993**
雅丽画眉草　**147651**
雅丽金莲木　**268244**
雅丽金丝桃　**201882**
雅丽蜡菊　**189317**
雅丽苓菊　**214079**
雅丽芦荟　**16792**
雅丽美冠兰　**157016**
雅丽千金藤　**375847**
雅丽千里光　**360010**
雅丽日中花　**220475**
雅丽莎草　**118795**
雅丽山柳菊　**195509**
雅丽双距兰　**133981**
雅丽素馨　**211810**
雅丽唐菖蒲　**176638**
雅丽菀　**155806**
雅丽香芸木　**10741**
雅丽肖观音兰　**399170**
雅丽鸭跖草　**101005**
雅丽羊茅　**164394**
雅丽尤利菊　**160877**
雅丽玉凤花　**183600**
雅丽针茅　**376718**
雅利葱　**15380**
雅利氏鸢尾　**228628**
雅连　103832
雅鳞一枝黄花　**368211**
雅龙胆　**208959**
雅龙胆属　**208956**
雅龙江风毛菊　**348377**
雅砻黄报春　**314834**
雅砻江楠　**295377**
雅砻山楠　295377
雅砻雪胆　**191912**
雅鲁黄耆　**42199**
雅鲁藏布虎耳草　**350042**
雅鲁藏布江柏木　114691
雅脉茜　**184261**
雅脉茜属　**184260**
雅美鹿蹄草　322815
雅美万代兰　**404652**
雅美万带兰　404652
雅美紫菀　40038
雅木草　66779
雅目草　66779
雅楠　295386,295417
雅楠属　295344
雅诺茜　**211572**
雅诺茜属　**211571**
雅芹　**11624**
雅芹属　**11622**
雅琴花　**9780**
雅琴花属　**9779**
雅曲距紫堇　**105829**
雅雀还阳　295545
雅雀嘴　62799
雅容杜鹃　**330369**
雅容箭竹　**162683**
雅榕　**164833**
雅氏膀胱豆　**100179**
雅氏风毛菊　**348402**
雅氏水蜡烛　**139568**
雅蒜　262468
雅蒜花　262468
雅穗草属　148466
雅塔椰　64163
雅棠棕属　216100
雅桃木　**252574**
雅桃木属　**252573**
雅头还阳　60287
雅温德母草　**231601**
雅温德牡荆　**411497**
雅温德三角车　**334712**
雅西勒　328816
雅仙年　358788
雅叶风铃草　**69917**
雅叶灰毛菊　**31194**
雅叶婆婆纳　**407038**
雅叶手玄参　**244755**
雅叶蝇子草　**363240**
雅友　211990
雅杂三叶草　396930
雅樟　91363
雅志属　**100869**
雅致阿斯皮菊　**39765**
雅致矮菊木　**20812**
雅致矮野牡丹　**253539**
雅致艾　**35635**
雅致安歌木　**24646**
雅致八香木　**268746**
雅致巴氏锦葵　**286614**
雅致菝葜　**366319**

雅致白花菜 **95668**
雅致白尖锦鸡尾 **186362**
雅致白扇椰子 **154575**
雅致百合 **229836**
雅致百日菊 **418061**
雅致斑鸠菊 **406295**
雅致杯子菊 **290238**
雅致臂兰 **58220**
雅致扁棒兰 **302766**
雅致杓兰 **120344**
雅致柄生海神木 **315919**
雅致薄鞘椰 **201435**
雅致布里滕参 **211496**
雅致布留芹 **63488**
雅致布罗地 **60460**
雅致彩花 2300
雅致草木犀 **249214**
雅致侧穗莎 **304866**
雅致茶马椰子 85426
雅致巢菜 **408652**
雅致桢桐 **95958**
雅致橙粉苣 **253924**
雅致赤竹 **347213**
雅致雌足芥 **389278**
雅致刺橘 **405501**
雅致葱莲 **417626**
雅致大地豆 **199336**
雅致大戟 **159147**
雅致大头斑鸠菊 **227145**
雅致大泽米 **241450**
雅致单花杉 **257118**
雅致单列木 **257938**
雅致迪布木 **138756**
雅致蝶须 **26564**
雅致毒鼠子 **128617**
雅致独脚金 **377996**
雅致独蕊 **412146**
雅致杜楝 **400565**
雅致堆心菊 **188417**
雅致对节刺 **198240**
雅致盾果荠 **97444**
雅致钝柱紫绒草 **87298**
雅致多穗兰 **310335**
雅致鹅掌柴 350688
雅致法拉茜 **162579**
雅致番薯 **207629**
雅致非洲豆蔻 **9896**
雅致非洲砂仁 9896
雅致斐若翠 405329
雅致翡若翠 **405329**
雅致费尔南兰 **163385**
雅致粉花乐母丽 **336034**
雅致风铃草 **70010**
雅致格雷野牡丹 **180453**
雅致谷精草 **151300**
雅致骨籽菊 **276689**
雅致冠毛锦葵 **111303**
雅致海神木 **315990**
雅致亥俄棕 201435
雅致含笑 **252863**
雅致合瓣花 **381835**
雅致合丝鸢尾 **197840**
雅致黑扁莎 **322301**
雅致红蕾花 **416924**
雅致红瑞木 **104924**
雅致厚被菊 **279567**
雅致胡枝子 **226778**
雅致虎尾草 **88344**
雅致虎尾兰 **346058**
雅致画眉草 **147650**
雅致踝菀 **207396**
雅致还阳参 **110796**
雅致黄金凤 **205318**
雅致黄丽花球 **234905**
雅致黄细心 **56434**
雅致黄眼草 **416053**
雅致灰绿欧石南 **149500**
雅致灰毛豆 **386054**
雅致灰毛菊 **31193**
雅致鸡冠花 **80409**
雅致基氏婆婆纳 **216266**
雅致棘豆 **278739**
雅致脊被苋 **281190**
雅致鲫鱼藤 **356278**
雅致假杜鹃 **48161**
雅致假苦菜 **38347**
雅致假马鞭 **373500**
雅致假塞拉玄参 **318404**
雅致假鼠麹草 **317740**
雅致尖花茜 **278251**
雅致箭竹 **37169**
雅致姜味草 **253653**
雅致胶鳞禾 **143771**
雅致角盘兰 **192847**
雅致金果椰 **139341**
雅致金千里光 **279918**
雅致金丝桃 **201840**
雅致聚花草 **167019**
雅致卷舌菊 **380909**
雅致卡利茄 **66534**
雅致凯氏兰 **215794**
雅致可利果 **96740**
雅致空轴茅 **98798**
雅致蜡菊 **189189**
雅致兰克爵床 **221125**
雅致肋枝兰 **304912**
雅致类雌足芥 **389267**
雅致棱子菊 **179482**
雅致冷水花 **298996**
雅致立金花 **218859**
雅致利氏鸢尾 **228627**
雅致栗豆藤 **10992**
雅致裂床兰 **130996**
雅致裂果红 **260688**
雅致苓菊 **214078**
雅致琉璃繁缕 **21367**
雅致瘤果椰 **368613**
雅致柳叶菜 **146668**
雅致芦荟 **16635**
雅致鹿藿 **333223**
雅致洛克兰 **235134**
雅致落芒草 **300710**
雅致马泰木 **246255**
雅致猫尾花 **62485**
雅致毛茛 **325796**
雅致茅膏菜 **138367**
雅致梅索草 **252266**
雅致美非补骨脂 **276996**
雅致美冠兰 **156677**,156732
雅致美人蕉 **71198**
雅致美洲盖裂桂 **256659**
雅致蒙塔菊 **258197**
雅致米努草 **255466**
雅致密蕊榄 **321951**
雅致膜杯草 **201040**
雅致魔杖花 **369985**
雅致墨西哥野牡丹 **193747**
雅致木槿 **195295**
雅致木菊 **129397**
雅致木蓝 **206716**
雅致穆森苣苔 **259432**
雅致南非禾 **289973**
雅致南非桔梗 **335590**
雅致南非葵 **25423**
雅致拟芸 **212442**
雅致牛角草 **273156**
雅致扭藿香 **236269**
雅致扭药花 **377630**
雅致派珀兰 **300567**
雅致潘树 **280830**
雅致膨距兰 **297861**
雅致婆婆纳 **407039**
雅致蒲公英 **384851**
雅致普瓦豆 **307092**
雅致棋盘花 **417890**
雅致麒麟叶 **147340**
雅致杞莓 **316982**
雅致千金藤 375847
雅致千里光 **358390**
雅致前胡 292843
雅致枪刀药 **202543**
雅致球柱草 **63261**
雅致曲管桔梗 **365163**
雅致曲药金莲木 **238540**
雅致雀儿豆 **87237**
雅致群花寄生 **11085**
雅致染色凤仙花 **205386**
雅致日本女贞 **229492**
雅致日中花 **220539**
雅致乳刺菊 **169672**
雅致润肺草 **58859**
雅致三萼木 **395229**
雅致莎草 **118558**
雅致山蓝禾 **273891**
雅致山蚂蝗 **126329**,297008
雅致舌唇兰 **302318**
雅致蛇葡萄 **20299**
雅致神麻菊 **346255**
雅致神圣亚麻 346255
雅致生石花 **233565**
雅致省沽油 **374088**
雅致省藤 **65676**
雅致石莲花 **140011**
雅致鼠尾草 **345016**
雅致双距兰 **133765**
雅致水马齿 67376,67382
雅致水塔花 **54442**
雅致水仙 **262396**
雅致睡莲 **267679**
雅致丝鞘杜英 **360764**
雅致丝叶菊 **391039**
雅致斯胡木 **352730**
雅致斯帕木 **369939**
雅致四轭野牡丹 **387953**
雅致四粉兰 **387323**
雅致溲疏 126919
雅致苔草 **73861**
雅致唐菖蒲 **176044**
雅致天料木 **197672**
雅致天竺葵 **288213**
雅致田皂角 **9503**
雅致土密树 **60229**
雅致托氏兰 **388319**
雅致万花木 **261110**
雅致万灵木 413709
雅致委陵菜 **312517**
雅致温曼木 **413709**
雅致沃森花 **413327**
雅致五层龙 **342628**
雅致雾水葛 **313424**
雅致西澳兰 **118184**
雅致西伯番红花 **111600**
雅致西方蓟 **92257**
雅致西风芹 **361485**
雅致细莞 **210113**
雅致细辛 **37614**
雅致细叶野豌豆 **408626**
雅致狭翅兰 **375664**
雅致仙客来 **115948**
雅致线柱兰 417890
雅致香茶菜 **303276**
雅致香青 **21564**
雅致香芸木 **10613**
雅致小花茜 **286029**
雅致小绒菊木 **334383**
雅致肖地杨梅 **139829**
雅致肖鸢尾 **258411**
雅致袖珍椰子 **85426**

雅致悬铃花 **243943**
雅致旋花 **103034**
雅致旋柱兰 **258995**
雅致鸭儿芹 **113878**
雅致鸭跖草 **100939**,101008
雅致鸭嘴花 **214462**
雅致雅各菊 **211295**
雅致芫石南 **239921**
雅致岩黄耆 **187860**
雅致羊耳蒜 **232150**
雅致羊茅 **163941**
雅致野荞麦 **152038**
雅致野豌豆 **408387**
雅致叶梗玄参 **297107**
雅致伊独活 **12750**
雅致异果菊 **131195**
雅致异荣耀木 **134609**
雅致翼核果 **405445**
雅致翼茎菊 **172454**
雅致翼毛草 **396071**
雅致翼毛木 **321047**
雅致银兰 **82046**
雅致银须草 **12816**
雅致忧花 **241618**
雅致榆 **401502**
雅致玉凤花 **183619**
雅致玉牛角 **139145**
雅致玉叶金花 **260405**
雅致玉簪 198655
雅致鸢尾 **208541**
雅致远志 **308032**
雅致针柱茱萸 **329129**
雅致珍珠茅 **354081**
雅致栉茅 **113960**
雅致钟花苣苔 **98233**
雅致种阜草 256443
雅致舟蕊秋水仙 **22335**
雅致周毛茜 **20597**
雅致轴榈 **228759**
雅致帚菊木 **260535**
雅致朱顶红 **196442**
雅致猪牙花 **154913**
雅致柱瓣兰 **146409**
雅致锥帽萝藦 **101980**
雅州石栎 233416
亚阿尔特温山柳菊 **195996**
亚澳苔草 **73945**
亚八藤 313229
亚巴森琼楠 **50537**
亚白草 **416278**
亚白草属 **416276**
亚白刺头菊 **108417**
亚白黍 **282268**
亚斑山柳菊 **196008**
亚北极百里香 **391383**
亚北极桦 **53617**
亚北极酸模 **340275**
亚边山柳菊 **196009**
亚边小甘菊 **71102**
亚扁茎帚灯草 **302698**
亚柄骨籽菊 **276701**
亚柄露子花 **123972**
亚柄苔草 **75055**
亚波九节 **319912**
亚伯拉罕薄苞杯花 **226204**
亚伯拉罕黄檀 **121608**
亚伯拉罕茎花豆 **118048**
亚伯拉罕栎 **324309**
亚布大戟 **211217**
亚布大戟属 **211216**
亚布茄 **211220**
亚布茄属 **211219**
亚糙叶鸭跖草 **101167**
亚草本多茎天竺葵 **288374**
亚查红景天 **329841**
亚长穗裂口花 **380010**
亚匙金盏花 **66449**
亚匙形旋花 **103320**
亚翅海神菜 **265524**
亚串珠白顶早熟禾 **305282**
亚春黄菊 **26892**
亚粗糙山柳菊 **195997**
亚粗毛山柳菊 **196004**
亚粗枝猪毛菜 **344728**
亚达利亚棕属 44801
亚达利椰属 44801
亚大黄 329397
亚大龙胆 173947
亚大苔草 73945
亚大足莎草 **119641**
亚单花茄 **367647**
亚当黄檀 **121610**
亚当欧洲常春藤 **187223**
亚当派珀兰 **300577**
亚当森滨藜 **44353**
亚当森糙蕊阿福花 **393716**
亚当森蓝花参 **412576**
亚当森远志 **307895**
亚当森猪屎豆 **111863**
亚当斯艾纳香 **55677**
亚当斯贝尔茜 **53060**
亚当斯矢车菊 **80904**
亚当斯树葡萄 **120003**
亚当斯猪屎豆 **111862**
亚当洋常春藤 187223
亚灯堂 25316
亚丁决明 **78216**
亚丁骆驼刺 **14631**
亚丁香膏大戟 **158510**
亚顶生蔗草 **353837**
亚顶生大戟 **159904**
亚顶柱属 **304885**
亚东垂头菊 **110470**
亚东灯台报春 **314991**
亚东点地梅 **23199**
亚东高山豆 **391547**
亚东蒿 **36560**
亚东黄芪 42303
亚东黄耆 **42303**
亚东肋柱花 **235439**
亚东类四腺柳 343839
亚东冷杉 341
亚东柳 **343839**,344295
亚东柳叶菜 146881
亚东毛柳 **344295**
亚东拟南芥 30157,30406
亚东蒲公英 **384677**
亚东鼠耳芥 **30157**,30406
亚东丝瓣芹 **6227**
亚东嵩草 **217310**
亚东橐吾 **228990**
亚东乌头 **5593**,5051,5177,5335
亚东小檗 51728
亚东杨 **311579**
亚东玉山竹 **416826**
亚东子芹 304755
亚盾叶大戟 **159900**
亚盾状赪桐 **96369**
亚盾状福王草 **313893**
亚多花山柳菊 **196002**
亚尔马香茶 **303382**
亚尔母堂 409914
亚尔茄属 **211428**
亚尔萨斯前胡 **292766**
亚尔西翘摇 396930
亚尔栀子 **171305**
亚耳状山柳菊 **195998**
亚二叶多穗兰 **310611**
亚飞廉 14594
亚飞廉属 14593
亚非苞芽树科 209011
亚非柽柳 383437
亚刚毛可利果 **96856**
亚刚毛旋花 **103319**
亚高青锁龙 **108818**
亚高山百里香 **391382**
亚高山半日花 **188586**
亚高山滨菊 **227532**
亚高山茶藨 333900
亚高山蝶花百合 **67629**
亚高山革叶荠 **378301**
亚高山火星草 321937
亚高山荚蒾 **408146**
亚高山胶草 181188
亚高山胶菀 **181188**
亚高山金菊木 **150382**
亚高山景天 **356709**
亚高山宽叶蔓乌头 **5557**
亚高山冷水花 **299032**
亚高山琉璃草 **117915**
亚高山绿顶菊 **160671**
亚高山毛地黄 **130391**
亚高山毛茛 **325562**
亚高山蒲公英 384763
亚高山普亚 321937
亚高山千里光 **360129**
亚高山秋海棠 **50333**
亚高山三毛草 398531
亚高山黍草 282200
亚高山庭荠 **18317**
亚高山葶苈 **137312**
亚高山葶苈属 **137310**
亚高山污生境 103785
亚高山香脂冷杉 **288**
亚高山野荞麦 **152591**
亚高山一枝黄花 **367948**
亚高山异味树 **103785**
亚革质冷水花 299058
亚革质柳叶菜 **146896**
亚谷 18788
亚谷苋 18788
亚管乐母丽 **336057**
亚灌木白花菜 **95802**
亚灌木百金花 **81499**
亚灌木半日花 **188639**
亚灌木扁担杆 **180975**
亚灌木补血草 230816
亚灌木大青 **337458**
亚灌木吊兰 **88633**
亚灌木鹅参 **116514**
亚灌木番薯 **208220**
亚灌木凤卵草 **296903**
亚灌木狗肝菜 **129326**
亚灌木海神木 **315886**
亚灌木含羞草 **255122**
亚灌木胡麻 **361279**
亚灌木虎尾兰 **346151**
亚灌木灰毛菊 **31297**
亚灌木火绒草 **224958**
亚灌木堇菜 **410613**
亚灌木锦熟黄杨 **64356**
亚灌木科西嘉常春藤 **187207**
亚灌木蓝蓟 **141319**
亚灌木林地苋 **319050**
亚灌木苓菊 **214180**
亚灌木穆尔特克 256753
亚灌木扭果花 **377824**
亚灌木普梭木 **319343**
亚灌木荞麦 **162334**
亚灌木秋海棠 **50341**
亚灌木蛇舌草 **269842**
亚灌木丝花茜 **360688**
亚灌木田繁缕 **52619**
亚灌木香青 **21704**
亚灌木象根豆 **143492**
亚灌木小金梅草 **202975**
亚灌木旋花 **103055**
亚灌木盐肤木 **332469**

亚灌木隐萼豆 **113794**
亚灌木蚤草 **321569**
亚灌木指甲草 **284902**
亚灌木诸葛芥 **258822**
亚灌木状福禄考 **295326**
亚光蓝刺头 **140813**
亚光蒲公英 **384767**
亚光深山堇菜 **410550**
亚光索马里大沙叶 **286226**
亚光小米草 **160165**
亚光岩黄耆 **188136**
亚光紫珠 **66931**
亚蒿属 12988
亚黑蒲公英 **384770**
亚红龙 92555
亚红鞘苔 76421
亚厚叶山柳菊 **196000**
亚花茎白酒草 **103616**
亚花茎多肋菊 **304464**
亚花茎裸盆花 **216773**
亚花茎千里光 **360155**
亚花茎伸长非芥 **181710**
亚花茎旋覆花 **207239**
亚花茎野荞麦 **152534**
亚花茎一点红 **144978**
亚环鳞荛花 **414264**
亚黄耆 **42217**
亚灰白大沙叶 **286491**
亚吉玛 90421
亚戟形红瓜 **97840**
亚尖半夏 **299727**
亚尖被郁金香 **400228**
亚尖小檗 **52193**
亚尖叶小檗 52193
亚尖叶锥 79032
亚箭头蓼 **309838**
亚箭叶榕 **165718**
亚节库珀青锁龙 **108920**
亚锦葵格雷野牡丹 **180442**
亚菊 **13018**
亚菊属 **12988**
亚绢毛非洲豆蔻 **9943**
亚绢毛砂仁 9943
亚卡萝藦 **211224**
亚卡萝藦属 **211223**
亚卡木属 211245
亚克疆南星 **37012**
亚客勃勒库得拉草 **218278**
亚库斯玛胡枝子 **226700**
亚库特鹅观草 **335366**
亚拉桉 **155777**
亚拉圭南美麻 **1015**
亚拉腊百里香 **391079**
亚拉腊黄芩 **355380**
亚拉腊蓼 **308780**
亚拉腊鞘柄茅 **99990**
亚拉腊菘蓝 **209172**
亚拉腊葶苈 **136938**
亚拉腊菟丝子 **114965**
亚拉腊蝇子草 **363206**
亚拉帕牵牛 **207901**
亚兰属 13339
亚勒伯高粱 369652
亚里桑冠须菊 **405934**
亚里桑那蓝卷木 **396435**
亚里桑那千里光 **358299**
亚里桑那希德兰 **350891**
亚里亚山德里亚野牡丹 **248735**
亚历山大滨藜 **44417**
亚历山大草属 366739
亚历山大车轴草 **396817**
亚历山大二乔玉兰 **242295**
亚历山大番泻 78227
亚历山大番泻叶 78227
亚历山大红花 **77711**
亚历山大锦带花 **413593**
亚历山大里奥萝藦 **334738**
亚历山大美冠兰 **156535**
亚历山大南非葵 **25416**
亚历山大欧石南 **148995**
亚历山大苹婆 **376072**
亚历山大石豆兰 **62545**
亚历山大矢车菊 **80919**
亚历山大双花番红花 **111499**
亚历山大椰子 31013
亚历山大椰子属 31012
亚历山大月桂 122124
亚历山大月桂属 122121
亚历山大寻石南 **67458**
亚历山大猪屎豆 **111881**
亚利伯斯油桐 14549
亚利桑那白蜡树 **168127**
亚利桑那柏木 114652
亚利桑那楞叶槭 **3225**
亚利桑那大戟 **158472**
亚利桑那倒挂金钟 **417406**
亚利桑那堆心菊 **188400**
亚利桑那飞蓬 **150474**
亚利桑那高葶苣 **11467**
亚利桑那孤菀 **393405**
亚利桑那古堆菊 **182094**
亚利桑那核桃 212620
亚利桑那槐 **368971**
亚利桑那蓟 **91756**
亚利桑那假鼠麹草 **317729**
亚利桑那尖膜菊 **201332**
亚利桑那胶草 181096
亚利桑那胶菀 **181096**
亚利桑那金灌菊 **90500**
亚利桑那金菊木 **150309**
亚利桑那棱苞滨藜 **418479**
亚利桑那栎 **323668**
亚利桑那柳 **343541**
亚利桑那六脊兰 **194525**
亚利桑那龙舌兰 **10802**
亚利桑那鹿角柱 **140213**
亚利桑那落基山冷杉 403
亚利桑那马唐 **130475**
亚利桑那毛茛 **325610**
亚利桑那棉毛苋 **168683**
亚利桑那膜质菊 201332
亚利桑那木 **28880**
亚利桑那木属 **28879**
亚利桑那牧豆树 **315575**
亚利桑那扭花芥 **377634**
亚利桑那桤木 **16425**
亚利桑那绒菊 **235255**
亚利桑那沙蒿菀 **33035**
亚利桑那肾豆 161862
亚利桑那肾豆木 **161862**
亚利桑那升麻 **91001**
亚利桑那丝杉 114652
亚利桑那四脉菊 **387350**
亚利桑那松 **299797**
亚利桑那天人菊 **169577**
亚利桑那铁木 276811
亚利桑那庭菖蒲 **365693**
亚利桑那土丁桂 **161428**
亚利桑那韦斯菊 **414930**
亚利桑那向日葵 **188925**
亚利桑那悬钩子 **338150**
亚利桑那悬铃木 **302596**
亚利桑那鸭嘴花 **214403**
亚利桑那羊茅 **163818**
亚利桑那野荞麦 **151841**
亚利桑那异囊菊 **194209**
亚利桑那羽扇豆 **238434**
亚利桑那种棉木 **46261**
亚利桑那州冷杉 402
亚利桑那紫莴苣 **239330**
亚荔枝 **131061**
亚镰形合毛菊 **170939**
亚镰形蜡菊 **189838**
亚镰形天门冬 **39222**
亚列兴蒿 360878
亚林加紫玉盘 **403537**
亚林一枝黄花 **368183**
亚菱形心被爵床 **88172**
亚龙木属 **16255**
亚卵形柴胡 **63842**
亚轮生棘豆 **279191**
亚罗椿 91480
亚罗汉属 **395581**
亚裸百蕊草 **389888**
亚裸裂口花 **380008**
亚裸披针形肖水竹叶 **23551**
亚裸粟麦草 **230154**
亚裸弯管花 **86244**
亚洛轻 91482
亚麻 **232001**,231942,231961
亚麻车前 301864
亚麻地蝇子草 **363690**
亚麻萼番薯 **207949**
亚麻花茅膏菜 **138305**
亚麻科 **230854**
亚麻麦仙翁 **11951**
亚麻荠 **68860**
亚麻荠属 **68839**
亚麻荛花 414211
亚麻瑞香属 **231787**
亚麻圣诞果 **88062**
亚麻属 **231856**
亚麻藤 **199168**
亚麻藤科 **199188**
亚麻藤属 **199137**
亚麻筒 240765
亚麻菟丝子 **115007**
亚麻叶白酒草 **103523**
亚麻叶扁爵床 **292213**
亚麻叶布谢草 **57827**
亚麻叶长冠田基黄 **266110**
亚麻叶大被爵床 **247870**
亚麻叶单列大戟 **257917**
亚麻叶稻花木 **299309**
亚麻叶菲利木 **296248**
亚麻叶费利菊 **163298**
亚麻叶风铃草 **70135**,7682
亚麻叶管舌爵床 **365281**
亚麻叶海勒兰 **143847**
亚麻叶厚敦菊 **277078**
亚麻叶黄花稔 **362575**
亚麻叶鸡头薯 **152965**
亚麻叶积雪草 **81610**
亚麻叶吉莉花 **175692**
亚麻叶假舌唇兰 **302570**
亚麻叶碱蓬 **379547**
亚麻叶金合欢 **1355**
亚麻叶矩圆肋泽兰 **60146**
亚麻叶类马蓝 **378255**
亚麻叶鳞花草 **225186**
亚麻叶琉璃繁缕 **21383**
亚麻叶芦莉草 **339757**
亚麻叶驴菊木 **271720**
亚麻叶密穗花 **322121**
亚麻叶脐果草 **270705**
亚麻叶千里光 **359363**
亚麻叶千屈菜 **240056**
亚麻叶染料木 **172995**
亚麻叶荛花 **414211**
亚麻叶山柳菊 **195747**
亚麻叶梳齿菊 **286894**
亚麻叶水八角 **180310**
亚麻叶丝果菊 **360709**
亚麻叶糖芥 **154497**
亚麻叶同金雀花 **385675**
亚麻叶苇节荠 **352134**
亚麻叶香芸木 **10654**
亚麻叶银齿树 **227314**

亚麻叶永菊 **43870**
亚麻叶玉竹石南 **257998**
亚麻叶鸢尾 **208689**
亚麻叶月眼芥 **250210**
亚麻叶帚菊木 **260544**
亚麻状龙胆 **173599**
亚麻籽车前 301864
亚马景天 200778
亚马孙安尼樟 **25197**
亚马孙巴西瓜 **365098**
亚马孙百合属 155857
亚马孙波旁漆 **313252**
亚马孙布洛凤梨 **60418**
亚马孙叉臀草 **129551**
亚马孙匙花兰 **97964**
亚马孙豆 **131259**
亚马孙豆属 **131258**,80048
亚马孙堆桑 **369818**
亚马孙二室金虎尾 **128265**
亚马孙法拉茜 **162573**
亚马孙番荔枝 271891
亚马孙番荔枝属 271890
亚马孙弗尔夹竹桃 **167408**
亚马孙禾 **11373**
亚马孙禾属 **11372**
亚马孙红豆 274405
亚马孙黄檀 **121827**
亚马孙喙柱兰 **88855**
亚马孙假丝苇 **318221**
亚马孙假仙人棒 318221
亚马孙金虎尾属 **266181**
亚马孙九冠鸢尾 **145752**
亚马孙距苞藤 **369897**
亚马孙卡林玉蕊 76841
亚马孙卡洛爵床 **77035**
亚马孙康多兰 88855
亚马孙克洛斯兰 **97252**
亚马孙拉普芸香 **326909**
亚马孙榄仁树 **386455**
亚马孙类木棉 **56765**
亚马孙篱囊木棉 **295949**
亚马孙荔枝桑 **48888**
亚马孙龙胆 **416291**
亚马孙龙胆属 **416290**
亚马孙龙头木 **76841**
亚马孙轮果大风子 **77608**
亚马孙落腺豆 **300611**
亚马孙麻黄花 **146272**
亚马孙马钱 **378642**
亚马孙买麻藤 **178545**
亚马孙毛齿萝藦 **55495**
亚马孙盘花南星 **27642**
亚马孙炮弹果 **108194**
亚马孙袍萝藦 **290494**
亚马孙瓶果莎 **219874**
亚马孙破布木 **104190**
亚马孙葡萄 **313263**
亚马孙葡萄属 **313262**
亚马孙杞莓 **316979**
亚马孙茜草属 378070
亚马孙球腺草 **370932**
亚马孙热美蔻 **209019**
亚马孙热美樟 **252727**
亚马孙三臂野牡丹 **397792**
亚马孙桑属 **270517**
亚马孙石蒜 **155858**
亚马孙石蒜属 **155857**
亚马孙双角兰 **79701**
亚马孙松 299797
亚马孙塔利木 **383357**
亚马孙天篷豆 **129713**
亚马孙甜大戟 **177865**
亚马孙托克茜 **392541**
亚马孙外柱豆 **161830**
亚马孙韦氏凤梨 **414637**
亚马孙无毛谷精草 **224223**
亚马孙五角木 **313961**
亚马孙香无患子 285930
亚马孙橡胶桑 **79112**
亚马孙橡胶树 **194456**
亚马孙旋柱兰 **258988**
亚马孙鹦鹉刺 **319077**
亚马孙鱼藤 **125941**
亚马孙樟 **283379**
亚马孙樟属 **283378**
亚马孙柱蕊紫金牛 **379185**
亚马孙爪瓣花 **271891**
亚马孙紫葳 **283349**
亚马孙紫葳属 **283348**
亚马孙棕 **48016**
亚马孙棕属 **48014**
亚曼达象牙椰属 19545
亚毛葱 **15781**
亚毛梗山柳菊 **196006**
亚毛花楸 **369528**
亚毛蓟 **92414**
亚毛无心菜 83036
亚美刺头菊 **108381**
亚美利加瞿麦 127607
亚美马兜铃 34339
亚美莫恩远志 **257490**
亚美尼亚奥帕草 **272731**
亚美尼亚白头翁 **321661**
亚美尼亚百里香 **391083**
亚美尼亚膀胱豆 **100165**
亚美尼亚贝母 **168348**
亚美尼亚鼻花 **329511**
亚美尼亚冰草 **11649**
亚美尼亚彩花 **2216**
亚美尼亚糙苏 **295058**
亚美尼亚翅果菘蓝 **345713**
亚美尼亚刺橘 **405485**
亚美尼亚刺头菊 **108238**
亚美尼亚大翅蓟 **271677**
亚美尼亚大戟 **158474**
亚美尼亚点地梅 **23124**
亚美尼亚多穗兰 **310328**
亚美尼亚格鲁棕 **6130**
亚美尼亚蒿 **35176**
亚美尼亚花楸 **369334**
亚美尼亚黄芩 **355381**
亚美尼亚茴芹 **299354**
亚美尼亚蓟 **91762**
亚美尼亚金丝桃 **201740**
亚美尼亚锦葵 **243750**
亚美尼亚卷耳 **82679**
亚美尼亚蜡菊 **189162**
亚美尼亚蓝壶花 **260295**
亚美尼亚栎 **324301**
亚美尼亚苓菊 **214043**
亚美尼亚柳穿鱼 **230897**
亚美尼亚驴臭草 **271734**
亚美尼亚驴喜豆 **271179**
亚美尼亚罗布麻 **29470**
亚美尼亚牻牛儿苗 **153726**
亚美尼亚欧防风 **285732**
亚美尼亚婆罗门参 **394261**
亚美尼亚婆婆纳 **407012**
亚美尼亚蒲公英 **384451**
亚美尼亚荠 **108597**
亚美尼亚染料木 **172913**
亚美尼亚肉锥花 **102364**
亚美尼亚三指兰 **396624**
亚美尼亚山柳菊 **195471**
亚美尼亚山楂小檗 **51511**
亚美尼亚石竹 **127600**
亚美尼亚矢车菊 **80938**
亚美尼亚鼠尾草 **344863**
亚美尼亚蜀葵 **18157**
亚美尼亚酸模 **339943**
亚美尼亚庭荠 **18333**
亚美尼亚头花草 **82118**
亚美尼亚菥蓂 **390212**
亚美尼亚香花芥 **193392**
亚美尼亚小麦 **398857**
亚美尼亚缬草 **404229**,404228
亚美尼亚杏 **316230**
亚美尼亚玄参 **355057**
亚美尼亚悬钩子 **338151**
亚美尼亚鸦葱 **354810**
亚美尼亚岩黄耆 **187785**
亚美尼亚岩芥菜 **9788**
亚美尼亚罂粟 **282517**
亚美尼亚樱桃 **316356**
亚美尼亚蝇子草 **363213**
亚美尼亚针茅 **376704**
亚美尼亚柱瓣兰 **146380**
亚美苔草 **73714**
亚米尔培特 **93628**
亚密地杨梅 **238701**
亚密管花兰 **106880**
亚绵毛帚叶联苞菊 **114440**
亚墨草莓树 **30881**
亚墨乔杜鹃 30881
亚墨乔鹃 30881
亚母体荸荠 **143107**
亚母头 362617
亚木龙胆 **173947**
亚木绣球 199806
亚那塔蓼 **309261**
亚那藤 49004
亚纳克萝藦 **211557**
亚纳克萝藦属 **211556**
亚黏红毛菀 **323033**
亚欧唐松草 **388572**
亚攀缘斑鸠菊 **406846**
亚攀缘大戟 **159903**
亚攀缘莫恩远志 **257489**
亚攀缘扭果花 **377823**
亚攀缘鞘蕊花 **99723**
亚攀缘皱茎萝藦 **333858**
亚披针形坡垒 **198195**
亚平宁半日花 188590
亚平宁球花木 **177039**
亚平宁银莲花 23707
亚婆巢 187581
亚婆潮 187581
亚婆潮草 187558
亚婆针 363090
亚齐轮环藤 **116009**
亚铅色山柳菊 **196007**
亚鞘状托叶弯管花 **86245**
亚琴形阿斯皮菊 **39809**
亚球果叉序草 **209936**
亚球柳叶箬 **209128**
亚球无心菜 **31891**
亚球细辛 **37736**
亚球形白仙石 **268854**
亚球形格雷野牡丹 **180441**
亚球形黑三棱 **370106**
亚球形假杜鹃 **48364**
亚球形蜡菊 **189839**
亚球形帕尔什翠雀花 **124461**
亚球形鼠尾粟 **372854**
亚球形小头菊 **253209**
亚球形远志 **308391**
亚球形舟叶花 **340928**
亚球叶岳桦 **53427**
亚全缘十字尖刺联苞菊 **52682**
亚热带托鞭菊 **77231**
亚热带薰衣草 **223282**
亚乳突大戟 **159899**
亚软千里光 **360146**
亚三花白瓣黑片葵 **215679**
亚三花发草 **126049**
亚三花灰毛豆 **386327**
亚三角扁莎 **322370**
亚三脉飞蓬 **150992**

亚伞花繁缕 **375107**
亚伞序木蓝 **206607**
亚伞状苔草 **76446**
亚瑟·约翰逊达尔利石南 **148944**
亚山地白鹤灵芝 **329485**
亚山地史密斯皱茜 **341149**
亚山地弯萼兰 **120751**
亚山生拟紫玉盘 **403655**
亚山生千里光 **360148**
亚山生索林漆 **369805**
亚杉 383189
亚扇黍 **282270**
亚参属 211639
亚肾形木槿 **195250**
亚氏假水青冈 266862
亚述 104218
亚述尔茉莉 **211740**
亚述尔舌唇兰 **302436**
亚述尔勿忘草 **260766**
亚双花百脉根 **237762**
亚双花闭鞘姜 **107279**
亚双花十万错 **43671**
亚双花纹蕊茜 **341370**
亚穗黄花稔 **362670**
亚穗状沙穗 **148510**
亚娑针 363090
亚塔大戟 **160097**
亚塔棕 **44807**
亚塔棕属 **44801**
亚泰果冻棕 **64163**
亚特兰大刺葵 **295456**
亚特兰大毒马草 **362745**
亚特兰大独行菜 **225378**
亚特兰大飞廉 **73494**
亚特兰大风铃草 **69910**
亚特兰大虎眼万年青 **274504**
亚特兰大堇菜 **410606**
亚特兰大山柳菊 **195897**
亚特兰大矢车菊 **80947**
亚特兰大西风芹 **361527**
亚特兰大羊茅 **164013**
亚特兰大野豌豆 **408514**
亚特兰大早熟禾 **305864**
亚特兰大锥足芹 **102723**
亚特兰杜鹃 330160
亚梯脉越橘 **404018**
亚头多枝蓝花参 **412833**
亚头形地杨梅 **238700**
亚头状风铃草 **70317**
亚头状黑草 **61867**
亚头状九节 **319851**
亚头状镰扁豆 **135633**
亚头状欧石南 **150098**
亚头状猪屎豆 **112718**
亚温德翅子藤 **235230**
亚沃茜 **212287**
亚沃茜属 **212285**
亚无叶百蕊草 **389887**
亚无叶斑鸠菊 **406842**
亚无叶红花鹿蹄草 **322839**
亚无叶灰毛豆 **386323**
亚无叶盐灌藜 **185055**
亚无叶远志 **308389**
亚五脉非洲野牡丹 **68268**
亚细角双距兰 **133955**
亚细茎假毛山柳菊 **195899**
亚纤风毛菊 **348094**
亚腺三角车 **334693**
亚香茅 **117218**
亚小鳞莎草 **119644**
亚小伞蜡菊 **189845**
亚小伞蓝花参 **412889**
亚心蒲公英 384821
亚心形伴帕爵床 **60330**
亚心形滨藜 **44659**
亚心形大戟 158857
亚心形邓博木 **123668**
亚心形顶毛石南 **6385**
亚心形凤仙花 **205340**
亚心形拟阿尔加咖啡 **32499**
亚心形疱茜 **319989**
亚心形桤木 **16463**
亚心形赛金莲木 **70752**
亚心形三被藤 **396541**
亚心形忧花 **241714**
亚心形鱼骨木 **71504**
亚心形泽泻 **14785**
亚心叶黄花稔 362668
亚心叶弯管花 **86242**
亚心叶须芒草 **23040**
亚桠木 165671
亚腰壶卢 219844
亚腰葫芦 219843
亚腰山蓼 309711
亚银白木蓝 **206605**
亚银色分果桃金娘 **88930**
亚隐脉杜鹃 332025
亚隐头山柳菊 **196012**
亚硬毛兔唇花 **220093**
亚硬千里光 **360147**
亚圆笔花豆 **379254**
亚圆单苞藤 **148460**
亚圆合头鼠麹木 **381703**
亚圆九头狮子草 **291162**
亚圆山黧豆 **222843**
亚圆喜阳花 **190461**
亚圆形羊耳蒜 **232341**
亚掌委陵菜 **313035**
亚中兔耳草 220180
亚洲白屈菜 **86757**
亚洲百里香 **391351**
亚洲扁担杆 **180682**
亚洲滨枣 100061
亚洲滨紫草 **250895**
亚洲薄荷 250323
亚洲捕鱼草 180682
亚洲稠李 280004
亚洲大花蒿 **35914**
亚洲大沙蒿 **35857**
亚洲单被藜 **257684**
亚洲地椒 391351
亚洲黄花稔 905
亚洲假升麻 **37056**
亚洲解宝叶 180682
亚洲金莲花 399494
亚洲景天 **356552**
亚洲九节 **319420**
亚洲苦草 404555
亚洲联药花 **380772**
亚洲琉苞菊 199626
亚洲柳叶旋覆花 **207222**
亚洲龙牙草 **11552**
亚洲龙芽草 11572
亚洲络石 **393616**,393621
亚洲马盖麻 10816
亚洲蒙松草 **258121**
亚洲米氏苔草 **75350**
亚洲木犀 **276257**
亚洲苜蓿 **247257**
亚洲鸟巢兰 264651
亚洲蓬子菜 170751
亚洲蒲公英 **384453**,384628,384681
亚洲落草 **217424**,217427
亚洲千里光 385915
亚洲蓍 **3934**
亚洲石梓 **178026**
亚洲水鳖 200228
亚洲水麦冬 **397144**
亚洲水蜈蚣 **218547**
亚洲藤地莓 **146523**
亚洲天胡荽 **200259**
亚洲透骨草 295986
亚洲委陵菜 312457
亚洲文殊兰 **111167**
亚洲无被麻 **294344**
亚洲无心菜 **31758**
亚洲勿忘草 **260762**
亚洲细辛属 38307
亚洲小檗 **51333**
亚洲肖亮叶芹 **283923**
亚洲岩风 **228599**
亚洲偃麦草 **144667**
亚洲一枝黄花 **368483**
亚洲异燕麦 190159
亚洲栽培稻 275958
亚帚状大戟 **158617**
亚帚状马岛翼蓼 **278458**
亚紫红山柳菊 **195995**
亚总花母草 **231581**
垭口盘果菊 313908
娅米拉天竺葵 **288313**
咽喉草 201605,201612
烟 266060
烟包树 145510,145522
烟包树属 145504
烟草 **266060**,266053
烟草花 **266054**
烟草科 **266066**
烟草色黄藤 **121528**
烟草属 **266031**
烟草树 266043
烟袋草 77146,77149
烟袋锅 34275
烟袋锅花 37636,37638
烟斗菜 406667
烟斗花 8760
烟斗花藤 **34171**,34246
烟斗柯 **233153**
烟斗木 149017
烟斗石栎 233153,285233
烟斗子 233153
烟豆 **177789**
烟粉豆 255711
烟粉豆花 255711
烟管草 77156,77177,355494
烟管蓟 **92296**
烟管荚蒾 **408202**
烟管头草 **77149**,8760,77146
烟锅草 388583
烟锅杆树 210423
烟盒菜 72038
烟盒草 72038
烟黑 411589,411590,411764
烟花 114606,266060
烟花莓属 **305257**
烟灰色青兰 137590
烟火糙茎一枝黄花 **368371**
烟火苔 74211
烟火藤 20348,20447
烟堇 **169168**
烟堇牻牛儿苗 **153800**
烟堇属 **168964**
烟酒 266060
烟柳 **343403**
烟梦花 257570
烟木 **102744**
烟木属 **102741**
烟茜 305100
烟球 **244078**
烟色斑叶兰 **179620**
烟色青兰 **137590**
烟台百里香 391347
烟台补血草 **230627**
烟台柴胡 **63598**
烟台翠雀花 **124124**
烟台飘拂草 **166511**

烟筒花　**254900**
烟筒花属　**254892**
烟筒丕　165515
烟榉　305100
烟岩堇　**340447**
烟洋椿　80030
烟叶　266053,266060
烟叶草属　**71657**
烟叶唇柱苣苔　**87882**
烟油花　161418
烟脂麻　285880
烟柱落基山圆柏　**213928**
烟紫堇　106350
胭木　414799
胭树　414799
胭脂　36947
胭脂报春　314624
胭脂菜　48689,86901
胭脂草　201761
胭脂虫栎　323769
胭脂豆　48689
胭脂粉花　255711
胭脂粉花溲疏　**127065**
胭脂凤梨属　264406
胭脂公　36939
胭脂红　**394932**
胭脂红辉凤球　140864
胭脂红栎　**323769**
胭脂红美丽红千层　**67265**
胭脂红锐尖白珠树　**172119**
胭脂花　**314624**,255711
胭脂栎　**323850**
胭脂麻　285880
胭脂木　31435,36922,36947,54862
胭脂树　**36947**,54862,274421
胭脂树科　54863
胭脂树属　54859
胭脂藤　48689
胭脂仙人掌　**266639**,272830
胭脂仙人掌属　**266637**
胭脂掌　**272830**
淹闾　35733
淹没岩黄芪　188023
淹没岩黄耆　188023
阉鸡尾　239594
湮没水苏　**373316**
腌瓜　**114192**,114201
嫣红花叶芋　**65223**
蔫草　266060
延安牡丹　**280145**
延安小檗　**52089**
延苞蓝　**201010**
延苞蓝属　**201007**
延苞马蓝　201010
延苞象牙参　**337094**
延边车轴草　**396920**
延边当归　24282
延边柳　**344296**
延边苜蓿　396920
延草　131772
延长山柳菊　**195884**
延长苔草　**75881**
延长种阜草　**256443**
延长猪屎豆　**112561**
延长紫波　**28505**
延翅风毛菊　348685
延翅蛇根草　**272177**
延地青　418426
延地蜈蚣　239582
延胡　106609
延胡索　**106609**,105594,106564
延胡索黄眼草　**416031**
延胡索罗顿豆　**237261**
延胡索属　105557
延胡索细叶芹　**84735**
延辉巴豆　**113060**
延历肉锥花　**102303**
延龄草　**397622**,397568
延龄草科　**397533**
延龄草属　**397540**
延龄耳草　**187641**
延龄钟馗兰　2077
延命草　266060
延命草属　303125
延命菊　50825
延平柿　**132442**
延伸狗尾草　**361737**
延伸金丝桃　**201848**
延寿草　312360
延寿果　312360
延荽　104690
延序西藏白珠　**172174**
延药睡莲　**267723**
延叶菊属　**265969**
延叶山桂花　**51027**
延叶珍珠菜　**239608**
延叶猪毛菜　**344653**
严芽橘　171155
妍宝球　**327310**
妍宝丸　327310
芫　122438,414150
芫菜　104690
芫蒿　414150
芫花　**122438**,414150
芫花属　122359
芫花条　122438
芫花叶白前　117486
芫菁枣　**418193**
芫茜　104690
芫石南　**239920**
芫石南属　**239919**
芫荽　**104690**
芫荽柴胡　63850
芫荽菊　**107752**
芫荽科　**104683**
芫荽属　**104687**,107747
芫荽叶美花草　**66703**
芫香　29983,239640
言叶柳　343668
岩桉　**155735**
岩岸苜蓿　**247451**
岩澳豆　**218703**
岩巴耳　349627
岩巴绿　56050
岩巴氏槿　**286649**
岩白菜　**52533**,60259,87855,87859,87947,103941,129833,178061,273840,273863,273878,283114,327448,394838
岩白菜属　**52503**,394835
岩白翠　247018
岩白姜　79727
岩白芷　24424
岩百合　229900
岩百里香　**391195**
岩败酱　**285854**
岩斑竹　**162651**
岩蚌壳属　210320
岩报春　314320
岩壁菜　52533
岩壁垫柳　**344076**
岩壁楼斗菜　**30072**
岩边香　404269
岩萹蓄　**309001**
岩槟榔属　237971
岩菠菜　52929,127921
岩薄荷　78012
岩薄荷属　**114520**
岩茶　239967
岩柴　231385
岩菖蒲　**392640**,5821,52533
岩菖蒲科　**392642**
岩菖蒲属　**392598**
岩匙　**52929**
岩匙属　**52928**
岩雏菊　**291332**
岩雏菊属　**291296**
岩川堇菜　**410107**
岩川芎　106406,229377
岩慈姑　**37713**
岩刺柏　213943
岩刺桐　**154685**
岩葱　**15686**,15734,148735,267935,267936
岩丛　**211551**
岩丛属　**211550**
岩簇属　162859
岩翠雀花　**124568**
岩大戟　159159
岩大蒜　239257
岩当归　24502
岩地百蕊草　**389856**
岩地鼻花　**329557**
岩地扁芒草　**137806**
岩地扁芒草属　**137805**
岩地长庚花　**193334**
岩地春美草　**94359**
岩地大戟　**159751**
岩地淡黄褐盐肤木　**332743**
岩地短梗景天　**8513**
岩地葶苏　**47021**
岩地飞蓬　**150956**
岩地非洲紫罗兰　**342501**
岩地翡若翠　**63944**
岩地翡若翠属　**63943**
岩地风铃草　**70287**
岩地葛缕子　**77836**
岩地沟果茜　**18604**
岩地光秃落新妇　**41811**,41808
岩地海神木　**315948**
岩地蒿菀　**240457**
岩地鹤虱　**221735**
岩地亨伯特楝　**199271**
岩地芨　345881,345894
岩地岌　345881
岩地剪股颖　**12281**
岩地剑药菊　240457
岩地金鱼草　**28654**
岩地菊蒿　**383843**
岩地菊头桔梗　**211684**
岩地蜡菊　**189732**
岩地蓝花草　**115570**
岩地林仙苣苔　**262295**
岩地刘氏草　**228266**
岩地柳　**344049**
岩地露子花　**123964**
岩地芦荟　**17239**
岩地鲁道兰　**339645**
岩地驴喜豆　**271262**
岩地绿顶菊　**160678**
岩地米努草　**255458**
岩地绵毛菊　**293459**
岩地磨石草　**14463**
岩地木槿　**195211**
岩地拟豹皮花　**374052**
岩地欧石南　**150007**
岩地婆婆纳　**20489**
岩地婆婆纳属　**20487**
岩地普罗木　**315455**
岩地脐果草　**270715**
岩地千里光　**359938**
岩地千腺菊　**87378**
岩地青锁龙　**109349**
岩地秋海棠　**50269**
岩地软毛蒲公英　**242954**
岩地沙参　**7806**
岩地狮齿草　**224731**

岩地石竹 **127792**
岩地鼠李 **328846**
岩地树葡萄 **120208**
岩地双齿千屈菜 **133384**
岩地双距兰 **133935**
岩地酸海棠 **200982**
岩地索林漆 **369800**
岩地苔草 **75768**,75178
岩地唐菖蒲 **176525**
岩地葶苈 **136936**
岩地头花烟堇 **302658**
岩地头九节 **283204**
岩地土密树 **60215**
岩地香茶 **303641**
岩地小头尾药菊 **53292**
岩地肖荣耀木 **194300**
岩地新麦草 **317086**
岩地玄参 **355227**
岩地鸭跖草 **101145**
岩地崖豆藤 **254825**
岩地亚欧唐松草 **388579**
岩地烟堇 **169156**
岩地焰花苋 **294334**
岩地野豌豆 **408605**
岩地一枝黄花 **368377**
岩地异籽葫芦 **25677**
岩地翼梗马齿苋 **311946**
岩地银莲花 **23802**
岩地硬皮鸢尾 **172630**
岩地尤利菊 **160867**
岩地玉簪 **198645**
岩地玉簪刺子莞 **333588**
岩地远志 **308315**
岩地早熟禾 305569
岩地直风梨 **275579**
岩吊兰 238312
岩冬菜 85952
岩豆 166862,295516
岩豆瓣 290439
岩豆瓣菜 356916
岩豆柴 206445
岩豆根 66624
岩豆属 28143
岩豆藤 66624
岩毒豆木 **171970**
岩笃米花 314415
岩杜鹃 331065
岩杜仲 157962
岩堆飞蓬 **150749**
岩鹅耳枥 77383
岩防风 293033
岩风 **228568**,157966,228587,257504,276745
岩风七 388569
岩风石南 **263103**
岩风石南属 **263102**
岩风属 **228556**
岩缝景天 **356607**
岩高兰 **145073**
岩高兰科 **145052**
岩高兰穆拉远志 **259980**
岩高兰属 **145054**
岩高兰小檗 51590
岩高兰叶橙菀 **320676**
岩高兰叶芳香木 **38530**
岩高兰叶金丝桃 **201851**
岩高兰叶小檗 **51590**
岩高兰叶尤利菊 **160790**
岩高兰叶远志 **308035**
岩高兰状母樱 297024
岩高兰状松毛翠 **297024**
岩高粱 293296
岩高石南 **23385**
岩高石南属 **23382**
岩谷杜鹃 **332088**
岩拐角 300980
岩观音草 **291168**
岩桂 91397,276291
岩果树属 415154
岩果紫 328726
岩海椒 367528
岩海枣 **295485**
岩蒿 **36166**,35220
岩禾 **350077**
岩禾属 **350076**
岩核桃 **212646**
岩红 49974,50130,50131,162616
岩胡 106405
岩胡椒 205317
岩蝴蝶 402652
岩户百合 **229915**
岩花 94677,290439
岩花海桐 **301294**
岩花椒 **417228**,417134,417216
岩花子 346732
岩桦 **53371**
岩还阳 329879
岩黄瓜菜 **283399**
岩黄花属 **292500**
岩黄堇 **106406**,106405
岩黄连 **292545**,103840,106061,106227,106319,106405,106537,106604,106606,124043,128929,262189,369141
岩黄连属 **292544**
岩黄芪 187792,188047,188100
岩黄芪属 187753
岩黄芪状酢浆草 **277884**
岩黄耆 187792,188177
岩黄耆拟大豆 **272364**
岩黄耆属 **187753**
岩黄耆状驴豆 **347180**
岩黄耆状驴豆属 **347179**
岩黄蓍 188016
岩黄蓍属 187753
岩黄树 **415157**
岩黄树属 **415154**
岩茴香 **340463**,76987
岩茴香属 **340462**,391903
岩活阳 329879
岩火炮 295545
岩霍黄芩 **355448**
岩藿香 355448
岩鸡心草 298888
岩剪秋箩 292545
岩剪秋箩属 292544
岩见血参 329879
岩江豆 238329
岩姜 332989
岩浆草 54520
岩豇豆 238322,239934,239967
岩娇草 374076
岩椒 **300491**,417134,417137,417161,417188,417226,417340
岩椒草 56382
岩角 390917
岩角兰 **83398**
岩角兰属 **83397**
岩角藤 329000
岩脚趾 200790
岩节连 128929
岩芥 98020
岩芥菜 9798
岩芥菜属 **9785**
岩芥属 97967
岩金琥 **140150**
岩筋菜 52929
岩筋草 290439
岩堇 **409989**
岩堇属 **340388**
岩井橘 **93503**
岩景天 294124
岩镜属 351439
岩韭 **15763**,15220
岩居点地梅 **23343**
岩居马先蒿 **287650**
岩居香草 **239839**
岩菊蒿 **383846**
岩菊木 **292528**
岩菊木属 **292527**
岩菊属 218242
岩苦荬菜 283386
岩葵 365044
岩喇叭花 205548
岩兰 407585
岩兰草 407585
岩兰花 69972
岩蓝花 69972
岩榄 113541
岩老鼠 329879
岩楞子 107486
岩梨 146523
岩梨属 146522
岩丽芥 **292531**
岩丽芥属 **292530**
岩栎 **323596**
岩连 **106606**,106061,106405,128323,388406
岩连翘 **167446**
岩莲 106606
岩莲花 357225
岩莲华瓦松 **275374**
岩蓼 309001
岩林 229377
岩柃 **160597**
岩羚羊芥 **315393**
岩羚羊芥属 **315392**
岩龙胆 173917
岩龙香 10322
岩路 288605
岩榈属 59095
岩罗汉 239967
岩洛 288605
岩麻子 142214
岩马齿苋 **65853**
岩马齿苋毛茛 **325687**
岩马齿苋属 **65827**
岩马桑 87525,334016
岩蚂蝗 87859
岩毛芒比百里香 **391292**
岩梅 **127916**
岩梅虎耳草 **349249**
岩梅科 **127926**
岩梅属 **127910**
岩美草属 292530
岩牡丹 **33217**
岩牡丹属 **33206**
岩木瓜 165796
岩木槿 **194831**
岩木通一 95396
岩南天 228178
岩牛蒡子 348116
岩爬藤 387822
岩帕沃木 286649
岩枇杷 60278,165623,283125
岩匹菊 **322728**
岩飘子 392640
岩坡北美西部圆柏 **213836**
岩坡草 **355339**
岩坡草属 **355338**
岩坡丝兰 **416580**
岩坡卫矛 **157376**
岩坡玉凤花 **183871**
岩坡玉凤兰 **183736**,183871
岩破壳 229900
岩七 52532,52533,70600,70605,70635,183124,320426,

335147,335153
岩栖长庚花 **193336**
岩栖单头爵床 **257290**
岩栖仿龙眼 **254971**
岩栖风毛菊 **348767**
岩栖蒿 **36062**
岩栖黑麦草 **235368**
岩栖红门兰 **273628**
岩栖琥珀树 **27901**
岩栖黄蜡菊 **189177**
岩栖灰毛豆 **386301**
岩栖乐母丽 **336043**
岩栖柳 **344066**
岩栖露兜树 **281124**
岩栖芒柄花 **271541**
岩栖美非补骨脂 **276987**
岩栖木槿 **195210**
岩栖穆拉远志 **260057**
岩栖南芥 **30428**
岩栖拟扁芒草 **122337**
岩栖欧石南 **150017**
岩栖青锁龙 **109360**
岩栖全毛兰 **197570**
岩栖肉叶坚果番杏 **387214**
岩栖塞拉玄参 **357665**
岩栖塞里菊 **360917**
岩栖蛇舌草 **269992**
岩栖水苏 **373420**
岩栖苔草 **76212**
岩栖铁榄 **362982**
岩栖西风芹 **361565**
岩栖香茶 **303652**
岩栖香青 **21679**
岩栖肖鸢尾 **258640**
岩栖熊菊 **402810**
岩栖旋花 **103263**
岩栖鸭跖草 **101146**
岩栖硬皮鸢尾 **172684**
岩栖针垫花 **228105**
岩栖紫波 **28514**
岩崎高秆莎草 **118845**
岩崎肖玫瑰树 **263198**
岩荠 **98020**
岩荠属 **97967**
岩荠叶风铃草 **69970**
岩千里光 294124
岩前胡 **292925**,229377
岩茜草 170445
岩蔷薇 **93161**,93137
岩蔷薇格雷野牡丹 **180370**
岩蔷薇红砂柳 **327201**
岩蔷薇科 93046
岩蔷薇蓝星花 **33626**
岩蔷薇卢梭野牡丹 **337791**
岩蔷薇属 **93120**
岩蔷薇瓦氏茜 **404784**
岩蔷薇猪屎豆 **112019**
岩荞麦 308946
岩茄子 191387
岩芹 **273894**
岩芹属 **273892**
岩青菜 60259,87855
岩青草 256212
岩青杠 157473
岩青兰 137647
岩青藤 157473
岩青叶 351080
岩丘菊 **378508**
岩丘菊属 **378507**
岩秋牡丹 24046
岩髯紫金牛 **31476**
岩人参 98405
岩榕 **164773**
岩如意 356953
岩三七 200816
岩桑 259165
岩扫把 388536
岩山吹 **243261**
岩山甲 285144
岩山椒 **417176**
岩山鼠尾草 **345340**
岩山树 **414262**
岩山椰属 237971
岩山一笼鸡 **182128**
岩山枝 249658
岩杉 82507,82545
岩杉木 82507
岩杉树 414129
岩扇属 **362242**
岩上珠 **94130**
岩上珠属 **94129**
岩参 **90837**,82418,238038,
239981,239982,300491,404272
岩参属 **90835**
岩生艾菊 383726
岩生白鼓钉 **307703**
岩生白花菜 **95779**
岩生白仙石 **268853**
岩生白珠 172147
岩生白珠树 **172147**
岩生百簕花 **55397**
岩生百里香 **391324**
岩生百蕊草 **389857**
岩生半插花 **191494**
岩生半轭草 **191803**
岩生报春 **314930**
岩生贝克野荞麦 **151836**
岩生扁爵床 **292229**
岩生薄子木 **226480**
岩生草沙蚕 **398113**
岩生长庚花 **193331**
岩生长穗毛莨 **326387**
岩生齿叶鼠麹木 **290086**
岩生刺痒藤 **394203**
岩生粗糙龙胆 **173857**
岩生酢浆草 **278010**
岩生翠雀花 **124166**
岩生大果积雪草 **81614**
岩生大黄 **329392**
岩生大戟 **159566**
岩生单花灰叶 **386348**
岩生当归 **24461**
岩生灯心草 **213429**
岩生地榆 **345907**
岩生独蒜兰 **304301**
岩生杜鹃 **331710**
岩生多裂银莲花 **23897**
岩生鹅耳枥 **77383**
岩生鹅绒藤 **117651**
岩生萼叶茜 **68395**
岩生耳梗茜 **277216**
岩生二裂萼 **134094**
岩生二行芥 **133315**
岩生繁缕 **375051**
岩生芳香木 **38778**
岩生飞蓬 **150946**
岩生非洲长腺豆 **7512**
岩生肥皂草 **346433**
岩生风铃草 **70288**
岩生蜂室花 203236
岩生高山芹 **98785**
岩生格雷野牡丹 **180433**
岩生沟酸浆 **255241**
岩生狗舌草 **358492**
岩生海神木 **315949**
岩生蒿 36166
岩生豪曼草 **186211**
岩生鹤虱 **221737**
岩生红豆 **274432**
岩生红景天 **329948**
岩生厚壳桂 **113435**
岩生虎耳草 **349879**
岩生虎眼万年青 **274763**
岩生花葵 **223373**
岩生花篱 **27353**
岩生华千里光 365073
岩生黄麻 **104121**
岩生黄芪 42624
岩生黄耆 **42624**
岩生黄檀 **121817**
岩生黄杨 64342
岩生灰毛豆 **386294**
岩生茴芹 **299492**
岩生藿香 **10419**
岩生假杜鹃 **48338**
岩生尖果茜 **77126**
岩生尖腺芸香 **4840**
岩生剪股颖 **12311**
岩生碱草 **24256**
岩生芥树 **364540**
岩生金合欢 **1549**
岩生堇菜 **410536**,409975
岩生景天 357114
岩生菊蒿 **383726**
岩生卡拉卡 **106946**
岩生库卡芋 **114402**
岩生块茎菊 **212088**
岩生蜡菊 **189662**
岩生蓝花参 **412797**
岩生蓝星花 **33697**
岩生乐母丽 **336039**
岩生肋瓣花 **13855**
岩生棱果秋海棠 **50192**
岩生棱子芹 **304844**
岩生冷杉欧石南 **148970**
岩生犁头尖 401154
岩生栎 324278
岩生蓼 309001
岩生裂稃草 **351306**
岩生柳 **343876**
岩生柳穿鱼 **231125**
岩生柳叶菜 **146873**,146606,
146804
岩生龙胆 **173846**
岩生龙面花 **263456**
岩生露兜树 **281104**
岩生露特桔梗 **341105**
岩生芦荟 **17240**
岩生驴喜豆 **271254**
岩生乱子草 **259700**
岩生毛瑞香 **219015**
岩生没药 **101540**
岩生密穗草 **376612**
岩生绵毛菊 **293451**
岩生膜萼花 **292667**
岩生墨子玄参 **248560**
岩生木槿 **195194**
岩生穆尔特克 256752
岩生南非管萼木 **58687**
岩生南非禾 **290025**
岩生南芥 **30399**
岩生南美苦苣苔 **175303**
岩生南星 **33485**
岩生拟阿尔加咖啡 **32496**
岩生拟漆姑 **370705**
岩生鸟足兰 **347896**
岩生牛津千里光 **360098**
岩生女娄菜 364027
岩生欧石南 **150018**
岩生欧洲赤松 **300235**
岩生帕洛梯 315949
岩生苹婆 **376180**
岩生婆婆纳 **407289**
岩生匍匐冬青 204170
岩生蒲儿根 **365073**
岩生普氏卫矛 **321931**
岩生脐景天 **401711**
岩生千金子 **226026**

岩生千里光　**359733**,360344
岩生千腺菊　**87379**
岩生枪刀药　**202610**
岩生蔷薇杜鹃　330485
岩生鞘蕊花　**99704**
岩生秋海棠　**50224**
岩生球百合　**62444**
岩生忍冬　**236070**
岩生日中花　**220663**
岩生榕　**165471**
岩生柔花　**8989**
岩生肉茎神刀　**109354**
岩生润肺草　**58919**
岩生莎草　**119524**
岩生山柑　**71876**
岩生山黧豆　**222834**
岩生山柳菊　**195461**
岩生山莴苣　**219446**
岩生山楂　**110009**
岩生蛇舌草　**269977**
岩生绳草　**328156**
岩生蓍草　**4019**
岩生十字爵床　**111760**
岩生石豆兰　**62994**
岩生石斛　**125348**
岩生石仙桃　**295536**
岩生石竹　**127813**
岩生瘦鳞帚灯草　**209454**
岩生鼠李　**328849**
岩生鼠尾草　**345362**
岩生鼠尾粟　**372728**
岩生薯蓣　**131819**
岩生树萝卜　10356
岩生树葡萄　**120211**
岩生双尾三指兰　**396627**
岩生水仙　**262451**
岩生苏格兰蒿　**35995**
岩生酸模　**340232**
岩生碎米荠　**72712**
岩生苔草　**76155**
岩生唐菖蒲　**176515**
岩生糖芥　**154533**
岩生糖蜜草　**249327**
岩生藤菊　92521
岩生庭荠　45192
岩生葶苈　137147
岩生同瓣草　210319
岩生同瓣花　**210319**
岩生茼蒿　**89698**
岩生头嘴菊　**82421**
岩生驼曲草　**119891**
岩生弯果紫草　**256752**
岩生网木　**68065**
岩生苇谷草　**289574**
岩生委陵菜　**312962**,312946
岩生无心菜　**32204**
岩生五蕊花　**289373**
岩生西澳兰　**118266**
岩生西巴茜　**365111**
岩生西风芹　**361561**
岩生细子木　226480
岩生仙花　**395826**
岩生仙人笔　**216693**
岩生显冠萝藦　**147401**
岩生线嘴苣　**376058**
岩生香茶　**303639**
岩生香科　**388263**
岩生香薷　**144088**
岩生小报春　**314901**
岩生小檗　**52028**
岩生小金梅草　**202942**
岩生肖赪桐　**337453**
岩生肖蝴蝶草　**110685**
岩生枸子　**107677**
岩生鸭跖草　**101142**
岩生鸭嘴花　**214318**
岩生羊角棉　**18054**
岩生野古草　**37426**
岩生叶下珠　**296710**
岩生异岗松　**390550**
岩生易变姜味草　**253730**
岩生银豆　**32893**
岩生银桦　**180662**
岩生银莲花　**24046**
岩生樱桃　83308
岩生鹰爪花　**35057**
岩生蝇子草　**364027**,364012
岩生硬皮豆　**241435**
岩生硬皮鸢尾　**172679**
岩生尤利菊　**160855**
岩生玉凤花　**183964**
岩生芋兰　**265416**
岩生郁金香　400220
岩生远志　**308337**,308149
岩生越橘　**403988**
岩生云兰参　**84614**
岩生藏沙玉　**317032**
岩生早熟禾　**305830**
岩生蚤缀　**32242**
岩生针垫花　**228106**
岩生直总状花序小檗　**51988**
岩生指甲草　**354710**
岩生指甲草属　**354709**
岩生舟叶花　**340880**
岩生皱稃草　**141777**
岩生皱叶黄杨　**64342**
岩生珠子木　**296458**
岩生猪屎豆　**112633**
岩生猪殃殃　**170611**
岩生紫垫菀　**219722**
岩生紫金牛　308337
岩生紫堇　**106270**
岩虱子　160345
岩狮子　**83891**
岩石闭花木　**94535**
岩石长庚花　**193330**
岩石柽柳桃金娘　**261031**
岩石唇柱苣苔草　**87957**
岩石刺蕊草　**307002**
岩石独蒜兰　304302
岩石管花鸢尾　**382416**
岩石积雪草　**81623**
岩石焦　313197
岩石角囊胡麻　**83666**
岩石兰　239967
岩石藜　**110532**
岩石藜属　**110531**
岩石榴　165623,165624,165628,333950
岩石麦瓶草　**364002**
岩石牻牛儿苗　**153906**
岩石绵毛蚤缀　**32002**
岩石南属　145054
岩石欧石南　**149892**
岩石山罗花　**248207**
岩石双星番杏　**20537**
岩石唐菖蒲　**176318**
岩石仙女杯　**138839**
岩石羊　122034
岩石野荞麦　**152443**
岩石远志　**308326**
岩石竹属　**292148**
岩石紫堇　**106119**
岩饰横蒴苣苔　**49395**
岩柿　**132135**
岩手蒲公英　**384610**
岩手山风毛菊　**348091**
岩手山金丝桃　**201941**
岩手山梨　**323094**
岩手山马先蒿　**287299**
岩手山早熟禾　**305606**
岩手苔草　**74531**
岩鼠麹　**384381**
岩鼠麹属　**384380**
岩刷子　77369,77420,371886
岩水蓑衣　**200655**
岩松　275363,356877,364919
岩酸　242,49914
岩酸菇　49911
岩蒜　15306,179580,179586
岩碎米荠　**72930**
岩穗　169819
岩穗属　169817
岩笋　275363,390917
岩笋属　390916
岩梭　152753
岩苔草　**76094**
岩檀香　403795
岩桃属　10284
岩藤　205876
岩藤属　387740
岩天麻　229018
岩田三七　329879
岩葶苈　**137011**
岩桐　**273878**,13376,96398
岩头三七　239967
岩陀　122431,335147,335153
岩陀陀　335153
岩瓦翠雀花　**124705**
岩豌豆　329879
岩丸子　49886,49890,49914,314717
岩菀　**218246**
岩菀属　**218242**
岩威灵仙　283763,339714
岩威仙属　79730
岩卫矛　**157869**
岩莴苣　60278,191351,191387,283125
岩莴苣属　**299686**
岩窝鸡　90405
岩乌　5520
岩乌金菜　90405
岩乌头　**5520**
岩乌子　5520
岩梧桐　414114
岩梧桐属　414109
岩蜈蚣　49703
岩五加　289632,387822
岩五姜　83644
岩五叶　289632
岩隙玄参　**355085**
岩下青　288762
岩苋　**233452**
岩苋菜　191387,288769
岩苋属　**233451**
岩线柱兰　**417782**,417795
岩香　238312
岩香菊　124806
岩绣线菊　**292648**
岩绣线菊属　**292645**
岩须　78631,78645
岩须属　78622
岩玄参　**355046**
岩穴大叶千里光　92521
岩穴千里光　**360089**,92521
岩穴藤菊　**92521**
岩雪花　**32524**
岩雪下　383890
岩雪下属　383887
岩羊茅　**164295**
岩野古蓝　182128
岩野荞麦　162314
岩叶千里光　92521
岩页千里光　92521
岩一笼鸡　182128
岩一枝箭　310914
岩阴苦荚菜　283399

岩阴兔仔菜 **210573**,210525
岩银花 235941,236104
岩罂粟 **282642**,282617
岩樱 **323366**
岩樱属 **323364**
岩蝇子草 **364012**
岩油菜 298888
岩芋 **327676**,20071,20153,33335,179262,179580,232145,232252,299719
岩芋属 **327670**
岩园葶苈 **57240**
岩园葶苈属 **57238**
岩枣 62832
岩枣树 328726
岩枣椰 295485
岩泽兰 141470,239934,239967,239974,272187,272221,272302
岩樟 **91424**
岩掌属 **25179**
岩指甲 103944
岩指甲花 204891
岩帚兰 **104422**
岩帚兰属 **104420**
岩珠 295516,299719
岩槠 78994
岩竹 125005,200790,390917
岩竹属 390916
岩竹叶 79727
岩子果 172074
岩子花 301426
岩紫黄 242607
岩紫十大功劳 242607
岩紫苏 99573
岩棕 **137444**,114819,137359,181803,292924
岩棕属 181802,246697
岩棕树 107312
沿壁藤 393657
沿沟草 **79198**
沿沟草属 **79194**
沿钩子 338281
沿海艾 360825
沿海北美圆柏 **213998**
沿海常春菊 58475
沿海车前 **302091**
沿海橙粉苣 **253915**
沿海春美草 **94319**
沿海翠雀花 **124168**
沿海堆心菊 **188411**
沿海火炬花 **216991**
沿海加州野荞麦木 **152060**
沿海胶草 181180
沿海胶菀 **181180**
沿海金顶菊 **161074**
沿海轮叶菊 **161170**
沿海毛连菜 298625
沿海美韭 **398809**
沿海平原指甲草 **284854**
沿海苔草 **74478**
沿海豚草 **19174**
沿海希尔曼野荞麦木 **152131**
沿海小叶番杏 **169997**
沿海岩菖蒲 **392632**
沿海野胡萝卜 **123152**
沿海野荞麦木 **151926**
沿海圆筒仙人掌 **116670**
沿海紫金牛 31502
沿阶草 **272059**,272090
沿阶草科 **272164**
沿阶草属 **272049**
沿篱豆 218721
炎凉小子 418010
炎陵冬青 **204411**
炎水菇 222042
研药 231298
研子盾草 934
莚葛草 104690
莚荽菜 104690
盐巴戟 258905
盐巴竹 **137846**
盐边天门冬 **39258**
盐滨藜属 **184770**
盐擦草 172100
盐草属 **134840**
盐池棘豆 **279241**
盐单头爵床 **257289**
盐稻 **311806**
盐稻属 **311805**
盐地瓣鳞花 **167820**
盐地柽柳 **383526**
盐地灯心草 **213127**
盐地风毛菊 **348763**
盐地禾 **370160**
盐地黄芪 42504
盐地黄耆 **43000**,42504
盐地剪股颖 **12283**
盐地碱毛茛 **184713**
盐地碱蓬 **379598**
盐地金合欢 **1554**
盐地疗齿草 **268985**
盐地拟漆姑 370661
盐地前胡 **293003**
盐地鼠尾粟 **372880**
盐地豚草 **19186**
盐地苋 **18683**
盐地香芸木 **10712**
盐豆木 184838
盐豆木属 184832
盐独行菜 225326
盐杜仲 156041
盐丰吊灯花 84276
盐丰金合欢 1642
盐丰龙胆 **173428**
盐丰毛鳞菊 **84976**
盐丰山茶 69692
盐丰蟹甲草 **283875**
盐风桉 155505
盐肤木 **332509**,332662
盐肤木槽柱花 **61290**
盐肤木属 **332452**
盐肤木叶羽叶楸 **376288**
盐肤木叶珍珠梅 **369276**
盐肤子 332509
盐麸子 332509,332662
盐附子 5247
盐根树 332509
盐灌藜 **185051**
盐灌藜属 **185048**
盐蒿 **35595**,35119
盐蒿子 379531
盐湖胡卢巴 397208
盐葫芦 **185032**
盐葫芦属 **185031**
盐花蓬属 **184669**
盐桦 **53468**
盐藿 418002
盐蒺藜 395146
盐碱坡油甘 366695
盐碱土膜苞豆 366695
盐碱土坡油甘 **366695**
盐碱土施氏豆 366695
盐碱托纳藤 **390408**
盐角草 **342859**
盐角草科 **342903**
盐角草裸茎日中花 **318900**
盐角草属 **342847**
盐角草肖梭梭 **185195**
盐角木 **279507**
盐角木属 **279506**
盐角属 342847
盐节草属 184930
盐节木 **184933**
盐节木属 **184930**
盐芥 **389200**
盐芥属 **389197**
盐津大戟 **160096**
盐津木莲 **244433**
盐井钝果寄生 **385196**
盐菊 **94111**
盐菊属 **94110**
盐咳草 345418
盐咳药 345418
盐藜 **185058**
盐藜科 184987
盐藜属 **185057**,184988
盐麦草 **184992**
盐麦草属 **184991**
盐茅属 321220
盐梅 34448
盐梅子 332509
盐美草属 184919
盐美人属 184919
盐木黄耆 **42103**
盐木属 185062
盐匏藤 141979,142044
盐蓬 379531
盐蓬属 **184810**
盐葡萄木 **185018**
盐葡萄木属 **185015**
盐千屈菜 **184965**
盐千屈菜属 **184962**
盐千屈叶属 184962
盐梂子 332509
盐桑仔 259097
盐莎 **185026**
盐莎属 **185024**
盐蛇床属 214941
盐生白刺 **266367**,266377
盐生草 **184951**
盐生草属 **184947**
盐生车前 **302092**,302085
盐生大车前 **302085**
盐生黄耆 **42575**
盐生棘豆 **279141**
盐生假木贼 **21058**
盐生碱蓬 **379597**
盐生苦马豆 371161
盐生蓼 **309016**
盐生木 204435
盐生木藜 204435
盐生木属 204434
盐生茄 **354470**
盐生茄科 **354468**
盐生茄属 **354469**
盐生肉苁蓉 **93075**
盐生酸模 340123
盐鼠麹属 **24534**
盐霜白 332513
盐水蝴蝶 275403
盐水面头果 195311
盐酸白 332509
盐酸草 277747
盐酸木 332509
盐酸树 332509,332513
盐穗木 **185038**
盐穗木属 **185034**
盐穗属 185034
盐天芥菜 **190597**
盐茼蒿 **89715**
盐桶甏 332509
盐土蒿 **36202**
盐土蓟 **91944**
盐乌头 5100
盐小伞 **185030**
盐小伞属 **185028**
盐烟苏 97017
盐鱼子柴 231298

盐原金腰 **90409**
盐原小赤竹 **347372**
盐源蜂斗菜 **292408**
盐源藁本 **229416**
盐源堇菜 **409711**
盐源马先蒿 **287834**
盐源梅花草 **284636**
盐源槭 **3581**
盐源山蚂蝗 **126338**
盐源双蝴蝶 **398263**
盐源天门冬 **39259**
盐源洼瓣花 **234246**
盐源乌头 **5706**
盐源野青茅 **65524**
盐云草 230544,230759
盐云参 230544
盐藻属 184967
盐泽双脊荠 **130965**
盐泽泻 14760
盐沼多年生卷舌菊 **380999**
盐沼卷舌菊 **380996**
盐沼拟漆姑 **370706**
盐沼拟莞 **352166**
盐沼苔草 **76135**
盐爪爪 **215327**
盐爪爪属 **215322**
盐子树 332509
阎王刺 64990,65040,203844
筵门冬 38960
颜料藤黄 **171167**
檐木 382582
奄美草绣球 **73131**
奄美车前 **301873**
奄美酢浆草 **277832**
奄美岛松 **299789**
奄美倒卵叶裂缘花 **362252**
奄美堇菜 **409685**
奄美楼梯草 **142771**
奄美马醉木 **298754**
奄美舌唇兰 **302407**
奄美蛇根草 **272224**
奄美苔草 **75635**
奄美虾脊兰 **65874**
奄美秀丽莓 **338124**
奄美樱桃 83331
奄美紫珠 **66882**
偃柏 **213696**,213634,213864
偃伏狗肝菜 **129306**
偃伏红蕾花 **416982**
偃伏红柱树 **78697**
偃伏九节 **319779**
偃伏梾木 **105193**
偃伏兰 **85930**
偃伏兰属 **85928**
偃伏三臂野牡丹 **397793**
偃伏水冠草 **32523**
偃伏网球花 **184445**
偃伏雪茄花 114618
偃伏雪山报春 **314706**
偃伏紫波 **28508**
偃俯 **157434**
偃俯斑鸠菊 **406727**
偃俯假奥尔雷草 **318230**
偃俯十二卷 **186632**
偃藁本 **229378**
偃狗尾草 **361948**
偃花蝴蝶兰 **293596**
偃桧 213634,213696
偃苓菊 **214161**
偃麦草 **144661**
偃麦草属 **144624**
偃毛楤木 **30793**
偃山小金雀 172901
偃水蜈蚣 **218618**
偃松 **300163**
偃卧耳稃草 **171533**
偃卧繁缕 **374826**
偃香柏 **390615**
偃小景天 **356454**
偃樱 83258
偃樱桃 **83258**
掩耳黄竹 **47438**
掩饰金丝桃 **201834**
眼斑贝母兰 **98633**
眼斑汉博百合 **229867**
眼斑猴面蝴蝶草 **4085**
眼斑堇菜 **410319**
眼斑树苣苔 **217747**
眼疳药 388410
眼角蓝 139959
眼睛草 73207,315465
眼睛豆 145899,145929
眼睛花 233
眼镜菜豆 **409048**
眼镜草 138482
眼镜豆 145899,145909
眼镜蛇草 **122759**
眼镜蛇草属 **122758**
眼泪草 138329
眼明草 359980
眼皮菊头桔梗 **211673**
眼黍属 **268101**
眼树莲 **134032**
眼树莲属 **134027**
眼天属 **272510**
眼泻瓜 **79816**
眼旋覆花 207189
眼珠 274513,274692
眼状老虎兰 **373698**
眼状马蹄莲 197794
眼子菜 **312090**,312200,312220,312228,378991
眼子菜科 **312300**
眼子菜属 **312028**
檿 259067
檿桑 259097
厌飞蓬 **150811**
厌蓟 92033
彦根山黧豆 **222708**
砚山红 278602
砚山毛茛 **326499**
砚山毛兰 **148799**
砚山石栎 233174
晏海豆片 294123
艳阿芙豆 10110
艳阿芙苏木 10110
艳苞莓属 **79788**
艳肠草 397419
艳重瓣洋剪秋罗 **238910**
艳粉雪球荚蒾 **408030**
艳凤梨 21481,264426
艳凤梨属 264406
艳果杂种海棠 **243736**
艳红百合 230038
艳红菠萝 301111
艳红凤梨属 301099
艳红赫蕉 190018
艳红红千层 67260
艳红鹿子百合 230038
艳红天香百合 **229733**
艳红细仙人球 327278
艳红仙人球 **234901**
艳红星 **180267**
艳红血藤 259484
艳红郁金香 **400150**
艳花贝母兰 **98743**
艳花独蒜兰 **304212**
艳花短杯豆 **58436**
艳花短杯豆属 **58435**
艳花欧石南 **149952**
艳花飘香藤 244329
艳花酸藤子 **144789**
艳花文藤 **244329**
艳花向日葵 188987
艳肌团扇 **272868**
艳姬球 **234950**
艳姬丸 234950
艳蕉 71173
艳盔兰 **169899**
艳盔兰属 **169884**
艳榄仁 386652
艳丽奥勒菊木 270207
艳丽半日花 **188863**
艳丽薄荷木 **315601**
艳丽齿唇兰 332340
艳丽刺头菊 **108406**
艳丽耳草 **187650**
艳丽番红花 **111577**
艳丽黑草 **61844**
艳丽黑塞石蒜 **193566**
艳丽鸡头薯 **153018**
艳丽蓟 **92290**
艳丽假桃金娘 **294107**
艳丽金丝桃 **202205**
艳丽韭 **128884**
艳丽卷序牡丹 **91104**
艳丽开唇兰 332340
艳丽苦槛蓝 260718
艳丽联药花 **380771**
艳丽菱兰 **332340**
艳丽六柱兜铃 **194589**
艳丽芦荟 **17199**
艳丽洛马木 235411
艳丽洛美塔 235411
艳丽马利筋 **38119**
艳丽毛蕊花 **405779**
艳丽美人树 **88974**
艳丽扭瓣花 **235411**
艳丽纽扣花 **194666**
艳丽欧石南 **149950**
艳丽泡叶番杏 **138233**
艳丽千里光 **359673**
艳丽秋海棠 **50203**
艳丽球 **45888**
艳丽施氏豆 366643
艳丽树紫菀 **270207**
艳丽丝头花 **138441**
艳丽唐菖蒲 **176474**
艳丽丸 45888
艳丽香豆木 **306282**
艳丽新西兰圣诞树 **252628**
艳丽悬钩子 **338346**
艳丽异荣耀木 **134728**
艳丽银齿树 **227369**
艳丽玉凤花 **183957**
艳丽泽兰 **158257**
艳丽栀子 **171346**
艳美彩叶凤梨 **264426**
艳美相思树 **1511**
艳美朱蕉 **104382**
艳色假龙头花 297987
艳色双花番红花 **111500**
艳山红 331839
艳山花 331839
艳山姜 **17774**
艳桐草 364741
艳头菊 **47155**
艳头菊属 **47154**
艳文鸟 **163454**
艳巫岛紫堇 **105578**
艳苋草 **18101**
艳香石斛 124995
艳雪红 336485
艳芽石南 **148960**
艳阳花 **115783**
艳阳花属 **115782**
艳友 280213
艳玉 234964

艳桢桐　**96362**
艳姿　9023
艳紫杜鹃　331581
艳紫日本小檗　52239
焰苞唇柱苣苔草　**87970**
焰苞丽穗凤梨　**412350**
焰苞肖鸢尾　**258650**
焰刺茄　**367541**
焰刺球属　**322986**
焰红杜鹃　**331247**
焰红灌木查豆　**84459**
焰红群花寄生　**11089**
焰花布里滕参　**211528**
焰花翠凤草　**301109**
焰花苋　**294329**
焰花苋属　**294318**
焰火树属　19462
焰爵床　295022
焰爵床属　295018
焰可爱花　**148071**
焰莲球　**234945**
焰莲丸　234945
焰毛茛　**325864**
焰米氏野牡丹　**253008**
焰色密钟木　**192589**
焰序山龙眼　**189947**
焰叶龙胆　**173720**
焰叶蝇子草　**363457**
焰子木　**110494**
焰子木属　**110491**
雁荡润楠　**240648**
雁荡三角槭　**2824**
雁荡山三角枫　2824
雁股茅　131018
雁股茅属　131006
雁喙实　160637
雁来红　**18779**,18836,18837,79418,295267,346404
雁领茶　157285
雁茅属　131006
雁鸣　160637
雁皮　414257
雁皮花　414150
雁皮属　414118
雁婆麻　**190103**
雁膳　160637
雁实　160637
雁头　160637
雁头青　361794
雁爪稗　143522
燕艾　224989
燕白前　**409463**
燕北风毛菊　348626
燕草　116829,239640
燕儿尾　210525
燕蕌花　68713
燕蕌子　13225
燕葍　13238
燕覆子　13225,68686
燕含珠　218480,218571
燕麦　**45566**,45448,60777
燕麦补血草　**230745**
燕麦草　**34930**,45448
燕麦草属　**34920**
燕麦茇茇草　**4119**,4160
燕麦科　**45628**
燕麦灵　12744
燕麦蒿　127852
燕麦莎草　**387641**
燕麦属　**45363**
燕麦叶冰草　**11886**
燕麦针茅　**376707**
燕麦状彩花　**2218**
燕面　316127
燕茜　305100
燕茜属　305072
燕山红　205548
燕山葡萄　**411546**
燕石斛　**125121**
燕水仙　372913
燕水仙属　372912
燕胎子　233078
燕尾扁竹兰　267973
燕尾草　285635,342400,342421,405872
燕尾风毛菊　348626
燕尾山槟榔　**299676**
燕尾仙翁　364213
燕尾香　158118
燕薁　411589,411590
燕脂菜　48689
燕脂豆　48689
燕子草　102933,308403
燕子花　**208672**,208640,208875,375187
燕子柳　320377
燕子石斛　**125400**,125121
燕子树　320377
燕子苔草　**74199**
燕子尾　49046,285613,285649,285657,297013,299724
燕子掌　**109221**
赝靛　47880
赝靛属　47854
央光黄耆　**42941**
秧草　63216,213036,213066,213447
秧草根　213448
秧勒　91480
秧李　83238
秧苗脬　338281
秧青　121623,121629,121837,121859
秧心草　345586
秧子根　68686
扬巴塔大沙叶　**286556**
扬波　61975
扬波属　61953
扬布亚多坦草　**136690**
扬布亚山麻杆　**14225**
扬垂枝桦　**53566**
扬甘比多坦草　**136691**
扬甘比番樱桃　**156396**
扬甘比裂稃草　**351325**
扬甘比茄　**367754**
扬甘比琼楠　**50632**
扬甘比三萼木　**395364**
扬甘比螯毛果　**97573**
扬甘比苏木　**386790**
扬甘比微花藤　**207379**
扬甘比沃内野牡丹　**413231**
扬甘比崖豆藤　**254687**
扬氏白粉藤　**93042**
扬氏刺蒴麻　**399356**
扬氏灰毛豆　**386021**
扬氏鸡头薯　**153091**
扬氏金壳果　**241936**
扬氏立金花　**218967**
扬氏三角车　**334713**
扬氏山柑　**334845**
扬氏细爪梧桐　**226280**
扬氏淫羊藿　**146959**
扬氏远志　**308471**
扬氏猪屎豆　**112820**
扬州牡丹　280258
扬子狐尾藻　**261356**
扬子黄芪　43269
扬子黄耆　**43269**
扬子黄肉楠　233880
扬子毛茛　**326365**
扬子铁线莲　**95265**
扬子小连翘　**201874**
羊巴巴　228001
羊巴巴叶　62114
羊白婆　62110
羊饱药　62110
羊不挨　158456
羊不吃　56392,106004,128943
羊不吃草　106004,331257
羊不揩　158456
羊不来　142088
羊不奶棵　117721
羊不食　126992,204217,367295,388541
羊不食草　56392,331257
羊草　**228356**,156513,281887
羊草趺打　183122
羊柴　187967
羊肠菜　220126
羊齿美女樱　**405849**
羊齿囊瓣芹　**320219**
羊齿天门冬　**39014**
羊齿叶马先蒿　**287203**
羊触足　360493
羊吹泡　371161
羊春条　62134
羊刺芹　**154334**
羊脆骨　301305,352438,407769
羊脆木　301305
羊脆木海桐　**301305**
羊大归　415046
羊大戟　**71580**
羊大戟属　71577
羊带风　387837
羊带归　126424,172779,269613,402245,415046
羊带来　415057
羊胆木　274440
羊刀尖　167300
羊瓶角棵　205580
羊吊钟　215288
羊豆　409086
羊豆饭　403899,404011
羊肚参　287276
羊儿草　342251
羊耳　388536
羊耳白背　348585
羊耳草　12744,138888
羊耳茶　138888
羊耳朵　62134,62138,66864,309420,348129
羊耳朵草　178062
羊耳朵朵尖　62134
羊耳朵树　200108,301305
羊耳风　138888
羊耳菊　**138888**
羊耳菊属　**138885**,207025
羊耳兰　232252,232360
羊耳兰属　232072
羊耳三稔　55768,219996
羊耳蒜　**232197**,232225,232364
羊耳蒜属　**232072**
羊耳天芥菜　**190557**
羊耳枝　62073
羊枹蓟　44218
羊负来　415046,415057
羊肝菜　129243
羊肝狼头草　287605,378375
羊肝参　287276
羊羔野荞麦　**151928**
羊公板仔　144793
羊古草　226977
羊古叉　167096
羊瓜藤　**374398**
羊棍子　238322
羊合七　176995
羊合叶　147048
羊红膻　**299555**

羊洪膻　299555
羊胡草　220126
羊胡须　63253
羊胡髭草　75048
羊胡子蔗草　**353452**
羊胡子草　**152781**,23670,74406,74524,74849,75048,76083,152753,152791,205548
羊胡子草属　**152734**
羊胡子根　23670
羊胡子花　321672
羊胡子苔草　**73992**
羊藿　146987
羊藿刺　147013
羊藿姜　418002
羊藿叶　146966,147013,147039,147048,147075
羊饥藤　341579
羊鸡树　339270
羊角　250065,252514,301147,360493,378386,409086
羊角拗　**378386**,378468
羊角拗属　**378363**
羊角杯　394637
羊角崩　378386
羊角杓兰　**120299**
羊角菜　95759,182915,252514,354904
羊角菜属　**182912**
羊角草　34406,146641,205580,208524,231544
羊角草蒿　205580
羊角刺　203660
羊角刺彩花　**2296**
羊角刺车叶草　**39415**
羊角刺天竺葵　**288553**
羊角刺小檗　**52264**
羊角刺直玄参　**29948**
羊角迪萨兰　133728
羊角豆　219,78512,146641,245854,360463,360493
羊角杜鹃　330335
羊角断　285686
羊角儿菜　59469
羊角榧　393062
羊角风　146966,147013,147039,147048,147075
羊角瓜　**114209**,114201
羊角果　378386,393625
羊角蒿　205580
羊角蝴蝶兰　293595
羊角虎尾兰　346063
羊角花　330134
羊角夹竹桃　**111283**
羊角夹竹桃属　**111282**
羊角兰　346070
羊角黎　378386
羊角立　123371
羊角丽　37888
羊角栎　233295
羊角捩　378386
羊角柳　343668,378386
羊角棉　**18047**
羊角墓　378386
羊角扭　250065,378386
羊角扭属　249886
羊角纽　378386
羊角藕　378386
羊角七　5099,5247,5612,55575,65915
羊角槭　**3758**
羊角芹　**8826**
羊角芹属　**8810**
羊角山药　131601
羊角梢　226698,291082
羊角芍药　**280160**
羊角参　280741,308659
羊角树　258923,378386
羊角双距兰　**133728**
羊角苔草　74051
羊角桃　231544,291082
羊角藤　**258926**,17381,32668,117390,182384,203325,258923,375237,378386,393657
羊角藤属　258871
羊角天麻　135098,171918,364522
羊角条　291082
羊角透骨草　205580
羊角仙人球　43495
羊角香　263754,263759
羊角叶　291082
羊角玉凤花　183425
羊角掌　**16681**
羊角汁　414809
羊角子　123371,410770
羊角子草　**117420**
羊脚　250065
羊浸树　68088
羊惊花　123065
羊九　24024
羊韭　232640,272090
羊菊　34752
羊菊属　34655
羊苣　**34816**
羊苣属　34815
羊开口　13225
羊辣辣　225398
羊老毡　330394
羊肋树　142242
羊脷木　46430
羊脷叶　46430
羊卵蛋　371161
羊卵泡　371161
羊萝泡　371161
羊麻　130745
羊嘛　113577
羊毛白鼠麹　**405310**
羊毛草　219996
羊毛杜鹃　**331195**,331503
羊毛凤仙花　**205429**
羊毛胡子　75048
羊毛花　13621
羊毛火绒草　224952
羊毛金刚　266918
羊毛宽萼苏　**47027**
羊毛兰属　**193025**
羊毛柳　343592
羊毛叶杜鹃　330809
羊毛叶鹅观草　**335392**
羊茅　**164126**,164395
羊茅寒剪股颖　**31025**
羊茅科　**164408**
羊茅洛氏禾　**337276**
羊茅披碱草　**144307**
羊茅属　**163778**
羊茅叶润肺草　**58863**
羊茅状鹅观草　**335306**
羊茅状碱茅　**321279**
羊茅状三芒草　**33745**
羊茅状绳草　**328037**
羊茅状双稃草　**132741**
羊茅状须芒草　**22647**
羊茅状早熟禾　**305812**
羊梅　124891
羊咪青　96028,209232
羊咩屎　189918
羊明　360493
羊膜草　191574,191575
羊膜草属　191573
羊母奶子　141999,142011,142152,142214
羊母锁　52418
羊姆奶　327069
羊木蓝　**206337**
羊奶　98343,354846
羊奶草　62799,117721
羊奶根　408202
羊奶果　**142012**,62955,142188,142242
羊奶及及　354846
羊奶角角　117425
羊奶棵　252514
羊奶奶　6525,6616,142022,142152,371161
羊奶奶草　384681
羊奶参　98343
羊奶藤　291082
羊奶条　291082
羊奶子　6525,117385,117486,141942,141999,142088,142152,142214,142241,164992,165099,205548,291082,354801
羊脑髓　62110
羊闹花　330893
羊鸟树　339270
羊尿泡　235798,316956,338784,371161
羊尿乌　142298
羊尿子　408202
羊柠角　72351
羊欧石南　**149819**
羊排果　113577
羊皮半日花　**188783**
羊皮袋　252979
羊皮纸露子花　**186006**
羊皮纸千里光　**359719**
羊屁菊属　**8834**
羊坪凤仙花　**205088**
羊婆奶　7830,7850,252514
羊葡萄蔓　20284
羊耆　272090
羊荠　272090
羊梂　109936
羊梂子　109936
羊圈子　141979
羊乳　**98343**,239021
羊乳莓　**129841**
羊乳莓属　**129839**
羊乳榕　**165609**
羊乳属　98273
羊乳藤　179308
羊乳子　164992,165100
羊山草　56392
羊山刺　417290
羊山梗菜　**234678**
羊山咪树　142188
羊膻草　56392,299395
羊膻臭　299376,299386
羊膻七　299395
羊疝树　**112910**
羊舌树　**381217**
羊舌条　408202
羊舌头　340089
羊肾参　183559
羊蓍　232640
羊石子　408202
羊石子草　64990
羊食阿魏　**163689**
羊食子　408202
羊史子　328680
羊矢橘　167499
羊屎柴　408202
羊屎蛋　112667
羊屎疙瘩　180666
羊屎果　189918
羊屎木　142298,164992,276370

羊屎树 142396
羊屎条 408202
羊屎枣 132264
羊屎子 122669,327069,408202
羊粟 130745
羊锁不拉 118133
羊桃 6553,45725
羊桃科 45727
羊桃山枇杷 347992
羊桃梢 291082
羊桃属 45721
羊特角 205580
羊蹄 **340000**,329321,339994,340089
羊蹄暗消 285613,285635
羊蹄草 129629,144960,144975,285635,329321,339994
羊蹄叉 49046
羊蹄大黄 340019,340089
羊蹄风 49046,49103
羊蹄根 329321,329362,339994
羊蹄甲 **49211**,49017,49064,49098,49247
羊蹄甲杜鹃 **330209**
羊蹄甲花杜鹃 330209
羊蹄甲科 **49271**
羊蹄甲属 **48990**
羊蹄甲异决明 **360425**
羊蹄尖 316127
羊蹄参 398025
羊蹄属 339880
羊蹄树 49046
羊蹄酸模 **340089**
羊蹄藤 49007,49022,49046,49101,49187
羊蹄叶 340178
羊铁酸模 340178,340188
羊头卫矛 **34790**
羊头卫矛属 **34789**
羊尾巴 62110
羊尾草 205548
羊尾豆 360493
羊莴苣属 **34815**
羊下巴 298590,298618
羊鲜草 129629
羊须草 **8832**,73992,187565,400467
羊须草属 **8829**
羊玄参属 **71940**
羊癣草 129629
羊桠 158456
羊眼半夏 299724
羊眼草 288769
羊眼豆 218721
羊眼果树 131061
羊眼花 **207209**,40420
羊眼子 414208
羊厌厌 414150
羊燕花 414150
羊腰子 **197249**,197221
羊腰子果 13240
羊药头 66620
羊玉 **160012**
羊冤冤 414150
羊枣 418169
羊脂木蝴蝶 275403
羊踯躅 **331257**
羊踯躅花 331257
羊竹子 **20207**
羊爪子 403738
羊仔耳 367322
羊仔菊 219996
羊仔屎 142340,189918,381341
羊仔树 142396
羊子屎 381341
羊紫荆 49211
羊族草 **8777**
羊族草属 **8771**
阳包树 62110
阳菜 48689
阳雏菊 **190234**
阳雏菊属 **190233**
阳春冬青 **204410**
阳春耳草 **187704**
阳春红淡比 **96630**
阳春红山茶 68933
阳春柳 211905
阳春秋海棠 **49737**
阳春砂 19930
阳春砂仁 19930
阳春山矾 **381462**
阳春山姜 **17760**
阳春山龙眼 **189961**
阳春省藤 **65815**
阳春鼠刺 **210422**
阳春小花苣苔草 **88005**
阳春雪 5821
阳春子 142214
阳葛 332608
阳冠萝藦 **190536**
阳冠萝藦属 **190535**
阳光红花槭 **3517**
阳光华丽芍药 **280264**
阳光普照红仙丹草 **211073**
阳光无刺美国皂荚 **176914**
阳光偃伏梾木 **105196**
阳荷 **418023**,418002
阳藿 418002
阳角右藤 378386
阳精 327435
阳岭 **264811**
阳帽菊属 **85989**
阳明山杜鹃 **332138**
阳婆木 **190247**
阳婆木属 **190245**
阳泉朴 **80788**
阳雀蕻 308529,308572,308641
阳雀花 72227,72342,307923
阳鹊花 72342
阳山茶秆竹 **318357**
阳山臭 299376
阳盛球 234921
阳盛丸 234921
阳氏火烧兰 **147256**
阳朔过路黄 **239573**
阳朔假野芝麻 170029
阳朔苔草 **76779**
阳朔小野芝麻 **170029**
阳槎 323116
阳桃 **45725**,6515,6553
阳桃科 **45727**
阳桃属 **45721**
阳桃无患子属 **45729**
阳炎 **244187**
阳芋 367696
杨桉 155704
杨草果树 155589
杨柴 188007
杨春花树 403899
杨翠木 301305
杨枹 44218
杨枹蓟 44218
杨桴 44218
杨贵妃 107026
杨果 261212
杨寄生属 385186
杨爵床属 **311128**
杨卡苣苔属 211559
杨柳 343070,343668
杨柳齿鳞草 **222644**
杨柳花 239898
杨柳科 **342841**
杨柳树 344261
杨柳渣子 8199
杨柳子棵 250228
杨庐耳 413611
杨栌 413611,413613
杨栌耳 413611
杨梅 **261212**,261195
杨梅草 88289,218480
杨梅黄杨 **64328**
杨梅科 **261243**
杨梅属 **261120**
杨梅树 82098,261122,261155
杨梅蚊母树 134938
杨梅叶狮尾草 **224599**
杨梅叶蚊母树 **134938**
杨梅叶细毛留菊 **198944**
杨梅珠草 296801
杨漆姑婆 177123
杨杞 145517
杨山牡丹 280258
杨氏安息香 **379477**
杨氏鹅观草 **335566**
杨氏披碱草 **144543**
杨氏淫羊藿 **147076**
杨氏子 261212
杨属 **311131**
杨树 311389
杨槎 323116
杨桃 6553,45725
杨桃豆 319114
杨桃属 45721
杨桃叶罗伞 205876
杨桐 8256,96587,262189
杨桐蒲桃 **382514**
杨桐属 8205,96576
杨桐叶灰木 381154
杨桐叶山矾 381154
杨丫 158456
杨叶桉 **155704**
杨叶澳杨 **197627**
杨叶八宝 **200795**
杨叶白粉藤 **92896**
杨叶粗蕊大戟 **279818**
杨叶椴 **391826**
杨叶风毛菊 **348666**
杨叶桦 **53586**
杨叶鸡头薯 **153003**
杨叶堇菜 **410434**
杨叶景天 **357039**
杨叶蜡菊 **189684**
杨叶牻牛儿苗 **153893**
杨叶木姜子 **234042**
杨叶木藜芦 **228179**
杨叶诺罗木犀 **266719**
杨叶苹婆 **376165**
杨叶曲瓣梾木 **380469**
杨叶榕 **165483**
杨叶赛金盏 **31168**
杨叶绍尔爵床 **350608**
杨叶藤山柳 **95536**,95473
杨叶桐 376102
杨叶肖槿 389946
杨叶岩蔷薇 93194
杨叶盐肤木 **332774**
杨叶银背藤 **32652**
杨甬书树 237191
洋艾 35090,36286
洋芭蕉 71181
洋菝葜 **366494**,366239
洋白菜 59532
洋白蜡 167897,168057,168065
洋白蜡树 **168057**,168065
洋柏 114753
洋闭鞘姜 **107269**
洋槟榔竹 295459
洋波 62110

洋波萝　416649
洋菠菜　44468
洋菠萝　25898
洋彩雀　28617
洋草果　155517,155589
洋茶　69156
洋檫木　347407,347413
洋常春藤　187222
洋翅籽属　144847
洋川芎　229371
洋椿　**80021**
洋椿内雄楝　**145956**
洋椿属　**80015**
洋刺　139062
洋刺杉　30835
洋葱　**15165**,15621
洋葱头　15165
洋酢浆草科　225479
洋大戟草　159069
洋大麻　123065
洋大麻子花　123065
洋大头　59507
洋大头菜　59507
洋大头茶　167835
洋大头茶属　167834
洋刀豆　71042,71050
洋地黄　130383
洋地黄属　130344
洋地梨儿　189073
洋吊金钱　**356535**
洋吊兰　88553
洋吊钟　215129,215278,215288
洋丁香　382329
洋肚参　299017
洋二仙草科　181960
洋番薯　367696
洋翻白草　312520
洋飞廉　**73318**
洋甘草　177893
洋甘菊　230524,246396
洋橄榄　270099
洋橄榄属　142422
洋狗尾草　**118315**
洋狗尾草属　**118307**
洋狗尾草鸭嘴花　**214441**
洋狗尾草羽穗草　**126742**
洋姑娘　297712
洋故纸　275403
洋冠笄花　350099
洋海椒　367528
洋海棠　96147
洋荷　176987
洋荷花　400162
洋红　199465
洋红风铃木　382723
洋红美丽百合　**230040**
洋红秋海棠　**49697**
洋红萨比斯茜　**341607**
洋红小檗　**51429**
洋蝴蝶　288206
洋虎耳草　301694
洋花森　248895
洋槐　176903,334976
洋槐属　334946
洋黄芩　355391
洋茴芹　**299490**,299351
洋茴香　24213,299351
洋吉祥草　327525
洋蓟　117787
洋夹竹桃　265327
洋剪秋罗　410957
洋姜　189073
洋接骨木　345631
洋金凤　65055
洋金花　**123065**,123061,123077,123081
洋金银藤　339194
洋荆树　49247
洋九里香　260165
洋桔梗　161027
洋桔梗属　161026
洋葵　288297,288594
洋喇叭花　123065
洋蜡梅属　68306
洋辣罐　390213
洋辣子　241775,367522
洋辣子麦　198396
洋梨　**323151**,323133
洋梨头　299724
洋李　316382
洋丽球　**234911**
洋丽丸　234911
洋凌霄　**385481**,281225
洋漏芦属　228210,329197
洋落葵　26265
洋麻　194779
洋马齿苋　311852
洋蔓菁　59507
洋毛辣　367682
洋梅花刺　1219
洋茉莉　190559
洋牡丹　30031
洋柠檬　93539
洋欧夏至草　245757
洋牌洞　213036,213066
洋飘飘　252514
洋葡萄　20284
洋蒲公英　384714
洋蒲桃　**382660**,156372
洋牵牛　208120
洋前胡　292774
洋茜草　**338007**,338038
洋羌　189073
洋蔷薇　**336474**
洋秋海棠　50298
洋球果荠属　297765
洋雀草　202070
洋乳香　300994
洋乳香黄连木　**300997**
洋乳香树　300994
洋伞草　181958
洋森木　184518
洋莎草科　153109
洋山芋　367696
洋珊瑚　287853
洋商陆　298094
洋芍药　121561
洋参　239222,280799,394327
洋生姜　189073
洋蓍草　3978
洋石榴　285637
洋石竹　127635,127700,292668
洋石竹属　292656
洋石子　408202
洋柿子　239157
洋水仙　141808,199583,262441
洋丝瓜　356352
洋丝瓜属　356350
洋松子　248765
洋苏草　345271
洋苏木　184517,184518
洋苏木属　184513
洋素馨　84417
洋酸茄花　285623
洋桃　6553,45725,265327
洋桃梨　6515
洋桃梅　265327
洋桃藤　6515
洋蹄甲　49247
洋铁酸模　**340188**,340178
洋桐木科　302229
洋桐槭　3462
洋委陵菜　**312520**
洋县风毛菊　**348444**
洋香花菜　183191
洋香蕨木　101667
洋香葵　288133
洋香茄属　177284
洋丫箣　158456
洋芫荽　154316
洋杨梅属　30877
洋野黍　**281561**
洋藟草　**293729**
洋莺哥木　411189
洋雨久花　141808
洋玉兰　242135
洋玉叶金花　**260418**
洋芋　367696
洋芋头　189073
洋月桂　**223178**
洋樟木　232557
洋榛子　106703
洋帚状苔草　**76207**
洋皱子棕　**321173**
洋茱萸　**417869**
洋茱萸属　**417866**
洋竹草　67152
洋竹草属　67142
洋紫荆　**49247**,49211
洋紫苏　99711,99712
洋紫薇　219966
洋棕　10787
仰天罐　276135
仰天盅　276090
仰天钟　276090
仰卧飞蓬　**150890**
仰卧凤仙花　**205252**
仰卧秆藨草　**353845**
仰卧秆水葱　352274
仰卧黄芩　**355786**
仰卧金煌柱　183373
仰卧马鞭草　405893
仰卧麦瓶草　**364091**
仰卧欧夏至草　**245766**
仰卧漆姑草　**342279**
仰卧千日红　**179230**
仰卧茄　**367655**
仰卧鼠麹草　178463
仰卧苔草　76456
仰卧委陵菜　313039
仰卧形旋花　**103323**
仰卧远志　**308394**
仰卧早熟禾　**306045**
仰羊茅　163817
仰叶竹　304054
仰云阁　**155304**
养当杜　402192
养鸡草　356884,357123
养老　140000
养心草　294123
养心莲　404285
养血草　142694
养血莲　404285
痒见消　62110
痒辣菜　34162
痒漆树　393479
痒树果　177123
痒树棵　177123
痒藤　97501
痒眼花　414150
痒痒草　402946
痒痒花　219933
痒痒树　61932,219933
样似金丝桃　**202145**
漾濞核桃　212652
漾濞荚蒾　**407743**
漾濞剪股颖　**12214**
漾濞金丝桃　**202215**

漾濞楼梯草 **142899**
漾濞鹿角藤 **88895**
漾濞牛奶菜 **245867**,245870
妖怪榉树 **417553**
妖丽球 **234913**
妖丽丸 234913
妖梦玉 **55657**
妖星角 **373806**
妖月丸 244047
葽 308359,308403
葽绕 308359,308403
腰包花 50087
腰带七 111167,111171
腰带藤 387837
腰豆 409086
腰骨藤 **203325**,313229
腰骨藤属 **203321**
腰果 **21195**
腰果南洋参 **310173**
腰果楠 **123607**
腰果楠属 123598
腰果琼楠 **50470**
腰果属 **21191**
腰果树 21195
腰果小檗 **51800**
腰果叶没药 **101304**
腰金带 211931
腰毛果 146573
腰毛鼠毛菊 146573
腰消竹 187625
腰只花 191574
腰只花草 191575
腰只花属 191573
腰舟 219843,219848
腰子草 302289
腰子花 120364
腰子七 183559
尧韭 5793,5803,5821
尧时韭 5821
姚女儿 262468
姚氏毛茛 **326500**
姚氏樱桃 **83364**
窑贝 168491
摇摆蓝花参 **412730**
摇边竹 39532,117643
摇车 43053,408423
摇嘴嘴花 124237
摇钱树 116240,280548,320412
摇炎 82327
摇炎花 **82327**
摇叶秋海棠 **50160**
摇竹消 117643
猺子菜 96028
遥竹逍 117643
瑶岗仙杜鹃 **332141**
瑶人茶 8209
瑶人柴 91287
瑶山蝉翼藤 **356375**
瑶山丁公藤 **154262**
瑶山杜鹃 **332142**
瑶山短柱茶 **69461**
瑶山谷精草 **151549**
瑶山荚蒾 **408141**
瑶山金耳环 37653
瑶山苣苔 **123297**
瑶山苣苔草 **103943**
瑶山苣苔属 **123296**
瑶山楼梯草 **142900**
瑶山毛药花 **57505**
瑶山母草 **231600**
瑶山木姜子 **234110**
瑶山南星 **33512**
瑶山七姐妹 374440
瑶山槭 **3759**
瑶山山槟榔 299676
瑶山山矾 **381463**
瑶山山黑豆 **138938**
瑶山省藤 **65736**
瑶山桫椤 **327363**
瑶山细枝冬青 **204352**
瑶山野木瓜 **374440**
瑶山越橘 **404063**
瑶山竹 117643
咬鳞草 **121601**
咬鳞草属 **121600**
咬人狗 **125545**
咬人狗艾麻 125545
咬人狗火麻树 125545
咬人狗属 125540,221529
咬人猫 125545,403028
咬人荨麻 **403028**
咬眼刺 182683
药百合 **230038**,229765,230058
药草 4142
药菖蒲 5821
药刺巴 208117
药葱 **15480**
药岛紫薇 **219922**
药榧 393061
药砜 292957
药杆子 62110
药根藤属 212091
药狗丹 33295,33325,299724,401156
药狗旦子 80260
药狗蛋 299724
药狗蒜 353057
药瓜 396210
药果 93539,93546
药壶卢 219843,219844
药葫芦 219843,219854
药虎 235
药花 77748
药黄草 203066
药茴芹 304796
药茴香 167156,304796
药鸡豆 367604
药锦葵 **243875**
药锦葵属 **243874**
药菊 124785,124826
药苦豆 **123268**
药葵 **18173**
药葵密钟木 **192511**
药葵属 **18155**
药葵天竺葵 **288068**
药葵叶密钟木 **192510**
药喇叭 **208117**
药喇叭属 161766
药兰属 370393
药老 4142
药蓼 309199
药蓼子草 309199
药鳞凤梨属 22415
药鳞属 22415
药绿柴 328701
药鳗老醋 62110
药曼森梧桐 **244718**
药木 300980
药囊花 **120278**
药囊花属 **120275**
药藕草 263272
药跑 170044
药枇杷 331588
药蒲公英 384714
药茄 **367495**
药芹 29327,229309
药芹菜 29327,320235
药曲草 295986
药蛆 295984
药人豆 367604
药山栌 109650
药山千里光 381957
药山兔儿风 **12681**
药山无心菜 **31962**
药山楂 109936
药山紫堇 **106018**
药虱药 375343,375351,375355
药虱子草 5144
药实 168391,168523,168563,168605
药鼠李 **328642**,328838
药鼠尾草 345271
药蜀葵 18173
药薯 **208037**
药树 300980
药水苏 **53304**
药水苏糙苏 **295063**
药水苏狗肝菜 **129230**
药水苏鞘蕊花 **99528**
药水苏属 **53293**
药水苏叶斑鸠菊 **406146**
药水苏叶绿眼菊 **52824**
药水苏叶毛蕊花 **405666**
药炭鼠李 328701
药丸草 143464
药王 117643
药王草 94814
药王茶 289713
药王树 366055
药王子 64990,252754,336783
药乌檀 **262822**
药五味 351054
药西瓜 **93297**
药樱草 **314752**
药蝇子草 405618
药用安息香 **379419**
药用白前 117743
药用百金花 **81492**
药用报春 315082
药用车前 302103
药用川芎 229371
药用唇柱苣苔 **87922**
药用葱芥 14964
药用大花蒺藜 **395083**
药用大黄 **329366**,329372
药用大戟 **159493**
药用大蒜芥 **365564**
药用丹参 345271
药用倒提壶 118008
药用稻 **275950**
药用灯马鞭 220454
药用灯马鞭草 **220454**
药用地不容 **375893**
药用地榆 **345271**
药用肺草 **321643**
药用蜂斗菜 **292386**
药用辐枝菊 **21263**
药用尬梨 170167
药用藁本 229371
药用狗牙花 **382740**
药用古巴香脂树 **103719**
药用古当归 **30932**
药用海榄雌木 45746
药用黑面神 60073,60083
药用环翅芹 **392877**
药用黄精 308613
药用回环菊 21263
药用加利芸香 **170167**
药用金鸡纳 91082
药用锦葵 **243806**
药用九节 **319774**
药用聚合草 381035
药用蔻木 **410925**
药用苦樗 **364385**
药用库拉索芦荟 **17387**
药用丽杯花 **198064**
药用琉璃草 118008
药用萝芙木 **327074**,327069

药用麦蓝菜 **403693**
药用芒毛苣苔 **9474**
药用美登木 **246891**
药用牡丹 280258
药用南美肉豆蔻 410925
药用牛奶菜 **245830**
药用牛舌草 **21959**
药用欧女贞 **294773**
药用婆婆纳 **407256**
药用蒲公英 **384714**
药用千日红 **179243**
药用前胡 **292957**
药用墙草 **284167**
药用蔷薇 **336593**
药用茄参 **244346**
药用青蒿 35132
药用球果紫堇 **169126**
药用人参 280741
药用肉豆蔻 **261452**
药用芍药 **280253**
药用神香草 203095
药用鼠尾草 345271
药用蜀葵 18173
药用双曲蓼 **54798**
药用水蔓菁 407256
药用水苏 53304
药用苏合香 379419
药用糖芥 365564
药用香椿 **392836**
药用香脂苏木 103719
药用小米草 **160233**,160239
药用新风轮菜 **65603**
药用薰衣草 223251
药用野生稻 275950
药用愈疮木 181505
药用众香树 299325
药用紫草 **233760**
药用紫堇 169126
药用紫檀 **320315**
药用紫菀 **41347**
药鱼草 122438
药鱼梢 414150
药鱼子 62110
药玉米 99124
药枣 105146
药中王 139612
药子 131501
要枣 418169
鹞落坪半夏 **299733**
鹞落苔草 **75638**
鹞鹰爪 177325
鹞子草 89209
耀斑雪百合 87759
耀花豆 **96640**
耀花豆属 96633
耀丽 82399
耀丽花 **82399**
耀麻 **337802**
耀麻属 **337801**
耀星花属 250481
耀眼豆 96637
耀眼圆锥绣球 **200044**
耀阳花 227814
椰菜 59532
椰豆木属 61424
椰瓢 98136
椰树 306493
椰粟李 **316335**
椰香兰 **116788**
椰枣 **295461**
椰子 **98136**
椰子属 **98134**
噎嗝草 246981
耶诞红 159675
耶尔刺菊木 **48417**
耶尔高山参 **273999**
耶尔斯克月菊 **292128**
耶尔特蒲公英 **384576**
耶夫帕拖里亚百里香 **391185**
耶格斑鸠菊 **406449**
耶格穇 **143535**
耶格刺蒴麻 **399260**
耶格独脚金 **377981**
耶格尔谷精草 **151433**
耶格尔间花谷精草 **250992**
耶格尔无患子 **211411**
耶格尔无患子属 **211405**
耶格凤仙花 **204907**
耶格枸杞 **239065**
耶格海神菜 **265477**
耶格花篱 **27163**
耶格决明 **78335**
耶格莱德苔草 **223853**
耶格劳德草 **237827**
耶格绵枣儿 **352924**
耶格欧石南 **150165**
耶格茄 **367261**
耶格树葡萄 **120118**
耶格叶下珠 **296616**
耶格玉凤花 **183738**
耶路苍菊 **280583**
耶路撒冷糙苏 295111
耶罗姜味草 **253728**
耶罗苦苣菜 **368728**
耶罗蓝蓟 **141185**
耶罗莲花掌 **9050**
耶罗木茼蒿 **32584**
耶罗舟蕊秋水仙 **22358**
耶洛玄参 **355244**
耶仆兰胡椒 **300425**
耶森棕 **212346**
耶森棕属 **212343**
耶特洛夫蒲公英 **384864**
耶悉茗 211940
耶悉茗花 211848
也卜涛 345660
也火秋 396956
也门茶 79395
也门独脚金 **378046**
也门假杜鹃 **48100**
也门睑子菊 **55472**
也门狼尾草 **289310**
也门千金子 **226037**
也门天壳草 **98469**
也门香科 **388314**
也苗花 279076
也少柱 217361
也西风古 86892
冶葛 172779,393471
野艾 35167,35171,35430,35622,35794,36097,36474
野艾蒿 **35794**,35634,35788,35816,36097,36474
野桉 **155727**
野澳洲檀香 **155794**
野八角 **204590**,204504,204507,204526,204544,204545,204553,204558
野巴旦 20923
野巴旦杏 20923
野巴豆 62110,112928
野巴蒿 144086
野巴戟 350680
野巴子 144086
野芭蕉 70575,260237,260281
野芭子 143974
野拔子 **144086**
野坝草 144086
野坝蒿 143974,144086
野坝子 144086,324745
野白菜 30387,314952,409898,409980
野白蝉 171246
野白蝉花木 171401
野白菇 131645
野白菊 39928,41441,215350
野白菊花 39928
野白蜡叶 203648
野白木香 143998
野白芍 280192
野白薯 131772
野白头 15450
野白纸扇 260483,260484
野百合 **229754**,112667,229765,229835,229845,229922,230058
野百合属 111851
野百里香 391284,391365
野稗 140367
野板栗 79005,79043
野半夏 299724,401161,401176,409716
野包耳菜 90376
野包谷 33473
野苞芦 302549
野苞麦 231553
野报春 314348
野北瓜子 177170
野贝母 168575
野荸荠 **143312**,56637,352284
野敝冬 135059
野辟汗草 226742
野篦麻 346390
野扁豆 **138978**,20566,138979,167286,259520,360463,408638
野扁豆属 **138966**
野扁根 321441
野扁九 353057
野扁桃 **20923**
野扁竹 267973
野藨莓 **339310**
野滨藜 **44400**
野槟榔 **71715**,233174
野波罗蜜 36928
野菠菜 40334,41380,150513,339887,340089,340116
野菠萝 281031,281138
野薄荷 10414,19901,78012,96970,96981,96999,97043,143962,143965,143998,147084,176839,239582,250370,250443,259284,259323,274237,345310,388127,388303
野薄荷属 274197
野菜豆 408571
野菜花 336211
野菜升麻 91038
野菜子 154031,154424,336193,336211
野蚕豆 28200,43053,70904,81727,205995,408423
野蚕蛹子 373321
野草果 **19868**,327418
野草莓 **167653**,167641
野草乌 5575
野草香 143998
野茶 134938,160503,160564,261601,389166
野茶白珠树 172135
野茶花 69552,69589
野茶辣 91482,161320,161330,253628
野茶泡 172099
野茶树 69644
野茶藤 80203
野茶叶 94541
野茶籽 69411
野茶子 376478

野柴胡 30024
野铲粟 143522
野菖蒲 5793
野长蒲 390378
野长蒲属 **390376**
野长生果 249232
野朝阳 261081
野朝阳柄 77149
野车叶草 **39314**
野车轴草 **396828**,396956
野橙 316285
野橙子 310850
野川芎 229377
野春桂 105146,234051
野春美草 **94349**
野椿 320359
野茨菇 222042
野茨菰 342400
野慈姑 **342421**,299719,342400,401156,401161
野刺菜 92066
野刺儿菜 91770
野刺芹 **154301**
野刺桐 240272
野刺苋 18822
野葱 **15189**,15032,15220,15450,15626
野葱草 232391
野葱果 15450
野楤木 30590
野楤头 **30590**
野大豆 **177777**
野大戟 **158888**
野大救驾 49576
野大麻 **71228**,254261
野大麦 60777,198267
野大蒜 325718
野大烟 201389,282617,320515
野大烟花 282622
野丹参 **345453**,344947
野当归 24326,24336,24358,24424,408247
野党参 70396,98373,98414
野刀板豆 71040
野刀板藤 71050
野刀板藤豆 71050
野刀豆 **71077**
野倒钩草 295986
野稻 **275960**,275937,275939
野稻荙 **418096**
野灯草 213447,213448
野灯笼花 238942
野灯台树 18052
野灯心草 **213447**,213036,213213,213448,213525
野灯芯草 213447
野地蚕 373262,373346
野地谷精草 **151398**
野地骨 96028
野地瓜 165759
野地瓜藤 165759
野地黄菊 103438
野地栗苗 143122
野地藕 239222
野地笋 **239192**
野地钟萼草 **231267**,231278
野颠茄 367706,367735
野靛 59823,96167,234398,239544,306978
野靛棵 **244295**
野靛棵属 **244276**
野靛青 96028,96167,100961,291138
野靛属 47854
野靛叶 111915,214308
野蝶须 **26490**
野丁香 **226120**,226110,226122,238106,255711,360933,382241
野丁香花 122438
野丁香属 **226075**,79902
野顶冰花 **169388**
野冬瓜 390164
野冬菊 40972
野冬青果 382491,382493,382522
野冬苋菜 81570
野斗篷草 13966
野豆 240133,310962
野豆根 250228
野豆箕 9560
野豆蕉 117364
野豆角花 42258
野豆子 126603
野独活 **254548**,24441
野独活属 **254546**
野独蒜 239266
野独行菜 225315,225447
野杜瓜 417488
野杜衡 300427
野杜荆 338516
野杜鹃花 330495
野杜利 338516
野杜仲 157345,157355,157547
野鹅脚板 345988
野发麻 414224
野番豆 **402112**
野番荔枝 25852
野番茄 367735
野番薯 117390,208224
野蕃蒲 177170
野蕃薯 207988
野饭豆 205784
野饭豆根 135646
野饭瓜 292374
野榧 82545
野粉团儿 39989
野粉团花 215350
野风信子 353001
野枫藤 285157
野凤梨 **60551**,21485
野凤梨属 60544
野凤仙 204891
野凤仙花 **205369**
野芙蓉 217,229,235,194936,243320
野附子 401156
野甘草 **354660**,187510,187529,187625,261388
野甘草属 **354658**
野甘菊 **124817**
野甘蓝 **59520**
野甘露 373274
野甘薯 207921
野柑子 93495,342724
野橄榄梨 323165
野高粱 41841,73842,138331,238647,309954
野藁本 **229393**
野葛 **393466**,172779,321441,393470,393471
野葛菜 336211
野葛属 393441
野葛薯 131630
野狗兰麻 143998
野狗芝麻 143998
野枸杞 367528,367604
野构树 61103
野构桃 61103
野菰 **8760**
野菰科 **8770**
野菰属 **8756**
野古草 **37352**,37379
野古草科 **37445**
野古草属 **37350**
野古蓝 182126
野谷麻 394635
野牯草属 37350
野牯牛刺 336620
野故草 224989
野瓜 390170
野瓜栗 **279383**
野瓜藤 6907
野罐草 37379
野广石榴 248727
野广子 198511
野桂 **91398**
野桂花 **276405**,171253,301291,307982,382388
野桂皮 91270,264087
野桂树 91282
野果木 233928
野海椒 217626,367416,367522,367528,367733
野海角 367416
野海茄 **367262**,367265,367706
野海棠 **59855**,49626,49703,49722,50087,59823,59844,243630,388607
野海棠属 **59822**
野含笑 **252958**
野含羞草 9560
野寒豆 9560
野旱烟 21965,25439,202146
野蒿 35132,35237,36354,36474,150464,404454
野蒿荚 340141
野合豆 **104144**
野合豆属 **104143**
野核桃 **212595**,83311,212608
野荷莲豆 138482
野荷树 240562
野荷子 239594
野鹤嘴 37888
野黑胡椒 241817
野黑麦 198267,356253
野黑麦草 235303
野黑樱 **83311**
野黑樱桃 83311
野黑种草 **266216**
野红稗 41812
野红豆 408841
野红花 82022,92066,92132,92384,414718
野红米草 73842
野红芹菜 35770
野红苕 20868,117390,250796
野红薯 20408
野红薯藤 117637
野红枣 407987
野猴枣 31408
野厚朴 171253,232595,232603
野狐 **273029**
野狐杆 240769
野狐浆草 114994
野狐丝 114994
野胡瓜 **362451**
野胡瓜属 **362448**
野胡椒 231355,239406,297645,300357,300435
野胡椒属 135132
野胡萝卜 **123141**,77784,90932,97719,123164,276455
野胡麻 **135134**,231961
野胡麻属 **135132**
野胡桃 212595
野葫芦 354503
野花棓 379374
野花草 226924

野花红 243630
野花椒 **417340**,129629,417134,417137,417161,417271,417294
野花麦 198745
野花毛辣角 238942
野花木 13578
野花楸 369541
野花生 104046,105846,112138,112491,112667,126389,181635,226698,226924,239582,247366,360493
野花绣球 407785
野槐 369010,369339
野槐树 9560,206445,206669
野黄豆 65146,70822,97195,112491,126471,177777,333215,333456,386410
野黄豆属 386403
野黄瓜 **114171**,128931,367775,390178,417470
野黄桂 **91354**
野黄果 342724
野黄花 230022,285859
野黄花菜 191304
野黄姜 335147,335153
野黄韭 **15684**
野黄菊 124790,124857,368073
野黄菊花 124790
野黄连 103840,106004,128929,146966,328345
野黄麻 1790,104057,104059,224989
野黄皮 94185,94191,122410,253627,253628,260164
野黄皮树 46198,253627
野黄芪 42327,72342
野黄耆 42327
野黄芩 242542
野黄杨 345660,345708
野黄杨树 360935
野黄栀 301294
野黄子 243717
野灰菜 86901
野回菜 226989
野茴香 24213,97719,163584,167156,201605,204544,230700,269312,276745
野火草 178218
野火荻 396956
野火麻 14184
野火木 274435
野火萩属 **238407**
野火球 **396956**
野火绳 99965,180768
野藿麻 290940
野藿香 10414,185252,209646,209809,209811,216458,220359,254252,254262,259323,265028,345315,388114
野藿香花 209811
野藿香属 338052
野鸡坝 312502
野鸡稗 73842
野鸡膀子 312450
野鸡菜 24024
野鸡草 187694,202812,226742
野鸡豆子 250228
野鸡冠 80381
野鸡冠花 80381,345917
野鸡冠子花 139681
野鸡花 402245
野鸡黄 355403
野鸡散 143965
野鸡尾巴 39970
野鸡爪 143530
野鸡子豆 360463
野棘豆 278764
野蓟 **92167**
野稷 281917
野荚豆 117364
野间岳细辛 **37696**
野菅 389333
野缣丝 415046
野剪刀股 **210655**,210654
野碱谷 143530
野姜 **417968**,17761,187468,415201,417970,418002,418009,418017,418023
野姜花 187432
野姜黄 17744
野豇豆 **409113**,194156,194158
野茭白 **418080**
野胶树 233930
野椒 56382,417330
野蕉 **260206**,260258
野蕉子 260258
野角尖草 87048
野脚板薯 131772
野芥 364557
野芥菜 259323,309570,336211,345310,416437
野芥兰 144975,416437
野金瓜 162616
野金瓜头 292374
野金花 78012
野金沙 268438
野金砂 268438
野金丝桃 201761
野金叶菜 191318
野金银花 235633
野金鱼草 **28631**
野堇菜 **409703**,326340,410412,410770
野锦葵 243823
野槿麻 194936
野京豆 167286
野荆芥 78039,144096,176839,259282,259284,259323,274237,405872
野鸠旁花 312450
野韭 **15649**,15105,15185,15450
野韭白 15886
野韭菜 5821,15822,15886,119503,135059,166462,218480
野韭姜 119503
野酒花 199384,199386
野鞠火树 371944
野菊 **124790**,124806
野菊花 124790,193932,246396,272588,359980
野橘 283509
野苣 210540,210567
野卷单 399197
野卷耳 82680
野卷心菜属 **181844**
野决明 **389540**,389518,389533
野决明属 **389505**
野克棘豆 **279242**
野苦菜 238942,285859,285880,320513,368635,368675
野苦草 35132
野苦瓜 73207,114261,117433,182575,256884,259739,390132,396155,417470,417488
野苦瓜藤 390170
野苦梨 107411,107472
野苦楝子 328713
野苦麻 1790,191666,320511,320513
野苦马 368771
野苦荬 210654,368635,368675,368771
野苦荬菜 283388
野苦荬属 210553
野苦参 200740
野苦参子 360483
野苦斋 285880
野葵 **243862**,243810
野葵花 77149,77156,77183,207136
野腊烟 220032
野蜡梅 87521
野蜡梅花 87521
野辣菜 336193
野辣虎 367416
野辣椒 18059,129243,253627,253628,327069,367416,400987
野辣椒树 367416
野辣茄 367522
野辣烟 21533,406662
野辣子 37888,72100,202597,367416,367604,400987
野辣子草 308969
野辣子棵 212019
野兰 9560,241808,375274
野兰草 232640
野兰蒿 35132,35308,36232
野兰花 37115,208853
野兰荞 162335
野兰枝子 205752
野兰子 129033
野蓝 191350,386257
野蓝靛 66913,306971,386257
野蓝枝 205639
野蓝枝子 205752,206445,206669
野榄核莲 22403
野榄树 **270150**
野榔皮 401504
野崂豆 408302
野老鹳草 **174524**
野老姜 418002
野老鼠豆 98065
野勒菜 35770
野勒苋 18822
野簕苋 18822
野簕芋 222042
野梨 **323267**,6553,323093,323110,323116,323330,323346
野梨子 323110
野狸藻 403110
野黎豆 259545
野黧豆 **259545**
野李子 83238,166786,310850
野荔枝 124882,124891,240842,386678
野栗子 78823
野笠苔草 **74392**
野连翘 59127,301279
野莲头 35167
野凉粉草 96970,96999
野凉粉藤 96970
野凉薯 29304
野蓼 23670,26624
野料豆 177777
野烈颜琼麻 10929
野裂头麻风树 212145
野裂颜麻风树 212145
野裂颜琼麻 **10929**
野灵仙 94989
野菱 **394460**,394459,394496,394500,394535
野菱角 394500,395146
野柳穿鱼 **230901**
野六麻 1790
野龙胆 173318
野龙竹 **125507**,125514
野芦柴 228321

野芦子 300415
野菉豆 408571
野鹿衔花 13091
野路菊 **89556**
野路葵 249633
野路葵属 249627
野驴喜豆 271172
野绿灯 297712
野绿豆 9560,29304,205752,206445,333456,408284,409113
野绿麻 221538
野绿米 99124
野罗伞 289568
野罗桐 13353
野萝卜 **326609**,123141,205554,287109,298093
野萝卜子 189949
野萝花 **122632**,122484
野络麻 1790
野落松 128323
野落苏 248748,415046
野麻 29506,56229,56312,71218,123028,174877,194779,224989,273903,299024
野麻草 1790
野麻杆 240765
野麻根 180768
野麻公 313471
野麻花 239222
野麻甲 190094
野麻科 123033
野麻栗树 413789,413835
野麻栗水锦树 413835
野麻朴 414193
野麻山麻 244893
野麻属 123027
野麻藤 56112
野麻豌 408571
野麻子 123077,240769,373222
野马齿苋 357123
野马豆 409113,409124
野马蝗 125580
野马兰头 35136
野马铃薯 **208050**
野马桑 104701
野马蹄草 352200
野马追 158200
野马棕 213447,213448
野蚂蝗 125580
野麦 60777,127852,228369
野麦草 45448,198311
野麦冬 15886,135059,236284,272057,272059,272064,272085,272111
野麦属 144144
野麦豌子 408571
野麦子 45448
野蛮豆 409113
野芒柄花 271333
野杧果 244410
野猫耳朵 367322
野猫酸 144810
野毛扁豆 **20560**,20566,333456
野毛扁豆属 20558
野毛草 224989,224991
野毛蛋 13225
野毛豆 112138,177777,333456,408571
野毛耳 408502
野毛茛 325612
野毛瓜 259739
野毛金莲 247175
野毛栗 336405
野毛漆 393485
野毛粟 336405
野毛楂 177170
野茅栗 78823
野玫瑰 336522
野玫瑰树 **268356**
野梅 34448,34458,197213
野梅花 402245
野梅柳 **343738**
野梅签 60777
野梅树 77278
野梅子 240842
野蒙花 141470
野梦花 **122616**,122484,122532,141470
野米辣 161330,161356
野密花 **321973**
野棉 **179931**,235
野棉花 **24116**,217,229,233,235,1000,1790,11199,23850,23853,23854,24024,24090,94830,95077,194936,259323,402245,402267,414224
野棉花秸 249633
野棉花属 402238
野棉皮 414216
野棉桃 402267
野棉香 55147
野棉之 414193
野苗 162542
野磨芋 20147,33288
野魔芋 **20147**,20132,33325,33335
野茉莉 127072,255711,379374,379417,379449
野茉莉科 379296
野茉莉属 379300
野牡丹 **248732**,24116,248765,276130,280182,280223
野牡丹谷木 **250022**
野牡丹花 280286
野牡丹科 **248806**
野牡丹马钱 **378804**
野牡丹茄 **367369**
野牡丹属 **248726**
野牡丹藤 247571
野牡丹藤属 247526
野牡丹田花菊 **11536**
野木耳菜 144975
野木瓜 **374392**,13225,374398,374409
野木瓜属 **374381**
野木姜 234051
野木姜花 283616
野木姜子 231324,233996
野木槿 194969
野木蓝 206626
野木棉 249463,402267
野木通 94830
野木犀 249232
野木香根 34162
野木香果 34154
野木香叶 144014
野木鱼 179262
野木芋 327676
野苜莉 305202
野苜蓿 226843,247452,247457,249218,249232,397451
野苜蓿草 218345
野奶豆 370422
野南瓜 177123,177170,292374
野南芥 30292
野南芥菜 30292
野南荞 162309,162335
野拟漆姑 370696
野牛草 **61724**
野牛草属 **61723**
野牛角 374018
野牛尾苕 131772
野牛膝 4304,91575,178861,205317
野弩箭药 5177
野欧白芥 364557
野藕 267280,267313
野盘桃 177170
野泡通 137795
野蓬 155365
野皮菜 191316
野枇杷 **66856**,5793,66829,133077,141629,142152,151144,164671,164947,203648,203833,240711,243327,249449,295403,330727,331561,347965,347967,347968,347969,408089
野枇杷木 233899
野枇杷藤 64471
野枇杷叶 31477
野飘拂草 166223
野苹果 **243711**,382593,382594
野婆树 394631
野葡萄 **411784**,20335,20348,20447,79841,79878,92616,92724,285157,365066,367416,411540,411568,411589,411590,411686,411735,411736,411764,411849,411890,411979,412004
野葡萄藤 79850,411589,411590,411735
野葡萄秧 20408
野蒲桃 365066
野七里香 239594
野漆 **158397**,393479
野漆疮树 393485
野漆树 **393479**,77887,393449,393485
野起绒草 133517
野气辣子 234051
野荠菜 72749,81570
野千年锤 296121
野千穗谷 18810
野牵牛 102933,207988,208023
野前胡 30024
野茜 **362097**
野茜属 **362095**
野蔷薇 336419,336667,336685,336783,336792,336885
野荞麦 **152107**,162309,162335,309459,309877
野荞麦苗 309459
野荞麦木科 **151787**
野荞麦木属 **151792**
野荞子 162309,162335,309459
野茄 **367706**,367604,367682,402267,415046
野茄果 367735
野茄树 367146
野茄秧 367416
野茄猪耳 415046
野茄子 345310,367416,367604,367682,402245,415046
野芹 **29328**,29327,90932,269326,285859
野芹菜 24314,35770,72802,106227,113879,200261,200366,269309,269312,269326,325697,325981,326340,326365,345978
野芹菜花 90932
野青菜 148153,285859,358848,359253,416437
野青靛 206669
野青豆 360493
野青冈 323936

野青兰 137613
野青茅 **127197**
野青茅属 **127192**
野青树 **206626**,386257
野青仔 129243,291161
野青子 386257
野清明草 178237
野苘麻 989
野屈曲花 **385555**
野屈曲花属 **385549**
野趣园具梗铜锤玉带草 **313569**
野雀麦 **60634**
野人瓜 197213,374409,374414
野人头 336615
野人血草 379228
野仁丹草 250370
野日头花子 141374
野榕 **165445**
野肉豆蔻 **261423**
野肉桂 91271
野乳香树 **57528**
野瑞香 122431,414150
野三角麦 162309
野三棱 352284
野三七 239215,280752,280756,280793,280814,280821
野三叶草 396828
野伞子 367416
野桑 259097
野桑椹 325718
野扫地 217361
野扫帚 217361
野沙柑 177845
野沙梨 182962
野沙参 344957
野山查 323251
野山茶 69010,69494,69504,69552,99420,143967,144037
野山豆 131772,226698
野山柑 **71808**
野山葛 362297
野山花 191157
野山姜 187424,308665
野山椒 144802
野山菊 124790
野山蓝 **291151**,202538,291148
野山绿豆 206445
野山罗花 **248161**
野山麻 190094,394635
野山蚂蝗 57683
野山漆 160954
野山参 280741
野山柿 132371
野山薯 131844
野山药 68701,117412,131489,131645,131734,131772,295212
野山柚子 **272560**
野山芋 16495,16512,99910
野山楂 **109650**,107462,109606,109781,109936
野杉 393061,393077
野杉根 289568,289569
野扇花 **346743**
野扇花属 **346723**
野商陆 207988
野梢瓜 417470
野芍药 280241
野苕 68713,162542
野苕子 408638
野参 280741
野参属 211639
野参须 377941
野升麻 41795,91038,158070,158161,259323,345881
野生芭蕉 **260274**
野生菜 320515
野生刺葵 295487
野生稻 275957
野生地 239222
野生地下豇豆 **409070**
野生地榆 345881
野生二棱野大麦 198368
野生二粒小麦 **398886**
野生二行大麦 198365
野生法道格茜 **161932**
野生福岛樱 83234,83314
野生蒿 35237
野生红樱桃 **83274**
野生画眉草 **147887**
野生黄刺玫 **337034**
野生黄独 131501
野生黄亚麻 **232014**
野生稷 **281917**
野生稷草 **282256**
野生姜 131873,308529,308572,308641,418002,418023
野生豇豆 **409107**
野生脚骨脆 **78152**
野生堇菜 409703
野生荆芥 **265040**
野生苦苣 90901
野生蓝果树 267867
野生荔枝 **233079**
野生柳穿鱼 267347
野生六棱大麦 198262
野生驴蹄草 **68221**
野生麻 14216
野生密钟木 **192692**
野生莘婆 **376145**
野生瓶形大麦 198314
野生蔷薇 **336339**,336364
野生三扇棕 **398827**
野生酸唇草 **4666**
野生无花果 165726
野生小胡瓜 **253899**
野生小麦 **398838**
野生新风轮 96966
野生旋花 **103282**
野生玉蝉花 **208552**
野生珍珠梅 369265
野生紫苏 **290968**
野石蚕 388303
野石胡荽 200329
野石榴 157974,248732,336675,336888
野石榴花 **46915**
野石榴花属 **46913**
野石竹 **127816**
野柿 **132230**,132309
野柿花 132309
野黍 **151702**,151695
野黍属 **151655**
野鼠尾草 345083,345458
野蜀葵 113879
野薯 131645
野薯藤 194467,250854,375870
野薯蓣 **131798**
野树菠萝 **36910**
野树豆花 355387
野栓果菊 **222946**
野栓皮槭 **2844**
野水凤仙 141374
野水葡萄 142152
野水芹 106350,269337
野水苏 373125
野水芋 401170
野蒴莲 **7238**
野丝 415046
野丝瓜 362461,390128,390164
野丝棉 394637
野思草 77149
野苏 100238,143965,143974,144021,144086,147084,209809,290940
野苏麻 73221,143998,144099,147084,209646,209755,290940,295091,345274,345310,388303
野苏叶 259323
野苏子 **287259**,10414,144021,144086,170060,209665,209717,295132,295142,345214,367604,388000
野苏子棵 144076
野素馨 211963
野宿合 243384
野蒜 15450,239266
野蒜头 15822
野蒜子 239266
野汤豆 409124
野塘蒿 35674,103438
野桃 20908,20921,61975
野桃草 375870
野桃花 402245,402267
野桃科 **216369**
野桃属 **216353**
野天鹅李 316583
野天麻 224989
野天门冬 375343,375351,375355
野天门冬根 375355
野天竹 276745
野田菜 247008,247025
野田花菊 **11533**
野甜菜 60064,397423
野甜瓜 390128,396170
野铁扫把 308816
野挺花 18865
野通草 9560
野通心菜 415299
野茼蒿 **108736**,35132,36232,103617
野茼蒿属 **108723**
野茼菊 148153
野桐 **243372**,243320,243371
野桐丹氏梧桐 **135973**
野桐蒿 103438
野桐吉沃特大戟 **175979**
野桐椒 91482
野桐乔 402245
野桐属 **243315**
野筒蒿 103617
野土瓜藤 250796
野土荆芥 259323
野兔子苗 68701
野豌豆 **408611**,111879,112138,138482,222707,222735,301055,362298,408284,408327,408407,408423,408571,408578,408648
野豌豆菜 138482
野豌豆草 138482,308397
野豌豆对叶藤 **250170**
野豌豆尖 138482
野豌豆科 **408715**
野豌豆属 **408251**
野豌豆托叶齿豆 **56741**
野豌豆叶假杜鹃 **48386**
野豌豆胄爵床 **272703**
野豌豆状兵豆 **224479**
野豌豆状鹰嘴豆 **90810**
野莞豆 333215
野万年青 337253,403795
野王瓜 396170,396238
野王瓜草 277747
野苇子 255873,394943
野蚊子草 363467
野瓮菜 56425

野莴苣 **219507**,219238,320513,320515
野莴苣菜 298583
野莴笋 234442,234759
野乌榄 189944
野无花果 **164774**
野吴萸 161330
野吴茱萸 161320,161330
野梧桐 **243371**,243320
野五味 351081
野西瓜 71762,396170
野西瓜苗 **195326**
野西瓜秧 195326
野悉蜜 211848
野席草 119041,213036,213066,213165,213447,213448,396025
野夏枯草 355391
野仙草 78012,96981
野仙人草 96981,96999
野仙桃 285639
野鲜姜 308529,308572,308641
野苋 **18670**,18848,123559
野苋菜 18670,18810,18822,18848,78025,243862
野苋草 78025
野线麻 **56181**,56195,56318
野香菜 176923
野香草 **143998**,96981,96999,154316,259324
野香蕉 13225
野香茅 117181,117185
野香芹 139584,192348
野香茹 259323
野香薷 143974,143991,254246,259281,259282,259284,274237
野香丝 290968
野香苏 143998,144086,373139
野香叶树 263759
野香橼花 **71699**
野向日葵 77156,141374,363090
野向阳花 77183
野橡胶树 169229
野小百合 229775
野小茴 24213
野小麦 60777
野邪蒿 **361466**
野辛巴 355145
野杏 34477
野绣球 407802,407837
野续断 **133517**
野萱草 191289
野萱花 50669
野旋花 102933
野雪豆 138482
野雪里蕻 336211
野鸦椿 **160954**
野鸦椿属 **160946**
野鸭草 43053
野鸭脚粟 143530
野鸭树草 9560
野鸭爪 143530
野亚麻 **231961**,231942
野亚麻荠 **68871**
野烟 25439,77146,77149,77156,77177,77183,234715,234759,266060,348256
野烟头 77156
野烟叶 77149,367146
野烟子菜 234715
野胭脂 220032,298094
野菸 25440,388170
野延胡 105810
野芫麻 220355
野芫荽 154316,200366,269309
野沿阶草 **272132**
野眼菜 221238
野眼花 221238
野雁皮 414150
野燕麦 **45448**,60777,190191
野燕麦属 190129
野羊茅 **163828**
野阳合 183503
野阳荷 417972,418019
野阳藿 176987
野杨柳 344277
野杨梅 **261217**,61107,138796,167632,261155
野杨树 345708
野洋姜 131917
野洋姜草 363093
野洋参 179685,179694,314228,314308
野洋烟 210525,320511,320520
野洋芋 244343,295150
野药茴 24213
野野椿 160954
野叶烟 234759
野叶子烟 77146,77183,234759
野一枝蒿 4062
野异燕麦 **190191**
野益母艾 285086
野薏米 99124
野罂粟 **282617**,176734,176735,248269,282536
野樱花 83314
野樱属 322386
野樱桃 83155,83255,83340,83347,142088,142152,346743
野樱桃树 83238,223133,316922
野鹰爪花 35018
野鹰爪藤 35018
野迎春 **211905**
野油菜 336193,336211
野油橄榄 **270070**
野油花 207151
野油麻 235,220359,224989,365296,373321,373439
野油柿 132090
野油柿子 132089
野油坛树 274440
野鱼香 100238,143974
野鱼腥草 97043
野榆 401504
野榆钱 390213
野榆钱菠菜 **44324**
野羽扇豆 **238472**
野玉桂 264021
野玉桂树 91282
野玉兰 232595
野芋 16512,99910,401161,417093
野芋荷 99910
野芋艿 99910
野芋头 16512,33295,33325,33335,99910,99917,99936,299724
野郁蕉 335760
野鸢尾 **208524**
野元宵 326108
野园荽 29327,81687
野猿猴草 418023
野芸香草 117162
野枣子 142152
野皂荚 **176897**,64990
野皂角 9560,64990,72191,78366,85232
野泽兰 41841,158118
野樟树 91282,231334,231429
野丈人 321672
野支子 145720
野芝麻 **220359**,78039,112667,143974,144076,170060,190094,190100,190102,195326,205580,220346,224989,227657,282478,283609,283642,287705,345310,345347,355201,363090,388303
野芝麻棵 190100
野芝麻罗勒 **268555**
野芝麻马蓝 **320129**
野芝麻属 **220345**,170015
野芝麻叶荆芥 **264974**
野芝麻叶绣球防风 **227621**
野栀子属 337482
野脂麻 355201
野指甲花 106328
野朱桐 95978
野珠兰 375812
野珠兰属 375811
野珠桐 95978
野猪菜 345310
野猪胆草 232252
野猪康达木 **101733**
野猪疏 290968
野竹兰 120363,147149,147235
野苎麻 1000,56195,56229,56260,56312,56343,123337
野紫瓣花 **400065**
野紫菜 415046
野紫草 233753
野紫麻 345310
野紫苏 56126,143974,144002,144021,144076,147084,209663,209809,259282,290968,373139
野棕 32333,114819
业平竹 **357939**
业平竹属 **357932**
叶斑鸠菊 **406883**
叶板荚 131630
叶板薯 131630
叶苞斑鸠菊 **45899**
叶苞斑鸠菊属 **45897**
叶苞糙毛菊 **8611**
叶苞糙毛菊属 **8607**
叶苞脆蒴报春 **314181**
叶苞点地梅 **23270**
叶苞繁缕 **374807**,374809
叶苞过路黄 **239666**
叶苞蒿 **36077**
叶苞菊属 280578
叶苞苣 **372341**
叶苞苣属 **372340**
叶苞卷舌菊 **380892**
叶苞山梗菜 **234489**
叶苞瘦片菊 **296940**
叶苞瘦片菊属 **296939**
叶苞银背藤 **32636**
叶苞帚鼠麹 **20626**
叶苞帚鼠麹属 **20624**
叶苞紫堇 **105910**
叶苞紫菀 **40618**,380892
叶抱枝 202146
叶爆芽 61572
叶杯茜 **296979**
叶杯茜属 **296978**
叶背红 144975,161647
叶被木 **377543**
叶柄花 **97493**
叶柄花科 **97487**
叶柄花柔冠菊 **236387**
叶柄花属 **97491**
叶柄阔苞菊 **305119**
叶柄龙胆 **173723**
叶柄黏木 **211024**
叶柄榕 **165455**
叶柄鼠李 **328823**

叶柄铁心木 **252622**
叶柄香茶菜 **209796**
叶柄獐牙菜 380307
叶藏刺科 200435
叶藏花 236180
叶茶藨 **297072**
叶茶藨科 **297077**
叶茶藨属 **297069**
叶长花 191141
叶城翠雀花 **124706**
叶城黄耆 **43271**
叶城假蒜芥 **365384**
叶城毛茛 **326501**
叶城小蒜芥 365384
叶刺画眉草 **147879**
叶刺头野荸荠 142152
叶底凤仙花 204874
叶底红 **59844**,31477,96981
叶底花凤仙花 **204874**
叶底球属 **356392**
叶底珠 167092
叶底珠属 167067
叶地瓜儿苗 239222
叶顶花属 297069
叶顶珠 361370
叶萼豆属 **296926**
叶萼核果茶 **322578**
叶萼龙胆 **173722**
叶萼拟九节 **169355**
叶萼山矾 **381361**,381291
叶萼薯属 25315
叶萼獐牙菜 **380140**
叶萼针囊葫芦 **326664**
叶飞蓬 **150641**
叶菲利木 **296140**
叶覆草属 **297507**
叶盖滨藜 **44606**
叶梗百里香 **391325**
叶梗禾 **297133**
叶梗禾属 **297132**
叶梗矢车菊 **81278**
叶梗玄参属 **297091**
叶骨 267320
叶果豆 **296935**
叶果豆属 **296933**
叶好娇 28996
叶红草 48140
叶后珠 296801
叶花草胡椒 **290344**
叶花多头玄参 **307622**
叶花后毛锦葵 **267202**
叶花黄芩 **355677**
叶花火畦茜 **322968**
叶花景天 **357022**
叶花苣苔 302960
叶花苣苔属 302958
叶花瘤蕊紫金牛 **271088**
叶花梅氏大戟 **248015**
叶花昙花 **147293**
叶花小苞爵床 **113747**
叶藿香 10414
叶蓟属 2657
叶荚豆属 296933
叶节木 **296833**
叶节木属 **296826**
叶进根 259323
叶苣苔 **296864**
叶苣苔属 **296862**
叶卡氏彩花 **2230**
叶壳草属 296355
叶苦瓜 117433
叶兰属 39516
叶榔 401504
叶里藏珠 1790,370847
叶里存珠 1790
叶里含珠 1790
叶里仙桃 1790
叶列涅夫斯基缬草 **404291**
叶柃 160442
叶铃子 328760
叶柳草 258905
叶绿冬青 197265
叶轮木 **276789**
叶轮木属 **276786**
叶萝藦科 296436
叶麻黄 146148
叶麦瓶草 363463
叶毛盘草 335229
叶矛对钩 283726
叶蒙宁草 257476
叶木豆属 **297546**
叶尼塞喜冷红景天 **329830**
叶尼塞眼子菜 **312275**
叶尼塞蝇子草 363606
叶茜 **296858**
叶茜属 **296856**
叶鞘白鸽玉 **211353**
叶鞘报春 315075
叶鞘长庚花 **193355**
叶蕊楠 **297530**
叶蕊楠属 **297529**
叶三七 345941
叶色芦荟 **17167**
叶山 154909,154926
叶上果 191157,191173,341498,391843
叶上花 10345,10346,59127,71699,72394,159046,191173,234051,276849,346743
叶上绣球 187694
叶上珠 191141,191157,191173,401455
叶舌袖珍椰子 **85423**
叶生 61572
叶生根 61572
叶饰木属 **296969**
叶树 175813
叶水茜 **297564**
叶水茜属 **297563**
叶穗百蕊草 **389816**
叶穗拟九节 **169356**
叶穗枪刀药 202595
叶穗曲管桔梗 **365180**
叶穗苔草 **75779**
叶穗无梗斑鸠菊 **225258**
叶穗香茶菜 **209798**
叶穗鸭嘴花 **214708**
叶穗帚鼠麹 **377238**
叶穗猪屎豆 **112529**
叶昙花属 147279
叶天天花 260430
叶头风毛菊 **348643**
叶头过路黄 **239786**
叶头鸭舌癀舅 **370846**
叶头盐鼠麹 **24541**
叶团扇 272818
叶下白 112853,138888,178237,243320,312502,379347,379457
叶下藏珠 31408
叶下穿针 417282
叶下灯 297645
叶下红 13091,31403,31477,55136,59844,59857,144975,183066,183097,296373,344945,344947,345142,407503
叶下花 12695,12698,139621,139623,296445
叶下莲 147291
叶下双桃 1790
叶下珍珠 31477,296801
叶下珠 **296801**,167092,296679,417563
叶下珠黑钩叶 **22265**
叶下珠科 **296436**
叶下珠木蓝 **206395**
叶下珠属 **296465**
叶下珠状美登木 **246908**
叶仙人棒 290708
叶仙人掌 **324597**,290701
叶仙人掌属 290699
叶线草 **296362**
叶线草属 **296360**
叶香 336250
叶象花 158727,159046
叶星花属 **297081**
叶序唇柱苣苔 87880
叶序大风子属 **296909**
叶序苎麻 56112
叶芽筷子芥 30272
叶芽南芥 **30272**
叶芽鼠耳芥 **30111**
叶雅省草 260121
叶药萝藦 **296438**
叶药萝藦属 **296437**
叶叶兰 83650
叶榆 **401508**
叶芋属 65214
叶枕白鼓钉 **307696**
叶枕白鼠麹 **405309**
叶枕酢浆草 **278035**
叶枕红蕾花 **416981**
叶枕假金雀儿 **85400**
叶枕欧石南 **149953**
叶枕山柳菊 **195909**
叶枕绳草 **328141**
叶枕黍 **281371**
叶枕四籽谷精草 **280353**
叶枕肖鼠麹草 **197941**
叶枕雅葱 **354924**
叶枕罂粟 **282673**
叶枕治疝草 **192950**
叶枝大戟 **159571**
叶枝虎耳草 **350043**
叶枝杉科 **296953**
叶枝杉属 **296956**
叶脂果豆 **261527**
叶质结香 141470
叶轴香豌豆 **222681**
叶珠木 296445
叶珠木属 296442,296947
叶柱榆属 **297534**
叶状苞杜鹃 **331615**,389577
叶状苞飘拂草 166493
叶状苞紫堇 **106154**
叶状柄垂头菊 **110429**
叶状柄异决明 **360474**
叶状草 146995
叶状鞘囊吾 **229136**
叶状柔冠菊 **236395**
叶状无芒药 172257
叶状鸭跖草 **101020**
叶状枝杉属 296956
叶子菜 98395
叶子草属 687
叶子花 **57868**,57857,139621
叶子花科 **57872**
叶子花属 **57852**
叶子兰 300357
夜白鸡 65921
夜闭草 226742
夜编辑紫蓝杜鹃 **331717**
夜变红 49626
夜叉头 31051
夜叉竹 **357959**
夜吹箫 228321
夜丁香 84417
夜渡红 49837
夜饭花 255711

夜夫人 59259
夜干 50669
夜公主 357748
夜关草 78429
夜关门 9560,13578,49022,49098,202086,218347,226742,226860,226977,296801,296803,360463,360493
夜光 159092,159286
夜鬼灯笼 96083
夜寒苏 187432
夜合 13578,13595,13621,162542,229730,232594
夜合草 13578,49046,78366,226698,226742,296801,360493
夜合花 13578,232594
夜合槐 13578
夜合欢 13635
夜合树 13578,13595
夜合叶 49022
夜合珍珠 296801
夜后花 357741
夜呼 298093
夜花 **267430**
夜花长被片风信子 **137973**
夜花干番杏 **33120**
夜花灰毛豆 386199
夜花胶藤 **220912**
夜花科 **267428**
夜花块根柱 **288988**
夜花芦莉草 **339773**
夜花女娄菜 363815
夜花日中花 **251747**
夜花属 **267429**
夜花薯藤 **207557**
夜花藤 **203023**
夜花藤属 **203018**
夜花仙人掌 83874
夜花蝇子草 **363817**,363815
夜花芸香 **267597**
夜花芸香属 **267596**
夜花柱瓣兰 **146450**
夜欢花 13578
夜皇后 **357741**
夜交藤 162542
夜娇娇 255711
夜拉子 360493
夜喇叭花属 67734
夜来花树 202021
夜来香 **385752**,84417,269404,269443,269475,269509,290744,307269
夜来香属 **385749**,290739
夜兰 11300,60064
夜兰茶 60064
夜兰香 385752
夜栗鼠球 **244117**
夜栗鼠丸 244117
夜落金钱 138273,289684
夜麻 **193470**
夜麻光 91537
夜麻属 **193469**
夜美人柱 357748
夜明草 129068
夜摩草 218480
夜抹光 91537
夜茉莉属 **267422**
夜闹子 135238
夜牵牛 41342,92791,115595,375850,406102,406272
夜球花 **193541**
夜球花属 **193540**
夜曲蓝菀 **40041**
夜蛇柱属 267603
夜丝兰属 **193534**
夜藤 205880
夜晚花 255711
夜晚香 5821
夜雾阁 **188553**
夜雾阁属 **188551**
夜息花 250370
夜息香 250370
夜香草 115595
夜香花 61295,84417,385752,385757
夜香花草 **193452**
夜香花属 84400,385749
夜香木兰 **232594**
夜香木属 84400
夜香牛 **115595**
夜香牛属 **115594**
夜香树 **84417**
夜香树牡荆 **411227**
夜香树属 **84400**
夜香紫茉莉 255735
夜星花 **103674**
夜星花属 **103671**
夜行草 355429
夜夜青 119503
夜罂粟 **193492**
夜罂粟属 **193491**
夜鸢尾属 193232
夜之女王 357744,357748
腋唇兰属 246704
腋刺菊 **278554**
腋刺菊属 **278553**
腋含珠紫堇 **106591**
腋花 267430
腋花巴纳尔木 **47561**
腋花白瑟木 **46625**
腋花板凳果 279744
腋花补血草 **230531**
腋花齿缘草 **153427**
腋花粗蕊茜 **182984**
腋花大青 **96023**
腋花单蕊龙胆 **145661**
腋花德罗豆 **138112**
腋花点地梅 **23126**
腋花杜鹃 **331596**
腋花法鲁龙胆 **162785**
腋花富贵草 279744
腋花勾儿茶 **52413**
腋花光花草 **373663**
腋花孩儿草 **340337**
腋花黄芩 **355385**
腋花鸡矢藤 **280065**
腋花胶藤 **220822**
腋花芥 **285044**
腋花芥属 **285043**
腋花金莲木 **203414**
腋花金莲木属 **203413**
腋花金腰子 90336
腋花金鱼草 37554
腋花金鱼草属 37548
腋花聚花草 **167014**
腋花卡竹桃 **77663**
腋花科 267428
腋花兰属 304904
腋花蓝花参 **412594**
腋花藜芦 228155
腋花镰扁豆 **135419**
腋花蓼 309602
腋花林地苋 **319008**
腋花鳞果草 **4459**
腋花鹿藿 **333157**
腋花络石 393625
腋花马岛茜草 **342819**
腋花马卡野牡丹 **240219**
腋花马来茜 **377523**
腋花马利旋花 **245296**
腋花马钱 **378651**
腋花马先蒿 **287026**
腋花毛瑞香 **218977**
腋花帽柱茜 **256238**
腋花秘花草 **113354**
腋花膜鞘茜 **201022**
腋花木藜芦 **228155**
腋花南芥 **30194**,285044
腋花扭柄花 **377941**
腋花女娄菜 **248382**
腋花欧石南 **149053**
腋花荠属 285043
腋花牵牛 292751
腋花枪刀药 **202510**
腋花鞘苞花 **19487**
腋花热带龙胆 145661
腋花软荚豆 **386423**
腋花瑞香 **122380**
腋花三角咪 279744
腋花山橙 **249651**
腋花山红树 **288683**
腋花鼠李 **304583**
腋花鼠李属 **304582**
腋花属 267429
腋花双盛豆 **20747**
腋花水竹叶 **260088**
腋花四蟹甲 **387073**
腋花糖芥 **154535**
腋花莛子藨 **397849**
腋花兔儿风 **12695**
腋花望春玉兰 **241998**
腋花乌头 **5573**
腋花苋 **18814**
腋花须弥芥 **113147**
腋花玄参 355148
腋花伊瓦菊 **210471**
腋花异籽藤 **26132**
腋花蝇子草 **363815**
腋花硬皮豆 **241410**
腋花越被藤 **201672**
腋花珍珠菜 239881
腋花猪屎豆 **111923**
腋花苎麻 56155
腋花醉鱼草 **61985**
腋基菊 **389960**
腋基菊属 **389959**
腋寄生 **290655**
腋寄生属 **290654**
腋毛勾儿茶 **52405**
腋毛泡花树 **249448**
腋毛千里光 **293837**
腋毛千里光属 **293836**
腋毛藤五加 **2436**
腋毛野鸦椿 160949
腋球顶冰花 **169392**
腋球苎麻 **56214**,56155
腋绒菊 **111411**
腋绒菊属 **111410**
腋生艾纳香 **55690**
腋生白斑瑞香 **293793**
腋生白蓝钝柱菊 **398329**
腋生碧冬茄 **292751**
腋生补骨脂 **319137**
腋生长隔木 **185165**
腋生赤宝花 **389996**
腋生盾果金虎尾 **39501**
腋生多肋菊 **304436**
腋生多穗草 407498,407503
腋生番樱桃 **156140**
腋生菲利木 **296154**
腋生费内尔茜 **163411**
腋生腹水草 407453,407498,407503
腋生哥伦比亚茜 **326916**
腋生拱顶金虎尾 **68772**
腋生哈梅木 185165
腋生花萝芙木 **327062**
腋生假花大戟 **317198**

腋生尖头花 **5995**
腋生卷耳 **82727**
腋生亮毛菊 376545
腋生裂籽茜 **103879**
腋生隆柱菊 **399983**
腋生膜苞菊 **211394**
腋生纳韦凤梨 **262932**
腋生黏花金灌菊 **90566**
腋生欧石南 **149052**
腋生瑞香 122380
腋生省藤 **65643**
腋生斯迪菊 **376545**
腋生弯蕊芥 **238006**
腋生五味子 **351015**
腋生膝花萝藦 **179344**
腋生腺萼紫葳 **250107**
腋生斜紫草 **301624**
腋生盐鼠麹 **24537**
腋生叶覆草 **297510**
腋生夷地黄 **351960**
腋生勇夫草 **390441**
腋生猪屎豆 **111922**
腋头风毛菊 **348437**
腋头紫绒草 **324941**
腋头紫绒草属 **324940**
腋序菊 **65104**
腋序菊属 **65103**
腋序亮泽兰 **401371**
腋序亮泽兰属 **401370**
腋序木藜芦 228155
腋序雪莲 **348393**
腋序苎麻 **56155**,56214
腋芽龙胆 **173280**
腋枕碱茅 **321372**
靥子花 267825
一把篦 387763
一把青藤 197245
一把伞 33325,120371,132685,139623,139628,159027,159222,239773,284367,284382,381814
一把伞南星 **33325**
一把扇 95396
一把参 146724
一把香 158895,159631,375187,414143,414162
一把香荛花 **414162**
一把针 53797,53801,54048
一把抓 23850,94740,117908
一白草 312450
一白二白 348087
一百针 143657
一包刺 333672
一包花 308138,308149
一包金 333672
一包针 18147,53797,53801,54042,54048,54158,197794,227654
一杯倒 331257
一杯醉 331257
一本芒属 93901
一本莎 93915
一本芝 93913
一齿小米草 **160151**,160286
一串红 **345405**,26624,341020,344980
一串金丹 106433
一串蓝 345023
一串蓝草 345023
一串纽子 65921
一串钱 116240,176839,200312,239582
一串鱼 407453
一串珍珠 333086
一刺针 143464
一寸灯心草 **213559**
一寸十八节 39532
一代宗 200816,329879
一担柴 **99965**
一担柴属 **99964**
一滴金丹 138331
一滴血 375840,375908
一滴珠 299719
一点广 265373,265420
一点红 **144975**,120353,138796,144903,144960,283388,401455
一点红宽肋瘦片菊 **57618**
一点红属 **144884**
一点金 299005
一点气 34162
一点血 34185,34219,34364,49886,49890,50148,50409,284650,375840
一点血秋海棠 **50409**
一点缨 144903
一点紫 **144997**
一点紫属 **144993**
一兜棕 55575
一蔸棕 65966
一朵芙蓉 138273
一朵芙蓉花 138273
一朵花杜鹃 **331270**
一朵云 139623,301279,356530
一帆青 39532
一根葱 254238
一根香 179679
一挂鱼 62799
一号黄药 144076
一花黄芪 42912
一花黄耆 **42912**
一花无柱兰 19520
一黄珊 88289
一见喜 22407
一见香 400888
一见消 305202
一箭球 218571
一茎九花 116851
一茎九华 116851
一棵参 173412,173842
一棵松 173842,389638,389768,389769
一颗血 284650
一口红 204138,208349
一口血 5549,49722,49782,49886,49890,49914,49971,50087,50148,200760,204138,205249,309507,410547
一口血草 309954
一口血秋海棠 **50162**
一块瓦 37653,37671,229049
一块砖 139612
一粒金丹 105810,138329,138331
一粒小麦 **398924**
一粒雪 218480,277776
一粒珠 218480,299719
一粒子草 218480
一炉香 182126
一缕阳光岸刺柏 **213744**
一轮贝母 168467
一马光 295984,295986
一面光 231324
一面锣 49914,183402,191598,191602,239582,265373,265418,299720,365046
一面锣属 129790
一面青 21596,178062
一面针 367682
一苗蒿 3978
一摩消 356367
一抹光 295984,295986
一年百蕊草 **389607**
一年拜卧豆 **227031**
一年长管角胡麻 **108658**
一年车前 **301857**
一年多坦草 **136428**
一年繁花钝柱菊 **307455**
一年粉白菊 **341450**
一年风铃草 **70001**
一年甘蓝花 **79694**
一年高粱 **369596**
一年灌丛垂穗草 **289772**
一年龟背菊 **317090**
一年海马齿 **361660**
一年红毛草 **333008**
一年积雪草 **81568**
一年假苞茅 **283375**
一年假格兰马草 **79462**
一年假金目菊 **190252**
一年尖耳野牡丹 **4736**
一年结脉草 **414404**
一年芥属 198479
一年金眼菊 **409148**
一年景天 **356544**
一年菊蒿 **383705**
一年劳德草 **237797**
一年老鸦嘴 **390712**
一年露子花 **123835**
一年驴菊木 **271715**
一年马岛翼蓼 **278403**
一年梅蓝 **248830**
一年木蓝 **205659**
一年纽敦栉茅 **113965**
一年蓬 **150464**
一年绒毛草 **197283**
一年山黧豆 **222680**
一年生半日花 **188589**
一年生杯头联苞菊 **115181**
一年生高葶苣 **11460**
一年生喙芒菊 **279255**
一年生假毛地黄 45175
一年生蓝花参 **412583**
一年生类毛地黄 **45175**
一年生龙面花 **263381**
一年生扭柱豆 **378502**
一年生飘拂草 **166176**
一年生落草 **217518**
一年生洽草属 337269
一年生球百合 **62342**
一年生山靛 **250600**
一年生水苏 **373110**
一年生西氏菊 **364512**
一年生邪蒿 **361465**
一年生圆叶舌茅 **402220**
一年生樟味藜 **70461**
一年手玄参 **244748**
一年双冠菊 **131043**
一年托尔纳草 **393022**
一年五裂层菀 **255620**
一年薪蓂 **390211**
一年小草 **253270**
一年小翼轴草 **376233**
一年肖木蓝 **253223**
一年新五异茜 **264272**
一年鸭舌癀舅 **370741**
一年野荞麦 **151827**
一年硬萼花 **353987**
一年尤利菊 **160755**
一年猪屎豆 **111899**
一捻红 69156
一捻金 265078
一匹草 62555,62557,62955
一匹绸 32602,32638,32651
一匹大 256212
一匹瓦 380197
一匹叶 62557
一片消 10788
一品白 **159676**

一品粉　**159679**
一品冠　115965
一品红　**159675**,158727,159046
一品红属　307076
一齐松　221866
一球悬铃木　**302588**
一日花珍珠菜　239628
一扫光　23853,71802,187691,283763,295984,295986,328665,355179,359980,381935
一身宝暖　141470
一身保暖　308050
一时柳　**343231**
一室苍耳　**415049**
一胎三子　73207
一条根　34188,166880,166888,166895,383007,418335
一条筋　407503
一条龙　117986
一条香　201942
一碗泡　308065,344347
一碗水　132685,139623,139629,228974,229118
一味药　206445
一文钱　**375836**
一窝虎　375343,375351,375355
一窝鸡　39075,412750
一窝蛆　14529,14533
一线香　134425,372247
一叶　39532
一叶荻属　356392
一叶兜被兰　**264775**
一叶豆　185764
一叶豆属　185758
一叶蒿　36469
一叶黄芪　42747
一叶兰　39532,243084
一叶兰属　304204
一叶莲　162616
一叶米口袋　**181673**
一叶七　379784
一叶萩　**167092**
一叶萩属　167067
一叶石竹　**127700**
一叶坛花兰　2080
一叶羊耳蒜　**232292**,232106
一叶一枝花　60083,122410,372247
一叶钟馗兰　2080,2084
一盏灯　13091,284378
一张白　101681
一掌参　**291215**
一丈红　13934
一丈菊　188908
一丈青　**394930**
一支蒿　4062,36166,363235,398024
一支箭　17759,110920,124891,355429
一支林　315465
一支麻　315465
一支香　317924
一枝白花　**60344**
一枝白花属　**60343**
一枝蒿　3921,3978,4062,5069,5200,5438,5520,35466,36166,36469,355429
一枝花　14760,200758,284319,284358,385903,399507,416508
一枝黄花　**368073**,368480
一枝黄花属　**367939**
一枝箭　3978,5483,12731,14472,17759,117643,175147,201743,226742,239266,284367,345881,345978,348663,355429,368073
一枝林　315465
一枝瘤　62873
一枝梅　35136
一枝枪　184186,368073,372247
一枝香　12635,41441,115595,117643,175203,317925,317966,368073
一枝银花　**367986**
一柱齿唇兰　**269047**
一柱香　224110,262966,290439
一炷香　12647,175203,187532,187538,226742,405788,414162
伊奥爱地草　**174385**
伊奥春美草　**94322**
伊奥奇罗木属　207340
伊奥石头花　**183271**
伊巴特萝藦属　**203169**
伊贝母　**168506**,168624
伊比利亚白花菜　**95704**
伊比利亚常春藤　**187297**
伊比利亚春黄菊　**26799**
伊比利亚大戟　**159112**
伊比利亚拂子茅　**65370**
伊比利亚荆芥　**264952**
伊比利亚聚合草　381031
伊比利亚老鹳草　**174660**
伊比利亚栎　**324025**
伊比利亚列当　**275095**
伊比利亚驴喜豆　**271221**
伊比利亚马兜铃　**34211**
伊比利亚南芥　**30369**
伊比利亚蔷薇　**336642**
伊比利亚曲芒发草　**126076**
伊比利亚沙穗　**148488**
伊比利亚水苏　**373256**
伊比利亚菘蓝　**209197**
伊比利亚糖芥　**154474**
伊比利亚肖梾木　**105068**
伊比利亚悬钩子　**338553**
伊比利亚岩黄耆　**187939**
伊比利亚羊茅　**164012**
伊比利亚野豌豆　**408432**
伊比利亚蝇子草　**363561**
伊比利亚鸢尾　208635
伊比利亚早熟禾　**305593**
伊比利亚针果芹　**350423**
伊比利亚猪毛菜　**344571**
伊比利亚紫菀　**40607**
伊比提八鳞瑞香　**268806**
伊比提斑鸠菊　**406432**
伊比提琥珀树　**27861**
伊比提灰毛豆　**386109**
伊比提蜡菊　**189442**
伊比提芦荟　**16904**
伊比提美冠兰　**156775**
伊比提扭果花　**377737**
伊比提欧石南　**149566**
伊比提青篱竹　**37213**
伊比提酸脚杆　**247575**
伊比提须芒草　**22732**
伊比提朱米兰　**212720**
伊比提猪屎豆　**112234**
伊波打女贞　229472
伊波加木　**382865**
伊波佐大黄　329349
伊伯利亚细辛　**37647**
伊伯利亚岩芥菜　**9801**
伊吹堇菜　410246
伊吹毛茎大戟　**159218**
伊吹山蓟　**92075**
伊吹山堇菜　**409610**
伊吹山卷耳　**82835**
伊吹山绣线菊　**371961**
伊吹穗花　**317970**
伊吹肖藁本　**139733**
伊达赫安比刺槐　**334950**
伊达茴芹　**299439**
伊达婆罗门参　**394297**
伊达鸦葱　**354875**
伊德里亚野荞麦　**152623**
伊甸园灰色石南　**149219**
伊豆白前　**409474**
伊豆岛赪桐　**96146**
伊豆岛梅花草　**284595**
伊豆岛榕叶葡萄　**411675**
伊豆杜鹃　330071
伊豆沙参　**7671**
伊豆虾脊兰　**65980**
伊豆樱　**83331**
伊独活　**12748**
伊独活属　**12747**
伊顿钓钟柳　**289339**
伊顿飞蓬　**150603**
伊顿鬼针草　**53887**
伊顿蓟　**91929**
伊顿卷舌菊　**380870**
伊顿绶草　**372203**
伊娥千里光　**207329**
伊娥千里光属　**207328**
伊尔报春　**314490**
伊尔金百里香　**391218**
伊尔金刺头菊　**108307**
伊尔金蓝刺头　**140723**
伊尔金苓菊　**214100**
伊尔金千里光　**359099**
伊尔金矢车菊　**81113**
伊尔金苔草　**74867**
伊尔库特桦　**53480**
伊尔库特棘豆　**279037**
伊尔库特雀麦　60776
伊尔库早熟禾　**305604**
伊尔瓦玄参　**355144**
伊凡棒头草　310114
伊冯匍匐污生境　103803
伊冯匍匐异味树　**103803**
伊夫·普里斯地中海绵毛荚蒾　**408168**
伊夫·凯斯加州鼠李　**328632**
伊夫尼大滨藜　**44418**
伊夫尼法蒺藜　**162235**
伊夫尼蒿　**35621**
伊夫尼合柱补血草　**230497**
伊夫尼假匹菊　**329818**
伊夫尼碱蓬　**379538**
伊夫尼小芝麻菜　**154093**
伊贺菝葜　**366290**
伊贺榧树　**393079**
伊贺拟莞　**352195**
伊卡托叶黄檀　**121672**
伊卡亚马钱　**378760**
伊孔古斑鸠菊　**406433**
伊孔古格雷野牡丹　**180390**
伊孔古卷瓣兰　**62789**
伊拉虫实　**104784**
伊拉独尾草　**148542**
伊拉克蜜枣　295461
伊拉克枣　295461
伊莱尼迷迭香　**337185**
伊莱扎伽蓝菜　**215137**
伊莱扎芦荟　**16794**
伊兰胶希丁香　**382183**
伊朗阿魏　**163652**
伊朗荸荠　**143273**
伊朗草　**45970**
伊朗草属　**45969**
伊朗臭草　**249066**
伊朗地肤　**217379**
伊朗甘草　**177906**
伊朗蒿　**36072**
伊朗红砂柳　**327196**
伊朗灰伞芹属　**259449**
伊朗棘豆　**279146**

伊朗假狼毒 **375212**
伊朗芥 **377490**
伊朗芥属 **377489**
伊朗菊属 **208326**
伊朗牻牛儿苗 **153806**
伊朗绵枣儿 **352969**
伊朗前胡 **272729**
伊朗前胡属 **272727**
伊朗芹 **215085**
伊朗芹属 **215084**
伊朗群花寄生 **11097**
伊朗沙拐枣 **67059**
伊朗参 **333075**
伊朗参属 **333074**
伊朗石竹 **121464**
伊朗石竹属 **121463**
伊朗水苏 **373261**
伊朗盐灌藜 **185053**
伊朗羊角拗 378389
伊朗野豌豆 **408434**
伊朗紫罗兰 **246448**
伊乐藻属 143914
伊乐藻状禾 **198921**
伊乐藻状禾属 **198920**
伊犁阿魏 **163630**
伊犁爱伦藜 **8852**
伊犁霸王 418677
伊犁贝母 168506
伊犁葱 **15364**
伊犁翠雀花 **124302**
伊犁顶冰花 **169450**
伊犁独活属 357905
伊犁飞燕草 124302
伊犁风毛菊 **348185**
伊犁高河菜 **247783**
伊犁花 **203519**
伊犁花属 **203518**
伊犁黄芪 42516,42600
伊犁黄耆 **42516**,42600
伊犁蛔蒿 360882,360883
伊犁碱茅 **321302**
伊犁锦鸡儿 72370
伊犁绢蒿 **360883**
伊犁利北芹 228583
伊犁柳 **343523**
伊犁芒柄花 **271320**
伊犁泡囊草 **297876**
伊犁蔷薇 **336956**
伊犁芹 **383235**
伊犁芹属 **383233**
伊犁忍冬 **235865**
伊犁沙穗 **148489**
伊犁山慈姑 400178
伊犁蒜 **15895**
伊犁糖芥 **154557**
伊犁铁线莲 **95026**
伊犁秃疮花 **129568**,176735
伊犁驼蹄瓣 **418677**
伊犁乌头 **5619**
伊犁西风芹 228583
伊犁小檗 **51757**
伊犁鸦葱 354877
伊犁岩风 **228583**
伊犁岩黄芪 187940
伊犁岩黄耆 **187940**
伊犁杨 **311355**
伊犁郁金香 **400178**
伊犁鸢尾 **208636**
伊犁圆柏 213877
伊犁针茅 376930
伊犁猪毛菜 **344574**
伊里安禾 **62227**
伊里安禾属 **62226**
伊里金针茅 **376804**
伊里利亚膜萼花 **292662**
伊里娜风铃草 **70092**
伊里藤属 204609
伊立基藤 154245
伊立基藤属 154233
伊丽莎白车轴草 **396890**
伊丽莎白大滨菊 **227469**
伊丽莎白单蕊龙胆 **145663**
伊丽莎白豆属 **143824**
伊丽莎白金露梅 **312577**
伊丽莎白树银莲花 **77142**
伊利草 143786
伊利草属 143765
伊利尔大翅蓟 **271692**
伊利尔唐菖蒲 **176262**
伊利花 **143807**
伊利花属 **143801**
伊利荚蒾 **407787**
伊利里亚全能花 **280896**
伊利诺菝葜 **366397**
伊利诺合欢草 **126176**
伊利诺山蚂蝗 **126407**
伊利诺莛子藨 **397833**
伊利诺眼子菜 **312143**
伊利亚椰属 208372
伊利椰子属 208366
伊林加大沙叶 **286309**
伊林加丁香罗勒 **268519**
伊林加谷精草 **151333**
伊林加槲寄生 **411042**
伊林加灰毛豆 **386119**
伊林加九节 **319602**
伊林加司徒兰 **377305**
伊林加铁线莲 **95035**
伊林加五鼻萝藦 **289782**
伊林加肖鸢尾 **258532**
伊林加悬钩子 **338644**
伊林加猪屎豆 **112259**
伊鲁杜灌木查豆 **84466**
伊鲁杜木蓝 **206123**
伊鲁姆鸭跖草 **101051**
伊鲁姆鸭嘴花 **214544**
伊伦德九节 **319598**
伊伦德铁线子 **244553**
伊伦小米草 **160188**
伊罗湖唐菖蒲 **176280**
伊马芦荟 **16905**
伊玛目茄 **367226**
伊迈兰属 **204743**
伊梅里纳大戟 **159116**
伊梅里纳露兜树 **281045**
伊梅里纳木蓝 **206112**
伊梅里纳欧石南 **149569**
伊梅里纳乌蔹莓 **79849**
伊梅里纳须芒草 **22733**
伊梅里纳羊耳蒜 **232195**
伊梅里特蓟 **92048**
伊梅里特蓝盆花 **350169**
伊梅里特栎 **324043**
伊梅里特蓼 **309247**
伊梅里特婆婆纳 **407159**
伊梅里特石竹 **127737**
伊梅里特葶苈 **137038**
伊梅诺壶花无患子 **90736**
伊梅诺吉尔苏木 **175640**
伊梅诺异木患 **16100**
伊那椴 **391740**
伊那风毛菊 **348385**
伊那南星 **33445**
伊那苔草 **73557**
伊那小米草 **160228**
伊纳亚特鸟巢兰 **264684**
伊南德大沙叶 **286272**
伊南德灰毛豆 **386111**
伊南德青锁龙 **109082**
伊南德唐菖蒲 **176265**
伊南唢呐草 **256012**
伊南香茶菜 **209612**
伊尼海神木 **315833**
伊尼亚卡斑鸠菊 **406437**
伊尼亚卡灰毛豆 **386074**
伊尼亚卡柿 **132211**
伊尼扬巴内巴豆 **112913**
伊尼扬巴内百蕊草 **389741**
伊尼扬巴内苞叶兰 **58395**
伊尼扬巴内木蓝 **206118**
伊尼扬巴内娃儿藤 **400908**
伊尼扬加大沙叶 **286164**
伊尼扬加单裂萼玄参 **187056**
伊尼扬加独行菜 **225391**
伊尼扬加耳梗茜 **277196**
伊尼扬加谷精草 **151332**
伊尼扬加宽肋瘦片菊 **57629**
伊尼扬加蜡菊 **189455**
伊尼扬加琉璃草 **117981**
伊尼扬加漏斗花 **130209**
伊尼扬加芦荟 **16918**
伊尼扬加木蓝 **206122**
伊尼扬加田皂角 **9561**
伊尼扬加细莞 **210017**
伊尼扬加猪屎豆 **112257**
伊宁灯心草 **213151**
伊宁风毛菊 348185
伊宁黄耆 **42560**
伊宁葶苈 **137248**
伊宁小檗 51757
伊帕克木 146071
伊帕克木科 146065
伊帕克木属 146067
伊佩黄钟花 **385480**
伊蓬菊属 207515
伊奇得木 141068
伊奇得木属 141051
伊萨卡悬钩子 **338647**
伊萨兰 **209025**
伊萨兰属 **209024**
伊萨卢斑鸠菊 **406443**
伊萨卢苞杯花 **346820**
伊萨卢狗尾草 **361793**
伊萨卢琥珀树 **27862**
伊萨卢灰毛豆 **386120**
伊萨卢蜡菊 **189456**
伊萨卢露兜树 **281048**
伊萨卢芦荟 **16920**
伊萨卢马岛无患子 **392108**
伊萨卢欧石南 **149602**
伊萨卢枪刀药 **202567**
伊萨卢秋海棠 **49949**
伊萨卢十字爵床 **111731**
伊萨卢四腺木姜子 **387016**
伊萨卢异籽葫芦 **25666**
伊萨卢远志 **308121**
伊萨卢猪屎豆 **112260**
伊塞克假狼毒 **375213**
伊塞克绢蒿 **360843**
伊塞克柳 **343543**
伊塞那白菜 **59435**
伊赛特山萝卜 **350173**
伊赛旋花 **209468**
伊赛旋花属 **209467**
伊森合欢 **13576**
伊森灰色石南 149213
伊莎贝尔春石南 **149157**
伊莎贝拉普雷斯顿丁香 **382253**
伊珊海滨李 **316544**
伊善提偃伏梾木 **105195**
伊氏藨草 353381
伊氏齿瓣兰 **269073**
伊氏戈壁藜 204435
伊氏山金车 **34724**
伊氏兔耳草 **220177**
伊氏鸦葱 **354876**
伊势防风 176923
伊势抚子 127667

伊势龙胆 **173182**
伊势石竹 **127574**
伊势鼠尾草 **345107**
伊势细辛 **37716**
伊斯顿高葶苣 **11414**
伊斯法拉大蒜芥 **365513**
伊斯黄芩 **355523**
伊斯坎芥 **209502**
伊斯坎芥属 **209501**
伊斯帕兰 **196997**
伊斯帕兰属 **196996**
伊斯帕伊风毛菊 **348401**
伊斯匹尔蝇子草 **363582**
伊斯特欧石南 **149414**
伊斯特伍德翠雀花 **124466**
伊斯伍德百合 **229962**
伊斯伍德贝母 **168395**
伊斯伍德金菊木 **150324**
伊斯伍德强刺球 **163436**
伊斯伍德无心菜 **31861**
伊斯伍德野荞麦 **152014**
伊斯鸢尾 **208621**
伊斯柱属 **209503**
伊宋苏格兰欧石南 **149213**
伊苏银桦 **180596**
伊索普莱西木属 210229
伊塔草 **210355**
伊塔草属 **210353**
伊太利甘蓝 59545
伊特雷穆杯冠藤 **117529**
伊特雷穆薄苞杯花 **226214**
伊特雷穆大戟 **159151**
伊特雷穆黄杨 **64266**
伊特雷穆蜡菊 **189465**
伊特雷穆链荚木 **274332**
伊特雷穆芦荟 **16921**
伊特雷穆木蓝 **206125**
伊特雷穆扭果花 **377741**
伊特雷穆银豆 **32824**
伊藤杜鹃 **330998**
伊藤飞蛾槭 **3256**
伊藤假还阳参 **110611**
伊藤飘拂草 **166158**
伊藤谦虎耳草 **349632**
伊藤氏堇菜 **410131**
伊藤氏铃兰 **102863**
伊藤氏马先蒿 **287312**
伊藤氏蝇子草 **363622**
伊藤无柱兰 **19515**
伊藤银莲花 **23868**
伊提扶芳藤 **157478**
伊桐属 210441
伊图里斑鸠菊 **406446**
伊图里贝尔茜 **53084**
伊图里恩格勒山榄 **145622**
伊图里核果木 **138637**
伊图里金壳果 **241931**
伊图里九节 **319604**
伊图里宽肋瘦片菊 **57631**
伊图里三角车 **334634**
伊图里柿 **132214**
伊图里五层龙 **342651**
伊图里止睡茜 **286057**
伊瓦芥属 210490
伊瓦筋骨草 **13119**
伊瓦菊 **210478**
伊瓦菊科 **210487**
伊瓦菊属 **210462**,161220
伊瓦菊叶甜叶菊 **376407**
伊瓦须芒草 117190
伊万芥 **210491**
伊万芥属 **210490**
伊威氏久苓草 **214080**
伊文思美顶花 **156030**
伊沃里艾里爵床 **144617**
伊沃里白树 **379802**
伊沃里刺果藤 **64470**
伊沃里对蕊山榄 **177529**
伊沃里梗花九节 **319746**
伊沃里核果木 **138639**
伊沃里吉尔苏木 **175641**
伊沃里九节 **319605**
伊沃里擂鼓艻 **244917**
伊沃里肉柊叶 **346873**
伊沃里三萼木 **395331**
伊沃里石豆兰 **62812**
伊沃里塔普木 **384398**
伊沃里网纹芋 **83722**
伊沃里须芒草 **22759**
伊沃里鸭舌癀舅 **370796**
伊沃里紫波 **28472**
伊沃羊茅 **164014**
伊吾赖草 **228394**
伊武希贝丹氏梧桐 **135870**
伊武希贝凤头黍 **6107**
伊武希贝茄 **367258**
伊武希贝酸脚杆 **247577**
伊武希贝细毛留菊 **198941**
伊武希贝须芒草 **22758**
伊武希贝鸭嘴花 **214545**
伊西茜 **209482**
伊西茜属 **209481**
伊须罗玉 **264351**
伊予柑 **93504**
伊予蜜柑 93504
伊予南星 **33365**
伊予山菊 **89546**
伊余路边青 **175418**
伊泽茜草 **209474**
伊泽茜草属 **209472**
伊泽山龙胆 **173537**
伊州山楂 **109948**
伊祖柿 **132222**
衣阿华海棠 243636
衣阿华苹果 **243636**
衣白皮 **127003**
衣稷 **282335**
衣扣草 366934
衣钮草 151257
衣索匹亚燕麦 45366
衣玉米 **417434**
医草 35167,36474
医马草 301871,301952
医药师 31630
医子草 159092,159286
依白果 16295
依城红门兰 **273467**
依可玛银扇葵 **97888**
依赖利毛莨 **325971**
依兰 **70960**
依兰属 **70954**
依兰香 70960
依力棕 **208367**
依力棕科 **208371**
依力棕属 **208366**
依南木 **145141**
依南木属 **145134**
依氏东北杨 311331
依斯伍德百合 229962
依瓦芥属 210490
依瓦菊 210478
依瓦菊属 210462
黟县泡果荠 **196318**
黟县阴山荠 **416370**
仪花 **239527**
仪花木属 239525
仪花属 **239525**
夷白花菜 **361976**
夷白花菜科 **361974**
夷白花菜属 **361975**
夷百合科 193461
夷地黄科 **351966**
夷地黄属 **351957**
夷方草 317036
夷苦木科 298502
夷兰 70960
夷兰属 70954
夷藜科 346605
夷藜属 346607
夷灵芝 24475
夷门远志 308403
夷忍冬科 130258
夷鼠刺科 155155
夷茱萸 **181267**
夷茱萸科 **181271**
夷茱萸属 **181260**
杝 391760
沂蒙山苹果 **243632**
宜昌百合 **229890**
宜昌橙 **93495**
宜昌当归 **24369**
宜昌东俄芹 **392786**
宜昌柑 93495
宜昌过路黄 **239668**
宜昌杭子梢 70833
宜昌胡颓子 **142022**
宜昌槐 **369051**
宜昌黄杨 **64264**
宜昌荚蒾 **407802**
宜昌楼梯草 **142689**
宜昌木姜子 **233947**
宜昌木蓝 **205881**,206182
宜昌柠檬 93869
宜昌女贞 **229634**
宜昌飘拂草 **166348**
宜昌润楠 **240599**
宜昌蛇菰 **46835**
宜昌柿 132051
宜昌苔草 **73774**
宜昌唐松草 388536
宜昌庭藤 205881
宜昌娃儿藤 **400847**
宜昌卫矛 157407
宜昌细辛 37648
宜昌悬钩子 **338554**
宜红针茅 **376753**
宜兰菝葜 366311
宜兰蓼 309121
宜兰宿柱苔 75792
宜兰宿柱苔草 **73663**
宜兰天南星 **33356**
宜兰悬钩子 338756
宜兰早熟禾 306056
宜良囊瓣芹 **320256**
宜濛子 93539,93546
宜朦子 93546
宜母 93546
宜母果 93539,93546
宜母子 93539,93546
宜男 13578,191284
宜男花 191263,191284
宜沙木 267864
宜山秋海棠 **50418**
宜山石楠 **295657**
宜兴苦竹 **304119**
宜兴唐竹 **364827**
宜兴溪荪 **208810**
宜兴鸢尾 208810
宜章杜鹃 **332147**
宜章山矾 381221
宜章十大功劳 **242505**
宜枝 237077
迤逦椰子属 350635
迤逦棕 **350638**
迤逦棕属 350635
栘 19292
移柛属 135113
移杨 19292

移衣海棠属 135113
移衣属 135113
移柀 **135120**,135114
移柀属 **135113**
胰皂 **176901**
移草 **147084**
移动阿氏莎草 **556**
移动漏斗花 **130216**
移星草 94814,151257
椬梧 142132
遗产覆盆子 **338561**
遗漏蓼 309629
疑葱 **15271**
疑灯心草 212832
疑顶冰花 **169410**
疑粉苞苣 88761
疑黄芩 355432
疑惑短梗景天 **8437**
疑惑风毛菊 **348226**
疑惑细辛 **37640**
疑惑小齿玄参 **253430**
疑惑小野牡丹 **248804**
疑惑杂色豆 **47729**
疑落草 **217483**
疑千里光 358769
疑蛇床 **97705**
疑似浆果鸭跖草 **280527**
疑似山柳菊 **195994**
疑似山楂 **109964**
疑似小檗 **51295**
疑吴 141999
疑仙年 **358588**
疑芸拟芸香 **185637**
疑早熟禾 **305595**
疑直穗苔草 **75630**
疑竹 **297261**
彝良梅花草 **284637**
彝良囊瓣芹 320256
彝良杨 **311374**
乙姬 108918
乙金 114871
乙彦 **102702**
以礼草属 **215901**
苡芭菊 **146098**
苡米 99124,99134
苡米草 375770
苡仁米 99124
蚁播花 **321896**
蚁播花属 **321892**
蚁赪桐 **96080**
蚁公草 407275
蚁瓜 **261497**
蚁瓜属 **261496**
蚁蛔 64973
蚁花 **252773**
蚁花属 **252771**
蚁荆 1613
蚁惊树 60064
蚁兰 **261495**
蚁兰属 **261465**
蚁姆刺 92066
蚁木属 382704
蚁栖树 **80008**
蚁栖树属 **80003**
蚁茜 **261503**
蚁茜属 **261502**
蚁塔 179438
蚁乌檀 **261492**
蚁乌檀属 **261491**
蚁牺树科 **80012**
蚁心樟属 **304937**
蚁药 202217
蚁棕属 **217918**
倚商 387432
椅 79257,203422
椅树 203422
椅树属 **79456**
椅桐 203422
椅杨 **311568**
椅子竹 **125466**
椅子竹属 **357857**
义村乌蔹莓 **79901**
义江赤车 **288783**
义江玉凤兰 **183629**
义蓝盘 260711
义泽风毛菊 **348754**
义竹 47264
亿冠桐属 203501
亿山落新妇 **41836**
刈谷锦带花 **413615**
刈穗 163445
刈穗玉 **163445**
刈头茹 321441
艺北苔草 **74636**
艺妓梅 **316569**
艺林黄鹌菜 **416496**
异菝葜科 193119
异斑大沙叶 **286193**
异瓣大戟 **158449**
异瓣仿花苏木 **27762**
异瓣蝴蝶玉 **148579**
异瓣花 **193987**
异瓣花属 **193986**
异瓣类鹰爪 **126710**
异瓣立金花 **218874**
异瓣柿 **132194**
异瓣苋 **20691**
异瓣苋属 **20690**
异瓣银灌戟 **32971**
异瓣郁金香 **400173**
异瓣舟叶花 **340711**
异苞滨藜 **44523**
异苞高山紫菀 **40019**
异苞桐属 194134
异苞蒲公英 **384572**,384681
异苞斯通草 **377390**
异苞藤属 306946
异苞椰属 194134
异苞椰子属 194134
异苞紫菀 **40565**
异苞棕属 **194134**
异被滨藜 **379676**
异被滨藜属 **379675**
异被赤车 **288729**
异被地杨梅 **238627**
异被风信子属 **132515**
异被绢毛苋 **360728**
异被冷水花 298967
异被檬果樟 **77962**
异被土楠 **394826**
异被土楠属 **394824**
异边大戟 **159121**
异边猫乳 **328551**
异扁芒草 **256908**
异扁芒草属 **256906**
异柄小檗 **51717**
异草属 193654
异侧柃 160502
异萼柊 **191638**
异萼柊属 **191637**
异萼竹属 **56951**,257595
异长齿黄芪 42744
异长齿黄耆 **42744**
异长穗小檗 **51611**
异常长被片风信子 **137899**
异常长冠田基黄 **266081**
异常赪桐 **95947**
异常刺头菊 **108233**
异常酢浆草 **277679**
异常杜鹃 **330861**,331987
异常多鳞菊 **66352**
异常多头帚鼠麹 **134245**
异常菲利木 **296150**
异常风铃草 **69897**
异常芙兰草 **168820**
异常格雷野牡丹 **180353**
异常格尼瑞香 **178571**
异常沟果茜 **18589**
异常沟子芹 **45064**
异常谷木 **249887**
异常黄耆 **41907**
异常黄檀 **121620**
异常灰毛豆 **385944**
异常假杜鹃 **48203**
异常蜡菊 **189135**
异常梨 **323202**
异常里奥萝藦 **334728**
异常柳 **343032**
异常露兜树 **281046**
异常马瓝儿 **417454**
异常茅膏菜 **138298**
异常木菊 **129372**
异常南非葵 **25417**
异常鸟足兰 **347691**
异常欧石南 **149014**
异常泡叶番杏 **138141**
异常奇舌萝藦 **255754**
异常青锁龙 **108833**
异常三萼木 **395178**
异常三芒草 **33731**
异常散绒菊 **203460**
异常山柳菊 **195666**
异常石豆兰 **62804**
异常矢车菊 **80897**
异常树棉 **179873**
异常孀泪花 **392133**
异常唐菖蒲 **176274**
异常特拉大戟 **394238**
异常特斯曼苏木 **386779**
异常鸵鸟木 **378565**
异常娃儿藤 **400848**
异常弯萼兰 **120724**
异常乌口树 **395263**
异常无心菜 **31728**
异常细果猪屎豆 **112329**
异常腺叶菊 **7902**
异常香茶 **303409**
异常香芸木 **10569**
异常肖鸢尾 **258528**
异常绣线菊 **371806**
异常悬钩子 **338074**
异常羊茅 **163815**
异常叶梗玄参 **297093**
异常玉凤花 **183390**
异常针翦草 **376974**
异常针茅 **376691**
异常猪屎豆 **111900**
异常猪殃殃 170534
异匙叶藻 312090
异齿报春 **314461**
异齿冬青 **204290**
异齿红景天 **329881**
异齿黄芪 42487
异齿黄耆 **42487**
异齿宽带芹 **303000**
异齿南美红树 **376310**
异齿山柳菊 **195651**
异齿水苏 **373238**
异齿西方红木 **405225**
异齿熊菊 **402783**
异齿蝇子草 **363536**
异齿紫堇 **105985**,105970
异赤箭莎属 **147374**
异翅独尾草 **148534**
异翅金虎尾 **141437**
异翅金虎尾属 **141436**
异翅木属 194060
异翅水马齿 **67338**

异翅藤属 **194060**
异翅香属 **25605**
异翅鱼藤 **125983**
异翅藻百年 **161535**
异唇花 **25386**
异唇花属 25379
异唇苣苔 **15957**
异唇苣苔属 **15956**
异唇兰属 **87456**
异唇香茶菜 **324728**
异刺百簕花 **55306**
异刺大翅蓟 **271691**
异刺大戟 **159054**
异刺鹤虱 **221685**
异刺黄耆 **41988**
异刺爵床属 **25257**
异刺龙舌兰 **10867**
异刺托勒金合欢 **1654**
异翠凤草属 **290467**
异大豆属 **283331**
异单生槟榔属 283357
异地榆属 **50979**
异滇竹 **278649**
异点九节 **319581**
异丁特塞拉玄参 **357484**
异对柳叶箬 209054
异多穗凤梨 **239358**
异多穗凤梨属 **239357**
异萼粗毛藤 97505
异萼大戟 **193725**
异萼大戟属 **193723**
异萼大沙叶 **286192**
异萼豆属 **283161**
异萼番薯 **207854**
异萼飞蛾藤 311659
异萼凤仙花 **205006**
异萼褐茎牵牛 **207806**
异萼黄精叶钩吻 **111676**
异萼假龙胆 **174114**
异萼堇 **352787**
异萼堇属 **352785**
异萼爵床属 **25627**
异萼咖啡 **98919**
异萼芦莉草 **339733**
异萼美非补骨脂 **276971**
异萼木 **131104**
异萼木蓝 **206065**
异萼木属 **131103**
异萼秋海棠 **49619**
异萼忍冬 **235667**
异萼桑德大戟 **345793**
异萼柿 **132046**
异萼属 25315
异萼线柱兰 **417748**
异萼鸭嘴花 **214528**
异萼亚麻 **231909**
异萼云南狗牙花 **154204**,382766
异萼獐牙菜 **380315**
异萼紫野豌豆 **408308**
异萼醉人花 **84920**
异萼醉人花属 **84917**
异耳爵床属 **25700**
异非洲兰属 **10047**
异风颈草 11572
异凤凰木 **100206**
异凤凰木属 **100205**
异稃禾 **193655**
异稃禾属 **193654**
异甘草属 **250728**
异岗松属 **390548**
异隔蒴苘属 **16244**
异梗顶冰花 **169385**
异梗斗篷草 **13961**
异梗韭 **15347**
异冠层菀 **131116**
异冠层菀属 **131115**
异冠菊属 **15988**
异冠苣 **25400**
异冠苣属 **25399**
异冠藤属 **252556**
异冠香荚兰 **405001**
异光萼荷 **275441**
异光萼荷属 **275439**
异果斑鸠菊 **193790**
异果斑鸠菊属 **193789**
异果草 193744
异果草属 193736
异果橙菀 **320693**
异果齿缘草 **153459**
异果刺草属 193736
异果当归 **24371**
异果沟果紫草 **286911**
异果鹤虱 **193744**
异果鹤虱属 **193736**
异果黄堇 **105976**
异果假鹤虱 184302
异果芥 **133641**
异果芥属 **133640**
异果菊 **131186**
异果菊属 **131147**,193657
异果苣属 **193794**
异果里萨草 **232667**
异果龙面花 **263380**
异果裸冠菀 **318769**
异果苜蓿 **247305**
异果欧亚蔷薇 **275852**
异果欧洲猫儿菊 **202433**
异果荠 **131106**
异果荠属 **131105**,198479
异果千里光 359158
异果千里光属 **56609**
异果山绿豆 126389
异果山蚂蝗 126389
异果山芫荽 **107778**
异果斯特宾斯菊 **374543**
异果弯翅芥 **70705**
异果小檗 51717
异果鸭嘴花 **214524**
异果崖豆藤 **66626**
异果岩芥菜 **9799**
异果掌叶琉璃草 **117931**
异果针垫菊 **84502**
异蒿属 360807
异合欢 **283889**
异合欢属 **283885**
异合生果树 **16216**
异合生果树属 **16215**
异红豆树属 **163072**
异红胶木属 **398673**
异红门兰属 **28857**
异花草 **193671**,168903
异花草属 **193669**,168819
异花柽柳 383516
异花顶冰花 **169384**
异花杜鹃 331556
异花拂子茅 **65486**
异花沟萼桃金娘 **68397**
异花谷精草 151268
异花孩儿参 **318496**
异花寄生藤 **125788**
异花假繁缕 318496
异花芥属 **133999**
异花爵床 **26047**
异花爵床属 **26046**
异花兰属 131124
异花狸藻 **403156**
异花柳叶箬 209054
异花毛远志 **308100**
异花木蓝 **206061**
异花琼楠 **50503**
异花莎草 **118744**
异花穗小檗 51611
异花兔儿风 **12653**
异花无患子 **16196**
异花无患子属 **16195**
异花吴茱萸 **161311**
异花鳚茅 **131015**
异花小檗 **52301**
异花枸子 **107338**
异花翼花藤 **320196**
异花獐牙菜 380126
异花珍珠菜 **239603**
异花紫树 267872
异环藤 **25407**
异环藤属 **25401**
异黄花稔 **16206**
异黄花稔属 **16203**
异黄精 **194049**
异黄精属 **194045**
异黄皮 **94171**
异灰毛豆属 **321138**
异喙菊 **193659**
异喙菊属 **193657**
异鸡血藤 **279987**
异鸡血藤属 **279985**
异吉莉花属 **14668**
异荚豆 **321160**
异荚豆属 **321159**
异尖荚豆属 **263360**
异疆南星属 **33187**
异节九节 **319508**
异节皱颖草 **333804**
异杰椰子属 283407
异金莲木科 236345
异堇叶碎米荠 **73038**
异锦葵 **68567**
异锦葵属 **68566**
异菊 124781
异距紫堇 **105986**
异决明链荚木 **274359**
异决明属 360404
异爵床 **193664**
异爵床属 **193663**
异铠兰属 **256682**
异口桔梗 **193754**
异口桔梗属 **193753**
异块茎薯莨 **131523**
异块茎薯蓣 **131611**,131523
异盔马先蒿 287474
异盔欧氏马先蒿 **287474**
异蜡花木属 **113102**
异蜡菊 **189428**
异兰属 288620
异簕竹属 56951,257595
异肋菊属 **193845**
异裂白粉藤 **92695**
异裂毒漆 **393453**
异裂风毛菊 **348399**
异裂果科 194073
异裂果属 194078
异裂吉林乌头 **5320**
异裂菊 **194014**
异裂菊属 **194009**
异裂苣苔 **317538**
异裂苣苔属 **317537**
异裂腺大戟 **158774**
异林椰子属 283461
异鳞杜鹃 **331092**,331241
异鳞短柔毛菊 **5964**
异鳞红景天 **329957**
异鳞金鸡菊 **104510**
异鳞菊属 **193825**
异鳞鼠尾粟 **372698**
异鳞苔草 **74797**
异留草 **350613**
异留草属 **350612**
异芦莉草 **418785**
异芦莉草属 **418784**

异卵叶女贞　**229573**
异轮叶　**328281**
异轮叶科　**328282**
异轮叶属　**328280**
异罗汉松属　**316081**
异萝卜　**372938**
异萝卜属　**372937**
异萝松　399925
异马唐　**130454**
异马蹄荷属　**380659**
异脉亮泽兰　**111362**
异脉马唐　**130529**
异脉苔草　**73702**
异脉新马岛无患子　**264594**
异脉野牡丹　**16035**
异脉野牡丹属　**16033**
异芒草属　**130872**
异芒鹅观草　**335184**
异芒菊　**55067**
异芒菊属　**55066**
异芒披碱草　**144146**
异毛奥萨野牡丹　**276502**
异毛半轭草　**191805**
异毛扁担杆　**180996**
异毛波格紫玉盘　**403560**
异毛茶藨　334028
异毛茶藨子　**334028**,334017
异毛齿叶溲疏　**126898**
异毛赤竹　**347223**
异毛串钱景天　**109262**
异毛唇柱苣苔　87882
异毛大花忍冬　**235938**
异毛杜香　**223913**
异毛恶味茼麻　**911**
异毛番薯　**207855**
异毛虎耳草　**349442**
异毛黄鸠菊　**134791**
异毛黄芩　**355475**
异毛棘豆　**278878**
异毛金足草　178861
异毛库得拉草　**218276**
异毛蜡菊　**189429**
异毛蜡烛木　**121119**
异毛莱氏菊　**223488**
异毛榄仁树　**386522**
异毛木蓝　**206069**
异毛拟莞　**352192**
异毛鞘蕊花　**99600**
异毛忍冬　**235845**,235938
异毛塞拉玄参　**357536**
异毛三芒草　**33759**
异毛山柑　**64890**
异毛柿　**132195**
异毛鼠麹木　**25725**
异毛鼠麹木属　**25724**
异毛树葡萄　**120092**
异毛庭荠　**18394**
异毛通氏飞蓬　**151015**
异毛弯花婆婆纳　**70645**
异毛新风轮菜　**65585**
异毛修泽兰　**180023**
异毛修泽兰属　**180022**
异毛勋章花　**172292**
异毛鸭嘴草　**209317**
异毛鸭嘴花　**214530**
异毛野牡丹属　**194310**
异毛猪屎豆　**112213**
异毛紫玉盘　**403488**
异毛紫云菜　178861
异美空船兰　**9131**
异膜楸　**194000**
异膜楸属　**193995**
异膜紫葳属　193995
异木患　**16164**
异木患刺橘　**405546**
异木患属　**16043**
异木麻黄属　**15945**
异牧豆树　**351975**
异牧豆树属　**351974**
异牧根草属　**43569**
异南芥　**362337**
异南芥属　**362336**
异囊菊属　**194189**
异帕罗特木　284968
异帕罗特木属　284966
异片桔梗　**194308**
异片桔梗属　**194307**
异片苣苔　**16213**,15958
异片苣苔属　**16212**
异片萝藦属　**25727**
异片芹属　**25733**
异茜树属　169313
异翘　167456
异荣耀木属　**134548**
异蕊澳蜡花　**85855**
异蕊草　**391501**
异蕊草科　223468
异蕊草属　**391500**,223462
异蕊豆　**194176**
异蕊豆属　**194174**
异蕊花属　193676
异蕊芥　**131141**
异蕊芥属　**131132**
异蕊兰　**223467**
异蕊兰科　**223468**
异蕊兰属　**223462**
异蕊柳　**343480**
异蕊龙胆　**173507**
异蕊马铃苣苔　**273865**
异蕊莓属　131076
异蕊南一笼鸡　**283362**
异蕊柿　**132045**
异蕊苏木　**131069**
异蕊苏木属　**131068**
异蕊一笼鸡　283361,283362
异蕊雨久花属　**193666**
异瑞香属　**28306**
异萨维大戟属　**194092**
异伞棱子芹　**304807**,304795
异伞芹　**131129**
异伞芹属　**131128**
异色桉　**155562**
异色白点兰　**390500**
异色白井安息香　**379451**
异色白藤豆　**227897**
异色百脉根　**237593**
异色瓣　390500
异色瓣白娥兰　390500
异色报春　**314460**
异色贝母　168523
异色闭鞘姜　**107234**
异色波拉菊　**307307**
异色层菀　**129116**
异色层菀属　**129115**
异色柴胡景天　329865
异色长柱灯心草　**213401**
异色垂绒菊　**114415**
异色刺裸萼球　**182426**
异色大戟　**159044**,158857
异色单花杉　**257117**
异色单列木　**257935**
异色倒挂金钟　**168773**
异色豆腐柴　**313624**
异色毒马草　**362782**
异色杜鹃　330592,332095
异色短绒毛鹿藿　**333443**
异色短筒倒挂金钟　**168772**
异色对叶赪桐　**337445**
异色钝叶金缕梅　185118
异色耳颖草　**276905**
异色繁缕　374858
异色方晶斑鸠菊　**406029**
异色飞蓬　**150444**
异色非洲木菊　**58489**
异色风兰　390500
异色风轮菜　**96987**
异色风毛菊　**348268**,348176
异色凤仙花　**204909**
异色福来木　**162986**
异色藁本　**229318**
异色格莱薄荷　**176854**
异色勾儿茶　**52412**
异色古柯　**155075**
异色管药野牡丹　**365128**
异色灌木查豆　**84475**
异色光果紫绒草　**56831**
异色红安菊　**318050**
异色红景天　**329865**
异色红毛蓝　**323062**
异色厚皮树　**221150**
异色厚皮香　**386693**
异色黄毛棘豆　279051
异色黄芩　**355429**
异色黄穗棘豆　**279051**
异色灰毛菊　**31215**
异色火绒草　**224827**
异色鸡脚参　**275669**
异色蓟　**91914**
异色鲫鱼藤　**356276**
异色假卫矛　**254291**
异色尖刺联苞菊　**52688**
异色尖耳野牡丹　**4738**
异色蕉　**260221**
异色金缕梅　**185115**
异色荆芥　**264911**
异色菊　**124781**,197945
异色菊属　197943
异色块茎苣苔　**364743**
异色来江藤　**59123**
异色老鹳草　**174568**
异色凉菊　**405399**
异色疗齿草　**268963**
异色柳　**343297**
异色龙须兰　**79338**
异色龙珠　**158405**
异色芦荟　**17396**
异色驴菊木　**271717**
异色罗氏锦葵　**335024**
异色落叶黄安菊　**364692**
异色马氏罂粟　**282600**
异色马泰木　**246253**
异色没药　**101364**
异色梅索草　**252265**
异色猕猴桃　**6533**,6537
异色蜜茱萸　**249137**
异色绵毛荚蒾　**407911**
异色拟格林茜　**180495**
异色欧石南　**149356**
异色泡花树　**249416**
异色瓶木　**58339**
异色槭　**2936**
异色千里光　**417571**
异色千里光属　**417570**
异色茜草　**337950**
异色青兰　**137575**
异色秋海棠　**49918**
异色球　244055
异色曲管桔梗　**365162**
异色泉七　**376383**
异色群花寄生　**11082**
异色热非茜　**384328**
异色忍冬　**235828**
异色萨比斯茜　**341618**
异色三盾草　**394967**
异色三萼木　**395221**
异色涩树　**378963**
异色山槟榔　299659
异色山雏菊　**197945**

异色山黄菊 **25521**
异色山黄麻 **394656**,394664
异色山黄皮 **325321**
异色山柳菊 **195566**
异色深红光萼荷 **8578**
异色石竹 **127705**
异色柿 **132351**
异色鼠尾草 **345079**
异色薯蓣 **131556**
异色树萝卜 **10303**
异色溲疏 **126904**
异色索英木 **390428**
异色苔草 **74337**
异色铁榄 **362932**
异色铁线子 **244545**
异色同萼树 **84375**
异色托考野牡丹 **392519**
异色脱冠落苞菊 **300778**
异色瓦氏兰 **413260**
异色瓦氏芸香 **413267**
异色弯管花 **86210**
异色丸 244055
异色无瓣火把树 **98173**
异色无腺木 **181531**
异色无须菝葜 **329676**
异色五角木 **313964**
异色虾脊兰 65921
异色仙灯 **67635**
异色线柱苣苔 **333735**
异色向日葵 **188957**
异色小檗 **51565**
异色小瓦氏茜 **404895**
异色斜叶苣苔 **237989**
异色星毛锦葵 **41767**
异色熊菊 **402773**
异色绣球防风 **227589**
异色悬钩子 **338326**
异色雪花 **32520**
异色血叶兰 238135
异色鸭嘴花 **214888**
异色崖豆藤 **254671**
异色延龄草 **397555**
异色岩马齿苋 **65841**
异色岩芋 376383
异色盐肤木 **332559**
异色叶木槿 **194835**
异色叶十大功劳 242608
异色阴地堇菜 **410785**
异色淫羊藿 **147005**
异色银齿树 **227270**
异色芋 **99921**
异色针垫花 **228061**
异色直梗栓果菊 **327479**
异色舟瓣梧桐 **350461**
异色帚菊 292052
异色帚菊木 **260540**
异色紫花前胡 **24339**
异色紫心苏木 **288866**
异色紫云菜 323062
异商陆 **25482**
异商陆属 **25480**
异舌兰属 **44091**
异蛇木 **23478**
异蛇木属 **23477**
异参属 193897
异石南属 **25348**
异石竹科 187168
异首垂头菊 **110398**
异树兰 146407
异数白珠 **172082**
异数画眉草 **147715**
异双列百合属 **132637**
异蒴果 **194080**
异蒴果科 **194073**
异蒴果属 **194078**
异穗垫箬属 **193696**
异穗黍 **281702**
异穗苔 74801
异穗苔草 **74801**
异穗楔颖草 **29453**
异天南星属 **193718**
异条叶虎耳草 **349540**
异庭芥属 250203
异葶脆蒴报春 **314230**
异葶苈 **193805**
异葶苈属 **193804**
异头垂头菊 110398
异头菊 **182338**
异头菊属 **182337**
异托叶密钟木 **192568**
异卫矛 **365271**
异卫矛科 **365275**
异卫矛属 **365270**
异味报春 314122
异味草属 **307355**
异味稻槎菜 **221790**
异味狒狒花 **46122**
异味金币花 **41593**
异味菊 139710
异味菊属 **139700**
异味龙血树 **137367**
异味南五味子 214967
异味蔷薇 **336563**
异味树属 **103782**
异味鸢尾 **208805**
异五棱秆飘拂草 166456
异五棱飘拂草 **166456**
异五月花 **15999**
异五月花属 **15998**
异细辛 **37566**
异细辛属 **194318**
异腺草 **25273**
异腺草属 **25272**
异香草 249542
异香草属 249540
异香蓍 **4001**
异香桃木属 **401345**
异心紫堇 **105982**
异形百日菊 **418041**
异形长春花 409327
异形齿舌叶 **377341**
异形刺小檗 **51714**
异形大叶藻 **194402**
异形大叶藻属 **194401**
异形当归 24293
异形鹅绒藤 **117513**
异形二毛药 **128449**
异形弗尔夹竹桃 **167412**
异形割鸡芒 **202718**
异形鬼针草 **53880**
异形果石斛 125188
异形蒿 35136
异形鹤虱 **221687**
异形花 **26115**
异形花属 **26114**
异形花月见草 **269447**
异形尖果茜 **77124**
异形金果椰 **139351**
异形乐母丽 **335939**
异形李堪木 **228670**
异形利堪蔷薇 228670
异形鳞翅草 **225083**
异形鳞花草 **225154**
异形络石 **393638**
异形蔓长春花 **409327**
异形木 **16007**
异形木属 **16006**
异形穆伦兰 **256474**
异形南五味子 **214967**
异形南星 **16200**
异形南星属 **16197**
异形拟长柄芥 **241240**
异形芹属 **193855**
异形群花寄生 **11095**
异形狭唇兰 274488
异形狭果鹤虱 **221743**
异形小檗 **51720**
异形小果鹤虱 **221707**
异形鸭舌癀舅 **370788**
异形叶番荔枝 25850
异形叶科 25584
异形叶木槿 194837
异形叶南五味子 214967
异形叶石莲 **364918**
异形玉叶金花 **260382**
异形泽兰 **158042**
异形朱缨花 **66663**
异型奥佐漆 **279282**
异型巴豆 **112879**
异型百蕊草 **389667**
异型栲 **167952**
异型橙菀 **320642**
异型葱 **15365**
异型鬼针草 **53937**
异型花繁缕 **374859**
异型芥属 131132
异型菊属 224106
异型可利果 **96705**
异型兰 **87469**
异型兰属 87456
异型菱果苔 **74700**,74697
异型柳 **343310**
异型芦荟 **16775**
异型马利筋 **37901**
异型美登木 246830
异型南五味子 214967
异型尼文木 **266406**
异型拟蛋黄榄 **411179**
异型欧石南 **149358**
异型莎草 118744
异型绳草 **328015**
异型天竺葵 **288199**
异型无鳞草 **14387**
异型小蜡 **229624**
异型鸭嘴花 **214326**
异型叶凤仙花 204908
异型叶火棘 **322469**
异型叶碱蓬 379533
异型叶木犀 276313
异型玉凤花 **183584**
异型玉盘木 **403621**
异型紫菀木 **41755**
异雄草属 283374
异雄柳 **343482**
异雄蔷薇属 **283979**
异雄蕊科 **373587**
异雄蕊属 **373584**
异序虎尾草 **88394**
异序马蓝 378158
异序美登木 **246830**
异序乌桕 **346388**
异序紫云菜 **378158**
异玄参科 **371610**
异玄参属 **371601**
异烟树 **153995**
异烟树属 **153994**
异檐花 397755
异檐花属 **397754**
异燕麦 **190159**,190191
异燕麦属 **190129**
异羊茅 **283320**,164006
异羊茅属 **283319**
异药花 **167299**
异药花属 **167289**,374070
异药芥 **43768**
异药芥属 **43765**
异药苣苔属 274465
异药列当 **25302**

异药列当属 **25301**
异药龙胆 **173231**
异药莓属 **131076**
异药荠属 43765
异药须芒草 **22715**
异药沿阶草 **272083**
异药雨久花属 **418407**
异野芝麻 **193816**
异野芝麻属 **193815**
异叶桉 **155563**
异叶八角枫 **13364**
异叶巴迪远志 **46400**
异叶百里香 **391173**
异叶百蕊草 **389671**
异叶败酱 **285834**
异叶斑鸠菊 **406285**
异叶半枫荷 320836
异叶报春茜 **226241**
异叶北艾 **36489**
异叶贝克菊 **52715**
异叶萹蓄 308816
异叶柄泽兰 **183284**
异叶波斯菊 107168
异叶捕虫堇 **299746**
异叶菜豆 **293999**
异叶叉序草 **209878**
异叶柴胡 **63691**
异叶车前 **302001**
异叶柽柳桃金娘 **260972**
异叶尺冠萝藦 **374143**
异叶齿瓣延胡索 106368
异叶赤瓟 **390144**
异叶翅子树 **320831**,320836
异叶川竹 **304101**
异叶垂枝欧洲白蜡 **167959**
异叶酢酱草 **278141**
异叶单干木瓜 **405117**
异叶单冠毛菊 **185489**
异叶单桔梗 **257819**
异叶德纳姆卫矛 **125805**
异叶地锦 **285105**,285117
异叶地笋 **239224**
异叶帝王花 **82321**
异叶点地梅 **23280**,23199
异叶吊石苣苔 **239947**
异叶钓钟柳 **289352**
异叶蝶豆 **97191**
异叶冬树 276322
异叶毒瓜 **215720**
异叶独脚金 **377995**
异叶独行菜 **225371**
异叶杜香 223904
异叶椴 **391727**
异叶多节花 **304510**
异叶多坦草 **136680**
异叶鹅掌柴 **350674**
异叶法道格茜 **162014**
异叶番荔枝 **25850**
异叶粉香菊 **171036**
异叶凤仙花 **204912**
异叶福禄考 **295279**
异叶高原香薷 **144015**
异叶割鸡芒 **202719**
异叶格雷野牡丹 **180374**
异叶谷精草 151268
异叶冠毛锦葵 **111309**
异叶冠须菊 **405942**
异叶光滑天竺葵 **288322**
异叶海葡萄 **97862**
异叶海桐 **301291**
异叶杭子梢 **70800**
异叶蒿 **35608**
异叶黑十二卷 **186573**
异叶红瓜 **97845**
异叶红树科 25584
异叶红树属 25562
异叶猴面蝴蝶草 **4079**
异叶厚敦菊 **277047**
异叶狐尾藻 **261348**
异叶胡颓子 **142023**
异叶胡杨 311308
异叶虎耳草 **349256**
异叶花椒 **417290**
异叶花葱 **16039**
异叶花葱属 **16038**
异叶花葱树葡萄 **120014**
异叶黄鹌菜 **416433**,416416
异叶黄眼草 **415999**
异叶茴芹 **299395**
异叶火石花 **175150**
异叶棘豆 278816
异叶蓟 **92022**
异叶荚蒾 **407790**
异叶假繁缕 318501,318507
异叶假福王草 **283693**
异叶假盖果草 **318187**
异叶假毛地黄 **10145**
异叶尖腺芸香 **4818**
异叶节节菜 **337325**
异叶芥 **256061**
异叶芥属 **256058**
异叶金合欢 **1285**
异叶金腰 **90434**,90452
异叶苣苔 **413999**
异叶苣苔属 **413997**
异叶绢冠茜 **311791**
异叶可拉木 **99186**
异叶拉拉藤 **170192**
异叶拉普芸香 **326911**
异叶雷尔苣苔 **327590**
异叶肋唇兰 **350547**
异叶棱子芹 304787
异叶冷水花 **298858**
异叶藜 **86903**
异叶栎 **324005**
异叶栗豆藤 **11004**
异叶镰叶草 **137835**
异叶链荚豆 **18290**
异叶梁王茶 **266913**
异叶蓼 **308863**,308816
异叶柳叶菜 **146842**
异叶楼梯草 **142747**
异叶芦莉草 **339712**
异叶驴喜豆 **271215**
异叶轮草 **170477**
异叶罗汉松 121079
异叶萝芙木 **327018**,327067
异叶裸实 **182718**
异叶麻疯树 **212148**
异叶麻花头 **361059**
异叶马瓟儿 367775
异叶马岛甜桂 **383641**
异叶马兜铃 **34203**,34219
异叶马蓝 **378166**
异叶蔓荆 **411471**
异叶毛茛 **325929**
异叶毛里漆 **246668**
异叶毛束草 **395783**
异叶帽柱木 **256115**
异叶美登木 **246853**
异叶米口袋 **181642**,391539
异叶墨西哥豆 **14448**
异叶木防己 **97904**
异叶木槿 **194837**
异叶木科 **25584**
异叶木蓝 **205915**
异叶木属 **25562**
异叶木犀 276313
异叶南洋杉 **30848**
异叶囊瓣芹 **320221**
异叶糯米团 **179498**
异叶欧白英 **367133**
异叶欧洲白蜡 **167960**
异叶欧洲水青冈 **162431**
异叶爬山虎 **285117**,285105
异叶泡叶番杏 **138164**
异叶偏穗草 **20693**
异叶偏穗草属 **20692**
异叶苹婆 **376102**
异叶瓶木 376102
异叶千里光 **358744**,359863
异叶前胡 **292858**
异叶枪刀药 **202502**
异叶鞘蕊花 **99740**
异叶窃衣 **392985**
异叶芹属 366739
异叶青兰 **137577**,137596
异叶青锁龙 **108808**
异叶清香藤 212068
异叶秋海棠 **49885**
异叶秋英 **107168**
异叶球兰 **198839**
异叶球序蒿 **371147**
异叶忍冬 **235843**
异叶日本福王草 **313782**
异叶榕 **165099**,164900,164992
异叶肉壁无患子 **347054**
异叶萨比斯茜 **341619**
异叶三宝木 **397363**
异叶三裂碱毛茛 **184720**
异叶三脉紫菀 **39964**
异叶三褶脉紫菀 39964
异叶莎草 118476
异叶山茶 69552
异叶山黧豆 **222725**
异叶山龙眼 **189924**
异叶山绿豆 126389,126396
异叶山蚂蝗 **126396**
异叶蛇葡萄 **20354**
异叶石龙尾 **230304**
异叶鼠鞭草 **199689**
异叶鼠李 **328726**
异叶薯蓣 **131489**
异叶树属 25562
异叶水车前 277364
异叶水马齿 **67366**
异叶蒴莲 **7263**
异叶四川冬青 **204317**
异叶溲疏 **126970**
异叶素馨 **212068**
异叶酸浆 **297678**
异叶碎米荠 **72799**
异叶天南星 33295,33349
异叶天仙果 165099
异叶田野窃衣 **392977**
异叶铁杉 **399905**
异叶铁线莲 **94880**
异叶葶苈 **136980**
异叶同花木 **245282**
异叶兔儿风 **12634**
异叶托考野牡丹 **392526**
异叶橐吾 **229046**
异叶莴苣 **219304**,267173,
283695
异叶乌头 **5272**
异叶相思子 **746**
异叶香薷 **144037**
异叶向日葵 **188979**
异叶小菠萝 **113384**
异叶小檗 **51715**,51748
异叶肖杨梅 **258742**
异叶型木犀 276313
异叶血苋 **208351**
异叶薰衣草 **223289**
异叶鸭嘴花 **214325**
异叶亚菊 **13044**
异叶岩芥菜 **9800**
异叶眼子菜 **312138**

异叶艳凤 **301110**
异叶羊茅 **164006**
异叶杨 **311347**,311308
异叶杨梅 **261169**
异叶益母草 **224983**,224989
异叶银柴 29761
异叶蝇子草 **363417**
异叶优紫葳 **116531**
异叶油芦子 **97314**
异叶柚木芸香 **385426**
异叶莸 171541
异叶莸属 171540
异叶郁金香 **400174**
异叶元宝草 **13335**
异叶远志 **259982**
异叶月见草 **269448**
异叶早熟禾 **305490**
异叶泽兰 **158149**
异叶鹧鸪花 **395495**
异叶珍珠菜 239608
异叶柊树 **276322**,276313
异叶肿柄菊 392432
异叶帚菊 **292044**
异叶珠子参 **98320**
异叶猪屎豆 **111894**
异叶苎麻 **56095**
异叶紫草 **233729**
异叶紫弹朴 **80584**
异叶紫弹树 80584
异叶紫菀 39964
异叶紫羊茅 **164280**
异叶紫珠 **66735**
异翼果属 194060
异颖草 **25266**
异颖草属 **25265**
异颖茇茇草 **4141**
异颖披碱草 **144292**
异颖三芒草 **33825**
异颖燕麦 **45446**
异羽千里光 **358746**
异藏红卫矛 **15943**
异藏红卫矛属 **15942**
异针茅 **376689**
异芝麻芥属 154073
异枝虎耳草 **349440**
异枝碱茅 **321230**
异枝狸藻 **403220**
异枝鸭舌癀舅 **370769**
异枝竹 **252536**,4613
异枝竹属 **252533**
异钟花 **193779**,197895
异钟花属 **193776**,197894
异株矮麻黄 **146216**
异株八鳞瑞香 **268802**
异株巴豆 **112878**
异株白蓬草 388486
异株百里香 **391274**
异株刺痒藤 **394148**
异株菲利木 **296196**
异株假升麻 **37060**
异株苦瓜 256815
异株栝楼 **396182**
异株麻疯树 **212130**
异株木犀榄 **270094**,270172
异株那配阿 262286
异株拟紫玉盘 **403646**
异株女娄菜 **248312**,363673
异株荨麻 **402886**
异株茜 **131382**
异株茜属 **131381**
异株秋海棠 49898
异株蛇菰 46818
异株苔草 **74722**
异株唐松草 **388486**
异株藤黄 **171090**
异株菀 **45991**
异株菀属 **45990**
异株五加 **143677**
异株伍尔秋水仙 **414878**
异株泻根 **61497**
异株盐角草 **385561**
异株盐角草属 **385560**
异株蝇子草 **363149**,363411
异株远志 **308390**
异株枝柱头旋花 **93996**
异株指甲木 **294748**
异株指甲木属 **294747**
异柱瓣兰属 **307311**
异柱草 **229689**
异柱草科 **229691**
异柱草属 **229687**
异柱吉莉花 **14670**
异柱菊属 **225886**
异柱马鞭草属 **315401**
异柱亚麻 **231910**
异柱硬皮鸢尾 **172608**
异籽葫芦 **25680**
异籽葫芦属 **25637**
异籽菊 **194142**
异籽菊属 **194137**
异籽麻黄 **146191**
异籽木科 43973
异籽婆罗门参 **394295**
异籽藤属 **26131**
异籽野豌豆 **408378**
异子堇属 169275
异子菊属 194137
异子蓬 **57387**
异子蓬属 **57386**
异子雪胆 **191931**
异足大戟 **159052**
异足斗篷草 **14011**
异足沟果茜 **18596**
异足棘豆 **278877**
异足萝藦 **25617**
异足萝藦属 **25614**
异足芹 **25602**
异足芹属 **25601**
异足秋海棠 **49919**
异足石头花 **183206**
莳 5335
莳藤 66643
易变阿冯苋 **45785**
易变巴氏锦葵 **286716**
易变苞茅 **201582**
易变北非砂籽芥 **19793**
易变荸荠 **143231**
易变扁爵床 **292235**
易变大戟 **160043**
易变单头爵床 **257301**
易变邓博木 **123700**
易变番薯 **208112**
易变菲利木 **296337**
易变桴栎 **324395**
易变盖裂木 **383250**
易变格尼瑞香 **178728**
易变谷精草 **151389**
易变蒿 **35248**
易变黑果菊 **44034**
易变假杜鹃 **48381**
易变间花谷精草 **251002**
易变姜味草 **253725**
易变蜡菊 **189584**
易变莱德苔草 **223877**
易变老鸦嘴 **390893**
易变露兜树 **281167**
易变麻疯树 **212239**
易变马钱 **378941**
易变毛蕊花 **405795**
易变魔星兰 **163544**
易变木槿 **195054**
易变穆拉远志 **260022**
易变南非鳞叶树 **326942**
易变囊鳞莎草 **38232**
易变千里光 **359541**
易变琼楠 **50624**
易变日中花 **220623**
易变乳刺菊 **169673**
易变赛雷大戟 **159819**
易变三角车 **334703**
易变三芒草 **33938**
易变山羊草 **8739**
易变舌蕊萝藦 **177352**
易变石豆兰 **63010**
易变石斛 **125275**
易变四数莎草 **387703**
易变唐菖蒲 **176391**
易变天竺葵 **288377**
易变弯萼兰 **120728**
易变微小肖水竹叶 **23599**
易变维吉豆 **409189**
易变文殊兰 **111274**
易变纹蕊茜 **341336**
易变伍尔秋水仙 **414912**
易变喜阳花 **190479**
易变香茶 **303521**
易变小檗 **51951**
易变肖凤卵草 **350542**
易变肖鸢尾 **258698**
易变邪蒿 **361597**
易变新墨西哥金千里光 **279928**
易变悬钩子 **339109**
易变羽叶楸 **376297**
易变玉凤花 **184181**
易变月季花 **336491**
易变针茅 **376959**
易卜黄耆 **42513**
易卜拉姆毒马草 **362806**
易断青兰 **137586**
易混翠雀 **124140**
易混杜鹃 330913
易混茄 **367083**
易江粉叶小檗 **52070**
易乐早熟禾 **305503**
易裂巴克木 **46339**
易洛魁荚蒾 **407788**
易门滇紫草 **271750**
易门美登木 **246955**
易门榕 **165142**
易门小檗 52070
易湿毛兰 299603
易武柯 **233208**
易武栎 **324566**
易武崖爬藤 **387870**
易县毛白杨 **311534**
奕良龙胆 **174083**
奕武悬钩子 **339498**
奕鱼草 134032
弈先 407785
羿龙球 **400461**
羿龙丸 400461
羿先 407785
益辟坚 207497
益辟坚属 207492
益荒球 **140894**
益荒丸 140894
益米 99124
益明 217361,224989,225009
益母 224989
益母艾 224989
益母草 **224989**,146724,224981,224991,224996,225005,225009,225019
益母草属 **224969**
益母草状夏至草 **245748**
益母膏 373439
益母蒿 224989,225009
益母花 224989

益母树　210387
益母藤　170035
益母夏枯　224989
益阳箬竹　**206804**
益智　**17736**,17728,131061
益智子　**19822**,17736
谊柯　**233294**
逸香鳞叶灌　**388737**
逸香木　**131966**
逸香木橙菀　**320669**
逸香木菲利木　**296197**
逸香木良毛芸香　**155831**
逸香木毛瑞香　**218983**
逸香木欧石南　**149354**
逸香木属　**131938**
逸香木叶　**112084**
逸香木叶白千层　**248091**
逸香木叶蜡菊　**189307**
意百里鸢尾　**208635**
意大利 214 杨　311152
意大利阿利茜　**14651**
意大利矮探春　**211864**
意大利柏　114753
意大利半日花　**188590**
意大利报春　**314769**
意大利苍耳　**415023**
意大利糙苏　**295119**
意大利草木犀　**249221**
意大利侧金盏花　**8361**
意大利杜鹃属　**91463**
意大利果松　300151
意大利海棠　**243615**
意大利黑麦草　**235335**,235315
意大利黑杨　311163
意大利红门兰　**273476**
意大利还阳参　**110764**
意大利茴香　**167170**
意大利假金鱼草　**116738**
意大利疆南星　**37005**
意大利芥　**318606**
意大利菊苣　90894
意大利决明　360444
意大利蜡菊　**189458**
意大利蓝蓟　**141202**
意大利李　**316391**
意大利柳穿鱼　**231014**
意大利麦瓶草　**363583**
意大利绵枣儿　199555
意大利苜蓿　**247320**
意大利南芥　**30363**
意大利南芥属　**318605**
意大利牛舌草　21949
意大利欧芹　**292700**
意大利桤木　**16323**
意大利槭　**3286**
意大利歧缬草　**404422**
意大利青皮槭　3107
意大利忍冬　**235876**
意大利瑞香　**122583**
意大利伞松　**300151**
意大利山水仙　**262381**
意大利扇棕　85671
意大利黍　361794
意大利鼠李　**328595**
意大利双苞风信子　**199555**
意大利水苏　**373329**
意大利水仙　**262462**
意大利松　300151
意大利唐菖蒲　**176281**
意大利梯牧草　**295001**
意大利铁木　**276806**
意大利铁线莲　**95449**
意大利团扇荠　**53036**
意大利委陵菜　**312781**
意大利五针松　300151
意大利雪轮　**363438**
意大利杨　**311152**
意大利银莲花　**23707**
意大利蝇子草　**363479**
意大利鱼骨木　**71396**
意大利芸苔　**59619**
意大利窄柳穿鱼　**230892**
意大利紫菀　**40038**
意孔尼可夫黄芩　355711
意气松　221866
意斯帕罕荆芥　**264957**
意外百簕花　**55356**
意外翠雀花　**124306**
意外杜鹃　330930
意外宽萼豆　**302929**
意外芹叶荠　**366127**
意外石豆兰　**62802**
意外永菊　**43864**
意外猪屎豆　**112246**
缢苞麻花头　**361131**
缢花沙参　**7628**
缢缩葱　**15202**
缢缩大头飞廉　**73400**
缢缩弹帽桉　**155739**
缢缩菲利木　**296184**
缢缩风车子　**100412**
缢缩钩喙兰　**22090**
缢缩厚距花　**279477**
缢缩湖瓜草　**232394**
缢缩虎眼万年青　**274576**
缢缩蓝花参　**412637**
缢缩马齿苋　**311832**
缢缩马蹄豆　**196635**
缢缩木犀草　**327859**
缢缩尼芬芋　**265220**
缢缩润肺草　**58846**
缢缩纹蕊茜　**341291**
缢缩细辛　**37600**
缢缩星果泽泻　**122001**
缢缩鸭脚树　18036
缢缩异细辛　**194325**
缢筒列当　**275105**
薏米　**99134**,99124
薏米包　417417
薏米草　375770
薏米蕻　167096
薏仁　99134
薏仁米　99124
薏黍　99124
薏苡　**99124**
薏苡仁　99124,99134
薏苡属　**99105**
薏珠子　99124
檍　229617,231355
翳草　200366
翳木　132137
翳星草　151257
翳子草　129070,200366,202146,268438,313564
翼瓣弯管花　**86240**
翼柄霸王　418695
翼柄白鹤芋　370338
翼柄斑鸠菊　**141846**
翼柄斑鸠菊属　**141844**
翼柄苞叶芋　**370338**
翼柄翅果菊　**320523**
翼柄风毛菊　**348116**
翼柄佛来明豆　**166881**
翼柄钩粉草　**317247**
翼柄厚喙菊　**138778**
翼柄花椒　417330
翼柄黄安菊属　**270253**
翼柄菊　**340321**
翼柄菊属　**340320**
翼柄决明　360409
翼柄瑞香　**122488**
翼柄山椒　417330
翼柄山莴苣　320523
翼柄碎米荠　**72851**
翼柄崖椒　417330
翼柄崖爬藤　**387743**
翼柄燕茜　305123
翼柄野百合　111874
翼柄紫菀　**40000**
翼齿臭灵丹　220032
翼齿大丁草　**175208**
翼齿豆　**320545**
翼齿豆属　**320544**
翼齿六棱菊　**220032**
翼刺花椒　417317
翼豆　319114,320575
翼豆属　320574
翼萼　392884
翼萼茶科　**41704**
翼萼茶属　**41691**
翼萼凤仙花　**205259**
翼萼龙胆　**173759**
翼萼裸果草属　**320155**
翼萼裸果木　**320156**
翼萼裸果木属　320155
翼萼蔓　**320927**
翼萼蔓龙胆　320927
翼萼蔓属　**320924**
翼萼蓬　**14565**
翼萼蓬属　**14562**
翼萼茜　**320170**
翼萼茜属　**320169**
翼萼藤　131254
翼萼藤科　**311647**
翼萼藤属　**311591**
翼耳蒜属　**13419**
翼非洲兰　**320968**
翼丰花草　57333
翼梗地旋花　**415302**
翼梗马齿苋　**311945**
翼梗五味子　**351054**,351100
翼梗窄叶白花菜　**95620**
翼梗獐牙菜　380287
翼枸橼　**93318**
翼冠莓　**27788**
翼冠莓属　**27787**
翼果霸王　418740
翼果白蓬草　388428
翼果滨紫草　**250905**
翼果柄泽兰　**357994**
翼果柄泽兰属　**357993**
翼果丑角兰　**369182**
翼果大戟　**320489**
翼果大戟属　**320484**
翼果苣　**201418**
翼果苣单孔菊　**257613**
翼果苣属　**201406**
翼果苔草　**75500**
翼果唐松草　388428
翼果藤　204615
翼果驼蹄瓣　**418740**
翼核果　**405447**,405445
翼核果属　**405438**
翼核果藤　405446
翼核木　405445
翼核木属　405438
翼瓠果　**320766**
翼瓠果属　**320764**
翼花裸果木　320156
翼花裸果木属　320155
翼花蓬属　379486
翼花蛇鞭柱　**357748**
翼花藤　**320194**
翼花藤属　**320193**
翼蓟　**92485**
翼荚豆　**68135**
翼荚豆属　**68130**
翼荚苏木属　**236353**

翼锦鸡菊 **188410**
翼茎薄鳞菊 **86051**
翼茎草 **320395**,320917
翼茎草属 **320389**
翼茎刺头菊 **108224**
翼茎大爪草 **370568**
翼茎迪恩玄参 **131301**
翼茎粉藤 92907
翼茎风毛菊 **348113**,348456
翼茎菊 **172411**
翼茎菊属 **172402**
翼茎阔苞菊 **305130**
翼茎兰属 **13416**
翼茎苓菊 **214159**
翼茎瘤蕊紫金牛 **271091**
翼茎葡萄 92907
翼茎水芹菜 **269351**
翼茎驼蹄瓣 **418742**
翼茎旋覆花 138898
翼茎羊耳菊 **138898**
翼茎野百合 **111951**
翼茎鱼黄草 **250818**
翼茎猪屎豆 **112636**
翼兰属 **320161**
翼肋果 **245100**
翼肋果属 **245096**
翼蓼 **320912**
翼蓼属 **320911**
翼鳞野牡丹属 **320576**
翼苓菊 **214031**
翼轮芹属 320496
翼麻黄 **146125**
翼毛草属 **396047**
翼毛木属 **321045**
翼胚木 **320570**
翼胚木属 **320568**
翼瓶子草 **347147**
翼朴 320412
翼朴属 320411
翼蕊木 **320863**
翼蕊木科 **320864**
翼蕊木属 **320862**
翼蕊羊耳蒜 **232305**
翼山椒 **417177**
翼舌兰 **320560**
翼舌兰属 **320555**
翼蛇莲 **191914**
翼施莱木犀 **352591**
翼首草 320435
翼首花 **320441**,320435
翼首花属 **320421**
翼唐菖蒲 **176003**
翼卫矛 **157290**
翼缬草属 **14694**
翼形红铁木 236336
翼雄花属 **320151**
翼玄参 355261
翼檐南星 **33338**
翼羊茅 **163789**
翼药花 **320199**
翼药花属 **320198**
翼叶丁香蓼 **238166**
翼叶龟背芋 258179
翼叶龟背竹 **258179**
翼叶花椒 **417317**
翼叶九里香 **260160**
翼叶决明 360409
翼叶老鸦嘴 390701
翼叶老鸦嘴 390701
翼叶棱子芹 **304787**
翼叶毛果芸香 299172
翼叶桤木 **16412**
翼叶山牵牛 **390701**
翼叶烟草 266035
翼颖草 **23097**
翼颖草属 **23096**
翼鱼草 134032
翼枝白粉藤 **92907**,92741
翼枝长序榆 **401430**
翼枝菊 405915
翼枝美苦草 **341470**
翼枝行序榆 401430
翼柱 **320457**
翼柱瓣兰 **146375**
翼柱短筒苣苔 **56373**
翼柱管萼木属 **379048**
翼柱属 **320456**
翼籽辣木 258945
翼子赤杨叶 16304
薿 417139
薿煎 161373
薿子 161373
镱锂翠雀花 **124713**
鷊 293709
虉 293709,372247
虉草 **293709**
虉草剪股颖 **12246**
虉草科 **293696**
虉草属 **293705**
因尘 35282,36232
因陈 35282
因陈蒿 36232
因德尼西非夹竹桃 **275584**
因地槐 **369035**
因地辛 418010
因加豆 **206921**
因加豆属 **206918**
因预 365974
因约寒金菊 **199227**
因约罗非洲弯萼兰 **197901**
阴草 91282
阴草树 361432
阴地翠雀花 **124662**
阴地蒿 **36354**,36355
阴地堇菜 **410784**
阴地千里光 **360281**
阴地蛇根草 **272302**
阴地石生紫菀 40974
阴地苔草 **76635**
阴地唐松草 **388705**
阴地银莲花 **24105**
阴地月见草 **269451**
阴地针苔草 75610
阴地苎麻 **56350**
阴毒藤 **352862**
阴毒藤属 **352861**
阴粉蝶兰 302558
阴风轮 97043
阴灌草 **353151**
阴灌草属 **353147**
阴花坚果繁缕 **304559**
阴藿 418023
阴虉 339360
阴柳 291082
阴蒙藤 288762
阴牛郎 337253
阴茎 **416313**
阴茎属 **416312**
阴山扁蓿豆 **249191**
阴山长花马先蒿 **287373**
阴山大戟 **160098**,159171
阴山红 31477
阴山胡枝子 **226843**
阴山棘豆 **278905**
阴山马先蒿 287373
阴山毛茛 **326502**
阴山美丽毛茛 326502
阴山蒲公英 **384865**,384514
阴山荠 **416317**,97969
阴山荠属 **416316**
阴山沙参 **7891**
阴山条叶蓟 **92139**
阴山乌头 **5708**
阴山泽 88002
阴生红门兰 121422
阴生假虎刺 **76941**
阴生堇菜 410547
阴生舌唇兰 302558
阴生蛇根草 272302
阴生小檗 **52291**
阴生沿阶草 **272154**
阴生掌裂兰 121422
阴湿小檗 **51744**
阴笋子 47264
阴苔草 **74907**
阴香 **91282**
阴行草 **365296**,345214
阴行草属 **365295**
阴阳草 182230,226742,296801
阴阳豆 20566
阴阳枫 59201,125604
阴阳枫属 59187
阴阳果 9736
阴阳和 147008,147048,388716
阴阳虎 41795
阴阳兰属 **182888**
阴阳莲 328345
阴阳扇 120371,397836
阴阳参 182230
阴阳叶 320836
阴叶榆 156041
阴郁马先蒿 **287779**
阴证药 191173
茵陈 35088,35128,35282,35481,35560,36232,274237
茵陈草 78012,209753
茵陈蒿 **35282**,35308,35411,35505,36232
茵陈狼牙 85651
茵蔯蒿 35088
茵垫黄芪 42685
茵垫黄耆 **42685**
茵芋 **365974**
茵芋属 **365916**
茵蓣 365974
荫暗大戟 **159942**
荫蔽臂形草 **58195**
荫蔽大舒曼木 **352717**
荫蔽吊灯花 **84293**
荫蔽可拉木 **99271**
荫蔽脉刺草 **265704**
荫蔽毛茛 326118
荫蔽密钟木 **192733**
荫蔽南非仙茅 **371707**
荫蔽欧石南 **150190**
荫蔽青锁龙 **109479**
荫蔽弯管花 **86250**
荫蔽银莲花 23925
荫地长庚花 **193353**
荫地风车子 **100837**
荫地蒿 35794
荫地黄眼草 **4102**
荫地黄眼草属 **4101**
荫地火炬花 **217051**
荫地坚硬一枝黄花 **368356**
荫地冷水花 **299026**,299075
荫地蓼 **309918**
荫地蓬氏兰 **311023**
荫地赛金莲木 **70754**
荫地三角车 **334702**
荫风轮 97043
荫昆槭 3760
荫芹属 248542
荫生菝葜 **366612**
荫生长果木棉 **56797**
荫生蕾丽兰 **219695**
荫生冷水花 **299075**
荫生秋海棠 **50290**

荫生沙晶兰 **258082**
荫生舌唇兰 **302558**
荫生鼠尾草 **345450**
荫湿小檗 51744
荫王美国皂荚 176912
音加 206921
音加属 206918
音乐盒向日葵 **188910**
音约岩雏菊 **291318**
殷柽 383469
荶 15450
淫羊藿 **146966**,146960,146977,146987,146995,147008,147013,147016,147039,147048,147067
淫羊藿科 **146949**
淫羊藿属 **146953**
银桉 155538
银巴豆 **112838**
银白安息香 **379307**
银白百脉根 **237500**
银白拜卧豆 **227032**
银白斑纹互叶梾木 104948
银白杯子菊 **290226**
银白扁担杆 **180681**
银白柄花草 **26918**
银白波拉菊 **307305**
银白布里滕参 **211473**
银白草属 128919
银白大头斑鸠菊 **227142**
银白地胆草 **143467**
银白短梗玉盘 **399375**
银白椴 **391671**,391836
银白盾果金虎尾 **39500**
银白盾柱兰 **39648**
银白多肋菊 **304435**
银白恩德桂 **145332**
银白发草 **126030**
银白仿龙眼 **254955**
银白飞廉 **73298**
银白缝籽木 **172709**
银白福来木 **162982**
银白干若翠 **415448**
银白鬼子角 **116662**
银白黑尔漆 **188201**
银白花柏 85273
银白花凤梨 **391974**
银白黄蜡菊 **189174**
银白鸡矢藤 **280064**
银白假杜鹃 **48099**
银白菊蒿 **383706**
银白卷耳 **82676**
银白可可棕榈 97885
银白可拉木 **99162**
银白宽肋瘦片菊 **57604**
银白蜡菊 **189152**
银白榔榆 **401584**
银白老鸦嘴 **390714**
银白裂蕊紫草 **234984**
银白瘤子菊 **297570**
银白鹿藿 **333151**
银白卵叶女贞 **229570**
银白罗顿豆 **237237**
银白洛梅续断 **235485**
银白美非补骨脂 **276955**
银白美国扁柏 **85273**
银白米仔兰 **11278**
银白密集驴喜豆 **271189**
银白木蓝 **205672**
银白南非禾 **289943**
银白南非青葙 **192771**
银白南非少花山龙眼 **370242**
银白尼文木 **266398**
银白牛奶子 **142215**
银白脓疮草 **282485**
银白欧瑞香 **391000**
银白欧石南 **149023**
银白匍匐柳 **343996**
银白槭 **3532**
银白青锁龙 109229
银白球冠落基山圆柏 **213924**
银白热非羊蹄甲 **401004**
银白日中花 **220481**
银白榕 **164645**
银白柔软三芒草 **33936**
银白树 227233
银白树属 227224
银白四脉菊 **387355**
银白松 **299785**
银白天芥菜 **190554**
银白同花刺菊木 **34597**
银白鸵鸟木 **378566**
银白委陵菜 312389
银白文氏草 **413858**
银白纹蕊茜 **341271**
银白无毛谷精草 **224225**
银白下盘帚灯草 **202465**
银白香豆木 **306241**
银白小金梅草 **202809**
银白小蓝豆 **205597**
银白绣球防风 **227551**
银白须芒草 **22504**
银白岩黄耆 **187782**
银白杨 **311208**
银白叶柳 **342979**
银白银灌戟 **32966**
银白玉凤花 **183423**
银白远志 **307922**
银白云杉 298286
银白杂蕊草 **381728**
银白指甲草 **284764**
银白舟山新木姜子 **264094**
银白紫波 **28439**
银斑爱尔兰欧洲红豆杉 **385323**
银斑褐绒秋海棠 **50210**
银斑互叶梾木 **104948**
银斑鸠菊 **406651**
银斑欧洲常春藤 **187227**
银斑秋海棠 50051
银斑三角酢酱草 **278127**
银斑万年青 11332
银斑洋常春藤 187227
银斑异叶铁杉 **399906**
银斑英国榆 **401594**
银斑芋 **65229**
银斑珍珠地胆 **368892**
银半夏 33276,33319
银瓣花 **413720**
银瓣花属 **413719**
银瓣崖豆藤 66624
银包菊 **19691**
银苞菊属 **19690**
银苞鸢尾 208744
银苞紫绒草 **161519**
银苞紫绒草属 **161518**
银宝球 **327311**
银宝树 228057
银宝树属 228029
银宝丸 327311
银杯草 266206
银杯三月花葵 **223395**
银杯玉属 **129591**
银背风毛菊 **348585**
银背蓟 **220783**
银背蓟属 **220782**
银背菊 **124771**
银背柳 **343351**
银背藤 **32638**,32602,32645
银背藤属 **32600**
银背委陵菜 **312389**
银背叶 32602
银背叶党参 **98279**
银背叶杭子梢 70785
银币蜡菊 **189158**
银边八角金盘 **162881**
银边八仙花 **200010**
银边本都山杜鹃 **331521**
银边草 34935,88589,293710
银边垂枸骨叶冬青 **203548**
银边楤木 30638
银边翠 **159313**
银边大叶黄杨 157614
银边灯台树 **105003**
银边棣棠花 216092
银边吊兰 **88547**,88537,88546,88557
银边冬青卫矛 **157614**
银边扶芳藤 **157508**
银边枸骨叶冬青 **203549**
银边褐脉槭 **3531**
银边厚叶海桐 301246
银边黄杨 157614
银边假龙头花 **297986**
银边蕨叶南洋参 **310196**
银边兰 88546,88547
银边龙舌兰 10788
银边马醉木 298747
银边南庭荠 **44869**
银边南洋森 310204
银边南洋参 **310204**,310209
银边欧洲常春藤 **187224**
银边欧洲栎 **324336**
银边欧茱萸 105118
银边葡萄牙桂樱 **316519**
银边日本万年青 **335762**
银边日本小檗 **52242**
银边松笠 **155202**
银边土耳其栎 **323746**
银边卫矛 157614
银边狭叶染料木 103790
银边洋常春藤 187224
银边异味树 **103790**
银边意大利鼠李 **328596**
银边正木 157614
银边柊树 **276320**
银边竹蕉 137487
银扁担 30042
银滨藜 **44317**
银波草 **174333**
银波草属 **174332**
银波锦 **108075**
银波锦属 107840
银不换 116010,116031,308081,308123
银不换属 116008
银茶匙 12635,409898
银柴 **29761**
银柴胡 **374841**,39966,63713,63803,363467,363606
银柴属 **29759**
银匙藤 94740
银齿树 **227233**
银齿树属 **227224**
银齿莴苣 219507
银锤掌 **359026**
银刺球 244085
银刺仙人结 **385875**
银刺仙人球 **140892**
银枫 272
银翠秋海棠 **49590**
银带 34323
银带虾脊兰 **65885**
银袋 34367,34372
银道黛粉叶 **130099**
银道竹芋 66178
银灯妃 **244267**
银地匙 409834
银点秋海棠 **50051**

银叠通贝里胡枝子 **226970**
银蝶须 **26332**
银顶桉 **155523**
银豆 **32783**
银豆属 **32769**
银豆猪屎豆 **111911**
银杜仲 157943
银短叶虎尾兰 **346167**
银椴 391836
银萼龙胆 **173196**
银萼山梅花 **294409**
银儿茶 1165
银耳环 179694
银二色戴尔豆 121879
银粉菜 86901
银粉蔷薇 **336357**
银粉银叶菊 **358556**
银盖鼠麹草 **32954**
银盖鼠麹草属 **32953**
银公孙树 311956
银钩花 **256235**
银钩花属 **256221**
银冠 108075
银灌戟属 **32964**
银光黄耆 **42410**
银光菊 **117318**
银光菊属 **117316**
银光柳 **343055**
银光委陵菜 **312392**
银桂 **276295**,276257,276291
银果胡颓子 **141941**,142077
银果牛奶子 **142077**
银果糖芥 **154387**
银海波 **162914**
银海枣 295487
银蒿 **35188**
银合欢 **227430**,1165,402146
银合欢属 **227420**
银河草 **169819**
银河草属 **169817**
银河玉 **287893**
银贺乐 **155299**
银褐阿氏莎草 **534**
银褐莎草 534
银后橙味百里香 **391154**
银后冬青卫矛 **157612**
银后扶芳藤 **157491**
银后花柏 **85295**
银后亮丝草 **11331**
银后绿萝 **147339**
银后毛锦葵 **267191**
银后帚石南 **67499**
银厚朴 252907
银狐 289303
银胡 374841
银琥 244241
银花 235742,235749,235860,235878,266206
银花草 161418
银花茶 69708
银花代尔欧石南 **148953**
银花杜茎山 241739
银花蜡菊 **189153**
银花素馨 **211926**
银花苔草 **73752**
银花藤 235742,235878,402190
银花藤山柳 **95521**
银花苋 **179227**
银花秧 235878
银华山 **244029**
银桦 **180642**,53338,53549
银桦属 **180561**
银桦树 180642
银环赤竹 **347194**
银环红瑞木 **104926**
银皇 **11345**
银皇后银白槭 **3538**
银黄奥佐漆 **279274**
银黄菊 85526
银黄蜡菊 **189246**
银灰桉 **155548**
银灰单毛野牡丹 **257522**
银灰杜鹃 **331824**
银灰耳冠草海桐 **122093**
银灰榄仁树 **386478**
银灰毛豆 **386129**
银灰千里光 **360130**
银灰小苞爵床 **113748**
银灰旋花 **102926**
银灰杨 **311261**
银桧 **213859**
银棘豆 **278719**
银脊被苋 **281210**
银戟白峰掌 **181452**
银戟仙人掌 181452
银寄生属 **253121**
银假水青冈 266874
银尖棕 **97891**
银剑草 32960
银剑草属 32959
银箭 **109151**
银胶菊 **285086**
银胶菊属 **285072**
银鲛 **175537**
银角 83060
银角珊瑚 **159883**
银脚鹭鸶 373262,373346
银锦 86207
银茎粗糙四脉菊 **387381**
银荆 1165
银荆树 **1165**
银净花 198639
银菊木 **335813**
银菊木属 **335812**
银巨盘木 **166975**
银铠仙人柱 **140273**
银栲 1165
银栲皮树 1165
银坑朴 **80791**
银孔雀 340626
银宽叶赛德旋花 **356432**
银坤草 **182942**
银兰 **82044**
银蓝美国扁柏 **85293**
银老梅 289713,312634,312638
银肋赫蕉 190031
银冷杉 317
银丽草 **220769**
银丽草属 **220768**
银丽球 140887
银丽玉 **140887**
银莲果 137716
银莲花 **23746**,23901,267809
银莲花科 **23687**
银莲花蔷薇 **336676**,336357
银莲花属 **23696**
银莲花碎米荠 **72680**
银莲花叶老鹳草 **174459**
银莲花叶毛茛 **325578**
银莲花叶球果木 **210235**
银莲花叶委陵菜 312690
银莲花状美花草 **66699**
银莲花状唐松草 **388417**
银莲座草 139990,140008
银鳞荸荠 **143051**
银鳞草 **26912**,60383
银鳞草属 **26911**
银鳞蜡菊 **189157**
银鳞茅 **60383**
银鳞茅属 60372
银鳞苔草 **73753**
银鳞紫菀 **40076**
银岭丸 389214
银玲珑椰子 **85433**
银铃 32733,32761
银铃虫兰 232125
银铃花 **239544**
银铃丸 244077
银菱叶棕 **212403**
银柳 **343052**,141932,343602
银柳胡颓子 141932
银龙属 287846
银露梅 **312634**
银芦 105456
银芦属 105450
银榈属 97883,405251
银缕梅 **284964**
银缕梅属 **284957**
银脉单药花 29130
银脉单药爵床 **29130**
银脉观音莲 **16506**
银脉海芋 **16491**
银脉合果芋 **381867**,381871
银脉蓟 **267008**
银脉蓟属 **267005**
银脉爵床 **218273**,29127,98222
银脉爵床属 **218272**
银脉龙胆 **173257**
银脉延命草 **303539**
银脉钟花草 **98222**
银毛草 381934
银毛椴 **391836**
银毛风车子 **100339**
银毛风铃草 **69904**
银毛冠 115587
银毛冠属 115521
银毛果柳 **343056**
银毛灰毛豆 **385951**
银毛灰叶 386129
银毛锦绦花 **78624**
银毛落尾木 **300836**
银毛马唐 **130440**
银毛墨矛果豆 **414332**
银毛木科 224279
银毛南美盖裂木 **138864**
银毛千里光 **358394**
银毛球 **244085**
银毛球属 **243994**
银毛扇 272880
银毛蓍草 **3918**
银毛树 **393242**
银毛松霞 244199
银毛土牛膝 **4262**
银毛丸 244085
银毛菀 **392733**
银毛菀属 **392731**
银毛委陵菜 312627
银毛香陵菜 312627
银毛旋花 102998
银毛栒子 107348
银毛岩须 78624
银毛洋艾 **35091**
银毛叶山黄麻 **394655**
银毛羽扇豆 **238432**
银毛掌属 **264148**
银毛柱 94566
银帽花 **256196**
银帽花属 **256195**
银眉兰 **272404**
银梅草 123655,123659
银梅草属 123654
银美人黄杨叶忍冬 **235987**
银米兰 11278
银米仔兰 11278
银苗 **373209**
银鉾 **332356**
银牡丹 **145248**
银牡丹属 **145247**

银木　**91425**
银木荷　**350905**
银木麻黄　79165
银木犀　276257
银南星　**33276**
银纽　414296
银钮扣属　**344323**
银钮子　103509
银欧夏至草　**245733**
银盘　139628
银盘盘花　294509
银蓬属　**342106**
银皮属　32689
银屏牡丹　**280303**
银槭　3532
银骑士帚石南　**67498**
银蒛草　**217488**
银钱草　**88289**
银钱菊　40095
银桥　**392381**
银桥属　**392380**
银鞘蓼　308791
银泉苏格兰大宝石南　**121063**
银雀儿　**32683**
银雀儿属　**32682**
银雀珊瑚属　287846
银雀树　384371
银雀树属　384369
银鹊树　384371
银鹊树属　384369
银稔　137716,329795
银绒菊　**139752**
银绒菊属　**139750**
银肉豆蔻　261408
银乳男孩枸骨叶冬青　**203561**
银乳少女枸骨叶冬青　**203562**
银瑞　**105998**
银伞龙牙楤木　**30637**
银桑叶　2986
银色澳龙骨豆　**210339**
银色巴厘禾　**284109**
银色半育花　**191467**
银色宝石欧洲光叶榆　**401472**
银色波状蚤草　**321609**
银色刺芹　**154287**
银色戴尔豆　**121879**
银色短冠草　**369188**
银色芳香木　**38419**
银色飞廉　**73301**
银色飞蓬　**150473**
银色菲奇莎　**164498**
银色国王椰子　**327105**
银色海岸桐　**181731**
银色海神木　**315729**
银色合毛菊　**170920**
银色黄耆　**42004**
银色灰毛菊　**31186**
银色芨芨草　**4115**
银色鸡脚参　**275638**
银色孔颖草　**57572**
银色蓝盆花　**350096**
银色镰扁豆　**135415**
银色良冠石蒜　**161011**
银色漏斗花　**130189**
银色驴喜豆　**271177**
银色马瓞儿　**417509**
银色马蹄金　**128956**
银色蔓绿绒　**294815**
银色芒刺果　**1741**
银色美国扁柏　85273
银色女王北美香柏　**390620**
银色欧石南　**149025**
银色欧洲赤松　**300224**
银色球序蒿　**371143**
银色全饰爵床　**197408**
银色沙漠木　**148371**
银色沙普塔菊　85998
银色山矾　381423
银色山蚂蝗　**126259**
银色石莲花　**139980**
银色水牛果　**362090**
银色铁榄　**362986**
银色推广者北美圆柏　**213992**
银色委陵菜　312389
银色乌头　**5659**
银色小莱克荠　**227022**
银色小轮菊　**325156**
银色小麦秆菊　**381661**
银色肖竹芋　**66159**
银色旋带麻　**183356**
银色盐肤木　**332475**
银色阳帽菊　**85998**
银色羽毛那利薰衣草　**223273**
银色猪屎豆　**111910**
银沙葫芦　**415509**
银沙槐　19729
银沙槐属　19728
银砂槐　**19729**
银砂槐属　**19728**
银山参　**273992**
银杉　**79438**
银杉属　**79437**
银扇草　238371
银扇草属　238369
银扇葵　**97886**,97888
银扇葵属　**97883**
银扇棕　97886
银扇棕属　97883
银舌鼠麹木　**32768**
银舌鼠麹木属　**32766**
银石属　32689
银世界　272950
银树　17621,227233
银树属　227224
银楯　**273042**
银丝菜　59438
银丝草　**161422**,161418
银丝草属　161416
银丝匙　161418
银丝大眼竹　**47267**
银丝杜仲　156041,157943,
182366,283492
银丝芥　59438
银丝金茅　**156474**
银丝莲　367775,417470
银丝皮　156041
银丝竹　**47350**
银丝棕属　413289
银松　**244665**
银松属　**244664**
银穗草　**227948**
银穗草属　**227946**
银穗湖瓜草　**232423**,232391,
232405
银穗芦荟　**16604**
银穗羊茅　227953
银锁匙　116010,116019,239266
银毯绵毛水苏　**373168**
银藤　235878,414577
银蹄草　126623
银条菜　239222,336200
银条山竹　**304100**
银条参　176923
银头毒马草　**362743**
银头蜡菊　**189159**
银头苋属　**55871**
银挖耳子草　77160
银莞　**266996**
银莞属　**266994**
银王亮丝草　**11330**
银网叶　**166709**
银网叶属　**166706**
银网叶鸭嘴花　**214480**
银薇　**219934**
银尾芦荟　**16603**
银纹白花紫露草　**394022**
银纹草　**298918**
银纹菖蒲　5794
银纹虎尾兰　**346159**
银纹环带姬凤梨　**113389**
银纹龙血树　137380,137487
银纹喜荫花　**147388**
银纹鸭茅　**121234**
银纹竹　47350
银翁玉　**264360**
银乌　247116
银雾　36226
银雾岸刺柏　**213743**
银雾心叶紫菀　**40257**
银霞　244199
银仙人掌　**272880**
银仙人柱　**140230**
银线草　88276,88289
银线豆瓣绿　**290300**
银线富贵竹　137488
银线莲　**179650**,179625,179685,
179694,238135
银线龙血树　**137380**
银线木麻黄　79157
银线鸟巢凤梨　266155
银线盆　179685,179694
银线水竹草　**393990**
银线银叶龙血树　**137488**
银香茶　**303150**
银香菊科　**346288**
银香菊囊鳞莎草　**38239**
银香菊蓍　**4023**
银香菊属　**346243**
银香梅　261739
银香梅属　261726
银橡树　180642
银星　**244023**
银星马蹄莲　417097
银星秋海棠　**49629**
银星肉锥花　**102487**
银星玉　**182421**
银杏　**175813**
银杏科　**175839**
银杏属　**175812**
银须草　**12794**,12816
银须草南非禾　**289932**
银须草属　**12776**
银须草五部芒　**289545**
银旋花　**102998**
银牙莲　210370
银芽柳　343444
银腰带　122438
银药杜仲　182366
银椰　**405252**
银椰属　**405251**
银叶阿比西尼亚绣球防风
**227540**
银叶艾　35779
银叶安息香　**379308**
银叶桉　**155710**,155529,155647
银叶巴豆　**112853**,112920
银叶菝葜　**366299**
银叶白冷杉　**318**
银叶菠萝　187132
银叶补骨脂　**319134**
银叶布朗榈　**61195**
银叶常春藤　187241
银叶酢浆草　**277686**
银叶大蓼　94874
银叶杜茎山　**241739**
银叶杜鹃　**330134**
银叶榈　391836
银叶凤梨　187130

银叶凤梨属 **187129**
银叶凤尾柏 **85361**
银叶凤尾椰属 288038
银叶凤香 **187130**
银叶凤香属 187129
银叶甘薯 **207598**
银叶钩刺苋 **321800**
银叶桂 **91372**
银叶寒菀 **80372**
银叶杭子梢 **70785**
银叶蒿 **35174**,35188
银叶诃子 **386460**
银叶红果冷杉 **410**
银叶狐尾椰属 266677
银叶胡椒 300524
银叶胡克假节豆 **317218**
银叶壶状花 **7200**
银叶虎斑木 137487
银叶花 **32733**,227654
银叶花凤梨 **391973**
银叶花属 **32689**,32600
银叶桧柏 **213665**
银叶火绒草 **224942**
银叶姬凤梨 **113367**
银叶吉利镰扁豆 **135515**
银叶假乌桕 **376645**
银叶椒草 **290354**
银叶菊 **32945**,70164,358395
银叶菊蒿 **383708**
银叶菊属 **32944**
银叶栲 78859
银叶葵属 97883
银叶喇叭木 **382706**
银叶蓝蓟 **141350**
银叶蓝钟花 115340
银叶老鹳草 **174475**
银叶栎 324021
银叶连香树 83740
银叶柳 **343203**
银叶龙血树 **137487**
银叶鹿角豆 **287930**
银叶榈属 210357
银叶脉刺草 **265676**
银叶蔓绿绒 294842
银叶毛茛 **325984**
银叶拟恩氏菊 **145206**
银叶欧洲云杉 **298193**
银叶葡萄 411551
银叶千年木 137487
银叶茄 **367139**
银叶球根牵牛 **161767**
银叶肉稷芸香 **346835**
银叶乳豆 **169646**
银叶砂仁 **19916**
银叶山桉 155710
银叶蓍草 **3942**
银叶鼠尾草 **344855**
银叶树 **192494**,192497,227233
银叶树属 **192477**
银叶双齿千屈菜 **133368**
银叶双花番红花 **111501**
银叶四轭野牡丹 **387948**
银叶四蟹甲 **387072**
银叶苏铁 **115807**
银叶塔奇苏木 **382965**
银叶藤山柳 **95481**
银叶藤属 217918
银叶铁兰 391973,391974
银叶铁线莲 **94874**,94964
银叶庭荠 **18332**
银叶委陵菜 **312714**,312389
银叶雾水葛 **313416**
银叶喜林芋 **294842**
银叶喜荫花 **147387**
银叶夏葡萄 **411532**
银叶相思树 **1090**
银叶香茶菜 **303151**
银叶向日葵 188922
银叶肖木菊 **240800**
银叶岩黄耆 **187783**
银叶杨 311208
银叶野荞麦 **151840**
银叶银桦 **180565**
银叶羽衣草 **13964**
银叶蚤草 **321523**
银叶樟 91372
银叶珍珠地胆 **368891**
银叶栉花芋 **113951**
银叶种棉木 **46224**
银叶竹芋 113951
银叶锥 **78859**,78857
银叶棕属 97883
银衣香青 **21554**
银衣柱 **390481**
银衣柱属 **390479**
银玉 284684
银元公主倒挂金钟 **168754**
银元宽叶山月桂 **215401**
银月 359026
银月琉璃菊 **377294**
银钥匙 258044
银云南亚含笑 **252861**
银窄叶毛束草 **395722**
银盏花 **175544**
银盏花属 **175541**
银蔗茅 **148857**
银针草 14529
银针七 227654
银针绣球 **199870**
银枝盐肤木 **332699**
银钟花 **184743**
银钟花科 **184757**
银钟花属 **184726**
银钟树 184743
银州柴胡 **63872**
银珠 7190,288901
银珠果 245259,319833
银珠果属 245257
银竹 47516
银粧玉 **284684**
银锥柱草 **102789**
银籽南瓜 **114273**
银紫丹参 345002
银紫菀 380854
银棕蝶须 **26451**
银棕属 97883
尹氏马兜铃 **34175**
尹氏微花兰 **374705**
引火绳 152693
引生草 227657
引水蕉 111167,111171,200941
引线包 53797,53801,54048,
54158
引用垂叶榕 **164690**
引汁藤 402190
饮粉马钱子 378860
蚓果芥 **264609**
隐瓣风车子 **100331**
隐瓣火把树 **12896**
隐瓣火把树属 **12894**
隐瓣山草莓 362363
隐瓣山金莓 362363
隐瓣山金梅 362363
隐瓣山莓草 **362363**
隐瓣藤 **29084**
隐瓣藤科 **29082**
隐瓣藤属 **29083**
隐瓣庭荠 **18419**
隐瓣蝇子草 **363503**,248255
隐棒花 **113541**
隐棒花属 **113527**
隐苞山柳菊 **195817**
隐苞苔草 **74223**
隐蔽巴考婆婆纳 **46365**
隐蔽棒毛萼 **400785**
隐蔽吊灯花 **84194**
隐蔽盾蕊樟 **39722**
隐蔽干若翠 **415452**
隐蔽谷木 **250035**
隐蔽海神木 **315936**
隐蔽胡卢巴 **397258**
隐蔽黄檀 **121781**
隐蔽堇菜 **410318**
隐蔽阔鳞兰 **302844**
隐蔽龙王角 **199058**
隐蔽毛子草 **153241**
隐蔽扭果花 **377781**
隐蔽欧石南 **149807**
隐蔽日中花 **220628**
隐蔽肉锥花 **102560**
隐蔽绳草 **328117**
隐蔽石豆兰 **62954**
隐蔽柿 **132331**
隐蔽苔草 **75572**
隐蔽弯花婆婆纳 **70656**
隐蔽韦尔双距兰 **133988**
隐蔽沃森花 **413379**
隐蔽银莲花 23925
隐蔽智利球 **264367**
隐蔽壮花寄生 **148843**
隐藏禾 **113517**
隐藏禾属 **113516**
隐藏马唐 **130606**
隐齿空船兰 **9120**
隐齿素馨 **211737**
隐翅猪毛菜 **344502**
隐唇兰 **88136**
隐唇兰属 **88134**
隐雌兰 **417684**
隐雌兰属 **417682**
隐雌椰属 68635
隐刺大戟 **158708**
隐刺卫矛 **157374**
隐萼大戟 **68558**
隐萼大戟属 **68557**
隐萼豆属 **113778**
隐萼榈属 68614
隐萼琼楠 **50494**
隐萼三萼木 **395214**
隐萼椰属 68614
隐萼椰子 **68617**,218792
隐萼椰子属 **68614**,218789
隐萼异花豆 **29051**
隐萼异花豆属 **29041**
隐梗巴斯鼠李 **48856**
隐冠菊 **39887**
隐冠菊属 **39885**
隐冠萝藦属 375234
隐冠石蒜属 **113839**
隐冠藤属 113820
隐果草 **383986**
隐果草属 **383985**
隐果鹤虱 **221713**
隐果积雪草 **81584**
隐果菊属 68551
隐果联苞菊 **194083**
隐果联苞菊属 **194082**
隐果鳞叶番杏 **305010**
隐果茜 **222653**
隐果茜属 **222652**
隐果散血丹 **297629**
隐果莎草属 **68619**
隐果蛇舌草 **269786**
隐果薯蓣 **147264**
隐果薯蓣属 **147261**
隐果苔草 **74221**
隐果野牡丹属 **7065**
隐果掌 **416299**

隐果掌属 **416298**
隐果紫草属 **7073**
隐黑三棱 **370051**
隐花拜卧豆 **227042**
隐花布洛凤梨 **60419**
隐花草 **113306**
隐花草车前 **301942**
隐花草属 **113305**
隐花斗篷草 **14001**
隐花凤梨 113380
隐花凤梨属 113364
隐花蔊菜 **336188**
隐花号角毛兰 **396138**
隐花兰 **148117**
隐花兰属 **148116**
隐花鳞果草 **4462**
隐花芦荟 **16743**
隐花马先蒿 **287129**
隐花木蓝 **205849**
隐花拟风兰 **24665**
隐花皮尔逊豆 **286785**
隐花蔷薇属 29018
隐花芹 **148616**
隐花芹属 **148615**
隐花日中花 **251262**
隐花鼠尾草 **344989**
隐花属 113364
隐花双齿千屈菜 **133373**
隐花水苏 **373280**
隐花小凤兰属 113364
隐花异荣耀木 **134590**
隐喙豆 **113773**
隐喙豆属 **113772**
隐稷 128494
隐痂虎耳草 **349753**
隐节草 **87288**
隐节草属 **87286**
隐节萝藦 **179454**
隐节萝藦属 **179452**
隐茎虎耳草 **349507**
隐九节 **319495**
隐距兰 **113502**
隐距兰属 **113499**
隐距越橘 **403824**
隐口兰 **113767**
隐口兰属 **113766**
隐口木麻黄 **84432**
隐口木麻黄属 **84431**
隐棱芹属 **29085**
隐鳞白叶藤 **113580**
隐鳞藤 113612
隐鳞藤属 113566
隐脉安匝木 **310766**
隐脉冬青 204104
隐脉杜鹃 **331179**,332025
隐脉红淡比 **96616**
隐脉红山茶 **69029**
隐脉黄肉楠 **6805**
隐脉假虎刺 **76885**
隐脉假卫矛 **254314**
隐脉楼梯草 **142762**
隐脉佩奇木 **292420**
隐脉琼楠 **50580**
隐脉润楠 **240659**
隐脉桃金娘 **304619**
隐脉桃金娘属 **304618**
隐脉小檗 **52275**
隐脉野木瓜 **374432**
隐脉叶下珠 **296596**
隐脉砖子苗 **245491**
隐毛千里光 **358650**
隐囊鼠尾草 345077
隐匿白酒草 **103548**
隐匿车轴草 **396986**
隐匿大萼烟堇 **169090**
隐匿大戟属 **7053**
隐匿鹅绒藤 **117335**
隐匿二裂玄参 **134064**
隐匿法道格茜 **161981**
隐匿菲奇莎 **164511**
隐匿割花野牡丹 **27480**
隐匿钩喙兰 **22089**
隐匿狗尾草 **361842**
隐匿槲寄生 **411074**
隐匿虎尾兰 **346121**
隐匿黄牛木 **110250**
隐匿黄眼草 **416119**
隐匿景天 **356612**
隐匿蓝蓟 **141135**
隐匿劳德草 **237821**
隐匿乐母丽 **336011**
隐匿立金花 **218908**
隐匿利希草 **228711**
隐匿琉璃草 **117940**
隐匿柳 **342955**
隐匿裸实 **182750**
隐匿马鞭草 **7086**
隐匿马鞭草属 **7085**
隐匿美冠兰 **156892**
隐匿木槿 **194803**
隐匿木蓝 **206320**
隐匿南非帚灯草 **67911**
隐匿扭果花 **377752**
隐匿榕 **164610**
隐匿山景天 356612
隐匿山柳菊 **195723**
隐匿绳草 **328115**
隐匿鼠尾草 **344969**
隐匿双星番杏 **20536**
隐匿苔草 **74882**
隐匿弯梗芥 **228959**
隐匿纹蕊茜 **341341**
隐匿纤冠藤 **179309**
隐匿鸭跖草 **101110**
隐匿野荞麦 **152205**
隐匿翼舌兰 **320557**
隐匿蝇子草 **363324**
隐匿止泻萝藦 **416237**
隐匿皱颖草 **333810**
隐匿猪屎豆 **111853**
隐盘芹 113554
隐盘芹属 **113551**
隐鞘草 **29017**
隐鞘草属 **29015**
隐忍 7853
隐忍草 7853
隐蕊杜鹃 **330935**
隐蕊菲利木 **296187**
隐蕊榄属 **113561**
隐蕊茜 **28987**
隐蕊茜属 **28986**
隐蕊桃金娘 **113836**
隐蕊桃金娘属 **113834**
隐蕊椰子属 68635
隐蕊帚灯草 **121033**
隐蕊帚灯草属 **121032**
隐伞芹 **68648**
隐伞芹属 **68647**
隐涩水玉簪 **63989**
隐舌甘菊 **124809**
隐舌菊 **28992**
隐舌菊属 **28991**
隐舌橐吾 **229040**
隐穗柄苔草 **74190**
隐穗石豆兰 **62668**
隐穗苔草 **74224**
隐蓑属 125589
隐头长刚毛斑鸠菊 **406269**
隐头纺锤菊 **44147**
隐头黑草 **61767**
隐头山芫荽 **107767**
隐头银齿树 **227261**
隐纹杜茎山 **241801**
隐腺大戟属 **145302**
隐腺瑞香属 **113325**
隐腺塞拉玄参 **357469**
隐腺树葡萄 **120045**
隐雄鼠尾粟 **372642**
隐雄芸香属 **22284**
隐雄棕 **29014**
隐雄棕属 **29013**
隐序南星 **33564**
隐血草 29017
隐血草属 29015
隐血丹 210525
隐药萝藦属 **68569**
隐药欧石南 **149301**
隐药鼠尾草 **345140**,345077
隐药棕 **246698**
隐药棕属 **246697**
隐叶芳香木 **38468**
隐叶帚鼠麹 **377211**
隐翼 113401
隐翼科 **113402**
隐翼木 **113401**
隐翼木属 **113397**
隐翼属 113397
隐元豆 294056
隐元球 **244115**
隐元丸 244115
隐枝欧石南 **149302**
隐枝鼠尾草 **344990**
隐钟草 **113523**
隐钟草属 **113521**
隐轴蛇菰 **46815**
隐柱鹤虱 **221767**
隐柱金虎尾属 **68561**
隐柱菊 **7094**
隐柱菊属 **7093**
隐柱兰 **113848**
隐柱兰属 **113846**
隐柱铃兰 **395161**
隐柱铃兰属 **395160**
隐柱苔 74224
隐柱昙花 **113508**
隐柱昙花属 **113507**
隐柱天轮柱属 113507
隐柱紫草 **20546**
隐柱紫草属 **20545**
隐籽芥 **113817**
隐籽芥属 **113815**
隐籽爵床 **29090**
隐籽爵床属 **29089**
隐籽田基麻属 **156073**
隐子草属 **94585**
隐子芥 113817
隐子芥属 113815
隐子玉 **77134**
隐子玉属 **77131**
隐足车轴草 **396871**
隐足兰 **113763**
隐足兰属 **113760**
隐足芦荟 **16744**
隐足三叶草 396871
印安第李属 269290
印巴吊灯花 **84024**
印巴假野菰 **89218**
印巴辣木 **258939**
印巴亮蛇床 **357812**
印巴绒果芹 **151754**
印巴三毛草 **398438**
印巴省沽油 **374100**
印巴鸭嘴草 **209342**
印巴泽芹 **365852**
印比草属 53681
印边大黄 329327
印边景天 329960
印材竹 297233

印禅铁苋菜 **2021**
印车前 301864,302119
印川糙苏 295218
印得葱 **15368**
印得独尾 148544
印地安李 269291
印第安稻 **275918**
印第安景天 **356770**
印第安菊 316964
印第安菊属 316963
印第安酋长东方罂粟 **282651**
印滇木姜子 **233954**
印东北茄 **285913**
印东北茄属 **285912**
印东北小檗 **51683**
印度阿顿果 **44820**
印度阿拉伯金合欢 **1430**
印度阿魏 **163683**
印度矮扁桃 **316479**
印度矮生小麦 **398972**
印度安瓜 **25146**
印度八角枫 13384
印度菝葜 **191452**
印度菝葜属 **191451**
印度白菜 **59344**
印度白茅 205497
印度白木 362176
印度白绒绣球 199891
印度百代留 101453
印度百簕花属 **117804**
印度柏木 **114695**
印度斑鸠菊 406086
印度鞭藤 166797
印度扁芒草 **122316**
印度扁芒草属 **122315**
印度扁蒴藤 315361
印度藨草 **353518**
印度波树 165553
印度菠萝球 **107048**
印度博巴鸢尾 **55956**
印度捕鱼木 180682
印度草 **299706**,22407
印度草莓 138796
印度草木犀 **249218**,249232
印度草属 **299705**
印度簕竹 **47190**
印度长被片风信子 **137945**
印度肠须草 **146006**
印度车前 **302009**
印度沉香 **29980**,29973
印度柽柳 **383520**
印度虫豆 65146
印度川苔草属 **241904**
印度川藻属 **206846**
印度茨藻 **262054**
印度刺篱木 166773
印度刺蕊草 **306982**
印度刺桐 154734
印度粗榧 82541
印度粗糠树 **66835**
印度大苞寄生 **392714**
印度大苞盐节木 **36781**
印度大厨美丽冠香桃木 **236408**
印度大风子 **199751**,199742,199758
印度大麻 **71220**
印度大沙叶 286275
印度戴星草 370989
印度灯心草 **213000**
印度颠茄 **44712**
印度豆 385985
印度独活 **192243**
印度杜鹃 330917
印度对刺藤 **355872**
印度对叶野桐 **243415**
印度多荚草 307748
印度莪术 114883
印度鹅掌柴 **350673**,350726
印度鹅仔草 320515
印度鳄梨 **291543**
印度法蒺藜 **162238**
印度法默川苔草 **162775**
印度番泻叶 78227
印度防己 **21459**
印度防己属 **21458**
印度菲奇莎 **164540**
印度风车子 **100537**
印度甘蔗 341887
印度狗肝菜 **129235**
印度枸橘 8787
印度谷精草 **151254**
印度瓜 **313501**
印度瓜属 **313500**
印度冠瓣 236422
印度冠花韭 **60448**
印度广防风 147084
印度广藿香 **306994**
印度海葱 **402371**
印度海芋 **16501**
印度海州常山 96139
印度含笑 **252935**
印度含羞草 65039
印度寒蓬 **319926**
印度蔊菜 336211
印度蒿 35634
印度禾 **53683**
印度禾属 **53681**
印度合欢 13595
印度黑核桃 **212612**
印度红豆 277462
印度红豆属 277459
印度红杜鹃 **330616**
印度红瓜 97801
印度红木 **369934**
印度红木属 **369933**
印度厚叶香茶 **303200**
印度胡椒 **300330**
印度胡麻 **286930**
印度胡麻属 **286925**
印度虎刺 122040
印度虎耳草 **349770**
印度槐 **368974**
印度黄瓜 **114250**
印度黄花杜鹃 331164
印度黄葵 **228**
印度黄楝树 **345503**
印度黄皮 94203
印度黄芩 355494
印度黄檀 **121826**,121730
印度火筒树 223943
印度火焰草 **79127**
印度火焰花 **295027**
印度芨芨草 **4139**
印度鸡血藤 254810
印度蓟 **91940**
印度稷 341960
印度夹竹桃 **265339**
印度嘉赐树 78133
印度假楼梯草 **223680**
印度剪股颖戟 **12434**
印度见血飞 252745
印度姜饼木 **284233**
印度胶榕 164925
印度胶树 164925,164947
印度胶脂树属 405153
印度脚骨脆 **78133**
印度金合欢 **1308**
印度金钮扣 **371666**,4866
印度锦鸡儿 **72239**
印度荆芥 **264949**
印度橘 8787
印度巨果槭 **3691**
印度卷耳 **82895**
印度决明 **78377**
印度爵床 **206854**
印度爵床属 **206853**
印度栲 78959
印度克美莲 **68794**
印度苦草 22407
印度苦槠 78959
印度蜡菊 **189445**
印度辣木 **258938**,258945
印度兰屿加 56529
印度蓝 206669
印度榄仁树 **386462**
印度老虎刺 **320596**
印度簕竹 47190
印度冷杉 439
印度镰扁豆 218721
印度镰序竹 **196350**
印度楝 **248917**,45908
印度楝属 45906
印度楝树 45908
印度蓼 **309702**
印度零陵香 268518
印度龙胆 **173565**,380157
印度芦荟 **16910**
印度绿芋 **99922**
印度轮叶戟 **222384**
印度罗思豆 337477
印度萝芙木 **327058**
印度裸野荞麦 **152323**
印度落芒草 276022
印度落腺豆 **206856**
印度落腺豆属 **206855**
印度麻 104072,112269
印度麻竹 125477
印度马兜铃 **34214**
印度马来海芋 16501
印度马来黑檀 132142
印度马来芋 16501
印度马钱 378836
印度马缨丹 **221273**
印度买麻藤 **178541**
印度毛俭草 **256337**
印度毛束草 **395762**
印度没药 **101591**,101453
印度玫瑰木 121730
印度梅蓝 **248853**
印度门花风信子 **390925**
印度米甘草 **254426**
印度蜜茱萸 **249145**
印度绵枣儿 **352920**
印度棉 179876
印度茉莉 **211742**
印度木荷 350920
印度木槿 194936
印度木棉 **56784**
印度木犀榄 **270133**
印度南瓜 114288
印度南星 **21757**
印度南星属 **21756**
印度囊苞木 **266655**
印度尼西亚珍珠茅 354253
印度柠檬 **93505**
印度牛奶菜 **245818**
印度牛膝 4259,4263
印度瓶棕 201359
印度菩提树 165553
印度蒲公英 **384587**
印度蒲桃 382522
印度七叶树 **9706**
印度牵牛 103362
印度前胡属 **365885**
印度蔷薇 336485
印度荞麦 162335
印度鞘蕊花 **99638**
印度茄 **367241**,366910,367733

印度青梅 **405175**
印度苘麻 **932**,934
印度秋海棠 **49602**,49613
印度群蕊竹 **268116**
印度染木树 **346484**
印度榕 **164925**,164684,164947
印度榕树 164684
印度柔毛没药 **101511**
印度肉桂树 **91436**
印度肉托果 357878
印度三尖杉 82541
印度三穗草 294981
印度桑 **259137**
印度砂仁 **17763**
印度山道楝 **345786**
印度山茴香 406102
印度山兰 274047
印度山榄 **294942**
印度山榄属 **294940**
印度山藤 166797
印度蛇根草 327058
印度蛇根木 327058
印度蛇菰 **46839**
印度蛇木 327058
印度蛇婆子 413149
印度十万错 **43644**
印度石斑木 329068
印度石豆兰 62852
印度石楠 **295725**
印度石竹 **127663**
印度实竹 125510
印度兽南星 **389497**
印度鼠麴草 178355
印度树萝卜 **390029**
印度双唇婆婆纳 **101921**
印度双距兰属 **132913**
印度水猪母乳 **337353**
印度苏铁 115888
印度苏头菊 **89386**
印度素馨 211795,305225
印度酸橘 93716
印度娑罗双 **362238**
印度娑罗双树 362238
印度苔草 **74875**
印度檀 121826
印度藤黄 **171119**,171144
印度梯牧草 **294981**
印度天南星 33544
印度田菁 **361430**
印度田穗戟 12434
印度铁苋 1900
印度铁苋菜 1900
印度铁线莲 **94856**
印度吐根 **262543**
印度吐根属 262540
印度菟丝子 **115049**
印度娃儿藤 **400855**
印度瓦特木 **405154**
印度榅桲 8787
印度乌面马 305185
印度乌木 132298,132434
印度乌头 5188
印度无花果 272891
印度无患子 **351968**
印度无患子属 **351967**
印度五爪金龙 **207661**
印度武靴藤 182384
印度雾冰藜 **48770**
印度西风芹 **361483**
印度稀花藤黄属 **10428**
印度锡叶藤 **386876**
印度峡谷飞蓬 **151042**
印度仙丹花 **211203**
印度仙客来 115965
印度仙人掌 272891
印度苋 **18776**
印度腺萼木 **260631**
印度腺蓬 **7449**
印度相思树 1308
印度香花藤 **10219**
印度橡胶树 164925
印度橡皮树 164925,164947
印度小草 253276
印度小豆蔻 **143506**
印度小药玄参 **253058**
印度蝎尾蕉 **190022**
印度邪蒿 361483
印度缬草 **404300**,404285
印度蟹甲草 **64704**
印度心叶秋海棠 **49740**
印度辛果漆属 **197335**
印度星刺 **327564**
印度型苔草 **74877**
印度荇菜 267819
印度莕菜 267819
印度续断 133454
印度旋花 207792
印度血桐 **240272**
印度鸭脚树 18058
印度鸭嘴草 209321
印度蚜豆 254810
印度崖豆 254810
印度崖豆藤 **254810**
印度烟堇 **169076**
印度盐角草 **342868**
印度羊角藤 **258923**
印度野橘 **93497**
印度野牡丹 **248762**
印度野木瓜 374390
印度叶苞瘦片菊 **296941**
印度叶下珠 245220
印度移衣 135120
印度异萼豆 **283164**
印度翼核果 **405450**
印度银须草 **12824**
印度蝇子草 **363568**
印度忧花 **241648**
印度鱼藤 **125974**
印度玉蕊 **76799**,48510
印度玉蕊属 **76798**
印度玉叶金花 260418
印度芋 **304542**,99919,99922
印度芋属 **304541**
印度郁金香 **400146**
印度月桂 291543
印度杂脉藤黄 **306737**
印度杂脉藤黄属 **306736**
印度藏茴香 **77767**
印度早熟禾 **206858**,305294
印度早熟禾属 **206857**
印度枣 **418164**,418184
印度摘亚苏木 **127400**
印度獐牙菜 **380157**
印度樟属 29626
印度珍珠茅 **354121**
印度之歌红果龙血树 137479
印度支那川苔草属 **115188**
印度支那代代 93389
印度支那代代花 **93389**
印度支那染木树 **346479**
印度支那神果 **163508**
印度纸桦 **53362**
印度枳 8787
印度枳属 8783
印度钟萼草 **231263**
印度竹属 **259871**
印度锥 **78959**
印度锥栗 78959
印度紫草 **233698**
印度紫金牛 **342134**
印度紫金牛属 **342133**
印度紫荆木 **241514**
印度紫檀 320288,320301
印度紫旋花 208120
印多尼草 206854
印多尼亚属 206853
印膰沼飘拂草 **166157**
印防己 21459
印防己属 21458
印非香茶 **303665**
印加豆 206928
印加豆属 206918
印加兰属 **205544**
印加树属 206918
印楝属 45906
印马瓜属 **206852**
印马冠草 **236436**
印马冠草属 **236434**
印缅钗子股 **238329**
印缅肠须草 **209338**
印缅柽柳 **383476**
印缅橙 **93529**
印缅红果树 **377462**,295742
印缅黄杞 145517
印缅石楠 295742
印缅榆 **197454**
印缅榆属 **197451**
印南娑罗双 **362227**
印尼垂叶椰 332376
印尼大叶胡椒 **300436**
印尼莪术 **114883**,114881
印尼栲 **78857**
印尼兰屿加 56529
印尼兰屿五加 **56529**
印尼木莲 **244470**
印尼鞘花 **241315**
印尼水东哥 **347989**
印尼水竹叶 **260089**
印尼铁线子 **244555**
印尼杖花棕 **332376**
印尼珍珠茅 **354253**
印茄 **207015**
印茄属 **207013**
印茄树 **178803**
印茄树科 **178807**
印茄树属 **178802**
印斯留萼木 **54880**
印桐科 301687
印头 355387
印锡榄仁树 **386515**
印藏核果茶 **322591**
印章居间薰衣草 **223296**
印支阿芙苏木 10129
印支蚌壳树 364715
印支钩藤 401762
印支黄檀 121653
印支羯布罗香 133561
印支栝楼 **396161**
印支蓼 **309000**
印支铃兰 **27458**
印支铃兰属 **27456**
印支龙脑香 **133561**
印支娑罗双 **362200**
印支藤黄 171113
印竹属 206765
印子柑 93765
应春花 331839,416694,416717,416721
应乐果 131933
英丹花 211067
英德尔大戟 **159129**
英德凤仙花 **204932**
英德过路黄 **239906**
英德黄芩 **355857**
英德山麦冬 **232650**
英德羊蹄甲 **49049**
英豆 83347
英杜 36946

英哥草 124586
英格拉姆淡色银莲花 **23726**
英格拉姆光滑银莲花 23726
英格利希花姬 **313911**
英格维森老鹳草 **174716**
英冠 **140618**
英冠玉 **284677**
英贵龙 **299242**
英国薄荷 250420
英国柽柳 **383433**
英国大叶小檗 **51902**
英国冬青 203545
英国风信子 **145488**
英国贡草 86970
英国虎耳草 **349034**
英国花楸 **369318**
英国黄瓜 **114246**
英国碱茅 **321378**
英国景天 **356537**
英国蓝钟花 199560
英国栎 **324335**
英国龙胆 **173224**
英国露兜树 **280989**
英国裸盆花 138267
英国麦瓶草 363477
英国茅膏菜 **138267**
英国玫瑰酒红杜鹃 **330333**
英国绵枣儿 199560
英国欧石南 150201
英国染料木 **172905**
英国山毛榉 162400
英国山楂 109790,109857
英国石南 150201
英国士兵杧果 **244401**
英国委陵菜 **312357**
英国无心菜 **32104**
英国梧桐 302582
英国小花月见草 **269418**
英国悬钩子 **339375**
英国薰衣草 223291
英国岩荠 **97976**
英国榆 **401593**
英国鸢尾 **208444**
英国紫叶接骨木 **345643**
英华库 17736
英吉里岳桦 **53429**
英吉利茶藨 334144
英吉利茶藨子 **334144**
英吉利苔草 **76780**
英吉利鸢尾 **208944**
英吉沙沙拐枣 **67086**
英兰 **399116**
英蓼 402194
英留玉 233510
英瑠生石花 **233510**
英瑠玉 233510
英梅 83238
英生 250370,250443
英台木 18055
英桃 83347
英桃草 407275
英犀角 373836
英雄草 117643,341960,345586,369241
英雄箭 234098
英雄树 56802
莺哥 411420
莺哥凤梨属 412337
莺哥果 377538
莺哥木 **411409**,19418
莺歌菠萝 412343
莺树 **235812**
莺粟 282717
莺桃 83284
莺矣蜜 220126
莺织柳 370202
莺爪 35016
莺爪风 401761,401770,401773,401779,401781
莺爪花 35016
莺爪花属 34995
婴帽豆 **108199**
婴帽豆属 **108198**
婴桃 83347
缨瓣属 **111802**
缨飞蓬 **150522**
缨凤梨 **13910**
缨凤梨属 **13907**
缨冠萝藦 **166152**
缨冠萝藦属 **166150**
缨灌菊属 111837
缨络柏 213702
缨络椰子 **85422**
缨珞木属 19462
缨绒花 **144916**,144903,144976
缨绒菊 144903,144976
缨饰串铃花 260308
缨翼茜属 **111808**
缨柱红树属 **111833**
缨柱柳叶菜 **111830**
缨柱柳叶菜属 **111829**
罂粟 **282717**
罂粟草玉梅 23767
罂粟厚敦菊 **277103**
罂粟菊属 193491
罂粟科 **282751**
罂粟葵 **67129**
罂粟葵属 **67124**
罂粟莲花 **23682**
罂粟莲花科 23687
罂粟莲花属 **23680**
罂粟列当 **275160**
罂粟牡丹 23767
罂粟木 125585
罂粟木属 125583
罂粟尼索桐 **265586**
罂粟秋牡丹 23767
罂粟属 **282496**
罂子果 282717
罂子花 282717
罂子壳 282717
罂子树 406018
罂子粟 282717
罂子桐 406016,406018
樱贝 **102613**
樱草 **314952**
樱草杜鹃 **331539**
樱草花 314752
樱草蔷薇 **336872**
樱草属 314083
樱春球 **2103**
樱春丸 2103
樱岛萝卜 **326584**
樱额 280007
樱额梨 280007
樱果朴 **80610**
樱花 **83314**,83365
樱花杜鹃 **330343**
樱花短柱茶 **69348**
樱花葛 198827
樱花蓼 309006
樱槐 180642
樱井草 292673
樱井草科 292676
樱井草属 292671
樱井葶苈 **137225**
樱科 316093
樱兰 198827
樱李 316294
樱蓼 **309006**,309262
樱龙 **366137**
樱龙属 **366136**
樱茅 332185
樱茅属 332184
樱皮栎 **323896**
樱麒麟 **290705**
樱色杜鹃 330058
樱石斛 125221
樱属 **83110**,316166
樱桃 **83284**,83314,83347,316536
樱桃刺柏 213827
樱桃海棠 **243634**
樱桃红短尖叶白珠树 172118
樱桃红锐尖白珠树 **172118**
樱桃红小檗 **51441**
樱桃皇后苘麻 **920**
樱桃椒 **72072**
樱桃橘 **93273**
樱桃橘属 **93269**
樱桃李 **316294**
樱桃拟阿福花 **39460**
樱桃苹果 **243580**
樱桃朴 80610
樱桃茄 **367022**
樱桃忍冬 **235797**
樱桃神秘果 **381980**
樱桃属 83110,316166
樱桃小番茄 **239158**
樱桃小西红柿 239158
樱桃星 **182150**
樱桃椰 347076
樱桃椰属 318118,347074
樱桃叶黄牛木 110258
樱桃叶柃 160439
樱桃圆柏 **213827**
樱桃越橘 403967
樱丸 **140616**
樱雪轮 363331
樱叶杜英 142374
樱叶荚蒾 408061
樱叶堇 **409814**
樱叶苦丁茶 110258
樱叶柃 **160439**
樱叶楼梯草 **142797**
樱叶欧文楝 **277640**
樱叶山矾 381423
樱叶山楂 109928
樱叶乌蔹莓 **79880**
樱珠 83284
璎珞 **102548**
璎珞百合 168430
璎珞柏 114690,213702,306506
璎珞草 49886
璎珞杜鹃 250507
璎珞杜鹃属 250505
璎珞兰 267958
璎珞牡丹 220729
璎珞牡丹属 128288
璎珞木 19463
璎珞秋海棠 **49777**,49775
璎珞洋吊钟 **61570**
璎珞椰 85422
鹦哥草 124237
鹦哥凤梨属 412337
鹦哥花 124237,124245,154626,154734
鹦哥菊 5335
鹦哥属 412337
鹦哥叶 154626
鹦鹉菜 371713
鹦鹉刺属 **319073**
鹦鹉豆 **130937**
鹦鹉豆木蓝 **205905**
鹦鹉豆属 **130934**
鹦鹉凤梨 **412365**
鹦鹉黄花赫蕉 190038
鹦鹉六出花 **18076**

鹦鹉木 **138443**
鹦鹉欧石南 **149943**
鹦鹉瓶子草 **347155**
鹦鹉唐菖蒲 **176151**
鹦鹉蝎尾蕉 **190038**
鹦鹉嘴 **96639**
鹦鹉嘴属 **96633**
鹰不扒 30759
鹰不泊 417173
鹰不扑 30590
鹰不沾 417173
鹰巢球 **157164**
鹰巢丸 157164
鹰冠合毛菊 **170931**
鹰花寄生属 **9739**
鹰嘴豆 90801
鹰嘴豆属 90797
鹰瑞香 **9841**
鹰瑞香属 **9840**
鹰苏铁属 145217
鹰翔阁 **395656**
鹰叶刺 **64973**,64983
鹰爪 **186301**,35016,103065,370202
鹰爪草 **186644**
鹰爪柴 **103065**
鹰爪豆 **370202**
鹰爪豆剑苇莎 **352342**
鹰爪豆柳穿鱼 **231134**
鹰爪豆木蓝 **206571**
鹰爪豆蔷薇 **336309**
鹰爪豆属 **370191**
鹰爪风 **401786**,401761,401770,401773,401778,401779,401781
鹰爪枫 **197223**
鹰爪枫属 197206
鹰爪花 **35016**,370202
鹰爪花属 **34995**
鹰爪兰 35016
鹰爪竻 338985
鹰爪簕 338985
鹰爪莲 **348366**,348643
鹰爪木 18055
鹰爪挪威槭 **3435**
鹰爪球 **354316**
鹰爪绶草 **372218**
鹰爪属 34995
鹰爪树 18055
鹰爪塔韦豆 **385170**
鹰爪桃 35016
鹰爪猪屎豆 **112679**
鹰紫花树属 266799
鹰嘴豆 **90801**
鹰嘴豆属 **90797**
鹰嘴萼冷水花 **299079**
鹰嘴马先蒿 **287014**
蘡奥 411764
蘡舌 411589,411590
蘡薁 **411590**,411589
迎春 211931,416686,416694,416707,416721
迎春布袋兰 **79555**
迎春草 **150412**
迎春草属 **150411**
迎春蒿 36232
迎春花 **211931**,141470,211905,416694
迎春花布里滕参 **211531**
迎春花属 211715
迎春柳 167471,327553
迎春柳花 211905
迎春树 416721
迎春条 167471
迎春樱桃 **83196**
迎风不动草 134425
迎风子 280106
迎红杜鹃 **331289**,331284
迎山红 330495,331289,331839
迎夏 211821
迎阳报春 **314762**
迎阳花 188908
盈江扁担杆 **181023**
盈江凤仙花 **205457**
盈江胡椒 **300552**
盈江姜 **418029**
盈江姜花 **187483**
盈江柯 **233266**
盈江木莲 244449
盈江南星 33357
盈江青冈 **116218**
盈江秋海棠 **50417**
盈江砂仁 **19937**
盈江省藤 **65747**
盈江守宫木 **348058**
盈江薯蓣 **131909**
盈江素馨 **211817**
盈江娑罗双 **362194**
盈江羽唇兰 **274491**
盈江玉山竹 **416777**
盈江蜘蛛抱蛋 **39583**
盈江苎麻 **56179**
盈树 13515
荧 308616
萤 308613
萤光玉 **102674**
萤火虫草 1790,100961
萤火虫帚石南 **67475**
萤蔺 **352200**
萤蔺属 352158
营实 336783
营实花 336783
营实蘠蘼 336783,336792
楹树 **13515**,1219
蝇翅草 126651
蝇毒草 295986
蝇毒草属 82113
蝇合草 260301
蝇合草属 260293
蝇兰属 392346
蝇眉兰 **272466**
蝇翼草 126651
蝇子草 **363477**,183222,363467,364103
蝇子草布里滕参 **211536**
蝇子草单花景天 **257089**
蝇子草短丝花 **221458**
蝇子草多头玄参 **307632**
蝇子草飞蓬 **150961**
蝇子草花虎耳草 **349910**
蝇子草千屈菜 **240087**
蝇子草石头花 **183247**
蝇子草手玄参 **244864**
蝇子草属 **363141**
蝇子草叶大戟 **159846**
蝇子草叶韭芥 **181719**
蝇子草硬皮鸢尾 **172688**
蝇子架 230544
赢翁 272897
梬枣 132264
颖菲奇莎 **164583**
颖毛燕麦 **398401**
颖毛旱熟禾 **305582**
颖穗足柱兰 **125531**
颖五部芒 **289550**
颖状彩花 **2237**
颖状雀稗 **285443**
颖状足柱兰 125531
影山黄 331257
影棕属 174341
瘿袋花 10334
瘿冠血见愁 **388309**
瘿花香茶菜 **209809**
瘿椒树 **384371**
瘿椒树科 **384376**
瘿椒树属 **384369**
瘿漆树 384371
映日果 164763
映山红 31477,211067,278602,330495,330546,330917,331284,331289,331839
映山红果 109936
映山黄 331257
硬阿斯草 **39845**
硬阿魏 **163584**
硬白穗茅 **87755**
硬白头卷舌菊 **380977**
硬白薇 117385
硬百蕊草 **389676**
硬稗 **140355**
硬半育花 **191481**
硬瓣苏木属 **354445**
硬棒叶金莲木 **328424**
硬苞刺头菊 **108400**
硬苞风毛菊 **348231**
硬苞冷杉 507
硬杯大戟 **159794**
硬贝克菊 **52769**
硬被尾稃草 **402560**
硬臂形草 **58084**
硬柄黄耆 **43023**
硬草 **354403**,354404
硬草属 **354400**
硬侧芒禾 **304593**
硬茶仔 8221
硬柴 215510
硬柴胡 **63800**
硬长生番杏 **12959**
硬齿猕猴桃 **6530**
硬齿小檗 **51360**
硬翅鹤虱 **221739**
硬雌足芥 **389292**
硬刺苍耳 415057
硬刺杜鹃 **330203**
硬刺桂豆 **68474**
硬刺花葶 **89111**
硬刺蓝刺头 140689
硬刺鹿角柱 140313
硬刺染料木 **172966**
硬刺肉茎牻牛儿苗 **346658**
硬刺头菊 **108394**
硬刺柱属 **247648**
硬大果萝藦 **279459**
硬大戟 **159683**
硬大沙叶 **286435**
硬大叶粗叶木 **222263**
硬单冠毛菊 **185554**
硬单裂萼玄参 **187034**
硬灯心草 **213420**
硬地中海绵毛荚蒾 **408174**
硬帝王花 **82374**
硬点山柑 **376337**
硬点山柑属 **376336**
硬吊兰 **88619**
硬钉树 234048
硬顶冰花 **169498**
硬顶毛石南 **6383**
硬斗柯 **233238**
硬斗篷草 **14012**
硬斗石栎 233238
硬独活 **192346**
硬独行菜 **225446**
硬短茎宿柱苔 73913,73925
硬短片帚灯草 **142990**
硬椴属 289407
硬多头芳香木 **38729**
硬萼花属 **353986**
硬萼软紫草 **34609**
硬萼头状小黄管 **356054**

硬尔四带芹 **387901**
硬翻跳 210364
硬饭 366338
硬饭头 366284,366338
硬饭头薯 366338
硬饭团 131531
硬飞燕草 102833
硬菲利木 **296303**
硬菲奇莎 **164524**
硬狒狒花 **46116**
硬风毛菊 **348727**
硬枫 3549
硬稃稗 **140430**
硬稃狗尾草 **361766**
硬富斯草 **168800**
硬甘蜜树 **263062**
硬杆地杨梅 238650
硬杆拟莞 **352164**
硬杆水黄连 388667
硬杆野甘草 187598
硬杆荸荠 **143073**
硬秆地杨梅 **238650**
硬秆鹅观草 **335483**
硬秆高粱 **369640**
硬秆水黄连 388669
硬秆细柄草 **71603**
硬秆以礼草 **215954**
硬秆獐牙菜 **380406**
硬秆子草 71603
硬秆子水黄连 388669
硬高粱草 369640
硬根藤 66637
硬梗阿氏莎草 **614**
硬梗虎耳草 **349882**
硬梗万年荞 162336
硬梗砖子苗 **245424**
硬狗尾草 **361890**
硬骨草 **197491**,37352,37414,281984,282162
硬骨草属 **197486**
硬骨柴 360935
硬骨过山龙 406817
硬骨灵仙 94899
硬骨凌霄 **385508**,70512
硬骨凌霄属 **385505**,385461
硬骨牛夕 222085
硬骨散 313207
硬骨藤 **321983**,66620
硬骨夜牵牛 406817
硬骨籽菊 **276688**
硬瓜 **114241**
硬冠菊属 **354529**
硬冠菀 **334514**
硬冠菀属 **334513**
硬灌木帚灯草 **388828**
硬桂 231324
硬果翅果菘蓝 **345720**
硬果多齿茜 **259794**
硬果沟瓣 178004
硬果沟瓣木 **178004**
硬果芥属 105338
硬果菊 **354338**
硬果菊属 **354336**
硬果链荚豆 **18263**
硬果漆 **354345**
硬果漆属 **354344**
硬果荠 155985
硬果荠属 105338
硬果涩荠 243164
硬果苔 76205
硬果苔草 **76205**
硬果藤属 **329432**
硬果盐蓬 **184824**
硬果椰属 77618
硬果蝇子草 **364026**
硬旱麦草 148400
硬蒿 **36146**
硬核 **354502**
硬核刺桐 **154682**
硬核木科 **269579**
硬核木属 **269573**
硬核属 **354500**
硬核柱冠日本粗榧 **82524**
硬黑草 **61776**
硬黑麦草 **235354**
硬厚壳树 **141692**
硬胡麻 **361334**
硬虎耳草 **349315**,349147
硬琥珀树 **27893**
硬花凤梨 **391998**
硬花金叶子 **108582**
硬花林地苋 **319045**
硬画眉草 **147942**
硬桦 53338
硬灰毛豆 **386049**
硬蒺藜 395146
硬脊槐 **369075**
硬假杜鹃 **48327**
硬假果马鞭草 **317499**
硬假牛筋树 **317867**
硬假山毛榉 **266886**
硬尖糙蕊阿福花 **393768**
硬尖风铃草 **70316**
硬尖刮金板 161631
硬尖刮筋板 161631
硬尖神香草 **203084**
硬尖苔草 **74244**
硬尖叶蚤缀 31908
硬尖云杉 298401
硬坚果粟草 **7535**
硬碱茅 **321382**
硬角蕊莓 **83637**
硬脚金鸡 31396
硬巾草 **354555**
硬巾草属 **354554**
硬金毛菀 **89902**
硬筋藤 157269,157321
硬茎亚麻 **231952**
硬茎舟叶花 **340873**
硬九头狮子草 65921
硬蕨禾 **354487**
硬蕨禾属 **354477**
硬壳白扁豆 218721
硬壳柴 160551
硬壳椆 233238
硬壳槁 113436,113437,113441
硬壳桂 **113437**
硬壳果 17800,113437,132186,189976
硬壳果树 327366
硬壳柯 233238
硬壳榔 417552
硬壳朗 394635
硬壳勒珀蒺藜 **335671**
硬壳石栎 233238
硬壳藤 66643
硬壳一枝黄花 **368429**
硬壳忧花 **241654**
硬壳玉山竹 **416758**
硬可利果 **96828**
硬孔雄蕊香 **375369**
硬拉瓦野牡丹 **223417**
硬蜡菊 **189759**
硬梨木 270468,378746
硬梨木属 270463
硬梨属 270463
硬狸藻 **403315**
硬栎 **324334**
硬粒木科 269579
硬粒小麦 **398900**
硬莲桂 **123605**
硬莲木属 **354509**
硬两雄雀麦 **60700**
硬林仙苣苔 **262293**
硬鳞菊 **354442**
硬鳞菊属 **354438**
硬龙胆 **173461**
硬芦荟 **17230**
硬驴臭草 **271820**
硬卵叶二型花 **128544**
硬罗汉 214308
硬脉米努草 **255579**
硬脉土密树 **60218**
硬毛巴豆 **112909**
硬毛菝葜 **366592**
硬毛白鹤藤 32618
硬毛白酒草 **103424**
硬毛白珠 172102
硬毛白珠树 **172085**
硬毛百里香 **391203**
硬毛百脉根 **237540**
硬毛百蕊草 **389885**
硬毛斑鸠菊 **406413**
硬毛豹皮花 373836
硬毛扁担杆 **180948**
硬毛柄杜鹃 330876
硬毛柄奇利安小檗 51449
硬毛糙蕊阿福花 **393753**
硬毛草胡椒 **290316**
硬毛草科 234254
硬毛常山 **129036**
硬毛赤车 **288780**
硬毛虫豆 **65149**
硬毛垂蓼 308969
硬毛垂穗草 **57931**
硬毛春黄菊 **26797**
硬毛唇果夹竹桃 **87429**
硬毛刺苞果 **2612**
硬毛刺莲花 **354553**
硬毛刺莲花属 **354552**
硬毛刺蕊草 **306984**
硬毛刺痒藤 **394155**
硬毛楤木 **30681**
硬毛粗叶木 **222311**
硬毛打碗花 **68722**
硬毛大胡椒 **313176**
硬毛大黄栀子 **337501**
硬毛大理翠雀花 **124621**
硬毛丹氏梧桐 **135866**
硬毛单蕊麻属 167381
硬毛地埂鼠尾草 **345369**
硬毛地瓜儿苗 239222
硬毛地笋 **239222**
硬毛蒂特曼木 **392490**
硬毛滇白珠 **172102**
硬毛滇紫草 **271775**
硬毛点地梅 **23198**
硬毛冬青 **203889**,204239
硬毛兜兰 282788
硬毛豆腐柴 **313647**
硬毛杜鹃 **330876**,330776
硬毛耳草 **187674**
硬毛番薯 **207863**
硬毛矾根 **194425**
硬毛菲利木 **296325**
硬毛风铃草 **69954**
硬毛伏地杜鹃 **87673**
硬毛附地菜 **397424**
硬毛格尼瑞香 **178715**
硬毛钩藤 **401776**
硬毛骨籽菊 **276623**
硬毛果野豌豆 408423
硬毛含羞草 **255099**
硬毛旱麦草 **148413**
硬毛杭子梢 70822
硬毛合柱兰 **133041**
硬毛黑钩叶 226321
硬毛红果大戟 **154822**

硬毛红山茶 69627
硬毛蝴蝶草 **392911**
硬毛虎耳草 **349473**
硬毛虎眼万年青 **274647**
硬毛琥珀树 **27858**
硬毛花欧石南 **149551**
硬毛画眉草 **147721**
硬毛槐 **369007**
硬毛黄胶菊 **318695**
硬毛黄芩 355707
硬毛灰毛豆 **385977**
硬毛活血丹 176837
硬毛火炭母 **308969**
硬毛霍德毒鼠子 **128691**
硬毛基特茜 **215767**
硬毛棘豆 **278883**,278828,278881
硬毛金菊 **90220**
硬毛金沙绢毛菊 369861
硬毛金丝桃 201924
硬毛金菀属 194189
硬毛堇菜 **410066**
硬毛锯齿冬青 204255
硬毛可拉木 **99206**
硬毛宽肋瘦片菊 **57626**
硬毛拉拉藤 **170251**
硬毛兰克爵床 **221127**
硬毛蓝刺头 **140719**
硬毛蓝花参 **412700**
硬毛老鸦嘴 **390800**
硬毛肋枝兰 **304916**
硬毛棱果桔梗 **315297**
硬毛连菜 **298636**
硬毛链荚木 **274361**
硬毛亮叶杨桐 8237
硬毛蓼 **309188**
硬毛裂口花 **379929**
硬毛琉璃草 **117976**
硬毛柳叶菜 **146832**
硬毛龙胆 **173521**
硬毛龙牙草 11558
硬毛楼梯草 **142682**
硬毛洛氏禾 **337278**
硬毛落霜红 **204255**
硬毛马甲子 **280549**
硬毛马先蒿 **287279**
硬毛马缨丹 **221270**
硬毛满山香 172102
硬毛牻牛儿苗 **153814**
硬毛毛茛 **326399**
硬毛毛连菜 298627
硬毛毛鳞菊 84960
硬毛猕猴桃 **6559**
硬毛秘花草 **113357**
硬毛面包果 **36921**
硬毛磨芋 20090
硬毛魔芋 **20090**
硬毛木萼列当 **415712**
硬毛木防己 **97914**
硬毛木蓝 **206081**
硬毛南芥 **30292**
硬毛南蛇藤 **80205**
硬毛囊蕊紫草 **120851**
硬毛拟九节 **169332**
硬毛拟鸦葱 **354985**
硬毛欧石南 **149550**
硬毛泡叶番杏 **138183**
硬毛披碱草 **144333**
硬毛漆 **393460**
硬毛奇利安小檗 **51449**
硬毛千果榄仁 **386586**
硬毛前胡 **292806**
硬毛钳唇兰 **154879**
硬毛蔷薇 **336632**
硬毛鞘冠帚鼠麹 **144690**
硬毛青锁龙 **109156**
硬毛秋海棠 **49922**
硬毛忍冬 235852,236130
硬毛箬竹 **206792**
硬毛三芒草 **33882**
硬毛三稔蒟 14193
硬毛桑德尔草 **368859**
硬毛涩荠 243164
硬毛山黑豆 **138936**
硬毛山黧豆 **222726**
硬毛山柳菊 **195572**
硬毛山麻杆 **14193**
硬毛山梅花 **294468**
硬毛山香圆 **400517**
硬毛山芫荽 **107779**
硬毛蛇根草 272260
硬毛神血宁 309188
硬毛十字叶 **113118**
硬毛石龙尾 230286
硬毛石头花 **183207**
硬毛柿 **132198**
硬毛鼠尾草 345369
硬毛蜀葵 **18166**
硬毛双花堇菜 409729
硬毛四裂花黄芩 **355707**
硬毛四叶葎 **170291**
硬毛松 299795
硬毛宿苞豆 **362297**
硬毛碎米荠 72802
硬毛苔草 **74807**
硬毛嚏根草 **190953**
硬毛田基黄 **183323**
硬毛田基黄属 **183322**
硬毛甜舌草 **232493**
硬毛葶苈 **137019**
硬毛兔唇花 **220068**
硬毛瓦朗茜 **404177**
硬毛无心菜 **31769**
硬毛吴萸 161342
硬毛吴茱萸 **161342**
硬毛五层龙 **342649**
硬毛勿忘草 **260779**
硬毛夏枯草 **316109**
硬毛腺花马鞭草 **176690**
硬毛香茶菜 209700
硬毛香芥 **94236**
硬毛香堇 410066
硬毛小升麻 91024
硬毛小叶番杏 **169981**
硬毛蝎尾蕉 **190017**
硬毛熊菊 **402784**
硬毛绣球 200108
硬毛绣球防风 **227609**
硬毛续断 **133513**
硬毛悬钩子 **338527**
硬毛旋花 **102966**
硬毛雪兔子 **348250**
硬毛鸭舌癀舅 **370791**
硬毛亚麻荠 **68847**
硬毛野芝麻 **220362**,220359
硬毛叶山黧豆 **222836**
硬毛一枝黄花 **368162**
硬毛异荣耀木 **134591**
硬毛鹰爪花 **35017**
硬毛硬皮鸢尾 **172610**
硬毛玉叶金花 **260428**
硬毛远志 **308102**
硬毛越橘 403854
硬毛沼生蔊菜 **336254**
硬毛鹧鸪花 **395498**
硬毛珍珠茅 **354115**
硬毛治疝草 **192975**
硬毛皱茜 **341125**
硬毛柱 **395655**
硬毛锥花 **179204**
硬毛紫玉盘 **403491**
硬毛钻头青锁龙 **109434**
硬茅 354403
硬茅属 354400
硬梅里野牡丹 **250678**
硬苗柴胡 63594
硬苗前胡 293033
硬皿花茜 **294373**
硬木军刀豆 **240502**
硬木树 385531
硬木相思 **1565**
硬木枝刺远志 **2168**
硬牧根草 **43586**
硬苜蓿 **247443**
硬南非帚灯草 **67935**
硬囊桔梗 **354550**
硬囊桔梗属 **354548**
硬囊颖草 **341983**
硬纽禾 **126201**
硬皮桉 **155571**
硬皮草 117364,117368
硬皮橙菀 **320650**
硬皮齿果酸模 **340020**
硬皮葱 **15420**
硬皮酢浆草 **277716**
硬皮兜兰 282797
硬皮兜舌兰 282797
硬皮豆 **241440**
硬皮豆属 **241408**
硬皮芳香木 **38454**
硬皮菲利木 **296174**
硬皮禾叶兰 12445
硬皮桦 **53372**
硬皮黄檗 274399
硬皮橘 8787
硬皮龙须兰 **79334**
硬皮楠属 276553
硬皮榕 **164743**
硬皮石豆兰 **62610**
硬皮黍 **281432**
硬皮水芹 **269349**
硬皮喜阳花 **190287**
硬皮鸢尾属 **172558**
硬飘拂草 166462
硬瓶果莎 **219885**
硬桤木 16341
硬千果榄仁 386586
硬千里光 **359901**
硬浅波状小冠花 **105308**
硬芹 **354407**
硬芹属 **354406**
硬雀麦 **60935**
硬髯毛蚤缀 31769
硬绒毛草 **197323**
硬肉果荨麻 **402301**
硬蕊凤梨属 **141519**
硬蕊花属 **181584**
硬塞拉玄参 **357657**
硬三角果 **397307**
硬三棱黄眼草 **658**
硬三毛草 **398524**
硬三籽木 **397178**
硬伞桃竹 47494
硬沙粟草 **317044**
硬莎草 **118782**
硬山金车 **34712**
硬山柳菊 **195917**
硬山蚂蝗 **126486**
硬商陆 **298119**
硬烧麻 402301
硬生桃竹 47494
硬绳柄草 354487
硬石竹 **405271**
硬石竹属 **405269**
硬手玄参 **244858**
硬瘦鼠耳芥 **184849**
硬疏松阿福花 **393762**
硬鼠鞭草 **199685**

硬水黄连 388669
硬水黄莲 388667
硬丝果菊 **360713**
硬丝木棉 **354464**
硬丝木棉属 **354460**
硬四粉兰 **387328**
硬粟 361794
硬穗草 **354522**
硬穗草属 **354516**
硬穗披碱草 144195
硬穗飘拂草 **166364**
硬塔奇苏木 **382983**
硬檀树 121714
硬天门冬 **39173**
硬条叶蓟 92386
硬铁兰 391998
硬头果莎 **82203**
硬头花 **354359**
硬头花草 **82169**
硬头花属 **354358**
硬头黄 47430
硬头黄竹 **47430**,47494
硬头苦竹 **304056**
硬头犁 47408
硬头青竹 **297477**
硬驼绒藜 **218137**
硬驼蹄瓣 **418749**
硬瓦尔豆 **413123**
硬委陵菜 **312934**
硬无梗斑鸠菊 **225261**
硬五裂层菀 **255626**
硬下盘帚灯草 **202484**
硬腺灰白毛莓 **339363**
硬腺托囊萼花 **323433**
硬小花木槿 **195020**
硬小金梅草 **202951**
硬小叶番杏 **170002**
硬肖凤卵草 **350536**
硬肖香草 **299162**
硬肖皱籽草 **250936**
硬邪蒿 **361559**
硬新塔花 **418137**
硬新西兰圣诞树 **252625**
硬序重寄生 293195
硬序羊茅 **163914**
硬悬钩子 **339177**
硬鸦葱 **354940**
硬鸭嘴花 **214767**
硬崖豆藤 **254682**
硬烟花莓 **305262**
硬盐肤木 **332817**
硬羊茅 **163850**
硬叶澳洲盖裂桂 **414329**
硬叶斑鸠菊 **406748**
硬叶变叶菊 **415288**
硬叶菠萝 139255
硬叶糙果茶 **69094**
硬叶长被片风信子 **137991**
硬叶长须兰 **56920**
硬叶唇柱苣苔草 **87958**
硬叶刺橘 **405547**
硬叶刺片豆 **81822**
硬叶刺头菊 **108401**
硬叶葱草 416037
硬叶大戟 **159795**
硬叶底球 **356395**
硬叶吊兰 **117008**,88546,
116781,116797
硬叶冬青 **203810**
硬叶兜兰 **282867**
硬叶杜鹃 **331939**
硬叶鹅耳枥 **77296**
硬叶鹅观草 **335494**
硬叶菲利木 **296304**
硬叶粉苞菊 **88763**
硬叶风兰 **25033**
硬叶风毛菊 **348211**,348903
硬叶凤梨属 139254
硬叶斧丹 **45802**
硬叶盖裂果 **256097**
硬叶格里塞林木 181268
硬叶谷精草 **151474**
硬叶观音兰 **399131**
硬叶桂 91421
硬叶禾叶兰 **12459**
硬叶核果木 **138692**
硬叶红光树 **216884**
硬叶厚壳树 **141603**
硬叶虎耳草 **349147**
硬叶划雏菊 **111690**
硬叶黄眼草 **416037**
硬叶火炬花 **217025**
硬叶荚蒾 **408092**
硬叶剪股颖 **12296**
硬叶箭毒桑 **244999**
硬叶节茎兰 **269236**
硬叶菊蒿 **383845**
硬叶爵床 **346462**
硬叶爵床属 **346461**
硬叶柯 **233162**
硬叶兰 **116797**,117008
硬叶蓝刺头 **140776**,140688
硬叶蓝星花 **33696**
硬叶利顿百合 **234142**
硬叶疗齿草 **268982**
硬叶柳 **344072**
硬叶柳叶菜 **146893**
硬叶禄春悬钩子 **338770**
硬叶绿春悬钩子 338770
硬叶落苞南星 **300800**
硬叶马基桑 244999
硬叶马奎桑 244999
硬叶美洲茶 79970
硬叶木蓝 **206488**
硬叶女娄菜 363451
硬叶蓬属 **329019**
硬叶瓶刷树 67297
硬叶蒲葵 **234179**
硬叶蒲桃 **382668**
硬叶桤木 **16344**
硬叶落草 **217561**
硬叶雀舌兰 139255
硬叶绒子树 **324612**
硬叶润楠 240671
硬叶山兰 **274051**
硬叶山蟹甲 **258293**
硬叶蛇舌草 **269991**
硬叶矢车菊 **81401**
硬叶柿 **132389**
硬叶鼠李 328658
硬叶水毛茛 **48919**
硬叶松 300181
硬叶苔草 **74403**,75724
硬叶弯穗黍 **377956**
硬叶乌苏里风毛菊 **348903**
硬叶污生境 103805
硬叶芴草 416037
硬叶锡生藤 **92569**
硬叶夏兰 **116915**
硬叶腺萼木 260620
硬叶小檗 **52116**
硬叶肖皱籽草 **250943**
硬叶偃麦草 **144675**
硬叶羊蹄甲 **49215**
硬叶野古草 **37373**
硬叶夷茱萸 **181268**
硬叶异被风信子 **132572**
硬叶异囊菊 **194254**
硬叶异味树 **103805**
硬叶银桦 **180574**
硬叶银穗草 **227956**
硬叶云南冬青 **204419**
硬叶早熟禾 **306025**
硬叶樟 91421
硬叶针垫花 **228063**
硬叶针禾 377028
硬叶针翦草 **377028**
硬衣爵床属 **354368**
硬翼茎菊 **172467**
硬银白欧石南 **149024**
硬颖草属 353969
硬榆 401618
硬鸢尾 **334509**
硬鸢尾属 **334507**
硬远志 **308305**
硬月茜 **250189**
硬枣 418175
硬蚤缀 **32178**
硬造 250065
硬枝奥勒菊木 270211
硬枝爆竹花 385508
硬枝垂日本落叶松 **221896**
硬枝点地梅 **23264**
硬枝黑锁莓 338886
硬枝黄蝉 14881
硬枝碱蓬 **379594**
硬枝老鸦嘴 390759
硬枝树紫菀 **270211**
硬枝万年荞 162336
硬枝西风芹 **361510**
硬枝线莴苣 **375976**
硬枝野荞麦 162336
硬枝异决明 **360476**
硬枝展松 **299957**
硬直春黄菊 **26871**
硬直风铃草 **70268**
硬直黑麦草 235354
硬直十二卷 **186692**
硬直异细辛 **194368**
硬质酸模 **339979**
硬质早熟禾 **306003**
硬皱稃草 **141752**
硬朱米兰 **212737**
硬侏儒铁苋菜 **1976**
硬猪屎豆 **112098**
硬苎麻 **56134**
硬柱瓣兰 **146473**
硬籽番荔枝 **25884**
硬籽椰属 354511
硬紫草 233731
硬紫菀 229035
痈草 6717
痈树 204184
邕宁香草 **239670**
永安青冈 **116219**
永瓣藤 **257433**
永瓣藤属 **257432**
永春球 **244083**
永春丸 244083
永椿香槐 **94036**
永登韭 **15901**
永福唇柱苣苔草 **87993**
永福柯 **233423**
永福石斛 **125421**
永固生 18059
永花豆 **366834**
永花豆属 **366832**
永嘉兔儿风 12676
永健香青 **21639**,21643
永菊属 **43812**
永菊状瘤子菊 **297571**
永菊状山黄菊 **25495**
永乐宫 155299
永宁白芷 192402
永宁翠雀花 **124707**
永宁大黄 **329417**
永宁独活 **192402**
永宁杜鹃 **332154**

永宁黄耆 **43281**
永宁千里光 **360360**
永宁酸模 **340319**,329417
永宁苔草 **76786**
永善方竹 **87620**
永善凤仙花 **205458**
永善悬竹 **20211**
永胜香茶菜 209828
永顺堇叶芥 **264168**
永顺楼梯草 **142904**
永顺碎米荠 **73051**
永思小檗 **52283**
永泰黄芩 **355517**
永匆大 360935
永修柳叶箬 **209074**
永叶菊 **155283**
永叶菊属 **155277**
勇凤 **263696**
勇夫草属 **390440**
勇烈龙 **395661**
勇状球 **163472**
勇状丸 163472
优宝球 **45886**
优宝丸 45886
优钵昙花 165541
优材草莓树 **30885**
优吹雪柱 **94562**
优贵马兜铃 **34191**
优美大参 241179
优美倒挂金钟 **168785**
优美独尾草 148557
优美杜鹃 **331829**,331411
优美灌木豆 **321729**
优美红景天 **329854**,329842
优美火炬花 **216972**
优美姬孔雀 **134232**
优美苓菊 **214195**
优美卵叶野荞麦 **152352**
优美马兜铃 34246
优美密钟木 **192505**
优美普尔特木 321729
优美日本柳杉 113696
优美石莲花 **139987**
优美双盾木 **132600**
优美文殊兰 111157
优美亚麻荠 **68859**
优美眼子菜 **312205**
优若藜 218122
优若藜属 218116
优若属 **160387**
优若驼绒藜 218122
优昙钵 164763
优昙钵罗 165541
优昙花 165541,232595
优昙华 165541
优西樟属 160967
优香天门冬 **39009**
优秀岑克尔豆 **417578**
优秀刺头菊 **108276**
优秀钓钟柳 **289379**
优秀杜鹃 **331532**
优秀对节刺 **198241**
优秀风兰 **25007**
优秀红景天 **329912**
优秀厚皮树 **221157**
优秀花篱 **27094**
优秀画眉草 **147646**
优秀类沟酸浆 **255163**
优秀龙王角 **199052**
优秀欧石南 **150264**
优秀巧玲花 **382258**
优秀日中花 **220538**
优秀绳草 **328025**
优秀十万错 **43621**
优秀双袋兰 **134293**
优秀水甘草 **20854**
优秀松塔掌 **43436**
优秀小檗 **52059**
优秀肖刺衣黍 **86115**
优秀玉凤花 **183595**
优秀猪屎豆 **112105**
优秀苎麻 **56135**
优雅阿氏莎草 **554**
优雅白千层 **248115**
优雅斑纹漆木 43474
优雅报春 314366
优雅春再来 94135
优雅杜鹃 330452
优雅风毛菊 **348284**
优雅凤仙花 **204923**
优雅狗肝菜 **129255**
优雅合欢 **13517**
优雅黄堇 **105750**
优雅克拉花 **94135**
优雅离子芥 **88998**
优雅莲座草 139987
优雅绿绒蒿 **247118**
优雅落舌蕉 351149
优雅落檐 **351149**
优雅膨颈椰 **119991**
优雅瓶子草 **347146**
优雅千里光 **359836**
优雅秋海棠 **49733**
优雅球 **327257**
优雅三毛草 **398526**
优雅山柳菊 **195508**
优雅省藤 **65664**
优雅石棕 **59100**
优雅溲疏 **127049**
优雅细柄茅 321008
优雅仙女杯 **138836**
优雅星漆木 **43474**
优雅一枝黄花 **368422**
优雅针茅 **376768**
优雅皱子棕 **321164**
优异报春 **314356**
优异贝母 **168399**
优异大果萝藦 **279426**
优异杜鹃 331245
优异多肋菊 **304430**
优异鹅耳枥 **77288**
优异乐母丽 **335945**
优异苓菊 **214081**
优异卵叶野荞麦 **152356**
优异毛头菊 **151576**
优异日中花 **220545**
优异莎草 **387660**
优异山柳菊 **195581**
优异水蜈蚣 **218542**
优异喜寒菊 **319939**
优异喜阳花 **190334**
优异小麦秆菊 **381670**
优异猪屎豆 **112133**
优越补血草 **230784**
优越刺头菊 **108373**
优越虎耳草 **349286**
优越秋海棠 **50184**
优越玉凤花 **183986**
优珠昙 36920
优紫葳 **116530**
优紫葳属 **116529**
忧愁丸 244148
忧花属 **241572**
忧郁蓟 92012
攸乐魔芋 **20152**
攸县油茶 **69778**
幽狗尾草 361856
幽谷翠雀花 **124154**
幽涧兰 37115
幽芥 59438
幽兰 116829
幽狸藻 403110
幽委陵菜 **312837**
幽溪紫堇 **106493**
幽雅黄堇 **105854**
尤班克鸢尾 **208553**
尤本栎 **324521**
尤伯球 **401336**
尤伯球属 **401332**
尤达血苋 **208357**
尤地蝶花百合 **67633**
尤地飞蓬 **151028**
尤恩紫金牛 **416731**
尤恩紫金牛属 **416730**
尤尔都斯韭 **15385**
尤尔都斯苔草 **75328**
尤尔山柳菊 **195673**
尤尔斯景天 **356724**
尤菲米亚水塔花 **54446**
尤戈尔罂粟 **282581**
尤赫小米草 **160289**
尤加利 155589,155722
尤金非洲兰 **320965**
尤金杨 **311149**
尤金猪屎豆 **112772**
尤卡多鳞菊 **66366**
尤卡美菊 66366
尤卡坦巴戟 **258929**
尤卡坦阔苞菊 **305144**
尤卡坦三褶兰 **397894**
尤克勒木 155977
尤克勒木属 155919
尤克里费 156061,156064
尤克里费属 156058
尤拉比桉 155500
尤拉木 **401353**
尤拉木属 **401352**
尤兰属 **401832**
尤里报春 **314527**
尤里卡美人蕉 **71175**
尤里卡柠檬 **93540**
尤里卡欧洲白蜡 **167961**
尤里小檗 **52287**
尤利半日花 **188722**
尤利姜味草 **253679**
尤利菊属 **160744**
尤利山茶 **68878**
尤利亚菰 **212574**
尤利亚菰属 **212572**
尤林薯蓣 **131889**
尤林郁金香 **400180**
尤麦 45431
尤曼桉 **155778**
尤那托夫黄耆 42542
尤皮卡黄眼草 **416088**
尤氏灯心草 **213180**
尤氏拉拉藤 **170433**
尤氏蒲公英 **384595**
尤氏小米草 **160193**
尤斯特小檗 **51781**
尤塔大戟 **159162**
尤塔丽杯花 **198057**
尤塔龙舌兰 10949
尤塔毛子草 **153210**
尤塔密钟木 **192624**
尤塔茜 **416832**
尤塔茜属 **416831**
尤泰菊 **207457**
尤泰菊属 207456
尤特多蕊石蒜 **175354**
尤瓦肖蝴蝶草 **110693**
由跋 33476
由被石蒜 **221522**
由被石蒜属 **221520**
由比得 235878
由布岳金丝桃 **201968**
由贵柱 **34971**
由胡 36241,36286

由花苣苔属　**24204**
由花菟丝子　**115104**
由基松棕属　156113
由甲草　340367
由甲森藤属　156113
由片田葱　**275844**
由片田葱属　**275842**
由舌石斛属　**143706**
由叶苞杯花　**247679**
由叶苞杯花属　**247678**
由藏橐吾　**229257**
犹他补骨脂　**319206**
犹他刺柏　213840
犹他短梗景天　**8455**
犹他飞蓬　**151047**
犹他荷滨藜　**44411**
犹他荷钓钟柳　**289382**
犹他荷舌唇兰　**302560**
犹他荷唐棣　**19298**
犹他蓼　**309930**
犹他龙舌兰　**10948**
犹他莫顿　259056
犹他莫顿草　**259056**
犹他肉角藜　**346778**
犹他丝兰　**416663**
犹他细丝兰　**416546**
犹他圆柏　**213840**
犹他州桧　**213980**
犹他州栎　**324525**
犹他州酸模　**340303**
犹太茄　**367270**
油阿兰藤黄　**14895**
油艾　35674
油桉　**155676**
油桉树　106793
油跋　33476
油白菜　**59358**,59595
油板栗　366055
油杓杓　86892
油饼果子　336675
油菜　59358,59438,59493,59595,59603
油草　74211,225989
油草子　363090
油箣竹　**47318**
油茶　**69411**,69594
油茶寄生　190836,190855,355317
油茶离瓣寄生　**190855**
油茶桑寄生　190855
油柴　387116
油柴柳　**343174**
油柴属　387093
油赤非红树　306777
油葱　17383
油葱叶　16817,17381
油大戟　212379
油大戟属　212378
油丹　**17800**
油丹属　**17789**
油灯盏　355494
油点菠萝　**264417**
油点草　**396604**,262247,396598
油点草科　**396580**,67552
油点草属　**396583**,67554
油点假塞拉玄参　**318411**
油点瘤唇兰　**270812**
油点木　**137412**
油洞树　212127
油豆树　289439
油二翅豆　**133631**
油非洲白花菜　**57446**
油费利菊　**163257**
油甘　296554
油甘草　763
油甘属　296465
油甘藤　763
油甘子　296554
油柑　296554
油柑草　296801
油柑属　296465
油柑树　296554
油柑子　296554
油橄榄　**270099**
油橄榄念珠藤　**18517**
油橄榄属　270058
油橄榄银桦　180626
油槁　233928
油槁树　233928
油瓜　197072,197073
油瓜属　197069
油罐草　365296
油罐木属　**223764**
油果　197072
油果菊　**381750**
油果菊属　**381749**
油果楠属　381788
油果椰属　212343
油果樟　**381791**
油果樟属　**381788**
油蒿　35674,36023,103436
油蒿菜　365296
油胡颓子　**142136**
油葫芦　323069
油葫芦草　143530
油葫芦属　323066
油葫芦子　328883
油桦　**53544**
油桦条子　53544
油患心　346333
油患子　346333,346338
油戟木　**299320**
油戟木属　**299319**
油戟属　**142488**
油加律属　155857
油蕉　260250
油芥菜　**59464**,59438
油金条　231355
油菊　124790
油柯木　139782
油克尼蒲　**93872**
油苦竹　**37271**
油蜡树　295773
油蜡树科　364451
油蜡树属　364447
油辣果　367735
油榄仁　386473
油箣竹　47318
油梨　291494
油玲花　402245
油芦子属　**97274**
油芦子铁苋菜　**1819**
油芦子叶黄肉菊　**193208**
油绿　409025
油绿柿　132339
油罗树　346338
油萝树　145694,239406
油麻　225989,361317
油麻草　63216,150464
油麻甲　190094
油麻树　407833
油麻松　224989,224991
油麻藤　259491,259566
油麻藤属　**259479**
油麻香　**407984**
油麻血藤　259566
油麦　45431,198293
油麦吊杉　298260
油麦吊云杉　**298260**
油芒　**372406**,372428
油芒属　**139905**,372398
油梅　94207
油美登木　**246893**
油木通　94748,95127
油楠　**364707**,8235,288901,383407,405178
油楠属　**364703**
油耙菜　224989
油盘木　280918
油蓬　35674
油蓬白花蒿　35674
油皮橘　93677
油瓶瓶　336382
油瓶子　336382
油婆箣　392559
油朴　**80780**,80709
油芹　269360
油散木　241164
油沙七　174755
油砂蒿　36307
油莎草　118822,118837
油莎豆　**118837**,118822
油杉　**216142**,114540,399879
油杉钝果寄生　**385227**
油杉寄生　**30908**,385189
油杉寄生大戟　**158467**
油杉寄生属　**30906**
油杉属　**216114**
油柿　**132339**,132090,132230,132309
油柿子　132219,132264
油树　**280918**,380514
油树科　280960
油树属　280917
油树子　308457
油松　**300247**,299938,306506,399901
油松寄生属　30906
油苔　76150
油桃　**20955**,14544
油桃木科　77950
油桃木属　77940
油特桐属　161053
油贴贴果　11199
油桐　**406018**,28997,406016
油桐寄生　190848
油桐属　**406014**,14538
油头草　261081
油香豆　133631
油香藤　121703,121756,121829
油簕　280918
油盐果　332509
油椰　142257
油椰属　142255
油椰子　**273247**,142257
油椰子属　**273241**,142255
油叶茶　160503
油叶长阶花　186967
油叶椆　233278
油叶慈姑　342393
油叶杜　233238
油叶杜鹃　**331393**,332071
油叶杜仔　233278
油叶花椒　**417182**
油叶箭毒胶　7350
油叶柯　**233278**
油叶石栎　233278
油叶树　203625
油在麻　327382
油在树　327382
油皂　182526
油渣果　**197072**
油渣果属　**197069**
油炸木　407877
油炸条　234051
油榨果　379327
油樟　**91363**,91287,91392,381791

油樟属 312013
油脂水苦荬 **407030**
油珠子 346338
油竹 **47467**,47408
油竹子 **162642**
油筑巢草 **379158**
油椎 403521
油锥 79068
油灼灼 200228,326340
油籽树 **178905**
油籽树科 **178906**,29847
油籽树属 **178904**
油子苗 361317
油子树 69411
油棕 **142257**
油棕属 **142255**
柚 **93579**,93515
柚柑 93875
柚寄生 411082,411085
柚木 **385531**
柚木属 **385529**
柚木芸香属 **385418**
柚树寄生 411085
柚叶藤 313197
柚叶藤属 313186
柚子 93515,93579
柚子寄生 411082,411085
疣白饭树 **167095**
疣斑鸠菊 **406920**
疣瓣兰属 **283046**
疣苞滨藜 **44688**
疣边兜舌兰 282778
疣柄磨芋 20125
疣柄魔芋 **20125**
疣柄南星 33339
疣柄翼檐南星 **33339**
疣草 **260102**
疣点开口箭 **70628**
疣点卫矛 **157948**
疣萼番薯 **208285**
疣萼鱼黄草 **250858**
疣梗杜鹃 **332056**
疣冠麻 **119969**
疣冠麻属 **119968**
疣果匙荠 **63452**
疣果大戟 **159355**
疣果地构菜 370515
疣果地构叶 370515
疣果豆蔻 **19899**
疣果花楸 **369374**
疣果景天 356696
疣果冷水花 **299086**
疣果楼梯草 **142878**
疣果李叶豆 **200848**
疣果毛茛 **326440**
疣果飘拂草 **166557**
疣果叶下珠 **296607**
疣黑钩叶 **22273**
疣虎尾 **407518**
疣虎尾属 **407516**
疣花球属 147422
疣桦 53563
疣稷 **282351**
疣茎楼梯草 142754
疣粒稻 **275939**,275937
疣粒仙人球 **244024**
疣粒野生 **275937**
疣毛孔颖草 **57593**
疣毛子 55113
疣毛子科 55117
疣毛子属 55112
疣楠 **402175**
疣楠属 **402174**
疣囊苔草 **75675**
疣皮桦 53563
疣鞘贝母兰 **98741**
疣鞘独蒜兰 **304291**
疣蕊樟属 **401011**
疣石蒜属 **378515**
疣天麻 **171957**
疣序南星 **33342**
疣序润楠 **240614**
疣叶暗罗 **307534**
疣叶棱子芹 **304770**
疣叶婆婆纳 **407406**
疣叶喜林芋 294850
疣叶指甲草 **105428**
疣枝菝葜 **366243**
疣枝刺葡萄 411648
疣枝桦 53563
疣枝寄生藤 **125786**
疣枝榕 165269
疣枝润楠 **240714**
疣枝卫矛 157952
疣枝小檗 **52308**
疣枝枸子 **107718**
疣竹 87607
疣柱花 **123028**
疣柱花科 **123033**
疣柱花属 **123027**
疣状旋覆花 **207250**
疣状羊角拗 **378466**
疣子砂仁 **19929**
莜 15185
莜麦 **45431**,162312,198293
莸 **78002**,78012,78025
莸草属 77992
莸属 **77992**
莸叶醉鱼草 **61992**
莸状黄芩 **355399**
蚰蛇利 320607
蚰蜒草 3921
蚰蜒茅属 318193
蚰蜒蓍 **4005**
游草 223984
游草属 223973
游冬 368771
游龙 309494
游民草 345586
游丝草 223984
游藤卫矛 **157943**
游柱大戟 **143722**
游柱大戟属 **143720**
游柱椴 **143724**
游柱椴属 **143723**
鱿鱼草 190651
友桉 **155532**
友文红景天 329946
友谊草 381035
友谊荷兰菊 **40928**
有斑百合 **229818**,229811
有斑山丹 229818
有斑苇属 225691
有斑渥丹 229818
有苞彩花 **2221**
有苞菜木香 135730
有苞糙苏 **295074**
有苞杜鹃 389577
有苞筋骨草 13063
有苞润楠 240723
有苞桢楠 240723
有边石莲 218355
有边瓦松 218355
有柄报春 **314792**
有柄柴胡 **63778**
有柄红景天 **329920**
有柄黄藤 **121527**
有柄军刀豆 **240501**
有柄南美苦苣苔 **175301**
有柄水苦荬 **407032**,407029
有柄斯托木 374378
有柄小连翘 202093
有柄岩卫矛 **157871**
有柄紫沙参 **7733**
有槽凤仙花 205344
有槽秋海棠 **50344**
有齿纽扣花 **194665**
有齿鞘柄木 393109
有齿紫珠 66767
有翅高秆苔草 **73660**
有翅决明 360409
有翅橄仁树 **386452**
有翅苹婆 **376070**
有翅蛇根草 **272176**
有刺赤兰 354621
有刺萼属 2096
有刺粪箕笃 309564
有刺甘薯 **131579**
有刺钩子棕 **271001**
有刺鸪鹚饭 309564
有刺黄连 242553
有刺火炭藤 309564
有刺鸠饭草 309564
有刺犁牛草 309564
有刺苹婆 **376077**
有刺三角延酸 309564
有刺山楼子 61674
有刺水筛 55918
有刺水湿蓼 309442
有刺丝瓜 238271
有刺丝苇属 2590
有刺天竺葵 288209
有丹树 16304
有毒乌头 **5095**
有粉报春 314366
有附属体凤仙花 **204778**
有盖蒲桃 94576
有盖丝瓜 **238276**
有盖玉蕊 **48513**
有根无叶 110798
有梗鞭打绣球 **191576**
有梗剑叶木姜子 **233969**
有梗蓝钟花 **115408**
有梗劳莱氏紫珠 66830
有梗木姜子 233969
有梗石龙尾 **230307**
有梗越橘 **403852**
有梗醉鱼草 62108
有沟宝山属 379715
有钩凤仙花 **205420**
有瓜石斛 98704
有冠普氏马先蒿 **287551**
有管苹婆 **376204**
有害草木犀 **249219**
有害大戟 **159473**
有害黄耆 **42531**
有害矢车菊 **81144**
有害黍 **281757**
有害羊茅 **164017**
有喙红苞苔 75769
有角凤仙花 **204873**
有角坚果凤尾蕉属 83680
有角秋海棠 **49617**
有角乌蔹莓根 387779
有节灯心草 **213325**
有节窃衣 **392996**
有结天竺葵 **288248**
有茎菜木香 135730
有茎刺苞菊 **76998**
有距澳柏 67411
有距堇菜 409858
有距狸藻 **403147**
有孔青兰 **137655**
有竻火炭藤 309564
有竻犁牛草 309564
有簕犁牛草 309564
有棱黛粉叶 **130101**
有棱黄芩 355727

有棱小檗　**51311**
有棱绣球防风　**227550**
有棱油瓜　197072
有力柱　83912
有瘤凤仙花　205409
有脉假水青冈　**266876**
有脉秋海棠　**50390**
有脉丝花苣苔　**263327**
有芒筱竹　**388748**
有芒鸭嘴草　**209259**
有毛百合属　122898
有毛宝石冠　**236247**
有毛冬青　**204188**
有毛粪箕笃　116019
有毛红豆蔻　**17679**
有毛鸡屎藤　187581
有毛荆芥　**264997**
有毛旌节马先蒿　**287659**
有毛老鸦嘴　377856
有毛条果芥　**285008**
有毛知风草　147892
有米菜　138482
有色斑鸠菊　**406246**
有色茶藨　333940
有色茶藨子　**333940**
有色臭草　249072
有色槲寄生　410992
有色黄芩　**355679**
有色苹婆　155000
有色雀麦　**60679**
有色鳃兰　**246711**
有色卫矛　157926
有色柱瓣兰　**146422**
有舌凤仙花　**205089**
有水茶藨　334047
有水茶藨子　**334047**
有尾水筛　**55918**
有咸　47402
有限鸭脚树　18052
有腺凤仙花　**204982**
有腺泡花树　**249425**
有腺泽番椒　**123729**
有星属　43492
有叶花科　400496
有疑双翼苏木　288889
有乙梅　99124
有益灯心草　**213038**
有翼柱属　320456
有用澳非萝藦　**326783**
有用百蕊草　**389911**
有用橙菀　**320752**
有用短盖豆　**58797**
有用狗牙花　**382852**
有用荚蒾　408202
有用胶藤　**221001**
有用金果椰　**139429**
有用露兜树　281166
有用美古茜　**141926**
有用内雄楝　**145983**
有用松菊树　**377267**
有用索瑞香　**169207**
有用香芸木　**10596**
有用柚木芸香　**385455**
有用舟叶花　**340958**
有栅玉　**375496**
有爪春再来　**94144**
有爪石斛　125311
芵华　70507
酉阳楼梯草　**142902**
莠　361877,361935
莠草　361935
莠草属　253980
莠草子　361877
莠狗尾草　**361753**,361847
莠竹　**254034**,36673,254046
莠竹属　**253980**
又野冬青　**204023**
右纳　195311
右旋藤　235878
右篆藤　235878
幼发拉底杨　311308
幼肺三七　192138
幼克草　61766
幼母菊　397969
幼油草　262247
诱人杜鹃　330312
鼬瓣花　**170060**,170078
鼬瓣花属　**170056**
鼬臭返顾马先蒿　**287587**
鼬蕊兰属　**169865**
纡粟　417417
迂头鸡　309507
于登柳　**344233**
于盖蒿　**35617**
于拉榕　**164915**
于拉三萼木　**395296**
于拉山梗菜　**234429**
于氏山靛　**250609**
于氏天门冬　39260
于术　44218
于斯马钱　**403079**
于斯马钱属　**403078**
于泰白前　**409468**
于田黄耆　**43283**
于田棘豆　278810
于维尔无患子属　**403061**
余甘　296554
余甘树属　296442
余甘子　**296554**
余柑子　296554
余客　280147
余粮　308403
余粮子草　192851
余蒲葵　234170
余热傲大贴梗海棠　**84587**
余容　280213
盂兰　**223647**
盂兰属　**223634**
鱼邦草　320917
鱼鳔草　238152
鱼鳔果芥属　100201
鱼鳔花　198639
鱼鳔槐　**100153**
鱼鳔槐属　100149
鱼鳔黄芪　42478
鱼鳔黄耆　**42478**
鱼草　83545
鱼察子草　200366
鱼肠草　314157
鱼翅菜　307197
鱼翅草　50669
鱼串草　147509,226742
鱼串鳃　8199
鱼刺草　403110
鱼大戟　**159591**
鱼胆　66789
鱼胆草　103436,103446,298527,308123,380175
鱼胆木　91482,327069
鱼胆树　298516
鱼灯苏　124039
鱼疔草　325981
鱼毒　122438
鱼肚肠草　375007
鱼肚脯竹　**47284**
鱼肚腩竹　47284
鱼儿牡丹　220729
鱼儿七　397622
鱼肥草　103446
鱼夫飞蓬　**150874**
鱼夫子　5247
鱼杆子　336509
鱼公草　**142719**,142717
鱼骨菜　167096
鱼骨草　200652,296809
鱼骨柴　237191
鱼骨刺　160446,360935
鱼骨槐　1165,1168
鱼骨葵　**32346**
鱼骨木　**71348**,72394
鱼骨木马钱　**378670**
鱼骨木属　**71313**
鱼骨木瓦氏茜　**404778**
鱼骨木万格茜　404778
鱼骨木纹蕊茜　**341281**
鱼骨树　296445
鱼骨松　1165,1168
鱼骨折　85232
鱼钴姆　72394
鱼化树　302684
鱼黄草　250792
鱼黄草属　**250749**
鱼蓟　**92330**
鱼蜡　229617
鱼蜡树　229617
鱼篮椆　233168
鱼篮苣苔　**202453**
鱼篮苣苔属　**202450**
鱼篮柯　**233168**
鱼篮石栎　233168
鱼鳞菜　4259,55067
鱼鳞草　146724,198745,200366,238152,296801
鱼鳞黄杨　**64375**
鱼鳞甲　392424
鱼鳞木　64375,382499
鱼鳞松　298307,298316
鱼鳞苔草　**74087**
鱼鳞玉　**103772**
鱼鳞云杉　**298307**,298316,298318
鱼鳞珍珠草　198745
鱼鳞子　62110
鱼木　**110227**,110216,110235,249996
鱼木果　296554
鱼木属　**110205**
鱼泡草　62110
鱼泡通　373524,373540
鱼脐草　128964
鱼情丸　244016
鱼鳅串　40988,215343
鱼鳃草　257542
鱼沙香茅　117204
鱼鱿　116900
鱼鱿兰　**116900**
鱼生菜　268438
鱼藤　**126007**,20331,125958,254797,254854,347078
鱼藤草　62110,200390
鱼藤属　**125937**
鱼头兰花　82044
鱼网草　250792
鱼网藤　6654
鱼尾巴草　267973
鱼尾草　62110,104701,231568
鱼尾冠　358633
鱼尾花　234363,309564
鱼尾菊　418043
鱼尾葵　**78052**
鱼尾葵科　**78059**
鱼尾葵省藤　**65657**
鱼尾葵属　**78045**
鱼尾椰属　78045
鱼味草　345310
鱼显子　66762
鱼线麻　**393216**
鱼线麻属　**393215**

鱼香 10414,250450,268438
鱼香薄荷树 268438
鱼香菜 143998,250450
鱼香草 6039,143974,250370,250439,250450
鱼泻子 66762
鱼新草 198745
鱼星草 198745
鱼腥菜 198745
鱼腥草 103509,182848,198745
鱼牙草 309564
鱼眼草 **129068**,11199,129070,129080,151257,285530
鱼眼草属 **129062**
鱼眼果冷水花 **298964**
鱼眼菊 129068
鱼眼木 167096
鱼叶蔓绿绒 **294807**
鱼叶下珠 **296714**
鱼针草 147084
鱼珠草 407460
鱼柱兰 **344417**
鱼柱兰属 **344416**
鱼籽草 256719
鱼子 66743
鱼子草 106350
鱼子兰 **88272**,11300,88301,346527
鱼子苏 10414
鱼嘴爵床 **203346**
鱼嘴爵床属 **203345**
俞莲 39557,39580
俞氏楼梯草 **142903**
俞氏梅花草 **284639**
俞氏朴 **80790**
俞氏天门冬 **39260**
俞氏铁线莲 **95462**
俞藤 **416529**
俞藤属 **416525**
禺毛茛 **325697**
萸肉 105146
萸叶五加 **170899**,2387
萸叶五加金莲木 **268180**
萸叶五加属 **170898**
愉椆 233103
愉柯 **233103**
愉快杜鹃 331782
愉快金合欢 **1338**
愉快委陵菜 **312700**
愉悦百蕊草 **389755**
愉悦棒毛仙灯 **67571**
愉悦葱 **15384**
愉悦斗篷草 **14071**
愉悦芳香木 **38617**
愉悦狗尾草 **361808**
愉悦海神木 **315842**
愉悦红门兰 **273500**
愉悦棘豆 **278915**
愉悦假杜鹃 **48210**
愉悦健三芒草 **347175**
愉悦菊 **187389**
愉悦菊属 **187387**
愉悦蓼 **309269**
愉悦菱叶藤 **332316**
愉悦漏斗花 **130210**
愉悦芦荟 **16943**
愉悦鹿藿 **333287**
愉悦马蹄莲 **417106**
愉悦木蓝 **206076**
愉悦欧石南 **149522**
愉悦蒲公英 **384613**
愉悦浅灰热非茜 **384322**
愉悦枪刀药 **202570**
愉悦日中花 **220588**
愉悦肉锥花 **102252**
愉悦三齿萝藦 **396720**
愉悦山字草 94133
愉悦黍 **281799**
愉悦葶苈 **137053**
愉悦西澳兰 **118220**
愉悦异果菊 **131174**
愉悦蝇子草 **363660**
愉悦紫茎泽兰 **11165**
楰 328680
榆 401556,401593,401602
榆橘 **320071**
榆橘科 **320077**
榆橘属 **320065**
榆橘卫矛属 **320100**
榆科 **401415**
榆林叉子圆柏 213915
榆林杜鹃 **332151**
榆林圆柏 **213915**
榆绿木 **26022**
榆绿木属 **26018**
榆梅 20970
榆钱菠菜 **44468**
榆钱树 401602
榆属 **401425**
榆树 **401602**,401449,401552
榆树菟丝子 115080
榆绣线菊 166125
榆叶白酒草 **103628**
榆叶白鹃梅 161755
榆叶棒柄花 134147
榆叶瓜祖马 181620
榆叶合叶子 166125
榆叶黑莓 339419
榆叶桦 **53631**
榆叶毛可可 181620
榆叶梅 **20970**
榆叶梅属 20885
榆叶猕猴桃 **6714**
榆叶缅甸爵床 **64158**
榆叶南水青冈 266868
榆叶蔷薇 **9858**
榆叶蔷薇属 **9856**
榆叶秋海棠 **50379**
榆叶时钟花 **400493**
榆叶酸海棠 **200984**
榆叶蚊子草 166125
榆叶梧桐 **181620**
榆叶梧桐属 **181616**
榆叶绣线菊 **371883**,371877
榆叶悬钩子 **339419**
榆叶一枝黄花 **368461**
榆栈树 401581
榆中贝母 **168655**
虞刺 238261
虞蓼 309199
虞美人 **282685**
虞美人草 282685
虞美人花 282685
蕍 14760
与二郎金丝桃 **202231**
与那国白前 **409573**
与那国楼梯草 **142901**
与谢赤竹 **347273**
宇和岛南星 **33549**
宇和杜鹃 **332045**
宇和橘 **93709**
宇和委陵菜 **313115**
宇树橘 **93860**
宇宙船 167124
宇宙殿 **140267**
羽瓣石竹 127667
羽苞当归 **24431**
羽苞风毛菊 348635
羽苞藁本 **229312**
羽苞黄堇 **106275**
羽苞穆坪紫堇 **105894**
羽苞羌活 **267157**
羽苞芹属 **273936**
羽齿红景天 329923
羽唇叉柱兰 **86707**
羽唇根节兰 **66063**,65871
羽唇兰 **274488**
羽唇兰科 **274492**
羽唇兰属 **274485**
羽唇指柱兰 86707
羽刺菊 **136143**
羽刺菊属 **136142**
羽刺仙人球 244192
羽顶拂子茅 65330
羽萼 99420
羽萼毕斯特罗木 64447
羽萼木 **99420**
羽萼木属 **99418**
羽萼蔷薇 **336854**
羽萼绒萼木 **64447**
羽萼藤属 131242
羽萼悬钩子 **339055**,338097
羽萼紫草 **321042**
羽萼紫草属 **321041**
羽冠大翅蓟 **271693**
羽冠钝柱菊属 **236413**
羽冠黄安菊 **87790**
羽冠黄安菊属 **87789**
羽冠蓟 **92210**
羽冠菊属 **414849**
羽冠肋泽兰 **77062**
羽冠肋泽兰属 **77061**
羽冠苓菊 **214148**
羽冠鼠麴草 **6736**
羽冠鼠麴草属 **6733**
羽冠鼠麴木 **228403**
羽冠鼠麴木属 **228397**
羽冠帚鼠麴 **320898**
羽冠帚鼠麴属 **320893**
羽冠紫绒草 **52951**
羽冠紫绒草属 **52950**
羽果科 255978
羽果铁线莲 **94901**
羽黑檀 **139778**
羽后蓟 **92458**
羽花柏 85345
羽花木 **407534**
羽花木属 **407529**
羽箭 61766
羽箭草 61766,157285
羽金合欢 **1473**
羽兰属 **305161**
羽莲菊 **136331**
羽莲菊属 **136329**
羽裂白酒草 **103567**,103613
羽裂白屈菜叶假还阳参 **110608**
羽裂报春 314805
羽裂杯子菊 **290262**
羽裂贝克菊 **52753**
羽裂扁担杆 **180924**
羽裂扁毛菊 **14918**
羽裂波罗栎 **323820**
羽裂布里滕参 **211530**
羽裂叉尾菊 **288001**
羽裂长管菊 **89191**
羽裂垂头菊 **110431**
羽裂唇柱苣苔 **87941**
羽裂吊灯树 216324
羽裂独脚金 **378030**
羽裂独行菜 **225433**
羽裂笃乳香状松香草 **364319**
羽裂短尾菊 **207525**
羽裂多鳞菊 **66361**
羽裂风毛菊 **348652**,348617
羽裂桴栎 **324390**
羽裂高原芥 **89254**
羽裂藁本 229312
羽裂海甘蓝 **108629**

羽裂合耳菊 **381957**
羽裂黑果菊 **44033**
羽裂红花 **77738**
羽裂红景天 **329923**
羽裂花旗杆 **136185**,131141
羽裂华蟹甲草 364522
羽裂黄鹌菜 **416461**
羽裂黄瓜菜 110608
羽裂黄酒草 **203115**
羽裂黄麻 **104109**
羽裂灰毛菊 **31267**
羽裂火炬树 332919
羽裂假还阳参 **110618**
羽裂接骨木 **345701**
羽裂芥属 368944
羽裂金光菊 **339624**
羽裂金眼菊 **409165**
羽裂金盏苣苔 **210190**
羽裂堇菜 **410001**
羽裂劲直白酒草 **103613**
羽裂蒟蒻薯 382923
羽裂绢毛苣 **369861**
羽裂克拉布爵床 **108518**
羽裂苦苣菜 **368787**
羽裂阔苞菊 **305120**
羽裂蓝刺头 **140770**
羽裂蓝桔梗 **115453**
羽裂利希草 **228721**
羽裂栎 **323821**
羽裂苓菊 **214051**
羽裂瘤子菊 **297580**
羽裂龙面花 **263449**
羽裂楼梯草 **142749**
羽裂麻花头 **361039**
羽裂马兰 **215358**
羽裂马蓝 **320135**
羽裂脉苞菊 **216623**
羽裂蔓绿绒 294839
羽裂毛鳞菊 **84953**
羽裂毛蕊花 **405749**
羽裂毛托菊 **23450**
羽裂美菊 66361
羽裂米氏田梗草 **254923**
羽裂密头菊 **321993**
羽裂密枝委陵菜 **313105**
羽裂沫叶山梗菜 **234848**
羽裂木茼蒿 **32589**
羽裂南丹参 344911
羽裂黏冠草 **261065**
羽裂耙叶菊 **326948**
羽裂婆婆纳 317940
羽裂荠 **368951**
羽裂荠属 **368944**
羽裂千里光 **359757**,358746
羽裂千星菊 261065
羽裂荨麻 **403034**
羽裂柔花 **8972**
羽裂三翅菊 **398215**
羽裂三芒草 377011
羽裂山黄菊 **25544**
羽裂山芥 **47947**
羽裂舌果马鞭草 **177293**
羽裂省沽油 374107
羽裂圣麻 346267
羽裂矢车菊 81024
羽裂双钱荠 **110550**
羽裂天人菊 **169601**
羽裂天竺葵 **288535**
羽裂条果芥 **285006**
羽裂莛子藨 397847
羽裂菟葵 **148110**
羽裂维格菊 409165
羽裂尾药菊 381957
羽裂喜林芋 **294839**
羽裂线柱苣苔 333738
羽裂小花苣苔 **87995**
羽裂小花蓝盆花 **350212**
羽裂蟹甲草 **283873**,364522
羽裂秀丽风毛菊 **348128**
羽裂续断 **133503**
羽裂玄参 **355152**
羽裂旋叶菊 **276441**
羽裂旋翼果 **183305**
羽裂雪莲 348487
羽裂雪兔子 **348487**
羽裂勋章菊 172335
羽裂鸦葱 354954
羽裂鸭儿芹 **113885**
羽裂雅葱 354954
羽裂叶报春 314805
羽裂叶荠属 368944
羽裂叶三七草 **183118**,183097
羽裂叶山芥 47947
羽裂叶山楂 110060
羽裂叶莛子藨 397847
羽裂伊藤假还阳参 **110612**
羽裂异吉莉花 **14672**
羽裂异色线柱苣苔 **333738**
羽裂银桦 **180571**
羽裂罂粟 **282663**
羽裂鱼黄草 **250800**
羽裂圆果树 183305
羽裂泽兰 **158260**
羽裂胀萼马鞭草 **86097**
羽裂芝麻菜 **154015**
羽裂芝麻芥 **154068**
羽裂紫菀 **41046**
羽裂紫盏花 **171579**
羽麦山牵牛 390828
羽脉阿魏 **163694**
羽脉博落回属 56023
羽脉赤车 **288733**
羽脉杜鹃 330046
羽脉黄安菊 **130910**
羽脉黄安菊属 **130909**
羽脉冷水花 **299068**
羽脉亮泽兰 **243464**
羽脉亮泽兰属 **243463**
羽脉马钱 **378853**
羽脉千里光 **359715**
羽脉青牛胆 **392267**
羽脉山黄麻 **394650**
羽脉山麻杆 **14213**
羽脉山牵牛 **390871**,390828
羽脉相思树 **1474**
羽脉新木姜子 **264085**
羽脉野扇花 **346731**
羽脉藻百年 **161568**
羽蔓绿绒裂 294832
羽芒菊 **396697**
羽芒菊属 **396695**
羽毛荸荠 **143414**
羽毛补骨脂 **319230**
羽毛地杨梅 238685
羽毛枫 3309
羽毛果 **255982**
羽毛果科 **255978**
羽毛果属 **255980**
羽毛蒺藜草 **80840**
羽毛菊属 **190791**
羽毛狼尾草 **289198**
羽毛欧石南 **149925**
羽毛欧洲接骨木 **345664**
羽毛平铺圆柏 **213799**
羽毛平枝圆柏 213799
羽毛槭 **3309**
羽毛球树 61935
羽毛三芒草 377011
羽毛莎 **321086**
羽毛莎属 **321085**
羽毛石竹 363467
羽毛薯蓣 **131767**
羽毛天门冬 39195
羽毛委陵菜 **312890**
羽毛苋 **263237**
羽毛苋属 **263235**
羽毛椰子属 413085
羽毛叶异决明 **360419**
羽毛越橘 **403885**
羽毛针禾 377011
羽毛针翦草 **377011**
羽毛针蔺 143414
羽毛状楤木 **30797**
羽茅 **4160**
羽茅落芒草 276014
羽茅属 193523,376687
羽前花楸 **369299**
羽前蓟 **92468**
羽前拟莞 **352163**
羽前忍冬 **236199**
羽前舌唇兰 **302534**
羽前首乌 **162539**
羽前苔草 **73575**
羽绒狼尾草 **289248**
羽绒缨饰串铃花 **260310**
羽蕊菊 321080
羽蕊菊属 321074
羽扇豆 **238467**,238422,238450,238481
羽扇豆白花菜 **95725**
羽扇豆灰叶 **386162**
羽扇豆属 **238419**
羽扇豆状棘豆 **278980**
羽扇豆状罗顿豆 **237352**
羽扇槭 3034
羽实槐 369130
羽穗草 **126741**
羽穗草属 **126738**
羽穗砖子苗 245453
羽藓岩须 78630
羽心乳突球 **244025**
羽序灯心草 **213338**
羽叶阿里山鼠尾草 **345077**
羽叶矮日本花柏 **85360**
羽叶矮探春 **211868**
羽叶白头树 **171568**
羽叶棒状苏木 104319
羽叶报春 **314491**,314172
羽叶扁芒菊 **413018**
羽叶博龙香木 **57275**
羽叶补骨脂 **319224**
羽叶苍术属 44114
羽叶长柄山蚂蝗 **200736**
羽叶车桑子 **135209**
羽叶池杉 **385256**
羽叶楤木 **30729**,289662
羽叶大豆 272371
羽叶邓博木 **123708**
羽叶点地梅 **310807**
羽叶点地梅属 **310806**
羽叶吊瓜 216324
羽叶吊瓜树 216324
羽叶丁香 **382247**
羽叶钉柱委陵菜 **312960**
羽叶独行菜 **225434**
羽叶钝柱菊 **259235**
羽叶钝柱菊属 **259231**
羽叶二药藻 **184940**
羽叶飞蓬 **150870**
羽叶粉花绣线菊 **371978**
羽叶风毛菊 **348515**
羽叶鬼灯檠 **335147**,335149
羽叶鬼针草 **54001**
羽叶合欢 283887
羽叶红豆 274428
羽叶花 **4988**
羽叶花柏 **85350**
羽叶花属 **4986**

羽叶嘉榄 171568
羽叶金果椰 **139400**
羽叶金合欢 **1466**
羽叶堇菜 **410423**
羽叶菊属 **263510**
羽叶蓼 **309711**
羽叶马兰 215356
羽叶蔓绿绒 294805
羽叶毛果芸香 **299171**
羽叶密藏花 156064
羽叶南洋参 **310201**
羽叶尼泊尔草 **216058**
羽叶拟大豆 **272371**
羽叶牛果藤 20331
羽叶泡花树 **249435**,249424
羽叶婆婆纳 317940
羽叶七 280722
羽叶千里光 358292,358828,
359158
羽叶千里光属 263510
羽叶青兰 137557
羽叶楸 **376266**,376284
羽叶楸属 **376257**
羽叶屈曲花 **203234**
羽叶日本花柏 85361
羽叶肉叶荠 **59784**
羽叶三七 280722,280771
羽叶山黄麻 394650
羽叶山绿豆 200736
羽叶山蚂蝗 200736
羽叶山香圆 400536
羽叶山芎 **101834**
羽叶蛇葡萄 **20331**
羽叶参 **289632**
羽叶参属 **289627**
羽叶神麻菊 **346267**
羽叶神圣亚麻 346267
羽叶薯 **208104**
羽叶树科 248934,324615
羽叶素馨 211868
羽叶穗花 **317940**
羽叶穗花报春 **314805**
羽叶苔草 **76600**
羽叶檀 121793,320301
羽叶藤 147349
羽叶天南星 33349
羽叶铁线莲 **95238**
羽叶兔尾草 402144
羽叶维玛木 413701
羽叶屋根草 **111052**
羽叶五加 289632
羽叶五加属 289627
羽叶希克斯贝契 195375
羽叶希氏山龙眼 **195375**
羽叶喜林芋 **294796**
羽叶喜树蕉 294796
羽叶香菊 **93884**
羽叶香菊属 **93882**
羽叶缬草 **404363**
羽叶勋章花 **172335**
羽叶薰衣草 **223318**
羽叶崖角藤 328997
羽叶亚菊 13027
羽叶岩陀 335147,335149
羽叶椰 **413724**
羽叶椰属 **413722**
羽叶野豌豆 408374
羽叶照夜白 **267600**
羽叶枝子花 **137557**
羽叶竹节参 280722
羽叶紫堇 **106274**
羽叶紫参 345076
羽叶棕属 413722
羽衣 **244231**
羽衣草 **14065**,3921,14166
羽衣草科 **14174**
羽衣草属 **13951**
羽衣草天竺葵 **288064**
羽衣草委陵菜 **312339**
羽衣草泽菊 **91115**
羽衣甘蓝 **59524**,59525
羽衣留红草 323457
羽衣藻 64496
羽蔗茅 148906
羽枝榆 **401591**
羽中裂喜林芋 **294832**
羽轴丝瓣芹 **6219**
羽柱果科 **321926**
羽柱果属 **321918**
羽柱针茅 **376927**
羽状白酒草 **103566**
羽状报春 **314804**
羽状贝母 **168517**
羽状匕果芥 **129763**
羽状播娘蒿 **126120**
羽状捕鸟蔷薇 **44963**
羽状草原松果菊 **326964**
羽状叉尾菊 **288002**
羽状茶豆 **85243**
羽状长药芥 **373709**
羽状绸缎木 **16253**
羽状刺子莞 **333661**
羽状大沙叶 **286414**
羽状戴尔豆 **121887**
羽状地黄连 **259891**
羽状地杨梅 **238685**
羽状独活 **192340**
羽状短柄草 **58604**
羽状芳香木 **38723**
羽状菲利木 **296282**
羽状风毛菊 **348645**
羽状弗里斯前胡 **292861**
羽状桴栎 **324389**
羽状刚毛蔗草 **353840**,353569
羽状刚毛水葱 **352213**
羽状格里杜鹃 **181236**
羽状骨籽菊 **276672**
羽状鬼灯檠 335147,335149
羽状合欢 283887
羽状红花 **77740**
羽状红柱树 **78696**
羽状厚敦菊 **277116**
羽状狐尾藻 **261357**
羽状花凤梨 **392033**
羽状黄鸠菊 **134807**
羽状灰毛豆 **386235**
羽状鸡冠花 **80400**
羽状鲫鱼藤 **356312**
羽状脸菊 **55481**
羽状碱蓬 **379583**
羽状胶香木 **21010**
羽状金雀花 **120952**
羽状金须茅 **90140**
羽状菊蒿 **383716**
羽状卷舌菊 **380956**
羽状决明 **78450**
羽状可疑蓟罂粟 **32446**
羽状阔变豆 **302863**
羽状蓝花参 **412801**
羽状鹿藿 **333359**
羽状马唐 **130697**
羽状芒柄花 **271526**
羽状芒刺果 **1757**
羽状毛瓣兰 **396002**
羽状毛连菜 298606
羽状毛头菊 **151601**
羽状美山 **273805**
羽状美罂粟 240765
羽状密钟木 **192680**
羽状牡荆 **411410**
羽状穆拉远志 **260039**
羽状欧石南 **149926**
羽状欧夏至草 **245759**
羽状坡梯草 **290193**
羽状蒲包花 **66284**
羽状千里光 **359759**
羽状青兰 **137630**
羽状青葙 **80453**
羽状群花寄生 **11113**
羽状塞里菊 **360912**
羽状三芒草 **33973**
羽状色罗山龙眼 **361212**
羽状深裂刚毛鬼针草 **54117**
羽状深裂鬼针草 **54064**
羽状深裂千里光 **359758**
羽状深裂尤利菊 **160857**
羽状石芥花 **125834**
羽状瘦片菊 **153618**
羽状双曲蓼 **54809**
羽状穗砖子苗 **245453**
羽状天竺葵 **288439**
羽状铁兰 392033
羽状头嘴菊 **82423**
羽状菟葵 148110
羽状苇节荠 **352135**
羽状菥蓂 **390254**
羽状喜阳花 **190412**
羽状悬钩子 **339060**
羽状崖豆藤 **254803**
羽状叶省沽油 **374107**
羽状叶下珠 **296713**
羽状叶银齿树 **227345**
羽状一枝黄花 **368319**
羽状翼茎菊 **172461**
羽状翼首花 **320442**
羽状淫羊藿 **147034**
羽状永菊 **43896**
羽状鱼黄草 **250816**
羽状芸香 **341079**
羽状泽菊 **91211**
羽状针禾 377013
羽状针翦草 **377013**
羽状针茅 **376877**
羽状紫盏花 **171575**
羽棕属 32330
雨百合属 103671
雨背子花 62110
雨点草 388569
雨豆树 345525
雨过天青 348731
雨过天晴 348731
雨海假柴龙树 **266800**
雨花山姜 **17775**
雨久花 **257572**
雨久花科 **311019**
雨久花属 **257564**
雨韭 257572
雨菊 **131191**
雨菊属 131147
雨林南星 **198672**
雨林南星属 **198671**
雨流星草 191602
雨龙风毛菊 **348443**
雨农报春 314236
雨农华千里光 365039
雨农蒲儿根 **365039**
雨农槭 2886
雨伞菜 283806,381814
雨伞草 **122766**,4870,198680,
381814
雨伞草属 **122764**,198676
雨伞瓜 238258
雨伞仔 31387
雨伞子 31387,59881
雨师 383469
雨师柳 383469
雨湿木 **60035**
雨湿木科 **60042**

雨湿木属 **60027**
雨树 **345525**
雨树花冠柱 **57410**
雨树属 **345517**
雨丝 383469
雨王大头苏铁 **145242**
雨王非洲铁 145242
雨纹铜钱花 131186
雨月 **102255**
禹白附 401161
禹白芷 24327
禹党 98417
禹葭 232640,272090
禹韭 232640,272090
禹毛茛 325697
禹南星 33295
禹孙 14760
禹泻 14760
禹余粮 75003,232640,366338
禹州漏芦 140732
萮 338281
玉爱 165515
玉版笋 125453
玉边棣棠花 **216092**
玉柄秋海棠 **50258**
玉钗草 238152
玉蝉花 **208543**
玉豉 345881
玉椿 108846
玉葱 15165
玉带草 327525
玉带风 111167,111171
玉带根 287853
玉带藤 387837
玉带天门冬 39187
玉灯木兰 242065
玉灯玉兰 **242065**
玉吊钟 **215142**,215288
玉叠梅 198827
玉碟梅 **34449**
玉蝶花 172201
玉蝶梅 198827
玉斗 280213
玉儿七 397622
玉榧 393061
玉粉团 200038
玉峰兰 183503
玉凤花 183559,183619
玉凤花属 **183389**
玉凤兰 183503
玉凤兰属 183389
玉芙蓉 111826,211848,272856
玉芙蓉属 111823
玉高粱 417417
玉根 59461
玉梗半枝莲 43682
玉谷 18752
玉瓜 114288
玉冠草科 243273
玉冠草属 243271
玉桂 91302,299325
玉桂朴 80767
玉果 261424
玉果花 261424
玉蝴蝶 275403,329879,329975,356877
玉花豆属 378347
玉花兰 **117000**
玉花莓 339390
玉皇李 316761
玉皇柳 **344301**
玉黄 171113
玉辉 **138229**
玉混沌 128964
玉活 24306
玉鸡苗花 336783
玉姬 **264368**
玉椒 300464,417161,417340
玉接骨 43682
玉金 114868,114871,114875,114880
玉精 280741
玉桔梗 302753
玉克柑橘 **93875**
玉蔻 17719
玉魁 280213
玉兰 **416694**,223647,252809,252907
玉兰草 31415,186858,272254
玉兰草属 186856
玉兰粉花山茶 **69178**
玉兰花 252841,416694
玉兰属 **416681**
玉兰叶木姜子 **234060**
玉兰至 274237
玉郎鞭 373507
玉里悬钩子 **339501**
玉连环 43682
玉帘 417612
玉帘属 417606
玉莲 139987
玉鳞宝 158958
玉玲花 414006
玉玲花属 413997
玉铃花 379414
玉铃花安息香 **379414**
玉柳 **329705**
玉龙半枝莲 43682
玉龙鞭 373507
玉龙鞭属 373490
玉龙杓兰 **120354**
玉龙藁本 **229380**
玉龙虎耳草 **349343**
玉龙拉拉藤 **170240**
玉龙棱子芹 **304861**
玉龙毛冠菊 **262222**
玉龙盘 43682
玉龙山翠雀花 **124710**
玉龙山谷精草 **151456**
玉龙山箭竹 **162766**
玉龙山老鹳草 **174930**
玉龙山梅花草 **284640**
玉龙山无心菜 **31919**
玉龙山小檗 51926
玉龙山银莲花 **24129**
玉龙山蚤缀 31919
玉龙蒿草 **217295**,217303
玉龙苔草 **76785**
玉龙乌头 **5598**
玉龙蟹甲草 **283865**
玉龙续断 **133521**
玉龙羊茅 **163970**
玉露秫秫 417417
玉麦 417417
玉蔓菁 59541
玉梅 122786
玉梅属 85852
玉妹刺 51454
玉门点地梅 **23131**
玉门黄芪 43274
玉门黄耆 **43274**
玉门精 77146
玉门柳 **344304**
玉门透骨草 106488
玉米 99124,417417
玉米草 224989
玉米地萹蓄 **308836**
玉米地欧芹 **292711**
玉米花 173828
玉米石 356503
玉米属 417412
玉米托子花 39964
玉民楼梯草 **142838**
玉名喇叭 345002
玉牡丹属 33206
玉牛角 **139149**
玉牛角属 **139133**
玉牛掌 139149
玉钮子 417470
玉盘木属 **403619**
玉泡花 198639
玉枇杷 183066,183082,295661
玉瓶兰 132051
玉葡萄 20335
玉七七子 244258
玉麒麟 159363,159457,159458
玉钱草 43682
玉晴子 233078
玉擎 263272
玉球花 350175
玉泉杨 **311397**
玉容草 225005
玉如意 96981,401161,410108,410730
玉乳 323114,323268,323330
玉蕊 **48518**
玉蕊花 285623
玉蕊科 **223762**
玉蕊属 **48508**
玉蘂花 285623
玉山艾 **35981**,35237
玉山菝葜 366583
玉山白珠树 172059
玉山抱茎籁箫 21630
玉山薄雪草 224907
玉山当归 **24413**
玉山灯台报春 **314655**
玉山灯心草 213541
玉山杜鹃 **331276**,331311,331565
玉山对叶兰 264704
玉山飞蓬 **150788**
玉山肺形草 398285
玉山佛甲草 **356947**
玉山鬼督邮 **12720**,12648
玉山果 393061
玉山蔄草 287802
玉山胡颓子 142207
玉山黄肉楠 234000
玉山黄菀 359516
玉山灰木 381104,381315
玉山茴芹 299480
玉山蓟 **92096**
玉山荚蒾 **407934**,407895
玉山假沙梨 **295674**,377446,377457
玉山剪股颖 **12108**,12145
玉山箭竹 416804
玉山箭竹属 416742
玉山金梅 312714
玉山金丝桃 **202035**
玉山金银花 235999
玉山景天 356947
玉山卷耳 **82924**
玉山筷子芥 30345
玉山蓼 309711
玉山柳 **343721**
玉山龙胆 **173868**
玉山鹿蹄草 322858
玉山猫儿眼睛草 **90420**
玉山毛连菜 298606
玉山木姜子 **234000**
玉山南芥 30345
玉山女贞 **229553**
玉山糯米树 407895
玉山铺地蜈蚣 107575
玉山七叶莲 284343
玉山千里光 **359516**,356947

玉山蔷薇　**336764**,336938
玉山茄　367208,367503
玉山芹菜　24413
玉山雀麦　**60860**
玉山忍冬　**235897**
玉山瑞香　**122525**
玉山沙参　**7703**,7702
玉山山萝卜　350185
玉山山奶草　98341
玉山十大功劳　242608
玉山石竹　**127802**
玉山矢竹　416804
玉山双蝴蝶　**398285**
玉山双叶兰　264704
玉山水苦荬　407241
玉山水蜡树　229553
玉山蒜　**15105**
玉山苔草　**75418**
玉山唐松草　388541
玉山铁杆蒿　40878
玉山弯柱芎　101831
玉山卫矛　**157728**
玉山香青　**21630**
玉山小檗　**51940**
玉山小米草　160286
玉山蟹甲草　**283847**,283846
玉山新木姜子　264015
玉山芎　101831
玉山绣线菊　**372021**
玉山悬钩子　**338217**,339188
玉山岩桃　403796,403905
玉山羊茅　**164290**
玉山野蔷薇　**336938**
玉山一叶兰　191591
玉山一叶兰属　191582
玉山樱草　314655
玉山蝇子草　**363774**
玉山圆柏　**213954**,213943
玉山云杉　298375
玉山针蔺　**396025**
玉山竹　**416804**
玉山竹属　**416742**,364631
玉山紫金牛　**31388**,31387
玉山紫菀　**40878**
玉山紫羊茅　164290
玉珊瑚　367522,367528
玉珊瑚茄　367522
玉扇　186792
玉麝　211990
玉参　308613,308616
玉鮀兰　116900
玉狮子　**107055**,107016
玉手炉　229900
玉秫　99124
玉黍　417417
玉蜀秫　417417
玉蜀黍　**417417**
玉蜀黍科　**417435**
玉蜀黍属　**417412**
玉术　308613,308616,308635
玉树　**109229**,108818,155589,248104
玉树杜鹃　**332156**
玉树杜鹃花　331564
玉树鹅观草　**335568**
玉树虎耳草　**350048**
玉树黄华　**389559**
玉树龙蒿　**36549**
玉树陇蜀杜鹃　**331564**
玉树梅花草　**284513**
玉树披碱草　**144549**
玉树嵩草　**217314**
玉树苔草　**76790**
玉树雪兔子　**348963**
玉树野决明　**402118**,389559
玉水　242352
玉丝皮　156041
玉苏　290940
玉堂春　416694
玉桃　17774
玉天龙　**244248**
玉条草　**102033**
玉条草属　**102017**
玉葶报春　**314237**
玉头　59541
玉兔兰属　**137877**
玉碗捧真珠　1790
玉翁　**244097**
玉翁殿　244097
玉溪天仙藤　300489
玉细鳞　**83968**
玉细鳞属　**83967**
玉仙人球　244097
玉苋草　373262
玉线柱兰　417770
玉香棒　198639
玉笑葛藤　375833
玉屑　372050
玉心花属　384909
玉绣球　198827
玉延　131645,131772
玉彦　**102215**,102444
玉燕　50669
玉燕鬼子扇　50669
玉叶　357170
玉叶金花　**260483**,260413,260415,260430,260472,260484
玉叶金花属　**260375**
玉叶金花五星花　**289863**
玉叶景天　**357170**
玉叶兰　116829
玉英　124826,272856,272987
玉蛹　263272
玉簪　**198639**,63964,198646
玉簪刺子莞　**333585**
玉簪花　198639,307269
玉簪科　**198658**
玉簪属　**198589**
玉簪苔草　**74672**
玉簪羊耳蒜　**232086**
玉簪叶韭　15306
玉簪叶蔓绿绒　**294808**
玉簪叶山葱　**15306**
玉簪叶羊耳蒜　**232193**
玉札　345881
玉盏藤　**404516**,404523
玉盏载银杯　53801
玉枕薯　207623
玉支　331257
玉支子　13225
玉珠　99124
玉珠色洼　124237
玉竹　**308613**,134403,134412,308616,308639
玉竹草　134425
玉竹黄精　308529,308572,308641
玉竹面　308613
玉竹参　134420,308613,308659
玉竹石南属　**257994**
玉竹属　308493
芋　**99910**,16501
芋茨花　224110
芋儿南星　33397
芋儿七　280793,397622
芋根　99910
芋菰草　8760
芋荷　99910
芋苃　99910
芋魁　99910
芋兰　156572,265373,265395,265418
芋兰属　**265366**,156521
芋苗　99910
芋乃　189073
芋奶　99910
芋艿　99910
芋渠　418002
芋属　**99899**
芋头　16501,99910
芋头草　401156
芋头花　99936
芋头七　401156
芋头三七　284367
芋叶半日花　**188746**
芋叶半夏　401156,401161
芋叶大花细辛　**37630**
芋叶姜味草　**253698**
芋叶栝楼　**396197**
芋叶蜡菊　**189544**
芋叶裂口花　**379959**
芋叶欧石南　**149737**
芋叶酸模　**339940**
芋叶铁线莲　95358
芋叶细辛　**37633**,37646
芋叶香芸木　**10657**
芋叶谢尔茜　**362109**
芋叶野荞麦　**152252**
妪岳当归　**24497**
育亨宾树　**106902**
育亨宾止睡茜　**286054**
育空飞蓬　**151072**
育空风毛菊　**348148**
育空狗舌草　**385925**
育空卷舌菊　**381012**
育空米努草　**255610**
育空野荞麦　**152073**
郁　83238
郁蝉草　345214
郁臭　220126
郁臭草　224989
郁臭苗　224989,225009
郁蕉　111167,111171,200941
郁金　**114859**,114871
郁金百合　229958
郁金属　114852
郁金香　**400162**
郁金香属　**400110**
郁金叶　111167,111171
郁金叶蒜　**15848**
郁李　**83238**,83220
郁李属　83110
郁氏老鹳草　175034
郁苏参　312502
郁香　400162
郁香安息香　379417
郁香忍冬　**235796**
郁香野茉莉　379417
郁竹　47213
郁子　374414
峪黄　329331,329386
栯木　83238
浴檀　346210
浴香　346210
预知子　13225,13238,197213
域外草　212442
域外草科　212443
域外草属　212440
欲槐麦　61208
寓木　355317,385192
御币椰子　228766
御菜　48689
御藏风毛菊　**348881**
御藏舌唇兰　**302440**
御风草　171918
御谷　**289116**,361877
御光丸　244105
御镜　273035

御柳 383469
御旅屋蓟 **92280**
御旅屋苔草 **75640**
御麦 417417
御米 282717,417417
御米花 282717
御旗 140236
御膳橘 85581,105023
御膳橘属 85579
御所锦 8464
御堂小赤竹 **347360**
御幸球 **244105**
御幸丸 244105
御药圆木香 207135
御园李 83238
御岳乌头 **5418**
御种人参 280741
御座拟莞 **352160**
御座穗花 **317930**
棫 315177,365003
裕米 99124
裕民贝母 **168642**
裕民黄耆 **42651**
愈疮木 **181505**
愈疮木属 **181496**
萑 15822
萑菜 15822
蓣药 131772
毓泉葱 **15903**
毓泉翠雀花 **124709**
毓泉风毛菊 **348507**
薁 411589,411590
豫 231334
豫白桦 **53469**
豫谷 289116
豫章 91287
鹬草 293709
鹬草属 293705
鹬眉兰 **272481**
鹬鸵扫帚叶澳洲茶 **226489**
鹬形马先蒿 **287667**
鸢头鸡 308893
鸢尾 **208875**
鸢尾花美人蕉 71189
鸢尾菊 **415987**
鸢尾菊属 **415983**
鸢尾科 **208377**
鸢尾兰 **267973**,111464
鸢尾兰属 **267922**,399043
鸢尾麻 **415423**
鸢尾麻科 **415424**
鸢尾麻属 **415422**
鸢尾属 **208433**
鸢尾蒜 **210999**
鸢尾蒜科 **210987**
鸢尾蒜属 **210988**
鸢尾小沼兰 **268005**
鸢尾叶莪白兰 267973
鸢尾叶风毛菊 **348731**
鸢尾叶风尾菊 348731
鸢尾叶光梗风信子 **45324**
鸢尾叶黄眼草 **416085**
鸢尾叶蓝眼草 **365767**
鸢尾叶托叶齿豆 **56749**
鸢尾叶小金梅草 **202879**
鸢尾状唐菖蒲 **176025**
鸳鸯草 128995,218347,235878
鸳鸯草属 128987
鸳鸯虫 284367
鸳鸯豆 765
鸳鸯湖龙胆 **173452**
鸳鸯湖细辛 **37603**
鸳鸯菊 5335
鸳鸯兰 **131125**
鸳鸯兰属 **131124**
鸳鸯梅 34448
鸳鸯茉莉 **61306**,61294
鸳鸯茉莉属 61293
鸳鸯木鳖 6907
鸳鸯七 49886,49890,190956
鸳鸯藤 235878
鸳鸯鸭跖草 **128995**
鸳鸯鸭跖草属 **128987**
鸳鸯椰子 139337
蒬蒌绕 308403
元柏 294231,294240
元宝贝 168586
元宝草 **202146**,201743,202086,202151,373262
元宝草马先蒿 **287333**
元宝枫 320377
元宝槭 **3714**
元宝山冷杉 **513**
元宝树 3714,320377
元红 233078
元胡 105594,105720,105936,106066,106370,106414,106609
元胡索 106609
元江柄翅果 **64029**
元江短蕊茶 **69776**
元江风车子 **100862**
元江高粱 **369611**
元江杭子梢 **70820**
元江花椒 **417376**
元江寄生 355332
元江箭竹 **162765**
元江栲 78999
元江梨果寄生 **355332**
元江木通 95457
元江苹婆 **376212**
元江山茶 69669
元江山柑 **71932**
元江省沽油 **374111**
元江苏铁 **115871**
元江素馨 **212074**
元江田菁 **361432**
元江铁线莲 **95461**
元江羊蹄甲 **49079**
元江猪屎豆 **112821**
元江锥 78999
元兰栲 1241
元麻 56229
元麦 198293
元米 275966
元谋扁担杆 180825
元谋恶味苘麻 **912**
元谋菅 **389380**
元谋尾稃草 **402527**
元芩 355387
元日草 8331
元参 355201
元宵柑 93463
元宵橘 **93463**
元修菜 408423
元阳石豆兰 **63195**
元元草 **355505**,355554
员实 64990
园白花属 **89150**
园当归 30932
园花属 **27568**
园金光菊 339581
园圃锦带花 **413608**
园圃塔花 347560
园圃茼蒿 **89528**
园圃杂种伯氏荚蒾 407654
园圃朱砂根 31399
园酸菜 374968
园荽 104690
园田胶草 181101
园田胶菀 **181101**
园庭金鸡菊 104598
园艺绿绒蒿 **247127**
园艺岩雏菊 **291333**
园原舌唇兰 **302512**
园芸香 **341066**
沅陵长蒴苣苔草 **129990**
杬 122438
垣曲裸菀 **182355**
垣上黄 202070
垣衣 233078
原包被车叶草 **39397**
原大戟 **392478**
原大戟属 **392452**
原独活 192358
原狗骨柴属 395164
原宽虾脊兰 **65927**
原拉拉藤 **170193**
原来头 24475
原皮西洋参 280799
原伞树 **260287**
原伞树属 **260285**
原生地 327435
原始南星 **315624**
原始南星属 **315623**
原始漆木 **316060**
原始漆木属 **316059**
原始施文克茄 **316065**
原始施文克茄属 **316064**
原始桃金娘 **31006**
原始桃金娘属 **31005**
原氏赤竹 **347295**
原氏蓬虆 **338517**
原天麻 **171907**
原耀花豆 96640
原耀花豆属 96633
原野菟丝子 **114986**
原野舟叶花 **340597**
原油茴 204603
原沼兰 **243084**
原沼兰属 **242993**
原枝相思草 158063
圆埃利茜 **153410**
圆八仙花 **199864**
圆白菜 59532
圆白蓟 92268
圆白叶藤 **113607**
圆柏 **213634**
圆柏寄生 **30912**
圆柏山柳菊 **195932**
圆柏属 **341696**
圆板半日花 188757
圆板栒子 **107603**
圆板枣 **418194**
圆瓣扁担杆 **180749**
圆瓣大苞兰 **379781**
圆瓣虎耳草 **349860**
圆瓣槐 **369009**
圆瓣黄花报春 **314759**
圆瓣姜 **418014**
圆瓣姜花 **187449**,187448
圆瓣冷水花 **298854**
圆瓣冷水麻 298854
圆瓣商陆 **298101**
圆瓣珍珠菜 **239764**
圆棒玉 **134395**
圆棒玉属 **134394**
圆苞车前 **302119**
圆苞大戟 **159002**
圆苞吊石苣苔 **239952**
圆苞杜根藤 **67821**
圆苞金足草 **178861**
圆苞菊属 **123773**
圆苞亮泽兰 **111670**
圆苞亮泽兰属 **111668**
圆苞山罗花 **248175**
圆苞鼠尾草 **344991**
圆苞小槐花 297013
圆苞紫菀 **40805**

圆币草 **367763**
圆币草属 **367762**
圆边草胡椒 **290419**
圆柄金丝桃 **201814**
圆布枯 10575
圆菜头 59575
圆菜头菜 59575
圆长柔毛阿登芸香 **7164**
圆齿艾麻 125548
圆齿巴考婆婆纳 **46354**
圆齿白花碎米荠 **72859**
圆齿瓣延胡索 **106399**
圆齿苞爵床 **138998**
圆齿伯舌虎耳草 **349141**
圆齿叉尾菊 **288000**
圆齿翅子藤 **235215**
圆齿刺鼠李 **328692**
圆齿刺痒藤 **394145**
圆齿酢浆草 **277779**
圆齿大戟 **158703**
圆齿垫柳 **343035**
圆齿冬青 **203752**,203670
圆齿番茱萸 **248510**
圆齿芳香木 **38502**
圆齿风兰 **24796**
圆齿凤仙花 **204879**
圆齿福王草 313906
圆齿伽蓝菜 **215117**
圆齿狗娃花 **193932**
圆齿荷兰菊 **40464**
圆齿胡颓子 **142184**
圆齿黄耆 **42234**
圆齿火麻树 125548
圆齿鸡油树 417563
圆齿假节豆 **317216**
圆齿金盏苣苔 **210177**
圆齿荆芥 **265106**
圆齿可利果 **96689**
圆齿榄仁树 **386514**
圆齿老鹳草 174619
圆齿两色槭 **2803**
圆齿列当 **275029**
圆齿瘤蕊紫金牛 **271036**
圆齿露珠香茶菜 **324786**
圆齿洛梅续断 **235486**
圆齿马泰萝藦 246270
圆齿马特莱萝藦 **246270**
圆齿马先蒿 287121
圆齿牻牛儿苗 **153791**
圆齿没药 **101354**
圆齿梅蓝 **248880**
圆齿牡荆 **411245**
圆齿囊瓣芹 **320232**
圆齿破布木 **104165**
圆齿千里光 **358641**
圆齿曲毛菀 **242749**
圆齿绒叶毛建草 **137689**
圆齿柔软囊瓣芹 320232
圆齿肉穗草 **346939**
圆齿山香 **203047**
圆齿石油菜 **298889**
圆齿石竹 **127692**
圆齿鼠李 328665
圆齿鼠尾草 **345181**
圆齿水青冈 162368
圆齿溲疏 126891,127072
圆齿碎米荠 **72971**
圆齿昙花 147287
圆齿藤麻 315465
圆齿田麻 **104040**
圆齿铁苋菜 **1822**
圆齿驼曲草 **119814**
圆齿委陵菜 **312475**
圆齿卫矛 157395
圆齿香茶菜 **303235**,324786
圆齿小柴胡 362495
圆齿蟹爪 351997
圆齿绣线菊 **371890**
圆齿薰衣草 **223249**
圆齿鸦跖花 **278472**
圆齿亚东杨 **311580**
圆齿盐肤木 **332537**
圆齿野鸦椿 160949
圆齿永菊 **43827**
圆齿褶龙胆 **173360**
圆齿紫金牛 31639
圆耻钟穗花 **293161**
圆翅瓶花蓬 **219815**
圆翅青藤 **204652**
圆翅秋海棠 **49993**
圆翅羊耳蒜 232118
圆樗 83736
圆唇伴兰 193589
圆唇对叶兰 **264714**
圆唇花科 116243
圆唇花属 116244
圆唇姜 **185372**
圆唇姜属 **185371**
圆唇苣苔 **183316**
圆唇苣苔属 **183315**
圆唇软叶兰 110653,243028
圆唇虾脊兰 **66028**
圆唇小柱兰 110653
圆唇羊耳蒜 **232091**
圆刺蓟罂粟 **32437**
圆刺菱 336405
圆刺蕊草 **307001**
圆葱 **15675**,15704
圆葱叶兰 **254232**
圆丛红景天 **329892**,329930
圆醋栗 334250
圆大果花楸 369458
圆大叶野豌豆 **408556**
圆单花岩扇 **362275**
圆单叶酢浆草 **277971**
圆底佛手银杏 **175831**
圆地炮 200366
圆顶蒲桃 382649
圆顶越橘 **403764**
圆斗篷草 **14102**
圆豆蔻 19836,19870
圆盾车轴草 **396869**
圆盾三叶草 396869
圆钝沼兰 **243028**
圆多心芥 **304124**
圆萼长尖突紫堇 **106329**
圆萼刺参 258840
圆萼刺续断 **258840**
圆萼繁缕 **375106**
圆萼龙胆 **173941**
圆萼藦苓草 258840
圆萼牵牛 208224
圆萼柿 **132300**
圆萼树科 371178
圆萼藤 **378353**
圆萼藤属 **378347**
圆萼天茄儿 208289
圆萼折柄茶 **185965**,376437
圆萼紫堇 **105612**,106329
圆耳假福王草 **283681**
圆耳苦苣菜 368649
圆耳紫菀 **41296**
圆二裂叉叶蓝 **123657**
圆二裂叶银梅草 123657
圆芳香木 **38690**
圆肥皂 346338
圆榧 393061
圆佛手柑 **93550**
圆秆珍珠茅 **354110**
圆高河菜 **247788**
圆格尼瑞香 **178662**
圆根 59575
圆根大戟 159700
圆根马兜铃 **34312**
圆根紫堇 **106584**
圆梗泽兰 158118,158161
圆枸骨 **203661**
圆冠刺槐 334995
圆冠黎巴嫩雪松 **80103**
圆冠木属 **11397**
圆冠挪威槭 **3433**
圆冠泡桐 **285952**
圆冠榆 **401499**
圆果桉 **155696**
圆果巢菜 **408274**
圆果椆 116110
圆果大果花楸 369458
圆果灯心草 **212836**,213462
圆果吊兰 27320
圆果吊兰属 26950
圆果杜英 **142272**
圆果多小叶单腔无患子 **185382**
圆果甘草 **177944**
圆果隔山消 174752
圆果瓜馥木 166660
圆果焊菜 336200
圆果旱芹 116384
圆果旱芹属 116381
圆果花楸 **369399**
圆果化香树 **302676**
圆果黄麻 104072
圆果黄芪 42542
圆果黄耆 **42542**
圆果假卫矛 **254327**
圆果金柑 167503
圆果金丝桃 **201996**
圆果堇菜 **410594**
圆果苣苔 **183325**
圆果苣苔属 **183324**
圆果冷清草 299037
圆果冷水花 **299037**
圆果冷水麻 299037
圆果柳叶菜 **179330**
圆果柳叶菜属 **179329**
圆果罗伞 **31424**
圆果马蹄豆 **196637**
圆果毛核木 380749
圆果猕猴桃 **6620**
圆果木姜子 **234065**
圆果瓯柑 93806
圆果荨麻 **402984**
圆果青冈栎 **116110**
圆果青刚栎 116110
圆果秋海棠 **49906**,49626
圆果雀稗 **285471**,285507
圆果乳头基荸荠 **143200**
圆果赛靛 **47878**
圆果三角叶薯蓣 **131551**
圆果商陆 298114
圆果石笔木 322612
圆果树科 183297
圆果树属 183299
圆果水麦冬 397159
圆果算盘子 **177178**
圆果小花豆 **226151**
圆果泻瓜 **79812**
圆果泻属 46930
圆果悬钩子 **339290**
圆果雪胆 191896,191964
圆果藏荠 **187365**
圆果指橘 **253288**
圆果紫茎 **376452**
圆过岗龙 49046
圆海布枯 10575
圆号角毛兰 **396142**
圆厚叶杜鹃 **331404**
圆花稗 **140496**
圆花黄耆 **43074**

圆花石斛 125372
圆滑番荔枝 **25852**
圆滑眠雏菊 **414979**
圆画眉草 **147945**
圆黄芩 **355636**
圆回报春 314116
圆迴报春 **314116**
圆基茶 **69575**
圆基长鬃蓼 **309348**
圆基火麻树 125541
圆基木藜芦 **228184**
圆基香茅 **117141**
圆基叶火麻树 **125541**
圆基叶龙头草 **247730**
圆基叶树火麻 125541
圆戟堇菜 **409725**
圆迦报春 314116
圆荚果 145994
圆荚树 300667
圆尖药木 **4974**
圆坚果苔草 **75617**
圆角金果榄 392248
圆节山蚂蝗 **126483**
圆金柑 167503
圆金橘 167503
圆锦葵 **243807**
圆茎阿魏 163598
圆茎翅茎草 **320916**
圆茎耳草 **187557**
圆茎假毛地黄 10144
圆茎茜草 337981
圆景天 329860
圆锯齿火棘 **322456**,322458
圆蓝刺头 140789
圆勒珀蒺藜 **335679**
圆雷诺木 **328325**
圆棱鸾凤玉 **43521**
圆粒胖大海 376184
圆粒苹婆 **376184**
圆裂鲍苏栎 312000
圆裂波苏茜 **312000**
圆裂东北延胡索 105602
圆裂毛茛 **325789**
圆裂迷延胡索 **105602**
圆裂片胶皮枫香树 **232573**
圆裂曲花 **120589**
圆裂日本槭 **3046**
圆裂四川牡丹 **280181**
圆裂碎米荠 **72818**
圆裂银莲花 192135
圆裂獐耳细辛 **192135**
圆鳞火筒树 223922
圆菱叶山蚂蝗 200739,200742
圆柳 **343809**
圆龙 49046
圆麻参 205566
圆马比戟 **240192**
圆毛萼爵床 **395575**
圆帽龙舌兰 **10838**
圆帽天蓝绣球 **295291**
圆弥彦赤竹 **347332**
圆母草 **231566**
圆木绵绒杜鹃 **331050**
圆囊苔草 **75618**
圆牛仔仙人掌 **272786**
圆盘豆属 **116567**
圆盘蓝子木 **245214**
圆盘青锁龙 **109228**
圆盘球属 134115
圆盘叶下珠 **296540**
圆盘玉 **134120**
圆盘玉属 **134115**
圆盘状贵戟 245214
圆萍蓬草 **267315**
圆鞘窄叶柳叶菜 **146619**
圆茄 367370
圆丘草 **303115**
圆丘草属 **303112**
圆球侧柏 **302728**
圆球黄荆条 **72234**
圆球鸡树条荚蒾 **408101**
圆球柳杉 113690
圆球龙胆 **173479**
圆球毛花 84812
圆球毛药菊 **84812**
圆球日本柳杉 **113690**
圆软锦葵 **242921**
圆三锥十二卷 **186288**
圆伞芹 **179334**
圆伞芹属 **179333**
圆山柳菊 **195823**
圆山柰 215035
圆扇八宝 **200798**
圆扇景天 200798
圆舌黏冠草 **261081**
圆肾叶鹿蹄草 **322859**
圆施拉茜 **352549**
圆实肉豆蔻 261457
圆疏毛绣线菊 371934
圆穗蓼 **309360**,309393
圆穗拳参 309360
圆穗苔草 **73690**
圆穗兔耳草 **220193**
圆穗苋 18734
圆穗早熟禾 **305928**
圆苔 75570
圆苔草 76073
圆檀 83740
圆葶补血草 **230794**
圆筒布尼芹 63485
圆筒禾 **184581**
圆筒禾属 **184580**
圆筒球沟宝山 **327279**
圆筒穗水蜈蚣 **218518**
圆筒仙人掌 **116647**,45260
圆筒仙人掌属 **116636**
圆筒枝哈提欧拉 186154
圆头菠萝 8556
圆头车轴草 **396917**
圆头葱 **15752**
圆头大花葱 15752
圆头杜鹃 **331793**
圆头凤梨 **8556**
圆头蒿 **36307**,36553
圆头花属 280372
圆头鸡 71919
圆头金合欢 **1613**
圆头藜 **87171**,86893
圆头柳 **343150**
圆头柳杉 **113708**
圆头拟蕉草 **353174**
圆头牛奶菜 245821
圆头球果木 **210243**
圆头沙蒿 36307
圆头蚊母树 **134920**
圆头叶杜鹃 331793
圆托茜 **183354**
圆托茜属 **183353**
圆托叶树葡萄 **120202**
圆尾槁 233930
圆委陵菜 **312840**
圆武扇 **272915**
圆腺火筒树 **223922**
圆腺獐牙菜 **380344**
圆小芜萍 **414690**
圆心秋海棠 **49856**
圆心忍冬 **236132**
圆形白芷 **192366**
圆形酢浆草 **277993**
圆形丹氏梧桐 **135974**
圆形多蕊石蒜 **175335**
圆形番薯 **208150**
圆形芳香木 38848
圆形非洲紫罗兰 **342499**
圆形沟酸浆 **255233**
圆形槲果 **46784**
圆形黄芪 42830
圆形黄耆 **42830**
圆形假杜鹃 **48276**
圆形碱菊 **212271**
圆形蜡菊 **189722**
圆形榄仁树 **386598**
圆形老虎兰 **373690**
圆形裂舌萝藦 **351619**
圆形没药 **101493**
圆形穆拉远志 **260027**
圆形鸟足兰 **347857**
圆形鞘蕊花 **99665**
圆形三齿芳香木 **38848**
圆形山黄菊 **25541**
圆形瓦氏茜 **404812**
圆形纹蕊茜 **341343**
圆形希尔梧桐 **196337**
圆形菥蓂 **390247**
圆形香茶 **303541**
圆形香豆木 **306279**
圆形香芸木 **10679**
圆形小齿玄参 **253435**
圆形星牵牛 **43360**
圆形鸭嘴花 **214670**
圆形叶葡萄 411723
圆形止泻萝藦 **416238**
圆序光籽木 **272723**
圆序光籽木属 **272721**
圆序卷耳 82849
圆芽杜鹃 331870
圆芽箭竹 137866
圆芽镰序竹 **137866**
圆芽锥 **78944**
圆眼 131061
圆眼树莲 134040
圆药木棉 **183291**
圆药木棉属 **183290**
圆药五味子 351100
圆叶阿登芸香 **7150**
圆叶阿玛草 **18623**
圆叶桉 **155678**
圆叶桉树 155727
圆叶奥杨 197624
圆叶澳杨 **197624**
圆叶八宝 **200788**
圆叶八幡草 **58024**
圆叶巴豆 112931
圆叶巴氏锦葵 **286684**
圆叶巴西爵床 **214208**
圆叶菝葜 **366254**,366554
圆叶白粉藤 **92934**
圆叶白鹤灵芝 **329481**
圆叶白亮独活 192331
圆叶白杨 311193
圆叶败酱 **285830**
圆叶伴兰 193589
圆叶报春 **314146**,314759,
314909,315076
圆叶豹皮樟 **234047**
圆叶贝梯大戟 **53148**
圆叶彼得费拉 292624
圆叶萹蓄 **309257**
圆叶扁担杆 **180944**
圆叶变蒿 **35353**
圆叶滨菊 **246399**
圆叶薄荷 **250457**
圆叶薄荷木 **315606**
圆叶薄子木 **226479**
圆叶布楚 10575
圆叶布勒德藤 **59853**
圆叶布簕德藤 59874
圆叶草海桐 179560

圆叶草胡椒 **290418**
圆叶草藤 408278
圆叶楞 **168093**
圆叶叉序草 **209889**
圆叶叉枝补血草 **8635**
圆叶茶藨 334017,334177
圆叶茶藨子 **334177**,334017
圆叶钗子股 238310
圆叶柴胡 **63805**
圆叶长筒莲 **107976**
圆叶常春菊 58478
圆叶柽柳桃金娘 **261029**
圆叶赪桐 **96310**
圆叶匙唇兰 **352311**
圆叶雏菊 **50829**
圆叶唇柱苣苔草 **87851**
圆叶刺鼠李 328692
圆叶刺蒴麻 **399318**
圆叶刺头菊 **108396**
圆叶刺轴榈 228741
圆叶楤木 **30600**,289628
圆叶丛菔 **368567**,368570
圆叶粗肋草 **11360**
圆叶大黄 **329406**,329388
圆叶大戟 **159501**
圆叶大丽花 121561
圆叶大丽菊 **121547**
圆叶大酸模 **340161**
圆叶丹氏梧桐 **135975**
圆叶单被花 **148324**
圆叶单花红丝线 **238966**
圆叶当归 228250
圆叶当归属 228244
圆叶点地梅 23270
圆叶吊兰 94483
圆叶丁香 **382381**
圆叶东瀛绣线菊 **372031**
圆叶冬青 203860
圆叶豆瓣草 299006
圆叶豆瓣绿 290418
圆叶豆腐柴 **313758**
圆叶窦比 135975
圆叶杜茎山 **241841**
圆叶杜鹃 **332110**,331400,331850
圆叶短喉木 **58478**
圆叶短毛大戟 **159673**
圆叶短野牡丹 **58562**
圆叶鹅儿肠 138482
圆叶耳冠草海桐 **122110**
圆叶矾根 **194417**
圆叶纺锤果茜 **44104**
圆叶翡翠塔 **257009**
圆叶风铃草 **70271**
圆叶风毛菊 **348738**
圆叶蜂巢茜 **97856**
圆叶佛甲草 356917
圆叶福禄桐 310237
圆叶附地菜 **397465**,397448
圆叶伽蓝菜 **215246**
圆叶高山樱草 367763
圆叶格雷野牡丹 **180429**
圆叶弓果藤 **393538**
圆叶古登木 179560
圆叶古登桐 **179560**
圆叶古堆菊 **182112**
圆叶骨籽菊 **276693**
圆叶寡头鼠麹木 **327638**
圆叶光膜鞘茜 **201034**
圆叶合瓣莲 **48025**
圆叶合头菊 **381649**
圆叶核果菊 **89396**
圆叶黑钩叶 **22268**
圆叶红景天 **329942**
圆叶红门兰 **273614**
圆叶红柱树 **78699**
圆叶猴欢喜 **366073**
圆叶厚敦菊 **277140**
圆叶厚皮香 386712
圆叶胡颓子 **142164**,142075
圆叶胡枝子 226698,226746
圆叶槲果 **46791**
圆叶槲寄生 **411102**
圆叶虎耳草 **349859**
圆叶虎尾兰 **346070**
圆叶花烛 **28088**
圆叶华千里光 365071
圆叶桦 **53605**,53461
圆叶槐 369009
圆叶黄花稔 **362498**
圆叶黄堇菜 410495
圆叶黄芪 42829
圆叶黄耆 **42829**
圆叶黄伞草 **415189**
圆叶黄薯蓣 **131517**
圆叶黄杨 **64337**
圆叶灰背葡萄 411617
圆叶灰毛菊 **31278**
圆叶灰葡萄 **411617**
圆叶灰色半日花 **188621**
圆叶喙芒菊 **279260**
圆叶霍斯锦葵 **198528**
圆叶鸡屎树 **222305**,222095
圆叶鸡头薯 **152903**
圆叶鸡玄参 **362411**
圆叶鸡眼草 218345
圆叶基利普野牡丹 **216385**
圆叶基氏婆婆纳 **216292**
圆叶蕺菜 182849
圆叶荚蒾 **407872**
圆叶假杜鹃 **48331**
圆叶假升麻 **37073**
圆叶尖苞蓼 **278670**
圆叶碱毛茛 184717
圆叶剑叶莎 **240481**
圆叶胶蒐木 **101282**
圆叶椒草 290395
圆叶节节菜 **337391**
圆叶金光菊 **339606**
圆叶金合欢 **1523**
圆叶金菊木 **150379**
圆叶金铃花 285830
圆叶金丝桃 **202051**
圆叶金午时花 362523,362569
圆叶筋骨草 **13154**
圆叶堇菜 **410604**
圆叶锦葵 **243823**
圆叶旌节花 **373562**
圆叶景天 **356917**,200788
圆叶柏木 346404
圆叶菊状木 89396
圆叶卡柿 **155962**
圆叶克莱兰 **218197**
圆叶苦荬菜 **210673**
圆叶库卡芋 **114399**
圆叶宽萼苏 **47018**
圆叶蜡瓣花 **106674**
圆叶蜡菊 **189723**
圆叶梾木 **105171**
圆叶榄叶菊 270204
圆叶老鹳草 **174886**
圆叶肋柱花 **235456**
圆叶类短尾菊 **207534**
圆叶类没药 **366747**
圆叶棱子芹 **304842**
圆叶狸藻 403351
圆叶栎 **324343**
圆叶炼荚豆 18273
圆叶蓼 309257
圆叶裂口花 **380001**
圆叶裂缘花 **362255**
圆叶林仙翁 **401328**
圆叶留兰香 250439
圆叶柳 **344045**
圆叶龙牙草 11572
圆叶鹿藿 **333390**
圆叶鹿蹄草 **322872**
圆叶罗勒 **268612**
圆叶裸盆花 138348
圆叶马兜铃 34154,34238,34312
圆叶马卡野牡丹 **240223**
圆叶马蓝 **320136**
圆叶马铃苣苔 **273880**
圆叶马先蒿 **287639**
圆叶蔓绿绒 **294827**
圆叶芒柄花 **271571**
圆叶毛茛 **325975**,325741
圆叶毛核木 380749
圆叶毛花积雪草 **81593**
圆叶毛堇菜 409834
圆叶毛蕊花 **405758**
圆叶毛柱柄泽兰 **379262**
圆叶茅膏菜 **138348**
圆叶没药 **101358**
圆叶美非补骨脂 **276985**
圆叶美洲多片锦葵 **148178**
圆叶蒙桑 **259174**
圆叶猕猴桃 **6596**
圆叶米饭花 239378
圆叶母草 **231567**,231553
圆叶木薄荷 315606
圆叶木姜子 234048
圆叶木兰 279250
圆叶木蓼 **44280**
圆叶木麻黄 **79181**
圆叶木莓 **136859**
圆叶木属 134009
圆叶木犀 276313
圆叶牧根草 **298065**
圆叶那藤 374414
圆叶南芥 **30286**
圆叶南牡蒿 **35470**
圆叶南蛇藤 **80221**
圆叶南洋参 **310237**
圆叶南烛 **239378**
圆叶囊蕊白花菜 **298002**
圆叶茑萝 **207845**,323459
圆叶牛奶子 **142238**
圆叶牛至 **274233**
圆叶扭连钱 **245699**
圆叶欧石南 **149503**
圆叶爬卫矛 157517
圆叶膨距兰 **297864**
圆叶平菊木 **351237**
圆叶平口花 **302642**
圆叶婆婆纳 407358
圆叶匍匐十大功劳 **242628**
圆叶匍茎通泉草 **247012**
圆叶葡萄 **411893**
圆叶蒲儿根 **365071**
圆叶蒲葵 **234190**
圆叶槭 2893
圆叶麒麟掌 **290720**
圆叶千金藤 **375896**
圆叶千里光 365044,365071
圆叶千屈菜 **240067**
圆叶牵牛 **208120**
圆叶牵牛花 208120
圆叶茜属 **116303**
圆叶鞘柄报春 **315076**
圆叶鞘蕊 **367913**
圆叶鞘蕊花 **99699**
圆叶青藤 **204640**
圆叶苘麻 **985**
圆叶秋海棠 **50255**,49837,285649
圆叶忍冬 **235979**
圆叶日本轮叶沙参 **7868**

圆叶日本毛女贞　229513
圆叶日本牛膝　**4287**
圆叶日本女贞　**229513**
圆叶日本绣线菊　372031
圆叶榕　**165135**,164900
圆叶锐齿槭　**3022**
圆叶塞拉玄参　**357659**
圆叶赛葵　**243906**
圆叶三角果　**397308**
圆叶伞花野荞麦　**151961**
圆叶沙扎尔茜　**86349**
圆叶山杜莓　**273719**
圆叶山梗菜　**234710**,234884
圆叶山黧豆　**222831**
圆叶山蚂蝗　**126586**
圆叶山香圆　400536
圆叶山楂　**109810**
圆叶山总管　34238
圆叶舌茅属　**402218**
圆叶石豆兰　**62696**
圆叶石莲　**364920**
圆叶石龙眼　**292624**
圆叶柿　**132375**
圆叶疏毛绣线菊　**371934**
圆叶鼠李　**328713**
圆叶薯蓣　131551
圆叶双盖玄参　**129347**
圆叶双冠菊　**131044**
圆叶双花堇菜　**409740**
圆叶双饰萝藦　**134985**
圆叶水牛果　**362092**
圆叶水星草　**193691**
圆叶水苎麻　**56211**
圆叶睡莲　**267676**
圆叶丝石竹　183222
圆叶四棱菊　**18916**
圆叶四片芸香　**386988**
圆叶四翼木　**387621**
圆叶粟麦草　**230144**
圆叶酸唇草　**4671**
圆叶酸脚杆　**247614**
圆叶碎米荠　**72961**
圆叶梭罗　**327370**,327376
圆叶唐菖蒲　**176601**
圆叶唐棣　19290
圆叶唐松草　**388648**
圆叶藤山柳　95495
圆叶天胡荽　200366
圆叶天芥菜　**190725**
圆叶天女花　**279250**
圆叶铁苋　208349
圆叶凸萝藦　**141419**
圆叶土丁桂　**161426**
圆叶土密树　**60210**
圆叶兔儿风　**12610**
圆叶兔尾草　**402108**,402132
圆叶脱被爵床　**46987**
圆叶娃儿藤　**400957**
圆叶挖耳草　**403351**
圆叶弯边玄参　**70549**
圆叶乌桕　**346404**
圆叶乌蔹莓　**79897**
圆叶乌头　**5543**
圆叶无毛白前　**409449**
圆叶无心菜　**32115**
圆叶五角木　**313977**
圆叶五蕊花　289363
圆叶舞草　**98156**
圆叶西番莲　**285649**
圆叶西洋接骨木　**345650**
圆叶菥蓂　**390261**
圆叶细毛火烧兰　**147198**
圆叶细辛　37584,37585
圆叶下珠　**296697**
圆叶腺柄豆　**7916**
圆叶腺果藤　**300963**
圆叶腺花山柑　**64905**
圆叶香茶　**303624**
圆叶香科科　**388257**
圆叶香豌豆　222831
圆叶香芸木　**10575**
圆叶响叶杨　**311202**
圆叶橡皮树　**164900**
圆叶小白菊　**50796**
圆叶小檗　**52118**
圆叶小杜鹃兰　383151
圆叶小堇菜　**410495**,409740
圆叶小米草　**160146**
圆叶小石积　**276550**
圆叶小叶杨　**311506**
圆叶肖荣耀木　**194299**
圆叶肖岩芥菜　**157195**
圆叶星裂籽　**351358**
圆叶熊果　**31126**
圆叶绣球　**200073**
圆叶悬子苣苔　**110563**
圆叶旋复花　**207138**
圆叶旋果花　**377818**
圆叶雪果　380749
圆叶血桐　197624
圆叶血桐属　197619
圆叶薰衣草　**223323**
圆叶栒子　**107659**
圆叶鸭跖草　100940
圆叶牙刷树　**344807**
圆叶盐爪爪　**215330**
圆叶眼树莲　**134040**
圆叶眼子菜　**312095**
圆叶羊蹄甲　**49261**
圆叶杨　**311459**,311461
圆叶野百合　111856
圆叶野扁豆　**138975**
圆叶野海棠　**59874**
圆叶野木瓜　374425
圆叶野荞麦　**152439**
圆叶野桐　**243443**
圆叶叶美登木　182751
圆叶叶下珠　**296748**
圆叶叶仙人掌　**290712**
圆叶异荣耀木　**134707**
圆叶异色非洲木菊　**58492**
圆叶银豆　**32891**
圆叶樱桃　**83253**
圆叶蝇子草　**363990**
圆叶羽叶参　**289628**
圆叶玉凤花　302472
圆叶玉兰　279250
圆叶玉簪　**198650**,198646
圆叶玉竹　308613
圆叶玉竹石南　**257999**
圆叶越橘　403767,403920
圆叶越南野牡丹　**408790**
圆叶杂蕊草　**381748**
圆叶藏荠　187365
圆叶早禾子　28331
圆叶蚤缀　32115
圆叶藻百年　**161575**
圆叶泽兰　**158290**
圆叶泽泻　66343
圆叶泽泻属　66337
圆叶獐耳细辛　192126
圆叶珍珠花　239378
圆叶肿柄菊　392434,392436
圆叶轴榈　228741
圆叶珠子木　**296457**
圆叶猪毛菜　**344503**
圆叶猪屎豆　**112238**
圆叶猪殃殃　**170589**,170354
圆叶竹芋　**66202**
圆叶苎麻　56211
圆叶柱瓣兰　**146392**
圆叶壮花寄生　**148844**
圆叶紫荆　**83801**
圆叶紫茉莉　**255748**
圆叶紫檀　**320322**
圆叶紫条木　8635
圆叶紫云菜　320136
圆叶钻地风　**351787**
圆腋花鼠李　**304584**
圆疣仙人球　135692
圆枣子　6515
圆招树　16304
圆枝杜英　**142324**
圆枝多核果　**322634**
圆枝绣线菊　**372097**
圆枝子楝树　**123459**
圆柱斑鸠菊　406828
圆柱荸荠　**143113**
圆柱博巴鸢尾　**55953**
圆柱草属　371087
圆柱钗子股　238322
圆柱春黄菊　**26772**
圆柱大戟　**158669**
圆柱迪萨兰　133757
圆柱毒扁豆　**298006**
圆柱芳香木　**38839**
圆柱分蕊草　**88937**
圆柱风兰　**24965**
圆柱根老鹳草　**174605**
圆柱红果大戟　**154816**
圆柱虎耳草　**349193**
圆柱虎尾兰　346070
圆柱花序沼兰　130181
圆柱槐　**369043**
圆柱假岗松　**317358**
圆柱箭根南星　**382939**
圆柱金黄莎草　**89806**
圆柱茎内蕊草　**145442**
圆柱柳叶菜　**146677**
圆柱露兜树　**281004**
圆柱鹿药　**366200**
圆柱美丽柏　67426
圆柱木　203445
圆柱木属　203444
圆柱拿身草　**126632**
圆柱挪威槭　**3446**
圆柱欧石南　**149261**
圆柱披碱草　**144266**
圆柱青锁龙　**108846**
圆柱曲管桔梗　**365159**
圆柱山羊草　**8672**
圆柱山羊麦　8672
圆柱石仙桃　295518
圆柱束柊叶　**293201**
圆柱双碟荠　**54661**
圆柱双距兰　**133757**
圆柱水蜈蚣　**218636**
圆柱糖槭　**3550**
圆柱威尔帚灯草　**414377**
圆柱苇叶番杏　**65629**
圆柱五层龙　**342610**
圆柱细裂匹菊　**334391**
圆柱小麦　**398979**,398986
圆柱形绣球防风　**227718**
圆柱鸭嘴草　**209314**
圆柱叶钗子股　238324
圆柱叶灯心草　**213391**
圆柱叶木蓼　**44279**
圆柱叶鸟舌兰　**38191**
圆柱叶石豆兰　**63129**
圆柱叶石斛　**125383**
圆柱叶苇叶番杏　**65628**
圆柱叶香芸木　**10729**
圆柱叶鸢尾兰　**267996**
圆柱叶猪屎豆　**112744**
圆柱叶柱瓣兰　**146490**
圆柱罂粟　**282539**
圆柱藻百年　**161582**

圆柱舟叶花 **340929**
圆柱猪毛菜 **344497**
圆锥阿魏 163598
圆锥安歌木 **24653**
圆锥安吉草 **24551**
圆锥桉 **155682**
圆锥凹瓣石竹 **15964**
圆锥奥佐漆 **279317**
圆锥八仙花 200038
圆锥巴顿龙胆 **48591**
圆锥巴斯木 **48572**
圆锥菝葜 **366271**
圆锥白花叶 311657
圆锥白冷杉 **324**
圆锥白藤菊 **254459**
圆锥白云杉 **298288**
圆锥百蕊草 **389809**
圆锥斑驳芹 **142516**
圆锥斑膜芹 **199650**
圆锥伴孔旋花 **252523**
圆锥苞叶兰 **58383**
圆锥豹皮花 **373922**
圆锥北美香柏 **390594**
圆锥扁担杆 **180907**
圆锥扁芒草 **122271**
圆锥扁蒴藤 **315367**
圆锥宾树 **106909**
圆锥博巴鸢尾 **55966**
圆锥补血草 **230731**
圆锥糙蕊阿福花 **393770**
圆锥侧柏 **302727**
圆锥侧穗莎 **304873**
圆锥柴胡 **63801**
圆锥蟾蜍草 **62262**
圆锥长生番杏 **12951**
圆锥柽柳桃金娘 **261021**
圆锥橙菀 **320721**
圆锥赤宝花 **390022**
圆锥椆 233341
圆锥刺蓼树 **306657**
圆锥刺芹 **154307**
圆锥大戟 **159524**
圆锥大青 **96257**
圆锥单脉百蕊草 **389653**
圆锥单脉青葙 **220215**
圆锥单性毛茛 **185085**
圆锥倒挂金钟 **168779**
圆锥灯心草 **213119**
圆锥帝王花 **82310**
圆锥盾盘木 **301564**
圆锥盾籽茜 **342126**
圆锥多肋菊 **304463**
圆锥多蕊蓼树 **380667**
圆锥多穗兰 **310538**
圆锥二重椴 **132963**
圆锥法尔特爵床 **166050**
圆锥番薯 **208124**
圆锥飞蛾藤 311657
圆锥非洲长腺豆 **7504**
圆锥非洲毛头菊 **151563**
圆锥菲利木 **296272**
圆锥菲廷紫金牛 **166703**
圆锥风车子 **100682**
圆锥风子玉 **201094**
圆锥凤眼蓝 **141812**
圆锥福禄考 295288
圆锥伽蓝菜 **215221**
圆锥甘松菀 **262485**
圆锥革叶荠 **378297**
圆锥格罗大戟 **181314**
圆锥格尼瑞香 **178575**
圆锥狗肝菜 **129304**
圆锥寡花草 **369956**
圆锥灌木帚灯草 **388818**
圆锥果山荆子 **243559**
圆锥果属 101930
圆锥果雪胆 **191951**,191939
圆锥海桐 **301355**
圆锥杭子梢 **70858**
圆锥豪曼草 **186203**
圆锥红光树 **216804**
圆锥红毛菀 **323046**
圆锥红囊无患子 **154990**
圆锥虎耳草 **349747**
圆锥虎眼万年青 **274573**
圆锥琥珀树 **27881**
圆锥互叶指甲草 **105424**
圆锥花桉 155682
圆锥花番樱桃 382481
圆锥花虎尾兰 346155
圆锥花黄花稔 **362599**
圆锥花南美堇兰 **207447**
圆锥花南蛇藤 80273
圆锥花切帕泰勒 397862
圆锥花清风藤 341537
圆锥花薯蓣 **131668**
圆锥花丝石竹 183225
圆锥花酸模 340279
圆锥花苔草 **75686**
圆锥花序刺蕊草 **306992**
圆锥花序番薯 **208051**
圆锥花序金合欢 **1458**
圆锥花序鸟娇花 **210871**
圆锥花序排草香 **25387**
圆锥花序小檗 **51999**
圆锥花银桦 **180628**
圆锥花远志 **308247**
圆锥花座球 **249585**
圆锥画眉草 **147858**
圆锥还阳参 **110783**
圆锥黄堇 105658
圆锥灰毛豆 **386220**
圆锥喙可耐拉棕 104890
圆锥火把树 **66332**
圆锥火把树属 **66331**
圆锥鸡矢藤 280070
圆锥吉粟草 **175941**
圆锥假莸 **317510**
圆锥尖齿臭茉莉 **96181**
圆锥金柏 302728
圆锥金果椰 **139332**
圆锥金菊木 **150362**
圆锥茎阿魏 **163598**
圆锥九头狮子草 **291172**
圆锥距药花 **81709**
圆锥柯 **233341**
圆锥拉拉藤 **170533**
圆锥梾木 **105169**
圆锥蓝花参 **412785**
圆锥类雌足芥 **389270**
圆锥棱属 264120
圆锥黧豆 **259552**
圆锥裂口花 **379975**
圆锥裂蕊紫草 **235034**
圆锥鳞叶多室花 **295552**
圆锥瘤耳夹竹桃 **270873**
圆锥瘤蕊紫金牛 **271085**
圆锥柳叶菜 **146831**
圆锥鲁斯木 **341008**
圆锥鹿药 **242697**
圆锥绿绒蒿 247157
圆锥落葵 **48694**
圆锥马比戟 **240195**
圆锥马岛小金虎尾 **254066**
圆锥马利旋花 **245302**
圆锥麦瓶草 **363363**
圆锥毛腹无患子 **151732**
圆锥毛蕊花 **405745**
圆锥毛颖草 **16228**
圆锥梅里野牡丹 **250676**
圆锥密花斑兰 **264602**
圆锥密钟木 **192670**
圆锥木瓣树 **415806**
圆锥木姜子 **233982**
圆锥木蓝 **206343**
圆锥牧场草 **401859**
圆锥南非帚灯草 **67931**
圆锥南芥 **30383**
圆锥南蛇藤 80273
圆锥拟九节 **169351**
圆锥欧亚旋覆花 **207070**
圆锥皮齿帚灯草 **226613**
圆锥瓶子帚灯草 **38364**
圆锥婆罗刺 **57232**
圆锥蒲桃 382644
圆锥蔷薇 **336842**
圆锥青锁龙 **109236**
圆锥青葙 220215
圆锥苘麻 **968**
圆锥球 **264121**
圆锥荛花 **414217**
圆锥热非夹竹桃 **13279**
圆锥软果栒子 **242910**
圆锥软锦葵 **242922**
圆锥塞拉玄参 **357621**
圆锥三棱黄眼草 **656**
圆锥森林薯蓣 **131866**
圆锥沙参 7618
圆锥沙穗 **148499**
圆锥纱药兰 **68520**
圆锥山柳菊 **195836**
圆锥山蚂蝗 **126507**,126329
圆锥扇形金虎尾 **166756**
圆锥少穗竹 **270442**
圆锥蛇根草 **272270**
圆锥十大功劳 **242611**
圆锥石栎 233341
圆锥石头花 **183225**
圆锥矢车菊 **81263**
圆锥手玄参 **244838**
圆锥丝瓣芹 **6220**
圆锥四翼木 **387615**
圆锥穗苔草 **76329**
圆锥苔草 **74174**,74304
圆锥糖槭 **3556**
圆锥天芥菜 **190787**
圆锥天竺葵 **288414**
圆锥田皂角 **9609**
圆锥铁线莲 **95358**
圆锥托鞭菊 **77232**
圆锥陀旋花 **400441**
圆锥瓦莲 **337304**
圆锥乌头 **5469**
圆锥五叶参 289636
圆锥细冠萝藦 **375751**
圆锥仙灯 **67556**
圆锥腺萼木 **260644**
圆锥相思树 1458
圆锥小苞爵床 **113750**
圆锥小麦 **398986**
圆锥小麦秆菊 **381680**
圆锥肖麻疯树 **304534**
圆锥肖薯蓣 **386808**
圆锥肖蒿草 **97772**
圆锥新山香 **263965**
圆锥星花草 **82475**
圆锥绣球 **200038**
圆锥须药草 22407
圆锥序乌头 5335
圆锥序柱瓣兰 **146456**
圆锥悬钩子 **338954**
圆锥旋覆花 **207195**,207070
圆锥栒子 107637
圆锥鸭嘴花 **214835**
圆锥雅坎木 **211377**
圆锥雅克旋花 **211359**
圆锥烟草 **266050**
圆锥羊茅 **164192**

圆锥异色冷杉 324
圆锥翼萼藤 **311621**,311657
圆锥银白杨 311226
圆锥银齿树 **227252**
圆锥隐足兰 **113765**
圆锥忧花 **241676**
圆锥玉属 **264120**
圆锥远志 308247
圆锥樟 **91245**
圆锥樟属 **91244**
圆锥胀果树参 125615
圆锥折扇草 **412529**
圆锥褶瓣树 **321153**
圆锥舟叶花 **340927**
圆锥猪屎豆 **112496**
圆锥状伞房花序小檗 **51505**
圆锥子楝树 **123456**
圆锥紫菀 **40989**
圆锥紫心苏木 **288870**
圆锥醉鱼草 62138
圆仔花 179236
圆籽耳托指甲草 **385639**
圆籽荷 **29898**
圆籽荷属 **29897**
圆籽萝藦 **179336**
圆籽萝藦属 **179335**
圆籽毛金腰 **90432**
圆子荷属 29897
圆子红豆 274391
圆子栝楼 396200
缘瓣杜英 **142300**
缘翅拟漆姑 **370675**
缘刚毛欧石南 **150044**
缘果毛茛 **326039**
缘口香 **108713**
缘口香属 **108712**
缘脉菝葜 **366483**
缘毛安龙花 **139443**
缘毛菝葜 **366407**
缘毛百簕花 **55293**
缘毛百里香 **391150**
缘毛斑花菊 **4863**
缘毛臂形草 **58072**
缘毛滨紫草 **250887**
缘毛薄叶兰 238737
缘毛叉序草 **209885**
缘毛长被片风信子 **137912**
缘毛长生草 **358030**
缘毛橙菀 **320663**
缘毛齿果草 344351
缘毛椿 392829
缘毛刺子莞 **333522**
缘毛粗叶木 **222310**
缘毛酢浆草 **277730**
缘毛大叶藻 **418385**
缘毛单头爵床 **257252**
缘毛吊灯花 **84007**
缘毛兜兰 **282804**
缘毛兜舌兰 282804
缘毛短茄 **58231**
缘毛多蕊石蒜 **175326**
缘毛鹅观草 **335461**
缘毛萼异环藤 **25402**
缘毛二裂玄参 **134060**
缘毛二毛药 **128440**
缘毛芳香木 **38478**
缘毛风铃草 **69963**
缘毛凤仙花 **204803**
缘毛辐枝菊 **21241**
缘毛格莱薄荷 **176853**
缘毛格里杜鹃 **181208**
缘毛公主兰 **238737**
缘毛贡山马先蒿 287840
缘毛狗肝菜 **129244**
缘毛骨籽菊 **276582**
缘毛瓜子金 **308125**
缘毛果苔草 **73547**
缘毛海丛藻 **388368**
缘毛合叶豆 **366654**
缘毛合宜草 **130857**
缘毛荷马芹 **192757**
缘毛亨里特野牡丹 **192042**
缘毛红斑石蒜 **111847**
缘毛红豆 **274402**
缘毛厚敦菊 **277030**
缘毛胡椒 **300505**
缘毛蝴蝶草 **392893**
缘毛虎耳草 52510
缘毛还阳参 **110777**
缘毛黄精石南 **232698**
缘毛黄细心 **56412**
缘毛鸡头薯 **153013**
缘毛棘豆 **278789**
缘毛季川马先蒿 **287840**
缘毛夹竹桃属 **18936**
缘毛胶草 181108
缘毛胶鳞禾 **143770**
缘毛胶菀 **181108**
缘毛节冠野牡丹 **36880**
缘毛筋骨草 13079
缘毛荆芥 **264898**
缘毛景天 **357248**
缘毛卷瓣兰 **62634**
缘毛卷耳 **82834**
缘毛卷舌菊 **380850**
缘毛苦瓜掌 **140025**
缘毛蓝花丹 **305178**
缘毛老鸦嘴 **390739**
缘毛肋瓣花 **13762**
缘毛肋枝兰 **304908**
缘毛疗齿草 **268964**
缘毛列当 **275000**
缘毛鳞果草 **4461**
缘毛龙胆 **173297**
缘毛芦荟 **16709**
缘毛芦莉草 **339694**
缘毛鹿藿 **333187**
缘毛罗马风信子 **50748**
缘毛麻点菀 **266523**
缘毛麻疯树 **212120**
缘毛麻黄 **146148**
缘毛马鞭草 **405853**
缘毛马蹄豆 **196629**
缘毛马先蒿 **287118**
缘毛毛肋茅 **395990**
缘毛毛鳞菊 **84968**
缘毛毛子草 **153155**
缘毛没药 **101345**
缘毛美洲苦木 **298496**
缘毛檬果樟 **77966**
缘毛密齿大地豆 **199322**
缘毛密穗花 **322093**
缘毛牡荆 **411235**
缘毛苜蓿 **247262**
缘毛南非桔梗 **335578**
缘毛南鹃 **291365**
缘毛南星 **33291**
缘毛拟芸香 **185632**
缘毛鸟足兰 **347844**
缘毛欧石南 **149195**
缘毛盆距兰 **171836**
缘毛披碱草 **144421**,335258
缘毛皮埃尔禾 **321412**
缘毛葡萄风信子 **260305**
缘毛漆姑草 **342239**
缘毛千日菊 4863
缘毛琼楠 **50591**
缘毛雀麦 **60667**,60599
缘毛日本扁枝越橘 **403870**
缘毛榕 **164810**
缘毛肉茎牻牛儿苗 **346647**
缘毛塞拉玄参 **357450**
缘毛三尖草 **395021**
缘毛三鳞莎草 **397514**
缘毛三叶草 **396865**
缘毛色罗山龙眼 **361173**
缘毛山柳菊 **195663**
缘毛少穗芒 **255868**
缘毛少叶欧石南 **149855**
缘毛舌唇兰 **302285**,183501
缘毛省藤 **65660**
缘毛石斛 **125061**
缘毛鼠茅 **412409**
缘毛树葡萄 **120232**
缘毛双袋兰 **134282**
缘毛双盛豆 **20752**
缘毛水甘草 **20848**
缘毛水蓑衣 **200606**
缘毛松兰 171836
缘毛苔草 **74193**
缘毛太行花 **383118**
缘毛铁苋菜 **1818**
缘毛突果菀 **182822**
缘毛驼曲草 **119878**
缘毛橐吾 **229092**
缘毛微花兰 **374704**
缘毛纹柱瓜 **341257**
缘毛无心菜 **31819**
缘毛西雏菊 **43296**
缘毛西印度茜 **179543**
缘毛细叶熊菊 **402822**
缘毛纤齿卫矛 **157543**
缘毛线叶粟草 **293904**
缘毛香茶 **303216**
缘毛香芸木 **10587**
缘毛小檗 **51468**
缘毛小蓼 **308672**
缘毛新波鲁兰 **263663**
缘毛鸭跖草 **100966**
缘毛岩白菜 52510
缘毛岩马齿苋 **65835**
缘毛杨 **311276**
缘毛野豌豆 **408343**
缘毛叶芦莉草 339694
缘毛叶眠雏菊 **414972**
缘毛叶球柱草 **63236**
缘毛蝇子草 **363923**
缘毛鱼骨木 **71339**
缘毛玉凤花英 **183501**
缘毛珍珠茅 354052
缘毛直玄参 **29926**
缘毛周至柳 **344179**
缘毛帚叶联苞菊 **114444**
缘毛竹柏石南 **340457**
缘毛柱瓣兰 **146396**
缘毛紫菀 **41285**
缘膜风铃草 **70355**
缘膜菊 **329193**
缘膜菊贝克菊 **52765**
缘膜菊红花 **77743**
缘膜菊属 **329191**
缘膜苣 **201164**
缘膜苣属 **201162**
缘膜飘拂草 **166555**
缘膜矢车鸡菊花 **81559**
缘膜因加豆 **206952**
缘生角刺豆 **179390**
缘生铁刀苏木 78377
缘腺雀舌木 **226324**
缘檐丽韭 **59985**
缘檐丽韭属 **59982**
缘叶班克木 **47650**
缘叶贝克斯 47650
缘叶灯心草 **213227**
缘叶冠毛榕 **165037**
缘叶龙血树 **137447**
缘叶千里光 359138
缘叶三七草 **183096**

缘叶醉鱼草 62073
缘泽兰属 **235478**
缘籽树属 172708
源陵苦竹 **303999**
源陵葡萄 **412008**
源平球 **244232**
源平丸 244232,244234
源氏玉 **233526**
源一木 157355
猿臂柳杉 113690
猿猴杉 113687,113690
猿恋苇 186156
猿取阁 **299269**
猿尾藤 196824
猿尾藤属 196821
蒝荽 104690
远苞百蕊草 **389846**
远布苔草 **74348**
远齿粗壮景天 **356704**
远东齿缘草 153534
远东楤木 **30753**
远东芨芨草 **4134**
远东锦带花 413617
远东蒲公英 **384624**
远东双袋兰 134326
远东橐吾 **229144**
远东羊茅 **163950**
远管木属 **385747**
远华丽补血草 **230803**
远近子 334435
远客 211990
远离大柊叶 **247910**
远离菲奇莎 **164521**
远离红蕾花 **416938**
远离蝴蝶玉 **148572**
远离荆芥 **264912**
远离马唐 **130437**
远离密头帚鼠麹 **252428**
远离塞拉玄参 **357486**
远离僧帽花芦荟 **17041**
远离绳草 **328017**
远离天竺葵 **288201**
远离沃森花 **413341**
远离香芸木 **10607**
远离翼舌兰 **320559**
远离珍珠茅 **354069**
远离猪屎豆 **112085**
远穗苔草 **75993**,76288
远西野荞麦 **152454**
远仙台柳 **342943**
远志 **308403**,308116,308359
远志百蕊草 **389822**
远志草 308123
远志骨籽菊 **276677**
远志黄堇 **106278**
远志黄芪 42901
远志黄耆 **42901**
远志基花莲 **48674**
远志芥 **253904**
远志芥属 **253903**
远志科 **308474**
远志蓼 **309608**
远志木蓝 **206582**,206415
远志塞拉玄参 **357633**
远志属 **307891**
远志小齿玄参 **253438**
远志叶薄子木 **226472**
远志叶橙菀 **320725**
远志叶黄鸠菊 **134808**
远志叶龙香木 **57276**
远志叶细子木 226472
远志杂色豆 **47709**
远志猪屎豆 **112551**
远志状马先蒿 **287527**
远志紫堇 106278
远州苔草 **73549**
远轴兰属 **74**
苑榉 305100
约大戟 159159
约的藤属 207354
约尔丹堇菜 **410117**
约弗松 299992
约弗亚松 299992
约腹壶 219843,219844
约翰·查林顿帚石南 **67500**
约翰·米切尔康藏花楸 **369534**
约翰·皮德花叶芋 **65220**
约翰粗面十二卷 **186703**
约翰大戟 **159157**
约翰福斯塔夫天蓝绣球 **295307**
约翰棘豆 **278914**
约翰九节 **319707**
约翰美洲接骨木 **345583**
约翰扭果花 **377742**
约翰榕 **165175**
约翰三叶忧花 **241723**
约翰森肋枝兰 **304919**
约翰山马茶 **382799**
约翰石豆兰 **62816**
约翰石斛 **125204**
约翰鼠李 **212431**
约翰鼠李属 **212430**
约翰树葡萄 **120104**
约翰司顿秋海棠 **49952**
约翰斯顿阿氏莎草 **576**
约翰斯顿桉 **155613**
约翰斯顿贝克菊 **52723**
约翰斯顿车轴草 **396850**
约翰斯顿赪桐 **96151**
约翰斯顿刺桐 **154676**
约翰斯顿大戟 **159186**
约翰斯顿大沙叶 **286289**
约翰斯顿地杨梅 **238634**
约翰斯顿吊灯花 **84132**
约翰斯顿斗篷草 **14066**
约翰斯顿杜鹃 330963
约翰斯顿多穗兰 **310452**
约翰斯顿海葱 **402375**
约翰斯顿鸡脚参 **275702**
约翰斯顿蓝星 **115435**
约翰斯顿冷水花 **298949**
约翰斯顿琉璃草 **117944**
约翰斯顿马钱 **378770**
约翰斯顿密钟木 **192622**
约翰斯顿鸟足兰 **347798**
约翰斯顿欧石南 **149606**
约翰斯顿千里光 **359176**
约翰斯顿全毛兰 **197537**
约翰斯顿软紫草 **34627**
约翰斯顿润肺草 **58884**
约翰斯顿萨比斯茜 **341644**
约翰斯顿三角车 **334635**
约翰斯顿山梗菜 **234560**
约翰斯顿蛇舌草 **269862**
约翰斯顿肾苞草 **294078**
约翰斯顿十大功劳 **242572**
约翰斯顿双袋兰 **134302**
约翰斯顿苔草 **74963**
约翰斯顿肖水竹叶 **23543**
约翰斯顿野荞麦木 **152278**
约翰斯顿异荣耀木 **134647**
约翰斯顿指腺金壳果 **121157**
约翰斯顿猪屎豆 **112267**
约翰小檗 51800
约翰逊草 369652
约翰逊虎皮楠 **122727**
约翰逊美刺球 140618
约翰逊美国冬青 **204119**
约翰逊魔芋 **20094**
约翰逊木千里光 **125731**
约翰逊石斛 **125205**
约翰逊银桦 **180607**
约翰逊玉凤花 **184104**
约翰野豌豆 **408445**
约翰猪屎豆 **112266**
约翰紫菀 **40642**
约翰紫玉盘 **403496**
约翰棕属 212401
约壶 219843,219844
约克女公爵宽叶鸢尾 **208680**
约克无心菜 **31931**
约克夏远志 307905
约鲁巴吊灯花 **84307**
约鲁巴矛果豆 **235527**
约芹 **212434**
约芹属 **212433**
约瑟芬胡麻属 **212520**
约瑟夫·班克斯八仙花 **199968**
约瑟夫虎耳草 **349512**
约瑟夫石豆兰 **62818**
约瑟夫苋 **18823**
约氏长瓣秋水仙 **250637**
约氏费利菊 **163226**
约氏瘤唇兰 **270818**
约氏欧石南 **149607**
约氏曲籽芋 **120772**
约氏筒距兰 392351
约氏无心菜 **32056**
约斯盾果荠 **97446**
约斯特兰属 **212525**
约坦赤竹 **347228**
约瓦里脂苏木 **315257**
约西亚南芥 **30317**
约西亚矢车菊 **81158**
月斑草 259323
月斑鸠 309564
月瓣卫矛 **250182**
月瓣卫矛属 **250181**
月单 28316
月笛球 **244145**
月笛丸 244145
月耳大节竹 **206891**
月风草 209844
月宫殿 **243977**
月宫殿属 **243974**
月冠球 **182440**
月冠丸 182440
月光 108844
月光茶梅 **69599**
月光扶桑 **195165**
月光花 **67736**,207570,336485
月光花属 **67734**
月光球 389220
月光仙人柱 357744
月光掌属 357735
月光柱属 357735
月贵红 336485
月贵花 336485
月桂 **223203**,91351,91429,276362
月桂鼻烟盒树 **270910**
月桂丁香 **382198**
月桂哈克 184615
月桂花 336485
月桂花欧石南 **149328**
月桂荚蒾 408167
月桂姜饼木 **284241**
月桂咖啡 **98936**
月桂卡柿 **155933**
月桂栎 **324002**
月桂柳 **342937**
月桂杧果 **244403**
月桂蔷薇 **336733**
月桂山矾 381091
月桂属 **223163**
月桂树 223203
月桂树属 223163
月桂藤 390822

月桂藤属 390692
月桂卫矛属 **223079**
月桂香属 223010
月桂小檗 **51834**
月桂岩蔷薇 **93170**
月桂盐肤木 **332687**
月桂羊耳蒜 **232222**
月桂叶菝葜 **366428**
月桂叶斑鸠菊 **406275**
月桂叶茶藨子 **334062**
月桂叶大风子 199758
月桂叶丹氏梧桐 **135884**
月桂叶倒缨木 **216231**
月桂叶邓博木 **123693**
月桂叶多角果 **307781**
月桂叶菲尔豆 **164468**
月桂叶海神木 **315850**
月桂叶合萼山柑 **390047**
月桂叶灰木 381452
月桂叶假乌桕 **376640**
月桂叶卡姆苏木 70499
月桂叶可拉木 **99213**
月桂叶栎 **324095**
月桂叶木犀榄 **270138**
月桂叶牛奶木 **255339**
月桂叶普梭木 **319315**
月桂叶槭 **3087**
月桂叶山矾 381148
月桂叶山榄 **301775**
月桂叶山牵牛 390822
月桂叶矢车鸡菊花 **81557**
月桂叶藤黄 **171126**
月桂叶托曼木 **390299**
月桂叶弯花 70499
月桂叶弯蕊豆 **70499**
月桂叶香茶 **303441**
月桂异红胶木 **398675**
月桂异叶木 **25572**
月桂因加豆 **206934**
月桂茵芋 **365969**
月桂油芦子 **97300**
月果麻 **250214**
月果麻属 **250212**
月花藤 207570
月华球属 287881
月华玉 **287909**
月华玉属 **287881**
月黄 171113
月火鸡爪槭 **3318**
月记 336485
月季 336485
月季红 336485
月季花 **336485**,336488
月季欧洲芍药 **280255**
月季石榴 **321771**
月家草 187447
月见草 **269404**,269443,269475,269509,269519
月见草番薯 **208030**
月见草假杜鹃 **48274**
月见草科 **269530**
月见草属 **269394**
月见草天竺葵 **288397**
月见罗瑞草 **89206**
月见萝藦草 89209
月禁风 187647
月经草 170743
月菊 **292125**
月菊属 **292120**
月橘 **93566**,93636,253629,260173
月橘属 238380,260158
月来香 307269
月兰属 **357751**
月亮草 128964,138482
月亮柴 107300
月亮公公树 191141
月亮花 227574
月亮皮 180700
月亮神红雷荚蒾 407730
月亮神木槿 195279
月母草 224989
月囊木犀属 **250260**
月牛藤 **57217**
月牛藤属 **57216**
月茜 **250188**
月茜属 **250184**
月实藤 **77979**
月实藤属 **77977**
月世界 **147425**
月世界属 **147422**
月饰球 **244252**
月饰丸 244252
月桃 17774,155398
月桃属 17639
月童 **354306**
月童子 **393235**
月童子属 **393233**
月兔耳 **215277**
月味草 259284
月下待友 147291
月下红 12635,344957,349936
月下美人 147291
月下参 124711
月下香 **307270**,269475,307269
月腺大戟 **158809**,158895
月想曲 **354304**
月谐茼麻 **925**
月牙藤 **91470**
月牙藤属 **91469**
月牙一枝蒿 39014
月眼芥 **250211**
月眼芥属 **250203**
月宴属 **327322**
月叶秋海棠 285613
月叶西番莲 **285613**
月影 139987
月影球 **244265**
月影丸 244265
月影虾 **140277**
月月红 **31443**,195149,288297,336485
月月红花 336675
月月花 336485
月月换叶 191574
月月橘 **167511**
月月开 195180,336485
月月绿 122431
月月青 210384
月月有 132371,360935
月月竹 **258184**
月月竹属 **258183**
月芸香属 **238380**
月之童子 354306,393235
月之童子属 393233
月之宴 **327324**
月之宴属 327322
月直藤 **275559**
月直藤属 **275557**
月中风 66804,406817
月座景天 **357143**
岳桦 **53411**
岳麓连蕊茶 **69121**
岳麓山茶竿竹 318358
岳麓山茶秆竹 **318358**
岳麓紫菀 **41278**
岳西山萮菜 **161161**
岳西苔草 **76784**
岳彦花 414150
钥匙藤 94740
悦花唐菖蒲 **176051**
悦花鸢尾 **208443**
悦柯 233103
悦芦荟 **16925**
悦目苔草 **76204**
悦人巴西素馨 **211826**
悦人杜鹃 330547
悦人厚壳树 **141602**
悦人芦荟 **16867**
悦人欧石南 **149628**
悦色含笑 **252811**
粤北椆 233140
粤北鹅耳枥 **77274**
粤北柯 **233140**
粤北石栎 233140
粤北獐牙菜 380113,380115
粤东水玉簪 **63974**
粤东鱼藤 **283286**
粤赣荚蒾 **407771**
粤赣紫珠 66805
粤港耳草 **187613**
粤桂冬青 **204104**
粤柳 **343685**
粤琼玉凤花 **183718**
粤桑寄生 385208
粤蛇葡萄 20327
粤丝瓜 238258
粤松 299938
粤万年青 11348
粤万年青属 11329
粤西箬竹 **206797**
粤西绣球 **199931**
粤绣线菊 371868
粤羊蹄甲 49140
粤中八角 **204602**
越北坡垒 **198135**
越被藤属 **201669**
越滇魔芋 **20048**
越豆 **145385**
越豆属 **145383**
越峰杜鹃 **332150**
越高树 **362235**
越瓜 114201
越柬紫檀 **320284**
越椒 417139
越桔杜鹃 332046
越桔柳 343745
越桔属 403710
越橘 **404051**
越橘杜鹃 **332046**
越橘芳香木 **38860**
越橘黄檀 **121852**
越橘酒神菊 **46267**
越橘科 **403706**
越橘栎 **324530**
越橘瘤蕊紫金牛 **271105**
越橘柳 **343745**
越橘荛花 414277
越橘榕 **165814**
越橘属 **403710**
越橘叶黄杨 **64377**
越橘叶灰木 381452
越橘叶蔓榕 165814
越橘叶美登木 **182757**
越橘叶忍冬 **235978**
越隽川木香 **135728**
越隽木香 135728,135739
越榄 **71027**
越南阿丁枫 **18205**
越南安息香 **379471**
越南巴豆 **112920**
越南白花风筝果 **196827**
越南白前 **117730**
越南苞叶木 **86320**
越南抱茎山茶 **68902**
越南贝母兰 **98604**
越南闭花木 94541
越南篦齿苏铁 **115823**

越南扁豆　135641
越南菜　348041
越南菜属　348038
越南苍菊　**280600**
越南茶　**68999**
越南长叶山茶　**69241**
越南橙桑　240813
越南赤瓟　390121
越南刺榄　**415235**
越南刺篱木　**166789**
越南楤木　30793
越南倒地蜈蚣　392905
越南地宝兰　174300
越南吊钟花　**145718**
越南冬青　**203642**
越南兜兰　282914
越南杜鹃　**330086**,330667
越南盾翅藤　**39680**
越南盾柱　304898
越南耳草　**187542**
越南绯红羊蹄甲　**49054**
越南风筝果　**196825**
越南枫杨　**320384**
越南凤仙花　**205160**
越南福木　**142450**
越南割舌树　**413125**
越南葛藤　321453
越南勾儿茶　**52402**
越南钩藤　**401762**
越南谷精草　**151524**
越南桂木　36947
越南禾　**408780**
越南禾属　**408779**
越南红根南星　**33274**
越南红光树　**216886**
越南红花羊蹄甲　49054
越南胡颓子　**142209**
越南槐　369141
越南槐树　**369141**
越南黄牛木　**110256**,110251
越南黄檀　**121841**
越南灰木　381143
越南夹竹桃　**10204**
越南夹竹桃属　**10203**
越南假楼梯草　**223682**
越南假卫矛　**254292**
越南金合欢　**1691**
越南金莲木　**206911**
越南金莲木属　**206910**
越南桔梗　**25757**
越南桔梗属　**25755**
越南嘴签　**179949**
越南榉　**417565**
越南苣苔　**123732**
越南苣苔属　**123731**
越南决明　78338
越南栲　**78855**,78864
越南兰属　**89200**
越南冷杉　**355**
越南镰扁豆　**135643**
越南林兰　**408786**
越南林兰属　**408785**
越南菱　**394430**
越南龙脑香　133577
越南轮环藤　116038
越南罗伞属　**181445**
越南萝藦　**408776**
越南萝藦属　**408775**
越南裸瓣瓜　182575
越南麻　**292428**
越南麻属　**292427**
越南美人　282811
越南密花红光树　**216904**
越南密脉木　**261331**
越南缅茄　10129
越南牡荆　**411477**
越南木瓜红　**327415**
越南木姜子　**234034**,234089
越南拟黄树　415156
越南黏木　211023
越南鸟舌兰属　**181944**
越南破布木　**104164**
越南茜　**338055**
越南茜属　**338054**
越南青冈　**116059**
越南秋海棠　**49665**
越南染木树　**346473**
越南人参　280600
越南肉桂　91366
越南山茶　**69741**
越南山矾　**381143**,381151
越南山核桃　**77935**
越南山龙眼　189918
越南山香圆　**400521**
越南山小橘　177822
越南蛇床　**415862**
越南蛇床属　**415861**
越南十大功劳　**242477**
越南石梓　**178035**
越南筐　**408783**
越南筐属　**408781**
越南鼠李　**328875**
越南水东哥　**347962**
越南松　**300007**,300030
越南宿萼木　**378476**
越南酸模　340135
越南酸竹　**4593**
越南梭子果　139784
越南檀栗　**286574**
越南藤黄　**171187**
越南田菁　361394
越南桐　127130
越南万年青　**11363**,11357
越南维达茜　**408745**
越南卫矛　157539
越南五月茶　28319
越南腺萼木　**260613**
越南香荚兰　404978
越南悬钩子　**338265**
越南血胶树　139784
越南崖爬藤　**387860**
越南羊蹄甲　49244
越南野葛　321453
越南野古草　37367
越南野牡丹　**408789**
越南野牡丹属　**408787**
越南叶下珠　**296522**
越南异形木　**16008**
越南硬椴　161627
越南油茶　**69049**,69741
越南油杉　**216130**
越南鱼藤　126005
越南榆　401552
越南珍珠茅　**354264**
越南芝麻　219
越南枝实　**93953**
越南蜘蛛兰　**30527**
越南竹　**408778**
越南竹属　**408777**
越南苎麻　**56340**
越南紫金牛　**31642**,31382
越南紫麻　273928
越桃　171253
越天乐　**155302**
越桐　171253
越西大油芒　**372447**
越西老鹳草　**175035**
越西木香　135728
越中八宝　**200799**
越州贝母　168586
越柱花　**192009**
越柱花属　**192008**
越佐小赤竹　**347373**
蘥　60777
云白芍　280182
云百部　245826
云北石豆兰　**63126**
云藊豆　294056
云饼山药　131458
云彩玉　**263740**
云草　**12217**
云丹　393657
云豆　294056
云豆根　369141
云防风　346448,361480,361538,361603
云峰乳球　**244194**
云阁属　245248
云钩莲　162523
云故张　275403
云故纸　275403
云广粗叶木　**222174**
云归　24475
云贵粗叶木　**222102**
云贵杜鹃　332155
云贵鹅耳枥　**77373**
云贵谷精草　**151470**
云贵厚壳树　141640
云贵虎刺　122038
云贵鸡矢藤　**280108**
云贵肋柱花　**235446**
云贵女贞　**229671**
云贵朴　80739
云贵山茉莉　199449
云贵山羊角树　**77645**
云贵铁线莲　**95405**
云贵腺药珍珠菜　**239863**
云贵崖豆藤　**254638**
云贵叶下珠　**296573**
云桂暗罗　**307520**
云桂虎刺　**122038**
云桂鸡矢藤　280108
云桂叶下珠　**296725**
云海马钱　378761
云蒿　374841
云和哺鸡竹　297506
云和假糙苏　**283633**
云和鸟脯鸡竹　297506
云和少穗竹　**270436**
云和乌哺鸡竹　**297506**
云和新木姜子　**264026**
云花　393657
云间地杨梅　**238717**
云间杜鹃　**389572**
云间杜鹃属　**389570**
云界杜鹃　330913
云锦杜鹃　**330727**,330722
云开红豆　274411
云扣莲　162523
云兰参属　**84594**
云冷杉飞蓬　**150628**
云丽棱子芹　229350
云连　103846
云连树　28997
云林莞草　353707
云岭虎耳草　**350045**,350050
云岭火绒草　**224826**
云岭苔草　**76788**
云岭乌头　**5709**
云龙　**182464**
云龙报春　**314837**
云龙党　7234
云龙党参　7234
云龙箭竹　**162730**
云茅草　260113
云梅花草　**284581**
云母草　224989
云母绘　**102518**

云母树 124891
云木瓜 84573
云木香 **44881**
云木香菊属 44878
云木香属 **44878**
云南桉叶悬钩子 **338369**
云南暗罗 **307500**
云南凹萼木鳖 **256885**
云南凹脉柃 **160434**
云南八角 204590,351056
云南八角枫 **13393**
云南八角莲 **139607**
云南巴豆 **113061**
云南芭蕉 **260283**
云南菝葜 **366623**
云南白蝶兰 286832
云南白兼果 **364781**
云南白蜡 168016
云南白颜树 29009
云南白杨 311584
云南白珠 172165
云南白珠树 172099
云南百部 **375346**,245826
云南百合 230043
云南柏 114680
云南柏拉木 **55186**
云南稗 143522
云南斑种菜 57680
云南斑种草 **57680**
云南斑籽 46968
云南斑籽木 **46968**
云南报春 **315134**
云南豹子花 **266573**
云南杯冠木 115692
云南贝母兰 **98610**,98753
云南荸荠 143424
云南扁担杆 **181024**
云南杓兰 **120474**
云南藨寄生 **176800**
云南柄唇兰 **306542**
云南波罗栎 **324572**
云南草寇 17649
云南草沙蚕 **398121**
云南梣 **168016**
云南叉柱花 **374498**
云南叉柱兰 **86730**
云南茶藨 333982
云南柴桂 263759
云南柴胡 **63873**
云南长柄山蚂蝗 **200734**
云南长梗美登木 246857
云南长蒴苣苔 **129992**
云南常山 **129051**
云南沉香 **29985**
云南澄广花 **275337**
云南匙羹藤 **182395**
云南齿唇兰 269033
云南齿缘草 **153449**
云南赤瓟 **390177**
云南赤车 **288784**
云南翅子树 **320851**
云南翅子藤 **235231**
云南重楼 **284382**
云南臭藤 126012
云南刺篱木 **166777**
云南刺桐 **154746**
云南枞 369
云南楤木 **30777**
云南粗糠树 **141617**
云南粗筒苣苔 **60264**
云南粗叶木 222102
云南翠雀花 **124711**
云南大百合 **73160**,73159
云南大苞兰 **379777**
云南大风子 199751
云南大黄 **329418**
云南大戟 160074
云南大青 313772
云南大蒜芥 **365534**
云南大叶茶 68970
云南大柱藤 **247969**
云南丹参 **345261**,345485
云南单室茱萸 **246219**
云南当药 380113
云南倒吊笔 **414801**
云南灯心草 **213579**
云南地不容 **375908**
云南地构木 370516
云南地构叶 **370516**
云南地黄连 **259875**
云南地桃花 **402260**
云南丁香 **382388**
云南东俄芹 **392791**
云南东爪草 **391920**
云南冬青 **204413**,204418
云南豆腐柴 **313772**
云南豆蔻 **19911**
云南豆子 765
云南独活 **192403**,192345
云南独蒜兰 **304313**
云南杜鹃 **332155**,330727
云南杜英 **142345**,142412
云南椴 **391856**
云南对叶兰 **264754**
云南鹅耳枥 **77350**
云南鹅掌柴 **350806**
云南耳稃草 **171535**
云南发汗藤 95463
云南繁缕 **375151**
云南方竹 **87627**
云南飞燕草 124711
云南榧树 **393090**
云南榧子 393090
云南风车子 **100501**
云南风吹楠 **198520**
云南风铃草 **70368**
云南风毛菊 **348959**
云南风筝果 **196851**
云南枫杨 **320350**
云南烽云巢 **194173**
云南蜂出巢 **81914**
云南蜂花 249513
云南蜂腰兰 63389
云南凤仙 **205460**
云南凤仙花 205460
云南稃草 361734
云南芙蓉 **195359**,195257
云南莩草 **361734**
云南福王草 **313908**
云南腹水草 **407510**
云南干果木 415520
云南甘草 **177950**
云南高山豆 **391548**,200734
云南藁本 **229417**
云南哥纳香 **179420**
云南割舌树 **413136**
云南葛 321459
云南葛藤 321459
云南根 34162
云南弓果藤 **393527**
云南公孙锥 **79044**
云南勾儿茶 **52474**
云南钩毛草 **215847**
云南钩毛果 215847
云南钩藤 **401788**
云南狗肝菜 129310
云南狗骨柴 **133187**
云南狗尾草 **361971**
云南狗牙花 **154201**,382766
云南枸杞 **239134**
云南谷精草 **151253**
云南冠唇花 **254246**
云南光亮忍冬 **235988**
云南桂 263759
云南桂花 276283,276405
云南桂樱 **223094**
云南过路黄 **239546**
云南孩儿草 **340378**
云南海菜花 **277418**
云南海棠 243732
云南海桐 301266
云南含笑 **252979**
云南蒿 **36564**,36000
云南核果茶 **322616**
云南盒子草 **6908**
云南黑鳗藤 **211698**
云南黑三棱 **370109**
云南红豆 **274442**
云南红豆杉 **385409**,385404
云南红杜鹃 330560
云南红厚壳 67866
云南红花油茶 69552
云南红景天 **329975**
云南红山茶 69552
云南红杉 221881
云南厚壁秋海棠 **50307**
云南厚壳桂 **113497**
云南厚壳树 **141640**,141629
云南厚皮香 **386734**
云南狐狸草 **261080**
云南胡桐 67866
云南槲寄生 **411127**
云南虎耳草 349627
云南虎皮楠 **122730**
云南虎榛子 276849
云南花椒 **417248**
云南槐 **369164**
云南槐树 369070
云南黄果冷杉 **347**
云南黄果木 268335
云南黄花木 **300672**
云南黄花稔 **362693**
云南黄连 **103846**
云南黄梅 211905
云南黄皮 **94225**
云南黄皮树 294240
云南黄芪 43275
云南黄耆 **43275**
云南黄杞 **145522**
云南黄芩 **355363**
云南黄素馨 211905
云南黄檀 **121705**,121795
云南黄馨 211905
云南黄叶树 **415148**
云南黄栀 171393
云南黄栀子 171393
云南幌伞枫 **193913**
云南灰毛豆 **386269**
云南茴芹 **299586**
云南茴香 204526,204590,351056
云南火烧兰 **147258**
云南火绳树 **152698**
云南火焰兰 **327688**
云南鸡矢藤 **280121**
云南鸡屎藤 280121
云南鸡血藤 214969,254819
云南棘豆 **279243**
云南嘉赐树 78118,78161
云南荚蒾 **408235**
云南假福王草 **283700**
云南假虎刺 76962
云南假楼梯草 **223684**
云南假木荷 108587
云南假韶子 **283532**
云南假卫矛 **254334**
云南假鹰爪 **126730**
云南菅 **389382**

云南剪秋罗　363691
云南箭竹　**162767**
云南姜　**418030**
云南角盘兰　**192889**
云南脚骨脆　**78161**
云南巾唇兰　**289009**
云南金合欢　**1711**
云南金花茶　**69068**
云南金莲花　**399549**
云南金茅　**156510**
云南金钱槭　**133598**
云南金丝桃　202094
云南金叶子　**108587**
云南堇菜　**410789**,410770
云南锦鸡儿　**72227**
云南旌节花　**373578**
云南景天　329975
云南九节　**319914**
云南聚花草　**167046**
云南开口箭　**70637**
云南榼藤子　**145929**
云南可爱花　**148093**
云南克雷木　108587
云南克檑木　108587
云南孔颖草　**57595**
云南栝楼　**396249**
云南蜡瓣花　**106695**
云南蜡梅　**87543**
云南蓝果树　**267879**
云南榄仁　386540
云南榄仁树　386540
云南老鹳草　**175037**
云南肋柱花　**235445**
云南棱子芹　**304862**
云南藜芦　**405651**
云南李榄　270155
云南连翘　201919,202070,202204
云南连蕊茶　**69079**,69721
云南链荚豆　**18302**
云南林地苋　**319057**
云南柃　**160630**,160561
云南瘤果芹　**393841**
云南柳　**343182**
云南柳穿鱼　**231194**
云南柳杉　113721
云南龙船花　**211204**
云南龙胆　**174088**
云南龙眼独活　**30798**
云南龙竹　**125519**
云南鹿藿　**333461**
云南卵叶报春　**314541**
云南轮环藤　**116024**
云南罗汉果　**365331**,364781
云南萝芙木　**327082**
云南裸花　**182335**
云南络石　**393689**,393626
云南麻黄　**146248**
云南马飚儿　**354668**
云南马兜铃　**34375**
云南马兰　320143
云南马蓝　**320143**
云南马钱　378833,378948
云南马唐　**130551**
云南马先蒿　**287841**
云南蔓龙胆　**110298**
云南毛茛　**326503**,209872
云南毛冠菊　**262232**
云南毛果草　**222355**
云南毛连菜　**298627**
云南毛鳞菊　**84977**
云南梅花草　**284641**
云南美登木　**246857**,246856
云南美冠兰　**157105**
云南米口袋　391548
云南密花豆　**370424**
云南密花树　261648
云南蜜蜂花　**249513**
云南牡丹　280286
云南木鳖　**256815**,256885
云南木瓜红　327417
云南木姜子　**234111**
云南木蓝　205921
云南木犀榄　**270172**
云南楠木　240723
云南囊萼花　120514
云南拟单性木兰　**283423**
云南拟克林丽木　283423
云南黏木　**211023**
云南鸟足兰　**347942**,347844
云南牛防风　192348
云南牛奶菜　**245870**,245821
云南牛栓藤　**101913**
云南女蒿　196712
云南欧李　83165
云南排钱草　297010
云南排钱树　**297010**
云南泡花树　**249482**,108587
云南盆距兰　**171900**
云南枇杷　151132
云南坡垒　**198200**
云南婆婆纳　**407441**
云南葡萄　**412009**
云南蒲桃　**382685**
云南七叶树　**9736**
云南桤叶树　**96487**
云南槭树　2965
云南漆　**393497**
云南棋子豆　**116613**
云南千斤拔　**166905**
云南前胡　**293080**
云南荨麻　402960
云南茜草　**338044**
云南青牛胆　**392273**
云南青杨　**311270**
云南清风藤　**341579**
云南清明花　**49362**
云南秋海棠　**50087**
云南球子草　**288662**
云南曲苞芋　**179264**
云南曲唇兰　**282420**
云南曲蕊姜　322762
云南祛风藤　54525
云南全缘石楠　**295710**
云南雀稗　**285421**
云南雀儿豆　**87266**
云南雀麦　60835
云南雀舌木　**226337**
云南染木树　**346482**
云南忍冬　**236229**
云南榕　**165875**
云南肉豆蔻　**261463**
云南乳秃小檗　**52002**
云南乳突绣线菊　**372046**
云南蕊木　217867
云南锐齿石楠　**295626**
云南瑞香　**122635**,122378
云南三花杜鹃　**332003**
云南三毛草　**398576**
云南散血丹　**297636**
云南桑　**259178**
云南沙地叶下珠　**296481**
云南沙棘　**196770**
云南沙参　**7674**
云南砂仁　**19894**,19938
云南莎草　**118781**
云南山茶　69552,69594
云南山橙　**249682**
云南山豆藤　254819
云南山核桃　77935
云南山黑豆　**138944**
云南山姜　**17649**
云南山壳骨　**317259**
云南山柳　96487
云南山蚂蝗　**126675**
云南山梅花　**294451**
云南山枇花　179751
云南山樣子　**61675**,61671
云南山土瓜　409113,409124
云南山小橘　**177859**
云南山蓊菜　161158
云南山楂　**110030**,243732
云南山指甲　126720,126730
云南山竹子　171086
云南杉松　216134
云南珊瑚树　**407986**
云南扇叶槭　**2965**
云南升麻　**91042**
云南省藤　**65816**
云南蓍　**4062**
云南石笔木　322616
云南石芥菜　73048
云南石莲　**364935**
云南石仙桃　**295545**
云南石梓　**178025**
云南柿　**132478**
云南鼠刺　210423
云南鼠李　**328617**
云南鼠尾草　**345485**
云南鼠尾黄　340378
云南薯蓣　**131915**
云南树参　**125647**,125596
云南双盾木　**132605**
云南双楯　132605
云南水东哥　**348001**
云南水壶藤　**402203**
云南水丝梨　134915
云南水蜈蚣　**218492**
云南水竹叶　**260125**
云南四照花　380429
云南松　**300305**
云南嵩草　**217312**
云南溲疏　**127126**
云南苏铁　**115897**
云南素馨　**211987**
云南碎米荠　**73048**
云南穗花杉　**19365**
云南娑罗双　**362190**
云南苔草　**76789**
云南檀栗　**286577**
云南檀香　172074
云南唐松草　**388724**
云南糖芥　**154565**
云南桃叶珊瑚　**44949**
云南藤黄　**171223**
云南梯脉紫金牛　**31594**
云南铁扁担　70605,70607
云南铁木　**276826**
云南铁皮　125288
云南铁杉　**399896**
云南铁线莲　**95463**
云南葶苈　**137298**
云南头蕊兰　**82076**
云南土沉香　**161630**
云南土丁桂　**161456**,161447
云南土圞儿　**29303**
云南土木香　**34145**
云南兔儿风　**12744**
云南兔耳草　**220204**
云南兔耳风　12744
云南菟丝子　115123
云南臀果木　**322397**
云南橐吾　**229259**
云南娃儿藤　**400987**
云南洼瓣花　**234248**
云南瓦理棕　**413094**
云南卫矛　**157974**
云南乌桕　**346382**

云南乌口树 **385048**
云南无心菜 **32319**
云南无忧花 **346503**,346502
云南吴萸 161307
云南吴茱萸 **161307**
云南梧桐 **166620**
云南五加 **2522**
云南五味子 **351056**
云南五叶参 289674
云南五针松 300298
云南菥蓂 **390271**
云南细裂芹 **185938**
云南细辛 **37764**
云南纤细马先蒿 **287254**
云南显脉金花茶 **69062**
云南腺萼木 **260656**
云南相思 1711
云南相思树 1711
云南香茶菜 209872
云南香花藤 **10220**
云南香青 **21733**
云南香橼 **93627**
云南象牙参 337115
云南小檗 51319,52391
云南小草蔻 176995
云南小勾儿茶 **52484**
云南小果野蕉 **260200**
云南小花藤 203336
云南小苦荬 **210552**
云南小连翘 **202094**
云南小麦 **398845**
云南肖菝葜 **194132**
云南新小竹 **264182**,324935
云南秀柱花 **161022**
云南绣球 **200157**,199865
云南绣线菊 **372138**
云南绣线梅 **263160**
云南须芒草 **23086**
云南玄参 **355273**
云南悬钩子 **339502**
云南雪花构 122572
云南雪灵芝 32229
云南枸子 107474
云南蕈树 **18207**
云南丫蕊花 **416510**
云南鸭脚树 18059
云南崖豆 254819
云南崖豆藤 **254819**
云南崖花树 **301427**
云南崖摩 19974
云南崖摩楝 **19974**
云南崖爬藤 **387871**
云南亚菊 **12996**
云南亚麻荠 **68873**
云南岩白菜 **52535**,52533
云南岩菖蒲 392604
云南岩匙 52929
云南沿阶草 **272151**
云南眼树莲 **134033**
云南羊耳蒜 **232344**
云南羊角拗 **378468**
云南羊茅 **164401**,164395
云南羊奶子 **142253**
云南羊蹄甲 **49268**
云南杨梅 261195
云南野独活 **254559**
云南野古草 **37442**
云南野海棠 **59889**
云南野豇豆 **409124**,409113
云南野木瓜 374398
云南野砂仁 17649
云南野山茶 69504,69552
云南野扇花 **346750**,346731
云南野桐 **243457**
云南叶轮木 **276787**
云南叶下珠 296521,296571
云南移栋 **135114**
云南异木患 **16095**
云南异燕麦 **190146**
云南银柴 **29780**
云南银钩花 **256236**
云南银莲花 **23795**
云南樱 83368
云南樱花 83312
云南樱桃 **83368**,83312
云南蝇子草 **364222**
云南瘿椒树 **384375**
云南油丹 **17812**
云南油杉 **216134**
云南莠竹 **254057**
云南鱼藤 **126012**
云南羽叶参 **289674**
云南玉蕊 **48515**
云南鸢尾 **208575**
云南原沼兰 **243149**
云南越橘 **403810**
云南云实 **65083**
云南藏榄 **133008**
云南蚤缀 32319
云南藻百年 **161584**
云南皂荚 **176883**
云南獐牙菜 **380418**
云南樟 **91330**
云南沼兰 **110636**,243084,243149
云南折柄茶 376433
云南针苞菊 **395966**
云南知风草 **147674**
云南柊叶 **296056**
云南舟柄茶 376433
云南朱兰 **306913**
云南朱缨花 **66690**
云南珠子木 **296462**
云南猪屎豆 **112823**
云南蛛毛苣苔 **283121**
云南竹叶草 **272679**
云南苎麻 **56236**
云南紫草 233743
云南紫金牛 31644
云南紫茎 **376433**
云南紫荆 **83812**,83787
云南紫菊 **267181**
云南紫树 267856
云南紫菀 **41520**
云南紫薇 **219952**
云南紫珠 **66948**
云南总序竹 **324935**
云南醉魂藤 **194172**
云南醉鱼草 **62206**
云南柞栎 324572
云楠树 266789
云牛膝 4269
云片柏 **85312**
云朴 198700
云楸 215442
云山八角枫 **13370**
云山白兰花 252839
云山椆 116193
云山冬青 **204402**
云山椴 **391793**
云山披碱草 **144511**
云山青冈 **116193**
云杉 **298232**
云杉萼叶木 **68419**
云杉寄生 **30918**
云杉脚骨脆 **78149**
云杉属 **298189**
云上杜鹃 331427
云生大戟 **159475**
云生花 **52914**
云生花属 **52913**
云生九节 **319719**
云生毛茛 **326120**
云生野青茅 127280
云生早熟禾 **305783**
云实 **64990**,64993
云实科 **65084**
云实属 **64965**
云术 44218
云树 **171086**
云松茶 143967
云台南星 **33316**
云苔草 314331
云泰叶下珠 **296768**
云通 228321
云头术 44218
云纹椒草 **290385**
云纹勒 159204
云纹美果芋 **37006**
云雾百脉根 **237700**
云雾草 23191
云雾齿叶费利菊 **163176**
云雾大戟 **159474**
云雾杜鹃 **330351**
云雾阁 159705
云雾海神木 **315903**
云雾灰毛豆 **386201**
云雾火炬花 **217006**
云雾九节 **319718**
云雾苦瓜掌 **140039**
云雾狼尾草 **289182**
云雾龙胆 **173667**
云雾露子花 **123932**
云雾芦荟 **17090**
云雾罗汉松 **306510**
云雾绵叶菊 **152828**
云雾南非少花山龙眼 **370260**
云雾欧石南 **149796**
云雾七 124228,124295
云雾清风藤 341497
云雾雀儿豆 **87251**
云雾忍冬 **235991**
云雾舌蕊萝藦 **177339**
云雾瘦鳞帚灯草 **209445**
云雾黍 **281985**
云雾双距兰 **133860**
云雾算盘子 **177160**
云雾苔草 **75544**
云雾糖果木 **99466**
云雾田菁 **361436**
云雾文殊兰 **111233**
云雾喜阳花 **190396**
云雾肖鸢尾 **258590**
云雾绣球防风 **227670**
云雾硬皮鸢尾 **172647**
云雾针茅 **376748**
云雾柿茅 **113966**
云雾紫菀 **40947**
云香草 77149,239640
云霄杨 **311589**
云芎 229309
云燕蜜 220126
云叶 160347,399433
云叶兰 **265123**
云叶兰属 **265115**
云叶属 160338,399432
云英 64990,393657
云英花属 41883
云映玉 **102122**
云枝花 309127
云中冬青 **204091**
云珠 393657
云状达德利 138837
云状仙女杯 **138837**
云状雪兔子 **348158**
沄山当归 24393
芸苞苔草 **73759**
芸扁豆 294056

芸草 178318
芸豆兰 272086
芸豆敏豆 294056
芸芥 154019,154031
芸芥叶千里光 358828
芸台 59493
芸苔 **59603**,59358
芸苔菜 59603
芸苔属 **59278**
芸苔叶木千里光 **125723**
芸薹菜 59595
芸薹属 59278
芸薹叶补血草 **230552**
芸香 **341064**,154019,260173,341052,381423,397229
芸香草 **117162**,117185,341064,397229
芸香草属 185615
芸香火绒草 224850
芸香科 **341086**
芸香属 **341039**
芸香叶补血草 230552
芸香叶蒿 36173
芸香叶火绒草 224850
芸香叶密毛续断 **322034**
芸香叶唐松草 **388653**
芸香叶玄参 **355229**
芸香竹 **56952**
芸杨 157285
运得草属 334540
运蓝树 266789
运天南星 **33554**
运天细辛 **37751**
运药 308965
郓芝 171918
晕病药 291161
晕药 **308976**,308965
韫珍金腰 **90472**
韫珍猫眼草 90472
蕰藻 196818,418392
蕴苞麻花头 361131
蕴草属 143914
蕴水藤属 **135710**

## Z

咂口巴 **248732**
杂 **261364**
杂斑倒提壶 **117948**
杂毕样 137672
杂刺爵床 **307036**
杂刺爵床属 **307035**
杂多点地梅 23118
杂多雪灵芝 **32326**
杂多紫堇 **106616**
杂萼苞萼玄参 **111662**
杂萼茜属 **306720**
杂萼塞拉玄参 **357709**
杂分果鼠李属 **399748**
杂酚油木 221983
杂干树 371944
杂高粱 **369593**
杂果滨藜 44523
杂猴面包树 **7037**
杂花巢菜 **408540**
杂花地榆 345881
杂花木犀榄 **270160**
杂花苜蓿 247366,247452
杂花苔草 **74358**
杂花勿忘草 **260828**
杂花早熟禾 306131
杂黄叶东北红豆杉 **385356**
杂灰藜 87048
杂交白玉兔 **244114**
杂交鹅观草 **335543**
杂交费菜 **294122**
杂交蝴蝶兰 **293611**
杂交锦带花 **413610**
杂交景天 294122
杂交蕾丽兰 **219684**
杂交荔莓 30878
杂交苜蓿 **247507**
杂交披碱草 **144339**
杂交僧帽 **43508**
杂交肾药兰 327687
杂交石斛 **125194**
杂交水仙 **262404**
杂交万代兰 **404647**
杂交蟹爪兰 **418531**
杂交萱草 **191302**
杂交榆 80698
杂交钟花忍冬 **235674**
杂交竹叶兰 **366777**
杂金鸡纳 91071
杂景天 294122
杂嘴签 **179957**
杂丽香雪兰 168174
杂鳞山柳菊 **196074**
杂鳞下盘帚灯草 **202489**
杂乱枸杞 **239048**
杂毛白粉藤 **92731**
杂毛苞茅 **201555**
杂毛格雷野牡丹 **180451**
杂毛蓝钟花 **115421**
杂米钮草 255595
杂密花 100039
杂蟠槐 **369044**
杂配藜 **87048**
杂配轴藜 **45853**
杂雀麦属 **350614**
杂蕊草属 **381727**
杂蕊野牡丹 **307039**
杂蕊野牡丹属 **307038**
杂三叶 396930
杂三叶草 396930
杂色阿尔丁豆 **14264**
杂色澳洲球金娘 **371045**
杂色苞蒙古柳 **343709**
杂色豹皮花 **374013**,273206
杂色刺桐 154734
杂色酢浆草 **278142**
杂色豆属 **47685**
杂色杜鹃 **330609**
杂色杜斯豆 **139110**
杂色芳香木 **38861**
杂色凤梨 **60555**
杂色格尼瑞香 **178729**
杂色河岸苔草 **76045**
杂色胡枝子 **226871**
杂色花楸 369362
杂色画眉草 **148034**
杂色黄芩 **355688**
杂色火焰草 **79119**
杂色假金鱼草 **116734**
杂色尖柱鼠麹草 **412935**
杂色可利果 **96874**
杂色肋瓣花 **13881**
杂色犁头草 **410111**
杂色立金花 **218959**
杂色鳞花草 **225231**
杂色瘤瓣兰 **270849**
杂色麦氏草 **256602**
杂色茅膏菜 **138366**
杂色美人蕉 71193
杂色魔杖花 **370011**
杂色苜蓿 247507
杂色飘拂草 **166554**
杂色杞柳 **343530**
杂色热美椴 **28957**
杂色榕 **165796**,165819
杂色莎草 **119395**
杂色山地福王草 **313877**
杂色山踯躅 **330978**
杂色升藤 238468
杂色石豆兰 **63168**
杂色矢车菊 **81448**
杂色四芒菊 **386932**
杂色穗草属 **306740**
杂色唐菖蒲 **176630**
杂色桃 **316649**
杂色庭荠 **18446**
杂色沃伦紫金牛 **413062**
杂色乌头 5659
杂色西氏堇菜 **410577**
杂色奄美苔草 **75637**
杂色叶凤梨属 264406
杂色羽扇豆 238468
杂色早熟禾 306131
杂色钟报春 **314109**
杂色猪屎豆 **112542**
杂色佐勒铁豆 **418259**
杂芍药 280154,280204
杂生小麦 398985
杂氏枸子 107729
杂穗嵩草 **217142**
杂托叶火畦茜 **322974**
杂腺菊 **55085**
杂腺菊属 **55083**
杂性白蓬草 388621
杂性唐松草 **388621**
杂性脱肠草 193009
杂性肖乳香 **350994**
杂性鸭茅 **121264**
杂性远志 **308275**
杂性治疝草 **193009**
杂叶麻疯树 **212240**
杂叶蒲公英 384769
杂叶榕 **165827**
杂早熟禾 **305589**
杂种芭蕉 **260235**
杂种百日菊 **418050**
杂种败酱 **285838**
杂种膀胱豆 **100177**
杂种苞叶芋 **370339**
杂种碧冬茄 292745
杂种博落回 **240764**
杂种糙苏 **295116**
杂种草莓树 **30878**
杂种草原莎草 **118435**
杂种巢菜 **408429**
杂种车轴草 **396930**
杂种刺桐 154632
杂种翠雀花 **124301**
杂种大黄 **329308**
杂种大将军 **234541**
杂种大头苏铁 **145230**
杂种大岩桐 **364738**
杂种丹氏梧桐 **135804**
杂种灯心草 **213160**
杂种钓钟柳 **289315**
杂种番木瓜 **76809**
杂种繁花罗布麻 **29483**
杂种飞蓬 **150699**
杂种蜂斗菜 **292372**

杂种蜂斗叶 292372
杂种革叶槭 **2908**
杂种沟酸浆 **255186**
杂种骨籽菊 **276625**
杂种过路黄 **239679**
杂种海棠 243735
杂种寒丁子 **57951**
杂种荷包花 **66271**
杂种黑麦草 **235301**
杂种黑心菊 339572
杂种黑药花 **248655**
杂种红豆杉 **385384**
杂种红千层 **67267**
杂种花菱草 **155180**
杂种花楸 **369429**
杂种花叶芋 65228
杂种黄精 **308564**
杂种灰毛菊 **31236**
杂种火石花 **175166**
杂种火焰兰 **327687**
杂种金光菊 **339572**
杂种金鸡纳 91075
杂种金鸡纳树 **91071**
杂种金莲花 **399485**
杂种金缕梅 **185093**
杂种景天 294122
杂种卡利茄 **66535**
杂种克拉花 **94139**
杂种梾木 **105067**
杂种勒古桔梗 **224067**
杂种类叶升麻 **6427**
杂种连翘 **167435**
杂种六出花 **18072**
杂种楼斗菜 **30041**
杂种芦荟 16756
杂种落新妇 **41816**
杂种马缨丹 **221272**
杂种毛地黄 **130373**
杂种毛茛 **325954**
杂种米钮草 255494
杂种米努草 **255494**
杂种绵毛荚蒾 **408087**
杂种牡丹 **280220**
杂种木瓜 **84555**
杂种木兰 **241954**
杂种木蓝 **206107**
杂种鸟娇花 **210816**
杂种茑萝 323470
杂种牛舌草 **21945**
杂种苹果 **243635**
杂种瓶木 **58347**
杂种婆罗门参 **394296**
杂种槭 **3025**
杂种千里光 290821
杂种鞘蕊花 **99509**
杂种茄 **367223**
杂种苘麻 913
杂种秋水仙 **99322**
杂种全毛兰 **197535**
杂种日本小檗 51914
杂种日中花 **251518**
杂种三色堇 **409624**
杂种山梗菜 **234784**
杂种山萝卜 **350168**
杂种十二卷 **186480**
杂种石楠 295612
杂种石竹 **127736**
杂种疏毛参 **175262**
杂种鼠茅 **412442**
杂种鼠尾草 **345092**
杂种睡莲 **267713**
杂种唐菖蒲 **176260**
杂种天芥菜 **190649**
杂种天人菊 **169588**
杂种铁筷子 **190939**
杂种茼蒿 **89531**
杂种兔儿风 **12656**
杂种委陵菜 **312670**
杂种显著小檗 **51966**
杂种香雪兰 **168174**
杂种肖珍珠菜 **374665**
杂种雄黄兰 **111466**
杂种绣线菊 371834
杂种萱草 191302
杂种薰衣草 **223290**
杂种岩蔷薇 **93153**
杂种燕麦 **45481**
杂种野芝麻 **220392**
杂种一枝黄花 **368179**
杂种银莲花 **23856**
杂种罂粟 **282574**
杂种鱼鳔槐 100182
杂种羽扇豆 **238456**
杂种玉簪 **198616**
杂种鸢尾 **208733**
杂种圆叶薄荷 **250439**
杂种帚菊 **292058**
杂种朱顶红 **196446**
杂种柱瓣兰 **146428**
杂种撞羽朝颜 292745
杂种紫杉 385384
杂种紫叶小檗 51991
栽培布袋兰 **68546**
栽培车轴草 **397065**
栽培大红泡 **338375**
栽培大叶虎尾兰 **346170**
栽培大爪草 **370595**
栽培二棱大麦 198288
栽培黑种草 **266241**
栽培菊苣 **90894**
栽培梨 323272
栽培马齿苋 **311899**
栽培矛果豆 **235530**
栽培葡萄 **411987**
栽培山黧豆 222832
栽培酸子 **334257**
栽培西洋梨 323151
栽培盐生草 **184954**
栽培油橄榄 **270111**
栽培油莎草 118837
栽培鸢尾 **208527**
栽秧花 **201773**,13934,191284,201775,202070
栽秧苗 338886
栽秧抛 338985
栽秧泡 **338354**,167645
栽秧藤 411686
栽种椰色木 **221226**
宰哈奈春黄菊 **26908**
宰哈奈毒马草 **362888**
宰哈奈毛蕊花 **405800**
宰哈奈水苏 **373178**
宰哈奈香科 **388315**
载君行 375904
再风艾 55693
再力花属 388380
再裂台湾黏冠草 **261077**
再生草 355391
再生丹 265078
在羊古 137672
簪头菊 124826
簪竹 318303
簪子草 151487
咱法兰 111589
咱夫兰 111589
暂花兰属 166954
赞比西布里滕参 **211544**
赞比西刺橘 **405560**
赞比西大戟 **160103**
赞比西地锦苗 **85811**
赞比西吊灯花 **84309**
赞比西毒鱼草 **392219**
赞比西杜楝 **400618**
赞比西短丝花 **221473**
赞比西多穗兰 **310653**
赞比西多坦草 **136692**
赞比西非洲豆蔻 **9952**
赞比西芙兰草 **168907**
赞比西古柯 **155116**
赞比西谷精草 **151554**
赞比西谷木 **250102**
赞比西海神菜 **265539**
赞比西稷 **282399**
赞比西九节 **319510**
赞比西决明 **78525**
赞比西链荚木 **274369**
赞比西麻点菀 **266531**
赞比西美顶花 **156039**
赞比西绵枣儿 **353116**
赞比西热非夹竹桃 **13319**
赞比西热非时钟花 **374065**
赞比西萨默兰 **379755**
赞比西三萼木 **395365**
赞比西砂仁 9952
赞比西莎草 **119767**
赞比西山柰 **215039**
赞比西双冠芹 **133036**
赞比西蒴莲 **7328**
赞比西唐菖蒲 **176670**
赞比西田基黄 **180183**
赞比西莴苣 **219618**
赞比西五蕊簇叶木 **329453**
赞比西狭舌兰 **375580**
赞比西鸭跖草 **101198**
赞比西玉凤花 **184213**
赞比西远志 **308473**
赞比西胀萼马鞭草 **86069**
赞比西珍珠茅 **354280**
赞比西猪屎豆 **112226**
赞比亚斑鸠菊 **406590**
赞比亚大戟 **159005**
赞比亚多毛囊蕊紫草 **120850**
赞比亚干若翠 **415501**
赞比亚海神木 **315730**
赞比亚灰毛豆 **386378**
赞比亚口泽兰 **377328**
赞比亚蓝花参 **412834**
赞比亚麻疯树 **212218**
赞比亚没药 **101594**
赞比亚切普劳奇 398006
赞比亚十万错 **43678**
赞比亚梧桐 **398006**
赞比亚叶下珠 **296821**
赞比亚一点紫 **144998**
赞比亚异萼爵床 **25633**
赞比亚猪屎豆 **112274**
赞德菊 **417037**
赞德菊属 **417034**
赞格祖尔扁桃 **20983**
赞格祖尔梨 **323352**
赞格祖尔联药花 **380779**
赞格祖尔柳穿鱼 **231196**
赞格祖尔秋水仙 **99355**
赞格祖尔山楂 **110116**
赞古加那利参 **70979**
赞古尖花茜 **278272**
赞古睑子菊 **55473**
赞古咖啡 **99021**
赞古亮灌茜 **220767**
赞古马吉木 **242790**
赞古双角胡麻 **128382**
赞哈木 **417040**
赞哈木属 **417038**
赞美杜鹃 331069
赞氏龙胆 173974
錾菜 **225005**,224996
脏苔草 **75389**
藏艾菊 13038

藏奥蓟 **92503**
藏八角 204524
藏白蒿 **36561**
藏百合 **283298**
藏百合属 **283295**
藏柏 213943
藏棒槌瓜 263568
藏报春 **314975**,314407
藏报春花 314975
藏北艾 **36544**
藏北高原芥 **89227**,126149
藏北碱茅 **321387**
藏北梅花草 **284537**
藏北扇叶芥 **126149**,89227
藏北嵩草 **217211**
藏北苔草 **76149**
藏北葶苈 **137306**
藏北早熟禾 **305406**
藏边大黄 **329327**,329314
藏边蔷薇 **337012**
藏边栒子 **107337**
藏波角蒿 205591
藏波罗花 **205591**
藏布杜鹃 330370
藏布红景天 329957
藏布黄耆 **43192**
藏布江树萝卜 **10356**
藏布三芒草 **34061**
藏布小檗 52274
藏布雅容杜鹃 **330370**
藏糙苏 295227
藏草 **415621**,415622
藏草属 415619
藏草乌 5051
藏虫实 **104856**
藏臭草 **249102**
藏川杨 **311516**
藏刺薯蓣 131913
藏刺榛 106734
藏葱 **15090**
藏大蓟 91953
藏当归 192249,192309
藏党参 98420
藏滇丁香 238106
藏滇风铃草 **70173**
藏滇还阳参 **110798**
藏滇羊茅 **164395**
藏丁香 263960
藏丁香属 263958
藏东百蕊草 **389899**
藏东报春 315049
藏东臭草 **249089**
藏东大黄 **329367**
藏东杜鹃 **331410**
藏东杭子梢 **70832**
藏东蒿 **36464**
藏东虎耳草 **349500**
藏东堇菜 410149
藏东南虎耳草 **349967**
藏东南金丝桃 **201904**
藏东南山柑 **71813**
藏东荛花 414242
藏东瑞香 **122386**
藏东苔草 **74052**
藏东蝇子草 **364224**
藏豆 **377411**
藏豆属 **377409**
藏飞蛾藤 **131239**
藏飞蛾藤属 **131238**
藏飞廉 73281
藏匐柳 **343371**
藏瓜 **206848**
藏瓜属 **206847**
藏鬼臼 365009
藏含笑 252899
藏寒蓬 **319930**
藏旱蒿 **35992**
藏合欢 **13671**
藏黑刺 196780
藏黑果小檗 **51754**
藏红花 111589
藏红花大丁草 **175144**
藏红花属 10001,111480
藏红花水芹 269307
藏红杉 221881
藏红卫矛番樱桃 **156168**
藏红卫矛木 **78555**
藏红卫矛属 **78540**
藏黄报春 314633
藏黄花茅 **27945**
藏黄连 220163,220167
藏黄芪 43154
藏黄耆 **43157**,43154
藏黄芩 **355543**
藏茴香 77784
藏桧 213972
藏芨芨草 **4131**
藏寄生 385238
藏蓟 **92111**
藏角果碱蓬 379511
藏角蒿 205591
藏截苞矮柳 **344002**
藏芥 **293370**
藏芥属 **293365**
藏锦鸡儿 72249,72362
藏荆芥 **264947**
藏菊属 **391550**,135721
藏咖啡 **98927**
藏咖啡属 **266764**
藏榄 **133007**
藏榄属 **133006**
藏柳 **344306**
藏龙蒿 **36548**
藏鹭鸶兰属 283295
藏落芒草 **300752**
藏麻黄 **146247**
藏茅香 **28006**
藏莓 339370
藏木通 34200
藏木香 207135,207206
藏南百蕊草 **389680**
藏南茶藨 334007
藏南长蒴苣苔草 **129946**
藏南刺参 **258856**
藏南党参 **98415**
藏南丁香 **382300**
藏南杜鹃 **331543**
藏南繁缕 **375156**
藏南粉报春 **314507**
藏南风铃草 **70191**
藏南凤仙花 205313
藏南红景天 329968
藏南虎耳草 **349294**
藏南黄耆 **42052**
藏南金钱豹 **70393**
藏南卷耳 **83058**
藏南梨果寄生 **355292**
藏南犁头尖 **401151**
藏南柳 **343068**
藏南龙胆 **173527**
藏南绿南星 **33368**
藏南绿绒蒿 **247200**
藏南槭 **2836**
藏南舌唇兰 **302289**
藏南石斛 **125263**
藏南藤乌 5176
藏南藤乌头 5176
藏南卫矛 **157330**
藏南乌头 **5176**
藏南蟹甲草 **283799**
藏南星 **33467**
藏南绣线菊 **371821**
藏南悬钩子 **338171**
藏南栒子 **107702**
藏南早熟禾 **306077**
藏南钟萼草 231261
藏南紫堇 **106024**
藏牛膝 115749
藏女蒿 196701
藏女贞 229601
藏匹菊 **322653**
藏蒲公英 **384833**
藏荠 **187373**
藏荠属 **187361**
藏茄 25447,25457
藏芹 299561
藏芹茴 **299561**
藏青果 386504
藏青胡卢巴 247251
藏青胡芦巴 247251
藏青稞 **198396**
藏楸 **79265**
藏雀麦 60741
藏蕊鸡骨柴 **144026**
藏三加 143625
藏沙蒿 **36550**
藏沙玉属 **317026**
藏山龙眼 189955
藏杉 82507,82541,82545
藏扇穗茅 **234127**
藏氏蓼 309877
藏鼠李 **328872**
藏水苏 373466
藏四喜牡丹 95249
藏苔草 **76538**
藏桃 20926
藏天葵叶紫堇 **105644**,106291
藏头苗波氏虎耳草 **349039**
藏橐吾 **229166**
藏瓦莲属 **358012**
藏西大戟 159888
藏西风毛菊 348817
藏西凤仙花 205379
藏西黄堇 106165
藏西黄耆 **43237**
藏西柳 **343528**
藏西毛茛 326106
藏西忍冬 **236088**
藏西嵩草 **217154**
藏西铁线莲 **94980**
藏西无心菜 **32241**
藏西岩黄芪 187868
藏西岩黄耆 **187868**
藏西野青茅 **127325**
藏腺毛蒿 **36377**
藏香茅 **117258**
藏香芹属 247711
藏香叶芹 247716
藏香叶芹属 247711
藏象牙参 **337109**
藏小檗 **52223**,52255
藏小沿沟草 **100012**
藏新黄芪 43154
藏新黄耆 **43154**
藏杏 **34436**
藏续断 **133487**
藏玄参 **274113**
藏玄参属 **274110**
藏延龄草 397568
藏严仙 79732
藏岩蒿 **36095**
藏岩梅 52929
藏岩梅属 52928
藏羊茅 **164398**
藏药木 **203031**
藏药木属 **203028**
藏野青茅 **127316**
藏野燕麦 190204

藏异燕麦 **190204**
藏茵陈 380385
藏茵陈蒿 36327
藏银穗草 **227951**
藏印八角 204524
藏迎春 211932
藏蝇子草 **364085**
藏早熟禾 306077
藏獐牙菜 **380333**
藏珍珠菜 **239889**
藏榛 106734
藏中虎耳草 **349909**
藏中黄堇 **105613**
藏紫草 271782,397473
藏紫草属 **287875**
藏紫堇 **106554**
藏紫枝柳 **343831**
凿角 295773,329068
凿木 295773
凿树 295675,415869
凿子木 415869
凿子树 415869
早半日花 **399964**
早扁担杆 **180931**
早藨草 **353451**
早滨藜 **44619**
早池峰山拂子茅 **65435**
早池峰山火绒草 **224852**
早池峰山蟹甲草 **283827**
早池峰双曲蓼 **54781**
早春白顶飞蓬 **151055**
早春大花天竺葵 **288265**
早春倒挂金钟 **168756**
早春杜鹃 **331535**
早春光淋菊 **276220**
早春旌节花 373556
早春蓝顶飞蓬 **151057**
早春龙胆 **174051**
早春米努草 255598
早春苔草 **76431**,75055
早春银莲花 **24109**
早葱 **15624**
早大戟 **159624**
早瓶观音兰 **418812**
早发苔草 75859
早发云实 **65054**
早芬兰小米草 **160236**
早佛手掌 **77453**
早谷蔗 338628,338631
早谷抛子 338631
早果欧洲云杉 **298192**
早禾柴 313692
早禾花 398322
早禾树 313692,407977
早禾酸 403899
早禾子 403899
早禾子树 28329,403760,407929
早红 **93737**
早红樱叶荚蒾 **408062**
早花白花百合 **229788**
早花百里香 **391329**
早花百子莲 **10274**
早花杯冠藤 **117657**
早花脆蒴报春 **314830**
早花大丁草 **175131**
早花单柱山楂 **109863**
早花德国忍冬 **236023**
早花地丁 410452
早花丁香 **382171**
早花风信子 **199599**
早花光果一枝黄花 **368494**
早花旌节花 373556
早花卡特兰 79545
早花苜蓿 **247437**
早花秋水仙 **99310**
早花忍冬 **236040**
早花山竹子 171157
早花圣母百合 229788
早花水亚木 **200056**
早花勿忘草 **260800**
早花仙客来 115942
早花象牙参 **337077**
早花蟹爪 **418533**
早花绣球藤 **95139**
早花悬钩子 **339096**
早花岩芋 **327674**
早花夜香树 **84412**
早花圆锥绣球 **200047**
早皇倒挂金钟 **168757**
早假龙胆 **174112**
早锦带花 **413621**
早橘 **93731**
早橘子 93737
早咖啡黄葵 **220**
早开地丁 410452
早开金雀花 **120991**
早开堇菜 **410452**
早开锦带花 413621
早开旌节花 373556
早开郁金香 **400227**
早开杂种金莲花 **399487**
早肯尼亚豇豆 **412944**
早蓝高大越橘 **403782**
早肋瓣花 **13849**
早裂堇 **123540**
早裂堇属 **123539**
早龙胆 **173732**
早罗氏小米草 **160226**
早落瓣 **397654**
早落瓣科 **397656**
早落瓣属 **397653**
早落千里光 **359761**
早落通泉草 **246969**
早毛茛 **325812**
早梅 34448
早母菊 **246392**
早苜蓿 247437
早南非禾 **290016**
早欧石南 **149934**
早苹果 **243664**
早生矮枸子 **107587**
早生斑鸠菊 **406710**
早生本氏兰 **51116**
早生春黄菊 **26857**
早生单头爵床 **257284**
早生独蒜兰 304291
早生槐 **369047**
早生假紫荆 **83749**
早生脚骨脆 **78145**
早生旌节花 373556
早生美丽铁豆木 **163550**
早生欧夏至草 **245760**
早生郁金香 **400206**
早十字爵床 **111751**
早矢车菊 **81289**
早熟埃若禾 12839
早熟车轴草 **397066**
早熟虫实 **104832**,104797
早熟丁香 **382116**
早熟钝叶鼠麹草 **178323**
早熟禾 **305334**,305741
早熟禾黍 **282093**
早熟禾属 **305274**
早熟胡颓子 **142151**
早熟火炬花 **217017**
早熟婆罗门参 **394332**
早熟婆婆纳 **407297**
早熟蒲公英 **384755**
早熟茄 **367516**
早熟全毛兰 **197561**
早熟山柳菊 **195963**
早熟山莴苣 **219453**
早熟绶草 **372241**
早熟菘蓝 **209222**
早熟酸模 **340203**
早熟苔 **75859**
早熟向日葵 **189034**
早熟玉米 **417431**
早熟针垫花 **228095**
早熟猪毛菜 **344674**
早鼠尾草 **345154**
早水仙 **262387**
早松叶菊 77453
早田安息香 379348
早田草 186858,272254
早田草属 186856
早田山毛榉 162380
早田氏菝葜 366361
早田氏赤竹 **347221**
早田氏冬青 203883
早田氏杜英 **142400**
早田氏红淡比 **96593**
早田氏红皮 379348
早田氏瞿麦 **127862**
早田氏爵床 337255
早田氏柃木 160553
早田氏柳 **342930**
早田氏馒头果 177184
早田氏蔓野牡丹 247571
早田氏牻牛儿苗 **174949**
早田氏木姜子 233832
早田氏榕 165663,165762
早田氏蛇根草 272212
早田氏鼠尾草 345076
早田氏小檗 51708,51926
早田氏绣线菊 **371789**
早田氏鸭嘴花 **214512**
早田氏杨桐 96593
早田野茉莉 379348
早田野氏红淡比 96593
早瓦氏茜 **404852**
早望 139653
早萎海葱 **402363**
早萎黄眼草 **416071**
早萎落柱木 **300817**
早萎莎草 **118921**
早萎蛇舌草 **269712**
早萎鼠尾草 **345042**
早萎肖鸢尾 **258493**
早萎一点红 **144917**
早菥蓂 **390256**
早夏至草 245760
早鸭跖草 **101124**
早一枝黄花 **368188**
早乙女 177475
早樱 **83327**,83334
早柚 **93598**
早园竹 **297401**
早越橘 **403932**
早竹 **297483**
枣 88691,418169,418173
枣槟榔 31680
枣刺金合欢 **1715**
枣儿槟榔 31680
枣儿红 345881,345894
枣红林莎 **263533**
枣红飘拂草 **166490**
枣红羊茅 **164195**
枣棘 97719
枣橘 167506
枣科 **418118**
枣李木 132466
枣蘼花 336783
枣皮 105146
枣皮树 142088
枣属 **418144**
枣树 **418169**,418173
枣椰 295487

枣椰属 295451
枣椰子 **295474**,295461
枣椰子属 295451
枣叶翅果麻 **218449**
枣叶桦 **53463**
枣叶槿 **262945**
枣叶槿属 **262943**
枣叶群花寄生 **11136**
枣状麦珠子 **17622**
枣仔 418169
枣子 88691,418169,418173
枣子树 418169,418173
蚤草 **321595**
蚤草属 **321509**
蚤茜属 **320012**
蚤苔草 **75929**
蚤休 284358,284367
蚤缀 31787,32212
蚤缀属 31727
蚤缀无心菜 **32070**
藻百年 **161585**
藻百年草 161531
藻百年草属 161528
藻百年属 **161528**
藻百年小黄管 **356080**
藻丽玉 **175526**
藻丽玉属 175494
藻心 394560
藻叶眼子菜 **312076**
皂百合 **88476**
皂百合属 **88469**
皂柏 **263707**
皂柏属 **263706**
皂草 183257
皂草芦荟 **17243**
皂斗 323611,323881
皂荚 **176901**,176881
皂荚豆 71050
皂荚属 **176860**
皂荚树 176881,176901
皂荚子 176901
皂角 176881,176901
皂角板 176881
皂角刺 176881
皂角属 176860
皂角树 176881,176901
皂角针 176881
皂李 328680
皂柳 **344261**
皂龙胆 **173840**
皂芦荟 17243
皂帽花 **122933**
皂帽花属 **122924**
皂皮树科 324627
皂皮围涎树 **301126**
皂七板子 176881
皂树 **324624**
皂树科 **324627**
皂树属 **324623**
皂药根 309711
皂质草 346434
造纸树 61107
燥地碱蓬 **379579**
燥地砂草 **19712**
燥地砂草属 **19710**
燥地鼠李 **328810**
燥地鼠尾草 **345283**
燥地菟丝子 **115095**
燥地舟蕊秋水仙 **22375**
燥柳 **344286**
燥芹 295038
燥芹属 295035
燥原蒿 193918
燥原禾属 **134506**
燥原荠 **321089**
燥原荠属 **321087**
则车 198745
泽八绣球 **200089**
泽败 285859,285880
泽布拉欧石南 **150281**
泽布拉香茶 **303774**
泽当水柏枝 **261261**
泽当醉鱼草 61971
泽德前胡 **293081**
泽地灯台报春 **314453**
泽地早熟禾 305804
泽番椒 **123730**
泽番椒属 **123727**
泽蕃椒 123729
泽繁缕 374859
泽芳 24325,24326
泽姑 396210
泽赫矮灌茜 **322434**
泽赫澳非萝藦 **326791**
泽赫百蕊草 **389925**
泽赫贝克菊 **52802**
泽赫扁芒草 **122313**
泽赫蓟柊 **354635**
泽赫酢酱草 **278155**
泽赫大沙叶 **286557**
泽赫单桔梗 **257820**
泽赫吊灯花 **84310**
泽赫鹅绒藤 **117757**
泽赫番杏 **12976**
泽赫番樱桃 **156398**
泽赫菲奇莎 **164603**
泽赫费利菊 **163297**
泽赫福木 **142477**
泽赫格尼瑞香百蕊草 **389709**
泽赫勾儿茶 **52476**
泽赫合花风信子 **123117**
泽赫空柱杜鹃 **99081**
泽赫蜡菊 **189905**
泽赫蓝星花 **33714**
泽赫乐母丽 **335965**
泽赫链荚豆 **18303**
泽赫毛子草 **153303**
泽赫美非补骨脂 **276999**
泽赫美冠兰 **157109**
泽赫牡荆 **411503**
泽赫木菊 **129469**
泽赫南非钩麻 **185851**
泽赫欧石南 **150283**
泽赫雀舌水仙 **274874**
泽赫塞拉玄参 **357725**
泽赫色罗山龙眼 **361231**
泽赫山柑 **71743**
泽赫山榄属 **417838**
泽赫山芫荽 **107830**
泽赫石竹 **127903**
泽赫水苏 **373485**
泽赫斯塔树 **372993**
泽赫头花草 **82188**
泽赫沃森花 **413424**
泽赫无冠萝藦 **39909**
泽赫五层龙 **342757**
泽赫小黄管 **356189**
泽赫小麦秆菊 **381690**
泽赫肖木菊 **240799**
泽赫盐肤木 **332971**
泽赫异果菊 **131198**
泽赫翼茎菊 **172430**
泽赫尤利菊 **160908**
泽赫枣 **418233**
泽赫针禾 377042
泽赫针翦草 **377042**
泽赫止泻萝藦 **416271**
泽赫猪毛菜 **344778**
泽赫紫葳 **417850**
泽赫紫葳属 **417848**
泽花 191050
泽菊属 **91107**
泽巨 396210,396257
泽苦菜 210681
泽苦荬菜 **210681**
泽库杜鹃 **332161**
泽库虎耳草 **350054**
泽库棘豆 **279244**
泽库棱子芹 **304855**
泽库龙胆 **174094**
泽库苔草 **76791**
泽拉夫尚马先蒿 **287843**
泽拉夫尚岩参 **90873**
泽拉显著小檗 **51772**
泽蜡梅属 68306
泽兰 5237,85944,158070,158118,158149,158161,158200,183097,208797,239215,239222
泽兰科 **157998**
泽兰库恩菊 **60116**
泽兰阔苞菊 **305092**
泽兰芒刺果 **1747**
泽兰属 **158021**,32371,239184
泽兰羊耳菊 **138892**
泽兰治疝草 **192954**
泽栗 323881
泽蓼 **309978**,309199
泽麻 194779
泽米科 417024
泽米属 417002
泽米苏铁科 **417024**
泽米苏铁属 **417002**
泽米铁属 417002
泽米叶天南星 65239
泽木 120488
泽漆 **159027**
泽芹 **365872**,365851,365871
泽芹属 **365835**
泽若柔软榄叶菊 270200
泽若树紫菀 **270200**
泽扫帚菊 **41328**
泽山飞蓬 **150959**
泽生苔草 **76044**
泽生藤 **65759**
泽氏春黄菊 **26909**
泽氏茄 **367757**
泽氏山梅花 **294590**
泽蒜 15450
泽苔草 **66343**
泽苔草属 **66337**
泽提水东哥 **348002**
泽田东竹 **347370**
泽田氏鞍花兰 **146307**
泽菀 **16288**
泽菀属 **16287**
泽沃扇穗茅 **234125**
泽夕 14760
泽西假鼠麴草 **317748**
泽西柳穿鱼 **231074**
泽西勿忘草 **260878**
泽下 14760
泽仙鸢尾 **208708**
泽苋菜 **19604**
泽泄 14760
泽泻 **14760**,14725,14754,342400,345310
泽泻慈姑 **342429**
泽泻金光菊 **339553**
泽泻科 **14790**
泽泻属 **14719**
泽泻虾脊兰 **65869**
泽泻叶姜黄 **114855**
泽泻叶节茎兰 **269201**
泽星宿菜 239566
泽耶尔毒瓜 **215735**
泽耶尔芳香木 **38877**
泽耶尔菲利木 **296208**

泽耶尔厚敦菊 **277169**
泽耶尔立金花 **218969**
泽耶尔裂唇兰 **351434**
泽耶尔麻疯树 **212246**
泽耶尔木蓝 **206757**
泽耶尔欧石南 **149317**
泽耶尔日中花 **220725**
泽耶尔驼曲草 **119923**
泽耶尔小金梅草 **202993**
泽治 396210,396257
泽叶鸟巢凤梨 266154
泽珍珠菜 **239566**
泽珍珠梅 239566
泽芝 14760,263272
箦藻属 55908
仄棱蛋 142082
贼公叶 66879
贼骨头 369149
贼老藤 138974
贼佬药 66879
贼绿柴 142082
贼小豆 **408969**,294019,408975
贼腰带 122484
贼仔树 **161336**,66913,161335,161356
贼仔叶 66879
贼子草 66779,388303
贼子树 161335
贼子叶 66864
怎地罗 138273
曾卜拉补血草 **230826**
曾内巴豆 **113064**
曾氏米仔兰 19972
增城杜鹃 332025
喳吧叶 248765
渣腰花 248765
渣子树 381341
楂 69411
楂苜 393491
楂叶槭 2910
楂子 84556
楂子树 135114
樝子 84553
扎贝利安桂樱 316508
扎布利鞑靼忍冬 **236154**
扎草 312079,312155
扎赤 82418
扎达沙棘 196783
扎达铁线莲 **95467**
扎德尔柳 **344056**
扎多点地梅 **23118**
扎多紫堇 106616
扎恩十二卷 **186848**
扎尔茜 **345498**
扎尔茜属 **345497**
扎尔斯顿蝶须 **26595**
扎股草 113306
扎股草属 113305
扎卡里籽漆 **70485**
扎卡萝藦 **416860**
扎卡萝藦属 **416859**
扎利草属 416894
扎利尔翠雀花 **124712**
扎卢菊属 416907
扎鲁小叶杨 **311505**
扎麻 15813
扎毛 83545
扎姆红果大戟 **154862**
扎姆小米草 **160259**
扎纳加三角车 **334714**
扎农香科 **388316**
扎农银豆 **32936**
扎诺比木属 417590
扎蓬蒿 344496
扎蓬棵 344496,344743
扎屁股草 113306
扎氏糙苏 **295228**
扎氏大蒜芥 30146
扎氏红砂柳 **327234**
扎氏六道木属 **416840**
扎氏棉 **179937**
扎氏木紫草 **233447**
扎氏矢车菊 **81465**
扎氏纤粉菊 **46512**
扎水板 312090
扎斯蜗牛兰 **98087**
扎塔尔灌 **417402**
扎塔尔灌属 **417401**
扎瓦长冠田基黄 **266146**
扎瓦戴星草 **371042**
扎瓦吊兰 **88645**
扎瓦鬼针草 **54189**
扎瓦梅蓝 **248892**
扎瓦木蓝 **206754**
扎瓦小葵子 **181907**
扎耶独行菜 **225380**
扎伊尔阿芙大戟 **263016**
扎伊尔巴戟 **258901**
扎伊尔鬼针草 **54188**
扎伊尔龙胆 **215575**
扎伊尔龙胆属 **215574**
扎伊尔落萼旋花 **68367**
扎伊尔千里光 **359247**
扎伊尔秋海棠 **50424**
扎伊尔莎草 **119351**
扎伊尔一点红 **144992**
扎伊尔窄叶菊 **375659**
扎伊尔猪屎豆 **111971**
扎意尔香科 **388112**
札伯尔小檗 **52393**
札草 261364
札达黄芪 42496
札达黄耆 **43285**,42496
札达荆芥 **265109**
札幌红豆杉 **385363**
札克翅子树 **320838**
札氏团集小檗 **51674**
札氏枸子 107729
札尤路枸子 107731
札尤枸子 **107731**
由甲草 340367
闸草 403382
乍得基氏婆婆纳 **216246**
诈死枫 231355
奓包叶 14184
栅栏打碗花 68686
栅栏悬钩子 **338381**
栅手 207988
栅枝垫柳 **343228**
炸古基 218347
炸果鼠李属 **190223**
炸椒 417279
炸莲木 210382
炸山叶 172074
炸香棵 123451
炸腰抱 248765
炸腰果 180773,248727,248732
痄刺 240842
痄腮树 **189976**,189972,240842
蚱蜢腿 337253
榨菜 **59469**
榨木 301279
斋国三叶杜鹃 **331354**
斋瑞塔獐牙菜 380157
斋桑泊大戟 **158682**
斋桑大戟 **160101**
斋桑甘草 **177951**
斋桑黄芪 43286
斋桑黄耆 **43286**
斋桑棘豆 **279118**,278719
斋桑蝇子草 **363165**
摘花 77748
摘绿 409025
摘艼子 17736
摘头乌 141374
摘亚苏木 **127392**
摘亚苏木属 **127375**
宅蒜 15450
宅夕 14760
宅下 14760
翟氏丽花球 **234969**
窄埃弗莎 **161283**
窄澳新旋花 **310012**
窄斑叶珊瑚 **44889**
窄瓣白花百合 **229791**
窄瓣白花菜 **95797**
窄瓣白绒玉 **105373**
窄瓣察隅虎耳草 **350051**
窄瓣长茎天竺葵 **288339**
窄瓣长药兰 **360636**
窄瓣酢浆草 **278092**
窄瓣大盖瓜 **18014**
窄瓣丹氏梧桐 **135774**
窄瓣灯心草 **213472**
窄瓣吊兰 **88630**
窄瓣兜兰 **282859**,282899
窄瓣洱源虎耳草 **349786**
窄瓣芳香木 **38762**
窄瓣菲利木 **296316**
窄瓣风兰 **24706**
窄瓣腐花木 **346467**
窄瓣海葱 **402323**
窄瓣红花荷 332211
窄瓣红金梅草 **332186**
窄瓣花葵 **223391**
窄瓣间花谷精草 **250984**
窄瓣节节菜 **337397**
窄瓣老鹳草 **174466**
窄瓣类鹰爪 **126714**
窄瓣丽江虎耳草 349786
窄瓣六带兰 **194494**
窄瓣鹿药 **242704**
窄瓣毛茛 **326082**
窄瓣梅花草 **284506**
窄瓣木兰 242333
窄瓣囊大戟 **389080**
窄瓣鸟足兰 **347916**
窄瓣泡泽木 **311685**
窄瓣日中花 **220680**
窄瓣瑞香 122619
窄瓣三角萼溲疏 **126865**
窄瓣桑德森石豆兰 **63065**
窄瓣涩荠 243164
窄瓣山柰 **215037**
窄瓣石榴兰 **247658**
窄瓣天竺葵 **288078**
窄瓣同金雀花 **385691**
窄瓣驼曲草 **119898**
窄瓣仙人掌 **273059**
窄瓣香芸木 **10723**
窄瓣星刺 **327560**
窄瓣绣球 **199792**
窄瓣崖豆藤 **254849**
窄瓣延龄草 **397543**
窄瓣远志 **308383**
窄苞椴 **391669**
窄苞鹅耳枥 77382
窄苞风毛菊 **348814**
窄苞金菊木 **150367**
窄苞九节 **319742**
窄苞肋瓣花 **13739**
窄苞马兰 215348
窄苞蒲公英 **384467**
窄苞千金榆 **77382**
窄苞石豆兰 **63058**
窄苞矢车菊 **81400**
窄北美穗灌 **373055**
窄被玉兰 **242058**

窄边蒲公英　**384764**
窄叉序草　**209877**
窄蝉玄参　**3908**
窄菖蒲　**5798**
窄长尾叶蓼　**309628**
窄车轴草　**396822**
窄齿气花兰　**9197**
窄齿驼曲草　**119897**
窄翅澳洲球豆　**371131**
窄翅酢浆草　**278094**
窄翅桦　53436
窄翅金雀花　**179457**
窄翅块茎藕草　**293764**
窄翅蜡菊　**189812**
窄翅南芥　**30406**
窄翅枪刀药　**202621**
窄翅莎草　119687
窄翅菀　**145572**
窄翅菀属　**145569**
窄翅维堡豆　**414036**
窄翅卫矛　**157890**,157360
窄翅延叶菊　**265983**
窄翅猪屎豆　**112702**
窄唇虎舌兰　**147324**
窄唇枪刀药　**202501**
窄唇蜘蛛兰　**30534**
窄大戟　**158447**
窄大叶桂樱　**223155**
窄大叶藻　**418387**
窄带芹　**375761**
窄带芹属　**375760**
窄单叶草　**376505**
窄单叶酢浆草　**277972**
窄德卡寄生　**123380**
窄点头凤梨　**101915**
窄豆薯　**279729**
窄短星菊　**58266**
窄多汁麻　**265240**
窄萼大沙叶　**286485**
窄萼单花杉　**257150**
窄萼法拉茜　**162603**
窄萼凤仙花　**205334**
窄萼格雷野牡丹　**180358**
窄萼鸡屎树　**222251**
窄萼胶藤　**220821**
窄萼膜翅花　**127996**
窄萼木蓝　**206589**
窄萼牛奶木　**255334**
窄萼石竹　**127841**
窄萼香芸木　**10724**
窄萼叶茜　**68384**
窄萼易变谷精草　**151390**
窄萼鱼骨木　**71502**
窄方晶斑鸠菊　**406025**
窄盖斑鸠菊　**406837**
窄隔单花荠　**287949**
窄沟草属　375764
窄孤独菊　**148429**
窄冠侧柏　**302736**
窄冠大头茶　**179761**
窄冠地中海柏木　**114755**
窄冠杜鹃　**331165**
窄冠爵床属　**375754**
窄冠木兰　**242282**
窄管扁爵床　**292190**
窄管长庚花　**193345**
窄管狗牙花　**382842**
窄管爵床　**375721**
窄管爵床属　**375720**
窄管柳叶菜　**375719**
窄管柳叶菜属　**375718**
窄管马先蒿　287756
窄管尼文木　**266423**
窄管山梗菜　**234795**
窄管唐菖蒲　**176566**
窄管沃森花　**413409**
窄管香茶　**303684**
窄管香雪兰　**168189**
窄管硬皮鸢尾　**172692**
窄光果　**232709**
窄果柽柳桃金娘　**261036**
窄果脆兰　**2039**
窄果大柱杭子梢　**70852**
窄果杭子梢　**70896**
窄果假玉叶金花　**318037**
窄果黏腺果　**101272**
窄果苹婆　**376190**
窄果肉豆蔻　**261460**
窄果山梗菜　**234794**
窄果松　299806
窄果嵩草　**217292**
窄果苔草　**73695**
窄果肖菥蓂　**77474**
窄果雅致尖花茜　**278255**
窄果野牡丹　**163300**
窄果野牡丹属　163299
窄果薏苡　**99137**
窄果硬皮豆　**241442**
窄哈根吊兰　**184558**
窄禾叶金菀　**301508**
窄红齿草　**332169**
窄互叶油芦子　**97287**
窄花阿利茜　**14656**
窄花贝母　**168566**
窄花串铃花　**260336**
窄花吊灯花　**84265**
窄花菲利木　**296315**
窄花凤仙花　**205333**,204773
窄花盖萼棕　68615
窄花假龙胆　**174113**
窄花柳叶箬　**209073**
窄花女娄菜　**248252**
窄花肖柳穿鱼　**262274**
窄花序全缘叶美洲茶　**79947**
窄花隐萼椰子　**68615**
窄花鹦鹉刺　**319092**
窄花帚灯草　**375763**
窄花帚灯草属　**375762**
窄环唇兰　**305036**
窄黄花属　**375786**
窄喙酢浆草　**278096**
窄喙玉凤花　**184089**
窄基红褐柃　**160593**
窄尖叶郁金香　**400225**
窄箭叶野荞麦　**151937**
窄角多坦草　**136427**
窄睫毛果苔草　**73891**
窄茎棒毛萼　**400802**
窄茎内蕊草　**145440**
窄镰苏木　**375567**
窄镰苏木属　**375566**
窄镰叶罗汉松　**162479**
窄裂吊灯花　**84267**
窄裂角花葫芦　**83592**
窄裂久苓草　214186
窄裂苓菊　**214186**
窄裂琉璃繁缕　**21338**
窄裂片结节木蓝　**206678**
窄裂片树葡萄　**120228**
窄裂片唐菖蒲　**176564**
窄裂片娃儿藤　**400965**
窄裂舌萝藦　**351661**
窄裂水穗草　**200543**
窄裂素馨　**212012**
窄裂鸵鸟木　**378564**
窄裂委陵菜　**312359**
窄裂缬草　404359
窄裂叶报春　314491
窄鳞本州柴胡　**63765**
窄鳞独毛金绒草　**170054**
窄鳞盖草　**374598**
窄鳞绿背黑药菊　**148125**
窄鳞毛菀木　**186890**
窄鳞绵毛菊　**293473**
窄鳞四蟹甲　**387087**
窄鳞苔　74696
窄鳞苔草　**73699**
窄柳叶卷舌菊　**380962**
窄柳叶青冈　**324358**
窄柳叶栒子　**107672**
窄鲁谢麻　**337661**
窄鹿芹　**84358**
窄螺叶瘦片菊　**127182**
窄落叶黄安菊　**364690**
窄麻花头　**360992**
窄毛颖草　**16220**
窄梅莱爵床　**249546**
窄美洲盖裂桂　**256655**
窄蒙塔菊　**258193**
窄膜棘豆　**279018**
窄膜麻黄　146209
窄欧石南　**149011**
窄片二叉酢浆草　**277699**
窄琴叶榕　**165429**
窄球心樟　**12758**
窄曲叶南星　**190081**
窄蕊大沙叶　**286484**
窄蕊胶藤　**220973**
窄蕊露子花　**123968**
窄蕊日中花　**252047**
窄蕊乳突帚灯草　**88914**
窄润肺草　**58816**
窄三角千里光　**360240**
窄少花山地菊　**268915**
窄舌大果萝藦　**279469**
窄舌短足兰　**58568**
窄舌华东椴　**391742**
窄舌伍尔夫菊　**414841**
窄舌西澳兰　**118272**
窄舌朱米兰　**212743**
窄十字叶　**113112**
窄石竹　**375468**
窄石竹属　**375465**
窄四分爵床　**387310**
窄穗阿氏莎草　**533**
窄穗剪股颖　**12142**
窄穗木犀草　**327917**
窄穗囊颖草　**341962**
窄穗帕米尔苔草　**75680**
窄穗三芒草　**34036**
窄穗莎草　**119687**
窄穗苔草　**76365**,75680
窄穗温曼木　**413705**
窄穗细柄茅　**321013**
窄天鹅绒竹芋　**257907**
窄筒小报春　**315107**
窄头斑鸠菊　**406834**
窄头斑鸠菊属　**375513**
窄头刺头菊　**108232**
窄头飞廉　**73498**
窄头蒿　**36317**
窄头绢蒿　**360877**
窄头橐吾　**229202**
窄托叶短盖豆　**58704**
窄托叶崖豆藤　**254605**
窄橐吾　**228982**
窄尾苞南星　**402658**
窄无柄黍　**374621**
窄五腺苣苔　**289472**
窄五叶蛇葡萄　**20437**
窄线豆　370325
窄线豆属　370324
窄线叶肋泽兰　**317457**
窄腺瓣落苞菊　**111377**
窄小花欧石南　**149010**
窄小金合欢　**1724**
窄小叶没药　**101309**
窄小叶郁金香　400225

窄楔叶木蓝　**205854**
窄楔叶绣线菊　**371866**
窄修泽兰　**17469**
窄须距桔梗　**81870**
窄序雀麦　**60984**
窄序崖豆藤　254752
窄序猪屎豆　**112705**
窄芽茜　**153677**
窄烟花莓　**305258**
窄沿沟草　**79200**
窄檐糙叶秋海棠　**49637**
窄檐心叶秋海棠　**49972**
窄腰泡　276130
窄药花　**375442**
窄药花属　**375436**
窄叶阿丁枫　18198,18204
窄叶阿奇藤　**31018**
窄叶阿斯草　**39846**
窄叶阿斯皮菊　**39744**
窄叶埃尔斯克崖豆藤　**254686**
窄叶埃利茜　**153405**
窄叶矮锦鸡儿　**72328**
窄叶安第斯茜　**101747**
窄叶安匝木　**310754**
窄叶暗堇色水蕹　**29650**
窄叶凹陷枸杞　**239035**
窄叶奥萨野牡丹　**276490**
窄叶奥佐漆　**279336**
窄叶澳菊木　**49562**
窄叶澳洲盖裂桂　**414327**
窄叶八雄兰　**268754**
窄叶巴特西非南星　**28775**
窄叶巴西亮泽兰　**45251**
窄叶白斑瑞香　**293792**
窄叶白苞菊　**203350**
窄叶白花菜　**95615**
窄叶白花丹　**305197**
窄叶白蜡树　167910
窄叶白绒玉　**105372**
窄叶白芷　**192263**
窄叶百合　230000
窄叶百簕花　**55263**
窄叶败酱　**285819**
窄叶斑叶珊瑚　44889
窄叶半轭草　**191811**
窄叶半枫荷　**320840**
窄叶半聚果　**138877**
窄叶棒伞芹　**328435**
窄叶宝铎草　**134478**
窄叶报春花　314983
窄叶豹斑百合　**229979**
窄叶北美萝藦　**3787**
窄叶贝克菊　52649,52650
窄叶被禾　**293945**
窄叶编织夹竹桃　**303073**
窄叶萹蓄　**308832**
窄叶扁担杆　**180968**
窄叶扁莎　**322288**
窄叶变白多穗兰　**310318**
窄叶柄鳞菊　**306567**
窄叶波思豆　**57498**
窄叶伯奇尔蝇子草　**363270**
窄叶补骨脂　**319130**
窄叶糙蕊阿福花　**393725**
窄叶草地早熟禾　**305876**
窄叶侧穗莎　**304864**
窄叶柴胡　63588
窄叶长被片风信子　**137897**
窄叶长花天芥菜　**190669**
窄叶长豇豆　**409097**
窄叶车前　302034
窄叶车桑子　**135194**
窄叶车轴草　**396823**
窄叶柽柳桃金娘　**260973**
窄叶齿舌叶　**377337**
窄叶齿缘玉　**269116**
窄叶翅盘麻　**320526**
窄叶翅子树　320840
窄叶虫蕊大戟　**113069**
窄叶椆　233152
窄叶莼兰绣球　199948
窄叶刺花蓼　**89053**
窄叶刺菊　76994
窄叶刺木蓼　44277
窄叶刺参　**258854**
窄叶刺枝钝柱菊　**316070**
窄叶刺子莞　**333697**
窄叶粗花野牡丹　**279400**
窄叶大果龙胆　**240952**
窄叶大花金莲木　**268150**
窄叶大黄　**329400**
窄叶大戟　158857
窄叶大节竹　206872
窄叶大距野牡丹　**240979**
窄叶大龙骨巢菜　408484
窄叶大龙骨野豌豆　408484
窄叶大苏铁　**417003**
窄叶单花杉　**257105**
窄叶单花鸢尾　**208918**
窄叶单毛野牡丹　**257519**
窄叶单头蝶须　**26475**
窄叶岛虎刺　122028
窄叶邓博木　**123664**
窄叶地桂　**85416**
窄叶地穗姜　**174417**
窄叶地旋花　**415304**
窄叶钉头果　**179128**
窄叶顶片草　**6360**
窄叶顶须桐　6278
窄叶东非木槿　**194699**
窄叶东南亚野牡丹　**24187**
窄叶毒芹　**90935**
窄叶毒人参　53157
窄叶独蕊　**412141**
窄叶独行菜　225428
窄叶杜盖木　138877
窄叶杜古番荔枝　138877
窄叶杜鹃　**330107**
窄叶杜兰德麻　**139050**
窄叶杜纳尔茄　**138959**
窄叶短柱茶　69015,69077
窄叶堆桑　**369823**
窄叶盾盘木　**301552**
窄叶多角果　**307778**
窄叶多穗兰　**310325**
窄叶耳草　**187632**
窄叶耳梗茜　**277186**
窄叶耳冠草海桐　**122111**
窄叶二对蕊　**135077**
窄叶法道格茜　**161997**
窄叶法拉茜　**162604**
窄叶番荔枝　**25899**
窄叶番薯　**208031**
窄叶芳香木　**38408**
窄叶非洲豆木　**352487**
窄叶非洲野牡丹　**68267**
窄叶菲利木　**296288**
窄叶菲奇莎　**164492**
窄叶狒狒花　**46028**
窄叶肺草　321636
窄叶缝线海桐　301368
窄叶佛堤豆　**298681**
窄叶佛荐草　**126750**
窄叶弗里斯豇豆　**408888**
窄叶福王草　**313878**
窄叶辐射苣　**6878**
窄叶附地菜　397392
窄叶富斯草　**168797**
窄叶伽蓝菜　**215092**
窄叶干裂番杏　**6290**
窄叶杠柳　**291036**
窄叶高山早熟禾　**305306**
窄叶割花野牡丹　**27478**
窄叶格雷野牡丹　**180357**
窄叶格尼瑞香　**178713**
窄叶沟萼桃金娘　**68398**
窄叶狗筋蔓　**114062**
窄叶谷精草　**151507**
窄叶寡果鱼骨木　**71444**
窄叶寡头鼠麹木　**327631**
窄叶灌木荷包花　**66276**
窄叶光花龙胆　**232677**
窄叶光柱苋　**218669**
窄叶龟花龙胆　**86778**
窄叶海神菜　**265456**
窄叶海神木　**315816**
窄叶海桐　**301218**
窄叶寒丁子　**57949**
窄叶合萼山柑　**390044**
窄叶合冠菊　**380819**
窄叶合壳花　**170915**
窄叶核果木　**138578**
窄叶黑漆　**248482**
窄叶黑心金光菊　**339561**
窄叶红蕾花　**416922**
窄叶厚敦菊　**277150**
窄叶厚壳桂　**113428**
窄叶胡麻　**361298**
窄叶胡颓子柳　**343337**
窄叶壶花无患子　**90720**
窄叶虎斑楝　**237916**
窄叶虎眼万年青　**274510**
窄叶花篱　**26971**
窄叶华北岩黄芪　187914
窄叶华北岩黄耆　**187914**
窄叶华野豌豆　**408340**
窄叶还阳参　**111050**
窄叶黄胶菊　**318675**
窄叶黄鸠菊　**134790**
窄叶黄乳桑　**290679**
窄叶黄鼠狼花　**170058**
窄叶黄檀　121725
窄叶黄桃木　**415123**
窄叶黄眼草　**415998**
窄叶黄杨　64345
窄叶灰毛豆　**385990**
窄叶灰毛菊　**31182**
窄叶喙馥兰　**333120**
窄叶火棘　**322450**
窄叶火炬花　**216932**
窄叶火畦茜　**322956**
窄叶火炭母　**308972**
窄叶火筒树　**223945**
窄叶霍伊尔柿　**132204**
窄叶鸡儿肠　215348,215349
窄叶鸡骨常山　18036
窄叶鸡头薯　**152867**
窄叶积雪草　**81627**
窄叶基扭桔梗　**123783**
窄叶基特茜　**215761**
窄叶吉氏核果木　**138615**
窄叶极美小麦秆菊　**381684**
窄叶脊被苋　**281181**
窄叶假稻　**223974**
窄叶假地豆　**126390**
窄叶假海马齿　**394907**
窄叶假黄鹌菜　**318647**
窄叶假黄花　**265640**
窄叶假剑木　**318633**
窄叶假龙头花　**297974**
窄叶假玉叶金花　**318030**
窄叶尖刺联苞菊　**52650**
窄叶尖果省藤　**65756**
窄叶豇豆　**409064**
窄叶节唇兰　**36757**
窄叶节茎兰　**269206**
窄叶结节谷木　**250031**
窄叶芥树　**364528**

窄叶金合欢 **1139**
窄叶金锦香 276091
窄叶金菊 **90230**
窄叶金蛹茄 **45160**
窄叶锦香草 **296415**
窄叶久苓草 **214179**
窄叶救荒野豌豆 **408584**
窄叶菊 **375658**
窄叶菊属 **375657**
窄叶聚花海桐 **301222**
窄叶军刀豆 **240503**
窄叶卡德兰 **64928**
窄叶卡尔茜 **77217**
窄叶卡柿 **155959**
窄叶柯 **233152**
窄叶可拉木 **99160**
窄叶克拉布爵床 **108507**
窄叶克莱恩单花杉 **257129**
窄叶苦苣菜 **368816**
窄叶宽萼桤叶树 **321827**
窄叶宽花紫菀 **40706**
窄叶莱利茜 **224331**
窄叶蓝被草 **115509**
窄叶蓝靛果忍冬 **235701**
窄叶蓝果忍冬 235701
窄叶蓝蓟 **141098**
窄叶蓝桔梗 **115440**
窄叶蓝盆花 **350129**
窄叶蓝星花 **33620**
窄叶棱果芥 **382103**
窄叶冷地卫矛 **157523**
窄叶里德尔姜 **334485**
窄叶立方花 **115766**
窄叶利帕豆 **232040**
窄叶连蕊茶 **69721**
窄叶联苞菊 **196934**
窄叶镰扁豆 **135408**
窄叶凉菊 **405388**
窄叶亮蜡菊 **189598**
窄叶疗伤绒毛花 **28213**
窄叶蓼 **308881**
窄叶裂唇兰 **351404**
窄叶裂柱远志 **320632**
窄叶鳞花草 **225140**
窄叶柃 **160602**
窄叶柃木 **160504**
窄叶瘤果茶 **69549**
窄叶柳 343668
窄叶柳叶菜 **146614**
窄叶柳叶栒子 107672
窄叶龙骨角 **192458**
窄叶龙面花 **263379**
窄叶芦莉草 **339818**
窄叶鲁斯特茜 **341031**
窄叶鹿藿 **333148**
窄叶绿乳 **148331**
窄叶绿洲茜 **410845**
窄叶轮果大风子 **77609**
窄叶罗顿豆 **237434**
窄叶罗金大戟 **335133**
窄叶罗勒 **268434**
窄叶裸菀 256303
窄叶裸药花 **182211**
窄叶落苞南星 **300799**
窄叶马达加斯加菊 **29552**
窄叶马岛茜草 **342835**
窄叶马岛香茶菜 **71621**
窄叶马兰 215348
窄叶马利筋 **38125**
窄叶马铃苣苔 **273835**
窄叶马修斯芥 **246281**
窄叶马缨花 330547
窄叶猫儿菊 **202391**
窄叶毛齿萝藦 **55496**
窄叶毛顶兰 **385705**
窄叶毛束草 **395721**
窄叶毛子草 **153284**
窄叶梅蓝 **248829**
窄叶蒙蒿子 **21850**
窄叶米尔豆 **255773**
窄叶秘花草 **113353**
窄叶密毛大戟 **321996**
窄叶密头菊 **321992**
窄叶墨药菊 **248579**
窄叶母草 231544
窄叶木半夏 **141930**
窄叶木钉萝藦 **285895**
窄叶木槿 **195244**
窄叶木蓝 **205649**
窄叶穆拉远志 **260066**
窄叶穆里野牡丹 **259417**
窄叶内卷鼠麹木 **237184**
窄叶纳丽花 **265257**
窄叶南非禾 **289937**
窄叶南非锡生藤 **28708**
窄叶南蛇藤 **80252**
窄叶南五味子 214950
窄叶南亚槲寄生 **175793**
窄叶南亚枇杷 151133
窄叶南洋杉 **30831**
窄叶拟蒺藜 **395058**
窄叶拟库潘树 **114586**
窄叶拟芹 **29234**
窄叶拟托福木 **393383**
窄叶拟永叶菊 **155288**
窄叶黏果仙草 **176975**
窄叶鸟娇花 **210825**
窄叶牛舌草 **21953**
窄叶牛至 **274202**
窄叶扭萼凤梨 **377647**
窄叶欧芹 **292696**
窄叶枇杷 **151160**
窄叶偏穗草 **326558**
窄叶飘带草 63588,63850
窄叶苹果婆婆纳 **249758**
窄叶婆罗刺 **57229**
窄叶普通海马齿 **361675**
窄叶普韦特奥佐漆 **279322**
窄叶七翅芹 **192211**
窄叶齐蕊木 **385178**
窄叶千里光 **358262**
窄叶琴叶榕 165429
窄叶青荚叶 **191152**
窄叶青篱竹 **37158**
窄叶球百合 **62341**
窄叶球腺草 **370933**
窄叶球柱草 **63353**
窄叶曲管桔梗 **365149**
窄叶曲蕊姜 **70519**
窄叶曲药金莲木 **238538**
窄叶雀梅藤 **342160**
窄叶荛花 414154,414261
窄叶热美萝藦 **385094**
窄叶柔花 **8910**
窄叶乳梗木 **169689**
窄叶乳菀 **169764**
窄叶软费利菊 **163280**
窄叶瑞安木 **341184**
窄叶润肺草 **58947**
窄叶萨比斯茜 **341590**
窄叶塞内大戟 **360376**
窄叶赛糖芥 382103
窄叶三被藤 **396522**
窄叶三臂野牡丹 **397795**
窄叶三出鬼针草 **54153**
窄叶三萼木 **395210**
窄叶三角车 **334574**
窄叶三肋果梧桐 **181784**
窄叶三丽花 **397486**
窄叶三芒草 **34035**
窄叶三芒蕊 **398062**
窄叶三叶草 396823
窄叶沙参 7682
窄叶莎草 **118500**
窄叶山金车 **34677**
窄叶山柳菊 **195736**
窄叶山蚂蝗 **126620**,126616
窄叶山蟹甲 **258289**
窄叶芍药 **280204**,280154
窄叶舌萝藦 **290906**
窄叶蛇头草 86783
窄叶蓍草 **4055**
窄叶十二卷 **186260**
窄叶石柑 **313189**
窄叶石栎 233152
窄叶石榴兰 **247653**
窄叶石楠 **295794**,295775
窄叶柿 132204
窄叶瘦片菊 **182061**
窄叶舒马草 **352699**
窄叶鼠李 328694
窄叶鼠芹 **90925**
窄叶鼠尾草 **345410**
窄叶鼠尾粟 **372586**
窄叶蜀葵 **13915**
窄叶树参 125639
窄叶栓果菊 **222911**
窄叶栓皮豆 **259852**
窄叶双钱荠 **110552**
窄叶双凸菊 **334496**
窄叶水甘草 **20846**
窄叶水芹 **269369**
窄叶水苏 **373109**
窄叶水蕹 **29651**
窄叶水蜈蚣 **218632**
窄叶丝石竹 183212
窄叶丝头花 **138444**
窄叶司徒兰 **377302**
窄叶斯胡木 **352728**
窄叶四轭野牡丹 **387947**
窄叶粟麦草 **230125**
窄叶粟米草 **256690**
窄叶酸脚杆 **247533**
窄叶酸模 **339923**,340269
窄叶酸渣树 **72635**
窄叶碎米荠 **72831**
窄叶塔利木 **383358**
窄叶塔奇苏木 **382964**
窄叶台湾榕 **164996**,165429
窄叶苔草 **75414**
窄叶唐菖蒲 **176023**
窄叶天料木 **197639**
窄叶甜桂 **187411**
窄叶铁青树 **269646**
窄叶铁苋菜 **1785**
窄叶庭菖蒲 **365747**
窄叶莛子藨 **397829**
窄叶驼曲草 **119795**
窄叶歪头菜 **408649**
窄叶菀桃木 **41690**
窄叶威瑟茄 **414614**
窄叶维氏山龙眼 **410931**
窄叶尾花细辛 **37587**
窄叶苇梗茜 **71140**
窄叶委陵菜 **312358**
窄叶猬头菊 **140206**
窄叶文殊兰 **111264**
窄叶蚊母树 **134929**
窄叶沃伦紫金牛 **413061**
窄叶沃氏赛金莲木 **70756**
窄叶乌饭树 403716
窄叶无苞花 **4778**
窄叶无梗花肖木菊 **240795**
窄叶无茎百子莲 **10254**
窄叶无距杜英 **3801**
窄叶无孔兰 **5780**
窄叶无鳞草 **14391**
窄叶无毛谷精草 **224224**

窄叶五棱茜 **289519**
窄叶五数野牡丹 **290201**
窄叶五味子 214950
窄叶五星花 **289786**
窄叶五异茜 **289577**
窄叶伍尔秋水仙 **414862**
窄叶西巴茜 **365103**
窄叶西南附地菜 **397392**
窄叶西南红山茶 **69504**,69552
窄叶西南水芹 **269312**
窄叶希尔梧桐 **196325**
窄叶锡兰桂 **198545**
窄叶细辛 37648
窄叶狭团兰 **375481**
窄叶鲜卑花 **362394**
窄叶显柱南蛇藤 **80330**
窄叶香茶 **303683**
窄叶香薷 144093
窄叶小红钟藤 **134868**
窄叶小苦荬 **210540**
窄叶小斯胡木 **352736**
窄叶肖蛇木 **251013**
窄叶肖朱顶红 **296098**
窄叶楔叶绣线菊 371866
窄叶楔柱豆 **371520**
窄叶缬草 **404359**
窄叶新疆乳菀 **169797**
窄叶新疆野豌豆 **408351**
窄叶新西兰圣诞树 **252608**
窄叶星蕊大戟 **6911**
窄叶绣球 200106
窄叶绣球防风 **227725**
窄叶绣线菊 **371895**
窄叶旋覆花 207056,207165
窄叶旋扭花美冠兰 **157030**
窄叶旋叶菊 **276442**
窄叶旋翼果 **183307**
窄叶血光藤 171451
窄叶蕈树 **18204**
窄叶鸦葱 **354808**
窄叶牙刷树 **344805**
窄叶芽冠紫金牛 **284017**
窄叶崖棕 **76271**
窄叶亚顶柱 **304891**
窄叶亚麻 231880
窄叶亚麻瑞香 **231788**
窄叶亚头状镰扁豆 **135634**
窄叶烟斗椆 233155
窄叶烟斗柯 **233155**
窄叶岩雏菊 **291300**
窄叶盐肤木 **332472**
窄叶焰子木 **110496**
窄叶羊耳蒜 **232337**
窄叶羊胡子草 152769
窄叶野草香 **143999**
窄叶野豇豆 **409114**
窄叶野扇花 **346745**
窄叶野豌豆 **408284**
窄叶叶藤五加 **2433**
窄叶伊里利亚膜萼花 **292663**
窄叶异味金币花 **41595**
窄叶异形芹 **193885**
窄叶意大利鼠李 **328600**
窄叶翼鳞野牡丹 **320589**
窄叶银豆 **32908**
窄叶银钮扣 **344324**
窄叶蚓果芥 **264611**
窄叶鹦鹉刺 **319078**
窄叶硬皮豆 **241437**
窄叶油茶 **69077**
窄叶油芦子 **97291**
窄叶羽扇豆 238422
窄叶玉凤花 **184088**
窄叶玉盘木 **403620**
窄叶玉山竹 **416749**
窄叶圆齿驼曲草 **119815**
窄叶圆果树 183307
窄叶缘翅拟漆姑 **370676**
窄叶缘毛帚叶联苞菊 **114445**
窄叶月见草 **269401**
窄叶月菊 **292123**
窄叶越被藤 **201671**
窄叶杂分果鼠李 **399754**
窄叶早熟禾 **305759**,305328
窄叶皂百合 **88471**
窄叶泽泻 **14725**
窄叶窄籽南星 **375728**
窄叶张口木 **86281**
窄叶折瓣瘦片菊 **216409**
窄叶褶皱冬青 **204230**
窄叶蔗茅 **148920**
窄叶针茅 **376923**
窄叶珍珠茅 **354009**
窄叶栀子 **171246**
窄叶直瓣苣苔 **22160**
窄叶直萝藦 **275622**
窄叶直玄参 **29907**
窄叶指蕊大戟 **121441**
窄叶指纹瓣凤梨 **413879**
窄叶中华卫矛 **157746**
窄叶中脉梧桐 **390304**
窄叶种棉木 **46212**
窄叶皱果大戟 **321156**
窄叶朱米兰 **212699**
窄叶猪屎豆 **112342**
窄叶猪殃殃 **170646**
窄叶竹柏 **306431**
窄叶锥 **78893**
窄叶锥柱草 **102788**
窄叶紫花鼠麹木 **21863**
窄叶紫金牛 **31480**
窄叶紫堇 105615
窄叶紫珠 **66817**,66869
窄异燕麦 **190133**
窄翼风毛菊 348329
窄翼黄芪 42275
窄翼黄耆 **42275**
窄颖草地早熟禾 **305870**
窄颖鹅观草 **335513**
窄颖赖草 **228343**
窄颖以礼草 **215965**
窄颖早熟禾 **306019**,305331
窄硬叶异囊菊 **194255**
窄蔗茅 **148921**
窄帚状水蓼 **291786**
窄皱褶多肋菊 **304416**
窄竹叶柴胡 **63748**
窄柱果菊 **18238**
窄柱头五星花 **289844**
窄爪野豌豆 **408294**
窄籽南星属 **375727**
窄紫绒草 **43984**
窄足猪屎豆 **112701**
沾沾草 337910
毡萼扁担杆 **180908**
毡柳 **343829**
毡毛白蜡树 168127
毡毛梣 168127,168136
毡毛稠李 **280056**
毡毛风毛菊 348916
毡毛后蕊苣苔 **272601**
毡毛花椒 **417356**
毡毛荆芥 **265101**
毡毛栎叶杜鹃 **331480**
毡毛马兰 **215366**
毡毛马松子 **249642**
毡毛毛蕊花 405694
毡毛美洲茶 **79978**
毡毛泡花树 **249450**
毡毛槭 3736
毡毛青藤 **364991**
毡毛苘麻 **969**
毡毛秋海棠 49941
毡毛山核桃 77934
毡毛鼠李 **328889**
毡毛薯蓣 **131893**
毡毛绣球 **199861**
毡毛雪莲 **348916**
毡毛栒子 **107615**
毡毛淫羊藿 147039
毡毛壮槭 3736
毡毛紫菀 **41473**
毡帽泡花 248765
毡皮杜鹃 332113
毡绒悬钩子 **339383**
毡状白酒草 **103553**
毡状贝克菊 **52745**
毡状刺头菊 **108364**
毡状蒿 **36054**
毡状假杜鹃 **48280**
毡状嘴签 **179956**
毡状蜡菊 **189646**
毡状南非葵 **25427**
毡状欧石南 **149833**
毡状山柳菊 **195838**
毡状树葡萄 **120173**
毡子杆 248732
旃簸迦 252841
旃那 **78212**,78227
旃那叶 78227
旃檀属 376428
栴 346210
栴檀 346210
栴檀娜 346210
粘巴头 399212
粘贝母兰 98754
粘不扎 363090
粘苍子 31051,363090
粘草 126359
粘刺 64990
粘刺槐 335013
粘地榆 345057
粘萼布洛华丽 61132
粘高树 379457
粘梗杜鹃 330280
粘核油桃 20958
粘花衣 53797,402267
粘剪秋罗 410953
粘胶花 99855
粘胶花属 99850
粘金强子 363093
粘连子 54048
粘毛赪桐 95984
粘毛刺槐 335013
粘毛地榆 345057
粘毛黄芩 355387
粘毛假蓬 103516
粘毛卷耳 82849
粘毛石蚕 388303
粘毛鼠尾 345347
粘毛鼠尾草 345057
粘毛雪莲 348916
粘黏黏 131616
粘娘娘 117965
粘强子 363090
粘染子 117956
粘人草 54048,90108,126329,126359,399197
粘人裙 295984,295986
粘身草 4259,53797,53801,90108,126471,269613
粘身蓝被 405872
粘手风 66853
粘手枫 66853
粘鼠尾草 345057
粘藤 48689
粘头婆 415046
粘心果 347965,347968

粘牙仔 171155
粘衣草 226721,269613
粘衣刺 269613
粘蝇草 363467
粘蝇花 363467
粘蝇子草 363824
粘油子 402245
粘榆 401542
粘枣子 32988
粘粘草 337925
粘粘葵 415046
粘粘袜 72342
粘质鼠尾 345057
詹柏木 85935
詹柏木属 85932
詹加尔特黄芪 42304
詹加尔特黄耆 **42304**
詹金斯·欧文虎耳草 **349041**
詹曼苔草 **212320**
詹曼苔草属 **212319**
詹曼乌桕 **346393**
詹孟德花叶挪威槭 3430
詹姆森小檗 **51785**
詹姆士睡莲 **267694**
詹姆士丝穗木 **171548**
詹姆士屋顶椭圆卡尔亚木 171548
詹姆士指甲草 284855
詹姆斯·克利夫苹果 **243598**
詹姆斯菝葜 **366402**
詹姆斯齿舌叶 **377347**
詹姆斯臭矢菜 **307149**
詹姆斯鹅参 **116486**
詹姆斯沟酸浆 **255206**
詹姆斯孩儿参 318505
詹姆斯花篱 **27164**
詹姆斯尖膜菊 **201318**
詹姆斯罗勒 **268544**
詹姆斯马蹄豆 **196631**
詹姆斯膜质菊 201318
詹姆斯泡叶番杏 **138189**
詹姆斯苔草 **74935**
詹姆斯屋脊丝缨花 171548
詹姆斯绣球防风 **227614**
詹姆斯旭波 **324926**
詹姆斯野荞麦木 **152167**
詹姆斯月见草 **269454**
詹姆斯云实 **65024**
詹姆斯指甲草 **284855**
詹尼兰属 **212322**
詹森草 369652
詹森隐萼异花豆 **29046**
詹氏八幡草 **58021**
詹氏臭草 249066
詹氏戴尔豆 **121891**
詹氏红花槭 3521
詹氏秘花草 113356
詹氏西番莲 **285655**
詹糖香 231334
薝蔔 252841
薝棘 252841
瞻博 252841
瞻簸迦 252841
斩龙草 92479,358292
斩龙戟 193939
斩龙剑 31571,39532,197772,306870,317924,317925,407485
斩蛇剑 22407,70600,197772,222190,301286,335760,344347
斩蛇药 179685,179694
展瓣贝母 **168547**
展瓣菊 **183279**
展瓣菊属 **183277**
展瓣亮泽兰 **104634**
展瓣亮泽兰属 **104633**
展瓣菟丝子 115123
展瓣紫晶报春 **314312**
展苞灯心草 **213525**
展苞飞蓬 **150846**
展苞猪毛菜 344573
展翅马蓝 **320120**
展唇兰属 **267213**
展刺大戟 **159535**
展萼虎耳草 **349964**
展萼金丝桃 **201981**
展萼雪山报春 **315131**
展冠藤 50934
展花斑鸠菊 **406318**
展花短毛草 **58255**
展花毛子草 **153253**
展花南蛇藤 **80279**
展花乌头 **5115**
展喙乌头 **5458**
展开紫波 **28461**
展脉半花藤 **288968**
展毛川鄂乌头 **5271**
展毛唇花翠雀花 **124128**
展毛翠雀花 **124311**
展毛大渡乌头 **5213**
展毛地椒 **391356**
展毛滇黔楼梯草 **142614**
展毛短柄乌头 **5071**
展毛多根乌头 **5315**
展毛鹅掌草 **23819**
展毛工布乌头 **5330**
展毛瓜叶乌头 **5248**
展毛含笑 **252916**
展毛画眉草 **147869**
展毛黄草乌 **5670**
展毛黄芪 43155
展毛黄耆 **42857**,43155
展毛黄芩 **355642**
展毛假糙苏 **283640**
展毛尖萼乌头 **5017**
展毛竞生乌头 **5705**
展毛昆明毛茛 **326011**
展毛拟缺刻乌头 **5579**
展毛韧黄芩 **355805**
展毛三萼木 **395320**
展毛山柳菊 195882
展毛松潘乌头 **5614**
展毛弯喙乌头 **5097**
展毛乌头 **5108**
展毛修泽兰 **218682**
展毛修泽兰属 **218681**
展毛野牡丹 **248765**
展毛阴地翠雀花 **124667**
展毛银莲花 **23785**
展毛藏黄耆 43155
展毛藏新黄耆 **43155**
展毛猪毛菜 **344657**
展穗芨芨草 4134
展穗碱茅 **321246**
展穗膜稃草 **200839**
展穗三角草 **397507**
展穗砖子苗 **245558**
展尾昆明毛茛 326011
展形白头翁 321703
展序风毛菊 **348674**
展序芨芨草 **4117**
展叶斑鸠菊 406667
展叶凤仙 204941
展叶凤仙花 **204941**
展叶尖腺芸香 **4835**
展叶绶草 **372240**
展叶松 **300140**
展叶香青 **21661**
展颖拟莞 **352245**
展枝白蓬草 388680
展枝斑鸠菊 **406320**
展枝萹蓄 **309531**
展枝翅瓣黄堇 **106332**
展枝倒提壶 117956
展枝杜鹃 331457
展枝桂樱 **316507**
展枝过路黄 **239564**
展枝胡枝子 **226912**
展枝黄堇 **105826**
展枝鸡菊花 **182319**
展枝假木贼 **21064**
展枝康定乌头 **5627**
展枝蓼 309531
展枝欧洲红豆杉 385319
展枝沙参 **7639**
展枝石南 148963
展枝唐松草 **388680**,388679
展枝小青杨 **311437**
展枝熊果 31132
展枝崖豆藤 **254694**
展枝玉叶金花 **260403**
展枝杂色圆柏 **213640**
辗垫果 233334
占点领 307322
占米赤树 29761
战斧高大越橘 **403784**
战骨 313635
战捷木 295461
战捷木属 295451
战帽菊 **211555**
战帽菊属 **211554**
战神喜林芋 **294822**
栈香 29983
蘸子 328680
张北委陵菜 **313119**
张萼鼠尾草 345391
张萼锡金鼠尾草 **345391**
张国老 298093
张果老 298093
张开百蕊草 **389813**
张开鼻花 **329551**
张开大戟 **159536**
张开吊灯花 **84226**
张开非洲弯萼兰 **197905**
张开狒狒花 **46101**
张开光果龙葵 **366939**
张开鹤虱 **221716**
张开黑斑菊 **179811**
张开红果大戟 **154842**
张开厚敦菊 **277107**
张开蝴蝶玉 **148591**
张开虎尾兰 **346071**
张开蜡菊 **189650**
张开蓝花参 **412788**
张开立金花 **218916**
张开联苞菊 **114454**
张开链荚豆 **18265**
张开牡荆 **411397**
张开南非禾 **290006**
张开染料木 **173028**
张开山梗菜 **234685**
张开十字叶 **113122**
张开双距花 **128087**
张开双距兰 **133886**
张开天芹菜 **190701**
张开天竺葵 **288425**
张开甜菜 **53241**
张开庭荠 **18456**
张开小金梅草 **202940**
张开盐角草 **342882**
张开银叶花 **32747**
张开针翦草 **376993**
张开珍珠茅 **354188**
张开直玄参 **29935**
张开止泻萝藦 **416241**
张开猪屎豆 **112504**
张口叭 248765
张口草 342400
张口杜鹃 **330169**,330165

张口狒狒花 **46117**
张口还阳参 **110951**
张口马利花 **245273**
张口木 **86283**
张口木蓝 **206358**
张口木属 **86280**
张口鳃兰 **246721**
张口蛇舌草 **269936**
张口黍 **281704**
张口藤属 86132
张口紫葳属 **123996**
张麻 85107
张麻属 85106
张脉柱瓣兰 **146499**
张氏红山茶 68933,69480
张氏芒 **255834**
张氏柿 **132097**
张氏乌头 5114
张氏獐牙菜 **380149**
张氏紫葳 **54306**,317477
张天刚 276098
张天缸 276090,276135
张天罐 276098
张天师 276098
张枝枸子 107435
章 300464
章表 414813
章柳 298093
章陆 298093
章漆木 345708
章氏猕猴桃 **6549**
章鱼凤梨 392020
章鱼芦荟 16894
彰武赤松 **299915**
彰炎 82385
彰炎花 **82385**
漳河旱柳 **343672**
漳兰 **116832**
漳平金毛榕 **233145**
漳县贝母 **168524**
獐大耳 285880
獐耳草 117643
獐耳细辛 **192138**,88297,192134
獐耳细辛属 **192120**
獐毛 8884
獐毛属 8855
獐茅 **8884**
獐茅属 **8855**
獐牙菜 **380131**,380184,380319
獐牙菜属 **380105**
獐牙石南属 **22193**
蔁柳 298093
樟 91287
樟臭草 70463
樟雏菊属 **327152**
樟公 91287
樟桂 91372
樟桂属 268688
樟寄生 355317
樟科 **223006**
樟兰 238312
樟琊乡南星 **33575**
樟梨 291494
樟梨属 291491
樟柳 25457,298093
樟柳柽 25457
樟柳参 25457
樟柳头 107271
樟毛属 8855
樟木 91287,91330,91363,91392,295417
樟木柏那参 59247
樟木果 234051
樟木黄芪 42173
樟木黄耆 **42173**
樟木寄生 241317,411016
樟木箭竹 137842
樟木镰序竹 **137842**
樟木秋海棠 **50161**
樟木树 91392,345708
樟木苔草 **74090**
樟木钻 204507,204569
樟脑桉 **155524**
樟脑草 264897
樟脑橙菀 **320651**
樟脑蒿 **35266**
樟脑罗勒 **268457**,268429,268550
樟脑罗簕 268429
樟脑婆罗香 **138550**
樟脑树 91287,91330,91392
樟脑味阔苞菊 **305083**
樟脑味毛麝香 **7980**
樟脑异囊菊 **194195**
樟牛 91378
樟属 **91252**
樟树 **91287**,91277,91425
樟丝 274401
樟味藜 **70463**
樟味藜属 **70460**
樟味蔷薇 336498
樟叶巴戟 **258881**
樟叶邓伯花 390822
樟叶杜鹃 330127
樟叶鹅掌柴 **350761**
樟叶番石榴 **318747**
樟叶嘎瑞木 171553
樟叶猴欢喜 **366041**
樟叶胡椒 **300484**
樟叶胡颓子 **141953**
樟叶加里亚 171553
樟叶荚蒾 **407756**
樟叶假蚊母 134909
樟叶假蚊母树 **134909**
樟叶槿 **194907**
樟叶梾木 **380480**
樟叶老鸦嘴 390822
樟叶楼梯草 **142791**
樟叶木防己 **97919**
樟叶木槿 194907
樟叶楠 240551
樟叶泡花树 **249463**
樟叶苹婆 **376094**
樟叶朴 **80618**,80767
樟叶槭 **2891**,2775
樟叶秋海棠 285660
樟叶树 91330
樟叶水丝梨 134909
樟叶丝穗木 **171553**
樟叶素馨 **211777**
樟叶西番莲 **285660**
樟叶野桐 **243419**
樟叶银桦 **180611**
樟叶越橘 **403814**,403816
樟子松 **300240**
蟑螂花 239266
蟑螂头 200790
掌苞紫堇 **106348**
掌唇兰 **374458**
掌唇兰属 **374457**
掌刺小檗 51824
掌竿竹 172742
掌秆竹 **172742**
掌根兰 **121373**
掌根兰属 **121358**
掌花夹竹桃 **389398**
掌花夹竹桃属 **389396**
掌距瓜叶乌头 5251
掌兰 **280635**
掌兰属 **280634**
掌裂柏那参 59218
掌裂败酱 **285877**
掌裂半箭鱼黄草 **250826**
掌裂草葡萄 **20290**,20338
掌裂车前 **302120**
掌裂豆薯 **279734**
掌裂番薯 **207958**
掌裂蒿 **35754**
掌裂合耳菊 **381947**
掌裂华千里光 365067
掌裂堇菜 **410340**
掌裂兰 **121385**
掌裂老鹳草 **174798**,174501
掌裂利希草 **228720**
掌裂栗豆藤 **11035**
掌裂驴蹄草 68212
掌裂蔓绿绒 294830
掌裂毛茛 **326310**,326303
掌裂木槿 **195081**
掌裂挪威槭 **3437**
掌裂蒲儿根 **365067**
掌裂秋海棠 **50148**
掌裂榕 **165421**
掌裂莎草 **119741**
掌裂山牛蒡 **382076**
掌裂蛇葡萄 **20338**
掌裂尾药菊 381947
掌裂乌头 **5067**
掌裂蟹甲草 **283854**
掌裂秀丽槭 **2780**
掌裂叶秋海棠 50148
掌裂鱼黄草 **250810**
掌裂掷爵床 **139889**
掌裂棕红悬钩子 **339221**
掌脉长蒴苣苔 **129978**
掌脉蝇子草 **363218**
掌牛奴 297013
掌牛仔 328665
掌疱茜 **319976**
掌片菊 **418250**
掌片菊属 **418249**
掌漆树 **332961**
掌参 182230
掌苔草 **75466**
掌叶白粉藤 **93008**
掌叶白头翁 321708
掌叶柏那参 **59235**
掌叶斑龙 348036
掌叶斑龙芋 348036
掌叶半夏 **299721**
掌叶报春 **314771**
掌叶菜栾藤 250859
掌叶赤爮 **390172**
掌叶垂头菊 **110423**
掌叶酢浆草 **278001**
掌叶大黄 **329372**
掌叶点地梅 **23176**
掌叶多裂委陵菜 **312803**
掌叶鹅掌柴 350682
掌叶蜂斗菜 **292403**
掌叶覆盆子 **338250**
掌叶狗尾草 361850
掌叶瓜橘 78175,78176
掌叶海枣属 90619
掌叶黑槭 **3240**
掌叶黑种草 **217825**
掌叶黑种草属 **217824**
掌叶红瓜 **97819**
掌叶厚敦菊 **277027**
掌叶花烛 **28113**
掌叶黄肉菊 **193206**
掌叶黄钟木 **382723**
掌叶鸡爪草 66221
掌叶姬旋花 250821
掌叶吉利属 **230860**
掌叶金鸡菊 **104566**
掌叶堇菜 **409878**
掌叶酒瓶树 **58346**,376102

掌叶蒟蒻薯 **382926**
掌叶冷蜂斗菜 **292359**
掌叶梁王茶 **266918**
掌叶蓼 **309510**
掌叶琉璃草 **117930**
掌叶驴蹄草 **68212**
掌叶马兜铃 **34298**
掌叶毛茛 **325717**
掌叶木 **185263**,59207,382723
掌叶木属 **185262**
掌叶茑萝 323470
掌叶挪威槭 3437
掌叶苹婆 376110
掌叶破坏草 **101958**
掌叶葡萄 **411834**
掌叶槭 **3367**
掌叶千里光 **359654**
掌叶牵牛 **207758**,207988
掌叶青兰 **137621**
掌叶秋海棠 **49911**
掌叶绒毛掌 140002
掌叶榕 **165672**,165111,165671
掌叶山猪菜 250859
掌叶石蚕 **338053**
掌叶石蚕属 **338052**
掌叶薯 **131527**
掌叶树 **155445**,59207
掌叶树属 59187
掌叶苏铁 115812
掌叶庭院椴 **370139**
掌叶橐吾 **229151**
掌叶乌头 **5467**
掌叶喜林芋 294830
掌叶香肉果 **78176**
掌叶蝎子草 175877
掌叶悬钩子 **339029**,338945
掌叶野藿香 338053
掌叶益母草 **225008**
掌叶银叶树 **192482**
掌叶鱼黄草 **250859**
掌叶鱼藤 **125992**
掌叶紫堇 **105733**
掌叶棕红悬钩子 339221
掌柱风兰 **24983**
掌状半裂白粉藤 **92881**
掌状半裂木槿 **195078**
掌状半裂永菊 **43829**
掌状独活 **192339**
掌状海伯尼亚常春藤 **187286**
掌状瘤蕊紫金牛 **271084**
掌状芦荟 **17116**
掌状南瓜 **114299**
掌状青兰 **137622**,137621
掌状全裂丹氏梧桐 **135943**
掌状砂纸桑 80008
掌状束尾草 **293211**
掌状庭院椴 **370148**
掌状兔儿伞 **381820**
掌状香科 338053
掌状野藿香 338053
掌状银莲花 **23979**
掌状圆叶舌茅 **402223**
丈菊 188908
丈野古草 37368
仗椰属 46743
帐篷树 240325
杖红 13934
杖花欧石南 **149990**
杖花棕 **332377**
杖花棕属 **332375**
杖葵 13934
杖藜 **87025**
杖麻属 **350564**
杖漆属 **391448**
杖省藤 65787
杖石 13934
杖藤 65778
杖田菁 **361454**
杖卫矛 **391454**
杖卫矛属 **391453**
杖无舌沙紫菀 **227138**
杖野荞麦 **152436**
杖叶前胡 **292854**
胀饱草 220126
胀被千屈菜 **297816**
胀被千屈菜属 **297815**
胀萼花 **18224**
胀萼花属 **18223**
胀萼黄芪 42322
胀萼黄耆 **42322**
胀萼蓝钟花 **115376**
胀萼列当 **297819**
胀萼列当属 **297818**
胀萼马鞭草属 **86065**
胀萼猫头刺 **278683**,278680
胀萼欧石南 **149584**
胀萼玄参属 297818
胀萼紫草属 **242395**
胀梗婆罗门参 394268
胀管玉叶金花 **260434**
胀果白粉藤 **92892**
胀果甘草 **177915**
胀果红豆 274428
胀果黄华 389527
胀果棘豆 **279180**
胀果美登木 **246862**
胀果木五加 125613
胀果芹 **295038**
胀果芹属 **295035**
胀果树参 **125613**
胀果苔草 **76615**
胀果小绿苔草 **76705**
胀果栀子 **171417**
胀花叶欧石南 **149900**
胀基芹属 **269274**
胀荚豆属 171969
胀荚合欢 **283445**,116610
胀荚合欢属 **283437**
胀荚红豆 **274404**
胀荚荠属 **297765**
胀节坎棕 85438
胀鳞茱萸 **171968**
胀鳞茱萸属 **171967**
胀囊苔草 **76677**
胀头玄参 **355038**
胀头玄参属 **355036**
胀药野牡丹 **400761**
胀药野牡丹属 **400759**
胀叶欧石南 **149902**
胀叶栀子 **171304**
瘴气藤 259487
钊板茶 383009
招豆藤 414576
招福生石花 **233654**
招福玉 233654
招柑 93734
招展杜鹃 **331215**
昭和草 **108759**,108736,148164
昭和草属 108723
昭觉石斛 125007
昭觉乌头 **5710**
昭宽粗叶木 **222199**
昭陵黄芪 43289
昭陵黄耆 **43289**
昭参 280771
昭苏滇紫草 **271756**
昭苏乳菀 **169792**
昭苏以礼草 **215972**
昭苏蝇子草 **363933**
昭通滇紫草 **271747**
昭通杜鹃 **332009**
昭通黄鹌菜 416397
昭通马尾连 388520
昭通猕猴桃 **6694**
昭通秋海棠 **49867**
昭通山不榴 336731
昭通杉木 **114550**
昭通唐松草 **388520**,388513
沼柏 85375
沼鳖科 230253
沼草 **230240**
沼草属 **230237**,230330
沼地蒿蓄 **291958**
沼地橙粉苣 **253937**
沼地飞廉 **73454**
沼地红茶藨 334240
沼地红栎 **324350**
沼地红门兰 **273565**
沼地虎耳草 **349436**
沼地兰 **143440**
沼地兰属 **143438**
沼地驴臭草 **271821**
沼地马先蒿 287494,287495
沼地毛茛 **326278**
沼地蒲公英 **384727**
沼地前胡 **292966**
沼地舌唇兰 **302392**
沼地瘦鳞帚灯草 **209430**
沼地黍 282031
沼地文殊兰 **111210**
沼地悬钩子 **338528**
沼地一枝黄花 **368454**
沼地硬骨草 **197490**
沼地玉兰 **242341**
沼地窄叶苔草 **76508**
沼地棕 4951
沼地棕属 **4949**
沼繁缕 375036
沼虎尾 239645
沼花 **230210**
沼花科 **230183**
沼花属 **230205**
沼桦 53470
沼菊 **146044**
沼菊属 **146042**
沼尻胡颓子 **142122**
沼拉拉藤 170717
沼兰 **185200**,243084,302355
沼兰猫儿菊 **202403**
沼兰属 **110632**,230338,242993
沼柳 **344034**,343119
沼柳叶菜 146634,146812
沼落羽松 385264
沼毛草 **321032**
沼毛草属 **321030**
沼迷迭香 **22445**
沼迷迭香科 **22466**
沼迷迭香属 **22418**
沼楠 **295346**
沼泞碱茅 **321330**
沼苹属 230237
沼茜 **230363**
沼茜属 **230361**
沼伞芹属 **191112**
沼沙参 **7728**
沼生白千层 **248088**
沼生柏属 6932
沼生斑鸠菊 **415592**
沼生斑鸠菊属 **415590**
沼生扁蕾 174205,174225
沼生藨草 352289
沼生大戟 159522
沼生灯心草 **213176**
沼生吊兰 **88591**
沼生丁香蓼 238192
沼生杜鹃 **332086**
沼生繁缕 375036
沼生凤仙花 **205207**

沼生革木 **133656**
沼生菰 418096
沼生哈罗果松 **184913**,121088
沼生蔊菜 **336250**
沼生黑三棱 **370074**
沼生还阳参 **110946**
沼生茴芹 **299426**
沼生火烧兰 147195
沼生鸡骨常山 **18051**
沼生蓟 **92213**
沼生荚蒾 408131
沼生苦苣菜 **368781**
沼生块茎藨草 **56643**
沼生拉拉藤 **170529**
沼生栎 **324262**
沼生亮蛇床 292966
沼生柳叶菜 **146812**
沼生马先蒿 **287494**
沼生牻牛儿苗 **153887**
沼生毛茛 **326174**
沼生木兰 242341
沼生欧石南 **149829**
沼生蒲公英 **384824**
沼生千里光 359660
沼生千日菊 **4876**
沼生雀稗 **327518**
沼生雀稗属 **327514**
沼生忍冬 **235649**
沼生沙参 7728
沼生刷盒木 **236465**
沼生水葱 352206
沼生水马齿 **67376**
沼生水莎草 **212771**
沼生水苏 **373346**
沼生水蓑衣 **200670**
沼生苔草 **73566**,75165
沼生唐菖蒲 **176429**
沼生田菁 361394
沼生橐吾 **229081**
沼生虾子草 **255149**
沼生香豌豆 222800
沼生杨 311347
沼生远志 **308244**
沼生越橘 403780
沼生早熟禾 305804
沼生槠 **78914**
沼石南星 **76983**
沼石南星属 **76981**
沼水槐 369010
沼苔草 75165
沼菀 **70949**
沼菀属 **70948**
沼委陵菜 **100257**
沼委陵菜属 **100254**
沼榆属 301801
沼芋属 **239516**
沼原草 **256632**
沼原草属 **256629**
沼泽阿斯皮菊 **39797**
沼泽桉 155719,155722
沼泽澳非萝藦 **326774**
沼泽百合 **230044**
沼泽百脉根 **237709**
沼泽百蕊草 **389780**
沼泽半边莲 **234855**
沼泽北非菊 280584
沼泽荸荠 **143271**
沼泽扁棒兰 **302781**
沼泽滨藜 **44312**
沼泽冰片香木 138555
沼泽薄荷 250432
沼泽苍菊 **280584**
沼泽草甸碎米荠 **72939**
沼泽草科 230183
沼泽草属 230244
沼泽刺葵 **295477**
沼泽酢酱草 **278134**
沼泽翠雀花 **124660**
沼泽大戟 **159522**
沼泽倒距兰 **21172**
沼泽迪波兰 **133396**
沼泽丁香蓼 **238192**
沼泽杜鹃 331346,331944
沼泽杜灵茜 **139097**
沼泽短柄草 **58616**
沼泽鳄梨 **291587**
沼泽番荔枝 **25876**
沼泽番樱桃 **156273**
沼泽繁缕 **375036**
沼泽仿龙眼 **254968**
沼泽飞蓬 **150611**
沼泽非洲鸢尾 **27712**
沼泽风铃草 **69899**
沼泽枫 3505
沼泽凤仙花 **205208**
沼泽高葶苣 **11415**
沼泽戈斯菊 **179843**
沼泽革颖草 **371498**
沼泽狗舌草 385908
沼泽光果一枝黄花 **368490**
沼泽鬼针草 **54012**
沼泽海葱 **402411**
沼泽海神木 **315912**
沼泽蔊菜 336250
沼泽蒿 36048
沼泽禾 **230337**
沼泽禾属 **230336**
沼泽黑柄菊 248140
沼泽红光树 **216909**
沼泽红门兰 **273512**,273565
沼泽红柱树 **78694**
沼泽虎眼万年青 **274720**
沼泽琥珀树 **27880**
沼泽花篱 **27267**
沼泽画眉草 **147857**
沼泽桦 53338
沼泽还阳参 110946
沼泽茴芹 **299489**
沼泽火炬花 **217011**
沼泽火烧兰 147195
沼泽棘豆 **278696**
沼泽蓟 **92285**
沼泽假杜鹃 **48279**
沼泽尖苞木 **146075**
沼泽剑叶狭喙兰 **375684**
沼泽胶草 181123
沼泽胶菀 **181123**
沼泽金光菊 **339543**
沼泽金果椰 **139396**
沼泽金丝桃 **394813**
沼泽堇菜 **410347**
沼泽茎花豆 **118103**
沼泽九节 **319734**
沼泽块茎藨草 **56641**
沼泽阔苞菊 **305093**
沼泽蜡菊 **189641**
沼泽梾木 **105039**
沼泽兰 **230342**
沼泽兰属 **230338**
沼泽蓝耳草 **115577**
沼泽蓝花参 **412784**
沼泽蓝星花 **33682**
沼泽狼尾草 **289296**
沼泽老鹳草 **174799**
沼泽乐母丽 **336075**
沼泽冷水花 **298917**
沼泽蓼 **308986**
沼泽鳞叶树 **326932**
沼泽柳叶菜 146812
沼泽龙胆 **173698**,173728,174164
沼泽乱子草 **259667**
沼泽轮叶瘦片菊 **11182**
沼泽麻雀木 **285588**
沼泽马先蒿 **287335**,287494
沼泽猫爪苋 **93090**
沼泽毛刺蕊草 **306991**
沼泽毛茛 **326255**
沼泽毛盘鼠李 **222424**
沼泽毛子草 **153248**
沼泽穆拉远志 **260032**
沼泽内雄楝 **145971**
沼泽拟莞 **352244**
沼泽鸟足兰 **347864**
沼泽牛角花 **237713**
沼泽欧石南 **150081**,150131
沼泽瓶刷树 **49349**
沼泽婆罗香 **138555**
沼泽匍菀 **306735**
沼泽蒲公英 384824
沼泽千里光 **359660**,358280
沼泽蔷薇 **336839**
沼泽鞘冠菊 **99494**
沼泽鞘蕊花 **99737**
沼泽芹 **230360**
沼泽芹属 **230359**
沼泽丘头山龙眼 **369837**
沼泽曲足兰 **120710**
沼泽雀稗 **285475**
沼泽日中花 **220635**
沼泽绒毛花 **28175**
沼泽柔软蓝花参 **412892**
沼泽萨巴特龙胆 **341439**
沼泽三白草 348085
沼泽三肋果 **397981**
沼泽山槟榔 **299665**
沼泽山梗菜 **234679**
沼泽山核桃 **77907**
沼泽山黧豆 **222743**
沼泽山柳菊 **195835**
沼泽山芫荽 **107803**
沼泽山月桂 **215405**
沼泽蛇舌草 **269926**
沼泽省藤 65759
沼泽圣诞果 **88075**
沼泽瘦鳞帚灯草 **209447**
沼泽疏花花葱 **307204**
沼泽鼠麴草 **178481**,178475
沼泽鼠尾草 **345449**
沼泽双袋兰 **134336**
沼泽双距兰 **133880**
沼泽水芹 **269345**
沼泽水蓑衣 **200663**
沼泽四数莎草 **387681**
沼泽松 300128
沼泽酸模 **340170**
沼泽酸渣树 **72651**
沼泽碎米荠 **73026**
沼泽苔草 **74781**
沼泽唐菖蒲 **176428**
沼泽田基麻 **200425**
沼泽铁线莲 **94870**
沼泽葶苈 **137213**
沼泽同瓣草 210317
沼泽同瓣花 **210317**
沼泽凸镜苔草 **75111**
沼泽瓦帕大戟 **401269**
沼泽文殊兰 **111238**
沼泽勿忘草 **260842**,260868
沼泽香科 388270
沼泽香科科 **388270**
沼泽向日葵 188906
沼泽小葶苈艾 **290474**
沼泽肖水竹叶 **23585**
沼泽肖鸢尾 **258662**
沼泽缬草 **404251**
沼泽泻属 **230330**
沼泽絮菊 **165997**

沼泽悬钩子 **339248**
沼泽旋覆花 **207194**
沼泽鸭跖草 **101112**
沼泽鸭嘴花 **214683**
沼泽岩菖蒲 **392629**
沼泽盐角草 **342873**
沼泽野茼蒿 **108756**
沼泽蚁棕 **217923**
沼泽银齿树 **227405**
沼泽鹰爪花 **35041**
沼泽硬皮鸢尾 **172702**
沼泽玉叶金花 **260470**
沼泽圆锥苔草 **75864**
沼泽远志 **308183**
沼泽云杉 298349
沼泽早熟禾 **305804**
沼泽蚤草 **321607**
沼泽猪殃殃 170529
沼泽紫露草 **394058**
沼泽棕属 4949
沼针蔺 143271
沼猪殃殃 **170717**
沼竹芋 **184960**
沼竹芋属 **184959**
赵公鞭 226742
赵李 328680
照白杜鹃 331239
照波 **52561**
照波属 **52548**
照殿红 195149
照光球 **244197**
照光丸 244197
照家茶 328609
照日葵 188908
照山白 **331239**,331284
照山红 331839
照水梅 **34460**,34448
照星 **244003**
照药 305202
照药根子 305202
照夜白 **267599**
照夜白属 **267598**
照月莲 202021
罩壁木 123545
罩壁木属 123543
肇东蒿 35128
肇骞合耳菊 **381930**
肇骞尾药菊 381930
肇庆鱼藤 283286
肇实 160637
遮萼扁担杆 **180716**
遮皮 **222745**
遮皮番薯 **208062**
遮皮含羞草 **255085**
遮皮邻近苞茅 **201481**
遮皮马唐 **130696**
遮皮日中花 **251822**
遮皮针茅 **376838**
遮阳树 232603
折瓣花 **404615**
折瓣花属 **404610**
折瓣瘦片菊 **216410**
折瓣瘦片菊属 **216408**
折瓣树萝卜 **10362**
折瓣天竺葵 **288478**
折瓣雪山报春 **314093**
折瓣珍珠菜 **239820**
折苞斑鸠菊 **406827**
折苞耳叶马蓝 **290927**
折苞风毛菊 **348706**
折苞尖鸠菊 **4643**
折苞马蓝 290927
折苞蒲公英 **384537**
折苞挖耳草 403132
折苞羊耳蒜 **232360**
折被韭 **15190**
折柄茶 376467
折柄茶属 **185943**
折补骨脂 **319228**
折齿假糙苏 **283642**
折唇线柱兰 **417779**
折唇羊耳蒜 **232101**
折茨藻 **262028**
折刺大戟 **159712**
折叠大果萝藦 **279455**
折叠大黄 **329377**
折叠短丝花 **221444**
折叠芳香木 **38490**
折叠狗尾草 **361871**
折叠过江藤 **232516**
折叠棘茅 **145104**
折叠蜡菊 **189674**
折叠良盖萝藦 **161009**
折叠罗顿豆 **237396**
折叠密头帚鼠麹 **252458**
折叠密钟木 **192546**
折叠木蓝 **205816**
折叠南非蜜茶 **116342**
折叠蒲公英 **384502**
折叠山柳菊 **195865**
折叠石斛 **125311**
折叠天竺葵 **288440**
折叠腺荚果 **7394**
折叠悬钩子 **339079**
折叠鸭嘴花 **214716**
折叠羊茅 **164213**
折多杜鹃 **330234**
折多景天 **356732**
折萼杜鹃 **330188**
折萼海桐 **301383**
折耳根 198745
折根 167456
折梗点地梅 **23260**
折梗紫金牛 **31420**
折菇草 175199
折骨草 393657
折骨藤 56206
折冠牛皮消 **117408**
折冠藤 **239319**
折冠藤属 **239318**
折果十万错 **43654**
折果椰子属 321128
折鹤兰 88553
折花补血草 230788
折角杜鹃 **331835**
折茎山柳菊 **195596**
折脉羊耳蒜 **232342**
折芒菊 **397800**
折芒菊属 **397799**
折毛糙蕊阿福花 **393777**
折毛塞拉玄参 **357548**
折毛圆唇苣苔 **183320**
折墨 **140272**
折皮黧豆 259531
折曲黄堇 **106477**
折扇草 **412532**
折扇草属 **412519**
折扇吊灯花 **84189**
折扇斗篷草 **14112**
折扇豆 **143755**
折扇豆属 **143754**
折扇高粱 **369624**
折扇热带补骨脂 **114430**
折扇柔花 **8974**
折扇沙拐枣 **67063**
折扇沙戟 **89326**
折扇叶科 261540
折扇叶属 261541
折扇异灰毛豆 **321142**
折舌爵床属 **321199**
折穗冰草 **11844**
折甜茅 **177648**
折听藤 56254
折叶大沙叶 **286430**
折叶耳稃草 **171493**
折叶芳香木 **38594**
折叶菲利木 **296188**
折叶风琴豆 **217999**
折叶杠柳 **291079**
折叶葛氏草 171493
折叶琥珀树 **27850**
折叶尖果茜 **77122**
折叶科加伯格欧石南 **149623**
折叶可利果 **96695**
折叶兰属 **366776**
折叶南非禾 **289967**
折叶南非少花山龙眼 **370250**
折叶欧石南 **149977**
折叶塞拉玄参 **357472**
折叶石豆兰 **62670**
折叶弯花欧石南 **149316**
折叶香雪兰 **168165**
折叶香芸木 **10701**
折叶萱草 **191316**
折折藤 56206
折枝菝葜 **366416**
折枝扫帚属 409321
折枝天门冬 **38928**
折转小檗 52105
哲东苣苔 **212336**
哲东苣苔属 **212335**
哲磨 233731
蛰刺爵床 **259048**
蛰刺爵床属 **259047**
蛰毛巴氏锦葵 **286710**
蛰毛黄花稔 **362679**
蛰毛金虎尾 **243529**
蛰毛鳞果草 **4487**
蛰毛螯毛果 **97571**
摺唇兰属 399633
摺甜茅 177648
摺叶萱草 191316
赭苞棘豆 **279056**
赭酢枣 345881
赭红玉 267049
赭黄贝母兰 98701
赭黄果千里光 **359613**
赭黄赫柏木 **186964**
赭黄柱瓣兰 **146452**
赭爵床属 **88988**
赭魁 131522
赭檀 **268322**
赭檀属 **268321**
赭头菊 **268337**
赭头菊属 **268336**
赭腺木犀草属 **268303**
赭香豌豆 **222788**
赭叶石莲花 **139996**
赭籽桃金娘 **268365**
赭籽桃金娘属 **268364**
赭紫猪毛菜 **344470**
褶瓣树 **321151**
褶瓣树属 **321144**
褶苞香青 **21662**
褶耳草 **321187**
褶耳草属 **321184**
褶栎 **324067**
褶皮黧豆 259531
褶皮油麻藤 **259531**
褶药萝藦 **321110**
褶药萝藦属 **321109**
褶叶耳藤菊 **199246**
褶叶厚敦菊 **277008**
褶叶花篱 **26965**
褶叶还阳参 **110732**
褶叶蓟 **91736**
褶叶千里光 **360019**
褶叶萱草 191316

褶叶悬钩子 **339078**
褶叶蝇子草 **363383**
褶皱贝伦特玄参 **52495**
褶皱刺蒴麻 **399237**
褶皱冬青 **204226**
褶皱芦荟 **17238**
褶皱苜蓿 **247450**
褶皱山柳菊 **195550**
褶皱石豆兰 **63059**
褶皱树萝卜 **10364**
褶皱水苏 **373417**
褶皱圆苞亮泽兰 **111671**
褶籽大戟 **142544**
褶籽大戟属 **142543**
柘 240842
柘柴 332509
柘橙 240828
柘橙属 240806
柘刺 240842
柘骨针 240842
柘果 240828
柘果树 240828
柘果树属 240806
柘花 381423
柘麻 240820
柘木 240842
柘桑 240842
柘属 114319,240806
柘树 **240842**,240813
柘树属 **114319**,240806
柘藤 240820
柘榆 191629
柘子 240842
浙白芷 24326
浙贝 168586
浙贝母 **168586**
浙地黄 327433
浙榧 393074
浙赣车前紫草 **364962**
浙赣箬竹 206800
浙桂 91351
浙杭卷瓣兰 **63019**
浙杭卷唇兰 63019
浙怀槐 240120
浙江安息香 **379478**
浙江白前 117424
浙江白术 44218
浙江百合 **229934**
浙江贝母 168587
浙江扁莎 **322196**
浙江钗子股 238312
浙江车前紫草 364962
浙江大青 **96157**
浙江淡竹 297344
浙江冬青 **204421**
浙江凤仙花 **204846**
浙江枸骨 204421
浙江桂 91351
浙江过路黄 **239578**
浙江孩儿参 **318518**
浙江红花油茶 68980
浙江红山茶 68980
浙江虎刺 122064
浙江虎耳草 **350055**
浙江槐蓝 206350
浙江黄堇 **106240**
浙江黄精 **308666**
浙江黄芩 **355406**
浙江荚蒾 **408120**
浙江假水晶兰 86390
浙江尖连蕊茶 69034
浙江菅 389377
浙江金线兰 **26015**
浙江开唇兰 26015
浙江苦竹 206835
浙江蜡梅 **87545**
浙江连蕊茶 **69034**
浙江铃子香 **86810**
浙江柳 **343200**
浙江柳叶箬 **209075**
浙江马鞍树 **240120**
浙江猕猴桃 **6726**
浙江木蓝 **206350**,206445
浙江楠 **295352**
浙江泡果荠 **196312**
浙江葡萄 **412010**
浙江七叶树 **9684**
浙江七子花 192168
浙江青荚叶 191192
浙江乳突果 54525
浙江润楠 **240568**
浙江山茶 **68980**
浙江山梅花 **294591**
浙江山木通 94811
浙江蛇麻 175868
浙江石楠 **295820**
浙江柿 **132175**
浙江鼠李 **328844**
浙江溲疏 **126926**
浙江碎米荠 **73052**
浙江铁杉 399925
浙江铁线莲 **94811**
浙江橐吾 **229003**
浙江五加 **2531**
浙江小檗 52320
浙江蝎子草 **175868**
浙江新木姜 **264024**
浙江新木姜子 264024
浙江雪胆 **191977**
浙江岩荠 **98041**
浙江叶下珠 **296517**
浙江蘡薁 412010
浙江油杉 216143
浙江郁李 **316488**
浙江獐牙菜 **380225**
浙江紫荆皮 214972
浙江紫薇 219956
浙荆芥 **264918**
浙景天 **357233**
浙麦冬 272090
浙闽新木姜子 **264027**
浙闽悬钩子 339413
浙闽樱桃 **83306**
浙南菝葜 **366248**
浙南苔草 **73838**
浙术 44218
浙皖粗筒苣苔 **60259**
浙皖丹参 345393
浙皖凤仙花 **205168**
浙皖虎刺 **122064**
浙皖黄杉 318572
浙皖荚蒾 **408224**
浙皖菅 **389377**
浙皖绣球 **200159**
浙皖紫荆 83778
浙玄参 355201
浙雁皮 414244
浙野艾 35430
蔗 341887
蔗黄杜鹃 **331862**
蔗兰 **130946**
蔗兰属 **130945**
蔗茅 **148915**
蔗茅属 **148855**
蔗甜茅 **177637**
鹧鸪草 **148818**
鹧鸪草属 **148808**
鹧鸪茶 243405,308081
鹧鸪茨 114838
鹧鸪豆属 85187
鹧鸪杜鹃 **332160**
鹧鸪花 **395480**,395481
鹧鸪花属 **395466**,194638
鹧鸪韭 **15609**
鹧鸪柳 **344308**
鹧鸪麻 **216642**
鹧鸪麻属 **216641**
鹧鸪木 110251,249359
鹧鸪山囊瓣芹 **320246**
鹧鸣 296751
贞丰粗筒苣苔 **60284**
贞丰泡花树 **249473**
贞丰柿 **132480**
贞节悬钩子 **339190**
贞洁林荫银莲花 **23928**
贞兰属 369178
贞榕 145693
贞桐花 96147,96257
贞蔚 224989,225009
针包草 53797,54158,342251
针苞菊 **395965**
针苞菊属 **395964**
针苞野豌豆 **408454**
针被鼠麹木属 **278489**
针边蚬壳花椒 **417217**
针菜 191284
针仓画眉草 **147644**
针齿草 **329054**
针齿草属 **329053**
针齿冬青 203614
针齿马先蒿 **287717**
针齿山柳菊 **195717**
针齿铁仔 **261650**
针刺草 53801,98223,252662
针刺草属 252660
针刺齿缘草 **153421**
针刺矢车菊 81112
针刺仙人球 **107014**
针刺悬钩子 **339130**,339135
针刺叶十大功劳 242636
针枞 388
针灯心草 **213569**
针垫花属 **228029**
针垫花紫花南芥 228100
针垫菊 **84524**
针垫菊属 **84478**
针垫子花 228057
针垫子花属 228029
针房藤 **329011**,329004
针房藤属 328990
针梗禾 **5769**
针梗禾属 **5767**
针果苣苔属 **326677**
针果芹 **350425**,350431
针果芹属 **350402**
针果棕属 156113
针禾属 376969
针花茜属 **354639**
针尖藜 139681
针尖藜属 385764
针翦草属 **376969**
针晶粟草 175943
针晶粟草科 175952
针晶粟草属 175930
针葵 295459
针葵属 295451
针藜 **385771**
针藜属 **385764**
针裂叶绢蒿 **360878**
针蔺 **143102**,143100,143404,396025
针蔺属 143019,396003
针毛凤仙花 **205276**
针茅 **376732**
针茅草 **257626**
针茅草属 **257625**
针茅灯心草 **213424**
针茅科 **376967**

针茅属 **376687**
针木蓼 44271
针囊葫芦属 **326658**
针茜属 **50909**
针雀 52049
针上叶 122040
针鼠丸 **107021**
针鼠玉 284666
针松 298323
针苔草 **74253**
针筒菜 **373321**
针筒草 104057,104059,238178,238211
针筒刺 238188
针筒果 373321
针筒麻 104059
针筒线 146840,146849
针尾凤 158118
针尾茜 **329051**
针尾茜属 **329050**
针虾 **140210**
针线包 54158
针形碧波 **54368**
针形芳香木 **38385**
针形飞廉 **73283**
针形金毛菀 **89865**
针形蓝花参 **412574**
针形菱 **394413**
针形瘤子菊 **297569**
针形母草 **231475**
针形南非仙茅 **371683**
针形鸟足兰 **347694**
针形蛇舌草 **269707**
针形天竺葵 **288054**
针形羊蹄甲 **48991**
针形翼茎菊 **172404**
针形银豆 **32775**
针形远志 **307894**
针玄参 **2596**
针玄参属 **2595**
针药野牡丹属 **4762**
针叶白苞紫绒草 **141495**
针叶白千层 **248073**
针叶萹蓄 **309607**
针叶彩花 **2209**
针叶豆芳香木 **38631**
针叶豆属 121871,223543
针叶耳草 **187499**
针叶番荣萸 **248508**
针叶飞蓬 **150812**
针叶风铃草 69905
针叶哈克 184589
针叶哈克木 **184589**,184617
针叶红千层 **67301**
针叶狐尾椰 266678
针叶假高粱 **369585**
针叶金合欢 **1100**
针叶韭 **15019**
针叶菊 **203489**
针叶菊属 **203488**
针叶老牛筋 **31730**
针叶蓼 309607
针叶柳 **343236**
针叶龙胆 **173501**
针叶母草属 **354592**
针叶木根菊 **415847**
针叶芹属 **4742**
针叶石斛 **125323**
针叶石竹 **127578**
针叶矢车菊 **81112**
针叶粟草 **379691**
针叶粟草属 **379689**
针叶苔草 **75610**,74408
针叶污生境 103783
针叶仙人掌 290701
针叶苋 **396492**
针叶苋属 **396491**
针叶相思树 1686
针叶玄参属 **326669**
针叶雪灵芝 31730
针叶雪轮 **364013**
针叶异味树 **103783**
针叶蚤缀 31730
针叶藻 **382420**
针叶藻属 **382418**
针叶帚菊 **292063**
针叶状铃豆 111856
针枝蓼 309607
针枝蓼属 44247
针枝木蓼 44276
针枝拟芸香 **185675**
针枝属 44247
针枝芸香草 185675
针柱茱萸属 **329126**
针状彩花 2209
针状茶藨 333894
针状寡头鼠麹木 **327596**
针状吉莉花 **175703**
针状瘤子菊 **297568**
针状穆拉远志 **259925**
针状奈纳茜 **263536**
针状石防风 **293034**
针状鼠麹木 **278490**
针状鼠麹木属 278489
针状野百合 111856
针状叶猪屎豆 111856
针状伊瓦菊 **210463**
针状猪屎豆 **111856**
针仔簕 43721
针子草 **329049**
针子草属 **329042**
针子参属 **329160**
针棕属 329169
珍杧草 293750
珍妮·鲍尔特代尔欧石南 **148950**
珍妮合果芋 **381864**
珍妮龙血树 137371
珍妮特山茶 **69175**
珍女士花烛 **28072**
珍奇十二卷 **186557**
珍稀马利筋 **38084**
珍稀美冠兰 **156962**
珍珠 165002
珍珠矮兰 **116993**
珍珠柏 213634
珍珠拜卧豆 **227064**
珍珠荸荠 **143205**
珍珠波仙客来 **115967**
珍珠菜 35770,239594,239781
珍珠菜科 **239908**
珍珠菜婆婆纳 **407218**
珍珠菜属 **239543**
珍珠菜远志 **308176**
珍珠草 1790,138331,151257,151532,170142,239594,291221,296801,296809,342251,342252,342290,389638,389768,389769,406992
珍珠萄柊 **354613**
珍珠柴 344656
珍珠地胆 **368890**
珍珠风 65670,66743,66762,66833
珍珠枫 66743
珍珠盖凉伞 31502,262189
珍珠杆 369265,369279
珍珠高粱 **369663**
珍珠果 **245259**
珍珠果属 **245257**
珍珠蒿 35136
珍珠花 **239391**,298722,345586,369279,371868,372101,374089,403738,403814,403816,404011,407846
珍珠花属 239369,369259
珍珠戟属 245212
珍珠荚蒾 **407846**
珍珠疆南星 **37016**
珍珠菊 35770,88301,89704
珍珠阔鳞兰 **302842**
珍珠兰 88301
珍珠丽杯花 198040
珍珠栗 78795
珍珠连 165002,345586
珍珠莲 165002,165619,165623,165628,220355,388697
珍珠凉伞 31408
珍珠柳 **343667**,66743
珍珠露水草 115526
珍珠芦粟 417417
珍珠鹿蹄草 **322914**
珍珠萝藦 **245201**
珍珠萝藦属 **245190**
珍珠麻 345561,345586
珍珠茅 354131,354141
珍珠茅属 **353998**
珍珠梅 **369279**,369265,369272,371836,371988,372075,415096
珍珠梅属 **369259**,371785
珍珠米 417417
珍珠莫玉散 65218
珍珠墨西哥野牡丹 **193752**
珍珠母天蓝绣球 **295302**
珍珠欧石南 **149735**
珍珠七 98621,232197
珍珠千里光 **359439**
珍珠茜 **245226**
珍珠茜属 **245225**
珍珠茄 **245189**
珍珠茄属 **245188**
珍珠球 203184
珍珠榕 **165623**
珍珠伞 **31511**,31396,31408
珍珠莎草 **119171**
珍珠蓍草 4006
珍珠十二卷 **186534**
珍珠矢车菊 **81194**
珍珠黍 **281881**
珍珠树 66787
珍珠粟 289116
珍珠透骨草 233760,370515
珍珠相思树 **1488**
珍珠香 404285,404316
珍珠绣球 371836
珍珠绣线菊 **372101**,371836,372050
珍珠叶 265395
珍珠蚰蜒蓍 **4006**
珍珠昼花 **262165**
珍珠猪毛菜 **344656**
珍珠子 66789
珍子木 **245221**
桢木 229529
桢楠 **295417**,240570,295386
桢楠属 240550
桢楠树 295408
桢桐 96147
真北沙参 176923
真齿无心菜 **31871**
真齿蚤缀 31871
真翅仙人掌属 320258
真翅子藤 196526
真翅子藤属 196501
真春黄菊子孙球 327268
真风藤 300427
真风梨属 60544
真红杜鹃 330651

真皇 **94561**
真黄耆 42453
真金草 238135,239582
真金花 191316
真堇 105699
真荆芥 143974
真菊 124785,124826
真栗 78795
真麻竹 **82454**
真毛黄芪 42209
真毛黄耆 **42209**
真楠木 240669
真青冈柳 **344242**
真三叶十大功劳 **242525**
真杉木 114539
真实黄芪 43221
真实黄耆 **43221**
真薯 **131749**
真穗草 **160993**
真穗草属 **160979**
真檀 346210
真檀香 346210
真桃花心木 380527
真武草 327525
真武剑 14725
真香 346210
真芋 99910
真正毛蕊花 **405679**
真珠 **163471**
真珠柏 213634
真珠菜 35770
真珠草 296801
真珠花 96147,345586
真珠花菜 35770
真珠兰 88301
真珠凉伞 31396,31408
真珠梧桐 96147
真珠相思树 1488
真竹 297215
真籽韭 **15268**
真子竹 **37283**
砧草 170246
砧叶矢车菊 **80902**
葴 209229,297643,297645
榛 **106736**,198698
榛柴棵子 106736
榛科 **106623**
榛栗 106736
榛木科 106623
榛木属 106696
榛色大戟 **45354**
榛色大戟属 **45353**
榛属 **106696**
榛树 106716,106736
榛菟丝子 **114999**
榛叶黄花稔 **362668**
榛叶热带补骨脂 114427
榛子 106736
枕瓜 50998
枕果榕 **164916**
枕头草 72038
枕头根 131917
枕突子孙球 **327293**
枕状虎耳草 **349226**
振铎黄鹌菜 **416499**
栚关花 381423
镇巴木竹 48711
镇边柃 160621
镇江白前 **117698**
镇静草 363090
镇康柏那参 59196
镇康报春 **314259**
镇康贝母兰 **98761**
镇康长蒴苣苔草 **129993**
镇康滇紫草 242400
镇康岗柃 **160481**
镇康裂果漆 **393458**
镇康罗伞 **59196**
镇康三叶木蓝 **206686**
镇康溲疏 **126844**
镇康苔草 **76793**
镇康无心菜 **32101**
镇康栒子 **107387**
镇康银莲花 **23945**
镇康胀萼紫草 **242400**
镇宁紫云菜 **378189**
镇平铁线莲 95265
镇坪淫羊藿 **147010**
镇头迦 132219
镇心草 103944
镇心丹 191284,191316
镇心丸 406662
镇雄杨 311372
震天雷 154169,159029,159101,159540,328760,382743
争光树属 198507
争墙风 70507
争文武 417488
征服者美丽番红花 **111604**
征冠玉 **182478**
征镒冬青 **204403**
征镒假卫矛 **254333**
征镒山柑 71932
征镒卫矛 **157967**
征镒雪胆 **191902**
征镒羊蹄甲 **49264**
蒸玉竹 308616
整洁斑鸠菊 **406250**
整洁豹皮花 **373769**
整洁布里滕参 **211491**
整洁恩氏寄生 **145576**
整洁虎尾兰 **346066**
整洁桦 **53386**
整洁黄耆 **42213**
整洁金果椰 **139328**
整洁可利果 **96684**
整洁宽肋瘦片菊 **57613**
整洁裂枝茜 **351135**
整洁龙王角 **198994**
整洁马利筋 **37866**
整洁毛束草 **395725**
整洁尼文木 **266402**
整洁鞘蕊花 **99548**
整洁鞘蕨 **99378**
整洁双袋兰 **134286**
整洁双距兰 **133686**
整洁松鼠尾草 **294910**
整洁酸蔹藤 **20226**
整洁酸藤子 **144730**
整洁天门冬 **38968**
整洁五星花 **289801**
整洁杂蕊草 **381730**
整洁栉茅 **113958**
整洁猪屎豆 **112033**
整洁砖子苗 **245380**
整洁紫波 **28450**
整齐山柳菊 **195873**
正安山柳 96505
正常黑救荒野豌豆 **408579**
正常野牡丹 248765
正骨草 117523
正光洁参 280799
正花 72038
正鸡纳树 **91082**
正轮掌叶报春 315076
正马 355201
正美球 **242891**
正美丸 242891
正面参 280799
正木 114539,157601
正木鳖 256804
正坭竹 125482
正榕 165307
正肉桂 91446
正杉 114539
正藤 121514
正藤木槲 144752
正统玉蕊属 223764
正香前胡 276745
正心木 160344
正义木 **161105**
正义木属 **161104**
正紫檀 320327
正宗柃 **160631**
正宗舌唇兰 **302408**
正宗氏拂子茅 **65423**
正宗桃花心木 380527
正宗小赤竹 **347356**
证饼子公 166684
郑芥 265078
郑氏八角莲 **139608**
郑氏钓樟 **231319**
政和杏 **34482**
政尾吊钟花 **145682**
政元大戟 **160007**
之喙马先蒿 **287675**
之形喙马先蒿 287675
之形木 **123426**
之形木属 **123425**
之形柱胡颓子 **142200**
之字报春 **314404**
之字滨藜 **44404**
之字地毯草 **45834**
之字剑叶莎 **240476**
之字金菀 **301504**
之字蓝耳草 **115548**
之字圣诞果 **88043**
之字野芝麻 **220377**
之字云兰参 **84599**
之字紫草 **233733**
支撑蓟 **92416**
支撑苔草 **74608**
支撑异囊菊 **194207**
支解香 382477
支连 103828,103846
支那黄梁木 **59939**
支那水木 106675
支那苔草 **74349**
支那香槐 **94018**
支那旋瓣菊 **412277**
支那岩雏菊 **291305**
支那樱珠 83284
支柱棒毛萼 **400804**
支柱大戟 **159907**
支柱蓼 **309841**
支柱芦荟 **17322**
支柱欧石南 **150105**
支柱蔷薇 **336363**
支柱拳参 309841
支柱三盾草 **394993**
支子 171253
卮子 171253
芝菜 **350861**
芝菜科 **350864**
芝菜属 **350859**
芝查藤根 94814
芝加哥齿叶荚蒾 **407781**
芝兰 116829
芝麻 **361317**
芝麻白苞紫绒草 **141496**
芝麻菜 **154019**
芝麻菜二行芥 **133261**
芝麻菜属 **153998**
芝麻菜叶千里光 **358828**
芝麻草 373262
芝麻榧 393061
芝麻花 247739,297984,361317
芝麻黄 154019

芝麻黄耆 **43035**
芝麻芥 **154061**
芝麻芥属 **154055**
芝麻类沟酸浆 **255172**
芝麻属 361294
芝麻树 **220332**
芝麻树属 **220331**
芝麻头 190094
芝麻响铃铃 112667
芝麻眼草 225295
芝麻掌 16605
芝子 171253
卮子 171333
枝白树 **93950**
枝白树属 **93949**
枝变兰 **85860**
枝变兰属 **85859**
枝翅叶下珠 296451
枝翅珠子木 **296451**
枝刺染料木 **172899**
枝刺远志属 **2162**
枝刺猪毛菜 **344427**
枝杜鹃 331809
枝端花 **397685**
枝端花属 **397681**
枝儿条 226751
枝梗巴豆 **112982**
枝梗苔草 **75972**
枝梗野荞麦 **152574**
枝果蓝星花 **33627**
枝果秋海棠 **49724**
枝果五出百脉根 **237737**
枝花多穗兰 **310386**
枝花仿花苏木 **27750**
枝花非洲木菊 **58507**
枝花畸花茜 **28854**
枝花菊 93884
枝花菊属 93882
枝花李榄 87726
枝花流苏树 **87726**
枝花脉刺草 **265679**
枝花木奶果 46198
枝花石蜈蚣 **355749**
枝花头 284367
枝花隐子草 **94620**
枝花紫云菜 **378215**
枝寄生 **93957**
枝寄生属 **93956**
枝江枫杨 **320383**
枝槿 195269
枝矩子 198769
枝毛野牡丹 **248747**
枝苓 355387
枝蕊白花菜 **93992**
枝蕊白花菜属 **93991**
枝莎属 **79745**
枝生花篱 **27319**
枝生具柄三芒草 **34040**
枝生蓝花参 **412827**
枝生沙扎尔茜 **86348**
枝实 **93952**
枝实属 **93951**
枝柿 132371
枝树科 127445
枝穗山矾 **381319**,381291
枝条粉红婆婆纳 **407317**
枝桐木 414813
枝弯豆属 380065
枝香 306964
枝香草 115595
枝香草属 **155912**
枝序偏穗草 **312320**
枝序偏穗草属 **312319**
枝序伞形绣球 199939
枝序窄瓣绣球 199939
枝叶草 362617
枝叶壮阳草 98159
枝展黑面神 60078
枝柱头旋花属 **93995**
枝状柴胡 **63584**
枝子 171253,237077
枝子花 137613
枝子花属 137545
枝子皮 **242357**,244449,279251
知本飘拂草 **166520**
知床风毛菊 **348782**
知床蒿 **35950**
知风草 **147671**,184656
知风草属 147468
知风飘拂草 **166304**
知荆 143868
知觉欧丁香 **382361**
知母 **23670**,7830,7850
知母韭 **15144**
知母科 **23674**
知母肉 23670
知母山药 131754
知母属 **23669**
知时木 313692
知天文 226721
知微老 117385
知微木 237191
知羞草 255098
织唇兰属 **293941**
织金山茶 **69738**
织锦苋 18095
织锦苋属 **385592**,18089
织女菀 400467
织穗狗牙根 **117878**
织叶咖啡黄葵 **221**
织叶佩奇木 **292425**
栀 171253
栀子 **171253**,171333
栀子草 257542,257543
栀子花 171253,171330
栀子花荷兰菊 **40926**
栀子黄 274277
栀子科 **171431**
栀子皮 **210442**
栀子皮属 **210441**
栀子属 **171238**
栀子树 323695
脂桉 155654
脂豆属 232039
脂粉球 **234943**
脂粉丸 234943
脂果豆属 **261525**
脂花兰属 **329297**
脂花萝藦属 **298132**
脂花木属 **327944**
脂金合欢 **1529**
脂菊木 **303041**
脂菊木属 **303039**
脂麻 361317
脂麻属 361294
脂麻掌 **171622**,171767
脂麻掌属 **171607**
脂树 385531
脂苏木 **315255**
脂苏木属 **315252**
脂心树 **270563**,197625
脂心树属 **270559**
脂杨 **311237**
脂叶茜 **328258**
脂叶茜属 **328256**
脂种藤属 218793
蜘蛛白点兰 **390491**
蜘蛛百合 27190
蜘蛛抱蛋 **39532**,39534,39580
蜘蛛抱蛋科 **39585**
蜘蛛抱蛋属 **39516**
蜘蛛草 170021,283787,288646
蜘蛛巢万代草 358021
蜘蛛巢万代草属 358015
蜘蛛杜鹃 **331886**
蜘蛛果 70403
蜘蛛花 **364339**
蜘蛛花属 **364338**
蜘蛛久苓草 214040
蜘蛛兰 155267,200941,383064
蜘蛛兰属 **30526**,34575,59265,200906,383054
蜘蛛苓菊 **214040**
蜘蛛眉兰 **272490**
蜘蛛七 404316
蜘蛛茜 **30561**
蜘蛛茜属 **30559**
蜘蛛石斛 **124998**
蜘蛛网秋海棠 50146
蜘蛛文心兰 **59676**
蜘蛛香 **404285**,285819,299376,404316
蜘蛛烟木 **102747**
蜘蛛样隐柱兰 113848
蘵 297650,297712
蘵草 297712
蘵苦骨 369010
执権团扇 **273043**
直瓣贝尔茜 **53102**
直瓣菊属 **87478**
直瓣苣苔 **22174**
直瓣苣苔属 **22158**
直瓣立金花 **218912**
直报春 **315015**
直鼻花 **329568**
直壁菊属 **291442**
直柄老鹳草 174935
直柄李果鹤虱 **335120**
直布罗陀柴胡 **63671**
直布罗陀卷耳 **82838**
直布罗陀鼠尾草 **344906**
直齿草属 **275511**
直齿车轴草 **396906**
直齿荆芥 **265016**
直齿密穗花 **322132**
直唇姜 **310829**,310830
直唇姜属 **310828**
直唇卷瓣兰 **62682**
直唇卷唇兰 62682
直唇兰 193072
直唇兰属 193070
直刺杯苋 **115732**
直刺变豆菜 **345988**
直刺刺蒴麻 **399287**
直刺刺头菊 **108358**
直刺单叶藤橘 **283512**
直刺鸡爪簕 **278321**
直刺美洲藤 **126689**
直刺山柑 **71926**
直刺山黄皮 278321
直刺山芹菜 345988
直刺藤橘 283512
直刺小瓦氏茜 **404903**
直酢浆草 **278099**
直打洒曾 167653
直萼虎耳草 **349296**
直萼黄芩 **355641**
直萼类越橘 79794
直萼龙胆 **173420**
直萼木属 **68438**
直萼艳苞莓 **79794**
直凤梨属 **275576**
直干桉 155545,155640
直干蓝桉 **155640**
直干相思树 1375
直甘草 **177881**
直杆蓝桉 155640
直杆驼舌草 **179381**

直根当归 **24448**
直根茎拟莞 **352242**
直根酸模 **340279**
直根天葵 **357922**,357919
直根罂粟 **282676**
直梗酢浆草 **277996**
直梗高山唐松草 **388406**
直梗华千里光 365046
直梗千里光 365046
直梗雀麦 60707
直梗栓果菊 **327473**
直梗栓果菊属 **327462**
直梗唐松草 388406,388627
直梗小檗 **51335**
直梗野茼蒿 **108757**
直梗紫堇 **105640**
直冠地胆草 **275562**
直冠地胆草属 **275561**
直冠花柱草 **228237**
直冠花柱草属 **228236**
直冠菊 **2052**
直冠菊属 **2049**
直冠芦荟 **17109**
直管草属 275624
直管花 275810
直管列当 **274995**
直管萱草 **191289**
直果草 **397905**
直果草属 **397903**
直果胡卢巴 **397261**
直果黄耆 **42839**
直果积雪草 **81621**
直果茄 **367473**
直果水竹叶 **260118**
直果绣线菊 **371885**
直果玄参属 **275494**
直果野桐 243384
直果银莲花 **23977**
直鹤虱 221758
直红安菊 **318051**
直花贝母 **168500**
直花密头帚鼠麴 **252477**
直花气花兰 **9211**
直花三角车 **334691**
直花树莓 30885
直花水苏 **373449**
直花玄参 **275467**
直花玄参属 **275463**
直花银桦 **180645**
直花隐藏禾 **113519**
直喙凤仙花 **205278**
直喙毛茛 **326157**
直喙乌头 5335
直加那利豆 **136756**
直荚草黄芪 42840
直荚草黄耆 **42840**
直荚黄耆 **42544**
直荚糖芥 **154548**
直角百蕊草 **389842**
直角轭果豆 **418539**
直角凤仙花 **205277**
直角荚蒾 **407850**
直角堇菜 **410329**
直角兰属 **275501**
直角全毛兰 **197553**
直角羊耳蒜 **232303**
直角紫堇 **106217**
直茎点地梅 23165
直茎杜鹃 331414
直茎蒿 **35456**
直茎红景天 **329932**
直茎黄堇 **106488**
直茎黄芪 42594
直茎黄耆 42594
直茎老鹳草 174865
直茎莓 339295
直茎鼠麴草 **178101**
直茎苔 **76338**
直茎心形滨藜 **44357**
直茎鸦葱 354955
直距薄花兰 **127949**
直距翠雀花 **124438**
直距凤仙花 **205255**
直距金雀花黄堇 **105800**
直距耧斗菜 **30071**
直距美冠兰 **156900**
直距曲花紫堇 **105781**
直距淫羊藿 **147026**
直距玉凤花 **183933**
直盔马先蒿 **287489**
直莱克草 223705
直莱切草 **223705**
直蓝花参 **412587**
直类秋海棠 **380645**
直立安龙花 **139451**
直立澳兰 **303110**
直立菝葜 **366317**
直立白蓬草 388683
直立白前 117523
直立白薇 117385
直立百部 **375351**
直立百脉根 **237759**
直立半插花 **191490**
直立半浆果滨藜 **44642**
直立堡树 **79082**
直立豹皮花 **373994**
直立笔花豆 **379241**
直立臂形草 **58058**
直立萹蓄 **308820**
直立变黑猪屎豆 **112461**
直立布雷默茜 **59902**
直立布谢茄 **57843**
直立叉足兰 **416514**
直立茶豆 **85245**
直立长春花 **409329**
直立长隔木 **185166**
直立长庚花 **193264**
直立车轴草 **397097**
直立稠李 **316615**
直立臭草 **248958**
直立刺被苋 **267886**
直立刺球果 **218077**
直立葱 15779
直立丛生玻璃掌 **186806**
直立大戟 **158476**
直立大溲疏 **127007**
直立刀豆 71042
直立地蔷薇 85651
直立蒂南草 392134
直立点地梅 **23165**
直立靛蓝 205678
直立丁香蓼 **238170**
直立东爪草 **391930**
直立斗篷草 **14152**
直立鹅参 **116475**
直立萼可利果 **96711**
直立二室蕊 **128273**
直立番薯 **208136**
直立芳香木 **38421**
直立菲奇莎 **164497**
直立狒狒花 **46148**
直立风兰 **24839**
直立蜂斗草 **368882**
直立蜂鸟花 **240761**
直立凤兰 24839
直立凤梨属 275576
直立腹水草 **407468**
直立格雷野牡丹 **180377**
直立葛氏草 171520
直立狗肝菜 **129325**
直立灌丛卷舌菊 **380869**
直立灌木帚灯草 **388792**
直立光果紫绒草 **56832**
直立哈梅木 185166
直立海神菜 **265468**
直立黑三棱 **370050**
直立红杉花 175704
直立红藤草 **337909**
直立红叶藤 **337712**
直立猴面蝴蝶草 **4076**
直立忽视山羊草 **8693**
直立虎耳草 **349076**
直立花豹皮花 **373801**
直立槐 **369039**
直立黄花小二仙草 **185002**
直立黄堇 106488
直立黄芪 42594
直立黄耆 42594
直立黄芩 **355346**
直立黄细心 **56437**
直立黄眼草 **416161**
直立黄钟花 **385493**
直立茴芹 **299539**
直立火穗木 **269100**
直立霍韦茜 **212534**
直立鸡蛋参 **98301**
直立棘豆 **278823**
直立假山柑 **334805**
直立坚果番杏 **387170**
直立角茴香 201605
直立金丝桃 **202163**
直立堇菜 410401,410478
直立锦香草 **296381**
直立茎秋海棠 **49815**
直立荆芥 **264915**
直立韭 **15056**
直立卷瓣兰 **63160**
直立卷耳 **82686**
直立卡德藤 **79366**
直立可利果 **96873**
直立拉拉藤 **170494**
直立蓝花参 **412669**
直立老鹳草 **174865**
直立藜 87171
直立两色乌头 **5026**
直立蓼 **309094**
直立柳叶菜 **146895**
直立漏斗花 **130202**
直立露兜树 **281020**
直立露子花 **123871**
直立绿羽鸡爪槭 **3331**
直立裸露密钟木 **192562**
直立麻黄 **146136**
直立马鞭草 **405894**
直立马布里玄参 **240202**
直立马兜铃 **34174**
直立蔓龙胆 **110328**
直立芒刺果 **1759**
直立毛秋海棠 **49816**
直立毛球百合 **62379**
直立莓系 **306009**
直立美尖柏 85376
直立迷迭香 **337189**
直立米德千屈菜 **254390**
直立米努草 **255582**
直立膜萼花 **292658**
直立木蓝 **205678**
直立木麻黄 79185
直立拟莞 **352180**
直立鸟足兰 **347771**
直立牛奶菜 **245801**
直立挪威槭 **3432**
直立欧石南 **149976**
直立欧洲常春藤 **187239**
直立欧洲刺柏 **213725**
直立欧洲红豆杉 **385310**
直立婆婆纳 **407014**
直立千金藤 **375849**

直立浅白欧石南 **148992**
直立墙草 **284145**
直立乔桧 **213768**
直立雀麦 **60707**
直立热美两型豆 **99953**
直立日本小檗 **52234**
直立榕 **164947**
直立软骨瓣 **88840**
直立三芒草 **34008**
直立山梗菜 **234442**
直立山黧豆 **222715**
直立山牵牛 **390759**
直立山珊瑚 170044
直立珊瑚花 **211348**
直立舌唇兰 **302527**
直立舌冠萝藦 **177395**
直立省藤 **65677**
直立石龙尾 **230294**
直立石竹 **127843**
直立孀泪花 **392134**
直立水蜡烛 **139558**
直立水苔草 **73738**
直立水蜈蚣 **218534**
直立蒴莲 **7243**
直立松 300181
直立素馨 **212010**
直立塔利木 **383361**
直立太平洋梾木 **105131**
直立唐松草 **388683**
直立藤长苗 **68703**
直立天门冬 **39161**
直立铁马鞭 **226926**
直立铁线莲 **95329**
直立驼曲草 **119836**
直立鸵鸟木 **378606**
直立娃儿藤 **400883**
直立威灵仙 **95277**
直立委陵菜 **312912**,312520
直立文藤 **244325**
直立无距花 296381
直立五层龙 **342632**
直立西非蓼 **9987**
直立西瓦菊 **193379**
直立席草 352200
直立喜山双距兰 **133875**
直立仙人球 **107026**
直立仙人杖 **267606**
直立小萹蓄 **291744**
直立肖菝葜 **194111**,366588
直立肖五蕊寄生 **269283**
直立楔柱豆 **371524**
直立心形欧石南 **149280**
直立悬钩子 **339295**
直立旋花 **103206**
直立鸭跖草 **101008**
直立亚龙木 **16257**
直立延龄草 **397556**,397622
直立羊茅 **164333**
直立洋常春藤 187239
直立野窃衣 **392973**
直立叶密头帚鼠麹 **252432**
直立一枝黄花 **368095**
直立隐花马先蒿 **287130**
直立隐柱兰 **113853**
直立尤利菊 **160791**
直立油麻藤 **259567**
直立鸢尾 46148
直立圆锥果 101933
直立杂种紫杉 **385390**
直立指甲草 **284842**
直立钟花 385493
直立舟叶花 **340669**
直立猪毛菜 344652
直立猪屎豆 **112608**
直立猪殃殃 **170372**
直立锥果藤 **101933**
直立着色猪屎豆 **112030**
直立紫波 **28462**
直立紫杆柽柳 383431
直立紫堇 106488
直亮小叶黄杨 **64294**
直列狗尾草 **361844**
直裂黄耆 **42841**
直裂片龙王角 **199001**
直鳞刺头菊 **108359**
直路边青 **175446**
直萝藦属 **275620**
直脉杜英 **142375**
直脉瘤果茶 **68925**
直脉榕 **165402**
直脉藤 **275546**
直脉藤属 **275545**
直脉兔儿风 **12687**
直脉小檗 **52098**
直芒草 **275614**
直芒草属 **275607**
直芒刺花蓼 **89110**
直芒雀麦 **60726**
直毛串珠芥 264609
直毛假地豆 126395
直毛狼尾草 **289188**
直毛囊颖草 **341995**
直毛沙拐枣 **67054**
直毛獐牙菜 **380199**
直米草 **370168**
直米钮草 255582
直拟婆婆纳 186977
直皮木 150131
直球穗扁莎 322244
直蕊唇柱苣苔草 **87937**
直蕊宿柱苔 73923
直蕊宿柱苔草 **75632**
直蕊苔草 **73923**
直蕊藤 **275549**
直蕊藤属 **275548**
直山芥 **47959**
直山莴苣 **219547**
直山羊草 **8721**
直生刀豆 **71042**
直鼠耳芥 **30141**
直水苏 **373389**
直穗臂形草 **58135**
直穗草 **161114**
直穗草属 **161113**
直穗臭草 249015
直穗大黄 **329389**
直穗大麦草 144271
直穗鹅观草 **335547**
直穗粉花地榆 345894
直穗花烛 **28098**
直穗柳 343982
直穗披碱草 **144320**
直穗千金榆 **77277**
直穗山姜 17686
直穗酸模 340109
直穗苔 73782
直穗苔草 **75627**
直穗小檗 **51524**
直穗偃麦草 **144640**
直穗羊茅 **163808**
直穗异决明 **360431**
直苔 76338
直糖芥 154467
直铁线莲 95329
直庭荠 **18478**
直葶石豆兰 **63106**
直托叶贝尔茜 **53065**
直尾楼梯草 **142814**
直小米草 **160268**
直楔卫矛 **275820**
直楔卫矛属 **275819**
直邪蒿 361582
直雄蕊番樱桃 **156325**
直须弥芥 **113154**
直序鹿藿 **333349**
直序罗伞 **59195**
直序乌头 **5534**
直序五隔草 289697
直序五膜草 **289697**
直序小檗 **51983**,51524
直玄参 **355249**
直玄参属 **29903**
直鸦葱 **354955**
直药大沙叶 **286396**
直药桔梗 **52499**
直药桔梗属 **52498**
直药萝藦属 **275471**
直叶桉 **155753**
直叶触须兰 **261775**
直叶灯心草 **213344**
直叶兜状天竺葵 **288186**
直叶凤梨 **21484**
直叶凤梨属 275576
直叶荆芥 **265062**
直叶毛子草 **153246**
直叶香柏 **213856**
直叶眼子菜 **312270**
直叶羊茅 **163786**
直叶椰属 188190
直叶椰子属 44801
直叶银桦 **180594**
直叶棕属 44801
直翼漆 **275605**
直翼漆属 **275604**
直缘乌头 **5635**
直早熟禾 **306033**
直枝草属 **275506**
直枝大果柏木 **114725**
直枝大戟 **159508**
直枝杜鹃 **331414**
直枝芳香木 **38829**
直枝画眉草 **147471**
直枝加拿大杨 **311161**
直枝洛马木 **235413**
直枝洛美塔 235413
直枝欧洲山杨 **311538**
直枝猪屎豆 **112485**
直苎麻 299024
直柱芳香木 **38754**
直柱兰 **376586**
直柱兰属 **376585**
直籽沟繁缕 **142573**
直足气花兰 **9230**
直足山柳菊 **195826**
植豆 294010,409025
植夫华千里光 365048
植夫蒲儿根 **365048**
植夫橐吾 **229032**
植木蔓荆 **411434**
植木樱 **83117**
植楠树 44893
踯躅 330917,331257
踯躅茶 69156
踯躅花 331257
止宫树 16063,16155
止宫树属 16043
止咳草 43577,230275
止咳菊 196693
止咳竹 272073
止利巧 82390
止利巧花 **82390**
止痢草 225398,225403,274237
止痢蒿 13063,13068,13102
止痢蚤草 **321554**
止睡茜属 **286048**
止痛丹 205249
止泻夹竹桃 197203
止泻萝藦 **177400**

止泻萝藦马利筋　**38177**
止泻萝藦属　**416183**
止泻木　**197199**
止泻木属　**197175**
止行　395146
止血草　11572,53797,66762,66779,66817,66864,85107,287853,289568,289569,313692,339983,340141,407275
止血草属　146053
止血柴　66833
止血丹　**183132**,144903
止血果　98633,98728
止血马唐　**130612**,130745
止血树　377541,381341
止血藤　79850,411735
止血药　77181
只刺　415046
纸苞金绒草属　306564
纸苞帚灯草属　**372994**
纸苞紫绒草　**399478**
纸苞紫绒草属　**399477**
纸酢浆草　**277731**
纸萼金莲花　**399499**
纸瓠果　**290559**
纸花葱　**15212**,15509
纸花菊属　**318976**
纸桦　53549
纸回欢草　**21117**
纸加藤　299115
纸荚豆　380032
纸荚豆属　380030
纸蔺　119347
纸龙面花　**263444**
纸露子花　**123938**
纸毛杜鹃　331442
纸末花　237191
纸母　23670
纸穆拉远志　**260031**
纸皮　61103
纸皮合欢　**13680**
纸皮桦　**53549**,53335
纸皮细线茜　**225767**
纸钱剑　297013
纸青锁龙　**109233**
纸肉　275403
纸乳香树　**57532**
纸莎草　**119347**
纸双盛豆　**20777**
纸仙人掌　**272910**
纸叶八月瓜　**197233**
纸叶报春　314233
纸叶翠雀花　**124499**
纸叶冬青　**203618**
纸叶杜鹃　**330373**,332155
纸叶虎皮楠　**122673**
纸叶柃　160527
纸叶木姜子　**233860**
纸叶清风藤　**341487**
纸叶琼楠　**50592**
纸叶榕　**164796**,164797
纸叶枸子　**107512**
纸叶越橘　**403876**
纸用瑞香　122567
纸指甲草　**284809**
纸质阿冯苋　**45773**
纸质菝葜　**366513**
纸质赪桐　**96007**
纸质赤竹　**347203**
纸质瓜叶菊　**290829**
纸质灌木帚灯草　**388820**
纸质豪曼草　**186175**
纸质肋瓣花　**13845**
纸质冷水花　**298894**
纸质龙脑香　**133557**
纸质楼梯草　142790
纸质麻花头　**361017**
纸质猫尾花　**62481**
纸质南非帚灯草　**38357**
纸质欧石南　**149834**
纸质琼楠　**50584**
纸质山马茶　**382748**
纸质绳草　**328123**
纸质瓦氏茜　**404857**
纸质乌口树　**385005**
纸质玉凤花　**183940**
芷　24325,24326
芷葛　165828
芷叶棱子芹　**304806**
芷叶前胡　**292770**
指瓣树属　**121319**
指被山柑属　**121179**
指梗寄生　**121222**
指梗寄生属　**121220**
指冠萝藦属　**121438**
指果裂柱远志　**320627**
指果木槿　**194832**
指花菰　**121193**
指花菰科　**121183**
指花菰属　**121192**
指喙兰　**121432**
指喙兰属　**121430**
指脊兰　**121435**
指脊兰属　**121433**
指甲菜　356953
指甲草　204799,290316,290439,356841,356884,356953,374731
指甲草科　**284731**
指甲草蜡菊　**189647**
指甲草毛柱帚鼠麴　**395888**
指甲草属　**284735**
指甲草状百蕊草　**389810**
指甲花　**223454**,204799,211990,291138,329114
指甲花属　**223451**
指甲兰　**9286**,9302,356459
指甲兰花蜘蛛兰　**30532**
指甲兰属　**9271**
指甲木　223454
指甲木属　**235108**
指甲薯　284160
指甲桃花　204799
指甲藤属　**307346**
指甲叶　223454
指橘　**253285**
指橘属　**253284**
指距莲花掌　**9041**
指兰属　**121337**
指裂百脉根　**237763**
指裂刺蒴麻　**399225**
指裂凤仙花　**204906**
指裂蒿　**36398**
指裂厚敦菊　**277043**
指裂金果椰　**139339**
指裂可拉木　**99185**
指裂莱德苔草　**223848**
指裂菱叶藤　**332310**
指裂流苏舌草　**108703**
指裂罗顿豆　**237288**
指裂梅花草　**284519**
指裂美非棉　**90953**
指裂木蓝　**205904**
指裂拟大豆　**272363**
指裂球葵　**370944**
指裂莎草　**118760**
指裂山黧豆　**222712**
指裂树葡萄　**120061**
指裂粟草　**254511**
指裂驼曲草　**119820**
指裂喜阳花　**190317**
指裂细莞　**209987**
指裂小闭荚藤　**246181**
指裂悬铃木　**302580**
指裂羽扇豆　**238444**
指裂总苞罗顿豆　**237334**
指脉柽柳桃金娘　**260985**
指脉单花杉　**257116**
指脉窄籽南星　**375731**
指皮麻　414193
指蕊大戟属　**121440**
指蕊瓜　**121201**
指蕊瓜属　**121196**
指蒜　**15242**
指苔　75954
指天笔　80381
指天椒　72073
指天蕉　260217
指纹瓣凤梨属　**413870**
指腺金壳果属　**121141**
指蟹甲　**130338**
指蟹甲属　**130337**
指药藤黄属　**121185**
指叶艾　35634
指叶奥德大戟　**270055**
指叶变叶菊　**415287**
指叶芳香木　**38516**
指叶哈克木　**184601**
指叶蒿　35430,36340
指叶猴饼树　7022
指叶毛兰　**148735**
指叶南瓜　**114276**
指叶歧缬草　**404412**
指叶千里光　**358727**
指叶山猪菜　**250821**
指叶委陵菜　312435
指叶肖毛兰　**260590**
指叶肖鼠李　**328575**
指叶紫堇属　128288
指柱兰　**376578**,86670
指柱兰属　**376576**,86667
指柱旋花属　**121451**
指状报春　314453
指状鹅掌柴　350682
指状花烛　**28095**
指状咖啡　**98898**
指状瘤瓣兰　**270799**
指状美冠兰　**156652**
指状磨擦禾　**398139**
指状平菊木　**351224**
指状千金子　**225995**
指状秋海棠　**49781**
指状求米草　**272737**
指状球百合　**62372**
指状雀稗　**285422**
指状山黧豆　**222711**
指状叶哈克　184601
指状罂粟葵　**67127**
指状玉凤花　**183568**
指状圆叶长筒莲　**107978**
枳　**310850**
枳枸子　198769
枳机草　4163
枳芨草　4163
枳椇　**198767**,198769,198786
枳椇属　**198766**
枳椇子　198769
枳壳　93332,93486,310850
枳壳花　93368
枳棋果　198769
枳实　93332
枳属　**310848**
枳枣　198767,198769
枳仔　165518
轵　167456
趾草凤仙花　204864
趾叶花烛　28113
趾叶栝楼　**396247**
趾叶蔓绿绒　294830

趾叶喜林芋 **294830**
至高秀美山茶 **69168**
志丹杏 **34481**
志佳阳杜鹃 331350,331830
志金花 382329
志取 7830,7850
制半夏 299724
制锦纹 329372
制军 329372
制马钱 378948
制蛇子 299719
治喘娃儿藤 400855
治多虎耳草 **350057**
治寇草 326340
治疟草 150464
治疝草 **192965**
治疝草科 **193019**
治疝草蜡菊 **189427**
治疝草石头花 **183205**
治疝草属 **192926**
治疝草田繁缕 **52606**
治疝草小叶番杏 **169979**
治疝草叶大戟 **159042**
治疝草状多荚草 **307747**
治疝花楸 369541
治蛇灵 285677
治瘧马兜铃 **34105**
炙草 35167
栉苞堇叶延胡索 **105919**
栉苞延胡索 105663
栉齿东北延胡索 105601
栉齿多穗凤梨 **30571**
栉齿光萼荷 **8584**
栉齿虎耳草 350010
栉齿黄鹌菜 **416495**
栉齿毛鳞菊 **84970**
栉齿细莴苣 **375716**
栉花小芭蕉属 113944
栉花芋 **113945**
栉花芋属 **113944**
栉花紫金牛 **113953**
栉花紫金牛属 **113952**
栉节毛茛 **326200**
栉裂东北延胡索 105601
栉裂毛茛 326200
栉裂迷延胡索 **105601**
栉茅属 **113954**
栉形仙人柱 140282
栉叶蒿 **264249**
栉叶蒿属 **264248**
栉叶芥 131141
栉状眼树莲 **134044**
桎木柴 237191
秩父桦 **53378**
秩父樱 **83115**
致密白冷杉 **319**
致密倒壶花 **22447**
致密欧洲常春藤 **187232**
致密珊瑚狭叶小檗 **52185**
致密洋常春藤 187232
掷菊属 **56696**
掷爵床属 **139857**
痔疮草 312412
彘椒 417282
彘颅 77146
智利白酒草 **103457**
智利白钟花 **221342**
智利百合 **418254**
智利百合属 **418253**
智利百合水仙 **18065**
智利柏 **45239**,166726
智利柏属 **45238**,166720
智利棒头草 **310106**
智利薄果帚灯草 **225924**
智利茶藨 333985
智利茶藨子 **333937**
智利车前 **301974**
智利柽柳桃金娘 **260980**
智利齿喙兰 **269130**
智利楚氏库竹 90632
智利楚氏竹 **90632**
智利垂果藤 **139936**
智利垂枝楚氏竹 **90634**
智利刺藜 **139685**
智利刺莲花 **199194**
智利刺莲花属 **199193**
智利刺毛禾 **85017**
智利刺毛禾属 **85016**
智利刺木 **179999**
智利葱 **175362**
智利葱属 **175361**
智利酢浆草 **278136**
智利大戟属 9843
智利大叶草 **181958**
智利单干木瓜 **405114**
智利单冠毛菊 **185437**
智利单花针茅 **262615**
智利灯笼树 **111146**
智利灯笼树属 **111145**
智利吊兰 **57791**
智利吊兰属 **57790**
智利杜鹃花 **400741**
智利杜鹃花属 **400740**
智利短被帚灯草 **29543**
智利钝柱菊属 **67956**
智利多刺小檗 **51616**
智利多花小檗 **51624**
智利鹅绒藤 **117404**
智利佛手掌 **77431**
智利腐蛛草 **30543**
智利腐蛛草科 **30541**
智利腐蛛草属 **30542**
智利富氏锦葵 **168809**
智利根乃拉草 181958
智利沟繁缕 142574
智利沟果紫草 **286908**
智利鬼针草 **53830**
智利桂 **223015**,223014
智利桂皮 138058
智利桂属 **223010**
智利和尚菜 **7432**
智利荷包花 **66260**
智利红柱花 144848
智利虹膜花 **10162**
智利虹膜花属 **10160**
智利虎耳草 **386820**
智利虎耳草属 **386819**
智利花 **294624**
智利花科 **294625**
智利花属 **294623**
智利槐 **369065**
智利芨芨草 **4124**
智利极光球属 **334527**
智利夹竹桃 **366006**
智利夹竹桃属 **366005**
智利假水青冈 266868
智利酒果 **34396**
智利酒椰子 212557
智利酒椰子属 212556
智利苣苔 41554
智利苣苔属 41551
智利卷舌菊 **380849**
智利喇叭花 **344383**,221341
智利喇叭花科 **344379**
智利喇叭花属 **344381**,221340
智利蓝番红花 385521
智利狼尾草 **289059**
智利雷耶斯茄 **328310**
智利离药草 **375298**
智利蓼 259590
智利柳 **343207**
智利六出花 **383376**
智利六出花属 **383375**
智利陆均松 **121099**
智利路边青 **175396**
智利罗汉松 **306410**,316084
智利骡草 **259780**
智利裸实 246817
智利马兜铃 **34140**
智利猫儿菊 **202399**
智利毛花茄 **222888**
智利毛花茄属 **222887**
智利毛药菊 **84810**
智利美登木 **246817**
智利美人蕉 **71160**
智利密花小檗 **51492**
智利密椰属 212556
智利密棕 212557
智利蜜棕 212557
智利绵石菊 **318805**
智利缪氏蓼 259590
智利木科 395009
智利木兰 **242324**
智利木属 395010
智利木通 **221816**
智利木通属 **221815**
智利牧豆树 **315551**
智利南柏 **299132**
智利南部柏 299132
智利南部柏属 299131
智利南美鼠刺 **155141**
智利南洋杉 **30832**
智利扭柄叶 **224648**
智利扭柄叶属 **224647**
智利铺地草 **218426**
智利铺地草属 **218425**
智利球 **264340**
智利球属 **264332**
智利雀麦 **60645**
智利热夫山龙眼 **175469**
智利日中花 **251199**
智利绒毛花 **28155**
智利软锦葵 **242915**
智利杉 **349018**
智利杉属 **349016**
智利石蒜属 **48865**
智利鼠李 **383268**
智利鼠李属 **383267**
智利鼠麹草 **178119**
智利双钱荠 **110548**
智利丝藤 **259590**
智利松叶菊 77431
智利苏铁 115852
智利素馨 244327
智利檀属 **324639**
智利桃金娘 **19948**
智利桃金娘属 **19947**
智利特石蒜 **394576**
智利特石蒜属 **394575**
智利藤 51267
智利藤科 **51263**
智利藤茄 **367062**
智利藤属 **51265**
智利甜菜 **53227**
智利筒萼木 **99812**
智利头花凤梨 **180536**
智利团扇 **272928**
智利豚鼻花 **365803**
智利网菊 **67764**
智利网菊属 **67763**
智利维拉木 **409255**
智利尾果锦葵 **402485**
智利西番莲 **285692**
智利喜花草 **87370**
智利喜花草属 **87369**
智利仙人球 **140856**
智利仙人柱 **263747**
智利香根芹 **276463**

智利香松 45239
智利香桃木 **261765**
智利小檗 **51446**,52295
智利小叶茄 **295967**
智利小叶茄属 **295966**
智利小叶小檗 **51923**
智利椰子 212557
智利椰子属 212556
智利夜来香 84419
智利夜香树 84419
智利异商陆 **25481**
智利异香桃木 **401346**
智利榆叶悬钩子 **339424**
智利鸢尾 **192414**
智利鸢尾属 192405
智利早熟禾 **305442**
智利榛 175469
智利榛属 175468
智利指甲草 **284812**
智利钟花 **221341**
智利钟花科 **221344**
智利钟花属 **221340**
智利种棉木 **46244**
智利柱穗兰属 **105407**
智利紫杉属 349016
智利棕 212557
智利棕榈 212557
智南柏属 299131
智洋顾 137672
滞良 414809
痣草 366934
稚儿祭 329579
稚龙球 **182452**
稚龙丸 182452
稚子竹 304109,347214
置疑小檗 **51572**
雉骨木 272090
雉毛奴邑 299724
雉毛邑 299724
雉头叶 248778
雉尾花 62110
雉尾指柱兰 **86675**,86720
雉乌老草 272090
雉隐天冬 39187
雉子莛 312550
雉子筵 312550
中澳科林比亚 106789
中澳伞房花桉 **106789**
中败酱 285839
中斑吊兰 **88558**
中斑密叶香龙血树 **137400**
中斑香龙血树 137401
中被黄芩 **355601**
中冰草 144652
中车前 302103
中葱 294895
中村杜鹃 331305
中岛氏冰草 **11630**
中道黄纹粗肋草 **11349**
中道星点木 **137411**
中甸艾 **36570**
中甸白芷 192265
中甸报春 314246
中甸杓兰 **120303**
中甸长果婆婆纳 **407081**
中甸垂头菊 **110363**
中甸刺玫 **336868**
中甸丛菔 **368580**
中甸翠雀花 **124708**
中甸灯台报春 **314246**
中甸东俄芹 **392803**
中甸独花报春 **270734**
中甸独活 **192265**
中甸杜鹃 **332162**
中甸风毛菊 **348274**
中甸凤仙花 **204854**
中甸高山豆 **391538**
中甸海水仙 **314668**
中甸杭子梢 **70918**
中甸虎耳草 **349278**
中甸黄堇 **106620**
中甸黄芪 42382
中甸黄耆 **42382**
中甸黄芩 **355411**
中甸茴芹 **299382**
中甸蓝钟花 **115343**
中甸肋柱花 **235471**
中甸冷杉 **363**
中甸龙胆 **173341**
中甸鹿药 242698
中甸马兜铃 **34381**
中甸马先蒿 **287844**
中甸毛茛 **326504**
中甸千里光 **358550**
中甸蔷薇 **337048**,336868
中甸清风藤 **341508**
中甸山楂 **109606**
中甸十大功劳 242497
中甸丝瓣芹 **6209**,6212
中甸溲疏 **127128**
中甸天胡荽 200308
中甸葶苈 **137230**,137183
中甸乌头 **5486**
中甸无心菜 **32328**
中甸香青 **21540**
中甸小檗 **52182**
中甸星宿菜 239588
中甸栒子 **107525**
中甸岩黄芪 188143
中甸岩黄耆 **188143**
中甸蝇子草 **363321**
中甸鸢尾 **208866**
中甸早熟禾 **306163**
中甸蚤缀 32312
中甸珍珠菜 **239588**
中蝶草 126389
中东矮棕属 262234
中东海枣 295461
中东芥 **334943**
中东芥属 **334942**
中东金花茶 **68880**
中东杨 **311144**
中东鱼鳔槐 **100178**
中俄 91381
中俄谷精草 **151263**
中非爵床属 **395449**
中非蜡烛木 **121111**
中非罗勒 **268466**
中非马齿苋 **311828**
中非热非夹竹桃 **13271**
中非三萼木 **395231**
中非香茶 **303726**
中非延命草 303726
中非猪屎豆 **111867**
中肥依力棕 **208368**
中逢花 229872
中国矮蕉 260250
中国八角 204490
中国白兼果属 **364776**
中国白蜡 167940
中国白蜡树 167940
中国白丝草 **87776**
中国白珠 172150
中国柏属 **302800**
中国蝙蝠葛 **250225**
中国扁蕾 **174208**,174205
中国苍术 44210
中国长萼芒毛苣苔 **9478**
中国柽柳 383469
中国澄广花 **275322**
中国穿鞘花 **19491**,19493
中国垂花胡枝子 **226919**
中国粗榧 82545
中国粗壮女贞 **229602**
中国大叶杜鹃 331850,331851
中国当药 380184
中国灯 345783
中国灯笼花 975
中国灯笼树 267621
中国地杨梅 **238615**,238614
中国杜鹃 331257
中国繁缕 **374802**
中国鸽子树 123245
中国葛 **321427**
中国狗牙花 **154150**,382766
中国贯叶金丝桃 202087
中国黄花柳 **344117**
中国黄耆 42177
中国黄眼草 **416008**
中国火绒草 224938
中国蓟 91864,92132
中国椒 **72097**
中国角茴香 201612
中国金丝桃 **202087**
中国旌节花 **373524**
中国苦木 **298509**
中国苦树 298509
中国李 316761
中国连香树 83740
中国柳 343179
中国柳穿鱼 **231187**
中国柳杉 113721
中国龙胆 **173336**
中国芦荟 17383
中国卵形柃木 **160519**
中国马先蒿 **287090**
中国麦李 **316427**
中国梅花草 **284517**
中国蘼芩草 258840
中国木兰杜鹃 331855
中国木兰杜鹃花 331855
中国南瓜 114292
中国拟铁 210364
中国念珠藤 18529
中国欧氏马先蒿 **287478**
中国千里光属 364517
中国茜草 **337916**
中国荛花 **414153**
中国沙拐枣 67010
中国沙棘 **196766**,196757
中国石蒜 **239259**
中国水仙 262468
中国水竹叶 260113
中国宿苞豆 362298
中国宿柱苔 76296
中国酸樱桃 **316279**
中国昙花 **71197**
中国天女花 279250
中国铁榄属 **365082**
中国铁线莲 94814
中国菟丝子 114994
中国卫矛 157745
中国文殊兰 111171
中国吻兰 89939
中国无须藤 **198576**
中国无忧花 **346502**
中国无忧树 346502
中国芜菁 59595
中国梧桐 166627
中国勿忘草 117908
中国西蒙德木 364450
中国喜山葶苈 **137157**
中国细辛 37597
中国纤细马先蒿 **287248**
中国香槐 94018
中国小檗 **51452**
中国小花荛花 **414259**
中国小米空木 375812

中国绣球　**199853**
中国绣球花　407939
中国绣球荚蒾　407939
中国续断　170021,220368
中国旋花　102933
中国岩黄芪　187831
中国岩黄耆　**187831**
中国野菰　**8767**
中国银高山柏　213946
中国油点草　**396587**
中国圆柏　213634
中国越橘　404001
中国鹧鸪花　395538
中国指柱兰　86670
中国猪屎豆　**112013**
中国紫堇　**106136**
中果咖啡　**98872**
中海苔草　**76794**
中花属　81743
中华安息香　**379325**
中华白芨　55574
中华白及　55574
中华白檀　381341
中华抱茎蓼　**308772**
中华抱茎拳参　308772
中华贝母　**168564**
中华被萼苣苔　88166
中华笔草　**318153**
中华扁核木　315176,365002
中华补血草　230759
中华槽舌兰　**197268**
中华草沙蚕　**398071**
中华叉柱花　**374495**
中华叉柱兰　**86670**
中华长春藤　187307
中华车前叶报春　314983
中华秤钩风　132929
中华茨藻　**262024**,262054
中华粗榧杉　82545
中华大节竹　**206900**
中华淡竹叶　236295
中华地桃花　**402249**
中华冬青　**204272**
中华杜英　**142298**
中华椴　391685
中华鹅耳枥　77278
中华鹅观草　**335505**
中华鹅掌柴　**350675**
中华耳草　**187539**
中华风吹箫　**228333**
中华风毛菊　**348199**
中华钩藤　401781
中华狗肝菜　129243
中华孩儿草　**340344**
中华禾叶繁缕　**374899**
中华红丝线　**238967**
中华胡椒　**300373**
中华胡枝子　**226739**
中华湖瓜草　232391
中华花荵　**307215**
中华槐　**368986**
中华黄花稔　**362514**
中华黄瑞木　**8214**
中华火焰兰　**327683**
中华芨芨草　**4125**
中华假柴龙树　**266810**
中华尖药花　**5885**
中华营　**389358**
中华结缕草　**418445**
中华金丝桃　202021
中华金腰　**90452**
中华金腰子　90452
中华旌节花　373524
中华九里香　260165
中华卷瓣兰　**62629**
中华栲　78889
中华栝楼　396257
中华蜡瓣花　106675
中华老鹳草　**174918**
中华冷水花　**299093**
中华冷水麻　299093
中华狸尾豆　**402147**
中华列当　**275142**
中华瘤枝卫矛　**157954**
中华柳　**343179**
中华柳穿鱼　231187
中华柳叶菜　**146883**
中华鹿藿　**333182**
中华落芒草　**276001**
中华猕猴桃　**6553**
中华密榴木　254558
中华木荷　**350943**
中华南山藤　137795
中华黏腺果　**101236**
中华盆距兰　**171894**
中华披碱草　**144472**
中华萍蓬草　**267329**
中华破布木　**104247**
中华槭　**3615**
中华牵牛　25316
中华茜草　337916
中华青荚叶　**191141**
中华青牛胆　**392274**
中华清风藤　**341514**
中华秋海棠　**49890**,49701,49886
中华荛花　414153
中华箬竹　206829
中华赛爵床　67821
中华三叶委陵菜　**312571**
中华沙拐枣　**67010**
中华沙参　**7811**
中华山荷叶　132685
中华山黧豆　**222710**
中华山楝　28999
中华山蓼　**278583**
中华山小橘　**177851**
中华山紫茉莉　**278288**
中华少花卫矛　157954
中华蛇根草　**272190**
中华石蝴蝶　**292581**
中华石龙尾　**230286**
中华石楠　**295630**
中华霜柱　215817
中华水锦树　**413843**
中华水芹　**269360**
中华苔草　**74098**
中华坛花兰　**2079**
中华檀梨　323073
中华天胡荽　**200274**,200312
中华田独活　254558
中华甜草　177582
中华甜茅　**177582**
中华莛子藨　**397837**
中华兔尾草　402147
中华王孙　284367
中华卫矛　**157745**
中华蚊母树　**134922**
中华五加　**2395**,86854
中华五室金花茶　68927
中华五味子　351081
中华膝柄木　**53680**
中华虾脊兰　**66073**
中华仙茅　**114849**
中华纤细马先蒿　287248
中华香简草　**215817**
中华小苦荬　**210525**
中华蟹甲草　**283869**
中华绣线菊　**371884**,372050
中华绣线梅　**263161**
中华续断　133463
中华雪胆　191903,191943
中华崖豆藤　**254812**
中华岩黄树　226644
中华沿阶草　**272134**
中华羊茅　**164321**
中华野独活　**254558**
中华野海棠　59881
中华野葵　**243866**
中华业平竹　**357952**
中华隐子草　**94591**
中华鸢尾兰　**267933**
中华早熟禾　**305985**
中华鹧鸪花　**395538**
中华柱瓣兰　**146395**
中华锥花　**179178**
中华紫报春　314988
中黄草　125112,125183,125235,125417
中黄水仙　262417
中间阿披拉草　**28970**
中间巴氏锦葵　**286638**
中间巴氏槿　286638
中间败酱　**285839**
中间半边莲　**234549**
中间碧波　**54377**
中间藨草　**353182**
中间长被片风信子　**137961**
中间车前　302103
中间车轴草　**396967**
中间刺果泽泻　**140547**
中间刺头菊　**108339**
中间大茨藻　**262073**
中间稻槎菜　**221794**
中间独行菜　**225389**
中间鹅观草　**335425**
中间发草　**126093**
中间番红花　**111555**
中间狗娃花　**193970**
中间冠唇花　**254268**
中间光泽锥花　179192
中间鹤虱　**221689**,221727
中间胡卢巴　**397253**
中间胡枝子　**226846**
中间虎耳草　**349616**
中间黄龙藤　351080
中间黄耆　**42535**
中间黄芩　**355520**
中间黄藤　**121502**
中间黄杨　**64373**
中间火畦茜　**322966**
中间假糙苏　**283622**
中间假杜鹃　**48252**
中间尖刀玉　**216187**
中间碱茅　**321304**
中间金果椰　**139358**
中间金雀花　**120916**
中间锦鸡儿　**72275**,72258
中间近缘五味子　351080
中间聚果指甲木　**371116**
中间蓼　**309253**
中间鳞蕊藤　225708
中间漏斗花　**130215**
中间芦莉草　**339827**
中间萝芙木　**327035**
中间马利筋　**37947**
中间茅膏菜　138307
中间莫恩远志　**257478**
中间木犀草　**327886**
中间苜蓿　247507
中间穆雷特草　**260133**
中间南芥　**30357**
中间帕沃木　286638
中间披碱草　**144473**
中间婆婆纳　**407161**
中间蒲公英　**384590**
中间雀麦　**60773**
中间髯药草　**365013**
中间山柳菊　**195668**

中间十大功劳 242463
中间鼠尾草 **345102**
中间水虎尾 **139590**
中间唢呐草 **256023**
中间苔草 **75346**,74641
中间豚草 **19171**
中间托恩草 **390404**
中间五味子 **351080**,351078
中间舞鹤草 **242690**
中间香科 **388152**
中间小檗 **51910**
中间小果侧金盏花 **8368**
中间小裂缘花 **351446**
中间型荸荠 **143168**
中间型光泽锥花 **179192**
中间型黄龙藤 351080
中间型冷水花 **298969**
中间型蒲桃 **382577**
中间型针蔺 143168
中间型竹叶草 **272630**,272612
中间悬钩子 **338064**
中间旋瓣菊 **412265**
中间盐角草 **342874**
中间偃麦草 **144652**
中间羊胡子草 **152790**
中间鱼黄草 **250807**
中间早熟禾 **305722**
中间针禾 377025
中间针翦草 **377025**
中间帚叶联苞菊 **114466**
中江芍 280213
中将姬 **102258**
中脚盾地雷 260250
中井柃 **168013**
中井鹅观草 335446
中井黄堇 106519
中井茇茇草 4148
中井南星 **33501**
中井氏胡颓子 **142219**
中井氏接骨木 **345684**
中井氏锦带花 **413626**
中井氏蓼 **309447**
中井氏路边花 **413590**
中井氏南星 **33366**
中井氏旗唇兰 **407612**
中井氏山姜 **17724**
中井氏山罗花 **248210**
中井氏细辛 **37620**
中井氏悬钩子 **338867**
中井郁李 83241
中空泽兰 **158113**
中昆仑黄耆 **42314**
中莨菪 **201392**
中朗 91381
中朗俄 91381
中粒咖啡 98872,98941
中裂桂花 276243
中灵草 98395
中麻黄 **146192**
中脉薄叶兰 238738
中脉风毛菊 44881
中脉甘蓝 **59522**
中脉公主兰 **238738**
中脉花篱 **27061**
中脉花叶万年青 130101
中脉还阳参 **110935**
中脉角蒿 **205601**
中脉羯布罗香 133559
中脉良毛芸香 **155850**
中脉龙脑香 **133559**
中脉梧桐属 **390303**
中脉肖绶草 **50905**
中脉血红西氏卫矛 **157883**
中脉异翅香 **25607**
中芒菊属 **81781**
中美大戟 **272004**
中美大戟属 **272002**
中美黛粉叶 **130110**
中美番瓜树属 211245
中美高地松 **300124**
中美根刺棕 **113292**
中美鸡头薯 **152907**
中美菊属 **416907**
中美瘤瓣兰属 **86844**
中美木棉 279387
中美木棉属 279380
中美轻木 268344
中美瑞香 **327958**
中美瑞香属 **327956**
中美石棕属 59095
中美薯蓣 **131595**
中美驼峰楝 **181574**
中美香椿 80030
中美旋花 **210453**
中美旋花属 **210452**
中美鸢尾属 361637
中美洲高地松 300124
中美洲红树 288699
中美洲红树科 288700
中美洲红树属 288698
中美洲黄檀 **121698**
中美洲蚁木 **382714**
中美朱缨花 **66666**
中美柱瓣兰属 **280710**
中美紫葳 **20740**
中美紫葳属 **20737**
中棉 179876,179878
中缅八角 **204490**
中缅黄堇 **106403**
中缅木莲 **244448**
中缅天胡荽 **200308**
中缅卫矛 **157669**
中缅玉凤花 **184060**
中纳言 **102508**
中南单花老鹳草 **174923**
中南短冠草 **369226**
中南蒿 **36294**
中南胡麻草 **81719**,128310
中南美无患子 **317319**
中南美无患子属 **317318**
中南卫矛 **157380**
中南星 33359
中南悬钩子 **338487**
中南亚落芒草 **300756**
中南鱼藤 **125963**
中尼大戟 159845
中宁枸杞 239011
中宁黄芪 42813
中宁黄耆 **42813**
中欧裸盆花 **216769**
中欧毛杜鹃 **330875**
中欧山松 300086
中欧郁金香 400192
中平树 **240250**
中茄子 367706
中日老鹳草 **174966**
中赛格多 402194
中沙海 91381
中山还阳参 110942
中山黄芪 42186
中山婆罗门参 394349
中山氏接骨木 **345673**
中参 187532
中搜山虎 208875
中穗宽刺藤 **65771**
中穗省藤 65762,65771
中穗泽生藤 **65762**
中泰叉喙兰 **401799**
中泰南五味子 **214948**
中泰五味子 214948
中泰玉凤花 **184061**
中天山黄芪 42186
中天山黄耆 **42186**
中条槭 **3763**
中庭 229872
中位扁棒兰 **302776**
中位塞拉玄参 **357584**
中位石豆兰 **62899**
中位田皂角 **9577**
中位鸭嘴花 **214621**
中位猪屎豆 **112087**
中位紫云菜 **378190**
中西部山荆子 **243557**
中夏枯草 **316112**
中乡赤竹 **347327**
中心草 117643
中新风毛菊 **348308**
中型报春 **314501**
中型灯笼槐 100182
中型滇丁香 238106
中型冬青 **203919**
中型黄耆 **42691**
中型狼尾草 **289155**
中型麦瓶草 363735
中型茅膏菜 **138307**
中型南芥 **30311**
中型女贞 **229544**
中型萍蓬草 **267285**
中型千屈菜 **240050**
中型青牛胆 392270
中型日本白蜡树 **168002**
中型树萝卜 **10319**
中型水杨梅 175378
中型四国香茶菜 209831
中型委陵菜 **312683**
中型勿忘草 **260807**
中型亚洲络石 **393621**
中型茵芋 **365936**
中型蝇子草 **363735**
中型紫堇 **106017**
中雄草属 **250655**
中亚阿魏 **163633**
中亚贝母 **168347**
中亚滨藜 **44347**
中亚彩花 **2210**
中亚糙苏 **295048**
中亚糙苏属 **295045**
中亚草原蒿 **35369**
中亚侧金盏花 **8385**
中亚车轴草 **170588**
中亚柽柳 383431
中亚翅果蓼 **320796**
中亚翅果蓼属 **320794**
中亚虫实 **104783**
中亚葱 **15073**
中亚大戟 **160022**
中亚大裂鸢尾 **208705**
中亚豆列当 **244637**
中亚多榔菊 **136379**
中亚粉苞苣 **88791**
中亚粉藜 44347
中亚福寿草 8385
中亚旱蒿 **35888**
中亚红斑黄芩 **355721**
中亚桦 **53629**
中亚还阳参 **110788**
中亚黄芪 **43247**
中亚棘豆 **278857**
中亚锦鸡儿 **72364**
中亚荩草 **36657**
中亚菊蒿 **383780**
中亚绢毛点地梅 **23297**
中亚苦蒿 **35090**
中亚苦蒿状牻牛儿苗 **153715**
中亚宽带芹属 **250924**
中亚宽喙马先蒿 **287520**
中亚拉拉藤 **170716**
中亚桋木 **380448**

中亚狼尾草 289096
中亚梨 **323095**
中亚毛花马先蒿 **287567**
中亚密花马先蒿 **287569**
中亚南星属 **145013**
中亚婆罗门参 **394300**
中亚蒲公英 **384491**
中亚奇异彩花 **2265**
中亚奇异黄耆 **42729**
中亚奇异婆罗门参 **394323**
中亚蔷薇 **336643**
中亚茄 **366953**
中亚秦艽 **173552**
中亚球序蒿 **35464**
中亚沙棘 **196783**
中亚砂蒿 36304
中亚山草 **285927**
中亚山草属 **285925**
中亚山柳菊 **195476**
中亚石莲 337318
中亚鼠茅 **412493**
中亚双球芥 **130031**
中亚酸模 **340202**,339983
中亚苔草 74408
中亚天仙子 **201401**
中亚庭芥 **130161**
中亚庭芥属 **130160**
中亚葶苈 **137034**
中亚铜花芥 **85072**
中亚铜花芥属 **85071**
中亚兔耳草 **220180**
中亚瓦莲 337318
中亚卫矛 **157876**
中亚细柄茅 **321018**
中亚须弥芥 **113153**
中亚羊茅 163827
中亚野麦 **144517**
中亚银豆 **66579**
中亚银豆属 **66578**
中亚银缕梅 **284961**
中亚银穗草 **227950**
中亚鹰嘴豆 **90812**
中亚羽裂荠 **368945**
中亚鸢尾 **208466**
中亚鸢尾蒜 **210992**
中亚早熟禾 305673
中亚泽芹 **365854**
中亚直刺刺头菊 **108277**
中亚猪殃殃 170588
中亚孜然芹 **114506**
中亚紫草 **391518**
中亚紫草属 **391517**
中亚紫堇 **106427**
中亚紫菀木 **41749**
中叶麦冬 327525
中叶羊屎 122717
中叶樟 264039
中印杜英 142292
中印冷水花 **298937**
中印铁线莲 **95376**
中柚 93599
中园苦荬菜 **210649**
中原氏杜鹃 331305
中原氏二柱苔 74638
中原氏鬼督邮 12676,12679
中原氏山矾 **381327**
中原氏鼠李 328793
中原氏掌叶槭 3591
中越大果茜 **167523**
中越短蕊茶 **69096**
中越黄檀 121841
中越脚骨脆 **78160**
中越柳 **343085**
中越猕猴桃 **6635**
中越苹兰 **299616**
中越秋海棠 **50314**
中越山茶 69148
中越十裂葵 **123440**
中越羊耳蒜 **232297**
中泽芹 365854
中折旺 91392
中州凤仙花 **205003**
中轴蓼 **309098**,309946
中紫菀 40507
忠果 70989
终南鹅耳枥 **77422**
终曲枿石南 **67474**
柊树 **276313**
柊叶 **296052**,296049
柊叶科 245039
柊叶龙血树 **137471**
柊叶属 **296018**
盅盅花 276098
钟苞麻花头 **361029**
钟苞榛 **106717**
钟被锦葵 **98267**
钟被锦葵属 **98266**
钟萼白头翁 **321665**
钟萼草 **231271**
钟萼草属 **231254**
钟萼粗叶木 **222293**
钟萼地埂鼠尾草 **345368**
钟萼豆 98159
钟萼豆属 98152
钟萼连蕊茶 **68966**
钟萼木 59966,399852
钟萼木科 59968
钟萼木属 59965,399851
钟萼鼠尾草 **344926**
钟冠白前 **117399**
钟冠唇柱苣苔 **87978**
钟冠萝藦 **375249**
钟冠萝藦属 **375248**
钟鬼球 182446
钟果桉 **155705**
钟果木属 **98256**
钟果茱萸 **98207**
钟果茱萸属 **98206**
钟花 70164
钟花白珠 **172063**
钟花百子莲 **10251**
钟花报春 **314961**
钟花草 **98223**
钟花草属 **98220**
钟花垂头菊 **110358**
钟花达乌里秦艽 **173374**
钟花大溲疏 **127010**
钟花杜鹃 **330303**
钟花风信子 **60339**
钟花风信子属 **60337**
钟花福南草 167735
钟花胡颓子 **142015**
钟花假百合 **266898**
钟花韭 **15397**
钟花苣苔属 **98228**
钟花科 3894
钟花蓼 **308941**,309468
钟花龙胆 **173656**
钟花马兜铃 34355
钟花蜜茱萸 **249159**
钟花清风藤 **341490**
钟花忍冬 **235741**
钟花神血宁 308941
钟花树 **382710**,382706
钟花树萝卜 **10354**
钟花树属 382704
钟花亚麻 **231882**
钟花樱 83158
钟花樱桃 **83158**
钟花郁金香 **400229**
钟花柱 **79097**
钟花柱属 **79096**
钟基麻属 **98215**
钟君木 399852
钟君木属 399851
钟康木 **121280**
钟康木属 **121279**
钟馗草 60064
钟馗兰 2081,416382
钟兰 **70384**
钟兰属 **70383**
钟棱果桔梗 **315276**
钟铃花 **289327**,289371
钟铃花属 289314
钟铃藤细辛 34364
钟楼角 **373874**
钟麻 194779
钟木 399852
钟木属 399851
钟乳生石花 **233553**
钟乳玉 233553
钟山草 **292487**,369217
钟山草属 **292485**
钟珊瑚属 194411
钟石竹 363214
钟氏齿唇兰 269022
钟氏金线莲 269022
钟氏冷竹 364641
钟氏柳 **343333**
钟氏石楠 295656
钟氏绣球 199931
钟穗花 **293158**
钟穗花属 **293151**
钟形凤仙花 **204837**
钟形果桉 155705
钟形火焰树 370358
钟形栀子 **171271**
钟状垂花报春 **315124**
钟状独花报春 **270728**
钟状粉花溲疏 **127064**
钟状牧根草 **43575**
钟状欧石南 149205
钟状苹婆 **376089**
钟状虾疳花 **86505**
蒁葵 48689
肿瓣芹 320248
肿瓣芹属 320203
肿柄杜英 **142330**
肿柄菊 **392432**
肿柄菊属 **392428**
肿柄蜡菊 **189862**
肿柄千里光 359811
肿柄秋海棠 **50204**
肿柄雪莲 **348224**
肿风 406817
肿根属 121358
肿果红景天 **329918**
肿喙苔草 **75583**
肿荚豆 **27466**
肿荚豆属 **27464**
肿节风 346527
肿节居维叶茜草 **115300**
肿节少穗竹 **270440**
肿节石斛 **125301**
肿茎笑布袋 **203253**
肿粒苣苔 **400998**
肿粒苣苔属 **400997**
肿瘤椰 **119998**
肿瘤椰属 **119996**
肿瘤野独活 **254547**
肿脉瘤瓣兰 **270846**
肿漆 **366734**
肿漆属 **366733**
肿手花根 159172
肿手棵 158857,159027
肿蒴苣苔 **237965**
肿蒴苣苔属 **237964**
肿叶菊 **383392**

肿叶菊属 **383391**
肿胀阿魏 **163631**
肿胀狗牙花 **382827**
肿胀果苔草 **76444**
肿胀蓝花参 **412906**
肿胀蓼 **309914**
肿胀膜杯草 **201039**
肿胀木蓝 **206398**
肿胀欧石南 **150175**
肿胀省藤 **65808**
肿胀苔草 **76617**
肿胀藤属 270938
肿胀小麦 398986
肿胀栀子 171417
肿胀舟叶花 **340948**
种柄三芒草 **33853**
种阜草 **256444**
种阜草属 **256441**
种沟芹属 45062
种脊人字果 **128928**
种芥 259282
种棱粟米草 **256727**
种毛山羊草 8670
种棉木 **46234**
种棉木属 **46210**
种棉木叶叉尾菊 **287995**
种术 44218
种田蒲 338985
种缨针茅 **376749**
种植大戟 159557
种子岛蓟 **92430**
种子岛卷瓣兰 **62875**
种子粉芭蕉 **260258**
种子藜芦 352124
踵瓣芹 320248
仲巴翠雀花 **124136**
仲巴女娄菜 364227
仲巴蝇子草 **364227**
仲巴早熟禾 **306161**
仲彬草属 215901
仲氏苔草 **74130**
众香树 **299325**
众香树属 **299321**
众叶野豌豆 **408545**
州柑 93718
舟百合 394076
舟瓣花属 **117131**
舟瓣芹 **364970**
舟瓣芹属 **364969**
舟瓣梧桐属 **350453**
舟苞南星 **350440**
舟苞南星属 **350439**
舟苞鼠麹草 **135018**
舟苞鼠麹草属 **135017**
舟苞喜林芋 **294801**
舟被姜属 **350450**
舟柄茶 376467
舟柄茶属 185943
舟柄铁线莲 **94879**
舟床 **93461**
舟萼豆 **117279**
舟萼豆属 **117278**
舟萼谷精草 151409
舟萼苣苔属 **262896**
舟萼兰属 **350479**
舟萼木 **350449**
舟萼木属 **350448**
舟梗玉簪 **350438**
舟梗玉簪属 **350436**
舟冠菊属 **117126**
舟果黄耆 **42252**
舟果苣苔 **224346**
舟果苣苔属 **224345**
舟果荠 **385132**
舟果荠属 **385129**
舟果芹 **117115**
舟果芹属 **117114**
舟果水玉簪 **117112**
舟果水玉簪属 **117111**
舟花狸藻 **403149**
舟花马兜铃 34159
舟花马先蒿 287138
舟胶树 **305057**
舟胶树属 **305056**
舟口玄参 **117119**
舟口玄参属 **117117**
舟莓 **338871**
舟曲贝母 168563
舟曲黄芪 43291
舟曲黄耆 **43291**
舟曲柳 **344309**
舟曲天名精 **77196**
舟曲橐吾 **229260**
舟曲醉鱼草 **62173**
舟蕊囊颖草 **341953**
舟蕊秋水仙属 **22330**
舟山新木姜 264090
舟山新木姜子 **264090**
舟舌兰属 **224347**
舟梧桐属 **350444**
舟形多坦草 **136638**
舟形凤仙花 **204887**
舟形光膜鞘茜 **201035**
舟形鸡头薯 **152988**
舟形肋瓣花 **13837**
舟形肋枝兰 **304928**
舟形马先蒿 **287138**
舟形歧缬草 **404411**
舟形乌头 **5153**,5442
舟形藻百年 **161564**
舟叶花 **340635**
舟叶花属 **340548**
舟叶可利果 **96696**
舟叶马兜铃 **34159**
舟叶密头帚鼠麹 **252424**
舟叶茄 **367067**
舟叶双盛豆 **20755**
舟叶橐吾 **229013**
舟颖剪股颖 **12115**
舟状虫实 **104815**
舟状凤仙花 204887
舟状黄芩 **355617**
舟状绿心樟 **268700**
舟状苹婆 376184
舟状石斛 125037
舟状蚁棕 **217925**
舟状玉凤花 **183893**
舟籽芹 **350490**
舟籽芹属 **350486**
周被紫葳 **290857**
周被紫葳属 **290856**
周刺黄藤 **121521**
周盖爵床 290839
周盖爵床属 290838
周花丝花苣苔 **263328**
周裂秋海棠 **49722**
周麻 91008,91011,91023
周毛采尔茄 **401204**
周毛莓 338130
周毛欧石南 **149872**
周毛茜 **20595**
周毛茜属 **20594**
周毛悬钩子 **338130**
周身松 177170
周升麻 91008,91011,91023
周氏鹅耳枥 77411
周氏黑三棱 **370104**
周氏碎米荠 **72720**
周天球 **45893**
周天丸 45893
周位花盘科 290895
周至柳 **344178**
粥香 66789
轴花木 **153398**
轴花木属 **153396**
轴花属 153396
轴藜 **45844**
轴藜属 **45843**
轴藜状叉枝滨藜 **161808**
轴榈 228738
轴榈属 **228729**
轴苔草 **76064**
轴叶鲍雷木 **57904**
轴状独蕊 **153389**
轴状独蕊属 **153388**
肘花苣苔属 **114050**
帚斑鸠菊 **406850**
帚萹蓄 **308791**
帚菜子 217361
帚灯草科 **328218**
帚灯草叶海神木 **315939**
帚粉菊 **388733**
帚粉菊属 **388730**
帚高兰属 104420
帚灌豆 **347127**
帚灌豆属 **347117**
帚花灯心草 **213353**
帚黄花 **415948**
帚黄花属 **415947**
帚黄芪 43024
帚黄耆 **43024**
帚茴香 **167154**
帚菊木科 **260557**
帚菊木属 **260530**,292040
帚菊木状蜡菊 **189585**
帚菊属 **292040**
帚蓼 308791
帚马兰 41317
帚蔷薇属 223696
帚青葙 **192017**
帚青葙属 **192014**
帚雀麦 **60957**
帚石南 **67456**
帚石南属 **67455**
帚石南苔灌木 **256366**
帚黍 **282214**
帚鼠麹属 **377197**
帚条 226698
帚菀 **196413**
帚菀木 **307557**
帚菀木属 **307554**
帚菀属 **196410**
帚鲜菊 **61461**
帚鲜菊属 **61459**
帚蟹甲 **225565**
帚蟹甲属 **225561**
帚形北美香柏 **390600**
帚形黄叶欧洲红豆杉 385311
帚形欧洲红豆杉 385314
帚序苎麻 **56357**
帚叶联苞菊属 **114438**
帚枝粗榧 82525
帚枝灰绿黄堇 **105575**
帚枝荆芥 **265103**
帚枝榄叶菊 270215
帚枝栎叶花楸 **369298**
帚枝龙胆 **173535**
帚枝木蓼 **44284**
帚枝千屈菜 **240100**
帚枝乳菀 **169777**
帚枝锐齿花楸 369298
帚枝矢车菊 **81360**
帚枝鼠李 **328892**
帚枝树紫菀 **270215**
帚枝唐松草 **388716**
帚枝香青 **21724**
帚枝旋花 **103262**
帚枝鸦葱 354918

帚状艾斯卡罗 155153
帚状白鹤灵芝 **329482**
帚状百脉根 **237749**
帚状百蕊草 **389868**
帚状斑鸠菊 **406798**
帚状半边莲 **234650**
帚状北美鹅掌楸 **232611**
帚状北美乔柏 **390651**
帚状扁担杆 **180915**
帚状彩穗木 **334357**
帚状蝉翼藤 **356373**
帚状橙菀 **320680**
帚状臭草 **249065**
帚状大凤龙 **263699**
帚状德弗草 **127151**
帚状滇紫草 **271760**
帚状冬青卫矛 **157630**
帚状短片帚灯草 **142953**
帚状短丝花 **221403**
帚状菲奇莎 **164530**
帚状风铃草 **70023**
帚状风毛菊 **348923**
帚状格尼瑞香 **178603**
帚状光囊苔草 **224233**
帚状桂竹香 **86461**
帚状哈克 184637
帚状哈克木 **184637**
帚状海棠果 **243668**
帚状合欢 **13551**
帚状槲寄生 **411024**
帚状互叶半日花 **168946**
帚状画眉草 **147669**
帚状回欢草 **21140**
帚状角蒿 **205606**
帚状近无叶蓝花参 **412879**
帚状九顶草 **145784**
帚状卷耳 **82810**
帚状绢蒿 **360873**
帚状克劳凯奥 105242
帚状孔叶菊 **311724**
帚状莱德苔草 **223863**
帚状肋瓣花 **13780**
帚状类花刺苋 **81661**
帚状棱果桔梗 **315287**
帚状利切木 334357
帚状栎 **323952**
帚状两节荠 **108635**
帚状劣玄参 **28278**
帚状裂稃草 **351309**
帚状瘤子菊 **297584**
帚状龙船花 **211087**
帚状罗顿豆 **237301**
帚状马先蒿 **287199**
帚状毛茛 **326216**
帚状毛瑞香 **219011**
帚状迷迭香 **337183**
帚状密花双盛豆 **20761**
帚状密头帚鼠麹 **252437**
帚状木菊 **129450**
帚状木犀草 **327914**
帚状尼兰远志 **267613**
帚状鸟花楸 369342
帚状欧石南 **149427**,150027
帚状欧洲红豆杉 **385314**
帚状欧洲花楸 **369342**
帚状欧洲栎 **324338**
帚状平口花 **302632**
帚状婆罗门参 **394342**
帚状千里光 **360011**
帚状枪刀药 **202611**
帚状茄 **367153**
帚状赛亚麻 **266208**
帚状色罗山龙眼 **361220**
帚状莎草 **118853**
帚状蛇舌草 **269811**
帚状石南 150027
帚状矢车菊 **81361**
帚状水蓼 **291785**
帚状水牛角 **72553**
帚状松叶菊 **251393**
帚状宿萼果 **105242**
帚状苔草 **75861**,74490
帚状唐松草 388716
帚状糖芥 **154537**
帚状桃 **20966**
帚状天门冬 **39192**
帚状天人菊 **169582**
帚状驼曲草 **119797**
帚状雾冰藜 **48785**
帚状西澳兰 **118187**
帚状喜阳花 **190442**
帚状细子木 226481
帚状狭穗苔草 **74916**
帚状香茶菜 **209819**
帚状香果 261526
帚状小边萝藦 **253571**
帚状肖梭梭 **185197**
帚状须芒草 **22645**,351309
帚状癣豆 **319358**
帚状鸦葱 **354918**
帚状雅葱 354918
帚状盐肤木 **332593**
帚状羊茅 **164312**
帚状野丁香 **226140**
帚状异囊菊 **194249**
帚状银杏 **175819**
帚状银枝盐肤木 **332701**
帚状月桂花欧石南 **149332**
帚状越橘 403987
帚状针禾 377032
帚状针翦草 **376983**
帚状指甲草 **284845**
帚状种棉木 **46219**
帚状猪毛菜 **344701**
帚状柱瓣兰 **146502**
帚状柱冠粗榧 82525
帚状钻头青锁龙 **109433**
绉杓兰 120461
绉波青牛胆 392252
绉棉藤 328725
绉唐松草 **388651**
绉籽椰属 321161
绉子椰属 321161
绉子棕属 **321161**
昼花属 **262149**
昼花夜香树 84408
昼夜独脚金 **377970**
昼夜光亮可利果 **96789**
昼夜琉璃草 **117902**
昼夜漆姑草 **342224**
昼夜千里光 **358205**
昼夜唐菖蒲 **175996**
昼夜天南星 **33237**
昼夜肖水竹叶 **23485**
昼夜银豆 **32776**
昼夜玉簪 **198590**
昼夜紫瓣花 **400052**
胄爵床属 **272698**
胄眉兰 **272460**
胄状红门兰 273541
胄状华装翁 46327
皱艾麻 221543
皱巴南野牡丹 **68825**
皱瓣小人兰 **178894**
皱瓣鸢尾 **208831**
皱苞苔草 74130
皱苞椰属 **333840**
皱壁无患子属 **333786**
皱边长袖秋海棠 **50061**
皱边红桑 2014
皱边喉毛花 **100277**
皱边玉簪 **198605**
皱边紫穗槐 **20010**
皱柄冬青 203940
皱波艾纳香 **55717**
皱波巴豆 **112872**
皱波扁爵床 **292196**
皱波变叶木 98197
皱波齿瓣兰 **269065**
皱波齿唇兰 269018
皱波酢浆草 **277780**
皱波翠雀花 **124153**
皱波大戟 **158704**
皱波单兜 **257637**
皱波吊兰 **88563**
皱波番薯 **207733**
皱波狒狒花 **46041**
皱波风铃草 **69980**
皱波风轮菜 **96993**
皱波福雷铃木 **168259**
皱波哈勒木 **184876**
皱波红点草 **223799**
皱波虎眼万年青 **274582**
皱波花海岸桐 **181734**
皱波花可拉木 **99184**
皱波黄堇 **105763**
皱波黄檀 **121658**
皱波灰毛菊 **31205**
皱波火筒 223931
皱波假足萝藦 **283674**
皱波金菊木 **150316**
皱波金丝桃 **201825**
皱波菊苣 **90895**
皱波菊头桔梗 **211653**
皱波决明 **78323**
皱波卡柿 **155930**
皱波拉菲豆 **325102**
皱波老鸦嘴 **390749**
皱波蕾丽兰 **219675**
皱波棱果桔梗 **315280**
皱波瘤瓣兰 **270802**
皱波鹿藿 **333205**
皱波落木洛美塔 235412
皱波马利筋 **37881**
皱波牻牛儿苗 **153795**
皱波猫尾木 **135311**
皱波毛子草 **153168**
皱波蜜兰 **105541**
皱波木蓝 **206513**
皱波千里光 **358645**
皱波茄 367062
皱波青牛胆 392252
皱波秋海棠 49723
皱波球根鸦葱 **354835**
皱波山柳菊 **195551**
皱波鼠麹草 **178141**
皱波唐菖蒲 **176136**
皱波天竺葵 **288179**
皱波网球花 **184377**
皱波乌冈栎 **324284**
皱波小檗 **51516**
皱波小花角蒿 **205609**
皱波肖鸢尾 **258454**
皱波鸦葱 **354838**
皱波一点红 **144905**
皱波芸苔 **59372**
皱波智利球 **264336**
皱波舟蕊秋水仙 **22341**
皱波猪屎豆 **112045**
皱齿栎 **323584**
皱翅草 **333784**
皱翅草属 **333783**
皱翅果 **341226**,341227
皱翅果属 341223
皱唇多穗兰 **310584**
皱唇指甲兰 **9281**
皱迭狒狒草 46105
皱迭狒狒花 **46105**

皱冬青 204290
皱萼喉毛花 100277
皱萼栝楼 **396164**
皱萼蒲桃 **382657**
皱耳石竹 **47237**
皱稃草 **141755**
皱稃草属 **141736**
皱稃雀稗 **285481**,285507
皱冠萝藦 **333801**
皱冠萝藦属 **333800**
皱果艾麻 **221543**
皱果桉 106820
皱果白粉藤 **92943**
皱果茶 **69569**
皱果赤瓟 **390138**
皱果大风子 **264383**
皱果大风子属 **264382**
皱果大戟属 **321155**
皱果风毛菊 **348710**
皱果胡椒 **300497**
皱果芥 **341235**
皱果芥属 **341233**
皱果菊 **327766**
皱果菊属 **327763**
皱果科林比亚 106820
皱果棱子芹 **304827**
皱果炼荚豆 18279
皱果木蓝 **206482**
皱果南蛇藤 **80336**
皱果爿果棕 333839
皱果爿果棕属 333840
皱果片棕 **321129**
皱果片棕属 **321128**
皱果伞房花桉 **106820**
皱果莎草 **353169**
皱果莎草属 **353168**
皱果蛇莓 **138793**
皱果薯属 401411
皱果苔草 **74339**
皱果桐 406019
皱果吴萸 161373
皱果吴茱萸 161373
皱果五层龙 **342706**
皱果苋 **18848**
皱果鸦葱 **354942**
皱果崖豆藤 **66641**
皱果椰属 321128
皱果珍珠茅 354175
皱花大戟 **159749**
皱花细辛 **37605**
皱黄芪 42893
皱锦 342176
皱锦藤 342176
皱茎景天 **356954**
皱茎萝藦属 **333852**
皱酒神菊 **46218**
皱菊碎米荠 72698
皱壳箭竹 162735
皱苦竹 **304094**
皱棱球 **45994**
皱棱球属 **45993**
皱棱仙人球 45994
皱离萼梧桐 **239996**
皱鳞菊属 **333779**
皱柳叶栒子 **107675**
皱绿桤木 16479
皱脉灰叶南蛇藤 80285,80304
皱毛红素馨 211749
皱毛千里光 **358644**
皱面草 **227739**,77146,227657,388303
皱面地菘草 77146
皱面风 388303
皱面还丹 280741
皱面鸡眼藤 **258916**
皱面苦草 388303
皱面树 166880
皱面叶 166880
皱皮桉 106820
皱皮草 52418,272302,273840,345310
皱皮葱 345310
皱皮大菜 345310
皱皮倒卵沙扎尔茜 **86340**
皱皮杜鹃 **332113**
皱皮柑 93725
皱皮荚蒾 408089
皱皮栎 **324353**
皱皮木瓜 **84573**
皱皮桐 406019
皱皮油丹 **17810**
皱片萝藦 **333792**
皱片萝藦属 **333791**
皱茜属 **341110**
皱鞘箭竹 **162735**
皱芹欧洲常春藤 **187261**
皱芹洋常春藤 187261
皱球蛇菰 **46869**
皱绒草 197103
皱纱皮 52418
皱缩链荚豆 **18279**
皱缩欧石南 **150005**
皱缩肉锥花 **102584**
皱缩正玉蕊 **223766**
皱塔奇苏木 **382984**
皱桐 406019
皱纹安吉草 **24553**
皱纹桉 **155728**
皱纹白蓬草 388651
皱纹北美堇菜 **409799**
皱纹糙苏 283623
皱纹单竹 **47431**
皱纹箪竹 47431
皱纹芳香木 **38776**
皱纹卷瓣兰 **63060**
皱纹柳 **344243**
皱纹马缨丹 **221291**
皱纹南非帚灯草 **38365**
皱纹琼楠 **50603**
皱纹省藤 **65784**
皱纹水蜡烛 **139582**
皱纹苔草 **76086**
皱序南星 **33293**
皱药金莲木属 **341109**
皱药木 **333849**
皱药木属 **333846**
皱叶安息香 **379442**
皱叶安匝木 **310756**
皱叶白苏 290952
皱叶半轭草 **191809**
皱叶报春 **314186**
皱叶变豆菜 **345999**
皱叶薄荷 **250347**,250349
皱叶茶 **69027**
皱叶重楼 **284397**,283623
皱叶川木香 **135726**
皱叶垂柳 **343071**
皱叶翠雀花 102842
皱叶丁香 **382197**
皱叶冬青 **204170**
皱叶杜茎山 **241830**
皱叶杜鹃 **330556**,330613,332113
皱叶繁缕 **375002**
皱叶甘蓝 **59530**
皱叶沟瓣 178001
皱叶沟瓣木 **178001**
皱叶狗尾草 **361868**,361737
皱叶枸骨 204170
皱叶海桐 **301249**
皱叶海桐花 301222
皱叶后蕊苣苔 **272595**
皱叶蝴蝶兰 **293594**
皱叶花烛 28138
皱叶黄细心 **56420**
皱叶黄杨 **64338**
皱叶茴芹 **299388**
皱叶火筒树 223931
皱叶荚蒾 **408089**
皱叶假糙苏 283623
皱叶剪秋罗 **363312**
皱叶剪秋箩 363313
皱叶剪夏罗 363312
皱叶椒草 **290315**
皱叶芥 59438
皱叶芥菜 **59444**
皱叶金琥 **140120**
皱叶锦葵 243771
皱叶景天 **8429**
皱叶苣苔荚蒾 **407660**
皱叶苣苔属 **333861**
皱叶绢毛苣 **369862**
皱叶栝楼 396236
皱叶柃 **160594**
皱叶留兰香 **250349**
皱叶留香 250349
皱叶柳叶箬 **209136**
皱叶柳叶栒子 107675
皱叶芦荟 **17252**
皱叶鹿蹄草 **322902**
皱叶毛建草 **137564**
皱叶茅 272684
皱叶木兰 242169
皱叶南蛇藤 **80304**,80285
皱叶南洋参 **310205**
皱叶欧芹 292694
皱叶欧洲常春藤 **187257**
皱叶蒲包花 **66290**
皱叶强刺球 **163431**
皱叶青木 **44926**
皱叶雀梅藤 **342192**
皱叶忍冬 **236066**
皱叶沙参 **7826**
皱叶山桂花 **51044**
皱叶山黧豆 **222731**
皱叶山楂 109850
皱叶石栎 **233179**,233359,233378
皱叶石龙尾 230322
皱叶石蛇床 292694
皱叶鼠李 **328843**
皱叶树萝卜 **10317**
皱叶酸模 **339994**,329321
皱叶酸藤子 **144739**
皱叶天竺葵 288179
皱叶铁线莲 **95398**
皱叶委陵菜 **312351**
皱叶卫矛 **157344**
皱叶莴苣 **219491**
皱叶乌头 5429
皱叶香茶菜 **209815**
皱叶香青 21579
皱叶香薷 144086
皱叶橡皮树 **164926**
皱叶小蜡 **229630**
皱叶栒子 107675
皱叶鸦葱 **354878**
皱叶鸭跖草 **100982**
皱叶雅葱 354878
皱叶烟斗柯 **233159**
皱叶羊蹄 329321,339994,340116
皱叶杨 311368
皱叶洋常春藤 187257
皱叶野葵 243771
皱叶野茉莉 379442
皱叶鹰爪草 **186653**
皱叶鱼鳔槐 **100154**

皱叶玉山竹 **416816**
皱叶玉簪 **198598**
皱叶泽兰 **11154**
皱叶子 12731
皱叶紫薇 219913
皱叶醉鱼草 **62009**
皱颖草属 **333803**
皱颖曲芒草 **237978**
皱颖鸭嘴草 209356
皱玉天浆 233078
皱缘纤枝香青 **21579**
皱缘香青 21579
皱枣 **418207**
皱折贝母兰 **98632**
皱折滨藜 **44364**
皱折刺花蓼 **89069**
皱折番薯 **207715**
皱折松塔掌 **43432**
皱折苔草 **74189**
皱折铁苋菜 **1810**
皱折泽兰 **158295**
皱褶大戟 **159449**
皱褶冬青卫矛 **157621**
皱褶多肋菊 **304458**
皱褶过江藤 **232522**
皱褶黄耆 **42223**
皱褶黄檀 **121813**
皱褶马先蒿 **287521**
皱褶没药 **101351**
皱褶密钟木 **192693**
皱褶南非柿 **132060**
皱褶茄 **367570**
皱褶日中花 **251256**
皱褶榕 **165600**
皱褶肉锥花 **102572**
皱褶鼠尾草 **345355**
皱褶威尔帚灯草 **414372**
皱褶下盘帚灯草 **202485**
皱褶烟堇 **169173**
皱褶蝇子草 **363372**
皱褶硬皮鸢尾 **172585**
皱指甲兰 9281
皱指纹瓣凤梨 **413878**
皱中脉梧桐 **390314**
皱竹 **297222**
皱籽草属 **341243**
皱籽栝楼 **396266**
皱籽蓝花参 **412839**
皱籽雀儿豆 **87262**
皱子白花菜 **95781**
皱子栝楼 396266
皱子棕属 6849,321161
皱紫苏 290952
骤尖百簕花 **55301**
骤尖本氏兰 **51081**
骤尖薄苞杯花 **226209**
骤尖苍菊 **280580**
骤尖橙粉苣 **253918**
骤尖翅蛇藤 **320410**
骤尖刺花蓼 **89070**
骤尖粗齿绣球 **200101**
骤尖大戟 **159891**
骤尖单苞藤 **148452**
骤尖邓博木 **123690**
骤尖短片帚灯草 **142944**
骤尖多坦草 **136476**
骤尖芳香木 **38505**
骤尖菲利木 **296189**
骤尖风车子 **100422**
骤尖冠瑞香 **375935**
骤尖海神木 **315835**
骤尖蒿 **35361**
骤尖花葱 **307219**
骤尖黄梁木 **59942**
骤尖假橙粉苣 **266826**
骤尖茛草 **36639**
骤尖科豪特茜 **217687**
骤尖苦香木 **364369**
骤尖宽萼豆 **302925**
骤尖蜡菊 **189280**
骤尖蓝花参 **412641**
骤尖蓝星花 **33636**
骤尖林康木 **231211**
骤尖鳞花草 **225152**
骤尖瘤蕊紫金牛 **271100**
骤尖楼梯草 **142640**
骤尖莫恩远志 **257477**
骤尖牡荆 **411248**
骤尖南非桔梗 **335583**
骤尖蔷薇 **336508**
骤尖琼楠 **50495**
骤尖球葵 **370939**
骤尖矢车鸡菊花 **81553**
骤尖双稃草 **132736**
骤尖四数莎草 **387655**
骤尖宿根獐牙菜 **380303**
骤尖驼舌草 **179371**
骤尖驼蹄瓣 **418623**
骤尖萎草 **245062**
骤尖小虎耳草 **350067**
骤尖小瓠果 **290526**
骤尖小叶楼梯草 **142785**
骤尖叶旌节花 373532
骤尖杂色豆 **47720**
骤尖钟花郁金香 **400231**
骤尖舟蕊秋水仙 **22343**
骤尖皱稃草 **141742**
骤尖猪屎豆 **112049**
骤折大果萝藦 **279456**
骤折虎眼万年青 **274755**
骤折蜡菊 **189701**
骤折勿忘草 **260860**
朱巴虎尾草 **88360**
朱巴茄 **367268**
朱巴猪屎豆 **112268**
朱北桐属 212556
朱庇特毛莨 **325994**
朱伯特芳香木 **38602**
朱伯特费利菊 **163227**
朱伯特龙骨角 **192446**
朱伯特密钟木 **192623**
朱伯特肉锥花 **102286**
朱伯特香芸木 **10644**
朱布金虎尾 **212564**
朱布金虎尾属 **212562**
朱赤豆 408839,409085
朱赤木 413817
朱唇鼠尾草 344980
朱达鼠尾草 **345137**
朱达烟堇 **169077**
朱丹鼠尾草 **344963**
朱丹蚤草 **321538**
朱灯心 213036
朱地荚莲 **407657**
朱顶红 **196456**,196458
朱顶红属 **196439**
朱顶花 229811
朱顶兰 196456,196458
朱顶兰属 18862
朱顶心 56206
朱笃沟瓣 177987
朱笃沟瓣木 **177987**
朱尔朱拉山狮齿草 **224670**
朱尔朱拉山葶苈 **137024**
朱尔朱拉山委陵菜 **312443**
朱尔朱拉山羊茅 **163908**
朱姑 110502
朱古力舞女蕉 **189998**
朱果 83284
朱红 **93738**,261212
朱红桉 **155656**
朱红拜卧豆 **227066**
朱红贝母兰 **98697**
朱红本氏兰 **51080**
朱红大杜鹃 **330793**
朱红杜鹃 **330409**
朱红萼距花 **114613**
朱红风车子 **100392**
朱红凤仙花 **205148**
朱红伽蓝菜 **215208**
朱红冠毛兰 62780
朱红核果木 **138599**
朱红虎耳兰 **350308**
朱红火焰草 **79129**
朱红金莲木 **268164**
朱红橘 93721
朱红苣苔 **66241**
朱红苣苔属 **66239**
朱红考姆兰 **101627**
朱红蕾丽兰 **219674**
朱红龙血树 **137358**
朱红芦荟 **16711**
朱红鸟舌兰 **38193**
朱红秋海棠 **49721**
朱红十字爵床 **111706**
朱红柿 **132105**
朱红绶草 **372198**
朱红鼠尾草 **344968**
朱红树萝卜 **10341**
朱红双距兰 **133848**
朱红水木 204050
朱红锁阳 118133
朱红唐菖蒲 **176377**
朱红驼蹄瓣 **418720**
朱红瓦氏茜 **404783**
朱红网球花 350308
朱红苋 **18847**
朱红柱瓣兰 **146397**
朱蓟头状帕洛梯 315954
朱蕉 **104350**,104367
朱蕉科 235391
朱蕉属 **104334**
朱槿 **195149**
朱槿牡丹 195180
朱橘 93721,93738
朱卡萨黑松 **300284**
朱口沙 177141
朱兰 **306870**,55575,111171
朱兰属 **306847**
朱莉安圆叶薄子木 **226478**
朱莉亚一枝黄花 **368187**
朱丽 **234907**
朱丽公主春番红花 **111628**
朱丽球 **234928**,234929
朱丽瑞香 122475
朱丽丸 234928
朱丽叶石竹 **127636**
朱利安车轴草 **396947**
朱利安鹅绒藤 **117539**
朱利安勒古桔梗 **224069**
朱莲属 196439
朱栾 **93344**,93579
朱马九节 **319509**
朱马类九节 **181385**
朱马牡荆 **411257**
朱马隐萼异花豆 **29043**
朱迈尔鹅绒藤 **117540**
朱迈尔格雷野牡丹 **180392**
朱迈尔海柱豆 **14829**
朱迈尔胶藤 **220876**
朱迈尔金果椰 **139360**
朱迈尔欧石南 **149608**
朱迈尔三被藤 **396530**
朱迈尔石豆兰 **62820**
朱迈尔西澳兰 **118216**
朱迈尔斜杯木 **301702**
朱迈尔羊耳蒜 **232198**
朱迈尔朱米兰 **212723**

朱麦冬 272090
朱毛水东哥 **347967**
朱蒙迪细梗松毛翠 297028
朱米兰属 **212695**
朱米雪 360935
朱那木属 **211593**
朱那属 211593
朱纳单兜 **257646**
朱纳假肉豆蔻 257646
朱奈克软毛蒲公英 **242948**
朱柰 243551
朱诺德百蕊草 **389749**
朱诺德独脚金 **378016**
朱诺德黄麻 **104092**
朱诺德蜡菊 **189469**
朱诺德镰扁豆 **135509**
朱诺德千里光 **359198**
朱诺德曲花 **120563**
朱诺德三萼木 **395254**
朱诺德山黄菊 **25530**
朱诺德薯蓣 **131654**
朱诺德铁线莲 **95015**
朱诺德弯根秋水仙 **70559**
朱诺德乌口树 **384965**
朱诺德小黄管 **356103**
朱庞围涎树 **301140**
朱启树 407685
朱巧花 417407
朱巧花属 417405
朱塞尔茄 367269
朱砂草 272187,344945,344947,345130
朱砂杜鹃 330409
朱砂根 **31396**,31408
朱砂根状冬青 **203571**
朱砂橘 93738
朱砂理肺散 345485
朱砂莲 34147,34219,34357,34363,117637,131522,162516
朱砂莲属 **290089**
朱砂梅 **34451**
朱砂七 131522,162516
朱砂藤 **117637**
朱砂西番莲 **285631**
朱砂玉兰 416682,416721
朱氏斗篷草 **14067**
朱氏蔷薇 **336735**
朱氏茄 **367269**
朱氏卫矛 157374
朱氏乌头 5132
朱柹 233078
朱薯 207623
朱丝贵竹 90632
朱丝贵竹属 90629
朱丝奎竹属 90629
朱斯茜 **212496**
朱斯茜属 **212493**
朱桃 83347
朱藤 414554,414576
朱条美叶芋 **16526**
朱通草 387432
朱桐 96147
朱桐花 96257
朱桐树 54620
朱小豆 408839,409085
朱蟹玉 **86490**
朱艳球 **234946**
朱艳丸 234946
朱叶木犀榄 270155
朱缨花 **66673**,66686,66689
朱缨花属 **66660**
朱樱 83284
朱朱拉庭荠 **18378**
朱槠 78877
朱竹 104350,104367
朱仔 285233
侏碱茅 **321339**
侏儒白星龙 171688
侏儒报春 314866
侏儒糙苏 **295154**
侏儒草 **322979**
侏儒草属 **322978**
侏儒刺藜 **139691**
侏儒灯心草 **213409**
侏儒飞蓬 **150919**
侏儒风兰 **25014**
侏儒蝴蝶兰 **293626**
侏儒花楸 **369488**
侏儒棘豆 **279106**
侏儒剪股颖 **12171**
侏儒景天 **356959**
侏儒兰 **322428**
侏儒兰属 **322427**
侏儒柳杉 **113715**
侏儒芦荟 **17034**
侏儒榈 341421
侏儒马先蒿 **287570**
侏儒毛茛 **326271**
侏儒美国花柏 **85284**
侏儒婆婆纳属 **322416**
侏儒千里光 **359554**
侏儒千日菊 **4874**
侏儒日本粗榧 **82526**
侏儒石斛属 **203348**
侏儒水仙 **262423**
侏儒睡莲 **267695**
侏儒卫矛 **157816**
侏儒小冠花 **105293**
侏儒圆锥绣球 **200045**
侏倭婆婆纳 **407306**
茱苓草 173239,173982,174019
茱萸 161373,161376
茱萸肉 105146
株子 79017
珠半夏 299724
珠宝山茶 **69181**
珠宝香豌豆 **222790**
珠贝 168586
珠贝玉 **102346**
珠草 363090,363093
珠串珠 65921
珠儿草 256719
珠儿参 30162,98293,196693,280722,280756,280793
珠峰百蕊草 **389743**
珠峰贝母 168563
珠峰长蒴苣苔草 **129994**
珠峰齿缘草 **153513**
珠峰垂花报春 **314191**
珠峰翠雀花 **124135**
珠峰党参 **98310**
珠峰飞蓬 **150690**
珠峰火绒草 **224855**
珠峰阔翅芹 **392861**
珠峰鳞蕊芥 **225585**
珠峰龙胆 **173924**
珠峰荠属 285043
珠峰千里光 **359925**
珠峰小檗 **51597**
珠瓜 114310
珠光香青 **21596**
珠光香青菊 21596
珠光绣球 **199851**
珠果黄堇 **106466**,106227
珠果柯 233300
珠果山柑属 **257418**
珠果庭荠 18381
珠红 261212
珠花树 82098,82107
珠鸡斑党参 **98372**
珠节景天 **357254**
珠节决明 78512
珠节子孙球 **327307**
珠兰 11300,88301
珠毛水东哥 347967
珠毛柱 **140321**,414298
珠萌景天 200820
珠木 301367
珠穆垫柳 **343218**,344095
珠穆朗玛峰朱砂杜鹃 **330410**
珠钱草 30798
珠蓉 261212
珠砂根 31396
珠砂莲 400377
珠参 30162,280793
珠蓍 4005
珠穗草 184323
珠穗草属 184322
珠穗山姜 17761
珠穗苔草 74915
珠桐 211067
珠头菊属 **209551**
珠芽艾麻 **221538**,221539,221552
珠芽八宝 **200820**
珠芽百合 **229766**
珠芽半枝 356590
珠芽垂头菊 **110354**
珠芽酢浆草 **277709**
珠芽地锦苗 **106433**
珠芽顶冰花 169392
珠芽多坦草 **136684**
珠芽耳叶蟹甲草 **283793**
珠芽佛甲草 356590
珠芽瓜叶乌头 **5255**
珠芽禾 **327427**
珠芽禾属 **327426**
珠芽虎耳草 **349423**,349162
珠芽花柱草 **379077**
珠芽华东唐松草 **388515**
珠芽画眉草 **147609**
珠芽金腰 90383
珠芽景天 **356590**,356512
珠芽蓼 **309954**
珠芽毛梗马鞭草 **243301**
珠芽磨芋 20055
珠芽魔芋 **20055**
珠芽穆坪紫堇 **105882**
珠芽千里光 356512
珠芽秋海棠 49890
珠芽拳参 309954
珠芽桑叶麻 221538
珠芽石板菜 356590
珠芽螫麻 221538
珠芽唐松草 **388447**
珠芽乌头 **5087**
珠芽细柄草 **71611**
珠芽蟹甲草 **283796**,283793
珠芽羊茅 **164396**
珠芽支柱蓼 **309840**
珠芽支柱拳参 309840
珠芽紫堇 106433
珠眼柯 **233261**
珠眼石栎 233261
珠珠米 99124
珠珠密 99124
珠仔草 187555,187565,296801,354660
珠仔山矾 **381379**
珠仔树 381379
珠子 99124
珠子草 **296679**,81687,187555,187565,354660
珠子栎 233228
珠子米 99124
珠子木 **296445**
珠子木属 **296442**
珠子参 **280756**,98293,280722,

280791,280793
珠子树 66743
诸葛菜 **275876**,59461,59575
诸葛菜属 **275865**
诸葛草 117162
诸葛芥 **258793**
诸葛芥属 **258791**
诸署 131772
诸薯 131645
猪拔菜 300504
猪荸荠 119503
猪鼻孔 198745
猪鞭草 372247
猪槟榔 307489
猪不拱 16495
猪菜 272221
猪菜草 144046
猪菜母 414813
猪菜藤 **194469**,194467
猪菜藤属 **194459**
猪草 **19164**,19145,309510,377884
猪草属 19140
猪肠换 116010
猪椿 392841
猪大肠 308012,375904
猪胆茄 367370
猪钓竻公 43721
猪兜菜 191666
猪独活 24389
猪肚菜 301871,301952
猪肚果 122669
猪肚勒 211812
猪肚竻 71387,79595
猪肚木 **71387**,243327,407929
猪肚树 201080,204053
猪肚子 364522
猪肚子草 377885
猪儿草 285530
猪儿刺 72196
猪耳 415046
猪耳菜 257583
猪耳草 257583,301871,301952,349936,377884
猪耳朵 90405,109174,257583,301871,301952,365055,377884
猪耳朵草 301871,301952
猪耳朵属 8004
猪耳朵叶 8012
猪耳风 138888
猪耳木 407977
猪耳桐 13376
猪耳桐药 13353
猪耳掌 **272818**
猪番薯 131522
猪肥菜 311890
猪肥草 238152
猪粉草 187501
猪腹竻 71387
猪肝菜 129243
猪肝赤 409085
猪肝木 18192
猪肝树 306493
猪膏草 363090
猪膏莓 363090
猪勾搭 300944
猪姑稔 248765
猪古稔 248732
猪牯稔 248732
猪骨棉 360463
猪骨明 360493
猪冠麻叶 363090
猪管豆 16495
猪果哈维列当 **186066**
猪果列当属 **201341**
猪颔木 122669
猪胡椒 247025
猪灰头菜 86901
猪迹树 49247
猪迹羊蹄甲 49247
猪胶树科 **97266**,**182119**
猪胶树属 **97260**
猪椒 417282
猪脚杆树 407894
猪脚笠 66648
猪脚楠 240707
猪脚子 240707
猪糠树 243327
猪糠藤 258910
猪潦子 372247
猪狸尾草 297013
猪栎 233174
猪栎树 233148
猪栗 78999
猪辽参 372247
猪獠参 302439
猪蓼子草 309468
猪寮参 302377
猪铃草 111987,112667
猪笼草 **264846**
猪笼草科 **264827**
猪笼草属 **264829**
猪笼草状南星 33430
猪笼竻 244062
猪笼南星 **33430**
猪笼藤 7234
猪罗摆 182374
猪妈菜 92066
猪妈柴 408123
猪麻 224989
猪麻榕 165841,165844
猪麻苏 147084
猪满芋 182374
猪毛菜 **344496**,344682,344743
猪毛菜蒿 **36211**
猪毛菜假海马齿 **394906**
猪毛菜科 **344782**
猪毛菜婆婆纳 **70657**
猪毛菜伞花粟草 **202241**
猪毛菜属 **344425**
猪毛菜同金雀花 **385688**
猪毛菜雾冰藜 **48782**
猪毛菜远志 **260052**
猪毛菜状南非少花山龙眼 **370266**
猪毛菜状亚麻 **231953**
猪毛草 **352293**,344496,352187,381809
猪毛蒿 **36232**,344496
猪毛缨 344496
猪梅柳 202204
猪母菜 18822,311890,363090
猪母茶 165125
猪母柴 407906
猪母刺 18822
猪母耳 298093
猪母锯 281138
猪母奶 165111
猪母楠 231377
猪母泡 338281
猪母稔 248732,248778
猪母乳 164985,165089,311890
猪母乳舅 165658
猪母苋 18848,311890
猪牳柳 202070
猪㹀菜 53249,53257
猪㹀草 248732
猪㹀刺 92066
猪㹀耳 198745,265395,298093
猪㹀莲 301025
猪㹀怕 96140
猪㹀稔 248732
猪奶树 165125
猪娘藤 95396
猪尿草 81687
猪皮蔓绿绒 **294788**
猪婆草 345310
猪婆柴 381341
猪婆耳 296373
猪婆藤 79850,370422
猪婆子藤 407802
猪圈草 308816
猪人参 172779,320515
猪参 172779
猪食 167308
猪食草 141374
猪矢草 213066
猪屎粑 209755
猪屎菜 363090
猪屎草 18147,81687,182915,213036,213066,220126
猪屎潺 81687
猪屎豆 **112491**,65146,112138,360493,402132
猪屎豆木蓝 **205848**
猪屎豆属 **111851**
猪屎豆树葡萄 **120044**
猪屎豆远志 **308013**
猪屎壳 378386
猪屎蓝豆 360493
猪屎碌 375904
猪屎楠 231385
猪屎七 335142
猪屎青 96028,112491
猪松木 414813
猪桃 171253
猪蹄叉 49046
猪蹄花 72342
猪蹄甲子 285110
猪通草茹 119503
猪头果 25773
猪尾巴 117965,354801
猪尾巴草 379531
猪尾七 314415
猪苋 18848
猪心草 12635
猪血柴 386696
猪血槁 179753
猪血木 **160742**,413842
猪血木属 **160741**
猪牙菜 205580,205585
猪牙草 141374,308816
猪牙齿 356884
猪牙花 **154926**,154909
猪牙花科 **154894**
猪牙花属 **154895**
猪牙木 60230
猪牙参 372247
猪牙皂 176901
猪牙皂荚 176901
猪牙皂角 176901
猪牙皂树 1219
猪伢草 377884
猪殃殃 **170208**,170193,170199,170205
猪殃殃属 170175
猪腰草 747
猪腰豆 **9852**
猪腰豆属 **413975**,9851,402106
猪腰耳 9852
猪腰藤 49103
猪腰子 9852,145899,254796
猪腰子果 374396
猪腰子属 413975
猪腰子藤 49098
猪叶菜 32650
猪油果 **289476**,197072
猪油果属 **289475**

猪油花 195269
猪枣椿 332509
猪粥菜 179488
猪猪藤 337993
猪仔菜 179488
猪仔笠 152888
猪仔笠属 152853
猪仔笼 264846
猪仔木 122669,122700
猪子冬瓜 50998
猪鬃草 119503
猪总管 31371
蛛萼杜鹃 **30546**
蛛萼杜鹃属 **30545**
蛛花千里光 358284
蛛毛车前 **301858**
蛛毛刺头菊 **108236**
蛛毛萼欧石南 **149015**
蛛毛蓟 **91746**
蛛毛苣苔 **283127**,283125
蛛毛苣苔属 **283107**
蛛毛蓝刺头 **140819**
蛛毛蓝耳草 115526
蛛毛猫儿菊 **202392**
蛛毛眉兰 **272402**
蛛毛欧石南 **149277**
蛛毛蒲包花 **66259**
蛛毛千里光 **274151**
蛛毛千里光属 **274150**
蛛毛枪刀药 **202504**
蛛毛润肺草 **58817**
蛛毛萨比斯茜 **341592**
蛛毛三芒草 **33760**
蛛毛喜鹊苣苔 **274466**
蛛毛香青 **21534**
蛛毛蟹甲草 **283864**
蛛毛心叶兔儿风 **25357**
蛛水鬼蕉 200941
蛛丝草 382923
蛛丝草科 382934
蛛丝长生草 358021
蛛丝长生花 358021
蛛丝红纹马先蒿 **287706**
蛛丝回欢草 **21095**
蛛丝藜 **253760**
蛛丝藜属 **253759**
蛛丝毛车前 **301889**,301858
蛛丝毛萼莓 **338257**
蛛丝毛蓝耳草 **115526**
蛛丝蓬 184950
蛛丝蓬属 253759
蛛丝软毛蒲公英 **242956**
蛛丝无舌沙紫菀 **227098**
蛛丝盐生草 184950
蛛网长生草 **358021**
蛛网毒鼠子 **128602**
蛛网萼 **302796**
蛛网萼属 **302795**
蛛网风兰 **24716**
蛛网鸡头薯 **152868**
蛛网卷 **186269**
蛛网空船兰 **9096**
蛛网毛茛 **325608**
蛛网毛子草 **153122**
蛛网绵叶菊 **152812**
蛛网穆拉远志 **259936**
蛛网千里光 **358844**
蛛网全毛兰 **197514**
蛛网水牛角 **72410**
蛛网水苏 **373111**
蛛网塔普木 **384392**
蛛网娃儿藤 **400851**
蛛网异决明 **360446**
蛛网玉凤花 **183420**
蛛网紫绒草 **43985**
蛛形茜 **33028**
蛛形茜属 **33027**
槠 79017,116100
槠柴 78927
槠栎 79017,233122
槠栗 79017,79043
槠叶石栎 **233132**
槠子 79017,233228
竹 47213,308816
竹柏 **306493**
竹柏科 **261992**
竹柏兰 **116938**
竹柏石南 **340458**
竹柏石南属 **340456**
竹柏属 **261970**,306395
竹柏松 306506
竹萹 308816
竹萹蓄 308816
竹鞭人参 280793
竹鞭三七 280793
竹变 125443
竹菜 100940,100990
竹草眼子菜 312171
竹柴胡 63873
竹岛肖藁本 **139734**
竹东杜鹃兰 **383134**,383151
竹二皮 297373
竹二青 297373
竹芙蓉 233
竹秆黍 **281365**
竹高薯 131647
竹篙草 282200,306834
竹根 167456
竹根菜 100961
竹根草 187625
竹根假万寿竹 134412
竹根七 **134404**,39532,70600,70607,91024,134403,134412,134425,280722,280793,308651,327525,335760
竹根七属 **134400**
竹根参 70600
竹根薯 131734,131877
竹管草 100961
竹蒿草 100990,306832
竹花 89219
竹花柊叶 **373080**
竹花柊叶属 **373079**
竹鸡草 100961
竹鸡苋 100961
竹夹菜 100961
竹夹草 100961,115541
竹剪草 100961
竹姜 308529
竹蕉 137367
竹节白附 5144
竹节菜 100961,100990
竹节草 **90108**,100961,100990,127654,127852,134425,198639,215343,239222,260093,308816,346527
竹节草属 90107
竹节茶 346527
竹节防风 229296,292833,363516
竹节风 17744
竹节果 171145,171155
竹节花 100990
竹节黄 96904,308613,308616
竹节兰 29819,307322
竹节蓼 **197772**
竹节蓼属 **197769**,259584
竹节蓼子草 291766
竹节木 72393
竹节七 70600,70605,280793,280814
竹节前胡 **292833**
竹节羌 267152,267154
竹节羌活 267154
竹节青 291161
竹节秋海棠 50051
竹节人参 280793
竹节三七 280771,280791,280793
竹节伤 327525
竹节伸筋 39532
竹节参 **280746**,134412,134425,280756,280793,328345
竹节树 **72393**
竹节树属 **72391**
竹节水松 **64496**
竹节水松科 **64503**
竹节水松属 **64491**
竹节藤 178555
竹节乌头 5335
竹节香附 24013
竹节药刺藤 366307
竹节椰属 85420
竹节叶秋海棠 **49632**
竹结草 313197
竹筋草 100990
竹茎兰 **399650**
竹茎兰属 **399633**
竹茎玲珑椰子 85428
竹茎袖珍椰子 **85428**
竹橘 171155
竹壳菜 100961
竹腊皮 414162
竹兰 37115
竹兰草 **192830**
竹连花 23670
竹林标 37888,385508
竹林黄芩 **355390**
竹林梢 134467,377941
竹林消 377941
竹林霄 134467
竹灵消 **117523**
竹灵芝 114819
竹凌霄 134420,134467
竹芦藤 178555
竹榈 85428
竹麻 299115
竹马 299115
竹马椰子属 407520
竹木 131531
竹木参 137337
竹内败酱 **285878**
竹内扁柏 **85339**
竹皮 297373
竹皮空藤 377884
竹七 280793
竹七根 308616
竹杞属 261598
竹球 72393
竹茹 297373
竹扫子 **416823**
竹沙七 174589
竹山灰木 381104
竹山淫羊藿 **147080**
竹参七 79732
竹生三芒草 **34050**
竹生羊奶子 **141946**
竹粟胶 55575
竹桃 389978
竹桃木属 **139270**
竹藤 **65656**,249664
竹头草 361850
竹头角木姜子 **233835**,233832
竹土子 37085
竹勿刺 239967
竹下胡颓子 **142202**
竹亚草 125235
竹药藤 49098

竹野菜 260121
竹野青冈栎 116187
竹叶 116156,236284
竹叶艾 103446,103617
竹叶菝葜 **366531**
竹叶白前 117486,117692
竹叶百合 **229857**
竹叶菜 100940,100961,187565,207590,309199,370407
竹叶草 **272625**,100940,100961,134425,167040,176995,234442,260110,306832,306834,308816,312170,327525
竹叶茶 101112
竹叶柴胡 **63745**,63594,63640,63696,63713,63714,63742,63744,63756,63850
竹叶粗榧 82545
竹叶地丁 308123
竹叶吊钟属 **56755**
竹叶防风 63640,63745,361480,361538
竹叶凤 370407
竹叶根 39557
竹叶根节兰 65920
竹叶红山茶 **68937**,69552
竹叶红参 370407
竹叶胡椒 **300347**
竹叶花 100990,307324
竹叶花椒 **417161**
竹叶还阳参 **110773**
竹叶黄连 242534
竹叶活血丹 100961
竹叶火草 224800
竹叶鸡爪茶 **338177**
竹叶吉祥草 **370407**
竹叶吉祥草属 **370405**
竹叶蒺藜草 **80807**
竹叶椒 417161,417340
竹叶蕉 **136081**
竹叶蕉属 **136072**
竹叶菊 398134
竹叶兰 **37111**,29819,37115,70635,100961,260093,302513,307333
竹叶兰属 **37109**,29807
竹叶冷水花 **298873**
竹叶莲 307324
竹叶凉伞 31446
竹叶乱子草 **259652**
竹叶罗汉松 306506
竹叶马兜铃 **34118**
竹叶马豆 222807,222828
竹叶麦冬 236284
竹叶毛兰 **148630**
竹叶茅 **254036**
竹叶美柱兰 **67450**
竹叶门冬青 236284
竹叶木荷 **350906**
竹叶木姜子 **234043**
竹叶木犀 **276264**
竹叶楠 **295360**,6762,233830,240599,264059,295349
竹叶拟九节 **169319**
竹叶牛奶树 165429
竹叶牛奶子 165033,165037,165429
竹叶盘 39532,39557
竹叶蒲桃 **382619**
竹叶七 97093,134425,396604
竹叶青 100961,110798,110886,110952,110979,179685,179694,272073,327525
竹叶青菜 100961
竹叶青冈 **116156**
竹叶青冈栎 116156
竹叶榕 **165689**,165429
竹叶三七 373635
竹叶山姜 **17647**
竹叶伸筋 39532
竹叶参 110952,134425,260093
竹叶石凤丹 66099
竹叶疏筋 309084
竹叶舒筋 309084
竹叶薯 34139
竹叶水草 100961
竹叶松 234043,306506
竹叶藤 390149
竹叶藤参 370407
竹叶藤属 167010
竹叶铁线莲 **95066**
竹叶万丈深 110952
竹叶西风芹 **361538**
竹叶细辛 117643
竹叶小青 179685,179694
竹叶邪蒿 361538
竹叶眼子菜 **312291**,312171
竹叶羊角棉 18048
竹叶藻 312171
竹叶子 **377884**
竹叶子草 377884
竹叶子属 **377877**
竹叶总管 417161
竹油芒 **372403**
竹竽科 **245039**
竹芋 **245014**
竹芋属 **245013**
竹盏花 204799
竹蔗 **341909**,341887
竹樜 341887
竹枝毛兰 **148733**
竹枝石斛 **125349**
竹枝细柄草 71603
竹帚子 217361
竹竹菜 100940
竹状草 **223745**
竹状草属 **223744**
竹仔 **364798**
竹仔菜 100940,100990
竹子菜 100940
竹子草 29430,100940
竹子花 89219
竹子飘拂草 166248
竹棕 326649,329184
竹棕属 85420,329173
竺碗子树 297013
竺香 91351
烛果树 14544
烛泪瓜 256797
烛台百金花 **81493**
烛台叉序草 **209883**
烛台虫实 **104755**
烛台大戟 158604
烛台大沙叶 **286141**
烛台花 28084
烛台金毛菀 **89867**
烛台露兜树 **280995**
烛台溲疏 **126836**
烛台香茶 **303197**
烛子 267838
逐马 345214,355201
逐木 **161836**
逐木属 **161835**
逐乌 345214
逐折 198698
蓫薚 298093
瀛水月桃 17751
主根车前 301952
主教欧洲花楸 **369341**
主人 177947
主田 159172
主线草 337912
煮饭花 255711,383324
住吉柳 **342949**
纻 56145,56229
苎 56229
苎麻 **56229**
苎麻楼梯草 **142623**
苎麻属 **56094**
苎丝藤 103862
苎叶蒟 **300357**
苎叶蒌 300357
苎叶山蒟 300357
苎仔 56229
苎仔薯 56241
杼斗 323611
注之花 321672
贮水繁缕 374926
贮水叶下珠 **296615**
柱瓣多穗兰 **310398**
柱瓣兰 **146378**
柱瓣兰景天 **356706**
柱瓣兰盘花千里光 **366881**
柱瓣兰属 **146371**
柱瓣兰状美乐兰 **39270**
柱杯苋 **115709**
柱齿马鞭草 **379182**
柱齿马鞭草属 **379180**
柱翅四翼木 **387624**
柱萼肖阿尔韦斯草 **303119**
柱夫 43053,408423
柱根姜 **418024**
柱梗铁线莲 **95357**
柱冠粗榧 82523,82525
柱冠红花槭 **3511**
柱冠红槭 3511
柱冠加拿大杨 311149
柱冠桔梗 **389111**
柱冠桔梗属 **389109**
柱冠罗汉松 **306468**
柱冠美国花柏 **85287**,85276
柱冠挪威槭 **3426**
柱冠欧岩栎 **324279**
柱冠日本粗榧 **82525**,82523
柱冠糖槭 3555
柱冠西风芹 **361475**
柱果白酒草 **29707**
柱果白酒草属 **29706**
柱果桔梗 **116580**
柱果桔梗属 **116579**
柱果菊 **18240**
柱果菊属 **18237**
柱果绿绒蒿 **247155**
柱果猕猴桃 **6577**
柱果木榄 **61258**
柱果木犀榄 **347096**
柱果木犀榄属 **347095**
柱果琼楠 **50496**
柱果秋海棠 **49760**
柱果栓翅芹 **313520**
柱果铁线莲 **95396**
柱果忧花 **241608**
柱果猪屎豆 **112054**
柱葫芦 **91472**
柱葫芦属 **91471**
柱花凤仙花 **204863**
柱花红景天 **329950**
柱花画眉草 **147615**
柱花槐 **369048**
柱花蜡菊 **189282**
柱花螺序草 **371747**
柱花越橘 **403793**
柱黄扁柏 **85303**
柱黄芩 **355415**
柱角木属 379101
柱茎风毛菊 **348221**
柱茎石仙桃 295532
柱可卢法属 116585

柱兰 **116621**
柱兰属 **116618**
柱毛独行菜 **225447**
柱毛黄瑞木 8247
柱帽兰 **389259**
柱帽兰属 **389258**
柱蕊茶 **69038**
柱蕊毒根斑鸠菊 **406273**
柱蕊紫金牛属 **379184**
柱神刀 **108901**
柱丝瓜 **238268**
柱丝兰属 **263307**
柱穗奥列兰 **274164**
柱穗芒刺果 **1745**
柱穗山姜 **17738**
柱穗山羊草 8672
柱穗苔草 **74245**
柱穗外来山羊草 **8711**
柱穗维吉豆 **409177**
柱穗香茶菜 **303239**
柱苔 74763
柱苔草 **74763**
柱筒枸杞 **239029**
柱头臂形草 **58180**
柱头冬青 204013
柱头恩格勒山榄 145629
柱头南山藤 **137797**
柱头特拉大戟 **394242**
柱腺茶藨 334132
柱腺独行菜 225447
柱腺叶千里光 **358189**
柱形藨草 **353936**
柱形车前 **301944**
柱形橙菀 **320666**
柱形地中海柏木 **114768**
柱形菲利木 **296191**
柱形红花槭 **3520**
柱形胡卢巴 **397215**
柱形槲寄生 **411010**
柱形可利果 **96694**
柱形囊鳞莎草 **38243**
柱形欧石南 **149323**
柱形球柱草 **63250**
柱形肉锥花 **102573**
柱形双角草 **131358**
柱形双距兰 **133756**
柱形水车前 **277385**
柱形唐菖蒲 **176149**
柱形糖槭 **3572**
柱形葶苈 **136977**
柱形苇叶番杏 **65627**
柱形芜萍 **414660**
柱形仙人掌属 2137
柱形香茶菜 **303238**
柱形小花豆 **226152**
柱形猪屎豆 **112052**
柱序杭子梢 **70900**
柱序绢毛菊 369870
柱序绢毛苣 **369870**
柱序悬钩子 **339317**
柱序猪屎豆 **112056**
柱亚罗汉属 **334390**
柱叶半日花 **188650**
柱叶补血草 **230589**
柱叶钗子股 **238324**
柱叶长庚花 **193349**
柱叶大戟 **158729**
柱叶点地梅 **23154**
柱叶短丝花 **221466**
柱叶风兰 **25089**
柱叶虎尾兰 **346063**
柱叶尖腺芸香 **4843**
柱叶坚果粟草 **7537**
柱叶可利果 **96859**
柱叶蜡菊 **189856**
柱叶兰属 **376624**
柱叶蓝星花 **33705**
柱叶荠属 108644
柱叶丘头山龙眼 **369847**
柱叶塞拉玄参 **357525**
柱叶水仙 **262353**
柱叶唐菖蒲 **176591**
柱叶土人参 **383341**
柱叶驼蹄瓣 **418624**
柱叶银齿树 **227398**
柱叶远志 **308406**
柱叶朱米兰 **212745**
柱状澳洲柏 **67414**
柱状巴豆 **112866**
柱状刺芹 **154306**
柱状大戟 **158728**
柱状厚敦菊 **277038**
柱状夹竹桃 **116631**
柱状夹竹桃属 **116630**
柱状苦瓜掌 **140021**
柱状美国扁柏 **85276**
柱状美丽柏 67414
柱状美洲榆 **401435**
柱状内雄楝 **145959**
柱状南洋杉 **30838**
柱状青锁龙 **108905**
柱状异叶铁杉 **399908**
柱状银枞 **273**
柱状英国山楂 **109860**
祝山柃木 160527
著颏兰 146536
著颏兰属 146528
著名美丽冠香桃木 **236407**
著名忍冬 236022
著名十二卷 **186532**
著生杜鹃 330993
著生珊瑚树 **407679**
蛀木虫 43682
筑波赤竹 **347317**
筑波当归 **24283**
筑波葛藟 **411701**
筑波筋骨草 **13193**
筑巢草属 **379154**
筑羽根 109374
筑羽苇 329697
筑紫蓟 **91862**
筑紫龙胆 **173861**
筑紫樱 **83237**
铸火苋 **18838**
抓地虎 404316
抓地龙 39238
抓山虎 259731
抓石榕 165624
抓秧草 130612
抓肿消 298093
抓蛛树 157391
爪艾班克木 **47640**
爪瓣刺莲花 **313945**
爪瓣刺莲花属 **313944**
爪瓣虎耳草 **350012**,350020
爪瓣花楸 369490
爪瓣花属 **271890**
爪瓣景天 **356986**
爪瓣蔷薇 336650
爪瓣山柑 **71762**
爪瓣樱 83253
爪瓣玉盘 **327088**
爪瓣玉盘属 **327085**
爪瓣鸢尾 **208914**
爪苞彩鼠麹属 **227794**
爪被鸢尾 **271139**
爪被鸢尾属 **271138**
爪比来斯白塞木 268342
爪比来斯轻木 **268342**
爪翅花 **56617**
爪翅花属 **56616**
爪唇兰属 **179288**
爪萼寻灯草 **271895**
爪萼寻灯草属 **271894**
爪钩草属 185842
爪虎耳草 350012,350020
爪花芥 **273971**
爪花芥属 **273967**
爪盔瓜叶乌头 **5265**
爪盔膝瓣乌头 5223
爪龙 369600
爪轮叶委陵菜 **313102**
爪哇阿瑞奥普兰 5950
爪哇暗罗 **307512**
爪哇白茶树 **217759**
爪哇白豆蔻 **19836**
爪哇白花苋 **9376**
爪哇长梗黄花稔 362569
爪哇长果胡椒 300495
爪哇长胡椒 300495
爪哇常山 **96356**
爪哇赪桐 96356
爪哇赤箭 171939
爪哇川苔草属 **93895**
爪哇粗毛藤 **97503**
爪哇大豆 **264241**
爪哇大豆属 **264239**
爪哇大戟 **87453**
爪哇大戟属 **87451**
爪哇大青 **95972**
爪哇兜兰 **282855**
爪哇兜舌兰 282855
爪哇杜鹃 **330957**
爪哇钝叶杜鹃 **331634**
爪哇番樱桃 382660
爪哇橄榄 **71000**,70996
爪哇高卡 155067
爪哇钩毛榕 **164652**
爪哇古柯 155067
爪哇观音草 291158
爪哇合萼兰 **5950**
爪哇合欢 284473
爪哇合欢属 284444
爪哇黑莎草 **169555**
爪哇红锦带花 **413595**
爪哇猴耳环 301146
爪哇厚叶耳草 **187559**
爪哇蝴蝶兰 **293613**
爪哇黄花稔 **362569**
爪哇黄牛木 **110261**
爪哇黄杞 **145505**
爪哇黄芩 **355531**
爪哇黄藤 **121503**
爪哇蕙兰属 **342136**
爪哇夹竹桃 **181281**
爪哇夹竹桃属 **181280**
爪哇嘉赐树 78156
爪哇胶木 **280444**
爪哇脚骨脆 78156
爪哇接骨草 **345609**
爪哇金午时花 362569
爪哇巨竹 **175591**
爪哇决明 **78336**
爪哇苦木 298513
爪哇苦树 298513
爪哇兰 **156047**
爪哇兰属 **156046**
爪哇里皮亚 232494
爪哇立浪草 355533
爪哇荔枝 **233081**
爪哇栗 **78801**
爪哇楝 **248922**
爪哇亮丝草 **11340**
爪哇龙船花 **211113**
爪哇罗汉松 121079
爪哇萝藦 **194651**
爪哇萝藦属 **194650**
爪哇马蹄果 **316025**

爪哇毛兰 148705
爪哇帽儿瓜 **259738**
爪哇帽柱木 **256117**
爪哇膜兰 **201224**
爪哇木棉 80120
爪哇木棉属 80114
爪哇拟蜘蛛兰 **254199**
爪哇派克豆 284464
爪哇派克木 284473
爪哇婆婆纳 **407164**
爪哇蒲桃 382660
爪哇茜草 **337969**
爪哇球花豆 284473
爪哇球兰 **198837**
爪哇染木树 **346475**
爪哇肉桂 **91353**
爪哇肉口兰 **347046**
爪哇三裂叶野葛 **321461**
爪哇三七草 183056
爪哇莎草 245453
爪哇山珊瑚 120761
爪哇省藤 **65713**
爪哇水苦荬 407164
爪哇思劳竹 **351848**
爪哇松 121079
爪哇苏铁 **115841**
爪哇坛花兰 **2074**
爪哇唐松草 **388541**
爪哇藤露兜 **168247**
爪哇天胡荽 200312
爪哇田菁 **361394**
爪哇甜舌草 **232494**
爪哇万年青 11340
爪哇围涎树 **301146**
爪哇卫矛 **157639**
爪哇榅桲 372478
爪哇乌蔹莓 **79865**
爪哇喜光花 **6472**
爪哇细籽木 226458
爪哇下果藤 179944
爪哇香茅 117273
爪哇盐肤木 **332662**
爪哇耶格尔无患子 **211407**
爪哇银叶树 **192492**
爪哇缨绒花 144976
爪哇油楠 **364708**
爪哇旃那 78336
爪哇珍珠菜 **239696**
爪哇砖子苗 245453
爪哇锥花 **179188**
爪细叶委陵菜 312803
爪腺金虎尾 **188359**
爪腺金虎尾属 **188356**
爪香草 11549
爪楔翅藤 **371419**
爪鸢尾 208914
爪状橙菀 **320750**
爪状邓博木 **123717**
爪状毒鼠子 **128841**
爪状狒狒花 **46164**
爪状分枝肖观音兰 **399173**
爪状姜味草 **253724**
爪状普瑞木 **315240**
爪状三指兰 **396682**
爪状香茶 **303742**
爪状肖观音兰 **399176**
爪状肖鸢尾 **258693**
爪状疣石蒜 **378545**
爪状玉凤花 **184170**
爪状珍珠茅 **354269**
爪子参 308641
砖红巴氏豆 **46738**
砖红宝巾 **57870**
砖红茶豆 **85227**
砖红鞑靼忍冬 **236149**
砖红杜鹃 **331391**
砖红伽蓝菜 **215187**
砖红花白千层 **248103**
砖红鸡头薯 **152957**
砖红可拉木 **99211**
砖红芦荟 **16951**
砖红蒲公英 **384621**
砖红莎草 **119085**
砖红田皂角 **9569**
砖色红光树 **216843**
砖子苗 **245556**,245376,353587
砖子苗属 **245332**
转观花 195040
转果草 **394726**
转果草属 **394725**
转蒿 36111
转筋草 279757
转葵 188908
转扭子 198769
转钮子 198767
转日莲 188908
转心莲 285623
转枝莲 285623
转竺 191173
转子红 34442
转子莲 **95216**,83650
妆炎 82307
妆炎花 **82307**
庄黄 329372
庄浪大黄 329372
庄严花小蔓长春花 **409344**
庄严中美菊 **416909**
装点千里光 **359631**
装饰安龙花 **139447**
装饰斑鸠菊 **406435**
装饰滨藜 **44558**
装饰彩花 **2242**
装饰长叶欧石南 **149679**
装饰车轴草 **396879**
装饰刺桐 **154650**
装饰大果萝藦 **279424**
装饰大戟 **158745**
装饰杜鹃 330329
装饰盾苞藤 **265788**
装饰芳香木 **38592**
装饰飞燕草 **124437**
装饰格尼瑞香 **178663**
装饰管唇姜 **365260**
装饰光淋菊 **276215**
装饰红金梅草 **332189**
装饰灰毛豆 **386025**
装饰基特茜 **215776**
装饰棘豆 **279058**
装饰锦竹草 **67151**
装饰菊 89652
装饰露子花 **123895**
装饰芦莉草 **339746**
装饰马鞭草 **405804**
装饰脉刺草 **265680**
装饰鸟足兰 **347746**
装饰千里光 **359111**
装饰枪刀药 **202565**
装饰鞘柄茅 **100008**
装饰雀麦 **60869**
装饰日本蓟 **92234**
装饰肉锥花 **102678**
装饰润肺草 **58845**
装饰三叶草 396879
装饰莎草 **119029**
装饰山柳菊 **195825**
装饰山蚂蝗 **126529**
装饰省藤 **65753**
装饰黍 **281750**
装饰树葡萄 **120164**
装饰双生脂花萝藦 **298153**
装饰穗花 **317931**
装饰唐菖蒲 **176161**
装饰铁苋菜 **1941**
装饰茼蒿 **89652**
装饰驼曲草 **119816**
装饰温曼木 **413687**
装饰五星花 **289804**
装饰仙花 **395797**
装饰仙人球 43526
装饰香茶 **303546**
装饰肖鸢尾 **258527**
装饰肖皱籽草 **250933**
装饰须芒草 **22736**
装饰印度橡胶树 164933
装饰樱 **83118**
装饰蝇子草 **363853**
装饰尤利菊 **160810**
装饰玉凤花 **183724**
装饰远志 **308447**
装饰月见草 **269452**
装饰脂花萝藦 **298136**
装饰纸苞寻灯草 **373005**
装饰舟叶花 **340726**
装饰猪屎豆 **112067**
装饰砖子苗 **245446**
装天瓮 276090
装炎 82372
装炎花 **82372**
壮刺冬青 203590
壮刺小檗 **51533**
壮大荚蒾 **407870**
壮大金鱼藤 **100120**
壮干棕榈 413307
壮观八裂梧桐 **268815**
壮观巴特二室蕊 **128275**
壮观百脉根 **237757**
壮观闭鞘姜 **107277**
壮观扁爵床 **292236**
壮观伯纳旋花 **56864**
壮观伯萨木 **53000**
壮观补血草 **230776**
壮观尺冠萝藦 **374162**
壮观虫果金虎尾 **5939**
壮观垂头菊 **110419**
壮观大戟 **159859**
壮观丹氏梧桐 **135996**
壮观法道格茜 **161996**
壮观芳香木 **38806**
壮观风兰 **25071**
壮观加那利豆 **136759**
壮观樫木 **139673**
壮观蓝蓟 **141245**
壮观苓菊 **214175**
壮观鹿藿 **333409**
壮观罗勒 **268629**
壮观马唐 **130776**
壮观欧石南 **150068**
壮观塞拉玄参 **357675**
壮观三芒草 **34034**
壮观水东哥 **347991**
壮观水苏 **373446**
壮观斯坦野牡丹 **373717**
壮观溲疏 **126837**
壮观汤姆菊 **392725**
壮观温曼木 **413697**
壮观沃森花 **413406**
壮观香花芥 **193405**
壮观肖紫玉盘 **403629**
壮观鸭跖草 **101158**
壮观异果菊 **131192**
壮观异木患 **16144**
壮观银须草 **12846**
壮观油椰子 **273248**
壮花寄生属 **148833**
壮黄肉芋 415199
壮健红景天 **329933**
壮健马先蒿 **287637**
壮箭毒胶 7343

壮角铁　83688
壮筋草　70833
壮筋丹　260922
壮精丹　347842
壮蜡棕　**103733**
壮丽白花楸　**369327**
壮丽白面子树　369327
壮丽百合　**229719**
壮丽贝母　168430
壮丽薄荷木　**315603**
壮丽倒挂金钟　168787
壮丽独尾　**148557**
壮丽扶桑　**195155**
壮丽海神木　**315876**
壮丽含笑　**252900**
壮丽红冷杉　453
壮丽花叶万年青　**130103**
壮丽金叶树　**90055**
壮丽冷杉　453
壮丽琉璃翠雀花　**124144**
壮丽毛蕊花　**405738**
壮丽囊鳞莎草　**38227**
壮丽欧石南　**149425**
壮丽欧洲桤木　**16355**
壮丽帕洛梯　315876
壮丽桤叶树　**96520**
壮丽秋海棠　**49941**
壮丽球　**327301**
壮丽十月红花槭　**3513**
壮丽溲疏　**127005**
壮丽丸　327301
壮丽香荚兰　**405003**
壮丽玉叶金花　**260383**
壮丽栀子　**171303**
壮丽猪屎豆　**111871**
壮美荷兰榆　**401527**
壮牛浪　138888
壮农　**107010**
壮山羊草　**8683**
壮石蒜　184255
壮溲疏　127106
壮味　351021
壮阳菜　15843
壮阳草　98159
状元红　31408,37888,96147,195149,335760
状元花　118957,255711
撞羽　61935
追地枫　204504,351802
追分忍冬　235999
追分十大功劳　242608
追风草　175378,179679,309494,317924,317925
追风棍　94068
追风蒿　85651
追风箭　12695,12698,31967,70507,285834,287276
追风七　175378,175417,175420
追风伞　239773,266810
追风散　34375,97934,126465,239773,266810,313692,364989
追风使　143642
追风藤　187307,287989
追风药　229
追骨风　96398,140732,165515,178062
追罗　70507
追天花根　355429
椎　78916
椎果月见草　269519
椎栗　78920
椎属　78848
锥　78889,78933
锥被野牡丹　**102752**
锥被野牡丹属　**102751**
锥叉菜　53797
锥翅草　**322501**
锥翅草属　**322500**
锥刺锥　79034
锥萼爵床　**101927**
锥萼爵床属　**101926**
锥灌桃金娘　**102798**
锥灌桃金娘属　**102796**
锥果椆　116139
锥果厚皮香　**386692**
锥果蓟　91967
锥果芥　**53047**
锥果芥属　**53045**
锥果菊属　265752
锥果栎　116139
锥果卵叶苔草　**76577**
锥果木属　101930
锥果石笔木　**400728**
锥果藤属　**101930**
锥果葶苈　**137069**
锥果玉属　**101798**
锥花布氏菊　**60147**
锥花草属　**391430**
锥花赤竹　347292
锥花大戟　**391434**
锥花大戟属　**391433**
锥花代德苏木　**129734**
锥花繁缕　**375003**
锥花福禄考　295288
锥花海葱　274810
锥花黄堇　**106524**
锥花榄仁树　**386601**
锥花雷内姜　**327750**
锥花鹿药　**366198**
锥花绿绒蒿　**247157**
锥花麦瓶草　**363366**
锥花欧夏至草　**245755**
锥花茄　**367482**
锥花青锁龙　**108885**
锥花润尼花　327750
锥花鳝藤　**25944**
锥花蛇鞭柱　**357739**
锥花石南　**102759**
锥花石南属　**102756**
锥花石头花　183225
锥花鼠刺　**210419**
锥花属　**179174**
锥花薯　208224
锥花丝石竹　183222,183225
锥花铁线莲　95358
锥花土人参　383324
锥花橐吾　229227
锥花霞草　183225
锥花小檗　**51284**
锥花悬钩子　339067
锥花莸　**78032**
锥花胀果树参　**125617**
锥黄耆　**43103**
锥喙科纳棕　**104890**
锥茎石豆兰　**63006**
锥口茜属　**102760**
锥兰属　19498
锥栗　**78795**,78889,78924,78955,78999,79043
锥栗果　78952
锥栗属　**78848**
锥栗子　78811
锥连栎　**323920**
锥鳞叶属　**102002**
锥毛二行芥　**133304**
锥茅　**391445**
锥茅属　**391440**
锥帽萝藦　**101966**
锥帽萝藦属　**101965**
锥米属　137891
锥莫尼亚属　138523
锥囊苔草　**75957**
锥囊坛花兰　**2080**
锥瓶山柳菊　**196075**
锥蕊紫金牛　**101678**
锥蕊紫金牛属　**101676**
锥束斑鸠菊属　**283676**
锥树　78896
锥丝栗　78955
锥穗钝叶草　**375773**
锥穗沃森花　**413328**
锥塔蒲公英　**384853**
锥头麻　**307041**,307045
锥头麻科　80012
锥头麻属　**307040**
锥托金绒草　**398335**
锥托金绒草属　**398333**
锥托田基黄　**13207**
锥托田基黄属　**13206**
锥托棕鼠麹属　**341161**
锥腺大戟　**159772**,159841
锥腺樱　**316346**,83175
锥腺樱桃　**83175**,316346
锥形方果菊　**216421**
锥形果　**179156**,183023
锥形果属　**179153**
锥形假鼠麹草　**317730**
锥形裂蕊紫草　**235035**
锥形鳞翅草　**225085**
锥形欧石南　**149831**
锥形脐景天　**401704**
锥形热非豆　**212670**
锥形山柳菊　**195546**
锥形鼠尾粟　**372794**
锥形睡布袋　**175274**
锥形星香菊　**123652**
锥形药科　196359
锥形药属　196357
锥序斑果藤　**377123**
锥序丁公藤　**154263**
锥序飞蛾藤　396761
锥序福王草　313895
锥序茴芹　**299559**
锥序荚蒾　**408077**
锥序离根无患子　**29737**
锥序绵枣儿　353001
锥序南蛇藤　80273
锥序千斤拔　**166887**
锥序清风藤　**341537**
锥序山蚂蝗　126485
锥序鼠麹木　**199296**
锥序鼠麹木属　**199295**
锥序水东哥　347968
锥序丝瓣芹　6220
锥序酸脚杆　**247572**
锥序雄黄兰　**111470**
锥序旋蒴苣苔　283134
锥序沿阶草　**272119**
锥序银合欢　**227423**
锥序蛛毛苣苔　**283134**
锥序苎麻　**56118**
锥序棕鼠麹　**28892**
锥序棕鼠麹属　**28889**
锥药花属　**101688**
锥药石南　**99410**
锥药石南属　**99409**
锥叶柴胡　**63579**
锥叶池杉　**385257**
锥叶风毛菊　**348935**
锥叶芥属　**379649**
锥叶榕　165719
锥柱草科　**102782**
锥柱草属　**102784**
锥状景天　**357191**
锥状棋盘花　**417921**
锥籽大戟　**158681**
锥籽马兜铃　**34190**
锥子　78927

锥子草 418426
锥子树 78889
锥紫葳属 **217776**
锥足草属 102720
锥足芹 **102727**
锥足芹属 **102720**
坠千斤 265395
坠桃草 254238
缀星花 **271145**
缀星花属 **271142**
赘百蕊草 **389739**
赘裂口花 **379932**
肫肠草 68713
准东泡桐 285966
准噶尔阿魏 **163712**
准噶尔白羊草 **57568**
准噶尔报春 **314700**
准噶尔贝母 **168656**
准噶尔鼻花 **329565**
准噶尔草乌 5335
准噶尔翠雀花 **124589**
准噶尔大戟 **159851**
准噶尔大蒜芥 **365589**
准噶尔地蔷薇 **85658**
准噶尔独行菜 **225460**
准噶尔短舌菊 58048
准噶尔繁缕 **375100**
准噶尔飞廉 **73492**
准噶尔红景天 **329890**
准噶尔黄芪 42395
准噶尔黄耆 **42395**
准噶尔蓟 **91723**
准噶尔金莲花 **399503**
准噶尔金丝桃 **202088**
准噶尔锦鸡儿 **72345**
准噶尔菊蒿 383780
准噶尔绢蒿 **360849**
准噶尔苦豆子 **369122**
准噶尔拉拉藤 **170635**
准噶尔蓝刺头 140681
准噶尔蓝盆花 **350237**
准噶尔离子芥 **89016**
准噶尔蓼 **309808**
准噶尔柳 **344127**
准噶尔麻花头 361043
准噶尔马先蒿 **287684**
准噶尔麦瓶草 364072
准噶尔毛茛 326377
准噶尔毛蕊花 **405777**
准噶尔拟芸香 **185636**
准噶尔匹菊 **322745**
准噶尔婆罗门参 **394346**
准噶尔蒲公英 **384812**
准噶尔前胡 **292937**
准噶尔沙蒿 **36304**
准噶尔沙枣 **142195**
准噶尔莎草 **119593**
准噶尔山楂 **110048**,109685
准噶尔神血宁 309808
准噶尔石竹 **127839**
准噶尔矢车菊 **81049**
准噶尔疏穗早熟禾 305665
准噶尔鼠麹草 **178419**
准噶尔丝石竹 183180
准噶尔苔草 **76299**
准噶尔天门冬 38928
准噶尔铁线莲 **95319**
准噶尔头嘴菊 **82422**
准噶尔橐吾 **229197**
准噶尔委陵菜 **313005**
准噶尔乌头 **5585**
准噶尔无叶豆 **148447**
准噶尔西风芹 **361575**
准噶尔栒子 **107688**
准噶尔鸦葱 **354954**
准噶尔岩黄芪 188116
准噶尔岩黄耆 **188116**
准噶尔鹰嘴豆 **90828**
准噶尔蝇子草 **364072**
准噶尔郁金香 **400222**
准噶尔鸢尾 **208848**
准噶尔鸢尾蒜 **210998**
准噶尔早熟禾 **305665**
准噶尔樟味藜 **70466**
准噶尔猪毛菜 **344524**
准噶尔总花栒子 107688
准葛尔棘豆 **279169**
准喀尔黄芩 355765
准鞋木 **209539**
准鞋木属 **209532**
卓巴百合 **230069**
卓花石斛 124995
卓尼杜鹃 **330964**
卓越刺子莞 **333558**
卓越大鸳鸯茉莉 **61299**
卓越孤菀 **393395**
卓越马先蒿 **287197**
卓越毛染料木 **173033**
卓越欧洲瑞香 **122417**
卓越巧玲花 **382261**
卓越赛菊芋 **190506**
卓越艳苞莓 **79797**
卓志堇菜 **410643**
卓志龙胆 **173955**
卓志樟 **91256**
捉嘴豆子 299724
桌面草 308816
桌面落基山圆柏 **213930**
桌山榆 **401515**
棁木 394757
棁树 394757
棁树属 394755
茁壮早熟禾 **305594**
斫合子 252514
啄木冠草 105808
啄羊鹦鹉扫帚叶澳洲茶 **226491**
着母香 72249
着色百里香 **391293**
着色扁担杆 **180920**
着色草原松果菊 **326963**
着色车轴草 **396908**
着色倒距兰 **21171**
着色短片帚灯草 **142958**
着色钝双距兰 **133867**
着色多坦草 **136591**
着色风铃草 69934,69972
着色古柯 **155101**
着色谷精草 **151431**
着色黑蒴 **14336**
着色惠特爵床 **413950**
着色里奥萝藦 **334740**
着色利奇萝藦 **221992**
着色列当 **275021**
着色琉璃草 **118010**
着色龙胆 **173725**
着色龙面花 **263448**
着色龙舌兰 **10830**
着色漏斗花 **130227**
着色罗布麻 29506
着色脉刺草 **265690**
着色眉兰 **272476**
着色美非补骨脂 **276979**
着色米努草 **255556**
着色南非管萼木 **58682**
着色南非禾 **289965**
着色南非少花山龙眼 **370248**
着色鸟娇花 **210796**
着色婆罗门参 **394272**
着色绒毛花 **28157**
着色山柳菊 **195541**
着色商陆 334902
着色十二卷 **186605**
着色石头花 **183232**
着色数珠珊瑚 **334902**
着色四数莎草 **387682**
着色酸模 **340197**
着色坛花兰 **2077**
着色西南非萝藦 **223430**
着色香雪兰 **168170**
着色小米草 **160245**
着色雄黄兰 **111465**
着色癣豆 **319361**
着色眼子菜 **312074**
着色疑惑砖子苗 **245410**
着色异籽葫芦 **25656**
着色蝇子草 **363338**
着色疣石蒜 **378533**
着色羽花木 **407533**
着色猪屎豆 **112029**
着生杜鹃 **330993**
着生珊瑚树 407977
着生药 61572
着衣拟美花 **317287**
着衣团扇 273088
仔榄树 **199440**
仔榄树属 **199412**
仔熟茜属 370736
孜然 114503
孜然芹 **114503**
孜然芹属 **114502**
孜珠 290940
兹利木属 417866
兹瓦尔半边莲 **234888**
资木瓜 84573
资邱独活 24306
资源杜鹃 **332164**
资源冷杉 **294**
滋草 374968
滋圃报春 **314997**
粢 281916,361794
粢米 281916,361794
髭脉桤叶树 96466
髭脉山柳 96466
髭毛脉槭 2798
秄椴 391661
秄蒿 36023,36211,36307,
264249
秄黄 329331,329386
秄米驼 61935
秄藤 313471
秄条 226746
秄纹紫堇 **105863**
子蘖 51301,52049,52225
子不离母 11572
子弹木 **244530**,255312
子弹木属 **255260**
子弹石栎 233228
子弟草 264161
子风藤 235878
子附莲 78012
子根蒜 15450
子宫草 **365905**
子宫草属 **365904**
子宫苔草 **74862**
子花杜鹃 **330717**
子黄 329331
子黄芩 355387
子鸡生蛋 29304
子姜 418010
子金根 180768
子京木 241513,241519
子京属 241510
子爵夫人绣球 199963
子棱木 249996
子棱木山梨子 249996
子楝树 **123451**,249996
子楝树属 **123443**
子凌蒲桃 **382506**

子凌树 382506
子母草 11572
子母海棠 243657
子母莲 267280
子母参 398025
子母竹 47264
子农合耳菊 **381931**
子农槭 2887
子农山柑 71715
子农鼠刺 **210376**,210391
子农尾药菊 381931
子芩 355387,355484
子上叶 62799
子参 280741
子树 237191
子孙柏 302734
子孙球 **327283**
子孙球属 **327250**
子条 65670
子菀 41342
子文武 256804
子午花 285623,289684
子午莲 267767,267770
子燕藤 49046
子叶草 228270
子元 41342
姊到羊 274427
姊妹豆属 143006
姊妹花 336789
姊妹山金车 **34770**
姊妹树 254900
姊永 379471
秭归稠李 **280053**
梓 **79257**,79247
梓木 79260,347413
梓木草 **233786**
梓木树 347413
梓属 **79242**
梓树 79257
梓树属 79242
梓桐 79247
梓桐花 242
梓叶槭 **2870**
紫矮山芹 **273987**
紫芙 34615,233731
紫澳西桃金娘 **148173**
紫八宝 **200812**
紫八角 204517
紫巴尔干槭 **3014**,3013
紫巴南野牡丹 **68824**
紫白帝王花 **82369**
紫白杜鹃 332094
紫白二乔玉兰 **242300**
紫白风毛菊 **348668**
紫白花锚 184696
紫白蓬草 388469
紫白槭 **2775**
紫白熊保兰 **352478**
紫百脉根 **237730**
紫柏 306506,393058
紫柏松 385355
紫班氏欧石南 **149060**
紫斑百合 **229958**
紫斑杓兰 120357
紫斑薄荷木 **315609**
紫斑大戟 **159109**,158758
紫斑兜兰 282889
紫斑杜鹃 **331895**,331543
紫斑风铃草 **70234**
紫斑光鼠尾草 **345053**
紫斑红门兰 121382
紫斑蝴蝶草 **392904**
紫斑金兰 125005
紫斑金绒草 **273965**
紫斑金绒草属 **273964**
紫斑鸠菊 **406729**
紫斑兰 **191621**
紫斑兰属 **191620**
紫斑簕竹 47329
紫斑丽穗兰 **412373**
紫斑镰序竹 **137863**
紫斑六出花 **18074**
紫斑罗布麻 29506
紫斑曼陀罗 **123049**
紫斑牡丹 **280272**,280307
紫斑木槿 **195287**
紫斑歧伞獐牙菜 **380182**
紫斑青皮竹 **47476**
紫斑楸 **79258**
紫斑山梅花 **294523**
紫斑石斛 125005,125165
紫斑唐菖蒲 **176431**
紫斑洼瓣花 **234224**
紫斑叶红门兰 121382
紫斑玉凤花 **184002**
紫斑玉山竹 **416744**
紫斑芋 **99912**
紫斑掌裂兰 **121382**
紫斑竹 **47329**,47476
紫斑柱蕊紫金牛 **379198**
紫半育花 **191480**
紫瓣倒挂金钟 **168782**
紫瓣藁本 **229379**
紫瓣花科 **400096**
紫瓣花属 **400050**
紫瓣茴芹 **299503**
紫瓣景天 200812
紫瓣毛子草 **153262**
紫瓣蕊豆 121902
紫瓣石斛 **125296**
紫瓣忧花 **241686**
紫瓣舟叶花 **340771**
紫棒果芥 **376325**
紫苞芭蕉 260252
紫苞半夏 **299726**
紫苞长蒴苣苔 **129951**
紫苞朝鲜南星 **33453**
紫苞翠雀花 **124539**
紫苞东北天南星 **33248**
紫苞多穗兰 **310564**
紫苞飞蓬 **150885**,150616
紫苞风毛菊 **348699**,348395,
348557,348596
紫苞蒿 **36160**
紫苞黄堇 **106580**,106064
紫苞火鹤花 **28123**
紫苞爵床 244289
紫苞蓼 309269
紫苞毛鳞菊 84976
紫苞佩兰 **158264**
紫苞蓬 150616
紫苞舌兰 370401
紫苞石柑 **313195**
紫苞天南星 33248
紫苞香青 **21664**
紫苞雪莲 **348395**
紫苞野靛棵 **244289**
紫苞银背藤 32651
紫苞鸢尾 **208797**,208801
紫宝球 **327286**,140622
紫宝玉 **140622**
紫杯柱玄参 **110198**
紫贝克菊 **52760**
紫背白珠 **172140**
紫背彩云木 381480
紫背菜 183066
紫背草 **144976**,12724,144975,
312690,355429
紫背草属 144884
紫背丹参 344947
紫背倒提壶 55788
紫背杜鹃 **330724**
紫背浮萍 372300
紫背葛郁金 66165
紫背光叶荛花 **414182**
紫背贵州鼠尾草 **344946**
紫背桂 161647
紫背海芋 **16529**
紫背合耳菊 **381948**
紫背红 59857
紫背黄芩 355429
紫背金牛 12724,307927,
308081,308398,394093
紫背金牛草 322801,322815
紫背金盘 **13146**,13091
紫背金钱 391524
紫背堇菜 **410749**
紫背爵床 290921
紫背栝楼 **396250**
紫背冷水花 **299029**
紫背犁头草 144975
紫背龙牙 312690
紫背鹿含草 359598
紫背鹿蹄草 **322798**
紫背鹿衔草 115526,260093,
359598
紫背绿 31389,31511
紫背罗浮百合 **229758**
紫背蔓绿绒 **294800**
紫背木兰 416682
紫背千里光 359598
紫背秋海棠 **49837**,50284
紫背三七 183097
紫背鼠李 **328867**
紫背鼠尾草 344946
紫背水竹叶 **260093**
紫背天葵 49626,49837,183066,
183124,322852,357919
紫背天葵草 359598
紫背万年青 **394076**
紫背万年青属 332293,393987
紫背尾药菊 381948
紫背细辛 **37703**
紫背小柱兰 243116
紫背蟹甲草 **283830**
紫背绣球 **200116**,200145
紫背鸭跖草 394093
紫背药 328706
紫背叶木麒麟 **290702**
紫背叶仙人掌 290702
紫背一点广 265420
紫背鱼腥草 198745
紫背原沼兰 **243116**
紫背沼兰 243116
紫背竹芋 **378307**
紫背竹芋属 **378305**
紫背锥果栎 **116143**
紫边龙血树 **137360**
紫变豆菜 **345943**
紫滨海前胡 **292893**
紫槟榔 **71797**,71796
紫柄千年芋 **415202**
紫柄杨 311564
紫波属 **28435**
紫布鲁尔飞蓬 **150520**
紫彩花 **2278**
紫彩绣球 **200076**
紫菜苔 **59342**
紫菜头 **53267**
紫苍山乌头 **5143**
紫糙苏 **295177**
紫草 **233731**,21959,34615,
48689,201761,393269
紫草海桐 **350324**
紫草科 **57084**
紫草莲座半日花 **399945**
紫草茸 34615,233731
紫草山柳菊 **195576**

紫草属 **233692**
紫草乌 5177,5335
紫草叶单冠钝柱菊 **227753**
紫草叶黑草 **61814**
紫草叶卷耳 **82911**
紫草叶勿忘草 **260822**
紫草状天芥菜 **190665**
紫草状鸭嘴花 **214599**
紫梣叶槭 3233
紫柴胡 63640,63745
紫蝉 **14872**
紫长庚花 **193321**
紫长梗风信子 **235610**
紫车轴草 **397037**,396934
紫翅荚豌豆 **387253**
紫翅盘麻 **320536**
紫翅藤 103362
紫翅油松 300247
紫翅猪毛菜 **344434**
紫雏丸 244191
紫垂欧洲山毛榉 162414
紫垂枝桦 **53565**
紫椿 **392837**
紫唇布袋兰 **79551**
紫唇钗子股 **238314**
紫唇多穗兰 **310552**
紫唇石斛 125320
紫刺蕊草 **306998**
紫刺头菊 **108384**
紫刺卫矛 **157321**,157282
紫刺猬草 **140651**
紫酢浆草 **278039**,277776,278147
紫翠槐 20005
紫大麦草 **198346**,198375
紫大岩桐 **364751**
紫大芋 415202
紫袋舌兰 **38207**
紫戴尔豆 **121902**
紫丹 **393261**,34615,233731,393269
紫丹草 393273
紫丹花 344957
紫丹参 344834,344910,345214,345310,345327,345439,345485
紫丹属 **393240**
紫单花红丝线 **238965**
紫单花景天 **257088**
紫单蕊莲豆草 **83841**
紫弹朴 **80580**
紫弹树 80580
紫党 98285
紫党参 98380,345214
紫的 263272
紫灯花 398781
紫灯花科 389383
紫地丁 222828,410108
紫地黄 **327446**
紫地榆 **174935**,174567,174615,174755,345881,345894
紫点杓兰 **120357**
紫点兜兰 **282827**
紫点粉蝶花 **263504**
紫点红门兰 121389
紫点幌菊 263504
紫点堇菜 **409938**
紫点小檗 **51750**
紫点掌裂兰 **121389**
紫点蜘蛛抱蛋 **39571**
紫垫菊 **731**
紫垫菀 **219721**
紫垫菀属 **219719**
紫靛 48140
紫丁杜鹃 331348
紫丁花 **226125**
紫丁香 **382220**,122532,382329,382477
紫丁香扁担杆 **180852**
紫丁香博巴鸢尾 **55958**
紫丁香花 382329
紫丁香色多头玄参 **307613**
紫丁香色观音兰 **399050**
紫丁香色虎耳草 **349553**
紫丁香色堇菜 **410735**
紫丁香色乐母丽 **335979**
紫丁香色裂唇兰 **351423**
紫丁香色婆婆纳 **407294**
紫丁香色塞拉玄参 **357568**
紫丁香色双距花 **128068**
紫丁香色肖水竹叶 **23541**
紫丁香糖芥 **154495**
紫丁香西澳兰 **118224**
紫丁香香茶 **303453**
紫丁香肖鸢尾 **258542**
紫顶龙芽 405872
紫顶鼠尾草 345474
紫东澳石蒜 **68033**
紫斗篷草 **14121**
紫豆兰属 **268868**
紫豆藤 48689
紫杜鹃 331202
紫短柄草 58578
紫断肠草 105892
紫椴 **391661**
紫朵苗子 345881
紫鹅绒 183057,183134
紫萼 **198652**,198624
紫萼补血草 **230780**
紫萼唇柱苣苔草 **87822**
紫萼丁香 382230
紫萼凤仙花 **205229**
紫萼蝴蝶草 **392948**
紫萼黄芪 42904
紫萼黄耆 **42904**
紫萼假杜鹃 **48313**
紫萼金露梅 **289720**
紫萼距花 **114620**
紫萼老鹳草 **174868**
紫萼勒塔木 **328237**
紫萼路边青 **175444**
紫萼莓 338254
紫萼女娄菜 **248423**
紫萼秦岭香科科 **388297**
紫萼山梅花 **294519**,294457
紫萼石头花 **183229**
紫萼鼠尾草 **345319**
紫萼水杨梅 175444
紫萼铁线莲 **95032**
紫萼沃内克崖豆藤 **254880**
紫萼香茶菜 **209675**
紫萼悬钩子 338254,338435
紫萼翼萼 392948
紫萼玉簪 198652
紫萼獐牙菜 **380211**
紫萼紫丁香 382230
紫耳 5821
紫耳草 **187652**
紫耳冠草海桐 **122109**
紫耳箭竹 162643
紫法拉茜 **162599**
紫番荔枝 **25880**
紫饭豆 308259
紫芳草 **161531**
紫飞蓬 **150915**
紫菲利木 **296291**
紫狒狒花 **46111**
紫风车子 100850
紫风流 122532
紫蜂斗菜 **292376**,292372
紫凤草 262899
紫凤草属 262896
紫凤光萼荷 **8595**
紫凤梨属 391966
紫凤龙 **163481**
紫凤仙 204982
紫芙 233731
紫拂子茅 **65471**
紫浮萍 **224380**
紫福王草 **313866**
紫腐蛛草 **105446**
紫覆瓦石豆兰 **62792**
紫盖茜 **271950**
紫杆柽柳 **383431**
紫杆蒿 35430
紫杆芹 24433
紫竿玉山竹 416822
紫竿竹 47477
紫秆方竹 **87644**
紫秆青皮竹 **47477**
紫秆竹 47477
紫绀野牡丹 391577
紫高杯花 266195
紫高葶苣 **11422**
紫割鸡芒 **202736**
紫格雷野牡丹 **180417**
紫葛 79850,411623
紫葛葡萄 **411623**
紫根 344910
紫根根 375726
紫根黍 **282102**
紫根藤 214959
紫梗树 121779,121837
紫梗藤 321473,370422
紫梗越桔 **403729**
紫狗肝菜 **129308**
紫狗尾草 **361883**
紫冠倒挂金钟 **168742**
紫冠菊 **203158**
紫冠菊属 **203157**
紫管酢浆草 **278022**
紫管籽芹 **45127**
紫光凤仙花 **205266**
紫光球 **244158**
紫光丸 244158
紫光籽风信子 **163775**
紫桂 91302
紫桂竹香 154532
紫棍柴 328695
紫果 233731
紫果茶 **69535**
紫果刺梨 **273003**
紫果粗子芹 304826
紫果冬青 **204354**
紫果桄榔 **32344**
紫果槐 368958
紫果蜡瓣花 **106648**
紫果冷杉 **455**
紫果蔺 **143053**
紫果马唐 **130825**
紫果茅莓 **338995**
紫果猕猴桃 **6525**
紫果挪威云杉 **298215**
紫果平滑山油柑 **6242**
紫果蒲公英 **384825**
紫果槭 **2901**
紫果秋海棠 285637
紫果榕 165685
紫果山楂 109924
紫果杉 298417
紫果双籽藤 **130067**
紫果水栒子 **107584**
紫果酸浆 297699
紫果卫矛 **157327**
紫果西番莲 **285637**
紫果小檗 **51303**
紫果栒子 107584
紫果野扇花 346731
紫果鱼尾葵 **78053**

紫果云杉 **298417**
紫果针蔺 143053
紫果珍珠茅 **354201**
紫果紫草属 334540
紫哈维列当 **186077**
紫海勒兰 **143849**
紫海棠 243545
紫寒兰 116928
紫蒿 36454
紫蒿子 240068
紫浩氏豆 198763
紫浩维亚豆 198763
紫禾草 290968
紫合头茜 **170983**
紫河车 284367
紫褐垂丝卫矛 157930
紫褐球兰 **198890**
紫褐异色金缕梅 **185117**
紫赫柏木 **186952**
紫鹤 198652
紫黑扁葶沿阶草 **272124**
紫黑刺李 **316821**
紫黑花珊瑚豌豆 **215981**
紫黑叶蔓绿绒 **294790**
紫黑早熟禾 **305773**
紫红矮溲疏 127065
紫红白丽翁 **45247**
紫红苞风毛菊 348699
紫红宝丽兰 **56691**
紫红报春 315078
紫红鞭 66762,78032
紫红茶藨子 **334212**
紫红川滇柴胡 **63589**
紫红二乔玉兰 242308
紫红仿杜鹃 **250532**
紫红凤仙花 **205221**
紫红红千层 **67271**
紫红蝴蝶兰 **293634**
紫红花长瓣铁线莲 **95102**
紫红花滇百合 **229746**
紫红花红百合 229746
紫红花葵 **223383**
紫红花龙胆 **173914**
紫红花肖乳香 **350986**
紫红花羊耳蒜 232322
紫红黄鹌菜 **416454**
紫红黄栌 **107304**
紫红黄蜀葵 194879
紫红桧 213849
紫红火筒树 223956
紫红鸡爪槭 3302
紫红假龙胆 **174115**
紫红金樱子 **336673**
紫红堇菜 **409949**
紫红旌节花 **373542**
紫红蓝花楹 **211244**
紫红六出花 18074
紫红毛花柱 **395652**
紫红美冠兰 **156951**
紫红木槿 **194879**
紫红鸟娇花 **210893**
紫红蒲桃 **382644**
紫红千里光 **358282**
紫红蔷薇 **336850**
紫红鞘苔草 **75939**
紫红秋英 107160
紫红肉锥花 **102506**
紫红伞 30788
紫红伞芹 **332247**
紫红色大榛 106760
紫红砂仁 **19907**
紫红山柳菊 **195466**
紫红山楂 **109603**
紫红松毛翠 **297018**
紫红嚏根草 **190955**
紫红微花兰 **374714**
紫红无心菜 **32180**
紫红细叶鸡爪槭 **3326**
紫红悬钩子 **339320**
紫红异叶苣苔 **414005**
紫红玉 **140211**
紫红约翰斯顿多穗兰 **310453**
紫红獐牙菜 **380324**
紫红柱瓣兰 **146459**
紫红棕 **295439**
紫红棕属 **295437**
紫喉百合 **230000**
紫后蓝菀 **40044**
紫蝴蝶 50669,208875
紫花阿里山蓟 **91754**,91753
紫花矮牵牛 **292754**
紫花澳吊钟 105391
紫花八宝 **200790**
紫花白前 117660
紫花白鲜 129619
紫花白英 **367325**
紫花百合 **230035**
紫花棒果芥 **376323**,273969
紫花苞舌兰 **370401**
紫花报春 314117
紫花杯冠藤 **117660**
紫花贝母 **168542**
紫花比佛瑞纳兰 **54244**
紫花碧江乌头 **5643**
紫花扁桃 **20902**
紫花变豆菜 345998
紫花菠萝 391993,392015
紫花薄荷木 **315605**
紫花捕虫堇 299759
紫花菜 30078
紫花草 135134,259323
紫花茶藨 333918,334078
紫花茶藨子 **334078**
紫花长被片风信子 **137980**
紫花长豇豆 **409046**
紫花长亩金腰 **90415**
紫花长叶溲疏 **126994**
紫花朝鲜杜鹃 **332106**
紫花车前 400898
紫花重瓣玫瑰 336730
紫花重瓣木槿 **195299**
紫花粗糙黄堇 **106409**
紫花粗筒苣苔 **60263**
紫花酢浆草 **278147**,277776
紫花大艾 **55744**,55736
紫花大将军 234699
紫花大叶柴胡 **63737**
紫花大翼豆 **241261**
紫花丹 **305185**
紫花丹参 345019,345365
紫花当药 380319
紫花党参 **98405**
紫花地丁 **410412**,105680,173606,173917,181693,181695,307927,308359,308363,355494,355641,406828,409720,409837,410066,410100,410108,410201,410360,410416,410452
紫花地黄 327433
紫花地料梢 206445
紫花点地梅 **23290**
紫花毒马草 **362746**
紫花杜鹃 **330081**,331202,331583
紫花短筒苣苔 **56368**
紫花顿 388428
紫花鄂北贝母 168344
紫花飞蛾藤 131254
紫花风车子 **100731**
紫花凤梨 **391993**,392015
紫花凤梨属 391966
紫花凤仙花 **205265**,205123,205422
紫花甘草 **177939**
紫花高茎堇菜 410030
紫花高乌头 5563
紫花革叶远志 **307984**
紫花根 309507
紫花拐轴鸦葱 **354850**,354846
紫花灌木钓钟柳 289375
紫花海棠 **243545**
紫花海芋属 137744
紫花含笑 **252858**
紫花蔊菜 72934
紫花合头菊 **381651**
紫花合掌消 **117368**
紫花河岸蓟 **92351**
紫花荷包掌 **140890**
紫花赫柏木 **186926**
紫花鹤顶兰 **293523**
紫花红百合 229745
紫花红豆 **274431**
紫花红果接骨木 345668
紫花红门兰 **273604**
紫花厚喙菊 **138764**
紫花虎耳草 **349098**
紫花槐 **369113**,20005,369041,369049
紫花还阳参 110880
紫花黄华 389507,389514
紫花黄金凤 **205319**
紫花黄精 308639
紫花黄芪 42955
紫花黄耆 **42955**
紫花黄芩 355387
紫花黄檀 121623
紫花火炬花 **217016**
紫花藿香蓟 **11206**
紫花芨芨草 **4157**,376899
紫花鸡骨柴 144096
紫花棘豆 **279185**
紫花假槟榔 31015
紫花疆罂粟 335638
紫花椒 **72115**
紫花芥 243164
紫花金盏苣苔 **210183**
紫花堇菜 **410030**,410412
紫花荆芥 264886
紫花景天 **357203**,200790
紫花韭 **15780**,15615
紫花苣苔 **238038**
紫花苣苔属 **238030**
紫花卷瓣兰 62949
紫花可拉木 **99251**
紫花苦胆草 380418
紫花苦槛蓝 **260709**
紫花苦参 369149
紫花阔叶柴胡 **63583**
紫花兰筛朴 345668
紫花蓝高花 **266196**
紫花蓝花楹 **211238**
紫花蓝兰 **193164**
紫花蕾丽兰 **219690**
紫花冷蒿 **35509**
紫花莲 234363
紫花两色金鸡菊 **104604**
紫花列当 275006,275010
紫花鳞萼棘豆 **279177**
紫花铃铛刺 **184839**
紫花柳穿鱼 **230925**
紫花龙胆 **173949**
紫花耧斗菜 **30078**
紫花鹿药 **242698**
紫花绿绒蒿 **247194**
紫花螺序草 **371777**
紫花裸茎绒果芹 **151750**
紫花络石 **393625**

紫花马蔺 **208666**
紫花马蔺菊属 140066
紫花马铃苣苔 **273834**
紫花马缨丹 **221275**
紫花脉叶兰 **265429**,265418,265420
紫花曼陀罗 123065,123077
紫花毛草 11199
紫花锚 **184692**
紫花美冠兰 **157020**
紫花美洲白芨 **55549**
紫花美洲茶 **79968**
紫花木兰 416707
紫花苜蓿 247456
紫花南芥 193417
紫花南荠黎可斯帕 228100
紫花南玉带 **39127**
紫花拟丹参 345289
紫花拟美国薄荷 **257176**
紫花牛姆瓜 197213
紫花牛皮消 117660
紫花欧白鲜 **129619**
紫花欧丁香 **382372**
紫花欧洲接骨木 **345668**
紫花瓯兰 **116928**
紫花盘果菊 313866
紫花佩兰 158264
紫花蒲公英 **384633**
紫花桤叶树 **96544**
紫花槭 **3479**
紫花千里光 **359789**
紫花前胡 **24336**
紫花前胡属 **311747**
紫花茄 367241,367733
紫花窃衣 393004
紫花芹 24358,345998
紫花青叶胆 380131,380319
紫花清风藤 **341550**
紫花秋水仙 **99302**
紫花秋英 **107166**
紫花楸 79250
紫花雀儿豆 **87260**
紫花忍冬 **235945**
紫花绒毛槐 369090
紫花软叶兰 110652
紫花瑞香 **122590**
紫花山姜 17745
紫花山芥 73034
紫花山蚂蝗 **126551**
紫花山莓草 **362369**
紫花山柰 **215004**
紫花山莴苣 259772
紫花山踯躅 **330975**
紫花苕子 408284
紫花石豆兰 62873
紫花石斛 **125330**
紫花石蒜 239280
紫花鼠麴木属 **21860**
紫花鼠尾草 **345474**,345108
紫花树 83769,248895,285960,285981
紫花水牛角 **72590**
紫花松叶菊 **252187**
紫花菘 326616
紫花溲疏 **127054**
紫花碎米荠 **72945**,73001,238020
紫花糖芥 **154457**
紫花藤 305185
紫花铁筷子 **190930**,190955
紫花铁兰 392015
紫花铁线莲 **94938**
紫花葶苈 **137293**
紫花桐 285981
紫花橐吾 **229023**
紫花娃儿藤 **400898**
紫花挖耳草 **403098**,403377
紫花弯蕊芥 **238020**,72945
紫花皖鄂丹参 345289
紫花委陵菜 **312896**
紫花卫矛 **157800**
紫花文殊兰 111230
紫花莴苣 259772
紫花乌头 **5027**
紫花无梗接骨木 **345696**
紫花无距凤仙花 **205123**
紫花西番莲 **285714**
紫花狭唇兰 **346714**
紫花仙灯 **67562**
紫花仙人柱 **253094**,140216
紫花纤细橐吾 **229223**
紫花香茶 **303590**
紫花香简草 **215808**
紫花香茅 259282
紫花香葇 144093
紫花香薷 **143962**
紫花香水月季 336816
紫花小百子莲 10253
紫花小升麻 91024
紫花小叶韩信草 **355512**
紫花小叶碎米荠 72945
紫花新耳草 **262958**
紫花绣线菊 **372069**
紫花续断 **133459**
紫花雪山报春 **314988**,314237
紫花鸭跖柴胡 **63608**
紫花崖豆藤 **254737**
紫花雅葱 **354925**
紫花亚菊 **13024**
紫花亚麻 **232012**
紫花岩黄芪 187792
紫花岩黄耆 **187792**
紫花岩蔷薇 **93199**
紫花沿阶草 272085
紫花秧 135134
紫花羊耳蒜 **232253**,232322
紫花羊蹄甲 49211
紫花洋地黄 130383
紫花野百合 112667,112682
紫花野丹参 **345455**
紫花野菊 **124862**
紫花野决明 **389514**
紫花野木瓜 **374436**
紫花野芝麻 **220401**
紫花夜香树 **84406**
紫花一柱香 306990
紫花异叶青兰 137577
紫花翼首花 **320444**
紫花银光委陵菜 **312393**
紫花蝇子草 363620
紫花硬毛南芥 **30304**
紫花油点草 396588,396614
紫花鱼灯草 106004
紫花玉兰 416707
紫花玉山竹 **416822**
紫花芋兰 **265420**
紫花鸢尾 208543
紫花圆苞鼠尾草 **344992**
紫花远志 307984
紫花月月红 336495
紫花越南槐 **369144**
紫花杂种岩蔷薇 93199
紫花蚤缀 **32169**
紫花浙皖丹参 345393
紫花针茅 **376893**
紫花指甲兰 **9306**
紫花帚鼠麴 **293275**
紫花帚鼠麴属 **293274**
紫花猪屎豆 **112474**
紫花竹草 260107
紫花转子莲 **95219**
紫花紫堇 **106282**
紫花醉鱼草 **62054**,62019
紫槐 20005
紫环花兰 **361258**
紫环球 **327306**
紫黄 245220
紫黄豹皮花 **373808**
紫黄耆 **42956**
紫黄日本金缕梅 **185109**
紫黄属 245212
紫黄檀 **121801**
紫黄网脉柳穿鱼 **231108**
紫黄硬皮鸢尾 **172663**
紫回回苏 **290955**
紫茴香砂仁 **155407**
紫喙苔草 **76233**
紫惠特爵床 **413963**
紫蕙 55575
紫火烧兰 **147212**
紫火焰草 **79133**
紫霍夫豆 **198763**
紫藿香 132303
紫基隆南芥 **30462**
紫基扭桔梗 **123793**
紫棘豆 **278940**
紫戟 198745
紫脊百合 **229891**
紫蓟 **92332**
紫假槟榔 **31016**
紫假聚散翼 **317607**
紫假毛地黄 **10153**
紫假叶柄草 **86191**
紫尖凤梨 **412363**
紫箭竹 162718
紫姜 335147,335153,418017
紫豇豆 285917,409086
紫降香 121782
紫娇花 400095
紫娇花属 400050
紫角堇菜 **409860**
紫杰勒草 10153
紫芥 59438
紫今皮 83769
紫金标 83644,83650,214972,219933
紫金疮小草 **13094**
紫金丹 388406
紫金伏牛玉兰 **242120**
紫金刚 244030
紫金合欢 **1514**
紫金花 **31655**,219933
紫金花半边莲 **234305**
紫金花属 **31649**
紫金莲 83650,272187,272221,387432
紫金龙 **128318**,244014,328345
紫金龙属 128288
紫金毛蕨 **151715**
紫金楠 295403
紫金牛 **31477**,50669
紫金牛花三角车 **334576**
紫金牛科 **261596**
紫金牛榕 **164643**
紫金牛属 **31347**
紫金牛叶冬青 **204048**
紫金牛叶石楠 295775
紫金盘 83769
紫金皮 83769,214972,398317
紫金雀花 85401
紫金沙 320248
紫金砂 320248
紫金锁 410108
紫金唐松 388645
紫金藤 214972,398317,414576
紫金虾 **140224**
紫金血藤 351054
紫金章 **358633**

紫金钟 276090,276098
紫堇 **105846**,105647,105680,105836,106004,106473
紫堇臭草 249070
紫堇地丁 105680
紫堇凤仙花 **205267**
紫堇花石斛 **125001**
紫堇槐 369041
紫堇黄檀 121855
紫堇佳丽菊 **86029**
紫堇科 **169194**
紫堇棱子芹 304808
紫堇属 **105557**
紫堇天竺葵 **288449**
紫堇香花草 **193456**
紫堇叶唐松草 **388539**
紫堇叶岩荠 **97986**,196282
紫堇叶阴山荠 **416333**,196282
紫堇状马先蒿 287109
紫锦草 361987
紫锦红 394076
紫锦兰 394076
紫锦木 **158700**
紫锦唐松草 388645
紫禁城 **163435**
紫京 295461
紫茎 **376478**
紫茎八仙花 **200011**
紫茎白芷 **24447**
紫茎草 **295434**
紫茎草属 **295431**
紫茎柽柳 383431
紫茎垂头菊 **110459**
紫茎独活 **24436**
紫茎飞蓬 **150914**
紫茎黄肉芋 415202
紫茎京黄芩 **355672**
紫茎兰 **334782**
紫茎兰属 **334781**
紫茎棱子芹 **304808**
紫茎美国扁柏 **85297**
紫茎牛膝 4269
紫茎女贞 229601
紫茎前胡 **293064**
紫茎芹 266975
紫茎瑞香 **122484**
紫茎属 **376428**
紫茎水生酸模 **339932**
紫茎酸模 **339922**
紫茎小芹 **364878**
紫茎牙痛草 320917
紫茎泽兰 **11159**,101955
紫茎泽兰属 11152
紫茎锥果葶苈 **137074**
紫荆 **83769**,66779,83778,219933
紫荆花 219933
紫荆芥 144096
紫荆萝藦属 290739
紫荆木 **241519**,83769
紫荆木属 **241510**
紫荆皮 214972
紫荆朴 80739
紫荆属 **83752**
紫荆树 49247
紫荆丫 123
紫荆桠 147
紫荆叶羊蹄甲 **49044**
紫晶报春 **314117**
紫晶荆芥 **264866**
紫晶卷舌菊 **380835**
紫晶列当 **274947**
紫晶流星花 **135155**
紫晶鼠尾草 **345159**
紫晶糖蜜草 **249274**
紫晶天蓝绣球 **295290**
紫晶须芒草 **22490**
紫晶羊茅 **163811**
紫景天 200812,357203
紫九顶草 **145778**
紫韭 15381,15822
紫旧 41342
紫菊 **267177**,215343
紫菊花草 64496
紫菊属 **267166**
紫距黄堇 **106342**
紫距淫羊藿 **146989**
紫距紫花堇菜 **410034**
紫鹃报春 314201
紫卷耳 **82993**
紫绢毛高粱 **369692**
紫决明 **78463**
紫卡迪豆 **64941**
紫卡迪亚豆 64941
紫糠木 243327
紫可利果 **96833**
紫苦菜 368771
紫苦参 **369012**
紫苦味果 **34869**
紫苦远志 **308276**
紫块茎苣苔 364751
紫矿 64148
紫矿属 64144
紫矿树 64148
紫矿树属 64144
紫纩 64148
紫盔南星 33335
紫葵 48689
紫兰 55575,394076
紫兰花 219933
紫兰属 370393
紫蓝草 208667
紫蓝大地豆 **199317**
紫蓝大岩桐 **364754**
紫蓝杜鹃 **331713**
紫蓝花杜鹃 331065
紫蓝牵牛 208289
紫蓝岩参 **90839**
紫狼尾草 289218
紫老鹳草 **174852**
紫勒米花 335638
紫肋紫金牛 **31570**
紫类皱籽草 **215602**
紫冷蒿 35509
紫梨 243667
紫狸藻 **403296**
紫藜 **87144**
紫丽灰色石南 149234
紫丽蓝菀 **40040**
紫丽球 **234966**
紫丽丸 234966
紫栎 **323671**,323611
紫连草 355391
紫莲 **140006**
紫莲菊 **302667**
紫莲菊属 **302665**
紫良姜 50669
紫列 233731
紫列当 **275173**
紫裂稃茅 **351254**
紫裂口花 379921
紫裂蕊树 **219179**
紫裂叶兔儿风 **12629**
紫裂叶罂粟 **335638**
紫裂枝茜 **351143**
紫鳞果草 **4478**
紫鳞苔草 **75936**,73690
紫玲藤 347092
紫玲玉属 **224244**
紫铃藤 317477
紫琉璃菊 **377293**
紫琉球杜鹃 **330883**
紫瘤梗甘薯 **207922**
紫柳 **344277**,343937
紫柳穿鱼 231084
紫龙 358633
紫龙胆 **173781**,173834
紫龙须 95796
紫龙须属 95606
紫龙玉 **264350**
紫露草 **394088**,361987
紫露草属 361978,393987
紫露子花 **123956**
紫鹿药 242698
紫驴菊木 **271724**
紫绿草 299046
紫绿果 31511
紫绿红景天 **329928**
紫绿景天 329928
紫绿欧石南 **150246**
紫绿莎草 **119456**
紫绿蛇根草 **272248**
紫绿西南紫金牛 31389
紫乱子草 **259695**
紫轮菊 **276633**
紫罗顿豆 **237407**
紫罗兰 **246478**,410789,410790
紫罗兰报春 **314867**
紫罗兰叉叶蓝 **123658**
紫罗兰飞蓬 **151061**
紫罗兰甘草 177906
紫罗兰花 246478
紫罗兰花属 86409
紫罗兰金千里光 **279919**
紫罗兰蓝苞刺芹 **154278**
紫罗兰流星花 135155
紫罗兰柳 343280
紫罗兰色银梅草 123658
紫罗兰属 **246438**
紫罗兰香柱瓣兰 **146431**
紫罗兰郁金香 **400250**
紫罗兰紫菀 **40047**
紫罗球 78012
紫罗毯 78012
紫萝卜 53267
紫螺玉 **267044**
紫落芒草 **300741**
紫麻 **273903**
紫麻楼梯草 **142768**
紫麻属 **273899**
紫马鞭草属 **311736**
紫马岛甜桂 **383651**
紫马利筋 **38077**
紫马唐 130825
紫脉滇芎 **297962**
紫脉度量草 **256217**
紫脉莪术 **114869**
紫脉鹅耳枥 **77379**
紫脉过路黄 **239829**
紫脉花 **354574**
紫脉花科 **354570**
紫脉花鹿藿 **333263**
紫脉花属 **354573**
紫脉黄肉芋 415202
紫脉蓼 309676
紫脉拟囊果芹 297962
紫脉茜草 338028
紫脉拳参 **309676**
紫脉蛇根草 **272285**
紫脉小花苣苔 87998
紫脉紫金牛 **31628**,31570
紫蔓豆 185764
紫芒 **255873**
紫芒披碱草 **144436**
紫牻牛儿苗 **153915**
紫毛吊灯花 **84035**
紫毛兜兰 **282914**
紫毛合耳菊 **381940**

紫毛花欧石南 **149907**
紫毛华千里光 365075
紫毛柳 343280
紫毛龙胆 **174058**
紫毛毛鳞菊 84953
紫毛蒲儿根 **365079**
紫毛千里光 365079,381940
紫毛蕊 405748
紫毛蕊花 **405748**
紫毛双药芒 **127481**
紫毛头菊 **151608**
紫毛香茶菜 **209659**
紫毛洋地黄 **130355**
紫毛野牡丹 **248767**
紫毛燕茅 148873
紫矛口树 **235599**
紫铆 **64148**
紫铆属 64144
紫铆树属 **64144**
紫铆树小豆花 321473
紫玫瑰 **336910**
紫莓草 138796
紫美冠兰 156951
紫美芹 **97751**
紫美芹属 **97750**
紫美人大叶醉鱼草 **62028**
紫美人苏格兰欧石南 **149234**
紫美洲槲寄生 **125688**
紫蒙塔菊 **258209**
紫棉 **179924**
紫皿柱兰 223636,223658
紫膜苞菊 **211397**
紫茉莉 **255711**
紫茉莉科 **267421**
紫茉莉马利筋 **38039**
紫茉莉属 **255672**
紫墨鸡爪槭 **3320**
紫墨西哥千屈菜 **7212**
紫牡丹 280182
紫木荚苏木 **146112**
紫木槿 **195126**
紫木通 94748,95096
紫苜蓿 **247456**
紫穆森苣苔 **259434**
紫纳 65060
紫纳麻 **262121**
紫南非补血草 **10037**
紫南非禾 **290024**
紫南庭荠 **44870**
紫楠 **295403**
紫囊 233078
紫拟白桐树 **94105**
紫拟漆姑 **370690**
紫鸟足叶直壁菊 **291445**
紫欧瑞香 122492,122515
紫欧石南 **149955**
紫欧夏至草 **245764**
紫欧亚槭 **3474**
紫欧洲水青冈 162415
紫盘匍匐黑药菊 **294857**
紫袍滇山茶 **69563**
紫袍玉带草 327525
紫盆花 **350099**
紫蓬菊 **377869**
紫蓬菊属 **377865**
紫皮蒜 15698
紫苹婆 **376168**
紫瓶子花 84425
紫萍 **372300**,221007
紫萍属 **372295**
紫婆罗门参 394337
紫葡萄 411890,411979
紫蒲公英 **384753**
紫蒲苇 **105453**
紫浦头灰竹 **297380**
紫槭 2901
紫荠属 44867
紫千里光 **359840**
紫牵牛 208120
紫牵牛花 208120
紫牵牛属 293861
紫潜龙 **148143**
紫蒨 41342
紫鞘苔草 **75933**
紫鞘葳 **99397**
紫鞘西风芹 **361558**
紫鞘线苔草 **74694**
紫茄 **367753**,367370
紫茄子 248748
紫芹 105846
紫芹菊 **34957**
紫芹菊属 **34955**
紫青绿 31511
紫青藤 52435
紫秋海棠 **50205**
紫楸 79250
紫球 **244256**
紫球毛小报春 **314150**
紫雀花 **284650**,85401
紫雀花属 **284647**
紫人参 383324
紫忍冬 **236048**
紫绒草 **183057**
紫绒草属 **43983**
紫绒草叶蜡菊 **189169**
紫绒藤 183056
紫绒莞 **413908**
紫绒莞属 **413907**
紫蓉三七 183097
紫乳鸢尾 **169837**
紫蕊白头翁 **321688**
紫蕊杜鹃 **331572**,330452
紫蕊金丝桃 **202101**
紫蕊山楂 **109965**
紫蕊桃金娘 **321871**
紫蕊桃金娘属 **321870**
紫蕊无心菜 **31963**
紫蕊蚤缀 31963
紫塞拉玄参 **357645**
紫三重茅 **397939**
紫三角 57857
紫三脉紫菀 **39931**
紫三芒草 **34002**
紫三芒蕊 **398060**
紫三七 183097
紫三针草 **398363**
紫伞芹 **248543**
紫伞芹属 **248542**
紫桑 104701
紫色爱染草 **12506**
紫色白前 117538
紫色槟榔青 **372479**
紫色车桑子 135216
紫色齿叶溲疏 **126896**
紫色垂枝欧洲水青冈 **162414**
紫色大花折叶兰 **366788**
紫色地丁 410770
紫色凤仙花 **205241**
紫色藁本 **229329**
紫色光萼荷 **8587**
紫色光滑卷舌菊 **380911**
紫色果 417137
紫色哈克 184631
紫色哈克木 **184631**
紫色海芋 **16492**
紫色汉荭鱼腥草 **174878**
紫色合毛菊 **170926**
紫色蝴蝶草 **392885**
紫色虎耳草 **349832**
紫色画眉草 **147971**
紫色黄金凤 205319
紫色黄耆 **42872**
紫色黄檀 121855
紫色黄眼草 **416135**
紫色鸡屎树 **222248**
紫色棘豆 **278875**
紫色尖耳野牡丹 **4740**
紫色姜 **418017**
紫色芥 **292478**
紫色芥属 **292477**
紫色锦带花 **413597**
紫色考氏芋兰 **265405**
紫色科西嘉常春藤 **187209**
紫色兰花 273531
紫色棱子芹 **304760**
紫色冷草 298989
紫色疗齿草 **268978**
紫色柳穿鱼 **231084**
紫色龙面花 **263431**
紫色漏斗花 **130237**
紫色卵叶野荞麦 **152364**
紫色轮生鼠尾草 **345472**
紫色芒 **255889**
紫色毛子草 **153259**
紫色美国薄荷 **257178**
紫色拟胡麻 **361275**
紫色拟芦荟 **235476**
紫色欧洲杞柳 **343938**
紫色欧洲水青冈 **162415**
紫色欧洲榛 **106707**
紫色帕里翠雀花 **124468**
紫色普氏马先蒿 **287549**
紫色枪刀药 **202604**
紫色肉叶荠 **59757**
紫色软紫草 **34636**
紫色甜叶菊 **376414**
紫色兔白菜 200812
紫色万叶马先蒿 **287448**
紫色望春玉兰 **242010**
紫色五蕊仿杜鹃 **250530**
紫色细梗胡枝子 **227010**
紫色小莱克荠 **227023**
紫色悬钩子 **338646**
紫色野芝麻 **220416**
紫色夜香树 **84425**
紫色异色仙灯 **67639**
紫色银莲花 **23890**
紫色硬皮鸢尾 **172662**
紫色原沼兰 **243106**
紫色皂百合 **88481**
紫色智利喇叭花 **344382**
紫色朱砂杜鹃 **330415**
紫涩树 **378969**
紫沙蝗芥 **352533**
紫沙参 7618
紫沙玉 **32351**
紫沙玉属 **32350**
紫刹 **394942**
紫山姜 17745
紫山球 **244148**
紫山丸 244148
紫山萵苣 259772
紫山芫荽 **107810**
紫杉 385302,385355
紫杉科 385175
紫杉属 19356,385301
紫杉叶短盖豆 **58793**
紫杉叶柳 344190
紫杉叶欧石南 **150113**
紫杉叶烟木 **102745**
紫杉叶异罗汉松 **316089**
紫梢 219933
紫少花龙葵 **367498**
紫舌唇兰 **302482**
紫舌红花除虫菊 **383731**
紫舌厚喙菊 138764
紫舌兰 **311746**
紫舌兰属 **311745**

紫舌美冠兰 **156769**
紫参 308893,309870,338044,344957,345108,345214,345315,345485
紫参七 277878
紫绳草 **328144**
紫盛球 **2107**
紫盛丸 2107
紫石蚕 **388042**
紫石豆兰 **63017**
紫石蒲 208797,208801
紫石柱花 174559
紫梳刷艳丽奥勒菊木 270209
紫黍草 58128
紫鼠李 **328837**
紫鼠麹 **324645**
紫鼠麹草 **178367**
紫鼠麹属 **324644**
紫鼠尾草 **344940**
紫薯 131458
紫述香 400162
紫树 267864
紫树科 267881
紫树属 267849
紫刷树紫菀 **270209**
紫双袋兰 **134342**
紫双距花 **128088**
紫双距兰 **133908**
紫双龙瓣豆 **133360**
紫双盛豆 **20782**
紫双修菊 **167002**
紫水八角 123730
紫水角 **373917**
紫水晶风车草 **180266**
紫水晶缟瓣 180266
紫水晶荆芥 **264864**
紫水晶蓝丝菊 **73227**
紫水晶亮泽兰 **33718**
紫水晶鸟娇花 **210697**
紫水晶山蚂蝗 **126250**
紫水晶石斛 **124986**
紫水晶西番莲 **285614**
紫水晶鸭嘴草 **209253**
紫水蓼 **309201**
紫水玉簪 63977
紫丝芍药 **280334**
紫司徒兰 **377306**
紫松果菊 140081
紫松果菊属 140066
紫菘 59603,326616
紫苏 **290940**,96972,97056,290952,290968
紫苏薄荷 268438
紫苏草 **230275**,10414
紫苏属 **290932**
紫苏叶黄芩 **355843**
紫碎米荠 **72946**
紫穗稗 **140503**,140421
紫穗报春 **315093**
紫穗草 **211575**
紫穗草属 **211574**
紫穗鹅观草 **335478**
紫穗狗尾草 **361959**
紫穗槐 **20005**
紫穗槐属 **19989**
紫穗槐状皂荚 **176862**
紫穗黄花茅 **27959**
紫穗兰 **311759**
紫穗兰属 **311757**
紫穗毛轴莎草 **119382**
紫穗茅香 90108
紫穗扭果花 **377796**
紫穗披碱草 **144437**
紫穗飘拂草 166304
紫穗球形青葙 **80416**
紫穗石豆兰 **63008**
紫穗苋 **18788**
紫塔奇苏木 **382982**
紫台蔗茅 **148873**
紫檀 **320301**,274412,320327,320330
紫檀属 **320269**
紫檀香 320301,320327
紫唐松草 388469
紫桃子 297699
紫藤 **414576**,66643,414584
紫藤胡颓子 **142071**
紫藤属 **414541**
紫藤香 121782
紫藤小槐花 126471
紫藤子 382548
紫田薯 131458,131460
紫田野窃衣 **392972**
紫条六出花 **18073**
紫条木 8634
紫条木科 8628
紫条木属 8630
紫庭荠属 **265848**
紫铜柳 **343257**
紫铜欧洲水青冈 **162406**
紫铜叶欧洲水青冈 **162402**
紫筒草 **375726**
紫筒草属 **375725**
紫头擂鼓艻 **244933**
紫兔苣 **220142**
紫团参 280741
紫挖耳草 403098
紫丸 244260
紫菀 **41342**,193918,229016,229018,229049,229060,229063
紫菀矮蓬 **85458**
紫菀刺花蓼 **89097**
紫菀飞蓬 **150482**
紫菀花苣苔 **41554**
紫菀花苣苔属 41551
紫菀莲 234291
紫菀木 **41748**,41752
紫菀木属 **41747**
紫菀属 **39910**
紫菀舟蕊秋水仙 **22334**
紫万年青 394076
紫万年青属 **332293**,393987
紫万序枝竹 **261310**
紫望春玉兰 **242011**
紫威尔帚灯草 **414371**
紫葳 70507
紫葳花芦莉草 **339677**
紫葳花谢尔茜 **362103**
紫葳科 **54357**
紫葳楸 79243
紫葳属 **54292**,70502
紫葳素馨 **211754**
紫葳藤 **54303**
紫葳叶沙木 148356
紫葳梓 79243
紫薇 **219933**,121770,219909
紫薇春 **331304**
紫薇花 219933
紫薇科 **219984**
紫薇属 **219908**
紫薇檀 121683
紫韦尔登车前 **302213**
紫萎草 **245076**
紫文殊兰 **111166**
紫纹菠萝 264427
紫纹赤竹 347268
紫纹唇柱苣苔 **87947**
紫纹兜兰 **282889**
紫纹蝴蝶兰 293643
紫纹卷瓣兰 **62900**
紫纹毛颖草 **16234**
紫纹山姜 **17666**
紫纹石豆兰 62900
紫纹鼠麹木属 **269250**
紫莴苣属 **239322**
紫乌藤 162542
紫乌头 5143,5148,5177,5178
紫无梗斑鸠菊 **225260**
紫无舌裂舌萝藦 **351551**
紫五星花 **289878**
紫五枝苏木 **211366**
紫西澳兰 **118255**
紫西番莲 285714
紫西非萝藦 **48836**
紫西南乌头 **5178**
紫溪凤仙花 **205463**
紫溪荪 **208809**
紫霞草 394075
紫霞二乔 **242310**
紫霞菊 406068
紫霞耧斗菜 30090
紫霞藤 292518
紫霞藤属 292517
紫仙石 **277443**
紫仙石属 **277441**
紫纤细酢浆草 **277873**
紫藓菊 **211423**
紫藓菊属 **211422**
紫线山柳菊 **195910**
紫腺杜鹃 **331077**,330673
紫腺小花苣苔 **87998**
紫香茶 **303607**
紫香银扇草 238371
紫小闭荚藤 **246185**
紫小兜草 **253358**
紫小米草 **160252**
紫肖树苣苔 **283431**
紫心报春 314354
紫心苍白紫露草 361985
紫心苍白紫竹梅 **361985**
紫心黄马蹄莲 **417108**
紫心黄芩 **355702**
紫心菊 **188429**
紫心柳 343185
紫心梅 104598
紫心牵牛 208023
紫心苏木 **288867**
紫心苏木属 **288863**
紫心西番莲 285678
紫心喜荫花 **147391**
紫心向日葵 188926
紫新牡丹 **263825**
紫新木姜子 **264089**
紫星大戟 159002
紫星菊 348812
紫杏 **34431**
紫熊胆 231483
紫绣球 199956
紫序虎耳草 **349043**
紫序箭竹 **162761**
紫序一把伞南星 **33326**
紫雪草 208667
紫雪花 305185
紫血 233731
紫血杜鹃 **331743**
紫血血红杜鹃 331743
紫勳 233584
紫勳生石花 **233584**
紫鸭儿芹 **113881**
紫鸭跖 394088
紫鸭跖草 **101127**,394088
紫芽药用鼠尾草 **345273**
紫亚顶柱 **304890**
紫亚兰 57857
紫烟堇 **169151**
紫烟赛靛 **47855**
紫芫花 122438
紫盐角草 **342893**

紫艳球 **234912**
紫艳丸 234912,234936
紫焰丸 140299
紫燕 208640
紫燕草 129243,234816
紫羊茅 **164243**
紫羊欧石南 **149820**
紫羊蹄甲 49211
紫阳花 73136,126931,199956,407939
紫药 227574
紫药淡红荚蒾 **407833**
紫药红荚蒾 407833
紫药女贞 **229454**
紫药欧苣苔 325228
紫药忍冬 **236033**
紫药参 146937
紫药桃叶卫矛 157570
紫药西南卫矛 **157570**
紫药新麦草 **317082**
紫野麦 **144182**
紫野麦草 198346,198375
紫野豌豆 **408305**
紫野芝麻 220416
紫叶 301006
紫叶矮日本柳杉 **113691**
紫叶矮小檗 **52226**
紫叶白车轴草 **397044**
紫叶贝利氏相思树 **1070**
紫叶扁桃大戟 **158434**
紫叶草 345474
紫叶草地老鹳草 **174833**
紫叶草甸老鹳草 174833
紫叶车桑子 **135216**
紫叶齿唇兰 269022
紫叶稠李 **316919**
紫叶垂欧洲白蜡树 **167966**
紫叶垂头菊 **110450**
紫叶粗子芹 304826
紫叶大车前 **302069**
紫叶大榛 **106760**
紫叶单座苣苔 **252388**
紫叶地中海绵毛荚蒾 **408171**
紫叶钩粉草 **317250**
紫叶观音莲 16501
紫叶黄栌 **107313**,107304
紫叶灰毛豆 386257
紫叶茴香 **167157**
紫叶鸡爪槭 3302
紫叶堇菜 **410059**,409975,410060
紫叶锦带花 413594
紫叶李 316302
紫叶里文堇菜 **410494**
紫叶莲花掌 9027
紫叶柳叶菜 **146670**
紫叶美人蕉 **71199**
紫叶木 180278
紫叶木大戟 158434
紫叶木属 180270
紫叶拟美花 **317254**,317250
紫叶欧亚槭 **3463**
紫叶欧洲鹅耳枥 **77259**
紫叶欧洲光叶榆 **401470**
紫叶欧洲水青冈 **162404**
紫叶欧洲小檗 **52343**
紫叶葡萄 **411981**
紫叶槭 3302
紫叶旗唇兰 218296
紫叶琼楠 **50598**
紫叶秋海棠 **50207**,50232,50394
紫叶瑞香 **122462**
紫叶沙梨 **316175**
紫叶石莲花 **139977**
紫叶属 **180270**
紫叶树形莲花掌 **9024**
紫叶栓皮槭 **2841**
紫叶水青冈 162404
紫叶水竹草 394021
紫叶速生蒿荷木 **197157**
紫叶桃花 **20939**
紫叶兔耳草 **220192**
紫叶娃儿藤 **400952**
紫叶渥太华小檗 **51992**
紫叶五尖槭 **3138**
紫叶西洋接骨木 **345635**
紫叶下珠 **296726**
紫叶小檗 **52227**
紫叶新西兰麻 **295601**
紫叶新西兰朱蕉 **104342**
紫叶绣球 **200145**
紫叶英国榆 **401596**
紫叶樱桃李 **316302**,316300
紫叶芋 **99903**
紫叶柊树 **276318**
紫叶紫菀 39964
紫夜香花 61304
紫异叶木 **25580**
紫异籽葫芦 **25675**
紫意大利银莲花 **23708**
紫茵 338886
紫银唐松 388399
紫银叶紫花野芝麻 **220404**
紫缨乳菀 **169770**
紫缨橐吾 **229135**
紫樱 83284
紫幽兰 21136
紫油厚朴 198699,242234
紫油木 301006
紫油苏 144023
紫柚木 385531
紫盂兰 **223663**
紫鱼苜蓿 **247395**
紫榆 320327
紫玉兰 **416707**,416721
紫玉盘 **403521**
紫玉盘杜鹃 **332042**
紫玉盘柯 **233409**
紫玉盘石栎 233409
紫玉盘属 **403413**
紫玉盘叶杜鹃 332042
紫玉树 **145159**
紫玉树属 **145158**
紫玉簪 **198592**,198646,198652
紫芋 **99936**,99910
紫芋兰 156660,265420
紫圆叶猪屎豆 **112241**
紫缘莲花掌 **9060**
紫月季花 **336495**
紫菖 394076
紫云 **249602**,382223
紫云菜 85949
紫云菜属 378079
紫云殿 **167695**
紫云丁香 **382223**
紫云球 **167696**
紫云山新木姜子 **264115**
紫云丸 167696
紫云小檗 **52398**
紫云英 **43053**,42696,397043
紫云英刺芹 **154281**
紫云英豆属 **78090**
紫云英甘草 177881
紫云英马蓝 85949
紫云英属 41906,378079
紫云英岩黄芪 188062
紫云英岩黄耆 **188062**
紫芸木 **10700**
紫晕黄栌 **107305**
紫晕琉璃苣 **83930**
紫晕铁筷子 190955
紫再枫 55693
紫早熟禾 **306143**
紫藻 137613
紫皂荚 176881
紫梣木 320301
紫盏花属 **171573**
紫张口木 **86284**
紫掌片菊 **418251**
紫沼兰 243106
紫折瓣报春 **314096**
紫蔗茅 **148903**
紫珍珠茅 **354211**,354110
紫真檀 320301
紫芝 233078
紫枝红瑞木 104927
紫枝金银花 235945
紫枝九节 **319767**
紫枝柳 **343477**
紫枝柳叶绣球 199862
紫枝忍冬 235945
紫枝瑞香 **122547**,122484
紫枝兔儿风 **12728**
紫直果玄参 **275499**
紫指兰 **273594**
紫中脉梧桐 **390312**
紫钟报春 **315109**
紫钟杜鹃 330127
紫钟穗花 **293154**
紫舟叶花 **340601**
紫朱草 21959
紫朱草属 **14836**
紫朱牛舌草 **14841**
紫朱砂莲 **290090**
紫珠 **66743**,65670,66738,66779,66789,66808,83769
紫珠草 65670,66761,66779,66864,249388
紫珠属 **66727**
紫珠树 66787
紫珠叶泡花 249369
紫珠叶泡花树 **249369**
紫珠叶千日红 179177
紫珠状锥花 **179177**
紫竹 **297367**
紫竹梅 **361987**
紫竹梅属 **361978**
紫竹叶巴戟 **258880**
紫竹叶草 167040
紫竹子 **47421**
紫苎麻 273903
紫柱斗鱼草 **6153**
紫柱颚唇兰 **246719**
紫柱兰 223658
紫爪花芥 **273969**
紫锥花 140081
紫锥花属 **52947**,140066
紫锥菊 140081
紫锥菊属 140066
紫棕棱子芹 304826
自动草 171918
自梗通 9560
自灸 325981
自扣草 325697
自来红 272221
自来血 272302
自然谷 75003
自生早熟禾 **306014**
自消容 111915,112269
自消融 111915
自消散 179488
自由钟 130383
自炙 325697
自炙草 325697
渍糖花 228001
渍糖树 228001
宗巴凤仙花 **205464**
宗巴九节 **319918**

宗巴青锁龙 **109503**
宗巴柿 **132481**
宗巴树葡萄 **120268**
宗巴双距兰 **133996**
宗巴香茶 **303776**
宗巴藻百年 **161589**
棕桉 **155611**
棕巴叶 39557
棕粑叶 **39584**,296052
棕包头 405618
棕苞金绒草属 **333122**
棕苞紫绒草属 170917
棕背川滇杜鹃 **331988**
棕背杜鹃 **330068**,331640
棕边矢车菊 **81076**
棕橙色鸟娇花 **210844**
棕带兰 **311744**
棕带兰属 **311743**
棕毒毛旋花 378405
棕萼毛茛 **326318**
棕果蓟 92419
棕红悬钩子 **339218**
棕黄百合 **230055**
棕黄舌唇兰 **302390**
棕黄乌口树 **384946**
棕巾菊 **243518**
棕巾菊属 **243517**
棕金鸡纳 91082,91085
棕鳞矢车菊 81150
棕榈 **393809**,393816
棕榈九节 **319748**
棕榈科 **31698**,**280608**
棕榈属 **393803**
棕榈竹 329184
棕脉风毛菊 **348164**
棕脉花楸 **369382**
棕脉列当 **275063**
棕毛杜鹃 **330752**
棕毛含笑 **252881**
棕毛厚喙菊 **138763**
棕毛栲 79005
棕毛蓝钟花 **115424**
棕毛毛花猕猴桃 **6590**
棕毛猕猴桃 6599
棕毛山柳菊 **195882**
棕毛柿 **132165**
棕毛锥 **79005**
棕茅 **156485**
棕木 65060
棕木槿 **194890**
棕片菊 **260703**
棕片菊属 **260702**
棕鞘苔草 **74622**
棕绒草 **170943**
棕绒草属 **170942**
棕色百蕊草 **389702**
棕色苞芽树 **208989**
棕色车前草 302119
棕色大戟 **158931**
棕色大青 **96095**
棕色吊灯花 **84103**
棕色芳香木 **38560**
棕色风车子 **100473**
棕色拂子茅 **65350**
棕色革质红光树 **216877**
棕色谷精草 **151310**
棕色虎耳草 **349361**
棕色积雪草 **81597**
棕色脚 405618
棕色金鸡纳 91082
棕色宽肋瘦片菊 **57621**
棕色蜡烛木 **121118**
棕色密头帚鼠麹 **252430**
棕色前胡 292982
棕色鞘葳 **99381**
棕色青锁龙 **109029**
棕色树形杜鹃 **330127**
棕色双稃草 **132744**
棕色苔草 74884
棕色维堡豆 **414029**
棕色异肋菊 **193846**
棕色玉盘木 **403624**
棕色针柱茱萸 **329133**
棕色帚鼠麹 **377221**
棕色猪屎豆 **112204**
棕筛花 46430
棕参 114819
棕矢车菊 **81150**
棕鼠麹 **5000**
棕鼠麹属 **4999**
棕树 393809
棕树七 74286
棕苔 **73959**
棕藤 65778
棕眼子菜 **312259**
棕羊角拗 378405
棕药菊 **197465**
棕药菊属 **197464**
棕叶 296049,296052
棕叶草 361850,391487
棕叶狗尾草 **361850**
棕叶镰果杜鹃 **330750**
棕叶芦 **391487**
棕叶芦属 **391477**
棕叶七 65869
棕叶苔草 **75019**
棕叶西劳兰 **415708**
棕叶月兰 **357753**
棕枝瑞香 **122549**
棕竹 **329176**,87607,329184
棕竹属 **329173**,326638
棕籽雀稗 285481
棕子叶 39584
棕紫金牛 31374
椶 32336
椶榈竹 329184
椶竹 329184
鬃萼豆 **84846**
鬃萼豆属 **84841**
鬃毛稗 **140443**
鬃毛臂形草 **58109**
鬃毛大戟 **159160**
鬃毛假杜鹃 **48209**
鬃毛藤属 306946
鬃毛羊茅 **164027**
鬃尾草 **85058**
鬃尾草属 **85054**
鬃尾草状益母草 224977
总苞阿魏 **163632**
总苞爱地草 **174384**
总苞百簕花 **55360**
总苞苞茅 **201520**
总苞贝母 **168433**
总苞糙蕊阿福花 **393755**
总苞草 **144701**
总苞草属 **144696**
总苞赪桐 **96145**
总苞刺苞菊 **77005**
总苞大戟 **158602**
总苞垫报春 **131421**
总苞法鲁龙胆 **162792**
总苞番薯 **207896**
总苞格尼瑞香 **178630**
总苞鬼针草 **53959**
总苞红鞘紫葳 **330001**
总苞脊被苋 **281196**
总苞假杜鹃 **48205**
总苞景天 **356828**
总苞罗顿豆 **237332**
总苞裸盆花 **216767**
总苞裸蒴 182849
总苞马缨丹 221275
总苞门泽草 **250484**
总苞密钟木 **192621**
总苞南非银豆 **307259**
总苞欧石南 **149597**
总苞佩迪木 **286941**
总苞千斤拔 **166870**
总苞秋海棠 **49948**
总苞忍冬 **235874**
总苞日光雪莲 **348560**
总苞三冠野牡丹 **398706**
总苞矢车菊 **81146**
总苞鼠尾草 **345105**
总苞双球芹 **352633**
总苞四国谷精草 **151381**
总苞四数莎草 **387670**
总苞葶苈 **137049**
总苞微孔草 **254349**
总苞西瓦菊 **193378**
总苞细线茜 **225757**
总苞香芸木 **10643**
总苞肖蝴蝶草 **110675**
总苞绣球 **199911**
总苞异耳爵床 **25706**
总苞异形芹 **193878**
总苞罂粟 **282580**
总苞蝇子草 **363579**
总苞燥地砂草 **19711**
总苞止泻萝藦 **416228**
总梗李果鹤虱 **335118**
总梗女贞 **229583**,229587
总梗万寿竹 **134457**
总梗委陵菜 **312862**
总管 34238,305202,417170
总管皮 417340
总花白鹃梅 161749
总花百蕊草 **389836**
总花棒毛萼 **400794**
总花贝尔茜 **53106**
总花贝非 47813
总花贝氏杜鹃 **49586**
总花闭花木 **94534**
总花扁核木 **315179**
总花布里滕参 **211533**
总花重阳木 54620
总花臭草 **249080**
总花多肋菊 **304455**
总花鹅参 **116497**
总花芳香木 **38749**
总花风车子 **100740**
总花福来木 **162995**
总花格尼瑞香 **178684**
总花梗白蓬草 388613
总花灌木查豆 **84473**
总花红瓜 **97828**
总花红鞘紫葳 **330005**
总花红树 **329769**
总花瓠果 **290561**
总花黄牛木 **110281**
总花灰莉 **162353**
总花鲫鱼藤 **356316**
总花假滨紫草 **318011**
总花箭竹 **162740**
总花豇豆 **409023**
总花接骨木 345660
总花荆芥 **265034**
总花咖啡 **98989**
总花柯特葵 **217956**
总花克拉桑 94125
总花拉菲豆 **325132**
总花来江藤 **59130**
总花蓝钟花 **115340**
总花冷箭竹 **37296**
总花利帕豆 **232058**
总花裂口花 **379993**
总花绿心樟 **268725**
总花罗顿豆 **237410**

总花落萼旋花 **68363**
总花马瓞儿 **417506**
总花毛腹无患子 **151737**
总花毛果芸香 **299173**
总花毛头菊 **151610**
总花木蓝 **206462**
总花内蕊草 **145438**
总花南非葵 **25432**
总花欧石南 **149970**
总花茄 **367544**
总花榕 165541
总花塞战藤 **360941**
总花山矾 381379
总花石龙尾 **230318**
总花柿 **155968**
总花螯毛果 **97559**
总花双龙瓣豆 **133361**
总花蒴莲 **7299**
总花铁苋菜 **1968**
总花无被桑 **94125**
总花玄参 **355222**
总花枸子 **107637**
总花岩参 **90859**
总花忧花 **241689**
总花尤利菊 **160847**
总花杂色豆 **47813**
总花胀萼马鞭草 **86098**
总花珍珠菜 **239812**,239780
总花皱籽草 **341251**
总裂叶堇菜 **409925**
总统扶桑 **195172**
总统美人蕉 **71178**
总统欧洲李 **316388**
总统朱槿 195172
总序阿尔泰葶苈 **136926**
总序报春 **314784**
总序葱臭木 139657
总序大苞兰 379784
总序大黄 **329383**
总序大青 313726
总序点柱花 **335868**
总序点柱花属 **335867**
总序豆腐柴 **313726**
总序短片帚灯草 **142988**
总序鹅掌柴 **350772**
总序凤仙花 205269
总序福王草 313895
总序桂 294772
总序桂属 294761
总序旱草 **390944**
总序旱草属 **390943**
总序黄鹌菜 **416471**
总序蓟 **92341**
总序樫木 **139657**
总序金雀花 **120939**
总序披碱草 **144439**
总序山矾 381379
总序山柑 **71694**
总序天冬 **39165**
总序橐吾 **229189**
总序五叶参 289663
总序西番莲 285695
总序香茶菜 **209804**
总序硬果藤 **329436**
总序羽叶参 **289663**
总序竹 **324933**
总序竹属 **324932**
总樱 160347
总状长筒莲 **108015**
总状串铃花 260301
总状垂头菊 **110351**
总状刺苞菊 **77012**
总状丛菔 **368570**
总状大戟 **57749**
总状大戟属 **57747**
总状蝶须 **26572**
总状杜鹃 331596
总状凤仙花 **205269**
总状勾儿茶 **52454**
总状桂花 **276390**
总状花桉 **155715**,155545
总状花灰木 381379
总状花假红树 **220233**
总状花假叶树 122124
总状花藜 139682,139693
总状花山蚂蝗 126329
总状花石蚕 **388015**
总状花天冬 39165
总状花西番莲 **285695**
总状花细瓣兰 **246118**
总状花序白鹃梅 161749
总状花序荆芥 **264886**,264869
总状花序青兰 **137562**
总状花序香科 388015
总状花羊蹄甲 49215
总状花玉凤兰 291240
总状蓟 **91810**,92001
总状尖花茜 **278242**
总状鹿药 **242699**,366198
总状绿绒蒿 **247177**
总状乱子草 **259689**
总状毛鳞大风子 **122895**
总状木香 207206
总状南非少花山龙眼 **370265**
总状黏一枝黄花 **368406**
总状葡萄风信子 **260333**
总状歧缬草 **404472**
总状千里光 **359859**
总状雀麦 **60912**
总状桑寄生属 **57739**
总状山矾 **381125**,381423
总状升麻 **91034**
总状兽花鸢尾 **389488**
总状双距兰 **133910**
总状藤山柳 **95541**
总状土木香 **207206**
总状橐吾 **228995**
总状香青 **21673**
总状须颖草 **306807**
总状须颖草属 **306806**
总状序隔距兰 94461
总状序冷水花 **299031**
总状崖豆花 **145408**
总状崖豆花属 **145407**
总状羊蹄甲 49215
总状折柄茶 376447
总状茱萸 **317438**
总状茱萸属 **317436**
熜叶悬钩子 338967
纵翅碱蓬 **379590**
纵翅蓬 **161927**
纵翅蓬属 **161926**
纵错金合欢 1302
纵带斑叶兰 179714
纵带哈克 184652
纵带哈克木 **184652**
纵带丽穗兰 **412372**
纵带肖竹芋 **66213**
纵沟阿魏 **163718**
纵沟扁担杆 **180976**
纵沟大戟 **159908**
纵沟非洲豆蔻 **9945**
纵沟非洲砂仁 9945
纵沟风毛菊 **348831**
纵沟狗尾草 **361919**
纵沟黄麻 **104131**
纵沟可拉木 **99265**
纵沟兰 **116802**
纵沟榄仁树 **386651**
纵沟露子花 **123973**
纵沟绿心樟 **268692**
纵沟马拉巴草 **242825**
纵沟马唐 **130788**
纵沟没药 **101569**
纵沟密钟木 **192720**
纵沟莫利木 **256569**
纵沟木蓝 **206628**
纵沟牛奶子 **142225**
纵沟前胡 **293027**
纵沟肉锥花 **102192**
纵沟赛金莲木 **70753**
纵沟石斛 **125031**
纵沟树葡萄 **120234**
纵沟水锦树 **413826**
纵沟唐菖蒲 **176578**
纵沟铁线子 **244598**
纵沟弯花欧石南 **149313**
纵沟威尔帚灯草 **414376**
纵沟细花肖缬草 **163050**
纵沟下盘帚灯草 **202488**
纵沟翼柱管萼木 **379058**
纵沟尤利菊 **160887**
纵沟玉牛角 **139187**
纵沟胀萼马鞭草 **86105**
纵沟帚叶联苞菊 **114465**
纵花椰属 264798
纵肋人字果 **128931**
纵脉菊 **366762**
纵脉菊属 **366761**
纵脉莞 **304681**
纵脉莞属 **304679**
纵蓉 93054
纵纹姬凤梨 113374
纵纹山楂 **109528**
粽巴箬竹 **206788**
粽巴叶 39580
粽耙叶 39580
粽心草 128019
粽叶草 39564
粽叶草蜘蛛抱蛋 **39564**
粽叶芦 391487
粽叶芦属 391477
粽子菜 72038
粽子草 73207,73208
诹访虎耳草 **349358**
走边疆 409630
走胆草 380131,380319
走胆药 380418
走茎变豆菜 **345993**
走茎丹参 345418
走茎灯心草 **212834**
走茎鹅脚板 345993
走茎华西龙头草 **247727**
走茎柳叶菜 146881
走茎龙头草 247727
走茎苔草 **76008**
走茎卫矛 157750
走茎异叶茴芹 **299400**
走马丹 12724
走马灯笼草 97043
走马风 31455,55768,55769,78012,96009,208067,345586
走马箭 345586
走马芹 24325,30931,90932,192318,304772
走马芹筒子 24325
走马胎 **31455**,12724,55769,55780,91287,161630,299046,306978
走马藤 31455
走马须 365052
走马蓁 369279,369282
走肾草 302377
走石马 39557
走丝牡丹 68686
走游草 239582,309796,387822
走游藤 285157
走子草 232252

菹草 **312079**
菹菜 198745
菹子 198745
蒩菜 198745
足瓣羊蹄甲 **49204**
足唇兰 **287861**
足唇兰属 **287860**
足铿玄参 **21775**
足冠萝藦 **306686**
足冠萝藦属 **306684**
足果莎草 **119394**
足孩儿草 **306662**
足孩儿草属 **306661**
足茎毛兰 **148658**,148656
足距兰 **306308**
足距兰属 **306307**
足裂委陵菜 **312861**
足蕊萝藦 **306295**
足蕊萝藦属 **306294**
足蕊南星属 **306301**
足韶子 **306591**
足韶子属 **306589**
足腺大戟 **306226**
足腺大戟属 **306225**
足叶草 306636
足叶草属 306609
足叶刺头菊 **108371**
足叶木蓝 **206410**
足折山菊 **89557**
足柱寄生 **287935**
足柱寄生属 **287934**
足柱兰 **125535**
足柱兰属 **125526**
组长天蓝绣球 **295292**
组合十二卷 **186604**
祖公柴 223943
祖卡茜 **418472**
祖卡茜属 **418469**
祖克特破布木 **104253**
祖卢大戟 **158919**
祖卢多穗兰 **310658**
祖卢番樱桃 **156401**
祖卢非洲弯萼兰 **197904**
祖卢甘蓝树 **115247**
祖卢灰毛豆 **385937**
祖卢鸡头薯 **153096**
祖卢塞拉玄参 **357727**
祖卢绳草 **328216**
祖卢十字爵床 **111779**
祖卢柿 **155972**
祖卢双距兰 **133997**
祖卢苔草 **76796**
祖卢腺瓣古柯 **263081**
祖卢香茶 **303777**
祖卢紫菀 **41526**
祖鲁榕 **165263**
祖米海棠 **243735**
祖母绿北美香柏 **390621**
祖尼飞蓬 **150933**
祖尼紫薇 **219949**
祖普夫多穗兰 **310616**
祖普夫可拉木 **99266**
祖师箭 306870
祖师麻 122444
祖司麻 122444
祖万德矢车菊 **81466**
祖万德玄参 **355275**
祖先花 239257
祖子花 117425
钻苞薰草 **353569**
钻苞蓟 **92415**
钻苞拟缺刻乌头 **5578**
钻苞水葱 **352273**
钻齿报春 **314790**
钻齿卷瓣兰 **62765**
钻齿卷唇兰 62765
钻齿溲疏 **127112**
钻刺锥 **79034**
钻地风 **351802**,80193,166880,166888,176839,214959,272221,338354,338886,339047,351801
钻地风属 **351780**
钻地枫 204504
钻地龙 165759
钻地蜈蚣 277878
钻地羊 79841
钻冬 400675
钻冻 292374,400675
钻萼唇柱苣苔 **87977**
钻萼龙胆 **173945**
钻方风 70507
钻骨草 101681
钻骨风 23779,172099,214972,300504,351081
钻骨龙 97933,97947
钻果大蒜芥 365564,365568
钻果荠属 379649
钻果蒜芥 365564
钻花兰 **4512**
钻花兰属 **4511**
钻喙兰 **333731**,333729
钻喙兰属 **333725**
钻拉拉藤 **170650**
钻狸藻 **403356**
钻裂风铃草 **69905**
钻龙骨 97947
钻木蓝 **206622**
钻墙柳 291082
钻山风 166675
钻山狗 135264
钻山虎 417216
钻十二卷 **186752**
钻石风 87525,334016,341556,351081
钻石枸骨叶冬青 **203563**
钻石花 **212476**
钻石花属 **212474**
钻石黄 262189
钻石灰叶美洲茶 **79935**
钻石圆筒仙人掌 **116671**
钻矢风 187307
钻丝风信子 **99072**
钻丝风信子属 **99070**
钻丝溲疏 **127015**
钻丝小花苣苔草 **88004**
钻天风 187307
钻天老 7830
钻天柳 **89160**
钻天柳属 **89159**
钻天杨 **311400**,311398
钻天榆 **401607**,401602
钻头青锁龙 **109432**
钻托水毛茛 **48931**
钻形贝克菊 **52793**
钻形鼻花 **329569**
钻形蔡斯吊兰 **65101**
钻形车前 **302190**
钻形独行菜 **225464**
钻形多穗兰 **310612**
钻形芳香木 **38833**
钻形风兰 **25084**
钻形格尼瑞香 **178719**
钻形沟萼茜 **45027**
钻形骨籽菊 **276713**
钻形灰毛豆 **386328**
钻形箭袋草 **144143**
钻形蓝花参 **412886**
钻形罗顿豆 **237440**
钻形马利筋 **38129**
钻形欧石南 **150102**
钻形漆姑草 **32301**
钻形鞘蕊花 **99724**
钻形茄 **367646**
钻形群花寄生 **11127**
钻形山羊草 **8726**
钻形伤痕木蓝 **206695**
钻形鼠尾粟 **372856**
钻形天芥菜 **190748**
钻形天门冬 **39224**
钻形喜阳花 **190462**
钻形鸭跖草 **101168**
钻形野桐 **243447**
钻形逸香木 **132005**
钻形隐柱兰 **113862**
钻形皱籽草 **341253**
钻形紫菀 41317
钻药茜 **394729**
钻药茜属 **394728**
钻叶臂形草 **58189**
钻叶慈姑 **342417**
钻叶点地梅 **23215**
钻叶菲利木 **296326**
钻叶风毛菊 **348824**
钻叶福禄考 295324
钻叶红千层 **67300**
钻叶火绒草 **224952**
钻叶剪股颖 **12358**
钻叶居维叶茜草 **115305**
钻叶龙胆 **173498**
钻叶漆姑草 **342298**,32301
钻叶石竹 **127676**
钻叶天蓝绣球 **295324**
钻叶絮菊 **235262**
钻叶紫菀 **41317**
钻之灵 250831
钻柱兰 **288604**
钻柱兰属 **288598**
钻柱唐松草 **388689**
钻状灯心草 **213492**
钻状风毛菊 **348551**
钻子七 397836
嘴胡桃 25762
嘴叶钩藤 401773
最大杜鹃 331207
最大灰叶 **386175**
最大燕麦 **45511**
最亮秋海棠 50416
最小风兰 **24948**
最小罗勒 **268566**
最优杜鹃 **330668**
醉草 250502
醉茶蔗 334042
醉茶蔗子 **334042**
醉蝶花 **384908**,95796
醉蝶花科 71671,95604
醉蝶花属 **384906**,95606
醉芙蓉 195091
醉魂藤 **194156**
醉魂藤属 **194155**
醉娇花 185169
醉椒 300458
醉酒芙蓉 195040
醉兰 **347686**
醉兰属 **347685**
醉龙 84235
醉龙吊灯花 **84235**
醉马草 **4142**,4160,278842
醉马豆 278842
醉马羽茅 **376904**
醉眉玉 **32362**
醉美人 180266
醉眠十二卷 **186725**
醉女樱草 **314954**
醉葡萄 123065
醉茄 414601
醉茄属 414586
醉人花 **204469**

醉人花科 **204440**
醉人花属 **204443**
醉翁榆 401511
醉翁玉 **32361**
醉翁玉属 **32357**
醉仙桃 123065
醉仙翁 363370
醉香含笑 **252915**
醉心花 123077
醉熊玉 **32366**
醉畜豆 **334488**
醉畜豆属 **334487**
醉鱼草 **62110**,61975,62099,104701,414207
醉鱼草荚蒾 407713
醉鱼草假杜鹃 **48125**
醉鱼草科 **62208**
醉鱼草属 **61953**
醉鱼草叶秋海棠 **49685**
醉鱼草状荚蒾 **407713**
醉鱼草状六道木 **105**,416856
醉鱼草状忍冬 **235688**
醉鱼儿 104701
醉鱼儿草 62110
醉鱼藤属 21458
醉针茅 4142
尊敬杜鹃 330329
遵义鹅耳枥 **77408**
遵义十大功劳 **242561**
遵义苔草 **76797**
昨日荷草 355391
昨叶荷草 275363
莋菇 143122,143391
左边藤 92616
左缠藤 235878
左贡虎耳草 **350059**
左黑果 403834
左力 161373
左林河水莴笋 234381
左宁根 173355,173373,173615,173932
左扭 173355,173373,173615,173932,235878
左扭藤 211812
左扭香 125794
左爬藤 92616
左秦艽 173355,173373,173615,173932
左氏黄檀 121847
左纹藤 235878
左旋柳 **343837**
左旋藤 235878
左右扭 145899
左原蒿 **36201**
左原黄耆 **42998**
左原疗伤绒毛花 **28212**
左原矢车菊 **81302**
左原旋瓣菊 **412276**
左原银豆 **32897**
左原枣 **418178**
左原猪屎豆 **112640**
左转藤 235742,235941,236066
佐保姬 108045
佐伯细毛火烧兰 **147197**
佐川细辛 **37714**
佐渡菝葜 **366551**
佐渡东竹 **347368**
佐渡南星 **33446**
佐渡日本蓟 **92236**
佐尔木 **368543**
佐尔木属 **368542**
佐哈里山柑 **71937**
佐久鼠尾草 **344823**
佐卡林日本金缕梅 **185107**
佐乐杜鹃 **332165**
佐勒铁豆属 **418258**
佐里菊 **418290**
佐里菊属 **418287**
佐林格无患子 **418294**
佐林格无患子属 **418291**
佐姆葫芦 **418302**
佐姆葫芦属 **418300**
佐善南星 **33486**
佐特大戟 **160109**
佐特灰毛豆 **386380**
佐特露子花 **123995**
佐特锥口茜 **102780**
佐瓦尼镰扁豆 **135670**
佐薇露子花 **123994**
佐伊贝特地杨梅 **238693**
佐原铁线蕨叶状毛连菜 **298561**
佐竹谷精草 **151463**
佐竹细辛 **37663**
佐竹苎麻 **56180**
佐佐木灰莉 162346
佐佐木千金藤 375897
佐佐木氏黄肉楠 233840
佐佐木氏灰木 **381384**,381423
佐佐木氏木姜子 233840
佐佐木小赤竹 **347369**
佐佐木羊耳蒜 **232209**
佐佐木淫羊藿 **146955**
作宾两似蟹甲草 **283790**
作合山 335142
作屋海杧果 **83699**
坐禅草 381082
坐山虎 331257
坐生茄 **367253**
坐镇草 299006
坐转藤 157473
柞 323814,324173,324532
柞柴胡 63693
柞槲栎 **324198**
柞栎 323611,323814,324173,324335
柞木 **415869**,301294,323942,324173,415899
柞木属 **415863**
柞树 323611,323944,324173,324335,415869
柞苔草 **75729**,76015
柞叶冬青 **204408**
柞子柴 323881
座地菊 368528
座地猪屎豆 **112449**
座杆 17656
座花针茅 **376924**
座景天 **357136**

# 补　遗

断肠草（P237）

5200, 5335, 49886, 68088, 86755, 94704, 105808, 105836, 105846, 105870, 105892, 105907, 105999, 106004, 106087, 106092, 106168, 106214, 106273, 106328, 106331, 106350, 106432, 106438, 106500, 106511, 106512, 113577, 158895, 172779, 204583, 204590, 211779, 226320, 247116, 278842, 351056, 375187, 378386, 379531, 398322

过山龙（P338）

20284, 20297, 20338, 20348, 49098, 49703, 66643, 79850, 80260, 95068, 132929, 132931, 145899, 165759, 214972, 226698, 253476, 259566, 328997, 329000, 329001, 329003, 337907, 337912, 337925, 344347, 348087, 351069, 351095, 351098, 351148, 351153, 366338, 370422, 387835, 406102, 406272, 406392, 407503, 417216

山豆根（P765）

155897, 31371, 31396, 31408, 31415, 31511, 34203, 34227, 49576, 65146, 111915, 112871, 116019, 116032, 126471, 135646, 155890, 155903, 190094, 190630, 190738, 190739, 205639, 205782, 205995, 206140, 206182, 206421, 250228, 346732, 369010, 369107, 369141, 369152, 375847, 375903, 400913, 408446, 409113, 409124

土黄连（P862）

49576, 51614, 51802, 51827, 51841, 52320, 52371, 54042, 86755, 103830, 105868, 106224, 106227, 106405, 106604, 124237, 128929, 131531, 131877, 144975, 164458, 170743, 209753, 209826, 242487, 242553, 242563, 242637, 259282, 259881, 259895, 262189, 369895, 371944, 380324, 388428, 388477, 388513, 388632, 392223